Synthesis
Repertorium homoeopathicum syntheticum
Frederik Schroyens (Hrsg.)

SYNTHESIS

Repertorium homoeopathicum syntheticum

*

Herausgegeben von **Dr. Frederik Schroyens**
in Zusammenarbeit mit anerkannten Homöopathen
aus allen Ländern

Mit einem Vorwort von **George Vithoulkas**

Ins Deutsche übertragen von **Peter Vint**

Edition 7
erweiterte und verbesserte Auflage Oktober 1998

Die Deutsche Bibliothek - Nationales ISBN-Zentrum

SYNTHESIS - Repertorium homoeopathicum syntheticum, Edition 7, Taschenausgabe

Frederik Schroyens (Hrsg.). Aus dem Englischen übertragen von Peter Vint.
Greifenberg: Hahnemann Institut -
Privatinstitut für homöopathische Dokumentation GmbH, 1998

ISBN 3-929271-13-3

Hahnemann Institut - Privatinstitut für homöopathische Dokumentation GmbH
Krottenkopfstraße 2 - D-86926 Greifenberg
Tel. 09081-93060 / Fax. 09081-7806
E-mail: hahnemann@t-online.de
Internet-Homepage: www.hahnemann.com

Satz und Gestaltung: Peter Vint
Druck und Herstellung: EOS Verlag, Erzabtei St. Ottilien

Verlags-Nr.: 929271 - ISBN 3-929271-13-3

Inhaltsverzeichnis

Wichtige Veränderungen bei Arzneimittel-Abkürzungen

- Die folgende Liste zeigt Ihnen, welche Arzneimittel-Abkürzungen in folgenden drei Repertorien Unterschiede aufweisen: In der rechten Spalte sehen Sie die Abkürzungen aus dem Original-Kent, in den rechten Spalten die aus Barthel & Klunkers "Synthetischem Repertorium" und ganz rechts die Abkürzungen, wie Sie in Synthesis benutzt werden. Wichtige Unterschiede sind durch Fettdruck gekennzeichnet.

Kent		Barthel	Synthesis
-	aluminium aceticum	alumin-a.	alumin-act.
-	ammonium aceticum	am-a.	am-act.
arg-m.	**= argentum metallicum**	**arg-m.**	**arg-met.**
-	bacillus Morgan pure (Paterson)	bach	morg-p.
bar-ac.	**= baryta acetica**	**bar-a.**	**bar-act.**
blat.	= blatta americana	blatta-a	blatta-a.
blatta	= blatta orientalis	blatta	blatta-o.
bor.	= borax venenata	bor.	borx.
calc-ac.	= calcarea acetica	calc-a.	calc-act.
-	calcarea stibiato-sulphurata	calc-st-sula.	calc-st-s.
cast.	= castoreum	cast.	castm.
cast-eq.	= castor equi	cast-eq.	castor-eq.
cast-v.	= castanea vesca	cast-v.	castn-v.
chin-a.	= chininum arsenicosum	chin-ar.	chinin-ar.
chin-b.	**= chininum bromatum**	**chin-br.**	**chinin-br.**
chin-s.	= chininum sulphuricum	chin-s.	chinin-s.
-	chininum valerianicum	chin-val.	chinin-val.
cupr-ac.	= cuprum aceticum	cupr-a.	cupr-act.
dub.	= duboisinum	dub.	duboin.
equis.	= equisetum hyemale	equis	equis-h.
ferr-ac.	= ferrum aceticum	ferr-a.	ferr-act.
-	ficus religiosa	fic.	fic-r.
hydrop.	= hydrophobinum	lyss.	lyss.
ill.	**= illicium anisatum**	**anis.**	**anis.**
jac.	= jacaranda gualandai	jac.	jac-g.
jatr.	= jatropha curcas	jatr.	jatr-c.
juni.	= juniperus virginiana	juni.	juni-v.
kali-a.	= kalium aceticum	kali-a.	kali-act.
kaol.	**= kaloin oder alumina silicata**	**alum-sil.**	**alum-sil.**
lycps.	= lycopus virginicus	lycps.	lycps-v.
merc-ac.	= mercurius aceticus	merc-a.	merc-act.
nat-ac.	**= natrium aceticum**	**nat-a.**	**nat-act.**
nat-a.	**= natrium arsenicum**	**nat-ar.**	**nat-ar.**
-	plumbum aceticum	plb-a.	plb-act.
rad.	**= radium metallicum**	**rad.**	**rad-met.**
sang-n.	= sanguinarinum nitricum	sang-n.	sangin-n.
-	sanguinarinum tartaricum	sang-t.	sangin-t.
sant.	= santoninum	santin.	santin.
-	**strontium metallicum**	**stront.**	**stront-met.**
tril.	= trillium pendulum	tril.	tril-p.
-	**uranium metallicum**	**uran.**	**uran-met.**
zinc-ac.	= zincum aceticum	zinc-a.	zinc-act.

Vorwort von George Vithoulkas

Das Repertorium war immer ein unverzichtbares Hilfsmittel in meiner Praxis. Die Abwesenheit von Büchern auf einem Schreibtisch mag in manchen anderen Berufen Erfahrung und großes Wissen anzeigen, aber bei einem Homöopathen beweist es nur Ignoranz.

Es ist fast unmöglich, sich auch nur eine einzige Seite im Gedächtnis zu behalten. Wenn man das Repertorium ständig benutzt, wird man sich ziemlich viel merken, sogar ganze Rubriken. Da man bestimmte Rubriken sehr oft liest, kann man sich mehr oder minder gut und intuitiv daran erinnern, ob Phosphor, Arsen ... darin enthalten sind oder nicht. Aber selten werde ich einen Fall entscheiden, ohne ins Repertorium zu sehen, und das auch nach mehr als dreißigjähriger Erfahrung.

Die Benutzung des Repertoriums und das Repertoriumswissen bilden daher einen wesentlichen Bestandteil meiner homöopathischen Vorlesungen.

Von Anfang an habe ich mit Kents Repertorium gearbeitet, aber in den letzten fünf Jahren wurden die meisten meiner Fälle nach verschiedenen aufeinanderfolgenden Computerversionen von Synthesis entschieden. Als mir Dr. Frederik Schroyens vor einigen Jahren sagte, daß viele Homöopathen auf einer gedruckten Ausgabe von Synthesis bestehen würden, stand ich dem zunächst sehr zurückhaltend gegenüber. Obwohl Kents Repertorium das bislang beste ist, so enthält es doch viele Fehler, seine Struktur und seine Logik werden nicht immer durchgehalten etc. Ich war der Ansicht, daß es keinen guten Grund gab, all dieselben Fehler nocheinmal abzudrucken, selbst wenn viele Ergänzungen enthalten waren, denn dies wurde bereits in anderen sogenannten neuen Repertorien zu oft gemacht. So antwortete ich, daß man, um diese Arbeit ordentlich durchführen zu können, ein ganzes Team und einige Jahre benötigen würde.

Jedoch antwortete Dr. Schroyens, daß das Team bereits bestand und ebenso exzellente Technik. Heute, ein paar Jahre danach, scheint der Job zum Abschluß gekommen zu sein, auch wenn ich davon überzeugt bin, daß auch dieser Punkt nur Ausgangspunkt für eine verbesserte Ausgabe sein wird. Aber ich muß zugeben, daß ich sehr überrascht war, als man mir die unglaubliche Menge Korrekturen von Symptomen und der Struktur des Repertoriums zeigte, die in dieser kurzen Zeit durchgeführt worden waren.

Ich gratuliere dem ganzen homöopathischen Team zur Geschwindigkeit und Genauigkeit bei der Umgestaltung von Synthesis.

Synthesis ist zudem das einzige Werk, das meine offiziellen Ergänzungen zum Repertorium enthält. Vor kurzem habe ich das Kapitel Gemüt geprüft und Symptom für Symptom mit Anmerkungen versehen. Wenn die Arbeit an meiner Materia Medica vorbei sein wird, plane ich, dies für alle anderen Kapitel zu vollenden.

Dr. Schroyens war die letzten fünf Jahre bei fast allen meinen internationalen Vorlesungen anwesend und hat mir bei den meisten Konsultationen assistiert. Er hat meine Anmerkungen sorgfältig aufgezeichnet und in Synthesis integriert.

Dieses Repertorium wird einen neuen Standard setzen und ich wünsche Ihnen in Ihrer Praxis viel Erfolg durch die Arbeit mit diesem Buch.

George Vithoulkas
Alonissos, Juni 1993

Allen Kindern,
Frauen und Männern
und Lebensgefährten
all derer, die die Homöopathie
einen Schritt vorangebracht haben,
und besonders deren, die zu diesem
Leuchtturm des Wissens beigetragen haben.

Die Dinge werden sich erhellen,
wenn sich das Wissen
vieler Menschen vereinigt
und Menschen gemeinsam denken.
Je mehr wir zusammenhalten
und je mehr wir wie ein Einziger denken,
desto besser!

Dr. James T. Kent
Lectures on Philosophy, Kap. 37

Wir laden jeden herzlich ein,
an diesem Projekt teilzunehmen,
um es zu vervollständigen,
zu verbessern oder
um es zu kritisieren.

Vorwort des Herausgebers

Im Namen aller, die ihre Kräfte vereinigt haben, um diese erste gedruckte Ausgabe von Synthesis[1] zu verwirklichen, freuen wir uns, Ihnen unser Projekt vorstellen zu dürfen. Synthesis ist nicht nur das neueste einer langen Reihe von Repertorien, sondern stellt das wohl größte homöopathische Projekt dieses Jahrhunderts dar.

Synthesis ist eine erweiterte Fassung von Kents Repertorium und mit dem homöpathischen Computerprogramm Radar verbunden. Radar entstand in den frühen achtziger Jahren, wobei Synthesis von Anfang an im Zentrum seiner Entwicklung stand. Jede neue Version war die Frucht tausender Arbeitsstunden vieler Menschen, die sich voller Elan dieser Aufgabe widmeten. Synthesis wurde laufend erweitert, jedoch wurden jeweils nur 15 % bis 30 % Ergänzungen aufgenommen[2]. Wir sind überzeugt, daß diese Politik der Schlüssel zur außergewöhnlichen Qualität dieses Repertoriums ist. Jede Version von Synthesis wurde millionenfach von anerkannten Homöopathen in deren täglicher Arbeit verwendet, bevor wir auf dieser Grundlage eine weitere Ausgabe erstellten. Wie man es von solch kritischen Köpfen nicht anders erwarten würde, haben sie die Rubriken und Arzneimittel immer wieder überprüft. Bei jeder neuen Ausgabe wurden ihre Hinweise eingearbeitet.

Heute (1993) arbeiten fast 2000 Homöopathen mit der Computerversion 4 von Synthesis. Die vorliegende gedruckte Fassung ist Version 5[3], auf die wir uns seit Juli 1992 konzentriert haben wie nie zuvor.

Nachfragen nach einer gedruckten Version von Synthesis waren schon vor einiger Zeit laut geworden, aber wir waren der Ansicht, die Zeit sei noch nicht reif dazu. Jedoch wurden diese Nachfragen mit jeder neuen Ausgabe von Synthesis immer lauter, um die Möglichkeit zu bekommen, noch bequemer die vielen Korrektu-

1. Dieses Vorwort stammt von der ersten Auflage 1993. Beachten Sie bitte das Vorwort zur Version 7 und das Vorwort des Verlags.
2. Diese Prozentangaben beziehen sich jeweils auf die Zahl der Ergänzungen im Vergleich zu der vorherigen Version, die jeweils als 100 % betrachtet wird.
3. Bei der vorliegenden Ausgabe handelt es sich um Version 7 vor, die noch wesentlich erweitert wurde.

ren und Ergänzungen zu studieren.

Die Version 4 von Synthesis enthält etwa 178.000 Ergänzungen im Vergleich zu Kents Repertorium. Diese Zahl stieg bei Version 5 nur um einige Tausend Ergänzungen an. Der Grund dafür liegt darin, daß wir uns dazu entschieden, uns völlig auf eine gedruckte Version von höchster Qualität zu konzentrieren. Wir nutzten diese Gelegenheit um einige Optionen und Regeln zu überdenken, die in anderen Repertorien nicht durchgängig befolgt werden. Es wurden auch neue Regeln entwickelt, da unser Ziel einzig darin bestand, die Transparenz, die Logik und die Lesbarkeit des Repertoriums entscheidend zu verbessern.[4]

Unserer Einschätzung nach war die Zeit gekommen, auf qualitativer Ebene die von Kent gebrauchte Sprache und die Struktur zu verbessern, jedoch innerhalb des Rahmens, an den die meisten Homöopathen gewöhnt sind. Wir sind davon überzeugt, daß sich unsere Wahl als der richtige Weg erweisen wird, um der Mentalität entgegenzuwirken, nach der Fortschritte in der Homöopathie immer noch nur quantitativ gemessen werden, ob es sich nun um Ergänzungen handelt, oder um verfügbare Megabytes an Informationen. Diese Version von Synthesis bildet damit eine sehr solide Grundlage für alle weiteren Ergänzungen.

Einige weitere Gründe für die außergewöhnliche Qualität dieses Repertoriums sind:

- Synthesis enthält *wiederholt überprüfte Ergänzungen* aus der homöopathischen Standardliteratur, einschließlich Kent, Hahnemann, Hering, Allen, Clarke, Boericke, Knerr etc. Ergänzungen zeitgenössischer Homöopathen wurden nur unter größter Vorsicht eingefügt und meist nur im ersten Grad, außer von anderen Autoren kommen Bestätigungen (eines höheren Grades).
- Es wurden Tausende von *Korrekturen an Kents Repertorium* durchgeführt. Diese sind durch ein tiefgestelltes **K** (für Kents Repertorium) zusammen mit der Quelle der Korrektur hinter dem Mittelnamen angefügt.

  Beispiel: „Wahnideen - verhungern - er müsse: kali-m.$_{k,c1}$ *zeigt an, daß Kent auf Basis von Clarkes Dictionary korrigiert wurde.*[5] *In selteneren Fällen zeigt diese Schreibweise eine Bestätigung eines Kentschen Eintrags an.*
- Tausende von Symptomen wurden nach einem klar verständlichen *Symptomenformat* umgeschrieben. Auf jeder Ebene stehen die Worte in normaler Reihenfolge oder der Satz wird ein einziges Mal aufgetrennt. Diese Trennung wird durch ein Semikolon gekennzeichnet, um anzuzeigen, an welcher Stelle der Satz und damit das Lesen beginnt, im Unterschied zum Komma, benutzt wurde, um die Lesbarkeit zu verbessern.

  Beispiel: Aus „Stücke zerfallen, Gefühl als würde der Kopf in, beim Bücken" *wurde:* „Stücke zerfallen würde; als ob der Kopf in – Bücken; beim".
- Die Struktur der Symptome wurde durchschaubarer gemacht, um Mehrdeutigkeit auszuschließen. Diese geschah besonders in solchen Fällen, bei denen ein Symptom von Rubriken mit entgegengesetzter Bedeutung abzuhängen schien.

  Beispiel: „Allgemeines - Zittern, äußerlich – innerlich – Freude, durch" *wurde zu* „Allgemeines – Zittern - innerlich - Freude, durch".
- In Synthesis wurde durchgängig eine *Liste für kombinierte Modalitäten* angewandt, d.h. man findet die Bestandteile einer kombinierten Modalität immer in der gleichen Reihenfolge vor.

  Beispiel: „kaltes, nasses Wetter" *findet man unter* „Wetter - kaltes - naßkaltes" *aber niemals unter* „feuchtkaltes Wetter".
- Die Reihenfolge der *Symptomen-Gruppen* (d.h. Seiten, Zeiten, Modalitäten, erstreckt sich, Orte, Beschreibungen[6]) wurde durchgehend befolgt und gegebenenfalls korrigiert.

4. Alle Details zu diesen Regeln finden Sie am Ende des Buches im Abschnitt Blaupause für ein Neues Repertorium.

5. Diese Schreibweise wurde in der vorliegenden Edition 7 abgeändert und die Quellenangabe k für Kent gelöscht. Siehe dazu auch in der Blaupause im Anhang A des Bandes. [Anm. des Verlags]

6. Und seit der Edition 7 auch „begleitet von".

Diese spezifische Reihenfolge wurde auch innerhalb der Unterrubriken angewand.

Beispiel: Im Kent findet man im Kapitel Zähne in der Hauptrubrik Schmerz zuerst die Orte; Rubriken wie abwechselnde Seiten oder eine Seite findet man manchmal bei den Seiten, manchmal unter den Modalitäten.

- *Suchworte, Stichworte* wurden in den Symptomen jeweils vorangestellt und die alphabetische Reihenfolge gegebenenfalls korrigiert.

  Beispiel: „Im Bett" *wurde zu* „Bett, im"*;* „wie erfroren" *zu* „erfroren, wie".

- *Unzureichend klare Symptome* wurden anhand der Materia Medica bearbeitet:

  Beispiel: „Husten - Schwefelrauch oder -dämpfe, Gefühl von agg." *wurde zu* „Husten - Schwefeldämpfen; Husten agg. durch ein Gefühl von".

- Wann immer es möglich war, wurden *mißverständliche, mehrdeutige Wörter* durch eindeutige ersetzt.

  Beispiele: Das Wort „Brust" *wurde in allen Symptomen, in dem es die weibliche Brust meint durch* „Mammae" *ersetzt. Das [englische!]* „storm" *wurde [je nach Kontext] durch* „stürmisches Wetter" *bzw.* „Gewitter" *ersetzt.*

- Einige *allgemeine Oberrubriken* wurden neu angelegt, um bestimmte verwandte Symptome leichter finden zu können.

  Beispiele: Symptome der „Periodizität" *bzw.* „bei Kindern" *sind nun Unterrubriken von* „periodisch" *bzw.* „Kindern, bei".

- Zu *ähnliche Rubriken* wurden zusammengefaßt.

  Beispiel: „Nase - Verstopfung - abwechselnde Seiten" *und* „Nase - Verstopfung - eine Seite - abwechselnd" *wurden zusammengefaßt.*

- Symptome wurden gegebenenfalls *in sinnvolle Teile gespalten*, sofern nicht bereits von Kent geschehen.

  Beispiel: „Husten - gelöst - Körperübungen und warmes Zimmer agg." *wurde in zwei Rubriken gespalten:* „Körperübungen, durch" *und* „warmes Zimmer; beim Eintreten in ein" *(die Korrektur erfolgte bei Bromium nach Herings Guiding Symptoms (hr1)).*

- Die *Sprache des Repertoriums* wurde vollständig überarbeitet.
  Die alte Schreibweise aus dem 19. Jahrhundert wurde [in der englischsprachigen Fassung] in moderne amerikanische überführt. Das ganze Werk wurde vom Computer auf Rechtschreibfehler geprüft.
  Beispiele: „anaemia" wurde zu „anemia", „diarrhoea" zu „diarrhea"; „faeces" zu „feces", „haemorrhoids" zu „hemorrhoids" etc.
  Viele hundert Worte und Ausdrücke, die in mehreren Schreibweisen vorkamen, wurden - basierend auf Websters Dictionary - jeweils durch ein einziges Wort bzw. einen eindeutigen Ausdruck ersetzt.
  Beispiel: In Synthesis ersetzt „descending stairs" [Hinabsteigen von Treppen] die folgenden Ausdrücke, die alle im Kent benutzt worden sind: „descending stairs, when"; „descending steps"; „going down stairs" und „stairs, on going down".
  Selten benutze Wörter und Ausdrücke wurden durch moderne, gebräuchliche ersetzt, sowohl in der Umgangssprache als auch in bezug auf medizinische Fachtermini.

  Beispiele: „Trunksucht" *wurde zu* „Alkoholismus"*,* „Kindbett" *zur Rubrik* „Entbindung - nach".

- Die Zeiten erhielten im ganzen Repertorium eine einheitliche Reihenfolge und hierarchische Struktur.[7]

- Klinische Rubriken wurden der modernen Nomenklatur angepaßt. Neue klinische Rubriken wurden vorsichtig eingefügt, da in den meisten Fällen noch die klinische Verifizierung fehlt.

  Beispiel: „Coryza - annual" *[Schnupfen - jährlich] wurde zu* „hayfever" *[Heuschnupfen]; aus* „skin - becomes sore" *[Haut - wird wund] wurde* „decubitus" *[Wundliegen].*

7. Siehe dazu das Zeitschema auf Seite A-46.

- Für diese Repertorium wurde eine *neue Standardliste für die Abkürzungen der Arzneimittelnamen* entwickelt. Es wurden viele neue Arzneimittel hinzugefügt, wobei alle Abkürzungen den von Kent benutzten Regeln folgen. Die Unterschiede zwischen diesen Abkürzungen und den in Kent oder in Barthels Synthetischem Repertorium benutzten, finden Sie in einer Liste auf Seite II abgedruckt. Die vollständige Liste der Abkürzungen finden Sie im Anhang C am Ende des Buches und die Anmerkungen zu Veränderungen und Definitionen in der Blaupause auf Seite A-24).

- Sie erhalten ebenso eine *neue Standardliste für die Abkürzungen der Autoren / Quellenangaben*. Es werden Buchstaben benutzt, um die Autoren anzugeben. Dies erlaubt mehr Kombinationen und läßt sich leichter merken.
  Es wurde *keine* einzige Ergänzung ohne Quellenangabe ins Werk aufgenommen. Eine Quellenangabe bezieht sich immer nur auf einen Autoren, sofern möglich sogar auf ein bestimmtes Buch oder einen Artikel von ihm. Die meisten Quellenangaben beziehen sich auf präzise ein Buch oder einen Artikel, was es Ihnen erleichtert, zu den Quelle zurückzugehen.
  Die vollständige Liste der Autoren finden Sie am Ende des Buches im Anhang B.

Alle Veränderungen wurden mit größter Sorgfalt vorgenommen und aufgezeichnet, um die Möglichkeit der Verifikation zu gewährleisten. Es wurden Tausende von *Querverweisen und Synonymen* eingefügt, besonders an solchen Stellen, an denen bekannte Rubriken oder Arzneimittel verändert wurden. Wo es [innerhalb des Repertoriums] nicht möglich war, diese Veränderungen zu kennzeichnen (wenn beispielsweise ein Fehler korrigiert wurde) wurden diese Korrekturen im Abschnitt *Änderung von Symtomen* aufgenommen, den Sie auf Seite A-31am Ende des Buches finden.

Diese enorme Arbeit hätte ohne die Hilfe so vieler Radar-Anwender, homöopathischer Kollegen und der Computertechnik nie eine solche Qualität erreichen können. Zusätzlich zu der Würdigung dieser Personen am Ende des Repertoriums möchten wir schon hier einige von ihnen erwähnen:

Unser Dank gilt Archibel (dem Hersteller von Radar) und dem Team von Programmieren, an dessen Spitze Phillipe Santantonio steht: wie oft gelang ihnen, wie durch Zauber ein Programm zu erstellen, das uns Arbeit in Stunden durchführen ließ, von der wir dachten, sie würde Tage dauern!

Eine weitere hervorragende Entwicklung dieses Teams war die Möglichkeit, dieses Repertorium mit Unterstützung des Computers in verschiedene Sprachen übersetzen zu lassen. Bislang war vielen Homöopathen aufgrund ihrer Schwierigkeiten mit der englischen Sprache die Benutzung eines verläßlichen Repertoriums verwehrt. Diese Übersetzungen werden es ihnen erlauben, dasselbe faszinierende Repertorium in ihrer Muttersprache zu benutzen. In naher Zukunft werden verläßliche *Übersetzungen von Synthesis ins Deutsche, Italienische, Französische, Spanische und Portugiesische* zur Verfügung stehen! Wir hoffen, daß diese revolutionäre Neuerung weltweit die Verständigung und die Zusammenarbeit zwischen Homöopathen fördern wird.

Dank gebührt allen Homöopathen und Übersetzern, die an den verschiedenen nationalen Projekten beteiligt sind. Besonders ist Peter Vint zu danken, der bereits die deutsche Übersetzung mit der Genauigkeit und Gewissenhaftigkeit, für die er bekannt ist, abgeschlossen hat, womit er allen weiteren Übersetzungen den Weg geebnet hat.

Unser Dank gilt auch den Sekretärinnen, die an dieser Arbeit beteiligt waren, die manchmal monoton war und doch gleichzeitig keinen Moment der Unaufmerksamkeit gestattete. Veränderungen wurden automatisch in sogenannten "history files" (Dateien zur Dokumentation von Veränderungen) aufgezeichnet und am nächsten Tag ausgedruckt, um die getane Arbeit zu überprüfen. Ich habe fast alle diese Seiten gelesen, was allein beim Schritt von Version 4 zu Version 5 mehr als 9 Kilometer waren!

Zu guter letzt gilt unser Dank den Verlegern, die weit über ihre verlegerischen Aufgaben hinausgegangen sind. Ich bewundere die endlosen Versuche, die sie unternahmen, um das bestmögliche Layout für den Druck zu ermitteln. Ich danke Reinhard Rosé und Peter Vint auch für ihre unschätzbare Unterstützung bei den Korrekturarbeiten an der englischen Version und bei der Aufstellung der Regeln. Sie ließen mich niemals ruhen, wenn es ein Problem oder eine Frage gab, wobei sie zugleich die Last der Arbeit auf sich nahmen und so auch die Verantwortung mit mir teilten.

Sie bestanden sehr auf der Idee eines *erweiterungsfähigen Repertoriums*, was in der deutschen Ausgabe durch die Loseblatt-Sammlung verwirklicht wurde. Während Sie diese Zeilen lesen, sind wir bereits dabei die Informationsfülle und die Qualität von Synthesis einen weiteren Schritt voranzubringen. Sobald die Zahl der Veränderungen signifikant sein wird, werden diese wieder Ihnen allen zur Verfügung gestellt werden.

Das sind die Gründe, warum Synthesis wahrhaft ein weltweites Projekt ist. Es wurde so gestaltet, daß alle Arbeiten von Homöopathen aller Länder und Sprachen in das Werk aufgenommen werden können, ob es sich um persönliche Ergänzungen, Ergebnisse aus Literaturrecherchen oder Anmerkungen und Korrekturen handelt. Wir führen all diese Informationen zusammen und kommen dadurch gleichzeitig in allen Sprachen voran!

Diese Vision verkörpert vermutlich mehr, als Kent sich in den auf der ersten Seite dieses Vorworts zitierten Zeilen gewünscht hat. Es ist nicht zuletzt diese Perspektive, die mir und zweifellos vielen der Mitarbeiter dieses Projektes die Kraft gab, Tag für Tag weiterzumachen. Es ist eine erhebende Erkenntnis, daß wir heute in der Lage sind, Werkzeuge für die Homöopathie zu schaffen, von denen nie zuvor geträumt werden konnte.

Synthesis basiert auf Kents Repertorium und fügt diesem eine enorme Menge an Korrekturen und Ergänzungen hinzu. Wir glauben, daß es der Homöopathie als solche noch weit mehr gibt. Das vollständige Konzept finden Sie im Abschnitt *"Blaupause für ein neues Repertorium"* (im Anhang A) beschrieben. Dieser Vorschlag stellt eine offene Einladung zur Diskussion darüber dar, wie wir in der geeignetsten Weise unser homöopathisches Wissen strukturieren können, so daß es gut lesbar, durchschaubar und konsistent wird.

Wir hoffen sehr, daß dieses Instrument dabei helfen wird, die Effizienz Ihrer homöopathischen Arbeit auf eine neue Ebene zu heben. Neben dem Wissen über die Materia Medica ist das Repertorium der beste Freund, um das Wunder der homöopathischen Heilung immer wieder von Neuem stattfinden zu lassen.

Wir haben keine Mühen gescheut, damit dieses Repertorium dabei helfen kann, die Homöopathie *noch stärker erstrahlen* zu lassen.

Dr. Frederik Schroyens
Gent, Belgien
Am ersten Sommertag 1993

Vorwort zur Ausgabe 7

Synthesis 7 enthält die Arbeit unseres Teams bis zum 4. Juli 1997[8], etwa vier Jahre nach der vorherigen gedruckten Ausgabe von Synthesis. Manchmal war es schwierig, die Prioritäten festzulegen und die Zeit war beschränkt, selbst diese vier Jahre verstrichen. Noch viel mehr bleibt zu tun und zum Abschluß zu bringen. Jedoch haben wir einen weiteren enormen Schritt nach vorn gemacht. Hier die Hauptmerkmale.

Die Ziele, die im Vorwort der ersten Auflage von Synthesis formuliert wurden und hier nicht wiederholt werden sollen, wurden weiter verfolgt. Ein besonderer Schwerpunkt bilden die Ergänzungen „klassischer Autoren" (Hahnemann, Allen, Clarke, Boericke (William und Oscar) uvam.). Die Ergänzungen dieser Art, die von Dr. Thomas Lowes (München) gesammelt wurden, wurden vollständig eingearbeitet.

Im Rahmen eines Pilotprojektes wurden die Kapitel *Auge* und *Sehen* im Licht moderner Terminologie und neuer Erkenntnisse überarbeitet und es wurden (in der Computerversion) viele Notizen und erläuternde Multimediaobjekte hinzugefügt. Zudem wurden viele Ergänzungen - vor allem von Moffat (mfj1) - eingearbeitet. Diese Überarbeitung wurde mit Hilfe von Edward Kondrot, M.D., einem homöopathischen Augenarzt aus den USA, durchgeführt. Wir freuen uns auf Ihre Kommentare und erhoffen uns Unterstützung zu ähnlich grundlegenden Überarbeitungen weiterer Kapitel.

- Mit der Hilfe von Dr. Prakash Vakil aus Indien, der leider im Septemter 1997 von uns ging, wurden Tausende von Zungensymptomen in den unterschiedlichsten Kapiteln eingearbeitet, die meisten davon im Kapitel "Mund". Diese Symptome sind in Kombination von Farbensymptomen und Symptomen in bezug auf die Mondphasen Teil des Vakil-Moduls, einem Computerprogramm, um während der Verschreibung Arzneimittel zu bestätigen bzw. zu differenzieren.

- Das Repertorium der von *Dr. Arthur Hill Grimmer* genannten Symptome wurde mit der freundlichen Unterstützung von *Dr. Ahmed Currim*, USA, in Synthesis eingearbeitet. Die vollständigen Informationen zu den Symptomen finden Sie im Buch „The Collected Works of Arthur Hill Grimmer, M.D." zu beziehen über das Hahnemann Institut.

- Synthesis 7 enthält zudem Ergänzungen aus neuen Prüfungen wie Luna (das vervollständigt und unter Verwendung weiterer Quellen überarbeitet wurde), Gingko biloba, Psilocybe caerulescens, Granitum, Marble, Limestone, Bambosa, Chocolate, Hydrogenium etc.

- Inzwischen wurden alle Gemüts-, Allgemein-, Schlaf- und Traumsymptome aus *Jeremy Sherrs* Buch „Dynamic provings - Vol. 1" eingearbeitet, wobei ein Mittelweg zwischen einem „Genug an Information" und „Erdrücken des Repertoriums" mit jedem neuen Arzneimitteln eingeschlagen wurde. Diese schwierige Aufgabe bewältigte *Nick Churchill*, England (für die Arzneimittel Adamas, Brassica napus oleifera, Germanium metallicum, Haliaeethus leukocephalus, Iridum und Neon).

- Die *Künzlipunkte* wurden aufgenommen (bei denen bedeutende Arzneimittel entsprechend der lebenslangen Erfahrungen von *Künzli von Fimmelsberg* höher bewertet werden)[9], diese Änderungen wurden zudem mit der Quellenangabe kl2 versehen [und in der deutschen Ausgabe mit einem Punkt markiert] z.B. Acon.$_{k,kl2}$●. An dieser Stelle sei Rolf Janert aus Deutschland gedankt.

Da alle Ergänzungen mit der Angabe des Autoren und soweit möglich der entsprechenden Publikation versehen sind, hat jeder die Möglichkeit, Ergänzungen, denen er nicht volles Vertrauen schenkt, bei der Repertorisation unberücksichtigt zu lassen.

---

8. In der vorliegenden deutschen Ausgabe wurden noch später gemachte Änderungen eingearbeitet. Dazu mehr im Vorwort des Verlags auf S. XIII

9. In der deutschen Ausgabe wurde - entsprechend der Haltung von Künzli von Fimmelsberg die Wertigkeiten der Arzneimittel beibehalten, da Künzli dagegen war, diese zu erhöhen. Vielmehr sollen seine Punkte als therapeutische Hinweise verstanden werden, die dem Homöopathen mitteilen, daß Künzli besonders gute Erfahrungen bei der Mittelfindung mit den entsprechend gekennzeichneten Symptomen bzw. Arzneimitteln gemacht hat [Anm. d. Verlags].

- Es wurden Tausendc von Querverweisen und Synonymen eingearbeitet, besonders auch im Kapitel *Gemüt*. Etwa 700 Notizen zu einzelnen Symptomen wurden eingefügt, um die Bedeutung bestimmter Rubriken klarzustellen [nur in der Computer-Version]. Für das Kapitel *Gemüt* stammen Sie zum Großteil von *Dr. Luis Detinis*, Argentinien, dem wir für die Erlaubnis zur Verwendung danken. Diese Arbeit wurde von *Dr. Peter Callebaut, Belgien*, koordiniert.
- Ergänzungen von George Vithoulkas wurden überarbeitet und korrigiert. Diejenigen Ergänzungen, die sich bei Autoren wie Boger/ Boenninghausen oder Boericke finden, wurden mit der entsprechenden Quellenangabe (br1, bro1, bg1) versehen.
- *Scor.* mit der Quelle srj1 (Jeremy Sherr) wurde durch *Androc.* (für Androctonus) ausgetauscht und alle Wertigkeiten wurden auf Wunsch von *Jeremy Sherr* um einen Punkt herabgesetzt und nach den klinischen Erfahrungen, die bis März 1995 zur Verfügung standen, neu bewertet. Das alte Arzneimittel *Scor.* wurde nach den Quellen a1 und c1 (Allen, Clarke) vervollständigt.
- Im Rahmen der Verbesserung der Benutzerfreundlichkeit des Repertoriums liegt die größte Veränderung in der klaren Kennzeichnung der Begleitsymptome [engl. concommitants], wobei dazu der Ausdruck *begleitet von* benutzt wird. Die Struktur und die Bearbeitungsregeln ähneln dabei sehr denen, die für die Rubrik *abwechselnd mit* benutzt werden:

  • **Symptom 1**:
  ◆ **begleitet** von:[10]
  • **Symptom 2**:

- Arzneimittel und Unterrubriken sind dabei nur an einem „Teil“ des Symptoms [d.h. an einer Stelle des Repertoriums] enthalten. An allen anderen Stellen, an denen man nach diesem Symptom suchen könnte, findet man Querverweise, die auf das erste Symptom verweisen. Arzneimittel und Unterrubriken befinden sich dabei vorzugsweise an dem „Teil“ des Symptoms, in dem der wichtigere, für das Leben bedeutendere oder agressivere „Teil“ des Symptoms genannt wird.

  Beispiel: *„Kopf - Schmerz - begleitet von - Nase; Verstopfung der“* findet man im Kapitel Kopf, da Kopfschmerzen das agressivere Symptom sind.
  „Schwindel - begleitet von - Nasenbluten“ findet man im Kapitel Schwindel. Schwindel gehört zum ZNS, das ein lebenswichtigeres Gewebe ist, als die Nase (bzw. das Bluten derselben). Unter *„Nase - Nasenbluten - begleitet von“* findet man einen Querverweis auf dieses Symptom.
- Große Sorgfalt wurde darauf verwendet, von den alten Formulierungen für die Symptome auf die neuen zu verweisen, so daß erfahrene Benutzer des Repertoriums nicht ins Leere laufen, bis sie sich an diese neue Struktur gewöhnt haben.
- Diese neuen Symptome haben neben anderen den großen Vorteil, daß man in den meisten Fällen schnell herausfinden wird, daß sich das Begleitsymptom an einer präzisen Stelle im Repertorium befindet. Nehmen Sie beispielsweise „Kopfschmerzen mit Speichelfluß“. Kopfschmerzen stellen klar die für das Leben bedeutendere Beschwerde dar. Die Arzneimittel dieses Begleitsymptoms befinden sich entsprechend in der Rubrik „Kopf - Schmerz - begleitet von - Speichelfluß“. Jedoch existiert auch die andere „Seite“ des Symptoms, in Form eines Verweises. Und für diejenigen, die noch die alte Methode gewohnt sind besteht auch ein Verweis unter „Mund - Speichelfluß - Kopfschmerzen - während“.
- In einigen Fällen wurden versteckte Symptome in die Struktur der Begleitsymptome verschoben und damit auffindbar.
  Bei Kent gibt es das Symptom „Atmung - schwierig - Herzen; mit Schmerz im - Ovarialleiden; während“, das ganz offensichtlich ein interessantes Begleitsymptom enthält. Wer hat es je gefunden?
  In Synthesis 7 wurde daraus: „Brust - Schmerz - Herz - begleitet von - Ovarien; Schmerz in den“. Ebenso gibt es einen Ver-

[10] Beachten Sie bitte die schwarze Raute, die diese Symptome besonders kennzeichnet [Anm. d. Verlags].

weis unter „Weibliche Genitalien - Schmerz - Ovarien - begleitet von - Herz; Schmerz im".

- Im Rahmen der fortlaufenden Verbesserungen des Repertoriums wurden bestimmte Abschnitte des Repertoriums unter Verwendung der Arzneimittellehren "bereinigt" und verständlicher gemacht. Dazu gehören u.a. die Rubriken (und deren Unterrubriken): *„Gemüt - Außer sich; ist"; „Gemüt - Gesten, Gebärden"; „Schwindel - Drehens; Gefühl des"* im Gegensatz zu *„Schwindel - Drehen; beim"; „Augen - Öffnen der Augen"* im Gegensatz zu *„Augen - Offene Augen"* u.v.a.m. Die Rubriken *„Mirth"* [Froh] und *„Cheerful"* [Lustig, fröhlich] wurden wieder wie im Original von Kent getrennt.

- Alle Veränderungen werden entweder in einer Notiz zum Symptom [nur in der Computer-Version] erläutert oder im Abschnitt *Änderungen von Symptomen* Seite A-31ff. in der Blaupause am Ende des Buches.

- Jedes einzelne Arzneimittel ist [sofern es nicht aus Kents Repertorium selbst stammt] mit einer Quellenangabe versehen, wobei maximal zwei genannt werden und dann ein Sternchen * anzeigt, daß im Computer-Repertorium noch weitere Quellen aufgeführt sind. Die Begrenzung der Zahl der Quellennachweise im Buch dient der Platzersparnis.

- Viele Einzelkorrekturen (z.B. falsche Arzneimittelabkürzungen) wurden durchgeführt. Wie bisher werden die wichtigsten in der Blaupause im Verzeichnis der wichtigsten Änderungen erläutert. Bei mehr als 250 Einzeleinträgen wurde ein neues System angewandt: das gestrichene Arzneimittel verbleibt im Repertorium ist jedoch durchgestrichen (z.B. ~~sarr.a1~~, um deutlich zu machen, daß das Arzneimittel sarr. (aus Allen) nicht zu diesem Symptom gehört ("Wahnideen - Schande; sie sei in"). Das Mittel findet man jetzt bei der korrekten Rubrik "Wahnideen - Schande zu bringen; über jemanden - Familie oder Freunde gebracht; er habe Schande über" - es sich hier ursprünglich um einen falschen Eintrag handelte.

- Ein weiterer Punkt, dem Synthesis seine Aufmerksamkeit schenkt, ist die Tatsache, daß manche Autoren zwischen bestimmten Arzneimitteln unterscheiden, während andere dieselben als identisch betrachten. Dies gilt besonders für Salze (beispielsweise die Bleisalze), aber auch für bestimmte Pflanzen oder Tiere. Entsprechend können sich Symptome von *tril-p.* bei einem Autoren eindeutig und einzig auf *Tillium pendulum* beziehen, bei anderen kann *tril-p.* auch Symptome von *Trillium cernuum* mit einschließen.
Ich begrüße die Tendenz zu größerer Präzision und unterstütze die Anstrengungen, die unternommen werden, um beispielsweise Plumbum metallicum von Plumbum carbonicum zu unterscheiden. Dies wurde bereits in der vorherigen Auflage von Synthesis für eine Reihe solcher Mittel durch die Bereitstellung entsprechender spezifischer Arzneimittelabkürzungen durchgeführt.
In dieser Ausgabe testen wir einen anderen Ansatz. Wenn ein Autor klar sagt, daß mehrere Substanzen in seinen Augen dasselbe Arzneimittel darstellen, wurde eine Abkürzung mit dem Suffix -xyz eingeführt. Das bedeutet, daß diese Abkürzung für mehrere Arzneimittel steht, die vom Autor für ein und dasselbe Arzneimittel gehalten wurden und daß weitere Forschung unternommen wird, um herauszufinden, ob die Möglichkeit besteht, einen Einzeleintrag eindeutig einem bestimmten Arzneimittel dieser Gruppe zuzuordnen.

Beispiel: "Abdomen - Hernie - eingeklemmt, inkarzeriert" enthält plb-xyz mit der Quelle c2 (Clarke). Clarke schreibt explizit: „Die Wirkungen der drei oben genannten Bleipräparationen wurden alle im Schema aufgenommen, da weder ein Versuch unternommen wurde, sie voneinander getrennt zu halten, noch spezifische Unterschiede festgestellt wurden."

- Dieser Ansatz wurde nur gelegentlich benutzt, um vorerst die Idee vorzustellen und ein Feedback zu erhalten. Wenn die Zeit reif ist, diese erhöhte Genauigkeit einzuführen, bedeutet dies eine Mammutarbeit für die homöopathische Gemeinschaft. Doch mag es den Aufwand wert sein, da beispielsweise ein Patient, der nach Blei aussieht, aber trotzdem nicht darauf reagiert, eventuell auf das Azetat oder das Karbonat reagiert. Um soche Resultate zu ermöglichen, müssen wir unsere Werkzeuge weiter verbessern.

- Arzneimittel aus Unterrubriken wurden nicht systematisch in die Oberrubriken aufgenommen. Würde dies ohne besondere Kriterien von einem Computerprogramm durchgeführt, würden beispielsweise Arzneimittel aus der Rubrik „Spaßen - Abneigung gegen" zu den Arzneimittel aus „Spaßen" hinzugefügt. Arzneimittel aus „Empfindlichkeit - Mangel an" würden zu „Empfindlichkeit" hinzugefügt u.s.w. Das Ergebnis wären tausende von solcherart hervorgerufenen Fehlern, die hunderte von Rubriken völlig unzuverlässig machen würden. Für die nächste Version von Synthesis haben wir uns das Ziel gesetzt, die Oberrubrken zu vervollständige. Jedoch ist dazu eine sorgfältige, manuelle Prüfung notwendig und keine automatischen Verfahren.

- Als Folge des oben geschilderten Arbeiten enthält die vorliegende Auflage 7 von Synthesis 235.000 Ergänzungen mehr als das Originalrepertorium von Kent (die Auflage von Synthesis 5 hatte 181.000 zusätzliche Einträge). [In der vorliegenden deutschen Ausgabe wurden zusätzlich noch die Quellennachweise von *Pierre Salaün* eingefügt, womit sich diese Zahl auf rund 450.000 erhöht! Lesen Sie dazu bitte das Vorwort des Verlags.] Sie stammen aus 330 verschiedenen Quellen. Synthesis ist zudem das erste Repertorium, das Informationen über mehr als 2000 Arzneimittel enthält.

- In Synthesis findet sich zudem ein neuer Arzneimittelkatalog, der 3712 Arzneimittel umfaßt (Synonyme nicht mitgerechnet) und ein neuer Autorenkatalog (mit 1821 Quellenangaben).[11]

- Trotz der beträchtlichen Zunahme an Informationen, ist die Seitenzahl nahezu gleich geblieben, was durch eine überarbeitete Seitengestaltung möglich wurde.

Wie schon zuvor ist jedoch die Qualität der enthaltenen Information unser Hauptziel geblieben und wir danken allen, die durch ihre Kommentare zu früheren Auflagen dazu beigetragen haben. Alle Beiträge sind willkommen, um das Feuer des Repertoriums zu nähren: es wird nie verlöschen!

Dr. Frederik Schroyens
Gent, 4. Juli 1997

11. Der alte Katalog enthielt 3.200 Arzneimittel und 998 Quellenangaben.

Vorwort des Verlags

Als wir - das Hahnemann Institut für homöopathische Dokumentation - uns dazu entschieden, sowohl die Übersetzung, als auch die Publikation des Repertorium homoeopathicum syntheticum - kurz Synthesis - zu besorgen, stand von Anfang an das Kriterium der Qualität im Vordergrund. Im Verlauf der Zusammenarbeit mit dem Herausgeber Dr. Frederik Schroyens hatten wir auch Gelegenheit, auf das englische Basiswerk Einfluß zu nehmen.

Wie Dr. Schroyens in seinem Vorwort bereits ausführlich dargelegt hat, ist alles getan worden, um die inhaltliche Qualität in bisher nicht dagewesenem Maße zu gewährleisten. *Zur Konzeption des Repertoriums, den Strukturen, Regeln und Schreibweisen sollten Sie sowohl das Vorwort zur Edition 7 wie Anhang A Blaupause für ein neues Repertorium lesen!* Dort finden Sie auch viele Informationen zu den vorgenommenen Änderungen gegenüber dem Kentschen Repertorium, aber auch sonst vieles, was das Verständnis für den prinzipiellen Aufbau eines Repertoriums angeht.

Bitte beachten Sie: *Die Blaupause wurde vom Herausgeber nicht durchgängig überarbeitet und auf die Edition 7 angepaßt. An wichtigen Stellen wurden deshalb vom Verlag Fußnoten mit entsprechenden Hinweisen eingefügt!*

Besonderheiten dieser Ausgabe

- Da die deutsche Ausgabe etwa ein Jahr nach der englischen erfolgte, hatten wir die Möglichkeit von der Lebensarbeit von Dr. Pierre Salaün zu profitieren: Er unternahm es, die *Einzeleinträge* von Kent anhand von Quellen zu verifizieren. D. h. er versuchte für jedes einzelne Arzneimittel in Kent entsprechende Einträge in der Originalliteratur zu finden. Ein Teil dieser Arbeit ist nun in diese Ausgabe von Synthesis integriert worden. Es handelt sich um über 200.000 Bestätigungen von Arzneimitteln (das entspricht etwa 1000 pro Seite!). Dies erhöht auch die Verläßlichkeit der Einträge von Kent selbst. Ein weiterer Schritt zu einem quellenkritischen Repertorium ist damit getan. Wenn bei der nächsten Auflage einmal alle Ergänzungen von Dr. Salaün eingearbeitet sein werden, wird das Repertorium sogar noch um ein Vielfaches an Bestätigungen bereichert sein.
- Bei den Künzli-Punkten blieben die *Wertigkeiten* der Arzneimittel unangetastet, so wie Künzli selbst es forderte. Sie erkennen die Künzli-Punkte einfach im Text durch die Markierung ● und durch die Quellenangabe Acon.$_{kl2}$●. Die Künzli-Punkte haben dabei folgende Bedeutung: Steht der Punkt bei einer Rubrik, so ist diese therapeutisch wesentlich und führt häufig direkt zur Mittelwahl oder grenzt diese doch wesentlich ein. Steht der Punkt hinter einem Arzneimittel, so hat sich dieses Mittel bei diesem Symptom oft therapeutisch bewährt.
- Die wichtigsten Quellenangaben finden Sie nun handlich auf einem *Lesezeichen*, das dem Buch beiligt.

Zur Übersetzung

- Das uns englisch vorliegende Werk Synthesis wurde von unserem Mitarbeiter Peter Vint ins Deutsche übertragen, der unter anderem das *Dictionary of Practical Materia Medica* von *John Henry Clarke* quellenkritisch übersetzt hat.
- Prinzipiell gibt es zwei Möglichkeiten, einen solch hochstrukturierten Text, wie den eines Repertoriums, zu übersetzen:
- Man kann versuchen, einen eleganten, auf Stil und grammatikalische Feinheiten bedachte Sprache zu verwenden, was aber unweigerlich zu Problemen führt und den Text oft unnötig verlängert. Der andere Weg - für den wir uns schließlich entschieden haben - benutzt eine prägnante, auf die Logik und den Telegrammstil des Repertoriums abgestimmte Sprache. So wurde z.B. weitgehend darauf verzichtet, Substantive zu beugen (z.B. in den Unterrubriken zu *erstreckt sich zu*), was ohne weiteres verständlich bleibt, aber grammatikalische "Ungetüme" von vornherein weitgehend ausschließt, wie sie sonst bei z.B. durch Dativ- und Akkusativ-Konstruktionen in Unterrubriken entstehen. Ebenso werden Adjektive und Adverbien aus einem ähnli-

chen Grund meist in der Grundform verwendet (z.B. *Hautausschläge - rot*, da es bei verschiedenen Unterrubriken z.B. *Ekzem* und *Pickel* grammatikalisch korrekt *rotes* bzw. *rote* heißen müßte, oder wenn der Dativ verwendet wird *(mit) rotem* - was sich beim besten Willen nicht zu einer *Oberrubrik* zusammenfassen läßt).

- *Zur Wortwahl:* es wurde darauf geachtet, durchgehend eine einheitliche Schreibweise anzuwenden (also nicht einmal Diarrhöe, Diarrhö sondern immer Diarrhoe). Maßgebend waren folgende drei Werke: der "Duden", der "Pschyrembel" und "La Roche". In Zweifelsfällen wurde immer nach folgender Regel vorgegangen: ist das Wort "eingebürgert" oder eine lateinisch-deutsche Mischform, wird die deutsche Schreibweise bevorzugt (also *Rektum* statt *Rectum*), handelt es sich um einen eindeutigen Fachterminus, der den Regeln der lateinischen bzw. griechischen Sprache folgt, so wird die jeweils für Latein bzw. Griechisch vorgeschriebene Schreibweise benutzt (z.B. bei speziellen Muskeln, Nerven etc.). Gelegentlich mußte von dieser Regel insofern abgewichen werden, als bestimmte Traditionen vorliegen, was den Sprachgebrauch in Repertorien angeht. Idealiter sollten alle Organe und Körperteile *deutsch* verwendet werden, aber es hat sich nun einmal eingebürgert das Kapitel *Abdomen* nicht Bauch zu nennen.
- Im Falle von *Synonymen* wurde darauf geachtet, durchgehend nur eine Variante im Text zu benutzen, also z.B. *Ösophagus* statt *Speiseröhre* und *Periost* statt *Knochenhaut*.
- Die Verwendung von Begriffen in der vorliegenden deutschen Ausgabe wurde weiter vereinheitlicht und an prominenter Stelle innerhalb des Repertoriums zeigen Ihnen gegebenenfalls Verweise, welche Begriffe Verwendung fanden.

Besondere Schreibweisen

- *Die Zeiten* wurden durchgehend in internationaler Schreibweise ausgeführt d.h. *14 h* statt *14 Uhr*.
- *Verschlechterungen* und *Verbesserungen* wurden durchgängig als *agg.* für Aggravation (Verschlechterung) und *amel.* für Amelioration (Verbesserung) bezeichnet - nicht zuletzt, weil diese Kürzel allgemein verständlich und gut lesbar sind. Ein weiteres Argument ist, daß es bei der Vielfalt der möglichen deutschen Schreibweisen nun eindeutig ist, wo man diese Modalitäten zu suchen hat - denn sonst müßte man unter Varianten wie: *Besserung, Linderung* oder *Verbesserung* suchen (von der Möglichkeit Verben zu benutzen gar nicht zu reden), also an drei völlig verschiedenen Stellen des Alphabets.
- Manchmal folgen Begriffen Erläuterungen und Synonyme in Klammern. Dies wird durch ein Gleichheitszeichen gekennzeichnet.

– **wund** schmerzend (= wie zerschlagen, empfindlich etc.):

- *Zur Wortstellung:* detaillierte Informationen hierzu finden Sie im Anhang A in der *Blaupause für ein neues Repertorium* am Ende des Buches (besonders im Abschnitt *Bearbeitung der Symptome* auf Seite A-5). Generell gilt: jedes Symptom bzw. jede Rubrik beginnt mit dem wichtigsten Wort (das zudem **fett** geschrieben ist), also z.B. einem Ort, einer Modalität, einer Tätigkeit etc. Innerhalb dieser Einteilung wird generell alphabetisch sortiert.

Zum Layout

- Bei der Gestaltung des Repertoriums haben wir einen neuen Weg eingeschlagen, wie Sie schon beim ersten Durchblättern feststellen werden. Die Vorgaben waren klar: Ein möglichst ruhiges Erscheinungsbild, das langes Lesen beschwerdefrei möglich macht, Übersichtlichkeit und leichte Orientierung.
- Mit Erscheinen der Edition 7 mußte das Layout in einigen Punkten etwas abgewandelt werden, um bei gleicher Lesefreundlichkeit die Seitenzahl aufgrund der Zunahme an Symptomen, Verweisen, Arzneimitteln und Quellenangaben nicht enorm zu erhöhen.

Ein Beispiel:

Konzentration:
– **gut**, aktiv: alum.$_{bg2,gl1}$ am-c.$_{j}$ ambr.$_{j}$ anac.$_{bg2}$ androc.$_{srj1}$ *Anh.*$_{mg,mg1,*}$ arg-n.$_{j}$ aur.$_{j}$ bell.$_{j}$ calc.$_{bg1,bg2,*}$ ....
☞ *Aktivität - kreative / Gedanken - schnell / Gedanken - tiefschürfend [...] / ❑ Kopf - Schmerz - Aufmerksamkeit*

- Alle *Symptome* sind in serifenloser Schrift gesetzt, wobei das erste Wort (z.B. **gut**, aktiv) **fett** hervorgehoben ist.

- Setzen sich Rubriken über mehrere Spalten fort, wird der Text der Rubrik wiederholt:

– **gut**, aktiv: ...

- In den *Kopfzeilen* werden dabei - wie in Lexika gebräuchlich - die *erste und letzte Hauptrubrik* angegeben. Im Falle von sehr großen Hauptrubriken zusätzlich noch die erste Unterrubrik (z.B. Schmerz - stechend).

- Die *Arzneimittel* sind in einer Serifenschrift gesetzt (z.B. alum.$_{bg2,gl1}$), wobei hinter dem Arzneimittel die *Quellenangaben* folgen, die im Anhang B aufgeschlüsselt sind. Die wichtigsten Quellen finden Sie auch auf dem beiliegenden Lesezeichen. Die Abkürzungen der Arzneimittelnamen sind im Anhang C aufgelistet.

- Sind mehr als zwei Quellenangaben verfügbar, so wird dies durch ein Sternchen * nach der letzten Quellenangabe gekennzeichnet. Die weiteren Quellenangaben sind nur in der Computerversion innerhalb des Radar-Programmes sichtbar. Dieser Schritt dient zur Vermeidung einer *Überfrachtung* des Repertoriums mit solchen Informationen. Gedruckt werden dabei die *ältesten* bzw. *verläßlichsten* Quellenangaben. *Beispiel:* Bei einem Eintrag von Acon. mit den Quellen Hahnemann CK, Kent, Jahr und Noack/Trinks würden nur Kent und Hahnemann genannt: acon.$_{h2,k,*}$

- Die *vier Grade / Wertigkeiten* sind wie folgt gekennzeichnet:

Die Grade:
– **1. Grad** = normal + Kleinbuchstaben: acon.
– **2. Grad** = kursiv + erster Buchstabe groß: *Acon.*
– **3. Grad** = fett + erster Buchstabe groß: **Acon**.
– **4. Grad** = fett + nur Großbuchstaben: **ACON.**

- Die Quellenangaben haben wir anders als üblich tief gestellt, so daß sie den Lesefluß nicht behindern - denn sie sind ja erst bei *genauerem Hinsehen* bzw. in einem späteren Stadium der Repertorisation von größerer Bedeutung. Wie in der Datenbank, d.h. im Computerprogramm Radar, haben wir Abkürzungen für die Quellen benutzt, da es ein leichtes ist, sich die wichtigsten Autoren zu merken, was - wie wir meinen - bei Ziffern wesentlich schwerer fällt, zumal viele homöopathische Werke mit Ziffern arbeiten, was zu unnötiger Verwirrung führen könnte.

- Die Staffelung in Rubriken und Unterrubriken wird durch graphische (und typographische) Elemente hervorgehoben. Bei den Hauptrubriken (also z.B. Schmerz, Wahnideen etc.) wird zudem das erste Wort in einem etwas größeren Schriftgrad gesetzt, damit man leicher von einer Hauptrubrik zur nächsten springen kann. Die erste Unterrubrik beginnt mit einem Bindestrich, alle tieferen Rubriken mit einem Punkt, was dem Auge eine Orientierungshilfe gibt, auf welcher Ebene man sich gerade befindet.

- Rubriken sind bekanntlich inhaltlich gegliedert und folgendermaßen angeordnet: *Seiten - Zeiten - abwechselnd mit - begleitet von - Modalitäten - erstreckt sich zu - Orte - Beschreibungen* (z.B. Arten von Schmerzen). Folgenden Symtomengruppen wurden *grafische Führungszeichen vorangestellt:*

◈ **abwechselnd** mit: ...
◆ **begleitet** von: ...
▽ **erstreckt** sich zu: ...
○ **Hinterkopf** ... (Orte)
☞ *Verweis*

- Querverweise und Verweise sind durch eine Hand ☞ gekennzeichnet:

Konzentration:
– **gut**, aktiv: alum.$_{bg2,gl1}$ am-c.$_{j}$ ambr.$_{j}$ anac.$_{bg2}$ androc.$_{srj1}$ *Anh.*$_{mg,mg1,*}$ arg-n.$_{j}$ aur.$_{j}$ bell.$_{j}$ calc.$_{bg1,bg2,*}$ ....
☞ *Aktivität - kreative / Gedanken - schnell / Gedanken - tiefschürfend [...] / ❑ Kopf - Schmerz - Aufmerksamkeit*

- Wird auf ein anderes Kapitel verwiesen, so sehen Sie ein Kästchen ❑ vor dem Namen des Kapitels.

- *Zur Sorticrung von Rubriken:* Bei dieser Auflage haben wir uns sehr bemüht, die Sortierfolge vor allem der *Orte* einheitlicher zu gestalten. Prinzipiell werden Orte *alphabetisch sortiert*. Doch im Kapitel *Extremitäten* wird aufgrund der Tradition wie auch der anatomischen Gegebenheiten von dieser Regel abgewichen. Bislang gab es kein festes Schema, wie *Teile* bestimmter Gliedmaßen einzuordnen sind, also beispielsweise die Rubriken Knochen, Sehnen, Nägel als direkte Unterubriken z.B. von Schmerz oder als Unterubriken bestimmter Körperteile (z.B. Finger). Folgende Regel wurde benutzt: Alle solche *Teile*, die nicht von sich aus eine feste Reihenfolge haben, werden *alphabetisch* sortiert und den anderen, anatomisch festgelegten *vorangestellt.* Die ersten Orte in der Hauptrubrik Schmerz sind entsprechend *Ansatzstelle der Muskeln, Beugemuskeln, Gelenke* etc. und erst dann folgen *Arme, Oberarm, Ellbogen* etc. Gleiches gilt innerhalb der einzelnen Körperteile. Z.B. kommen in den Unterrubriken von Fingern *Knochen, Gelenke, Periost* ... immer vor *Zeigefinger, Ringfinger* etc.
- *Die Nagelsymptome:* Ein Großteil der Symptome der Nägel sind nun in der Hauptrubrik *Nägel; Beschwerden der* zusammengefaßt. Durch Querverweise innerhalb dieser Rubrik sind nun alle Nagelsymptome schnell auffindbar. Das Wort *Nägel* wurde immer dann verwendet, wenn nicht angegeben oder erkennbar war, ob es sich um *Finger- oder Fußnägel* handelt. Ist eindeutig, daß es sich um *Fingernägel bzw. Fußnägel* handelt, wurden diese Begriffe benutzt.
- Die Begriffe *Fieberfrost bzw. Fieberhitze* wurden durch *Frost bzw. Hitze* ersetzt, um eine einheitliche Übersetzung zu gewährleisten.
- Für die deutsche Ausgabe wurde der Versuch unternommen, *alle klinischen Begriffe* (z.B. sowohl die Trivialnamen wie die Fachtermini bei den Entzündungen) in *Querverweisen* auf der Ebene der Hauptrubriken einzufügen, damit jeder sofort zur richtigen Rubrik geleitet wird.

Ein paar Worte zum Schluß ...

- Wir möchten all denen unseren Dank erstatten, die uns bei dieser Arbeit unterstützt haben, nicht zuletzt all denen, die uns mit ihrer Kritik, ihren Änderungswünschen, Ergänzungen und auch ihrem Lob immer wieder gezeigt haben, daß die Idee des Projektes Synthesis lebendig ist und das Repertorium sich ständig weiter entwickelt. Nochmals herzlichen Dank!
- Wir freuen uns schon heute auf die Reaktionen auf diese neue Auflage von Synthesis. Selbstverständlich stehen wir Ihnen auch zur Beantwortung von Fragen zur Verfügung.
- Nun dürfen wir Ihnen noch viel Freude und Erfolg bei der Arbeit mit diesem neuen Repertorium wünschen!

Ihr Hahnemann Institut
Greifenberg
Juli 1998

- Und hier noch unsere Adresse:
Hahnemann Institut
Privatinstitut für homöopathische Dokumentation GmbH
Krottenkopfstraße 2
D-86926 Greifenberg

Tel. 09081-93060
Fax. 09081-7806
E-mail: hahnemann@t-online.de
Internet-Homepage: www.hahnemann.com

Abergläubisch: arg-n.$_{vh}$ bell.$_{bg2}$ *Con.*$_{h,k,*}$ granit-m.$_{es1}$ haliae-lc.$_{srj5}$ kali-ar.$_{gk}$ lach.$_{dtn1}$ lap-a.$_{dgt}$ **Lycps-v.**$_{vh,vh/dg}$ manc.$_{mrr}$ med.$_{vh}$ op.$_{bg2}$ rhus-t.$_{a1,vh,*}$ stram.$_{bg2}$ zinc.$_{hr1,k}$
☞ *Fanatismus / Furcht - abergläubisch / Religiös - Gemütsstörungen*

Abgelenkt
☞ *Konzentration - schwierig / Verwirrung*

Abgesondert; Gefühl wie
☞ *Verlassen*

Abhängig von anderen:
– **Verlangen**, von anderen abhängig zu sein: marb-w.$_{es1}$
☞ *Selbstvertrauen - Mangel*

Abgestumpft
☞ *Gleichgültigkeit / Stumpfheit / Verwirrung*

Ablenkung amel.
☞ *Beschäftigung - amel.*

Abneigung:
☞ *Widerwillen*
– **allem**, gegenüber: alumn.$_{a1,k}$ am-m.$_{a1,k}$ ammc.$_{a1}$ ant-c.$_{bg2,ptk1}$ ars.$_{bg2}$ *Asar.*$_{bg2,h,*}$ *Aur-m.*$_{vh,vh/dg}$ bamb-a.$_{stb2}$ bism.$_{h,k1}$ *Bov.*$_{bg2,hr1,*}$ calc.$_{hr1,k}$ camph.$_{bg2,h,*}$ canth.$_{ptk1}$ caps.$_{h,k,*}$ cent.$_{a1}$ *Cocc.*$_{bg2}$ coloc.$_{bg2}$ cupr.$_{h,k,*}$ ferr.$_{a1}$ grat.$_{a1}$ hydrog.$_{srj2}$ hyos.$_{a1,k}$ ip.$_{a1,k}$ lach.$_{k13,k2}$ lyc.$_{a1}$ mag-c.$_{h,k1}$ mag-m.$_{a1}$ merc.$_{h,k,*}$ mez.$_{bg2,k,*}$ phos.$_{bg2}$ plat.$_{a1}$ plb.$_{a1,bg2}$ plumbg.$_{a1}$ *Puls.*$_{bg2,k,*}$ rheum$_{a1}$ rhod.$_{a1}$ rhus-t.$_{a1,h}$ ruta$_{bg2}$ sars.$_{a1,h}$ **Sep.**$_{a1,bg2,*}$ spong.$_{h,k1}$ sulph.$_{bg2,k,*}$ thea$_{a1}$ thuj.$_{a1,k}$
☞ *Widerwillen - allem*
• **vormittags**: sars.$_{h,k1}$
• **nachmittags**:
• **13** h: grat.$_{a1}$
– **Arbeit**
☞ *Faulheit*
– **Ehefrau**; gegen seine: ars.$_{k2,ptk1,*}$ *Fl-ac.*$_{k13,k2,*}$ nat-s.$_{k2,ptk1,*}$ plat.$_{k2,ptk1,*}$ puls.$_{k2,st}$ staph.$_{k2,ptk1,*}$
– **Ehemann**; gegen ihren: adam.$_{srj5}$ bamb-a.$_{stb2}$ choc.$_{srj3}$ *Glon.*$_{hr1,k}$ kali-c.$_{st}$ kali-p. *Nat-c.* nat-m. **Sep.** thuj.$_{ptk1}$ verat.$_{hr1,k}$
☞ *Männer - Frauen / Furcht - Männern*
• **Kinder**; und die: *Glon.*$_{kr1}$ *Verat.*$_{kr1}$
• **Koitus**; während: adam.$_{srj5}$
– **Eltern**, gegen die: fl-ac.$_{gl1}$
– **Erziehung**; gegen: sulph.$_{ptk1}$
– **Familienangehörige**; gegen: am-m.$_{bg2}$ aur.$_{bg2}$ *Calc.* con.$_{bg1,bg2,*}$ *Crot-h.* *Fl-ac.* haliae-lc.$_{srj5}$ hep.$_{bg1,bg2}$ iod.$_{bg2,ptk1}$ kali-c.$_{st,vh}$ kali-p.$_{bg1,k2,*}$ lyc.$_{bg1,bg2,*}$ **Merc.**$_{bg1,bg2,*}$ *Nat-c.* nat-m.$_{gl1}$ phos.$_{bg1,bg2,*}$ plat.$_{bg1,bg2,*}$ plb.$_{vh}$ senec.$_{bg2,ptk1}$ **Sep.**
☞ *Entfremdet - Familie*
• **anderen** Personen; spricht aber freundlich mit: fl-ac.$_{ptk1}$
– **Farben**
☞ *Farben - Abneigung*
– **Frauen**; gegen: am-c. bapt. con.$_{gl1,vh}$ *Dios.* ign.$_{a1}$ *Lach.* **Lyc.**$_{gl1,vh}$ mag-c.$_{a1}$ nat-m. *Puls.* raph.$_{a1}$ sulph.

Abneigung - Frauen; gegen: ...
☞ *Frauen - Männern / Haß - Frauen / Homosexualität*
• **Frauen**; bei: *Raph.*$_{a1,k,*}$
• **Männern**; bei: am-c.$_{a1,j5}$ nat-m.$_{a1}$ puls.$_{vh}$ sep.$_{k2}$ staph.$_{bg2,sf1}$
☞ *Frauen / Furcht - Frauen / Haß - Frauen - Männern / Heirat - unerträglich / Wahnideen - Frauen - böse*
• **Homosexualität**, mit: phos.$_{vh}$ *Plat.*$_{gl1}$ puls.$_{vh}$ staph.$_{vh}$
☞ *Homosexualität*
• **religiöse** Abneigung: lyc. *Puls.* sulph.
☞ *Haß / Haß - Frauen / Heirat - unerträglich / Homosexualität*
– **Fremde**
☞ *Gesellschaft - Abneigung - Fremden*
– **Freunde**, gegen: *Aur-m.*$_{vh,vh/dg}$ cedr.$_{a1,k}$ coloc.$_{ptk1}$ ferr. fl-ac.$_{k13,k2,*}$ *Led.*
☞ *Gesellschaft - Abneigung - Freunden*
• **Schwangerschaft**, während der: *Con.*
– **Gefühl** für irgendjemand:
• **Schwangerschaft** keinerlei; hat während der: acon.$_{kr1}$ *Sep.*$_{vh,vh/dg}$
– **Geschlecht**:
• **andere** Geschlecht; gegen das
☞ *Frauen - Männern / Männer - Frauen*
• **eigene** Geschlecht; gegen das
☞ *Frauen - Frauen*
• **Geschlechtsverkehr**; gegen
☞ *❑ Männliche Genitalien - Sexuelles Verlangen - fehlend / ❑ Weibliche Genitalien - Sexuelles Verlangen - fehlend*
– **Heirat**; gegen: *Lach.*$_{ptk1}$ nux-v.$_{ptk1}$ pic-ac.$_{ptk1}$ puls.$_{k2,ptk1}$
– **Kinder**; gegen: lyc.$_{ptk1}$ plat. raph.$_{a1,st}$ sep.$_{vh}$
☞ *Fliehen - Familie / Gleichgültigkeit - Kinder / Schlagen - Kinder; schlägt*
• **bekommen**; Kinder zu:
• **Welt** so schlecht ist; weil: ign.$_{vh}$ nat-m.$_{vh}$ plat.$_{vh}$ staph.$_{vh}$
• **geliebten** Kinder werden ihm plötzlich zur Last; seine: **Kali-i.**$_{kr1}$
• **eigenen** Kinder; gegen ihre: **Choc.**$_{srj3}$ glon. *Lyc.* *Nux-v.*$_{vh,vh/dg}$ phos.$_{ptk2}$ plat. sep.$_{vh}$ verat.
• **kleine** Mädchen; gegen:
• **Frauen**; bei: raph.
• **Traurigkeit**, aus: *Con.*$_{kr1}$
☞ *Entfremdet - Kindern / Kinder - flieht*
– **Männer**; gegen: bell.$_{a1,gl1}$ *Caust.*$_{gl1,vh}$ con.$_{gl1,vh}$ graph.$_{bg2,gl1,*}$ *Lyc.*$_{gl1,vh}$ **Puls.**$_{vh,vh/dg}$ raph.$_{gl1,kr1}$ stann.$_{gl1,kr1}$
☞ *Empfindlich - Geräusche - Stimmen - Männerstimmen / Furcht - Männern / Haß - Männer / Menschen - verabscheut / Verächtlich*
• **Frauen**; bei: am-c.$_{a1,j5}$ nat-m.$_{a1,ptk1}$ puls.$_{vh}$ raph.$_{hr1}$ sep.$_{k2,ptk1}$ staph.$_{bg2,sf1}$
☞ *Ehemann / Delirium - Furcht / Furcht - Männern / Haß - Männer - Frauen / Heirat - unerträglich*
• **religiöse** Abneigung: lyc. *Puls.* sulph.
☞ *Haß / Haß - Frauen / Heirat - unerträglich / Homosexualität*

– **Männer**; gegen: ...
• **verabscheut** die Torheiten der Männer: cic.$_{h,k,*}$
☞ *Menschen - verabscheut*
• **Verachtung** für: ~~cic.$_{a1,xxx}$~~
• **Verlust** des Vertrauens in: ~~cic.$_{a1,xxx}$~~
– **Menschen**; gegen:
☞ *Empfindlich - bestimmte*
• **alle**, gegen: absin.$_{a1,gl1}$ cadm-met.$_{gm1}$ calc.$_{gl1}$ chin.$_{gl1}$ *Merc.*$_{gl1}$ *Nux-v.*$_{gl1}$ phos.$_{gl1,h}$ *Staph.*$_{gl1}$ *Sulph.*$_{gl1}$
☞ *Menschenfeindlichkeit*
• **bestimmte**; gegen: am-c.$_{j}$ *Am-m.* *Aur.*$_{gl1,k1,*}$ cadm-met.$_{gm1}$ **Calc.**$_{gl1,k1,*}$ carc.$_{fb}$ caust.$_{gl1}$ crot-h. fl-ac.$_{j}$ hep.$_{ptk1,ptk2}$ limest-b.$_{es1}$ **Nat-c.** nat-m.$_{gl1}$ nit-ac.$_{gl1}$ sel. sep.$_{vh}$ stann.
• **Anblick** bestimmter Menschen; gegen den: cic.$_{ptk1}$
• **glückliche** Menschen zu sehen
☞ *Traurigkeit - glücklich*
• **literarische** Gestalten: sulph.$_{ptk1}$
• **übereinstimmen**; gegen Personen, die nicht mit ihm
☞ *Haß - Menschen - übereinstimmen*
– **Mutter**, gegen die: thuj.$_{ptk1}$
– **Nacht**; gegen die: bufo$_{ptk1}$
– **Näherkommen** von Personen; gegen das
☞ *Näherkommen - Abneigung*
– **Orte**; gegen bestimmte: hep.$_{ptk1}$
– **sich** selbst
☞ *Widerwillen - sich*
– **Umstände**, Aufhebens, Theater; gegen: nat-m.$_{ptk1}$
– **Umstehenden**; gegen die: ars.
– **Wasser**, gegen: *Am-c.*$_{bg1,bg2,*}$ *Hyos.*$_{ptk1}$ *Lyss.*$_{vh,vh/dg}$ *Nux-v.*$_{ptk1}$ *Stram.*$_{ptk1}$

Abschätzig; äußert sich oder handelt
☞ *Verächtlich*

Abscheu:
– **allgemeiner**: acon.$_{a1,k}$ alum. ang.$_{a1,k}$ ant-t.$_{a1,k}$ arg-met.$_{jl}$ *Arg-n.*$_{a1,k}$ arn.$_{a1,k}$ asar.$_{h,k,*}$ bamb-a.$_{stb2}$ bell.$_{a1,k}$ benz-ac.$_{a1,k}$ bufo *Calc.*$_{a1,k}$ canth.$_{a1,k}$ carbn-o.$_{a1}$ cham.$_{a1,k}$ chel.$_{a1,k}$ hep.$_{gl1}$ hyos.$_{a1,k}$ ip.$_{gl1}$ jatr-c. kali-bi.$_{a1,k}$ kali-c.$_{a1,k}$ kali-chl.$_{j}$ laur. mag-m. merc.$_{a1,k}$ mez.$_{gl1}$ myric.$_{a1,k}$ paull.$_{a1}$ phel.$_{a1,k}$ phyt.$_{a1,k}$ plat.$_{a1,k}$ *Plb.*$_{gl1}$ *Puls.*$_{a1,k}$ raph.$_{a1,k}$ rat.$_{a1,k}$ sapin.$_{a1}$ sec.$_{a1,k}$ seneg.$_{a1,k}$ stram.$_{a1,k}$ sumb.$_{a1,k}$ tarent.$_{a1,k}$ thea
☞ *Gedanken - abscheuliche / Haß / Menschenfeindlichkeit / Unzufrieden - allem / Widerwillen*
• **morgens**: mag-m. phyt.$_{a1,k}$
• **Erwachen**, beim: phyt.
• **vormittags**: tong.$_{a1}$
• **mittags**: pic-ac.$_{a1}$
• **abends**: alum. alumn.$_{a1}$ *Hep.*$_{a1,k}$ raph.$_{a1,k}$ sulph.$_{gl1}$
• **alten** Menschen, bei: aur.$_{k13,k2}$ calc.$_{k13,k2}$
• **Aufstehen**, beim: plect.$_{a1}$
• **Erwachen**, beim: *Lach.* *Lyc.* nat-c.
• **Furcht** vor dem Tode; bei: cop.$_{a1}$
• **Hautausschlag**, vor: cop.

Abscheu - allgemeiner: ...
• **Pubertät**, in der: ant-c.$_{st}$
☞ *Gleichgültigkeit - Pubertät / Pubertät*
• **Rauchen**, beim: sep.$_{a1}$
• **Schmerz**:
• **während**: aloe$_{a1}$
• **durch**: ars.$_{bg2}$ phyt.$_{bg2,sf1,*}$
– **Arbeit**, vor der: anac.$_{br1}$ arg-n. arn. calc. chin.$_{gl1}$ con.$_{gl1}$ croc.$_{gl1}$ hyos. kali-c. lach.$_{gl1}$ lact-v.$_{a1}$ merc.$_{gl1}$ nat-m. nit-ac.$_{h}$ petr. *Puls.*$_{k,k2}$● ran-b. *Sil.* stann.$_{k2}$ sulph. tab.$_{k1}$ tarax. ther.$_{a1}$ tub.$_{br1}$
☞ *Faulheit / Furcht - Arbeit / Geistige Anstrengung - Abneigung*
• **abends**: reser.$_{jl}$
◆ **abwechselnd** mit:
• **Singen**
☞ *Singen - abwechselnd mit - Abscheu*
– **eigenen** Person; vor: germ-met.$_{srj5}$ lac-c.$_{bg1,st}$ spirae.$_{a1}$
☞ *sich*
– **Geschäften**, vor seinen: ars-h.
☞ *Geschäft - Abneigung*
– **Leben**, vor dem: act-sp. agn. alum. alum-p.$_{k2}$ alum-sil.$_{k2}$ am-c. *Ambr.* **Ant-c.** ant-t. arn.$_{oss}$ **Ars.** ars-s-f.$_{k2}$ **Aur.** *Aur-ar.*$_{k2,vh/dg}$ *Aur-m.* *Aur-s.*$_{k1,vh/dg}$ bell.$_{k1}$ berb. bov. cadm-met.$_{gm1}$ *Calc.* calc-ar.$_{k2}$ calc-s. calc-sil.$_{k2}$ carb-an. *Carb-v.* caust. **Chin.** *Chinin-ar.* cic.$_{jl}$ cop. dros. gels.$_{gk}$ grat. hep. hydr.$_{bro1}$ hydroph.$_{jl}$ hyos. kali-bi. kali-br. kali-m.$_{k2}$ *Kali-p.* kreos. **Lac-c.**$_{bro1,vh/dg}$ lac-d.$_{bro1,st}$ *Lach.* laur. led. *Lyc.* **Merc.** mez. naja$_{bro1}$ nat-ar. nat-c. **Nat-m.** *Nat-s.* nat-sil.$_{k2}$ *Nit-ac.* **Nux-v.**$_{k,vh/dg}$ op. *Ph-ac.*$_{gl1}$ **Phos.** *Plat.* *Plb.*$_{gl1,k1}$ pneu.$_{jl}$ podo. *Puls.* *Rhus-t.* *Rhus-v.* ruta sec. *Sep.* **Sil.**$_{k,vh/dg}$ spig. *Spong.* **Staph.**$_{k,vh/dg}$ stram. sul-ac. *Sulph.* tab.$_{bro1}$ *Ter.* **Thuj.** *Valer.*$_{k1,st}$ verat.$_{bro1}$ zinc. *Zinc-p.*$_{k2}$ ziz.
☞ *Langeweile / Lebensüberdruß / Pessimist / Suizidneigung / Tod - wünscht / Widerwillen - allem / Widerwillen - Entmutigung*
• **morgens**: *Lach.* **Lyc.** nat-c.
• **abends**: **Aur.** dros. hep. kali-chl.$_{a1,k}$ rhus-t. spig.
◆ **abwechselnd** mit:
• **Lachen**
☞ *Lachen - abwechselnd mit - Abscheu*
• **alten** Menschen, bei: calc.$_{k2}$
• **Angst**, mit: *Lach.*$_{kr1}$
• **anzutun**; muß sich zurückhalten, beherrschen, um sich nichts: **Nat-s.**
☞ *Furcht - allein - aus - verletzen / Verletzen*
• **Essen** amel., beim: cic.$_{jl}$
• **Menses**:
• **vor**: cere-b.
☞ *Menses - vor; Gemütssymptome*
– **sich** selbst; vor: lac-c.$_{ptk1}$
☞ *eigenen*
– **Sprechen**, vor dem: anac. dios.
☞ *Schweigsam*

Absenzen
☞ *Bewußtlosigkeit - häufige*

Absurdes Verhalten
☞ *Albernes*

Abwechselnd:
– **Gemütssymptome** wechseln ab
☞ *Stimmung - wechselnd*
– **Gemütssymptome** wechseln mit körperlichen Symptomen ab
☞ *Gemütssymptome - abwechselnd mit - körperliche*

Abweisend
☞ *Stimmung - abweisend*

Ächzen
☞ *Stöhnen*

Addieren fällt schwer
☞ *Mathematik - Unfähigkeit - Addieren*

Affektiert
☞ *Geziertheit*

Agonie vor dem Tode
☞ *Tod - Agonie*

Agoraphobie
☞ *Furcht - Menschenmenge / Furcht - offenen*

Aktivität; Verlangen nach: acon.bg2,gl1,* acon-f.a1 agar.a1 *Aloe*bg2 amn-l.a1,sp1 ang.bg2 *Apis*bg2,ptk1 arn.bg2 *Ars.*bg2,vh,* aur.bg2 aur-ar.a1,k2 *Aur-i.*vh,vh/dg *Aur-m.*vh,vh/dg bad.a1 bar-c.bg2,gl1,* bell.bg2 *Brom.*bg2 bry.bg2,gl1,* *Calc.*bg2 cann-i.a1 canth.a1 caps.bg2 carb-ac.a1 carbn-o.a1 carbn-s.a1 chin.bg2 choc.srj3 cic.a1,jl cimic.bg2 clem.a1 cob-n.a1,jl cocaa1 *Cocc.*bg2 **Coff.**bg2,vh coff-t.a1 *Cycl.*bg2 dig.bg2 euphr.bg2 fl-ac.bg2 form.a1 fuc.a1 galv.c1 gels.a1 gink-b.sbd1 *Helon.*bg2 huraa1 *Hyos.*bg2,gl1,* iber.a1 *Ign.*bg2 **Iod.**bg2 ip.bg2 irisa1 *Kali-br.*bg2 **Lach.**bg2,gl1,* laur.bg2 lil-t.a1 mag-c.bg2 mag-m.bg2 manc.a1 mez.a1 morph.a1 mosch.a1 mur-ac.a1 najaa1 nat-ar.k2 nat-c.bg2 nep.a1,mg1,* nitro-o.a1 nux-v.bg2,ptk1 **Op.**a1,bg2 **Phos.**bg2 phys.a1 pic-ac.bg2 pip-m.a1 plb.bg2 puls.bg2 raph.a1 sarr.a1 *Sep.*bg2,gl1,* sil.a1 spig.a1 **Stann.**bg2 staph.bg2 stram.bg2,ptk1 stry.a1 sul-ac.bg2 *Sulph.*bg2,vh,* sumb.a1 tarent.bg2,ptk1 theaa1 **Valer.**bg2,ptk1 **Verat.**bg2,vh,* viol-o.bg2 visc.a1,sp1 wies.a1 zinc-fcy.a1 zing.a1
☞ *Anstrengung - körperliche - amel. / Beschäftigung - amel. / Fleißig / Geistige Anstrengung - amel. / Geschäftig / Impulse - Beschäftigung - amel. / Reizbarkeit - Untätigkeit / Spannkraft / Wahnideen - Aktivität / Überaktiv*
– **amel.**
☞ *Beschäftigung - amel.*
– **abends**: lycps-v.a1
• **21** h:
• **Gehen** im Freien; nach: chinin-s.a1
◈ **abwechselnd** mit:
• **Gleichgültigkeit**: aloeptk1 aur.ptk1 sarr.a1
• **Mattigkeit**: *Aloe* *Aur.* calc-sil.k2 choc.srj3 gink-b.sbd1
• **Schwäche**: *Aloe*a1 limest-b.es1
• **Stumpfheit**: cycl.j5
– **Arbeit**, bei der: benz-ac.a1
– **erfolglos**
☞ *Geschäftig - fruchtlos*

Aktivität; Verlangen nach: ...
– **Erschöpfung**; mit körperlicher
☞ *Schwäche*
– **Gefühle**; Aktivität, intensive Tätigkeit der: germ-met.srj5 viol-o.a1
– **geistige** Aktivität
☞ *Geistige Anstrengung - Verlangen*
– **Geschäften**, bei seinen: brom.a1 manc.a1
– **körperlicher** Aktivität; Verlangen nach
☞ *Anstrengung - körperliche - Verlangen*
– **kreative** Aktivität: choc.srj3 coff.a1
☞ *Gedanken - tiefschürfend / Gedanken - überlegt / Gedächtnis - gut / Ideen - Reichtum / Konzentration - gut / Pläne - macht / Theoretisieren*
– **ruhelos**: *Coff.*vh,vh/dg dig.a1 haliae-lc.srj5 ign.a1,gl1 lycps-v.a1 *Nux-v.*a1,j5,* verat.a1,j5 viol-o.ptk
☞ *Ruhelosigkeit*
– **Schlaflosigkeit**, mit: dig.a1 rhus-t.a1 theaa1 zinc.a1
• **abends**
☞ *❑ Schlaf - Schlaflosigkeit - abends - Gedankenandrang*
• **Gedankenandrang**; durch
☞ *❑ Schlaf - Schlaflosigkeit - Gedanken - Gedankenandrang*
– **Schwäche**; mit: mosch.bg2
– **Schweiß**, beim: *Lach.*bg2 **Op.**a1,bg2 phos.bg2 thuj.bg2 valer.bg2 *Viol-o.*bg2

Albernes Benehmen: absin. acon. aethera1,k agar. all-c. alum.bg2 **Anac.**gl1,k1 anan. androc.srj1 ant-c. *Apis* arg-n.k,k2 arn.c1,gl1 *Ars.* bamb-a.stb2 **Bar-c.**bg2,k2,* *Bar-m.* *Bell.* bufobg2,k2,* calc. *Camph.*bg2,gl1 cann-i. canth. carb-an. carb-v. *Carl.*a1 *Chin.* **Cic.**k,vh/dg cocc.bg2 cod.a1 con. cortico.mg1 cot.a1 croc. cupr. der. dulc.bg2 ferr.bg2 hell.bg2 **Hyos.** ign. kali-c. lach. lact. *Lyc.* *Merc.* mosch.bg2 **Nat-c.**bg2 nat-hchls.a1 nux-m. nux-v. op. par. ph-ac. *Phos.* phys. *Plb.* pyrusa1 *Sec.* seneg. sep.bg2 **Stram.** tanac. *Tarent.*bg2,st *Verat.* verb.bg2
☞ *Antworten - Abneigung - singt / Antworten - albern / Delirium - Absurdes / Delirium - albern / Ernst - Absurdem / Frivol / Froh - albern / Gedanken - alberne / Gedanken - lächerlich / Geisteskrankheit - benimmt / Gesten - lächerlich / Grimassen / Impulse - Absurdes / Kichern / Kindisches / Lachen - albern / Lachen - Kleinigkeiten / Lachen - lächerlich / Lachen - unmäßig / Leben / Lustig - albern / Lächeln - albern / Lächerlich, Dinge / Läuft / Phantasien - absurd / Possen, spielt / Possen, spielt - Delirium / Redseligkeit - albern / Redseligkeit - beantwortet / Spaßen / Spaßen - lächerlich / Sprache - albern / Ungeschicklichkeit / Wahnideen - absurd / Wahnideen - gehen - kann - rennen / Wahnideen - Vertrauen / Wirft - Personen / ❑ Gesicht - Ausdruck - albern / ❑ Träume - Absurd*
– **morgens** beim Erwachen: aur.
– **nachts**: cic.h,k,*
– **Epilepsie**:
• **vor**: caust.
• **nach**: tab.ptk1
– **Fieber**; während: acon.j5
– **Freien**, im: nux-m.

– **Gerede**, albernes;
• **Betrunkenheit**; bei: petr.gl1
☞ *Sprache - albern*
– **Glück** und Stolz; zeigt: **Sulph.**
☞ *Eitelkeit / Hochmütig*
– **groteskes** Benehmen: agar.a1 cact.a1 cori-r.a1
– **Krämpfen**; bei den: sec.

Alkoholismus: *Absin.*kr1 acon.bg2 adon.sf1 **Agar.**bg2,kr1,* agav-t.jl alum.bg2 am-m.bg2 anac.bg2,c1,* ange.bro1 anis.c1,kr1 *Ant-c.*bg2,kr1 *Ant-t.*bg2,kr1,* *Apoc.*bro1 apom.c1,c2 arg-met.bg2 arg-n.sf1 arn.bg2,gl1 ars.c2,k ars-s-f.k2 *Asaf.*bg2 *Asar.*bg2,kr1,* *Aur.*bg2,k2,* *Aven.*c1,c2 bar-c.kr1 *Bell.*bg2,gl1,* bism.bro1 borx.bg2 bov.bg2 bry.bg2,c1,* bufo cadm-s.c1,kr1,* *Calc.* calc-ar.c1 camph.bg2 cann-i.kr1 *Caps.*bg2,k2 carb-ac.sf1 carb-an.bg2 *Carb-v.*bg2,j5,* *Carbn-s.*k2,st card-m.kr1 caust. cham.bg2 *Chel.*bg2 chim.kr1 **Chin.**bg2,kr1,* chinin-m.c1,c2 cic.bg2 *Cimic.*kr1,sf1 coc-c.kr1,sf1 *Cocc.*bg2 *Coff.*bg2,kr1,* con. croc.bg2 **Crot-h.**kr1 *Cupr-ar.*bro1 dig.bg2,kr1 *Eup-per.*kr1,sf1 *Ferr.*bg2,kr1 fl-ac.k2,sf1,* *Gels.*kr1 glon.sf1 *Graph.*bg2,sf1 *Hell.*bg2 hep. hydr.c1,c2 *Hyos.*bg2,kr1,* ichth.bro1 *Ign.*bg2,j5 ip.bg2 *Kali-bi.*bg2,sf1 kali-br.kr1,sf1 kali-c.bg2 kali-i.bro1 kolabro1 lac-ac.sf1 *Lac-c.*kr1 *Lach.*c2,k *Laur.*bg2 *Led.*j5,k2,* lob.c1,c2 lup.bro1 *Lyc.*bg2,gl1,* mag-c. meph.kr1,sf1,* merc. mez.bg2 mosch.bg2 *Nat-c.*bg2,kr1 *Nat-m.*bg2,kr1 nat-n.bg2,sf1 nat-s.kr1 *Nux-m.*bg2,kr1 *Nux-v.*c2,k op. passi.gl1,sf1 petr. ph-ac.bg2,gl1 *Phos.*k2,kr1 plat.gl1 plb.bg2 psor.bro1 puls. *Quas.*sf1 quer-r.c1,c2 *Querc.*c1 **Ran-b.**bg2,kr1,* raph.c1,c2 *Rhod.*bg2 *Rhus-t.*bg2,gl1 rumx.sf1 rutabg2 sabad.bg2 samb.bg2 sang.c1,c2 sars.bg2 sec.bg2 **Sel.**bg2,k2,* *Sep.*bg2,kr1,* *Sil.*bg2 *Spig.*bg2 spong.bg2 staph. *Stram.*bg2,kr1 stront-c.bg2 *Stroph-h.*c1,c2,* stry.a *Stry-n.*bro1 *Sul-ac.*bg2,kr1,* *Sulph.*c2,k **Syph.**c1,c2,* tarax.bg2 thuj.bg2 tub.br,bro1 valer.bg2 **Verat.**bg2 *Zinc.*bg2,kr1,*
☞ *Beschwerden durch - Alkoholismus / Betrunkenheit / Delirium tremens / Zügellosigkeit / ❑ Allgemeines - Rausch / ❑ A~ Speisen - Alkohol - Verlangen*
– **aufstehen**, um zu trinken; muß nachts: ars.k2 caps.k2 nux-v.k2
– **beseitigen**; um die Trinkgewohnheit zu: stry-n.st1
– **Charakterschwäche**; aus: ars.gl1 petr.gl1 puls.gl1
☞ *Schwacher Charakter*
– **Diabetes**; verkompliziert mit: med.gm1
– **erblich**: lach.gl1 psor.a sulph.a syph.a,c2,* tub.a
– **Erregung** durch Alkoholismus: stram.sf1 zinc.sf1
☞ *Erregung*
– **heimlicher** Trinker, Alkoholiker: *Med.*gk *Sulph.*k1,st
– **Hypochondrie** mit: **Nux-v.**kr1
☞ *Hypochondrie*
– **Menses**, vor den: **Sel.**
☞ *Menses - vor; Gemütssymptome*
– **Reizbarkeit**, mit: *Nux-v.*kr1,sf1
– **Schüchternheit**, aus: med.mrr merc.mrr
– **Schwangerschaft**; während oder nach der: nux-v.gl1

Alkoholismus: ...
– **Untätigkeit**, Müßiggang; aus: lach.gl1 nux-v.gl1 sulph.gl1

Alleingelassen
☞ *Verlassen*

Alleinsein:
– **Abneigung** dagegen, allein zu sein
☞ *Gesellschaft - Verlangen*
– **Furcht** davor, allein zu sein
☞ *Furcht - allein*
– **Gefühl**, allein zu sein
☞ *Verlassen / Wahnideen - allein zu*
– **Verlangen**, allein zu sein
☞ *Gesellschaft - Abneigung*

Älter; Kind benimmt sich, als sei es viel
☞ *Frühreif*

Altersschwäche
☞ *Demenz / Erregung*

Amnesie
☞ *Gedächtnis - Gedächtnisverlust*

Amüsement, Vergnügen:
☞ *Vergnügen*
– **Abneigung** gegen: androc.srj1 *Bar-c.*k1,st hep.ptk2 *Ign.*hr1,kr1 lil-t. meny. olnd. *Sulph.*k1,st
☞ *Auszugehen / Gleichgültigkeit - Vergnügen / Spielen - Abneigung / Vergnügen*
– **Verlangen** nach: *Lach.* pip-m.
☞ *Beschäftigung - amel. / Erregung - Verlangen / Froh / Kühn / Lachen - Verlangen / Lustig / Lächeln / Spaßen / Spielen - Verlangen / Vergnügen / Verlangen, Wunsch - voller - fröhlich / Verspielt / Zufrieden*

Anarchist: *Arg-n.*vh,vh/dg *Caust.*gl1,vh/dg kali-c.ptk *Merc.*vh,vh/dg
☞ *Fanatismus / Protestiert / Widerspruch - Neigung*
– **Revolutionär**: **Merc.**gl1,vh

Anerkennung; Verlangen nach
☞ *Jammern - anerkannt / Respektiert - Verlangen / Verlangen; großes - guten / Wahnideen - anerkannt*

Angeln, Fischen:
– **begabt** fürs: lyc.pc sil.pc
– **mag**: nux-v.dgt
– **unbegabt** fürs: nit-ac.pc nux-v.pc staph.pc

Angesehen zu werden; erträgt es nicht: ambr.bg2 *Ant-c.*bg2,k,* *Ant-t.*bg,k **Ars.**bg,k bamb-a.stb2 calc.bg2 *Cham.*bg,k *Chin.* *Cina*bg,k hell.a1 *Iod.* kali-br.kr1 lyc.bg2 mag-c. merc.bg2,sf1 *Nat-m.*bg,k1 nux-v. puls.bg2 rhus-t. sil.bg2,sf1 stram. sulph. tarent.bg2 *Tub.*st
☞ *Furcht - bemerken / Hysterie - angesehen / Lachen - anblickt / Verstecken - sich / Wahnideen - beobachtet / Wahnideen - Blicken - alle / Wahnideen - Menschen - sieht - anblicken / Weinen - anblickt*
– **blickt** nach unten, wenn er angesehen wird: agar.zr
☞ *Traurigkeit - blickt*
– **weicht** dem Blick anderer aus: *Stram.*kr1
• **angesprochen** wird; wenn er: plb.a1

Angesprochen zu werden:
☞ _Unduldsamkeit - angesprochen_
– **agg.**: cham.ptk1 plat.bg2
• **gerufen** zu werden: sulph.bg2
– **Abneigung**: agar. am-c. anh.mg1 ant-c.bg2,sf1 ant-t. arn. _Ars._ _Ars-i._ ars-s-f.k2 aur. aur-ar.k2 aur-s.k2 bar-s.k2 bry.k2 caj. calc-sil.k2 camph. _Carbn-s._ **Cham.** con. cur.bg2 cyn-d.jl elaps fago. _Gels._ granit-m.es1 _Graph._ ham. hell. helon. _Hipp._ hist.mg1 _Hyos._ ign. **IOD.**k1,st kali-p. kalm. lil-t. lyc.k2 mag-m. myric. _Nat-m._bg2,k _Nat-s._ nit-ac.gl1 nux-v. op.bg2 _Ph-ac._bg2,k2,* plan. plat. plb.bg2 puls.bg2 puls-n. rhus-t. sep.bg2 sil. sin-n.bg2 staph. stram. _Sulph._ _Tarent._ tep. teucr. verat. zinc.
☞ _Auffahren - angesprochen / Eigensinnig - Kinder - weinen / Gesellschaft - Abneigung / Reizbarkeit - angesprochen / Schweigsam / Still sein / Weinen - angesprochen / Zorn - angesprochen_
• **morgens**: ars. nat-s.
• **allein** gelassen werden; möchte: ant-t.st aur. caj. granit-m.es1 hell. helon. hipp. _Iod._ lil-t. stram.a1 _Sulph._
☞ _Gesellschaft - Abneigung_
• **Frost**; während: _Hyos._
– **Verlangen**
☞ _Mitteilsam_

Angst: _Abrot._hr1,k _Acet-ac._hr1,k,* **Acon.**bg2,k,* acon-c.a1 _Acon-f._a1,k act-sp.hr1,k adam.srj5 _Aeth._bg2,k,* aethera1 agar.hr1,k,* agar-ph.a1 agn.hr1,k agre.jl ail.hr1,k,* alco.a1 _All-c._hr1,k,* all-s.a1 allox.sp1 aloe _Alum._h,k,* _Alum-sil._k13,k2 alumn.hr1,k,* _Am-c._hr1,k am-m.bg2,k,* _Ambr._bg2,k,* _Aml-ns._a1,sf1 amyg.a1 _Anac._h,k,* androc.srj1 ang.hr1,k,* anh.mg,mg1,* ant-ar.j5,sf1 _Ant-c._h,k,* _Ant-t._h,k,* apis aran.hr1,kr1,* aran-sc.a1 _Arg-met._ **Arg-n.**h,k,* _Arn._h,k,* **ARS.**k,vh/dg _Ars-h._hr1,k,* **Ars-i.** **Ars-s-f.**hr1,k2,* arum-m.hr1,kr1 arund.a1,hr1 asaf.bg2,k,* _Asar._h,k,* aspar. astac.a1,hr1 aster.a1,k atro.a1,hr1,* _Atro-s._hr1 **Aur.**h,k,* aur-m-n.a1 **Aur-s.**k1,k2,* bar-act.a1 _Bar-c._h,k,* bar-i.k13,k2 _Bar-m._hr1,k,* **Bell.**h,k,* benz-ac.a1,k berb.bg2,k,* **Bism.**hr1,k blum-o.bnj1 bond.a1 _Borx._ **Bov.**k,vh/dg brom.hr1,k2,* **Bry.**h,k,* bufok2 buni-o.jl,jl3 but-ac.jl,jl3,* buth-a.sp1 **Cact.**hr1,k,* cadm-s. cain. calad.bg2,k,* **Calc.**h,k,* calc-act.a1,sf1 **CALC-AR.**k2,kr1,* calc-br.sf,sf1 _Calc-f._hr1,kr1,* calc-i.k2 **Calc-p.**hr1,k,* **Calc-s.** calen.hr1,kr1,* calth.a1 **Camph.**h,k,* **Cann-i.**hr1,k,* cann-s.h,k,* _Canth._bg2,k,* caps.h,k,* _Carb-an._h,k,* **Carb-v.**h,k,* _Carbn-o._ **Carbn-s.** carc.mg,mg1,* card-b.a1 _Carl._a1,k _Casc._j5 _Castm._j5 caul.k2 **Caust.**h,k,* cedr.a1 _Cench._ cent.a1 _Cham._h,k,* _Chel._hr1,k,* **Chin.**h,k,* _Chinin-ar._ _Chinin-s._ chlf.a1,hr1 chlol.k1 _Chlor._hr1,kr1,* _Cic._h,k,* cic-m.a1 cimic.hr1,k,* _Cimx._hr1,k,* cina cinnb.a1 cinnm.hr1,kr1 clem.a1,k cob-n.sp1 coc-c.hr1,k1,* cocakr1 _Cocc._h,k,* coch.hr1,k1 cod.hr1,kr1 _Coff._bg2,k,* coff-t.hr1,kr1,* colch.hr1,k,* _Coloc._h,k,* **Con.**h,k,* _Convo-s._jl,sp1 corn.a1 corn-s.a1 cortico.sp1 cot.a1 croc.hr1,k,* _Crot-c._a1,k _Crot-h._hr1,k,* crot-t.bg2,k,* cub.hr1,k culx.k13,k2 _Cupr._h,k,* _Cupr-act._j5,kr1,* cupr-ar.a1,k cupr-s.hr1,j5,* cur. cycl.bg2,k,* cypr.hr1,kr1 cyt-l.mg,mg1 der.a1 **Dig.**bg2,k,* digin.a1 _Dros._bg2,k,* dulc.hr1,k,*

Angst: ...
elaps elat.j _Elec._c1 ergot.jl,jl3 euon.a1,k eup-per.hr1,k _Euph._bg2,k,* euph-c.a1 euph-re.dp1 _Ferr._h,k,* _Ferr-ar._ _Ferr-i._ _Ferr-m._hr1,j5,* ferr-ma.a1 ferr-p. fil.hr1,kr1 _Fl-ac._hr1,k,* _Form._hr1 formal.br1 franz.a1 galv.c1 gamb.a1 _Gels._hr1,k,* germ-met.srj5 gins.a1,j5 glon.a1,k goss.a1 gran.a1 _Graph._h,k,* grat.bg2,k grin.sf,sf1 guare.hr1,kr1,* haem.a1 haliae-lc.srj5 hed.jl,jl3,* _Hell._bg2,k,* hell-f.a1 _Hep._bg2,k,* hip-ac.jl,jl3,* hist.sp1 hura _Hydr-ac._j5,kr1,* hydrog.srj2 hydroph.jl,jl3 _Hyos._h,k,* _Hyper._hr1,kr1 hypoth.jl,jl3 _Ictod._kr1 _Ign._bg2,k,* indg.a1,k inul.hr1,kr1,* **Iod.**bg2,k,* ip.bg2,k,* jab.a1 _Jal._hr1,kr1 _Jatr-c._ kali-act.a1 **KALI-AR.**k,vh/dg kali-bi.a1 kali-br.hr1,k,* **Kali-c.**bg2,k,* kali-chl.a1,k,* _Kali-i._bg2,k,* kali-m.k2 _Kali-n._bg2,k,* **Kali-p.**hr1,k **Kali-s.** _Kalm._a1,hr1 kiss.a1 kreos.hr1,k,* kres.mg,mg1 lac-c.sf,sf1 _Lach._bg2,k,* lact.a1,k lact-v.a1 lat-m. _Laur._bg2,k,* _Led._bg2,k,* _Lil-t._hr1,k,* limest-b.es1 lip.jl lipp.a1 _Lith-c._kr1 lob.a1 lol.a1 lunakg1 **Lyc.**bg2,k,* _Lyss._hr1,k1,* _M-arct._j5 m-aust.j _Mag-c._bg2,k,* mag-f.mg,mg1 _Mag-m._bg2,k,* _Mag-s._hr1,k,* manc.hr1,k,* mand.sp1 mang.a1,k mang-act.br1 med.a1,k medus.a1,c1 meny.bg2,k _Merc._h,k,* _Merc-c._k,k2,* merc-n.a1 merc-ns.a1 merc-s-cy.a1 merc-sul.a1 **Mez.**a1,k mill.a1,k morg-p.hbh,pte,* morph.a1 mosch.bg2,k,* mukulbnj1 _Mur-ac._bg2,k,* murx.bg2,j5 mygal.hr1,k naja **Nat-ar.** **Nat-c.**h,k,* _Nat-m._bg2,k,* _Nat-p._hr1,k _Nat-s._hr1,k2,* neonsrj5 nicc.a1,k **Nit-ac.**bg2,k,* nit-s-d.a1 nitro-o.a1 _Nux-m._hr1,kr1,* _Nux-v._h,k,* nyct.br1,c1 oci-sa.jl,sp1 oena.a1 ol-an.j5,sf1,* ol-j.a1 olnd.bg2,k,* _Op._bg2,k,* _Orig._hr1,kr1,* oscilloc.jl2 osm.hr1,kr1 _Ox-ac._hr1,k1,* paeon.hr1,k pall.st par.a1 _Petr._bg2,k,* _Ph-ac._hr1,k,* phel.bg2,k,* **Phos.**bg2,k,* pilo.a1 pin-s.a1 pitu.sp1 plan.hr1,k,* _Plat._bg2,k,* _Plb._bg2,k,* podo.a1,sf1,* propr.sa1 **PSOR.**k,vh/dg ptel.a1,c1 **Puls.**bg2,k,* puls-n.a1 _Pyrog._k,k1,* ran-a.a1 ran-b. ran-s.bg2,k,* raph.a1,k rat.a1 _Rauw._sp1 reser.jl,jl3 rheum rhod.bg2,k,* **Rhus-t.**bg2,k,* rosm.a1 _Ruta_ _Sabad._bg2,k,* _Sabin._hr1,k sacch.a1 sal-ac.hr1,kr1 _Samb._bg2,k,* sang.a1,k sars.bg2,k,* **Sec.**bg2,k,* sel.sf,sf1 _Seneg._bg2,k,* _Sep._bg2,k,* _Sil._bg2,k,* sin-n.a1 solc1 _Spig._bg2,k,* _Spong._bg2,k,* squil.bg2,k,* _Stann._bg2,k,* staph.bg2,k,* still.a1 _Stram._h,k,* stront-c. stroph-s.jl,jl3 stry.a1,k sul-ac.bg2,k,* sul-i.a1,k2 sulo-ac.a1 **Sulph.**bg2,k,* sumb.a1,k1 _Tab._bg2,k,* tanac.a1 tarax.hr1,kr1 _Tarent._hr1,k,* tax.a1 tep.a1 ter.a1 theaa1 _Ther._hr1,k2,* thiop.k2 _Thuj._bg2,k,* thyreotr.jl,jl3 tong.j5 trach.a1 tub-m.a1 v-a-b.jl,jl3 valer.bg2,k,* **Verat.**bg2,k,* _Verat-v._hr1,kr1 verb.a1 verin.a1 vesp.a1,hr1 viol-o.bg2,k viol-t.bg2,k vip.a1,j5,* visc.sf,sf1 wies.a1 wildb.a1 xan. _Zinc._bg2,k,* zinc-act.a1 zinc-m.a1 zinc-p.k2 zinc-s.a1
☞ _Auffahren - ängstlich / Beschwerden durch - Zorn - Angst / Brütet / Delirium - ängstlich / Erschreckt / Furcht / Lachen - Angst - während / Qualvolle Angst / Religiös - Gemütsstörungen / Ruhelosigkeit / Ruhelosigkeit - ängstlich / Schüchternheit - Öffentlichkeit - sprechen / Sorgen / Verweilt - vergangenen / Vorsichtig / Weinen - Kleinigkeiten - Kinder / ❑ Abdomen - Angst / ❑ Allgemeines - Angst / ❑ A~ Zittern - äußerlich - Angst - durch / ❑ Atmung - Ängstlich / ❑ Blase - Harndrang - ängstlich / ❑ Brust - Angst / ❑ B~ Besorgnis / ❑ B~ Herzklopfen - Angst / ❑ Frost - Angst / ..._

Angst: ...
☞ ❑ Gesicht - Ausdruck - abgehärmt / ❑ G~ Ausdruck - ängstlich / ❑ G~ Hitze - Angst / ❑ Magen - Angst / ❑ Rektum - Diarrhoe - Angst / ❑ Schlaf - Schlaflosigkeit - Angst / ❑ S~ Schlaflosigkeit - Sorgen / ❑ Schweiß - Angst / ❑ Schwindel - Angst / ❑ Träume - Ängstlich / ❑ Zähne - Schmerz - Angst

– **tagsüber**: ambr. ant-c.h,k,* ant-t. aur-ar.k2 aur-i.k13,k2 *Bell.*h,k,* bov.a1 caust.h,k,* cham.a1,h chinin-ar. laur. mag-c. mang. merc. nat-c.a1,k nit-ac.a1,k phyt. plat. psor. puls.a1,k ruta sul-ac. verb.hr1 zinc.

– **morgens**: *Ail.*a1,k *Alum.*h,k am-c. anac.h,k,* **Ars.**h,k,* *Ars-s-f.*k13,k2 aster.a1 bar-c.h,hr1,* berb.a1 bry.a1,h calc-s.k13,k2 canth.a1,k carb-an.h,k,* *Carb-v.*h,k,* *Carbn-s.* *Caust.*h,k,* *Chin.*h,k,* cocc.h,k,* con.h,k,* **Graph.** ign. ip. kali-ar. **Lach.** led. *Lyc.* mag-c. mag-m.a1,k mag-s. mez. nat-m.a1,k nat-s.k13,k2 nit-ac.a1,k *Nux-v.* **Phos.**hr1,k,* plat. puls. rhus-t. sep. *Staph.*st sul-ac. *Sulph.* verat.a1,k zinc.hr1,k,* zinc-p.k13,k2

• **Aufstehen**:

• **beim**: arg-n.a1,k berb.a1 carb-an.a1,h mag-c. rhus-t.a1,k

• **nach**: arg-n. carb-an.a1 mag-c. rhus-t.

• **amel**.: carb-an. castm. fl-ac. nux-v. rhus-t. sep.

• **Erwachen**, beim: *Alum.* alum-p.k2 anac. calc-s.k2 calc-sil.k2 carb-an. *Carb-v.* carbn-o.a1 *Caust.* chel. *Chin.* cocc. **Graph.** ign. ip. kali-ar.k2 **Lach.** *Lyc.* mag-c. mag-m. mag-s. nat-m. *Nit-ac.*k,vh/dg *Nux-v.* *Phos.* plat. puls. rhus-t. sep. squil.

• **Bett** treibend, aus dem: anac.j5

• **Schweiß**, beim: *Sep.*a1 sulph.a1

– **vormittags**: acon. alum. alumn. am-c. bar-c.h,k,* berb.a1 cact.a1 calc.h,k,* canth.a1,k caust.a1,h clem. *Lyc.*a1,k *Nat-m.*h,k,* paeon.a1,k plat.a1,k ran-b. sars.a1,k sulph.

• **11** h: *Arg-n.*hr1,k

– **mittags**: bar-c.h,k,* chinin-s. cic.a1,h,* mag-c.a1 mez.

• **12** - 15 h: aster.

– **nachmittags**: aeth. am-c.a1,k arg-n. *Ars.*hr1,kr1 bell.a1,k berb.a1 bov. cact. calc.h,k,* canth.a1 carb-an. carb-v.h,k,* cench.k2 *Chel.*hr1,kr1 crot-t. cupr. franz.a1 gamb.a1,k kali-n.a1,k mag-c. mag-m.a1,k nat-c. nit-ac. nux-v. ph-ac.a1,k phel. phos. puls.a1,k rhus-t. ruta stront-c. tab.a1,k zinc. zinc-p.k13,k2

• **14** - 16 h: aq-mar.jl *Coc-c.*vh,vh/dg

• **15** - 18 h: con.

• **16** h: *Lyc.* tab.

• **16** - 17 h: thuj.

• **16** - 18 h: carb-v.

• **17** - 18 h: am-c.

• **abends**; bis: con. kali-n. mag-m. nat-c.h

• **Mittagsschlaf**, nach dem: **Staph.**vh,vh/dg

– **abends**: acon. agar.a1,k *Alum.*a1,k alum-p.k13,k2 alum-sil.k13,k2 am-c. *Ambr.* anac.h,k,* ant-t.hr1,k **Ars.**h,k,* **Ars-s-f.**k13,k2 bar-c.h,k,* *Bar-m.* bell. berb.a1 *Borx.* bov.a1,k bry.a1,k cact.hr1,k,* calad. **Calc.**h,k,* **Calc-ar.**k13,k2,* **Calc-s.** carb-an.h,k,*

– **abends**: ...
Carb-v.h,k,* *Carbn-s.* *Caust.*h,k,* chel.a1,k chin. *Chinin-ar.* *Cina* cinnb.a1 cocakr1 cocc. coff. colch.hr1,k **Dig.** digin.a1 *Dros.*hr1,k *Fl-ac.* graph.h,k,* *Hep.*hr1,k,* hipp. hura kali-ar. kali-c. kali-chl.k13 kali-i. kali-m.k2 kali-n. kali-p. kali-s. kali-sil.k13,k2 lact. *Laur.* *Lyc.* m-arct.j5 mag-c. mag-m.a1,k *Merc.*hr1,k mez.a1,k mur-ac. nat-ar. nat-c. *Nat-m.* nat-p. nat-sil.k13,k2 *Nit-ac.*hr1,k nux-m.a1,k *Nux-v.*h,k,* paeon.a1,k petr.hr1,k,* *Phos.*hr1,k,* plat. plb.hr1 podo.a1 *Puls.*hr1,k ran-b. *Rhus-t.*hr1,k ruta sabin. **Sep.**hr1,k,* sil. spig.a1,k *Stann.*a1,k stront-c. **Sulph.**hr1,k tab. tub.k13,k2 verat.a1,k

• **amel**.: alum.gk am-c. chel.a1,k mag-c. med.gk sul-ac. *Syph.*gk verb.a1,k zinc.

• **Mitternacht**, bis: tub.dp,k2

• **18** h: chel.a1 *Dig.*

• **19** h: am-c.a1 buth-a.a1,sp1 dros.a1 petr.a1

• **19** - 20 h: am-c. dros.

• **20** h: chin.c1 dros.a1 marb-w.es1 mur-ac.

• **23** h, bis: *Borx.*

• **Bett**, im: am-c. **Ambr.** anac. ant-c. **Ars.** **Ars-s-f.**k2 *Bar-c.* bar-s.k2 berb.kr1 *Bry.* calad. *Calc.* calc-act.a1 *Calc-ar.*k1,st *Calc-s.* calc-sil.k2 carb-an. **Carb-v.** *Carbn-s.* *Caust.* *Cench.* cham. *Cocc.* *Graph.* hep. kali-ar. kali-c. kali-m.k2 kali-n. kali-p. kali-s. kali-sil.k2 laur. lil-t. *Lyc.* *Mag-c.* *Mag-m.* mez. mur-ac. nat-ar. nat-c. nat-m. nat-s.k2 nit-ac. *Nux-v.* phos. *Puls.* sabin. sep. sil. stront-c. *Sulph.* ter. verat.

• **amel**.: am-c.j *Mag-c.*

• **Körperübungen**; durch heftige: ox-ac.

• **Schließen** der Augen; beim: *Mag-m.*

• **Unruhe** und qualvoller Angst abdecken; muß sich aus: *Bar-c.* mag-c. nat-m. *Puls.*

• **Dämmerung**, in der: ambr. androc.srj1 *Ars.* *Calc.* *Carb-v.*h,k,* *Caust.* dig. laur. nux-v. *Phos.*hr1,k podo.a1 *Rhus-t.*hr1,k sep.
☞ Dunkelheit - agg. / Licht - Verlangen

– **nachts**: *Acon.* act-sp.hr1 agar. *Alum.*h,k,* alum-p.k13,k2 *Alum-sil.*k13,k2 *Alumn.*hr1,k,* am-c.a1,k am-m. ambr. ang.hr1,kr1 ant-c.h,k,* arg-met. arg-n. arn.h,k,* **Ars.**h,k,* *Ars-s-f.*k13,k2 *Aster.*hr1,k,* aur-ar.k2 aur-i.k13,k2 *Bar-c.*h,k,* bar-s.k13,k2 *Bell.*a1,k borx. bov.a1,k bry.h,k,* cact.a1,k *Calc.*h,k,* *Calc-ar.*k13,k2,* *Calc-s.* calc-sil.k13,k2 camph.hr1,k,* cann-s. canth.hr1,k,* *Carb-an.*h,k,* *Carb-v.*h,k,* *Carbn-s.* carc.tp1 castm. *Caust.*h,k,* cench.k2 *Cham.*h,k,* *Chin.*h,k,* chinin-ar. chinin-s. cina clem.a1,k cob-n.mg,mg1 cocc. coff. con.h,k,* cupr-act.sf1 cupr-ar.sf,sf1 cycl.hr1,k,* dig.hr1,k *Dros.*hr1,k dulc. *Ferr.*h,k,* ferr-ar. ferr-p. *Graph.*h,k,* *Haem.* *Hep.* *Hyos.* *Ign.*a1,k jatr-c. kali-ar. kali-bi.a1,k kali-c.a1,k kali-chl.k13 kali-m.k2 kali-n.h,k1 kali-p. kali-s. kali-sil.k13,k2 kreos.j5 lac-ac. *Lach.*hr1,k lact.c1,k lil-t. lith-c. lyc. m-arct.j5 *Mag-c.*a1,k mag-m. mang. *Merc.*h,k,* merc-c.a1,k nat-ar. nat-c. *Nat-m.*h,k,* nat-p. nat-sil.k13,k2 *Nit-ac.*a1,k nux-v. petr. phel.j5 *Phos.*a1,k pitu.jl,jl3 plan. plat. plb.hr1,k psor.hr1 **Puls.**hr1,k ran-b. ran-s.j5 rat.j5 *Rhus-t.*a1,k sabad. sabin.j5 *Samb.*a1,k sep.hr1,k,* sil.a1,k spong. squil. stront-c. *Sulph.*hr1,k,* tab.a1,k1 thuj.a1,k *Tub.*st

– **nachts**: ...
*Verat.*hr1,k,* zinc.a1,k zinc-p.k2
☞ *Furcht - Kindern - nachts*
• **amel.**: quas.a1
• **Mitternacht**:
• **vor**: am-c. ambr. ars. bar-c. bar-s.k2 borx.k2 *Bry.* *Carb-v.* *Carbn-s.* caust. *Cocc.* ferr.kr1 gels. *Graph.* *Hep.* kali-c. laur. *Lyc.* *Mag-c.* mag-m. merc. *Mur-ac.* nat-c. *Nat-m.* nat-p. nat-s.k2 nat-sil.k2 nux-v. phos. *Puls.* sabin. sil. stront-c. *Sulph.* tub.k2 verat.
• **22** h:
• **22** - 0 h: androc.srj1
• **23** h: borx.k2 ruta
• **Erwachen**, beim: caust.h
• **um**:
• **Aufstehen**; amel. beim: sil.h,k,*
• **nach**: acon.a1 alum. ant-c. **Ars.** calc. castm. *Cench.* chin. chinin-s.j5 colch. dulc. graph. hep. lyc. m-arct.j5 mang.j5 **Nux-v.** quas.a1 rat.j5 *Rhus-t.* **Spong.**kr1 squil.
• **0** - 2 h: carb-an.
• **1** h: mang.a1
• **1** - 2 h: ars.k2
• **1** - 3 h: hep.
• **2** h: chin.c1,gl1 graph.a1 kali-c.a1 nat-m.
• **2** - 4 h: coc-c.k2
• **3** h: **Ars.** sil.
• **nach**: *Ars.* rhus-t. verat.
• **3** - 5 h: ant-c.h
• **4** h: alum.
• **4** - 5 h: alum.a1
• **5** h: nat-m.a1
• **5** - 17 h: psor.
• **Erwachen**; beim: calc.h ign. lyc. ph-ac.
• **halb** wach wird; wenn er: con.h
• **Erwachen**; beim: *Alum.* arg-n. *Ars.* carb-v. carbn-o.a1 chel. *Cina*kr1 con. *Dros.* graph. kali-ar.k2 lac-ac. lyc. nat-c.h *Nat-m.* nit-ac. *Phos.* plat.h *Puls.* rat. sep.h sil. **Sulph.** zinc.
• **Kindern**; bei: abel.jl,kr1 agre.jl,kr1 arg-met.jl,kr1 **Ars.**kr1 **Borx.**kr1,st *Calc.*kr1,sf1,* caste.jl,kr1 *Chlol.*br1,kr1,* *Chlor.*kr1 *Cina*kr1,st convo-s.jl,kr1 **KALI-BR.**kr1,st *Kali-p.*k2,kr1,* *Stram.*kr1 **TUB.**kr1,st
☞ *Furcht - nachts*

◇ **abwechselnd** mit:
• **Fröhlichkeit**: ant-t.j5 castm.j5 spig.j5 staph.j5
• **Gelenken**; Schmerz in den:
• **gichtig**: asaf.k2
• **Gleichgültigkeit**: ant-t.kr1 nat-m.a1,k
• **Hitzewallungen**: *Calc.*kr1,st *Dros.*kr1,st *Plat.*kr1,st
• **Hochgefühl**: spig.j5 spong.j5
• **Raserei**
☞ *Raserei - abwechselnd mit - Angst*
• **Zufriedenheit**: zinc.j5

– **Abdomens**; mit Auftreibung des: mag-m.h
– **Abendessen**:
• **nach**: caust.h mag-c. nux-v.
– **allein**, wenn: alco.a1 **Ars.** cadm-s. caust.sf1 cortico.jl,sp1 *Dros.* gal-ac.a1 hep.j5 *Kali-br.*sf1 kali-c.sf1 *Mez.* nit-ac.sf1 **Phos.** rat. *Rhus-t.*kr1 sep.sf1 tab. zinc.
– **allein**, wenn: ...
☞ *Aufpassen - Verlangen / Furcht - allein / Gesellschaft - Verlangen / Gesellschaft - Verlangen - allein*
– **allem**, vor: sarr.a1,kr1
– **andere**, um: *Acon.*vh,vh/dg anan.oss androc.srj1 arg-n.vh *Ars.*bg2,k *Bar-c.*k,vh/dg calc.oss calc-p.vh carc.vh,zzh caust.j5 chel.vh cocc.h,k,* *Dulc.*k,vh/dg *Ferr.*hr1 fl-ac.vh hep.h,j5,* manc.gk naja.a1 *Nux-v.*gl1,vh perh.jl ph-ac.gl1 **Phos.**k,vh/dg *Staph.*gl1,vh *Sulph.*
☞ *Familie / Freunde / Kinder - um / Liebevoll / Milde / Mitgefühl / Sorgen - andere / Verzweiflung - andere / Wohlwollen*
– **Anfälle**:
• **vor**: cic.st,vh
• **mit** Anfällen: alum. ars.kr1 bell. calc.kr1 caust. cocc. cupr. ferr. *Hyos.* ign.
– **anfallsweise**: *Aloe*kr1,vh/dg ars.h,j5,* calc.hr1 calc-i.k1 *Carb-v.*hr1,kr1 *Cham.*h,j5,* cupr.h *Cupr-act.*kr1 *Hyos.*hr1 nat-c.h,j5,* nit-ac. phos.j5 sep.h,j5,* spong.hr1,j5 *Sulph.*h,j5,*
– **Anstrengung** der Augen; durch: *Sep.*
☞ *Erschöpfung*
– **Arbeit**:
• **bei** der: *Graph.*j5
• **körperliche**
☞ *körperliche*
• **Neigung** zur Arbeit; Angst mit: calc.j5,kr1
• **unternehmen**; aber kann nichts: haliae-lc.srj5
• **unfähig** zu werden; Angst, zur Arbeit
☞ *Furcht - unfähig*
• **verhindert** Arbeit; Angst: mosch.a1
– **Ärger**, Verdruß:
• **nach**: acon. bov.j lyc. phos. sep. staph. verat. zinc.j
– **Atmen**, tiefes: acon. *Spig.*
• **amel.**: agar. *Hell.*vh,vh/dg rhus-t.
• **muß** tief atmen: caps.h
– **Atmung**; ängstliche
☞ ☐ *Atmung - Ängstlich*
– **Aufstehen**:
• **nach**: arg-n. carb-an.h,k,* chel.a1,k m-ambo.h mag-c.a1,k nat-m.a1 rhus-t.
• **Liegen**, vom: alum.c1 verat.h
• **Sitzen**; vom: berb. verat.
• **amel.**: carb-an.h mill.
– **Aufstoßen**:
• **amel.**: kali-c. mag-m.a1,k mez.h,kl
• **endet** mit: verat.h,kl
– **außer** sich vor Angst; ist: *Acon.*j5 ars.j calc.vh cham.j chel.vh chin.j *Graph.*j5 **Lyc.**vh,vh/dg m-arct.j mag-c.j5 mag-s.a1,j5,* merc.vh **Nux-v.**j,vh,* *Psor.*vh,vh/dg **Puls.**vh,vh/dg sol-ni.a2 spong.j *Staph.*vh,vh/dg *Sulph.*vh,vh/dg tub.vh
– **Beklemmung**, mit: ars.a1 chel.a1 sulph.h,kl
– **berührt** zu werden; Angst: ant-c.sf1 arn.sf1 cina.sf1 hep.sf1
– **Beschwerden** durch
☞ *Beschwerden durch - Angst*
– **Bett**:
• **im** Bett: alco.a1 am-c. *Ambr.* anac. ant-c. **Ars.** *Bar-c.* berb. *Bry.* calad. *Calc.* calc-ar.k2 *Camph.*

• **im** Bett: ...
carb-an. *Carb-v.* *Caust.* *Cench.* *Cham.* chinin-s. *Cocc.* cupr-act.$_{kr1}$ *Ferr.* *Graph.* *Hep.* *Ign.*$_{k1,st}$ kali-c. kali-n. laur. *Lyc.* lyss.$_{kr1}$ *Mag-c.* mag-m. nat-ar. nat-c. nat-m. nat-p. nat-sil.$_{k2}$ nit-ac. nux-v. phos. *Puls.* **Rhus-t.** sabin. sep. sil. stront-c. *Sulph.* ter. verat.
  • **aufsetzen**; muß sich: carb-v.$_{j5}$ spong.$_{kr1,vh}$
  • **Herumdrehen** im Bett; beim: lyc.$_{j5}$
  • **Herumwerfen**, mit: ars.$_{kr1}$ *Ars-i.*$_{vh,vh/dg}$ camph.$_{kr1}$ canth.$_{kr1}$ *Cupr-act.*$_{kr1}$ *Ferr.*$_{kr1}$ *Tarent.*$_{vh,vh/dg}$
  • **vergeht** beim Aufsetzen im Bett
   ☞ *aufsetzen*
  • **Wärme**; durch: ars-i.$_{k2,vh,*}$
• **treibt** aus dem Bett: anac.$_{j5}$ **Ars.**$_{h,j5,*}$ bry.$_{j5}$ carb-v.$_{h2,j5}$ carbn-s.$_{j}$ caust.$_{j5}$ *Cham.*$_{j5}$ chin.$_{j5}$ chinin-s.$_{j5}$ *Graph.*$_{h,j5}$ *Hep.*$_{j5}$ lyss.$_{j5,kr1}$ nat-m.$_{j5}$ nit-ac.$_{h,j5}$ *Puls.*$_{j5,kr1}$ *Rhus-t.*$_{h,j5,*}$

– **Bewegung**:
• **agg**.: acon. aloe berb. borx. cocc.$_{kr1}$ **Dig.**$_{k2,kr1}$ *Hyos.*$_{kr1}$ kali-i.$_{k2}$ *Lach.*$_{kr1}$ mag-c. mang.$_{k2}$ nat-c. nicc. rheum stann. stram.$_{kr1}$
  • **Abwärtsbewegung**, nach unten: **Borx.** coff-t.$_{kr1}$ *Gels.* sanic.$_{sf1}$
   ☞ *Furcht - fallen*
  • **Aufwärtsbewegung**, nach oben: borx.$_{k2}$
  • **Aufzugs**; des: **Borx.**$_{st}$
  • **Flugzeugs**; des: **Borx.**$_{st}$
   ☞ *Furcht - Fliegen, vor - Flugzeug*
  • **Seilbahn**; der: **Borx.**$_{st}$
• **amel**.: acon. act-sp.$_{hr1,k}$ *Ars.* hist.$_{sp1}$ iod.$_{k13,k2}$ kali-i.$_{k2}$ mag-m.$_{k2}$ naja ph-ac. *Puls.* seneg.$_{a1,k}$ sil.$_{a1,k}$ tarax.
  ☞ *Beschäftigung - amel.*

– **Bier**, nach: ferr.$_{a1}$

– **Blicken**, bei fixem: *Sep.*
  ☞ *Starren*

– **Blutandrang**:
• **Brust**; Angst durch Blutandrang zur: kali-n.$_{h}$ sep.$_{h}$
• **Herzen**, zum: nit-ac.$_{h}$

– **Brennen** des Magens mit Kälte des Körpers: **Jatr-c.**$_{vh,vh/dg}$

– **Brust**:
• **gespürt**; Angst wird in der Brust
  ☞ ❑ *Brust - Angst*
• **Stechen** in der Brust; durch: ruta$_{h}$

– **Bücken**: bell. rheum
• **amel**.: bar-m.

– **Demütigung**; nach
  ☞ *Kränkung*

– **Denken** daran; durch: alum. ambr. bry. *Calc.* caust. con. *Nit-ac.* staph. tab.
  ☞ *Denken - Beschwerden - agg.*

– **Diarrhoe**; durch unterdrückte: abrot.$_{k2}$

– **Druck**; durch:
• **Brust**; auf der: *Acon.*$_{kr1}$ aur.$_{h}$ bell.$_{h}$ **Carb-v.**$_{kr1}$ coca$_{kr1}$ *Dig.*$_{kr1}$ *Ign.*$_{vh,vh/dg}$ *Lach.*$_{vh,vh/dg}$ ph-ac.$_{kr1}$ *Plat.*$_{kr1}$ *Psor.*$_{kr1}$ sabad.$_{kr1}$ **Sulph.** *Tab.*$_{kr1}$
• **Epigastrium**; im: cham.$_{j}$ con.$_{h}$ crot-t.$_{a1}$ guaj.$_{h}$ lyc.$_{bg}$ nux-v.$_{hr1}$ sang.$_{a1}$

– **Dunkelheit**; in der: aeth. aur-i.$_{k2}$ calc.$_{sf1}$ carb-an.$_{sf1}$ carb-v.$_{k2,sf1}$ hypoth.$_{jl}$ nat-m. phos. *Puls.* rhus-t. **STRAM.**$_{k1,st}$ zinc.$_{sf1}$
  ☞ *Dunkelheit - agg. / Furcht - Dunkelheit / Furcht - Gehen - vor - Dunkelheit / Licht - Verlangen*

– **Eile**, mit: *Alum.*$_{vh,vh/dg}$ kurch.$_{bnj1}$ **Nat-m.**$_{hr1,kr1}$ neon$_{srj5}$
  ☞ *Hast*

– **Eisenbahn**, jedoch amel. im Zug; bei einer bevorstehenden Reise mit der: arg-n.$_{k2}$ ars.
  ☞ *Beschwerden durch - Erwartungsspannung*

– **eiskalte** Getränke: aq-mar.$_{jl}$

– **Entbindung**; während der: cupr.$_{kr1}$

– **Enthaltsamkeit**; durch lange: *Con.*

– **Entmutigung**; mit
  ☞ *Entmutigt - Angst*

– **Epilepsie**
  ☞ *Konvulsionen*

– **Erbrechen**, beim: ant-c.$_{a1,h,*}$ ars.$_{a1}$ ars-h.$_{a1}$ asar.$_{a1,h}$ cupr-act.$_{j}$ dulc.$_{h,kl}$ germ-met.$_{srj5}$ gran.$_{a1}$ nit-ac.$_{a1}$ nux-v.$_{j}$ samb.$_{hr1}$ seneg.$_{a1}$ tab.$_{a1}$ tong.$_{a1}$ vip.$_{j}$

– **Erfolg**; Angst durch Zweifel am: aloe$_{a1}$ *Lac-c.*$_{kr1}$ ruta$_{a1}$
  ☞ *Furcht - Versagen / Gelingt / Selbstvertrauen - Mangel / Unternimmt - nichts / Wahnideen - fehlschlagen / Wahnideen - gelingt*

– **erfreulichsten** Dinge; vor den: *Plat.*$_{kr1}$

– **Erregung**, durch: asaf. aur-m.$_{kr1}$ *Cocc.*$_{kr1}$ kali-i.$_{a1}$ mang.$_{k2}$ *Phos.* *Plat.*$_{kr1}$
  ☞ *Erregung*

– **Erscheinung** wenn wach; qualvolle Angst durch eine schreckliche: *Camph.*$_{kr1}$ zinc.
  ☞ *Träume*

– **Erwachen**, beim: acon. agar. *Agn.*$_{st}$ *Alum.* alum-sil.$_{k13,k2}$ am-c. am-m. anac.$_{h,j5,*}$ arg-met.$_{j5}$ arg-n. *Arn.*$_{h,k,*}$ **Ars.**$_{h,k,*}$ ars-h.$_{hr1,kr1}$ ars-s-f.$_{k13,k2}$ aster. bapt. bell. bism.$_{hr1,k}$ borx. bov.$_{a1}$ bry.$_{j5}$ bufo *Cact.* calc. calc-ar.$_{k13,k2}$ calc-s. *Caps.*$_{st}$ carb-an.$_{h,k,*}$ *Carb-v.*$_{h,k,*}$ *Carbn-s.* castm.$_{j5}$ caust.$_{h,k,*}$ chel.$_{a1}$ *Chin.*$_{h,k,*}$ chinin-ar. cina cocc. con.$_{h,k,*}$ cub. dig. *Dios.*$_{hr1,kr1}$ *Dros.*$_{hr1,k,*}$ glon.$_{bg2,sf1,*}$ *Graph.*$_{h,k,*}$ hep. ign. ip. iris kali-ar. kali-bi. *Kali-c.* kali-p. kali-s. **Lach.**$_{bg2,k}$ lepi.$_{a1,k}$ lept. lyc. mag-c. nat-ar. nat-c. nat-m. nat-p. *Nat-s.*$_{hr1,kr1}$ nat-sil.$_{k13,k2}$ nicc.$_{j5}$ nit-ac. *Nux-v.* ph-ac. *Phel.*$_{j5}$ *Phos.*$_{hr1,k,*}$ plat. puls. ran-s.$_{j5}$ rat. rhus-t. *Samb.*$_{hr1,k}$ sep. sil.$_{a1,k}$ sol-ni.$_{a1}$ sol-t-ae.$_{a1,k}$ *Spong.* squil. *Stram.* *Stront-c.*$_{j5}$ *Sulph.*$_{hr1,k,*}$ tab.$_{j5}$ ter.$_{a1}$ thuj. tub.$_{bg,br1}$ verat.$_{j5}$ xan.$_{bg}$ zinc. zinc-p.$_{k13,k2}$
  ☞ ❑ *Schlaf - Erwachen - Angst*
• **agg**.: agar.$_{jl}$ aq-mar.$_{jl,jl3}$

– **erwartet** wird; wenn etwas von ihm: *Ars.*
  ☞ *Verantwortung - Abneigung*

– **Erwartungsspannung**, durch: canth.$_{j5}$ choc.$_{srj3}$ granit-m.$_{es1}$ hydrog.$_{srj2}$ levo.$_{j5,jl}$ marb-w.$_{es1}$ mosch.$_{j5}$
  ☞ *Beschwerden durch - Erwartungsspannung / Erwartungsspannung*
• **morgens**: choc.$_{srj3}$

• **Verabredung**, vor einer: **Arg-n.**$_{k,st}$ *Ars.*$_{vh,vh/dg}$ *Carb-v.*$_{vh,vh/dg}$ **Gels.**$_{k1,st}$ granit-m.$_{es1}$ *Lyc.*$_{vh,vh/dg}$ *Lyss.*$_{vh,vh/dg}$ *Med.*$_{k1,vh/dg,*}$ **Nat-m.**$_{vh,vh/dg}$ ph-ac.$_{vh}$ *Sil.*$_{vh,vh/dg}$ *Thuj.*$_{vh,vh/dg}$
☞ *Beschwerden durch - Erwartungsspannung / Erwartungsspannung*

– **Essen**:
• **amel**.: aur.$_{a1,k}$ *Iod.* mez.$_{a1,k}$ sulph.
☞ *Essen - nach - amel.*
• **vor**: mez. ran-b.
• **beim**: *Carb-v.*$_{h,k,*}$ kali-sil.$_{k2}$ mag-c.$_{hr1,k}$ mez. ran-b.$_{c1}$ sabad.$_{a1,k}$ *Sep.*
• **warmen** Speisen; von: mag-c.$_{hr1,k}$
• **nach**: aloe *Ambr.*$_{hr1,k}$ *Arg-n.*$_{a1,k}$ asaf. bell.$_{h,k,*}$ canth.$_{a1,k}$ carb-an.$_{h,k,*}$ *Carb-v.*$_{h,k,*}$ *Caust.* cham.$_{h,k,*}$ chin.$_{h,k,*}$ *Coc-c.*$_{hr1,k,*}$ con. ferr.$_{hr1,kr1}$ ferr-m. ferr-ma.$_{a1}$ ferr-p. hyos. kali-c. kali-p. kali-sil.$_{k13,k2}$ lach. mag-m. merc.$_{a1,k}$ *Nat-c.* *Nat-m.* nat-p. nat-sil.$_{k13,k2}$ *Nit-ac.*$_{a1,k}$ **Nux-v.** ph-ac.$_{a1,k}$ phel. *Phos.* psor. ran-b. sep. sil. thuj.$_{a1,k}$ verat. viol-t.

– **Fahren** oder Reiten, beim: *Arg-n.*$_{hr1,kr1}$ *Aur.* *Borx.* *Lach.*$_{k,st}$ psor.$_{h,k,*}$ sep.
☞ *Fahren im - Abneigung*
• **abwärts**: **Borx.** *Psor.*
☞ *Fahren im - Abneigung*
• **fährt**; wenn er selbst: acon.$_{gb}$ arg-n.$_{gb}$ borx.$_{gb}$ lyc.$_{gb}$ nat-m.$_{gb}$ phos.$_{gb}$ stram.$_{gb}$
• **schnell**, mit dem Auto: carc.$_{az1,zzh}$

– **Familie**, um seine: acet-ac.$_{kr1}$ ars.$_{j5}$ calc.$_{oss}$ calc-i.$_{oss}$ calc-sil.$_{k2,kr1}$ carc.$_{ib}$ hep.$_{h,j5,*}$ petr.$_{kr1}$ phos.$_{j5,vh}$ puls.$_{oss}$ rhus-t.$_{j5}$ sulph.$_{j}$
☞ *andere*

– **Farben**:
• **dunkle** Farben:
• **agg**.: nit-ac.$_{vk4}$
• **schwarz**:
• **agg**.: nit-ac.$_{vk4}$

– **Fernsehen** agg.: marb-w.$_{es1}$

– **Fieber**:
• **während**: **Acon.**$_{a1,k}$ ail.$_{k2}$ *Alum.* am-c. **Ambr.** anac. ant-t.$_{bg2}$ arg-met.$_{h}$ arn.$_{h,k,*}$ **Ars.**$_{h,k,*}$ ars-s-f.$_{k13,k2}$ *Asaf.*$_{a1,k}$ **Bar-c.** **Bar-s.**$_{k13,k2}$ bell. berb.$_{hr1,k,*}$ bov.$_{hr1,k}$ *Bry.* *Calc.*$_{h,k,*}$ *Calc-ar.*$_{k,k1,*}$ calc-s. canth.$_{a1,k}$ caps.$_{bg2}$ carb-an.$_{h,k,*}$ carb-v.$_{h,j5,*}$ casc.$_{a1,k}$ cham.$_{hr1,k}$ chel.$_{bg2}$ chin. chinin-ar. *Chinin-s.* chlor.$_{hr1}$ *Cina*$_{bg2}$ cocc.$_{j5}$ coff. colch.$_{bg2}$ con.$_{h,k1}$ crot-h.$_{a1,k}$ cycl. dros. *Euph.*$_{bg2}$ *Ferr.* ferr-ar. ferr-p. fl-ac. graph.$_{h,k,*}$ grat. guare.$_{hr1,k,*}$ hep. hyos.$_{bg2}$ hyper.$_{a1,k}$ ign.$_{hr1,k,*}$ **Ip.** kali-c. lach. laur. lyc.$_{bg2}$ *M-arct.*$_{j5}$ *Mag-c.* mag-m. merc.$_{hr1,k}$ *Merc-c.*$_{bg2}$ *Mur-ac.*$_{hr1,k}$ nat-ar. nat-c. nat-m. nat-p. nat-s.$_{k13,k2}$ nicc.$_{hr1,k,*}$ nit-ac.$_{h,j5,*}$ nux-v.$_{h,k,*}$ ol-an.$_{j5}$ op.$_{a1,k}$ par. *Petr.* ph-ac. *Phos.*$_{hr1,k}$ plan. plat.$_{hr1,k}$ plb. *Puls.*$_{hr1,k,*}$ rheum rhod.$_{j5}$ *Rhus-t.* *Ruta* sabad.$_{j5}$ sabin. *Sec.*$_{hr1,k}$ **Sep.**$_{a1,k}$ spig. *Spong.*$_{hr1,k,*}$ *Squil.*$_{j5}$ stann. staph.$_{bg2}$ stram.$_{hr1,k}$ sulph. thuj.$_{bg2}$ *Tub.* valer. verat. *Viol-t.* *Zinc.* zinc-p.$_{k13,k2}$
☞ *Furcht - Fieber - während*
• **Kindbettfieber**; bei: *Plat.*$_{kr1}$

– **Fieber - während**: ...
• **Wechselfieber**; bei: *Ant-c.*$_{kr1}$ *Ant-t.*$_{kr1}$ *Cocc.*$_{kr1}$ lyc.$_{kr1}$
• **Prodromalstadium** des Fiebers; im: ars. chin.
• **wie** durch: carb-v.$_{a1,h,*}$

– **Flatus**:
• **Abgang** von, amel.: calc. calc-act.$_{a1}$
• **durch**: cic.$_{br1}$ coff.$_{a1,k}$ *Lyc.*$_{h}$ *Nux-v.*$_{a1,k}$
• **eingeklemmten** Blähungen, mit: raph.$_{vh}$ sulph.$_{h}$

– **folternd**: ars-s-f.$_{hr1,j5,*}$ chin.$_{j5}$ graph.$_{j5}$ phos.$_{j5}$

– **Freien**, im: acon. anac. ant-c. arg-met. bar-c. bell. cina hep. ign. lach. plat. spig. tab.
• **amel**.: alum. aml-ns.$_{kr1}$ arund. *Bry.* calc. calc-s. **Cann-i.** carl. *Crot-t.*$_{kr1}$ graph.$_{j5}$ grat. **Kali-s.** laur. *Lyc.* *Mag-m.*$_{h2,k}$ *Puls.* *Rhus-t.* spong. *Sulph.*$_{kr1}$ *Til.* valer. verat. zinc.$_{kr1}$

– **Fremden**; in Anwesenheit von: *Ambr.*$_{vh,vh/dg}$ bar-c.$_{vh}$ *Carb-v.* stram.$_{hr1,k}$
☞ *Fremde - Anwesenheit - agg.*

– **Freunde** zu Hause; um: bar-c. *Phos.* phys. *Sulph.*
☞ *andere / Furcht - Unfall*

– **Frost**:
• **vor**: ars. ars-h.$_{hr1,k}$ **Chin.**
• **während**: **Acon.**$_{hr1,k,*}$ am-c.$_{bg2}$ anh.$_{sp1}$ *Apis*$_{bg2}$ arg-n.$_{bg2}$ arn.$_{h,k,*}$ **Ars.**$_{a1,k}$ ars-h.$_{a1,k}$ bov.$_{bg2}$ *Calad.*$_{bg2}$ **Calc.**$_{a1,k}$ **Calc-ar.**$_{k13,k2,*}$ calen.$_{hr1,kr1,*}$ **Camph.**$_{hr1,k}$ caps.$_{h,k,*}$ carb-v. **Cham.**$_{bg2}$ chin. chinin-ar. cimx.$_{a1,k}$ *Cocc.* cycl.$_{a1,k}$ gels. hep.$_{bg2}$ hura ign. lam. laur.$_{a1,k}$ *Merc.*$_{bg2}$ *Mez.*$_{hr1,kr1}$ nat-m. nux-v.$_{h,k,*}$ phos. plat. **Puls.**$_{a1,k}$ *Rheum*$_{bg2}$ *Rhus-t.* sec.$_{a1,k}$ sep.$_{a1,k}$ *Sulph.*$_{bg2}$ *Thuj.*$_{bg2}$ *Verat.*
• **nach**: *Ars.*$_{j5}$ *Chel.*$_{hr1,k}$ kali-c. *Puls.*$_{hr1}$

– **Frühstück**:
• **amel**.: nat-s.$_{k2}$
• **nach**: con. kali-c.

– **Furcht**, mit: **Acon.** aeth.$_{j}$ *Alum.* alum-p.$_{k2}$ am-c. *Am-m.* amor-r.$_{jl}$ **Anac.** *Androc.*$_{srj1}$ ant-c. ant-t. **Ars.** ars-s-f.$_{k2}$ *Aur.* aur-ar.$_{k2}$ aur-s.$_{k2}$ *Bar-c.* bar-s.$_{k2}$ bell. berb. bov.$_{j}$ bry. calad. *Calc.* calc-ar.$_{k1}$ calc-s. *Canth.* caps.$_{j}$ carb-an.$_{j}$ *Carb-v.*$_{j5}$ carbn-s. **Caust.** chel. *Chin.* chinin-ar. *Chinin-s.* cic. cina clem. *Cocc.* *Coff.* con.$_{j5}$ crot-h.$_{j}$ *Cupr.* *Dig.* dros. dulc. elec.$_{j}$ ferr. ferr-ar. ferr-p. gels.$_{gt}$ granit-m.$_{es1}$ *Graph.* hell. *Hep.* hydrog.$_{srj2}$ hyos. **Ign.** iod.$_{j}$ *Kali-ar.* *Kali-c.* kali-i. kali-n. *Kali-p.* kali-s. kali-sil.$_{k2}$ *Kreos.* lach. laur.$_{bg2}$ limest-b.$_{es1}$ *Lyc.* m-arct.$_{j5}$ *Mag-c.* mag-m.$_{j}$ manc. mang. marb-w.$_{es1}$ meny. *Merc.* mez. mosch.$_{j5}$ murx.$_{j5}$ nat-ar. nat-c. *Nat-m.* nat-p. nicc. *Nit-ac.* nux-m. nux-v. onos. op.$_{gt}$ ph-ac.$_{j}$ phel. *Phos.* *Plat.* plb.$_{j}$ **Psor.** *Puls.* rat. *Rhus-t.* ruta sabin. samb. sang.$_{kr1}$ **Sec.** *Sep.* sil.$_{j5}$ *Spig.* spong. staph. *Stront-c.* sul-ac.$_{j}$ sulph. tab. thuj. til. valer.$_{j5}$ *Verat.* vesp.$_{kr1}$ zinc.$_{j5}$
☞ *Furcht*
• **Menopause**; während der: androc.$_{srj1}$

– **Fußbad**, nach einem: nat-c.

– **Gedanken**, durch: calc.
• **traurig**: alum.$_{h}$ clem.$_{h}$ cocc.$_{c1}$ rhus-t.$_{h,k1}$
• **unangenehm**: phos.$_{h,k1}$ sep.$_{h,k1}$

– **gefolgt** von:
• **Gleichgültigkeit**: phos.h2
– **Gegenwart**, um die: calc-act.al chel.al,h *Con.*gl1
– **Gehen**:
• **agg.**: acon. aloe alum. *Anac.* ant-c. arg-met. *Arg-n.* bar-c. bell. cina clem. hep. ign. *Lyc.* manc. mang. nux-v. plat. spong. staph. tab.
• **amel.**: androc.srj1 calc-act.h hist.mg,mg1,* *Puls.*vh,vh/dg *Sep.*vh,vh/dg sil.h,mg1,* staph.h,mg1,*
• **nach**: asc-t.al dig.al
• **Freien**, im: *Anac.* arg-met. *Arg-n.* bell. cina al,k hep. ign. **Lyc.** nux-v. plat. spong. tab.
• **amel.**: cann-i.k2 *Iod. Kali-i. Kali-s.* **Puls.**k,vh/dg *Rhus-t. Sep.*vh,vh/dg
• **kalter** Luft; in: nux-m.al
• **langsam**:
• **amel.**: cupr.ptk1
• **schnell**:
☞ *Gehen - schnell*
• **agg.**: nit-ac. *Staph.*j5,k tarent.bg1,st,*
• **amel.**: tarent.ptk1
• **wodurch** er schneller geht: arg-met.h **Arg-n.** fl-ac.bg1,st sep.bg1,st
☞ *Gehen - schnell / Hast - Gehen / Ruhelosigkeit - ängstlich - Gehen*
– **Geistesabwesenheit**; mit: anac.h
– **geistige** Anstrengung; durch: acon. ars. aur-m.kr1 benz-ac.kr1 calc. camph. cham.jsa cupr. *Cupr-act.*kr1 iod. mang.k2 nat-c. nat-m.j *Nit-ac.* nux-v. phos. pic-ac.br1 plan. puls. rhus-t. sec. verat.
☞ *Geistige Anstrengung - agg.*
– **gelähmt**, wie: am-m.hr1,kr1 cob-n.kr1,mg1,*
– **Geldangelegenheiten**, um: bamb-a.stb2 *Bry.*vh,vh/dg calc-f.hr1,kr1,* calc-sil.k13,k2 choc.srj3
☞ *Furcht - Armut*
– **Geräusche**, durch: agar. alum. ars.gm1 **Asar.**vh,vh/dg *Aur.* bar-c. caps. *Caust.* chel.al,k nat-c. petr. puls. **Sil.**hr1,k,* *Ther.*vh,vh/dg
☞ *Empfindlich - Geräusche*
• **Ohr**, im: sil.h
• **Wasserrauschen**: **Lyss. Stram.**
– **Geschäfte**, über: acet-ac.br1 anac. arn.j bar-c.bg2 bry.bg2 calc.bg2 caust.j chel.j dros.j kali-n.j kali-p.ptk1 mang.j nat-c.j nat-m.j **Nux-v.**bg2,kr1 op.j ph-ac.j podo.ptk1 *Psor.*st,vh puls. rhus-t.gl1,j5,* sep.j spig.j stann.j sulph.bg2 thuj.j
☞ *Furcht - Armut / Geiz / Wahnideen - arm, er sei*
– **Gesellschaft**, wenn in: *Acon. Ambr.* bell. cadm-s. lyc. *Petr.* plat. stram.
☞ *Gesellschaft - Abneigung*
• **agg.**: aq-mar.jl
– **Gesicht**:
• **ängstlicher** Gesichtsausdruck
☞ ☐ *Gesicht - Ausdruck - ängstlich*
• **blassem** Gesicht, mit: aeth.sf1 *Crot-h.*k2,kr1 puls.j5,kr1
• **Hitze** des Gesichtes, mit: *Acon.*j5,k1 arg-n.j5,k1 bell.j5,k1 **Carb-v.**k1,st graph.k1 merc.j5,k1 puls.al,k1
• **rotem** Gesicht, mit: *Acon.*j5 *Cupr.*kr1 *Kali-i.*kr1 sep.j5
• **Schwitzen** des Gesichtes, mit: ars.j5 cic.j5 mur-ac.j5 nat-c.j5

– **Gesicht - Schwitzen**: ...
• **kalt**: ars.j5 crot-h.j5,k2 mur-ac.j5
– **Gespräche**, durch: alum. *Ambr.* androc.srj1 plat. stram.
☞ *Gespräche - agg.*
– **Gesundheit**; um die: cub.al
☞ *Furcht - Krankheit / Gedanken - Krankheit / Hypochondrie / Verzweiflung - Gesundheit / Wahnideen - krank - sein / Wahnideen - krank - würde*
• **anderer**: cocc.ptk1
• **eigene** Gesundheit; um seine: acet-ac. *Acon.*k,vh/dg adam.srj5 **AGAR.**kr1,vh/dg agn.vh alum. alum-p.●k2 alum-sil.k2 am-c.al,kr1 androc.srj1 ant-t.al *Arg-met.* **Arg-n.**k,vh/dg arn. **Ars.**k,vh/dg *Ars-h.*kr1,vh/dg *Aur-m.*vh,vh/dg bell.j borx.j bov.vh brom.sf1 bry. bufo br1 *Calad.*k1,st *Calc.* calc-ar.k1 *Calc-p.*vh,vh/dg calc-s. calc-sil.k2 canth.j carc.sk1 *Chinin-ar.*kr1 choc.srj3 *Cocc.*k,vh/dg cop.al cupr.j glon.sf1 grat. hyos.j ign. **KALI-AR.**k,k1,* *Kali-c.*k,vh/dg kali-p. *Kali-sil.*k2,vh/dg lac-c. lach. lob.j *Lyc.*vh,vh/dg m-arct.j mag-m. merc.j nat-c. nat-m.j nat-p. **NIT-AC.**k,vh/dg nux-m. nux-v. *Ph-ac.*k1,st **Phel.**vh,vh/dg **Phos.**k,vh/dg podo.sf1 *Psor.*k,vh/dg *Puls.*gl1,k1,* sel.sf1 *Sep.* sil. staph. sulph.
☞ *hypochondrisch / Denken - Beschwerden - agg. / Erzählen - agg. / Furcht - Gesundheit - ruiniert / Furcht - Krankheit / Gedanken - Krankheit / Hypochondrie / Verzweiflung - Genesung / Verzweiflung - Gesundheit / Verzweiflung - Hypochondrie / Wahnideen - Krankheit - jede / Weinen - erzählt - Krankheit / Zweifelt - Genesung*
• **Menopause**; während der: *Kali-br.*kr1 sil.
• **Verwandten**; von: *Ars.*vh,vh/dg bar-c.vh cocc.gl1,kr1,* **Hep.**gl1 merc.gl1 *Phos.*vh,vh/dg
– **getragen** wird; wenn es von jemandem, der tanzt
☞ *Tanzen - agg. - Kind*
– **Gewissensangst**: achy.jl adam.srj5 **Alum.** alum-p.k2 alum-sil.k2 *Am-c.* **Anac.**bg2,vh,* androc.srj1 arn.st **Ars.** *Ars-s-f.*k2 atro.al **AUR.**k1,st aur-ar.k2 aur-s.k2 bamb-a.stb2 *Bell.*j bry.gl1 cact. calc.gl1,h canth. carb-an.kr1 *Carb-v.* carbn-s. *Caust.* cham.gl1,j5 **Chel.** chin.gl1 cina cob.al,ptk2 *Cocc. Coff.*gl1,k1 *Con.* croc.ptk cupr. cycl. **Dig.** *Ferr.* ferr-ar. ferr-p. germ-met.srj5 granit-m.es1 *Graph. Hell.*vh,vh/dg hip-ac.sp1 *Hyos. Ign. Kali-bi.*kr1 kali-br.hr1 kalm.bg *Lach.*bg2,j5,* limest-b.es1 *M-arct.*j5 mag-c.mg1 mag-s. *Med. Merc.* myric.al *Nat-m.* neon srj5 nit-ac. *Nux-v. Ph-ac.*bg2,gl1,* phos. *Plat.*kr1 **Psor.** *Puls.*gl1,k1 rheum *Rhus-t.* ruta sabad. sarr.al *Sil. Spig.*gl1 spira.al staph.bro1,gl1,* *Stram.*kr1,sf1 stront-c. **Sulph.**gl1,k1,* *Thuj. Verat.* *Zinc.* zinc-o.j5
☞ *Pflicht / Seelenheil / Erfüllen / Fliehen - Verbrechen / Gedanken - quälend / Reue / Ruhelosigkeit - Gewissens / Tadelt sich / Traurigkeit - Verbrecher / Wahnideen - faul - bewegen / Wahnideen - Leistung - gedrängt / Wahnideen - richtig - machen / Wahnideen - Tadel / Wahnideen - Unrecht - begangen / Wahnideen - Verbrechen - begangen / Wahnideen - Verbrecher; er / Wahnideen - vernachlässigt - Pflichten / Zorn - Fehler*

- **nachmittags**: *Am-c.*st carb-v.j
- **beobachtet** wird; wenn er: germ-met.srj5
- **keine** Ruhe, verhindert das Hinlegen; läßt ihm Tag und Nacht: *Phos.*kr1
- **Masturbation**, nach: *Ph-ac.*kr1,tl1
- **schlechten** Laune des Partners Schuld; sie hätte an der: bamb-a.stb2
- **Träumen**, in: lach.j5 led.j5
- **Vergeßlichkeit**; mit: thuj.a1

– **Gewitter**
☞ *Furcht - Gewitter*

– **Grausamkeiten**; nach dem Hören von: *Calc.*
☞ *Erregung - Hören / Schreckliches*

– **grundlos**: **Bry.**a1,k kali-ar.k13,k2 phos.a1,k sabad.sf,sf1 tab.a1,k tarent.k,k1 thal.c1 thala.jl,jl3

– **Haus**, im: alum. ars. aster. *Bry.* carl. chel. kali-c. **Lyc.** *Mag-m.* plat. **Puls. Rhus-t.** spong. *Til.* valer.
- **amel.**: ign.
- **Eintreten**, beim: alum. rhod.

– **häusliche** Angelegenheiten, um:
- **morgens**: puls.a1
- **Schwangerschaft**, während der: bar-c.kr1 *Stann.*kr1

– **heißer** Luft, wie in: **Puls.**

– **Herzgegend**, Zusammenziehung der: nit-ac.h

– **Hitzewallungen**:
☞ *❑ Allgemeines - Blutwallungen*
- **während**: ambr. androc.srj1 arn. calc. dros. graph. ign. merc.h nat-c.h op. phos. plat. puls. *Sep.* spong.
  ☞ *❑ Allgemeines - Blutwallungen - Angst / ❑ A~ Hitze - Hitzewallungen*

– **hungrig**, wenn: *Iod.*h,k,* *Kali-c.*

– **Husten**:
- **vor**: ars. *Cupr.*hr1,k iod. *Lac-ac.*kr1 ~~lach.k1,xxx~~ lact.k,k1
- **beim**: **Acon.**bg2 adam.srj5 brom.kr1 cinabg2 *Coff.*bg2,kr1 hep.bg2,kr1 iod.bg2,kr1 *Kali-c.*kr1 meli.kr1 nux-v.bg2 *Rhus-t.*bg2 stram.bg2,kr1,*
- **nach**: *Cina*kr1
- **durch**: arund. merc-c. nit-ac. stram.
- **Keuchhusten**:
  - **vor**: *Cupr.*
  - **während**: *Mosch.*hr1,kr1 *Stram.*hr1,kr1

– **hypochondrisch**: *Acon.*j5 **Agar.**vh,vh/dg agn.vh alum.j5 am-c. anac.h,k,* *Arg-n.*hr1,kr1 *Arn.*h,k,* *Ars.* asaf.hr1,k asar.bg2 *Bell.*j5 bry.j5 calad. *Calc.*h,j5 canth. caust.j5 cham.h,k,* *Con.*j5,k2 cupr.j5 dros. ferr-p. graph.j5 *Grat.* hyos.j5 ign.j5 *Iod.*j5 **Kali-ar.**vh,vh/dg *Kali-c.*j5 kali-chl. kali-p. lach.j5 lyc.j5,vh m-arct.j5 mosch.hr1,k nat-c.bg2,j5 **Nat-m. Nit-ac.**k,vh/dg *Nux-v.*j5,k2 ox-ac.sf,sf1 ph-ac. **Phos.** plat.j5 psor.st *Puls.*j5 *Raph.*j5 *Rhus-t.*j5 *Sep.*j5 squil.j5 staph.j5 sulph.j5 valer.
☞ *Hypochondrie / Verzweiflung - Hypochondrie / Wahnideen - krank - sein / Wahnideen - Krankheit - jede / Wahnideen - Krankheit - taubstumm / Wahnideen - Krankheit - unerkannte / Zweifelt - Genesung*
- **lesen**; Manie medizinische Bücher zu: **Calc.**gl1 *Nux-v.*gl1 *Puls.*gl1 staph.gl1 sulph.gl1

– **hysterisch**: *Asaf.*hr1,k1 con.h,k1,* **Ther.**k1,kr1
☞ *Hysterie*

– **Impfung**, nach: *Thuj.*kr1

– **Kaffee**:
- **amel.**: morph.a1
- **nach**: bart.a1 cham. ign. nux-v. stram.h,k,*

– **kalt**:
- **Getränke** amel.: acon. *Agar-em.* sulph.
- **Kaltwerden**, durch: carb-ac.a1 manc. nux-v.a1 psor.vh
  - **Gedanken**, sich abzukühlen; durch den: marb-w.es1

– **Kälte**:
- **während**: cupr-act.j marb-w.es1 nit-ac.j
  - **Füße** in der Nacht; der: thuj.a1
  - **Glieder**; der: cupr-act.j

– **Kinder**:
- **bei** Kindern: *Borx.* calc. calc-p.hr1,k,* *Cina*kr1 *Gels. Kali-c.* rhus-t.j5
  - **gehoben**; wenn aus der Wiege: borx.k2 calc.k1 *Calc-p.*
  - **Kleinkinder**: *Acon.*kr1 *Cham.*kr1
  - **Schaukeln**, beim: **Borx.**j5,kr1
- **um** seine: acet-ac. ph-ac.gl1 rhus-t.gl1,vh
  ☞ *andere*

– **Kirchenglocken**; durch Hören der: *Lyss.*
☞ *Musik - agg. / Weinen - Glockenläuten*

– **Klavierspielen**, beim: *Nat-c.*h,k,*
☞ *Furcht - Klavier / Musik - agg.*

– **Kleidung**:
- **hinausgeht**; als wäre die Kleidung zu eng, wenn er ins Freie: arg-met.kr1
- **lockern** und die Fenster öffnen; muß die Kleidung: nux-v.st,vh *Puls.*st,vh/dg sulph.h,st

– **Kleinigkeiten**, um: anac.h,k,* *Ars.*a1,k aur.k2 bar-act.a1 bar-c.hr1,k borx. calc.h,k,* calc-i.k13,k2 caust. *Chin.*h,k,* cocc.h,k,* *Con.*h,k,* *Ferr.*h,k,* granit-m.es1 graph. hydrog.srj2 kali-chl.k13 kali-m.k2 kali-sil.k13,k2 laur.a1 limest-b.es1 mang.k2 nux-v.hr1,k *Sil.*
☞ *Kleinigkeiten scheinen wichtig*

– **körperliche** Arbeit:
- **während**: aloe anac. *Graph.* **Iod.**k,vh/dg
- **durch**: iod.
  ☞ *Handarbeit*

– **Körperübungen**, durch:
- **amel.**: chel.st tarent.
- **durch**: **Iod.**st *Sarcol-ac.*jl
  ☞ *Handarbeit*

– **Koitus**:
- **während**: kreos.hr1,kr1
- **nach**: kali-c.k2 sep.a1,k
- **Gedanken** an; durch den:
  - **Frauen**; Angst bei: *Kreos.*hr1,k

– **Konvulsionen**:
- **drohen**; als würde ein Anfall: alum.hr1,kr1
- **vor**: cic.st,vh
- **zwischen**:
  - **epileptischen**: cupr.kr1 *Lyc.*j5

– **Kopf**:
- **Blutandrang** zum; mit: acon.j5,kr1 **AUR.**kr1 carb-v.j5,kr1 *Cupr.*kr1 cycl.kr1 *Ign.*kr1 puls.j5,kr1
- **Hitze** des Kopfes; mit: carb-v.j5 *Cupr.*j5,kr1 laur.j5 *Mag-c.*j5 *Phos.*j5 sil.h sulph.h,j5

- **Hitze** des Kopfes; mit: ...
  - **kalten** Füßen, und: *Sulph.*kr1
- **Schweiß** auf der Stirn; mit: ars.j5 carb-v.j5 *Nux-v.*j5,kr1 *Phos.*j5,kr1 sep.j5
  - **kalt**: *Nux-v.*kr1 *Sep.*gl1,j5
- **Kopfschmerzen**, mit: *Acon.* aeth.c1,j5 *Ars.* bell. bov. *Calc.*bg2,j5,* carb-v.j5 caust. *Cimic.*bg2 fl-ac. gels.psa glon. kali-n.h *Lach.*bg2 *Lyss.*kr1,vh/dg nit-ac.h plat.h ran-b.bg2 rheumbg2 rutabg2,j5 sep.bg2,kr1 spig.bg2 stront-c.bg2 tub.
- **Kränkung**, Demütigung; nach: lyc.
- **Krampf**:
  - **während**:
    - **Magen**, im: kali-c.h
    - **Rektum**, im: calc.h
  - **wie** durch: lyc.h,kl
- **Lachen** und Weinen vor Angst enden in reichlichem Schweiß: *Cupr.*kr1
- **Lesen**, beim:
  - ☞ *Lesen - agg.*
  - **beim**: *Mag-m. Sep.*
  - **verhindert**: quas.a1
- **Liegen**: androc.srj1 ars. calc-s. carb-v. *Cench.* hep.kr1 nux-v. puls. *Sil.* spong. stann.
  - **amel.**: mang. mang-act.br1
    - ☞ *Qualvolle Angst - Liegen - muß*
  - **Seite**, auf der: bar-c. kali-c. phos.k1,k13 puls.
    - **linken**; auf der: bar-c. **Phos.**hr1,k puls.
    - **rechten**; auf der:
      - **Flatulenz**; durch: kali-c.
- **Magen** gespürt; im
  - ☞ *❑ Magen - Angst*
- **Masturbation**, durch: cann-i.sf,sf1 staph.vh
- **Menopause**; während der: acon.bro1,sf1 *Aml-ns.*bro1,sf1 ars.sf1 cimic.sf1 glon.sf1 puls.sf1 sep.bro1,sf1 *Tril-p.*sf1,st
- **Menschenmenge**, in einer: **Acon.**k,vh/dg **Ambr.**k,vh/dg *Arg-n.*vh,vh/dg *Aur.*vh,vh/dg bell. *Kali-ar.*vh,vh/dg lyc. *Petr.* plat. *Puls.*vh,vh/dg stram. tab.vh
  - ☞ *Furcht - Menschenmenge*
- **Menses**:
  - **vor**: acon. am-c. calc.st carb-an.h,k,* carb-v. carbn-s. *Cocc.* con.h,k,* *Graph.* *Ign.* kali-bi. m-arct. mag-m.sf,sf1 manc.c1 mang. merc. *Nat-m.*h,k,* *Nit-ac.* *Nux-v.* puls.hr1,kr1 *Stann.*a1,k *Sulph.*hr1,k zinc.
    - ☞ *Menses - vor; Gemütssymptome*
  - **während**: acon. *Bell.*h,k,* calc.hr1,k calc-sil.k13,k2 canth. caul.sf,sf1 cimic. cina cocc.hr1,kr1 coff. con. hyos.sf,sf1 ign. inul.a1,k *Kali-c.*hr1,kr1 kali-i. kali-sil.k13,k2 kreos.sf1 mag-m.sf,sf1 merc.h,k,* merl.c1 nat-c.a1 *Nat-m.*h,k,* nit-ac.hr1,k nux-v. phos.a1,k *Plat.* sec. **Sil.** stann. sulph.hr1,k verat.sf,sf1 zinc.hr1,k,* zinc-p.k13,k2
    - ☞ *Menses - während; Gemütssymptome*
    - **amel.**: stann.a1,k zinc.
    - **Zorn**; mit: acon.gl1 bell.gl1 *Ign.*gl1 lach.gl1 nux-v.gl1 op.gl1 ph-ac.gl1 staph.gl1 verat.gl1
  - **nach**: *Agar.* *Pall.*hr1,kr1,* phos. sec.
    - ☞ *Menses - nach; Gemütssymptome*
    - **Schlaf** verhindert; was den: agar.
- **Mittagessen**:
  - **beim**: mag-m.a1,k
  - **nach**: ambr.a1,k bell.a1,h canth.a1,k gins.a1,k hyos.h,k,* mag-c.a1 mag-m.h,h2,* nat-c.a1 nat-m.a1,k *Phos.*hr1,k,* psor.hr1 sil.a1,k verat.a1,k
    - **amel.**: sulph.
- **Müdigkeit**, mit: ant-c.j5,sf1 *Aur.*j5 bell.j5 caust.j5 chin.j5 dros.j5 hep.j5 *Lach.*j5,kr1 merc.j5,sf1 *Nux-v.*j5 plat.j5 *Puls.*j5 rhus-t.j5 sil.j5,sf1 spong.j5 staph.j5
- **Musik**, durch: bufok2 dig. *Nat-c.*hr1,k
  - ☞ *Musik - agg.*
- **Nachrichten** hören; als würde er schlechte
  - ☞ *Furcht - schlechten*
- **Nachtwachen**, durch: *Aur.*vh,vh/dg caust. *Cocc.* cupr. **Nit-ac.** *Nux-v.*vh,vh/dg
- **Nähen**: *Sep.*k,vh/dg
- **Nasenbluten** amel.: kali-chl.a1,j5,*
- **nüchtern**, wenn: iod.h
- **Ohnmacht**:
  - **mit** Ohnmacht; Angst: *Arg-n.*j5,kr1 ars.j5 cic.j5 *Crot-h.*j5,st *Dig.*j5,kr1 ign.j5 nux-v.j5 *Plb.*j5,st **Spong.**j5,kr1
  - **nach** Ohnmacht; Angst: ars-s-f.hr1,k2
  - **durch** Angst; Ohnmacht
    - ☞ *❑ Allgemeines - Ohnmacht - Angst*
- **Ohnmacht**; nach: ars-s-f.k2
- **periodisch**: arn.h,k,* *Ars.* *Calc-i.*k13,k2,* *Cham.* cocc. nat-c.a1,k nat-m. *Phos.* plat. *Sep.*k,vh/dg spong. *Sulph.*
  - **Tag**; jeden: nat-c.a1 verb.kr1
- **Pflicht** nicht erfüllt hätte; als ob er seine: alum.h2 ars.a1
  - ☞ *Gewissensangst / Wahnideen - vernachlässigt - Pflichten*
- **plötzlich**: ang.hr1,kr1 bar-c. chel.hr1,kr1,* *Cocc.*h,k,* granit-m.es1 ictod.kr1 nat-m.h,j5,* plat.a1,k rutakr1 *Tab.*hr1,k thuj.a1,k
- **Pollutionen**, nach: carb-an. petr. *Phos.*kr1
- **Pulsieren** im Abdomen; mit: alum.h calc.vh cann-s.a1 lyc.h
- **Rasieren**, beim: calad.hr1,k,*
- **Reise**; vor (dem Beginn) einer: adam.srj5
- **Ruhe**, in der: act-sp.kr1 hist.sp1 iod.k2 seneg.a1
- **Samenabgang**
  - ☞ *Pollutionen*
- **Schaudern**, mit: *Ars.*vh,vh/dg bell. calc. carb-an.h,kl carb-v.hr1,k **Hell.**vh,vh/dg kreos.j nat-c. plat. puls. sulph.a1 tab. verat.
  - ☞ *❑ Allgemeines - Schaudern*
- **Schaukeln**, beim: **Borx.**k1,k2,*
- **Schlaf**:
  - **vor**: alum.a1,k ambr. berb.a1,k calad.k2 *Mag-c.* nat-c. *Rhus-t.*st sil. *Sulph.*gk
    - **abends**: berb.a1,k
  - **im**: acon. agar. ang. arn. **Ars.** aster.kr1 *Bell.* bry.j camph. castm. cham. *Cocc.* con. cycl. dig. dor.a1 dulc. ferr. *Graph.* hep. ip.h *Kali-c.* *Kali-i.*kr1 kali-n.j *Lyc.* mag-c.j merc. *Merc-c.*kr1 merc-i-r.a1 *Nat-c.*j5 *Nat-m.* *Nit-ac.* nux-v. op. petr. *Phos.* phys. puls. ran-b.bg2 rhod.a1 rhus-t. samb. sil.a1 *Spong.* stann.h stram. verat. zinc.bg2,kr1

• **Auffahren** aus dem; beim: am-m.$_{kr1}$ apis$_{gt}$ clem. samb.

• **Einschlafen**, beim: acon. *Calc.* carb-v.$_{k2}$ *Caust.* cench. haliae-lc.$_{srj5}$ hep. *Lach.* lil-s.$_{al}$ *Lyc.* merc. nat-m. *Puls.* quas.$_{al}$ rhus-t.

• **Halbschlaf** am Morgen; im: juni-v.$_{k,kl}$

• **Menses**:

  • **nach**: agar. aster. **Cocc.** *Kali-i.* *Merc-c.* zinc.

  ☞ *Menses - nach; Gemütssymptome*

• **Schlafmangel**: *Calc.*$_{vh,vh/dg}$ *Cocc.* *Nit-ac.*

– **Schleim**; durch Ansammlung von:

• **Bronchien**; in den: arund.$_{c1}$

  ☞ *Furcht - Ersticken / ❑ Kehlkopf - Schleim - Luftwege*

– **Schließen** der Augen; beim: calc. carb-an.$_{sf1}$ **Carb-v.** *Mag-m.* *Psor.*$_{kr1}$

– **Schmerzen**, durch die: *Acon.* *Ars.* bry.$_{k2}$ carb-v.$_{h,k,*}$ **Caust.**$_{k,vh/dg}$ *Coloc.*$_{h,k2,*}$ *Nat-c.* nit-ac.$_{k2}$ **Phos.**$_{vh,vh/dg}$ psil.$_{ft1}$ sars.$_{hr1}$

• **Abdomen**; im: calc.$_{vh}$ cupr.$_{h}$ mez.$_{h}$ spig.$_{h}$

• **Anus**; im: alet.$_{hr1}$ mela.$_{al}$ *Nit-ac.*$_{hr1}$ phos.$_{h}$ pip-n.$_{c1}$ *Sil.*$_{bg}$

• **Augen**; in den: manc.$_{al}$ phys.$_{al}$ plumbg.$_{al}$ spig.$_{h}$

• **Brust**; in der: gink-b.$_{sbd1}$

• **Herzen**; im: daph.$_{al}$ gink-b.$_{sbd1}$

  • **Herzgegend**; in der: haem.$_{al}$ spong.$_{hr1}$

• **Magen**; im: bar-m.$_{j}$ graph.$_{h}$ sulph.$_{h}$

– **Schreck**:

• **nach**: acon. *Cupr.*$_{kr1}$ gels. *Ign.*$_{kr1}$ *Kali-br.*$_{sf1}$ lyc. merc. nat-m. op. rob. *Sil.* *Verat.*$_{kr1}$

  ☞ *Beschwerden durch - Schock / Beschwerden durch - Schreck*

• **zurückbleibt**; wenn die Angst vor dem Schreck: *Op.*$_{k,kl2}$●,*

– **Schwangerschaft**, während der: acon.$_{hr1,kr1}$ *Ant-t.*$_{hr1,kr1}$ bar-c.$_{hr1,kr1}$ ign.$_{hr1,kr1}$ psor.$_{hr1,kr1}$ stann.$_{hr1,kr1}$

– **Schweiß**:

• **amel.**: agar.$_{al,hr1}$ calc.$_{al,h,*}$

• **agg.**: aq-mar.$_{jl,jl3}$

• **während**: benz-ac.$_{k2}$ merc.$_{k2}$

• **kaltem**, mit: acon.$_{kr1}$ am-c.$_{j5,kr1}$ ars.$_{al,kr1}$ *Crot-h.*$_{kr1}$ euph-c.$_{kr1,sf1}$ *Ferr.*$_{kr1}$ ferr-m.$_{j5,kr1}$ *Nux-v.*$_{kr1}$ *Plb.*$_{j5,kr1}$ sep.$_{j5,kr1}$ *Tab.*$_{kr1}$ verat.$_{kr1}$

– **Seelenheil**, um das: aq-mar.$_{jl,jl3}$ **Ars.** ars-s-f.$_{k13,k2}$ **Aur.**$_{k,vh/dg}$ aur-ar.$_{k2}$ aur-s.$_{k13,k2}$ *Calc.* *Calc-ar.*$_{k13,k2,*}$ calc-s. *Camph.* cann-i. carbn-s. chel. *Graph.*$_{hr1,k}$ hura ign. kali-p. **Lach.**$_{hr1,k}$ **Lil-t.**$_{k,vh}$ *Lyc.* *Med.* *Mez.* nat-m. nux-v.$_{gl1}$ ph-ac.$_{gl1}$ plat. plb.$_{k13,k2}$ podo.$_{k13,k2}$ *Psor.* *Puls.* *Staph.*$_{gl1,vh/dg}$ *Stram.*$_{hr1,k}$ **Sulph.**$_{hr1,k1,*}$ *Thuj.* **Verat.**

☞ *Gewissensangst / Religiös - Gemütsstörungen / Verzweiflung - religiöse / Wahnideen - verdammt / Wahnideen - verloren - Seelenheil / Zweifelt - Seelenheil*

• **morgens**: psor.

• **nachts**: calc-ar.$_{k13,k2}$

• **Bedenken**, Gewissensbisse; übermäßige religiöse: ars.$_{gl1}$ ign.$_{gl1}$ lyc.$_{gl1}$ nux-v.$_{gl1}$ puls.$_{gl1}$ staph.$_{gl1}$ **Sulph.**$_{gl1}$

  • **Ausübung** der religiösen Pflichten; in bezug auf die: ign.$_{gl1}$ *Lyc.*$_{gl1}$ ph-ac.$_{gl1}$ **Staph.**$_{gl1}$ sulph.$_{gl1}$

– **Seelenheil**, um das: ...

• **Glaubens**; um den Verlust seines: coloc.$_{gl1}$ merc.$_{gl1}$ nux-v.$_{gl1}$ staph.$_{gl1}$ sulph.$_{gl1}$

• **Hölle**, vor der: *Plat.*$_{kr1}$

– **sexuelles** Verlangen; durch unterdrücktes: **Staph.**$_{vh,vh/dg}$

– **sich** selbst, um: nat-c.$_{al}$ *Sil.*$_{kr1}$

– **Sitzen**: ant-t.$_{j5}$ benz-ac. carb-an. *Caust.* dig. digin.$_{al}$ *Graph.* *Iod.*$_{vh,vh/dg}$ kreos.$_{j}$ nit-ac. ph-ac. phos. puls. sil. staph.$_{h}$ tarax.

☞ *Sitzen - Neigung*

• **amel.**: iod.

  ☞ *Sitzen - Neigung*

• **Aufsetzen** im Bett amel.: spong.$_{kr1}$

• **gebeugt**: rhus-t.

  • **vorne** amel.; nach: chinin-ar.$_{hr1,kr1}$

– **sitzende** Lebensweise, durch: *Ars.* graph.

– **Sprechen**, beim: alum. *Ambr.* aq-mar.$_{jl}$ *Hell.*$_{vh,vh/dg}$ nat-c.$_{al,k}$ plat. stram.

• **Gesellschaft**, in: plat.

  ☞ *Schüchternheit - Öffentlichkeit*

– **Stechen** in der Wirbelsäule; durch: ruta$_{h}$

– **Stehen**, im: aloe anac. berb. cina ph-ac. sil. *Verat.*

• **amel.**: calc. phos. tarax.

– **Stillen**:

• **nach**: *Cham.*$_{kr1}$ *Cocc.*$_{k1,vh/dg}$

– **stillhält**, bewegungslos bleibt; wenn er: iod.$_{k2}$

– **Stimme**; beim Erheben der: cann-s.$_{al,k}$

– **Stöhnen**, mit: sep.$_{h}$

– **Studieren**, Lernen; beim: sel.$_{vh}$

– **Stuhlgang**:

• **vor**: acon. ambr.$_{hr1,k}$ ant-c. *Ars.*$_{hr1,k}$ bar-c. berb. *Borx.* *Bov.* cadm-s. calc. calen.$_{hr1,kr1,*}$ canth. caps.$_{bg2,k}$ caust.$_{hr1,k}$ cham. crot-h.$_{bg2}$ crot-t. haliae-lc.$_{srj5}$ kali-ar. kali-c.$_{hr1,k}$ mag-m. *Merc.* mez.$_{h,k}$ rhus-t. sabin. sul-i.$_{bg2}$ **Verat.**$_{bg2,k}$

• **während**: acon. ars. ars-s-f.$_{k13,k2}$ calen.$_{hr1,kr1}$ camph. canth. caust.$_{hr1,k}$ cham. jal.$_{hr1,kr1}$ kali-c.$_{h}$ mag-c. merc. merc-c.$_{k2}$ mez.$_{bg2}$ plat. raph. sec. sep. stram. sulph.$_{al,k}$ tab. *Verat.*$_{h,k,*}$

• **nach**: acon. *Borx.*$_{k1,st}$ *Calc.* carb-v.$_{h,k,*}$ *Caust.*$_{h,k,*}$ coloc. crot-t. jatr-c. *Kali-c.*$_{al,sf1,*}$ kali-i. laur. merc. nat-c.$_{st}$ **Nat-s.**$_{st}$ *Nit-ac.*$_{al,k}$ nux-v. rhus-t.

  • **blutig**: kali-c.$_{h,kl}$

• **als** würde Stuhlgang eintreten: cham.$_{al,h,*}$ sep.$_{h,kl}$

• **Drücken** zum, beim: *Caust.*

• **vergeblichen** Stuhldrang; durch: **Ambr.** **Caust.**$_{kr1}$

– **stürmischem** Wetter; bei

☞ *Wetter - stürmischem / Furcht - Wind*

– **Suizidneigung**, mit: *Aur.* bell.$_{j}$ caust. chin.$_{j}$ *Dros.* hep. *Merc.* nux-v. plat. *Puls.* *Rhus-t.* staph.

☞ *Furcht - Selbstmord / Suizidneigung / Suizidneigung - Angst*

– **Suppe**:

• **nach**: *Mag-c.* ol-an.

– **Tabakrauchen**, durch: petr. sep.$_{al,k}$

– **tanzt**; wenn es von jemandem getragen wird, der

☞ *Tanzen - agg. - Kind*

– **Therapie** gegen die Angst; möchte eine: ars.gb phos.gb
– **Träume**; beim Erwachen aus schrecklichen ●: abrot.a1 *Ars.* calc.h chin. cinaj frax.a1 gink-b.sbd1 graph. hep.h lyc.h mag-c.st mag-m.a1 mur-ac.h *Nat-m.* nicc. petr.h ph-ac.h puls. sil.h **Spong.**kr1 **Staph.**vh,vh/dg tarent.a1 zinc.h
  ☞ *Erscheinung*
– **treibt** von einer Stelle zur anderen: acon.j aeth.j alum.j am-c.j ambr.j anac.j ars.k1,sf1,* asaf.j aur.sf,sf1 bell.j bov.j bry.k2,sf1,* calc.j camph.j caps.j carb-an.j carb-v.j caust.j chin.j chinin-s.j coff.j con.a1 crot-h.j dros.j *Iod.*k,sf1 lact.j m-arct.j meny.j merc.k,sf1 nat-c.j nat-m.j nit-ac.j nux-v.j op.j ph-ac.j phos.j plat.j puls.j rhus-t.j rutaj sabad.j sep.j spig.j spong.j staph.h sul-i.k2,sf1 valer.j verat.j
  ☞ *Ruhelosigkeit - ängstlich - treibt*
– **Treppensteigen**, beim: *Nit-ac.* ox-ac.a1
– **Trinken**:
  • **nach**: *Cimx.*hr1,k *Puls.*a1
  • **kaltes** Wasser amel.: acon.hr1,kr1,* sulph.a1
– **Tunnel**: **Stram.**vh,vh/dg
  • **Zug** in einem Tunnel ist; wenn der: *Arg-n.*vh,vh/dg *Lyc.*vh,vh/dg **Stram.**st
– **tun**; zwingt ihn, etwas zu: *Bry.*k2,kr1
  ☞ *Gedanken - zwingend*
– **Übelkeit**; mit
  ☞ □ *Magen - Übelkeit - Angst*
– **übertrieben**, übermäßig
  ☞ *außer sich*
– **Untätigkeit**, mit: bov.j5 coff.j5 laur.j5 merc.j5
– **Urinieren**:
  • **vor**: *Acon.*bro1 alum. borx.bro1 *Canth.*bro1 dig. ph-ac. sep.
  • **beim**: acon. carb-v.bg2 *Cham.*bg2,k dig.bg2 graph.bg2 ph-ac.bg2
  • **nach**: dig.
  • **Harndrang**; mit: **Acon.**bg2 *Agn.*bg2 carb-v.bg2 *Cham.*bg2,h graph.bg2 sep.bg2
  • **nachgibt**; wenn er dem Harndrang nicht: sep.h
– **verbirgt**, versteckt; die er vergeblich: alco.a1
– **verfolgt** würde, als ob er: hyos.sf,sf1 kali-br.sf,sf1
  ☞ *Geisteskrankheit - Verfolgungswahn / Wahnideen - verfolgt / Wahnideen - verfolgt, ihm würde nachgestellt*
  • **Gehen**, beim: *Anac.*
– **vergeblicher** Drang
  ☞ *Stuhlgang - vergeblichen*
– **Verzweiflung**; mit: ars.gm1
– **Wärme**; durch: gamb. **Kali-s.**k,st *Puls.*
  • **amel.**: *Graph. Phos.*
– **warmem** Bett, jedoch sind die Glieder kalt, wenn sie entblößt werden; im: **Mag-c.**
– **Waschen** der Füße; nach: nat-c.
– **Weinen** amel.: aster.kr1 dig. graph. phos.a1,h2 *Tab.*k1,st
  ☞ *Weinen - amel. / Weinen - Angst*
– **Wein**, nach: coff.k2
– **Welt**, um die: androc.srj1
– **Wetter**:
  • **Regen**; vor: haliae-lc.srj5

Angst - Wetter: ...
  • **stürmischem** Wetter; bei: gels.lp *Lyc.*kr1 nat-c.j5 nat-m.j nit-ac.a1 phos.j
  ☞ *Furcht - Wind*
– **Wohnung**
  ☞ *häusliche*
– **Zahnung**; während der: kali-br.jl
– **Zeit** festgesetzt ist; wenn eine: *Alum.*vh,vh/dg *Arg-n.* carc.sst gels. med.
  ☞ *Beschwerden durch - Erwartungsspannung / Erwartungsspannung*
– **Zimmer**; beim Eintreten in ein: alum.h
– **Zorn**, bei: caps.h sep. verat.h
  ☞ *Zorn*
– **Zuhause**, um das: nat-p.a1
– **Zukunft**; in bezug auf die: acon.hr1,k adam.srj5 aeth.j5 agar.h,k,* allox.jl,jl3,* alum.bg2,k alum-p.k13,k2 *Anac.*h,k,* anan.a1 ant-c.h,k,* ant-t.h,k,* arg-n.k13,k2 arist-cl.jl,jl3 arn.h,k,* ars.hr1,kr1 aster.ptk1 aur.j5 bamb-a.stb2 *Bar-c.*bg2,k,* *Bar-m.* bar-s.k13,k2 **BRY.**k,vh/dg bufok2 buth-a.jl,jl3,* calad.bg2,k **Calc.**h,k,* calc-act.a1,sf1 *Calc-ar.* calc-f.jl,jl3 calc-s. carb-an.j carb-v.j carbn-s. carc.az1 *Caust.*bg2,k,* cham. chel.h,k,* *Chin.*bg2,k **Chinin-s.** choc.srj3 **Cic.**h,k,* cimic.ptk1 clem.gt cocc. coff.j *Con.*h,k1,* cupr.bg2 cycl.bg2,k *Dig.*bg2,k,* dirc.a1,k *Dros.*bg2,k,* *Dulc.*bg2,k,* euph. euphr.bg2 ferr-c. ferr-i. *Ferr-p.* fl-ac. *Gels.*hr1,k gins.a1,k granit-m.es1 *Graph.*bg2,k grat.hr1,k hep.gl1 hipp.a1,k huraa1 *Iod.* kali-br.a1 kali-c.hr1,k kali-m.ptk1 *Kali-n.*j kali-p. kalm. *Lach.*hr1,k lil-t. m-arct.j5 mag-c.gt,j mang.a1,k meny.j merc.j5 *Mur-ac.*bg2,k,* nat-act.a1 nat-ar. *Nat-c.*bg2,k,* *Nat-m.*bg2,k,* nat-p. nat-s.k13,k2 *Nit-ac.*j5 *Nux-v.*bg2,k *Op.*j petr.bg2,k *Ph-ac.*bg2,k,* **Phos.**bg2,k,* plat.ptk1 *Psor.*k,vh/dg *Puls.*bg2,k ran-b.bg2,k *Rhus-t.*bg2,k *Sabin.* scroph-n.a1,mg1 *Sep.*gl1,j5 *Sil.*gl1 sol-t-ae.a1 *Spig.*bg2,k1,* **Spong.**hr1,k1,* *Stann.*bg2,k1,* *Staph.*bg2,k,* stram. sul-ac.j5 *Sulph.*bg2,k1,* tab.j tarent. thuj.bg2,k,* verat. vichy-g.a1 vichy-h.a1 viol-t.a1 wies.a1 xan.
  ☞ *Beschwerden durch - Erwartungsspannung / Furcht - geschehen / Gedanken - Zukunft / Gedanken versunken - werden / Geiz - Angst / Jammern - Zukunft / Kummer - Zukunft / Vorahnungen / Weinen - Zukunft*
  • **nachmittags**:
    • **16** h: bamb-a.stb2
  • **abends**: *Caust.*hr1
    • **19** h: buth-a.jl3
  • **Dämmerung**; in der: caust.ptk1,ptk2
– **Zusammenschnürung**, durch:
  • **Brust**, in der: ars.a1 gins.a1 stann.h
  • **Herzgegend**, in der: nit-ac.h
  • **Magen**, im: guaj.h

Ankleiden, Anziehen:
– **Abneigung** gegen:
  • **Traurigkeit**; bei: *Con.*kr1 *Sulph.*vh,vh/dg
– **lächerlich** anziehen; möchte sich: sil.pc sulph.pc
  ☞ *Gesten - lächerlich / Spotten - Lächerliche*
– **unanständig**; kleidet sich: hell.bg2,gl1,* hyos.a1,bg2 sec.st stram.bg2
  ☞ *Geschmacklosigkeit / Schamlos / Unanständig*
– **unfähig** sich anzuziehen: merc.a1

Anmaßend: arn.gl1 calc.gl1 *Lyc.*k,k1,* plat.gl1 staph.gl1
☞ *Diktatorisch / Grobheit / Herausfordernd / Hochmütig / Impertinenz / Unverschämtheit / Verwegenheit / Verächtlich / Widerspenstig / Widerspruch - Neigung / Zudringlich*

Anmutig:
– **nicht** anmutig
☞ *Eleganz - keine*

Annäherung
☞ *Näherkommen / Schüchternheit - schamhaft*

Anorexia mentalis
☞ *Anorexia nervosa*

Anorexia nervosa: **Ars.**gl1,vh bacls-10.jl2 carc.cd **Chin.**gl1,vh gent-l.c2 gent-q.c2 ign.gl1 levo.gl1,jl lob-c.c2 perh.gl1,jl ph-ac.gl1 prun-v.c2 puls.vh rhus-t.a1,gl1 sep.sst sulph.gl1,vh tarent.gl1 *Vanad.*stj1 verat.gl1,vh
☞ *Essen - weigert / Geisteskrankheit - Essen - weigert / Gleichgültigkeit - Essen - gegenüber*

Anpassungsfähigkeit; Verlust der: *Anh.*mg1,sp1
☞ *Schizophrenie - paranoid*

Ansehens; Beschwerden durch Verlust des
☞ *Beschwerden durch - Ansehens*

Anspannung, geistige: bamb-a.stb2 carc.fb

Anstacheln, aufhetzen; andere
☞ *Aufzuhetzen*

Anstrengung:
– **geistige** Anstrengung
☞ *Geistige Anstrengung*
– **körperliche** Anstrengung:
• **amel.**: calc. *Iod.*k,k1,*
☞ *Aktivität / Fleißig / ❑ Allgemeines - Aktivität - amel. / ❑ A~ Anstrengung - amel.*
• **Abneigung** gegen: calc-sil.k2
• **Verlangen** nach: **Bell.**a1 cann-i.a1 coca a1 crot-c.a1 erech.a1 eucal.a1 orig.a1 phos.a1 ziz.a1
☞ *Impulse - laufen*
• **Freien**, im: teucr.a1

Anthropophobie
☞ *Furcht - Menschen, vor*

Antworten:
– **Abneigung** zu antworten: *Agar.* alum. alum-p.k2 am-c. am-m. ambr. anac. apom.a1 arg-met.k2 *Arn.* ars. ars-i. ars-s-f.k2 atro. *Aur.*st bell. bry.k2 bufo gk cact. calc-s. calc-sil.k2 carbn-h. caust. cham.gl1 chin. chinin-s. chlol.a1 cimic. cocc. coff. *Coloc.* con. cupr. euphr. germ-met.srj5 **Glon.** haliae-lc.srj5 hell.bg2,sf1 **Hyos.** iod. juni-v.a1 kali-ar. *Kali-p.* lil-t. lyss. mag-m.h2,k **Manc.**k1,vh,* merc. mosch. *Nat-m.* **Nux-v.**k1,st op. petr.h **Ph-ac.**k1,vh,* *Phos.*k1,vh,* *Puls.* rhus-t. sabad. *Sec.* spong. *Stann.* stram. *Stry.* *Sul-ac.* *Sulph.* tab. tarent. verat. vib.
☞ *weigert / Reizbarkeit - gefragt / Schweigsam / Zorn - antworten*
• **morgens**: mag-m.

Antworten - Abneigung: ...
◆ **abwechselnd** mit:
• **Redseligkeit**
☞ *Redseligkeit - abwechselnd mit - antworten*
• **singt** und redet, beantwortet jedoch keine Fragen: agar.
☞ *Albernes / Ungeschicklichkeit*
– **albern**: ars. bell.
☞ *Albernes*
– **angesprochen**, erkennt jedoch niemanden; antwortet wenn: *Cic.*
– **ausweichend**: cimic.kr1,st
– **barsch**, schroff
☞ *kurz angebunden*
– **beleidigend**: lyss.a1
– **bissig**, schnippisch: *Ant-c.*vh,vh/dg calc-p.a1 **Cham.**k2,kr1 sin-n.a1 *Staph.*ptk2
☞ *Bissig / Kurz*
– **denkt** lange nach: *Anac.* *Bar-c.*gk **Cocc.**k,vh/dg *Cupr.* grat. **Hell.** merc.k2 *Nux-m.* **Ph-ac.**k,vh/dg **Phos.**k1,k12●,* zinc.k2
☞ *Nachdenken*
– **diktatorisch**: *Lach.*vh,vh/dg *Lyc.*kr1 plat.vh *Sulph.*vh,vh/dg
☞ *Diktatorisch*
– **einem** Wort; mit
☞ *einsilbig*
– **eingebildete** Fragen: atro. *Hyos.* phos.ptk1 plb. stram. tarent.
– **einsilbig**: achy.jl acon.c1 agar-pa.a1 bell.gl1 carbn-h. carbn-s. carc.sst gels. kali-br. merc.gl1,vh mur-ac.h **Ph-ac.**gl1,k1,* plb. *Puls.* sep. tub.st **Verat.**gl1,vh
☞ *Schweigsam*
• **Ja** oder Nein: puls.ptk2 sil.jsa tub.jsa,k13 zinc.jsa
• **Nein** auf alle Fragen: crot-c. hyos. kali-br. sil.vml1 tub.dgt,st zinc.vml1
☞ *Imbezillität - Negativismus*
– **falsch**, unrichtig: ail.k2 *Bell.* carb-v. *Cham.* *Hyos.* merc. nux-m.sf1 *Nux-v.* *Op.*kr1 ph-ac. *Phos.* stram.kr1 *Verat.*kr1
☞ *unbefriedigend / Sprache - unzusammenhängend*
– **Fragen**, in: *Aur.*h,jsa
☞ *Verwirrung*
– **gefragt** wird; antwortet nicht, wenn er: *Colch.*vh,vh/dg tarent.k1
☞ *weigert / Redseligkeit - beantwortet / Verwirrung*
– **Gesten**, Gebärden; mit: carbn-s.a1
☞ *Gesten - zeigt*
– **Handzeichen**; antwortet mit
☞ *Gesten*
– **hastig**, überstürzt: ars. bell. bry. bufo gk cimic. cocc. hep. lach. *Lyc.*k,k12● rhus-t. stry.
☞ *Hast / Kurz / Schnell / Spontan*
– **höflich** sein; kann nicht: **Cham.**kr1
☞ *Unhöflich*
– **irrelevant**, nicht zur Sache Gehörendes: atro.a1 bell. carb-v. cimic. *Hyos.* ~~led.k1,xxx~~ ~~lyss.k1,xxx~~ *Nux-m.*k1,st ~~nux-v.k1,xxx~~ ~~petr.k1,xxx~~ ph-ac.k,kr1 ~~*Phos.*ptk1,xxx~~ ~~sabad.k1,xxx~~ ~~sec.k1,xxx~~ stram.k1,ptk1,* sul-ac.a1,k ~~*Sulph.*ptk1,xxx~~ tarent. valer.
• **Entbindung**, nach der: *Thuj.*kr1

– **kurz** angebunden (= barsch, schroff): ars. ars-h. cham.k2,vh *Cic.* coff. gels. *Hyos.* jatr-c. mur-ac. *Nux-v.*vh,vh/dg *Ph-ac.* phos. plb. rhus-t. sec. sin-n.k1 *Stann.* *Sulph.* *Tarent.*
☞ *Kurz angebunden*

– **langsam**: acon.sfl agar-ph. *Anac.* arn.ptk1 ars. ars-h.kr1 ars-s-f.k2 bapt.ptk1 *Carb-v.* carbn-h. choc.srj3 *Cocc.* *Con.* cupr. cupr-act.a1 **Gels.**bg1,bg2,* **Hell.**k1,st hyos.bg2 *Kali-br.* lyc.bg2,sfl med.bg2 **Merc.** *Nux-m.* op. ox-ac. **Ph-ac.** **Phos.** plb. rhod.bg1,bg2,* *Rhus-t.* sep. sul-ac. *Sulph.* *Thuj.* zinc.
☞ *Langsamkeit / Sprache - langsam*

– **Nicken** mit dem Kopf; antwortet durch: puls.ptk1

– **Schlaf**, im: arn.bg *Bapt.*bg *Hyos.*bg med.c1 ph-ac.bg

– **schläft** dann sofort ein; antwortet und
☞ *Stupor*

– **schnell**: lyss.kr1 *Sep.*kr1 stry.a1,kr1

– **schroff**
☞ *kurz angebunden*

– **schwierig**, Antworten ist: androc.srj1 carbn-o.a1 chlol. cocc.k2 hell.kr1 iod.a1 ph-ac.k2 *Phos.* *Sul-ac.* sulph. verat.

– **Stupor** kehrt schnell nach dem Antworten wieder: *Ant-t.*kr1 **Arn.**k,vh,* **Bapt.**bg2,k,* brom.bg2 cic.k1 diph.bro1 *Hell.*bro1 hep.bg2 **Hyos.** *Nux-v.*kr1 olnd.bg2 *Op.*bg2,kr1 *Ph-ac.*bg2,bro1,* phos.bg2,bro1 plb. sulph.bro1 *Ter.*kr1 visc.a1
☞ *Bewußtlosigkeit - antwortet / Delirium - antwortet / Stupor*

– **unbefriedigend**: *Anac.*kr1 atro.a1 phos.a1
☞ *falsch*

– **unbewußt**, wie: plat.a1

– **undeutlich**: *Chin.* coff-t. hell.k2 *Hyos.* **Ph-ac.**kr1 *Phos.*

– **unfähig** zu antworten: ars.a1 lon-x.a1

– **unpassend**
☞ *irrelevant*

– **unvollständig**
☞ *unbefriedigend*

– **unzusammenhängend**: ail.k2 bell. cann-i. chlol. coff-t. crot-t.j5 cupr.j5 cycl. hyos. *Ph-ac.*kr1 phos. raja-s.jl valer.
☞ *Gedanken - zusammenhangslos - Sprechen / Schizophrenie - paranoid / Sprache - unzusammenhängend*

– **vage**, unbestimmt: dig.a1

– **verworren**, als würde er an etwas anderes denken: bar-m. *Hell.* mosch.

– **weigert** sich zu antworten: *Agar.* ambr. *Arn.* ars. *Atro.*a1,kr1 bell. bufogk calc-sil.k2 *Camph.* caust. *Chin.* chinin-ar. *Cimic.* *Hell.* *Hyos.* kali-ar.k2 led. lyss. nux-m. *Nux-v.*k,vh/dg petr. ph-ac. **Phos.** sabad. sec. *Stram.* *Sul-ac.* **Sulph.** tab.a1 tarent. *Verat.* *Verat-v.*kr1
☞ *Abneigung / gefragt / Geheimnistuerisch / Schizophrenie - paranoid / Schweigsam / Zorn - antworten*

– **wiederholt** erst die Frage: ambr. *Caust.* hell.kr1 kali-br. *Med.*vh,vh/dg sulph. *Zinc.*
☞ *Stumpfheit - versteht*
 • **nachdem** die Frage wiederholt wurde: med.jsa
 ☞ *Stumpfheit - versteht*

– **widerwillig**; antwortet
☞ *Abneigung*

Antworten: ...

– **zerstreut**: *Lyc.*kr1 plect.a1

– **zögernd**: graph.a1 sec.a1

– **zusammenhangslos**: coff. coff-t.a1 *Crot-h.* kali-br. phos. stram. stry.
☞ *Gedanken - zusammenhangslos - Sprechen / Verwirrung*

Anziehen
☞ *Ankleiden*

Anzugreifen; Verlangen, andere: **Hyos.**vh,vh/dg lyss.a1 **Stram.**vh,vh/dg **Tarent.**vh,vh/dg
☞ *Kämpfen*

Apathie
☞ *Gleichgültigkeit / Untätigkeit*

Aphasie: am-m.kr1,st ant-m.kr1,vh,* ant-t.kr1,st *Arg-n.*kr1,vh,* *Ars.*kr1,vh,* arum-m.kr1,vh,* bar-act.bro1,kr1,* *Bar-c.*kr1,sfl,* bell.ptk1 bold.kr1,mg1,* *Both.*bg2,k1,* *Calc.*kr1,vh,* *Caust.*bg2,kr1,* cham.bg2,kr1,* *Chen-a.*k1,kr1,* cimic.kr1,st *Colch.*bg2,kr1,* con.kr1,sfl,* crot-h.gl1,kr1,* cupr.kr1,vh,* elapsbg2,kr1,* *Glon.*k1,kr1,* hydr.gl1,kr1,* hyos.kr1,sfl,* *Kali-br.*bg2,kr1,* kali-cy.bro1 kali-fcy.c1,kr1,* *Kali-m.*kr1,st *Kali-p.*kr1,vh,* *Lach.*bg2,kr1,* laur.kr1,sfl,* *Lyc.*bg2,kr1,* *Mag-c.*kr1,vh,* *Merc.*kr1,sfl,* mez.bro1,kr1,* najabg2,kr1,* nat-f.jl,kr1,* **Nit-ac.**kr1,st *Nux-m.*kr1,st *Nux-v.*gl1,kr1,* oci.vh oena.c1,kr1,* olnd.kr1,sfl,* onos.bg,ptk1 *Phos.*bro1,kr1,* plb.kr1,sfl,* podo.kr1,st puls.bg2,kr1,* rhus-t.gl1,kr1,* stram.bg2,kr1,* sulfon.bro1,kr1,* *Syph.*k2,kr1,* tab.kr1,st zinc.kr1,vh,*
☞ *Fehler - Namen / Fehler - Sprechen / Sprache - schweift / Sprache - verloren / Vergeßlich - Worte*

– **Amnesie**, mit: cann-i.sf,sfl **Kali-br.**hr1,kr1,* plb.ptk1

– **Apoplexie**:
 • **nach**: *Ars.*kr1 *Bar-c.*kr1 *Crot-h.*kr1 *Ip.*kr1 *Kali-br.*kr1 **Nux-v.**kr1 *Oena.*kr1 *Plb.*kr1 **Stram.**kr1

– **Fieber**; mit typhusartigem: apisptk1 ars.ptk1 op.ptk1 *Stram.*ptk1

– **Furcht**, nach: cupr.jsa hyos.ptk1

– **Magen**; durch Schmerzen im: laur.ptk1

– **Imbezillität**, bei: *Anac-oc.*kr1

– **strengt** sich lange an, bevor ein Wort hervorgebracht wird: **Stram.**jsa

– **Uterus**; mit Verlagerung des: nit-ac.ptk1

– **Zunge**:
 • **Herausstrecken** der Zunge; mit: syph.kr1,vk1
 • **Lähmung** der Zunge; mit: stram.kr1,vk1 syph.kr1,vk1

Arbeit:

– **Abneigung** gegen Arbeit
☞ *Faulheit*

– **Verlangen** zu arbeiten
☞ *Fleißig*

Arbeit; geistige
☞ *Geistige Anstrengung*

Arbeitswut
☞ *Fleißig*

Ärger, Verdruß
☞ *Reizbarkeit / Zorn*

Argumentieren:
– **Gewandheit**, Geschick beim: nux-m.cl

Argwöhnisch, mißtrauisch: **Acon.**bg2,k,* ambr.bg2,k **Anac.**h,k1,* anan.hr1,k,* androc.srj1 ang. anh.bro1,mg1,* ant-c.bg2,k,* apisbg2,k2 *Arn.* **Ars.**bg2,k,* ars-s-f.k2 *Aur.*bg2,k,* aur-s.k13,k2 bapt. bar-act.j,mg1 **Bar-c.**bg2,k,* *Bar-m.* *Bar-s.*k13,k2 *Bell.*h,k,* *Borx.* **Bry.**bg2,k bufogl1 *Cact.* cadm-met.mg,mg1 calc.bg2,k2 *Calc-p.* calc-s. **Cann-i.**a1,k cann-s.bg2 canth.a1,k caps.k13,k2 carb-v.bg2 carbn-s. **Caust.**bg2,k,* **Cench.** cham.bg2,k,* chin. chinin-ar. **Cic.**h,k,* *Cimic.*bg2,k,* coca *Cocc.* con.bg2,k cortiso.gse *Crot-h.*bg2,k,* *Cupr.*bg2,k **Dig.**bg2,k,* *Dros.*bg2,k,* *Dulc.*gk granit-m.es1 graph. *Hell.*bg2,k hydrog.srj2 *Hyos.*bg2,k,* ign.bg2,sf1,* ip. **Kali-ar.** kali-bi.a1,bg2 kali-br.bg2,k,* *Kali-p.*hr1,k **Lach.**bg2,k,* **LYC.**k1,st *Lycps-v.*kr1 macro.a1 marb-w.es1 *Med.*vh,vh/dg meli. meny.bg2,k *Merc.*h,k,* mez. *Morph.*sf,sf1 mur-ac. *Nat-ar.* *Nat-c.*bg2,k nat-p. nat-s.bg2,k2,* *Nit-ac.*bg2,k *Nux-v.*bg2,k *Op.*bg2,k,* ph-ac.a1,bg2 *Phos.*bg2,k plat.sf,sf1 plb. psor.gk **Puls.**bg2,k,* **Rhus-t.**bg2,k ruta sanic. sarr. **Sec.**bg2,k sel.bg2,k *Sep.* sil. *Spig.*gl1 *Stann.* *Staph.*bg2,k1,* still.sf,sf1 **Stram.**bg2,k,* *Sul-ac.*bg2,k,* sul-i.a1,k **Sulph.**bg2,k,* syph.st thuj. thyr.ptk1 verat.bro1,gl1 *Verat-v.*hr1,k viol-t.a1,k

☞ *Diktatorisch / Eifersucht / Geheimnistuerisch / Gesellschaft - Abneigung / Reizbarkeit - mißtrauisch / Sorgsamkeit / Vorsichtig / Wahnideen - anerkannt / Wahnideen - angegriffen / Wahnideen - angeklagt / Wahnideen - gefangengenommen / Wahnideen - kritisiert / Wahnideen - lachen und / Wahnideen - verachtet / Wahnideen - Verwirrung / Zynisch / ❑ Gesicht - Ausdruck - argwöhnisch*

– **tagsüber**: *Merc.*a1,k
– **nachmittags**: *Lach.*a1,k nux-v.
 • **15** - 20 h: cench.
– **abends**: cench. *Lach.*
– **Anschlag** auf sein Leben; Menschen sind im Haus und planen einen: ars.a1
 ☞ *Wahnideen - ermordet*
– **beleidigend**: merc.j5
– **Einsamkeit**; Verlangen nach: cic.j5 crot-t.j5
 ☞ *Gesellschaft - Abneigung*
– **Feind**; hält jeden für seinen: *Merc.*vh,vh/dg *Puls.*kr1
– **Freunden** gegenüber; seinen besten: androc.srj1 rutaa1
– **Furcht** vor Gesellschaft: ambr.j5 bar-c.j5 *Nat-c.*j5
 ☞ *Schüchternheit - Gesellschaft / Schüchternheit - schamhaft*
– **Gehen**, beim: *Anac.*h,k,*
– **idiotischer** Argwohn: apisptk1
– **Medikamente** einnehmen; will keine: *Cimic.*kr1
 ☞ *Weigert - Medizin*
– **Menopause**; während der: *Cimic.*st
– **reden**; Menschen würden über sie: *Bar-c.* hyos.ptk1 ign.ptk1 pall.ptk1 staph.ptk1
 ☞ *Wahnideen - lachen und*

Arm nehmen; jemanden auf den
 ☞ *Ironie / Necken / Spaßen / Spotten*

Arrogant
 ☞ *Hochmütig*

Arzneimittel, homöopathische:
– **Abneigung** gegen: caust.gl1 hep.gl1 lyc.gl1 nit-ac.gl1 nux-v.gl1 sep.gl1
 ☞ *Weigert - Medizin*

Asthma:
– **Lachen**; durch: bov.ptk1

Auffahren, Zusammenfahren: *Acon.* act-sp.br1 *Agar.*bro1,c1,* alum. ambr. ang. ant-c. ant-t. apisbro1 arg-met.sf1 *Arn.* **Ars.** *Ars-h.* *Ars-i.* *Ars-s-f.*k2 *Asar.*bro1 *Atro.*a1,kr1 aur-m. *Bar-c.* bar-m. **Bell.** benz-ac. berb. bism. *Borx.* brom. **Bry.** *Bufo* calad. *Calc.* calc-ar.k2 calc-s. calc-sil.k2 camph. cann-s. **Caps.** carb-ac. *Carb-an.* *Carb-v.*c2,k *Carbn-s.* card-m. *Caust.* cham. chel. chin.sf1 chinin-ar. *Cic.* cimic.bro1 *Cina*bg2,kr1 *Cocc.* colch.sf1 *Con.* cupr. *Cur.* cypr.bro1 ferr-i. gels.br1 graph. hep. hura hydr-ac.a1 **Hyos.** hyper. *Ign.* inul. *Kali-ar.* *Kali-br.* **Kali-c.**k1,st *Kali-i.* **Kali-p.**k1,st *Kali-s.* kali-sil.k2 **Lac-c.** lach. led. lil-t. *Lyc.* lyss.kr1 mag-c.br1 *Med.* merc. mosch.j5 mur-ac. **Nat-ar.** *Nat-c.* **Nat-m.** *Nat-p.* *Nit-ac.* *Nux-m.* *Nux-v.* *Op.*c2,k *Petr.* *Phos.* *Phys.*sf1 pip-n.br1 plat. psor. ptel. puls.sf1 rhus-t. sabad. samb.c2,k *Scut.*bro1 *Sep.* *Sil.* sol-ni. spong. **Stram.**c2,k **Stront-c.** stry. sul-ac. *Sulph.*c2,k sumb.a1 tab. *Tarent.*bro1 *Ther.* tub.br,bro1 verat. vinc.bro1 zinc.

☞ *Empfindlich / Erregung / Erschreckt / Furcht - Auffahren / Geistesabwesend - fährt / Sinne - scharf*

– **tagsüber**: nux-v.a1
– **morgens**, aus dem Schlaf: chinin-s. clem. huraa1 phos.a1 sabad. spong.
– **mittags**: chel.j5 hep.j5 mag-c.j5 nat-c.j5 nit-ac.j5 nux-v.j5 sep.j5 *Sil.*j5 *Sulph.*j5 zinc.h,j5
 • **Schlaf**, im: mag-c.a1,h nat-c.a1,h nit-ac.a1,h sep.a1,h sil.a1,h *Sulph.*a1,h
– **nachmittags**: lyss.kr1 nicc.a1 pall.kr1 sulph.a1
– **abends**: ped.a1 plat.a1 *Puls.*a1
 • **Einschlafen**, beim: am-m. ambr. anac.h arn. **Ars.** ars-s-f.a1 bar-c. *Bell.* bry. dulc. kali-bi. lach. merc-c. nat-c. plat.j5 sars. *Sel.* stront-c. *Sulph.*
 • **Rucken** oder Zucken, hört beim Einschlafen auf: *Agar.* hell.
 • **Schlaf**, im: calc. kali-i. petr.a1,h
– **nachts**: alum. am-c. asaf.k2 carb-v. euph. indg. lyc. mag-c. mag-m.h merc-c. morph. nat-s. nit-ac.h pall.a1 sars.a1 sil. spong. staph. stram. sulph.
 • **Mitternacht** im Schlaf; um:
  • **vor**: alum.a1,j5 ant-t.j5 bism.j5 kali-i.j5 mag-m.a1,j5 stront-c.j5
  • **nach**: am-c.a1 castm.a1 *Teucr.*a1
  • **über**: mag-c.a1,j5
 • **Menses**, während: zinc.
  ☞ *Menses - während; Gemütssymptome*
– **anfallsweise**: ars. kali-i.a1 rhus-t.
– **angesprochen**, wenn: aur-m.k2 carb-ac. ptel.a1 sulph.k,kl2●
 ☞ *Angesprochen - Abneigung*
– **ängstlich**: aloe apis cupr.sf1 hep.j5 lyc. samb.j5 stront-c.j5 *Sulph.*

– **ängstlich**: ..
☞ *Angst*
• **Abwärtsbewegung**, durch: *Borx.*
– **Berührung**, bei: bamb-a.$_{stb2}$ *Bell. Cocc.* coff.$_{st,vh}$ **Kali-c.** *Kali-p.* kali-sil.$_{k2}$ m-aust.$_{h}$ mag-c. ruta *Sil.* stram.$_{c1}$ stry.$_{st,vh}$
☞ *Berührt*
– **Bett**, im: cic. hura merc-meth.$_{a1}$ tab.
• **wachliegt**, während er: anac. bry. euph.
– **Bewußtsein** wiedererlangt; wenn er das: *Nux-m.* phys.
– **elektrisch**:
• **Schläge** durch den Körper, während er hellwach ist: euph.$_{a1}$ mag-m. nat-p.
☞ ❑ *Allgemeines - Schlag - elektrischer*
• **Schlaf**; im: *Arg-met. Ars. Nat-m. Nux-m.*
• **wecken** sie auf: **Arg-met.**$_{k,vh/dg}$ *Ars. Nat-m.* nux-m.
• **wie**: agar. cann-s. euph. kiss.$_{a1}$
☞ ❑ *Allgemeines - Schlag - elektrischer*
– **Erregung**: borx.$_{k2}$
– **Erwachen**, beim: anac. *Bell. Bry.*$_{c1,h,*}$ chinin-ar.$_{k2}$ coff.$_{br1}$ *Kali-c. Lach.* led. lyc. nit-ac. pall. sul-i.
• **ersticken**; als würde er: aur-m. *Lach. Op.*
– **Essen**, nach dem: hep.$_{h}$
– **Fahren**, Autofahren; beim: granit-m.$_{es1}$
– **fallen** hört; wenn er etwas: alum.$_{a1}$
– **fallen** würde; als ob er: bell. bism. caps.$_{h}$ dig.$_{bg2}$ mez. ph-ac.$_{a1,h}$
– **Fieberhitze**
☞ *Hitze*
– **Füßen**; als käme es von den: lyc.
– **Geräusche**, durch: acon.$_{st}$ aloe alum. ang.$_{h}$ ant-c. apis ars. asar.$_{j1}$ aur. bar-act.$_{a1}$ *Bar-c.* **Borx.** bufo cadm-met.$_{gm1}$ calad. *Calc.* camph. cann-s. carb-v. carc.$_{fb}$ card-b.$_{a1}$ *Caust.* chel. *Cic. Cocc. Con.* cub. granit-m.$_{es1}$ hipp. hura kali-ar. **KALI-C.**$_{k1,st}$ *Kali-i. Kali-p.* kali-sil.$_{k2}$ *Lach. Lyc.* lyss. mag-c. *Med. Merc.* mosch. *Nat-ar.* **Nat-c. Nat-m. Nat-p. Nat-s.** *Nat-sil.*$_{k2}$ nit-ac. **Nux-v.** *Op.* ox-ac. **Phos.**$_{vh,vh/dg}$ ptel. rhus-t. sabad. sabin. **Sil.** spong. *Sul-ac.*$_{gk}$ sulph. tab. ther.$_{sf1}$ xan.$_{bg}$
☞ *Empfindlich - Geräusche*
– **gerufen** wird; wenn er beim Namen: sulph.
– **häufig**: **IGN.**$_{st}$
– **heftig**: stront-c.$_{ptk1}$
– **Herzklopfen**, durch: dig.$_{a1}$
– **Hitze**; während: caps. cham.$_{sf1}$ ferr-p.$_{sf1}$ ign. nat-m. op.
– **Jucken** und Beißen; durch: mag-c.$_{h}$
– **Kleinigkeiten**, über: *Arn. Borx.* calc. cham. *Cocc.* hura *Lyc. Nat-c. Nat-m.* nux-m. *Nux-v. Petr. Psor.*$_{k1,st}$ sabad. *Sil. Spong.* sul-ac. *Sulph.* ther.$_{ptk1}$ zinc. zinc-m.$_{a1}$
☞ *Kleinigkeiten*
– **Koitus**, nach: sep.$_{h}$
– **konvulsivisch**: apis$_{hr1}$ ars. calc-p. hyos. stry.
– **leicht**: *Acon.*$_{bg2,h,*}$ agar.$_{bro1}$ am-c. am-m. ant-c.$_{c1}$ ant-t. apis$_{bro1}$ **Arn.**$_{bg2}$ ars-s-f.$_{k2}$ *Asar.*$_{bro1}$ bar-c. bar-m.$_{k2}$ **Bell.**$_{bg2,bro1}$ bism.$_{sf1}$ **Borx.** *Bufo* calad.$_{bro1}$ calc. calc-ar.$_{k2}$ calc-s. calc-sil.$_{k2}$ *Camph.* caps.$_{bg2}$ *Carb-an.*$_{bg2}$ carb-v. *Caust.*$_{bg2}$ *Cham.*$_{bro1,hr1}$ cic.

– **leicht**: ...
cimic.$_{bro1}$ cina$_{bg2}$ *Cocc. Con.*$_{bg2}$ cypr.$_{bro1}$ *Ferr.*$_{hr1}$ granit-m.$_{es1}$ helon. hura hyper. **Ign.**$_{bg2,bro1}$ *Kali-br.*$_{bro1}$ **KALI-C.**$_{bro1,k1,*}$ kali-i. **Kali-p.** kali-s. kali-sil.$_{k2}$ lac-c.$_{bg2}$ *Lach.*$_{bg2}$ limest-b.$_{es1}$ lyc.$_{bg2}$ med.$_{ptk2}$ merc. mez. nat-ar.$_{k2}$ **Nat-c. Nat-m. Nat-p.** *Nit-ac.* nux-m. **Nux-v.**$_{bg2,k}$ **Op.**$_{bg2,k}$ *Petr.*$_{bg2}$ **Phos.** phys. *Psor.*$_{bro1,st}$ rhus-t.$_{bg2}$ sabad.$_{bg2,ptk2}$ samb.$_{bg2,bro1}$ *Scut.*$_{bro1}$ *Sep.* **Sil.**$_{bg2,k}$ spong. **Stram.**$_{bg2,bro1}$ *Sulph.* sumb. tab. *Tarent.*$_{bro1}$ *Ther.* tub.$_{bro1}$ verat. xan.$_{c1}$ zinc. zinc-p.$_{k2}$
– **Liegen**, beim: lyc.
• **Rücken**, auf dem: calc-p. mag-c. nit-ac.$_{h}$
• **Seite**; auf der rechten: mag-c.$_{h}$
– **Menses**:
• **vor**: calc.
☞ *Menses - vor; Gemütssymptome*
• **während**: *Borx.*$_{k1}$ ign.$_{sf1}$ *Zinc.*$_{k1}$
☞ *Menses - während; Gemütssymptome*
– **niesen**, wenn andere: **Borx.**
– **Rascheln** von Papier; durch: calad.$_{k2}$
☞ *Empfindlich - Geräusche - Rascheln*
– **räuspern**; wenn sich andere: **Borx.**
– **Schlaf**:
• **vor**: alum.
• **im**: acon. aeth.$_{br1}$ agn. *Alum. Am-c.*$_{bg2,kr1}$ am-m.$_{j5}$ ambr.$_{br1,h}$ aml-ns.$_{kr1}$ anac.$_{bg2,sf1}$ ang.$_{bg2,j5}$ ant-c. ant-o.$_{a1}$ *Ant-t.*$_{j5,kr1}$ *Apis Arg-met.* arn. *Ars. Ars-h.* ars-i. ars-s-f.$_{k2,kr1}$ arum-t. *Asaf.*$_{kr1}$ atro. *Aur.* aur-m.$_{k2}$ auran.$_{kr1}$ bar-c.$_{k2}$ *Bell.* benz-ac.$_{kr1}$ bism. *Borx.*$_{bg2,kr1}$ bov.$_{j5}$ brom. bry. bufo$_{kr1}$ calad. *Calc.* calc-ar.$_{k1}$ calc-i.$_{k2}$ calc-p. calc-sil.$_{k2}$ camph. cann-i.$_{kr1}$ canth. caps.$_{bg2,j5}$ *Carb-ac.*$_{kr1}$ carb-an.$_{bg2,j5}$ *Carb-v.*$_{bg2,kr1}$ carbn-s. carc.$_{gk}$ *Carl.*$_{a1}$ castm. *Caust. Cham.* chel.$_{bg2}$ *Chin.*$_{bg2,j5}$ *Cic.*$_{hr1,kr1}$ *Cina*$_{bg2,kr1}$ *Cocc.*$_{bg2,j5}$ *Coff.*$_{j5,kr1,*}$ *Colch.* cor-r.$_{kr1}$ croc.$_{bg2,j5}$ *Crot-c.* crot-h. *Cupr.* cur. cycl. *Dig.*$_{j5,k2,*}$ *Dros.*$_{bg2,j5,*}$ dulc.$_{st,vh}$ *Elat.*$_{kr1}$ euphr.$_{st}$ ferr-i.$_{kr1}$ ferr-ma.$_{j5}$ *Ferr-p.*$_{kr1}$ *Gels.*$_{bg2,kr1}$ graph. *Grin.*$_{bg2}$ guaj. *Hell.*$_{kr1}$ *Hep.*$_{j5,kr1,*}$ hura **Hyos.** hyper. *Ign.*$_{bg2,j5,*}$ indg.$_{j5}$ inul.$_{a1,kr1}$ iod. *Ip.* iris kali-ar. kali-bi. *Kali-br.* **Kali-c.** kali-i. *Kali-n.*$_{h,j5}$ kali-p. *Kali-s. Kreos. Lach.*$_{bg2,j5}$ laur. led.$_{j5}$ lob-c.$_{a1}$ lyc. *M-arct.*$_{j5}$ m-aust.$_{j5}$ mag-c. mag-m. mag-s.$_{j5,kr1}$ med.$_{st,vh}$ *Merc.* merc-c. mez. *Morph.* mosch.$_{j5}$ myris.$_{a1}$ nat-c. *Nat-m.* nat-p. *Nat-s.*$_{j5,k2,*}$ nicc.$_{j5}$ *Nit-ac.*$_{j5,k2,*}$ *Nux-m. Nux-v. Op.* ox-ac. pall.$_{c1}$ petr. ph-ac. *Phos.* plat.$_{bg2}$ plb.$_{bg2}$ *Puls. Rat.* rheum rhod.$_{a1}$ *Rhus-t.*$_{h,kr1,*}$ ruta$_{bg2,sf1}$ sabad.$_{kr1}$ sacch.$_{a1}$ *Samb.*$_{bg2,j5,*}$ sars. *Sec.*$_{j5}$ seneg. sep. sil. sol-t-ae.$_{a1}$ spig. spong. stann. staph.$_{bg2,j5}$ stram. stront-c.$_{bg2,j5}$ sul-ac.$_{bg2,j5}$ sul-i.$_{k2}$ *Sulph. Tab. Tarent.*$_{kr1}$ teucr.$_{bg2,j5}$ thuj. *Verat.*$_{h,j5,*}$ *Zinc.* zinc-p.$_{k2}$
• **durch**: abrot. *Acon.* aesc.$_{k2}$ *Agn.* alco.$_{a1}$ *Alum. Am-c.* am-m.$_{h}$ anac.$_{sf1}$ *Ant-c.* ant-o.$_{c1}$ ant-t. *Apis* arg-n.$_{k2}$ arn.$_{bg2}$ *Ars.* aur. aur-m. bamb-a.$_{stb2}$ *Bar-c.* **Bell.** benz-ac. *Bism.* **Borx.** bov.$_{bg2}$ bry. bufo$_{bg2}$ *Cact. Calad. Calc.*$_{bg2,sf1}$ calc-p.$_{k2}$ canth.$_{bg2}$ caps. carb-ac.$_{bg2}$ carb-v. carbn-s. carc.$_{tp1}$ castm. **Caust.** *Cham.*$_{bg2,sf1}$ chel. *Chin.* chinin-s. cimic. *Cina Cinnb.* cit-v.$_{a1}$ clem. *Cocc.*

– **Schlaf - durch**: ...
Coff. colch.$_{bg2}$ con. convo-d.$_{a1}$ cor-r. cycl. *Dig.* dros. dulc.$_{bg2}$ *Euphr.*$_{gm1,k}$ ferr-i. ferr-p.$_{sf1}$ ferul.$_{a1}$ gins. graph. guaj. *Hep.* hydroph.$_{mg1}$ **Hyos.** hyosin.$_{a1}$ ign. jac-c.$_{a1}$ kali-bi.$_{sf1}$ kali-br.$_{sf1}$ *Kali-c.*$_{a1,bg2}$ kali-i. kreos.$_{a1}$ *Lach.*$_{bg2}$ laur.$_{a1}$ led. lup. lyc. mag-c. mag-m. *Med. Menis. Merc. Merc-c.* mez.$_{h}$ mur-ac. murx. naja$_{k2}$ nat-ar. *Nat-c. Nat-m.*$_{bg2}$ nat-p.$_{bg2}$ nat-sil.$_{k2}$ *Nit-ac. Nux-v.* ol-an.$_{j5}$ op.$_{bg2,sf1}$ *Ph-ac. Phos.* plat.$_{h,j5}$ plb. psor.$_{sf1}$ *Puls. Rat.* ruta sabad. sabin.$_{bg2}$ *Samb.* sang. sanic.$_{c1}$ *Sars.* scut. *Sep. Sil.* sol-a.$_{a1}$ **Spong.** staph.$_{a1}$ *Stram.* sul-ac. *Sulph. Tarent.* ter.$_{bg2}$ thea thuj.$_{h}$ verat.$_{bg2}$ zinc.
• **Berührung**, durch die geringste: *Ruta*
• **komatösem** Schlaf, aus: *Ant-t.*$_{st}$ hell.$_{st}$ sec.$_{j5,st}$
• **Menses**:
• **vor**: sep.$_{k1}$
☞ *Menses - vor; Gemütssymptome*
• **während**: *Zinc.*
☞ *Menses - während; Gemütssymptome*
• **Schmerz** im Herzen: xan.$_{c1}$
• **Einschlafen**, beim: aeth.$_{k1}$ *Agar.*$_{k,vh/dg}$ *Alum.* alum-p.$_{k2}$ alum-sil.$_{k2}$ am-c.$_{j5}$ am-m. ambr. arn. **Ars.** ars-h.$_{kr1}$ ars-s-f.$_{k2,kr1,*}$ arum-t.$_{kr1}$ atro.$_{a1}$ bapt.$_{kr1}$ bar-c. **Bell.** bism.$_{bg2,j5}$ bond.$_{a1}$ *Calc.*$_{kr1}$ *Carb-an.* carb-v. *Caust.* chin. chinin-ar. *Cina Coff.* cor-r. daph. *Dros.*$_{j5}$ *Dulc.* ferr-ma.$_{j5}$ **Hep.** ign. ip. kali-ar. kali-bi. *Kali-c.* kali-s. kali-sil.$_{k2}$ kreos. *Lach.* led.$_{h}$ **Lyc.** mag-c. mag-m.$_{h}$ merc. *Merc-c. Nat-ar. Nat-c. Nat-m.* nat-p. *Nat-s. Nit-ac. Nux-v.* op. ox-ac.$_{c1}$ paeon. petr.$_{j5}$ *Phos. Phys.*$_{kr1,sf1}$ plb. rat.$_{j5}$ rhus-t.$_{h,j5}$ sars. *Sel.* sep. *Sil.* stront-c. stry. **Sulph.** *Tab.* tub. verat.$_{h}$ **Zinc.**$_{vh,vh/dg}$
• **Füßen** beginnen; als würde es bei den: lyc.$_{h2}$

– **Schläfrigkeit**, bei: ang.$_{j5}$ ant-t.$_{j5}$ *Cham.*$_{j5,kr1}$ chel.$_{j5}$ kali-i.$_{j5}$ mag-c.$_{j5}$ merc.$_{j5}$ plat.$_{j5}$ *Puls.*$_{j5,kr1}$ sars.$_{j5}$ seneg.$_{j5}$ *Tarent.*$_{j5,kr1}$ verat.$_{j5,kr1}$
• **nachmittags**: sil.$_{h}$

– **Schmerz**:
• **agg.**: arg-n.$_{bg2}$ lyc.$_{bg2}$
• **durch**: arg-n.$_{ptk2}$ kali-cy.$_{a1}$ nicc.$_{a1}$ sulph.$_{h}$ sumb.$_{a1}$ xan.$_{bg}$

– **Schreck** oder wie durch Schreck; durch: *Acon.* alum.$_{k1,k2}$ *Am-c.* ambr.$_{c1}$ anac. apis arn. ars.$_{gt}$ atro.$_{a1,k1}$ bamb-a.$_{stb2}$ *Bar-c.* **Bell. Borx.** bry. bufo *Cact.* calc-p. calen.$_{k1,kr1}$ *Carb-v.* carbn-s.$_{a1,k1}$ *Caust.* chin. *Cic.* coff. coff-t.$_{a1,k1}$ *Con.* dig. euphr. **Hyos.** hyper. jac-c.$_{a1,k1}$ *Kali-br.* **Kali-c.**$_{k,st}$ **Kali-p.** kali-s.$_{k1}$ kali-sil.$_{k1,k2}$ *Kreos. Lyc.* macro.$_{a1,k1}$ mag-c. mag-s.$_{a1,k1}$ *Merc.* merc-c. mosch. mur-ac.$_{a1,k1}$ napht.$_{a1,k1}$ nat-ar. **Nat-c. Nat-m.** nat-p. **Nat-s.** nat-sil.$_{k1,k2}$ **Nit-ac.** op. *Phos.* plb. psor. ruta$_{a1,k1}$ sabad. sars. *Sep. Sil. Spong.* stann. staph. **Stram.** stront-c. *Sulph.* verat.$_{k,vh}$
☞ *Beschwerden durch - Schreck*

– **Schweiß**, beim: caust. cham. sabad. samb. spong.

– **Stich** mit einer Nadel; beim: calc.

– **Träumen**, in: ant-c.$_{a1}$ petr.$_{a1}$ *Puls.*$_{a1}$ sulph.$_{a1}$
• **aus** einem Traum: acon.$_{j5}$ am-m.$_{j5}$ ant-c.$_{a1}$ aur.$_{j5}$ bar-c.$_{j5}$ bov.$_{j5}$ calc.$_{h,j5}$ caps.$_{j5}$ carb-v.$_{h,j5}$ colch.$_{j5}$ cor-r.$_{a1,j5}$ croc.$_{j5}$ dig.$_{j5}$ *Ferr-ma.*$_{j5}$ indg.$_{j5}$ kali-i.$_{j5}$ *Kali-n.*$_{j5}$ led.$_{j5}$ m-arct.$_{j5}$ m-aust.$_{j5}$ *Mag-c.*$_{j5}$ *Mag-s.*$_{j5}$ mez.$_{j5}$ murx.$_{j5}$ nat-c.$_{a1,j5}$ nat-s.$_{j5}$ nicc.$_{j5}$ nit-ac.$_{j5}$ peti.$_{a1,j5}$ petr.$_{j5}$ puls.$_{j5}$ sars.$_{j5}$ *Sil.*$_{j5}$ staph.$_{j5}$ sulph.$_{j5}$ teucr.$_{j5}$

– **Tür**:
• **geöffnet** wird; wenn eine Tür: hura$_{a1}$ mosch.$_{a1}$ phos.$_{a1}$
• **zuschlägt**; wenn eine Tür: calad.$_{k2}$ ox-ac.$_{a1}$

– **Umherwerfen** der Arme; durch: merc.

– **Unbehaglichkeit**, durch: mur-ac.
☞ *Erschreckt / Ruhelosigkeit*

– **unerwartete** Nachrichten: borx.$_{k2}$

– **Urinierens**; zu Beginn des: alum.$_{h}$

– **wiedererlangen**
☞ *Auffahren - Bewußtsein / Bewußtsein*

– **Zahnung**; während der: cham.$_{sf1}$

– **zittrig**: bar-c. cham. *Sil.*$_{bg2}$

– **zuckend**: con.

Auflösung der Formen: anh.$_{mg1,sp1}$
☞ *Schizophrenie - paranoid*
– **Raumes**, des: anh.$_{mg1,sp1}$

Aufmerksamkeit
☞ *Konzentration / Trost*

Aufpassen:
– **Verlangen**, daß andere aufpassen: gal-ac.$_{a1}$
☞ *Angst - allein / Furcht - allein*

Aufregung
☞ *Erregung*

Aufruhr der Gefühle
☞ *Erregung*

Aufschieben; möchte Termine
☞ *Verschiebt*

Aufschreien
☞ *Schreien*

Aufwachen
☞ *Erwachen*

Aufzuhetzen, anzustacheln; andere: hyos.
☞ *Herausfordernd*

Augen:
– **niedergeschlagenen** Augen; geht mit: cham.$_{kr1}$
☞ *Entmutigt / Traurigkeit - blickt*
– **weicht** dem Blick anderer Menschen aus
☞ *Angesehen - weicht*

Ausdauer; hat keine: alum.$_{bg}$ aur.$_{h}$. bar-c.$_{j}$ bism-o.$_{a1}$ lac-c. lach. lyc.$_{a1}$ med.$_{vh}$ plan. *Sil.*$_{bg}$ stann.$_{h}$ sulph.$_{bg}$
☞ *Launenhaftigkeit / Stimmung - veränderlich / Unbeständigkeit / Unentschlossenheit / Unternimmt - Vieles / Wille - Willensschwäche*

Ausdrücken; sich:
– **kann** sich nicht ausdrücken: puls.$_{ptk1}$

– **Verlangen**, sich auszudrücken: anh.$_{sp1}$

Ausdrücken; sucht nach den richtigen
☞ *Vergeßlich - Worte*

Ausgelassenheit
☞ *Froh / Lustig / Spaßen*

Auslandsreisen; Verlangen nach
☞ *Reisen - Verlangen*

Ausmaße
☞ *Größen*

Ausschweifung
☞ *Zügellosigkeit*

Außer sich; ist:
– **Angst**; vor
☞ *Angst - außer sich*
– **Kleinigkeiten**; durch
☞ *Kleinigkeiten*
– **Schmerzen**; vor
☞ *Empfindlich - Schmerz - außer sich*
– **Wetter**; durch schlechtes
☞ *Wetter - bewölktes*
– **Zorn**; vor
☞ *Zorn - außer sich*

Ausweichen:
– **Blicken** anderer Personen; weicht den
☞ *Angesehen - weicht*

Auszugehen, Abneigung: am-c. anth. clem. *Cycl.* gink-b.$_{sbd1}$ haliae-lc.$_{srj5}$ hydr. **Sep.**$_{vh,vh/dg}$
☞ *Amüsement - Abneigung / Furcht - auszugehen / Furcht - Haus zu verlassen / Furcht - offenen / Furcht - überfahren - Gehen / Gesellschaft - Abneigung / ❑ Schwindel - Gehen - Freien*

Automatismen
☞ *Bewußtlosigkeit - Bewegungen / Gesten - automatisch*

Baden:
– **Abneigung** zu baden: marb-w.$_{es1}$
☞ *Waschen - Abneigung*
– **Verlangen** zu baden: zea-i.$_{st}$
☞ *Waschen - Verlangen*

Beben: vesp.$_{a1,kr1}$

Bedauernswert; fühlt sich
☞ *Elend / Unglücklich, bedauernswert*

Bedauert sich: agar.$_{a1,k}$ androc.$_{srj1}$ bamb-a.$_{stb2}$ **Calc.**$_{gl1}$ germ-met.$_{srj5}$ gink-b.$_{sbd1}$ granit-m.$_{es1}$ hydrog.$_{srj2}$ nit-ac. *Staph.*$_{gl1}$
☞ *Unglücklich, bedauernswert / Wahnideen - glücklos / Wahnideen - Unglück - untröstlich*
– **krank** ist; Verlangen zu zeigen, daß er: tarent.$_{a1}$
☞ *Simuliert - krank*
– **Schmerzen**; wegen der: bamb-a.$_{stb2}$

Bedauert Taten
☞ *Reue*

Bedeutende Persönlichkeit; benimmt sich, als sei er eine
☞ *Wichtigtuerisch*

Bedrückt
☞ *Traurigkeit*

Beeindruckbar, leicht zu beeinflussen: am-c.$_{gl1}$ bar-c.$_{gl1}$ calc.$_{gl1}$

Beeindrucken, empfänglich für Eindrücke; leicht zu: ant-c.$_{kr1}$ **Carc.**$_{st}$ **Cocc.**$_{c1}$ coff.$_{br1}$ croc.$_{bg2}$ graph.$_{c1}$ **Iod.**$_{st}$ nitro-o.$_{a1}$ phos.$_{kr1}$ tarent.$_{bg2}$ **Tub.**$_{st}$ viol-o.$_{c1}$
☞ *Empfindlich - geistige Eindrücke / Empfindlich - geistiger / Empfindlich - moralische / Empfindlich - Sinneseindrücke / Empfindlich - äußerliche / Hilflosigkeit / Mitgefühl / Selbstvertrauen - Mangel / Unentschlossenheit*
– **unangenehm** beeindruckt; von allem: *Con.*$_{kr1}$

Befürchtungen
☞ *Angst / Furcht / Qualvolle Angst*

Begabt, talentiert:
– **sehr**: carc.$_{cd}$

Begeisterung
☞ *Gehobene / Hochgefühl*

Begreifen, Auffassungsvermögen:
– **leicht**: aesc.$_{bg2,sf1,*}$ ambr.$_{bg2}$ anac.$_{bg2,h,*}$ ang.$_{bg2}$ anh.$_{bg2,sp1}$ aur.$_{bg2}$ bar-c.$_{bg2}$ bell.$_{bg2,bro1,*}$ borx.$_{a1,bg2}$ brom.$_{bg2,hr1,*}$ buth-a.$_{bg2,mg1,*}$ calc-f.$_{bg2,mg1,*}$ camph.$_{bg2,gl1,*}$ cann-i.$_{sf,sf1}$ cann-s.$_{bg2}$ caust.$_{bg2,sf1,*}$ **Coff.**$_{bg2,k2,*}$ hyos.$_{bg2,sf1,*}$ ign.$_{bg2,c1}$ **Lach.**$_{bg2,hr1,*}$ lyc.$_{bg2,sf1,*}$ lyss.$_{bg2,hr1,*}$ meph.$_{bg2,sf1,*}$ **Op.**$_{bg2,sf1,*}$ ox-ac.$_{bg2}$ **Phos.**$_{bg2,sf1,*}$ pic-ac.$_{bg2}$ *Pip-m.*$_{bg2,sf1,*}$ *Plat.*$_{bg2,sf1,*}$ puls.$_{bg2,sf1,*}$ rhus-t.$_{bg2}$ sabad.$_{bg2,sf1,*}$ sel.$_{bg2}$ sulph.$_{bg2,sf1,*}$ tab.$_{bg2,j5}$ thiop.$_{bg2,j1}$ valer.$_{bg2,hr1,*}$ *Verat.*$_{bg2,gl1}$ *Viol-o.*$_{bg2}$
• **Betrunkenheit**; bei: calc.$_{gl1}$ sulph.$_{gl1}$
– **schwierig**
☞ *Stumpfheit*

Beharren, durchhalten:
– **nichts** beharrlich bleiben, durchhalten; kann bei
☞ *Unternimmt - Vieles*

Beharrlichkeit: acon.$_{bg2}$ alum.$_{bg}$ bry.$_{bg2}$ caps.$_{bg2}$ dig.$_{bg2}$ dros.$_{bg2}$ guare.$_{a1,bg2}$ *Lac-c.*$_{bg}$ lach.$_{bg}$ lyc.$_{bg2}$ nat-c.$_{a1,bg2}$ nit-ac.$_{bg2}$ nux-v.$_{bg2}$ phos.$_{bg2}$ *Sil.*$_{bg}$ sulph.$_{bg2}$
☞ *Bestimmtheit / Eigensinnig / Fleißig / Gedanken - hartnäckig / Hartnäckigkeit / Mutig / Widerspenstig / Widerspruch - Neigung*
– **Pflichten**; bei der Erfüllung beschwerlicher: lim.$_{a1}$ ~~linu-c.$_{a1,xxx}$~~

Behendigkeit, Beweglichkeit; geistige: **Coff.**$_{ptk1}$ form.$_{a1}$ **Op.**$_{ptk1}$
☞ *Geisteskraft - erhöht / Geistige Anstrengung - Verlangen / Ideen - Reichtum*

Beißen: acon. ant-t.$_{hr1,k}$ anthraci. aster.$_{a1,k}$ **Bell.**$_{h,k,*}$ bufo *Calc.*$_{k,kr1}$ *Camph.* cann-i. *Canth.*$_{bg2,k,*}$ carb-v. *Carbn-s.* choc.$_{srj3}$ cic.$_{bg2,k,*}$ croc.$_{bg2,k,*}$ cub. *Cupr.*$_{bg2,k,*}$ cupr-act.$_{a1}$ cupr-c.$_{a1}$ cur.$_{a1,k}$ gal-ac.$_{zr}$ hura hydr-ac.$_{bg2,k}$ *Hyos.*$_{bg2,k,*}$ ign.$_{bg2}$ *Lach.*$_{hr1,k}$ **Lyss.**$_{k,vh/dg}$ nit-ac.$_{bg2}$ op. phos.$_{bg2,k}$ *Phyt.* plb.$_{bg2,k,*}$

Beißen: ...
podo.bg2,bg3 sec.bg2,k,* **Stram.**bg2,k,* *Verat.*bg2,k,*
☞ *Beißen - Nägel / Furcht - gebissen / Heftig / Idiotie / Raserei - Beißen*
– **abends**: croc.a1
– **nachts**: bell.h,k,*
– **anfallsweise**
☞ *plötzlich*
– **Arm**; beißt sich in den: op.a1
– **Delirium**, im: **Bell.**kr1 *Canth.*kr1,sf1 cupr.kr1,sf1 hydr-ac.a1,kr1 lyss.kr1 **Stram.**kr1
☞ *Delirium - Beißen*
– **Finger**; beißt: acon.ptk1 *Arum-t.* carc.gk,st1 hydrog.srj2 med.ptk1 op. plb.a1,k stram.a1
☞ *Hände*
• **Schlaf**:
• **im**: elapsptk1
– **Gegenstände**; beißt: bell.gl1,h,* bufogl1,kr1 hyos.gl1,vh sil.vh **Stram.**vh,vh/dg
– **Glas**; beißt in sein: **Ars.**
• **Trinken**; beim: **Ars.**a1,k
– **Hände**; beißt: hura op.a1,k
☞ *Finger*
• **Schlaf**; im: elapsptk1
– **Kindern**; bei: **BELL.**st
– **Kissen**; beißt in das: lyc.ptk1 lyss.hr1,k phos.a1,k
– **Kleidung**; beißt in die: plb.a1
– **Konvulsionen**; während der: art-v.ptk1 caust.ptk1 croc.j5 *Cupr.*kr1 lyss. oena.ptk1 op.ptk1 *Tarent.*kr1
– **Löffel**; beißt in den: ars. *Bell.* cham.bg1,bg2,* cinabg1,bg2,* cupr. hell.c1,ptk1 lyss. puls.bg1,bg2,* verat.bg1,bg2,*
– **Menschen**; beißt: bell.gl1,h,* phos.a1 stram.a1,gl1,*
• **stört**; beißt jeden, der ihn: hyos.a1
• **Vater**; seinen: carbn-s.a1
– **Nägel** (= Nägelkauen): *Acon.*bg2,bg3,* *Am-br.*bro1,c2,* am-m.st ambr.st ant-t.vh arn.st *Ars.*bg2,bg3,* **Arum-t.**bg2,bg3,* bamb-a.stb2 **Bar-c.**vh,vh/dg,* *Brom.*vh,vh/dg calc.bg2,h,* calc-f.kkb carc.st,tp1 caust.kkb cinabg2,bg3,* cisplat.j1 gaert.bh,hbh hurabg2 *Hyos.*gl1,vh,* *Lyc.*bg3,vh lyss.bg2 *Mag-c.*vh,vh/dg **Med.**bg3,vh,* *Nat-m.*h,vh,* nit-ac.bg2 phos.bg2 plb.bg2 sanic.st,vh senec.bg2,bg3,* *Sil.*gl1,vh,* *Stram.*bg2,bg3,* *Sulph.*bg,vh,* *Tarent.*gg **Verat.**vh,vh/dg
☞ *Beißen*
– **plötzlich**: phos.a1
– **Schuh** und schluckt die Teile; beißt in seinen: verat.a1,j5
– **sich** selbst; beißt: acon. arum-t.k1,k13 elapskr1 hura lyss.hr1,k op. plb.a1,k stram.h tarent.a1,k
☞ *Schlagen - sich*
– **spuckt**, bellt und beißt
☞ *Beißen / Bellen / Spucken*
– **stört**; beißt jeden, der ihn
☞ *Menschen - stört*
– **um** sich, beißt: phos.a1
– **Umstehenden**, beißt die
☞ *Menschen*
– **Vater**; beißt den
☞ *Menschen - Vater*
– **Verlangen** zu
☞ *Beißen*

Beißen: ...
– **Wange**; in die
☞ *❑ Mund - Beißt - Wange*
– **Würmer**; bei Beschwerden durch: *Carb-v.*kr1 croc.a1
– **Zähne**; Zusammenbeißen der
☞ *❑ Zähne - Zusammenbeißen*

Bekümmert
☞ *Kummer / Traurigkeit*

Beleidigt, leicht (= nimmt alles übel; sieht alles von der schlechten Seite): *Acon.*k,k1,* agar. *Alum.* anac. ang. *Apis* arn. **Ars.**k,k1,* ars-s-f.k2 *Aur.* aur-ar.k2 aur-s.k2 bamb-a.stb2 *Bell.*gl1,j5 borx. *Bov.* *Bufo*st **Calc.**k,k1,* calc-ar.k2 calc-s. camph. cann-s. *Caps.* carb-an.h,j5,* *Carb-v.* carbn-s. **CARC.**sk1,st1 **Caust.**k,k1,* cench.k2 cham. *Chel.* chin. chinin-ar. cic.bg2 *Cina* cinnb. *Cocc.* coff.a1 *Coloc.* *Croc.* *Cycl.* dros. germ-met.srj5 *Granit-m.*es1 *Graph.* hell.hr1 hyos.st ign.a1,bg2 **Iod.**j5,st kali-n.j5 *Lach.*gl1,st limest-b.es1 **Lyc.**k,k1,* lyss. mag-s.j5,j1 marb-w.es1 merc. nat-c.j5 *Nat-m.* nit-ac.a1 **Nux-v.** *Pall.* *Petr.* phos. *Plat.* *Puls.* ran-b. *Sars.* *Sep.* *Sil.*j5,st *Spig.* stann.j,j5,* **Staph.**k,k1,* stram. sul-ac.bg2 *Sulph.* syph.hr1,kr1,* teucr.a1 thuj.j5,st **TUB.**st *Verat.* viol-o.st viol-t.st *Zinc.* zinc-p.k2
☞ *Beschwerden durch - Tadel / Empfindlich / Empfindlich - Beschwerden / Ermahnungen - agg. / Haß - Menschen - beleidigt / Haß - Verbitterung / Heikel / Reizbarkeit / Reizbarkeit - nimmt / Schmollen / Töten - Beleidigung / Unzufrieden - allem / Verdrießlich / Verkehrt / Wahnideen - beobachtet / Wahnideen - beschimpft / Wahnideen - beschimpft worden / Wahnideen - kritisiert / Wahnideen - lachen und / Zorn*
– **Beleidigungen**, durch frühere: calc.gl1,kr1 *Cham.*kr1 *Ign.*kr1,st *Op.*kr1 *Staph.*gl1,kr1

Bellen: *Bell.*h,k,* brom.bg2 *Calc.*k,kr1 *Canth.*a1,k dros.bg2 *Hyos.*vh,vh/dg nit-ac.bg2 nux-m.gl1 spong.bg2 stann.bg2 stram.
– **brüllend**: bell. *Canth.* *Cupr.* *Nux-m.*st,vh
☞ *Delirium - blökt / Zorn*
– **Delirium**, im: *Bell.*a1 *Canth.*kr1
– **Knurren** wie ein Hund: alum. *Bell.* hell. *Hyos.*vh,vh/dg lyc. lyss. mag-m. phos.bg2,st,*
• **Schlaf**, im: lyc.h

Benebelung des Verstandes
☞ *Betäubung / Verwirrung*

Benommen
☞ *Betäubung / Stumpfheit*

Berauscht; wie
☞ *Betäubung / Verwirrung*

Bereut:
☞ *Reue*
– **schnell**
☞ *Reue - schnell*
– **nichts**
☞ *Haß*

Beruhigt werden, kann nicht. **Cina**
– **getragen** wird; nur wenn er: *Ars.*$_{h}$ **Cham.**
☞ *Getragen / Getragen - Verlangen / Ruhelosigkeit - Kindern - Herumtragen*
• **schnell**: ars.$_{hr1,st}$

Berühren; muß alles: bell.$_{bg2,h,*}$ carc.$_{st}$ hyos.$_{a1}$ lycps-v. *Merc.*$_{gl1}$ sulph.$_{bro1}$ *Thuj.*$_{bro1}$
☞ *Indiskretion*
– **Kindern**; bei: *Cina*$_{st}$
– **wirklich** sind, bis sie sie berührt hat; weiß nicht, ob Gegenstände: sulph.$_{kr1}$

Berührt zu werden; Abneigung: *Acon.* adam.$_{srj5}$ *Agar.* **Ant-c.** *Ant-t.* **Arn.**$_{k1,st}$ ars. asaf.$_{jsa}$ asar.$_{jl}$ *Bell. Bry.* bufo$_{gk}$ calc. camph. canth.$_{c1}$ **Cham.** *Chin. Cina* cocc. *Coff.*$_{k1}$ colch. con.$_{bg2}$ cupr. emb-r.$_{bnj1}$ gels.$_{sf1}$ granit-m.$_{es1}$ hell.$_{k2}$ *Hep.*$_{jsa}$ hydrog.$_{srj2}$ ign.$_{bg2}$ iod. **Kali-c.** *Kali-i. Lach.*$_{a1,k}$ lachn.$_{a1}$ lyc.$_{bg2}$ mag-c. *Med.* merc. mez. nux-m.$_{a1}$ nux-v. plb. sanic. *Sil.* stram. **Tarent.** *Thuj.* tub.$_{a1,dp,*}$ verat.
☞ *Auffahren - Berührung / Erschreckt - Berührung / Furcht - berührt / Furcht - Näherkommen - anderen / Furcht - Näherkommen - anderen - berührt / Geisteskrankheit - berührt / Liebkost - Abneigung / Näherkommen - agg. / Raserei - Berührung / Schreien - Kindern - Berührung / Schweigsam / Still sein / Stilles / Störungen / Wahnideen - Körper - zerbrechlich / Weinen - Berührung / Zorn - Berührung / ❑ Frost - Berührt*
– **Kitzeligkeit**: ant-c.$_{st}$ calc-p.$_{st}$ caust.$_{st}$ graph.$_{st}$ **Kali-c.**$_{st}$ lach.$_{st}$ nat-m.$_{st}$ nit-ac.$_{st}$ **Phos.**$_{st}$ sep.$_{st}$ sil.$_{st}$ solin.$_{c1,c2}$ sulph.$_{st}$ zinc.$_{a1}$
– **liebkost** zu werden; Abneigung: *Cina* nit-ac.$_{h}$

Beschäftigt sich mit den ihn direkt umgebenden Gegenständen: carbn-s.$_{a1}$

Beschäftigung (= Ablenkung):
– **Abneigung** gegen
☞ *Geschäft - Abneigung*
– **amel.**: aesc.$_{k2}$ agar. alum. androc.$_{srj1}$ apis$_{sf1}$ ars.$_{st}$ aur. bar-c. calc. calc-p.$_{bro1}$ calc-sil.$_{k13,k2}$ *Camph.*$_{bg2}$ chin. cic.$_{bg2}$ *Con. Croc.*$_{k,k1,*}$ *Cupr. Cycl.*$_{bg2,sf1,*}$ *Ferr.* granit-m.$_{es1}$ haliae-lc.$_{srj5}$ *Hell. Helon. Ign. Iod.* kali-bi.$_{bg2}$ *Kali-br. Lil-t.* limest-b.$_{es1}$ lyc. mag-m.$_{dgt}$ *Merc-i-f.* merc-i-r.$_{ptk1}$ mez. mur-ac.$_{bg2,sf1,*}$ *Nat-c. Nux-v.* orig.$_{bg2}$ ox-ac.$_{bro1}$ pall.$_{bg2}$ *Pip-m.* pip-n.$_{bg2}$ puls.$_{k2}$ **Sep.** sil. spig.$_{sf,sf1}$ stram. tarent.$_{bro1}$ thuj. verat.
☞ *Aktivität / Amüsement - Verlangen / Angst - Bewegung - amel. / Denken - Beschwerden - amel. / Fleißig / Geschäftig / Impulse - Beschäftigung - amel. / Langeweile - Unterhaltung / ❑ Allgemeines - Aktivität - amel.*
– **Verlangen** nach: naja$_{a1}$ opun-s.$_{a1}$ rhus-t.$_{a1}$ sumb.$_{a1}$ ther.$_{a1}$
– **wechselt** ständig die: *Sanic.*$_{st}$

Beschämung; Folgen von
☞ *Beschwerden durch - Verlegenheit*

Bescheidenheit, erhöhte: sacch.$_{a1}$
☞ *Demut / Tadelt sich*

Beschimpfen, beleidigen, schmähen: *Acon.*$_{j5}$ alco.$_{a1}$ am-c.$_{bg2,k,*}$ am-m. *Anac.*$_{hr1,k}$ androc.$_{srj1}$ arn.$_{a1}$ ars.$_{gl1}$ atro.$_{a1}$ *Aur.*$_{bg2,j5,*}$ *Bell.*$_{h,k,*}$ borx. bufo$_{gk}$

Beschimpfen, beleidigen, schmähen: ...
camph.$_{bg2}$ canth.$_{j5}$ caust.$_{h,k,*}$ cere-s.$_{bro1}$ **Cham.**$_{bg2,hr1,*}$ chin.$_{gg}$ cic.$_{gl1}$ *Con.*$_{bg2,k}$ cor-r.$_{a1,j5,*}$ croc.$_{bg2,sf1,*}$ cub.$_{a1}$ cupr-act.$_{kr1}$ der.$_{a1}$ dulc.$_{bg2,k,*}$ elae.$_{a1}$ *Ferr.*$_{bg2,hr1}$ gal-ac.$_{a1,c1}$ granit-m.$_{es1}$ hep.$_{gl1,k2,*}$ hist.$_{mg,mg1}$ *Hyos.*$_{bg2,k,*}$ ign.$_{bg2,bg3}$ ip. *Kali-i.*$_{bl7,k2}$ *Lac-c.*$_{bro1}$ lach.$_{gl1,vh}$ lil-t.$_{bro1}$ **Lyc.**$_{bg2,k}$ *Lyss.*$_{hr1,k,*}$ m-aust.$_{j5}$ mag-c.$_{mg,mg1}$ merc.$_{j5}$ mosch.$_{bg2,k,*}$ nat-c.$_{bg2}$ *Nit-ac.*$_{bg2,k,*}$ **Nux-v.**$_{bg2,k,*}$ oena.$_{a1}$ pall.$_{bg2,hr1,*}$ *Petr.*$_{bg2,k}$ plat.$_{ptk1}$ plb.$_{bg2,k,*}$ raja-s.$_{jl,jl3}$ ran-b.$_{bg2,k,*}$ sarr.$_{a1}$ *Seneg.*$_{bg2,k,*}$ *Sep.*$_{bg2,k,*}$ sil.$_{bg2}$ spong.$_{h,k,*}$ staph.$_{bg2,sf1,*}$ **Stram.**$_{bg2,k}$ sulph.$_{ptk1}$ syph.$_{st}$ *Tarent.*$_{ptk1}$ *Tub.*$_{k,k1,*}$ *Verat.*$_{h,k,*}$ viol-t.$_{hr1,k}$
☞ *Diktatorisch / Droht / Fluchen / Grobheit / Raserei - Beleidigungen / Streitsüchtig / Tadelsüchtig / Tadelt andere / Unverschämtheit / Verleumden / Verächtlich*
– **vormittags**: ran-b.$_{a1,k}$
– **abends**: am-c.$_{a1,k}$
– **Betrunkenheit**; bei: hep.$_{gl1}$ nux-v.$_{gl1}$ petr.$_{gl1}$
– **Ehemann**:
☞ *Familie / Kinder / Kinder - Eltern / Mutter*
• **beschimpft**; Ehemann:
• **Ehefrau** und Kinder: lyss.$_{a1}$
• **Ehefrau** vor den Kindern und umgekehrt: *Anac.*$_{gl1,vh}$ ars.$_{gl1,vh}$ **Lach.**$_{gl1,vh}$ nux-v.$_{gl1,vh}$ **Verat.**$_{gl1,vh,*}$
• **gegenüber** ihrem Ehemann: thuj.$_{ptk1}$
– **Familie**; beschimpft die eigene: kali-i.$_{k2,ptk1}$
☞ *Ehemann / Kinder / Kinder - Eltern / Mutter*
– **Freunde**; beschimpft selbst seine besten: gal-ac.$_{a1}$
– **gefolgt** von:
• **Schwäche**: mosch.$_{bg2}$ nat-c.$_{bg2}$
– **Kinder**:
☞ *Ehemann / Familie*
• **eigenen** Kinder; beschimpft die: kali-i.$_{k2,ptk2}$
• **Eltern**; Kinder beschimpfen ihre: am-m.$_{gl1,vh}$ cham.$_{vh}$ hyos.$_{gl1,vh}$ *Lil-t.*$_{vh,vh/dg}$ **Lyc.**$_{gl1,vh}$ *Nat-m.*$_{gl1,vh/dg}$ *Nux-v.*$_{vh,vh/dg}$ **Plat.**$_{gl1,vh}$ tarent.$_{vh,vh/dg}$
☞ *Ehemann / Familie / Mutter*
– **Menses**:
• **vor** den: cham.$_{ptk1}$
– **Mutter**; beschimpft die: thuj.$_{ptk1}$
☞ *Ehemann / Familie / Kinder - Eltern*
– **Menschen** auf der Straße; beschimpft: con.$_{ptk1}$
– **schimpft** bis die Lippen blau sind und die Augen werden starr und sie fällt ohnmächtig nieder: *Mosch.*
– **Schmerzen**; bei den: cor-r.
– **Typhus** abdominalis; bei: lyc.$_{j5}$
– **zornig** zu sein; ohne: dulc.
☞ *Zorn*

Beschreiben der Symptome fällt ihr sehr schwer
☞ *Erzählen - schwer*

Beschuldigen; Verlangen, Menschen fälschlich zu
☞ *Verleumden*

Beschwerden des Gemüts
☞ *Gemütssymptome*

Beschwerden durch:
– **Abstinenz**; sexuelle
☞ *Enthaltsamkeit*
– **Alkoholismus**: agar.$_{c1,gl1}$ ars.$_{c1,gl1}$ calc.$_{gl1}$ lach.$_{gl1}$ nux-v.$_{gl1}$ op.$_{gl1}$ ph-ac.$_{gl1}$ sulph.$_{gl1}$
☞ *Alkoholismus*
– **Angst**: aur.$_{c1,k2}$ calc.$_{c1,st}$ calc-p.$_{c1}$ cimic.$_{c1,hr1}$ hyos.$_{c1,j5}$ kali-p.$_{c1,k2}$ lyc.$_{a1,c1}$ nit-ac.$_{a1}$ ph-ac.$_{c1,j5}$ samb.$_{c1,hr1}$
• **lange** anhaltende; durch: carc.$_{fb}$ pic-ac.$_{k2}$
– **Ansehens**; Verlust des: kali-br.$_{ptk1,ptk2}$ *Sulph.*$_{vh,vh/dg}$
– **Arbeit**; Verlust der
☞ *Stellung*
– **Ärger**, Verdruß
☞ *Zorn*
– **Ausschweifungen**: *Anan.*$_{vh,vh/dg}$ arg-n.$_{bg2,c1}$ calad.$_{vh}$ carb-v.$_{bg2,c1}$ chin.$_{bro1}$ dig.$_{c1}$ *Fl-ac.*$_{c1,k2,*}$ lach.$_{bg}$ *Nux-v.*$_{c1,vh/dg}$ pic-ac.$_{c1,k2,*}$ sel.$_{c1,ptk}$ sep.$_{c1,k2,*}$ stram.$_{ptk}$ sul-ac.$_{bg}$
– **Bestrafung**: agar.$_{ptk}$ dam.$_{c1}$ ign.$_{bg2,sf1}$ tarent.$_{c1}$
– **Bevormundung**:
• **Kindern**, bei: carc.$_{sk1}$
• **elterlicher** Bevormundung; bei langer Geschichte übermäßiger: carc.$_{fb,sk1}$
• **lange** Zeit, für: foll.$_{jsa}$
– **Ehre**, verletzte: aur.$_{gk}$ bamb-a.$_{stb2}$ cham.$_{kr1}$ ign. *Nat-m.*$_{vh,vh/dg}$ nat-s.$_{vh}$ nux-v. pall.$_{tl}$ plat.$_{ptk2}$ *Staph.*$_{k1,st}$ verat.$_{c1,kr1}$
☞ *Enttäuschung / Kränkung / Tadel / Verachtung / Verlegenheit / Vorwürfe / Entrüstung / Haß / Schüchternheit / Stumpfheit - Kränkung / Weinen - Kränkung*
– **Ehrgeiz**:
☞ *Ehrgeiz*
• **enttäuscht**: bell.$_{gl1}$ merc.$_{gl1}$ *Nux-v.*$_{gl1,kr1}$ plat.$_{gl1}$ puls.$_{gl1}$ verat.$_{gl1}$
– **Eifersucht**: *Apis*$_{gl1,k2,*}$ **Hyos.**$_{gl1,kr1,*}$ *Ign.*$_{c1,kr1}$ *Lach.*$_{c1,kr1}$ **Nux-v.**$_{gl1,vh,*}$ *Phos.*$_{vh,vh/dg}$ **Puls.**$_{gl1,vh,*}$ staph.$_{bro1}$
☞ *Eifersucht / ❑ Allgemeines - Katalepsie - Eifersucht*
– **Enthaltsamkeit**; sexuelle (= Zölibat): con.$_{a11,br1}$ **Phos.**$_{c1,hr1}$
– **Entrüstung**: acon.$_{gl1,j}$ chinin-s.$_{a}$ *Coloc.* ferr-p.$_{a}$ *Ign.*$_{vh,vh/dg}$ ip. *Nat-m.*$_{vh,vh/dg}$ *Nux-v.*$_{k,vh/dg}$ plat. **STAPH.**$_{k,k1,*}$
– **Enttäuschung**: alum.$_{c1,c2,*}$ **Aur.**$_{st}$ cocc.$_{ptk1,st}$ **IGN.**$_{gl1,st}$ kali-c.$_{h}$ *Lach.*$_{gl1,k2,*}$ *Lyc.*$_{st,vh/dg}$ **Merc.**$_{gl1,vh/dg,*}$ **Nat-m.**$_{c1,st}$ *Nux-v.*$_{st}$ *Op.*$_{st}$ **Ph-ac.**$_{gl1,st}$ plat.$_{k2,st}$ **Puls.**$_{gl1,st}$ sep.$_{st}$ **STAPH.**$_{k1,st}$ verat.$_{st}$
☞ *Ehre / Verachtung*
• **alte**: **NAT-M.**$_{st}$
• **neue**: **IGN.**$_{st}$
– **Ermahnungen**; durch
☞ *Ermahnungen - agg.*
– **Erregung**:
☞ *Erregung / Reizbarkeit - erregt*
• **bedrückend**: nat-m.$_{bg2}$
• **Gemütes**; des (= der Gefühle): acet-ac. *Acon.*$_{gl1,j5,*}$ agar.$_{c1}$ ambr.$_{bg}$ aml-ns.$_{ptk1}$ anac.$_{k2,sf1}$

Beschwerden durch - **Erregung** - **Gemütes**: ... apis$_{gsd1}$ *Arg-n.* *Arn.* ars.$_{hr1}$ asaf.$_{sf1}$ aster. *Aur.* bad.$_{a1}$ bamb-a.$_{stb2}$ *Bell.*$_{gl1,j5}$ bry.$_{j5,k2}$ *Calc.* calc-ar. calc-p. **Caps.** castm.$_{c1}$ *Caust.* cham.$_{a1}$ cimic.$_{st}$ cina$_{a1}$ *Cist.* *Cob.* *Cocc.*$_{c2,k}$ coch. cod.$_{c1}$ **Coff.** coff-t.$_{c1,c2}$ **Coll.** coloc.$_{a1}$ *Con.* convo-s.$_{sp1}$ cot.$_{br1}$ crat.$_{br1}$ cupr.$_{st}$ cypr.$_{c1}$ epiph.$_{c1}$ ferr.$_{c1,sf1}$ **Gels.** *Glon.* goss.$_{st,vh}$ hyos.$_{j5}$ ign. *Kali-br.* kali-c.$_{j5}$ *Kali-p.* kreos. lach.$_{j5,sf1}$ laur.$_{gt}$ lyc. *Lyss.* mag-c.$_{a1}$ mang.$_{c1}$ med.$_{ptk2}$ mosch.$_{a1}$ nat-c. *Nat-m.* nit-ac. nux-m. *Nux-v.* op.$_{gt}$ *Pall.* petr.$_{ptk1,ptk2}$ **Ph-ac.**$_{k,pc}$ *Phos.* phys.$_{c1}$ plat.$_{k2,ptk1}$ *Psor.* **Puls.** sacch.$_{c1}$ samb.$_{c1}$ scut.$_{c1}$ *Sep.*$_{k1,st}$ sil.$_{ptk1}$ stann.$_{c1,sf1}$ **Staph.** stram.$_{bg}$ sumb.$_{a1}$ *Tarent.*$_{st,vh}$ **Tub.**$_{st}$ *Verat.* vesp.$_{k2}$ *Zinc.*
☞ *Erregung / Reizbarkeit - erregt*
• **religiöse**: stram.$_{gt}$ sulph.$_{gt}$ verat.$_{gt}$
• **unterdrückte**: con.$_{c1}$ cot.$_{br1}$ kali-p.$_{c1}$
– **Erschöpfung**, geistige: arn.$_{br1}$
– **Erwartungsspannung** (= Vorahnungen; Vorgefühl): acon.$_{bg2,k1,*}$ aesc.$_{bg2,k1,*}$ aeth.$_{k1,vh,*}$ agn.$_{bg2,k1,*}$ alum.$_{k1,sf1,*}$ am-c.$_{bg2,k1,*}$ *Anac.*$_{br1,k1,*}$ androc.$_{srj1}$ apis$_{bg2,k1,*}$ **ARG-N.**$_{bg2,k1,*}$ *Ars.*$_{bg2,k1,*}$ bamb-a.$_{stb2}$ *Bar-c.*$_{k1,sf1,*}$ bry.$_{k1,vh,*}$ **Calc.**$_{bg2,k1,*}$ camph.$_{k1,vh,*}$ canth.$_{j5,k1,*}$ *Carb-v.*$_{bg2,k1,*}$ **Carc.**$_{k1,mg1,*}$ *Caust.*$_{k1,k2,*}$ cench.$_{k1,k2,*}$ chin.$_{bg2,k1,*}$ chinin-s.$_{ptk}$ chlorpr.$_{jl,k1,*}$ *Cic.*$_{k1,st}$ *Cocc.*$_{c1,k1,*}$ coff.$_{k1,vh,*}$ crot-h.$_{a1,k1,*}$ dig.$_{k1,sf1,*}$ *Elaps*$_{k1,sf1,*}$ epiph.$_{c1}$ fl-ac.$_{k1,vh,*}$ **GELS.**$_{bg2,k1,*}$ **Graph.**$_{k1,sf1,*}$ hydrog.$_{srj2}$ hyos.$_{k1,vh,*}$ **Ign.**$_{bg2,k1,*}$ kali-br.$_{k1,st}$ kali-c.$_{bg2,k1,*}$ *Kali-p.*$_{k1,kr1,*}$ *Lac-c.*$_{k1,kr1,*}$ lach.$_{bg2,k1,*}$ levo.$_{jl,k1,*}$ **Lyc.**$_{bg3,k1,*}$ lyss.$_{k1,vh,*}$ **Med.**$_{bg2,k1,*}$ merc.$_{k1,vh,*}$ **Mez.**$_{st}$ mosch.$_{j5,k1,*}$ naja$_{bg2,k1,*}$ *Nat-c.*$_{k1,kr1,*}$ nat-m.$_{bg1,k1,*}$ nux-v.$_{k1,st}$ ox-ac.$_{k1,sf1,*}$ petr.$_{k1,vh,*}$ *Ph-ac.*$_{k1,st}$ *Phos.*$_{k1,k2,*}$ *Plb.*$_{bg2,k1,*}$ **Psor.**$_{bg2,k1,*}$ **Puls.**$_{k1,kr1,*}$ rhus-t.$_{k1,sf1,*}$ sep.$_{bg2,k1,*}$ **Sil.**$_{bg2,k1,*}$ spig.$_{bg2,k1,*}$ staph.$_{k1,st}$ still.$_{k1,kr1,*}$ stram.$_{bg2,k1,*}$ stront-c.$_{k1,vh,*}$ sul-ac.$_{gk}$ sulph.$_{a1,k1,*}$ thuj.$_{k1,vh,*}$ tub.$_{bgs}$ verat.$_{bg2,k1,*}$
☞ *Angst - Eisenbahn / Angst - Erwartungsspannung / Angst - Erwartungsspannung - Verabredung / Angst - Zeit / Angst - Zukunft / Erregung / Erregung - Erwartung / Erwartungsspannung / Furcht - geschehen / Hast - Gehen / Hast - Zeit / Hellsehen / Schüchternheit / Schüchternheit - schamhaft / Schüchternheit - Öffentlichkeit / Tod - Vorahnung / Zeit - langsam / ❑ Rektum - Diarrhoe - Erwartungsspannung / ❑ R~ Diarrhoe - Zorn*
– **finanzieller** Verlust
☞ *Geldverlust*
– **Freude**:
☞ *❑ Rektum - Diarrhoe - aufregende*
• **plötzliche**: op.$_{c1}$
• **übermäßige**: *Acon.* *Bad.*$_{sf1}$ caust. **Coff.**$_{c2,k,*}$ croc. cycl. helon.$_{sf1}$ *Manc.*$_{st}$ nat-c. *Op.* *Ped.*$_{st}$ *Puls.* tarent.$_{a}$ verat.$_{gl1}$
☞ *Überraschungen - angenehme / Ekstase / Furcht - Überraschungen / Weinen - Freude / ❑ Allgemeines - Katalepsie - Freude / ❑ Kopf - Schmerz - Freude / ❑ K~ Schmerz - Lachen / ❑ Rektum - Diarrhoe - Erregung / ❑ Schlaf - Schlaflosigkeit - Freude*

– **Freundschaft**, betrogene: aur.hr1 ign.gl1 mag-c.gl1 mag-m.gl1 nux-v.gl1 ph-ac.gl1 sil.gl1 sulph.gl1

☞ *Verlassen*

– **Furcht**: **Acon.**c1,sf1,* arg-met.c1,k2 *Arg-n.*c1,sf1,* ars.st1 *Bell.*c1,j5 calc.c1,st calc-sil.c1,k2 carc.c1,mg1,* *Caust.*k2,sf1,* cocc.c1 coff.c1 cupr.c1,sf1 **Gels.**k2,sf1,* glon.c1,sf1 graph.c1 *Ign.*c1,sf1 kali-p.c1,sf1 lyc.c1 med.st1 nat-m.st1 *Op.*j5,k2,* ph-ac.st1 phos.c1 puls.c1,sf1 sil.c1,sf1 stram.vh verat.j5,k2,*

☞ *Furcht*

– **geistige** Anstrengung: agar.h,k2,* *Alum-p.*k2,st alum-sil.k2 ambr.sf1 *Anac.*kr1,sf1,* arg-n.c1,sf1,* arn.st ars.sf1 *Ars-i.*c1,sf1 ars-met.c1 aven.sf1 bar-act.sf1 bell.gl1 calc.gl1,sf1,* *Calc-p.*c1,sf1 calc-sil.k2 caps.c1 chin.sf1 coca c1 cocc.c1,sf1 con.sf1 **Cupr.**c1,kr1 cupr-act.c1 *Epig.*sf1 epiph.c1 fl-ac.k2 *Gels.*bro1 graph.bro1,h hyos.bg2,j5 ign.k2,sf1 iod.k2 iris sf1 kali-br.sf1 *Kali-c.*sf1 **KALI-I.**st *Kali-p.*st *Lach.*sf1 lyc. mag-p.c1 med.sf1 **Nat-c.**c1,gl1,* nat-m. nat-p.k2 nux-m.c1,sf1 **NUX-V.**k1,st *Ph-ac.*k2,sf1,* phos. *Pic-ac.*k2,sf1,* pip-m.sf1 psor.c1 pyrog.bg2 rhus-t.sf1 sabad.c1 scut.c1 sel.sf1 sep.gl1,sf1 *Sil.*bg2,sf1 **Staph.**gl1 **TUB.**st vinc.c1

☞ *Geistige Anstrengung - Abneigung / Geistige Anstrengung - agg.*

– **Geldverlust**; durch: *Arn.*br1,gl1,* ars.hr1,ptk1 *Aur.*gl1,k2,* *Calc.*gl1,jsa *Ign.*gl1,jsa nux-v.jsa puls.jsa *Rhus-t.*gl1,jsa *Sars.*hr1 *Verat.*gl1,jsa

☞ *Traurigkeit - Geld - Geldverlust*

– **Geräusche**: cocc.c1

– **geschäftlichen** Mißerfolg; durch: *Ambr.*gl1,sf1 calc.gl1,k2,* cimic.gl1,hr1,* coloc.gl1,k2 ign.hr1 kali-br.c1,gl1 nat-m.gl1,sf1 nux-v.gl1,sf1 ph-ac.gl1,k2 puls.gl1 rhus-t.gl1 sep.gl1 sulph.gl1 verat.gl1

☞ *Geisteskrankheit - geschäftlichen / Geschäft - Abneigung*

– **Grobheit** anderer: *Calc.* carc.ot,pd cocc. *Colch.* hyos.st1 lac-c.st1 *Lyc.*st1,vh/dg mag-m.vh med.dgt **Nat-m.**k,vh/dg nux-v. ph-ac. **Staph.**

☞ *Kränkung / Verachtung*

– **Hast**, Eile: *Acon.*gl1 *Alum.*vh,vh/dg am-c.gl1 *Arn.*gl1 benz-ac.bg2 *Bry.*gl1 *Nit-ac.*gl1 nux-v.gl1 *Puls.*gl1 rhus-t.gl1 sulph.gl1

– **Heftigkeit**: *Aur.*kr1 *Bry.*kr1 coff.kr1

☞ *Heftig*

– **Heimweh**: **Caps.**k,vh/dg *Clem.* eup-pur.bro1 hell.bro1 *Ign.*bro1 mag-m.bro1 **Ph-ac.**k2,kr1,* senec.bro1

– **Ichbezogenheit**, Selbstüberhebung: *Calc.* *Lach.*vh,vh/dg *Lyc.* med.vh merc. *Pall.* *Plat.*vh,vh/dg sil. *Sulph.*

☞ *Diktatorisch*

– **Jobs**; durch Verlust des

☞ *Stellung*

– **Kränkung**, Demütigung ●: *Acon.*ptk1 alum.j,ptk1 am-m.ptk1 anac.k2 *Arg-n.* ars.sf1 *Aur.* *Aur-m.* bell. *Bry.* calc.hr1,k2,* camph.j carb-v.j caust.bg2 *Cham.* *Chin.*hr1 **COLOC.**k1,st con.gl1 form.a1 gels.bg2 graph.dp **Ign.** *Lach.*gl1,j5 **Lyc.** *Lyss.* m-ambo.j merc. **Nat-m.** *Nux-v.*gl1,k1 *Op.* **Pall.** *Petr.*j,ptk1 **Ph-ac.** phel.bg phos.j plat. *Puls.* ran-b.a rhus-t. *Seneg.* sep. **STAPH.**k1,st stram. *Sulph.* verat. zinc.ptk1

– **Kränkung**, Demütigung: ...

☞ *Ehre / Grobheit / Tadel / Verachtung / Verlegenheit / Entrüstung / Geisteskrankheit - Kränkung - durch / Haß / Stumpfheit - Kränkung / Weinen - Kränkung / ❑ Atmung - Atemnot - Kränkung / ❑ Kopf - Schmerz - Kränkung / ❑ Schlaf - Schlaflosigkeit - Kränkung*

• **Entrüstung**, mit: **STAPH.**st

• **Zorn**, mit: **COLOC.**st

– **Kummer**: alum.lsa1 alum-p.k2 am-m. **Ambr.**bg2,k2,* aml-ns.ptk anac. ant-c. *Apis* *Arn.*br1,st ars. art-v.c1 **Aur.** aur-ar.k2 aur-m.bro1 aur-s.k2 bar-s.k2 *Bell.*gl1,j5,* *Bry.*st,vh cael.jl calc.bg2,k2,* *Calc-p.* caps.bg2,sf1 carc.sst **Caust.** chin.lsa1 clem. *Cocc.*k,vh/dg colch. *Coloc.* con. *Crat.*st crot-h.ptk cycl. cypr.kr1 dig.sf1 *Dros.*gl1,st *Gels.* *Graph.* *Hura*st,vh *Hyos.* **IGN.**k,vh/dg ip.st,vh kali-br.c1 kali-p. **Lach.** laur.k2 lob-c. lob-s.c1,kr1 lyc. mag-c.c1 naja nat-c.bg2 **NAT-M.**k,vh/dg nit-ac. nux-m.k2 *Nux-v.* *Op.*kr1 paull.hr1 **Ph-ac.** **Phos.**j5,kr1,* phys.c1 pic-ac.k2,sf1 *Plat.* psor.gg *Puls.* pyrus a *Samb.*bro1,c1 *Sep.*bg2 *Sol-o.*st **Staph.** stram.bg2 sulph.j tarent. verat. *Zinc.*c1,kr1,*

☞ *Liebe / Sorgen / Weinen / ❑ Allgemeines - Katalepsie - Kummer / ❑ Frost - Kummer / ❑ Husten - Kummer / ❑ Kopf - Hitze - Kummer / ❑ Magen - Verdauungsstörung - Kummer / ❑ Rektum - Diarrhoe - Kummer / ❑ Schlaf - Schlaflosigkeit - Kummer*

• **stiller** Kummer: tub.pc

– **Lachen**, übermäßiges: *Coff.*kr1

– **Liebe**; enttäuschte: ant-c. **Aur.**k1,st *Bell.*gl1,vh *Bufo*st,vh cact.c1 *Calc-p.*gl1,k,* *Caust.*bg2,k,* *Cimic.* *Coff.* com.bg2 *Con.*sf1 dig.c1 *Hell.* **Hyos.**gl1,k **IGN.**gl1,k1,* iod.c1 kali-c. *Lach.* **NAT-M.**k,vh/dg nux-m. nux-v. **Ph-ac.**gl1,k,* phos.bg1,bg2,* psor.gg sep. **Staph.**gl1,k1,* stram.he1 sulph.st tarent.gl1,k,* til.a1 tub.lsa1 verat.c1,kr1,*

☞ *Kummer / Brütet - Enttäuschung / Kummer - still - Liebe / Lachen - Liebe / Raserei - Liebe / Suizidneigung - Liebe / Traurigkeit - Liebe / Untröstlich / Verweilt - Enttäuschungen / Verweilt - vergangenen / Verzweiflung - Liebe / Weinen - traurig - Gedanken / ❑ Allgemeines - Schwäche - Liebe / ❑ Brust - Herzklopfen - unerwiderte / ❑ Träume - Enttäuschungen / ❑ Weibliche Genitalien - Menses - unterdrückt / ❑ W~ Menses - unterdrückt - Liebe*

• **Erregung**, mit allgemeiner: *Bell.*jsa,st

• **lesbisch**: calc.jsa,st **Plat.**jsa,st

• **unglückliche**

☞ *Liebe*

– **Linkshändigkeit**; Unterdrückung der: staph.gk

– **Mißerfolg**:

• **literarischer**, wissenschaftlicher Mißerfolg: calc.gl1 ign.gl1 lyc.gl1 nux-v.gl1 puls.gl1 sulph.gl1

– **moralische** Erregung: *Acon.*vh,vh/dg **Bell.**vh,vh/dg **Ign.**vh,vh/dg **Ph-ac.**vh,vh/dg *Phos.*vh,vh/dg *Staph.*vh,vh/dg

– **Musik**: *Ign.*vh,vh/dg phos.c1

☞ *Musik - agg.*

– **Nervenschock**

☞ *Schock*

– **Raserei**, Wut: *Apis*hr1,k2,* *Arn.*kr1

– **Reue**: arn.br1,jsa *Aur.*jsa *Con.*jsa

– **Scham**: aur.k2 *Ign.*bro1,kr1 nat-m.bro1 **Op.**c1,kr1 *Staph.*bro1

– **Schelte**
☞ *Tadel*

– **Schicksalsschläge**, durch: ambr.sfl con.sfl dig.sfl lach.sfl stann.sfl staph.sfl

– **schlechte** Nachrichten: alum.kr1 alumn.c1 ambr.k2 *Apis* *Arn.*st art-v.c1 **Calc.** calc-p. chin. cic.ptk1 cinnb. cupr. dig.c1 dros. form. **GELS.**k1,st hist.mg1 *Ign.* kali-c. kali-p. lach. lyss. *Med.* mez.k2 *Nat-m.* nat-p. paeon. *Pall.* ph-ac.c1 phos. puls. stram. *Sulph.* tarent.c1
☞ *Erregung - schlechten / Furcht - schlechten / Stumpfheit - schlechte Nachrichten / Traurigkeit - schlechten Nachrichten / Wildheit - unangenehmen Nachrichten / ❏ Allgemeines - Blutwallungen - unangenehme Nachrichten / ❏ Extremitäten - Zittern - Hände - unangenehmen Nachrichten / ❏ Frost - Traurige Nachrichten / ❏ Magen - Empfindlichkeit - schlechte Nachrichten / ❏ Ohr - Zittern - traurigen Nachrichten / ❏ Rektum - Diarrhoe - schlechte Nachrichten / ❏ Schlaf - Schläfrigkeit - Nachrichten / ❏ Schweiß - Neuigkeiten*

– **Schock**; seelischen: acon.bg2,k2,* ambr.k2 apisc1,k2 *Arn.*bg2,k2,* camph.ptk1 carb-v.ptk1 cocac1,k2 coff.ptk1 gels.k2 hyos.ptk1 hyper.ptk1 *Ign.*ptk1 iod.c1,k2 kali-p.c1,k2 mag-c.k2,ptk2 nit-ac.k2,ptk2 nux-m.k2,ptk2 nux-v.hr1 *Op.*k2,kr1 ph-ac.k2,ptk2 *Pic-ac.*k2,kr1 plat.k2 rescuercb1 sil.a1 verat.ptk1
☞ *Schreck / Zorn - Schreck / Angst - Schreck - nach / ❏ Brust - Herzklopfen - Schreck*

– **Schreck**: **Acon.**c2,k act-sp.c1,kr1,* agar.c1,sfl anac. androc.srj1 *Apis* arg-met.k2 *Arg-n.* arn. ars. *Art-v.* aster.gt *Aur.* aur-m. *Bell.* bry. *Bufo*st calc. calc-sil.k2 camph.gl1 carb-v.gm1 carbn-s. carc.c1,mg1 *Caust.* cham. cimic.c1 cinasfl cocc.c1 *Coff.*c1,k coloc.sfl crot-h.c1 *Cupr.* **Gels.**k,vh/dg *Glon.*c2,k *Graph.* *Hyos.* *Hyper.* *Ign.*k,vh/dg iod. *Kali-br.*c1,sfl kali-c.sfl *Lach.* laur.k2,sfl,* **Lyc.** lyss.kr1 mag-c. merc. morph.bro1 nat-c. *Nat-m.*k,vh/dg nit-ac. nux-m.c1,k2 *Nux-v.* **Op.** *Petr.*kr1 **Ph-ac.** **Phos.** *Plat.* **Puls.** ran-b.gt,k2 *Rhus-t.* sabad. samb. sec. *Sep.* **Sil.** stann.j5,sfl,* *Stram.*hr1,k sulph.j5 verat. visc.c1 zinc. zinc-p.k2
☞ *Schock / Schreck - Menses / Angst - Schreck - nach / Auffahren - Schreck / Empfindlich - Geräusche / Geisteskrankheit - Schreck / Suizidneigung - Schreck / ❏ Allgemeines - Katalepsie - Schreck / ❏ A~ Ohnmacht - Schreck / ❏ A~ Zittern - äußerlich - Schreck / ❏ Brust - Herzklopfen - Schreck / ❏ Frost - Schreck / ❏ Gesicht - Ausdruck - erschreckt / ❏ Husten - Schreck / ❏ Kopf - Hitze - Schreck / ❏ Rektum - Stuhldrang - Schreck / ❏ Schweiß - Schreck / ❏ Schwindel - Schreck / ❏ Weibliche Genitalien - Metrorrhagie - Schreck*

- **Erinnerung** an zurückliegenden Schreck; durch
  ☞ *zurückliegenden*
- **Menses**, während: acon.lp,vh bell.vh **Ign.**vh,vh/dg lach.vh nux-v.vh op.vh ph-ac.vh phos.vh staph.vh *Verat.*vh,vh/dg
  ☞ *Menses - während; Gemütssymptome*
- **Unfalls**; durch Anblick eines: **ACON.**st *Calc.*vh,vh/dg **OP.**st
- **zurückliegenden** Schreck; durch länger: op.fb

– **Schwangerschaft**
☞ *Schwangerschaft*

– **seelischen** Schock
☞ *Schock*

– **sexuell**:

- **Erregung**: kali-br.kr1 kali-p.c1 *Nat-m.*vh,vh/dg *Plat.*k2,vh,* psor.vh staph.k2
- **Exzesse**: agar. agn.st alum. *Alum-p.*k2,st **Apis**bg2 arg-n.st arn.c1,st ars. asaf. aur. aur-ar.k2 *Bov.* *Calad.*k,vh/dg **Calc.** calc-p.st calc-sil.k2 carb-an.bg2 *Carb-v.* **Chin.**gl1,k1,* chinin-ar. cocagt cocc. *Con.* dig.c1,st *Iod.* kali-br.bg2,sfl,* *Kali-c.* kali-p. kali-s. kali-sil.k2 lil-t. **Lyc.** mag-m. *Merc.* *Nat-c.* nat-m. nat-p.k2 nit-ac. **Nux-v.** ol-an.bg2,sfl onos.st petr. **Ph-ac.** **Phos.** plat.k2,st plb.st psor.a1 *Puls.* samb.c1 sec.st sel. *Sep.*k,vh/dg *Sil.* spig. **STAPH.**k,vh/dg sulph. symph.st thuj. upa.st zinc. zinc-p.k2
  ☞ *Geisteskrankheit - Masturbation / Geisteskrankheit - Mutwilligkeit / Gleichgültigkeit - Masturbation / Hysterie - sexuell - Exzessen / Nymphomanie / Vergeßlich - sexuellen / Zügellosigkeit / ❏ Allgemeines - Masturbation / ❏ A~ Sexuellen Exzessen / ❏ Männliche Genitalien - Erektionen - exzessiv / ❏ M~ Erektionen - häufig / ❏ M~ Erektionen - leicht / ❏ M~ Sexuelles Verlangen - exzessiv / ❏ M~ Sexuelles Verlangen - heftig / ❏ M~ Sexuelles Verlangen - vermehrt / ❏ Weibliche Genitalien - Sexuelles Verlangen - heftig / ❏ W~ Sexuelles Verlangen - unersättlich*

– **sexuelle** Enthaltsamkeit
☞ *Enthaltsamkeit*

– **Sorgen**, Kummer: *Ambr.*bg2,sfl arg-n.c1 ars.c1 *Calc.*k2,sfl,* *Caust.*k2,sfl,* con.sfl ign.c1 kali-br.c1 kali-p.bg2,k2 lyc.a1 mag-c.bro1 nat-m.bg2,sfl nux-v.sfl *Ph-ac.* *Phos.*c1,j5,* pic-ac.k2,sfl sanic.c1 *Staph.*j5,sfl
☞ *Sorgen*

– **Stellung**, des Jobs; Verlust der: *Ign.*gl1,pc pers.gl1,jl *Plat.*gl1,pc staph.gl1,pc
☞ *Geisteskrankheit - Stellung / Traurigkeit - Stellung*

– **Stolz** anderer: grat.c1,kl

– **Streit**, Streitigkeiten: berb.bg2,sfl chion.bg2,sfl cic.bg2,sfl glon.bg2,sfl hydrog.srj2 ign.gt kali-chl.bg2,sfl spig.bg2,sfl thuj.bg2,sfl
☞ *Streitsüchtig*

– **Tadel**: agar.bg2,sfl calc-sil.k2 carc.c1,mg1,* coloc. gels.bg2,sfl *Ign.* med.mg1 nit-ac.j **OP.**k1,st ph-ac. sep.gb *Staph.* *Stram.*kr1 tarent.c1
☞ *Ehre / Kränkung / Verachtung / Verlegenheit / Zorn - Entrüstung / Beleidigt / Empfindlich - Vorwürfe / Entrüstung / Ermahnungen - agg. / Furcht - Tadel / Haß / Schmollen / Traurigkeit - Ärger / Verwirrung - Ärger - nach / Verzweiflung - Kritik / Wahnideen - angeklagt / Wahnideen - beobachtet / Wahnideen - beschimpft worden / Wahnideen - herabsehen / Wahnideen - kritisiert / Wahnideen - verwirrt, wie / Wahnideen - Verwirrung / Weinen - Ermahnung / Weinen - Vorhaltungen / Zorn - Tadel / Zorn - Tadel - andere / ❏ Allgemeines - Konvulsionen - Unrecht / ❏ Brust - Herzklopfen - Ärger / ❏ Gesicht - Farbe - blaß - Ärger / ❏ G~ Farbe - gelb - Ärger / ❏ Träume - Verdrießlich*

– **Tod** von geliebten Personen: *Ambr.*ptk1,ptk2 plat.c1,ptk2,*
☞ *Tod - Agonie*

– **Tod** von geliebten Personen: ...
• **Eltern** oder Freunde, der: ars.$_{gk}$ calc.$_{gl1,k2}$ **Caust.**$_{gl1}$ **IGN.**$_{gl1,k2,*}$ kali-br.$_{ptk}$ nat-m.$_{gb}$ nux-v.$_{gl1}$ plat.$_{c1,gl1}$ staph.$_{gl1}$
• **Kindes**, eines: calc.$_{gl1,k2}$ caust.$_{gl1}$ *Gels.*$_{gl1,kr1}$ **Ign.**$_{gl1,k2,*}$ *Kali-br.*$_{gl1,kr1}$ lach.$_{gl1}$ nux-v.$_{gl1}$ ph-ac.$_{gl1}$ plat.$_{c1,gl1}$ staph.$_{gl1}$ sulph.$_{gl1}$
– **Trinken**; nach: *Bell.* *Cocc.*$_{bg2}$ con. *Lyss.* *Stram.*
– **Überraschungen**: gels.$_{ptk1}$
• **angenehme**: chin.$_{h}$ **Coff.** ferr.$_{sf1}$ merc.$_{bg2}$ *Op.*$_{gl1}$ verat.$_{gl1}$
☞ *Freude - übermäßige / Furcht - Überraschungen / Weinen - Freude / ❑ Kopf - Blutandrang - Erregung - Überraschung / ❑ K~ Schmerz - Freude / ❑ Rektum - Diarrhoe - aufregende / ❑ R~ Diarrhoe - Erregung / ❑ Schlaf - Schlaflosigkeit - Freude*
– **Uneinigkeit** zwischen:
• **Eltern**; den eigenen: *Mag-c.*$_{stj1}$ *Mag-m.*$_{stj1}$
• **Eltern** oder Freunden: ars.$_{gl1}$ **Graph.**$_{hr1,vh,*}$ hep.$_{gl1}$ ign.$_{gy}$ lach.$_{gl1,vh}$ mag-m.$_{gl1,vh}$ merc.$_{gl1,vh}$ nat-m.$_{gl1,vh}$ nit-ac.$_{gl1,vh}$ nux-v.$_{vh}$ sulph.$_{vh}$
• **Vorgesetzten** und Untergebenen: graph.$_{gl1}$ lach.$_{gl1}$ *Lyc.*$_{vh,vh/dg}$ mag-m.$_{gl1,vh}$ merc.$_{gl1}$ nat-m.$_{gl1}$ nit-ac.$_{gl1}$ *Nux-v.*$_{gl1,vh/dg}$ sulph.$_{gl1}$
– **Unglücklichsein**: carc.$_{sst}$
• **Einfluß** anderer; durch den: carc.$_{fb}$
– **Verachtung**; verachtet zu werden: acon. alum.$_{k1}$ *Aur.* bell. **Bry.** **Cham.** coff. *Coloc.* ferr. hyos. ip. lyc. **Nat-m.**$_{k,vh/dg}$ **Nux-v.** olnd. *Par.* *Phos.* *Plat.* sep. *Staph.* stront-c. sulph. verat.
☞ *Ehre / Enttäuschung / Grobheit / Kränkung / Tadel / Verlegenheit / Zorn - Entrüstung / Zorn - unterdrückten / Empfindlich - Grobheiten / Entrüstung / Haß*
– **Verdruß**
☞ *Zorn*
– **Verlegenheit**: *Ambr.*$_{vh,vh/dg,*}$ *Bar-c.*$_{vh,vh/dg}$ coloc. dys.$_{bh,hbh,*}$ gels.$_{k2}$ *Ign.* kali-br.$_{a1,c1}$ *Op.* ph-ac. plat. sep. staph. **Sulph.**
☞ *Ehre / Kränkung / Tadel / Verachtung / Entrüstung / Schüchternheit / Schüchternheit - schamhaft / Selbstvertrauen - Mangel / Sprache - verlegen / Stumpfheit - Kränkung / Weinen - Kränkung / ❑ Träume - Verlegenheit*
– **Verletzungen**, Unfälle; Gemütssymptome durch: bell.$_{bg2,st}$ cic.$_{bro1,vh,*}$ *Glon.*$_{bro1,vh,*}$ hyos.$_{bg2,st}$ hyper.$_{bro1,vh,*}$ mag-c.$_{bro1,vh,*}$ **Nat-s.**$_{k2,vh,*}$ op.$_{bg2,st}$ stram.$_{bg2,st}$ sul-ac.$_{hr1}$ verat.$_{bg2,st}$
– **Verlust** von Geld
☞ *Geldverlust*
– **Vorwürfe**: coloc.$_{ptk1}$ *Ign.*$_{ptk1}$ op.$_{ptk1}$ staph.$_{ptk1}$
☞ *Ehre / Empfindlich - Vorwürfe / Ermahnungen*
– **Widerspruch**: anac.$_{j1}$ *Aur.*$_{k2,kr1,*}$ aur-ar.$_{k2}$ cael.$_{j1}$ cham.$_{k2}$ ign.$_{h,st}$ med.$_{st}$ sil.$_{sf1}$
☞ *Widerspruch - verträgt*
– **zölibatäres** Leben
☞ *Enthaltsamkeit*
– **Zorn** (= Verdruß, Ärger): **Acon.** agar. alum. alum-sil.$_{k2}$ am-c. anac.$_{gl1,sf1,*}$ anan.$_{oss}$ ant-c.$_{bg2}$ *Ant-t.* *Apis* arg-met.$_{k2}$ arg-n. arn. *Ars.* ars-s-f.$_{k2}$ **Aur.**$_{k,vh/dg}$ aur-ar.$_{k2}$ *Aur-m.* aur-m-n.$_{c1}$ bar-c.$_{bg2}$ *Bell.* *Bry.*$_{c2,k}$ cadm-s. calc. calc-ar.$_{k2}$ *Calc-p.* calc-s. calc-sil.$_{k2}$ camph.$_{c1}$ carc.$_{sst}$ caust. **CHAM.**$_{k,vh/dg}$

Beschwerden durch - Zorn: ...
chin. cimic. cina$_{bg2}$ cist. *Cocc.*$_{c2,k,*}$ *Coch.*$_{kr1}$ *Coff.* colch.$_{bro1}$ **Coloc.** croc. cupr. ferr. ferr-p. *Gels.* graph.$_{k2}$ grat.$_{bro1}$ hyos. **Ign.**$_{c2,k}$ iod.$_{bg2}$ **Ip.** kali-br.$_{c1,st}$ *Kali-p.* *Lach.* *Lyc.* mag-c. mag-m. manc. merc.$_{bg2}$ mez. nat-ar.$_{k2}$ nat-c. *Nat-m.* nat-p. nat-s. nux-m. **NUX-V.**$_{c2,k,*}$ ol-an.$_{bg2,sf1}$ olnd.$_{bg2}$ **Op.** petr. *Ph-ac.* *Phos.* **Plat.** *Puls.* ran-b.$_{k1}$ rhus-t. sacch.$_{a1,c1}$ samb. scroph-n.$_{c1}$ sec. sel. *Sep.*$_{gl1,k1}$ sil. stann. **STAPH.**$_{k1,vh,*}$ stram. stront-c.$_{bg2,sf1}$ sulph. *Tarent.* verat. vesp.$_{k2}$ vinc.$_{c1}$ zinc. zinc-p.$_{k2}$
☞ *Zorn - agg.*
• **Angst**, mit: **Acon.** alum. **Ars.** aur. *Bell.* bry. calc. *Cham.* cocc. coff. *Cupr.* *Gels.*$_{bg2}$ hyos. **Ign.** lyc. nat-c. nat-m. **Nux-v.** *Op.* petr. phos. *Plat.* *Puls.* rhus-t. samb. sep. stann. stram. sulph. verat.
☞ *Angst*
• **Entrüstung**; mit: ars.$_{bg2}$ *Aur.* **Coloc.**$_{k,st}$ ip. lyc. merc. mur-ac. *Nat-m.*$_{k,vh/dg}$ *Nux-v.* plat. **STAPH.**$_{k1,st}$
☞ *Tadel / Verachtung / Entrüstung / Haß*
• **Schreck**; mit: **Acon.**$_{h,k}$ *Aur.* *Bell.* calc. cocc. coff.$_{kr1}$ cupr. *Gels.*$_{bg2}$ glon.$_{bg2}$ **Ign.** nat-c. *Nux-v.* *Op.* *Petr.* *Phos.* *Plat.* *Puls.* samb. sep. **Stram.**$_{bg2}$ sulph. zinc.
☞ *Schock*
• **stillem** Kummer; mit: *Acon.*$_{bg2}$ alum. am-m.$_{sf1}$ ars. aur. aur-ar.$_{k2}$ bell. *Bry.*$_{bg2}$ carc.$_{sst}$ cham.$_{bg2,sf1}$ *Chin.*$_{sf1}$ *Cocc.* *Coloc.* gels.$_{bg2}$ hyos. **Ign.** **Lyc.** nat-c. **Nat-m.**$_{k,vh/dg}$ nux-v. *Ph-ac.* phos. plat. puls. **Staph.** verat. zinc.$_{bg2}$
☞ *Kummer*
• **unterdrückten** Zorn; durch: agar.$_{zr}$ aur.$_{c1,k}$ bamb-a.$_{stb2}$ carc.$_{sst}$ cham.$_{c1,k}$ germ-met.$_{srj5}$ haliae-lc.$_{srj5}$ hep.$_{bg2,c1}$ *Ign.*$_{c1,k}$ *Ip.*$_{c1,kr1,*}$ lachn.$_{a1}$ **Lyc.**$_{c1,kr1}$ *Nat-m.*$_{c1,kr1}$ sep.$_{c1,k}$ **Staph.**$_{k,k2,*}$
☞ *Verachtung*

Beschwerlich, alles ist
☞ *Langeweile / Lebensüberdruß / Lästig*

Beschwipst, wie
☞ *Betäubung*

Besinnungslosigkeit
☞ *Bewußtlosigkeit*

Besorgt
☞ *Angst / Kummer / Sorgen*

Besserwisserei
☞ *Bestimmtheit*

Bestechlich, käuflich, korrupt: ars.$_{gl1}$ chin.$_{gl1}$ lyc.$_{gl1}$ puls.$_{gl1}$ sulph.$_{gl1}$
☞ *Hinterhältig*

Bestimmtheit (= Rechthaberei): androc.$_{srj1}$ ars.$_{gl1}$ camph. *Caust.*$_{gl1,k1,*}$ choc.$_{srj3}$ ferr. hydrog.$_{srj2}$ *Lach.*$_{gl1,k1,*}$ *Merc.*$_{gl1,k1}$ nux-v.$_{gl1}$ sep.$_{gl1}$
☞ *Beharrlichkeit / Diktatorisch / Eigensinnig / Entschlossenheit / Hartnäckigkeit / Herausfordernd / Mutig / Ungehorsam / Verwegenheit / Widerspenstig / Widerspruch - Neigung / Zuversichtlich*
– **Erwachen**; beim: hydrog.$_{srj2}$

Bestrafung agg. Gemütssymptome
☞ *Beschwerden durch - Bestrafung*

Besuch
☞ *Gesellschaft*

Betäubung: absin.al,k acet-ac.al,k acon.bg2,k,* act-sp.hrl,krl adon.sf,sfl aesc.hrl,k,* aesc-g.al aeth. aetheral agar.h,k,* *Ail.*bg2,k2,* aloesfl *Alum.*bg2,kl,* alum-p.k13,k2 *Am-c.*bg2,j5,* am-m.j5 ambr.bg2,sfl,* aml-ns.al,krl amyg. anac.bg2 anan. androc.srjl ang.cl,j5 *Anh.*sf,sfl,* ant-c.sf,sfl ant-t.bg2,k,* **Apis** apoc.k2 arg-met.bg2,krl,* *Arg-n.*bg2,j5,* *Arn.*h,k2,* *Ars.*bg2,k,* ars-i. ars-s-f.k13,k2 arum-t.hrl,krl asaf. asar.bg2,k,* asc-c.hrl,krl aur.bg2,hrl,* aur-m.j bamb-a.stb2 **Bapt.**bg2,k bar-c.bg2,hrl,* **Bell.**h,k,* bism.hrl,k *Bov.*h,k,* bruc.j5 **Bry.**bg2,k,* bufosfl cact.hrl,k2,* calad.k13,k2 *Calc.*h,k,* calc-ar.kl,k13 calc-p.bg2,hrl,* calc-s. calc-sil.k13,k2 *Camph.*bg2,k,* *Cann-i.*al,sfl,* cann-s.al,bg2,* canth.k2 caps.bg2,j5 carb-ac.al carb-an.h,k,* *Carb-v.*j5,k2,* carbn-h. carbn-o.al carbn-s. caust.bg2,k cench.k13,k2 cent.al cham.h,k,* chel.al,k chin.bg2,k chinin-ar. chinin-s. chlf.hrl chlol.al chlor.hrl,k,* chr-ac.hrl,krl *Cic.*bg2,k,* cina cit-v.hrl,krl clem. cob. *Coc-c.*al,k **Cocc.**h,k,* coch.hrl,krl coff.bg2 colch.hrl,krl,* coloc.al,k *Con.*bg2,k,* cori-r. corn.al croc. *Crot-h.*hrl,k crot-t.j5 cryp.al *Cupr.*bg2,k cupr-act.al cupr-ar.hrl,krl cur.bg2 cycl.bg2,k,* cyt-l.al dig.al digin.al *Dulc.* echi.sf,sfl eug.brl eup-pur.hrl euph.bg2 euphr.bg2 ferr.hrl,k ferr-ar. ferr-i. ferr-p. *Gels.*bg2,k,* gent-l.j5 gins.sf,sfl glon.k2 gran.al,k graph.bg2,k,* haem.sf,sfl *Ham.*hrl,k2,* **Hell.**bg2,k,* helon. *Hep.*hrl,j5,* hipp.al *Hydr.*hrl,krl hydr-ac.al **Hyos.**bg2,k,* *Hyper.*hrl ign.bg2,j5 ind.hrl,krl iod.bg2,k,* ip.bg2,k jatr-c. just.sf,sfl kali-bi.sf,sfl kali-br.al,k **Kali-c.**bg2,j5,* kali-chl.al,j5,* kali-cy.al kali-i.bg2,sfl,* kali-n.bg2,k,* kali-p. kreos. lac-c.bg lach.bg2,k,* lact.al,j5,* lact-v.al,brl laur.bg2,k,* led.h,j5,* lil-t.bg2,sfl,* lob.sf,sfl lol.al lon-c.al lon-x.al lup.al *Lyc.*h,k,* lyss.hrl,krl m-aust.j5 mag-m.bg2,kl med.bg2,k2 *Meli.*hrl,krl meph.bg2,sfl,* *Merc.*bg2,hrl,* *Merc-c.* merl.hrl,krl,* mez.al,bg2 mill.hrl,krl,* morph.al mosch.bg2,j5,* mur-ac.al,bg2 myric.hrl myris.krl narcin.al nat-c.bg2,k,* *Nat-hchls.* nat-m.bg2,k nat-p. nat-s. nicc. nicot.al *Nit-ac.*hrl,j5,* nitro-o.al *Nux-m.*bg2,k,* **Nux-v.**bg2,k,* ol-an.al,j5 olnd.bg2,k,* **Op.**bg2,k,* ox-ac.al par.j5 *Petr.*hrl,k **Ph-ac.**bg2,k,* phel.j5 **Phos.**bg2,k,* phys. pic-ac.sfl plan. plat. *Plb.*bg2,k,* podo.hrl,sfl,* psor.hrl,k *Ptel.*hrl,krl,* *Puls.*bg2,k pyre-p.al ran-b.bg2 raph.al,k rat.j5 *Rheum* rhod.bg2,k,* **Rhus-t.**bg2,k rhus-v.hrl,k rutaal *Sabad.*bg2,j5,* sabin.bg2 sal-ac.hrl,sfl,* samb.j5 sang.j sars. *Sec.*bg2,k,* sel.bg2,k seneg. sep.bg2,k sil.bg2,k sol-ni.al spig.bg2,k spong.bg2 squil. *Stann.*bg2,k staph.bg2,k **Stram.**bg2,k,* stry.al sul-ac.h,j5,* sul-i.k13,k2 sulfa.spl *Sulph.*bg2,k,* tab.hrl,k,* tarax.bg2 tarent.al *Ter.*al,k *Thuj.*bg2,k,* uran-n.sfl valer.bg2,k **Verat.**bg2,k,* verat-v.sf,sfl verb.bg2,k viol-t.bg2 vip. *Visc.* *Zinc.*hrl,k,* zinc-p.k13,k2
☞ *Bewußtlosigkeit / Bewußtlosigkeit - Traum / Erschöpfung / Geisteskrankheit / High / Sinne - abgestumpft / Stumpfheit / Stumpfheit - Schläfrigkeit / Stupor / Torpor*

Betäubung: ...
☞ *Unaufmerksam / ❑ Allgemeines - Schwäche - berauscht / ❑ Gesicht - Ausdruck - ausdruckslos / ❑ G~ Ausdruck - berauscht / ❑ G~ Ausdruck - dumm / ❑ Kopf - Rausch*

– **tagsüber**: nit-ac.al zinc.hrl
– **morgens**: acet-ac. agar. bar-c. chin. cob. graph. lyc.al nat-c.al,bgl phos.al rhus-t.hrl,krl sars. squil. *Thuj.*
 • **amel.**: *Agar.*sf,sfl
 • **Aufstehen**, nach dem: *Bov.*al bry.k2 rhod. sabad. sep.h *Thuj.*
 • **Erwachen**, beim: am-c.sf,sfl cham. chel. nat-c.al,k phos.
– **vormittags**:
 • **11** h: sulph.al
 • **11** - 18 h: ars.
– **mittags**: zinc.al
– **nachmittags**: caj.al calc.h,k,* lyc. lyss.hrl mang.al phys. *Puls.*hrl,krl *Zinc.*al
– **abends**: bov. dulc. graph.al lyc.al,h lyss.hrl merl.al *Sulph.*al,k zinc.
– **nachts**: arg-n.al bar-c.al calc.h,k,* chel.al fagu.al lyss.hrl,krl
 • **Erwachen** aufstehen; muß beim: psor.
◆ **abwechselnd** mit:
 • **Delirium**
  ☞ *Delirium - abwechselnd mit - Betäubung*
 • **Heftigkeit**
  ☞ *Heftig - abwechselnd mit - Betäubung*
 • **Konvulsionen**: *Aur.*
– **anfallsweise**: zinc.h
– **Angst**, mit: anac.hrl,krl
– **Aufstehen**:
 • **beim**: sil.
 • **nach**, amel.: phos.
– **Ausschweifung**, wie nach: psor.st
– **Bewegung**:
 • **amel.**: rhus-t.hrl
 • **durch**: *Staph.* thuj.
– **Bier**; durch: kali-chl.al
– **bleibt** starr an einer Stelle: nux-m.
– **Bücken**, beim: calc.gll nicc. valer.
– **Diarrhoe**, mit: gels.al,cl
– **Erbrechen**; nach:
 • **Kindern**; bei: aeth.cl,kl
– **Erwachen**, beim: agar.al am-c.sf,sfl chel. hyos.ptk2 ind.hrl,krl nat-c. *Op.*hrl,krl phos. *Psor.*hrl,krl tarent.al vib.hrl
– **Essen**, nach dem:
 • **agg.**: *Cocc.* hyos.h morph.
– **Freien**, im: cina *Nux-v.*
 • **amel.**: agar.al bell. merc. mosch.al
– **Fieberfrost**
 ☞ *Frost*
– **Fieberhitze**
 ☞ *Hitze*
– **Frost**; während: **Arn.**bg2 ars.bg2 *Bell.*bg2 *Borx.*bg2,k bry.bg2 calc.bg2 cham.bg2 con.bg2,k hell.bg2,k *Hyos.*bg2 *Laur.*bg2 **Nat-m.**bg2 *Nux-m.* nux-v.bg2 **Op.**bg2 *Ph-ac.*bg2 *Phos.*bg2 **Puls.**bg2 *Rhus-t.*bg2 stram.hrl,k verat.bg2

– **Gefühl** von: tub.$_{rb2}$
– **Gehen**, beim: alumn. **Ars.** calc.$_{gl1}$ carb-an.$_{a1,h}$ ip.
• **Freien**, im: ars. aur.$_{c1}$ cina sulph.$_{a1}$
– **geistiger** Anstrengung; nach: mag-c.$_{a1}$ **Nat-c.**$_{hr1}$ petr. raph.$_{a1}$
– **Gespräch**; nach lebhaftem: borx.$_{a1}$
– **Hautausschläge**; durch unterdrückte: **Cupr.**
– **Hitze**; während: *Apis* arn.$_{k2}$ calad.$_{k2}$ *Camph.* chinin-ar.$_{k2}$ gels.$_{hr1,kr1,*}$ lachn.$_{c1}$ nat-m.$_{k2}$ *Sep.* stram.
– **Konvulsionen**, zwischen den: *Aur. Bufo Cic. Hell. Hyos.* lach. *Oena.* **Op.** *Plb. Sec.* tarent.
– **Kopf**; durch Blutandrang zum: bell.$_{a1}$
• **mit** Blutandrang zum: *Kali-c.*$_{kr1}$
– **Kopfschmerz**:
• **vor**: plat.$_{h,kl}$
• **während**: coc-c.$_{a1}$ plat.$_{h}$ sabin.$_{c1}$
– **Kopfverletzung**, nach: arn.$_{bg2,hr1}$ cic.$_{bg2}$ con.$_{bg2}$ hell.$_{bg1,bg2,*}$ puls.$_{bg2}$ rhus-t.$_{bg2}$
– **Lesen**, beim: lyc.$_{a1,k}$
– **Menses**, während: *Lycps-v.*$_{kr1}$ *Nux-m.* zinc.$_{k2}$
☞ *Menses - während; Gemütssymptome*
– **Mittagessen**, nach dem: bufo$_{kr1}$ coloc.$_{a1,k}$ nat-m. nux-v. plan.
– **Nasenbluten**, nach: zinc.
– **Pollutionen**, nach: caust. lact.$_{c1}$ *Sul-ac.*$_{vh,vh/dg}$
– **Rauchen**, durch: acon.$_{a1}$
– **redselig**: kali-i.$_{sf,sf1}$ meph.$_{sf,sf1}$
– **Ruhelosigkeit**, mit: *Bapt.*$_{sf,sf1}$ kali-i.$_{sf,sf1}$ rhus-t.$_{sf,sf1}$
– **Samenabgang**
☞ *Pollutionen*
– **Scharlach**, durch: zinc.$_{k2}$
– **Schläfrigkeit**, bei: bapt.$_{j5,sf1,*}$ bell.$_{j5}$ cocc.$_{j5}$ *Con.*$_{j5,kr1}$ euph.$_{j5}$ lach.$_{j5}$ lyc.$_{a1}$ m-arct.$_{j5}$ **Nux-m.**$_{hr1,j5,*}$ nux-v.$_{j5}$ *Plb.*$_{hr1,j5,*}$ ter.$_{j5,sf1,*}$
☞ *Stumpfheit - Schläfrigkeit*
– **Schreiben**, beim: arg-n.$_{a1,k}$
– **Schweiß**, beim: **Arn.**$_{bg2}$ ars.$_{bg2}$ *Bell.*$_{bg2}$ bry.$_{bg2}$ calc.$_{bg2}$ cham.$_{bg2}$ **Hyos.**$_{bg2}$ *Laur.*$_{bg2}$ nux-v.$_{bg2}$ **Op.**$_{bg2}$ **Ph-ac.**$_{bg2}$ **Phos.**$_{bg2}$ **Rhus-t.**$_{bg2}$ stram.$_{bg2,k}$ *Verat.*$_{bg2}$
– **Schwindel**:
• **während**: abies-c.$_{bro1}$ acon. aeth. agar.$_{h,k}$ arg-met.$_{bro1}$ arn. *Aur.* bar-c. bell.$_{a1,k}$ bov.$_{a1,k}$ *Calc.* chin.$_{bro1}$ clem. *Cocc.*$_{bro1}$ con.$_{bro1}$ croc.$_{sf,sf1}$ dulc. *Gels.*$_{bro1,k}$ gran.$_{a1}$ graph. hell. hydr. hydr-ac. kreos. laur. merc.$_{hr1}$ mill. mosch.$_{hr1,k}$ mur-ac. *Nux-v.*$_{bro1}$ op.$_{hr1,k,*}$ oxyt.$_{bro1}$ petr.$_{bro1}$ phos.$_{hr1,k}$ phyt. psor. ran-b.$_{sf,sf1}$ sabad.$_{hr1}$ sabin. sec. *Sep.*$_{sf,sf1}$ sil. stann. staph. sulph. verat.$_{bg2}$ zinc.$_{bg2}$ zinc-p.$_{k2}$
• **nach**: bufo$_{a1}$
– **Sitzen** bei Tisch; beim: carb-an.$_{a1}$
– **sitzt** bewegungslos wie eine Statue: cham.$_{a1,h}$ hyos.$_{h,k,*}$ stram.$_{hr1,k}$
– **Sonne**; agg. in der: nat-c.$_{hr1}$ *Nux-v.*
– **Stehen**; beim: mang.$_{hr1}$
– **unterdrückte** Hautausschläge
☞ *Hautausschläge / Hautausschläge*
– **Urinieren** amel.; reichliches: gels.$_{hr1}$
– **wacht** nur schwer auf: hell. lyc. **Op.** sel. sul-ac.

Betäubung: ...
– **warm**:
• **Füße** warm werden amel.; wenn die: *Lach.*
• **Zimmer**, im: merl.$_{a1}$ phos.
– **Wein**, nach: ant-c.$_{c1}$ calc-caust.$_{a1}$ cor-r.$_{a1,k}$ kali-m.$_{hr1}$ kali-n.$_{c1}$ pert.$_{a1}$ rhod.$_{hr1}$ sulph.$_{a1}$
– **weiß** nicht, wo er ist: merc. ran-b. thuj. vib.$_{hr1}$
☞ *Bewußtlosigkeit - Traum - weiß / Erkennt - nicht - Umgebung*
– **Wetter**, bei heißem: gels.$_{hr1}$

Beten: *Alum.*$_{gl1}$ arn. *Ars.* **Aur.** *Bell.* cere-b. euph. haliae-lc.$_{srj5}$ hyos. hyper.$_{hu}$ lyss.$_{kr1}$ nat-s. op. opun-s.$_{a1}$ opun-v.$_{a1}$ plat. **Puls.** rhus-t.$_{gl1}$ *Sep.*$_{gl1,vh/dg}$ **Stram.**$_{k,st}$ sul-ac. sulo-ac.$_{a1}$ sulph.$_{k2}$ **Verat.**
☞ *Delirium tremens - Beten / Frömmigkeit / Religiös - Gemütsstörungen*
– **morgens**: op.$_{a1}$ opun-v.$_{a1}$
– **nachts**: cer-s.$_{a1,st}$ cere-s.$_{a1,st}$ stram.
– **andere** möchten für ihn beten; fleht: lyss.$_{kr1}$
– **Entmutigung**; mit
☞ *Entmutigt - Beten*
– **Erbrechen**; betet ständig, selbst beim: med.$_{c1}$
– **Frömmigkeit**, nächtliche: stram.
– **inbrünstig**: alum.$_{gl1}$ **Sep.**$_{gl1}$
– **Knien**, im: *Ars.* nat-s. *Stram.* verat.
– **laut** bei Traurigkeit: *Plat.*$_{kr1}$
– **Menses**, während: *Stram.*$_{hr1,kr1}$
☞ *Menses - während; Gemütssymptome*
– **schüchtern**: stann.$_{hr1,kr1}$
– **still**: arn.$_{hr1,kr1}$ ars.$_{hr1,kr1}$

Betrübt
☞ *Traurigkeit*

Betrügerisch
☞ *Hinterhältig - betrügerisch*

Betrunkenheit; Symptome bei:
☞ *Alkoholismus / ❑ Allgemeines - Rausch*
– **Begreifen**, Verstehen fällt leicht
☞ *Begreifen - leicht - Betrunkenheit*
– **Brutalität**
☞ *Brutalität - Betrunkenheit*
– **Destruktivität**, Zerstörungswut
☞ *Destruktivität - Betrunkenheit*
– **Eifersucht**
☞ *Eifersucht - Betrunkenheit*
– **froh**
☞ *Froh - Betrunkenheit*
– **Gerede**; mit albernem
☞ *Albernes - Gerede - Betrunkenheit*
– **hellsichtige** Träume
☞ *❑ Träume - Hellsichtig - Betrunkenheit*
– **intelligenter**
☞ *Intelligent - Betrunkenheit*
– **Koitus**; Verlangen nach
☞ *❑ Männliche Genitalien - Sexuelles Verlangen - vermehrt - Betrunkenheit / ❑ Weibliche Genitalien - Sexuelles Verlangen - vermehrt - Betrunkenheit*
– **mürrische** Stimmung
☞ *Mürrisch - Betrunkenheit*
– **nackt** sein; möchte
☞ *Nackt - Betrunkenheit*

– **Possen**, spielt
☞ _Possen, spielt - Betrunkenheit_
– **Raserei**
☞ _Raserei - Betrunkenheit_
– **Redseligkeit**, Geschwätzigkeit
☞ _Redseligkeit - Betrunkenheit_
– **schimpft**
☞ _Beschimpfen - Betrunkenheit_
– **Schläfrigkeit**
☞ _□ Schlaf - Schläfrigkeit - Betrunkenheit_
– **Schlaflosigkeit**
☞ _□ Schlaf - Schlaflosigkeit - Betrunkenheit_
– **Schlagen**; mit
☞ _Schlagen - Betrunkenheit_
– **Schreien**
☞ _Schreien - Betrunkenheit_
– **sexuelle** Erregung
☞ _□ Männliche Genitalien - Sexuelles Verlangen - vermehrt - Betrunkenheit / □ Weibliche Genitalien - Sexuelles Verlangen - vermehrt - Betrunkenheit_
– **streitsüchtig**
☞ _Streitsüchtig - Betrunkenheit_
– **Stumpfheit**
☞ _Stumpfheit - Betrunkenheit_
– **Suizidneigung**; mit
☞ _Suizidneigung - Betrunkenheit_
– **töten**, Verlangen zu
☞ _Töten - Betrunkenheit_
– **Traurigkeit**
☞ _Traurigkeit - Betrunkenheit_
– **weint** oder ist sentimental
☞ _Sentimental - Betrunkenheit / Weinen - Betrunkenheit_

Bett:
– **Abneigung** gegen das Bett, meidet es: _Acon._ ars. bapt. calc. camph. cann-s. canth. caust. _Cedr._ cench. cupr. graph.ptk1 kali-ar. _Lach._k1,st lyc. merc. nat-c. squil.
☞ _Fliehen - springt / Furcht - Bett - vor_
– **bleiben**; möchte im Bett: adam.srj5 alum. alumn. ant-c.h _Arg-n._ bamb-a.stb2 con. _Hyos._ merc. psor. puls.h rob. sil.kr1 verat-v.
☞ _Langsamkeit / Verlangen, Wunsch - voller - mehr_
• **morgens**: ferr-m.a1 hydrog.srj2 kali-s.gb lyc.gb puls.gb rhus-t.gb _Sep._h
☞ _□ Schlaf - Erwachen - spät_
• **sexuelle** Erregung, durch: verat.kr1
– **heraus**; möchte aus dem Bett: _Bapt._kr1 _Bry._kr1 _Camph._kr1 **Hyos.**kr1
• **morgens**
☞ _□ Schlaf - Erwachen - früh_
• **Frost**; während: _Hyos._kr1
– **springt** aus dem Bett, möchte sich umbringen, aber es fehlt ihm der Mut dazu: chin.
☞ _Fliehen - springt / Furcht - Selbstmord / Springen - Bett / Suizidneigung_
• **läuft** aufgeregt herum; und: sabad.
☞ _Springen - Bett_

Bewegt; sehr
☞ _Erregung / Traurigkeit_

Bewegung; Gemütssymptome amel. durch körperliche
☞ _Anstrengung - körperliche - amel._

Bewegungen
☞ _Gesten_

Bewölktes Wetter
☞ _Wetter - bewölktes_

Bewunderung, übermäßige: cic.gl1
☞ _Ehrfurcht / Sentimental_

Bewußtheit; erhöhte: hydrog.srj2
☞ _Konflikt - höheren_
– **animalische** Bewußtheit: haliae-lc.srj5
– **Körpers**; des: _Anh._mg1,sp1 marb-w.es1
☞ _Schizophrenie - paranoid_
• **zentriert**; fühlt sich im Körper: haliae-lc.srj5
• **Augen**; der: marb-w.es1
– **Vögeln**; der Anwesenheit von: marb-w.es1

Bewußtlosigkeit (= Koma, Stupor): absin.hr1,k,* acet-ac.hr1,k,* **Acon.**bg2,k,* act-sp.hr1,kr1,* adel.a1 aesc. aesc-g.hr1,kr1,* aeth.bg2,k,* aether agar.h,k,* agar-cit.a1 agar-pa.a1 agar-ph.a1 agar-pr.a1 agar-se.a1,jl agar-st.a1 agav-t.jl,jl3 agn.bg2,hr1,* agro.a1 _Ail._bg2,k,* alco.a1 alet.c1,hr1 _Alum._bg2,k,* alum-p.k2 am-c.bg2,k am-caust.a1 am-m.a1,k ambr. _Aml-ns._a1,kr1 amyg.hr1,k,* _Anac._bg2,k,* anan.a1 ang.bg2 anil.a1 ant-c.hr1,k,* ant-m.a1,kr1 ant-t.bg2,k,* anthraci. _Apis_ apoc. apom.a1 aq-mar.jl,jl3 arg-met.a1,kr1 _Arg-n._hr1,k,* _Arn._bg2,k,* _Ars._h,k,* ars-h.hr1,k,* art-v.sf,sf1 _Arum-t._hr1,k asar.bg2,k astac.hr1,kr1 _Aster._hr1,k,* atro.a1,hr1 _Atro-s._hr1 _Bapt._ **Bar-c.**h,k,* _Bar-m._ bar-s.k2 _Bell._ ben-n.a1 benz-ac.hr1,k2,* bism.hr1,k both.a1 bov.bg2,k,* brom.bg2 _Bry._h,k,* bufo _Cact._hr1,k cadm-s. _Calad._bg2,k,* calc.h,k,* calc-chln.a1 calc-m.a1 calc-s.hr1,kr1 calc-sil.k13,k2 _Calen._hr1 _Camph._h,k,* **Cann-i.**a1,k cann-s.bg2,k,* _Canth._bg2,k,* caps.hr1,j5,* carb-ac.hr1,k,* carb-an.bg2,hr1,* _Carb-v._h,k,* _Carbn-h._ _Carbn-o._ _Carbn-s._ carl.a1 cass.a1 _Caust._h,k,* _Cedr._hr1,kr1,* cench.a1 _Cham._h,k,* _Chel._bg2,k,* chen-a.a1 _Chin._h,k,* chinin-s. chlf.a1 _Chlol._hr1,k1,* _Chlor._bg2,hr1,* _Cic._h,k,* cic-m.a1 cimic.hr1,k _Cina_ cit-l.hr1,kr1,* clem.bg2 **Cocc.**h,k,* _Coff._a1,k coff-t.hr1,kr1 _Colch._bg2,k,* coloc.bg2,hr1 _Con._bg2,k,* cor-r. cori-r.a1 corn.hr1 cortico.sp1 croc.bg2,k,* _Crot-c._a1,k _Crot-h._hr1,k,* _Cupr._bg2,k,* _Cupr-act._a1,kr1 cupr-s.hr1,kr1,* cur.a1 _Cycl._hr1,k,* cyt-l.a1,mg1,* dat-m.a1 dat-s.a1 der.a1 _Dig._bg2,k,* dirc.a1 dor.a1 dub.a1 dubo-m.a1 dulc.a1,k elaps elec.a1,c1 euph.bg2,k euphr.bg2,j5 ferr.bg2,k,* ferr-ar. ferr-m.a1,hr1 ferr-p.bg2 fil.hr1,kr1 fl-ac.a1,k form.a1 formal.br1 frag.a1,k gaul.a1 _Gels._bg2,k,* _Glon._bg2,k,* graph.bg2,k,* grat.j5 guaj.bg2,k ham.hr1,k,* **Hell.**bg2,k,* _Helon._kr1 _Hep._bg2,k,* home.a1 **Hydr-ac.**bg2,k,* **Hyos.**h,k,* **Ign.**bg2,k iod.a1 ip.bg2,k,* jasm.a1 jatr-c.a1 jatr-u.a1 juni-v.a1 kali-bi. _Kali-br._hr1,k1,* _Kali-c._bg2,k,* kali-chl.a1,c1,* kali-chls.a1 kali-cy.a1,hr1 kali-i.hr1,k,* kali-m.k2 kali-n.bg2,k,* kali-s.a1 keroso.a1 kreos.a1,k _Lac-d._ **Lach.**bg2,k,* lact.a1,k _Laur._bg2,k,* _Led._bg2,k lepi.a1 lil-t.bg1,bg2,* lon-x.a1 lup.a1 _Lyc._bg2,k,* lyss.hr1,kr1,*

Bewußtlosigkeit: ...
m-arct.$_{j}$ mag-c.$_{bg1,bg2,*}$ mag-m.$_{a1,k}$ manc.$_{a1,k}$ meli.$_{hr1,kr1,*}$ menth.$_{a1}$ merc.$_{bg2,k,*}$ *Merc-c.*$_{bg2,k,*}$ merc-n.$_{a1}$ merc-ns.$_{a1}$ merc-pr-r.$_{a1}$ merl.$_{a1}$ meth-ae-ae.$_{a1}$ mez.$_{bg2,k,*}$ morph.$_{a1}$ **Mosch.**$_{bg2,k,*}$ *Mur-ac.*$_{bg2,k,*}$ myric.$_{a1}$ naja napht.$_{a1}$ nat-c.$_{bg2,k}$ nat-f.$_{jl,jl3,*}$ nat-hchls.$_{a1}$ *Nat-m.*$_{bg2,k,*}$ nat-p. nat-sal.$_{a1}$ nit-ac.$_{bg2,k,*}$ *Nit-s-d.*$_{a1,kr1}$ nitro-o.$_{a1}$ **Nux-m.**$_{bg2,k,*}$ *Nux-v.*$_{bg2,k,*}$ *Oena.* oeno.$_{a1}$ ol-an.$_{a1,k1}$ olnd.$_{bg2,k1,*}$ **Op.**$_{bg2,k,*}$ ox-ac.$_{a1,k}$ *Par.*$_{hr1,kr1}$ past.$_{a1}$ *Petr.*$_{hr1,k,*}$ **Ph-ac.**$_{bg2,k,*}$ *Phos.*$_{bg2,k,*}$ phyt.$_{bg2}$ pilo.$_{bro1}$ *Plat.*$_{bg2,k}$ *Plb.*$_{bg2,k,*}$ psor.$_{bg2}$ **Puls.**$_{bg2,k}$ pyrus$_{a1}$ ran-b.$_{bg2,k}$ rheum rhod.$_{bg2,k}$ *Rhus-t.*$_{j,k,*}$ rumx-act.$_{a1}$ russ.$_{a1}$ ruta sabad.$_{hr1,k,*}$ sabin.$_{a1,k}$ sal-ac.$_{hr1,kr1,*}$ sang.$_{hr1,kr1,*}$ santin.$_{a1}$ sapin.$_{a1}$ sars.$_{a1,k}$ scroph-n.$_{a1}$ *Sec.*$_{bg2,k,*}$ sel.$_{bg2,k}$ *Seneg.*$_{bg2,j5}$ sep.$_{bg2,k}$ *Sil.*$_{bg2,k,*}$ *Sol-ni.* sol-t.$_{a1}$ sphing.$_{a1}$ spig.$_{bg2,k,*}$ squil. stann.$_{bg2,k,*}$ staph.$_{bg2,k}$ *Stram.*$_{h,k,*}$ stry.$_{a1}$ sul-ac.$_{a1,k}$ sul-h.$_{a1}$ *Sulph.*$_{bg2,k,*}$ tab.$_{bg2,k,*}$ tanac.$_{a1,k}$ tarax.$_{bg2,k}$ *Tarent.*$_{hr1,kr1,*}$ tax.$_{a1,k}$ *Ter.*$_{bg2,k,*}$ tere-ch.$_{jl,jl3}$ tub.$_{br1}$ uran-n.$_{kr1}$ valer.$_{bg2,k,*}$ *Verat.*$_{bg2,k,*}$ verat-v.$_{hr1,k,*}$ verb. verin.$_{a1}$ vesp.$_{hr1,k,*}$ viol-o.$_{bg2,k}$ vip.$_{bg2,k,*}$ vip-a.$_{jl}$ visc.$_{a1,k}$ wies.$_{a1}$ xen.$_{stj2}$ xero.$_{bro1}$ *Zinc.*$_{hr1,k}$ zinc-p.$_{k13,k2}$ *Zing.*$_{hr1,kr1}$
☞ *Betäubung / Erschöpfung / Stumpfheit / Stupor / Torpor / ❑ Allgemeines - Ohnmacht*

– **tagsüber**: *Euph.*$_{j5}$ phos.$_{j5}$
– **morgens**: agar. anac.$_{bg2}$ ang.$_{bg2}$ ant-t.$_{bg2}$ ars-met.$_{a1,kr1}$ *Bell.*$_{a1,bg2}$ bov.$_{a1,k}$ **Bry.**$_{bg2,k}$ *Calc.*$_{bg2}$ carb-an. carb-v.$_{bg2}$ caust.$_{bg2}$ chel. *Chinin-s.*$_{kr1}$ clem.$_{bg2}$ cocc.$_{bg2}$ **Con.**$_{bg2}$ croc.$_{bg2}$ dig.$_{bg2}$ euphr.$_{bg2}$ glon. **Graph.**$_{bg2}$ hep.$_{bg2}$ hyos.$_{bg2}$ ign.$_{bg2}$ kali-c.$_{bg2}$ kali-n.$_{bg2}$ *Led.*$_{bg2}$ lyc.$_{bg2,k}$ *Mag-c.*$_{j5}$ merc.$_{bg2}$ nat-c. nat-m.$_{bg2,k}$ **Nux-v.**$_{bg2,k,*}$ ph-ac.$_{bg2,k,*}$ phos.$_{bg2,k,*}$ psor. puls.$_{bg2}$ ran-b.$_{bg2}$ spig.$_{bg2}$ stram.$_{bg2}$ stry. sulph. verat.$_{bg2}$ zinc.$_{bg2}$
  • **allein**, wenn: *Ph-ac.*$_{a1,k}$
  • **Aufstehen**, beim: **Bry.**
  • **Erwachen**, beim: chel. nat-c.
– **vormittags**:
  • **10** h: stry.$_{a1}$
– **mittags**: glon.$_{a1}$ zinc.
  • **und** nachmittags: euph.$_{j5}$
– **nachmittags**: glon.$_{a1}$ zinc. zing.$_{hr1}$
  • **13** h: ol-an.$_{a1}$
  • **14** h: nux-m.$_{a1}$
– **abends**: acon.$_{a1,k}$ ant-t.$_{hr1}$ ars.$_{hr1,k}$ bry.$_{a1}$ calc.$_{h,k,*}$ caust.$_{a1,k}$ coloc. glon.$_{a1}$ lyc.$_{a1,k}$ merl. nux-m. oena.$_{a1}$ ol-an. puls.$_{hr1,k}$ sin-a.$_{hr1}$ stry.$_{a1,k}$ thea$_{a1}$ zinc.
  • **20** h: stry.$_{a1}$
  • **Hinlegen**, beim: mag-c. mag-m.
– **nachts**: arg-n. bar-c.$_{a1,h}$ bell.$_{h,k,*}$ cann-i.$_{a1,k}$ chel. nat-m.$_{a1,k}$
  • **amel.**: ferr.$_{a1}$
  • **Erwachen**, beim: canth. con. cot.$_{a1}$ digin.$_{a1}$ hep. mag-c. phos.

◇ **abwechselnd** mit:
  • **Delirium**
  ☞ *Delirium - abwechselnd mit - Bewußtlosigkeit*
  • **Erregung**
  ☞ *Erregung - abwechselnd mit - Bewußtlosigkeit*

– **abwechselnd** mit: ...
  • **fliehen**, Verlangen zu
  ☞ *Fliehen - abwechselnd mit - Bewußtlosigkeit*
  • **Gewalttätigkeit**; mit gefährlicher
  ☞ *Heftig - abwechselnd mit - Bewußtlosigkeit*
  • **Konvulsionen**: agar.$_{hr1,k}$ aur.$_{k,st}$
  • **Raserei**
  ☞ *Raserei - abwechselnd mit - Bewußtlosigkeit*
  • **Ruhelosigkeit**
  ☞ *Ruhelosigkeit - abwechselnd mit - Bewußtlosigkeit*
– **Alkohol**, durch: gels.$_{a1,kr1}$ *Glon.*$_{hr1,kr1}$ hyos.$_{a1,kr1}$ *Kali-br.*$_{hr1,kr1}$ *Stram.*$_{hr1,kr1}$
– **Alkoholikern**; von: *Phos.*$_{kr1}$
– **allein**, wenn: ph-ac.$_{a1,k}$
  ☞ *Gesellschaft - Verlangen / Gesellschaft - Verlangen - allein*
– **Alter**, im: *Bar-c.*$_{hr1,kr1}$
– **Anstrengung**, nach: *Ars.* calc. calc-ar. *Caust.* cocc. hyper. *Senec. Ther. Verat.*
– **antwortet** richtig, wenn er angesprochen wird:
  • **kehren** sofort wieder; aber Delirium und Bewußtlosigkeit kehren sofort wieder
  ☞ *Antworten - Stupor*
– **Apoplexie**, bei: *Acon.*$_{hr1,kr1}$ agar.$_{a1}$ *Bar-c.*$_{hr1,kr1}$ chel.$_{h}$ *Crot-h.*$_{hr1,kr1}$ cupr.$_{hr1,kr1}$ cupr-act.$_{kr1}$ *Hyos.*$_{hr1,kr1}$ *Lach.*$_{hr1,kr1}$ *Laur.*$_{hr1,kr1}$ *Oena.*$_{hr1,kr1}$ **Op.**$_{h,hr1,*}$ *Phos.*$_{hr1,kr1}$ *Plb.*$_{hr1,kr1}$ *Puls.*$_{hr1,kr1}$ sol-ni.$_{a1,kr1}$ *Stram.*$_{hr1,kr1}$
– **Asphyxie**, mit: **Ant-t.**$_{hr1,kr1}$
– **aufrechter** Haltung bleibt; wenn er: chin.$_{h,k,*}$
– **Aufschreien**; unterbrochen durch
  ☞ *Schreien - abwechselnd mit - Bewußtlosigkeit*
– **Aufstehen**, beim: *Arn.* **Bry.** *Carb-v.* *Croc.*$_{hr1,kr1}$ *Op.*$_{hr1,kr1}$ *Verat.*
– **Augen**:
  • **Druck** in den Augen und gestörtem, beeinträchtigtem Sehen; mit: seneg.
  • **offenen**, mit: *Cic.*$_{kr1}$
  • **öffnen**; kann sie nicht: gels. *Sulph.*$_{hr1}$
  • **starren**, stieren; mit: aeth. ars. bov. camph. canth. *Caust.* cupr. stram.
– **Beißen** in die Zunge; nach
  ☞ *❑ Mund - Beißt - Zunge - gefolgt - Bewußtlosigkeit*
– **Bewegung**; bei der geringsten: **Ars.** *Verat.*
– **Bewegungen**, automatische: anac.$_{sf1}$ anh.$_{mg1}$ bufo$_{k2,st}$ calc-sil. camph. cann-i. caust. cench.$_{k2}$ cic. con. croc.$_{h}$ cur. elaps hell.$_{k2,sf1}$ hyos. lach. laur.$_{lsa1}$ lyc. *Nat-m.* *Nux-m.* oena. *Phos.* ruta$_{a1}$ sec.$_{lsa1}$ *Sil.* *Vesp.*$_{k,k2}$ *Visc.*
  ☞ *Fahren / Fahren oder / geistige / Gesten / Gesten - automatisch / ❑ Allgemeines - Katalepsie*
– **bleibt** starr an einer Stelle: nux-m.
  ☞ *häufige*
  • **bewegungslos** wie eine Statue: hyos. stram.
– **Blicken**:
  • **oben**, nach: lach.
  • **unten**, nach: salam.
  ☞ *Furcht - fallen*
– **Blut**; beim Anblick von: nux-m.
  ☞ *Blut / ❑ Allgemeines - Ohnmacht - Blut; beim*
– **Bücken**, beim: calc.$_{a1,k}$ cortico.$_{sp1}$ hell. sulph.$_{h}$

– **Coma** vigile: cur.bro1 *Hyos.*bro1 mur-ac.bro1 op.bro1 phos.bro1
– **Delirium**, nach: atro. bry. *Chel.*kr1 phos.
– **Delirium** tremens, bei: **Nux-v.**hr1,kr1
☞ *Delirium tremens*
– **Diarrhoe**, nach: ars.
• **Erbrechen**, und: ars.a1,k
– **Diphtherie**, bei: ail.k2,kr1,* *Merc.*hr1 *Nat-m.*hr1,kr1 *Sul-ac.*hr1,kr1
– **Drehen** im Kreis; beim: calc.a1
– **Entbindung**, während der: *Chinin-s.*kr1 *Cimic.* *Coff.* *Gels.*kr1 *Lach.*kr1 **Nux-v.** *Puls.* **Sec.**k1
– **epileptischem** Anfall, nach: *Ars.*hr1,kr1 **Bufo** *Kali-bi.*hr1,kr1 **Op.** plb.hr1,k,*
– **Erbrechen**:
• **amel.**: acon.a1,k tab. tanac.a1,k
• **mit**: ail.hr1,kr1 ars-h.hr1,kr1 calen.hr1 dor.hr1,kr1
– **Erregung**, nach: amyg.kr1 chlf.kr1 nux-m.
– **Erwachen**:
• **nach**: con.h,k,* kali-br.a1,k sel.a1,k stram.a1,k
• **beim**: aesc.a1,k aster.hr1,k,* chel. chin.h,k,* cod.a1 mag-c. mez.a1,k nat-br.a1 nat-c. phos.
– **erwacht** oft, aber nur für kurze Zeit: achy.jl,jl3 *Ars.*h,hr1
– **Essen**, nach dem: caust. *Mag-m.* *Nux-v.* *Ph-ac.*
– **Fahren** eines Autos; beim (aktiven): germ-met.srj5
– **Fahren** oder Reiten, beim: berb. grat. *Sep.* sil.
☞ *Bewegungen*
– **fährt** wie wild auf, kann aber die Augen nicht offenhalten: *Stram.*kr1
– **Fieber**; während: *Acon.* aeth. *Agar.*hr1,kr1 ail.k13,k2 anan.a1 **Apis** **Arn.**hr1,k *Ars.*hr1,k *Bapt.*hr1,k *Bell.*k,k2 borx. bry. *Cact.* *Calad.*hr1,k2,* calc. *Camph.*hr1,kr1 *Caps.*hr1,kr1 *Chlor.*hr1,kr1 cic.hr1,kr1 *Clem.*hr1,kr1 *Colch.*hr1,k *Crot-h.*hr1,kr1 dor.hr1,kr1 *Dulc.* eup-per. *Gels.*hr1,kr1 *Hyos.* *Ip.*hr1,kr1 *Iris*kr1 kali-br.a1 *Lach.* laur.k,k1 *Lyc.*hr1,k2,* manc.hr1,kr1 meli.hr1,kr1 **Mur-ac.**hr1,k **Nat-m.**hr1,k *Nit-s-d.*hr1,kr1 *Nux-m.*hr1,kr1 nux-v. **Op.** *Ph-ac.*h,hr1,* *Phos.*hr1,k *Puls.* samb.kr1 sol-ni. *Stram.*hr1,kr1 sulph. *Ter.*hr1,kr1 *Verat.*hr1,kr1 *Zinc.*hr1 zing.hr1,kr1
– **Freien**, im: ferr.c1 mosch. nux-v.a1,k
• **amel.**: tarax.
– **Frost**:
• **vor**: *Ars.* *Lach.*
• **während**: *Ars.*hr1,k *Bell.* camph.hr1,k caps. cic.h,k,* *Con.* *Hep.*hr1,k,* kali-c. **Nat-m.** nux-v. op.hr1,k puls. *Spong.*hr1,kr1 stram.hr1,k valer.
– **Gefühl** von: mag-c.bg1
– **Gehen**, beim: calc.h,k,* carb-an. grat. vesp.k2
• **Freien**, im: canth. caust. hep. sulph.
– **Gehirnerschütterung**, durch: **Arn.**hr1,kr1 *Hyper.*vh,vh/dg *Nat-s.*vh,vh/dg
– **Gehirns**; bei Erkrankungen des: kali-m.k2
– **geistige** Empfindungslosigkeit: con. cycl. hell. *Hyos.* laur. *Nux-m.* oena. op. ph-ac. phos. sabad. sec. stram.
☞ *Bewegungen*
– **Gelbsucht**, bei: **Chel.**hr1,kr1
– **Gemütsbewegungen**, nach: *Acon.* am-c. camph. *Caust.* *Cham.* **Coff.** **Ign.** **Lach.** mosch.sf,sf1 nux-m. *Op.* *Ph-ac.* verat.
– **Geräusch** weckt; jedes: zinc.k2
– **Gerüche**, durch: **Nux-v.** *Phos.*
– **Gesicht**; mit rotem: *Canth.*hr1,kr1 *Glon.*hr1,kr1 *Mur-ac.*hr1,kr1
– **Gliederzucken**, mit: *Agar.*vh,vh/dg *Bell.*hr1,kr1 *Canth.*hr1,kr1 *Cupr.*hr1,kr1 **Hyos.**hr1,kr1 **Stram.**hr1,kr1
– **häufige** kurze Anfälle von Bewußtlosigkeit: **Ars.** art-v.br1 *Bapt.* cur.hr1 *Hyos.* ign. kali-br.a1 merc-cy. *Nat-m.* nat-s.gk nux-m.k2 *Phos.*c2,k zinc-cy.br1,c2
☞ *bleibt starr / periodisch / plötzlich / Sprechen / Stehen / unvollständig / vorübergehend / ❏ Allgemeines - Konvulsionen - epileptiform / ❏ A~ Konvulsionen - epileptisch*
– **Hautausschläge**:
• **langsam** erscheinen; wenn Hautausschläge: **Zinc.**
• **Unterdrückung** von Hautausschlägen; nach: *Zinc.*k1,st
– **Heben** der Arme über den Kopf; beim: *Lac-d.* lach.
– **Husten**:
• **während**: cadm-s.c1 **Cina**bg2 cor-r.bg2 kali-c.bg2 rhus-t.bg2
• **durch** Husten: cadm-s.c1 kali-c.h
• **zwischen** den Anfällen von: *Ant-t.*hr1,k cadm-s.
– **Hydrozephalus**, bei: **Apis**kr1 apoc.k2,kr1,* art-v.hr1 *Clem.*hr1,kr1 *Grat.*hr1 *Hell.*hr1,kr1 *Hyos.*hr1,kr1 *Lyc.*hr1,kr1 *Nat-m.*hr1,kr1
– **kalt**:
• **Erkältung**, nach: *Sil.*
• **Haut**, mit kalter: *Canth.*kr1
• **Wasser**:
• **Gießen** von kaltem Wasser über den Kopf amel.: tab.a1,k
• **Spritzen** von Wasser ins Gesicht ,amel.: glon.a1
– **kehrt** nach dem Antworten wieder
☞ *Antworten - Stupor*
– **Kerzenlicht**, durch: cann-i.
– **Kiefer** fällt herab: *Lyc.*hr1,kr1 **Op.**hr1,kr1 *Sulph.*hr1,kr1
– **Klaviermusik**; beim Hören von: cann-i.a1
☞ *Musik / Musik*
– **Kleinigkeiten**, über: *Sep.*
☞ *Kleinigkeiten*
– **Knien** in der Kirche, beim: **Sep.**
– **Koitus**, nach: *Agar.* asaf. *Dig.*
– **Konvulsionen**:
• **nach**: *Art-v.*hr1,kr1 atro.hr1,kr1 *Bell.*kr1 **Bufo** canth.a1,k carb-ac.a1,k *Cic.*h,k,* cori-r.a1 *Glon.*kr1 *Oena.*hr1,k **Op.**st plb.a1,hr1 sec.
• **mit**
☞ *❏ Allgemeines - Konvulsionen - Bewußtsein - ohne*
– **Kopf**:
• **Beugen** nach vorne; beim: cortico.sp1
• **Bewegung**, bei: calc. carb-an. nat-m. rhus-t.
• **Drehen**, beim: *Rhus-t.*a1,kr1
– **Kopfschmerzen**, mit
☞ *❏ Kopf - Schmerz - Bewußtlosigkeit*

- **Lesen**, durch: asaf.$_{al,k}$ cycl. hell.$_{k2}$ tarax.$_{h,k,*}$
- **Liegen**, beim: *Carb-v.* colch. mag-c. *Mag-m.*
  - **Arme**; Schreien und Umherwerfen mit ausgestreckten: *Canth.*
  - **ausgestreckt**: *Aeth.*$_{krl}$
- **liegt** wie tot: arn. *Carb-v.*$_{krl}$
- **Meningitis**, bei: *Ant-t.*$_{hrl,krl}$ *Apis*$_{krl}$ apoc.$_{k2,krl,*}$ *Gels.*$_{krl}$ *Glon.*$_{hrl}$ *Hell.*$_{hrl,krl}$ *Hydr-ac.*$_{hrl}$ kali-m.$_{k2}$ *Merc.*$_{hrl,krl}$ *Rhus-t.*$_{hrl,krl}$ *Sulph.*$_{hrl,krl}$ *Verat.*$_{hrl,krl}$
- **Menses**:
  - **vor**: *Murx.* *Nux-m.*$_{hrl,k,*}$
    ☞ *Menses - vor; Gemütssymptome*
  - **während**: apis cocc. *Ign.* **Lach.** *Nux-m.* nux-v. plb. puls. *Sars.* sep. sulph. verat. zinc-p.$_{k13,k2}$
    ☞ *Menses - während; Gemütssymptome*
  - **nach**: chin. cupr.$_{hrl,krl}$ *Lach.* *Lyc.*
    ☞ *Menses - nach; Gemütssymptome*
  - **Unterdrückung** von: acon. cham. chin. con. lyc. **Nat-m.** **Nux-m.** nux-v. *Op.*$_{hrl}$ verat.
    - **Schreck**, durch: *Op.*$_{krl}$
- **Mittagessen**, nach dem: castm. til.
- **Murmeln**: ars.$_{h}$ cocc.$_{krl}$ dor.$_{krl}$ *Phos.*$_{krl}$ rhus-t.$_{j5,krl}$
- **Musik**, durch: cann-i.$_{al,k}$ sumb.
  ☞ *Klaviermusik / Musik - agg.*
- **partiell**, teilweise bei Bewußtsein: amor-r.$_{jl,krl}$ *Carb-v.*$_{krl}$ chinin-s.$_{krl}$ coca$_{krl}$ cocc.$_{k2,krl}$ ign.$_{krl}$ kali-br.$_{krl}$ *Laur.*$_{krl}$ *Stram.*$_{krl}$ tarax.$_{krl}$ *Verat.*$_{krl}$ verat-v.$_{krl}$ zinc.$_{krl}$
- **periodisch**: alum-p.$_{k13,k2}$ *Bar-s.*$_{k13,k2}$ *Cic.*$_{hrl,k}$ fl-ac. lyc. vesp.$_{k2}$
  ☞ *häufige*
- **plötzlich**: absin. bufo$_{k2}$ cann-i. *Canth.* carbn-h. carbn-o. *Cocc.*$_{hrl,k}$ glon.$_{c1}$ *Hydr-ac.*$_{hrl,krl}$ *Ign.*$_{hrl}$ kali-c.$_{hrl,k}$ *Laur.*$_{hrl,krl}$ oena.$_{hrl,krl}$ plb.$_{al,k}$ tub.$_{hrl}$
  ☞ *häufige*
- **Pneumonie**, bei: *Chel.*$_{hrl,krl}$ *Phos.*$_{hrl,krl}$
- **Reiben** der Fußsohlen amel.: chel.$_{al,k}$
- **Ruhelosigkeit**, mit: ter.$_{hrl,krl}$
- **Scharlach**, bei: *Ail.*$_{hrl,k2,*}$ *Am-c.*$_{hrl,krl}$ *Ant-t.*$_{hrl}$ *Apis*$_{krl}$ *Chlor.*$_{hrl}$ crot-h.$_{hrl}$ *Cupr-act.*$_{krl}$ *Dulc.*$_{hrl}$ *Gels.*$_{hrl,krl}$ *Lyc.*$_{hrl,krl}$ *Mur-ac.*$_{hrl,krl}$ *Sulph.*$_{hrl,krl}$ **Ter.**$_{hrl}$ zinc.$_{hrl}$
- **Schlafsucht**, ohne Schnarchen, mit geschlossenen Augen; mit: ph-ac.
- **Schmerzen**, durch: agar.$_{bg2}$ anac.$_{bg2}$ *Hep.* *Nux-m.* phyt.$_{al,k}$ plat.$_{bg2}$ stann.$_{bg2}$ *Valer.* verat.$_{bg2}$
- **Schnarchen**, unwillkürlichem Abgang von Urin und Stuhl; mit: amyg.$_{krl}$ *Op.*$_{krl}$
- **Schreien**, mit heulendem: camph.$_{hrl,krl,*}$
- **Schreien**, Aufschreien:
  - **mit**: *Tub.*$_{hrl,krl}$
  - **unterbrochen**; Bewußtlosigkeit wird von Schreien
    ☞ *Schreien - abwechselnd mit - Bewußtlosigkeit*
- **Schwangerschaft**, während der: cann-i.$_{al}$ *Glon.*$_{hrl}$ *Nux-m.* *Nux-v.* *Sec.*
- **Schweiß**:
  - **während**: benz-ac.$_{k2}$ samb. *Stram.*$_{hrl}$
  - **kaltem** Schweiß, mit: sulph.$_{sf1}$
- **Schwindel**, bei: acon. aeth. agar. arg-n. arn. *Ars.*$_{k,kl,*}$ bell. borx. bov.$_{hrl,k}$ canth.$_{hrl,k}$ carb-an. carb-v.$_{al,h}$ chel. chinin-s. chlor.$_{hrl}$ cocc. con.$_{h,kl}$
- **Schwindel**, bei: ...
  crot h.$_{hrl,krl}$ ferr. grat. iod. jatr-c. *Kali-br.*$_{hrl,krl}$ *Kali-c.*$_{hrl,krl}$ kreos. lach. laur. lyc.$_{al,k}$ mag-c. manc.$_{hrl,krl}$ merc. mez.$_{al,k}$ mill. mosch.$_{al,k}$ nat-c.$_{h,kl}$ nat-m. nux-m. nux-v.$_{hrl,k}$ op. ran-s.$_{hrl,k}$ sars.$_{h,kl}$ sec.$_{hrl,k}$ sep.$_{bg1,k,*}$ sil. stann.$_{h,kl}$ stram. tab. zinc.
  ☞ *❑ Allgemeines - Ohnmacht - Schwindel / ❑ Schwindel - Bewußtlosigkeit*
- **Seufzen**, mit: ail.$_{brl}$ glon.$_{al}$
- **sexueller** Erregung, mit: *Orig.*$_{krl}$ *Stram.*$_{krl}$
- **Sitzen**, im: aesc.$_{al}$ asaf.$_{al,k}$ bell. carb-ac.$_{al}$ carb-an. *Caust.*$_{hrl,k}$ mosch. nat-m. sil. tarax.
  ☞ *Sitzen - Neigung*
  - **aufrecht**: *Colch.*$_{hrl,krl}$ stram.$_{hrl,krl}$
- **Sonnenstich**, bei: *Bell.*$_{krl}$ cact.$_{krl}$ camph.$_{krl}$ **Glon.**$_{krl}$ lach.$_{krl}$ *Nat-c.*$_{vh,vh/dg}$ **Op.**$_{krl}$
- **Sprechen**, beim: lyc.$_{al,k}$ sin-a.$_{hrl}$ tub.$_{hrl}$
  ☞ *häufige*
- **Stehen**, im: ant-t. aur. bov. chin.$_{h,kl}$ lyc.$_{al,k}$ nux-m. rhus-r. sars.
  ☞ *häufige*
  - **Anpassen** des Kleides; beim: nux-m.
- **Stuhlgang**:
  - **vor**: *Ars.* dig.
  - **während**: aloe ox-ac. *Sulph.*
  - **nach**: calc. cocc. nat-m.$_{bg2}$ *Phos.* *Ter.* *Verat.*$_{bg2,hrl,*}$
- **Trance**, wie in: **Lach.** *Laur.* tab.
  ☞ *Trance*
- **Traum**, wie ein einem: ambr. anac. cann-i. carb-an. con. **Nux-m.** phos. rheum stram. valer. *Verat.*
  ☞ *Betäubung / Stumpfheit / Traum / Verwirrung - Traum*
  - **weiß** nicht, wo er ist: atro.$_{al}$ cic.$_{k2}$ cortico.$_{sp1}$ *Glon.* merc. *Nux-m.* *Petr.* plat.$_{sf1}$ ran-b.
    ☞ *Betäubung - weiß / Erkennt - nicht - Umgebung*
    - **nachts**: bov.$_{al}$
    - **Erwachen**, beim: aesc. alum.$_{k2}$ puls.$_{al,kl}$
      - **Traum**, aus einem schrecklichen: *Cann-s.*$_{al,hl}$
- **überfüllten** Zimmer; in einem mit Menschen: ambr. ars. bar-c. con. ign. *Lyc.* nat-c. nat-m. *Nux-m.* *Phos.* **Puls.** sulph.
- **unterbrochen** von Schreien
  ☞ *Schreien - abwechselnd mit - Bewußtlosigkeit*
- **unvollständig**: ars. carb-ac. chlor. crot-h. cupr. cupr-ar. glon.$_{al}$ ign.$_{c1}$ morph. nat-c.$_{al}$ nitro-o.$_{al}$ op.$_{al}$ sec. sol-t.$_{al}$ stram. sul-ac.
  ☞ *häufige*
- **urämisches** Koma: *Am-c.*$_{brol}$ bell.$_{brol}$ bry.$_{brol}$ canth.$_{krl}$ *Carb-ac.*$_{brol}$ cupr-ar.$_{brol}$ *Hell.*$_{brol}$ merc-c.$_{brol}$ *Morph.*$_{brol}$ *Op.*$_{brol,krl}$ *Tab.*$_{krl,sf1}$ ter.$_{krl}$ verat-v.$_{brol}$
- **Urin**:
  - **Harnverhaltung**; mit: plb.$_{k2}$
- **Verbrennungen**, bei: *Calen.*$_{krl}$
- **Verletzungsschock**, bei: *Arn.*$_{hrl,krl}$ chlf.$_{hrl,krl}$
- **vorübergehend**: asaf.$_{al,k}$ bov. bufo calad. calc. cann-i. canth. carb-an. chel. chim-m.$_{hrl,krl}$ dig.$_{c1}$ hep. **Ign.** kali-c.$_{h,kl}$ lyss. med. *Mosch.* *Nat-m.* ol-an. **Puls.** rhus-r. sec. sil. zinc.
  ☞ *häufige*

– **vorübergehend**: ...
 • **morgens** beim Aufstehen Benommenheit im Kopf: rhod.
 • **nachmittags** im warmen Zimmer: **Puls.**
– **Wahrnehmung** der Umgebung; mit: cocc.k2
– **warmen** Zimmer, im: *Acon. Lach. Lyc.* paeon.a1 **Puls.** tab.
– **Wein**; nach: kali-chl.a1

Bewußtsein:
◈ **abwechselnd** mit:
 • **Delirium**
  ☞ *Delirium - abwechselnd mit - Bewußtsein*
 • **Raserei**
  ☞ *Raserei - abwechselnd mit - Bewußtsein*
– **höherem** Bewußtsein; Vereinigung mit einem
 ☞ *Wahnideen - Bewußtsein - höheren*
– **erhöht**
 ☞ *Bewußtheit; erhöhte*
– **Verlust** des Bewußtseins
 ☞ *Bewußtlosigkeit*

Bezaubert andere: marb-w.es1
 ☞ *Lebhaft, munter / Lustig / Witzig*

Bissig, schnippisch: aran-ix.mg1 calc-p.a1 **Cham.**k2,kr1 granit-m.es1 **Lil-t.**bg2,vh/dg **Luna**kg1 *Staph.*ptk1
 ☞ *Antworten - bissig / Kurz*

Bitten (= Flehen): ars. aur.bg2 bell.bg2 kali-c.bg2 plat.bg2 puls.bg2 stram.
 ☞ *Bitten - Schlaf / Delirium - Schreien - Hilfe*
– **Schlaf**, im: stann.
 ☞ *Bitten*

Bittet:
– **nichts**; um: ant-c.h,j5 ars.a1 *Aur-m.*vh,vh/dg *Bry.*k1,st cocc.a1 hell.st hep.a1 hyos.gl1 lim.a1 ~~linu-c.a1,xxx~~ mez.a1 mill.a1 nicc.a1 *Op.* puls. rheum sep.vh
 ☞ *Gesellschaft - Abneigung / Gleichgültigkeit / Schweigsam / Schüchternheit / Selbstvertrauen - Mangel / Stilles / Verlangen, Wunsch - nichts / Will - nichts / Zurückhaltend*

Blasphemie, Gotteslästerung: calc.gl1 canth.gl1,k2 nat-c.gl1 nat-m.gl1 nit-ac.gl1 spig.gl1 staph.gl1
 ☞ *Fluchen*
– **Fluchen**, und: am-m.gl1 *Anac.*gl1,vh/dg canth.gl1,hr1,* chin-b.gl1,hr1,* lyc.gl1 nat-c.gl1 *Nat-m.*gl1,hr1,* *Nit-ac.*gl1,vh/dg *Nux-v.*gl1,vh/dg op.gl1 spig.gl1 staph.gl1
 ☞ *Fluchen*

Blicken:
– **alle** Richtungen; in: kali-br.ptk1
– **beobachtend**: adam.srj5
– **Bett** herum, wie um etwas zu finden; schaut ums: ign.ptk1
– **Fenster**; blickt stundenlang aus dem: mez.gl1,h2
– **hinten**, als würde er verfolgt; blickt nach: med.vh sanic.c1 staph.gl1
 ☞ *Furcht - hinter / Wahnideen - Menschen - hinter / Wahnideen - verfolgt / Wahnideen - verfolgt, ihm*
– **Sterne** am Himmel; blickt auf die: neonsrj5

Blicken: ...
– **um** sich; blickt: calc.ptk2 kali-br.ptk2
 • **Hysterie**; um die Wirkung ihrer Handlungen auf andere zu beobachten, bei: tarent.ptk2
– **unten**; blickt auf der Straße nach
 ☞ *Traurigkeit - blickt*

Blindheit vor; täuscht: verat.
 ☞ *Simuliert - krank / Wahnideen - blind*

Blut sehen; kann kein: **Alum.** nux-m.ptk1 phos.gg plat.ptk1
 ☞ *Bewußtlosigkeit - Blut / Erschreckt - Blut / Gedanken - schrecklich - Anblick / Suizidneigung - Anblick - Blut / ☐ Allgemeines - Ohnmacht - Blut; beim*
– **Messer** sehen; kann kein
 ☞ *Messer*
– **Wunden** sehen; kann keine: **Nux-v.**st staph.st

Bockig
 ☞ *Launenhaftigkeit / Mürrisch / Reizbarkeit / Ungeduld*

Borgt, leiht sich von jedem: calc.gl1 phos.gl1 plat.gl1

Boshaft (= bösartig, heimtückisch, rachsüchtig): abrot. *Acon.*bg2,k,* adam.srj5 agar.bg2,k alco.a1 aloe am-c.bg2,k am-m.bg2,k,* ambr. **ANAC.**k1,st androc.srj1 arn.bg2,k **Ars.**bg2,k1,* ars-s-f.k13,k2 *Aur.*bg2,k aur-ar.k2 bar-c.bg2,k *Bell.*bg2,k berb. *Borx.* bry.c,c1 bufo *Calc.* calc-s. cann-s.bg2,k canth.bg2,k caps.bg2,k carb-an.bg2,k carc.ot,zzh caust.bg2,k *Cham.*bg2,gl1 chin.bg2,k choc.srj3 cic.bg2,k cinabg2 clem. cocagl1 cocc.bg2,k coloc.bg2,k com.a1,k con.bg2,k croc.bg2,k *Cupr.*bg2,k,* cycl.j5 cyna.j1 fl-ac.gl1 glon. granit-m.es1 guaj.bg2,k haem.a1 *Hep.*bg2,k,* hydr.hr1,k,* *Hyos.*bg2,k ign.bg2,k ip.j5 kali-c.j5,st kali-i.hr1,k *Lac-c.* *Lach.*bg2,k,* *Led.*bg2,k levo.j1 *Lil-t.*vh,vh/dg limest-b.es1 *Lyc.*bg2,k,* mang.bg2,k,* marb-w.es1 med.mrr merc.bg2,k mosch.bg2,k,* *Nat-c.*bg2,k1,* **Nat-m.**bg2,k1,* neonsrj5 nicc. *Nit-ac.*bg2,k **Nux-v.**bg2,k,* op.bg2,k,* opun-v.a1 par.bg2,k ped.a1 petr.bg2,k *Ph-ac.*gl1,vh phos.bg2,k plat.bg2,k ~~puls.gl1,xxx~~ ran-b.j5 sarr.a1 sec.bg2,k sep.k13,k2 sol-mm.j5 spong.j squil.bg2,k stann. *Staph.*gl1 **Stram.**bg2,k stront-c. sulph. syph.st tarent.bg2 thuj.bg2 **Tub.**st tus-fr.a1 verat.bg2,k zinc.bg2,k zinc-p.k13,k2
 ☞ *Brutalität / Eifersucht - rachsüchtig / Fluchen / Freude - Unglück / Gedanken - hartnäckig - verletzen / Gefühllos / Geisteskrankheit - boshaft / Grausamkeit / Hartherzig / Haß / Menschenfeindlichkeit / Moralischem / Mutwillig / Niederträchtig / Pfeifen - lustig / Pläne - macht - rachsüchtige / Raserei - mutwillig / Spaßen - boshaft*
– **nachts**: *Calc.*gl1 opun-v.a1 *Sulph.*gl1
◈ **abwechselnd** mit:
 • **Redseligkeit**: ars-s-f.k2
– **beleidigend**: hyos.j5 merc.j5
– **geliebte** Personen, gegen: sep.k13,k2
– **gemeine**, böse Streiche; spielen ihren Mitschülern oder Lehrern:
 • **Schüler**, Schuljunge: lach.gl1 zinc.gl1
– **gutmütiger** Mann wird bösartig; ein: puls.pc

– **Lachen**: cupr.$_{j5}$ marb-w.$_{es1}$
☞ *Freude - Unglück*
– **Träumen**, in: lach.$_{j5,sf1,*}$
– **Traurigkeit**, bei: **Kali-i.**$_{hr1,kr1}$
– **verletzen**; Verlangen, jemanden zu: androc.$_{srj1}$ levo.$_{jl,jl3}$ osm.$_{a1,jl}$
– **verletzt** die Gefühle anderer Menschen: chin.$_{ptk1}$
– **Zorn**, mit: anac.$_{j5}$ bar-c.$_{j5}$ canth.$_{j5}$ *Caps.*$_{j5}$ carb-an.$_{j5}$ *Chin.*$_{j5}$ hep.$_{j5}$ *Lyc.*$_{j5}$ *Nat-m.*$_{j5}$ nicc.$_{j5}$ petr.$_{gl1,j5}$ zinc.$_{j5}$

Brüderlichkeit; Gefühl von: germ-met.$_{srj5}$ neon$_{srj5}$ phos.$_{h2}$
☞ *Einswerden / Einswerden - Gefühl / Verbrüdert*

Brüllen
☞ *Schreien*

Brüllendes Bellen
☞ *Bellen - brüllend*

Brüskieren, vor den Kopf stoßen; möchte Menschen, die nicht mit übereinstimmen: hydr.$_{a1}$

Brütet, grübelt: acon.$_{h}$ alum. androc.$_{srj1}$ anh.$_{mg1,sp1}$ arn. aur. aur-s.$_{k2}$ bamb-a.$_{stb2}$ bar-i.$_{k2}$ bell. calc.$_{k2}$ calc-s. canth. caps. carb-an.$_{h,j5}$ carc.$_{vh}$ caust. cham. chel.$_{k2}$ clem.$_{sf1}$ cocc. con.$_{hr1}$ cycl. euphr. *Gels.* goss.$_{st}$ hell. **Ign.** ip. kali-p. lach.$_{j5}$ lil-t.$_{k2}$ lyc.$_{k2}$ mez. mur-ac. *Naja* neon$_{srj5}$ nit-ac.$_{a1}$ nux-v. olnd. op. *Ph-ac.* plat.$_{k2}$ ran-s.$_{a1}$ *Rheum*$_{j5}$ sep.$_{h}$ spig.$_{a1}$ stram.$_{hr1,kr1,*}$ sulph. **Verat.**
☞ *Angst / Brütet - Probleme - eingebildete / Entrüstung / Gedanken versunken / Geheimnistuerisch / Haß / Kummer / Kummer - still - Liebe / Meditieren / Pessimist / Schmollen / Schweigsam / Selbstbetrachtung / Seufzen / Sorgen / Traurigkeit / Traurigkeit - Liebe / Untröstlich / Verweilt / Verweilt - vergangenen / Wahnideen - Bilder - verweilt / Weinen - kann*
– **abends**: **Verat.**$_{h,k,*}$
– **Ecke**; sitzt stumpfsinnig oder brütend in einer: aur.$_{bg2}$ aur-s.$_{bg2,k2}$ bar-c.$_{bg2}$ bell.$_{bg2}$ camph.$_{bg2}$ cocc.$_{bg2,kr1}$ con.$_{bg2,k2}$ cupr.$_{bg2}$ hyos.$_{bg2}$ ph-ac.$_{bg2}$ **Verat.**$_{a1,bg2}$
– **Enttäuschung**; über eine: **Bell.**$_{st}$ *Ph-ac.*$_{kr1}$
☞ *Beschwerden durch - Liebe*
– **Kleinigkeiten**; über
☞ *Kleinigkeiten*
– **Krankheit**; über seine: ph-ac.$_{h}$
• **eingebildete** Krankheit; über: naja$_{ptk1}$
– **Kummer**; über:
• **eingebildeten** Kummer; über: cycl.$_{ptk1,ptk2}$
– **Probleme**:
• **eingebildete** Probleme nach; über: calc-s.$_{ptk1}$ cycl.$_{ptk1}$ *Ign.*$_{kr1}$ lil-t.$_{ptk1,ptk2}$ *Naja*$_{k1,ptk2,*}$
☞ *Brütet*
– **Suizidneigung**; mit: naja$_{ptk1}$
– **Unangenehmes**; über: kiss.$_{a1}$
– **Verbotenes**; über: *Plb.*$_{hr1,kr1}$
– **Zustand**; über seinen: *Ph-ac.*$_{h,kr1}$

Brutalität: absin.$_{hr1,kr1}$ alco.$_{a1,kr1}$ *Anac.*$_{vh,vh/dg}$ *Aur.*$_{vh,vh/dg}$ nux-v.$_{vh}$ stram.$_{vh}$ tarent.$_{vh}$

Brutalität: ...
☞ *Boshaft / Eifersucht - brutal / Gefühllos / Grausamkeit / Grobheit / Moralischem / Mutwillig / Niederträchtig*
– **Betrunkenheit**; bei: nux-v.$_{gl1}$ sulph.$_{gl1}$

Bulimie: abies-c.$_{ptk1}$ agar.$_{bg2}$ all-s.$_{bg2,gl1,*}$ ang.$_{bg2}$ ant-c.$_{bg2,gl1,*}$ ars.$_{h}$ brass-n-o.$_{c2}$ bry.$_{c1,ptk1}$ **Calc.**$_{bg2,gl1}$ *Carb-v.*$_{vh,vh/dg}$ caust.$_{gl1}$ **Chin.**$_{bg2,gl1}$ **Cina**$_{bg2,gl1}$ euph.$_{bg2}$ ferr-s.$_{c2}$ fl-ac.$_{bg2}$ graph.$_{h}$ hell.$_{bg2}$ hep.$_{h}$ iod.$_{bg2}$ kali-c.$_{h}$ **Lyc.**$_{bg2,bro1,*}$ **Merc.**$_{bg2,gl1}$ *Mur-ac.*$_{bg2}$ nat-c.$_{ptk1}$ *Nux-m.*$_{bg2}$ op.$_{a1,gl1}$ petr.$_{bg2}$ phos.$_{h}$ plat.$_{bg2}$ *Sec.*$_{bg2}$ **Sep.**$_{bg2}$ sol-ni.$_{h}$ spong.$_{bg2}$ squil.$_{bg2}$ *Stann.*$_{bg2}$ staph.$_{bg2}$ *Sulph.*$_{h,vh,*}$ **Verat.**$_{bg2}$ zinc.$_{bg2,bro1,*}$
☞ *Geisteskrankheit - Bulimie*
◆ **abwechselnd** mit:
• **weigert** sich zu essen:
• **Geisteskrankheit**; bei: hyos.$_{gl1}$ ip.$_{gl1}$ stram.$_{gl1}$ verat.$_{gl1}$

Chaotisch: acon.$_{bg2}$ agar.$_{h,k,*}$ am-c.$_{bg2,k}$ ambr.$_{bg2}$ anac.$_{bg2,k}$ androc.$_{srj1}$ ant-t.$_{bg2}$ *Ars.*$_{bg2,k}$ asaf.$_{bg2}$ asar.$_{bg2}$ *Bell.*$_{bg2,k}$ *Bov.*$_{bg2,k}$ bry.$_{bg2}$ canth.$_{bg2}$ *Chin.*$_{bg2}$ euphr.$_{bg2}$ ferr.$_{bg2}$ germ-met.$_{srj5}$ hell.$_{bg2}$ ign.$_{bg2}$ kali-c.$_{bg2,k}$ led.$_{bg2}$ mag-m.$_{bg2,k}$ meny.$_{bg2}$ *Merc.*$_{bg2,k}$ mez.$_{bg2,k}$ mosch.$_{bg2}$ nat-c.$_{bg2,k}$ *Nux-v.*$_{bg2}$ *Ph-ac.*$_{bg2,k}$ *Phos.*$_{bg2,k}$ puls.$_{bg2}$ *Rhod.*$_{bg2,k}$ rhus-t.$_{bg2}$ sabad.$_{bg2}$ sec.$_{bg2}$ *Seneg.*$_{bg2,k}$ *Spig.*$_{bg2}$ squil.$_{bg2}$ staph.$_{bg2}$ stram.$_{bg}$ thuj.$_{bg2,k}$ verb.$_{bg2}$ viol-o.$_{bg2}$ viol-t.$_{bg2}$ zinc.$_{bg2,k}$
☞ *Fassung / Müßiggang / Schmutzig / Verwirrung*
– **ordentlich** machen; kann nichts: lach.$_{a1}$ stram.$_{ptk1}$
– **Ruhelosigkeit**; mit: mag-m.$_{h2}$

Charakter, Mangel an: *Caust.*$_{vh,vh/dg}$ **Lyc.**$_{vh,vh/dg}$ *Sil.*$_{vh,vh/dg}$

Cholerisch
☞ *Leidenschaftlich*

Dämmerung agg. Gemütssymptome: ars.$_{hr1}$ berb.$_{bg2}$ *Calc.*$_{bg2}$ caust.$_{bg2}$ limest-b.$_{es1}$ *Phos.*$_{bg2}$ plat.$_{bg2,sf1,*}$ *Puls.*$_{bg2}$ rhus-t.$_{bg2}$ valer.$_{bg2,sf1,*}$

Dankbarkeit: neon$_{srj5}$

Delirium: absin.$_{a1,k}$ acet-ac.$_{hr1,k,*}$ *Acon.*$_{bg2,k,*}$ *Act-sp.*$_{hr1,k,*}$ aegle-f.$_{bnj1}$ aesc. *Aeth.*$_{bg2,k,*}$ aether$_{a1}$ **Agar.**$_{h,k,*}$ agar-cps.$_{a1}$ agar-pa.$_{a1}$ agar-ph.$_{a1}$ agn.$_{hr1,kr1}$ ail.$_{hr1,k,*}$ alco.$_{a1}$ alum.$_{kr1}$ alumn.$_{hr1}$ am-c.$_{bg2,k,*}$ amyg.$_{hr1,kr1,*}$ anac.$_{bg2,k}$ anag.$_{hr1,kr1}$ anan.$_{hr1,k,*}$ anh.$_{c1,c2,*}$ ant-c.$_{h,k,*}$ ant-t.$_{hr1,k,*}$ anthraci. apis arg-met.$_{hr1,k,*}$ arg-n. arn.$_{bg2,k,*}$ **Ars.**$_{h,k,*}$ ars-s-f.$_{k2}$ art-v.$_{hr1}$ **Arum-t.**$_{hr1,k,*}$ astac.$_{hr1,kr1,*}$ atro.$_{hr1,kr1,*}$ *Aur.*$_{bg2,k}$ aur-m.$_{hr1,kr1}$ *Bapt.*$_{bg2,k,*}$ bar-c.$_{h,k,*}$ **Bell.**$_{h,k,*}$ bism.$_{bg2,k,*}$ bol-lu.$_{a1}$ bomb-pr.$_{a1}$ brom.$_{sf,sf1}$ **Bry.**$_{h,k,*}$ bufo cact.$_{hr1,k,*}$ calad.$_{hr1,k,*}$ *Calc.*$_{bg2,k,*}$ calc-caust.$_{j}$ calen.$_{hr1,kr1}$ *Camph.*$_{h,k,*}$ **Cann-i.**$_{a1,k}$ cann-s.$_{h,k,*}$ *Canth.*$_{bg2,k,*}$ caps.$_{hr1,k}$ carb-ac.$_{a1,k}$ carb-v.$_{hr1,k}$ *Carbn-s.* *Carl.*$_{a1}$ caul.$_{hr1,kr1}$ *Cham.*$_{bg2,k,*}$ **Chel.**$_{hr1,k}$ chin.$_{h,k,*}$ chinin-ar. chinin-s.$_{c2,k}$ chlf.$_{hr1,kr1}$ chlol.$_{hr1,k,*}$ *Chlor.*$_{hr1}$ chloram.$_{jl,jl3}$ chr-ac.$_{hr1,kr1}$ *Cic.*$_{h,k,*}$ cic-m.$_{a1}$ cimic.$_{hr1,k,*}$ *Cina* clem.$_{hr1,k}$ *Cocc.*$_{a1,hr1}$ coff.$_{hr1,k,*}$ *Colch.*$_{bg2,k,*}$ coloc.$_{bg2,k,*}$ *Con.*$_{h,k,*}$ convo-s.$_{jl,sp1}$

Delirium: ...
cop.hr1,k cor-r. cori-r.a1 croc.bg2,k1,* **Crot-c.**k,k1,* *Crot-h.*hr1,k,* *Cupr.*bg2,k,* *Cupr-act.*j5,kr1,* cupr-ar.a1 cur.a1 cyt-l.mg,mg1 dat-f.c1,c2,* dat-m.a1,c1,* *Dig.*a1,k diph.bro1 dor.hr1,k,* dub.a1,c1,* dubo-m.a1 *Dulc.*bg2,k,* euph.bg2 fagu.a1 ferr-p.bg2 gal-ac.c1,c2 *Gels.*hr1,k glon.bg2,k,* graph. guar.a1 ham.hr1,kr1 hell.bg2,k,* hep.hr1,k,* hipp.a1,k hippoz.hr1,kr1 hydr.hr1,kr1 **Hyos.**bg2,k,* hyosin.a1,c1,* hyper.hr1,k ign.bg2,k,* iod.bg2,k,* iodof.c1,c2,* *Ip.* iriskr1 iris-fl.c1,c2 iris-foe.a1 jab.a1 jatr-c. juni-v.a1 kali-ar. kali-bi.hr1,kr1 kali-br.hr1,k,* kali-c.bg2,k,* *Kali-chl.*hr1 *Kali-i.*hr1,kr1 *Kali-m.*kr1 kali-n.hr1,k,* kali-p. kalm.hr1,kr1 lac-c.hr1,kr1 lacer.a1 **Lach.**bg2,k,* lachn.hr1,k lact.a1,k lat-k.a1 *Laur.*hr1 lept.hr1,kr1 lil-t.a1,k lob. lol.a1,bg2 lup.a1 **Lyc.**bg2,k,* lyss.hr1,k manc.sf,sf1 mand.sp1 *Meli.*hr1,k,* meny.a1,k *Merc.*h,k,* merc-c.k1,vh,* merc-cy. merc-i-r.bg2,hr1,* merc-n.a1,c1 merc-ns.a1 merc-sul.a1 merl.a1,k mez.a1,k *Mill.*hr1,kr1 morph.a1 mosch.bg2,hr1,* mur-ac.hr1,k mygal.hr1,k naja nat-m.hr1,k nat-s.hr1,kr1 nicot.a1 **Nit-ac.**bg2,k,* nit-s-d.hr1,kr1,* nitro-o.a1 *Nux-m.*bg2,k,* *Nux-v.*bg2,k,* *Oena.*hr1,k,* **Op.**bg2,k,* oper.bro1 ox-ac.hr1,k,* paeon.a1 par.bg2,k past.a1 paull.a1 *Petr.*hr1,k ph-ac.bg2,k,* *Phos.*bg2,k,* phyt.hr1,k plat.bg2,k,* *Plb.*bg2,k,* podo.hr1,k psor.hr1,k,* *Puls.*bg2,k,* pyre-p.c1,c2,* pyrog.k1,sf1,* ran-b.a1,k ran-s.a1,k rheum rhod.bg2,k,* **Rhus-t.**bg2,k,* sabad.bg2,k,* sabin.bg2,k sal-ac.a1,k samb.bg2,k,* sang.hr1,kr1 santin.a1 sapin.a1 sarr. **Sec.**bg2,k,* sel.bg2 sil. sin-n.bg2,hr1,* sol-ni. spig.bg2 spong.bg2,hr1 stigm.c1,c2,* **Stram.**h,k,* stry.a1,k sul-ac.bg2,k,* sul-h.a1,c1,* sulfa.jl,jl3 *Sulph.*bg2,k,* syph.bg2,hr1,* tab.a1,k tang.a1 tarax.bg2,k,* tarent.bg2,k tarent-c.bg2,sf1,* tax.a1,k *Ter.* thea trinit.br1 tub.hr1,kr1 valer.bg2,k vario.hr1,kr1,* **Verat.**bg2,k,* **Verat-v.**hr1,k,* verin.a1 vesp.hr1,k,* vip.bg2,k,* vip-a.jl xan.hr1,kr1 zea-i.c1 zinc.bg2,k,* zinc-act.sf1 zinc-p.k2 zinc-s.a1
☞ *Erkennt - nicht - Haus / Erkennt - nicht - Straßen / Furcht - Näherkommen - anderen - Delirium / Geisteskraft - erhöht / Geisteskrankheit / Gesten / Grimassen / Konzentration - schwierig - verrücktes / Läuft / Reizbarkeit - schickt / Reizbarkeit - schickt - Arzt / Sprache - delirös / Springen - Bett / Tanzen - grotesk / Tanzen - wild / Unwirklich - alles / Verwirrung / Wahnideen - Hause - nicht / Wahnideen - Hause - weg / Weigert - Medizin - Delirium / Zufrieden*

– **Tag** und Nacht: *Op.*hr1,kr1 *Stram.*hr1,kr1

– **morgens**: ambr. bry.h,k,* con. dulc. hell. hep. merc. nat-c.
- **Erwachen**, beim: ambr. dulc. hell. hep. nat-m.
- **Sonnenaufgang**, bei: **Bry.** con.

– **mittags**: bell.a1 bry.a1
- **12** - 0 h: *Lach.*kr1

– **nachmittags**:
- **16** - 0 h: *Stram.*kr1

– **abends**: ars.a1 *Bell.*a1,k bry. canth.a1,k colch.a1 croc.a1,k cupr.hr1,kr1 lach. lyc. phos. plb.a1,k *Psor.*hr1 sulph.
- **18** h: phos.a1
- **20** h: mygal.a1
- **Dunkelheit**, in der: *Calc-ar.*hr1,k cupr.hr1,k
- **Schlummers**, während des: nux-v.a1,k

– **nachts**: **Acon.**hr1,k *Aeth.*j5 aether *Apis* arn.j5 **Ars.**hr1,k,* ars-i. ars-s-f.k13,k2 atro.hr1,j5,* aur.h,j5,* aur-ar.k2 **Bapt.**hr1,k bar-c.a1,h *Bell.*h,k,* *Bry.*h,k,* *Cact.*hr1,k,* calc.hr1,k camph.hr1,k cann-i.a1,k *Canth.*a1,k carb-v.hr1,k *Carbn-s.* carl.a1 *Cham.*j5 *Chel.*hr1,k chinin-ar. chinin-s. cod.a1,k coff.hr1,k colch.a1,k coloc.j5 con.j5 cor-r. *Crot-h.*hr1,k,* dig.a1,k dulc.hr1,k,* gal-ac.a1,zr granit-m.es1 graph. hep.a1,k hippoz.hr1,kr1 hydr.hr1,kr1 jab.a1,k *Kali-ar.* *Kali-c.*hr1,k kali-chl.hr1 kali-m.kr1 kali-p. **Lach.**hr1,k lyc.a1,k *Lyss.*hr1,k *Merc.*a1,k merc-c.hr1,k,* merc-cy.hr1,kr1 merc-sul.hr1,k,* nit-ac.j5 nux-v. op.a1,k *Plb.*hr1,k,* *Puls.*hr1,k rheum rhus-t.hr1,k2,* sec. sep.hr1 sil.a1,k *Stram.*a1,k sul-ac. sul-i.k13,k2 sulph. syph.hr1,kr1 tub.br1 verat.hr1,k
- **Mitternacht**:
  - **nach**: apiskr1
    - **1** -2 h: *Lachn.*
- **Erwachen**, beim: *Cact.*hr1,kr1

◊ **abwechselnd** mit:
- **Abdomen**; Kolik im: plb.
- **Betäubung**: acet-ac.st
- **Bewußtlosigkeit**: *Atro.*kr1 plb. stram.
- **Bewußtsein**: acon.a1 bell.a1 *Phos.*hr1,kr1
- **Erregung**: agar.
- **Gliedern**; Schmerzen in den: plb.ptk1
- **Jammern**: bell.
- **Kolik**
  ☞ *Abdomen*
- **Koma**
  ☞ *Bewußtlosigkeit*
- **Konvulsionen**; tetanischen: stram.
- **Sopor**
  ☞ *Schlaf*
- **Schlaf**:
  - **komatösem** Schlaf; mit: plb.
  - **tiefem** Schlaf; mit: acet-ac. cocc.a1,k *Coloc.* plb.a1,k vip.a1,k
- **Schlaflosigkeit**: *Tub.*kr1
- **Stupor**: *Atro.*kr1 atro-s.hr1
- **Traurigkeit**: plb.hr1 tub.br1
  ☞ *heiter - abwechselnd mit - Traurigkeit*

– **Abort**:
- **nach**: ruta

– **Absurdes**, tut: bell.a1,h sec.a1,k
☞ *Albernes / Possen, spielt*

– **Aderlaß**, nach: *Chin.*
☞ *Säfteverlust / Erschöpfung*

– **albern**, töricht: acon. aeth. agar.st bell. calc-sil.k2 *Cic.*sf1,vh/dg *Hyos.*k,vh/dg merc.a1,k *Op.* *Stram.*hr1,k,* sulph.bg2,bg3,*
☞ *besinnungslos / Albernes*

– **Alkoholikern**; von
☞ *Delirium tremens*

– **anfallsweise**: *Bell.*h,k,* con.a1,k *Gels.* hyos.hr1 najakr1 phos. plb. sabad.gk

– **ängstlich**: *Acon.*bg2,k anac. apisbg2 *Ars.*sf,sf1 *Bell.*bg2,k *Brom.*sf,sf1 calc.bg2 camph.bg2,k *Canth.*sf,sf1 cupr.hr1,kr1 hep. hydrog.srj2 *Hyos.*bg2,k ign.hr1,kr1 lac-c.hr1,kr1 nux-v.bg2,k *Op.*bg2,k phos. plb. puls.bg2 sil.bg2,k *Stram.*bg2,k sulph.h,k1 *Verat.*bg2,k
☞ *Angst*

– **anhaltend**: bapt.$_{hr1,k}$ bell.$_{a1,h,*}$ *Canth.*$_{a1}$ con.$_{a1,k}$ *Lach.*

– **antwortet**:

• **barsch**: cimic.$_{bro1}$ *Lach.*$_{bro1}$ stram.$_{bro1}$ verat.$_{bro1}$

• **langsam**: arn.$_{bro1}$ bapt.$_{bro1}$ diph.$_{bro1}$ *Hell.*$_{bro1}$ hyos.$_{bro1}$ *Ph-ac.*$_{bro1}$ phos.$_{bro1}$ sulph.$_{bro1}$

• **richtig** wenn angesprochen, aber Delirium und Bewußtlosigkeit kehren sofort wieder
☞ *Antworten - Stupor / Bewußtlosigkeit - antwortet*

– **apathisch**: ph-ac. verat.
☞ *Gleichgültigkeit*

– **Ärger**, Verdruß; durch: bell.$_{j}$ **Hyos.**$_{hr1,kr1}$ plat.$_{j}$

– **Arme**:

• **fuchtelt** mit den Armen herum: bell.$_{a1,k}$
☞ *Heftig*

• **streckt**: sep.$_{bg2}$ stram.$_{bg2}$

– **aufgeweckt** wird; wenn er: dat-f.$_{a1}$ hep. phos. sec.$_{k2}$

• **beantworten**; kann geweckt werden, um Fragen zu: *Hyper.*$_{kr1}$

– **Auftreibung** von Abdomen und Verstopfung; mit: *Acet-ac.*$_{vh,vh/dg}$

– **Augen**; mit glänzenden: ail.$_{ptk1}$

– **Beißen**, Verlangen zu: **Bell.**$_{hr1,kr1}$ *Canth.*$_{hr1,kr1,*}$ cupr.$_{kr1,sf1,*}$ hydr-ac.$_{a1,kr1}$ lyss.$_{hr1,kr1}$ **Stram.**$_{hr1,kr1}$
☞ *Beißen - Delirium*

– **Bellen**, mit
☞ *Bellen - Delirium*

– **berauscht**, wie: *Agar.*$_{a1,sf1,*}$ am-c.$_{a1,sf1,*}$ carb-an.$_{a1}$ chinin-s.$_{a1,kr1}$ cori-r.$_{a1}$ vip.$_{a1}$

– **besinnungslos**, mit offenen Augen: anac. ars. bapt. *Canth.* cham. coll. coloc. crot-h. *Hyos.* op. *Stram.*$_{hr1,k}$ tarent. **Verat.**
☞ *albern*

– **Bett**:

• **flieht** und springt plötzlich aus dem Bett auf: **Acon.**$_{j5,kr1,*}$ *Agar.*$_{kr1}$ alco.$_{a1}$ *Ars.*$_{bg2,j5,*}$ atro.$_{a1}$ **Bell.**$_{bg2,j5,*}$ *Bry.*$_{a1,j5,*}$ chin. *Chinin-s.*$_{kr1}$ cic.$_{a1}$ *Coloc.*$_{j5}$ *Crot-h.*$_{kr1}$ *Cupr.*$_{j5,kr1,*}$ dig.$_{j5,sf1}$ gal-ac.$_{a1}$ glon. hell.$_{bro1}$ *Hyos.*$_{a1,kr1,*}$ iod.$_{sf1}$ merc-c.$_{a1}$ merc-meth.$_{a1}$ morph.$_{a1}$ **Nit-ac.**$_{kr1}$ nux-v.$_{bg2,j5}$ op.$_{bg2,j5,*}$ oper.$_{bro1}$ past.$_{a1}$ phos.$_{a1}$ plb.$_{a1}$ puls.$_{bg2,sf1}$ rhus-t.$_{bg2,sf1}$ sec.$_{a12,hr1}$ sol-mm.$_{a1}$ *Stram.*$_{kr1,sf1}$ sul-ac.$_{a1}$ *Verat.*$_{j5,kr1,*}$ *Zinc.*$_{kr1}$
☞ *Fliehen - springt / Springen - Bett*

• **kriecht** herum im: *Bell.*$_{vh,vh/dg}$ stram.$_{bg2,k}$

• **versucht**, das Bett zu verlassen
☞ *Fliehen - springt*

– **Bewegungen**:

• **seltsamsten**, eigenartigsten Bewegungen; mit den: **Stram.**$_{hr1,kr1}$

• **ständig** von einem Ort zum anderen; bewegt sich, geht: *Oena.*$_{kr1}$

– **Blick** auf einen Punkt fixiert (= Starren): *Acon.*$_{kr1}$ art-v. bell.$_{j}$ bov. camph. cann-s.$_{j}$ canth. cham.$_{j}$ *Cic.*$_{j}$ cupr. dor.$_{sf1}$ guaj.$_{j}$ hell.$_{j}$ *Ign.* kreos.$_{j}$ mez.$_{j}$ nat-c.$_{j}$ ran-b. stram.

• **gerunzeltem** Gesicht; mit: stram.

– **blökt** wie ein Kalb: cupr.$_{hr1,k}$
☞ *Bellen - brüllend*

– **Blutandrang**, mit: *Apis*$_{kr1}$ aur-m.$_{hr1,kr1}$ **Bell.**$_{kr1,sf1,*}$ brom.$_{sf,sf1}$ hyos.$_{h}$ iod.$_{sf,sf1}$

– **Blutung**:

• **nach**: arn. ars. bell.$_{bg2}$ chin. chinin-ar.$_{k2}$ ign. lach. lyc. ph-ac. phos. sep. squil. sulph. verat.

– **brummt**: agar.$_{bro1}$ *Ail.*$_{hr1,k,*}$ *Amyg.*$_{hr1,kr1}$ *Ant-t.*$_{hr1,kr1}$ *Apis* *Arn.*$_{hr1,k}$ ars.$_{a1,k}$ arum-t.$_{k2,sf1,*}$ *Bapt.*$_{bg2,k}$ *Bell.*$_{bg2,k,*}$ **Bry.**$_{h,k,*}$ calad.$_{k,k2}$ calc-sil.$_{k2}$ chel. *Cic.*$_{hr1,kr1}$ *Colch.*$_{a1,k}$ convo-s.$_{jl,sp1}$ *Crot-h.*$_{hr1,k}$ dor.$_{a1,k}$ gels.$_{hr1,k}$ hell. *Hep.*$_{hr1,k}$ **Hyos.**$_{bg2,k,*}$ *Iris*$_{kr1}$ kali-br. kali-cy.$_{a1}$ *Lach.*$_{hr1,k}$ *Lyc.*$_{hr1,k}$ *Merc.*$_{hr1,k,*}$ *Mur-ac.* nat-m.$_{hr1,k}$ nux-v.$_{bg2,k}$ *Op.*$_{bg2,k,*}$ ph-ac. **Phos.**$_{hr1,k}$ raja-s.$_{jl,jl3}$ *Rhus-t.* *Sec.*$_{a1,k}$ **Stram.**$_{bg2,k,*}$ *Sulph.*$_{hr1,kr1}$ *Tab.* *Tarax.*$_{hr1,k}$ *Ter.*$_{hr1,k}$ *Verat.*
☞ *Murmeln*

• **langsam**: ph-ac.

• **Schlaf**, im: ant-t.$_{hr1,k}$ ars.$_{a1,k}$ bry.$_{hr1,k}$ *Gels.*$_{hr1,kr1}$ sulph.

• **sich** selbst, zu: bell.$_{a1,k}$ hyos.$_{hr1,k}$ rhus-t. tab.$_{a1,k}$ tarax.$_{ptk1}$

– **Büchern** zu greifen; versucht nach: atro.$_{a1}$

– **Coma** vigile, mit: cur.$_{bro1}$ *Hyos.*$_{bro1}$ *Lach.*$_{kr1}$ mur-ac.$_{bro1}$ op.$_{bro1}$ phos.$_{bro1}$

– **dasselbe** Thema; spricht die ganze Zeit über: petr.

– **Dunkelheit**, in der: *Calc.* *Calc-ar.*$_{hr1}$ *Carb-v.* *Cupr.*$_{hr1,k}$ *Stram.*
☞ *Dunkelheit - agg. / Licht - Verlangen*

– **Durst**, mit: camph.$_{hr1,kr1}$ *Verat.*$_{hr1,kr1}$

– **Eifersucht**, durch: **Hyos.**$_{hr1,kr1}$ **Lach.**$_{vh,vh/dg}$
☞ *Eifersucht*

– **Enzephalitis**, mit: *Acon.*$_{kr1}$ *Cocc.*$_{kr1}$ *Puls.*$_{kr1}$

– **Epilepsie**:

• **während**: hyos.$_{j}$ op.$_{a1,k}$
☞ ❑ *Allgemeines - Konvulsionen - epileptisch - während*

• **nach**: *Arg-met.* plb.$_{a1,k}$

– **erkennt** niemanden: agar.$_{hr1,kr1}$ **Ail.**$_{hr1,kr1}$ bell.$_{a1,k}$ calad. hyos. merc.$_{a1,k}$ nux-v. op. stram.$_{a1,k}$ tab. verat.
☞ *Erkennt - nicht - niemanden*

– **erkennt** seine Verwandten nicht, wirft mit dem Wein und der Arznei nach der Schwester: agar.$_{kr1}$

– **Ermüdung**, Überanstrengung, Studieren; durch: lach.
☞ *Erschöpfung*

– **erotisch**: camph. cann-i.$_{a1,k}$ *Canth.* *Hyos.*$_{st}$ kali-br.$_{hr1,k}$ *Lach.* *Phos.*$_{a1,k}$ *Plat.*$_{vh,vh/dg}$ *Sec.*$_{st}$ *Stram.*$_{a1,k}$ *Tarent.*$_{vh,vh/dg}$ verat.$_{bro1}$
☞ *Lasziv / Nackt / Nymphomanie / Schamlos / Unanständig / Unzüchtig*

– **Erschöpfung**, mit: agar.$_{hr1,kr1,*}$ ail.$_{sf,sf1}$ am-c.$_{sf,sf1}$ *Bapt.*$_{sf1,vh/dg}$ dor.$_{sf,sf1}$ hyos.$_{sf,sf1}$ lyc.$_{sf,sf1}$

– **Erwachen**, beim: aur. bell.$_{hr1,k}$ bry.$_{hr1,k,*}$ cact. carb-v. chel. cina$_{k2}$ coff. colch. cur. dulc. granit-m.$_{es1}$ *Hyos.*$_{hr1,k}$ *Lach.* lob. merc. nat-c. par. sep. stram. zinc.$_{bg2,sf1,*}$

– **Essen**:

• **amel.**: anac. bell.

– **Fehlgeburt**
☞ *Abort*

– **Feuer**, spricht von: *Calc.* cupr.$_{vh}$

– **Fieber**; während: *Acet-ac.*hr1 *Acon.*bg2,j5,* act-sp.hr1,kr1,* aeth.hr1,kr1,* agar.hr1,kr1 ail.a1,kr1 anag.hr1,kr1 anan.a1 ant-t.hr1,kr1 *Anthraci.*kr1 *Apis*kr1 *Ars.*hr1,kr1,* *Arum-t.*hr1,kr1 **Bapt.**hr1 bar-c.a1,kr1 **Bell.**bg2,kr1,* *Bry.*bg2,kr1,* bufoa1,kr1 **Calc.**hr1,kr1 *Camph.*hr1,kr1 *Canth.*bg2,kr1,* *Caps.*hr1 *Cham.*bg2,kr1,* chel.hr1,kr1 *Chin.*h,kr1,* *Chinin-s.*kr1 chlol.hr1 cimic.hr1,kr1 coff.hr1,kr1,* colch.kr1,sf1,* *Crot-h.*hr1,kr1 cur.a1 dor.hr1,kr1 *Dulc.*hr1,kr1 granit-m.es1 *Hell.*bg2,kr1,* *Hep.*hr1,kr1,* hydrog.srj2 *Hyos.*bg2,kr1,* ign.hr1,kr1 iod.kr1,sf1,* juni-v.a1,kr1 *Lach.*hr1,kr1,* *Merc.*hr1 merc-i-r.hr1,kr1 morph.a1,kr1 mur-ac.kr1,sf1,* *Nat-m.*hr1,kr1 nux-v.hr1 op.kr1,sf1,* *Ox-ac.*hr1,kr1 petr.hr1 psor.hr1,kr1 *Sabad.*hr1,kr1 sal-ac.kr1,sf1,* *Sec.*hr1,kr1 *Sin-n.*hr1,kr1 *Spong.*hr1,kr1 *Stram.*kr1,vh/dg sul-ac.a1,kr1 sulph.hr1,kr1,* *Ter.*hr1 til.a1 vario.hr1,kr1 verat.hr1,kr1 verat-v.kr1,sf1,*
- **heftiges** Fieber
  ☞ *❑ Fieber - Intensive - Delirium*

– **flieht** bei Abort; sie: *Coloc.*kr1
☞ *Fliehen*

– **Fieberfrost**
☞ *Frost*

– **flüstert**: arn.hr1,k calad.hr1,k *Hyos.*hr1,k *Lyc.*hr1,k ph-ac. *Phos.*hr1,k rhus-t. *Stram.*hr1,k tab.a1,k *Zinc.*hr1,kr1
☞ *Murmeln*
- **langsam**: ph-ac.
- **sich** selbst, zu: hyos. merc.a1 tab.

– **Freien**, amel. im: bry.k2

– **fremd**:
- **Ländern**, spricht von fremden: cann-i.
- **Sprache**; spricht in einer fremden: lach.gk nit-ac.ptk1 *Stram.*

– **fröhlich**
☞ *heiter*

– **Frost**; während: acon.bg2 *Aeth.*hr1,kr1,* *Arn.* ars. astac.hr1,kr1 *Bell.* *Bry.*bg2 calc.bg2 caps.st,vh carb-v.bg2 cham.a1,k chin.bg2 cinabg2 *Dulc.*bg2 **Hyos.**bg2 ign.bg2 iod.bg2 kali-c.bg2 **Nat-m.** nux-v. **Op.**bg2 ph-ac.bg2 *Phos.*bg2 *Plat.*bg2 podo.bg2 puls. samb.bg2 *Sep.* stram. *Sulph.*bg2,k *Verat.*

– **Furcht** vor Menschen; mit: bell. *Plat.*hr1,k
☞ *Abneigung - Männer - Frauen / Furcht - Männern*

– **Geister**, sieht: op.vh

– **geistige** Anstrengung, durch: *Lach.*

– **Geschäften**, spricht von: atro.a1 bell.bg2 *Bry.*bg2,k2,* canth.bg2,sf1 dor.a1,hr1 **Hyos.**hr1,kr1 op.a1 phos.bg2,sf1 *Rhus-t.*sf1
☞ *Fleißig / Sprechen - Geschäft*

– **geschäftig**: arum-t.k13,k2 bapt. bell.a1,k *Bry.* camph.a1,k chlol.hr1 *Hyos.*hr1,k,* kali-cy.a1 rhus-t. *Stram.*a1,k sulph.
☞ *Fleißig / Geschäftig*

– **Gesicht**:
- **blaß**: *Hyos.*sf1
- **livid**: *Bell.*kr1
- **Muskelspiel**, mit ständigem: *Stram.*kr1
- **rot**: *Ail.*sf1 *Bapt.*sf1 *Bell.* dor. *Gels.*sf1 **Hyos.** op.
- **verzerrt**: *Plb.*kr1

– **gesund**; erklärt, sie sei: apis *Arn.*hr1,k *Ars.*hr1,k op.k2
☞ *Eigensinnig - nichts / Gesund - sagt - krank / Reizbarkeit - schickt / Reizbarkeit - schickt - Arzt / Wahnideen - gesund, er*

– **greift** Menschen mit einem Messer an: hyos.a1,k
☞ *Heftig*

– **greift** nach Flocken in der Luft
☞ *Gesten - Hände - Greifen*

– **Grimassen**, mit: *Bell.*hr1,kr1
☞ *Grimassen*

– **gut** gelaunt
☞ *heiter*

– **Hause** gehen, möchte nach: bell.a1 *Cupr-act.*kr1
☞ *Wahnideen - Hause - weg - müsse*

– **heftig**: *Acon.* aeth.ptk2 agar. alum.kr1 alumn.hr1 *Apis* **Ars.**a1,k atro.a1,k aur.hr1,kr1 **Bell.**hr1,k,* camph.a1,k canth. chlf.hr1,kr1 con.a1,k *Cupr.* dig.a1 **Hyos.**a1,k *Lach.*hr1,k *Op.*a1,k phos. plb.a1,k puls. *Sec.*a1,k **Stram.**hr1,k,* verat. verat-v.sf,sf1 zinc. zinc-p.k13,k2
☞ *Heftig / Heftig - Gewalttaten*
- **zurückgehalten** und beruhigt werden; kann nur schwer: zinc.

– **heftig**, grimmig: agar. *Bapt.*hr1,kr1 bell.h,k,* hyos. *Stram.*
☞ *Heftig*

– **heißem** Kopf, mit: *Bell.*kr1 bufokr1

– **heiter**, fröhlich: acon. agar. ant-t.kr1 aur. *Bell.* cact. cann-s. con. hyos. lact. op. *Stram.* sulph. verat.
☞ *Froh / Zufrieden*
- **Mitternacht**; nach:
  - **morgens**; bis: lact-v.a1

◇ **abwechselnd** mit:
- **Lachen**: stram.
- **Melancholie**
  ☞ *Traurigkeit*
- **Pfeifen**: stram.
- **Singen**: stram.
- **Traurigkeit**: agar.
  ☞ *abwechselnd - Traurigkeit*
- **Weinen**: stram.

– **herrschsüchtig**, anmaßend: lyc.a1

– **Herumtollen** mit Kindern: agar.a1,k

– **Hitze**:
- **agg.**: bry.k2 dulc.hr1 stram.

– **Hochzeit** vor; bereitet sich zur: *Hyos.*h,k,*

– **hüllt** sich im Sommer in Pelz ein: hyos.hr1,k,*

– **Hunden**, spricht von: bell.a1,h

– **hysterisch**, fast: bell.a1,k *Hyos.*hr1,kr1 ign. tarent. verat.
☞ *Hysterie*

– **intermittierend**: con.a1,k **Stram.**hr1,kr1

– **kalt**:
- **Erkältung**, nach: *Op.*kr1

– **Kälte**, mit: lact.br1 *Verat.*

– **Karotiden**, mit pulsierenden: *Bell.*hr1,kr1

– **kichernd**: hyosin.a1

– **Kollaps**, mit: colch.sf,sf1 cupr.hr1,kr1

– **komisch**: ant-c.c1 *Hyos.*h,k,* *Stram.* verat.a1,k

– **Konvulsionen**:
- **vor**: *Kali-m.*kr1 op. sul-h.a1

• **während**: acon.$_{hrl,krl}$ *Aeth.*$_{hrl,krl}$ amyg.$_{hrl,krl}$ ars.$_{al,k}$ *Bell.*$_{hrl,krl}$ *Camph.*$_{hrl,krl}$ crot-h.$_{hrl,k,*}$ cupr.$_{sf,sfl}$ *Dig.*$_{hrl,krl}$ dulc.$_{h}$ *Kali-chl.*$_{hrl}$ *Kali-m.*$_{krl}$ *Mosch.*$_{j5}$ op.$_{al,hrl}$ plb.$_{al,sfl,*}$
• **nach**: absin.$_{al,k}$ bell.$_{al,k}$ kali-c. kali-chl.$_{cl,gtl,*}$ oena.$_{cl}$ sec.$_{al,k}$
– **Kopfschmerz**:
• **während**: acon. agar.$_{hrl,k}$ ail.$_{hrl,krl}$ ars. *Aur.*$_{hrl}$ cimic.$_{hrl,krl}$ *Colch.*$_{hrl,kl,*}$ crot-h.$_{hrl,krl}$ glon. mag-c. *Meli.*$_{hrl,krl}$ mosch. *Nux-v.*$_{hrl,krl}$ sec.$_{al,k}$ stram.$_{hrl,krl}$ tarent. verat.$_{hrl,k}$
• **durch** Kopfschmerzen, Delirium: atro.$_{krl}$ *Aur.*$_{krl}$ aur-m.$_{krl}$
– **Kopfverletzungen**, nach: bell.$_{bg2}$ hyos.$_{bg2}$ op.$_{bg2}$ stram.$_{bg2}$ verat.$_{bg2}$
– **Lachen**: acon. apis$_{bg2}$ *Bell.*$_{hrl,k,*}$ colch. con. cupr.$_{bg2}$ *Hyos.*$_{al,k}$ hyosin.$_{al}$ *Ign.* lach. lact. op. plb. sal-ac.$_{al}$ sec. sep.$_{al,k}$ *Stram.*$_{hrl,k,*}$ sulph. thea verat. zinc.
☞ *Lachen - delirös*
– **lärmend**: agar.$_{bg2}$ *Bell.*$_{al,k}$ *Camph.* *Hyos.*$_{al,k}$ **Stram.**$_{hrl,k,*}$ verat.$_{bg2}$
– **lebhaft**: bell.$_{al,k}$ *Stram.*$_{hrl,k,*}$
– **Lippen**, als würde er sprechen; bewegt die: bell.$_{al,k}$
– **Lochien**, bei den: verat.$_{j5}$
– **manisch**: acon.$_{al,k}$ *Aeth.* agar.$_{ptkl}$ ail. ant-c. apis$_{krl}$ ars. **Bell.** bry.$_{bg2,bg3}$ *Camph.* cann-i. *Canth.* carbn-s. chinin-s. *Cic.*$_{hrl,krl}$ *Coff.* colch. con. cori-r.$_{al,k}$ crot-h. *Cupr.* dig.$_{sf,sfl}$ glon.$_{sf,sfl}$ *Hell.* **Hyos.** indg. *Kali-bi.*$_{hrl,krl}$ *Lach.*$_{sf,sfl}$ led. lob. lyc. merc. merc-c. nat-m. nit-ac.$_{ptkl}$ nux-m. *Oena.*$_{al,k}$ *Op.* plb. rhod. *Sec.*$_{al,k}$ **Stram.**$_{al,k}$ tarent. ter. *Verat.* zinc. zinc-act.$_{sfl}$
☞ *Manie*
• **Liebe**, durch enttäuschte: *Phos.*$_{hrl,krl}$
– **Meningitis** cerebrospinalis: *Apis*$_{krl,sfl}$ *Chr-ac.*$_{hrl,krl}$ *Hell.*$_{hrl,krl}$ naja$_{krl}$ *Nat-s.*$_{hrl,krl}$ *Sulph.*$_{hrl,krl}$ *Verat.*$_{hrl,krl}$ verat-v.$_{hrl,krl}$
– **Menses**:
• **vor**: ars. bell. hyos. lyc.$_{al,k}$ verat.$_{hrl,krl}$
☞ *Menses - vor; Gemütssymptome*
• **während**: acon. apis bell. cocc. hyos. lyc. nux-m.$_{al,k}$ puls. stram. verat.
☞ *Menses - während; Gemütssymptome*
• **Menstruationsbeschwerden**, mit: apis$_{kl}$
☞ *Menses - während; Gemütssymptome*
– **mild**: *Apis*$_{krl}$ **Bapt.**$_{krl}$ *Ph-ac.*$_{krl}$ *Puls.*$_{krl}$ rhus-t.$_{bg2,krl,*}$ sec.$_{j5,krl}$ **Stram.**$_{krl}$ *Valer.*$_{krl}$ *Vario.*$_{krl}$ verat.$_{j5,krl}$
– **Mund**; steckt Steine in den: merc.
– **Musik**; durch Hören von: plb.$_{ptkl}$
– **nackt** sein; möchte im Delirium: *Bell.* **Hyos.** merc. *Phos.* phyt. *Sec.* stram.$_{krl}$
☞ *Lasziv*
– **Neid**, mit: lyc.$_{al}$
– **Ofen** und möchte wie an einem Baum an ihm hochklettern; umarmt den
☞ *umarmt*
– **periodisch**: *Bell.*$_{krl}$ samb.
– **Pferden**, spricht von: *Stram.*$_{al}$
– **phantastisch**: alum.$_{j}$ ambr.$_{j}$ *Bell.*$_{al,k}$ calc.$_{j}$ carbn-s. cham. con. dulc. graph. hyos. lyc.$_{j}$ nat-m.$_{j}$ nux-m.$_{j}$ op. plat.$_{j}$ rhod.$_{j}$ sep. sil. spong. *Stram.* *Sulph.*
– **Possen**, spielt
☞ *Possen, spielt - Delirium*
– **Pupillen**, mit erweiterten: acon.$_{hrl,krl}$ *Bell.*$_{hrl,krl,*}$ *Cimic.*$_{hrl,krl}$
– **rasend** (= tobend): *Acon.* *Act-sp.* *Aeth.* aether **Agar.** agar-pa.$_{al}$ ail.$_{kl}$ alco.$_{al}$ anac. ant-c. ant-s-aur. *Ant-t.* apis$_{sfl}$ arg-met. arg-n. ars. ars-s-f.$_{k2}$ atro.$_{krl}$ **Bell.** bry. calc. *Camph.* cann-i. cann-s.$_{al}$ **Canth.** *Carbn-s.* cham.$_{bg2}$ chel. chin. chinin-s.$_{gml,k}$ cic. *Cimic.* cina clem.$_{krl}$ colch. coloc. cori-r.$_{al}$ *Cupr.* cupr-act.$_{al}$ dat-f.$_{al}$ dig. dulc. glon. graph. *Hell.* hep. **Hyos.** hyper. jatr-c. juni-v.$_{al}$ *Kali-i.*$_{krl}$ lach.$_{bg2,sfl}$ lob. lol.$_{bg2}$ **Lyc.** *Merc.* merc-cy. morph.$_{al}$ mosch. mur-ac.$_{al}$ nat-m. **Nit-ac.** nux-m. nux-v.$_{al}$ *Oena.* **Op.** par. phos. *Plb.* *Puls.* rheum **Sec.** *Sol-ni.* **Stram.** sul-ac. sulph. *Tab.* tarent. trach.$_{al}$ trach-v.$_{al}$ **Verat.** verat-v.$_{krl}$ vip. zinc. zinc-p.$_{k2}$
☞ *Raserei*
• **Fieber**; während: granit-m.$_{esl}$
• **Schmerzen**, durch: arg-met.$_{k2}$
– **Raserei**; mit: bell.$_{vh}$ *Bry.*$_{vh,vh/dg}$ verat.$_{vh}$
– **redselig**: agar. aur.$_{hrl,k}$ bapt. bar-c. *Bell.*$_{bg2,k,*}$ bry. camph.$_{hrl,k}$ cann-i.$_{brol}$ **Cimic.**$_{hrl,k}$ *Crot-h.*$_{hrl,k}$ *Cupr.*$_{bg2,k,*}$ dat-m.$_{al}$ dor.$_{al}$ gels. **Hyos.**$_{k,vh/dg}$ **Lach.**$_{bg2,k,*}$ **Lachn.** lyss.$_{hrl,k}$ meli.$_{al}$ merc-cy.$_{brol}$ naja oena.$_{al,k}$ *Op.*$_{bg2,k,*}$ oper.$_{brol}$ par. petr. *Phos.*$_{al,k}$ *Plat.* plb.$_{al,k}$ podo.$_{cl}$ *Rhus-t.*$_{bg2,k}$ **Stram.**$_{bg2,k,*}$ *Sulph.*$_{hrl,krl}$ *Verat.*$_{bg2,k}$
☞ *Redseligkeit*
• **undeutlich**: apis bell.$_{al}$ *Hyos.* *Op.*$_{al}$
• **Versen**; spricht in: thea$_{al}$
– **religiös**: agar.$_{al,bg2,*}$ alco.$_{al}$ aur. lach. **Verat.**$_{bg2,k,*}$
☞ *Religiös - Gemütsstörungen*
– **Rennen**, mit: bell.$_{al}$ con.$_{al}$
– **rollt** auf dem Boden herum: calc.$_{ptkl}$ *Op.*
☞ *Rollt - Boden*
– **ruhelos**: acon. ail.$_{k13,k2}$ ars.$_{al}$ atro.$_{al,k}$ bell.$_{al}$ bry.$_{sf,sfl}$ **Hyos.**$_{hrl,krl}$ iod.$_{sf,sfl}$ merc-sul.$_{hrl,krl}$ phos.$_{al}$ plb.$_{al,k}$ *Stram.*$_{hrl,krl,*}$ sulph.$_{sf,sfl}$ *Verat.*$_{hrl,krl}$
☞ *Ruhelosigkeit*
– **ruhig**: **Bry.** calc-sil.$_{k2}$ camph.$_{krl}$ *Carb-v.* *Chel.* chin. chlf.$_{krl}$ croc. cupr. cupr-act.$_{al}$ **Hyos.** hyosin.$_{al}$ kali-p.$_{krl}$ op. past.$_{al}$ *Ph-ac.* phos. plb. rhus-t. sec. tab. valer. verat.
◇ **abwechselnd** mit:
• **Ruhelosigkeit**
☞ *Ruhelosigkeit - abwechselnd mit - Delirium - stillem*
– **Säfteverlust**, durch: *Chin.* *Lach.*$_{hrl,k}$
☞ *Aderlaß*
– **sammeln**; versucht Gegenstände von der Wand zu: bell.$_{al,k}$ hyos.
– **scheu**, versteckt sich: **Stram.**$_{hrl,krl}$
– **Schimpfen**: chr-ac.$_{hrl,krl}$ hyos. merc.$_{al,k}$ stram.$_{al,k}$ verat-v.$_{hrl,krl}$
– **Schlaf**:
• **im**: acon.$_{hrl,k}$ ant-c.$_{hrl,krl}$ **Apis** ars.$_{al,k}$ *Bar-c.*$_{hrl,krl}$ **Bell.**$_{al,k}$ **Bry.**$_{bg2,krl}$ *Cact.*$_{hrl,k}$ *Calc.*$_{hrl,krl}$ cham.

• **im**: ...
cina cupr. cupr-act.$_{al}$ *Gels.*$_{hr1,k}$ hyper. lach. *Lyc.*$_{hr1,kr1}$ merc. morph.$_{al}$ mur-ac. *Nit-s-d.*$_{hr1,kr1}$ *Op.* phos.$_{bg2}$ rheum santin. spong.$_{hr1,k}$ stram. verat.
  • **komatös**: acon.$_{j5}$ ant-c.$_{j5}$ arn.$_{j5}$ bry.$_{j5}$ camph.$_{j5}$ coloc.$_{j5}$ puls.$_{j5}$ sec.$_{j5}$
• **nach**: *Lach.*$_{hr1,kr1}$ petr.$_{sf,sf1}$
  • **amel.**: bell. *Cact.*
• **Einschlafen**, beim: *Bell. Bry.* cact. calc. camph. caust. *Chin. Gels.* gins. guaj. ign. merc. ph-ac. *Phos.* rhus-t. *Spong. Sulph.*
• **geweckt**
  ☞ *aufgeweckt*
– **Schlaflosigkeit**:
• **durch**: *Lach.*$_{hr1,kr1}$
• **mit**: acon.$_{bg2,bro1}$ ail.$_{bg2,k2,*}$ alum.$_{bg2,j5}$ aur.$_{bg2,j5}$ *Bapt.*$_{bg2,hr1,*}$ *Bell.*$_{bg2,hr1,*}$ bry.$_{bg2}$ cact.$_{bg2,bro1}$ calc.$_{bg2}$ cann-i.$_{bro1}$ chin.$_{bg2}$ *Cimic.*$_{bg2,hr1,*}$ *Coloc.*$_{bg2}$ cupr-act.$_{al}$ cyt-l.$_{bg2,mg1,*}$ dig.$_{bg2}$ dulc.$_{bg2}$ *Gels.*$_{bg2,hr1,*}$ hyos.$_{bg2,sf1,*}$ ign.$_{bg2}$ iod.$_{al}$ kali-br.$_{bg2,bro1}$ lact.$_{bg2,br1}$ led.$_{bg2,j5}$ lyc.$_{bg2}$ merc.$_{bg2,j5}$ nat-c.$_{bg2}$ nux-m.$_{c1}$ nux-v.$_{bg2}$ op.$_{bg2,j5}$ passi.$_{bg2,sf1,*}$ petr.$_{bg2,j5}$ ph-ac.$_{bg2,j5}$ phos.$_{bg2}$ plat.$_{bg2}$ *Plb.*$_{bg2,hr1,*}$ puls.$_{bg2}$ rhus-t.$_{bg2}$ sabad.$_{bg2}$ samb.$_{ptk1}$ sel.$_{bg2}$ *Sil.*$_{bg2,j5}$ spong.$_{bg2}$ *Stram.*$_{bg2,hr1,*}$ sulph.$_{bg2}$ *Tub.*$_{bg2,hr1,*}$ verat.$_{bg2}$ vip-r.$_{j}$
– **Schläfrigkeit**, bei: acon. ant-c.$_{j5}$ arn. *Bell.*$_{bg2}$ *Bry.* calc-p. camph.$_{a1,k1}$ coloc. *Crot-h.*$_{hr1,kr1}$ hyos.$_{bg2}$ lach. *Op.*$_{hr1,kr1}$ **Puls.** sec.$_{j5}$
– **Schließen** der Augen; beim: bapt. *Bell. Bry.* calc. graph. *Lach.*$_{hr1,k}$ led. pyrog. sulph.
– **Schmerzen**:
• **durch**: **Hyos.**$_{hr1,kr1}$ **Verat.**$_{hr1,kr1}$
• **während** den: acon.$_{bg2}$ arg-met.$_{bg2,k2}$ arg-n.$_{bg2}$ bov.$_{bg2}$ cham.$_{bg2}$ dulc. tarent-c.$_{bg2,sf1,*}$ *Verat.*$_{bg2,k}$
  ☞ *Schreien / Schreien - Schmerzen*
– **Schrecken**; mit einem Ausdruck von: bell.$_{al}$
  ☞ *schrecklich*
– **schrecklich**: *Acon.* anac. *Atro.*$_{a1,k}$ bar-c.$_{hr1,kr1}$ **Bell.**$_{hr1,k}$ calc. canth. carb-v.$_{j}$ caust.$_{j}$ chin.$_{j}$ cic. colch. coloc. dig. hep.$_{gl1,sf1,*}$ *Hyos.* lyc.$_{j}$ merc.$_{j}$ nat-m. nit-ac.$_{j}$ nux-v. *Op.*$_{a1,k}$ phos.$_{k,k1}$ *Plb.*$_{k,k1,*}$ *Puls.* rhod.$_{al}$ samb.$_{j}$ sec. sil. **Stram.**$_{h,k,*}$ sulph.$_{j}$ *Verat.* zinc. zinc-p.$_{k13,k2}$
  ☞ *Schrecken*
– **Schreien**, mit: *Acon.*$_{kr1}$ agar.$_{sf1}$ agar-pr.$_{al}$ apis$_{sf1}$ atro.$_{al}$ bell. *Canth.*$_{kr1}$ *Caust.* *Chinin-s.*$_{kr1}$ *Cina* crot-h.$_{bg2,kr1}$ cupr.$_{bg2}$ *Cupr-act.*$_{kr1}$ dat-m.$_{al}$ ferr-p.$_{sf1}$ merc.$_{bg2,sf1}$ phos.$_{al}$ stram.$_{al}$
  ☞ *Weinen*
• **Hilfe**, um: camph.$_{ptk1}$ *Canth.* ign.$_{ptk1}$ plat.$_{ptk1}$ stram.$_{kr1}$
  ☞ *Bitten / Hilflosigkeit / Schreien - Hilfe / Wahnideen - Hilfe*
– **Schuld** für seine Narrheit; gibt sich selbst die: op.$_{a1,k}$
  ☞ *Tadelt sich*
– **Schweiß**:
• **amel.**: aeth.$_{a1,k}$
• **kaltem** Schweiß, mit: *Verat.*$_{kr1}$
• **mit**: granit-m.$_{es1}$
– **Schwindel**:
• **mit**: nux-m.$_{j}$ sec.$_{j}$
  • **heftigem**; mit: nux-m.$_{c1}$
• **nach**: jatr-c.$_{c1,hr1}$
– **Sepsis**, durch: *Bapt.*$_{sf,sf1}$ crot-h.$_{sf,sf1}$ dor.$_{sf,sf1}$ *Lach.*$_{sf,sf1}$ mur-ac.$_{sf,sf1}$ *Pyrog.*$_{sf,sf1}$ *Rhus-t.*$_{sf,sf1}$ sec.$_{sf,sf1}$ tarent-c.$_{sf,sf1}$ ter.$_{sf,sf1}$ *Verat.*$_{sf,sf1}$ *Verat-v.*$_{sf,sf1}$ *Vip.*$_{sf,sf1}$
– **Singen**, mit: agar.$_{sf,sf1}$ cic.$_{sf,sf1}$ lact.$_{al}$ stram.$_{al}$
  ☞ *Singen*
– **Sopor**, mit: kali-c.$_{hr1,kr1}$ *Op.*$_{hr1,kr1}$ *Verat.*$_{hr1,kr1}$
– **sorgenvoll**: acon.$_{bg2,k}$ agar.$_{al}$ bell.$_{bg2,k}$ dulc. lyc. puls.$_{bg2,k}$
– **spricht** Gegenstände an: stram.$_{bg2}$
– **Springen**, mit: acon.$_{al}$ bell.$_{al}$ lact.$_{al}$ merc.$_{al}$
– **starrt** auf einen fixen Punkt: ign.$_{ptk1}$
  ☞ *Starren*
– **Steigerung** der Kräfte; mit: *Agar.*$_{h,k}$ *Aur.*$_{hr1,k}$ hyos. sec.$_{vh}$ stram.$_{a1,k}$ *Tarent.*$_{vh,vh/dg}$
– **still**: agar.$_{a1,k}$ sec.$_{a1,k}$
  ◇ **abwechselnd** mit Ruhelosigkeit
    ☞ *Ruhelosigkeit - abwechselnd mit - Delirium - stillem*
– **Stöhnen**, mit: bell.$_{hr1,kr1}$ *Crot-h.*$_{hr1,kr1}$
  ☞ *Stöhnen*
– **streitsüchtig**: bell.$_{al}$ *Chr-ac.*$_{hr1}$ nit-ac.$_{ptk1}$ verat-v.$_{hr1}$
– **stumpfsinnig**: *Stram.*$_{hr1,kr1,*}$
– **tastet** wie im Dunkeln: plb.$_{al}$
– **Teufel**, sieht: op.$_{vh}$
– **tobend**
  ☞ *rasend*
– **Tod**, spricht vom: *Acon.*$_{hr1,kr1}$
– **Tollwut**, bei: bell. canth. lyss. *Stram.*$_{a1,k}$
– **traurig**: acon.$_{bg2}$ bell.$_{bg2}$ puls.$_{bg2}$
  ☞ *Traurigkeit*
– **tremens**
  ☞ *Delirium tremens*
– **übertriebener**, überzogener Sprache; mit: bell.$_{al}$
– **umarmt** den Ofen und möchte wie an einem Baum an ihm hochklettern: hyos.
  ☞ *Umarmt - leblose / Wahnideen - Ofen - hält*
– **Umherstreifen**: atro.$_{a1,k}$ *Bell.*$_{h,k,*}$ chlol.$_{al}$ *Chlor.*$_{hr1,kr1}$ hyos. *Nat-m.*$_{hr1,kr1}$ plb.$_{a1,k}$ sec.$_{hr1,kr1}$ *Sulph.*$_{hr1,kr1}$
– **Unrecht**, von eingebildetem: hyos.
– **Urinieren**:
  ☞ *Schmutzig - urinieren*
• **Boden** zu urinieren; versucht auf den: plb.
  ☞ *Geisteskrankheit - uriniert / Schmutzig - urinieren*
• **Topf** vorbei; uriniert am: bell.
– **veränderlich**, wechselhaft: lach.$_{ptk1}$ stram.$_{ptk1}$
– **Verfolgungswahn** im Delirium: ars.$_{gl1}$ calc.$_{gl1}$ hyos.$_{gl1}$ lach.$_{gl1}$ merc.$_{gl1}$ nat-m.$_{gl1}$ rhus-t.$_{gl1}$ stram.$_{gl1}$ verat.$_{gl1}$
  ☞ *Wahnideen - verfolgt zu / Wahnideen - verfolgt zu - er*
– **verläßt** ihre Verwandten: sec.$_{a1,k}$
– **vorwurfsvoll**: hyos. lyc.$_{a1,k}$
  ☞ *Verächtlich*
– **Wahnideen**, mit: aeth.$_{bg2}$ anac.$_{bg2,j1}$ *Ars.*$_{bg2,sf1,*}$ *Bell.*$_{bg2,hr1,*}$ *Cann-i.*$_{sf,sf1}$ *Cann-s.*$_{bg2}$ cham.$_{bg2}$ dig.$_{bg2,sf1,*}$ graph.$_{bg2}$ *Hyos.*$_{bg2,sf1,*}$ *Kali-bi.*$_{bg2,hr1,*}$

– **Wahnideen**, mit: ...
op.bg2,sf1,* petr.bg2,sf1,* plb.a1,bg2,* sep.bg2 sil.bg2 spong.bg2 *Stram.*a1,bg2 *Sulph.*bg2
– **warmes** Zimmer agg.: bry.k2
– **Wasser**, springt ins: bell.a1,k sec.a1,k
– **wechselt** schnell das Thema: **Lach.**
☞ *Redseligkeit - wechselt*
– **weigert** sich, die Arznei einzunehmen
☞ *Weigert - Medizin - Delirium*
– **wiederholt** den selben Satz: camph.a1,k
☞ *Sprache - wiederholt*
– **wiegt** sich hin und her: bell. hyos.a1,k
– **wild**: atro.a1,sf1,* **Bell.**a1,k *Bry.*sf,sf1 calen.hr1,kr1 camph.a1,k canth.a1,k chlol.hr1,k colch.a1,k cupr. gal-ac.a1 gels.hr1,kr1 hydr-ac.a1,k *Hyos.*hr1,k,* *Kali-br.*hr1,kr1 lach. nat-sal.a1 *Op.*k1,st **Plb.** **Stram.**hr1,k,* *Valer.*hr1,kr1 *Vario.*hr1,kr1 *Verat.*
☞ *Heftig / Wildes*
• **nachts**: bell.hr1 gal-ac.a1,br1,* plb.
– **wirft** sich aus dem Fenster: calc.k2 sil.k2
– **Zähneknirschen**, mit: **Bell.**kr1
– **Zittern**, mit: acon.bg2 apis.bg2 ars.bg2 bell.bg2 bry.bg2 calc.bg2 chin.bg2 hyos.bg2 ign.bg2 lact.br1 nat-m.bg2 op.bg2 phys.bg2 plat.bg2 *Puls.*bg2 rhus-t.bg2 sabad.bg2 samb.bg2 stram.bg2 sulph.bg2 valer. verat.bg2 verat-v.bg2
– **zornig**: *Cocc.*hr1,k
☞ *Zorn*
– **Zuckungen**, mit: acon.a1
– **Zunge**:
• **braune** Farbe der Zunge: *Phos.*kr1,vk1
– **Zupfen** an Nase oder Lippen; mit: *Arum-t.*hr1,k
☞ ☐ *Gesicht - Zupfen - Lippen*

Delirium tremens: acon. aether.c1,c2 **Agar.**c2,k agar-pr.a1 alco.a1 anac.bg2,j1 ant-c. *Ant-t.*c1,kr1,* *Arn.* **Ars.**c2,k ars-s-f.k2 *Atro.*a1,sf1 aur.bg2 aven.br1 *Bell.*c2,k bism.c2,k bry.c1 bufo.k2 *Calc.*c2,k1,* calc-s. *Cann-i.*c2,k *Caps.*bro1,c1,* carb-v. chin. chinin-s.j5 chlf.c1,c2 chlol. *Chlor.*kr1 cimic.c2,k *Coff.* cori-r.a1,c1,* *Crot-h.*c2,k cypr.br1,c1,* dig.c2,k dor.sf1 ferr-p.c2,k gels. *Glon.*kr1 grat. hell. *Hyos.* *Hyosin.*bro1 ign. *Kali-br.* kali-p. **Lach.**c2,k lact.br1 led. lol.c1,c2 lup.bro1 lyc. mag-lac.stj2 mag-met.stj2 *Merc.* nat-c. **Nat-m.** **Nux-m.** **Nux-v.** oena. olden-h.gsb1 **Op.** *Passi.*a1,sf1,* *Past.*a1,c1,* *Phos.* plb.a1,bg2 puls. **Ran-b.**bg2,k,* rhod. rhus-t. ruta scut.c1,c2 sel. sep. sil. spig. **Stram.**c2,k **Stry.**k,st stry-n.bro1 sul-ac. sulph. sumb.bro1 teucr.bro1 thea.c1,c2 thuj.bg2 tus-p.c1 verat. zinc. zinc-act.sf1
☞ *Alkoholismus / Bewußtlosigkeit - Delirium tremens / Geisteskrankheit - Alkoholikern / Zügellosigkeit*
– **alten**, abgemagerten Personen; bei: **Op.**kr1
– **Beten**, mit: *Aur.*vh,vh/dg **Stram.**kr1
☞ *Beten*
– **Erregung**, mit: chlf.kr1 *Zinc.*kr1
– **fliehen**, versucht zu: *Bell.*sf1 stram.sf1
– **Gesicht**; mit rotem, gedunsenem: *Bell.*kr1,sf1 *Crot-h.*kr1 stram.sf1
– **Kälte**, mit: lact.br1

Delirium tremens: ...
– **kleine** Mengen alkoholischer Getränke; durch: **Op.**kr1
– **milde** Anfälle: *Cypr.*kr1
– **Redseligkeit**, mit: *Lach.*kr1 *Ran-b.*kr1
☞ *Redseligkeit*
– **Schlaflosigkeit**, mit: *Cimic.*kr1,sf1 *Gels.* hyos.sf1 kali-p.sf1 *Nux-v.*
– **Sopor** mit Schnarchen: **Op.**kr1
– **Überempfindlichkeit**, mit: **Nux-v.**kr1
– **Wahnideen**, mit: *Bell.*sf1 calc.sf1 cann-i.sf1 *Kali-bi.*kr1,sf1 *Lach.*sf1 *Op.*sf1 *Stram.*kr1,sf1
– **Zittern**, mit: *Cedr.*kr1 *Hyos.*kr1 *Stram.*kr1
– **Zunge**:
• **weißer** Farbe der Zunge; mit: **Stram.**kr1,vk1 zinc.kr1,vk1
• **Zittern** der Zunge; mit: stram.kr1,vk1

Demenz: aeth.ptk1 *Agar.*bro1 alco.a1 *Anac.*bg2,gl1 ant-c.a1,h ars.gl1 *Bell.*bg2 calc.bro1 calc-p.bro1 cann-i.bro1 carbn-s.a1 coca.a1 con.bro1 croc.a1 crot-h.c1,c2 hell.bro1 *Hyos.*bro1 ign.bro1 kali-i.a1 lach.gl1 *Lil-t.*bro1,c1,* lyc.ptk1 merc.bro1 *Nat-sal.*bro1 *Nux-v.*bg2 op.bro1,gl1 orch.c1 *Ph-ac.*bro1 *Phos.*bg2 *Pic-ac.*bro1 stram.c1 sulph.bro1 sumb.bg tarent.a1 *Verat.*bro1 vip.c1
☞ *Schizophrenie - paranoid*
– **Epileptikern**, von: acon.bro1 *Bell.*bro1 cimic.bro1 cupr.bro1 *Cupr-act.*bro1 *Ferr-i.*kr1 laur.bro1 *Oena.*bro1 *Sil.*bro1 sol-crl.bro1 stram.bro1 verat-v.bro1
– **Masturbation**, mit: *Agn.*bro1 calc-p.bro1 canth.bro1 caust.bro1 dam.bro1 nux-v.bro1 op.bro1 *Ph-ac.*bro1 phos.bro1 pic-ac.bro1 staph.bro1
– **paralytica**, Dementia: *Acon.*bro1 *Aesc-g.*bro1 agar.bro1 ars.bro1 *Bad.*bro1 bell.bro1 cann-i.bro1 cimic.bro1 cupr.bro1 hyos.bro1 ign.bro1 iodof.bro1 merc.bro1 *Phos.*bro1 *Plb.*bro1 stram.bro1 verat.bro1 zinc.bro1
– **senilis**, Dementia: agn.sf1 anac.bg2 ant-c.bg2,sf1 arg-met.jl aur.bg2 *Aur-i.*bro1 aza.jl bapt.bg2 bar-act.bro1 *Bar-c.*bg2,sf1 bell.gl1 bry.gl1 calc-p.bro1 *Con.*bg2,sf1 *Crot-h.*c1,kr1 ign.gl1 lach.bg2 lil-t.c1 nat-i.bro1 nat-m.gl1 nux-v.gl1 phos.bg2,sf1 sec.bg2,sf1 sep.gl1 sulph.gl1
☞ *Geistige Anstrengung - agg. - unmöglich - alten*
• **Gerede**, mit albernem: bar-c.gl1 con.gl1 op.gl1 plb.gl1
• **nachts**: puls.gl1
– **sexuelle** Exzesse; durch: lil-t.ptk1
– **Sorgen** um die Geschäfte; durch: lil-t.ptk1
– **Syphilitikern**, von: aur-i.bro1 *Kali-i.*bro1 merc.bro1 nit-ac.bro1 sulph.bro1
– **Traurigkeit**, mit: tarent.k1

Demut: bry.sys cupr.ms
☞ *Furcht - stören*

Demütig, Bescheiden
☞ *Demut*

Demütigung
☞ *Beschwerden durch - Kränkung*

Denken:
☞ *Gedanken / Ideen*
– **Abneigung** gegen: act-sp.hr1,kr1 agar. agn.bg2 *Ail.*hr1,kr1 aloebg2 *Anac.*bg3 arn.bg2 asar.bg2 *Aster.*hr1,kr1 bamb-a.stb2 *Bapt.* berb.sf,sf1 bry.h,k,* caps.h,k,* carb-ac.a1 *Carb-v.*h,k,* casc.a1,k **Chin.**bg2,k cocaa1 con.bg corn.a1,k dros.bg2 echi.k,k1 ferr.h,k,* ferr-p. *Gels.* gins.a1 graph.bg2 hyos.a1,k ip.bg2 kali-bi.bg2 kali-n.bg2,sf1,* lac-ac. *Laur.*bg2 **Lec.** *Lyc.*a1,k mez.bg2 nat-ar. nat-c.bg nat-m. *Nit-ac.*bg2 **Nux-m.**bg **Nux-v.**bg2 olnd.bg *Op.*bg petr.bg2,hr1,* **Ph-ac. Phos.** phyt.bg2 pic-ac.bg plan. ptel. rhod.bg2 rhus-t.bg2 rumx. sabad.bg2 sel.bg2 sep.bg *Sil.*hr1,kr1 *Spong.*bg2 **Squil.**bg2,k **Staph.**bg2 stram.a1,k theaa1 verat. wies.a1 zinc.bg
☞ *Erschöpfung / Geistige Anstrengung - Abneigung / Ideen - Mangel / Langeweile / Stumpfheit*
- **morgens**: ambr.br1 kali-n.
- **nachmittags**: lyc.a1,k
  - **Gehen** im Freien, nach: arn.
- **abends**: lyc.

– **analytisches** Denken:
- **Fähigkeit** zum analytischen Denken: thuj.a1

– **Beschwerden**:
☞ *Beschäftigung - amel.*
- **amel.**: **Camph.**k1,ptk2,* cic.k,ptk2,* cocc.kr1 *Hell.*k,ptk2,* mag-c. pall. prun.
  ☞ *Beschäftigung - amel.*
- **agg.**; Denken an seine Beschwerden ●: agar. *Alum.* alum-p.k2 alumn.kr1 am-c. ambr. arg-met. *Arg-n.*bg2,sf1,* arn. ars. aur. aur-ar.k2 aur-m. bad.bg2 *Bapt. Bar-c.* bar-m.sf1 borx.c1 bry. calc. *Calc-p. Caust.* cham.h,k2,* chinin-ar. cocc.sf1 *Colch.*bg2,sf1,* con. dros. *Gels.* graph. ham.c1 *Hell. Helon.* hura hydr.bg2 iod.bg2 ip.sf1 lac-c.bg1 *Lach.* laur.bg2 lycps-v.bg2 mag-s. **Med.**k1,st menth-pu.c1 merc.kr1 mosch. nat-m. nat-s.ptk1 *Nit-ac. Nux-m.*bg2,sf1,* *Nux-v.* olnd. **Ox-ac.** *Oxyt.* par.bg phos. *Pip-m.* pip-n.bg2 plan.bg2 plb. *Ran-b. Sabad.* sabalptk1 sars. sep. sin-n.c1 spig. *Spong.* stann.bg2 staph. sumb.c1,ptk1 thuj. thyr.bg2,ptk1 tub.ptk1 zinc.bg2
  ☞ *Angst - Denken / Angst - Gesundheit - eigene / Beschäftigung - amel. / Erzählen - agg. / Hypochondrie / Mürrisch - Denken / Verwirrung - Denken - agg. / Weinen - erzählt - Krankheit / Zorn - Denken*
- **ständig** an seine Beschwerden: *Ham.*st,vh

– **Flüssigkeiten** agg.; an: lyss.ptk1

– **logisches** Denken:
- **Unfähigkeit** zum logischen Denken:
  - **Unterbrechungen**; durch
    ☞ *Verwirrung - Unterbrechungen - logisches*

– **schnell**
☞ *Gedanken - schnell*

– **schneller** als je zuvor:
- **Fieber**; während: pyrog.k2

– **schwieriges** Denken
☞ *Stumpfheit*

– **Trauriges** agg., an: rhus-t.bg2

– **Unangenehmes** agg., an: phos.bg2

Depression
☞ *Traurigkeit*

Depressive Manie
☞ *Manie - abwechselnd mit - Niedergeschlagenheit*

Desorientiert in bezug auf alles: cortico.sp1

Despotisch
☞ *Diktatorisch*

Destruktivität, Zerstörungswut: agar.h,k,* anan.a1,k androc.srj1 apis *Bell.*bg2,k bufo calc. *Camph.* canth. carbn-s. *Cimx.*hr1,kr1 *Con.*hr1,kr1 *Cupr.* cur. fl-ac.bg,ptk1 gal-ac.zr hep.k13,k2 hura *Hyos.*bg2,k iod.hr1,kr1 lach. laur. lil-t.bro1 merc-i-f.bg2,k,* mosch. *Nux-v.*bg2,k2,* oena.hr1,kr1 op.bg2,k phos.hr1,k plat.hr1,k plb.bg2,k sec.bro1 sol-t-ae.a1,k staph. **STRAM.**k1,st stront-c. sulph.bg2,k,* *Tarent.*bg2,k,* *Tub.* *Verat.*bg2,k,* verat-v.bro1
☞ *Heftig / Raserei / Reizbarkeit - abwesenden / Wirft / Zerbricht / Zerreißt - Dinge / Zorn*

– **Betrunkenheit**; bei: bell.gl1 verat.gl1

– **Gemütsbewegungen**; Zerstörungswut durch unterdrückte: anac.vh bell.vh ign.vh nux-v.vh tub.vh

– **gerissen**: *Tarent.*
☞ *Mutwillig*

– **Kindern**, bei: carc.sst

– **Kleidern**, von: *Bell. Camph.* hyos.kr1 *Ign.* nux-v.gl1 plb.bg1,st *Stram. Sulph.* **Tarent.** *Verat.*
☞ *Raserei - zerreißt*
- **zerschneidet** sie: *Verat.*

Dickköpfig
☞ *Eigensinnig*

Diener, Bedienstete zu haben; Verlangen: marb-w.es1

Diktatorisch (= herrschsüchtig, dogmatisch, despotisch): allox.sp1 *Androc.*srj1 apisst arn.h,h1,* ars.ctc aur.k1,k13,* bamb-a.stb2 *Camph.*bg2,k,* caust.bg2,k cham. *Chin.*bg2,gl1,* con.hr1,k *Cupr.*bg2,h2,* dulc.mrr ferr.bg2,k granit-m.es1 lach.bg2,k lil-t.ptk1 **Lyc.**k,vh/dg *Med.*vh,vh/dg,* *Merc.*bg2,k nux-v.lmj pall.ptk1 phos.hr1,kr1 *Plat.*bg2,gl1,* puls.lmj sep.lmj *Sulph.*vh,vh/dg,* verat.bg1,bg2,* vitis-v.rcb1
☞ *Anmaßend / Antworten - diktatorisch / Argwöhnisch / Beschimpfen / Beschwerden durch - Ichbezogenheit / Bestimmtheit / Dogmatisch / Eigensinnig / Grobheit / Hartnäckigkeit / Hochmütig / Ichbezogenheit / Tadelsüchtig / Tadelt andere / Unduldsamkeit / Unverschämtheit / Verächtlich / Widerspenstig / Widerspruch - Neigung*

– **Machtliebe**: granit-m.es1 lyc.
☞ *Hochmütig / Wahnideen - hochgestellte*

– **spricht** in Befehlston: arn.j5 cupr.j5 *Lyc.*j5,kr1 *Phos.*j5,kr1

Diskutieren:
– **politischen** Streitgesprächen, geneigt zu: caust.a1,h
☞ *Erregung - Debatte*

– **Symptome** mit jedem; diskutiert ihre: *Arg-n.*$_{vh,vh/dg}$ phos.$_{vh}$ pop-c.$_{st,vh}$
☞ *Redseligkeit - Gesundheit*

– **Verlangen** zu: trios.$_{jl}$

Dissoziation von der Umwelt: anh.$_{mg,mg1,*}$ phos.$_{vh}$ verat.$_{vh}$

Distanziert: adam.$_{srj5}$ *Androc.*$_{srj1}$ brass-n-o.$_{srj5}$ choc.$_{srj3}$ germ-met.$_{srj5}$ **Granit-m.**$_{es1}$ haliae-lc.$_{srj5}$ hydrog.$_{srj2}$ *Luna*$_{kg1}$ neon$_{srj5}$ syph.$_{al2}$

– **Koitus**; beim: adam.$_{srj5}$

– **Kopfschmerzen** und Übelkeit; mit: androc.$_{srj1}$

Dogmatisch
☞ *Diktatorisch*

Doppelzüngig
☞ *Hinterhältig*

Dreist
☞ *Unverschämtheit*

Drogen:

– **Verlangen** nach:

• **Aufputschmitteln**: androc.$_{srj1}$

Droht: agar.$_{h,j5,*}$ choc.$_{srj3}$ *Hep.* plat.$_{rbr}$ *Stram.* **Tarent.**$_{hr1,k,*}$ *Tub.*$_{st}$ valer.$_{a1}$
☞ *Beschimpfen / Geisteskrankheit - droht / Töten*

– **töten**; droht zu: *Hep.*$_{k,st}$ meli.$_{c1,ptk1}$ *Tarent.*$_{k,kr1,*}$
☞ *Töten, Verlangen zu*

• **Ehefrau** und Kinder: *Hep.*$_{kr1}$

– **zerstören**; droht etwas zu: tarent.$_{kr1}$

Dromomanie
☞ *Impulse - laufen*

Dualität, Gefühl von
☞ *Verwirrung - Identität - Dualität*

Düstere; alles:

– **Abneigung**: rob. stram. *Tarent.*
☞ *Dunkelheit - Abneigung / Farben - schwarz - Abneigung*

Dunkelheit:
☞ *Weinen - Dunkelheit*

– **amel.**: con.$_{ptk1}$ *Euphr.*$_{ptk1}$ graph.$_{ptk1}$ phos.$_{ptk1}$ *Sang.*$_{ptk1}$

– **agg.**: acon. *Aeth.* am-m.$_{bg1,st}$ ars. bapt. **Bell.**$_{ptk1}$ berb. *Calc.* camph. *Carb-an.* *Carb-v.* *Caust.* cupr. *Gels.*$_{ptk1}$ graph. hell.$_{bg}$ *Lyc.* nat-m. *Phos.* plat. *Puls.* rhus-t. sanic. sec.$_{bg}$ sil.$_{vh}$ **Stram.** stront-c.$_{bg1,st}$ *Valer.* zinc.$_{sf1}$
☞ *Angst - abends - Dämmerung / Angst - Dunkelheit / Delirium - Dunkelheit / Empfindlich - Licht / Furcht - Dunkelheit / Furcht - Gehen - vor - Dunkelheit / Konzentration - schwierig - Versuch - dunkel / Licht - Verlangen / Traurigkeit - Dunkelheit / Verlangen; großes - Sonne / Wahnideen - Bilder - Dunkelheit / Wahnideen - Gespenster - Dämmerung / Wahnideen - Menschen - hinter - Gehen - Dunkelheit / Weinen - Dunkelheit / ❑ Allgemeines - Ohnmacht - dunklen / ❑ Auge - Photomanie / ❑ Träume - Dunkelheit*

– **Abneigung** gegen: carb-v.$_{br1}$ sanic.$_{bg1,bg2,*}$
☞ *Düstere - Abneigung*

Dunkelheit: ...

– **hinlegen** und nicht angesprochen werden; möchte sich im Dunklen: *Aur.*$_{vh,vh/dg}$ *Aur-m.*$_{vh,vh/dg}$ bry.$_{vh}$ tarent.$_{k1,k13}$

– **Verlangen** nach: achy.$_{jl,jl3}$ anan.$_{a1}$ choc.$_{srj3}$

Durcheinander (geistig)
☞ *Verwirrung*

Durcheinander (Wohnung etc.)
☞ *Chaotisch / Unordentlich*

Durchhalten; kann nicht
☞ *Erschöpfung - Kummer / Unternimmt - Vieles*

Durchsetzungsvermögen: anh.$_{sp1}$

– **Mangel** an
☞ *Selbstlosigkeit*

Durchtrieben
☞ *Hinterhältig*

Dynamisch
☞ *Aktivität*

Dyslexie: **Germ-met.**$_{srj5}$
☞ *Fehler - Schreiben / Fehler - Sprechen - Buchstabieren*

Egotismus
☞ *Ichbezogenheit*

Ehebrecherisch: calc.$_{gl1,vh}$ canth.$_{gl1,vh}$ caust.$_{gl1,vh}$ ign.$_{oss}$ lach.$_{gl1,vh}$ med.$_{oss}$ phos.$_{gl1,vh}$ plat.$_{gl1,vh}$ puls.$_{gl1,vh}$ staph.$_{gl1,vh}$ verat.$_{gl1,vh}$

Ehemann; Abneigung gegen den
☞ *Abneigung - Ehemann*

Ehre:

– **Ehrgefühl**, kein: anac.$_{gl1}$ ars.$_{gl1}$ hyos.$_{gl1}$ lach.$_{gl1}$ verat.$_{gl1}$

– **verletzte** Ehre; Beschwerden durch
☞ *Beschwerden durch - Ehre*

Ehrfurcht, Bewunderung: anac.$_{j}$ ars.$_{j}$ aur.$_{j}$ bell.$_{j}$ coff. croc.$_{j}$ hyos.$_{j}$ lach.$_{j}$ lyc.$_{j}$ puls.$_{j}$ stram.$_{j}$ sulph.$_{j}$ verat.$_{j}$
☞ *Bewunderung / Respekt, Ehrfurcht*

Ehrgeiz: acon.$_{bg2,gl1}$ alum.$_{gl1}$ asar.$_{gb}$ *Caust.*$_{bg2,gl1,*}$ *Cocain.*$_{gl1,vh/dg}$ con.$_{gl1}$ graph.$_{gl1}$ *Lach.*$_{gl1}$ lyc.$_{gl1}$ **Nux-v.**$_{gl1,vh/dg}$ *Pall.*$_{gl1,sf1,*}$ **Plat.**$_{gl1,sf1,*}$ puls.$_{bg2,gl1}$ staph.$_{gl1}$ **Verat.**$_{gl1,vh/d}$
☞ *Beschwerden durch - Ehrgeiz / Widerspruch - verträgt*

– **Geld** zu verdienen: ars.$_{gl1}$ calc.$_{gl1}$ lyc.$_{gl1}$ nux-v.$_{gl1}$ sulph.$_{gl1}$

– **nicht** genug Ehrgeiz
☞ *Gleichgültigkeit*

– **Mittel** ein; setzt alle erdenklichen: lyc.$_{gl1}$ plat.$_{gl1}$ *Verat.*$_{gl1}$

– **Ruhm**, nach: alum.$_{gl1}$ con.$_{gl1}$ graph.$_{gl1}$ lach.$_{gl1}$ nux-v.$_{gl1}$ staph.$_{gl1}$

– **Verlust** von: am-m.$_{a1,gl1}$ *Ambr.*$_{vh,vh/dg}$ apoc.$_{a1}$ arg-n.$_{a1,ptk2}$ ars.$_{a1,gl1}$ bar-c.$_{vh}$ calc-sil.$_{a1,k2}$ caust.$_{a1,ptk2}$ dios.$_{a1}$ erig.$_{a1}$ nat-p.$_{a1}$ petr.$_{a1}$ rob.$_{a1}$ *Sep.*$_{a1,gl1}$ *Sulph.*$_{vh,vh/dg}$

• **Enttäuschung**, durch: nux-v.$_{ptk1,ptk2}$
☞ *Faulheit*

Eifersucht: anac.bg2 anan. *Apis*c2,k ars.gl1 bamb-a.stb2 bufogk calc-p. *Calc-s.* camph. *Cench.* *Cocain.*br1 coff. coloc.k2 gal-ac. haliae-lc.srj5 **HYOS.**k1,st ign. ip.kr1 kali-ar.c1,kr1,* kali-c.st,vh **LACH.**c2,k1,* lil-t.bg2 lyc.bg2,gl1,* *Med.*st merc.mrr,pd nat-m.gb *Nux-m.*pd,st **Nux-v.**k1,st op. ph-ac. *Puls.* raph. sabad.dgt *Staph.*k1,vh,* *Stram.*k,vh thuj.k2 verat.gl1,mrr

☞ *Argwöhnisch / Beschwerden durch - Eifersucht / Delirium - Eifersucht / Eifersucht - Betrunkenheit / Geiz / Liebe - liebeskrank / Neid / Selbstsucht / Streitsüchtig - Eifersucht / Traurigkeit - glücklich / Verleumden / Wahnideen - Ehefrau - untreu*

– **Beschimpfen**, treibt zum: *Nux-v.*gl1,hr1,*

– **beschuldigt** seine Ehefrau untreu zu sein: *Stram.*hr1,kr1

– **Beschwerden** durch

☞ *Beschwerden durch - Eifersucht*

– **Betrunkenheit**; bei: *Hyos.*gl1 lach.gl1 nux-v.gl1 puls.gl1 staph.gl1

☞ *Eifersucht*

– **brutal** aus Eifersucht; zärtlicher Ehemann wird: calc.gl1 lach.gl1 nux-v.gl1 sulph.gl1

☞ *Brutalität*

– **Frauen**:

• **zwischen**: ars.gl1,vh nat-m.gl1,vh nux-v.gl1,vh sep.gl1,vh

• **bei**: *Apis*kr1

– **glücklich** zu sehen; andere

☞ *Neid - glücklich*

– **Impotenz**, mit: calad.gl1 nux-v.gl1,vh

– **irrational**: cocain.ptk1

– **Kindern**, zwischen: ars.gl1,vh carc.cd nat-m.gl1,vh nux-v.gl1,vh sep.gl1,vh verat.ms

– **Liebe**; aus enttäuschter: hyos. *Lach.*vh,vh/dg,* nat-m.st

– **Männern**, zwischen: ars.gl1,vh lach.gl1,vh puls.gl1,vh verat.gl1,vh

– **Mord**; treibt zum: **Hyos.**kr1

☞ *Töten*

– **Personen** in der Umgegend; auf: op.a1

– **rachsüchtig**: hyos.gl1

☞ *Boshaft*

– **Raserei**, mit: **Hyos.**hr1,kr1 *Lach.*vh,vh/dg

– **Redseligkeit**, mit: lach.gl1 mag-c.gl1 petr.gl1

☞ *Redseligkeit*

– **reißt** sich die Haare aus: lach.gl1

☞ *Ziehen - Haaren*

– **sagt** und tut; was er sonst nicht sagen und tun würde: bell.gl1 lach.gl1 sulph.gl1

– **schlagen**; treibt dazu, die Ehefrau zu: *Calc.*vh,vh/dg lach.gl1,vh nux-v.gl1,vh sulph.vh

☞ *Schlagen*

– **sexueller** Erregung, mit: calc.gl1 caust.gl1 chin.gl1 con.gl1 nux-v.gl1 phos.gl1

– **Streiten**, Vorwürfen und Beschimpfungen; mit: gal-ac.a1 *Lach.*kr1 *Nux-v.*gl1,k2,*

☞ *Streitsüchtig - Eifersucht*

– **Tiere** oder leblose Objekte; auf: caust.gl1,vh hyos.gl1,vh lach.gl1,vh nux-v.gl1,vh

– **Traurigkeit**, mit: *Kali-ar.*hr1,kr1

– **unwiderstehlich**, so töricht sie auch ist: *Lach.*

Eifersucht: ...

– **Verbrechen**, bis zum: hyos.gl1 lach.gl1

– **Vernachlässigung**; beschuldigt den Ehemann der: *Stram.*hr1,kr1

– **Vorstellungen**, mit schrecklichen: *Lach.*hr1,kr1

– **Weinen**, mit: caust.gl1,vh nux-v.gl1,vh petr.gl1,vh

– **wertschätzen**; möchte, daß andere nichts: *Ip.*kr1

Eigensinnig, starrköpfig, dickköpfig: abrot.bg2,sf1 *Acon.* act-sp. *Agar.* alco.a1 aloe **Alum.** alum-p.k2 alum-sil.k2 alumn. am-c. **Anac.** androc.srj1 *Ant-c.*bg2,bro1,* ant-t. apis **ARG-N.**k1,st arn. *Ars.* ars-s-f.k2 arum-t.bg2 aur. aur-ar.k2 aur-s.k2 bamb-a.stb2 bar-act.a1 bar-c.oss **Bell.** *Bry.*bro1,k bufogk **Calc.** calc-ar.k2 calc-p.j *Calc-s.*k1,st camph. canth. *Caps.* carb-an. carb-v. carbn-s.a1 carc.c1,mg1,* *Caust.*gl1,k1 **Cham.** chel. *Chin.* chinin-s. *Cina* cocakr1 coloc.sf1 croc. *Crot-h.*kr1 cupr.j cycl. dig. dros. emb-r.bnj1 ferr. ferr-ar. ferr-p. galv.c1 guaj. hell.gl1,k2 *Hep.* hura hydrog.srj2 *Hyos.*gl1,k1 *Ign.* ip. kali-bi.oss *Kali-c.* kali-i. kali-m.k2 *Kali-p.* kali-s. kali-sil.k2 kalm. kreos. lach. *Lyc.*k,vh *Mag-m.* *Med.*hu menis.a1 merc. mosch.k2 mur-ac. nat-c.h nat-m.gk *Nit-ac.* **Nux-v.** *Pall.* petr.a1,sf1 *Ph-ac.* phel.j5 phos. plat.gl1 plb. *Psor.* puls.bg2 rhus-t.j sanic. sec. sep.bg2,gl1 *Sil.* *Spong.* *Staph.*bro1 stram. *Sulph.* syph.st **Tarent.** *Thuj.*k1 *Tub.*bg2,mg1,* verat.gl1 viol-o. viol-t.bg2 zinc. zinc-p.k2

☞ *Beharrlichkeit / Bestimmtheit / Diktatorisch / Entschlossenheit / Hartnäckigkeit / Herausfordernd / Schmollen / Schreien - hartnäckig / Streitsüchtig / Ungehorsam / Vorschläge / Widerspenstig / Widerspruch - Neigung*

– **vormittags**: chinin-s.a1

– **abends**: ign.a1,j5 mur-ac.a1

– **nachts**: dig.a1

◆ **abwechselnd** mit:

• **Milde**: *Cupr.*hr1,kr1,*

– **Dummkopf**, wie ein: lyc.gl1 plat.gl1 verat.gl1

– **Fieber**; während: acon.j5

– **Hautausschlag**, bei: psor.st

– **Kinder**: abrot.sf1 am-c.j5,sf1 *Ant-c.*sf1 ars.sf1 arum-t.sf1 aur.sf1 bell.j5,sf1 *Cham.*kr1,sf1 *Chin.*kr1,sf1 *Cina*kr1,sf1 hyos.sf1,st kreos.sf1 lyc.j5,sf1 sanic.c1 sec.j5,sf1 sil.j5,sf1,* syph.sf1,st thuj.kr1,sf1 **Tub.**sf1,st

• **Dickwerden**; mit Neigung zum: **Calc.**

• **frostig**, widerspenstig und ungeschickt: *Caps.*

• **Masturbation** bei Knaben; nach: aur.sf1

• **reizen**, ärgern ihre Umgebung: *Psor.*kr1

• **weinen** jedoch, wenn man freundlich zu ihnen spricht: sil.

☞ *Angesprochen - Abneigung*

– **liebenswert** zu erscheinen; versucht: *Pall.*kr1

– **Menorrhagie**, bei: *Nux-v.*kr1

– **Menses**:

• **während**:

• **Beginn** der Menses; zu: *Cham.*a1,k,*

– **Plänen**; bei der Ausführung von: dros.a1,kr1

– **nichts**; erklärt, es fehle ihm: apis **Arn.**

☞ *Delirium - gesund / Gesund - sagt - krank / Reizbarkeit - schickt / Wahnideen - gesund, er*

– **Stuhlgang**, beim: sulph.$_{h}$
– **Umherwerfen**, mit ungeduldigem: *Acon.*$_{kr1}$
– **unsinnigsten** Einwände; hat gegen alle Vorschläge die: **Arg-n.**
– **widersetzt** sich den Wünschen anderer: alum.$_{a1}$ **Nux-v.**$_{gl1,kr1}$

Eigenwillig
☞ *Eigensinnig*

Eile
☞ *Hast*

Einbildungen; krankhafte
☞ *Wahnideen*

Einfälle
☞ *Ideen - Reichtum*

Eingebildet
☞ *Hochmütig*

Eingebildete Krankheit
☞ *Wahnideen - krank - sein*

Einsamkeit:
– **Abneigung** gegen
☞ *Gesellschaft - Verlangen*
– **Verlangen** nach
☞ *Gesellschaft - Abneigung*
– **Gefühl** von
☞ *Verlassen*

Einswerden, Vereinigung, Unio:
☞ *Brüderlichkeit / Freundschaftsbekundungen / Liebe - überschwenglich / Verbrüdert*
– **Gefühl** des Einswerdens:
☞ *Brüderlichkeit / Freundschaftsbekundungen / Liebe - überschwenglich / Verbrüdert*
• **Universum**; mit dem: haliae-lc.$_{srj5}$
– **höheren** Bewußtsein; mit einem
☞ *Wahnideen - Bewußtsein - höheren*

Eitelkeit: ars.$_{bng}$ *Bell.*$_{gl1}$ carc.$_{cd}$ lil-t.$_{ptk1}$ lyc.$_{gl1}$ marb-w.$_{es1}$ *Merc.*$_{gl1}$ nux-v.$_{gl1}$ plat.$_{gl1}$ *Puls.*$_{gl1}$ sulph.$_{gl1}$ verat.$_{ptk1}$
☞ *Albernes - Glück / Extravaganz / Geziertheit / Hochmütig / Ichbezogenheit / Schmeicheln - Verlangen / Verlangen; großes - guten / Wahnideen - minderwertig*

Ekel
☞ *Abscheu / Lebensüberdruß / Unanständig / Unzüchtig / Widerwillen*

Ekstase: **Acon.** aether$_{a1}$ *Agar.* agn. am-c. androc.$_{srj1}$ ang. *Anh.*$_{mg1,sp1}$ *Ant-c.* apis$_{bg2}$ arn. astra-e.$_{jl}$ bell. berb.$_{sf1}$ bry. camph. cann-i. canth.$_{bg2}$ carbn-h. castm.$_{sf1}$ cham. *Cic.* coca$_{a1}$ *Cocc.* *Coff.*$_{c2,k}$ croc.$_{bg2,sf1}$ crot-h. cupr. cupr-am-s.$_{a1}$ cur. cypr.$_{c2,k}$ ery-a.$_{a1}$ fl-ac.$_{a1}$ hyos. ign.$_{bg2}$ iod.$_{a1}$ jatr-c. keroso.$_{c1,c2}$ kres.$_{jl,mg1,*}$ *Lach.* lyss.$_{kr1}$ *Neon*$_{srj5}$ nitro-o.$_{a1}$ nux-m. olnd. *Op.* ph-ac. **Phos.** plat. plb. sel.$_{bg2}$ sil.$_{bg2}$ stann.$_{bg2}$ staph.$_{bg2}$ stram.$_{c2,k}$ sulph.$_{bg2}$ sumb.$_{a1}$ thea valer. verat.$_{bg2}$
☞ *Beschwerden durch - Freude - übermäßige / Erotisch / Erregung / Freude / Hochgefühl / Mondschein / Redseligkeit - Ekstase / Sentimental*
– **morgens** beim Erwachen: crot-h.$_{a1}$

Ekstase: ...
– **nachts**: cur.$_{a1,k}$
• **Erwachen**, beim: *Cypr.*
• **Gehen** im Mondschein; beim: **Ant-c.**$_{hr1,k}$
☞ *Mondschein*
◆ **abwechselnd** mit:
• **Traurigkeit**: senec.
– **erhaben**: crot-h.$_{a1}$ lach.$_{a1}$
– **erotisch**: ant-c.$_{h}$ op.$_{a1,k}$ pic-ac.$_{a1,k}$ thea$_{a1}$
☞ *Erotisch*
• **Schlaf**, im: phos.$_{a1,k}$
– **Fieberhitze**
☞ *Hitze*
– **Freude**; wie nach übermäßiger: lach.$_{a1}$
– **Gehen** im Freien, beim: cinnb.$_{a1}$
☞ *Mondschein*
– **Hitze**; während: chin. *Cic.*$_{hr1}$ coff. laur. puls. sabad.
– **periodisch**: *Cic.*$_{hr1,kr1}$
• **zweimal** täglich zu sterben; scheint: *Cic.*$_{kr1}$
– **Schweiß**, beim: carb-v. iod. nit-ac. sulph.

Ekstatisch, verzückt
☞ *Gedanken versunken*

Eleganz, Anmut:
– **keine** Eleganz: am-c.$_{gl1,vh}$ am-m.$_{gl1,vh}$ ars.$_{gl1}$ caps.$_{gl1,vh}$ caust.$_{gl1}$ lach.$_{gl1}$ nat-c.$_{gl1,vh}$ nat-m.$_{gl1,vh}$ nux-v.$_{gl1,vh}$ sep.$_{gl1}$ sil.$_{gl1,vh}$ sulph.$_{gl1,vh}$
☞ *Geschmacklosigkeit / Gleichgültigkeit - Erscheinung / Gleichgültigkeit - Äußerlichkeiten*
• **Frauen**; bei: calc.$_{gl1}$ nat-m.$_{gl1}$ nux-v.$_{gl1}$ plat.$_{gl1}$ sil.$_{gl1}$

Elend; fühlt sich: adam.$_{srj5}$ germ-met.$_{srj5}$ haliae-lc.$_{srj5}$ neon$_{srj5}$ tab.$_{ptk1}$
– **Körper**; unglücklich über ihren: adam.$_{srj5}$
– **Menses**; während: adam.$_{srj5}$

Empathie
☞ *Mitgefühl*

Empfindlich (= überempfindlich): *Acon.* *Aesc.* aeth. alco.$_{a1}$ all-s.$_{kr1}$ aloe$_{a1}$ alum. am-c.$_{k,k2}$ *Ambr.*$_{bg2,sf1}$ **Anac.**$_{gl1,k1,*}$ ang. anh.$_{sp1}$ ant-c. ant-o.$_{a1}$ ant-t.$_{bg2}$ apis aq-mar.$_{jl}$ aran-ix.$_{sp1}$ arg-met.$_{k2}$ **Arg-n.** *Arn.* *Ars.* ars-i. ars-s-f.$_{k2}$ asaf. *Asar.* atro.$_{a1}$ *Aur.*$_{c2,k}$ aur-ar.$_{k2}$ aur-s.$_{k2}$ bamb-a.$_{stb2}$ *Bar-c.* **Bell.**$_{c2,k}$ **Borx.** *Bov.* bry. bufo$_{k2}$ buth-a.$_{sp1}$ cadm-met.$_{jl,sp1}$ *Calc.* calc-ar.$_{k2}$ calc-p. *Calc-s.* calen.$_{j5}$ camph. cann-s. *Canth.* caps.$_{k2}$ carb-an. *Carb-v.* carbn-o.$_{a1}$ *Carbn-s.* carc.$_{mg1,sk1,*}$ castm. **Caust.**$_{gl1,k1,*}$ cere-s.$_{a1}$ *Cham.*$_{c2,k}$ **Chin.** **Chinin-ar.** **Chinin-s.** choc.$_{srj3}$ cic. cimic.$_{sf1}$ *Cina* clem. coc-c.$_{sf1}$ *Cocc.* **Coff.** colch. coloc. con. convo-s.$_{sp1}$ cop.$_{a1}$ croc.$_{bg2}$ *Crot-h.* cupr. daph. des-ac.$_{jl}$ dig. digin.$_{a1}$ dros. *Ferr.* ferr-ar. ferr-p. *Fl-ac.* **Gels.** gran. graph.$_{bg2}$ haem.$_{j5}$ haliae-lc.$_{srj5}$ ham.$_{k2}$ hell.$_{j5}$ hep. hist.$_{jl,sp1}$ hydrog.$_{srj2}$ *Hyos.* hyper.$_{c1}$ hypoth.$_{jl}$ **Ign.**$_{c2,k}$ *Iod.* ip.$_{bg2}$ *Kali-ar.* kali-bi.$_{a1}$ *Kali-c.* kali-i.$_{k1}$ kali-n. *Kali-p.* *Kali-s.* kreos. *Lac-c.* *Lach.* *Lat-m.*$_{sp1}$ laur. lil-t.$_{k2}$ limest-b.$_{es1}$ luna$_{kg1}$ **Lyc.** **Lyss.** *M-arct.*$_{j5}$ mag-c.$_{bg2}$ *Mag-m.* mag-s.$_{a1}$ mand.$_{sp1}$ mang.$_{bg2,sf1}$ mate$_{mg1}$ *Med.* meny.$_{sf1}$ meph. *Merc.* merc-c.$_{a1}$ mez.

Empfindlich: ...
morph.a1 mosch.c1 mur-ac.h,sf1 murx.bg2,sf1 mygal.sf1 *Nat-ar.* *Nat-c.* **Nat-m.** *Nat-p.* *Nat-s.* **Nit-ac.** **Nux-v.** olnd.c1 onop.jl *Op.*bg2,k2,* paeon.bg2 paull.a1 petr.k2 ph-ac. phenob.jl,srb2 **Phos.** phos-h.c1 *Plat.* **Plb.** psil.ft1 psor. **Puls.** pyrog.sf1 **Ran-b.** rhus-t.a1 sabad. *Sabin.* samb. *Sang.*a1,bg2,* sanic. sars. *Seneg.* *Sep.* **Sil.** spig. stann. **Staph.**gl1,k1,* stram.a1,sf1 stry.a1 sul-i.bg2 **Sulph.** tab. tarent.bg2 tell.bg2,sf1 ter.bg2 *Teucr.* thala.sf1 theaa1 **Ther.** thuj. tub.bg2,c1 tub-m.vn upa.a1,c1 **Valer.** *Verat.*gl1,k1 viol-t. vip.ptk1 visc.sp1 voes.a1 *Zinc.* zinc-c.a1 zinc-cy.a1
☞ *Auffahren / Beleidigt / Ermahnungen / Gewissenhaft / Gleichgültigkeit / Reizbarkeit / Sinne - scharf / Wahnideen - kritisiert / ☐ Allgemeines - Empfindlichkeit*

– **tagsüber**: carb-v.
– **morgens**: calc. graph. hyos.a1 nat-s.a1,k *Thuj.*
– **vormittags**: nat-c.a1
– **mittags**: zinc.j5
– **nachmittags**: ph-ac.j5 plat.j5 sulph.j5
– **abends**: *Calc.* merc.j5 nat-m.j5 ph-ac.j5 plat.j5 ran-b.a1
– **nachts**: kali-c.j,j5,*
◇ **abwechselnd** mit:
• **Gleichgültigkeit**: bell.j5
– **allem**, gegenüber: mag-p.k2 sul-i.ptk1
– **äußerliche** Eindrücke; gegen alle: arg-met.k2 arn. ars.hr1,k2,* bell.k2 caps.k13,k2,* cham.k13,k2 choc.srj3 clem.a1,k *Cocc.* *Colch.*a1,k hep.k13,k2 hydrog.srj2 *Iod.*k,k1,* just.br1 lac-c.st lach.k13,k2,* limest-b.es1 *Nit-ac.* *Nux-v.*hr1,k ph-ac. **Phos.**k,vh/dg sanic.c1 *Staph.* stry.a1 sul-i.ptk1
☞ *Beeindrucken*
– **Berührung**, gegen: *Acon.*k2,sf1 caust.k2 chin.k2,sf1 cinak2 coff.k2 foll.jl,k2 haliae-lc.srj5 *Lach.*k2,sf1,* mag-c.br1,k2 meny.k2,sf1 op.gl1,k2 phos.k2 staph.k2 tell.jl,k2
– **Beschwerden**; gegen die geringsten: nux-v.
☞ *Beleidigt / Hypochondrie*
– **bestimmte** Personen, gegen: am-m. aur. calc. crot-h. **Nat-c.** sel. stann.
☞ *Abneigung - Menschen*
– **Bewegungen** im Zimmer: lach.k2
– **Eisenspitzen**; gegen auf sie gerichtete: apis nat-m.st **SIL.**k1,st **SPIG.**k1,st
– **Elektrizität**; gegen: marb-w.es1
– **Erregung**: mag-p.k2
☞ *Erregung*
– **Essen**:
• **beim**: teucr.j5
• **nach**: cann-s.j5 **Nux-v.**hr1,kr1 teucr.j5
– **Farben**, gegen: choc.srj3 kali-c.j5
☞ *Farben*
– **Fieberfrost**
☞ *Frost*
– **Frost**; während: **Acon.**bg2 *Aur.*bg2 bry. *Caps.* **Cham.**bg2 chin. **Coff.**bg2 colch. con.bg2 hep. nat-c. **Nux-v.**bg2 petr. phos. *Sel.*bg2 **Sep.**bg2 verat.
– **Gehen** anderer Menschen im Zimmer; gegen das: lach.k2
– **geistige** Eindrücke; gegen: am-c.bg2 ars.bg2 aur.bg2 bar-c.bg2 calc.bg2 clem.bg2 croc.bg2 dig.bg2 graph.bg2 hep.bg2 iod.bg2 lyc.bg2 mag-c.bg2 nat-c.bg2 nit-ac.bg2 phos. sep.bg2 sil.bg2 tarent.bg2 zinc.
☞ *Beeindrucken / Unentschlossenheit*
– **geistiger** Anstrengung; nach: *Lach.*kr1
☞ *Beeindrucken / Unentschlossenheit*
– **Geräusche**, gegen: achy.jl **Acon.**a1,k adam.srj5 allox.sp1 aloe alum. alum-p.k13,k2 alum-sil.k13,k2 am-c. ambr. anac.bg2,jl androc.srj1 *Ang.*bg2 anh.mg,mg1,* ant-c. ant-t.a1,k apis aqui.br1 aran-ix.jl,jl3,* *Arg-n.* *Arn.*hr1,k *Ars.*h,k,* *Ars-i.* **Asar.** *Aur.* aur-ar.k2 aur-i.k2 aur-m.k13,k2 bad.h bamb-a.stb2 bapt. *Bar-c.* bar-i.k13,k2 **Bell.**h,k,* **Borx.** *Bry.*a1,k bufo buth-a.sp1 cact.k,sp1 cadm-met.gm1 *Calad.*a1,bg2,* *Calc.*h,k,* calc-f.sp1 calc-sil.k13,k2 camph. cann-i.a1 cann-s. caps. carb-an. *Carb-v.*h,k,* *Carbn-s.* card-b.a1 card-m. *Caust.* *Cham.* chel. **Chin.**h,k,* chin-b.hr1,kr1 chinin-ar.k2 chlol.hr1,kr1 cic.h,k,* cimic.hr1,k cinnb.a1,k *Cocc.*h,k,* **Coff.** colch. **Con.**h,k,* convo-s.jl,sp1 cop.a1,bg2 cortiso.gse crot-h.hr1,kr1 cyn-d.jl,jl3 *Ferr.*a1,k *Ferr-ar.* *Ferr-p.* *Fl-ac.*hr1,k,* foll.jl,jl3 gels. glon.bro1 haliae-lc.srj5 *Hell.* hep.c1,st hura hyos. *Ign.*a1,k *Iod.*gl1,k1,* *Ip.* kali-ar. **Kali-c.** kali-i. *Kali-p.* kali-s. kali-sil.k13,k2 lac-ac.hr1,kr1 *Lac-c.* *Lach.* *Lachn.*hr1,kr1 *Lat-m.*jl,jl3,* lept.bg2 *Lyc.*a1,k lycpr.bro1 *Lyss.* mag-c.bg2,hr1,* *Mag-m.* mag-p.k2 manc. *Mand.*mg,mg1,* mang. *Med.* *Merc.* mosch. *Mur-ac.*hr1,kr1,* nat-ar. *Nat-c.* *Nat-m.* nat-p. *Nat-s.* nat-sil.k13,k2 **Nit-ac.** *Nux-m.*hr1,kr1 **Nux-v.** onos.bro1 **Op.** ox-ac. palo.jl,jl3 ph-ac. phel.sf,sf1 *Phos.*a1,k plan.a1 *Plat.* ptel. *Puls.* raph.a1 rhus-t. sabad.hr1,k sang.sf1 sec.hr1,kr1 seneg.bg2 **Sep.**a1,k **Sil.**a1,k *Spig.* stann. staph.k13,k2 stram.bg2 stry.a1 sulfonam.jl,jl3 sulph.bg2,gl1 syph.bg1,st tanac. tarent.bro1 **Ther.** **Tub.**st v-a-b.jl,jl3,* visc.jl,jl3,* yuc.a1 **Zinc.**a1,k **Zinc-p.**k13,k2,*
☞ *Weinen / Angst - Geräusche / Auffahren - Geräusche / Beschwerden durch - Schreck / Furcht - Geräusche / Reizbarkeit - Geräusche / Reizbarkeit - Musik - während / Traurigkeit - Geräusche / Unduldsamkeit - Geräuschen / Wahnideen - Geräusche - hören / Weinen - Geräusch / ☐ Allgemeines - Geräusche - amel. / ☐ Brust - Herzklopfen - Geräusch / ☐ Gesicht - Schmerz - Geräusche / ☐ Hören - Überempfindliches - Geräusche / ☐ Schwindel - Geräusche*
• **agg.** die Schmerzen; Geräusche: ars.gm1 coff.k2 ther.ptk1
• **morgens**: *Fl-ac.*hr1,kr1,*
• **abends**: *Calc.*
• **Abneigung** gegen: asar.ptk1 borx.ptk1 con.ptk1 ferr.a1 kali-c.ptk1 op.ptk1 raph.a1 zinc.a1
• **andere** Äpfel essen, sich räuspern oder die Nase schneuzen; erträgt es nicht anzuhören, wie: lyss.a1,kr1
• **durchdringende** Geräusche
☞ *schrille*
• **Einschlafen**; beim: *Calad.*hr1,kr1,* *Calc.*
• **Entbindung**, bei der: bell. borx. *Chin.* cimic.hr1,k *Coff.*
• **Fieberfrost**
☞ *Frost*

– **Geräusche**, gegen: ...
• **Frost**; während: bell. **Caps.** gels. *Hyos.*
• **Füßen**; von
☞ *Schritten*
• **geringste** Geräusch; gegen das: acon. aloe alum-sil.k2 ant-c. arg-n. **ASAR.**k1,st bad.ptk1,ptk2 bar-c. *Bell.*kr1 *Borx.* bufobr1,k2 cinnb. *Cocc.*k2,kr1 **COFF.**k1,st *Ferr.* lach.k2 *Lyc.* nat-c.k2 nat-s. **Nux-v. Op.** *Phos. Sabin. Sep.*gl1,st **Sil. THER.**k1,st tub.gb uvavh xan.c1
☞ *Erschreckt*
• **aber** nicht gegen lautes Geräusch, Lärm: borx.ptk1
• **Kratzen** über Leinen, Seide oder Saiten; gegen das: *Asar.*bg2,kr1,*
• **Menses**, während: kali-p.
☞ *Menses - während; Gemütssymptome*
• **Musik** amel.: anh.jsa,sp1 **Aur.** *Aur-m.*jsa bufogk,k2 carc.st,tp1,* cop.jsa,st croc.bg2 mang.st merc.jsa,st nat-m.bg2,st,* sul-ac.bg2,st,* sumb.bg2,st,* **Tarent.**k,k1,* thuj.bg2,st,* tub.bg2,st,*
☞ *Musik - amel.*
• **plötzlich**: borx.br1,ptk2 calad.ptk1 cocc.ptk1 limest-b.es1 nat-c.ptk1 nat-m.ptk1
• **Knall**, Schuß: borx.bg2
• **Rascheln** von Papier; gegen: *Asar.*k2,sf1,* ferr.hr1,k2,* lyc.k13,k2 nat-c.k13,k2 tarax.h,k2 zinc.k2
☞ *Auffahren - Rascheln*
• **schmerzhafte** Empfindlichkeit gegen: am-c.hr1,kr1 arn.hr1,kr1 *Coff.*hr1,k2,* *Con.*hr1,kr1 *Nux-v.*k2,kr1,* *Sang.*hr1,kr1 seneg.hr1,kr1 *Sil.*hr1,kr1 *Spig.*hr1,kr1 **Ther.**vh,vh/dg
• **schmerzenden** Körperteilen; in
☞ *agg.*
• **schrille** Töne, gegen: *Asar.*bg,vh bar-c.bg,ptk1 *Calc.* chin.bg,ptk1 cocc.bg,ptk1 con.bg,ptk1 ferr.bg,ptk1 iod.bg,ptk1 lept.bg,ptk1 lil-t.bg,ptk1 lyc.bg,ptk1 manc.bg,ptk1 mur-ac.bg,ptk1 *Nit-ac.* sabin.bg,ptk1 *Ther.*bg,kr1
• **Schritten**; gegen das Geräusch von: bamb-a.stb2 **Coff.** *Nit-ac.* **Nux-v.** sang. *Sil. Teucr.*
• **sprechen**, zu: agar.kr1 am-c.a1,kr1 cact.kr1 *Cocc.*kr1 *Coff.*kr1 *Con.*kr1 *Ign.*kr1 petr.ptk1 **Zinc.**kr1
• **Stimmen**, gegen: am-c.a1 *Ars.* aur. aur-ar.k2 bar-c.hr1 *Cocc. Con.* ferr-ar.k2 kali-ar. *Kali-c. Mag-m.* mur-ac.k2,kr1 *Nit-ac.* **Nux-v.** ph-ac.h *Sil. Teucr.* **Zinc.**
☞ *Zorn - Sprechen - andere*
• **Männerstimmen**: bar-c. *Nit-ac.*
☞ *Abneigung - Männer / Furcht - Männern*
• **Uhr**, das Klingeln von Glocken; gegen das Schlagen der: ant-c.ptk1 **ASAR.**st **Coff.**k2,vh/dg,* dros.st **THER.**st
• **Vögeln**; von: bamb-a.stb2
• **Wagen**; gegen in der Straße vorüberfahrende: chen-a.c1 nit-ac.k2
• **Wasser**; gegen das Geräusch von plätscherndem: brom.ptk1 **Lyss. Nit-ac.** stram.
☞ *Tollwut*
– **Gerüche**; gegen: aran-ix.bg2,jl,* ars.bg2 aur.bg2 bell.bg2 calc-f.bg2,sp1 carb-ac.bg2 *Caust.*bg2,gl1 cham.bg2,gl1 coff.bg2,k2 *Colch.*bg2 dros.bg2

– **Gerüche**; gegen: ...
eup-per.bg2 gink-b.sbd1 graph.bg2 ign.bg2 lach.bg2,k2 lyc.bg2,st lyss.c1 mand.bg2,mg1,* merc.bg2,gl1 *Merc-i-f.*bg2 *Nux-v.*bg2,gl1 phos.bg2,k2,* sang.bg2 **Sep.**bg2 stann.bg2 staph.bg2,k2 sulph.bg2,k2,* ther.bg2 vario.bg2
☞ ☐ *Allgemeines - Ohnmacht - Gerüche* / ☐ *Kopf - Schmerz - Gerüche - kräftig - durch* / ☐ *Nase - Geruch - überempfindlicher*
– **gesagt** wird; was über sie
☞ *Meinung*
– **Grausamkeiten**; beim Hören von: **Calc.** *Caust.*vh,vh/dg *Phos.*vh,vh/dg
☞ *Qualvolle Angst - Schrecklichem / Schreckliches*
– **Grobheiten**, gegen: *Calc.* carc.tp1 cocc. *Colch.* med. nat-m. nux-v. ph-ac. **Staph.**
☞ *Beschwerden durch - Verachtung*
– **Hitze**; während: bell. carb-v. lyc. nat-m. nit-ac. **Puls.** teucr. valer.
– **Kaffee**, nach: **Cham.**
– **Kinder** ●: *Acon.* ant-c.j5 ant-s-aur. ant-t.h,k,* *Bell.* borx.j5 calc. *Cham. Gels.*hr1 *Kali-p. Phos. Puls. Staph. Teucr.*
– **Klang** vorbeifahrender Fahrzeuge; gegen den
☞ *Geräusche - Wagen*
– **Kritik**
☞ *Vorwürfe / Wahnideen - kritisiert*
– **Lesen**, gegen: crot-h. lach. mag-m. merc.
☞ *Lesen - agg.*
– **Licht**, gegen: *Acon.* androc.srj1 aqui.br1 *Ars.* aur.sf1 bad.h **BELL.**k1,st buth-a.sp1 *Colch.* con.j5 *Kali-p.* lac-c.k,k2 **Nux-v. Phos.** sang.sf1 stram.k2 tub.bgs
☞ *Dunkelheit - agg. / Licht - Abneigung - meidet* / ☐ *Allgemeines - Licht - agg.* / ☐ *Auge - Photophobie* / ☐ *Kopf - Schmerz - Licht - durch*
– **Mangel** an Empfindlichkeit: ant-c.st bell.a1,k cann-i.a1 chin. con. cupr. cupr-act.a1 cycl. daph. euphr. *Hydr-ac.*gl1 hyos.gl1 *Lyc.*gl1 *Ph-ac.* phos. ran-b. rheum rhod. sabin. staph. stram.
☞ *Enthüllt / Gefühllos / Gleichgültigkeit / Grausamkeit / Hartherzig / Indiskretion / Neugierig / Redseligkeit / Spioniert / Unaufmerksam / Unbesonnen / Überstürzt*
– **Meinung** anderer; in bezug auf die: germ-met.srj5 stann.ptk1 staph.br1,ptk1
☞ *Furcht - Meinung*
– **Menses**:
• **vor**: nit-ac. *Nux-v. Sep.*
☞ *Menses - vor; Gemütssymptome*
• **während**: am-c.j5,kr1 lyc.hr1,kr1 *Nux-v.*hr1,kr1 phos.hr1,kr1 plat.hr1,kr1
☞ *Menses - während; Gemütssymptome*
– **moralische** Eindrücke, gegen: all-s.a1,k aster.a1 chin.gl1 dig. hydrog.srj2 ign. nuph.a1,c1 nux-v.gl1 plb.a1 psor. *Puls.*gl1 staph.gl1 upa.a1
☞ *Beeindrucken / Moralischem / Wahnideen - vernachlässigt - Pflichten*
– **Musik**, gegen ●: *Acon.*h,k,* aloest *Ambr.* anac.sf,sf1 androc.srj1 bry.bg2 bufo cact. *Calc.*sf,sf1 carb-an. carc.cd,mg1,* caust.h,k,* *Cham.*h,k,* choc.srj3 coff. cop.a1,bg1,* *Croc.*bg1,bg2,* cupr.bg2 dig. *Graph. Ign.*sf,sf1 *Kreos. Lyc.*bg2,k merc.h,k,* **Nat-c.**bg2,k *Nat-m.* nat-p. *Nat-s.* **Nux-v.**bg2,k pall.sf,sf1 *Ph-ac.*

– **Musik**, gegen: ...
phos.$_{k,k2}$ psil.$_{ft1}$ puls.$_{bg2}$ *Sabin.* **Sep.**$_{bg2,k}$ stann. sulph.$_{st}$ *Tab.*$_{st}$ *Tarent.* thuj. tub.$_{bg,br,*}$ tub-k.$_{c,c1}$ viol-o.$_{h,k,*}$ zinc. zinc-p.$_{k13,k2}$
☞ *Musik / Musik - agg.*
• **amel.**
☞ *Musik - amel.*
• **fröhliche** Musik: choc.$_{srj3}$
• **Geigenspiel**: viol-o.$_{kl}$
• **geistliche** Musik; gegen
☞ *Kirchenmusik*
• **heikel**, pingelig: carc.$_{jsa,tp1}$ med.$_{jsa}$ nux-v.$_{jsa}$
• **Kirchenmusik**, gegen: aur.$_{mrr}$ lyss.$_{kr1}$ *Thuj.*$_{vh,vh/dg,*}$
• **Klaviermusik**, gegen: anac.$_{sf1}$ nat-c.$_{j5}$ sep.$_{a1,j5}$ zinc.$_{sf1}$
• **Menses**, vor den: carc.$_{sst}$
☞ *Menses - vor; Gemütssymptome*
• **religiöse**
☞ *Kirchenmusik*
• **Vogelgesang**; gegen: choc.$_{srj3}$
– **Pubertät**, in der: *Acon.*$_{st}$ ant-s-aur.$_{st}$ ant-t.$_{st}$ aur.$_{st}$ *Bell.*$_{st}$ calc.$_{st}$ *Cham.*$_{st}$ *Kali-p.*$_{st}$ *Phos.*$_{st}$ *Puls.*$_{st}$ *Staph.*$_{st}$ *Teucr.*$_{st}$
– **Schmerz**, gegen: **ACON.**$_{bg2,k2,*}$ *Arn.*$_{br1,k2,*}$ *Ars.*$_{bg2,k2,*}$ asaf.$_{bg2,k2,*}$ *Aur.*$_{k2,st}$ *Bell.*$_{k2,sf1}$ **CHAM.**$_{bg2,k2,*}$ **COFF.**$_{j5,k2,*}$ colch.$_{k2,ptk1}$ cupr.$_{k2,sf1}$ daph.$_{j5,k2}$ ferr-p.$_{k2}$ graph.$_{k2}$ **HEP.**$_{k2,sf1,*}$ *Hyper.*$_{k2,vh,*}$ ign.$_{k2,kl,*}$ lyc.$_{bg2,k2}$ mag-s.$_{jl,k2}$ mang.$_{bg2,k2,*}$ nat-s.$_{k2}$ nit-ac.$_{h,k2,*}$ *Nux-v.*$_{bg2,k2,*}$ op.$_{gl1,k2}$ *Phyt.*$_{k2,vh,*}$ *Pip-m.*$_{k2,vh,*}$ psor.$_{k2,st}$ sars.$_{h,k2}$ scut.$_{c1,k2}$ stann.$_{k2}$ stram.$_{k2,sf1}$ ther.$_{k2}$
☞ *Jammern - Schmerzen / Reizbarkeit - Schmerzen / Schreien - Schmerzen / Verzweiflung - Schmerzen / Weinen - Schmerzen - während / ❑ Allgemeines - Empfindlichkeit - Schmerz / ❑ A~ Ohnmacht - Schmerz / ❑ A~ Schmerz - Beschwerden / ❑ A~ Schmerz - unerträglich*
• **außer** sich vor Schmerzen; ist: **Acon.**$_{ptk1}$ aur.$_{gsd1,k2,*}$ calc.$_{ptk1}$ **Cham.**$_{ptk1}$ *Coff.*$_{ptk1}$ hep.$_{hr1,ptk1}$ hyos.$_{ptk1}$ lyc.$_{ptk1}$ nat-m.$_{ptk1}$ nit-ac.$_{sf1}$ *Nux-v.*$_{ptk1}$ stram.$_{ptk1}$ thuj.$_{a1}$ verat.$_{ptk1}$
• **Geräusche** agg. die Schmerzen
☞ *Geräusche - agg.*
– **Schweiß**, beim: **Acon.**$_{bg2}$ aur.$_{bg2}$ bar-c. bell. **Cham.**$_{bg2}$ chin. **Coff.**$_{bg2}$ con.$_{bg2}$ *Nux-v.*$_{bg2}$ sel.$_{bg2}$ **Sep.**$_{bg2}$
– **Singen**, gegen: lyss.$_{hr1,kr1,*}$ nux-v.
– **Sinneseindrücke**, gegen: *Am-c.* ars. ars-i. *Aur.* bar-c. calc. carc.$_{tp1}$ castm.$_{kr1}$ *Chin.* dig. *Graph.* hep. iod. *Lyc.* mag-c. *Nat-c.* *Nit-ac.* nux-v. petr.$_{st}$ *Phos.* *Sep.* sil. thuj. *Zinc.*
☞ *Beeindrucken*
– **Späße**; gegen
☞ *Beleidigt*
– **Streitigkeiten**; gegen: ant-c.$_{vld}$ carl.$_{km}$ ign.$_{hr1}$ lach.$_{hr1}$
– **Tadel**: calc-sil.$_{k2}$
– **traurige** Geschichten, gegen: cic.
☞ *Schreckliches*
– **Umgebung**: borx.$_{k2}$ nat-p.$_{k2}$ nux-v.$_{k2}$ sabad.$_{k2}$

Empfindlich: ...
– **Ungerechtigkeit**
☞ *Ungerechtigkeit*
– **Vogelgesang**; gegen
☞ *Musik - Vogelgesang*
– **Vorwürfe**, gegen: bamb-a.$_{stb2}$ calc-sil.$_{k13,k2,*}$ caps.$_{c1}$ *Carc.*$_{mg1,vh,*}$ coloc.$_{bg2,st}$ *Ign.*$_{bg2,c1,*}$ *Med.*$_{st}$ staph.$_{bg2,st}$
☞ *Beschwerden durch - Tadel / Beschwerden durch - Vorwürfe / Ermahnungen - agg. / ❑ Magen - Verdorben - Vorwürfen*
– **Weinen** von Kindern; gegen das: caust. phos.
☞ *Geräusche / Schreckliches*

Engstirnig, beschränkt, borniert: alum.$_{gl1}$ am-c.$_{gl1}$ bar-c.$_{gl1}$ con.$_{gl1}$

Entbindung:
– **nach** der Entbindung; Gemütssymptome: acon.$_{bg2}$ *Bell.*$_{bg2}$ **Plat.**$_{bg2}$ *Puls.*$_{bg2}$ sec.$_{bg2}$ stram.$_{bg2}$ sulph.$_{bg2}$ verat.$_{bg2}$ zinc.$_{bg2}$

Entfallen ihm; Dinge
☞ *Gedächtnis - Gedächtnisschwäche / Vergeßlich*

Entfernt; fühlt sich von allem weit
☞ *Distanziert / Gleichgültigkeit / Traum / Zeit - langsam*

Entfernungen:
– **falsche** Einschätzung von: agar.$_{bg2}$ anac.$_{bg2}$ arg-n.$_{bg2}$ *Cann-i.* carb-an.$_{c1}$ dat-m.$_{c1}$ glon.$_{bg2}$ hyos.$_{h}$ nux-m.$_{bg2,vh/dg,*}$ onos.$_{ptk2}$ op.$_{bg2}$ stann.$_{bg2}$ *Stram.*
☞ *Fehler - Orte / Grunzen - zornig / Wahnideen - Entfernungen / Wahnideen - vergrößert / Wahnideen - vergrößert - Entfernungen / ❑ Hören - Entfernt / ❑ H~ Entfernt - Geräusche / ❑ Schwindel - Gegenstände - weit / ❑ Sehen - Entfernt / ❑ S~ Netz*
– **vergrößert**; scheinen: anac.$_{jl,k2}$ *Cann-i.* glon. nux-m.$_{sf1,st}$ ox-ac.$_{sf1}$ stram.$_{kr1}$ sulph.$_{sf1}$ ther.$_{sf1}$
☞ *Größen, Ausmaße - falsche / Wahnideen - Raum - Ausdehnung*
• **läuft** gegen Gegenstände, die ihm entfernt erscheinen: stram.$_{kr1}$
• **Zeit**; und auch die:
• **Schläfrigkeit**, bei: nux-v.$_{j5}$
– **weit** blicken zu können; Verlangen: choc.$_{srj3}$

Entfremdet:
☞ *Näherkommen - Abneigung / Wahnideen - Familie*
– **Ehefrau**, von seiner: ars. nat-s. plat. staph.
– **Ehemann**; von ihrem: nat-c.$_{hr1}$
– **Familie**, von seiner: am-c.$_{gl1}$ anac. arn.$_{c1}$ ars. choc.$_{srj3}$ con. hep. hydrog.$_{srj2}$ limest-b.$_{es1}$ *Nat-c.* *Nat-m.* nat-s. *Nit-ac.* nux-v.$_{gl1}$ phos. plat. psor.$_{k1}$ *Sep.* staph.$_{gl1}$
☞ *Abneigung - Familienangehörige / Fliehen - Familie / Geiz - Großzügigkeit / Gesellschaft - Verlangen / Gleichgültigkeit - Familie / Kinder - flieht / Näherkommen / Spotten - Verwandten / Verläßt - Kinder / Wahnideen - gehören*
• **Fremden**, aber nicht zu seiner Familie und Umgebung; er ist freundlich zu: lyc.$_{gl1}$ nux-v.$_{gl1}$ puls.$_{gl1}$ verat.$_{gl1}$

– **Freunde** und Verwandte: granit-m.es1 hydrog.srj2 nat-c.k2
☞ *Gleichgültigkeit - geliebte*
• **ignoriert** seine: bell.bg2 hyos.bg2 merc.bg2 verat.bg2
• **vergißt**
☞ *Gedächtnis - Gedächtnisschwäche - Familie*
– **Gesellschaft**; von der: anac. choc.srj3 limest-b.es1
☞ *Ungesellig*
– **Kindern**; flüchtet vor ihren eigenen: lyc.
☞ *Abneigung - Kinder - Traurigkeit / Fliehen - Familie / Gleichgültigkeit - Kinder / Verantwortung - Abneigung / Verläßt - Kinder / Vernachlässigt - Kinder*

Enthüllt Geheimnisse: agar. alco.a1 hyos.
☞ *Empfindlich - Mangel / Indiskretion / Klatschsüchtig / Neugierig / Redseligkeit / Spioniert / Unbesonnen / Vertrauensvoll*
– **Schlaf**, im: am-c. *Ars.*

Entkleiden, sich Ausziehen:
☞ *Nackt*
– **Abneigung**, sich zu entkleiden: marb-w.es1
– **weint**; entkleidet sich und: thyr.ptk1

Entkräftet
☞ *Erschöpfung*

Entmutigt: *Acon.* adam.srj5 agar.a1,k agn.a1,k aloe alum. alum-p.k13,k2 alum-sil.k13,k2 am-br.sf,sf1 ambr.h,k,* *Anac.*a1,k ang.h,k,* ange-s.jl ant-c.h,k,* ant-t.a1,k *Apis* arg-met. arn.h,k,* *Ars.*h,k,* ars-h.hr1,kr1 ars-i. aur.a1,k bar-c.a1,k bell.h,k,* brom.hr1,k2,* bry.h,k,* bufo-s. calad.hr1,k,* *Calc.*bg2,k1,* calc-i.k13,k2 calc-sil.k2 camph. canth.a1,k carb-an.h,k,* **Carb-v.**gl1,k1,* carbn-s. *Carl.*a1,k caust.h,k,* cench.k13,k2 cham. *Chin.*h,k,* chinin-ar. *Chinin-s.* *Cocc.*h,k,* coff. colch.a1,k coloc.a1,k con.hr1,k convo-d. cop.a1 cupr. der.a1,k des-ac.jl dig.a1,k *Dros.*hr1,k,* gran.a1,k graph.a1,k haliae-lc.srj5 hell.a1,k hep.a1,k hipp. hydr.a1,k2,* hydr-ac.a1,k hyos. hypoth.jl,jl3 iber.a1 *Ign.*bg2,k,* iod. ip. iris kali-bi.a1,k kali-c.a1,k kali-chl.k13 kali-i.sf,sf1 kali-m.k2 kali-n. kali-p. kali-s. kali-sil.k13,k2 lac-ac.hr1,k **Lach.**bg2,k,* laur.a1,k lith-c.sf1 *Lyc.*a1,k *M-arct.*j5 mag-m.a1,k mand.jl,jl3 mang. merc.h,k,* merc-c.a1,k mur-ac. myric.ptk1 myrt-c.bg2 nat-ar. nat-c. nat-m.hr1,k,* nat-p.a1,k nat-s.a1,k nat-sil.k13,k2 nit-ac.a1,k *Nux-v.*bg2,k,* olnd. op.a1,k pen.a1 *Petr.*hr1,k,* ph-ac.a1,k phos.a1,k pic-ac.bg2 plat. plb.a1,k podo. *Psor.*hr1,k *Puls.*hr1,k,* pyrus ran-b. *Rhus-r.*a1 *Rhus-t.*hr1,k,* sabin. sarcol-ac.jl sec.a1,k *Sep.*a1,k *Sil.*gl1,k1,* spig. *Stann.*a1,k stram. sul-ac. sul-i.k13,k2 *Sulph.*a1,k tab.a1,k tarent.a1,k1 ther. thuj.a1,k tub.al2,samkn tub-r.jl,jl3,* valer. **Verat.**h,k1,* verb. viol-t.a1,k vip.j5 visc.jl,jl3 xan.hr1 zinc.a1,k
☞ *Augen - niedergeschlagenen / Gelingt / Hilflosigkeit / Pessimist / Resignation / Schüchternheit / Selbstvertrauen - Mangel / Traurigkeit / Unsicherheit*
– **tagsüber** und nachts: carb-an.j5
– **morgens**: hipp. plat. puls.j sep. sulph.
• **Bett**, im: puls.j5
– **nachmittags**: con.

Entmutigt: ...
– **abends**: ant-c.j5 ant-t.j5 calc. ferr-p.a1,k *Puls.* ran-s.a1,k *Rhus-r.*a1 *Rhus-t.*hr1,k,*
• **Essen** amel.: tarent.a1,k
– **nachts**: carb-an.j graph.j5
◆ **abwechselnd** mit:
• **Hochgefühl**
☞ *Hochgefühl - abwechselnd mit - Entmutigung*
• **Hochmut**
☞ *Hochmütig - abwechselnd mit - Entmutigung*
• **Hoffnung**
☞ *Hoffnung, voller - abwechselnd mit - Entmutigung*
• **Mut**
☞ *Mutig - abwechselnd mit - Entmutigung*
• **Reizbarkeit**
☞ *Reizbarkeit - abwechselnd mit - Entmutigung*
• **Streiten**
☞ *Streitsüchtig - abwechselnd mit - Entmutigung*
• **Überschwenglichkeit**
☞ *Hochgefühl - abwechselnd mit - Entmutigung*
• **Überspanntheit**
☞ *Hochgefühl - abwechselnd mit - Entmutigung*
• **Zorn**
☞ *Zorn - abwechselnd mit - Entmutigung*
• **Zuversicht**
☞ *Zuversichtlich - abwechselnd mit - Entmutigung*
– **Abscheu**, mit
☞ *Widerwillen - Entmutigung*
– **Angst**, mit: *Acon.*j5 bar-c.j5 canth.j5 *Cham.*j5 *Graph.*j5 *M-arct.*j5 puls.j5
– **Beten**, mit: puls.j5
– **Erwachen**, beim: *Graph. Puls.*
– **Fluchen**, mit
☞ *Fluchen - Mutlosigkeit*
– **Freien**, im: *Ph-ac.*
• **amel.**: coff.j5
– **Gehen**, beim: am-c.a1,k ph-ac.a1,k
– **Geschäft**; Abneigung gegen das: *Calc.*vh,vh/dg puls.j5
– **Kindern**, bei: lyc.j5
– **Koitus**, nach: sep.a1,k staph.vh
– **Menses**:
• **vor**: carl.
☞ *Menses - vor; Gemütssymptome*
– **mürrisch**, und: op.j5
☞ *Mürrisch*
– **Raserei**, mit
☞ *Raserei - Entmutigung*
– **Reizbarkeit**, mit
☞ *Reizbarkeit - Entmutigung*
– **ruhig**, und: lyc.j5
– **Schmerzen**, durch: colch.j5 hep.gl1,j5 lach.j5 nux-v.j5
– **Stöhnen**, mit: cham.j5 nux-v.j5 verat.j5
☞ *Stöhnen*
– **tadelt** sich selbst; macht sich Vorwürfe: *M-arct.*j5,st
☞ *Tadelt sich*
– **Unentschlossenheit**, mit: puls.j5
☞ *Unentschlossenheit*
– **Ungeduld**, mit
☞ *Ungeduld - Entmutigung*

– **Weinen**, mit: bar-c.j5 *Carb-v.*j5 chinin-s.j5 laur.j5 *Lyc.*j5 nux-v.j5
• **amel.**: nit-ac.
☞ *Weinen / Weinen - amel.*
– **Zukunft**, in bezug auf die: *Dros.*hr1,kr1 merc.j5

Entnervt
☞ *Reizbarkeit*

Entrüstung: acon.gl1,j ambr.a1,k androc.srj1 *Ars.*h,k,* aur. bry.gl1 *Calc-p.*hr1,k,* caps. cham.gl1 chin.h,k,* cocc. *Coloc.* croc. ferr-p.a1 germ-met.srj5 granit-m.es1 graph.h hep.oss ign. ip.gl1,st m-ambo.h nat-c. nitro-o.a1 nux-v.gl1,vh oena.a1 *Spig.*gl1 **Staph.** sulph.h verat.gl1
☞ *Beschwerden durch - Ehre / Beschwerden durch - Kränkung / Beschwerden durch - Tadel / Beschwerden durch - Verachtung / Beschwerden durch - Verlegenheit / Beschwerden durch - Zorn - Entrüstung / Brütet / Haß / Heftig - getadelt / Zorn*
– **morgens**: ars.h,k,*
◈ **abwechselnd** mit:
• **Lustigkeit**: aur. caps. croc. ign.
– **Missetaten**, Vergehen anderer; über die: *Colch.*a1,ptk1 coloc.h *Staph.*ptk1
– **Schwangerschaft**, während der: nat-m.
– **Träume**, über unangenehme: calc-p.
– **Unbehagen**, durch allgemeines: op.

Entsagung in bezug auf die Außenwelt: anh.sp1

Entscheidungen zu fällen fällt schwer
☞ *Unentschlossenheit*

Entschiedenheit: adam.srj5 haliae-lc.srj5 lach.a1 squil.a1
☞ *Zuversichtlich*
– **morgens**: ferr-p.a1

Entschlossenheit:
☞ *Bestimmtheit / Eigensinnig / Entschiedenheit / Hartnäkkigkeit / Mutig / Ungehorsam / Widerspenstig / Widerspruch - Neigung / Zuversichtlich*
– **düstere**: pyrusa1,c1
☞ *Traurigkeit*

Entsetzen
☞ *Furcht - Entsetzen*

Entspannt
☞ *Seelenruhe*

Entstellung aller Gegenstände: anh.mg,mg1,*
☞ *Schizophrenie - paranoid*

Entwicklungsstillstand bei Kindern: abrot.oss *Agar.*sf1 *Bar-c.*k2,sf1 calc.sf1 *Calc-p.*sf1 carc.jl2 cupr.a1,sf1 des-ac.jl,sf1 *Phos.*sf1 vip.sf1

Erbrechen:
– **Verlangen**, die ganzen Eingeweide, Organe auszukotzen: adam.srj5

Erethismus
☞ *Empfindlich*

Erfüllen zu müssen; glaubt, die Wünsche anderer: mag-m.h2

Erfüllen zu müssen; glaubt, Wünsche: ...
☞ *Angst - Gewissensangst / Nachgiebigkeit / Wahnideen - Leistung - gedrängt*

Erkennt:
– **alles**:
• **bewegen**; kann sich aber nicht:
• **Katalepsie**; bei: cocc. sang.
– **nicht**; erkennt:
• **Gesicht**; das eigene: choc.srj3
• **Freunde** nicht, erkennt: kali-br.kr1 neonsrj5
☞ *Wahnideen - Fremde - Freunde*
• **Haus** nicht; erkennt das eigene: cic.k2 meli. merc. psor.
☞ *Straßen / Umgebung / Delirium*
• **Kinder**; ihre eigenen: acet-ac.ptk1
• **niemanden**; erkennt: aesc.k2,kr1 *Glon.*kr1 *Hyos.*kr1 *Verat.*kr1
☞ *Delirium - erkennt niemanden*
• **spricht**; erkennt denjenigen nicht, zu dem er: stram.kr1
• **Straßen** nicht; erkennt bekannte: arg-n.sf1 cann-i. **Glon.** lach. **Nux-m. Petr.** plat.sf1
☞ *Haus / Umgebung / Delirium / Fehler - Orte / Gedächtnis - Gedächtnisschwäche - Orte / Gedächtnis - Gedächtnisschwäche - Straßen / Vergeßlich - Haus / Vergeßlich - Straßen / Verwirrung - verläuft*
• **Umgebung** nicht; erkennt die: cann-s.rb2 glon.rb2 *Kali-p.*k2,kr1,* merl.rb2
☞ *Haus / Straßen / Betäubung - weiß / Bewußtlosigkeit - Traum - weiß / Fehler - Orte / Verwirrung - weiß / Wahnideen - Orte - falschen / Wahnideen - Orte - fremden*
• **Erwachen**; beim: aesc.hr1,k,*
• **weiß** sie weder wo sie ist, noch was sie tun soll; beim Erwachen: vib.rb2
• **Verwandten** nicht; erkennt seine eigenen: acet-ac. agar. *Anac.* **Bell.** calad. calc-sil.k2 cic. cupr. *Glon.* **Hyos.** kali-bi. kali-br.bg2 *Lach.* lyc.k2 meli. *Merc.* nux-m.k2 oena. *Op.* phos. plb. sil.h *Stram.* sul-ac. tab. valer. *Verat.* zinc.
☞ *Gedächtnis - Gedächtnisschwäche / Raserei - erkennt*
• **Erwachen**; beim: aesc.k2

Erinnerung:
– **gut**; erinnert sich zu
☞ *Gedächtnis - gut*
– **schlecht**; erinnert sich
☞ *Gedächtnis - Gedächtnisschwäche*
– **nicht** geschehen sind; an Ereignisse, die
☞ *Gedächtnis - fehlerhaft / Gedächtnis - verwirrt*
– **Schlaf** an Vergessenes; im
☞ *Vergessen - Schlaf / Vergeßlich - Schlaf*

Ermahnungen:
☞ *Beschwerden durch - Vorwürfe / Empfindlich / Schmollen*
– **agg.**: *Bell.* calc.j5 carc.pc,st kali-c.bg2 nit-ac.bg2,j5 *Nux-v.*gl1 pall.ptk2 *Plat.*h,k,*
☞ *Beleidigt / Beschwerden durch - Tadel / Empfindlich - Vorwürfe / Furcht - gedemütigt / Traurigkeit - Ärger / Verwirrung - Ärger - nach / Wahnideen - angeklagt ...*

Ermahnungen - agg.: ...
☞ *Wahnideen - beobachtet / Wahnideen - beschimpft worden / Wahnideen - herabsehen / Wahnideen - kritisiert / Wahnideen - lachen und / Wahnideen - verachtet / Wahnideen - Verwirrung / Weinen - Ermahnung / Weinen - Vorhaltungen / ❑ Allgemeines - Konvulsionen - Unrecht / ❑ Auge - Pupillen - erweitert - Vorwürfe / ❑ Husten - Kummer / ❑ Träume - Diebstahl - beschuldigt*
• **freundliche**; selbst: bell.bg2 carc.vh chin.bg2 ign.bg2 nux-v.bg2 *Plat.*bg2,kr1 stann.bg2

Ermorden; Verlangen jemanden zu
☞ *Töten*

Ernst: aeth. *Alum.* alum-p.k2 *Am-c.*bg2,k *Am-m.*k1 ambr. anac. ang. ant-c. arg-met. **Ars.**gl1,k1,* ars-s-f.k2 aur. bamb-a.stb2 *Bar-c.*bg2,k bart.a1 bell. borx. bov.a1,bg2 bry.j cact.a1 calc. cann-s. caust. *Cham.*bg2,k chel.j *Chin.*gl1,k1 cic.j *Cina* **Cocc.**bg2,k coff. *Con.*bg2,k cupr.hr1 cycl. dros.j **Euph.**bg2,j5,* euphr. ferr. ferr-ar. graph.j grat. haliae-lc.srj5 hydrog.srj2 hyos.bg2 ign. iod. ip.j lach.sf1 **Led.**bg2,k *Lyc.*bg2,k lyss.a1 m-arct.j mang.j *Merc.* mur-ac. naja *Nat-c.*bg2,k nat-p. *Nux-m.*bg2,k nux-v.j olnd. op. orig.a1 ph-ac. *Plat.*bg2,k plb. puls. rhus-t. senec.a1 seneg. *Sep.*bg2 spig. *Staph.*gl1,k1 **Sul-ac.**bg2,k sulph. **Thuj.**bg2,k til. valer.a1 verat.
☞ *Feierlich / Furcht - ernsten / Lachen - Abneigung / Lachen - niemals / Lächeln - niemals / Pessimist / Sorgen / Spaßen - Abneigung / Spielen - Abneigung - Kindern / Traurigkeit*
– **mittags** amel.: aeth.a1
– **abends**: seneg. thuj.a1
◇ **abwechselnd** mit:
• **Fröhlichkeit**
☞ *Froh - abwechselnd mit - Ernst*
• **Lachen**
☞ *Lachen - abwechselnd mit - Ernst*
• **Spaßen**
☞ *Spaßen - abwechselnd mit - Ernst*
– **Absurdem**, gegenüber: anac.bg2
☞ *Albernes*
– **Lächerlichem**, beim Anblick von: anac.

Ernsthaftigkeit
☞ *Ernst*

Erotisch: agar.gl1 *Agn.*bg2,gl1,* *Anan.*vh,vh/dg androc.srj1 *Ant-c.*gl1,j5,* *Apis*gl1,sf1,* **Bell.**bg2,gl1,* cann-i.gl1,sf1 canth.gl1,sf1 **Caust.**gl1,vh **Graph.**bg2,gl1,* *Hyos.*gl1,j5,* *Ign.*gl1,sf1 *Iod.*gl1,kr1 *Lach.*gl1,kr1,* lil-t.ptk1 *Lyc.*bg2,gl1,* *Merc.*gl1,kr1 murx.ptk1 *Nit-ac.*bg2,gl1,* **Nux-v.**bg2,gl1,* orig.ptk1 ph-ac.gl1,vh phos.gl1,sf1 pic-ac.ptk1 **Plat.**gl1,sf1,* *Plb.*bg2,vh,* plb-act.gl1 puls.gl1,sf1 sel.gl1,sf1 senec.ptk1 *Sep.*bg2,gl1,* *Sil.*bg2,gl1,* squil.ptk1 stann.ptk1 *Staph.*bg2,gl1,* *Stram.*gl1,j5,* sulph.bg2,gl1 **Verat.**bg2,j5,*
☞ *Ekstase / Ekstase - erotisch / Lasziv / Sinnlichkeit / ❑ Träume - Erotisch / ❑ Weibliche Genitalien - Sexuelles Verlangen - vermehrt*
– **Impotenz**; mit: lach.ptk1
– **Menses**:
• **vor**: stram.ptk1

Erregung (= Aufregung, Erregbarkeit): abrot. absin.a1,c2 acet-ac. **Acon.**c2,k adam.srj5 aeth. aethera1 agar. agar-st.a1 agav-t.j1 agn. alum. alum-p.k2 alum-sil.k2 alumn. am-c. ambr.c2,k aml-ns.bg2 ammc. **Anac.**k,vh/dg anag.kr1 anan.kr1 *Androc.*srj1 ang. *Anh.*mg1,sp1 ant-c. ant-t. anthraci.kr1 *Apis* apoc.k2 arg-met.bg2,sf1 **Arg-n.** *Arn.* *Ars.* *Ars-h.* *Ars-i.* ars-s-f.k2 art-v. arum-t.k2,sf1 *Asaf.* *Asar.* aster. atro.a1 **Aur.** aur-ar.k2 *Aur-i.*k2 *Aur-m.* **Aur-s.**k2 bad.sf1 bamb-a.stb2 bapt.bg2 **Bell.**c2,k bell-p.j1 ben-n.a1 benz-ac. borx.k2 brom.k2 *Bruc.*j5 *Bry.* bufogk,k2 calad. *Calc.* calc-ar. *Calc-p.* *Calc-s.* calc-sil.k2 *Camph.* camph-br.c1 *Cann-i.* canth. caps.k2 carb-ac.a1 carb-an.h carb-v. *Carbn-s.* *Carl.* castm.sf1 caul.k2 **Caust.**k,vh/dg cedr.c1 ceph.a1 **Cham.**c2,k *Chel.* *Chin.* chinin-ar. chinin-s. chlf.a1 chlor.a1 choc.srj3 *Cic.* *Cimic.*bg2,k2,* cinabg2 cist.k2 cit-v.a1 clem. *Cob.* cob-n.j1,sp1 cocc. *Coch.*kr1 **Coff.**c2,k coff-t.a1 colch.j5 **Coll.** coloc. con. convo-s.j1,sp1 cori-r.a1 crat.br1 croc. crot-h. cryp.a1 cub. *Cupr.* cupr-ar.sf1 cycl. cypr.c1 cyt-l.mg1,sp1 *Daph.* *Dig.* digin.a1 dros.h dubo-m.a1 elaps elec.c1 eucal. eup-per. *Ferr.* ferr-ar. ferr-i. *Ferr-p.* fl-ac. form. gaert.bh,hbh,* *Gels.* *Glon.* gran. **Graph.** guar.kr1 guare.a1 haliae-lc.srj5 ham.k2 hell. hep.bg2,gl1,* hipp. hoit.j1 hura hydr-ac.j5 **Hyos.** hyosin.c1,c2 hyper. iber.a1 *Ign.* *Iod.* jab.ptk1 jug-r. *Kali-ar.* kali-bi. **Kali-br.** kali-c. **Kali-i.** kali-m.k2 *Kali-p.* *Kali-s.* kali-sil.k2 kreos. kres.mg1 **Lac-c.** **Lach.** lachn. lapa.a1 lappaa1 laur. *Lec.* lil-t. limest-b.es1 *Lith-c.* lob.a1 *Lol.*sf1 *Lyc.* *Lycps-v.* lyss.c2,k mag-c.c2,ptk1 *Mag-m.* mag-p.ptk1 mag-s. mand.a1 mang.k2 matea1 meph. *Merc.* merc-c. merc-d.a1 merc-p.j merl. meth-ae-ae.a1 *Mez.*bg2 mill. morph.a1,st **Mosch.** mur-ac. mygal.sf1 myric.kr1 *Naja* nat-ar. *Nat-c.* **Nat-m.** nat-p. nat-s.k2 nat-sil.k2 neonsrj5 nep.mg1 **Nit-ac.** nux-m.ptk1 **Nux-v.** oena.a1 ol-j. **Op.** ox-ac. paeon. pall. palo.j1 par. *Petr.* **Ph-ac.** **Phos.** pic-ac.ptk1 pin-s.a1 pip-m.a1,sf1 plan. *Plat.* plect.a1 *Podo.* prun.j5 *Psor.* **Puls.** pyre-p.a1 pyrog.bg2 ran-b.k2 raph. rauw.sp1 reser.j1 rheum rhus-t. rumx.k2 sabad. sabalptk1 sacch-l.c2 sal-ac. samb. sang. santin.a1 saroth.a1,sp1 scut.c1 sec. sel.k2 senec.c2,kr1 seneg. *Sep.* *Sil.* solc1 *Spig.*k2,kr1,* *Spong.* *Stann.* **Staph.**bg2,k2,* stict.ptk1 *Stram.* **Stry.** *Sul-ac.* sul-i.k2 *Sulph.* sumb. tab. *Tarent.* tell. *Ter.*a1,kr1 tere-ch.j1 *Teucr.* *Thal.*j1 *Thea*c2,k ther.sf1 *Thuj.* thyr.ptk1 thyreotr.j1 tril-c.a1 tril-p. tub. v-a-b.j1,srb2 *Valer.* *Verat.* verat-v.sf1 verb. vib.ptk1 *Viol-o.*k1,st vip. visc.ptk1 voes.a1 wye.c2 xan.c2 zinc.h,k2,* **Zinc-p.**k2 zinc-val.bg2 ziz.
☞ *Alkoholismus - Erregung / Amüsement - Verlangen / Angst - Erregung / Auffahren / Beschwerden durch - Erregung - Gemütes / Beschwerden durch - Erwartungsspannung / Ekstase / Empfindlich - Erregung / Lebhaft, munter / Lustig / Ruhelosigkeit / Witzig / ❑ Abdomen - Besorgnis / ❑ Blase - Befürchtungen / ❑ Brust - Besorgnis / ❑ Gesicht - Farbe - rot - Erregung / ❑ Husten - Nervös / ❑ Magen - Besorgnis*
– **amel.**: aur. kali-p.ptk1 lil-t. merc-i-f. pall.ptk1 *Pip-m.* *Sep.*vh,vh/dg

– **agg.**: *Acon.*bg2,sf1 agar.sf,sf1 ambr.bg2,sf1 anac.sf,sf1 arg-met.sf1 arg-n.bg2,sf1 aur.bro1 borx.j5 calc.k13,k2 *Caust.*bg2,sf1,* **Cham.**bg2,sf1,* chin.bro1 cist.k13,k2 cob.a1,bro1 *Cocc.*bg2 coch.hr1 coff.bg2,sf1 *Colch.*bro1 coll.bro1,hr1 coloc.bro1 con.bro1 cupr-act.bro1 ferr.sf,sf1 *Gels.*bg2,sf1,* *Hyos.*bro1 **Ign.**bg2,sf1,* kali-c.sf,sf1 kali-p.bro1 lyss.br1,mg1 nat-m.sf,sf1 nit-ac.sf,sf1 nit-s-d.bro1 *Nux-v.*bro1 *Pall.*hr1 petr.bro1 ph-ac.bro1 **Phos.**bg2,sf1,* sel.bg2 sep.bg2,sf1,* sil.br1,sf1,* spong.hr1,kr1 stann.sf,sf1 *Staph.*bg2,sf1,*

– **morgens**: aeth. ars.h,k,* calc. canth. chin. chinin-s. choc.srj3 con. cop.a1,k kalm. lach.a1,k *Lyc.*a1,k mang.a1,k nat-c. nat-m.a1,k nat-s. *Nux-v.* sep.a1,k spong.

– **vormittags**: aeth.a1 chinin-s.a1 elapsa1

– **mittags**: bry.a1 huraa1 sulph.a1

– **nachmittags**: aloe ang.a1,k aspar.a1 cann-i.a1,k iod.a1,k lyc.a1,k nux-v.hr1 phos.a1 thiop.j1

– **abends**: agar. am-c.a1,k anac. atha.a1 *Bruc.*j5 *Calc.* carb-v.h,k,* chel.a1,k chin. daph.a1,k elapsa1 ferr. ferr-p. fl-ac.a1,k graph.k13,k2 haliae-lc.srj5 hyper. kali-s.k13,k2 *Lach.* lyc.a1,k lycps-v. mez.a1,k *Nux-v.*hr1,k,* ox-ac.a1,k phel.a1,k phos. *Puls.* sumb.a1,k teucr. ther. thiop.j1 valer. zinc.a1,k

- **Bett**, im: agar.j *Ang.*j5 ant-c. arn. *Aur.* borx. bry.j *Calc.* carb-an.k1 carb-v. caust.j chin.j cocc.j graph.j jug-r.a1,st kali-c.j lach. laur. lyc.j5 m-aust.j5 *Merc.* mez. *Nat-m.* *Nit-ac.* **Nux-v.** *Phos.* *Prun.*j5 *Puls.* ran-b. ran-s. rhus-t. sabad.j *Sep.* sil. spig. staph. sul-ac. *Sulph.* viol-t.j zinc.
- **Gedanken** an Dinge, die andere getan haben, um ihr Mißfallen zu erregen; beim: am-c.
  ☞ *Verweilt - denkt*

– **nachts**: agar.j am-c.a1,k ambr.h,k,* ammc.a1 ant-s-aur.a1 *Apis* arg-n.hr1,k *Arn.*hr1 ars-s-f.hr1,kr1 *Aster.*hr1,k berb.hr1,k,* borx.j bry.j calc. carb-an.h,j5,* carbn-h.a1 carbn-s. chel.hr1,kr1,* chin.j chlol.hr1,kr1 *Coff.* con.j cop.hr1,kr1 cupr-ar.sf,sf1 dig.a1,k *Ferr.*a1,k *Graph.*hr1,k haliae-lc.srj5 hep.j hura hyos.j kali-br.hr1,kr1 kali-c.j kali-n.j *Lach.* laur.j5 lyc. m-arct.j mez.j5 mosch.j5 nat-m. nit-ac.a1,k *Nux-v.* op.j ph-ac.j plat.j plect.a1 *Puls.* saroth.mg,mg1 sep.a1,k sil.j spong.j *Sulph.*a1,k *Tarent.*hr1,kr1 ther.c1 thuj.a1,k zinc.

- **Erwachen**, beim: berb.hr1,kr1,* coc-c.a1,k theaa1 thuj.
- **Rauschen** in den Ohren, mit: ther.c1
- **Schlaf**, im: lyc.

◈ **abwechselnd** mit:

- **Bewußtlosigkeit**: *Kali-br.*kr1
- **Delirium**
  ☞ *Delirium - abwechselnd mit - Erregung*
- **Erschöpfung**, geistige: kali-c.st,vh
- **Gleichgültigkeit**: alum-p.k2 ambr.k2 phenob.srb2 sabad.j5
- **Idiotie**: aeth.br1,c1
- **Konvulsionen**: **Stram.**k,vh
- **Schläfrigkeit**: *Kali-br.*kr1
- **Schwäche**: granit-m.es1
- **Schweigsamkeit**:
  - **nachmittags**: thiop.j1
- **Stumpfheit**: alum-p.k2 anac. tub.lmj

– **abwechselnd** mit: ...

- **Traurigkeit**: ambr.h,k2 aster.a1,kr1 colch.j1 *Con.* cortiso.j1 ferr-p.k2 foll.j1 ox-ac.k2 petr.j phenob.j1 *Plb.*kr1 rauw.j1 sul-ac.j5 thyreotr.j1
  ☞ *Euphorie - abwechselnd mit - Traurigkeit / Manie - abwechselnd mit - Niedergeschlagenheit*
- **Unentschlossenheit**: cortiso.j1

– **abwesende** Personen, über: aur.
☞ *Zorn - abwesende*

– **Amnesie**; gefolgt von vorübergehender: agav-t.j1

– **angenehm**: pip-m.a1

– **Anstrengung**, nach: sulph.h

– **Arbeit**, bei der: ang.j mur-ac. olnd.

– **Ausscheidungen**; durch Unterdrückung von: acon.gl1,sf1 asaf.sf1 merc.sf1

– **Bad**, bei einem: gast.a1

– **Beschwerden** durch Erregung der Gefühle, Gemütsbewegungen
☞ *Beschwerden durch - Erregung*

– **Bewegungen**, die mit Feuereifer ausgeführt werden; schnelle, brüske: cit-v.kr1

– **Bier**, nach: coc-c.a1,k wildb.c1

– **Blutung**, nach: *Chin.*hr1,kr1

– **Champagner**:

- **wie** nach: chlol.a1 form.a1
  - **gefolgt** von plötzlicher Bewußtlosigkeit: amyg.kr1

– **Debatte**; während einer: *Caust.* *Nit-ac.*
☞ *Diskutieren - politischen*

– **Dunkelheit**; in der: choc.srj3

– **epileptischem** Anfall, vor: *Art-v.* coff.k2 *Indg.*kr1

– **Erwachen**, beim: bell.k2 coc-c.a1,k nat-m.a1,k sep. thuj.

- **erschreckt**, wie: *Merc.*kr1

– **Erwartung** von Ereignissen; in: *Arg-n.* *Gels.* haliae-lc.srj5 hydrog.srj2 med.
☞ *Beschwerden durch - Erwartungsspannung / Erwartungsspannung*

– **Essen**:

- **amel.**: bell.k2

– **Farben**:

- **schwarz**:
  - **agg.**: sep.vk4

– **fiebrig**: ant-t.a1,k aspar.a1 bry.a1 chlf.a1 chlor. colch.a1,k cub.a1,k merc.a1,k merc-c.a1,k phos.a1,k sec.a1,k seneg.a1,k sul-i.a1,k

- **abends**: merc-c.
- **nachts**: sulph.
- **Menses**, während: rhod.a1,k
  ☞ *Menses - während; Gemütssymptome*
- **Mittagessen**, nach dem: sep.a1,k

– **Fluor**, nach unterdrücktem: asaf.sf1

– **Frauen**, bei: cedr.c,c1 con.c,c1 ign.c,c1

– **Freude**, durch: caust.gl1,vh **Coff.**hr1,k2,* puls.gl1,vh

– **Frost**:

- **vor**: *Cedr.*
- **während**: **Acon.** ars. aur. aur-ar.k2 *Bell.*bg2 bry.bg2 bufobg2 calc. canth. caps. carb-v. caust. *Cean.*hr1,kr1 **Cham.** *Cocc.*bg2 **Coff.** *Hep.* ign.bg2 lach. lyc. *Nat-m.* *Nux-v.* phos. puls. sep.bg2 spig. sulph. *Teucr.*bg2 verat.

– **Gehen**:
• **nach**: caust.$_{h,k,*}$ fl-ac.$_{a1,k}$ nat-m.$_{a1,k}$
• **Freien**, im: alum.$_{h,k1,*}$ ant-c.$_{h,k1}$ choc.$_{srj3}$ sulph.$_{h,k1}$
• **nach**: caust.$_{h}$
– **gehetzt**, wie: carb-v. coff.
☞ *Hast*
– **geistige** Anstrengung; durch: ambr.$_{c1}$ ind. kali-p. med. nat-p.$_{h}$ tub.$_{bg}$
– **Gesellschaft**, in: ambr.$_{k2}$ *Lec. Pall.*$_{hr1,k}$ *Sep.*$_{hr1,k}$
☞ *Gesellschaft - Verlangen*
– **Gesicht**:
• **Hitze** des; mit: aloe$_{kr1}$
• **kaltem** Schweiß im; mit: iber.$_{kr1}$
– **Gesprächen**; beim Hören von: *Lyss.*
☞ *Gespräche - agg.*
– **Haarschnitt**; durch Anblick von einem kurzen, bürstenartigen: choc.$_{srj3}$
– **Herzklopfen**, mit heftigem: alum.$_{k1,kr1}$ ambr.$_{bg2,k1}$ ars.$_{bg2,k1}$ *Asaf.*$_{k1}$ *Cact.*$_{bg2,k1,*}$ calc.$_{bg2,k1}$ calc-ar.$_{k1,st}$ *Cocc.*$_{k1,kr1}$ coff.$_{bg2,k1,*}$ *Lil-t.*$_{k1,kr1}$ lith-c.$_{k1,st}$ *Nit-ac.*$_{bg2,k1,*}$ ox-ac.$_{bg2,k1}$ *Plat.*$_{k1,kr1}$ stann.$_{bg2,k1}$ staph.$_{bg2,k1}$ stront-c.$_{bg2,k1}$
– **Herzens**; mit Beschwerden des: crat.$_{br1}$
– **Hitze**:
• **durch** Erregung; Hitze: **Caps.**$_{kr1}$
• **Kopfes**; mit Hitze des: meph.
• **während** der Hitze; Erregung: alum. anthraco.$_{kr1}$ *Apis* ars-h.$_{kr1}$ bell.$_{k2}$ cham.$_{kr1}$ chinin-s. coff.$_{kr1}$ coff-t.$_{kr1}$ *Ferr.* kali-c. lach.$_{kr1}$ mag-c. mosch. op. *Petr. Rhus-t. Sars.* stram. sulph. tarent. valer. verat.
• **Wochenbett**; Hitze im: *Cham.*$_{kr1}$ coff.$_{kr1}$ *Lach.*$_{kr1}$
– **Hoffnung**, wie in freudiger: *Aur.*$_{h,hr1,*}$ choc.$_{srj3}$
– **Hören** von Schrecklichem; nach: *Calc.* **Chin.**$_{k1,vh,*}$ cic.$_{k1}$ cocc. gels. ign. *Lach.* nat-c. nux-v. *Teucr. Zinc.*
☞ *Angst - Grausamkeiten / Furcht - Grausamkeiten / Qualvolle Angst - Schrecklichem / Schreckliches*
– **hungrig**, wenn: kali-c.
– **Husten**:
• **während**: cadm-s.$_{c1}$
– **Hydrozephalus**, bei: *Apis*$_{kr1}$ *Carb-ac.*$_{hr1,kr1}$
– **hysterisch**: ign.$_{k2}$
– **Kaffee**, wie nach: chin.$_{j5}$ *Chinin-s.*$_{j5}$ haliae-lc.$_{srj5}$ sulph.$_{j5}$ valer.$_{j5}$
– **Kindern**, bei: absin.$_{ptk2}$ aloe$_{ptk1}$ ambr.$_{c,c1,*}$ hyosin.$_{c,c1}$ lyc.$_{c,c1}$
– **Kleinigkeiten**, über: bar-act.$_{a1}$ carl.$_{a1,k}$ chinin-ar. cinnb. digin.$_{a1}$ ferr.$_{hr1,kr1}$ lachn.$_{hr1,k}$ med. morph.$_{st}$ nit-ac. phos. sep.$_{a1}$ sul-ac.$_{k13,k2}$ sumb.$_{st}$ tarent.$_{a1}$ verat.$_{h}$ zinc.
☞ *Erschreckt - Kleinigkeiten / Kleinigkeiten*
– **Koitus**, nach: *Calc.*$_{h,k,*}$
– **Konvulsionen**:
• **nach**: agar-st.$_{a1}$
• **mit**: *Cic.*$_{hr1,kr1}$
– **konvulsivisch**: canth.$_{a1,k}$ *Lyss.*
– **Kopfschmerz**:
• **vor**: cann-i.$_{br1}$
• **mit**: crat.$_{br1}$
– **lasziv**, mit schmerzhaften nächtlichen Erektionen: *Merc.*$_{kr1}$
☞ *Lasziv - Erektionen - schmerzhaft*
– **Lesen**, beim: *Coff.* med. ph-ac.
☞ *Lesen - agg.*
• **fremder** Sprache, in: v-a-b.$_{srb2}$
– **Menopause**; während der: arg-n.$_{sf1}$ cimic.$_{sf1}$ coff.$_{sf1}$ glon.$_{sf1}$ ign.$_{sf1}$ lach.$_{sf1}$ ov.$_{c2}$ phys.$_{kr1,sf1}$ ther.$_{sf1}$ valer.$_{sf1}$ zinc.$_{sf1}$
– **Menses**:
• **vor**: alum-sil. croc. *Kreos.*$_{hr1,k}$ *Lach.*$_{hr1,kr1}$ *Lyc.*$_{k1,st}$ mag-c. mag-m. nat-m.$_{sf,sf1}$ *Nux-v.* rob.$_{a1,k}$ thuj.$_{hr1,k}$
☞ *Menses - vor; Gemütssymptome*
• **während**: caul.$_{sf,sf1}$ cimic. cop.$_{a1,k}$ ferr.$_{a1,k}$ hyos.$_{sf,sf1}$ kreos.$_{sf,sf1}$ *Mag-m.*$_{hr1,k,*}$ *Nat-c.*$_{hr1,kr1}$ nat-m.$_{sf,sf1}$ puls.$_{hr1,k}$ rhod. rob.$_{a1}$ senec. *Tarent.*$_{a1,k}$ verat.$_{sf,sf1}$
☞ *Menses - während; Gemütssymptome*
• **nach**: ferr.$_{a1,k}$
☞ *Menses - nach; Gemütssymptome*
• **Wiederkehr** der Menses; Erregung führt zur: **Calc.**$_{kr1}$
– **Musik**, durch: *Aur.*$_{vh,vh/dg}$ *Graph.*$_{vh,vh/dg}$ *Kreos.* pall.$_{hr1,kr1}$ sumb.$_{a1,k}$ *Tarent.*$_{hr1,k,*}$
☞ *Musik - agg.*
– **nervös**: **Acon.** *Ambr.*$_{j5}$ arg-n.$_{a1,k}$ *Asar.*$_{j5}$ bond.$_{a1}$ bry.$_{a1}$ calad.$_{k2}$ camph-br.$_{c2}$ choc.$_{srj3}$ cinnb.$_{a1,k}$ coff.$_{k2}$ coffin.$_{a1}$ goss.$_{st}$ haliae-lc.$_{srj5}$ iod.$_{j5}$ *Kali-p.*$_{hr1,kr1}$ nat-c.$_{k2}$ nitro-o.$_{a1}$ phos.$_{a1,k}$ staph.$_{sf,sf1}$ stry.$_{a1,k}$ sul-ac.$_{a1,k}$ tarent.$_{a1,k}$ teucr.$_{j5}$ thea valer.$_{hr1,k}$
☞ *Ruhelosigkeit*
– **religiös**: agar.$_{a1}$ *Aur.* plb.$_{hr1}$ *Verat.*$_{hr1,kr1}$
☞ *Hochgefühl - religiös / Religiös - Gemütsstörungen*
– **Schlaf**, vor dem: nat-m. psor.
– **schlechten** Nachrichten, nach: alumn.$_{hr1}$ *Apis Calc. Calc-p.*$_{k,vh/dg}$ chin. cinnb. cupr. form. **Gels.** *Ign.* kali-c. kali-p. lach. nat-c. nat-m. *Phos.*$_{k,vh/dg}$ puls. stram. *Sulph.*
☞ *Beschwerden durch - schlechte*
– **schluckt** ständig beim Sprechen: *Staph.*$_{k1,st}$
– **Schmerzen**; bei den: aloe$_{k2}$ arg-met.$_{k2}$ *Aur.* cham.$_{k2}$
• **Rückseite** von Kopf und Hals: crat.$_{br1}$
– **Schreiben**, beim: med.
– **Schwäche**, mit: *Calc.*$_{a1,h}$ caust.$_{gl1}$ coff.$_{gl1}$ *Con.*$_{gl1,hr1,*}$ *Phos.*$_{gl1,hr1,*}$ puls.$_{gl1}$
– **Schwangerschaft**, während der: *Acon.*$_{hr1,kr1}$ ambr.$_{hr1,kr1}$ asar.$_{bro1,kr1}$ cimic.$_{bro1,kr1}$ croc.$_{kr1,sf1,*}$ *Gels.*$_{hr1,kr1}$ *Nux-m.*$_{hr1,kr1}$
– **Schweiß**, beim: *Acon. Bell.* **Cham.** *Cocc.* **Coff.** *Con. Lyc.* nux-v. ph-ac. *Sep.* **Teucr.**
• **Kopfes**; des
☞ ❑ *Kopf - Schweiß - Erregung*
– **sexuell**
☞ *Beschwerden durch - sexuell - Erregung*
– **Sprache**, mit stammelnder: dys.$_{bh,hbh,*}$
– **Sprechen**, beim: am-c.$_{a1,k}$ *Am-m.*$_{h,k1,*}$ ambr.$_{h,k,*}$ ammc.$_{a1}$ caust.$_{hr1,kr1}$ graph. merc.$_{a1,k}$
☞ *Sprache - unzusammenhängend*

– **stammelt**, wenn er zu Fremden spricht: dig. merc.vh
☞ *Fremde - Anwesenheit - agg.*
– **Tanzen**, Singen und Weinen; mit: tarent.k2
– **Tee**, nach: sulph.k,kl2●
– **Traurigkeit**, nach: *Cann-i.*sf,sf1 spig.a1,k
☞ *Traurigkeit*
– **Urinieren**; beim: aloe cimic.ptk1,ptk2
– **Verlangen** nach: cot.a1
☞ *Amüsement - Verlangen*
– **Verwirrung**, wie durch: choc.srj3 nux-m.a1,k
– **Wasser**, das ausgegossen wird; durch Hören von: **Lyss.**hr1,k **Stram.**
☞ *Tollwut*
– **Wein**:
• **nach**: ambr.a1 cann-s.a1 coff.k2 con.k2 iod.a1
• **ein** Glas: kali-n.c1
• **wie** durch: camph.hr1,kr1 chinin-s.j5 jug-r.a1 kali-i. lyc.a1,k mosch.a1,k naja valer.j5
– **weint**, bis er: *Con.*gl1,vh *Lach.*gl1,vh
– **Widerspruch**; durch den geringsten: *Ferr.*kr1
– **Zittern**, mit: aur.a1 bruc.j5 **Cocc.**hr1,kr1 nitro-o.a1 **Nux-v.**hr1,kr1 petr.hr1,j5 *Psor.*st spig.hr1,kr1 *Teucr.*j5 *Valer.*j5
• **innen**, nach: petr.hr1,kr1
– **Zunge**:
• **Landkartenzunge**; mit: ~~calad.vk1,xxx~~ phys.hr1,kr1,*

Erröten: *Ambr.*a12,br1,*
☞ *Schüchternheit - schamhaft / ❑ Gesicht - Farbe - rot - Erregung*

Erschöpfung; geistige (= blackout, geistige Leere): abies-c.br1 abrot.a1,k acet-ac.bg2 *Acon.*a1,bg2 adam.srj5 *Aeth.*bro1,c1,* agar. agn.bg2 ail.hr1,kr1,* alco.a1 alf.bro1 *Alum.* alum-p.k13,k2 alum-sil.k13,k2 am-c.bg2,sf1,* ambr.a1,k amyg.j *Anac.*a1,k,* ang.bg2 anh.bro1,c2 *Ant-c.*bg2,h apis aran-sc.a1 **Arg-met.** *Arg-n.* arn.bg2,sf1,* ars.a1,k ars-i. ars-s-f.k13,k2 asaf.sf,sf1 asar.bg2,j5,* asc-t.a1 aster. **Aur.** aur-ar.k2 aur-i.k13,k2 **Aur-s.**k13,k2 *Aven.*bro1,sf1,* bamb-a.stb2 **Bapt.**hr1,kr1,* *Bar-c.* bar-i.k13,k2 bar-m.k13,k2 **Bell.**h,j5,* berb.k13,k2 bism-o.a1 boerh-d.bnj1 bov.bg2 *Bry.*bg2,k,* bufok2 buni-o.jl,jl3 buth-a.sp1 caesal-b.bnj1 calad.a1,k *Calc.* calc-ar.k13,k2 calc-f.sp1 calc-i.k13,k2 calc-p.a1,k calc-s. calc-sil.k13,k2 camph.bg2 cann-i. *Cann-s.*bg2 canth.bg2 *Caps.*bg2,j5 **CARB-AC.**st carb-an.h,k,* *Carb-v.*h,k,* *Carbn-s.* carl.a1 castm.sf1 caust.bg2,h,* cent-u.rcb1 cham.h,k,* chin.h,k2,* chinin-ar.sf1 chion.c2 choc.srj3 cic.a1,k cinnb.hr1,k clem.a1 cob-n.sp1 cocabro1,c1 *Cocc.* *Coff.*bg2,k2,* coff-t.a1 colch.a1,k coloc.j5 **Con.**a1,k convo-d.a1 convo-s.jl,sp1 corn.a1,hr1 cortico.sp1 crat.br1 croc.bg2 cub.a1 **Cupr.** *Cupr-act.*kr1 cycl.h cypr.c1 dig.a1,k digin.a1 dulc.bg2 dys.bh,hbh,* elapsa1 equis-h.a1 eucal.a1 eup-a.c2 ferr.k13,k2 **Ferr-pic.** fl-ac.k2,sf1,* *Gels.* germ-met.srj5 glon.a1 gran.a1 *Graph.* grat.a1,k2,* haliae-lc.srj5 ham.k13,k2 *Hell.*bg2,hr1,* *Hep.* *Hipp.*hr1,kr1,* **Hyos.**bg2,k2,* hyper.a1,k *Ign.*bg2,hr1,* ind.hr1,kr1,* iod.a1,k ip.a1,h kali-ar.c2 kali-br.a1,bg2,* kali-c.bg2,jl kali-i.a1,k2,* **Kali-p.**c2,k *Kali-sil.*k13,k2 lac-d.k2,st **Lach.**bg2,k,* lat-m.sp1 laur. **Lec.** *Led.*bg2,k

Erschöpfung; geistige: ...
*Lob.*hr1,kr1 lol.a1 **Lyc.**a1,k lyss.hr1,kr1 macroz.bro1 mag-c.a1,c2 mand.sp1 mang.a1 marb-w.es1 med.a1 meli. menis.a1 meny.bg2 merc.a1,k *Merc-c.*bg2,hr1,* methyl.c2 mez.bg2 morg-p.hbh,pte,* morph.a1 mosch.a1 *Mur-ac.*bg2,h naja nat-ar. **Nat-c.**a1,k *Nat-m.*bg2,k,* **Nat-p.** nat-s.hr1,kr1 nat-sil.k13,k2 nicot.c1 nid.jl **Nit-ac.** *Nux-m.* **Nux-v.**bg2,k ol-an.bg2 olnd.a1,bg2 onos.bg2,c2 op.a1,k ox-ac.a1,c2 pall.hr1,kr1 par.bg2 petr. **Ph-ac.**a1,k,* **Phos.**a1,k phys.a1 **PIC-AC.**bro1,k1,* pip-m.sf,sf1,* *Plan.* plat.c2,k *Plb.*bg2,k2,* podo. psor.a1,st ptel.a1 *Puls.*bg2,k pyrog.bg2 ran-b.bg2 raph.a1 rauw.sp1 rhus-t.bg2,k,* rutabg2,h sabad.bg2 sabalc2 sanic.c1,c2 *Sars.* sec.a1,bg2 *Sel.*bg2,k senec.c2 seneg. **Sep.**a1,k **Sil.** siuma1 *Spig.*a1,k spong.bg2,k squil.bg2 stann.bg2,k,* *Staph.*bg2,k **Stram.**bg2 *Stry-p.*bro1,sf1,* stry-val.bwa3 *Sul-ac.* sul-i.k13,k2 **Sulph.**bg2,k,* sumb.hr1,kr1 syph.k13,k2 tab.a1 tanac.a1 tarax.bg2 teucr. thuj. thyr.c2 trios.jl valer. **Verat.**bg2 verat-v.a1 verb.bg2 viol-o.bg2 vip.c2 visc.sp1 xan.br1,c1 *Zinc.*c2,k **Zinc-p.**bro1,k2,* *Zinc-pic.*bro1,sf1,* zinc-val.c1
☞ *Angst - Anstrengung / Betäubung / Bewußtlosigkeit / Delirium - Aderlaß / Delirium - Ermüdung / Denken - Abneigung / Fehler / Geistige Anstrengung - agg. / Ideen - Mangel / Konzentration - schwierig / Langeweile / Langsamkeit / Sinne - abgestumpft / Stumpfheit / Stöhnen - Schwäche / Torpor / Unaufmerksam / Verwirrung / Verwirrung - konzentrieren / ❑ Allgemeines - Hinlegen - Verlangen / ❑ A~ Mattigkeit / ❑ A~ Müdigkeit / ❑ A~ Schweregefühl - äußerlich / ❑ A~Schwäche / ❑ A~ Schwäche - Anstrengung - leichte / ❑ A~ Trägheit; körperliche / ❑ Auge - Offene / ❑ Gesicht - Ausdruck - abgehärmt / ❑ G~ Ausdruck - ausdruckslos / ❑ Schlaf - Schläfrigkeit*
– **morgens**: arg-met.k2 berb.j5 canth.j5 carb-v.j5 **Lach.**hr1,j5,* ph-ac.j5 *Phos.*h,j5,* ran-s.a1,j5
– **mittags**: carb-v. phos.
– **nachmittags**: anac.j5 nat-m.j5 sep.j5 sil.j5
– **abends**: am-m.j5 astra-e.jl,jl3 bamb-a.stb2 bufoa1 cham.a1,k ign.j5 merc-c.a1 nat-m.a1,j5 osm.a1
– **nachts**: ign.a1,st kali-c.j5,st nux-v.a1,st ran-s.j5,st
◈ **abwechselnd** mit:
• **Erregung**
☞ *Erregung - abwechselnd mit - Erschöpfung*
– **Abort**, nach: *Caul.*hr1,kr1
– **Alter**, im: **Bar-c.**hr1,kr1
– **Angst**, nach: calc.k2
– **Ärger**, Verdruß; durch: *Staph.*sf,sf1
– **Augen**; durch Überanstrengung der: phos.k2
– **Beschwerden** durch
☞ *Beschwerden durch - Erschöpfung*
– **Bewegung** amel.: kali-i.k2
– **Diarrhoe**:
• **Unterdrückung** von; geistige Erschöpfung durch: ph-ac.k2
– **Epilepsie**, bei: *Art-v.*hr1,kr1
– **Erregung**, nach: calc.k2
– **Erwachen**, beim: op.a1 *Syph.*hr1,kr1
– **Essen**, nach dem: anac.a1 lach. nat-m.a1
– **Fieber**:
• **während**: *Anac.*kr1 *Bapt.*kr1 *Nit-s-d.*kr1 rhod.a1,kr1

– **Fieber**: ...
• **nach** Fieber; lange anhaltend: sel.k2
– **Frauen**; bei:
• **Hausfrauen**; bei: bamb-a.stb2
– **geistige** Anstrengung; geringe: granit-m.es1 phos.k2
– **Geschäfte**, durch: podo.c1
– **Gespräche**:
• **während**: granit-m.es1
• **nach**: granit-m.es1
☞ *Sprechen - durch*
– **Herzversagen**, mit: crat.br1
– **Influenza**, nach: cypr.c1
– **Kleinigkeiten**, durch: am-c.br1 *Phos.*
☞ *Kleinigkeiten*
– **Koitus**, nach: *Calc.*st sep.a1,bg2 staph.vh
– **Konvulsionen**, durch: sec.bg2 *Staph.*hr1,kr1
– **Kopfschmerzen**; während: med.pc
– **Kummer**; durch: **Ign.**kr1,ptk1 nux-m.ptk1 phys.ptk1
– **Lebemann**, Schwerenöter; bei einem
☞ *lüsternen*
– **Lesen**, durch: aur. *Sil.*
☞ *Lesen - agg.*
– **lüsternen**, geilen Männern; bei: *Agn.*ptk1
– **Menses**:
• **vor**: *Cinnb.*hr1,kr1
☞ *Menses - vor; Gemütssymptome*
• **nach**: **Alum.**a1,k
☞ *Menses - nach; Gemütssymptome*
– **Pollutionen**, nach: bell-p.c1 calc.st carb-an. *Cypr.*kr1 *Gels.*kr1 ph-ac.bro1 *Phos.*kr1 *Sel. Viol-t.*kr1
– **Prostataleiden**; bei: thuj.ptk1
– **Samenabgang**
☞ *Pollutionen*
– **Schläfrigkeit**, bei: corn.hr1 corn-f.kr1
– **Schlaflosigkeit**, mit: *Aven.*sf,sf1 castm.sf1 caust.sf,sf1 coff.sf,sf1 **Cupr.**hr1,kr1,* lach.sf,sf1 ph-ac.sf,sf1
– **Schlafmangel**, durch: pic-ac.k13,k2
– **Schmerzen**; durch: bamb-a.stb2
– **Schreiben**, nach: granit-m.es1 pic-ac.a1 *Sil.*
– **sexuelle** Erschöpfung
☞ *❑ Männliche Genitalien - Sexuelles Verlangen - vermindert / ❑ Weibliche Genitalien - Sexuelles Verlangen - vermindert*
– **sexuellen** Exzessen; nach: sel.k2
– **Sorgen**, durch: ph-ac.k13,k2 pic-ac.k13,k2
– **Sprechen**:
• **durch**: calc.h *Calc-p.* **Nat-m.**kr1
☞ *Gespräche - nach*
– **Stillen**, nach dem: *Nit-ac.*hr1,kr1 *Zinc.*hr1,kr1
– **Studieren**, langes: ph-ac.k2
– **Verdauungsstörung**; mit: aeth.k2
– **Verletzungen**, durch: *Acet-ac.*st,vh camph.st,vh hyper.st,vh *Sul-ac.*st,vh verat.st,vh
– **Wein** agg.: con.k2
– **Zittern**, mit: arg-n.sf,sf1 cann-i.hr1,kr1,* con.sf,sf1 stann.sf,sf1

Erschreckt leicht: abrot.a1 *Acon.* aether.a1 ail.a1 alum. alum-sil.a1,k2 alumn. am-c. am-caust.j5 am-m. *Anac.*st ang. ant-c. ant-t. **Arg-n.** *Arn.* **Ars.**

Erschreckt leicht: ...
*Ars-s-f.*k2 aur. aur-ar.k2 aur-s.k2 **Bar-c.** bar-s.k2 **Bell.**k1,st benz-ac. berb. bism.sf1 **Borx.** *Bry.* bufo cact.hr1,kr1 calad. *Calc.* calc-p.a1 *Calc-sil.*k2 calen.j5,kr1 *Camph.*a1 cann-i. cann-s.j5 canth. *Caps. Carb-an. Carb-v.* carbn-s.k2 *Caust.* cham. chlor.a1 cic. cimic.br1 *Cit-ac.*j5 clem. cob.a1 cocc. coff. con. cub.a1 cupr. cupr-act.a1 cur.a1 cypr.br1 daph.a1 *Dig.* glon.a1 **Graph.** guaj. *Hyos.* hyper. iber.a1 *Ign.* iod.a1 iris.a1 juni-v.a1 kali-ar. kali-br.sf1 *Kali-c.* kali-i. *Kali-p.* kali-s. kali-sil.k2 kiss.a1 *Lach.* led. **Lyc.** m-arct.a1 m-aust.j5 *Mag-c.*mg1 mag-m.kr1 *Merc.* mez. morph.a1 mosch. mur-ac.j5 **Nat-ar. Nat-c.** *Nat-m.* nat-p. nat-s.k2 *Nat-sil.*k2 *Nit-ac.* nux-m.a1 **Nux-v.**g11,k1 *Op.* orig.a1 *Petr.* ph-ac. *Phos.* phys.a1 plat. plb.a1 psor.a1,br1 *Puls.* rhus-t. *Sabad. Samb.* sarr. *Scut.*br1 **Sep.** *Sil.* spong. *Staph.*st **Stram.** stront-c.a1 stry.a1 sul-ac. *Sulph.* sumb. tab.a1 thea.a1 ther.k1 **Tub.**a1,br1 verat. xan.a1,br1,* zinc.j5,sf1
☞ *Angst / Auffahren / Auffahren - Unbehaglichkeit / Empfindlich - Geräusche - geringste / Furcht / Ruhelosigkeit / Schüchternheit / Sinne - scharf*
– **mittags**: zinc.g11,k2,*
• **Schlummer**, nach einem: bar-s.k13,k2 *Calc-sil.*k13,k2,* nat-c.a1 nit-ac.a1
– **abends**: carb-an.a1,h iber.a1 lach.a1 merc.g11,k2,* ol-an.a1 *Sep.*a1 sulph.a1,sf1,*
– **nachts**: castm.a1 cimic.hr1,kr1 crot-c.a1 *Ign.*hr1,kr1 *Lyc.*a1,st *Nat-m.*a1,k ph-ac.a1 samb.hr1,kr1 sang.a1 sep.a1 *Spong.* thea.a1
• **Erwachen**, beim: *Euphr.*a1 *Sep.*a1
• **3** h: **Ars.** cham.kr1 con.a1
– **Berührung**, durch: *Kali-c.*a1,k ruta.a1
☞ *Berührt*
– **Blut**, beim Anblick von: *Alum.*g11 *Calc.*vh,vh/dg
☞ *Blut*
– **Einschlafen**, beim: *Aur. Nit-ac.* nux-v. phos.
– **Erwachen**, beim: *Am-m. Ambr.*hr1,kr1 ant-c.hr1,kr1 *Ars. Bell.* bism.hr1,kr1,* borx.sf1 *Cact.*hr1,k *Calc.*hr1,kr1,* *Caps. Cham.*sf1 *Chlol.*hr1,kr1 *Cina Cocc.*h,hr1,* dig.sf1 *Euphr.*a1,k eupi.a1,k *Graph.*h,j5,* hep. *Hyos.*sf1 ign.sf1 kali-br. *Kali-c.*kr1,sf1 *Lach.* led.a1,k lyc.a1,k *Med.*hr1,k2,* mit.a1 *Nat-m.*hr1,kr1 nit-ac.a1,k nux-v.a1,k op.sf1 sil.sf1 sol-ni.a1 spong. stram.sf1 sul-i.a1,k sulph.h tub.br1,bro1 verat.a1,k zinc.
☞ *Furcht - Erwachen*
• **Traum**, aus einem: abrot.a1 casc.a1,kr1 chin.a1 con.a1 dicha.a1,mg1 *Erig.*a1,mg1 graph.a1 *Ign.*a1,kr1 **Lyc.**a1,kr1 mag-m.a1 *Meph.*a1,kr1 *Staph.*vh,vh/dg *Sulph.*a1,kr1 tarent.a1
– **erwacht**:
• **entsetzt**, erkennt niemanden, schreit, klammert sich an die Umstehenden: *Stram.*
☞ *Klammert - Kind*
• **Geräusch** erschreckt; durch das geringste: nux-v.
– **Fieber**; während: *Acon.*bg2 **Bell.**bg2 *Calc.*bg2 caps.bg2 *Ign.*bg2 nat-m.bg2 nux-v.bg2 op.bg2 *Petr.*bg2 *Phos.*bg2 *Puls.*bg2 sabad.j5 sep.bg2 *Sulph.*bg2 **Verat.**bg2,j5
– **Frost**; während: verat.

– **Geräusch**, bei einem
☞ *Auffahren - Geräusche*
– **geweckt** wird; wenn er: *Calc.* nat-ar.$_{kr1}$
– **Kleinigkeiten**, über: am-c.$_{a1,k}$ am-m.$_{a1,k}$ ang.$_{a1,k}$ ant-t.$_{h,k,*}$ arn.$_{h,k,*}$ bar-c. borx. bufo calc.$_{a1,k}$ calen.$_{a1}$ caust. hyper.$_{a1,k}$ kali-ar. **Kali-c.**$_{a1,k}$ kali-i.$_{a1,k}$ kali-s. kiss.$_{a1}$ *Lach.*$_{a1,k}$ *Lyc.* merc.$_{a1,k}$ mez.$_{a1,k}$ *Nit-ac.*$_{a1,k}$ nux-v.$_{a1,k}$ *Phos.*$_{a1,k}$ rhus-t.$_{a1,k}$ sep.$_{a1,k}$ sumb.$_{a1,k}$
☞ *Erregung - Kleinigkeiten / Kleinigkeiten*
• **Menses**, vor den: calc.
☞ *Menses - vor; Gemütssymptome*
– **Menses**:
• **vor**: *Calc.*
☞ *Menses - vor; Gemütssymptome*
– **Niesen**, beim: *Borx.*
– **Pollutionen**, nach: aloe$_{h,k}$
– **Schatten**; vor seinem eigenen: calad.$_{k13,k2}$
– **Schließen** der Augen; beim: op.$_{j5}$
– **Schmerzen**, durch: sulph.$_{h}$
– **Urinieren**, vor dem: alum.$_{a1,bg2}$ borx.$_{bg2}$ ph-ac.$_{bg2}$
– **Wahnideen**, durch: **Stram.**$_{st}$
– **Weinen** amel.: phos.$_{a1,k}$ puls.$_{vh}$
☞ *Weinen - amel.*

Erschütterungen; seelische
☞ *Beschwerden durch - Schock*

Erwachen; Gemütssymptome agg. beim: calc.$_{ptk1}$ **Lach.**$_{ptk1}$ *Lyc.*$_{ptk1}$ *Stram.*$_{ptk1}$ zinc.$_{ptk1}$

Erwachsen, verhält sich wie ein viel älteres Kind
☞ *Frühreif*

Erwartungsspannung:
☞ *Angst - Erwartungsspannung / Angst - Erwartungsspannung - Verabredung / Angst - Zeit / Beschwerden durch - Erwartungsspannung / Erregung - Erwartung / Furcht - Kirche / Hast - Zeit / Hellsehen*
– **morgens**: nabal.$_{a1}$
– **Beschwerden** durch
☞ *Beschwerden durch - Erwartungsspannung*
– **Lampenfieber**: ambr.$_{bnt}$ anac.$_{bro1}$ arg-n.$_{bnt}$ ars.$_{st1}$ *Coca*$_{bnt}$ *Gels.*$_{st}$ ign.$_{bnt}$ kali-p.$_{bnt}$ lach.$_{dgt}$ lyc.$_{dgt}$ *Med.*$_{dgt}$ *Nat-m.*$_{dgt}$ *Ph-ac.*$_{dgt}$ prun-cs.$_{rcb1}$ *Tub.*$_{dgt}$
☞ *Schüchternheit - Öffentlichkeit / Schüchternheit - Öffentlichkeit - sprechen - fähig*
• **Sängern** und Rednern; bei: **Gels.**$_{kr1}$
– **Prüfungen**, vor: *Aeth.*$_{st}$ anac.$_{c1,st,*}$ arg-n.$_{bc,bl,*}$ carb-v.$_{ptk}$ carc.$_{hbh,st}$ cupr.$_{dgt,st}$ *Gels.*$_{st}$ hydrog.$_{srj2}$ nux-v.$_{dgt,st}$ pic-ac.$_{ptk,st,*}$ sil.$_{k2,st}$ thuj.$_{ptk}$
– **Zahnarzt**, Arzt; vor dem Gang zum: calc.$_{st}$ *Gels.*$_{st}$ mag-c.$_{mg1,st}$ *Phos.*$_{st}$ *Tub.*$_{st}$
☞ *Furcht - Zahnarzt*

Erzählen der Symptome:
– **agg**.: **Calc.** cic. ign. **Nat-m.**$_{vh,vh/dg}$ *Puls.* teucr.
☞ *Angst - Gesundheit - eigene / Denken - Beschwerden - agg. / Gespräche - agg. / Weinen - erzählt - Krankheit*
– **schwer**; fällt sehr: med.$_{pc}$

Essen:
– **beim**:
• **amel**. Gemütssymptome: aur.$_{bg2}$ **Goss.**$_{vh,vh/dg}$ *Iod.*$_{vh,vh/dg}$ kali-bi.$_{bg2}$ *Phos.*$_{vh,vh/dg}$ *Sep.*$_{vh,vh/dg}$

Essen.: ...
– **nach**:
• **amel**. der Gemütssymptome: calc-f.$_{bg2,mg1}$ caust.$_{bg2}$ dicha.$_{bg2,mg1}$ goss.$_{bg2,st}$ iod.$_{bg2}$ mez.$_{bg2}$ petr.$_{bg2}$ phos.$_{bg2}$ tarent.$_{bg2,k2}$
☞ *Angst - Essen - amel. / Reizbarkeit - Essen - nach - amel. / Stumpfheit - Essen - amel. / Traurigkeit - Essen - nach - amel. / Vergeßlich - Essen - amel. / Zorn - Essen - nach - amel.*
• **abends**: tarent.$_{k2}$
– **Fäzes**
☞ *Fäzes - schluckt*
– **gierig**
☞ *Bulimie*
– **Löffel** essen; kann nicht mit dem: bell.$_{a1}$
– **mehr** als sie sollte
☞ *Bulimie*
– **weigert** sich zu: anac.$_{ptk1}$ apis$_{hr1}$ ars. bell. *Borx.*$_{kr1}$ caul.$_{st}$ caust. cocc. croc. grat. hell.$_{ptk1}$ **Hyos.** *Ign.* kali-bi.$_{hr1}$ kali-br.$_{gk}$ ~~kali-chl.$_{a1,xxx}$~~ **Kali-m.**$_{k,k2,*}$ kali-p. lach.$_{k2}$ morg-p.$_{hbh,pte,*}$ op. **Ph-ac.** *Phyt.* plat. puls. *Rhus-t.*$_{hr1}$ sep. **Tarent.** **Verat.** **Viol-o.** zinc-chr.$_{ptk1}$
☞ *Anorexia nervosa / Geisteskrankheit - Essen - weigert / Gleichgültigkeit - Essen - gegenüber*
◈ **abwechselnd** mit:
• **Bulimie**
☞ *Bulimie - abwechselnd mit - weigert - Geisteskrankheit*
• **bittet**; ißt nur, wenn man ihn: ant-c.$_{ptk1}$
• **trinken**; und zu: apis$_{ptk1}$
• **Schwäche**; aus: bar-c.$_{ptk1}$ stann.$_{ptk1}$

Euphorie: androc.$_{srj1}$ anh.$_{jl,sp1}$ aran-ix.$_{jl,jl3,*}$ asar.$_{jl,jl3}$ chloram.$_{jl,jl3}$ choc.$_{srj3}$ cob-n.$_{jl,sp1}$ cortiso.$_{jl,jl3}$ germ-met.$_{srj5}$ haliae-lc.$_{srj5}$ kres.$_{mg,mg1,*}$ limest-b.$_{es1}$ marb-w.$_{es1}$ palo.$_{jl,jl3}$ thyr.$_{jl,jl3}$
◈ **abwechselnd** mit:
• **Stille**; Verlangen nach: asar.$_{jl}$
• **Streiten**
☞ *Streitsüchtig - abwechselnd mit - Euphorie*
• **Traurigkeit**: asar.$_{jl,jl3}$ aster.$_{jl}$ cortiso.$_{jl,jl3}$ mand.$_{jl,jl3}$ meph.$_{jl}$ nid.$_{jl}$ onop.$_{jl}$
☞ *Erregung - abwechselnd mit - Traurigkeit / Manie - abwechselnd mit - Niedergeschlagenheit*
– **Anästhesie** mit Ethylchlorid; mit Gefühl von Leichtigkeit wie nach: asar.$_{jl}$
– **Fahren**; beim: haliae-lc.$_{srj5}$
• **Geschwindigkeit**; mit hoher: haliae-lc.$_{srj5}$

Etepetete
☞ *Geziertheit*

Exakt
☞ *Gewissenhaft / Tadelsüchtig*

Extravaganz: am-c. ang.$_{a1}$ *Bell.*$_{bg2,k}$ cann-i.$_{a1}$ *Carb-v.*$_{st}$ castm.$_{j}$ *Caust.* chin. chinin-s.$_{j}$ *Con.* croc.$_{hr1,k}$ guar.$_{hr1,kr1,*}$ iod. merc.$_{h}$ *Nat-m.*$_{st}$ nux-m.$_{a1}$ op.$_{a1}$ paull.$_{a1}$ petr.$_{a1,k}$ ph-ac. phel. plat. stram. verat.
☞ *Eitelkeit / Exzentrizität / Fanatismus / Furcht - Extravaganz / Gesten - übertrieben / Hochmütig / Lachen - unmäßig / Sprache - übertrieben / Verschwenderisch - Geld*

Extremen; neigt zu
☞ *Exzentrizität / Stimmung - veränderlich / Stimmung - wechselnd*

Extrovertierte Menschen
☞ *Erregung / Mitteilsam / Offenherzig / Redseligkeit*

Exzentrizität, Überspanntheit: aesc.$_{al}$ agn.$_{al}$ alco.$_{al}$ am-c.$_{gl1,j5,*}$ ambr.$_{gl1}$ ang.$_{j5}$ *Anh.*$_{vh,vh/dg}$ apis$_{hr1}$ arg-n.$_{hr1,kr1}$ ars-h.$_{hr1,kr1}$ *Asar.*$_{hr1,j5,*}$ asc-t.$_{hr1,kr1}$ *Bell.*$_{gl1,hr1,*}$ *Cann-i.*$_{hr1,k2,*}$ caust.$_{ptk1}$ coff.$_{hr1,kr1}$ coff-t.$_{al}$ con.$_{ptk1}$ cub.$_{hr1,kr1}$ cupr.$_{j5}$ cupr-act.$_{kr1}$ cupr-ar.$_{al}$ cycl.$_{hr1,kr1}$ form.$_{al}$ glon.$_{bg2,sf1,*}$ hoit.$_{jl,jl3}$ hyos.$_{al}$ iodof.$_{hr1,kr1}$ kali-c.$_{jl}$ lac-ac.$_{al}$ **Lach.**$_{gl1,hr1,*}$ lact.$_{j5}$ lyss.$_{al}$ muru.$_{al}$ nitro-o.$_{al}$ nux-v.$_{gl1}$ *Op.*$_{gl1,hr1,*}$ pall.$_{bg2,sf1,*}$ petr.$_{al,j5}$ plat.$_{bg2,sf1,*}$ raja-s.$_{jl,jl3}$ sang.$_{al}$ sep.$_{hr1,kr1}$ spig.$_{j5}$ stram.$_{hr1,j5,*}$ sul-ac.$_{al,j5}$ sulph.$_{al}$ sumb.$_{hr1,kr1,*}$ *Tarent.*$_{hr1,kr1}$ teucr.$_{hr1,kr1,*}$ thea$_{al}$ valer.$_{j5,k2,*}$ verat.$_{h,k,*}$ verat-v.$_{hr1,kr1}$ verb.$_{j5}$
☞ *Extravaganz / Geziertheit*
– **abends**: asc-t.$_{hr1,kr1}$ teucr.$_{hr1,kr1,*}$
– **nachts**: op.$_{al}$
◆ **abwechselnd** mit:
• **Schüchternheit**: sul-ac.$_{j5}$
• **Traurigkeit**: petr.$_{al,j5}$ *Stram.*$_{hr1,kr1}$
• **Verachtung**:
• **selbst**; gegenüber sich: agn.$_{j5}$
– **Chorea** mit: *Cupr.*$_{hr1,kr1}$ *Cupr-act.*$_{kr1}$ sumb.$_{hr1,kr1}$
– **epileptischem** Anfall, vor: *Cann-i.*$_{kr1}$
– **Metrorrhagie**, nach: *Sep.*$_{hr1,kr1}$
– **Phantasien**, in: agar.$_{al,h}$ apoc.$_{al}$ arg-n.$_{hr1,kr1}$ glon.$_{bg2,sf1,*}$ lact.$_{al}$ pall.$_{bg2,sf1,*}$ plat.$_{bg2,sf1,*}$ *Verat-v.*$_{hr1,kr1}$
– **politisch**: ars.$_{gl1}$ caust.$_{gl1}$ lach.$_{gl1}$
– **religiös**: puls.$_{gl1}$ sel.$_{h}$ stram.$_{gl1}$ sulph.$_{h}$ verat.$_{gl1}$
☞ *Religiös - Gemütsstörungen*

Fäuste:
☞ *Gesten*
– **ballt** die Fäuste:
• **Schreck**; nach: *Ign.*$_{kr1}$
– **ballt** die Fäuste wie in rasender Wut: *Calc.*$_{hr1,kr1}$

Fäzes:
– **leckt** Kuhmist, Schlamm und Speichel auf: *Hyos.*$_{vh,vh/dg}$ merc.
☞ *Geisteskrankheit - Essen - Schmutz*
– **schluckt** seinen: *Camph.*$_{kr1}$ *Hyos.*$_{vh,vh/dg}$ merc.$_{bg2}$ verat. visc.$_{bg2}$
☞ *Geisteskrankheit - Essen - Schmutz*
– **setzt** Fäzes auf den Boden ab: cupr. **Hyos.**$_{vh,vh/dg}$ sulph.$_{st}$
– **urinieren** und defäkieren überall; Kinder: *Hyos.*$_{vh,vh/dg}$ *Sep.*$_{gl1}$ sil.$_{gl1}$ sulph.$_{gl1}$

Fahren (= Autofahren):
– **amel.** die Gemütssymptome: nit-ac.$_{bg2,k2}$
– **Verlangen** zu fahren: haliae-lc.$_{srj5}$

Fahren im Wagen:
– **Abneigung** gegen: psor.
☞ *Angst - Fahren / Angst - Fahren - abwärts / Furcht - Fahren im / Verwirrung - Fahren / ❑ Allgemeines - Fahren - Auto - Abneigung / ❑ Allgemeines - Fahren - Auto - agg.*

Fahren im Wagen: ...
– **Neigung** zum: psor.$_{bg2,st}$

Falle zu sitzen; Gefühl, in der
☞ *Wahnideen - Falle zu*

Falsch
☞ *Hinterhältig / Streitsüchtig*

Fanatismus: aur-ar.$_{k2}$ caust. lach.$_{gb}$ limest-b.$_{es1}$ puls.$_{k13,k2}$ rob. sel. sulph.$_{k,k12}$● *Thuj.*$_{hr1,k}$
☞ *Abergläubisch / Anarchist / Extravaganz / Gedanken - hartnäckig / Heftig / Leidenschaftlich / Religiös / Religiös - Fanatismus / Unduldsamkeit / Ungestüm*

Farben:
☞ *Empfindlich - Farben*
– **Abneigung** gegen: tarent.$_{k2}$
– **blau**:
• **amel.**:
• **hellblau**: ign.$_{vk4}$ mangi.$_{vk4}$
• **himmelblau**: merc.$_{vk4}$
• **marineblau**: ign.$_{vk4}$
• **Abneigung** gegen: choc.$_{srj3}$ tarent.$_{al}$
• **dunkelblau**: sep.$_{vk4}$
• **Verlangen** nach: neon$_{srj5}$ tarent.$_{al}$
• **dunkelblau**: ign.$_{vk4}$ lach.$_{vk4}$ nux-v.$_{vk4}$ staph.$_{vk4}$
• **hellblau**: cocc.$_{vk4}$ *Ign.*$_{vk4}$ *Kali-bi.*$_{vk4}$ *Nux-v.*$_{vk4}$ phos.$_{vk4}$ *Sep.*$_{vk4}$ *Sil.*$_{vk4}$ staph.$_{vk4}$ *Tub.*$_{vk4}$
• **Männern**; bei: ign.$_{vk4}$ nux-v.$_{vk4}$ sep.$_{vk4}$
• **türkis**: nux-v.$_{vk4}$ sep.$_{vk4}$
– **braun**:
• **Verlangen** nach:
• **dunkelbraun**: sil.$_{vk4}$
• **hellbraun**: nux-v.$_{vk4}$ sep.$_{vk4}$
• **tragen**; braun zu: choc.$_{srj3}$
– **creme**:
• **amel.**: phos.$_{vk4}$
– **dunkle** Farben:
• **Abneigung** gegen: ars.$_{vk4}$ ars-i.$_{vk4}$ ign.$_{vk4}$ lach.$_{vk4}$ *Nux-v.*$_{vk4}$ *Sep.*$_{vk4}$
– **gelb**:
• **Abneigung** gegen: *Nux-v.*$_{vk4}$ *Sep.*$_{vk4}$ *Tarent.*$_{k1,ptk1,*}$
• **Verlangen** nach: brass-n-o.$_{srj5}$
• **tragen**; gelb zu: choc.$_{srj3}$
• **zitronengelb**: ars-i.$_{vk4}$ *Ign.*$_{vk4}$ sep.$_{vk4}$
• **Frauen**; bei: ign.$_{vk4}$
• **alles** sieht gelb aus
☞ *❑ Sehen - Gelb - Gegenstände*
– **grün**:
• **amel.**: ign.$_{vk4}$
• **hellgrün**: merc.$_{vk4}$
• **Hemd** und schwarze Hosen; ein hellgrünes: kali-i.$_{vk4}$
• **olivgrün**: ign.$_{vk4}$
• **Abneigung** gegen: choc.$_{srj3}$ lach.$_{vk4}$ *Nux-v.*$_{vk4}$ *Sep.*$_{vk4}$ *Tarent.*$_{k1,ptk1,*}$
• **dunkelgrün**: nux-v.$_{vk4}$
• **Verlangen** nach: neon$_{srj5}$ *Nux-v.*$_{vk4}$ sil.$_{vk4}$ tarent.$_{al}$
• **hellgrün**: ign.$_{vk4}$ nux-v.$_{vk4}$ *Sep.*$_{vk4}$ sil.$_{vk4}$ *Tub.*$_{vk4}$

– **grün - Verlangen** nach: ...
• **Männern**; bei: nux-v.vk4
– **helle** Farben:
• **amel.**: nit-ac.vk4 nux-v.vk4 phel.vk4 sep.vk4
• **Verlangen** nach: ign.vk4 lach.vk4 mangi.vk4 *Nux-v.*vk4 *Sep.*vk4 tub.vk4
– **orange**:
• **Abneigung** gegen: *Ign.*vk4 lach.vk4 nux-v.vk4 puls.vk4
– **purpurn**, blaurot:
• **Abneigung** gegen: nux-v.vk4 sep.vk4
• **Verlangen** nach: nux-v.vk4 sep.vk4
– **rosa**:
• **amel.**: calc-p.vk4 ign.vk4 phos.vk4 staph.vk4
• **Abneigung** gegen: sep.vk4
• **Verlangen** nach: *Ign.*vk4 nat-m.vk4 nit-ac.vk4 *Nux-v.*vk4 *Phos.*vk4 puls.vk4 *Sep.*vk4 *Sil.*vk4 tub.vk4 zinc.vk4
• **Frauen**; bei: ign.vk4 nux-v.vk4 sep.vk4
– **rot**:
• **amel.**: ign.vk4
• **tiefrot**: ign.vk4
• **Abneigung** gegen: *Alum.*bg1,bg2,* ars-i.vk4 ign.vk4 *Nux-v.*vk4 *Sep.*vk4 *Tarent.*k1,ptk1
• **rötlichbraun**, kastanienbraun: choc.srj3
• **Verlangen** nach: aur.vk4 ign.vk4 phos.vk4 tarent.a1
– **schwarz**:
• **amel.**: ign.vk4
• **Abneigung**: ars-i.vk4 cocc.vk4 *Ign.*vk4 med.vk4 nat-m.vk4 *Nux-v.*vk4 *Phos.*vk4 rob. *Sep.*vk4 stram. *Tarent.*k,k1,*
☞ *Düstere - Abneigung / Furcht - Schwarzem*
• **Verlangen** nach: ign.vk4
• **weiß**; und: bung.shj
– **träumt** farbig
☞ *❑ Träume - Farbig*
– **violett**:
• **Abneigung** gegen: nux-v.vk4 sep.vk4
• **Verlangen** nach: nux-v.vk4 sep.vk4
– **wechselnde**:
• **Verlangen** nach: puls.vk4
– **weiß**:
• **amel.**: ign.vk4 nux-v.vk4 sep.vk4 tub.vk4
• **Abneigung** gegen: ign.vk4 nux-v.vk4
• **Verlangen** nach: *Ars-i.*vk4 ign.vk4 kali-bi.vk4 *Lach.*vk4 mangi.vk4 med.vk4 *Nux-v.*vk4 *Phos.*vk4 *Sep.*vk4 *Sil.*vk4 *Staph.*vk4 sulph.vk4 thuj.vk4 *Tub.*vk4 zinc.vk4
• **Männern**; bei: nux-v.vk4 sep.vk4
• **schwarz**; und
☞ *schwarz - Verlangen - weiß*

Faßt alles von der üblen Seite auf
☞ *Beleidigt*

Fassung gebracht, verwirrt; außer: brom.a1,k ign.a1,k
☞ *Chaotisch / Fehler / Verwechseln - Gedanken / Verwirrung / ❑ Gesicht - Ausdruck - durcheinander / ❑ G~ Ausdruck - verwirrt*

Fasziniert andere
☞ *Bezaubert*

Faulheit: abrot. acon. acon-l.a1 adam.srj5 aesc. *Agar.* agar-cit.a1 ail. alco.a1 alet.bro1 alf.bro1 aloe *Alum.* alum-p.k2 alum-sil.k2 am-c. am-m. ambr.st ammc.a1 *Anac.* androc.srj1 ant-c. ant-t. anth.a1 *Apis* apoc. arag.br1,bro1 arg-met.bg2,kr1 *Arg-n.* *Arn.* ars. ars-h. ars-i. ars-met.kr1 ars-s-f.k2 asaf. *Asar.*bg2,k asc-t.a1,kr1 *Aster.*kr1 atis.bnj1 atro.kr1 *Aur.* aur-ar.k2 aur-i.k2 *Aur-m.* aur-s.k2 *Bamb-a.*stb2 *Bapt.*bro1,k bar-act.a1 *Bar-c.*bro1,k bar-i.k2 bar-s.k2 bell. berb.j5 berb-a.bro1 blatta-a.a1 **Borx.**bg2,k bov.a1 bran.a1 brom. *Bry.*bro1,k bufo bufo-s.a1 cadm-met.mg1 cadm-s.k2,kr1,* caj.a1 *Calc.* *Calc-ar.*k1 *Calc-f.*mg1 calc-i.k2 *Calc-p.* calc-s.k2 calc-sil.k2 camph. *Cann-s.*a1,j5 **Canth.**a1,bg2 *Caps.*bro1,k *Carb-ac.*bro1,k carb-an.a1,h *Carb-v.* **Carbn-s.** carl.a1 *Caust.*bg2,k cench.k2 cere-b.a1 cham. **Chel.** **Chin.** chinin-ar. chinin-s. choc.srj3 cic. cinnb. clem.h,j5,* cob. *Cob-n.*mg1 coc-c. *Coca* cocc. coff.j5 colch. con. *Corn.*a1,kr1 croc. crot-h. crot-t. culx.k2 cupr.h,j5,* *Cycl.* cyn-d.j1 dicha.j1,mg1 dig. dios. dirc. dros.h,j5,* dulc. elapsa1 erig. eug.a1 euon.a1 euphr. ferr.a1,bro1 ferr-p. ferul.a1 *Form.*bg2,sf1 gamb. *Gels.*bg2,bro1 gent-ch.bnj1 germ-met.srj5 gins.a1 glon.bro1 gran.sf1 **Graph.**bg2,k grat. guaj. haliae-lc.srj5 *Ham.*kr1,st hell.a1,bro1 helo.st helon. *Hep.* hera.a1 hura hydr.a1 hydr-ac.a1 hydrog.srj2 hyos. hyper.a1 ign. ind.kr1 indg. indol.bro1 *Iod.* ip. jug-r. kali-ar. *Kali-bi.*a1,bg2,* kali-br. *Kali-c.* kali-cy.a1 kali-n.a1 *Kali-p.*bro1,k kali-s. *Kali-sil.*k2 kiss.a1 lac-ac. *Lac-c.* lac-d. **Lach.** lact.a1,j5 laur. lec.bro1 lil-t.a1,bro1 limest-b.es1 linu-c.a1 *Lyc.* m-arct.j m-aust.j5 mag-c. mag-f.mg1 *Mag-m.* mag-p.bro1 mag-s. manc. marb-w.es1 matea1 meli. meny.h,j5 *Meph.* *Merc.*bro1,k1,* merl.a1 *Mez.*bg2,k mill. mur-ac.bg2,j5,* nat-ar. nat-c. nat-hchls.a1 **Nat-m.** nat-n.sf1 nat-p. nat-s.k2 nat-sil.k2 neonsrj5 nicc-s.bro1 nid.j1 **Nit-ac.** nitro-o.a1 **Nux-v.** ol-an.j5,kr1,* olnd. op. opun-s.a1 osm. ox-ac.a1 oxyt.bro1 pall.kr1 par.j5 paull.a1 petr. *Ph-ac.* **Phos.**k1,st phys.a1 **Pic-ac.**k1,st pip-m.a1 plan.a1 plat. plb. plect.a1 *Psor.* *Puls.* ran-b.bg2,j5 ran-s. raph.a1 rham-cal.bro1 rheum rhod.bg2,k1 rhus-g.a1 rhus-t. rob. rumx.k2,kr1 rutabg2,k sabad. *Sabin.* sang. sarcol-ac.bro1 saroth.j1 sarr.a1 sars. sec. sel.bro1 seneg.a1,k1 **Sep.** sieg.mg1 *Sil.*h,j5,* spig. spirae.a1 **Spong.**bg2,k squil. stann. *Staph.*gl1,j5,* stram. stront-c. stry-p.bro1 sul-i.k2 sulfa.j1 **Sulph.** sumb.a1 syph.st tab. tanac.bro1 tarax.a1,j5,* tarent. *Teucr.* theaj5 *Ther.* *Thuj.* thymol.bro1 tong.a1,j5 **Tub.**st uran-n.sf1 valer.a1 verat.gl1 verb. viol-t.a1,j5 visc.sp1 wildb.a1 *Zinc.* zinc-chr.bg **Zinc-p.**k2 zing. ziz.a1
☞ *Abscheu - Arbeit / Ehrgeiz - Verlust - Enttäuschung / Furcht - Arbeit / Geistige Anstrengung - Abneigung / Geistige Anstrengung - agg. / Geschäft - Abneigung / Geschäft - vernachlässigt / Gleichgültigkeit - Arbeit / Unentschlossenheit - Auswahl / Zeit - vergeudet*
– **tagsüber**: digin.a1 phos.a1 plan.a1 ran-b.a1
– **morgens**: all-c.a1,k aloe alum. am-c. am-m. ambr.vh ammc.kr1 anac. ang.h,j5,* ant-t. canth. carb-an. *Carb-v.* carbn-s. chel. choc.srj3 clem.

– **morgens**: ...
Cocc. ham.vh helo.vh hep.al,k hipp. indg. kali-n.h,k lac-c.al lach.j5 lact.al,j5 mag-c. merc.vh *Nat-m.* nat-s. nux-v. ox-ac. pall. phyt. plat. ran-b. ran-s.al,k rheumh *Rhod.*vh,vh/dg rhus-t. rumx. sabin. seneg.vh squil. sulph. syph.vh tarax. ther.j5 *Tub.*vh,vh/dg verat.vh verb.
• **Aufstehen**, beim: cham.al dig. nat-c. op. verb.
• **Erwachen**, beim: *Bamb-a.*stb2 chinin-s.
– **vormittags**: *Alum.* alumn.al anac. get.al hipp.al indg.al lach.al mag-c. nat-m.
– **mittags**: aloe chinin-s.al
– **nachmittags**: aloe anac.al *Borx.* bufo bufo-s.al chel. erig. gels. hyos. lyc.al,k mag-c. mag-s. nat-ar.al nat-m.al,k op.al petr. sep. sil. viol-t.
• **14** h: chel.
– **abends**: agar. bamb-a.stb2 calc-p.al,k cann-s. carb-v. coca dios. erig. ferr-i. form.al franz.al mag-c. mag-m. mur-ac.j nat-m.al pall. plb. puls. ran-s. sphing.k,kk3 spig.al sulfonam.jl **Sulph.** viol-t.
• **amel**.: aloe bism. clem. sulph.
◆ **abwechselnd** mit:
• **Aktivität**; geistiger
☞ *Geistige Anstrengung - Verlangen - abwechselnd mit - Faulheit*
• **Fröhlichkeit**
☞ *Froh - abwechselnd mit - Faulheit*
– **Amenorrhoe**, bei: cycl.kr1
– **angefangen** hat; arbeitet jedoch gut, nachdem er: tarax.kr1
– **Arbeit** würde ihm schaden; er glaubt, die:
• **Hypochondrie**; bei: *Arg-n.*kr1
– **Brennen** in der rechten Lumbalregion; mit: nit-ac.h
– **Erwachen**, beim: *Aloe*kr1 pip-m.al
– **Essen**, nach dem: agar. anac.al,sf1 ant-c. asar. bar-c. bov. cann-i. chel. *Chin.* dig.al,h,* ign.sf1 *Kali-c.*sf1 lach. *Lyc.*sf1 mag-c. *Nat-m.*sf1 nux-m.sf1 nux-v. ol-an.st *Ph-ac.*sf1 *Phos.* plat.sf1 plb. thuj. zinc.
– **Fieberfrost**
☞ *Frost*
– **Freien**, im: arn.
• **amel**.: calc. graph.
– **Frost**; während: camph. crot-h.j lach.j
– **Frühstück**, nach dem: nat-s.
– **gefolgt** von:
• **Arbeitswut**: aur-s.k2
– **Gehen**:
• **beim**: arn. caust.al chinin-s. coff.al nit-ac. sabin.
• **nach**: caust.h
– **Geschäft**:
• **Durchführung** der Geschäfte; bei der: nux-v.al opun-v.al
• **Erfolg** hört auf; sein: calc.k2
– **Hausarbeit**; Abneigung gegen ihre gewohnte: bamb-a.stb2 cench.k2 *Cit-ac.* sep.ptk1 sul-i.k2
– **intelligent**; obwohl sehr
☞ *Intelligent - faul*
– **Kindern**, bei: bar-c. lach.
☞ *Stumpfheit - Kindern*
– **Koitus**, nach: nat-c.j5

Faulheit: ...
– **körperlich**: alco.al bar-c.al,kr1 calc.al,gl1 carb-ac.al,kr1 cham.al chel.al chin.al choc.srj3 cob.al,kr1 cycl.al franz.al iod.al *Kali-bi.*al,kr1 *Lil-t.*al,kr1 lyc.al,gl1 menis.al nat-c.al,sf1,* nat-m.al,gl1,* nux-v.al,gl1 puls.al,gl1 sec.al sep.al *Sulph.*al,gl1
– **Langeweile**; mit
☞ *Langeweile - Faulheit*
– **Masturbation**, nach: *Dig.*kr1 *Gels.*kr1
– **Mittagessen**, nach dem: agar.al,k ant-c. bar-c. *Chel.*kr1 *Chin.* mag-c. tong.al zinc.al,k
– **Mittagsschlaf**, nach dem: anac. borx.
– **nervöser** Erschöpfung, bei: *Coca*kr1
– **neue** Ideen, Gedanken; mit Abneigung gegen: hep.glh kali-c.glh lyc.glh nit-ac.glh sil.glh
– **plötzlich**: calc.ptk1,ptk2
– **Pollutionen**, nach: *Dios.*kr1 nat-c.h sep.
– **Samenabgang**
☞ *Pollutionen*
– **Schlaf**, nach: borx. chinin-s. mez. pip-m.
– **Schläfrigkeit**, bei: acon.j5 am-m.j5 ammc.j5 ant-t.j5 ars.j5 carb-an.j5 carb-v.j5 chel.al,j5 chin.al,j5 cinnb.j5 clem.j5 colch.j5 coloc.j5 croc.j5 dig.j5 dulc.j5 grat.j5 ip.j5 laur.j5 lyc.j5 mag-c.j5 mag-m.j5 nat-c.j5 rat.j5 sars.j5 ther.bg2,j5 tong.j5 verb.j5 *Zinc.*j5
– **Schwierigkeiten**, angesichts von: cocc.kr1
– **Sitzen**, im: nat-c. nit-ac. ruta
☞ *Sitzen - Neigung*
– **Spaß** hat; wenn er keinen: carbn-s.al
– **Stuhlgang**:
• **vor**: *Borx.*
• **nach**: colch.al,k coloc.al
– **Traurigkeit**, durch: *Bamb-a.*stb2 berb.j5 bov.j5 crot-t.j5 dor.j dros.j5 laur.j5 mez.j5 prun.j5 zinc.j5
– **verschiebt** die Arbeit: *Cench.*k2 *Nat-m.*gl1
☞ *Verschiebt*
– **Wetter**, bei feuchtem: sang.
☞ *Stumpfheit - feuchte - durch*
– **Zorn**, nach: *Nux-v.*kr1
– **Zufriedenheit**, mit: ziz.kr1

Fehler; macht:
☞ *Erschöpfung / Fassung / Gedächtnis - Gedächtnisschwäche / Geistesabwesend / Konzentration - schwierig / Stumpfheit / Vergeßlich / Verwechseln - Gedanken / Verwirrung*
– **Arbeit**, bei der: acet-ac. all-c. androc.srj1 bell. chinin-s. meli. nat-c. phos. sep.
– **Buchstabieren**
☞ *Sprechen - Buchstabieren*
– **Gewichten**; beim Abschätzen von: nux-v.
– **Kopfschmerzen**; während: med.pc
– **Lesen**, beim: bar-c.gg calc.gg carc.gg,zzh cham. chin.gg conv.c1 *Hyos.* lach.al lact.c1 lyc. merc. plb.al sil. stann.
☞ *Lesen - unfähig*
– **linke** oder rechte Seite; in bezug auf die
☞ *Seite*
– **Maßen**, Größen; beim Abschätzen von: nux-v.

– **Namen**, bei: dios.$_{al}$ *Stram.*$_{al}$
☞ *Aphasie / Gedächtnis - Gedächtnisschwäche - Eigennamen / Gedächtnis - Gedächtnisschwäche - Namen*
– **Orte**; in bezug auf: aesc. anh.$_{sp1}$ arg-n.$_{bg1,st}$ atro. bell. bov. bry. camph-br.$_{c1}$ cann-i. cham. cic. fl-ac.$_{bg1,st}$ **Glon.** hura *Kali-br.*$_{kr1}$ *Kali-p.*$_{st}$ lach. merc. nat-m. **Nux-m.** nux-v.$_{gl1}$ par. **Petr.** phos. plat.$_{sf1}$ psor. puls.$_{gl1}$ sil.$_{bg1,st}$ stram. sulph. valer. verat.
☞ *Entfernungen - falsche / Erkennt - nicht - Straßen / Erkennt - nicht - Umgebung / Gedächtnis - Gedächtnisschwäche - Orte / Vergeßlich - Haus / Vergeßlich - Straßen / Verwirrung - verläuft / Verwirrung - weiß*
– **Personen**, in: alco.$_{al}$ cham.$_{al}$
☞ *Gedächtnis - Gedächtnisschwäche - Personen*
– **Raum**; in bezug auf den: anh.$_{bro1}$ borx.$_{bg2}$ bov.$_{sf1}$ *Cann-i.*$_{sf1}$ caust.$_{bg2}$ cic.$_{bro1}$ *Glon.*$_{bro1}$ hydrog.$_{srj2}$ lach.$_{bro1}$ nux-m.$_{bg2,sf1}$
• **Zeit**; und die: anh.$_{bro1}$ borx.$_{bg2}$ bov.$_{sf1}$ *Cann-i.*$_{br1,sf1}$ caust.$_{bg2}$ cic.$_{bro1}$ *Glon.*$_{bro1}$ hydrog.$_{srj2}$ lach.$_{bro1}$ nux-m.$_{bg2,sf1}$
☞ *Zeit*
– **Rechnen**, beim: ail. *Am-c.* calc.$_{k2}$ chinin-s. con. *Crot-h.* galin.$_{jl}$ lach.$_{gl1}$ *Lyc.* merc. neon$_{srj5}$ *Nux-v.* rhus-t. *Sumb.* syph.
☞ *Mathematik - Unfähigkeit / Mathematik - Unfähigkeit - rechnen / Verwirrung - Rechnen*
• **Addieren**, beim: chinin-s.$_{al}$ *Sumb.*$_{al}$
• **kann** nicht rechnen:
• **Entbindung**, nach der: *Thuj.*$_{kr1}$
– **rechte** oder linke Seite; in bezug auf die
☞ *Seite*
– **Salz** statt Zucker in den Tee; schüttet: cadm-met.$_{gm1}$
– **Schreiben**, beim: adlu.$_{jl}$ agar.$_{k2}$ allox.$_{jl,sp1}$ alum. alum-sil.$_{k2}$ am-br.$_{sf1}$ *Am-c.* anders.$_{bnj1}$ androc.$_{srj1}$ arag.$_{br1}$ aza.$_{jl}$ bamb-a.$_{stb2}$ benz-ac. bov. calc.$_{a1,gl1}$ *Calc-p.* cann-i. *Cann-s.* carb-an. carbn-o.$_{al}$ carbn-s. cench.$_{k2}$ cere-s.$_{al}$ *Cham.* *Chin.* chinin-s. choc.$_{srj3}$ chr-ac. colch. con.$_{gl1}$ croc. crot-h. dios. dirc.$_{al}$ *Dulc.*$_{sf1}$ fl-ac. galin.$_{jl}$ germ-met.$_{srj5}$ gink-b.$_{sbd1}$ graph. helo.$_{st}$ hep. hydr. hydrog.$_{srj2}$ hyper. ign. iris-foe. *Kali-br.* kali-c.$_{sf1}$ *Kali-p.* kali-s. kali-sil.$_{k2}$ lac-ac. *Lac-c.* **Lach.** lil-t. lob-s.$_{al}$ **Lyc.** m-arct.$_{j5}$ mag-c. med.$_{k2}$ morph.$_{al}$ nat-ar.$_{al}$ nat-c. *Nat-m.* neon$_{srj5}$ *Nux-m.* nux-v. onos. opun-v.$_{al}$ phos. psil.$_{ft1}$ ptel. puls. rauw.$_{sp1}$ rhod. rhus-t. sacch.$_{al}$ sep. sil. staph.$_{k2}$ stram. sulph. *Sumb.*$_{al,k}$ tab.$_{gl1}$ **Thuj.** tub.$_{bcj}$ visc.$_{sp1}$ yuc.$_{al}$
☞ *Dyslexie / Gedächtnis - Gedächtnisschwäche - Rechtschreibung / Konzentration - schwierig - Schreiben / Schreiben - Unfähigkeit / Verwirrung - Schreiben*
• **alten** Menschen; bei: am-c.$_{k1}$ *Crot-h.*$_{k1,kr1}$
• **falsch**:
• **Buchstaben**, Zahlen: am-c.$_{al}$ galin.$_{al,jl}$ *Germ-met.*$_{srj5}$ hydrog.$_{srj2}$ neon$_{srj5}$
• **Worte**: bov.$_{al,kr1}$ *Calc.*$_{al,kr1}$ calc-p.$_{al}$ cann-i.$_{al}$ cench.$_{al,k2}$ chinin-s.$_{al}$ choc.$_{srj3}$ dirc.$_{al}$ fl-ac.$_{al}$ germ-met.$_{srj5}$ hydrog.$_{srj2}$ hyper.$_{al}$ *Lyc.*$_{al}$ neon$_{srj5}$ sars.$_{al}$ sep.$_{al,kr1}$ thuj.$_{al,kr1}$ yuc.$_{al}$
• **Kopfschmerzen**, bei: nux-m.$_{kl}$
• **fügt** Buchstaben hinzu: gink-b.$_{sbd1}$ *Lyc.*$_{al}$

– **Schreiben**, beim: ...
• **Gedanken**; durch schnelle: hydrog.$_{srj2}$
• **Hast**, durch: hydrog.$_{srj2}$ *Ign.*$_{gl1}$
• **läßt** etwas aus:
• **Buchstaben**: bamb-a.$_{stb2}$ choc.$_{srj3}$ colch.$_{k1}$ erig.$_{mg1}$ germ-met.$_{srj5}$ **Hydrog.**$_{srj2}$ *Hyper.* kali-br. *Lac-c.* *Lyc.*$_{k,kl2}$● meli. *Nux-m.* nux-v. onos. op.$_{al}$ opun-s.$_{al}$ puls. stram. *Thuj.* zinc.
• **ersten** Buchstaben; den: adam.$_{srj5}$
• **Silben**: bov. *Cham.* colch. kali-br. *Lyc.*$_{kr1}$ nux-v. *Thuj.*
• **Worte**: benz-ac. *Cann-s.* *Cham.* erig.$_{mg1}$ hyper. kali-br. lac-ac. lachn. *Lyc.* meli. nux-v. opun-v.$_{al}$ *Rhod.* sacch.$_{al}$ *Thuj.*
• **schnellen** Gedankengang, schnelles Denken; durch
☞ *Hast*
• **stellt** etwas um:
• **Buchstaben**: adam.$_{srj5}$ caust. *Chin.* choc.$_{srj3}$ germ-met.$_{srj5}$ *Lyc.* opun-s.$_{al}$ opun-v.$_{al}$ psil.$_{ft1}$ stram.
• **Worte**: hydrog.$_{srj2}$
• **verwechselt** Buchstaben: lyc.
• **wiederholt** Worte: *Calc-p.* *Cann-s.* choc.$_{srj3}$ kali-br. lac-c. sulph.
– **Seite**; in bezug auf die rechte oder linke: adam.$_{srj5}$ germ-met.$_{srj5}$ hydrog.$_{srj2}$
☞ *Sprechen - Worte - falsche - Seite*
– **Sprechen**, beim: acet-ac. adam.$_{srj5}$ *Agar.* *Alum.* alum-sil.$_{k2}$ am-br.$_{sf1}$ *Am-c.* am-m. androc.$_{srj1}$ arg-n. *Arn.* *Bell.*$_{kr1}$ bov. bufo cadm-met.$_{gm1}$ *Calc.* calc-p. calc-s. calc-sil.$_{k2}$ cann-s. canth. carbn-s. caust. cere-s.$_{al}$ *Cham.* *Chin.* chinin-s. coca *Cocc.* con. cortico.$_{sp1}$ croc.$_{bg2}$ crot-h. cupr. cycl. dios. dirc. *Dulc.* esp-g.$_{bg,kk1}$ germ-met.$_{srj5}$ gink-b.$_{sbd1}$ graph. haem. ham. hep. hyos. hyper. ign. iris-foe.$_{al}$ kali-br. *Kali-c.* kali-p. kali-sil.$_{k2}$ kiss.$_{al}$ *Lac-c.* lach. lil-t. luna$_{kg1}$ *Lyc.* mang. *Merc.* murx. nat-c.$_{bg2}$ **Nat-m.** nux-m. nux-v. onos. osm. ph-ac. *Puls.* rhod.$_{bg2}$ rhus-r. sec. sel. sep. sil. staph.$_{k2}$ stram. sul-ac. sulph. *Thuj.* tub.$_{bcj}$ visc.$_{sp1}$ zinc.
☞ *Aphasie / Sprache - unzusammenhängend / Vergeßlich*
• **alten** Menschen; bei: am-c.$_{k1}$
• **Anstrengung** agg.: agar.
• **beabsichtigt** hat; sagt, was er nicht: adam.$_{srj5}$ alum.$_{h,kr1}$ cham.$_{h}$ germ-met.$_{srj5}$ *Nat-m.*
• **Buchstabieren**, beim: adam.$_{srj5}$ agar.$_{k2}$ all-c. allox.$_{sp1}$ am-c. androc.$_{srj1}$ aza.$_{jl}$ calc-sil.$_{k2}$ *Cortico.*$_{jl,sp1}$ crot-h. fl-ac. germ-met.$_{srj5}$ helo. helo-s.$_{c1}$ **Hydrog.**$_{srj2}$ hyper. lac-ac. *Lach.* lob-s.$_{al}$ *Lyc.* *Med.* nux-m. nux-v. rauw.$_{sp1}$ stram. sulph.
☞ *Dyslexie*
• **Antworten**; beim:
• **falsche** Antworten; gibt: cann-s. nat-m. nux-v. phos.
• **falsch** aus; spricht Wörter: germ-met.$_{srj5}$
• **Hast**; durch: *Ign.*$_{gl1}$
☞ *schnellen*
• **Laute** um, schafft Schüttelreime; stellt: caust. chin.$_{ptk1}$ germ-met.$_{srj5}$
• **Schlaflosigkeit**, nach: agar.$_{st}$

– **Sprechen**, beim: ...

• **schnellen** Gedankengang, schnelles Denken; durch: hydrog.$_{srj2}$

☞ *Hast*

• **Silben**:

• **falsche** Silben; gebraucht: caust. kali-c.$_{gm1}$ **Lyc.** onop.$_{jl}$ sel.

• **Worte**:

☞ *Vergeßlich - Worte*

• **dreht** Worte um: calc. caust. *Chin.* cycl. kali-br. onop.$_{jl}$ osm. stram. sulph.

• **falsche** Worte; benutzt: adam.$_{srj5}$ agar. *Alum.* alum-sil.$_{k2}$ am-br.$_{bg2,sf1}$ *Am-c.* *Arg-n.*$_{a1}$ *Arn.* *Both.* bov. bufo *Calc.* *Calc-p.* cann-i.$_{a1}$ cann-s. canth. caust. cham.$_{a1,bg2}$ *Chen-a.* **Chin.** chinin-s.$_{a1}$ *Cocc.* con. cortico.$_{jl,mg1}$ crot-h. cupr. *Dios.*$_{kr1}$ dirc. *Dulc.* esp-g.$_{bg,kk1}$ fl-ac.$_{a1}$ germ-met.$_{srj5}$ gink-b.$_{sbd1}$ graph. haliae-lc.$_{srj5}$ hep. *Hyos.*$_{a1}$ hyper.$_{a1}$ *Kali-br.* kali-c. kali-sil.$_{k2}$ lac-c. **Lyc.** lyss. mang.$_{bg2}$ med.$_{k2}$ merc.$_{bg2}$ nat-m.$_{bg2}$ **Nux-m.** *Nux-v.*$_{gl1,kr1,*}$ osm.$_{kr1}$ ph-ac.$_{gl1}$ sars.$_{a1}$ sep. sil.$_{bg2,sf1}$ staph.$_{gl1}$ *Stram.*$_{kr1}$ *Thuj.* tub.$_{bcj}$ yuc.$_{a1}$ zinc.

• **anhalten**, um den Satz völlig zu verändern; muß oft mitten im Satz: neon$_{srj5}$ nux-m.$_{c1}$

• **entgegengesetzte** Worte, z.B. heiß statt kalt: *Kali-br.* nux-m.

• **Namen**; nennt Dinge beim falschen: am-c. calc. *Dios.* hydrog.$_{srj2}$ lac-c. sep. *Stram.* sulph.

• **Pflaumen**, wenn er Birnen meint; sagt: dios. lyc.$_{k,kl2}$● *Stram.*

• **Seite** statt linke und umgekehrt; sagt rechte: *Chinin-s.* *Dios.* *Fl-ac.* hyper. iris-foe. neon$_{srj5}$

☞ *Seite*

• **sieht**, anstatt des Namens des Gewünschten; benutzt den Namen des Gegenstandes, den er: am-c. calc. *Lac-c.* neon$_{srj5}$ sep. sulph. tub.

• **läßt** Worte aus: cham.$_{a1,h}$ helo.$_{a1,st}$ nux-v.$_{a1}$ *Verat-v.*$_{a1,kr1}$

• **spricht** Worte falsch aus: *Caust.* lach.$_{c1}$ neon$_{srj5}$

• **stellt** Worte an die falsche Stelle: adam.$_{srj5}$ all-c. alum. am-c. *Arn.* bov. bufo *Calc.* calc-s. calc-sil.$_{k2}$ cann-s. carbn-s. caust. cham. **Chin.** choc.$_{srj3}$ cocc. con. crot-h. cycl. fl-ac. graph. hep. hyos. hyper. kali-br. kali-c. kali-p. kali-s. kali-sil.$_{k2}$ *Lac-c.* *Lach.* *Lyc.* med.$_{k2}$ merc. nat-c. *Nat-m.* *Nux-m.* *Nux-v.* osm. puls. rhod. sep. sil. *Stram.* *Sulph.* thuj.

– **Unterscheiden** von Gegenständen; beim: calc.$_{bg2}$ hyos.$_{bg2}$ nux-v.$_{bg2}$ plat.$_{bg2}$ sulph.$_{bg2}$

– **Wahrnehmung**, bei der: arg-n.$_{br1}$ germ-met.$_{srj5}$

• **mißversteht**, was sie gesehen oder gehört hat: germ-met.$_{srj5}$

– **Zeit**; in bezug auf die: acon. alum. anac. *Anh.*$_{br1,jl}$ atro. bad. bamb-a.$_{stb2}$ borx. bov.$_{bg2,sf1}$ camph. cann-i. cere-b. choc.$_{srj3}$ cic. cocc. con. croc. dirc. elaps elec.$_{c1}$ fl-ac. germ-met.$_{srj5}$ glon. halo.$_{jl}$ hura

Fehler - Zeit; in bezug auf die: hydrog.$_{srj2}$ *Lach.*$_{k,ptk2,*}$ med. merc.$_{ptk1}$ nux-m. nux-v. op. pall. petr. plb. psor.$_{st}$ sulph. ther.

☞ *Raum - Zeit / Gedächtnis - Gedächtnisschwäche - Zeit / Zeit - langsam*

• **vergangene** Ereignisse; in bezug auf: hydrog.$_{srj2}$ neon$_{srj5}$

• **Gegenwart** geht in der Ewigkeit auf: anh.$_{sp1}$

• **Konzept** der Zeit verloren

☞ *Vorstellung*

• **Nachmittag**; glaubt immer, es sei: *Lach.* stann.

• **verwechselt**:

• **Gegenwart** mit der Vergangenheit: anac.$_{h}$ *Cic.* croc. med. nux-m. staph.

• **Gegenwart** mit der Zukunft; die: anac. neon$_{srj5}$

• **Wochentage**: bamb-a.$_{stb2}$

• **Zukunft** mit der Vergangenheit; die: anac.$_{bg2}$ cic.$_{bg2}$ croc.$_{bg2}$ staph.$_{bg2}$

• **Vorstellung** vom Begriff der Zeit verloren; hat die: haliae-lc.$_{srj5}$ hydrog.$_{srj2}$ neon$_{srj5}$

Feierlich, getragen: *Hyos.*$_{bg2,gl1}$ plat.$_{gl1}$

☞ *Ernst*

Feiern

☞ *Nachtschwärmerei*

Feigheit: *Acon.*$_{bg2,k}$ agar.$_{bg2,k}$ agn.$_{bg2,k}$ alco.$_{a1}$ alum. alum-sil.$_{k13,k2}$ **Am-c.**$_{gl1}$ ambr.$_{bg,ptk1}$ anac.$_{bg2,k,*}$ ang.$_{bg2,k,*}$ ant-t.$_{bg2}$ arg-n.$_{bg2}$ aur.$_{bg2,k}$ aur-s.$_{k13,k2}$ **Bar-c.**$_{bg2,k,*}$ bar-i.$_{k2}$ bar-m. bar-s.$_{k13,k2}$ bell.$_{bg2,k,*}$ *Bry.*$_{bg2,k}$ calc.$_{bg2,k}$ calc-s.$_{hr1,k}$ calc-sil.$_{k13,k2,*}$ camph. canth.$_{bg2,k}$ carb-an.$_{bg2,k}$ carb-v.$_{bg2,k}$ caust.$_{bg2,k}$ cham.$_{bg2}$ *Chin.*$_{bg2,k}$ chin-b.$_{hr1,kr1}$ cocc. coloc. con.$_{bg2,k}$ cupr.$_{bg2,k,*}$ dig. dros. fl-ac.$_{gk}$ **Gels.**$_{hr1,k}$ germ-met.$_{srj5}$ graph.$_{bg2,k}$ hep.$_{gl1}$ hydr-ac.$_{bg2}$ ign.$_{bg2,k}$ iod.$_{bg2,k}$ ip. kali-c.$_{bg2,k}$ kali-n.$_{bg2,k}$ kali-p. kali-sil.$_{k13,k2}$ kreos.$_{bg,ptk1}$ lach.$_{bg,ptk1}$ laur. led. **Lyc.**$_{bg2,k,*}$ marb-w.$_{es1}$ merc. mur-ac.$_{bg2,k}$ nat-m.$_{bg2,k}$ nit-ac.$_{bg2,k}$ *Nux-m.*$_{bg2}$ nux-v.$_{bg2,gl1}$ ol-an.$_{bg,ptk1}$ olnd.$_{bg2}$ **Op.**$_{bg2,k1,*}$ ph-ac. phos.$_{bg2,k}$ plat.$_{hr1,k}$ plb.$_{bg2,k}$ *Puls.*$_{bg2,k}$ ran-b.$_{bg2,k1}$ rhus-t.$_{bg2}$ ruta sabin.$_{bg2,k}$ sec. sep. *Sil.*$_{bg2,k,*}$ spig. stann.$_{hr1,k}$ staph.$_{gl1,vh}$ *Stram.*$_{bg2}$ sul-ac.$_{bg2,k}$ sul-i.$_{k13,k2}$ sulph.$_{bg2,k}$ tab.$_{bg2,k}$ ther.$_{bg2}$ thuj.$_{bg2,k}$ *Verat.*$_{hr1,k}$ verb. viol-t.$_{bg2,k}$ visc.$_{sp1}$ zinc.$_{j}$

☞ *Furcht - Menschen, vor / Furcht - Männern / Schüchternheit / Selbstvertrauen - Mangel / Unsicherheit / Verantwortung - Abneigung*

◇ **abwechselnd** mit:

• **Reizbarkeit**

☞ *Reizbarkeit - abwechselnd mit - Feigheit*

– **Meinung** zu sagen; es fehlt der Mut, die: graph.$_{gl1}$ ign.$_{gl1}$ petr.$_{gl1}$

☞ *Selbstvertrauen - Mangel*

– **Traurigkeit**, mit: *Sulph.*$_{hr1,kr1}$

– **Zornesausbruch**, mit plötzlichem: bar-c.$_{kr1}$

Feilschen: bry.$_{st,vh}$ *Puls.*$_{st,vh}$ *Sil.*$_{st,vh}$ sulph.$_{st,vh}$

Feind; betrachtet jeden als: *Merc.*$_{kr1}$
☞ *Wahnideen - Feind - jeder / Wahnideen - verfolgt, ihm würde nachgestellt - Feinden*

Feingefühl, Mangel an
☞ *Indiskretion*

Felsen:
– **Verlangen** Felsen anzufühlen und hinter sie zu kriechen: androc.$_{srj1}$

Fenster; blickt stundenlang aus dem
☞ *Blicken - Fenster*

Festhalten
☞ *Gehalten / Halten / Klammert*

Festhalten an Meinungen, Entscheidungen
☞ *Entschiedenheit*

Feuer:
– **anzünden**; möchte Dinge: alco.$_{a1}$ ant-t.$_{h}$ **BELL.**$_{gl1,st}$ **HEP.**$_{k1,st}$ hyos.$_{gl1}$ phos.$_{st}$ staph.$_{st}$ stram.$_{gl1}$
☞ *Wahnideen - Feuer - Flamme*
– **denkt** und spricht von: *Calc.*$_{hr1,kr1}$
– **nahe** dem Feuer sein; Verlangen: naja$_{a1}$
– **wirft** Dinge ins: staph.
☞ *Wirft*

Feuereifer bei der Sache; mit
☞ *Hitzig*

Feurig
☞ *Hitzig*

Feuriges Temperament
☞ *Leidenschaftlich*

Finanzen:
– **Fähigkeit** zum Umgang mit: ars.$_{gl1}$ lyc.$_{gl1}$ puls.$_{gl1}$
– **Unfähigkeit** zum Umgang mit: ars.$_{gl1}$ lyc.$_{gl1}$ puls.$_{gl1}$ **Sil.**$_{gl1,st}$

Finster zu blicken; Neigung: equis-h.$_{a1}$

Fixe Ideen und Vorstellungen
☞ *Gedanken - hartnäckig / Wahnideen*

Flehen
☞ *Bitten*

Fleißig, arbeitsam, Arbeitswut: acon.$_{bg2,j5}$ adam.$_{srj5}$ aeth.$_{bro1}$ agar. allox.$_{sp1}$ aloe$_{a1,bg2}$ ang.$_{bg2}$ apis$_{bg2}$ arist-cl.$_{sp1}$ arn. ars. **Aur.** aur-ar.$_{k2}$ *Bar-c.* bell. brom.$_{bg2}$ bry. bufo$_{gk}$ calc. calc-act.$_{a1}$ calc-ar.$_{a1}$ calc-f.$_{j1}$ calc-p. caps. carc.$_{hbh}$ caust.$_{gl1}$ cere-b. chin. choc.$_{srj3}$ cimic.$_{bg2}$ cit-v.$_{a1}$ clem. cob-n.$_{sp1}$ *Cocain.*$_{bro1}$ cocc. **Coff.**$_{bg2}$ cycl.$_{bg2}$ dicha.$_{a1,j1}$ dig. *Eucal.*$_{bro1}$ euph.$_{a1}$ euphr.$_{bg2}$ fl-ac.$_{bg2,sf1}$ gamb.$_{a1}$ guare.$_{a1}$ haliae-lc.$_{srj5}$ helo.$_{bg2}$ helon.$_{bro1}$ hydrog.$_{srj2}$ *Hyos.* hyper.$_{a1}$ *Ign.* indg. *Iod.*$_{bg2}$ ip. kali-br.$_{bg2}$ kali-c.$_{st}$ kreos. *Lacer.*$_{bro1}$ *Lach.* laur.$_{bg2,j5}$ led. lil-t.$_{bg2}$ *Lyc.*$_{bg2}$ m-arct.$_{j5}$ mag-c. manc.$_{a1}$ mand.$_{sp1}$ marb-w.$_{es1}$ med.$_{gk}$ menth.$_{a1}$ merc.$_{gk}$ mez. mosch. mur-ac. murx.$_{a1}$ nat-c. nat-m.$_{a1}$ nat-s. neon$_{srj5}$ nux-v.$_{bg2,c1}$ *Op.* ped.$_{a1}$ phos. pic-ac.$_{bg2}$ pip-m. pisc.$_{bro1}$ plan.$_{a1}$ plb. rhus-t. sars.$_{j5}$ seneg.$_{j5}$ *Sep.* sil.$_{bng}$ *Spig.*$_{gl1}$ stann. staph.$_{bg2}$ stram.$_{bg2}$ sul-ac. sulph.$_{bg2,sf1}$ **Tarent.** ther.$_{j5}$ **Tub.**$_{st,vh}$ *Valer.*$_{bg2}$ verat. verb.$_{a1,kr1}$ viol-o.$_{bg2}$ zinc.$_{bg2}$
☞ *Aktivität / Anstrengung - körperliche - amel. / Beharrlichkeit / Beschäftigung - amel. / Delirium - Geschäften / Delirium - geschäftig / Geisteskrankheit - geschäftig / Geistige Anstrengung - amel. / Geistige Anstrengung - Verlangen / Geschäft - Verlangen / Geschäftig / Reizbarkeit - Untätigkeit / Ruhe - kann / Ruhelosigkeit - geschäftig / Sprechen - Geschäft / Wahnideen - beschäftigt - Tätigkeit / Wahnideen - beschäftigt - Tätigkeit - normalen / Wahnideen - Geschäft - machen / Wahnideen - Geschäft - normalen*
– **morgens**:
• **7** - 9 h: coca$_{a1}$
– **nachmittags**: sars.$_{a1}$
– **abends**: *Lach.*
– **nachts**: coca$_{a1}$
– **Hitze**; während: op. sars. *Thuj.* verb.
– **Koitus**, nach: calc-p.
– **Menses**, vor den: ars.$_{dgt}$ *Bar-c.*$_{k,st}$ bell.$_{k,st}$ bry.$_{k,st}$ *Calc.*$_{k,st}$ *Calc-p.*$_{k,st}$ carc.$_{zzh}$ chin.$_{k,st}$ cocc.$_{k,st}$ *Hyos.*$_{k,st}$ *Ign.*$_{k,st}$ ip.$_{k,st}$ kreos.$_{k,st}$ **Lach.**$_{k,st}$ *Mag-c.*$_{k,st}$ mag-m.$_{dgt}$ mez.$_{k,st}$ mosch.$_{k,st}$ mur-ac.$_{k,st}$ nat-c.$_{k,st}$ *Phos.*$_{k,st}$ rhus-t.$_{k,st}$ **Sep.**$_{k,st}$ stann.$_{k,st}$ sul-ac.$_{k,st}$ **Verat.**$_{k,st}$
☞ *Menses - vor; Gemütssymptome*
– **müde**, obwohl: dicha.$_{j1}$

Fliegen:
– **Verlangen** zu fliegen: choc.$_{srj3}$

Fliehen, versucht zu: acon. *Aesc.* *Agar.* agar-st.$_{a1}$ alco.$_{a1}$ all-s. androc.$_{srj1}$ *Ars.* ars-met. arum-t. bapt. bar-c. **BELL.**$_{k1,st}$ *Bry.* camph. caust. cham. chel.$_{bg2,st}$ chin. chlor. choc.$_{srj3}$ cic. *Cocc.* coloc. *Crot-h.* *Cupr.* *Dig.* *Glon.* haliae-lc.$_{srj5}$ hell. **Hyos.** ign. iod.$_{bg2}$ kali-br.$_{bg2}$ lach. lil-t. limest-b.$_{es1}$ lyc.$_{bg2}$ meli. merc. merc-c. mez.$_{bg2,st}$ *Nux-v.* *Oena.* *Op.* oper.$_{bro1}$ phos. plb. puls. ran-b. rhus-t. rib-ac.$_{j1}$ samb. sol-ni. *Stram.* sul-ac. sulph. tub. valer.$_{bg2}$ *Verat.* zinc. zinc-p.$_{k2}$
☞ *Delirium - flieht / Furcht - fliehen / Geisteskrankheit - fliehen / Hause - verlassen / Läuft / Näherkommen - Abneigung / Springen - Bett*
– **nachts**: merc.$_{a1,kr1}$
◇ **abwechselnd** mit:
• **Bewußtlosigkeit**: *Coloc.*$_{kr1}$
• **Stupor**: *Coloc.*$_{kr1}$
– **Angst** in der Nacht; mit: *Merc.*$_{kr1}$
– **besuchen**; möchte ihre Tochter: ars.
– **Erwachen**, beim: *Cupr-act.*$_{kr1}$
• **Kinder**: *Staph.*$_{kr1}$
– **Familie** und den Kindern zu fliehen; versucht von ihrer: adam.$_{srj5}$ am-c.$_{gl1,pc}$ choc.$_{srj3}$ lyc.$_{k,st}$ nux-v.$_{gl1,pc}$ phos.$_{gl1,pc}$ *Sep.*$_{gl1,pc}$ staph.$_{gl1,pc}$
☞ *Abneigung - Kinder / Entfremdet - Familie / Entfremdet - Kindern / Gleichgültigkeit - Familie / Gleichgültigkeit - Kinder / Kinder - flieht / Verantwortung - Abneigung / Verläßt - Kinder*
– **Fenster**, aus dem: *Aesc.* *Bell.* bry. calc-sil.$_{st}$ glon. valer.

– **Fieber**; während: *Chlor.*krl *Coloc.*j5,krl *Hell.*krl *Op.*krl
– **Meningitis** cerebrospinalis, bei: *Verat.*krl
– **Puerperalmanie**, bei: *Stram.*krl
☞ *Geisteskrankheit - Wochenbett*
– **Schreien**, mit: stram.krl
– **Schwangerschaft**, während der: *Bar-c.*krl
– **springt** plötzlich aus dem Bett: acon.brol *Agar.*brol *Ars.*bg2 bell. *Bry.*brol chin. *Crot-h.*krl cupr.brol glon. hell.brol *Hyos.*brol nux-v. op.brol oper.brol rhus-t.bg2 *Stram.*brol *Verat.*krl
☞ *Bett - Abneigung / Bett - springt / Delirium - Bett - flieht / Springen - Bett*
• **wechseln**; um die Betten zu: **Ars.** hyos.
– **Straße**, auf die: agar-st.a1 bell.a1 *Hyos.*krl op.a1
• **gestikuliert** und tanzt im Nachthemd; sie: *Bell.*krl
– **umzingelt** und gefangengenommen; als sei sie von Männern: *Hyos.*krl
– **Verbrechen** begangen zu haben; aus Furcht, ein: *Merc.*krl
☞ *Angst - Gewissensangst*
– **wegzulaufen**, um: alum.k2 bar-c.krl *Bell.* bry. chel.bg1,bg2,* *Cupr.* dig. glon. hydrog.srj2 hyos. *Merc.*krl mez.st nux-v. op. rhus-t. *Verat.*
– **zurückgehalten**; wird nur schwer: *Stram.*krl zinc.

Flockenlesen
☞ *Gesten - Hände - zupft - Bettwäsche*

Fluchen: adam.srj5 alco.a1 aloe am-c. **Anac.** arn.krl *Ars.* *Bell.*k1,st borx. bov. bufogk calc.gl1,vh *Camph.*hrl cann-i. canth. caust.gl1,vh cere-s.brol,st chin-b.krl *Con.*brol cor-r. cub.a1 cupr-s.a1 dulc.brol gal-ac. hydr.bg1,krl,* *Hyos.* ip. *Lac-c.* *Lil-t.* *Lyc.* lyss. *Mosch.*brol nat-c.gl1 *Nat-m.*k1,vh,* neonsrj5 **Nit-ac.** *Nux-v.* oena. op. *Opun-s.*a1 pall. petr. phos.bg1,st plb. puls. sanic.c1 spig.gl1 staph.gl1 stram. tarent.bg1,krl,* *Tub.* *Verat.*
☞ *Beschimpfen / Blasphemie / Blasphemie - Fluchen / Boshaft / Grobheit / Raserei / Unverschämtheit / Verleumden / Verzweiflung - Raserei - Fluchen*
– **amel.**: cor-r.st
– **nachmittags**: aloea1 opun-s.a1 opun-v.a1
– **abends**: lil-t.a1 opun-s.a1 valer.a1
• **daheim**, wenn: nit-ac.a1 opun-s.a1
– **nachts**: *Verat.*h,hrl,*
• **dummes** Gefühl; und klagt über ein: verat.
– **Konvulsionen**, bei den: ars.a1,k
– **Kopfschmerzen**, bei: nat-m.vh tarent.c1 verat.h
– **Mutlosigkeit**; mit: nit-ac.j5
– **Mutter** und wirft Essen oder Arzneimittel durchs Zimmer; verflucht seine: *Hydr.*hrl,krl
– **Raserei**:
• **bei**: anac.j5,krl,* *Nit-ac.*hrl,j5,* verat.hrl,j5,*
• **nach**: *Arn.*hrl,krl
– **Schmerzen**, bei den: cor-r.hrl,krl
– **unwillkürlich**: opun-s.a1
– **Verlangen** zu fluchen: adam.srj5 bamb-a.stb2
– **Widerspruch**; bei: hydr.a1 opun-s.a1
– **zurückhalten**, um nicht zu fluchen; muß sich: anac.vh med.vh sanic.vh tub.vh

Foltert
☞ *Quält*

Fragen; spricht ständig in: ambr.k13,k2 *Aur.*

Fragt:
– **dasselbe**; fragt ständig:
• **Uhrzeit**; nach der: marb-w.es1

Frauen; maskuline
☞ *Maskulin - Frauen*

Freien; Gemütssymptome amel. im: asar.srj bar-s.k2 cann-i.k2,vh

Fremde:
– **Anwesenheit** von Fremden:
☞ *Ruhelosigkeit - Fremde - Anwesenheit*
• **amel.**: thuj.ptk1
• **agg.** ●: *Ambr.* *Bar-c.* *Bry.* bufo carb-v.ptk1 caust.bg2,sf1 cinak2 con. lyc.k,kl2● nat-m.bg2,krl petr. phos.bg2,sf1 *Sep.*k,kl2● *Stram.* tarent.bg2,sf1 *Thuj.*
☞ *Angst - Fremden / Erregung - Stammelt / Furcht - Fremden / Gesellschaft - Abneigung / Gesellschaft - Abneigung - Fremden / Gesellschaft - Abneigung - Fremden - Urinieren / □ Husten - Fremden / □ Schweiß - Fremden*
• **hustet** beim Anblick von Fremden; Kind: ambr.k1 *Ars.*k1 bar-c.k1 phos.k1
– **Gefühl**, man sei ein Fremder: germ-met.srj5 nat-m.bg1,st neonsrj5 valer.

Frenetisch
☞ *Außer sich / Manie / Raserei*

Freßsucht
☞ *Bulimie*

Freude: acon.ptk1 caust.ptk1 *Coff.*ptk1 croc.ptk1 neonsrj5 op.ptk1
☞ *Ekstase / Froh / Hochgefühl*
– **abwechselnd**:
• **Reizbarkeit**
☞ *Reizbarkeit - abwechselnd mit - Freude*
– **Ausbrüche** von Freude mit Gelächter: *Asaf.*k1 verb.k1,krl
– **Beschwerden** durch
☞ *Beschwerden durch - Freude*
– **Kopfschmerzen**:
• **während**: ther.ptk1
• **durch** Freude; Kopfschmerzen
☞ *□ Kopf - Schmerz - Freude*
– **Schlaflosigkeit** durch übermäßige Freude
☞ *□ Schlaf - Schlaflosigkeit - Freude*
– **Unglück** anderer; über das: anac.gg ars.
☞ *Boshaft / Boshaft - Lachen*

Freude bereiten, zufriedenstellen:
– **Verlangen**, anderen eine Freude zu bereiten, sie zufriedenzustellen: germ-met.srj5 thuj.oss
☞ *Schmeicheln / Schmeichlerisch*

Freude bereitet wird; möchte, daß ihm eine
☞ *Schmeicheln - Verlangen / Verlangen; großes - guten*

Freudlos
☞ *Gleichgültigkeit - Freude / Gleichgültigkeit - freudlos*

Freundlich
☞ *Liebevoll / Umgänglich*

Freundschaftsbekundungen; ergießt sich in: alco.$_{a1}$
☞ *Einswerden / Einswerden - Gefühl*

Friedens; Gefühl himmlischen: arg-met.$_{kr1}$

Frivol: agar.$_{gl1}$ apis$_{c1,hr1}$ *Arn.*$_{bg2,k1,*}$ bar-c.$_{bg2,k}$ bell.$_{gl1}$ calad.$_{bg2}$ con.$_{gl1}$ lach.$_{gl1}$ **Merc.**$_{bg2,k1,*}$ par.$_{a1,k}$ *Puls.*$_{bg2,gl1}$ sep.$_{j}$ sil.$_{gl1}$ spong.$_{bg2,k}$ stram.$_{hr1}$ sulph.$_{gl1}$
☞ *Albernes / Gesten - lächerlich / Grimassen / Kindisches / Kleinigkeiten / Lachen / Lachen - albern / Lachen - Ernstes / Lachen - Kleinigkeiten / Lustig - albern / Lächeln - albern / Possen, spielt / Sprache - albern / ❑ Gesicht - Ausdruck - albern*
◈ **abwechselnd** mit:
• **Gedanken** versunken; in: arg-n.

Froh: abrot. *Acon.* aesc. aeth. aether$_{a1}$ *Agar.* alco.$_{a1}$ aloe alum-p.$_{k2}$ *Anac.* androc.$_{srj1}$ ang. ant-c. anth.$_{a1}$ apis apoc. *Arg-met.* ars. ars-s-f.$_{k2}$ asaf. asar. asc-t. aspar.$_{j5,kr1}$ *Atro.*$_{kr1}$ aur-i.$_{k2}$ aur-m. aur-s.$_{k2}$ bad.$_{bg2}$ *Bamb-a.*$_{stb2}$ bart.$_{a1}$ *Bell.* borx. bov. brom. bry. cact. calc-i.$_{k2}$ calc-p. **Cann-i.** cann-s. canth. caps. carb-ac. *Carb-an.* carb-v. carbn-h.$_{br1}$ carbn-o.$_{a1}$ *Carbn-s.* carc.$_{sk1,st1}$ carl.$_{a1}$ castm.$_{j5}$ caust. cent.$_{a1}$ ceph.$_{a1}$ chin. chinin-s.$_{a1}$ chlol.$_{a1}$ chlor. **Cic.**$_{k1,st}$ *Cinnb.*$_{k1,st}$ cob. coca cocc. **Coff.** colch. coloc. con. cot.$_{a1}$ **Croc.** crot-h.$_{bg2}$ cupr. cycl. cypr.$_{sf1}$ dros. elae.$_{a1}$ ery-a.$_{a1}$ ery-m.$_{a1}$ eucal. eug.$_{j5}$ eupi. fago. *Ferr.* ferr-ma.$_{a1}$ ferr-p. *Fl-ac.* gamb. gast.$_{a1}$ gels. glon. graph. *Grat.*$_{a1,j5}$ guar.$_{kr1}$ haliae-lc.$_{srj5}$ hura hydr. hydrc.$_{kr1}$ hydrog.$_{srj2}$ **Hyos.** *Ign.* indg.$_{a1}$ inul.$_{a1}$ iod. iodof.$_{a1}$ kali-bi. kali-br. kali-chl.$_{j5}$ kali-cy.$_{a1}$ keroso.$_{a1}$ kiss.$_{a1}$ kres.$_{mg1}$ **Lach.** lact.$_{a1}$ lact-v.$_{a1}$ laur. lepi.$_{a1}$ limest-b.$_{es1}$ *Lyc.* m-arct.$_{j5}$ mag-m.$_{bg2}$ mag-s. manc. marb-w.$_{es1}$ mate$_{a1}$ meny.$_{c1}$ merc. merc-i-r. mit.$_{a1}$ morph.$_{a1}$ mosch. nabal.$_{a1}$ nat-m. nat-p. nat-s. neon$_{srj5}$ nicc.$_{j5}$ *Nit-ac.* nitro-o.$_{a1}$ *Nux-m.* *Nux-v.* ol-an. **Op.** orig.$_{a1}$ ox-ac. paull.$_{a1}$ ped.$_{a1}$ peti.$_{a1}$ petr. *Ph-ac.* *Phos.* phys. pip-m. *Plat.* plb. prun.$_{a1}$ psil.$_{ft1}$ psor. rhod. rhodi.$_{a1}$ rhodi-o-n.$_{c1}$ rhus-v. ruta sabad. sarr. *Sars.* scut.$_{sf1}$ sec. seneg. sep. sil. spig. spong. squil. stann. staph. *Stram.* *Sul-ac.* sul-i.$_{k2}$ *Sulph.* tab. *Tarax.* *Tarent.* teucr. thea$_{bro1}$ ther. thuj. tong.$_{a1,j5}$ trios.$_{a1}$ *Tub.* upa.$_{a1}$ valer. *Verat.* verb. viol-o. viol-t. visc.$_{j1}$ wies.$_{a1}$ *Zinc.* zing.
☞ *Amüsement - Verlangen / Betrunkenheit / Delirium - heiter / Freude / Gedanken - hartnäckig - humorvoll / Hochgefühl / Hoffnung, voller / Jauchzend / Kühn / Lachen / Lebhaft, munter / Lustig / Lächeln / Spaßen / Vergnügen / Verspielt / Witzig / Zufrieden*

– **tagsüber**: anac. arg-met. aur. caust.$_{h,k,*}$ mag-m. mur-ac. sars.
◈ **abwechselnd** mit:
• **Reizbarkeit**:
• **nachts**
☞ *Reizbarkeit - nachts - abwechselnd mit - Fröhlichkeit - tagsüber*
• **Traurigkeit**:
• **abends**: gink-b.$_{sbd1}$

Froh: ...
– **morgens**: androc.$_{srj1}$ borx. bov.$_{j5}$ calc-s.$_{a1,k}$ carbn-s. caust. choc.$_{srj3}$ cinnb. cit-v.$_{a1}$ con.$_{h,k,*}$ *Fl-ac.* graph. hep. hura hydrog.$_{srj2}$ lach. mag-m.$_{a1}$ nat-s. *Plat.*$_{a1,k}$ psor. spig. sulph.$_{a1,k}$ zinc.$_{bg2}$
• **8** h: hura
• **Aufstehen**, beim: hydr.
• **Erwachen**, beim: aloe bov.$_{j}$ chin.$_{a1}$ clem. ery-m.$_{a1}$ hydr. nux-m. tarent.
• **Flatus**; nach: carbn-s.$_{k2}$
• **Freien**, im: plat.$_{a1}$
◈ **abwechselnd** mit:
• **Traurigkeit**:
• **abends**: calc-s.$_{kr1}$ graph.$_{gl1}$

– **vormittags**: aeth. borx. caust.$_{a1,k}$ clem.$_{a1,k}$ com.$_{a1,k}$ graph. nat-m. nat-s.$_{a1,k}$ phos. pip-m.$_{a1}$ plb. zinc.

– **mittags**:
◈ **abwechselnd** mit:
• **Traurigkeit**:
• **abends**: zinc.$_{c1,hr1}$

– **nachmittags**: anac.$_{h,k,*}$ ang.$_{h,k,*}$ arg-met. aster.$_{hr1,kr1}$ aur-m. calc. calc-s.$_{hr1,k,*}$ mag-c. nat-s. ox-ac. phos. plb. sars. thuj.$_{a1,k}$
• **15** h: ped.$_{a1}$
• **16** - 18 h: merc-i-f.$_{a1}$ merc-i-r.$_{a1}$
• **17** h: ol-an.$_{a1}$

– **abends**: agar. *Aloe* alum. am-c.$_{a1}$ aster.$_{a1,k}$ bell.$_{a1,k}$ bism.$_{h,k,*}$ bufo calc. calc-act.$_{a1}$ carb-ac.$_{a1,k}$ castm. chin.$_{h,k,*}$ chin-b.$_{hr1,kr1}$ chinin-s. cist.$_{hr1,k,*}$ clem. cupr. cycl.$_{a1,k}$ ferr.$_{h,k,*}$ graph. hydrog.$_{srj2}$ **Lach.** lachn.$_{hr1,k}$ lyss.$_{a1,k}$ mag-c. med. merc-i-f. merc-i-r.$_{a1,k}$ nat-c. *Nat-m.* nux-m.$_{a1,k}$ nux-v.$_{gl1}$ ol-an. phel.$_{a1,k}$ plat. *Sulph.* sumb. teucr. *Valer.*$_{a1,k1,*}$ verb.$_{hr1,k}$ viol-t.$_{a1,k}$ *Zinc.* zinc-p.$_{k13,k2}$
• **18** h: calc-s.$_{a1}$
• **21** h: asc-t.$_{c1}$
◈ **abwechselnd** mit:
• **Hypochondrie**:
• **tagsüber**: *Sulph.*$_{hr1,k,*}$ viol-t.
• **Reizbarkeit**:
• **tagsüber**
☞ *Reizbarkeit - tagsüber - abwechselnd mit - Fröhlichkeit - abends*
• **schlechter** Laune; mit
☞ *Reizbarkeit*
• **Traurigkeit**:
• **morgens**: nux-v.$_{gl1}$
• **mittags**: *Zinc.*$_{h,k,*}$
• **Bett**, im: *Ang.*$_{j5}$ ant-c.$_{j5}$ arn.$_{j5}$ aur.$_{j5}$ borx.$_{j5}$ carb-an.$_{j5}$ carb-v.$_{j5}$ *Lach.*$_{j5}$ laur.$_{j5}$ lyc.$_{j5}$ m-aust.$_{j5}$ *Merc.*$_{j5}$ mez.$_{j5}$ *Nat-m.*$_{j5}$ *Nit-ac.*$_{j5}$ *Nux-v.*$_{j5}$ phos.$_{j5}$ *Prun.*$_{j5}$ *Puls.*$_{j5}$ ran-b.$_{j5}$ ran-s.$_{j5}$ rhus-t.$_{j5}$ *Sep.*$_{j5}$ sil.$_{j5}$ *Spig.*$_{j5}$ staph.$_{j5}$ sul-ac.$_{j5}$ *Sulph.*$_{j5}$ *Zinc.*$_{j5}$

– **nachts**: alum. bell.$_{h,k,*}$ *Caust.* croc. cupr. cypr.$_{br1}$ hyos. kreos. lyc. nitro-o.$_{a1}$ op.$_{a1,k}$ ph-ac. sep. sil. stram. sulph. verat.$_{h,k,*}$
• **Mitternacht**:
• **nach**:
• **2** h; bis: *Chin.*

◆ **abwechselnd** mit:
• **Ablenkung**
☞ *Verwirrung*
• **Ärger**
☞ *Reizbarkeit - abwechselnd mit - Fröhlichkeit*
• **Angst**
☞ *Angst - abwechselnd mit - Fröhlichkeit*
• **Arbeit**; Abneigung gegen
☞ *Faulheit*
• **Ernst**: cann-s.$_{j5}$ cycl.$_{h,k2,*}$ *Nux-m.*$_{hr1}$ plat. spong.$_{bg1,bg2,*}$
• **Faulheit**: spong.$_{j,k}$
• **Geistesabwesenheit**: alum.$_{a1}$ spong.$_{bg2,st}$
• **Gleichgültigkeit**
☞ *Gleichgültigkeit - abwechselnd mit - Fröhlichkeit*
• **Heftigkeit**
☞ *Heftig - abwechselnd mit - Fröhlichkeit*
• **Herzklopfen**: spig.$_{h,k}$
• **körperlichen** Symptomen; mit: plat.
• **Kreischen**
☞ *Schreien - abwechselnd mit - Fröhlichkeit*
• **Kummer**: calc-s.$_{hr1,kr1}$ graph.$_{j5}$ *Op.*$_{gl1}$
• **Lachen**
☞ *Lachen - abwechselnd mit - Fröhlichkeit*
• **Lebensüberdruß**: borx.$_{j5}$
• **Manie**
☞ *Manie - abwechselnd mit - Fröhlichkeit*
• **Melancholie**
☞ *Traurigkeit*
• **Mitleid**, Mitgefühl; Mangel an: merc.
☞ *Trost - agg.*
• **mürrischem**, verdrießlichem Wesen; mit
☞ *Mürrisch - abwechselnd mit - Fröhlichkeit*
• **Raserei**
☞ *Raserei - abwechselnd mit - Fröhlichkeit*
• **Reizbarkeit**
☞ *Reizbarkeit - abwechselnd mit - Fröhlichkeit*
• **schlechter** Laune; mit
☞ *Reizbarkeit - abwechselnd mit - Fröhlichkeit*
• **Schmerz**: plat.
• **Schüchternheit**: m-arct.$_{j5}$
• **Schweigsamkeit**: asar.$_{h}$
• **Schreien**
☞ *Schreien - abwechselnd mit - Fröhlichkeit*
• **sprechen**; mit Abneigung zu
☞ *Schweigsamkeit*
• **stillem** Wesen; mit: aur.$_{j5}$ bell.$_{kr1}$
• **Stöhnen**: bell.$_{j5}$ coff.$_{hr1,kr1}$ stram.$_{j5}$
• **Streit**
☞ *Streitsüchtig - abwechselnd mit - Fröhlichkeit*
• **Stumpfheit**: jab.$_{hr1,kr1}$
• **Tanzen**
☞ *Tanzen - abwechselnd mit - Fröhlichkeit*
• **Traurigkeit**: abrot.$_{st}$ acon. agar.$_{hr1,k}$ androc.$_{srj1}$ aran.$_{jl,jl3}$ arg-met.$_{jl}$ asar.$_{h,k,*}$ *Aur.*$_{hr1,kr1}$ bell.$_{gl1,vh}$ calc-s.$_{hr1,kr1,*}$ cann-s.$_{bg2,j5}$ canth. carb-an.$_{hr1,k}$ castm. *Caust.*$_{h,k1,*}$ cench.$_{k2,st}$ *Chin.*$_{h,k,*}$ *Cimic.*$_{k,vh/dg}$ clem.$_{a1,k}$ coc-c.$_{k13,k2}$ coff.$_{gl1,vh}$ croc.$_{hr1,k}$ cupr.$_{hr1,kr1}$ ferr.$_{h,k,*}$ fl-ac.$_{a1,k}$ gels. graph.$_{j5}$ hell. hyos.$_{gl1,vh}$ ign. iod. *Kali-chl.*$_{hr1,k,*}$ ~~kali-m.$_{a1,xxx}$~~ lach.$_{k13,k2}$ lapa.$_{a1}$ lyc.$_{a1,k}$ m-arct.$_{j5}$ med.$_{k,k2,*}$ nat-c.$_{a1,k}$ *Nat-m.*$_{hr1,k}$ nid.$_{jl}$ nit-ac. *Nux-m.*$_{hr1,k}$

– **abwechselnd** mit - **Traurigkeit**: ...
Nux-v.$_{gl1,hr1,*}$ op.$_{j5}$ *Petr.*$_{bg1,bg2,*}$ *Phos.*$_{hr1,k}$ *Plat.*$_{k,vh/dg}$ psor.$_{h,k,*}$ senec. sep. spig. staph.$_{gl1,vh}$ *Stram.*$_{gl1,j5,*}$ sulfa.$_{jl,jl3}$ tarent.$_{a1,k}$ thyr.$_{c1}$ tub.$_{br1}$ zinc.$_{bg1,k,*}$ ziz.$_{hr1,k,*}$
• **blickt** beim Gehen auf der Straße nach unten: *Dios.*$_{kr1}$
• **periodisch**:
• **Tag**; jeden zweiten: ferr.$_{c1}$ neon$_{srj5}$
• **Ungeduld**
☞ *Ungeduld - abwechselnd mit - Fröhlichkeit*
• **Verwirrung**: spong.$_{bg1,bg2}$
• **Weinen**: acon.$_{j5,k}$ alum.$_{j5}$ arg-met. bell.$_{j5,k}$ borx. cann-s. carb-an. graph.$_{j5}$ ign. iod. nux-v.$_{gl1}$ phos.$_{j5}$ plat.$_{j5,k}$ plb. psor. sep. spong. *Stram.*$_{j5,kr1}$ sumb.
• **Weinerlichkeit**
☞ *Weinen*
• **Wutausbrüchen**; mit
☞ *Zorn - plötzlich - abwechselnd mit - Fröhlichkeit*
• **Zorn**
☞ *Zorn - abwechselnd mit - Fröhlichkeit*

– **Abendessen**, nach dem: bell.$_{a1}$ cist.
– **albern**, und: anac.$_{j5}$ anan.$_{a1}$ arund.$_{kr1}$ carb-an.$_{j5}$ cic.$_{vh}$ **Sulph.**$_{kr1}$
☞ *Albernes*
– **anfallsweise**: aur-i.$_{k2}$
– **Betrunkenheit**; bei: coff.$_{gl1}$ op.$_{gl1}$ staph.$_{gl1}$
– **Bett**:
• **im**: *Alum.*$_{j}$ *Hep.*$_{a1,k}$
• **springt** aus dem: **Cic.**$_{hr1,kr1}$
– **Denken** an den Tod
☞ *Tod / Tod*
– **donnert** und blitzt; wenn es: bell-p.$_{fb1}$ calc.$_{gk}$ *Carc.*$_{cd,st1,*}$ caust.$_{gg}$ lyc.$_{gl1,kl2}$● *Sep.*$_{k,kl2}$●
☞ *Wetter - Gewitter - während / Wetter - Gewitter - während - amel. / ❑ Allgemeines - Wetter - Gewitter - während - amel.*
– **Erwachen**, beim: haliae-lc.$_{srj5}$ hydrog.$_{srj2}$ *Sulph.*$_{hr1,kr1}$ tarent.$_{a1,k}$
– **Essen**:
• **beim**: anac. bell. carb-ac. cist.
• **nach**: carb-v. mez.
• **gefolgt** von:
• **Niedergeschlagenheit** eine Stunde später: ptel.$_{c1}$
– **Fahren**; beim: haliae-lc.$_{srj5}$
– **Fieberhitze**
☞ *Hitze*
– **Flatus**, nach: carbn-s.$_{k2}$
– **Freien**, im: ang.$_{j5}$ merc-i-f.$_{a1,k}$ nux-m.$_{j5}$ *Plat.* plb. *Tarent.* teucr.
– **Frost**; während: *Cann-s.*$_{h,k,*}$ **Coff.**$_{bg2}$ *Croc.*$_{bg2}$ **Nat-c.**$_{bg2}$ nux-m. **Op.**$_{bg2}$ phos. **Plat.**$_{bg2}$ *Puls.* rhus-t. **Sars.**$_{bg2}$ verat.
– **furchtsam**, ängstlich; aber: nat-c.$_{ptk1}$
– **gedankenlos**: arn.$_{hr1,kr1}$
– **gefolgt** von:
• **Entkräftung**: clem. spong.
• **Melancholie**: gels. graph. meph.$_{jl}$ petr. plat. ziz.$_{hr1,k,*}$

– **gefolgt** von: ...
• **Reizbarkeit**: clem. hyos. nat-s. ol-an. op. seneg. tarax.
• **Schläfrigkeit**: bell.al,k calc.
– **Gehen** im Freien und danach; beim: alum.h,k1 ang.h,k1 chinin-s.al cinnb.h,k1 cocaal fl-ac.h,k1 plb.h,k1 tarent.h,k1 teucr.h,k1,*
– **Gesellschaft**, in: bov.al,k
☞ *Gesellschaft - Verlangen*
– **grundlos**: aur-i.k13,k2
– **Herzens**; bei Erkrankung des: cact.ptk1
– **Hitze**; während: acon. mosch.j5 *Op.* petr.j sabad.j5 thuj.h
– **hysterisch**: ther.k13,k2
☞ *Hysterie*
– **juckender** Hautausschlag vorhanden ist; obwohl ein: gink-b.sbd1
– **klatscht** in die Hände: cic.j5 verat.j5
– **Koitus**, nach: nat-m.
– **Konvulsionen**, nach den: sulph.
– **Kopfschmerzen**, mit: *Ther.*k2,vh/dg,*
– **körperlicher** Arbeit, bei: ang.al,h
– **krankhaft**: aur-s.k2
– **Menses**:
• **vor**: acon. cocaptk1 fl-ac. hyos.h,k,*
☞ *Menses - vor; Gemütssymptome*
• **während**: *Fl-ac.* stram.
☞ *Menses - während; Gemütssymptome*
– **möchte** froh, fröhlich sein
☞ *Verlangen, Wunsch - voller - fröhlich*
– **Musik**, durch: *Croc.*j5 tarent.al
– **niemals**: hep.gl1,vh nit-ac.gl1,vh
☞ *Lachen - niemals*
– **Redseligkeit**; mit: aeth.c1
– **Schmerzen**:
• **während** der: spig.
• **nach**: form.ptk1
– **Schweiß**, beim: apis ars. bell. clem.
– **streitsüchtig**, und: *Bell.*hr1,kr1 *Staph.*kr1,sf1
– **Stuhlgang**:
• **nach**: *Borx.* *Calc.*vh,vh/dg nat-c. **Nat-s.** ox-ac.
– **Tanzen**, Lachen, Singen; mit: *Bell.*j5,vh haliae-lc.srj5 *Hyos.*j5 *Nat-m.*j5,kr1 nitro-o.al plat.j5 *Stram.*j5 tab.j5
☞ *Tanzen*
– **Tod**; beim Denken an den: aur.
☞ *Suizidneigung / Tod - wünscht*
– **Träumen**, nach: bamb-a.stb2 kali-cy.al mur-ac.h
– **Traurigkeit**:
• **nach**: cench.k2 orig.c1 spig.al
• **mit**: ptel.c1 zinc.gk
– **Urinieren**:
• **nach**: erig.al eug. germ-met.srj5 hyos.
– **Verstopfung**, bei: *Calc.* *Psor.*
– **Zerstörungswut**, mit: spong.vh
– **Zimmer**; im:
• **amel.**: tarent.

Fröhlich
☞ *Froh*

Frömmigkeit, nächtliche: stram.
☞ *Beten / Religiös - Gemütsstörungen*

Früh:
– **Frühaufsteher**
☞ *❑ Schlaf - Erwachen - früh*
– **zu** früh; immer
☞ *Angst - Zeit*

Frühreif: *Acon.*lmj *Asar.*ggd *Aur.*lmj bell.hr1 *Calc.*k2,pc,* calc-f.lmj *Calc-p.*lmj carc.cd,st1,* crot-h.al ign.lmj iod.lmj **Lach.**lmj lyc.vh lyss.lmj **Med.**lmj *Merc.*k,vh/dg nux-v.hr1 phos.vh sep.lmj sil.lmj stroph-h.c1 sulph.lmj tub.al,vh,* **Verat.**vh,vh/dg
☞ *Impertinenz / Mutig / Verwegenheit*

Frustriert
☞ *Beschwerden durch - moralische / Beschwerden durch - Zorn - unterdrückten / Entrüstung / Ungeduld*

Füllt sich die Taschen mit allem möglichen: stram.al,hr1

Furcht: abrot.kr1 absin. acet-ac. achy-a.bnj1 **Acon.** act-sp.kr1 aeth. aetheral agar. agn. *All-c.*kr1 aloe *Alum.* alum-sil.k2 alumn.al am-br.bg2,sf1 am-c. am-m.bg2,gl1,* ambr.bg2 aml-ns.al anac. androc.srj1 ang. ant-c. ant-s-aur.kr1 ant-t. apisbg2 aral.al arg-met.bg2,k2 **Arg-n.** arist-cl.sp1 *Arn.*j5,k2,* **Ars.** ars-h.kr1 ars-i. ars-s-f.al,kr1 art-v.kr1 arum-m.kr1 asaf. aspar.kr1 astac.kr1 atro.al *Atro-s.*hr1 **Aur.** aur-ar.k2 bapt. *Bar-c.* bar-m. **Bell.** berb.j5,kr1 bism.bg2 **Borx.** brom.bg2,sf1 *Bry.* bufo but-ac.jl,sp1 *Cact.* calad. **Calc.** calc-f.sf1,sp1 **Calc-p.** *Calc-s.* calc-sil.bg2,k2 camph. cann-i. cann-s. canth.bg2,k2 *Caps.* carb-an. *Carb-v.* **Carbn-s.** carc.c1,mg1,* castm. caul.br1,k2,* *Caust.* cham. chel.bg2 chin. chinin-ar. chlol.kr1 chlor. **Cic.** cimic. cinabg2 cist.bg2 clem.bg2 cob-n.sp1 coc-c. *Coca* *Cocc.* coff. *Coff-t.*kr1 colch.bg2 coloc. *Con.* cortico.sp1 croc. *Crot-h.* *Cupr.* cupr-act.al cupr-ar.bg2 cycl.bg2,k2 cyt-l.sp1 daph. **Dig.** dros. dulc. echi. elaps elec.al2 euph. euphr.al ferr. ferr-ar. ferr-p. fl-ac.bg2 *Form.* *Gels.* gent-c. gins.j5 glon. **Graph.** grat.bg2 hed.sp1 hell. *Hep.* hoit.jl hydr-ac. *Hyos.* hyper. iber.al,kr1 **Ign.** *Iod.* ip. jatr-c.al **Kali-ar.** *Kali-br.* *Kali-c.*c2,k kali-i. kali-n. kali-p. kali-s. kreos.kr1 kres.mg1 lach. lact.j5 lat-m.sp1 laur.bg2 led.bg2 *Lil-t.* lipp.al lob. lol.al **Lyc.** **Lyss.** m-arct.j5 macro.al mag-c. *Mag-m.* mag-s.sp1 manc. mang.j5,k2,* mang-act.br1 med.bg2 *Meli.* meli-xyz.c2 meny.bg2,j5 *Merc.* merc-c.bg2 merc-i-r. mez. miml-g.rcb1 *Mosch.* mur-ac. murx. *Nat-ar.* **Nat-c.** *Nat-m.* *Nat-p.* nat-s. nicc. nit-ac. nux-m.ptk1 *Nux-v.* *Onos.* *Op.* orig.al ox-ac.al,sf1 *Petr.* ph-ac.bg2 **Phos.** *Phyt.* pip-m. **Plat.**c2,k plb.al,bg2,* podo.sf1 **Psor.** *Puls.*c2,k pyrog.bg2 ran-b. ran-s.bg2 raph. rat.ptk1 rauw.jl,sp1 rheum rhod. *Rhus-t.* rhus-v. ruta sabad.bg2 sabin.bg2,j5 samb.al,bg2 sang.al,bg2 sars.bg2 sec. seneg.bg2 **Sep.** sil. *Spig.*gl1,k1,* *Spong.* squil. *Stann.* staph. **Stram.** *Stront-c.* stroph-s.jl,sp1 stry. succ.c1,c2 *Sul-ac.* *Sulph.* *Syph.*al *Tab.* tarent. tell.jl tere-ch.jl theaal *Ther.*bg2 thuj. til. tub.bg2 valer. *Verat.* vib.ptk1 viol-t.bg2 visc.sp1 wye.al xan.al zinc.k1,ptk1 zinc-m.al **Zinc-p.**k2
☞ *Angst / Angst - Furcht / Beschwerden durch - Furcht / Erschreckt / Suizidneigung - Furcht / Tod - Vorahnung / ❑ Blase - Befürchtungen*

– **tagsüber**, nur: lac-c.hr1,k *Lyc.*a1 mur-ac.a1,k pip-m.a1 sul-ac.
– **Tag** und Nacht: ars.j5
– **morgens**: alum.bg2 anac.bg2 arg-n.a1,k ars.bg2 carb-an.bg2 carb-v.bg2 carbn-s. caust.bg2,k,* chin.bg2 *Graph.*bg2,k,* ign.bg2 ip.bg2 led.bg2,k *Lyc.*bg2,k mag-c.bg2 mag-m.bg2 mag-s. mur-ac. nicc. nit-ac.bg2 *Nux-v.*bg2,k phos.bg2 plat.bg2 puls.bg2,k rhus-t.bg2 sep.bg2 sul-ac.bg2,k,* *Verat.*bg2
 • **Aufstehen**, beim: arg-n.a1,k
 • **Bett**, im: lyc.j5 nux-v.j5
 • **bis** abends: sul-ac.
 • **Erwachen**, beim: alum-sil.k2 arn.k2 kali-ar.gk puls.
– **vormittags**: am-c. nicc.a1 paeon.a1
– **mittags**: zinc.hr1,kr1,*
 • **12** - 15 h: aster.
– **nachmittags**: aeth.a1,k am-c. ant-t. berb.a1,k carb-an.h,k,* carb-v. castm. dig. mag-c. mag-s. nat-c. nat-s. nicc.a1,k *Nux-v.* stront-c. *Sulph.* *Tab.*a1,k
 • **16** h: tab.
 • **17** h: nux-v.
– **abends**: alum.hr1,k alum-p.k13,k2 *Am-c.* anac.h,k,* ant-t.hr1,k *Ars.* aur-ar.k2 bar-c.h,k,* bar-s.k13,k2 berb.a1 brom.a1,k calad.hr1,k,* **Calc.**bg2,k,* calc-ar.k1,k13 carb-an.h,k,* *Carb-v.* **Caust.**h,k,* coc-c.a1,k *Cupr.* dig. *Dros.* form.a1,k hep. hipp.a1,k *Kali-ar.* *Kali-c.*a1,k kali-i. kali-p. lach. *Lyc.* *Mag-c.* mag-m.a1,k merc.h,k,* nat-ar. nat-c.a1,k nat-m. nit-ac. nux-v.a1,k paeon. petr.hr1,k *Phos.*bg2,k,* plat. **Puls.** ran-b.a1,k *Rhus-t.* stront-c. tab.a1,k valer.hr1,k,* verat. *Zinc.* zinc-p.k13,k2
 • **amel.**: mag-c. zinc.hr1,kr1
 • **Bett**, im: agar.h,k1 *Ars.* calc. *Graph.* *Kali-c.* mag-c. merc. nat-ar.
  • **amel.**: mag-c.
 • **Dämmerung**: am-m.sf,sf1 berb.a1,k *Calc.*bg2,k *Caust.* kali-i. *Phos.* **Puls.** rhus-t.bg2,k,*
 • **Gehen**, beim: *Nux-v.*a1,k
– **nachts**: acon.bg2 am-c. arn.h,k,* *Ars.*bg2,k *Ars-s-f.*k13,k2 aur.c1 aur-ar.k2 *Bell.*h,k,* *Borx.*st *Calc.*bg2,k calc-ar.k1,k13 *Calc-s.* calc-sil.k13,k2 **Camph.**bg2,k,* carb-an. *Carb-v.*hr1,k *Carbn-s.* caust.h,k1,* cham. *Chin.* chinin-ar. cocc.h,k,* colch. con.h,k,* *Crot-c.* dros. dulc. eup-per. graph. hep. ign. ip. *Kali-ar.* *Kali-br.*br1 kali-c. kali-p.br1 kali-s.k1,k13 *Lach.* lyc.hr1,k mag-c. manc. *Merc.*hr1,k nat-c. *Nat-m.* *Nat-p.* nit-ac. op.hr1,kr1 paeon.bg ph-ac. phos.bg2,k *Puls.* rat.j5 **Rhus-t.**bg2,k,* rob.a1,k sanic.c1 scut.br1 sil. sol-ni.br1 spong. stann. stram.bg2,k *Sulph.* tab. thea verat.br1 zinc. zinc-p.k13,k2
 ☞ *Entsetzen - nachts / Angst - nachts - Kindern*
 • **Mitternacht**: con. manc.
  • **nach**: ign. mang.a1 rat.j5
   • **3** h: **Ars.**kr1 kali-c.
 • **Erwachen**; nach dem: aesc.k13,k2 cann-i.a1 carb-v.k13,k2 con.h,k,* lach.k13,k2 lyc.k13,k2 phos.k13,k2 samb.k13,k2 spong.k13,k2
 • **liegen**; kann nicht im Bett: rhus-t.ptk1
◆ **abwechselnd** mit:
 • **Hochgefühl**: coff.gl1

– **abwechselnd** mit: ...
 • **Manie**: *Bell.*
 • **Mut**
  ☞ *Mutig - abwechselnd mit - Furcht*
 • **Raserei**
  ☞ *Raserei - abwechselnd mit - Furcht*
 • **Traurigkeit**: zinc.bg1,bg2,*
– **Abdomen**, kommt vom: asaf.a1,k
– **Abendessen**, nach dem: caust.h,k,*
– **abergläubisch**: rhus-t.a1,k
 ☞ *Abergläubisch*
– **Abort** durch Furcht; drohender: *Cimic.*kr1 *Op.*kr1 *Sabin.*kr1
– **Abwärtsbewegung**, vor: **Borx.**k1,st cocast cupr.st gels. hyper.bro1 lac-c.st lil-t.st sanic.st sil.ptk1 zinc.ptk1
 ☞ *fallen*
– **Alkoholikern**; bei: *Kali-p.*hr1,kr1
– **allein** zu sein: act-sp. all-s. ant-t. *Apis* **Arg-n.** *Arist-cl.*sp1 **Ars.** *Ars-s-f.*k2 asaf. aur-ar.k2 bell. bism. bov.j brom. bry. bufo cadm-s. calc. calc-ar.k2 *Camph.* carb-v.gk carc.sst *Clem.* *Con.* **Crot-c.** dros. *Elaps* gal-ac.a1,br1,* *Gels.* hep. **Hyos.** kali-ar. kali-br. **Kali-c.** *Kali-p.* *Lac-c.* limest-b.es1 **Lyc.** *Lyss.* **Manc.**gk merc. mez. nat-c.sf1 nit-ac.sf1 nux-v. **Phos.** plb. psor.a12 *Puls.* rad-br.c1 ran-b. rat. *Sep.* *Stram.* tab. tarent. verat. zinc.c1,st
 ☞ *Einsamkeit / Angst - allein / Aufpassen - Verlangen / Gesellschaft - Abneigung - Furcht / Gesellschaft - Verlangen / Gesellschaft - Verlangen - allein*
 • **abends**: brom.a1,k dros. kali-c. puls. ran-b.a1,k tab.
 • **nachts**: *Camph.*hr1,k carb-v.k2 *Caust.* *Hell.*st hep.oss *Med.*vh,vh/dg,* **STRAM.**k1,st tab.a1
 • **Abneigung** gegen Gesellschaft; mit: ars.bg2 clem.gt gels.bg kali-c.a1 stram.bg2 tarent.bg
 • **aus** Furcht:
  • **sterben**; zu: *Arg-n.* **Ars.**k1,st *Ars-h.*k1,st bell.k1 *Kali-c.* *Phos.*
   ☞ *Tod - allein*
  • **verletzen**; sich zu: ars. merc.ptk1 nat-s.ptk1
   ☞ *Selbstmord / Abscheu - Leben - anzutun / Suizidneigung / Verletzen - fürchtet*
 • **Kopfschmerzen**, mit: meny.st
 • **Dunkelheit**; in der: kali-br.ptk1 rad-br.br1,ptk1 valer.ptk1
 • **Verlangen**, allein zu sein; aber: con.hr1,kr1,*
– **allem**; ständige Furcht vor: acet-ac.hr1,kr1,* bell.a1,kr1 *Calc.*hr1,kr1 hydr-ac.ptk1 *Hyos.*hr1,kr1 *Lyc.*hr1,kr1 nat-c.hr1,kr1 *Puls.*hr1,kr1 tub.kr1
 • **Klingeln** der Türglocke; selbst vor dem
  ☞ *Klingeln*
– **Alter**; vor seinem: cortico.sp1
– **Altwerden**; vor dem: lach.dtn1 lyc.dtn1 marb-w.es1 sep.dtn1
– **Amenorrhoe** aus Furcht: *Op.*kr1
– **anderen** Menschen
 ☞ *Menschen, vor*
– **Anfälle** von Panik
 ☞ *plötzlich*
– **Anfall** zu bekommen; einen: agar. alum.h,k,* *Arg-n.*h,k,* ars-s-f.hr1 cann-i.hr1,k carb-an. carb-v.rb2

– **Anfall** zu bekommen; einen: ... grat.hr1,kr1 lach.j5 lyss.hr1,kr1 med.gk merc.j5 nux-m. phos. puls.

– **angegriffen** zu werden: *Stram.*h1

– **angesehen** zu werden
☞ *bemerken*

– **angesprochen**, wenn: kali-br. sep.

– **anhaltend**: ign.k2

– **Anorexie** aus Furcht: *Ign.*kr1

– **Ansteckung**: bov.jsa,vh calc.jsa,vh lach.jsa,vh syph.jsa

• **Krankheit**; vor ansteckender: borx.ptk1 bov.jsa *Calc.*jsa *Lach.*jsa *Sulph.*vh,vh/dg *Syph.*vh,vh/dg

– **Anstrengung**:
☞ *Arbeit*

• **amel**.: tarent.ptk1

• **vor** Anstrengung; Furcht: calad. calc-sil.k2 guaj. mez. ph-ac. phos. phyt. sul-i. tab. thea
☞ *Arbeit / Geistige Anstrengung - agg.*

• **leichter** Anstrengung; vor: sul-i.ptk1

– **Anthropophobie**
☞ *Menschen, vor / Menschen*

– **Apoplexie**, vor: abel.jl,jl3 *Alum.*a1,gl1 apis *Arg-met.* arg-n. arn.h,k,* *Aster.*a1,k bell. brom.a1,bg2,* calc.gk cann-i.a1 carb-v.h,k,* cench. *Coff.*hr1,k,* colch.rb2 elaps *Ferr.*hr1,k ferr-p. ferr-t.a1 fl-ac.hr1,k,* glon.a1,bg2,* kali-br.bg2,sf1,* kali-cy.rb2 lach. nat-c.h,k,* nux-v.gg phos. plat.vh prim-v.rb2 psor.a12 *Puls.*gl1,h,* sel.sf1 *Sep.*gl1,h,* staph.gl1,vh tarent.rb2 ter.hr1,k,* thuj. verat.h,k,* *Zinc.*bg1,bg2,*
☞ *Lähmung*

• **abends**: *Puls.*gl1,h,*

• **nachts**:

• **Gefühl**, als würde nachts der Kopf platzen; mit: *Aster.*

• **Erwachen**, beim: arn.h,j5,* carb-v.h,j5,* glon.a1,k

• **Herzklopfen**, mit: arg-met.

• **Stuhlgang**, beim: verat.h,k,*

– **Arbeit**; vor der: *Arg-n.* aur-i.k2 cadm-s. calc. calc-sil.k2 cham. chin.k2 coloc.h *Con.* graph.h hyos. ind. iod.bg2 *Kali-c.* kali-p. kali-s. kali-sil.k2 nat-m. nat-p.k2 *Nux-v.*gl1 petr. phos.h plb.gl1 *Puls.* ran-b. sanic. sel. *Sil.* *Sulph.* tab. tarax. tong. zinc.h
☞ *Anstrengung / Anstrengung - vor / Abscheu - Arbeit / Faulheit*

• **nachmittags**: *Arg-n.*a1

• **Kopfschmerzen**, bei: gran.

• **täglichen** Arbeit; vor der: calc-f.sp1 nux-v.k2

• **überredet** werden; kann nicht zur Arbeit: *Con.*kr1

• **unfähig** zu werden; zur Arbeit
☞ *unfähig*

– **Ärger**, nach: *Ars.*hr1,kr1 cham.bg2,k lyc.bg2 verat.bg2

– **Armut**, vor: ambr. ars.ptk1 borx.gt **Bry.** *Calc.* *Calc-f.* calc-sil.k2 chlor. gink-b.sbd1 graph.gk hydrog.srj2 iris.gt kali-c.st lach.gt meli. nux-v. *Psor.* puls. *Sep.* staph.ptk1 sulph.
☞ *geschäftlichem / Verhungern / Angst - Geldangelegenheiten / Angst - Geschäfte / Geiz / Wahnideen - arm, er / Wahnideen - Not - geraten / Wahnideen - Not - sie / Wahnideen - ruiniert - sei / Wahnideen - verhungern - er / Wahnideen - verhungern - Familie / Wahnideen - Vermögen*

– **Armut**, vor: ...

• **auszugeben**, um nicht in der Zukunft zu wenig zu haben; Furcht davor, Geld: *Nux-v.*gl1 stann.gl1

– **Ärzten**, vor: *Arn.*vh,vh/dg *Ign.*vh,vh/dg iod. nat-m.vh nux-v.kr1 *Phos.*vh,vh/dg *Stram.*kr1 thuj. verat-v.

– **Atem**, nimmt den: *Rhus-t.* *Verat.*

– **Atmen**, vor dem: osm.a1

– **Auffahren**, mit: bar-c.kr1 bell.kr1 calc-p.kr1 *Hyos.*kr1 kali-br.kr1 nit-ac.kr1 *Op.*kr1 phos.kr1 stram.j5 *Verat.*kr1
☞ *Auffahren*

– **auftreten**, sonst würde er sich verletzen; er muß leicht: cupr.
☞ ❏ *Allgemeines - Erschütterung - agg.*

– **Auftreten** in der Öffentlichkeit; vor dem: anac.ptk1 arg-n.vh **Gels.**hr1,kr1 *Lyc.*k13,k2 *Sil.*k13,k2
☞ *Schüchternheit - Öffentlichkeit*

– **Aufzügen**, vor: borx.k2 staph.dtp

– **auszugehen**: pneu.jl,jl3 sep.jl,jl3
☞ *Auszugehen*

– **Bedürftigkeit**; vor
☞ *Armut*

– **beißen**; davor, die Zähne zusammen zu:

• **ausfallen**; aus Angst, sie würden: nit-ac.

– **bekümmert**, betrübt; wie durch etwas
☞ *Kummer*

– **beleidigt** zu werden: puls.k2

– **bemerken**; man würde ihren Zustand: atro.a1,k bamb-a.stb2 **Calc.**hr1,k,* chel. choc.srj3 limest-b.es1 marb-w.es1
☞ *Verwirrung / Angesehen / Verwirrung / Wahnideen - Verwirrung*

– **bemitleidet**, bedauert zu werden: chin.gl1 nat-m.vh

– **Beruf** zu verlieren; seinen lukrativen: calc.gl1,jsa ign.gl1,jsa puls.gl1,jsa rhus-t.gl1,jsa sep.gl1 staph.gl1 sulph.gl1 verat.gl1,jsa

– **berührt** zu werden: *Acon.*bro1 ang.bro1 *Ant-c.*sf1 ant-t.bro1 apis.bro1 **Arn.**k,st asar.jl *Bell.*bro1 calc-sil.k2 *Cham.*bro1 *Chin.*bro1 cina.sf1 coff. *Colch.*bro1 con.ptk1 cupr.ptk1 *Hep.*bro1,sf1 ign.ptk1 iod.bro1 *Kali-c.*k1,st lach. lyc.ptk1 mag-p.bro1 nit-ac.bro1 nux-m.bro1 *Nux-v.*kr1 ph-ac.kr1 phos.bro1 *Plb.*bro1 sanic.bro1 sep.bro1 sieg.mg1 *Spig.*bro1 stram.bro1 sulph.bro1 *Tarent.*bro1 tart-ac.st *Tell.*k1,st thuj.bro1
☞ *geschlagen / Näherkommen - anderen - berührt / Berührt*

• **Brustwänden**, an den: stroph-s.sp1

• **wund** schmerzenden Körperteile; der: tell.ptk1

– **Beschäftigung**, vor: sel.a1,k

– **Beschwerden**, vor eingebildeten: hydr-ac.

– **Bett**:

• **aufrichtet**; wenn er sich im Bett: ox-ac.a1

• **Kind** fürchtet sich, allein ins Bett zu gehen: caust.gt

• **vor** dem: *Acon.* alumn.ptk1 *Ars.* bapt. calc.st *Camph.*hr1,k cann-s.h,k,* canth. *Caust.*h,k,* cedr.hr1,k cench. cent. cupr.hr1,kr1 kali-ar. kali-c. *Lach.*hr1,k lyc.a1,k merc. nat-c. nat-m.j5 squil.
☞ *Bett - Abneigung*

– **Bettnässen**; Furcht vor dem (= Inkontinenz): alum.
– **Bewegung**, vor: *Bry.*$_{bro1}$ calad.$_{bro1}$ chel.$_{a1}$ gels.$_{bro1,hr1}$ hyos.$_{a1,h}$ mag-p.$_{bro1}$ mur-ac.$_{h2}$
– **Bewußtlosigkeit**, vor: alum.$_{a1,h}$ alumn.$_{a1}$ til.$_{a1}$
– **Bienen**, vor: *Hep.*$_{vh,vh/dg}$
☞ *Tieren*
– **Blicken**:
• **Dinges**, das er sieht; Furcht beim Anblick des ersten: stram.$_{rb2}$
• **vor** sich hinblickt; wenn sie: sulph.
– **Blitz**, vor: bell.$_{bg2}$ cycl.$_{bg2}$ dig.$_{bg2}$ lach.$_{bg2}$ phos.$_{bg2}$ phys.$_{bg2}$ sil.$_{bg2}$
☞ *Gewitter*
– **Blut**; Furcht beim Anblick von
☞ *Blut*
– **Cholera**, vor: ars.$_{gl1}$ jatr-c.$_{kr1}$ **Lach.**$_{gl1,k1,*}$ **Nit-ac.** ph-ac.$_{kr1}$ sulph.$_{gt}$ verat.$_{gl1}$
– **chronisch**: *Acon.*$_{ptk1}$ hyos.$_{ptk1}$ op.$_{ptk1}$ petr.$_{ptk1}$
– **Denken**:
• **Trauriges**; an: rhus-t.
• **Unangenehmes**; beim Gedanken an: phos.
– **Diarrhoe**:
• **durch**: arg-n.$_{kr1}$ **Gels.**$_{kr1}$ ign.$_{kr1}$ *Kali-p.*$_{kr1}$ **Op.**$_{kr1}$ *Verat.*$_{kr1}$
• **Furcht**, mit: acon.$_{k1}$ aeth.$_{k1,sf1}$ *Crot-t.*$_{k1,kr1}$ *Puls.*$_{k1,kr1}$
– **Dingen**; vor wirklichen und unwirklichen: cann-i.$_{a1}$
– **Doktor**
☞ *Ärzten*
– **Dunkelheit**, vor der: *Acon.*$_{hr1,k,*}$ aeth.$_{st}$ am-m. arg-n.$_{ptk1}$ ars.$_{k13,k2}$ bapt. bell.$_{st}$ brom. calad.$_{st}$ *Calc.* calc-act.$_{a1}$ calc-ar.$_{a1}$ calc-p. calc-s. *Camph.*$_{hr1,k,*}$ **Cann-i.**$_{hr1,k,*}$ *Cann-s.*$_{bg2,bg3}$ *Carb-an.*$_{hr1,k}$ *Carb-v.* carc.$_{cd,mg1,*}$ *Caust.* chin.$_{j}$ chinin-s.$_{vh}$ *Cupr.* gal-ac.$_{zr}$ gels.$_{st}$ grin.$_{st}$ hyos.$_{bro1}$ kali-bi.$_{st}$ kali-br.$_{ptk1}$ *Lyc.*$_{a1,k}$ manc.$_{mrr,vh}$ *Med.*$_{hr1,k}$ morg.$_{bg}$ nat-m.$_{st,vh}$ nux-m.$_{st}$ op.$_{bro1}$ *Phos.*$_{bg2,k}$ *Puls.*$_{bg2,k}$ rad-br.$_{bro1}$ rhus-t. sanic. sil.$_{st}$ **STRAM.**$_{k1,st}$ *Stront-c.* valer.$_{a1,k}$ zinc.$_{sf,sf1}$
☞ *Gehen - vor - Dunkelheit / Angst - Dunkelheit / Dunkelheit - agg. / Licht - Verlangen*
• **Schließen** der Augen; beim: carb-an.$_{ptk1}$
– **Ecken** vorbei zu gehen; Furcht, an bestimmten: *Arg-n. Kali-br.*
☞ *Wahnideen - Ecken - stehen - Gehen*
– **Ehemann** zustoßen; etwas würde dem
☞ *geschehen - Ehemann*
– **Eile** gefolgt von Furcht: benz-ac.
☞ *Hast*
– **eingebildeten**:
• **Dingen**, vor: acon.$_{bg2}$ ars. **Bell.** brom.$_{bg2}$ calc-sil.$_{st}$ *Hell.*$_{bg2}$ hydr-ac.$_{ptk1}$ iod. laur. lyc. merc. *Phos.* **Stram.**$_{bg2}$ verat.$_{bg2}$ zinc.$_{bg2}$
• **Tieren**, vor: **Bell.**
– **Einsamkeit**, vor: *Ars.*$_{a1}$ ars-s-f.$_{a1,k2}$ asaf.$_{a1}$ bell.$_{a1}$ bism.$_{a1}$ cadm-s.$_{a1}$ clem.$_{a1}$ elaps$_{a1}$ gal-ac.$_{a1}$ kali-c.$_{a1}$ lyc.$_{a1}$ plb.$_{a1}$ ran-b.$_{a1}$ sep.$_{a1}$ tab.$_{a1}$
☞ *allein / Gesellschaft - Verlangen*
– **Eisenbahn** zu fahren; mit der: bar-c.$_{gl1,vh}$ ferr.$_{gl1,vh}$ puls.$_{gl1,vh}$
☞ *engen - Zügen*
– **elektrischem** Strom, elektrischer Energie; wie: marb-w.$_{es1}$
– **Elend**, vor
☞ *Armut*
– **engen** Räumen; in (= Klaustrophobie): **Acon.**$_{k,vh/dg}$ ambr.$_{jsa,vh}$ ant-c.$_{gb}$ aran.$_{jl}$ aran-sc.$_{st}$ **Arg-n.**$_{k,vh/dg}$ ars.$_{gb,kk}$ bry.$_{kk}$ *Calc.*$_{vh,vh/dg,*}$ carb-an.$_{kk}$ carc.$_{pd}$ cimic.$_{ptk1}$ cocc.$_{st}$ dirc.$_{jsa}$ *Ign.*$_{vh,vh/dg,*}$ kali-c.$_{kk}$ *Lac-d.*$_{k2,st}$ lach.$_{kk}$ *Lyc.*$_{gl1,vh/dg}$ lyss.$_{gb}$ med.$_{kk}$ nat-m.$_{vh}$ nux-v.$_{st}$ plb.$_{kr1}$ *Puls.*$_{gl1,vh/dg}$ sep.$_{kk}$ stann.$_{gb}$ staph.$_{gl1}$ **Stram.**$_{k,vh/dg}$ succ.$_{bro1,st}$ sulph.$_{st}$ tab.$_{k,st}$ til.$_{a1}$ valer.$_{st}$
☞ *Gewölben / Ersticken / Menschenmenge / stürzen / Wahnideen - Ecken - stehen / Wahnideen - Fallen - Wände / Wahnideen - Haus - zerquetschen / Wahnideen - Wände - einstürzen / Wahnideen - Wände - umgeben / Wahnideen - Wände - zerdrücken / ❑ Allgemeines - Gewölbe / ❑ A~ Ohnmacht - überfüllten - Straße / ❑ A~ Ohnmacht - überfüllten - Zimmer / ❑ A~ Zimmer - enges / ❑ A~ Zimmer - voller / ❑ Husten - Kellerluft / ❑ Kopf - Schmerz - Kellern / ❑ K~ Schmerz - Zimmer - überfüllten*
• **Gewölben**, Kirchen und Kellern; Furcht vor: *Ars.*$_{sf1}$ bry.$_{jsa,sf1}$ *Calc.*$_{sf1}$ carb-an.$_{sf1}$ carc.$_{gk}$ caust.$_{sf1}$ dulc.$_{jsa,sf1}$ nat-s.$_{jsa,sf1}$ *Puls.*$_{sf1}$ sep.$_{sf1}$ stram.$_{sf1}$
☞ *engen*
• **Zügen** und geschlossenen Orten; Furcht vor: succ.$_{c1,c2}$
☞ *Eisenbahn*
– **Entblößen** nachts im Bett; vor dem: mag-c.$_{h,k,*}$
– **entfernt** vom Zuhause; wenn: haliae-lc.$_{srj5}$ ign.$_{vh}$
– **Entsetzen**, panische Furcht: acon.$_{bg2,ptk1}$ androc.$_{srj1}$ ars.$_{bg2}$ aur.$_{bg2}$ bamb-a.$_{stb2}$ bell.$_{bg2}$ carb-v.$_{bg2}$ caust.$_{bg2}$ cham.$_{bg2}$ chin.$_{bg2}$ cocc.$_{bg2}$ coff.$_{bg2}$ dig.$_{bg2}$ nux-v.$_{bg2}$ phos.$_{bg2}$ plat.$_{bg2}$ puls.$_{bg2}$ rhus-t.$_{bg2}$ spong.$_{ptk1}$ stram.$_{ptk1}$ sulph.$_{bg2}$ tarent.$_{ptk1}$ verat.$_{bg2}$
☞ *plötzlich*
• **nachts**: acon.$_{bro1}$ *Aur-br.*$_{bro1}$ calc.$_{bro1}$ cham.$_{bro1}$ chlol.$_{bro1}$ cic.$_{bro1}$ *Cina*$_{bro1}$ cypr.$_{bro1}$ *Kali-br.*$_{bro1}$ kali-p.$_{bro1}$ scut.$_{bro1}$ sol-ni.$_{bro1}$ *Stram.*$_{bro1}$ tub.$_{bro1}$ zinc.$_{bro1}$
☞ *nachts*
• **plötzlich**
☞ *plötzlich*
– **entstellt** zu werden: hep.$_{gl1}$
– **Epilepsie**, vor: alum. arg-n. bamb-a.$_{stb2}$ merc.$_{j5}$
• **morgens**: alum.
– **erblinden**, zu: agre.$_{jl,kr1}$ *Nux-v.*$_{hr1,kr1}$ *Sulph.*$_{hr1,kr1}$
– **Ereignissen**, vor plötzlichen: cocc.$_{h,kl}$
– **erkälten**, sich zu: nat-c.$_{a1,k}$ sulph.$_{a1,k}$
• **Hitze**; während: sulph.$_{a1,h,*}$
– **ermordet** zu werden: absin. *Cimic.*$_{hr1,k}$ op.$_{bg2,k}$ phos.$_{bg2,k}$ *Plat.*$_{gl1}$ plb. rhus-t.$_{bg2}$ staph.$_{bg2}$ stram.$_{bg2,k}$ tab.$_{ptk1}$
☞ *Schizophrenie - paranoid / Wahnideen - ermordet - werden*
– **ernsten** Gedanken, vor: crot-h. plat.
☞ *Ernst*

– **Ersticken**, vor dem: **Acon.**bg2,k1,* acon-f.c1 am-br.c1 amyg.st anan.a1 apisbg2 *Ars.*bg2,hr1,* *Bry.*gl1 carb-an.h,k,* carb-v.bg1,k2,* *Dig.*bg2,k2,* *Grin.*bg2,sf1,* *Kali-i.*sf,sf1 lac-d.k2 lach.bg2,sf1,* lat-m.br1 *Lob.*hr1,kr1,* merc.a1,k nux-v.gl1 *Phos.*hr1,k rob. samb.hr1,st seneg.k2 *Spig.*hr1,kr1,* *Spong.*bg2,k1,* *Staph.*gl1,hr1 *Stram.*hr1,k *Sulph.*bg1,bg2,*
☞ *engen / Angst - Schleim - Bronchien*
• **abends**: aethera1
• **nachts**: agar.a1,k *Ant-t.*st arn.hr1,k ars. aur-m.st cact. *Chin.*st *Dig.*hr1,kr1 ip.c1 *Lyc.*h,kl,* med.st *Puls.*st sil.h,kl *Spong.*hr1,kr1,* *Sulph.*st
• **Essen** amel.: *Graph.*st
• **Herzens**; bei Erkrankung des: *Dig.*st *Lach.*vh,vh/dg *Spong.*st
• **Kropf**, bei: *Merc-i-f.*st
• **Liegen**, beim: carb-an.h,k,* mosch.hr1,k
• **Schlaf**, im: bapt.st,vh
• **Schleim**; durch:
 • **Bronchien**; in den
 ☞ *Angst - Schleim - Bronchien / ❑ Kehlkopf - Schleim - Luftwegen*
 • **Hals**; im: carb-an.h,tl1
• **Schließen** der Augen; beim: carb-an.
– **Ertrinken**, vor dem: cann-i.a1,k
☞ *Suizidneigung - Ertränken / ❑ Träume - Ertränkt*
– **Erwachen**, beim: *Agn.* alum. alum-p.k2 alum-sil.k2 am-c. ant-t.bg2 arn.k2,ptk1 aster. *Bell.* bism. *Borx.* *Bry.*bg2 bufo *Cact.* *Calc.*bg2,kr1 *Caps.*kr1,st carb-an. carb-v.gm1 *Cham.*bg2 cinabg2,kr1 cocc. con. cupr.sf1 hep. hyos.bg2 ign. iris kali-br.bg2 kali-c.bg2 *Lac-c.*kr1 lach. lepi.a1,k *Lyc.* lyss.kr1 mag-s. *Med.*kr1 nat-c. *Nat-m.* nat-p. nat-sil.k2 nit-ac. *Nux-v.* ph-ac. psor.bg2 *Puls.* rat. *Sil.* *Spong.* *Stram.* *Sulph.* ter.a1 **Tub.**bg2,st xan.bg1 zinc. zinc-p.k2
☞ *Erschreckt - Erwachen*
• **Traum**, aus einem: abrot.a1 alum. bov. chin.a1 cina frax.a1 graph.a1 *Lyc.* mag-m.a1 ph-ac. phos. sil. tarent.a1
• **unter** dem Bett; vor etwas: bell.
☞ *Wahnideen - Bett - Geräusch / Wahnideen - Bett - jemand - unter*
• **Verschlimmerung** beim Erwachen; vor der: syph.k2
– **Essen**:
• **nach** dem Essen; Furcht: asaf.bg2 canth. carb-v.bg2 caust. hyos.bg2 kali-c.bg2 lach. mag-m. nit-ac.bg2 nux-v.bg2 phel. tab. thuj.bg2 viol-t.bg2
• **vor** dem: bran.a1 caust.a1,k grat.a1,k hera.a1 op.a1,k puls.a1,k tarent.a1,k
– **Extravaganz**, vor: op.a1,k
☞ *Extravaganz*
– **extrem**: androc.srj1 hed.sp1 hydrog.srj2
– **Fahren** im Wagen; beim: arg-n.gb,gg aur.gb *Borx.* bry.bro1 carc.dgt cimic.ptk1 gins.st *Lach.*a1,k lipp.a1 mag-m.dgt nat-m.dgt *Psor.*h,k,* sanic.bro1 *Sep.*k,kl2● succ.ptk1
☞ *Fahren im - Abneigung*
– **Fahren**; vor dem: androc.srj1
– **fallen**, zu stürzen; zu: acon. alum. alumn. arg-n.bg1,k2,* ars.bg1,h,* *Borx.* calc.gl1 chin.bg1,bg2 coff.bg1,bg2 *Cupr.* cur. *Gels.* hyper.bg1,bg2

– **fallen**, zu stürzen; zu: ...
kali-c.bg1,bg2,* kali-s. *Lac-c.* *Lil-t.* lys.bg1,bg2 lyss.bg1,vh med.k2 nux-v. onos.bg1,bg2 ovi-p.c1 prim-v.br1 sanic.bg1,bg2 sil.bg2,fr1 *Stram.*gl1,k1,* tab.bg1,bg2 tub.vh zinc.bg1,bg2,*
☞ *Abwärtsbewegung / Angst - Bewegung - agg. - Abwärtsbewegung / Bewußtlosigkeit - Blicken - unten / ❑ Allgemeines - Abwärtsbewegung - agg. / ❑ A~ Fahren - Auto - bergab / ❑ Gesicht - Ausdruck - ängstlich - Abwärtsbewegung*
• **nachmittags**: nux-v.
• **abends**: lyss.
• **alles** auf sie fällt; daß: stram.kr1
• **Dinge** fallen zu lassen: coca
• **Drehen** des Kopfes; beim: der.
• **Einschlafen**; beim: coff.
• **Gehen**, beim: coca huraa1 lyss.a1 nat-m.
• **Herabsteigen** einer Treppe; beim: lac-c.kr1 onos.ptk1
• **Höhe**; von einer
☞ *hochgelegenen*
• **Kind** hält sich an der Mutter fest; das: borx.a1 *Cupr-act.*kr1 **Gels.**kr1 sanic.a1
☞ *Klammert*
• **Treppensteigen**; beim: onos.ptk1
• **vorne**; nach: alum.ptk1
• **Zimmer**; agg. im: lil-t.
– **Falsches** zu sagen; etwas: bamb-a.stb2 *Lil-t.*a1,k med.ptk1
☞ *Schüchternheit / Selbstvertrauen - Mangel*
– **Familie**:
• **Familienangelegenheiten**; in bezug auf: calc-sil.k2
• **großzuziehen**; seine Familie zu: *Staph.*vh,vh/dg
– **fasten**, zu: kreos.k,k1,*
– **Feinden**, vor: anac.jl,sf1 hyos.sf,sf1
– **Feuer**: psor.a1,ptk2 stram.k2
• **Dinge** würden Feuer fangen: cupr. *Cupr-act.*kr1,st stram.k13,k2
– **Fieber**:
• **während** des Fiebers: acon.ptk1 ambr.ptk1 ars.ptk1 bar-c.ptk1 ip.ptk1 sep.ptk1
☞ *Angst - Fieber - während*
• **vor** dem Fieber:
 • **Fleckfieber**; vor epidemischem: tarent.
 • **friert**; während er: calc.st sulph.
 • **Zubettgehen**; beim: hura
• **nach** Furcht; Fieber
☞ *❑ Fieber - Schreck*
– **finanziellen** Verlusten
☞ *Armut*
– **Fliegen**, Stubenfliegen; vor: abel.jl
☞ *Tieren*
– **Fliegen**, vor dem:
• **Flugzeug**, in einem: arg-n.gb calc.gb phos.gb
☞ *Angst - Bewegung - agg. - Flugzeugs*
– **fliehen**; mit Verlangen zu: *Bell.*j5 *Bry.*j5 coloc.j5 cupr.j5 dig.j5 merc.j5,kr1 puls.j5 stram.j5 verat.j5
☞ *Fliehen*
– **Flugzeug**, im
☞ *Fliegen, vor - Flugzeug*

– **Flüssigkeiten**; vor:
☞ *Trinken / Wasser*
• **Durst**; mit: agn. am-c. androc.$_{srj1}$ arn. ars.$_{st}$ *Bell.* cann-i. *Canth. Caust. Cocc. Hell. Hyos.* jatr-c.$_{c1}$ lac-c. *Lach. Lyc.* lyss. merc. nat-m. *Nux-v.* rhus-t. samb. sel. *Stram.* tarent.
– **Fötus** werde sterben; der: kali-fcy.$_{zr}$ phos.$_{zr}$ vib.$_{zr}$
– **Folterung**; vor: ars-s-f.$_{st}$
– **Frauen**; vor: puls. raph.$_{a1}$ staph.$_{gg}$
☞ *Abneigung - Frauen - Männern / Haß - Frauen / Homosexualität*
– **Fremden**; vor: ambr.$_{bg2,k}$ *Bar-c.*$_{bg2,k}$ *Carb-v.* carc.$_{sst}$ caust.$_{k,k1}$ *Con.*$_{hr1}$ *Cupr.*$_{hr1,k}$ lach. lyc.$_{k13,k2}$ sil.$_{gg}$ stram.$_{hr1,k}$ tarent.$_{bg2}$ *Thuj.*
☞ *Fremde - Anwesenheit - agg.*
• **Menses**:
• **während**: con.$_{ptk1,ptk2}$
– **Freunden**; vor seinen: androc.$_{srj1}$ cedr.
– **Frösche**: carc.$_{sst}$
☞ *Tieren*
– **Frost**; während: *Calc.*$_{k,st}$ carb-an.
– **Galgen**, vor: *Bell.*$_{h,k,*}$
– **gebissen** zu werden: choc.$_{srj3}$ *Hyos.*$_{hr1,k}$ *Lyss.*
☞ *Beißen*
– **gebraten** zu werden: stram.$_{j5}$
– **Gedanken**; vor seinen eigenen: androc.$_{srj1}$ camph.
– **gedemütigt** zu werden: *Carc.*$_{vh}$ puls.$_{gl1}$ *Sep.*$_{gl1}$
☞ *Ermahnungen - agg.*
– **Gefahr**, vor drohender: aether camph.$_{kr1}$ caust.$_{kr1}$ choc.$_{srj3}$ *Cic.*$_{kr1}$ cimic. *Cocc.*$_{kr1}$ fl-ac.$_{rb2}$ granit-m.$_{es1}$ macro.$_{a1}$ meli.$_{c1}$
☞ *geschehen / Unglück / Unheil / Wahnideen - Gefahr / ❑ Träume - Gefahr*
• **nachts**: aether$_{a1}$
• **Einschlafen**, beim: coff. coff-t.$_{a1}$
– **gefressen** zu werden; von Tieren: hyos.$_{h}$ stram.
☞ *Tieren*
– **gehängt** zu werden: **Plat.**$_{gl1,vh,*}$
– **Gehen**:
• **beim** Gehen
☞ *Angst - Gehen*
• **vor** dem Gehen: nat-m.
• **Dunkelheit**; in der: *Carbn-s.*
☞ *Dunkelheit / Angst - Dunkelheit / Dunkelheit - agg. / Licht - Verlangen*
• **Straße**; über eine belebte: *Acon.* carc.$_{vh}$ hydr-ac.$_{bro1}$ plat.$_{bro1}$ **Psor.**$_{vh,vh/dg}$
☞ *überfahren / überfahren - Gehen / Überqueren - Brücke*
• **schnelles** Gehen
☞ *Angst - Gehen - schnell - agg.*
– **Gehirnerweichung**; Furcht vor: abrot. *Arg-n.*$_{hr1}$ *Asaf.*$_{k,vh/dg}$ calc-sil.$_{k2}$
☞ *Wahnideen - Gehirn - Gehirnerweichung*
– **Geisteskrankheit**: acon.$_{k1}$ agar.$_{k1}$ *Alum.* alum-p.$_{k1,k2}$ alum-sil.$_{k1,k2}$ *Alumn.*$_{a1,k1}$ ambr.$_{k1}$ anac.$_{gg,vh}$ antip.$_{br1,vh}$ aq-mar.$_{jl,k1}$ arg-n.$_{bro1,k1}$ ars.$_{k1}$ ars-i.$_{k1}$ bov.$_{k1}$ bry.$_{k1}$ cact.$_{k2}$ **CALC.**$_{k,st}$ *Calc-ar.*$_{k1,k2,*}$ calc-i.$_{k1,k2}$ calc-s.$_{k1}$ **Cann-i.** carb-an. carbn-s.$_{k1}$ *Chel.*$_{k1}$ chlor. *Cimic.*$_{k1}$ colch.$_{bg2,k1}$

– **Geisteskrankheit**: ...
cupr.$_{k1}$ *Dig.*$_{k1}$ *Eup-per.*$_{k1,kr1}$ gels.$_{k1}$ *Graph.*$_{k1}$ guare.$_{a1}$ haliae-lc.$_{srj5}$ ham.$_{bg2,k1}$ *Hell.*$_{gk}$ hydrog.$_{srj2}$ ign.$_{k1}$ iod.$_{k1}$ kali-bi.$_{k1}$ *Kali-br.*$_{k1}$ kali-c.$_{gk}$ *Kali-s.*$_{hr1,k1,*}$ *Lac-c.*$_{k1}$ lach.$_{k1}$ lat-m.$_{jl,k1,*}$ laur.$_{k1}$ levo.$_{jl,k1}$ lil-s.$_{bg2,k1,*}$ *Lil-t.*$_{k1}$ limest-b.$_{es1}$ lys.$_{br1}$ *Lyss.*$_{k1,kr1,*}$ mag-c.$_{k1}$ **MANC.**$_{k1,st}$ med.$_{bg2,k1,*}$ *Merc.*$_{k,k1}$ merl.$_{k1}$ mosch.$_{k1}$ *Nat-m.*$_{k1}$ *Nux-v.*$_{k1}$ ol-j.$_{k1,kr1}$ *Phos.*$_{k1}$ phys.$_{k1}$ plat.$_{k1}$ psor.$_{a1}$ **Puls.**$_{k1}$ rhod.$_{k1}$ sanic.$_{c1}$ *Sep.*$_{k1}$ spong.$_{k1,kr1}$ *Staph.*$_{gl1,k1}$ *Stram.* sul-i.$_{k1,k2}$ sulph.$_{k1}$ sumb.$_{hr1,k1,*}$ syph.$_{k1}$ tarent.$_{k1}$ thuj.$_{k1}$ verat.$_{bro1,k1}$
☞ *Wahnideen - geisteskrank - werden*
• **abends** im Bett: nat-m.$_{h}$
• **nachts**: calc.$_{a1}$ *Merc.* phys.
• **ausruhen** will, er muß immer in Bewegung bleiben; falls er sich: ars.$_{k2,st}$ iod.$_{k2,st}$
☞ *Töten - Ruhe*
• **Menopause**; während der: *Cimic.*$_{st,vh}$
• **Verstand** zu verlieren; den: alum. calc. cann-i. carb-an. chlor. stram.
– **geistige** Anstrengung:
• **nach** geistiger Anstrengung: calc-sil.$_{k2}$
• **vor** geistiger Anstrengung: calc-p.$_{k2}$ con.$_{k2,sf1}$ graph.$_{k2}$ nat-p.$_{k2}$ ph-ac.$_{vh}$ pic-ac.$_{vh}$
• **literarischer** Arbeit; vor: *Nux-v.*$_{gl1,k1}$ *Sil.* sulph.
– **Gelenke** schwach seien; daß seine: sep.
– **genesen**; er werde nicht: all-s.$_{a1,hr1,*}$ ant-t.$_{a1,h}$ hep.$_{gl1}$
☞ *Krankheit - unheilbar / Wahnideen - Krankheit - unheilbare*
• **Menopause**; während der: sars.$_{st}$
– **geraten**:
• **Atem**, außer: lat-m.$_{br1,k13}$
– **Geräusche**, durch: acon.$_{bro1}$ aloe alum. *Ant-c.* *Asar.*$_{bro1}$ *Aur.* bar-c. *Bell.*$_{bro1}$ *Borx.* calad.$_{bro1}$ cann-s. *Caust. Cham.*$_{bro1}$ chel. chin.$_{gl1}$ cic. *Cocc.* coff. ferr.$_{bro1}$ hipp. hura ign.$_{bro1}$ kali-c.$_{bro1}$ *Lyc.*$_{k1,st}$ mag-m.$_{bro1}$ med.$_{bro1}$ mosch. nat-c. *Nat-s.* nit-ac.$_{bro1}$ nux-v. *Phos.*$_{bro1,gl1}$ sabad. sil.$_{sf1}$ sulph.$_{gl1}$ tab. tanac.$_{bro1}$ tarent.$_{bro1}$ *Ther.*$_{bro1}$ zinc.$_{bro1}$
☞ *Empfindlich - Geräusche*
• **nachts**: bar-c. *Caust. Nat-s.*
• **Kanonendonner**; vor
☞ *Kanonendonner*
• **plötzlichen** Geräuschen, vor: *Borx. Cocc.* limest-b.$_{es1}$
• **rauschendem** Wasser, von: hyos.$_{k2}$ **Lyss. Stram.**
☞ *Tollwut*
• **Straße**, auf der: bar-c. *Caust.*
• **Tür**, an der: *Aur.* cic. *Lyc.*
– **Gerede** der Leute zu kommen; ins: nux-v.$_{gl1}$ puls.$_{gl1}$
– **Geschäft**; vor dem: *Graph.*$_{kr1}$ *Lil-t.*$_{kr1}$
☞ *geschäftlichem / Geschäft - Abneigung*
– **geschäftlichem** Mißerfolg, Bankrott; vor: arg-n.$_{jsa}$ *Aur.*$_{gk}$ *Kali-c.*$_{gk}$ lyc.$_{jsa}$ *Psor.* sil.$_{jsa}$
☞ *Armut / geschlagen / Versagen / Gelingt / Schüchternheit / Selbstvertrauen - Mangel*

– **geschehen**; etwas werde: acet-ac.k13,k2 *Acon.*bg2,br1 aesc.bg2 agn.bg2 alum.a1,k alum-p.k13,k2 am-c.bg2,rb2 aml-ns.a1,rb2 anac.k2 androc.srj1 anth.a1 apisbg2,k2 *Arg-n.*bg2 arn.h,k2,* *Ars.*bg2,k,* bar-c.k13,k2 bufo cact. **Calc.**bg2,k calen.st,vh carb-an.a1,h *Carb-v.* **Caust.**h,k,* chel.k13,k2 chin.bg2 choc.srj3 cocc.k13,k2 *Coloc.*vh,vh/dg corn-a.c1 crot-t.hr1,k dig.k2 *Elaps*bg2,k fl-ac.hr1,k,* *Gels.*bg2,k graph. hydrog.srj2 ign.k2 *Iod.* *Kali-ar.* *Kali-br.* kali-c.bg2,k2 kali-p. kalm.a1 *Lac-c.*hr1,kr1,* lach.bg2 lapparb2 *Lil-t.* *Lyc.*bg2,k *Lyss.*k1,rb2,* mag-c.h,k *Manc.*gk mang. marb-w.es1 *Med.*bg2,st merc.k2 mez.k2 mosch.a1,rb2 najabg2 nat-ar.k,rb2 *Nat-m.*hr1,k *Nat-p.* nicc.hr1,k **Nux-v.**gl1 *Onos.* *Pall.*hr1,kr1 *Ph-ac.* **Phos.**a1,k *Plat.*hr1,k2,* plb.bg2,k2,* **Psor.**bg2 pyrus rat.a1 rhus-t.hr1 scut.vh sep.bg2 sil.bg2 spig.bg2 spong.hr1,k2,* still.br1 *Stram.*bg2 stry. sul-i.k13,k2 tab. tarent.k1,k13 thea **Tub.**k,k1,* verat.bg2 wye.a1 xan.
☞ *Gefahr / Unglück / Unheil / Angst - Zukunft / Beschwerden durch - Erwartungsspannung / Hellsehen / Prophezeit / Tod - Vorahnung / Vorahnungen / Vorsichtig / Wahnideen - Gefahr / □ Abdomen - Besorgnis / □ Blase - Befürchtungen / □ Brust - Besorgnis / □ Magen - Besorgnis / □ Träume - Ereignisse - zukünftige / □ T~ Hellsichtig / □ T~ Prophetisch / □ T~ Visionär*
• **nachts**: *Arn.*st nat-p.st
• **allein**, amel. durch Gespräche; wenn: rat.
☞ *Gesellschaft - Verlangen / Gesellschaft - Verlangen - amel. / Gesellschaft - Verlangen - geschehen*
• **Bad** nimmt; wenn sie ein: adam.srj5
• **Bettwärme** amel.: *Caust.* mag-c.
• **Ehemann** niemals wiederkommen werde; daß der: *Plat.*
• **Grauenhaftes**, Furchtbares werde geschehen; etwas: aml-ns.rb2 elapsrb2 lapparb2 lyss.rb2 med.rb2 onos.rb2 pall.rb2 pyrusrb2 thearb2
• **Schreckliches** werde geschehen; etwas: fl-ac.a1 limest-b.es1 *Lyss.* pall.c1
• **stillsitzen**, kann nicht: aml-ns.kr1
• **Unangenehmes**, etwas: agar.rb2 caust.rb2 glon.rb2 lyss.rb2 mag-c.rb2 mag-s.rb2
– **geschlagen** zu werden:
☞ *berührt*
• **Herankommenden** geschlagen zu werden; von den: **Arn.**kr1 bell.a1 ign.a1 kali-c.a1 lach.a1 stram.a1 thuj.a1
• **hinter** ihm Gehenden geschlagen zu werden; von den: alum.st
– **Gesellschaft**, vor: cic.kr1 cupr.ptk1 cupr-act.ptk1 sel.hr1,ptk1 til.ptk1
– **gesellschaftliche** Stellung; um seine: sep.gl1 staph.gl1 verat.
☞ *Verzweiflung - gesellschaftliche*
– **Gesichter** ihn anblicken; daß: phos.k2
– **Gespenstern**, vor: *Acon.* *Ars.* ars-s-f.k2 bell. brom. calc.gl1,vh cann-i. *Carb-v.* *Caust.* chin. chinin-ar. cocc.h,k dros. *Hyos.*gl1,sf1 *Kali-br.*sf1 kali-c. kali-i.k2 **Lyc.**k,vh/dg *Manc.* *Med.*bro1,vh/dg op.sf1 **Phos.**k,vh/dg *Plat.* *Puls.* rad-br.bro1 ~~rad-met.bro1,xxx~~ ran-b.k,k2,* rhus-t. sep. spong. stram. *Sulph.* zinc. zinc-p.k2
☞ *Wahnideen - Gespenster*

– **Gespenstern**, vor: ...
• **abends**: brom.a1,k lyc.hr1,k *Puls.*h,k,* ran-b.bg2,k,*
• **nachts**: *Acon.* ars. *Carb-v.* chin. chinin-ar.k2 cocc.a1,h,* *Lyc.* phos.vh *Puls.* ran-b. *Sulph.*
• **Erwachen**, beim: cocc.h,j5,* phos.vh sulph.j5
• **unterhalten**; glaubt, er würde sich mit Geistern: *Nat-m.*vh,vh/dg **Plat.**vh,vh/dg
– **Gesprächen**, vor: bar-s.k2
– **gestört** zu werden: agar.h,k1
– **Gesundheit**:
• **geliebter** Menschen; in bezug auf die Gesundheit: carc.ib hep.gl1 merc.gl1
• **ruiniert** habe; daß sie sich ihre: calc.st chel. staph.st
☞ *Angst - Gesundheit - eigene / Hypochondrie*
– **getadelt** zu werden
☞ *Tadel*
– **getragen** zu werden; Furcht davor: *Borx.*bro1 bry.bro1 sanic.bro1
– **Gewalt**, vor
☞ *Feigheit / Gewalttätigkeit - Abneigung / Schreckliches*
– **gewaschen** zu werden: sulph.k2
– **Gewitter**, vor: *Borx.*bg2,kr1,* *Bry.*k,k1,* calc.gl1,vh calc-p.dp,vh,* carc.zzh caust.sf1 *Coloc.*vh con.vh dys.dgt elec.j *Gels.*hr1,k1,* *Graph.*vh hep. lach. *Lyc.*bg2,kr1 merc.gl1,vh *Nat-c.*bg2,k,* *Nat-m.* *Nit-ac.* **PHOS.**k1,st psor.bro1 *Rhod.*k,vh *Sep.* sil.bro1 *Staph.*gk,vh sulph. tub.lmj
☞ *Blitz / Wetter - Gewitter - während*
• **vor**: *Nat-c.*sf1 *Phos.*sf1 *Psor.*vh,vh/dg *Rhod.*vh,vh/dg
☞ *Wetter - Gewitter - vor*
– **gezogen**, nach oben
☞ *hochgezogen*
– **glänzenden** Gegenständen oder sie sind unerträglich; Furcht vor: cann-i.a1 canth.ptk1 lach.ptk1 lyss.ptk1 stram.
☞ *Spiegeln*
– **Glauben** zu verlieren; davor seinen religiösen: coloc.vh merc.vh nux-v.vh staph.vh *Sulph.*vh,vh/dg
☞ *Religiös - Gemütsstörungen*
– **glitzernden** Gegenständen
☞ *glänzenden*
– **Grausamkeiten**; durch Schilderung von: calc.
☞ *Erregung - Hören / Schreckliches*
– **grünen** Streifen; beim Anblick von: thuj.ptk1
– **grundlos**: calc-f.sf,sf1 chlol.a1 granit-m.es1 plb.ptk1 sabad.sf,sf1 tarent.a1,k1,* zinc-val.ptk1
– **Gruppen**
☞ *Gesellschaft, vor*
– **Halses**; durch Gefühl von Schwellung des: *Glon.*a1,k nat-m.a1,h
☞ *□ Innerer Hals - Angst*
– **Haus**; beim Eintreten ins
☞ *Zimmer*
– **Haus** zu verlassen; das: anth.a1,k
☞ *offenen / Auszugehen / □ Allgemeines - Ohnmacht - überfüllten - Straße / □ Schwindel - Gehen - Freien*
– **Herz**:
• **aufhören** zu schlagen, wenn er nicht ständig in Bewegung bleibt; das Herz werde: *Gels.* lach.ptk1
• **aufsteigend** vom: aur. lyc. meny. merc-c. mez.

• **Erkrankung** des Herzens; vor: acon.cd arn.cd,k2,* *Aur.* bapt. cact. *Calc.*k1,st calc-p.cd,vh calc-s.k2 daph.a1,kr1 hed.sp1 hydrog.srj2 *Kali-ar.*cd,vh/dg,* lac-c. lach. *Lil-t.* lob.cd mez.cd nat-m.cd,vh nux-m.kr1 *Phos.*cd,vh/dg,* podo.k2 sin-n.kr1 *Spong.*
☞ *Wahnideen - Herz - Erkrankung - habe*
• **organischen** Erkrankungen; vor: *Apis*st *Aur.*hr1,kr1,*
• **Schmerz** am Herzen; durch: daph.a1
– **Herzklopfen**, mit: *Acon.*bg2,kr1,* alum.bg2,hr1,* aur-m.hr1,kr1 ferr.kr1,vh,* hydrog.srj2 *Merc.*hr1,kr1 nat-m.bg2,kr1,* nit-ac.kr1,sf1,* *Op.*hr1,kr1 *Puls.*hr1,kr1 spong.kr1
– **hinter** ihm; jemand sei: anac. brom. crot-c. lach. med. *Phel.*vh,vh/dg
☞ *Blicken - hinten / Wahnideen - gehen - hinter / Wahnideen - Menschen - hinter*
– **Hitze**:
• **während**: acon. *Ars.* cham.hr1,kr1 nux-m. spong.hr1,k
• **durch**: chen-a.kr1
– **hochgehoben** zu werden: *Borx.*bro1 bry.bro1 sanic.bro1
– **hochgelegenen** Orten; vor: aeth.dgt *Arg-n.* ars.gb aur.gb,ptk bell.gb calc.gb calc-p.dgt carb-v.gb *Carc.*dtp,gk,* caust.gb cob-n.sp1 cocadm,gb con.gb crot-c.wn cupr.gb gels.gb,ptk hep.oss hyos.ptk1 lach.gb lyc.gb med.gb nat-m.ctc,gb puls. staph. sulph.
☞ *Hochgelegene - agg.*
– **hochgezogen** zu werden: calc-p.gk camph.hr1,k,*
– **Hühnern**: calc-p.dgt chin.gk
☞ *Tieren*
– **Hunden**, vor: androc.srj1 *Bac.*c1,vh,* **BELL.**k1,st bufoptk2 calc.gl1,vh carc.sv,svb *Caust.*h,k,* **Chin.**bg2,k,* choc.srj3 gaert.dgt *Hyos.* lyss.st merc.gb nat-m.vh nat-p.pd phos.gb plb.cld *Puls.*vh **Stram.**k,vh/dg sulph.gb syc.dgt *Tub.*hr1,k
☞ *Tieren*
• **schwarze** Hunde: bell.hr1
– **hungrig**, wenn: grat. iod.k2
– **Hydrozephalus**, bei: *Zinc.*hr1,kr1
– **Imbezillität**, vor: stram.
– **Impotenz**, vor: pitu.jl
☞ *Koitus - während*
– **Impulsen**, Affekten; vor seinen: alum.st,vh androc.srj1
– **Infektion**, vor: *Borx.* bov.a1,st bufo calad.hr1,k **Calc.**k,k1,* lach.
– **Insekten**, vor: **Abel.**jl,vh/dg ars.bng,gm1 *Calc.*vh,vh/dg,* calc-ar.bng carc.zzh cimic.kk lyc.kk *Nat-m.*vh,vh/dg phos.kk puls.dgt
☞ *Tieren*
– **Invalidität**: ign.bng
– **Kanonendonner**; vor: borx.br1
– **Katastrophe** ; vor einer (= Unheil): calc.ptk2 calli-h.rb2 elat. lil-t. psor. *Puls.* rhus-t.rb2 tab. tub.a1 zinc.rb2
• **herannahenden** Katastrophe; vor einer schnell: tab.rb2
– **Katzen**, vor: *Bac.*vh,vh/dg chin.bg2,vh,* med.bg2,vh,* plb.cld sil.pc *Tub.*bg1,bg2,*
☞ *Tieren*
– **Kindern**, bei: **Bar-c.**st calc.ptk1,st carc.fb caust.j5,st *Lyc.*st
• **nachts**: *Borx.*st *Calc.*st caste.jl,st **Kali-br.**st kali-p.st **Tub.**st
☞ *Angst - nachts*
– **Kirche** oder Oper zu gehen; wenn fertig, um zur: **Arg-n.**hr1,k *Gels.*hr1,k
☞ *Erwartungsspannung*
– **Klaustrophobie**
☞ *engen Räumen*
– **Klavier** sitzt; wenn er am: *Kali-br.*hr1,kr1 *Phos.*hr1,k
☞ *Angst - Klavierspielen / Musik - agg.*
– **Kleinigkeiten**; vor: *Ars.* borx. calc.st ign. *Kali-c.* *Lyc.* *Nat-c.* *Nat-m.* sep.ptk1 thuj.ptk1
☞ *Kleinigkeiten*
• **Kopf**; während Schmerzen im: but-ac.br1
– **kletternde** Knaben sich verletzen könnten; daß: caust.a1
– **Klingeln** der Türglocke; vor dem: *Lyc.*kr1,ptk1
– **Knall** einer Kanone
☞ *Kanonendonner*
– **Kohleneimer**, vor: cann-i.
– **Koitus**:
• **während**: lyc.ptk1 sin-n.kr1
☞ *Impotenz*
• **Impotenz** aus Furcht; mit: *Sin-n.*kr1
• **Gedanken** an Koitus bei einer Frau; beim: arn.vh *Kreos.*
– **Kontrolle** zu verlieren; die: cann-i.vh theavh
– **Konvulsionen**:
• **vor** (zeitlich): cic.k2,vh
• **vor** Konvulsionen; Furcht: bamb-a.stb2
– **Kopf**:
• **Ordnung**; etwas wäre in ihrem Kopf nicht: bamb-a.stb2
☞ *Krankheit*
– **körperlicher** Arbeit, nach: iod.a1,k
☞ *Handarbeit*
– **Krankenhaus** zu gehen: arg-n.oss calc.sys
– **Krankheit**, vor drohender: acon.bg2,k aether agar. *Alum.*bg2,k1,* alum-p.k2 am-c.bg2,k ant-t.bg2,hr1,* *Arg-n.*hr1,k,* *Arn.*bg2,k2,* ars.h,k,* bamb-a.stb2 *Borx.* bov.st bry.bg2,k bufo calad.bg2,k,* *Calc.*h,k,* *Calc-ar.*k1,k13,* calc-sil.k2 carb-ac.hr1,k,* carb-an.bg2,k,* carc.sk1 chlor.sf,sf1 cic.hr1,k cimic.jl elaps elat.bg eup-pur.hr1,kr1,* hep.bg2,k,* hydr.a1,k ign.bg2,k iris **Kali-c.**bg2,k,* kali-p. kali-tel.a1 kreos.bg2,k *Lac-c.*bg2,k,* lach.bg2,k *Lec.* *Lil-t.*hr1,k,* lyc.gl1,h m-arct.j5 merc.bg2,k nat-ar. nat-c.bg2,k nat-m.bg2,k nat-p.a1,k *Nit-ac.*bg2,k *Nux-v.*bg2,k paull. *Ph-ac.*bg2,k,* **Phos.**bg2,k *Plat.*bg2,sf1,* pneu.jl,jl3 podo.hr1,k psor.bg2 *Puls.*bg2,sf1,* sabad.bg2,sf1,* *Sel.*bg2,sf1 *Sep.*bg2,k,* *Spong.*hr1,kr1 stann.bg2,sf1,* staph.gl1 sulph.bg2,k tab.bg2 tarent. thuj.bg2,k,* tril-c.a1 tril-p.
☞ *Kopf - Ordnung / Mammae / Angst - Gesundheit / Angst - Gesundheit - eigene / Gedanken - Krankheit*
• **nachts**, im Bett: carb-ac.

• **ansteckenden**, epidemischen Krankheiten; vor: bar-c.j borx.ptk2 bov.a1 **Calc.**gl1,vh lach.gl1,vh med.gb *Sulph.*vh,vh/dg syph.gb,vh
• **Gehen** im Freien agg.: hep.
• **Krebs**
☞ *Krebs*
• **unheilbar** zu sein: acon.bg2 agn.bro1 all-s.a1 alum.bg2 anac.bro1 ant-t.a1 apisbro1 arg-n.bg2,sf1 arn.bg2 ars.a1,bro1 aur.bro1 cact.bg2,k2 calc.bg2 calc-sil.bg2,k2 cann-i.bro1 cecr.bg2,jl cimic.bg2,bro1,* cocc.h dig.bro1 graph.bro1 hydr.bro1 ign.bg2,bro1 kali-c.bro1 lac-c.bg2,bro1 lach.bg2 lil-t.bg2,bro1,* med.bro1 najabro1 nat-m.bro1 nit-ac.bro1 nux-v.bro1 phase.bro1 phos.bro1 plat.bro1 podo.bro1 psor.bro1 puls.bro1 rhus-t.bro1 sabad.bro1 sec.bro1 sep.bro1 stann.bg2,bro1 still.bro1 syph.a1,bro1 verat.bro1
☞ *genesen / Gedanken - Krankheit - unheilbare / Wahnideen - Krankheit - unheilbare*

– **Krebs**: **Agar.**vh,vh/dg,* **Ars.**st,vh bamb-a.stb2 calc.st,vh calc-p.vh carc.sk1,sst chinin-ar.st,vh fl-ac.st,vh ign.st,vh kali-ar.st,vh *Lob.*gk mag-m.dgt **Manc.**gk med.st *Nit-ac.*st,vh phos.vh **Plat.**hr1 **Psor.**k1,vh,*
☞ *Gedanken - Krankheit - unheilbare*
• **Hirntumor**: bamb-a.stb2
– **kriecht**; vor etwas, das aus jeder Ecke: med. *Phos.*hr1,k
– **Küchenschaben**: alum.mrr,oss phos.vh
☞ *Tieren*
– **Kummer**, wie durch: am-m.kr1 phos.h,k
☞ *Kummer / Untröstlich*
– **Lähmung**, vor: *Anac.*hr1,k arn.hr1,k asaf.hr1,k,* bapt.c1,ptk1 bell. nux-m.c1 syph.
☞ *Apoplexie*
– **Lampenfieber**
☞ *Erwartungsspannung - Lampenfieber / Schüchternheit - Öffentlichkeit*
– **lange** anhaltend
☞ *chronisch*
– **Last** zu werden; zu einer: raph.a1,k
– **laufen**, anzustoßen; gegen etwas zu: arg-met.hr1 tarent.a1
– **lautes** Sprechen sie umbringen würde; als ob: meli.
– **lebenslang**: am-c.gl1 am-m.gl1 calc.gl1 lyc.gl1 petr.gl1 puls.gl1 sil.gl1 stann.gl1 sulph.gl1 zinc.gl1
– **Lebensüberdruß**, mit: kali-p.hr1,kr1 *Lyc.*hr1,kr1 *Nit-ac.*hr1,kr1 *Plat.*hr1,kr1 rhus-t.hr1,kr1
☞ *Lebensüberdruß*
– **Leber**; bei Erkrankung der: *Mag-m.*vh,vh/dg podo.k2
– **Leichen**, Furcht vor: psor.sys
– **Leiden**, vor: achy.jl,jl3 bry.a1,k calc.h,k,* cham.gk clem.st cor-r.a1,k cori-r.a1 der.a1,k eup-per.a1,k fl-ac.vh lil-t.a1,k merc-br.a1 pip-m.a1,k spig.k13,k2
– **Lektophobie**
☞ *Bett - vor*
– **leuchtenden** Gegenständen; vor
☞ *glänzenden / Spiegeln*
– **Liegen** im Bett: androc.srj1 kali-c. sil.bg2
• **aus** Furcht, sie werde sterben: mosch.k2
– **literarischer** Arbeit
☞ *geistige - vor - literarischer*

– **Luft**:
• **Freien** im: anac. cycl.ptk1 *Hep.* nux-v.
• **amel.**: bry.k2 cann-i.k2 plat. *Valer.*
• **frischer** Luft, vor: caps.c1 *Coff.*kr1
– **Lungenerkrankung**: *Aral.*a1,vh,*
– **Männern**, vor: acon.bg2 aloe ambr.bg2 anac.bg2 *Aur.* *Bar-c.* bar-m. bell.bg2 choc.srj3 **Cic.**h1,k1,* con. dios. *Hyos.*bg2 ign. kali-bi.bg2 lach. *Led.* **Lyc.** merc.bg2 **Nat-c.** *Nat-m.* phos. *Plat.* *Puls.*a1,k raph. rhus-t.bg2 sel.bg2 sep. stann. sulph.
☞ *Abneigung - Ehemann / Abneigung - Männer / Abneigung - Männer - Frauen / Delirium - Furcht / Empfindlich - Geräusche - Stimmen - Männerstimmen / Feigheit / Haß - Männer / Menschen - verabscheut / ❏ Kopf - Schmerz - Männerstimmen*
• **meidet** die Torheit der: ~~eie.k,xxx~~
• **Verachtung** für; mit: ~~eie.a1,xxx~~
• **Vertrauens** in; aus Verlust des: ~~eie.a1,xxx~~
– **Mäuse**: mag-m.dgt
☞ *Tieren*
• **Erwachen**, beim: colch.j5
– **Magen**:
• **aufsteigend** vom: adon.sf,sf1 asaf. *Aur.* bry. *Calc.* *Cann-s.* canth. *Dig.* euph.sf,sf1 euphr.bg2 hydrog.srj2 *Kali-c.* *Lyc.* **Mez.**k1 *Phos.* thuj.
☞ *❏ Magen - Besorgnis*
• **Geschwür** im; vor: ign. sabad.j5
– **Mammae**; Knoten in der: bamb-a.stb2
☞ *Krankheit*
– **Manie**; bei: sec.ptk1
– **Medikamente**:
☞ *Weigert - Medizin*
• **Auswählen** der Arzneimittel, beim: crot-h.a1
• **einzunehmen**; Furcht zu viel: all-s. iber.
☞ *Weigert - Medizin*
• **vertragen** zu können; keinerlei Medizin: all-s.kr1
– **Meer**, vor dem: *Morb.*vh,vh/dg
– **Meinung** anderer; vor der: germ-met.srj5 nux-v.gl1,vh puls.gl1,vh
☞ *Empfindlich - Meinung / Selbstvertrauen - Mangel / Spotten - andere / Verzweiflung - gesellschaftliche / Wahnideen - beschimpft / Wahnideen - beschimpft worden / Wahnideen - herabsehen / Wahnideen - kritisiert / Wahnideen - lachen und / Wahnideen - verachtet*
– **Menschen**, vor (= Anthropophobie, Menschenscheu): acet-ac. *Acon.* aloe alum. alum-p.k2 am-m. ambr. *Anac.* *Anh.*mg1 *Arist-cl.*mg1 ars. ars-i. ars-s-f.k2 *Aur.* aur-ar.k2 aur-i.k2 aur-s.k2 bar-act.a1 *Bar-c.* bar-i.k2 bar-s.k2 bell. bufo-s. calc. calc-i.k2 camph.k2 carb-an. *Carb-v.* carbn-s. *Caust.*gl1 chin. *Cic.*gl1,k1 cocc.bg2,ptk1 *Con.* crot-h. crot-t. cupr. dig.sf1 dios. ferr. ferr-ar. ferr-p. fl-ac.bg2 gels.bro1 granit-m.es1 graph. hep. hydrc.a1 **Hyos.** ign. *Iod.* *Kali-ar.* kali-bi. kali-br. *Kali-c.* kali-i.ptk1 kali-p. kali-s. lach. *Led.* **Lyc.**k,kl2● meli.bro1 merc. *Nat-ar.* **Nat-c.** *Nat-m.* nat-s.k2 phos. *Plat.* *Puls.* rhus-g.a1 **Rhus-t.** sel. sep. sil.bg2 stann. staph.bg2,gl1,* sul-i.k2 sulph. tab. til.
☞ *Feigheit / Gesellschaft - Abneigung*

- **Alleinsein**, jedoch Furcht vor dem: con.$_{j5}$
  ☞ *Alleinsein / Gesellschaft - Abneigung - Furcht / Gesellschaft - Verlangen*
- **hinter** ihm könnten ihn schlagen; Furcht, Menschen: alum.$_{vh}$
- **Kindern**; bei: **Bar-c.** *Lyc.*
  - **Fieber**; während: cupr.$_{st}$
- **Menses**; während: con.$_{ptk1}$
- **näher** kommen; daß Menschen ihm
  ☞ *Näherkommen - anderen*

– **Menschenmenge**; in einer: **Acon.**$_{bg2,k}$ aloe am-m. ambr.$_{vh}$ aran.$_{vh}$ *Arg-n.* arn.$_{bg1,bg2,*}$ ars. ars-s-f.$_{k13,k2}$ asaf.$_{bg1,bg2,*}$ *Aur.*$_{bg2,k}$ aur-ar.$_{k2}$ aur-i.$_{k13,k2}$ aur-s.$_{k2}$ bamb-a.$_{stb2}$ bar-c. bar-s.$_{k13,k2}$ bell.$_{bg2}$ bufo calc. carb-an. caust. cic. cocc.$_{vh}$ con. dios. ferr. ferr-act. ferr-ar. ferr-p. gels.$_{bg3,gt}$ graph. hep. hydr-ac. *Kali-ar.* kali-bi. kali-c. kali-p. lac-d.$_{vh}$ led. levo.$_{jl,jl3}$ *Lyc.*$_{bg2,k}$ nat-ar. nat-c. *Nat-m.*$_{bg2,k}$ nat-s.$_{k13,k2}$ *Nux-v.* petr.$_{bg2}$ phos. plat.$_{bro1}$ plb. *Puls.*$_{bg2,k,*}$ rhus-t. sel. stann. staph.$_{vh}$ sulph. tab. til.
  ☞ *engen / Menschenmenge / offenen / Angst - Menschenmenge / ❑ Allgemeines - Ohnmacht - überfüllten - Straße / ❑ A~ Ohnmacht - überfüllten - Zimmer / ❑ A~ Zimmer - voller / ❑ Kopf - Schmerz - Zimmer - überfüllten*
- **Straße**; in einer belebten: carc.$_{az1,fb}$
  ☞ *❑ Allgemeines - Ohnmacht - überfüllten - Straße*

– **Menses**:
- **vor**: *Acon.* borx. calc. con.$_{hr1,kr1}$ hep. kali-bi.$_{hr1,kr1}$ kali-br. mang.$_{a1,k}$ plat. sec. sep. sulph.$_{a1,k}$ xan.
  ☞ *Menses - vor; Gemütssymptome*
- **während**: acon. *Coff.*$_{hr1,kr1}$ con.$_{hr1,k}$ mag-c. *Nat-m.* oena.$_{hr1,kr1}$ phos. plat. sec. sep.
  ☞ *Menses - während; Gemütssymptome*
  - **Dysmenorrhoe**, bei der: ant-t.
    ☞ *Menses - während; Gemütssymptome*
- **nach**: *Pall.*$_{hr1,kr1}$ *Phos.*$_{hr1,kr1}$
  ☞ *Menses - nach; Gemütssymptome*
- **unterdrückte** Menses; durch Furcht: acon.$_{kr1,st}$ act-sp.$_{kr1}$ *Calc.*$_{kr1}$ *Lyc.*$_{kr1}$ *Nux-m.*$_{kr1}$

– **Messern**, vor: alum.$_{bg1,bg2}$ ars.$_{bg1,bg2,*}$ chin.$_{bg1,h,*}$ hyos.$_{bg1,bg2,*}$ lyss.$_{bg1,bg2,*}$ nux-v.$_{hr1,ptk1}$

– **Mittagessen**, nach dem: mag-m.$_{a1,k}$ phel.$_{a1,k}$

– **moralischer** Verfehlung; vor: lil-t.$_{a1,k}$

◆ **abwechselnd** mit:
  - **sexueller** Erregung: lil-t.$_{a1,k}$

– **Musik**, durch: *Acon.*$_{bro1}$ *Ambr.*$_{bro1}$ bufo$_{bro1}$ dig. *Nat-c.*$_{bro1,k}$ nat-s.$_{k13,k2}$ nux-v.$_{bro1}$ *Sabin.*$_{bro1}$ tarent.$_{bro1}$ thuj.$_{bro1}$
  ☞ *Musik - agg.*

– **Nadeln**, vor (= spitzen Gegenständen): *Alum.*$_{bg2,vh/dg}$ *Apis*$_{bg1,bg2,*}$ ars.$_{bg2}$ bov.$_{bg2}$ lac-f.$_{bg1,bg2,*}$ merc.$_{bg2}$ nat-m.$_{st}$ plat.$_{bg2}$ **Sil.**$_{k,vh,*}$ **Spig.**$_{k,st}$

– **Näherkommen**, Annäherung von; vor:
  ☞ *Umstehenden*
- **anderen**, von: acet-ac. *Ambr.* anac. *Ant-c.*$_{vh,vh/dg}$ **ARN.**$_{k1,st}$ bar-c.$_{bg2}$ *Bell.* cadm-s. cann-i. caust.$_{bg2}$ *Cham.*$_{vh,vh/dg}$ con. *Cupr.* *Cupr-act.*$_{kr1}$ *Ign.* iod. *Lyc.* nux-v.$_{kr1}$ op. petr.$_{bg2}$ phos.$_{bg2}$ plb.$_{ptk1}$ rhod.$_{st}$

– **Näherkommen - anderen**, von: ...
  sep.$_{bg2}$ *Stram.* stry.$_{bg2}$ tarent.$_{bg2}$ *Thuj.*
  ☞ *Berührt / Näherkommen - agg.*
  - **berührt** zu werden; aus Furcht: acon.$_{ptk1}$ **ARN.**$_{k1,st}$ rhod.$_{st}$
    ☞ *berührt / Berührt*
  - **Delirium**, im: cupr. stram. *Thuj.*
    ☞ *Delirium*
  - **Kinder** können es nicht ertragen, daß ihnen jemand nahe kommt: *Ant-c.*$_{vh,vh/dg}$ *Cina* *Cupr.*
- **Fahrzeugen**, vor: anth. hydr-ac. lyss.$_{st}$ phos.

– **Nase**:
- **abgeschnitten** zu bekommen; davor die Nase: ars.$_{glh}$

– **neuen** Bekanntschaften, vor: lyc.$_{k13,k2}$
  ☞ *unternehmen - Neues*

– **neuen** Projekten, Unternehmungen; vor
  ☞ *unternehmen - Neues*

– **offenen** Plätzen; Furcht vor (= Agoraphobie, Platzangst): *Acon.*$_{bg2,k,*}$ *Arg-n.*$_{bg2,k,*}$ *Arn.*$_{bg2,k,*}$ bar-c.$_{gl1}$ *Calc.*$_{bg2,bro1,*}$ crot-h.$_{gl1}$ ferr.$_{gl1}$ **Gels.** glon.$_{bg2}$ hydr.$_{gl1}$ hydr-ac.$_{bro1}$ *Kali-p.*$_{bg2,sf1,*}$ levo.$_{jl}$ nux-v.$_{bg2,bro1,*}$ puls.$_{gl1}$ sep.$_{ptk1}$ visc.$_{bg2,sf1}$
  ☞ *Haus zu / Menschenmenge / Auszugehen / ❑ Allgemeines - Ohnmacht - überfüllten - Straße / ❑ Schwindel - Gehen - Überqueren*
- **Menopause**; während der: *Glon.*$_{st}$

– **öffentliche** Orte:
- **belebt**
  ☞ *Menschenmenge*
- **leer**
  ☞ *offenen Plätzen*

– **Ohnmacht** zu fallen; davor in: *Arg-n.* ars-s-f.$_{hr1,kr1,*}$ aster.$_{a1,k}$ carb-an. **Lac-c.**$_{hr1,k}$ *Plat.*$_{a1}$

– **Operation**, vor jeder: aeth.$_{gg}$ calc.$_{st}$

– **Orte**, Plätze
  ☞ *engen / Menschenmenge / öffentliche*

– **Panik**
  ☞ *Entsetzen*

– **Pflichten**:
  ☞ *Wahnideen - vernachlässigt - Pflichten*
- **unfähig** werden, ihren Pflichten nachzukommen; sie werde: *Lac-c.*$_{kr1}$
- **vernachlässigen**; seine Pflichten zu: aur.$_{gl1}$
  ☞ *Wahnideen - vernachlässigt - Pflichten*

– **Platzangst**, Agoraphobie
  ☞ *offenen Plätzen*

– **plötzlich**: *Acon.*$_{gsd1,vh1}$ arg-n.$_{gsd1}$ bamb-a.$_{stb2}$ carb-v.$_{gsd1}$ gels.$_{c2}$ glon.$_{ptk1,ptk2}$ kali-c.$_{bl7}$ levo.$_{jl3}$ meli-a.$_{c1}$
  ☞ *Entsetzen*
- **nachts**: ars.$_{gsd1}$
  - **Erwachen**; beim: achy.$_{jl3}$ bar-c.$_{vh1}$

– **Pneumonie**, vor: chel.$_{a1,k}$

– **Pocken**, vor: *Vac.*$_{c1,kr1}$ vario.$_{st,vh}$

– **Pollutionen**, nach: aloe carb-an. petr.$_{ptk1}$

– **Position**
  ☞ *Beruf / gesellschaftliche*

– **Prozessionen**, Umzügen; bei: stram.$_{j5}$

– **Prozeß**, vor einem: *Nit-ac.*$_{gl1}$

– **Prüfung**, vor der
  ☞ *Versagen - Prüfungen*

– **Prüfungen** durch das Schicksal; vor: *Arg-n.*$_{bg1,bg2,*}$ arn.$_{bg3}$ *Gels.*$_{bg1,bg2,*}$ kali-br.$_{bg2,bg3}$ lyss.$_{bg1,bg2}$ *Stroph-h.*$_{bg3}$
– **Ratten**: bell.$_{hr1}$ cimic.$_{ptk1}$
☞ *Tieren*
– **Räubern**, vor: alum. anac.$_{k13,k2}$ *Arg-n.* **ARS.**$_{k1,st}$ aur. aur-s.$_{k13,k2}$ bell.$_{a1,k}$ *Con.*$_{h,k,*}$ elaps *Ign.*$_{bg2,k,*}$ kali-p.$_{st}$ *Lach.* mag-c. mag-m. *Merc.* nat-c. *Nat-m.*$_{k,kl2}$● *Phos.* sanic. sil. sol-t-ae. sulph.$_{a1,k}$ verat. *Zinc.*$_{bg2,k}$ zinc-p.$_{k13,k2}$
• **nachts**: lach.$_{gl1}$ sanic.$_{c1}$
• **Mitternacht** beim Erwachen; um: *Ign.* nat-m.$_{h}$ sulph.
• **Erwachen**, beim: merc.$_{j5}$ nat-m.$_{j5}$ sil.$_{j5}$
– **Regen**, vor: calc.$_{vh}$ *Elaps*$_{k,vh/dg}$ naja$_{bro1}$
– **Reisen** im Auto; vor: adam.$_{srj5}$
– **Rotem**, vor allem: *Alum.*$_{vh,vh/dg}$
– **Ruhelosigkeit** aus Furcht: acon.$_{bg2}$ am-br.$_{bg2,sf1}$ aml-ns.$_{bg2,kr1}$ ars.$_{bg2}$ aur.$_{bg2}$ *Ign.*$_{bg2,kr1}$ *Iod.*$_{bg2}$ merc.$_{bg2}$
☞ *Ruhelosigkeit*
– **Ruin**, vor finanziellem
☞ *Armut*
– **Schaden** anrichten; er könne:
• **nachts** beim Erwachen: *Phys.*
– **Schaden** zugefügt werden könnte; daß Personen: caust.$_{a1,h1}$
– **Schatten**: *Calc.*$_{bg1,bg2,*}$
• **Kerzenlicht** geworfenem Schatten; vor dem vom: calc.$_{hr1}$
• **seinem** eigenen Schatten; vor: calad.$_{st}$ *Calc.*$_{kr1,st}$ lyc.$_{c1,ptk1}$ staph.$_{c1,ptk1}$
– **Schaudern** vor Furcht: **Gels.**$_{kr1}$ granit-m.$_{es1}$ hydrog.$_{srj2}$
– **Schlaf**:
• **vor**: acon. arg-n. calad.$_{hr1,k,*}$ calc. carb-v. cob-n.$_{sp1}$ gels. nat-c. *Rhus-t.*$_{k,k1}$ sars.
• **einzuschlafen**; Furcht: bapt.$_{kr1}$ cadm-s.$_{br1}$ calad.$_{kr1,st}$ calc.$_{st}$ camph. cench.$_{k2}$ dig.$_{k2}$ grin.$_{k2}$ *Hydr-ac.*$_{kr1}$ *Lach.* *Led.*$_{k1,st}$ med.$_{gb}$ merc. nat-m. *Nux-m.* nux-v. *Rhus-t.* sabal$_{ptk1}$
• **ersticken**; aus Furcht zu
☞ *Ersticken - Schlaf*
• **sterben**; aus Furcht zu: nux-m.$_{c1,kl}$
• **nie** wieder schlafen; er werde: *Ign.*
• **Schlafmangel**; durch: cocc.$_{ptk1}$ *Nit-ac.*$_{ptk1}$
• **schließen**, aus Furcht, er würde nie wieder erwachen; Furcht, die Augen zu: aeth.$_{gk,k}$ ang.$_{kr1}$ hypoth.$_{jl}$
– **Schlangen**, vor: *Abel.*$_{jl,vh/dg}$ ars.$_{gm1}$ *Elaps*$_{vh,vh/dg}$ hep.$_{vh}$ **Lac-c.**$_{vh,vh/dg}$ *Lach.*$_{st,vh}$ sep.$_{vh}$ sulph.$_{vh}$ syph.$_{vh}$
☞ *Tieren*
– **schlechten** Nachrichten; vor dem Hören von: aster.$_{kr1,st}$ calc.$_{h}$ *Calc-p.* dirc.$_{a1}$ dros.$_{a1,k}$ *Lyss.*$_{k1,st}$ nat-p.
☞ *Beschwerden durch - schlechte*
– **Schließen** der Augen; beim: aeth. *Carb-an.* *Carb-v.*$_{ptk1}$ *Caust.*$_{h,k,*}$ mag-m.$_{ptk1}$
– **Schmerz**:
• **bei** Schmerzen: merc-br.$_{a1}$

– **Schmerz**: ...
• **vor** dem Schmerz: calc.$_{a1,st}$ clem.$_{st}$ cori-r.$_{a1}$ der.$_{a1}$ pip-m.$_{a1}$
• **unerträglich** würde; daß der Schmerz: all-c.$_{ptk1}$
• **verrückt** würde; daß sie vor Schmerzen: all-c.$_{gt}$
– **schneiden**; sich beim Rasieren zu: **Calad.**$_{gl1,kl,*}$
– **Schreck**, vor: acon.$_{k2}$ op.$_{gt,k2}$
• **früherem** Schreck; aufgrund von: op.$_{k2}$
– **Schurken**, vor: alum.$_{bg2}$ ars.$_{bg2}$ chin.$_{bg2}$ hyos.$_{bg2}$ lyss.$_{bg2}$
– **Schwangerschaft**, während der: *Acon.*$_{hr1,kr1}$ *Caul.*$_{st}$ *Cimic.*$_{hr1,k}$ con.$_{bg2}$ lyc.$_{hr1,kr1}$ lyss.$_{hr1,k,*}$ *Nux-m.*$_{hr1,kr1}$ stann.
– **Schwarzem**; vor allem: rob. **Stram.**$_{st}$
☞ *Farben - schwarz - Abneigung*
– **Schweiß**, mit: *Spong.*$_{hr1,kr1}$
– **Schwimmen**; Furcht vor dem:
• **tiefem** Wasser, in: psor.$_{sys}$
– **Schwindel**, vor: bamb-a.$_{stb2}$ sumb.$_{a1,k}$
– **Schwindsucht**, vor: *Calc.*$_{h,k,*}$ kali-c.$_{jl}$ lac-c. paull.$_{a1,k}$ sep.$_{hr1,k}$ tarent.
– **sehen**; Wunden zu: calc.$_{gl1}$
– **Selbstkontrolle** zu verlieren; die: *Arg-n.* bamb-a.$_{stb2}$ cann-i.$_{bng}$ *Gels.*$_{k,kl2}$● mur-ac.$_{h2}$ nux-v.$_{gg}$ *Staph.* sulph.$_{gg}$ thea$_{gg}$ thuj.$_{gk}$
– **Selbstmord**, vor: *Alum.* arg-n. *Ars.* *Merc.* *Nat-s.* *Nux-v.*$_{kr1}$ plat.$_{kr1}$ *Rhus-t.*$_{k1,st}$ sep. tub.$_{bgs}$
☞ *allein - aus - verletzen / Angst - Suizidneigung / Bett - springt / Geisteskrankheit - spalten / Geisteskrankheit - Suizidneigung / Impulse - erstechen - sich / Lebensüberdruß - Anblick / Suizidneigung / Suizidneigung - Anblick - Schneidewerkzeug / Suizidneigung - Betrunkenheit / Suizidneigung - Furcht / Suizidneigung - Furcht - Fenster / Suizidneigung - qualvoller / Suizidneigung - Schreck / Töten - sich / Verletzen - fürchtet*
• **Messers**; beim Anblick eines: alum.$_{rb2}$
– **Seufzen**, mit: ip.$_{a1}$ *Rhus-t.*$_{hr1,kr1}$
– **sexuellen** Verfehlungen; vor
☞ *moralischer*
– **Sinne** (Geruch, Geschmack, Tastsinn); mit erregtem Zustand der: lyss.$_{kr1}$
– **Sitzen** amel.: iod.$_{a1,k}$
☞ *Sitzen - Neigung*
– **Skorpionen**, vor: abel.$_{jl}$
☞ *Tieren*
– **Speisen**, nach
☞ *Essen - nach / Essen - nach*
– **Spiegeln** im Zimmer; vor: bufo camph.$_{hr1,k,*}$ cann-i.$_{a1,k}$ *Canth.* carc.$_{fb}$ *Lyss.* *Stram.*$_{h,k,*}$
☞ *glänzenden*
– **Spinnen**, vor: *Abel.*$_{jl,vh/dg}$ calc.$_{bng}$ carc.$_{bcn,zzh}$ ign.$_{bng}$ lac-c.$_{gg}$ mag-m.$_{dgt}$ phos.$_{bng}$ sep.$_{dgt}$ tarent.$_{gg}$
☞ *Tieren / Wahnideen - Spinnen*
– **spitzen** Gegenständen
☞ *Nadeln*
– **sprechen**, zu: arg-met.$_{k2}$ sep.
☞ *Stimme*
– **springt**:
• **Berührung**, bei: bell.

– **springt**: ...
  • **Bett**; aus Furcht aus dem: *Ars.* **Bell.**kr1 stann.kr1
    ☞ *Springen - Bett*
    • **Typhus** abdominalis; während: chlol.gm1
  • **Fenster**, aus dem Fenster: ars.
– **Steigen**, vor dem: *Nit-ac.*sf1,st
– **Stillstand** der Zirkulation, als ob das Blut stokken würde; mit Gefühl von:
  • **nachts**: *Lyc.*kr1
– **Stimme** zu gebrauchen; die: cann-i.a1,k
  ☞ *sprechen*
– **stören**; jemanden zu: mosch.a1
  ☞ *Demut*
– **stranguliert**, erwürgt zu werden: **Plat.**gl1,st
– **Stuhlgang**:
  • **nach**: calc.ptk1 caust.ptk1 kali-c.ptk1 nit-ac.ptk1
  • **unwillkürlichem** Stuhl; vor: sep.h
– **stürzen**; Furcht hohe Mauern und Gebäude würden auf ihn: *Arg-n.* *Arn.* choc.srj3 hydr-ac.ptk1,ptk2
  ☞ *engen*
– **Syphilis**; vor: *Hyos.* merc.gl1 **Syph.**vh,vh/dg
– **Tadel**; vor: caps.k,st dig.a1
  ☞ *Beschwerden durch - Tadel / Wahnideen - kritisiert*
– **Tagesanbruch**; vor dem: kali-i.a1,k
– **Telefon**, vor dem: visc.ptk1,ptk2,*
– **Teufel** geholt zu werden; vom: anac.sf1 manc.
  ☞ *Religiös - Gemütsstörungen / Wahnideen - Teufel - geholt*
– **Teufeln**, vor: zinc.j5
– **Tieren**, vor: abel.jl **Bell.**st,vh bufo calc.gl1,vh carc.gb,svb caust.h,k,* **Chin.** hyos.h,k,* plb.cld *Stram.*hr1,k *Tub.*bg3,br1,*
  ☞ *Bienen / Fliegen, Stubenfliegen / Frösche / gefressen / Hunden / Hühnern / Insekten / Katzen / Küchenschaben / Mäuse / Ratten / Schlangen / Skorpionen / Spinnen / Vögel / Wanzen / Wespen / Wölfen*
  • **nachts** vor giftigen: abel.jl
  • **schwarz**: bell.hr1
– **Tod**; vor dem: **ACON.**k1,st act-sp. *Agn.* all-s. aloe alum. alum-p.k2 am-c. anac. anan. anh.mg1,sp1 ant-c. ant-t. *Apis* aran.jl *Arg-n.* *Arn.*k2,st **ARS.**k1,st *Ars-s-f.*k2 asaf. aur. aur-ar.k2 aur-s.k2 bapt. bar-c. bar-s.k2 *Bell.* *Bry.* bufo *Cact.* calad. **Calc.** *Calc-ar.*k1,st calc-s. camph. *Cann-i.* canth. caps. carb-an.j5 carb-v.k2 carbn-s. *Caust.* chel. chin.j5 **Cimic.** *Cocc.* *Coff.* con. cop. croc. *Crot-c.* culx.k2 *Cupr.* cur. *Cycl.* *Dig.* diosm.br1 dros.a1 *Elaps*vh,vh/dg fago.a1 ferr. ferr-ar. *Ferr-p.* *Fl-ac.* **Gels.** glon. *Graph.*gl1,k1,* haliae-lc.srj5 *Hell.* *Hep.* hydr.bro1 hydr-ac.ptk1 hydrog.srj2 hyos. ign. iod.bg2,j5,* ip. iris **Kali-ar.**k,vh/dg *Kali-c.* kali-fcy.a1 *Kali-i.* *Kali-n.* kali-p. kali-s. **Lac-c.** *Lach.* lat-m.gm1,jl,* led. *Lil-t.*bro1 lob. *Lyc.* mag-s. **Manc.**gk med. *Merc.*gl1,j5 *Mosch.* mygal. naja bro1 nat-c.a1,j5 *Nat-m.*gl1,k1,* **Nit-ac.** nux-m. **Nux-v.**k,vh/dg *Op.* ox-ac. petr. *Ph-ac.* phase.bro1 **Phos.** phyt. **Plat.** pneu.jl podo. *Psor.* *Puls.* raph. rheum *Rhus-t.* rob. sabad.bro1 *Sec.* sep. sium a1 *Spong.* squil. stann.bro1 staph.gl1 still.bro1 stram. sulph. syph.bro1,gb tab. tarax. tarent. trach.a1 tril-p. tub.gb vario.a1,a12 *Verat.* verat-v. vinc. visc.sp1 xan.c1 zinc. zinc-p.k2

– **Tod**; vor dem: ...
  ☞ *Tod - Vorahnung*
  • **morgens**: alum.bro1 con. lyc.
  • **nachmittags**:
    • **17**.30 h: nux-m.a1
  • **abends**: *Calc.* *Phos.*
    • **Bett**, im: nat-m.h
  • **nachts**: act-sp. am-c.h *Arn.*k2,st ars.k2 calc-ar.k2 chel. kali-s.k2 *Phos.*
    • **Mitternacht**:
      • **nach**:
        • **1** - 2 h: ars.k2
        • **1** - 3 h: ars.st
◈ **abwechselnd** mit:
  • **Lachen**
    ☞ *Lachen - abwechselnd mit - Furcht*
  • **Lachen** und Weinen; mit abwechselndem: *Plat.*kr1
  • **allein**, wenn: *Arg-n.* *Arn.*st **Ars.** ars-h. bell. *Kali-ar.*gk *Kali-c.*k1,st *Phos.*
    ☞ *allein - aus - sterben / Gesellschaft - Verlangen / Gesellschaft - Verlangen - allein*
    • **abends** im Bett: *Ars.* *Caust.*kr1 kali-c. *Phos.*
  • **Amenorrhoe**, bei: plat.kr1
  • **Ärger**, nach: ars.
  • **bald** sterben werde; daß er: *Agn.* cench.k2 *Sep.*gl1
  • **drohendem** Tod, vor: acon.gl1 agn.gt *Ars.*gl1 **Bell.**gl1 bry.gl1 cimic.gt cupr.gl1 glon.gt lach.gl1 **Merc.**gl1 nit-ac.gt nux-v.gl1 op.gl1,st sec.gt sep.gl1 staph.gl1 v-a-b.gl1,srb2
  • **Druck** im Hypogastrium; mit: ph-ac.h
  • **Entbindung**, bei der: **Acon.** *Coff.* plat.
  • **Erbrechen**: *Ars.* mag-c.h
  • **Erwachen**, beim: alum. *Ars.*kr1 con.j5
    • **Nachmittagsschlaf**; aus dem: *Ign.*vh,vh/dg
  • **Fieberhitze**
    ☞ *Hitze*
  • **Gehen**, beim: *Dig.*
  • **Herzens**; bei Beschwerden des: **Acon.**k2,kr1 *Ang.*kr1 *Arn.*k2,kr1 asaf. cact.k2 carb-v.k2 cench.k2 **Dig.**kr1 germ-met.srj5 gink-b.sbd1 *Naja*kr1 *Plat.*kr1 *Psor.*kr1,st
  • **Hinlegen**, beim: mosch.k2
  • **Hitze**; während: acon.c1 calc. cocc. ip. mosch. *Nit-ac.* **Ruta**
  • **Hunger**, vor dem Hungertod; durch
    ☞ *Verhungern*
  • **Menses**:
    • **vor**: acon. kali-bi. plat. sec. sulph. xan.
      ☞ *Menses - vor; Gemütssymptome*
    • **während**: acon. plat. verat.
      ☞ *Menses - während; Gemütssymptome*
  • **plötzlichem** Tod; vor: *Arn.* *Ars.* *Cench.*k2 thea
  • **sagt** den Zeitpunkt des Todes voraus: **Acon.** *Arg-n.*
    ☞ *Prophezeit - Zeitpunkt / Tod - Vorahnung - sagt*
  • **Schlaf**; gefolgt von tiefem: vario.kr1
  • **Schmerzen**, durch: anan.a1 cact.k2 **Coff.**
  • **Schwangerschaft**, während der: **Acon.**
  • **Schweiß**, beim: **Acon.**bg2 *Ars.*bg2 bry.bg2 kali-n. **Nit-ac.**bg2 *Nux-v.*bg2 phos.bg2 *Plat.*bg2 puls.bg2

• **Schweiß**, beim: ...
*Rhus-t.*bg2 **Verat.**bg2
• **sterben**, falls er einschläft; Furcht er werde:
• **Alptraum**; nach einem: *Aeth.*vh,vh/dg *Lach.*kr1 led.
• **Traum**, aus einem: alum.j5 cench.k2
• **Traurigkeit**, mit: *Plat.*kr1 vinc.kr1
• **Verlangen** zu sterben; Furcht mit: *Aur.*kr1
• **Weinen** und Lachen; mit abwechselndem
☞ *Lachen*
• **Zorn**, durch: *Plat.*hr1,kr1
– **töten**, davor zu: absin.a1,k alumn. am-m. arg-n.gk *Ars.*h,k,* *Chin.*gl1 der.a1,k *Hyos.*vh kali-br.hr1 med.oss merc.k2 *Nux-v.*hr1,k1,* *Rhus-t.*a1,k sulph. thea
☞ *Töten*
• **Messer**, mit einem: ars. der. *Nux-v.*
• **sich** selbst tötet; daß sie
☞ *Selbstmord*
– **Träumen**, vor schrecklichen: **Nux-v.**hr1,kr1 *Sulph.*hr1,kr1
– **Traurigkeit**, mit: am-m.bg2 cic.bg2 croc.bg2 *Crot-h.*hr1,kr1 *Dig.*a1 hep.bg2 *Kali-br.*hr1,kr1 kali-c.bg2 **Kali-i.**hr1,kr1 lyc.bg2 *Nat-m.*hr1,kr1 plat.hr1,kr1 *Plb.*hr1,kr1 rhus-t.hr1,kr1 vinc.hr1,kr1
☞ *Traurigkeit*
– **treibt** ihn von einem Ort zum anderen: acon.j aeth.j alum.j am-c.j ambr.j asaf.j bell.j bov.j camph.j caps.j carb-an.j carb-v.j caust.j chin.j chinin-s.j coff.j crot-h.j dros.j lact.j m-arct.j meny.a1,k *Merc.*j nat-c.j nat-m.j nit-ac.j nux-v.j op.j ph-ac.j phos.j plat.j puls.j rhus-t.j rutaj sabad.j sep.j spig.j spong.j staph.j valer.j verat.j
☞ *Ruhelosigkeit - treibt umher*
– **Trinken**; vor dem: ars.hr1 bell.br1 malar.a1 plb.a1
☞ *Flüssigkeiten / Wasser*
• **Durst**; mit: lach.ptk1
– **Tür**:
• **geöffnet** wird; wenn die Tür: cic.a1,h
• **Öffnen** der Tür, wenn es dabei Schwierigkeiten gibt; beim: cic.bg1,h,* con.bg1,bg2,* lyc.bg1,bg2,*
• **verschlossen** sein; aus Furcht, die Tür könnte: lac-d.st
– **Tunnels**; vor:
*Acon.*vh,vh/dg **Arg-n.**vh,vh/dg *Lyc.*vh,vh/dg **STRAM.**st,vh
– **Tuberkulose**; vor: calc.ptk1
– **Übelkeit**, nach: ant-t.br1 calc.a1 tab.a1,k
– **überfahren** zu werden:
☞ *Gehen - vor - Straße / Auszugehen*
• **Gehen** ins Freie; beim: anth. hydr-ac. lyss. phos.k,kl2●
☞ *Gehen - vor - Straße / Auszugehen*
– **Überqueren**:
• **Brücke** oder eines Platzes; einer: arg-n.gl1,k2 bar-c.gl1 crot-c.wn ferr.gl1 puls.gl1
☞ *Gehen - vor - Straße*
• **Straße**: *Acon.*bro1,c1,* hydr-ac.bro1,ptk1 plat.bro1,ptk1
– **Überraschungen**, durch angenehme: *Coff.*hr1,k
☞ *Beschwerden durch - Freude - übermäßige / Beschwerden durch - Überraschungen - angenehme*
– **überwältigend**
☞ *Entsetzen*
– **Umstehenden**, vor den: bell.
☞ *Furcht - Näherkommen / Näherkommen*
– **unbezwinglich**
☞ *Entsetzen*
– **unerklärlich**, unbestimmt: alco. *Ars.* samb.
– **unerträglich**: lyss.ptk1
– **unfähig**, arbeitsunfähig zu werden; zur Arbeit: cean.kr1
– **Unfällen**, vor: acon.a1,k adam.srj5 androc.srj1 carb-an.h *Carb-v.* choc.srj3 cupr. *Gins.*k,vh/dg hydrog.srj2 iod.hr1,kr1 mag-c.hr1,kr1,* mag-s.hr1,kr1,* perh.jl
☞ *Verletzen*
• **tödlichen** Unfall bedroht; wie von einem: alum.rb2
• **Zubettgehen**; den ganzen Tag über, amel. nach dem: mag-c.gt
– **Unfall** zugestoßen sei; daß einem Freund ein: ars.
☞ *Angst - Freunde*
– **Unglück**, vor: acon. agar. alco.a1 alum. alum-p.k13,k2 alumn.a1 am-c.a1,k aml-ns.kr1 *Anac.*h,k,* ant-c. arn.h,k,* ars.k2,sf1,* ars-i.k13,k2 aster.hr1,k,* atro.a1,k aur-m.rb2 bamb-a.stb2 bar-c.j5,sf1,* bry.bg1,bg2,* bufo cact. calad. *Calc.*h,k,* calc-f.hr1,k,* calc-i.k13,k2 calc-s. carbn-s. castm.j5 *Caust.*bg1,j5,* *Cham.*bg2 chin.bg2 **Chinin-s.** cic. cimic.ptk1 *Clem.*h,k,* colch.a1,k crot-t.hr1,k cupr.hr1,k cycl.a1,k dig. digin.a1 dros.a1,k ferr.a1,k ferr-ar.k2 ferr-p. fl-ac. gins. glon.a1,k *Graph.*hr1,k,* *Hell.*h,j5,* *Hep.*bg2 hura hydr-ac. ign.hr1,rb2 *Iod.*a1,k ip.j5 kali-c.ptk1 kali-i.a1,k kali-m.ptk1 kali-p.rb2 lach. laur.j5 lil-t. lipp.a1 lyss.a1,k mag-c.a1,k mag-s.a1,k mang.j5 **MED.**st meny. *Merc.*a1,j5 merc-c. mez. mur-ac.h,j5,* najaa1 *Nat-c.*bg1,st nat-m.a1,k nat-p.a1,k nat-s.a1,k nicc. **Nux-v.**k,k1,* *Petr.*bg2 phel.a1,k phos. plat.ptk1 **Psor.** *Puls.* rhus-t.hr1,k rumx. sabin.j5 sanic.rb2 sil.bg2 spong.hr1,j5,* stram. sul-i.k13,k2 sulph.hr1,k,* tab.a1,k tarent. thuj.ptk1 valer. verat.gl1,j5 vichy-g.a1,rb2 vinc. wye.a1 zinc.hr1,kr1
☞ *Gefahr / geschehen / Katastrophe / Unheil / Unglücklich, bedauernswert / Wahnideen - Gefahr*
• **tagsüber**: phel.a1,k
• **morgens**: am-c. mag-s.a1,k
• **vormittags**: am-c.a1,k
• **nachmittags**: castm. hura tab.a1
• **14 h**: hura
• **abends**: ferr.a1,k nat-m.a1,k
• **Bett**, im:
• **amel.**: mag-c.
• **Fieberhitze**
☞ *Hitze*
• **Frösteln**, beim: cycl.h,k,*
• **Hitze**; während: atro.a1,k cycl.h,j5;*
– **Unheil**; Furcht vor: acon. agar. alum. am-c. ambr.bg2 anac. ant-c. *Arg-n.* arn. *Ars.* ars-i. ars-s-f.k2 asaf.bg2 aster. aur. aur-ar.k2 aur-i.k2 *Aur-m.*kr1 aur-s.k2 bar-c. bar-i.k2 bar-m. bar-s.k2 bell.bg2,h bry. calad. **Calc.** calc-act.a1 calc-p.bg2 calc-s. camph.bg2 caps.bg2 carb-an. *Carb-v.* castm. *Caust.* cham.a1,bg2 *Chin.* chinin-ar. **Chinin-s.** cina clem.rb2 *Cocc.* *Coff.* colch. croc.bg2 crot-h.bg2,rb2

– **Unheil**; Furcht vor: ...
cupr.$_{bg2}$ cycl. dig. dros. dulc. euph. ferr. ferr-ar. ferr-p. graph. hell. hep.$_{bg2}$ hydr-ac.$_{j}$ hyos. *Iod.* *Kali-ar.* kali-c. **Kali-i.**$_{k1,vh,*}$ kali-m.$_{k2}$ kali-p. kalm. *Lach.* *Laur.* *Lil-t.* limest-b.$_{es1}$ lyc.$_{gl1}$ *Lyss.* m-arct.$_{j5}$ mag-c. *Mag-s.*$_{j5}$ manc.$_{mrr}$ meny. merc. mosch. mur-ac. nat-ar. *Nat-c.* *Nat-m.* nat-s.$_{k2}$ nicc.$_{kr1}$ nit-ac. nux-v. *Onos.* *Pall.* petr. *Phos.* **Psor.** puls. rauw.$_{sp1}$ rhus-t. rumx.$_{rb2}$ ruta sabad.$_{bg2}$ sabin. sec. *Sep.* sil.$_{bg2}$ spig. spong. squil. *Stann.*$_{gl1}$ *Staph.*$_{gl1,k1,*}$ stram.$_{kr1}$ stront-c. sul-ac. sulph. tarent. thuj. verat.
☞ *Gefahr / geschehen / Katastrophe / Unglück / Gedanken - hartnäckig - Böses / Religiös - Gemütsstörungen / Weinen - Unheil*
- **morgens** beim Erwachen: mag-s.
- **nachmittags**: chinin-s.
- **abends**: **Alum.** graph. sulph.
  - **Gehen** im Freien; beim: cina
- **nachts**: chinin-ar.$_{k2}$
- **Familie** drohen; würde der: tub.$_{a1,al}$
- **verfolgt**; sie würden vom Unheil: manc.$_{mrr}$
- **Vorahnungen**; vor schlimmen: psor.$_{gt}$

– **Unrechtem**, falschem; vor etwas: *Kali-br.*$_{hr1,kr1}$
☞ *Selbstvertrauen - Mangel*

– **unternehmen**:
- **irgendetwas** zu unternehmen: alum.$_{gl1}$ am-c.$_{gl1}$ *Arg-n.*$_{bg2,k}$ *Ars.*$_{bg2,k}$ **Bar-c.**$_{vh,vh/dg}$ lach.$_{gl1}$ **Lyc.**$_{k,vh/dg}$ puls.$_{gl1}$ sil.$_{bg1,k2,*}$
  ☞ *Versagen / Gelingt / Schüchternheit / Selbstvertrauen - Mangel / Unentschlossenheit / Unternimmt - nichts / Verantwortung - Abneigung*
- **Neues**, etwas: arg-n.$_{ptk1}$ ars.$_{ptk1}$ lyc.$_{ptk1}$ *Sil.*$_{kr1}$
  ☞ *neuen Bekanntschaften*

– **Urin**:
- **Harnverhaltung** durch Furcht: *Op.*$_{kr1}$
- **unwillkürlichem** Abgang von Urin; Furcht vor: pitu.$_{jl}$

– **Urinieren**, nach: sulph.$_{hr1,vh,*}$

– **Veränderung**; vor jeder plötzlichen: limest-b.$_{es1}$

– **verdammt** zu sein: lach.$_{gt}$ verat.$_{k2}$

– **verfolgt** zu werden
☞ *Angst - verfolgt / Geisteskrankheit - Verfolgungswahn / Wahnideen - verfolgt, ihm würde nachgestellt*

– **Verfolgung**; vor
☞ *Angst - verfolgt / Geisteskrankheit - Verfolgungswahn / Wahnideen - verfolgt, ihm*

– **vergiftet**:
☞ *Schizophrenie - paranoid*
- **werden**; Furcht, vergiftet zu: agre.$_{jl}$ all-s. anac.$_{bg2,sf1,*}$ apis *Ars.*$_{gk}$ ars-met. bapt.$_{bg2,st}$ *Bell.* bry. cimic. euph.$_{h}$ glon. **Hyos.**$_{k,vh/dg}$ ign.$_{gl1,vh}$ *Kali-bi.*$_{kr1}$ *Kali-br.* *Lach.* nat-m.$_{bg1,bg2,*}$ ph-ac.$_{gl1,vh}$ phos. plb. *Rhus-t.*$_{k,kl2}$●$_{,*}$ stram.$_{he1}$ *Verat.*$_{gl1,kr1}$ verat-v.
  ☞ *Wahnideen - vergiftet - er - würde*
  - **nachts**: ars-met.
- **worden** zu sein: euph.$_{h,kl}$ glon.$_{hr1,k,*}$ hyos.$_{a1,h}$
  ☞ *Wahnideen - vergiftet - er - worden*

– **Verhungern**; vor dem: ars.$_{ptk1}$ *Bry.*$_{hr1,kr1}$ calc.$_{k,st}$ *Sep.*$_{hr1,kr1}$ sulph.

– **Verhungern**; vor dem: ...
☞ *Armut / Geiz / Wahnideen - arm, er / Wahnideen - Not - geraten / Wahnideen - verhungern / Wahnideen - verhungern - Familie*

– **verkauft** zu werden: *Hyos.*$_{hr1,k}$

– **verletzt** zu werden: *Arn.*$_{bg2,ptk1}$ chin.$_{bg2,ptk1}$ hep.$_{bg2,ptk1}$ kali-c.$_{bg2,ptk1}$ ruta$_{bg2,ptk1}$ spig.$_{bg2,ptk1}$
☞ *Verletzung - selbst*

– **Verletzung**:
- **andere** zu verletzen: androc.$_{srj1}$ osm-o.$_{a1}$
  ☞ *Gedanken - Unfälle - anderer*
- **selbst** verletzt zu werden: ars.$_{k2}$ calad. cann-i. choc.$_{srj3}$ cupr-act.$_{kr1}$ gels.$_{hr1}$ hyos. **Stram.** *Stry.*
  ☞ *verletzt / Wahnideen - angegriffen / Wahnideen - Verletzung - werden*

– **verlieren**:
- **Verstand** zu verlieren; seinen
  ☞ *Geisteskrankheit - Verstand*

– **vernachlässigt** zu werden: **Psor.**$_{vh,vh/dg}$ **Puls.**$_{k2,vh/dg}$

– **verraten** zu werden: hyos.

– **verrückt** zu werden; Furcht
☞ *Geisteskrankheit*

– **Versagen**, Mißerfolg; vor dem: aloe$_{a1,sma1}$ arg-n.$_{bg2,sf1,*}$ arn.$_{bg2,sf1,*}$ chin.$_{sma}$ cob-n.$_{bg2,sf1,*}$ crot-h.$_{fe}$ gels.$_{bg2,sf1,*}$ iod.$_{bg2,sf1,*}$ *Lac-c.*$_{bg2,kr1,*}$ lyc.$_{mra}$ naja$_{bg2,sf1,*}$ nat-m.$_{bg2,sf1,*}$ phos.$_{bg2,sf1,*}$ sil.$_{bg2,k2,*}$ sulph.$_{bg2,sf1,*}$
☞ *geschäftlichem / unternehmen - irgendetwas / Angst - Erfolg / Gelingt / Selbstvertrauen - Mangel / Unternimmt - nichts / Wahnideen - fehlschlagen / Wahnideen - gelingt / Wahnideen - Geschäft - unfähig / Wahnideen - richtig - machen*
- **Geschäft**; im
  ☞ *geschäftlichem*
- **Prüfungen**, bei: *Aeth.*$_{st}$ anac.$_{c1,c2,*}$ arg-n.$_{jsa,st}$ carc.$_{hbh,jsa}$ *Gels.*$_{st}$ pic-ac.$_{br1,ptk1}$ sil.$_{k2,st}$

– **verwesen**; sein Körper werde: bell.
☞ *Wahnideen - Körper - verfaulen*

– **Verwirrung** bemerken würden; daß Menschen ihre: *Calc.* choc.$_{srj3}$ limest-b.$_{es1}$
☞ *bemerken / Schüchternheit / Selbstvertrauen - Mangel / Wahnideen - Verwirrung*

– **Vögel**: apis$_{vh}$ calc-ar.$_{bng}$ calc-s.$_{vh}$ gels.$_{sys}$ ign.$_{vh}$ kali-c.$_{sys}$ *Nat-m.*$_{gk}$ ph-ac.$_{dgt}$
☞ *Tieren*
- **eingebildeten** Vögeln; fürchtet sich vor: kali-c.$_{h}$

– **voller** Furcht: acon.$_{gt}$ ars.$_{gt}$ aur.$_{gt}$ bell.$_{gt}$ carb-an.$_{gt}$ chin.$_{gt}$ cupr.$_{gt}$ ign.$_{gt}$ phos.$_{gt}$ psor.$_{gt}$ puls.$_{gt}$ verat.$_{gt}$
☞ *Schüchternheit*
- **morgens**: graph.$_{gt}$
- **Erwachen**, beim: caps.$_{gt}$

– **Vorahnungen**; Furcht vor Unheil
☞ *Unheil - Vorahnungen*

– **Wahnideen**; Furcht durch: **Stram.**$_{st}$

– **Wanzen**; vor: *Calc.*$_{vh,vh/dg}$
☞ *Tieren*

– **warmes** Zimmer:
- **im**: iod.$_{sf1}$
- **vor** dem: valer.

– **Wasser**, vor: acet-ac.hr1,k,* agar.br1 agav-a.bro1 alum.vh anag.bro1 ant-c.bro1 *Bell.*h,k,* cann-i.a1,k canth.bg2,k,* cocc-s.bro1 cupr. fagu.a1,bro1 gels.a1,k **Hyos.**h,k,* iod. jatr-c.a1 *Lach.*bg2,k,* laur.bro1 **LYSS.**k,vh/dg merc.bg nux-v.a1,k perh.jl phel.a1 *Phos.*bg2,k plb.a1,k ruta sabad.hr1,k spirae.bro1 **Stram.**h,k,* sulph.k13,k2 tanac.bro1 tarent.a1,k verat.bro1 xanth.bro1
☞ *Flüssigkeiten / Trinken / Tollwut*

– **Wehen**:
• **während**: acon.hr1,k ars. coff. *Op.*hr1,kr1 plat.
• **nach**: iod.a1,k
• **vor** den: borx.c1

– **Weinen** amel.: *Aster.*hr1,kr1 dig. **Graph.**k,k1,* phos.a1 tab.a1,k
☞ *Weinen / Weinen - amel.*

– **Wespen**, vor: hep.vh
☞ *Tieren*

– **wiederkehrend**: arn.bg2 ars.bg2 cham.bg2 cocc.bg2 nat-c.bg2 nat-m.bg2 phos.bg2 plat.bg2 sep.bg2 spong.bg2 sulph.bg2

– **Wind**, vor: *Cham.*h,k,* thuj.st,vh
☞ *Angst - Wetter - stürmischem*

– **Wölfen**, vor: bell.hr1
☞ *Tieren*

– **Zähneklappern**; mit: elapsptk1

– **Zahnarzt** zu gehen; zum: calc.st
☞ *Erwartungsspannung - Zahnarzt*

– **Zerstörung** von allem in ihrer Nähe; vor drohender: *Kali-br.*kr1

– **Ziel** nicht erreichen zu können; sein: lyc.a1,k

– **Zimmer**; beim Eintreten in ein: alum. lyc. plat. til. *Valer.*

– **Zittern**; mit
☞ *zittrig*

– **zittrig**: abrot.bg2 acon.bg2 ambr.bg2 ant-c.bg2 ars.bg2 *Aur.*a1,bg2 bell.bg2 *Calc.*bg2,kr1 carb-v.bg2,j5 caust.bg2,j5 *Cham.*bg2 cinabg2 coff.bg2 croc.bg2 cupr.bg2 elapsptk1 granit-m.es1 graph.bg2 iber.bg2,hr1,* lach.bg2 *Mag-c.*bg1,j5,* marb-w.es1 mosch.bg2 *Nat-c.*bg2 nicc.bg2,j5 **Op.**bg2,hr1,* phos.bg2 *Plat.*bg2,j5,* puls.bg2,j5 ran-b.bg2,hr1,* rat.a1,bg2 rhus-t.bg2 sars.bg2 sep.bg2 ther.bg2 verat.bg2

– **zornig** zu werden, in Wut zu geraten: calc.gl1 chin.gl1 *Nux-v.*gl1 staph.gl1

– **Zukunft**, vor der
☞ *Angst - Zukunft*

Furchtlos: *Agar.*bg2,h,* bell.bro1 cocain.bro1 coff-t.a1 gels.br1 haliae-lc.srj5 hell.a1 *Ign.*a1 mosch.a1 *Op.*bg2,h,* sil.bro1

– **Gefahr**, trotz: fl-ac.hr1

Futtersuche:

– **Verlangen** nach: choc.srj3

Gallige, mürrische Stimmung
☞ *Reizbarkeit*

Gebrauchen zu sein; Gefühl, für nichts zu
☞ *Unzufrieden - sich - gebrauchen*

Geckenhaft: chin.gl1 lach.gl1 nux-v.gl1 phos.gl1 *Plat.*gl1 verat.gl1

Gedächtnis:

– **gut**, aktiv: acon. acon-f.a1 *Agar. Aloe* alum. anac. ang. anh.jl,sp1 ant-c. arn. ars. ars-s-f.k2 asaf. *Aur.* aur-ar.k2 *Bad.* bapt.a1 *Bar-c.*bg3 **Bell.** bov. brom. bufogk *Calc.*bg3 calc-p. camph. cann-i. cann-s. caps. carb-v. chin. cimic. cob. coc-c. coca cocc. **Coff.** coff-t.a1 con.bg3 croc. cub. cupr. cycl. dig. fl-ac. *Gels.* glon. grat. hell.bg hipp. **Hyos.** iber.a1 kali-p. lac-ac.a1 **Lach. Lyc.**bg3 lyss. manc. meph. *Merc.*bg3 **Nat-m.**bg2,gg nat-p. *Nux-m. Nux-v.* **Op.** ox-ac. *Ph-ac.*bg3 *Phos.* phys. pip-m. plat. plb. puls. raph. rhus-t. senec.kr1 seneg. sil. spig. staph.bg3 *Stry. Sul-ac.* sulph. ther. thuj. valer. verat. verb. viol-o. zinc. zing.a1 ziz.
☞ *Aktivität - kreative / Gedanken - schnell / Gedanken - tiefschürfend / Gedanken - überlegt / Hochgefühl - erinnern / Ideen - Reichtum / Konzentration - gut / Phantasien - lebhaft / Pläne - macht / Schnell / Vergessen - Schlaf / Witzig*
• **morgens**: fl-ac.hr1,kr1,*
• **nachmittags**: anac.h,j5,* ang.a1,h
• **abends**: agar. **Lach.**
  • **Mitternacht**, bis: **Coff.**
◆ **abwechselnd** mit:
  • **Gedächtnisschwäche**: acon.gl1 ars-s-f.k2 cycl. rhus-t.bg2
  • **Mattigkeit**: *Aloe*
  • **Stumpfheit**: rhus-t.bg2,k
• **Eigennamen**, für: *Asar.*jl,jl3
• **Fieber**; während: op.a1
• **kurz**, aber: calc.gl1 sil.gl1 staph.gl1 sulph.gl1
• **Musik**, für: croc.a1,j5,*
• **sexuelles** Verlangen; durch unterdrücktes: lach.
• **vergangene** Ereignisse, für: anh.sp1 bell.a1 elapsa1 form.a1 *Hyos.*a1,j5 seneg.j5 syph.ptk1
  • **verfolgt** von vergangenen Ereignissen, an die er sich aber erinnern will: *Kali-p.*kr1

– **fehlerhaft**, falsch
☞ *verwirrt*

– **Gedächtnisschwäche**: abrot. absin.a1 acet-ac.a1,kr1 Acon. acon-c.a1 act-sp. adam.srj5 aesc. aeth. agar. **Agn.**hr1,k agre.jl ail. alco.a1 all-s.kr1 allox.sp1 Alum. alum-sil.k2 alumn.a1 am-c. am-m. **Ambr. Anac.**k1 Anac-oc.kr1 anan. androc.srj1 androg-p.bnj1 anh.sp1 ant-t.bg2 Apis Arg-met.bg2,k2,* **Arg-n.** Arn. **Ars.** ars-h.kr1 ars-met.br1 art-v.ptk1 arum-t. asaf.bg2 asc-t.a1,c1 aster.jl atis.bnj1 Atro.kr1 Aur. aur-ar.k2 aur-m.a1 aur-s.a1,k2 aza.bro1 **Bamb-a.**stb2 bapt.a1 bar-act.br1,sf1 **Bar-c.**c2,k bar-i.k2 bar-s.k2 **Bell.** berb. bol-la.kr1 borx. Bov. brom. Bry. **Bufo Bufo-s.** cadm-met.jl,mg1,* calad. Calc.bg2,k1 calc-ar.k2 Calc-p.k1,vh calc-s. calc-sil.k2 camph. Cann-i. cann-s. caps.a1 carb-ac. Carb-an. Carb-v. carbn-o.a1 **Carbn-s.** carc.mg1,sp1 card-m. carl.a1 **Caust.** cench.k2,st cham. chel. Chin. Chinin-ar. chlf.kr1 Chlol. chlor. chlorpr.jl Cic. cimic. Clem. cob-n.sp1 cocabg2 **Cocc.**c2,k coff. **Colch.** coloc. **Con.** convo-s.jl,sp1 cop. cori-r. corn.k1 cortico.jl,sp1 cortiso.jl,sp1 cot.a1 croc. crot-c. Crot-h. crot-t. cub. culx.k2 Cupr. cupr-act.kr1 Cycl. der.a1 Dig. dulc.bg2 elaps erio.a1 Euphr.k,vh/dg eupi.a1 fago.br1 ferr.

– **Gedächtnisschwäche**: ...
Ferr-p.$_{k1,vh}$ Fl-ac. Form. Gels. germ-met.$_{srj5}$ gink-b.$_{sbd1}$ gins.$_{a1}$ **'Glon.** glyc.$_{bro1}$ granit-m.$_{es1}$ Graph. Guaj. guare.$_{a1,kr1}$ guat.$_{sp1}$ gymno.$_{a1}$ haem.$_{sf1}$ ham.$_{a1}$ **Hell.** helo.$_{k1}$ Helon. **Hep.** hipp. hist.$_{sp1}$ Hydr. hydrog.$_{srj2}$ **Hyos.** hyper. Iber.$_{kr1}$ ichth.$_{bro1}$ Ign. iod.$_{k2,sf1}$ ip. iris jug-c.$_{a1}$ juni-v.$_{a1}$ kali-ar. kali-bi. Kali-br. kali-c. kali-cy.$_{a1}$ kali-i.$_{k1,vh}$ kali-n.$_{sf1}$ **Kali-p.** kali-s. kali-sil.$_{k2}$ kalm. kreos. Lac-ac. Lac-c. lac-d. **Lach.** Laur. lec.$_{bro1}$ led. lil-t. limest-b.$_{es1}$ linu-c.$_{a1}$ lipp.$_{a1}$ **Lyc.** lyss. m-arct.$_{j5}$ macro.$_{a1}$ mag-c. manc. mand.$_{mg1,sp1}$ mang. **Med.** meli. **Merc.** Merc-c. methys.$_{j1}$ Mez. mill. mit.$_{a1}$ morph.$_{a1}$ mosch. murx. naja Nat-ar. Nat-c. Nat-m. Nat-p. nat-sal.$_{a1}$ nat-sil.$_{k2}$ nid.$_{j1}$ **Nit-ac.** nitro-o.$_{a1}$ **Nux-m.** Nux-v. Oena.$_{a1,kr1}$ okou.$_{j1}$ Olnd.$_{c2,k}$ onos.$_{ptk1}$ Op. ox-ac.$_{k2}$ pall.$_{bg2}$ peti.$_{a1}$ Petr. **Ph-ac.** phenob.$_{j1,srb2}$ **Phos.** phys.$_{bg2}$ Pic-ac. pip-m.$_{sf1}$ plan. **Plat.** **Plb.** pneu.$_{j1}$ psil.$_{ft1,j1}$ psor. ptel. Puls. ran-s.$_{a1}$ raph.$_{a1}$ rauw.$_{j1,sp1}$ rhod.$_{c2,k}$ rhus-g.$_{a1}$ Rhus-t. ruta sabad. sabin. sanic. sapin.$_{a1}$ sarr.$_{a1,k}$ sec. Sel. seneg. **Sep.** serp.$_{a1}$ Sil. Spig. spong. Stann. Staph. Stram. stront-c. stry. sul-ac. sulfa.$_{j1,sp1}$ Sulph.$_{c2,k}$ Syph. tab.$_{bg2,gl1,*}$ tarax.$_{j1,sp1}$ Tarent. tell.$_{a1,br1}$ tep.$_{a1}$ Thuj. thyr.$_{bro1}$ trif-p.$_{br1}$ Tub. upa.$_{a1}$ valer. **Verat.** verat-v. verb. Viol-o. viol-t. visc.$_{sp1}$ wildb.$_{a1}$ yuc.$_{a1}$ Zinc.$_{c2,k}$ Zinc-m.$_{a1}$ Zinc-p.$_{k2}$ zinc-pic.$_{bro1}$ zing.$_{kr1}$
☞ *Erkennt - nicht - Verwandten / Fehler / Gedanken - Vergehen / Geistesabwesend / Ideen - Mangel / Konzentration - schwierig / Phantasien - verworren / Sprache - unzusammenhängend / Vergessen - etwas / Vergessen - Schlaf / Vergeßlich / Verwirrung*

◇ **abwechselnd** mit:
• **Gedächtnis**
☞ *gut - abwechselnd mit - Gedächtnisschwäche*
• **Ärger**, Verdruß agg.: am-c.$_{ptk1}$
• **Alltägliches**, für: carc.$_{mg1,sp1}$ halo.$_{j1,sp1}$
• **auszudrücken**, sich: acet-ac.$_{a1}$ agar. am-c.$_{a1}$ arg-n. bamb-a.$_{stb2}$ bell. cann-i.$_{sf1}$ cann-s. carb-an.$_{h}$ carbn-s.$_{a1,kr1}$ cimic.$_{kr1}$ *Coca*$_{a1,kr1}$ cocc. colch.$_{a1,kr1}$ cot.$_{a1}$ crot-h.$_{sf1}$ dulc. gad.$_{a1}$ haem.$_{a1}$ hydrog.$_{srj2}$ ign.$_{a1}$ *Kali-br.*$_{a1,kr1}$ *Kali-c.* kali-p.$_{sf1}$ kiss.$_{a1}$ lac-c. lach. *Lact.*$_{kr1}$ lil-t.$_{a1}$ *Lyc.* morph.$_{a1}$ murx.$_{a1,kr1}$ *Nat-m.* *Nux-v.* *Ph-ac.*$_{a1,kr1,*}$ phys.$_{a1}$ **Plb.** puls. sep.$_{a1}$ *Stram.*$_{kr1}$ tab.$_{a1}$ thuj.
☞ *Worte / Gedanken - Vergehen - Sprechen / Vergeßlich - Worte*
• **Begebenheiten**
☞ *geschehen*
• **Buchstaben**:
• **Bezeichnung** der Buchstaben; für die: *Lyc.*
• **schreibt**; wie man verschiedene Buchstaben: chr-ac.$_{kr1}$
• **Eigennamen**; für: adam.$_{srj5}$ allox.$_{sp1}$ alum.$_{gl1}$ *Anac.* aur.$_{gk}$ aza.$_{j1}$ bamb-a.$_{stb2}$ bar-act.$_{bro1}$ bell. cann-i. carl.$_{a1}$ caust.$_{gl1}$ chinin-s. chlor. choc.$_{srj3}$ cortico.$_{j1,mg1,*}$ croc. *Crot-h.* euon.$_{br1}$ *Euon-a.*$_{bro1}$ ferr-p.$_{c1}$ fl-ac. germ-met.$_{srj5}$ glon. *Guaj.* hep.$_{bro1}$ hist.$_{j1,mg1,*}$ kali-br. kali-p.$_{c1}$ lach. lim.$_{br1}$ linu-u.$_{a1}$ lith-c. *Lyc.* *Med.* merc. nat-ar. nat-m.$_{gl1}$ nux-v.$_{gl1}$ olnd. perh.$_{j1}$ ph-ac.$_{k2}$ ptel. puls. *Rhus-t.* sec. spig. staph.$_{gl1}$ stram. *Sulph.* syph. tab.$_{gl1}$ xero.$_{bro1}$

– **Gedächtnisschwäche - Eigennamen**: ...
☞ *Namen - eigenen*
• **Einzelheiten**, Details; für: cadm-met.$_{sp1}$
• **Ereignisse** des Tages; für die: acet-ac.$_{k2}$ calad.$_{k2}$ *Carc.*$_{gk}$ cic.$_{k2}$ nat-m. perh.$_{j1}$ *Ph-ac.* plb. *Rhus-t.*
• **Familie**; für die: limest-b.$_{es1}$ lyss.$_{kr1}$
• **Farben**, für: lyc.$_{gl1}$ sil.$_{gl1}$ staph.$_{gl1}$
• **Formen**, für: ambr.$_{gl1}$ lyc.$_{gl1}$ staph.$_{gl1}$ sulfa.$_{gl1,j1}$ sulph.$_{gl1}$
• **Freunde**; für: limest-b.$_{es1}$ lyss.$_{kr1}$
• **gedacht** hat; für das, was er gerade: acon. agar. alum. anac. bell. *Cann-i.* *Cocc.* colch. fl-ac. *Hyos.* *Med.* nat-m. ran-s. rob. staph. stram. sulph.$_{gl1}$ verb.
• **gehört** hat; für das, was er: agar. ail.$_{k2}$ calc. cann-i. carb-ac.$_{gk}$ carb-v. **Hell.** hydr.$_{gk}$ **Hyos.** *Lach.* *Med.*$_{st}$ mez. nat-m. *Nux-m.* plat. psor. sulph.
• **eben** gehört hat: allox.$_{sp1}$ iber.$_{j1}$
• **geistige** Anstrengungen; für: acon. aloe asar. bar-c.$_{kr1}$ *Con.* cycl. *Gels.* graph. ign.$_{k2}$ laur. lyc. naja **Nat-c.**$_{gl1,k}$ **Nat-m.** *Ph-ac.* *Pic-ac.* psil.$_{ft1}$ sel. sep. *Sil.* sol-ni. spig. spong. staph. ther. thuj.
☞ *Studieren - schwierig*
• **Ermüdung**, durch: calc. colch. gels. nat-c. nat-m. nux-v. ph-ac. plat. puls. sep. sil.
• **Kinder** können nicht zu geistiger Arbeit angeleitet, unterrichtet werden: *Bar-c.*$_{kr1}$
• **gelesen** hat; für das, was er: allox.$_{sp1}$ ambr. anac. arn. ars-met. bell. cann-i. carb-ac. chlor. cocc.$_{k2}$ coff. colch. corn. guaj. halo.$_{j1}$ ham. **Hell.** hipp. hydr. *Hyos.* jug-c. lac-c. lac-d. **Lach.** *Lyc.* *Med.* *Merc.* nat-c. *Nat-m.* *Nux-m.* olnd. *Onos.* *Op.* perh.$_{j1}$ *Ph-ac.* phos. psor. **Staph.** syph.$_{k2,st}$ tep. tub.$_{a1}$ viol-o.
☞ *Gedanken - Vergehen - Lesen*
• **eben** gelesen hat: **Arn.**$_{kr1}$ *Med.*$_{a1}$ ph-ac.$_{gl1,kr1}$ viol-o.$_{kr1}$
• **gesagt** hat; für das, was er: adam.$_{srj5}$ ail.$_{k2}$ arg-met.$_{sf1}$ *Arn.* *Bar-c.* calc.$_{a1}$ calc-sil.$_{k2}$ *Cann-i.* carb-an. *Carb-v.* cench.$_{k2}$ cic.$_{k2}$ colch. croc. **Hell.** hep. **Hyos.** kali-n. lach. mag-c.$_{j}$ *Med.* merc. mez.$_{k1}$ *Mur-ac.* nux-m. *Psor.* rhod. stram. sulph. tep. verat.
• **eben** gesagt hat: calc-sil.$_{k2}$
• **Geschäfte**, für: agn. androc.$_{srj1}$ chel. fl-ac. hyos. kali-c. kreos. mag-c.$_{j}$ phos. sabin. sel. sulph. tell. tep.
• **geschehen** ist; für das, was: absin.$_{c1,ptk1}$ acet-ac.$_{c1,k2}$ ail.$_{k2,ptk1}$ bufo-s. calad.$_{k2}$ carb-ac.$_{bg1,st}$ cic.$_{k2}$ cocc.$_{k2}$ graph. hydr.$_{bg1,st}$ *Lach.* limest-b.$_{es1}$ *Nat-m.* *Nux-m.* rhus-t. sulph. syph.$_{k2,ptk1}$
• **eben** geschehen ist: allox.$_{sp1}$ androc.$_{srj1}$
• **geschrieben** hat; für das, was er: calad. cann-i. nux-m.
• **gesehen** hat; für alles, was er: *Anac.*$_{kr1}$
• **Gesichter**; für: syph.$_{ptk1}$
• **getan** hat; für das, was er eben: absin. *Acon.* agar. allox.$_{sp1}$ androc.$_{srj1}$ aster. *Bar-c.* borx. bov. bufo calad. *Calc-p.* camph. chel. choc.$_{srj3}$ cic.$_{ptk1}$

– **Gedächtnisschwäche - getan** hat: ... fl-ac. granit-m.es1 graph. *Hyos. Kali-c.*gk lac-c. lach. laur. limest-b.es1 lyc. nat-m.ptk1 *Nux-m. Onos.* psil.ft1 rauw.sp1 rhus-t. sabin. sanic.c1 thuj. zinc.h
- **Kindern**, bei: agar.k2
- **Kopfschmerzen**, bei: . bell.h gels.c1 kali-c.j mosch.j
- **Kummer**; nach: con.k2 ign.j
- **Musik**; für: ign.gl1,k2 lyc.gl1 staph.gl1 sulfa.gl1,jl
- **Namen**; für:
  ☞ *Fehler - Namen*
  - **eigenen** Namen; für den: alum. cic.c1 kali-br. *Med.* sulph. valer.
    ☞ *Eigennamen / Verwirrung - Identität*
  - **Gegenständen**; von: chinin-s.ptk1 lith-c.ptk1
  - **Familienangehörigen**; von: ph-ac.k2
  - **Personen**; von
    ☞ *Eigennamen*
- **Orte**, für: allox.sp1 calc.gl1 *Crot-h.*kr1 *Hep.*sf1 merc. nux-m. psor. sil.gl1 **Staph.**gl1 sulph.gl1 syph.k2
  ☞ *Erkennt - nicht - Straßen / Fehler - Orte / Verwirrung - verläuft*
- **periodisch**: carb-v. chin.bg1,st cic.k2 nat-m.
- **Personen**, für: acet-ac. agar. ail. ambr.gl1 anac. bamb-a.stb2 bell. cedr. cham. chlor. croc. *Crot-h.*kr1 guaj.ptk1 hyos. lyc.c1,gl1 merc. nux-v. op. ph-ac.k2 staph.gl1 stram. sulph.gl1 syph.k2 thuj. verat.
  ☞ *Fehler - Personen*
- **plötzlich** und periodisch: *Anac.*hr1 calc.bg2 calc-s. *Carb-v.* chin.bg1,st gels.c1 laur.st nux-v.bg1,st syph.bg1,st
- **Rechtschreibung**, für die: con.gl1 crot-c.gl1 hydr.gl1 *Lach.*gl1 *Lyc.*gl1 sil.gl1 sulph.gl1 tab.gl1
  ☞ *Fehler - Schreiben*
- **sagen** will; für das, was er gerade: adam.srj5 allox.sp1 am-c. anac.ptk1 arg-met.k2 *Arg-n. Arn.* atro. atro-s.hr1 **Bar-c.**k1,st *Cann-i.* cann-s. carb-an. card-m. carl.a1 colch. cot.a1 dulc.k2 germ-met.srj5 gink-b.sbd1 *Granit-m.*es1 **Hell.** hydr. hyper. iod.k2 kali-s.k2 lil-t. *Med.* merc. *Mez. Nat-m.* nux-m. *Onos.* ph-ac.k2 podo. rhod. rhus-t.bg1,st *Staph.*gl1 stram. *Sulph.* thuj. verat.
  ☞ *Gedanken - Vergehen - Sprechen / Sprache - beenden*
- **Schmerz**; durch: am-c.ptk1 anac.ptk1 arg-n.ptk1 bell.ptk1 hep.ptk1 laur.ptk1 nux-m.ptk1 pall.ptk1 prun.ptk1 puls.ptk1
- **Schreck**; durch: am-c.ptk1 anac.ptk1 arg-n.ptk1 bell.ptk1 hep.ptk1 laur.ptk1 nux-m.ptk1 pall.ptk1 prun.ptk1 puls.ptk1
- **schreiben** will; für das, was er gerade: **Cann-i.** chr-ac.a1 colch. *Croc.* dirc. gink-b.sbd1 lach.j med.st *Nat-m. Nux-m.* rhod.a1 rhus-t.
  ☞ *Gedanken - Vergehen - Schreiben*
- **sexuelle** Exzesse, durch: agn.bro1 anac.bro1 arg-n.bro1 aur.bro1 chin.bro1 nat-m.bro1 nux-v.bro1 ph-ac.bro1 staph.bro1
- **Straßen**; für bekannte: cann-i.bro1 glon.bro1 lach.bro1 nux-m.bro1

– **Gedächtnisschwäche - Straßen**; für: ...
  ☞ *Erkennt - nicht - Straßen*
- **Studieren**; bei jungen Menschen beim
  ☞ *geistige*
- **Tatsachen**, Fakten; für: bell.gl1 **Calc.**gl1 ferr-p.c1 med.gl1,k2 verat.gl1
  - **kurz** zurückliegende Tatsachen, für: allox.gl1,jl aza.gl1,jl bell.gl1 cael.gl1,jl calc.gl1 carb-ac.bg2,gl1 carb-v.gl1 carbn-s.a1,gl1 graph.gl1,k2 hydr.bg2,gl1 hyos.gl1 nat-m.gl1,k2 nux-v.gl1 sulph.gl1 verat.gl1
    - **alten** Menschen, bei: lach.gl1 sulph.gl1
  - **zurückliegende** Tatsachen, für lange: ail.a1,k2 bell.a1 calc.a1,gl1 camph.a1 hyos.a1 lach.a1 limest-b.es1 lyc.a1,gl1 nux-m.a1,k2 sulph.a1
    - **alten** Menschen, bei: coff.gl1
- **Termine**, für das Datum; für: acon. *Con.* crot-h. fl-ac. haliae-lc.srj5 kali-bi. kali-br. limest-b.es1 med.k2 merc. nux-v.gl1 staph.gl1 syph.
- **tun** wollte; für das, was er gerade: agn. allox.sp1 bamb-a.stb2 *Bar-c.* bell. calc-p. calc-s. cann-s. *Carb-ac.*k1,vh carb-an.bg1,bg2,* carbn-s.k2,kr1 carc.az1 *Card-m. Chel.* choc.srj3 cinnb. cortico.mg1,sp1 fl-ac. germ-met.srj5 gran. hydr. hydrog.srj2 iod.k2 jug-c. kali-s.k2 kreos. *Lac-c.*kr1 limest-b.es1 manc. nat-m.h *Nux-m. Onos.* phos.h psil.jl *Sulph.*
  ☞ *Vergeßlich - Einkauf*
- **Verse** zu lernen: nux-v.gl1 puls.gl1 sulph.gl1
- **vorübergehende** aber vollständige Bewußtlosigkeit für das, was er gesagt oder getan hat: nux-m.c1
- **Worte**, für: adam.srj5 agar. allox.sp1 alum.bg2 *Anac.* anh.mg1,sp1 arag.bro1 *Arg-n. Arn.* bamb-a.stb2 **Bar-c.** cact. calc.bg2,gl1 calc-p.bro1 cann-i. *Cann-s.*j5 caps.j5 *Carbn-s.* cham. chin.bro1 cimic. coca.bg2 *Cocc.* con. crot-h. cupr. dios.bro1 *Dulc.* gink-b.sbd1 ham. *Hell.* helo.c1 *Hep.*sf1 hist.jl,mg1,* hydrog.srj2 *Kali-br. Kali-c. Kali-p.* lac-c.bro1 *Lach.* lil-t. *Lyc.* lyss. med. murx.j5 *Nat-m. Nux-m.*bro1 *Nux-v. Op.*gl1 *Ph-ac.* **Plb.** podo.bg2,c1 **Puls.**gl1,k1 rhus-t.j5 sil.bg2 staph.bg2,gl1,* sulfa.jl *Sulph.* sumb.bro1 thiop.jl thuj. v-a-b.jl xero.bro1
  ☞ *auszudrücken / Sprache - unzusammenhängend / Vergeßlich - Worte*
- **Zeit**, für die: bamb-a.stb2 *Lach.*j5 merc.
  ☞ *Fehler - Zeit*
- **zurückliegende** Ereignisse; für kurz
  ☞ *geschehen - eben*

– **Gedächtnisverlust**: *Anac.*c2 bamb-a.stb2 **Bell.**ptk1 *Camph.*c2 carbn-s.c2 *Cic.*ptk1 cori-r.c2 *Dig.*c2 elec.c1 fago.br1 **Hyos.**ptk1 kali-x.br1 perh-mal.jl3 trif-p.br1 **Verat.**ptk1
- **Aphasie**, bei: cann-i.sf1 hyper.bg2
- **Apoplexie**, nach: **Anac.**kr1 *Plb.*kr1
- **epileptischen** Anfällen, nach: absin.kr1 calc.kr1 cic.kr1,sf1 *Zinc.*kr1
- **Furcht**, durch: am-c.ptk1 anac.kr1,ptk1 arg-n.ptk1 bell.ptk1 hep.ptk1 laur.ptk1 nux-m.ptk1 pall.ptk1 prun.ptk1 puls.ptk1
- **Gehirnerschütterung**, nach: hell.fb3 *Hyper.*sf1

– **Gedächtnisverlust**: ...
• **Geisteskrankheit**, bei: aur.kr1 *Merc.*kr1 *Stram.*kr1
• **geistige** Anstrengung, durch: bamb-a.stb2 *Nat-c.*gl1,kr1
• **Imbezillität**, bei: *Anac.*kr1
☞ *Imbezillität*
• **Katalepsie**, nach: camph.a1,kr1
• **Koma**, nach: cori-r.a1
• **Leben**, die Lebensgeschichte; für das vergangene: nux-m.ptk1
• **Sonnenstich**, nach: *Anac.* glon. *Lach.*
• **Verletzungen**, nach: am-c.bg1 chinin-ar.st
 • **Kopfes**, des: am-c.bg2 **Arn.**bg2 cic.bg2 hyper.bg2 merc.bg2 *Nat-s.*vh,vh/dg rhus-t.bg2
– **verwirrt**, Gedächtnisverwirrung: anac.a1 chinin-s.a1 cupr.a1,sf1,* naja a1 op.hr1,kr1,* petr.a1,sf1,* sel.a1,sf1,* *Stram.*hr1,kr1,*
☞ *fehlerhaft*

Gedanken:
☞ *Denken / Ideen*
– **Abdomen**; als kämen die Gedanken aus dem: thuj.bg2
– **abscheuliche**, widerliche Gedanken mit Übelkeit: sang.hr1,k
☞ *Abscheu - allgemeiner / Unzufrieden - allem / Widerwillen / ❑ Träume - Ekelhaft*
– **Albatrosse** umkreisen den Globus: neon srj5
– **alberne** Gedanken, nachts: chin.k2
☞ *Albernes*
– **anderer** Menschen; kennt die Gedanken
☞ *Hellsehen*
– **automatisch**: chlorpr.jl,jl3
– **Charme**; über ihren: marb-w.es1
– **drängen** auf ihn ein und schwirren durcheinander: acon.hr1,k androc.srj1 ars. bry.a1,h camph.hr1,kr1 *Cann-i.*a1,k canth.h,k,* cinnb.k13,k2 *Fl-ac.*hr1,kr1 germ-met.srj5 lach.hr1,k *Merc.*hr1,kr1 mur-ac. ph-ac. phos.h,kl *Sulph.* tub.k2 verb.hr1,kr1
• **nachts**: bry.a1,h tub.k13,k2
• **Arbeit**, bei der: mur-ac. *Sulph.*
☞ *Gedankenandrang - Arbeit*
• **Lesen**, beim: ph-ac.h,kl2●
• **Schließen** der Augen; beim: spong.kr1
• **Schreiben**, beim: *Lach.*hr1,kr1
• **sexuell**: aloe arund.st con. *Graph.*h,k,* orig.st *Phos.* pic-ac. *Plat.* sel.k2,st *Staph.*
☞ *quälend - sexuell / Laszív / Nymphomanie / Phantasien - lasziv*
• **zu** schwach, um sie fernzuhalten oder an einem einzelnen Gedanken festzuhalten: *Ars.*k1
– **ehebrecherisch**
☞ *sexuell - ehebrecherisch*
– **eilen**
☞ *schnell*
– **Einförmigkeit**, Monotonie der: anh.mg,mg1 chlol.a1
– **Fehler**; über seine eigenen: iod.ptk1
– **fehlerhaft**, falsch: sabad.bg2 valer.ptk1 verat.st
– **Fliegen**; ans: haliae-lc.srj5

Gedanken: ...
– **Gedankenandrang**, einstürmende Gedanken, Gedankenfluß: acon.j5,sf1,* agar.h,j5 alco.a1,j5 *Alum.*j5 ambr.j5,sf1,* *Anac.*j5 androc.srj1 *Ang.*bg2,j5 *Ars.*bg2,j5,* ars-s-f.a1,j5 **Bell.**bg2,j5,* borx.bg2,j5 *Bry.*bg2,j5,* caj.a1,j5 calad.bg2,j5 *Calc.*j5,sf1,* camph.gl1,j5 cann-i.a1,j5 cann-s.j5,sf1,* canth.h,k2,* caust.j5 *Chin.*h,j5,* cimic.j5,jl coca a1,j5 cocc.bg2,j5 **Coff.**bg2,j5,* coff-t.a1,j5 coloc.j5 con.j5 croc.bg2,j5 cycl.j5,k2,* der.a1,j5 eupi.a1,j5 fl-ac.bg2,j5 germ-met.srj5 *Glon.*hr1,j5,* *Graph.*j5 hep.j5,sf1,* hyos.j5 *Ign.*bg2,j5 *Kali-c.*j5 kali-m.j kali-n.j5 *Lac-c.*bg2,j5,* **Lach.**bg2,j5,* lyc.a1,j5 *M-arct.*j5 meph.j5,sf1,* merc.hr1,j5,* morph.a1,j5 nat-m.j5,sf1,* nitro-o.a1,j5 nux-m.bg2,j5 *Nux-v.*bg2,j5 *Olnd.*bg2,j5 *Op.*bg2,j5,* orig.a1,j5 *Ph-ac.*j5,sf1 **Phos.**bg2,j5,* plat.j5 ptel.bg2,j5 *Puls.*bg2,j5,* *Rhus-t.*bg2,j5,* *Sabad.*bg2,j5 seneg.a1 sep.gl1,j5 *Sil.*a1,j5 spig.bg2,j5 spong.j5 staph.bg2,j5,* *Sulph.*gl1,j5,* tab.a1,j5 ter.a1,j5 teucr.bg2,j5 thea a1,j5 **Valer.**bg2,j5,* verat.bg2,j5 verb.bg2,j5 viol-o.bg2,j5 viol-t.bg2,j5 zinc.j5
• **Tag** und Nacht: ambr.j5 caust.j5
• **morgens**: canth.h,j5,* con.j5 nux-v.j5
 • **Aufstehen**, nach dem: nux-v.a1
 • **Bett**, im: chin.j5
• **nachmittags**: anac.j5 ang.a1,j5
 • **17 h**: sol-t-ae.a1
• **abends**: anac.j5 chin.j5 nux-v.gl1,j5 phos.j5 *Puls.*hr1,j5,*
 • **Bett**, im: agar.j5 *Bry.*j5 *Calc.*j5 caust.j5 *Chin.*j5 cocc.j5 *Graph.*j5 *Kali-c.*j5 lyc.j5 *Nux-v.*j5 *Puls.*j5 rhus-t.j5 sabad.j5 *Sil.*j5 staph.j5 *Sulph.*j5 viol-o.j viol-t.j5
• **nachts**: agar.j5 aloe a1,j5 androc.srj1 borx.j5 *Bry.*j5 *Calc.*j5,sf1,* *Chin.*h,j5,* chinin-ar.j5,k2 coca a1,j5 coff.j5,k2,* colch.a1,j5 con.j5 *Graph.*j5 hep.j5,sf1,* hyos.j5 *Kali-c.*j5 kali-n.j5 *Lach.*j5 *M-arct.*j5 nat-m.j5,sf1,* *Nux-v.*j5 *Op.*j5 ph-ac.j5 pic-ac.a1 plat.j5 *Puls.*a1,j5 sep.a1,j5 *Sil.*hr1,j5,* spong.j5 *Sulph.*j5 tab.a1,j5 zinc.j5
• **allein**, wenn: ars.j5
☞ *hartnäckig - allein*
• **Arbeit**, bei der: ang.j5 mur-ac.j5 olnd.j5
☞ *drängen - Arbeit*
• **Betrunkenheit**, wie bei: valer.j5
• **Delirium**; im: hydrog.srj2
• **Erwachen**, beim: borx.j5 chin.j5 *M-arct.*j5 ph-ac.j5 plat.j5 sil.j5
• **Freien** amel.; im: coff.j5
• **Gehen** im Freien, beim: ant-c.j5 sulph.j5
• **Geschäften**; abends von abgeschlossenen: sulph.a1
• **Halbschlaf**, im: hyos.a1
• **Lesen**, beim: coff.j5 olnd.gl1,j5 ph-ac.j5
• **Schlaflosigkeit**, durch: agar.h,j5 borx.j5 bry.j5 calc.j5 caust.j5 *Chin.*h,j5,* cocc.h,j5,* coloc.j5 *Graph.*j5 hep.j5 kali-c.j5 kali-n.j5 *Lyc.*j5 *Nux-v.*j5 *Op.*j5 plat.j5 *Puls.*j5 sabad.hr1,j5 *Sep.*j5 *Sil.*j5 staph.j5 sulph.j5 viol-t.j5
– **geisteskrank**: *Lyss.*
– **Geschäft**; nachts im Bett an das: bell.j5 cocc.j5 sulph.j5
– **Grazie**, ihren Anmut; über ihre: marb-w.es1

– **hartnäckig**: acon. aeth. alum. am-c. *Ambr.* anac. ang.kr1 ap-g.a1 apisgl1,pc *Arg-n.* *Ars.* ars-i. aur.bg2 *Bell.*gl1 bry.gl1 *Calc.* calc-s. **Cann-i.** canth. caps.k2 *Carb-v.* carbn-s. caust. cham. chel. *Chin.* chinin-ar. cocabg2 cocc.bg2,k2 cupr.bg2 *Euphr.*bg2 glon.bg2 *Graph.* hell. hydrog.srj2 hyos.k,pc *Ign.* *Iod.* kali-ar. kali-c. kali-i. lach.bg2,gl1,* lam. laur. lyss.bg1,st *Manc.*gk med.ptk1 meli. merc. mez. mur-ac. **Nat-m.** nit-ac. nux-m. *Nux-v.* olnd. op. osm. petr. *Ph-ac.* phos. phys. plat. *Psor.* *Puls.*k,pc,* *Rhus-t.* *Sabad.*bg2,k2,* sec. sep. *Sil.*bg2,j5,* stann. *Staph.*gl1,k1,* *Stram.* sul-i.k2 *Sulph.* tab. tarent. thea *Thuj.* tub. *Verat.*bg2 verb. viol-o. visc.jl

☞ *Beharrlichkeit / Fanatismus / Wahnideen*

• **abends**: caust. graph. ign. kali-c. *Nat-m.*

• **nachts**: ant-c.h,k,* calc. graph. kali-ar. kali-c. petr.h,kl **Puls.**k,k1,* tub.

• **Mitternacht**:

• **vor**: graph.a1

• **um**: plat.a1

• **allein**, wenn: ars. kali-c. zinc.

☞ *Gedankenandrang - allein / Gesellschaft - Verlangen / Gesellschaft - Verlangen - allein*

• **beleidigt** haben; an Personen, die ihn: glon.a1

• **Böses**, an: androc.srj1 *Lach.*a1,k

☞ *Furcht - Unheil*

• **ein** Gedanke schließt alle anderen aus: androc.srj1

• **Ereignisse** des Tages; nachts an die: asim.a1

• **Erwachen**, beim: acon. bry. ign.hr1,k plat. *Psor.* sil.

• **Gehen** im Freien amel.: graph.

• **getrennt**:

• **Geist** und Körper seien: *Anac.*k,vh/dg sabad.st thuj.

☞ *Verwirrung - Identität / Wahnideen - getrennt - Körper - Geist seien*

• **Willen** getrennt; Gedanken seien vom: anh.sp1

☞ *Verwirrung - Identität*

• **humorvoll**: nux-m.

☞ *Froh*

• **Igel**; an: choc.srj3

• **Kleid**, das sie am Vortag gemacht hat; an ein: aeth.a1,k

• **Liegen**, beim: caust. graph. kali-c. lac-c.

• **Mord**, an: calc. iod. op. phos. stram.

☞ *Töten*

• **Mord**, Feuer und Ratten; an nichts anderes als: *Calc.*

☞ *Töten*

• **Musik**:

☞ *Musik - agg.*

• **nachts**: **Puls.**st

• **abends**: ign.

• **Lied**; seit 16 h an ein: myris.a1

• **Schwindel**; an seinen: bamb-a.stb2

☞ ☐ *Schwindel - Denken*

• **Traum** erschienen sind; denkt an Gedanken, die ihm zuerst im: *Psor.*

– **hartnäckig**: ...

• **unangenehmen** Themen verfolgt; von: *Ambr.* asar.jl,jl3 caust. *Cocc.*h,hr1,* graph. kali-c. **Nat-m.** petr.h,kl rhus-t.

☞ *Verweilt - vergangenen*

• **verletzen**, andere zu: haliae-lc.srj5 osm.kr1

☞ *Boshaft*

• **wieder** in den Kopf; gehörte Ausdrücke und Worte kommen: lam.a1 *Sulph.*

• **Wünsche**, an: bry.gl1 ign.gl1 puls.gl1

– **Kontrolle** über die Gedanken ist verloren: lycps-v.a1 oena.a1 puls.a1 sulph.a1

• **abends**: nat-m.a1

• **14 h**: nux-m.a1

• **Entkleiden**, beim: morph.a1

• **Frösteln**, beim: ars.a1

• **Sitzen** und Nachdenken; beim: arg-met.a1

– **Krankheit**; an die: alum. *Ars.*k1,st chel. lepi.a1,k murx. nat-m. nat-p. ph-ac. phos. sep. sulph.

☞ *Angst - Gesundheit / Angst - Gesundheit - eigene / Furcht - Krankheit*

• **unheilbare**, an eine: *Ars.*hr1 merc.a1

☞ *Furcht - Krankheit - unheilbar / Furcht - Krebs / Wahnideen - Krankheit - unheilbare*

– **Kreis**, drehen sich im: cann-i.a1 choc.srj3

– **lächerlich**: cann-i. hydrog.srj2 kali-p. **Lach.** *Stram.*

☞ *Albernes / Gesten - lächerlich*

– **langsam**

☞ *Stumpfheit*

– **Leichen**: hydrog.srj2

– **Magen**; als kämen die Gedanken aus dem: acon.bg2,kr1

– **Noahs** Arche; an: neonsrj5

– **ohne** Gedanken; Gedankenleere: brass-n-o.srj5 chlol.a1 *Gels.*a1,kr1 haliae-lc.srj5 hydrog.srj2 lyc.a1,j5 oena.a1 phos.a1,h

– **quälend**: acon.kr1 alum. am-c. ant-c. arg-n. *Ars.* ars-i.k2 astra-e.jl calc-s.k2 caps.k2 carbn-s.k2 *Caust.* con. graph.j5 guat.jl kali-ar.k2 lac-ac. lac-c. *Lach.* *Lyc.* mez. **Nat-m.** *Nit-ac.* nitro-o.a1 phos. *Rhus-t.* sep. sul-i.k2 *Sulph.* thea tub.k2

☞ *Angst - Gewissensangst / Reue*

• **abends**: *Caust.* graph. kali-c.

• **nachts**: ant-c. arg-n.k13,k2 kali-ar.k2 kali-c. tub.k13,k2

• **sexuell**: aq-mar.jl,jl3 canth.k2 con. graph.h,k,* *Staph.*

☞ *drängen - sexuell / Laszív / Nymphomanie / Phantasien - lasziv*

• **vergangene** unangenehme Ereignisse; über: am-c.h,kl am-m.h2 spong.h,kl

☞ *Verweilt - vergangenen*

– **rapide**

☞ *schnell*

– **rasen**

☞ *schnell*

– **roh**: camph.a1

– **schnell**: acon. adam.srj5 aesc. alco.a1 anac.bro1 androc.srj1 ang. anh.mg1 bell.bro1 caj. cann-i. carb-ac.a1 caust. chin.bro1 choc.srj3 cimic.bro1 cob. *Coff.* colch.bg2 *Hyos.* ign. kalm. lac-c.bro1 *Lach.*

– **schnell**: ...
Med.$_{vh,vh/dg}$ morph.$_{a1}$ nitro-o.$_{a1}$ onos. *Op. Ox-ac.* ped.$_{a1}$ phos.$_{bg2}$ *Phys.*$_{bro1}$ pic-ac.$_{bg2}$ sabad. valer. verat. viol-o.
☞ *Gedächtnis - gut / Hast / Ideen - Reichtum / Konzentration - gut / Lebhaft, munter / Schnell / Spontan / Witzig / Überstürzt*
• **Fieber**; während: cham.$_{kr1}$ pyrog.$_{k2}$
• **schreiben** kann; schneller, als er
☞ *Fehler - Schreiben - Gedanken*
• **sprechen** kann; schneller, als er
☞ *Fehler - Sprechen - schnellen*
– **Schönheit**; über ihre eigene: marb-w.$_{es1}$
– **Schöpfung**; an den zweiten Tag der: neon$_{srj5}$
– **schrecklich**: calc. *Caust.*$_{h,k,*}$ *Iod.*$_{hr1,kr1}$ lac-c. lyss. phos.$_{a1,k}$ phys.$_{a1,k}$ *Plat.*$_{hr1,kr1}$ psor.$_{ptk1}$ *Rhus-t.* thea *Visc.*
• **abends**: *Caust.*$_{h,k,*}$
• **Bett**, im: lac-c.
• **nachts**: hydr.$_{a1}$ phos.$_{a1}$
• **Erwachen**, beim: kiss.$_{a1}$ phys.$_{a1}$ *Visc.*
• **Anblick** von Blut oder eines Messers; beim: *Alum.*
☞ *Blut / Suizidneigung - Anblick - Blut / Töten - Messer - Anblick*
– **Selbstmord**; an
☞ *Suizidneigung - Gedanken*
– **sexuell**: ambr.$_{j5}$ androc.$_{srj1}$ arund.$_{a1,vh,*}$ aster.$_{hr1,j5,*}$ bamb-a.$_{stb2}$ bell.$_{a1,j5}$ calc.$_{h,j5,*}$ cer-s.$_{a1}$ *Con.*$_{hr1,j5,*}$ cyna.$_{j5,jl}$ graph.$_{a1,h}$ *Hyper.*$_{hr1,j5,*}$ *Kali-br.*$_{hr1,j5,*}$ nat-c.$_{j5}$ neon$_{srj5}$ *Nux-v.*$_{vh,vh/dg}$ orig.$_{st,vh}$ plat.$_{j5,sf1,*}$ sal-n.$_{br1}$ *Sel.*$_{j5,sf1,*}$ sep.$_{j5}$ sil.$_{j5}$ *Staph.*$_{vh,vh/dg}$ *Stram.*$_{j5}$ sulph.$_{j5,sf1,*}$ *Ust.*$_{hr1,j5,*}$
• **Tag** und Nacht: chin.$_{j5}$ dig.$_{j5}$
• **ehebrecherisch**: marb-w.$_{es1}$
• **Frau** die er sieht; sexuelle Gedanken bei jeder: med.$_{mrr}$
• **Impotenz**, mit: *Sel.*$_{jl,sf1}$
• **Masturbation**, mit: ust.$_{sf,sf1}$
– **sich** selbst; am:
• **abgelenkt** zu werden; Verlangen, von Gedanken an sich selbst: camph.$_{kr1}$
• **kann** daneben an nichts anderes denken: crot-t.$_{st}$
☞ *Selbstsucht*
– **sonderbar**, merkwürdig: arg-n.$_{bg2}$ calc.$_{gl1}$ canth.$_{hr1,kr1}$ *Lyss.*$_{hr1,kr1,*}$ opun-s.$_{a1}$ raph.$_{a1}$ *Stram.*$_{hr1,kr1}$ sulph.$_{gl1}$ verat.$_{gl1}$
• **Schwangerschaft**:
• **während** der: *Lyss.*$_{kr1,ptk1}$ *Stram.*$_{kr1}$
☞ *Phantasien - sonderbar - Schwangerschaft*
– **stehen** still
☞ *Stillstand*
– **Stillstand** der Gedanken: *Cann-s.*$_{hr1,j5,*}$ chin.$_{h,j5,*}$ hyos.$_{a1,j5}$ iod.$_{j5}$ lyc.$_{h,j5,*}$ m-arct.$_{j5}$ ph-ac.$_{j5}$ seneg.$_{a1,j5,*}$ sulph.$_{j5}$ thuj.$_{j5}$
• **abends**: rumx.$_{a1}$
– **tiefschürfend**: androc.$_{srj1}$ bamb-a.$_{stb2}$ bell.$_{a1,k}$ calc-ar.$_{a1}$ cocc.$_{bg2}$ cycl. grat.$_{a1,k}$ kres.$_{mg,mg1,*}$ mur-ac.$_{a1,k}$
☞ *Aktivität - kreative / Gedächtnis - gut / Ideen - Reichtum / Konzentration - gut*
– **tiefschürfend**: ...
• **Zukunft**, über seine: cycl. spig.
– **Tod**, an den
☞ *Tod - Gedanken*
– **toten** Körper
☞ *Leichen*
– **überlegt**: acon. alco.$_{a1}$ aloe$_{a1}$ alum.$_{a1}$ am-m. arn.$_{h,k,*}$ bamb-a.$_{stb2}$ bar-c. bart.$_{a1}$ bell.$_{a1,k}$ borx.$_{a1}$ brom. calc. cann-s. canth.$_{a1,k}$ *Carb-an.*$_{h,k,*}$ cham.$_{a1,k}$ chin. cic.$_{h,k,*}$ clem.$_{a1,k}$ *Cocc.* cycl.$_{a1,k}$ euph.$_{a1,k}$ euphr.$_{a1,k}$ grat.$_{a1,k}$ guaj.$_{j}$ *Hep.*$_{gl1}$ hyos.$_{a1,k}$ *Ign.* ip.$_{a1,k}$ kali-n.$_{a1}$ kreos.$_{j}$ *Lach.*$_{a1,k}$ lyc. mag-m.$_{a1,k}$ manc.$_{a1,k}$ mang.$_{a1,k}$ mez.$_{a1,k}$ nat-c. nit-ac. nux-v.$_{a1,k}$ *Phos.*$_{a1,k}$ plan.$_{a1}$ plb.$_{a1,k}$ *Puls.*$_{gl1,k}$ ran-b. rhus-t. sabad. *Sep.* spig. *Staph.* stront-c. *Sulph.*$_{gl1,k1}$ thea thuj.$_{a1,k}$ til.$_{a1,k}$ viol-o.$_{a1,k}$
☞ *Aktivität - kreative / Gedanken versunken / Gedächtnis - gut / Ideen - Reichtum / Konzentration - gut / Meditieren / Selbstbetrachtung / Theoretisieren / Traum*
• **nachmittags**: hell.$_{a1}$ mang.$_{a1}$
• **abends**: senec.$_{a1}$
• **Nacht**; die ganze: op.$_{a1}$
• **Essen**, nach dem: aloe$_{a1}$
• **Fehler** anderer; über die: cic.$_{a1}$
• **Wetter**, bei naßkaltem: aloe$_{a1}$
– **umherschweifend**
☞ *wandernd*
– **unangenehm**: alum.$_{bg2}$ *Ambr.*$_{bg2,k}$ bar-c.$_{bg2,k}$ benz-ac.$_{a1,bg2}$ calc.$_{bg2,k}$ *Chin.*$_{a1,h,*}$ *Cocc.*$_{h,j5,*}$ *Hep.*$_{bg2,sf1,*}$ kiss.$_{a1}$ lyc.$_{bg2,k}$ meny.$_{a1}$ mez.$_{a1,h}$ *Nat-m.*$_{a1,bg2,*}$ nit-ac.$_{bg2,k}$ psor.$_{bg2,sf1,*}$ rhus-t.$_{a1}$ sec. sep.$_{a1}$ sulph.$_{bg2,k}$ thuj.$_{bg2}$ verat.$_{bg2}$
☞ *Verweilt*
• **nachts**: ben-n.$_{a1}$ chin.$_{a1}$ petr.$_{a1}$
• **Mitternacht**, nach: **Rhus-t.**$_{a1}$
• **Erwachen**, beim: lyc.$_{gl1}$
– **Unangenehmes**; an
☞ *Verweilt - vergangenen*
– **unbeständig**
☞ *Unbeständigkeit - Gedanken*
– **Unbestimmtheit** der: choc.$_{srj3}$ iod.$_{a1}$ nitro-o.$_{a1}$ sulph.$_{a1}$
– **Unfälle**; an:
• **anderer**; an Unfälle: osm-o.$_{a1}$
☞ *Furcht - Verletzung - andere*
– **Vergangenheit**, an die: atro.$_{a1}$ cann-i.$_{a1}$ granit-m.$_{es1}$ haliae-lc.$_{srj5}$ meny.$_{a1}$ nat-m.$_{a1}$
• **abends**: senec.$_{a1}$
• **Drogenerlebnissen**, von früheren: androc.$_{srj1}$
• **glückliche** Momente; an
☞ *Verweilt - glücklichen*
• **Reisen**: sol-t-ae.$_{a1}$
– **Vergehen**, Schwinden der Gedanken: abies-n.$_{a1}$ abrot.$_{a1}$ acon.$_{a1}$ acon-f.$_{a1}$ aeth.$_{a1}$ aether$_{a1}$ am-br.$_{bg}$ am-c.$_{bg1,bg2}$ *Ambr.*$_{k2,sf1}$ **Anac.**$_{bg2,k}$ androc.$_{srj1}$ anh.$_{mg1,sp1}$ ant-t.$_{j5}$ apis apoc. arg-n.$_{a1}$ ars.$_{a1}$ ars-s-f.$_{k2,kr1}$ arum-t.$_{a1}$ **Asar.**$_{bg2,k}$ bapt. bell. berb.$_{j5}$ borx. brom.$_{a1}$ *Bry.* **Calc.**$_{bg2,k}$ calc-p.$_{a1}$ calc-s. *Camph.*$_{bro1,k}$ *Cann-i.*$_{bro1,k}$ *Cann-s.* canth. carb-an. carbn-h.$_{a1}$ caust.$_{a1}$ *Cham.*$_{bg2,k}$ *Chel.*$_{k1,st}$ chin.$_{bg2}$ cic. cinnb.$_{a1}$ clem.$_{a1}$ cocc.$_{a1}$ cod.$_{a1}$ coff. coloc.$_{a1}$ **Con.**$_{a1}$ conin.$_{a1}$ cot.$_{a1}$ croc.$_{bg2}$ **Cupr.**$_{bg2,k}$

– **Vergehen**, Schwinden der Gedanken: ...
cupr-s.a1 cycl.a1 dig.a1 dirc.a1 elapsa1 euon. gad.a1 *Gels.* glon.a1 guaj. gymno.a1 hell. hep. hydr-ac.a1 hyos.a1 iber.a1 ign.a1 iod. ip.bg2,h kali-bi. *Kali-c.*bg2,k kali-cy.a1 kali-p. kalm.a1 kiss.a1 kreos. lac-c. **Lach.**bg2,k laur. led.a1 lepi.a1 lil-t.a1 lol.a1 *Lyc.* lycpr.a1 lycps-v.a1 lyss.a1 macro.a1 *Manc.* med. *Merc.* *Mez.* morph.a1 mosch.a1 nat-ar.a1 **Nat-c.**a1 *Nat-m.* **Nit-ac.**bg2,k **Nux-m.**bg2,k nux-v. oena.a1 ol-an. op. petr.a1 ph-ac. **Phos.**a1 pic-ac.bro1 pin-s.a1 plan. plb.a1 *Psor.* ptel.a1 *Puls.* **Ran-b.**bg2,k ran-s.a1,bg2 rhod. rhodi.a1 **Rhus-t.**bg2,k rob.kr1 rutaa1 saroth.jl,mg1 sec.a1 sel.a1 sep.a1 sil.a1 sol-ni.a1 stann.a1,h **Staph.**bg2,k stram.a1,kr1 sulph. sumb.a1 *Tab.*sf1 tep.a1 trom.a1 verat.bg2 verat-v.a1 viol-o. *Viol-t.*bg2 yuc.a1 zinc. zinc-p.k2
☞ *Gedächtnis - Gedächtnisschwäche / Ideen - Mangel / Konzentration - schwierig*
- **morgens**: anac.a1 *Ph-ac.*
- **angesprochen**, wenn: sep.
- **Anstrengung**, bei: nit-ac.a1
- **Arbeit**, bei der: *Asar.*sf,sf1 hep.a1
- **Frost**; während: bell. bry. lach. rhus-t.
- **geistige** Anstrengung; durch: *Asar.* canth. caust. cham. euon.a1 *Gels.* hep. mez. nat-m. *Nit-ac.* olnd. ran-b. staph.
- **Gesellschaft**, in: ambr.k13,k2
- **Kopfschmerzen**, bei: apisa1 bell.h,k,* calc.a1 glon.a1
- **Lesen**, beim: *Anac.*bro1 asar.bro1 bry.a1,k camph.bro1 *Cann-i.*bro1,k corn.a1 hyos.a1 *Lach.* lyc.bro1 merc.a1 **Nux-m.**hr1,k1,* *Op.*a1 *Ph-ac.*k,kl2● pic-ac.bro1 staph.bro1
  ☞ *Gedächtnis - Gedächtnisschwäche - gelesen*
- **Menses**, vor den: *Nux-m.*kr1
  ☞ *Menses - vor; Gemütssymptome*
- **periodisch**: chin.bg1,st
- **Schließen** der Augen; beim: ther.hr1,kr1
- **Schreiben**, beim: *Cann-i.* croc.a1 hydrog.srj2 *Lach.* **Nux-m.**k1,vh,* rhus-t.a1,k
  ☞ *Gedächtnis - Gedächtnisschwäche - schreiben*
- **Sprechen**, beim: *Cann-i.* hydrog.srj2 *Lach.* med.k2 *Mez.* **Nux-m.**k1,vh,* staph. *Thuj.* viol-o.kr1
  ☞ *Gedächtnis - Gedächtnisschwäche - auszudrücken / Gedächtnis - Gedächtnisschwäche - sagen / Sprache - unzusammenhängend*
- **Stehen**, im: rhus-t.
- **Überheben**, nach: *Psor.*
- **unterbrochen** wird; wenn er: berb.hr1,k mez.h *Staph.*gl1
  ☞ *Ideen - Mangel - Unterbrechung*

– **viele**
☞ *Ideen - Reichtum*

– **wandernd**, umherschweifend: *Acon.*a1,k alco.a1 all-s.a1,k *Aloe* am-c.a1,k ambr.sf,sf1 anac. ang.a1,k anth.a1,k apoc.a1,k *Arn.*h,k,* ars-i.k13,k2 atro.a1,k bamb-a.stb2 *Bapt.*a1,k bell.a1,k cann-i.a1,k cann-s.a1,k canth.k2 carbn-s.a1 caust.a1,k chinin-s.j5 chlol.a1,k cic.a1,k colch.a1,k coloc.a1,k corn.a1,k crot-h.a1,k cupr. dig. dulc.bg2,h1 ery-a.a1 ferr.a1,k germ-met.srj5 glon.a1,k *Graph.*a1,k haliae-lc.srj5 hyos.sf,sf1,* ign.a1,k iod.a1,k kali-br.a1,k lach. lyc.a1,k lycps-v.a1 manc.a1,k

Gedanken - wandernd, umherschweifend: ...
merc.a1,k merc-c. naja nat-c.a1,k nat-m.a1,k nat-p. nicot.a1 nit-ac.a1,k olnd.a1,k op.a1,k opun-v.a1 peti.a1 ph-ac.a1,k phos.bg2 phys.a1,k pic-ac.a1,k plb.a1,k plect.a1,k *Puls.*a1,k rauw.sp1 sanic. sol-mm.a1 staph. sul-i.a1 tab.a1,k thuj.bg2 valer. viol-o. yuc.a1 *Zinc.* zinc-p.k13,k2
☞ *High / Konzentration - schwierig / Sprache - schweift*
- **morgens**: mit.a1
- **nachmittags**: ang.a1 atro.a1
- **abends**: caust.a1
- **nachts**: bell. zinc-m.a1
- **Arbeit**, bei der: sol-t-ae.a1
- **Menses**, während: calc.a1,k
  ☞ *Menses - während; Gemütssymptome*
- **Schreiben**, beim: iris **Nux-m.**k1,st
- **Sprechen**, beim: merc-c. sanic.c1
- **Studieren**, Lernen; beim: bamb-a.stb2 choc.srj3 ham.a1,k phys.a1,k
  ☞ *Konzentration - schwierig - Studieren / Studieren - schwierig*
- **Zuhören**, beim: sol-t-ae.a1

– **wiederholen** sich: germ-met.srj5 mag-m.k2 stram.

– **Zahlen**; an:
- **gerade** und ungerade: neonsrj5
- **Zwei**; die Zahl: neonsrj5

– **wild**: phos.k2

– **Zukunft**, vor der: chin-b.hr1,kr1 cycl.a1,k iod. senec.a1,k sep.a1,k spig.
☞ *Angst - Zukunft*

– **zusammenhangslos**: alum.a1,bg2,* am-c.a1,bg2 ambr.a1,sf1,* arg-n.a1 *Bell.*a1 ben-n.a1 berb.a1,j5 cann-i.a1 caps.a1,bg2 carbn-o.a1 carbn-s.a1 chin.a1,bg2 colch.hr1,kr1,* *Cupr-act.*a1 dig.a1 gels.hr1,kr1,* *Hell.*vh,vh/dg hydrog.srj2 hyos.a1 kali-i.a1 lact-v.a1 lam.bg2,hr1,* laur.bg2 lyc.a1 *Nat-c.*bg2,j5,* *Nux-v.*hr1,kr1,* ph-ac.bg2,j5,* *Rhus-v.*hr1,kr1,* sieg.a1,mg1,* sulfa.a1,jl3,* sulph.bg2,j5,* *Syph.*hr1,kr1,* trom.hr1,kr1,* ven-m.a1,jl3,* verat.a1,j5 viol-o.hr1,kr1,* *Zinc.*bg2,j5,*
- **lesen**, kann nicht: choc.srj3 *Nat-c.*hr1,kr1 **Nux-v.**hr1,kr1
- **Sprechen**, beim: merc-c.a1
  ☞ *Antworten - unzusammenhängend / Antworten - zusammenhangslos / Sprache - unzusammenhängend*

– **zwei** Gedankengänge gleichzeitig: anac. haliae-lc.srj5 lyss.a1,k paro-i.jl *Sil.*gl1
☞ *Unentschlossenheit / Verwirrung - Identität - Dualität / Widerstreit / Wille - widersprüchlich / Wille - zwei*

– **zwingend**, nötigen ihn, etwas zu tun: *Lach.*ptk1 nit-ac.ptk1
☞ *Angst - tun; zwingt / Überprüfen - zweimal*

Gedanken versunken, in: acon. aloe alum.j5 am-c.bg2,gl1 am-m. ambr.bg2,gl1 androc.srj1 anh.sp1 ant-c. *Arn.* asar.bg2 bar-c.gl1 bell. bov. bruc.j5 bufogk calc. cann-i. cann-s.j5 canth. *Caps.* carb-an.ptk1 *Carl.* caust. cham. chel.bg2 chin. cic. clem. *Cocc.* con. cupr. cycl. dig.bg2 elaps euphr.j5 germ-met.srj5 grat. guaj.j ham. **HELL.**k,vh/dg hydrog.srj2 hyos.bg2 ign. indg.j5 iod.bg2 ip. kali-c.bg2 kiss.a1 kreos.j lach.bg2 *Laur.*bg2 lil-t. limest-b.es1 mag-c.bg2

Gedanken versunken, in: ...
mag-m.$_{j5}$ mang. merc. **Mez.** mosch. mur-ac. nat-c. *Nat-m.* nat-p. nit-ac. **Nux-m.** *Nux-v.*$_{bg1,j5,*}$ ol-an. *Onos. Op. Petr.*$_{bg2}$ phel. phos. plat.$_{bg2}$ plb.$_{bg2,j5}$ *Puls.* ran-b.$_{bg2}$ rheum *Rhus-t.*$_{bg2,j5}$ sabad. sars. sel.$_{c1,c2}$ sep.$_{bg2}$ spig. stann. staph.$_{bg2}$ stram. stront-c.$_{j5}$ **Sulph.** thuj.$_{bg2,j5}$ verat.$_{bg2}$ viol-o.$_{bg2}$ vip.$_{j5}$
☞ *Angst - Zukunft / Brütet / Gedanken - überlegt / Geistesabwesend / Meditieren / Phantasien - versunken / Pläne - macht / Selbstbetrachtung / Sitzen - Neigung - nachzudenken / Sitzen - Neigung - versunken / Stirnrunzeln / Theoretisieren / Traum / Unaufmerksam / Vergeßlich / Verweilt - vergangenen / Zerstreut / ❑ Gesicht - Ausdruck - ausdruckslos / ❑ Schlaf - Träumen - Wachen / ❑ Schwindel - Nachdenken*

– **tagsüber**: elaps
– **morgens**: *Nat-c.*$_{a1,k}$ nux-v.$_{hr1,k}$
– **nachmittags**: mang.
– **abends**: am-m.$_{a1,k}$ *Sulph.*
◆ **abwechselnd** mit:
• **Leichtfertigkeit**
☞ *Frivol - abwechselnd mit - Gedanken*
– **angesprochen** wird, wirkt er so in Gedanken versunken, als würde er traumwandeln; wenn er
☞ *Geistesabwesend - verträumt*
– **Essen**:
• **nach**: aloe
– **Menses**, während: mur-ac.$_{a1,k}$
☞ *Menses - während; Gemütssymptome*
– **schreckliche** Gedanken; hat: psor.$_{ptk1}$
– **Unglück** vor; stellt sich ein: calc-s.$_{st}$
☞ *Wahnideen - Unglück*
– **werden** soll; was aus ihm: nat-m.
☞ *Angst - Zukunft*
– **Zukunft**, in bezug auf die: spig.$_{a1,h}$

Gedankenverloren
☞ *Geistesabwesend*

Gedichte, macht: *Agar.*$_{k,vh/dg}$ am-c.$_{gl1}$ *Ant-c.* cann-i.$_{a1,k}$ carb-v.$_{gl1}$ chin.$_{gl1}$ coff.$_{gl1}$ lach.$_{gl1}$ lyc.$_{gl1}$ nat-c.$_{ptk1}$ nat-m.$_{a1,gl1}$ staph.$_{gl1}$ stram.$_{hr1,k,*}$ thea
– **Einschlafen**; beim: nat-m.$_{h,k1}$

Geduld: adam.$_{srj5}$ choc.$_{srj3}$ haliae-lc.$_{srj5}$ mag-m.$_{bg2}$ phos.$_{a1}$
☞ *Seelenruhe*
◆ **abwechselnd** mit:
• **Reizbarkeit**
☞ *Reizbarkeit - abwechselnd mit - Geduld*

Gefahr:
– **Empfindung** von Gefahr
☞ *Wahnideen - Gefahr*
– **kein** Gefühl für Gefahr; hat: hep.$_{glh}$ merc.$_{glh}$ op.$_{glh}$ plat.$_{glh}$
• **Gesundheitszustand**; in bezug auf seinen
☞ *Gesund - sagt - krank*
– **Mangel** an Reaktion auf Gefahr, in gefährlichen Situationen: ambr.$_{bg2}$ ars.$_{bg2}$ camph.$_{bg2}$ lyc.$_{bg2}$

Gefallsüchtig, kokett:
– **nicht** genug: bell.$_{gl1,vh}$ lyc.$_{gl1,vh}$ puls.$_{gl1,vh}$ staph.$_{gl1,vh}$ **Sulph.**$_{vh,vh/dg}$
– **sehr**, zu: bell.$_{gl1,vh}$ lach.$_{dtn1}$ lyc.$_{gl1,vh}$ nux-v.$_{gl1,vh}$ puls.$_{gl1,vh}$ sulph.$_{gl1,vh}$

Gefühle, Gemütsbewegungen:
– **beherrscht**; vom Verstand, Intellekt: lyc.$_{vh}$ nit-ac.$_{ctm}$ valer.$_{st}$ *Viol-o.*$_{st}$
☞ *Intellektuell*
– **erregt**, leicht
☞ *Erregung / Hitzig*
– **unterdrückt**: carc.$_{sk1}$ caust.$_{a1,h}$ sep.$_{ptk1}$ **Staph.**$_{vh,vh/dg}$
– **Zaum** gehalten; im
☞ *beherrscht / unterdrückt*

Gefühllos, hartherzig: adam.$_{srj5}$ alco.$_{sf1}$ **Anac.** androc.$_{srj1}$ ars.$_{gl1}$ bism.$_{j5}$ cench.$_{k2}$ choc.$_{srj3}$ con.$_{j5}$ croc.$_{j5}$ granit-m.$_{es1}$ hep.$_{gl1}$ hyos.$_{gl1,j5}$ *Lach.*$_{kr1}$ *Laur.*$_{j5}$ marb-w.$_{es1}$ op.$_{j5}$ plat.$_{bg2,j5}$ sabad.$_{bg2,j5}$ squil.$_{j5}$ *Sulph.*$_{j5}$ sumb.$_{a1}$
☞ *Boshaft / Brutalität / Empfindlich - Mangel / Grausamkeit / Hartherzig / Moralischem / Niederträchtig / Unbarmherzig*
– **Familie**, gegen seine: kali-i.$_{k2}$

Gegenwart zu befinden; Gefühl, sich in der: *Haliae-lc.*$_{srj5}$

Gehalten:
– **Verlangen**, gehalten zu werden: *Ars.*$_{bg1,bg2,*}$ diph.$_{bg}$ *Gels.*$_{bg1,bg2,*}$ germ-met.$_{srj5}$ kali-p.$_{bg2}$ lach.$_{bg1,bg2,*}$ *Nux-m.*$_{bg1,bg2,*}$ *Nux-v.*$_{bg1,bg2,*}$ *Sang.*$_{bg1,bg2,*}$ *Sep.*$_{bg1,bg2,*}$ *Stram.*$_{bg1,bg2,*}$ sul-ac.$_{bg}$
☞ *Hängen / Klammert*
– **amel.**; gehalten zu werden: ars.$_{bg2,ptk1}$ *Bry.*$_{bg2,ptk1}$ calc-p.$_{bg2}$ carb-an.$_{bg2,ptk1}$ diph.$_{bg2,ptk1}$ dros.$_{bg2,ptk1}$ eup-per.$_{bg2,ptk1}$ *Gels.*$_{bg2,ptk1}$ glon.$_{bg2,ptk1}$ *Lach.*$_{bg2,ptk1}$ lil-t.$_{bg2,ptk1}$ murx.$_{bg2,ptk1}$ nat-s.$_{bg2,ptk1}$ nux-m.$_{ptk1}$ nux-v.$_{ptk1}$ rhus-t.$_{ptk1}$ sang.$_{bg2,ptk1}$ *Sep.*$_{bg2,ptk1}$ *Sil.*$_{bg2}$ stram.$_{bg2,ptk1}$ sul-ac.$_{bg2,ptk1}$ sulph.$_{bg2,ptk1}$

Geheimnisse:
– **hütet** Geheimnisse
☞ *Geheimnistuerisch*
– **Preisgeben** von
☞ *Enthüllt*

Geheimnistuerisch, verschlossen: aur.$_{bg2}$ *Bar-c.*$_{gl1,vh,*}$ bov.$_{bg2}$ carc.$_{fb}$ caust.$_{gl1,vh}$ dig.$_{h,k,*}$ *Ign.*$_{hr1,k}$ *Lyc.*$_{gl1,vh,*}$ marb-w.$_{es1}$ nat-m.$_{ptk1}$ nit-ac.$_{bg2}$ phos.$_{bg2}$ plb.$_{bg2}$ *Sep.*$_{gl1,vh,*}$ syph.$_{st}$ zinc.$_{a1,gl1,*}$
☞ *Antworten - weigert / Argwöhnisch / Brütet / Gesellschaft - Abneigung / Schweigsam / Zurückhaltend*

Gehen:
– **amel.**: androc.$_{srj1}$
– **Abneigung** gegen: cham.$_{a1}$ fago.$_{a1}$ kali-bi.$_{a1}$ nit-ac.$_{a1}$ zinc.$_{hr1,kr1,*}$
– **Bett** umher; das Kind läuft im: rheum$_{j5}$
– **Freien**, im:
• **agg.** Gemütssymptome: anac.$_{bg2}$ ant-c.$_{bg2}$ cina$_{bg2}$ coff.$_{bg2}$ con.$_{bg2}$ hep.$_{bg2}$ ign.$_{bg2}$ ip.$_{bg2}$ led.$_{bg2}$ mur-ac.$_{bg2}$ nux-m.$_{bg2}$ par.$_{bg2}$ phos.$_{bg2}$

– **Freien**, im - **agg.** Gemütssymptome: ... plat.bg2 sabin.bg2 spig.bg2 sulph.bg2 tarax.bg2 thuj.bg2
  • **amel**. Gemütssymptome: asar.bg2 cann-i.k2 graph.bg2 ign.bg2 *Mag-c.*bg2,mg1 par.bg2 puls.bg2 rhus-t.bg2 stann.bg2 teucr.bg2
– **Furcht**; aus:
  • **Schweiß** amel.; bis: camph.kr1
– **hin** und her, geht: asaf.hr1,kr1 merc.h
– **Kreis**, geht im: bell.a1 *Stram.*a1 *Thuj.*hr1,kr1,*
– **langsam** und würdevoll; geht: caj.
– **mehr** als ihr gut tut: ars.h
– **schnell**: arg-n.
  ☞ *Angst - Gehen - schnell / Angst - Gehen - schnell - wodurch*
  • **amel**.: hist.jl,mg1,*
– **selbstzufriedenem** Eindruck der Wichtigkeit; geht in einem: ferr-ma.a1
– **Verlangen** zu gehen:
  • **vergangen**, sobald sie sich zu einem Spaziergang aufmacht; aber das Verlangen ist: calc-s.kr1

Gehetzt
☞ *Hast / Lustig*

Gehobene Stimmung: coca a1,st ery-a.a1 haliae-lc.srj5 hydrog.srj2 iod.a1,st iodof.a1 op.a1,st
☞ *Hochgefühl*
– **morgens**: hydrog.srj2
  • **Erwachen**; beim: crot-h.a1,st
  • **Gehen** im Freien; beim: cinnb.a1,st
– **nachts**: hydrog.srj2
◇ **abwechselnd** mit:
  • **Traurigkeit**: coff.ptk1 senec.a1,ptk1,* valer.a1
  ☞ *Hochgefühl - abwechselnd mit - Traurigkeit*

Geil
☞ *Erotisch / Lasziv / Phantasien - lasziv / ☐ Männliche Genitalien - Sexuelles Verlangen - vermehrt / ☐ Weibliche Genitalien - Sexuelles Verlangen - vermehrt*

Geistesabwesend (cave! war ehemals die Rubrik Zerstreut): *Acon.* act-sp. adam.srj5 adlu.jl aesc. agar. **Agn.**hr1,k *Alum.* alum-p.k2 alum-sil.k2 *Am-c.* am-m. ambr.gl1 *Anac.* anders.bnj1 *Androc.*srj1 androg-p.bnj1 ang. **Apis** aq-mar.jl arag.bro1 aran-ix.jl arg-met. *Arn.* ars. ars-s-f.k2 art-v.bro1 arum-i.a1 arum-t. asaf.j5 asar. atro.a1 *Aur.* aur-ar.k2 aur-s.k2 bamb-a.stb2 *Bapt.*bro1 *Bar-c.* *Bar-m.*j *Bell.* berb.j5 bol-la.kr1 *Bov.* bro-r.rcb1 bufo k1 *Calad.* calc. calc-p.bg2 calc-s. calc-sil.k2 **Cann-i.** cann-s. *Canth.*bg2,kr1,* caps. carb-ac. carbn-s. carc.tp1 *Carl.* cassia-s.zzc1 **Caust.** *Cench.*k1,k2 cent.a1 **Cham.** chel. chin. choc.srj3 *Cic.* clem. *Cocc.* coff. *Colch.* coleus-a.bnj1 coloc. con. cot.a1 croc. crot-h. *Cupr.* cycl. daph. dirc. dub.c1 dulc. elaps ferr-ar.k2 gels.ptk1 germ-met.srj5 gink-b.sbd1 *Graph.* grat.j5 guaj. ham. **Hell.** hep. hura hydr.a1 hydrog.srj2 *Hyos.* ictod.kr1 *Ign.* ind.kr1 jug-c. kali-bi.a1,bg2 *Kali-br.* *Kali-c.* *Kali-p.* kali-s. kali-sil.k2 *Kreos.* kres.jl,mg1,* *Lac-c.* lac-h.htj1 **Lach.** *Laur.*ptk1 led. limest-b.es1 luna kg1 *Lyc.* lyss. m-ambo.c1 *Mag-c.* manc. mang. med.bg menis.a1 *Merc.* merc-c.h **Mez.** mosch.k1 naja nat-ar.a1 nat-c. **Nat-m.** nat-p. nit-ac. **Nux-m.** *Nux-v.* *Ol-an.*a1,bg2,* *Olnd.* *Onos.* *Op.* *Petr.* *Ph-ac.* *Phos.* **Plat.** *Plb.* psil.ft1,jl psor.st **Puls.** quas.a1 ran-b.j5 ran-s.a1 rhod. *Rhus-t.* rhus-v. ruta sal-ac.sf1 sanic.bg2 santin.a1 saroth.jl sars. *Sel.*sf1 **Sep.** *Sil.* spig.bg2,gl1 spong. stann. staph.bg2,gl1 stict.sf1 stram. sul-ac. *Sulph.* *Syph.*psa,st tarent. tell.bro1 thiop.jl thuj. tub.bg2 valer.bg2,j5,* **Verat.** verb. viol-o. viol-t. zinc. zinc-c.bro1
☞ *Fehler / Gedanken versunken / Gedächtnis - Gedächtnisschwäche / Geistesabwesend / Konzentration - schwierig / Phantasien - versunken / Starren / Traum / Unaufmerksam / Vergeßlich / Zerstreut*
– **morgens**: guaj. hydrog.srj2 nat-c. ph-ac. phos.
– **vormittags**:
  • **11**-16 h: kali-n.
– **mittags**: mosch.
– **nachmittags**: ang.j,k
  • **Kaffee** oder Wein; nach: *All-c.*a1,kr1
– **abends**: hydrog.srj2
◇ **abwechselnd** mit:
  • **Lebhaftigkeit**
  ☞ *Lebhaft - abwechselnd mit - Zerstreutheit / Lebhaftigkeit - abwechselnd mit - Geistesabwesenheit*
  • **Fröhlichkeit**
  ☞ *Froh - abwechselnd mit - Geistesabwesenheit*
– **Alter**, im: am-c.k1 *Ambr.*vh,vh/dg *Bar-c.*vh,vh/dg *Con.*sf1 *Lyc.*sf1
– **angesprochen**, wenn: am-c.gl1 am-m.gl1 ambr.gl1 bar-c.gl1 nux-v.gl1
– **Angst**; mit
  ☞ *Angst - Geistesabwesenheit*
– **Arbeit**; bei der: hura a1
– **epileptischer** Anfall:
  • **vor** einem: lach.k1
– **Erwachen**, weiß nicht wo er ist oder was er antworten soll; beim: *Nux-m.*kr1
– **fährt** auf, wenn angesprochen: aur-m.k2 carb-ac. phos.vh ptel.a1 sulph.k1,st
  ☞ *Auffahren*
– **Freien**, im: plat.a1
– **Gespräch** teilnimmt; wenn er an einem: chin-b.kr1 psil.jl,kr1
– **Kindern**; bei:
  • **Schulkindern**; bei: bar-c.pc
– **Lesen**, beim: agn. ang.j5 bar-c.pc lach. *Nux-m.* ph-ac. sul-i.k2
  ☞ *Konzentration - schwierig - Studieren / Lesen - agg.*
  • **Einschlafen**, beim: ang.j5
– **Menses**, während: calc. mur-ac.ptk
  ☞ *Menses - während; Gemütssymptome*
– **periodisch**:
  • **kurz** dauernden Anfällen; in: chlorpr.c1 fl-ac. *Nux-m.*
– **Schreiben**, beim: mag-c.
– **Schwindel**, bei: hep.h2
– **steht** herum und vollendet nie, was er unternimmt: *Med.*vh,vh/dg *Nux-m.*kr1
– **Unachtsamkeit**: adam.srj5 *Alum.*gl1 am-c.gl1 cham.gl1 gink-b.sbd1 neon srj5 nux-v.gl1 staph.gl1

– **verträumt**: **Acon.**ptk1 agar.ptk1 ambr.ptk1 anac.ptk1 ang.j5 *Ant-c.*ptk1 arn.j5 cench.st *Lach.*ptk1 neonsrj5 *Nux-m.*ptk1 olnd.j5 **Op.**ptk1 **Phos.**ptk1 sep.st staph.st sulph.a1,ptk1 verat.ptk1
☞ *Traum*

Geisteskraft:
– **erhöht**: adam.srj5 anag.a1 ars.a1 *Bapt-c.*c1 camph.a1 cann-i.a1 clem.a1 cod.a1 dig.a1 eauxa1 ferr.a1 hyper.a1,st lach.a1,sf1 nep.a1,mg1,* op.a1 pip-m.a1 theaa1 thuj.a1 vanil.br1 verat.a1 visc.a1,sp1
☞ *Behendigkeit / Delirium / Geistige Anstrengung - Verlangen / Ideen - Reichtum*
– **Verlust** der: anac.ptk1,ptk2 arg-met.ptk1,ptk2 olnd.ptk1,ptk2

Geisteskrankheit, Wahnsinn: absin. acon. aeth. aethera1 *Agar.* ail. alco.a1 all-c. *Alum.* alum-p.k2 alum-sil.k2 *Am-c.* ambr.bg2,k2 *Anac.*c2,k anag.kr1 anan.kr1 ant-c. ant-t. *Apis* *Arg-met.* arg-n. *Arn.* **Ars.** ars-i. ars-s-f.k2 arum-t. atro.sf1 *Aur.* aur-ar.k2 aur-i.k2 aur-s.k2 bac.c1,c2 bar-c. *Bar-m.* **Bell.** berb.bg2 borx.k2 bov. brom. bufo cact. calad. *Calc.* calc-ar.k2 calc-i.k2 calc-s. calc-sil.k2 *Camph.* cann-i. cann-s. *Canth.* carb-an. carbn-s. *Caust.* cench.k2 cere-b.c1,c2 *Chel.*kr1 chinin-s. chlol. *Cic.* *Cimic.* *Cocc.* coff. colch. coleus-a.bnj1 coloc. *Con.* cortiso.sp1 *Croc.* *Crot-c.* crot-h. *Cupr.* cur. *Cycl.* dig. *Dulc.* euph. fl-ac. gels.sf1 *Glon.* haliae-lc.srj5 *Hell.* *Hep.* **Hyos.** *Ign.* indg. iod. kali-ar. kali-bi.a1 *Kali-br.* kali-c. *Kali-chl.* kali-i. *Kali-m.*hr1,k2,* kali-ox. *Kali-p.* *Lach.* led. *Lil-t.* lob.a1 *Lol.*sf1 **Lyc.** *Manc.* mand.sp1 med.k2 meli.c1 meli-xyz.c2 **Merc.** merc-c. mez. mosch.sf1 murx.sf1 naja nat-c. *Nat-m.* nat-s. *Nux-m.* **Nux-v.** oena. olnd. *Op.* opun-v.a1 *Ox-ac.* par. passi.sf1 penic.srb2 ph-ac. *Phos.* phys. *Plat.* plb. *Psor.* *Puls.* raph. rhod. *Rhus-t.* sabad. sec. seneg. sep. sil. sol-ni.sf1 squil. stann.a1 **Stram.** *Sulph.* syph.bg2 **Tarent.** ter.c2,k thuj. *Tub.*hr1,k2,* **Verat.** verat-v. vip.ptk1 zinc. zinc-p.k2
☞ *Betäubung / Delirium / Geisteskrankheit - benimmt / Geistige Anstrengung - agg. - unmöglich - Wahnsinn / Manie / Monomanie / Raserei / Schizophrenie - paranoid / Wahnideen / Wahnideen - geisteskrank / Wildes / Wildheit / ❑ Träume - Verrückt*

◇ **abwechselnd** mit:
• **Gemütssymptomen**; mit anderen: *Con.* sabad.
• **Fieber**, Entzündungsfieber; mit hitzigem: tub.c1
• **körperliche** Symptome: cere-b.a1 *Croc.* hyos. *Lil-t.* *Plat.* *Sabad.*bg2 tub.k2,lmj
☞ *Gemütssymptome - abwechselnd mit - körperliche*
• **Metrorrhagie**: crot-c.
• **Stupor**: *Hyos.*ptk1 op.
• **Traurigkeit**: tub.br1

– **albern**, lächerlich: *Bell.*j5 cic.j5 **Hyos.**j5,kr1 merc.j5 nux-m.j5 nux-v.j5
– **Alkoholikern**; bei: **Ars.**gl1,k1,* ars-s-f.k2 aur-ar.k2 *Bell.*gl1,k1,* calc. cann-i. carb-v. chin. *Coff.* crot-h. dig. hell. hep. *Hyos.* *Lach.* merc. nat-c. **Nux-v.** *Op.* puls. *Stram.* sulph.
☞ *Delirium tremens*

Geisteskrankheit, Wahnsinn: ...
– **alten** Menschen; bei: bell.pc ign.pc nat-m.pc nux-v.pc sep.pc sulph.pc
– **Amenorrhoe**, durch: *Cocc.*kr1
– **anfallsweise**: *Bell.* cic.kr1 *Dig.* gels. kali-i. *Nat-m.*kr1 nat-s. phos. stram.k2 *Tarent.*
– **Angst**, mit: ars.j5 bell.a1,j5 cupr.j5 kali-c.j5 nat-c.j5 *Stram.*gl1,j5,* verat.j5
– **Apoplexie**:
• **nach**: hell.ptk1
– **benimmt** sich wie ein Verrückter: croc.bg2 hyos.bg2 kali-ar. lach.bg2 nux-m.bg2 sec.bg2 stram.bg2 verat.bg2
☞ *Albernes / Geisteskrankheit / Geschäftig*
– **berührt** werden; möchte nicht: *Thuj.*
☞ *Wahnideen - Körper - zerbrechlich*
– **betrunken**, wie: oena.kr1
– **Blutung**, nach: carb-v. *Chin.* *Cupr.* kreos. ph-ac. *Sep.* staph. verat.
– **boshaft**, bösartig: agar.j5 *Bell.*vh,vh/dg cann-s.j5 *Cupr.* *Hyos.*vh,vh/dg lyc.j5 **Stram.**vh,vh/dg
☞ *Boshaft*
– **brutal**: absin.ptk1
– **Bulimie**; mit: chin.gl1 **Verat.**gl1
☞ *Bulimie*
◇ **abwechselnd** mit Weigerung, etwas zu essen
☞ *Bulimie - abwechselnd mit - weigert - Geisteskrankheit*
– **diktatorisch**: **Lyc.**gl1,j5
– **droht** mit Tod und Zerstörung: **Tarent.**k1
☞ *Droht / Heftig*
– **düstere** Geisteskrankheit mit Verzweiflung und Lebensüberdruß:
• **Furcht** vor Kränkung oder Verlust der Stellung; durch: calc.gl1 ign.gl1 puls.gl1 rhus-t.gl1 staph.gl1 sulph.gl1 verat.gl1
– **Eifersucht**; aus: lach.ptk1
– **eigensinnig** bei; ist: *Dig.*kr1 *Nux-v.*kr1
– **Einkäufe**, macht nutzlose: con. *Nux-v.*kr1
☞ *Verschwenderisch / Wahnideen - Reichtum*
– **erotisch**: ambr.bro1 **Apis** *Bar-m.*k,vh/dg bell.a1,j5 bufobg2 *Calc-p.*a1,c1 camph.c1 *Cann-i.*bro1 *Canth.*bg2,k2,* ferul.bro1 gins.bro1 *Grat.*bro1,vh/dg *Hyos.* kali-br. lil-t.bro1 lyss. manc.bro1 *Murx.*bro1 *Nux-v.*c1 *Orig.*k,vh/dg *Phos.* *Pic-ac.*c1 **Plat.** *Puls.* rob.bro1 sal-n.bro1 stann.a1 *Stram.*j5,k2,* *Sulph.* **Tarent.**k,vh/dg **Verat.** zinc.bg,k
☞ *Lasziv*
• **Menses**:
• **vor**: dulc.ptk1 stann.ptk1
• **nach**: *Kali-br.*kr1
☞ *Menses - nach; Gemütssymptome*
– **Essen**:
• **Mist**; ißt: merc.st
• **Schmutz**; ißt: meli. sulph.j5,vh
☞ *Fäzes - leckt / Fäzes - schluckt*
• **weigert** sich zu essen: bell.gl1 verat.gl1
☞ *Anorexia nervosa / Essen - weigert*
– **Fanatikern**, von: aur-ar.k2
– **Fieberhitze**
☞ *Hitze*

– **fliehen**, Verlangen zu: ars.$_{gl1,j5}$ *Bell.*$_{gl1,j5}$ cupr.$_{j5}$ dig.$_{j5}$ nux-v.$_{j5}$ *Op.*$_{gl1,j5}$ stram.$_{gl1,j5}$ verat.$_{j5}$
☞ *Fliehen*
– **Frauen**; bei: *Acon.*$_{bg,ptk1}$ apis$_{ptk1}$ *Bell.*$_{bg,ptk1}$ cimic.$_{ptk1}$ *Orig.*$_{ptk1}$ plat.$_{bg,ptk1}$ *Puls.*$_{bg,ptk1}$ stram.$_{bg,ptk1}$ verat.$_{bg,ptk1}$
• **Selbstvorwürfe**; durch: hell.$_{ptk1}$
☞ *Tadelt sich*
– **Freßsucht**; mit
☞ *Bulimie*
– **froh**, lustig: bell.$_{j5}$ cann-s.$_{j5}$ croc.$_{bg2,j5}$ cupr.$_{j5}$ ign.$_{bg2,j5}$ mez.$_{j5}$ stram.$_{bg2,j5}$ verat.$_{j5}$
– **Frösteln**, mit: *Acon.*$_{bg2}$ *Ars.*$_{bg2}$ calc. canth.$_{bg2}$ *Lyc.*$_{bg2}$ nit-ac.$_{bg2}$ nux-v.$_{bg2}$ phyt.$_{kr1}$ *Stram.*$_{bg2}$ verat.$_{bg2}$
• **Kälte** der Haut; und: crot-h.
– **Gebet**:
• **besteht** darauf, sein Gebet am Schwanz seines Pferdes zu sprechen: euph.
• **hebt** die Hände und kniet wie zum Gebet: *Ars.*$_{a1}$
– **Gefühllosigkeit**, Schmerzlosigkeit; mit allgemeiner: **Hydr-ac.**$_{gl1}$ hyos.$_{gl1}$ stram.$_{gl1}$
– **geistige** Anstrengung; durch ◆: hyos. *Kali-p.* *Lach.* **Nux-v.**$_{gl1,k1,*}$ *Phos.* **Tub.**$_{st}$
☞ *Geistige Anstrengung - agg. - unmöglich - Wahnsinn*
– **geschäftig**: **Apis** bell.$_{j5}$ hyos.$_{k2}$ *Iod.*$_{kr1}$ kali-br.
☞ *Fleißig / Geschäftig*
– **geschäftlichen** Mißerfolg; durch: *Cimic.*$_{kr1,st}$ *Lil-t.*$_{kr1}$
☞ *Beschwerden durch - geschäftlichen*
– **Gesellschaft**; mit Verlangen nach:
• **Licht**; und: **Stram.**$_{kr1}$
– **Gesicht**:
• **blassem**, mit: camph.$_{kr1}$ croc.$_{j5,kr1}$ merc.$_{j5}$ **Stram.**$_{kr1}$ verat.$_{j5}$
• **rotem**, mit: aur-i.$_{j5,k2}$ calc.$_{j5}$ op.$_{j5}$ verat.$_{j5}$
– **Größenwahn**: anac.$_{lmp}$ cupr.$_{bg2,kr1,*}$ glon.$_{bg2,sf1}$ *Graph.*$_{bg2,kr1,*}$ *Hyos.*$_{bg2,sf1}$ *Lach.*$_{bg2,kr1,*}$ lyc.$_{bg2,sf1}$ *Phos.*$_{bg2,kr1,*}$ *Plat.*$_{bg2,kr1,*}$ *Stram.*$_{bg2,kr1,*}$ sulph.$_{bg2,sf1}$ *Syph.*$_{bg2,sf1,*}$ *Verat.*$_{bg2,kr1,*}$ *Verat-v.*$_{bg2,kr1,*}$
– **häuslichem** Unglück, nach: *Lach.*$_{kr1}$
– **Hautausschlägen**; nach unterdrückten: bell. *Caust.* *Hep.*$_{kr1}$ stram. *Sulph.* *Zinc.*
– **Herausstrecken** der Zunge; mit
☞ *Zunge - Herausstrecken*
– **Herzerweiterung**, mit: aur-i.$_{k2}$
– **Hitze**; während: *Ars.*$_{kr1}$ bell. cact.$_{a1,bg2}$ calc.$_{j}$ *Chin.*$_{kr1}$ hyos.$_{j5}$ *Kali-p.*$_{kr1}$ stram. verat.
– **hochmütig**, arrogant: *Hyos.*$_{bg2}$ lach.$_{j5}$ **Lyc.**$_{gl1}$ *Stram.*$_{bg2,gl1}$ **Verat.**$_{bg2}$
– **Hochzeit** vor; bereitet sich für eine: hyos.$_{ptk1}$
– **hysterisch**: ign.$_{k2}$
– **Jammern**, Stöhnen; nur: bell.$_{gl1,j5}$ hyos.$_{gl1}$ stram.$_{gl1}$
– **Job** zu verlieren; aus Furcht den
☞ *Stellung*
– **Konvulsionen**, mit: cupr.$_{kr1}$ *Hyos.*$_{kr1}$ *Stram.*$_{kr1}$ *Verat-v.*$_{kr1}$ *Zinc.*$_{kr1}$
– **Kopfverletzungen**, durch: alco.$_{a1}$ nat-s.
☞ *Verwirrung - Kopfverletzung - nach*

– **Kränkung**:
• **durch**: bell.$_{j5}$ *Lach.*$_{gl1}$ **Nux-v.**$_{gl1,j5}$ plat.$_{gl1}$ *Puls.*$_{j5}$ **Staph.**$_{gl1,vh/dg}$
☞ *Beschwerden durch - Kränkung*
• **Furcht** vor Kränkung; aus: calc.$_{gl1}$ ign.$_{gl1}$ puls.$_{gl1}$ rhus-t.$_{gl1}$ staph.$_{gl1}$ sulph.$_{gl1}$ verat.$_{gl1}$
– **Kraft**, mit vermehrter körperlicher: agar. *Bell.* canth. cori-r. hyos. *Plb.*$_{vh,vh/dg}$ *Stram.* **Tarent.**
– **kriecht** auf dem Boden
☞ *Kriecht - Boden*
– **Kummer**, durch: **Ars.**$_{gl1}$ **Bell.**$_{gl1}$ *Cocc.*$_{kr1}$ *Plat.*$_{kr1}$
– **Lachen**, mit: op.$_{j5}$ sec.$_{j5}$ *Stram.*$_{j5}$ *Tarent.*$_{j5,kr1}$ *Verat.*$_{j5}$ *Verat-v.*$_{j5,kr1}$
– **Lähmung**, mit: ars.$_{st}$ bell.$_{hr1}$ chlol.$_{hr1}$ crot-h.$_{ptk2}$ kali-br.$_{c1,st}$ *Lach.*$_{st}$ *Phos.*$_{c1,st}$
– **lärmend**: *Chlor.*$_{kr1}$ verat.$_{bg2}$
– **lasziv**: *Hyos.*$_{bg2,ptk1}$ tarent.$_{hr1}$ **Verat.**$_{bg2}$
– **launisch**: raph.$_{kr1}$
– **Lebensüberdruß**; mit: calc.$_{gl1}$ ign.$_{gl1}$ puls.$_{gl1}$ rhus-t.$_{gl1}$ staph.$_{gl1}$ sulph.$_{gl1}$ verat.$_{gl1}$
– **Liebe**, durch enttäuschte: tarent.$_{a1}$
– **Masturbation**, durch: anan.$_{kr1}$ bufo *Cocc.* *Hyos.* op.$_{ptk1}$ orig.$_{vh}$ *Plat.*$_{vh,vh/dg}$ *Plb.*$_{kr1}$
☞ *Beschwerden durch - sexuell - Exzesse*
– **Melancholie**: ars.$_{gl1}$ *Aur.*$_{gl1}$ bell.$_{gl1}$ calc.$_{gl1}$ caust.$_{gl1}$ cic.$_{gl1}$ hyos.$_{gl1}$ *Ign.*$_{gl1,j5}$ *Kali-br.*$_{gl1,kr1}$ nux-v.$_{gl1}$ *Petr.*$_{gl1}$ ph-ac.$_{gl1}$ *Puls.*$_{gl1}$ rhus-t.$_{gl1}$ staph.$_{gl1}$ sulph.$_{gl1}$ verat.$_{gl1}$
– **Menopause**; während der: aster. cimic.$_{jl}$ cycl.$_{kr1,st}$ hipp.$_{kr1,st}$ *Lach.* *Lil-t.*$_{kr1,st}$ *Puls.* *Sep.* *Sulph.*$_{kr1,vh,*}$ ther. *Verat.*$_{kr1,st}$
– **Menses**:
• **vor**: cimic.$_{ptk1}$
• **während**: acon.$_{bg2}$ *Bell.*$_{bg2,kr1}$ lach.$_{bg2}$ plat.$_{bg2}$ puls.$_{bg2}$ stram.$_{bg2}$ verat.$_{bg2}$
☞ *Menses - während; Gemütssymptome*
• **reichlichen**; mit: **Ign.**$_{vh,vh/dg}$ sep.$_{k,ptk1}$
• **übermäßigen**; mit
☞ *reichlichen*
• **unterdrückten**, mit: apis$_{ptk1}$ ign. *Puls.*
– **mild**: croc.$_{bg2}$ verat.$_{bg2}$
– **Mutwilligkeit**, Ausgelassenheit; mit: bell.$_{j5}$ cupr. *Hyos.* merc.$_{j5}$ mez.$_{j5}$ stram. verat.
☞ *Beschwerden durch - sexuell - Exzesse*
– **Neid**, mit: **Lyc.**$_{gl1}$
– **Neuralgie**; mit Verschwinden der: cimic. *Nat-m.*
– **periodisch**: *Con.* nat-s. *Plat.* staph.$_{vh}$ *Tarent.*$_{k1,st}$
– **Puls**, mit beschleunigtem: ars.$_{j5}$ crot-h.$_{j5}$ cupr.$_{j5}$ *Cupr-act.*$_{j5,kr1}$
– **Raserei**: ars-s-f.$_{k2}$
☞ *Umherstreifen - besinnungslos*
– **redselig**: bell.$_{j5}$ bry.$_{gl1}$ buth-a.$_{jl}$ hyos.$_{gl1,j5}$ **Lach.**$_{gl1,j5}$ par.$_{bg2}$ *Stram.*$_{bg2,j5,*}$
– **reisen**; mit Verlangen zu: bell.$_{gl1}$ bry.$_{gl1}$ chin.$_{gl1}$ hyos.$_{gl1}$ nux-v.$_{gl1}$ puls.$_{gl1}$ stram.$_{gl1}$ tub.$_{gl1,k2}$ verat.$_{gl1}$
☞ *Reisen - Verlangen*
– **religiös**: anac.$_{k2,sf1}$ *Ars.*$_{k1,sf1,*}$ aur.$_{kr1,sf1}$ aur-ar.$_{k2,sf1}$ bell.$_{sf1}$ croc.$_{sf1}$ *Hyos.*$_{sf1}$ *Kali-br.*$_{kr1,sf1}$ *Lach.*$_{j5,k2,*}$ lil-t.$_{k2,sf1}$ lyc.$_{k2,sf1}$ merc.$_{sf1}$ nat-c.$_{k2,sf1}$ nux-v.$_{sf1}$ *Plat.*$_{kr1,sf1}$ *Puls.*$_{k2,kr1,*}$ **Stram.**$_{j5,kr1,*}$ *Sulph.*$_{kr1,sf1}$ *Verat.*$_{j5,k2,*}$

– **religiös**: ...
  ☞ *Religiös - Fanatismus / Religiös - Gemütsstörungen / Religiös - Melancholie*
– **Ruhelosigkeit**, mit: *Ars.*$_{gl1,j5,*}$ bell.$_{gl1}$ bry.$_{gl1}$ canth.$_{gl1,j5}$ chin.$_{gl1}$ *Hyos.*$_{gl1,j5}$ merc.$_{gl1,j5}$ nux-v.$_{gl1,j5}$ puls.$_{gl1}$ rhus-t.$_{vh}$ staph.$_{vh}$ stram.$_{gl1,j5}$ tarent.$_{vh}$ verat.$_{gl1}$
  • **Beine**, der: **Tarent.**$_{k1}$
– **scheu**: agar.$_{bg2,j5}$
– **Schlaflosigkeit**, mit: *Bell.*$_{gl1,st}$ *Cocc.*$_{kr1}$ *Hyos.*$_{gl1,st}$ nux-m.$_{j5}$ op.$_{j5}$ *Stram.*$_{kr1}$ *Tarent.*$_{kr1}$
– **Schmerz**, durch unerträglichen: **Acon.**$_{kr1}$ *Colch.*$_{kr1}$ *Hyper.*$_{kr1}$ **Verat.**$_{h,kr1}$
– **Schmerzlosigkeit**, mit
  ☞ *Gefühllosigkeit*
– **Schreck**, durch: **Ars.**$_{gl1}$ **Bell.**$_{gl1}$ *Ign.* plat.
  ☞ *Beschwerden durch - Schreck*
– **schreibt** unverständliche Zeichen: ars.$_{a1}$
– **Schwangerschaft**, während der: *Bell.*$_{j5,k1,*}$ cimic.$_{k1}$ hyos.$_{bro1,k1}$ *Stram.*$_{k1,kr1}$
– **Schweiß**:
  • **Anfälle** von Geisteskrankheit gefolgt von Schweiß: cupr.
  • **kaltem** Schweiß; mit: stram.$_{ptk1}$
– **sexuelle** Exzesse, durch: anan.$_{kr1}$ apis$_{ptk1}$ *Lach.*$_{gl1,kr1}$ lil-t.$_{kr1}$ *Phos.*$_{kr1}$ staph.$_{gl1,kr1}$
– **spalten**; möchte sich plötzlich mit einer Axt den Kopf: *Naja*$_{a1}$
  ☞ *Furcht - Selbstmord / Suizidneigung*
– **stampft** mit den Füßen: ant-c. stram.$_{gl1}$ verat.
– **starrende** Augen: *Bell.*$_{j5,kr1}$ *Camph.*$_{j5,kr1}$ crot-t.$_{j5}$ stram.$_{j5}$
– **Stellung** zu verlieren; aus Furcht die: calc.$_{gl1}$ ign.$_{gl1}$ puls.$_{gl1}$ rhus-t.$_{gl1}$ staph.$_{gl1}$ sulph.$_{gl1}$ verat.$_{gl1}$
  ☞ *Beschwerden durch - Stellung*
– **still**: verat.$_{j5}$ *Verat-v.*$_{kr1}$
– **streitsüchtig**: hyos.$_{ptk1}$
– **Suizidneigung**, mit: ars.$_{j5}$ hyos.$_{j5}$ naja$_{ptk1}$ verat.$_{j5}$
  ☞ *Furcht - Selbstmord / Suizidneigung*
– **Syphilis**, bei: anag.$_{kr1}$ syph.$_{ptk1}$
– **tadelt** andere: **Lyc.**$_{gl1}$
– **Tanzen**, mit: bell.$_{j5}$ cic.$_{j5,jl}$ hyos.$_{j5}$ ph-ac.$_{j5}$
  • **Ausziehen** der Kleidung; und: *Bell.*$_{a1,st}$
– **unbeweglich** wie eine Statue: cham.$_{j5}$ fl-ac.$_{k2}$ hyos.$_{gl1,j5}$
– **Unglück**, nach: calc.$_{jsa}$ ign.$_{jsa}$ nat-m.$_{jsa}$ rhus-t.$_{jsa}$
– **uriniert** auf den Boden: plb.$_{ptk1}$
  ☞ *Delirium - Urinieren - Boden / Schmutzig - urinieren*
– **Verfolgungswahn**: **Ars.**$_{gl1}$ calc.$_{gl1}$ caust.$_{gl1}$ lach.$_{gl1}$ sulfonam.$_{gl1,jl}$ verat.$_{gl1}$
  ☞ *Angst - verfolgt / Schizophrenie - paranoid / Wahnideen verfolgt / Wahnideen - verfolgt, ihm würde nachgestellt*
– **Vermögen**:
  • **Gewinn** eines Vermögens; nach: bell.$_{gl1}$ *Caust.*$_{gl1}$ puls.$_{gl1}$ stram.$_{gl1}$ verat.$_{gl1}$
  • **Verlieren** eines Vermögens; nach: calc.$_{gl1}$ ign.$_{gl1}$ rhus-t.$_{gl1}$ verat.$_{gl1}$
– **verschlossen**, geheimnistuerisch: dig.$_{a1,h}$
– **Verzweiflung**; mit: calc.$_{gl1}$ ign.$_{gl1}$ puls.$_{gl1}$ rhus-t.$_{gl1}$ staph.$_{gl1}$ sulph.$_{gl1}$ verat.$_{gl1}$
– **Waschen** des Kopfes mit kaltem Wasser:
  • **amel.**: sabad.$_{ptk1}$

Geisteskrankheit, Wahnsinn: ...
– **Weinen**, mit: cann-s.$_{j5}$ merc.$_{j5}$ stram.$_{j5}$
– **Wochenbett**, im: agn.$_{bg2,sf1}$ *Aur.* bar-c. *Bell.* bry.$_{gl1}$ *Camph.* *Cann-i.*$_{sf1}$ canth.$_{bg2,sf1}$ *Chlol.*$_{hr1,kr1}$ cic.$_{bg2,sf1}$ *Cimic.* crot-h. *Cupr.* *Cupr-act.*$_{kr1}$ ferr-p.$_{k2}$ *Hyos.* *Kali-bi.*$_{kr1}$ kali-br. kali-c. kali-p.$_{c1}$ *Lyc.* merc.$_{c1}$ nat-m.$_{bg2}$ *Nux-v.*$_{bg2,kr1,*}$ *Petr.*$_{kr1}$ phos.$_{bg2,sf1}$ *Plat.* *Puls.* *Sec.*$_{bg2,sf1}$ senec.$_{bg2,sf1,*}$ *Stram.* *Sulph.*$_{kr1}$ thyr.$_{a1,jl}$ *Verat.* verat-v. zinc.
  ☞ *Fliehen - Puerperalmanie / Springen - wilde*
– **wühlt** wie ein Schwein mit dem Mund in der Erde: stram.$_{kr1}$
– **zerbricht** Nadeln; sie sitzt da und: bell. calc.
– **zieht** seine beste Kleidung an: con.
– **Zorn**, durch: bell.$_{gl1,j5}$ *Ign.* *Lach.*$_{gl1}$ lyc.$_{j5}$ op.$_{j5}$ *Plat.*$_{gl1,k1,*}$ staph.$_{gl1}$
  ☞ *Zorn*
– **Zunge**:
  • **Herausstrecken** der Zunge, Schnalzen und verzerrtem Gesicht; mit: bell.$_{gl1,j5}$
  • **weißer** Farbe der Zunge; mit: nux-v.$_{kr1,vk1}$

Geistige Anstrengung:
– **agg.**: abrot. achy.$_{jl}$ *Agar.* agn.$_{bg2}$ *Aloe* alum-p.$_{k2}$ alum-sil.$_{k2}$ am-c. ambr. aml-ns.$_{bro1}$ *Anac.* ang. *Aran-ix.*$_{mg1}$ **Arg-met.** **Arg-n.** arn. ars. ars-i. ars-met.$_{c1}$ asaf.$_{j5}$ asar. **Aur.** aur-ar.$_{k2}$ *Aur-i.*$_{k2}$ aur-m.$_{st}$ aur-s.$_{k2}$ aven.$_{sf1}$ bar-act.$_{sf1}$ bar-c.$_{k2}$ bell. berb.$_{j5}$ borx. cadm-met.$_{jl,mg1,*}$ calad. **Calc.** *Calc-ar.*$_{k1,st}$ calc-caust.$_{sf1}$ calc-f.$_{jl}$ calc-i.$_{k2}$ **Calc-p.** calc-sil.$_{k2}$ caps.$_{c1}$ *Carb-ac.* *Carb-v.* *Caust.* cham. *Chin.* cimic.$_{bg2,sf1}$ cina cist. coca$_{a1}$ *Cocc.* coff. *Colch.* *Con.* cortiso.$_{jl,mg1,*}$ crot-h.$_{bg2}$ *Cupr.* *Cupr-act.*$_{c1}$ dig. echi.$_{bg2}$ *Epig.*$_{sf1}$ ferr-pic.$_{sf1}$ fl-ac.$_{bg2,k2}$ *Gels.* *Glon.*$_{k2,st}$ *Graph.*$_{j5,kr1}$ halo.$_{jl}$ hell. *Hep.*$_{bg2}$ **Hyos.**$_{bg2,st}$ **Ign.** iod. iris$_{bg2,sf1}$ kali-ar. *Kali-br.* kali-c. **Kali-p.** kali-s. kali-sil.$_{k2}$ **Lach.** laur. **Lec.** led.$_{bg2}$ lil-t.$_{k2}$ **Lyc.** mag-c. mag-m. mag-p.$_{c1,ptk1}$ mang. med. meny. meph.$_{bg2}$ *Naja*$_{bg2,k2}$ *Nat-ar.* **Nat-c.** **Nat-m.** nat-p.$_{k2}$ *Nat-s.* *Nat-sil.*$_{k2,st}$ *Nit-ac.* *Nux-m.* **Nux-v.** *Olnd.* *Op.* par. *Petr.* *Ph-ac.* *Phos.* **Pic-ac.** pip-m.$_{sf1}$ plan. plat. plb.$_{bg2,k2}$ *Psor.* ptel.$_{c1}$ *Puls.* ran-b. rauw.$_{sp1}$ rhus-t.$_{bg2,k2,*}$ *Sabad.* *Sars.*$_{j5}$ scut.$_{c1}$ **Sel.** **Sep.** **Sil.** spig.$_{bg2}$ spong.$_{bg2}$ squil.$_{c1}$ stann. **Staph.** *Stram.*$_{bg2}$ sul-i.$_{k2}$ sulfonam.$_{jl}$ *Sulph.* tarax. thymol.$_{bro1}$ **Tub.**$_{k13,st}$ tub-m.$_{vs}$ v-a-b.$_{jl}$ verat.$_{bg2,h}$ verb.$_{bg2}$ vinc.$_{c1}$ vip. zinc. zinc-p.$_{k2}$
  ☞ *Angst - geistige / Beschwerden durch - geistige / Erschöpfung / Faulheit / Furcht - Anstrengung - vor / Langeweile / Stumpfheit / Wille - Willensschwäche - geistige / ❑ Schwindel - Geistige*
  • **ermüdet**: abrot.$_{kr1}$ achy.$_{jl,kr1}$ *Acon.*$_{kr1}$ **Aur.**$_{kr1}$ cocc.$_{kr1}$ coff.$_{gl1,kr1}$ **Con.**$_{kr1}$ *Graph.*$_{kr1}$ hypoth.$_{jl,kr1}$ *Ign.*$_{kr1}$ lach.$_{gl1,kr1}$ lyc.$_{gl1,kr1}$ **Nat-c.**$_{gl1,kr1}$ *Nux-v.*$_{gl1,kr1}$ *Pic-ac.*$_{kr1}$ *Sel.*$_{kr1}$ sil.$_{gl1,kr1}$ staph.$_{gl1,kr1}$ sulph.$_{gl1,kr1}$ v-a-b.$_{jl,kr1}$
    ☞ *❑ Allgemeines - Mattigkeit - geistige / ❑ A~ Müdigkeit - Anstrengung - geistige*
  • **Pubertät**; agg. durch geistige Anstrengung in der: calc-p.$_{st}$ kali-p.$_{st}$

– **agg.**: ...

• **unmöglich**: abies-n.$_{kr1}$ abrot.$_{kr1}$ acon.$_{j5,kr1}$ *Aeth.*$_{bro1}$ agar.$_{j5}$ agn.$_{j5,sf1}$ *Alum.*$_{j5,k2,*}$ am-c.$_{j5}$ *Ambr.*$_{gl1,j5}$ ammc.$_{a1}$ *Anac.*$_{j5,kr1}$ androc.$_{srj1}$ anh.$_{mg1,sp1}$ apoc.$_{sf1}$ arag.$_{br1}$ *Arg-met.*$_{k2,kr1,*}$ arg-n.$_{bro1}$ arn.$_{j5,kr1}$ ars.$_{j5,kr1,*}$ asar. astra-e.$_{jl}$ aur.$_{j5,k2,*}$ bamb-a.$_{stb2}$ *Bapt.*$_{bg2,k2,*}$ bar-c.$_{k2}$ berb.$_{k2,sf1}$ borx.$_{j5,sf1}$ brom.$_{sf1}$ buth-a.$_{mg1}$ cadm-met.$_{mg1}$ calad.$_{k2}$ *Calc.* calc-act.$_{bg2}$ calc-ar.$_{k2}$ camph.$_{gl1}$ cann-i.$_{bro1}$ *Canth.*$_{kr1}$ caps.$_{j5}$ carb-ac.$_{sf1}$ *Carb-v.*$_{bg2,j5,*}$ caust.$_{gl1,k2}$ cere-s.$_{a1}$ chel.$_{k2}$ chin.$_{k2}$ chinin-s. cocc.$_{k2}$ coff.$_{j5}$ *Con.*$_{gl1,sf1}$ cop. crot-h.$_{j5,sf1}$ cycl. dig. dirc.$_{a1}$ dulc.$_{sf1}$ equis-h.$_{a1}$ *Ferr. Gels.* germ-met.$_{srj5}$ gins.$_{sf1}$ glon. glyc.$_{bro1}$ graph.$_{gl1,j5}$ grat.$_{sf1}$ gymno. haem.$_{sf1}$ ham. *Hell.*$_{j5,k2}$ hep.$_{gl1}$ hipp.$_{a1}$ hydr.$_{j5}$ *Hydr-ac.*$_{j5,kr1}$ hyos. ign.$_{j5,k2,*}$ *Kali-br.*$_{bg2,sf1}$ *Kali-p.*$_{bro1}$ kalm. kiss.$_{a1}$ kreos.$_{kr1}$ *Lach.*$_{a1,j5,*}$ lact.$_{j5}$ lact-v.$_{a1}$ laur.$_{j5}$ lil-t.$_{a1,sf1}$ lyc. lyss.$_{kr1}$ m-arct.$_{j5}$ mag-c.$_{mg1}$ mag-m.$_{j5,jl}$ mag-p.$_{sf1}$ mang.$_{k2}$ *Med.* meli.$_{k1}$ merc.$_{gl1,sf1}$ mez.$_{j5}$ morph. naja$_{a1}$ nat-ar.$_{a1}$ **Nat-c.** *Nat-m.*$_{j5,k2,*}$ nat-p.$_{k2}$ nat-s. nit-ac.$_{j5}$ *Nux-m.*$_{bro1}$ *Nux-v.*$_{gl1,k1}$ olnd.$_{gl1,j5}$ op.$_{j5}$ *Petr.*$_{gl1,j5}$ *Ph-ac.*$_{h,k2,*}$ *Phos.* pic-ac. ptel. *Rhus-t.*$_{k2,sf1}$ sabad.$_{sf1}$ sars.$_{h,j5}$ sel.$_{j5,kr1,*}$ sep.$_{h,j5,*}$ sieg.$_{mg1}$ *Sil.*$_{bg2,sf1}$ sol-mm.$_{j5}$ *Spig.*$_{a1}$ spong.$_{j5}$ stann.$_{j5}$ *Staph.*$_{bg2,gl1,*}$ *Sumb.* tab.$_{bg2,sf1}$ tell.$_{jl}$ *Ter.*$_{sf1}$ thal.$_{jl}$ *Thuj.*$_{kr1,sf1}$ verat.$_{gl1,j5}$ vib. visc.$_{jl}$ *Zinc.*$_{j5,kr1,*}$

☞ *Studieren - schwierig / Stumpfheit - Denken - lange*

• **morgens**: agar.$_{sf1}$ *Ph-ac.*$_{kr1}$
• **nachmittags**: fago.$_{a1}$ hyos.$_{a1}$ sil.$_{a1,gl1}$
• **abends**: *Ign.*$_{kr1}$
• **nachts**: form.$_{a1}$
• **alten** Menschen; bei: *Ambr.*$_{kr1}$
☞ *Demenz - senilis*
• **Anstrengung**; nach: nat-m.$_{h}$
• **Brennen** in der rechten Lumbalregion; durch: nit-ac.$_{h}$
• **Essen**; nach dem: ars-s-f.$_{k2}$
• **Freien**; im: nat-ar.$_{a1}$
• **kontinuierliche** aktive Arbeit ist: agar.$_{k2}$ arn.$_{br1}$
• **Kopfschmerzen**; bei: sep.$_{h}$
• **Mittagsschlaf**; nach dem: graph.$_{a1,h}$
• **sexuellen** Exzessen; nach: ph-ac.$_{sf1}$ pic-ac.$_{sf1}$ *Sel.*$_{sf1}$
• **Unterbrechung**; durch die geringste: berb.$_{kr1}$
• **Wahnsinn** zu treiben; seine geistige Unfähigkeit scheint ihn zum: ind. *Kali-p.* med.
☞ *Geisteskrankheit / Geisteskrankheit - geistige*

• **Wahnsinn** zu treiben; scheint ihn zum
☞ *unmöglich - Wahnsinn*

– **amel.**: bamb-a.$_{stb2}$ calc. calc-p.$_{bg2}$ *Camph.*$_{bg2}$ cic.$_{bg2}$ croc. *Ferr.* gels.$_{ptk1}$ hell.$_{bg2}$ *Helon.* kali-br.$_{bro1}$ *Nat-c.* nat-m.$_{sf1}$ rauw.$_{sp1}$ *Verat.*$_{gl1}$ zinc.$_{sf1}$
☞ *Aktivität / Fleißig / ❑ Allgemeines - Aktivität - amel.*

– **Abneigung** gegen: acet-ac. **Acon.**$_{k1}$ aesc. agar. agn.$_{bg2}$ **Aloe** alum. alum-p.$_{k2}$ alum-sil.$_{k2}$ alumn. am-c.$_{j}$ am-m.$_{h}$ anac. ant-c.$_{a1}$ anth.$_{a1}$ arg-n.$_{bg}$ arn.$_{bg2}$ ars.$_{j}$ asaf.$_{a1}$ asar.$_{bg2}$ atro. *Aur.* aur-ar.$_{k2}$ aur-i.$_{k2}$

– **Abneigung** gegen: ...
aur-m. aur-s.$_{k2}$ **Bapt.** bar-c. bar-s.$_{k2}$ bell. berb.$_{sf1}$ *Borx.*$_{sf1}$ brom. bry.$_{k2}$ bufo$_{a1}$ bufo-s. buth-a.$_{jl,mg1}$ cadm-s. cain. calc.$_{k,vh/dg}$ calc-p. calc-s. calc-sil.$_{k2}$ cann-i. *Carb-ac.* carb-an. carb-v. carbn-s.$_{a1}$ *Carl.* caust.$_{gl1}$ cham. **Chel. Chin.** *Chinin-ar.* chinin-s. cic.$_{a1}$ cinnb. clem. cob. cocc.$_{j}$ *Colch.* coloc. con. corn. croc.$_{a1}$ crot-h.$_{j}$ crot-t.$_{a1}$ cycl. dam.$_{a1}$ dig.$_{a1}$ dros.$_{bg2,h}$ dulc. echi. euon.$_{j}$ fago. *Ferr.* ferr-p. *Form.*$_{sf1}$ *Gels.* germ-met.$_{srj5}$ graph.$_{gl1,k2}$ grat. *Ham.* helo-s.$_{c1}$ hep. hipp. hura$_{a1}$ hydr. hyos. hyper. ign.$_{j}$ ind. *Iod.*$_{a1}$ ip. jug-r.$_{a1}$ *Kali-bi.* kali-c.$_{h}$ *Kali-i.*$_{st}$ kali-n. kali-s. kali-sil.$_{k2}$ kalm. lac-d. *Lach.* laur.$_{bg2}$ **Lec.** *Lil-t.* lyc.$_{k,vh/dg}$ mag-c.$_{j}$ mag-m. mag-p. mag-s.$_{a1}$ med. meph. merl. mez.$_{bg2}$ mill.$_{a1}$ mur-ac. nat-ar. nat-c.$_{gl1,sf1,*}$ *Nat-m.* *Nat-n.*$_{sf1}$ nat-p.$_{k2}$ *Nit-ac.* **Nux-v.** olnd. op. osm.$_{a1}$ ox-ac.$_{sf1}$ oxyg.$_{a1}$ pall. par. petr. *Ph-ac.* **Phos.** *Phyt.* *Pic-ac.* plan. plat. plb. psor.$_{ptk1}$ ptel. *Puls.* ran-s. raph. rhod.$_{bg2}$ *Rhus-t.* rhus-v.$_{a1}$ rumx. sabad.$_{bg2}$ sanic. sapin.$_{a1}$ sapo.$_{a1}$ sars.$_{a1}$ scut. sec.$_{a1}$ sel.$_{bg2}$ *Sep.* *Sil.* sol-ni. spig. spong.$_{bg2,j5}$ squil. stann.$_{k2}$ staph.$_{k,vh/dg}$ sulfonam.$_{jl}$ *Sulph.* tab.$_{a1}$ teucr. thea ther.$_{a1}$ *Thuj.* **Thyr.**$_{vh,vh/dg}$ tub. upa.$_{c1}$ valer. verb.$_{a1}$ viol-o. viol-t. yuc.$_{a1}$ zinc.$_{h,j5,*}$ zinc-chl.$_{ptk1}$ zinc-p.$_{k2}$
☞ *Abscheu - Arbeit / Beschwerden durch - geistige / Denken - Abneigung / Faulheit / Langeweile / Stumpfheit*

• **morgens**: hydrog.$_{srj2}$ kali-n.$_{h}$
• **vormittags**: get.$_{a1}$
• **11** h: fago.$_{a1}$
• **nachmittags**: hyos. nat-ar.$_{a1}$
• **literarische** Arbeit: ip.$_{a1}$ *Nux-v.*$_{a1}$ *Rhus-t.*$_{a1}$
• **Witwen**; bei: con.$_{k2}$

– **Verlangen** nach: acon.$_{a1}$ acon-f.$_{a1}$ aloe ang.$_{a1}$ anth. arn. aur. aur-s.$_{a1,k2}$ bad.$_{a1,k}$ **Bell.**$_{a1}$ *Brom.* carb-ac.$_{a1,k}$ carbn-o.$_{a1}$ carbn-s.$_{a1}$ chin. chlor.$_{a1}$ choc.$_{srj3}$ clem.$_{a1,k}$ cob. coca coff.$_{a1}$ dig.$_{j}$ eaux$_{a1}$ eucal.$_{a1}$ eug.$_{a1}$ flor-p.$_{a1,jl}$ form.$_{a1}$ gels.$_{a1,k}$ ham.$_{a1}$ hyos.$_{a1}$ hyper.$_{a1}$ iber.$_{a1}$ kali-s.$_{a1,k2}$ lach.$_{a1,sf1}$ laur. led.$_{a1}$ lyc.$_{a1}$ m-arct.$_{j}$ manc.$_{a1}$ morph.$_{a1}$ naja$_{a1,k}$ nat-ar.$_{a1,k2}$ nat-m.$_{gl1}$ nat-p.$_{a1}$ nat-s.$_{a1}$ nitro-o.$_{a1}$ op.$_{a1}$ opun-v.$_{a1}$ ped.$_{a1}$ penic.$_{a1,jl}$ phos.$_{a1,k2}$ *Phys.*$_{a1}$ pip-m.$_{sf1}$ plb.$_{a1}$ raph.$_{a1}$ reser.$_{a1,jl}$ rhus-t. seneg. sil.$_{a1}$ spig.$_{a1}$ stry.$_{a1}$ sulph. sumb.$_{a1}$ **Tarent.** ther. **Verat.**$_{j,vh,*}$ viol-o.$_{a1}$ zing.$_{a1}$
☞ *Behendigkeit / Fleißig / Geisteskraft - erhöht / Ideen - Reichtum / Verlangen, Wunsch - voller - mehr*

• **morgens**: acon.$_{gl1}$
• **abends**: cic. graph.$_{a1,k2}$ hydrog.$_{srj2}$ *Lach.* lycps-v.$_{a1,kr1}$ nat-p.$_{a1}$ puls. rhus-t.$_{a1}$
• **nachts**: dig.$_{a1}$ hydrog.$_{srj2}$ *Lach.*$_{a1,gl1}$ nitro-o.$_{a1}$ sin-n.$_{a1}$
• **Mitternacht**:
• **bis**: **Coff.**$_{a1}$ graph.$_{k2}$
• **nach**:
• **1** h: gels.$_{a1}$
• **2** h; bis: thiop.$_{jl}$
• **4** h; nach: cortico.$_{jl}$
• **5** h: fago.$_{a1}$ lycps-v.$_{a1}$

◆ **abwechselnd** mit:
• **Faulheit**: *Aloe*$_{a1}$
• **Gleichgültigkeit**: aloe$_{ptk1}$ aur.$_{ptk1}$ sarr.$_{a1}$

– **Verlangen** nach - **abwechselnd** mit: ...
  • **Stumpfheit**, Schwerfälligkeit: acon.$_{gl1}$
  • **Trägheit**
    ☞ *Faulheit*
  • **Schwäche**: *Aloe*$_{a1}$
• **literarischer** Arbeit: sulph.$_{a1}$
– **Wein** zur geistigen Arbeit; braucht: hep.$_{gl1}$

Geistige Arbeit
☞ *Geistige Anstrengung*

Geistige Erschöpfung
☞ *Erschöpfung*

Geistreich
☞ *Witzig*

Geiz: alum.$_{gl1}$ **ARS.**$_{k1,st}$ bar-c.$_{j}$ bry.$_{bg2,k}$ calc.$_{bg2,k}$ calc-f.$_{hr1,k,*}$ carb-an.$_{gl1}$ carb-v.$_{gl1}$ caust.$_{gl1}$ cina coloc. con.$_{gl1}$ *Dulc.*$_{gk}$ gink-b.$_{sbd1}$ graph.$_{gl1}$ hep.$_{gl1}$ hyos.$_{gl1}$ lach.$_{gl1}$ *Lyc.*$_{bg2,k,*}$ med.$_{ptk1}$ meli. **Merc.**$_{vh,vh/dg}$ nat-c.$_{bg2,k,*}$ nat-m.$_{gl1}$ nit-ac.$_{gl1}$ nux-v.$_{gl1}$ petr.$_{gl1}$ *Ph-ac.*$_{gl1}$ phos.$_{j}$ plat.$_{gl1}$ psor.$_{gb,gk}$ **Puls.**$_{bg2,k1,*}$ rheum *Sep.*$_{bg2,k,*}$ **Sil.**$_{gl1}$ staph.$_{gl1}$ sulph.$_{bg3,gl1}$
☞ *Angst - Geschäfte / Eifersucht / Furcht - Armut / Furcht - Verhungern / Gier / Neid / Reich zu - Verlangen / Selbstsucht / Undankbar - Geiz / Verlangen, Wunsch - voller - mehr / Wahnideen - arm, er / Wahnideen - Geld - eingenäht / Wahnideen - Geld - spricht / Wahnideen - Geld - zählt / Wahnideen - Geschäft - machen / Wahnideen - Not - geraten / Wahnideen - Not - sie / Wahnideen - Reichtum / Wahnideen - ruiniert - sei / Wahnideen - verhungern - Familie / Wahnideen - verhungern - sei / Wahnideen - Vermögen / ❑ Allgemeines - Verhungern*

⬖ **abwechselnd** mit:
• **Verschwendung**
  ☞ *Verschwenderisch - abwechselnd mit - Geiz*
– **Angst** um die Zukunft; Geiz aus: *Bry.*$_{vh,vh/dg}$ granit-m.$_{es1}$ *Nux-v.*$_{gl1}$ *Ph-ac.*$_{gl1}$ *Psor.*$_{vh,vh/dg}$ stann.$_{gl1}$
  ☞ *Angst - Zukunft*
– **Großzügigkeit** gegenüber Fremden, Geiz in bezug auf seine Familie: carb-v.$_{gl1}$ hyos.$_{gl1}$ nat-m.$_{gl1}$ *Nux-v.*$_{gl1,vh/dg}$
  ☞ *Entfremdet - Familie / Gleichgültigkeit - geliebte - Fremden*
– **teuer**; alles erscheint zu: lach.$_{pc}$ sep.$_{pc}$ sil.$_{pc}$
– **verschwenderisch**; jedoch für sich selbst: calc.$_{gl1}$ hyos.$_{gl1}$ marb-w.$_{es1}$ nux-v.$_{gl1}$ sep.$_{gl1}$
  ☞ *Verschwenderisch*

Gejammer
☞ *Jammern / Klagen / Stöhnen*

Gelassenheit
☞ *Seelenruhe*

Gelingt nichts, es: am-c.$_{h,k,*}$ asar.$_{h,k,*}$ aur.$_{hr1,k}$ canth. merc.$_{a1,h}$ mur-ac. nat-c. nat-s.$_{a1,k}$ nux-v.
☞ *Angst - Erfolg / Entmutigt / Furcht - geschäftlichem / Furcht - unternehmen - irgendetwas / Furcht - Versagen / Hilflosigkeit / Pessimist / Schüchternheit ...*

Gelingt nichts, es: ...
☞ *Selbstvertrauen - Mangel / Unternimmt - nichts / Verlangen; großes - guten / Wahnideen - falsch - machen / Wahnideen - faul - bewegen / Wahnideen - fehlschlagen / Wahnideen - Freund - Zuneigung / Wahnideen - gelingt / Wahnideen - Geschäft - unfähig / Wahnideen - richtig - machen / Wahnideen - Schande; sie / Wahnideen - Vertrauen*

Gelobt zu werden
☞ *Schmeicheln - Verlangen*
– **Verlangen**
  ☞ *Schmeicheln - Verlangen*

Gemein, boshaft
☞ *Boshaft*

Gemütserregung
☞ *Erregung / Hitzig*

Gemütssymptome: *Acon.*$_{ptk1}$ antip.$_{c2}$ *Ars.*$_{ptk1}$ aur.$_{ptk1}$ **Bell.**$_{ptk1}$ bry.$_{ptk1}$ *Calc.*$_{ptk1}$ cham.$_{ptk1}$ chin.$_{ptk1}$ cycl.$_{c2}$ *Dios.*$_{c2}$ **Hyos.**$_{c2,ptk1}$ hyper.$_{c2}$ *Ign.*$_{ptk1}$ **Lach.**$_{c2,ptk1}$ lil-t.$_{ptk1}$ *Lyc.*$_{ptk1}$ nat-c.$_{ptk1}$ *Nat-m.*$_{ptk1}$ nux-m.$_{c2}$ **Nux-v.**$_{ptk1}$ op.$_{ptk1}$ ph-ac.$_{ptk1}$ *Phos.*$_{ptk1}$ plat.$_{c2,ptk1}$ **Puls.**$_{ptk1}$ *Sep.*$_{c2,ptk1}$ **Stram.**$_{ptk1}$ *Sulph.*$_{ptk1}$ valer.$_{ptk1}$ *Verat.*$_{ptk1}$
⬖ **abwechselnd** mit:
• **Geisteskrankheit**
  ☞ *Geisteskrankheit - abwechselnd mit - Gemütssymptomen*
• **Fluor**: murx.$_{k,st}$
• **körperliche** Symptome: **Abrot.**$_{vh,vh/dg}$ alum.$_{st,vh}$ *Arn.*$_{bg2,k,*}$ astra-e.$_{jl}$ aur.$_{vh}$ bell.$_{vh}$ carc.$_{gk}$ cere-b.$_{c1}$ *Cimic.*$_{bg2,k}$ con.$_{vh}$ *Croc.*$_{bg2,k1,*}$ ferr.$_{vh}$ gink-b.$_{sbd1}$ hyos.$_{gb}$ **Ign.**$_{bg3,vh,*}$ lach.$_{c1}$ *Lil-t.*$_{bg2,k,*}$ *Murx.*$_{ptk1}$ **Plat.**$_{bg2,k1,*}$ sabad.$_{bg2}$ tub.$_{dp,k2,*}$
  ☞ *Geisteskrankheit - abwechselnd mit - körperliche / Traurigkeit - abwechselnd mit - Lungen / ❑ Allgemeines - Abwechselnde*
– **akute** Gemütssymptome: *Coff.*$_{ptk1}$ *Op.*$_{ptk1}$
  • **Schwäche**; mit körperlicher: mand.$_{c1}$ sil.$_{ptk1}$
– **Zittern** aller Glieder; mit: plat.$_{k2}$

Genau; zu
☞ *Heikel*

Genötigt sein; zu etwas
☞ *Gedanken - zwingend*

Geräusche:
– **agg.**
  ☞ *Empfindlich - Geräusche - agg.*
– **amel.**: graph.$_{ptk1}$
– **Abneigung** gegen
  ☞ *Auffahren - Geräusche / Empfindlich - Geräusche*
– **Neigung** Krach, Lärm zu machen: acon.$_{ptk1}$ **Bell.**$_{a1,bg2}$ cham.$_{ptk1}$ cic.$_{ptk1}$ merc.$_{a1}$ op.$_{a1}$ verat.$_{a1}$

Gereizt, verärgert
☞ *Reizbarkeit / Widerspruch*

Geringschätzung
☞ *Verächtlich*

Gerissen, schlau: cann-i.$_{a1}$ mosch.$_{k2}$ tarent.$_{k2}$

Geschäft:

– **Abneigung** gegen: acon-l.$_{st}$ agar. am-c. anac. androc.$_{srj1}$ arn.$_{bg2}$ ars. ars-h. asar.$_{kr1}$ aur-m. *Brom.* calc.$_{k2}$ chinin-s. cimic. *Con.* cop. fl-ac. graph. hipp. kali-ar. kali-bi. kali-br. kali-c. kali-i. kali-s. lac-ac. *Lach.* laur. lil-t. lyc.$_{h}$ mag-s. nat-ar.$_{k2}$ nat-c.$_{gl1,h2}$ nux-v.$_{a1,k2}$ opun-v.$_{a1}$ *Ph-ac.*$_{k1,st}$ *Phyt. Puls.* rhod.$_{k2}$ rhus-t.$_{gl1}$ **Sep.** stann.$_{k2}$ sulph. syph.$_{k2,vh,*}$ ther.$_{k2,kr1}$

☞ *Abscheu - Geschäften / Beschwerden durch - geschäftlichen / Faulheit / Furcht - geschlagen*

– **Beschwerden** durch das

☞ *Beschwerden durch - geschäftlichen*

– **spricht** vom

☞ *Delirium - Geschäften / Sprechen - Geschäft*

– **unfähig** zu: agn.$_{a1,k}$ caust.$_{h,k2,*}$ chinin-s.$_{a1}$ kali-bi. mit.$_{a1}$ sel.$_{k13,k2}$ sul-i. tab.$_{a1}$

– **Verlangen** nach: ars.$_{a1}$ cere-b.$_{a1}$ con.$_{a1}$ fel$_{a1}$ lach.$_{a1}$ tarent.$_{a1}$

☞ *Fleißig*

– **vernachlässigt** sein: op.$_{a1}$ *Sulph.*$_{a1}$

☞ *Faulheit*

Geschäftig: acon.$_{sf1}$ anac.$_{sf1}$ androc.$_{srj1}$ *Apis* arn.$_{j5}$ ars.$_{a1}$ aur.$_{j}$ *Bar-c.*$_{bg1,bg2,*}$ bell.$_{j}$ *Bry.* calad. calc. caps. cere-b.$_{a1}$ choc.$_{srj3}$ cimic.$_{a1,bg2,*}$ cocc. con.$_{a1}$ dig.$_{j}$ fel$_{a1}$ ferr-p.$_{a1,sf1}$ *Hyos.*$_{gl1,j5}$ ign. *Iod.*$_{gl1,k2,*}$ ip.$_{j}$ *Kali-br.*$_{bg2,sf1}$ kali-i.$_{sf1}$ kalm.$_{bg2,sf1}$ *Lach.*$_{bg1,bg2,*}$ lil-t.$_{bg2,sf1}$ m-arct.$_{j}$ mag-c.$_{j}$ mag-m.$_{sf1}$ merc.$_{sf1}$ morg-p.$_{hbh,pte,*}$ mosch.$_{bg1,bg2,*}$ nat-c.$_{j}$ *Nux-m.*$_{vh,vh/dg}$ *Op.*$_{sf1}$ opun-s.$_{a1}$ opun-v.$_{a1}$ phos.$_{sf1}$ rhus-t. sep.$_{bg1,bg2,*}$ stann.$_{j}$ stram. stront-c.$_{sf1}$ sul-ac.$_{j}$ *Sulph.*$_{k1,st}$ *Tarent.*$_{a1,bg2,*}$ ther.$_{k2,sf1}$ *Valer.*$_{bg2,sf1}$ *Verat.* zinc.$_{sf1}$ zinc-val.$_{sf1}$

☞ *Aktivität / Beschäftigung - amel. / Delirium - geschäftig / Fleißig / Geisteskrankheit - benimmt / Geisteskrankheit - geschäftig / Ruhelosigkeit - geschäftig / Überaktiv / ❑ Träume - Beschäftigt*

– **nachts**: hydrog.$_{srj2}$

– **fruchtlos**, ergebnislos: absin.$_{bro1}$ *Apis*$_{bg2,kr1,*}$ arg-n.$_{bro1,ptk1}$ ars.$_{bro1}$ borx.$_{bg2,ptk1}$ calc.$_{bg2,h,*}$ canth.$_{bro1}$ kali-br.$_{ptk1}$ *Lil-t.*$_{bg1,ptk1,*}$ mag-p.$_{ptk1}$ stann.$_{h,k,*}$ sulph.$_{bro1}$ tarent.$_{bro1,ptk1}$ ther.$_{bg2,k2,*}$

☞ *Aktivität*

– **muß** in geschäftiger Tätigkeit sein:

• **Ruhelosigkeit**, durch: ther.$_{k2}$

– **schwach**; geschäftig und: mosch.$_{bg1,st}$

– **sich** selbst beschäftigt; geschäftig mit: mag-m.$_{a1}$ staph.$_{a1}$

– **vergißt** zu urinieren, zu defäkieren oder zu essen: ant-c.$_{ptk1,ptk2}$

Geschäftsleute:

– **entkräftete**, ausgelaugte Geschäftsleute; geeignet für: *Coca*$_{kr1}$ kali-p.$_{c1,kr1}$ **Nux-v.**$_{k2,kr1}$

☞ *❑ Allgemeines - Schwäche - Geschäftsleuten*

Geschenke; Ehemann macht der Ehefrau oder dem Sohn keine: **Lach.**$_{gl1}$

Geschichten; agg. durch aufregende

☞ *Schreckliches*

Geschmacklosigkeit bei der Wahl der Kleidung: *Calc.*$_{gl1}$ caust.$_{gl1}$ hell.$_{gl1,h}$ hyos.$_{gl1,h}$ lyc.$_{gl1}$ *Nat-m.*$_{gl1}$ nux-v.$_{gl1}$ sec.$_{gl1,h}$ staph.$_{gl1}$ stram.$_{gl1,h}$ *Sulph.*$_{gl1,vh/dg}$

☞ *Ankleiden - unanständig / Eleganz - keine*

Geschmackvoll: carc.$_{sk1}$

Geschwätzigkeit

☞ *Redseligkeit*

Geselligkeit: agar.$_{bg2,h,*}$ alco.$_{a1,bg2}$ carc.$_{sk1}$ lach.$_{a1,bg2}$ nat-c.$_{a1,bg2}$ nat-p.$_{vh}$ stann.$_{a1,bg2}$

Gesellschaft:

– **agg**. Gemütssymptome: ambr.$_{k2}$ +

– **Abneigung** gegen: absin.$_{a1}$ achy.$_{jl3,k1,*}$ acon.$_{bg2,k1,*}$ *Adam.*$_{srj5}$ agar.$_{bg2,k1}$ allox.$_{jl3,k1,*}$ *Aloe*$_{k1}$ **Alum.**$_{h,k1,*}$ alum-p.$_{k1,k2,*}$ alum-sil.$_{k1,k2,*}$ alumn.$_{a1,k1}$ *Ambr.*$_{bg2,k1}$ **Anac.**$_{hr1,k1}$ anan.$_{hr1,k1,*}$ *Androc.*$_{srj1}$ anh.$_{k1,mg1,*}$ ant-c.$_{k,k1}$ ant-t.$_{a1,k1}$ arag.$_{br1,k1}$ *Arg-n.*$_{bg2,k1,*}$ arist-cl.$_{jl3,k1,*}$ arn.$_{k1,k2,*}$ ars.$_{bg2,k1,*}$ *Ars-met.*$_{k1,kr1}$ atro.$_{hr1,k1,*}$ *Atro-s.*$_{hr1}$ *Aur.*$_{bg2,k1,*}$ aur-i.$_{k1,k2,*}$ *Aur-s.*$_{a1,k1}$ bamb-a.$_{stb2}$ **Bar-c.**$_{bg2,k1,*}$ bar-i.$_{k1,k2,*}$ bar-m.$_{k,k1}$ bar-s.$_{k1,k2,*}$ *Bell.*$_{bg2,k1,*}$ bov.$_{bg2,k1}$ *Bry.*$_{hr1,k1,*}$ bufo$_{k1}$ bufo-s.$_{k1}$ *Cact.*$_{hr1,k1,*}$ cadm-met.$_{k1,mg1,*}$ calc.$_{h,k1,*}$ calc-i.$_{k1,k2,*}$ *Calc-p.*$_{bg2,k1,*}$ calc-s.$_{a1,k1}$ camph.$_{bg2,k1}$ cann-i.$_{a1,k1}$ caps.$_{bro1,k1}$ **Carb-an.**$_{h,k1,*}$ *Carb-v.*$_{bg2,k1}$ carbn-s.$_{k1}$ carc.$_{hbh}$ cedr.$_{a1,k1}$ cench.$_{k1,k2,*}$ **Cham.**$_{hr1,k1}$ *Chin.*$_{h,k1,*}$ choc.$_{srj3}$ **CIC.**$_{k1,st}$ cimic.$_{hr1,k1}$ cinnb.$_{hr1,k1}$ clem.$_{bg2,k1,*}$ coca$_{k1}$ *Coloc.*$_{hr1,k1}$ *Con.*$_{bg2,k1,*}$ convo-s.$_{jl,k1}$ cop.$_{k,k1}$ cortico.$_{jl3,k1,*}$ *Cupr.*$_{h,k1,*}$ cur.$_{hr1,k1}$ cycl.$_{bg2,k1,*}$ *Dig.*$_{bg2,k1,*}$ dios.$_{hr1,k1,*}$ elaps$_{k1}$ eug.$_{hr1,k1,*}$ euph.$_{hr1,k1,*}$ *Ferr.*$_{a1,k1}$ ferr-i.$_{k,k1}$ ferr-p.$_{bg2,k1}$ ferul.$_{a1}$ fl-ac.$_{k,k1}$ **Gels.**$_{bg2,k1,*}$ germ-met.$_{srj5}$ gink-b.$_{sbd1}$ **Granit-m.**$_{es1}$ graph.$_{a1,k1}$ grat.$_{a1,k1}$ haliae-lc.$_{srj5}$ ham.$_{a1,k1}$ *Hell.*$_{a1,k1}$ helon.$_{bg2,k1,*}$ *Hep.*$_{bg2,k1,*}$ *Hipp.*$_{k,k1}$ hydr.$_{a1,k1}$ hydrog.$_{srj2}$ *Hyos.*$_{hr1,k1}$ **Ign.**$_{bg2,k1,*}$ *Iod.*$_{hr1,k1}$ jug-c.$_{a1,k1}$ kali-bi.$_{bg2,k1,*}$ kali-br.$_{hr1,k1}$ kali-c.$_{bg2,k1}$ kali-i.$_{bg2,k1}$ kali-p.$_{k1}$ kali-s.$_{k,k1}$ *Lac-d.*$_{hr1,k1}$ *Lach.*$_{hr1,k1}$ *Led.*$_{bg2,k1,*}$ lil-t.$_{bg1,k1,*}$ limest-b.$_{es1}$ luna$_{kg1}$ *Lyc.*$_{bg2,k1,*}$ m-aust.$_{j5,k1}$ mag-c.$_{bg2,k1}$ mag-m.$_{h2,k1,*}$ mang.$_{k,k1}$ marb-w.$_{es1}$ meny.$_{bg2,k1,*}$ meph.$_{jl,k1}$ moly-met.$_{jl,k1}$ murx.$_{j5,k1}$ *Nat-c.*$_{bg2,k1,*}$ **NAT-M.**$_{k1,st}$ nat-p.$_{k,k1}$ nat-s.$_{k1,k2,*}$ neon$_{srj5}$ nicc.$_{a1,k1}$ **Nux-v.**$_{bg2,k1,*}$ op.$_{gl1,k2,*}$ *Oxyt.*$_{k,k1}$ *Pall.*$_{bg2,k1,*}$ pana.$_{a1,k1}$ petr.$_{bg2,k1}$ ph-ac.$_{hr1,k2,*}$ phos.$_{k,k1}$ pic-ac.$_{a1,k1}$ *Plat.*$_{bg2,k1,*}$ *Plb.*$_{bg2,k1,*}$ prot.$_{jl3,k1,*}$ psor.$_{hr1,k1}$ ptel.$_{hr1,k1,*}$ *Puls.*$_{bg2,k1,*}$ *Rhus-t.*$_{bg2,k1,*}$ sanic.$_{c1}$ sapin.$_{a1,k1}$ sec.$_{a1,k1}$ *Sel.*$_{k,k1}$ **Sep.**$_{k1,vh/dg}$ sieg.$_{k1,mg1,*}$ *Stann.*$_{bg2,k1,*}$ **Staph.**$_{bg2,k1,*}$ stram.$_{bg2,k1,*}$ sul-ac.$_{a1,k1}$ sul-i.$_{k1,k2,*}$ sulfonam.$_{jl3,k1,*}$ *Sulph.*$_{hr1,k1}$ *Syph.*$_{bg2,k1,*}$ *Tarent.*$_{hr1,k1,*}$ tep.$_{k,k1}$ term-a.$_{bnj1}$ thala.$_{jl3,k1,*}$ thiop.$_{jl,k1}$ *Thuj.*$_{hr1,k1}$ til.$_{k,k1}$ trinit.$_{br1}$ ust.$_{k,k1}$ verat.$_{hr1,k1}$ x-ray$_{jl,k1,*}$

☞ *Angesprochen - Abneigung / Angesprochen - Abneigung - allein / Angst - Gesellschaft / Argwöhnisch / Argwöhnisch - Einsamkeit / Auszugehen / Bittet - nichts / Fremde - Anwesenheit - agg. / Furcht - Menschen, vor / Geheimnistuerisch / Gesellschaftliche / Gesellschaftliche - agg. / Gleichgültigkeit - Gesellschaft ...*

– **Abneigung** gegen: ...
☞ *Menschenfeindlichkeit / Ruhelosigkeit - Gesellschaft / Schweigsam / Schüchternheit - Öffentlichkeit / Sorgen - Gesellschaft / Still sein / Stilles / Stumpfheit - Gesellschaft / Störungen / Traurigkeit - Gesellschaft / Zurückhaltend / ❑ Kopf - Schmerz - drückend - Gesellschaft / ❑ K~ Schmerz - Gesellschaft / ❑ K~ Schmerz - Gesellschaft - Menschenmenge*

- **morgens**: alum.
- **vormittags**: alum.$_{h,k,*}$
- **nachts**:
  - **verbringt** die Nacht allein, um seine Schwermut zu verbergen: ind.$_{gt}$
- ◇ **abwechselnd** mit:
  - **Scherzen** und Sarkasmus; Ausbrüche von
    ☞ *Spaßen - abwechselnd mit - Gesellschaft / Spotten - Sarkasmus - abwechselnd mit - Abneigung*
  - **Verlangen** nach Gesellschaft
    ☞ *Verlangen - abwechselnd mit - Abneigung*
- **Abscheu** vor Gesellschaft: bell.$_{gl1}$ ign.$_{gl1}$ lyc.$_{gl1}$ nux-v.$_{gl1}$ sep.$_{gl1}$ staph.$_{gl1}$
- **allein**, wenn:
  - **amel.**: adam.$_{srj5}$ allox.$_{sp1}$ ambr. *Bar-c.* bell.$_{j}$ bov. carb-an. choc.$_{srj3}$ con. convo-s.$_{sp1}$ cortico.$_{sp1}$ cycl. ferr. ferr-p. halo.$_{jl}$ hell. hydrog.$_{srj2}$ iris$_{vh}$ *Lyc.* mag-c.$_{bg2}$ mag-s. meny.$_{a1}$ *Nat-c.* *Nat-m.* petr. ph-ac.$_{k2}$ phos. plat.$_{j}$ *Plb.* rauw.$_{sp1}$ **SEP.**$_{k,vh/dg}$ stann. staph. stram. sulph. trios.$_{jl}$ visc.$_{sp1}$
- **Anblick** von Menschen; vermeidet den: acon. ars.$_{gl1}$ calc.$_{st}$ **Cic.** *Cupr.* cur.$_{st}$ ferr. *Gels.* hydrog.$_{srj2}$ *Iod.* *Lac-d.*$_{st}$ *Led.* *Nat-c.* psor.$_{gg}$ *Sep.* *Thuj.*
  - **liegt** mit geschlossenen Augen; und: sep.
  - **verschließt** sich: cur.
- **angeblickt** zu werden; Abneigung
  ☞ *Anblick*
- **Entbindung**, nach der: *Thuj.*$_{kr1}$
- **ertragen**, kann niemanden: merc.$_{gl1,j5}$ nux-v.$_{gl1,j5}$ staph.$_{gl1,j5}$ *Sulph.*$_{gl1,j5}$
- **Familie**; flieht vor der
  ☞ *Fliehen - Familie*
- **Fieberhitze**
  ☞ *Hitze*
- **Fremden**; Abneigung gegen die Anwesenheit von: **Ambr.**$_{a1,k,*}$ *Bar-c.* *Bry.* bufo *Carb-v.* **Cic.** cina$_{k2}$ *Con.* granit-m.$_{es1}$ *Iod.* *Lach.*$_{hr1}$ lyc. *Nat-c.*$_{k2,vh/dg}$ petr. *Sep.* *Stram.* *Thuj.*
  ☞ *Fremde - Anwesenheit - agg.*
  - **Stuhlgang**, beim: **Ambr.**
  - **Urinieren**, beim: hep.$_{c1}$ **NAT-M.**$_{k1,st}$
    ☞ *Fremde - Anwesenheit - agg.*
- **Freunden**, von engsten: bell. cham.$_{hr1,kr1}$ coloc.$_{hr1,k}$ *Ferr.*$_{a1,k}$ gink-b.$_{sbd1}$ granit-m.$_{es1}$ hep.$_{c1}$ *Iod.* *Nat-c.* *Sel.*
  ☞ *Abneigung - Freunde*
- **Furcht** vor dem Alleinsein; jedoch: alum-sil.$_{k2}$ ars.$_{bg1,bg2}$ bufo *Clem.* *Con.* elaps kali-br. lyc. **Nat-c.**$_{k1}$ *Sep.* stram.$_{bg1,bg2}$ tarent.$_{bg1,bg2}$
  ☞ *Furcht - allein / Furcht - Menschen, vor - Alleinsein*
- **gehen**, will allein: caj.
- **Hitze**; während: con. hyos. *Puls.*

– **Abneigung** gegen: ...
- **Kopfschmerzen**; während: bamb-a.$_{stb2}$
- **lachende** Gesichter; Abneigung gegen: *Ambr.*
- **Land**; möchte von Menschen weg aufs: calc. calc-p.$_{k2}$ elaps merc.$_{ptk1}$ sep.$_{ptk1}$
  ☞ *Land - Verlangen*
- **liegt** mit geschlossenen Augen da
  ☞ *Anblick - liegt*
- **Menses**, während: *Con.*$_{hr1,k}$ plat. sapin.$_{a1}$ sep.
  ☞ *Menses - während; Gemütssymptome*
  - **Verlangen** alleingelassen zu werden: cic. nux-v.
- **Schwangerschaft**, während der: lach. *Nat-m.*$_{kr1,sf1}$ nux-m.$_{sf1}$
- **Schweiß**, beim: ars. *Bell.* lach. lyc. puls. sep.
- **sitzt** in ihrem Zimmer und tut nichts: brom.$_{hr1,kr1}$
- **Streitsucht**; mit
  ☞ *Streitsüchtig - Gesellschaft*
- **Stumpfheit**: gink-b.$_{sbd1}$
- **treffen**, die er beleidigt zu haben glaubt; dagegen Freunde zu: ars.
- **Verlangen** nach Einsamkeit: adam.$_{srj5}$ arn.$_{br1}$ bamb-a.$_{stb2}$ caesal-b.$_{bnj1}$ **Nat-m.**$_{bg2,vh,*}$ term-a.$_{bnj1}$
  - **masturbieren**, um zu: *Bufo*$_{k1,st}$ ust.
  - **nachzugehen**; um ihren Phantasien: *Lach.*
- **Weinen**:
  - **agg.**; Weinen: *Cycl.*$_{kr1}$
  - **mit** Weinen: *Rhus-t.*$_{kr1}$
  - **muß**; wenn er weinen: ign.$_{gy}$

– **Verlangen** nach: acon.$_{gl1}$ act-sp. aeth. agar.$_{bg2}$ all-s. androc.$_{srj1}$ ant-t.$_{hr1,k}$ *Apis* **Arg-n.**$_{hr1,k}$ **Ars.**$_{bg2,k,*}$ ars-h.$_{hr1,kr1}$ asaf.$_{hr1,k,*}$ aur-m.$_{hr1,k}$ bell.$_{a1,k}$ **Bism.**$_{h,k,*}$ bism-o.$_{a1}$ *Bism-sn.*$_{br1}$ bov.$_{k,ptk1}$ brom.$_{a1,k}$ bry. bufo cadm-s. *Calc.*$_{hr1,k}$ calc-ar.$_{k13,k2}$ calc-p. *Camph.*$_{hr1,k}$ carb-v. caust. cench. choc.$_{srj3}$ *Clem.* coloc. *Con.*$_{hr1,k}$ cot.$_{a1}$ crot-c.$_{bg2}$ crot-h. cyna.$_{jl}$ der.$_{a1,k}$ dros.$_{hr1,k,*}$ *Elaps* fl-ac.$_{bro1}$ *Gels.* germ-met.$_{srj5}$ granit-m.$_{es1}$ hep. hydrog.$_{srj2}$ **Hyos.** *Ign.*$_{hr1,k}$ *Kali-ar.* kali-br.$_{bg2,k,*}$ **Kali-c.**$_{hr1,k}$ *Kali-p.* **Lac-c.**$_{hr1,k}$ lach.$_{bg2}$ lepr.$_{vk2}$ *Lil-t.*$_{hr1,k,*}$ limest-b.$_{es1}$ **Lyc.**$_{bg2,k,*}$ manc. merc.$_{hr1,k}$ *Mez.*$_{bg2,k,*}$ naja$_{bro1}$ *Nat-c.*$_{bg2}$ neon$_{srj5}$ nit-ac.$_{sf,sf1}$ *Nux-v.* *Pall.*$_{bg2,k,*}$ ph-ac.$_{bro1}$ **PHOS.**$_{k1,st}$ plb. *Puls.* rad-br.$_{br1,bro1,*}$ ~~rad-met.$_{bro1,xxx}$~~ ran-b.$_{hr1,k}$ rat. *Sep.*$_{bg2,k,*}$ sil.$_{bro1}$ skat.$_{br1}$ stann.$_{bg2,j5}$ *Stram.*$_{bg2,k,*}$ *Stry.*$_{a1,k}$ sulph.$_{gl1}$ syph.$_{hr1,kr1}$ tab. tarent. thymol.$_{bro1}$ verat.$_{hr1,k}$ verb.$_{hr1,k}$ zinc.$_{hr1,k}$ zinc-p.$_{k13,k2}$
☞ *Angst - allein / Bewußtlosigkeit - allein / Entfremdet - Familie / Erregung - Gesellschaft / Froh - Gesellschaft / Furcht - allein / Furcht - Einsamkeit / Furcht - geschehen - allein / Furcht - Menschen, vor - Alleinsein / Furcht - Tod - allein / Gedanken - hartnäckig - allein / Gesellschaftliche - amel. / Gleichgültigkeit - Gesellschaft - amel. / Lachen - Gesellschaft / Raserei - allein / Reizbarkeit - allein - wenn / Ruhelosigkeit - allein / Sprechen - Verlangen / Stumpfheit - allein / Tod - Gedanken / Tod - Gedanken - allein / Traurigkeit - allein - wenn / Untröstlich - allein / Verlassen / Verlassen - Isolation / Wahnideen - allein zu / Wahnideen - Familie ...*

– **Verlangen** nach: ...

☞ *Wahnideen - Feind - jeder / Wahnideen - Freund - Zuneigung / Wahnideen - Freunde / Wahnideen - Hilfe / Wahnideen - Schande; sie / Wahnideen - verlassen / Weinen - allein*

• **abends**: brom.$_{al,k}$ dros. kali-c. plb. puls. ran-b. tab. thiop.$_{jl}$

• **nachts**: *Camph.* **Stram.** tab.

◇ **abwechselnd** mit:

• **Abneigung** gegen Gesellschaft: acon.$_{gl1}$

• **allein**; agg. wenn: aeth.$_{bg2}$ agar.$_{bg2}$ ambr. ant-t.$_{bg2}$ *Apis*$_{bg2}$ **Ars.** asaf.$_{bg2}$ bell.$_{bg2}$ bism.$_{bg2}$ bov. brom. bufo$_{bg2}$ cadm-s. calc. calc-sil.$_{k2}$ *Camph.* cedr.$_{bg2}$ clem.$_{bg2}$ con. *Dros.* elaps *Fl-ac.*$_{bg2}$ gels.$_{bg2}$ haliae-lc.$_{srj5}$ **Hep.**$_{bg2}$ hydrog.$_{srj2}$ *Hyos.*$_{bg2}$ *Kali-c.* lac-c.$_{k2}$ lach.$_{bg2}$ lil-t.$_{bg2}$ *Lyc.* *Merc.*$_{bg2}$ *Mez.* nat-c.$_{bg2}$ nat-m.$_{bg2}$ *Pall.* ph-ac.$_{bg2}$ **Phos.**$_{k,st}$ plb.$_{bg2}$ ran-b.$_{bg2}$ rat. sep.$_{bg2}$ sil. stann.$_{bg2}$ *Stram.* tab. zinc. zinc-p.$_{k2}$

☞ *Angst - allein / Bewußtlosigkeit - allein / Furcht - allein / Furcht - Tod - allein / Gedanken - hartnäckig - allein / Raserei - allein / Reizbarkeit - allein / Reizbarkeit - allein - wenn / Ruhelosigkeit - allein / Stumpfheit - allein / Traurigkeit - allein - wenn / Traurigkeit - Gesellschaft - amel. / Untröstlich - allein / Weinen - allein*

• **Furcht** vor Menschen, Menschenscheu; jedoch: ars.$_{bg2}$ bufo$_{bg2}$ clem.$_{bg2}$ con.$_{bg2}$ tarent.$_{bg2}$

☞ *Wahnideen - Feind - jeder*

• **amel**. in Gesellschaft: ars.$_{bg2}$ bism.$_{bg2}$ bov.$_{bg2}$ carc.$_{sst}$ con.$_{bg2}$ dros.$_{bg2}$ fl-ac.$_{bg2}$ *Hep.*$_{bg2}$ kali-c.$_{bg2}$ *Lyc.*$_{bg2}$ mez.$_{bg2}$ ph-ac.$_{bg2}$ phos.$_{bg2}$ ran-b.$_{bg2}$ sep.$_{bg2}$ sil.$_{bg2}$ *Stram.*$_{bg2}$ zinc.$_{bg2}$

☞ *Furcht - geschehen - allein*

• **allein**; agg. wenn: alum-sil.$_{k2}$

• **angesprochen** zu werden; jedoch Abneigung: achy.$_{a1,jl}$

• **beachtet** werden; möchte immer: gal-ac.$_{a1,c1}$

• **behandelt** diejenigen, die sich ihm nähern schrecklich: *Kali-c.*

• **Freundes**, eines: granit-m.$_{es1}$ plb.

• **geschehen**; als sollte etwas Schreckliches: *Elaps*$_{kr1}$

☞ *Furcht - geschehen - allein*

• **Kopfschmerzen**, bei: meny.$_{h,st}$

• **Menses**, während: stram.

☞ *Menses - während; Gemütssymptome*

Gesellschaftliche Ereignisse:

– **amel**.: bov.$_{ptk1}$

☞ *Gesellschaft - Verlangen*

• **Mädchen**; bei modernen, jungen: ambr.$_{ptk1}$

– **agg**.: coca$_{ptk1}$ pall.$_{ptk1}$

☞ *Gesellschaft - Abneigung*

Gesichter; zieht

☞ *Grimassen*

Gespräche:

– **amel**.: aeth.$_{ptk1}$ eup-per.$_{bro1}$ lac-d.$_{ptk1}$

– **agg**.: acon. alum. am-c. **Ambr.** arn.$_{k2}$ aur. borx.$_{c1}$ calc. cann-s. canth. carc.$_{jl2,tp1}$ chin. cocc. coff. dios. ferr. *Fl-ac.* granit-m.$_{es1}$ graph. helon.$_{ptk1}$ **Ign.** iod.

Gespräche - agg.: ...

kali-c. lach.$_{k2}$ limest-b.$_{es1}$ mag-m. mang. mez. **Nat-m.** nat-p. *Nux-m.* *Nux-v.* ph-ac. plat. psil.$_{ft1}$ puls. *Rhus-t.* sars. *Sep.*$_{k,vh/dg}$ **Sil.**$_{k1,vh,*}$ spig. stann.$_{bro1}$ staph.$_{ptk1}$ sulph. thuj.

☞ *Angst - Gespräche / Erregung - Gesprächen / Erzählen - agg. / Konzentration - schwierig - Gespräches / Reizbarkeit - Gespräche / Ruhelosigkeit - Gespräche / Schweigsam / Sprechen - agg. / Sprechen - amel. - langes / Stilles / Stumpfheit - Gespräche / Verwirrung - Gespräche - agg. / Zurückhaltend / ❏ Allgemeines - Sprechen - agg.*

– **Abneigung** gegen: *Ambr.*$_{gl1,hr1,*}$ *Ars.*$_{a1,h}$ ars-s-f.$_{a1,k2}$ asim.$_{a1}$ atro.$_{a1}$ bell.$_{a1,hr1}$ caj.$_{a1}$ calc.$_{a1,k2,*}$ *Carb-an.*$_{h,hr1,*}$ carc.$_{tp1}$ *Cham.*$_{c1}$ chel.$_{a1,k2,*}$ chen-a.$_{a1}$ choc.$_{srj3}$ elaps$_{a1}$ ferr.$_{a1,hr1}$ gels.$_{a1,hr1}$ gink-b.$_{sbd1}$ granit-m.$_{es1}$ ham.$_{a1}$ hell.$_{a1}$ kalm.$_{a1}$ murx.$_{a1}$ myric.$_{a1}$ nat-s.$_{a1}$ ox-ac.$_{a1,k2,*}$ plb.$_{a1,hr1}$ *Ptel.*$_{hr1,kr1,*}$ tarent.$_{a1}$ thea$_{a1}$ tril-c.$_{a1}$ ziz.$_{a1}$

– **Verlangen** nach: ars.$_{a1}$ chen-a.$_{a1}$ narcot.$_{a1}$

• **Erhabenes** zu hören: ham.$_{a1}$

Gesprächig

☞ *Milde / Redseligkeit / Trost*

Gesprächig; nicht

☞ *Schweigsam*

Gesten, Gebärden; macht: ars. asc-t.$_{a1}$ *Bell.* bufo$_{a1}$ camph. cann-i. chinin-s.$_{a1}$ cic. *Cocc.* cupr.$_{j}$ hell.$_{k2}$ *Hyos.* kres.$_{jl,mg1,*}$ merc.$_{j}$ mosch. nitro-o.$_{a1}$ nux-m. nux-v. plat. plb. puls. sep. *Stram.* *Tarent.* verat.

☞ *Bewußtlosigkeit - Bewegungen / Delirium / Fäuste / Geziertheit - Gesten / Grimassen / Langsamkeit - Bewegung / Possen, spielt / Stirnrunzeln / Tastet / Ungeschicklichkeit / ❏ Allgemeines - Katalepsie / ❏ Extremitäten - Bewegung - unwillkürlich / ❏ Kopf - Bewegungen des / ❏ K~ Bewegungen des - unwillkürlich / ❏ K~ Bewegungen im*

– **abends**:

• **Einschlafen**; beim: sil.$_{h,k13}$

– **albern**

☞ *lächerlich*

– **angestrengt**: conin.$_{a1}$

– **animiert**

☞ *lebhaft*

– **antwortet** mit Gesten, Gebärden

☞ *zeigt*

– **Ausdauer**, mit großer: anac.$_{a1}$

– **automatisch**: anac.$_{a1,bg2,*}$ anh.$_{mg1,sp1}$ bell.$_{ptk1}$ calc.$_{a1,bg}$ cann-i.$_{a1}$ hell.$_{a1,bg2,*}$ hyos.$_{a1,bg}$ lyc.$_{ptk1}$ mag-c.$_{ptk1}$ *Nux-m.*$_{bg2,kr1,*}$ phos.$_{a1,bg}$ sil.$_{ptk1}$ *Stram.*$_{ptk1}$ tab.$_{a1}$ zinc.$_{a1}$

☞ *wiederholt / Bewußtlosigkeit - Bewegungen / Schizophrenie - paranoid*

• **Schlaf**, im: phos.$_{a1}$

– **berauscht**, wie: **Hyos.**

– **dreht** sich schnell auf dem Fuß herum: cann-s.

– **einem** Arm, einem Bein oder dem Kopf; mit: apoc.$_{ptk1}$ bry.$_{ptk1}$ hell.$_{ptk1}$ iodof.$_{ptk1}$ mygal.$_{ptk1}$ pyrog.$_{ptk1}$ zinc.$_{ptk1}$

– **enthusiastisch**: nitro-o.$_{al}$
☞ *erhaben / lebhaft*
– **entschieden**: fl-ac.$_{al}$
– **erhaben**: hyos.$_{al}$ nitro-o.$_{al}$
☞ *enthusiastisch / lebhaft*
– **Erwachen**; beim: stram.$_{bg}$
– **Finger**:
• **Mund**; Kinder stecken die Finger in den: *Calc.*$_{k,k1}$ *Cham.*$_{k,k1}$ **Ip.**$_{k,k1}$ kali-p.$_{k1}$ lyc.$_{gl1,k1,*}$ med.$_{bg}$ nat-m.$_{k1}$ sil.$_{h,k1,*}$ tarent.$_{k1,st}$ zinc.$_{gk}$
☞ *Hände - Greifen - Mund - alles*
• **spielt** mit den Fingern: *Asar.*$_{vh,vh/dg}$ bell. calc.$_{bg1,k,*}$ con.$_{bg2,hr1}$ crot-c.$_{bg1,k,*}$ *Hyos.* kali-br. lach.$_{bg2}$ rhus-t.$_{bg1,h,*}$ tarent.$_{st}$ ther.$_{bg2}$ zinc-p.$_{k2}$
• **zupft** an den Fingern: ars.$_{ptk1}$ *Art-v.*$_{hr1}$ *Arum-t.*$_{ptk1}$ cham.$_{ptk1}$ cina$_{al}$ con.$_{ptk1}$ kali-br.$_{ptk1}$ *Lach.*$_{hr1,ptk1}$ petr.$_{al}$ tarent.$_{k2}$ thuj.$_{ptk1}$
• **Fingerspitzen**; an den: arum-t.$_{k2}$ hydrog.$_{srj2}$
– **Flockenlesen**
☞ *Hände - zupft - Bettwäsche*
– **geht** eigentümlich
☞ *❑ Extremitäten - Gehen*
– **Genitalien**; faßt sich an die
☞ *❑ Männliche Genitalien - Faßt / ❑ Weibliche Genitalien - Masturbation*
– **gewöhnlichen** Beschäftigung; seiner: ars. bell. plb. stram.
– **Geziertheit**, Affektiertheit in den Gesten
☞ *Geziertheit - Gesten*
– **Greifen**
☞ *Hände - Greifen*
– **Haare**:
• **Gesicht**; streicht sich die Haare aus dem: choc.$_{srj3}$
– **Hände**; unwillkürliche Bewegungen der: alumn.$_{al}$ ars. bell. camph.$_{bg2}$ cann-i. caust. cic. coca fl-ac.$_{al}$ hell.$_{k2}$ *Hyos.*$_{k,st}$ kali-br. merc. mosch. nat-m. nux-m.$_{k2}$ *Phos.*$_{al}$ puls. sang.$_{al}$ sep.$_{bg2}$ sil. stram. sulph. tab.$_{al}$ verat.
☞ *Tics*
• **aufwickeln**; als würde er ein Wollknäuel: agar. stram.
• **Ballen**, Zusammenkrümmen der:
• **Finger**
☞ *❑ Extremitäten - Ballen - Finger*
• **Daumen**
☞ *❑ Extremitäten - Ballen - Daumen*
• **bedecken**:
• **Gesicht** mit den Händen, blicken jedoch durch die Finger; bedecken:
• **Kindern**; bei: **Bar-c.**$_{st,vh/dg}$
• **Mund** mit den Händen; den: ip.$_{st}$ kali-bi.$_{st}$ lach.$_{st}$ *Rumx.*$_{st}$
• **fährt** mit den Händen durch die Luft: bry. op. stram.
• **Falten**:
• **Bettdecke**; faltet und entfaltet die: plb.$_{al,k}$
• **Hände**; faltet die: puls.
• **Gesicht**, zum: stry.
• **gießen**; als würde er etwas von einer Hand in die andere: bell.

– **Hände**; unwillkürliche Bewegungen der: ...
• **Greifen** (= nach etwas Haschen; nach Flokken greifen): agar.$_{bro1}$ arn. ars. arum-t.$_{kr1,sf1}$ atro.$_{al,kr1}$ *Bell. Borx.* calc-p. *Cham.* chin.$_{bg2,sf1}$ cina cocc. colch.$_{al}$ con.$_{al}$ dat-m.$_{al}$ dub.$_{al}$ dubo-m.$_{al}$ dulc.$_{al}$ hell.$_{bg2}$ **HYOS.**$_{k1,st}$ hyosin.$_{al}$ *Iod.*$_{bg2,kr1,*}$ *Lyc.* mosch. mur-ac.$_{bg2,sf1}$ oena. op. paeon.$_{al}$ *Ph-ac.* phos. plat. *Psor.* raja-s.$_{jl}$ rhus-t. *Sol-ni.* **Stram.** sulph. tarent.$_{bg2}$ *Verat.*$_{bg2,vh/dg}$ *Zinc.*$_{k1,st}$ zinc-m.$_{al}$ zinc-p.$_{k2}$
• **abends** beim Einschlafen: sil.$_{h}$
• **nachts**: atro.$_{al}$ sol-ni.$_{al}$
• **Bettwäsche**; zupft an der
☞ *zupft - Bettwäsche*
• **Falschem**; nach den: lyss.$_{kr1}$
• **Fingern**; zupft an den
☞ *Finger - zupft*
• **Genitalien**
☞ *❑ Männliche Genitalien - Faßt / ❑ Weibliche Genitalien - Masturbation*
• **Hals**; greift sich an den: naja$_{gm1}$
• **Kauen** und Schlucken; beim: dulc.$_{al}$ *Sol-ni.*
• **Lippen**
☞ *❑ Gesicht - Zupfen - Lippen*
• **Mund**: dulc.$_{al}$
• **alles** in den Mund; steckt: *Calc.*$_{kr1}$ merc.$_{bg2,kr1}$ *Sulph.*$_{h,kr1,*}$
☞ *Finger - Mund*
• **Finger** in den Mund
☞ *Finger - Mund*
• **Mutter** im Schlaf; nach der: **Borx.**$_{al}$
• **Nase**; greift sich an die: stram.$_{al,hr1}$
☞ *❑ Nase - Bohren*
• **Lippen**; oder die: *Arum-t.*$_{kr1}$ *Cina*$_{kr1}$
• **Ruhe**; in der: alco.$_{al}$
• **schnell**: *Stram.*
• **Seiten** des Bettes; nach den: nux-v.
• **Umstehenden**; nach: **Ant-t.**$_{al}$ bell.$_{h,sf1}$ cocc.$_{al}$ merc.$_{j}$ phos. stram.$_{j}$
• **hastig**: *Bell.*
• **Hochheben** der Hände: ars.
• **klatscht**: *Bell.* cic. *Stram.* verat.
• **über** dem Kopf zusammen; die Hände: sec.$_{st}$
• **kneten**; als würde er Brot: sanic.$_{ptk1}$
• **Knöpfen** an seiner Kleidung; spielt mit den: *Asar.*$_{vh,vh/dg}$ mosch.$_{k1}$
• **Kopf**, zum: carc.$_{gk}$ phos.$_{h}$ plb. *Stram.* verat.
• **Schlaf**, im: *Ars.*$_{kr1}$
• **kratzt** sich die Oberschenkel: sars.$_{h}$
• **Mund**; zum: nux-v.$_{ptk1,ptk2}$
• **rechte** Hand: nux-v.$_{ptk1}$
• **Nüsse** öffnen; als würde er: hyos.$_{h}$
• **öffnet** und schließt die Hände: stram.$_{ptk1,ptk2}$
• **reibt**:
• **aneinander**; reibt die Hände: bapt.$_{bro1}$ cann-i. hyos.$_{al}$
• **Gesicht**; sich das: alum.$_{k2}$
• **ringt** die Hände: ars.$_{bg2}$ aur. bapt.$_{bro1}$ bufo$_{k2}$ kali-br. *Kali-p. Phos.* plat. *Psor.* puls. *Stram. Sulph. Tarent.* ther.$_{ptk1,ptk2}$
☞ *Traurigkeit - ringt*

– **Hände**; unwillkürliche Bewegungen der: ...
• **Ruhelosigkeit** der Hände
☞ *❑ Extremitäten - Ruhelosigkeit - Hand*
• **Schlaf**, im: op.bro1 phos.a1
• **spielt** mit den Händen: calc.bg
☞ *Spielen - Verlangen*
• **Spinnen** und Weben: hyos. sars.bg2 *Stram.*k,vh
• **stricken**; als würde sie: tarent.
• **tippt** sich mit den Fingerspitzen an den Schädel: carc.hbh
• **trinken**; als würde er: bell.j5,kr1
• **übereinander**; legt die Hände: mosch.
• **Verschränken**, Zusammenlegen der Hände:
• **Konvulsionen**; während tetanischer: stram.
• **wegwischen**; als würde er sich übers Gesicht wischen oder etwas: alum.k2 cham.st hyos.
• **wild**: acon. camph.kr1
☞ *Wildheit*
• **wirft** die Hände umher: atro. bell. bry. canth. carb-an. mosch. nat-c. phos. sil. stram.
• **Kopf**; über den: ars. bell. hydr-ac. mosch. stram.
• **zählen**; als würde er Geld: calc.gl1 *Hyos.*vh,vh/dg nux-v.gl1 staph.gl1
• **zerbricht**:
☞ *Zerbricht*
• **Nadeln**: **Bell.** calc.k2
• **Stöckchen**: *Bell.*k2 calc.k2
• **zupft**:
• **Bettwäsche**; an der (= Flockenlesen): acon. agar.bro1 ant-c. *Arn. Ars.* ars-s-f.k2 art-v.kr1 arum-t.k2 atro. *Bell.* cham. chin. *Cina* cocc. *Colch.* con. dulc. *Hell.* hep. **Hyos.** *Iod. Kali-br. Lyc. Mur-ac. Nat-m. Op. Ph-ac. Phos. Psor. Rhus-t.* sol-ni. **Stram.** sulph. verat-v. *Zinc.* zinc-m. zinc-p.k2
• **Stelle**; an einer: arum-t.ptk1,ptk2
• **wund** ist oder blutet; bis sie: arum-t.ptk1,ptk2
– **heftig**: agar. *Bell.*a1,k *Camph.*hr1,k,* cic-m.a1 *Hep. Hyos.*a1,k kali-br.a1 plb.a1 *Stram.*
☞ *Heftig*
– **kindisch**: anac.a1,h verat.vh
– **Koitus**; Bewegungen wie beim: caust.ptk1 phos.ptk1
– **konvulsivisch**: acon.a1 aethera1 alco.a1 ant-t.a1 apis ars.a1 bell.h,k,* camph.a1 cann-s.a1,k canth.a1 cori-m.a1 hydr-ac.a1 ign.a1 iod.a1 kali-bi.a1 merc.a1 morph.a1 nux-v.a1 op.a1 petr.a1 plb. pyrusa1 sec.a1 sol-ni.a1
• **Gedanken** an Bewegung; beim: aur.a1
• **Getränken**; beim Anblick von: bell.
• **Schlaf**; im: aeth.a1
– **lächerlich** oder albern: androc.srj1 arg-n.a1 *Bell.*h,k,* cic.h,k,* croc. *Cupr.*hr1,k elec.c1 **Hyos.**h,k,* ign. kali-p. *Lach.* merc.hr1,k *Mosch. Nux-m.* nux-v.j5,kr1 op. *Sep. Stram.*hr1,k,* *Tarent.*k13,k2,* *Verat.*k,vh/dg
☞ *Albernes / Ankleiden - lächerlich / Frivol / Gedanken - lächerlich / Kindisches / Spaßen - lächerlich*
• **Freien**; im: nux-m.
• **Stehen** auf der Straße; beim: *Nux-m.*
– **langsam**: chinin-s.a1 conin.a1 **Phos.**a1 plb.a1 verat.a1
☞ *Langsamkeit - Bewegung*
– **lebhaft**: alco.a1 ped.a1
☞ *enthusiastisch / erhaben*
– **Licht**: chin.a1 clem.a1 coff.a1 phel.a1 wies.a1
– **Lippen** bewegen sich, als würde er sprechen
☞ *Delirium - Lippen*
– **müde**; handelt, als sei er immer: onos.ptk1
– **Mund** statt den Händen zu gebrauchen; Verlangen, den: choc.srj3
– **nervös**: phys.a1 tarent.a1 *Verat.*vh,vh/dg
– **rasend**
☞ *zornig*
– **ringt** die Hände
☞ *Hände - ringt*
– **Schauspieler**, wie ein: hyos.a1
– **schlängelnd**
☞ *windend*
– **scheu**: arg-n.a1
☞ *ungeschickt / unsicher / vorsichtig*
– **schrecklich**: *Hep.*hr1,kr1 hyos.j5
– **sonderbare** Posen und Haltungen: agar.gl1 agar-ph.a1 camph.kr1 caust.st *Cina*bg2 cocc.bg2 *Coloc.*bg2 gamb.bg2 hyos.gl1 lyc.a1,bg2 merc.bg2 *Nux-m.*kr1 nux-v.bg2,gl1 op.a1 *Plb.*kr1,vh rheumh sep.c1,gl1 stram.gl1,kr1,* sulph.gl1 zinc.bg2
☞ *Possen, spielt / Schizophrenie - paranoid / Sonderbar*
• **Arme**, der: hyos.gl1 sep.gl1 stram.gl1
• **Gangart**, in der: nux-v.gl1 sep.gl1
• **Kopfes**, des: agar.gl1 sulph.gl1
– **Spinnen**; imitiert die Bewegungen beim
☞ *Hände - Spinnen*
– **Sprechen**:
• **beim** Sprechen; gestikuliert: nux-v.gl1 sep.gl1
• **Armen**; mit den: nux-v.pc sep.pc
• **Kopf**; mit dem: lyc.gl1 puls.gl1 sulph.gl1
• **Lippen** bewegen sich, als würde er sprechen
☞ *Delirium - Lippen*
– **stampft** mit den Füßen: acon.h anac.st ant-c. ant-t.bg2 cann-i.a1 cham.h cinaa1 dulc.h,j5,* hyos.h lyc.st nitro-o.a1 nux-v.st op.st plb.a1 puls.c1 *Stram.* **Verat.**gl1,k1,*
☞ *Stoßen*
• **Schlaf**; im: bell.j *Ign.*a1,bg2 kali-c.h sep.h
• **Kindern**; bei: *Ign.*h,kr1
– **steckt** alles in den Mund
☞ *Hände - Greifen - Mund - alles*
– **stößt** nachts im Schlaf Dinge weg: cocc.a1
– **Tics**; nervöse (= Tick): arg-n.bro1 carc.jl2 sep.bro1 zinc.bro1
☞ *Hände / Grimassen / ❑ Allgemeines - Zucken / ❑ Auge - Blinzeln / ❑ A~ Zucken / ❑ Extremitäten - Zucken / ❑ Gesicht - Unwillkürliches / ❑ G~ Zucken / ❑ Kopf - Zucken / ❑ Mund - Finger / ❑ M~ Greift / ❑ Männliche Genitalien - Faßt / ❑ M~ Zucken - Penis / ❑ Nase - Zupfen - Nase - ständiges*
– **übertrieben**, extravagant: bell.a1 stram.a1 *Verat.*vh,vh/dg
☞ *Extravaganz*
– **ungeduldig**: cocaa1

– **ungeschickt** in bezug auf: caps.$_{gl1}$ nat-c.$_{gl1}$ nat-m.$_{gl1}$ nux-m.$_{gl1}$ sil.$_{gl1}$ sulph.$_{gl1}$ **Verat.**$_{vh,vh/dg}$
☞ *scheu / unsicher / vorsichtig*
– **unsicher**: acon.$_{a1}$ bell.$_{a1}$ *Phos.*$_{a1}$ sil.$_{a1}$ verat.$_{a1}$
☞ *scheu / ungeschickt / vorsichtig*
– **unwillkürliche** Handbewegungen
☞ *Hände*
– **verdreht**
☞ *windend*
– **verworren**: *Acon.*$_{a1}$ sil.$_{a1}$
– **vorsichtig**: pip-m.$_{a1}$
☞ *scheu / ungeschickt / unsicher*
– **wiederholt** dieselben Handlungen: chen-a.$_{c1}$
☞ *automatisch*
– **wild**: bell.$_{gg}$ camph.$_{a1}$
☞ *Wildheit*
– **windend**, schlängelnd: valer.$_{ptk1}$
– **wunderlich**: op.$_{a1}$
– **zeigt** seine Wünsche durch Gesten an: *Stram.*
☞ *Antworten - Gesten*
– **zieht** die Umstehenden an den Haaren: bell.
☞ *Ziehen - Haaren*
– **zornig**, wütend: cann-i. *Hep.* sep.
☞ *Raserei*
• **Schlafwandeln**; beim: meph.$_{kr1}$
– **zupft**:
• **Bettwäsche**; an der
☞ *Hände - zupft - Bettwäsche*
• **Lippen**; an den
☞ *❑ Gesicht - Zupfen - Lippen*
• **Nase**; an der Innenseite der
☞ *❑ Nase - Zupfen - Nase*
• **Stelle**; an einer Stelle
☞ *Hände - zupft - Stelle*

Gestreßt
☞ *Erregung / Hast / Ruhelosigkeit*

Gesund:
– **geht** ihm gut; es:
• **aber** sagt, er sei sehr krank
☞ *Verzweiflung - Genesung - Rekonvaleszenz*
• **dann** agg.
☞ *❑ Allgemeines - Gesund - ungewöhnlich*
– **sagt**, er sei gesund:
• **krank** ist; wenn er sehr: androc.$_{srj1}$ *Apis* **ARN.**$_{k1,st}$ ars. atro.$_{a1}$ bell.$_{j5}$ cham.$_{dp}$ cinnb. coff.$_{bg2}$ colch.$_{hr1,k}$ hyos. iod.$_{bg2,st}$ kreos. merc. **Op.**$_{bg2,k2,*}$ puls.$_{k,kl2}$● pyrar.
☞ *Delirium - gesund / Eigensinnig - nichts / Optimistisch - Schwäche / Reizbarkeit - schickt - Arzt / Reizbarkeit - Schwäche - mit / Wahnideen - gesund, er / Weigert - Behandlung / Weigert - Medizin*

Getötet zu werden; Verlangen: *Ars.* bell. coff-t. *Phyt.*$_{kr1}$ stram.
☞ *Suizidneigung*
– **Entbindung**, bei der: *Coff-t.*$_{kr1}$
– **Stich** ins Herz; durch einen:
• **Mitternacht**; nach: *Ars.*$_{a1}$

Getragen:
☞ *Beruhigt - getragen / Ruhelosigkeit - Kindern - Herumtragen*
– **Abneigung** getragen zu werden: bell.$_{hr1}$ *Bry.*$_{hr1}$ cham.$_{j}$ *Coff.*$_{c1,st}$
• **tanzt**; wenn der, der das Kind trägt
☞ *Tanzen - agg. - Kind*
– **Verlangen** getragen zu werden: acet-ac. acon. ant-c.$_{bg2,sf1}$ ant-t. *Ars.* aspar.$_{st}$ bell.$_{bg2,kr1}$ benz-ac. borx.$_{bg1,bg2,*}$ brom. **Bry.**$_{a1}$ carb-v. carc.$_{cd}$ **CHAM.**$_{k1,st}$ *Chel.*$_{bg1,bg2,*}$ *Cina* coff.$_{st}$ coloc.$_{sf1}$ ign. ip.$_{bro1}$ *Kali-c.* *Kreos.*$_{bg1,bg2,*}$ *Lyc.* mag-m.$_{h2}$ merc.$_{bg2,kr1,*}$ podo.$_{bg2}$ puls. *Rhus-t.* sanic. staph. sulph. vac.$_{kr1}$ *Verat.*
☞ *Beruhigt - getragen / Mürrisch - Kindern - getragen / Reizbarkeit - Schaukeln / Ruhelosigkeit - Kindern - Herumtragen / Schaukeln - amel. / Verlangen, Wunsch - voller - mehr / Weinen - getragen - ruhig*
• **aufrecht** sitzend: ant-t.$_{bg1,bg2,*}$
• **hingelegt** zu werden; erlaubt es nicht: benz-ac.$_{ptk1}$
• **Krupp**, bei: brom.
• **langsam**: *Puls.*
• **liebkost** zu werden; und: acon.$_{bg2,st}$ kreos.$_{bg1,bg2,*}$ *Puls.*$_{bg1,bg2,*}$
• **schnell**: acon.$_{bg,ptk1}$ **Ars.** bell. brom. rhus-t. verat.
• **Schulter**, über der: cina$_{bg1,bg2,*}$ podo.$_{bg1,bg2,*}$ stann.$_{bg1,bg2,*}$ stram.$_{gk}$

Gewalttätigkeit:
– **Abneigung** gegen: *Mag-c.*$_{stj1}$ mag-p.$_{stj1}$ mag-s.$_{stj1}$ staph.$_{zr}$

Gewiß; ist sich seiner Sache
☞ *Zuversichtlich*

Gewissenhaft, peinlich genau in bezug auf Kleinigkeiten: ang.$_{bg2}$ anh.$_{mg,mg1}$ apis **ARS.**$_{k1,st}$ ars-s-f.$_{k13,k2}$ aur.$_{bg2,k,*}$ aur-ar.$_{k2}$ aur-i.$_{k13,k2}$ bamb-a.$_{stb2}$ *Bar-c.*$_{bg2,k,*}$ bry. but-ac.$_{br1}$ calc.$_{gl1}$ carbn-s. carc.$_{cd,lsa1,*}$ cham.$_{h,k,*}$ chin.$_{bg2,k}$ chinin-ar. cocc.$_{bg2}$ cycl.$_{bg2,k}$ *Dig.*$_{bg2,gl1}$ ferr. ferr-ar. ferr-i. graph.$_{bg2,k}$ ham.$_{st}$ hep. hura$_{c1}$ hyos.$_{bg2,k,*}$ **Ign.**$_{bg2,k,*}$ iod.$_{bg2,k,*}$ ip.$_{bg2}$ kali-c.$_{gb}$ lac-d. lac-f.$_{c1}$ lach.$_{bg2,gl1}$ *Lyc.*$_{k,kl2}$●,* med.$_{st}$ merc.$_{h1}$ mez.$_{bg2,k}$ *Mur-ac.*$_{bg2,k}$ nat-ar. **Nat-c.**$_{bg2,k1,*}$ nat-m.$_{oss,vh}$ nat-sil.$_{k13,k2}$ nit-s-d.$_{lsa1}$ *Nux-v.*$_{bg2,k}$ ph-ac.$_{gl1}$ plat.$_{gl1}$ *Puls.*$_{k1,kl2}$●,* rhus-t.$_{bg2}$ sarr. sec. sep.$_{k,kl2}$● **Sil.**$_{bg2,k,*}$ spig.$_{bg2,k}$ spirae.$_{br1,c2}$ **Staph.**$_{gl1}$ *Stram.*$_{bg2,k}$ sul-i.$_{k13,k2}$ **Sulph.**$_{k1,kl2}$●,* **Thuj.**$_{bg2,k1,*}$ verat.$_{bg2,k}$
☞ *Empfindlich / Heikel / Kleinigkeiten / Moralischem / Ruhe - kann / Schmutzig / Sorgsamkeit / Tadelsüchtig / Verantwortung / Vorsichtig / Wahnideen - vernachlässigt - Pflichten*
– **nachmittags**:
• **16** - 20 h: *Lyc.*
– **beschäftigen** ihn, nehmen ihn in Anspruch; Kleinigkeiten
☞ *Kleinigkeiten*
– **Essen**:
• **nach**: ign.

Gewitter
☞ *Wetter - Gewitter*

Geziertheit, Affektiertheit: alum.gl1 carb-v.gl1 carc.sk1,st1,* caust.gl1 con.gl1 graph.gl1 *Hyos.*vh *Lyc.*vh mez.h nat-m.gl1 pall.gg petr.gl1 plat.gl1,vh,* *Stram.* *Verat.*vh
☞ *Eitelkeit / Exzentrizität / Hochmütig*

– **Gesten** und Handlungen; in: hyos.gl1 mez.gl1,h verat.gl1
☞ *Sonderbar - Sonderling / Sprache - affektiert*

– **Worten**, in: lyc.gl1 plat.gl1 verat.gl1
☞ *Sprache - affektiert*

Gier, Habsucht: *Ars.*gl1,sf1 calc.gl1,st *Chin.*gl1,st *Hyos.*gl1,kr1 ip.gl1,st *Lyc.*gl1,kr1,* mag-c.gl1,st *Merc.*gl1,vh/dg,* nat-c.gl1,st nit-ac.gl1 nux-v.gl1 ph-ac.gl1 *Puls.*a1,gl1,* rhus-t.gl1 *Sep.*gl1,kr1,* stann.gl1 staph.gl1 sulph.gl1 verat.gl1,st
☞ *Geiz / Neid - Habgier / Reich zu - Verlangen / Selbstsucht / Verlangen, Wunsch - voller - mehr*

– **Essen**, Gier nach
☞ *Bulimie*

– **greift** gierig mit beiden Händen nach allem Angebotenen: *Hyos.*kr1

Glänzende Gegenstände:

– **amel**.: *Stram.*bro1 tarent.bro1

– **agg**.: **Bell.** bufo camph. cann-i. *Canth.* cocc-s.bro1 glon.sf1 *Hyos.* lach. **Lyss.** mur-ac.ptk1 phos. *Stram.*
☞ *Raserei - glänzende / Wahnideen - Gegenstände - helle / ☐ Allgemeines - Glänzende*

– **Abneigung** gegen: bufo.lp

– **Wasseroberfläche** agg.: **Lyss. Stram.**vh,vh/dg
☞ *Tollwut*

Gleichgültigkeit, Apathie: absin. acet-ac.a1 *Acon.* adam.srj5 *Agar.* *Agn.* ail. allox.jl,sp1 aloe.bg2,kr1,* **Alum.**bg2,k1,* alum-p.k2 alum-sil.k2 alumn.a1 am-c.gl1,j5,* am-m. ambr. amor-r.jl **Anac.**bg2,k1,* *Anac-oc.*kr1 anan.a1 *Androc.*srj1 *Anh.*jl,mg1,* ant-t. **Apis** aq-mar.jl arag.br1,vh *Arg-n.* *Arn.* *Ars.* ars-h.kr1 ars-i. ars-s-f.k2 arum-t.kr1 asaf. asar. aster. atro.a1 **Bamb-a.**stb2 bapt. *Bar-c.* bar-i.k2 bar-m. bar-s.k2 *Bell.* berb. bism. borx.h,k2 *Bov.* brass-n-o.srj5 brom. bry.bro1 bufo but-ac.sp1 buth-a.mg1,sp1 cadm-met.gm1,mg1,* calad.c1,kr1 *Calc.* calc-ar.k1 calc-f.jl calc-i.k2 *Calc-p.* calc-s. camph. cann-i. cann-s. caps. *Carb-an.* **Carb-v.** carbn-o.a1 *Carbn-s.* carc.jl2,mg1,* carp-b.rcb1 caust. *Cham.* *Chel.* **Chin.** *Chinin-ar.* *Chinin-s.* chlf.kr1 chloram.jl chlorpr.jl cic. *Cimic.* cina clem. coca.a1 *Cocc.* cod.a1 coloc.gl1,j5 **Con.**bg2,k1,* conin-br.c1,c2 corn. croc. **Crot-c.** *Crot-h.* cupr. cupr-s.a1,kr1 *Cycl.* cypr. cyt-l.br1,sp1 dig. dros.h *Dulc.*c1,kr1 elaps esp-g.kk1 euphr. ferr. ferr-ar. ferr-i. ferr-p. fl-ac. *Gels.* germ-met.srj5 glon. glyc.bro1 **Granit-m.**es1 *Graph.* guaj. guare.kr1 gymno. haliae-lc.srj5 ham.bg2,st harp.jl **Hell.** helo. hep. hura hydr-ac.j5 hydrc.a1 hydrog.srj2 *Hyos.* *Ign.* ind.jl indol.bro1 iod. ip. jatr-c. jug-r.st *Kali-ar.* kali-bi. kali-br. *Kali-c.* kali-chl.bg2,j5,* kali-m.k2 kali-n.j5 *Kali-p.* kali-s. kali-sil.k2 kres.jl,mg1,* lac-c. lac-d.k2,kr1,* *Lach.* laur. lepi. levo.jl lil-s.a1 **Lil-t.** limest-b.es1 linu-c.a1

Gleichgültigkeit, Apathie: ...
lith-c.oss luf-op.mg1 *Luna*kg1 *Lyc.* lyss.a1,kr1 mag-c.a1 mag-m. manc. mand.sp1 *Meli.* meny. meph.jl *Merc.* merc-i-f.a1 **Mez.** moly-met.jl morph.a1 mur-ac. naja narz.a1 nat-ar.kr1 **Nat-c. Nat-m. Nat-p.** nat-s.k2 neon.srj5 nep.jl,mg1,* nid.jl *Nit-ac.* nit-s-d.sf1,vh *Nux-m.* nux-v. olnd. **Onos. Op.** osteo-a.jl2 ped.c1 petr. **Ph-ac. Phos.** *Phyt.* *Pic-ac.* **Plat.** plb. prun. psil.jl *Psor.* ptel.bg2,c1 **Puls.** rad-br.ptk1 ran-b.j5 raph. rauw.sp1 rheum rhod. rhus-g.a1 rhus-t. ric.a1 rumx. ruta sabad. sabin. sacch.a1 sang.bg2 sapo.br1 saroth.sp1 sarr.c1 sars. *Sec.* sel. seneg. **Sep.** sieg.mg1 *Sil.* spong. squil. stann. **Staph.** stram. sul-ac.kr1 sul-i.k2 sulfa.jl *Sulph.* *Syph.*st,vh *Tab.*bg2,sf1 tarax.jl tarent. tax.a1 *Tell.*bg1,bg2,* term-c.gsb1 thal.jl ther. thiop.jl *Thuj.* *Thuj-l.*jl **Thyr.**vh,vh/dg trinit.br1 *Tub.*bg1,bg2,* ven-m.jl *Verat.* verb. *Viol-t.* vip.bg2,j5 visc.jl,sp1 xan. zinc. zinc-p.k2 ziz.
☞ *Amüsement - Abneigung / Bittet - nichts / Delirium - apathisch / Empfindlich - Mangel / Langeweile / Pessimist / Stimmung - abweisend / Stumpfheit / Unbesonnen / Verlangen, Wunsch - nichts / Will - nichts / Zurückhaltend*

– **tagsüber**: anac. dig. digin.a1 merc. verat. xan.kr1 zinc-p.k2

– **morgens**: all-c.a1 corn.a1 mag-c.a1 manc.a1 **Ph-ac.**a1
- **bis** 15 h: tarent.a1
- **Erwachen**, beim: all-c.kr1 bamb-a.stb2 hep. mag-m. manc. petr. *Ph-ac.* phyt. staph.sf1

– **vormittags**: alum. sars. sep.a1

– **nachmittags**: con. ham.st mag-c.a1

– **abends**: aloe dig. kali-chl.a1,k,* phos. tarent.

◆ **abwechselnd** mit:
- **Aktivität**
  ☞ *Aktivität - abwechselnd mit - Gleichgültigkeit*
- **Angst**
  ☞ *Angst - abwechselnd mit - Gleichgültigkeit*
- **Ärger**
  ☞ *Reizbarkeit - abwechselnd mit - Gleichgültigkeit*
- **Empfindlichkeit**
  ☞ *Empfindlich - abwechselnd mit - Gleichgültigkeit*
- **Erregung**
  ☞ *Erregung - abwechselnd mit - Gleichgültigkeit*
- **Fröhlichkeit**, Frohsinn: agn. androc.srj1 meny.j5,kr1 tarent.
- **Reizbarkeit**
  ☞ *Reizbarkeit - abwechselnd mit - Gleichgültigkeit*
- **Ruhelosigkeit**
  ☞ *Ruhelosigkeit - abwechselnd mit - Gleichgültigkeit*
- **Schüchternheit**
  ☞ *Schüchternheit - abwechselnd mit - Gleichgültigkeit*
- **Spaßen**
  ☞ *Spaßen - abwechselnd mit - Gleichgültigkeit*
- **Traurigkeit**
  ☞ *Traurigkeit - abwechselnd mit - Gleichgültigkeit*
- **Verzweiflung**
  ☞ *Verzweiflung - abwechselnd mit - Gleichgültigkeit*
- **Weinen**
  ☞ *Weinen - abwechselnd mit - Gleichgültigkeit*
- **Zorn**
  ☞ *Zorn - abwechselnd mit - Gleichgültigkeit*

– **allem**; gegenüber: acet-ac. *Acon.* adam.$_{srj5}$ agar. agn.$_{bro1}$ ail. ambr.$_{k2}$ anac. androc.$_{srj1}$ arg-n.$_{bro1}$ arn. *Ars.*$_{j5}$ asaf.$_{j5}$ *Aur.*$_{vh,vh/dg}$ *Aur-m.*$_{vh,vh/dg}$ bamb-a.$_{stb2}$ bapt.$_{st}$ bell. berb.$_{gt}$ bism.$_{j5}$ bov. bry.$_{bro1}$ buth-a.$_{mg1}$ **Cadm-met.**$_{vh,vh/dg}$ calc.$_{hr1}$ cann-s. canth. caps. **Carb-v.** cham.$_{j5}$ chin.$_{j5}$ choc.$_{srj3}$ cic.$_{j5}$ *Cimic.*$_{bro1,jl}$ *Cina* con.$_{k2}$ croc. cypr. dig. fl-ac.$_{bro1}$ *Gels.*$_{bro1}$ germ-met.$_{srj5}$ gink-b.$_{sbd1}$ glyc.$_{bro1}$ granit-m.$_{es1}$ *Hell.* hydr. hydr-ac.$_{bro1}$ hyos.$_{j5}$ ign. indol.$_{bro1}$ kali-ar. kali-chl.$_{j}$ lach.$_{bro1}$ lepi. lil-t.$_{bro1}$ *Lyc.*$_{j5}$ meny.$_{c1}$ *Merc.* merl. mez. nat-c.$_{j5}$ *Nat-m.*$_{j5}$ nat-p.$_{k2}$ nit-ac.$_{k2}$ *Nit-s-d.*$_{kr1,vh}$ nux-m. *Nux-v.*$_{kr1}$ *Op.*$_{j5}$ **Ph-ac.** *Phos.* *Pic-ac.*$_{bro1,k2}$ *Plat.*$_{kr1}$ psil.$_{jl}$ *Puls.*$_{j5}$ *Rheum*$_{j5}$ rib-ac.$_{jl}$ sec. sel.$_{gt}$ *Sep.* stann.$_{j5}$ **Staph.**$_{gl1,k1,*}$ sulph. syph.$_{k2}$ **Thyr.**$_{vh,vh/dg}$ verat.$_{j5}$ ziz.
☞ *Reizlos*

– **Alltägliches**, gegen: com.$_{a1}$

– **andere** Personen, gegen: granit-m.$_{es1}$ marb-w.$_{es1}$ plat.$_{bg2,gg}$ sabad.$_{bg2,gg}$ sulph.
☞ *Wohlergehen / Selbstsucht*

– **Angenehmes**, gegen: ambr. anac. apis$_{k2}$ cina corn. merc.$_{gl1}$ op. rhod. staph. stram.
☞ *Vergnügen*

– **Angst**, nach: *Acon.*$_{kr1}$ phos.$_{h2}$

– **Anosognosie**, Uneinsichtigkeit in bezug auf seine Krankheit: thala.$_{jl}$

– **Anstrengung**:
• **während**: bamb-a.$_{stb2}$
• **nach**: nat-m.$_{h}$

– **antworten**, Gleichgültigkeit wenn gefragt, sagt nichts; Abneigung zu: *Colch.*$_{vh,vh/dg}$

– **Arbeit**; mit Abneigung gegen: agar.$_{j5}$ allox.$_{j5,sp1}$ androc.$_{srj1}$ camph.$_{j5,kr1}$ ign.$_{j5}$ lach.$_{j5}$ rhod.$_{j5,kr1}$ squil.$_{j5}$ staph.$_{j5}$
☞ *Faulheit*

– **Ärger** mit Qual im Magen; nach dem geringsten: *Kali-bi.*$_{kr1}$

– **aufregende** Ereignisse; gegen: ferr-p.$_{k2}$

– **äußere** Eindrücke; gegen: choc.$_{srj3}$ con.$_{a1}$ *Hell.*$_{a1,kr1}$ lyc.$_{a1}$

– **Äußerlichkeiten**, Äußerliches; gegen: agn. am-c.$_{gl1}$ am-m.$_{gl1}$ berb.$_{j5}$ bov.$_{j5}$ buth-a.$_{sp1}$ cann-i. cham. cic. coca$_{bg2}$ con.$_{a1}$ euphr.$_{j5}$ *Hell.*$_{k2,kr1,*}$ kali-bi.$_{bg2}$ lyc. merl. op. plat.$_{j5}$ rumx. sil.$_{bg2}$ stann. staph. **Sulph.**$_{k,k12}$● tarent. thuj.$_{j5}$ verat. vip.$_{j5}$
☞ *Eleganz - keine / Schmutzig / Unordentlich / Waschen - Abneigung*

– **bemerkt** nichts: *Verat.*$_{kr1}$

– **Besuch**
☞ *Gesellschaft*

– **Ehemann**; gegen den: luna$_{kg1}$

– **Entblößung** ihres Körpers; gegen die: *Hyos.* *Phos.* *Phyt.* *Sec.* stram. verat.
☞ *nackt / Laszív / Nackt / Nymphomanie / Schamlos / Unanständig / Unzüchtig*

– **Epilepsie**, bei: *Crot-h.*$_{kr1}$ kali-br.$_{kr1}$ *Op.*$_{kr1}$

– **Erregung**, nach: ambr.$_{k2}$

– **Erscheinung**, sein Äußeres; gegen die persönliche: coca$_{ptk1}$ **Sulph.**$_{k,k12}$●
☞ *Eleganz - keine / Schmutzig / Unordentlich*

– **Essen**:
• **nach**: aloe lach.$_{ptk1}$ lyc.$_{ptk1}$ *Ph-ac.*$_{ptk1}$ sel.$_{ptk1}$

– **Essen**: ...
• **gegenüber** dem Essen: chin.$_{h,k2,*}$ granit-m.$_{es1}$ merc.$_{gl1}$ nat-c.$_{gl1}$ nat-m.$_{gl1}$ *Rhus-t.*$_{bg2}$ *Staph.*$_{gl1}$ valer.$_{bg2}$
☞ *Anorexia nervosa / Essen - weigert*

– **Familie**; gegen seine: carb-v.$_{k2,sf1}$ hell.$_{a1,sf1}$ nit-ac.$_{sf1}$ **Phos.**$_{st}$ **Sep.**$_{sf1,st}$
☞ *Kinder / Entfremdet - Familie / Fliehen - Familie / Vergeßlich - Freunde*

– **feinere** Empfindungen; gegen: op.$_{j5}$

– **Fenster**; blickt stundenlang aus dem: androc.$_{srj1}$ mez.$_{gl1}$

– **Fieber**; während: ail.$_{k2}$ *Apis*$_{kr1}$ aran.$_{kr1}$ *Arn.* **Bapt.**$_{hr1}$ chin. *Chinin-s.*$_{kr1}$ **Con.** *Nit-s-d.*$_{kr1}$ **Op.** **Ph-ac.** phos. *Puls.* *Sep.* stram. verat. viol-t.

– **Fieberfrost**
☞ *Frost*

– **Fragen**, Ausfragen; gegen: tanac.$_{a1}$

– **Frauen**, gegen: nat-m.$_{a1}$

– **Freien**, im: con. mur-ac. plat.
• **amel**.: nat-ar.$_{a1}$

– **Freude**, gegen: acon.$_{a1}$ alum.$_{a1}$ am-c.$_{a1}$ ambr.$_{a1,k2}$ bamb-a.$_{stb2}$ bell.$_{j}$ cadm-met.$_{gm1}$ cann-s.$_{j}$ cham.$_{a1}$ coloc.$_{a1}$ **Croc.**$_{a1}$ dros.$_{a1}$ ip.$_{j}$ kali-p.$_{k2}$ laur.$_{a1}$ lyc.$_{a1}$ meny.$_{j}$ nat-ar.$_{k2}$ *Nat-m.*$_{j}$ nit-ac.$_{j}$ *Op.*$_{k2,kr1}$ prun.$_{a1}$ *Puls.*$_{j}$ sabin.$_{j}$ tab.$_{a1}$
• **und** Leid: ambr.$_{j5,k2,*}$ anac.$_{j5}$ carb-v.$_{j5,k2}$ cina$_{j5}$ hell.$_{j5}$ *Op.*$_{j5,kr1}$ puls.$_{j5}$

– **freudlos**: adam.$_{srj5}$ alum.$_{a1,h}$ apis$_{j5,k2}$ aur.$_{j5,k2}$ bell.$_{j5}$ cann-s.$_{j5}$ ip.$_{j5}$ meny.$_{j5}$ *Nat-m.*$_{j5}$ neon$_{srj5}$ nit-ac.$_{j5}$ *Op.*$_{j5}$ *Puls.*$_{j5}$ sabin.$_{j5}$

– **Frost**; während: *Apis*$_{bg2}$ arn. **Chin.**$_{bg2}$ con. ign. kali-chl.$_{a1,bg2}$ ~~kali-m.$_{a1,xxx}$~~ lach.$_{bg2}$ **Op.** **Ph-ac.** **Phos.** puls. **Sep.**$_{bg2}$ sil. verat.

– **Gehen** im Freien; beim: *Con.*

– **Gehirnerschütterung**, nach: **Arn.**$_{kr1}$ *Cic.*$_{kr1}$

– **geistige** Anstrengung:
• **während**: bamb-a.$_{stb2}$
• **nach**: nat-m.

– **Geld** zu verdienen: chin.$_{gl1}$ kali-c.$_{gl1}$ merc.$_{gl1}$ nat-c.$_{gl1}$ sep.$_{gl1}$

– **geliebte** Personen, gegen: *Acon.* allox.$_{sp1}$ ars. ars-i.$_{k2}$ carb-v.$_{k2}$ carc.$_{ib}$ *Fl-ac.* **Hell.** kali-p.$_{k2}$ kali-sil.$_{k2}$ merc. nat-p. nat-sil.$_{k2}$ **Phos.** plat. **Sep.** *Syph.*$_{k2,st}$
☞ *liebsten / Entfremdet - Freunde / Vergeßlich - Freunde*
• **Fremden** gegenüber; und angeregtes Verhalten: *Fl-ac.*$_{kr1}$
☞ *Geiz - Großzügigkeit / Hart zu*

– **Genesung**, gegenüber seiner: ars.$_{h}$ aur-m-n.$_{vh}$ *Calc.*

– **geschäftliche** Angelegenheiten; gegen: agar. *Arg-n.* arn.$_{j5}$ bamb-a.$_{stb2}$ *Calc.*$_{vh,vh/dg}$ *Fl-ac.* gink-b.$_{sbd1}$ ham.$_{st}$ *Kali-bi.* kali-p.$_{k2}$ myris.$_{a1,k}$ nat-ar. *Ph-ac.* phyt.$_{k1}$ psil.$_{ft1}$ *Puls.* *Sep.* *Stram.* *Sulph.*
☞ *intellektuelle*

– **Geschlecht**; gegen das andere: puls.$_{vh}$ **Sep.**$_{vh,vh/dg}$ thuj.

– **Gesellschaft**:
☞ *Gesellschaft - Abneigung*

– **Gesellschaft**: ...
• **amel.**: bov.
☞ *Gesellschaft - Verlangen*
• **gegenüber**: rhod.j5
• **in**: androc.srj1 **Arg-n.** bov. kali-c.k1 lyc.kr1 mez.c1 nat-c. nat-m. *Plat.* rhus-t.
☞ *Hochmütig*
– **Gespräche**; durch: sil.ptk1
– **getan** wird; gegen alles, was für sie: **Lil-t.**kr1
☞ *Undankbar*
– **Gewissens**; gegen die Stimme des: cann-i. caust.gl1 con.gl1 graph.gl1 petr.gl1
– **Glück**; gegen: ars-i.k2
– **häusliche** Angelegenheiten: brom.k2 cimic.ptk1
☞ *Vernachlässigt - Haushalt*
– **Influenza**:
• **nach**: *Cadm-m.*vh,vh/dg
– **intellektuelle** Tätigkeit; gegen die gewohnte: androc.srj1 neonsrj5
☞ *geschäftliche*
– **Kinder**, gegen ihre: aur-ar.k2 choc.srj3 kali-i. *Lyc.* nat-c. **PHOS.**k2,st **SEP.**k1,st
☞ *Familie / Abneigung - Kinder / Entfremdet - Kindern / Fliehen - Familie / Schlagen - Kinder; schlägt / Schlagen - Kindern / Vernachlässigt - Kinder*
– **klagt** nicht: *Hyos.* **OP.**k1,st **Stram.**
☞ *Klagen*
• **außer** wenn er gefragt wird; sagt nichts über seinen Zustand: colch.
– **Koitus**:
• **während**: lyss.a1
• **nach**: *Calc.*ptk1
– **Kopfschmerzen**; während: bamb-a.stb2
– **Langeweile**, mit: alum.j5 choc.srj3 con.j5 *Kali-n.*j5 lach.j5 lyc.j5 *Nat-c.*j5 *Nux-v.*j5 petr.j5 *Plb.*j5 zinc.j5
☞ *Langeweile*
– **Leben**; gegen das: absin.a1,sf1 *Ars.*a1,gl1,* bov.a1,sf1 cham.sf1 lyc.kr1,sf1 *Merc.*gl1,sf1 phos.sf1 *Phyt.*a1,kr1,* *Sep.*kr1,sf1 sulph.sf1 *Tab.*sf1 *Xan.*kr1,sf1
– **Leiden**, gegen: androc.srj1 *Hell.* **Op. Stram.**
☞ *Grausamkeit*
– **Lesen**, beim: mez.a1
– **Liebkosungen**, gegen: **Cina**
– **liebsten** Freunde; selbst gegen die:
☞ *geliebte*
• **Alkoholismus**; bei chronischem: *Phos.*kr1
– **liebt**; gegen Personen die er
☞ *geliebte*
– **liegt** mit geschlossenen Augen: arg-n. cocc. *Sep.*
– **Masturbation**, nach: **Staph.**
☞ *Beschwerden durch - sexuell - Exzesse*
– **Meinung** anderer; gegen die: androc.srj1
– **Menopause**; während der: *Cycl.*kr1
– **Menses**:
• **vor**: nit-ac.k2
☞ *Menses - vor; Gemütssymptome*
• **während**: hydrog.srj2
– **mürrisch**: am-c.j5 bov.j5 *Con.*j5,kr1 lach.j5
– **Musik**, die er liebt; gegen: *Carb-v.* caust.j5 ign.a1,bg2
– **nackt** zu bleiben: **Hyos.**st
☞ *Entblößung*
– **periodisch**: ars.st chin.st
– **persönliche** Erscheinung; gegen die
☞ *Erscheinung*
– **Pflichten**, gegenüber: ars.gl1 **Calc.**gl1,kr1 carb-v.gl1,st cench.gl1,k2 gink-b.sbd1 lach.gl1 merc.gl1 nat-m.gl1 *Ptel.*gl1,kr1 sil.gl1 sul-i.gl1,k2 sulph.gl1
☞ *Pflicht - kein*
• **häusliche** Pflichten: androc.srj1 aur-ar.k2,kr1 brom.k2,kr1 *Cimic.*kr1 cit-l.kr1 neonsrj5 sul-i.k2,kr1
– **Pubertät**, in der: bar-c.st lach.st ph-ac.sf1,st
☞ *Abscheu - allgemeiner - Pubertät / Pubertät*
– **Reizbarkeit**, mit: ziz.kr1
– **Reizendes**, Unangenehmes; gegen: ambr. anac. borx. cina coc-c. coff. op. rhod.
– **Religion**, gegen seine: anac. coloc. sil.ptk2
☞ *Religiös - Mangel*
• **egal**, ob er in den Himmel oder in die Hölle kommt; ihm ist: med.rb2
– **Rückschläge**; gegen
☞ *widrige*
– **Ruhm**; gegenüber: am-m.gl1 ars.gl1 sep.gl1
– **Schlaflosigkeit**, mit: *Nit-s-d.*kr1
– **Schläfrigkeit**, bei: acon.j5 am-m.j5 ammc.j5 ant-t.j5 ars.j5 carb-an.j5 carb-v.j5 chel.j5 cinnb.j5 com.j5,kr1 croc.j5 dig.j5 dulc.j5 grat.j5 ip.j5 laur.j5 lyc.j5 mag-c.j5 mag-m.j5 nat-c.j5 rat.j5 sars.j5 tong.j5 verb.j5 *Zinc.*j5
– **Schmerz**:
• **gegenüber** Schmerz: arn.bg2 arund.bg2,kr1,* *Chin.*hr1 iod.bg2 jatr-c.bg2,kr1 nitro-o.a1 op.bg2,h,* sapo.br1
• **mit** Schmerz im Magen und der Präkordialregion: kali-bi.c1
– **schweigsam**: bamb-a.stb2 calc.gl1,j5 *Hell.*j5,kr1 *Nit-s-d.*j5,kr1 plat.j5 staph.j5
☞ *Schweigsam*
– **Schweiß**, beim: apisbg2 **Ars.**bg2,k *Bell.*bg2,k **Calc.**bg2,k **Chin.**bg2 *Lach.* **Ph-ac.**bg2 **Phos.**bg2 **Puls.**bg2 *Sel.*bg2 **Sep.**bg2
– **sexuelle** Leidenschaft verringert: *Kali-m.*kr1
– **sich** selbst, gegenüber: phos.bg sep.bg thuj-l.jl
– **Spaßen**, gegen: sabad.a1
– **stoisch** gegenüber dem, was geschieht: ail.kr1 op.ptk1
– **Stuhlgang**, nach: *Cycl.*vh,vh/dg,*
– **tot**, leblos; alles erscheint ihm: hydrog.srj2 **Mez.**kr1
☞ *Wahnideen - tot - alles*
– **Traurigkeit**; mit: cimic.ptk1 psor.ptk1 puls.ptk1
– **Trinken**, gegen: chin.k2
– **Typhus** abdominalis; während: ail.k2 *Apis Arn.* chin. *Chinin-s.*kr1 *Colch.*kr1 *Nit-s-d.*kr1 *Ph-ac.* *Verat.*kr1
– **Umgebung**, gegen die: abel.jl allox.jl androc.srj1 ars-i.k2 calc-s.k2 kali-p.k2 levo.jl merc.h mez.c1 nat-sil.k2 phos.k2 phyt.kr1 raja-s.jl rumx.kr1 sel.k2,kr1 sul-i.k2 thuj-l.jl
– **Unglück**
☞ *widrige Umstände*

– **Vergnügen**, gegen: alum. anac. androc.$_{srj1}$ *Arg-n.* *Ars.* ars-i.$_{k2}$ calc-ar.$_{k2}$ cench.$_{k2}$ *Cham.* chinin-ar.$_{k2}$ *Chinin-s.* cocc. croc. ferr-p. graph. **Hell.** hep. hura ip. kali-ar. kali-c. kali-m.$_{k2}$ kali-p.$_{k2}$ kali-sil.$_{k2}$ mag-c.$_{mg1}$ mag-m. meph.$_{jl}$ mez. mur-ac. nat-ar. nat-c. **Nat-m.** *Nit-ac.*$_{gl1,kl}$ **Op.** petr. prun. *Puls.* sars. *Sep.* spig. stann. staph. stram. **Sulph.** *Syph.*$_{st}$ tab. ther.
☞ *Angenehmes / Amüsement - Abneigung*
• **Dinge**, die er gewöhnlich genießt: androc.$_{srj1}$

– **Verwandte**, gegen: acon.$_{k2}$ *Fl-ac.* **Hell.** hep. hydrog.$_{srj2}$ kali-p.$_{k2}$ nat-c. nat-p.$_{k2}$ **PHOS.**$_{k1,st}$ plat. **SEP.**$_{k1,st}$ *Syph.*$_{st}$
☞ *Vergeßlich - Freunde*

– **Vorwürfe**, gegen alle: *Merc.*$_{gl1}$
☞ *Lachen - Vorwürfen*

– **Weinen**, mit: caust.$_{j5}$ ign.$_{j5}$ *Plat.*$_{j5,kr1}$
☞ *Weinen*

– **Wetter**:
• **stürmisches** Wetter: sang.$_{ptk1}$ *Tub.*$_{ptk1}$

– **wichtige**:
☞ *Vernachlässigt - Wichtiges*
• **Dinge**; gegen: calc. fl-ac.
• **Neuigkeiten**; gegen: ars-h.$_{kr1}$

– **widrige** Umstände; gegen: ph-ac.$_{ptk1}$

– **Wohlergehen** anderer; gegen das: adam.$_{srj5}$ androc.$_{srj1}$ ars.$_{gl1}$ caust.$_{gl1}$ germ-met.$_{srj5}$ granit-m.$_{es1}$ lach.$_{gl1}$ marb-w.$_{es1}$ nat-m.$_{gl1}$ *Nux-v.*$_{gl1}$ plat.$_{gl1}$ sep.$_{gl1}$ **Sulph.**
☞ *andere / Selbstsucht*

– **Wünsche** noch irgendwelchen Willen; hat weder: hell. *Verat.*$_{kr1}$

– **Zukunft**; gegen die: syph.$_{kr1}$

Glücklich
☞ *Froh*

Glückseliges Gefühl: androc.$_{srj1}$ coff.$_{bg2,h,*}$ neon$_{srj5}$ *Op.*$_{a1,bg2,*}$

Glücksspiele:
– **Spielleidenschaft**: ars.$_{gl1}$ bell.$_{a1,gl1}$ calc.$_{gl1}$ caust.$_{gl1}$ chin.$_{gl1}$ lyc.$_{gl1}$ merc.$_{gl1}$ nux-v.$_{gl1}$ sulph.$_{gl1}$ verat.$_{gl1}$
• **Geld** zu verdienen; um: bell.$_{a1,gl1}$ calc.$_{gl1}$ lyc.$_{gl1}$ mag-m.$_{gl1}$ *Merc.*$_{gl1}$ *Nat-c.*$_{gl1}$ plat.$_{gl1}$ puls.$_{gl1}$ staph.$_{gl1}$ sulph.$_{gl1}$

Gottlos
☞ *Religiös - Mangel*

Grauenhafte Erlebnisse
☞ *Schreckliches*

Grausamkeit: abrot. absin. alco.$_{a1}$ **ANAC.**$_{k1,st}$ *Ars.*$_{gl1}$ *Aur.*$_{vh,vh/dg}$ bell.$_{bro1}$ bry.$_{bro1}$ canth.$_{bro1}$ chin.$_{bg2}$ choc.$_{srj3}$ croc. cur. haliae-lc.$_{srj5}$ **Hep.**$_{gl1}$ *Hyos.*$_{gl1}$ *Kali-i.*$_{bg2,k2}$ kali-p.$_{bg2,k2,*}$ *Lach.*$_{k2,st}$ lyss.$_{kr1}$ marb-w.$_{es1}$ med.$_{ptk1,ptk2,*}$ nicc.$_{gl1}$ *Nit-ac.*$_{bro1,gl1}$ nux-v.$_{k,kl2}$●$_{,*}$ op. *Plat.* sabad.$_{j}$ sel.$_{gl1}$ squil.$_{j}$ staph.$_{bro1}$ *Stram.*$_{bro1}$ tarent.$_{bro1}$ verat.$_{bro1}$
☞ *Boshaft / Brutalität / Empfindlich - Mangel / Gefühllos / Gleichgültigkeit - Leiden / Hartherzig / Menschenfeindlichkeit / Moralischem / Mutwillig / Niederträchtig / Spotten - Lächerliche*

Grausamkeit: ...
– **Anblick** oder Hören von Grausamkeiten ist unerträglich; der: *Calc.*$_{ptk1}$
☞ *Schreckliches*

– **Familie**; gegenüber ihrer: kali-p.$_{k2}$

– **liebt** es, Menschen und Tieren Leid zuzufügen: **Ars.**$_{vh,vh/dg}$ *Bell.*$_{vh,vh/dg}$

– **möchte** gerne etwas Grausames tun: abrot.$_{rb2}$

Grimassen: absin.$_{bg2}$ agar.$_{bg2,sf1}$ bell. carc.$_{jl2,jsa}$ cina *Cupr.* gels.$_{bg2,sf1}$ hell. *Hyos.*$_{bg2,k}$ ign.$_{bg2,sf1}$ nux-m. olnd. pall. plat. *Stram.* verat-v.
☞ *Albernes / Delirium / Delirium - Grimassen / Frivol / Gesten / Gesten - Tics / Possen, spielt*

– **sonderbare** Gesichter; schneidet: ars.$_{a1}$ cupr.$_{vh}$ merc.$_{a1}$ pall.$_{a1}$ *Rhus-t.*$_{vh,vh/dg}$ zinc.$_{vh}$

– **ungezogene** Gesichter; zieht: hyos.$_{a1}$
☞ *Grobheit - Kinder / Hochmütig*

Grobheit: ambr. *Anac.*$_{bg2,sf1,*}$ androc.$_{srj1}$ aran-ix.$_{jl}$ arn. aur. aur-s.$_{a1}$ bar-c.$_{bg2,sf1}$ bell. bufo$_{gk}$ canth. *Cham.*$_{bg2,sf1}$ eug. ferr.$_{a1}$ gal-ac. granit-m.$_{es1}$ graph. haliae-lc.$_{srj5}$ hell. *Hyos.* ign.$_{bg2,sf1}$ *Lac-c.* lach.$_{bg2,sf1}$ **Lyc.** lyss. med.$_{ptk2}$ nat-m.$_{bg2,sf1}$ nit-ac. nux-m. *Nux-v.* op. pall. par. phos. rauw.$_{sp1}$ sieg.$_{mg1}$ spong.$_{bg2}$ *Stram.* **Verat.**
☞ *Anmaßend / Beschimpfen / Brutalität / Diktatorisch / Fluchen / Impertinenz / Spotten / Unverschämtheit / Verwegenheit / Verächtlich*

– **Beschwerden**
☞ *Beschwerden durch - Grobheit*

– **Fieber**; während: lyc.$_{j5}$

– **Frauen**, bei: *Cham.*$_{sf,sf1}$

– **Kinder**; ungezogene: ant-c.$_{bg2,sf1}$ cham.$_{bg2,sf1}$ *Chin.*$_{bg2,kr1,*}$ cina$_{bg2,sf1}$ dulc.$_{bg2,sf1}$ rheum$_{bg2,sf1}$ staph.$_{bg2,sf1}$
☞ *Grimassen - ungezogene*

– **Untergebenen** gegenüber ihren Vorgesetzten; von: lyc.$_{gl1}$ nat-m.$_{gl1}$

Größen, Ausmaße:
– **falsche** Einschätzung von: agar. calc.$_{ptk1}$ chinin-s.$_{a1}$ onos.$_{ptk1}$ plat.$_{ptk1}$ stram.
☞ *Entfernungen - falsche / Entfernungen - vergrößert / Wahnideen - ausdehnen - Vorübergehende / Wahnideen - groß - Teile / Wahnideen - groß - Umgebung / Wahnideen - klein - Dinge - erscheinen / Wahnideen - Körper - verkleinert / Wahnideen - vergrößert - Entfernungen / Wahnideen - vergrößert - Gegenstände / Wahnideen - vergrößert - Körper - Körperteile / Wahnideen - verkleinert - alles sei / ❑ Schwindel - Gegenstände - weit / ❑ Sehen - Groß - Gegenstände / ❑ S~ Klein*

– **Rahmens** scheint verringert; die Größe des: phys.

Größenwahn
☞ *Geisteskrankheit - Größenwahn*

Großzügig, zu: cere-b.$_{a1}$ nux-v.$_{gl1}$ op.$_{a1,gl1}$ staph.$_{gl1}$
– **Fremden** gegenüber: carb-v.$_{gl1}$ hyos.$_{gl1}$ nat-m.$_{gl1}$ nux-v.$_{gl1}$

Grübelt
☞ *Brütet / Ungesellig*

Grummeln, Murmeln
☞ *Murmeln*

Grunzen: bell. $cina_{bg2}$ hell.$_{a1,k}$ ign. puls.
– **Schlaf**, im: ign.$_{a1,k}$ sep.$_{h}$
– **zornig**, wenn: mag-c.$_{dgt}$

Gut gelaunt
☞ *Froh / Lustig / Spaßen*

Haar:
– **Haareschneiden**
☞ *❑ Kopf - Haar - Haareschneiden*

Habsüchtig
☞ *Geiz*

Hämorrhoiden; Gemütssymptome nach unterdrückten: anac.$_{bg2}$ ant-c.$_{bg2}$ arn.$_{bg2}$ ars.$_{bg2}$ bell.$_{bg2}$ caust.$_{bg2,k2}$ cupr.$_{bg2}$ fl-ac.$_{bg2}$ hyos.$_{bg2}$ ign.$_{bg2}$ lach.$_{bg2}$ lyc.$_{bg2}$ nux-v.$_{bg2}$ phos.$_{bg2}$ sep.$_{bg2}$ sulph.$_{bg2}$ verat.$_{bg2}$ zinc.$_{bg2}$

Händel; sucht ständig
☞ *Streitsüchtig*

Hängen; an jemandem:
☞ *Gehalten - Verlangen / Klammert*
– **Kinder** hängen stark am Vater: cycl.$_{dgt}$

Halluzinationen, Einbildungen
☞ *Wahnideen*

Halten:
– **alles**: caust.$_{ptk1}$
– **Hand** der Mutter; Kind hält ständig die: *Bism.*$_{c1,vh,*}$ kali-c.$_{a1}$ lil-t.$_{a1}$ lyc.$_{a1}$
– **Kopf**; hält den:
  • **Stöhnen**; und Erbrechen beim: cimic.$_{ptk1}$
– **Pfleger**; hält den: ant-t.$_{ptk1}$

Haltung
☞ *Gesten - sonderbare*

Handarbeit, feine Arbeiten; Gemütssymptome durch: graph. iod.
☞ *Angst - körperliche - durch / Angst - Körperübungen - durch / Furcht - körperlicher*

Handlungen mit verborgenen, irrationalen Motiven
☞ *Irrational - verborgenen*

Harmonie:
– **Verlangen** nach: carc.$_{zzh}$ nat-c.$_{ms}$

Hartherzig, unerbittlich: adam.$_{srj5}$ alco.$_{gl1,sf1}$ *Anac.*$_{gl1,j5,*}$ ars.$_{gl1}$ bism.$_{gl1,j5}$ cench.$_{gl1,k2}$ con.$_{gl1,j5}$ croc.$_{gl1,j5}$ hep.$_{gl1}$ hyos.$_{gl1,j5}$ *Kali-i.*$_{gl1,k2}$ *Laur.*$_{gl1,j5}$ lyss.$_{a1,gl1}$ nat-m.$_{gl1}$ $neon_{srj5}$ *Nit-ac.*$_{gl1}$ nux-v.$_{gl1}$ *Op.*$_{gl1,j5}$ plat.$_{bg2,j5,*}$ sabad.$_{bg2,j5,*}$ squil.$_{gl1,j5}$ sulph.$_{bg2,gl1}$
☞ *Boshaft / Empfindlich - Mangel / Gefühllos / Grausamkeit / Moralischem / Mutwillig / Niederträchtig / Spotten - Lächerliche / Unbarmherzig*
◈ **abwechselnd** mit:
  • **Milde**: croc.$_{gl1,j5}$

Hartherzig, unerbittlich: ...
– **Familie**, gegenüber seiner: kali-i.$_{k2}$

Hartnäckigkeit, Beharrlichkeit: caps. dros. stram.
☞ *Beharrlichkeit / Bestimmtheit / Diktatorisch / Eigensinnig / Entschlossenheit / Herausfordernd / Mutig / Streitsüchtig / Ungehorsam / Widerspenstig / Widerspruch - Neigung*

Hart zu Untergebenen und freundlich zu Vorgesetzten: lach.$_{gl1}$ lyc.$_{gl1}$ plat.$_{gl1}$ verat.$_{gl1}$
☞ *Gleichgültigkeit - geliebte - Fremden*

Haß: acon. adam.$_{srj5}$ *Agar.* aloe am-c. am-m.$_{bg2,j5,*}$ **Anac.** androc.$_{srj1}$ *Aur.* cadm-i.$_{gm1}$ *Calc.* **CIC.**$_{k1,st}$ cupr. fl-ac.$_{bg2}$ germ-met.$_{srj5}$ hep.$_{bg2,oss}$ hydr.$_{bg2}$ kali-c.$_{st}$ kali-i. *Lac-c. Lach. Led.* lyc.$_{bg2}$ mang. mygal.$_{bg2}$ **NAT-M.**$_{k1,st}$ **Nit-ac.**$_{bg2,k1,*}$ *Nux-v.*$_{sf1}$ op.$_{bg2}$ ph-ac.$_{gl1}$ phos. puls.$_{gl1}$ rhus-t. stann. **Sulph.**$_{bg2,k}$ tarent.$_{a1,bg2}$
☞ *Abneigung - Frauen - Männern - religiöse / Abneigung - Männer - Frauen - religiöse / Abscheu - allgemeiner / Beschwerden durch - Ehre / Beschwerden durch - Kränkung / Beschwerden durch - Tadel / Beschwerden durch - Verachtung / Beschwerden durch - Zorn - Entrüstung / Boshaft / Brütet / Entrüstung / Menschenfeindlichkeit / Neid - Haß / Verweilt - vergangenen / Wahnideen - Frauen - böse*
– **nachts**: opun-s.$_{a1}$
◈ **abwechselnd** mit:
  • **Verzweiflung**: ars.$_{gm1}$
– **abwesende** Personen, amel. wenn er sie sieht; auf: fl-ac.
– **Ehemann**; auf den: $luna_{kg1}$
– **Frauen**, auf: *Puls.*$_{k,kl2}$● *Raph.*$_{vh,vh/dg}$
☞ *Abneigung - Frauen / Abneigung - Frauen - Männern - religiöse / Abneigung - Männer - Frauen - religiöse / Furcht - Frauen / Homosexualität / Wahnideen - Frauen / Zynisch*
  • **Männern**; bei: sep.$_{ptk1}$
  ☞ *Abneigung - Frauen - Männern*
– **Männer**, auf: bar-c. ign. led. lyc. phos. stann.
☞ *Menschheit / Abneigung - Männer / Furcht - Männern / Zynisch*
  • **Frauen**; bei: sep.$_{ptk1}$
  ☞ *Abneigung - Männer - Frauen*
– **Menschen**, auf:
  • **beleidigt** haben; die ihn: *Aur.* calc.$_{gl1}$ granit-m.$_{es1}$ mang. merc.$_{gl1}$ *Nat-m.* $neon_{srj5}$ nit-ac. nux-v.$_{gl1}$ sep.$_{st}$ staph.$_{gl1}$ sulph.
  ☞ *Beleidigt*
  • **übereinstimmen**; die nicht mit ihm: calc-s.$_{k,ptk1}$
  • **ungerührt**; Entschuldigungen lassen ihn: **Nit-ac.**
– **Menschheit**; auf die: cic.$_{a1,h1}$
☞ *Männer*
– **Neid**; mit
☞ *Neid - Haß*
– **Rachsucht**; Haß und: agar.$_{bg2}$ $aloe_{bg2}$ am-c.$_{bg2,gl1}$ am-m.$_{bg2}$ *Anac.*$_{bg2,bro1}$ ars.$_{bro1}$ aur.$_{bg2}$ $bufo_{bro1}$ calc.$_{bg2,gl1}$ *Cham.*$_{bro1}$ chin.$_{bro1}$ cic.$_{bg2}$ cupr.$_{bro1}$

– **Rachsucht**; Haß und: ...
fl-ac.bg2 hep.bg2 hydr.bg2 lac-c.bro1 lach.bg2,k2,* led.bg2 lyc.bro1 mang.bg2 mygal.bg2 **Nat-m.**bg2,gl1 *Nit-ac.*bg2,gl1,* *Nux-v.*bro1 op.bg2 *Ph-ac.*bg2,gl1 phos.bg2 stann.bg2 *Staph.*bro1 *Sulph.*bg2 tarent.bro1
• **allein**; amel. wenn: neonsrj5
– **Verbitterung**, bittere Gefühle wegen geringer Beleidigungen: ang.
☞ *Beleidigt*

Hast, Eile: achy-a.bnj1 *Acon.* adam.srj5 aloe alum. alum-p.k2 am-c.gl1 ambr. anan. androc.srj1 apis *Aran-ix.*jl,mg1 arg-met.br1,jl *Arg-n.* *Ars.* *Ars-i.* ars-s-f.k2 aur. aur-ar.k2 aur-i.k2 aur-s.k2 *Bar-c.* bar-i.k2 bar-s.k2 *Bell.* benz-ac. bov. *Bry.* cact. calad. calc. *Calc-f.*jl,mg1 calc-s. calc-sil.k2 *Camph.* cann-i. cann-s.h,j5 canth. caps. carb-an. carb-v. *Carbn-s.* carc.zzh caust.gl1 cham.bg2 cimic.bg1,bg2,* cocc. *Coff.* con. *Crot-c.* cur.bg2 dig. **Dulc.**gl1,k1,* esp-g.kk1 gink-b.sbd1 graph. grat. haliae-lc.srj5 *Hep.* hydrog.srj2 hyos. *Ign.* *Iod.* ip.bg2,ptk1 kali-ar. *Kali-c.* kali-p. kali-s. kurch.bnj1 *Lach.* laur. **Lil-t.** lob-p.c1 lyc. lycps-v.bg2,ptk1 *M-arct.*j5 m-aust.j5 mag-m.k2 mang.ptk1 **Med.** meny. **Merc.** merl. mez.bg1,bg2,* morph. mosch. nat-ar. nat-c. **Nat-m.** nat-p. neonsrj5 *Nit-ac.*gl1 *Nux-v.* op. ox-ac. *Ph-ac.* phos. plat.bg2 plb.a1,bg2 psor.gg ptel. *Puls.* ran-b.c1 rheumptk1 rhus-t.j5 sep. **Sil.**gl1 staph.gl1 *Stram.* **Sul-ac.** sul-i.k2 **Sulph.** sumb. syph.ptk1 **Tarent.** *Thuj.* verat. viol-t. zinc-val.bro1
☞ *Angst - Eile / Antworten - hastig / Erregung - gehetzt / Furcht - Eile / Gedanken - schnell / Kurz / Schnell / Spontan / Sprache - hastig / Ungeduld / Ungestüm / Zeit - langsam / Zeit - schnell / Überstürzt*
– **agg.**: benz-ac.bg2 coff.kr1
– **nachmittags**: ferr-p.a1 hydrog.srj2
– **nachts**: lach.
– **Arbeit**, bei der: calc-f.a1,mg1,* cimic.a1 op.a1 sep.a1,gl1 sul-ac.a1,k2 sul-i.a1,k2
☞ *Beschäftigung*
• **nachmittags**: aloea1
– **Beschäftigung**, bei: acon. aur. camph. carb-v. cimic.bg1,kr1,* hep.kr1,st *Kali-c.* kali-p.k2 **Lil-t.** op. puls. sep. **Sul-ac.** *Thuj.* viol-t.
☞ *Arbeit*
• **Verlangen** mehreres gleichzeitig zu tun: aur. **Lil-t.** plan.
– **Beschwerden** durch
☞ *Beschwerden durch - Hast*
– **Bewegungen** in den: acon. adam.srj5 arg-n.ptk1 ars. ars-s-f.k2 atro.a1 *Bell.* camph. cann-i. coca coff. con. gins. *Hyos.* kali-c. meny. merc. merl. **Stram.** **Sul-ac.** *Sulph.* **Tarent.** *Thuj.* viol-t.
• **schnell** genug tun; kann nichts: aur. **Sul-ac.**
• **unwillkürliche** Hast in den Bewegungen: **Sulph.**a1
– **Essen**; beim: anac.br1 androc.srj1 arg-n.st aur.bg2,h,* bell.kr1 berb.kr1 calad. **Caust.**bg2,k clem.a1,bg2 *Coff.*h,k1,* cupr.bg2,h,* graph.bg2 **Hep.** kali-c.st,vh *Lach.*bg2,k lyc.bg1,h,* nux-m.bg2 olnd.kr1,vh,* pip-m. **Plat.**bg2,k2,* plect.a1 *Rhus-t.*vh,vh/dg sabad.bg2 **Sul-ac.** sulph.bg1,h,* *Zinc.*h,k2,*

Hast, Eile: ...
– **Fieberfrost**
☞ *Frost*
– **Frost**; während: cann-s.
– **Gehen**, beim: acon. **Arg-n.** canth. carb-an.h fl-ac.bg2 iod. mosch. prun. sep.bg2 stram. **Sul-ac.** sul-i.k2 *Sulph.* **TARENT.**k,vh/dg *Thuj.*
☞ *Angst - Gehen - schnell - wodurch / Beschwerden durch - Erwartungsspannung*
– **geht** hin und her, kann sich weder durch Denken oder Lesen ablenken: lil-t.h,kr1
– **geistiger** Anstrengung; bei: ambr. aur. ign. *Kali-c.* laur. op. *Sul-ac.* *Thuj.*
– **immer** in Eile: ars-s-f.gl1,k2 dulc.gl1 nux-v.gl1 sil.gl1 staph.gl1 sul-ac.rb2
– **jeder**:
• **bewegt** sich zu langsam: med.k2 *Tarent.*vh,vh/dg
• **muß** sich beeilen: arg-n.bro1 cann-i.bro1 lach.k2,vh nat-p.k2 *Nux-m.*bro1 **Tarent.**
– **Kleinigkeiten**; bei: med.ptk1 sul-ac.ptk1 sulph.ptk1
– **Kopfschmerzen**, bei:
• **heißem** Gesicht, mit: ptel.hr1
– **Kurzatmigkeit**; mit: caust.kr1
– **langsamer** Durchführung der Taten; mit: alum.ptk1
– **Menses**; während: ign.ptk1
– **Pflichten**; wie durch dringende: **Lil-t.**a1
– **Schreiben**, beim: alum.j cocaa1 ign.gl1 lyc.j ped.a1 ptel. **Sul-ac.**
– **Sprache**
☞ *Sprache - hastig*
– **Trinken**, beim: anac.ptk1 *Ars.*bg2,kr1 *Bell.*kr1 bry.kr1 cinakr1 *Coff.* *Hell.*bg2,kr1 *Hep.*bg2,k ip.bg2 lyc.kr1 nat-m.bg2 nit-ac.bg2 nux-v.bg2 *Sil.*bg2 *Stram.*kr1 sulph.bg2 verat.bg2 *Zinc.*kr1
• **Bewußtlosigkeit**; während der: hell.ptk1
– **ungeschickt** aus Hast: alum.gl1 ambr.gl1 apisgl1,sf1 choc.srj3 *Mosch.*gl1,k2,* nat-m.gl1 sulph.gl1
– **Zeit** anzukommen; hastet, um zur verabredeten: **Arg-n.** sul-ac.dgt
☞ *Beschwerden durch - Erwartungsspannung / Erwartungsspannung*
– **ziellos**: *Lil-t.*vh,vh/dg

Haus bleiben zu müssen; Abneigung im: lyc.a1

Hause, zu:
– **spricht** von daheim: bell. *Bry.*
– **Verlangen**, nach Hause zu gehen: acon.bg adam.srj5 bell.h,k,* **Bry.**h,k,* *Calc.*hr1,k calc-p.hr1,k,* *Carb-an.*a1 chlol. cic. cimic.bg clem.a1 coff.bg cupr. *Cupr-act.*kr1 eup-per.a1 granit-m.es1 hell.a1 hyos. *Lach.* limest-b.es1 lipp.a1 mag-c.a1 meli.bg merc.a1 nit-ac.a1 *Op.* plan. plb.a1 psor.k2 puls.a1 rhus-t. sacch.a1 senec.a1 sil.a1 stram.a1 verat. vip.
☞ *Wahnideen - Hause - weg - müsse*
• **auszugehen**; und wenn er daheim ist: **Calc-p.**kr1 *Cupr-act.*kr1
– **verlassen**; Verlangen das Zuhause zu: arag.bro1 *Bry.*bro1 elat. fl-ac.k2 lach.bro1 merc.bro1 verat.bro1
☞ *Fliehen / Verlangen, Wunsch - voller - mehr*

– **verlassen**; Verlangen das Zuhause zu: ...
- **freies**, ungestörtes Leben ohne ihre Familie zu führen; und ein: adam.$_{srj5}$

Haushalt zu führen; Frauen, die unfähig sind, einen: lyc.$_{gl1,vh}$ nux-v.$_{gl1,vh}$ sil.$_{gl1,vh}$ sulph.$_{gl1,vh}$
☞ *Vernachlässigt - Haushalt*

Hautausschlägen; Gemütssymptome nach unterdrückten: *Ail.*$_{a1}$ anac.$_{bg2}$ ant-c.$_{bg2}$ *Apis*$_{hr1}$ arn.$_{bg2}$ *Ars.*$_{bg2,j}$ bell.$_{bg2}$ caust.$_{bg2,k2,*}$ cupr.$_{bg2}$ fl-ac.$_{bg2}$ *Hep.*$_{hr1}$ hyos.$_{bg2}$ ign.$_{bg2}$ lach.$_{bg2}$ *Lyc.*$_{bg2,hr1}$ nux-v.$_{bg2}$ phos.$_{bg2}$ *Psor.*$_{hr1}$ sep.$_{bg2}$ *Sulph.*$_{bg2,hr1}$ verat.$_{bg2}$ *Zinc.*$_{bg2,hr1}$

Heftig, vehement: abrot. absin.$_{kr1}$ acon. aesc. agar.$_{bg2}$ agav-t.$_{j1}$ alco.$_{a1}$ alum.$_{kr1}$ am-c. ambr. *Anac.* *Androc.*$_{srj1}$ ang. *Ant-t.*$_{kr1}$ apis arn. ars. **Aur.** aur-ar.$_{k2}$ aur-s.$_{k2}$ bar-c. **Bell.** borx. *Bry.* calc. calc-p. camph. canth. *Carb-v.* *Carbn-s.* caste.$_{j1}$ caust. *Cham.* chin.$_{bg2}$ **Cic.** cocc.$_{bg2,j5}$ coff.$_{bg2,sf1}$ coloc. con.$_{bg2,gl1}$ corn. croc. cupr. cyna.$_{j1}$ dros. dulc. ferr. graph. grat.$_{j5}$ haliae-lc.$_{srj5}$ **Hep.**$_{gl1,k1,*}$ **Hyos.** ictod.$_{j5}$ ign.$_{bg2}$ *Iod.*$_{bg2,k2,*}$ kali-bi.$_{bg2,sf1}$ kali-c. *Kali-i.*$_{bg2,j5,*}$ *Kali-p.* *Lach.*$_{gl1,k1}$ *Led.* lil-t.$_{k2,sf1}$ *Lyc.* *M-arct.*$_{j}$ *M-aust.*$_{j5}$ mag-s.$_{j5}$ mang. merc. merc-c.$_{bg2}$ merl. mez. morph.$_{oss}$ mosch. nat-c. *Nat-m.* nat-s.$_{j5}$ nit-ac. nitro-o.$_{a1}$ **Nux-v.** olnd. ox-ac.$_{bg2}$ *Petr.* ph-ac.$_{bg2,h}$ *Phos.* plat. plb.$_{bg2}$ ran-b. sabad. sacch.$_{a1}$ seneg. *Sep.* sil.$_{st}$ spig.$_{bg2}$ stann. staph.$_{gl1}$ **Stram.** stront-c. *Sulph.* *Tarent.* teucr.$_{gl1}$ *Verat.* verat-v.$_{bg2}$ *Visc.* zinc.$_{bg2,j5}$
☞ *Beißen / Beschwerden durch - Heftigkeit / Delirium - Arme - fuchtelt / Delirium - greift Menschen / Delirium - heftig / Delirium - heftig, grimmig / Delirium - wild / Destruktivität / Fanatismus / Geisteskrankheit - droht / Gesten - heftig / Kämpfen / Manie / Raserei / Raserei - heftig / Reizbarkeit - abwesenden / Schlagen / Schlagen - Kinder; schlägt / Schlagen - Kindern / Schlagen - sich / Schneiden / Spucken - Gesicht / Stoßen / Töten / Widerspruch - verträgt - zurückhalten / Wildheit / Zerbricht / Zorn - erstechen / Zorn - heftig*

– **morgens**: calc. carb-an.$_{a1}$ carb-v. gamb. graph. iod.$_{k2}$ nat-s.$_{j5}$ petr. psor.
– **vormittags**: carb-v.$_{h,k,*}$
– **abends**: mill.$_{a1,k}$
- **Abendessen**, nach dem: mill.
- **Kleinigkeiten**, über: *Hep.*$_{gl1,k1}$ *Nat-m.*
- **Mittagsschlaf**, nach dem: caust.

◈ **abwechselnd** mit:
- **Betäubung**: absin.
- **Bewußtlosigkeit**: absin.
- **Fröhlichkeit**: aur. croc. stram.
- **Lachen**: aur.$_{j}$ croc. stram.$_{j5,k}$
- **Milde**: croc.$_{gl1}$
- **Schweigsamkeit**: aur-ar.$_{k2}$
- **Seelenruhe**, Gelassenheit: aur-ar.$_{k2}$
- **Stupor**: absin.$_{st}$
- **Traurigkeit**: ambr. cadm-met.$_{gm1}$

– **Aktivität**, mit körperlicher: *Plat.*$_{hr1,kr1}$
– **Berührung**, durch: lach.$_{j5}$
– **Erschöpfung**, bis zur: **Nat-c.**$_{gl1}$
– **Freunden**; gegenüber seinen: kali-ar.$_{k13,k2}$

Heftig, vehement: ...
– **Gespräch** anderer; durch das: con.$_{gl1}$ mang.$_{j5}$
☞ *Sprechen - anderer*
– **getadelt** wird; wenn er hört, wie ein anderer: calc-p.$_{a1}$
☞ *Entrüstung*
– **Gewalttaten** führt; Raserei, die zu: agar.$_{mg1,sf1}$ anac. ars.$_{gl1}$ *Aur.*$_{vh,vh/dg}$ bar-c. *Bell.* bry.$_{gl1}$ calc.$_{gl1}$ canth.$_{j}$ chin. cic.$_{st}$ cocc. con. croc.$_{j5}$ cupr.$_{j5}$ **Hep.**$_{gl1,k1}$ hyos. *Ign.* *Iod.*$_{k2,sf1,*}$ iodof.$_{sf1}$ kali-ar.$_{k2}$ lach. lil-t.$_{sf1}$ lyc. mosch. nat-c. nicc.$_{j5}$ nit-ac.$_{sf1}$ *Nux-v.* phos.$_{gl1}$ plat. **Stram.**$_{k,vh/dg}$ stront-c.$_{j5}$ tarent. *Verat.*$_{sf1}$ zinc.
☞ *Delirium - heftig / Manie - gewalttätig / Raserei / Raserei - heftig*
– **jagt** die Familie aus dem Haus: *Verat.*$_{hr1,kr1}$
– **Kleinigkeiten**, über: androc.$_{srj1}$ caust.$_{gl1}$ *Hep.*$_{gl1,sf1,*}$ *Nat-c.*$_{gl1}$ *Nat-m.*$_{a1}$
☞ *Kleinigkeiten*
– **krank**, wenn: bell.$_{c,c1}$
– **Schlaf**:
- **vor**: op.$_{a1}$

– **Schmerzen**, durch: ant-t.$_{st}$ **Aur.** **Cham.** **Hep.** lyc.$_{st}$
☞ *Zorn - Schmerzen - über*
– **Stuhlgang**, vor: calc.$_{j5}$
– **verärgert**, wenn: *Sil.*$_{hr1,kr1}$
- **agg.** während den Menses: *Oena.*$_{hr1,kr1}$
☞ *Menses - während; Gemütssymptome*

Heikel, pingelig: alum.$_{st}$ *Anac.*$_{st,vh}$ apis$_{bro1,ptk1}$ **Ars.**$_{k,vh/dg}$ ars-i.$_{oss}$ aur.$_{st}$ bar-c.$_{oss}$ bell-p.$_{fb}$ calc-p.$_{ptk1}$ *Carc.*$_{sk1,vh/dg,*}$ cham.$_{bro1}$ choc.$_{oss}$ con.$_{st}$ *Graph.*$_{bg2,bro1,*}$ haliae-lc.$_{srj5}$ helon.$_{bro1}$ iod.$_{k2}$ *Kali-ar.*$_{gk}$ kali-bi.$_{gk,k2}$ *Kali-c.*$_{gg}$ lac-ac.$_{hr1,kr1}$ lob.$_{gk,vh}$ lyc.$_{k2}$ med.$_{hbh}$ morph.$_{bro1}$ *Nat-m.*$_{k2,vh,*}$ nat-s.$_{vh}$ *Nux-v.*$_{bg2,k}$ phos.$_{fb,pc,*}$ plat.$_{bro1,fb,*}$ puls.$_{gl1,vh/dg,*}$ samb.$_{ptk1}$ sel.$_{ptk1}$ sep.$_{bro1,fb,*}$ sil.$_{st}$ staph.$_{bro1}$ sulph.$_{bro1}$ tarent.$_{bro1}$ thuj.$_{vh}$ verat.$_{bro1}$ zinc.$_{ptk1}$
☞ *Beleidigt / Gewissenhaft / Kleinigkeiten / Ordentlich / Ruhe - kann / Tadelsüchtig / Wahnideen - schmutzig - er*
– **Eigentum**; in bezug auf sein: ars-i.$_{st}$

Heimtückisch
☞ *Boshaft*

Heimweh: acon.$_{bg1,bg2,*}$ *Aur.* bar-c.$_{h}$ *Bell.*$_{k1,st}$ *Bry.*$_{bg2}$ calc-p. **CAPS.**$_{c2,k1,*}$ **Carb-an.**$_{c2,k}$ carl. *Caust.* cent.$_{c2,k}$ chlol.$_{a1}$ cimic.$_{bg1,bg2,*}$ *Clem.* *Cocc.*$_{st,vh}$ *Coff.*$_{bg1,bg2,*}$ dros. elaps elat.$_{st}$ eup-per.$_{a1}$ eup-pur.$_{a1,k,*}$ haliae-lc.$_{srj5}$ *Hell.*$_{bg2,k1,*}$ hipp. hyos. **Ign.**$_{bg2,k1,*}$ iris-t.$_{c1,c2}$ *Kali-p.* lach. limest-b.$_{es1}$ lipp.$_{a1}$ mag-c. *Mag-m.*$_{h2,k1,*}$ manc. meli.$_{bg1,bg2,*}$ **Merc.**$_{bg2,k1,*}$ *Nat-m.* *Nit-ac.*$_{bg2,k,*}$ op.$_{bg2}$ petr. **Ph-ac.**$_{c2,k}$ *Phos.*$_{st}$ plan. plb.$_{bg2}$ puls. puls-n.$_{c1,c2}$ sacch.$_{a1}$ sacch-l. senec.$_{c2,k}$ sep. *Sil.*$_{c2,k}$ *Staph.* valer.$_{bg1,bg2,*}$ verat.
☞ *Sentimental / ❑ Schlaf - Schlaflosigkeit - Heimweh*
– **morgens**: carb-an.
– **abends**: hipp.
– **Fauces**; mit Hitze in: **Caps.**$_{pc}$

– **Hals**; mit Hitze im: **Caps.**$_{kr1,st}$
– **roten** Wangen, mit: *Caps.*
– **stiller** schlechter Laune; mit: mag-m.$_{h2}$ nit-ac. *Ph-ac.*

Heirat:
– **besessen** vom Gedanken an die Heirat; Mädchen sind sexuell erregt und: bell.$_{gl1}$ *Caust.*$_{gl1}$ plat.$_{gl1}$ verat.$_{gl1}$
– **unerträglich**; der Gedanke an Heirat scheint: *Lach. Med.*$_{st}$ **Nux-v.**$_{gl1,vh/dg}$ pic-ac. puls. staph.$_{gl1}$
☞ *Abneigung - Frauen - Männern / Abneigung - Frauen - Männern - religiöse / Abneigung - Männer - Frauen / Abneigung - Männer - Frauen - religiöse / Homosexualität / Unentschlossenheit - heiraten*

Helfen; Anderen zu:
– **Abneigung**, anderen zu helfen: calc.$_{pc}$ plat.$_{pc}$ sil.$_{pc}$
– **Verlangen**, anderen zu helfen
☞ *Wohlwollen*

Hellhörig: cann-i.$_{c1}$ lyss.$_{c1}$

Hellsehen: *Acon.*$_{c2,k}$ anac.$_{h,k,*}$ androc.$_{srj1}$ *Anh.*$_{bro1,mg1}$ arn.$_{hr1,k}$ ben.$_{c1}$ bry.$_{j}$ calc. cann-i.$_{hr1,k,*}$ carc.$_{gk,pd}$ *Crot-c.*$_{bg2,k,*}$ dat-a.$_{c1,c2,*}$ haliae-lc.$_{srj5}$ hydroph.$_{jl,jl3}$ hyos. lach.$_{hr1,k}$ *Lyss.*$_{hr1,k,*}$ m-arct.$_{c1,j5,*}$ *Med.*$_{k,vh/dg}$ nabal.$_{bro1}$ neon$_{srj5}$ *Nux-m.*$_{hr1,k,*}$ op. *Phos.*$_{bg2,k,*}$ ptel.$_{gk}$ pyrus$_{c2,k}$ sil. stann.$_{h,k,*}$ stram. tarent. valer.$_{a1,c1,*}$ *Verat-v.*$_{hr1,kr1}$
☞ *Beschwerden durch - Erwartungsspannung / Erwartungsspannung / Furcht - geschehen / Prophezeit / Tod - Vorahnung / ❑ Abdomen - Besorgnis / ❑ Blase - Befürchtungen / ❑ Brust - Besorgnis / ❑ Magen - Besorgnis / ❑ Träume - Ereignisse - zukünftige / ❑ T~ Hellsichtig / ❑ T~ Hellsichtig - Betrunkenheit / ❑ T~ Prophetisch / ❑ T~ Visionär*
– **Mitternacht**: cann-i.$_{a1}$
– **Schlaf**, im: com.$_{hr1,kr1}$
– **Träume**; hellsichtige
☞ *❑ Träume - Hellsichtig*

Hemmungen:
– **Gesellschaft**; Mangel an Hemmungen in
☞ *Indiskretion / Wahrheit*

Hemmungslos
☞ *Heftig / Maßlosigkeit / Ungestüm*

Herablassend
☞ *Hochmütig / Verächtlich*

Herausfordernd: acon. alum.$_{sf,sf1}$ am-c.$_{sf,sf1}$ anac.$_{h,k,*}$ androc.$_{srj1}$ *Arn.*$_{bg2,k,*}$ bell.$_{sf,sf1}$ bufo$_{gk}$ canth. **Caust.**$_{k,k1,*}$ *Cina*$_{bg2,sf1}$ guaj. *Ign.*$_{bg2,sf1,*}$ kreos.$_{sf,sf1}$ *Lyc.*$_{bg2,k,*}$ nux-v. ph-ac.$_{sf1}$ sec.$_{sf,sf1}$ sep.$_{st}$ sil.$_{sf,sf1}$ spong. sulph.$_{sf,sf1}$
☞ *Anmaßend / Aufzuhetzen / Bestimmtheit / Eigensinnig / Hartnäckigkeit / Hochmütig / Kämpfen / Mutig / Streitsüchtig / Ungehorsam / Unverschämtheit / Verwegenheit / Widerspenstig / Widerspruch - Neigung*

Herrschsüchtig
☞ *Diktatorisch*

Heuchelei: bar-c.$_{gl1}$ caust.$_{gl1,vh}$ lyc.$_{gl1,kl2}$●,* marb-w.$_{es1}$ merc.$_{gl1,vh}$ nux-v.$_{gl1,vh}$ phos. *Puls.*$_{gl1,kl2}$●,* sep.$_{gl1,vh}$ *Sil.*$_{gl1,vh}$ *Sulph.*$_{gl1,vh}$
☞ *Hinterhältig / Lügner / Lügner - lügt / Unaufrichtig / Unehrlich / Verleumden / Wahnideen - Lüge*

Heulen: *Acet-ac.*$_{a1}$ **Acon.**$_{bg2}$ *Alum.*$_{bg2,j5}$ arn.$_{bg2}$ ars.$_{bg2}$ *Aur.*$_{bg2}$ *Bell.*$_{bg2}$ brom.$_{bg2}$ bufo$_{gk}$ calad.$_{bg2}$ camph.$_{bg2}$ canth.$_{a1}$ caps.$_{bg2}$ *Cham.*$_{bg2}$ *Cic.*$_{bg2}$ cina$_{bg2,j5}$ coff.$_{bg2}$ cupr.$_{bg2}$ cupr-act.$_{a1}$ ign.$_{bg2}$ ip.$_{bg2}$ lyc.$_{bg2,j5}$ merc.$_{bg2,j5}$ morph.$_{a1}$ nat-m.$_{bg2,j5}$ nux-v.$_{bg2}$ op.$_{bg2}$ *Phos.*$_{bg2,j5}$ stann.$_{bg2}$ *Stram.*$_{bg2}$ tarent.$_{a1}$ verat.$_{bg2}$ *Verat-v.*$_{bg2,j,*}$ verb.$_{bg2,j,*}$ viol-t.$_{bg2}$
☞ *Jammern*
– **nachts**: stram.$_{a1}$ *Verat.*$_{kr1}$
– **Zorn**; vor: arn.$_{bg,ptk1}$

High; fühlt sich: **Granit-m.**$_{es1}$ haliae-lc.$_{srj5}$ **Hydrog.**$_{srj2}$ luna$_{kg1}$ *Neon*$_{srj5}$
☞ *Betäubung / Gedanken - wandernd / Hochgefühl / Konzentration - schwierig / Traum*

Hilflosigkeit, Gefühl der: aether$_{a1}$ anac.$_{bg2}$ arg-n.$_{vh}$ bamb-a.$_{stb2}$ *Calad.*$_{st}$ *Gels.*$_{hr1}$ germ-met.$_{srj5}$ haliae-lc.$_{srj5}$ hell. hydrog.$_{srj2}$ jasm.$_{a1}$ kali-br. **Lyc.**$_{bg2,st}$ petr. phos. rhus-t.$_{c1,ptk2}$ sep.$_{lp2}$ stram. tax.
☞ *Beeindrucken / Delirium - Schreien - Hilfe / Entmutigt / Gelingt / Pessimist / Selbstvertrauen - Mangel / Unentschlossenheit / Unsicherheit / Untröstlich / Verlassen / Verzweiflung / Wahnideen - Hilfe*
– **nachmittags**: kali-br.
– **nachts**: *Lith-c.*$_{kr1}$
– **Husten**, beim: cench.$_{k2}$
– **Übelkeit**; mit: bamb-a.$_{stb2}$

Hingelegt werden; möchte nicht
☞ *Getragen - Verlangen*

Hinterhältig, hinterlistig, falsch, verschlagen: agar.$_{bg2}$ anac.$_{bg2}$ androc.$_{srj1}$ arg-met.$_{ptk1}$ arg-n. *Ars.*$_{gl1,vh}$ aur-s.$_{j}$ *Bell.*$_{bg2,gl1,*}$ bufo calc.$_{gl1,vh}$ chlol. chlor.$_{a1}$ coca cupr.$_{bg2,ptk1}$ dig.$_{h}$ dros. fl-ac.$_{st}$ hyos.$_{bg2}$ **Lach.**$_{bg2,gl1}$ lyc.$_{gl1,vh}$ marb-w.$_{es1}$ merc.$_{bg2}$ nat-c.$_{a1}$ *Nat-m.*$_{gl1}$ **Nux-v.**$_{bg2,gl1,*}$ *Op.*$_{bg2,c1}$ plat.$_{gl1}$ plb.$_{bg2,k2}$ puls.$_{gl1}$ sep.$_{gl1}$ sil.$_{gl1,vh}$ sulph.$_{gl1}$ *Tarent.*$_{bg2,k2,*}$ thuj.$_{k2}$ *Verat.*$_{bg2}$
☞ *Bestechlich / Heuchelei / Lügner / Lügner - lügt / Manipulierend / Perfide / Scharlatan / Unaufrichtig / Unehrlich / Unzuverlässig / Verleumden / Wahnideen - Lüge*
– **betrügerisch**: bell.$_{gl1}$ calc.$_{gl1}$ lach.$_{pc}$ lyc.$_{pc}$ merc.$_{gl1}$ puls.$_{pc}$ sil.$_{pc}$
– **meineidig**: hep.$_{gl1}$ nat-m.$_{gl1}$ nit-ac.$_{gl1}$

Hinterlistig
☞ *Hinterhältig*

Hitzig, feurig
☞ *Leidenschaftlich*

Hochgefühl: absin.$_{c1}$ acon.$_{a1,k}$ aesc.$_{a1}$ aether$_{a1}$ *Agar.* agar-se.$_{a1}$ agn.$_{a1,k}$ agra.$_{a1}$ alco.$_{a1}$ alf.$_{br1}$ allox.$_{sp1}$ alum. alum-p.$_{j5,k2}$ am-c.$_{j5,k,*}$ anag.$_{hr1,k}$ ang.$_{a1}$ ant-c. arg-met. arn.$_{j}$ ars-h.$_{hr1,k}$ asar.$_{hr1,k}$ *Bell.*$_{j5,k,*}$ bov.$_{a1}$ calc-f.$_{sp1}$ camph.$_{hr1,k,*}$ **Cann-i.**$_{hr1,k,*}$ canth.$_{sf,sf1}$ caps.$_{h}$ carb-ac.$_{hr1,k,*}$ carb-an.$_{h}$ carb-v.$_{h}$ *Carbn-s.*$_{k,k2,*}$ castm.$_{j5}$ caust.$_{j5}$

Hochgefühl: ...
chel.h,k,* chin.h chinin-ar. chinin-s.j5,k,* *Cinnb.*hr1,k,* clem.a1,k cob.hr1,k,* *Coca* cocain.bro1 cocc.a1,k cod.hr1,kr1,* **Coff.**hr1,k colch.a1,k coll.a1 cortico.sp1 cortiso.sp1 *Croc.*j5,sf1,* cub.c1,hr1 cupr.hr1,k cupr-ar.a1 cycl.hr1 erio.a1 eucal.hr1,kr1 eug.j5 *Fl-ac. Form.*hr1,k,* gels. *Graph.* haliae-lc.srj5 hydr.a1 hydrog.srj2 hyos.a1,h,* ign.gl1 iod.j5,k iodof.hr1 *Kali-br.*hr1,kr1 kali-n.a1 lac-ac.a1 **Lach.**hr1,k laur.sf,sf1 limest-b.es1 lyc.h,j5 lyss.a1,k mand.sp1 med.hr1,k meny.c1 merc-cy.bro1 mez.gl1 myric.hr1,k,* nitro-o.a1 nux-v.bro1 **Op.**hr1,k,* *Ox-ac.* paull.bro1 petr.j5 ph-ac.j5 phel.j5,k phos. phys.bro1 *Pip-m.*a1,k pisc.bro1 plat.h,j5 sabad.sf,sf1 sang.a1 sec.a1,k senec. spig.h spong.h **Stann.**gl1,j5 *Stram.*j5,k,* sul-ac.a1,k sulfa.sp1 sulph.a1 sumb.j5,k,* tanac.a1 **Tarent.**hr1,k teucr.hr1,k,* thea thuj. valer.hr1,k verat.j5,k2 visc.sp1 zinc.sf,sf1 ziz.a1,hr1
☞ *Ekstase / Froh / Gehobene / High / Lebhaft, munter / Lustig / Redseligkeit - fröhlich / Spaßen / Vergnügen / Wildheit*

– **tagsüber**: cob.a1 lyss.a1
– **morgens**: bov.a1,k cinnb.a1,k phys.a1
– **nachmittags**: arg-n.
– **abends**: anac. asc-t.hr1 chin. cycl. graph.k2,st med.k13,k2 phos. teucr.hr1,k,*
– **nachts**: *Med.*hr1,k op.a1
⬖ **abwechselnd** mit:
• **Angst**
☞ *Angst - abwechselnd mit - Hochgefühl*
• **Entmutigung**: petr.j5 sul-ac.j5
• **Furcht**
☞ *Furcht - abwechselnd mit - Hochgefühl*
• **Kummer**: op.gl1
• **mürrisches**, verdrießliches Wesen
☞ *Mürrisch - abwechselnd mit - Hochgefühl*
• **Schüchternheit**: petr.j5 sul-ac.j5
• **Sorgen**: op.j5
• **Traurigkeit**: agn. androc.srj1 croc.gl1 ferr.j5 ox-ac.k13,k2 petr.j5 plat.j5 *Stram.*hr1,kr1
☞ *Gehobene - abwechselnd mit - Traurigkeit*
• **Zorn**
☞ *Zorn - abwechselnd mit - Hochgefühl*

– **Diarrhoe**, bei: ox-ac.
– **erinnern**; kann sich an längst Vergessenes: *Gels.*
☞ *Gedächtnis - gut*
– **Erschöpfung**, gefolgt von: clem.a1
– **Freien**, im: phel.
– **Gehen** im Freien; beim: cinnb.
– **glückselig**: *Op.*j5
– **Koitus**, nach: borx.
– **Politik**; in bezug auf: *Caust.*vh,vh/dg lach.vh
– **religiös**: puls.pc stram.pc verat.pc
☞ *Erregung - religiös*
– **Schweiß**, beim: op.
– **Traurigkeit**, nach: ziz.a1,hr1

Hochgelegene Orte:
– **agg.**: *Arg-n. Aur.* cocaptk1 gels. puls. staph. *Sulph.*
☞ *Furcht - hochgelegenen / Suizidneigung - stürzt - Tiefe / ❑ Allgemeines - Steigen - hoch / ❑ Schwindel - Höhe / ❑ S~ Höhe - Orte*

Hochmütig, arrogant: acon.bg2 agar. alum.bg2,k anac.bg2,k arn.h,k,* aur.bg2,k bell.bro1 calc.gl1,vh cann-i.a1,k cann-s.bg2 *Caust.*bg2,k,* chin.bg2,k cic.h,k,* cina.j5 coloc.k2 con.hr1,k cupr.bg2,k,* dulc.bg2,k ferr.bg2,k,* ferr-ma.a1,k gran.bg1,j5,* granit-m.es1 grat.k2,samkn,* guaj.bg2,k ham.bg2,k hell.bg2,j5 hott-p.rcb1 *Hyos.*bg2,k ign.bg2,k *Ip.*bg2,k,* kali-i.bg2 *Lach.*bg2,k,* lil-t.bg1,st **LYC.**bro1,k1,* marb-w.es1 merc.bg2,k nat-m.gl1,st nitro-o.a1 nux-v.bg2,k,* *Pall.*bg2,k,* par.bg2,k phos.bg2,k **PLAT.**bro1,k1,* *Puls.*bg2,j5 rob.a1,k sabad. sec. *Sil.*gl1,vh/dg,* squil. *Staph.*hr1,k *Stram.*bg2,k stront-c. **Sulph.**bg2,k,* thuj. **Verat.**bg2,k,*
☞ *Albernes - Glück / Anmaßend / Diktatorisch / Diktatorisch - Machtliebe / Eitelkeit / Extravaganz / Geziertheit / Gleichgültigkeit - Gesellschaft - in / Grimassen - ungezogene / Herausfordernd / Ichbezogenheit / Impertinenz / Jammern - anerkannt / Lachen - verächtlich / Pedant / Prahler / Prahler - reich / Prahler - verschwenderisch / Schmeicheln - Verlangen / Sprache - übertrieben / Sprechen - Vergnügen / Tadel / Tadelsüchtig / Tadelt andere / Tadelt sich / Taten - große / Unverschämtheit / Verlangen; großes - guten / Verschlossen / Verschwenderisch - Geld / Verächtlich / Wahnideen - adlig / Wahnideen - anerkannt / Wahnideen - beschimpft worden / Wahnideen - besser / Wahnideen - gering / Wahnideen - hochgestellte / Wahnideen - kritisiert / Wahnideen - Königin / Wahnideen - minderwertig / Wahnideen - Prinz / Wahnideen - Rang / Wahnideen - Reichtum / Wahnideen - stolz / Wahnideen - Vagina / Wahnideen - vergrößert - groß / Wahnideen - vernachlässigt / Wahnideen - Visionen - Erhabenheit / Zynisch*

⬖ **abwechselnd** mit:
• **Entmutigung**: agn.

– **Blick**, selbstzufriedener: ferr.hr1,kr1 ferr-ma.a1,j5
– **dumm** und hochmütig: bell.gl1 calc.gl1 lyc.gl1 plat.gl1 stram.gl1 verat.gl1
– **Kleidung**; trägt gerne seine beste: *Con.*kr1
– **religiöser** Hochmut: *Plat.*hr1,kr1
☞ *Religiös - Gemütsstörungen*
– **Schwangerschaft**, während der: *Verat.*hr1,kr1
– **steif** und anmaßend: *Lyc.*hr1,kr1
– **verletzter** Eitelkeit; möchte, daß man ihm schmeichelt: **Pall.**kr1 puls.vh

Hochstimmung
☞ *Gehobene / Hochgefühl*

Höflich:
– **nicht** höflich, unhöflich
☞ *Grobheit / Unverschämtheit / Wahrheit*
– **zu** höflich, übertrieben höflich: carc.sk1

Hoffnung, voller: acon.bg2,k,* alum.j ambr.j androc.srj1 ant-t.j ars.j aur.h,j5,* calc.bg2 canth.j carb-an.j carb-v.j caust.j chin.j cocc.j colch.j dig.j ferr-ma.a1,k graph.j hydr.a1,k hydrc.a1 hyos.j hyper.a1 ign.j kali-c.a1 lach.j lyc.j nat-m.h nit-ac.j puls.j raph.a1 rhus-t.j sang.hr1,kr1 seneg. stram.j sulph.bg2 *Tub.*k,kl2● valer.j verat.bg2
☞ *Froh / Mutig / Optimistisch*

◇ **abwechselnd** mit:
- **Entmutigung**: alum.gl1,j5 kali-c.gl1,j5 *Merc.*gl1 *Op.*gl1 *Staph.*gl1
- **Schüchternheit**: kali-c.j5
- **Traurigkeit**: acon. kali-c.hr1,j5,* raph.a1,k sulfon.br1
- **Verzweiflung**: acon.bg1,j5,* bov.j5 kali-c.bg1,st
- **Weinen**: raph.a1

– **Genesung**, in bezug auf die: sang.hr1,kr1
– **Krankheit**; bei langer: aur.ptk1

Hoffnungslos
☞ *Verzweiflung*

Homöopathie; Abneigung gegen: caust.pc hep.pc lyc.pc nit-ac.pc nux-v.pc sep.pc
☞ *Weigert - Medizin*

Homosexualität (= Liebe zu Personen desselben Geschlechtes, Tribadie): *Anh.*mg1,vh/dg calc.gl1 calc-p. hydrog.srj2 hyos.gg hypoth.jl *Lach.* med.mrr nat-m. phos. **Plat.**gl1,k1,* *Puls.*st,vh/dg *Sulph.* syph.c1 thiop.jl
☞ *Abneigung - Frauen / Abneigung - Frauen - Männern - Homosexualität / Abneigung - Frauen - Männern - religiöse / Abneigung - Männer - Frauen - religiöse / Furcht - Frauen / Haß - Frauen / Heirat - unerträglich / Wahnideen - Frauen - böse / ❑ Brust - Herzklopfen - Frau*

Horror
☞ *Angst / Furcht*

Humorvoll
☞ *Froh / Lustig / Spaßen*

Hypochondrie: abies-n.c1,c2 acon.bg2 agn.bg2 alf.bro1 aloebg2,sf1,* alum.bg2 *Ambr.*bg2,sf1 *Anac.*bg2,kr1,* anag.c1,kr1,* anan.kr1 *Ant-t.*kr1 arg-met.jl *Arg-n.*bg2,sf1 *Arn.*bg2 **Ars.**bg2,c1,* arum-m.kr1 *Asaf.*bg2,j5,* **Aur.**bg2,j5,* aur-m.bro1 aur-s.j aven.bro1 aza.jl bamb-a.stb2 bell.bg2,kr1 **Benz-ac.**kr1 bism.bg2,sf1 bran.j brom.bg2,sf1 bry.bg2 **Cact.**kr1 *Calc.*bg2,j5,* canth.bg2,j5 *Caps.*bg2,kr1,* caust.bg2,j5,* *Cham.*bg2,j5 chin.bg2,j5,* *Cimic.*bro1,c1,* *Cocc.*bg2,j5,* coff.bg2,j5 **Con.**j5,k2,* croc.bg2,j5 cupr.bg2 *Cycl.*bg2,sf1 dig.bg2,j5,* esp-g.jl euphr.bg2,j5 ferr.bg2,sf1 ferr-p.k2 gels.bg2 gran.j5 *Graph.*bg2,j5,* *Grat.*k2,kr1,* hell.bg2,j5 helon.bro1 *Hep.*bg2,gl1,* hera.j5 hydr-ac.bro1 *Hyos.*c1,kr1,* **Ign.**bg2,j5,* *Iod.*bg2,j5 *Ip.*kr1 kali-br.bro1 kali-c.bg2 kali-chl.j5,sf1 *Kali-p.*bg2,k2,* *Lach.*bg2 lath.br1 *Lyc.*bg2,j5,* lycps-v.c1 mag-c.mg1 **Mag-m.**bg2,sf1,* merc.bg2 merc-d.bg2,sf1 **Mez.**j5,kr1 *Mill.*c1,kr1,* mosch.bg2,j5,* **Nat-c.**bg2,j5,* **Nat-m.**bg2,j5,* nep.jl,mg1 **Nit-ac.**bg2,j5,* nux-m.bg2,j5 **Nux-v.**j5,k2,* *Ol-an.*bg2,j5,* op.bg2 *Petr.*bg2,j5 *Ph-ac.*bg2,j5 *Phos.*j5,k2,* plat.bg2 plb.bg2,c1 podo.bg2 **Puls.**bg2,j5,* rhus-t.bg2 sabad.bg2,sf1 sabin.bg2,j5 *Sel.*bg2,sf1 seneg.bg2,j5 *Sep.*bg2,kr1,* sin-n.kr1 *Spong.*bg2 *Stann.*bg2,j5,* *Staph.*bg2,kr1,* stram.bg2 sul-ac.bg2 *Sulph.*bg2,kr1,* sumb.bro1 **Syph.**vh,vh/dg tab.bg2,sf1 tarent.bro1 *Ter.*c1,kr1,* thuj.bro1 v-a-b.jl *Valer.*j5,k2,* *Verat.*bg2 vib-t.c1,c2 *Viol-o.*bg2,j5,* *Zinc.*bg2,j5,* zinc-o.bro1,c1,* zinc-val.c1,c2 *Zing.*kr1 ziz.c1,c2
☞ *Alkoholismus - Hypochondrie / Angst - Gesundheit ...*

Hypochondrie: ...
☞ *Angst - Gesundheit - eigene / Angst - hypochondrisch / Denken - Beschwerden - agg. / Empfindlich - Beschwerden / Furcht - Gesundheit - ruiniert / Jammern - Krankheit / Simuliert - krank / Verzweiflung - Gesundheit / Wahnideen - Krankheit - jede / Zweifelt - Genesung*

– **tagsüber**:
◇ **abwechselnd** mit:
- **Fröhlichkeit** am Abend
  ☞ *Froh - abends - abwechselnd mit - Hypochondrie - tagsüber*
- **Heiterkeit** am Abend
  ☞ *Froh - abends - abwechselnd mit - Hypochondrie - tagsüber*
- **Reizbarkeit**
  ☞ *Reizbarkeit - abwechselnd mit - Hypochondrie - tagsüber*

– **morgens**: alum.j5 anac.j5,kr1 lyc.j5
– **vormittags**: nux-m.j5
– **nachmittags**: cocc.j5 graph.j5 zinc.j5
– **abends**: kreos.j5 lyss.j5,kr1 nux-v.j5 phos.j5 puls.j5
– **nachts**: alum.j5 calc.j5 lach.j5 m-arct.j5 nat-m.j5
– **Alkoholikern**; bei: *Nux-v.*kr1
– **allein**, wenn: ars.j5
– **eingebildete** Krankheit: calc.bg2 kali-c.bg2 sabad.bg2 sep.bg2
☞ *Wahnideen - krank / Wahnideen - Krankheit*
– **Erwachen**, beim: *Alum.*j5 lyc.j5
– **Essen**, nach dem: anac.kr1 chin.kr1 *Nat-c.*kr1 *Nux-v.*j5,kr1,* zinc.j5,kr1
– **Fieber**; während: nux-m.j5
– **Freien**, im: *Con.*j5 petr.j5
– **Hautausschlag**; nach Unterdrückung von: **Sulph.**kr1
– **Interesse** an der Umgebung; hat kein: euphr.kr1
– **Masturbation**, nach: *Tarent.*kr1
– **Menses**:
- **während**: cur.kr1
  ☞ *Menses - während; Gemütssymptome*
- **Unterdrückung** von: *Con.*k,st

– **mürrisch**: con.j5 graph.j5 grat.j5 m-arct.j5 petr.j5 phos.j5 **Puls.**j5,kr1 sabin.j5 sulph.j5
☞ *Mürrisch - Hypochondrie*
– **Nasenbluten** amel.: kali-chl.sf1
– **Pollutionen**, nach: anac.bg2 *Ph-ac.*bg2 sil.bg2 staph.bg2
– **Selbstmord**; treibt zum: alum.gl1 aur.gl1 calc.gl1 caust.gl1 chin.gl1 con.gl1 graph.gl1 hep.gl1,j5 *Nat-m.*gl1 sep.gl1 **Staph.**gl1 sulph.gl1
– **sexuell**: mosch.ptk1
- **Enthaltsamkeit**, durch: **Con.**kr1 mosch.kr1
- **Exzesse**, durch: anac.j calc.j chin.j **Con.**kr1 nat-m.j nux-v.j *Ph-ac.*kr1 sep.j **Staph.**kr1 sulph.j

– **Weinen**, mit: am-c.j5 calc.j5 kali-c.j5 mez.j5,kr1 plat.j5 *Puls.*j5,kr1 stram.j5 viol-o.j5

Hysterie: abrot.hr1,k absin.a1,k *Acet-ac.* *Acon.*bg2,k aethera1 *Agar.* agn. aloec2,k1 *Alum.*bro1 alum-sil.k13,k2 am-c.c2,k am-val.bro1 ambr.k,k1,* aml-ns.c1,c2 *Anac.*bg2,k,* anag.c1,c2,* anh.jl,jl3 ant-c.k2 apis aqui.c1,c2 arg-met.k2 *Arg-n.*bg2,k arn.bg2 *Ars.*a1,k

Hysterie: ...
ars-s-f.k13,k2 *Art-v.*hr1,kr1,* arund.a1,k **Asaf.**bg2,k,* asar.c2,k asc-c.hr1,kr1 asc-t.hr1,kr1 aster.c2,k **Aur.**bg2,k aur-ar.k2 aur-i.k13,k2 aur-s.k13,k2 bapt.c1,c2,* *Bar-c.* bar-i.k13,k2 bar-s.k2 bell.bg2,k benz-ac. borx.k2 brom.hr1,k bry.bg2,k bufobg2 *Cact.* *Caj.*hr1,kr1,* calad.k13,k2 *Calc.*bg2,k,* *Calc-s.* calc-sil.k13,k2 *Camph.*a1,k camph-br.br1,bro1,* cann-i.bro1 cann-s.h,k,* *Canth.*a1,k *Carbn-s.* *Castm.*c1,kr1,* catar.br1 *Caul.* **Caust.**bg2,k cedr.c2,k *Cham.*bg2,k *Chen-a.* chim.hr1,kr1 chin.hr1,kr1 chinin-s. *Chlf.*hr1,kr1 *Chlol.*hr1,k chlor.kr1 cic.bg2,k,* *Cimic.*hr1,k,* *Cinnm.*hr1,kr1,* cob.bro1 *Coca*kr1 **Cocc.**bg2,k *Coff.*c2,k *Coff-t.*hr1,kr1 **Con.**bg2,k,* conv.br1 convo-s.sp1 cop.a1,k cor-r.c2,k cot.br1,c1,* *Croc.*bg2,k,* crot-h.hr1,kr1 crot-t. cupr.c1,c2,* cypr. *Elaps* elec.c1,c2 *Eup-a.*bro1 eup-pur.c2,k *Ferr.*a1,k ferr-ar. ferr-i. ferr-p. **Gels.**bg2,k,* *Graph.*bg2,k *Grat.*c2,k haliae-lc.srj5 hell.k13,k2 heln-ov.bta1 hurac1,c2 *Hydr-ac.*hr1,kr1 *Hyos.*h,k,* hyper.k2 *Ictod.*c1,kr1,* **Ign.**bg2,k,* *Indg.*br1,j5,* iod.a1,k ip.bg2,k,* kali-ar. *Kali-c.*bg2,k,* **Kali-p.**c2,k kali-s. kali-sil.k13,k2 *Lac-ac.*hr1,kr1 lac-c.k2 **Lach.**bg2,k,* lact. lact-v.c2 *Lil-t.*a1,k,* lob.c1,c2,* *Lyc.*c2,k mag-c.k1 **Mag-m.**bg2,k,* mand.a1,sp1 mang.bro1 melis.lsr4 *Merc.*bg2,k,* mez.bg2 *Mill.*c2,k morph.a1,k **Mosch.**c2,k,* mygal. nat-ar. *Nat-c.*c2,k nat-hchls.c1,c2 **Nat-m.**bg2,k nat-p. nat-s.k13,k2 nat-sil.k13,k2 **Nit-ac.**bg2,k nitro-o.c1,c2,* **Nux-m.**bg2,k,* **Nux-v.**bg2,k ol-an.bg2,j5 op.bg2,k,* orig.hr1,kr1,* *Pall.*c2,k par.c1,c2,* passi.br1 *Ph-ac.*bg2,k *Phos.*bg2,k,* phys.c1,c2,* **Plat.**bg2,k,* *Plb.*bg2,k,* polyg-h.c1,kr1 polyg-xyz.c2 psoral-p.bta1 **Puls.**bg2,k,* pyrusc1,c2 *Raph.*a1,k,* *Rhus-t.* *Ruta*c1 sabad.k2 sabin. sacch.c1 sacch-l.c1,c2 sal-n.br1 sang. scut.bro1,c1,* *Sec.*c2,k senec.c2,k **Sep.**bg2,k,* **Sil.**bg2,k spira.c1,c2,* stann.bg2,k,* staph. stapl-g.bta1 *Stict.*c2,k stram.hr1,k,* stry-p.bro1 succ.c1,c2,* sul-ac.bg2 sul-i.k13,k2 *Sulph.*bg2,k,* sumb.c2,k **Tarent.**hr1,k,* thal.jl,jl3 *Ther.*c2,k thuj.bg2 thyr.c1,c2,* *Tub.*st ust. **Valer.**bg2,k,* vanad.br1 **Verat.**c2,k vib.hr1,kr1,* *Viol-o.*bg2,k,* visc.sp1 xan.c1,c2,* zinc.c2,k zinc-cy.c1,c2,* *Zinc-val.*bro1 *Ziz.*c1,c2
☞ *Angst - hysterisch / Delirium - hysterisch / Froh - hysterisch / Lachen - hysterisch / ❏ Atmung - Asthma - hysterisch*

- **morgens**: tarent.ptk1
- **abends**: aethera1 androc.srj1 kali-s.k13,k2
  - **18** h: androc.srj1
- **nachts**: *Senec.*hr1,kr1

◆ **abwechselnd** mit:
  - **Zorn**
    ☞ *Zorn - abwechselnd mit - Hysterie*
- **Absonderungen**; nach Unterdrückung von: **Asaf.** *Lach.*
- **Amenorrhoe**, bei: *Xan.*kr1
- **Anfällen**, in: absin.a1 carbn-s.a1
- **angesehen** wird; wenn er: plb.ptk1
  ☞ *Angesehen*
- **Berührung** und Druck sind unerträglich: *Tarent.*kr1
- **bewegen**; kann kein Körperteil: ter.kr1
- **Blutung**:
  - **nach**: stict.ptk1
- **Globus** hystericus
  ☞ *❏ Innerer Hals - Klumpens*
- **hinlegen**, muß sich: *Stict.*hr1,kr1 ther.hr1,kr1
- **Koitus**:
  - **amel.**: con.sf1
  - **agg.**: lac-c.bg2
    ☞ *Orgasmus*
- **Kummer**, durch: bar-s.k2,kr1,* *Gels.*hr1,kr1 *Ign.*hr1,kr1
- **lächerlich**: *Tarent.*a1,k1
- **lasziv**: agn.hr1,kr1 mosch. *Plat.* *Tarent.*a1,k
  ☞ *Lasziv / Nackt / Nymphomanie / Schamlos / Unanständig / Unzüchtig*
- **Licht** und Geräusche agg.: *Stict.*hr1,kr1
- **Mann**; bei einem: croc.c,c1 mosch.a1,c1,*
- **Menopause**; während der: cimic.sf1 *Ign.*bro1 *Lach.*kr1 *Ph-ac.*kr1,vh,* ther.c1,kr1,* valer.bro1 zinc-val.bro1
- **Menses**:
  - **vor**: caul.bro1 *Cimic.*bro1,kr1 cocc. con. cupr.bg2 elaps gels.bro1 *Hyos.*h,k,* *Ign.*bro1 kali-c.bg2 *Mag-m.*bro1 *Mosch.* nat-m.bg2 nux-m. nux-v.bro1 ph-ac.bg2 phos.bg2 *Plat.* puls.bg2,bro1 senec.bro1 sep.bg2 sulph.bg2 vib.bro1
    ☞ *Menses - vor; Gemütssymptome*
  - **während**: acon.bg2 bry.bg2 cact.c1 calc.bg2 caul.sf,sf1 caust.hr1,kr1 cham.bg2 chin.bg2 *Cimic.*hr1,k cocc.bg,sf1,* coff.bg2 cupr.bg2 form.bg2 hyos.bg2 ign.bg2,sf1,* ip.ptk1 lyc.ptk1 mag-m.sf,sf1 merc.bg2 mosch.sf,sf1 nat-m.bg2 **Nux-m.**hr1,kr1,* nux-v.bg2 puls.bg2 sec.k2 stram.hr1,kr1 sulph.bg2 verat.hr1,k2,*
    ☞ *Menses - während; Gemütssymptome*
    - **amel.**: *Zinc.*
    - **ersten** Tag der Menses; am: raph.a1,k
  - **nach**: chin.bg2,ptk1 cupr.bg2,ptk1 puls.bg2,ptk1
    ☞ *Menses - nach; Gemütssymptome*
    - **reichlich**: caul.bro1 cimic.bro1 *Mag-m.*kr1 *Nux-v.*bro1
    - **spärlich**: **Nux-m.**kr1
- **Mond**:
  - **zunehmender** Mond agg.: *Sulph.*kr1
- **Musik** amel.: **Tarent.**
  ☞ *Musik - amel.*
- **Ohnmacht**, hysterische: *Acon.*bro1 am-c.st arn.kr1,st ars. asaf.bro1 *Cham.* cimic. **Cocc.** cupr.bro1 *Dig.*kr1,st **Ign.** lac-d. lach.bro1 *Mosch.* *Nat-m.* *Nux-m.* *Nux-v.* puls. samb. stict.kr1 *Sumb.*kr1 ter.
- **Orgasmus**; beim Höhepunkt des: lac-c.ptk1
  ☞ *Koitus - agg.*
- **plethorischen** Personen, bei: *Acon.*hr1,kr1 *Gels.*hr1,kr1
  ☞ *❏ Allgemeines - Plethora - Konstitution*
- **Pollutionen**, nach: anac.bg2 sil.bg2 staph.bg2
- **Pubertät**, in der: ant-c.k2,kr1,* *Lach.*hr1,kr1 *Ther.*hr1,kr1,*
- **Schlaflosigkeit**, mit: croc.kr1,sf1,* *Kali-br.*hr1,kr1 mosch.hr1,kr1 *Senec.*hr1,kr1 *Stict.*hr1,kr1
- **Schreck**:
  - **nach**: sabad.ptk1
- **Schwangerschaft** und der Entbindung; während der: *Chlol.*c1,vh,* **Gels.**hr1,vh,*

– **Seufzen**:
- **amel**.: tarent.$_{ptk1}$

– **sexuell**:
- **Erregung**; durch Unterdrückung der sexuellen: *Brom.*$_{vh,vh/dg}$ **Con.**$_{kr1,vh}$
- **Exzessen**, nach: agar. anac. con. lach. *Ph-ac.* sep. *Staph.*$_{vh,vh/dg}$
  ☞ *Beschwerden durch - sexuell - Exzesse*

– **Speichelfluß**; mit: merc.$_{kr1,vk1}$

– **Stöhnen** agg. und Seufzen amel.: tarent.$_{k1}$

– **tiefgreifender** skrofulöser Konstitution, Psora oder Syphilis; bei: asaf.$_{k1}$

– **verletzen**; Verlangen, sich zu: *Hydr-ac.*$_{kr1}$
  ☞ *Verletzen*

– **Verletzung**:
- **Steißbeins**; des: hyper.$_{k2}$

– **Verlust** von:
- **Blutverlust**, nach: *Stict.*$_{c1,kr1}$
- **Säfteverlust**, nach: *Chin.*$_{kr1}$ *Cinnm.*$_{kr1}$

– **wechselnden** Symptomen, mit: **Puls.**$_{hr1,kr1}$

– **Zunge**:
- **Steifheit** der; mit: sep.$_{kr1,vk1}$
- **weißer** Farbe der Zunge; mit: *Lyc.*$_{kr1,vk1}$

Ichbezogenheit, Egotismus, Selbstüberschätzung: act-sp.$_{kr1}$ alco.$_{a1}$ anac.$_{sf1}$ anan.$_{kr1}$ androc.$_{srj1}$ arn.$_{gl1}$ aur.$_{sf1}$ *Calc.* cic.$_{ptk1}$ cur.$_{a1}$ hydrog.$_{oss,srj2}$ *Lach.* *Lyc.*$_{gl1,sf1}$ marb-w.$_{es1}$ *Med.*$_{k,vh/dg}$ merc. *Nux-v.*$_{bg2,gl1,*}$ *Pall.*$_{c2,k}$ par.$_{j5}$ **Plat.** senec.$_{ptk1}$ *Sil.* staph.$_{gl1}$ stram.$_{sf1}$ *Sulph.* *Verat.*$_{gl1,sf1}$
☞ *Beschwerden durch - Ichbezogenheit / Diktatorisch / Eitelkeit / Hochmütig / Maßlosigkeit / Redseligkeit - selbstzufrieden / Selbstsucht / Sprechen - anderer / Sprechen - Vergnügen / Ungeduld / Wahnideen - anerkannt*

– **sprechen** in Gesellschaft immer von sich selbst: lach.$_{gl1}$ par.$_{gl1,j5}$ staph.$_{gl1}$

– **tragen** ihre Großtaten vor: agar.$_{a1}$

Ideen, Einfälle:
☞ *Gedanken*

– **fixe** Ideen
  ☞ *Gedanken - hartnäckig*

– **geisteskrank**, lächerlich
  ☞ *Gedanken - geisteskrank*

– **Mangel** an: acet-ac.$_{a1,k}$ *Acon.*$_{a1,k}$ agn.$_{h,k,*}$ all-s.$_{hr1,kr1}$ alum.$_{bg2,k,*}$ alum-p.$_{k2}$ alum-sil.$_{k13,k2}$ *Am-c.*$_{bg2,k}$ ambr.$_{bg2}$ *Anac.*$_{h,k,*}$ ang.$_{bg2}$ anh.$_{mg,mg1}$ arg-met.$_{sf1}$ arg-n. arn.$_{bg2,gl1}$ arund.$_{hr1,kr1,*}$ asaf. asar.$_{h,k,*}$ aster.$_{jl}$ atro.$_{a1,k}$ aur.$_{bg2,k}$ bamb-a.$_{stb2}$ bar-c.$_{bg2,k}$ bell.$_{bg2,k,*}$ bov.$_{bg2,k}$ brom.$_{a1}$ bry.$_{bg2}$ caj.$_{a1,k}$ calc.$_{bg2,k}$ *Calc-p.*$_{a1,k}$ calc-sil.$_{k2}$ camph.$_{a1,k}$ cann-s. canth.$_{a1,k}$ caps.$_{j}$ *Carb-v.*$_{h,k,*}$ *Caust.*$_{h,k,*}$ cham.$_{h,k,*}$ *Chin.*$_{a1,k}$ chlf.$_{a1}$ cic.$_{h,k,*}$ clem.$_{bg2,k}$ cocc. coff. coloc.$_{bg2}$ *Con.*$_{bg2,gl1,*}$ corn.$_{a1,k}$ cot.$_{a1}$ croc. cupr.$_{bg2,k}$ cycl.$_{a1,k}$ dig.$_{a1,k}$ glon.$_{a1,k}$ graph.$_{gl1}$ guaj.$_{bg2,k}$ **Hell.**$_{bg2,k}$ hep.$_{bg2}$ *Hyos.*$_{bg2,k}$ iber.$_{a1}$ ictod.$_{j}$ ign.$_{bg2,k}$ iod. ip.$_{a1,k}$ *Kali-br.*$_{a1,k}$ kreos. *Lach.*$_{bg2,k}$ laur. lepi. lil-t.$_{a1,k}$ **Lyc.**$_{bg2,k,*}$ m-arct.$_{j5}$ meny.$_{hr1,k}$ *Merc.*$_{bg2,k,*}$ merc-c.$_{a1,k}$ *Mez.*$_{bg2,k,*}$ mit.$_{a1}$ mosch.$_{j}$ myric.$_{a1}$ nat-c.$_{bg2,k}$ *Nat-m.*$_{bg2,k,*}$ nat-p. *Nit-ac.*$_{bg2,k,*}$ nitro-o.$_{a1}$ *Nux-m.*$_{bg2,k}$ nux-v.$_{gl1}$ olnd.$_{bg2,k}$ **Op.**$_{bg2,k,*}$ petr.$_{a1,k}$ **Ph-ac.**$_{bg2,k,*}$ **Phos.**$_{bg2,k}$ plat.$_{bg2}$ *Plb.*$_{a1,k}$

Ideen, Einfälle - **Mangel** an: ...
ran-b.$_{c1}$ ran-s.$_{bg2}$ rheum$_{st}$ rhod.$_{bg2}$ rhus-t.$_{bg2,k1}$ ruta$_{bg2}$ sal-p.$_{a1}$ *Sel.*$_{bg2}$ sep.$_{bg2,k,*}$ sil.$_{bg2,k,*}$ spig.$_{bg2}$ stann.$_{bg2}$ **Staph.**$_{bg2,k}$ stram.$_{bg2,gl1}$ sulph.$_{bg2,k}$ tab.$_{a1}$ *Tarent.*$_{a1,k}$ thuj.$_{bg2,k}$ trif-p.$_{a1}$ trom.$_{hr1,kr1}$ upa.$_{a1}$ valer.$_{bg2,k}$ verat.$_{h,k,*}$ xan.$_{c1}$ *Zinc.*$_{bg2,k,*}$
☞ *Denken - Abneigung / Erschöpfung / Gedanken - Vergehen / Gedächtnis - Gedächtnisschwäche / Konzentration - schwierig / Langeweile / Langsamkeit / Stumpfheit*
- **tagsüber**: calc-sil.$_{k13,k2,*}$

◆ **abwechselnd** mit:
- **Klarheit** des Geistes
  ☞ *Reichtum - abwechselnd mit - Stumpfheit*
- **Erbrechen** amel.: asar.$_{h,k,*}$
- **geistiger** Erschöpfung, bei: *Ph-ac.*$_{hr1,kr1}$
- **Menses**, während: *Lycps-v.*$_{kr1}$
  ☞ *Menses - während; Gemütssymptome*
- **Überanstrengung**, durch: *Mez.*$_{kr1}$ olnd.
- **Unterbrechung**, durch jede: colch.$_{a1,k}$
  ☞ *Gedanken - Vergehen - unterbrochen*

– **neue** Ideen
  ☞ *Neue*

– **Reichtum** an, Klarheit des Geistes: acon. **Adam.**$_{srj5}$ aesc. aether$_{a1}$ agar. alum. alum-p.$_{k2}$ am-c. ambr. aml-ns.$_{kr1}$ anac. anag.$_{kr1}$ ang. anh.$_{mg1,sp1}$ ant-c.$_{kr1}$ arg-met.$_{kr1}$ arg-n. *Ars.* ars-s-f.$_{kr1}$ ars-s-r.$_{kr1}$ asaf.$_{j5}$ asar. aur. aur-ar.$_{k2}$ aur-s.$_{k2}$ *Bell.* borx. *Bry.* bufo$_{gk}$ caj. *Calc.* calc-f.$_{jl}$ calc-p. camph.$_{bg2,gl1}$ cann-i. cann-s. canth. carb-ac.$_{a1,kr1}$ carb-v.$_{a1}$ carbn-s. caust. cham. **Chin.** chinin-ar. *Chinin-s.* chlor.$_{kr1}$ choc.$_{srj3}$ cimic. *Cinnb.*$_{kr1}$ cob. coc-c. coca cocc.$_{j}$ **Coff.** *Coff-t.*$_{kr1,st}$ colch. coloc. con.$_{j}$ der. eupi. ferr-p. flor-p.$_{jl}$ gels. germ-met.$_{srj5}$ glon. graph. hell. hep. hyos. hyper.$_{kr1}$ ign. kali-br.$_{a1}$ kali-c. kali-n. kali-p.$_{kr1}$ kali-s. kreos.$_{a1}$ lac-ac.$_{a1}$ **Lach.** laur. *Lyc.* lyss. m-arct.$_{j}$ med.$_{ptk1}$ menth.$_{a1}$ mentho.$_{a1}$ meph.$_{sf1}$ merc. mez. morph. mur-ac. nat-ar. nat-c. nat-p. neon$_{srj5}$ nit-ac. *Nux-m.*$_{kr1}$ *Nux-v.* olnd. **Op.**$_{bg2,k1,*}$ opun-v.$_{a1}$ ph-ac. **Phos.** phys.$_{kr1}$ pic-ac. *Pip-m.*$_{a1,sf1}$ plat. *Puls.* rhus-t. sabad. sep. sil. spig. spong. staph. stram. *Stry.* *Sulph.* sumb. tab. ter. thea thuj. *Tub.* v-a-b.$_{jl}$ valer. verat. verb. viol-o. viol-t. zinc. zing.$_{kr1}$
☞ *Aktivität - kreative / Behendigkeit / Gedanken - schnell / Gedanken - tiefschürfend / Gedanken - überlegt / Gedächtnis - gut / Geisteskraft - erhöht / Geistige Anstrengung - Verlangen / Klarer / Konzentration - gut / Phantasien - lebhaft / Pläne - macht / Schnell / Theoretisieren / Witzig*
- **morgens**, nach ruhelosem Schlaf: ham.$_{a1}$
- **vormittags**: ox-ac.
- **nachmittags**:
  - **13** - 14 h: germ-met.$_{srj5}$
- **abends**: anac. arg-n. **Chin.** *Coff.* **Lach.** lyc. lycps-v.$_{kr1}$ nat-p. *Nux-v.* phos. *Puls.* sabad. sil. *Staph.* *Sumb.* *Valer.* viol-t.
  - **Bett**, im: agar. bry. *Calc.* caust. chin. cocc. graph. kali-c. *Lyc.* **Nux-v.** *Puls.* rhus-t. sil. sulph.
- **nachts**: aloe borx. *Calc.* calc-sil.$_{k2}$ *Cham.*$_{kr1}$ *Chin.* chinin-ar. *Chinin-s.* coca cocc.$_{j}$ *Coff.* colch.

Ideen, Einfälle - **Reichtum** an - **nachts**: ...
graph. hep. kali-c. *Lyc. Nux-v. Op.* pic-ac. puls. sabad. sep. sil. *Staph.* sulph. tab. viol-t.

◆ **abwechselnd** mit:
- **Mangel** an Ideen
  ☞ *Stumpfheit*
- **Mattigkeit**: choc.srj3
- **Stumpfheit**: alum-p.k2 colch.jl

- **Fieberfrost**
  ☞ *Frost*
- **Fieberhitze**
  ☞ *Hitze*
- **Frost**; während: phys. spig.
- **Hitze**; während: op.a1 stram. thuj.h
- **Kopfschmerzen**, nach: aster.kr1
- **Schließen** der Augen; beim: led. spong.
- **Schwäche**; mit: mur-ac.k2
- **Schweiß**, beim: valer. viol-o.
- **unsicher** bei ihrer Ausführung, Verwirklichung; aber: med.ptk1
- **Urinieren**, nach dem: cann-i.

– **unzusammenhängend**: gels.c1

Idiotie: absin.a1,k *Aeth.*c2,k agar.bg2,k alum.bg2,sf1,* anac.bg2,k anan.a1,k ant-c.h,k,* apisgl1 ars.bg2,sf1,* bac.c1,c2,* *Bar-c.*bg2,k *Bar-m.*c2,k bell.a1,k bell-p.st bufo *Calc-p.*bg2,k,* caps. carbn-o.a1 *Carbn-s.* cent.a1,k cham. chlol.a1,k cic.bg2,sf1,* *Hell.*bg2,k helo.c1 hyos.bg2,k,* kali-br.a1 lach.bg2,sf1,* lyc.bg2,sf1,* merc.bg2,k,* mez.a1 mosch.bg2,sf1,* nux-m.a1,k olnd.bg2,sf1,* op.gl1 ph-ac.sf,sf1 *Phos.* plb.bg2,k,* sanic.bg sarr.a1,k sec.bg2,sf1,* stram.a1,bg2,* sulph.bg2,sf1,* tab.c2,k thuj.bg2,sf1,* thyr.sf,sf1,* *Tub.* verat.bg2,sf1,*
☞ *Beißen / Imbezillität / Kretinismus / Lachen - idiotisch / ❑ Gesicht - Ausdruck - idiotisch*

◆ **abwechselnd** mit:
- **Erregung**
  ☞ *Erregung - abwechselnd mit - Idiotie*
- **Raserei**
  ☞ *Erregung - abwechselnd mit - Idiotie*

– **beißen**; Verlangen zu: **Bell.**st **Stram.**st
– **idiotische** Handlungen: ant-c.h,k,*
- **epileptischem** Anfall, vor: caust.

– **kichernd**: stry.a1
– **Masturbation**, mit: bufost med.st orig.st
– **schrillem** Schreien, mit: *Borx.*st *Lac-c.*st *Tub.*st
– **zupft** Federn aus dem Bett: ant-c.a1,h

Imbezillität: absin.bro1 acon. *Aeth.*bro1 agar. agn.bg2 alco.a1 **Aloe** *Alum.* alum-p.k2 alum-sil.k2 *Am-c.* **Ambr. Anac.** anac-oc.c1,c2 anil.a1,c1 ant-c. ant-t. apis arg-met.c1,k2 *Arg-n. Ars.* ars-s-f.k2 art-v. asar. *Aur.* aur-ar.k2 aur-s.k2 bac.bro1 *Bapt.*bg2,sf1 **Bar-c. Bar-m.** bar-s.k2 **Bell.** bov. brom.sf1 **Bufo Bufo-s.** calad.k2 *Calc.* calc-p. calc-s. calc-sil.k2,st camph. *Cann-s. Caps.* carb-an. carb-v. carbn-o.a1 **Carbn-s.** carc.fb,jl2 *Caust.* cham. *Chel.* chin. chlol. chlor.a1 cic.bg2 *Cocc.* **Con.** croc. *Crot-h.* cupr. cycl. dig. *Dios.* dulc. *Fl-ac. Hell.* **Hyos.** *Ign.* iod.bro1 kali-bi.a1 *Kali-br.* kali-c. kali-m.k2 *Kali-p.* kali-sil.k2 **Lach.** *Laur.* lol.bro1,h **Lyc.** mang.j5 *Med.* meli. *Merc. Merc-c.* mez. mosch. mur-ac. nat-ar.

Imbezillität: ...
Nat-c. nat-i.sf1 *Nat-m. Nat-p.* nat-sil.k2 nit-ac. **Nux-m. Nux-v.** olnd. **Op.** *Oxyt. Par. Petr.* **Ph-ac.** *Phos.* **Pic-ac.** *Plat. Plb. Puls.* ran-b. rheum *Rhus-t.* ruta *Sabad. Sabin.* sars.k2 sec. sel. seneg. *Sep.* **Sil.** sol-ni.j5 *Spig.* spong. stann. *Staph.* **Stram.** stry.a1 sul-ac. **Sulph.** *Syph.*k2,st tax.a1 *Ther.* thuj. *Thyr.*bro1 **Verat.** verb.k1 viol-o. zinc. zinc-p.k2
☞ *Gedächtnis - Gedächtnisverlust - Imbezillität / Idiotie / Lachen - Imbezillität / Mutwillig - Imbezillität*

– **Aphasie**, mit: *Anac-oc.*kr1
– **epileptischem** Anfall, vor: *Caust.*
– **lacht** ohne Grund: hyos.gl1 stram.gl1
– **Lumpen** scheinen so schön wie Seide; alte: **Sulph.**
– **Negativismus**: hell.st ign.st
☞ *Antworten - einsilbig - Nein*
– **Raserei**, stampft mit den Füßen: anac.st lyc.st nux-v.st op.st verat.st
– **schreit** auf, wenn man sich mit ihm beschäftigt: *Hell.*st *Ign.*st
– **sexueller** Erregung, mit: *Bell.*st *Hep.*st *Hyos.*st *Phos.*st *Staph.*st *Stram.*st

Impertinenz, Unverschämtheit: bell.j bufogk canth. graph. hyos.gl1 ign.j lach.gl1 *Nat-m.*gl1 nit-ac. nux-v.gl1,j pall. phos. sacch.c1 spong.a1 staph.gl1 *Stram.*st *Tub.*st verat.
☞ *Anmaßend / Frühreif / Grobheit / Hochmütig / Keck / Unverschämtheit / Verwegenheit / Zudringlich*
– **Handlungen**, in seinen: stram.gl1 verat.gl1

Impulse, Triebe; krankhafte: alum.bg2 anac.bg2 arg-n.bg ars.bg2 caust.bg2 hep.bg2 iod.bg2 lach.bg2 lyc.bg2 merc.bg2 opun-s.a1
☞ *Zudringlich*
– **Absurdes** zu tun: bell.bro1 cann-i.bro1 cic.bro1 *Hyos.*bro1 lach.bro1 stram.bro1 tarent.bro1
☞ *Albernes*
– **berühren**; alles zu
☞ *Berühren*
– **Beschäftigung**:
- **amel.**: iod.ptk1
  ☞ *Aktivität / Beschäftigung - amel.*

– **eigentümlich**: arg-n.br1
– **erstechen**, zu:
☞ *Töten*
- **andere** zu erstechen: plat.mrr
  ☞ *Schneiden*
- **sich** mit dem Messer, das er hält ins Fleisch zu stechen: adam.srj5 *Lyss.*
  ☞ *Furcht - Selbstmord / Töten / Töten - Messer - Anblick / Töten - Messer - mit / Verletzen / Verletzen - fürchtet*

– **gewalttätig** zu werden: merc.k2
– **laufen**; zu (= Dromomanie): all-s.a1 androc.srj1 bell.a1 cann-i.a1 dig.h glon.a1 *Iod.* mez.a1 *Orig.*a1 phys.a1 tarent.a1 **TUB.**st verat.ptk1
☞ *Anstrengung - körperliche - Verlangen / Läuft / Manie - springt / Umherstreifen - besinnungslos*
- **Menses**:
  - **vor**: lach.ptk1

– **sexuelle** Impulse: caust.pc chin.pc mag-c.pc nux-v.pc phos.pc staph.pc verat.pc

– **sexuelle** Impulse: ...
☞ *❑ Männliche Genitalien - Sexuelles Verlangen - heftig | ❑ Weibliche Genitalien - Sexuelles Verlangen - heftig*
– **Sonderbares** zu tun: cact.ptk1
– **springen**; zu
☞ *Springen - Impuls*
– **tun** hat; amel., wenn er etwas zu
☞ *Beschäftigung - amel.*
– **töten**; zu
☞ *Töten*
– **überstürzt**, unbesonnen: bell.gl1 *Hyos.*gl1 nux-v.gl1,st staph.gl1,st *Stram.*gl1 verat.gl1
– **Unbesonnenes** tun; fühlt sich gedrängt: lyss.rb2
☞ *Unbesonnen*
– **zerstören**; sich zu
☞ *Suizidneigung*

Indiskretion, Taktlosigkeit: acon. alum.gl1 arn.gl1,vh *Bar-c.*gl1,vh bov.gl1,vh bry. bufogk calad. calc.gl1 camph. caps. caust.gl1 con.gl1 croc.j5 graph.gl1 hyos. ign. kali-c.jl laur. meny. *Merc.*gl1 nat-m.bg2,k,* *Nux-v.* op.gl1,vh plat.gl1 puls.k,kl2● spong.gl1,vh staph.gl1 *Stram.*k,vh/dg verat.gl1,vh
☞ *Berühren | Empfindlich - Mangel | Enthüllt | Klatschsüchtig | Neugierig | Redseligkeit | Spontan | Unbesonnen | Ungestüm | Zudringlich | Überstürzt*

Infantiles Verhalten
☞ *Kindisches*

Initiative, Unternehmungsgeist; Mangel an: anh.gl1,sp1 aur.gl1 iod.gl1 lyc.gl1 rhus-t.gl1 saroth.gl1,sp1 sulph.gl1
☞ *Unentschlossenheit | Wille - Willensschwäche*

Intellektuell: lyc.tl2
☞ *Gefühle - beherrscht*

Intelligent: carc.cd gaert.bh,hbh,* *Lyc.*al1,hr1,*
☞ *Studieren - einfach*
– **Betrunkenheit**; intelligenter bei: calc.gl1 sulph.gl1
– **faul**; aber: alum.gl1 am-c.gl1 con.gl1 *Graph.*gl1 *Petr.*gl1
– **Schwäche** der Muskeln; mit: lyc.al1,hr1,*

Intrigant: ars.gl1 bell.gl1 hyos.gl1 lach.gl1 verat.gl1

Introvertierte Menschen
☞ *Selbstbetrachtung*

Ironie: anh.mg,mg1,*
☞ *Spaßen | Spotten | Witzig*
– **Satire**, Lust an: *Lach.*a1,gl1,*

Irrational:
– **verborgenen**, irrationalen Motiven; Handlungen mit: arg-n.br1

Isolation, Gefühl von
☞ *Verlassen - Isolation*

Jähzorn
☞ *Streitsüchtig | Zorn*

Jagt:
– **Gegenstände**; eingebildete: stram.
– **Personen**; eingebildete: cur.

Jahreszeiten:
– **Herbst**:
☞ *❑ Allgemeines - Jahreszeiten - Herbst*
• **Gemütssymptome** agg. im: kali-fcy.a1 *Stram.*j

Jammern (= Gejammer, Lamentieren): *Acet-ac.* *Acon.* act-sp. *Alum.*gl1,k1,* alum-p.k2 am-c. ambr. *Anac.*k,vh/dg arg-n. arn. *Ars.* ars-s-f.k2 asaf. **Aur.** aur-ar.k2 aur-s.k2 bar-s.k2 *Bell.* *Bism.* *Bism-o.*a1 brom. *Bry.* bufo calad. *Calc.* calc-ar.k2 calc-s.k2 calc-sil.k2 camph. *Canth.* caps. caust.gl1 *Cham.* *Chin.* *Cic.* *Cina* cocc. *Coff.* *Coloc.* *Cor-r.* cupr. cupr-act.a1 cycl. dig. dulc. hell. hyos. ign. ip. kali-ar. kali-br. kali-i. kali-p. *Lach.* **Lyc.** lyss.kr1 mag-p.kr1 merc. morph.a1 *Mosch.* nat-ar. nat-c.k1 nat-m. nit-ac. nux-m. **Nux-v.**bg2,k,* *Op.* petr. ph-ac. phos. plat. plb. **Puls.**bg2,k,* ran-b. rheum rhus-t. rob. sec. sep. sil. stann. staph.gl1 stram. stry. *Sulph.* syph.k2 tarent. thal.jl til.a1 tub.bgs **Verat.** **Verat-v.** viol-t. zinc.
☞ *Heulen | Klagen | Murmeln | Murren | Pessimist | Quält - andere - Beschwerden | Schreien | Seufzen | Stöhnen | Unzufrieden | Weinen*
– **morgens** beim Erwachen: *Cina*kr1
– **abends**: **Verat.**a1,k
– **nachts**: stram.a1,h verat.h,k,*
• **Erwachen**, beim: sil.h
◇ **abwechselnd** mit:
• **Delirium**
☞ *Delirium - abwechselnd mit - Jammern*
• **Lachen**
☞ *Lachen - abwechselnd mit - Jammern*
• **Weinen**
☞ *Weinen - abwechselnd mit - Jammern*
• **Zorn**
☞ *Zorn - abwechselnd mit - Jammern*
– **andere**, um: merc.
☞ *Mitgefühl*
– **anerkannt**, geschätzt wird; weil er nicht: calc-s.
☞ *Hochmütig | Schmeicheln - Verlangen | Selbstvertrauen - Mangel | Verlangen; großes - guten | Verlassen | Wahnideen - anerkannt | Wahnideen - verachtet*
– **Angst** im Epigastrium; über: ars.h,kl
– **ängstlich**: plb.hr1,kr1 puls.a1
– **eingebildetes** Unglück; über sein: alum-p.k13,k2
– **Erwachen**, beim: ant-t.j5 cina merc.j5 sil.j5 *Stram.*j5
– **Fieber**; während: puls.a1,j5 til.a1
– **heiser**: brom.kr1
– **Hitze** des ganzen Körpers außer den Händen; mit: **Puls.**a1,kr1
– **Husten**; Jammern verursacht: arn.br1
– **Kleinigkeiten**, über: *Coff.*hr1,k
☞ *Kleinigkeiten*
– **Konvulsionen**, bei den: ars.a1,k
– **Krankheit**, über seine: arg-n. **Lach.**gl1 nux-v.gl1 ph-ac.
☞ *Hypochondrie*
– **laut**, durchdringend: *Ars.*a1,h
– **Menses**, während: ars.h,kr1,* *Cocc.*hr1,kr1
☞ *Menses - während; Gemütssymptome*

– **Schlaf**, im: alum. arn. bry.j5 *Cham.* *Cina* m-arct.j5 op.j5 ph-ac.h,j5 phos. stann.h stram. sulph.
– **Schmerzen**, über: ars.a1,h cham.gl1 **Coloc.**hr1,kr1 gels.sys **Lach.**gl1 *Mag-p.*hr1,kr1 *Mosch.*j *Nux-v.*gl1,h,*
☞ *Empfindlich - Schmerz*
– **Schweiß**, beim: ign.
– **Stuhlgang**:
• **vor** dem Stuhlgang, bei Kindern: **Rheum**st
– **Traurigkeit**, bei: *Puls.*hr1,kr1
– **unwillkürlich**: *Alum.*gl1
– **Zukunft**; über seine: lyc.a1,k
☞ *Angst - Zukunft / Kummer - Zukunft*

Jauchzend, frohlockend: cann-i.a1
☞ *Froh*

Kämpfen, möchte: *Androc.*srj1 atro.a1 bell. bov. cocc.a1 hipp. hyos. merc. *Nux-v.*vh,vh/dg sec. sulo-ac.br1 *Tarent.*vh,vh/dg tub.a1
☞ *Anzugreifen / Heftig / Herausfordernd / Raserei / Streitsüchtig / Widerspenstig / Widerspruch - Neigung / Zorn*

Katalepsie
☞ *❑ Allgemeines - Katalepsie*

Katatonie: cic.j1 cortico.j1,j13,* rauw.sp1 verbe-o.rcb1
☞ *Schizophrenie - paranoid*

Katzen:
– **Furcht** vor Katzen
☞ *Furcht - Katzen*
– **liebt** Katzen
☞ *Tiere - liebt - Katzen*

Kauzig, eigen: **Bell.**jsa,k1 calc.jsa,k1 **Hyos.**jsa,k1 **Lach.**jsa,k1 puls.jsa,k1 *Stram.*jsa,k1 verat.jsa,k1
– **gehen**; in der Art zu: nux-v.jsa *Sep.*jsa
– **Gesten**, in:
• **Arme**, der: hyos.jsa sep.jsa *Stram.*jsa
• **Kopfes**, des: agar.jsa *Sulph.*jsa
– **Handlungen**, Gedanken, Meinungen; in seinen: calc.jsa sulph.jsa *Verat.*jsa
– **Kleidung**, in der: sil.jsa,k1 *Sulph.*jsa,k1

Keck, keß: pall.a1 spong.a1,h
☞ *Impertinenz*

Kichern: adam.srj5 androc.srj1 bamb-a.stb2 bufok2,ptk1 cann-i. germ-met.srj5 neonsrj5
☞ *Albernes / Kindisches*

Kinder:
– **Abneigung** gegen ihre eigenen
☞ *Abneigung - Kinder - eigenen*
– **bedecken** das Gesicht
☞ *Gesten - Hände - bedecken - Gesicht - Kindern*
– **flieht** vor den eigenen Kindern: lyc.
☞ *Abneigung - Kinder - Traurigkeit / Entfremdet - Familie / Fliehen - Familie / Verläßt - Kinder*
– **mag** ihre eigenen Kinder nicht
☞ *Abneigung - Kinder - eigenen*
– **schlägt** die eigenen Kinder
☞ *Schlagen - Kinder; schlägt*
– **wachsam**, aufmerksam (= die auf jede Geste achten): phos.st
– **zeugen** und zu haben; Verlangen, Kinder zu: ox-ac.

Kindisches Verhalten, Benehmen: acon. aeth.ptk1 *Agar.*bg2,sf1 alco.a1 *Aloe*ptk1 alum. ambr.ptk1 anac. *Apis* *Arg-n.* ars.bg2 **Bar-c.**k,st *Bar-m.* bell.bg2 bufo calad. *Calc.*ctc,sk carb-an. carb-v. *Carbn-s.* cham.gk chlol. **CIC.**k,vh,* con.ptk1 *Croc.* crot-c. *Hell.*ptk1 hyos.bg2,sf1 *Ign.* kali-br. kres.mg1 lach.ptk1 lyc.ptk1 *Nat-c.*ptk1 *Nux-m.* nux-v.bg2 op.bg2 par. *Ph-ac.*ptk1 pic-ac.ptk1 plb.ptk1 puls. rhus-t. seneg. sep.ptk1 sil.ptk1 *Stram.* sulfa.j1,st sulph.ptk1 thyr.ptk1 verat.ptk1 viol-o.
☞ *Albernes / Frivol / Gesten - lächerlich / Kichern / Lachen - albern / Lachen - kindisch / Lächeln - albern / Naiv / Naiv - intelligent / Possen, spielt / Spaßen / Spaßen - lächerlich / Sprache - albern / Sprache - kindisch / Ungeschicklichkeit / ❑ Gesicht - Ausdruck - albern*
– **alten** Menschen; bei: **Bar-c.**k2,kr1 sulph.ptk1
– **Entbindung**; nach der: apisptk1
– **Körper** wächst; und nur der: bufoptk1,ptk2

Kitzeligkeit
☞ *Berührt - Kitzeligkeit*

Klagen: acet-ac.k2 acon. alco.a1 aloebg2 *Alum.* ambr. anac.bg2,j5 *Ant-c.*bro1 arn. *Ars.*bg2,k,* asaf.bg2,j5 *Aur.* bell.bg2,j5 *Bism.* borx.bro1 *Bry.* *Bufo* *Calc.*bg2,k,* *Canth.* caps.bro1 caust.gl1,vh **Cham.**k,vh/dg chin. chinin-ar. *Cina* cocc. *Coff.* colch.bro1 *Coloc.* *Cor-r.* cori-r.a1 crot-h.ptk1 dig. dulc. goss.st hell. hep.gl1,vh hyos.bg2,j5 ign. indol.bro1 kali-c.bro1 kali-i. kiss.a1 *Lach.* *Lyc.* mag-p.bro1 marb-w.es1 *Merc.*bg2,gl1 merc-c.j5,kr1 *Mosch.* nabal.a1 nit-ac.gl1,vh *Nux-v.* op. petr. ph-ac. *Phos.*bg2 plat. psor.bro1 puls. rhus-t.bg2 sep. sil.bg2 spira.a1 staph.bro1 *Sulph.* tab.bro1 tarent. theaa1 tub.a1,c1 tus-fr.a1 *Verat.*bg2,gl1 verat-v.ptk1 *Zinc.*vh,vh/dg,*
☞ *Gleichgültigkeit - klagt / Jammern / Lästig / Murmeln / Murren / Mürrisch / Pessimist / Quält - andere - Beschwerden / Reizbarkeit / Schmollen / Stöhnen / Traurigkeit - Klagen / Unzufrieden / Weinen*
– **Tag** und Nacht: *Coloc.*hr1,kr1
– **morgens**:
• **Bett**; im: prun.a1
– **nachts** im Schlaf: nux-v.j5
◆ **abwechselnd** mit:
• **Schreien**
☞ *Schreien - abwechselnd mit - Klagen*
– **andere**; über: sep.hr1,kr1
– **Beleidigungen**; über längst vergangene: calc.
☞ *Verweilt - vergangenen*
– **droht**; klagt und: tarent.k1,k13
– **Erwachen**, beim: cina
– **Kleinigkeiten**, über: *Lach.*hr1,kr1
– **Krankheit**, über seine: *Ant-t.*hr1,kr1 cham.h **Lach.**gl1,j5 *Nux-v.*gl1,j5 ph-ac.a1
– **Menopause**; während der: *Kali-br.*kr1
– **mitleiderregend**: ars.h,hr1,*
– **Schlaf**, im: bell.a1,k con.j5 ign.a1,k nux-v.j5 rheumhr1 stann.ptk1 sulph.j5
• **komatös**: anac.j5 op.j5
– **Schmerzen**, über: ars-h.hr1,kr1 *Mosch.*j5,k2,* *Nux-v.*gl1
• **Erwachen**, beim: prun.j5 verat.j5
– **Schwangerschaft**, während der: *Mosch.*hr1,kr1

– **Verletzung**; über eine eingebildete: *Hyos.*$_{hr1,k,*}$
☞ *Simuliert - krank*
– **Verwandten** und seine Umgebung; über seine: *Merc.*$_{hr1,kr1}$

Klagt sich selbst an
☞ *Tadelt sich*

Klammert sich an:
☞ *Furcht - fallen - Kind | Gehalten - Verlangen | Hängen*
– **gehalten** werden; möchte
☞ *Gehalten - Verlangen*
– **halten**; will immer die Hand der Mutter: *Bism.*$_{c1,hr1,*}$
– **hält** sich nach anderen fest: agar.$_{gg}$ ars.$_{bg2}$ *Camph.*$_{bg2,kr1}$ op.$_{bg2,gl1}$ phos.$_{bg2}$
– **Kind**:
☞ *Erschreckt - erwacht - entsetzt*
• **erwacht** mit Entsetzen, erkennt niemanden, brüllt und klammert sich an die Umstehenden: **Borx.**$_{st}$ cina$_{a1}$ **STRAM.**$_{k1,vh/dg,*}$
☞ *Schreien - Erwachen - beim*
• **hält** sich, wenn man es trägt, an der Krankenschwester fest: borx.$_{k1}$ cupr.$_{hr1}$ cupr-act.$_{hr1}$ *Gels.*$_{k1,st}$
– **Konvulsionen**:
• **vor**: *Cic.*$_{kr1,vh,*}$
– **Personen** oder Möbel; an: *Bar-c.*$_{vh,vh/dg}$ bism.$_{bg2,sf1,*}$ borx.$_{h}$ coff. gels. phos.$_{h}$ stram.
– **Ruhelosigkeit**, mit: *Carb-v.*$_{kr1}$

Klarer Verstand: **ADAM.**$_{srj}$
☞ *Ideen - Reichtum*

Klatschsüchtig: ars.$_{gl1}$ calc.$_{gl1}$ caust.$_{gl1}$ *Hyos.* lach.$_{gl1}$ par.$_{sf1}$ stram.$_{a1,k}$ verat.$_{bg2,k}$
☞ *Enthüllt | Indiskretion | Neugierig | Redseligkeit | Verleumden*

Kleidung:
– **beste** Kleidung; trägt seine
☞ *Hochmütig - Kleidung*

Kleiner; Gegenstände erscheinen
☞ *Wahnideen - klein - Dinge - erscheinen*

Kleinigkeiten scheinen wichtig, bedeutend: adam.$_{srj5}$ androc.$_{srj1}$ ars.$_{bg2}$ calc.$_{bg2,k2,*}$ caust.$_{bg2}$ cocc.$_{bg2}$ con.$_{ptk1}$ ferr. *Graph.*$_{bg2}$ *Hep.*$_{bg2}$ ign.$_{bg2}$ ip. kres.$_{mg1}$ lil-t.$_{bg2}$ nat-m.$_{bg2}$ nit-ac.$_{bg2}$ *Nux-v.*$_{bg2}$ petr.$_{bg2}$ sil.$_{bg2}$ thuj.$_{bg2,mg1,*}$ tub.$_{bg2}$
☞ *Angst - Kleinigkeiten | Auffahren - Kleinigkeiten | Bewußtlosigkeit - Kleinigkeiten | Erregung - Kleinigkeiten | Erschreckt - Kleinigkeiten | Erschöpfung - Kleinigkeiten | Frivol | Furcht - Kleinigkeiten | Gewissenhaft | Heftig - Kleinigkeiten | Heikel | Jammern - Kleinigkeiten | Kummer - Kleinigkeiten | Lachen - Kleinigkeiten | Reizbarkeit - Kleinigkeiten | Reue - Kleinigkeiten | Ruhe - kann | Schreien - Kleinigkeiten | Sorgen - Kleinigkeiten | Traurigkeit - Kleinigkeiten | Unentschlossenheit - Kleinigkeiten | Ungeduld - Kleinigkeiten | Verzweiflung - Kleinigkeiten | Weinen - Kleinigkeiten | Wildheit - Kleinigkeiten | Zorn - Kleinigkeiten*

Kleinlich, Kleinkrämer
☞ *Gewissenhaft | Heikel | Kleinigkeiten | Tadelsüchtig*

Kleptomanie: absin. ars. *Art-v.*$_{hr1,k}$ **Bell.**$_{gl1}$ bry. calc.$_{gl1}$ carb-v.$_{gl1}$ carc.$_{zzh}$ caust. cic.$_{bro1}$ *Cur.* gal-ac.$_{zr}$ hyos.$_{bro1}$ kali-c. lyc. nat-m.$_{gl1}$ *Nux-v.* op.$_{gm1}$ oxyt.$_{bro1}$ plat.$_{bro1}$ *Puls.*$_{k1,kl2\bullet,*}$ sep. sil.$_{gl1}$ staph.$_{hr1,k}$ stram.$_{hr1,k}$ *Sulph.*$_{k,k1,*}$ tarent.$_{c2,k}$ thuj.$_{gy}$
– **Geld**, stiehlt: calc.$_{k,kl2\bullet}$ puls.$_{h,kl2\bullet}$
– **Schleckereien**, etwas zu Naschen; stiehlt: mag-c. nat-c.

Klettern, Verlangen zu: *Bell.*$_{vh,vh/dg}$ hyos.$_{a1}$ stram.$_{kr1}$
– **Leitern** hinaufzuklettern: brass-n-o.$_{srj5}$
– **Mauern**, Wänden; an: choc.$_{srj3}$

Klimakterium
☞ *Menopause*

Klug
☞ *Intelligent*

Knabbern, Verlangen zu: bar-c.$_{a1}$ mag-m.$_{a1}$ nat-c.$_{a1}$

Knickerig
☞ *Geiz*

Knien
☞ *Beten*

Knurren
☞ *Bellen*

Koma
☞ *Bewußtlosigkeit | Delirium*

Konflikt:
☞ *Widerstreit*
– **höheren** Bewußtheit und der weltlichen Existenz; zwischen der: hydrog.$_{srj2}$
☞ *Bewußtheit*
– **selbst**; mit sich
☞ *Widerstreit*
– **Willens**; des
☞ *Wille - widersprüchlich | Wille - zwei*

Konfus
☞ *Verwirrung*

Kontrollieren:
– **alles**
☞ *Überprüfen - zweimal*
– **sich** unter Kontrolle; hat
☞ *Selbstkontrolle*

Konzentration:
– **gut**, aktiv: alum.$_{bg2,gl1}$ am-c.$_{j}$ ambr.$_{j}$ anac.$_{bg2}$ androc.$_{srj1}$ *Anh.*$_{mg,mg1,*}$ arg-n.$_{j}$ aur.$_{j}$ bell.$_{j}$ calc.$_{bg1,bg2,*}$ calc-f.$_{mg,mg1,*}$ carb-v.$_{j}$ caust.$_{gl1,hr1}$ choc.$_{srj3}$ coca$_{bg}$ cod.$_{a1}$ coff. coff-t.$_{st}$ con.$_{j}$ cycl.$_{j}$ haliae-lc.$_{srj5}$ hell.$_{bg2}$ hydrog.$_{srj2}$ hyos.$_{bg2}$ ign.$_{j}$ lach.$_{j}$ lyc.$_{j}$ merc.$_{j}$ nat-c.$_{j}$ nat-m.$_{bg2}$ neon$_{srj5}$ nit-ac.$_{j}$ nux-m.$_{j}$ nux-v.$_{bg2}$ olnd.$_{bg2}$ op.$_{bg2}$ ox-ac.$_{bg2,k,*}$ petr.$_{j}$ ph-ac.$_{j}$ *Phos.*$_{gl1}$ rhus-t.$_{bg2}$ sep.$_{j}$ sil.$_{j}$ staph.$_{bg2}$ stram.$_{j}$ sulph.$_{gl1}$ syph.$_{bg1,st}$ thea thuj.$_{j}$ verat.$_{j}$
☞ *Aktivität - kreative | Gedanken - schnell | Gedanken - tiefschürfend | Gedanken - überlegt | Gedächtnis - gut | Ideen - Reichtum | Phantasien - lebhaft | Pläne - macht | Schnell | Theoretisieren | Witzig | ❑ Kopf - Schmerz - Aufmerksamkeit*

– **gut**, aktiv: ...
• **morgens**: androc.srj1
◇ **abwechselnd** mit:
• **Seelenruhe**: choc.srj3
• **Menses**:
• **vor**: calc.bg1,st
☞ *Menses - vor; Gemütssymptome*

– **schwierig**: abrom-a.bnj1 *Acon.*bg2,k,* acon-c.al acon-l.st aconin.al adam.srj5 *Aesc.*hr1,k *Aeth.* agar. *Agn.*bg2,k,* ail.k,k2,* alco.al alet. all-c. allox.sp1 aloesf1 *Alum.*h,k,* alum-p.k13,k2 alum-sil.k13,k2 *Am-c.*bg2,k am-m.bg2,gl1 *Ambr.* **Anac.**bg2,k anders.bnj1 *Androc.*srj1 ang.bg2,k ange-s.jl *Anh.*mg,mg1 ant-c. *Apis* apoc.al aq-mar.jl,jl3 arag.br1 *Aran-ix.*mg,mg1,* arg-met.jl,sf1 arg-n.bg2 arn.h,k,* ars. ars-i. asaf. asar.h,k,* atro.al aur.bg2 aven.br1 *Bamb-a.*stb2 bapt.bg2,k **Bar-c.**bg2,k,* bar-i.k13,k2 *Bar-m.*hr1,k bar-s.k13,k2 bell.bg2,k berb.al,k beto.br1 *Bov.*bg2,k,* brass-n-o.srj5 brom.al,k bry. bufosf1 buth-a.sp1 cact.al cadm-met.mg,mg1,* calad.bg2,k2 *Calc.*bg2,gl1,* calc-ar.k2 *Calc-f.*mg,mg1,* calc-sil.k2 camph. cann-i. cann-s.bg2,k *Canth.*h,k,* caps.j5 carb-ac.al,k *Carb-an.* **Carb-v.**bg2,k carbn-o.al **Carbn-s.** carc.mg1,vh,* **Caust.**h,k,* cench.k13,k2 cent. cephd-i.bnj1 cham.bg2,k chel.bg2,k chin. chinin-s. chlol.al,k chlorpr.jl,jl3 choc.srj3 **Cic.**bg2,vh/dg *Cimic.*hr1,k,* cinnb.al,k clem.al cob-n.sp1 cocabg2 *Cocc.*h,k,* cod.al coff. colch.bg2,k,* coleus-a.bnj1 coloc.al,k *Con.* conin.al *Corn.*al,k cortico.mg,mg1,* cortiso.jl,jl3 croc.bg2,k,* crot-h.j *Cupr.* cur.al cycl. des-ac.jl *Dros.*al,k *Dulc.* elaps erig.mg,mg1 ery-a. esp-g.kk1 euph-hy.al euphr. eys.jl,jl3,* fago.al,k ferr. ferr-ar. ferr-i. ferr-p. fl-ac.bg2,k,* *Gels.*bg2,k,* **Germ-met.**srj5 gink-b.sbd1 **Glon.**al,k glyc.bro1 goss.st **Graph.**bg2,k grat. haliae-lc.srj5 halo.jl ham.al,k **Hell.** helo. hipp.st hir.mg,mg1,* hist.sp1 hura hydr. *Hydr-ac.* **Hydrog.**srj2 hydroph.mg,mg1,* *Hyos.*bg2,k,* iber.al ichth.bro1 ictod. ign.bg2,k indol.bro1 iod. irid-met.bro1 iris jug-c.al,k jug-r. kali-ar. kali-br.bg2,k *Kali-c.*bg2,k kali-i. kali-p. kali-s. kali-sil.k2,sf1,* kalm. *Lac-c.*hr1,k **Lach.**bg2,k lact. lam. laur. **Lec.** led.bg2,k levo.jl,jl3 lil-s.al *Lil-t.*al,k limest-b.es1 lol.al *Luna*kg1 **Lyc.**bg2,k,* lycps-v. lyss.hr1,kr1,* macro.al mag-c.bg2,k mag-m. mand.mg,mg1,* mang. *Med.*bg2,k meph.jl *Merc.*bg2,k,* merc-c. merl.al,k *Mez.*bg2,k morph.al mosch.bg2,k myric.al,st myris.al nalox.gmm1 narcot.al **Nat-ar.** *Nat-c.*bg2,k,* *Nat-m.*bg2,k nat-p. nat-sil.k13,k2 neonsrj5 nicot.al *Nit-ac.* **Nux-m.**bg2,k **NUX-V.**k1,st oci-sa.jl,sp1 ol-an. olnd.bg2,k,* onop.jl onos.c1 op.bg2,k orig. ox-ac.al,k petr.bg2,k **Ph-ac.**bg2,k **Phos.**bg2,k phys.al,k pic-ac. pitu-gl.br1 pitu-p.bro1 pituin.bro1 *Plat.*bg2,k plect. psor.st ptel.al,k *Puls.*bg2,k ran-b.sf1 ran-s.al,k raph. rauw.jl,jl3,* rham-cal.br1 rhod. rhus-r. rhus-t. *Rhus-v.* rib-ac.jl sabad. sang.al,k santin.al saroth.mg,mg1,* sarr.hr1,k sars.bg2,k,* scut.al sec. *Sel.* senec.al,k seneg. **Sep.**bg2,k **Sil.**bg2,k,* sin-a.hr1,kr1,* spig.bg2,k *Spong.*bg2,k squil. stann.bg2,k staph.bg2,k stict.bg2,k,* *Stram.*bg2,k sul-ac.bg2,k sul-i.k2 *Sulph.*bg2,k sumb.al syph.bg2,st *Tab.*bg2,k,* tanac.al tarax.sp1 *Ter.*bg2,k thal.c1 *Thuj.*bg2,k til. trios.jl tub.al2 upa.al ven-m.jl,jl3 verat.bg2,k verb.bg2,k viol-o. xero.bro1 *Zinc.*k,vh/dg zinc-p.k13,k2

– **schwierig**: ...
☞ *Erschöpfung / Fehler / Gedanken - Vergehen / Gedanken - wandernd / Gedächtnis - Gedächtnisschwäche / Geistesabwesend / High / Ideen - Mangel / Langsamkeit / Stumpfheit / Unaufmerksam / Verwirrung / Verwirrung - konzentrieren / Zerstreut*
• **morgens**: *Anac.* canth.h,k,* gink-b.sbd1 mag-m.al nat-c.al phos. ptel.al sumb.al
• **vormittags**: ptel.al sil.al til.al
• **nachmittags**: ang.al,j5 cham.al *Cimic.*hr1 ery-a.al myris.al sang.al
• **abends**: am-m.j5 gink-b.sbd1 nat-c.al
◇ **abwechselnd** mit:
• **Uterus**; Schmerzen im: gels.
• **Abneigung** gegen: calc.gl1,vh lyc.gl1,vh nux-v.vh ph-ac.vh plb.vh staph.vh
• **Abstraktes**; auf: med.pc
• **Arbeit**, bei der: hydrog.srj2 plect.al
• **Denken** agg.: calad.k2
• **Essen**:
• **agg.**: neonsrj5
• **amel.**: *Calc-f.*st
• **Fahren**, Autofahren; beim: bamb-a.stb2 choc.srj3 *Germ-met.*srj5 hydrog.srj2
• **Freien**, im:
• **amel.**: cinnb.al hydrog.srj2 nat-ar.k2
• **Gespräches**, während eines: *Calc-sil.*k13,k2 gink-b.sbd1 limest-b.es1 lyc. nux-v.gl1 sanic.c,c1 tarent.al
☞ *Gespräche - agg.*
• **Kindern**, bei: *Aeth.* am-c.gl1 *Bar-c.*al,k carc.st,st1,* graph.gl1 lach.gl1 ph-ac.gl1 zinc.gl1
• **Kopfschmerzen**, mit: cob-n.sp1,st dulc.st,vh kali-c.st,vh
• **Lesen**
☞ *Studieren*
• **Lernen**
☞ *Studieren*
• **Masturbation**, durch: aven.c1
• **Menses**, nach den: *Calc.*vh,vh/dg
☞ *Menses - nach; Gemütssymptome*
• **Prüfungen**; bei: hydrog.srj2
☞ *Studieren*
• **Rechnen**, beim: ail.hr1,kr1 hydrog.srj2 lyc.gl1 *Merc.*gl1 **Nux-v.** *Psor.*hr1,kr1,* syph.hr1,kr1,*
☞ *Mathematik - Unfähigkeit / Mathematik - Unfähigkeit - rechnen*
• **Schreiben**, beim: acon. germ-met.srj5 gink-b.sbd1 hydrog.srj2 mag-c. merc.gl1
☞ *Fehler - Schreiben*
• **Sprechen**, beim: gink-b.sbd1 limest-b.es1 merc-c. *Nat-m.*
☞ *Sprache - unzusammenhängend*
• **Studieren** (= Lesen, Lernen etc.): acon. aesc.al **Aeth.**k1,st agar.al *Agn.* alco.al alum. ambr.gl1 *Androc.*srj1 ang.j5 apisal asar. bamb-a.stb2 *Bar-c.* bar-m. bell. brass-n-o.srj5 calc-f.mg1 calc-sil.k2 carb-ac.al carbn-s. caust. cham. chlol.al choc.srj3 *Cimic.*al coff. conin.al corn. *Dros.* fago. ferr-i.k2 ferr-p.k2 *Gels.*al germ-met.srj5 **Hell.** hydrog.srj2 hyos.al iod.al kali-bi.vh kali-c. *Kali-p.*st kali-sil.k2,st lach. lyc.al merc.gl1

– **schwierig - Studieren**: ...
mur-ac.$_{vh}$ narcot.$_{a1}$ nat-ar.$_{a1}$ *Nat-c.*$_{gl1,k1,*}$ nat-p.$_{st,vh}$ neon$_{srj5}$ nicot.$_{a1}$ **NUX-V.**$_{k1,st}$ olnd.$_{a1,gl1}$ ox-ac. pic-ac.$_{st}$ puls.$_{a1}$ rham-cal.$_{br1}$ scut.$_{a1}$ sin-a.$_{a1}$ spig. *Staph.*$_{gl1}$ sul-i.$_{k2}$ sulph. sumb.$_{a1}$ syph.$_{vh}$ tab.$_{st}$ tanac.$_{a1}$ *Ter.*$_{a1}$ zinc-p.$_{vh}$
☞ *Prüfungen / Gedanken - wandernd - Studieren / Geistesabwesend - Lesen / Studieren - schwierig / Stumpfheit - Denken - lange*
• **Thema**; auf ein: cann-i.$_{c1}$ helo-s.$_{c1}$ m-ambo.$_{a12}$
• **Unmöglichkeit**, sich zu konzentrieren: *Aesc.*$_{vh,vh/dg}$ bov.$_{vh}$ con.$_{k2}$ hipp.$_{vh}$ hyos.$_{vh}$ ign.$_{vh}$ *Sil.*$_{vh,vh/dg}$ **Sin-a.**$_{vh,vh/dg}$
☞ *Trost - agg.*
• **unterbrochen** wird; wenn er: berb.$_{hr1,k,*}$ mez.$_{gl1,h,*}$
• **verrücktes** Gefühl auf dem Scheitel, wildes Gefühl im Kopf, mit Verwirrung der Gedanken: lil-t.
☞ *Delirium*
• **Versuch** sich zu konzentrieren; beim:
• **dunkel** vor den Augen; wird es: arg-n.
☞ *Dunkelheit - agg.*
• **Leere**; hat ein Gefühl der: androc.$_{srj1}$ *Asar.* choc.$_{srj3}$ *Gels.* hydrog.$_{srj2}$ mez. nat-m. *Nit-ac.* olnd. ran-b.$_{k1}$ staph.$_{k1}$
• **Zeichnen**, beim: iod.$_{a1}$

Kopfmensch
☞ *Gefühle - beherrscht*

Körperliche Symptome:
◆ **abwechselnd** mit:
• **Gemütssymptome**
☞ *Gemütssymptome - abwechselnd mit - körperliche*

Korrekt; sehr
☞ *Gewissenhaft*

Korrupt
☞ *Bestechlich*

Kostet, schmeckt alles: bell.$_{bg2}$

Krächzt: cina cupr.$_{a1,k}$
– **Frösche**, wie: cupr.$_{a1}$ cupr-act.$_{a1}$
– **Schlaf**, im: bell.

Kraft:
– **geistige**
☞ *Geisteskraft*
– **Willenskraft**
☞ *Wille*

Kränkung; Beschwerden durch
☞ *Beschwerden durch - Enttäuschung / Beschwerden durch - Kränkung*

Krank; Gefühl, er sei
☞ *Wahnideen - krank - sein*

Kratzt mit den Händen: arn.$_{ptk1}$ bell.$_{st}$ marb-w.$_{es1}$ stram. tarent.
– **Kalk** von den Wänden; den: arn.$_{bg1,bg2,*}$ canth. stram.$_{hr1}$
– **Kopf**; beim Erwachen kratzt sich das Kind am: calc.$_{a1}$

Kratzt mit den Händen: ...
– **Raserei**; bei: marb-w.$_{es1}$

Kreativität
☞ *Aktivität - kreative*

Kreischen
☞ *Schreien*

Kretinismus: absin.$_{bro1}$ *Aeth.*$_{bro1,ptk1}$ *Anac.*$_{bro1,ptk1}$ arn.$_{bro1}$ bac.$_{bro1}$ *Bar-c.*$_{bro1,ptk1}$ bar-m.$_{bro1}$ bufo$_{ptk1}$ calc-p.$_{bg2,hr1,*}$ hell.$_{bro1}$ ign.$_{bro1}$ iod.$_{bro1}$ *Lap-a.*$_{c1,kr1,*}$ lol.$_{bro1}$ nat-c.$_{bro1}$ oxyt.$_{bro1}$ ph-ac.$_{bro1}$ plb.$_{bro1}$ sulph.$_{bro1}$ thuj.$_{ptk1}$ *Thyr.*$_{bro1,ptk1}$
☞ *Idiotie*

Kriecht, krabbelt: choc.$_{srj3}$
– **Bett** herum, im: *Stram.*$_{a1}$
– **Boden**, auf dem: absin.$_{ptk1}$ *Acet-ac.*$_{a1}$ bell.$_{bg2,kr1}$ cann-i.$_{a1}$ lach.
– **Kindern**; bei:
• **heult** und weint; Kind krabbelt in eine Ecke und: camph.$_{a1,kr1}$
• **nervöses** Herumkrabbeln: sil.$_{ptk1,ptk2}$
– **rollt** auf dem Boden herum: acet-ac. ars.$_{c1}$ *Calc.* **Op.** prot.$_{j1}$ *Sulph.*

Krieg; spricht vom
☞ *Sprechen - Krieg*

Krittelig
☞ *Tadelsüchtig*

Kühn: hydr.$_{a1,k}$ hyos. op. spig. spong. verat. verb.
☞ *Amüsement - Verlangen / Froh / Lebhaft, munter / Mutig / Spaßen / Tollkühnheit / Verwegenheit*

Küßt:
☞ *Umarmt*
– **Hände** seiner Gefährten, die: agar. anac.
– **jeden**: caps. *Croc.* hyos.$_{bg2,sf1}$ kres.$_{mg1}$ mand.$_{j1,mg1}$ phos. plat.$_{kr1}$ stram. *Verat.*
– **Kinder**; liebkost und küßt: *Puls.*$_{kr1}$
– **Menses**:
• **vor**: *Verat.* zinc.
☞ *Menses - vor; Gemütssymptome*

Kummer: acet-ac. acon.$_{bg2,k}$ adam.$_{srj5}$ agar.$_{bg2,k}$ ail.$_{bro1}$ alum.$_{bg2,k}$ am-c.$_{bg2,k}$ am-m.$_{bg2,k}$ *Ambr.*$_{bg2}$ *Anac.*$_{j,j1}$ ant-c.$_{h,k,*}$ *Arn.*$_{j,st}$ *Ars.*$_{bg2,k1,*}$ **Aur.**$_{bg2,k}$ aur-ar.$_{k2}$ bar-c.$_{bg2,k}$ benz-ac.$_{bg2}$ bov.$_{bg2}$ cael.$_{j1}$ calc.$_{bg2,k}$ calc-p.$_{sf,sf1,*}$ caps.$_{bg2}$ carb-an.$_{bg2,k}$ carc.$_{sk1}$ card-m.$_{bg2}$ **Caust.**$_{bg2,k}$ chel.$_{j}$ chin.$_{gl1,h,*}$ choc.$_{srj3}$ *Cic.*$_{j5}$ *Cimic.*$_{bro1}$ cocc.$_{bg2}$ coff.$_{gl1,j5}$ *Coloc.*$_{bg2,k}$ con.$_{gl1}$ croc.$_{bg2}$ cycl.$_{bg2,k}$ dig.$_{bro1}$ *Dros.*$_{gl1,j}$ *Graph.*$_{bg2,k}$ *Hell.*$_{bg2,k2,*}$ hyos.$_{bg2,k}$ *Iber.*$_{bro1}$ **IGN.**$_{k,vh/dg}$ kali-bi.$_{bg2}$ kali-br.$_{bg2}$ kali-n.$_{j}$ kali-p.$_{k2}$ *Lach.* lact. laur.$_{bg2}$ limest-b.$_{es1}$ *Lyc.*$_{bg2,k}$ mag-m.$_{bg2}$ mang.$_{j}$ meny.$_{bg2}$ *Merc.*$_{hr1,k}$ mez.$_{bg2}$ mur-ac.$_{bg2}$ naja$_{ptk1}$ nat-c.$_{bg2}$ **Nat-m.**$_{bg2,k}$ nit-ac.$_{gl1}$ *Nux-v.*$_{bg2,k}$ *Op.*$_{bg2,k1,*}$ petr.$_{ptk1}$ *Ph-ac.*$_{bg2,k}$ phos.$_{gl1}$ **Puls.**$_{bg2,k}$ ran-s.$_{bg2}$ *Sep.*$_{bg2,k1,*}$ sil.$_{gl1}$ **Staph.**$_{bg2,k1,*}$ stram.$_{bg2}$ stront-c.$_{bg2}$ sul-ac.$_{bg2,k}$ *Sulph.*$_{gl1}$ *Tarent.* thuj.$_{j}$ verat.$_{bg2,k}$ zinc.$_{ptk1}$
☞ *Beschwerden durch - Zorn - stillem / Brütet / Furcht - Kummer / Seufzen / Sorgen / Stöhnen / Traurigkeit ...*

Kummer: ...
☞ *Untröstlich / Verweilt - vergangenen / Weinen / Weinen - kann / Weinen - traurig - Gedanken / ❑ Atmung - Schluchzend*
– **tagsüber**: staph.
– **Tag** und Nacht: caust.$_{gl1}$
– **morgens**: alum.$_{j5}$ nux-v.$_{gl1}$ phos. puls.
– **nachmittags**: *Tarent.*$_{a1,k}$
– **abends**: *Graph.*$_{gl1,j5}$
• **amel.**: nux-v.$_{gl1}$ staph.$_{gl1}$
– **nachts**:
• **Bett**, im: graph.$_{h}$ ph-ac.$_{h}$
◇ **abwechselnd** mit:
• **Fröhlichkeit**
☞ *Froh - abwechselnd mit - Kummer*
• **Hochgefühl**
☞ *Hochgefühl - abwechselnd mit - Kummer*
• **Lebhaftigkeit**
☞ *Lebhaft, munter - abwechselnd mit - Kummer*
– **Anfälle** von Kummer: asaf.$_{kr1}$
– **Beleidigungen**; durch lange vergangene: calc.$_{gl1,h,*}$ *Cham.*$_{kr1}$ *Ign.*$_{kr1,st}$ *Op.*$_{kr1}$ *Staph.*$_{gl1,kr1}$
☞ *Verweilt - Beleidigungen*
– **Beschwerden** durch
☞ *Beschwerden durch - Kummer*
– **chronisch**: *Graph.*$_{gl1}$ nat-m.$_{ptk1}$ ph-ac.$_{ptk1}$
– **Erwachen**; beim: alum.$_{j5}$ *Lac-c.*$_{hr1,kr1}$ *Lach.*$_{hr1,kr1}$ ph-ac.$_{j5}$
– **Furcht** in der Nacht; mit: *Merc.*$_{hr1,kr1}$
– **Geldverlust**; durch: arn.$_{ptk1}$ aur.$_{ptk1}$
– **Geschäfte** denkt; wenn er am Morgen an seine: *Puls.*$_{kr1}$
– **Klagen**, mit: caust.$_{gl1}$
– **Kleinigkeiten**, über: ars.$_{h}$ bar-c.$_{hr1,k}$ conv.$_{br1}$
☞ *Kleinigkeiten*
– **Kopfschmerzen** durch
☞ *❑ Kopf - Schmerz - Kummer*
– **lautstark**, stürmisch: nat-m.$_{ptk1}$
– **leicht**: conv.$_{br1}$
– **still** ●: adren.$_{vh}$ ail.$_{bro1}$ *Aur.*$_{vh,vh/dg}$ *Aur-m.*$_{vh,vh/dg}$ bell.$_{gb}$ calc-p.$_{bro1}$ carc.$_{vh}$ *Cimic.*$_{bro1}$ *Coff.*$_{hr1,kr1}$ *Cycl.*$_{hr1,k,*}$ dig.$_{bro1}$ *Gels.*$_{hr1,kr1}$ *Iber.*$_{bro1}$ **Ign.**$_{hr1,k}$ ip.$_{st,vh}$ lyc.$_{bro1,k2,*}$ mag-m.$_{gb}$ *Mur-ac.*$_{br,bro1}$ **Nat-m.** nux-v.$_{a1}$ peti.$_{a1}$ *Ph-ac.*$_{bro1,vh,*}$ *Puls.*$_{hr1,k}$ sal-ac.$_{hr1,kr1}$ sep.$_{gb}$ sulph.$_{nh4}$
☞ *Schweigsam / Traurigkeit - still*
• **Demut**, mit: **Puls.**$_{hr1,kr1}$
• **Entrüstung**, mit: *Coloc.*$_{hr1,kr1}$ staph.$_{vh}$
• **Liebe**; aus enttäuschter: **Ign. Nat-m. Ph-ac.** phos.
☞ *Beschwerden durch - Liebe / Brütet / Schweigsam / Seufzen / Traurigkeit / Untröstlich*
– **sucht** nach etwas, um sich Kummer zu bereiten: lil-t.
– **stürmisch**
☞ *lautstark*
– **untergräbt** die Konstitution: *Phos.*$_{hr1,kr1}$
– **untröstlich**
☞ *Untröstlich*
– **vergangene** Ereignisse, über: adam.$_{srj5}$ *Plat.*$_{hr1,kr1}$
– **Verlust** von Gegenständen; nach dem: **Ign.**$_{kr1}$

Kummer: ...
– **Wahnideen** durch: *Zinc.*$_{hr1,kr1}$
– **weinen**, kann nicht
☞ *Weinen - kann*
– **Weinen**
☞ *Traurigkeit - Weinen / Weinen - traurig - Gedanken*
– **zeigt** den Kummer nicht
☞ *still*
– **Zukunft**; in bezug auf die: gink-b.$_{sbd1}$ mang.$_{h}$ nat-c. *Nat-m.*$_{k,kl2}$● stann.$_{h}$
☞ *Angst - Zukunft / Jammern - Zukunft*
– **Zustand**; in bezug auf seinen: staph.

Kunst:
– **Talent** zur: ambr.$_{gl1}$ carc.$_{mlr}$ chin.$_{gg}$ euph.$_{gl1}$ phos.$_{vh}$ plb-act.$_{gl1}$ sulph.$_{ctc}$ *Tub.*$_{vh,vh/dg}$
• **gestaltende** Künste: bell.$_{gl1}$ nit-ac.$_{gl1}$ sulph.$_{gl1}$
– **Unfähigkeit** zur: bell.$_{gl1}$ calc.$_{gl1}$ hyos.$_{gl1}$ mag-c.$_{gl1}$ petr.$_{gl1}$ plat.$_{gl1}$ staph.$_{gl1}$ stram.$_{gl1}$ verat.$_{gl1}$ zinc.$_{gl1}$
• **gestaltende** Künste: calc.$_{gl1}$ nux-v.$_{gl1}$

Kurz angebunden, barsch: absin.$_{bro1}$ **Calc.**$_{st,vh}$ cham.$_{ptk2}$ haliae-lc.$_{srj5}$ hep.$_{gl1,vh}$ lyc.$_{gl1,vh}$ med.$_{ptk2}$ nat-m.$_{k,st}$ nit-ac.$_{gl1,vh}$ nux-v.$_{st,vh}$ plat.$_{k1,vh,*}$ **Puls.**$_{st,vh}$ rauw.$_{sp1}$ sil.$_{gl1}$ sulph.$_{gl1,vh}$ *Tarent.*
☞ *Antworten - bissig / Antworten - hastig / Antworten - kurz / Bissig / Hast / Lakonisch / Reizbarkeit - gefragt / Schweigsam / Spontan / Sprache - barsch / Überstürzt*
– **herzlich**; rauh aber: *Aur-m.*$_{vh,vh/dg}$ lyc.$_{gl1}$ nux-v.$_{gl1}$ **Puls.**$_{gl1}$
☞ *Liebevoll*
– **schroff**: *Anac.*$_{vh,vh/dg}$ ars.$_{gl1}$ caust.$_{gl1}$ hep.$_{gl1}$ *Kali-i.*$_{gl1,kr1}$ *Lach.*$_{gl1,vh/dg}$ lyss.$_{gl1,kr1}$ med.$_{gl1,st}$ *Nat-m.*$_{gl1,vh/dg}$ **Nux-v.**$_{gl1,vh/dg}$ *Sep.*$_{gl1,st}$ *Staph.*$_{gl1,st}$ *Tarent.*$_{vh,vh/dg}$

Labilität
☞ *Stimmung - veränderlich*

Lächeln: alco.$_{a1,kr1}$ anan.$_{a1}$ ars.$_{a1,kr1}$ atro.$_{hr1,kr1,*}$ atro-s.$_{hr1}$ bell.$_{h,j5,*}$ carc.$_{sk1}$ chlol.$_{a1}$ **Hyos.**$_{hr1,kr1}$ lyc.$_{h}$ op.$_{a1}$ sumb.$_{hr1,kr1,*}$ *Verat.*$_{hr1,kr1}$
☞ *Amüsement - Verlangen / Froh / Lachen / Zufrieden*
– **albern**: bell.$_{a1,k}$ hyos. lyss. *Merc.*$_{k1}$ verat.
☞ *Albernes / Frivol / Kindisches*
– **niemals**: alum. ambr.$_{ptk1}$ **Ars.**$_{st,vh}$ **Aur.**$_{st}$ verat.$_{k13,k2}$
☞ *Ernst*
– **sardonisch**: bell.$_{a1,k}$
☞ *Lachen - sardonisch / Spotten - Sarkasmus / Unverschämtheit / Verächtlich / Zynisch*
– **Schlaf**, im: cadm-s. croc.$_{j5}$ ferr-ma.$_{c1}$ galv.$_{c1}$ hyos.$_{j5}$ ph-ac.$_{h,j5}$
– **unwillkürlich**: aur.$_{h,k,*}$ bell.$_{a1,k}$ lyc.
• **Sprechen**, beim: aur.

Lachen: acon.$_{bg2,k,*}$ acon-f.$_{a1}$ acon-l.$_{a1,st}$ aether$_{a1}$ agar.$_{hr1,k,*}$ alco.$_{a1}$ aloe alum.$_{bg2,k,*}$ alum-sil.$_{k2}$ am-c.$_{bg2,k}$ ambr. anac.$_{h,k,*}$ anan.$_{hr1,k,*}$ androc.$_{srj1}$ apis arg-met. arn.$_{h,k,*}$ ars.$_{a1,k}$ ars-s-f.$_{k2}$ arund.$_{hr1,k,*}$ asaf.$_{bg2,k}$ atro.$_{a1,hr1}$ *Aur.*$_{bg2,k,*}$ aur-ar.$_{k2}$ bar-c.$_{gl1,sf1,*}$ *Bell.*$_{h,k,*}$ *Borx.* *Bufo* *Calc.*$_{h,k,*}$ calc-sil.$_{k2}$ **Cann-i.**$_{hr1,k,*}$ cann-s.$_{bg2,k,*}$ caps.$_{h,k,*}$ carb-v.$_{h,k,*}$ castor-eq. caust.$_{h,k,*}$ chlf.$_{a1}$ chlol.$_{a1}$ cic.$_{h,k,*}$

Lachen: ...
coff.$_{hr1,k}$ con.$_{h,k,*}$ cor-r.$_{a1}$ cori-r.$_{a1,k}$ *Croc.*$_{bg2,k,*}$ crot-h. *Cupr.*$_{h,k,*}$ cypr.$_{hr1,sf1,*}$ elae.$_{a1}$ *Ferr.*$_{bg2,k,*}$ ferr-ar. graph.$_{bg2,k,*}$ haliae-lc.$_{srj5}$ hell.$_{a1,k}$ hura hydrog.$_{srj2}$ *Hyos.*$_{h,k,*}$ hyosin.$_{a1}$ **Ign.** kali-bi.$_{a1,k}$ kali-p.$_{hr1,k}$ keroso.$_{a1,c1,*}$ kreos.$_{bg2,k,*}$ *Lach.*$_{bg2,k,*}$ lepi. lil-t. *Lyc.*$_{h,k,*}$ merl.$_{a1,k}$ mosch.$_{br1}$ naja$_{b}$ nat-ar. nat-c. *Nat-m.*$_{h,k,*}$ nitro-o.$_{a1}$ *Nux-m.*$_{bg2,k,*}$ nux-v.$_{a1,k}$ op.$_{bg2,k,*}$ ped.$_{a1}$ peti.$_{a1}$ *Phos.*$_{bg2,k,*}$ *Plat.*$_{bg2,k,*}$ plb.$_{a1,k}$ puls.$_{bg2,k,*}$ ran-s. rob.$_{a1,k}$ sabad.$_{bg2,k,*}$ santin.$_{a1}$ sarr. sec.$_{hr1,k}$ *Sep.*$_{bg2,k,*}$ sil.$_{hr1,k,*}$ spong. **Stram.**$_{bg2,k,*}$ stry.$_{a1,k}$ stry-p.$_{br1}$ sulph.$_{bg2,k,*}$ sumb.$_{hr1,k,*}$ syph.$_{k2}$ tab.$_{a1,k}$ tarax.$_{bg2,k,*}$ *Tarent.*$_{hr1,k,*}$ valer. verat.$_{h,k,*}$ verb.$_{bg2,k,*}$ zinc.$_{bg2,k,*}$ zinc-s.$_{a1,k}$ ziz.$_{hr1}$
☞ *Amüsement - Verlangen / Frivol / Froh / Lächeln / Spaßen / Zufrieden*
– **agg.**: carc.$_{jl2}$
☞ *☐ Allgemeines - Lachen - agg.*
– **tagsüber**: peti.$_{a1}$
– **morgens**: graph. hura lach. phos. plat.$_{a1,k}$ psor.
• **7 - 8 h**: hura$_{a1}$
– **vormittags**: graph.$_{a1}$ nux-m.$_{a1,k}$
– **abends**: aether$_{a1}$ cupr.$_{h,k,*}$ nat-m.$_{h,k,*}$ sulph.$_{j5}$ valer. zinc.
– **nachts**: alum. ambr. caust. cic.$_{h,k,*}$ cupr.$_{a1}$ kreos. lyc. op. sep. sil. stram.$_{hr1,ptk1}$ sulph. verat.
• **Mitternacht**: kreos.$_{a1}$ sil.$_{a1}$
• **Kinder**: cypr.$_{hr1}$
◆ **abwechselnd** mit:
• **Abscheu** vor dem Leben: *Aur.*
• **Ärger**, schlechter Laune; mit
☞ *Reizbarkeit - abwechselnd mit - Lachen*
• **Delirium**; heiterem
☞ *Delirium - heiter - abwechselnd mit - Lachen*
• **Ernst**: nux-m.$_{j5,k,*}$ plat.
• **Fröhlichkeit**: stram.$_{bg1}$
• **Furcht** vor dem Tod, Todesangst: *Plat.*$_{kr1}$
• **Heftigkeit**
☞ *Heftig - abwechselnd mit - Lachen*
• **Jammern**: ars-s-f.$_{k2}$
• **Konvulsionen**: alum.$_{bg2}$
• **Krämpfe**
☞ *Konvulsionen*
• **liebevollem** Wesen; mit: croc.$_{j5}$
• **Lustigkeit**
☞ *Fröhlichkeit*
• **Metrorrhagie**: crot-c.
• **mürrischem** Wesen; mit
☞ *Mürrisch - abwechselnd mit - Lachen*
• **qualvoller** Angst, Todesangst
☞ *Furcht*
• **Raserei**, Wut
☞ *Raserei - abwechselnd mit - Lachen*
• **Redseligkeit**: bell. carbn-s.
• **Schreien**
☞ *Schreien - abwechselnd mit - Lachen*
• **Schweigsamkeit**: plat.$_{j5}$
• **Singen**: stram.$_{a1}$
• **still** zu sein; Verlangen: hyos.$_{j5}$ nux-m.$_{j5}$
• **Stöhnen**: ars-s-f.$_{k2}$ bell.$_{a1,k}$ crot-c. hyos. stram.$_{j5,k}$ verat.$_{k,kr1,*}$

– **abwechselnd** mit: ...
• **Streiten**
☞ *Streitsüchtig - abwechselnd mit - Lachen*
• **Tod**; wünscht sich den: aur.$_{j5}$
• **Traurigkeit**: androc.$_{srj1}$ canth. caust. nat-c. nid.$_{jl}$ *Phos.*$_{hr1,k}$ stram. zinc.
• **Weinen**: *Acon.* alum. alum-p.$_{k2}$ alumn.$_{a1}$ *Asaf.*$_{bg2,sf1}$ *Aur.* aur-s.$_{k2}$ bell. borx.$_{h,k}$ bov.$_{ptk1}$ bufo$_{gk}$ *Calc.* camph-br.$_{br1,c1}$ cann-i.$_{k2}$ cann-s. caps. carbn-s.$_{k2}$ *Coff.* con. *Croc.*$_{bg2,sf1}$ graph. *Hyos.* hypoth.$_{jl}$ *Ign.* kali-p. *Lyc.* **Merc.** **Mosch.**$_{bg2,kr1,*}$ nat-m. **Nux-m.** nux-v. *Phos.* *Plat.* *Puls.*$_{k,kl2}$● samb. sep. spig-m.$_{a1}$ *Stram.* sulph. sumb. tarent. *Valer.*$_{bg2,sf1}$ verat. ziz.
☞ *Zorn - Lachen; Zorn mit - abwechselnd mit - Weinen*
• **Zorn**; nach: *Plat.*$_{hr1}$
• **Wimmern**
☞ *Stöhnen*
• **Winseln**
☞ *Stöhnen*
• **Zärtlichkeit**
☞ *liebevollem*
• **Zorn**
☞ *Zorn - abwechselnd mit - Lachen*
– **Abneigung** gegen: alum.$_{ptk1}$ *Ambr.*$_{gl1,k1,*}$ bar-c.$_{bg2}$
☞ *niemals / Ernst*
– **albern**: aether apis$_{sf1}$ bamb-a.$_{stb2}$ bell.$_{bg2,k,*}$ bufo$_{gk,k2}$ cann-i.$_{a1}$ cic. croc.$_{st}$ crot-c.$_{a1,k}$ **Hyos.**$_{h,k,*}$ *Lach.* lyc. merc. nux-m.$_{bg2}$ par.$_{bg2}$ stram.$_{a1,k}$ stry. zinc-p.$_{k13,k2}$
☞ *Albernes / Frivol / Kindisches / Ungeschicklichkeit*
• **Kindern** bei jeder Gelegenheit; bei: croc.$_{st}$
– **alles**, über
☞ *lächerlich*
– **anblickt**; wenn man ihn: lyc.$_{h,k,*}$
☞ *Angesehen*
– **anfallsweise**: bell.$_{st}$ stram.$_{a1,k}$ tarent.$_{ptk2}$
– **Angst**:
• **während**: lyc.$_{a1,k}$
☞ *Angst*
• **nach**: *Cupr.*$_{hr1,kr1}$ lyc.$_{h,kl}$
– **anhaltend**: **Cann-i.**$_{a1,k}$ cann-s.$_{a1}$ *Hyos.*$_{hr1,kr1}$ nat-m.$_{a1}$ verat.$_{a1,k}$ *Verat-v.*$_{hr1,kr1}$ *Zinc.*$_{bg2}$
☞ *Ungeschicklichkeit*
– **Ärger**, bei: lyc.$_{sf,sf1}$
– **Asthma**; mit
☞ *Asthma - Lachen*
– **außer** sich, schlägt die Hände über dem Kopf zusammen; sie ist:
• **Abort**; nach: *Sec.*$_{kr1,sf1}$
– **bellender** Hund; wie ein: *Aether*$_{a1}$
– **Beschwerden** durch
☞ *Beschwerden durch - Lachen*
– **Bett**, im: agar.$_{a1}$
– **brüllend**: croc.$_{bg2,sf1,*}$ cypr.$_{bg2,sf1}$
– **Chorea**; bei: caust.$_{ptk1}$
– **delirös**: bell.$_{bg2,hr1,*}$ cupr.$_{bg2}$ hyos.$_{bg2}$ op.$_{bg2}$ stram.$_{bg2,k,*}$ verat.$_{bg2}$
☞ *Delirium - Lachen*
– **Druck** auf die Wirbelsäule; durch: agar.$_{ptk1}$
– **dumm**, albern, idiotisch: *Hyos.*$_{ptk1}$

– **eigenartig** vorkommt; in einer Art, die ihr selbst: thyr.ptk1,ptk2
– **epileptische** Konvulsionen:
 • **vor**: *Bufo*kr1 caust.
 • **während**: *Bufo*kr1 caust.
 ☞ ❑ *Allgemeines - Konvulsionen - epileptisch - während*
 • **nach**: *Bufo*kr1 caust.
– **Ernstes**, über: *Anac.*h,k,* apis arg-n. arn.a1,h bufok2 cann-i. castor-eq. germ-met.srj5 hydrog.srj2 ign. lil-t. lyc.h,k,* *Nat-m.*h,k,* nux-m. phos.h,kl *Plat.*h,k,* sulph.a1,k
 ☞ *Frivol / Ungeschicklichkeit*
 • **Freien**, im: *Plat.*
– **Erschöpfung**, bei: con.a1
– **Erwachen**, beim: sep.j5
– **Essen**:
 • **nach**: puls.k,ptk1
– **falschen** Ort; am
 ☞ *Ernstes*
– **Fieberfrost**
 ☞ *Frost*
– **Freien**, im: *Nux-m.*hr1,k *Plat.*
– **Freude**, bei übermäßiger: asaf.hr1,kr1 verb.hr1,kr1
– **freudlos**: lyc.h
– **Frösteln**, gefolgt von: hura
– **Frost**; während: agar.hr1,kr1 calc.
– **Gähnen**, nach: agar.br1
– **Gekicher**
 ☞ *Kichern*
– **Gesellschaft**, in: tarent.
 ☞ *Gesellschaft - Verlangen*
– **gezwungen**: hyos.a1,k
– **Grinsen**: bell.st
– **grundlos**: aethera1 arn.gl1 bar-c.bg2,sf1,* bufobg2,sf1 cann-i.a1 carbn-s.a1 sal-ac.a1 stram.hr1 syph.k13,k2 tab.a1
– **Handlungen**; über seine eigenen: iris stram.
– **heftig**: bell.a1 ran-s.bg2,sf1,* stram.a1,k2
– **hysterisch**: alum-sil.a1,k2,* calc.hr1 elec.al hydrog.srj2 kali-p.hr1 limest-b.es1 nux-m.bg2,hr1,* puls.hr1 santin.a1 sumb.a1 tarent.hr1
 ☞ *Hysterie*
– **idiotisch**: *Atro.*hr1,kr1 atro-s.hr1 merc-meth.a1
– **Imbezillität**, bei: hyos.gl1 stram.gl1
 ☞ *Imbezillität*
– **Kichern**
 ☞ *Kichern*
– **Kindern**, bei: aloekr1 cypr.sf,sf1
 • **geisteskranken** Kindern; bei: camph.kr1
– **kindisch**: bar-c.bg2,sf1,* bufobg2,k2,* croc.bg2,sf1,* neonsrj5
 ☞ *Kindisches*
– **Kleinigkeiten**, über: am-c. anac.bro1 androc.srj1 ars.a1,k arund.a1,hr1 bufok2 *Cann-i.*hr1,k,* carb-v.a1 *Croc.*bro1 graph. hydrog.srj2 *Hyos.*bro1,gl1 ign.bro1 limest-b.es1 *Lyc.*h,k2,* marb-w.es1 *Mosch.*bro1 nux-m.bro1 op.a1 ped.c1 *Plat.*bro1 *Puls.*hr1 *Stram.*bro1,gl1 *Stry.*bro1 tarent.a1,bro1 zinc.hr1,k,* zinc-o.bro1
 ☞ *Albernes / Frivol / Kleinigkeiten / Ungeschicklichkeit*

– **Konvulsionen**:
 • **durch** Lachen: *Coff.*hr1,kr1 *Cupr.*hr1,kr1
 • **vor**, während oder nach: aethera1 *Alum.*hr1,j5,* alumn.a1 *Bell.*hr1,j5,* calc.j5 *Camph.*hr1,kr1 *Caust.*hr1,k con.j5 cupr.a1 cypr.bg2 *Ign.*hr1,j5,* oena.a1 *Plat.*hr1,kr1 stram. stry.a1 zinc.hr1,k
 • **zwischen** den Konvulsionen: alum.ptk1 plat.ptk1
– **krampfhaft**: acon. aether *Alum.* alum-p.k2 alumn. am-c. anac. ant-t.bg2 apisbg2 arn.bg2 ars.bg1,bg2,* asaf. **Aur.** *Bell.* *Calc.* cann-i.a1,k2,* carb-an.bg2 *Caust.* cic. cocc.bg2 colch. *Con.* croc. cupr. hyos. **Ign.** lyc. mosch.ptk1 nat-c.bg2 nat-m. nux-m. oena.a1 op. phos.k,vh/dg plat. sec. sel.bg2 sil. *Stram.* stry.vh sulph.bg2 sumb. thala.jl thuj. valer. verat. zinc. zinc-o.j5 zinc-p.k2
 ☞ ❑ *Allgemeines - Konvulsionen - epileptisch - während*
– **lächelnd**
 ☞ *Lächeln*
– **lächerlich**, alles erscheint: cocabg2 hydrog.srj2 hyos. lyc. *Nux-m.*k,ptk1 sabad.
 ☞ *Albernes*
– **lästig**: bell.h,k,*
– **laut**: agar.bg2,sf1,* **Bell.**h,k,* cann-s. croc.bg2,k hydr-ac. *Hyos.*h,k1,* op.a1,k *Stram.*hr1,k,*
– **leicht**: arn.h ars.a1,kr1 arund.a1,kr1 *Bufo*hr1 *Calc.*hr1 carb-v.a1 choc.srj3 *Coff.*hr1 nat-m.a1 *Puls.*c1,kr1
– **Liebe**; durch enttäuschte: *Hyos.*kr1
 ☞ *Beschwerden durch - Liebe*
– **Luftballons**; beim Denken an oder Anblick von: hydrog.srj2
– **Menopause**; während der: ferr.vh
– **Menses**:
 • **vor**: *Hyos.*h,k,* *Nux-m.*
 ☞ *Menses - vor; Gemütssymptome*
 • **während**: **Nux-m.**hr1
 ☞ *Menses - während; Gemütssymptome*
 • **hysterisch**: nux-m.gt
 • **konvulsivisch**: plat.gt
– **nervös**: huraa1 mosch.ptk1 tarent.ptk1
– **niemals**: am-c.gl1 am-m.gl1 **Ars.**gl1,st bamb-a.stb2 hep.gl1,hr1,*
 ☞ *Abneigung / Ernst / Froh - niemals*
– **Raserei**, mit: *Stram.*hr1,j5,*
– **Reizung** in Magen und Hypochondrien; durch: con.h
– **sardonisch**: amyg.a1 **Bell.**h,k,* camph.bg2,sf1,* cann-i.a1 *Caust.*hr1,k *Cedr.*hr1 cic.h,kl *Colch.*bg2,k,* con.bg2,k,* croc.a1 *Cupr.*hr1 hydr-ac.bg2,hr1,* hydrog.srj2 *Hyos.*bg2,k,* ign.a1,k med.hr1 nux-m.a1,k *Oena.*hr1,k,* phyt.bg2,sf1,* plb.bg2,k,* ran-b.hr1,sf1 ran-s.bg2,k,* *Sec.*bg2,k,* sol-ni. *Stram.*hr1,k,* stry.a1,k tarent. verat.hr1,k zinc.bg2,k zinc-o.j5 zinc-ox.j5 zinc-p.k2
 ☞ *Lächeln - sardonisch / Spotten / Spotten - Sarkasmus / Zynisch*
– **Schlaf**:
 • **im ●**: alum.bg2,k,* bell.a1,gl1 caust.h,k,* cocaa1 croc.bg2,k cypr.hr1,kr1 *Hyos.*bg2,k junc-e.a1 kreos.hr1,k **Lyc.**bg2,k,* nat-hchls.a1 ph-ac.a1,k sep.bg2,k *Sil.*bg2,k,* *Stram.*hr1,k **Sulph.**k1,kl2●,*
 • **Einschlafen**, beim: sulph.j5
– **schlechter** Laune, bei: stram.hr1,kr1

– **Schmerzanfall** erregt nervöses Lachen; jeder: hura nux-v.bg2
– **Schreien**, Kreischen: cypr.bg2,sf
• **vor**
☞ *Schreien - Lachen - nach*
– **Schwäche**, bei: con.h,kl
– **Schweiß**; endet in reichlichem: *Cupr.*hr1,kr1
– **sexueller** Erregung; mit: stram.ptk1
– **spasmodisch**
☞ *krampfhaft*
– **spöttisch**: tarent.a1
☞ *Spotten*
– **Sprachlosigkeit**, mit: stram.hr1,kr1
– **Sprechen**, beim: aur. bell.a1,k
– **stumpfsinnigem** Gesichtsausdruck; mit: apissf1 atro.a1 *Nux-m.*hr1,kr1 *Tarent.*hr1,kr1,*
– **Tadel**, bei: graph.st
– **Tränen**; mit
☞ *Weinen - gleichzeitig*
– **Traum**, im: alum.bro1 bell.a1 caust.bro1 hyos.bro1 lyc.bro1
• **heiterem** Traum, lacht nach dem Erwachen weiter; in einem: *Sulph.*kr1
– **traurig**, wenn: limest-b.es1 phos.h2,k,*
☞ *Traurigkeit - Lachen*
– **Überarbeitung**, nach: *Cupr.*hr1,kr1
– **Unglück**, über: apis
– **unkontrollierbar**: atro.a1 bell.h cann-i.a1 mosch.ptk1 nitro-o.a1
– **unmäßig**: aethera1 alco.a1 *Am-c.*k,k1,* anac.bro1 bar-c.gl1 *Bell.*hr1,k2,* **Cann-i.**a1,k carb-v. coff.gl1 *Croc.*bro1,j cupr.h,k,* *Ferr.*hr1,k granit-m.es1 graph. *Hyos.*bro1 *Ign.*bro1,vh/dg *Mosch.*bro1 **Nat-m.**k,vh/dg nitro-o.a1 *Nux-m. Nux-v. Plat.*bro1 plb.a1 ran-s.sf,sf1 stram. *Stry. Stry-p.*bro1 tarent.a1,k verb.hr1,kr1 zinc. zinc-o.bro1
☞ *Albernes / Extravaganz / Ungeschicklichkeit*
– **unpassend**: croc.a1,sf1,*
– **unpassenden** Augenblick; im
☞ *Ernstes*
– **unwillkürlich**: agar.bg2,k,* aur.h,kl bell.h,k,* *Borx. Cann-i.*a1,k carbn-s. choc.srj3 con. croc. *Elec.*c1,j hyos.bro1 **Ign.** lach.gk lyc. mang.br1,ptk1 *Nat-m. Nit-ac.*gl1,k1 nitro-o.a1 op. phos. plb. puls.bg2,bro1 sep. sil.gk staph.gk *Tarent.* zinc.hr1 zinc-o.c1 zinc-ox.c zinc-s.c,c1
– **verächtlich**: alum.h,k,*
☞ *Hochmütig / Spotten / Spotten - Sarkasmus / Unverschämtheit / Verächtlich / Zynisch*
– **Verlangen** zu lachen: choc.srj3 haliae-lc.srj5 nitro-o.a1 *Tarent.*a1
☞ *Amüsement - Verlangen*
– **Vorwürfen**, bei: bar-c.gk graph.
☞ *Gleichgültigkeit - Vorwürfe*
– **Weinen**:
• **Gelegenheit**; Lachen oder Weinen bei jeder: calc-sil.gl1,k2 *Caust.*gl1 **Puls.**gl1 sep.gl1 *Staph.*gl1
• **gleichzeitig** Lachen und Weinen: aur.st camph.h cann-i.k2 cann-s.a1 granit-m.es1 lyc.gl1 sumb.ptk1
• **Menopause**; während der: ferr.st

Lachen: ...
– **wild**: atro.a1 bell.a1 calc.
☞ *Wildheit*
– **Wort**, bei jedem: **Cann-i.**kr1
– **Zorn**; bei
☞ *Zorn - Lachen; Zorn mit*
– **Zyanose**, mit: cann-i.sf,sf1 cann-s.bg2

Lächerlich, Dinge erscheinen: calc.j cann-s. hyos.j nat-m. *Nux-m.* plat.h stram. sulph.j tarent.
☞ *Albernes Benehmen*

Lächerliche Handlungen
☞ *Gesten - lächerlich / Spotten - Lächerliche*

Lakonisch: chin.h1 merc.h1 mur-ac.h1
☞ *Kurz angebunden*

Lampenfieber
☞ *Erwartungsspannung - Lampenfieber*

Land:
– **Verlangen**, nach Landleben; auf dem Land zu sein: androc.srj1 choc.srj3 elapsa1 haliae-lc.srj5 hydrog.srj2
☞ *Gesellschaft - Abneigung - Land / Natur - liebt*
• **Gebirge**; im: haliae-lc.srj5

Langeweile: *Alum.* alumn. ambr.j amph.a1 androc.srj1 ars.k2 aur. bamb-a.stb2 bar-c. borx. cain. calc.k2 camph. canth.j carb-an.j cere-s.a1 chin. choc.srj3 *Con.*gl1,k1 croc.j cupr. cur. elaps ferr. germ-met.srj5 hura hydr. hydrc. *Hydrog.*srj2 ign. ip.j kali-bi. kali-i.a1 kali-n. kiss.a1 lach. laur. led.bg2 **Lyc.**gl1,k1,* mag-c.j mag-m. manc. **Merc.**gl1,vh mez. mosch.j *Nat-c.* nat-m.j nit-ac.k2 *Nux-v.* paull.a1 petr. phos.ctc pip-m. plat. *Plb.*gl1,k1 ran-b.j rhus-t. *Spig.*gl1 spira.st spirae.a1 sulph.j tarent. tub.k2 ven-m.j1 zinc.
☞ *Abscheu - Leben / Denken - Abneigung / Erschöpfung / Geistige Anstrengung - Abneigung / Geistige Anstrengung - agg. / Gleichgültigkeit / Gleichgültigkeit - Langeweile / Ideen - Mangel / Lebensüberdruß / Lästig / Pessimist / Stumpfheit / Widerwillen / Zeit - vergeudet / ❑ Allgemeines - Hinlegen - Verlangen / ❑ A~ Mattigkeit / ❑ A~ Müdigkeit / ❑ A~ Trägheit; körperliche / ❑ Gesicht - Ausdruck - ausdruckslos*
– **vormittags**: alum. hydrog.srj2
– **nachmittags**: plb.
– **abends**: mag-m.h
– **Faulheit**; mit: *Bamb-a.*stb2
– **Heimweh**, mit: alum.vh *Caps.*st,vh *Clem.*st
– **Menses**, während: berb.kr1
☞ *Menses - während; Gemütssymptome*
– **still**: *Plb.*gl1,vh
– **Unterhaltung** amel.: aur. lil-t. *Pip-m.*
☞ *Beschäftigung - amel.*

Langsamkeit ●: aeth.a1 am-m.c1 ambr.br1 ammc. *Anac.*h,k,* androc.srj1 aq-mar.jl,jl3 ars. **Asar.**bg2,k *Bamb-a.*stb2 **Bar-c.**bg2 bell. bell-p.jl,jl3 **Bry.**bg2 cact.a1,k *Calc. Carb-v.*bg2,k caust. chel.k13,k2 *Chin.*k,k1,* choc.srj3 clem.c1 *Cocc.*bg2,k2,* **Con.** conin.a1 cortiso.jl,jl3,* cupr. dulc.c1 echi.ptk1 ergot.jl,jl3 ferr-ma.a1,j5 flor-p.jl,jl3 gels.sf1 germ-met.srj5 gink-b.sbd1 *Graph.* halo.jl **Hell.** hep.c1 hist.jl,jl3,* hydrog.srj2 hyos.gl1 ign. ip. kali-bi.bg2,c1

Langsamkeit: ...
Kali-br.$_{bg2,st}$ kali-m.$_{bg2,ptk1}$ kreos.$_{c1}$ lach.$_{gl1}$ laur.$_{bg2}$ lil-t.$_{a1}$ lyc.$_{bg2}$ lycps-v.$_{ptk1}$ m-arct. meph.$_{j1}$ merc.$_{c1}$ nat-m.$_{gl1,j5}$ nux-m. nux-v.$_{gl1}$ olnd.$_{bg2,ptk1}$ onop.$_{j1}$ onos.$_{bg2,ptk1}$ op. ox-ac. perh.$_{j1}$ **Ph-ac.**$_{bg2}$ **Phos.**$_{bg2,k}$ *Plb.*$_{bg2,k2}$ *Puls.*$_{k,kl2}$●,* rhus-t. ruta *Sep.*$_{k,kl2}$● **Sulph.**$_{bg2,gl1}$ thuj. verat. zinc.$_{k13,k2}$
☞ *Antworten - langsam / Bett - bleiben / Erschöpfung / Ideen - Mangel / Konzentration - schwierig / Sprache - langsam / Sprechen - langsam / Stumpfheit*

– **morgens**:
• **Erwachen**; beim: bamb-a.$_{stb2}$
– **alten** Menschen, bei: cact.$_{st}$ calc.$_{st}$ **Con.**$_{st}$ *Hell.*$_{st}$ *Phos.*$_{st}$ zinc.$_{st}$
– **Arbeit**, bei der: cact.$_{a1,k}$ hydrog.$_{srj2}$ m-arct.
– **Bewegung**, bei der: *Anac.*$_{h,k,*}$ *Calc.* chinin-s.$_{a1}$ choc.$_{srj3}$ cocc.$_{ptk1}$ *Con.* conin.$_{a1}$ crot-h.$_{k13,k2}$ hydrog.$_{srj2}$ **Phos.** plb.$_{a1}$ sep. verat.$_{a1}$
☞ *Gesten - langsam*
– **Bus** langsam; Gefühl als sei der: cortiso.$_{sp1}$
– **Entschlüssen**, Entscheidungen; bei: adam.$_{srj5}$ graph.$_{a1,k}$
– **Essen**; beim: acon.$_{st}$
– **Prosopalgie**; bei
☞ *Schmerz*
– **Rechnen**; beim: calc. syph.$_{a1}$
☞ *Mathematik - Unfähigkeit - rechnen*
– **Schmerz** im Gesicht; mit: bamb-a.$_{stb2}$
– **spät**, immer zu: *Cact.*

Lästern
☞ *Blasphemie / Fluchen*

Lästig, geht auf die Nerven: acon.$_{a1,k}$ aeth.$_{a1,k}$ alum.$_{h,k,*}$ am-m. anac.$_{h,k,*}$ ant-c.$_{h,k,*}$ arg-n.$_{a1,k}$ arn.$_{a1,k}$ ars.$_{a1,k}$ asar.$_{h,k,*}$ bell.$_{a1,k}$ bism.$_{a1,k}$ bov.$_{a1,k}$ bry.$_{a1,k}$ calc.$_{a1,k}$ *Calc-s.*$_{a1,k}$ cann-s.$_{a1,k}$ caps.$_{a1,k}$ carb-an.$_{a1,k}$ carc.$_{fb}$ caust.$_{a1,k}$ cham.$_{a1,k}$ chin.$_{a1,k}$ clem.$_{a1,k}$ cocc. colch.$_{a1,k}$ coloc.$_{a1,k}$ con.$_{a1,k}$ cupr.$_{a1,k}$ cur.$_{c2}$ cycl.$_{a1,k}$ cypr.$_{c2}$ dig.$_{a1,k}$ *Euon.* graph.$_{a1,k}$ *Grat.*$_{a1,k}$ guaj. hep.$_{a1,k}$ ign.$_{a1,k}$ indg. ip. *Kali-c.* kali-n.$_{h,kl}$ kreos. lach. led. lyc. *Mang.* merc. mez. mur-ac. nat-c. nat-m. nat-s. nit-ac. nux-v. olnd. paull.$_{a1}$ petr. *Ph-ac.* phos. plat. puls. ran-b. rat. rheum rhus-t. sabin. samb. sars. sep. spong. squil. *Staph. Stront-c.* stry.$_{a1}$ *Sul-ac.* sulph. teucr. thuj. verb. viol-t. *Zinc.*
☞ *Klagen / Langeweile / Mürrisch*
– **morgens**: am-c.$_{h,k,*}$
– **abends**: bov.$_{a1}$ mag-c. puls. *Zinc.*
– **Freien**, im: aeth. sabin.

Laszív, lüstern: *Acon.*$_{kr1}$ agar. aloe *Ambr.* anac.$_{bro1}$ androc.$_{srj1}$ ant-c.$_{c1}$ *Apis* arund. aster.$_{j1,kr1}$ aur. bell.$_{gl1}$ borx. bov.$_{a1}$ *Bufo*$_{sf1}$ *Calad. Calc.* calc-p.$_{sf1}$ calc-s. calc-sil.$_{k2}$ camph.$_{a1}$ *Cann-i.*$_{sf1}$ cann-s.$_{sf1}$ *Canth. Carb-v.* carl.$_{a1}$ *Caust.*$_{gl1}$ cedr.$_{c1}$ cere-s.$_{a1}$ *Chin.* coc-c. cod.$_{a1}$ *Con.* cop. croc.$_{sf1}$ des-ac.$_{j1}$ *Dig. Fl-ac. Graph.* hydrog.$_{srj2}$ **Hyos.** hyper. ign. kali-br.$_{st}$ **Lach. Lil-t.** lyc. lyss. m-arct.$_{a1}$ merc. mosch. *Murx.*$_{sf1}$ nat-c.$_{a1}$ nat-m. nit-ac. nuph.$_{a1}$ nux-m.$_{a1}$ nux-v.$_{c1}$ op. **Orig.** ph-ac.$_{gl1}$ **Phos. Pic-ac. Plat.** plb.$_{sf1}$ *Puls.* raja-s.$_{j1}$ *Raph.*$_{a1,k}$ *Sabin.*$_{sf1}$ sars.$_{a1}$

Laszív, lüstern: ...
Sel. Sep. Sil. spig. stann.$_{a1}$ **Staph.** *Stram.* sulph.$_{gl1}$ *Tarent.* tere-ch.$_{j1}$ *Tub.*$_{vh,vh/dg,*}$ ust.$_{sf1}$ *Verat.* zinc.
☞ *Delirium - erotisch / Delirium - nackt / Erotisch / Gedanken - drängen - sexuell / Gedanken - quälend - sexuell / Geisteskrankheit - erotisch / Gleichgültigkeit - Entblößung / Hysterie - lasziv / Nackt / Nymphomanie / Phantasien - lasziv / Ruhelosigkeit - lasziven / Schamlos / Schamlos - entblößt / Sinnlichkeit / Unanständig / Unzüchtig / Unzüchtig - Lieder / Vergnügen - lasziven / Zügellosigkeit*
– **tagsüber**: lach.$_{a1}$
– **morgens**: coc-c.$_{a1}$
• **Bett**, im: sil.$_{a1}$
– **nachmittags**: lyss.$_{a1}$
– **abends**: calc.$_{a1}$
• **Bett**, im: nat-m.$_{a1}$
– **Auge** nicht von Frauen lassen; kann sein
☞ *blickt*
– **Berührung** lüstern; Frauen werden bei jeder: *Murx.*$_{sf1}$
– **blickt** Frauen auf der Straße hinterher: calad.$_{ptk1}$ fl-ac.$_{ptk1}$
– **entblößt** die Genitalien: **Hyos.**$_{kr1}$
– **Epilepsie**, gefolgt von: *Lach.*$_{kr1}$
– **Erektionen**, mit: lyss.$_{kr1}$ op.$_{kr1}$ sin-n.$_{bg2,kr1}$
• **schmerzhaft**: lyss.$_{kr1}$
☞ *Erregung - lasziv*
– **Essen**, mit Schwächegefühl in den Genitalien; nach dem: lyss.$_{kr1}$
– **Gemütsbewegung**, mit heftiger: cop.$_{kr1}$
– **Impotenz**, mit: calad.$_{k1,kr1}$ *Chin.*$_{kr1}$ *Op.*$_{kr1}$ *Sel.*$_{kr1}$
– **Prostata**; mit vergrößerter: dig.$_{ptk1}$
– **Träumen**, nach: sil.$_{j5}$

Läuft umher: acon.$_{bg2}$ agar. ars. *Bell.* bufo *Calc.* canth. carc.$_{cd}$ *Chin.* con. *Cupr.* cupr-ar. glon. haliae-lc.$_{srj5}$ hell. **Hyos.** iod. nux-v.$_{bg2}$ orig.$_{bg2}$ plb. spig-m.$_{a1}$ **Stram.** *Sulph.* tarent. **Verat.**
☞ *Albernes / Delirium / Fliehen / Impulse - laufen / Umherstreifen - besinnungslos / Ungeschicklichkeit*
– **anfallsweise**, agg. abends; läuft: **Verat.**$_{a1}$
– **erschreckt**, wie: *Zinc.*$_{kr1}$
– **gefährlichsten** Orten; an den: agar.$_{a1}$
– **Gegenstände**; läuft gegen: bell.$_{a1}$
– **Hemd**, im: bell.$_{kr1}$
– **Impuls** zu laufen; krankhafter
☞ *Impulse - laufen*
– **Leichtigkeit** und Schnelligkeit; mit großer: clem.$_{a1}$
– **Menschen**, beim Gehen; läuft gegen: cann-i.$_{a1}$
– **Menses**:
• **vor**: lach.$_{ptk1}$
– **Straßen**; nachts in den: *Puls.*$_{kr1}$
– **unsicher**: *Coff.*$_{kr1}$
– **Zimmer**, im: *Coff.*$_{kr1}$ hyos.$_{a1}$ morph.$_{a1}$ *Plat.*$_{kr1}$ sabad.$_{ptk1}$

Laune
☞ *Stimmung*

Launenhaftigkeit, launisch: acon. act-sp.hr1,kr1 agar. *Alum*.bg2,k,* alum-sil.k2 am-c. **Ant-c.**sf1,vh/dg ant-t.bro1 arn.h,k,* *Ars*.h,k,* ars-s-f.k2 asaf. aur-m. bamb-a.stb2 *Bar-c*.bg2,k,* bar-s.k2 *Bell*. bov.j5 bran.j brom. **Bry.**h,k,* calc. calc-s. calc-sil.k13,k2 cann-i. cann-s.j5 canth. caps.h,k,* carb-an. carbn-s. carc.tp1 caste.j1 *Caust*.gl1,j5,* cench.k2 **CHAM.**k,vh/dg *Chin*.bg2,k,* chinin-ar. cimic. **CINA**k,vh/dg cocaa1 *Cocc*.br1,j5,* *Coff*.a1,k coloc.bg2 croc.bg2,k *Cypr*.hr1,kr1 dig. dros. *Dulc*.bg2,k,* ferr.sf,sf1 ferr-act.j fl-ac.hr1,kr1 goss.st,vh grat.hr1,k haliae-lc.srj5 *Hep*.k,vh/dg hera.j5 *Ign*.bg3,k1,* *Iod*.hr1,kr1,* **Ip.** kali-ar. **Kali-c.**bg2,k kali-sil.k13,k2 kreos.bg2,k lach. led. lil-t.k2 lyc. m-arct.j5 m-aust.j5 mag-c.hr1,kr1 mag-m.hr1,k *Mag-p*.hr1,kr1 marb-w.es1 med.bgs *Merc*.k,vh/dg *Merc-i-f*.hr1,kr1,* nat-c.bg2,gl1 nat-n.a1,j5 nit-ac. nux-m.hr1,k *Nux-v*.bg2,k,* op. par. *Ph-ac*.gl1 *Phos*.gl1,k1,* **Plat.**bg2,j5,* plb.hr1,kr1 *Puls*.bg2,k,* raph. *Rheum* rhod. sacch.c1 sarr. sars.a1 sec. **Sep.**bg2,j5,* sil. sphing.a1,kk3 spig.a1 spong. **Staph.**bg2,k stram. *Sul-ac*.hr1,kr1 *Sulph*.a1,k thuj. thyr.j1,j13 tub.bgs valer.j5 verat.gl1 **Verat-v.**vh,vh/dg viol-t. zinc. zinc-p.k2

☞ *Ausdauer / Spontan / Stimmung - veränderlich / Unbeständigkeit / Unentschlossenheit / Unternimmt - Vieles / Verdrießlich / Verlangen, Wunsch - voller / Überstürzt / ❑ Allgemeines - Seite - abwechselnde / ❑ A~ Widersprüchliche / ❑ Fieber - Veränderliche / ❑ Frost - Veränderlicher / ❑ Magen - Appetit - launischer*

– **tagsüber**: castm.j5 ran-b.j5
– **morgens**: bov.st *Nit-ac*.hr1,kr1 staph.
– **vormittags**: cann-s.j5
– **mittags**: zinc.j5
– **nachmittags**: cann-s.j5 sars.a1
– **abends**: aur.j5 bov.j5 calc-s.a1 castm.j5 croc.j5 fl-ac.hr1,kr1 ign. ran-b.j5 zinc.j5
– **Reizbarkeit**; mit
  ☞ *weist*
– **weist** Dinge zurück, die er haben wollte, sobald er sie bekommt: arn.gl1 bry.j5,k2,* caps.ptk1 **Cham.**gl1,k2,* *Cina*j5,kr1,* *Dulc*.j5,kr1 *Hep*.a1 ign.gl1,j5 *Ip*.j5,sf1 kreos.k2,sf1 *Puls*.gl1 **Rheum**j5,kr1 **Staph.**st
  ☞ *Weist - alles*

Laute Menschen
☞ *Geräusche - Neigung*

Lebemann, Schwerenöter
☞ *Erschöpfung - lüsternen*

Leben:
– **Überdruß** in bezug auf das
  ☞ *Lebensüberdruß*
– **Veränderung** im Leben; Verlangen nach
  ☞ *Veränderungen - Verlangen - Leben*

Lebenslustig
☞ *Froh / Lebhaft, munter / Lebhaftigkeit / Lustig*

Lebensüberdruß: agn. aloebg2,sf1 alum.bg2 am-c. ambr. ant-c. ant-t.bg2,sf1 apis aran-ix.j1,mg1 **Ars.** **Aur.** aur-ar.k2 *Aur-m*.kr1 *Bell*. berb. bov. buth-a.mg1 calc. calc-ar.k2 calc-sil.k2 carb-v. caust. *Chin*. chinin-ar. con.gl1 dros.bg2,j5 euph-c.sf1 grat. hep. hipp. hyos. kali-bi.kr1 *Kali-br*.kr1 kali-chl.a1,j5,*

Lebensüberdruß: ...
Kali-p. kreos. *Lac-d*.kr1 lach. laur. led. lyc. manc. *Merc*.gl1,k1 mez. mur-ac. najabg2 nat-c. *Nat-m*. *Nat-s*.bg2,j5,* nep.mg1,srb2 *Nit-ac*. *Nux-v*. op.bg2 *Ph-ac*.gl1 **Phos.** phyt. pic-ac.bg2,sf1 plat. plb. psor.bg2,st *Puls*. *Rhus-t*. rhus-v. rib-ac.j1 ruta sec.bg2 sep. *Sil*. spig.bg2,gl1 spong. staph. stram. sul-ac. sulph. *Ter*.kr1 thuj. tub.t1 tub-r.j1 ulx-eu.rcb1 valer. verat. zinc.kr1 ziz.kr1
☞ *Abscheu - Leben / Furcht - Lebensüberdruß / Langeweile / Pessimist / Suizidneigung / Tod - wünscht / Widerwillen - allem*

– **morgens**: hydrog.srj2 *Lach*.kr1 nat-c.j5
  • **Bett**, im: lyc.
  • **Erwachen**, beim: lyc.j5 nat-c. phyt.
– **vormittags**: apis
– **nachmittags**: mur-ac. ruta
– **abends**: **Aur.** dros. hep. kali-chl.a1,k,* rhus-t. ruta spig.
– **nachts**: ant-c. nux-v.
◇ **abwechselnd** mit:
  • **Fröhlichkeit**
    ☞ *Froh - abwechselnd mit - Lebensüberdruß*
– **Alkoholikern**; bei: *Ars*.kr1
– **Alter**, im: *Ars*.vh,vh/dg aur.k2 calc.k2
– **Anblick** von Blut oder eines Messers; beim: alum.j5
  ☞ *Furcht - Selbstmord / Suizidneigung*
– **Erwachen**, beim: lyc.j5 nat-c.j5
– **Fieberhitze**
  ☞ *Hitze*
– **Freien**, im: bell.j5 mur-ac.
– **Furcht** vor dem Tode; aber: *Kali-p*.kr1 *Nit-ac*.k2,kr1 *Plat*.bg2,kr1 *Rhus-t*.kr1
– **Gehen** im Freien: bell.
– **Gesellschaft**, in: *Lyc*.kr1
– **Hitze**; während: bell. chin. lach. stram. valer.
– **Kränkung**, nach: *Puls*.kr1
– **Menses**:
  • **vor**: berb.kr1
    ☞ *Menses - vor; Gemütssymptome*
  • **während**: berb.
    ☞ *Menses - während; Gemütssymptome*
– **Schmerzen**, durch die: phyt.sf1
– **Schweiß**, beim: alum. *Aur*. **Calc.** hep. *Merc*. sil.
– **Syphilis**, bei: *Lyc*.kr1
– **Verzweiflung** über Kleinigkeiten; mit: act-sp.kr1
– **Zukunft**; aus Sorge um die: *Lach*.kr1

Lebhaft, munter: aloe alum. anag.a1 *Androc*.srj1 ang.a1,k anh.mg,mg1 arg-met. ars.a1 ars-s-f.a1 bart.a1 brom.a1 bufo-s.a1 cact. cann-s.a1,k carbn-s.a1 chin. chlol.a1 clem.a1 cob.a1,k cocc. cod.a1 **Coff.** con.a1 crot-h. cupr. cycl. dig.a1 ery-m.a1 galv.c1 gast.a1 gels.a1,k glon.a1,k grat.a1 guar.a1 hep.gl1 hipp. hydrc.a1 *Hyos*.a1,k indg.a1 iod.h,k1 ip.a1 kali-c.a1 kerose.a1 keroso.a1 **Lach.** lact.a1 luf-op.a1 mag-s.a1 merl.a1 mez.a1 morph.a1 nat-c. nit-ac.gl1 *Nux-v*. orig.a1 par. paull.a1 peti.a1 petr. *Ph-ac*. phel.a1 psor.a1 sabad. seneg.c1 sep.gl1 spig.a1,h sul-ac. sumb.a1 *Tarent*.a1 theaa1 thuj.a1 upa.a1 **Valer.** *Verat*. zinc.h,k1

Lebhaft, munter: ...
☞ *Bezaubert / Erregung / Froh / Gedanken - schnell / Hochgefühl / Kühn / Lustig / Schnell / Spaßen / Vergnügen / Verspielt / ❑ Schlaf - Schlaflosigkeit - Lebhaftigkeit*
– **morgens**: cit-v.a1 con.a1 fl-ac.a1 graph.a1 mag-m.a1 sulph.a1
– **nachmittags**: ang.a1 calc-s.a1 cann-s.a1 lyc.a1 ox-ac.a1
– **abends**: am-c.a1 androc.srj1 bufo-s.a1 chin.a1 coc-c.a1 ferr.a1 lach.a1
◆ **abwechselnd** mit:
 • **Gram**
 ☞ *Kummer*
 • **Kummer**: tarent.
 • **Murmeln**: ars-s-f.k2
 • **Stumpfheit**: crot-h.j5
 • **Traurigkeit**: caust.a1 psor.a1 sep.a1 tarent.a1
 • **Zerstreutheit**: alum.h2
 • **Zorn**
 ☞ *Zorn - abwechselnd mit - Lebhaftigkeit*
– **Aufstehen**, nach dem: gels.a1
– **Niedergeschlagenheit**, gefolgt von: gels.c1
– **Rausch**, wie durch einen: cann-s.a1

Lebhaftigkeit:
– **agg.**: *Coff.*bg3,vh,* **Hyos.**bg3,vh,* **Lach.**vh,vh/dg,* par.st *Sabad.*vh,vh/dg,* **Valer.**vh,vh/dg,*
◆ **abwechselnd** mit:
 • **Geistesabwesenheit**: alum.a1

Leichtgläubig: bar-c.gl1 *Bell.*gl1 *Puls.*gl1 staph.gl1

Leidenschaftlich: alco.a1,bg2 alum.gl1 *Anac.*bg2,kr1 androc.srj1 ars.a1,bg2 aur.bg2 *Aur-m.*vh,vh/dg *Bar-c.*bg2 *Bell.*bg2 *Bry.*bg2,kr1 calc.bg2,gl1 cann-i.a1 canth.a1,bg2 *Carb-v.*bg2 carbn-s.a1,bg2 caust.bg2,gl1 coff.bg2 con.bg2,kr1 croc.bg2 hep.bg2,kr1 hura.a1,bg2 hyos.a1,bg2 ign.bg2 *Ip.*bg2 *Kali-c.*bg2,kr1 **Kali-i.**bg2,kr1,* **Lach.**vh,vh/dg laur.a1,bg2 led.bg2 lyc.bg2,gl1,* **Nat-c.**bg2,gl1 nat-m.a1,bg2 nat-s.bg2 **Nux-v.**bg2 olnd.a1,bg2 petr.a1,bg2 ph-ac.bg2 phos.a1,bg2 plat.bg2,gl1 *Psor.*bg2,kr1 sabad.bg2 seneg.bg2 *Sep.*bg2,kr1,* stann.bg2 stram.a1,bg2 *Sulph.*bg2,kr1,* sumb.a1,bg2 tarent.a1,bg2 *Thuj.*bg2,kr1
☞ *Fanatismus / Raserei / Zorn*
– **morgens**: nat-s.a1
– **Kleinigkeit**; bei jeder: nat-m.a1 ph-ac.a1 phos.a1 sumb.a1

Lenkt die Aufmerksamkeit auf sich
☞ *Bezaubert*

Lernen:
– **gehen**, laufen; zu
☞ *❑ Extremitäten - Gehen - spätes*
– **sprechen**; zu
☞ *Sprechen - langsam*
– **Studieren**
☞ *Studieren*

Lesen:
– **agg**. Gemütssymptome: ang.bg2 asaf.bg2,hr1,* *Calc.*bg2 carb-ac.bg2,hr1,* cocc.bg2,h,* colch.a1,bg2 fl-ac.a1,bg2 mag-m.bg2 med.bg2 nat-sil.bg2,k2 olnd.bg2 ph-ac.bg2 stann.bg2,j1 tarax.bg2
☞ *Angst - Lesen / Empfindlich - Lesen / Erregung - Lesen / Erschöpfung - Lesen / Geistesabwesend - Lesen / Reizbarkeit - Lesen / Ruhelosigkeit - Lesen*
– **Abneigung** gegen Lesen: *Acon.* alum.gl1 bar-c. brom. carb-ac. *Carl.* clem. coca con.gl1 corn. cycl. hydr. kali-bi. lac-ac. *Lach.*gl1 lil-t. nat-ar. *Nat-c.*vh,vh/dg *Nux-v.* ox-ac. phys. pic-ac.gg puls.gl1 pyrus *Sil.*
 • **Gehen** im Freien amel.: ox-ac.
– **schwer**, fällt: *Agn.*hr1,kr1,* *Coca*a1,kr1 *Cocc.*h,hr1,* hura.a1,kr1
– **Thema** wechseln; muß das: dros.kr1
– **unfähig** zu lesen: aeth.hr1,kr1,* alum.st bell.a1 cann-i.a1 cycl.a1 ham.a1 lyc.h,hr1,* mag-c.st merc.a1 narcot.a1 nat-m.hr1,kr1,* sep.hr1,kr1,*
☞ *Fehler - Lesen*
 • **geschrieben** hat; was er: lyc.a1,kr1
 • **Kindern**, bei: alum.gl1,st mag-c.st
– **Verlangen**: adam.srj5 carc.fb,pd
 • **ausgefallene** Geschichten zu lesen: stram.pc
 • **medizinische** Bücher zu lesen: *Calc.*gl1 *Nux-v.*gl1 *Puls.*gl1 staph.gl1 sulph.gl1
 • **vorgelesen** zu bekommen: anth.a1 chin. clem.
– **versteht** das Gelesene nicht: *Ambr.*kr1 *Colch.*kr1 corn-f.kr1

Lethargie
☞ *Faulheit / Untätigkeit*

Licht:
– **agg.**
☞ *Dunkelheit - amel.*
– **amel.**
☞ *Dunkelheit - agg.*
– **Abneigung** gegen: achy.j1,j13 stram.k13,k2 tarent.bg2
☞ *❑ Auge - Photophobie*
 • **meidet**: ambr. androc.srj1 bell.k2 **Con.** hyos. stram.k2 tarent.bg1,st zinc.
 ☞ *Empfindlich - Licht / ❑ Auge - Photophobie*
– **Verlangen** nach: *Acon.* *Am-m.* asar.j1 **Bell.** *Calc.* cann-i.st cann-s.bg,st carb-an.bg1,st **Gels.** grin.bg1,st haliae-lc.srj5 lac-c. nat-m. phos.bg1,st plb.bg1,st ruta sanic.bg1,st **Stram.** *Stront-c.*vh,vh/dg valer.
☞ *Angst - abends - Dämmerung / Angst - Dunkelheit / Delirium - Dunkelheit / Dunkelheit - agg. / Furcht - Dunkelheit / Furcht - Gehen - vor - Dunkelheit / Traurigkeit - Dunkelheit / Verlangen, Wunsch - voller - mehr / Verlangen; großes - Sonne / Wahnideen - Bilder - Dunkelheit / Wahnideen - Gespenster - Dämmerung / Wahnideen - Menschen - hinter - Gehen - Dunkelheit / Weinen - Dunkelheit / ❑ Allgemeines - Ohnmacht - dunklen / ❑ Auge - Photomanie / ❑ Träume - Dunkelheit*
 • **Delirium**; mit: calc.ptk1
 • **Sonne** aufhalten; möchte sich in der: choc.srj3
– **meidet**
☞ *Abneigung - meidet*
– **Übermaß** an Licht; sieht ein: anh.sp1 haliae-lc.srj5

Liebe:
– **Analkoitus** mit einer Frau: caust.$_{gl1}$ nux-v.$_{vh}$ plat.$_{gl1}$
– **enttäuschte** Liebe:
  • **Beschwerden** durch
   ☞ *Beschwerden durch - Liebe*
  • **Eifersucht**; mit
   ☞ *Eifersucht - Liebe*
  • **Kummer**; mit stillem
   ☞ *Kummer - still - Liebe*
  • **lachen**; mit Neigung zum
   ☞ *Lachen - Liebe*
  • **Raserei** aus enttäuschter Liebe
   ☞ *Raserei - Liebe*
  • **Sprechen**; mit unzusammenhängendem
   ☞ *Sprache - unzusammenhängend - Liebe*
  • **Suizidneigung** aus enttäuschter Liebe
   ☞ *Suizidneigung - Liebe*
  • **Traurigkeit** aus enttäuschter Liebe
   ☞ *Traurigkeit - Liebe*
  • **Zorn**; mit
   ☞ *Zorn - Liebe*
– **erhaben**, übergroß
  ☞ *überschwenglich*
– **falschen** Person, zur (= außerhalb des gesellschaftlichen Rahmens): nat-m.$_{jsa,k2}$
– **Homosexualität**
  ☞ *Homosexualität*
– **liebeskrank**: *Ant-c.*$_{h,k,*}$ hydrog.$_{srj2}$ til.$_{a1,k}$
  ☞ *Eifersucht*
– **Natur**; zur
  ☞ *Natur - liebt*
– **Pädophilie**
  ☞ *Pädophilie*
– **Perversität**: hura$_{a1}$ ind.$_{a1,c1,*}$ kali-n.$_{a1}$ nux-v.$_{a1,c1,*}$ plat.$_{a1,c1,*}$
– **romantischer** Liebe; Verlangen nach: germ-met.$_{srj5}$
– **Tiere**
  ☞ *Tiere - liebt*
– **überschwenglich**: adam.$_{srj5}$ ant-c.$_{ptk1}$
  ☞ *Einswerden / Einswerden - Gefühl*
  • **Familie**; für ihre: adam.$_{srj5}$
  • **Menschheit**, alle Menschen; für: hydrog.$_{srj2}$
– **verheiratetem** Mann; zu einem: *Nat-m.*$_{st}$

Liebestoll
  ☞ *Erotisch*

Liebevoll, voller Zuneigung, herzlich: acon. agar.$_{a1}$ alum.$_{gl1}$ anac. *Ant-c.*$_{k,vh/dg}$ ars.$_{gl1,j5,*}$ bar-c.$_{gl1}$ borx. bry.$_{gl1}$ carb-an. carb-v. carc.$_{sk1,st1,*}$ *Caust.*$_{gl1,vh/dg}$ choc.$_{srj3}$ coff. *Croc.* graph.$_{gl1}$ hura hydr.$_{a1}$ *Ign.* lach.$_{gl1}$ lyc.$_{gl1}$ murx.$_{bro1}$ *Nat-m.* nit-ac.$_{gl1}$ *Nux-v.*$_{gl1,k,*}$ op.$_{a1}$ ox-ac. par. ph-ac.$_{gl1}$ *Phos.*$_{h2,k1,*}$ plat. **Puls.**$_{k,vh/dg}$ seneg. *Sil.*$_{st,vh/dg}$ *Staph.*$_{gl1,vh/dg}$ stram.$_{a1}$ thea$_{a1}$ verat.
  ☞ *Angst - andere / Kurz - herzlich / Milde / Mitgefühl / Wohlwollen*
– **abends**: choc.$_{srj3}$
◆ **abwechselnd** mit:
  • **Lachen**
   ☞ *Lachen - abwechselnd mit - liebevollem*

Liebevoll - abwechselnd mit: ...
  • **mürrischem** Wesen
   ☞ *Mürrisch - abwechselnd mit - liebevollem*
  • **Raserei**
   ☞ *Raserei - abwechselnd mit - liebevollem*
  • **Reizbarkeit**
   ☞ *Reizbarkeit - abwechselnd mit - liebevollem*
  • **Traurigkeit**: plat.$_{j5}$
  • **Zorn**
   ☞ *Zorn - abwechselnd mit - liebevollem*
– **erwidert** Zuneigung: *Phos.*$_{st}$
– **küßt** und liebkost die Kinder: *Puls.*$_{kr1}$

Liebkosen:
– **Ehemann** und Kinder und stößt sie dann weg; liebkost: *Anac.*$_{c1,kr1}$

Liebkost zu werden; Liebkosungen:
– **Abneigung**: *Cina*$_{vh,vh/dg}$ nit-ac.$_{h}$
  ☞ *Berührt / Zorn - Liebkosungen*
  • **Kindern**; bei: *Ant-c.*$_{jsa,vh/dg}$ cham.$_{vh}$
– **möchte** liebkost werden, verlangt nach Zärtlichkeiten: cann-i.$_{a1}$ carc.$_{cd,st1}$ marb-w.$_{es1}$

Liegen; möchte auf dem nackten Boden: *Camph.*$_{kr1}$

Literarische Arbeit:
– **Abneigung** gegen
  ☞ *Geistige Anstrengung - Abneigung - literarische*
– **Verlangen** nach
  ☞ *Geistige Anstrengung - Verlangen - literarischer*

Lügner: alco.$_{gl1,st}$ androc.$_{srj1}$ arg-n.$_{gl1,st}$ calc.$_{gl1}$ calc-p.$_{gg}$ carb-v.$_{gl1}$ caust.$_{gl1}$ coca$_{a1,gl1}$ con.$_{gl1}$ lyc.$_{gl1}$ merc.$_{gl1}$ **MORPH.**$_{gl1,st}$ nat-m.$_{gl1}$ nux-v.$_{c1,gl1}$ **Op.**$_{bg2,k1,*}$ puls.$_{gl1}$ sep.$_{bng}$ sil.$_{gl1}$ staph.$_{gl1}$ sulph.$_{gl1}$ *Syph.*$_{gl1,st}$ *Verat.*$_{bg2,gl1,*}$
  ☞ *Heuchelei / Hinterhältig / Scharlatan / Unaufrichtig / Unehrlich / Verleumden / Wahnideen - Lüge*
– **Lüge**; glaubt, alles was sie sagt sei eine
  ☞ *Wahnideen - Lüge*
– **lügt**, sagt nie die Wahrheit, weiß nicht, was sie sagt: alco.$_{st}$ arg-n.$_{st}$ coca$_{st}$ *Morph.*$_{st}$ nux-v.$_{st}$ **Op.**$_{k1,st}$ *Syph.*$_{st}$ *Verat.*$_{k1,st}$
  ☞ *Heuchelei / Hinterhältig*
– **Scharlatan** und
  ☞ *Scharlatan*

Lüstern
  ☞ *Laszív / Wahnideen - krank - sein*

Luftschlösser
  ☞ *Theoretisieren*

Lustig, fröhlich: acon. aeth. *Agar.* aloe alum. am-c. *Anac.* anag. anan. ang. ant-t. apis arg-met. arn. ars. ars-i. arund. asaf. asar. asc-t. *Aur.* bar-c. *Bell.* brom. *Calc.* calc-s. camph. **Cann-i.** cann-s. caps. carb-an. carb-v. *Carbn-s.* caust. cham. chin. chinin-s. chlor. cic. cimic. clem. cob. coc-c. cocc. **Coff.** con. *Croc.* cupr. cycl. dros. eupi. *Ferr.* ferr-ar. ferr-i. ferr-p. *Fl-ac.* form. gamb. gels. graph. **Hyos.** ign. iod. ip. kali-c. kali-p. kreos. **Lach.** lachn. laur. led. *Lyc.* mag-c. mag-s. meny. merc. merc-c. merc-i-f. merc-i-r. merl. mez. naja

Lustig, fröhlich: ...
nat-ar. **Nat-c.** nat-m. nat-p. nit-ac. *Nux-m.* **Op.** ox-ac. par. petr. *Ph-ac.* phel. *Phos. Plat.* plb. psil.ft1 psor. puls. rhus-t. sabad. sars. seneg. sep. spig. spong. squil. stann. staph. *Stram.* sul-ac. sulph. sumb. tab. *Tarax. Tarent.* ther. thuj. valer. *Verat.* verb. *Zinc.*
☞ *Amüsement - Verlangen / Bezaubert / Erregung / Froh / Hochgefühl / Lebhaft, munter / Spaßen / Witzig / Zufrieden*

– **tagsüber**: ant-t. mag-m.a1
– **morgens**: cit-v.a1 con.h,k,* *Fl-ac.*a1,k graph.a1,k mag-m.a1,k sulph.a1,k
  • **Erwachen**; beim: chin.
– **vormittags**: graph. nat-m. zinc.
– **nachmittags**: ang.h,k,* *Ant-t.* arg-met. cann-s.h,k,* lyc.a1,k merc-i-f.a1,k olnd.a1 phos.a1,k *Staph.* verb.
– **abends**: aloe alum. am-c.a1,k anac. aster.a1,k bell.a1,k bufo-s. calc. calc-s.hr1,k,* carb-v. castm. chel. *Chin.*h,k,* chin-b.hr1 coc-c.a1,k cupr. cycl.a1,k ferr.h,k,* **Lach.**hr1,k,* lachn.hr1,k,* laur. mag-c. *Nat-m.* phel.a1,k pip-m.a1,k sars. *Sulph.* valer.k13 verb.hr1 viol-t.a1,k *Zinc.*hr1,k,*
  ◆ **abwechselnd** mit:
  • **Reizbarkeit**
  ☞ *Reizbarkeit - tagsüber - abwechselnd mit - Lustigkeit - abends*
    • **tagsüber**
    ☞ *Reizbarkeit - tagsüber - abwechselnd mit - Lustigkeit - abends*
  • **Traurigkeit**:
    • **morgens**: calc-s.kr1
  • **Bett**; im: alum.
– **nachts**: alum. bell.h,k,* caust. *Chin.*h,k,* croc. kreos. lyc. naja ph-ac. sep. sil. stram. sulph. verat.h,k,*
  • **Mitternacht**:
    • **nach**:
      • **2 h**; bis: *Chin.*
◆ **abwechselnd** mit:
  • **Entrüstung**; Anfällen von plötzlicher
  ☞ *Entrüstung - abwechselnd mit - Lustigkeit*
  • **Ernsthaftigkeit**, Ernst: cann-s.j5 cycl.a1 haliae-lc.srj5 plat. spong.bg2,st
  • **Herzklopfen**: spig.h,k,*
  • **Manie**
  ☞ *Manie - abwechselnd mit - Lustigkeit*
  • **Reizbarkeit**
  ☞ *Reizbarkeit - abwechselnd mit - Lustigkeit*
  • **Schweigsamkeit**: asar.h
  • **sprechen**; Abneigung zu
  ☞ *Schweigsamkeit*
  • **Stumpfheit**: jab. spong.h,j5
  • **Traurigkeit**: cann-i. caust. croc. ferr. hell. limest-b.es1 nat-c. neonsrj5 nit-ac. petr. *Phos.* plat. sep. tarent. zinc.
  • **Weinen**: arg-met. carb-an. iod. plb. psor. sep. spong. sumb.
  • **weinerlicher** Stimmung
  ☞ *Weinen*
  • **Zorn**: *Op.*kr1

Lustig, fröhlich: ...
– **albern**: acon. agar. anac.j5 arund.hr1 bell.h,k,* calc. carb-an.j5 carb-v.h,k,* merc. par. seneg. **Sulph.**hr1
☞ *Albernes / Frivol / Ungeschicklichkeit*
– **elend** fühlt; täuscht Lustigkeit vor, während er sich: apisk13
– **Freien**; im: phel. plb. teucr.
– **Frost**; während: nux-m.
– **Hitze**; während der: acon. thuj.h
– **Samenabgang**; nach einem: pip-m.
– **Schlaf**; im: alum. bell. caust. croc. hell.j hyos. kreos. lyc. m-arct.j ph-ac. sil. sulph.
– **Stuhlgang**; nach: *Borx. Nat-s.*

Lustlos
☞ *Gleichgültigkeit*

Macht:
– **Machtliebe**
☞ *Diktatorisch - Machtliebe / Ehrgeiz*

Magnetisieren; andere zu:
– **Verlangen**: marb-w.es1

Magnetisiert:
– **amel.** (= Mesmerismus amel.): acon.bg2 bar-c.bg2 *Bell.*bg2 calc.ptk1 chin.bg2 con.bg2 **Cupr.**bg2 graph.bg2 ign.bg2 iod.bg2 lach.ptk1 nat-c.bg2 *Nux-v.*bg2 **Phos.**bg2 sabin.bg2 sep.bg2 *Sil.*bg2 sulph.bg2 *Teucr.*bg2 viol-o.bg2
– **Gefühl** wie: oena.
– **leicht** zu magnetisieren: caust.gl1 lach.gl1 phos.vh sep.gl1
– **Verlangen** magnetisiert zu werden: **Calc.** *Lach.* nat-c. **Phos. Sil.**

Manie: absin. acon.c2,k acon-l.a1,k1,* aeth. aethera1,k1,* *Agar.*bg2,k1,* ail. alco.a1,k1 *Alum.* alum-p.k1,k2 *Anac.* anag.k1,kr1,* anan.k1,kr1 anh.k1,mg1 ant-c. ant-t.bg2,k1 *Apis Arg-met. Arn.* **Ars.** ars-s-f.k2 *Arum-t.* atro.bro1,k1,* *Aur.* aur-ar.k2 aur-i.k2 aur-s.k2 bapt.bro1,k1 bar-c. *Bar-m.*c2,k **Bell.**c2,k *Brom.* bry.bro1,k1 bufo cact. *Calad. Calc.* calc-i.k2 *Camph.* *Cann-i.*c2,k *Cann-s.*j5,k1 **Canth.**bg2,k,* carbn-s.k2 caust.bg2,k1 cedr.br1 cham.bg2,k1 chel. *Chin.* chinin-s. *Chlol.* cic. *Cimic.* coca *Cocc.*k,st coff. colch. *Con.* cori-r.c1,k1,* cortico.k1,sp1 croc.j5,k1,* crot-c.c2,k crot-h. *Cupr.*c2,k cupr-act.bro1,k1,* *Cycl.* dat-f.c1,k1,* dat-m.c1,k1,* der.c1,k1,* dig. dros.bg2,k1 dulc.bg,k1 ferr-p.k1,k2 gels.bg2,k1,* glon.c2,k grat.c1,k1,* haliae-lc.srj5 *Hell. Hep.* **Hyos.**c2,k hyosin.c1,k1,* *Ign.* indg. *Iod.* iodof.c1,k1,* iris-t.c1,k1,* kali-bi.bg2,k1 **Kali-br.** kali-c.bg2,k1 ~~kali-chl.a1,xxx~~ kali-i. **Kali-m.**k,k2,* *Kali-p.* kres.k1,mg1 *Lach.* laur.bro1,k1 led. lil-t.bg2,k1,* lol.bg2 **Lyc.** lyss.c1,k1,* *Manc.* mand.k1,sp1 med.bg2,k1 **Merc.**c2,k merc-c. murx.bg2,k1 nat-m. nit-ac.bg2,k1 *Nux-m.* **Nux-v.** oena. **Op.**bg2,k orig.bro1,k1 ox-ac. par.c1,k1,* passi.bro1,k1 petr.bg2,k1 ph-ac.bg,k1 *Phos.* pic-ac.bro1,k1 pisc.bro1,k1 *Plat.*bg2,k2,* plb. *Psor.* puls. *Raph.*a1,k rhod. rhus-t.j5,k1,* rutabg2,k1 sabad.c2,k *Sec.*bg2,k senec.c1,k1,* seneg.bg2,k1 *Sep.* sil.c1,k1,* sol-ni.c1,k1,* spig-m.bro1,k1,* spong.bro1,k1 staph.c1,k1,* **Stram.**c2,k sul-h.bro1,k1,* *Sulph.*c2,k *Tarent.*c2,k ter. theac1,k1,*

Manie: ...
thyr.$_{c1,k1,*}$ tub.$_{c1,c2}$ tub-k.$_{c1,k1}$ ust.$_{bro1,k1}$ **Verat.**$_{c2,k}$ verat-v. vip.$_{bg,k1}$ zinc.
☞ *Delirium - manisch / Geisteskrankheit / Heftig / Kleptomanie / Raserei / Religiös - Manie / Schizophrenie - paranoid / Springen - Bett - Manie / Wahnideen / Wildes / Wildheit*
– **abends**: croc.$_{j}$ crot-c.$_{a1}$
– **nachts**: bell.$_{j}$ cic.$_{gl1,h,*}$ kali-i.$_{a1}$ verat.$_{j}$
• **Mitternacht** agg.; gegen: *Staph.*$_{kr1}$
• **Tanzen**, Lachen und Schlagen; mit: cic.$_{gl1}$
◆ **abwechselnd** mit:
• **Fröhlichkeit**: bell. cann-s. croc.
• **Furcht**
☞ *Furcht - abwechselnd mit - Manie*
• **Lustigkeit**: bell. *Cann-i.* croc.
• **Metrorrhagie**: *Crot-c.*$_{bg2,k1,*}$
• **Niedergeschlagenheit**:
arg-met.$_{jl,kr1}$ *Con.*$_{hr1,kr1}$ cyt-l.$_{jl3,kr1,*}$ kres.$_{jl3,kr1,*}$ *Nat-s.*$_{hr1,kr1}$ pic-ac.$_{gm1}$ psor.$_{kr1,st}$ *Staph.*$_{hr1,kr1}$ stram.$_{h}$ sulfa.$_{jl,kr1}$ tub.$_{br1}$
☞ *Erregung - abwechselnd mit - Traurigkeit / Euphorie - abwechselnd mit - Traurigkeit*
• **Traurigkeit**
☞ *Niedergeschlagenheit*
– **akut**:
• **Zunge**:
• **weißer** Farbe der Zunge; mit: *Gels.*$_{kr1,vk1}$
– **anfallsweise**: cic.$_{hr1}$ *Nat-m.*$_{hr1}$ stram.$_{k2}$ *Tarent.*$_{hr1,k}$ tub.$_{br1}$
– **beschimpft** jeden: *Camph.*$_{hr1,kr1}$ *Tarent.*$_{hr1,kr1}$
– **Besessenheitswahn**: agre.$_{jl,sf1}$ *Anac.*$_{sf1}$ bell.$_{sf1}$ *Hell.*$_{kr1,sf1}$ hyos.$_{sf1}$ op.$_{sf1}$ plat.$_{sf1}$ sil.$_{sf1}$ sulph.$_{sf1}$ verat.$_{sf1}$
– **Erregung** in der Gestik oder Sprache: *Hydr-ac.*$_{hr1,kr1}$
– **Fieber**; während: cact.$_{bg2}$
– **gehalten** werden, möchte: **Ars.**$_{hr1,k}$
☞ *Impulse - laufen*
– **geistiger** Anstrengung, nach: lach.
☞ *Monomanie*
– **gewalttätig**: ars.$_{j5}$ *Bell.*$_{j5}$ hyos.$_{j5}$ *Plat.*$_{hr1,j5,*}$ sec.$_{j5}$ stram.$_{j5}$
☞ *Heftig - Gewalttaten*
– **Hände**:
• **klatscht**: *Stram.*$_{kr1}$
• **ringt** die Hände; läuft Tag und Nacht umher: *Hell.*$_{kr1}$
– **Hautausschlägen**; nach unterdrückten: *Caust.*$_{kr1}$ *Hep.*$_{kr1}$ *Zinc.*
– **Hitze**:
• **während**: cact.$_{bg1,bg2}$
– **Kälte**, mit: lact.$_{br1}$
– **kaltem** Schweiß, mit: camph.$_{k2}$ stram.$_{k2}$
– **kratzen** sich: bell.$_{a1}$
– **lasziv**: *Canth.*$_{bro1}$ *Hyos.*$_{bro1}$ phos.$_{bro1}$ *Raph.*$_{a1}$ stram.$_{bro1}$ verat.$_{bro1}$
– **Lochien**, durch unterdrückte: cimic.$_{sf1}$ plat.$_{sf1}$ verat.$_{sf1}$
– **Menses**:
• **vor**: cimic.$_{ptk2}$ sep.
☞ *Menses - vor; Gemütssymptome*

– **Menses**: ...
• **unterdrückten**, nach: *Puls.*$_{k1}$
– **Monomanie**
☞ *Monomanie*
– **Mord** zu begehen; mit Verlangen einen: thea$_{c2}$
– **periodisch**: arg-n. *Nat-s.*$_{hr1,k}$ staph.$_{hr1}$ *Tarent.* tub.$_{br1}$
– **qualvoller** Angst, bei: ars.$_{a1}$
☞ *Qualvolle Angst*
– **Raserei**, mit: agar.$_{h,j5,*}$ ant-t.$_{bg2,j5,*}$ apis$_{bg2,sf1}$ arg-met.$_{j}$ ars.$_{a1,bg2,*}$ *Bell.*$_{bg2,sf1}$ camph.$_{bg2,hr1,*}$ cann-i.$_{sf,sf1}$ cann-s.$_{bg2,j5,*}$ *Canth.*$_{bg2,j5,*}$ croc.$_{bg2,sf1,*}$ cupr.$_{bg2,j5,*}$ cur.$_{hr1}$ *Dig.*$_{hr1}$ **Hyos.**$_{bg2,hr1,*}$ lach.$_{bg2,sf1,*}$ lol.$_{bg2,sf1,*}$ **Lyc.**$_{bg2,sf1}$ *Merc.*$_{bg2,sf1,*}$ nux-v.$_{bg2,hr1,*}$ *Op.*$_{bg2,j5,*}$ ph-ac.$_{bg2,sf1}$ phos.$_{bg2,sf1,*}$ plb.$_{bg2,j5,*}$ *Sec.*$_{bg2,j5,*}$ sol-ni.$_{bg2,j5,*}$ *Stram.*$_{bg2,hr1,*}$ *Verat.*$_{bg2,sf1}$ verat-v.$_{bg2,sf1}$ zinc.$_{bg2,sf1}$
– **reißt**:
☞ *Reißt - sich / Zerreißt - Dinge*
• **Haaren**; reißt sich an den: bell.$_{gl1,j5}$ canth.$_{gl1}$ stram.$_{gl1}$ tarent.$_{a1,gl1}$ verat.$_{gl1}$
– **Schicksalsschläge**, durch: *Anac.*$_{j5}$ *Bell.*$_{j5}$ *Hyos.*$_{j5}$ *Lach.*$_{j5}$ *Phos.*$_{j5}$ *Stram.*$_{j5}$ *Verat.*$_{j5}$
– **Schlaf**:
• **im**: ph-ac.$_{j}$ phos.$_{k2}$
– **Schlaflosigkeit**, mit: lact.$_{br1}$
– **Schreien** bei der: *Bell.*$_{sf1}$ cic.$_{jl}$ lach.$_{bg2,sf1}$ stram.
– **sexuelle** Manie: camph.$_{c2}$
• **Frauen**, bei: **Apis**$_{kr1,st}$ *Canth.*$_{bro1}$ **Phos.**$_{st}$ *Raph.*$_{a1}$ *Tarent.*$_{st}$
• **Männern**, bei: apis$_{st}$ *Canth.*$_{bro1}$ **Phos.**$_{st}$ *Raph.*$_{a1}$ *Tarent.*$_{st}$
– **Singen**, mit: bell.$_{a1,j5}$ cic.$_{jl,jl3}$ *Cocc.*$_{bg2,h,*}$ *Nux-m.*$_{hr1,kr1}$ *Tarent.*$_{hr1,kr1}$ *Verat.*$_{j5}$
☞ *Singen*
• **Puerperalmanie**; bei: *Plat.*$_{kr1}$
– **springt** über Stühle und Tische: bell.$_{a1,hr1}$
☞ *Impulse - laufen*
– **spuckt** auf die Umstehenden und beißt sie: *Bell.*$_{hr1,kr1,*}$
☞ *Spucken*
– **Suizidneigung**; mit: thea$_{c2}$
– **wild**: kali-br.$_{hr1,kr1}$ ph-ac.$_{j5}$
• **Blick**, mit wildem: *Cupr-s.*$_{hr1,kr1}$
– **Wochenbett** ; im (= Puerperalmanie): agn.$_{bro1}$ bell.$_{bro1,c2}$ cimic.$_{bro1,k2,*}$ hyos.$_{bro1,c2}$ kali-p.$_{c2}$ plat.$_{bro1}$ puls.$_{c2}$ sec.$_{bro1}$ senec.$_{bro1,c2}$ verat.$_{bro1}$ verat-v.$_{bro1,c2}$
– **zerreißt**:
• **Kleidung**: nux-v.$_{gl1}$ *Tarent.*$_{kr1}$ *Verat.*$_{gl1,j5,*}$
• **sich** mit den Fingernägeln; zerfleischt: canth.$_{gl1}$ stram.$_{gl1}$ verat.$_{gl1}$
– **Zerstörungswut**, gefolgt von Lachen und Entschuldigungen: tarent.$_{kr1}$
– **Zittern**, mit: lact.$_{br1}$
– **Zunge**:
• **weißer** Farbe der Zunge; mit: *Gels.*$_{vk1}$

Manipulierend: cot.$_{br1}$ *Puls.*$_{vh,vh/dg}$ staph.$_{zr}$ thuj.$_{zr}$
☞ *Hinterhältig*

Manisch-depressiv
☞ *Manie - abwechselnd mit - Niedergeschlagenheit*

Männer:
☞ *Menschen*
– **Scheu** vor
☞ *Abneigung - Ehemann / Abneigung - Männer / Abneigung - Männer - Frauen / Delirium - Furcht / Empfindlich - Geräusche - Stimmen - Männerstimmen / Furcht - Männern / Haß - Männer / ❑ Kopf - Schmerz - Männerstimmen*

Maskulin:
– **Mädchen**; maskulin aussehende: carb-v.gl1 *Nat-m.*gl1 petr.gl1 plat.gl1 staph.vh
– **Frauen**: fl-ac.st *Graph.*vh,vh/dg

Maße
☞ *Angst - Zukunft / Furcht - geschehen / Größen / Hellsehen*

Maßlosigkeit: marb-w.es1
☞ *Ichbezogenheit*

Mathematik:
– **Begabung** zur: cocc.gl1 lach.gl1 nux-v.gl1 sil.dgt,gl1
– **Unfähigkeit** zur: bell.gl1 calc.gl1 kali-c.gl1 lyc.gl1 merc.a1 rhus-t.a1 syph.gl1,st
☞ *Fehler - Rechnen / Konzentration - schwierig - Rechnen / Verwirrung - Rechnen*
• **Addieren** fällt schwer: anh.sp1 *Sumb.*a1
• **Algebra**: alum.gl1 caust.gl1 graph.gl1 staph.gl1
• **Geometrie**: ail.gl1,kr1 *Alum.*gl1 *Ambr.*gl1 calc.gl1 caust.gl1 con.gl1
☞ *Fehler - Rechnen / Konzentration - schwierig - Rechnen / Langsamkeit - Rechnen*
• **Horror** vor: calc.gl1 lyc.gl1 nat-m.gl1 sil.gl1 staph.gl1,st sulph.gl1
• **rechnen**; kann nicht: alum.gl1 bell.gl1 calc.gl1,k2 caust.gl1 crot-h.gl1,sf1 graph.gl1 kali-c.gl1 lyc.gl1 merc.a1,gl1 nat-c.gl1,k2 nat-m.gl1,k2 *Nux-v.*vh,vh/dg ph-ac.gl1,k2 rhus-t.a1,gl1 staph.gl1,k2 syph.gl1,k2
☞ *Fehler - Rechnen / Konzentration - schwierig - Rechnen / Langsamkeit - Rechnen*

Medikamente einzunehmen; Verlangen große Mengen: cact.a1

Meditieren, Nachdenken: acon.bg2 am-m. ant-c. aur. berb.kr1 *Cann-i.*bro1 cann-s. canth. **Carb-an.** cham.j chin. choc.srj3 cic. clem. cocc. coff.gl1 con. cycl. eug. euph.kr1 guaj.j haliae-lc.srj5 ham. hell. *Hyos.* ign. ip. kali-n. kreos.j *Lach.* led.sf1 lyss.kr1 manc. mang.j5 meny.kr1 mez. mur-ac. najabg2 nat-c. ol-an.kr1 phel. phos. plb. ran-b. rhus-t. sabad. sep. spig. staph. *Sulph.* thuj.
☞ *Brütet / Gedanken - überlegt / Gedanken versunken / Selbstbetrachtung / Sitzen - Neigung - nachzudenken / Sitzen - Neigung - versunken / Traum / Verweilt - vergangenen / ❑ Gesicht - Ausdruck - ausdruckslos / ❑ Schwindel - Nachdenken*
– **nachts**: op.gl1

Meer:
– **liebt** das Meer: limest-b.es1
☞ *Meer; Aufenthalt - liebt / Natur - liebt*

Meer; Aufenthalt am:
– **amel**. Gemütssymptome: limest-b.es1
☞ *Selbstvertrauen - Mangel - Meer*
– **liebt** es, am Meer zu sein: limest-b.es1
☞ *Meer - liebt / Natur - liebt*

Meinung:
– **respektiert**, akzeptiert wird; erwartet, daß ihre Meinung: ham.a1

Melancholie
☞ *Kummer / Traurigkeit / Verzweiflung*

Menopause agg.: acon.bg2 aml-ns.bg2 arg-n.bg2 ars.bg2 *Cimic.*bg2 coff.bg2 glon.bg2 ign.bg2 kali-br.bg2 **Lach.**bg2 lil-t.bg2 puls.bg2 sep.bg2 tab.bg2 ther.bg2 valer.bg2 verat.bg2 zinc.bg2
☞ *❑ Allgemeines - Menopause / ❑ Weibliche Genitalien - Menopause*

Menschen:
☞ *Männer*
– **verabscheut** die Torheiten der Menschen: **Cic.**h1,k,*
☞ *Abneigung - Männer / Abneigung - Männer - verabscheut / Furcht - Männern*

Menschenfeindlichkeit, Misanthropie: acon. adam.srj5 all-c. *Am-m. Ambr. Anac.* ant-c. ars.bro1 *Aur.* bar-c. bell. *Calc.* cic. clem.bg2 con. cop. crot-h. cupr. cur.a1 germ-met.srj5 grat. guaj. haliae-lc.srj5 hydrc.a1,k *Hyos.* iod. kali-bi. kali-c.gl1 lach. *Led. Lyc.* mag-m.j1 merc. **Nat-c.**gl1,k1,* nat-m. nit-ac. pall.bro1 *Phos.* plat. *Puls.* rhus-g.a1 rhus-t. sep.bro1 *Stann.* staph.gl1 stram.bg2 sulph. tab.
☞ *Abneigung - Menschen - alle / Abscheu - allgemeiner / Boshaft / Grausamkeit / Haß / Moralischem / Mutwillig / Niederträchtig / Zynisch*

Menschenscheu
☞ *Furcht - Menschen, vor*

Menses:
– **vor**; Gemütssymptome: am-c.bg2 calc.bg2 caust.bg2 cocc.bg2 con.bg2 cupr.bg2 ferr.a1 hyos.bg2 kali-c.bg2 lach.bg2 lunakg1 lyc.bg2 mag-m.bg2 mang.bg2 **Nat-m.**bg2 nit-ac.bg2,k2 phos.bg2 sep.bg2 *Stann.*bg2 stram.bg
☞ *Abscheu - Leben - Menses - vor / Alkoholismus - Menses / Angst - Menses - vor / Auffahren - Menses - vor / Auffahren - Schlaf - durch - Menses - vor / Bewußtlosigkeit - Menses - vor / Delirium - Menses - vor / Empfindlich - Menses - vor / Empfindlich - Musik - Menses / Entmutigt - Menses - vor / Erregung - Menses - vor / Erschreckt - Kleinigkeiten - Menses / Erschreckt - Menses - vor / Erschöpfung - Menses - vor / Fleißig - Menses / Froh - Menses - vor / Furcht - Menses - vor / Furcht - Tod - Menses - vor / Gedanken - Vergehen - Menses / Gleichgültigkeit - Menses - vor / Hysterie - Menses - vor / Konzentration - gut - Menses - vor / Küßt - Menses - vor / Lachen - Menses - vor / Lebensüberdruß - Menses - vor / Manie - Menses - vor / Mürrisch - Menses - vor / Nymphomanie - Menses - vor / Qualvolle Angst - Menses - vor / Reizbarkeit - Menses - vor / Ruhelosigkeit - Menses - vor / Schreien - Menses - vor*

– **vor**; Gemütssymptome: ...

☞ *Schreien - Schlaf - Menses - vor / Sentimental - Menses - vor / Seufzen - Menses - vor / Sprache - delirös - Menses / Suizidneigung - Menses - vor / Traurigkeit - Menses - vor / Töten - Menses - vor / Umarmt - Menses / Ungeschicklichkeit - fallen - Menses / Verwirrung - Menses - vor / Verzweiflung - Menses - vor / Weinen - Menses - vor / Zorn - Menses - vor*

– **während**; Gemütssymptome: acon.bg2 am-c.bg2 ars.bg2 bell.bg2 berb.bg2 calc.bg2 caust.bg2 *Cham.*bg2 *Cimic.*bg2,k2,* coff.bg2 graph.bg2 hydr-ac.bg2 *Hyos.*bg2 lach.j lyc.bg2 mag-c.bg2 mag-m.bg2 merc.bg2 mur-ac.bg2 *Nat-m.*bg2 nit-ac.j ol-an.bg2 phos.bg2 plat.bg2 puls.j *Sep.*bg2 sil.bg2 stann.bg2 *Stram.*bg2 *Verat.*bg2 zinc.bg2

☞ *während - Beginn / Angst - Menses - während / Auffahren - Menses - während / Auffahren - nachts - Menses / Auffahren - Schlaf - durch - Menses - während / Beschwerden durch - Schreck - Menses / Beten - Menses / Betäubung - Menses / Bewußtlosigkeit - Menses - während / Delirium - Menses - während / Delirium - Menses - während - Menstruationsbeschwerden / Empfindlich - Geräusche - Menses / Empfindlich - Menses - während / Erregung - fiebrig - Menses / Erregung - Menses - während / Froh - Menses - während / Furcht - Menses - während / Furcht - Menses - während - Dysmenorrhoe / Furcht - Tod - Menses - während / Gedanken - wandernd - Menses / Gedanken versunken - Menses / Geistesabwesend - Menses / Geisteskrankheit - Menses - während / Gesellschaft - Abneigung - Menses / Gesellschaft - Verlangen - Menses / Heftig - verärgert - agg. / Hypochondrie - Menses - während / Hysterie - Menses - während / Ideen - Mangel - Menses / Jammern - Menses / Lachen - Menses - während / Langeweile - Menses / Lebensüberdruß - Menses - während / Mürrisch - Menses - während / Nymphomanie - Menses - während / Qualvolle Angst - Menses - während / Raserei - Menses - während / Redseligkeit - Menses / Reizbarkeit - Menses - während / Ruhelosigkeit - Menses - während / Schreien - Menses - während / Schweigsam - Menses / Seufzen - Menses - während / Stilles - Menses / Streitsüchtig - Menses - während / Stumpfheit - Menses / Stupor - Menses - während / Stöhnen - Menses - während / Suizidneigung - Menses - während / Tod - wünscht - Menses / Traurigkeit - Menses - während / Töten - Ehemann - Menses / Töten - Menses - während / Unzufrieden - Menses / Vergeßlich - Menses / Verwirrung - Menses - während / Weinen - Menses - während / Zorn - Menses - während / Zurückhaltend - Menses*

• **Beginn** der Menses; zu: acon.bg2 cham.bg2 ferr.bg2 lyc.bg2 *Nat-m.*bg2

☞ *während*

• **reichlicher** Ausfluß amel.: cycl.k2

– **nach**; Gemütssymptome: alum.bg2 aur.bg2 nat-m.bg2 stram.bg2

☞ *Angst - Menses - nach / Angst - Schlaf - Menses - nach / Bewußtlosigkeit - Menses - nach / Erregung - Menses - nach / Erschöpfung - Menses - nach / Furcht - Menses - nach / Geisteskrankheit - erotisch - Menses - nach ...*

Menses - nach; Gemütssymptome: ...

☞ *Hysterie - Menses - nach / Konzentration - schwierig - Menses / Mürrisch - Menses - nach / Nymphomanie - Menses - nach / Nymphomanie - Menses - unterdrückten / Reizbarkeit - Menses - nach / Reue - Menses / Ruhelosigkeit - Menses - nach / Schreien - Menses - nach / Seufzen - Menses - nach / Stöhnen - Menses - nach / Traurigkeit - Menses - nach / Verwirrung - Menses - nach / Weinen - Menses - nach*

– **unterdrückten** Menses; Gemütssymptome nach: *Ferr.*bg2 nux-m.bg2 plat.ptk1

Mesmerisieren; andere zu

☞ *Magnetisieren*

Mesmerisiert

☞ *Magnetisiert*

Messer ansehen; kann kein: **Alum.**

Milde: *Acon.* aln.c1 alum.hr1,kr1,* alumn.bro1 ambr.bg2,k amph.a1 anac.bg2,k **Arn.**bg2,k **Ars.**h,k,* *Ars-i.* asar.bg2,k aur.bg2,k bell. **Borx.** bov. *Cact.* *Calad.*bg2,k *Calc.*hr1,k calc-sil.k13,k2 *Cann-i.* caps.bg2,k carb-an.bg2,k *Carc.*gg,sk1 carl.km castm.j5 caust.bg2,k cedr. chel. chim-m.hr1,kr1 chin.bg cic.bg2,k *Cina* clem.bg2,k **Cocc.**bg2,k cor-r.kkb *Croc.*bg2,k *Cupr.*bg2,k,* cycl. euph.bg2,k euphr.bg2,k hell.bg2,k hydr.j5 hypoth.jl,jl3 *Ign.*bg2,k,* *Indg.*hr1,k iod.bg2,k kali-c.bg2,k kali-cy.a1 kali-p. lac-c.st laur.j5 *Lil-t.* *Lyc.*bg2,k *M-arct.*j5 mag-m.bg2 manc.a1 mang.bg2,k mosch.bg2,k mur-ac.bg2,k murx.bro1 nat-ar. nat-c.bg2,k **Nat-m.**bg2,k *Nit-ac.* *Nux-v.*bg2,gl1,* op.bg2,k ph-ac.bg2,k *Phos.*a1,k plb.bg2,k **Puls.**bg2,k,* **Rhus-t.**bg2,k *Sep.* **Sil.**bg2,k *Spong.* stann.bg2,k staph.bg *Stram.*bg2,k *Sulph.*bg2,k sumb.a1 *Thuj.* tub.dp,lmj *Verat.*bg2,k viol-o. zinc.bg2,k

☞ *Angst - andere / Liebevoll / Mitgefühl / Nachgiebigkeit / Seelenruhe / Stilles / Wohlwollen*

– **abends**: croc.a1

◆ **abwechselnd** mit:

• **Eigensinn**

☞ *Eigensinnig - abwechselnd mit - Milde*

• **Härte**

☞ *Hartherzig - abwechselnd mit - Milde*

• **Heftigkeit**

☞ *Heftig - abwechselnd mit - Milde*

• **Zorn**

☞ *Zorn - abwechselnd mit - Milde*

– **epileptischem** Anfall; nach: *Indg.*hr1,kr1

– **Klage**; erträgt Leiden, sogar Gewalttaten ohne: *Ign.*kr1

Misanthrop

☞ *Menschenfeindlichkeit*

Mißerfolg:

– **literarischer** oder wissenschaftlicher Mißerfolg

☞ *Beschwerden durch - Mißerfolg - literarischer*

Mißtrauisch

☞ *Argwöhnisch*

Mißvergnügt

☞ *Unzufrieden*

Mitgefühl, Mitleid: acon.vh adam.srj5 alco.a1 am-c.bg2,sf1,* ambr.gg anan.oss androc.srj1 arg-n.gk,mrr aur.fb bar-c.gk bell.gl1 calc.fb *Calc-p.*vh,vh/dg,* cann-i.a1 **Carc.**c1,mg1,* carl.a1,k *Caust.*h,k,* *Cic.* cocc.bg2 croc. dulc.gk1 germ-met.srj5 graph.bg2,fb haliae-lc.srj5 hell.fb hydrog.srj2 *Ign.*bg2,k iod.bg2,k lach.bg2,sf1,* lyc.bg2,k manc. med.gk *Nat-c.*bg2,k *Nat-m.*bg2,k *Nit-ac.* nuph.hr1,k *Nux-v.* **Phos.**h,k,* puls.bg2,k sabad.lsa1 sep.fb sumb.lsa1 tarent.bg1,bg2,* tarent-c.sf,sf1
☞ *Angst - andere / Beeindrucken / Jammern - andere / Liebevoll / Milde / Weinen - Mitleid mit / Wohlwollen / Zorn - Tadel - andere*

– **ohne**
☞ *Unbarmherzig*

– **Schmerz**, über den sein Bruder klagt; spürt den gleichen: *Lyss.*kr1

– **Tieren**, mit: aeth.c1 carc.gk,hbh,* nuph.c1 tarent.oss
☞ *Tiere - liebt*

Mitleid anderer Menschen:

– **agg.**
☞ *Trost - agg. - Mitleid*

– **amel.**
☞ *Trost - amel.*

– **Abneigung** gegen Mitleid: *Arn.*kr1
☞ *Trost*

– **Verlangen** nach Mitleid: androc.srj1 **PHOS.**st

Mitleidlos
☞ *Unbarmherzig*

Mitteilsam, gesprächig: acon.gl1 alum.gl1 bar-c.gl1 choc.srj3 hydrc.a1,gl1 *Lach.*bg2,gl1,* limest-b.es1 marb-w.es1
☞ *Offenherzig / Redseligkeit*

Mondschein; Gemütssymptome vom: *Ant-c.* bell. meph.j1 thuj.
☞ *Ekstase / Ekstase - Gehen / Ekstase - nachts - Gehen / Sentimental - Mondschein / ☐ Allgemeines - Licht - agg. - Mondschein / ☐ Auge - Mondschein / ☐ Ohr - Schmerz - Vollmond / ☐ Sehen - Mondschein*

Monomanie: *Absin.*bro1 acon. anac.a1 anan.hr1,k,* aur.bg2 bell.j camph. carb-v. cham.j chin.j cic.bg2,bro1 cocc.j con.j croc.j cupr.j dros.j hell. hyos.bro1,j *Ign.*bg2,k iod.j lach.j limest-b.es1 mag-c.j nux-m. oxyt.bro1 plat.bro1,j puls. rhus-t.j *Sil.*bg2,k stram. sulph. tarent.bro1 thuj. verat.j
☞ *Geisteskrankheit*

– **grotesker** Weise in der Öffentlichkeit aufzutreten; in: *Anan.*k,vh/dg

Moralischem Empfinden; Mangel an: abrot.bro1 acetan.bro1 achy.j1 alco.a1 am-c.a1 *Anac.* androc.srj1 ars.a1,gl1 aster.a1 **Bell.**bg2 bism. *Bufo*bg2,sf1 cass.a1 cere-s.bro1 cham.bg2 chin.bg2,sf1 choc.srj3 clem.a1 *Coca*bro1 *Cocain.*bro1 cocc. coloc. con. convo-d.a1 croc. cur. granit-m.es1 haliae-lc.srj5 hep.gl1 hura a1 **Hyos.** *Kali-br.* kali-n.a1 lac-c. *Laur.* *Morph.*sf1 nat-m.a1,bg2,* nit-ac.bg2,sf1 nux-v.bg op. ped.a1 ph-ac.bg2 pic-ac.bro1 *Plat.*bg2,j5,* psil.ft1,j1 sabad. *Sep.*bg2,sf1,* squil.j5 **Stram.**bg2 stry-p.bro1 *Tarent.*kr1,mg1 **Verat.**bg2,sf1

Moralischem Empfinden; Mangel an: ...
☞ *Boshaft / Brutalität / Empfindlich - moralische / Gefühllos / Gewissenhaft / Grausamkeit / Hartherzig / Menschenfeindlichkeit / Mutwillig / Pflicht - kein / Religiös - Mangel / Unbarmherzig / Verderbtheit*

– **Verbrecher** zu werden, ohne Reue; Neigung zum: ars.gl1 bell.gl1 hep.gl1 lach.gl1 merc.gl1

Morphiumsucht: agar.sf1 apom.bro1,sf1,* ars.sf1 aur.sf1 *Aven.*bro1,sf1,* bell.gl1,sf1 calc.gl1,sf1 cann-i.bro1,sf1 *Cham.*sf1 cic.sf1 cimic.bro1,sf1 coff.sf1 hyos.sf1 ip.bro1,sf1,* kali-perm.sf1 *Lach.*sf1 lob.bro1,sf1,* *Macro.*bro1,sf1 merc.gl1,sf1 mur-ac.sf1 nat-p.bro1,sf1,* nux-v.sf1 op.a1,sf1 ox-ac.sf1,st *Passi.*bro1,gl1,* phos.sf1 plat.sf1 puls.sf1 sep.sf1 stram.sf1 zinc.sf1
☞ *☐ Allgemeines - Medikamente - allopathische - Sucht / ☐ A~ Narkotika - Verlangen*

Murmeln: aether a1 agar.bro1 ail. alum. anac.a1 ant-t.br1 *Apis* *Arn.* ars. ars-s-f.k2 arum-t.bg2 atro.a1,kr1 atro-s.hr1 *Bapt.*bg2 **Bell.**bg2,k bry.st calad. calc.st calc-sil.k2 cann-s. caust.gl1,st cham. chel. chlf.a1 chlol.a1 cic.kr1 *Cocc.* colch. conin.a1 *Crot-h.*k1,vh dulc. hell.bg2 *Hep.* **Hyos.** iris **Lach.** *Lyc.* *Merc.* morph.a1 *Mur-ac.*bg2 nat-m. nux-v. *Op.* ph-ac. *Phos.* plb. *Rhus-t.* sang.bg2 *Sec.* sil. stann. **Stram.** sul-ac. tab. tarax. *Verat.* vesp.a1 vip.
☞ *Delirium - brummt / Delirium - flüstert / Jammern / Klagen / Murren / Mürrisch / Sprechen - sich / Stupor - murmelt / Stöhnen / Unzufrieden / Verwirrung*

– **abends**: bell. con.a1 *Phos.* plb.
• **Bett**, im: sil.
• **Einschlafen**, beim: calc-sil.k2

– **nachts**: *Arg-n.*kr1 atro.a1
• **Erwachen**, beim: atro.a1 sil.

⬖ **abwechselnd** mit:
• **Lebhaftigkeit**
☞ *Lebhaft, munter - abwechselnd mit - Murmeln*

– **alten** Menschen; bei: *Bar-c.*kr1

– **Apoplexie**, bei: *Arn.*hr1,kr1 *Cocc.*hr1,kr1 *Crot-h.*hr1,kr1

– **Schlaf**, im: alum.hr1,k *Apis*kr1 ars.a1,k bar-act.h bar-c.j5 camph.h,k,* con. conin.a1 *Hyos.*hr1,k indg. kali-br.bg2 merc.a1,k morph.a1 *Nit-s-d.*hr1,kr1 raph.c1,j5,* *Rhus-t.*hr1,k sul-ac.j5 **Sulph.**hr1,j5,*
☞ *Sprechen - Schlaf*

– **Schlaflosigkeit**, mit: **Hyos.**hr1,kr1

– **sich** selbst; zu: hyos.bg2 tarax.ptk1

– **unklar**: *Anac-oc.*hr1,kr1,* *Ars.*a1 bell.a1 cann-s.a1 *Hell.*hr1,kr1,* hyos.a1 *Nux-v.*hr1,kr1,* plb.a1

Murren: alum.a1 anac.a1 bell.a1,j5
☞ *Jammern / Klagen / Murmeln / Quält - andere - Beschwerden / Stöhnen / Unzufrieden / Urteilsvermögen*

– **nachts**: con.a1

Mürrisch (= mißmutig, schlechte Laune, verdrießlich): abies-c.a1 abrot.hr1,kr1 acet-ac.k13,k2 *Acon.*bg2,j5,* adam.srj5 adon.bg2 *Aesc.*bg2,hr1,* aeth.hr1,k aether a1 *Agar.*h,k,* agn.bg2,k2,* alco.a1 alf.bro1 aloe alum.hr1,k alum-sil.k13,k2 *Alumn.*a1 *Am-c.*k,k1,* am-m.bg2,gl1,* ambr.a1,bg2 ammc.a1 **Anac.**hr1,k ang.bg2,hr1,* **Ant-c.**h,j5,* *Ant-t.*h,j5,*

Mürrisch: ...

anthraco.a1 apisbg2 arag.br1 *Aran.*hr1,k arg-met.a1,bg2 arg-n.bg2 **Arn.**bg2,k *Ars.*bg2,h,* ars-s-r.hr1,kr1 *Art-v.*hr1,k arum-t.sf,sf1 *Asaf.*a1,bg2 *Asar.*bg2 asc-t.hr1,kr1,* aspar.hr1,j5,* aster.hr1,kr1 atro.a1,hr1 *Atro-s.*hr1 **Aur.** aur-s.a1,k2,* bac.a1 bar-act.a1 bar-c.bg2,j5,* bart.a1 **Bell.**bg2,k berb.hr1,j5,* *Bism.*h,k,* *Bism-o.*a1 bol-la.a1 bond.a1 *Borx.*j5,k2,* *Bov.*hr1,j5,* bran.a1 brom.hr1,kr1,* **Bry.**h,k,* bufogk bufo-s.a1 cact.a1 cadm-s.c1 **Calc.**h,k1,* calc-act.a1 calc-br.bro1,c2 *Calc-p.*bg2,hr1,* calc-s.a1,k calc-sil.k13,k2 calen.hr1,kr1,* camph.bg2,hr1,* cann-s.a1,bg2 *Canth.*bg2,k *Caps.*hr1,j5,* carb-ac.hr1,k,* carb-an.h,k,* carb-v.h,k,* *Carbn-s.* card-b.a1 carl.a1 castm.j5,kr1,* *Caul.*hr1,k2,* caust.h,k,* **Cham.**a1,kr1,* chel.a1,k chin.h,j5,* chinin-s. chlol.a1,k chlor.a1 cic.bg2,hr1,* *Cina*bg2,k cinnb.a1,k clem.hr1,k,* cob-n.jl,jl3 coc-c.hr1,kr1,* cocc.hr1,k *Coff.*bg2,j5,* *Colch.*hr1,k,* **Coloc.**bg2,k com.a1 *Con.*h,k,* cop.a1,k cor-r.hr1,j5,* *Corn.*hr1,kr1,* *Croc.*hr1,kr1,* *Crot-h.*hr1,k2,* *Crot-t.*hr1,k cub.a1 cupr. cupr-act.a1 cur.a1 *Cycl.*hr1,k daph.hr1,kr1,* des-ac.jl dicha.jl,jl3 *Dig.*hr1,k digin.a1 dios.hr1,kr1 dirc.a1 dros.a1,bg2 dulc.bg2,j5,* elae.a1 elapsa1 elec.a1 euon.a1 euph-a.a1 euphr.a1 fela1 ferr.a1,k ferr-ma.a1 ferr-p. fl-ac.bg2,gl1 form.hr1,k franz.a1 galv.c1 gamb.a1 *Gels.*bg2,sf1,* gent-l.a1,j5 gnaph.c1 *Gran.*a1 *Graph.*gl1,hr1,* *Grat.*hr1,j5,* guaj. haem.a1 ham.a1 hell.a1 helon.bg2,hr1,* *Hep.*hr1,j5,* hera.a1 hipp.a1 hydr.a1,gl1 hydr-ac.hr1,kr1,* hydrog.srj2 *Hyos.*bg2,h,* iber.jl,jl3 ictod.kr1 *Ign.*bg2,k ind.hr1,kr1 *Indg.*hr1,j5,* indol.bro1 *Iod.*bg2,hr1,* *Ip.*hr1,k irisa1 jatr-c.a1 jug-r.a1,st kali-ar.hr1,k **Kali-bi.**bg2,hr1,* *Kali-br.*bg2,hr1,* *Kali-c.*bg2,j5,* kali-chl.a1,j5,* kali-i.a1 kali-n.h,j5,* *Kali-p.* kalm.a1 kiss.a1 kreos.hr1,k lac-c.bro1 lac-f.a1 *Lach.*gl1,hr1,* lachn.a1 lact-v.a1 *Laur.*bg2,j5,* *Led.*hr1,k lil-t.a1 lina.a1 linu-c.a1 lipp.a1 *Lyc.*h,k,* lycpr.j5 lyss.hr1,k m-ambo.j m-arct.j,j5 *M-aust.*j5 mag-c.k,k1,* *Mag-m.*h,j5,* mag-s.hr1,kr1,* magn-gr.c1 malar.a1 manc. mang. med.bg2 meli.a1 menis.a1 meny.h,j5,* meph.a1,j5 **Merc.**bg2,k *Merc-c.*hr1,j5,* merc-i-f.a1 merc-i-r.a1 merl.k1 *Mez.*hr1,k morph.a1 mosch.bg2,k2,* *Mur-ac.* myric.a1 najaa1,bg2 nat-ar.a1 *Nat-c.*bg2,j5,* *Nat-m.*hr1,kr1,* nat-n.a1 nat-p.a1 *Nat-s.*a1,j5 neonsrj5 nicc.hr1,kr1,* *Nit-ac.*hr1,j5,* nit-s-d.j5 nux-m.a1 **Nux-v.**hr1,k ol-an.hr1,j5,* *Olnd.*hr1,j5,* *Op.*bg2,gl1,* opun-v.a1 orig.hr1,kr1 osm.a1 paeon.a1 *Pall.*hr1,kr1 palo.jl,jl3 par.j5 *Petr.*bg2,j5,* *Ph-ac.*hr1,k *Phel.*hr1,j5,* *Phos.*j5,k pic-ac.a1 *Plan.*hr1,k *Plat.*hr1,k *Plb.*hr1,k plect.a1 plumbg.a1 podo.c1 *Prun.*a1,j5 *Psor.*bg2,hr1,* ptel.a1 **Puls.**hr1,k puls-n.a1 pyrog.a1 rad-br.bro1 ~~rad-met.bro1,xxx~~ ran-b.a1,bg2 ran-s.a1 rat.a1,j5 rauw.sp1 rheum rhod.bg2,j5,* **Rhus-t.**bg2,hr1,* rhus-v.a1 rob.a1 ruta sabad.bg2,j5,* sabalc1 sabin.bg2,j5 sacch.a1 sacch-l.c1 sal-n.c1 *Samb.*bg2,hr1,* sang.hr1,k sanic.bro1 sapin.a1 sars.hr1,k,* sel.a1,bg2,* *Sep.*gl1,hr1,* serp.a1 **Sil.** sin-n.hr1,kr1,* sol-t-ae.a1 spig.a1,j5 spirae.a1 *Spong.*bg2,hr1,* squil.a1 stann.hr1,k *Staph.*hr1,kr1,* *Stram.*bg2,hr1,* *Stront-c.*j5,kr1,* *Stry.* *Sul-ac.*h,j5,* sulfon.bro1 *Sulph.*hr1,k sumb.a1 *Syph.*st tab.bg2,j5,* tarax.j5,jl3,* tarent.hr1,kr1,* tep.a1 tet.c1 teucr.a1,bg2 theaa1,j5 thuj.hr1,k thymol.jl,jl3 til.a1 tril-c.a1 tub.hr1,k2,* upa.a1 uran-n. ust.bg2 uvaa1 vac.a1,c1

Mürrisch: ...

valer.hr1,k verat.a1,bg2 verat-v.bro1 verb.hr1,k vinc.a1,j5 viol-o.a1 viol-t.bg2,j5 vip.j5 visc.jl,jl3 voes.a1 wies.a1 xan.bg *Zinc.*hr1,k *Zinc-o.*j5 *Zinc-ox.*j5 zinc-p.k13,k2

☞ *Entmutigt - mürrisch / Klagen / Lästig / Murmeln / Pessimist / Reizbarkeit / Schmollen / Stimmung - abweisend / Stirnrunzeln / Unfreundliche / Unzufrieden / Unzufrieden - allem / Verdrießlich / Zynisch / ☐ Gesicht - Ausdruck - finster*

– **tagsüber**: *Cham.*hr1,kr1 *Cina* ip.a1 irisa1 kreos.a1 lyc.a1 *Med.*hr1,kr1 merc. *Merc-c.*a1 nat-m.a1 phel.a1 phos.a1 plat.a1 staph.a1 sul-ac.a1 sulph.a1 viol-t.a1

– **morgens**: am-c.a1,j5 am-m. ant-t.a1 *Ars.*a1,j5 asaf.j5 bov.a1,j5 bruc.j5 bry.j5 *Calad.*hr1,kr1,* calc.a1,j5 calc-act.a1 calc-caust.a1 canth.a1 castm.a1,j5 chin.a1 chlor.a1 cocaa1 coff.a1 con. hep. hipp. kali-c.j kalm.hr1,kr1 kreos.a1,j5 *Lach.*hr1,kr1 *Lyc.*k2,sf1,* lyss.c1 mag-c.h mag-m. mang. merc-i-r.hr1,kr1,* mez.j *Nat-m.*hr1,kr1,* nat-s. nit-ac. *Nux-v.*j5,sf1,* petr.j ph-ac.j5 phos. plat.h,j5,* plb.j rhus-t.j sars.h,j5,* sep.j5 **Staph.**a1 sul-ac.j5 sulph. tarax.a1,j5 thuj.j zinc.

- **Bett**, im: *Ars.*h,j5 bell.j5 bry.j5 castm.a1,j5 kali-c.j5 *Lyc.*j5 mez.j5 nit-ac.j5 nux-v.j5 petr.j5 ph-ac.j5 plat.j5 plb.j5 puls.j5 rhus-t.j5 thuj.j5
- **Erwachen**, beim: agar.a1 bell.a1 carb-an.a1 cocaa1 kali-ar.a1,k2 merc-i-r.hr1,kr1,* nat-m.a1 nit-ac.a1 sul-ac.a1 thuj.a1

– **vormittags**: am-c. am-m.a1 ant-t.a1 canth.a1 caust. colch. con.j5 des-ac.jl grat.a1,j5 hipp.a1 *Mag-c.*a1,j5 *Mang.*a1 *Nat-m.*a1 nat-p.a1 nicc.a1 phos.a1 sars.j5 seneg.a1,j5 sil.a1 verat.a1

- **10 - 22 h**: kreos.a1

– **mittags**: zinc.hr1,kr1,*

– **nachmittags**: aeth. alum. anac.a1 ant-c.a1 borx. bov.a1,j5 cann-s. canth. chel.a1 cinnb.a1,k colch. con.hr1,j5,* elapsa1 hell.a1 hydr-ac.a1 kali-c. laur. mag-s. mang. merc-c.a1 mur-ac. nat-c. nat-m.a1 nit-ac.j5 op.a1 ox-ac.a1 puls. rutaa1 sang.a1 sars.a1,k zinc.

- **amel.**: mag-c.j5
- **17 - 18 h**: *Con.*kr1
- **Dämmerung**; in der
  ☞ *abends - Dämmerung*
- **Mittagsschlaf**, nach dem: brom.a1 clem.a1 cycl.a1

– **abends**: aloea1 am-c.a1 am-m.j ant-c.j5 bar-c.a1 bov.a1 calc.a1 calc-s.a1 castm.a1 chin.j con.j5 cycl.a1 dios.a1 fago.a1 form.a1 hep.sf,sf1 ign.j5 indg.a1 kali-c.h,k1 kali-cy.a1 kalm.j lyc.hr1,kr1,* lyss.a1 m-aust.j5 mag-c.a1,h mag-m.a1,h mur-ac.a1,h nat-c.a1 nat-m.a1 ox-ac.a1 pall.a1 phos.a1,gl1 puls.gl1,j5,* rhus-t.j spig.a1 **Sulph.**a1,gl1 zinc.

- **amel.**: bism.j euph-a.a1 puls.sf,sf1
- **Vormittag**; und am nächsten: kalm.hr1,kr1
- **Bett**, im: chin.j5 rhus-t.j5 upa.a1,j5
- **Dämmerung**; in der: am-m.sf1 *Phos.*gl1

– **nachts**: anac.j5 ant-t.j5 borx.j5 camph.hr1,j5,* cham.j5 chin.j5 chinin-s.j *Jal.*j5 lyc.j5 lyss.a1,j5 m-arct.j5 nux-v.j5 phos.a1,j5 *Psor.*hr1,j5,* rheumj5 **Rhus-t.**a1,j5 sabad.j5

◇ **abwechselnd** mit:
- **Fröhlichkeit**, Frohsinn: acon.j5 ant-t.j5 ars.h,j5,* *Aur.*j5,kr1,* borx.j5 bov.j5 calc-p.j5 carb-v.j5 *Chin.*j5 chin-b.hr1,j5,* croc.j5 cycl.j5,k2 eug.a1,j5 form.j5,sf1 kali-c.j5 kali-chl.a1,j5,* mag-m.j5 merc-c.a1,j5 nat-c.j5 nat-m.gl1,j5 oena.j5 ol-an.j5 plat.j5
- **Hochgefühl**: ant-t.j5
- **Lachen**: borx.j5 croc.j5
- **liebevollem** Wesen; mit: plat.j5
- **Singen**: croc.j5
- **Überschwenglichkeit**
  ☞ *Hochgefühl*
- **Umarmen**
  ☞ *Umarmt - jeden - abwechselnd*
- **Zärtlichkeit**
  ☞ *liebevollem*
- **Weinen**: bell.a1

– **Arbeit**; mit Neigung zur: sars.h,k,*
– **Betrunkenheit**; bei: caust.gl1 hydr.gl1 lach.gl1 nux-v.gl1
– **Denken** an seine Beschwerden wenn allein; beim: **Aur-m.**kr1
– **Eile**, mit: thuj.hr1,kr1
– **Entmutigung**; mit
☞ *Entmutigt - mürrisch*
– **Erwachen**, beim: anac.j5 ant-t.a1,j5 *Ars.*j5 bell.a1,j5 borx.j5 bry.j5 calc.j5,sf1,* cass.a1,j5 caust.j5 cham.j5 chel.a1,j5 *Cina*j5,kr1 clem.a1 cycl.a1,j5 ign.j5 jatr-c.a1,j5 kali-c.j5 **Lyc.**hr1,j5,* lyss.hr1,j5,* m-aust.j5 mez.a1,j5 nit-ac.j5 nux-v.j5,sf1,* petr.j5 ph-ac.j5 phos.j5,sf1,* plat.j5,sf1,* plb.j5 rhus-t.j5 sabad.j5 sep.j5,sf1 tarent.a1,j5 thuj.j5,sf1,*
– **Essen**, nach dem: am-c.hr1,kr1 arn.a1,sf1 *Borx.*a1,kr1 bov.j5 bry.a1 calad.hr1,kr1 carb-v. cham. ferr-act.sf1 ferr-ma.a1 *Graph.*a1,sf1 iod.j5 kali-c. kalm.j merc.a1 *Merc-cy.*hr1,kr1 merc-sul. nat-c. nux-v.a1,sf1 ol-an.j5 phos. puls. sil.j thuj.
– **Farben**:
- **rostbraun**:
  - **agg.**: sil.vk4

– **Fieber**:
- **während**: *Acon.*j5 *Aran.*hr1,j5 asar.j5 borx.j5 cic.j5 *Ferr.*hr1,j5,* ip.hr1,j5,* lyc.j5 m-aust.j5 mosch.j5 petr.j5 *Sulph.*hr1,j5,*
- **nach**: am-c.a1 card-b.a1 hipp.a1

– **Fieberfrost**
☞ *Frost*
– **Fliege** an der Wand; durch eine: sars.a1
– **Frauen**, bei: calc.gl1 nat-m.gl1 nux-v.gl1 plat.gl1 sil.gl1
– **Freien**, im: *Aeth.*hr1,j5,* borx.j5 calc.a1,j5 *Con.*j5 mur-ac.j5 plat.a1,j5 rhus-t.a1,j5 stann.j5
- **amel.**: anac.j asar.j5 calc.j5,k coff.j5 stann.a1,j5

– **Frost**; während: anac.hr1,kr1 ars.j5 calen.hr1,kr1,* camph.j caps.j5 caust. hep.j5 ign.hr1,kr1 kreos.j5 m-aust.j5 mez.j5 nat-m.a1 plat.j5 puls.
– **gefragt** wird; wenn er: nat-m.a1
– **Gehen** im Freien, nach: am-c.j calc.j con.j m-aust.j puls.gl1
– **Geschäfte** nicht schnell vorangehen; wenn: ip.a1
– **Gespräch** amel.: lyss.hr1,kr1
– **Gewitter**, durch: am-c.st
– **grundlos**: aloe.a1 bry.a1 chel.a1 clem.a1,hr1 cycl.a1 *Nat-m.*a1 ptel.a1 rhod.a1
– **Haus** agg.; im:
- **Gehen** im Freien amel.: calc.h mag-c.a1 **Rhus-t.**a1,kr1

– **Hitze** im Kopf; mit: aeth.hr1,kr1
– **Husten**:
☞ *Keuchhusten*
- **vor** Anfällen von: ant-t.a1,sf1,* asaf.a1 bell.a1

– **Hypochondrie**, bei: grat.hr1,kr1 *Mosch.*hr1,kr1 **Puls.**hr1,kr1
☞ *Hypochondrie - mürrisch*
– **Kaffee**, nach: calc-p.a1
– **Keuchhusten**, bei: *Bry.*kr1 cupr-act.kr1
☞ *Husten*
– **Kindern**, bei: *Ant-c.*hr1,j5,* **Ant-t.**kr1,vh/dg ars.j5 benz-ac.hr1 borx.j5 calc.k13,k2 **Cham.**hr1,kr1,* **Cina**k,vh,* graph.j5 hep.c,c1 *Jug-c.*hr1 *Psor.*c1 *Puls.*hr1,j5,* rheum.st sacch.br1,c1 sil.j5,k2,* terebe.c1
- **frühmorgens**: **Staph.**kr1
- **angesprochen**, wenn: *Nat-m.*hr1,kr1
- **getragen** zu werden; Verlangen: benz-ac.hr1,kr1 cham.hr1,kr1
  ☞ *Getragen - Verlangen*
- **weinen** bei Berührung: **Ant-c.**kr1

– **Kleinigkeiten**, um: aspar.hr1,kr1,* *Bell.*a1 carb-v.a1 **Cham.**hr1,kr1,* chel.a1 con.a1 *Cycl.*a1 hep.a1 lact-v.a1 lyc.a1 meph.a1 merc-i-r.a1 myric.a1 *Nux-m.*a1 *Ptel.*hr1,kr1,* sil.gl1,hr1,*
– **Koitus**, nach: ang.a1,bg2 calc.bg2 nat-c.bg2,j5 *Nat-m.*bg2,hr1,* petr.bg2 *Sel.*bg2,hr1,* sil.bg2
– **Konvulsionen**:
- **vor**: zinc.kr1,sf1 zinc-val.kr1,sf1

– **Lachen**; gefolgt von lautem: stram.hr1,kr1
– **Liebkosung** agg.: chin.gl1
– **Menopause**; während der: *Psor.*st
– **Menses**:
- **vor**: *Cham.*hr1,kr1 *Lyc.*hr1,k *Nux-v.*k,st
  ☞ *Menses - vor; Gemütssymptome*
- **während**: am-c.a1,j5 cas-s.a1 castm.a1 caust.a1 *Cham.*hr1,kr1,* ferr.a1 ind.a1 lyc.a1 mag-c.a1 mur-ac.a1 plat.a1 tarent.a1
  ☞ *Menses - während; Gemütssymptome*
- **nach**: bufo.kr1 ferr.a1,k
  ☞ *Menses - nach; Gemütssymptome*
- **unterdrückten**, bei: cycl.hr1,kr1

– **Musik**, bei trauriger: *Mang.*a1
☞ *Musik - amel.*
- **amel.**: mang.j5

– **Nasenbluten** amel.: kali-chl.a1,j5,*
– **Ohrläppchen**, mit heißen: *Alum.*hr1,kr1
– **Pollutionen**, nach: *Dig.*kr1 nat-c.bg2,kr1 *Thuj.*kr1
– **Pubertät**, in der: *Cina*st ph-ac.sf,sf1
☞ *Pubertät*
– **Reue**, gefolgt von: vinc.kr1
– **Schlaf**, im: anac.j5 nux-v.j5 rhus-t.j5
- **amel.**: caps.j5

– **Schläfrigkeit**, bei: calc.j5 calc-act.a1 calen.j5 carb-an.j5 hyos.j5 kali-c.j5 ol-an.j5 ph-ac.j5 sabad.j5 sep.j5

– **Schmerzen**, nach: **Cham.**$_{a1}$ crot-t.$_{a1}$ hep.$_{a1,j5}$ ign.$_{a1,j5}$
– **schweigsam**: *Chin.*$_{gl1}$ *Stann.*$_{gl1}$ tong.$_{a1}$ viol-t.$_{gl1,kr1}$
☞ *Schweigsam*
– **Schweiß**, beim: bell.$_{bg2}$ *Bry.*$_{bg2}$ **Calc.**$_{bg2}$ **Cham.**$_{bg2}$ *Chin.*$_{bg2}$ *Con.*$_{bg2}$ **Hep.**$_{bg2}$ mag-c. merc.$_{bg2}$ nux-v.$_{bg2}$ puls.$_{bg2}$ **Rheum**$_{bg2}$ *Rhus-t.*$_{bg2}$ sabad.$_{bg2}$ *Samb.*$_{bg2}$ **Sulph.**$_{bg2}$ thuj.$_{bg2}$
– **sich** selbst; gegenüber: ars.$_{a1}$ aur.$_{a1}$
– **Sprechen**; mit Abneigung gegen
☞ *schweigsam*
– **Sprechen** anderer; beim: zinc.$_{hr1,kr1}$
– **Stuhlgang**:
• **vor**: *Borx.*$_{a1,kr1}$ calc.$_{a1}$
– **Sturm**, bei: am-c.$_{kr1}$
– **Träume**, durch: op.$_{a1}$
– **Unterbrechung**, durch: cham.$_{j5}$
– **Vergeßlichkeit**, aus: *Anac.*$_{hr1,kr1}$
– **Weinen** amel.: nit-ac.$_{j5}$ *Plat.*$_{j5}$
– **weinerlich**: dig.$_{c1}$
– **Wetter**:
• **bewölktes**, durch: aloe$_{st}$ am-c.$_{st}$
• **regnerisches**, durch: am-c.$_{st}$
• **schlechtes**, durch: am-c.$_{gl1}$
– **Widerspruch**, durch: ign.$_{a1}$ tarent.$_{a1}$ *Verat.*$_{a1}$
– **Würmer**; bei Beschwerden durch: *Carb-v.*$_{kr1}$ **Cina**$_{kr1}$ *Fil.*$_{kr1}$
– **Zahnung**; während der: **Cham.**$_{hr1,kr1,*}$

Musik:
☞ *Empfindlich - Musik / Wahnideen - Melodien*
– **amel.**: am-m.$_{st}$ androc.$_{srj1}$ anh.$_{sp1}$ **Aur.**$_{bg2,k,*}$ *Aur-m.*$_{k,k13}$ cann-s.$_{bg2}$ carc.$_{pd}$ croc.$_{bg2}$ hydrog.$_{srj2}$ mang.$_{k,k13}$ nat-m.$_{bg1,bg2,*}$ sul-ac.$_{bg1,bg2,*}$ sumb.$_{bg1,bg2,*}$ **Tarent.**$_{bg2,k1,*}$ *Thuj.*$_{bg1,bg2,*}$ tub.$_{bg1,bg2,*}$
☞ *Empfindlich - Geräusche - Musik / Hysterie - Musik / Mürrisch - Musik / Traurigkeit - Musik*
• **Ruhelosigkeit** der Extremitäten amel. durch Musik: **Tarent.**$_{k1}$
– **agg.**: **Acon.**$_{bg2,gl1,*}$ *Aloe*$_{bg2,kr1,*}$ *Ambr.*$_{bg2,k2,*}$ *Anac.*$_{a1,bg2,*}$ bry.$_{bg2,sf1,*}$ bufo$_{bg2,sf1,*}$ cact.$_{bg2,sf1,*}$ *Calc.*$_{bg2,sf1,*}$ carb-an.$_{bg2,sf1,*}$ *Carc.*$_{bg2,sf1,*}$ caust.$_{bg2,sf1,*}$ *Cham.*$_{bg2,sf1,*}$ *Coff.*$_{bg2,sf1,*}$ *Croc.*$_{bg2,sf1,*}$ *Dig.*$_{bg2,sf1,*}$ **Graph.**$_{bg2,sf1,*}$ *Ign.*$_{bg2,sf1,*}$ *Kali-br.*$_{hr1}$ kali-c.$_{bg2,sf1,*}$ kreos.$_{a1,bg2,*}$ *Lyc.*$_{bg2,sf1,*}$ mang.$_{a1}$ med.$_{bg2,sf1,*}$ merc.$_{bg2,sf1,*}$ **Nat-c.**$_{bg2,k2,*}$ nat-p.$_{bg2,sf1,*}$ *Nat-s.*$_{bg2,k2,*}$ **Nux-v.**$_{bg2,h,*}$ pall.$_{bg2,sf1,*}$ *Ph-ac.*$_{bg2,sf1,*}$ *Phos.*$_{bg2,sf1,*}$ phys.$_{bg2,sf1,*}$ puls.$_{bg2,sf1,*}$ *Sabin.*$_{bg2,sf1,*}$ **Sep.**$_{bg2,sf1,*}$ stann.$_{bg2,sf1,*}$ staph.$_{bg2,sf1,*}$ sulph.$_{bg2,sf1,*}$ sumb.$_{a1}$ *Tarent.*$_{bg2,k2,*}$ thuj.$_{bg2,sf1,*}$ *Viol-o.*$_{bg2,sf1,*}$ zinc.$_{bg2,sf1,*}$
☞ *Angst - Kirchenglocken / Angst - Klavierspielen / Angst - Musik / Beschwerden durch - Musik / Bewußtlosigkeit - Musik / Empfindlich - Musik / Erregung - Musik / Furcht - Klavier / Furcht - Musik / Gedanken - hartnäckig - Musik / Reizbarkeit - Musik - während / Ruhelosigkeit - Musik / Suizidneigung - Musik / Traurigkeit - Musik / Wahnideen - Musik - hört / Weinen - Glockenläuten / Weinen - Musik*
• **Blasmusik**: zinc.$_{glh}$

Musik - agg.: ...
• **Geigenspiel**: calc.$_{bg2,kr1}$ *Kali-c.*$_{bg2,kr1}$ *Viol-o.*$_{bg2,kr1}$
• **Klavierspiel**, durch: anac.$_{a1,bg2,*}$ calc.$_{bg2,k2,*}$ cham.$_{bg2,sf1,*}$ cop.$_{a1}$ *Kali-br.*$_{hr1}$ kali-c.$_{bg2,sf1,*}$ *Nat-c.*$_{j5,k2,*}$ phos.$_{bg2,k2,*}$ sep.$_{bg2,j5,*}$ zinc.$_{bg2,sf1,*}$
• **Orgelmusik**: lyc. thuj.
– **Abneigung** gegen: **Acon.**$_{bg2,hr1,*}$ alum.$_{gl1}$ bufo$_{gl1,kr1,*}$ cadm-met.$_{gm1}$ carc.$_{gl1,mg1,*}$ caust.$_{a1,gl1}$ cham.$_{gl1,hr1,*}$ hep.$_{gl1}$ merc.$_{gl1,j5,*}$ nit-ac.$_{gl1}$ nux-v.$_{bg2,gl1}$ sabin.$_{bg2,hr1,*}$ sep.$_{gl1,mg1,*}$ viol-o.$_{gl1,hr1,*}$
• **fröhliche** Musik amel., durch die traurigste jedoch sofort angegriffen: mang.$_{kr1}$
• **Geigenspiel**: viol-o.$_{h,hr1,*}$
– **angenehm**, ist: cann-i.$_{a1,sf1,*}$ ign.$_{a1,h,*}$ tarent.$_{sf,sf1}$
– **getragen** zu werden; Gefühl von: anh.$_{sp1}$
– **Herzklopfen** beim Hören von
☞ *❑ Brust - Herzklopfen - Musik*
– **Husten** agg.
☞ *❑ Husten - Musik - agg.*
– **Klavier** zu spielen; Verlangen
☞ *Verlangen - Klavier*
– **Kopfschmerzen**, durch
☞ *❑ Kopf - Schmerz - Musik*
– **Müdigkeit**:
• **durch** Musik
☞ *❑ Allgemeines - Müdigkeit - Musik*
• **Klavierspiel**, durch
☞ *❑ Allgemeines - Müdigkeit - Klavierspiel*
– **Ohnmacht** beim Hören von
☞ *❑ Allgemeines - Ohnmacht - Musik*
– **Ohrenschmerzen** durch
☞ *❑ Ohr - Schmerz - Musik - durch*
– **Schläfrigkeit** durch Musik
☞ *❑ Schlaf - Schläfrigkeit - Musik*
– **Trommeln** führen zu Euphorie: anh.$_{sp1}$
– **Unterricht** geben; kann keinen Musik-: *Kali-br.*$_{kr1}$
– **Verlangen** nach: bamb-a.$_{stb2}$
• **Klavier** zu spielen; Verlangen: chlf.$_{a1}$ *Plat.*$_{kr1}$
– **Zittern** durch Musik:
• **Allgemeinen**; im
☞ *❑ Allgemeines - Zittern - äußerlich - Musik*
• **Füße**; Zittern der
☞ *❑ Extremitäten - Zittern - Füße - Musik*

Müßiggang, Untätigkeit: calc.$_{gl1}$ glon.$_{a1,gl1}$ lach.$_{gl1}$ nat-m.$_{gl1}$ nux-v.$_{gl1}$ stann.$_{gl1}$ sulph.$_{gl1}$
☞ *Chaotisch*

Mutig: acon. agar. alco.$_{a1}$ alum. ant-t. berb. *Bov.*$_{bg2,k1,*}$ *Calad.*$_{bg2,k1,*}$ dros. ferr-p.$_{a1}$ gins. *Ign.* m-arct.$_{j}$ merc. mez. nat-c. *Op.* phos. *Puls.*$_{bg2,k1,*}$ squil. sulph. tab. tarax. ter.$_{st}$ *Tub.*$_{ptk1}$ valer. verat.
☞ *Beharrlichkeit / Bestimmtheit / Entschlossenheit / Frühreif / Hartnäckigkeit / Herausfordernd / Hoffnung, voller / Kühn / Taten - große / Verwegenheit / Überstürzt*
◇ **abwechselnd** mit:
• **Entmutigung**: merc.$_{gl1}$ op.$_{gl1}$ staph.$_{gl1}$
• **Furcht**: *Alum.*$_{gl1,j5}$
– **idiotische** Dreistigkeit, Verwegenheit: calad.$_{ptk1}$

Mutwillig, boshaft: *Agar.* aloe **Anac.** arn.hrl,k *Ars.*bg2,k bar-c.h,k,* bufogk *Calc.*hrl,k calc-ar.k13,k2 **Cann-i.**hrl,k,* **Cham.**cl,vh **Cina**vh,vh/dg *Cupr.* dam.cl germ-met.srj5 *Hyos.* *Lach.* *Merc.*hrl,k **Nux-v.** puls.c,cl spong.j5 **Stann.**gl1 *Stram.* *Tarent.*hrl,k *Tub.*vh,vh/dg *Verat.*
☞ *Boshaft / Brutalität / Destruktivität - gerissen / Grausamkeit / Hartherzig / Menschenfeindlichkeit / Moralischem / Niederträchtig / Raserei - mutwillig / Ungehorsam*

– **Imbezillität**, bei: *Merc.*kr1
☞ *Imbezillität*

Nachahmung, Imitation: bell.bg2 cupr.bg2 hyos.bg2 lach.ptk1 nux-m.ptk1 sars.bg2 stram.bg2,kr1 verat.bg2

– **Stimmen** und Bewegungen von Tieren; von: *Stram.*kr1

Nachdenken, Überlegen: aur.a1 bar-c.j berb.hrl,kr1 *Carb-an.*hrl,kr1 chin.j eug.hrl,kr1,* euph.hrl,kr1 graph.j *Hyos.*a1,h lyss.hrl,kr1 m-arct.j meny.hrl,kr1 mur-ac.j nux-v.j ol-an.hrl,kr1 *Phos.*hrl,kr1 sil.j sulph.j thuj.j
☞ *Antworten - denkt / Selbstbetrachtung*

– **Traurigkeit**, bei: *Cocc.*h,hrl,* *Plat.*hrl,kr1

– **Unfähigkeit** nachzudenken: acon.bg2,kr1 aur.bg2,kr1 lyc.bg2 mez.bg2 nat-c.bg2 nux-m.bg2

• **alten** Menschen; bei: *Ambr.*kr1

• **Studieren**, durch: *Nat-c.*kr1

Nachdenklichkeit
☞ *Ernst*

Nachgiebigkeit: alum.bro1 apisgt bamb-a.stb2 calc-sil.gl1,k2,* cann-s.a1,gl1,* carc.cd,sk1,* cocc.bg2,gl1 *Cori-r.*j *Croc.*gl1,j5 ign.gl1,k2,* kiss.a1,gl1 lil-t.gt *Lyc.*bg2,gl1 murx.bro1 nat-m.gt nux-m.gt *Nux-v.*gl1 petr.gl1 ph-ac.bro1,c1 **Puls.**bg2,k2,* sep.bro1 *Sil.*bg2,k2,* staph.gl1
☞ *Erfüllen / Milde*

Nachtschwärmerei, Schwelgerei: agar.bg2 ambr.bg2 ang.bg2 ant-c.bg2 ip.bg2,gl1 kali-c.bg2,gl1 lach.bg2 *Nat-c.*bg2,gl1 *Nux-v.*bg2,gl1 sel.bg2 sulph.bg2
☞ *Wahnideen - Ausschweifung / ❑ Allgemeines - Nachtschwärmerei*

Nackt sein, möchte: bamb-a.stb2 *Bell.*hrl,k,* bufogk camph.hrl,k,* cham.a1,k **HYOS.**k1,st merc.a1,k merc-c.a1,k *Phos.*hrl,k phyt. *Sec.* *Stram.*a1,k tarent.ptk2 *Verat.*st
☞ *Delirium - erotisch / Entkleiden / Gleichgültigkeit - Entblößung / Hysterie - lasziv / Laszív / Nymphomanie / Phantasien - lasziv / Schamlos / Umherstreifen - nackt / Unanständig / Unzüchtig / Wahnideen - nackt*

– **morgens** im Bett: *Hyos.*gl1 mag-c.a1,gl1 phos.gl1

– **anhaltend**: *Stram.*st

– **Betrunkenheit**; bei: hyos.gl1

– **Delirium**, im: *Bell.*hrl,k **Hyos.** merc.a1,k *Phos.* phyt. *Sec.* *Stram.*hrl,kr1

– **entblößt** ihre Brust bei Puerperalmanie: *Camph.*kr1

– **Hyperästhesie** der Haut; bei: *Hyos.*kr1

– **Schlaf**, im: bamb-a.stb2 hyos.gl1,st merc.gl1 puls.gl1 sulph.gl1

Nägelkauen
☞ *Beißen - Nägel / Jammern*

Näherkommen, auf ihn Zukommen von Personen:
☞ *Entfremdet - Familie*

– **agg.**: *Bry.*vh,vh/dg con.bg2 ign.bg2 lyc.bg2 **Phos.**vh,vh/dg stry.bg2
☞ *Abneigung / Berührt / Furcht - Näherkommen - anderen*

– **Abneigung** gegen: *Arn.*vh,vh/dg aur. brass-n-o.srj5 *Bry.*vh,vh/dg caj. canth.cl germ-met.srj5 granit-m.es1 hell. helon. hipp. *Iod.* lil-t. *Lyc.*k1,st sanic.cl sulph.
☞ *agg. / Entfremdet / Fliehen / Furcht - berührt*

Naiv: *Bell.*gl1,vh bov.bg2,gl1,* *Cic.*gl1,vh/dg stram.gl1,vh
☞ *Kindisches*

– **intelligent**, aber sehr: *Chin.*gl1 hyos.gl1 *Stram.*gl1 *Sulph.*gl1 **Verat.**gl1,vh/dg
☞ *Kindisches*

Nase in andere Angelegenheiten; steckt seine
☞ *Neugierig / Spioniert*

Nasenbluten amel. Gemütssymptome: borx.bg1,bg2 kali-chl.bg2

Natur:

– **liebt**: carc.sk1 coff.hrl limest-b.es1
☞ *Land - Verlangen / Meer - liebt / Meer; Aufenthalt - liebt / Pflanzen - liebt / Tiere - liebt*

Neben der Kappe
☞ *Verwirrung*

Necken: aran-ix.gl1,jl3,* arn.gl1 caust.gl1 graph.bro1,gt mag-p.dgt nux-v.gl1
☞ *Spaßen / Spotten*

Neid: *Am-c.*gl1 **Ars.**gl1,k1,* bry. calc. cench.k2 cub. cur. germ-met.srj5 hell. *Lach.*gl1,k1,* lil-t. lyc. marb-w.es1 nat-c. nux-v.gl1 *Plat.*gl1 *Puls.*k,k12●,* sarr. sep. spig.gl1 *Staph.* sulph.gl1 zinc.a1
☞ *Eifersucht / Geiz / Neid - Haß / Selbstsucht / Traurigkeit - glücklich / Verleumden*

– **Eigenschaften** anderer; auf: ars.st calc.st lach.st lyc.st puls.st sulph.st

– **glücklich** zu sehen; andere: hell.ptk1

– **Habgier**, und: *Ars.*gl1,sf1,* *Chin.*gl1 lyc.gl1,sf1,* nit-ac.gl1 nux-v.gl1 ph-ac.gl1 *Puls.*gl1,j5,* rhus-t.gl1 sep.gl1,sf1,* stann.gl1 staph.gl1 sulph.gl1
☞ *Gier*

– **Haß**, und: am-c.gl1,vh am-m.gl1 calc.gl1,vh nat-c.gl1,vh nat-m.gl1 nit-ac.gl1 puls.gl1,vh
☞ *Haß / Neid*

Nein sagen; kann nicht
☞ *Nachgiebigkeit*

Nerven; geht anderen auf die
☞ *Lästig*

Nervös
☞ *Erregung / Hast / Ruhelosigkeit / Verdrießlich*

Neue Ideen, Einfälle:

– **Abneigung** gegen: hep.glh kali-c.glh lyc.glh nit-ac.glh sil.glh

Neugierig (= wißbegierig): agar. aur.$_{bg2}$ carc.$_{zzh}$ choc.$_{srj3}$ hyos.$_{gl1}$ lach. laur.$_{bg2}$ lyc.$_{gl1}$ puls.$_{gl1}$ sep.$_{gl1}$ sulph.$_{gl1,ptk1}$ verat.$_{gl1}$
☞ *Empfindlich - Mangel / Enthüllt / Indiskretion / Klatschsüchtig / Redseligkeit / Spioniert*
– **Ausbildung** des Arztes wissen; möchte die: phos.$_{gb}$

Neuigkeiten
☞ *Wahnideen - Neuigkeiten*

Neurasthenie
☞ *Entmutigt / Erschöpfung / Traurigkeit*

Neurose
☞ *Angst / Gedanken - zwingend / Traurigkeit*

Neu
☞ *Wahnideen - neu; alles*

Niedergeschlagenheit
☞ *Traurigkeit*

Niederträchtig: anac.$_{hr1,k2,*}$ **Ars.**$_{jsa}$ bell.$_{jsa}$ calc.$_{jsa}$ cocc.$_{hr1,k}$ cub.$_{a1}$ cur. **Lach.**$_{jsa}$ **Nat-m.**$_{jsa}$ nux-v.$_{h,jsa}$ sarr.$_{a1}$
☞ *Boshaft / Brutalität / Gefühllos / Grausamkeit / Hartherzig / Hinterhältig / Menschenfeindlichkeit / Mutwillig / Raserei*

Nörgeln
☞ *Reizbarkeit / Schmollen / Unzufrieden*

Nüchternheit, Besonnenheit: ery-a.$_{a1}$ ferr.$_{a1}$ hyper.$_{a1}$

Nützlich zu sein; Verlangen: arn.$_{ms}$ *Cere-b.*$_{a1,vh,*}$

Nymphomanie: agar.$_{hr1,k}$ ambr.$_{hr1,k,*}$ androc.$_{srj1}$ anh.$_{jl}$ *Ant-c.* **Apis**$_{k,vh/dg}$ asaf.$_{hr1,kr1}$ aster.$_{bro1,jl}$ aur-m-n.$_{c1}$ *Bar-m.*$_{hr1,k,*}$ *Bell.*$_{bg2,k,*}$ calad.$_{hr1,k,*}$ calc.$_{hr1,k}$ *Calc-p.*$_{hr1,k,*}$ camph. *Cann-i.*$_{hr1,k}$ *Cann-s.*$_{hr1,k}$ *Canth.*$_{bg2,k,*}$ carb-v. cedr.$_{hr1,k1}$ *Chin.*$_{bg2,k}$ *Chlor.*$_{bg2}$ coca$_{bro1}$ *Coff.*$_{hr1,k}$ *Croc.*$_{bg2,sf1,*}$ cyna.$_{jl}$ *Dig.*$_{hr1,k}$ dulc.$_{hr1,k}$ *Ferul.*$_{bro1,c1,*}$ *Fl-ac.*$_{hr1,k,*}$ graph. **Grat.**$_{bg2,k,*}$ **Hyos.**$_{bg2,k,*}$ ign.$_{sf,sf1}$ *Kali-br.*$_{hr1,k}$ kali-p.$_{c1,c2,*}$ **Lach.**$_{bg2,k,*}$ *Lil-t.*$_{hr1,k}$ *Lyc.*$_{hr1,k,*}$ manc.$_{sf,sf1}$ *Merc.*$_{bg2,k,*}$ mosch.$_{bg2,k}$ *Murx.*$_{hr1,k,*}$ nat-c. nat-m.$_{bg2,k,*}$ *Nux-v.*$_{bg2,k,*}$ op. **ORIG.**$_{c2,k,*}$ ph-ac.$_{c1,c2,*}$ *Phos.*$_{bg2,k,*}$ **PLAT.**$_{c2,k,*}$ plb.$_{hr1,k}$ psil.$_{jl}$ *Puls.*$_{bg2,k,*}$ *Raph.*$_{hr1,k,*}$ *Rob.*$_{bro1,k}$ *Sabad.*$_{hr1,k}$ sabin.$_{c2,k}$ *Sal-n.*$_{bro1,sf1,*}$ sil.$_{hr1,k}$ stann.$_{bg2}$ *Staph.*$_{hr1,k,*}$ **Stram.**$_{bg2,k,*}$ stry.$_{bro1}$ sulph.$_{bg2,k,*}$ sumb.$_{bg2}$ *Tarent.*$_{hr1,k}$ valer.$_{bro1}$ *Verat.*$_{bg2,k,*}$ *Zinc.*$_{hr1,k,*}$ zinc-pic.$_{c1,c2,*}$
☞ *Beschwerden durch - sexuell - Exzesse / Delirium - erotisch / Gedanken - drängen - sexuell / Gedanken - quälend - sexuell / Gleichgültigkeit - Entblößung / Hysterie - lasziv / Lasziv / Nackt / Phantasien - lasziv / Satyriasis / Schamlos / Unanständig / Zügellosigkeit / ❏ Allgemeines - Masturbation / ❏ A~ Sexuellen Exzessen / ❏ Weibliche Genitalien - Sexuelles Verlangen - heftig / ❏ W~ Sexuelles Verlangen - vermehrt*
– **Chorea** mit: tarent.$_{kr1}$
– **jungen** Mädchen; bei einem: *Orig.*$_{hr1,kr1}$
– **Koitus** agg.: *Tarent.*$_{hr1,k2,*}$

Nymphomanie: ...
– **Menopause**; während der: lach.$_{sf1}$ manc.$_{sf1}$ murx.$_{sf1}$
– **Menses**:
• **vor**: calc.$_{sf,sf1}$ calc-p.$_{hr1,k,*}$ kali-c.$_{sf,sf1}$ *Phos.*$_{hr1,k}$ stram. *Verat.*$_{hr1,k}$
☞ *Menses - vor; Gemütssymptome*
• **während**: calc.$_{sf,sf1}$ *Hyos.* kali-br.$_{hr1,k}$ kali-c.$_{sf,sf1}$ *Plat. Sec. Verat.*
☞ *Menses - während; Gemütssymptome*
• **nach**: sul-ac.$_{sf,sf1}$
☞ *Menses - nach; Gemütssymptome*
• **unterdrückten**, nach: ant-c. canth. chin. cocc. hyos. *Murx.* phos. *Plat.* sil. stram. sulph. verat. zinc.
☞ *Menses - nach; Gemütssymptome*
– **Metrorrhagie**, bei: mosch. murx. plat. sabin.$_{br1,c1}$ sec.
– **Redseligkeit**, mit: *Verat.*$_{hr1,kr1}$
– **Schwangerschaft**, während der: phos.$_{kr1}$ zinc.$_{hr1,k}$
– **Wochenbett**, im: bell.$_{j5}$ *Chin.*$_{hr1,k}$ kali-br.$_{hr1,k}$ *Plat.*$_{hr1,k}$ verat.$_{hr1,k}$ zinc.$_{br1,kr1,*}$
– **Würmer**, durch: sabad.$_{k2}$

Obsessionen
☞ *Gedanken - hartnäckig / Gedanken - zwingend / Manie / Wahnideen*

Obszön
☞ *Spaßen / Unzüchtig*

Öde und unheimlich; das Zimmer erscheint: valer.$_{a1}$

Offenherzig (= zu mitteilsam, zu demonstrativ): *Acon.*$_{vh,vh/dg}$ alum.$_{vh}$ bar-c.$_{vh}$
☞ *Mitteilsam / Redseligkeit*

Ohnmachtsanfälle
☞ *❏ Allgemeines - Ohnmacht - plötzlich*

Optimistisch: androc.$_{srj1}$ anh.$_{gl1,mg1,*}$ *Calc.*$_{gl1}$ choc.$_{srj3}$ ferr-m.$_{a1,gl1}$ fl-ac.$_{gl1,st}$ hydrc.$_{a1,gl1}$ hydrog.$_{srj2}$ lyc.$_{gl1}$ marb-w.$_{es1}$ nep.$_{gl1,mg1,*}$ nux-v.$_{gl1}$ puls.$_{gl1}$ rib-ac.$_{gl1,jl}$ sil.$_{gl1}$ *Sulph.*$_{gl1}$ visc.$_{gl1,jl3,*}$
☞ *Hoffnung, voller*
– **Schwäche**; trotz der: galin.$_{jl}$ kali-c.$_{jl}$
☞ *Gesund - sagt - krank*

Ordentlich: carc.$_{cd,sk1,*}$
☞ *Gewissenhaft / Heikel*

Ordentlich machen; kann nichts
☞ *Chaotisch*

Ordinär
☞ *Blasphemie / Fluchen*

Ordnung ins eigene Leben zu bekommen:
– **Verlangen**: marb-w.$_{es1}$

Orientierungslos, benommen
☞ *Betäubung / Verwirrung*

Orte, Fehler in bezug auf
☞ *Fehler - Orte*

Orientierungssinn:
– **verloren** oder vermindert
☞ *Erkennt - nicht - Straßen / Verwirrung - verläuft*

Pädophilie: calc.$_{pc}$ plat.$_{pc}$

Panik
☞ *Furcht - plötzlich*

Paradoxe Symptome, Zustände
☞ *Widersprüchlich / ☐ Allgemeines - Widersprüchliche*

Paranoia
☞ *Argwöhnisch / Wahnideen - verfolgt / Wahnideen - verfolgt, ihm würde nachgestellt*

Parteiisch
☞ *Vorurteile*

Pathetisch: stram.$_{hr1,kr1,*}$

Pavor nocturnis
☞ *Furcht - Entsetzen - nachts*

Pedant: plat.$_{gl1}$ puls.$_{gl1}$ sil.$_{gl1}$
☞ *Hochmütig*

Peinlich genau
☞ *Gewissenhaft / Heikel / Pedant*

Pelz; hüllt sich im Sommer in: hep.$_{bg2}$ hyos. merc.$_{bg2}$ *Psor.*$_{bg2,st}$
☞ *Umherstreifen - eingehüllt / ☐ Allgemeines - Wärme - Kleidung - Verlangen*

Perfektionist
☞ *Gewissenhaft / Heikel / Pedant*

Perfide: *Ars.*$_{gl1}$ **Lach.**$_{gl1}$ lyc.$_{gl1}$ nat-c.$_{bg2,gl1,*}$ nit-ac.$_{gl1}$ nux-v.$_{gl1}$ phos.$_{gl1}$ sep.$_{gl1}$ sulph.$_{gl1}$
☞ *Hinterhältig*

Persönlichkeitsverlust: *Anh.*$_{jl,mg1,*}$
☞ *Verwirrung - Identität / Zerrissenheit*

Pervers
☞ *Liebe - Perversität / Moralischem*

Pessimist: agar-st.$_{gl1,jl}$ agav-t.$_{jl3}$ ars.$_{gl1}$ aur.$_{gl1,k2,*}$ bar-c.$_{gl1}$ calc.$_{gl1,h}$ caust.$_{gl1}$ cecr.$_{gl1,jl}$ cic.$_{k2}$ halo.$_{gl1,jl}$ hyos.$_{gl1}$ lach.$_{gl1}$ *Nux-v.*$_{gl1}$ pers.$_{gl1,jl}$ *Psor.*$_{gl1,st}$ sep.$_{gl1}$ stann.$_{gl1,jl}$ vip-a.$_{gl1,jl}$
☞ *Abscheu - Leben / Brütet / Entmutigt / Ernst / Gelingt / Gleichgültigkeit / Hilflosigkeit / Jammern / Klagen / Langeweile / Lebensüberdruß / Mürrisch / Selbstbetrachtung / Suizidneigung / Suizidneigung - Gedanken / Tod - wünscht / Unternimmt - fehlt / Unzufrieden - allem / Verkehrt / Verweilt - vergangenen / Verzweiflung / Wahnideen - faul - bewegen / Wahnideen - gelingt / Zweifelt - Genesung*

Pfeifen: agar.$_{a1,k2,*}$ bell.$_{h,k,*}$ calc.$_{gl1}$ cann-i.$_{a1,k}$ cann-s.$_{a1,k}$ caps. carb-an.$_{h,k,*}$ carbn-s.$_{a1,k2}$ *Croc.*$_{bg2,k}$ *Lach.* lachn.$_{a1,k}$ lyc. merc-i-f.$_{a1,k}$ *Plat.* *Stram.*$_{hr1,k,*}$ sulph.$_{gl1}$
☞ *Singen*

◆ **abwechselnd** mit:
• **Delirium**
☞ *Delirium - heiter - abwechselnd mit - Pfeifen*

– **Fieber**; während: caps.

Pfeifen: ...
– **lustig**: carb-an.$_{a1,h}$ haliae-lc.$_{srj5}$
☞ *Boshaft*
– **unwillkürlich**: carb-an.$_{h,k,*}$ lyc.$_{a1,k}$

Pflanzen:
– **liebt**: limest-b.$_{es1}$
☞ *Natur - liebt*

Pflicht:
☞ *Verantwortung*
– **Abneigung** gegen Pflichten: calc-p.$_{hr1}$
• **häusliche** Pflichten: cench.$_{k2}$ cit-l.$_{k2,kr1}$ sul-i.$_{k2}$
☞ *Gleichgültigkeit - Pflichten - häusliche*
– **kein** Pflichtgefühl: alum.$_{gl1}$ ambr.$_{gl1}$ anac.$_{gl1}$ ars.$_{gl1}$ **Calc.**$_{a1,gl1,*}$ coloc.$_{gl1}$ hep.$_{gl1}$ lach.$_{gl1}$ *Merc.*$_{gl1,vh,*}$ nat-m.$_{gl1}$ ptel.$_{a1}$ sil.$_{gl1,vh,*}$ sulph.$_{gl1,vh,*}$
☞ *Gleichgültigkeit - Pflichten / Moralischem*
– **Stimulierung** des Pflichtgefühls; zur
☞ *kein*
– **zu** viel Pflichtgefühl: carc.$_{cd,fb}$ choc.$_{oss}$ cupr.$_{sst}$ kali-ar.$_{oss}$ kali-bi.$_{oss}$ **Kali-c.**$_{vh,vh/dg,*}$ kali-i.$_{oss}$ kali-n.$_{oss}$ kali-sil.$_{oss}$

Phantasien:
– **abstoßend**, wenn allein: fl-ac.$_{a1,k}$ sel.$_{a1,k}$ tarent.
☞ *Stimmung - abweisend*
– **absurd**: alco.$_{a1}$ carbn-s.$_{a1}$ marb-w.$_{es1}$
☞ *Albernes*
– **angenehm**: **Cann-i.**$_{a1,k}$ coca cod.$_{a1}$ cycl.$_{a1,k}$ lach. **Op.** stram.$_{a1,k}$
☞ *Vergnügen*
– **ängstlich**: fl-ac.$_{a1}$
• **nachts**, bei Fieber: sep.$_{a1}$
– **Erregung**, nach: ign.$_{k2}$
– **Erwachen**, beim: calc. ign.$_{j5}$ kali-n.$_{j5}$ *Lach.* meny.$_{bg2}$ plat.$_{j5}$ puls. sep. sil.$_{j5}$ sulph.
– **Gehen** im Freien; beim: marb-w.$_{es1}$
– **lächerlich**:
• **vor** dem Einschlafen: sulph.$_{a1}$
– **lasziv**: am-c.$_{a1,k}$ *Ambr.*$_{h,k,*}$ anac.$_{a1,k}$ androc.$_{srj1}$ arund. aur.$_{h,k,*}$ bell. *Calad.*$_{hr1,k2,*}$ *Calc.*$_{h,k,*}$ calc-s.$_{a1}$ camph.$_{hr1,kr1,*}$ *Canth.*$_{j5}$ carb-v. *Chin.* cod.$_{hr1,kr1}$ *Con.*$_{hr1,j5,*}$ cop.$_{hr1,kr1,*}$ dig.$_{a1,k}$ *Graph.*$_{a1,k}$ hipp.$_{a1,k}$ ign. *Kali-br.*$_{hr1,kr1}$ *Lach.*$_{j5}$ lil-t. *Lyc.*$_{a1,k}$ lyss.$_{hr1,kr1}$ nat-c.$_{hr1,kr1}$ *Nat-m.*$_{hr1,j5,*}$ *Nuph.*$_{hr1,kr1,*}$ nux-v.$_{gl1}$ *Op.*$_{a1,k}$ *Orig.*$_{hr1,kr1}$ plat.$_{gl1}$ psor.$_{gl1}$ sang. *Sel.*$_{j5,kr1}$ sep.$_{hr1,j5}$ *Sil.*$_{hr1,kr1}$ sin-n.$_{hr1,kr1}$ staph.$_{gl1}$ stram.$_{j5}$ tarent.$_{k13,k2}$ thuj.$_{a1,k}$ *Ust.*$_{hr1,kr1}$ verb.$_{a1,k}$ yuc.$_{a1}$ *Zinc.*$_{hr1,kr1}$
☞ *Gedanken - drängen - sexuell / Gedanken - quälend - sexuell / Lasziv / Nackt / Nymphomanie / Schamlos / Unanständig / Unzüchtig*
• **vormittags**: hipp.$_{a1}$
• **abends**: am-c.$_{a1}$ anac.$_{a1}$
• **nachts**: aur.$_{a1,h}$
• **Impotenz**, mit: calad.$_{k2,kr1}$ *Chin.*$_{kr1}$ *Fl-ac.*$_{vh,vh/dg}$ *Op.*$_{kr1}$ *Sel.*$_{kr1}$
• **Liegen**, im: thuj.$_{a1}$
• **Träumen**, selbst beim: ambr.$_{h,k1,*}$
– **lebhaft**: acon. alco.$_{a1}$ androc.$_{srj1}$ bell.$_{bg2}$ *Cann-i.*$_{kr1}$ cann-s.$_{j5}$ carb-an. cham. coff. croc. cycl. dig. hell. hyos. ign.$_{k2}$ kali-br. **Lach.** lact. *Lyc.* meph.

– **lebhaft**: ...
morph.a1 naja nat-m. nitro-o.a1 nux-v.bg2 op. phos. pic-ac.bg2 puls. **Stram.** valer.bg2 zinc.kr1
☞ *Gedächtnis - gut / Ideen - Reichtum / Konzentration - gut / Witzig*
• **abends**: cycl.a1 hell.a1
• **Mitternacht**, nach: puls.
• **Einschlafen**, beim: nat-m.
• **Hitze**, gefolgt von: phos.
– **Lesen**, beim: coff.j5 *Mag-m.* ph-ac.j5
– **periodisch** wiederkehrend: ars.
– **Schlaf**:
• **Einschlafen**, beim: arg-n. bell.j5 bry.a1 *Calc.* camph.j5 chel.a1 chin.j5 coff.a1 ign.j5 *Spong.*j5 sulph.
• **verhindert**: alum.bg2 *Arg-n.*a1,k **Bell.**bg2 chin.bg2 ign.bg2 led.bg2 merc.bg2 nat-c.bg2 *Op.*hr1,kr1 ph-ac.bg2 phos. rhus-t.bg2 *Staph.*hr1,kr1 thuj.bg2 viol-t.hr1,kr1
– **schrecklich**
☞ *Wahnideen - Bilder - schreckliche*
– **Schweiß**, beim: **Acon.**bg2 carb-v. iod. nit-ac. **Op.**bg2 **Phos.**bg2 sulph.
– **sonderbar**, merkwürdig: **Stram.**a1,h
• **Schwangerschaft**; während der: lyss.a1
☞ *Gedanken - sonderbar - Schwangerschaft - während*
– **übertrieben**, hochfliegend: *Absin.* *Acon.*bg2,k *Agar.*bg2,k,* agn.a1,k alum. alum-sil.k13,k2 *Am-c.*bg2,k,* *Ambr.*h,k,* *Anac.*h,k,* anan.a1 androc.srj1 *Ang.*a1,k ant-c.bg2,k apoc.a1,k arg-n.a1,k arn.bg2,k,* *Ars.*h,k,* *Asaf.* aur.h,k,* aur-ar.k2 aur-s.k2 bar-c.bg2 **Bell.**bg2,k,* *Bry.*a1,k bufo bufo-s.a1 calc.h,k,* calc-sil.k13,k2 camph.bg2 **Cann-i.**a1,k cann-s.bg2,j5,* *Canth.* carb-an.bg2 carb-v.h,k,* *Carbn-s.* caust. cham. chel. *Chin.*h,k,* chinin-ar.k2 *Cic.*bg2 coca cocc.bg2 *Coff.*bg2,k,* coff-t.a1 con.h,k,* convo-d. croc.bg2,k *Crot-c.* cupr.bg2 cycl.bg2,k,* dig.a1,k dros.bg2 elaps euphr.bg2 fl-ac.a1,k *Graph.*bg2,k,* hell. hep.bg2 **Hyos.**h,k,* ign.bg2,k,* iod.bg2 kali-ar. kali-br.ptk1 kali-c. kali-p. *Lac-c.*st **Lach.**bg2,k,* lact.a1,k *Laur.*bg2 led.bg2 lil-t.k13,k2 *Lyc.*h,k,* mag-c.bg2 mag-m.a1,k meph.a1,k *Merc.*hr1,k,* merc-c.bg2 mosch.bg2 mur-ac. naja nit-ac. nitro-o.a1 *Nux-m.*bg2,k nux-v.bg2,k olnd. *Op.*bg2,k,* ox-ac. *Petr.* ph-ac. *Phos.*bg2,k,* pic-ac.sf,sf1 pip-m.a1,k plan.a1,k *Plat.*bg2,k2,* *Plb.* psor.h,k,* puls.bg2,k pyrog.ptk1 rhus-t.bg2 sabad.bg2,k,* samb.bg2 *Sec.*bg2 seneg.bg2 sep.a1,k *Sil.*bg2,k spong.bg2,k stann.bg2 staph. **Stram.**h,k,* sul-ac.bg2 *Sulph.*bg2,k,* thuj. valer.bg2,k verat.bg2 verb.bg2,k,* viol-o.bg2,k *Zinc.*bg2,k,* zinc-p.k13,k2 ziz.hr1,k,*
☞ *Pläne - macht / Taten - große / Theoretisieren*
• **tagsüber**: elaps.a1
• **Tag** und Nacht: ambr.j5 caust.j5
• **morgens**: canth.j5 con.h,k,* *Nux-v.*j5
  • **Bett**, im: chin.j5
• **nachmittags**: anac.j5 ang.j5 lyc.
• **abends**: am-c. anac.h,k,* *Caust.* chel.a1,k chin.j5 cycl. naja *Phos.* sulph.a1,k
  • **Bett**, im: agar.j5 alum.j5 ambr.j5 *Bry.*j5 *Calc.*h,j5,* camph.j5 carb-an.j5 *Carb-v.*j5 caust.j5 *Chin.*j5 cocc.j5 graph.j5 hell.j5 ign.j5 *Kali-c.*j5 lyc.j5

Phantasien - übertrieben - abends - Bett: ...
merc.j5 nat-c.j5 *Nux-v.*j5 ph-ac.j5 phos.j5 *Puls.*j5 rhus-t.j5 sabad.j5 *Sil.*j5 staph.j5 *Sulph.*j5 viol-t.j5
  • **Dämmerung**, in der: *Caust.*
• **nachts**: agar.j5 androc.srj1 ars.h,k,* aur.h,k,* *Bar-c.* borx.j5 *Bry.*j5 **Calc.** canth. carb-an. carb-v.h,k,* caust. *Cham.*a1,k *Chin.*j5,k2,* coff.a1,k con.j5 *Graph.*h,j5,* hep.j5 hipp.a1,k hydr. *Hyos.*j5 ign.a1,k *Kali-c.*j5 kali-n.j5 *Lach.*j5 *M-arct.*j5 *Nit-ac.* *Nux-v.*j5 *Op.*j5 petr.a1,k ph-ac.j5 phos. plat.j5 plb. puls. sep. sil. spong.j5 *Sulph.*j5 *Zinc.*j5
• **allein**, wenn: ars.j5
• **Arbeit**, bei der: ang.j5 mur-ac.j5 olnd.j5
• **Gehen** im Freien: ant-c.j5 sulph.j5
• **Geschäft**, vom: bell.a1
• **geschehen**; glaubt sie seien wirklich: *Staph.*gl1
• **Hitze**; während: chin. coff. laur. puls. sabad.
• **launisch**: acon.bg2 viol-o.bg2
• **Schlaflosigkeit**, mit: agar.j5 alum. ambr.k2 anh.mg1 ant-t.bg2 *Arg-n.* *Bell.*j,k borx.j5 bry.j5 calc.h,j5 caust.j5 *Cham.*bg2 *Chin.*bg2,j5 cocc.j5 coff.bg2 coloc.j5 *Graph.*j5 hep.j5 ign.bg2 kali-c.j5 kali-n.j5 led.bg2,j5 *Lyc.*j5 merc. nat-c. *Nux-v.*j5 *Op.*j5,kr1 petr.j5 ph-ac. phos.j,k plat.j5 *Puls.*j5 rhus-t.bg2 sabad.j5 *Sep.*j5 *Sil.*j5 spong.a1 staph.j5 sulph.j5 thuj. viol-t.j5
• **Schließen** der Augen im Bett; beim: bell.j5 *Calc.* camph.j5 *Graph.*h,j5 led. lyc. sep. *Sulph.*j5
• **schrecklich**: **Calc.**h,k,* *Caust.* hydr.a1,k hydr-ac.a1,k *Lac-c.*hr1,k merc.a1,k *Op.* *Sil.* **Stram.**h,k,*
☞ *Wahnideen - Bilder - schreckliche / Wahnideen - Visionen - schrecklich*
• **Zubettgehen**, nach dem: chin. hell. ign. *Phos.*
– **unangenehm**: op.a1 rumx.a1
• **Zubettgehen**, nach dem: phos.a1
– **versunken** in: arn.h,k,* aur-ar.k2 bar-i.k2 cupr. kali-p.k2 limest-b.es1 marb-w.es1 sil. stram.a1,k
☞ *Gedanken versunken / Geistesabwesend / Pläne - macht / Theoretisieren / Traum / Vergeßlich / Wahnideen - Phantasiegebilde*
– **verworren**: *Ail.*hr1,kr1 **Bapt.**hr1,kr1 camph.hr1,kr1 chin.a1,h con.hr1,kr1,* *Glon.*hr1,kr1 ham.hr1,kr1 **Hyos.**a1,k *Lil-t.*hr1,kr1 phos.a1,k **Stram.**a1,k1,*
☞ *Gedächtnis - Gedächtnisschwäche*
– **wild**: cimic.hr1 con.a1 rhus-v.c1 stram.hr1

Philosophie:
– **Fähigkeit** zu: anac.gl1 hep.gl1 hydrog.srj2 lach.gl1 nit-ac.gl1 *Sulph.*j5,k2,*
☞ *Theoretisieren*
• **abends**:
  • **21** h, nach: halo.j1
• **Träumereien**; große Neigung zu philosophischen: hydrog.srj2 sulph.h2

Phlegmatisch
☞ *Faulheit / Gleichgültigkeit*

Photomanie
☞ *Licht - Verlangen*

Pläne:
– **Ausführung** seiner Pläne; besteht auf der
☞ *Eigensinnig - Plänen*
– **macht**, schmiedet viele Pläne: adam.srj5 anac. ang. arg-n. carc.zzh *Chin. Chinin-s. Coff.* hydrog.srj2 nux-v. olnd. op. sep. *Sulph.* tab.bg2 visc.jl
☞ *Aktivität - kreative / Gedanken versunken / Gedächtnis - gut / Ideen - Reichtum / Konzentration - gut / Phantasien - versunken / Phantasien - übertrieben / Theoretisieren / Vorausplanend - alles*
• **abends**: *Chin. Chinin-s.*
• **nachts**: **Chin.**k2,kr1
• **gigantische** Pläne: op.
☞ *Taten - große / Wahnideen - hochgestellte*
• **kühne** Pläne: agar.a1
• **rachsüchtige** Pläne, plant Racheakte: agar.
☞ *Boshaft / Haß - Rachsucht*

Plant
☞ *Vorausplanend - alles*

Plump, ohne Anmut
☞ *Eleganz - keine*

Politik:
– **Talent** zur Politik: choc.srj3 sulph.bg2

Possenreißen
☞ *Albernes Benehmen*

Possen, spielt: apisa1 *Bell.* cic.j5 croc.gl1,j5 cupr. **Hyos.** ign.j5 kali-bi.c1 lact. merc. op. phos. plb. stram. verat.gl1
☞ *Albernes / Delirium - Absurdes / Frivol / Gesten / Gesten - sonderbare / Grimassen / Kindisches / Sonderbar / Wahnideen - absurd*
◆ **abwechselnd** mit:
• **Traurigkeit**: *Op.*kr1
• **Weinen**: carb-an.j5 cupr.j5
• **Zorn**
☞ *Zorn - abwechselnd mit - Possenreißen*
– **Betrunkenheit**; bei: bell.gl1 stram.gl1
– **Delirium**, im: bell. cupr. **Hyos.** lact. lact-v.a1 op. phos. plb. stram.
☞ *Albernes*

Pracht
☞ *Schöne*

Prämenstruelle Phase
☞ *Menses - vor; Gemütssymptome*

Prahler, Aufschneider: alco.a1,gl1 arn.gl1 ars.gl1 bell.gl1 hydrog.srj2 lach.gl1 lil-t.gk *Lyc.*vh,vh/dg *Med.*vh,vh/dg merc.gl1 nat-m.gl1 nux-v.gl1 plat.gl1 stram.gl1
☞ *Hochmütig*
– **reich** gehalten werden; möchte für: lach.gl1 lyc.gl1 verat.gl1
☞ *Hochmütig*
– **verschwenderisch** aus Prahlerei: calc.gl1 nux-v.gl1 plat.gl1 puls.gl1
☞ *Hochmütig*

Prophezeit: *Acon.* agar.h,k,* anh.sp1 camph. con. **Lach.**a1 med.a1 nux-m.k13,k2 sol-ni.h stram.hr1,k

Prophezeit: ...
☞ *Furcht - geschehen / Hellsehen / Tod - Vorahnung / ❑ Träume - Hellsichtig / ❑ T~ Visionär*
– **unangenehme** Ereignisse: med.st
– **Zeitpunkt** des Todes voraus; sagt den: **Acon.**hr1,k *Agn.*vh,vh/dg alum.st *Arg-n.*hr1,k1,* hell.k13 *Lac-d.*hr1 theast
☞ *Furcht - Tod - sagt / Tod - Vorahnung - sagt*

Proportionen gestört; Gefühl für
☞ *Größen / Übertreiben*

Protestiert, erhebt Einspruch: ars.jsa *Caust.*jsa lach.jsa merc.jsa sep.jsa
☞ *Anarchist / Streitsüchtig / Widerspruch - Neigung*

Prozesse; geht gerne vor Gericht, führt gerne: ars.gl1 caust.gl1 lach.gl1 nux-v.gl1 plat.gl1,pd staph.gl1,pd
☞ *Streitsüchtig*

Prüft alles mehrfach
☞ *Überprüfen*

Prüfungsangst
☞ *Furcht - Versagen - Prüfungen*

Prügeln
☞ *Schlagen*

Pubertät; Gemütsbeschwerden in der: acon.st ant-c.bg2 ant-t.st *Ars.*st bar-c.st *Bell.*st *Calc.*st caust.st *Cham.*st *Graph.*st *Hell.*bg2,hr1 *Kali-p.*st lach.st manc.bg2 nat-m.bg2 *Phos.*st *Puls.*st rhus-t.st *Staph.*st *Sulph.*st *Teucr.*st
☞ *Abscheu - allgemeiner - Pubertät / Gleichgültigkeit - Pubertät / Mürrisch - Pubertät*

Pyromanie
☞ *Feuer - anzünden*

Quält:
– **andere**: alumn.kr1 **Calc.**kr1 lach.a1
☞ *Stöhnen*
• **Tag** und Nacht: **Calc.**kr1
• **Beschwerden**; jeden mit seinen: *Agar.*vh,vh/dg *Psor.*st **Zinc.**
☞ *Jammern / Klagen / Murren / Stöhnen*
– **sich**: *Acon.*bg2,ptk1 *Ars.*bg2,ptk1 bell.bg2,ptk1 *Lil-t.*bg2,ptk1 nat-m.a1,bg2 plb.bg2,ptk1 tarent.bg2,ptk1 tub.bg2,ptk1

Qualvolle Angst: acet-ac.a1,k **ACON.**k1,st aeth.hr1,k,* aloe alum.hr1,k,* am-c.h,k1,* am-caust.a1 am-m.h ambr.hr1,k,* amyg.a1 *Anac.* androc.srj1 anh.jl,jl3 ant-ar.st ant-t.a1,k *Apis* aran.jl aran-ix.jl arg-met.jl *Arg-n.*hr1,k *Arn.*h,k,* **ARS.**k1,st asaf.hr1,kr1 asar.a1,h,* *Aur.*h,k,* aur-ar.k2 bamb-a.stb2 **Bell.**h,k,* *Bism.*hr1,k *Bism-sn.*br1 bov.a1,k bry.a1,h bufo buni-o.jl,jl3 buth-a.jl,jl3,* calad.a1 **Calc.**h,k,* **Calc-ar.**k1,k13,* calc-f.jl,jl3 calen.a1 camph.a1,k **Cann-i.**hr1,k,* *Carb-v.*hr1,k,* carbn-o.a1 **Caust.** cedr.a1,k cham.gl1,hr1 chin.gl1,j5,* chlorpr.jl cic.a1 cimic.k2 cob-n.mg,mg1 cocakr1 *Coff.*hr1,k coloc. *Croc.*hr1 *Crot-c.* crot-h.hr1,k *Cupr.*hr1,k *Cupr-act.*kr1 cyt-l.jl,jl3 der.a1,k des-ac.jl **Dig.**hr1,k *Elec.*c1 foll.jl,jl3 galv.c1 *Gels.*hr1,kr1 **Graph.**k,k1,* halo.jl hed.jl hell.a1

Qualvolle Angst: ...
Hep.hrl,k hoit.jl,jl3 *Hydr.*hrl,krl hydrog.srj2 *Hyos.*hrl,k ign.hrl *Jatr-c.*krl *Kali-ar.* kali-c.jl kali-i.hrl,k,* lach.bg2,bg3 lact.hrl,krl lact-v.hrl *Lat-m.*st levo.jl,jl3 *Lob.*hrl,krl **Lyc.**gll,vh *Mag-c.*hrl,k mag-m.jl mag-s.mg,mgl *Merc.*h *Mez.*hrl mosch.hrl,k2,* mur-ac.kl murx.hrl,kl,* naja nat-ar. nat-c. nep.mg,mgl,* nit-ac.gll *Nux-v.*gll,vh oena.al onop.jl op.gll,hrl,* ox-ac.al perh.jl *Phos.*hrl,k plan.hrl,krl **Plat.**hrl,k *Plb.*hrl,krl pneu.jl,jl3 psil.ftl *Psor. Puls.*k,vh/dg rauw.jl rhus-t.gll,hrl saroth.jl,jl3 *Sars.*hrl,krl sec.hrl,krl sep.al,k stann.jl *Stram.*bg2,h,* sulfonam.jl sulph.hrl,krl tanac.al tarent.al,k thala.jl thea.al thuj.al thuj-l.jl thyreotr.jl,jl3 tril-c.al tril-p. v-a-b.srb2 verat.al,k vip.al,k vip-a.jl *Zinc-val.*hrl,krl
☞ *Angst / Manie - qualvoller / Reue / Schreien - qualvoller*
- **tagsüber**: graph. mag-c. merc. murx.al,k nat-c. psor. puls. stann.
  - **5** - 17 h: psor.
- **morgens**: *Alum.* calc. meph.jl nux-v.hrl,k puls. verat.
- **vormittags**: nicc. ran-b. rhus-t.
  - **9** h: chlorpr.spl
- **mittags**: bell.h,kl
- **nachmittags**: am-c.h,kl,* cupr.kl,kl3,* eupi.al,kl nux-v.kl3,vh ph-ac.kl,kl3,* rhus-t.kl,kl3 staph.vh
  - **Mittagsschlaf**, nach dem: **Staph.**vh,vh/dg
- **abends**: ambr.al,k ars.al,h bell.h,kl calc.gll carb-v.al,k dig.cl foll.jl,jl3 hep.gll kres.mg,mgl,* *Mur-ac.*kl,st *Phos.* podo.al thiop.jl
  - **19** h: buth-a.spl
- **nachts**: ambr.al,k arn.h,k,* ars.gt cob-n.mg,mgl hep.brl nat-s.hrl,k nux-v. plan. puls.gll
  - **Mitternacht**:
    - **nach**: ars.gt
      - **4** h: alum. *Nux-v.*krl
        - **4** - 5 h: alum.al
  - **lähmende** Angst, es ist unmöglich zu rufen oder sich zu bewegen, mit Hitze im Kopf: cob-n.mgl

◈ **abwechselnd** mit:
  - **Todes**; Vorahnung des
    ☞ *Tod - Vorahnung - abwechselnd mit - qualvolle*
- **allein**, wenn: *Phos.*hrl,krl
- **Amenorrhoe**; während: *Graph.*krl *Plat.*krl
- **Atmen** verhindernd, das: ars.al verat.hrl
- **Beklemmung**, mit: *Ars.*al,h *Calc.*hrl *Cann-i.*hrl,krl *Op.*hrl,krl verat.hrl,krl
  - **Verlangen** sich aufzusetzen oder aus dem Bett zu springen: *Verat.*hrl,krl
- **Bett**:
  - **nach** dem Zubettgehen amel.: cham.gt mag-c.krl
- **Bewegung** amel.: des-ac.jl
- **Erbrechen**, mit: *Aeth.*hrl,krl,* *Ant-t.*al ars.al,h asar.al,h ox-ac.al
- **Erwachen**, beim: arn.al,h bamb-a.stb2 des-ac.jl,krl *Dig.*hrl,krl,* nat-s.krl nux-v.krl
- **Essen**:
  - **beim**: hyos.cl sep.
  - **nach**: *Asaf.*hrl,krl hyos.cl *Sep.*hrl,krl
- **Freien**, im:
  - **amel.**: **Cann-i.** *Puls.*gll
- **Frost**; während: *Arn.*h,k,*
- **Gehen** im Freien: arg-met. arg-n. bell.h,k,* canth. cina plat. tab.
- **Herumwerfen**, mit: **Acon.**hrl,krl *Ars.*h,hrl,* **Cham.**hrl,krl coff.hrl,krl
  ☞ *Ruhelosigkeit - Bett - Herumwerfen*
- **Herzens**; bei Erkrankung des: *Acon.*hrl,krl **Arn.**hrl,krl *Ars.*hrl,krl *Aur.*vh,vh/dg bell.hrl,krl *Carb-v.*hrl,krl *Cham.*hrl *Dig.*hrl,krl **Spong.**hrl,krl
- **Herzklopfen**, mit: **Ars.**h,hrl,* aur.hrl,krl *Calc.*hrl,krl *Mosch.*hrl,krl **Phos.**hrl plat.h *Puls.*gll,hrl,* *Verat.*hrl,krl
- **Hitze**:
  - **durch** qualvolle Angst; Hitze: **KALI-S.**st
  - **während** der Hitze; qualvolle Angst: *Arn. Calc.*krl *Kali-c.*krl
- **Jammern** und Stöhnen; mit: tarent.kl,kl3
- **Kleidung** beim Gehen im Freien zu eng; als sei die: arg-met.al
- **Licht**:
  - **Zimmer**; im hell erleuchteten: levo.jl
- **Liegen**:
  - **muß** sich hinlegen: mez.kl ph-ac.kl phel.kl
    ☞ *Angst - Liegen - amel.*
- **Menses**:
  - **vor**: *Graph. Murx.*hrl,krl
    ☞ *Menses - vor; Gemütssymptome*
  - **während**: *Bell.* calc. coff. ign. merc. nit-ac. phos. *Plat.* stann. xan.
    ☞ *Menses - während; Gemütssymptome*
- **Ohnmacht** nach qualvoller Angst: nux-v.krl verat.krl
- **Ruhelosigkeit**; mit: **Acon.**ptk2 *Ars.*ptkl
- **Schrecklichem**; nach dem Hören von: calc.gll
  ☞ *Empfindlich - Grausamkeiten / Erregung - Hören*
- **Schweiß**:
  - **nachts**: ambr.krl arn.al
  - **während**: *Ambr.*krl,vh/dg *Arn.*h,k,* chinin-s.krl
  - **kaltem** Schweiß auf der Stirn; mit: **Verat.**krl
- **Selbstmord** zu begehen; versucht
  ☞ *Suizidneigung - qualvoller*
- **Stuhlgang**:
  - **vor**: acon. ictod.al,k merc.hrl,k verat.
  - **während**: merc. verat.kl
- **treibt** von einer Stelle zur anderen: **Ars.**al,k *Rhus-t.*hrl,krl
  - **Ruhelosigkeit**, mit: **Acon.**hrl,krl **Ars.**hrl,krl **Ars-i.**vh,vh/dg **Bism.**hrl,krl
    ☞ *Ruhelosigkeit - treibt ihn / Ruhelosigkeit - treibt umher*
- **Übelkeit**, mit: ail.al *Ars.*al,h **Dig.**hrl,krl,*
- **überfüllten** Zimmer; im (mit Menschen): levo.jl
- **Urämie**, bei: *Hydr-ac.*krl
- **Verletzungsschock**, bei: *Op.*hrl,krl
- **Verlust** seines Freundes; durch: **Nit-ac.**hrl,krl
- **Weinen**, mit: bell.al
- **Wetter**; bei stürmischem: *Phos.*krl
- **Zimmer** mit viel Licht und Menschen agg.
  ☞ *Licht - Zimmer / überfüllten*

– **zittrige** qualvolle Angst, durch Ruhe agg., durch Bewegung amel.: *Puls.*kr1
– **Zorn**, durch: *Plat.*hr1,kr1
– **zusammengeschnürt**; als würde alles: *Ars.*a1

Quengeln
☞ *Mürrisch / Reizbarkeit / Schmollen / Unzufrieden / Zorn*

Rachsüchtig
☞ *Boshaft / Haß - Rachsucht*

Raffiniert
☞ *Hinterhältig*

Raserei, Tobsucht, Wut: *Acon.* acon-c.a1 acon-l.a1 *Aeth.* **Agar.** agn.kr1 alco.a1 alumn. *Anac.* androc.srj1 ant-t. *Apis*br1 arg-met.k2,sf1 arg-n. *Arn.* *Ars.* ars-s-f.k2 *Atro.*kr1,sf1 bar-c. **Bell.** bry. bufo calc. *Camph.* cann-i. cann-s. **Canth.** carb-v.h *Carbn-s.* cham. chel. chin. chinin-s. cic. cimic. cina cocc.j5 *Colch.* coloc. cori-r. croc. crot-h. *Cupr.* cyn-d.j1 dig. dros. dulc. elec.j eupi.a1 fl-ac. germ-met.srj5 glon. graph. haliae-lc.srj5 *Hell.* hep. **Hyos.**c2,k hyper. ign.sf1 jatr-c. kali-c. **Lac-c.** *Lach.* lob. *Lol.*sf1 **Lyc.** m-ambo.c1 meli.a1,kr1 *Merc.* merc-cy.j5 **Mosch.** *Nat-m.* neonsrj5 *Nit-ac.* nux-m. nux-v.bl6,sf1 oena. **Op.** par. petr.gl1,j5,* ph-ac.sf1 *Phos.* plb. *Puls.* raja-s.j1 raph.a1 ruta sabad. *Sec.* seneg. sep.j5 *Sol-ni.* staph.c1,c2 **Stram.** stry.k1 sul-ac. sulo-ac.a1 *Sulph.* *Tab.* tarent. thyr.br1 **Verat.** vip. zinc.
☞ *Delirium - rasend / Destruktivität / Fluchen / Geisteskrankheit / Gesten - zornig / Heftig / Heftig - Gewalttaten / Kämpfen / Leidenschaftlich / Manie / Niederträchtig / Reizbarkeit - abwesenden / Ruhelosigkeit - Raserei / Wildheit / Zerbricht / Zerreißt - Dinge / Zorn / Zorn - heftig / Zorn - plötzlich / ❑ Gesicht - Ausdruck - heftig / ❑ G~ Farbe - gelb - Raserei*

– **Tag** und Nacht: hyos.j5
– **morgens** im Bett: kali-c.j5
– **abends**: acon. anac. ars. **Bell.** croc.a1,j5 *Hyos.* *Lach.* merc. nit-ac. op.a1 phos. plat. puls. thyr.j1 trios.j1 zinc.
– **nachts**: acon. *Apis*kr1 ars. *Bar-c.*kr1 *Bell.* con. *Hyos.* lyc. merc. nat-c. nat-m. nit-ac. plb. puls. *Verat.*
◆ **abwechselnd** mit:
• **Angst**: bell.j5
• **Bewußtlosigkeit**: aloekr1
• **Bewußtsein**, Rückkehr des Bewußtseins; klarem: acon. stram.h
• **Fröhlichkeit**, Frohsinn: acon.j5 bell.j5 cann-s.j5 croc.j5 hyos.j5 seneg.j5
• **Furcht**: bell.j5
• **Konvulsionen**: **Stram.**a1,k,*
• **Lachen**: acon.j5 stram.j,k
• **liebevollem** Wesen; mit: croc.
• **Redseligkeit**: stram.j5
• **religiöse** Erregung: agar.
• **Ruhe**
☞ *still*
• **Schlaf**: ars.kr1
• **still** zu sein; Verlangen: hyos.h,j5,*

– **abwechselnd** mit: ...
• **Tod**:
• **wünscht** sich den Tod, möchte sterben: bell.j5,kr1
• **Vorahnung** des Todes: stram.kr1
• **Weinen**: acon.j5 cann-s.j5
– **allein**, wenn: bufo
☞ *Gesellschaft - Verlangen / Gesellschaft - Verlangen - allein*
– **anfallsweise**: acon.kr1 camph.kr1 canth.kr1 cere-s.a1 chin-b.hr1,kr1 **Cocc.**hr1 croc.kr1,sf1 *Cupr.*kr1 hyos.c1 mosch.c1,kr1 *Nit-ac.*hr1 oena.kr1,sf1 olnd.bg2 opun-v.a1 *Puls.*kr1 *Stram.*kr1 *Verat.*kr1
– **anhaltend**: *Agar.* *Verat.*kr1
– **aufgeweckt**, wenn: phos.
– **Beißen**, mit: bell.j5,sf1 *Camph.*j5,kr1 canth.j5,sf1 croc.j5 cupr.j5,sf1 sec.j5 *Stram.*j5 *Verat.*j5
☞ *Beißen*
– **Beleidigungen**, nach: sang. stram.
☞ *Beschimpfen*
– **Berührung**, erneuert durch: *Bell.* lach.sf1 *Op.* *Stram.*
☞ *Berührt*
– **Beschwerden** durch
☞ *Beschwerden durch - Raserei*
– **Betrunkenheit**; bei: agar.a1
– **boshaft**, bösartig: *Bell.*j5 cann-s.j5 choc.srj3 cocc.j5 cupr.j5,kr1 lyc.j5 mosch.j5 neonsrj5 petr.gl1,j5 sec.j5
– **Entbindung**, während der: *Bell.*kr1
– **Entmutigung**; mit: colch.j5 nit-ac.j5
– **Epilepsie**:
• **mit** Epilepsie; Raserei: bell. cupr. hyos. nux-v. op. plb.
• **nach** Epilepsie; Raserei: *Arg-met.* op.bro1
– **erkennt** seine Verwandten nicht: *Bell.*
☞ *Erkennt - nicht - Verwandten*
– **Essen**, beim:
• **nach**; und: chlor.kr1
– **Fieberfrost**
☞ *Frost*
– **Fluchen**, mit: alco.a1 anac.j5,kr1,* lac-c.a1 *Nit-ac.*j5,kr1,* verat.j5,kr1,*
– **Frost**; während: cann-s.j5 *Cimx.*kr1
– **gefesselt** werden, muß: ars.j5,kr1 *Bell.*vh,vh/dg *Hyos.*vh,vh/dg sec.j5 **Stram.**vh,vh/dg **Tarent.**vh,vh/dg
– **glänzende** Gegenstände, durch: bell. canth. hyos. *Stram.*
☞ *Glänzende - agg.*
– **Halluzinationen**, durch: *Stram.*kr1
– **heftig**: agar. anac.sf1 bar-c.j5 **Bell.** canth.j5 cocc.j5 croc.j5 cupr.j5 **Hyos.** lyc.j5 **Stram.** *Verat.*st
☞ *Heftig / Heftig - Gewalttaten*
– **Hitze** des Körpers, mit: *Verat.*j5,kr1
– **Hochnehmen**; des Kindes beim: *Stram.*kr1
– **kalte** Anwendungen am Kopf amel.: sabad.
– **Kleinigkeiten**, über: bar-c.sf1 cann-s.a1 dros.h thyr.br1
– **Konvulsionen**; Raserei mit: ars. *Bell.* *Canth.*kr1 *Hyos.*kr1 *Stram.*
– **Kopfschmerzen**, mit: agar.a1 *Ars.* **Bell.** cimic.kr1 croc. glon.k2 *Lyc.* nat-m. puls. **Stram.** *Verat.*

- **Körperkraft** erhöht: *Agar.* **Bell.** hyos.gl1,j5
- **Lachen**, mit: *Stram.*j5,kr1
- **Leiden**, durch: aloekl
- **Lesen** und Schreiben; durch: med.kr1
- **Liebe**; durch enttäuschte: *Hyos.*kr1
  ☞ *Beschwerden durch - Liebe*
- **Medikamentes**; durch gewaltsame Verabreichung des: *Bell.*a1
- **Menses**:
  - **während**: acon. bell. hyos.
    ☞ *Menses - während; Gemütssymptome*
  - **Beginn** der; zu: acon.a1,sf1
- **mutwillig**, boshaft: agar. bell.j cann-s.j cocc.j cupr.j lyc.j mosch.j petr.j sec.j
  ☞ *Boshaft / Mutwillig*
- **Reue**, gefolgt von: croc.sf1 lyss.kr1
- **Schaum** vor dem Mund; mit: *Camph.*j5,kr1,*
- **Schlaf**:
  - **gefolgt** von anhaltendem tiefem: sec.kr1
  - **im**: phos.j5
- **Schlagen**; mit
  ☞ *Schlagen - Raserei*
- **Schmerzen**, durch: acon.sf1 arg-met.k2,sf1 *Ars.*hr1,sf1 cham.sf1 glon.k2
- **Schreien**; mit
  ☞ *Schreien - Raserei*
- **Schuld** zu geben; Verlangen, anderen die: camph.mrr
- **Spucken**; mit: bell.j5 *Camph.*kr1 cann-s.j5
  ☞ *Spucken*
- **starrem** Blick, mit: bell.
  ☞ *Starren*
- **stehen**, unfähig zu: *Stram.*kr1
- **Suizidneigung**, mit: ant-t.j5,sf1 sec.sf1 stram.j5
  ☞ *Suizidneigung*
- **töten**; versucht Menschen zu: hep. **Hyos.** sec. *Stram.*
  ☞ *Töten*
- **Trinken**, beim: bell.h *Stram.*
- **trinken** oder den Kehlkopf zu berühren; beim Versuch zu: canth. merc-meth.a1
- **Trost**, durch: *Nat-m.*kr1
  ☞ *Trost - agg.*
- **vergeht** schnell: germ-met.srj5
- **verliebt**, morgens beim Aufstehen: agn.a1
- **Wahnideen** versetzen ihn in Raserei: *Stram.*kr1
- **Wasser**, beim Anblick von: *Bell. Canth.* cupr. hyos. lach. merc.j5 *Stram.*
  ☞ *Tollwut*
- **Weinen**, mit: cann-i.sf1 cann-s.j5
- **Widerspruch**, durch: grat.j *Ign.*c1 *Lac-c.*kr1 lyc.j nux-v.j olnd.kr1 opun-s.a1 *Thuj.*a1
- **wirft** sich im Bett umher, macht unverständliche Zeichen: stram.kr1
- **Würmer**; bei Beschwerden durch: *Carb-v.*kr1
- **zerreißt** die Kleidung: *Camph.*kr1
  ☞ *Destruktivität - Kleidern / Reizbarkeit - abwesenden / Zerreißt - Dinge*
- **zieht** die Umstehenden an den Haaren: *Bell.*

Rastlosigkeit
☞ *Erschreckt / Ruhelosigkeit*

Reagiert: carc.fb,zzh
- **Interesse**, aber ohne: carc.az1

Rebelliert gegen Umschläge: borx.h bry.h *Calc.*h carb-v.h *Cham.*h lyc.h merc.h mur-ac.h nit-ac.h nux-v.h phos.h puls.h rhus-t.h sep.h spig.h staph.h *Sulph.*h

Rebellisch: adam.srj5

Rechnen; kann nicht
☞ *Mathematik - Unfähigkeit - rechnen*

Recht zu haben; behauptet immer
☞ *Bestimmtheit*

Redegewandt: cann-i.a1 op.a1
☞ *Redseligkeit / Sprache - flüssig*

Redseligkeit; Geschwätzigkeit: abrot. acon. adam.srj5 aeth. aethera1 agar. agn. alco.a1 aloe alum.a1 ambr. anac. anh.mg1,sf1,* ant-t. apis aran-ix.mg1 *Arg-met.* arn. ars. ars-h. ars-i. ars-s-f.k2 atro.a1 *Aur.* aur-ar.k2 aur-s.k2 bamb-a.stb2 bapt. bar-c. bar-i.k2 bar-s.k2 *Bell.* ben-n.a1 borx. bov. bufosf1 buth-a.sp1 calad. calc. calc-act.a1 *Camph.* *Cann-i.*k1,st canth. carbn-s. carc.st1 *Carl.* caust. chel. *Cimic.* cinah coc-c. cocain.bro1 *Cocc.* coff. con.sf1 *Croc. Crot-c.* crot-h. *Cupr.* **Dulc.**hr1,k eric-vg.rcb1 eug. eup-pur. ferr-m. ferr-p. frax.bg gamb. gast.a1 *Gels.* gink-b.jl glon. grat. guare. hep.bg2 hydrc. hydrog.srj2 **Hyos.**c2,k ign.k2 *Iod.*gl1,k1 iodof.bg2 ip. *Kali-i.* kres.jl,mg1,* **LACH.**c2,k1,* *Lachn.* lil-t. limest-b.es1 lyc.bg1,bg2 lyss. m-arct.j mag-c. manc.a1 meph. merc-cy.a1 merc-i-f. *Mosch.*bg2,sf1 *Mur-ac.* nat-ar. *Nat-c.* nat-m. nicc. nux-m. nux-v. oena. onos. *Op.* oper.bro1 *Par.*h,k1,* parth.c1 past.c1,mg1,* petr. *Phos.* phys.bg2 physal-al.bro1 plat.k2 *Plb. Podo.* psor. pyre-p.a1,c1,* *Pyrog.* rad-br.gk rhus-t. sal-ac.a1 sec. *Sel.* stann. staph. stict. **Stram.** sulph. tab. tarax. tarent. teucr. thea ther. thuj. thymol.jl,sp1 trom. valer.bro1 *Verat.* verat-v.bg,ptk1 viol-o. viol-t.bg2 zinc. zinc-p.k2
☞ *Delirium - redselig / Delirium tremens - Redseligkeit / Eifersucht - Redseligkeit / Empfindlich - Mangel / Enthüllt / Indiskretion / Klatschsüchtig / Mitteilsam / Neugierig / Offenherzig / Redegewandt / Sprache - flüssig / Sprache - Schwatzen / Sprache - stammelnd / Unbesonnen*
- **tagsüber**: arg-met. caust.a1,h
- **vormittags**: caust.h,k,*
- **nachmittags**: *Nux-v.*hr1,kr1
- **abends**: adam.srj5 calc. calc-act.a1 **Lach.**hr1,k,* nux-v.hr1,k sel.hr1,k,* sol-t-ae. sulph. teucr.hr1,kr1 verat-v. viol-t.a1
- **nachts**: *Aur.* lyss. plb. puls.gl1
  - **1** -2 h: *Lachn.*

◆ **abwechselnd** mit:
- **antworten**; Abneigung zu: cimic.
- **Boshaftigkeit**
  ☞ *Boshaft - abwechselnd mit - Redseligkeit*
- **Lachen**
  ☞ *Lachen - abwechselnd mit - Redseligkeit*
- **Raserei**
  ☞ *Raserei - abwechselnd mit - Redseligkeit*

– **abwechselnd** mit: ...
• **Schweigsamkeit**: bell.j5 buth-a.jl,mg1 cimic.st ign.a1,k2 nat-m.vh
• **Stille**
☞ *Schweigsamkeit*
• **Traurigkeit**: arg-met.jl
– **albern**: par.j5
– **beantwortet** keine Fragen, aber: *Agar.*
☞ *Albernes / Antworten - gefragt / Ungeschicklichkeit*
– **betrunken**, wie: meph.gl1,hr1,* *Mosch.*sf,sf1
– **Betrunkenheit**; bei: caust.gl1 hep.gl1 lach.gl1 mag-c.gl1 petr.gl1 sulph.gl1
– **Ekstase**, mit: lach.j5
☞ *Ekstase*
– **erregt**: *Cupr.*sf,sf1 *Lach.*gl1 sel.hr1,kr1,* *Ther.*sf,sf1
– **Erschöpfung**, bis zur: nat-c.bg2
– **faselt** unzusammenhängend
☞ *wechselt*
– **Fieber**; während: *Bapt.*gk coff. *Gels.*kr1 *Lach.* lachn.c1 m-arct.j5 ph-ac.kr1 *Podo.*gk,k *Pyrog.*gk,k2 stram. **Teucr.** *Tub.* zinc.bg,ptk1
– **Fieberfrost**
☞ *Frost*
– **Frage** nach der anderen; stellt eine: ambr.k2 aur.ptk1
– **fröhlich**, ausgelassen: croc.j5 grat.j5 iod.j5 kali-i.j5 lach.j5 nat-c.j5 *Par.*j5 tab.j5 verat.j5
☞ *Hochgefühl*
– **Frost**; während: *Podo.*hr1,k teucr. zinc.bg,ptk1
– **geisteskrank**: *Apis*kr1 bell.j5,kr1 *Hyos.*hr1,j5,* lach.j5,kr1 *Par.*hr1,kr1 *Staph.*hr1,kr1 *Stram.*j5,kr1,* *Verat-v.*hr1,kr1
– **geistiger** Anstrengung, nach: lach.j5
– **Geschäfte**; über die: *Bry.*ptk1 hyos.ptk1
– **geschäftig**: lach.j5 ther.j5
– **Gesundheit**, über seine: **Nux-v.**st
☞ *Diskutieren - Symptome*
– **gewählten** Ausdrücken, in: lach.j5
– **hastig**: acon.kr1 hyos.j5
– **Heiserkeit** im Zaum gehalten; nur durch: *Lach.*kr1
– **Heiterkeit**; mit: ther.ptk1
– **Hitze**; während
☞ *Fieber*
– **hört** nicht zu: *Hep.*kr1
– **Husten**:
• **nach**: dros.ptk1
– **Kindern**; bei:
• **altkluges** Gerede: stroph-h.ptk1,ptk2
– **Kopfschmerz**:
• **vor**: cann-i.br1
– **lebhaft**: *Hyos.*j5 nat-c.j5 *Par.*hr1,j5,*
– **Menopause**; während der: *Phys.*kr1,vh,*
– **Menses**, während: *Bar-c.*hr1,k *Lach.* *Stram.*h,k,*
☞ *Menses - während; Gemütssymptome*
– **nicht** redselig
☞ *Schweigsam / Stilles*
– **offenherzig**: anh.sf,sf1 bov.gl1
– **Reden**, hält: arn. cham. ign.bg2 *Lach.*
– **religiöse** Themen, über: *Verat.*hr1,kr1,*
☞ *Religiös - Gemütsstörungen*
– **Schlaf**, im: ambr.h,k,* cupr. ign.a1,k op.a1,k

Redseligkeit: ...
– **Schlaflosigkeit** mit Redseligkeit:
• **Mitternacht**, besonders vor: *Lach.*kr1
– **schnell**: arg-met.k2
– **Schwangerschaft**, während der: *Bar-c.*hr1,kr1
– **Schweiß**, beim: ars. bell. *Calad.* cocc. cupr.ptk1 hyos. *Lach.*bg2 *Sel.* tarax.
– **selbstzufrieden**: par.j5
☞ *Ichbezogenheit*
– **Spaßen**, mit: croc.j5 kali-i.j5 lach.j5
☞ *Spaßen*
– **stumpfsinnig** und reizbar; dann: lachn.hr1,kr1
– **unbesonnen**: *Iod.*hr1,kr1
☞ *Unbesonnen*
– **Unsinn**; redet: arg-met.k2
– **unzusammenhängendes** Gerede
☞ *wechselt*
– **wechselt** schnell von einem Thema zum anderen: agar.bg2,k ambr.k13,k2 arg-met.k2 arg-n.bg1,bg2 bry.ptk1 choc.srj3 *Cimic.*bg2,k,* hyos.ptk1 **Lach.**bg2,k,* lyc.bg2,k nux-v.hr1 onos.ptk1 par.bg2,k,* phos.ptk1 podo.ptk1 rhus-t.ptk1 sel.ptk1 stram.ptk1 teucr.ptk1 tub.bg1,bg2 valer.ptk1
☞ *Delirium - wechselt / Sprache - schweift*
• **Kopfschmerzen**:
• **während**: bar-c.ptk1 lach.ptk1 stram.ptk1
– **wißbegierig**
☞ *Frage*
– **witzig**, geistreich: croc.j5

Regeln:
– **Abneigung**, Regeln unterworfen zu sein
☞ *Widerspruch - Neigung / Widerspruch - verträgt*
– **respektiert** Regeln zu sehr
☞ *Pflicht - zu*

Regen
☞ *Wetter - Regen*

Reich zu sein:
– **Verlangen**: marb-w.es1
☞ *Geiz / Gier / Selbstsucht*

Reichtum an Ideen
☞ *Ideen - Reichtum*

Reimen, spricht in
☞ *Gedichte*

Reisen:
– **amel.**: ign.vh
☞ *Verlangen*
– **Verlangen** nach: am-c.gl1 am-m.gl1 anan. aur. bar-c.gl1 bell.gl1 calc.gl1,k2 **Calc-p.** *Carc.*cd,vh,* caust.gl1 choc.srj3 cimic. cur. elaps goss.st *Hipp.* hydrog.srj2 *Ign.*gk *Iod.* lach. lyss.ptk1 mag-c.gl1 med.gb *Merc.*gl1,k1,* plat.bg2,gk sanic. sep.gb thea.gl1 **Tub.**k1,st
☞ *amel. / Geisteskrankheit - reisen / Verlangen, Wunsch - voller - mehr / Wandern - Verlangen*

Reißt:
– **sich** am Körper, verletzt sich: ars. bell. cur. plb. sec. **Stram.**
☞ *Manie - reißt / Schlagen - sich / Tadelt sich / Zorn - reißen*

– **sich** am Körper, verletzt sich: ...
- **Genitalien**; an den: sec.
  ☞ *Schlagen - sich / Schreien - Genitalien / ❑ Männliche Genitalien - Faßt - reißt*
- **Haare** aus; sich die
  ☞ *Ziehen - Haaren*
- **Haut** um die Nägel aus; die: carc.hbh

Reizbarkeit, Gereiztheit: abies-c. abrot. absin.al *Acet-ac.* **Acon.** act-sp. *Adam.*srj5 adlu.jl *Aesc.* *Aeth.* *Agar.* *Ail.* alco.al alf.brol allox.spl *Aloe* **Alum.** alum-p.jl,k2 am-c. am-caust.al *Am-m.*k1,st ambr. ammc.al amn-l.spl *Anac.* anan. androc.srj1 ang. anh.mgl,spl **Ant-c.** ant-o.al *Ant-t.* ap-g.brol **Apis** arag.brl aran.jl aran-ix.jl,mgl,* *Arg-met.* *Arg-n.* *Arn.* **Ars.**gl1,k1,* *Ars-i.* ars-s-f.k2 *Art-v.* arum-t. *Asaf.* *Asar.* asc-t.krl asim.brol aspar. aster. atro.al **Aur.** aur-ar.k2 aur-i.k2 aur-m. *Aur-s.*k2 *Bamb-a.*stb2 bar-act.al *Bar-c.* bar-i.k2 bar-m. bar-s.k2 **Bell.** bell-p.jl,mgl ben.al ben-n.al benz-ac.al berb. *Bism.* bism-o.al bol-la.al,krl bol-s.al bond.al *Borx.* **Bov.** brach.al,krl brom. **Bry.** bufo but-ac.brol buth-a.mgl cact. cadm-met.jl,mgl,* cadm-s. calad. **Calc.** calc-ar.k2 calc-br.brol,c1,* calc-f.jl,spl calc-i.k2 *Calc-p.* **Calc-s.** calc-sil.k2 calen.j5,krl,* camph. *Camph-br.*brol cann-i.al cann-s. *Canth.* *Caps.* *Carb-ac.* carb-an. **Carb-v.** **Carbn-s.** carc.cd,spl card-m. *Carl.* caste.jl castm. *Caul.* **Caust.** cedr.bg2,sfl cench.k2 cere-b.al cere-s.al **Cham.** chel. *Chin.* *Chinin-ar.* chinin-s. chion.al chlol. chlor. chlorpr.jl *Choc.*srj3 cic. cimic. cimx. *Cina* cinnb. *Clem.* cob-n.mgl coc-c. coca *Cocc.* *Coff.* *Colch.* *Coloc.* *Con.* conv.brl cop. cor-r. cori-r.al corn. cortico.jl,spl cortiso.jl,mgl,* crat.brl,sfl *Croc.* *Crot-h.* crot-t. cub.c1 *Cupr.* cupr-act.krl cupr-ar.al cupr-s. *Cycl.* cyn-d.jl cyna.jl cyt-l.mgl,spl daph. der. des-ac.jl *Dig.* digin.al dios. dirc.al dor.al dros. *Dulc.* elae.al elaps equis-h.al euon. eup-per.bg2,sfl euphr. eupi. fago. felal *Ferr.* ferr-ar. ferr-i. ferr-p. fl-ac. form.al gal-ac.al,c1 galv.c1 *Gamb.* *Gels.* germ-met.srj5 gink-b.sbdl glon.al *Gran.* **Granit-m.**esl **Graph.** grat. guaj. guat.spl haliae-lc.srj5 ham. hell. helo.st *Helon.* **Hep.** hip-ac.jl,spl hipp. hir.mgl hist.jl,spl huraal *Hydr.* hydr-ac. **Hydrog.**srj2 hydroph.jl *Hyos.*bg2,k2,* *Hyosin.*brol hyper. iber.al,krl,* ign. *Indg.* indol.brol **Iod.**gl1,k1,* *Ip.* iris jatr-c. kali-ar. *Kali-bi.* *Kali-br.*krl **Kali-c.** kali-chl.bg2 kali-f.al **Kali-i.** kali-m.k2 kali-n. *Kali-p.* **Kali-s.** kali-sil.k2 kalm. kiss.al kreos. kres.jl,mgl kurch.bnjl *Lac-c.* lac-d. *Lach.* lachn. lact. laur. *Lec.* *Led.* lept.al **Lil-t.** linu-c.al lipp.al,c1 lon-p.c1,c2 luf-op.mgl **Luna**kgl **Lyc.** lycpr.j5 *Lycps-v.*c1,krl lyss. m-arct.j5 m-aust.j5 macro.c1 **Mag-c.** mag-f.jl,mgl mag-m. *Mag-s.*j5,krl,* manc. mand.jl,mgl,* *Mang.* *Med.* meli. menis.al meph. *Merc.* *Merc-c.* *Merc-i-r.* merl. *Mez.* mill.al mim-p.jl morph.brol mosch. *Mur-ac.* *Murx.* myric. nabal.al naja nat-ar. **Nat-c.** **Nat-m.** nat-p. *Nat-s.* neonsrj5 nep.jl1,mgl nicc. nid.jl **Nit-ac.** nit-s-d.j5 nitro-o.al nux-m. **Nux-v.** oci.al oena.al ol-an. *Olnd.* onop.jl *Op.* opun-s.al orig.al osm. ox-ac.al paeon.al *Pall.* palo.jl par. ped.al,c1 pers.jl **Petr.** **Ph-ac.** phel. **Phos.** phys.al *Phyt.* pic-ac. plan. **Plat.** plb.al,c1

Reizbarkeit, Gereiztheit: ...
plect. podo.c1 prot.jl prun. *Psor.* ptel. **Puls.** puls-n.al pulx.brl pyrog.bg2,k2,* quas.al rad-br.brl,brol ~~rad-met.brol,xxx~~ **Ran-b.** ran-s. rat. rauw.jl,spl rheum rhod. **Rhus-t.** rhus-v. rumx. *Ruta* *Sabad.* sabalptk2 sabin. sacch.al sal-p.al *Samb.* sang. sanic. santin.al sapin.al sarcol-ac.jl saroth.jl,mgl,* *Sars.* sec.al,c1 sel. senec.bg2,k2,* seneg. **Sep.** **Sil.** sin-n. skat.brl sol-mm.c1,c2 sol-t-ae.al,c1,* *Spig.* spira.al spong.k1 squil. *Stann.* **Staph.** *Stram.* stront-c. **Stry.** **Sul-ac.** sul-i.k2 sulfa.spl sulfon.brol sulfonam.jl **Sulph.** *Sumb.*bg2,krl syph.brol,st tab. tarax. *Tarent.* tell. tep. teucr. thal.c1,jl thea **Thuj.** thymol.brol thyr.al,bg2 til. tor.brol tril-c.al tril-p. trios.jl *Tub.* upa.al uran-met. ust. v-a-b.jl vac.c1,k valer. *Verat.* **Verat-v.** verb.k1 vib. vinc. viol-o. *Viol-t.* vip.al vip-a.jl visc.jl,spl voes.al wye.al x-rayjl,spl yuc.al,sfl **Zinc.** zinc-m.al zinc-p.brol zinc-val.brol zing.al ziz.al,spl
☞ *Beleidigt / Empfindlich / Klagen / Mürrisch / Schmollen / Stirnrunzeln / Streitsüchtig / Unfreundliche / Unzufrieden / Verdrießlich / Widerspenstig / Widerspruch - Neigung / Zorn / Zorn - antworten / ❑ Allgemeines - Reizbarkeit - übermäßig / ❑ Fieber - Reizfieber*

– **Tag** und Nacht: *Cham.*brol ign.brol ip.brol lac-c.brol op.ptk1 *Psor.*brol *Stram.*brol

– **tagsüber**: am-c. anac.h,k,* ant-c.h,k,* bism.h,k,* calc. carb-v. caust.h,k,* cycl. dulc. ip. iris kreos. lyc. mag-c. *Med.*hrl merc. *Merc-c.*al,k nat-c. nat-m. petr. phel. phos. plat. puls. sars. sep. stann. staph. sul-ac. sulph. verb. viol-t. zinc.

◇ **abwechselnd** mit:
- **Fröhlichkeit**:
  - **abends**: bism-o.al sulph. viol-t.
- **Lustigkeit**:
  - **abends**: sulph. viol-t.
- **nur**: lyc.ptk1 med.ptk1

– **morgens**: am-c.h,k,* am-m.hrl,k ang.al ant-c. ant-t.h,k,* arg-n.al bov.al,k bry.k2 calad.hrl,k,* *Calc.*h,k,* calc-act.al calc-sil.k2 canth.h,k,* carb-an.h,k,* carb-v.al,k *Carbn-s.* castm. cham.al,k chin. chlol. chlor.al,hrl cob-n.mg,mgl coc-c.al cocc.al,k con.h,k,* cycl.al,k erig.mg,mgl gink-b.sbdl graph.al,k grat. haliae-lc.srj5 hipp. *Iber.*hrl,krl,* kali-ar. kali-c. kali-p. kali-s. kali-sil.k2 kalm. kreos. *Lach.* mag-c. mag-m. *Mang.* *Merc-i-r.* myric.al nat-c.j5 *Nat-m.*al,k nat-p. *Nat-s.* nicc. nit-ac. nux-v. *Petr.* phos. plat. psor.h,k,* ran-b.c1 sabad. sang.al,k sars. seneg. sep.al,k sil. spong.j5 **Staph.** stram. sul-ac. sulph. tarax. thuj. *Til.*al,k verat. zinc. zinc-p.k2
- **7 h**: calad. sep.
- **Aufstehen**, nach dem: arg-n.al bov.al bry.k2 calc. canth.h,k,* carc.gk,svb *Carl.*al cham.al,h,* coff. gamb.al hep. mag-m. manc.al nat-s. phos. sulph.
- **Erwachen**, beim: agar. ant-t. arg-n. ars. ars-s-f.k2 *Bell.* bov. bry. bufo camph. carb-an. cham. coca con. cupr. cycl.st gamb. haliae-lc.srj5 iris jatr-c. kali-ar. *Kali-c.* kali-p. kali-s. lil-t. **Lyc.** mag-m.k1 *Merc-i-r.* mez. nat-m. nat-s. **Nit-ac.**k,vh/dg **Nux-v.**k,vh/dg petr. ph-ac. phos.h plat. plb. *Puls.* rhus-t. sul-ac. *Sulph.* thuj. **Tub.**al,brl,*
- **Kindern**, bei: *Chin.*st

– **morgens**: ...
• **Stuhlgang**:
• **vor**: calc.$_{al}$
– **vormittags**: aeth. agar.$_{al}$ am-c.$_{h,k,*}$ am-m.$_{h,k,*}$ ant-c.$_{al,h,*}$ ant-t.$_{al,k}$ arg-met. carb-an. carb-v.$_{h,k,*}$ caust. cinnb. grat. hipp. kalm.$_{hr1}$ lil-t.$_{al}$ lyc.$_{al}$ mag-c. mag-m. *Mang.* nat-c.$_{j}$ nat-m.$_{al,k}$ nat-p. nicc. phos. plect.$_{al}$ ran-b. seneg. sil. verat.
– **mittags**: am-m. aster.$_{al}$ cinnb.$_{al}$ kali-c. mez.$_{al}$ nat-c.$_{j5}$ nat-m. rumx. teucr. zinc.$_{al,k}$
• **amel.**: aeth.
– **nachmittags**: aeth. aloe alum. anac. androc.$_{srj1}$ ant-t. *Borx.* bov.$_{al,k}$ brom.$_{al}$ calc-s.$_{al}$ cann-i.$_{al}$ cann-s.$_{h,k,*}$ canth.$_{j}$ castm. chel.$_{al,k}$ colch. *Con.*$_{h,k,*}$ cycl.$_{al,k}$ elaps graph. hydr-ac. ign. iod. kali-c.$_{j}$ lil-t. m-arct.$_{al}$ mag-c. mang. merc-c.$_{al,k}$ mur-ac. nat-m. nit-ac. op. opun-v.$_{al}$ ox-ac. plb. ruta sang.$_{al,k}$ sars. sil.$_{al}$ sumb.$_{al,k}$ thuj.$_{al,k}$ zinc.
• **14** h: bov.$_{al}$ mez.$_{al}$
• **16** h: borx.
• **17** h: paeon.$_{al}$ sil.$_{al}$
• **17** - 18 h: *Con.*
– **abends**: adam.$_{srj5}$ aesc. aloe am-c.$_{h,k,*}$ am-m.$_{h,k,*}$ androc.$_{srj1}$ ant-c. ant-t.$_{h,k,*}$ bar-c. bar-m. bar-s.$_{k13,k2}$ bov.$_{al,k}$ cain. *Calc.*$_{h,k,*}$ *Calc-s.*$_{al,k}$ calc-sil.$_{k13,k2}$ canth.$_{al,k}$ carbn-s. castm.$_{k1}$ coc-c.$_{al}$ coloc.$_{al}$ *Con.* cycl.$_{al,k}$ dios. fago.$_{al,k}$ ign. indg. jug-r.$_{al,k}$ *Kali-c.* kali-chl.$_{k13}$ kali-m.$_{k2}$ kali-p. *Kali-s.* kali-sil.$_{k13,k2}$ kalm.$_{hr1,k}$ lach.$_{j5}$ lil-t. limest-b.$_{es1}$ *Lyc.*$_{al,k}$ lyss.$_{hr1,k}$ mag-c. mag-m. mill.$_{al}$ mur-ac. nabal.$_{al}$ *Nat-c.* nat-m.$_{al,k}$ nat-sil.$_{k13,k2}$ neon$_{srj5}$ nicc. ox-ac. pall. phos. plan. podo.$_{hr1}$ psor.$_{al,h}$ *Puls.* ran-b. sabad.$_{al}$ sil. spig. **Sulph.** sumb. trios.$_{jl}$ **Zinc.**$_{hr1,k,*}$ **Zinc-p.**$_{k13,k2}$ *Zing.*$_{hr1,kr1,*}$
• **amel.**: aloe am-c. bism. calc. mag-c. nat-m. nat-s.$_{j}$ nicc. verb. viol-t. zinc.
• **18** h: bamb-a.$_{stb2}$
• **19**.30 h: hydrog.$_{srj2}$
• **Bett**, im: upa.$_{al}$
– **nachts**: anac. anthraci. borx. bufo$_{al}$ camph.$_{hr1,k,*}$ cham. chin. coloc.$_{sf,sf1}$ graph.$_{j}$ lyc. nicc.$_{al}$ petr.$_{al}$ phos. pic-ac.$_{al}$ **Rhus-t.** sabad.
• **Mitternacht**:
• **vor**:
• **22** - 2 h: thea$_{al}$
◇ **abwechselnd** mit:
• **Fröhlichkeit**:
• **tagsüber**: ant-t.$_{bro1,ptk1}$ *Jal.*$_{bro1,vh,*}$ lac-c.$_{ptk1}$ nux-v.$_{bro1,ptk1}$ psor.$_{ptk1}$ rheum$_{bro1,ptk1}$
• **Babies**; bei kranken: *Psor.*$_{kr1}$
• **Erwachen**, beim: lyc. *Psor.*
• **nur** nachts, den ganzen Tag guter Laune und die ganze Nacht verärgert
☞ *abwechselnd - Fröhlichkeit - tagsüber*
• **Visionen**, mit schrecklichen: camph.$_{kr1}$
• **Zubettgehen**, nach dem: bufo cinnb.$_{al,k}$ hydrog.$_{srj2}$
◇ **abwechselnd** mit:
• **Entmutigung**: zinc.$_{j5}$
• **Feigheit**: ran-b.$_{bg1,bg2,*}$ zinc.$_{j}$
• **Freude**: acon.$_{bg3}$ *Coff.*$_{bg3}$ croc.$_{bg3}$ cycl.$_{k1}$ op.$_{bg3}$
– **abwechselnd** mit: ...
• **Fröhlichkeit**, Frohsinn: ant-t.$_{h,k,*}$ ars. *Aur.* aur-ar.$_{k2}$ *Borx.*$_{j5,k,*}$ bov.$_{j}$ caust.$_{h,k,*}$ chin. cocc. croc.$_{j5,k}$ cycl.$_{h,k,*}$ kali-c.$_{j}$ lyc. merc. merc-c.$_{h,k,*}$ nat-c. nat-m.$_{j5,k}$ plat. sanic. spig. spong.$_{j5,k}$ *Stram.*$_{j5}$ sul-i.$_{k2}$ tell.$_{jl,jl3}$ zinc.$_{j5,k}$
• **abends**: sulph. viol-t.
• **Geduld**: nid.$_{jl}$
• **Gleichgültigkeit**: asaf. bell.$_{h,k,*}$ carb-an.$_{h,k,*}$ cham. chin.$_{j,k}$ colch.$_{jl,jl3}$ sep. ziz.$_{kr1}$
• **Heiterkeit**
☞ *Fröhlichkeit*
• **Hypochondrie**:
• **tagsüber**: sulph. viol-t.
• **Lachen**: croc. sanic.$_{al,k}$ stram.
• **liebevollem** Wesen; mit: croc.$_{j}$ plat.
• **Lustigkeit**: caust. cocc. croc. nat-m. spong. sul-i.$_{k2}$
• **Reue**: mez.$_{j5}$
☞ *Reue - schnell*
• **Schüchternheit**: ran-b.$_{j5}$ zinc.$_{j5}$
• **Singen**: agar. croc.
• **Sorgen**: ran-b.$_{bg1,j5,*}$
• **Spaßen**: cocc.$_{j5}$
• **Toleranz**
☞ *Geduld*
• **Traurigkeit**: ambr.$_{h,k,*}$ asar.$_{jl,jl3}$ gink-b.$_{sbd1}$ zinc.$_{k,st}$
• **Verzweiflung**: ars.$_{gm1}$
• **Weinen**: acon.$_{j}$ alum.$_{j}$ aur.$_{sf,sf1}$ bell.$_{h,k,*}$ graph.$_{j}$ kali-i.$_{k,k2}$ phos.$_{j}$ plat.$_{j}$
• **Lachen** über Kleinigkeiten; und: graph.
• **Zärtlichkeit**
☞ *liebevollem*
– **Abendessen**, nach dem: arn.$_{h,k,*}$ nat-c. petr.$_{al}$ seneg.$_{al}$
– **Abort**:
• **drohendem**, bei: *Cham.*$_{kr1}$
• **in**: *Caul.*$_{kr1}$
– **abwesenden** Personen, mit: aur.$_{hr1,k,*}$ fl-ac.$_{al,k}$ kali-cy.$_{al,k}$ lyc.$_{h,k,*}$
☞ *Zorn - abwesende*
– **allein**:
☞ *Gesellschaft - Verlangen - allein*
• **möchte** allein sein: adam.$_{srj5}$ bry.$_{kr1}$ choc.$_{srj3}$ gels.$_{c1}$ hydrog.$_{srj2}$
• **wenn**: cortico.$_{mg,mg1}$ phos.$_{al,k}$
☞ *Gesellschaft - Verlangen / Gesellschaft - Verlangen - allein*
– **angeblickt**, wenn:
• **angesprochen** oder berührt; wenn:
• **Kindern**; bei: *Ant-c.*$_{bro1}$ ant-t.$_{bro1}$ *Cham.*$_{bro1}$ *Cina*$_{bro1}$ gels.$_{bro1}$ *Nux-v.*$_{bro1}$ sanic.$_{bro1}$ *Sil.*$_{bro1}$ thuj.$_{bro1}$
– **angesprochen**, wenn: ars. aur. aur-ar.$_{k2}$ bamb-a.$_{stb2}$ bry.$_{k2}$ bufo$_{gk}$ carbn-s. **Cham.** elaps gels. germ-met.$_{srj5}$ *Graph.* hyos. *Kali-p.* *Lil-t.*$_{k2,kr1}$ mang.$_{j}$ nat-m. nat-s. neon$_{srj5}$ *Nit-ac.* nux-v. puls-n.$_{al}$ rhus-t. *Sep.* sil. staph. stram. *Sulph.* tep. ust. verat.
☞ *Angesprochen - Abneigung*
– **Angst**, mit: acon.$_{h}$ aspar.$_{j}$ **Nux-v.**$_{hr1,kr1}$ phos.$_{h}$

– **Anstrengung**, durch: *Sep.* sulph.
– **Arbeit**, bei der: plan.$_{al}$ tong.$_{al}$
– **aufgeweckt**, wenn: berb.$_{al}$ bufo$_{gk}$ choc.$_{srj3}$ hyos.$_{al}$ nux-m.$_{al,k}$ op. sil.$_{k13,k2}$
– **Ausdrucksweise** anderer; durch unverständliche: sol-t-ae.$_{al}$
– **Beleidigungen**, durch: canth.$_{al}$
– **Berührung**, durch: *Ant-c.*$_{hr1,kr1}$ *Arn.*$_{vh,vh/dg}$ *Cham.*$_{vh,vh/dg}$ lach.$_{j5}$ tarent.$_{ptk1}$
– **Blähungen**, durch: cic.$_{br1}$
– **Brennen** in der rechten Lumbalregion; durch: nit-ac.$_{h}$
– **Diabetes**, bei: *Helon.*$_{hr1,kr1,*}$ *Lycps-v.*$_{kr1,vh,*}$
– **Diarrhoe**:
• **nach**: guaj.$_{al}$ kali-p.$_{k2}$
– **Ehemann**; gegenüber dem: adam.$_{srj5}$ bamb-a.$_{stb2}$ luna$_{kg1}$
– **eingebildete** Ereignisse; über: meph.$_{al}$
– **Entbindung**, während der: **Cham.**$_{kr1}$ *Hyos.*$_{kr1}$
☞ *Nachwehen*
– **Entmutigung**; mit: carb-v.$_{j5}$ dig.$_{j5}$
– **Epilepsie**:
• **vor**: *Art-v.*$_{kr1}$ *Lach.*$_{kr1}$
– **Ereignisse**; über eingebildete
☞ *eingebildete*
– **Erkältung**, nach einer: calc.$_{h}$
– **erregt**, wenn: arg-n. chin.$_{h,k,*}$
☞ *Beschwerden durch - Erregung / Beschwerden durch - Erregung - Gemütes*
– **Erwachen**, beim: agar. anac. ant-t.$_{h,k,*}$ arg-n. *Ars.*$_{h,k,*}$ bamb-a.$_{stb2}$ *Bell.*$_{h,k,*}$ berb. bov. brom. bry.$_{h,k,*}$ bufo calad.$_{hr1,kr1}$ camph. carb-an.$_{h,k,*}$ carb-v.$_{al}$ cass.$_{al}$ castm. caust. cham. chel.$_{al,k}$ chin. chinin-ar. chinin-s. *Cina*$_{kr1}$ clem.$_{al,k}$ coca cupr. *Cycl.*$_{al,k}$ gamb. iris jatr-c. *Kali-c.* kali-p. *Lach.* lil-t. **Lyc.**$_{hr1,k}$ m-aust. mag-m. *Merc-i-r.* mez. nat-m.$_{al,k}$ nat-s. nat-sil.$_{k13,k2}$ neon$_{srj5}$ *Nit-ac.*$_{k,vh/dg}$ nux-v. pall. petr. *Ph-ac.* plat. plb. *Psor.* puls. rhus-t. sanic.$_{c1}$ sep. sul-ac. sulph. tarent.$_{al}$ thuj. **Tub.**$_{al,vh,*}$
• **amel.**: caps.
• **Keuchhusten**, durch: *Bry.*$_{vh,vh/dg}$
– **Essen**:
• **beim**: chlor.$_{kr1}$ teucr.$_{j5}$
• **nach**: aeth. am-c. am-m.$_{j5}$ ambr. arn.$_{h,k,*}$ ars. bamb-a.$_{stb2}$ bar-act.$_{al}$ *Borx.* *Bry.*$_{al,k}$ carb-v.$_{h,k,*}$ cham.$_{h,k,*}$ chlor.$_{al,k}$ clem.$_{al}$ con. graph. *Hydr.*$_{hr1,kr1}$ iod. *Kali-c.* kali-i. merc. merc-sul. *Nat-c.* *Nat-m.* *Nux-v.* olnd.$_{al}$ ph-ac.$_{al}$ plat. *Puls.* teucr.$_{al,k}$ thuj. zinc.$_{al}$
• **amel.**: am-c. am-m. kali-bi. nat-s. phos.
☞ *Essen - nach - amel.*
• **Sättigung**, bis zur: merc.$_{h}$
– **Familie**; gegen ihre: opun-v.$_{al}$ thuj.$_{k13,k2}$
– **Farben**:
• **grün**:
• **agg.**:
• **dunkelgrün**: ign.$_{vk4}$
• **olivgrün**: phos.$_{vk4}$ staph.$_{vk4}$
• **purpurn**, blaurot:
• **agg.**:
• **dunkelpurpurn**: ign.$_{vk4}$
– **Fieberfrost**
☞ *Frost*
– **Fluor** aufhört; sobald der: *Hydr.*$_{kr1}$
– **Freien**, im: aeth. am-c. arn. borx. calc. *Con.* kali-c. mur-ac. nux-v. plat. puls. rhus-t.
• **amel.**: adam.$_{srj5}$ anac.$_{h,k,*}$ calc. coff. ign. mag-c. *Rhus-t.* stann.
– **Frost**; während: acon. alum. anac. arn. *Ars.* ars-s-f.$_{k13,k2}$ aur. aur-ar.$_{k2}$ bell. borx. bry. **Calc.** calen. camph. **Caps.**$_{h,k,*}$ carb-v. castm. *Caust.*$_{h,k,*}$ cham. chin. chinin-ar. cimx. cocc. coff. **Con.** cycl. gels. hep. hyos. *Ign.* kali-ar. kreos. **Lyc.** m-aust. mag-c. merc. mez. nat-c. *Nat-m.* *Nit-ac.* *Nux-v.* *Petr.* phos. plan. **Plat.** *Puls.* **Rheum** *Rhus-t.* sabad.$_{k,k1}$ sep. sil. *Spig.* staph. *Sulph.* teucr. thuj. verat.
– **Frühstück**:
• **vor**: nat-p.
• **nach**: con.
– **gefragt** wird; wenn er: androc.$_{srj1}$ apis *Arn.* bry.$_{k2}$ bufo$_{gk}$ *Cham.* coloc.$_{h,k,*}$ conv.$_{c1}$ haliae-lc.$_{srj5}$ nat-m.$_{al,k}$ **Nux-v.** *Ph-ac.* puls. ust.
☞ *Antworten - Abneigung / Kurz*
– **Gehen**, beim: am-c.$_{h}$ berb. *Borx.* clem. con. sumb.$_{al}$ thuj.
• **Freien** amel.; im: mag-c. **Rhus-t.**
– **geistige** Anstrengung; durch: bamb-a.$_{stb2}$ calc-sil.$_{k2}$ pic-ac.$_{k2}$ sapin.$_{al}$
– **geliebte** Personen, gegen: thuj.$_{k2}$
– **Geräusche**, durch: allox.$_{sp1}$ androc.$_{srj1}$ ant-t.$_{al,k}$ ars. bad.$_{h}$ bell. caust. cinnb.$_{al,k}$ cocc.$_{al,k}$ *Ferr.* iod. ip. kali-c. nat-c.$_{k2}$ nat-m.$_{k13,k2}$ neon$_{srj5}$ phos. pip-m.$_{al,k}$ plect.$_{al,k}$ ptel. puls-n. trios.$_{jl}$ ven-m.$_{jl,jl3}$
☞ *Empfindlich - Geräusche*
• **Rascheln** der Zeitung; selbst durch das: *Asar.*$_{sf1}$ *Ferr.* lyc.$_{k2}$ nat-c.$_{k2}$
– **Gerüche**:
• **Essig**; Geruch von: hydrog.$_{srj2}$
– **Geschäft**:
• **in** bezug auf das: borx.$_{j5}$ ip. nat-m.
• **wichtigen**, bei einem: *Borx.*$_{k1}$
– **Gespräche**, durch: *Ambr.*$_{h,k,*}$ dros.$_{c1}$ plect.$_{al}$
☞ *Gespräche - agg.*
– **gestört** wird; wenn er: ant-t.$_{k2}$ choc.$_{srj3}$ germ-met.$_{srj5}$ graph.$_{al,j5}$ limest-b.$_{es1}$ op.$_{al}$
☞ *Störungen / Unterbrechnung - agg.*
– **Gewitter**:
• **vor**: nat-c.$_{sf1}$
– **grundlos**: hydrog.$_{srj2}$ limest-b.$_{es1}$
– **Hämorrhoiden**, mit: *Apis*$_{kr1}$ **Nux-v.**$_{kr1}$
– **Herzens**; mit Beschwerden des: crat.$_{br1,gm1}$
– **Heulen** und Weinen; mit
☞ *Weinen*
– **Hitze**:
• **während**: acon. ail.$_{k2}$ anac. aran.$_{hr1,kr1,*}$ *Ars.* atha.$_{j5}$ *Bry.* carb-v. card-b.$_{al}$ caust. *Cham.* chim-m.$_{hr1,kr1,*}$ chlol.$_{gm1}$ cina$_{vh}$ *Ferr.* hep.$_{j5}$ ip.$_{hr1,kr1}$ lach.$_{al,k}$ m-arct.$_{j5}$ mosch. **Nat-c.** *Nat-m.* *Nux-v.* petr. ph-ac. phos. plan. *Psor.* puls. ran-b.$_{al}$ *Rheum* staph. *Sulph.*$_{hr1,kr1}$ ust.$_{hr1,kr1,*}$
• **nach**: am-c.$_{al,k}$ *Cina*$_{kr1}$ hipp.
• **Typhus** abdominalis; während: chlol.$_{gm1}$

– **Husten**, durch: *Cina*$_{krl}$

• **Keuchhusten**, bei: *Bry.*$_{krl}$ *Cupr-act.*$_{krl}$

– **Impotenz**, mit: *Pic-ac.*$_{krl}$

– **Jucken**, durch: anac.$_{brl}$

– **Kaffee**, nach: calc-p.$_{al,k}$

– **Kindern**, bei: abrot.$_{hrl,k}$ ant-c. ant-t. ars.$_{al,k}$ benz-ac. borx. *Calc.*$_{hrl}$ calc-br.$_{c,cl}$ *Calc-p.*$_{hrl,k,*}$ camph.$_{al}$ **Cham.** *Chin.*$_{st,vh}$ **Cina** cupr.$_{st}$ dulc.$_{sf,sfl}$ graph. *Iod.* ip.$_{st}$ kali-br.$_{cl}$ kali-p.$_{ptkl}$ lac-c.$_{ptkl}$ lyc. **Mag-c.** puls. rheum$_{sfl}$ sanic. sep. *Sil.* staph.$_{sf,sfl,*}$ syph. *Tub.*$_{cl,st}$ zinc.$_{hrl,k}$

• **brav**, die ganze Nacht gereizt; den ganzen Tag über: jal.$_{brl,st}$

• **gereizt**, die ganze Nacht brav; den ganzen Tag über: lyc.$_{st}$

• **krank**, wenn: *Lyc.*$_{st}$

• **schlaflos** Tag und Nacht: psor.$_{st}$

• **schreien** bei Berührung: **Ant-t.**$_{krl}$

• **stößt** die Krankenschwester weg: lyc.$_{bg2,sfl,*}$

– **Kindern**; gegenüber: bamb-a.$_{stb2}$ kali-i.$_{al}$ limest-b.$_{esl}$

• **eigenen** Kindern; gegenüber den: *Choc.*$_{srj3}$ haliae-lc.$_{srj5}$ luna$_{kgl}$

– **Kleinigkeiten**, durch: ang.$_{al,j5}$ ant-c.$_{j5}$ arg-met.$_{j5}$ *Ars.*$_{bg2,h}$ aspar.$_{hrl,j5,*}$ *Bell.*$_{h,j5,*}$ brass-n-o.$_{srj5}$ *Calc.*$_{j5}$ calc-sil.$_{j5,k2}$ carb-v.$_{j5}$ carc.$_{zzh}$ *Caust.*$_{al,j5}$ **Cham.**$_{bg2}$ chel.$_{al}$ choc.$_{srj3}$ *Cimic.*$_{j5,krl,*}$ *Cina*$_{bg2}$ *Clem.*$_{bg2}$ *Cocc.*$_{bg2,j5}$ con.$_{al}$ croc.$_{bg2}$ *Cycl.*$_{al}$ digin.$_{al}$ gink-b.$_{sbdl}$ granit-m.$_{esl}$ graph.$_{j5,k2}$ haliae-lc.$_{srj5}$ hell.$_{al,bg2}$ *Hep.*$_{bg2,j5,*}$ hist.$_{j5,mgl,*}$ hydrog.$_{srj2}$ ign.$_{j5}$ ip.$_{bg2}$ kali-bi.$_{bg2}$ kreos.$_{al,bg2}$ lach.$_{bg2}$ lact-v.$_{al}$ limest-b.$_{esl}$ *Lyc.*$_{al,bg2}$ lycpr.$_{al}$ lyss.$_{al}$ mang.$_{h2}$ marb-w.$_{esl}$ *Med.*$_{j5,krl,*}$ meph.$_{al}$ merc-i-r.$_{al}$ *Mez.*$_{bg2}$ nat-c.$_{bg2}$ *Nat-m.*$_{al,bg2}$ nat-p.$_{j5,k2}$ **Nit-ac.**$_{bg2}$ **Nux-v.**$_{bg2}$ opun-s.$_{al}$ opun-v.$_{al}$ petr.$_{j5}$ *Phos.*$_{al,bg2}$ *Plat.*$_{j5,k2,*}$ *Ptel.*$_{j5,krl}$ puls.$_{al}$ rhus-t.$_{h}$ saroth.$_{j5,jl}$ sars.$_{al}$ seneg.$_{bg2}$ sep.$_{bg2}$ sil.$_{j5}$ sol-a.$_{al}$ stram.$_{bg2}$ sul-ac.$_{k2}$ sulph.$_{j5}$ *Tub.*$_{ptk2}$ verat.$_{h,j5,*}$

☞ *Kleinigkeiten / Zorn - außer sich / Zorn - außer sich - Kleinigkeiten*

– **Koitus**:

• **amel.**: tarent.$_{bg1,st}$

• **nach**: agar. aster.$_{hrl}$ bov. calad. **Calc.** calc-s.$_{k,k2}$ calc-sil.$_{k2}$ *Chin.* dig. graph. *Kali-c.* kali-p. *Kali-sil.*$_{k2}$ mag-m. *Nat-c.* nat-m. nat-sil.$_{k2}$ nit-ac. nux-v. *Petr.* ph-ac. *Phos.* *Sel.*$_{k1,st}$ **Sep. Sil.** staph. thuj.$_{bg1,st}$

– **Konvulsionen**:

• **vor**: art-v. *Aster. Lach.*

– **Konzentration**, durch schwierige: carc.$_{vh}$ sapin.$_{al}$

– **Kopfschmerzen**, bei: *Acet-ac.*$_{k,kl,*}$ acon. aeth. *Am-c.*$_{h,k,*}$ am-m. *Anac.* ant-c. *Ars.*$_{hrl,k}$ bell. bov.$_{al,k}$ bry. calc. calc-i.$_{k13,k2}$ calc-p.$_{al,k}$ calc-sil.$_{k13,k2}$ *Cham.*$_{brol}$ *Chin.*$_{st,vh}$ *Chinin-ar.*$_{krl}$ chinin-s. coca con. crat.$_{brl}$ cycl. dulc. graph. helon.$_{al,k}$ hipp. hydrog.$_{srj2}$ ign.$_{brol}$ ind. iod.$_{al,k}$ kali-ar. kali-c. kali-p. *Kreos.* *Lac-c.*$_{hrl,k}$ lach.$_{al,k}$ lachn. laur. lyss. mag-m. *Mag-p.* mang. meph. merc. *Mez.* nat-m. *Nicc.* *Nux-v.* ol-an.$_{st}$ op. pall.$_{al,k}$ *Phos.* plat. *Sang.*$_{hrl,krl,*}$ sil. spong. stann. **Syph.** teucr.$_{j5}$ thuj. vip. zinc. zinc-p.$_{k13,k2}$

– **Kummer**, durch: *Kali-br.*$_{hrl,krl}$ mag-c.$_{sf,sfl}$ tarent.$_{al}$

– **Leberstörungen**, bei: *Bry.*$_{krl}$ *Cham.*$_{krl}$ **Nux-v.**$_{krl}$ *Podo.*$_{krl}$

– **leicht**: abies-c.$_{al}$ abrom-a.$_{bnjl}$ *Cham.*$_{al}$ cinnb.$_{hrl}$ digin.$_{al}$ haliae-lc.$_{srj5}$ ham.$_{al}$ kali-c.$_{al}$ kali-fcy.$_{al}$ lach.$_{al}$ merc.$_{h}$ myric.$_{al}$ plan.$_{al}$ plat.$_{al}$ *Psor.*$_{st}$ sang.$_{al}$ sarcol-ac.$_{al}$ zinc.$_{al}$

– **Lesen**, beim: med. nat-c.

☞ *Lesen - agg.*

– **Liegen** amel.; beim: sulfonam.$_{jl}$

– **Masturbation**, nach: *Hyos.*$_{hrl,krl}$

– **Medikament** einzunehmen; beim Gedanken das: mim-p.$_{jl}$

☞ *Weigert - Medizin*

– **Menopause**; während der: *Psor.*$_{st}$ sel.$_{brol}$

– **Menses** ●:

• **vor**: bamb-a.$_{stb2}$ berb.$_{al,k}$ calc. *Caust. Cham.* choc.$_{srj3}$ cocc.$_{brol}$ cycl.$_{gk}$ gink-b.$_{sbdl}$ kali-c. kreos. lach.$_{oss}$ lil-t.$_{brol}$ luna$_{kgl}$ *Lyc.*$_{hrl,k}$ mag-m. *Nat-m.* *Nux-v.* pic-ac.$_{cl}$ *Puls.*$_{vh,vh/dg}$ *Sep.* thyr.$_{jl,jl3}$

☞ *Menses - vor; Gemütssymptome*

• **während**: acon.$_{h}$ aeth. am-c.$_{h,k,*}$ aran. asaf. bell. berb.$_{al,k}$ bry. calc. castm. caust.$_{h,k,*}$ *Cham.*$_{h,k,*}$ cimic. cina con. crot-c.$_{al}$ eupi. ferr. germ-met.$_{srj5}$ gink-b.$_{sbdl}$ ind. kali-c. kali-p. kali-s. kreos. lyc. mag-c. mag-m.$_{al,k}$ mag-s. nat-c. nat-m. nat-p. *Nux-v.* petr. ph-ac. plat. puls. sars. sep.$_{al,k}$ stram. *Sulph.* tarent. zinc.$_{al,k}$ zinc-p.$_{k13,k2}$ zing.

☞ *Menses - während; Gemütssymptome*

• **nach**: berb.$_{al,k}$ bufo carb-ac.$_{cl}$ ferr. nat-m.

☞ *Menses - nach; Gemütssymptome*

• **Aussetzen** der; beim: eupi.

• **erscheinen**; als würden die Menses: bamb-a.$_{stb2}$

– **mißtrauisch**: cham.$_{j5}$ lyc.$_{j5}$ merc.$_{j5}$

☞ *Argwöhnisch*

– **Mittagessen**:

• **vor**: phos.

• **beim**: teucr.$_{al,k}$

• **nach**: am-c. cham.$_{al,h,*}$ coc-c.$_{al,k}$ crot-t.$_{al}$ *Hydr.* iod.$_{al}$ mill.$_{al,k}$ *Nat-c.* ol-an.$_{al}$ teucr.$_{al,k}$ til.$_{al,k}$ zinc.$_{al}$

– **Müdigkeit**:

• **bei**: crot-t.$_{al}$ hydrog.$_{srj2}$

– **Musik**:

• **während**: anac.$_{sf,sfl}$ *Calc.*$_{sf,sfl}$ caust. *Mang.* nat-c.$_{sf,sfl}$ nat-m.$_{k13,k2}$ nux-v.$_{sf,sfl}$ sep.$_{sf,sfl}$ tarent.$_{st}$ viol-o.$_{sf,sfl}$ zinc.$_{sf,sfl}$

☞ *Empfindlich - Geräusche / Musik - agg.*

• **Geigenspiel**: viol-o.$_{sf,sfl}$

• **Klaviermusik**: anac.$_{sf,sfl}$ *Sep.*$_{al,h,*}$ zinc.$_{sf,sfl}$

• **schrille**, durch: sumb.$_{al}$

– **Nachwehen**, bei: *Nux-v.*$_{krl}$

☞ *Entbindung*

– **Nichtigkeiten**; wegen

☞ *Kleinigkeiten*

– **nimmt** alles übel, sieht alles von der schlechten Seite: alum.$_{cl}$ anac.$_{ptkl}$ bov.$_{k,ptkl}$ caps.$_{ptkl}$ caust. cocc.$_{ptkl}$ *Croc.* granit-m.$_{esl}$ nat-m.$_{k,ptkl}$ nux-v.$_{ptkl}$ *Pall.* puls. staph.$_{ptkl}$ verat.$_{ptkl}$

☞ *Beleidigt*

– **plötzlich**: limest-b.$_{es1}$ puls.$_{hr1}$
– **Pollutionen**, nach: coff. dig. gels.$_{lp}$ *Lil-t.* nat-c. *Nux-v.* sang.$_{st}$ sel. **Staph.** ust.
– **Prolaps** des Uterus; bei: *Lil-t.*$_{hr1,kr1,*}$
– **Pubertät**, in der: *Phos.*$_{sf,sf1}$
– **Reise** zu langsam geht; wenn die: cortiso.$_{sp1}$
– **Reue**; mit schneller: *Sulph.*$_{kr1}$
☞ *Zorn - abwechselnd mit - Reue*
– **Samenabgang**, nach: coff. dig. *Lil-t.* nat-c. *Nux-v.* sang.$_{st}$ sel.$_{k,k2}$ **Staph.** ust.
– **Schaukeln**; schnelles:
☞ *Getragen - Verlangen*
• **amel.**: cina
☞ *Schaukeln - amel.*
– **schickt**:
☞ *Delirium / Delirium - gesund / Eigensinnig - nichts / Gesund - sagt - krank / Wahnideen - gesund, er / Weigert - Medizin*
• **Arzt** nach Hause und sagt, er sei nicht krank; schickt den: *Apis*$_{k1,st}$ **Arn. Cham.**
☞ *Delirium / Delirium - gesund / Gesund - sagt - krank / Wahnideen - gesund, er*
• **Krankenschwester**, schickt die:
• **aus** dem Zimmer: **Cham.**
• **nach** Hause: *Fl-ac.*
– **Schlaf** durch Geräusche geweckt wird; wenn er im: calad. *Thuj.*$_{kr1}$
– **Schlaflosigkeit**, mit: bell.$_{hr1,kr1,*}$ calc.$_{j5,kr1}$ *Coff.*$_{kr1,sf1,*}$ **Hyos.**$_{hr1,kr1}$ *Kali-br.*$_{hr1,kr1,*}$ mosch.$_{hr1,kr1}$ *Nat-m.*$_{hr1,kr1,*}$ plat.$_{hr1,kr1}$ psor.$_{kr1,st}$
• **Kindern**, bei: psor.$_{st}$
– **Schläfrigkeit**, bei: ind.$_{hr1,kr1}$
– **Schmerzen**; bei den: aloe$_{k2}$ ars.$_{sf1}$ canth.$_{j5}$ *Cham.*$_{k2,kr1,*}$ colch.$_{c1,k1}$ coloc.$_{k2}$ crot-t.$_{a1}$ hep. hydrog.$_{srj2}$ ign. *Op.*$_{gl1}$
☞ *Empfindlich - Schmerz*
• **Rückseite** von Kopf und Hals: crat.$_{br1}$
– **Schreiben**; beim: med.$_{pc}$
– **Schwäche**:
• **durch**: mur-ac.$_{sf,sf1}$
• **mit**: bamb-a.$_{stb2}$ **Chin.**$_{hr1,kr1}$ gal-ac.$_{c1}$ *Kali-p.*$_{hr1,kr1}$
☞ *Gesund - sagt - krank*
– **Schwangerschaft**, während der: *Cham.*$_{hr1,kr1}$
– **schweigsam**: am-c.$_{j5}$ ars.$_{j5}$ coloc.$_{j5}$ puls.$_{j5}$ sulph.$_{j5}$
☞ *Schweigsam*
– **Schweiß**, beim: ang. bry. *Calc.* calc-p. *Cham.* clem. hep. mag-c. merc. nat-m. **Rheum** sep. *Sulph.* thuj.
– **Schwierigkeiten** mit jemandem; nach: tarent.$_{a1}$
– **sexuelle** Erregung; durch:
• **Frauen**; bei: *Nux-v.*$_{kr1}$
– **sexuelle** Exzesse; durch: ol-an.$_{sf1}$
– **sexuellen** Verlangens; durch Verlust des: sabal$_{ptk1}$
– **sexueller** Schwäche; mit: *Pic-ac.*$_{kr1}$
– **sich** selbst; gegenüber: adam.$_{srj5}$ ars.$_{a1}$ aur.$_{a1}$ *Elaps*$_{a1}$
– **Sitzen**, im: aeth. ammc.$_{a1}$ calc. mang. nat-m.$_{a1,k}$
☞ *Sitzen - Neigung*

Reizbarkeit, Gereiztheit: ...
– **Sprechen**, beim: alum. ambr.$_{h,k,*}$ cham. mang. nicc. psor. staph. sul-ac. teucr. tong.$_{a1}$ zinc.
– **Stuhlgang**:
• **vor**: aloe *Borx.* *Calc.*$_{h,k,*}$ merc.$_{sf,sf1}$ *Nux-v.*$_{bg2,sf1,*}$
• **nach**: graph.$_{sf,sf1}$ nat-c.$_{a1,k}$ *Nit-ac.*$_{a1,k}$ rheum$_{sf1}$
– **Tadel**; durch: bamb-a.$_{stb2}$
– **Traurigkeit**, mit: ant-c.$_{j5,kr1}$ asar.$_{h,kr1,*}$ aur.$_{j5,kr1}$ bov.$_{j5,kr1}$ dig.$_{j5,kr1}$ kali-br.$_{kr1}$ *Kali-c.*$_{hr1,kr1}$ **Kali-i.**$_{kr1}$ lyc.$_{j5,kr1}$ *Nat-m.*$_{kr1}$ nit-ac.$_{j5,kr1}$ plat.$_{j5,kr1}$ polyg-h.$_{kr1}$ ptel.$_{bg1,bg2,*}$ puls.$_{bg2,kr1}$ sal-ac.$_{kr1}$ sep.$_{j5,kr1}$ sul-ac.$_{j5,kr1}$ *Sulph.*$_{kr1}$ ziz.$_{hr1,kr1,*}$
– **Trinken** von Wein und Kaffee; beim: chlor.$_{a1}$
– **Trost**:
• **agg.**: *Bell.* *Cact.* calc. *Calc-p.* calc-sil.$_{k2}$ chin. hell. **Ign.** kali-c. kali-sil.$_{k2}$ lil-t. lyc. merc. **Nat-m.** *Nit-ac.* nux-v. *Plat.* sabal$_{st}$ **Sep.** **Sil.** staph.
☞ *Trost - agg. / Untröstlich*
– **Untätigkeit**, Müßiggang; bei: calc. stann.$_{a1}$
☞ *Aktivität / Fleißig*
– **vergeßlich** ist; weil er: carc.$_{mg1,sp1,*}$
– **warmen** Zimmer, im: anac. calc. ign. *Puls.*
– **Wasser** sieht oder hört; wenn er: **Lyss.**
☞ *Tollwut*
– **Wehen**, während der: caul.$_{c1}$
– **Wetter**; bei regnerischem oder bewölktem: aloe am-c.
– **Weinen** und Heulen; mit: bamb-a.$_{stb2}$ calc.$_{a1}$ carbn-s.$_{a1}$ ip.$_{h}$ mosch.$_{a1}$ nux-v.$_{gb}$ plat.$_{gb}$ puls.$_{h}$ sep.$_{a1}$
– **Widerspruch**:
• **durch**
☞ *Zorn - Widerspruch*
• **geringsten**, beim: **Ign.**$_{kr1,vh,*}$
☞ *Zorn - Widerspruch*
– **Würmer**; bei Beschwerden durch: *Cina*$_{kr1}$ fil.$_{kr1}$
– **Zahnung**; während der: acon.$_{bro1}$ agar.$_{bro1}$ ars.$_{bro1}$ *Bell.*$_{bro1}$ calc. calc-p. **CHAM.**$_{k1,vh,*}$ cimic.$_{bro1}$ cina cypr.$_{bro1}$ dol.$_{bro1}$ *Hell.*$_{bro1}$ kali-br.$_{bro1}$ kreos.$_{hr1,k}$ *Podo.*$_{bro1}$ **RHEUM**$_{kr1,st}$ sol-ni.$_{bro1}$ ter.$_{bro1}$ *Zinc.*$_{bro1}$

Reizlos, Dinge erscheinen: chin.
☞ *Gleichgültigkeit - allem*

Religiös:
☞ *Fanatismus*
– **Buße** zu tun; Verlangen: *Plat.*$_{kr1}$
– **engstirnig**, borniert; in religiösen Fragen: hyos.$_{gl1}$ puls.$_{gl1}$ *Stram.*$_{gl1}$
– **Fanatismus**, religiöser: aur-ar.$_{k2}$ plb.$_{c1}$ puls.$_{k13,k2}$ rob. sel. stram.$_{c1}$ sulph. thuj.$_{hr1,k}$
☞ *Fanatismus / Geisteskrankheit - religiös*
– **Gemütsstörungen**, religiöse: *Alum.*$_{k1,st}$ alum-sil.$_{k2}$ am-c. anac.$_{k2}$ *Arg-n.* *Ars.* ars-s-f.$_{k2}$ *Aur.* bar-c. *Bell.* *Calc.* camph. *Carb-v.* carbn-s. caust. *Cham.* *Chel.* cina coff. con. croc. cycl. dig. ferr. ferr-ar. *Graph.* hura hydrog.$_{srj2}$ **Hyos.** hyper.$_{a1}$ ign.$_{k,vh/dg}$ kali-br. *Kali-p.* **Lach.** **Lil-t.** **Lyc.**$_{k,vh/dg}$ *Med.* *Meli.* merc. *Mez.* nat-c.$_{k2}$ nat-m. nux-v. orig.$_{gy}$ ph-ac.$_{gl1}$ *Plat.* *Psor.* puls.$_{k,vh/dg}$ *Rhus-t.*$_{k1,vh,*}$ rob. ruta sabad. sel. **Sep.**$_{k1,vh,*}$ sil. stann. staph.$_{gl1,vh}$ **STRAM.**$_{k1,vh,*}$ **Sulph.** tarax.$_{a1}$ thuj. **Verat.** **Zinc.**

– **Gemütsstörungen**, religiöse: ...
☞ *Abergläubisch / Angst / Angst - Seelenheil / Beten / Delirium - religiös / Erregung - religiös / Exzentrizität - religiös / Frömmigkeit / Furcht - Glauben / Furcht - Teufel geholt / Furcht - Unheil / Geisteskrankheit - religiös / Hochmütig - religiöser / Redseligkeit - religiöse / Reue / Verzweiflung - religiöse / Wahnideen - religiös / Zweifelt - Seelenheil / ❑ Allgemeines - Katalepsie - Erregung*

◆ **abwechselnd** mit:
• **Raserei**
☞ *Raserei - abwechselnd mit - religiöse*
• **sexuelle** Erregung: lil-t. *Plat.*

• **Bibel** lesen; möchte den ganzen Tag in der: *Calc.*$_{st}$ stram.$_{st}$
• **gequält**; nachts von religiösen Gedanken: camph.$_{kr1}$ lil-t.$_{k2}$
• **Kindern**, bei: *Ars. Calc. Lach. Stram.*$_{st}$ *Sulph.*
• **Pubertät**, in der: *Ars.*$_{st}$ *Calc.*$_{st}$ *Lach.*$_{st}$ *Sulph.*$_{st}$

– **Geschlecht**; Abneigung gegen das andere
☞ *Abneigung - Frauen - Männern - religiöse / Abneigung - Männer - Frauen - religiöse*
– **Horror** vor dem anderen Geschlecht
☞ *Abneigung - Frauen - Männern - religiöse / Abneigung - Männer - Frauen - religiöse*
– **Lieder**: raja-s.$_{jl,jl3}$
– **Mangel** an religiösem Empfinden: *Anac.*$_{gl1,k1,*}$ calc.$_{gl1}$ coloc. croc.$_{k,st}$ kali-br.$_{ptk1}$ **Lach.**$_{gl1}$ laur.$_{ptk1}$ *Lyc.*$_{gl1}$ merc.$_{gl1}$ plat.$_{gl1}$ sil.$_{gl1}$ *Sulph.*$_{gl1}$
☞ *Gleichgültigkeit - Religion / Moralischem*
– **Manie**, religiöse: plb.$_{c,c1}$ sulph.$_{c,c1}$
☞ *Manie*
– **Melancholie**: ars.$_{h,j5,*}$ *Aur.*$_{bg2,j5,*}$ *Aur-m.*$_{bro1,j5}$ bell.$_{j}$ con.$_{gl1,j5}$ croc.$_{gl1,j5}$ *Kali-br.*$_{hr1,j5,*}$ *Kali-p.*$_{hr1,j5,*}$ *Lach.*$_{j5,k2,*}$ lil-t.$_{j5,k2,*}$ *Lyc.*$_{j5,k2,*}$ *Meli.*$_{hr1,j5,*}$ mez.$_{j5,k2,*}$ *Plat.*$_{hr1,j5,*}$ plb.$_{bro1,j5}$ psor.$_{bro1,j5,*}$ puls.$_{bro1,j5}$ sel.$_{j5}$ sil.$_{j5,k2,*}$ *Stram.*$_{bro1,j5}$ *Sulph.*$_{j5,k2,*}$ *Verat.*$_{bro1,j5}$
☞ *Geisteskrankheit - religiös*
• **Reue**, aus: aur.$_{gl1}$ con.$_{gl1}$
– **Schweigsamkeit**, Hochmut, Wollust und Grausamkeit; religiöse Gemütsstörungen mit: *Plat.*$_{kr1}$
– **Spekulationen**, Betrachtungen; verweilt bei religiösen: **Sulph.**$_{h2,hr1,*}$
• **fragt** "wer hat Gott gemacht"; er: sulph.$_{k2}$
– **spricht** über religiöse Themen: *Hyos.*$_{kr1}$
– **Voreingenommenheit**, Befangenheit; religiöse: achy.$_{jl}$

Resignation: agar.$_{bg2,sf1,*}$ agn.$_{bg2,sf1,*}$ *Alum.*$_{bg2,hr1,*}$ anh.$_{bg2,sf1,*}$ bry.$_{bg2,gl1,*}$ carc.$_{sk1}$ chin-b.$_{bg2,hr1,*}$ hydrog.$_{srj2}$ lyc.$_{bg2,hr1,*}$ nat-m.$_{bg2,gl1,*}$ nit-ac.$_{bg2,gl1,*}$ *Ph-ac.*$_{bg2,sf1,*}$ pic-ac.$_{bg2,sf1,*}$ sulph.$_{bg2,sf1,*}$ *Tab.*$_{bg2,sf1,*}$
☞ *Entmutigt*

Resolut
☞ *Entschiedenheit / Entschlossenheit / Mutig / Zuversichtlich*

Respekt, Ehrfurcht vor seiner Umgebung: cocc.$_{gl1}$ coloc.$_{ms}$ ham. *Hyos.*$_{kr1}$ nat-m.$_{gl1}$ nux-v.$_{gl1}$ plat.$_{gl1}$ puls.$_{gl1}$ sil.$_{gl1}$ sulph.$_{gl1}$
☞ *Ehrfurcht*
– **Mangel** an: anac. coloc. verat.$_{gl1}$

Respektieren; etwas:
– **Regeln** zu sehr; respektiert die
☞ *Pflicht - zu*

Respektiert zu werden:
– **Verlangen**: ham.$_{ptk1}$

Reue: achy.$_{jl,jl3}$ agn.$_{k2}$ alum.$_{bg2,k}$ alum-sil.$_{k13,k2}$ am-c.$_{bg2,k}$ anac.$_{sf,sf1}$ anan.$_{a1}$ androc.$_{srj1}$ **Ars.**$_{bg2,k}$ ars-s-f.$_{k13,k2}$ **Aur.**$_{bg2,k}$ aur-ar.$_{k2}$ *Bell.*$_{bg2,k}$ cact.$_{bg2}$ *Calc.*$_{st}$ calc-p.$_{bg2,st}$ *Carb-an.*$_{bg2}$ carb-v.$_{bg2,k}$ carc.$_{tp1}$ caust.$_{bg2,k}$ cham.$_{bg2,k}$ *Chel.*$_{bg2,k}$ chin-b.$_{hr1,kr1}$ cina clem.$_{bg2}$ **Cocc.**$_{bg2,k}$ **Coff.**$_{bg2,k}$ con.$_{bg2,k}$ croc.$_{bg2,hr1}$ *Cupr.*$_{bg2,k}$ *Cycl.*$_{bg2,k}$ *Dig.*$_{bg2,k}$ ferr.$_{bg2,k}$ ferr-ar. graph.$_{bg2,k}$ **Hyos.**$_{bg2,k}$ *Ign.*$_{bg2,k,*}$ kali-br.$_{bg2,st}$ *Lach.*$_{bg2,k}$ lyss.$_{a1}$ *Med.*$_{bg2,k}$ *Merc.*$_{bg2,k}$ nat-c.$_{bg2,k}$ nat-m.$_{bg2,k}$ nat-s.$_{ptk1}$ nit-ac.$_{bg2,k}$ nux-v.$_{bg2,k}$ olnd.$_{bg2}$ *Ph-ac.*$_{bg2,sf1,*}$ phos.$_{bg2}$ plat. psor.$_{st}$ *Puls.*$_{bg2,k}$ rheum$_{bg2}$ ruta sabad.$_{bg2,k}$ sec.$_{bg2}$ sel.$_{bg2,k}$ *Sil.*$_{bg2,k}$ spirae.$_{a1}$ staph.$_{gy,vh}$ **Stram.**$_{bg2,k}$ stront-c. **Sulph.**$_{bg2,k}$ **Verat.**$_{bg2,k}$ vinc.$_{a1}$ *Zinc.*$_{bg2,k}$
☞ *Angst - Gewissensangst / Bereut / Gedanken - quälend / Qualvolle Angst / Religiös - Gemütsstörungen / Tadelt sich / Unzufrieden - sich / Verzweiflung - religiöse / Wahnideen - faul - bewegen / Wahnideen - richtig - machen / Wahnideen - Tadel / Wahnideen - Verbrechen - begangen / Wahnideen - vernachlässigt - Pflichten / Zorn - Fehler*
– **nachmittags**: am-c. carb-v.
– **abends**: *Puls.*
– **nachts**: puls.

◆ **abwechselnd** mit:
• **Reizbarkeit**
☞ *Reizbarkeit - abwechselnd mit - Reue*
• **Streiten**
☞ *Streitsüchtig - abwechselnd mit - Reue*

– **Beschwerden** durch
☞ *Beschwerden durch - Reue*
– **Erwachen**, beim: puls.
– **Indiskretion**, Taktlosigkeit; über frühere: spirae.$_{a1}$
– **Kleinigkeiten**, um: *Sil.*
☞ *Kleinigkeiten*
– **Menses**, nach den: *Ign.*$_{hr1,kr1}$
☞ *Menses - nach; Gemütssymptome*
– **schnell**; bereut: adam.$_{srj5}$ croc. olnd. sulph.$_{gl1}$
☞ *Reizbarkeit - abwechselnd mit - Reue / Zorn - abwechselnd mit - Reue*

◆ **abwechselnd** mit:
• **Zorn**
☞ *Zorn - abwechselnd mit - Reue*

Revolutionär
☞ *Anarchist - Revolutionär*

Rollt, wälzt sich:
– **Boden** herum; auf dem: acet-ac. ars.$_{h}$ *Calc.* cic.$_{ptk1}$ **Op.** paeon.$_{ptk1}$ prot.$_{jl}$ *Sulph.*$_{kr1}$ tarent.$_{ptk1}$

– **Boden** herum; auf dem: ...
☞ *Delirium - rollt*

– **Schmutz**, Kot; wälzt sich im eigenen: camph.ptk1

– **Seite** auf die andere; von einer: am-c.ptk1 ars.ptk1 lach.ptk1 tarent.ptk1

Romantisch
☞ *Sentimental*

Rückblende (in Gedanken)
☞ *Gedanken - Vergangenheit*

Rückgrat, ohne: am-c.gl1 bar-c.gl1 calc.gl1

Rückzug aus der Wirklichkeit: anh.sp1 haliae-lc.srj5
☞ *Schizophrenie - paranoid*

Rufes; Beschwerden durch Verlust des
☞ *Beschwerden durch - Ansehens*

Ruhe:

– **kann** nicht ruhen, wenn Dinge nicht am richtigen Platz sind: anac. *Ars.*
☞ *Fleißig / Gewissenhaft / Heikel / Kleinigkeiten / Tadelsüchtig / Unordnung*

– **Verlangen** nach: *Aesc.*sf,sf1 alum.sf,sf1 *Anac.*sf,sf1 arn.sf,sf1 bell.hr1,kr1,* brass-n-o.srj5 brom.sf,sf1 *Bry.*sf,sf1,* clem.a1,sf1 coca a1,sf1 *Colch.*hr1,kr1,* haem.a1,sf1 kali-bi.a1,sf1 lach.sf,sf1 lyc.sf,sf1 morph.a1,sf1 nux-v.sf,sf1 op.sf,sf1 *Ph-ac.*sf,sf1 sabad.sf,sf1 *Stann.*sf,sf1 vesp.hr1,kr1,*
☞ *Still sein / Verlangen; großes - Ruhe*

• **nachmittags**: mez.a1

Ruhe; innere
☞ *Seelenruhe*

Ruhelosigkeit: abies-c. abies-n. abrot. absin.c1,c2 **Acon.** acon-c. act-sp. adon.sf1 aeth. *Agar.* agar-ph.a1 agar-st.a1 agri.rcb1 ail. alco.a1 all-c. all-s.kr1 aloe alum. alumn. am-c. ambr. aml-ns. ammc. amn-l.sp1 **Anac.** anan. androc.srj1 ang.a1,j5 ange-s.j1 *Anh.*mg1,sp1 ant-ar.sf1,st ant-c. ant-s-aur. *Ant-t.* anthraci. anthraco.a1 *Apis* apoc. apom.a1 aq-mar.j1 arag.br1 aran.j1 *Aran-ix.*j1,mg1,* *Arg-met.* **Arg-n.** arist-cl.sp1 arn.k,k2 **Ars.** *Ars-h.* **Ars-i.** *Art-v.* arum-i.a1 arum-t. *Asaf.* asar. asc-t. aster. atro. *Aur.* aur-ar.k2 aur-i.k2 *Aur-m.* aur-s.k2 bad. *Bamb-a.*stb2 **Bapt.** bar-c. bar-i.k2 **Bell.** bell-p.j1,mg1 berb.k2 bism. *Bol-la.*a1 bol-s.a1 borx. both.a1 *Bov.* brass-n-o.srj5 bry. bufo br1 but-ac.br1 buth-a.sp1 cact. cadm-met.sp1 cadm-s. calad. **Calc.** *Calc-ar.*k2,st calc-br.c1 *Calc-f.*mg1 calc-i.k2 **Calc-p.** *Calc-s.* calc-sil.k2 *Calen.*a1,st calo. calth.a1 **Camph.** cann-i. *Cann-s.* canth. caps. carb-an. *Carb-v.* carbn-o.a1 *Carbn-s.* carc.cd,st1 carl.c1 casc.a1 castm. caul. *Caust.* cedr. *Cench.*k2,st ceph.a1 cere-b.a1 cerv.a1 *Cham.* *Chel.* chim. *Chin.* chinin-ar. chinin-s. chlf.a1 chlol.a1 chlor. chr-ac.a1 cic.bg2,j1 **Cimic.** *Cina* cinnb. cist. **Cit-v.** clem. cob. cob-n.sp1 coc-c. coca *Cocc.* coch.c1 cod.a1,c1 *Coff.* coff-t. coffin.a1 *Colch.* coll. **Coloc.** colocin.a1 com. con. convo-s.j1,sp1 *Cop.* cor-r. corn. corn-a.br1 croc. *Crot-c.* crot-h.j5 crot-t. cub. culx.k2 **Cupr.** cupr-act.a1,j5 **Cupr-ar.** cupr-s.

Ruhelosigkeit: ... cur. cycl. cypr.sf1 cyt-l.a1,j1,* des-ac.j1 desm-g.bnj1 *Dig.* dios. dirc. dor. dros. dub.a1 dubo-m.a1 *Dulc.* eaux a1 elaps *Elec.*c1 erig. ery-a. eug. eup-per.bg2,gt,* euph-l.a1 euphr. eupi. **Ferr.** **Ferr-ar.** *Ferr-i.* ferr-m. ferr-p. fic-r.mg1 fl-ac. form.sf1 frax.st gal-ac.a1 galv.c1 gast.a1 gels. gent-c. germ-met.srj5 gins. glon.c1,sf1 goss.a1 *Graph.* guaj. guar.a1 haem. haliae-lc.srj5 ham. **Hell.**k1,st helon. hep.j5 hipp. hist.j1,sp1 hydr-ac. hydrog.srj2 **Hyos.** hyosin.a1 hyper. iber.j1 *Ign.* ind. *Iod.* *Ip.* iris jab. jal.c1,c2 jatr-c. kali-ar. kali-bi.a1 *Kali-br.* *Kali-c.* kali-chl. kali-cy.a1 kali-i. kali-m.k2 *Kali-n.* *Kali-p.* kali-perm.a1 *Kali-s.* kali-sil.k2 kali-sulo.a1 kalm. kreos. kres.mg1 lac-ac. *Lac-c.* *Lac-d.*k2,vh,* *Lach.* lachn. lact. lact-v.br1,hr1 lam.a1 lat-m.sp1 laur. *Lec.* *Led.* lepi. lev.ah1 levo.j1 *Lil-t.* limest-b.es1 lip.j1 lipp.a1 lob. lob-p.c1 *Lol.*a1,sf1 **Lyc.** lyss. m-aust.bg2,h macro.a1,c1 mag-c. mag-m. mag-p.bg2 mag-s. manc. mand.a1,sp1 *Mang.* marb-w.es1 *Med.* menis.a1 menth-pu.a1 meny. meph. **Merc.** *Merc-c.* merc-cy.a1 merc-d. merc-i-r. merc-meth.a1 merc-sul.a1 merl. meth-ae-ae.a1 *Mez.* mill. morph. *Mosch.* mur-ac. mygal.a1,sf1 myric. naja *Nat-ar.* *Nat-c.* nat-f.j1,sp1 *Nat-m.* nat-p. nat-s. nep.j1 nicc. nicot.a1 *Nit-ac.* nit-m-ac.a1 nitro-o.a1 nuph.a1 nux-m. *Nux-v.* nyct.br1,c1 oena. ol-an.sf1 olnd. onop.j1 onos. *Op.* orig.a1 osm. ox-ac. past.a1 paull.a1 perh.j1 petr. *Ph-ac.* phos. phys. phyt. pip-m.ptk1 plan. *Plat.* **Plb.** plb-chr.a1 podo.k2 prun. *Psor.* ptel. **Puls.** puls-n.a1 pyre-p.a1 *Pyrog.*br1,k2,* pyrus st rad-br.bro1 ~~rad-met.bro1,xxx~~ ran-a.a1 ran-b. rat. rauw.j1,sp1 rheum rhod. rhus-g.a1 rhus-l.xyz67 **Rhus-t.** *Rhus-v.* *Rumx.* *Ruta* sabad. sabin. sacch-l.c1 *Samb.* samb-c.a1 sanic. santin.a1 saroth.j1,mg1,* sarr. scut. **Sec.** senec.c1 seneg.bg2 senn.sf1 **Sep.** **Sil.** sol-mm.a1,j5 sol-ni. sol-t.a1 spig. spong.j5,k2,* *Stann.* **Staph.** *Stict.*sf1 **Stram.** stront-c.bg2,sf1 stry.a1 *Sul-ac.*k1,st sul-i.k2 sulfa.sp1 **Sulph.** sumb. syph.st *Tab.* tarax. **Tarent.** tax. *Tell.* teucr.bg2 thal.j1 thea br1 ther.br1,sf1 thiop.j1 *Thuj.* thymol.j1,sp1 thyr.j1 tong.a1 trios.br1 trom. tub.a1,bg,* upa.a1 uran-n.sf1 urt-u.bro1 ust.k,st vac.a1,c1 *Valer.* verat. verat-v.bro1 vib.bg2,sf1 vinc. viol-o. viol-t.bg2 vip. vip-a.j1 visc.sp1 voes.a1 wies.a1 wye.a1 xan.c1 yuc.a1 **Zinc.** zinc-act.a1 zinc-o.j5 zinc-p.k2 zinc-val.bro1 zing.
☞ *Aktivität - ruhelos / Angst / Auffahren - Unbehaglichkeit / Delirium - ruhelos / Erregung / Erregung - nervös / Erschreckt / Furcht - Ruhelosigkeit / Sinne - scharf / Ungeduld / Wandern - Verlangen / Weinen - nervös - den / ❑ Allgemeines - Schaudern / ❑ Extremitäten - Ruhelosigkeit*

– **Tag** und Nacht: canth.j5 chel.k13,k2 iod.k13,k2 sulph.j5

– **tagsüber**: ambr.h,k,* bov.a1 calc.hr1 kali-br. nat-c.a1,k nat-m.a1,k pip-m.a1 plan.a1,k *Rhus-t.*a1,k staph.a1,k sulph.

– **morgens**: ail.a1,k bell.h,k1 dulc.a1,k fago.a1,k gamb.a1,k *Gels.*a1,k hyos. hyper.a1,k iod. iris-foe. kali-br.a1,k *Lyc.*a1,k meph.j1 myric.a1,k nat-m.a1,k ph-ac.a1,k phys.a1,k sulph.a1,k thuj.a1,k upa.a1 zinc.

– **morgens**: ...
zinc-p.k13,k2
• **Aufstehen**, nach dem: puls.h,kl
• **Bett**, im: guaj.h,kl ph-ac.a1,k
• **Erwachen**, beim: bamb-a.stb2 cina dulc.a1,k hyper.a1,k lyc.h,kl mygal.sf,sf1 nit-ac.h,kl
– **vormittags**: acon.a1 am-m. anac. calad.a1,k cimic.hr1,k,* fago.a1,k lyss.a1,k nat-c. phos. sil. thuj.a1,k
– **mittags**: bell.a1,k cinnb.a1 lyss.a1,k sulph.a1
– **nachmittags**: anac. ang.j5 apis aur.a1,k borx.ptk1 calc-s.a1,k *Carb-v.*h,k,* caul.a1,k *Chinin-ar.*k1,st cimic.hr1,k,* coloc.a1,k dios.a1,k fago.a1,k hyos. jug-c.a1,k merc. merc-sul.a1 naja nicc.a1,k ruta sapin.a1 staph.a1,k tab. thuj. upa.a1
• **15** h: caul.a1 nicc.a1
• **16** h: dios.a1
• **16** - 18 h: carb-v. lyc.
• **17** h: chinin-s.a1 thuj.a1
• **Dämmerung**; in der
☞ *abends - Dämmerung*
• **Liegen**, beim: aur.a1
– **abends**: acon.a1,k aether.a1 agar.a1,k *Alum.* *Am-c.*a1,k *Ars.*h,k,* ars-s-f.k13,k2 bov.a1,k *Calc.*h,k,* calc-s.a1,k *Carb-v.*h,k,* caul. **Caust.** chinin-s. clem.a1,k dios.a1,k equis-h. fago.a1,k ferr. guare.a1 hep.a1,k jab.a1,k kali-ar.k,k2 lach. laur. lyc.a1,k lycps-v. mag-c. mag-m.a1,k meph.a1,k *Merc.*hr1,k,* mur-ac.a1,k *Nat-c.*a1,k nat-p. nicc. nit-ac.j5 nux-v.a1,k ph-ac.a1,k phos. phys. *Rumx.* ruta sabin. scut.a1,k sep. sulph.a1,k thuj.a1,k verat.j5 zinc. zinc-p.k13,k2 zing.a1
• **18** - 6 h: **Kreos.**
• **19** h: am-c.a1
• **20** h: calc. **Merc.**
• **Bett**, im: am-c.j5 cham.h,kl *Chloram.*jl,jl3 hep.a1 lyc.a1,k **Mag-m.**a1,k nux-v.a1,k phos. sabin. sep. thuj.
• **Dämmerung**; in der: caust.sf1
– **nachts**: abies-c.a1,k abies-n.a1,k abrot.a1,k acon.a1,k acon-c.a1,k adel.a1 alum. alum-sil.k13,k2 am-caust.a1,k am-m.a1,k ambr.c1,j5 ammc.a1 anac.a1,k androc.srj1 ang.a1,k *Anh.*mg,mg1 anil.a1 ant-o.a1 ant-t.a1,k anth.a1 anthraci. *Apis* apoc.a1,k *Arg-met.* *Arg-n.*a1,k **Ars.**h,k,* *Ars-i.*a1,k *Ars-s-f.*k13,k2 arum-t.a1 asaf.a1,k asc-t.a1,k aster.hr1,k,* atro.a1,k aur.a1,k aur-ar.k2 aur-s.a1,k2,* bac.c1 bad.hr1,k,* *Bamb-a.*stb2 *Bapt.*a1,k bar-c.a1 *Bell.*a1,k bism.h,k,* *Bol-la.*a1 *Borx.*a1,h bov.a1,k brach.a1 bry.h,k,* cact.a1,k cain. *Calc.*h,k,* calc-ar.k13,k2 calc-caust. calc-p.a1 calc-s.a1 calc-sil.k13,k2 calen.a1,hr1 calo.a1 camph.a1,k canth.a1,k carb-ac.a1,k carb-an.h,k,* *Carb-v.*h,k,* carbn.a1 carbn-s.a1 card-m.a1,k castm. castn-v.k,k1 *Caul.*a1,k **Caust.**h,k,* cedr.a1,k cench.k2 *Cham.*h,k,* chel.a1 chin.h,k,* chinin-ar. chr-ac.a1 cic.h,k,* cimic.a1,k cina cinch.a1 cinnb.a1,k *Cist.*a1,k *Cit-v.*a1,k clem.a1,k coc-c.a1,k coca coff.a1 colch.sf,sf1 coloc.a1,k colocin.a1 com.a1,k cop.a1 cor-r.a1,k corn.a1,k crot-t.a1,k *Cupr.*k,k1,* cupr-s.a1,k *Cycl.*a1,k cypr.sf,sf1 dig.a1,k digin.a1 digox.a1 dios.a1,k dirc.a1,k dor.a1 dulc. erig.a1,k euph-a.a1 euphr.a1,k eupi.a1,k fago.a1,k *Ferr.*h,k,* ferr-ar. ferr-i.a1,k ferr-p. ferul.a1 fl-ac.a1,k

– **nachts**: ...
form.a1,k franz.a1 gal-ac.a1,c1 gels.a1,k gent-l.a1 get.a1 glon.a1,k gnaph.a1,k *Graph.*h,k,* *Guaj.* hall.a1 hell. hell-v.a1 hep.a1 hura hydr.a1,k **Hyos.**a1,k hyper.a1,k iber.a1 *Ign.*a1,k ind.a1,k indg.a1,k iod.a1,k *Iris* jac-c.a1 jac-g. jal.br1 jatr-c. jug-c.a1,k **Kali-ar.**a1,k kali-bi.a1 *Kali-br.*hr1,k kali-c. kali-i.sf,sf1 kali-n.h,kl kali-sil.k13,k2 kiss.a1 **Kreos.**a1,k *Lac-c.*hr1,k lach.a1,k led. lil-s.a1 **Lyc.**a1,k lycps-v.a1 lyss.a1,k mag-c.a1,k *Mag-m.*a1,k mang.a1,k *Med.* *Menis.*a1 menth-pu.a1 **Merc.**hr1,k,* *Merc-c.*a1,k merc-cy.a1,k merc-meth.a1 merc-sul.a1 morph.a1,k mosch.a1,k *Mur-ac.*a1,k mygal.a1 myric.a1,k *Nat-ar.* nat-c.a1,k nat-m.a1,k nat-p. nat-s.a1,k nat-sil.k13,k2 nicc.a1,k nicot.a1 nit-ac.a1,k nux-m.a1,k nux-v.a1,k nymph.a1 op.a1,k opun-v.a1 osm.a1,k ost.a1 ox-ac.a1,k par. ped.a1 petr.a1,k ph-ac.a1,k *Phos.*a1,k phys.a1,k phyt.a1,k pip-m.a1 plan.a1,k plb.a1,k *Podo.*a1,k polyp-p.a1 psor.k1,k13 ptel.a1,k **Puls.** puls-n.a1 *Ran-b.*a1,k *Ran-s.* rauw.sp1 rheum.a1 **Rhus-t.**a1,k rhus-v.a1,k rumx. ruta sabad.a1,hr1 sang.a1,k sanic.c1 sapin.a1 sars.j5 senec.a1,k senn.sf,sf1 *Sep.*a1,k sil.a1,k sol-t-ae.a1 spig.j5 spira.a1 spirae.a1 spong.a1,k stann.j5 stram.h,k,* stront-c.br1 stry.a1,k sul-ac.a1,k sul-i.a1,k **Sulph.**a1,k syph.k2 tab.a1,k tarax.a1,k *Teucr.*a1,k thea thuj.a1,k tub.c1,k2,* uran-n.a1,sf1 ust.a1,k *Valer.*a1,k verat.a1,k verat-v.a1,k verb.a1,k vesp.a1,k vip.a1,k visc.sp1 yuc.a1 zinc.a1,k zinc-p.k13,k2
• **Mitternacht**:
• **vor**: alum.a1,k carbn-s.k2 cot.a1,k euphr.a1,h *Ferr.* mag-m. mur-ac.a1 nat-m.h,kl pic-ac.a1 plat.a1 sars.a1,k senec.a1,k
• **22** h: phys.a1
• **nach**: **Ars.**h,k,* bapt.a1 bry.a1 *Dios.*a1,k lyc. merc.a1 merc-i-r.a1,k *Nit-ac.* **Rhus-t.**a1 rhus-v.a1,k sil.a1,k sulph.a1,k zinc.a1,k
• **1** h: get. mang.h nat-ar. phos. stann.h
• **1.30** - 4.30 h: iod.a1
• **2** h: com. ferr. graph. iod.a1 lil-s.a1 mag-m. myric. zing.
• **3** h: calc-ar. *Chinin-ar.* cimic. coc-c. *Kreos.* lil-s.a1 nat-ar. nat-m. polyp-p.a1
• **3** - 4 h: fago.a1,st
• **nach**: ars.h
• **ganzen** Körper wie zerschlagen, muß umhergehen; am: nicc.
• **4** h: clem. kreos. trom. wildb.a1
• **bis**: nit-ac.h
• **5** h: tarent.
• **um**: nat-m.a1,k
• **Erwachen**, beim: graph.a1 phyt.a1 plat.
• **Erwachen**, beim: caust.h lyc.h
• **Herzen**; durch Unbehagen, Unruhe am: phys.a1
• **Schließen** der Augen agg.; beim: **Mag-m.**h2,st sep.a1,st
• **Schluckauf**; mit: *Stram.*st1
◆ **abwechselnd** mit:
• **Bewußtlosigkeit**: *Acon.*kr1 **Ars.**a1
• **Fieber**; während: **Ars.**a1,k
• **Delirium**:
• **stillem** Delirium; mit: *Chlor.*kr1

– **abwechselnd** mit: ...
• **Gleichgültigkeit**: ant-t.$_{kr1}$ nat-m.$_{j5,k,*}$
• **Schläfrigkeit**: ars.$_{a1,h}$
 • **Fieber**; während: *Ars.*
• **Stupor**: *Acon.*$_{kr1}$ **Ars.**$_{kr1}$ thyr.$_{br1}$
• **Traurigkeit**: apis$_{bg2}$
– **Abdomen**:
• **Schmerz** im Abdomen; mit: choc.$_{srj3}$
– **ängstlich**: **ACON.**$_{k1,st}$ adon.$_{sf1}$ *Aeth.* alum. alum-sil.$_{k2}$ *Am-c.*$_{j5}$ ambr. anac. ant-ar.$_{sf1}$ ant-t.$_{j5}$ aq-mar.$_{j1}$ arg-n. arn.$_{j5}$ **Ars.** *Ars-i.* asaf. aspar. atro.$_{sf1}$ *Aur.* aur-ar.$_{k2}$ *Bell.* bism. bov. *Bry.* *Calc.* calc-i.$_{k2}$ calc-p. calc-sil.$_{k2,st}$ camph. canth. caps. carb-an. *Carb-v.* *Castm.*$_{j5}$ *Caust.* *Cham.* chel. chin. chinin-ar. chinin-s. cimic. clem. coff. coloc.$_{kr1}$ con.$_{a1}$ croc. crot-h. *Cupr.* dig.$_{c1}$ dros. *Ferr.* frax.$_{st}$ granit-m.$_{es1}$ *Graph.* haliae-lc.$_{srj5}$ halo.$_{j1}$ *Hell.* *Hep.* hist.$_{sp1}$ iod. *Jal.*$_{kr1}$ **Kali-ar.** **Kali-c.** kali-i. kali-n.$_{j5}$ lach.$_{sf1}$ lact. lact-v.$_{a1}$ lol.$_{sf1}$ **Lyc.**$_{gl1}$ *M-arct.*$_{j5}$ m-aust.$_{j5}$ mag-m. mang.$_{h,k2}$ meny. *Merc.* mez.$_{k2,st}$ **Nat-ar.** **Nat-c.** *Nat-m.* nat-p. nat-sil.$_{k2}$ neon$_{srj5}$ *Nit-ac.* nux-v. op. ph-ac. *Phos.* plat. plb. psor.$_{kr1}$ *Puls.* pyrog.$_{sf1}$ *Rhus-t.* ruta *Sabad.* sanic. sep. *Sil.* spig. spong. staph. stry.$_{a1}$ sul-i.$_{k2,st}$ *Sulph.* *Tab.* tarax.$_{j5}$ **Tarent.** *Thuj.*$_{h,kr1,*}$ valer. *Verat.* vip.$_{sf1}$ wies.$_{a1}$ zinc. zinc-p.$_{k2,st}$
☞ *Angst*
• **epileptischen** Anfällen; zwischen den: *Arg-n.*
• **Gehen**; zwingt zu schnellem: androc.$_{srj1}$ *Arg-n.* **Ars.** lil-t. sul-ac. **Tarent.**
☞ *Gehen - amel. | Angst - Gehen - schnell - wodurch*
• **treibt** von einer Stelle zur anderen: *Tab.*$_{st}$
☞ *Angst - treibt*
– **allein**, wenn: all-s.$_{a1,k}$ mez.$_{a1,k}$ *Phos.*
☞ *Gesellschaft - Verlangen | Gesellschaft - Verlangen - allein*
– **Anfälle**:
• **während**: plb.$_{a1,k}$
• **nach**: oena.$_{a1}$
– **Angina** pectoris, bei: *Aur-m.*$_{hr1,kr1}$
– **Anstrengung**, nach: cimic.$_{st}$ *Merc.*$_{ptk1}$
– **Arbeit**, bei der: cit-v.$_{a1,k}$ cortico.$_{mg,mg1}$ **Graph.** voes.$_{a1}$
• **langweiliger** Arbeit, bei: passi.$_{c,c1}$
– **Aufstehen**, beim: atro. fago. germ-met.$_{srj5}$ ptel.
• **Sitzen**, vom: caust.
– **Aufstoßen**, durch ungenügendes: kali-c.$_{h}$
– **Bett**:
• **aus** einem Bett zum anderen gehen; will: **Ars.** *Bell.* *Calc.* cham. cina *Ferr.* *Hyos.* merc. mez. *Plb.* *Rhus-t.* sep. stram. *Tarent.*$_{k2,vh,*}$ verat.
• **Bettwärme**, durch: op.
• **Herumwerfen** im: **Acon.**$_{bg2,k1,*}$ adel.$_{a1}$ agar-ph.$_{a1}$ alco.$_{a1}$ alum.$_{a1,k}$ alumn.$_{a1,k}$ ant-t.$_{a1,k}$ apis *Arg-n.*$_{a1,k}$ arn.$_{bg2,sf1,*}$ **Ars.**$_{h,k,*}$ ars-s-f.$_{k13,k2}$ *Arum-t.* asaf. atro.$_{a1}$ *Bamb-a.*$_{stb2}$ bapt.$_{a1,k}$ *Bell.*$_{bg2,k,*}$ ben-n.$_{a1}$ borx. *Bry.*$_{h,k,*}$ *Calc.*$_{h,k,*}$ calc-ar.$_{k13,k2}$ calc-p.$_{a1}$ calo.$_{a1}$ *Camph.*$_{a1,k}$ canth.$_{a1,k}$ carb-an.$_{h,k,*}$ carbn.$_{a1}$ carbn-o.$_{a1,k}$ *Carl.*$_{a1}$ *Castm.* *Caust.*$_{h,k,*}$ cench.$_{k2}$ ceph.$_{a1}$ *Cham.*$_{h,k,*}$ chel.$_{a1}$ chen-a.$_{a1}$ *Chin.*$_{h,j5,*}$ chinin-s.$_{a1}$ chlf.$_{a1}$ cic.$_{bg2,k}$ *Cina* cinnb.$_{a1}$ cist. *Cit-v.*$_{a1}$

– **Bett - Herumwerfen** im: ...
clem.$_{a1,k}$ cob.$_{a1}$ coca$_{a1}$ cocc. *Coff.*$_{ptk1}$ coloc.$_{a1}$ colocin.$_{a1}$ con.$_{a1,h}$ cop.$_{a1}$ cor-r. corn.$_{a1}$ crot-t.$_{a1,k}$ **Cupr.**$_{bg2,k,*}$ cur.$_{a1,k}$ dig.$_{a1,h}$ dulc. eup-per.$_{gt}$ euphr.$_{a1}$ **Ferr.**$_{h,k,*}$ ferr-ar. ferr-m. ferr-p. *Gels.*$_{bg2,sf1,*}$ goss.$_{st}$ graph.$_{a1,h}$ guaj.$_{a1,k}$ hell. hep.$_{a1}$ hydr-ac.$_{a1}$ hyos.$_{a1,sf1,*}$ iber.$_{a1}$ ign.$_{a1,k}$ ip.$_{k13,k2,*}$ jug-r.$_{a1}$ *Kali-ar.* kali-n.$_{h,k1}$ kreos.$_{bg2,k}$ *Lach.* lachn.$_{c1}$ led. *Lyc.*$_{a1,k}$ mag-c.$_{a1,h}$ mag-m.$_{a1,k}$ manc.$_{a1}$ mang.$_{a1,h}$ meny.$_{a1,h}$ *Merc.*$_{bg2,k,*}$ merc-c.$_{a1}$ mosch.$_{a1}$ *Mur-ac.*$_{bg2,k,*}$ myric.$_{a1}$ nat-ar.$_{a1,k2}$ nat-c.$_{a1,k}$ nat-m.$_{a1,k}$ nit-ac.$_{a1}$ *Nux-v.*$_{a1,bg2,*}$ op. osm.$_{a1}$ par.$_{a1,k}$ petr.$_{a1,h}$ phos.$_{a1,k}$ plan.$_{a1}$ plat.$_{a1,h,*}$ podo.$_{c1}$ *Puls.* pyrog.$_{a12,bg2,*}$ *Ran-s.* rheum **Rhus-t.**$_{bg2,k,*}$ sabad.$_{a1}$ sang.$_{a1}$ senn. *Sep.*$_{a1,k}$ serp.$_{a1}$ sil.$_{a1}$ sol-t.$_{a1}$ squil.$_{a1,k}$ *Staph.* *Stram.*$_{a1,k}$ *Stry.* sul-ac.$_{a1}$ *Sulph.*$_{a1,k}$ tab.$_{a1,bg2,*}$ tarax.$_{a1,h}$ **Tarent.** tep.$_{a1}$ ter.$_{a1}$ thea$_{a1}$ thuj.$_{a1,k}$ tril-c.$_{a1}$ tril-p.$_{a1,c1,*}$ tub.$_{a1}$ ust.$_{a1}$ valer.$_{a1,k}$ *Vario.*$_{st,vh}$ verat. zinc.$_{bg2,sf1,*}$
☞ *Qualvolle Angst - Herumwerfen*
• **amel.**: cham.$_{bg2,sf1,*}$ cocc.$_{bg2,sf1,*}$
• **im**: amn-l.$_{a1,sp1}$ apoc.$_{a1}$ arist-cl.$_{a1,sp1}$ bell.$_{a1}$ caust.$_{a1,h}$ choc.$_{srj3}$ clem.$_{a1}$ dios.$_{a1}$ fago.$_{a1}$ halo.$_{a1,j1}$ hura$_{a1}$ iod.$_{a1}$ nit-ac.$_{a1}$ phos.$_{a1}$ **Puls.**$_{a1}$ rauw.$_{a1,sp1}$ tab.$_{a1}$ tax.$_{a1}$ tell.$_{a1}$
• **treibt** aus dem: arg-met.$_{sf1}$ **Ars.** *Ars-i.* *Bell.*$_{a1,k}$ **Bism.**$_{h,k,*}$ bry.$_{h,k,*}$ carb-an. *Carb-v.* caust. cench.$_{k13,k2}$ *Cham.*$_{h,k,*}$ chin. chinin-ar. chinin-s. clem.$_{a1}$ con. dulc.$_{a1}$ **Ferr.** ferr-ar. ferr-p. *Graph.* *Hep.* hyos. *Lyc.* *Mag-c.* mag-m. merc. nat-c. nat-m. nat-sil.$_{k13,k2}$ nicc. nit-ac. nux-v. phos.$_{h,k1}$ puls. rhod.$_{k2,st}$ **Rhus-t.** sep. sil. tarent.$_{hr1}$ ther.
☞ *Springen - Bett*
– **bewegen**:
• **muß** sich ständig: *Apis*$_{st,vh}$ *Ars.*$_{st,vh}$ aur.$_{a1,h}$ *Bell.*$_{h,j5,*}$ bism-o.$_{a1}$ canth.$_{a1,k2,*}$ caust.$_{k1,st}$ cench.$_{k2,st}$ cimic.$_{sf,sf1,*}$ hipp.$_{st}$ *Hippoz.*$_{vh,vh/dg}$ hyos.$_{a1,h}$ ign.$_{j5,st}$ *Iod.*$_{gl1,st}$ *Kali-br.*$_{st,vh}$ *Kreos.*$_{st,vh}$ *Led.*$_{vh,vh/dg}$ manc.$_{st}$ **Rhus-t.**$_{st,vh}$ sanic.$_{c1}$ sul-i.$_{k2,st}$ tril-c.$_{a1}$ tril-p.$_{c1}$ trom.$_{st}$
• **schwach** um sich zu bewegen; aber zu: *Bapt.*$_{kr1}$
– **Bewegung**:
• **amel.**: granit-m.$_{es1}$ lyc.$_{c1}$ macro.$_{c1}$ puls.$_{c1,h}$ sanic.$_{c1}$
• **agg.**: bry.$_{k2}$
– **Blutungen**, nach: tril-p.$_{c1}$
– **Brust**:
• **Hitze**, die von der Brust in den Mund aufsteigt; durch: nux-v.
• **Kongestion** in der Brust; durch: sep.
– **chaotischem** Verhalten; mit
☞ *Chaotisch - Ruhelosigkeit*
– **Druck** in der Leber; durch: ruta$_{h}$
– **Entbindung**, während der: *Acon.*$_{kr1}$ *Camph.*$_{kr1}$ chlf.$_{kr1}$
– **entschließen**, etwas zu tun; kann sich nicht
☞ *Unentschlossenheit*
– **Erschöpfung**; mit
☞ *Schwäche - bei*
– **Erstickung**, drohende: gels.$_{c1}$

– **Erwachen**, beim: am-c. am-m.hrl,krl ambr. ant-s-aur.al ant-t.al *Ars.*bg2 bell. canth. carb-an.bg2 cedr. chin.al,k chlol.al chr-ac.hrl,krl,* cina dulc. graph.bg2,j5,* guaj.bg2 hyper. mag-m.bg2 merc.bg2 mur-ac.bg2 *Nat-m.*bg2,hrl,* ph-ac. phos.al,k sep. *Sil.*al,k squil. stann. tarax. theaal zinc.bg2
– **Essen**: borx. petr.
• **nach**: am-m.hrl,k,* bar-c. chin. cinnb. lach. nat-c.al nux-m. nux-v. petr. ph-ac. phos. rhod. rhus-t. sulph. thuj.al verat.
– **Farben**:
• **schwarz**:
• **agg.**: sep.vk4
– **fiebrig**: anac.al cimic.al,jl phos.al ran-b.al rutaal
– **Frauen**, bei: castm.cl cedr.c,cl helon.c,cl kali-br.c,cl scam.cl sec.c,cl senec.c,cl ter.cl xan.c,cl
– **Freien**, im:
• **amel.**: aran-ix.jl **Arg-n.**hrl *Aur-m.* graph. lach. laur. lyc. *Staph.*gll valer.
– **Fremde**:
• **Anwesenheit** von Fremden agg.: sep.bgl,st
☞ *Fremde - Anwesenheit*
– **Frost**:
• **während**: acon. aeth.al am-c.bg2 anac. apisbg2 **Arn.**bg2 **Ars.** asaf. bell. borx. bov.bg2 **Calc.**bg2 cann-s. caps. carb-v. **Cham.**bg2,j5 chin.bg2 *Coff.*bg2 eup-per. ip.bg2 kali-ar. kreos. lach.bg2 lam.j5 **Lyc.**bg2 merc.bg2 mez. nat-c. nat-m. **Nux-v.**bg2 petr. **Ph-ac.**bg2 phos.bg2 plan. plat. puls.bg2 rhus-t. rutabg2 *Sabad.*bg2 **Sep.**bg2 **Sil.**bg2 spig. **Verat.**bg2
• **Beginn** der; zu: *Lach.* phos.
– **Gehen**, beim: acon.al ambr. caust. merc. paeon. ran-b. thuj.
• **amel.**: cench.k2 culx.k2 dios. nat-m. nicc. zinc-p.k2
☞ *ängstlich - Gehen*
• **Freien**, im:
• **amel.**: aur-m. graph. **Lyc.** ph-ac.gll **Puls.**
☞ *Wandern - amel.*
– **geistige** Anstrengung:
• **amel.**: *Nat-c.*
• **während**: ambr.j borx. fago. graph.k2 ind. *Kali-p.* nat-c.al,h
☞ *studieren*
– **geschäftig**: acon.j5 *Aur.*j5 bell.al,j5 bry.j5 caps.h,j5 choc.srj3 cocc.h dig.j5 hyos.j5 *Ign.*h,j5 ip.j5 *Lach.*gll,j5 m-arct.j5 *Mosch.*j5 nat-c.j5 nux-v.gll,j5 stann.j5 sul-ac.j5 ther.j5,sfl,* verat.h,j5,* viol-o.ptkl
☞ *Fleißig / Geschäftig*
– **Gesellschaft**, in: androc.srjl *Carb-v.* mez.vh staph.vh
☞ *Gesellschaft - Abneigung*
– **Gespräche**, durch: *Ambr.*
☞ *Gespräche - agg.*
– **Getränken**; beim Anblick von: bell.al,k
– **Gewissens**, des: *Chel.*hrl,krl,* merc.j5 *Puls.*st zinc-o.j5 zinc-ox.j5
☞ *Angst - Gewissensangst*
– **Gewitter**:
• **vor**: psor.st
☞ *Sturm - vor / Wetter - Gewitter - vor*

– **Gewitter**: ...
• **während**: phos.h,j5
☞ *Wetter - Gewitter - während*
– **Handlungen**; in den
☞ *geschäftig*
– **Harnwege**; bei Beschwerden der:
• **Frauen**; bei: meny.ptkl
– **Hautausschläge**:
• **Kindern**; bei Hautausschlägen bei: **Psor.**vh,vh/dg
• **unterdrückte**; durch: asaf.ptkl
– **Herumwerfen** im Bett
☞ *Bett - Herumwerfen*
– **Herzens**; mit Beschwerden des: crat.brl
– **hin** und her; geht: plan.al,k
– **Hitze**:
• **während**: *Acon.* acon-l.al ail.k2 am-c. anac.h androc.srjl ant-t. *Apis*krl *Arn.* **Ars.**k,kl2● ars-s-f.k2 atro. bapt. *Bar-c. Bell.* cadm-s.k2 calc. calc-ar.k2 caps. *Carb-v. Cham.* chin. chinin-ar. *Chinin-s.* cina clem.al cob-n.spl colocin.al con. corh.brl cub. *Eup-per.*sfl *Ferr. Ferr-ar.* ferr-p. *Gels.*k,kl2● graph.k2 hyper. *Ip.* kali-ar. kali-i.k2 lachn. *Lyc. M-arct.*j5 mag-c. mag-m. merc-c. mosch. *Mur-ac. Op.*kl,st phos.h plan. **Puls.** ran-b.al rheum **Rhus-t.**k,kl2● rhus-v. rutah,j5 sabin. sec. sep.h spong. staph. stram. *Sulph.* thuj. valer.
• **nach**: ph-ac. puls. sep.
– **Hunger**, mit: kali-c.hrl,kl nat-m.al podo.hrl
– **Husten**, mit: cimic.ptkl sulph.h,kl
– **hypochondrisch**: ars.j5,kl *Asaf.*kl,kl3 graph.al,kl valer.j5,kl
– **hysterisch**: *Asaf.*kl,kl3,*
– **innerlich** ●: *Acon.*al,kl,* agar.al,k ang.h,j5,* **Ars.** atro.al,k bamb-a.stb2 carb-an.al,k carl.al,k chel.al,k choc.srj3 dros. eupi.al,k gink-b.sbdl gins.al,k lact.j5 lact-v.cl lob.al,k lyc.al,k mag-c.al,k mag-m.h2,k,* mag-s.al,k mang.al,h,* meph.al,k morph.al nat-c.h,j5,* nat-m.al,k nit-ac.h,kl op.al,k par.al,k ph-ac.al,k phos.al,k plb.al,k ran-b.al,k rheum **Rhus-t.**al,k sep.al,k **Sil.**al,k stram.h,kl sulph.h,kl viol-t.j5
• **morgens** beim Erwachen: bamb-a.stb2 sep.al,k
• **nachmittags**, beim Gehen: acon.al
• **abends** im Bett: bamb-a.stb2 eupi.al,k
• **nachts** beim Erwachen, mit Kopfschmerzen: par.
• **im** Traum: agar.h
• **schlagen**; als würde etwas mit Händen und Füßen um sich: lyc.
– **Jucken**, nach: coloc.h
– **Kindern**, bei: absin.st **Acon.**hrl ambr.al,brl,* ant-t. ars.j5 ars-i.oss borx. bry.h bufogk *Calc.*hrl calc-br.c,cl carc.sst *Cham.* cinast coff.hrl coff-t.hrl cypr.brl goss.st hyosin.c,cl ip.st *Jal.* kali-c.j5 **Merc.**st,vh rheum **RHUS-T.**kl,st senec.cl sul-ac.hrl sulph.al,cl,* *Tub.*st,vh tub-a.ih tub-m.ih,vn verat.mrr viol-o.cl
• **nachts**: cocahrl jal.brl kali-c.h,kl
• **morgens** frisch und munter; aber: *Psor.*st
• **Babies**, bei: kali-p.c,cl
• **Hautausschlag**, mit: *Psor.*st
• **Herumtragen** der Kinder amel.: ant-t. ars. *Cham.* cina kali-c.

– **Kindern - Herumtragen** der Kinder amel.: ...
☞ *Beruhigt - getragen / Getragen / Getragen - Verlangen / Weinen - getragen - ruhig*
• **rastlos**, wandernd: bell.$_{gl1}$ bry.$_{gl1}$ nux-v.$_{gl1}$
☞ *Wandern - Verlangen - ruhelos*
• **Zahnung**; während der: acon.$_{hr1}$ coca$_{hr1}$ cypr.$_{br1}$ *Kreos.*$_{hr1}$ **Rheum**$_{st}$
• **nachts**: coca$_{br1}$
– **Koitus**:
• **während**: upa.$_{a1}$
• **nach**: **Calc.** cop.$_{a1,k}$ dig. mez.$_{bg1,st}$ petr. *Sep.*$_{a1,k}$ staph.$_{bg1,st}$
– **Konvulsionen**:
• **vor**: anan.$_{a1}$ **Arg-n.** bufo caust.$_{sf1}$ hyos.$_{a1}$
• **nach**: oena.$_{a1,k}$
– **konvulsivisch**: guar.$_{a1}$ sol-ni.$_{br1}$
– **Kopfschmerzen**, bei: anac.$_{h,k,*}$ arg-n.$_{a1,k}$ *Ars.* *Bell.* bry. cadm-s. calad.$_{a1,k}$ canth. cham. chin. coloc.$_{hr1,kr1}$ crat.$_{br1}$ daph.$_{a1,k}$ dulc.$_{st}$ gent-c. hell.$_{bro1}$ ign. kali-i. *Lach.* lil-s.$_{a1}$ *Lyc.* lyss.$_{hr1,kr1}$ morph. naja nux-m. pyrog.$_{bro1}$ ran-b. ruta sil. spig.$_{bro1}$ sulph.$_{h,k1}$ syph. *Tab.*$_{st}$ vip.
• **Hinterkopf** und Hals; Schmerzen in: crat.$_{br1}$
• **Stirn**; nachts durch Schmerzen in der: cycl.
– **lasziven** Gedanken, bei: graph.$_{a1}$
☞ *Lasziv*
– **Lesen**, beim: dros. *Nat-c.* ph-ac.$_{c1}$ sumb.$_{a1,k}$
☞ *Lesen - agg.*
– **Licht**:
• **Sonnenlicht**:
• **agg.**: cadm-s.
– **Liegen**, beim: alum.$_{h}$ aur. aur-ar.$_{k2}$ cit-v. mag-m. merc.$_{h}$ nux-v. rhus-t.$_{vh}$,
• **amel.**: mang.$_{k2,ptk1}$
• **Rücken** agg. und auf der Seite amel.; auf dem: calc-p.
– **Menopause**; während der: *Kali-br.*$_{kr1}$
– **Menses**:
• **vor** ●: *Acon.*$_{bro1,k}$ amn-l.$_{sp1}$ ang.$_{bg2,hr1,*}$ arist-cl.$_{sp1}$ caul.$_{bro1}$ caust.$_{sf,sf1}$ *Cham.*$_{bro1}$ *Cimic.*$_{bro1}$ coloc. con.$_{h,k,*}$ gels.$_{bg2}$ ign.$_{bro1}$ kali-c. *Kreos.* *Lach.*$_{bro1}$ lyc. m-aust. mag-c. mag-m.$_{bro1}$ *Mag-p.*$_{bro1}$ mang.$_{a1,k}$ nit-ac.$_{bro1}$ *Nux-v.* puls. *Sal-n.*$_{bro1}$ senec.$_{bro1}$ sep.$_{bro1}$ stann.$_{ptk2}$ **Sulph.**$_{a1,k}$ tril-p.$_{bro1}$ vib.$_{bro1}$ xan.$_{bro1,c1}$
☞ *Menses - vor; Gemütssymptome*
• **während**: abrom-a-r.$_{bnj1}$ *Acon.* am-c. ant-t.$_{a1,k}$ apis *Ars.* ars-s-f.$_{k13,k2}$ bell. borx. *Calc.* calc-ar.$_{k13,k2}$ *Cham.* cocc. *Coff.* croc. *Cycl.* gels. hyos. ign. ip. kali-ar. kali-c. kali-p. kali-s. mag-m. merc. nat-c. nit-ac.$_{a1,k}$ *Nux-v.* op. phos. plat. *Puls.* *Rhus-t.* sec. *Sep.*$_{a1,k}$ *Stram.* sulph. tarent. thuj. vib.
☞ *Menses - während; Gemütssymptome*
• **nach**: mag-c.$_{a1,k}$
☞ *Menses - nach; Gemütssymptome*
• **unterdrückten**, bei: ars. cimic. *Ferr.*$_{hr1}$ kali-c. nicc. nux-v. rhus-t. sep. zinc.
– **Metrorrhagie**, bei: *Acon.* *Apis* cham. hyos. stram.
– **Mittagessen**:
• **nach**: am-m.$_{a1,k}$ nat-c.$_{a1,k}$ ruta thuj.$_{a1,k}$
• **amel.**: thuj.
– **Musik**, durch: nat-c. sabin.$_{br1}$ tarent.$_{a1,k}$
☞ *Musik - agg.*
– **Ohnmacht**, gefolgt von: calc.
– **Pausen** zwischen der Arbeit; während den
☞ *untätig*
– **periodisch**: *Ars.*$_{a1,k}$
• **dritten** Tag, jeden: anac.
– **Puls**, durch intermittierenden: digox.$_{a1}$
– **Raserei**; endet in: canth.
☞ *Raserei*
– **Rauchen**, nach: calad.$_{hr1,k,*}$
– **Rücken**; bei müdem Drücken im: calc-f.$_{hr1,k,*}$
– **Rückenmarks**; bei Beschwerden des: ip.$_{k2}$
– **Schläfrigkeit**, bei: ars.$_{j5,kr1}$ bufo$_{kr1}$ coloc.$_{j5,kr1}$ *Con.*$_{hr1,kr1}$ crot-h.$_{j5,kr1}$ *Hep.*$_{hr1,kr1}$ lact.$_{hr1,kr1}$ *Merc.*$_{hr1,kr1}$ *Petr.*$_{hr1,kr1}$ rhus-t.$_{j5,kr1}$ *Sep.*$_{hr1,kr1}$ *Stram.*$_{hr1,kr1}$
– **Schlaf**:
• **vor**: *Acon.*$_{kr1}$ phos. thuj.
• **Auffahren** aus dem; beim: apis$_{gt}$
• **Schlafmangel**; durch: lac-d.$_{ptk1}$
– **Schlaflosigkeit**, durch: *Lac-d.*$_{hr1,kr1}$ stict.$_{c1,kr1}$
– **Schließen** der Augen in der Nacht agg.: **Mag-m.** sep.
– **Schmerzen**, durch: **Acon.**$_{a1,st}$ androc.$_{srj1}$ ars.$_{h}$ bell.$_{h}$ bry.$_{k2}$ caust.$_{h}$ cham.$_{k2}$ chr-ac.$_{a1}$ coloc.$_{a1,k2}$ dios.$_{a1}$ eup-per.$_{k2}$ kali-c.$_{a1,bg1,*}$ lyc.$_{a1,h}$ mag-c.$_{k2}$ merc.$_{k2}$ plb.$_{a1}$ puls.$_{zr}$ rhod.$_{k2}$ sil.$_{h}$
• **Zahnschmerzen**: mag-c.$_{h}$ mang.$_{h}$ mez.$_{h}$
– **schmerzhaft**: acon-f.$_{a1}$
– **Schwäche**:
• **bei**: chinin-ar.$_{st}$ mand.$_{c1}$
– **Schwangerschaft**, während der: acon. ambr.$_{hr1,kr1}$ *Colch.*$_{hr1,kr1}$ *Nux-m.*$_{hr1,kr1}$ verat.
– **Schweiß**:
• **amel.**: *Sulph.*$_{a1,k}$
• **während**: *Acon.*$_{bg2}$ **Am-c.**$_{bg2}$ **Arn.**$_{bg2}$ **Ars.**$_{bg2}$ **Bell.**$_{bg2}$ *Bov.*$_{bg2}$ **Bry.**$_{bg2,k}$ **Calc.**$_{bg2}$ **Cham.**$_{bg2}$ *Chin.*$_{bg2}$ graph. **Ign.**$_{bg2}$ lachn. **Lyc.**$_{bg2}$ merc.$_{bg2}$ **Nux-v.**$_{bg2}$ **Ph-ac.**$_{bg2}$ *Puls.*$_{bg2}$ **Rhus-t.**$_{bg2}$ *Ruta*$_{bg2}$ sabad.$_{bg2}$ *Samb.*$_{bg2,k}$ **Sep.**$_{bg2}$ *Sil.*$_{bg2}$ stann.$_{bg2}$ *Sulph.*$_{bg2}$ **Verat.**$_{bg2}$
– **sexueller** Erregung, bei: ant-c.$_{j}$ kali-p.$_{c1}$ staph.$_{sf,sf1}$
– **Sitzen**, im: alum. ars.$_{gb}$ cact. carc.$_{gk}$ *Caust.* dirc.$_{a1}$ *Ferr.* germ-met.$_{srj5}$ hydrog.$_{srj2}$ ind.$_{hr1}$ *Iod.* lipp.$_{a1}$ **Lyc.** mag-c. mag-m.$_{hr1}$ mag-p.$_{hr1}$ merc.$_{h,sf1}$ nat-m. phos.$_{gb,gk}$ plan. rhus-t.$_{gh}$ *Sep.* *Sil.* staph.$_{h}$ sulph. syph.$_{gb}$
☞ *Sitzen - Neigung*
• **Arbeit**, bei der: ars.$_{h}$ **Graph.**
– **Sprechen**, nach: ambr. borx. nat-m.$_{c1}$
– **Strecken** nach hinten amel.: borx.
☞ *❑ Allgemeines - Strecken*
– **studieren**; beim Versuch zu: fago. ind.
☞ *geistige - während / Studieren - schwierig*
– **Stuhlgang**:
• **während**: ars.$_{bg2}$ bell. cench.$_{k2}$
• **nach**: cench.$_{k2}$ graph.$_{bg2}$ nit-ac.$_{bg2}$ rheum$_{bg2}$
– **Sturm**:
• **vor**: *Gels.*$_{hr1,kr1}$ *Psor.*
☞ *Gewitter - vor*

– **Sturm**: ...
• **während**: adam.srj5 gels. nat-c. *Nat-m.* *Phos.*a1,k psor.a1,k
– **Träume** ausgelöst; durch: graph.gt
– **Traurigkeit**, mit: calc.a1,h *Plat.*hr1,kr1
– **treibt** ihn von einem Ort zum anderen: *Ars.*vh,vh/dg bell.vh *Calc-p.*vh,vh/dg *Cedr.*vh,vh/dg *Lach.*vh,vh/dg *Lyss.*vh,vh/dg
– **treibt** umher: acon.j5 *Am-c.*j5 arag.br1 *Ars.*j5,k2,* aur.j5 *Bell.*h,j5,* bism.j5,sf1,* *Calc-p.*j5,k2,* canth.j5 carb-v.j5 *Cedr.*j5,st cench.j5,k2 cimic.j5,jl crot-h.j5 *Cupr.*j5,sf1,* dros.j5 graph.j5 *Hist.*j5,mg1,* hyos.gl1,j5 iod.gl1,j5 kali-i.j5,k2,* kres.j5,mg1,* *Lach.*j5,st lyss.hr1,j5,* meny.j5 merc.j5,sf1 nat-c.j5 nux-v.j5 plat.j5 prun.j5 puls.j5 sanic.c1 sep.j5 sol-mm.j5 spig.j5 stann.j5 staph.j5 *Tab.*j5,st tarax.j5 tarent.j5,k2,* verat.j5
☞ *Furcht - treibt / Qualvolle Angst - treibt - Ruhelosigkeit*
• **Freien**, im: lach.j5 nux-v.j5,kr1 valer.j5
– **Trinken** agg.: *Crot-c.*
– **Übelkeit**:
• **durch**: cina.a1 phos.a1
• **mit**: lac-d.st
– **Umklammern** der Hände amel.: med.br1,ptk1
– **Unentschlossenheit**, etwas zu tun; mit: bamb-a.stb2
– **untätig**, müßig; wenn: bamb-a.stb2
– **Urinieren**, vor dem: cain.a1 ph-ac.
– **verbergen**; versucht vergeblich, sie zu: alco.a1
– **Verzweiflung**; mit: ars.gm1
– **Vollmond**; bei: adam.srj5
– **warm**: mez.k2
• **Bett**: *Ars-i.* *Ferr.* *Iod.* *Kali-s.* *Lach.* nat-m. *Puls.*
– **Warten**, beim
☞ *Ungeduld*
– **Zimmer**, im: *Iod.* *Kali-s.* **Lyc.**a1,k
– **zittrig**: arn.h,k,* aur.j5 euph.h *Plat.*a1,k valer.j5
– **Zorn**; Ruhelosigkeit durch: *Cham.*sf1 **Coloc.**kr1

Ruhiges Wesen
☞ *Milde / Seelenruhe / Stilles*

Sache; nicht bei der
☞ *Geistesabwesend / Zerstreut*

Sachlich, vernünftig: alum.gl1 bell.gl1 hep.gl1 lach.gl1 merc.gl1 nat-m.gl1 nit-ac.gl1 plat.gl1 sil.gl1

Säufer
☞ *Alkoholismus / Beschwerden durch - Alkoholismus*

Säuferwahn
☞ *Delirium tremens*

Sammelt vieles: sulph.oss

Sanftheit
☞ *Milde*

Sarkasmus
☞ *Spotten - Sarkasmus*

Satyriasis: anac.jl,kr1 androc.srj1 bar-m.c1 camph.bg2,kr1,* cann-i.hr1,kr1,* **Canth.**bg2,j5,* con.bg2,kr1,* cyna.jl,kr1 *Fl-ac.*hr1,kr1,* *Gels.*hr1 grat.hr1,kr1 hyos.hr1,kr1 *Kali-br.*hr1,kr1,* *Lyss.*hr1,kr1,* merc.hr1,kr1 nat-m.hr1,kr1 nux-v.bg2,hr1,* pen.a1

Satyriasis: ...
*Phos.*bg2,hr1,* *Pic-ac.*hr1,kr1 *Plat.*bg2,hr1,* psor.a1 sal-n.c1,kr1,* saroth.jl,kr1 *Stram.*bg2,hr1,* sulph.hr1,kr1 thymol.jl,kr1 ust.kr1,sf1,* *Verat.*bg2,hr1,* zinc-pic.c1,kr1,*
☞ *Nymphomanie / Schamlos / ◻ Männliche Genitalien - Sexuelles Verlangen - exzessiv / ◻ M~ Sexuelles Verlangen - heftig*

Schamhaft, große Scham:
– **Kindern**; bei: tub.

Schamlos: alco.a1 *Anac.*bg2,gl1,* androc.srj1 bell.h,k,* *Bufo*bg2,sf1,* calc. camph.bg2 cann-s.bg2 canth.bg2,k cub. cupr. hell.bg2,k **Hyos.**bg2,k1,* lyc.gl1 merc-c.bg2,k,* mosch. *Murx.*bg2 nat-m. nux-m.bg2,k *Nux-v.*bg2,k *Op.*h,k1,* **Phos.**bg2,k,* phyt. *Plat.*bg2,gl1 sabin.bg2 **Sec.** staph. **Stram.**bg2,k *Tarent.* *Tub.*st **Verat.**bg2,k
☞ *Ankleiden - unanständig / Delirium - erotisch / Gleichgültigkeit - Entblößung / Hysterie - lasziv / Lasziv / Nackt / Nymphomanie / Phantasien - lasziv / Satyriasis / Unanständig / Unanständig - Sprache / Unzüchtig / Unzüchtig - Lieder / Zügellosigkeit*
– **Bett**, im: *Nat-m.*k,vh/dg
– **Entbindung**, während der: verat.
– **entblößt** den Körper: **Hyos.** *Phos.* phyt. *Sec.* *Tarent.* verat.st
☞ *Lasziv*
– **Kindern**, bei: *Tub.*st

Scharfes Gedächtnis
☞ *Gedächtnis - gut*

Scharlatan: calc.gl1 nat-m.gl1 plat.gl1 puls.gl1 sulph.gl1
☞ *Hinterhältig / Lügner*

Schaukeln:
– **amel.**: acon.bg2,k calc.sf,sf1 carb-an.bg1,bg2 cham.bg2,k cina kali-c.bg1,bg2,* *Merc-c.*ptk1 plb.bg2 puls.bg2,k pyrog.bg1,bg2 rhus-t.bg2,k sacch.bg1 sec.sf,sf1
☞ *Getragen - Verlangen / Reizbarkeit - Schaukeln - amel.*
• **hin** und her: bell.ptk1 hyos.ptk1
– **agg.**: ars.bg2,sf1 borx.bg2,sf1 carb-v.bg2,sf1 *Cocc.*bg2,sf1 thuj.ptk1
– **Verlangen** geschaukelt zu werden: carc.st1 **CHAM.**st sanic.c1

Scherzen
☞ *Spaßen*

Scheu
☞ *Schüchternheit*

Scheu, große
☞ *Angst / Furcht*

Schildern der Symptome
☞ *Erzählen*

Schizophrenie: anh.jl3,mg1,* aur.jl,kr1 carc.pd haliae-lc.srj5 halo.jl kres.jl,jl3 levo.jl,jl3 psil.jl sulfa.jl,jl3 thiop.jl ven-m.jl,jl3
– **Hebephrenie**: anh.jl,jl3 chlorpr.jl,jl3 halo.jl kres.jl,jl3 reser.jl thala.jl,jl3 thiop.jl thuj-l.jl
– **katatonisch**: chlorpr.jl cic.jl convo-s.jl cortico.jl,jl3,* halo.jl rauw.jl,sp1 reser.jl thala.jl thiop.jl

– **paranoid**: *Bell.*bg *Hyos.*bg med.st *Nux-v.*bg rauw.spl
☞ *Anpassungsfähigkeit / Antworten - unzusammenhängend / Antworten - weigert / Auflösung / Bewußtheit - Körpers / Demenz / Entstellung / Furcht - ermordet / Furcht - vergiftet / Geisteskrankheit / Geisteskrankheit - Verfolgungswahn / Gesten - automatisch / Gesten - sonderbare / Katatonie / Manie / Rückzug / Sonderbar / Sprache - unzusammenhängend / Stupor / Verwirrung - Identität / Wahnideen / Wahnideen - Körper*
– **Zunge**:
• **gelbe** Farbe der Zunge:
• **grünlichgelb**: mosch.vk1

Schlachten; spricht von
☞ *Sprechen - Schlachten*

Schlafwandeln: **Acon.**bg2,k agar. alum.a1,k alum-sil.k13,k2 *Anac.* ant-c. arg-met.jl *Art-v.*hr1,k,* aur-br.c,c1 bell. **Bry.**bg2,k calc.h,k1,* camph.bg2 *Cann-i.*bro1,sf1,* caste.jl cham.gl1 cic. croc. crot-h.bg2,sf1,* cur.a1,bro1,* **Cycl.**bg2,k des-ac.jl *Dict.*bg1,bg2,* hell.k13,k2 hyos. ign.hr1,k *Kali-br.*bg2,k,* kali-c.hr1,k *Kali-p.*bg2,k kali-s. kalm.hr1,k,* lach. luna c2 lyc. lyss.c1 m-arct.c1,c2 meph.hr1,k mosch. **Nat-m.**h,k,* nit-ac.gb **OP.**k1,st paeon.bro1 petr. **Phos.**bg2,k,* plat. psor.a1 rheum rumx.a1,bg2 sep. *Sil.*h,k,* spig. **Spong.**bg2,k stann.h,k,* *Stram.*hr1,k *Sulph.*h,k,* *Tarent.*hr1,k2,* teucr. verat. **Zinc.**bg2,k,*
– **geistige** Arbeiten aus; führt: phos.gl1 sep.gl1
– **Gemütsbewegungen**, nach unterdrückten: *Zinc.*
– **Hautausschläge**; nach dem Verschwinden alter: *Zinc.*kr1
– **klettert** auf Dächer, auf die Geländer von Brükken und Balkonen: lyc.gl1 phos.gl1 sulph.gl1
– **Mond**:
• **Neumond**: *Sil.*kr1,sf1
• **Vollmond**: *Sil.*kr1,sf1
– **schlagen**; um aus Rache andere Schlafende zu: **Nat-m.**gl1 nit-ac.gl1
– **Tagesarbeit** zu machen; um die: bry.gl1 mag-m.dgt nat-m.gl1 sil.gl1,sf1 sulph.gl1
– **zornigen** Gesten; mit
☞ *Gesten - zornig - Schlafwandeln*

Schlagen: alum.st anan.a1 androc.srj1 *Arg-met.* atro.a1 **Bell.**h,k,* bov. camph.h,k,* *Canth.*bg2,k,* carb-v.hr1,k *Cham.*ptk1 chel.a1 **Cina**kr1 con.gl1,sf1 cub. *Cupr.*bg2,k,* *Cur.*vh,vh/dg der.a1,k elaps gal-ac.zr *Glon.*hr1,k hell.hr1,k hep.c1 hydr. **Hyos.**h,k,* *Ign.* *Kali-c.* kreos.bg1,bg2 lil-t.bg2,k,* *Lyc.*h,k,* *Lyss.* mosch.a1,k *Nat-c.*bg2,k1,* **Nux-v.**bg2,k1,* phos.bg2,k,* plat.bg2,k,* *Plb.*hr1,k sieg.mg,mg1 staph.hr1,k *Stram.*bg2,k,* stront-c. stry.a1,k syph.a1 *Tarent.*hr1,k,* *Tub.*vh,vh/dg *Verat.*bg2,k,*
☞ *Eifersucht - schlagen / Heftig / Stoßen*
– **Betrunkenheit**; bei: hep.gl1 hyos.gl1 nux-v.gl1 verat.gl1
– **eingebildete** Objekte ein; schlägt um sich auf: *Bell.* canth. cupr. *Hyos.* *Kali-c.* lyc. mosch. nat-c. nux-v. op. phos. plat. *Stram.* stront-c.
• **Träumen**, beim: phos.j5

Schlagen: ...
– **Fäusten**, mit den: syph.a1,vh,* tub.hr1
– **Kinder**; schlägt die eigenen: chel. *Ox-ac.*ptk1
☞ *Abneigung - Kinder / Gleichgültigkeit - Kinder / Heftig*
– **Kindern**; bei: **Cham.** chel.a1 **Cina** *Cur.*vh,vh/dg lyc.c1
☞ *Gleichgültigkeit - Kinder / Heftig*
• **Tadel**, bei: tub.
– **Knabe** zerkratzt das Gesicht des Vaters: **Stram.**hr1,kr1
– **Konvulsionen**, nach den: cupr.hr1,kr1
• **Eklampsie**, nach: *Glon.*kr1
– **Raserei**; mit: *Arg-met.*hr1 **Bell.**hr1 *Carb-v.*hr1 cupr.sf1 lyc.sf1 marb-w.es1 stram.hr1
– **sich**; schlägt: ars. bell.h,k,* camph.h,k,* cann-i.a1 cur. germ-met.srj5 plat.h,k1 stram.gb *Tarent.*a1,k *Verat-v.*
☞ *Beißen - sich / Heftig / Reißt - sich / Reißt - sich - Genitalien / Tadelt sich / Ziehen - Haaren / Zorn - reißen*
• **Abdomen**, sein: bell.
• **Brust**, seine: camph. verat-v.
• **Gesicht**, sein: bell.
• **Kopf**:
• **Händen** an den Kopf, gegen den Körper und andere Personen; schlägt sich mit den: *Tarent.*k1
• **seinen** Kopf: ars. bell.bg2 hyos.bg2 stram. tarent.
• **schlägt** seinen Kopf gegen die Wand und gegen Gegenstände: apis ars. **Bell.**k1,vh,* con. hyos. mag-c. med.gb **Mill.**k1,vh,* *Phos.*gk rhus-t. syph.c1 tarent.vh **Tub.**k1,vh,*
– **Umstehende**, schlägt: **Bell.**a1 carbn-s.a1 chen-a.a1 hell.hr1 *Hyos.*a1 lyc.h,hr1,* stram.a1
– **Verlangen**:
• **schlagen**, zu: alum.st androc.srj1 bell. bufo carbn-s. choc.srj3 der.a1 elaps hydr. **HYOS.** lil-t. marb-w.es1 nat-c. **Nux-v.**st *Staph.*
• **abends** amel.: hydr.a1
• **stoßen**; Dinge zu: coff-t.a1
– **Wand**, gegen die: bry.a1 canth.a1,k con.a1,bg2 *Stram.*a1 syph.a1
– **Würmer**; bei Beschwerden durch: *Carb-v.*hr1,kr1
– **Zorn**, aus: anan.a1 bufo a1 marb-w.es1 *Nat-c.*gl1
• **seine** Freunde: plat.gl1,mg1,* tarent.k13,k2

Schlampig, schludrig
☞ *Geistesabwesend / Unbesonnen / Unordentlich / Vergeßlich / Zerstreut*

Schlechte Laune
☞ *Mürrisch / Reizbarkeit*

Schlechte Nachrichten
☞ *Beschwerden durch - schlechte*

Schlemmer: calc.gl1 carb-v.vh chin.gl1 ip.gl1 mag-c.gl1 merc.gl1 nat-c.gl1 **Verat.**gl1

Schließen der Augen:
– **amel.**: kali-c. zinc.

Schluchzen
☞ *Seufzen / Weinen - Schluchzen*

Schmeicheln:
– **Verlangen**, daß man ihm schmeichelt: carc.fb marb-w.esl *Pall.*
☞ *Eitelkeit / Hochmütig / Jammern - anerkannt / Verlangen, Wunsch - voller - mehr / Verlangen; großes - guten / Verzweiflung - gesellschaftliche / Wahnideen - anerkannt / Wahnideen - kritisiert / Wahnideen - verlassen / Wahnideen - vernachlässigt - er*
• **gibt** alles, wenn man ihm schmeichelt: lyc.gl1 puls.gl1 sulph.gl1
☞ *Verzweiflung - gesellschaftliche*

Schmeichlerisch: arn.gl1 carb-v.gl1 **Lyc.**gl1 nux-v.gl1 petr.gl1 plat.gl1 puls.gl1 sil.gl1 staph.gl1 sulph.gl1
☞ *Freude bereiten - Verlangen*

Schmiedet Pläne
☞ *Pläne - macht / Unbesonnen*

Schmollen: *Agar.* anac.k2 **Ant-c.** arn.bg2 ars. aur. bov. calc. canth. carb-an. carbn-s. carl. *Caust.* chel. *Con.* dulc. hura kali-bi.a1 kali-br. *Kali-c.* kali-n. lyc.gl1,ptk1 mag-c. mag-m. mang. menis.a1 **Merc.**gl1 mur-ac. *Nux-v.* op. petr. ph-ac. *Plat.* sars. spong.kr1 stann. stront-c. sul-ac. sulph. tub.a1,hr1 zinc.
☞ *Beleidigt / Beschwerden durch - Tadel / Brütet / Eigensinnig / Ermahnungen / Klagen / Mürrisch / Reizbarkeit / Stirnrunzeln / Traurigkeit - Liebe / Unfreundliche / Untröstlich / Unzufrieden / Verdrießlich / ❑ Gesicht - Ausdruck - finster*
– **nachmittags**: cinnb.a1

Schmutzig: **Am-c.**gl1,vh *Caps.*bro1,gl1,* chel.ptk1 crot-h.gl1,vh *Graph.*ptk1 *Lac-c.*ptk1 lach.ptk1 *Merc.*gl1,vh/dg nux-v.gl1,vh petr.gl1 phos.ptk1 *Plat.*vh,vh/dg *Psor.*bro1,gl1 rhus-t.ptk1 sep.ptk1 sil.bro1,gl1 staph.gl1,vh *Sulph.*gl1,vh verat.gl1
☞ *Chaotisch / Gewissenhaft / Gleichgültigkeit - Erscheinung / Gleichgültigkeit - Äußerlichkeiten / Unordentlich / Wahnideen - Lumpen / Wahnideen - schmutzig / Waschen - Abneigung / ❑ Allgemeines - Baden - Abneigung / ❑ A~ Unsauberkeit*
– **beschmutzt** alles; macht alles schmutzig: am-c.gl1 bry.gl1 *Nat-m.*gl1
– **Haut**, mit schmutziger: am-c. ars. lyc. nux-v. psor.vh sulph.vh
– **spielt** mit Schmutz, Dreck: hyos.vh
– **urinieren** und defäkieren überall; Kinder: *Hyos.*vh,vh/dg *Sep.*gl1 sil.gl1 sulph.gl1
☞ *Delirium - Urinieren / Delirium - Urinieren - Boden / Geisteskrankheit - uriniert*

Schneiden, verstümmeln oder aufschlitzen; möchte andere: lyss.k1,st verat.k2
☞ *Heftig / Impulse - erstechen - andere / Wahnideen - geteilt - zwei - zerschnitten / Wahnideen - Körper - durchgeschnitten / Wahnideen - Körper - durchgeschnitten - zwei*

Schnell im Handeln: androc.srj1 choc.srj3 *Coff.* ign.ptk1 *Lach.* op.a1
☞ *Antworten - hastig / Gedanken - schnell / Gedächtnis - gut / Hast / Ideen - Reichtum / Konzentration - gut / Lebhaft, munter / Spontan / Sprache - hastig / Ungeduld ...*

Schnell im Handeln: ...
☞ *Ungestüm / Witzig / Überstürzt*

Schöne Dinge:
– **Verlangen** nach schönen Dingen: lil-t.ptk1 olnd.ms sulph.ptk1

Schreck
☞ *Furcht - plötzlich*
– **Beschwerden** durch
☞ *Beschwerden durch - Schreck*

Schreckliches und traurige Geschichten greifen sie stark an: ars.k1,st *Aur.*k1,st *Aur-m.*k1,st benz-ac.k2 **CALC.**k1,st carc.fb carl.km *Caust.*k1,st cench.k2 **Cic.** cocc. *Con.*k1,st ferr.k1,st gels. *Hep.*k1,st ign. **Iod.**k1,st *Kali-c.*gk *Lach.* limest-b.es1 *Lyc.*k1,st nat-c. *Nit-ac.*bg2,k1,* *Nux-v.* *Phos.*k1,st *Puls.*k1,st *Sep.*k1,st *Sil.*k1,st **Staph.**h,k1 *Sulph.*k1,st tarent.ptk1 *Teucr.* *Zinc.*
☞ *Angst - Grausamkeiten / Empfindlich - Grausamkeiten / Empfindlich - traurige / Empfindlich - Weinen / Erregung - Hören / Furcht - Grausamkeiten / Grausamkeit - Anblick / Sprechen - unangenehmen / Traurigkeit - Geschichten / Wahnideen - fürchterlich / Weinen - Anekdoten*
– **Unglück** anderer Menschen: coloc.ptk1

Schreiben:
– **Abneigung** gegen: hydr.a1,k squil. thea
– **agg.** Gemütssymptome: asaf.bg2,hr1,* laur.bg2 med.bg2,hr1,* nux-m.bg2 rhus-t.bg2 stann.bg2,jl
– **ermüdet**: *Sil.*hr1,kr1
– **Gemeinheiten**; schreibt ihren Freunden: *Lac-c.*kr1
– **linkshändig** Schreibens; Beschwerden durch Unterdrückung des
☞ *Beschwerden durch - Linkshändigkeit*
– **Schwierigkeiten**, die Gedanken im Schreiben auszudrücken: arag.br1 cact. calc.sf1 cann-s.sf1 carb-an. cimic.sf1 kali-c.sf1 lach.sf1 lyc.sf1 *Nat-m.*sf1 sep.a1 sil.sf1 zinc.sf1
– **Talent** zum flüssigen Schreiben: op.a1
– **Unfähigkeit** zu: ars.kr1 caust.gl1 ign. lyc. **Nux-v.**kr1 sil.gl1
☞ *Fehler - Schreiben*
• **lernen**; Kinder können nicht Schreiben: caust.gl1 sil.gl1
• **schnell** zu schreiben wie sie möchte, mit ängstlichem Verhalten, sie macht Fehler; Unfähigkeit, so: ign.kr1
• **zusammenhängend**: colch.
– **unleserlich**, schreibt: adam.srj5 germ-met.srj5 kali-br.a1 merc.a1 stram.a1
– **Verlangen** nach: chin.h,k,* lipp.a1 sphing.a1,k,*

Schreien (= Kreischen, Brüllen): absin.a1 acon.bg2,k aeth.bg2 agar.bg2,k,* agav-t.jl,jl3 ail. alco.a1 alum. ambr.vh amyg.kr1 *Anac.*h,k,* androc.srj1 ant-c. *Ant-t.*bg2,h,* **Apis** arg-met. arn.h,k,* ars.bg2,k,* arum-m.a1 arum-t.hr1,k atro.a1,k *Aur.*h,k,* aur-ar.k2 *Aur-m.*hr1,k bad.bg2 *Bell.*h,k,* *Borx.*c2,k brucel.bro1 bry.h,k,* bufo.gk cact.a1,sf1,* calad.hr1,k,* *Calc.*h,k,* calc-hp.sf1 *Calc-p.*hr1,k,* **Camph.**h,k,* cann-i.a1

Schreien (= Kreischen, Brüllen): ...
*Canth.*bg2,k,* carb-ac.hr1,k carb-an.h,k,* carb-v.h,k,* carbn-o. carbn-s. castm.j5 *Caust.*h,k,* *Cedr.*hr1,k cench.k13,k2 *Cham.*h,k,* *Chin.*h,k,* chlol.a1,hr1 **Cic.**bg2,k,* *Cina* cocc.h,k,* coff.bg2,k,* croc. crot-c. crot-h.bg2 **Cupr.**bg2,k,* *Cupr-act.*j5 cupr-ar.a1,k cypr.bro1 dulc.bg2,k,* elaps equis-a.sf,sf1 eup-per.a1 eup-pur.hr1,kr1,* ferr-p.bg2,sf1,* *Gels.* *Glon.*bg2,k,* haliae-lc.srj5 *Hell.*bg2,k,* hydr-ac.bg2,hr1,* *Hyos.*bg2,k,* hyper.bg1,bg2,* *Ign.*bg2,k,* *Iodof.*bg2 *Ip.*bg2,k,* *Jal.*bg2,j5,* kali-ar. kali-bi.a1,k *Kali-br.*bg2,hr1,* **Kali-c.**bg2,k,* kali-p.hr1,k kali-s. kreos.sf,sf1 lac-c.bg1,bg2,* lach.bg2,sf1,* lat-m. laur.a1,k lepi.a1 lil-t.bg1,bg2,* **Lyc.**bg2,k,* lyss.hr1 mag-c.bg2,k mag-p.bg2 merc.bg2,k,* merc-meth.a1 meth-ae-ae.a1 mosch.bg2 nit-ac. nitro-o.a1 nux-m.bg2 nux-v.bg2,k,* olnd.a1,k op.a1,bg2 *Phos.*bg2,k,* **Plat.**bg2,k,* plb.bg2,k,* plb-chr.c1,c2,* podo.sf,sf1 psor.a1 puls. ran-s. *Rheum* samb.bg2,k sanic.c1 sars.sf,sf1 sec.bg2,hr1 seneg. *Senn.*st sep.bg2,k,* sil.bg2,k,* sol-ni. **Stram.**h,k,* *Stry.* sul-ac.a1 *Sulph.*hr1,k syph.bg2 tanac.a1,k tarent.bg2,k,* thal.jl,jl3 thuj.bg1,bg2,* *Tub.*hr1,k vac.a1 valer.a1 **Verat.**h,k,* verat-v.bg2 viol-t.bg2 vip.a1,bg2 *Zinc.*bg2,k,*
☞ *Delirium - Schmerzen - während / Jammern / Schreien - Raserei / Weinen, Schreien*

– **Tag** und Nacht: stram.k13,k2
– **abends**: verat.a1
 • **21** h:
  • **21** - 0 h: sanic.c1
– **nachts**: ant-t.a1,h bell.a1 calc.a1,h carc.a1,mg1,* cypr.a1,sf1,* hyos.a1 jal.a1,bg2,* kreos.bg2,hr1,* mag-c.a1 sanic.c1 stram.a1
 • **Mitternacht**: lac-ac.a1
◆ **abwechselnd** mit:
 • **Bewußtlosigkeit**: *Apis*kr1 bell.k,kr1,* *Rheum*kr1 *Zinc.*vh,vh/dg
 • **Fröhlichkeit**: chin.bg1,bg2
 • **Klagen**: bufoa1
 • **Lachen**: asaf.bg2 croc.bg2 ign.bg2 kali-p.bg2,k2 mosch.bg2,st *Nux-m.*bg2
– **anfallsweise**: *Ign.*bg2 *Lyc.*hr1,kr1
– **Angst**, aus: calc.j5 chinin-s.j5 cocc.h,j5,* *Hyos.*j5 *Lyc.*j5 mosch.j plat.j ran-s.j5 stann.j
– **Beistand**; um
 ☞ *Hilfe*
– **Berührung**, bei: *Acon.*hr1,kr1 ant-c.sf,sf1 ant-t.a1,h,* **Arn.**k2 hyos.ptk1 *Iod.*hr1 kali-c.bg2 *Merc.*hr1,kr1 rutabg2 stram.ptk1 stry.a1
 • **wehleidig**, jämmerlich im Stupor: hyos.ptk1
– **beruhigen**; schwierig zu: ip.ptk1
– **Betrunkenheit**; bei: caust. hyos. ign. stram.
– **Bewußtlosigkeit**, bis zur: bufok2
– **Bewußtlosigkeit** unterbrochen von Schreien
 ☞ *abwechselnd - Bewußtlosigkeit*
– **Chorea**, bei: chlol.hr1,kr1 *Cupr-act.*kr1 *Ign.*hr1,kr1 *Stram.*hr1,kr1 *Zinc.*hr1,kr1
– **Cri encéphalique**: *Aml-ns.*kr1 **Apis** arn.hr1,k ars. *Art-v.*hr1,kr1 bell. calc-hp.sf1 canth.a1 *Carb-ac.* *Cham.*hr1,kr1 cic. coff.a1 crot-c.a1 cupr. *Cupr-act.*kr1 cupr-ar.a1 dig.hr1,k dulc.a1,k *Glon.*hr1,k *Hell.*hr1,k *Hyos.* ign.hr1,kr1 *Kali-br.*bg2,sf1,* *Kali-i.*hr1,k *Lyc.* *Merc.*bg2,hr1,* merc-c. phos. plb.a1 *Rhus-t.* sol-ni.
– **Cri encéphalique**: ...
stram. sulph.hr1,k *Zinc.*
– **eingebildeten** Erscheinungen, wegen: *Kali-c.*hr1,kr1
– **enzephalitisch**
 ☞ *Cri encéphalique*
– **Erwachen**:
 • **beim**: alum.h,k1 apis arn.j5 ars.h,k1 bell.a1 *Bry.*c1,c2,* *Caps.*st,vh *Cham.*c2,k chlol.a1 chol.a1 *Cina* con. cupr-act.c1 gels. guaj. *Hydr-ac.*hr1,kr1 *Hyos.*h,k,* ign. *Kali-br.*bg2,hr1,* *Kali-p.*hr1,kr1 kali-s. *Lyc.*a1,k *Mag-c.*j5 meny.h,k1 phos.j5 rheumc2 rutah,j5 sanic.c1 sep.a1,k sil.j5 stram.h,k,* sulph. **Zinc.**a1,k
 ☞ *Klammert - Kind - erwacht*
 • **ohne** zu erwachen
 ☞ *Schlaf*
– **festhält**; schreit, sofern er sich nicht an etwas: **Sep.**k,kl2●
– **Fieber**; während: *Acon.*bg2 **Bell.**bg2 bry.bg2 **Caps.**bg2 *Cham.*bg2 *Coff.*bg2 cupr.bg2 ip.bg2 *Lyc.*bg2,j5 *Op.*bg2 *Plat.*bg2 puls.bg2 **Stram.**bg2,k2 verat.bg2
– **fröhlicher** Stimmung; grundloses Schreien bei: *Chin.*h,kr1
– **Genitalien**; mit Greifen an die: acon.ptk1
 ☞ *Reißt - sich - Genitalien / ❑ Männliche Genitalien - Faßt - reißt*
– **Gewitter**, bei: gels.
 ☞ *Wetter - Gewitter - während*
– **hartnäckig**: *Cham.*sf,sf1 sanic.c1
 ☞ *Eigensinnig*
– **heiser**: bell.kr1 stram.kr1
– **Hilfe**, um: *Camph.*k2,kr1 *Ign.*kr1 kali-c.h *Laur.*kr1 levo.jl plat.
 ☞ *Delirium - Schreien - Hilfe*
 • **Schlaf**; im: hep.j5 kali-c.j5 rhus-t.j5
 • **springt** vom Bett auf: hep.j5 rhus-t.j5
– **Husten** agg.: *Arn.*bg2 bell.bg2 **Bry.**ptk1 caps.bg2 cinabg2 *Hep.*ptk1 op.bg2 samb.bg2
– **Hydrozephalus**, bei: **Apis**kr1 *Cina*kr1 *Dig.*hr1,kr1 kali-i.hr1,kr1 *Lyc.*hr1,kr1 merc.hr1,kr1 *Zinc.*hr1,kr1
– **kann** nicht; will schreien, aber: *Stram.*hr1,kr1
– **Kindern**, bei: acon.bg2 aeth.hr1,kr1 ail.k13,k2 anac.hr1,k *Apis* bell.h,k,* benz-ac. **Borx.** calc.h,k,* *Calc-p.*hr1,k,* camph.gl1 caste.jl *Cham.*hr1,k *Cina* coff. cupr. dor. dulc. *Glon.*hr1,kr1 *Hell.* *Ign.* ip.hr1,k *Jal.*hr1,k kali-br. *Kali-p.*hr1,kr1 *Kreos.*hr1,k **Lac-c.**hr1,k lyc. mag-c.mg,mg1 *Nux-v.*gl1,hr1,* psor.a1 puls.bg2 *Rheum*c2,k sanic.c1 *Senn.* sil.st stram.a1,k syph.c,c1 **TUB.**st *Valer.*br1
 • **Tag** und Nacht: calc.st rheumptk1
 • **abends**: **Cina**kr1 cinnm.hr1,kr1 zinc.kr1,sf1,*
 • **nachts**: ant-t.a1,h calc.a1,h *Cham.*hr1,kr1 *Chlol.*gl1,kr1 jal.c1 *Kali-p.*hr1,kr1 *Lac-c.*hr1,kr1 nux-v.a1 psor.hr1,kr1,* rheumkr1,st
 • **angesprochen**, wenn: sil.k13,k2
 • **Berührung**, bei: ant-t. cinaj
 ☞ *Berührt*
 • **bewegt** werden; wenn sie: zinc.ptk1
 • **Erwachen**, beim: borx.hr1,st cinahr1 kali-c.hr1 lyc.hr1 sanic.c1 sulph.hr1
  • **Zittern**; mit: ign.ptk1
 • **Faust** im Mund; mit der: ip.h,ptk1

– **Kindern**, bei: ....
• **gestillt** werden; wenn sie: borx.st
• **Kolik** mit: *Cham.*hr1,kr1 *Nux-v.*hr1,kr1
• **Schlaf**, im: ant-t.a1,h **Apis**kr1 *Arn.*hr1,kr1 bell.hr1,kr1 borx.kr1 *Calc-p.*hr1,kr1 caste.j1,kr1 hell.a1 *Ign.*hr1,kr1 inul.hr1,kr1 jal.j *Lyc.*hr1,kr1 *Psor.*kr1,st **Puls.**hr1,kr1 rheumj senn.j sil.j **Sulph.**hr1,kr1 *Tub.*hr1,kr1
• **Schluchzen**; mit: hyos.ptk1
• **schrecklich**, fürchterlich: nat-c.ptk1 sulph.ptk1
• **Stuhlgang**:
• **vor**: borx.ptk1 kreos.ptk1 rheumbg2 rhus-t.bg2
• **während**: *Kreos.*hr1,k **Rheum**kr1 valer.ptk1
• **Stuhldrang**, beim: **Rheum**st
• **Trost**:
• **agg.**: bell.kr1
• **Weinen** und: cham.gl1 nux-v.gl1
– **Kleinigkeiten**, über: **Kali-c.** rib-ac.jl
☞ *Kleinigkeiten*
– **Konvulsionen**:
• **vor**: *Aml-ns.* *Apis* art-v. *Bell.*h,k,* *Bufo* calc. camph. canth. cedr. **Cic.**hr1,k *Cina* crot-c. **Cupr.**bg2,k,* hydr-ac.bg2,sf1,* hyos. *Ip.* *Kali-br.* *Lach.* laur. *Lyc.* nit-ac. nux-v. *Oena.* *Op.*a1,k phos. plb. sil. *Stram.* stry. *Sulph.* verat-v.a1,k *Zinc.*hr1,k
• **während**: acon.j5,kr1 *Aml-ns.*kr1 ant-t.j5,kr1 *Apis*kr1 *Art-v.*hr1,kr1 bell.j5,kr1,* calc.h,j5,* *Camph.*hr1,kr1 canth.j5,kr1 *Caust.*j5,kr1 cedr.kr1 *Cic.*j5,kr1,* *Cina*j5,kr1 *Crot-h.*hr1,j5,* *Cupr.*hr1,kr1 hyos.j5,k2,* ign.hr1 ip.j5,kr1,* kali-bi.gt1,kr1,* lach.j5,kr1 *Lyc.*h,j5,* *Merc.*j5,kr1 nit-ac.kr1 *Nux-v.*j5,kr1 oena.kr1,sf1 **Op.**hr1,j5,* stann.kr1 *Stram.*hr1,kr1 sulph.h,j5,* verat-v.kr1 vip.j5,kr1 *Zinc.*hr1,kr1
• **nach**: plb.j5,k,* sil.h,k,*
• **zwischen**: bell.a1,h,* kali-bi.kl
• **epileptisch**: *Bufo*kr1 calc.h cedr.kr1 **Cic.**bg2,h,* crot-h.kr1 *Cupr.*bg2,kr1,* hydr-ac.kr1,sf1 **Hyos.**kr1 ign.kr1 *Ip.*kr1 *Kali-bi.*hr1,kr1 *Lach.*kr1 *Lyc.*hr1,kr1 nit-ac.kr1 *Nux-v.*kr1 *Oena.*hr1,kr1 op.kr1 *Sil.*hr1,kr1 stann.kr1 stram.bg2,kr1,* sulph.h,kr1 verat-v.kr1
☞ ❑ *Allgemeines - Konvulsionen - epileptisch - während*
• **Wochenbett**, im: *Hyos.* *Iod.* *Lach.*hr1,kr1
– **Krämpfe**, während der: *Cupr.*sf,sf1
• **Abdomen**; im: cupr. *Jatr-c.*kr1 *Lyc.*kr1 *Mag-p.*kr1,st plb.sf1
– **Lachen**:
• **nach**: tarent.a1,bg2
– **läuft** schreiend durch das Haus: bufokr1 calc.rb2
– **laut**: hydr-ac.ptk1
– **Lokomotive**, wie eine: nux-m.st
– **Manie**
☞ *Manie - Schreien*
– **Menses**:
• **vor**: *Sep.*
☞ *Menses - vor; Gemütssymptome*
• **während**: *Cocc.*hr1,kr1 *Coloc.*hr1,kr1 cupr.
☞ *Menses - während; Gemütssymptome*
• **nach**: aur.bg1,st
☞ *Menses - nach; Gemütssymptome*
– **muß**; hat das Gefühl, als ob sie schreien: adam.srj5 *Anac.* androc.srj1 apis ars.j5,kr1 aur. *Calc.* calc-p. cic. cina *Elaps* haliae-lc.srj5 hell. kali-c.j5

– **muß**; hat das Gefühl, als ob sie schreien: ... *Lil-t.*k,rb2 limest-b.es1 nux-v. plat.j5 *Sep.* sil. stann. stram.j5
– **nähert**; wenn sich jemand dem Bett: *Ign.*hr1,kr1
– **plötzlich**: chin.a1,h,* *Kali-c.*hr1,kr1 limest-b.es1 plb.ptk1 stram.a1
– **qualvoller** Angst, aus: lat-m.jl,jl3
☞ *Qualvolle Angst*
– **Raserei**; während der: *Anac.*j5,kr1 *Bell.*j5,kr1,* canth.j5 cupr.j5,sf1 hyos.j5 lach.j5,sf1 plb.j5,kr1 sec.j5 sol-ni.j5 stram.j5,sf1 *Verat.*j5,kr1,*
☞ *Schreien*
– **ruft** jemanden: aloeptk1
– **Schlaf**, im: *Agar.*bg2,hr1,* alum.h,k2,* am-c.bg2,k,* anac.h,k,* ant-c.bro1 *Ant-t.*h,j5,* *Apis* *Arg-met.* arn.h,k,* *Aur.*h,k,* bac.c1 *Bell.*k,vh/dg **Borx.** *Bry.*h,k,* bufobg2 calc.bg2,k *Calc-hp.*bg2,sf1 *Calc-p.*hr1,k calc-sil.k13,k2 camph.a1 cann-i.a1 *Caps.*bg2,k carb-ac. carb-an.h,j5,* carc.fb,mg1 *Castm.*j5 caust.h,k,* *Cham.*h,k,* chel. chin.bg2,h,* chlol.hr1,kr1 *Cic.*bro1 *Cina* cocc.h,k,* croc.bg2,j5 *Cupr-act.*bro1 cypr.bro1 dig.bro1 dor.hr1,kr1,* dulc. euph.bg2,k *Fl-ac.*a1,k gran.bg2,j5,* graph.h,j5,* *Guaj.* *Hell.*hr1,k *Hep.*k,vh/dg *Hyos.*j5,k2,* *Ign.*bg2,hr1,* inul.hr1,kr1 iodof.bro1 ip. *Kali-br.*k1,vh,* kali-c.h,kl kreos. *Lac-c.*hr1,kr1 **Lyc.**bg2,k,* *Mag-c.*bg2,k *Mag-m.* merc.hr1 *Nat-c.*h,j5,* nat-m.bg2,k,* nit-ac. nux-m.bro1 op.bg2,k,* phos.bg2,k plat.j5 psor.st **Puls.**bg2,k,* *Rheum*bg2,j5 sep.bg2,k *Sil.*k,vh/dg spong.bro1 stram.h,k,* stront-c. stry.a1 sul-ac.j5 *Sulph.*bg2,k,* thuj.bg2,k **Tub.**hr1,k2,* *Verat.*hr1,kr1 **Zinc.**bg2,k,* zinc-p.k13,k2
• **Augen**; mit Zittern und starren: ant-t.ptk1
• **Menses**:
• **vor**: carb-v. sep. sul-ac. **Tub.**vh,vh/dg *Zinc.*
☞ *Menses - vor; Gemütssymptome*
• **springt** aus dem Bett und schreit um Hilfe: hep.j5 rhus-t.j5
– **Schluckauf**; mit: cic.ptk1
– **Schmerzen**, bei den: **ACON.**k1,st apisptk1 *Ars.*a1,k atro.a1 aur.hr1 bamb-a.stb2 **Bell.**bg2,k bov.a1 bry.k13,k2 **Cact.**bg2,k,* calc-p.k2 *Canth.*a1 caps.a1,h **CHAM.**k1,st cic.bg2,sf1,* coff.k1,st *Coloc.*bg2,k,* cupr.ptk1 gels.bg2,sf1,* kali-n.h,kl lat-m.br1,sp1 mag-c.h,kl mag-m.bg1,h2,* mag-p.bg,hr1,* op. **Plat.**k,vh/dg plb.a1,bg2,* podo.bg2,sf1,* puls. *Sep.*hr1,ptk1 zinc.k2
☞ *Delirium - Schmerzen - während / Empfindlich - Schmerz / Verzweiflung - Schmerzen / Weinen - Schmerzen - während*
• **Abdomen**: kali-chl.a1,c1
• **Füße**: spig.h,kl
• **Lumbalregion**: alum.h chin.h
– **springt** aus dem Bett; und: chlol.gm1
– **sterben**; sie glaubt, sie werde: lat-m.gm1
☞ *Tod - Gefühl*
• **Luft** mehr; und bekommt keine: najagm1
– **Stuhlgang**:
• **vor**: borx.h rheumbg2 rhus-t.bg2
• **während**: borx.bg2 canth.a1 carb-v.bg2,h,* **Cham.**bg2 **Ip.**bg2 **Rheum**bg2 **Sulph.**bg2
– **Stupor**; im: hyos.ptk1
– **Trinken**, beim: nux-v.a1,k
– **unterbricht** die Bewußtlosigkeit; Schreien
☞ *abwechselnd - Bewußtlosigkeit*

– **unwillkürlich**: hydr-ac.$_{ptk1}$
– **Urinieren**:
• **vor** dem ●: acon.$_{ptk1}$ **Borx.** lach. **Lyc.** nux-v. sanic.$_{a1,ptk1}$ *Sars.* thuj.$_{c1}$
– **Wahnideen**:
• **durch**: ars.$_{hr1,j5,*}$ kali-c.$_{j5}$ plat.$_{j5}$ puls.$_{j5}$ stram.$_{j5}$
• **mit**: canth.$_{j5}$ hyos.$_{j5}$ *Stram.*$_{hr1,j5,*}$ verat.$_{j5}$
– **Zahnung**; während der: *Apis*$_{kr1}$ *Kreos.*$_{hr1,kr1}$ *Rheum*$_{kr1}$ ter.$_{hr1,kr1}$
– **Zorn**, bei: castm.$_{j5}$ cham.$_{bg2,j5}$ *Iod.*$_{hr1}$ limest-b.$_{es1}$ nux-v.$_{bg2}$ puls.$_{j5}$ zinc.$_{bg,ptk1}$

Schroff

☞ *Antworten - kurz / Kurz angebunden*

Schüchternheit, Zaghaftigkeit:

Acon.$_{bg2,k,*}$ adam.$_{srj5}$ aloe *Alum.*$_{bg2,k,*}$ alum-p.$_{k13,k2}$ alum-sil.$_{k13,k2}$ *Alumn.*$_{a1}$ am-c. am-caust.$_{a1,c1,*}$ *Am-m.* ambr.$_{bg2,k}$ anac.$_{bg2,k}$ ang.$_{bg2,k}$ ant-t.$_{j5}$ arg-n.$_{a1,bg2}$ arn.$_{hr1,k}$ *Ars.* ars-i. ars-s-f.$_{k13,k2}$ *Aur.*$_{bg2,k,*}$ aur-ar.$_{k2}$ aur-i.$_{k13,k2}$ aur-s.$_{k13,k2}$ **BAR-C.**$_{k,vh/dg}$ bar-f.$_{stj1}$ bar-i.$_{k13,k2}$ bar-m.$_{k13,k2}$ bell.$_{h,k,*}$ boerh-d.$_{bnj1}$ *Borx.* **Bry.**$_{bg2,k,*}$ **Calc.** calc-ar.$_{k13,k2}$ **Calc-s.** calc-sil.$_{k13,k2}$ canth.$_{bg2,k}$ carb-an.$_{h,k,*}$ *Carb-v.*$_{bg2,k}$ *Carbn-s.* carc.$_{mg1,sp1,*}$ carl.$_{a1}$ *Caust.*$_{bg2,k}$ *Chin.*$_{h,k,*}$ chinin-ar. *Coca* cocc. coff.$_{a1,k}$ *Con.*$_{h,k,*}$ cortico.$_{jl,mg1,*}$ croc. *Crot-h.*$_{bg1,k1,*}$ *Cupr.* daph. dat-m.$_{a1,c1,*}$ elec.$_{a12,c1}$ ferr.$_{bg2}$ ferr-p.$_{a1}$ **Gels.** germ-met.$_{srj5}$ *Graph.* hydr-ac.$_{j}$ hydrog.$_{srj2}$ hyos. *Ign.*$_{bg2,k,*}$ iod.$_{bg2,k,*}$ ip. *Kali-ar.* kali-bi.$_{a1}$ kali-br.$_{a1,k}$ **Kali-c.**$_{bg2,k}$ kali-i.$_{ptk1}$ kali-n.$_{bg2,k}$ *Kali-p.*$_{k1,st}$ *Kali-s.* *Kali-sil.*$_{k13,k2}$ lach.$_{c1,gl1}$ laur. lil-t. **Lyc.**$_{bg2,k}$ *M-arct.*$_{j5}$ m-aust.$_{j5}$ mag-c.$_{bg2,k}$ manc. *Med.*$_{gb,vh/dg}$ meli.$_{c1}$ meli-xyz.$_{c2}$ *Merc.* mosch.$_{a1}$ mur-ac.$_{bg2,k}$ naja$_{jl}$ *Nat-ar.* **Nat-c.**$_{a1,k}$ *Nat-m.*$_{bg2,k}$ nat-p. nat-s.$_{c1}$ nit-ac.$_{bg2,k,*}$ *Nux-v.* op.$_{a1,k}$ **Petr.** **Phos.**$_{bg2,k,*}$ pip-m.$_{a1}$ plat. **Plb.** **PULS.**$_{k1,st}$ ran-b.$_{bg2,k}$ *Rhus-t.* ruta$_{j5}$ sabad.$_{bro1}$ sec. **Sep.** **SIL.**$_{k1,st}$ spig. *Spong.* staph.$_{k,oss}$ *Stram.*$_{a1,k}$ sul-ac. sul-i.$_{k13,k2}$ **Sulph.**$_{bg2,k,*}$ tab.$_{a1,k}$ thuj.$_{oss}$ verat. verb.$_{bg2,j5}$ zinc.$_{bg2,k}$ zinc-p.$_{k13,k2}$

☞ *Beschwerden durch - Ehre / Beschwerden durch - Erwartungsspannung / Beschwerden durch - Verlegenheit / Bittet - nichts / Entmutigt / Erschreckt / Feigheit / Furcht - Falsches / Furcht - geschäftlichem / Furcht - unternehmen - irgendetwas / Furcht - Verwirrung / Furcht - voller / Gelingt / Schüchternheit - schamhaft / Selbstvertrauen - Mangel / Stilles / Unentschlossenheit / Unsicherheit / Unternimmt - nichts / Verlangen; großes - guten / Vorsichtig / Wahnideen - anerkannt / Wahnideen - faul - bewegen / Wahnideen - fehlschlagen / Wahnideen - Freund - Zuneigung / Wahnideen - gelingt / Wahnideen - Geschäft - unfähig / Wahnideen - kritisiert / Wahnideen - richtig - machen / Wahnideen - Schande; sie / Wahnideen - Unrecht - begangen / Wahnideen - verlassen / Wahnideen - vernachlässigt / Wahnideen - Vertrauen / Zurückhaltend*

– **tagsüber**: carb-an. nat-m. pip-m.$_{a1}$ verb.
– **nachmittags**: carb-an. con. ferr-p.$_{a1}$ ran-b.
– **abends**: ant-t.$_{c1}$ nat-c.$_{a1}$ ran-b.$_{j}$
• **Bett**:
• **im**: kali-c.
– **abends - Bett**: ...
• **Zubettgehen**; beim: acon. ars. bapt. camph. cann-i. *Caust.* cench. lach. lyc. nat-c. squil.
– **nachts**: *Caust.* *Kali-c.* **Rhus-t.**
– **9 h**: carl.$_{a1}$
◆ **abwechselnd** mit:
• **Ärger**
☞ *Reizbarkeit - abwechselnd mit - Schüchternheit*
• **Exzentrizität**
☞ *Exzentrizität - abwechselnd mit - Schüchternheit*
• **Fröhlichkeit**
☞ *Froh - abwechselnd mit - Schüchternheit*
• **Gleichgültigkeit**: stram.$_{j5}$
• **Hoffnung**
☞ *Hoffnung, voller - abwechselnd mit - Schüchternheit*
• **Reizbarkeit**
☞ *Reizbarkeit - abwechselnd mit - Schüchternheit*
• **Streiten**
☞ *Streitsüchtig - abwechselnd mit - Schüchternheit*
• **Traurigkeit**
☞ *Traurigkeit - abwechselnd mit - Schüchternheit*
• **Überspanntheit**
☞ *Hochgefühl - abwechselnd mit - Schüchternheit*
• **Zorn**
☞ *Zorn - abwechselnd mit - Schüchternheit*
• **Zuversicht**
☞ *Zuversichtlich - abwechselnd mit - Schüchternheit*
– **allein**, wenn: sil.$_{k13,k2}$
– **Auftreten** in der Öffentlichkeit; beim
☞ *Öffentlichkeit*
– **Dämmerung**; in der: phos.$_{gl1}$
– **Geschäften**; bei der Durchführung von: op.$_{a1}$ opun-v.$_{a1}$
– **Gesellschaft**, in: *Ambr.*$_{gl1,k2}$ carb-v.$_{gl1,j5}$ chin.$_{gl1}$ cortico.$_{gl1,jl,*}$ ph-ac.$_{gl1}$ staph.$_{gl1}$
☞ *Argwöhnisch - Furcht*
– **Kindern**; bei: carc.$_{sst}$
– **Öffentlichkeit**; beim Auftreten in der: aeth.$_{st}$ **Ambr.**$_{st}$ arg-n.$_{a1}$ bamb-a.$_{stb2}$ *Carb-v.* **Gels.**$_{k,k12}$●$_{,*}$ graph.$_{gk}$ *Lyc.*$_{a1}$ *Med.*$_{vh,vh/dg}$ *Ph-ac.*$_{a1}$ **Plb.**$_{k1,st}$ **Sil.** staph.$_{a1}$
☞ *Angst - Sprechen - Gesellschaft / Beschwerden durch - Erwartungsspannung / Erwartungsspannung - Lampenfieber / Furcht - Auftreten in / Gesellschaft - Abneigung*
• **sprechen**; in der Öffentlichkeit zu: *Carb-v.* cupr.$_{gl1,st}$ lach.$_{gl1}$ *Lyc.*$_{gl1,vh/dg,*}$ petr. *Sil.*$_{gl1,vh/dg,*}$
☞ *Angst / Erwartungsspannung - Lampenfieber*
• **fähig**; ist aber dazu: lyc.$_{h}$
☞ *Erwartungsspannung - Lampenfieber*
– **schamhaft**: acon.$_{bg2}$ aloe alum.$_{bg2}$ *Ambr.*$_{bg2,k,*}$ anac. arg-n.$_{bg2,k,*}$ ars-s-f.$_{k13,k2}$ aur.$_{bg2,k}$ *Bar-c.*$_{bg2,k}$ bar-s.$_{k13,k2}$ bell. boerh-d.$_{bnj1}$ *Calc.*$_{gl1,k}$ calc-s.$_{k13,k2}$ calc-sil.$_{bro1,k2,*}$ *Carb-an.*$_{bg2,k,*}$ carb-v.$_{gl1,k}$ caust.$_{bro1}$ *Chin.* cic.$_{bg2}$ **Coca** coff. con. cortico.$_{mg,mg1,*}$ *Cupr.* ferr.$_{bg2,sf1,*}$ graph.$_{bro1}$ hyos. *Ign.*$_{bg2,k}$ iod. kali-bi. kali-br.$_{hr1,k}$ kali-i.$_{ptk1}$ *Kali-p.*$_{bro1,k1,*}$ lil-t.$_{bro1}$ lyc.$_{bg2,gl1,*}$ manc.$_{hr1,k}$ mang. meli.$_{bro1,c1,*}$ merc.$_{hr1,k}$ mez. *Nat-c.*$_{gl1,k}$ nat-m.$_{gl1}$ nat-p.$_{k13,k2}$ nit-ac. nux-v.$_{hr1,k,*}$ olnd.$_{gl1}$ op.$_{gl1}$ *Petr.* ph-ac.$_{gl1,k}$ phos.$_{gl1,k,*}$ **Puls.**$_{bg2,k,*}$ *Rhus-t.*$_{ptk1}$ sel.$_{bg2}$ sil.$_{bro1,gl1}$ stann.$_{bg2}$ *Staph.*$_{bro1,gl1,*}$ *Stram.*$_{bg2,k,*}$ *Sul-ac.*$_{j5}$

– **schamhaft**: ...
Sulph.$_{gl1,k}$ tab. tarent.$_{hr1,kr1}$ zinc.$_{k,k1}$
☞ *Argwöhnisch - Furcht / Beschwerden durch - Erwartungsspannung / Beschwerden durch - Verlegenheit / Erröten / Schüchternheit / Selbstvertrauen - Mangel / Ungeschicklichkeit - Verlegenheit / Unsicherheit / Zurückhaltend / ❏ Gesicht - Farbe - rot - Erregung*
• **ungeschickt**, und
☞ *Ungeschicklichkeit - Verlegenheit*
– **Schlaflosigkeit**, bei: graph.$_{j5}$
– **Schreck**, nach: *Acon.*$_{a1}$

Schüttelreime
☞ *Fehler - Sprechen - Laute*

Schuld; gibt sich selbst die
☞ *Tadelsüchtig - sich / Tadelt sich*

Schuldgefühle
☞ *Angst - Gewissensangst / Tadelsüchtig - sich / Tadelt sich*

Schule:
– **Abneigung** gegen die: calc-p.$_{ptk1}$ nat-m.$_{ptk1}$

Schwacher Charakter: *Caust.*$_{vh,vh/dg}$ **Lyc.**$_{vh,vh/dg}$ *Sil.*$_{vh,vh/dg}$
☞ *Alkoholismus - Charakterschwäche*

Schwäche
☞ *Erschöpfung*

Schwangerschaft:
– **während** der Schwangerschaft; Gemütsbeschwerden: *Acon.*$_{bg2}$ *Bell.*$_{bg2,j5}$ cham.$_{bg2}$ chin.$_{bg2}$ *Cimic.*$_{bg2}$ con.$_{bg2}$ cupr.$_{bg2}$ ign.$_{bg2}$ lach.$_{bg2}$ lyss.$_{bg2}$ merc.$_{bg2}$ nat-m.$_{bg2}$ nux-m.$_{bg2}$ plat.$_{bg2}$ **Puls.**$_{bg2,j5}$ stram.$_{bg2}$ verat.$_{bg2}$
– **Scheinschwangerschaft**
☞ *Wahnideen - Schwangerschaft*

Schwarz
☞ *Farben - schwarz / Furcht - Schwarzem*

Schweben; Gefühl zu
☞ *Wahnideen - schweben - Luft*

Schweigsam: abrot. *Acon.* adam.$_{srj5}$ aeth. aether$_{a1}$ *Agar.* alco.$_{a1}$ aloe alum. alum-p.$_{k2}$ alum-sil.$_{k,k2}$ am-c. am-m. ambr. amyg.$_{a1}$ anac. androc.$_{srj1}$ androg-p.$_{bnj1}$ anh.$_{mg1,sf1}$ *Ant-c.* ant-m.$_{a1}$ ant-t.$_{bro1}$ apis$_{a1}$ apoc.$_{kr1}$ *Arg-met.* arg-mur.$_{a1}$ *Arg-n.* **Arn.**$_{bg2,k}$ *Ars.* ars-s-f.$_{k2}$ ars-s-r.$_{kr1}$ arum-m.$_{kr1}$ *Arund.*$_{kr1}$ astac.$_{a1}$ aster. atro. **Aur.** aur-ar.$_{k2}$ aur-s.$_{k2}$ bamb-a.$_{stb2}$ bapt. *Bar-c.* bar-m. *Bell.* berb. bism. bism-o.$_{a1}$ borx. *Both.*$_{a1}$ bov. bran.$_{a1}$ brass-n-o.$_{srj5}$ brom. bry. bufo bufo-s.$_{a1}$ buth-a.$_{sp1}$ *Cact.*$_{bg2,k}$ *Calc.* calc-p. calc-s. calc-sil.$_{k2}$ camph. cann-i. cann-s. canth. *Caps.* carb-ac. **Carb-an.** *Carb-v.* carbn-o.$_{a1}$ carbn-s.$_{k,k2,*}$ carc.$_{mg1,sp1}$ carl. castm. **Caust.**$_{bg2,k}$ *Cham.*$_{bg2,k}$ chel. *Chin.* chinin-ar. chinin-s.$_{a1}$ chlf.$_{a1}$ chlol.$_{bg2}$ cic. *Cimic.* cina *Clem.*$_{bg2,k}$ **Cocc.** cod.$_{a1}$ coff. colch. *Coloc.* con. cortico.$_{j1}$ cortiso.$_{sp1}$ crot-c. crot-h.$_{a1}$ crot-t. cupr. cupr-act.$_{a1}$ *Cycl.*$_{bg2,k}$ dig. dios.$_{kr1}$ dirc. dros.$_{h}$ dulc.$_{a1}$ ery-m.$_{a1}$ **Euph.**$_{bg2,sf1}$ euphr. fago. *Ferr.* ferr-ar. ferr-m.$_{a1}$ ferr-p. fl-ac.$_{k2}$ *Gels.* gent-c.$_{a1}$ germ-met.$_{srj5}$ gink-b.$_{sbd1}$ **Glon.**

Schweigsam: ...
granit-m.$_{es1}$ graph. grat.$_{a1,k}$ guaj. haliae-lc.$_{srj5}$ ham.$_{a1}$ **Hell.**$_{bg2,k}$ helon. *Hep.* hera.$_{a1}$ *Hipp.* hist.$_{mg1}$ hydr. hydr-ac.$_{kr1}$ hydrog.$_{srj2}$ *Hyos.* **Ign.**$_{bg2,k}$ iod. *Ip.*$_{bg2,k}$ jab.$_{a1}$ jatr-c. jug-r.$_{a1,k,*}$ kali-ar. kali-bi. kali-br.$_{a1}$ kali-c. kali-cy.$_{a1}$ kali-m.$_{k2}$ kali-n.$_{a1}$ kali-p. kali-s. kali-sil.$_{k2}$ lac-ac.$_{kr1}$ lac-d. lach. laur.$_{a1}$ **Led.**$_{bg2,k}$ lil-t. linu-u.$_{a1}$ lol.$_{a1}$ **Lyc.**$_{bg2,k}$ *Lycps-v.*$_{kr1}$ m-arct.$_{h,j5}$ m-aust.$_{a12}$ mag-c. *Mag-m.*$_{h2,k}$ mag-s. manc. *Mang.* meny. *Merc.*$_{gl1,k1,*}$ merc-c.$_{a1}$ merc-d.$_{a1}$ mez. moly-met.$_{j1}$ mosch.$_{bg2}$ *Mur-ac.* murx. myric. naja$_{st}$ nat-act.$_{a1}$ nat-ar. nat-c. *Nat-m.* nat-p. *Nat-s.* nat-sil.$_{k2}$ nicc. *Nit-ac.* nux-m. **Nux-v.**$_{k,st}$ oena.$_{a1}$ oeno.$_{a1}$ ol-an. olnd.$_{a1}$ onos. **Op.**$_{bg2,k}$ orig.$_{a1}$ ox-ac. oxyt. passi.$_{a1}$ petr. **Ph-ac.** **Phos.** phys.$_{a1}$ *Pic-ac.*$_{a1,k2}$ pip-m. **Plat.** *Plb.*$_{k1}$ plumbg.$_{a1}$ psil.$_{ft1}$ ptel. **Puls.** quer-r.$_{c1}$ rheum *Rhus-t.* sabad. sabin. sacch.$_{a1}$ sars. sec.$_{bg2}$ sep. sil. sol-t.$_{a1}$ spig. *Spong.*$_{bg2,k}$ squil. *Stann.* **Staph.**$_{bg2,k}$ *Stram.* stront-c. stry.$_{a1}$ *Sul-ac.*$_{bg2,k}$ **Sulph.** tab. tarax. *Tarent.* tart-ac.$_{a1}$ tep.$_{a1}$ thea$_{a1,j5}$ *Thuj.* tong.$_{j5}$ tril-p.$_{c1}$ tub.$_{hr1,k2,*}$ ust. **Verat.** verat-v.$_{a1}$ vesp.$_{a1}$ viol-o. *Viol-t.*$_{bg2,k}$ vip.$_{a1}$ visc.$_{a1}$ **Zinc.** zinc-p.$_{k2}$
☞ *Abscheu - Sprechen / Angesprochen - Abneigung / Antworten - Abneigung / Antworten - einsilbig / Antworten - weigert / Berührt / Bittet - nichts / Brütet / Geheimnistuerisch / Gesellschaft - Abneigung / Gespräche - agg. / Gleichgültigkeit - schweigsam / Kummer - still / Kummer - still - Liebe / Kurz / Mürrisch - schweigsam / Mürrisch - Sprechen / Reizbarkeit - schweigsam / Stilles / Störungen / Tadelsüchtig - still / Traurigkeit - schweigsam / Zorn - Schweigsamkeit / Zorn - Sprechen / Zurückhaltend / ❏ Mund - Sprache - Verlust*
– **morgens**: cocc. hep. mag-m. nat-s. nit-ac.$_{oss}$ sabin. tarax.
• **Erwachen**; beim: cocc. nit-ac.$_{vh}$ thuj.
• **Gehen**; beim: sabin. thuj.
– **vormittags**: aeth. hipp. nat-m.
– **nachmittags**: fago. grat. hell. mag-s. nat-ar. nat-m. sep.
◇ **abwechselnd** mit:
• **Erregung**
☞ *Erregung - abwechselnd mit - Schweigsamkeit - nachmittags*
– **abends**: am-m. kali-c.$_{h}$ *Ph-ac.* *Plat.* **Zinc.**
• **amel.**: bism.$_{h}$ clem.
◇ **abwechselnd** mit:
• **Fröhlichkeit**
☞ *Froh - abwechselnd mit - Schweigsamkeit*
• **Heftigkeit**
☞ *Heftig - abwechselnd mit - Schweigsamkeit*
• **Lachen**
☞ *Lachen - abwechselnd mit - Schweigsamkeit*
• **Redseligkeit**, Geschwätzigkeit
☞ *Redseligkeit - abwechselnd mit - Schweigsamkeit*
• **Spaßen**
☞ *Spaßen - abwechselnd mit - Schweigsamkeit*
• **Streitsucht**
☞ *Streitsüchtig - abwechselnd mit - Schweigsamkeit*
– **Eigensinn**, Widerspenstigkeit; aus: cham.$_{gl1}$
– **Erwachen**; beim: anac.$_{j5}$ cocc.$_{j5}$
– **Essen**; nach dem: aloe arg-n. ferr-ma. mez. plb.

– **Fieberhitze**
☞ *Hitze*
– **Freien**; im: ph-ac.$_{sf1}$ plat.
– **Gehen** im Freien; nach: arn.$_{h}$
– **Gesellschaft**; in: arg-met.$_{k1}$ hydrog.$_{srj2}$
– **Hitze**; während: ars.$_{j5}$ borx.$_{j5}$ cham. *Gels.*$_{kr1}$ lach.$_{j5}$ lyc. *Nux-m.*$_{kr1}$ nux-v. *Ph-ac.*$_{j5}$ *Puls.* *Tarent.*$_{kr1}$
– **Kopfschmerzen**; bei: *Anac.*$_{kr1}$ *Coff-t.*$_{kr1}$ con. hydrog.$_{srj2}$ nat-ar. ox-ac.$_{kr1}$
– **Kränkung**; nach: *Ign.*$_{kr1}$
– **Krankheiten** oder Verletzungen; spricht ungern über: **Bapt.**$_{kr1}$
– **lautes** Sprechen; Abneigung gegen
☞ *Sprechen - laut*
– **Leiden**; spricht ungern über seine: ign.$_{bg2}$
– **Menses**; während: *Am-c.* castm. elaps mur-ac. *Senec.*
☞ *Menses - während; Gemütssymptome*
– **Schreck**; nach: *Ign.*$_{kr1}$
– **Schwangerschaft**; während der: *Verat.*$_{kr1}$
– **Schweiß**; beim: ars.$_{kr1}$ bry.$_{kr1}$ calc.$_{kr1}$ chin.$_{kr1}$ merc.$_{kr1}$ mur-ac.$_{kr1}$ *Op.*$_{kr1}$
– **sexuellen** Exzessen; nach: **Staph.**$_{kr1}$
– **sitzt** unbeweglich da: *Hep.*$_{kr1}$ stram.$_{kr1}$
– **sterben**; als würde er: *Mur-ac.*$_{kr1}$
– **Traurigkeit**; bei: **Arg-n.**$_{kr1}$ *Ars.*$_{gl1,j5}$ bar-c.$_{j5}$ *Cact.*$_{sf1}$ clem.$_{h}$ gink-b.$_{sbd1}$ ign.$_{gl1}$ mag-c.$_{kr1}$ nit-ac.$_{j5}$ ph-ac.$_{gl1}$ *Puls.*$_{gl1,kr1}$ stann.$_{kr1}$ verat.$_{sf1}$

Schwerfälligkeit im Denken und Begreifen
☞ *Stumpfheit*

Schwermut
☞ *Traurigkeit*

Seelenruhe, Gelassenheit: absin.$_{a1}$ *Adam.*$_{srj5}$ aesc. aether$_{a1}$ alco.$_{a1}$ aloe androc.$_{srj1}$ apis$_{bg2,ptk1}$ arg-met. arn. *Ars.* asc-c.$_{a1}$ aur. aur-ar.$_{k2}$ bamb-a.$_{stb2}$ bell. brass-n-o.$_{srj5}$ caps. caust. cere-b.$_{a1}$ *Cham.* *Chel.* *Chin.* chinin-s. chlf. chlor. *Choc.*$_{srj3}$ chol.$_{a1}$ *Cic.* clem. coca cocc. cod.$_{a1}$ *Coff.* conin.$_{a1}$ croc. cycl. dros. eucal.$_{a1}$ euph. ferr. ferr-ar. fl-ac. germ-met.$_{srj5}$ gins. gran. **Haliae-lc.**$_{srj5}$ ham.$_{kr1,sf1}$ *Hell.*$_{bg2,ptk1}$ hydr-ac. *Hydrog.*$_{srj2}$ *Hyos.* ign. ip. kali-br. lach. laur. led. lil-t. lim.$_{a1}$ lyc. lyss.$_{a1}$ mag-s. manc. meny. merl. mez. mosch. mur-ac. naja narcot.$_{a1}$ nat-c. nat-m. nat-p. *Neon*$_{srj5}$ onop.$_{j1}$ **Op.**$_{k1,st}$ paro-i.$_{j1}$ petr. **Ph-ac.** phos. *Plat.* plb. psil.$_{ft1,j1}$ seneg. **Sep.**$_{bg2,ptk1}$ sil. spig. stann. staph. sul-ac.$_{h}$ sulph.$_{bg2,ptk1}$ tarax. tell. thyr.$_{j1}$ tus-fr.$_{a1}$ verat. viol-t. zinc. zinc-act.$_{a1}$
☞ *Geduld | Milde | Still sein - Ruhe | Stilles*
– **morgens** beim Erwachen: androc.$_{srj1}$ chel. manc. neon$_{srj5}$
– **vormittags**: aeth.$_{kr1}$
◆ **abwechselnd** mit:
• **Heftigkeit**
☞ *Heftig - abwechselnd mit - Seelenruhe*
• **Konzentration**; mit guter
☞ *Konzentration - gut - abwechselnd mit - Seelenruhe*
• **Traurigkeit**: cann-s.$_{j}$ chin-b.$_{kr1}$ croc.$_{j}$ graph.$_{j}$ m-arct.$_{j}$ nit-ac.$_{j}$ petr.$_{j}$ plat.$_{j}$ sep.$_{j}$ zinc.$_{j}$

Seelenruhe - abwechselnd mit: ...
• **Zorn**
☞ *Zorn - abwechselnd mit - Seelenruhe*
– **ergeben**, fügt sich in sein Schicksal: aloe$_{a1}$ cham.$_{a1}$
– **Essen**; nach dem: haliae-lc.$_{srj5}$
– **Hämoptyse**, Blutungen; bei: *Ham.*$_{kr1}$
– **Kribbeln** des Kopfes; mit: neon$_{srj5}$
– **Lesen**; beim: haliae-lc.$_{srj5}$
– **Stuhlgang**, nach: borx.
– **unbegreiflich**, unverständlich: choc.$_{srj3}$ morph. psil.$_{ft1}$
– **Zorn**, nach: ip.
☞ *Zorn*

Selbstanklage
☞ *Tadelt sich*

Selbstbetrachtung: *Acon.*$_{bg2}$ alum.$_{bg2,k}$ am-m.$_{bg2}$ *Anh.*$_{mg,mg1,*}$ arn.$_{bg2}$ *Aur.*$_{bg2,k}$ bamb-a.$_{stb2}$ bell.$_{bg2,k}$ bism.$_{bg2}$ bov.$_{bg2,k}$ cann-i.$_{a1}$ canth.$_{bg2}$ caps.$_{bg2}$ carb-an.$_{bg2,k}$ carl.$_{bg2}$ caust.$_{bg2,k}$ cham.$_{bg2,k}$ *Chin.*$_{bg2,k1,*}$ choc.$_{srj3}$ cic.$_{a1}$ clem.$_{bg2,k}$ **Cocc.**$_{h,k,*}$ cycl.$_{bg2,k}$ dig.$_{bg2,k}$ dros.$_{bg2}$ euph.$_{bg2,k}$ euphr.$_{bg2}$ germ-met.$_{srj5}$ gink-b.$_{sbd1}$ **Granit-m.**$_{es1}$ haliae-lc.$_{srj5}$ hell.$_{bg2,k}$ hyos.$_{bg2}$ **Ign.**$_{bg2,k}$ *Indg.*$_{hr1,kr1}$ *Ip.*$_{bg2,k}$ lil-t.$_{k13,k2}$ luna$_{kg1}$ lyc.$_{bg2}$ mag-m.$_{bg2,k}$ med.$_{al}$ meny.$_{bg2}$ mez.$_{bg2,k}$ mur-ac.$_{bg2,k}$ neon$_{srj5}$ nux-v.$_{bg2,k}$ ol-an.$_{a1,bg2}$ olnd.$_{bg2}$ op.$_{bg2}$ phel.$_{a1}$ plb.$_{bg2}$ **Puls.**$_{bg2,k}$ rheum$_{a1,bg2}$ sabad.$_{bg2}$ sars.$_{bg2,k}$ *Sep.*$_{hr1,kr1}$ stann.$_{bg2,k}$ staph.$_{bg2,gl1}$ stram.$_{bg2}$ *Sulph.*$_{bg2,k}$ verat.$_{bg2,gl1}$ viol-o.$_{a1,bg2}$ viol-t.$_{bg2}$
☞ *Brütet | Gedanken - überlegt | Gedanken versunken | Meditieren | Nachdenken | Pessimist | Sitzen - Neigung - versunken | Sprechen - sich | Theoretisieren | Traum | Verweilt | Verweilt - vergangenen | Zurückhaltend | ❑ Gesicht - Ausdruck - ausdruckslos*
– **morgens**: nat-c.$_{a1}$
– **vormittags**: phos.
– **nachmittags**: hell.
– **nachts**: *Camph.*$_{a1}$
– **Essen**, nach dem: aloe$_{a1}$ ferr-ma.$_{a1}$

Selbstbetrug, Selbsttäuschung: act-sp.$_{hr1,kr1}$ naja$_{bg2}$

Selbstgespräche
☞ *Sprechen - sich*

Selbstherrlich
☞ *Hochmütig*

Selbstkontrolle: mosch.$_{a1}$ nat-c.$_{a1}$
– **erhöht**: haliae-lc.$_{srj5}$ kali-c.$_{zr}$ mosch.$_{a1}$ nat-c.$_{a1}$ nat-s.$_{a1,k2}$
– **Mangel** an Selbstkontrolle
☞ *Verlust*
– **Verlust** der Selbstkontrolle: androc.$_{srj1}$ anh.$_{sp1}$ arg-met.$_{ptk1,ptk2}$ arg-n.$_{ptk1,ptk2}$ caust.$_{k2,ptk2,*}$ *Lach.*$_{kr1}$ sil.$_{kr1}$ staph.$_{ptk1,ptk2}$ sulph.$_{hr1}$ tarent.$_{bg,ptk2,*}$
☞ *Überprüfen - zweimal*

Selbstlosigkeit: anh.$_{gl1,sp1}$ iod.$_{gl1}$ puls.$_{gl1}$ rhus-t.$_{gl1}$

Selbstmitleid
☞ *Bedauert sich / Mutig*

Selbstquälerisch
☞ *Quält - sich*

Selbstsucht, Egoismus: agar. androc.srj1 aq-pur.stj2 ars.bro1,oss asaf. bell.gl1 *Calc.*gl1 cench.k2 chin.gg choc.srj3 crot-t. granit-m.es1 hydrog.srj2 ign. lach.k2 lyc.bro1,gl1 marb-w.es1 *Med.*k,vh/dg merc.gl1 mosch. nux-v.bg2,gl1,* pall.bg2,bro1,* **Plat.**bg2,bro1,* *Puls.* pyrus senec.bg2 sep.bro1 sil.gl1,vh *Sulph.* tarent.ptk1 thuj.a1 tub.bgs valer. *Verat.*vh,vh/dg
☞ *Eifersucht / Gedanken - sich - kann / Geiz / Gier / Gleichgültigkeit - andere / Gleichgültigkeit - Wohlergehen / Ichbezogenheit / Neid / Reich zu - Verlangen / Unzufrieden - allem*

– **auszudrücken**; Verlangen sich: anh.sp1

Selbstverleugnung: agar.zr staph.zr

Selbstvertrauen:

– **Mangel** an Selbstvertrauen: adam.srj5 agn. alum. am-c.gl1 am-m.gl1 ambr.gl1 **Anac.** anan. ang. anh.mg1,sp1 arg-n. arn.oss ars.bcn,ptk1 *Aur.* aur-i.k2 aur-s.k2 bamb-a.stb2 bar-act.a1,br1,* bar-ar.sk2 **BAR-C.**vh bar-i.oss bell. *Bry.* buth-a.sp1 calc. calc-sil.k2 canth. carb-an. carb-v. carc.sst caust. *Chin.* chlor. choc.srj3 cob.kr1,ptk2,* cocc.a1,c1 dros. gels. germ-met.srj5 graph.vml1 haliae-lc.srj5 hydrog.srj2 hyos. ign. iod. *Kali-c.* kali-n. *Kali-s.*k1,vh/dg,* *Kali-sil.*k2,vh/dg *Lac-c.* lach. limest-b.es1 *Lyc.* manc.vh *Med.*vh,vh/dg,* merc. mur-ac. najabg2,kr1,* nat-c. *Nat-m.*gl1,k1 nat-sil.k2 nit-ac. nitro-o.a1 *Nux-v.*k,vh/dg olnd. op. *Pall.*k,vh/dg *Petr.*gl1,vh *Ph-ac.*gg phos. pic-ac.ptk2 plb. psor.dgt *Puls.* ran-b. *Rhus-t.*k,vh/dg ruta santin.a1 **Sil.**k1,vh,* staph.gl1,j,* stram. sul-ac. sul-i.k2 sulph. sumb.a1 syph.vh tab. theaa1 ther. thuj.oss verat.gl1 verb. viol-t. zinc.
☞ *Abhängig - Verlangen / Angst - Erfolg / Beeindrucken / Beschwerden durch - Verlegenheit / Bittet - nichts / Entmutigt / Feigheit / Feigheit - Meinung / Furcht - Falsches / Furcht - geschäftlichem / Furcht - Meinung / Furcht - Unrechtem / Furcht - unternehmen / Furcht - unternehmen - irgendetwas / Furcht - Versagen / Furcht - Verwirrung / Furcht - Übel / Gelingt / Hilflosigkeit / Jammern - anerkannt / Schüchternheit / Schüchternheit - schamhaft / Spotten - andere / Stilles / Tadelt sich / Unentschlossenheit / Unglücklich, bedauernswert / Unsicherheit / Unternimmt - nichts / Verlangen; großes - guten / Verlassen / Vorsichtig / Wahnideen - anerkannt / Wahnideen - beschimpft worden / Wahnideen - Ehefrau - weglaufen / Wahnideen - faul - bewegen / Wahnideen - fehlschlagen / Wahnideen - Freund - Zuneigung / Wahnideen - gelingt / Wahnideen - Geschäft - unfähig / Wahnideen - herabsehen / Wahnideen - kritisiert / Wahnideen - lachen und / Wahnideen - richtig - machen / Wahnideen - Schande; sie / Wahnideen - verachtet / Wahnideen - verlassen / Wahnideen - vernachlässigt / Wahnideen - vernachlässigt - er / Wahnideen - Vertrauen / Zurückhaltend / ❑ Gesicht - Farbe - rot - Erregung*

Selbstvertrauen - Mangel an: ...
• **andere** würden kein Vertrauen in sie haben, was sie traurig macht; und sie glaubt: *Aur.*
• **Bier** amel.: theaa1
• **Meer** amel.; Aufenthalt am: carc.bng
☞ *Meer; Aufenthalt - amel.*
• **Pläne**; in bezug auf die Verwirklichung ihrer: bamb-a.stb2
• **Selbstherabsetzung**; Selbstherabwürdigung: cob.kr1 najabg2,kr1 sulph.kr1
• **Unterstützung**, Zuwendung; möchte:
☞ *Verzweiflung - Unterstützung*
  • **Familie** und die Freunde; durch die: mag-m.a1,h2
• **Versager**; hält sich für einen: bamb-a.stb2 germ-met.srj5 najabg2 sulph.bg2

– **zu** viel Vertrauen in sich
☞ *Zuversichtlich*

Selbstzerstörerisch: haliae-lc.srj5

Selbstzufrieden: carl.c1 fl-ac.gt
☞ *Wahnideen - angenehme / Zufrieden*

Senilität
☞ *Demenz*

Sensorium
☞ *Sinne*

Sentimental, schwärmerisch, rührselig: acon. *Agn.*bro1 alco.a1,j am-c.bro1 am-m.bro1 ambr.sf,sf1 **ANT-C.**k1,st ars.bg2,k *Aur.*bro1 berb.a1 cact.bro1 calc.bg2,k *Calc-p.*bg2,k,* canth.bg2,k carb-an.bro1 carc.fb,tp1,* castm. caust.gl1,vh chin. chinin-ar. cimic.bro1 *Cocc.* *Coff.*bg2,k,* con.bg2,k crot-h.bg2,j5,* *Cupr.* *Cycl.*bro1 dig.bro1,hr1 *Graph.*bro1 hydr-ac. iber.bro1 **Ign.**bg2,k *Ind.*bro1 kali-p.bro1 kreos.bg2,j5 lach.bg2,k,* laur.j5 lil-t.bro1 lyc.bg2,k manc. mur-ac.bro1 najabro1 nat-c.bro1 *Nat-m.*bro1,vh,* nat-s.bro1 nit-ac.gl1,j5,* *Nux-v.*bg2,k1,* ph-ac.bro1 *Phos.*bg2,k,* plat.bg2,k,* plb.gl1,vh *Psor.*h,k,* *Puls.*bg2,bro1,* rhus-t.bro1 sabad. sabin.sf,sf1 sec.bro1 *Sel.*bro1 *Sep.*bro1 *Stann.*bro1 *Staph.*k,vh/dg *Sulph.*hr1,k thuj.bro1 zinc.bro1
☞ *Bewunderung / Ekstase / Heimweh / Weinen - Betrunkenheit / ❑ Schlaf - Schlaflosigkeit - Heimweh*

– **Betrunkenheit**; bei: *Caust.*gl1 *Lach.*k2,st
– **Dämmerung**; in der: ant-c.ptk1,ptk2
– **Diarrhoe**, bei: *Ant-c.*
– **jungen** Menschen; bei: ant-c.c1 ign.c1
– **Mädchen**; bei: cocc.bro1
– **Menses**:
• **vor**: *Ant-c.*
☞ *Menses - vor; Gemütssymptome*
– **Mondschein**, im: **Ant-c.**hr1,k
☞ *Mondschein*

Servil
☞ *Unterwürfig*

Seufzen: acet-ac.c1 **Acon.**bg2,k act-sp. aethera1 agar. ail. alco.a1 alum. am-c. aml-ns.a1 anac. androc.srj1 ang. ant-c.c1 apoc.kr1 arg-n. ars.sf1 atro. **Bell.**bg2,k ben-n.a1 bor-ac.c1 **Bry.**k1,st **Calc-p.**c2,k **Camph.**bg2,k

Seufzen: ...
carb-ac. cedr.kr1 *Cench.*k1,vh,* cere-b.a1 *Cham.* chin. chinin-s.a1 **Cimic.** clem.a1 cob.a1,kr1 *Cocc.*k1 colch. *Corn.*kr1 *Croc.*bg2 cupr. cur. der.a1 dig. elae.a1 elec.a12,j,* eup-per.k2 *Eup-pur.*bg2,hr1 ferr-m.hr1 galv.j gast.a1 gels.a1 germ-met.srj5 *Glon.*kr1 goss.a1 gran.a1 graph. haliae-lc.srj5 *Hell.*bg2,j5,* hura hydrog.srj2 *Hyos.*bg2 iber.kr1 **Ign.**k,st **Ip.**bg2,k kali-cy.a1 kali-p. *Lach.*bg2,k lact.a1 lil-t.kr1 *Lyc.*a1,bg2 lyss.a1,kr1 *M-arct.*j macro.a1 merc-c.a1 mill. mit.a1 morph.a1 mosch.a1 mur-ac. nat-c. nat-m.bro1,vh *Nat-p.*c1,c2 nit-ac. nux-m.a1 **Nux-v.**a1,bg2,* **Op.**bg2,k,* *Ph-ac.*bro1 phys.a1,kr1 plat. plb. podo.c1 puls. raja-s.jl ran-s. *Rhus-t.* sacch-l.c1,c2 *Sec.* sel.a1,c1 *Sep.*gl1 sil.a1 *Spong.*bg2 stann.sf1 *Stram.* sulph. tab. tax.c1 *Teucr.*bg2 ther.a1,kr1 til.a1 trad.a1 verat.hr1 verat-v.a1 vip.a1 zinc.hr1
☞ *Brütet / Jammern / Kummer / Kummer - still - Liebe / Stöhnen / Traurigkeit / Traurigkeit - Liebe / Verweilt - vergangenen / ❑ Atmung - Schluchzend / ❑ A~ Seufzend*

– **vormittags**: germ-met.srj5
 • 9.30 h: ign.a1
– **nachmittags**: ant-c.a1
– **abends**: chin.a1
 • **19** h: lycps-v.a1
– **nachts**: bry.a1,h
 • **Mitternacht**:
  • **nach**:
   • **2** h: ign.a1
◇ **abwechselnd** mit:
 • **Springen**
 ☞ *Springen - abwechselnd mit - Seufzen*
 • **Tanzen**
 ☞ *Tanzen - abwechselnd mit - Seufzen*
– **Ehrgefühl**, durch verletztes: *Nux-v.*hr1,kr1
– **epileptischem** Anfall; vor: *Bufo*kr1 cic.bg2,kr1,* *Plb.*kr1
– **Erwachen**, beim: puls.j5
– **Fieberhitze**
 ☞ *Hitze*
– **Fluor**; mit: phys.ptk1
– **grundlos**: nux-v.gl1,sf1,*
– **Hals**; mit Fassen an den: **Stram.**hr1,kr1
– **Hitze**; während: acon. *Arn.* ars. bell. bry. carb-v.kr1 *Cham.* clem.a1 cocc. *Coff. Ign.* ip. nux-v. puls. rhus-t. sep. thuj.
 • **Kopfes**, des: clem.a1
– **Hysterie**, bei: *Hydr-ac.*hr1,kr1 **Ign.**hr1,kr1 *Plat.*hr1,kr1
– **Menopause**; während der: xan.vh
– **Menses**:
 • **vor**: *Ign.* lyc. nat-p.a1
 ☞ *Menses - vor; Gemütssymptome*
 • **während**: ars. cimic. cocc. graph. ign. nat-p.a1 plat.
 ☞ *Menses - während; Gemütssymptome*
  • **amel.**: nat-p.a1
 • **nach**: nat-p.a1 stram.
 ☞ *Menses - nach; Gemütssymptome*
– **Mittagessen**, nach dem: arg-n.a1
– **Schlaf**, im: anac.h,j5,* ars.j5 atro.a1 aur.h,j5,* bell.j5,sf1,* camph.h,j5,* cann-s.bg2 canth.bg2 glon.bg2

Seufzen - Schlaf, im: ...
*Kali-p.*hr1,j5,* *M-arct.*j mag-c.j5 op.j5 puls.j5 *Sulph.*bg1,j5,*
 • **komatös**: ars.j5
– **Schweiß**, beim: acon. ars. **Bry.** *Cham.* chin. *Cocc.* cupr. *Ign. Ip.* nux-v. phos. *Rhus-t. Sep.* stram. thuj. verat.
– **unwillkürlich**: *Calc-p.*a1,vh,* *Ferr-m.*hr1,kr1 hell.gl1,ptk1 **Ign.**a1,vh,*
– **Verletzungsschock**; bei: *Lach.*hr1,kr1
– **Weinen** an; hält lange nach: *Ign.*kr1

Sexuelle Exzesse
☞ *Beschwerden durch - sexuell - Exzesse*

Sexuelles Verlangen
☞ *❑ Männliche Genitalien - Sexuelles Verlangen / ❑ Weibliche Genitalien - Sexuelles Verlangen*

Simuliert:
– **krank** zu sein: arg-n. bell. ign.bg2 plb.k2 sabad.bg2,ptk1 sal-l.rcb1 sil.gl1 *Tarent.* verat.
☞ *Bedauert sich - krank / Blindheit / Hypochondrie / Klagen - Verletzung / Taubheit / Wahnideen - krank - sein*
– **Ohnmacht**: tarent.k2
 • **Anfällen**; in: *Tarent.*k1
– **Schwangerschaft**: verat.
☞ *Wahnideen - schwanger; sie*

Singen: acon.bg2,k,* agar.bg2,k,* alco.a1 anan.hr1,kr1,* apis aur.j *Bell.*h,k,* cann-i.a1,k cann-s.bg2,k,* caps.h,k,* *Carbn-s.* chin.gl1 chlf.a1,k *Cic.*bg2,k,* *Cocc.*h,k,* cot.a1 *Croc.*bg2,k,* cupr.bg2,k,* cupr-act.a1 der.a1,k eup-pur.hr1 ferr-p.bg2 gels. hipp. hydr.bg2,k *Hyos.*bg2,k,* *Hyper.*hr1 kali-br.a1 kali-c. *Lach.*hr1,k lachn.a1,k lact. lob-c.a1 lob-s. lyc.bg2,k lyss.hr1,k,* *M-arct.*j5 mag-c.bg2,k manc. marb-w.es1 merc-i-f.hr1,k,* merl. mez.bg2,k nat-c.bg2,k nat-m.bg2,k,* nux-m.hr1,k op.h,k,* peti.a1 ph-ac. phos.bg2,k,* *Plat.*bg2,k,* plb.a1 psil.ft1 sang.bg2 santin.c1 sars. sep. *Spong.*bg2,k,* *Stram.*h,k,* sul-ac. sulo-ac.a1 sulph.bg2,gl1 tab.hr1,k,* tarent.hr1,k,* *Teucr.*bg2,k,* ther.bg2,k,* *Verat.*h,k,*
☞ *Delirium - Singen / Manie - Singen / Pfeifen / Weinen - Singen*
– **agg.** Beschwerden: arg-met.ptk2 arum-t.ptk2 dros.ptk2 sel.ptk2
– **morgens**: hydrog.srj2
 • **Erwachen**; beim: ery-m.a1
– **abends**: bell.a1,h nat-m.a1
– **nachts**: bell.j5 croc.j5 *M-arct.*j5 ph-ac.j5 verat.h,j5,*
◇ **abwechselnd** mit:
 • **Ablenkung**
 ☞ *Verwirrung*
 • **Abscheu** für die Arbeit: spong.
 • **Ächzen**
 ☞ *Stöhnen*
 • **Ärger**
 ☞ *Reizbarkeit - abwechselnd mit - Singen*
 • **Delirium**
 ☞ *Delirium - heiter - abwechselnd mit - Singen*
 • **Haß** auf Arbeit
 ☞ *Abscheu*

– **abwechselnd** mit: ...
- **mürrischem** Wesen; mit
  ☞ *Mürrisch - abwechselnd mit - Singen*
- **Sprechen**: *Gels.*hr1,kr1
- **stillem** Wesen; mit: aur.j5 bell.kr1
- **Stöhnen**: *Bell.*a1,k
- **Streiten**
  ☞ *Streitsüchtig - abwechselnd mit - Singen*
- **Stumpfheit**: spong.j5
- **Verwirrung**: spong.
- **Weinen**: *Acon.*j5,k bell.j5,k der.a1,k stram.j5,k,*
  - **und** Lachen: stram.a1
- **Zorn**
  ☞ *Zorn - abwechselnd mit - Singen*

– **Abendessen**, nach dem: *Nat-c.*gl1
– **Erwachen**, beim: limest-b.es1 *Sulph.*hr1,kr1
– **Fieber**; während: bell. *Op.*hr1,kr1 stram.hr1,k verat.
– **freudig**
☞ *heiter*
– **heiser** ist; bis er sehr: carb-v.gl1 caust.gl1 lach.gl1 *Tarent.*hr1,k1,*
- **erschöpft**, und: *Tarent.*k2,kr1,*

– **heiter**, freudig: agar.bg2 choc.srj3 haliae-lc.srj5 hydrog.srj2 *Nat-m.*bg2,kr1 neonsrj5 op.bg2
- **nachts**: verat.

– **Kopfschmerzen**, mit: ther.k13,k2
– **Menses**:
- **während**: stram.ptk1

– **monoton**: *Op.*hr1,kr1
– **Oktave** zu hoch oder zu tief; eine: germ-met.srj5
– **Schlaf**, im: bell.bg2,k,* *Croc.*bg2,k,* hyper.a1 lach.bg2 *M-arct.*j5 ph-ac.bg2,k,* stram.bg2 sulph.bg2
– **Schreien** und Weinen; gefolgt von: *Hyper.*kr1,st
– **Tanzen** und Weinen; mit: tarent.k1
– **Trällern**: acon.j5 *Bell.*j5 cocc.h,j5,* lyc.gl1,j5 mag-c.j5 nat-c.gl1,j5 nux-v.gl1,j5 phos.j5 staph.gl1,j5 stram.hr1 ther.j5 verat.h,j5,*
– **Traurigkeit**, nach: merc-i-f.kr1
– **ungestüm**: alco.a1
– **unwillkürlich**: *Croc.*bg2,k,* lyc.bg2,k lyss.a1,k spong.bg2 tarent.bg2 teucr.bg2,k
- **Hören** eines einzelnen gesungenen Tones; beim: *Croc.*kr1

– **unzüchtige** Lieder
☞ *Unzüchtig - Lieder*
– **Vaterunser**, das lateinische: *Stram.*hr1,kr1

Sinne:

– **abgestumpft**, stumpf: acon. agar. agn. ail.bro1 alco.a1 all-c.bg2 alum. alum-p.k2 alum-sil.k2 am-c. ambr. anac. ant-t. arg-n.a1,bg2 *Arn.* ars. ars-i. asaf.bg2 asar. aur. *Bapt.*bro1 *Bell.* bov. bry. calc. calc-i.k2 calc-s.k2 calc-sil.k2 *Camph.* canth. caps. carb-v. caust. cedr. *Cham.*bg2,gl1 chel. *Chin.*bg2,j5 *Chinin-s.*j5,kr1 *Cic.* con. *Cycl.* dig. dros.j5 dulc. elec.j *Gels.*bro1 graph.gl1 **Hell.**k,k2 hep.gl1 *Hydr-ac.*gl1,j5,* *Hyos.* ign. indg. iod. irisa1 *Kali-br.*a1,kr1 kali-c. *Kali-p.* *Lach.*gl1,k1 lact. laur. led. *Lyc.* m-arct.j5 m-aust.j5 mag-c. mag-m.j5 mang. meny. merc. mez. morph.a1 mosch. narc-ps.a1 nat-c.gl1,j5 *Nat-m.* nit-ac. **Nux-m.** *Nux-v.*gl1,k1 ol-an. olnd. **Op.** paeon.a1 petr. *Ph-ac.* *Phos.* *Plb.*gl1,k1,*

Sinne - abgestumpft, stumpf: ...
puls.gl1 pyrog.ptk1 ran-b. ran-s. rhod. rhus-t. sabad. *Sec.* sel. sil. spong.bg2,j5 stann. staph. stram. sul-i.k2 *Sulph.* tab. ther. verat. vip.a1 zinc. zinc-p.k2
☞ *Betäubung / Erschöpfung / Stumpfheit*

– **pervertiert**: arg-n.ptk1 op.ptk1
– **scharf**: *Acon.*bg2 alco.a1 ambr.bg2 anac.bg2,k,* *Arn.*hr1,k **Ars.**bg2,k,* asaf.bg2,j5 *Asar.*bg2 atro.bro1 *Aur.*bg2 bar-c.hr1,k,* **Bell.**bg2,k,* borx.bro1 cann-i.a1,k caps.bg2,k,* castm.bg2 caust.gl1 *Cham.*bg2 *Chin.*h,k,* choc.srj3 cimic.ptk1 cinabg2 clem.a1,k **Coff.**bg2,k,* *Colch.*bro1 con.bg2 cupr.bg2 ferr.bro1 graph.c1 hydr-ac.bg2,k,* hydrog.srj2 *Ign.*bg2,k,* kali-p.bg2 lach.bg2 *Lyss.* marb-w.es1 morph.bro1 mur-ac.st nit-ac.bg2 nitro-o.a1 **Nux-v.**bg2,k,* **Op.**bg2,k,* **Phos.**bg2,k plb.bg2 pyrog.bg2 sang.bg2 sil.bg2 *Stry.*a1,bg2 sulph.bg2 tarent.bro1 thea valer.bg2 verat.bg2 zinc.bro1
☞ *Auffahren / Empfindlich / Erschreckt / Ruhelosigkeit / ❑ Allgemeines - Berührung - agg. / ❑ A~ Empfindlichkeit - innerlich / ❑ Hören - Überempfindliches / ❑ Mund - Geschmack - geschärfter / ❑ Nase - Geruch - überempfindlicher / ❑ Sehen - Überempfindliches*

– **Vergehen**, Schwinden der: agar.bg2 alum.bg,bg2,* anac. ant-t.a1,k ars.bg2,k asar. bell.bg2,k borx. bov.bg2,k brom.bg2 **Bry.**bg2,k bufo *Calc.*bg2,k *Camph.*h,k,* cann-s. canth. carb-an.bg2,k carbn-o. cham. *Chel.*a1,k chlor.bg2 cic.h,k,* coff. croc. crot-h. cupr.bg2,k cycl.c1 dig.bg2 gels.bg2 glon. graph. hep. hyos.bg2,k kali-c.bg2,k kali-sil.k13,k2 kreos.bg2,k *Lach.*bg2,k laur. lyc.bg2 *Mag-c.*bg2 merc.k,k1,* mez.k,k1,* *Mosch.*bg2,k1 nat-m.bg2 nit-ac.k,k1 **Nux-m.**bg2,k1 *Nux-v.* ol-an.j5 ph-ac.gl1 *Phys.*bg2 *Plat.*bg2,ptk1 *Plb.*j5 psor.bg2 *Puls.* ran-b.bg2,k rhod.bg2,k rhus-t.j5 sec.j5 stann. staph. stram.bg2,k sulph.bg2 *Tab.*bg2 verat.j5
- **Schmerz**; vor: agar.bg2 anac.bg2 plat.bg2 plb.ptk1 stann.bg2 valer.bg2 verat.bg2

– **verwirrt**, durcheinander: anh.c2 arg-n.a1,k bell.a1,k glon.hr1,k lil-t.a1,k mang.a1,k
☞ *Vergeßlich / Verwirrung*

Sinnlich: haliae-lc.srj5 marb-w.es1
☞ *❑ Magen - Appetit - Heißhunger / ❑ Männliche Genitalien - Sexuelles - vermehrt / ❑ Weibliche Genitalien - Sexuelles - vermehrt*

Sinnlichkeit (= erotisch): agn.bg3,k ang.bg2,gl1 *Ant-c.*gl1,kr1 calc.gl1 **Canth.**bg3,hr1,* *Caust.*gl1 *Con.*gl1,hr1,* *Hyos.*bg3,hr1,* ign.gl1,j5 kali-br.gl1,st *Lach.*bg3,hr1,* **Lyc.**bg3,hr1,* *Merc.*gl1,hr1,* murx.bro1 nat-m.gl1 ph-ac.gl1 *Phos.*bg3,hr1,* *Plat.*gl1 puls.bro1 staph.bro1 stram.bro1 sulph.gl1 *Ust.*gl1,hr1,* verat.bg3,gl1,*
☞ *Erotisch / Lasziv*

– **Fehlen** der Sinnlichkeit:
- **Frauen**, bei: caust.gl1 lyc.gl1 sulph.gl1
- **Männern**, bei: con.gl1 **Lyc.**gl1

Sitzen:

☞ *❑ Allgemeines - Katalepsie*

– **Abneigung** zu sitzen: iod.a1,k lach.a1,k

Sitzen: ...

– **Neigung** zu sitzen: acon. *Agar.* alum. alum-p.k2 am-c. *Am-m. Anac.* androc.srj1 ant-c. ant-t. arg-met. arg-n. *Arn. Ars. Ars-i.* asar. *Aur.* aur-s.k2 bar-act.sf1 bar-c. bar-i.k2 bar-m. *Bell.* borx. brom. bry. calc. camph. *Cann-s.* canth. caps.ptk1 *Carb-v. Carbn-s.* caust. *Cham. Chel.* **Chin.** chinin-ar. cimic.k2 *Cocc.* cod.a1 colch. **Con.** croc. cupr. cycl. dulc. *Euphr. Ferr.* **Graph. Guaj.** hell. *Hep.* **Hipp.** hydrog.srj2 *Hyos.* ign. *Iod.* ip. jac-c.a1 kali-ar. kali-c. kali-p. kali-sil.k2 lac-c. lach. lact.j laur. lil-t.k2,ptk1 lyc. m-aust.j mag-c. mag-m. merc. mez. mur-ac. nat-ar.a1,k2 nat-c. *Nat-m.* nat-p. *Nit-ac.* **Nux-v.** ol-an.c1 olnd. op. petr. *Ph-ac.* **Phos.** *Pic-ac.* plat. plb. **Puls.** ran-b. *Ran-s.* rheum rhod. rhus-t. ruta sabin.j *Sec. Sep.* sil. *Spong.* **Squil.** *Stann.* staph.j *Stront-c.* sul-i.k2 *Sulph. Tarax. Teucr. Verat.* verb. viol-t. *Zinc.*

☞ *Angst - Sitzen / Angst - Sitzen - amel. / Bewußtlosigkeit - Sitzen / Faulheit - Sitzen / Furcht - Sitzen / Reizbarkeit - Sitzen / Ruhelosigkeit - Sitzen / Ungeduld - Sitzen / Verwirrung - Sitzen / ❑ Allgemeines - Sitzen - agg. / ❑ A~ Sitzen - amel. / ❑ A~ Sitzen - Impuls*

• **aufrecht**: cham.bg2 hyos.bg2 lyc.a1,bg2 puls.bg2 stram.a1,bg2

• **Bett** zu sitzen und möchte sich nicht hinlegen; im: kali-br.ptk1

• **Blick** auf den Boden; mit: stram.ptk1

• **Ellbogen** auf den Knien; zusammengekrümmt mit: coloc.ms

• **Kopf** auf den Händen und den Ellbogen auf den Knien; mit dem: glon. iod.

• **nachzudenken**; und: calc-s. haliae-lc.srj5 lach.a1

☞ *Gedanken versunken / Meditieren*

• **nachzusinnen**; und: ham.st

☞ *Gedanken versunken / Meditieren*

• **steif**; ziemlich: *Cham. Hyos.* kali-m.ptk1 nat-p.ptk1 puls. *Sep. Stram.*

• **Delirium**; im: sep.a1

• **Stelle**; drei oder vier Tage lang auf derselben:

• **Kopfschmerzen**, bei: con.

• **still**

☞ *unbeweglich*

• **unbeweglich**, still: alum.h alum-p.k2 alum-sil.k2 arn. aur. aur-s.k2 bar-c.k2 bar-i.k2 bar-m.k2 brom. calc.k2 calc-sil.k2 carbn-s.k2 cham. chinin-ar. choc.srj3 cimic.k2 *Cocc.* con.h,k2 elaps fl-ac.k2 *Gels.* haliae-lc.srj5 ham.a1 hell. *Hep.* **Hipp.** hyos.k2 kali-ar.k2 kali-m.k2 kali-sil.k2 lyc.k2 mag-p.ptk1 nat-ar.k2 nat-p.k2 *Nux-v.*kr1 ol-an.c1 *Pic-ac.*k2,st *Plat.* **Puls.** *Sep.* stram. thala.jl **Verat.**k1,st zinc-p.k2

• **versunken** und nichts wahrnehmend; wie in tiefen, traurigen Gedanken: *Ambr.*st aur. cench.k2 cham.h cimic.k2 *Cocc.* elaps *Hipp.* plat.ptk1 *Puls. Stram.*kr1 *Verat.*

☞ *Gedanken versunken / Meditieren / Selbstbetrachtung / Traum*

• **Schwindel**; beim: hep.h1,h2

Sitzen - Neigung zu sitzen: ...

• **weinend** dazusitzen: *Ambr.* calc-sil.k2 cycl.c1 puls.j sul-ac.hr1 verat.a1

☞ *Weinen*

• **zerbrechen**; und Nadeln zu: **Bell.** calc.k2

☞ *Zerbricht*

– **plötzlich** setzt er sich auf: *Hyos.*ptk1

Skeptisch

☞ *Zweifelt - skeptisch*

Sonderbar, fremd, merkwürdig:

☞ *Gesten - sonderbare / Possen, spielt / Schizophrenie - paranoid*

– **alles** erscheint ●: anac.k2,sf1 *Bar-m.* cann-i.sf1 *Cann-s.*k2,kr1 *Cic.*h,k2,* glon.bg1,bg2,* *Graph.* kali-p. *Med.*ptk1 nux-m.sf1 petr.sf1 plat. plb.sf1 sep.k2,kr1 tub. valer.j5

☞ *Unwirklich - alles / Verwirrung / Wahnideen - fürchterlich / Wahnideen - Gegenstände - verändert / Wahnideen - sonderbar - alles / Wahnideen - sonderbar - Vertrautes / Wahnideen - unwirklich - alles / Wahnideen - verändert*

• **Stehen** agg.: glon.a1

– **Dinge** zu tun; Impuls sonderbare: arg-n.k2,ptk1 cact. sep.ptk1

– **Sonderling**: bell.gl1 calc.gl1 chin.bg2,gl1 hell.bg2,hr1,* hyos.gl1 ip.gl1 *Lach.*gl1 nat-m.gl1 puls.bg2,gl1 stram.gl1 verat.gl1

☞ *Geziertheit - Gesten*

• **Kleidung**, in der: hell.gl1 sil.gl1 sulph.gl1

• **Meinungen** und Handlungen, in seinen: calc.gl1 sulph.gl1 verat.gl1

– **Stimmen** erscheinen: **Cann-s.** cic.k2

Sopor

☞ *❑ Schlaf - Tief*

Sorgen, voller: acet-ac.ptk1 ambr.bg2,sf1 anac.j5 arn.j5 *Ars.*bg2,j5 aur.h *Bar-c.*j5,k2,* blum-o.bnj1 *Calc.*kr1,sf1,* calc-p.bg2,sf1 calc-sil.k2 cann-i.a1 *Caust.*k,vh/dg chel.j5 *Chin.* cimic.jl coff. con.bg2,sf1 dig.bg2 dros.j5 gins.j5 graph.j5 hed.jl **Ign.**vh,vh/dg,* *Iod.*vh,vh/dg *Kali-br.*kr1 kali-n.h,j5 kali-p.ptk1 lyc.gl1 mag-c.ptk1 mang.j5,k2 med.kr1 mur-ac.h *Nat-c.*j5 *Nat-m.*bg2,j5,* nux-v.sf1 op.j5 *Ph-ac.*bg2,j5,* pic-ac.gm1,sf1 *Psor.*bg2,kr1,* *Puls.*k1,k12●,* sal-ac.kr1 sep.h sil.gl1 *Spig.*j5 stann.gl1,j5 **Staph.**gl1,sf1 *Sulph.*c1,gl1,* term-a.bnj1 thuj.j5 v-a-b.jl,srb2 vac.kr1,vh,*

☞ *Angst / Beschwerden durch - Kummer / Beschwerden durch - Sorgen / Brütet / Ernst / Kummer / Weinen - Kleinigkeiten - Kinder / ❑ Gesicht - Ausdruck - abgehärmt / ❑ Schlaf - Schlaflosigkeit - Sorgen*

– **Tag** und Nacht: caust.j5

– **morgens**: *Puls.*gl1,h staph.gl1

• **Bett**, im: alum.j5

– **abends**: dig.j5 kali-c.j5

• **Bett**, im: ars.j5 graph.j5

– **nachts**: caust.h *Psor.*kr1

• **Mitternacht**; um: dulc.j5

◆ **abwechselnd** mit:

• **Hochgefühl**

☞ *Hochgefühl - abwechselnd mit - Sorgen*

– **abwechselnd** mit: ...
  • **Reizbarkeit**
    ☞ *Reizbarkeit - abwechselnd mit - Sorgen*
  • **Streiten**
    ☞ *Streitsüchtig - abwechselnd mit - Sorgen*
  • **Zorn**
    ☞ *Zorn - abwechselnd mit - Sorgen*
– **allein**, wenn: hep.$_{j5}$
– **andere**, um: ars.$_{bg2,gl1}$ carc.$_{sk1}$ *Caust.*$_{gl1}$ **Cocc.**$_{bg2,j5,*}$ lach.$_{gl1}$ limest-b.$_{es1}$ mag-c.$_{sys}$ mag-m.$_{sys}$ mag-s.$_{lmp}$ puls.$_{zr}$ sabad.$_{sys}$ staph.$_{zr}$ sulph.$_{gl1,j5}$ zinc.$_{gl1}$
  ☞ *Angst - andere*
– **Erwachen**, beim: alum.$_{j5}$
– **Gehen** im Freien: hep.$_{j5}$
– **Geschäfte**, um seine: acet-ac.$_{ptk1}$ caust.$_{ptk1}$ kali-p.$_{ptk1}$ lil-t.$_{ptk1}$ nux-v.$_{ptk1}$ podo.$_{ptk1}$ *Puls.*$_{j5}$ rhus-t.$_{j5}$
  • **florieren**; obwohl sie: psor.$_{ptk1}$
– **Gesellschaft**; mit Abneigung gegen: con.$_{j5}$ nat-m.$_{j5}$
  ☞ *Gesellschaft - Abneigung*
– **grundlos**: petr.$_{ptk1}$
– **häusliche** Angelegenheiten, um: bar-c. *Puls.* sep.$_{k1,kl2}$●,*
– **Kleinigkeiten**, um: *Ars.* aur.$_{k2}$ but-ac.$_{br1}$ *Chin.*$_{gl1}$ granit-m.$_{es1}$
  ☞ *Kleinigkeiten*
– **Symptome** verschwinden während der Sorgen: merc-i-f.$_{kr1}$
– **täglichen** Sorgen angegriffen; von den: ambr.$_{bg2}$ calc.$_{bg2}$ nat-m.$_{bg2}$ nux-v.$_{bg2}$
– **Verwandte**, um: ars.$_{gl1,j5}$ *Caust.*$_{gl1}$ hep.$_{gl1,j5}$ lach.$_{gl1}$ rhus-t.$_{gl1,j5}$ *Spig.*$_{gl1}$ zinc.$_{gl1}$
– **Zukunft**; in bezug auf die: carc.$_{az1}$

Sorgsamkeit, Sorgfalt: ang.$_{bg2}$ **Ars.**$_{bg2,k,*}$ *Aur.*$_{bg2}$ **Bar-c.**$_{bg2,k,*}$ bry.$_{bg2}$ calc.$_{gl1}$ cham.$_{bg2}$ **Chin.**$_{bg2}$ cocc.$_{bg2}$ cycl.$_{bg2}$ *Dig.*$_{bg2}$ **Graph.**$_{bg2}$ hyos.$_{bg2}$ *Ign.*$_{bg2}$ *Iod.*$_{bg2,k,*}$ ip.$_{bg2}$ *Lach.*$_{bg2,gl1,*}$ *Lyc.*$_{bg2,gl1}$ mez.$_{bg2}$ mur-ac.$_{bg2}$ nat-c.$_{bg2}$ **Nux-v.**$_{bg2,k}$ puls.$_{k,kl2}$●,* ran-b. rhus-t.$_{bg2}$ *Sep.*$_{bg2}$ **Sil.**$_{bg2,gl1,*}$ spig.$_{bg2}$ **Stram.**$_{bg2}$ **Sulph.**$_{bg2,gl1,*}$ thuj.$_{bg2}$ *Verat.*$_{bg2}$
  ☞ *Argwöhnisch / Gewissenhaft / Vorsichtig*

Spannkraft: eucal.$_{kr1}$ *Fl-ac.*$_{kr1}$ sarr.$_{a1,kr1}$ testis$_{bwa3}$
  ☞ *Aktivität*
⬖ **abwechselnd** mit:
  • **Niedergeschlagenheit**
    ☞ *Traurigkeit*
  • **Traurigkeit**: *Nux-v.*$_{kr1}$

Spannung
  ☞ *Beschwerden durch - Furcht / Beschwerden durch - Schreck / Erwartungsspannung / Schreckliches*

Spaßen: aeth.$_{a1,k}$ aether$_{a1}$ agav-t.$_{jl,jl3}$ alco.$_{a1}$ aloe androc.$_{srj1}$ arg-met. ars.$_{h,k,*}$ bar-c. bell.$_{bg2,k}$ bry.$_{a1,k}$ calc. cann-i.$_{a1,k}$ *Caps.*$_{h,k,*}$ carb-v. chlol.$_{a1}$ choc.$_{srj3}$ *Cic.* *Cocc.*$_{h,k,*}$ coff.$_{ptk1}$ **Croc.**$_{bg2,k}$ cupr. ferr-p.$_{k2}$ glon.$_{a1,k}$ hyos.$_{bg2,k}$ **Ign.**$_{bg2,k}$ ip.$_{a1,k}$ kali-cy.$_{a1}$ *Kali-i.*$_{hr1,k}$ *Lach.*$_{bg2,k1,*}$ limest-b.$_{es1}$ lyc. meny.$_{bg2,j5}$ merc.$_{a1,k}$ merl. nat-m.$_{a1,k}$ *Nux-m.* op. peti.$_{a1}$ plat.$_{bg2,k}$ psil.$_{ft1}$ psor.$_{a1,h}$ rhus-r. sars.$_{bg2,k}$ sec. spong.$_{bg2,k}$ *Stann.*$_{gl1}$ staph.$_{gl1}$ *Stram.*$_{bg2,k,*}$ sul-ac.$_{bg2,k}$ sumb.$_{a1}$ tab.$_{a1,k}$ *Tarent.*$_{hr1,k,*}$
  ☞ *Albernes / Amüsement - Verlangen / Froh / Hochgefühl / Ironie / Kindisches / Kühn / Lachen / Lebhaft, munter / Lustig / Necken / Redseligkeit - Spaßen / Spotten / Vergnügen / Verspielt / Witzig / Zufrieden*
⬖ **abwechselnd** mit:
  • **Ärger**
    ☞ *Reizbarkeit - abwechselnd mit - Spaßen*
  • **Ernst**: cann-i.$_{a1}$ plat.$_{j5}$
  • **Gesellschaft**; Abneigung gegen: rad-br.$_{st}$ rhus-r.$_{k1}$
  • **Gleichgültigkeit**: meny.$_{j5}$
  • **Reizbarkeit**
    ☞ *Reizbarkeit - abwechselnd mit - Spaßen*
  • **Schweigsamkeit**: plat.$_{j5}$
  • **Weinen**: *Ign.*$_{j5}$
  • **Zorn**
    ☞ *Zorn - abwechselnd mit - Spaßen*
– **Abneigung** gegen: *Acon.* am-c. ang. apis ars. borx. bov. caps. carb-an. *Cina* cocc. cycl. *Merc.*$_{gl1,k1,*}$ nat-m. nux-v. puls. sabin. sil. spig. staph.$_{gl1}$ sulph. thuj.
  ☞ *Spaß / Ernst / Ungeschicklichkeit*
– **alles** Späße; macht über: nux-m.$_{c1}$
– **boshaft**, bösartig: ars.$_{h,k,*}$ choc.$_{srj3}$ marb-w.$_{es1}$
  ☞ *Boshaft / Spotten / Spotten - Sarkasmus / Zynisch*
– **Ernst**, Spaßen nach: plat.
– **erotisch**: bell.$_{gl1}$ *Calc.*$_{gl1}$ hyos.$_{gl1}$ nux-v.$_{gl1}$
– **Erwachen**, beim: tarent.$_{a1}$
– **Gleichgültigkeit**, Spaßen nach: meny.
– **lächerlich** oder albern: androc.$_{srj1}$ bell. *Cic.* croc. hyos. *Stram.* tanac. *Verat.*
  ☞ *Albernes / Gesten - lächerlich / Kindisches*
– **lustig**; macht sich über jemanden
  ☞ *Spaßen*
– **schalkhaft**: puls.$_{j5}$
– **Spaß**; verträgt keinen: *Acon.*$_{gl1,kr1}$ ang.$_{gl1,kr1}$ caps.$_{gl1}$ **Iod.**$_{gl1}$ lyc.$_{gl1}$ merc.$_{gl1}$ nat-m.$_{gl1,h}$ nux-v.$_{gl1}$ puls.$_{gl1}$ *Ran-b.*$_{a1}$ *Spig.*$_{a1}$ sulph.$_{gl1}$
  ☞ *Abneigung*
– **Traurigkeit**; bei: limest-b.$_{es1}$
– **treibt** mit allem sein Spiel: agar. alum.$_{gl1}$ con.$_{gl1}$
– **Witziges** zu tun; Verlangen, etwas: cact.$_{a1}$
– **Wortspiele**, macht: cann-i.$_{a1,k}$ choc.$_{srj3}$
– **zügellos**: alco.$_{a1}$

Spät:
– **Spätaufsteher**
  ☞ *Bett - bleiben - morgens / ❏ Schlaf - Erwachen - spät*
– **zu** spät; ist immer: calc.$_{gl1,vh}$ plat.$_{gl1,vh}$ puls.$_{gl1,vh}$ sil.$_{gl1,vh}$

Spielen:
– **Abneigung** gegen Spielen:
  ☞ *Amüsement - Abneigung*
  • **Kindern**; bei: *Bar-c.* bar-m. carc.$_{zzh}$ *Cina* *Hep.* lach.$_{hr1}$ *Lyc.* merc.$_{gl1}$ **Rheum** *Sulph.*
    ☞ *Ernst*
  • **sitzen** in der Ecke; und sie: bar-c.$_{kr1}$ bar-m.$_{kr1}$
– **Unfähigkeit** zu spielen: merc.$_{gl1}$ sulph.$_{gl1}$

– **Verlangen** zu spielen: bell.a1 *Cocc.*a1 *Con.*kr1 tarent.a1,kr1
☞ *Amüsement - Verlangen / Gesten - Hände - spielt*
• **nachts**: cypr.hr1,st *Med.*kr1
• **Kindern**; bei: cypr.br1
• **gemeine**, bösartige Streiche zu spielen
☞ *Boshaft - gemeine*
• **Gras**, im: elaps
• **Kinderspielzeug**; mit: **Cic.**kr1
• **Knöpfen** an ihrer Kleidung; mit den: mosch.
• **Spielleidenschaft**, Glücksspiele
☞ *Glücksspiele*
• **Verstecken** zu spielen, Versteckspiel: bell.kr1

Spioniert alles aus: carb-v.gl1 lyc.gl1 puls.gl1 sep.gl1 verat.gl1
☞ *Empfindlich - Mangel / Enthüllt / Neugierig*
– **Schlüsselloch**; schaut, spioniert durch ein: neonsrj5

Spontan, impulsiv: acon.bro1 alum.k2 *Anac.*bro1 ant-c.bro1 **Arg-n.**k,k2 *Ars.*a1,k *Aur.* cadm-met.gm1 camph. caust.a1 cere-b.a1 *Cham.*bro1 choc.srj3 *Cic.* *Coloc.*bro1 croc.bg2 cupr.bg2,st gins.a1,k hep.bro1,k2,* **Ign.**bg2,bro1 iod.k2 ip.bro1 lach.k2 marb-w.es1 med.bro1 merc.a1,k *Nat-m.*bro1 nux-v. **Puls.**bg2,j5 rheumbro1 rhus-t. sep.bro1 staph. tarent.ptk1 thea
☞ *Antworten - hastig / Gedanken - schnell / Hast / Indiskretion / Kurz / Launenhaftigkeit / Schnell / Sprache - hastig / Stimmung - veränderlich / Unbesonnen / Ungeduld / Ungestüm / Zeit - langsam / Zudringlich / Überstürzt*
– **Einkaufen**; geht spontan: nux-v.zr

Spotten: acon.bg2,gl1 alum.a1,bg2 anh.sp1 ars.h,k,* chin.bg2,k guaj.bg2 hyos.bg2 ign.bg2 ip.bg2,k *Lach.*bg2,k,* nux-m.bg2,ptk2 nux-v.bg2 par.bg2,k ped.a1 plat.bg2,k stann.gl1 tarent.hr1,k verat.bg2
☞ *Grobheit / Ironie / Lachen - sardonisch / Lachen - spöttisch / Lachen - verächtlich / Necken / Spaßen / Spaßen - boshaft / Spotten - Lächerliche / Spotten - Sarkasmus / Unverschämtheit / Verächtlich / Zynisch*
– **Alter**, im: *Tarent.*hr1,kr1
– **andere** würden ihn verspotten; glaubt: ign.gl1 nux-v.gl1 ph-ac.gl1 sep.gl1
☞ *Furcht - Meinung / Selbstvertrauen - Mangel / Wahnideen - lachen und / Wahnideen - verachtet*
– **Arm** nehmen; jemanden auf den
☞ *Spotten*
– **Eifersucht**, bei: *Lach.*hr1,kr1
– **Freunde**, über seine: alco.a1
– **Lächerliche** ziehen; will alles ins: acon.k,pc,* conv.br1 hyos.k,pc,* lach.k,pc,* nux-v.k,pc,* verat.k,pc,*
☞ *Sarkasmus / Ankleiden - lächerlich / Grausamkeit / Hartherzig / Spotten / Verächtlich*
– **Sarkasmus**, beißender Spott: *Ars.*bg1,h,* bry.gl1 cann-i.a1 carbn-o.a1 caust.gl1 choc.srj3 cinnb.a1 ign.gl1 lac-ac.gl1,hr1,* *Lach.*gl1,j5,* nux-v.gl1 pall.gl1,sf1,* rad-br.st sacch-l.c1 sec.gl1,hr1,* sep.gl1
☞ *Lächerliche / Lachen - sardonisch / Lachen - verächtlich / Lächeln - sardonisch / Spaßen - boshaft / Spotten / Sprache - scharf / Tadelsüchtig / Verächtlich / Witzig / Zynisch*

Spotten - Sarkasmus: ...
◇ **abwechselnd** mit:
• **Abneigung** gegen Gesellschaft: rad-br.st rhus-r.k1
– **Satire**, Lust an: ars.bg2,gl1,* *Lach.*bg2,gl1,*
– **Verwandten**, über seine: sec.
☞ *Entfremdet - Familie*

Sprache:
☞ *□ Mund - Sprache*
– **affektiert**, manieriert, unnatürlich: arg-n.ptk1 *Bell.*bg2 *Caust.*bg2 coll.ptk1 crot-c.ptk1 crot-h.bg2 *Gels.*bg2 glon.bg2 *Hyos.*bg2 kali-br.bg2 kali-i.ptk1 **Lach.**bg2 lyc.bg2 *Merc.*bg2 merc-c.ptk1 nat-c.bg2 nat-m.bg2 nux-m.bg2 *Nux-v.*bg2 phos.bg2 stann.bg2 *Stram.*bg2
☞ *Geziertheit - Gesten / Geziertheit - Worten*
– **Akzent**; in einem für ihn ungewöhnlichen:
• **amerikanischem** Akzent; mit: limest-b.es1
– **albern**: aur. *Bell.*hr1,k,* bry.gl1 bufok2 calc.k13,k2 calc-sil.k13,k2 caust.k13,k2 *Chin.*hr1,kr1 **Hyos.** *Lach.*hr1,k merl. *Nux-m.* par. phos.a1,k *Stram.*hr1,k,* tab.hr1,k,*
☞ *Albernes - Gerede - Betrunkenheit / Frivol / Kindisches*
– **ängstlich** im Schlaf: alum.a1 graph.a1 nux-v.a1 *Sulph.*a1
– **ärgern**; möchte andere mit Worten: mez.a1
– **Ärger**, über alten: cham.a1
☞ *Verweilt - Beleidigungen*
– **artikulieren**; kann nicht richtig
☞ *undeutlich*
– **barsch**: ars.a1 bell.a1 cham.bg2,h,* germ-met.srj5 lyss.hr1 mur-ac.a1,h plb.a1 sul-ac.a1 **Tarent.**a1,hr1
☞ *Kurz angebunden*
– **beenden**; kann den Satz nicht: ars.bg2 **Cann-i.**kr1 cimic.j1 haliae-lc.srj5 lach.k2 med.bg2 thuj.kr1
☞ *Gedächtnis - Gedächtnisschwäche - sagen*
– **beleidigend**: lyss.a1
– **berauscht**, wie: amyg. androc.srj1 carb-an. *Gels.* **Hyos.** lach.k13 lyc. meph. nat-m. *Nux-v.* vip.
– **bestimmter**, fester als vormittags; nachmittags: anac.a1,h
– **delirös**: *Bell.*a1 camph.a1 canth.a1 *Cic.*a1,kr1 *Cupr-act.*a1,kr1 *Hyos.*a1,kr1 op.a1 past.a1 plb.a1 *Rheum*a1,kr1 tab.a1 vip.a1
☞ *Delirium*
• **nachts**: dig.a1 rheuma1 sil.a1
• **Erwachen**, beim: bry.a1
• **Fieber**; während: coff.a1 til.a1
• **Frost**; während: cham.a1
• **aufgeweckt** wird, wenn er: hep.a1
• **Geschäft**, vom: **Bry.**a1
• **Menses**, vor den: lyc.a1
☞ *Menses - vor; Gemütssymptome*
• **Schlaf**:
• **Mitternacht**, vor: rheuma1 *Sulph.*a1
• **Einschlafen**, beim: phos.a1
• **im**: **Bell.**a1
– **drohend**: tarent.a1
– **eilig**
☞ *hastig*

– **einsilbig**: ars.$_{a1,k}$ haliae-lc.$_{srj5}$ meli. merc.$_{a1,k}$ *Nux-v.*$_{a1,k}$ *Ph-ac. Sul-ac. Thuj.*$_{hr1,k,*}$
– **enthusiastisch**: cann-i.$_{a1}$
– **erregt**: morph.$_{a1}$ mosch.$_{ptk1}$ nat-c.$_{a1}$
– **faselt** nachts: plb.
– **fein**: hyos.$_{a1,k}$
– **fesselnd**, interessant: thea$_{a1}$
– **flüsternd**:
☞ ❑ *Kehlkopf - Stimme - flüsternd*
• **wie** ein Flüstern ins Ohr: anac.$_{ptk1}$
• **Schlaf**; im: pyrog.$_{ptk1}$
• **selbst**; flüstert zu: pyrog.$_{ptk1}$
– **flüssig**, gewandt: cupr-act.$_{a1}$ hyos.$_{bg2}$ lach.$_{bg2}$ ped.$_{a1}$ sil.$_{a1,bg2}$ thea$_{a1}$
☞ *Redegewandt / Redseligkeit*
– **fremdartig**, sonderbar, merkwürdig: aether camph.$_{a1,hr1}$ cham.$_{h,k,*}$ gal-ac.
– **fremder** Sprache; in: camph.$_{hr1,kr1}$ lach. nit-ac.$_{ptk1}$ *Stram.*$_{hr1,k}$
– **fröhlich**: aether$_{a1}$ agar.$_{h,k,*}$ mur-ac.$_{a1,k}$
• **Schlaf**, im: mur-ac.$_{a1,k}$
☞ *Sprechen - Schlaf*
– **gewandt**, gefällig
☞ *flüssig*
– **gezwungen**, gepreßt: pall.$_{a1}$
– **gütig**: tus-fr.$_{a1}$
– **hastig**: acon.$_{hr1,k}$ alco.$_{a1}$ ambr. anac.$_{bro1}$ androc.$_{srj1}$ anh.$_{mg,mg1,*}$ arn. ars. atro.$_{a1,hr1}$ aur.$_{bro1}$ *Bell.*$_{h,k,*}$ bry.$_{h,k,*}$ bufo$_{gk}$ calc-hp.$_{ptk1,ptk2}$ *Camph.*$_{h,k,*}$ cann-i. cann-s. caust.$_{gl1}$ chlol. cimic.$_{hr1,k}$ cina cocc.$_{hr1,k}$ haliae-lc.$_{srj5}$ **Hep.**$_{bg2,k,*}$ **Hyos.**$_{h,k,*}$ *Ign.*$_{hr1,k}$ kali-c.$_{st}$ kali-p.$_{k13,k2}$ **Lach.**$_{hr1,k}$ lil-t.$_{bro1}$ lyc. lyss. **Merc.**$_{h,k,*}$ morph.$_{a1}$ *Mosch.*$_{hr1,k}$ nux-v. op.$_{bg2}$ *Ph-ac.*$_{hr1,k}$ plb. *Sep.*$_{hr1,k}$ stann.$_{bg2}$ *Stram.*$_{hr1,k,*}$ stry.$_{bg2}$ *Thuj.*$_{hr1,k}$ verat.$_{hr1,k}$
☞ *Hast / Schnell / Spontan / Überstürzt*
• **einsilbig**; und: haliae-lc.$_{srj5}$
• **Fieber**; während: pyrog.$_{k2}$
– **heftig**: bell.$_{a1}$ *Nat-c.*$_{gl1}$ stram.$_{k13,k2}$
– **irrelevant**, ohne Bezug zum Thema: atro.$_{a1}$
– **kindisch**: acon.$_{a1,k}$ *Arg-n.*$_{hr1,k,*}$ bar-c.$_{k13,k2}$ lyc.$_{st}$
☞ *Kindisches*
– **kurz** und bündig: op.$_{a1}$
– **langsam**: *Aesc-g.*$_{bro1}$ aeth.$_{hr1,k2,*}$ agar.$_{bro1}$ agar-ph.$_{a1}$ anac.$_{bro1}$ anh.$_{bro1}$ ant-c.$_{a1,k}$ *Arg-n.* ars. atro.$_{a1,k}$ bar-c.$_{bro1}$ bell.$_{a1,k}$ *Both.*$_{bro1}$ *Bov.*$_{bro1}$ bufo$_{bro1}$ caj.$_{a1}$ cann-i.$_{a1,bro1}$ *Cann-s.*$_{bro1}$ carb-an.$_{hr1,k}$ *Caust.*$_{bro1,gl1}$ cere-s.$_{bro1}$ chinin-s. chlf.$_{a1}$ cic.$_{bro1}$ cocc.$_{a1,k}$ cupr.$_{bg2,bro1}$ gels.$_{bro1}$ germ-met.$_{srj5}$ haliae-lc.$_{srj5}$ **Hell.** hyos.$_{bro1}$ *Ign.*$_{bro1}$ *Kali-br.*$_{hr1,k,*}$ kali-cy.$_{bro1}$ kali-p.$_{bg2}$ **Lach.**$_{hr1,k}$ laur.$_{bro1}$ lyc.$_{bg2}$ merc.$_{a1,k}$ mez.$_{a1,bg2}$ morph.$_{a1,k}$ mygal.$_{bro1}$ naja$_{bro1}$ nat-c. nat-m.$_{gl1}$ nux-m. olnd.$_{bro1}$ *Op.*$_{a1,k}$ petr. *Ph-ac. Phos.*$_{hr1,k,*}$ phys.$_{a1,k}$ *Plb.*$_{hr1,k,*}$ rhus-t.$_{hr1,k}$ *Sec.*$_{hr1,k,*}$ *Sep.*$_{hr1,k,*}$ sulfon.$_{bro1}$ syph.$_{hr1,k}$ *Thuj.*$_{hr1,k,*}$ vip.$_{bro1}$ zinc.$_{bg2}$
☞ *Antworten - langsam / Langsamkeit*
– **laut**: arn.$_{h,k,*}$ ars. atro.$_{a1,k}$ aur. *Bell.*$_{hr1,k,*}$ cann-i.$_{a1}$ cham.$_{hr1,kr1}$ *Hyos.*$_{a1,k}$ **Lach.**$_{gl1}$ limest-b.$_{es1}$ nux-m.$_{bg2,k,*}$ *Op.*$_{hr1}$ stram.
• **Schlaf**, im: *Arn.*$_{kr1}$ **Bell.**$_{kr1,vh/dg}$ *Sil.*$_{kr1}$ spong.$_{kr1}$ *Sulph.*$_{kr1}$
– **laut - Schlaf**, im: ...
☞ *Sprechen - Schlaf*
– **lebhaft**: cann-i.$_{a1,kr1}$ **Hyos.**$_{kr1}$ *Sulph.*$_{kr1}$
– **leidenschaftlich**: aether$_{a1}$
– **leise**, sanfte Stimme: bell.$_{sf1}$ *Carb-an.*$_{sf1}$ hydrog.$_{srj2}$ mang-act.$_{br1}$ nux-v.$_{sf1}$ *Sec.*$_{sf1}$ staph.$_{sf1}$ tab.$_{sf1}$ *Viol-o.*$_{kr1}$
– **monoton**: mang.$_{br1}$ mang-o.$_{br1}$
– **murmelnd**
☞ *Murmeln*
– **nasal**
☞ ❑ *Kehlkopf - Stimme - nasal*
– **pathetisch**: lyss.$_{hr1,kr1}$
– **Phrasen**, in hochtrabenden: *Nux-v.*$_{kr1}$
– **rasch**
☞ *hastig*
– **respektvoll**, ehrfürchtig: agar.$_{a1}$
– **Rucke**, durch: *Agar.*$_{sf1}$ bov.$_{sf1}$ caust.$_{ptk1}$ mygal.$_{sf1}$ stram.$_{vh}$
– **sanfte**, leise Stimme
☞ *leise*
– **scharf**, bissig, mit spitzer Zunge: cham.$_{hr1,kr1}$ hyper.$_{hr1,kr1,*}$
☞ *Spotten - Sarkasmus*
– **schnell**
☞ *hastig*
– **schneller** als je zuvor, besonders während Fieber
☞ *hastig - Fieber*
– **schrille** Stimme: cann-i.$_{sf1}$ cupr.$_{sf1}$ stram.$_{kr1,sf1}$
– **Schwatzen**: acon.$_{hr1,kr1,*}$ aloe *Anac.* atro.$_{a1}$ bell.$_{hr1,kr1,*}$ **Bry.**$_{h,k,*}$ calad.$_{hr1,k,*}$ cupr.$_{k13,k2}$ cyna.$_{jl}$ **Hyos.**$_{h,k,*}$ ign.$_{k13,k2}$ lach.$_{gl1}$ nux-v.$_{h,k,*}$ op. plb. *Stram.*$_{a1,k}$ tarax.$_{a1,k}$
☞ *Redseligkeit*
• **morgens**: **Bry.**$_{a1}$
• **liegt** nackt im Bett und schwatzt: **Hyos.**
• **Schlaf**, im: *Nux-v.*
☞ *Sprechen - Schlaf*
– **schweift** von einem Thema zum anderen, abschweifend: acon. aeth. agar.$_{hr1,kr1}$ *Ambr.*$_{k13,k2}$ *Anac.* arn. *Ars.* ars-s-f.$_{k13,k2}$ *Atro.*$_{hr1,kr1,*}$ aur. aur-ar.$_{k2}$ **Bell.**$_{bg2,k}$ *Bry.*$_{bg2,k}$ calc. *Camph.* canth. cham. chin. chinin-ar. cic. cina coloc. cupr. dulc. haliae-lc.$_{srj5}$ **Hyos.**$_{bg2,k}$ ign. kali-c. *Kali-p.*$_{hr1,kr1}$ **Lach.**$_{bg2,k}$ **Lyc.** merc. **Nux-m.** nux-v.$_{hr1,k}$ *Op.*$_{bg2,k}$ *Par.*$_{hr1,j5,*}$ *Phos. Plat.* plb.$_{a1,k}$ *Puls.* rheum *Rhus-t.* sabin. sec. spong. **Stram.**$_{bg2,k}$ *Sulph.* verat.
☞ *Aphasie / Gedanken - wandernd / Redseligkeit - wechselt / Verwirrung*
• **nachmittags** und besonders abends: *Nux-v.*$_{hr1,kr1}$
• **nachts**: aur. bell. bry. coloc. dig. op. rheum sep. sulph.
– **schwer**: aran-sc.$_{a1}$
– **sinnlos**
☞ *unsinnig*
– **stammelnd**: con.$_{sf1}$ cortico.$_{jl,sp1}$ dulc.$_{sf1}$ gels.$_{sf1}$ *Hyos.* lach.$_{k2,sf1}$ lyc.$_{bg1}$ neon$_{srj5}$ plb. sel.$_{jl,k2}$ *Stram.*$_{kr1,sf1}$
☞ *Redseligkeit*

– **still**
☞ *Sprechen - laut zu sprechen; Abneigung*
– **Stimme**:
• **leise** Stimme
☞ *leise*
• **schrille** Stimme
☞ *schrille*
– **übertrieben**, extravagant: aether bell.$_{a1}$ *Cann-i.* lach.$_{k13,k2}$ *Nux-m.* plb.$_{a1,k}$ stram.$_{a1,k}$
☞ *Extravaganz / Hochmütig*
– **überzeugend**: op.$_{a1}$
– **undeutlich** (= schwierige Artikulation): *Aesc-g.*$_{bro1}$ agar.$_{bro1}$ anac.$_{bro1}$ anh.$_{bro1}$ bar-c.$_{bro1}$ *Both.*$_{bro1}$ *Bov.*$_{bro1}$ bufo$_{bro1}$ cann-i.$_{bro1}$ *Cann-s.*$_{bro1}$ *Caust.*$_{bro1}$ cere-s.$_{bro1}$ cic.$_{bro1}$ cupr.$_{bro1}$ gels.$_{bro1}$ hyos.$_{bro1}$ *Ign.*$_{bro1}$ kali-cy.$_{bro1}$ laur.$_{bro1}$ linu-u.$_{a4}$ mygal.$_{bro1}$ naja$_{bro1}$ olnd.$_{bro1}$ sulfon.$_{bro1}$ vip.$_{bro1}$
☞ *unzusammenhängend / ❑ Mund - Sprache - schwierig - unartikulierte*
• **Erwachen**; beim: cot.$_{br1}$
• **Konvulsionen** von Kopf und Armen; während: cic.$_{ptk1}$
• **überschlägt** sich; Worte kommen hervor und die Sprache: hep.$_{ptk1}$
– **ungeschickt**: *Nat-c.*$_{hr1,kr1}$
– **unklar**, unverständlich: acon.$_{a1,k}$ amyg.$_{a1}$ ars.$_{a1,k}$ **Bell.**$_{a1,k}$ bufo$_{sf1}$ calen.$_{a1}$ euph.$_{a1,k}$ *Fl-ac.*$_{hr1}$ **Hyos.**$_{hr1,k,*}$ lyc.$_{a1,k}$ *Merc.*$_{a1,k}$ naja nux-v.$_{a1,k}$ *Ph-ac.*$_{hr1,k}$ plb.$_{a1}$ *Sec.*$_{a1,k}$ sil.$_{a1,k}$ **Stram.**$_{hr1,k,*}$ sul-ac.$_{a1}$ tab.$_{a1,k}$ *Verat-v.*$_{hr1,kr1}$
• **abends**:
• **nach** dem Hinlegen: zinc.$_{a1}$
• **nachts**:
• **Mitternacht**, vor: nux-v.$_{a1}$
• **Konvulsionen**; vor epileptischen: bufo$_{sf1}$
• **Schlaf**, im: arn. atro. castm. cham. mur-ac.
☞ *Sprechen - Schlaf*
– **unpassend**: nux-v.$_{a1}$
– **unsinnig**: acon. aether *Anac.* androc.$_{srj1}$ arg-met.$_{k2}$ atro. aur. *Bell.* bufo$_{ptk1,sf1}$ calc-sil.$_{k2}$ camph. *Cann-i.* canth. chlf. chlol. cupr.$_{bg2}$ dulc.$_{h1}$ **Hyos.** kali-br. lach.$_{bg2}$ merc. nux-m. op.$_{bg2}$ plb. *Stann.*$_{kr1}$ *Stram.* *Sulph.*$_{k1}$ tub. *Verat.*$_{kr1}$
• **Auffahren** im Schlaf; beim: kali-c.
– **unüberlegt**, unbedacht: alco.$_{a1}$ calad.$_{a1}$ mez.$_{a1}$
– **unzusammenhängend**: absin. aether *Agar.* alco.$_{a1}$ amyg. *Anac.* anh.$_{sp1}$ *Apis*$_{kr1}$ *Arg-n.* ars. ars-s-f.$_{k2}$ *Atro.*$_{a1,kr1}$ *Bapt.* *Bell.* **Bry.** buth-a.$_{sp1}$ cact. calad. *Camph.* **Cann-i.** carbn-s. cham. chel. chlol. cimic.$_{j1}$ coca$_{a1}$ coff.$_{bg2}$ *Crot-h.* cub. cupr. cycl. desm-g.$_{bnj1}$ dulc. *Gels.* haliae-lc.$_{srj5}$ hep. hydr-ac. **Hyos.** kali-bi. kali-br. kali-c. kali-p. **Lach.** merc. merc-c.$_{bg2}$ merc-meth.$_{a1}$ *Morph.* *Nux-m.* op. par. past.$_{a1}$ *Ph-ac.* **Phos.** plb. raja-s.$_{j1}$ **Rhus-t.** sal-ac.$_{a1}$ spig.$_{bg2}$ spig-m.$_{a1}$ **Stram.** stry.$_{bg2}$ *Sulph.* tanac. vip. visc. zinc. zinc-p.$_{k2}$
☞ *undeutlich / Antworten - falsch / Antworten - unzusammenhängend / Erregung - Sprechen / Fehler - Sprechen / Gedanken - Vergehen - Sprechen / Gedanken - zusammenhangslos - Sprechen / Gedächtnis - Gedächtnisschwäche / Gedächtnis - Gedächtnisschwäche - Worte / Konzentration - schwierig - Sprechen ...*

Sprache - unzusammenhängend: ...
☞ *Schizophrenie - paranoid / Stumpfheit - Sprechen / Vergeßlich - Worte / Verwirrung / Verwirrung - Sprechen*
• **abends**: bell.$_{a1,h}$
• **nachts**: bell.$_{a1,h,*}$ gels. kali-bi.$_{a1,k}$ plb.$_{a1,k1}$
• **epileptischem** Anfall; nach: ars.$_{a1}$ plb.$_{a1}$
• **Erwachen**, beim: cact.$_{a1,k}$ ign.$_{a1,k}$ op.$_{a1,k}$
• **Liebe**; durch enttäuschte: hyos. *Lach.*$_{vh,vh/dg,*}$ nat-m.$_{st}$
• **Schlaf**:
☞ *Sprechen - Schlaf*
• **im**: cub. *Gels.* kali-bi. phos. *Stram.*$_{kr1}$
• **Einschlafen**, beim: kali-bi.$_{a1}$
• **Schlummer**, nach: op.$_{a1,k}$
• **Schweiß**, endet in: *Cupr-act.*$_{kr1}$
– **verlegen**: aeth.$_{c1}$ atro.$_{a1,k}$ carbn-s. merc.$_{a1,k}$ morph.$_{a1}$ nat-m.$_{c1,c2,*}$ pall.$_{a1,k}$ tab.$_{c1,c2,*}$
☞ *Beschwerden durch - Verlegenheit*
– **verloren** kali-cy.$_{c2}$ oena.$_{c2}$ rat.$_{c2}$
☞ *Aphasie*
– **verschluckt** Worte
☞ *❑ Mund - Sprache - verschluckt*
– **verworren**: alco.$_{a1}$ atro.$_{a1}$ bell.$_{a1,k}$ ben-n.$_{a1}$ bry. calc.$_{a1,k}$ *Cann-s.*$_{hr1,k}$ carl.$_{a1}$ *Caust.*$_{a1,k}$ *Cham.*$_{a1,h}$ choc.$_{srj3}$ *Crot-c.* crot-h.$_{hr1,k,*}$ *Gels.* *Hyos.*$_{a1,k}$ *Lach.* lyc.$_{a1,k}$ med. mosch.$_{hr1,k,*}$ *Nat-m.*$_{hr1,k}$ nux-m.$_{hr1,k}$ *Nux-v.*$_{c,c1}$ *Op.*$_{hr1,kr1}$ sec. sep.$_{gl1}$ stram.$_{a1,k}$ thuj.
☞ *Vergeßlich / Verwirrung*
• **morgens** beim Erwachen: atro.$_{a1,j1}$
• **nachts**: cham.$_{h,k,*}$
• **Schlaf**, im: calc.$_{a1}$
☞ *Sprechen - Schlaf*
– **verzerrt**: cupr-act.$_{a1,kr1}$ cupr-s.$_{a1,hr1}$
– **wehleidig**, klagend, jammernd: crot-h.$_{ptk1}$
– **wiederholt** immer dasselbe: coff-t.$_{a1}$ germ-met.$_{srj5}$ kres.$_{mg,mg1,*}$ lach.$_{bg1,bg2,*}$ limest-b.$_{es1}$ plat.$_{bg2}$ zinc.$_{bro1}$
☞ *Delirium - wiederholt*
– **wild**: ars.$_{hr1,kr1,*}$ atro.$_{a1}$ camph.$_{hr1,kr1,*}$ lyc.$_{a1}$ plb.$_{a1}$ spig-m.$_{a1}$ stram.$_{a1}$ *Verat-v.*$_{hr1,kr1,*}$
• **Schlaf**, im: hyper.$_{a1}$
☞ *Sprechen - Schlaf*
– **Wortschwall**, gehaltloser: crot-h.$_{gl1}$ *Lach.*$_{gl1}$ nux-v.$_{gl1}$ staph.$_{gl1}$
– **zögernd**: absin.$_{a1,k}$ agar.$_{bg2}$ agn.$_{bg2}$ amyg.$_{a1}$ arg-n.$_{a1,bg2}$ canth.$_{bg2}$ carbn-s. choc.$_{srj3}$ cortico.$_{j1,j13,*}$ euphr.$_{bg2}$ graph.$_{bg2}$ kali-br.$_{a1,k}$ lat-m.$_{j1,j13,*}$ laur.$_{bg2}$ merc.$_{a1,k}$ morph.$_{a1,k}$ *Nux-m.* ph-ac. *Puls.*$_{bg2,gl1}$ sec.$_{bg2}$ thuj.$_{bg2}$ vip.$_{a1,k}$
– **zornig**: zinc.$_{hr1,kr1}$
• **Schlaf**, im: castm.$_{kr1}$
– **Zukunft**; über die
☞ *Sprechen - Zukunft*

Sprachen:
– **Unfähigkeit** für: lyc.$_{gl1}$ olnd.$_{gl1}$ rhus-t.$_{gl1}$ sulph.$_{gl1}$

Sprechen:
– **amel.** die Beschwerden: calc-p.$_{ms}$
• **langes**, fortgesetztes Sprechen amel.: nat-m.$_{h}$
☞ *Gespräche - agg.*

– **agg.** die Beschwerden: acon.ptk1 alum.j5 am-c.a1,j5,* *Ambr.* anac.k1 arg-met.k2 arg-n.bg2 arn. *Ars.*ptk1 arum-t.ptk1 borx.j5 calc.j5 chin.ptk1 cocc. dros.ptk1 ferr. *Ign.*ptk1 iod.ptk1 mag-c. mag-p.bg2 mang.ptk1 *Nat-c.*ptk1 *Nat-m.*ptk1 nux-v.ptk1 *Ph-ac.*ptk1 **Phos.**ptk1 ptel.c1 *Rhus-t.*ptk1 *Sel.*ptk1 *Sep.*ptk1 sil.ptk1 spong.ptk1 stann.j5,j1 *Sulph.*
☞ *Gespräche - agg.* / ❑ *Allgemeines - Sprechen - agg.*
• **langes**, fortgesetztes Sprechen agg.: nat-m.ptk1

◆ **abwechselnd** mit:
• **Singen**
☞ *Singen - abwechselnd mit - Sprechen*

– **abgeneigt** zu sprechen
☞ *Schweigsam*

– **abwesenden** Personen; mit: chlol.gm1,ptk1 hyos.ptk1 *Stram.*a1
☞ *Wahnideen - Sprechen - eingebildeten*
• **nachts**: dig.a1

– **albern**
☞ *Albernes - Gerede*

– **allein**; mit sich selbst, wenn
☞ *sich - allein*

– **als** würde er sprechen
☞ *Delirium - Lippen*

– **anderer** agg.; das Sprechen: acon.bg1,st agar. alum. am-c. ambr.bg1,st androc.srj1 ant-t.k2 **Ars.** aur. *Cact.* cadm-s.k2 carb-an.bg1,st chin. *Cocc.* colch. *Con.* elaps ferr. ferr-ar. *Hell.* *Helon.*kr1 hydrog.srj2 **Hyos.** *Kali-c.* kalm. lach.k2 limest-b.es1 lyss.bg1,kr1,* mag-m. mang. mez.bg2,st nat-ar. *Nat-c.* nat-m.bg1,st *Nat-s.* *Nit-ac.* **Nux-v.** petr.bg1,st *Ph-ac.*bg1,k2,* rhus-t. *Sep.* sil. *Stram.* teucr. verat. *Zinc.*
☞ *Heftig - Gespräch / Ichbezogenheit /* ❑ *Allgemeines - Schwäche - Sprechen - Menschen*

– **Angst** davor, in der Öffentlichkeit zu sprechen; hat
☞ *Schüchternheit - Öffentlichkeit - sprechen*

– **beenden**; kann den Satz nicht
☞ *Sprache - beenden*

– **Beschwerden**; von ihren: arg-n.bg1,bg2,* asaf.ptk1 *Mag-p.*bg2,ptk1 *Nux-v.*bg2,ptk1 zinc.ptk1

– **dasselbe** Thema; über das
☞ *einem*

– **einem** Thema; von nichts anderem als: *Arg-n.* cann-i. cocain.bg2 limest-b.es1 lyc. med.ptk1 petr. stram.

– **eingebildeten** Personen; mit
☞ *abwesenden*

– **Fehler** anderer; über die: verat.ptk1

– **Geistern**; mit
☞ *Wahnideen - Sprechen - Geistern*

– **Geschäft**, vom: ars. bell. **Bry.** canth. cimic. dor. *Hyos.* mygal. op. phos. plb. stram. sulph.
☞ *Delirium - Geschäften / Fleißig*

– **Klischees**, Gemeinplätzen; in: germ-met.srj5

– **Krankheit**; nur über die eigene: med.ptk1,ptk2

– **Krieg**, vom: agar. bell. hyos.
☞ *Schlachten*
• **Schlaf**, im: hyos.a1,h

– **langsam**; lernt: agar. bar-c. *Bell.*gl1 borx.k2 calc.bg2,k2,* calc-p. caust.bg2,gl1,* med.c1 **Nat-m.** nux-m. ph-ac.k2 phos.ptk1,st sanic. sil.bg2,sf1 sulph.bg2,sf1
☞ *Langsamkeit*

– **laut** zu sprechen; Abneigung: nux-m.bg2 sil.bg2,k
☞ *Schweigsam*

– **Leiden**; ständig von seinen
☞ *Beschwerden*

– **Mord**, Feuer und Ratten; von nichts anderem als: *Calc.* calc-sil.k2

– **müde** beim Sprechen; wird
☞ ❑ *Allgemeines - Müdigkeit - Sprechen*

– **Öffentlichkeit** zu sprechen; Schüchternheit in der
☞ *Schüchternheit - Öffentlichkeit - sprechen*

– **Probleme**; über ihre
☞ *Beschwerden*

– **Schlachten**, über: bell. hyos.
☞ *Krieg /* ❑ *Träume - Schlachten*

– **Schlaf**, im: acon.bg2,k,* *Ail.*hr1,kr1 alum.bg2,k,* alum-p.k13,k2 alum-sil.k13,k2 am-c.hr1,k ambr.h,k,* anac.hr1 ant-t.h,k,* apis arg-n.a1,k *Arn.*h,k,* ars.h,k,* aur.j5 *Bar-act.*st bar-c.bg2,k,* bar-m. bar-s.k13,k2 **Bell.**h,k,* brach.hr1,kr1,* bry.h,k,* bufo *Cact.*hr1,k *Calc.*gl1,k1,* camph.h,k,* *Cann-i.*hr1,k,* *Carb-an.*h,k,* carb-v.h,k,* carbn-s. carc.zzh caste.j1 castm. caust.h,k,* *Cham.*h,k,* *Cina*bro1 cinnb.hr1,k,* coff.bg2,k,* com. con. cortico.sp1 cupr. cur.a1 dig.bg2,sf1,* *Gels.*hr1,kr1 graph.h,k,* *Hell.*bro1 *Hyos.*h,k,* hyper.hr1,k,* ign.bg2,k,* indg. jab.a1 jac-c.a1 kali-ar. kali-bi.hr1,k **Kali-c.**bg2,k,* kali-chl.k13 kali-m.k2 kali-p. kali-s. kali-sil.k13,k2 kalm.hr1,k *Lac-c.*hr1,kr1 **Lach.**bg2 *Led.*hr1,kr1 limest-b.es1 lyc.bg2,k,* m-aust.j5 mag-c.bg2,k,* *Mag-m.*hr1,k merc.bg2,k,* *Mur-ac.*bg2,k,* nat-c.h,h2,* *Nat-m.*bg2,k,* nit-ac.bg2,k,* *Nux-v.*bg2,k,* *Op.*bg2,k,* ph-ac.bg2,k,* phos.bg2,k,* plb.bg2,k,* plect.a1 podo.bg2 psor.st *Puls.*bg2,k,* pyrog.ptk1 raph.a1,k rheum.j5 *Rhus-t.*bg2,k,* sabin.bg2,k,* sapin.a1 sel. *Sep.*bg2,k,* *Sil.*bg2,k,* spig.bg2,h,* spong.h,j5,* *Stann.*bg2,k,* *Stram.*hr1,kr1 stry.a1 *Sulph.*h,k,* tarent.a1 thuj.bg2,k,* tub.hr1,k2,* zinc.a1,k zinc-p.k13,k2 zinc-s.k2 ziz.a1,hr1
☞ *Murmeln - Schlaf, im / Sprache - fröhlich - Schlaf / Sprache - laut - Schlaf / Sprache - Schwatzen - Schlaf / Sprache - unklar - Schlaf / Sprache - unzusammenhängend - Schlaf / Sprache - verworren - nachts - Schlaf / Sprache - wild - Schlaf*
• **ängstlich**: alum. graph.a1,h,* *Mag-m.*kr1
• **alten** Männern; bei: bar-c.ptk1
• **beichtet** laut: bell.gl1 **Hyos.**gl1 stram.gl1
• **dachte**, als er wach war; was er: am-c.a1,k
• **enthüllt** Geheimnisse: am-c. *Ars.*k1,st
• **erregt**: alum. castm. graph. nux-v. sulph.
• **fleht** zaghaft: stann.kr1
• **Geschäft**, vom: com.a1,k rhus-t.a1,k sulph.a1,k
• **Hindernisse**, die entfernt werden müssen; über: cham.h
• **Kindern**; bei: *Ambr.*hr1,kr1 psor.st
• **komatösem** Schlaf, in: nux-v.j5 op.j5 raph.j5
• **Krieg**, vom
☞ *Krieg - Schlaf*

– **Schlaf**, im: ...
 • **laut**: *Arn.*h,hr1,* ars.a1 *Bell.*hr1,kr1 carb-an.a1,h jac-c.a1 *Kali-c.*a1 mag-c.a1 nux-m.ptk1 rhus-t.a1 *Sep.*hr1,kr1 *Sil.*hr1,kr1,* spong.hr1,kr1 *Sulph.*h,hr1,*
 • **rechnet**: sel.a1
 • **sanfter** Stimme; die ganze Nacht mit: *Camph.*h,hr1,*
 • **zornigem** Ausrufen, mit: castm.kr1
– **schweift** von einem Thema zum anderen
 ☞ *Sprache - schweift*
– **sich** selbst ; mit (= Selbstgespräche): *Ant-t.* apis *Aur.* bell. calc.k2,st chlol. crot-h.bg2 haliae-lc.srj5 hydrog.srj2 *Hyos.* ign.k2 *Kali-bi.* lach.gl1 m-arct.j5 mag-c.bg2 mag-p. merc. mosch. mur-ac. nux-m. nux-v.gl1 oena. op. ph-ac. plb. pyrog. ran-b. rhus-t. stram. tab. tarax. vip.
 ☞ *Murmeln / Selbstbetrachtung*
 • **allein**; nur wenn: *Lach.*gl1,st *Nux-v.*gl1,st **Stram.**gl1,st
 • **gestikuliert**; und: mosch.ptk1
– **Sorgen**; spricht von nichts anderem als ihren eigenen: cocc.zr
– **summt** vor sich hin: lyc.gl1 nux-v.gl1 staph.gl1
– **Toten**, mit: bell. **Calc-sil.** canth. hell. *Hyos.* nat-m. stram.
 ☞ *Wahnideen - Sprechen - Toten*
– **unangenehmen** Dingen agg.; von: *Calc.* cic.k1 ign. nit-ac.bg2 *Teucr.*
 ☞ *Schreckliches*
– **Unfähigkeit** in der Öffentlichkeit zu sprechen
 ☞ *Schüchternheit - Öffentlichkeit - sprechen*
– **ungern**; spricht
 ☞ *Schweigsam*
– **Unsinn**: arg-met.k2
– **Vergnügen**; sein Sprechen bereitet ihm: nat-m. par. stram.
 ☞ *Verlangen / Hochmütig / Ichbezogenheit*
– **Verlangen** mit jemandem zu: *Arg-met. Arg-n.* caust. frax.ptk1 lil-t. limest-b.es1 nux-m.kr1 petr. *Phos.*vh,vh/dg stict.br1,c1,* tarax.kr1
 ☞ *Vergnügen / Gesellschaft - Verlangen / Verlangen, Wunsch - voller - mehr*
 • **vormittags**: caust.
 • **Konflikte** zu beheben; um: calc-p.ms
– **zuhört**; es ist ihm egal, ob jemand: *Stict.*kr1
– **Zukunft**; über die: hyos.
– **Zustand**; ängstlich über seinen: **Nux-v.**kr1
 • **weckt** die Ehefrau und das Kind:
  • **Hypochondrie**; bei: *Arg-n.*kr1 sabad.sys

Springen: agar.bg2,k *Arg-met.*kr1 asar.bg2 *Aur.*bg2 bell.hr1,k,* cann-i.a1 cic.h,k,* *Croc.*bg2,k,* grat. hyos. lact. nux-v.hr1,kr1 pip-m.a1 stict.bg2 stram.bg2,k,* tarent.bg2,k2,*
◇ **abwechselnd** mit:
 • **Seufzen**: bell.a1
– **Bett**; aus dem: absin.ptk1 *Acon.* aeth.c1 alco.a1 ambr.h ant-t.a1 *Arg-n. Ars.* atro.a1 **Bell.** bry. calc.h camph. **Chin.** chinin-ar. *Chinin-s.* chlol. cic. *Cupr.* cupr-act.kr1 dubo-m.a1 gal-ac. *Glon.* **Hyos.** lach. lyss. *Merc.* merc-c.a1 merc-meth.a1 **Op.** past.a1 phos. plb.a1 puls. rumx. sabad. sol-mm.a1 **Stram.** sul-ac.a1 *Syph.*kr1 **Verat-v.**kr1
 ☞ *Bett - springt / Delirium / Delirium - Bett - flieht / Fliehen / Fliehen - springt / Furcht - springt - Bett / Ruhelosigkeit - Bett - treibt*
 • **Fieber**; während: chinin-ar. *Hyos.*hr1,kr1 morph.a1
  • **Typhus** abdominalis: chlol.gm1
 • **kehrt** ständig ins Bett zurück; und: bell.a1
 • **Manie**, bei: *Cupr-act.*kr1 *Puls.*hr1,kr1
 ☞ *Manie*
 • **Schreien**; mit
 ☞ *Schreien - springt*
 • **Traum**; durch einen schrecklichen, fürchterlichen: calc-f.ptk1 dulc.h
– **Impuls** zu springen:
 ☞ *Suizidneigung - Ertränken / Suizidneigung - stürzt - Fenster / Suizidneigung - stürzt - Tiefe*
 • **Brücke**; von einer
 ☞ *Suizidneigung - Ertränken / Suizidneigung - stürzt - Fluß / Suizidneigung - stürzt - Tiefe*
 • **Fenster**, aus dem
 ☞ *Suizidneigung - stürzt - Fenster*
 • **Fluß**; in einen
 ☞ *Suizidneigung - Ertränken / Suizidneigung - stürzt - Fluß*
 • **Höhe**, aus einer
 ☞ *Suizidneigung - stürzt - Tiefe*
– **Kindern**, bei: nat-c.ptk1 sulph.ptk1
 • **abends**: **Cina**kr1
 • **Stühle**, Tische und Ofen; auf: *Bell.*kr1
– **Konvulsionen**:
 • **nach**: arg-met.ptk1
– **Laufen**, Rennen in leichtsinniger, rücksichtsloser Weise; und: sabad.ptk1
– **plötzlich**, wie vor Schmerz: cinaptk1
– **Traum**; wegen einem
 ☞ *Bett - Traum*
– **wilde** Sprünge bei Puerperalmanie: *Nux-v.*kr1
 ☞ *Geisteskrankheit - Wochenbett*

Sprunghaft
 ☞ *Exzentrizität / Stimmung - veränderlich / Stimmung - wechselnd*

Spucken: aeth.a1 ant-t.bg,ptk1 bar-act.a1 bar-c.bg,ptk1 *Bell.*bg2,j5,* cadm-s.bg2 *Calc.*bg2,gl1,* *Cann-s.*a1,j5 carbn-s.a1 *Coc-c.*a1 cupr.bg2,j5,* dulc.a1 glon.a1 graph.bg2 *Grat.*bg2 hydr-ac.bg2 laur.bg2 lyc.a1,gl1 lyss.bg,br1,* mag-m.h merc.a1,gl1 *Merc-c.*bg2 mez.bg2 *Nit-ac.*bg2 *Nux-v.*a1,gl1 petr.bg2 rhus-t.a1,bg2 sabad.bg2 sang.bg2 sec.a1 stram.bg2,ptk1 *Sulph.*a1,gl1 *Tab.*ptk1 *Verat.*a1,kr1 *Verat-v.*a1,kr1 zinc-chr.bg,ptk1
 ☞ *Beißen / Manie - spuckt / Raserei - Spucken*
– **morgens**: der.a1
– **nachmittags**: gels.a1
– **nachts**: nat-m.bg2
– **Beschwerden**; bei anderen: tab.ptk1
– **Boden** und leckt es auf; spuckt auf den: merc.
– **Essen**, nach dem: der.a1
– **Galle**; von: sang.ptk1

– **Gesicht**; Menschen ins: ars. **Bell.** bufo$_{gk}$ *Calc.* cann-i. cann-s.$_{j5}$ *Cupr.* cupr-act.$_{a1}$ hyos. merc. phos. plb. *Stram. Verat.*
☞ *Heftig*
– **krampfhaft**: **Lyss.**
– **Richtungen**, in alle: lyss.$_{kr1}$
– **schaumig**: phel.$_{bg2}$
☞ ❐ *Mund - Speichel - seifig*
– **Speisen**; von: ferr.$_{ptk1}$
– **ständig**
☞ *Spucken*
– **Übelkeit**; mit: bar-act.$_{bg2}$ grat.$_{a1}$
– **Zorn**; aus: *Calc.*$_{kr1}$

Stärke; erhöhte geistige
☞ *Geisteskraft - erhöht*

Starren, gedankenloses: androc.$_{srj1}$ brom.$_{hr1,kr1}$ carbn-s.$_{k2,kr1}$ cench.$_{k2,kr1}$ choc.$_{srj3}$ cic.$_{bg2,kr1}$ **Hell.**$_{hr1,k2,*}$ *Hydr-ac.*$_{hr1,kr1}$ hyos.$_{bg2,k2,*}$ ign.$_{hr1}$ kali-bi.$_{hr1}$ marb-w.$_{es1}$ *Merc-c.*$_{hr1,kr1}$ *Puls.*$_{hr1,kr1}$ ran-b.$_{hr1,kr1}$ stram.$_{k2,kr1,*}$
☞ *Angst - Blicken / Delirium - starrt / Geistesabwesend / Raserei - starrem /* ❐ *Auge - Starren*
– **morgens**: *Guaj.*$_{hr1,kr1}$

Starrköpfig
☞ *Eigensinnig*

Staunen versetzt, in: cann-i.$_{a1}$ cori-r.$_{a1}$ stram.$_{a1}$

Stehlen
☞ *Kleptomanie*

Stereotype Bewegungen
☞ *Gesten - automatisch / Schizophrenie - paranoid*

Still
☞ *Kummer - still / Schweigsam / Sprechen - laut / Traurigkeit - schweigsam*

Still sein, seine Ruhe haben; möchte: agn.$_{k2}$ ars.$_{a1}$ *Bamb-a.*$_{stb2}$ bell. brass-n-o.$_{srj5}$ **Bry.**$_{k1,kl2}$●$_{,*}$ cadm-s.$_{st}$ calc-p.$_{k2}$ cann-i. chin.$_{a1}$ choc.$_{srj3}$ coca colch.$_{ptk1}$ crat.$_{br1}$ cupr-s. dios. eryt-j.$_{a1}$ euph. **Gels.**$_{k,kl2}$● gink-b.$_{sbd1}$ marb-w.$_{es1}$ mur-ac.$_{h1,h2}$ nux-v.$_{j,ptk1}$ sal-ac.
☞ *Angesprochen - Abneigung / Berührt / Gesellschaft - Abneigung / Ruhe - Verlangen / Stille, Ruhe - bittet / Störungen*
– **nachmittags**: sapin.$_{a1}$
◈ **abwechselnd** mit:
• **Euphorie**
☞ *Euphorie - abwechselnd mit - Stille*
• **Lachen**
☞ *Lachen - abwechselnd mit - still*
• **Raserei**
☞ *Raserei - abwechselnd mit - still*
– **Frost**; während: ars. **Bry.** *Kali-c.*
– **Kopfschmerzen**; während: bamb-a.$_{stb2}$
– **Ruhe** und Stille; verlangt nach: bell.$_{gl1}$ con.$_{h}$ crat.$_{br1}$ nux-v. sulph.$_{gl1}$
☞ *Seelenruhe*
• **amel.**: crat.$_{br1}$
• **Gehen** im Freien, beim: arn. borx. calc-p. ph-ac.$_{j5}$ sabin.

Stille, Ruhe:
– **bittet** inständig um Stille: mosch.$_{a1}$
☞ *Still sein*

Stiller Kummer:
◈ **abwechselnd** mit:
• **Streiten**
☞ *Streitsüchtig - abwechselnd mit - stillem*

Stilles Wesen: abies-c. aloe *Alum.* am-c.$_{j5}$ ars.$_{a1}$ asar. aur.$_{j5}$ *Bell.* bism.$_{j5}$ bism-o.$_{a1}$ brom.$_{j}$ bruc.$_{j5}$ bufo$_{k2}$ cann-i.$_{a1}$ caps. *Caust.*$_{a1,j5}$ cham.$_{a1,j5}$ choc.$_{srj3}$ *Cic.* clem. coca$_{a1}$ cocc. cupr-s.$_{a1}$ dios.$_{a1}$ dros.$_{a1}$ eryth.$_{a1}$ euph. euphr.$_{j5,kr1}$ fic-r.$_{br1}$ *Gels. Hell.*$_{j5}$ hydrog.$_{srj2}$ *Hyos. Ign.* ip.$_{j5}$ *Lach.* lyc. mang. meny.$_{a1}$ mur-ac.$_{h1,h2,k}$ nat-m.$_{h}$ neon$_{srj5}$ nux-v. op.$_{j5}$ petr. **Ph-ac.** plat. *Plb.* psil.$_{ft1}$ puls. rheum$_{j5}$ sabad.$_{j5}$ sars. sep. sil. stann. thuj.$_{kr1}$ tub.$_{c1}$ valer.$_{kr1}$ viol-t. zinc.
☞ *Berührt / Bittet - nichts / Gesellschaft - Abneigung / Gespräche - agg. / Milde / Schweigsam / Schüchternheit / Seelenruhe / Selbstvertrauen - Mangel / Verlangen - nichts / Zufrieden - still / Zurückhaltend*
– **abends**: choc.$_{srj3}$
◈ **abwechselnd** mit:
• **Fröhlichkeit**
☞ *Froh - abwechselnd mit - stillem*
• **Heiterkeit**
☞ *Froh - abwechselnd mit - stillem*
• **Lachen**
☞ *Lachen - abwechselnd mit - still*
• **Raserei**
☞ *Raserei - abwechselnd mit - still*
• **Singen**
☞ *Singen - abwechselnd mit - stillem*
– **beruhigt** werden; kann nicht
☞ *Beruhigt*
– **Entbindung**, nach der: *Thuj.*$_{kr1}$
– **Entmutigung**; mit
☞ *Entmutigt - ruhig*
– **Fieberhitze**
☞ *Hitze*
– **Freien**, im:
• **amel.**: stann.
– **gefalteten** Händen, mit: puls.$_{j5}$
– **Geräusche** sind unerträglich: con.$_{j5}$
– **Hitze**; während: *Bry. Gels.*
– **Hypochondrie**, bei: puls.$_{j5}$ valer.$_{kr1}$
– **Licht** ist unerträglich; helles: con.$_{j5}$
– **Menses**, während: am-c.$_{j5}$ mur-ac.$_{j5}$
☞ *Menses - während; Gemütssymptome*
– **Schlaf**, nach: anac.$_{j5}$

Stimmung, Laune:
– **abweisend**, zurückweisend: acon. alum. ambr. *Anac.*$_{gg}$ ant-c. arn. ars. aur. bell. camph. caps. carb-ac.$_{a1}$ caust. con. croc. ferr.$_{j}$ gink-b.$_{sbd1}$ *Hep.* ign. ip. kali-c. lact. laur. led. lyc. mag-c. mag-m. *Merc.* neon$_{srj5}$ nit-ac. nux-v. petr. phos. plb. *Psor.*$_{st}$ *Puls.*$_{k,kl2}$● samb. sars. sep.$_{gl1}$ sil. spong. sulph. thuj. upa.$_{c1}$

– **abweisend**, zurückweisend: ...
☞ *Gleichgültigkeit | Mürrisch | Phantasien - abstoßend | Stirnrunzeln | Unbarmherzig | Verstößt | ❑ Gesicht - Ausdruck - kalt*
• **weist** jeden zurück: aloe.kr1
– **angenehm**: abrot. ant-t. croc. ign. lach. meny. plat. sul-ac. zing.
– **schlecht**
☞ *Mürrisch | Reizbarkeit*
– **unerträglich**: calc.a1
– **veränderlich** (= unbeständig, wankelmütig): *Acon.* acon-l.st adam.srj5 agar.bg2,k2 agn. alco.a1 aloe *Alum.* alum-p.k2 alum-sil.k2 am-c.bg2 ambr. anac. anan.a1 androc.srj1 ang.bg2,c1 ant-c.bg2 ant-t. *Apis* arg-met. *Arg-n.* arn. *Ars.* ars-h.kr1 ars-i. asaf. asar. astra-e.j1 *Aur.* aur-i.k2 aur-m. aur-s.k2 bamb-a.stb2 *Bar-act.*sf1 *Bar-c.* *Bell.* bism. *Borx.* bov. bry. bufo buth-a.j1 *Calc.* *Calc-p.*bg2 calc-s. calc-sil.k2 cann-i.br1 cann-s. canth.a1,bg2 caps. carb-an. carb-v.gl1,h carbn-o.a1 carbn-s. carl. caust. cham.bg2 *Chin.* choc.srj3 cimic.bg2,k2,* cina.bg2 coc-c.bg2,sf1 coca.a1 *Cocc.* *Coff.*bg2,gl1,* con. cortico.j1 *Croc.* *Cupr.* cycl. *Dig.* dros. emb-r.bnj1 eup-per.kr1 *Ferr.* ferr-ar. ferr-i.k2 form.bg2,sf1 gels. gink-b.sbd1 graph. guare.a1 hell.bg2 hyos. **Ign.** iod. ip.ptk1 *Kali-c.* kali-p. kali-s. kali-sil.k2 lac-c. lac-d.k2,st lach. lachn. led.j limest-b.es1 luna.kg1 **Lyc.** m-arct.j5 m-aust.j5 *Mag-c.* mag-m.bg2 med.bg2,k2 meny. *Merc.* merc-c.kr1 mez. morph. mosch.bg2,sf1 mur-ac.h nat-c. nat-m. neon.srj5 nid.j1 nit-ac. **Nux-m.** nux-v.bg2,gl1,* onop.j1 op. *Petr.* phel. *Phos.* pic-ac.bg2 plan. *Plat.* plb.bg2,k2 *Psor.* **Puls.** pulx.br1 ran-b. rat. rheum.a1 rhod.bg2 ruta.bg2 sabad. sabin.bg2 sang.a1 sanic. sapin.a1 **Sars.** senec.ptk1 seneg. *Sep.* sil. spig.h,k spong. *Stann.*k1,st *Staph.*gl1,k1,* *Stram.* *Sul-ac.* sul-i.k2 sulph. tab.bg2,ptk1 tarax.bg2 tarent. thuj. *Tub.* *Valer.*k,ptk1 verat. verb. viol-o.bg2,sf1 yuc.a1 **Zinc.** zinc-p.k2
☞ *Ausdauer | Launenhaftigkeit | Spontan | Unbeständigkeit | Unentschlossenheit | Unternimmt - Vieles | ❑ Allgemeines - Kontraktionen | ❑ A~ Seite - abwechselnde | ❑ A~ Widersprüchliche | ❑ Fieber - Veränderliche | ❑ Frost - Veränderlicher | ❑ Magen - Appetit - launischer*
• **abends**: aur. croc.
• **nachts**: carb-v.gl1
  • **agg.**: cic.j1
• **Abendessen**, nach dem: am-c.gl1 carb-v.gl1
• **Hitze**; während: *Nux-m.*
• **Kindern**; bei: emb-r.bnj1
• **Meinungen**, in seinen: bell.gl1 graph.gl1 kali-c.gl1 lyc.gl1 petr.gl1 plat.gl1
• **Menses**:
  • **vor**: cham.ptk1 luna.kg1
• **Mittagessen**, nach dem: aloe
• **Nasenbluten** amel.: borx.st
• **Schweiß**, beim: *Alum.*bg2 **Aur.**bg2,k *Croc.*bg2,k **Ferr.**bg2 **Ign.**bg2 **Plat.**bg2 stram.bg2,k **Sul-ac.** *Valer.*bg2 zinc.
– **wechselnd**, wechselhaft: *Acon.*bg2,k agar.a1 agn.bg2,k **Alum.**bg2,k alum-p.k2 ambr.j anac.bg2,k2,* *Androc.*srj1 *Anh.*mg,mg1,* ant-t.bg2,k arg-n.a1 arn.bg2,k

Stimmung - wechselnd, wechselhaft: ars.bg2,k ars-i. asaf.bg2,k asar.bg2,k aur.bg2,k aur-i.k13,k2 *Bar-c.*bg2,k bar-i.k13,k2 **Bell.**bg2,k bism.h,k,* borx. **Bov.**bg2,k,* buth-a.sp1 calc. cann-s.h,k,* caps.bg2,k *Carb-an.*bg2,k caust.bg2,k *Cench.*k13,k2,* *Chin.*bg2,k cob-n.sp1 cocc.j con.bg2,k cortico.sp1 cortiso.j1,j13,* *Croc.*bg2,k cupr.bg2,k cycl.bg2,k dig.j *Dros.*bg2,k **Ferr.**bg2,k,* ferr-ar. ferr-i. *Ferr-p.* *Graph.*bg2,k hist.sp1 hydrog.srj2 hyos.bg2,k **Ign.**bg2,k **Iod.**bg2,k *Kali-c.*bg2,k kali-s. lac-c.k13,k2 led.bg2 limest-b.es1 **Lyc.**bg2,k m-arct.j mag-c.j mand.j1,j13 med.bg2,k meny.j merc.bg2,k merc-i-f.a1 mez.j *Naja* nat-c.bg2,k *Nat-m.*bg2,k1,* nid.j1 nit-ac.j *Nux-m.*bg2,k op.bg2,k petr.j *Phos.*bg2,k1,* **Plat.**bg2,k psor.ptk1 *Puls.*bg2,k ran-b.j **Sars.**bg2,k seneg.bg2,k sep.bg2,k spig.j spong.j stann.bg2,k staph. stram.bg1,bg3,* **Sul-ac.**bg2,k *Sulph.*bg2,k tarent. *Tub.*k,k1,* valer.bg2,k *Verat.*j,ptk1 verb. **Zinc.**bg2,k

Stirnrunzeln, Neigung zum: equis-h.a1 hell.a1,k lyc.k,k12● mang. **Nux-v.**k,k12●,* plb.vh rheum.c1 sep.ptk1 stram. verat.ptk1
☞ *Gedanken versunken | Gesten | Mürrisch | Reizbarkeit | Schmollen | Stimmung - abweisend | Stirnrunzeln | Unfreundliche | Unzufrieden | ❑ Gesicht - Ausdruck - finster | ❑ G~ Gerunzelt - Stirn*

Stöhnen: abrot.br1 **Acon.** aether.a1 alum. am-c. ambr.a1,bg2 ang. ant-t.bg,k *Apis* *Arn.*bg2 *Ars.* aur.nh4 aur-s.k2 bamb-a.stb2 *Bar-c.* bar-s.k2 **Bell.** *Borx.*bg2,k2,* *Bry.* *Calad.* *Calc.*k,vh/dg *Calc-p.*vh,vh/dg calc-sil.k2 *Camph.* **Cann-i.** canth. caps.bg2 *Carb-ac.* carb-an.a1,bg2 carb-v. carbn-o. carbn-s. caust. *Cham.* chin. chinin-ar. chlf.kr1 *Cic.* cimic.kr1 *Cina* coc-c.a1,hr1 coca.a1 *Cocc.* coff. *Colch.* *Coloc.*kr1 *Crot-c.* crot-h. *Cupr.* cupr-act.kr1 dig. dulc. emb-r.bnj1 eup-per. *Eup-pur.*kr1 ferr-s.a1 gels. graph. hell. hoit.j1 hura.a1 hydr.kr1 hydr-ac. hydrc.a1 *Hyos.* *Ign.* *Ip.* juni-v.a1 *Kali-br.* **Kali-c.** kali-cy.a1 *Kali-i.*kr1 kali-m.k2 kali-p. kreos. lac-d.kr1 lach. lachn.hr1,kr1,* lat-m.sp1 laur. lyc.bg2 mag-c. mang. merc. merc-c. mez.kr1 mill.bg1,bg2,* *Mur-ac.* naja nat-c. nit-ac. *Nux-v.* oena.a1 op. ox-ac. petr.a1 *Phos.* phys.kr1 phyt. plb. podo. psor. *Puls.* pyrus.a1 rheum rhus-t. rumx-act.a1 sacch.c1 sang.bg sars. *Sec.* sel.kr1 sep.bg2,j5 squil. *Stram.* stry.a1 sul-ac. sulph. tab. tanac. tarent. **Tub.**hr1,kr1,* verat. **Zinc.**
☞ *Delirium - Stöhnen | Entmutigt - Stöhnen | Jammern | Klagen | Kummer | Murmeln | Murren | Quält - andere | Quält - andere - Beschwerden | Seufzen | Unzufrieden*
– **tagsüber**: zinc.
– **morgens**: *Borx.*a1,kr1
– **nachmittags**: bell.a1 cina
– **abends**: ars.h,k,* coca.a1
  • **Schlaf**, im: ars.h,k,*
– **nachts**: *Ars.*h,k,* bell.a1 cupr.a1,k hep.a1,k phyt.hr1,kr1 plat.hr1,kr1 podo.hr1,kr1 rhus-t.hr1 sec. sol-ni.a1 tarent.a1,k zinc.hr1,k
  • **3 h**: **Kali-c.**
  • **Herumwerfen**, mit: ars.a1,h *Dulc.*hr1,kr1
◆ **abwechselnd** mit:
  • **Fröhlichkeit**
  ☞ *Froh - abwechselnd mit - Stöhnen*

– **abwechselnd** mit: ...
• **Lachen**
☞ *Lachen - abwechselnd mit - Stöhnen*
• **Lieder**, Freudensprünge
☞ *Singen - abwechselnd mit - Stöhnen*
• **Singen**
☞ *Singen - abwechselnd mit - Stöhnen*
• **Tanzen**
☞ *Tanzen - abwechselnd mit - Stöhnen*
– **ängstlich**: **Acon.**hr1,kr1 alum.a1,kr1,* *Ars.*hr1 calad.ptk1 plb.hr1,kr1
– **Alter**, im: *Bar-c.*hr1,k
– **Atemzug**; bei jedem: bell.ptk1
– **Beleidigungen**; wegen unbedeutender, lange zurückliegender: *Cham.*a1,kr1
– **Berührung**, bei: ant-t.a1,h
– **Ehrgefühl**, durch verletzte: *Nux-v.*hr1,kr1
– **Entmutigung**; mit
☞ *Entmutigt - Stöhnen*
– **Erwachen**, beim: am-c.j5 cinaa1,j5
– **Fieber**
☞ *Hitze*
– **Frost**; während: arn. chinin-ar. cupr. *Eup-per. Nat-m.* samb.hr1,kr1
– **Gegenstände**, über: caps.a1,h
– **Hitze**; während der: acon. *Arn.* bell. cham. chinin-ar. coff. eup-per.hr1,k ign.j5 ip.hr1,k lach. *Mur-ac.*hr1,kr1 nux-v. podo.hr1,kr1 **Puls.**hr1,k,* thuj. verat.
– **hochgehoben**, wenn: sul-ac.bg1,bg2,*
– **Husten**, beim: bell. cina podo.
• **Keuchhusten**, bei: *Cupr-act.*kr1
– **Kindern**, bei: **Ant-c.**vh,vh/dg ant-t.k2 borx.kr1 *Calc-p.*vh,vh/dg caust.a1 **Cham.**kr1,vh/dg *Cina*kr1 emb-r.bnj1 lach.ptk1 mill.ptk1 phyt.hr1,kr1 *Podo.*hr1,kr1 sacch.c1,kr1
• **getragen**, wenn: puls.a1,h,*
• **wollen**; Mitleid erregendes Wimmern, weil sie nicht bekommen, was sie: **Cham.**a1,kr1
– **Kleinigkeit**, über jede: bar-c.ptk1 caust.a1,h
– **Konvulsionen**, in: *Ign.*hr1,kr1 *Sil.*hr1,kr1 *Tub.*hr1,kr1
– **laut**: mur-ac.br1,ptk1 stram.hr1,kr1 stry.a1
– **Menses**:
• **während**: *Ars.*h,k,* *Cocc.*hr1,kr1 lyc. plat.
☞ *Menses - während; Gemütssymptome*
• **nach**: *Stram.*hr1,kr1,*
☞ *Menses - nach; Gemütssymptome*
– **Migräne**, mit: cop.a1,k
– **Ohrläppchen**, mit heißen: *Alum.*hr1,kr1
– **Pollutionen**, nach: hipp.a1
– **Ruhelosigkeit**, mit: **Cham.**hr1,kr1 *Stram.*hr1,kr1
– **Schicksal**, über sein: *Kali-br.*hr1,kr1
– **Schlaf**, im ●: *Ail.* aloe *Alum.*bg2,k,* am-c. anac.h,j5,* ant-t.hr1,kr1 apisk1 arn.h,j5,* *Ars.*h,k,* ars-h.hr1,kr1 **Aur.**bg2,k *Bapt.*bro1 **Bar-c.**bg2 *Bell.*h,k,* **Bry.**bg2,k bufo cadm-s. **Calad.**bg2,k calc.bg2,h,* *Carb-an.*h,j5,* carb-v.bro1 caust.j5 *Cham.*h,k,* chin.h,j5,* cic.bro1 clem.a1,k coc-c.a1 cocc.a1,k,* coff.hr1,k con.h,k,* *Crot-c.*a1,k cupr.bro1 erio.a1 eup-per.hr1,kr1 *Gels.*bro1 graph.h,k,* *Hell.*bg2,sf1,* hyos.h,k,* *Ign.*bg2,k,* *Ip.*bg2,k,* *Kali-br.*hr1,kr1 kali-p.hr1,k kreos.c1 lach.a1,k led.hr1,kr1

Stöhnen - Schlaf, im: ...
*Lyc.*bg2,k,* m-ambo.h mag-c.j merc.h,j5,* *Mur-ac.*bg2,k,* nat-m.bg2,k *Nit-ac.*j,j5 *Nux-v.*h,k,* oena.a1 *Op.*bg2,k,* ph-ac.bg2,k,* phos.j5 plb.a1 plect.a1 *Podo.*hr1,k,* *Puls.*hr1,k rheumh,j5,* rhus-t.bro1 *Samb.*hr1,kr1 sep.a1,k sil.bg2,k stann.bg2,k,* **Stram.**bg2 *Sulph.*hr1,k,* *Thuj.*hr1,kr1 verat.bg2,h,*
• **lautes** Stöhnen: calad.ptk1
• **Rollen** des Kopfes und halb geschlossenen Augen; mit: *Podo.*kr1 *Samb.*kr1
• **Zähneknirschen**, mit: *Kali-br.*hr1,kr1
– **Schlaflosigkeit**, mit: ars.a1,h crot-c.kr1 crot-h.hr1
– **Schläfrigkeit**, bei: *Cham.*hr1,kr1
– **schlechte** Laune, durch: cham.a1,h
– **Schnupfen**; bei: bamb-a.stb2
– **Schmerzen**, durch: cham.gl1,kr1 *Coff.*kr1 *Coloc.*kr1 *Eup-per.*kr1 huraa1 *Hydr.*kr1 *Nux-v.*gl1,kr1 phos.h,kr1 sil.bg2,ptk1
– **Schwäche**, aus: graph.k1
☞ *Erschöpfung*
– **Schweiß**, beim: acon. bar-c. bry. camph. chin. cupr. *Merc.* phos. stram. verat.
– **ständiges** Stöhnen und Schnappen nach Luft: kreos.kr1 mang.kr1 merc.kr1 phyt.
– **Stuhlgang**, vor: puls.gl1,h
– **Träumen**, beim: graph.j5
– **unwillkürlich**: *Alum.*bg1,bg2,* *Cham.*bg1,h,* crot-c.a1 hell.gl1
– **warum**, weiß nicht: *Hyos.*hr1,kr1
– **Weinen**, mit: *Hell.*hr1,kr1
– **Widerspruch**, bei: tarent.a1,k
☞ *Widerspruch - verträgt*
– **Zahnung**; während der: **Cham.**hr1,kr1 phyt.hr1,kr1 *Podo.*hr1,kr1
– **zweimal**; jeweils:
• **Babies**; bei: ant-t.zr

Störrisch
☞ *Eigensinnig*

Störungen; Abneigung gegen: ant-c.k2 ant-t.k2 bamb-a.stb2 **Bry.**k,vh/dg cench.k2 chinin-ar.kr1 *Cocc.*hr1,kr1 gels. gink-b.sbd1 lil-t.k2 nat-ar.k2 *Nux-v.*vh,vh/dg *Sep.*vh,vh/dg tub.c1
☞ *Berührt / Gesellschaft - Abneigung / Reizbarkeit - gestört / Schweigsam / Still sein / Unterbrechnung / Unterbrechnung - agg. / Verwirrung - Unterbrechungen / Zorn - Unterbrechung*

Stolz
☞ *Hochmütig*

Stoßen, treten, austreten: *Bell.* carb-v. cham.bg2 gal-ac.zr hyos.h *Lyc.* prot.jl sanic.c1 *Stram.* stry. tarent. verat-v.
☞ *Gesten - stampft / Heftig / Schlagen*
– **Beinen**; mit den:
• **Konvulsionen**; während den: *Ign.*hr1,kl
– **gereizt**, stößt, tritt und schimpft beim Gehen; das Kind ist: **Lyc.**k,vh/dg sanic.c1
– **getragen** wird; das Kind wird steif und stößt und tritt, wenn es: *Cham.* cinast
– **Schlaf**, im: **Bell.** carc.zzh cina nat-c.h phos.h *Sulph.* tub.gk

– **Würmer**; bei Beschwerden durch: *Carb-v.*krl

Stottern

☞ ❑ *Mund - Sprache - stotternd*

Streiten:

– **Abneigung** gegen: atro.al card-m.vh lyc.vh mag-c.vh mag-m.vh

– **Verlangen** zu streiten

☞ *Streitsüchtig*

Streitgespräche:

– **Abneigung** gegen

☞ *Streiten - Abneigung*

– **Fähigkeit** zu

☞ *Reizbarkeit / Streitsüchtig*

Streitsüchtig (= zänkisch, zanksüchtig):

acon.bg2,k,* adam.srj5 agar.al,k alco.al aloebg2 alum.bg2,k,* am-c.bg2,k ambr.h,k,* *Anac.*bg2,k anan.al,k androc.srj1 ang.bg2 anh.sf,sf1 ant-t.hrl,k,* *Arn.*h,k,* *Ars.*bg2,k,* ars-s-f.k13,k2 *Asaf.*bg2 asar.jl,jl3 aster.hrl,k,* atro.al,hrl **Aur.**bg2,k,* aur-ar.k2 aur-s.k13,k2 bamb-a.stb2 bar-c.h,k,* *Bell.*bg2,k,* borx. *Bov.*hrl,k,* *Brom.*al,k *Bry.*bg2,k,* bufogk cael.jl calc.bg2,k,* calc-s.al,k *Camph.*h,k,* cann-s.j canth.al,k caps. carb-an.j carb-v.j carc.az1 caste.jl *Caust.*h,k,* cench. *Cham.*h,k,* chel.bg2,k,* chin.h,k,* choc.srj3 *Chr-ac.*hrl cocc.j coff.bg2 colch.bg2 *Con.*hrl,k cor-r.hrl,k *Croc.*bg2,k crot-h.bg2,k culx.k13,k2 *Cupr.* cycl.j cyn-d.jl,jl3 dig.bg2,k *Dulc.*bg2,k,* elae.al elaps ferr.h,k,* ferr-act.j ferr-ar. fl-ac. germ-met.srj5 gran.j5 graph.j grat.j5 haliae-lc.srj5 hell.j *Hep.*gl1,k2,* hipp. hir.mg,mg1 *Hist.*mg,mg1,* hydrog.srj2 **HYOS.**k1,st ictod.j5 **Ign.**bg2,k,* iod.j ip.bg2,k kali-ar.hrl,k kali-bi.bg2 *Kali-c.*bg2,k *Kali-chl.*bg2,j5,* kali-i.hrl,k,* kali-p.k13,k2 *Lach.*bg2,k,* led.j lepi.al,k *Lyc.*bg2,k,* lyss.hrl,k m-aust.j5 mag-c.mg,mg1 mag-s.sp1 mang.j marb-w.es1 meph.jl *Merc.*h,k,* merl.al,k mez.bg2,k,* *Mosch.*bg2,k,* mur-ac.j nat-ar. *Nat-c.* *Nat-m.*bg2,k,* nat-s. neonsrj5 nicc.al,k *Nit-ac.*bg2,k,* *Nit-s-d.*j5 **Nux-v.**bg2,k,* olnd. op.al,bg2 pall. **Petr.**bg2,k,* *Ph-ac.*bg2,k *Phos.*bg2,k,* *Plat.*bg2,k,* plb. *Psor.*h,k,* puls.gl1 *Ran-b.*bg2,k,* rat.bg2,k,* reser.jl,jl3 rheum *Rhus-t.*bg2,hrl rib-ac.jl ruta sabad.j sacch.al seneg.bg2,k *Sep.*bg2,k,* *Sil.*bg2,j5,* spong.bg2,k,* stann.bg2,k *Staph.*bg2,k,* *Stram.*bg2,k,* stront-c. sul-ac.al,k sulfonam.jl,jl3 **Sulph.**bg2,k **TARENT.**k1,st thea *Thuj.*bg2,k,* til.al,k tub.al,al,* upa.c1 *Verat.*bg2,k,* *Verat-v.*bg2,k,* viol-o.bg2 viol-t.bg2,k,* zinc.al,k

☞ *Beschimpfen / Beschwerden durch - Streit / Delirium - Schimpfen / Eigensinnig / Hartnäckigkeit / Herausfordernd / Kämpfen / Protestiert / Prozesse / Reizbarkeit / Tadelsüchtig / Tadelt andere / Unduldsamkeit / Wahnideen - beschimpft werden / Weinen - Vorhaltungen / Weinen - Widerstand / Widerspenstig / Widerspruch - Neigung / Zorn*

– **morgens**: *Lyc.*sf,sf1 petr.al,k psor.h,k,* ran-b. staph.sf,sf1

– **vormittags**: ran-b.al

– **mittags**:

• **12** - 14 h: aster.

– **nachmittags**: alum.al,k dulc.

• **16** h: lyss.

Streitsüchtig (= zänkisch, zanksüchtig): ...

– **abends**: am-c.j5 ant-c. nat-m. neonsrj5 nicc.al,k op.al psor.h,k,* sil.al,k til.al

– **nachts**: verat.

◆ **abwechselnd** mit:

• **Bereuen**

☞ *Reue*

• **Entmutigung**: ran-b.j5

• **Euphorie**: thyr.jl

• **Fröhlichkeit**: croc.j5,k *Lach.*gl1 spong.j5,k,* *Staph.*gl1,j5,*

• **Heiterkeit**

☞ *Fröhlichkeit*

• **Lachen**: croc.j5,k *Lach.*gl1 spong. *Staph.*gl1,sf1

• **Reue**: vinc.hrl

• **Schüchternheit**: ran-b.j5

• **Schweigsamkeit**: *Con.*

• **Singen**: croc.j5,k

• **Sorgen**: ran-b.j5,k

• **stillem** Kummer: *Con.*

• **Traurigkeit**: *Con.*krl sulfonam.jl

• **Unzufriedenheit**: ran-b.j5,k

– **abwesenden** Personen; führt Streitgespräche mit: lyc.

☞ *Zorn - abwesende*

– **Antworten** zu warten; ohne auf: *Ambr.*vh,vh/dg *Graph.*vh,vh/dg

– **beschuldigt** andere aufgrund von Kleinigkeiten: cop.al

☞ *Kleinigkeiten*

– **betrunken**; wenn: *Petr.*

☞ *Betrunkenheit*

– **Betrunkenheit**; bei: *Petr.*

☞ *betrunken; wenn*

– **Eifersucht**; aus: *Calc-s.*vh,vh/dg *Cench.* *Hyos.*j5 *Lach.* nux-v.

☞ *Eifersucht / Eifersucht - Streiten*

– **Entbindung**, während der: **Cham.**krl

– **Erwachen**, beim: lyc.hrl,k

– **Familie**, mit ihrer: kali-c.ptk1 kali-i.ptk1 kali-p.k13,k2 thyr.jl,jl3

– **Gesellschaft**; mit Abneigung gegen: bamb-a.stb2

– **Gesicht**:

• **blassem**, mit: mosch.j5

• **Hitze** des; mit: mosch.j5

– **gestört** wird; wenn er: **Nux-v.**hrl,krl

– **grundlos**: granit-m.es1 stram.j5,krl

– **Kleinigkeiten**; bei: bamb-a.stb2

☞ *beschuldigt*

– **Menses**:

• **während**: am-c.

☞ *Menses - während; Gemütssymptome*

• **Beginn** der; zu: *Cham.*krl

– **Raufereien** aufgelegt, zu: bell.j5 nat-c.j5 nicc.j5

– **Schlaf**, im: alum.gl1 ars. *Bell.* caust.gl1 cupr. hep.gl1 merc.gl1 raph.j5 rheum

– **Schmerzen**:

• **vor**: cor-r.j5

• **während**: cor-r.hrl nux-v.h,j5,*

– **sich** selbst, mit

☞ *Tadelt sich*

– **starren** Augen, Hitze des Gesichtes, blauen Lippen und trockenem Mund; mit: mosch.j5
– **Zorn**, ohne: bell.h,k,* bry.al caust.h,kl *Dulc.* staph.h,kl stram.hrl,j5

Studieren, Lernen:
– **einfach**, fällt leicht: camph.ptkl coff.ptkl lach.ptkl phos.ptkl plat.ptkl
☞ *Intelligent*
– **schwierig**, fällt schwer: *Agar.*bg2,sfl agn.bg2,sfl *Anac.*bg2,sfl *Ars.*bg2,sfl *Bar-c.*bg2,sfl calc.bg2,sfl calc-p.bg2,sfl carb-v.ptkl caste.bg2,sfl,* caust.bg2,sfl con.bg2,sfl mag-p.bg2,sfl nat-m.bg2,sfl okou.jl olnd.bg2,sfl ph-ac.bg2,sfl *Phos.*bg2,sfl rib-ac.bg2,sfl,*
☞ *Gedanken - wandernd - Studieren / Gedächtnis - Gedächtnisschwäche - geistige / Geistige Anstrengung - agg. - unmöglich / Konzentration - schwierig - Studieren / Ruhelosigkeit - studieren / Stumpfheit - Denken - lange / Stumpfheit - Studieren*

Stumpfheit (= Trägheit, schwieriges Denken und Verstehen, Benommenheit): abies-n. abrot. absin.krl acet-ac. *Acon.* aconin.al adam.srj5 aesc. aesc-g.brol aeth. aetheral *Agar.* agn. *Ail.*al,bg2,* alco.al *Aloe*sfl *Alum.* alum-p.k2 alum-sil.k2 am-c. am-m.al,bg2,* *Ambr.* *Ammc.*j5,krl amor-r.jl amyg.al *Anac.* anan.krl androc.srjl ang.bg2 anh.mgl,spl ant-c. *Ant-t.*bg2,krl,* *Apis* apom.al *Arg-met.* **Arg-n.** arn. ars. ars-i. ars-met.krl arund.al,krl asaf.bg2,j5 asar. asc-c.krl asc-t.al,krl aster. atro.al aur. aur-s.k2 bad.krl bamb-a.stb2 **Bapt.** **Bar-c.** bar-i.k2 **Bar-m.** **Bell.** bell-p.spl berb. bism. bol-la.al *Borx.*bg2,j5 *Bov.* **Bry.** bufo cact. caj.al *Calad.*bg2,vh/dg,* **Calc.** calc-ar. calc-caust.al calc-i.k2 **Calc-p.** **Calc-s.** calc-sil.k2 camph. cann-i. *Cann-s.* canth. caps. carb-ac. carb-an.bg2,j5,* **Carb-v.** carbn-o. *Carbn-s.* carc.jl2,stl,* carl. *Caust.*al,k cedr.al cench.k2 cent.al *Cham.* *Chel.* chim.al *Chin.* chinin-ar. *Chinin-s.* *Chlf.*al,krl chlol.al chr-ac.al,krl *Cic.* cimic. cimx. *Clem.* coc-c. cocaal *Cocc.* coch.al,krl cod.al coff.al,bg2,* *Colch.* coloc.kl *Con.* conin.al conv.brl *Cop.* corn. cortico.mgl,spl cortiso.mgl,spl cot.al crat.brl croc. *Crot-h.* crot-t. cupr. cupr-ar. cycl. des-ac.jl *Dig.* dios.al dirc.al dros. dulc. echi. epil.al ery-a.krl eucal.al,krl eup-pur.al euphr.bg2,j5 fago.al *Ferr.*al,bg2 ferr-i.k2,krl ferr-m.al ferr-ma.j5 ferr-p.bg2 form.al gad.al galv.cl **Gels.** gent-l.al germ-met.srj5 get.al gins. *Glon.* gran.al **Graph.** **Guaj.** guare.al gymno.al,krl haem.al,sfl haliae-lc.srj5 halo.jl ham.al,k2 **Hell.** helon. *Hep.* hipp. hir.jl hist.jl *Hydr.*j,j5,* *Hydr-ac.* hydrog.srj2 hydroph.jl **Hyos.** iber.al,krl ign. ind. indg. indol.brol iod. ip. iris jug-c.al juni-c.al juni-v.al kali-bi.al,cl **Kali-br.** **Kali-c.** kali-chl.cl kali-i. kali-m.k2 kali-n. kali-p. *Kali-s.* *Kreos.* lac-c. **Lach.** lact. lact-v.hrl **Laur.** lec.brl led. lepi. lil-t. lim.al limest-b.esl lina.al linu-c.al linu-u.al lob.al lol.al **Lyc.** lycps-v.al *Lyss.* *M-arct.*j5 m-aust.j5 macro.al,cl mag-c.cl *Mag-m.* mag-p.bg2 maland.st manc.al mang.bgl,bg2,* med. *Meli.* meny.h,j5,* meph.al *Merc.* *Merc-c.* *Merc-i-r.*krl merl. *Mez.* mit.al morph.al mosch. mur-ac. myric. naja nat-act.al **Nat-ar.** **Nat-c.** **Nat-m.** *Nat-p.* *Nat-s.* neonsrj5 nicc. nicot.cl *Nit-ac.*

Stumpfheit: ... nitro-o.al **Nux-m.** *Nux-v.* ol-an.j5 *Olnd.* **Op.** ox-ac.al par. paull.al ped.al pen.al penic.jl *Petr.* **Ph-ac.** **Phos.** phys. **Pic-ac.** pin-s.al pip-m. plan.al plat. **Plb.** plect.al podo.bg2 psil.ftl,jl *Psor.* ptel. **Puls.** puls-n.al rad-br.cl raja-s.jl ran-b. ran-s. raph.al rheum *Rhod.* rhus-g.al *Rhus-t.* rhus-v. ruta sabad. sabin.bg2 sacch.al sal-ac. sal-n.al sal-p.al samb.bg2 sang. santin.al sapin.al saroth.spl sarr.al,krl *Sars.* *Sec.* *Sel.* **Seneg.** **Sep.** serp.al **Sil.** sin-n.al skat.brl sol-mm.cl *Spig.* *Spong.* squil.bg2,j5 *Stann.* **Staph.** still. *Stram.* streptom-s.vk2 stront-c.bg2 stry.al sul-ac. sul-i.k2 sulfa.spl **Sulph.** sumb. *Syph.*bg2,st *Tab.* tarax. *Tarent.* *Ter.*al teucr. thala.jl ther. *Thuj.* thyr.vh til. trif-p.al **Tub.** upa.al uran-n.krl ust.al v-a-b.jl valer. *Verat.* verb. viol-o. viol-t.bg2,krl,* vip.al,j5 xero.brol **Zinc.** **Zinc-p.**k2 *Zing.*st
☞ *Betäubung / Bewußtlosigkeit / Bewußtlosigkeit - Traum / Denken - Abneigung / Erschöpfung / Fehler / Geistige Anstrengung - Abneigung / Geistige Anstrengung - agg. / Gleichgültigkeit / Ideen - Mangel / Konzentration - schwierig / Langeweile / Langsamkeit / Sinne - abgestumpft / Torpor / Unaufmerksam / Verwirrung / ❑ Allgemeines - Hinlegen - Verlangen / ❑ A~ Mattigkeit / ❑ A~ Müdigkeit / ❑ A~ Schweregefühl / ❑ A~ Schweregefühl - äußerlich / ❑ A~ Schwäche / ❑ A~ Trägheit; körperliche / ❑ Gesicht - Ausdruck - ausdruckslos / ❑ G~ Ausdruck - dumm*
– **tagsüber**: abies-n.al am-c.h am-m.h calc.h carb-v.h cinnb.al con.h kali-c.h lyc.h mag-c.h merc.al nat-ar.al nat-c.h nat-m.h phos.h sep.h sulph.h
 • **munter**, nachts: abies-n.brl
– **morgens**: aesc. agar.al,k am-c.j5 *Ambr.*hrl,k **Anac.** arn. bamb-a.stb2 bar-c.h,k,* berb.al,k borx. brom.al bry.k2 calc.al,h canth.al,k caps.h,k,* carb-an. carb-v.j carbn-s. cere-b.al **Chin.**h,k,* coloc.al cycl.sf,sfl form.al germ-met.srj5 *Graph.* guaj. guare.al hyper.al ign. kali-c.al,k kali-n. kali-p. lact.j5 laur. mag-m.al manc.al merc. mez. mit.al nat-ar. nat-c. nat-s.al nux-v.j5 ox-ac.al,k *Ph-ac.*al,k phos. phys. plat. puls. puls-n.al rhod. sarr.al sep.al sil. squil.j5 staph. sul-ac.al,k sulph. *Sumb.*hrl,k tell.al *Thuj.*
 • **8 h**: nat-ar.al phys.al
 • **Aufstehen**, beim: ammc.al calc.al,h *Carb-v.*al,h coc-c.al ham.al,vh,* mag-m. petr.h phos. scut.al stram. zinc.h
 • **Bett**, im: brom.al chel.j5 cocc.j5
 • **Erwachen**, beim: *Aesc.* anac. arg-n.al arn. bar-c.al,h berb.al,k bry.k2 caps.h,k,* carb-an. carb-v. **Chin.**h,k,* ferr.al ham.st,vh ign. kali-c. kali-n. kali-sil.k13,k2 merc. plat. puls. rutah sil. stann. staph. sulph.k2 thuj.
– **vormittags**: *Anac.* ars. bar-c.al bism. carb-an.al carb-v.h lach. mag-c. mag-m.al mur-ac. myric.al nat-ar.al nat-m. phys.al psor.hrl,k sars. sep. sil. sulph.
– **mittags**: ars. con. esp-g.kkl zinc.
– **nachmittags**: all-c. anac. ang. arg-n. ars.h,kl atro.al,k cadm-s.al caj.al,k cann-s. cham.al,h cimic.al cod.al con. dios.al,k ferr.al graph. ham.al,k *Hell.* hyos.al,k laur. lil-t. nat-m. pip-m.al,k plan.al,k puls.hrl,k rhus-r. *Sep.* *Sil.* sulph.h,kl zinc.h,kl

– **nachmittags**: ...
  • **amel.**: anac.$_{j5}$
– **abends**: am-c.$_{j}$ anac.$_{a1,vh,*}$ bov.$_{a1}$ calc-s.$_{a1,k}$ cann-s. carb-v.$_{j5}$ coca coch.$_{a1}$ cod.$_{a1}$ dig. dios.$_{a1}$ dulc. hipp. ign. kali-c. lach. lyc.$_{a1,k}$ mag-m.$_{j5}$ mez.$_{h,kl}$ mill.$_{hr1,k}$ mur-ac.$_{j5}$ myric.$_{a1}$ naja$_{a1}$ nat-m.$_{a1,k}$ nux-v.$_{h}$ phos.$_{h}$ pip-m.$_{a1,k}$ puls.$_{j5}$ ran-s.$_{j5}$ rhus-t. ruta$_{h}$ sep.$_{a1,k}$ stann.$_{h,kl}$ *Sulph.*
  • **amel.**: agar.$_{k13,k2,*}$ bufo cic. puls. sil. sulph.$_{j5}$
  • **Zubettgehen**, nach dem: caj.$_{a1}$
– **nachts**: bapt.$_{k2}$ ery-a.$_{a1,hr1}$ kali-c.$_{j}$ lyss.$_{a1}$ ran-s.$_{j}$
  • **amel.**: *Agar.*$_{k13,k2,*}$
  • **Erwachen**, beim: aesc. bapt.$_{k2}$ com.$_{a1}$ ery-a.$_{a1}$ lyc.$_{h}$ lyss.$_{a1}$ phos. plat. verat.
◆ **abwechselnd** mit:
  • **Arbeit**; Verlangen nach
    ☞ *Aktivität - abwechselnd mit - Stumpfheit*
  • **Erregung**
    ☞ *Erregung - abwechselnd mit - Stumpfheit*
  • **Gedächtnis**; mit gutem Gedächtnis
    ☞ *Gedächtnis - gut - abwechselnd mit - Stumpfheit*
  • **geistiger** Anstrengung; Verlangen nach
    ☞ *Geistige Anstrengung - Verlangen - abwechselnd mit - Stumpfheit*
  • **klarem** Verstand
    ☞ *Ideen - Reichtum - abwechselnd mit - Stumpfheit*
  • **Lebhaftigkeit**
    ☞ *Lebhaft, munter - abwechselnd mit - Stumpfheit*
  • **Lustigkeit** und Ausgelassenheit; mit
    ☞ *Lustig - abwechselnd mit - Stumpfheit*
  • **Fröhlichkeit**
    ☞ *Froh - abwechselnd mit - Stumpfheit*
  • **Sehschwäche**
    ☞ *Trübsichtigkeit*
  • **Singen**
    ☞ *Singen - abwechselnd mit - Stumpfheit*
  • **Trübsichtigkeit**: bell.$_{h}$
– **Abgang** von Urin; reichlicher
  ☞ *Urin*
– **allein**, wenn: ph-ac.
  ☞ *Gesellschaft - Verlangen / Gesellschaft - Verlangen - allein*
– **alten** Menschen, bei: **Ambr.** *Arg-met.*$_{vh,vh/dg}$ *Arg-n.*$_{vh,vh/dg}$ **Bar-c.** *Con.*$_{sf1}$ *Lyc.*$_{sf1}$ **Plb.**$_{gk}$
– **anfallsweise**: sep.$_{h,kl}$ zinc.$_{h,kl}$
– **angesprochen**, wenn: bry.$_{k13,k2}$ lob.$_{a1}$
– **Arbeiten** amel.: cycl.$_{sf,sf1}$
– **Ärger**; nach: ign. lach.
– **Aufstehen** vom Bett; beim: ox-ac.
– **betrunken**, wie: anan.$_{a1}$ *Bell.*$_{hr1,kr1}$ *Op.*$_{hr1,kr1}$
– **Betrunkenheit**; bei: op.$_{gl1}$ stram.$_{gl1}$
– **Bewegung**:
  • **amel.**: rhus-t.
  • **agg.**: bry.$_{k13,k2}$ kalm.$_{k2}$
– **Bier**, nach: coloc.
– **blickt** stundenlang aus dem Fenster: mez.$_{gl1,hr1,*}$
– **Bücken**, beim: sulph.$_{h,kl}$
– **Denken**:
  • **lange** denken; kann nicht: anac. bamb-a.$_{stb2}$ *Bar-c.*$_{vh,vh/dg}$ carbn-s.$_{k2}$ cham. cinnb. con. ery-a. **Gels.**$_{k,vh/dg}$ **Ph-ac.**$_{k,vh,*}$ **Phos.** **Pic-ac.**$_{k,vh,*}$ stram.

– **Denken - lange** denken; kann nicht: ...
  ☞ *Geistige Anstrengung - agg. - unmöglich / Konzentration - schwierig - Studieren / Studieren - schwierig*
  • **langsam**; denkt: con.$_{k2}$
– **Diabetes**, bei: *Helon.*$_{hr1,kr1}$ *Op.*$_{hr1,kr1}$ sul-ac.$_{hr1,kr1}$
– **Drücken** im Hypogastrium; durch: kali-act.$_{h}$
– **Epilepsie**:
  • **vor**: *Caust.*
– **Erbrechen** amel.: asar.$_{a1,h}$
– **Erregung**, Aufregung; durch: anac.$_{ptk1}$
– **Erwachen**, beim: alum. alum-sil.$_{k13,k2}$ am-m.$_{j5}$ ambr.$_{h}$ anac. arn. bar-c. bell. berb.$_{a1,k}$ bov.$_{j5}$ calc.$_{j5}$ *Cann-s.*$_{j5}$ caps.$_{h,k,*}$ chel. chin. clem. cocc. con. cur. dig.$_{j5}$ grat.$_{j5}$ ham.$_{st,vh}$ **Lach.** *Med.*$_{hr1,kr1}$ nat-c. nat-sil.$_{k13,k2}$ nux-m.$_{j5}$ op. **Phos.** pic-ac. plat. psor.$_{hr1,k}$ *Puls.*$_{j5}$ rheum$_{j5}$ sel. sil. sol-mm.$_{j5}$ stann. staph.$_{j5}$ stram. thuj.$_{j5}$ verat.
  • **Samenabgängen**; nach: ind.$_{a1}$
  • **Traum**; aus einem: guare.$_{a1}$
– **Essen**, nach dem: calc-s. chel.$_{j5}$ graph. led.$_{st}$ meny.$_{h}$ phos.$_{h}$ *Rhus-t.* tab.
  • **amel.**: fago.$_{a1}$ *Iod.* *Mez.* *Nat-c.* *Phos.* sep. sil.
    ☞ *Essen - nach - amel.*
– **Fahren** im Wagen:
  • **amel.**: nit-ac.$_{k2}$
– **feuchte** Luft:
  • **durch**: *Calc.* *Carb-v.* *Cimic.*$_{vh,vh/dg}$ *Dulc.*$_{vh,vh/dg}$ merc.$_{k2}$ *Nat-s.*$_{vh,vh/dg}$ puls. *Rhus-t.* sil. sulph.$_{h}$ verat.
    ☞ *Faulheit - Wetter*
– **Fieberfrost**
  ☞ *Frost*
– **Freien**, im: hyos. nat-ar.$_{k2}$ plat.
  • **amel.**: bell.$_{a1,h}$ cinnb.$_{a1,k}$ graph.$_{j5}$ **Lyc.** mag-m. meny.$_{a1,k}$ nat-ar.$_{k2}$
  • **nach** Aufenthalt im Freien: lyc.$_{h}$
– **Frost**; während: agar.$_{hr1,kr1}$ aur.$_{j}$ bell. bry. *Caps.* *Cham.* chin.$_{a1,h}$ cic.$_{h,k,*}$ cimx. dros.$_{h,kl}$ *Hell.* *Lach.* led. nux-m. phos. plb. rhus-t. stann.
– **Frühstück**, nach dem: bapt.$_{a1}$ calad.$_{hr1}$
– **Gasvergiftung**, durch: *Caust.* **Glon.**
– **Gehen**: ham.$_{a1}$ ph-ac. phys. rhus-t.
  • **Freien**, im:
    • **amel.**: borx. graph.$_{j5}$ **Lyc.** nat-ar. plan.
  • **nach** schnellem Gehen: nat-m.$_{h}$ sulph.$_{h}$
– **gehört** hat; in bezug auf das, was er: sel.$_{k2}$
– **geistige** Anstrengung, durch: agar.$_{j5}$ *Anac.* asaf.$_{j}$ aur. *Bar-c.*$_{vh,vh/dg}$ berb.$_{j}$ *Calc.*$_{k,vh/dg}$ *Calc-p.* cham.$_{j}$ cocc. *Glon.*$_{a1}$ graph. hep. hura ign. lach. lyc. mag-c. **Nat-c.** nat-m. *Nat-sil.*$_{k2}$ *Nux-v.* *Olnd.* ph-ac.$_{k2}$ pic-ac. puls. ran-b. sabad.$_{j}$ sars.$_{j}$ sel.$_{c1,j5}$ *Sil.* *Sulph.*
– **Gemütsbewegungen**, durch: acon. op. ph-ac. staph.
– **Gesellschaft**, in: plat.$_{kl}$
  ☞ *Gesellschaft - Abneigung*
– **Gespräche**, durch: sil. staph.
  ☞ *Gespräche - agg.*
– **Hautausschläge**, durch unterdrückte: bar-c.$_{k2}$
– **Herzklopfen**, mit: kali-c.$_{h,kl}$

– **Hitze**:
 • **während**: *Arg-n.*$_{al,k}$ *Bapt.*$_{hr1,kr1}$ bell.$_{h,kl}$ bry.$_{sf,sf1}$ caps. carb-v. *Cham.* chinin-s. *Hyos.*$_{hr1,kr1}$ *Ign.* merc.$_{hr1,kr1}$ *Nat-c.*$_{h,hr1}$ *Puls.* sil. sulph.$_{hr1,kr1}$
 • **nach**: sep.$_{a1}$
– **Husten**, beim: hep.$_{h,kl}$
– **Impotenz**, mit: ph-ac.$_{k2}$
– **kaltem** Wetter, bei: merc.$_{k2}$
– **Kindern**; bei: abrot.$_{sf1}$ *Agar.*$_{k2,vh,*}$ **Arg-n. Bar-c.** *Bar-m.*$_{k1,st}$ bufo$_{gk}$ *Calc.* **Calc-p.** *Carbn-s.* carc.$_{hbh,st1,*}$ iod. kali-sil.$_{k2}$ lach.$_{j5}$ *Lyc.* med.$_{k1}$ merc. *Sil.* **Sulph.** *Syph.*$_{st,vh}$ *Tub.*$_{st,vh}$ zinc.
 ☞ *Faulheit - Kindern*
 • **Pubertät**; in der:
  • **Mädchen**; bei: apis$_{ptk1}$
– **Koitus**, nach: *Sep.*
– **Kopf** mit Übelkeit und schlechter Laune; vergrößerter
 ☞ *❑ Kopf - Vergrößert - Übelkeit*
– **Kopfschmerzen**, mit: asc-c.$_{c1,hr1}$ bell.$_{a1}$ bov.$_{a1}$ bry.$_{k2}$ *Calc-p.*$_{a1,hr1}$ chel.$_{a1}$ gink-b.$_{sbd1}$ glon.$_{k2}$ *Mag-p.*$_{hr1}$ zinc.$_{h,kl}$
– **Kopfverletzungen**, nach: arn. cic. hell.$_{bg}$ hyper. merc. rhus-t.
– **Kränkung**, nach: ign. lach. *Staph.*
 ☞ *Beschwerden durch - Ehre / Beschwerden durch - Kränkung / Beschwerden durch - Verlegenheit*
– **Lesen**: acon. aeth.$_{ptk1}$ agn. alum. ambr. bism. cann-s.$_{k2}$ *Carb-v.* cocc.$_{c1}$ coff. colch.$_{k2}$ **Con.** dros. ferr-i. *Glon.* hell.$_{ptk1}$ hipp. ind. iod.$_{a1}$ kali-sil.$_{k2}$ lac-c. *Lach.* *Lyc.* mez. *Nat-c.* nat-p. nat-sil.$_{k2}$ nux-m. *Nux-v.* olnd. **Op.** *Ph-ac.* sel.$_{k2}$ sil. *Sulph.*
 • **hört** oder liest; in bezug auf das, was er: sel.$_{ptk1}$
– **Liegen**, beim: bry.
 • **amel.**: zinc.
– **Masturbation**, nach: *Gels.*$_{hr1,kr1}$ *Nat-p.*$_{vh,vh/dg}$ ph-ac.$_{k13,k2}$ **Staph.**$_{hr1,k2,*}$
– **Menses**, während: calc.$_{h,k,*}$ germ-met.$_{srj5}$ lyc. lycps-v.
 ☞ *Menses - während; Gemütssymptome*
– **Mittagessen**:
 • **beim**: mag-m.$_{h2}$ sulph.$_{h}$
 • **nach**: arg-n.$_{a1}$ carb-an. mag-c.$_{h}$ zinc.$_{a1}$
– **Mittagsschlaf**, nach dem: bar-c.$_{kr1}$ *Graph.* lyc.$_{h}$ *Nat-s.*$_{vh,vh/dg}$ **Staph.**$_{vh,vh/dg}$
– **Nachtschwärmerei**; wie nach: kreos.$_{hr1}$ phys.$_{a1}$
– **nasse** Luft
 ☞ *feuchte*
– **Nebel** gehüllt; wie in einen: petr.$_{st}$
– **Nachrichten**
 ☞ *schlechte*
– **periodisch**: chin.
– **Pollutionen**:
 • **nach**: caust. ind.$_{a1}$ nat-c.$_{bg2}$ ph-ac.$_{bro1}$ ran-b.$_{bg2}$ sabad.$_{bg2}$ sep.$_{bg2}$
 • **mit**: **Kali-br.**$_{kr1}$
– **Rauchen**, durch: acon.
– **Säfteverlust**, nach: *Chin.* *Nux-v.* sulph.
– **sagt** nichts: arn.$_{j5}$ *Hell.*$_{hr1,j5,*}$ *Lach.*$_{j5}$ *Rheum*$_{j5}$ spong.$_{j5}$
– **Samenabgang**
 ☞ *Pollutionen*
– **Schlaf**:
 • **nach**: bry.$_{k2}$
 • **tiefem**, nach: alum-sil.$_{k2}$ berb.$_{kr1}$ mez.
– **Schlaflosigkeit**, mit: dulc.$_{j5}$ lact.$_{j5}$ ran-s.$_{j5}$
– **Schläfrigkeit**, bei: arn.$_{j5}$ benz-ac.$_{a1}$ cact.$_{hr1,j5,*}$ calad.$_{j5}$ cann-s.$_{j5}$ carb-an.$_{j5}$ carb-v.$_{j5}$ caust.$_{j5}$ chin.$_{j5}$ clem.$_{j5}$ coff.$_{j5}$ colch.$_{j5}$ croc.$_{j5}$ crot-h.$_{j5}$ *Cupr.*$_{hr1,j5,*}$ dig.$_{j5}$ ferr.$_{j5}$ *Gels.*$_{j5}$ *Hyos.*$_{j5}$ kreos.$_{j5}$ lact.$_{hr1,j5,*}$ lyc.$_{j5}$ mag-s.$_{j5}$ *Merc.*$_{hr1,j5,*}$ nat-m.$_{j5}$ nux-m.$_{j5}$ *Phos.*$_{hr1,j5,*}$ plb.$_{a1,j5}$ sep.$_{j5}$ staph.$_{j5}$ zinc.$_{j5}$
 ☞ *Betäubung / Betäubung - Schläfrigkeit*
– **schlechte** Nachrichten; durch: calc-p.
 ☞ *Beschwerden durch - schlechte*
– **Schließen** der Augen; beim: zinc.
 • **amel.**: kali-c.
– **Schmerzen**, mit: cham.$_{nh}$
 • **Magen**, am: abies-c.$_{gb}$
– **schmerzhaft**: dig.$_{h,kl}$ meny.$_{h,kl}$ nat-c.$_{h,kl}$ phos.$_{h,kl}$
– **Schnupfen**, beim: ars.$_{h,kl}$ bamb-a.$_{stb2}$
– **Schreiben**, beim: acon. arg-n.$_{a1,k}$ cann-s. chinin-s. glon.$_{a1,k}$ kali-sil.$_{k13,k2}$ mag-c. nux-m. rhus-t. *Sil.*
– **Schweiß**, beim: ars. caps. chin. graph. hyos. sabad. sulph. thuj.
– **Schwindel**; während: aeth.$_{bro1}$ alum.$_{bg}$ anac.$_{bg}$ arg-n.$_{bg}$ asar.$_{bg}$ bamb-a.$_{stb2}$ caust.$_{h}$ chin.$_{bg}$ hell.$_{a1}$ merc.$_{kr1}$ mez.$_{bg}$ mosch.$_{kr1}$ nat-m.$_{bg}$ olnd.$_{h}$ op.$_{kr1}$ ph-ac.$_{bg}$ phos.$_{kr1}$ pitu.$_{a1}$ ptel.$_{kr1}$ sabad.$_{kr1}$ spong.$_{bg}$ stach.$_{bg}$ sulph.$_{bg}$
– **sexuellen** Exzessen, nach: *Cocc.*$_{vh,vh/dg}$ *Sel.*$_{sf,sf1}$ *Staph.*$_{vh,vh/dg}$
– **Sorgen**, durch geschäftliche: ph-ac.$_{k13,k2}$
– **Sprechen**, beim: am-c. kali-c. *Lyc.* mez.
 ☞ *Sprache - unzusammenhängend*
– **Stehen**:
 • **agg.**: bov. bry. guaj.
– **Stramonium**; durch: tab.$_{h}$
– **Studieren** und Lernen; beim: aeth.$_{ptk1}$ hell.$_{ptk1}$ nux-v.$_{ptk1}$
 ☞ *Studieren - schwierig*
– **Stuhlgang**, nach: calc.$_{bg2}$ cycl.
– **Träumen**, nach: arn. bell. caps. chin. cocc. sil.
– **unterbrochen** wird; wenn er: colch.$_{a1}$
– **Urin** amel.; reichlicher Ausfluß von: *Gels.* *Ter.*$_{kr1}$
– **Verdruß**; durch
 ☞ *Kränkung*
– **versteht** Fragen nur nachdem sie wiederholt werden: ambr. *Caust.* cocc. hell.$_{hr1,kr1}$ kali-br. med.$_{st}$ *Phos.* *Sulph.* *Zinc.*
 ☞ *Antworten - wiederholt / Antworten - wiederholt - nachdem*
– **warmes** Zimmer; beim Eintreten in ein: acon. *Puls.*
– **Waschen**; amel. durch kaltes: *Calc-p.*$_{hr1,kr1,*}$
– **Wein**, nach: acon. all-c. mill. petr.$_{a1}$ zinc.
– **Worte** zu finden; mit Unfähigkeit, die richtigen: lil-t.$_{kr1}$
– **Zahnschmerzen**, durch: clem.$_{h,kl}$
– **Zimmer**, in einem: meny.
– **Zustand** nicht erkennen; kann ihren: chel.

Stupidität
☞ *Stumpfheit*

Stupor: absin.a1,kr1 acet-ac.a1 acon.a1,kr1 aesc.a1,sf1 **Aeth.**bg2,kr1,* aethera1 agar.a1 agar-pa.a1 *Agar-ph.*a1 agar-se.a1 agar-st.a1 agav-t.a1,j1 **Ail.**bg2,k2,* alet.a1,kr1 *Alum.*a1 *Aml-ns.*a1,kr1 amyg.a1,kr1 *Anac.*j5,kr1,* androg-p.bnj1 ang.a1,bg2 ant-c.a1 *Ant-t.*bg2,kr1,* *Apis*bg2,k2,* apoc.a1,k2 aq-mar.a1,j1 *Arg-n.*a1,kr1 *Arn.*k2,kr1,* ars.a1,kr1 ars-h.a1,kr1 astac.a1,kr1 bapt.a1,st *Bar-c.*a1,kr1 **Bell.**j5,k2,* ben-n.a1 bism.a1,kr1 boerh-d.bnj1 *Bry.*bg2,kr1,* bufok2,kr1,* cact.a1,k2 calad.a1,bg2 *Calc.*a1,bg2 *Camph.*j5,kr1,* cann-i.a1 caps.a1,j5 carb-an.a1,kr1 *Carb-v.*j5,kr1,* carbn-o.a1 *Cham.*bg2,j5,* chin.a1,bg2,* *Cic.*bg2,kr1,* clem.a1,bg2 cocc.bg2,kr1,* coloc.a1,bg2 **Con.**bg2,j5,* cori-r.a1 corn.a1,kr1 croc.a1,bg2 crot-c.a1 crot-h.k2,kr1,* cupr.a1,j5 cyt-l.a1,mg1 dat-s.a1 *Dig.*bg2,kr1,* dor.a1 dubo-m.a1 euph.a1,bg2 euphr.bg2,j5,* ferr.a1,bg2 ferr-p.a1,bg2 *Gels.*bg2,kr1,* glon.a1 *Graph.*a1,bg2,* grat.a1,j5 *Ham.*a1,kr1 *Hell.*k2,kr1,* *Helon.*a1,kr1 *Hep.*bg2,j5,* hydr-ac.a1,kr1 *Hyos.*bg2,k2,* *Ign.*a1,bg2 iod.a1 juni-v.a1 kali-br.a1 kali-c.a1,bg2 *Kali-i.*a1,kr1 *Kali-n.*j5,kr1,* kreos.a1 lach.bg2,j5,* **Led.**a1,bg2,* lup.a1 lyc.a1,bg2,* *Meli.*a1,kr1 merc.a1 *Merc-c.*a1,kr1 merc-ns.a1 merc-pr-r.a1 morph.a1 *Mur-ac.*a1,kr1 myric.a1 nat-f.a1,j1 **Nat-m.**bg2,kr1,* nit-ac.a1 *Nit-s-d.*a1,kr1 **Nux-m.**bg2,kr1,* **Nux-v.**a1,kr1,* oena.a1 *Op.*gl1,k2,* petr.a1,sf1 **Ph-ac.**bg2,k2,* **Phos.**j5,k2,* phyt.a1 plat.a1,j5 *Plb.*bg2,gl1,* *Puls.*bg2,j5,* pyrusa1 ran-b.a1,bg2 sal-ac.a1,kr1 sang.a1,kr1 sars.a1 scroph-n.a1 *Sec.*j5,kr1,* *Seneg.*bg2,j5,* sol-t.a1 spig.bg2,j5,* *Stann.*bg2,kr1,* *Stram.*bg2,k2,* stry.a1 sul-ac.a1 *Sulph.*a1,kr1 tab.a1 tanac.a1 tarent.a1 tax.a1 ter.a1,bg2 tere-ch.a1,j1 valer.a1,bg2 verat.a1,j5 verat-v.a1,kr1 vip.a1 *Zinc.*k2,kr1,*
☞ *Antworten - Stupor / Betäubung / Bewußtlosigkeit / Schizophrenie - paranoid*

– **tagsüber**: euph.j5 phos.j5
– **morgens**: anac.bg2 ang.bg2 ant-t.bg2 ars-met.bg2,kr1,* *Bell.*bg2 bry.bg2 *Calc.*bg2 carb-v.bg2 caust.bg2 *Chinin-s.*bg2,kr1 clem.bg2 cocc.bg2 **Con.**bg2 croc.bg2 dig.bg2 euphr.bg2 **Graph.**bg2 hep.bg2 hyos.bg2 ign.bg2 kali-c.bg2 kali-n.bg2 *Led.*bg2 lyc.bg2 *Mag-c.*bg2,j5 merc.bg2 nat-m.bg2 **Nux-v.**bg2 ph-ac.bg2 *Phos.*bg2 puls.bg2 ran-b.bg2 spig.bg2 stram.bg2 verat.bg2 zinc.bg2
– **vormittags**:
• **10** h: stry.a1
– **mittags** und nachmittags: euph.j5
– **abends**: acon.a1 *Ars.*a1,kr1 oena.a1
• **20** h: stry.a1
– **nachts**:
• **amel.**: ferr.a1
◆ **abwechselnd** mit:
• **Delirium**
☞ *Delirium - abwechselnd mit - Stupor*
• **fliehen**, Verlangen zu
☞ *Fliehen - abwechselnd mit - Stupor*
• **Geisteskrankheit**
☞ *Geisteskrankheit - abwechselnd mit - Stupor*
• **Heftigkeit**
☞ *Heftig - abwechselnd mit - Stupor*

Stupor - abwechselnd mit: ...
• **Konvulsionen**: agar.a1
• **Ruhelosigkeit**
☞ *Ruhelosigkeit - abwechselnd mit - Stupor*
• **Verzweiflung**
☞ *Verzweiflung - abwechselnd mit - Stupor*
– **Alkohol**; wie durch
☞ *betrunken*
– **Alter**; im: *Bar-c.*kr1
– **apoplektisch**: *Crot-h.*kr1 *Hyos.*kr1 *Lach.*kr1 **Op.**kr1 *Plb.*kr1 sol-ni.a1,kr1 *Stram.*kr1
– **beantwortet** Fragen richtig, aber der Stupor kehrt sofort wieder: *Hyos.*kr1
– **betrunken**; wie: gels.a1 *Glon.*kr1 hyos.a1 *Kali-br.*kr1 *Stram.*kr1
– **Delirium**, nach: atro.a1 **Chel.**kr1
– **Diarrhoe**:
• **während**: zinc.c2
• **nach**: ars.a1
– **Diphtherie**, bei: ail.k2,kr1 *Nat-m.*kr1 *Sul-ac.*kr1
– **Erbrechen**:
• **beim**: ail.kr1 ars-h.kr1 dor.kr1
• **nach**: ars.a1
– **Erwachen**, beim: cod.a1 nat-br.a1
– **erwacht** oft, aber nur für kurze Zeit: achy.j1 *Ars.*kr1
– **fährt** wie wild auf, kann aber die Augen nicht offenhalten: *Stram.*kr1
– **Fieber**; während: ail.k2,kr1 *Apis*kr1 **Arn.**k2,kr1 *Ars.*kr1 **Bapt.**k2,kr1 calad.k2,kr1 *Camph.*kr1 cic.kr1 *Clem.*kr1 crot-h.kr1 dor.kr1 *Gels.*kr1 *Iris*kr1 kali-br.a1,kr1 *Lyc.*kr1 *Nat-m.*kr1 *Nit-s-d.*kr1 **Ph-ac.**kr1 *Samb.*kr1 sol-ni.a1,kr1 *Ter.*kr1
– **Gehirnerschütterung**, durch: **Arn.**kr1
– **Gelbsucht**, bei: **Chel.**kr1
– **Gliederzucken**, mit: *Bell.*kr1 *Canth.*kr1 *Cupr.*kr1 **Hyos.**kr1 **Stram.**kr1
– **Hydrozephalus**, bei: **Apis** *Apoc.*k2,kr1,* *Clem. Hell. Hyos. Lyc. Nat-m.*
– **kalter** Haut, mit: *Canth.*kr1
– **Kiefer** fällt herab: *Lyc.*kr1 **Op.**kr1 *Sulph.*kr1
– **Konvulsionen**, nach den: *Art-v. Bell.* cori-r.a1 *Glon.*
• **epileptisch**: *Ars.*kr1 *Plb.*kr1
– **Meningitis**, bei: *Ant-t.*kr1 *Apis*kr1 apoc.k2,kr1 *Hell.*kr1 *Merc.*kr1 *Sulph.*kr1 *Verat.*kr1
– **Menses**:
• **während**: nux-m.a1
☞ *Menses - während; Gemütssymptome*
• **unterdrückten** Menses; bei durch Schreck: *Op.*kr1
– **murmelt**, flüstert: *Cocc.*kr1 dor.kr1 *Phos.*kr1 rhus-t.j5,kr1
☞ *Murmeln*
– **plötzlich**: canth.k2
– **Pneumonie**, bei: *Chel.*kr1 *Phos.*kr1
– **Ruhelosigkeit**, mit: ter.kr1
– **Scharlach**, bei: *Ail.*k2,kr1 *Am-c.*kr1 *Apis*kr1 *Cupr-act.*kr1 *Gels.*kr1 *Lyc.*kr1 *Mur-ac.*kr1 *Sulph.*kr1
– **Schmerzen**, nach: phyt.a1
– **Schreien**, unterbrochen durch: *Apis*kr1 bell.a1,kr1 *Rheum*kr1 *Zinc.*vh,vh/dg

– **sexueller** Erregung, mit: *Hyos.*$_{vh,vh/dg}$ *Orig.*$_{kr1}$ *Stram.*$_{kr1}$
– **sprechen**; Unfähigkeit zu: bufo$_{kr1}$ *Phos.*$_{kr1}$
– **Urämie**, bei: ter.$_{kr1}$
– **Verzweiflung**; nach
☞ *Verzweiflung - Stupor*

Stur
☞ *Eigensinnig / Widerspruch - verträgt*

Sucht etwas:
– **Boden**, auf dem: ign. plb. stram.
– **Dieben**; nachts nach: ars.
• **nachdem** er von ihnen geträumt hat: nat-m.

Sündenbock
☞ *Wahnideen - fehlschlagen - sein / Wahnideen - Unrecht - erlitten*

Suizidneigung; Neigung zum Selbstmord:
alco.$_{a1}$ *Alum.*$_{gl1,k1,*}$ alum-p.$_{k2}$ alum-sil.$_{k2}$ am-c. ambr. *Anac.* anan. anh.$_{jl,mg1}$ *Ant-c.* *Ant-t.* arg-n. arn.$_{oss}$ *Ars.* asaf. **AUR.**$_{k,vh/dg}$ aur-ar.$_{k2}$ **Aur-m.** aur-m-n.$_{c1}$ aur-s.$_{k2}$ *Bell.*$_{gl1,k1,*}$ berb.$_{j}$ bov.$_{j}$ buni-o.$_{jl}$ *Calc.* calc-sil.$_{k2}$ camph.$_{h}$ *Caps.* carb-v. carc.$_{jl2,mg1,*}$ caust. chel.$_{bg2,sf1}$ *Chin.* chinin-ar. cic. *Cimic.* clem. crot-h. cur. der. dros. fuli.$_{bro1}$ gels. graph.$_{gl1}$ grat. haliae-lc.$_{srj5}$ hell. *Hep.* hipp. hydr-ac.$_{j5}$ *Hyos.* *Ign.*$_{bro1}$ iod. *Iodof.*$_{sf1}$ kali-ar. *Kali-br.* kali-chl.$_{j}$ kreos. *Lac-d.* *Lach.* laur.$_{j}$ led.$_{j}$ lil-t. lyc.$_{k2,sf1}$ med. meli. *Merc.* *Merc-aur.*$_{sf1}$ mez. morph. naja nat-c.$_{j}$ *Nat-m.*$_{gl1}$ **Nat-s.** nit-ac. *Nux-v.* op.$_{gl1}$ orig. phos. plat. *Plb.* **Psor.**$_{k1,st}$ *Puls.* rauw.$_{sp1}$ reser.$_{jl}$ rhus-t. rumx. ruta$_{j}$ sarr. sec. *Sep.* sil. *Spig.* spong.$_{j}$ staph.$_{gl1}$ *Stram.* sul-ac.$_{j}$ sulph. tab. tarent. ter. thal.$_{c1}$ thea thlas.$_{bro1}$ thuj. thuj-l.$_{jl}$ tub.$_{bg2}$ ust.$_{bro1}$ verat. *Zinc.* zinc-p.$_{k2}$ ziz.$_{bro1}$
☞ *Abscheu - Leben / Angst - Suizidneigung / Bett - springt / Froh - Tod / Furcht - allein - aus - verletzen / Furcht - Selbstmord / Geisteskrankheit - spalten / Geisteskrankheit - Suizidneigung / Getötet / Lebensüberdruß / Lebensüberdruß - Anblick / Liebe - enttäuschte / Pessimist / Raserei - Suizidneigung / Tod - wünscht / Töten - sich / Untröstlich - Selbstmord / Verletzen / Verletzen - fürchtet / Verstümmelt*
– **morgens**: lyc. nat-c.
– **abends**: aur. chin. dros. hep. kali-chl.$_{a1,k,*}$ rhus-t. spig.
• **Dämmerung**, in der: rhus-t.
– **nachts**: ant-c. *Ars.* chin. nux-v. phos.$_{bg1,st}$
• **Mitternacht**, nach: *Ars.* nux-v.
• **Bett**, im: ant-c.
– **Anblick** von; beim:
• **Blut** hat sie schreckliche Selbstmordgedanken, obwohl sie die Idee verabscheut: *Alum.*
☞ *Blut / Gedanken - schrecklich - Anblick*
• **Messer** hat sie schreckliche Gedanken, sich umzubringen, obwohl sie den Gedanken verabscheut: *Alum.*
• **Schneidewerkzeug**, scharfen Instrumenten; von: *Merc.*
☞ *Furcht - Selbstmord*
– **Angst**, aus: aur.$_{h}$ nux-v.$_{h}$ puls.$_{h}$
☞ *Angst - Suizidneigung*

Suizidneigung; Neigung zum Selbstmord: ...
– **anzuzünden**, sich: *Ars.*$_{st}$ hep.$_{k2}$
– **Auto** zu werfen; sich vor ein: ars.$_{ptk1}$ kali-br.$_{ptk1}$ lach.$_{ptk1}$
– **Axt**, mit einer: naja
– **Betrunkenheit**; bei: ars.$_{gl1}$ bell.$_{gl1}$ nux-v.$_{gl1}$
– **Blut**; beim Anblick von
☞ *Anblick - Blut*
– **brütet**, grübelt; wenn er
☞ *Brütet - Suizidneigung*
– **Dolch**; mit einem
☞ *Messer*
– **enttäuschte** Liebe; durch
☞ *Liebe*
– **Erhängen**, durch: **Ars.**$_{gl1,k1,*}$ aur.$_{k2}$ aur-ar.$_{gm1}$ *Bell.*$_{gl1,k1,*}$ carb-v.$_{gl1}$ hell.$_{k2}$ nat-s. ter.
– **Erschießen**, durch: alum.$_{sf1}$ anac. *Ant-c.* aur. calc.$_{gl1}$ carb-v. chin.$_{gl1}$ hep. med. nat-m.$_{gl1}$ nat-s. nux-v. op.$_{gl1}$ puls. sep.$_{gl1}$ **Staph.**$_{gl1}$ sulph.$_{gl1}$
– **Erstechen**, durch: ars.$_{gl1}$ bell.$_{gl1}$ *Calc.*$_{gl1,kr1}$ nux-v.$_{gl1}$
– **Ertränken**, durch: ant-c. *Arg-n.*$_{k1,st}$ *Aur.*$_{bg2,sf1,*}$ *Bell.* *Dros.* *Hell.* hep.$_{sf1}$ *Hyos.* ign. *Lach.* nux-v.$_{gl1}$ ped.$_{st}$ *Puls.* *Rhus-t.* sec. *Sil.* staph.$_{gl1}$ sulph. *Ust.*$_{gk}$ verat.
☞ *Furcht - Ertrinken*
• **Liebe**, aus enttäuschter: *Hyos.*$_{kr1}$
– **Erwachen**, beim: lyc. nat-c.
– **Furcht**:
☞ *Furcht / Furcht - Selbstmord*
• **Fenster** oder einem Messer; mit Furcht vor einem offenen: arg-n. camph. chin. *Merc.*
☞ *Furcht - Selbstmord*
• **Todesfurcht**, mit: alum.$_{gl1,kr1}$ *Chin.*$_{gl1,sf1}$ **Nit-ac.**$_{gl1}$ *Plat.*$_{gl1,kr1}$ rhus-t.$_{gl1,k2}$ *Staph.*$_{gl1}$ tab.$_{a1,gl1}$
☞ *Mut*
– **Gas** vergiften; will sich mit: ars.$_{gl1}$ nux-v.$_{gl1}$
– **Gedanken** an Selbstmord: adam.$_{srj5}$ agn.$_{k2}$ alum. alum-p.$_{k2}$ alum-sil.$_{k2}$ *Anac.*$_{gk}$ *Ant-c.* *Arg-n.*$_{hr1,k}$ **Aur.** **Aur-s.**$_{k2}$ but-ac.$_{br1}$ *Caps.*$_{k1,k2,*}$ clem.$_{a1}$ dros. fuli.$_{br1}$ haliae-lc.$_{srj5}$ *Hep.* hydrog.$_{srj2}$ *Ign.* iris$_{vh}$ kali-ar.$_{k2}$ kali-br. lac-d.$_{k2}$ lach.$_{k2}$ lil-t. marb-w.$_{es1}$ med.$_{br1}$ *Merc.* naja$_{jl}$ **Nat-s.** prot.$_{jl}$ **Psor.** *Puls.* *Rhus-t.* thuj. *Thuj-l.*$_{jl}$ zinc-p.$_{k2}$
☞ *Pessimist / Verzweiflung*
• **denkt** über den einfachsten Weg nach, Selbstmord zu begehen: **Lac-d.**$_{vh,vh/dg}$
• **treiben** ihn aus dem Bett: *Ant-c.*
– **Gehen** im Freien; beim: bell.
– **Gift**, durch: ars.$_{gl1}$ *Bell.*$_{gl1}$ ign.$_{kr1}$ lil-t. op.$_{a1}$ puls.$_{gl1}$
– **Heimweh**, aus: caps.$_{bg2,sf1}$
– **Hitze**; während: ars. bell. nux-v. puls. rhus-t. stram.
– **Hypochondrie**, aus: alum.$_{gl1}$ aur.$_{gl1}$ calc.$_{gl1}$ caust.$_{gl1}$ chin.$_{gl1}$ con.$_{gl1}$ graph.$_{gl1}$ hep.$_{gl1,j5}$ *Nat-m.*$_{gl1}$ sep.$_{gl1}$ **Staph.**$_{gl1}$ sulph.$_{gl1}$
– **Liebe**; aus enttäuschter: *Aur.*$_{kr1}$ bell.$_{ptk1}$ caust.$_{ptk1}$ *Hyos.*$_{kr1}$ staph.$_{ptk1}$
☞ *Beschwerden durch - Liebe*
– **Mangel** an Mut; aber
☞ *Mut / Suizidneigung - Mut*

– **Menses**:
• **vor**: iris$_{vh}$
☞ *Menses - vor; Gemütssymptome*
• **während**: cimic.$_{gk}$ *Merc.* sil.
☞ *Menses - während; Gemütssymptome*
– **Messer**:
• **Anblick** eines Messers; beim
☞ *Anblick - Messer*
• **mit** einem Messer: alum. *Ars.* bell. *Calc.* hyos.$_{gl1}$ *Merc.* nux-v.$_{ptk1}$ stram.
– **Musik**, durch: nat-c.$_{k2,ptk1}$
☞ *Musik - agg.*
– **Mut**; aber es fehlt ihm der: alum. **Chin.** nit-ac. **Nux-v.** phos. plat. rhus-t. *Sulph.*$_{kr1}$ tab.
☞ *Furcht - Todesfurcht*
– **qualvoller** Angst; während: hep.$_{br1,hr1}$
☞ *Furcht - Selbstmord*
– **Rasiermesser**, mit einem: acon.$_{gl1}$ alum.$_{st}$ *Stram.*$_{kr1}$
– **Schmerzen**, durch: **Aur.** bell. lach. *Nux-v.* sep. thuj.$_{dp}$
☞ *Verzweiflung - Schmerzen*
– **Schreck**, nach: *Ars.*$_{h,k1}$
☞ *Beschwerden durch - Schreck / Furcht - Selbstmord*
– **Schwangerschaft**; während der: aur.$_{kr1}$
– **Schweiß**, beim: alum. **Ars.**$_{bg2,k}$ **Aur.**$_{bg2,k}$ aur-ar.$_{k2}$ **Calc.** *Hep.*$_{bg2,k}$ **Merc.**$_{bg2,k}$ *Nux-v.*$_{bg2}$ puls.$_{bg2}$ *Rhus-t.*$_{bg2}$ *Sep.*$_{bg2}$ sil.$_{bg2,k}$ **Spong.**$_{bg2,k}$ *Thuj.*
– **sexuellen** Verlangen; mit heftigem: orig.$_{ptk1}$
– **spricht** immer von Selbstmord, begeht ihn aber nicht: **NUX-V.**$_{st}$
– **stürzt** sich:
• **Fenster**, aus dem: *Aeth.* arg-met.$_{ptk1}$ arg-n.$_{st}$ *Ars.*$_{k,k1,*}$ **Aur.** aur-ar.$_{k2}$ bell. calc-sil.$_{k2}$ camph. *Carbn-s.* chin. crot-c. gels. *Glon.* *Iod.*$_{sf1}$ *Iodof.*$_{sf1}$ nux-v.$_{sf1}$ *Sulph.*$_{kr1}$ thea thuj. verat.
  • **Furcht**, aus: ars.$_{k1}$
  • **Schmerzen**, vor: *Aur.*$_{k1,st}$
• **Fluß**, in einen: arg-n. sec. sil.
• **Tiefe**, in die: anac. *Arg-n.* ars. **AUR.**$_{k,vh/dg}$ **Bell.**$_{bg2,k1,*}$ camph. crot-h. gels. glon.$_{bg2,sf1}$ hydrog.$_{srj2}$ hyos.$_{gl1}$ ign.$_{bg2,gl1,*}$ iod.$_{bg2,sf1}$ iodof.$_{bg2,sf1}$ lach.$_{bg1,bg2,*}$ *Lyss.*$_{vh,vh/dg}$ marb-w.$_{es1}$ *Nux-v.* orig. sec.$_{gl1,vh}$ sil.$_{gl1,vh}$ staph. *Stram.*$_{k,vh/dg}$ sulph.$_{ptk1}$
☞ *Hochgelegene - agg.*
– **Traurigkeit**, durch: alum.$_{gl1}$ **Aur.**$_{gl1,kr1}$ calc.$_{gl1}$ caust.$_{gl1}$ chin.$_{gl1}$ cimic.$_{gl1,kr1}$ con.$_{gl1}$ graph.$_{gl1}$ *Hep.*$_{gl1,kr1}$ ign.$_{gl1}$ med.$_{gl1,kr1}$ *Merc-aur.*$_{gl1,sf1}$ naja$_{gl1,sf1}$ *Nat-m.*$_{gl1}$ *Nat-s.*$_{gl1,sf1}$ op.$_{a1,gl1}$ *Psor.*$_{gl1,kr1,*}$ ran-b.$_{gl1,kr1}$ rumx.$_{gl1,kr1}$ sep.$_{gl1}$ *Spig.*$_{gl1,kr1}$ **Staph.**$_{gl1}$ sulph.$_{gl1}$
☞ *Traurigkeit*
– **überfahren** lassen; will sich: alum.$_{sf1}$ ars.$_{gl1,sf1}$ *Aur.*$_{sf1,vh/dg}$ kali-br.$_{bg2,sf1}$ lach.$_{gl1}$
– **Verhungern**, durch: merc.$_{bg2,ptk1}$
– **Verzweiflung**, aus: ambr.$_{sf1}$ ant-c.$_{kr1,sf1}$ carb-v.$_{gl1,sf1}$ hyos.$_{sf1}$
☞ *Verzweiflung*
• **elende** Existenz; über seine: *Sep.*$_{kr1}$
• **religiös**: verat.$_{kr1}$
☞ *Verzweiflung - religiöse*

Suizidneigung; Neigung zum Selbstmord: ...
– **Wahnideen** durch: ars.$_{j5}$ hyos.$_{j5}$ verat.$_{j5}$
– **Wechselfieber**, bei: *Ars.* chin. lach. *Spong.* stram. valer.
– **Weinen** amel.: merc.$_{ptk1}$ phos.
☞ *Weinen - amel.*
– **Zorn** treibt zum Selbstmord: carb-v.$_{j5}$

Tadel:
☞ *Hochmütig*
– **Beschwerden** durch
☞ *Beschwerden durch - Tadel*

Tadelsüchtig, krittelig: acon. adam.$_{srj5}$ alum. alum-sil.$_{k2}$ am-c. androc.$_{srj1}$ apis$_{bro1}$ *Arn.* **Ars.** ars-s-f.$_{k2}$ aur. aur-ar.$_{k2}$ aur-s.$_{k2}$ *Bar-c.* bar-s.$_{k2}$ bell. ben. borx. *Brom.*$_{gl1}$ calc. calc-ar.$_{k2}$ calc-p. calc-sil.$_{k2}$ caps. carl. *Caust.* cench. cham. chin. chinin-ar. cic. cocc. cupr.$_{gk}$ cycl. der. dulc. germ-met.$_{srj5}$ gran. granit-m.$_{es1}$ **Graph.**$_{bg1,k2,*}$ guaj. haliae-lc.$_{srj5}$ *Helon.*$_{k1,st}$ hydrog.$_{srj2}$ hyos. ign. *Ip.* iris kali-ar.$_{k2}$ kali-c.$_{bg2}$ kali-cy.$_{a1}$ kali-s.$_{gk}$ lac-ac.$_{k1}$ *Lach.* lil-t.$_{k2}$ lyc. m-arct.$_{j5}$ mag-c.$_{mg1}$ *Merc.*$_{gl1,k1}$ mez.$_{k1}$ morph.$_{bro1}$ mosch. myric. naja$_{bg2}$ nat-m. *Nux-v.* par. petr. *Phos.*$_{gl1}$ *Plat.* plb. puls.$_{bg2}$ ran-b. rhus-t. sapin.$_{a1}$ *Sep.* sil. sol-t-ae. staph. **Sulph.** tarent.$_{bro1}$ til. tub.$_{bgs}$ tus-fr.$_{a1}$ **Verat.**$_{bg2,k1,*}$
☞ *still / Beschimpfen / Diktatorisch / Gewissenhaft / Heikel / Hochmütig / Ruhe - kann / Spotten - Sarkasmus / Streitsüchtig / Tadelsüchtig - still / Tadelt andere / Unduldsamkeit / Vorurteile / Zynisch*
– **nachmittags**: dulc.
– **abends**: rhus-r.$_{a1}$ rhus-t.$_{a1}$
– **Beschäftigung** amel.: sapin.$_{a1}$
– **Freunden**; gegenüber engsten: ars-s-f.$_{k2}$ aur-s.$_{k2}$ chinin-ar. der.
– **sich** selbst; gegenüber: aur.$_{ptk1}$
☞ *Tadelt sich*
– **still** zu sein; Neigung zu kritisieren oder: hydrog.$_{srj2}$ *Verat.*
☞ *Schweigsam / Tadelsüchtig*

Tadelt andere ●: *Acon.* alum. **Ars.** aur. aur-ar.$_{k2}$ bell.$_{j}$ borx.$_{h}$ *Calc.*$_{bg2,gl1,*}$ calc-p. camph.$_{mrr}$ caps. caust.$_{j}$ cham. **Chin.** cic. gran. granit-m.$_{es1}$ *Hyos.* ign. **Lach.**$_{bg2,k,*}$ *Lyc.* marb-w.$_{es1}$ **Merc.**$_{bg2,k,*}$ mez. mosch.$_{j}$ nat-ar. *Nat-m.* neon$_{srj5}$ *Nux-v.* par. petr.$_{j}$ rhus-t. sep. *Staph.*$_{bg2,k1,*}$ sulph.$_{bg2,gl1}$ tub.$_{bgs}$ **Verat.**$_{bg2,k1,*}$
☞ *Beschimpfen / Diktatorisch / Hochmütig / Streitsüchtig / Tadelsüchtig*
– **morgens**: *Ph-ac.*$_{gl1}$
– **nachmittags**:
• **16 h**: borx.
– **Delirium**; voller Tadel im: hyos.$_{jsa}$ lyc.$_{jsa}$
– **eingebildeter** Beleidigungen; wegen
☞ *Wahnideen - beschimpft worden*
– **Schmerzen**; während der: nux-v.$_{h}$

Tadelt sich selbst ●: *Acon.* anac.$_{sf1}$ arn.$_{oss}$ *Ars.* *Aur.* aur-ar.$_{k2}$ calc-p. cob. con.$_{sf1}$ cortiso.$_{gse}$ cupr.$_{gk}$ cycl. *Dig.* germ-met.$_{srj5}$ gink-b.$_{jl}$ haliae-lc.$_{srj5}$ hell. hura *Hyos.* *Ign.* kali-br.$_{bg2}$ kali-c.$_{ptk1}$ lach.$_{sf1}$ limest-b.$_{es1}$ lyc. *M-arct.*$_{j5}$ med.$_{st,vh}$ merc.$_{bg1,k,*}$

Tadelt sich selbst: ...
nat-ar. *Nat-m.* neon$_{srj5}$ **Nux-v.**$_{bg}$ *Op.* ph-ac. *Puls.* *Sarr.* sil.$_{sf1}$ staph.$_{gy,vh}$ stram.$_{bg2,sf1,*}$ sulph.$_{sf1}$ *Thuj.* verat.$_{sf1}$
☞ *Angst - Gewissensangst / Bescheidenheit / Delirium - Schuld / Entmutigt - tadelt / Geisteskrankheit - Frauen - Selbstvorwürfe / Hochmütig / Reißt - sich / Reue / Schlagen - sich / Selbstvertrauen - Mangel / Tadelsüchtig - sich / Trost - agg. / Unsicherheit / Unzufrieden - sich / Verächtlich - Gegnern / Wahnideen - falsch / Wahnideen - faul - bewegen / Wahnideen - richtig - machen / Wahnideen - Tadel / Wahnideen - vernachlässigt - Pflichten / Zorn - Fehler*
– **morgens**: hydrog.$_{srj2}$

Tagträumereien
☞ *Gedanken versunken*

Taktlosigkeit
☞ *Indiskretion*

Talentiert
☞ *Begabt*

Tanzen: acon.$_{bg2,k,*}$ aether$_{a1}$ agar.$_{bg2,k}$ apis *Bell.*$_{h,k,*}$ cann-i.$_{a1,k}$ **Carc.**$_{k,mg1,*}$ caust.$_{jsa}$ chlol.$_{a1,k}$ *Cic.*$_{h,k,*}$ *Cocc.*$_{hr1,k}$ con. *Croc.*$_{bg2,k,*}$ crot-t. grat. *Hyos.*$_{bg2,k,*}$ ign.$_{bg2,sf1,*}$ lach.$_{fb}$ merc. nat-m.$_{bg2,k,*}$ nitro-o.$_{a1}$ nux-m.$_{pd}$ *Ph-ac.*$_{bg2,k,*}$ pip-m.$_{a1}$ plat.$_{bg2,k,*}$ rob.$_{a1,k}$ santin.$_{a1}$ *Sep.*$_{bg2,sf1,*}$ sil.$_{bg2,sf1,*}$ stict.$_{bro1,st}$ *Stram.*$_{h,k,*}$ tab. **Tarent.**$_{bg2,k,*}$
☞ *Froh - Tanzen / Tanzen - agg. - Kind / ❏ Träume - Tanzen*
– **agg.** die Gemütssymptome:
☞ *❏ Allgemeines - Tanzen - agg.*
  • **Kind**, das von jemandem getragen wird, der gerade tanzt; bei einem: *Borx.*$_{a1,hr1}$
  ☞ *Tanzen*
– **amel.** die Gemütssymptome: cann-s.$_{sf1}$ carc.$_{gb,sk1}$ caust.$_{bg2,sf1,*}$ *Ign.*$_{bg2,sf1,*}$ nat-m.$_{bg2,sf1,*}$ **Sep.**$_{bg2,j5,*}$ sil.$_{bg2,sf1,*}$ stann.$_{bg2,sf1,*}$
– **abends**: nat-m.$_{a1}$
◈ **abwechselnd** mit:
  • **Fröhlichkeit**: bell.$_{bg1,bg2}$
  • **Seufzen**: bell.$_{a1}$
  • **Stöhnen**: bell.$_{h,k1,*}$
  • **Weinen**: bell.$_{j5}$
– **besinnungslos**: ph-ac.
– **grotesk**: agar. *Cic.*$_{hr1,k,*}$
☞ *Delirium*
– **Impuls** zu tanzen
☞ *Tanzen*
– **Kindern**; bei: carc.$_{pc}$ fl-ac.$_{pc}$ sep.$_{pc}$
– **Verlangen** zu tanzen; übermäßiges
☞ *Tanzen*
– **wild**: androc.$_{srj1}$ *Bell.* camph.$_{a1,k}$ cann-i.$_{a1}$ tarent.
☞ *Delirium / Wildheit*

Tastet wie im Dunkeln umher: cocc.$_{a1,h}$ croc. hyos.$_{bg2,k,*}$ op. plb.$_{a1,k}$ stram.$_{a1}$
☞ *Gesten*

Taten:
– **große** Taten vollbringen; Gefühl, als könne er: *Cocain.*$_{br1,vh,*}$ *Hell.*$_{k,vh/dg}$

Taten - große Taten vollbringen; als könne er: ...
☞ *Hochmütig / Mutig / Phantasien - übertrieben / Pläne - macht - gigantische / Theoretisieren / Wahnideen - besser / Wahnideen - hochgestellte / Wahnideen - schöpferische / Wahnideen - Überlegenheit / Wahnideen - übermenschlich*
– **gute** Taten zu vollbringen; Verlangen: coff-t.$_{a1}$
– **nützlich** zu sein; Verlangen
☞ *Nützlich*

Tatendrang
☞ *Fleißig / Hochmütig / Pläne - macht / Taten - große*

Tatkraft als Folge überwältigender visueller Sinneseindrücke verloren: anh.$_{sp1}$

Taubheit, vorgetäuschte: verat.
☞ *Simuliert - krank*

Täuscht Krankheit vor
☞ *Simuliert - krank*

Testament aufzusetzen; weigert sich, ein: *Calc.*$_{gl1}$ hep.$_{gl1}$ nat-m.$_{gl1}$

Theoretisieren: androc.$_{srj1}$ ang. apis$_{k2}$ arg-n. ars. *Aur.* **Cann-i.** *Chin.* cocc.$_{bro1}$ *Coff.* hydrog.$_{srj2}$ *Lach.*$_{gl1,k1,*}$ lyc. nat-c.$_{a1}$ nitro-o.$_{a1}$ op.$_{a1}$ puls.$_{a1}$ sel.$_{k1}$ *Sep.* sil. **Sulph.**$_{k,vh/dg}$ *Verat.*$_{gl1}$
☞ *Aktivität - kreative / Gedanken - überlegt / Gedanken versunken / Ideen - Reichtum / Konzentration - gut / Phantasien - versunken / Phantasien - übertrieben / Philosophie - Fähigkeit / Pläne - macht / Selbstbetrachtung / Taten - große*
– **abends**: *Chin.*$_{a1,k}$
– **nachts**: chin.$_{k13,k2}$ coff.$_{k13,k2}$

Tics
☞ *Gesten - Tics*

Tiere:
– **liebt** Tiere, Tierliebe: aeth.$_{gb,vh}$ bufo$_{vh}$ calc-p.$_{gk}$ carc.$_{vh}$ limest-b.$_{es1}$ med.$_{gb,vh}$ nat-m.$_{gg}$ phos.$_{kkb}$ psor.$_{gg}$ puls.$_{vh}$ sulph.$_{vh}$
☞ *Mitgefühl - Tieren / Natur - liebt*
  • **Haustier**; ihr: nat-m.$_{ctc}$
  • **Katzen**: lach.$_{dtn1}$ *Sulph.*$_{vh,vh/dg}$ *Tub.*$_{vh,vh/dg}$

Tobsucht
☞ *Manie / Raserei*

Tod:
– **Agonie** vor dem Tod: **Acon.**$_{bg}$ alum.$_{bg2}$ ant-t.$_{ptk1}$ *Ars.*$_{bg2,ptk1}$ carb-v.$_{ptk1}$ cocc.$_{bg2}$ cupr.$_{bg2}$ gels.$_{bg}$ **Lat-m.**$_{bg2,st}$ plat.$_{bg}$ puls.$_{bg2}$ *Rhus-t.*$_{bg2}$ tarent.$_{bg2}$ tarent-c.$_{ptk1}$ *Verat.*$_{bg2}$
☞ *Beschwerden durch - Tod*
– **Gedanken** an den Tod: **Acon.**$_{bg2,k}$ agn.$_{bg2,k}$ aloe$_{bg2,sf1}$ am-c.$_{bg2,k,*}$ *Apis* *Arg-n.*$_{vh,vh/dg}$ arn.$_{st}$ *Ars.*$_{bg2,k}$ ars-h.$_{hr1,kr1}$ *Aur.*$_{sf1,vh/dg}$ *Aur-m.*$_{vh,vh/dg}$ camph. cann-i.$_{a1,k}$ carb-an.$_{h,k,*}$ caust.$_{h,k,*}$ *Cham.*$_{hr1,kr1}$ chel. clem.$_{a1}$ *Coff.*$_{bg2,sf1,*}$ *Con.*$_{h,k1,*}$ cortico.$_{jl,jl3,*}$ cortiso.$_{jl,jl3,*}$ *Crot-c.*$_{a1,k}$ *Crot-h.*$_{hr1,k}$ cupr. *Dig.*$_{bg2,sf1,*}$ *Ferr.*$_{hr1,k}$ ferr-ar. **Graph.**$_{hr1,k}$ haliae-lc.$_{srj5}$ hist.$_{sp1}$ hura hydrog.$_{srj2}$ kali-ar. kali-c. lac-d.$_{k2}$ *Lach.*$_{hr1,kr1}$ lat-m.$_{sp1}$ *Lob.*$_{bg2,sf1,*}$ merc.$_{bg2}$ nux-v.$_{h}$ op.$_{bg2,k}$ *Phos.*$_{vh,vh/dg}$ plat.$_{bg2,sf1,*}$ *Psor.*$_{h,k,*}$

– **Gedanken** an den Tod: ...
*Puls.*hr1,kr1 rauw.sp1 rhus-t.j5 rob.a1,k spong.j5 stram.bg2,k,* tarent.a1,k thuj.a1 verat. verat-v.bg2,sf1,* vinc.hr1,j5,* *Zinc.*h,k1,*
☞ *Gesellschaft - Verlangen*
• **morgens**: con.h,k,* lyc.gl1
• **nachmittags**: tarent.a1,k zinc.a1,h
• **abends**: *Zinc.*sf,sf1
• **allein**, wenn: *Crot-c.*a1,k
☞ *Gesellschaft - Verlangen*
• **Erwachen**, beim: lyc.j5
• **Freude**, bereiten ihm
☞ *Froh - Tod*
• **Furcht**, ohne: apisbg2,sf1 *Coff.*bg2,sf1,* merc.bg2,sf1 verat-v.bg2,sf1,*

– **Gefühl** des Todes: acon.hr1 aesc. aethera1 *Agn.*bg2,k apisbg2 *Ars.*bg2,k,* asaf.a1 camph. cann-i.a1,k cench. cic.a1,k cimic.hr1 ferr.a1 gels.c1 *Graph.*bg2,k hydrog.srj2 kali-bi.k,st kali-br.a1,k kali-n. **Lat-m.**st lyss.hr1 morph.a1 nux-v. op. *Phos.*bg2,k *Plat.*bg2,k *Sep.*hr1 sil.hr1,k *Ther.*hr1 v-a-b.j1,j13,* verat. vesp.hr1 *Zinc.*gl1
☞ *Schreien - sterben / Wahnideen - stirbt - er*
• **abends**: aethera1
• **Frost**; während: cann-i.a1,k
• **Krämpfen**, bei: nux-v.
• **Liegen**, beim: cench.k2

– **Gewißheit** des (eigenen) Todes: alum-p.k2,kr1 ars-h.kr1 bapt.kr1,st bell.kr1 *Canth.*kr1 *Coff.*kr1 *Cupr-act.*kr1 hydr.ptk2 kali-ar.k2,kr1 *Phyt.*kr1 *Psor.*kr1 *Thuj.*kr1
☞ *Wahnideen - sterben - Zeit*
• **nach** Fieber, Nasenbluten amel.: *Psor.*kr1

– **Scheintod**
☞ *❑ Allgemeines - Scheintod*

– **spricht** vom: mosch.k2

– **sterben**; Gefühl als würde er: acon.kr1 lyss.kr1 *Sep.*kr1 *Sil.*kr1 *Ther.*kr1 vesp.kr1

– **verachtet** den Tod; Todesverachtung: *Op.*hr1,kr1

– **Vorahnung** des Todes: **Acon.**bg2,k,* *Agn.*bg2,k,* aloek1 alum. alum-p.k13,k2 anac. *Anthraci.*kr1 **Apis** *Arg-n.*bg2,k arn.hr1,k,* *Ars.*h,k1,* ars-h.a1,hr1 bapt.hr1,k bar-m. **Bell.**bg2,k1,* *Bry.*k,vh/dg *Cact.*hr1,k2,* *Calc.*bg2,k,* *Camph.*hr1 cann-i. canth.bg2,k,* carb-v.k2 *Caust.*hr1 *Cench.* *Chel.*hr1,k cimic.hr1,k *Coff.*hr1 *Cupr.*bg2,k,* dig.a1 ferr-br.c1 gels.c1 *Graph.*hr1,k hell.a1 *Hep.*a1,k hydr.ptk1 kali-ar. kali-c.bg2,k kali-n.bg2,k,* lac-d. *Lach.*bg2,k,* lob.j5 *Lyc.*bg2,k lyss.hr1,kr1 *Med.*bg2,k,* **Merc.**bg2,k1,* mosch.bg2,k,* nat-m.bg2,k *Nit-ac.*bg2,k,* nux-m.c1 *Nux-v.*bg2,k ox-ac.hr1 petr. *Phos.*bg2,k,* *Phyt.*hr1 *Plat.*bg2,k,* podo. *Psor.*hr1 puls.hr1,k *Raph.*hr1,j5 rhus-t.a1,k sep.bg2,k staph.bg2,k stram.bg2,k,* sul-ac.a1 sulph.bg1,bg2,* tab.a1,j5 theast *Thuj.*hr1 verat.bg2,k vip. zinc.bg2,k zinc-p.k13,k2
☞ *Beschwerden durch - Erwartungsspannung / Furcht / Furcht - geschehen / Furcht - Tod / Hellsehen / Prophezeit / Vorsichtig / Wahnideen - sterben / Wahnideen - sterben - gleich*
◆ **abwechselnd** mit:
• **qualvolle** Angst: raph.hr1,kr1

– **Vorahnung** des Todes - **abwechselnd** mit: ...
• **Raserei**
☞ *Raserei - abwechselnd mit - Tod - Vorahnung*
• **bald** sterben und ihr könne nicht geholfen werden; glaubt, sie werde: *Agn.*
• **Erbrechen**, mit: med.c1
• **gelassen** an den Tod; denkt: zinc.
• **plötzlichen** Todes, eines: *Cench.*st
• **sagt** den Zeitpunkt des Todes voraus: **ACON.**k1,vh,* *Aloe*kr1 alum.st *Arg-n.*hr1,k cench.k2 hell.k13,k2,* *Lac-d.*hr1,kr1 theast
☞ *Furcht - Tod - sagt / Prophezeit - Zeitpunkt / Wahnideen - stirbt*
• **Vorkehrungen** für seinen Tod, erledigt seine Angelegenheiten; trifft: petr.ptk1

– **wünscht** sich den Tod, möchte sterben: adam.srj5 agn. alum.a1,gl1,* alum-sil.k2 ambr.bg2,k2,* anh.mg1 ant-c.k2 apis aran. ars.k2 ars-met. ars-s-f.k2 **Aur.** aur-ar.k2 **Aur-m.**k2,vh/dg aur-s. *Bell.*bg2,k,* berb.bg2,sf1 calc.k2 caps. carb-v. *Caust.*gl1,k1,* chel. *Chin.* clem. cortico.j1,mg1 der. euph-c.sf1 *Gad.*a1,st germ-met.srj5 *Glon.*kr1 hep.bg2,sf1 hura hydr. kali-bi. kali-br. *Kreos.*k1,st **Lac-c.** lac-d.k2,vh,* *Lach.* led. lil-t. lyc. *Merc.* merc-aur.sf1 mez. nat-c. *Nat-m.* nat-s. *Nit-ac.*gl1,k1,* nux-v. op. phos. phyt. plat. plb. psor. puls.gl1 ran-b.k2 rat.sf1 *Rhus-t.* *Rob.*kr1 sec.bg2,sf1 *Sep.*bg2,k,* *Sil.* spong. *Staph.*k,vh/dg stram.bg2,j5,* sul-ac. **Sulph.**bg2,k,* thuj. verat-v.k1 vip. zinc.gl1
☞ *Abscheu - Leben / Froh - Tod / Lebensüberdruß / Pessimist / Suizidneigung / Verlangen, Wunsch - voller - mehr*
• **morgens**:
• **Erwachen**; beim: germ-met.srj5 hydrog.srj2 nat-c. phyt.
• **vormittags**: apis
• **nachmittags**: ruta
• **abends**: **Aur.** ruta
◆ **abwechselnd** mit:
• **Lachen**
☞ *Lachen - abwechselnd mit - Tod*
• **Raserei**
☞ *Raserei - abwechselnd mit - Tod - wünscht*
• **Angst**; vor: bell.h,k1 caust.h,k1
• **denkt** über den einfachsten Weg zum Selbstmord nach
☞ *Suizidneigung - Gedanken - denkt*
• **Frost**; während: kali-chl.a1,k,* spig.
• **Gehen** im Freien; beim: bell.h,k,*
• **Menses**, während: berb.hr1,k,*
☞ *Menses - während; Gemütssymptome*
• **qualvoller** Angst, aus: bell.gl1
• **Raserei**; zwischen den Anfällen von: bell.kr1
• **Rekonvaleszenz**, während der: absin. *Aur.* lac-c. sep.
☞ *Verzweiflung - Genesung - Rekonvaleszenz*
• **Schmerzen**, bei den: rat.hr1,kr1
• **Verzweiflung**, aus: *Kreos.*sf,sf1

Tolerant
☞ *Geduld / Milde*

Tollkühnheit, Verwegenheit: agar.$_{gl1}$ *Arn.*$_{gl1,st}$ op.$_{gl1}$ staph.$_{gl1}$
☞ *Kühn / Verwegenheit*
– **Anstoß**, einen "Kick" zu bekommen; verwegen, nur um einen: med.$_{gb}$ plat.$_{mrr}$

Tollwut, Hydrophobie: acet-ac.$_{c2,k}$ acon.$_{a1}$ aconin.$_{a1,c1,*}$ agar.$_{ld}$ agav-a.$_{br1,c1,*}$ anag.$_{bro1}$ anan.$_{c1,c2}$ ant-c.$_{bg2,sf1}$ anthraci.$_{a1}$ apis$_{bg2}$ arg-n. ars.$_{bg2,k}$ *Aspar.*$_{kr1}$ **Bell.**$_{bg2,k,*}$ calc.$_{bg2,k}$ camph.$_{bg2}$ cann-i. **Canth.**$_{bg2,k,*}$ cedr.$_{c1,c2}$ ceto.$_{br1}$ chlol.$_{c2,k}$ chlor.$_{kr1}$ cocc-s.$_{br1,c1,*}$ crot-h.$_{c2,k}$ *Cupr.*$_{bg2,k}$ *Cur.*$_{c2,k}$ fagu.$_{c1,c2}$ gels.$_{bg2}$ gent-c.$_{c1}$ gua.$_{c1,c2}$ *Hydr-ac.*$_{bg2,sf1}$ **Hyos.**$_{bg2,k,*}$ hyper.$_{c1,c2}$ iod.$_{bg2,k}$ **Lach.**$_{bg2,k,*}$ laur.$_{bg2,h,*}$ **LYSS.**$_{c2,k1,*}$ merc.$_{bg2,k,*}$ nux-v.$_{bg2}$ phel.$_{k1}$ **Phos.**$_{bg2,k}$ plb.$_{bg2}$ ran-s. ruta$_{bg2}$ *Sabad.*$_{bg2,k}$ scut.$_{c1,c2}$ spirae.$_{br1,sf1,*}$ **Stram.**$_{bg2,k,*}$ stry.$_{a1}$ strych-g.$_{c1,c2}$ sulph.$_{bg2,sf1}$ tanac.$_{bro1}$ tann-ac.$_{c1}$ tarent.$_{bg2}$ ter.$_{c2,k}$ trach.$_{a1}$ verat.$_{bg2,k}$ xan.$_{bro1}$ xanth.$_{bro1}$
☞ *Empfindlich - Geräusche - Wasser / Erregung - Wasser / Furcht - Geräusche - rauschendem / Furcht - Wasser / Glänzende - Wasseroberfläche / Raserei - Wasser / Reizbarkeit - Wasser / Wahnideen - Wasser - Löffel / ❑ Allgemeines - Baden - Abneigung / ❑ A~ Wasser - Anblick*
– **Berührung** erneuert den Anfall: *Bell.*$_{kr1}$
– **Gedanken** an Wasser verursacht Anfälle: lyss.$_{kr1}$
– **hören**, ohne vor Furcht zu erschaudern; kann das Wort "Wasser" nicht: *Lyss.*$_{kr1}$
– **Prophylaxe** gegen: *Bell.*$_{ptk1}$ hyos.$_{ptk1}$ *Lyss.*$_{ptk1}$ stram.$_{ptk1}$
– **schreit** oder heult mit hoher Stimme: *Stram.*$_{kr1}$

Torpor: aether$_{a1}$ agar.$_{a1}$ ail.$_{a1}$ ammc.$_{kr1}$ androc.$_{srj1}$ apis arum-m.$_{a1}$ asaf.$_{ptk1}$ berb.$_{hr1,k}$ cann-i.$_{a1}$ cedr.$_{a1}$ *Cic.*$_{hr1,k,*}$ crot-c.$_{a1}$ *Crot-h.* cupr.$_{kr1}$ fagu.$_{a1}$ gad.$_{a1}$ *Gels.* *Hyos.*$_{kr1}$ *Iod.*$_{kr1}$ kali-bi.$_{a1}$ kali-br. kali-s.$_{ptk1}$ lepi.$_{a1}$ lob.$_{a1}$ lol.$_{a1}$ *Lyc.* *Mag-m.*$_{kr1}$ manc.$_{a1}$ *Merc-c.*$_{kr1}$ naja$_{a1}$ **Nat-m.** **Nux-m.** **Op.**$_{a1,k}$ phys.$_{a1}$ *Plb.* polyg-h.$_{kr1}$ *Puls.*$_{kr1}$ rheum$_{a1}$ sang.$_{a1,k}$ sec.$_{a1}$ staph.$_{a1}$ *Stram.*$_{a1,k}$ vip.$_{a1}$
☞ *Betäubung / Bewußtlosigkeit / Erschöpfung / Stumpfheit*

Töten, Verlangen zu: agar. alco.$_{a1}$ alum.$_{sf1}$ anac. *Ars.* *Ars-i.* *Bell.*$_{k,vh/dg}$ calc. camph. chin. cupr. cur. germ-met.$_{srj5}$ haliae-lc.$_{srj5}$ **Hep.**$_{gl1,k1,*}$ **Hyos.** *Iod.* kali-ar.$_{k2}$ *Lach.*$_{k,vh/dg}$ *Lyc.*$_{gl1}$ lyss. *Med.*$_{gk}$ *Merc.*$_{k,vh/dg}$ *Nux-v.* op. *Petr.* *Phos.* *Plat.* sec. sil.$_{bg1,bg2,*}$ *Staph.*$_{kr1,vh}$ *Stram.* syph.$_{bg1,bg2,*}$ thea thyr.$_{c1}$ x-ray$_{jl,sp1}$
☞ *Droht / Droht - töten / Eifersucht - Mord / Furcht - töten / Gedanken - hartnäckig - Mord, an / Gedanken - hartnäckig - Mord, Feuer / Heftig / Impulse - erstechen / Impulse - erstechen - sich / Raserei - töten / Töten - Betrunkenheit / Verlangen, Wunsch - voller - mehr / Zorn - erstechen*
– **Alkoholikern**; bei: *Ars.*$_{kr1}$
☞ *Betrunkenheit*
– **Beleidigung** zu töten; plötzlicher Impuls wegen einer geringen: *Hep.* *Merc.* *Nux-v.*
☞ *Beleidigt*

Töten, Verlangen zu: ...
– **Betrunkenheit**; bei: bell.$_{gl1,vh}$ hep.$_{gl1,vh}$ **Hyos.**$_{gl1,vh,*}$ nux-v.$_{vh}$ plat.$_{vh}$
☞ *Alkoholikern / Töten*
– **droht** jemanden zu töten
☞ *Droht - töten*
– **Ehemann** zu töten; Impuls den geliebten: *Merc.* *Nux-v.* *Plat.*
• **Menses** agg.; bei den: *Merc.*$_{kr1}$
☞ *Menses - während; Gemütssymptome*
• **Rasiermesser** zu verstecken; deshalb fleht sie ihn an, das: *Merc.*$_{kr1}$
– **Frau** zu töten; unwiderstehlicher Impuls, eine: *Iod.*$_{kr1}$
– **Friseur** will seinen Kunden töten; der: *Ars.* *Hep.*
– **fürchtet**, sie könnte das Verlangen bekommen, jemanden zu töten
☞ *Furcht - töten*
– **Gehen** im Freien und auf der Straße; beim: camph. hyos.$_{gl1}$
– **geliebte** Menschen: ars.$_{bro1}$ chin.$_{bro1}$ hep.$_{k2}$ merc.$_{bro1}$ *Nux-v.*$_{bro1}$ *Plat.*$_{bro1}$
– **jeden**, den er sieht: hyos.$_{gl1,vh}$
– **jemanden** töten; denkt, er müsse: camph. *Hyos.*$_{kr1}$
☞ *Wahnideen - ermorden / Wahnideen - ermordet*
– **Kind**, das eigene: androc.$_{srj1}$ haliae-lc.$_{srj5}$ merc.$_{gl1}$ *Plat.*$_{gl1,mg1,*}$ thea$_{c1}$
– **Menses**:
• **vor**: x-ray$_{jl,sp1}$
☞ *Menses - vor; Gemütssymptome*
• **während**: *Merc.*$_{kr1}$ x-ray$_{jl,sp1}$
☞ *Menses - während; Gemütssymptome*
– **Messer**:
• **Anblick** eines Messers; beim: *Alum.* *Merc.*$_{gl1,vh}$ nux-v.$_{gl1}$ plat.
☞ *Gedanken - schrecklich - Anblick / Impulse - erstechen - sich*
• **Gewehrs**, oder eines: *Alum.*
• **mit** einem Messer: *Alum.* ars.$_{bg2,h,*}$ chin.$_{bg2,gl1,*}$ *Hep.*$_{k2,kr1}$ *Hyos.*$_{bg2,gl1}$ **Lyc.**$_{gl1}$ lyss.$_{bg2}$ *Merc.*$_{gl1,kr1}$ *Nux-v.*$_{gl1,kr1}$ plat. *Stram.*$_{kr1}$ thea$_{c1}$
☞ *Impulse - erstechen - sich*
– **plötzlicher** Impuls zu töten: *Ars.* *Ars-i.* *Hep.* *Hyos.*$_{vh,vh/dg}$ iod. kali-ar. med.$_{gk}$ merc.$_{k2}$ *Nux-v.* *Plat.* thea
• **sich** selbst
☞ *sich*
– **Ruhe**, in der: iod.
☞ *Furcht - Geisteskrankheit - ausruhen*
– **sich** selbst zu töten; plötzlicher Impuls: iod.$_{ptk1}$ meli.$_{ptk1}$ merc.$_{k2}$ *Nat-s.* *Nux-v.*$_{kr1}$ rauw.$_{sp1}$ rumx.$_{gg}$ thea$_{a1}$ thuj.
☞ *Furcht - Selbstmord / Suizidneigung / Verletzen - fürchtet*
– **Tiere**: haliae-lc.$_{srj5}$
– **vergiften**; Impuls jemanden zu: ars.$_{gl1}$ lach.$_{gl1}$ nux-v.$_{gl1}$
– **verletzen**; Impuls jemanden mit einem Messer zu
☞ *Messer - mit*

- **werfen**; plötzlicher Impuls, das Kind zu:
  - **Fenster**, aus dem Fenster: lyss.$_{kr1,mg1,*}$
  - **Feuer**, ins: hep.$_{k2}$ lyss. *Nux-v.* thea
- **widerspricht**; den der ihr: *Merc.*
  ☞ *Widerspruch - verträgt*

Trägheit
☞ *Faulheit*

Trägt:
- **Gegenstände** von einem Platz zum anderen und wieder zurück
  ☞ *Geschäftig - fruchtlos*

Tränenausbrüche
☞ *Weinen*

Trance: camph.$_{bg2}$ camph-br.$_{br1}$ choc.$_{srj3}$ keroso.$_{a1}$ **Lach.**$_{hr1,kr1}$ nitro-o.$_{a1}$ op.$_{bg2}$ ter.$_{a1}$
☞ *Bewußtlosigkeit - Trance*
◆ **abwechselnd** mit:
- **Krämpfen**: *Stram.*$_{kr1}$
- **periodisch**:
  - **Sommer**; jeden: *Stram.*$_{kr1}$
- **spielt** mit geschlossenen Augen Klavier, schreibt Briefe in einer erlernten Sprache: *Camph.*$_{kr1}$

Trauerfall
☞ *Beschwerden durch - Tod*

Traum; wie in einem: absin. acon. agar.$_{bg2}$ ail. alum. *Ambr.* aml-ns. *Anac.* *Androc.*$_{srj1}$ ang. *Ant-c.*$_{bg2,ptk2}$ *Apis* arg-n.$_{bg2}$ arn. ars. atro. bamb-a.$_{stb2}$ *Bell.* bry.$_{bg2}$ buth-a.$_{jl,sp1}$ *Calc.* *Cann-i.* *Cann-s.* carb-ac. carb-an. *Carb-v.* *Cench.*$_{k2}$ cham. chin.$_{bg2}$ coca$_{bg2}$ cocc.$_{h}$ *Coff.*$_{bg2}$ *Con.*$_{k1,rb2}$ cupr. germ-met.$_{srj5}$ glon.$_{k1}$ *Hell.* hep. hydrog.$_{srj2}$ *Hyos.* *Lach.* lil-t. limest-b.$_{es1}$ *Med.*$_{k1,rb2,*}$ merc. morph.$_{br1}$ *Nat-m.* neon$_{srj5}$ **Nux-m.** nux-v.$_{bg2}$ oena. ol-an. olnd.$_{bg2,j5}$ **Op.** *Ph-ac.* *Phos.* phys. puls.$_{bg2}$ rheum$_{bg2,rb2,*}$ sabad.$_{bg2}$ sang.$_{rb2}$ sars.$_{rb2}$ sep.$_{bg2}$ sil. squil. **Stram.** *Sulph.* thuj. valer. *Verat.* *Visc.* zinc.$_{bg1,bg2,*}$ zing.$_{vh}$ ziz.$_{bg1,bg2,*}$
☞ *Bewußtlosigkeit - Traum / Gedanken - überlegt / Gedanken versunken / Geistesabwesend / Geistesabwesend - verträumt / High / Meditieren / Phantasien - versunken / Selbstbetrachtung / Sitzen - Neigung - versunken / Unaufmerksam / Unwirklich / Unwirklich - alles / Vergeßlich / Verwirrung - Traum / ☐ Gesicht - Ausdruck - ausdruckslos / ☐ Schwindel - Nachdenken*
- **tagsüber**: ars. elaps
- **nachts**: nat-c.
- **flieht** in eine Welt der Träume, in eine Traumwelt: anh.$_{jl}$
- **Mittagessen**, nach dem: nux-m.$_{c1}$
- **schön**: absin.$_{kr1}$
- **tagsüber** geschehen ist; träumte alles, was: lach.$_{rb2}$
- **Zukunft**, von der: *Staph.*$_{kr1}$
  - **poetischen** Zukunft, von einer: olnd.

Traurige Geschichten greifen stark an
☞ *Schreckliches*

Traurigkeit (= Niedergeschlagenheit, Verzagtheit, Depression, Schwermut, Melancholie): *Abies-n.* abrot. acal. acet-ac. achy.$_{jl}$ **Acon.** acon-f.$_{a1}$ act-sp. adam.$_{srj5}$ adlu.$_{jl}$ adon.$_{sf1}$ *Aesc.* aeth.$_{j5}$ aether$_{a1}$ agar. agav-t.$_{jl}$ *Agn.* ail. alco.$_{a1}$ alf.$_{bro1}$ all-c. all-s.$_{a1}$ allox.$_{sp1}$ aloe *Alum.* alum-sil.$_{k2}$ alumn. am-br.$_{sf1}$ *Am-c.* *Am-m.*$_{c2,k}$ *Ambr.* *Aml-ns.*$_{kr1}$ ammc. amph.$_{a1}$ *Anac.* anan. androc.$_{srj1}$ androg-p.$_{bnj1}$ ang.$_{h}$ anh.$_{jl}$ *Ant-c.* ant-o.$_{c1}$ anthraco.$_{a1}$ apis apoc. arag.$_{br1}$ aran. aran-ix.$_{jl,mg1,*}$ *Arg-met.* *Arg-n.* *Arist-cl.*$_{jl,mg1,*}$ *Arn.* **Ars.**$_{c2,k}$ **Ars-i.** ars-met.$_{kr1}$ ars-s-r.$_{kr1}$ arum-d.$_{a1,kr1}$ arum-m.$_{kr1}$ arum-t. *Asaf.* asar. asc-t.$_{kr1}$ astac.$_{kr1}$ aster. astra-e.$_{jl}$ atis.$_{bnj1}$ atro.$_{a1,kr1}$ *Atro-s.*$_{hr1}$ **Aur.**$_{c2,k}$ aur-i.$_{k2}$ **Aur-m.** *Aur-s.*$_{k1,st}$ aza.$_{jl}$ *Bamb-a.*$_{stb2}$ bapt. bar-act.$_{a1}$ *Bar-c.* bar-i.$_{k2}$ *Bar-m.* *Bell.* benz-ac. berb. boerh-d.$_{bnj1}$ bol-la. borx.$_{a1}$ bov. bran.$_{j}$ brass-c.$_{rcb1}$ brass-n-o.$_{srj5}$ *Brom.* *Bry.* *Bufo* bufo-s.$_{a1}$ buni-o.$_{jl}$ but-ac.$_{bro1}$ cac.$_{c1}$ *Cact.*$_{c2,k}$ cadm-met.$_{jl,mg1}$ caesal-b.$_{bnj1}$ caj.$_{a1}$ calad. **Calc.**$_{c2,k}$ calc-act.$_{a1}$ **Calc-ar.** *Calc-f.* **Calc-i.**$_{k2}$ *Calc-p.* **Calc-s.** calc-sil.$_{k2}$ *Camph.* camph-br.$_{c1,c2}$ cann-i. *Cann-s.* *Canth.* *Caps.* carb-ac.$_{a1,kr1,*}$ **Carb-an.** *Carb-v.* carbn-o.$_{a1}$ **Carbn-s.** carc.$_{jl2}$ card-m. carl. cass.$_{a1}$ castm. **Caust.** cecr.$_{jl}$ cedr.$_{a1}$ cench.$_{k2}$ **Cham.** *Chel.* chim.$_{a1}$ **Chin.** chin-b.$_{kr1}$ *Chinin-ar.* *Chinin-s.* *Chlol.*$_{kr1}$ chlor.$_{a1}$ chloram.$_{jl}$ chlorpr.$_{jl}$ choc.$_{srj3}$ chr-ac.$_{kr1}$ *Cic.* **Cimic.**$_{c2,k}$ *Cina*$_{bg2,k1}$ cinnb. *Clem.* cob. cob-n.$_{jl,mg1,*}$ coc-c.$_{bg2,k2,*}$ coca *Cocc.* coch. *Coff.* *Colch.* *Coloc.* *Con.*$_{c2,k}$ conch.$_{j}$ convo-d.$_{a1}$ convo-s.$_{jl,sp1}$ cop.$_{kr1}$ *Corn.* cortico.$_{jl,sp1}$ cortiso.$_{jl}$ cot.$_{a1}$ *Croc.* **Crot-c.** *Crot-h.* crot-t. cund.$_{a1,kr1}$ *Cupr.* *Cupr-act.*$_{j5,kr1,*}$ cupr-ar.$_{a1}$ *Cur.* *Cycl.* cypr.$_{c1,c2}$ cyt-l.$_{jl,mg1,*}$ *Daph.*$_{j5,kr1}$ der.$_{a1}$ *Dig.* *Dios.*$_{kr1}$ dirc.$_{br1,c1}$ *Dros.* *Dulc.* echi. elae.$_{a1}$ elaps elat.$_{c1}$ ergot.$_{jl}$ erig.$_{a1}$ ery-a.$_{kr1}$ esp-g.$_{jl,kk1}$ eug. euon.$_{bro1}$ eup-per. eup-pur. euph. euphr. fago.$_{a1}$ fagu.$_{a1}$ **Ferr.** *Ferr-ar.* **Ferr-i.** ferr-m.$_{kr1}$ *Ferr-p.* ferul.$_{a1}$ fic-r.$_{mg1}$ fl-ac. flav.$_{jl}$ flor-p.$_{jl}$ form.$_{a1}$ frax.$_{st}$ gad.$_{a1}$ gamb. **Gels.** germ-met.$_{srj5}$ gink-b.$_{sbd1}$ glon. goss.$_{st}$ gran.$_{a1,j5}$ **Graph.** *Grat.* guaj. guat.$_{jl}$ haem. haliae-lc.$_{srj5}$ halo.$_{jl}$ ham. **Hell.**$_{c2,k}$ helo-s.$_{c1}$ *Helon.* *Hep.* hera.$_{a1,j5}$ **Hipp.**$_{c2,k}$ hir.$_{jl,mg1}$ hist.$_{jl,mg1,*}$ *Hura* *Hydr.* hydr-ac.$_{j5,kr1,*}$ hydrc. hydrog.$_{srj2}$ hydroph.$_{jl}$ **Hyos.**$_{gl1,k1,*}$ hyper. hypoth.$_{jl}$ iber.$_{a1,kr1}$ **Ign.**$_{c2,k}$ ind. *Indg.* indol.$_{bro1}$ **Iod.**$_{c2,k}$ *Ip.* iris jac-c.$_{a1}$ jug-c.$_{kr1}$ kali-act.$_{a1}$ *Kali-ar.*$_{c2,k}$ kali-bi. **Kali-br.** *Kali-c.* kali-chl.$_{a1,k,*}$ kali-fcy.$_{a1,kr1}$ *Kali-i.* *Kali-m.*$_{k2}$ kali-n. **Kali-p.**$_{c2,k}$ kali-s. kalm. kreos. kres.$_{mg1}$ **Lac-c.** *Lac-d.* **Lach.** lachn. lact. lact-v.$_{a1}$ lam. lapa.$_{a1}$ lat-m.$_{sp1}$ lath.$_{br1,c1}$ *Laur.* *Lec.* led.$_{bg2,h}$ lepi.$_{a1}$ **Lept.** lil-s.$_{a1}$ **Lil-t.** *Limest-b.*$_{es1}$ lipp.$_{a1}$ lith-c.$_{bg2,sf1}$ lob. lob-e.$_{c1}$ *Lob-s.*$_{c1,kr1,*}$ luf-op.$_{mg1}$ luna$_{kg1}$ lup.$_{j5}$ **Lyc.** lycps-v. lyss.$_{a1,kr1}$ m-arct.$_{j5}$ m-aust.$_{j5}$ macro.$_{a1,c1,*}$ mag-c. mag-f.$_{mg1}$ mag-m. mag-p.$_{sf1}$ mag-s. *Manc.* *Mand.*$_{jl,mg1,*}$ *Mang.* med. meli.$_{c1}$ meli-xyz.$_{c2}$ menis.$_{a1}$ meny. meph.$_{jl}$ **Merc.**$_{c2,k}$ *Merc-aur.*$_{bg2,sf1}$ *Merc-c.* *Merc-i-f.*$_{a1,kr1}$ *Merc-i-r.* merl. methys.$_{jl}$ **Mez.** *Mill.*$_{kr1}$ mit.$_{a1}$ moly-met.$_{jl}$ morph.$_{k2}$ mosch. *Mur-ac.* **Murx.** *Mygal.* myric. nabal.$_{a1}$ *Naja* **Nat-ar.** nat-br.$_{a1}$ **Nat-c.** nat-f.$_{jl}$ nat-hchls.$_{a1}$ **Nat-m.** nat-n.$_{sf1}$ *Nat-p.* **Nat-s.** nat-sal.$_{c1}$ neon$_{srj5}$ nep.$_{jl,mg1,*}$

Traurigkeit: ...

nicc. **Nit-ac.** nux-m. *Nux-v.* oena.a1 *Ol-an.* olnd. onop.jl **Op.**gl1,k1,* orig.a1 ox-ac.k2 oxyt. palo.jl parathyr.jl paull.a1 ped.c1 pen.a1 penic.jl perh.jl peti.a1 *Petr. Ph-ac.* phel. phenob.jl,srb2 *Phos. Phyt.* pic-ac. picro.a1 pin-s.a1 plan. **Plat.**c2,k *Plb.* plb-act.bro1 plb-xyz.c2 plect.a1 plumbg.a1 pneu.jl podo.k,k2 polyg-h.kr1 polyp-p.a1 prot.jl prun. psil.jl **Psor.** ptel. **Puls.** puls-n.a1 pyrog.bg2 pyrusa1 quer-r.c1 rad-br.br1,bro1 ~~rad-met.bro1,xxx~~ ran-b.a1,k2 ran-s. raph. rauw.jl,sp1 reser.jl rham-f.a1 rheum rhod. **Rhus-t.** *Rhus-v.* rib-ac.jl rob. rumx. *Ruta* sabad.c2,k *Sabin.*k1,st sacch.a1 sal-ac.kr1 sang. sanic.c2,k santin.a1 sapin.a1 sarcol-ac.bro1 saroth.jl,mg1 sarr. sars.c2,k scut.c1 sec. *Sel.*j5,k2,* senec. senec-j.c1 seneg. **Sep.** sieg.mg1 *Sil. Skat.*br1 sol-br.dsa1 sol-crl.bro1 sol-o.a1 sol-t-ae.a1 *Spig.* spira.a1 *Spong.* squil.j5 **Stann.** stann-i.sf1 *Staph. Still. Stram.* stront-c. **Stry.**k1,st *Sul-ac. Sul-i.*k2 sulfa.sp1 sulfonam.jl **Sulph.** sumb.a1 *Syph.*bg2,k2,* *Tab.* tarax.bg2,jl,* *Tarent.*k1,vh,* tell. *Ter.*k1,st tere-ch.jl thal.c1,jl theaa1 ther.k2,st thiop.jl **Thuj.** thymol.jl,sp1 thyreotr.jl til. tong.a1,j5 tril-c.a1 tril-p. trinit.br1 trios.jl *Tub.*bg1,k2,* tub-r.jl,srb2 ulm-pra.rcb1 upa.a1 *Uran-met.*vh,vh/dg *Uran-n.*k1,st ust. v-a-b.jl,srb2 valer. ven-m.jl **Verat.**c2,k *Verat-v.* verb. vesp.a1,kr1 vib. *Vinc.*a1,j5 viol-o.bg2,j5,* viol-t. *Vip.*j5 vip-a.jl *Visc.* wildb.a1 wye.k2 x-rayjl,sp1 xan. yuc.a1 **Zinc.** **Zinc-p.**k2 zing. ziz.

☞ *Brütet / Delirium - traurig / Entmutigt / Entschlossenheit - düster / Ernst / Erregung - Traurigkeit / Furcht - Traurigkeit / Kummer / Kummer - still - Liebe / Seufzen / Suizidneigung - Traurigkeit / Untröstlich / Verweilt - vergangenen / Verzweiflung / Weinen / Weinen - traurig - Gedanken / ❑ Frost - Traurige*

– **tagsüber**: agn.a1,k ant-c.h,k,* bov.a1 cact.a1 calc-s.a1 calc-sil.k13,k2 cench.k13,k2 cerv.a1 dros. kali-p.k2 lyss.hr1,kr1 nat-m. paull.a1 phel. stann. staph.a1 sul-ac. sulph.hr1,k zinc.

– **Tag** und Nacht: *Caust.* kali-p.k2 sulph.j5
- **Diarrhoe** am Morgen; mit: lil-t.
- **Weinen**, mit: *Caust.*

– **morgens**: agar. aloe *Alum.*hr1,k alumn. am-c.a1,k amph.a1 anac.hr1,k ant-c. apis arag.br1 arg-met. arg-n. *Aur.* aur-s.k13,k2 bar-c. bar-m. bruc.j5 calad. calc.h,k,* calc-s.k2 calc-sil.k13,k2 cann-i. cann-s.a1 canth. *Carb-an.*h,k,* castm. caust.a1,k coc-c.br1 colocin.a1 con.h,k,* cop.a1,k cycl.a1 dulc.a1,k graph. hep. hura hydrog.srj2 hyper.a1,k kali-c. kali-p. kali-s. kali-sil.k13,k2 kreos. **Lach.**hr1,k,* lil-s.a1 *Lyc.*j5,k mag-m. mag-p. mag-s. manc.a1,k mur-ac. myric.a1 naja *Nat-s.* neonsrj5 nicc. *Nit-ac. Nux-v.* ol-an.a1,k op. *Petr.*a1,k *Phos.*a1,k *Plat.*a1,k plb. *Puls.*a1,k rhus-t.a1,k sarr. sars. sep.a1,k sil. sul-ac.a1,k sulph. tarax. vichy-g.a1 zinc.a1,k zinc-p.k13,k2
- **amel.**: carb-an.h,k,* graph.

⬖ **abwechselnd** mit:
- **Fröhlichkeit**:
  - **abends**
    ☞ *Froh - abends - abwechselnd mit - Traurigkeit - morgens*

– **morgens - abwechselnd** mit: ..
- **Lustigkeit**:
  - **abends**
    ☞ *Lustig - abends - abwechselnd mit - Traurigkeit - morgens*
- **Aufstehen**, nach dem:
  - **amel.**: sep.
- **Bett**, im: dulc.a1
- **Erwachen**:
  - **beim**: **Alum.** alum-p.k13,k2 ars.a1,k bamb-a.stb2 bar-c. bruc.j calc-s.k2 carb-an.h,k,* cop.a1,k granit-m.es1 haliae-lc.srj5 ign.a1,k kali-c. kali-p. **Lach.** *Lyc.* nit-ac. petr.j ph-ac. phos. plat.h,k1 *Sep.* tarax. tarent.a1,k verat. xan.
  - **nach**: anac.a1,k ant-c.a1,k cop.a1,k hipp.a1,k nit-ac. nux-m.a1,k phel.a1,k ptel.a1,k thuj.a1,k

– **vormittags**: alum. am-c. ant-c.h,k,* apis arg-met. arg-n.a1 *Cann-s.*h,k,* graph.j5 nux-m.j5,k phel.j5 rhus-r.a1 sars.h,k1 sel.jl,jl3 thuj.
- **amel.**: graph. raph. sars.
- **9** - 12 h: alumn.

– **mittags**: canth. caust.a1,k phys.a1 sarr.a1,k *Zinc.*

⬖ **abwechselnd** mit:
- **Fröhlichkeit** am Abend
  ☞ *Froh - abends - abwechselnd mit - Traurigkeit - mittags*

– **nachmittags**: aeth.a1,k alum. alum-p.k13,k2 amyg.a1 ant-t.a1,k bamb-a.stb2 calc-s.a1,k carb-an.h,k,* carl.a1,k castm. *Chinin-s.* cimic.a1,k coc-c. *Cocc.*h,k,* con. cop.a1,k dig. echi. *Graph.*a1,k grat.a1,k hydr-ac.a1,k ign. iod.h,k1 mang.a1,k mur-ac. myric.a1,k nicc.a1,k ol-an. op. *Phos.*a1,k plat. puls-n. rhus-r.a1,k ruta sulph. tarent.a1 thuj.a1,k *Zinc.*j5,k zinc-p.k13,k2
- **amel.**: agar. *Cann-s.* rhus-r.a1
- **16** h: bamb-a.stb2

– **abends**: aeth. agar. alum. am-c.a1,k amyg.a1 androc.srj1 *Ant-c.*h,k,* ant-t.h,k,* arag.br1 *Ars.* ars-s-f.k13,k2 **Aur.** aur-ar.k2 **Aur-s.**k13,k2,* bamb-a.stb2 bar-c.h,k,* bov. *Calc.*a1,k calc-ar.k2 *Calc-s.*a1,k carb-an.h,k,* *Carb-v. Carbn-s.* castm. caust. colocin.a1 con. cop.a1 cycl.a1,k dig.a1,k ferr.hr1,k,* ferr-ar. ferr-p. fl-ac. gink-b.sbd1 *Graph.* *Hep.*a1,k hyper.a1,k ign.a1,k kali-ar. kali-bi.a1,k kali-c.a1,k kali-chl.a1,j5,* kali-p. kali-s. kreos.j5,k lact. *Lyc.*a1,k lyss.a1,hr1 m-arct.j5 mag-c. mag-s.j5 *Med.*vh,vh/dg murx. nabal.a1 naja nat-ar. nat-c. nat-m. nat-p.a1,k **Nit-ac.** nux-v.j5 *Phos.*a1,k *Plat.*hr1,k,* **Puls.**j5,k ran-b.sf,sf1 ran-s.hr1,k,* *Rhus-r.*a1 rhus-t. *Ruta* sel.jl,jl3 senec.a1,k seneg.a1,k *Sep.*hr1,k,* spig. stram.a1,k *Sulph.*hr1,k,* ther. *Verat.* zinc.a1,k zinc-p.k13,k2
- **amel.**: aloe am-c. bism.h,k,* calc. cann-s. carb-v. coca halo.jl ham.a1,k kali-c.jl mag-c. nicc. sulph. viol-t. *Zinc.*
- **18** h: cocaa1 dig.a1
- **21** h: phos.a1 sacch.a1

⬖ **abwechselnd** mit:
- **Fröhlichkeit**:
  - **morgens**
    ☞ *Froh - morgens - abwechselnd mit - Traurigkeit - abends*

– **abends** - **abwechselnd** mit - **Fröhlichkeit**: ...

• **tagsüber**

☞ *Froh - tagsüber - abwechselnd mit - Traurigkeit - abends*

• **Bett**, im: *Ars.* *Calc.*$_{gl1}$ *Graph.* kali-c.$_{j5}$ puls.$_{j}$ *Stram.*$_{a1,k}$ stront-c.$_{j5}$ *Sulph.* thuj.$_{a1}$

• **Dämmerung**, in der: am-m.$_{sf,sf1}$ *Ars.* ign. *Phos.*$_{hr1,k,*}$ rhus-t.

• **Essen**, beim: tarent.$_{a1}$

– **nachts**: alum.$_{j5,k}$ am-c. ammc.$_{a1}$ arn. *Ars.* *Aur.*$_{vh,vh/dg}$ bell.$_{j5}$ calc.$_{j5,k}$ camph. carb-an.$_{h,k,*}$ *Caust.*$_{hr1,k}$ dulc. *Graph.* kali-p. lach.$_{j5,k}$ lil-t. m-arct.$_{j}$ nat-c. *Nat-m.*$_{j5,k}$ *Phos.* plat. puls-n.$_{a1}$ *Rhus-t.*$_{a1,k}$

• **amel.**: am-c. tarent.

• **Mitternacht**: plat.

• **nach**: manc. ph-ac.$_{a1,h}$ phos.$_{h}$ rhus-t.

• **Bett**, im: *Ars.* graph. kali-c. lil-t. *Nat-m.* rhus-t.$_{j5}$ stram. sulph.

◇ **abwechselnd** mit:

• **Delirium**

☞ *Delirium - abwechselnd mit - Traurigkeit*

• **Ekstase**

☞ *Ekstase - abwechselnd mit - Traurigkeit*

• **Energie**; körperlicher: *Aur.* hir.$_{j1}$

• **Erregung**

☞ *Erregung - abwechselnd mit - Traurigkeit*

• **Euphorie**

☞ *Euphorie - abwechselnd mit - Traurigkeit*

• **Exzentrizität**, Überspanntheit

☞ *Exzentrizität - abwechselnd mit - Traurigkeit*

• **Fröhlichkeit**

☞ *Froh - abwechselnd mit - Traurigkeit*

• **Furcht**

☞ *Furcht - abwechselnd mit - Traurigkeit*

• **gehobener** Stimmung; mit

☞ *Gehobene - abwechselnd mit - Traurigkeit*

• **Geisteskrankheit**

☞ *Geisteskrankheit - abwechselnd mit - Traurigkeit*

• **Gleichgültigkeit**: bamb-a.$_{stb2}$

• **Heftigkeit**, Vehemenz

☞ *Heftig - abwechselnd mit - Traurigkeit*

• **Heiterkeit**

☞ *Lustig - abwechselnd mit - Traurigkeit*

• **Hochgefühl**

☞ *Hochgefühl - abwechselnd mit - Traurigkeit*

• **Hoffnung**

☞ *Hoffnung, voller - abwechselnd mit - Traurigkeit*

• **Lachen**

☞ *Lachen - abwechselnd mit - Traurigkeit*

• **Lebhaftigkeit**

☞ *Lebhaft, munter - abwechselnd mit - Traurigkeit*

• **liebevollem** Wesen; mit

☞ *Liebevoll - abwechselnd mit - Traurigkeit*

• **Lungen**; Entzündung der: gink-b.$_{sbd1}$

☞ *Gemütssymptome - abwechselnd mit - körperliche*

• **Lustigkeit**

☞ *Lustig - abwechselnd mit - Traurigkeit*

• **Manie**

☞ *Manie - abwechselnd mit - Niedergeschlagenheit*

• **Pleuropneumonie**: gink-b.$_{sbd1}$

– **abwechselnd** mit: ...

• **Possenspiel**

☞ *Possen, spielt - abwechselnd mit - Traurigkeit*

• **Redseligkeit**

☞ *Redseligkeit - abwechselnd mit - Traurigkeit*

• **Reizbarkeit**

☞ *Reizbarkeit - abwechselnd mit - Traurigkeit*

• **Ruhelosigkeit**

☞ *Ruhelosigkeit - abwechselnd mit - Traurigkeit*

• **Schüchternheit**: zinc.$_{j5}$

• **Seelenruhe**

☞ *Seelenruhe - abwechselnd mit - Traurigkeit*

• **sexuelles** Verlangen: lil-t.

• **Spannkraft**

☞ *Spannkraft - abwechselnd mit - Traurigkeit*

• **Streitsucht**

☞ *Streitsüchtig - abwechselnd mit - Traurigkeit*

• **Überschwenglichkeit**

☞ *Hochgefühl - abwechselnd mit - Traurigkeit*

• **Vehemenz**

☞ *Heftig - abwechselnd mit - Traurigkeit*

• **Verspieltheit**

☞ *Verspielt - abwechselnd mit - Traurigkeit*

• **Zärtlichkeit**

☞ *Liebevoll - abwechselnd mit - Traurigkeit*

• **Zorn**

☞ *Zorn - abwechselnd mit - Traurigkeit*

• **Zufriedenheit**

☞ *Zufrieden - abwechselnd mit - Traurigkeit*

– **Abendessen**, nach dem: nux-v.$_{a1,k}$

• **amel.**: am-c.$_{a1,k}$ clem. tarent.

– **abgelenkt** zu werden; Verlangen, von Gedanken an sich selbst: *Aur.*$_{kr1}$ camph.$_{kr1}$

– **Abkühlung**, Kaltwerden; durch: cimic.$_{k13,k2}$ *Phos.* teucr.

– **Alkoholikern**; bei: alco.$_{a1,gl1}$ cimic.$_{gl1,st}$ nat-m.$_{gl1,st}$ nux-v.$_{gl1,hr1}$ puls.$_{gl1}$ staph.$_{gl1}$

☞ *Betrunkenheit*

– **allein**:

• **verbringt** die Nacht allein, um seinen Schwermut zu verbergen: ind.$_{gt}$

• **wenn**: aeth. all-s. allox.$_{sp1}$ **ARS.**$_{k1,st}$ aur. bov. *Calc.* con. *Dros.* ferr. *Ferr-ar.* hep.$_{j}$ kali-ar. kali-c. kali-n. lyc. m-aust.$_{j5}$ mag-m.$_{j5}$ *Mez.* *Nat-m.* phos. sil. *Stram.* valer. zinc.

☞ *Gesellschaft - Verlangen / Gesellschaft - Verlangen - allein*

• **amel.**: allox.$_{j1}$

– **Alter**, im: *Aur.*$_{a1}$ esp-g.$_{a1,j1}$

– **Amenorrhoe**, bei: *Anac.*$_{kr1}$ aur.$_{kr1}$ *Caust.*$_{kr1}$ *Cycl.*$_{kr1}$ *Cypr.*$_{kr1}$ *Kali-p.*$_{kr1}$

– **ängstlich**: *Acon.*$_{j5}$ asaf.$_{hr1,j5,*}$ asar.$_{j5}$ calc.$_{j5}$ carb-an.$_{j5}$ carb-v.$_{j5}$ caust.$_{j5}$ cic.$_{j5}$ cop.$_{a1}$ *Croc.*$_{j5}$ crot-t.$_{j5}$ cupr.$_{j5}$ dig.$_{j5}$ dros.$_{j5}$ graph.$_{hr1,j5}$ hep.$_{j5}$ iod.$_{j5}$ *Kali-br.*$_{hr1,j5,*}$ laur.$_{j5}$ lyc.$_{j5}$ lyss.$_{hr1,j5,*}$ *M-arct.*$_{j5}$ merc.$_{j5}$ neon$_{srj5}$ nit-ac.$_{j5}$ **Plat.**$_{hr1,j5,*}$ rhus-t.$_{j5}$ ruta$_{j5,kr1}$ sep.$_{j5}$ spig.$_{j5}$ spong.$_{j5}$ stann.$_{j5}$ tab.$_{j5}$ thuj-l.$_{j5,jl3,*}$

– **Anstrengung**, nach: agar. *Ars.* calc. *Coca*$_{kr1}$ hypoth.$_{j1}$

• **amel.**: ferr.

• **Freien**, im: kali-c.$_{h}$

– **Arbeit** hat; nicht traurig, sofern er
☞ *Beschäftigung*
– **Arbeitslosigkeit**; bei
☞ *Stellung*
– **arbeitsscheuen** Personen; bei: berb.$_{j5}$ bov.$_{j5}$ crot-t.$_{j5}$ dros.$_{j5}$ gink-b.$_{sbd1}$ laur.$_{j5}$ mez.$_{j5}$ prun.$_{j5}$ zinc.$_{j5}$
– **Ärger**, nach: calc-p.$_{kr1}$ kali-bi. *Plat.*$_{kr1}$ *Puls.*$_{kr1}$
☞ *Beschwerden durch - Tadel / Ermahnungen - agg.*
– **Atmung**, mit erschwerter: ant-c.$_{h,k,*}$ lach. laur. *Lyc.*$_{hr1,kr1}$ sep. tab.
– **Augen**; mit geschlossenen: arg-n.$_{ptk1}$
– **Ausstrecken** auf dem Sofa; beim: hep.$_{h2}$
– **Beleidigung**; wie durch eine: *Cocc.*
– **Beschäftigung** amel.: bamb-a.$_{stb2}$
– **Besuch**
☞ *Gesellschaft / Gesellschaft*
– **Betrunkenheit**; bei: cimic.$_{st}$ nat-m.$_{st}$ nux-v.$_{gl1}$ puls.$_{gl1}$ staph.$_{gl1}$
☞ *Alkoholikern*
– **Bett** nicht verlassen; möchte das: aran.$_{hr1,kr1}$
– **Bewegung**:
• **durch**: cimic.$_{k2}$ scroph-n.$_{a1}$
– **bitter**, verbittert: calc-s.$_{a1}$
– **blickt** beim Gehen in der Straße nach unten: dios.$_{hr1}$
☞ *Angesehen - blickt / Augen - niedergeschlagenen*
◇ **abwechselnd** mit:
• **Fröhlichkeit**
☞ *Froh - abwechselnd mit - Traurigkeit - blickt*
– **Blumen**; durch den Geruch von: hyos.
– **Brennen** in der rechten Lumbalregion; durch: nit-ac.$_{h}$
– **Brüten**, Grübeln; mit: *Aur.*$_{ptk1}$
– **Bürde**, Last; wie durch eine: cere-b.$_{a1,c1}$
– **Demenz**; mit
☞ *Demenz - Traurigkeit*
– **Denken** an seine Stellung; beim: hell.$_{gl1}$
– **Diarrhoe**, bei: *Apis*$_{kr1}$ *Cocc.*$_{kr1}$ crot-h.$_{j5,kr1}$ ferr.$_{a1,kr1}$ *Gamb.*$_{kr1}$ *Lyc.*$_{kr1}$ *Merc.*$_{kr1}$
– **Diätfehler**, durch: **Nat-c.**
– **Druck** in der Gegend der Brust; durch: asaf.$_{a1}$ graph.$_{a1,k}$ sanic.$_{c1}$
– **Dunkelheit**, in der: am-m.$_{sf1}$ ars.$_{sf1}$ calc. calc-sil.$_{k2}$ camph. *Phos.* plat. rhus-t. stram.
☞ *Dunkelheit - agg. / Licht - Verlangen*
– **Eifersucht** mit Traurigkeit: *Kali-ar.*$_{kr1}$
– **Entbindung**:
• **nach**: anac.$_{ptk1}$
– **Enthaltsamkeit**, durch: bell. **Con.** hyos. stram.
– **Enttäuschung**, durch: dig.$_{a1}$
– **epileptischem** Anfall; vor: zinc.$_{sf1}$ zinc-val.$_{bg}$
• **Tag** und Nacht: art-v.$_{kr1}$
– **Erregung**:
• **nach**: ambr.$_{k2}$ cimic.$_{k2}$ con.$_{k2}$
– **Erwachen**, beim: *Alum.* bell. bufo calc-p. carb-an.$_{j5}$ cob-n.$_{jl}$ coc-c.$_{bg2}$ ign.$_{j5}$ kali-c. *Kali-p.* *Lach.* lepi. lyc. nit-ac. op. *Ph-ac.* plat. plb. raph. *Sep.*$_{j5}$ stront-c.$_{j5}$ tarent. thyr.$_{jl}$ x-ray$_{bro1}$
– **erzählt** hat amel.; nachdem er es jemandem: alum-sil.$_{k2}$

– **Essen**:
☞ *Verdauung*
• **vor**: mag-m.
• **beim**: sep.
• **nach**: alum. *Anac.*$_{hr1,k,*}$ ant-c.$_{c1}$ *Arg-n.*$_{hr1,k}$ *Ars.*$_{h,k,*}$ asaf.$_{a1,k}$ bar-c. canth. caust. cham. *Chin.*$_{hr1,k}$ *Cinnb.* con. graph.$_{bg2}$ hyos. iod. mosch. *Nat-c.*$_{hr1,k}$ **Nux-v.**$_{hr1,k,*}$ ol-an. podo. ptel.$_{a1}$ *Puls.* til. zinc.$_{j5,k}$
• **amel.**: am-c. am-m. clem. kali-bi. mag-m. tarent.
☞ *Essen - nach - amel.*
• **hastiges** Essen aus Traurigkeit: sulph.$_{j5}$
– **falsch** gemacht, falsch angepackt; als habe er alles auf die: *Naja*$_{a1,kr1}$
– **Farben**:
• **purpurn**, blaurot:
• **agg.**:
• **helles** purpurn, blaurot: nat-m.$_{vk4}$
• **Abneigung** gegen:
• **helles** purpurn, blaurot: nat-m.$_{vk4}$
• **weiß**:
• **agg.**: aur.$_{vk4}$ ign.$_{vk4}$
• **Abneigung** gegen: aur.$_{vk4}$ ign.$_{vk4}$
• **Verlangen** nach weiß, was aber die Traurigkeit agg.: lach.$_{vk4}$
– **Fettleibigkeit**; mit: gink-b.$_{sbd1}$
– **Fleckfieber**; nach epidemischem: *Anac.*$_{kr1}$ *Hell.*$_{kr1,st}$
– **Fluor** amel.: *Murx.*$_{kr1}$
– **Freien**, im: aeth. con.$_{h,k,*}$ cupr. hep. *Kali-c.* mur-ac. neon$_{srj5}$ petr.$_{j5,k}$ *Ph-ac.* sabin. sep. sul-ac. sulph.
• **amel.**: arg-n. arist-cl.$_{jl,jl3}$ cann-i.$_{k2}$ carl.$_{a1}$ coff.$_{j5}$ laur.$_{j}$ nat-m.$_{k2}$ **Plat.**$_{hr1,k}$ **Puls.** rhus-t. tarent.
– **Freunde** verloren; als habe er die Zuneigung seiner: *Aur.*$_{kr1}$
– **Fröhlichkeit**, nach: carbn-s.$_{a1}$
– **Frost**:
• **vor**: *Ant-c.*
• **während**: **Acon.** alum.$_{bg2}$ am-c. *Anac.*$_{bg2}$ anthraco.$_{kr1}$ *Apis* **Ars.** bar-c.$_{bg2}$ *Bry.*$_{bg2}$ calc. camph.$_{bg2,h,*}$ cann-s. **Caps.**$_{bg2}$ carbn-s. cham. **Chin.** chinin-ar. cocc. **Con.** cupr. **Cycl.**$_{bg2,k}$ **Graph.**$_{bg2,k}$ *Hell.*$_{bg2}$ hep. **Ign.** kali-chl.$_{hr1,j5,*}$ ~~kali-m.$_{a1,xxx}$~~ lach. *Lyc.* merc. merc-sul.$_{hr1,kr1}$ *Nat-c.*$_{bg2}$ **Nat-m.** *Nit-ac.*$_{bg2,k}$ nux-v. ol-an.$_{j5}$ *Petr.*$_{bg2}$ phos. *Plat.*$_{bg2,k}$ **Puls.**$_{bg2,k}$ **Rhus-t.**$_{bg2,k}$ sacch.$_{a1}$ sel. sep. spig. *Staph.*$_{bg2,k}$ *Sulph.*$_{bg2}$ verat.
– **Frühstück**, nach dem: con.$_{h}$ nat-s.$_{k2}$
– **Furcht**, durch: cimic.$_{k2}$
– **Gehen**:
• **amel.**: cop.$_{a1,k}$ hist.$_{jl,jl3}$
• **während** und danach: acon. con. tab. ther. thuj.
• **Freien**, im: ant-c. calc. coff. *Con.*$_{gl1,k1,*}$ *Cupr.* hep. kali-c. nux-v. petr. *Ph-ac.* rhus-t.$_{j5}$ *Sep.* sulph. tab.
• **amel.**: cann-i.$_{k2}$ plat. *Puls.* *Rhus-t.*
• **nur** beim Gehen:
• **länger** er geht, desto schlechter geht es ihm; je: *Ph-ac.*
• **stillstehen** oder sich hinsetzen; muß: cupr.

– **geistiger** Anstrengung, nach: *Ars.*hr1,kr1 asar.jl,kr1 *Kali-p.*hr1,kr1 *Nat-m.*hr1
– **Geld**:
• **Geldprobleme**, finanzielle Probleme; über: mez.ptk1 psor.ptk1
• **Geldverlust**; nach: ars.kr1
☞ *Beschwerden durch - Geldverlust*
– **Geräusche**, durch: ant-c. nat-c.k13,k2 phos.
☞ *Empfindlich - Geräusche*
– **Geringschätzung**; durch unverdiente: *Arg-n.*hr1,k
☞ *Wahnideen - kritisiert*
– **Geschäft**; beim Denken an das: mez.k2 *Puls.*a1,k syph.st
– **Geschichten**, durch traurige: **Cic.**h,k,*
☞ *Schreckliches*
– **Geschmack**:
• **bitterem** Geschmack im Mund; mit: irisa1
– **Gesellschaft**:
• **amel.**: bov.
☞ *Gesellschaft - Verlangen - allein*
• **agg.**: euph. *Lyc.*kr1
• **Abneigung** gegen Gesellschaft, Verlangen nach Einsamkeit: adam.srj5 alum.j5 aur.j5 bamb-a.stb2 *Con.*j5,sf1 cupr.j5 gink-b.sbd1 *Helon.*j5,sf1 *Led.*j5,kr1 murx.j5 nat-c.j5 nat-m.j5,sf1 rhus-t.j5
• **Verlangen** nach Gesellschaft: stram.gl1,j5
– **Gespräch**:
• **amel.**: *Lac-d.*kr1
• **während**: lac-d.c1
– **Gesundheit**, über seine: acon.hr1,kr1 *Sep.*hr1,kr1,* staph.hr1,kr1
☞ *Krankheit*
– **getröstet** werden; kann nicht: ars.kr1
☞ *Trost - agg.*
– **Gewitter** amel.: sep.
– **glücklich** sind; wenn er sieht, daß andere: cic.a1 hell.a1,h helon.
☞ *Eifersucht / Neid*
– **grundlos**: androc.srj1 bamb-a.stb2 *Bry.*a1 cact.a1 calc.h,hr1,* *Calc-sil.*k13,k2 caust.hr1 cench.k13,k2 gink-b.sbd1 marb-w.es1 nat-m.ptk1 ped.a1 phos.a1,k rhus-t.k13,k2 sep.h staph.a1,ptk1 sulph.h,k1 tarent.a1,k
– **Hämorrhoiden**, nach unterdrückten: caps.st
– **Haus**, im: *Plat.*a1,kr1 **Rhus-t.**a1,kr1
• **Eintreten**, beim: plat.a1 tarent.a1
• **treibt** aus dem: laur.j5
– **Hautausschlag**, mit unterdrücktem: *Psor.*kr1 **Sulph.**kr1,st
– **Heißhunger**, mit: *Nat-m.*hr1,kr1
– **Herzens**; durch Beschwerden des: cact.br1 crat.gm1 lyc.h
– **Hitze**:
• **während**: **Acon.** aesc. ail.k2 *Ant-c.*kr1 apis aran.kr1 arg-n. **Ars.** ars-s-f.k2 *Bell.* *Bol-la.*kr1 bry. *Calc.* calc-ar.k2 calc-sil.k2 carbn-s. chin. chinin-ar. coca cocc. *Con.* *Dig.* *Elat.*kr1 *Eup-per.* *Gels.*kr1 graph. hipp. ign. *Ip.*kr1 kali-ar. lyc. nat-ar. *Nat-c.* **Nat-m.** nat-p. nat-s. *Nux-m.* op. *Petr.* ph-ac. *Phos.* plat. psil.ft1 puls. *Rhus-t.* *Samb.*kr1

– **Hitze - während**: ...
sep. *Sil.* *Spong.* stann. staph. stram. sulph. tarent. vip.
• **nach**: lob-e.c1
– **Hitzewallungen**, bei: nat-c.h
– **Hochgefühl**; nach: myric.hr1,kr1 plat.gl1,kr1 ziz.hr1,kr1,*
– **Husten**, nach dem: iod. sep.
– **Impotenz**, mit: *Agn.*br1 *Aur.*hr1,kr1 *Calad.*hr1,kr1,* *Gels.*hr1,kr1 **Kali-br.**hr1,kr1 *Spong.*hr1,kr1
– **Jucken**, durch: **Psor.**
– **Kindern**, bei: abrot.st *Ars.* aur.gk *Calc.* carc.fb,tp1 caust. *Lach.* lyc.h rhus-t. sulph.
– **Klagen** amel.: tab.
☞ *Klagen*
– **Kleinigkeiten**, um: agar.a1,k bar-act.a1 bar-c. cocc. *Dig.* *Graph.*a1,k mez. saroth.jl,jl3
☞ *Kleinigkeiten*
– **Koitus**, nach: *Agar.*sf,sf1 calc. cedr.hr1,kr1 con. *Nat-m.* sel.sf,sf1 *Sep.* *Staph.*k,vh/dg sulph.ptk1
– **Kopfschmerzen**, bei: agar.h,k1 *Agn.*hr1,kr1 aloebro1 *Arg-n.*bro1 ars.j5 aur.hr1,kr1,* caust.hr1,kr1 cimic. cod.hr1,kr1 con.h,k1 crot-h.a1,k *Dulc.*hr1,kr1,* **Guar.**hr1,kr1 *Ign.*bro1 indol.bro1 irisbro1,kr1,* kali-c.hr1,kr1 lac-d.bro1 *Lachn.*hr1,kr1 lil-t.hr1,kr1 merl.hr1,kr1 naja nat-c.hr1,kr1 nat-m.k13,k2 ol-an.st phos. pic-ac.bro1 *Plb.*hr1,kr1 ptel.hr1,kr1 *Puls.*bro1 sarr.hr1,kr1 *Sars.*bro1 sel.c1 *Sep.*hr1,kr1 stann.hr1,kr1 *Ter.*hr1,kr1 ther. thymol.sp1 zinc.bro1
– **Krankheit**; über seine: alum.a1,kr1 cecr.jl,kr1 sin-n.hr1,kr1 *Sulph.*hr1,kr1 syph.hr1,kr1
☞ *Gesundheit*
– **Kränkung**, nach: *Ign.*hr1,kr1 *Puls.*kr1
– **Kummer**, nach: am-m.hr1,kr1 *Aur.*hr1,kr1 aur-m.kr1 *Ign.*hr1,k2,* *Nat-m.*hr1,kr1 *Ph-ac.*hr1,kr1
– **Lachen**:
☞ *Lachen - traurig*
• **nach**: plat.
• **unwillkürlichem**, mit: *Phos.*kr1
– **Licht**:
• **sanftes** oder farbiges Licht; durch: nat-s.k2
– **Liebe**; durch enttäuschte: *Aur.*kr1 **Aur-m.**vh,vh/dg bell.gl1,kr1 dig.ptk1 *Hyos.*kr1 **Ign.**k2,kr1 **Nat-m.**kr1,vh/dg *Ph-ac.*vh,vh/dg
☞ *Beschwerden durch - Liebe / Brütet / Schmollen / Seufzen / Untröstlich / Verweilt - vergangenen / Verzweiflung / Verzweiflung - Liebe / Weinen - kann / Weinen - traurig - Gedanken / ❑ Weibliche Genitalien - Menses - unterdrückt / ❑ W~ Menses - unterdrückt - Liebe*
– **Liegen**:
• **amel.**: mang.k2
– **Mädchen**; bei:
• **Pubertät**; vor der: *Ars.* calc-p. *Hell.* *Lach.*
☞ *Pubertät*
– **Magens**; mit Beschwerden des: ing.br1
– **Masturbation**, durch: agar. *Aur.*hr1,kr1 calad. cocc. *Con.* *Gels.*k,vh/dg ham. *Nat-m.* nat-p. nux-v. **Ph-ac.** *Plat.* sars. sil. *Staph.*k,vh/dg sulph. *Tarent.*hr1
– **Menopause**; während der: anac.jl,sf1 *Arg-met.*vh,vh/dg arg-n.kr1,sf1,* arist-cl.jl,sf1 *Aur.*kr1,sf1,* *Aur-m.*sf1,st buth-a.jl,sf1 *Cimic.*sf1,vh,* *Con.*sf1 hydroph.jl,sf1 ign.sf1 *Kali-br.*kr1,sf1 *Lach.*sf1

– **Menopause**; während der: ...
lil-t.sfl magn-gr.sfl,st manc.sfl,st nat-m.sfl penic.jl,sfl *Psor.*al,krl,* puls.sfl **Sep.**sfl,vh,* **Sulph.**sfl,st *Tab.*krl,sfl,* *Verat.*krl,sfl,* zinc.sfl
– **Menses**:
• **vor**: acon.hrl,krl am-c. aur.brol,krl bamb-a.stb2 bell. berb.al,k brom.hrl,k *Calc.* carl.al *Caust.*h,k,* *Cimic.*brol cocc.brol *Con.* cycl. ferr.al,k ferr-p. gink-b.sbdl hell.brol,k helon.brol *Ign.*brol irisvh lac-c. lac-d. *Lyc.*hrl,k,* manc.al,k *Murx.*hrl,k nat-c.brol **Nat-m.**hrl,k neonsrj5 *Nit-ac.*hrl,k phos. plat.brol psor.st **Puls.** sabalcl *Sep.*hrl,k **Stann.** stram. tub.bgs *Verat.* vesp.al,k vip-a.jl xan.
☞ *Menses - vor; Gemütssymptome*
• **während**: am-c.hrl,k,* aur. berb.al,k brom. cact. calc. *Caust.*hrl,k cimic. cop.al,k cur.hrl,k,* *Cycl.*st ferr.al,k graph. ign. *Lac-c.*hrl,krl,* lac-d. lyc.sf,sfl macro.st mag-m.al,k merc.hrl,k mur-ac.al,k murx.j5 nat-c. *Nat-m.*hrl,k,* nat-sil.k13,k2 nit-ac. *Petr.*hrl,k plat. plb. *Puls.*hrl,k senec. *Sep.*hrl,k,* sil. stann.sf,sfl *Tab.*hrl,kl,* thuj. zinc.
☞ *Menses - während; Gemütssymptome*
• **agg.**: *Cycl.*st macro.st
• **amel.**: arist-cl.jl,jl3 *Cycl.*al,k *Lach.* macro.al *Stann. Zinc.*
• **Menarche**: hell.
• **nach**: alum. chin. *Ferr.*hrl,k,* hell.hrl,krl sapin.al sil. ust.
☞ *Menses - nach; Gemütssymptome*
• **unterdrückt**: ars. aur. aur-ar.k2 calc. chen-a.hrl cimic. *Con.*hrl,k croc. cycl.hrl,k nat-m. nux-m. nux-v. ph-ac. phos. puls. *Rhus-t.*hrl,krl sep. sil. staph. sulph.
• **verzögerte**; durch: **Kali-p.**hrl,krl *Lyc.*hrl,krl
– **Milch**; nach Versiegen der: agn.sfl
– **Mittagessen**; nach dem: *Ars.* canth.al *Nat-c.*hrl,krl *Nux-v.*al,k til.al,k zinc.al
– **Musik**:
☞ *Musik - agg. / Musik - amel.*
• **durch**: *Acon.*hrl,k *Ambr.*brol cham. *Dig. Graph. Kreos.* lyc.al,k *Nat-c.* nat-m.k2 nat-p. *Nat-s.*hrl,k,* nux-v. phos. *Sabin.* sep. tarent.al,k thuj.
• **traurige** Musik amel.: mang.al,k
– **Nasenbluten**; nach: puls.
– **periodisch**: *Ars.* asar.jl,jl3 *Aur.*al,k *Con.*hrl,k cop.al,k kali-ar.hrl,krl plat.j5 puls.sf,sfl sel.sf,sfl sulph.hrl,krl toxo-g.jl2
• **Tag**:
• **zweiten** Tag; jeden:
◇ **abwechselnd** mit:
• **Fröhlichkeit**
☞ *Froh - abwechselnd mit - Traurigkeit - periodisch - Tag*
• **dritten** Tag; jeden: kali-ar.krl
• **Woche**:
• **zwei** Wochen; alle: *Con.*
– **Pollutionen**; durch: agar.krl aur.jsa,k *Calad.*krl *Con.*krl *Cypr.*krl dig.jsa,k dios.jsa,k *Ery-a.*krl ferr-br.sfl ham.jsa,k **Kali-br.**krl med.krl nat-c.h *Nat-m.*krl nat-p.jsa,k **Nux-v.**jsa,k ph-ac.jsa,k *Puls.*jsa,k sang.jsa,k sars.krl *Sep.*krl sulph.krl ust.jsa,k zinc.ptk
– **Pubertät**; in der: ant-c.st *Ars.*st aur.sf,sfl,* *Calc.*st caust.st *Graph.*sf,sfl,* *Hell.*hrl,krl,* helon.sf,sfl,* *Lach.*st manc.brl,st *Nat-m.*bg2,sfl,* rhus-t.st sulph.st
☞ *Mädchen - Pubertät*
– **Quecksilber**; nach Mißbrauch von: **Aur. Aur-m.** *Hep. Nit-ac.* staph.
– **Redseligkeit**, Geschwätzigkeit; nach: aran-ix.jl,jl3
– **Reizbarkeit**; mit: gink-b.sbdl
– **religiös**
☞ *Religiös - Melancholie*
– **ringt** die Hände: ars.hrl,krl *Asar.*vh,vh/dg puls.j sulph.j5
☞ *Gesten - Hände - ringt*
– **Samenabgang**; durch
☞ *Pollutionen*
– **Schicksalsschläge**; durch: anac.j5 *Calc.*j5 caust.j5 cic.j5 con.j5 *Ign.*j5 *Lach.*j5 nat-c.j5 nat-m.j5 *Ph-ac.*j5 phos.j5 *Puls.*j5 *Rhus-t.*j5 *Sep.*j5 *Staph.*j5 *Sulph.*j5
– **Schläfrigkeit**; mit: calc.bg2,krl calc-p.hrl,krl *Corn.*hrl,krl eup-per.hrl,krl mag-p.krl,sfl,* murx.j5,krl plb.j rhus-t.j5,krl *Sil.*krl
– **schlafen** und nie wieder aufwachen; möchte: ars-met.krl
– **Schlaflosigkeit**:
• **durch** Traurigkeit; Schlaflosigkeit
☞ ❑ *Schlaf - Schlaflosigkeit - Traurigkeit*
• **mit**: ars.hrl,krl carb-an.j5,krl *Cimic.*hrl,krl gels.krl,sfl,* ign.hrl,krl kali-c.j rhus-t.j sulph.j *Thuj.*hrl,krl
– **schlechten** Nachrichten; nach: calc-p. puls.hrl,k
☞ *Beschwerden durch - schlechte*
– **Schmerz**; durch: germ-met.srj5 kali-p.brl *Sars.*j5,krl,*
• **geringsten** Schmerz; durch den: carb-v.h
– **Schock**; durch: nitro-o.al
– **schroffes** Wort; durch ein: med.krl
– **schuld**, im Unrecht; als wäre er: tarent.al
– **Schwangerschaft**; während der: bell.j chin.sf,sfl cimic. lach. *Nat-m.* nux-m.sf,sfl *Plat.*hrl,krl sanic.cl
– **schweigsam**: **Arg-n.**krl *Ars.*gl1,j5 bar-c.j5 *Cact.*sfl gink-b.sbdl ign.gl1 mag-c.krl nit-ac.j5 ph-ac.gl1 *Puls.*gl1,krl stann.krl verat.sfl
☞ *Schweigsam*
– **Schweiß**:
• **während**: *Acon. Apis* ars. ars-s-f.k2 *Aur.* aur-ar.k2 aur-s.k2 bell. *Bry. Calc.* calc-ar.k2 calc-s. carbn-s. *Chin.* chinin-ar. **Con.** graph. ign. lyc. *Nat-m.* nit-ac. nux-v. **Ph-ac.**bg2 puls. *Rhus-t.* sel. *Sep.* spig. *Sulph.* thuj.
• **nach**: lob-e.cl
– **Schwere**; mit (= Schweregefühl):
• **Beinen**; in den: calc.h,j5,*
• **Füßen**; in den: graph.j5
• **Körpers**; des: *Cedr.*krl graph.j5
– **Seufzen**; mit: androc.srj1 **Ign.**krl,vh/dg lach.gl1 nux-v.gl1
• **amel.**: *Dig.*krl lach.gl1,krl
– **sexuelle** Erregung:
☞ *Weinen - sexueller*

– **sexuelle** Erregung: ...
- **mit** sexueller Erregung: agn.$_{bro1}$ aur.$_{bro1}$ bell.$_{j5}$ cimic.$_{bro1}$ con.$_{bro1}$ lil-t.$_{bro1}$ manc.$_{st}$ nux-v.$_{bro1}$ pic-ac.$_{bro1}$ plat.$_{bro1}$

– **sexuelle** Exzesse; durch: agar.$_{sf1}$ con.$_{sf1}$
– **sexuelles** Verlangen:
- **unterdrücktem** sexuellem Verlangen; Traurigkeit nach: con.$_{vh}$

– **sitzt** in der Ecke und möchte nichts mit der Welt zu tun haben: hipp.$_{kr1}$
– **Sommer**; im: gels.$_{lp}$
– **Sonnenschein**; bei: gels.$_{lp}$ *Merc.*$_{vh,vh/dg}$ *Stram.*
- **amel.**: plat.

– **sprechen**; Abneigung zu
  ☞ *schweigsam*
– **Stellung**; nach Verlust der: *Nux-v.*$_{kr1}$
  ☞ *Beschwerden durch - Stellung*
– **still**: ars.$_{gl1}$ *Hell.*$_{hr1,kr1}$ ign.$_{a1,k}$ nux-v.$_{a1,k}$ ph-ac.$_{gl1}$ puls.$_{gl1}$ ziz.$_{hr1,kr1,*}$
  ☞ *Kummer - still*
– **Streit** mit dem Ehemann; nach: *Anac.*$_{hr1,kr1}$
– **Stuhlgang**:
- **nach**:
  - **amel.**: nat-m.$_{st}$ nux-v.$_{st}$

– **Suizidneigung**; mit: alum.$_{gl1}$ **Aur.**$_{gl1,hr1,*}$ **Aur-m.**$_{vh,vh/dg}$ calc.$_{gl1}$ caust.$_{gl1}$ chin.$_{gl1}$ cimic.$_{gl1,hr1,*}$ con.$_{gl1}$ graph.$_{gl1}$ *Hep.*$_{hr1,j5,*}$ hydrog.$_{srj2}$ ign.$_{gl1}$ med.$_{gl1,hr1,*}$ *Merc-aur.*$_{gl1,sf1,*}$ morph.$_{a1}$ naja$_{gl1,sf1}$ *Nat-m.*$_{gl1}$ *Nat-s.*$_{gl1,sf1,*}$ op.$_{a1,gl1}$ *Psor.*$_{h,hr1,*}$ ran-b.$_{gl1,hr1,*}$ rumx.$_{gl1,kr1}$ sep.$_{gl1}$ *Spig.*$_{gl1,hr1,*}$ **Staph.**$_{gl1}$ sulph.$_{gl1}$
– **Traum**; durch einen: phos.$_{a1,j5}$ plat.$_{j5}$
– **Trost**:
- **agg.**
  ☞ *Trost - agg.*

– **überflüssig**; fühlt sich: *Naja*$_{sf1}$
– **unbeschäftigt**; wenn: tarax.$_{a1}$
– **Unglück**; wie durch ein: *Calc.* chinin-s. cycl. ph-ac. phel. phos. puls. rhus-t. staph. sulph.
  ☞ *Unglücklich, bedauernswert*
– **Untätigkeit**, Müßiggang; bei: calc.$_{h}$
– **Urinieren**:
- **amel.**: eug.$_{a1,k}$ hyos.
- **gefolgt** von häufigem Urinieren; Traurigkeit: mand.$_{sp1}$

– **Verbrecher**; als sei er der größte: sabad.$_{a1}$
  ☞ *Angst - Gewissensangst*
– **Verdauung**; während der: iod.$_{h}$
  ☞ *Essen*
– **Verdruß**
  ☞ *Ärger*
– **vergangene** Ereignisse; über: luna$_{kg1}$ psil.$_{ft1}$
– **Verletzungen**:
- **durch**: *Hyper.*$_{hr1,kr1}$
- **Kopfes**; des: arn. *Cic.* con. *Nat-s.* puls. rhus-t. sul-ac.$_{hr1}$ sulph.

– **Verlust**:
- **finanziellem** Verlust; nach
  ☞ *Geld - Geldverlust*
- **Stellung**; nach Verlust der
  ☞ *Stellung*

Traurigkeit: ...
– **verweilt** in Gedanken ständig bei ihrem Zustand: *Sulph.*$_{kr1}$
– **warmen** Zimmer; im: calc. lach.$_{k2}$ *Plat.* **Puls.** rhus-t. tarent.
– **Wehen**; während der: cimic. *Ign.* lach. nat-m. puls. rhus-t. sulph. *Verat.* zinc.
– **Wein** amel.: thuj.$_{a1}$
– **Weinen**:
- **amel.**: dig. gink-b.$_{sbd1}$ med.$_{hr1,k}$ phos. tab.$_{a1,j}$
  ☞ *Weinen - amel.*
- **kann** nicht weinen
  ☞ *Weinen - kann*

– **Wetter**:
- **bewölktem** Wetter; bei: am-c.
- **klarem** Wetter; bei: *Stram.*$_{st}$
- **nassem** Wetter; bei: *Elaps*$_{kr1}$ rhus-t.$_{st}$ tub.$_{bgs}$
- **schwülem** Wetter; bei: sep.

– **Wochenbett**; im: agn.$_{sf1}$ *Anac.*$_{hr1,kr1,*}$ aur.$_{sf,sf1}$ bell.$_{sf1}$ *Cimic.*$_{sf,sf1}$ nat-m.$_{sf,sf1}$ plat.$_{sf,sf1}$ *Puls.*$_{gl1,sf1,*}$ *Verat.*$_{sf,sf1}$ verat-v.$_{bro1}$
– **Zorn**:
- **nach** Zorn: apis ars. bell. hydrog.$_{srj2}$ nux-v. petr.$_{h,k1}$ phos. plat. puls. sep.
- **durch** Zorn: aur.$_{j5}$ calc-p.$_{hr1,j5,*}$ ign.$_{j5}$ lyc.$_{j5}$ nit-ac.$_{j5}$ *Puls.*$_{hr1,j5,*}$ spig.$_{j5}$

– **Zukunft**; in bezug auf die
  ☞ *Angst - Zukunft*
– **Zunge**:
- **weißer** Farbe der Zunge nach Traurigkeit; mit: *Gels.*$_{kr1,vk1}$

Tribadie
  ☞ *Homosexualität*

Trinken; Beschwerden nach
  ☞ *Beschwerden durch - Trinken*

Trinkt mehr als sie sollte: ars.$_{h}$

Trost (= freundliche Worte):
  ☞ *Mitleid anderer - Abneigung*
– **amel.**: asaf.$_{ptk1}$ calc-p.$_{jsa,st}$ camph.$_{ptk1}$ caust.$_{gb}$ gels.$_{ptk1}$ *Hell.*$_{ptk1}$ kali-s.$_{jsa,st}$ *Phos.*$_{bg2,sf1,*}$ **PULS.**$_{k1,st,*}$ sil.$_{jsa,st}$ staph. syph.$_{jsa,st}$
  ☞ *Zuwendung*
– **agg.**: arg-n.$_{ptk1}$ arn.$_{hr1,k}$ *Ars.* aur.$_{bg2,sf1,*}$ *Bell.*$_{bg2,k,*}$ cact.$_{bg2,k,*}$ calc. *Calc-p.* calc-sil.$_{k13,k2}$ *Carc.*$_{jl2,vh,*}$ cham.$_{hr1,k}$ chin.$_{h,k,*}$ coff.$_{bg2}$ graph.$_{bro1}$ *Hell.*$_{bg2,k1}$ **Ign.**$_{bg2,k,*}$ kali-c. *Kali-p.*$_{bg2,sf1}$ kali-s.$_{bg2,st}$ kali-sil.$_{k13,k2}$ kalm.$_{bg2}$ *Lil-t.*$_{hr1,k}$ lyc. merc. **NAT-M.**$_{bg2,k1,*}$ *Nit-ac.*$_{k,k1,*}$ nux-v.$_{bg2,k}$ *Plat.*$_{bg2,k}$ sabad.$_{bg2,st}$ sabal$_{bg1,bg2,*}$ sabin.$_{bg2}$ **SEP.**$_{k1,st}$ **Sil.**$_{bg2,k}$ staph. sulph.$_{bg1,bg2,*}$ **Syph.**$_{bg2,vh,*}$ tarent.$_{a1,k}$ thuj. visc.$_{sp1}$
  ☞ *Froh - abwechselnd mit - Mitleid / Konzentration - schwierig - Unmöglichkeit / Raserei - Trost / Reizbarkeit - Trost - agg. / Tadelt sich / Traurigkeit - getröstet / Untröstlich / Weinen - Trost - agg. / Zorn - getröstet*
- **Mitleid**, Mitgefühl agg.: ars.$_{ptk1}$ *Bell.*$_{ptk1}$ cact.$_{bg2}$ *Calc.*$_{ptk1}$ coff.$_{bg3,ptk1}$ hell.$_{bg2}$ **Ign.**$_{ptk1}$ kali-s.$_{ptk1}$ nat-m.$_{bg2,ptk1}$ *Plat.*$_{ptk1}$ sabal$_{bg3,c1,*}$ sep.$_{ptk1}$ *Sil.*$_{ptk1}$ sulph.$_{bg2}$ syph.$_{bg2,ptk1}$

Trostlos; das Zimmer erscheint
☞ *Öde*

Trübsal blasen
☞ *Gleichgültigkeit / Traurigkeit*

Trunken; wie
☞ *Betäubung / Verwirrung*

Trunksucht
☞ *Alkoholismus*

Übelwollen
☞ *Boshaft / Haß*

Überaktiv: hyos.$_{bg2}$ op.$_{bg2}$ spig.$_{bg2}$ spong.$_{bg2}$ verat.$_{bg2}$ verb.$_{bg2}$
☞ *Aktivität / Geschäftig*

Überarbeitet
☞ *Beschwerden durch - geistige*

Überdruß in bezug auf das Leben
☞ *Lebensüberdruß*

Überempfindlich
☞ *Empfindlich*

Überheblich
☞ *Hochmütig*

Überkritisch
☞ *Tadelsüchtig*

Überlegen; fühlt sich
☞ *Hochmütig / Still sein / Stilles Wesen*

Überprüfen:
– **zweimal** oder öfter kontrollieren; muß alles: arg-n.$_{dgt}$ carc.$_{gb}$ caust.$_{vh}$ luna$_{kg1}$ syph.$_{vh}$
☞ *Gedanken - zwingend / Selbstkontrolle - Verlust / Vergessen - etwas*

Überschwenglichkeit
☞ *Hochgefühl / Redseligkeit - fröhlich*

Überstürzt, vorschnell, unüberlegt, unbesonnen: *Aur.*$_{k,ptk1}$ caps. cic.$_{ptk1}$ meny. puls.$_{k,kl2}$● tub.$_{ptk1}$
☞ *Empfindlich - Mangel / Gedanken - schnell / Hast / Indiskretion / Kurz / Launenhaftigkeit / Mutig / Schnell / Spontan / Sprache - hastig / Unbesonnen / Ungeduld / Ungestüm / Verwegenheit / Zudringlich*

Übertreiben: agar.$_{ptk1}$ calc.$_{ptk1}$ gent-am.$_{rcb1}$ onos.$_{ptk1}$ plat.$_{ptk1}$ stram.$_{ptk1}$
– **Symptome**; übertreibt ihre: asaf.$_{ptk1}$ cham.$_{ptk1}$ plb.$_{ptk1}$

Übertreibt die Bedeutung von Dingen
☞ *Kleinigkeiten*

Üblen Seite; nimmt alles von der
☞ *Beleidigt*

Umarmt:
☞ *Küßt*
– **alles** am Morgen, agg. im Freien: plat.
– **Gefährten**, seine: agar. plat.
• **Hände** seiner Gefährten; die: agar. anac.

Umarmt:
– **jeden**: caps. *Croc.* hyos.$_{bg2,sf1}$ kres.$_{mg1}$ mand.$_{jl,mg1}$ phos. plat.$_{kr1}$ stram. *Verat.*
◆ **abwechselnd** mit mürrischer Stimmung: croc.
– **leblose** Gegenstände, selbst: *Verat.*$_{hr1,kr1}$
☞ *Delirium - umarmt*
– **Menses**, vor den: *Verat.* zinc.
☞ *Menses - vor; Gemütssymptome*

Umgänglich, freundlich: apis$_{a1}$ hypoth.$_{jl,jl3}$
– **Feind**; gegenüber einem: alco.$_{a1}$

Umherstreifen, Streunen: lyss.$_{ptk1}$ nux-v.$_{ptk1}$
☞ *Wandern*
– **besinnungslos**, geisteskrank: bell. bry.$_{gl1}$ canth. chin.$_{gl1}$ coff. hyos. *Nux-v.* puls.$_{gl1}$ sabad. stram. verat.
☞ *Geisteskrankheit - Raserei / Impulse - laufen / Läuft*
– **eingehüllt**; im Sommer in Pelz: hyos.
☞ *Pelz*
– **nackt**: hyos.
☞ *Nackt*
– **ziellos**: arag.$_{br1}$ verat.$_{ptk1}$

Umständlich
☞ *Geziertheit*

Umweltbewußtsein:
– **vermehrt**: adam.$_{srj5}$ anh.$_{mg1,sp1}$ haliae-lc.$_{srj5}$
– **vermindert**: neon$_{srj5}$

Umziehen, die Wohnung wechseln:
– **Verlangen**, umzuziehen: hydrog.$_{srj2}$

Unabhängig: adam.$_{srj5}$ *Bell.*$_{vh,vh/dg}$ *Nux-v.*$_{vh,vh/dg}$ *Sulph.*$_{vh,vh/dg}$

Unanständig, unzüchtig: agn. androc.$_{srj1}$ apis bell. *Camph. Canth.*$_{k,k2}$ *Cub.* fl-ac.$_{bg,ptk1}$ *Hyos. Lach.* lil-t.$_{a1}$ lyss. nux-v. op. *Phos. Pic-ac. Plat.*$_{k,st}$ *Raph.*$_{a1}$ rob. stram. tarent. verat.
☞ *Ankleiden - unanständig / Delirium - erotisch / Gleichgültigkeit - Entblößung / Hysterie - lasziv / Lasziv / Nackt / Nymphomanie / Phantasien - lasziv / Schamlos / Unzüchtig / Unzüchtig - Lieder / Zügellosigkeit*
– **alten** Männern; bei: dig.$_{ptk1}$
– **Lieder**: canth.$_{k2}$ *Hyos.* op. *Stram.* verat.$_{k2}$
– **Phantasien**
☞ *Phantasien - lasziv*
– **Sprache**, anstößige: aur. *Bell.* bufo$_{gk}$ camph. chlf.$_{a1}$ cub. *Hyos. Lil-t.* nux-m.$_{j}$ *Nux-v.* phos. plat. *Stram.* **Verat.**$_{k,st}$
☞ *Schamlos*

Unaufmerksam: alum. am-c.$_{gl1}$ ambr.$_{gl1}$ asar.$_{h,k}$ bar-c.$_{hr1,k}$ bell.$_{gl1,j5}$ *Caust.* cham.$_{h,j5,*}$ coff.$_{j5}$ grat.$_{j5}$ ictod.$_{kr1}$ ind.$_{hr1,kr1}$ kali-c. merc. nat-c. olnd.$_{gl1}$ petr. ph-ac. plat. *Sep.*$_{k,k1,*}$ spig.$_{gl1,j5}$ sulph.$_{hr1,k}$ thuj.
☞ *Betäubung / Empfindlich - Mangel / Erschöpfung / Gedanken versunken / Geistesabwesend / Konzentration - schwierig / Stumpfheit / Traum / Unbesonnen / Zerstreut / Zudringlich*
– **angesprochen**, wenn: am-c.$_{gl1}$ am-m.$_{gl1}$ ambr.$_{gl1}$ bar-c.$_{gl1}$

Unaufrichtig: alco. arg-met.vh *Arg-n.*st,vh/dg *Morph.*st,vh **Op.**k1,vh,* *Verat.*
☞ *Heuchelei / Hinterhältig / Lügner / Unehrlich / Verleumden*

Unbarmherzig (= mitleidlos, skrupellos): adam.srj5 am-c.h *Anac.*bg2 androc.srj1 ars.gl1 calc.h carb-an.h carb-v.h *Cham.*bg2 chin.bg2 con.h **Dig.**gl1,k1 granit-m.es1 marb-w.es1 nat-m.bg2 nit-ac.bg2 op.bg2 plat.bg2 puls.gl1 *Sep.*bg2 staph.h sumb.a1
☞ *Gefühllos / Hartherzig / Stimmung - abweisend*

◇ **abwechselnd** mit:
- **Fröhlichkeit**
  ☞ *Froh - abwechselnd mit - Mitleid*

– **Freunden**; gegenüber: arg-met.ptk1,ptk2

Unbefriedigt
☞ *Unzufrieden*

Unbehagen: agar.a1 ammc.a1 ars.a1 asaf.a1 aur.a1 bol-s.a1 bry.a1 calad.a1,hr1 calc-p.a1 calc-s.a1 *Camph.*a1 cina a1 clem.a1 colch.a1 digin.a1 ferr.a1 form.a1 glon.a1 gran.a1 *Grat.*a1 hell.a1 hipp.a1 hydr-ac.a1 kali-bi.a1 kali-c.a1 kali-chl.a1 lach.a1 lyc.a1 mag-c.a1 morph.a1 mosch.a1 nat-c.a1 nicc.a1 op.a1 par.a1 petr.a1 plect.a1 quas.a1 rheum a1 sabad.a1 sec.a1 spira.a1 *Sulph.*a1 thuj.a1 valer.a1 zinc.a1
– **morgens**: ang.a1 cimic.a1 hipp.a1 mag-c.a1
- **Gehen**, beim: ant-t.a1 plect.a1

– **vormittags**: agar.a1 lyc.a1 mag-c.a1
– **mittags**: mez.a1
– **nachmittags**: ang.a1 mang.a1 sil.a1
– **abends**: calc.a1 coloc.a1 sabad.a1 sulph.a1
– **nachts**: nicc.a1 petr.a1 puls-n.a1
– **Baden**; nach: phys.a1
– **Essen**, nach dem: bar-act.a1 bry.a1 clem.a1 olnd.a1 ph-ac.a1 zinc.a1
- **Abendessen**, nach dem: petr.a1 seneg.a1 sil.a1
- **Mittagessen**, nach dem: crot-t.a1 iod.a1 ol-an.a1 zinc.a1

– **Farben**:
- **dunkle** Farben:
  - **agg.**: nux-v.vk4 sep.vk4
- **leuchtende**, glänzende Farben:
  - **agg.**: nux-v.vk4
- **schwarz**:
  - **agg.**: sep.vk4

– **Fisch**; nach gepökeltem: calad.a1
– **Frost**; während: ars.a1
– **Gehen**, nach dem: arg-met.a1,k caust.a1,k
– **Hitze**; während: ran-b.a1

Unbekümmert: adam.srj5 haliae-lc.srj5 ham.bg2,sf1,* laur.bg2,sf1,* nat-m.a1,bg2,* op.bg2,sf1,* phos.bg2,sf1,* sep.rb2 tarax.bg2,sf1,* zinc.bg2,sf1,*
☞ *Unbesonnen*

Unbelehrbar
☞ *Eigensinnig*

Unbesonnen: abies-c.a1,k agar.h,k agn. ail.a1,k alco.a1 *Alum.*k,k1,* alum-p.k13,k2 am-c. am-m. ambr. *Anac.* apis gl1 arn.gl1 asaf. aur-m.a1,k *Bar-c.*k,vh/dg *Bell.*k,vh/dg bov. bufo-s.a1 calad.bg2,j5 camph.gl1 cann-i.a1 cann-s. canth. carl.a1,k *Caust.* *Cham.*h,k,* cic. clem. coff. *Con.* cortico.jl,jl3 croc. cupr. cur.a1 daph.a1,k euon. *Gels.*a1,k guaj. ham.bg2,sf1 *Hell.*a1,k hep. *Hyos.*k,k1,* ign. ind.a1,hr1 kali-c. kali-sil.k13,k2 kreos. *Lach.* laur.bg2,sf1 *Lyc.* lyss.hr1 m-ambo.a1 m-arct.j5 *Merc.*h,k,* mez. nat-c. *Nat-m.* nat-p. nit-ac. *Nux-m.*a1,k nux-v.gl1,k1,* *Olnd.* *Op.*a1,k ped.a1 ph-ac.hr1,k *Phos.* plat. puls.a1 rhod. rhus-t. rib-ac.jl ruta sabad.hr1 sep. sil. spig. staph.gl1 stram.gl1 sulph.gl1 tarax.bg2,sf1 thuj. tub.bg2 valer. verat.bg2,k zinc. zinc-p.k13,k2
☞ *Empfindlich - Mangel / Enthüllt / Gleichgültigkeit / Impulse - Unbesonnenes / Indiskretion / Redseligkeit / Redseligkeit - unbesonnen / Spontan / Unaufmerksam / Unbekümmert / Ungestüm / Unordentlich / Unvorsichtig / Zudringlich / Überstürzt*
– **morgens** beim Erwachen: cot.a1
– **Geschäfte**, über: myris.a1
– **Sprechen** und Schreiben; beim: carl.a1

Unbeständigkeit: acon.h,j5,* acon-l.a1 act-sp. agar. alum.bg2,j5,* am-c.j5 *Ambr.*gl1 anh.mg,mg1 apis k2,kr1 arn.gl1 ars. asaf. bell.h bism.h,k,* borx.k2 cann-s.h,j5 canth. cimic. coff. dros. *Graph.*gl1,j5 **Ign.** **Kali-br.**hr1,kr1 lac-c.hr1,k lach. led. lyc.gl1 m-arct.c1 m-aust.j5 nat-c. nux-v.a1,bg2 olnd.h op.a1,k opun-v.a1 petr.gl1 plan. plat.gl1 sil. sphing.a1,k,* stann.gl1 stram.a1 sulph.bg2 syph.st thuj. v-a-b.c,c1 valer.k13,k2 verat.gl1 voes.a1 zinc.
☞ *Ausdauer / Launenhaftigkeit / Stimmung - veränderlich / Unentschlossenheit / Unternimmt - Vieles*
– **Gedanken**, der: alum.j5 am-c.j5 hell.j5 merc.gl1,j5 mez.j5 thuj.j5

Undankbar: ars.gl1 calc.gl1 caust.gl1 chin.gk lach.gl1 lyc.gl1 nat-m.gl1 nux-v.gl1 **Plat.**gl1 staph.gl1 *Sulph.*gl1,k2,* tarent.br1
☞ *Gleichgültigkeit - getan*
– **Geiz**, aus: bry.gl1 puls.gl1 sil.gl1 sulph.gl1
☞ *Geiz*

Unduldsamkeit: ars.gl1 bar-c.gl1 caust.gl1 choc.srj3 con.gl1 ferr-p-h.c1 merc.gl1,h,* psor.gl1,st
☞ *Diktatorisch / Fanatismus / Streitsüchtig / Tadelsüchtig / Ungeduld / Widerspenstig / Widerspruch - verträgt*
– **nachmittags**: ferr-p.a1
– **angesprochen** zu werden: cham.a1 granit-m.es1
☞ *Angesprochen*
– **Ärger**, gegenüber: ferr-p.a1
– **Beschwerden**; gegenüber seinen: nux-v.a1
– **Geräuschen**, gegenüber: am-c.a1 bell.a1 chin.a1 cocc.a1,h ign.a1 ptel.a1
☞ *Empfindlich - Geräusche*
– **Hindernissen**, gegenüber: ferr-p.a1 granit-m.es1
– **Unterbrechung**, gegenüber: cham.a1 cocc.a1,h granit-m.es1
☞ *Unterbrechnung - agg.*

Unehrlich: ars.gl1,vh bry.gl1,vh calc.gl1,vh lach.gl1,vh puls.gl1,vh sil.gl1,vh sulph.gl1,vh
☞ *Heuchelei / Hinterhältig / Lügner / Unaufrichtig*

Uneinigkeit
☞ *Beschwerden durch - Uneinigkeit*

Unentschlossenheit: act-sp. adam.$_{srj5}$ *Agar. Alum.* alum-p.$_{k2}$ alum-sil.$_{k2}$ alumn. am-c. *Anac.* androc.$_{srj1}$ ang. anh.$_{mg1,sp1}$ apis *Aran-ix.*$_{mg1}$ *Arg-n.* armo-r.$_{j}$ arn. *Ars.* ars-i. asaf. aur. aur-ar.$_{k2}$ aur-i.$_{k2}$ aur-s.$_{k2}$ *Bar-act.*$_{a1,br1}$ **BAR-C.**$_{k1,st}$ bar-i.$_{k2}$ *Bar-m.* bism. bry. bufo$_{gl1}$ bufo-s. buth-a.$_{jl,sp1}$ cact. *Calc.* calc-ar.$_{k2}$ calc-f. calc-i.$_{k2}$ calc-p. calc-s. *Calc-sil.*$_{k2,st}$ camph. cann-i. cann-s. canth. *Carbn-s.* caust. cench.$_{k2}$ cham. chel. chin. chinin-s. *Chlol.* cic.$_{c1}$ cimic.$_{jl}$ cina clem. coca *Cocc.* coch.$_{a1,kr1}$ coff. coll. coloc.$_{j}$ *Con.* cortico.$_{jl,sp1}$ crot-h.$_{kr1}$ cub.$_{a1}$ cupr. *Cur.* daph. dig. dros. dulc. ferr. ferr-ar. ferr-i. ferr-m.$_{a1,j5}$ ferr-ma. germ-met.$_{srj5}$ granit-m.$_{es1}$ *Graph.* grat. guare. guat.$_{jl,sp1}$ haliae-lc.$_{srj5}$ **Hell.** hydrog.$_{srj2}$ hyos. **Ign.** iod. *Ip.* kali-ar. kali-br. kali-c. kali-m.$_{k2}$ kali-p. kali-s. *Kali-sil.*$_{k2}$ kiss.$_{a1}$ lac-c.$_{k2,st}$ lac-d. **Lach.** laur. led. *Lyc.* lyss. m-ambo.$_{h}$ *M-arct.*$_{j5}$ m-aust.$_{j5}$ mag-m. mand.$_{mg1}$ mang. *Merc. Mez.* mur-ac. *Naja* nat-c. *Nat-m.* nat-sil.$_{k2}$ nit-ac. *Nux-m. Nux-v.* **Onos. Op.** pall. **Petr.**$_{gl1,k1,*}$ *Phos.* pic-ac. plat. plb. *Psor. Puls.* rauw.$_{sp1}$ rheum rhus-r. ruta sanic. santin.$_{a1}$ scler.$_{rcb1}$ seneg. *Sep. Sil.* spig. *Stann.*$_{gl1}$ staph.$_{gl1}$ sul-ac.$_{k2}$ *Sulph.* tab. tarax. tarent. thuj. zinc. zinc-p.$_{k2}$

☞ *Ausdauer / Beeindrucken / Empfindlich - geistige Eindrücke / Empfindlich - geistiger / Entmutigt - Unentschlossenheit / Furcht - unternehmen - irgendetwas / Gedanken - zwei / Hilflosigkeit / Initiative / Launenhaftigkeit / Schüchternheit / Selbstvertrauen - Mangel / Stimmung - veränderlich / Unbeständigkeit / Unentschlossenheit / Unsicherheit / Unternimmt - Dinge / Unternimmt - fehlt / Unternimmt - Vieles / Verlangen; großes - guten / Verschiebt / Verwirrung - Identität / Verwirrung - Identität - Dualität / Widerstreit / Wille - zwei*

– **morgens**: des-ac.$_{jl}$ nat-c.$_{h}$ pall.
– **nachmittags**: hyos.
– **abends**: calc. ferr-p.$_{a1}$ m-arct.$_{j5}$ *Puls.*
– **ängstlich**: *Graph.*$_{gl1}$
– **Auswahl** von Dingen; bei der: carc.$_{az1,zzh}$
– **Entmutigung**; mit
☞ *Entmutigt - Unentschlossenheit*
– **Erwachen**, beim: lyc.$_{a1}$
– **Faulheit**; mit: puls.$_{j5}$ tarax.$_{j5}$
– **Freien**; im:
• **amel.**: asaf.$_{j5}$
– **Gedanken**, in: m-aust.$_{j5}$ nat-m. sulph. tarent.
– **Handlungen**, in: **Bar-c.** chin. hydrog.$_{srj2}$ lyc.$_{k,kl2}$● nat-c. nux-m. **Onos.** tarent.
– **heiraten**, zu: carb-v.$_{gl1}$ ign.$_{gl1}$ lach.$_{gl1,vh}$ nat-m.$_{gl1}$ nux-v.$_{gl1,vh}$ phos.$_{gl1}$ plat.$_{gl1}$ sil.$_{gl1}$ staph.$_{gl1,vh}$ verat.$_{gl1}$
☞ *Heirat - unerträglich*
– **Kleinigkeiten**, um: ars.$_{kr1,vh,*}$ **Bar-c.** ferr-p.$_{a1}$ graph.$_{ptk1}$ lyc.$_{k,kl2}$● lyss.
☞ *Kleinigkeiten*
– **Projekten**, bei: ars.$_{j5}$ asaf.$_{j5}$ **Bar-c.** bufo-s. cact. cham. *Nux-m.*$_{j5}$ rhus-r.
– **Schläfrigkeit**, bei: hyos.$_{j5}$
– **Schwäche**, bei nervöser: *Cur.*$_{kr1,st}$

Unentschlossenheit: ...
– **Trägheit**
☞ *Faulheit*
– **wankelmütig**: asaf.$_{j5}$ bism.$_{j5}$ cann-s.$_{j5}$ gink-b.$_{sbd1}$ ign.$_{j5}$ led.$_{j5}$ m-aust.$_{j5}$ nux-v.$_{j5}$ op.$_{j5}$ plat.$_{j5}$ sil.$_{j5}$ thuj.$_{j5}$

Unfreundliche Stimmung: am-c. mag-m.$_{a1,k}$ plat.$_{a1,k}$ *Psor.*$_{st}$ rauw.$_{sp1}$
☞ *Mürrisch / Reizbarkeit / Schmollen / Stirnrunzeln / Unzufrieden / Verdrießlich*

Ungeduld: achy-a.$_{bnj1}$ *Acon.*$_{bg2,k,*}$ act-sp. *Adam.*$_{srj5}$ aeth.$_{j5}$ agar-ph.$_{a1}$ alco.$_{a1}$ all-s.$_{hr1,k,*}$ allox.$_{sp1}$ ambr.$_{bg2,k,*}$ amph.$_{a1,c1}$ anac.$_{a1,k}$ *Androc.*$_{srj1}$ ant-c.$_{bro1}$ *Apis* aral.$_{bg2,sf1,*}$ *Arg-n.*$_{st,vh}$ *Ars.*$_{h,k,*}$ *Ars-h. Ars-i.* ars-s-f.$_{k13,k2}$ aster.$_{a1,k}$ aur.$_{bg2,k,*}$ aur-ar.$_{k2}$ aur-i.$_{k13,k2}$ aur-m-n. bad.$_{h}$ bamb-a.$_{stb2}$ bar-c.$_{a1,k}$ bar-i.$_{k13,k2}$ bar-s.$_{k13,k2}$ bell.$_{bg2,k}$ *Bry.* bufo *Calc.*$_{h,k,*}$ calc-f.$_{mg,mg1,*}$ calc-i.$_{k13,k2}$ calc-s. calc-sil.$_{k13,k2}$ *Carb-ac.*$_{hr1,kr1}$ carb-v.$_{h,k,*}$ **Cham.**$_{bg2,k,*}$ chin.$_{h,k,*}$ chinin-ar. choc.$_{srj3}$ cimic.$_{hr1,k}$ *Cina*$_{bg2,sf1}$ colch. *Coloc.*$_{h,k,*}$ cub. culx.$_{k13,k2}$ digin.$_{a1}$ dros. *Dulc.*$_{bg2,k,*}$ ferul.$_{a1}$ gels.$_{bg2,k,*}$ germ-met.$_{srj5}$ gink-b.$_{sbd1}$ gins.$_{a1,j5,*}$ goss.$_{st}$ graph.$_{k13,k2}$ haliae-lc.$_{srj5}$ hell.$_{a1,k}$ *Hep.*$_{a1,k}$ hist.$_{jl3,mg1,*}$ hura hydrog.$_{srj2}$ *Hyos.*$_{h,k,*}$ **Ign.**$_{bg2,k,*}$ *Iod.*$_{bg2,k}$ **Ip.**$_{bg2,k1,*}$ kali-ar. *Kali-bi.*$_{bg2,k,*}$ *Kali-c.*$_{h,k,*}$ kali-p. kali-s. kali-sil.$_{k13,k2}$ *Kreos.*$_{bg2,sf1,*}$ *Lach.*$_{bg2,k,*}$ lil-t.$_{a1,k}$ luna$_{kg1}$ *Lyc.*$_{h,k,*}$ lyss.$_{a1,k}$ manc. mang.$_{lsa1}$ *Med.*$_{bg2,k}$ meli.$_{lsa1}$ meny.$_{lsa1}$ merc.$_{bg2,k}$ mosch.$_{hr1,kr1}$ murx.$_{hr1,kr1}$ nat-ar. nat-c. *Nat-m.*$_{bg2,k}$ nat-p. neon$_{srj5}$ nep.$_{mg,mg1,*}$ nicc.$_{a1,k}$ nid.$_{jl}$ *Nit-ac.*$_{h,k1,*}$ nuph.$_{hr1,kr1}$ nux-m.$_{bg2}$ **Nux-v.**$_{bg2,k}$ onos. op. osm.$_{a1,k}$ pall.$_{a1,k}$ ph-ac.$_{bg2,k}$ *Plan.*$_{a1,k}$ *Plat.*$_{bg2,k,*}$ *Psor. Puls.*$_{bg2,k}$ pulx.$_{br1}$ rheum *Rhus-t.*$_{h,k,*}$ sang.$_{a1,k}$ sars. **Sep.**$_{bg2,k}$ **Sil.**$_{bg2,k1,*}$ spig. spong. stann. *Staph.*$_{bg2,k,*}$ *Sul-ac.*$_{bg2,k}$ sul-i.$_{k13,k2}$ **Sulph.**$_{bg2,k,*}$ tarax.$_{jl,jl3,*}$ tarent.$_{bg2,k,*}$ tax.$_{a1,k}$ thal.$_{c1,jl3,*}$ thiop.$_{jl}$ thuj. vac.$_{c1,k}$ viol-t. vip-a.$_{jl}$ wies.$_{a1}$ zinc.$_{bg2,k,*}$ zinc-p.$_{k13,k2}$
☞ *Hast / Ichbezogenheit / Ruhelosigkeit / Schnell / Spontan / Unduldsamkeit / Ungestüm / Verdrießlich / Weinen - Ungeduld / Überstürzt*
– **tagsüber**: lyss.$_{a1}$
– **morgens**: bamb-a.$_{stb2}$ dulc.$_{a1,k}$ sulph.$_{a1,k}$
– **vormittags**, 11 h: sulph.
– **mittags**: hura$_{a1}$
– **nachmittags**: nit-ac.$_{h,k,*}$ sang.$_{a1,k}$
⬖ **abwechselnd** mit:
• **Fröhlichkeit**: tell.$_{jl}$
– **Abendessen**, nach dem: nit-ac.$_{a1,k}$
– **angesprochen**, wenn: *Lil-t.*$_{vh,vh/dg}$ *Nux-v.*$_{hr1,kr1}$
– **Arbeit**; bei der: gink-b.$_{sbd1}$ *Nux-v.*$_{sf1}$ sep.$_{gl1}$
– **Entmutigung**; mit: *Calc.*$_{j5}$
– **Erwachen**, beim: *Lyc.*$_{kr1}$
– **Fahren** eines Fahrzeugs; beim: haliae-lc.$_{srj5}$
– **Gehen**, beim: lyc.
– **Haus**, im: aster.$_{a1,k}$
– **Herumwerfen**: *Acon.*$_{hr1,kr1}$
– **Hitze**; während: ars. bell. *Cham.*$_{hr1,kr1}$ chinin-ar.$_{k2}$ *Ip.* lyc. *Nat-m. Nux-v. Puls.* viol-t.$_{k1}$
– **immer**: merc.$_{gl1}$ sil.$_{gl1}$

– **Jucken**, durch: osm.$_{a1,k}$ sars.$_{hr1,kr1}$
– **Kinder**; gegenüber seinen: anac.$_{st}$ bamb-a.$_{stb2}$ haliae-lc.$_{srj5}$ kali-c.$_{h}$
– **Kleinigkeiten**, um: kali-p. *Med.* merc.$_{a1,k}$ nat-m. sol-a.$_{a1}$ *Sul-ac.*$_{a1,k}$ *Sulph.*
 ☞ *Kleinigkeiten*
– **Konvulsionen**:
• **vor**: *Mosch.*$_{kr1}$
– **Kopfschmerzen**, bei: lyss. manc. pall.$_{a1,k}$ *Sulph.* zinc.$_{h,kl}$
– **langsam**; alles geht zu: androc.$_{srj1}$ *Cham.*$_{kr1}$
– **läuft** umher, kann weder sitzen noch nachts schlafen: *Iod.*$_{hr1,kr1}$
– **Lesen**, beim: nat-c.$_{a1,k}$
– **Mittagessen**, beim: sulph.$_{a1,k}$
– **Schmerzen**, durch: *Cham.*$_{k,kl2}$● hura murx.$_{hr1,kr1}$
– **Schnupfen**, mit: **Nux-v.**$_{hr1,kr1}$
– **Schweiß**, beim: **Acon.**$_{bg2}$ apis$_{bg2}$ aur.$_{bg2,k}$ **Cham.**$_{bg2}$ ign.$_{bg2}$ *Merc.*$_{bg2}$ mez. *Rhus-t.*$_{bg2}$ sul-ac.$_{bg2,k}$ zinc.$_{bg2,k}$
– **Sitzen**, im: *Sep.*$_{a1,k}$
 ☞ *Sitzen - Neigung*
– **Spiel** von Kindern; durch das: anac.
– **Sprechen** anderer, beim: zinc.$_{a1,k}$
 ☞ *Verdrießlich*
– **Urinieren**, vor dem: sulph.
– **Wechselfieber**, bei: chinin-ar.
– **Widerspruch**, beim geringsten: alco.$_{a1}$ nuph.$_{kr1}$
– **Zimmer**; in einem warmen, mit Menschen überfüllten: *Plat.*$_{hr1,kr1}$

Ungehorsam: acon. agn.$_{bg2,k}$ *Am-c.*$_{bg2,k}$ am-m. *Arg-n.*$_{vh,vh/dg}$ arn. bufo$_{gk}$ calc.$_{gl1}$ canth. caps. carc.$_{sst}$ **Caust.**$_{k,vh/dg}$ *Chin.*$_{h,k,*}$ *Dig.*$_{bg2,k,*}$ elae.$_{a1}$ guaj. *Lyc.*$_{h,k,*}$ **Merc.**$_{gl1,h,*}$ nit-ac. nux-v. petr.$_{gl1,h,*}$ phos. spig. spong.$_{j}$ staph.$_{gl1,j,*}$ stram.$_{gk}$ sulfonam.$_{jl,jl3}$ sulph. *Syph.*$_{vh,vh/dg}$ **Tarent.** viol-o.$_{hr1,kr1}$ *Viol-t.*$_{bg2,k,*}$
 ☞ *Bestimmtheit / Eigensinnig / Entschlossenheit / Hartnäckigkeit / Herausfordernd / Mutwillig / Widerspenstig / Widerspruch - Neigung*
– **Kindern**, bei: *Chin.*$_{hr1,kr1}$

Ungerechtigkeit; erträgt keine: calc-p.$_{gg}$ *Caust.*$_{vh,vh/dg}$ hep.$_{oss}$ ign.$_{gl1}$ **Kali-i.**$_{gk}$ mag-c.$_{dgt}$ mag-m.$_{gk}$ nux-v.$_{gl1,h}$ ph-ac.$_{dgt}$ *Staph.*$_{gl1}$ sulph.$_{gk}$ verat.$_{bg}$

Ungeschicklichkeit: adam.$_{srj5}$ aeth.$_{a1,bg2}$ *Agar.*$_{bg2,k1,*}$ ambr.$_{bg2,sf1}$ *Anac.*$_{bg2,sf1}$ androc.$_{srj1}$ **Apis**$_{bg2,k1,*}$ asaf.$_{bg2}$ bar-c.$_{bg2,ptk2}$ bov.$_{bg2,k1}$ calc.$_{bg2,gl1}$ *Camph.*$_{bg2,kr1}$ cann-i.$_{a,sf1}$ *Caps.*$_{bg2,k2,*}$ carbn-s.$_{a1,bg2}$ cocc.$_{bg2}$ *Con.*$_{a1,bg2,*}$ *Gels.*$_{bg2,vh/dg}$ germ-met.$_{srj5}$ hell.$_{bg2,sf1}$ hydrog.$_{srj2}$ *Ign.*$_{bg2,kr1,*}$ ip.$_{bg2,j5,*}$ kali-c.$_{bg2}$ kali-chl.$_{bg2,c1}$ lach.$_{bg2,gl1,*}$ levo.$_{bg2,jl}$ *Lol.*$_{bg2,j5}$ lyc.$_{bg2,sf1}$ mosch.$_{bg2,sf1}$ *Nat-c.*$_{bg2,gl1,*}$ *Nat-m.*$_{bg2,k1,*}$ nat-s.$_{bg2,j5}$ neon$_{srj5}$ **Nux-v.**$_{bg2,gl1,*}$ ph-ac.$_{bg2}$ phos.$_{h}$ plb.$_{bg2}$ rheum$_{bg2}$ sars.$_{bg2,j5,*}$ sil.$_{bg2,k1}$ stann.$_{bg2}$ staph.$_{pc}$ sulph.$_{bg2,j5,*}$ tarent.$_{bg2}$ thuj.$_{a1,bg2}$

Ungeschicklichkeit: ...
 ☞ *Albernes / Antworten - Abneigung - singt / Gesten / Kindisches / Lachen - albern / Lachen - anhaltend / Lachen - Ernstes / Lachen - Kleinigkeiten / Lachen - unmäßig / Lustig - albern / Läuft / Redseligkeit - beantwortet / Spaßen - Abneigung / Wahnideen - gehen - kann - rennen / Wirft - Personen / ❑ Extremitäten - Ungeschicklichkeit / ❑ E~ Ungeschicklichkeit - Beine - stolpert*
– **vormittags**: anac.$_{a1}$
– **abends**: agar.$_{a1}$
– **Arbeit**, bei der: nux-v.$_{gl1}$ puls.$_{gl1}$ spong.$_{gl1,kr1}$ sulph.$_{gl1,kr1}$
– **fallen**, läßt Dinge: aeth.$_{gl1}$ *Agar.*$_{bg2,k2,*}$ *Ambr.*$_{ptk1}$ anac.$_{ptk1}$ **Apis**$_{bg2,kr1,*}$ ars-s-r.$_{bg2,kr1}$ bar-c.$_{ptk1}$ *Bov.*$_{bg2,j5,*}$ bry.$_{bg2}$ calc.$_{ptk1}$ **Caps.**$_{ptk1}$ caust.$_{ptk1}$ colch.$_{bg2}$ hell.$_{bg2,bro1,*}$ ign.$_{bro1}$ ip.$_{ptk1}$ lach.$_{bro1}$ levo.$_{bg2,jl}$ lol.$_{ptk1}$ mosch.$_{bg2,k2,*}$ *Nat-m.*$_{bg2,j5,*}$ neon$_{srj5}$ nux-v.$_{bg2,bro1}$ plat.$_{bg2}$ stann.$_{bg2}$ staph.$_{bg2,gl1}$ tarent.$_{bg2,bro1,*}$
• **Menses**, vor den: calc-f.$_{dgt}$
 ☞ *Menses - vor; Gemütssymptome*
– **Gesten**, in: caps.$_{gl1}$ nat-c.$_{gl1}$ nat-m.$_{gl1}$ nux-v.$_{gl1}$ sil.$_{gl1}$ sulph.$_{gl1}$
– **Hast**, aus: alum.$_{gl1}$ ambr.$_{gl1}$ apis$_{gl1,sf1}$ *Mosch.*$_{gl1,k2,*}$ nat-m.$_{gl1}$ sulph.$_{gl1}$
– **Kindern**, bei: *Caps.*$_{kr1}$
– **Schneidern**, Sticken; beim: am-c.$_{gl1}$ am-m.$_{gl1}$ carb-v.$_{gl1}$ con.$_{gl1}$ mag-c.$_{gl1}$ nat-m.$_{gl1}$ nux-v.$_{gl1}$ *Petr.*$_{gl1}$ zinc.$_{gl1}$
– **Schwangerschaft**; während der: **Calc.**$_{kr1}$
– **stößt** gegen Sachen: adam.$_{srj5}$ haliae-lc.$_{srj5}$ hydrog.$_{srj2}$ hyos.$_{bg2,j5,*}$ ip.$_{gl1,j5,*}$ nat-m.$_{gl1}$ neon$_{srj5}$ nux-v.$_{gl1,j5}$ sep.$_{gl1}$
– **Verlegenheit**, aus: *Bar-c.*$_{vh,vh/dg}$ calc.$_{gl1}$ nat-c.$_{gl1}$ nat-m.$_{gl1}$ nux-v.$_{gl1}$ sil.$_{gl1}$ sulph.$_{gl1}$
 ☞ *Schüchternheit - schamhaft*

Ungesellig: anac.$_{ptk1}$ *Syph.*$_{ptk1}$
 ☞ *Entfremdet - Gesellschaft*

Ungestüm: acon. *Anac. Bry. Carb-v.* caust. *Cham.* croc. ferr-p. **Hep.** ictod.$_{kr1}$ *Kali-c.* kali-i. kali-p. kali-s.$_{k2}$ lach.$_{k2}$ laur. led. med.$_{br1}$ nat-c. *Nat-m.* **Nit-ac. Nux-v.** olnd. phos. rheum **Sep.** *Staph.* stront-c. *Sulph. Zinc.* zinc-p.$_{k2}$
 ☞ *Fanatismus / Hast / Indiskretion / Schnell / Spontan / Unbesonnen / Ungeduld / Überstürzt*
– **tagsüber**: nit-ac.
– **morgens**: staph.
– **nachmittags**: caust.
– **abends**: ferr-p.$_{a1,k}$
– **Hitze**; während: sep.
– **Schweiß**, mit: *Acon. Ars. Bry.* carb-v. ferr. *Hep.* hyos. nat-m. phos. stram. sulph. thuj.
– **Urinieren**, vor dem: sulph.

Ungläubig
 ☞ *Religiös - Mangel*

Unglück anderer greift sehr an
 ☞ *Schreckliches - Unglück*

Unglücklich, bedauernswert; fühlt sich: agar.al bry. carb-v.gl1 carc.fb caust.al *Chel.*j5 *Chin.*h,k,* cub. fl-ac.ptk1 *Graph.*gl1,j5,* hell.j5 hura iod.ptk1 ip. kali-c.j5 kreos.ptk1 *Lyc.*k,k1,* merc.al nat-m.al rhus-t.j5 sabad.ptk1 sars.h,j5,* sep.h,k,* stann.ptk1 *Staph.*gl1 sulph.gl1,j5 *Tab.*j5 verat. zinc.ptk1
☞ *Bedauert sich / Elend / Furcht - Unglück / Selbstvertrauen - Mangel / Traurigkeit - Unglück / Untröstlich - Unglück / Wahnideen - elend - Blick / Wahnideen - glücklos / Wahnideen - Unglück - untröstlich / Weinen - bemitleidet*

Unglücklichsein
☞ *Beschwerden durch - Unglücklichsein*

Unhöflich: *Hep.*gl1,vh lyc.gl1,vh *Merc.*gl1,vh plat.gl1,vh
☞ *Antworten - höflich*
– **Kinder**: lyc.gl1

Unklug
☞ *Indiskretion*

Unmenschlichkeit
☞ *Grausamkeit*

Unnahbar: brass-n-o.srj5

Unordentlich: adam.srj5 am-c.bro1 aur-ar.bg2,k2 *Caps.*bro1 merc.bro1 *Psor.*bro1 *Sulph.*bg2,k2,* verat.bro1
☞ *Gleichgültigkeit - Erscheinung / Gleichgültigkeit - Äußerlichkeiten / Schmutzig / Unbesonnen*

Unordnung, empfindlich gegen: ham.st
☞ *Ruhe - kann*

Unpraktisch
☞ *Ungeschicklichkeit*

Unreinen; mit sich im
☞ *Abscheu - eigenen / Abscheu - sich / Unzufrieden - sich / Zorn - sich*

Unreligiös
☞ *Religiös - Mangel*

Unruhe
☞ *Ruhelosigkeit / ❑ Extremitäten - Ruhelosigkeit*

Unschlüssigkeit
☞ *Stimmung - veränderlich / Unentschlossenheit*

Unsicherheit; geistige: ail.ptk1 aloeptk1 *Aml-ns.*kr1 anh.sp1 bamb-a.stb2 *Bry.*al cham.bg2 choc.srj3 granit-m.es1 hydrog.srj2 sumb.al
☞ *Entmutigt / Feigheit / Hilflosigkeit / Schüchternheit / Schüchternheit - schamhaft / Selbstvertrauen - Mangel / Tadelt sich / Unentschlossenheit / Verlangen; großes - guten / Vorsichtig / Wahnideen - vernachlässigt - er / Wahnideen - Zuneigung*
– **morgens**: hydrog.srj2

Unsympathische Stimmung
☞ *Reizbarkeit*

Untätigkeit: adam.srj5 choc.srj3 conin-br.c1,c2,* haliae-lc.srj5 limest-b.es1 *Luna*kg1 tamrnd.vk2

Unterbrechnung:
☞ *Störungen*

Unterbrechnung: ...
– **agg.** Gemütssymptome: colch.a1,bg2 culx.bg2,k2 staph.bg2 verat.bg2
☞ *Reizbarkeit - gestört / Störungen / Unduldsamkeit - Unterbrechung / Verwirrung - Unterbrechungen / Zorn - Unterbrechung*

Unterdrückung oder Verschwinden:
– **Hämorrhoiden**; Gemütssymptome durch unterdrückte
☞ *Hämorrhoiden*
– **Hautausschläge**; Gemütssymptome durch unterdrückte
☞ *Hautausschlägen*

Unterhaltung
☞ *Beschäftigung / Erregung*

Unternehmungsgeist
☞ *Initiative / Verlassen*

Unternimmt:
– **Dinge** entgegen seinen Absichten: phos.h sep.
☞ *Unentschlossenheit / Widerstreit / Wille - widersprüchlich*
– **fehlt** die Willenskraft, etwas zu unternehmen; es: androc.srj1 haliae-lc.srj5 ign.k2 phos. *Pic-ac.*
☞ *Pessimist / Unentschlossenheit / Wille - Willensschwäche*
– **Neues** unternehmen; kann nichts: agar.ptk1
– **nichts**, auf Furcht, es könne fehlschlagen: *Arg-n.* nux-v.al sil.
☞ *Angst - Erfolg / Furcht - unternehmen - irgendetwas / Furcht - Versagen / Gelingt / Schüchternheit / Selbstvertrauen - Mangel / Wahnideen - fehlschlagen / Wahnideen - gelingt*
– **niemandem** etwas unternehmen; will mit: absin.br1
– **Vieles**, hält aber bei nichts durch, bleibt nicht dabei: *Acon.* alum.gl1 androc.srj1 ant-c.br1 apisc1 asaf.ptk1 bism.h,sf1 borx.h canth.c1 cortico.jl,sp1 graph.gl1 grat.ptk1 haliae-lc.srj5 ign.gl1 *Lac-c. Lach.* **Lil-t.**al lyc.al *Med.*vh,vh/dg *Nux-m.*kr1 nux-v.ptk1 petr.gl1 pin-s.al plan. sanic.c1 *Sil.*ptk1 stann.gl1 sul-ac.bng sulph.ptk1 verat.h,st
☞ *Ausdauer / Launenhaftigkeit / Stimmung - veränderlich / Unbeständigkeit / Unentschlossenheit / Wille - Willensschwäche*

Unterscheidungsvermögen; Mangel an: **Alum.**vh,vh/dg con.gl1,vh hep.gl1,vh nitro-o.al,gl1
☞ *Urteilsvermögen*

Unterstützung; möchte
☞ *Selbstvertrauen - Mangel - Unterstützung*

Unterwürfig, servil: cham.h *Gels.*vh,vh/dg lyc.c1,gl1 m-arct.c1 **Puls.**c1,gl1,* sil.gl1 sulph.gl1
☞ *Würdelos*

Untröstlich: *Acon.*bg2,k ambr.bg2,k ant-c.bl,pd *Ars.*bg2,k,* asar.jl,jl3 *Brom.*hr1,kr1 calc-p.lmj carc.lmj *Caust.*gl1 *Cham.*bg2,k *Chin.*h,k,* coff. dig.bg2,j5 graph.j **Ign.**lmj kali-br.hr1,kr1 kali-c.lmj kali-p.lmj kali-s.lmj kali-sil.lmj lil-t.lmj *Lyc.*k,k1,* *M-arct.*h,j5 mag-s.al mang.al,h merc.lmj nat-c.al,k *Nat-m.*k,kl2●,*

Untröstlich: ...
nit-ac.lmj *Nux-v.*bg2,k,* par.c1 *Petr.* phos. *Plat.*bg2,sf1 *Puls.* rhus-t.bg2 sep.bg2 sil.bg2 *Spong.*bg2,k,* *Stann.*gl1 staph.lmj stram.bg2,k,* sulph. syph.lmj tab.lmj tarent.lmj *Verat.*bg2,k
☞ *Beschwerden durch - Liebe / Brütet / Furcht - Kummer / Hilflosigkeit / Kummer / Kummer - still - Liebe / Reizbarkeit - Trost - agg. / Schmollen / Traurigkeit / Traurigkeit - Liebe / Trost - agg. / Verzweiflung / Weinen - kann / Weinen - Trost - agg. / Zorn - getröstet*

– **allein**; agg. wenn: stram.
☞ *Gesellschaft - Verlangen / Gesellschaft - Verlangen - allein*

– **Angst** um seine Familie bei einer kurzen Reise; aus: *Petr.*kr1

– **Dunkelheit**; agg. bei: stram.

– **Freien**; amel. im: coff.gl1

– **Selbstmord**; selbst bis zum: **Chin.**kr1
☞ *Suizidneigung*

– **Träumen**, in seinen: tab.j5

– **Unglück**, über eingebildetes: **Verat.**
☞ *Unglücklich, bedauernswert*

– **Weinen** bei Trost; anhaltendes: nat-c.gl1
☞ *Weinen - Trost*

Unvernünftig: ars-s-f.k2 kali-i.a1 lil-t.k13,k2

Unverschämtheit: *Anac.*bro1,gl1 arn.h ars.bro1 bell. bufobro1,gk calc.gl1 *Canth.* *Cham.*bro1 chin.bro1 cupr.bro1 granit-m.es1 *Graph.* *Hyos.* *Lac-c.* lach.gl1 lil-t.ptk1 **Lyc.**k,kl2● lyss. med.ptk1 *Nat-m.*gl1 nit-ac. *Nux-v.* pall. par.ptk1 *Petr.* phos. **Plat.** *Psor.* spong.a1 *Staph.*bro1,gl1 stram. sulph.ptk1 tarent.bro1 **VERAT.**k1,st
☞ *Anmaßend / Beschimpfen / Diktatorisch / Fluchen / Grobheit / Herausfordernd / Hochmütig / Impertinenz / Lachen - verächtlich / Lächeln - sardonisch / Spotten / Verleumden / Verwegenheit / Verächtlich / Widerspruch - Neigung*

– **nachmittags**: *Canth.*

– **Kindern**, bei: sacch.c1

– **lacht** über Tadel: graph.bro1

– **Untergebenen** gegenüber den Vorgesetzten; von: lyc.gl1 nat-m.gl1

Unvorsichtig: alum.gl1 caust.gl1 nat-m.a1,gl1
☞ *Unbesonnen*

Unwillkürliche Gesten
☞ *Gesten - automatisch*

Unwirklich:
☞ *Traum*

– **alles** scheint: ail. *Alum.* anac.k2 anh.sp1 aran.j1 cann-i. cann-s. cocc.st germ-met.srj5 gink-b.j1 lac-c. lil-t. *Med.* rauw.sp1 staph.
☞ *Delirium / Sonderbar - alles / Traum / Verwirrung / Wahnideen - unwirklich / Wahnideen - unwirklich - alles*

– **unterscheiden** zwischen wirklich und unwirklich, Wirklichkeit und Einbildung; kann nicht: limest-b.es1

Unzüchtig, obszön: agn. alum.gl1 anac.bro1 apis bell. bufosf1 calc.gl1 *Camph.* *Canth.* carb-v.gl1 *Caust.*gl1 chin.gl1 con.gl1 *Cub.* *Hyos.* *Lach.* lil-t.a1 lyc.gl1 lyss. merc.gl1 nat-m.gl1 nux-v. op. orig.gl1 *Phos.* *Pic-ac.* *Plat.*gl1,k1 puls.gl1 rob. staph.gl1 stram. sulph.gl1 tarent. verat.
☞ *Delirium - erotisch / Gleichgültigkeit - Entblößung / Hysterie - lasziv / Lasziv / Nackt / Phantasien - lasziv / Schamlos / Unanständig / Unzüchtig - Lieder / Wahnideen - obszön*

– **Lieder**: alco.a1 canth.k2 *Hyos.* op. raja-s.j1 stram. verat.k2
☞ *Lasziv / Schamlos / Unanständig / Unzüchtig*

– **Mann** sucht nach kleinen Mädchen: caust.gl1 phos.gl1 plat.gl1 verat.gl1

– **Sprechen**: aur. *Bell.* bufosf1 *Calc.*gl1 camph. chlf.a1 cub. *Hyos.* *Lil-t.* *Nux-v.* phos. plat. *Stram.* verat.

Unzufrieden (= mißvergnügt, unbefriedigt):
acon. aeth. agar. agn. alet. all-c. aloe alum. alum-p.k2 alum-sil.k2 am-c. *Am-m.* ammc.j5 **Anac.** androc.srj1 ang. *Ant-c.*sf1 ant-t.kr1,sf1 apis arn. *Ars.* ars-i. ars-s-f.k2 asaf.j5,sf1 asar. *Aur.* aur-ar.k2 aur-m. aur-s.k2 *Bamb-a.*stb2 bar-c. bell. berb. *Bism.* *Bism-o.*a1 bism-sn.br1 *Borx.* bov. brom. *Bry.* calc. calc-ar.k2 calc-i.k2 **Calc-p.** calc-s. calc-sil.k2 camph.j cann-s. canth. caps. carb-ac.sf1 carb-an. carbn-s. carc.st1 caust. cench.k2 *Cham.* *Chel.* *Chin.* chinin-ar. cic. *Cina* cinnb. cinnm.a1 clem. cob.a1 cocc. coff. *Colch.* coloc. *Con.*gl1,k1,* crot-t. *Cupr.* cycl.j dig.j dros.j dulc. eug.j5 ferr. ferr-ar. ferr-p. fl-ac. goss.st,vh graph. grat. guaj.j ham. hell. **Hep.**k,vh/dg hipp. hura hydr-ac.j ign. indg. indol.bro1 iod. ip. jug-r.a1 kali-ar. *Kali-c.* kali-m.k2 kali-n. kali-p. kali-s. kali-sil.k2 kreos. lach. lact.j laur. led. lepi. lil-t. *Lyc.* lyss.kr1 m-arct.j m-aust.j5 mag-c. mag-m. mag-p.bro1 mag-s. manc. mand.mg1 mang. meny. **Merc.** merc-c.j5 mez. moly-met.j1 mur-ac. nat-ar. *Nat-c.*gl1,k1,* **Nat-m.** nat-p. neonsrj5 *Nit-ac.* *Nux-v.* ol-an. *Olnd.*gl1,j op. opun-v.a1 orig. *Pall.* pana.a1 par. petr. ph-ac. phos. *Plat.* plb. prun. psor.bro1 *Puls.* ran-b. rheumbg2,sf1 rhod. *Rhus-t.* rob. ruta sabad.j sabin.j samb. sars. sel.sf1 *Sep.* *Sil.* sin-n. spong. *Stann.* *Staph.* stram. stront-c.sf1 sul-ac.j sul-i.k2 **Sulph.** syph.st,vh tab.bro1 tarax.bg2 tarent. teucr.sf1 ther. *Thuj.* til. tub.a1,bg2 viol-t. vip.j zinc.sf1
☞ *Jammern / Klagen / Murmeln / Murren / Mürrisch / Reizbarkeit / Schmollen / Stirnrunzeln / Stöhnen / Unfreundliche / Verdrießlich / Verwirrung / Widerwillen / ❑ Gesicht - Ausdruck - finster*

– **tagsüber**: ars.h,k,* led.

– **morgens**: hipp.a1,k *Lyc.*sf,sf1 *Nux-v.*sf,sf1 plb.a1,k puls.a1,k

– **nachmittags**: grat. mur-ac.a1,k nat-m. op.a1,k zinc.
• **Stuhlgang**:
• **vor**: *Borx.*

– **abends**: calc. fl-ac.a1,k hipp.a1,k ign.a1,k jug-r.a1 *Puls.* ran-b.a1,k *Rhus-r.*a1 *Rhus-t.*hr1,k
• **amel.**: aloe puls.sf,sf1

◇ **abwechselnd** mit:
• **Streiten**
☞ *Streitsüchtig - abwechselnd mit - Unzufriedenheit*
• **Zorn**
☞ *Zorn - abwechselnd mit - Unzufriedenheit*
– **allem**; mit: acon.j alum. alum-sil.k13,k2 am-c. ambr.j ammc.j5 anac.h,k,* ant-c.j ant-t.hr1 apis arn.h,k,* ars.h,k,* aur.a1,h bamb-a.stb2 bell.a1,j5 berb.a1 bism.h,k,* bism-o.a1 calc.h,j,* calc-s.k13,k2 calc-sil.k13,k2 cann-s.h,k,* canth.a1,j5 caps.j carb-an.h,j5,* caust.j cham.h,k,* chel.a1,h chinin-ar. *Cina*hr1,st cocc.h,k,* coff. colch. *Coloc.*j5 con.j croc.j cupr.h,j5,* dulc.a1 eug. ferr-p.k2 graph. grat. ham.j5 **Hep.**k,k1,* hipp. hura ign. iod. ip.a1,k kali-c.h,k,* kali-s.k13,k2 kreos.k13,k2 lach.gl1 lact.j laur.j led.j lil-t.k13,k2 lyc.j mag-c. mag-m.j marb-w.es1 meny. **Merc.**gl1 merc-c.j5 mez.a1,k mur-ac. nat-c.a1,k **Nat-m.** nit-ac. nux-v.k13,k2 *Pall.* petr. phos.j *Plat.*gl1 plb.j *Puls.* rheumst samb. sars. *Sep.*k,k1,* sieg.mg,mg1 sil.j spong. stann. staph.a1,k sul-ac.k13,k2 *Sulph.*a1,k thea ther.a1 thuj.j
☞ *Abscheu - allgemeiner / Beleidigt / Gedanken - abscheuliche / Mürrisch / Pessimist / Selbstsucht / Widerwillen / Widerwillen - allem*
– **anderen**; mit: hep.ptk1,ptk2 rutaptk1
– **Besitz**, Eigentum; mit ihrem: lil-t.ptk1
– **Essen**, nach dem: bov. fl-ac.a1,k
– **falsch**; alles, was andere tun ist: *Cham.*h,hr1,*
– **Freien**, im: mur-ac.a1,k
– **Gesundheit**, in bezug auf die: phos.h,k1
– **grundlos**: clem.ptk1
– **immer**: **Hep.**gl1 lach.gl1 **Merc.**gl1 nit-ac.gl1
– **Kinder**: carc.sst,vh
– **Koitus**, nach: *Calc.*h,k,* sel.sf,sf1
– **Kopfschmerzen**, bei: ign.gl1
– **leblose** Gegenstände: caps.
– **Menses**, während: castm. tarent.a1,k
☞ *Menses - während; Gemütssymptome*
– **regnerischem** Wetter; bei
☞ *Wetter - regnerischem*
– **sich** selbst, mit: *Agn.*a1,k aloe *Ars.*h,k1,* asaf.ptk1 aur. bamb-a.stb2 bell.h,k,* bry. calc-p.a1,k caust.h,k,* cham.h,k,* cinnb.a1,k cinnm.a1 cob.a1,k cocc.h,k,* con.ptk1 *Hep.*a1,k kali-c. lyc. m-aust.j5 mang. meny. merc.h,k,* mez.a1,k mur-ac.a1,k *Nit-ac.*hr1,k,* nux-v.gl1 pana.a1 ph-ac.a1,k1 *Puls.*k,k1,* ruta staph.gl1,k2,* *Sulph.* tarent. ther. viol-t.a1,k ziz.hr1,kr1,*
☞ *Reue / Tadelt sich / Wahnideen - vernachlässigt - Pflichten*
• **alles** was er tut; in bezug auf: rutaa1
• **gebrauchen** zu sein; Gefühl, für nichts: arn.hr1 colch.hr1 sep.a1 tong.a1 zinc.hr1
– **Stuhlgang**:
• **vor**: *Borx.*
– **Umgebung**, mit der: ang.a1,h *Cham.*a1 chel.a1 meny.a1 merc.a1 mez.a1 par.a1 plat.a1
– **Weinen**:
• **amel.**: *Nit-ac.* ziz.h,k
☞ *Weinen / Weinen - amel.*
• **mit**: nit-ac.ptk1 ziz.a1,hr1
– **Wetter**:
• **regnerischem** Wetter; bei: aloe

Unzufrieden (= mißvergnügt, unbefriedigt): ...
– **zurückhaltende** Unmut, Mißvergnügen: aur.ptk1 ign.ptk1 ip.ptk1 nat-m.ptk1 *Staph.*ptk1,ptk2

Unzuverlässig: anh.sp1
☞ *Hinterhältig*
– **Versprechungen**, bei seinen: bell.gl1 calc.gl1 con.gl1 lyc.gl1 merc.gl1 op.gl1 sil.gl1 sulph.gl1

Urteilsvermögen; Mangel an: alum.gl1 con.gl1 hep.gl1
☞ *Murren / Unterscheidungsvermögen*

Verächtlich: agn.bg *Aloe*bg2 alum. *Androc.*srj1 arn.bg2 *Ars.* bry.ptk1 canth. cham. *Chin.* **Cic.** cinaj5 com.a1 croc.j cycl. gran.j granit-m.es1 guaj. hell.j5 hyos. ign. *Ip.* lac-ac. *Lach.*bg2,k,* *Lyc.*k,kl2● m-arct.j merc.j5 mosch.j nat-m. nit-ac. *Nux-v.* *Pall.*bg2 par. **Plat.** puls.k,kl2● sec. sil. spong.a1 stram.bg2 *Verat.*bg2,st
☞ *Abneigung - Männer / Anmaßend / Beschimpfen / Delirium - vorwurfsvoll / Diktatorisch / Grobheit / Hochmütig / Lachen - verächtlich / Lächeln - sardonisch / Spotten / Spotten - Lächerliche / Spotten - Sarkasmus / Unverschämtheit / Zynisch*
– **allem**; gegenüber: *Chin.* cina ip. **Plat.**
– **Anfällen** gegen ihren Willen; in: *Plat.*
– **Freien** oder wenn die Sonne ins Zimmer scheint; im: plat.
– **Gegnern**; gegenüber: com.a1
– **hart** gegenüber Untergebenen und liebenswürdig gegenüber Vorgesetzten
☞ *Hart zu*
– **Heißhunger** und gieriges, hastiges Essen; verächtlich mit plötzlichem: *Plat.*a1
– **Menschheit**; verachtet die: cic.a1,h1
– **selbst**; gegenüber sich: agn. *Aur.*bro1 cop. lac-c.bro1 thuj.bro1
☞ *Tadelt sich*
◇ **abwechselnd** mit:
• **Exzentrizität**
☞ *Exzentrizität - abwechselnd mit - Verachtung - selbst*
– **Verwandten**; gegenüber seinen: sec.hr1,kr1
◇ **abwechselnd** mit:
• **Exzentrizität**
☞ *Exzentrizität - abwechselnd mit - Verachtung - selbst*

Verachtung
☞ *Beschwerden durch - Verachtung*

Veränderlich
☞ *Stimmung - veränderlich*

Veränderungen:
– **Abneigung** gegen: ~~bol-la.kr1,xxx~~ polyg-h.hr1
– **Verlangen** nach: *Bamb-a.*stb2 *Bry.*hr1,kr1 cham.k13,k2 hep.k13,k2 sep.bg2,hr1,* tub.bg2,k2,*
• **Leben**; im: bamb-a.stb2

Verantwortung:
☞ *Gewissenhaft / Pflicht*
– **agg.**: aur.ptk1

– **Abneigung** gegen: bamb-a.$_{stb2}$ marb-w.$_{es1}$ *Med.*$_{st}$
☞ *Angst - erwartet / Entfremdet - Kindern / Feigheit / Fliehen - Familie / Furcht - unternehmen - irgendetwas / Verläßt - Kinder*
– **ernst**; nimmt seine Verantwortung zu: calc.$_{oss}$ calc-i.$_{oss}$ cocc.$_{k2}$ ign.$_{sys}$ nat-m.$_{ctc1}$
– **Unfähigkeit**, Verantwortung zu übernehmen: fl-ac.$_{br1,ptk1}$

Verbittert, verärgert: ambr.$_{h,j5,*}$ ang.$_{j5}$ coloc.$_{a1}$ ign.$_{gl1}$ mang.$_{bg2,hr1,*}$ nit-ac.$_{bg2}$ phenob.$_{srb2}$ puls.$_{gl1}$ *Sulph.*$_{bg2,j5,*}$ valer.$_{k13,k2}$
– **Beleidigungen**, durch geringe: ang.$_{a1}$

Verbrüdert sich mit der ganzen Welt: aloe$_{a1}$
☞ *Brüderlichkeit / Einswerden / Einswerden - Gefühl*

Verderbtheit: *Anac.*$_{gl1,hr1,*}$ *Bufo*$_{ptk1}$ tarent.$_{ptk1}$
☞ *Moralischem*

Verdrießlich: alco.$_{a1}$ bamb-a.$_{stb2}$ calc-s.$_{a1}$ carb-ac.$_{hr1}$ corn.$_{a1,hr1,*}$ merc-c.$_{a1}$ nat-ar.$_{a1}$ nux-m.$_{a1}$ opun-s.$_{a1,c1}$ phos.$_{a1,hr1}$ *Rheum*$_{h2,hr1,*}$
☞ *Beleidigt / Launenhaftigkeit / Mürrisch / Reizbarkeit / Schmollen / Unfreundliche / Ungeduld - Sprechen / Unzufrieden*

Verdutzt
☞ *Geistesabwesend / Starren / Verwirrung*

Vergessen:
☞ *Verwirrung*
– **etwas** vergessen; hat ständig das Gefühl, als habe er: calc.$_{st}$ *Caust.*$_{k,vh/dg}$ *Iod.* mill.$_{a1,rb2,*}$ puls.$_{vh}$ zinc.$_{vh}$
☞ *Gedächtnis - Gedächtnisschwäche / Verwirrung / Überprüfen - zweimal*
– **Schlaf** wieder an Vergessenes; erinnert sich im: calad. sel.
☞ *Gedächtnis - Gedächtnisschwäche / Gedächtnis - gut*

Vergeßlich: abrot. absin.$_{bro1}$ acet-ac. *Acon.* adam.$_{srj5}$ *Aeth.*$_{bro1,k,*}$ agar. *Agn.* ail.$_{k2}$ *Alum.*$_{bro1,k}$ alum-p.$_{k2}$ alum-sil.$_{k2}$ am-c. **Ambr.** **Anac.**$_{k,vh/dg}$ anders.$_{bnj1}$ *Androc.*$_{srj1}$ androg-p.$_{bnj1}$ *Anh.*$_{bro1,mg1}$ apis arg-met.$_{sf1}$ *Arg-n.* *Arn.* ars. ars-s-f.$_{k2}$ arum-t. *Aur.* aur-ar.$_{k2}$ aur-s.$_{k2}$ aza.$_{j1}$ **Bamb-a.**$_{stb2}$ **Bar-c.** bar-i.$_{k2}$ bar-s.$_{k2}$ *Bell.* berb.$_{k2}$ borx.$_{j5}$ bov. brom. bry. cain. calad. *Calc.* *Calc-p.* calc-s. calc-sil.$_{k2}$ camph. *Cann-i.*$_{bro1,k}$ cann-s. *Canth.* caps. carb-ac. *Carb-an.* *Carb-v.* **Carbn-s.** card-m. *Caust.* cench.$_{st}$ cham. *Chel.* chin. chinin-ar. choc.$_{srj3}$ *Cic.* cimic. cinnb. *Cinnm.*$_{kr1}$ clem. **Cocc.** coff. **Colch.** coloc. *Con.* *Corn.* cortico.$_{j1}$ cortiso.$_{mg1}$ *Croc.* crot-h. cupr. cycl. *Dig.* elaps ferr. ferr-ar. *Ferr-p.* *Fl-ac.* form. formal.$_{br1}$ *Gels.* germ-met.$_{srj5}$ gink-b.$_{sbd1}$ *Glon.* glyc.$_{bro1}$ *Graph.* *Guaj.* gymno. haliae-lc.$_{srj5}$ ham. hell. hep. hipp. hydr. hydr-ac. hydrog.$_{srj2}$ hydroph.$_{j1,mg1}$ hyos. ign. iod.$_{k2}$ ip. kali-bi. *Kali-br.* kali-c. kali-i. kali-n. *Kali-p.* kali-s. kali-sil.$_{k2}$ kalm. kreos. *Lac-c.* *Lach.* laur. lec. led. lil-t. luna$_{kg1}$ **Lyc.** lyss. mag-c. manc. med.$_{bro1}$ meli. **Merc.** mez. *Mill.* morph. mosch. **Mur-ac.**$_{vh,vh/dg}$ naja nat-ar. nat-c. *Nat-m.* *Nat-p.* nat-s.$_{k2}$ nat-sil.$_{k2}$ neon$_{srj5}$ nit-ac. *Nux-m.*$_{bro1,k}$ *Nux-v.*$_{bro1,k}$ olnd. op. **Petr.** **Ph-ac.** **Phos.** *Pic-ac.*$_{bro1,k,*}$ plan. **Plat.** plb.

Vergeßlich: ...
psil.$_{ft1}$ psor. ptel. puls. ran-b. raph. rheum rhod. *Rhus-t.* rhus-v. ruta sabin. sal-ac. sanic. sarr.$_{k,kr1,*}$ sec. *Sel.*$_{bro1,k}$ sep. sil. spig. stann. staph. stram. stront-c. stry.$_{a1}$ *Sulph.* symph.$_{bro1}$ syph.$_{k2,st}$ tab. tarax. tarent.$_{a1}$ tell. *Thuj.* thyr.$_{bro1}$ trom. *Tub.* verat. verat-v. verb. viol-o. visc.$_{sp1}$ *Zinc.* **Zinc-p.**$_{bro1,k2}$ zinc-pic.$_{bro1}$ zing.
☞ *Fehler / Fehler - Sprechen / Gedanken versunken / Gedächtnis - Gedächtnisschwäche / Geistesabwesend / Phantasien - versunken / Sinne - verwirrt / Sprache - verworren / Traum / Verwirrung / Zerstreut / ❏ Gesicht - Ausdruck - durcheinander / ❏ G~ Ausdruck - verwirrt*
– **morgens**: **Anac.**$_{h,k,*}$ berb.$_{hr1,kr1,*}$ bufo-s. ph-ac. phos. sil.$_{j5}$ stann.$_{j5}$ stram. *Thuj.*$_{hr1,k}$
• **amel.**: fl-ac.$_{hr1,k}$
• **Erwachen**, beim: berb.$_{a1,hr1}$ *Kali-br.* stann. *Thuj.*
– **nachmittags**: anac.$_{h,j5,*}$ graph. laur.$_{a1}$ sep.
• **amel.**: *Anac.*$_{hr1,k}$
– **abends**: bufo-s.$_{a1}$ fl-ac. *Form.* laur. lyc. naja nat-m. rhus-t. sep.
– **nachts**: chin. sil. sulph.
– **Alkoholikern**; Vergeßlichkeit bei: *Calc.*$_{bg2}$ lach.$_{bg2}$ merc.$_{bg2}$ **Nux-v.**$_{bg2}$ *Op.*$_{bg2}$ puls.$_{bg2}$ rhus-t.$_{bg2}$ *Sulph.*$_{bg2}$
– **alles**:
• **geschehen** ist; das in den letzten sechs Jahren: *Lach.*
• **Träume**; bis auf die: *Ign.*$_{kr1}$
– **alten** Menschen, bei: am-c.$_{k1,k13}$ *Ambr.* anac.$_{sf,sf1}$ *Bar-c.* coff.$_{gl1}$ *Con.*$_{sf,sf1}$ *Crot-h.*$_{hr1,kr1}$ lach.$_{gl1}$ *Lyc.*$_{hr1,k}$ *Ph-ac.* rhus-t.$_{sf,sf1}$ sulph.$_{gl1}$
– **aufzuziehen**; seine Uhr: fl-ac.
– **Beruf**, vergißt ihren: tarent.$_{k1,k13}$
– **Besorgungen**; in bezug auf
☞ *Einkauf*
– **Bewegung**, bei: laur.
– **Denken** an etwas agg. und Ablenkung amel.: lil-t.$_{k2}$
– **Einkauf** liegen; geht weg und läßt den: agn. anac.$_{st}$ bamb-a.$_{stb2}$ bar-c.$_{ptk1}$ bell. caust.$_{st}$ iod. *Lac-c.* manc.$_{bg,ptk1}$ med.$_{ptk1}$ nat-m.$_{st}$
☞ *Gedächtnis - Gedächtnisschwäche - tun*
– **Epilepsie**:
• **vor**: *Caust.*
• **geschehen** ist; für das was davor: absin.$_{st}$
– **Erwachen**, beim: chin. cob-n.$_{j1,j13,*}$ kali-br. kali-n.$_{sf,sf1}$ ptel. sil. stann. thuj.
– **Essen**, nach dem: calc-s. ferr. mag-c. nat-m. rhus-t.
• **amel.**: sil.
☞ *Essen - nach - amel.*
– **Freunde** und Verwandte; in bezug auf: lyss.$_{hr1,kr1}$
☞ *Gleichgültigkeit - Familie / Gleichgültigkeit - geliebte / Gleichgültigkeit - Verwandte*
– **Frost**; während: bell. con. hyos. podo.$_{hr1,kr1,*}$ rhus-t.
– **Gedanken**: cann-i.$_{k2}$
– **Gehen** nach dem Essen; beim: rhus-t.
– **geht**; vergißt, wohin sie: cench.$_{st,vh}$ *Merc.*$_{gl1}$

– **geistige** Anstrengung, durch: anac. *Aur.*$_{bg2}$ calc.$_{bg2}$ lach.$_{bg2}$ nat-c.$_{bg2}$ nat-m. *Nux-v.*$_{bg2}$ puls.$_{bg2}$ sil.$_{bg2}$ sulph.$_{bg2}$
– **Gemütsbewegungen**, durch: *Acon.*$_{bg2}$ op.$_{bg2}$ ph-ac.$_{bg2}$ *Staph.*$_{bg2}$
– **Geschäfte**; in bezug auf: sel.$_{c1,j}$
– **Gewissensangst**; mit
☞ *Angst - Gewissensangst - Vergeßlichkeit*
– **Haus** befindet; auf welcher Straßenseite sich sein: **Glon.** *Nux-m.* nux-v.$_{gl1}$ *Petr.*
☞ *Straßen / Erkennt - nicht - Straßen / Fehler - Orte / Verwirrung - verläuft*
– **Hitze**:
• **während**: *Alum.*$_{hr1,kr1}$ *Arn.*$_{hr1,kr1}$ cocc.$_{hr1,kr1}$ form.$_{br1}$ *Guare.*$_{hr1,kr1}$ rhus-t.$_{kr1,sf1,*}$
• **nach**: *Mag-p.*$_{hr1,kr1}$ podo.$_{hr1,kr1,*}$
– **Koitus**, nach: *Sec.*
– **Kopfschmerzen**, bei: apis bell.$_{h,k1}$ calc.$_{hr1,k}$ caps.$_{h,k1}$ dulc.$_{k2}$ glon. ptel.$_{a1}$ sarr.$_{hr1}$ zinc.$_{hr1,kr1}$
– **Masturbation**, nach: *Dig.*$_{kr1}$ kali-br.$_{sf1}$ staph.$_{c1,vh}$
– **Menopause**; während der: *Lach.*$_{kr1,st}$ *Phys.*$_{kr1,st}$
– **Menses**, während: raph.
☞ *Menses - während; Gemütssymptome*
– **Namen**
☞ *Gedächtnis - Gedächtnisschwäche - Namen*
– **Nasenbluten**, nach: *Kreos.*$_{hr1,kr1}$
– **Nikotinvergiftung**, durch: *Calad.*$_{k13,k2,*}$
– **periodisch**: carb-v. chin.$_{bg2}$ nat-m.$_{bg2}$
– **Pollutionen**, nach: staph.$_{bg2}$
– **Rasieren** oder Ankleiden; vergißt das: chel.$_{a1,k}$
– **Säfteverlust**, durch: *Chin.*$_{bg2}$ **Nux-v.**$_{bg2}$ *Sulph.*$_{bg2}$
– **Schlaf** erinnert er sich an alles Vergessene; im: calad. sel.
– **Schreck**, nach: *Cupr.*$_{hr1,kr1}$
– **sexuellen** Exzessen, nach: calad. kali-br.$_{sf,sf1}$ *Nat-p.* *Ph-ac.* *Sec.*$_{kr1}$ *Staph.*$_{hr1,kr1}$
☞ *Beschwerden durch - sexuell - Exzesse*
– **sofort** alles: *Dig.*$_{kr1}$
– **Straßen**, vergißt bekannte: cann-i.$_{bro1}$ *Crot-h.*$_{hr1,kr1}$ **Glon.**$_{hr1,k,*}$ hydrog.$_{srj2}$ lach.$_{bro1}$ *Nux-m.*$_{hr1,k}$ *Petr.*$_{hr1,k}$
☞ *Haus / Erkennt - nicht - Straßen / Fehler - Orte / Verwirrung - verläuft*
– **Worte** beim Sprechen; vergißt (= sucht nach Worten): acet-ac.$_{a1}$ adam.$_{srj5}$ agar. alum.$_{bg2}$ am-br.$_{sf1}$ am-c.$_{a1}$ anac.$_{ptk1}$ anh.$_{sp1}$ *Arg-n.* **Arn.** *Bar-c.*$_{k1}$ bar-s.$_{k2}$ benz-ac. **Both.**$_{k1,st}$ brass-n-o.$_{srj5}$ cact. calc.$_{bg2,gl1}$ **Cann-i.** carb-an. carb-v. carbn-s. *Cham.*$_{bg2}$ chen-a.$_{k1}$ coca$_{bg2}$ cocc.$_{sf1}$ colch. con.$_{bg2}$ cot.$_{a1}$ crot-h.$_{bg2,sf1}$ dulc. gad.$_{a1}$ germ-met.$_{srj5}$ gink-b.$_{sbd1}$ glon.$_{bg2}$ haem.$_{a1}$ ham. helo.$_{st}$ hydr. ign.$_{a1}$ *Kali-br.* kali-c.$_{bg2}$ kali-p. kiss.$_{a1}$ *Lach.* lil-t. *Lyc.* *Med.* morph.$_{a1}$ murx.$_{a1}$ *Nat-m.* neon$_{srj5}$ *Nux-v.* *Onos.* **Ph-ac.** *Plb.*$_{bg2,sf1}$ podo. puls.$_{bg2}$ rhod. sil.$_{bg2,sf1}$ staph.$_{bg2,gl1,*}$ sulph. syph.$_{st}$ tab.$_{a1}$ *Thuj.*$_{bg2,ptk1}$ v-a-b.$_{srb2}$ verat.
☞ *Aphasie / Fehler - Sprechen - Worte / Gedächtnis - Gedächtnisschwäche - auszudrücken / Gedächtnis - Gedächtnisschwäche - Worte / Sprache - unzusammenhängend*

Vergeßlich: ...
– **Zusammenhang** aufeinanderfolgender Gedanken; vergißt den:
• **Apoplexie**; nach: *Op.*$_{kr1}$

Vergeudet seine Zeit
☞ *Zeit - vergeudet*

Vergewissern; muß sich mehrfach
☞ *Überprüfen*

Vergnügen: aether$_{a1}$ anag.$_{a1}$ ang.$_{a1,k}$ cann-i.$_{a1,k}$ carb-ac.$_{a1}$ cod.$_{a1}$ mate$_{a1}$ neon$_{srj5}$ til.$_{a1,k}$
☞ *Amüsement / Froh / Hochgefühl / Lebhaft, munter / Phantasien - angenehm / Spaßen / Zufrieden*
– **morgens**: til.$_{a1}$
– **Abneigung** gegen
☞ *Amüsement - Abneigung*
– **Erwachen** aus einem Traum von Mord; beim: thea
– **lasziven** Gedanken; nur an: bell.
☞ *Laszív*
– **nichts**; an
☞ *Gleichgültigkeit - allem / Unzufrieden - allem*
– **Schlaflosigkeit**, bei: sec.
– **sucht** nach (= vergnügungssüchtig): marb-w.$_{es1}$
– **Verlangen** nach
☞ *Amüsement - Verlangen*
– **wollüstig**
☞ *lasziv / Laszív*
– **Worten**; an seinen eigenen
☞ *Sprechen - Vergnügen*

Vergnügt
☞ *Froh / Hochgefühl / Lustig*

Verhöhnt jeden
☞ *Verächtlich*

Verkehrt, alles erscheint: androc.$_{srj1}$ coloc. eug. hep. *Naja* neon$_{srj5}$ nux-v.
☞ *Beleidigt / Pessimist*

Verlangen, Wunsch nach:
– **Dingen**, die er zurückweist, wenn man sie anbietet; nach
☞ *Launenhaftigkeit - weist*
– **nichts**; nach: ars.$_{a1}$ cocc.$_{a1}$ hep.$_{a1}$ linu-c.$_{a1}$ mez.$_{a1}$ mill.$_{a1}$ neon$_{srj5}$ nicc.$_{a1}$
☞ *Bittet - nichts / Gleichgültigkeit*
– **unterdrückt** sein Verlangen, seine Wünsche: carc.$_{sk1}$
– **voller** Verlangen: agav-t.$_{j5,jl}$ bry.$_{bg2,j5}$ cina$_{j5}$ coff.$_{bg2}$ dulc.$_{bg2,j5}$ ign.$_{j5}$ ip.$_{j5}$ nux-m.$_{j}$ *Puls.*$_{bg2,j5}$ rheum$_{j5}$ rhus-t.$_{bg2,j5}$ *Spig.*$_{gl1,j5}$
☞ *Launenhaftigkeit*
• **ängstlicher** Wünsche; voller: *Castm.*$_{kr1}$
• **ärgern**, verdrießen; Dinge zu sagen, die andere: mez.$_{a1}$
• **Allem**; Verlangen nach: santin.$_{a1}$
• **andere** Person benutzt; was eine: nat-m.$_{gb}$ phos.$_{gb}$ verat.$_{gb}$
• **Anstrengung**; Verlangen nach körperlicher
☞ *Anstrengung - körperliche - Verlangen*
• **beobachtet** zu werden
☞ *Aufpassen - Verlangen*

– **voller** Verlangen: ...
- **beschreibendes** Verlangen; nicht zu: croc.$_{bg2}$ *Ip.*$_{kr1}$ kali-c.$_{bg2}$
- **diesem** und jenem; nach
  ☞ *Launenhaftigkeit*
- **Dingen**, die abgelehnt werden, wenn andere sie vorschlagen; nach
  ☞ *Launenhaftigkeit*
- **Erhabenheit**, Größe; Verlangen nach: *Coca*$_{vh,vh/dg}$ cur.$_{a1}$ sulph.$_{vh}$
- **Frau**; nach der idealen: ant-c.$_{a1}$
- **fröhlich** sein; möchte: chin.$_{a1}$
  ☞ *Amüsement - Verlangen*
  - **vergeblich**: *Manc.*$_{kr1}$
- **Höhle** zu sein; Verlangen, in einer: elaps$_{a1}$
- **mehr** als sie braucht: *Ars.*$_{h,k1}$ ars-s-f.$_{k2}$ bar-s.$_{k2}$ bry.$_{j5}$ zinc-p.$_{k2}$
  ☞ *Bett - bleiben / Geistige Anstrengung - Verlangen / Geiz / Getragen - Verlangen / Gier / Hause - verlassen / Licht - Verlangen / Reisen - Verlangen / Schmeicheln - Verlangen / Sprechen - Verlangen / Tod - wünscht / Töten / Zerbricht*
- **schönen** Dingen; Verlangen nach
  ☞ *Schöne - Verlangen*
- **singen**; zu
  ☞ *Singen*
- **unaussprechlich**
  ☞ *beschreibendes*
- **unbestimmtes** Verlangen: bry.$_{a1}$ chin.$_{a1}$ ip.$_{a1}$ lach.$_{a1}$ *Puls.*$_{a1}$ sang.$_{a1}$ sil.$_{a1}$ *Ther.*$_{a1}$
- **Unerreichbarem**, nicht Erhältlichem; Verlangen nach: bry.$_{a1}$ op.$_{a1}$
- **ungeduldig** nach Vielerlei, mag aber sein Lieblingsspielzeug nicht; (das Kind) verlangt
  ☞ *Verdrießlich*
- **unkontrollierbar**: alco.$_{a1}$
- **Vorhandenem**; nach nicht: bry.$_{bg2}$ calc-sil.$_{k2}$ puls.$_{bg2}$ rheum$_{bg2}$
- **Vornehmheit**
  ☞ *Erhabenheit*
- **weiß** nicht worauf
  ☞ *beschreibendes*
- **zahlreichen**, unterschiedlichen Dingen; Verlangen nach: *Cina*$_{a1}$ phos.$_{a1}$

Verlangen; großes:

– **Dingen**, die zurückgewiesen werden, wenn man sie anbietet; nach
  ☞ *Launenhaftigkeit - weist*

– **guten** Meinung anderer; nach der: *Pall.*
  ☞ *Eitelkeit / Gelingt / Hochmütig / Jammern - anerkannt / Schmeicheln - Verlangen / Schüchternheit / Selbstvertrauen - Mangel / Unentschlossenheit / Unsicherheit / Wahnideen - anerkannt / Wahnideen - verlassen / Wahnideen - vernachlässigt - er*

– **Ruhe** und Frieden, nach: nux-v. sulph.$_{h}$
  ☞ *Ruhe - Verlangen*

– **Sonne**, Licht und Gesellschaft; nach: grin. stram.
  ☞ *Dunkelheit - agg. / Licht - Verlangen*

Verlassen zu sein; Gefühl: allox.$_{sp1}$ alum.$_{h,k,*}$ androc.$_{srj1}$ *Arg-n.* **Aur.**$_{h,k,*}$ bamb-a.$_{stb2}$ bar-c.$_{a1,k}$ brass-n-o.$_{srj5}$ calc.$_{h,k,*}$ camph.$_{a1,k}$ cann-i.$_{a1,k}$ carb-an.$_{h,k,*}$ carb-v. carc.$_{az1}$ chin. chin-b.$_{hr1,kr1}$ choc.$_{srj3}$ coff.$_{bg2}$ cortico.$_{jl,jl3,*}$ *Cycl.*$_{hr1,k}$ dros.$_{bg2}$ germ-met.$_{srj5}$ gink-b.$_{sbd1}$ granit-m.$_{es1}$ haliae-lc.$_{srj5}$ hell.$_{bg2}$ hura hydrog.$_{srj2}$ impa-g.$_{rcb1}$ ip.$_{bg2}$ kali-br.$_{bg2,k,*}$ kali-c.$_{a1,k}$ keroso.$_{a1}$ lac-d.$_{a1,k}$ *Lach.*$_{hr1,k}$ lact. lam.$_{a1,k}$ laur.$_{bg2}$ lil-t.$_{a1,k}$ limest-b.$_{es1}$ lith-c. lyss.$_{hr1,k}$ m-aust. *Mag-c.*$_{st}$ mag-m.$_{bg2,k,*}$ *Meny.*$_{bg1,bg2,*}$ *Merc.*$_{gl1,st}$ *Nat-c.*$_{bg2,k1,*}$ neon$_{srj5}$ pall.$_{hr1,k}$ *Plat.*$_{h,k,*}$ **Psor.**$_{bg2,k}$ **Puls.**$_{h,k,*}$ rhus-t.$_{h,k,*}$ sabin.$_{bg2,hr1}$ sanic.$_{c1}$ sars.$_{bg2}$ sec.$_{bg1,bg2,*}$ sep.$_{bg2,sf1,*}$ spig.$_{bg2}$ *Stram.*$_{bg2,k,*}$ valer.$_{a1,k}$ verat.
  ☞ *Beschwerden durch - Freundschaft / Gesellschaft - Verlangen / Hilflosigkeit / Jammern - anerkannt / Selbstvertrauen - Mangel / Verlassen - geliebt / Verlassen - Isolation / Wahnideen - allein zu / Wahnideen - allein zu - Ausgestoßener / Wahnideen - allein zu - Friedhof / Wahnideen - allein zu - immer / Wahnideen - allein zu - Welt / Wahnideen - allein zu - Wildnis / Wahnideen - anerkannt / Wahnideen - Ehefrau - untreu / Wahnideen - Ehefrau - weglaufen / Wahnideen - Ehemann / Wahnideen - Familie / Wahnideen - fehlschlagen - sein / Wahnideen - Feind - jeder / Wahnideen - Freund - verlieren / Wahnideen - Freund - Zuneigung / Wahnideen - Freunde / Wahnideen - gehören / Wahnideen - Hilfe / Wahnideen - Schande; sie / Wahnideen - Tadel / Wahnideen - verachtet / Wahnideen - verfolgt zu - er / Wahnideen - verlassen / Wahnideen - vernachlässigt / Wahnideen - vernachlässigt - er / Wahnideen - verstoßen / Wahnideen - verstoßen - Verwandten / Wahnideen - Vertrauen / Wahnideen - Zuneigung / Weinen - geht / Weinen - verlassen zu*

– **morgens**: carb-an.$_{h,k,*}$ carb-v. *Lach.*$_{hr1,k}$

– **abends**: androc.$_{srj1}$ bar-c.$_{a1,k}$ *Puls.*

– **Erwachen**, beim: *Arg-n. Lach.*$_{hr1,k}$

– **Freien**, amel. im: rhus-t.

– **freudlos**, fühlt sich: ~~alum.$_{h,xxx}$~~

– **geliebt** zu werden; hat das Gefühl, von den Eltern, der Ehefrau und Freunden nicht: *Ars.*$_{gl1}$ calc.$_{gl1}$ lyc.$_{gl1}$ *Mag-c.*$_{gl1,st}$ sep.$_{gl1}$ sil.$_{gl1}$ sulph.$_{gl1}$
  ☞ *Verlassen*

– **Isolation**, Gefühl der: *Anac. Androc.*$_{srj1}$ *Anh.*$_{mg1,sp1}$ *Arg-n.* arist-cl.$_{jl}$ camph. cann-i. cann-s.$_{a1}$ choc.$_{srj3}$ coca cortico.$_{mg1}$ germ-met.$_{srj5}$ hura *Hydrog.*$_{srj2}$ marb-w.$_{es1}$ plat. stram.
  ☞ *Gesellschaft - Verlangen / Verlassen / Wahnideen - allein zu / Wahnideen - Familie / Wahnideen - Feind - jeder / Wahnideen - Freunde / Wahnideen - getrennt - Welt - er / Wahnideen - Hilfe / Wahnideen - Schande; sie / Wahnideen - verachtet / Wahnideen - verlassen / Wahnideen - verstoßen - Verwandten / Wahnideen - Zuneigung*

– **Kopfschmerzen**, bei: meny.$_{bg1,st}$

– **Weinen**; mit
  ☞ *Weinen - verlassen zu*

Verläßt:

– **Kinder**, seine eigenen: lyc.
  ☞ *Entfremdet - Familie / Entfremdet - Kindern / Fliehen - Familie / Kinder - flieht / Verantwortung - Abneigung*

Verläßt: ...
– **Verwandte**: sec.

Verlegen
☞ *Schüchternheit*

Verlegenheit
☞ *Beschwerden durch - Verlegenheit*

Verletzen, sich zu:
☞ *Abscheu - Leben - anzutun / Furcht - Unfällen / Hysterie - verletzen / Impulse - erstechen - sich / Suizidneigung / Töten - sich*
– **erschießen**; muß Selbstkontrolle ausüben, sich beherrschen, um sich nicht aus Lebensüberdruß zu: *Nat-s.*
– **fürchtet** sich davor alleingelassen zu werden, aus Furcht, sich zu verletzen: alum. arg-n. ars. *Cimic.*$_{kr1}$ *Merc.* *Nat-s.* sep.
☞ *Furcht - allein - aus - verletzen / Furcht - Selbstmord / Impulse - erstechen - sich / Suizidneigung / Töten - sich*
– **leicht** verletzen; Gefühl, als könnte sie sich: sep.
– **Raserei** treibt ihn dazu, sich zu verletzen: agar. lyss.$_{a1}$

Verletzt die Gefühle anderer
☞ *Boshaft - verletzt*

Verletzt; leicht:
– **körperlich** verletzt werden; Einbildung, er solle
☞ *Wahnideen - Verletzung - werden*
– **seelisch**
☞ *Beleidigt / Empfindlich - geistige Eindrücke / Empfindlich - geistiger / Empfindlich - moralische / Unsicherheit*

Verletzungen
☞ *Beschwerden durch - Verletzungen*

Verletzlich, verwundbar
☞ *Unsicherheit / Wahnideen - Verletzung - werden*

Verleumden, Neigung zu: am-c. anac. *Ars.*$_{k,k1,*}$ bell. borx. caust.$_{gl1,vh}$ cor-r.$_{j5}$ germ-met.$_{srj5}$ guaj.$_{j}$ helon.$_{gl1}$ hyos. ip. lach.$_{gl1,vh}$ lyc. merc.$_{gl1,j5}$ nit-ac. *Nux-v.* par.$_{sf,sf1}$ petr. sep. spig.$_{gl1}$ stram. **Verat.**$_{k,k1,*}$
☞ *Beschimpfen / Eifersucht / Fluchen / Heuchelei / Hinterhältig / Klatschsüchtig / Lügner / Neid / Unaufrichtig / Unverschämtheit*
– **denunzieren**, Neigung zum: ars.$_{gl1}$ lach.$_{gl1}$ nat-c.$_{gl1}$ nat-m.$_{gl1}$
– **heuchlerisch**, und: phos.$_{gl1}$ sep.$_{gl1}$
– **petzen**, Neigung zu: ars.$_{gl1}$ lach.$_{gl1}$ nat-c.$_{gl1}$

Verlogen
☞ *Lügner*

Vernachlässigt:
– **alles**: am-c.$_{gl1}$ bar-c.$_{gl1}$ caust.$_{gl1}$ tell.$_{a1,gl1}$
– **Erscheinung**; seine persönliche
☞ *Gleichgültigkeit - Erscheinung*
– **Geschäft**: op.$_{a1}$ opun-s.$_{a1}$ *Sulph.*$_{a1}$
– **Haushalt**, den: aur-ar.$_{k2}$ sul-i.$_{k2}$
☞ *Gleichgültigkeit - häusliche / Haushalt*
– **Kinder**, ihre: aur-ar.$_{k2}$ *Aur-m.*$_{vh,vh/dg}$
☞ *Entfremdet - Kindern / Gleichgültigkeit - Kinder*

Vernachlässigt: ...
– **Wichtiges**: alum.$_{gl1}$ con.$_{gl1}$
☞ *Gleichgültigkeit - wichtige*

Vernünftig
☞ *Sachlich*

Verpflichtet, den Wünschen anderer zu entsprechen
☞ *Erfüllen*

Verpflichtungen:
– **Abneigung** gegen
☞ *Pflicht - Abneigung*

Verrückt
☞ *Geisteskrankheit / Wahnideen - geisteskrank*

Verschiebt alles auf den nächsten Tag: adam.$_{srj5}$ androc.$_{srj1}$ apis$_{gl1,st}$ bamb-a.$_{stb2}$ hydrog.$_{srj2}$ *Med.*$_{gl1,hr1,*}$ nux-v.$_{gl1}$ plat.$_{gl1}$ sil.$_{gl1}$
☞ *Faulheit - verschiebt / Unentschlossenheit*

Verschlagen, hinterhältig
☞ *Hinterhältig*

Verschlossen, zu: calc.$_{gl1,vh}$ nat-m.$_{gl1,vh}$ plat.$_{gl1,vh}$
☞ *Hochmütig*

Verschmelzen mit der Umgebung: *Anh.*$_{mg1,vh/dg,*}$

Verschwenderisch: agar.$_{gl1}$ alum. *Bell.*$_{gl1}$ calc.$_{gl1}$ caust.$_{gl1}$ con.$_{gl1}$ hep.$_{gl1}$ **Merc.**$_{gl1}$ *Nux-v.*$_{gl1}$ stram.$_{gl1}$ sulph.$_{gl1}$ *Syph.*$_{gl1,st}$ verat.$_{gl1}$
☞ *Geisteskrankheit - Einkäufe / Geiz - verschwenderisch*
◆ **abwechselnd** mit:
• **Geiz**: calc.$_{gl1}$ lach.$_{gl1}$ merc.$_{gl1}$ sulph.$_{gl1}$
– **Geld**: verat.
☞ *Extravaganz / Hochmütig*
– **Ordnungssinn**; aus Mangel an: lyc.$_{gl1}$ plat.$_{gl1}$ sil.$_{gl1}$
– **Prahlerei**, aus: calc.$_{gl1}$ nux-v.$_{gl1}$ plat.$_{gl1}$ puls.$_{gl1}$

Verschwendet seine Zeit
☞ *Zeit - vergeudet*

Verspielt: aloe bell.$_{a1}$ bufo$_{gk}$ cimic.$_{hr1,k,*}$ cocc.$_{h,k,*}$ croc.$_{bg2}$ elaps ign.$_{bg2}$ lach.$_{bg2,k}$ meny.$_{a1,k}$ naja ox-ac.$_{a1,k}$ seneg.$_{a1,k}$ tarent.$_{a1,k}$
☞ *Amüsement - Verlangen / Froh / Lebhaft, munter / Spaßen / Zufrieden*
◆ **abwechselnd** mit:
• **Traurigkeit**: psor.

Verstand geschärft, vermehrt: coff-t.$_{a1}$

Verstandesmensch
☞ *Gefühle - beherrscht*

Verstecken:
– **Essen** zu verstecken; Verlangen: choc.$_{srj3}$
– **Gegenstände**: bell. tarent.$_{k2}$
– **sich**: ars. **Bell.** camph. chlol. choc.$_{srj3}$ cupr. eug.$_{j5}$ *Hell.* hyos. *Ign.*$_{kr1}$ lach. limest-b.$_{es1}$ marb-w.$_{es1}$ meli.$_{br1,ptk1}$ *Puls.* staph.$_{gl1,j,*}$ *Stram.* tarent.
☞ *Angesehen*
• **Erde** zu verstecken; Verlangen, sich in der: adam.$_{srj5}$

– **sich**: ...
- **Furcht**, aufgrund von: *Ars. Bell.* cupr.
  - **angegriffen** zu werden: tarent.$_{k2,st}$
- **Kinder**: aur.$_{st}$
  - **Besucher** würden über sie lachen und sie verstecken sich hinter den Möbeln; sie glauben: *Bar-c.*
  - **Fremden**, vor: *Bar-c.*$_{c1,vh/dg,*}$
- **rennt**, läuft davon; versteckt sich und: meli.$_{ptk1}$

– **Verlangen**, sich zu verstecken
☞ *sich*

Verstehen:
– **nicht**; versteht:
- **Fragen**; an sie gerichtete: tarent.$_{a1,k1}$ thuj.$_{hr1}$
- **sprechen**; kann aber: elaps$_{ptk2}$

– **schwierig**, fällt schwer
☞ *Stumpfheit*

Verstößt Menschen gegen ihren Willen: **Plat.**$_{a1}$
☞ *Stimmung - abweisend*

Verstümmelt seinen Körper: agar.$_{bro1}$ ars. bell.$_{bro1}$ hyos.$_{bro1}$ med.$_{mrr}$ stram.$_{bro1}$
☞ *Suizidneigung*

Verträumt
☞ *Geistesabwesend - verträumt*

Vertrauensvoll: hydrc.$_{a1,k}$ kres.$_{mg,mg1}$ mur-ac.$_{h,k,*}$ op.$_{a1}$ spig.$_{h,k,*}$
☞ *Enthüllt*

Vertraulichkeit: chlf.$_{a1}$

Verwechseln:
– **Gedanken** und Dinge: calc. cann-s. colch.$_{kr1}$ hyos. nux-v. plat. *Sulph.*
☞ *Fassung / Fehler / Verwirrung*

– **Gegenwart** mit der Vergangenheit: cic.$_{br1,c1}$

Verwegenheit: acon.$_{bg2,k}$ agar.$_{h,k,*}$ alum.$_{bg2}$ ant-t.$_{bg2,hr1,*}$ *Arn.*$_{st}$ bamb-a.$_{stb2}$ bell.$_{bro1}$ bov.$_{bg2}$ calad.$_{bg2,hr1,*}$ cocain.$_{bro1}$ guaj.$_{bg2}$ hep.$_{gl1}$ **Ign.**$_{bg2,gl1}$ lach.$_{bg2}$ m-arct.$_{j5}$ merc. mez.$_{bg2}$ nat-c.$_{bg2}$ nitro-o.$_{a1}$ op.$_{bg2,k}$ plat.$_{gl1}$ *Puls.*$_{bg2}$ sil.$_{bro1}$ squil.$_{bg2}$ staph.$_{gl1}$ sulph.$_{bg2}$ tarax.$_{bg2}$ verat.$_{bg2}$
☞ *Anmaßend / Bestimmtheit / Frühreif / Grobheit / Herausfordernd / Impertinenz / Kühn / Mutig / Tollkühnheit / Unverschämtheit / Widerspruch - Neigung / Zudringlich / Überstürzt*

Verweilt:
☞ *Brütet / Gedanken - unangenehm / Selbstbetrachtung*

– **Beleidigungen** fallen ihm wieder ein; längst vergessene: glon.$_{kr1}$
☞ *erinnert - alten / Kummer - Beleidigungen / Sprache - Ärger*

– **denkt** an alles, was ihr andere angetan haben:
☞ *Erregung - abends - Gedanken*
- **liegt** wach und denkt daran:
  - **vergessen**; morgens hat sie alles wieder: am-c.$_{k1}$

– **Enttäuschungen**, bei: *Nat-m.*$_{vh,vh/dg}$ *Ph-ac.*$_{kr1}$
☞ *Beschwerden durch - Liebe*

Verweilt: ...
– **erinnert** sich:
- **alten** Kummer, an: glon. neon$_{srj5}$ sars.$_{kr1}$ sulph.$_{kr1}$
  ☞ *Beleidigungen / Weinen - Ärger - alten*
- **unangenehme** Erinnerungen, an: am-c.$_{vh}$ calc.$_{st,vh}$ hep.$_{st,vh}$ hyos.$_{st,vh}$ *Lyc.*$_{vh,kl2}$●,* nat-m.$_{vh,kl2}$●,* nit-ac.$_{st,vh}$ phos.$_{st,vh}$ sep.$_{vh,kl2}$●,* sulph.$_{st,vh}$

– **Gesundheit**; bei seiner eigenen, zerstörten: aur-m.$_{k2}$

– **glücklichen** Augenblicken; verweilt bei vergangenen: carc.$_{az1}$

– **Kummer** durch vergangene Beleidigungen: calc.$_{gl1}$ staph.$_{gl1}$

– **vergangenen** unangenehmen Ereignissen; bei: am-c. *Ambr.* arg-n. asar.$_{jl}$ *Benz-ac.* calc.$_{bg2,j,*}$ caust.$_{gb}$ *Cham. Chin.* cob-n.$_{mg1}$ *Cocc. Con.* cop. form. glon. goss.$_{st,vh}$ granit-m.$_{es1}$ haliae-lc.$_{srj5}$ hep. hydrog.$_{srj2}$ hyos.$_{bg2,vh,*}$ **Ign.**$_{vh,vh/dg}$ kali-p.$_{st}$ kiss.$_{a1}$ kreos. lil-t.$_{k2}$ *Lyc.*$_{k1,kl2}$●,* meny. mez. **Nat-m.**$_{k,kl2}$●,* *Nit-ac.*$_{k,vh/dg}$ op.$_{gl1}$ opun-s.$_{a1}$ phos.$_{bg2,vh,*}$ *Plat.* psor.$_{bg,sf1}$ puls.$_{gb}$ rhus-t. *Sep.* spong.$_{h}$ staph.$_{gl1}$ *Sulph.* symph.$_{gb}$ syph.$_{st}$ thuj.$_{bg2,sf1}$ verat.$_{sf1}$ visc.$_{jl,sp1}$
☞ *Angst / Beschwerden durch - Liebe / Brütet / Gedanken - hartnäckig - unangenehmen / Gedanken - quälend - vergangene / Gedanken versunken / Haß / Klagen - Beleidigungen / Kummer / Meditieren / Pessimist / Selbstbetrachtung / Seufzen / Traurigkeit / Traurigkeit - Liebe / Weinen - vergangene*
- **nachts**: ambr.$_{k2}$ ben-n.$_{a1}$ benz-ac.$_{k2}$ caust. chin. graph. kali-c. kali-p.$_{st,vh}$ *Lyc.*$_{k,kl2}$●,$_{vh,*}$ nat-m.$_{sf1}$ *Plat.* **Rhus-t.**$_{k,kl2}$●,$_{vh,*}$ *Sulph.*
  - **Mitternacht**, nach: *Nat-m.*$_{vh,vh/dg}$ **Rhus-t.**
- **grämen**; um sich darüber zu: nat-m.$_{gl1}$
- **kann** nicht aufhören, von alten Ärgernissen zu sprechen: cham.$_{h1}$
- **schrecklichen** Szene eines vergangenen traurigen Ereignisses gequält; wird von einer: spong.$_{kr1}$

Verwirrung, geistige: abies-c.$_{a1}$ absin. acet-ac. *Acon.* acon-f.$_{a1}$ act-sp. adam.$_{srj5}$ *Aesc.* aesc-g.$_{a1}$ *Aeth.* aether$_{a1}$ *Agar.* agn. ail. alco.$_{a1}$ all-c. aloe *Alum.* alum-sil.$_{k2}$ *Am-br.*$_{sf1}$ am-c. am-m. ambr. amgd-p.$_{a1}$ aml-ns.$_{a1,bg2}$ amyg.$_{a1}$ *Anac.* anac-oc. androc.$_{srj1}$ ang.$_{bg2}$ anh.$_{sp1}$ ant-c.$_{bg2,h}$ *Ant-t.* anthraci.$_{kr1}$ apis *Apoc.*$_{c1,k}$ arag.$_{br1,vh}$ aran. aran-ix.$_{sp1}$ aran-sc.$_{a1}$ arg-met. *Arg-n.*$_{bg,k}$ *Arn. Ars.* ars-i. asaf. *Asar.* aspar. aster.$_{a1,kr1}$ astra-e.$_{jl}$ atha.$_{c2}$ *Atro.*$_{a1,kr1}$ *Aur.* aur-m. *Bamb-a.*$_{stb2}$ *Bapt.*$_{bg,k,*}$ *Bar-c.* bar-i.$_{k2}$ *Bar-m.* bart.$_{a1}$ **Bell.** bell-p.$_{sp1}$ benz-ac. berb. *Bism.* bism-o.$_{a1}$ bism-sn.$_{a1}$ *Borx.* both.$_{a1}$ *Bov.* brom. **Bry.**$_{bg,k}$ *Bufo* cadm-met.$_{sp1}$ calad. **Calc.**$_{bg,k}$ calc-i.$_{k2}$ *Calc-p.* calc-s. *Calc-sil.*$_{k2}$ camph.$_{a1,k1}$ **Cann-i.** *Cann-s.*$_{bg,k}$ *Canth. Caps.* carb-ac. *Carb-an.* **Carb-v.** carbn-h.$_{a1}$ carbn-o. *Carbn-s.* carc.$_{mg1,sp1}$ carl. caust. cere-b.$_{a1}$ cham. *Chel. Chin.* chinin-ar. chinin-s. chlf.$_{a1,kr1}$ *Chlol.*$_{k,vh/dg}$ chlor. chloram.$_{jl}$ chlorpr.$_{jl}$ chol.$_{a1}$ chr-ac.$_{a1,kr1}$ cic. cimic.$_{bg}$ cimx. cina cinnb. clem.

Verwirrung, geistige: ...
Coc-c. coca.bg2 **Cocc.**bg,k cod.a1 *Coff.* coff-t.a1 coffin.a1 *Colch.*bg2,k1,* *Coloc.* com. *Con.* conin.a1 convo-s.jl cop. cori-r.a1 corn. cortico.sp1 cortiso.jl cot.a1 *Croc. Crot-c. Crot-h.*bg,k crot-t. cund.a1 *Cupr.* cupr-ar. cupr-s.a1 cur. cycl. dat-a.a1 dat-m.a1 dig. dios. dirc.a1 *Dros. Dulc.* echi. ery-a. eucal.a1 eug. eup-pur. euphr. eupi. *Fago.* fagu.a1 *Ferr.* ferr-ar. ferr-p. fl-ac.bg,k form.a1,bg2,* galin.jl *Gels.* gent-l. germ-met.srj5 gins. **Glon.**bg,k gran. *Graph.*bg,k grat. guare.a1 haliae-lc.srj5 halo.jl ham.a1 *Hell.*bg,k hep. hipp. hura hydr. hydr-ac. **Hydrog.**srj2 *Hyos.*bg,k *Hyper.* iber.a1 ign. indg. iod. ip. iris-foe.a1 jab. jatr-c. jug-c. kali-ar. kali-bi. kali-br. *Kali-c.* kali-i.k1 kali-n. kali-p. kali-s. kalm. *Kreos.* lac-ac. *Lac-c.* **Lach.** lact. lact-v.a1,br1 *Laur. Lec.*br1 led. lil-t. limest-b.es1 lob. lol.a1 *Luna*kg1 *Lyc.* lyss.kr1 m-ambo.a12 *Mag-c.* mag-m. mag-s. mand.sp1 mang.bg2 *Med.* meli. menth.c1 *Meny.*bg2 meph.a1 **Merc.** merc-c. *Mez.* moly-met.jl morph. *Mosch.* mur-ac.bg2,k2 murx. myric. nabal.a1 naja narcot.a1 nat-ar. *Nat-c.* **Nat-m.** nat-p. nat-s. neon.srj5 nicc. nit-ac. nit-s-d.a1 nitro-o.a1 **Nux-m.**bg,k **Nux-v.** oci-sa.jl,sp1 oena.a1 *Olnd.*bg2,k1 **Onos. Op.**bg,k opun-v.a1 oreo.c1 osm. oxeod.a1 par. parathyr.jl ped.c1 peti.a1 **Petr.**bg,k ph-ac. phel. *Phos.* phys. pip-m.a1 pitu-gl.br1 plan. plat.bg,k *Plb.* plb-chr.a1 psil.ft1 *Psor.* ptel. *Puls. Pyrog.*k2,st ran-b. ran-s.bg2 raph. rauw.sp1 rheum rhod. **Rhus-t.** ruta *Sabad.* sabin. sal-ac. samb. sang. sars. *Sec.* sel.k2,sf1 senec.a1 *Seneg.* **Sep.**bg,k **Sil.**bg,k *Spig.* spira.a1 spirae.a1 spong. squil. stann. *Staph.* stict.br1,c1 *Stram.*bg,k stront-c.bg2 **Stry.** sul-ac.bg2,h sulfa.jl,sp1 sulfon.br1 *Sulph.* syph. *Tab.* tanac.a1 tarax. tax.a1 ter. teucr. ther. thiop.jl *Thuj.* thymol.jl,sp1 tril-c.a1 trom. tub.bg2 tus-fr.a1 vac.a1 valer.bg,k *Verat.* verb. viol-o. viol-t.bg2 vip. xan.k,rb2 *Zinc.* **Zinc-p.**vh,vh/dg
☞ *Antworten - Fragen / Antworten - gefragt / Antworten - zusammenhangslos / Chaotisch / Delirium / Erschöpfung / Fassung / Fehler / Gedächtnis - Gedächtnisschwäche / Konzentration - schwierig / Murmeln / Sinne - verwirrt / Sonderbar - alles / Sprache - schweift / Sprache - unzusammenhängend / Sprache - verworren / Stumpfheit / Unwirklich - alles / Unzufrieden / Vergessen / Vergessen - etwas / Vergeßlich / Verwechseln - Gedanken / Verwirrung / ❑ Gesicht - Ausdruck - durcheinander / ❑ G~ Ausdruck - verwirrt*

– **tagsüber**: granit-m.es1

– **morgens**: acon. agar. aloe alum. alum-p.k2 alum-sil.k2 am-m. ambr. *Anac.* ant-t. arg-n. arn. ars. ars-i. arum-t. asaf. asar. astra-e.jl aur. aur-ar.k2 aur-i.k2 aur-s.k2 bamb-a.stb2 *Bar-c.* bar-s.k2 bell. bism. bov. *Bry.* bufo *Calc.* calc-ar.k1 *Calc-s.* canth. caps. *Carb-an. Carb-v.* carbn-s. caust. cham. chel. *Chin.* chinin-ar. chinin-s. cic. clem. cob. cocc. colch.k1 coloc. con. corn.kr1 crot-h. euphr. ferr-ar. ferr-p. *Graph.* hyos. hyper. ign. iod. jug-r. kali-ar. kali-c. kali-n. kali-p. kali-s. **Lach.** lact. lyc. mag-c. mag-m. mag-s. merc. mill. mosch. murx. *Nat-c.* nat-m. nat-p.k2 nat-s. nat-sil.k2 nicc. nux-v. op. ox-ac. petr. ph-ac. phos. podo. ran-b. ran-s. *Rhod. Rhus-t.* ruta samb. sars. seneg. sep. sil. squil. stann.

– **morgens**: ...
staph. stram.a1 stry. sul-ac. sul-i.k2 **Sulph.** sumb. *Thuj.* til. trif-p.a1 ust. verat. zinc. zinc-p.k2

- **Aufstehen**:
  - **beim**: anac. arg-n. asar. aur. bell. bry. calc. *Carb-v.* cham. chel. cic. cina clem. coc-c. corn. graph. ign. kali-c. kali-sil.k2 lact. mag-c. mag-m. mag-s. merc. merl. ped.c1 ph-ac. plb. raph. rhod. rhus-t. sabad. samb. sep. sil. sulph.
  - **nach**: anac. arg-n. asar. aur. bell. bry. calc. *Carb-v.* cham. chel. cic. cina clem. coc-c. corn. graph. ign. kali-c. lact. mag-c. mag-m. mag-s. merc. merl. nat-m.h ph-ac. phos.a1,k1 plb. raph. rhod. rhus-t. sabad. samb. sep. sil. sulph.
    - **amel.**: alum.h ant-t. mag-s. phos. rhus-t.
- **Erwachen**, beim: acon. *Aesc.* agar. alum.k2 alum-p.k2 alum-sil.k2 *Anac.* ant-t. arg-n. ars. ars-s-f.k2 *Bar-c.* bov.bro1 *Bry. Calc.*k,vh/dg calc-p. calc-s. calc-sil.k2,st cann-s. carb-an. *Carb-v.* carbn-s. chinin-ar. cimic. clem. coc-c. euphr. ferr. ferr-ar. graph.h hyper. ign. **Lach.** *Lyc.* mag-m.h mag-s. merc. merc-i-f. *Naja* nat-m. petr.k2 *Phos.* puls. rheum.h rhod. ruta *Sil.* sulph. *Thuj.*k1 til. trif-p.br1 zinc. zinc-p.k2

– **vormittags**: phys.a1 sep.a1 sil.a1 sulph.a1

– **nachmittags**: agar. alumn. asaf. bry. calc. cann-s.a1 carb-v. cham. chel. chin. clem. coloc. crot-t. ery-a.a1 ferr. graph. hell. hyos. kali-bi. kali-c. kali-cy.a1 lac-ac. laur. nat-m. nux-v. op. petr. phel. sabin. sep. sulph. verat-v. zinc.

– **abends**: aloe am-c. androc.srj1 aran. ars. ars-i. bar-c. bar-s.k2 bell. borx. bov. calc. calc-ar.k1 calc-s. calc-sil.k2 cann-s. carb-an. *Carb-v.* cedr. cham. chinin-s. cinnb.a1 coc-c. coloc. corn. cycl. dig. dios.a1 dros. dulc. euphr. ferr. ferr-ar. ferr-i. ferr-p. graph. hipp. hydrog.srj2 iod. ip. kali-ar. kali-c. kali-n. kali-p. kali-s. kali-sil.k2 kalm. *Lyc.* mag-s. mez. mill.a1,k1 murx. nat-ar. nat-c. nat-m. nat-p. nat-sil.k2 *Nux-m.* nux-v. ph-ac. phos. psor.st ptel. puls. rhus-t. ruta sars. sep. sil. spig. stann. sul-ac. sul-i.k2 sulph. thuj. valer. zinc. zinc-p.k2
- **amel.**: sars.h

– **nachts**: anac. arg-n. calc. cedr. *Chel.*kr1 corn. crot-t. fl-ac. lyc. mur-ac. phos. psor. ptel. raph. ruta sec. sep. *Sulph.* til.
- **Mitternacht**:
  - **nach**:
    - **Herumgehen**; beim: *Stram.*kr1
- **Erwachen**, beim: *Chel.* chin.h *Glon.* kali-bi.sf1 merc-i-f. mez. nat-m.k2 phos. plat. psor. puls.h sil. sulph.h
- **Hinlegen**, beim: brom. lil-t. rhus-r.

◆ **abwechselnd** mit:
- **Fröhlichkeit**
  ☞ *Froh - abwechselnd mit - Verwirrung*
- **Singen**
  ☞ *Singen - abwechselnd mit - Verwirrung*

– **Abort**, nach: ruta.a1

– **alkoholische** Getränke, durch: *Alum.* bell. bov. *Con.*k1,vh cor-r. **Nux-v.** petr.k1 stront-c.
☞ *Zügellosigkeit*

- **Alter**, im: arg-met.$_{vh}$ *Arg-n.*$_{vh,vh/dg}$ *Bar-c.*$_{kr1,sf1}$ *Con.*$_{sf1}$
- **angesprochen**, wenn: **Alum.**$_{vh,vh/dg}$ *Alumn.*$_{vh,vh/dg}$ *Sep.*
- **Ankämpfen** gegen die Schläfrigkeit; beim ☞ *Schläfrigkeit*
- **Arbeit**, bei der: merc.$_{a1}$
- **Ärger**:
  - **nach**: nux-v. ☞ *Beschwerden durch - Tadel / Ermahnungen - agg.*
- **aufrütteln**; muß sich: **Carb-v.** choc.$_{srj3}$ hydrog.$_{srj2}$ *Sulph.*$_{k1,st}$
- **Aufstehen**:
  - **nach**: *Alum.* aur. bell. bism-sn.$_{a1}$ bov. bry. kali-c. laur. merc. nat-m. nat-s. phos. rhod.
- **Aufstoßen** amel.: bry. gent-c. sang.
- **berauscht**:
  - **Rausch**; wie nach einem: acon. agar. am-m. anac.$_{h}$ ang. arg-met. bell. *Bry.* camph. *Carb-v.* *Chin.* clem. cocc. coloc. cor-r. croc. **Dig.** dulc.$_{h}$ *Glon.* grin.$_{vh}$ kali-c. kali-n.$_{h}$ lam. laur. mosch. nat-m. *Nux-v.* op. *Ph-ac.* psor. puls. rheum sabin. squil. valer. ☞ ❑ *Kopf - Rausch*
  - **wie**: abies-c.$_{br1}$ *Acon.* agar.$_{j5}$ amyg. anan. androc.$_{srj1}$ ant-c.$_{c1,h}$ arg-met.$_{h,j1}$ asar. **Bapt.** bell. bism.$_{h}$ bry.$_{k2}$ bufo *Carb-v.* *Carbn-o.* **Carbn-s.** chinin-s. choc.$_{srj3}$ cupr.$_{h}$ *Dig.* erio.$_{br1}$ *Glon.* graph. grat. grin.$_{vh}$ hyos.$_{j5}$ ign. kali-c.$_{h}$ kali-n. lach.$_{k2}$ laur. led.$_{h}$ lyc. mag-c.$_{h}$ mag-m.$_{h}$ merl.$_{a1}$ mez.$_{j5}$ *Nux-m.* nux-v. oxyt.$_{br1}$ ph-ac. phel. ran-b.$_{c1}$ rhus-t. sabad. *Sil.* spong. thuj.$_{h}$ tong. visc.$_{sp1}$
- **beschreibt** die Beschwerden nicht richtig: puls.$_{ptk1}$
- **Bett**, im: ambr. calc. phos. rhod.
  - **amel.**: nat-c.
  - **herausspringen**, läßt ihn: ars.$_{j5}$ cic.$_{j5}$ merc.$_{j5}$ stram.$_{j5}$
- **Bewegung**, durch: acon. ambr. bell. bry. calc-p. cob. ign. indg. kalm.$_{k2}$ lob. mosch. nat-c. nux-v. phos. *Puls.* tab.
  - **amel.**: arg-n. ferr. ferr-p.
  - **Kopfes**, des: carb-an.$_{h}$ sulph.$_{h}$
  - **unten**, nach:
    - **agg.**: borx.$_{k2}$
- **Bier**, durch: bell. calc. chin. *Coloc.* con. cor-r. crot-t. ign.
- **Brot** agg.: crot-t. ☞ ❑ *Allgemeines - Speisen - Brot - agg.*
- **Bücken**, beim: bov. calc. caust. coloc. corn. *Glon.*$_{kr1}$ hell. nat-m. nit-ac. phos. spig. valer. vinc.
  - **amel.**: verat.
- **Denken** an, beim:
  - **agg.**: **Hell.**$_{k,vh/dg}$ olnd. ox-ac.$_{vh}$ ☞ *Denken - Beschwerden - agg.*
- **durcheinander**, vermischt beides; bringt Subjektives und Objektives: calc.$_{bg2}$ hyos.$_{bg2}$ nux-v.$_{bg2}$ plat.$_{bg2}$ sulph.$_{bg2}$
- **Einhüllen** des Kopfes:
  - **amel.**: mag-m.
- **ekstatisch**: cann-i.$_{k2}$
- **epileptischer** Anfall:
  - **vor**: lach.$_{c1,sf1,•}$ plb.$_{c1,k1}$ sil.$_{c1,k1}$
  - **nach**: plb. sil.
- **Erbrechen** amel.: tab.$_{a1}$
- **Erregung** amel.: chin.$_{a1}$ cycl.$_{a1}$
- **Erwachen**, beim: acon. *Aesc.* agar. *Alum.*$_{bg2}$ alum-sil.$_{k2}$ ambr. anac. ant-t. arg-n. ars. bar-c. bell.$_{bg2}$ berb. bov.$_{bg2}$ bry. calad. calc. calc-ar.$_{k2}$ calc-p. caps. *Carb-v.* cham. chel. chin. clem. coc-c. con. euphr. gels.$_{bg2,st}$ glon. *Granit-m.*$_{es1}$ graph. grat. hell.$_{sf1}$ hep. hyper. ign. kali-br. kali-c.$_{h}$ kali-n.$_{h}$ *Lach.* led.$_{bg2}$ *Lyc.* mag-s. merc. merc-i-f. mez. naja nat-c. nat-p. nat-sil.$_{k2}$ nux-m. nux-v.$_{bg2}$ op. *Petr.*$_{bg2,k2,•}$ *Ph-ac.* **Phos.** *Plat.* psor. *Puls.* rheum$_{a1}$ rhod. rhus-t. ruta samb.$_{bg2}$ *Sep.* *Sil.* spong.$_{k2}$ squil. stann. staph. *Stram.* *Sulph.* til. *Zinc.* zinc-p.$_{k2}$
  - **Traum**; aus einem schönen: bamb-a.$_{stb2}$
- **Essen**:
  - **amel.**: agar. apis caust. fago. jug-r. lach. mez. phos.
  - **nach**: agar. ambr. apis aran. arg-n. bell. bufo *Calc.* calc-sil.$_{k2}$ *Carb-v.* caust. coc-c. **Cocc.** coloc. croc. cycl. euphr. ferr. ferr-p. grat. hyos. lach. led. lob. *Lyc.* mag-m. meny. *Merc.* *Mez.* mill. nat-c. *Nat-m.* nat-p. nat-sil.$_{k2}$ nit-ac. *Nux-v.* olnd. op. petr. *Ph-ac.* *Phos.* plan. **Puls.** sabad. sabin. *Sep.* *Sil.* *Sulph.* tab. thuj. zinc. zinc-p.$_{k2}$
- **Fahren** oder Reiten, beim: bry. sil. ☞ *Fahren im - Abneigung*
- **Fehler** ☞ *Fehler*
- **Fieberfrost** ☞ *Frost*
- **Freien**, im: agar. caust. colch. con. crot-t. hyos. mag-c.$_{a1,h}$ nit-ac. nux-v. rhod. spig. sulph.
  - **amel.**: acon. am-m. ant-t. ars. aur-m. bar-c. bar-s.$_{k2}$ bell. bry. caj.$_{a1}$ calc-s. clem. coc-c. croc. dulc. glon. grat.$_{a1}$ hydr-ac. kali-s. mag-m. mag-s. mang. meny. merc. nat-c. par. phos. phyt. *Psor.* rat. sulph.
- **Frost**; während: acon. aloe ang.$_{bg2}$ *Bell.*$_{bg2}$ borx.$_{bg2}$ *Bry.*$_{bg2}$ *Caps.* *Cham.* cic. coff. con. dros. hell. hyos. ip.$_{bg2}$ kali-c. led.$_{bg2}$ nat-c. nat-m.$_{bg2}$ nux-m. **Nux-v.**$_{bg2}$ *Op.*$_{bg2}$ ph-ac.$_{bg2}$ *Phos.*$_{bg2,h}$ plb. rhus-t. ruta *Sep.*$_{bg2}$ stram. valer.$_{bg2}$ verat. viol-t.
- **Frühstück**:
  - **vor**: calc. fl-ac.
  - **nach**: calad. coc-c.
    - **amel.**: bov. mag-c.
- **Gähnen**:
  - **amel.**: bry.
- **Gehen**: agar. ang. arg-n. asar. bell. borx. *Bry.* calc. camph. carb-an. carb-v. cic. coc-c. coff. coloc. con. dros. ferr. *Glon.* grat. kali-c. *Lach.* mez.$_{a1}$ nat-c. nat-m. nit-ac. *Nux-m.* *Petr.* rhus-t. *Sabad.* sep. spong. sulph. tarax. thea thuj. viol-t.
  - **amel.**: agar. ferr-p. sulph.
  - **nachts**:
    - **Mitternacht**, nach: *Stram.*$_{kr1}$
  - **nach**: nat-m.$_{h}$
    - **amel.**: caust.$_{h}$

– **Gehen**: ...
- **Freien**, im: acon. agar. ars.$_{h}$ carb-v. caust. coff. **Glon.** kali-chl.$_{a1,k,*}$ lyc. **Nux-m. Petr.** sep. spig. sulph. tub.
  - **amel**.: bry. *Carl.* graph. **Lyc.** merc-i-f. merc-i-r. nat-c. par. **Puls.** rhod. sulph.

– **geistige** Anstrengung:
- **durch**: ang. ant-t. apis aran. *Aur.* aur-s.$_{k2}$ borx.$_{h}$ *Calc. Calc-p. Calc-s. Calc-sil.*$_{k2}$ canth. *Carb-v.* carbn-s.$_{k2}$ *Caust.* cham. *Cocc.*$_{k1,st}$ euon. *Gels.* gink-b.$_{sbd1}$ hep. iod. *Kali-sil.*$_{k2}$ laur. *Lyc.* mag-c. mag-m. mez. **Nat-c.** *Nat-m. Nat-p.* **Nat-sil.**$_{k2}$ *Nit-ac. Nux-m. Nux-v.* olnd. ox-ac. petr. *Ph-ac. Phos. Pic-ac. Puls.* ran-b. scut.$_{a1}$ *Sep. Sil. Staph.* sul-i.$_{k2}$ *Sulph.* thuj.
- **amel**.: carb-v.

– **Geräusche**:
- **agg**.: *Asar.*$_{vh,vh/dg}$ mag-c.$_{h}$ *Ther.*$_{vh,vh/dg}$

– **Gespräche**:
- **agg**.: granit-m.$_{es1}$ *Sil.*
  ☞ *Gespräche - agg.*

– **Hitze**; während: alum. arg-met. *Bapt. Bell.*$_{a1}$ bry. camph. carbn-s.$_{k2}$ cham. chin. coc-c. coloc. dros. dulc.$_{k2}$ *Hyos.* ign. ip. laur. nat-c. op. phos. puls. raja-s.$_{j1}$ sep. tab.$_{a1}$ thuj. valer. verat.

– **Husten**:
- **vor** einem Hustenanfall: cina

– **Hutes** agg.; Aufsetzen eines: calc-p. ferr-i.

– **Identität**; in bezug auf seine: **Alum.** *Alumn.*$_{vh,vh/dg}$ *Anh.*$_{j1,mg1,*}$ ant-c. aur.$_{kr1}$ bapt. camph.$_{gl1}$ cann-s. cic.$_{k2}$ haliae-lc.$_{srj5}$ kali-br. lach. med. nat-m.$_{bg2}$ petr. phos. plb. pyrus stram. sulph. thuj. valer.
  ☞ *Gedanken - hartnäckig - getrennt - Geist / Gedanken - hartnäckig - getrennt - Willen / Gedächtnis - Gedächtnisschwäche - Namen - eigenen / Persönlichkeitsverlust / Schizophrenie - paranoid / Unentschlossenheit / Wahnideen - Bewußtsein - gehören / Wahnideen - doppelt - sein / Wahnideen - drei / Wahnideen - Einfluß / Wahnideen - Fremde - Kontrolle / Wahnideen - geteilt - zwei / Wahnideen - geteilt - zwei - zerschnitten / Wahnideen - getrennt - Körper - Geist habe / Wahnideen - getrennt - Körper - Seele / Wahnideen - Identität - Fehleinschätzung / Wahnideen - jemand anderes - sie / Wahnideen - Körper - geteilt / Wahnideen - Orte - verschiedenen / Wahnideen - Orte - zwei / Wahnideen - Person - andere / Wahnideen - sieht - Anderen / Wahnideen - übermenschlich - Kontrolle / Widerstreit / Wille - zwei*
- **Dualität**; Gefühl der: agar.$_{ptk1}$ *Alum.*$_{bg2}$ **Anac.**$_{bg2,j5,*}$ anh.$_{bg2,j1}$ arg-n.$_{bg2,ptk1}$ **Bapt.**$_{bg2}$ calc-p.$_{bg2,ptk1}$ cann-i.$_{a1}$ cocc.$_{ptk1}$ cycl.$_{bg2}$ daph.$_{ptk1}$ des-ac.$_{bg2,j1}$ dulc.$_{ptk1}$ *Gels.*$_{bg2}$ hyper.$_{ptk1}$ *Lach.*$_{bg2,vh,*}$ lil-t.$_{bg2,rb2}$ lyc.$_{bg2}$ naja$_{bg2,vh,*}$ nat-m.$_{bg2}$ nux-m.$_{bg2}$ op.$_{bg2}$ paro-i.$_{bg2,j1}$ **Petr.**$_{bg2}$ phos.$_{bg2}$ plb.$_{bg2}$ psor.$_{bg2}$ puls.$_{bg2}$ *Pyrog.*$_{bg2}$ sabin.$_{ptk1}$ sec.$_{bg2}$ sil.$_{bg2}$ *Stram.*$_{bg2}$ ther.$_{bg2}$ thuj.$_{bg2}$ tril-p.$_{bg2,ptk1}$ verat.$_{ptk1}$ xan.$_{bg2,ptk1}$
  ☞ *Gedanken - zwei / Unentschlossenheit / Wahnideen - doppelt - sein / Wahnideen - geteilt - zwei / Wahnideen - getrennt - Körper - Geist / Wahnideen - getrennt - Körper - Seele / Wahnideen - Identität - Fehleinschätzung / Wahnideen - Körper - dreifachen ...*

– **Identität - Dualität**; Gefühl der: ...
  ☞ *Wahnideen - Körper - durchgeschnitten - zwei / Wahnideen - Körper - geteilt / Wahnideen - Körper - Hälfte - linke / Wahnideen - Körper - Hälfte - linke - gehört / Wahnideen - Körper - lebendig - Seite / Wahnideen - Orte - zwei / Widerstreit / Wille - zwei*
- **Kopf** vom Körper getrennt; als wäre der
  ☞ *Wahnideen - Kopf - abgetrennt / Wahnideen - Körper - geteilt*
- **sexuelle** Identität: hydrog.$_{srj2}$

– **Kaffee**:
- **amel**.: coca hipp.
- **nach**: all-c. arg-n. calc-p. mill.

– **kaltes** Bad:
- **amel**.: *Arg-n.*$_{vh,vh/dg}$ calc-p. euphr. *Phos.*

– **Koitus**:
- **nach**: bov. calc. caust. mez. *Ph-ac.* phos. rhod. sel. sep. staph.$_{vh}$

– **konzentrieren**; beim Versuch sich zu: ambr.$_{k2}$ androc.$_{srj1}$ asar. calad.$_{k2}$ gels. hydrog.$_{srj2}$ mez. nat-c.$_{vh}$ nat-m. nit-ac. olnd.$_{h1,k}$ ran-b. staph.
  ☞ *Erschöpfung / Konzentration - schwierig*

– **Kopfschmerzen**, mit: agar.$_{h}$ bry.$_{k2}$ chinin-s.$_{j}$ con.$_{h}$ lil-t.$_{k2}$ morph.$_{j}$ nat-m.$_{h}$ petr.$_{h}$ phos.$_{h}$ sil.$_{h}$ tarax.$_{h}$ xan.$_{c1}$ zinc.$_{h}$

– **Kopfverletzung**:
- **nach**: **Nat-s.**
  ☞ *Geisteskrankheit - Kopfverletzungen*

– **Kratzen**:
- **Kopfes**; die rechte Seite des: sul-ac.$_{h}$
- **Ohr**, hinter dem: calc.$_{h}$

– **Lachen**:
- **agg**.: ther.

– **Lesen**, beim: agar. agn. *Alum.* ambr. ang. *Apis Calc.* canth.$_{k2}$ cocc. ferr-i. germ-met.$_{srj5}$ lil-t. *Lyc.* nat-m. nux-m. *Ph-ac.*
- **begreifen** versucht; wenn er zu: *Olnd.*

– **Liegen**; beim: brom. bry. *Carb-v.* cham. *Grat.* lil-t. mag-m. merc. rhus-r. sep.
- **amel**.: granit-m.$_{es1}$ nat-m.$_{h}$

– **Masturbation**, durch: *Gels.*$_{kr1}$

– **Menses**:
- **vor**: cimic. *Sep.*
  ☞ *Menses - vor; Gemütssymptome*
- **während**: am-c. cimic. cocc. graph.$_{h}$ lyc. phos.
  ☞ *Menses - während; Gemütssymptome*
- **nach**: graph. nat-m.
  ☞ *Menses - nach; Gemütssymptome*

– **Mittagessen**:
- **beim**: mag-m.$_{h}$
- **nach**: arg-n. carb-v. euphr. mag-m. nux-v. petr.$_{h}$ phos. plan. tab. thuj. zinc.$_{h}$

– **Muskeln** gehorchen dem Willen nicht, sobald er die Aufmerksamkeit abwendet: gels.$_{bg1,st}$ *Hell.* lil-t.$_{bg1,st}$

– **Nachtschwärmerei**; wie nach: gran.$_{a1,k}$ mez.$_{h}$ **Nux-v.**$_{a1,k}$ ph-ac.$_{h}$

– **Nasenbluten** amel.: carb-an. cham.

– **Ort**; in bezug auf den
  ☞ *verläuft / weiß*

– **periodisch**: staph.

– **Pollutionen**, durch: *Sel.* sumb.$_{a1}$

– **Rauchen** (von Tabak):
• **nach**: alum. bell. ferr-i. gels. petr. thuj.
– **Rechnen**, beim: nat-m. *Nux-v.* *Psor.*$_{kr1}$ *Syph.*$_{kr1}$
☞ *Fehler - Rechnen / Mathematik - Unfähigkeit*
– **Schaukeln** agg.: borx.$_{k2}$
– **Schlaf**:
• **im**:
• **amel.**: granit-m.$_{es1}$
• **nach**: ambr. anac. ars. bry. calc. carb-v. *Con.* graph. hep. lach. op. squil. *Sulph.*$_{kr1}$ uran-n.$_{sf1}$
• **langem** Schlaf; nach: kali-c.$_{h}$
• **Mittagsschlaf**: calc. carb-v. chel.$_{a1}$ **Con.** mill.$_{hr1}$ phos.
– **Schläfrigkeit**:
• **mit**: ant-t.$_{a1}$ echi.$_{sf1}$ pip-m.$_{a1}$
• **ankämpft**, ihr widersteht; während er gegen die Schläfrigkeit: coca$_{a1}$
– **Schließen** der Augen; beim: atro.$_{a1}$
– **Schmerzanfällen**, bei: *Acon.* apoc. *Cham.* *Coff.* dulc.$_{j5}$ verat.
– **Schreiben**, beim: arg-n. brom. croc. ferr-i. gent-l. germ-met.$_{srj5}$ hydrog.$_{srj2}$ laur. lil-t. nat-c. vinc.
☞ *Fehler - Schreiben*
• **linkshändig**, obwohl er gewöhnlich rechtshändig schreibt; schreibt: bamb-a.$_{stb2}$
– **Schwangerschaft**; während der: *Nux-m.*
– **Schweiß**, beim: *Chin.* samb. *Stram.*
– **Schwindel**, mit: aesc.$_{bg2}$ agar.$_{bg2}$ **Anac.**$_{bg2}$ arg-n.$_{bg2}$ ars.$_{a1}$ asaf.$_{bg2}$ *Bell.*$_{bg2}$ bov.$_{bg2}$ brom.$_{bg2}$ *Bry.*$_{bg2}$ **Carb-v.**$_{bg2}$ **Chin.**$_{bg2}$ **Cocc.**$_{kr1}$ *Cupr-ar.*$_{kr1}$ euph.$_{bg2}$ hell.$_{bg2}$ lyc.$_{bg2}$ *Merc.*$_{bg2}$ nat-c.$_{bg2}$ nux-m.$_{bg2}$ **Nux-v.**$_{bg2}$ ph-ac.$_{bg2}$ *Phos.*$_{bg2}$ **Puls.**$_{bg2}$ ran-b.$_{bg2}$ rhod.$_{bg2}$ sabad.$_{bg2}$ sil.$_{h,kr1}$ *Spig.*$_{bg2}$ stann.$_{h,kr1}$ staph.$_{bg2}$ *Stram.*$_{kr1}$ sulph.$_{a1}$ verb.$_{bg2}$ zinc.$_{h}$
– **sexuelle** Identität; in bezug auf die eigene
☞ *Identität - sexuelle*
– **Situationen**; in bezug auf: anh.$_{sp1}$
– **Sitzen**, im: am-c. asaf. asar. bar-c. bell. calc. calc-sil.$_{k2}$ carb-an. caust. cic. colch. kali-c. kali-sil.$_{k2}$ kalm.$_{k2}$ mang. merc. nat-c. nat-m. nit-ac. op. phos. phyt. puls. *Rhus-t.* sabad. sars. sep. sil. spig. sul-ac. thuj. valer. verat.
☞ *Sitzen - Neigung*
– **Sonne**; in der: *Nat-c.* nux-v.
– **Sprechen**, beim: glon.$_{sf1}$ marb-w.$_{es1}$ *Nat-m.* sep.$_{gl1}$ *Sil.*$_{sf1}$ staph. *Thuj.*
☞ *Sprache - unzusammenhängend*
– **Stechen** in der Brust; durch: sep.$_{h}$
– **Stehen**, im: bov. bry. cic. grat. lith-c. mang.$_{hr1}$ plb. staph. sulph.$_{k2}$ thuj. valer. verat.
• **amel.**: iris-foe.$_{a1}$
– **Steigen**:
• **agg.**: ptel. *Sulph.*
– **Stuhlgang** amel.: *Borx.* mag-s. *Nat-s.*
– **tägliche** Angelegenheiten, Tagesgeschäfte; in bezug auf: lyc.$_{ptk1}$
– **Tragen** schwerer Lasten; beim: agar.$_{a1}$
– **Traum**; wie in einem: ail.$_{sf1}$ ambr.$_{k2}$ androc.$_{srj1}$ arn. bamb-a.$_{stb2}$ bell. calc.$_{h}$ *Cann-i.* cann-s. carb-an.$_{h}$ *Carb-v.* cham. chin. cupr.$_{h}$ germ-met.$_{srj5}$ grat. guaj. ign. *Lec.* mez. *Nux-m.*$_{vh,vh/dg}$ *Phos.*

Verwirrung - Traum; wie in einem: ... rhus-t. sep. spig. squil. sulph. thuj. zinc.
☞ *Bewußtlosigkeit - Traum / Traum*
– **Trinken**:
• **nach**: bell. bry. **Cocc.** con. croc.
– **Umgebung**; in bezug auf die: bell-p.$_{sp1}$
– **Unterbrechungen**; durch: berb. *Mez.*
☞ *Störungen / Unterbrechnung - agg.*
• **logisches** Denken ist unmöglich: colch.$_{a1}$
– **Urinieren** amel.: ter.
– **Vergangenheit** und Gegenwart: cic.$_{k2}$
– **verläuft** sich in bekannten Straßen: cic.$_{k2}$ cot.$_{br1}$ germ-met.$_{srj5}$ **Glon.**$_{c2,k,*}$ *Merc.* *Nux-m.*$_{k,ptk1}$ nux-v.$_{gl1}$ *Petr.*$_{k,kl2}$●$_{,*}$ plb.$_{a1}$ psil.$_{ft1}$ puls.$_{gl1}$ ran-b. thuj.
☞ *Erkennt - nicht - Straßen / Fehler - Orte / Gedächtnis - Gedächtnisschwäche - Orte / Vergeßlich - Haus / Vergeßlich - Straßen*
– **Verlorenheit**; Gefühl der: cot.$_{br1}$
– **warmen** Zimmer, im: acon. bell. *Iod.* kali-s. **Lyc.** merc-i-f. nat-m. ph-ac. phos. **Puls.** *Sulph.*
– **Waschen** des Gesichtes:
• **amel.**: *Ars.* calc-p. coca cycl. euphr. ferr. ferr-p.$_{k2}$ *Phos.*
– **Wein**, nach: all-c. *Alum.* amgd-p.$_{a1}$ amyg.$_{a1}$ bov. coloc. con. kali-chl. mill. ox-ac. petr.$_{h}$ *Zinc.*
– **Weinen**:
☞ *Weinen*
• **amel.**: *Sep.*
☞ *Weinen - amel.*
– **weiß** nicht, wo er ist: atro.$_{a1}$ cic.$_{k2}$ **Glon.**$_{k,vh,*}$ haliae-lc.$_{srj5}$ merc.$_{a1}$ neon$_{srj5}$ **Nux-m.**$_{k,vh,*}$ *Petr.*$_{k,ptk1}$ ran-b.
☞ *Erkennt - nicht - Umgebung / Fehler - Orte*
• **nachts**: bov.$_{a1}$
• **Erwachen**, beim: aesc. alum.$_{k2}$ puls.$_{a1}$
• **Traum**, aus einem: *Cann-s.*$_{a1}$
• **Gegenstände** um sie herum nicht auseinanderhalten; kann die: *Aesc.*$_{k1,st}$ coff-t.$_{k1,kr1}$ *Mez.*$_{k1,kr1}$
– **Willensanstrengung** amel.; große: glon.
– **sexuelle** Exzesse; wie durch: ph-ac.$_{h}$
– **Zecherei**
☞ *Nachtschwärmerei*
– **Zeit**; in bezug auf die: halo.$_{a1,kr1,*}$ hydrog.$_{srj2}$ **Lach.**$_{a1,kr1}$
• **Raum** und Zeit; in bezug auf: anh.$_{bro1}$ *Cann-i.*$_{bro1}$ cic.$_{bro1}$ *Glon.*$_{bro1}$ lach.$_{bro1}$
– **Zimmer**, im: ars.$_{h}$ mag-c.$_{h}$

Verzogene, mißratene Kinder: am-c.$_{gl1}$ bar-c.$_{gl1}$ lyc.$_{gl1}$ mosch.$_{c1,gl1,*}$ op.$_{gl1}$ sulph.$_{gl1}$

Verzweiflung: *Acon.*$_{bg2,k,*}$ act-sp.$_{hr1}$ adam.$_{srj5}$ aesc.$_{bg2,sf1,*}$ agar.$_{a1,k}$ agn.$_{bg2,k,*}$ all-c.$_{a1,k}$ aloe *Alum.*$_{gl1,k1,*}$ alum-sil.$_{k13,k2}$ am-c.$_{a1,k}$ am-m.$_{bg2}$ **Ambr.**$_{bg2,k,*}$ *Anac.*$_{bg2,k2,*}$ androc.$_{srj1}$ ant-c.$_{bro1}$ *Ant-t.*$_{bg2,k,*}$ *Arg-n.* arn.$_{h,k,*}$ **Ars.**$_{h,k,*}$ ars-h.$_{a1}$ *Ars-i.* ars-s-f.$_{k13,k2}$ aster.$_{a1,k}$ **AUR.**$_{k,vh/dg}$ aur-ar.$_{k2}$ bad.$_{a1,k}$ bamb-a.$_{stb2}$ bar-c.$_{bg2}$ bell.$_{bg2,k,*}$ ben.$_{a1}$ bov.$_{a1,k}$ brom. bry.$_{bg2,k}$ bufo$_{k2}$ cact.$_{br1}$ cadm-met.$_{gm1}$ **Calc.**$_{h,k,*}$ calc-i.$_{k13,k2}$ calc-s. *Calc-sil.*$_{k13,k2}$ calen.$_{a1}$ camph.$_{bg2,h,*}$ *Cann-i.*$_{a1,k}$ canth.$_{bg2,k,*}$ carb-an.$_{h,k,*}$

Verzweiflung: ...
Carb-v.$_{h,k1,*}$ carbn-s. carl.$_{a1}$ *Caust.*$_{bg2,k,*}$ cham.$_{bg2,k}$ chel. *Chin.*$_{bg2,k,*}$ chinin-ar. chinin-s.$_{j5}$ choc.$_{srj3}$ clem.$_{h,k,*}$ *Cocc.*$_{h,k,*}$ **Coff.**$_{bg2,k,*}$ colch.$_{bg2,k}$ *Con.*$_{bg2,k}$ crat.$_{sf,sf1}$ crot-h.$_{hr1,k}$ *Crot-t.* cupr.$_{hr1,k}$ *Cupr-act.*$_{kr1}$ cur. der.$_{a1,k}$ dig.$_{bg2,k}$ eup-per.$_{hr1,k,*}$ *Gad.*$_{st}$ gamb. gels.$_{bro1}$ germ-met.$_{srj5}$ *Graph.*$_{bg2,k,*}$ haliae-lc.$_{srj5}$ **HELL.**$_{k,vh/dg}$ helon.$_{a1,k}$ hep.$_{bg2,k}$ hura hydr-ac. hydrog.$_{srj2}$ hyos.$_{h,k,*}$ **Ign.**$_{bg2,k}$ iod.$_{bg2,k}$ kali-ar. kali-br.$_{a1,k}$ kali-i.$_{bg2}$ kali-n. *Kali-p.*$_{bg2,k}$ kreos.$_{j5}$ *Lach.*$_{bg2,k,*}$ lar-d.$_{rcb1}$ laur.$_{bg2}$ *Lept.*$_{bg2,sf1,*}$ *Lil-t.*$_{bg2,k}$ lith-c. **Lyc.**$_{bg2,k1,*}$ mag-p.$_{hr1}$ med.$_{bg2,k2,*}$ *Merc.*$_{bg2,k}$ *Mez.* morph.$_{a1,k}$ naja *Nat-ar.* *Nat-c.*$_{bg2,k,*}$ **Nat-m.**$_{k,vh/dg}$ nat-s.$_{a1,k}$ nat-sil.$_{k13,k2}$ neon$_{srj5}$ *Nit-ac.*$_{bg2,k,*}$ nitro-o.$_{a1}$ nux-v.$_{bg2,k}$ *Op.*$_{bg2,j5}$ orig.$_{a1,k}$ petr.$_{bg2,k}$ ph-ac.$_{bg2}$ phos.$_{bg2,j5}$ pic-ac.$_{bro1}$ plat. plb.$_{bg2,k,*}$ podo. **Psor.**$_{h,k,*}$ *Puls.*$_{bg2,k,*}$ *Rhus-t.*$_{bg2,k,*}$ ruta$_{bg2}$ sec.$_{a1,k}$ sel.$_{br1,c1}$ *Sep.*$_{bg2,k,*}$ sil.$_{bg2,k}$ spig.$_{bg2}$ stann.$_{bg2,k}$ *Staph.*$_{gl1,vh}$ *Stram.*$_{bg2,k,*}$ sul-ac.$_{bg2}$ sul-i.$_{k13,k2}$ **Sulph.**$_{bg2,k1,*}$ sumb.$_{a1,k}$ syph.$_{bg2,hr1,*}$ tab.$_{bg2,gl1}$ ther.$_{a1,k}$ thuj.$_{bg2,k}$ thymol.$_{bro1}$ tub. valer.$_{bg2,k}$ **Verat.**$_{h,k1,*}$ verb.$_{bg2,k}$ vip.$_{bg2,j5,*}$ wies.$_{a1}$
☞ *Genesung / religiöse / Angst - hypochondrisch / Hilflosigkeit / Pessimist / Suizidneigung - Gedanken / Suizidneigung - Verzweiflung / Traurigkeit / Traurigkeit - Liebe / Untröstlich / Weinen - Verzweiflung / Zweifelt - Genesung*

– **morgens**: psor.$_{vh}$
– **Nacht**, die ganze: lith-c.$_{kr1}$
◆ **abwechselnd** mit:
• **Gleichgültigkeit**: ars.$_{gm1}$
• **Haß**
☞ *Haß - abwechselnd mit - Verzweiflung*
• **Hoffnung**
☞ *Hoffnung, voller - abwechselnd mit - Verzweiflung*
• **Reizbarkeit**
☞ *Reizbarkeit - abwechselnd mit - Verzweiflung*
• **Stupor**: chlol.$_{gm1}$
– **andere**, um: *Aur.*
☞ *Angst - andere*
• **sich** selbst und: *Arg-n.*$_{kr1}$ aur.$_{kr1}$
– **Angst**; mit
☞ *Angst - Verzweiflung*
– **Arbeit**, über seine: anac.$_{h,k2,*}$
– **Aufstehen**; beim:
• **amel.**: chloram.$_{j1}$
– **Entbindung**, während der: *Coff.*$_{kr1}$
– **Erbrechen**, beim: ars-h.$_{a1}$
– **Erwachen**, bei wiederholtem: *Ant-t.*$_{kr1}$
– **Existenz**, über seine elende: *Sep.*$_{st}$
– **Fleckfieber**; bei epidemischem:
• **Nasenbluten**; amel. nach: **Psor.**$_{kr1,st}$
– **Frost**; während: *Acon.* ant-t.$_{h,k,*}$ **Ars.** *Aur.* aur-ar.$_{k2}$ bell. bry. *Calc.* *Cham.* chinin-ar. cupr. graph. hep. **Ign.** merc. nux-v. rhus-t. *Sep.* *Tarent.*$_{hr1,kr1}$ *Verat.*
– **Genesung**, in bezug auf die: *Acon.* adam.$_{srj5}$ agn.$_{c1}$ all-s.$_{a1}$ **Alum.**$_{bg2,gl1,*}$ am-c.$_{j}$ ant-t.$_{a1}$ **Ars.** aur-ar.$_{k2}$ aur-i.$_{k2}$ *Aur-s.*$_{k2}$ bapt. bar-c. borx.$_{j}$ *Bry.* cact.$_{k2}$ calad.$_{j}$ **CALC.**$_{k,vh/dg}$ calc-ar.$_{k2}$ calc-s. cann-i. caust.$_{gl1,vh}$ cham. chlol. cimic.$_{j1}$ **Coloc.**$_{vh,vh/dg}$ germ-met.$_{srj5}$ *Hell.* hura *Ign.*$_{gl1,k1,*}$

– **Genesung**, in bezug auf die: ...
kali-ar. kali-br. kali-c. kreos. lac-c.$_{sf1}$ lach.$_{j5}$ *Lyc.*$_{h,sf1}$ m-arct.$_{j}$ mag-c.$_{mg1}$ med.$_{br1,vh,*}$ *Merc.*$_{gl1,vh}$ nat-c.$_{j}$ nat-m.$_{j}$ nat-s. nit-ac.$_{k2,vh}$ *Nux-v.*$_{k,vh/dg}$ ph-ac.$_{j}$ phos.$_{j}$ *Psor.* puls.$_{j}$ *Sep.* sil. sulph.$_{j}$ **Syph.**$_{k2,st}$ ther. *Thyr.*$_{vh,vh/dg}$ verat.$_{k2}$ zinc.
☞ *Gesundheit / Angst - Gesundheit - eigene / Verzweiflung / Wahnideen - Gesundheit / Wahnideen - Krankheit - unheilbare / Zweifelt - Genesung*
• **Hitze**; während: calc-s.$_{k2}$
• **Rekonvaleszenz**, während der: **Alum.**$_{st}$ **Ars.**$_{st}$ **Calc.**$_{st}$ med.$_{jsa}$ *Psor.* **Syph.**$_{st}$
☞ *Tod - wünscht - Rekonvaleszenz*
– **gesellschaftliche** Stellung; in bezug auf die: calc.$_{gl1}$ haliae-lc.$_{srj5}$ ign.$_{gl1}$ puls.$_{gl1}$ rhus-t.$_{gl1}$ sep.$_{gl1}$ staph.$_{gl1}$ sulph.$_{gl1}$ **Verat.**$_{hr1,k}$
☞ *Furcht - gesellschaftliche / Furcht - Meinung / Schmeicheln - Verlangen / Schmeicheln - Verlangen - gibt*
– **Gesundheit**, in bezug auf die: adam.$_{srj5}$ calc. staph.
☞ *Genesung / Angst - Gesundheit / Angst - Gesundheit - eigene / Hypochondrie / Wahnideen - Krankheit - unheilbare*
– **Haut**; durch Jucken der
☞ *Jucken*
– **Herzens**; bei Erkrankung des: aur.$_{ptk1}$
– **Hitze**; während: *Acon.* ant-t.$_{hr1,kr1}$ *Ars.* bell. calc-s. *Carb-v.* cham. chel. chinin-ar. con. graph. ign. petr.$_{h,k1}$ puls. rhus-t. sep. *Spong.* stann. stram. sulph. verat.
– **Hypochondrie**, bei: *Arg-n.*$_{hr1,kr1}$
☞ *Angst - hypochondrisch*
– **Jucken** der Haut, durch: **Psor.**$_{hr1,k}$
– **Kleinigkeiten**, über: *Graph.*
☞ *Kleinigkeiten*
– **Kritik**; durch die geringste: *Med.*$_{vh,vh/dg,*}$
☞ *Beschwerden durch - Tadel / Wahnideen - kritisiert*
– **Leben**, am: *Ars.*$_{h}$ calc.$_{a1,h}$ cimic.$_{j1}$
– **Liebe**, durch enttäuschte: caust.$_{gl1}$ *Hyos.*$_{hr1,kr1}$
☞ *Beschwerden durch - Liebe / Traurigkeit - Liebe*
– **Masturbation**, bei: *Op.*$_{hr1,kr1}$
– **Menorrhagie**, bei: *Cocc.*$_{hr1,kr1}$
– **Menses**:
• **vor**: verat.
☞ *Menses - vor; Gemütssymptome*
– **periodisch**: *Ars.* *Aur.* aur-ar.$_{k2}$
– **Raserei**, grenzt an: *Agar.*$_{kr1}$
• **Fluchen** und Verwünschungen, mit: **Nit-ac.**$_{gl1}$
☞ *Fluchen*
– **religiöse** Verzweiflung am Seelenheil: *Arg-n.* **Ars.** **Aur.** aur-ar.$_{k2}$ aur-i.$_{k2}$ aur-s.$_{k2}$ *Calc.* calc-ar.$_{k2}$ *Camph.* *Chel.* cycl.$_{sf1}$ hell. hura ign. *Kali-p.* **Lach.** *Lil-t.*$_{k,vh/dg}$ *Lyc.* med. *Mez.* nat-m. plat. plb. podo. *Psor.* **Puls.**$_{gl1,k1}$ *Stram.* *Sulph.* *Thuj.* **Verat.**
☞ *Angst - Seelenheil / Religiös - Gemütsstörungen / Reue / Suizidneigung - Verzweiflung - religiös / Verzweiflung / Zweifelt - Seelenheil*
◆ **abwechselnd** mit:
• **sexueller** Erregung: *Lil-t.*
• **Menses**; während unterdrückten: **Verat.**
– **Ruhelosigkeit**; mit
☞ *Ruhelosigkeit - Verzweiflung*

– **Schicksal** kontrolliert; alles wird vom: bamb-a.stb2
– **Schmerzen**; bei den: acon.k,kl2● act-sp.hr1 aloek2 *Ars.*bg2,k **Aur.** aur-ar.k2 calc.st,vh carb-v. *Cham.*k,kl2● chin.k1 chinin-ar. clem.a1,h *Coff.*k,kl2● colch. hyper. lach. lil-t. mag-c. **Nat-m.**gg nux-v. psil.ft1 stram.st,vh *Verat.* vip.bg2,sf1,*
☞ *Empfindlich - Schmerz / Schreien - Schmerzen / Suizidneigung - Schmerzen / Weinen - Schmerzen - während*
• **Magen**, im: ant-c. *Coch.*kr1 *Coff.*
– **Schreien** aus Verzweiflung; anfallsweise: lyss.kr1
– **Schwangerschaft**; während der: nat-m.bg2
– **Schweiß**, beim: acon.bg2 **Ars.** aur.bg2 *Bry.*bg2 calc. *Carb-v.* *Cham.* *Graph.* lyc. *Nux-v.*bg2 rhus-t.bg2 *Sep.* stann. verat.
– **sexuelles** Verlangen; durch heftiges: aster.kr1
– **Stupor**; vor: chlol.gm1
– **Tod**:
• **Furcht** vor dem Tode; mit: **Calc.**kr1 cupr.ptk1
• **trennen**; der Tod werde ihn von seinen Kindern: bamb-a.stb2
• **Gedanken** an; mit: germ-met.srj5 stram.
– **Unterstützung**, Zuwendung; möchte: bamb-a.stb2
☞ *Selbstvertrauen - Mangel - Unterstützung*
– **verloren**; glaubt, alles sei: aur.j5 ign.j5
– **Zorn**; mit
☞ *Zorn - Verzweiflung*
– **Zukunft**, in bezug auf die: *Nat-m.*hr1,kr1

Visionen
☞ *Wahnideen - Visionen*

Vorahnungen: *Acon.*bg2 aesc.bg2 agn.bg2 am-c.bg2 apisbg2 *Arg-n.*bg2 ars.bg2 *Calc.*bg2 carb-v.bg2 *Caust.*bg2 chin.bg2 *Elaps*bg2 *Gels.*bg2 kali-c.bg2 lach.bg2 *Lyc.*bg2 med.bg2 najabg2 phos.bg2 plb.bg2 *Psor.*bg2 sep.bg2 sil.bg2 spig.bg2 *Stram.*bg2 verat.bg2
☞ *Angst - Zukunft / Beschwerden durch - Erwartungsspannung / Furcht - geschehen*

Vorausplanend:
– **alles** im Voraus; plant: nat-m.vh
☞ *Pläne - macht*

Voraussagen:
– **zukünftige** Ereignisse
☞ *Hellsehen*
– **Todes**; Zeitpunkt des
☞ *Tod - Vorahnung - sagt*

Vorfreude; Beschwerden durch
☞ *Beschwerden durch - Erwartungsspannung*

Vorschläge, Ratschläge an; nimmt keine: helon.
☞ *Eigensinnig / Hartnäckigkeit / Widerspruch - verträgt*

Vorschnell
☞ *Hast / Überstürzt*

Vorsichtig: acon.bg2 am-c.j anac.j arn.j ars.bg2 aur.j bar-c.j cact.a1 calc.ptk1 carc.cd caust. chel.j chin.j cic.j coff.j *Cupr.*bg2 dros.j graph. hyos.bg2 *Ign.*bg2,ptk1 ip.bg2,k kali-n.j lach.j lact.j m-arct.

Vorsichtig: ...
mang.j nat-c.j nat-m.j nit-ac.j nux-v.bg2 op.bg2 ph-ac.j *Puls.*bg2,kl2●,* spig.j stram.bg2 thuj.j verat.bg2
☞ *Angst / Argwöhnisch / Furcht - geschehen / Gewissenhaft / Schüchternheit / Selbstvertrauen - Mangel / Sorgsamkeit / Tod - Vorahnung / Unsicherheit / Zurückhaltend*
– **ängstlich**: am-c.gl1 bar-c.gl1 caust. lyc.gl1,kl2● puls.gl1,kl2● sil.gl1 sulph.gl1

Vorurteile, voreingenommen, parteiisch: ars.gl1 lach.gl1
☞ *Tadelsüchtig*
– **traditionelle** Vorurteile: calc.gl1 carb-v.gl1 lach.gl1 lyc.gl1 plat.gl1 verat.gl1

Vorwürfe; macht sich
☞ *Angst - Gewissensangst / Tadelsüchtig - sich / Tadelt sich*

Wachsam: choc.srj3 haliae-lc.srj5 hydrog.srj2 op.a1,h

Wälzt sich
☞ *Furcht / Qualvolle Angst / Rollt*

Wagemutig
☞ *Mutig*

Wahnideen (= Einbildungen, Halluzinationen, Sinnestäuschungen): abel.jl absin. acet-ac.kr1 *Acon.* *Aeth.* agar. alco.a1 alum.k2,sf1 *Ambr.* anac. anan. anh.bro1,sf1,* ant-c. ant-t.bg2 antip.bro1 apis aran.bro1 aran-ix.sp1 arg-met. **Arg-n.** arn.gl1,k2 *Ars.* ars-i. ars-met.kr1 ars-s-f.k2 art-v.kr1 asaf.bro1 asar.jl atro.a1,kr1,* *Aur.* aur-ar.k2 *Aur-m.* *Bamb-a.*stb2 *Bapt.* bar-c. bar-i.k2 **Bell.** berb.j5 bism.bg2 bry. *Calc.* calc-ar.k1,k2 calc-i.k2 calc-s. *Camph.* **CANN-I.**c2,k,* *Cann-s.* canth. carb-an. carb-v. carl.a1 caust. cench. cham.bg2,h,* chel.kr1 chin. chinin-ar. chlf.a1 chlol.bro1 chlor.bg2,kr1 chloram.jl chlorpr.jl cic. cimic. cina cocaa1 cocain.bro1 **Cocc.** *Coff.* colch. coloc.bg2 con. convo-s.jl,sp1 cortico.sp1 croc. *Crot-c.*bro1 crot-h. *Cupr.*bg2,kr1 cupr-act.c1,kr1,* cyt-l.jl dat-a.bro1 dig.bg2 digin.a1 dubo-m.bro1 dulc. elaps eup-pur. euph-a.bro1 eupi.bro1 fl-ac. form.bg2 *Glon.* gran. graph.bg2,sf1 *Hell.* *Hep.*bg2,j5 hoit.jl hura hydr-ac.kr1 **Hyos.** **Ign.** iod. kali-bi.kr1 *Kali-br.* kali-c.bg2 kali-p. kali-sil.k2 lac-c. **Lach.** lachn.kr1 lat-h.bro1 led. levo.jl limest-b.es1 *Lol.*sf1 *Lyc.* *Lyss.* mag-m. *Mag-p.*kr1 med. meny.j5 meph.bg2 *Merc.* merl.bro1 mez.bg2 morph.a1 mosch.bg2 mur-ac. murx.sf1 nat-c.bg2 nat-m.bg2 nat-p. nat-sal.bro1 *Nit-ac.* nux-m.bg2 *Nux-v.*bg2,k *Oena.*kr1 *Op.* orig-v.kr1 ox-ac.a1 oxyt.bro1 par.j5 passi.sf1 past.a1 **Petr.** **Ph-ac.** *Phos.* *Plat.*c2,k plb. psil.jl *Psor.* *Puls.* pyrog.sf1 ran-b.bg2 rheumbg2 rhod.bg2 rhus-g.bro1 *Rhus-t.* russ.a1 rutabg2 **Sabad.** sacch-l.bg2 sal-ac.a1 samb. santin.a1 *Sec.* sel.bg2 sep. *Sil.* spong. stann. *Staph.* **STRAM.**k,vh/dg sulfonam.jl **Sulph.** syph.bg2 tarent. ter.bg2 tere-ch.jl theabro1 ther. thuj. thyr.c1 trios.bro1 tub.hr1,kr1 *Valer.* verat. verat-v.sf1 verb. verin.a1 viol-o. visc.jl xan.kr1 *Zinc.* zinc-m.bro1
☞ *Gedanken - hartnäckig / Manie / Schizophrenie - paranoid*
– **Tag** und Nacht: aeth.j5 ars.j5 kali-c.j5

– **morgens**: bry.j5 con.a1,j5
 • **Bett**, im: ambr.j5 dulc.j5 hell.j5 hep.j5 nat-c.j5
– **Nachmittag**; es sei immer: lach. stann.
– **abends**: bry.j5 lach.j5 lyc.j5 sulph.j5
 • **Bett**, im: alum.j5 ambr.j5 *Calc.*j5 camph.j5 carb-an.j5 *Carb-v.*j5 chin.j5 graph.j5 ign.j5 merc.j5 nat-c.j5 nit-ac.j5 nux-v.h,j5 ph-ac.j5 rhus-t.j5 sulph.j5
 • **Einschlafen**, beim: bell.j5 bry.j calc.j5 camph.j chin.j guaj.j5 ign.j merc.j nat-c.j ph-ac.j phos.j5 spong.j sulph.j
– **nachts**: *Acon.*j5 aeth.j5 arn.j5 ars.j5 aur.j5 *Bell.*h,j5,* *Bry.*h,j5,* calc-ar.k2 camph.a1,j5 cann-i.a1 canth.a1,j5 carb-v.j5 carl.a1 cham.j5 chinin-ar. coloc.j5 con.j5 dig.j5 *Dulc.*j5 kali-c.j5 lyc.j5 meny.j5 *Merc.* nit-ac.j5 nux-v.j5 op.j5 *Plb.*j5 *Puls.*j5 *Rheum*j5 sec.j5 sep.j5 sol-ni.a1 sulph.j5 tub.br1 valer.br1 vip.j5 zinc.j5
 • **gegen** Morgen zu:
 ◇ **abwechselnd** mit:
  • **Schlaf**; mit verworrenem, unruhigem: ars.a1
– **Abdomen**:
 • **eingefallen**: **Sabad.**
 • **vergrößert**: haliae-lc.srj5
– **Abgrund**:
 • **hinter** ihm: *Kali-c.*bg1,bg2,*
 • **hinunter** zu fallen; Furcht, einen Abgrund: alco.a1 carbn-s.c1
  • **andere** würden einen Abgrund hinunterfallen, da sie so nahe am Rand stehen: calc.mrr sulph.mrr
– **Abmagerung**, von: nat-m.bg2 sabad.bg2 sulph. thuj.k1
 ☞ *dünn - er / Körper - zerbrechlich / ☐ Träume - Krankheit - Abmagerung*
– **abstoßend**, phantastisch: *Fl-ac.*
– **absurd**, lächerlich: cann-i.
 ☞ *Albernes / Possen, spielt*
 • **Gestalten** seien anwesend: ambr. arg-met. camph. cann-i. caust. cic. op. tarent.
 ☞ *Gestalten - sieht*
– **Ächzen**:
 • **hört**: *Crot-c.*
 ☞ *Hören - Einbildung*
 • **mit**: bell.j5 *Cham.*j5
– **adlig**; er sei: marb-w.es1 phos. plat.k2
 ☞ *hochgestellte / vornehm / Hochmütig*
– **Aktivität**, mit: *Bell. Hyos. Stram.*
 ☞ *Aktivität*
– **Alarm**, von:
 • **Erwachen**, beim: agn.rb2
– **Alkoholiker**:
 • **kommen** und sich neben ihr hinlegen; ein sehr großer Alkoholiker würde: cic.rb2
– **allein** zu sein:
 ☞ *verlassen / Gesellschaft - Verlangen / Verlassen / Verlassen - Isolation*
 • **Ausgestoßener** zu sein; ein: *Phys.*kr1
 ☞ *Verlassen*
 • **Friedhof**; allein auf einem: lepi. sep.
 ☞ *Verlassen*
 • **gehören**; sie würde zu niemandem: puls.rb2

– **allein** zu sein: ...
 • **immer** allein; sie sei: puls.k,kl2● stram.
 ☞ *Freunde / verlassen / Verlassen*
 • **totenstill**; und alles um sie herum sei: rhus-t.rb2
 • **Welt**; allein auf der: *Androc.*srj1 bamb-a.stb2 camph. choc.srj3 cycl.k2,vh,* hura *Plat. Puls.*
 ☞ *Verlassen*
 • **Wildnis**; allein in der: stram.
 ☞ *Verlassen*
– **alleingelassen**
 ☞ *allein zu - immer / verlassen / verstoßen - Verwandten*
– **alt**:
 • **Frau** erscheint schön; alte, zerlumpte
 ☞ *schön - alte*
 • **gealtert**; fühlt sich: adam.srj5 haliae-lc.srj5
 • **Männer**; alte
 ☞ *Mann - alter*
– **Ameisen**: psil.ft1
 • **Bett** sei voller Ameisen; das: plb.
 • **Buchstaben** seien Ameisen: hyos.h
– **anerkannt**, geschätzt; sie würde nicht: arg-n.gg aur.gg caps.bg2,kr1,* limest-b.es1 *Pall.* plat. puls.vh
 ☞ *beschimpft worden / kritisiert / verachtet / verfolgt zu - er / vernachlässigt - er / Argwöhnisch / Hochmütig / Ichbezogenheit / Jammern - anerkannt / Schmeicheln - Verlangen / Schüchternheit / Selbstvertrauen - Mangel / Verlangen; großes - guten / Verlassen*
– **Anfall** bekommen und geht darum schneller; sie werde einen: *Arg-n.*
– **angegriffen** werden; er werde: abel.jl,jl3 androc.srj1 tarent.
 ☞ *Verletzung - werden / Argwöhnisch / Furcht - Verletzung - selbst*
– **angeklagt**; glaubt sie sei: laur. zinc.
 ☞ *Diebe - angeklagt / kritisiert / Argwöhnisch / Beschwerden durch - Tadel / Ermahnungen - agg.*
– **angenehme** Wahnideen: atro. cann-i. nitro-o.a1 op. phos.h2 psil.ft1 stram.
 ☞ *Selbstzufrieden / Zufrieden*
 • **morgens**:
  • **Schlaf**; nach dem: bell.
– **Angriffe** und Beschuldigungen; verteidigt sich gegen eingebildete: granit-m.es1 lyss.kr1
– **ängstlich**: *Acon.*j5 *Anac.*j5 calc.j5 carb-v.j5 ign.j5 mag-c.j5 med.st *Phos.*j5 *Puls.*j5 sep.j5 verat.j5
– **anmaßend**: lyc.j5
– **Ansammlungen** von Dingen, Schwärmen, Menschenmengen etc.: acon.bg2 ambr.bg2 anac.bg2 ars.bg2 bell.bg2 con.bg2 graph.bg2 hell.bg2 lyc.bg2 merc.bg2 nat-c.bg2 op.bg2 phos.bg2 plb.bg2 **Stram.**bg2 sulph.bg2 tab.bg2
– **Anstalt**:
 • **Irrenanstalt** geschickt; in eine: lach.k2
 • **sie** werde in eine Anstalt geschickt: cench.
– **antwortet** jeder Wahngestalt: anh.sp1 aster.hr1,kr1
– **anwesend**, jemand sei
 ☞ *Person - anwesend*
– **apoplektischen** Anfall bekommen; sie werde
 ☞ *Furcht - Apoplexie*

- **Arbeit**:
  - **fertigstellen**; sie kann ihre Arbeit nicht: bry.$_{a1,rb2}$
  - **gehindert**; er würde an der Arbeit: *Chin.*
  - **hart**; arbeitet: bell.$_{bg2}$ bry.$_{bg2}$ canth.$_{bg2}$ phos.$_{bg2}$ rhus-t. verat.
  - **schaden**; Arbeit würde ihm: *Arg-n.*
- **Ärger**:
  - **nach**: bell.$_{j5}$ *Plat.*$_{j5}$
  - **und** Beleidigungen; von Ärger: cham. chin. dros.
- **arm**, er sei: bamb-a.$_{stb2}$ bell. bry.$_{gg}$ calc-f. gink-b.$_{sbd1}$ hep. mez. nux-v. psor.$_{k2}$ *Sep.* stram. valer.
  ☞ *Geld - eingenäht / Geld - spricht / Geld - zählt / Not / Not - geraten / Not - sie / ruiniert / ruiniert - sei / Unglück - untröstlich / verhungern / verhungern - Familie / Vermögen / Angst - Geschäfte / Furcht - Armut / Furcht - Verhungern / Geiz*
- **Arme**:
  - **abgeschnitten**; die Arme wären: bapt.$_{st}$
  - **drei** Arme; sie hätte: petr.
  - **Flügel** an; der linke Arm fühlt sich wie ein gebrochener: haliae-lc.$_{srj5}$
  - **gebunden**; die Arme seien an ihren Körper: caj.$_{c1}$ cimic.
  - **gehören**; der Arm würde nicht zu ihr: agar. bapt.$_{st}$ carc.$_{svb}$
  - **reichen** bis zu den Wolken:
    - **Einschlafen**; beim: pic-ac.
  - **steif**; die Arme wären sehr: bamb-a.$_{stb2}$
  - **viele** Arme; sie hätte zu:
    - **Beine**, und: pyrog.$_{ptk2,rb2,*}$
  - **vier** Arme; sie hätte: adam.$_{srj5}$ sulfon.$_{gl1,vh}$
- **Armee** würde an ihm vorbeiziehen; eine schweigende:
  - **Gehen**; beim: cann-i.$_{a1}$
- **Ärzte** würden kommen; drei: sep.
- **Äther** in den Kopf bekommen; er habe: cain.$_{rb2}$
- **Atmosphäre**, Luft:
  - **bedrückend** und dick; die Luft im Zimmer sei: agn.$_{rb2}$
  - **heißer** Atmosphäre befinden; er würde sich in: puls.$_{rb2}$
  - **schön**
    ☞ *schön - Atmosphäre*
  - **warme** Atmosphäre eintreten; er würde beim Essen in eine: puls.$_{rb2}$
- **Atmung** konzentrieren; er muß Aufmerksamkeit auf die: chlor.$_{rb2}$
- **auditorisch**
  ☞ *Hören*
- **aufgehalten** zu werden
  ☞ *behindert zu - allen*
- **aufhängen**, möchte sich: *Ars.*$_{a1,h,*}$
- **auflösen**; sie würde sich: neon$_{srj5}$
- **aufrecht** geworden; sie wäre: neon$_{srj5}$
- **aufrecht** halten:
  - **sich** nicht aufrecht halten; er könne: tab.$_{rb2}$
- **Aufstehen**:
  - **Hinfallen**, dann: bar-c.$_{vh}$ lach.$_{vh}$
- **Aufstehen**: ...
  - **könne** nicht aufstehen; er:
    - **bücken** würde; er könne sich nicht wieder aufrichten, wenn er sich: bry.$_{rb2}$ puls.$_{rb2}$ rhus-t.$_{rb2}$
  - **muß** aufstehen, wenn er sitzt
    ☞ *Stehen - muß - sitzt*
  - **Zeit** zum Aufstehen; es sei: dig.$_{rb2}$
- **auftreten**:
  - **leicht** auftreten, um seine Begleiter nicht zu verletzen oder zu stören; er müsse: cupr.$_{rb2}$
- **aufwachen**; er würde:
  ☞ *Erwachen, beim / Erwachen*
  - **allein**; von:
    - **Schlaf**; aus einem schweren: rheum$_{rb2}$
    - **Traum**, aus einem: carb-v.$_{rb2}$
  - **nie** wach werden; sie würde: ang.$_{rb2}$
- **Augen**:
  - **fallen** aus: crot-c.$_{a1,k}$
  - **geschlossene** Augen auf die Welt blicken; sie würde durch halb: adam.$_{srj5}$
  - **großen** Augen, von: *Lac-c.*$_{kr1}$ op.$_{h,kr1,*}$ *Puls.*$_{kr1}$
  - **hinten** an der Seite des Kopfes; wären weiter: haliae-lc.$_{srj5}$
  - **Iris** blicken; sie würde durch die eigene: neon$_{srj5}$
- **ausdehnen**:
  - **Vorübergehende** würden sich ausdehnen: cann-i.
    ☞ *Größen, Ausmaße - falsche*
- **Ausgestoßene**; sie wäre eine: germ-met.$_{srj5}$ haliae-lc.$_{srj5}$
- **Ausland** zu sein; im: verat.$_{gl1,vh}$
- **Ausmaße** von Dingen sind verdreht, verkehrt: camph-br.$_{bro1}$
- **ausreißen**; ein kleiner grauer Mann will ihr das Bein: puls.$_{hr1}$
- **Ausschweifung**, Schwelgerei, wie nach einer: conin.$_{rb2}$ nux-v.$_{rb2}$ op.$_{rb2}$
  ☞ *Nachtschwärmerei; wie / Nachtschwärmerei / ❑ Allgemeines - Ausschweifung - Gefühl*
- **außer** sich, ist:
  - **Kleinigkeiten**, über: carl.$_{rb2}$
- **außerhalb** seines Körpers
  ☞ *Körper - außerhalb*
- **Babies**:
  - **abstoßend** aus; das Baby sieht: *Puls.*$_{kr1}$
  - **zwei** Babies wären im Bett: petr.
- **Bahre** liegen; er würde auf einer: anac. cann-i.
- **Balancieren**:
  - **Brücke** über Wasser; als balanciere er beim Überqueren einer: ferr.$_{rb2}$
  - **Kopf**
    ☞ *Kopf - balancieren / ❑ Kopf - Balancieren*
  - **sich** selbst hin und her; als balanciere er: ferr.$_{rb2}$
- **Bäume** scheinen Menschen in phantastischen Kostümen zu sein:
  - **nachmittags** beim Fahren, Reiten: bell.
- **Bausteinen**, Erscheinen von: thuj.$_{a1,k}$
- **bedeutungslos**; alles wäre: bamb-a.$_{stb2}$
- **Bediensteten** loswerden; er müsse die: fl-ac.

– **bedrückend**: ambr.ptk1 kali-br.ptk1
– **Befehlshaber** zu sein; ein: cann-i.a1 cupr.bg2
☞ *General / Offizier*
– **begeistert**, wie: lac-c.rb2 plat.rb2
– **behindert** zu werden:
• **allen**; von: *Chin*.gl1 mosch.bg2,kr1
☞ *Feind - jeder*
– **behindert**, zur Arbeit unfähig; sie sei: cit-v.
– **Beine**:
• **abgeschnitten**; die Beine wären: bapt.st bar-c. halo.jl med.lz stram. tarent.
• **ausreißen**; ein kleiner grauer Mann will ihr das Bein
☞ *ausreißen*
• **Blechbüchse**, gefüllt mit Treppenschienen; das Bein sei eine: cann-i.
• **Bürgersteig** verteilt; Beine seien über den ganzen: kali-br.rb2
• **drei** Beine; er hätte: petr. stram.sf1
• **gehören**; ihre Beine würden nicht zu ihr: *Agar*.k1,st *Bapt*.st coll.ptk2 op.st sumb.st
• **kürzer**; ihre Beine wären: haliae-lc.srj5 neonsrj5
• **lang**; die Beine wären zu: cann-i.
• **nachgeben**, einknicken; würden unter ihm: staph.rb2
• **Sprungfedern**; fühlen sich wie: haliae-lc.srj5
• **unterhalten**; die Beine würden sich: bapt.
☞ *Sprechen - Glieder / Sprechen - Teil*
• **Zehe** würde sich mit dem Daumen unterhalten: *Bapt*.kr1
• **viele** Beine; er hätte zu:
• **Arme**; und zu viele: pyrog.rb2
• **vier** Beine; er hätte: sulfon.gl1,vh
– **belasten**; etwas würde ihn: carb-v.rb2
– **beleidigt**; er habe Menschen: **Ars**.gl1,k1,* **Hyos**.gl1 nit-ac.gl1
– **bemitleidet**, bedauert und weint; er würde aufgrund seines Unglücks: *Nat-m*.gl1,h,*
– **benommen**
☞ *berauscht*
• **alkoholische** Getränke, durch: sabad.rb2
• **Rausch**; wie nach einem: squil.rb2
• **Schlafmangel** benommen; der Kopf sei durch: nicc.rb2
• **Studieren** benommen; Kopf sei durch zu viel: nat-n.rb2
– **beobachtet**, sie würde: adam.srj5 aq-mar.jl **Ars**. *Bar-c*. *Calc*.bg1,st choc.srj3 *Hyos*. rhus-t.
☞ *Blicken / Blicken - alle / kritisiert / Menschen - sieht - anblicken / Angesehen / Beleidigt / Beschwerden durch - Tadel / Blicken / Ermahnungen - agg.*
– **bequem**, während er auf etwas Hartem sitzt; er habe es: psil.ft1
– **beraubt** werden; er würde: bar-c.gl1,vh borx.gl1,vh caust.gl1,vh sep.gl1,vh
– **berauscht**:
• **gewesen**; er sei: iodof.rb2 kali-c.rb2 rheumrb2 squil.rb2
• **sei**, er: agar.rb2 ang.rb2 bufo.rb2 carb-ac.rb2 chinin-s.rb2 chlor.rb2 cic.rb2 cocc.rb2 cor-r.rb2 cot.rb2 croc.rb2 cur.rb2 ferr.rb2 gels.rb2 glon.rb2 hydr.rb2 hyos.rb2 jug-r.rb2 kali-br.rb2 kali-c.rb2

– **berauscht - sei**, er: ...
lact.rb2 lil-t.rb2 lyc.rb2 m-aust.rb2 mag-p.rb2 med.rb2 merl.rb2 mez.rb2 mill.rb2 nicc.rb2 nux-m.rb2 nux-v.rb2 olnd.rb2 op.rb2 petr.rb2 ph-ac.rb2 phos.rb2 pip-m.rb2 psor.rb2 ptel.rb2 puls.rb2 ran-b.rb2 raph.rb2 rat.rb2 rhod.rb2 rhus-t.rb2 sabad.rb2 sec.rb2 sep.rb2 sol-ni.rb2 spig.rb2 staph.rb2 sul-ac.rb2 sulph.rb2 tab.rb2 tarax.rb2 thuj.rb2 valer.rb2 verat.rb2
• **morgens**: thuj.rb2
• **nachmittags**:
• **16** h und am Abend: cench.rb2
• **Nachtschwärmerei**; durch: nux-v.rb2
• **angenehm**; er sei: oxyt.rb2
• **Ausschweifung**, nach: psor.rb2
• **bewegen**; beim Versuch sich zu: gels.rb2
• **Entkleiden**, beim: sec.rb2
• **erregt**, und: kali-i.rb2
• **Gasvergiftung**, durch: zinc.rb2
• **Kopf** gerade gehalten wird; wenn der: nux-v.rb2
• **Tabakrauchen**, wie nach: spig.rb2
• **Wasser** beim Gehen; beim Anblick von fließendem: ferr.rb2
• **Zimmer**, aber nicht im Freien; im: croc.rb2
– **Berggrat**, Kamm; er sei auf einem: cann-i.
– **berühren**:
• **alles** berühren; er würde: bell.
• **nichts** berühren; sie könne: pall.c1,rb2
– **berührt**; er würde: anac.bro1 canth.bro1 *Op*.bro1 *Rhus-t*.ptk1 stram.bro1 *Thuj*.ptk1
☞ *streichelt*
• **Kopf** berühren; jemand würde ihren: **Med**.vh,vh/dg
☞ *gestreichelt*
• **Seiten** berühren; jemand würde ihn an beiden: bapt.rb2
– **beschäftigt**:
• **Prozeß** vor Gericht; in einem
☞ *Prozeß*
• **Tätigkeit**; mit einer: acon. ars. atro. bell. cann-i. cupr. hyos. lyss. plb. rhus-t. stram. verat.
☞ *Fleißig*
• **normalen** Tätigkeit (seinem Beruf): ars. atro. bell. plb. stram.
☞ *Fleißig*
– **beschäftigt** mit Geschäften
☞ *Geschäft - beschäftigt*
– **beschimpft** werden: lyss.kr1
☞ *beschimpft worden*
– **beschimpft** worden; er sei: adam.srj5 alco.a1 aur-ar.a1,k2 bell. cham. cocc.rb2 granit-m.es1 haliae-lc.srj5 ign. kali-br. lac-c. lyss.k,kr1 nux-v. *Pall*. puls. staph.ptk1 sulph.rb2 tarent.
☞ *anerkannt / beschimpft werden / kritisiert / lachen und / verachtet / Beleidigt / Beschwerden durch - Tadel / Ermahnungen - agg. / Furcht - Meinung / Hochmütig / Selbstvertrauen - Mangel*
• **Hotelgäste**, durch: kali-br.a1
– **besessen**, er sei: *Anac*.gl1,k1,* bell. canth.k2 carb-v.k2 hydrog.srj2 *Hyos*.gl1,k1 **Manc**.vh,vh/dg mand.sp1 op.bg2,sf1 plat.bg2,gl1,* sil.bg2,sf1 stram.gl1 *Sulph*.bg2,sf1 verat.bg2,sf1

- **besessen**, er sei: ...
  ☞ *Teufel - besessen - er*
- **bespitzelt**, beobachtet zu werden: lach.$_{gl1}$ med.$_{al}$
- **besser** als die anderen; er sei: germ-met.$_{srj5}$ myric.
  ☞ *hochgestellte / Hochmütig / Taten - große*
- **betäubt**, er sei: laur.$_{rb2}$
- **betrachtet** sich selbst
  ☞ *sehen - sich*
- **betrogen**, getäuscht worden; er sei: bamb-a.$_{stb2}$ dros.$_{ptk1}$ ruta$_{ptk1}$
  ☞ *Falle zu / verraten*
- **betrunken**:
  - **gewesen**; er sei betrunken:
    - **Nacht**, vor der: bry.$_{rb2}$
    - **Woche** lang, eine: onos.$_{rb2}$
  - **sei** betrunken, er: agar.$_{rb2}$ ant-c.$_{rb2}$ arg-n.$_{rb2}$ asc-t.$_{rb2}$ aur.$_{rb2}$ bell.$_{rb2}$ bufo$_{rb2}$ chlf.$_{rb2}$ cot.$_{rb2}$ croc.$_{rb2}$ kali-br.$_{rb2}$ meph.$_{rb2}$ mez.$_{rb2}$ nux-m.$_{rb2}$ oena.$_{rb2}$ op.$_{rb2}$ phys.$_{rb2}$ pip-m.$_{rb2}$ querc.$_{rb2}$ sil.$_{rb2}$ stram.$_{rb2}$ sul-ac.$_{rb2}$ sulph.$_{rb2}$
    - **Aufstehen**, beim: graph.$_{rb2}$
    - **Benebelung**, Benommenheit; mit: alum.$_{rb2}$
    - **immer**; die ganze Zeit: arg-met.$_{rb2}$
    - **Kopf**:
      - **in**: calc.$_{rb2}$
      - **schweren**, mit einem: acet-ac.$_{rb2}$
    - **Rauch** im Gehirn; durch: op.$_{rb2}$
    - **Schwindel**, mit: ant-c.$_{rb2}$ ferr.$_{rb2}$
    - **Seite** sei betrunken; die leidende: lat-k.$_{rb2}$
    - **teilweise**: chlol.$_{rb2}$
    - **Übelkeit**, mit: acon.$_{rb2}$
- **Bett**:
  - **aus** dem Bett treiben; als würde ihn jemand
    ☞ *drängen*
  - **bedecken**; sie würde das ganze Bett: pyrog.$_{rb2}$
  - **berühren**; als würde sie im Liegen das Bett nicht: asar.$_{rb2}$ chin.$_{rb2}$ coff.$_{rb2}$ lac-c.$_{rb2}$ nat-m.$_{rb2}$ nux-v.$_{rb2}$ op.$_{rb2}$ ph-ac.$_{rb2}$ rhus-t.$_{rb2}$ spig.$_{rb2}$ stict.$_{rb2}$ stram.$_{rb2}$ thuj.$_{rb2}$
    - **schweben**; und Körper und Glieder würden: stict.$_{rb2}$
  - **besetzt**
    ☞ *jemand - im*
  - **bewegen**; es würde sich: clem.$_{rb2}$ lac-c.$_{hr1,k}$
  - **drängen**; als würde ihn etwas aus dem Bett: rhus-t.$_{h,k,*}$
  - **drehen**, würde sich:
    - **herumdrehen**: nux-v.$_{rb2}$ plb.$_{rb2}$ puls.$_{rb2}$ sin-n.$_{rb2}$
    - **Kreis** herumdrehen, im: con.$_{rb2}$ sol-ni.$_{rb2}$
  - **fallen**:
    - **auf** sie; das Bett würde: stram.$_{rb2}$
    - **aus** dem Bett zu fallen: arg-n.$_{bg1,bg2,*}$ ars.$_{bg1,bg2,*}$ ars-s-f.$_{bg2,kr1,*}$ crot-c.$_{bg1,bg2}$
      - **Kopf** würde aus dem Bett fallen; der: arg-met.$_{rb2}$
    - **durch** das Bett zu fallen: bell.$_{rb2}$ chinin-s.$_{rb2}$ dulc.$_{rb2}$ lach.$_{rb2}$ rhus-t.$_{rb2}$ sacch.$_{rb2}$ sec.$_{rb2}$
  - **Falten**; das Bett sei voller: *Stram.*$_{kr1}$
- **Bett**: ...
  - **gefesselt**; durch einen Sog ans: sars.$_{rb2}$
  - **Geräusch** machen; als würde etwas unter dem Bett ein: bell.$_{h,j5,*}$
    ☞ *Furcht - Erwachen - unter*
    - **klopfen**; als würde jemand
      ☞ *jemand - unter - klopfen*
  - **groß** genug; das Bett sei nicht
    ☞ *klein*
  - **hart**; das Bett sei zu
    ☞ *❑ Allgemeines - Harten Bettes*
  - **herumwirbeln**; würde mit ihr: nux-v.$_{rb2}$
  - **hochgehoben**; würde: canth.
  - **jemand**:
    - **drohend** am Fußende stehen; jemand würde: chlol.
    - **im** Bett; als sei jemand: petr.$_{bro1}$
      - **mit** ihm: anac. apis *Bapt.* carb-v. graph.$_{sf1}$ nux-v. op. petr. *Puls.* rhus-t. sec. stram. valer.
        - **fremder** Knabe; ein: apis$_{rb2}$
      - **zwei** Personen im Bett liegen; als würden:
        - **überlappen**; und der Körper des anderen würde ihren zur Hälfte: cycl.$_{rb2}$
    - **kommen** würde; als ob jemand nahe an sein Bett: carb-v.$_{j5}$
    - **kommt** in sein Bett und es ist kein Platz mehr: nux-v.
    - **über** dem Bett; jemand sei: calc.
    - **unter** dem Bett; jemand sei: am-m. ars. bell.$_{k,kl2}$● calc. canth. colch.
      ☞ *Diebe - Haus - Bett / Feind - Bett / Furcht - Erwachen - unter*
      - **klopfen**, und würde: **Bell.**$_{bg2,j5,*}$ calc.$_{j5,k}$ canth. colch.$_{bg2}$
    - **wegzunehmen**; jemand würde versuchen, ihm die Bettdecken: bell.
  - **klein**; das Bett sei zu: germ-met.$_{srj5}$ sulph.$_{ptk1,rb2}$
  - **Klumpen**, Brocken im Bett: arn.$_{ptk1}$ mag-c.$_{ptk1}$
  - **Körper** würde das ganze Bett anfüllen, besetzen; der: pyrog.$_{ptk1}$
  - **liegen**; er würde nicht auf dem Bett:
    - **Erwachen** um 4 h; beim: hyper.
  - **nackter** Mann sei zusammen mit Ihr in die Bettdecken gewickelt: *Puls.*$_{hr1,k,*}$
  - **schaukeln**; das Bett würde:
    - **Seite** zur anderen; von einer:
      - **Hängematte**; wie eine: tub.$_{rb2}$
    - **vor** und zurück: zinc.$_{rb2}$
  - **schweben**; würde: con.$_{rb2}$
  - **schwimmen**
    ☞ *schweben - Bett - schweben / schweben - Bett - schwimmen*
  - **sinken**:
    - **alles** würde im Bett nach unten sinken: lyc.$_{rb2}$
    - **Bett** würde sinken; das: bapt.$_{bro1}$ *Bell.* ben.$_{bro1}$ bry. calc-p. chinin-s. dulc. kali-c. *Lach.* lyc.$_{ptk1}$ rhus-t. sacch. sec.$_{rb2}$
      - **Schließen** der Augen; beim: sec.$_{rb2}$
    - **Patient** würden nach unten sinken; das Bett und der: lach.$_{rb2}$

- **sinken**: ...
  - **sie** würde sinken:
    - **durch** das Bett: bell.rb2 chinin-s.rb2 dulc.rb2 lach.rb2 rhus-t.rb2
    - **mit** dem Bett: lach.rb2
    - **tief** nach unten im Bett: bry.rb2 xan.rb2
- **sonderbare** Dinge, Ratten, Schafe seien im Bett: cimic.kr1
- **stoßen**; jemand würde ihr Bett auf und ab: bell. canth.
- **verkauft**; jemand habe sein Bett: nux-v.
- **warm**; wie: op.ptk1
- **weggezogen**; würde unter ihr: stram.hr1,k,*
  - **gelandet**; und sie sei auf dem Boden: ars.rb2
- **zwei** Personen seien mit ihr im Bett: cycl. petr.vh

– **bewegen**:
- **alles** bewegt sich:
  - **hin** und her: form.rb2
  - **Kreis**, im:
    - **Bücken**, beim: sol-ni.rb2
  - **langsam**; alles um ihn herum bewegt sich: hydr-ac.rb2
  - **Richtungen**, in alle: anac.rb2 tab.rb2
  - **schnell** und verworren um sie herum: sang.rb2
  - **Seite** zur anderen; von einer: cic.rb2
- **Dinge** sich bewegen; sieht: phos.j5
  - **stillstehendes** Auto würde sich durch sein Gesichtsfeld bewegen während er fährt: germ-met.srj5
- **er** bewegt sich:
  - **hin** und her; er bewegt sich:
    - **Sitzen** und Liegen; im: thuj.rb2
  - **nicht** bewegen; sie kann sich: m-aust.rb2 mag-p.rb2
    - **jedoch** amel. durch Bewegung: hom.rb2
- **hört** Dinge, die sich außer Sicht In der Höhe in seiner Nähe bewegen: canth.bg2 carb-v.bg2 ph-ac. phos.j5

– **Bewegung**:
- **alles** sei in Bewegung: sabad.rb2
  - **schaukelnder** Auf und Ab Bewegung; in: cycl.rb2
- **alle** Teile seien in:
  - **Ruhe**; in der: kreos.a1
- **Auf** und Ab Bewegung; Gefühl einer: lach.st plb.st *Spong.*st
- **Bett** und Boden; Bewegung von:
  - **Erwachen**; beim: clem.a1
- **Stuhl** und Tisch in verschiedene Richtungen; Bewegung von:
  - **Sitzen**; beim: chlf.a1
- **Zeitlupe**; Dinge geschehen in: haliae-lc.srj5

– **Beweis**, führt einen beredten: cann-i.a1,k

– **Bewußtsein**:
- **außerhalb** seines Körpers befinden; sein Bewußtsein würde sich: alum.rb2
- **gehören**; würde einem anderen: *Alum.*k,vh/dg
  ☞ *Identität / Verwirrung - Identität*
- **höheren** Bewußtsein; Vereinigung mit einem: hydrog.srj2

– **Bewußtsein**: ...
- **verlieren**; er würde das Bewußtsein: brom.rb2 calc.rb2 camph.rb2 dig.rb2 dios.rb2 mag-m.rb2 oxyt.rb2 plat.rb2 thearb2
  - **Hinlegen**, beim: agar.rb2
  - **Schwindel**, bei: nat-n.rb2
  - **Verwirrung**, nach: syph.rb2
  - **vorübergehend** das Bewußtsein verloren; er habe: lyss.rb2

– **Bienen**, sieht: puls.

– **Bierkrug**, der mit Drachenbildern verziert ist; er sieht einen riesigen: cann-i.a1

– **Bilder**, Phantome; sieht: acon. alum.j5 *Ambr. Apis Arg-n.* arn.j5 *Ars.* bar-c. **Bell.** berb. brom. calc. calc-ar.k2 calc-s. calc-sil.k2 camph. canth. carb-an. *Carb-v.* caust. cham. chin. chinin-ar. cic. cimic.bg2 coca *Crot-h.* cupr. dros. dulc. graph. hell. *Hep. Hyos.* ign. kali-ar. kali-br. kali-c. kali-p. kali-sil.k2 lac-c.k2 **Lach.** lachn.hr1,kr1 lact.j5 led. *Lyc.* mag-m.bg2 *Merc.* nat-c. *Nat-m.* nat-p. nit-ac. nux-m.j5 nux-v. olnd.j5 *Op.* ph-ac. *Phos.* plat. puls. rhod.j5 rhus-t. rutabg2 *Samb.* sep. sil. spong. *Stram.* sulph. tab. *Tarent. Thuj.* valer.k2 verat. verb.j5 *Zinc.*
  ☞ *Erscheinung / Gesichter / Gespenster / Gestalten / Phantasiegebilde / Sehen und / Visionen / Dunkelheit - agg.*
- **nachmittags**: lyc.
- **abends**: calc. carb-an.a1 lyc. nit-ac.
  - **Bett**, im: nit-ac.
- **nachts**: acon. ambr. arg-n. arn. bell. berb. calc. calc-ar.k2 calc-sil.k2 *Camph.* canth. carb-an. carb-v. cham. chin. crot-h. cupr. cur. graph. ign. *Kali-br.* kali-c. kali-sil.k2 led. lyc. *Merc.* nat-m. nit-ac. nux-v. op. phos. puls. *Sep.* sil. spong. tab. *Thuj.* valer. zinc. zinc-p.k2
- **allein**, wenn: fl-ac. lach.
- **angenehm**: bell.kr1 cann-i. cycl. *Lach.*
- **aufsteigen**; aus der Erde: stram.k,kl2●
- **bewegen**; sieht Bilder, die sich auf und ab: zinc.h
- **Dämmerung**: berb.k2
- **Dunkelheit**, in der: *Bell. Carb-v.* hell. petr. puls. *Stram.*k,vh/dg
  ☞ *Dunkelheit - agg. / Licht - Verlangen*
- **größer** und kleiner werden; sieht Bilder: nit-ac.h
- **neben** sich: stram.k,kl2●
- **Schlaf**:
  - **vor**: carb-an. merc. nit-ac. sep.
  - **im**: lyc.
    - **abscheuliche**, verhaßte:
      - **nachmittags**: lyc.a1
  - **Einschlafen**, beim: arg-n.a1 calc-s.k2 carb-an.a1 chin. nat-m.h
  - **verhindert**: alum. ambr.k2 arg-n. lyc. op. tab.
- **Schließen** der Augen; beim: anh.mg1 *Arg-n.* **Bell.**k,vh/dg **Calc.** calc-ar.k2 *Caust.* graph. limest-b.es1 nat-m.h puls. samb. sep. *Sil.*k1 sulph. *Tarent. Thuj.*
  - **Bett**, im: *Bell.*vh,vh/dg *Calc.*vh,vh/dg cupr. samb. sulph.

- • **Schlummer** am Tage; sieht Bilder beim: lachn.$_{kr1}$
- • **schnell** bewegen; sieht Bilder, die sich: nit-ac.$_{h}$
- • **schreckliche**: *Ambr.* anac. androc.$_{srj1}$ arg-n. arn. ars. atro. bar-c. *Bell.* bry.$_{h}$ **Calc.** calc-s. camph. *Carb-an. Carb-v. Caust.* chin. chinin-ar. cina$_{k2}$ coca con. croc. gels. graph. *Hep.* hyos. ign. kali-ar. *Kali-br.* kali-c. kali-p.$_{k1}$ kali-sil.$_{k2}$ *Lac-c. Lach.* laur. limest-b.$_{es1}$ lyc. mang. marb-w.$_{es1}$ *Merc.* mur-ac. nat-c. nat-p. nit-ac. nux-v. *Op.* petr. ph-ac. *Phos.* puls. rhod. rhus-t. samb. sars. sec. sil. spong. *Stram.* sulph. tab. tarent.
  - ☞ *Visionen - schrecklich / Phantasien - übertrieben - schrecklich*
  - • **abends**: caust.$_{gt}$
  - • **nachts**:
    - • **schlafen** versucht; wenn er zu: calc-s. sil.$_{h}$
- • **schwarze**: arn. ars. *Bell.* caust. hydrog.$_{srj2}$ op. plat. puls. **Stram.**
- • **überall**: bry.$_{k2}$ merc. *Sil.*
- • **verschwinden** und wieder erscheinen; die: nit-ac.$_{h}$
- • **verweilt** bei, denkt dauernd an: arn. nux-m. sil.
  - ☞ *Brütet*
- • **Wand**, an der: lyc. samb.
- • **wechseln** dauernd: carbn-o.
  - • **Vergangenheit** in die Gegenwart; aus der: mur-ac.

– **Blicken**:
- ☞ *beobachtet*
- • **alle** sehen sie an: meli. rhus-t.
  - ☞ *beobachtet / Angesehen*
- • **jemand** sieht:
  - • **Schulter**, über ihre: brom.$_{rb2}$
- • **Menschen** blicken sie an: med.$_{pc}$
- • **unten**; er sieht nach: haliae-lc.$_{srj5}$ phos.$_{rb2}$

– **blind**, er sei: bell.$_{h}$ mosch. verat.
- ☞ *Blindheit*

– **Blumen**, von gigantischen: cann-i.$_{a1}$

– **Blut**:
- • **hört** zu fließen auf, stockt:
  - • **Schwindel**; bei: seneg.$_{rb2}$
- • **rauschen** wie das Getöse von vielen Gewässern; das Blut würde durch die Adern: alumn.$_{k13,k2}$ cann-i.$_{a1,k}$
- • **zirkulieren**; das Blut würde nicht richtig: *Atro.*$_{a1,kr1,*}$

– **Blutung**, nach: chinin-ar.

– **Boden**:
- ☞ *Fußboden*
- • **berühren**; sie würde kaum den Boden: ars-met.$_{rb2}$ calc-ar.$_{rb2}$ dat-a.$_{rb2}$
  - • **Gehen**, beim
    - ☞ *Füße - berühren - Gehen*
  - • **leichter**; er sei: camph.$_{rb2}$
- • **bewegen**; der Boden würde sich: clem.$_{rb2}$
- • **hochkommen** würde, um sich mit ihm zu treffen; daß der Boden: bell.$_{ptk1}$ calc.$_{ptk1}$ pic-ac.$_{ptk1,rb2}$ sil.$_{ptk1}$
  - ☞ *Treppe*

– **Boden**: ...
- • **nachgeben**; würde unter seinen Füßen: arg-n.$_{ptk1}$ con.$_{ptk1}$ digin.$_{rb2}$ kali-br.$_{ptk1,rb2}$ sulph.$_{ptk1}$ tep.$_{rb2}$ visc.$_{ptk1}$
- • **rutschen** würde; der Boden unter ihr vor und zurück: tep.$_{rb2}$
- • **schwanken**; der Boden würde: sulph.$_{rb2}$
  - • **Schließen** der Augen; beim: chlf.$_{rb2}$
  - • **steht** schwanken würde; daß der Boden, auf dem er: sulph.$_{rb2}$
- • **sinken**; der Boden würde
  - ☞ *Fußboden - sinken*
- • **unsicher**; der Boden sei: tep.$_{rb2}$

– **Böses**:
- • **geschehen**; Gefühl, als sei ihm etwas Böses: lach.$_{a1}$
- • **getan**; er habe etwas Böses: cycl.$_{rb2}$ zinc.$_{rb2}$

– **Boot** gehören; es würde ihm ein: limest-b.$_{es1}$

– **Brett** liegen; als würde er auf einem
- ☞ *❑ Rücken - Brett*

– **Brummen** wie von einem Bären; hört: mag-m.
- ☞ *Hören - Einbildung*

– **Chormusik** hört; er sei in der Kathedrale, wenn er: cann-i.
- ☞ *Hören - Einbildung*

– **Christus**; er sei: cann-i. **Verat.**$_{k2,vh/dg}$
- ☞ *göttlich / hochgestellte*

– **Couch** bewegen; als würde sich die: plb.$_{rb2}$

– **dahinschwinden**; er würde: naja$_{gm1}$
- ☞ *dünn - er*

– **danebengehen**; alles werde
- ☞ *faul - bewegen / fehlschlagen / mißlingen - alles*

– **Daumen**; die Finger seien: **Phos.**$_{a1,k1,*}$

– **Debatte**; er sei bei einer: hyos.$_{a1,k}$

– **Déjà** vu
- ☞ *erlebt - schon*

– **delirös**:
- • **sei** delirös, er: cann-i. nit-ac.$_{rb2}$
- • **werden**; er werde: gels.$_{rb2}$
  - • **nachts**: bry.

– **denken**:
- • **kann** nicht denken; sie: *Chel.*$_{kr1}$ onos.$_{rb2}$
  - • **außerhalb** von sich: crot-t.$_{rb2}$

– **dicker** als normal; alles, was er berührt erscheint: coc-c.$_{rb2}$

– **Diebe**:
- • **angeklagt**; er sei des Diebstahls: kali-br.
  - ☞ *angeklagt*
- • **Angst** beim Erwachen und hält den Traum für wahr; träumt von Einbrechern und hat: verat.
  - • **Suche** durchgeführt wurde; und wird das Gegenteil erst glauben, wenn eine: nat-m.
- • **Haus**, im: ars.$_{h,k,*}$ cann-i.$_{a1,k}$ con.$_{gl1}$ *Cupr-act.*$_{kr1}$ *Lach.*$_{hr1,k}$ merc.$_{a1,k}$ *Nat-m.*$_{hr1,k}$ sil. sol-t-ae.
  - • **Bett** sei voller Diebe; und der Raum unter dem: *Ars.*
    - ☞ *Bett - jemand - unter*
- • **sieht**: alum. arn.$_{bg2}$ ars. aur. bell. cupr. cupr-act.$_{kr1}$ kali-c. kali-sil.$_{k2}$ lach.$_{bg2}$ mag-c. mag-m. merc. nat-c. *Nat-m.* petr. phos. sanic.$_{c1}$ sil. sol-t-ae.$_{a1}$ verat. zinc.
  - • **nachts**: *Ars.*

- **sieht**: ...
  - **lauscht** unter das Bett: ars.hr1
- **springen**; will deshalb aus dem Fenster: *Lach.*kr1

– **doppelt**:
- **Empfindungen** präsentieren sich in doppelter Gestalt: cann-i.al,k
- **Existenz** zu haben; eine doppelte: cann-i.rb2
- **Gegenstände** seien: *Anh.*mg1 zinc.sf1
- **Glied** sei doppelt; ein
  ☞ *Glieder - doppelt*
- **Kopf** und Gliederpaare seien
  ☞ *Glieder - doppelt - Gliederpaare / Kopf - doppelt*
- **Mund** sei
  ☞ *Mund - doppelt*
- **Nase** sei
  ☞ *Nase - doppelt*
- **sein**, doppelt zu: alum. *Anac.* anh.mg1,sp1 arg-n.bg2 *Bapt.* cann-i. cycl.bg2 *Gels.*bg2 glon. haliae-lc.srj5 lach. lil-t. lyc.bg2 mosch. nat-m.bg2 *Nux-m.* op.a1,bg2 *Petr.* phos.bg2,h plb.bg2 psil.ft1 psor.bg2 puls.bg2 sec. sil.bg2,h *Stram.* ther.bg2 thuj. tril-p.bg2 valer.bro1 xan.bg2
  ☞ *Stehen - neben / Verwirrung - Identität / Verwirrung - Identität - Dualität*
  - **außerhalb** des Patienten; es gäbe ein zweites Selbst: tab.rb2
  - **beobachten**, wie das andere Selbst spielt; sein wirkliches, bewußtes Selbst schien zu: nux-m.c1
  - **besiegen** wird; da sei ein anderes Selbst und er ist sich nicht sicher, welches von beiden das andere: op.rb2
  - **eine** Person beim Liegen auf der linken Seite; er sei:
    - **andere** Person, wenn er auf der rechten Seite liegt; und eine
      ☞ *Liegen - eine - andere*
  - **Fieber** würde in den beiden einen unterschiedlichen Verlauf nehmen; und: pyrog.al2,rb2
  - **kleiner**, die außen stehende Person ist nur leicht übergestreift; die innere Person ist etwas:
    - **aufzustehen**; die innere Person drängt die äußere: anac.rb2
  - **Liegen** auf einer Seite; beim:
    - **eine** Person; sei sie:
      - **andere** Person, wenn sie auf der anderen Seite liegt; und: pyrog.rb2

– **Drachen**, von: cann-i.a1 op.a1

– **Drähten** gefangen; er sei in: cact.st cimic.hr1,k

– **dreckig**
☞ *schmutzig*

– **drehen**:
- **alles** dreht sich: alum.rb2 lyc.rb2 mag-c.rb2 valer.rb2
  - **Aufsetzen**, beim: chel.rb2
  - **Halbkreis**, im: staph.rb2
  - **Kreis**, im: agn.rb2 bell.rb2 chel.rb2 cycl.rb2 laur.rb2 nat-m.rb2 verat.rb2 zinc.rb2
    - **Gehen**, beim: nat-m.rb2

– **drehen - alles** dreht sich **- Kreis**, im: ...
- **zittert**, und: plb.rb2
- **mit** ihr: phos.rb2
- **rund** herum: laur.rb2
- **Dinge**:
  - **mit** ihr drehen; Dinge würden sich: aloe.rb2 anac.rb2 arn.rb2 calc.rb2 ferr.rb2
  - **umeinander** drehen; Dinge würden sich: sabad.rb2
- **sie**:
  - **sei** gedreht worden:
    - **Kreis**, im: puls.rb2 thuj.rb2
  - **würde** sich drehen: agar.rb2 bry.rb2
    - **hinten** und rund herum; nach: ang.rb2
    - **Kreis**, im: alum.rb2 anac.rb2 arg-n.rb2 aur.rb2 carl.rb2 chel.rb2 con.rb2 merc.rb2 ruta.rb2 tub.rb2
      - **Bücken**, beim: aur-m.rb2
      - **Ruhe**, in der: junc-e.rb2
    - **links**, nach: anac.rb2
    - **schnell** drehen, daß sie einen Luftzug wahrnimmt, der durch die Bewegung verursacht wird; so: mosch.rb2
  - **würde** sich vielleicht (bald) drehen: alum.rb2
- **Umgebung** würde gedreht:
  - **mit** ihm im Kreis: am-c.rb2

– **drehen**; er würde sich:
- **Achse**, um seine: nux-v.rb2

– **drei** Personen; er sei: anac.sf1 bapt.st cann-i.a1 *Nux-m.*k,vh,* *Petr.*sf1 psil.ft1
☞ *Verwirrung - Identität*

– **Drogen**; wie unter: marb-w.es1 op.rb2

– **dunkel**:
- **Gegenstände** und Gestalten; sieht dunkle: cimic.sf1
- **im** Dunkeln; Wahnideen: carb-v.j5
- **Wolke** eingehüllt; er sei in eine dunkle
  ☞ *Wolken - schwarze*

– **dünn**:
- **er** würde: sulph.
  ☞ *Abmagerung / dahinschwinden*
- **Körper** sei: limest-b.es1 thuj.h,k,*
  - **vergrößert**; aber Arme und Hände seien: limest-b.es1

– **durcheinander**; Gegenstände seien: camph.rb2

– **durchgeschnitten**, er sei
☞ *Körper - durchgeschnitten*

– **durchsichtig**:
- **alles** sei: *Anh.*mg,mg1,*
- **er** sei: anh.jl,mg1 bell.j5 cann-i.
- **Kopf** und Nase seien: bell.h,k,*

– **Ecken**:
- **etwas** aus der Ecke kommen; sieht: *Phos.*
- **Gesichter**, die aus jeder Ecke blicken; schreckliche: phos.rb2
- **Kopfes** würde in jede Ecke des Zimmers passen; ein Teil des
  ☞ *Kopf - Ecke*
- **Menschen** aus den Ecken kommen; sieht: *Stram.*kr1
- **stehen** weit hervor; Häuserecken:
  ☞ *Furcht - engen*

- **stehen** weit hervor; Häuserecken: ...
  - **Gehen** auf der Straße gegen die Häuserecken laufen; daß er befürchtet, er werde beim: *Arg-n.*
    ☞ *Furcht - Ecken*
- **Tiere** und Gestalten aus Ecken kommen; sieht: stram.$_{sf1}$

– **Ego** verloren zu haben; das eigene: limest-b.$_{es1}$
– **Ehe**:
☞ *Hochzeit*
- **auflösen**, sich scheiden lassen; muß die Ehe: fl-ac.
- **schließen**, heiraten; würde bald die Ehe: hyos.
- **sei** verheiratet; er: ign.

– **Ehefrau**:
- **untreu**; die Ehefrau sei: hyos. stram.
  ☞ *Eifersucht / Verlassen*
- **weglaufen**; die Ehefrau werde ihm: staph.
  ☞ *Selbstvertrauen - Mangel / Verlassen*

– **Ehemann**; er sei nicht ihr: *Anac.*
☞ *Verlassen*
– **ehrlich**:
- **nicht** ehrlich; er sei: stram.$_{hr1,kr1}$
- **sei** ehrlich; sie: marb-w.$_{es1}$

– **Eifersucht**:
- **Liebhaber** hinter dem Ofen versteckt; die Ehefrau habe: *Stram.*$_{kr1}$
- **mit**: *Lach.*$_{j5,kr1}$ stram.$_{kr1}$

– **eindringen**; als würde jemand in den eigenen Raum: granit-m.$_{es1}$
– **Einfluß**; er stehe unter einem mächtigen: anac.$_{ptk1}$ cere-b. *Hyos.*$_{vh,vh/dg}$ *Lach.* naja$_{ptk1}$ psil.$_{ft1}$ *Stram.*$_{kr1}$ thuj.$_{ptk1,rb2}$ verat.$_{vh}$
☞ *Fremde - Kontrolle / Verwirrung - Identität*
– **eingeschlafen**
☞ *schlafen*
– **eingeschlossen**, gefangen; mit Drähten: *Cimic.*$_{hr1,k}$
– **eingesperrt** werden; er solle: arn. ars. *Bell.*$_{k,k1,*}$ cupr. germ-met.$_{srj5}$ kali-br. meli. plb. ruta$_{a1,rb2}$ tab.$_{c1,rb2,*}$ *Zinc.*
☞ *verfolgt, ihm - Polizei* / ❑ *Träume - Verhaftung*
– **Einkaufen** mit ihrer Schwester; von: atro.
– **Eisenbahn**:
- **in** einem Eisenbahnwaggon; sie wäre: sang.$_{rb2}$
  - **fleht** andere an, sie festzuhalten; und: *Sang.*$_{kr1}$
  - **rüttelt**; der sich bewegt und sie: sang.$_{rb2}$
- **sie** wäre eine Eisenbahn, die über die Strecke braust: haliae-lc.$_{srj5}$
- **wegfahren**; sie müsse mit der Eisenbahn: atro.

– **elend** aussehen; sie würde:
- **Blick** in den Spiegel; beim: limest-b.$_{es1}$ nat-m.$_{k,kl2}$●
  ☞ *Unglücklich, bedauernswert*

– **Empfindungen** falsch dar; stellt seine: bell.
– **empfindungslos**; er sei: alum.$_{ptk1}$
– **Energie** würde sich in der Luft herumbewegen: hydrog.$_{srj2}$
– **eng**; alles scheint zu: guaj. plat.
– **Engel**, sieht: aether$_{a1}$ cann-i.$_{a1}$ stram.$_{a1,k2,*}$
– **enteignet**; er würde: granit-m.$_{es1}$
– **Entfernungen**; in bezug auf: cann-i.$_{st,vh/dg}$ cann-s.$_{st,vh}$ magn-gr.$_{rb2}$ nux-m.$_{st,vh}$
☞ *vergrößert - Entfernungen / Entfernungen - falsche*
- **Gegenstände** seien zu weit entfernt: anac.$_{rb2}$

– **entgegengearbeitet** würde; daß ihm
☞ *behindert zu - allen*
– **enthüllt**; ihre Pläne, Geheimnisse würden: germ-met.$_{srj5}$
– **Entkräftung** nicht ertragen; er könne solch eine völlige: *Chinin-ar.*$_{kr1}$ eup-per.$_{rb2}$
– **entsetzt**, wie
☞ *Schreck - wie*
– **Epilepsie**:
- **habe** Epilepsie, er: atro.
- **würde** einen epileptischen Anfall bekommen: alum.$_{rb2}$ cina$_{rb2}$ lyss.$_{rb2}$

– **Erdbeben**; er sei bei einem: fl-ac.$_{rb2}$
– **erdrückt**:
- **Bettwäsche**, von der: pic-ac.$_{rb2}$
- **Häusern**, von den: arg-n.$_{bro1,rb2}$
- **Menge**; erdrückt von der eilenden: tub.$_{rb2}$

– **erhoben**, hochgehoben:
- **Bett** sei hochgehoben: canth.
- **getragen**; er würde auf eine Anhöhe: oena.$_{a1,k}$
- **Luft** erhoben; in die: ~~nit-ac.$_{a1,xxx}$~~ nitro-o.$_{a1,k}$ phos.$_{rb2}$ rhus-t.$_{rb2}$ sil.$_{rb2}$
  - **gedrückt**; und nach vorne: calc.$_{rb2}$
  - **herabfallen**; und würde: mosch.$_{rb2}$

– **erkrankt**
☞ *krank*
– **erlebt**:
- **schon** einmal erlebt zu haben; glaubt alles (= Déjà vu): kali-br.

– **ermorden**; er würde:
- **Ehemann** und Kinder ermorden; sie werde: kali-br.
- **Familie** mit einem Beil umbringen; sie werde ihre: jab. kali-br.$_{ptk1}$
- **hätte** jemanden ermordet; er: ars.$_{k2,ptk2}$ phos.$_{a1,h}$
  ☞ *erstochen - Vorübergehenden*
- **jemanden** ermorden; er müsse: ars. hep.$_{rb2}$ hyos.$_{j5,k2}$ lach.$_{k2}$
  - **Straße**; auf der: camph.$_{rb2}$

– **ermordet**:
☞ *Argwöhnisch - Anschlag / Töten - jemanden*
- **er** würde ermordet: sulph.$_{rb2}$
  - **bestochen** worden, um ihn zu ermorden; Personen seien: cann-i.
  - **geröstet** und gegessen; er würde: stram.
  - **kommen**, um ihn zu ermorden; jemand würde: tab.$_{rb2}$
  - **Mutter** würde sie ermorden wollen; die: sacch-l.$_{rb2}$
  - **Schuß** in den Kopf, wie ein Pferd oder ein Hund; durch einen: germ-met.$_{srj5}$

- **er** würde ermordet: ...
  - **verschwören** sich, um ihn zu ermorden; andere: ars. hydrog.srj2 plb.
- **jemand** ermordet wird; sieht, wie: calc.
  ☞ *erstochen - Vorübergehenden*
- **Mutter** sei ermordet worden; ihre: nux-v.
- **werden**; er würde ermordet: absin.bro1 am-m. *Bell.* *Calc.* camph.a1 hep.g11,vh *Hyos.* ign. kali-br.bro1 kali-c. lact. lyc. mag-c. merc. *Op.* phos. plb.bro1,rb2 *Rhus-t.* staph.sf1 *Stram.* verat. zinc.
  ☞ *Furcht - ermordet*

– **erregt**, wie: coff.
- **berauscht**, und: kali-i.rb2
- **Tee** erregt; das Gehirn sei nach: hyper.rb2

– **Erscheinung** sehen; er werde eine: brom.rb2
☞ *Bilder / Visionen*

– **erschöpft**, er sei: coca.rb2

– **erschrecken**, ihnen Angst machen; sie würde andere: hydrog.srj2

– **ersticken**; als würde er:
- **Einschlafen**; beim: arum-t.rb2

– **erstickt** zu werden:
- **Einschlafen**; beim: valer.ptk1
- **eiskalten** Händen, von: canth.
- **er** würde gleich erstickt:
  - **nachts** beim Erwachen: cann-i. phos.j5,sf1 *Plat.*g11
- **Gestalten** erstickt zu werden; von: phos.bg2

– **erstochen**:
- **jemand** drohen, ihn zu erstechen; als würde: op.j5
- **Vorübergehenden** erstochen; er habe auf der Straße einen: *Bell.*
  ☞ *ermorden - hätte / ermordet - jemand*

– **erwachen**
☞ *aufwachen*

– **Erwachen**, beim: aur.j5 carb-v.j5 colch.a1,j5 dulc.j5 meny.bg2 merc.j5 nat-c.j5 par.j5 ph-ac.hr1,j5,*
☞ *aufwachen*

– **erwacht**:
☞ *wecken - worden*
- **Schreck** oder Alarm; erwacht mit: agn.rb2 bell.rb2

– **erwartet** unangenehmen Nachrichten; er: mez.rb2

– **erwartungsvoll**, er ist: coca.rb2

– **erwürgt**
☞ *erstickt*

– **essen**:
- **darf** nicht essen; sie: kali-m.k2
- **kann** nicht essen: myric.ptk1
- **würde** essen; er: limest-b.es1

– **etwas** anderes:
- **Brust**; etwas anderes kommt von oben und drückt die: sep.h
- **Gegenstände** erscheinen als etwas anderes: staph.

– **Ewigkeit**:
- **er** sei in der: cann-i.
- **gelebt**; er habe eine Ewigkeit: aether.a1

– **Existenz**:
- **begonnen**; er habe gerade in diesem Augenblick sein Dasein: camph.rb2
- **eigene** Existenz; bezweifelt seine: cann-i.
- **gestaltlose** Existenz im unermeßlichen Raum: cann-i.a1
- **länger** existieren; sie könne nicht: thuj.rb2
- **Umgebung** würde nicht existieren: agn.rb2 nux-m.rb2 puls.rb2
- **zwei** Existenzen; er habe: cann-i.k2
- **Zweifel**, ob irgendetwas existiert: agn.

– **Fahren** (mit dem Auto):
- **bergauf** zu fahren, obwohl die Straße flach ist: adam.srj5

– **fahren**; als würde er:
- **geschlossenen** Augen, mit: cycl.rb2
- **Hinlegen**, beim:
  - **Schließen** der Augen agg.: ferr.rb2
- **Ochsen**, auf einem: bell.
- **reiten**: cann-i. stram.he1
  ☞ *Pferde - reiten*

– **Fahrzeug**:
- **rüttelt**, erschüttert; sie sei in einem Fahrzeug, das sich bewegt und sie: sang.rb2

– **Falle** zu sitzen; in der: haliae-lc.srj5 limest-b.es1
☞ *betrogen / verraten*

– **Fallen**:
- **Bett**
  ☞ *Bett - fallen*
- **blickt**:
  - **oben** blickt; fällt, wenn er nach: puls.rb2
  - **unten** blickt; fällt, wenn er nach:
    - **Herabsteigen** der Treppe; beim: onos.rb2
    - **Stehen** oder im Gehen; im: spig.rb2
- **Bruder** würde vor ihren Augen über Bord fallen; ihr: kali-br.
- **Dinge** werden: hyos. stram.
- **dreht**, wenn er sich:
  - **Kopf** dreht; er würde fallen, wenn er den: spig.rb2
  - **rechts** oder links; nach: der.rb2
- **er** würde: alum-sil. ambro.rb2 apis.rb2 aran.rb2 bell.rb2 bism.rb2 calc.rb2 caust.rb2 chen-a.rb2 coloc.rb2 cupr.rb2 equis-h.rb2 lappa.rb2 lyss.rb2 mag-m.rb2 mag-p.rb2 med.rb2 mosch.j5,k puls.rb2 rhus-t.rb2 sabin.rb2 sep.rb2 spig.rb2 stram.hr1,k,* tub.rb2 upa.rb2 visc.rb2 wies.rb2 zinc.rb2
  - **eingeschlafen**; wenn: vib.rb2
  - **Erwachen**; beim: guaj.ptk2,rb2 sec.rb2
  - **Kindern**, bei: gels.rb2
  - **plötzlich**: clem.rb2
  - **unangenehm** fallen; sie würde nicht: lappa.rb2
- **erhaben** und werde fallen; er sei: mosch.rb2
- **festhalten** würde; sie würde fallen, wenn sie sich nicht an etwas: sabad.rb2
- **Feuer** fallen; er würde, wenn er daran vorbeigeht, in ein: onos.rb2
- **Gehen**, beim:
  - **Schritt** fallen; er würde bei jedem: dor.rb2
  - **wenn** sie gehen würde: calc.rb2 iod.rb2

- **hinfallen**; er werde:
  - **Kopf**, am: chim.$_{rb2}$
  - **tief**: bell.$_{rb2}$
- **hinten**, nach: chin.$_{rb2}$ dub.$_{rb2}$ kali-n.$_{rb2}$ prim-v.$_{rb2}$ spong.$_{rb2}$ staph.$_{rb2}$
  - **Bett**; beim Steigen aus dem: rhus-t.$_{rb2}$
  - **Schaukeln** in einem Stuhl nach hinten fallen; er werde beim: tub.$_{rb2}$
  - **Seite** fallen; er werde nach hinten oder auf eine: calc.$_{rb2}$ nux-v.$_{rb2}$
- **Höhe** herab, von einer: calen.$_{rb2}$ mosch.$_{c1,rb2}$
- **leeren** Raum fallen; er werde in: ars.$_{rb2}$
- **Loch** in der Nähe zu fallen; sei in Gefahr in ein: carbn-s.$_{c1,rb2}$
- **Schlaf** fällt; Wahnideen, wenn er in den
  ☞ *Schlaf - einschlafen, er*
- **Seite** hin; auf eine: am-m.$_{rb2}$ calc.$_{rb2}$ rheum$_{rb2}$
  - **Aufstehen** auf eine Seite fallen; er würde beim: squil.$_{rb2}$
  - **links**, nach: aur.$_{rb2}$ calc.$_{rb2}$ dirc.$_{rb2}$ eup-pur.$_{rb2}$ merl.$_{rb2}$ nat-m.$_{rb2}$
  - **rechts**, nach: camph.$_{rb2}$ itu$_{rb2}$ sacch-l.$_{rb2}$
    - **Gehen**, beim: ruta$_{rb2}$
    - **Höhe**; wenn in der: zinc.$_{rb2}$
- **stehen** würde; er werde fallen, wenn er: alum-sil.$_{k2}$ oxyt.$_{rb2}$
- **Stücke**, in
  ☞ *Körper - Stücke - zerfallen*
- **Stuhl** fallen; er werde vom: alumn.$_{rb2}$ stram.$_{rb2}$
- **stürzen**; er werde: ars.$_{rb2}$ zinc.$_{rb2}$
- **Tanzen** fallen; er werde beim: puls.$_{rb2}$
- **vorne**, nach:
  - **Aufstehen** vom Sitzen, beim: vib.$_{rb2}$
  - **Bücken**, beim: berb.$_{rb2}$ puls.$_{rb2}$
  - **hinten**, und nach: rhus-t.$_{rb2}$
  - **müsse** nach vorne fallen; sie: nat-hchls.$_{rb2}$
  - **würde** nach vorne fallen; sie: alum-sil. chel.$_{rb2}$ chlf.$_{rb2}$ elaps gels.$_{rb2}$ ~~mosch.$_{a1,xxx}$~~ nat-m.$_{rb2}$ petr.$_{rb2}$ phos.$_{rb2}$ pic-ac.$_{rb2}$ ruta$_{rb2}$ senec.$_{rb2}$ sil.$_{rb2}$ spig.$_{rb2}$ tarax.$_{rb2}$ xan.$_{rb2}$
    - **drehen**; als würde es sich im Kopf: cupr.$_{rb2}$
    - **Gehen**, beim: ter.$_{rb2}$
- **Wände**: arg-n.$_{hr1,k}$ cann-i. carb-v.$_{rb2}$ lyss.$_{st}$
  ☞ *Haus - zerquetschen / Wände - umgeben / Wände - zerdrücken / Furcht - engen*
  - **epileptischen** Anfall nach innen zu stürzen; die Wände scheinen vor einem: carb-v. *Lyss.*$_{vh,vh/dg}$
- **würde** fallen; sie oder er
  ☞ *er würde*

– **fallen**, etwas würde:
- **ihn**, auf: tarent.$_{rb2}$

– **falsch**:
- **machen**; er würde etwas falsch: germ-met.$_{srj5}$ hell.$_{ptk1,ptk2}$

– **Falsches**:
- **geben**, wovon sie sterben würden; Menschen etwas Falsches zu: sulph.$_{h}$

– **Familie** gehören; sie würde nicht zu ihrer: plat.$_{hr1,k,*}$
☞ *Entfremdet / Gesellschaft - Verlangen / Verlassen / Verlassen - Isolation*

– **Fasten**; wie nach
☞ *❑ Allgemeines - Schwäche - Fasten*

– **faul**:
- **bewegen**; zu faul um sich zu: eucal.$_{rb2}$

– **faulig**, alles scheint: cur.$_{a1,k}$

– **Feen**; sucht nach: marb-w.$_{es1}$
☞ *Geist; er / Gespenster*

– **fehlschlagen**, versagen; alles werde: act-sp.$_{hr1,k}$ *Arg-n.*$_{hr1,k}$ *Aur.* bamb-a.$_{stb2}$ merc. nux-v. psor.$_{oss}$ sil.
☞ *gelingt / mißlingen - alles / Angst - Erfolg / Furcht - Versagen / Gelingt / Schüchternheit / Selbstvertrauen - Mangel / Unternimmt - nichts*
- **sein** Verstand: arg-n.$_{br1}$

– **Feiglinge**; Menschen, die ihn verlassen seien: cann-i.

– **Feind**:
- **Bett**; ein Feind wäre unter dem: am-m.
  ☞ *Bett - jemand - unter / verfolgt, ihm - Feinden*
- **jeder** sei ein: granit-m.$_{es1}$ *Merc.*$_{h,k,*}$ plat. puls.$_{hr1}$
  ☞ *behindert zu - allen / verfolgt, ihm - Feinden / Feind / Gesellschaft - Verlangen / Gesellschaft - Verlangen - allein - Furcht / Verlassen / Verlassen - Isolation*
- **Ruhe**; der Feind gestattet ihm keine: dros.$_{rb2}$
- **umgeben** von Feinden: *Anac.* carbn-s. *Crot-h.* dros.$_{h}$ marb-w.$_{es1}$ *Merc.*
  ☞ *verfolgt, ihm würde nachgestellt - Feinden*
- **verfolgt** von
  ☞ *verfolgt, ihm würde nachgestellt - Feinden*
- **Verletzung** zuzufügen; ein Feind liegt ständig auf der Lauer, um ihm eine: alco.$_{a1}$
  ☞ *verfolgt, ihm würde nachgestellt - Feinden*

– **Feuer**:
- **Feuerkugeln** würden über die Bettdecken rollen: stram.$_{rb2}$
- **Flamme** scheint durch ihn hindurchzugehen; eine: **Phos.**$_{k,vh/dg}$
  ☞ *Feuer - anzünden*
- **Geräusch** ist ein Feueralarm und sie zittert; jedes: bar-c.
  ☞ *Hören - Einbildung*
- **Haus** brennt: bell.$_{h,k,*}$ hep.$_{a1,k}$ stram.$_{a1,k}$
- **Kopf** scheint umgeben von: am-m.$_{a1,k}$
- **Nachbarhaus** brennt: hep.
- **Visionen** von: alum. am-m.$_{a1,k}$ anac.$_{h,k,*}$ ant-t.$_{h,k,*}$ ars. *Bell.*$_{h,k,*}$ *Calc.*$_{bg2,k}$ calc-ar.$_{k13,k2}$ calc-p.$_{a1,k}$ clem. croc. daph.$_{a1,k}$ *Hep.*$_{bg2,k,*}$ kali-n. kreos. laur.$_{a1,k}$ lyss.$_{hr1,k}$ mag-m. mez.$_{bg2}$ nat-m. op.$_{k2}$ phos.$_{bg2,k}$ plat. *Puls.*$_{hr1,k}$ rhod. rhus-t. spig. spong.$_{bg2,k}$ stann.$_{bg2,k}$ stram. sulph.$_{bg2,k}$ tet.$_{a1}$ zinc. zinc-p.$_{k13,k2}$
- **Welt** steht in Flammen; die: *Hep.* puls.$_{hr1,kr1}$ verat.$_{k13,k2}$
  - **nachts**: puls.$_{hr1}$
- **Zimmer** brennt: stram.$_{a1,k}$
- **Zuhause** brennt; sein weit entferntes: bell.

– **feuerrot**: bell.$_{a1}$

– **Fieber**:
- **während**: bell.$_{a1}$ calc.$_{st}$
- **beginnen**; Fieber würde: vichy-g.$_{rb2}$

– **Finger**:
- **abgeschnitten**; wären: mosch.$_{a1,k}$

• **Daumen**; die Finger wären
☞ *Daumen*
– **Fingernägel** scheinen so groß wie Teller:
• **Schläfrigkeit**; während: cann-i.
– **Fische**, Fliegen etc.; sieht: bell. *Stram.*
☞ *Fliegen, sieht / Fliegen*
– **flackern**, tanzen:
• **alles** würde flackern und zittern
☞ *zittern - alles - wanken*
• **Gegenstände** flackern, tanzen: cycl.rb2 grat.rb2 til.rb2
– **Flasche** Sodawasser; er sei eine: *Arg-n.*
• **läuft**; die hin und her: cann-i.a1
– **Flatus** bemerken; jeder werde seinen: zinc-p.vh
– **Fledermäusen**, von: bell.j5
– **Fliegen**: asar. bell.sf1 calc-ar.rb2 camph. *Cann-i.* euon.sf1 haliae-lc.srj5 jug-r.rb2 lach. lact.rb2 manc.rb2 nitro-o.a1 oena. op. valer.rb2
☞ *Körper - leichter / schweben - Luft*
• **Abgrund**; er fliege von einem Felsen in einen dunklen:
• **Zubettgehen**; beim: cann-i.
• **könne** er fliegen; als: adam.srj5 camph.rb2 lil-t.rb2 tub.rb2
• **abgehoben**; und vom Boden: cann-i.rb2
• **müsse** er fliegen; als: ars-s-f.rb2 bell.rb2 verat.rb2
– **Fliegen**, sieht: bell.a1 lyc.k13,k2
☞ *Fische*
– **Fluchen**, mit: *Anac.*bro1,vh/dg *Nit-ac.*vh,vh/dg verat.j5
– **Flügel**:
• **Rücken** sich öffnen und sich Flügel ausbreiten würden; als ob der: choc.srj3
• **getragen**; er würde beim Gehen auf Flügeln: thuj.rb2
– **Fluidum**; umgeben von undurchdringlichem, ätherischem: cann-i.
– **folgen**; jemand würde ihm
☞ *gehen - hinter*
– **Folter**:
• **befreien**; sie müsse etwas tun, um ihren Geist von der Folter zu: med.rb2
– **fragil**
☞ *Körper - zerbrechlich*
– **Fratzen**, sieht: ambr.j5,k2,* caust.j5 cocc.sf1 *Op.*j5,sf1 stram.sf1 sulph.j5,sf1
• **Einschlafen**, beim: sulph.j5
– **Frauen**:
☞ *Haß - Frauen*
• **alte** Frauen:
• **runzelige** Frauen; alte: calc-sil. cann-i.
• **zerlumpte** Frau erscheint schön; eine alte
☞ *schön - alte*
• **böse** und wollen seiner Seele Schaden zufügen; Frauen seien: puls.
☞ *Abneigung - Frauen - Männern / Haß / Homosexualität*
• **unzüchtigen** Frauen seien ins Haus seiner Mutter eingedrungen (= Huren): kali-br.
– **Fremde**:
• **bekannt** vor; kommen ihm: germ-met.srj5
• **blicken** über die Schulter: brom.a1,k
• **Freunde** erscheinen ihm als Fremde: bry.
– **Fremde - Freunde** erscheinen ihm als: ... neonsrj5 stram.
☞ *Erkennt - nicht - Freunde*
• **Kontrolle** von Fremden; unter der: aster. bry.
☞ *Einfluß / Verwirrung - Identität*
• **mitten** unter Fremden; er sei
☞ *umgeben*
• **sieht**: anac.k2 cann-i. mag-s. nit-ac.gl1 nux-v. *Puls.*gl1 stram. *Thuj.*
• **Stricken**; sie sieht Fremde beim: mag-s.
• **umgeben** von: androc.srj1 aster.hr1,rb2 nit-ac.gl1,vh *Puls.*gl1,vh
• **Zimmer** zu sein; scheinen im: bry.j5 *Tarent. Thuj.*
• **greifen**; die nach ihr: *Bell.*kr1
– **Freude**:
• **nichts** könne ihr irgendwelche Freude bereiten: stram.rb2
– **Freund**:
• **beleidigt**; er habe seinen: ars.
• **nie** gesehen; er habe seine Freunde:
• **Erwachen**; nach dem: stram.kr1
• **umgeben** zu sein; von Freunden: bell. cann-i. germ-met.srj5
• **schüttelt** ihnen die Hand und ruft sie beim Namen: *Hydr-ac.*kr1
• **Unfall** gehabt; sein Freund habe einen: ars.
• **verlieren**; sie werde bald einen Freund: hura
☞ *Verlassen*
• **Zuneigung** des Freundes verloren; er habe die: *Aur.* hura hydrog.srj2 hyos.k2
☞ *Gelingt / Gesellschaft - Verlangen / Schüchternheit / Selbstvertrauen - Mangel / Verlassen*
– **Freunde**, er habe keine: alum.a1 lach.hr1 mag-m. sars.
☞ *allein zu - immer / verlassen / Gesellschaft - Verlangen / Verlassen / Verlassen - Isolation / Weinen - geht*
• **morgens**:
• **Erwachen**; beim: lach.rb2
– **fürchterlich**, entsetzlich; alles erscheint: cic.br1 lac-c.ptk1 *Plat.*
☞ *Schreckliches / Sonderbar - alles*
– **Füße**:
• **berühren**; kaum den Boden: dat-a.a1
• **Gehen**, beim: calc-ar.rb2 camph.rb2 peti.a1,rb2 tep.rb2 thuj.rb2
• **getrennt**; seien vom Körper: stram.h
• **wegrutschen**; Füße würden unter ihr: nicc.rb2
– **funkelt**; alles: adam.srj5
– **Fußboden**:
• **sinken**; der Fußboden würde: lepi.rb2
☞ *versinken - Boden*
– **Galaxien**; spiralförmig sich drehende: adam.srj5
– **Galgen** mit Furcht; Visionen von: *Bell.*
– **Gans**:
• **sei** eine Gans; er: con.
• **sieht**: hyos.
• **wirft** sich ins Wasser, da er sich für eine Gans hält: con.
– **gären**:
• **alles** würde gären: nux-v.rb2
– **gebissen** werden; er werde: *Hyos.*j5 stram.bg2

- **geboren**; fühlt sich wie von Neuem in die Welt hinein:
  - **Staunen** überwältigt über das Neue seiner Umgebung; und ist vor: ~~cor-r.k1,xxx~~ cori-r.k1
- **Gedächtnis** versagen; als würde das: puls.rb2
- **Gedanken**:
  - **außerhalb** des Körpers; Gedanken seien: sabad.st
    ☞ *Gedanken, Ideen - schweben - außerhalb*
  - **fassen**; er kann keinen Gedanken: phos.rb2
  - **vergehen**:
    - **wären** vergangen; Gedanken: kali-c.rb2
    - **würden**; als ob die Gedanken plötzlich vergehen: croc.rb2 kali-c.rb2
  - **zwei** verschiedene Gedankengänge beeinflussen ihn gleichzeitig: lyss.rb2
- **Gedanken**, Ideen, Einfälle:
  - **Gedankenandrang** hindert ihn daran, seine Arbeit zu vollenden: stann.rb2
  - **sammeln**; muß sie von weit weg: dat-a.rb2
  - **schweben**:
    - **außerhalb** des Gehirns: dat-a.a1
      ☞ *Gedanken - außerhalb*
    - **Wolken**, in den: dat-a.rb2
- **geduldig** zu sein:
  - **außerhalb** von ihm sei geduldig; ein zweites Selbst: bapt.rb2
- **Gefahr**, Empfindung von: camph.rb2 fl-ac.hr1,k,* haliae-lc.srj5 kali-br.a1,k macro.rb2 *Stram.*a1,k valer.a1,k
  ☞ *Furcht - Gefahr / Furcht - geschehen / Furcht - Unglück*
  - **Familie**, von seiner: kali-br.
  - **Furcht**, aber ohne: fl-ac.hr1
  - **Leben**, für sein: plb.
- **Gefährten**:
  - **Jugend** zusammen; er sei mit den Gefährten seiner: aether
  - **sind** halb Menschen, halb Pflanzen: cann-i.
- **Gefangener**; sie wäre ein: germ-met.srj5 haliae-lc.srj5
- **gefangengenommen** werden; er würde: bell. germ-met.srj5
  ☞ *Argwöhnisch*
- **gefleckt**, braun
  ☞ *Körper - braungefleckt*
- **Geflügel**, sieht: stram.a1,k
- **gefressen**, von Tieren
  ☞ *Tiere - gefressen*
- **gegangen**:
  - **sei** gegangen; sie:
    - **lange** Strecke, eine: eup-per.rb2 lac-ac.rb2
    - **zu** weit: verat.rb2
- **gegen** ihn, würden sich ihm widersetzen; alle seien
  ☞ *behindert zu - allen*
- **Gegenstände**; über:
  ☞ *Phantasiegebilde*
  - **Bewegung** in: *Anh.*mg1,sp1 kali-cy.rb2 mosch.rb2 nux-v.rb2 phos.bg2 sep.rb2 thuj.rb2
    - **herauf** und herab: phos.rb2
    - **hinten** und vorne; nach: carb-ac.rb2
    - **rechts**, nach: nat-sal.rb2
- **Gegenstände**; über: ...
  - **dick**, manchmal dünn; Gegenstände seien manchmal:
    - **Schließen** der Augen im Schlummer; beim: camph.
  - **drehen** sich:
    - **Kopf** gestellt; Gegenstände seien auf den: guan.rb2
  - **rund** herum: cycl.rb2 laur.rb2 psor.rb2 sabad.rb2
    - **Kreis**, im: coff-t.rb2
    - **Schließen** der Augen mit ihm herumdrehen; Gegenstände würden sich beim: cod.rb2
  - **eingebildete** Gegenstände: *Cupr-act.*kr1 lyss.kr1 med.ptk1
  - **fassen**; versucht, Gegenstände zu: ars.a1 atro.a1 bell.a1 hyos.a1 oena.a1
  - **Flucht** vor Gegenständen: **Stram.**a1
  - **folgen**; Gegenstände würden ihren Platz verlassen und ihr: coff-t.rb2
  - **Freien**; im: atro.
  - **gefärbt**, leuchtend: androc.srj1 anh.mg1 bell. camph.h psil.ft1
  - **gekrümmt**: glon.
  - **glänzende**: bell.
  - **helle** Gegenstände; Wahnideen durch: anh.mg1 **Stram.**
    ☞ *Glänzende - agg.*
  - **hochgestoßen**; Gegenstände würden von unten in jede Richtung: lac-d.rb2
  - **immaterielle** Gegenstände im Zimmer; über
    ☞ *eingebildete*
  - **laufen**:
    - **ineinander**: iris-foe.rb2
  - **nähern** sich: cic.br1
  - **Schließen** der Augen; erscheinen beim: scroph-n.a1
  - **schwanken**: bell.rb2 bry.rb2 glon.rb2 merc-i-r.rb2
  - **sonderbar**; Gegenstände seien: cann-s.rb2
  - **tanzen**, flackern
    ☞ *flackern - Gegenstände*
  - **Tiere**; Gegenstände seien: hyos.ptk1,ptk2
  - **verändert**, erscheinen: nat-m.h,k
    ☞ *Sonderbar - alles*
  - **wanken**
    ☞ *schwanken*
  - **weggenommen** worden; Gegenstände aus seiner Umgebung wären: valer.rb2
  - **weit** weg, zu: anac.rb2 stann.rb2
  - **wertlos**
    ☞ *Wertlos*
  - **zahlreiche** Gegenstände im Zimmer; zu: phys.
    - **zurück**, ziehen sich: cic.br1
- **gehalten**:
  - **Sitzen**; er würde hochgehalten im: rhus-t.rb2
- **gehaßt** zu werden; von anderen: adam.srj5 lach.ptk1
- **Geheimnis**; alles um ihn herum scheint ein schreckliches: aether a1 androc.srj1 cann-i.

– **Gehirn**:
- **auflösen** und sie werde verrückt werden; das Gehirn würde sich: calc.rb2
- **balancieren** und könne jeden Augenblick herunterkippen; das Gehirn würde auf einer feinen Spitze: camph.rb2
- **berauscht**; das Gehirn sei:
  - **Blut**; durch zersetztes: crot-h.rb2
- **bewegen**; das Gehirn würde sich: cycl.rb2
- **durcheinander**; das Gehirn sei
  ☞ *verwirrt*
- **erregt**; das Gehirn sei:
  - **Tee**, nach: hyper.rb2
- **Gehirnerweichung**; er habe: abrot. *Arg-n.*hr1,k1,* cann-i.k1
  ☞ *Furcht - Gehirnerweichung*
- **gespalten**; das Gehirn sei: nux-m.st,vh
- **hart**; das Gehirn sei: mez.h
- **herumdrehen**; das Gehirn würde sich: bry.rb2
- **herumwirbeln**; das Gehirn würde: sabad.rb2
- **locker**; das Gehirn sei
  ☞ *☐ Kopf - Lose*
- **Magen**; er habe das Gehirn im: acon.bro1
- **Nebel** im Gehirn; es sei: sulph.rb2
- **Rauch** auf dem Gehirn: op.rb2
- **rund** herumdrehen; das Gehirn scheint sich: sabad.rb2
- **schwanken**; das Gehirn würde: phos.rb2 sul-ac.rb2
  - **drehen**; und sich im Kreis: nux-v.rb2
  - **Gehen**, beim: phys.rb2
- **schwappen**; das Gehirn würde:
  - **Gehen**, beim: spig.rb2
- **schwimmen**; das Gehirn würde: sol-ni.rb2
- **verwirrt**; das Gehirn sei: cocarb2
- **wabbeln**; das Gehirn scheint zu: ars.rb2
  - **hin** und her: cycl.rb2 spira.rb2

– **gehören**; sie würden nicht zu ihrer Familie: *Plat.*
☞ *Entfremdet - Familie / Verlassen*

– **Gehsteig**:
- **heben**; der Gehsteig würde sich direkt vor ihm: spig.rb2

– **gehoben**; sie würde: hyper.ptk1 phos.ptk1 stront-c.ptk1
☞ *hochgehoben*
- **Couch**; von einer: stroph-h.rb2
- **Luft** gehoben; hoch in die: hyper.rb2
- **Schlaf**; im: stroph-h.ptk1

– **gehen**; zu:
- **auf** und ab; im Zimmer:
  - **Träumen**, in seinen: agar.rb2
- **Baumwolle** gehen; er würde auf: onos.rb2
- **derselbe**, der vor ihm geht, geht auch hinter ihm: euph.
- **gestört** gehen; sie würde: lac-c.rb2
- **hinter** ihm gehen; jemand würde: anac.jl calc.ptk1 crot-c. mag-m.jl med.st sanic.c1 sil.k2 *Staph.*gl1,h
  ☞ *Menschen - hinter / Furcht - hinter*
- **immer** weitergehen; sie könne: fl-ac.rb2

– **gehen**; zu: ...
- **kann** nicht gehen; er: *Ign.*k1,kl2●,* pneu.jl stram.sf1
  - **rennen** oder hüpfen; muß: apis hell.
  ☞ *Albernes / Ungeschicklichkeit*
- **Knien**, er geht auf den: *Bar-c.* bar-m.k,k2 med.lz
- **langsam**; sie geht:
  - **schnell** geht; wenn sie in Wirklichkeit: adam.srj5
- **Luft**:
  - **auf** Luft; geht: asar.rb2 chin.rb2 coff.rb2 lac-c.rb2 merc-i-f.rb2 nat-m.rb2 nux-v.rb2 op.rb2 ph-ac.rb2 phos.rb2 rhus-t.rb2 spig.rb2 stict.rb2 stram.rb2 thuj.rb2
  - **in** der Luft; geht: aur-m.rb2 lact.rb2
- **mühelos**: neonsrj5
- **neben** ihm gehen; jemand würde: calc. petr.k2 sil.k2 thuj.k2
- **rückwärts** gehen; sie würde:
  - **vorwärts** geht; wenn sie: paull.a1 sil.rb2
- **Wolle**; der Boden sei beim Gehen weich wie: xan.rb2

– **Geist**; er sei ein: cann-i.
☞ *Feen*

– **Geister**
☞ *Gespenster*

– **geisteskrank**:
☞ *Geisteskrankheit*
- **er** sei geisteskrank: germ-met.srj5 pall.rb2 phys.rb2 sanic.rb2 sulph.rb2
- **jeder** sei: androc.srj1
- **Menschen** würden sie oder ihn für verrückt halten: **Calc.** hydrog.srj2
- **verrückt**; er sei:
  ☞ *er sei geisteskrank*
- **werden**; er würde geisteskrank: *Acon.* agar.rb2 ail.rb2 alum.bg2,k2,* ambr.bg2,k2,* ars.bg2 brom.rb2 *Calc.*gl1,k1,* **Cann-i.**k,vh/dg cann-s.rb2,vh,* *Chel.* chlor.bg2,sf1,* **Cimic.** colch.bg2 cupr.rb2 cycl.rb2 gels.rb2 glon.rb2 ham.bg2 hydrog.srj2 hyos.rb2 iod.rb2 iris-t.rb2 kali-bi.rb2 kali-br.bg2,sf1 lac-c.bg2,rb2 lam.a1 lil-t. **Manc.**k,vh/dg med. merc. nat-m. nat-s.rb2 nitro-o.a1 nux-v.bg2,sf1 pall.c1,hr1 phys.bg1,bg2,* plat.bg2,k2,* psor.c1,rb2 sil.rb2 sulph.rb2 *Syph.*rb2,vh,* tanac. tarent.a1,bg2,*
  ☞ *Furcht - Geisteskrankheit*
  - **festhalten** würde; wenn er sich nicht: lil-t.rb2
  - **Kopf**; durch Schnappen im: antip.rb2
  - **nachdenkt**; wenn er lang über etwas: ars.rb2
  - **Schmerzen**, durch: kali-bi.rb2

– **gelähmt**, er sei: agar.rb2 cist.rb2 cycl.rb2 sacch-l.rb2 sang.rb2 syph.c1
- **Spaziergang**; nach einem kurzen: con.rb2
- **würde** gelähmt werden: syph.rb2

– **Geld**:
- **eingenäht**; sei in der Kleidung: kali-br.
  ☞ *arm, er / Geiz*
- **spricht** vom: calc. carbn-s.
  ☞ *arm, er / Geiz*
- **zählt** Geld, er: alum. bell. cycl. mag-c. zinc.
  ☞ *arm, er / Geiz*

– **Gelee**, Gallerte; der Körper sei aus: eupi.br1,vh,*

– **gelingt** ihm nichts, er macht alles falsch; es: adam.$_{srj5}$ *Anac.*$_{k,vh/dg}$ *Arg-n.* *Aur.*$_{k1,st}$ bamb-a.$_{stb2}$ bapt.$_{k2}$ *Bar-c.*$_{vh,vh/dg}$ germ-met.$_{srj5}$ nat-c.
☞ *fehlschlagen | Geschäft - unfähig | richtig | richtig - machen | unfähig - Welt | Angst - Erfolg | Furcht - Versagen | Gelingt | Pessimist | Schüchternheit | Selbstvertrauen - Mangel | Unternimmt - nichts*

– **Gelübde**:
• **brechen**; wie würde ihr Gelübde: ign.
• **halten**, muß es: verat.$_{j5}$

– **Gemüse**:
• **Existenz** als Gemüse zu führen; glaubt, eine: cann-i.
• **grünes** Gemüse verkaufen; er würde: cupr. cupr-act.$_{a1}$

– **General**; er sei ein: cupr.
☞ *Befehlshaber | hochgestellte | Offizier*

– **genug** tun; er würde:
• **nicht** genug getan; er hätte
☞ *vernachlässigt - Pflichten*

– **gepackt**, wie: canth.$_{bg2,k,*}$ *Hyos.*$_{hr1,kr1}$ phos.$_{bg2}$

– **gequält**, er würde: *Chin.* lyss.

– **Geräusche**:
• **Bett**; unter dem
☞ *Bett - Geräusch*
• **hören**; Geräusche zu: anh.$_{mg1}$ bell. calc. canth.$_{bg2}$ carb-v. cham. coff.$_{k2}$ colch. con. hyos. mag-m. ph-ac.$_{bg2}$ sulph.$_{h}$ verat.$_{j5}$
☞ *Hören - Einbildung | Empfindlich - Geräusche | ❑ Hören - Halluzinationen*
• **Klappern** über dem Bett; ein:
• **Einschlafen**; beim: calc.
• **Klopfen**:
• **Tür**, an der: ant-c.$_{h}$ *Neon*$_{srj5}$
• **knirschen**; hört wilde Biester um sein Bett herum mit den Zähnen: ars.$_{rb2}$
• **macht** Geräusche bei den Wahnideen: verat.$_{j5}$
• **Wagen**; hört den Lärm von: *Cann-i.*$_{k1,st}$

– **gering** und niedrig, während er groß ist; hält andere für: plat. staph.
☞ *hochgestellte | Hochmütig*

– **Geruchssinns**, des: *Agn.*$_{bro1}$ *Anac.*$_{c2,k2}$ aran-ix.$_{sp1}$ ars.$_{bro1}$ bell.$_{ptk1}$ calc.$_{ptk1}$ cic.$_{k2}$ cina$_{k2}$ euph-a.$_{bro1,c2}$ *Kali-bi.*$_{c2}$ lach.$_{gl1,vh}$ lact-v.$_{c1,c2}$ manc.$_{ptk1}$ *Op.*$_{bro1}$ par.$_{bro1}$ puls.$_{c2,gl1,*}$ *Sang.*$_{c2}$ sulph.$_{c2,k2}$ valer.$_{ptk1}$ zinc-m.$_{bro1}$
☞ *❑ Nase - Gerüche*

– **Geschäft**:
• **abgeschlossen** werden; das Geschäft könne niemals: med.$_{rb2}$
• **beschäftigt** zu sein; mit dem Geschäft: *Bry.*$_{bro1}$ op.$_{bro1}$
• **machen**; er würde Geschäfte: bell. *Bry.* canth. cupr. op.$_{bro1}$ *Phos.* *Rhus-t.*$_{sf1}$
☞ *Fleißig | Geiz*
• **normalen** Geschäften nachgehen; sie würden: ars. atro. bell. plb. stram.
☞ *Fleißig*
• **unfähig** zu; er sei: *Croc.*
☞ *gelingt | Furcht - Versagen | Gelingt | Schüchternheit | Selbstvertrauen - Mangel*

– **geschaukelt**; er würde: bell.$_{rb2}$ calad.$_{rb2}$ nat-m.$_{rb2}$
• **Hinlegen** und Schließen der Augen; beim: calad.$_{rb2}$ nat-m.$_{rb2}$

– **geschehen**; etwas sei: calc.$_{gl1}$ nux-v.$_{gl1}$ *Staph.*$_{gl1}$ sulph.$_{gl1}$
• **Schreckliches** sei geschehen; etwas: med.$_{rb2}$

– **geschehen**; etwas Schreckliches würde
☞ *Furcht - geschehen - Schreckliches*

– **Geschehenes**:
• **Dinge**, die heute geschehen sind, würden eine Woche zurückliegen: med.$_{rb2}$

– **geschlagen**, er würde: bry.$_{j5}$ elaps

– **Geschmackssinn**; in bezug auf den: cina$_{k2}$ staph.$_{gl1,vh}$

– **geschoben**, gestoßen; er würde nach hinten: germ-met.$_{srj5}$

– **geschwollen**, er sei: acon.$_{bro1}$ *Aran.*$_{bro1}$ *Arg-n.*$_{bro1}$ asaf.$_{bro1}$ bapt.$_{bro1}$ *Bov.*$_{bro1}$ *Cann-i.* carbn-s. glon.$_{bro1}$ op.$_{bro1}$ plat.$_{bro1}$
☞ *vergrößert | ❑ Allgemeines - Schwellung; Gefühl*

– **Gesicht**; ihr eigenes:
• **ungewohnt**, fremd aus; sieht: choc.$_{srj3}$
• **vier** Gesichter; sie hätte: adam.$_{srj5}$

– **Gesichter**, sieht: *Ambr.*$_{h,k,*}$ apis arg-n.$_{bg2,k,*}$ ars.$_{bg2,k}$ aur. **Bell.** *Calc.*$_{h,k}$ calc-sil. cann-i.$_{a1,k}$ carb-an. carb-v. caust.$_{h,k,*}$ cham. *Cupr.* kali-c.$_{hr1,kr1}$ *Lac-c.*$_{hr1,k}$ laur.$_{a1,k}$ med.$_{bg2,k}$ merc.$_{hr1,k}$ *Nux-v.* **Op.**$_{bg2,k}$ phos.$_{bg2,k,*}$ samb. stry. *Sulph.* *Tarent.*$_{a1,k}$
☞ *Bilder*
• **blicken** hinter dem Bett und den Möbeln hervor: med.$_{c1}$
• **Bücken**, beim: *Nat-m.*$_{k,k1}$
• **Dunkelheit**, in der: chin. **Lac-c.**$_{hr1,k}$
• **gräßliche**
☞ *häßliche*
• **größer**, werden: acon. aur.
• **häßliche** (= gräßliche): *Ambr.* *Bell.* **Calc.**$_{k,st}$ calc-sil. cann-i. carb-an. caust. *Kali-c.*$_{kr1}$ lac-c. lyc.$_{j5}$ merc. nux-v. **Op.** phos.$_{bg1}$ stry. sulph.$_{j5}$ *Tarent.*
• **angenehm**, scheinen: cann-i.
• **intrigierende**: anh.$_{mg,mg1,*}$
• **lächerliche**: cann-i.$_{a1,k}$
• **maskenhafte**: anh.$_{mg,mg1,*}$ op.$_{j5}$
• **reichen**; die bis zu den Wolken:
• **Einschlafen**; beim: pic-ac.$_{a1}$
• **Schließen** der Augen; beim: aeth. anh.$_{mg,mg1,*}$ *Arg-n.*$_{a1,k}$ ars. **Bell.** *Bry.*$_{hr1,k}$ **Calc.**$_{h,k,*}$ carb-v. caust.$_{h,k,*}$ chin. euphr.$_{a1,k}$ germ-met.$_{srj5}$ *Op.* samb. sulph. *Tarent.*
• **teuflische** Gesichter bedrängen ihn: *Ambr.* carb-an. caust. tarent.
☞ *Teufel - sieht*
• **loswerden**; kann sie nicht: ambr.$_{k1}$
• **verlängerte**: stram.
• **verzerrte**: ambr.$_{h}$ arg-n.$_{a1}$ caust.$_{a12,h,*}$ lac-c.$_{k13,k2}$ laur.$_{a1}$
• **Hinlegen** am Tage; beim: ambr. arg-n. cupr. laur.
• **vornehmen** Menschen, von: cann-i.$_{a1,k}$

- **wohin** er auch die Augen wendet, oder blikken aus den Ecken: aur. med. *Phos.*$_{a1,k}$
- **Gespenster**, Geister, Gestalten: *Atro-s.*$_{hr1}$
  ☞ *Bilder / Feen / Furcht - Gespenstern*
  - **Tag** und Nacht: *Ars.*
  - **morgens**:
    - **Erwachen**, beim: dulc. zinc.
      - **vergrößert** sich ständig, bis es verschwindet; ein Gespenst: dulc.
  - **abends**:
    - **erscheinen**; ein Gespenst werde: brom.
  - **bedrängen** ihn: *Psor.*$_{kr1}$ verb.$_{kr1}$
  - **Bett**, im: atro.$_{a1}$
  - **Dämmerung**: berb.
    ☞ *Dunkelheit - agg. / Licht - Verlangen*
  - **Flammen**, in: bell.
  - **Frost**; während: nit-ac.
  - **greift** nach: hyos.
  - **Schließen** der Augen; beim: apis arg-n. *Bell.*$_{k,vh/dg}$ *Bry. Calc.* chin. ign. *Lach.* led. nat-m. samb. sep. spong. stram. *Sulph. Thuj.*
  - **schwarze** Gestalten wenn er träumt: arn. ars. puls.
  - **schweben** in der Luft: aur. lach.$_{k2,st}$
  - **sieht**: acon.$_{sf1}$ agar. alum. am-c. ambr. ant-t. *Ars.*$_{k1}$ ars-met.$_{kr1}$ atro. aur. **Bell.** bov. brom.$_{sf1}$ *Calc.*$_{vh,vh/dg}$ *Camph.* carb-an.$_{bg2}$ carb-v. caust.$_{bg2}$ cimic.$_{bg2}$ cocc. *Cupr. Cupr-act.*$_{kr1}$ dig.$_{c1}$ dros.$_{bg2}$ dulc. hell. hep. hura *Hyos.* hyper. ign. *Kali-br.*$_{bg2,sf1}$ kali-c. kali-i.$_{c1,k2}$ kali-sil.$_{k2}$ lach. lepi. lyc. mag-m.$_{bg2}$ merc. *Nat-c. Nat-m.* nit-ac. **Nux-v.**$_{bg2}$ *Op.*$_{k1,st}$ ph-ac.$_{bg2}$ phos.$_{bg2,sf1}$ phys. plat. psor.$_{kr1}$ puls. ran-b.$_{sf1}$ rhus-t.$_{bg2}$ ruta$_{bg2}$ sars. sep. sil. spig. *Stram. Sulph.* tarent. thuj. verat.$_{bg2}$ verb.$_{kr1}$ visc.$_{a1}$ zinc.
    - **nachts**: atro.$_{a1}$ merc.$_{a1}$
  - **Tod** erscheint als ein gigantisches schwarzes Skelet: crot-c.
  - **unterhält** sich mit; er: nat-m.$_{gl1}$ plat.$_{gl1}$
  - **verfolgt** von, wird: lepi. plat.$_{k1}$ stram.
- **Gespräch** führen; als würde er ein: *Bell.*$_{bg2}$ nat-m.$_{bg2}$ stram.$_{bg2}$
  - **getragen** werden; und irgendwohin: raph.$_{rb2}$
- **Gestalten**:
  ☞ *Bilder*
  - **fremde** Gestalten begleiten ihn, die eine zu seiner Rechten, die andere zu seiner Linken: *Anac.*$_{kr1}$
  - **gigantisch**: atro.
  - **große** schwarze Gestalten würden ihn gleich anfallen: mosch.
  - **marschieren** in der Luft:
    - **abends**:
      - **Halbschlaf**; im: nat-c.
  - **Schlaf**, im: kali-c.$_{h}$
  - **sieht** Gestalten: acon.$_{sf1}$ agar.$_{sf1}$ anac.$_{kr1}$ anh.$_{mg1}$ atro. **Bell.**$_{k,vh/dg}$ bry.$_{sf1}$ *Calc.* carb-v. chin.$_{c1}$ cic.$_{j5}$ cimic.$_{sf1}$ cina$_{sf1}$ coca cocc.$_{sf1}$ cupr. hell. *Hyos.*$_{sf1}$ kali-c. kali-p. nat-c. nit-ac. nux-m. *Op.*$_{sf1}$ ph-ac. plb. rhus-t.$_{sf1}$ santin. sec.$_{sf1}$ spong. *Stram.*$_{j5,sf1}$ sulph.$_{j5}$ tarent. valer.$_{kr1}$
    ☞ *absurd - Gestalten / Menschen - sieht*
- **Gestalten**: ...
  - **wirft** mit der Flasche nach: chlol. chlor.$_{kr1}$
- **gestohlen**; sie habe etwas: lach.$_{k2}$
  - **glauben**; oder jemand würde es: lach.$_{k2}$
- **gestört** zu werden:
  - **Schlaf**; im
    ☞ *Schlaf - gestört*
- **gestreichelt**; er würde von jemandem am Kopf: *Med.*$_{vh,vh/dg}$
  ☞ *berührt - Kopf*
- **gesund**, er sei: *Apis* **Arn.**$_{k,ptk1}$ ars. bell.$_{j5}$ cinnb. hyos. *Iod.*$_{bg1,bg2,*}$ kreos. merc. op.$_{bg2,k2,*}$ psil.$_{ft1}$ puls.
  ☞ *Delirium - gesund / Eigensinnig - nichts / Gesund - sagt - krank / Reizbarkeit - schickt / Reizbarkeit - schickt - Arzt*
- **Gesundheit** ruiniert; er habe sich die: bamb-a.$_{stb2}$ chel.$_{a1,k}$
  ☞ *Krankheit - unheilbare / Verzweiflung - Genesung*
- **getadelt**:
  - **erwartet**, getadelt zu werden: dig.$_{rb2}$
- **geteilt**:
  ☞ *Körper - geteilt*
  - **vier** Teile; in: choc.$_{srj3}$
  - **zwei** Teile; in: *Anac.*$_{vh,vh/dg}$ *Bapt.* bell.$_{gl1}$ cann-i. lil-t.$_{a1}$ neon$_{srj5}$ petr. puls. sil. stram. thuj.
    ☞ *Körper - geteilt / Verwirrung - Identität / Verwirrung - Identität - Dualität*
    - **linke** Seite würde nicht zu ihr gehören; und die: sil.$_{rb2}$
    - **welcher** Teil beim Erwachen von ihm Besitz hat; und kann nicht sagen: thuj.
    - **zerschnitten**; oder in zwei Teile: bell.$_{gl1}$ plat. stram.$_{gl1}$
      ☞ *Schneiden / Verwirrung - Identität*
- **getragen** worden und würde mit einer anderen Person sprechen; sie sei irgendwohin: raph.$_{rb2}$
- **getrennt**:
  ☞ *Trennung*
  - **er** sei von sich selbst abgetrennt:
    - **abends**: sabad.$_{rb2}$
  - **Gedanken** seien von ihm abgetrennt; fremde: anac.$_{bg2}$ sabad.$_{bg1,bg2,*}$
  - **Körper**:
    - **Geist** seien getrennt; Körper und: anac. limest-b.$_{es1}$ thuj.
      ☞ *Geist habe / Seele / Gedanken - hartnäckig - getrennt - Geist / Verwirrung - Identität / Verwirrung - Identität - Dualität*
    - **Geist** habe sich vom Körper getrennt: anac.$_{rb2}$
      ☞ *Geist seien*
    - **Seele** getrennt; der Körper sei von der: *Anac.*$_{bro1,k}$ cann-i.$_{k,rb2}$ *Hydrog.*$_{srj2}$ hyos.$_{bro1}$ nit-ac.$_{bro1}$ sabad.$_{bg2}$ thuj.$_{k,k2,*}$
      ☞ *Geist habe / Geist seien / Verwirrung - Identität / Verwirrung - Identität - Dualität*
  - **Sinneseindrücke** seien von den Gegenständen getrennt; die: aeth.$_{rb2}$
  - **Welt**, von der:
    - **er** sei getrennt: adam.$_{srj5}$ *Anac. Androc.*$_{srj1}$ *Anh.*$_{jl,mg1,*}$ choc.$_{srj3}$ coca$_{rb2}$ germ-met.$_{srj5}$

• **Welt**, von der - **er** sei getrennt: ...
haliae-lc.srj5 **Hydrog.**srj2 thiop.jl ven-m.jl
☞ *Trennung / Verlassen - Isolation*
• **Gedanken** seien abgetrennt; die: sabad.st
– **Gewalt**, von: kali-br.a1,k
– **Gewehr**; benutzt einen Stock als: bell.j5,kr1
☞ *schießen*
– **Gewicht**, er habe kein: cann-i.a1,k hyos.c1,rb2 op.
– **Gewissen**; als habe er ein schlechtes
☞ *Unrecht - begangen / Angst - Gewissensangst*
– **gezerrt**; er würde aus dem tiefsten Abgrund der Finsternis nach oben: thea
– **gezogen**:
• **er** würde:
• **hinten**; nach: merc.rb2
• **und** am Hals nach oben: germ-met.srj5
• **Streifen** zerrissen; und in: plat.rb2
• **unten**; nach: hydrog.srj2
• **zwei** Richtungen; in: haliae-lc.srj5
• **Verstand** würde herabgezogen; der: hydrog.srj2
– **Giraffe**; er sei eine: cann-i.
– **glänzen**:
• **Gegenstände** würden glänzen und wären zu hell: camph.rb2
– **glänzenden** Gegenständen, von: canth.bg2
– **Glas**:
• **Holz**, Glas etc; er sei aus: eupi.bro1 rhus-t.bro1 *Thuj.*bro1
• **sie** sei aus: thuj.
☞ *Körper - zerbrechlich*
– **glatt** zu sein: alum.ptk1
– **Gleise**; sieht parallele Linien oder: haliae-lc.srj5
– **gleiten**; er würde durch die Luft
☞ *schweben - Luft*
– **Glieder**:
• **abgetrennt**; Glieder wären: bapt.st stram.h,sf1
• **doppelt**:
• **ein** Glied wäre doppelt: petr.
• **Gliederpaare** wären doppelt: sulfon.gl1
• **keine** Gliedmaßen; sie habe: stram.rb2
• **krumm**; Glieder wären: sabad.k2
– **Glocken** läuten, hört: ars.a1,h cann-i.hr1,k,* kres.mg,mg1,* med.gg ph-ac.a1,k thea valer.a1 verat.gg
☞ *Hören - Einbildung*
• **Totenglocke**, seine: aether
• **Türglocke**: thea
☞ *Hören - Einbildung*
• **unzählige**, lieblich tönende: cann-i.hr1,k,*
– **glücklich** werden; er werde in seinem eigenen Haus niemals: ars.
– **glücklos**, er sei: bry. caust.a1 *Chin.* cub. graph.gl1 hura ip. lyc. sep. *Staph.*gl1,vh/dg verat.
☞ *Bedauert sich / Unglücklich, bedauernswert*
– **Glühwürmchen**, von: cann-i.a1
☞ *Insekten - glänzende*
– **göttlich**; er sei: cann-i. glon.sf1 stram.
☞ *Christus / hochgestellte / Macht - Krankheiten / Maria / übermenschlich*
– **Gott**:
• **Beisein** Gottes; er sei im: hydrog.srj2
• **er** sei Gott, dann wieder der Teufel: **Stram.**kr1

– **Gott**: ...
• **Rache**; er sei das Objekt der göttlichen: **Kali-br.**
• **sieht** Gott: aether.a1
• **Verbindung** mit Gott; er stehe in: psil.ft1 stram. verat.
– **Gottheit**; große tibetische: adam.srj5
– **Graben**
☞ *Fallen*
– **Grab**; er sei in seinem: anac.jl *Gels.*kr1 lepi. stram.
– **greift**:
• **eingebildeten** Erscheinungen; nach: *Hyos.*j5,kr1,* **Stram.**j5,kr1,*
• **Personen**, nach: stram.j5
– **groß**:
☞ *vergrößert*
• **er** selbst scheint zu groß: op.bg2 pyrog. staph.h stram.
☞ *groß gewachsen - er / vergrößert*
• **Bett**; der Körper bedeckt das ganze
☞ *Bett - Körper*
• **Eintreten** ins Haus nach Gehen; beim: plat.
• **Menschen** scheinen zu groß:
• **Schwindel**; beim: caust. cham.bg1,st tub.bg1,st
• **Teile** des Körpers scheinen zu groß: acon.sf1 alum. aran.sf1 bov.sf1 *Hyos.* mim-p.jl nux-m.sf1 op. pic-ac. stram.
☞ *Größen, Ausmaße - falsche*
• **Hände**: clem.a1,hr1
• **wachsen**; als würden sie: kali-br.kl
• **Umgebung** scheint zu groß: ferr.
☞ *Größen, Ausmaße - falsche*
– **groß** gewachsen:
☞ *vergrößert*
• **Dinge** würden größer werden: berb.j5 camph. dros. kreos. nit-ac. sulph.
• **Pulses**; mit dem Klopfen des: camph.j5
• **verkleinern** sich; und: berb.j5
• **er** oder sie sei groß gewachsen: cop. eos.bg1,st limest-b.es1 op.bg1,bg2,* pall.rb2 plat.bg1,j5,* staph.h stram.k,kl2●,*
☞ *groß - er / hochgestellte / vergrößert - groß / wachsen - größer*
• **Gehen** größer geworden; sei beim: pall.
– **grotesk**: cann-i.a1 plb.a1 sulph.a1,bg2
• **Menschen** erscheinen: hyos.a1
– **Gurken** auf dem Bett; sieht: *Bell.*
– **Hälfte** gehört nicht zu ihr
☞ *Körper - Hälfte - linke*
– **Hängematte** schaukeln; er würde in einer:
• **Baumspitzen**, oberhalb der: coff-t.rb2
– **hängen**:
• **er** würde hängen:
• **neunzig** Zentimeter über dem Boden:
• **Einschlafen**; beim: hura
• **stehen**; hängen oder hoch oben: phos.
• **unten**; mit dem Kopf nach: glon.rb2
• **Menschen**; sieht hängende: ars.
– **häßlich**
☞ *Körper - häßlich*
– **hätte** dies oder jenes tun sollen
☞ *Angst - Gewissensangst*

– **Halle**; Illusion einer riesigen: cann-i.
– **Hals** packen; jemand würde ihn mit eiskalten Händen am: canth.
– **Hals** sei zu groß; der äußere: kali-c.h,k,*
☞ *vergrößert - Körper - Körperteile*
– **Hand**:
• **ergreifen**; mitternächtliche Vision, etwas würde ihre Hand: canth.
• **getrennt**; sei vom Körper: stram.h
• **größer**; Hände werden: choc.srj3
• **streichelt**; spürt eine Hand, die sie: med.rb2
• **Kopf** streichelt; den: med.
• **streichen**; würde über den Körper: carb-v.a1,h,*
• **vier** Hände; sie hätte: adam.srj5
• **Vision** einer weißen, ausgespreizten Hand, die sich in der Dunkelheit dem Gesicht näher hert: ben.
– **handeln** und kann nicht; glaubt, er müsse: pop.rb2
– **Harlekin**, Hanswurst; er sei ein: hyos.
– **Harmonie**; von:
• **Himmel** und Erde; zwischen: neonsrj5
• **Ordnung** und Klarheit von allem; von: adam.srj5
– **Harz** scheint aus allen Poren auszutreten: cann-s.a1
– **haptisch**
☞ *berührt*
– **Haus**:
• **abbrennen**, niederbrennen; ihr Haus würde: haliae-lc.srj5
• **bewegen** wenn sie geht; Häuser scheinen sich zu: tep.rb2
• **beweglich**; das Haus scheint: cann-i.
• **herabfallen**; das Haus würde auf sie: sabad.rb2
• **Kopf** gedreht; das Haus würde in der Entfernung auf den: eug.rb2
• **Menschen**; das Haus sei voller: ars. cann-i. con. lach. lyc. merc. nat-m. nux-v. sil. stram.
• **Ort** stehen; das Haus würde nicht am richtigen:
• **Gehen** auf der Straße: glon.
• **stürzen**; als würden Häuser auf sie: sabad.rb2
• **umgedreht**; das Haus sei: bufo.rb2
• **umzingelt**; das Haus sei: stram.
• **zerquetschen**; die Häuser auf beiden Seiten würden näherkommen und ihn: arg-n.
☞ *Fallen - Wände / Furcht - engen*
– **Hause**, zu:
• **angekommen**; er wäre zu Hause: neonsrj5
• **Heimweg** sei zu lang; der: glon.rb2
• **nicht** zu Hause ist; er glaubt es zu sein, wenn er: cann-i. hyos.
☞ *Delirium*
• **verändert**; alles habe sich zu Hause: arg-n.
• **weg** von zu Hause; er sei: acon. *Aster.*kr1,rb2,* bell. **Bry.**k,kl2● calc. calc-p.brol cic. cimic.brol *Coff. Hyos.* lach. limest-b.es1 meli. merc.h1 *Nux-v.*gl1,vh *Op.* par.j5 plb.bg1,bg2,* puls.st *Rhus-t.* valer. verat. vip.

– **Hause**, zu **- weg** von zu Hause; er sei: ...
☞ *Delirium*
• **müsse** dahin gelangen; er: **Bry.**brol,vh/dg calc-p.brol cimic.brol hyos.brol *Op.*brol
☞ *Delirium - Hause / Hause - Verlangen*
– **Haut** wäre sehr dünn; die
☞ *❑ Haut - Dünn - Gefühl*
– **heftig**: *Bell.*j5 hyos.j5 sec.j5 stram.j5
– **Henker**; Visionen von einem: stram.
– **Hennen**, die in Ketten gebunden sind: *Hyos.*hr1,kr1
– **herabsehen**, herabblicken; man würde auf sie: *Lac-c.*
☞ *kritisiert / verachtet / Beschwerden durch - Tadel / Ermahnungen - agg. / Furcht - Meinung / Selbstvertrauen - Mangel*
– **herabsteigen**:
• **Berg** herabzusteigen; einen: cycl.rb2
– **hereinkommen**, eintreten; jemand würde
☞ *Person - eintreten*
– **herumgehen**; alles würde mit ihr im Kreis: ferr.rb2
– **herumwirbeln**:
• **Dinge**:
• **entgegengesetzte** Richtung; in die:
• **schließt**; wenn er die Augen: sabad.rb2
• **Kreis**, im: verat.rb2
• **er**:
• **Kohlensieb** gelegt worden; und in ein: eup-per.rb2
• **Umgebung**: alum.rb2 zinc.rb2
• **mit** ihr: aloerb2 rhus-t.rb2
• **Stehen**, beim: bry.rb2
– **hervorstehen**; Ecken würden
☞ *Ecken - stehen*
– **Herz**:
• **aufhören** zu schlagen; würde im Sitzen: *Arg-n.*hr1,kr1 gels.vh
• **drehen**; würde sich: aur.hr1,k
• **Erkrankung** des Herzens:
☞ *Krankheit - jede*
• **habe** eine; er: calc.h graph.bg2 *Kali-ar.*vh,vh/dg *Nat-c.*kr1 podo.k2
☞ *Furcht - Herz - Erkrankung*
• **werde** am Herz erkranken und sterben; er: arn.k2,st lac-c. lach.st podo.k2
☞ *sterben - gleich - Herzens*
• **Faden** hängen; das Herz würde an einem
☞ *❑ Brust - Faden*
• **groß**, zu: bov.sf1 lach. sulph.ptk2
• **hängen**; das Herz würde an einem Faden
☞ *❑ Brust - Faden*
– **Hilfe**, ruft um: plat.
☞ *Hören - Einbildung / Delirium - Schreien - Hilfe / Gesellschaft - Verlangen / Hilflosigkeit / Verlassen / Verlassen - Isolation*
– **Himmel**, er sei im: calc-ar.rb2 cann-i.a1,k hydrog.srj2 op. *Verat.*hr1,kr1
• **geküßt**; vom Himmel: neonsrj5
• **sprechen**; würde mit Gott: *Verat.*hr1,kr1
– **Himmelskörper** zu sein; ein: cann-i.

– **hineinkriechen**; er könne sich so weit als möglich zusammenkauern und in seinen eigenen Körper: cimx.$_{rb2}$
– **hinrichten** wollen; Menschen würden ihn: *Op.*$_{kr1}$
– **hinter** ihm, jemand sei
☞ *Menschen - hinter*
– **Hitze**, die vom Epigastrium ausstrahlt; er habe eine gewaltige: cann-i.
– **hoch**:
• **er** sei hoch:
• **Häuser**; höher als die: camph.$_{rb2}$
• **Gebäude** springen; er würde von einem hohen: dub.$_{rb2}$
• **Stufen** seien zu hoch: tab.$_{rb2}$
– **hochgehoben**; sie würde: sil.$_{rb2}$
☞ *gehoben*
• **fliegen**, und könne: cann-i.$_{rb2}$
– **hochgestellte** Persönlichkeit; er sei eine: aeth. *Agar.* alum.$_{st}$ bell. *Cann-i.* *Coca*$_{vh,vh/dg}$ cupr. lyss. marb-w.$_{es1}$ phos. *Plat.* sulph. *Verat.*$_{k,vh/dg}$
☞ *adlig / besser / Christus / General / gering / groß gewachsen - er / göttlich / Kaiser / Kaiser - sei / Königin / Körper - Größe / minderwertig / Offizier / Prinz / Rang / Reichtum / schöpferische / stolz / verkleinert - alles im / Visionen - Erhabenheit / vornehm / Wissen; er / Überlegenheit / übermenschlich / Diktatorisch - Machtliebe / Hochmütig / Pläne - macht - gigantische / Taten - große*
– **hochgezogen**:
• **Boden** hochgezogen; er würde vom:
• **schwierig**, den Fuß auf den Boden zu setzen; es ist: euon-a.$_{rb2}$
– **Hochzeit**, von einer: alum.$_{bg2}$ hyos.$_{h,j5,*}$ mag-m.$_{bg2}$ nat-c.$_{bg2}$
☞ *Ehe*
– **Hodensack** sei geschwollen; sein: **Sabad.**
– **hohl**:
• **Körper** sei hohl; der ganze: aur.$_{bg2,st}$ *Kali-c.*$_{hr1,k1,*}$ pall.$_{a1}$
• **Organe** seien ausgehöhlt: *Cocc.*$_{bro1}$ oxyt.$_{bro1}$
– **Hölle**:
• **bekennen**; er müsse seine Sünden an der Pforte der Hölle: agar.
• **Ketten** der; in: *Orig-v.*$_{kr1}$
• **kommen**, weil er ein unverzeihliches Verbrechen begangen hätte; er würde in die Hölle: med.$_{c1}$
☞ *Sünde begangen*
• **Qualen** der Hölle, ohne sie erklären zu können; er erleidet die: lyss.$_{kr1}$ *Merc.*$_{gl1,k1,*}$
• **Schatten**; von dämonischen:
• **Mitternacht**; um:
• **Erwachen**; beim: cann-i.
• **sei** in der: camph.$_{a1,k}$ cann-i. haliae-lc.$_{srj5}$ hydrog.$_{srj2}$ lyss.$_{hr1,kr1}$ merc.$_{h,k,*}$ *Orig.*$_{hr1}$ *Orig-v.*$_{kr1}$
– **Holz**:
☞ *Zunge - Holz*
• **er** sei aus Holz: kali-n. petr.$_{ptk2}$
☞ *Zunge - Holz / ❑ Extremitäten - Holz*
• **Gehirns** sei aus Holz und er könne nicht denken; die Rückseite des: staph.$_{rb2}$

– **Hören**:
• **Einbildung**; etwas zu hören: absin.$_{k1}$ acon.$_{bg2,k1}$ agar.$_{bro1,k1}$ am-c.$_{k1}$ *Anac.*$_{bg2,k1,*}$ anh.$_{jl,k1}$ *Antip.*$_{bro1,k1}$ ars.$_{bro1,k1}$ atro.$_{k1}$ atro-s.$_{hr1}$ bell.$_{j5,k1,*}$ bold.$_{k1,mg1}$ cact.$_{ptk1}$ calc.$_{j5,k1,*}$ *Cann-i.*$_{bro1,k1,*}$ cann-s.$_{k1}$ canth.$_{j5,k1,*}$ carb-v.$_{k1}$ carbn-o.$_{k1}$ carbn-s.$_{bro1,k1}$ *Caust.*$_{ptk1}$ *Cham.*$_{bg2,k1,*}$ **Chin.**$_{ptk1}$ *Chinin-s.*$_{ptk1}$ cimic.$_{ptk1}$ cocain.$_{bro1,k1}$ coff.$_{bg2,k1}$ colch.$_{j5,k1}$ con.$_{k1}$ conin.$_{c1,k1}$ crot-c.$_{bg2,k1}$ dros.$_{bg2,k1}$ elaps$_{bg2,k1,*}$ eup-pur.$_{k1}$ graph.$_{ptk1}$ hyos.$_{k1}$ kali-ar.$_{k1}$ kali-br.$_{bg2,k1}$ *Kali-i.*$_{ptk1}$ lyc.$_{ptk1}$ lyss.$_{c1}$ mag-m.$_{j5,k1,*}$ manc.$_{bg2,k1}$ mang.$_{ptk1}$ med.$_{k1}$ merc.$_{bro1,k1}$ naja$_{bro1,k1}$ nat-p.$_{bro1,k1}$ nux-m.$_{c1,k1}$ petr.$_{ptk1}$ ph-ac.$_{j5,k1,*}$ phos.$_{bg2,k1}$ psor.$_{ptk1}$ puls.$_{bro1,k1}$ rad-br.$_{ptk1}$ rhodi-o-n.$_{c1,k1}$ sang.$_{ptk1}$ spig.$_{ptk1}$ spong.$_{ptk1}$ stram.$_{bro1,k1,*}$ *Sulph.*$_{ptk1}$ thea$_{bro1,k1}$ thyr.$_{ptk1}$ tub.$_{ptk1}$ valer.$_{ptk1}$
☞ *Brummen / Chormusik / Feuer - Geräusch / Geräusche - hören / Glocken / Glocken - Türglocke / Hilfe / Hut / Klänge / Krankheit - taubstumm / Menschen - Geräusche / Musik - hört / Regen - hört / rufen / Schritte / Sehen und / Stimmen - eigene / Stimmen - hört / taubstumm / Uhr / Ächzen - hört / ❑ Hören - Halluzinationen*
• **Sprechen** scheint weit entfernt; das: aran.$_{jl}$
– **hören**; er könne nicht: hyos.$_{j5}$ mosch. verat.
☞ *Hören - Einbildung*
– **hört**; wie sich Gegenstände bewegen: ph-ac.$_{h}$
– **Hunde**:
• **angreifen**; würden ihn: **Stram.**$_{h,k,*}$
• **beißen**; würden ihm in die Brust: stram.$_{h,k,*}$
• **bellt** sie an, um sich verständlich zu machen; andere Menschen seien Hunde, er: *Stram.*$_{kr1}$
• **er** sei ein Hund, er knurrt und bellt: bell.$_{hr1,kr1}$ lyss.$_{hr1,kr1,*}$
• **schwarze**: arn.$_{h,hr1,*}$ *Bell.*$_{a1,k}$ puls.$_{j5}$
• **sieht**: *Aeth.*$_{hr1,k}$ arn.$_{h,k,*}$ aur.$_{h,k1}$ **Bell.**$_{h,k,*}$ *Calc.*$_{hr1,k}$ calc-ar.$_{k13,k2}$ calc-sil.$_{k13,k2}$ cina$_{k2}$ limest-b.$_{es1}$ lyc. merc. mosch.$_{gt}$ neon$_{srj5}$ puls. sil. *Stram.*$_{h,k,*}$ sulph. verat. zinc.
• **umschwärmen**; würden ihn: bell.$_{h,k,*}$ *Calc.*$_{hr1,k2,*}$ stram.
– **Hut** sei eine Hose, die er anzuziehen versucht: stram.$_{a1,k}$
– **Hydrothorax**; er habe einen: alco.$_{a1,vh,*}$ phos.$_{a1,vh,*}$
– **hypnotisiert** worden; sie sei durch ihren abwesenden Pastor: meli.
– **Ichthyosaurier**, sieht einen: cann-i.$_{a1}$
– **Identität**:
☞ *Bewußtsein - gehören / Person - andere*
• **Fehleinschätzung** in bezug auf die eigene: *Alum.*$_{k,vh/dg}$ ant-c. bapt. cann-i.$_{st}$ cann-s. cic.$_{k2}$ lac-c. lach. mosch.$_{st}$ nat-m.$_{bg2}$ petr. phos. plb. pyrog.$_{k2}$ pyrus stram. thuj. valer.
☞ *Person - andere / Verwirrung - Identität / Verwirrung - Identität - Dualität*
• **Grenzen** und er wäre überall; seine Identität hätte keine: neon$_{srj5}$
• **jemand** anderer; sie sei: *Alum.*$_{vh,vh/dg}$ cann-i.$_{st}$ cann-s. gels. *Lach.*$_{k1,st}$ mosch.$_{bg1}$ phos. plb. pyrog.$_{k2}$ *Valer.*$_{k1}$

– **Igel**:
• **sie** sei ein Igel: choc.$_{srj3}$
• **sieht** Igel: choc.$_{srj3}$
– **Inkubus**, Alp niedergedrückt; er würde von einem
☞ *Traurigkeit - Bürde*
– **Insekten**, sieht: *Abel.*$_{vh,vh/dg}$ **Ars.** **Bell.**$_{hr1,k,*}$ caust.$_{hr1,k}$ choc.$_{srj3}$ dig.$_{hr1,k}$ hyos. *Lac-c.*$_{hr1,k}$ merc.$_{a1,k}$ phos. plb. puls. *Stram.*$_{a1,k}$ tarent.$_{a1,k}$
• **glänzende**: bell.$_{a1,k}$
☞ *Glühwürmchen*
• **Hinterkopf**; am: hydrog.$_{srj2}$
– **Insel** glücklich; er sei auf einer entfernten: phos.
☞ *Zufrieden*
– **Intelligenz**:
• **fröhliche** Intelligenz erhalten; er habe eine: lyss.$_{rb2}$
– **Interesse** an etwas; spürt kein: nux-v.$_{rb2}$
– **Jäger**; er sei ein: cann-i. verat.
– **jemand** anderes:
• **sie** sei jemand anderer: cann-s.$_{rb2}$ lach.$_{rb2}$
☞ *Verwirrung - Identität*
• **Macht**; und in den Händen einer starken: lach.$_{rb2}$
• **sprechen**; jemand anderer würde: cann-s.$_{rb2}$
– **jemand**
☞ *Menschen / Person*
– **Joddämpfe** ein; bildet sich: iod.
– **Jongleur**; er sei ein: bell.
– **Jugendlicher**; er sei wieder ein: androc.$_{srj1}$
– **Jungfrau** Maria zu sein
☞ *Maria - sie*
– **Käfer**, Würmer etc.: alum.$_{bg2}$ ars. bell. hyos.$_{k2}$ kres.$_{jl,mg1,*}$ nep.$_{jl}$ *Stram.*
– **kämpfen**; Menschen würden miteinander: op. stram.
– **Kaiser**:
☞ *hochgestellte*
• **sei** ein: cann-i.
☞ *hochgestellte / Königin / Prinz*
• **spricht** von: carbn-s.
– **Kaninchen**, sieht: stram.$_{hr1,k,*}$
– **Kathedrale**; er sei in einer:
• **Chören**; beim Hören von: cann-i.
– **Katzen**:
• **er** sei eine Katze: marb-w.$_{es1}$
• **Kätzchen**; ein neugeborenes: marb-w.$_{es1}$
• **sieht**: absin. *Aeth.* arn. *Bell.* *Calc.* daph. hyos. mosch.$_{gt}$ op.$_{gl1,vh}$ puls. *Stram.*
• **schwarze**: bell. puls.
– **Keller**:
• **eingeschlossen**; er sei in einem dunklen Keller: nat-p.$_{rb2}$
– **keusch**, sie sei: stram.$_{st,vh}$
– **Kind**:
• **er** sei ein Kind: *Cic.*$_{k,rb2}$
☞ *Teenager*
• **benimmt** sich wie ein Kind; und: *Cic.*$_{k2,vh,*}$
• **nicht** ihres; das Kind sei: anac.
• **stillen**; sie würde ihr Kind
☞ *stillen; sie würde ihr*

– **Kinder** aus dem Haus treiben; er muß die: fl-ac.
– **kindliche** Phantasien, hat: lyc.
– **Kinn** sei zu lang; das: glon.
– **Kirchhof**:
• **besucht** einen: anac. arn. *Bell.* stram.$_{a1,k}$
• **tanzt** im, er: cic.$_{a1}$ stram.
– **Kirschen**, sieht: santin.$_{a1}$
– **Klänge**; lauscht auf eingebildete: hyos.
☞ *Hören - Einbildung*
– **klar**; alles ist zu: ambr.$_{j5}$
– **Kleidung**:
• **Lumpen** gehüllt; er sei in: *Cann-i.*
• **nah** ist; kann nicht an seine Kleidung kommen, obwohl er ihnen: caj.$_{rb2}$
• **wegfliegen** und Wandelsterne (Planeten) werden; die Kleider würden:
• **Entkleiden**; beim: cann-i.
• **wunderschön**; die Kleider seien: aeth. *Sulph.*$_{k,kl2}$●
– **klein**:
☞ ❑ *Allgemeines - Kleiner*
• **Bewegung**; kleine Gegenstände scheinen in: anh.$_{sp1}$
• **Dinge**:
☞ *Körper - verkleinert*
• **erscheinen** klein; Dinge: aur. berb.$_{ptk1}$ carb-v.$_{k,ptk1}$ cycl.$_{ptk1}$ hyos.$_{sf1}$ merc-c.$_{ptk1}$ nat-c.$_{bg1,st}$ phys. **Plat.**$_{k,vh}$ puls.$_{sf1}$ staph.$_{gl1,vh}$ stram. thuj.$_{sf1}$
☞ *Körper - verkleinert / verkleinert - alles im / verkleinert - alles sei / Entfernungen - falsche / Größen, Ausmaße - falsche /* ❑ *Sehen - Klein*
• **er** sei sehr groß; und: stram.$_{rb2}$
• **groß**; manchmal sehr klein, manchmal sehr: sulph.$_{rb2}$
• **werden** kleiner; Dinge: agar.$_{bg2}$ cact.$_{bg2}$ camph. carb-v. nit-ac. *Plat.*$_{j5,vh/dg}$ stram.$_{j5}$ tab.$_{bg2}$
• **Körper** sei kleiner; der: acon. agar.$_{k,ptk1}$ alum-sil.$_{k2}$ *Bar-c.*$_{vh,vh/dg}$ cact.$_{ptk1}$ calc.$_{k,ptk1}$ carb-v. croc.$_{ptk1}$ glon.$_{ptk1}$ hydrog.$_{srj2}$ kreos.$_{ptk1}$ neon$_{srj5}$ sabad. tab.$_{ptk1}$ tarent.
• **epileptischen** Konvulsionen; vor: carb-v.
◆ **abwechselnd** mit:
• **groß**; Einbildung, der Körper sei
☞ *vergrößert - Körper - abwechselnd mit - klein*
– **klettern**: hyos.$_{bg2}$
– **klingelt** an der Tür; jemand: *Neon*$_{srj5}$
– **Klopfen** unter dem Bett
☞ *Bett - jemand - unter - klopfen*
– **Kloster** gehen müssen; sie würde ins: lac-d.
– **Knien**, er geht auf den
☞ *gehen - Knien*
– **Königin**; sie sei eine: cann-i.
☞ *adlig / hochgestellte / Kaiser - sei / Hochmütig*
– **Kontrolle** einer höheren Macht; er sei unter der
☞ *Einfluß*
– **Konvulsionen** bekommen; als würde er gleich: pyrus$_{rb2}$ raph.$_{rb2}$

– **Kopf**:
- **abgetrennt**; der Kopf sei vom Rumpf: allox.$_{k1,sp1}$ anac.$_{vh}$ cocc.$_{k1}$ *Daph.*$_{a1,k1,*}$ **Psor.**$_{hr1,k1,*}$ ther.$_{k1,sf1}$
  ☞ *getrennt - Körper / Körper - geteilt*
- **abheben**; er könne ihn: ther.
- **aufgedunsen**; der Kopf sei: merl.$_{rb2}$
- **balancieren**; er müsse den Kopf:
  - **Schwindel**; bei: aesc.$_{rb2}$
- **betäubt**; der Kopf sei: rheum$_{rb2}$
  - **linke** Hälfte des Kopfes: psor.$_{rb2}$
- **Bewegung**:
  - **herauf** und herab:
    - **ähnlichem** Schweben der Phantasiebilder; mit einem: zinc.$_{rb2}$
  - **innerlich** sei der ganze Kopf in Bewegung: verat.$_{rb2}$
- **doppelt**; wäre: sulfon.$_{gl1}$
- **durcheinander**; der Kopf sei:
  - **Gehen**: cham.$_{rb2}$
- **durchsichtig** und braun gefleckt: bell.$_{h,k,*}$
- **Ecke** des Zimmers passen; ein Teil des Kopfes würde in jede: cann-i.$_{rb2}$
- **fallen**; der Kopf würde:
  - **Bett**; aus dem: arg-met.$_{rb2}$
  - **hinten**, nach: chinin-s.$_{rb2}$
  - **Richtungen**, in alle: cann-s.$_{rb2}$
  - **Seite**, nach einer: spong.$_{rb2}$
  - **vorne**, nach: agn.$_{rb2}$ cupr.$_{rb2}$
    - **Gehen**, beim: calad.$_{rb2}$ hipp.$_{rb2}$
- **Fliegen**:
  - **rund** herum: eup-pur.$_{rb2}$
- **fremder** Kopf; sein Kopf sei ein anderer: ther.$_{rb2}$
- **Freundes** aus einer Flasche ragen; sieht den Kopf seines: bell.
- **gehören**; würde einem anderen: *Alum.*$_{bg1,bg2,*}$ cann-i.$_{st}$ cann-s.$_{bg2}$ nat-m.$_{bg1,bg2,*}$ ther. thuj.$_{bg2}$
- **geradehalten**; kann seinen Kopf nicht:
  - **rechten** Seite neigen; der Kopf würde sich ständig zur: ferr.$_{rb2}$
- **gestoßen**; der Kopf würde:
  - **vorne**, nach: ferr-p.$_{rb2}$
- **groß**:
  - **Grimassen**; große Köpfe schneiden:
    - **abends**:
      - **Schließen** der Augen; beim: euphr.
  - **zu** groß; scheint: acon. meph.$_{sf1}$ sil.$_{h}$
    ☞ *vergrößert - Kopf*
- **Heißluftballon** und würde den Hals strecken; der Kopf wäre ein aufsteigender: bamb-a.$_{stb2}$
- **herumrollen**; etwas würde im Kopf: sep.$_{rb2}$
- **Hinterkopf** sei verlängert; der: choc.$_{srj3}$
- **kalte** Brise würde ihn anwehen: petr.
- **kein** Kopf vorhanden; es sei: cocc.$_{rb2}$ nux-v.$_{j5}$
- **Kissen**, weiß aber nicht, wo der übrige Körper ist; der Kopf war auf dem: pyrog.$_{rb2}$
- **kopflos**
  ☞ *kein*
- **Krankheit** werde am Kopf ausbrechen; die: stram.

– **Kopf**: ...
- **Kreis** herum drehen; der Kopf würde sich im: bry.$_{rb2}$ tub.$_{rb2}$
  - **Hinterkopf** würde sich drehen: iber.$_{rb2}$
- **leer**; der Kopf sei
  ☞ *❑ Kopf - Leere / ❑ K~ Leeregefühl*
- **leicht**; der Kopf sei: jab.$_{rb2}$ sarr.$_{rb2}$
- **monströsen** Kopf im Zimmer an der gegenüberliegenden Wand: aur.$_{h}$ cann-i.
- **Pendel**; der Kopf scheint ein umgedrehtes, schwingendes: cann-i.
- **Schmerz** im Kopf zu haben: bamb-a.$_{stb2}$
- **schüttelt** den: bell. cham.
- **schwanken**:
  - **im** Kopf; Schwanken im:
    - **Gehen**, beim: daph.$_{rb2}$
  - **Kopf** würde schwanken; der:
    - **vor** und zurück: carb-v.$_{rb2}$ zinc.$_{rb2}$
- **schweben**: jug-r.$_{rb2}$
  - **davonschweben**:
    - **Schädeldach** werde davonschweben: nat-hchls.$_{rb2}$
  - **herauf** und herab:
    - **Phantasiebilder**; der Kopf schwebt auf und ab mit ähnlichem Schweben der: zinc.$_{rb2}$
- **schwer**; sein Kopf scheint zu: bry. cham.$_{rb2}$ puls.$_{rb2}$
- **Schwimmen**: ars-h.$_{rb2}$
- **schwingen**; der Kopf würde:
  - **vorne**; von hinten nach: pall.$_{rb2}$
- **Schwingen** im Kopf: indg.$_{rb2}$
  - **Körpers**; und des ganzen: stroph-h.$_{rb2}$
- **taumeln**; der Kopf würde hin und her
  ☞ *schwanken - Kopf - vor*
- **vergrößert**:
  - **rechte** Seite: limest-b.$_{es1}$
- **verkleinert**:
  - **linke** Seite habe sich verkleinert; die: limest-b.$_{es1}$
- **verstorbenen** Bekannten ohne Körper; Kopf von: nux-v.
- **wimmeln**; es würde im Kopf:
  - **herumwirbelt**; von Lebendigem, das im Kopf: sil.$_{rb2}$
- **Wirbeln** im Kopf: chel.$_{rb2}$ chlf.$_{rb2}$ ovi-p.$_{rb2}$ sec.$_{rb2}$ viol-o.$_{rb2}$
  - **Denken**, beim: coff.$_{rb2}$
  - **Mühlrad**, wie ein: chinin-s.$_{rb2}$
- **zwei** Köpfe; er habe: mosch.$_{gt}$ nux-m. sulfon.$_{gl1}$

– **kopflos**
☞ *Kopf - kein*

– **Kopfschmerzen** zu haben
☞ *Kopf - Schmerz*

– **Kopfhaut** zu klein: stict.$_{c1}$

– **Körper**:
☞ *Schizophrenie - paranoid*
- **auseinanderfallen**, würde: *Lach.*$_{a1}$ marb-w.$_{es1}$
- **ausgebreitet**
  ☞ *vergrößert - Körper*
- **ausgedehnt**
  ☞ *vergrößert - Körper*

- **außerhalb** des Körpers:
  - **herumgehen** und auf ihn herabblicken; er könne den Körper verlassen und: pyrus$_{al}$
  - **hineinblicken**; und er könne in sich: pyrus$_{rb2}$
  - **jemand** anderer würde (für ihn) außerhalb des Körpers sehen und sprechen: alum.$_{al}$
  - **verrückt** werden, wenn sie nicht aus ihrem Körper herauskäme; sie würde: lac-c.$_{rb2}$
- **bedeckt**:
  - **Bett** bedecken; würde das ganze: pyrog.
  - **Erde** bedecken; würde die ganze: cann-i.
- **Bett** ausfüllen, besetzen; der Körper würde das ganze
  ☞ *Bett - Körper*
- **braungefleckt**, sei: bell.
- **dick**, sei: nat-c.$_{h}$
- **dreifachen**; er habe einen: ars. petr.
  ☞ *geteilt / Verwirrung - Identität - Dualität*
- **dünn**, sei: thuj.$_{h,k,*}$
  ☞ *zerbrechlich*
- **durchgeschnitten**; er sei: *Stram.*
  ☞ *Schneiden*
  - **zwei** Teile; in: *Bell.*$_{gl1,vh}$ plat. stram.$_{gl1,vh}$
    ☞ *geteilt / Schneiden / Verwirrung - Identität - Dualität*
- **eingehüllt**: cact.$_{ptk2}$
- **empfindlich**, sei: *Thuj.*
  ☞ *zerbrechlich*
- **Fäden** gesponnen; der Körper sei innen aus: nux-v.$_{a1}$
- **Faser** ihrer rechten Seite; spürt jede: sep.$_{k,vh,*}$
- **Fetzen** gerissen; der Körper sei: phyt.$_{ptk1}$
- **Fortbestand** des Körpers würde sich auflösen: thuj.$_{rb2}$
- **Gallerte**, Gelee; der Körper sei aus: eupi.$_{br1,ptk1}$
- **gefleckt**; braun
  ☞ *braungefleckt*
- **geschrumpft** wie eine Leiche; der Körper sei: *Sabad.*
- **geteilt**, sei: cann-i. choc.$_{srj3}$ lil-t.$_{a1}$ *Petr.* sil. *Stram.*$_{j5}$
  ☞ *dreifachen / durchgeschnitten - zwei / Hälfte - linke / Hälfte - linke - gehört / lebendig - Seite / geteilt / geteilt - zwei / Kopf - abgetrennt / Orte - zwei / Verwirrung - Identität / Verwirrung - Identität - Dualität*
- **getrennt**
  ☞ *getrennt - Körper*
- **Größe** des Körpers; in bezug auf die: *Cann-i.* *Coca*$_{vh,vh/dg}$ *Hell.*$_{vh,vh/dg}$ *Plat.* staph.
  ☞ *hochgestellte*
- **Hälfte**:
  - **linke** Hälfte:
    ☞ *geteilt / Verwirrung - Identität - Dualität*
    - **gehört** nicht zu ihr; die linke Hälfte: sil.
      ☞ *geteilt / Verwirrung - Identität - Dualität*
    - **niedriger** als die rechte; die linke Hälfte ist: adam.$_{srj5}$
- **häßlich** aussehen; der Körper würde: bar-c.$_{vh}$ haliae-lc.$_{srj5}$ tub.$_{al}$
  ☞ *Widerwillen - Körper*
- **hohl**; der Körper sei
  ☞ *hohl - Körper*
- **immateriell**, sei: anh.$_{sp1}$
- **inneren** Gewebe; sie sieht die: neon$_{srj5}$
- **keinen** Körper; er habe: psor.$_{rb2}$
- **kleben**; würde an einen Wollsack:
  - **nachts**, während er halb wach ist: coc-c.
- **Kopf**; er habe keinen
  ☞ *Kopf - kein*
- **lebendig**:
  - **Seite** lebendig, auf der anderen begraben; der Körper sei nur auf einer: stram.
    ☞ *geteilt / Verwirrung - Identität - Dualität*
- **leichter** als Luft; der Körper sei: asar.$_{jl}$ lach. limest-b.$_{es1}$ mez.$_{ptk1}$ *Op.* psil.$_{ft1}$ thuj. visc.$_{jl}$
  ☞ *Fliegen / leicht - er / schweben - Luft / schweben - Luft - Geist*
  - **Hysterie**; bei: gels.$_{ptk1}$
  - **Masturbation**; durch: gels.$_{ptk1}$
- **schwarz**, er sei: sulph.
- **schwer** und dick geworden; der Körper sei: nat-c.$_{a1}$
- **Stücke**:
  - **Erleichterung**, in Stücke zu zerfallen; es wäre eine große:
    - **zusammenhalten**; nur durch große Anstrengung würde sie sich: sacch-l.$_{rb2}$
  - **fallen**; der Körper würde Gefahr laufen, in Stücke zu: thuj.$_{a1}$
  - **bestehen**; er würde aus mehreren Teilen, Stücken:
    - **zusammenbekommen**; und könnte sie nicht: phos.$_{rb2}$
  - **zerfallen**; der Körper würde: *Lac-c.*$_{bg1,bg2,*}$ xan.$_{rb2}$
- **Süßigkeiten**; sei aus: merc.$_{a1,k}$
- **Teile**:
  - **entfernt** worden; Körperteile seien: *Bapt.*$_{st,vh}$ daph.$_{st,vh}$
  - **fehlen**; Körperteile würden: cocain.$_{ptk1}$ cot.$_{br1}$
- **unvollkommen**
  ☞ *häßlich*
- **verfaulen**, werde: *Ars.* bell.
  ☞ *Furcht - verwesen*
- **vergrößert**; der Körper sei
  ☞ *vergrößert - Körper*
- **verkleinert**; sei: agar.
  ☞ *klein - Dinge / klein - Dinge - erscheinen / Größen, Ausmaße - falsche*
  - **linke** Körperseite sei kleiner: cinnm. limest-b.$_{es1}$
- **verstreut**; der Körper sei: *Bapt.*$_{bro1}$ daph.$_{bro1}$ *Petr.*$_{bro1}$ phos.$_{bro1}$ stram.$_{bro1}$
  - **Bett**, im: bapt.$_{rb2}$
  - **wirft** sich umher, um die Teile zusammenzubekommen; er: *Bapt.* daph.$_{st}$ petr. *Phos.* pyrog.$_{k2,st}$ stram.$_{bro1}$
- **verunstaltet**; irgendein Teil sei: acon.$_{st,vh}$ **Sabad.**$_{a1,vh,*}$
- **verwelken**, verdorren; würde: sabad.$_{k2}$

- **zerbrechlich**; er sei: chel.ptk1 cupr.ptk1 fl-ac.ptk1 par.ptk1 rad-br.ptk1 sars.bg,ptk1 *Thuj.*k,vh,*
  ☞ *dünn / empfindlich / Abmagerung / Glas - sie / Berührt / Geisteskrankheit - berührt*
- **zertrümmert**, zerschmettert; er sei: calc.a1
- **zusammensinken**; der Körper werde zwischen den Oberschenkeln: bell.
- **Zustand** seines Körpers; in bezug auf den: *Haliae-lc.*srj5 pyrog.k2 **Sabad.** stram.k2

– **Kraft**, Stärke:
- **verlassen**; alle Kraft würde ihn: coloc.rb2

– **kräftig**, er sei: androc.srj1 coff.hr1 hydrog.srj2
– **krank**:
  ☞ *Angst - hypochondrisch / Hypochondrie - eingebildete*
- **anderer** sei; ein: gels.bg1,st
- **Familienangehörigen** seien krank: hep.
- **Freund** sei krank und liege im Sterben; ein lieber: bar-c.
- **sein**; krank zu: arg-n. *Ars.* bar-c. bell. **Calc.**gl1,k1,* caust.gl1 graph. hell.k2 *Iod. Kali-c.* lac-c.k2 *Lyc.* mosch.k2,ptk1 murx. nat-c. nat-m. nit-ac. petr. phos. podo. psor. *Sabad.*c2,k sep.k,vh/dg stram. tarax.rb2 *Tarent.*k2,vh,* verat.ptk1
  ☞ *Krankheit - jede / Angst - Gesundheit / Angst - hypochondrisch / Simuliert - krank*
  - **arbeitet** darum nicht; und: calc.gl1,vh caust.gl1,vh nux-v.gl1,vh sep.gl1
- **würde** krank werden; er: nat-p. nicc.rb2 podo.
  ☞ *Angst - Gesundheit*
  - **schwere** Krankheit würde drohen: nicc.rb2
- **zwei** kranke Personen seien im Bett, einer von ihnen wird gesund, der andere nicht: sec.

– **Krankheit**:
  ☞ *Hypochondrie - eingebildete*
- **ekelhafte**, schreckliche Krankheitsmasse; er sei eine: lac-c.rb2
- **jede** Krankheit; er habe: *Aur-m.* stram.
  ☞ *Herz - Erkrankung / krank - sein / Angst - Gesundheit - eigene / Angst - hypochondrisch / Hypochondrie*
- **taubstumm** und habe Krebs; er sei: verat.
  ☞ *Hören - Einbildung / Angst - hypochondrisch*
- **unerkannte** Krankheit; er habe eine: raph.
  ☞ *Angst - hypochondrisch*
- **unheilbare** Krankheit; er habe eine: acon.sf1 adam.srj5 alum.h,sf1,* *Arg-n.* arn.k2,sf1 cact. calc.sf1 calc-sil.k2 chel. *Ign.*sf1 lac-c.br1,sf1,* *Lach.*sf1 *Lil-t.*kr1,sf1 macro.a1 mag-c.mg1 nit-ac.sf1 phos.hr1 plb. podo.k2 *Sabad. Stann.*sf1
  ☞ *Gesundheit / Krebs, er / sterben - gleich / Furcht - genesen / Furcht - Krankheit - unheilbar / Gedanken - Krankheit - unheilbare / Verzweiflung - Genesung / Verzweiflung - Gesundheit / Zweifelt - Genesung*

– **Kränkung**, Demütigung:
- **nach**: *Aur.*j5,sf1 bell.j5 nux-v.j5 *Puls.*j5

– **kratzen**; jemand würde auf Leinen oder Ähnlichem: asar.
– **Kräuter**, sammelt: bell.a1,k cupr.h,k
– **Krebsen**, von: hyos.hr1,k
– **Krebs**, er habe: verat.h,k,*
  ☞ *Krankheit - unheilbare*
– **kriechender** Dinge, voller: stram.kr1
- **Ecke**; aus jeder: phos.rb2

– **Krieg** zu befinden; sich im: bell.bg2,j5 ferr.bg2 hyos.bg2 plat.bg2 ran-b.bg2 thuj.bg2 verb.bg2
– **kritisiert**; sie würde: *Bar-c.* calc.gg **Carc.**vh cocain.bro1 germ-met.srj5 hydrog.srj2 hyos.bro1 ign.bro1 lach.gg laur. lyss.c1 marb-w.es1 pall.bro1 plb. rhus-r. staph.bro1
  ☞ *anerkannt / angeklagt / beobachtet / beschimpft worden / herabsehen / lachen und / verachtet / verwirrt, wie / Verwirrung / Argwöhnisch / Beleidigt / Beschwerden durch - Tadel / Empfindlich / Ermahnungen - agg. / Furcht - Meinung / Furcht - Tadel / Hochmütig / Schmeicheln - Verlangen / Schüchternheit / Selbstvertrauen - Mangel / Traurigkeit - Geringschätzung / Verzweiflung - Kritik*

– **Kropf**:
- **haben**; einen Kropf zu: indg.
  - **blicken** kann, wenn er sich setzt; über den er nicht: zinc.

– **Küchenschaben** würden im Zimmer herumschwärmen: bell.
  ☞ *Wanzen*
– **Kugel** sitzen; er würde auf einer
  ☞ *❑ Rektum - Klumpens*
– **Kummer**:
- **lasten** würde; daß ein Kummer auf ihm: am-m.rb2 con.rb2
- **Zorn**; Wahnideen durch Kummer und: bell.j5 *Zinc.*kr1

– **Kummer**; jeder den er trifft habe einen heimlichen: cann-i.
– **Lachen**, mit: op.j5 sep.j5 *Stram.*j5 *Verat.*j5
– **lachen** und spotten; man würde über ihn: adam.srj5 **BAR-C.**k,vh/dg germ-met.srj5 haliae-lc.srj5 ign.gl1,vh lach.vh nux-v.gl1,vh ph-ac.gl1,vh psor.gg sep.gl1,vh
  ☞ *beschimpft / beschimpft worden / kritisiert / verachtet / Argwöhnisch / Argwöhnisch - reden / Beleidigt / Ermahnungen - agg. / Furcht - Meinung / Selbstvertrauen - Mangel / Spotten - andere*
- **Straße** geht; wann immer sie auf die: bar-c.rb2

– **lächerlich**: bell.a1 calc.j5 cann-i.a1,k hyos.j5 *Nux-m.* plat.h sulph.j5
- **Possen**, spielt: *Bell.*j5 cic.j5

– **Land**; er sei mal im einen, dann wieder in einem anderen: chlol.rb2
– **länger**; Dinge scheinen: berb. camph. dros. kreos. nit-ac. sulph. zinc.sf1
  ☞ *vergrößert - Gegenstände*
– **lasziv**: ambr.h,j5,* bell.j5 calc.j5 sil.j5 *Stram.*j5 verb.hr1,j5,*
– **laufen**:
- **auf** und ab laufen und schreien; sie würde gerne: calc.rb2
- **gegen** etwas; sie läuft: arg-met.rb2
- **lange** Strecke laufen; er könne eine: cocarb2
- **nie** zuvor; sie könne laufen wie: agar.rb2
- **rückwärts** laufen; sie würde gejagt und müsse: sep.rb2
- **weglaufen**, sie müsse: ars-met.rb2

– **leben**:
- **sie** könne nicht leben: vib.rb2

– **leben**; er würde nicht in normalen Verhältnissen: cic.
– **Leben**; in bezug auf das:
 • **abgeschnitten**, getrennt; vom Leben: bamb-a.stb2
 • **bedroht**, in Gefahr; das Leben sei: kali-br.
 • **kein** Leben in ihm; es sei: dub.rb2
 • **rasen**; er würde von einem Leben zum anderen: cann-i.a1
 • **Symbole** des Lebens; alle vergangenen Ereignisse drehen sich auf Rädern als: cann-i.
– **Lebendiges**; etwas:
 • **Mund**
  ☞ *Mund - Lebendiges*
 • **Vagina**
  ☞ *Vagina - Lebendiges*
 • **Wänden**, Boden und Sessel; auf: cocc.ptk1,ptk2
– **Lebenstätigkeit**; lebhaftes Bewußtsein gewöhnlich unbemerkter Vorgänge und Tätigkeiten der: cann-i.a1
– **Leber** bekommen; er werde eine Erkrankung der: podo.k2
– **Lebewohl** gesagt; sie habe:
 • **Freund**, einem engen: rhus-t.rb2
– **lebhaft**: absin.bro1 acon.bg2,bro1 aether.a1 agar.bro1 ambr.bro1 bell.bg2,k *Calc.* cann-i.bro1 cann-s.bg2 cham.h,k,* coff.bg2 dub.bro1 gast.a1 hyos. kali-c.bro1 *Lach.*bg2,k1,* lyc. meph.bg2 nux-v.bg2 op. phos.a1,bg2 pic-ac.bg2 plb. psil.ft1 puls.bg2,k rhus-t.bro1 scopin.bro1 spong.a1,k *Stram.*a1,k sulph.bro1 valer.bg2 verat.bro1
– **leblose** Gegenstände seien Personen: bell.a1,k calc. nat-p. stram.
 ☞ *Möbel / Möbel - nachts / Person - etwas*
– **leer**:
 • **hinter**:
  • **Herumdrehen**; Leere hinter einem beim: kali-c.rb2
 • **um** einen herum und unter einem Leere im Stehen: kali-br.rb2
– **Leichen**
 ☞ *tot - Personen*
– **Leichentuch** gehüllt; die Person im Mantel sei in ein
 ☞ *Person - Leichentuch*
– **leicht** (= geringes Gewicht):
 • **schweben** könnte; er wäre so leicht, daß er: camph.rb2 manc.rb2 tep.rb2
 • **er** sei leicht (= körperlos): agar.sf1 *Asar.*bro1,sf1 camph.rb2 cann-i.sf1 chin.hr1 *Coff.*sf1 *Croc.*sf1 *Dat-a.*bro1 dig.h,sf1,* eup-pur.a1 gels.rb2 hyper.bro1 lac-c.bro1,sf1 lach.rb2 lact.sf1 lat-h.bro1 manc.rb2 mez.h,sf1,* nat-ar.bro1 neon.srj5 op.bro1,sf1 phos.sf1 puls.a1 rhus-g.bro1 *Stict.*bro1,sf1 stram.sf1 tep.rb2 thuj.sf1 valer.bro1,sf1 zinc.sf1
  ☞ *Körper - leichter / schweben - Luft - Geist*
  • **Gehen**; beim: haliae-lc.srj5 spig.ptk2,rb2 tep.rb2 thuj.rb2
– **Leistung** zu erbringen:
 • **gedrängt**, Leistung zu erbringen; von anderen: mag-m.a1,h2
  ☞ *Angst - Gewissensangst / Erfüllen*

– **lernen**:
 • **neu** erlernen, was sie auch tun will; sie müsse: sep.rb2
– **Lesen**, beim:
 • **hinter** ihr her lesen, weshalb sie schneller liest; jemand würde: mag-m.
– **Licht**:
 • **viel** Licht im Zimmer beim Einschlafen; zu: ambr.
 • **zwei** weiße Lichtpunkte verschmelzen zu einem: neon.srj5
– **Liegen**:
 • **hinlegen**; als könnte sie sich hinlegen: kali-c.rb2 nux-m.rb2 sabad.rb2
 • **jemand** würde liegen:
  • **Nähe**, in seiner: petr.
   • **betrunkener** Mann würde kommen und sich neben ihr hinlegen; ein sehr großer: cic.rb2
 • **kreuzweise**: stram.hr1,k
– **Likör**:
 • **getrunken**; sie habe: bapt.rb2 pip-m.rb2 sabad.rb2
– **Loch**:
 • **Abgrund**; ein kleines Loch erscheint wie ein schrecklicher: agar.
 • **blickt** durch ein Loch auf die ganze Welt: androc.srj1
– **Lokomotive**:
 • **er** sei eine Lokomotive: cann-i.
 • **überfahren**, überrollt; er würde von einer Lokomotive: phos.rb2
– **Luft**:
 • **gehen** und sich beschäftigen; er müsse ins Freie: anac.rb2
 • **in** der Luft schweben; er würde wie ein Geist
  ☞ *schweben - Luft - Geist*
 • **kalte** Luft; er käme in: tarent.rb2
 • **leichter** als Luft; er sei
  ☞ *Körper - leichter*
 • **schreiten**, auf Luft
  ☞ *schreiten - Luft*
 • **schwebend**; in der Luft: sep.rb2
 • **schwimmen**
  ☞ *schweben - Luft*
 • **zittriger** Bewegung; die Luft sei in: sabad.rb2
– **Lüge**; alles was sie sagt ist eine: lac-c.
 ☞ *Heuchelei / Hinterhältig / Lügner*
– **Lumpen** scheinen so schön und fein wie Seide; alte: **Sulph.**k,kl2●
 ☞ *Schmutzig*
– **machen**, tun:
 • **nicht** genug getan; er habe
  ☞ *vernachlässigt - Pflichten*
 • **nichts** tun; er könne: lyss.rb2
 • **Schreckliches** tun, wobei er zittert; er werde etwas: visc.rb2
 • **unfähig** irgendetwas zu machen, aber etwas müsse getan werden: pop.rb2
– **Macht**:
 • **allmächtig**; sie wäre: adam.srj5

- **böse** Macht habe Kontrolle über sein ganzes Wesen:
  - **Willenskraft**, außer seiner: cann-s.rb2
- **Händen** einer starken Macht; er befinde sich in den
  ☞ *Einfluß*
- **Krankheiten**; er habe Macht über alle: *Stram.*kr1
  ☞ *göttlich*

– **mächtiger** Einfluß
☞ *Einfluß*

– **Magen**:
- **aufgefressen**; sein Magen würde: **Sabad.**
- **Geistestätigkeit** findet im Magen statt: acon.rb2
- **Geschwür** angefressen; der Magen sei durch ein: acet-ac.kr1 ign. sabad.

– **Magier**, Zauberer; er sei ein: bell.

– **Mandarin**; hielt den Freund für einen: cann-i.

– **Mann**:
- **alter** Mann:
  - **sein**; ein alter Mann zu: gink-b.sbd1 hydrog.srj2 limest-b.es1
  - **sieht** alte Männer: laur.
    - **Bärten** und verzerrten Gesichtszügen; mit langen: laur.
- **aufgehängt** hat; sieht einen Mann, der sich: ars.
- **Bett**; nachts sind Männer auf dem: merc.
- **durchbohren** will; ein Mann sei im Zimmer, der seinen Hals mit einem Bohrer: merc-i-f.
- **derselbe** Mann geht vor und hinter ihm: euph.hr1,k,*
- **kleiner**, grauer Mann, der ihr das Bein ausreißen will; ein: puls.hr1
- **macht** genau dasselbe wie er; ein Mann: ars.
- **nackter** Mann im Bett: *Puls.*hr1,k,*
- **verhüllter** Mann kommt aus der Mauer:
  - **Gehen** auf der Straße; beim: cann-i.

– **Maria**; die Jungfrau:
☞ *göttlich*
- **sie** sei die: cann-i. stram.he1

– **Marmorstatue**; Gefühl, er sei eine: cann-i.

– **Maschine** bedienen; er würde eine: plb.

– **Masken**:
- **sieht**: bell. kali-c. *Op.*
  - **lachende** Masken:
    - **nachts** im Bett: *Bell.*kr1

– **Mäuse**:
- **Bett**; Mäuse in seinem: colch.j5,rb2
- **sieht**: *Aeth.*bg2,sf1 bell. *Calc.* *Cimic.* colch. cortico.jl,sp1 hyos.k2 lac-c. lach.bg2,sf1 mag-s. op. stram.bg2,kr1,*
  - **Stuhl** hervor; laufen unter einem: *Aeth.*bro1 *Calc.*vh,vh/dg *Cimic.*kr1 lac-c.bro1

– **Medikamente**:
- **eingenommen**, er habe: lina.rb2

– **Meer**:
- **am** Meer; er sei: cocc.rb2
- **auf** See; er sei:
  - **rauher** See hin und her geworfen; er würde: lac-ac.rb2 sacch-l.rb2

– **Melancholie**: alum.a1,k *Aur.*sf,sf1 **Kali-br.**hr1,kr1 murx.j5 nux-v.j5 plat.j5
- **nachts** wenn halbwach: nux-v.

– **Melodien** kommen ihr ins Gedächtnis, hauptsächlich aus der Vergangenheit: sulph.a1,h
☞ *Musik - hört / Musik*

– **Menschen**, Personen:
☞ *Person / Person - anwesend*
- **bedrohen**, und sie schreit schrecklich; die sie: ars-met.kr1
- **Fragen** an ihn und er muß antworten; Menschen richten: **Nux-v.**kr1
- **Geräusche** machen; Menschen würden: puls.st
  ☞ *Hören - Einbildung*
- **hinter** ihm; jemand sei: anac.bg2,k bell.bg1,bg2 brom. calc. casc. cench. crot-c. crot-h.ptk1,rb2 lach. led.ptk1 mag-m.jl *Med.*k,vh/dg psil.ft1 ruta sacch-l.bg1,bg2,* sanic.ptk1 sil. staph. tub.ptk1,rb2
  ☞ *gehen - hinter / Blicken - hinten / Furcht - hinter*
  - **Gehen**, beim: calc.rb2 *Staph.*gl1
    ☞ *Dunkelheit - agg.*
    - **Dunkelheit**, in der: ferr. sanic.
      ☞ *Dunkelheit - agg. / Licht - Verlangen*
  - **kommen** von hinten heran: staph.rb2
  - **schleichen** sich von hinten heran: sanic.rb2
  - **vor** ihm; dieselbe Person ist hinter ihm und: euph.ptk1
- **kommen** nachts ins Haus: con.
- **lehnen** ihre Gesellschaft ab; Menschen: androc.srj1
- **neben** ihm; Menschen wären: anac. apis *Ars.* atro.a1 bell. calc. camph. carb-v. cench. nux-v. petr. thuj. valer.
  - **Fremder**, ein: anac.rb2
  - **gehen** neben ihr: calc.rb2
  - **liegt**; eine andere Person: petr.rb2
  - **machen** dasselbe wie er: *Ars.*
  - **sonderbare** Person; eine: thuj.rb2
- **sagen** "komm": med.kr1,pc
- **sieht** Menschen: anac.bg2 *Ars.* atro. **Bell.**k,vh/dg brom.bg2 *Bry.* *Calc.*vh,vh/dg chin. con. *Hyos.* kali-c. lyc. lyss. mag-c.bg2,j5 mag-s. med. merc.bg2 nat-m. op. petr.k2 plb. *Puls.* rheum sep. *Stram.* sulph. thuj. valer. verat.
  ☞ *Gestalten - sieht*
  - **tagsüber** und abends:
    - **Eintreten** in ein Zimmer; beim: lyc.a1
  - **morgens**:
    - **Erwachen**; beim: sulph.h
  - **anblicken**; die ihn: bar-c.kr1 rhus-t.
    ☞ *beobachtet / Angesehen*
    - **nachts**: med.c1
  - **packen**; eine Anzahl Fremder und versucht sie zu: stram.kr1
  - **Schließen** der Augen; beim: ars. **Bell.**k,vh/dg bry. **Chin.** nat-m.
  - **unangenehme** Menschen: calc-ar.k2 calc-sil.k2
- **Streiche** mit ihm spielen; Menschen würden alle möglichen: hydrog.srj2 **Nux-v.**kr1

- **unterhält** sich mit abwesenden Personen: agar. aur. bell. calc.k2 cham.h crot-c. dig. hyos. lach. op. *Stram.* thuj. *Verat.*kr1
- **vor** ihm; jemand wäre vor: con.bg1,bg2,*
  - **hinter** ihm; und dieselbe Person wäre
    - ☞ *hinter - vor*

– **minderwertig**; Menschen erscheinen geistig und körperlich: granit-m.es1
☞ *hochgestellte / Eitelkeit / Hochmütig*
- **Eintreten** in das Haus nach einem Spaziergang; beim: plat.

– **mißlingen**, fehlschlagen:
- **alles** würde schiefgehen: bamb-a.stb2 nux-v.rb2 phys.ptk1
  - ☞ *fehlschlagen*

– **mißverstanden**; sie würde: germ-met.srj5 limest-b.es1
☞ *Zorn - mißverstanden*

– **Möbel** seien Menschen; bildet sich ein:
☞ *leblose*
- **nachts** beim Erwachen: nat-p.
  - ☞ *leblose*

– **Mörder**; jeder um ihn herum sei ein: *Plb.*

– **müde**:
- **spricht**, als wäre er müde; er: cann-i.rb2
- **Welt** gekommen; als wäre er müde zur: bamb-a.stb2

– **Müdigkeit**:
- **arbeiten** ohne zu ermüden; er könne: pip-m.rb2
- **verbannt**; Müdigkeit sei für immer: cann-s.rb2

– **müssen**; bestimmte Dinge tun zu
☞ *Gedanken - zwingend*

– **Mund**:
- **doppelt**; der Mund wäre: choc.srj3
- **Lebendiges** würde in den Mund hineinkriechen:
  - **nachts**: merc.
- **öffnen**, Unterkiefer ist steif und schmerzhaft; er könnte den Mund nicht: lyss.kr1

– **Musik**:
- **Einfluß** der Musik; er steht unter dem:
  - **angenehmer** und schneller Musik; von: zinc-p.rb2
- **glaubt** Musik zu hören: anh.mg1 **Cann-i.** croc. ign.h *Lach.* lyc. merc.st nat-c.st plb. puls. sal-ac. sarr.a1 *Stram.* thuj.
- **hört** Musik:
  - ☞ *Hören - Einbildung / Melodien / Musik - agg.*
  - **abends** hört er Musik, die am Tage gehört hat: lyc.
  - **entzückende**: lach. plb. puls.
  - **lieblichste** und erhabenste Melodie; die: cann-i. *Lach.*
    - **primitiver** Musik; beim Hören von: psil.ft1
  - **überirdische**: aether cann-s.st

– **mystische** Halluzinationen: aethera1

– **nachgeben**:
- **alles** unter ihm würde nachgeben: sanic.rb2
- **Boden** unter ihm würde nachgeben; der
  - ☞ *Boden - nachgeben*

– **nachgestellt**; ihm würde
☞ *verfolgt zu werden / verfolgt, ihm würde nachgestellt*

– **Nachtschwärmerei** teilgenommen; er habe an einer:
- **Nacht**, die ganze: rhod.rb2

– **Nachtschwärmerei**; wie nach: mez.a1 phys.rb2
☞ *Ausschweifung*

– **Nachtwachen**; wie nach langen: op.rb2 vib.rb2

– **nackt**, er sei: stram. sulph.rb2
☞ *Nackt*

– **Nadeln**, sieht: merc. *Sil.*
☞ *Stecknadeln*

– **nahe**:
- **Dinge** ihm nahe sind, selbst wenn er sie nicht anblickt; spürt, daß: valer.rb2

– **näherkommen** und zurückweichen; alles würde: cic.rb2

– **näht**, sie: atro.

– **närrisch**: *Bell.*j5 hyos.j5 merc.j5 merc-act.j nux-v.j5

– **Nase**:
- **anderem**; er hätte die Nase von jemand: lac-c.
- **doppelt**; die Nase wäre: merl.st,vh
- **durchsichtige** Nase; er habe eine: bell.
- **kleiner**; die Nase wäre: choc.srj3
- **länger**; die Nase scheint: choc.srj3 *Glon.*kr1 *Verat.*kr1
- **faßt** Personen an der Nase: merc.
- **zwei** Nasen; er habe: merl.k,st

– **Nerv** sei aufs höchste gespannt; jeder: pip-m.rb2

– **Netz**; wie in einem: nat-m.rb2

– **neu**; alles sei: *Hell.* stram.a1,k,*

– **Neuigkeiten**:
- **erregt**; durch unangenehme Nachrichten: alumn.rb2
- **erwartet** Nachrichten:
  - **unangenehme** Nachrichten: dros.rb2 lyss.rb2 mez.rb2
  - **frohe** Nachrichten: lyss.rb2 valer.rb2
  - **schlechte** Nachrichten: aster.rb2
- **gehört**; er habe Nachrichten:
  - **frohe** Nachrichten: *Lyss.*kr1
  - **unangenehme** Nachrichten: lyss.rb2

– **nichts**:
- **existiert**
  - ☞ *Existenz - Umgebung*
- **tun**; er könne nichts: lyss.rb2

– **niederträchtige** Tat begangen; sie habe eine: cocc.rb2

– **niemand**; er sei: agn.rb2 germ-met.srj5

– **Nilpferd**; er sei ein: cann-i.a1

– **Not**:
☞ *arm, er*
- **geraten**; er werde in: calc-f. chlor.rb2 sulph.
  - ☞ *arm, er / verhungern / Furcht - Armut / Furcht - Verhungern / Geiz*
- **sie** seien in Not geraten: cann-i.
  - ☞ *arm, er / Furcht - Armut / Geiz*

– **Nüsse**, knackt: hyos.a1

– **obszön**: stram.
☞ *Unzüchtig*

• **Handlung**, der sie nicht schuldig war; bezichtigt sich selbst einer obszönen: *Phos.*

– **Ofen**:

• **hält** den Ofen für einen Baum: hyos.

☞ *Delirium - umarmt*

• **hinaufklettern**; und möchte ihn: *Hyos.*j5,kr1

• **heizt** in der Sommerhitze den Ofen an: merc.j5

– **Offizier**; er sei ein: agar. bell. cann-i. *Cupr.* cupr-act.a1

☞ *Befehlshaber / General / hochgestellte*

– **Ohnmacht** fallen; er werde: ang.rb2 bry.rb2 calc.rb2 calen.rb2 cocc.rb2 dig.rb2 kali-c.rb2 lappa.rb2 mag-c.rb2 med.rb2 mosch.a1 nat-m.rb2 sabad.rb2 sep.rb2 sil.rb2 spong.rb2 stann.rb2 thea.rb2 upa.rb2 zing.rb2

• **Hinlegen**, beim: sulph.rb2

• **Leeregefühl** im Magen; mit: bufo.rb2

• **Stehen**, im: dig.rb2

• **Übelkeit**, mit: upa.rb2

– **Ohnmacht** gefallen; er wäre in:

• **Erwachen** auch nur etwas hinausgezögert hätte; wenn er das: carb-v.rb2

– **Ohnmacht**, von: levo.jl,jl3 mosch.a1

– **olfaktorisch**

☞ *Geruchssinns*

– **Opiat**:

• **Einfluß** eines Opiats; er stünde unter dem: cann-i.rb2

– **Orte**, Plätze:

• **falschen** Ort; er sei am: hyos.

☞ *Erkennt - nicht - Umgebung*

• **fremden**, fremdartigen Ort; als sei er an einem: cic.gt

☞ *Erkennt - nicht - Umgebung*

• **einsamen** Orten wieder; findet sich an fremden und:

• **nachts**:

• **Erwachen**; beim: par.

• **kann** nicht an einen bestimmten Ort vorbei; er: *Arg-n.* kali-br.

• **keinen** Platz in der Welt; sie habe: *Plat.*kr1

• **verschiedenen** Orten gleichzeitig; er sei an: cann-i. *Lyc.* plb. raph.

☞ *Verwirrung - Identität*

• **zwei** Orten gleichzeitig; er sei an: *Cench. Lyc. Sil.*

☞ *Körper - geteilt / Verwirrung - Identität / Verwirrung - Identität - Dualität*

– **Paradies**; er sah das: coff.

– **Pendel**:

• **Schwindel** sei wie das Schwingen eines Pendels: bell.rb2

– **Penis**:

• **abgeschnittenen** Penis; sieht einen: marb-w.es1

– **Pergament**; sie wäre aus: neon.srj5

– **Person**:

☞ *Menschen / Menschen*

• **andere** Person; sie sei eine: androc.srj1 cann-s. lac-c.k2 *Lach.* phos. plb. syph.ptk1 valer.

☞ *Identität / Identität - Fehleinschätzung / Verwirrung - Identität*

– **Person - andere** Person; sie sei eine: ...

• **existieren**; sie würde in einer anderen: pyrog.rb2

• **anwesend**; jemand sei: hyos. lyc. thuj.

☞ *Menschen*

• **drei** Personen; glaubt, er wäre

☞ *drei*

• **eintreten**; er hört eine Person in sein Zimmer: con.a1,j5

• **etwas**, das über dem Stuhl hängt sei eine Person, die dort sitzt: calc.

☞ *leblose*

• **folgt** ihm

☞ *gehen - hinter*

• **kommt** herein, blickt sie an, flüstert und sagt "komm"

☞ *Menschen - sagen*

• **Leichentuch** gehüllt; die Person im Mantel sei in ein: psil.ft1

• **Zimmer**; eine andere Person sei im: anac.bg1,st brom.bg1,st cann-i. con.bg1,st hyos.rb2 lyc.bg1,st

• **zwei**:

• **Persönlichkeiten** in ihm; es seien zwei sich widerstreitende:

• **diskutieren**; die ihre Krankheit: paro-i.jl

• **Personen**; glaubt, er sei zwei

☞ *doppelt - sein*

– **Pfauen**:

• **jagt**: hyos.

• **verscheucht**: hyos.a1

– **Pfeifen**, mit: bell.j5 stram.j5

– **Pferde**:

• **reiten**: stram.he1

☞ *fahren; als - reiten*

• **sieht**: bell. m-aust.j mag-m. zinc.

• **sitzen**; er würde auf Pferd sitzen: cann-i.

– **Phantasiegebilde**, Illusionen: *Acon.*bg2,k *Aeth.*k,k1 agar.h,k alum.bg2 alum-sil.k2 *Ambr.*h,k,* anac.h,k,* ang.bg2,k anh.sf,sf1,* ant-c.h,k,* ant-t. apis *Arg-n.*ptk1 arn.h,k,* *Ars.*a1,k ars-i.k,k2 *Aur.*bg2,k aur-ar.k2 aur-s.k2 bar-c.bg2,k bar-i.k13,k2 *Bell.*bg2,k berb. bism. bry.h,k,* bufo calc.h,k,* calc-ar.k13,k2 calc-p. calc-sil.k13,k2 camph.h,k,* **Cann-i.**a1,k cann-s.bg2,k canth.bg2,k,* carb-an.bg2,k carb-v.bg2,k carbn-s.k2 caust.bg2,k cham.h,k,* chin.bg2,k chinin-ar. chinin-s. cic.bg2,k *Cina* *Cocc.*bg2,k coff.bg2,k colch.bg2,k,* coloc.bg2,k con.bg2,k croc.bg2,k *Crot-c.* cupr.bg2,k dig. dros.bg2,k dulc.bg2,k euphr.bg2,k,* *Fl-ac.*bg2,k,* graph. hell.bg2,k hep.bg2,k **Hyos.**bg2,k **Ign.**bg2,k indg. iod.bg2,k kali-ar. *Kali-br.* kali-c.bg2,k *Kali-p.* kali-sil.k13,k2 lac-c. **Lach.**bg2,k,* lact.j led.bg2,k lyc.bg2,k *Lyss.* *Mag-m.*bg2,k mag-s. *Merc.*h,k,* merc-c.bg2 mosch.bg2,ptk1 mur-ac.bg2 nat-c.bg2,k nat-m.bg2 *Nit-ac.*bg2,k *Nux-m.*bg2,k nux-v.bg2,k olnd.j *Op.*j,k,* par. petr.j,ptk1 *Ph-ac.* phos.bg2,k *Plat.*bg2,k plb. psil.ft1 puls.bg2,k pyrog.ptk1 rheum rhod.bg2,k *Rhus-t.*bg2,k *Sabad.*bg2,k samb.bg2,k sec.bg2,k seneg.bg2 sep.bg2,k sil.bg2,k spong.bg2,k stann.bg2,k *Staph.*bg2,k **Stram.**h,k,* sul-i.k13,k2 **Sulph.**bg2,k *Tarent.* thuj.bg2,k valer.bg2,k verat.bg2,k verb.bg2,k viol-o.bg2,k visc. zinc. zinc-p.k13,k2

– **Phantasiegebilde**, Illusionen: ...
☞ *Bilder / Gegenstände / Visionen / Phantasien - versunken*
• **abends**:
• **Bett**; im: calc.$_{h}$ hell.$_{h}$
• **Einschlafen**; beim: calc.$_{a1,h}$ puls.$_{h,kl}$
• **Freien**; im:
• **amel.**: *Plat.*
• **Frost**; während: kali-c. nit-ac. phos. sulph.
• **Hitze**; während: carb-v. hyos. mag-m. merc. phos. samb. stram.
• **Schließen** der Augen; beim: calc.$_{h}$ led.$_{h}$ sep.$_{h}$
– **Pilz** würde ihm den Befehl geben:
• **bekennen** und sich das Abdomen aufzuschlitzen; auf die Knie zu fallen, seine Sünden zu: agar.
– **Platz**, der von Häusern umgeben ist, die hundert Stockwerke hoch sind; sieht einen ungeheuer großen: cann-i.
– **Polizist**:
• **Arzt** sei ein Polizist; der: bell.
• **kommen**; er sieht einen Polizisten ins Haus: ars.$_{k2}$ hyos. kali-br.
• **verfolgt** von der Polizei
☞ *verfolgt, ihm würde nachgestellt - Polizei*
– **Prinz**; er sei ein: verat.
☞ *adlig / hochgestellte / Kaiser - sei / Hochmütig*
• **indischer** Prinz; ein: adam.$_{srj5}$
– **Prozeß** beteiligt; er sei an einem: *Nit-ac.*$_{a1,kr1,*}$
– **Pumpenschwengel**; er sei ein: cann-i.$_{a1}$
– **Puppen**; Menschen scheinen wie: plb.$_{a1,k}$
– **Rache**, göttliche
☞ *Gott - Rache*
– **rachsüchtig**: agar.$_{j5}$
– **Randalierer** würden einbrechen, wenn sie allein ist (= Rowdies): elaps$_{rb2}$
– **Rang**; er sei eine Person von: cupr. phos. verat.
☞ *hochgestellte / Hochmütig*
– **rasend**, tobsüchtig werden; er würde: lob.$_{rb2}$
– **Raserei**, Tobsucht versetzen; der geringste Anlaß werde ihn in:
• **Lustigkeit**; mit: sumb.$_{rb2}$
– **Ratsversammlung** abhalten; er würde eine: arn.$_{bg2}$ cham.$_{bg2}$
– **Ratten**, sieht: absin.$_{a1}$ *Aeth.*$_{bg2,k,*}$ *Ars.* bell.$_{hr1,k,*}$ *Calc.*$_{k,vh/dg}$ *Cimic.*$_{bg2,k1,*}$ colch.$_{a1,bg2,*}$ hyos.$_{k13,k2}$ lac-c.$_{hr1}$ lach.$_{bg2}$ med.$_{hr1,k}$ op.$_{bg2,j5,*}$ stram.$_{bg2,k,*}$
☞ *Visionen - Ungeheuern - sonderbare*
• **Farben**, in allen: absin.
• **große** Ratten:
• **nachts**:
• **Zimmer**; im: med.$_{c1}$
• **laufen**:
• **Bein** hinauf, das: ail.$_{k1,vh}$ *Calc.*$_{k1,vh}$
• **Zimmer**; quer durch das: *Aeth.* ail. ars. cimic. med.
– **Rauch**:
• **heißer** Rauch würde durch alle Öffnungen kommen: fl-ac.$_{ptk1}$
– **Raum**:
• **Ausdehnung** des: cann-i.$_{hr1,k,*}$ nux-m.$_{bg2,vh,*}$
☞ *Entfernungen - vergrößert*

– **Raum**: ...
• **getragen**; er würde in den Weltraum:
• **Liegen**; beim: cann-i.$_{k2}$ coca *Lach.*
• **Umlaufbahn** zu beschreiben; und genötigt, eine enorme:
• **Liegen**; beim: cann-i.$_{a1}$
• **zwischen** Gehirn und Schädel; es sei leerer Raum: caust.
– **Redseligkeit**, mit: *Bell.*$_{j5}$ hyos.$_{j5}$ lach.$_{j5}$ op.$_{j5}$ rhus-t.$_{j5}$ *Stram.*$_{j5}$ *Verat.*$_{j5}$
– **Regen**:
• **draußen** im Regen gewesen, weil er ein nasses Tuch auf dem Kopf hat; glaubt, er sei: atro.
• **hört** Regen; er: calc.$_{gl1}$ chin.$_{gl1}$ ph-ac.$_{gl1}$ staph.$_{gl1}$ sulph.$_{gl1}$ verat.$_{gl1}$
• **würde** regnen; es: naja$_{hr1}$
– **Regenschirm** sei ein Messer; der: androc.$_{srj1}$
– **reich** zu sein
☞ *Reichtum*
– **Reichtum**, von: adam.$_{srj5}$ agn. alco. bell. calc. cann-i. kali-br. nit-ac.$_{bg2}$ phos.$_{bro1,st}$ *Plat.*$_{bro1}$ *Pyrog. Sulph.* verat.
☞ *hochgestellte / Geisteskrankheit - Einkäufe / Geiz / Hochmütig*
– **Reise**; er befinde sich auf einer: bell. brom. cann-i. chinin-ar.$_{rb2}$ crot-h. hyos. lach. mag-m. nat-c. op. sang. sil.
☞ *Reisen*
– **Reisen**, von: *Bell.*$_{gl1}$ cann-i.
☞ *Reise; er / Reise*
• **Welten**, durch: aether
– **religiös**: *Anac.*$_{hr1,kr1,*}$ *Ars.*$_{sf,sf1}$ aur.$_{sf,sf1}$ bell.$_{sf,sf1}$ croc.$_{sf,sf1}$ *Hyos.*$_{sf,sf1}$ *Kali-br.*$_{hr1,kr1,*}$ lach.$_{j5,sf1,*}$ lyc.$_{sf,sf1}$ med.$_{hr1,kr1,*}$ merc.$_{sf,sf1}$ nux-v.$_{sf,sf1}$ plat.$_{sf,sf1}$ *Puls.*$_{j5,sf1,*}$ *Stram.*$_{j5,sf1,*}$ *Sulph.*$_{sf,sf1}$ *Verat.*$_{j5,sf1,*}$
☞ *Religiös - Gemütsstörungen*
– **rempelt** jeden an; den sie trifft: acon.$_{rb2}$
– **richtig**:
☞ *gelingt*
• **machen**; er würde nichts richtig: anac. arg-n. *Aur.* germ-met.$_{srj5}$ nat-c.
☞ *faul - bewegen / fehlschlagen / gelingt / Unrecht - begangen / Angst - Gewissensangst / Furcht - Versagen / Gelingt / Reue / Schüchternheit / Selbstvertrauen - Mangel / Tadelt sich*
• **nichts** scheint richtig
☞ *faul - bewegen / mißlingen - alles*
– **Riesen**, Giganten; sieht: bell.$_{a1,k}$
– **Riß** in seiner Seele oder im Universum: haliae-lc.$_{srj5}$
– **rollen**:
• **auf** ihn rollen; etwas würde: cocc.$_{c1,ptk1}$
• **Wand**, den Boden oder überall; etwas Lebendiges rollt über die: cocc.$_{c1,ptk1}$
– **Rücken**:
• **eingehüllt**; der Rücken wäre dick in Nebelschwaden: bamb-a.$_{stb2}$
• **gelockert**; der Rücken wäre: bamb-a.$_{stb2}$
– **rufen**; laut zu: cann-i.
☞ *Hören - Einbildung*
– **ruft**:
• **abwesenden** Personen, nach: hyos.

• **Erwachen**; jemand ruft beim: ant-c. ars. bell.$_{bg1,st}$ dulc.$_{h}$ rhod.$_{ptk2}$ rhus-t.
• **ihn**; jemand ruft: *Cann-i.*$_{kr1}$ rhod.$_{kr1}$ *Sep.*$_{kr1}$ sulph.$_{gl1,kr1}$
  • **Namen**; die abwesende Mutter oder Schwester rufen ihn beim: anac.$_{j5,kr1,*}$
  • **Schlaf**; im: sep.$_{h,kl2}$●
• **jemand**: anac. ant-c. bell.$_{bg1,st}$ cann-i. dros. hyos.$_{gg}$ kali-c. med.$_{gg,pc}$ plat.$_{j}$ *Plb.* ruta$_{j5}$ stram.$_{gg}$ thuj.

– **ruiniert**:
☞ *arm, er*
• **sei** ruiniert, er: calc.$_{gl1,vh}$ **Ign.**$_{gl1,vh}$ verat.$_{gl1,vh}$
☞ *arm, er / Furcht - Armut / Geiz*
• **werde** ruiniert werden; er: puls.$_{rb2}$

– **rund** herum:
• **alles** geht:
  • **Blicken** auf Wasser; beim: ferr.$_{rb2}$

– **Rußwolke** sei auf ihn herabgefallen: cann-i.

– **rutschen**:
• **genötigt** durch eine unsichtbare Kraft am Boden entlang rutschen; er würde: op.$_{rb2}$

– **rüttelt** und erschüttert; als wäre sie in einem Fahrzeug, das sich bewegt und sie
☞ *Fahrzeug - rüttelt*

– **Säge**, die auf und niederschnellt; er sei eine riesige: cann-i.

– **sagt**, scheint es, als ob jemand anderes es sagen würde; wenn er etwas: alum.$_{k1}$

– **sammeln**; versucht Gegenstände von Bildern und Wänden zu: bell.$_{a1}$

– **sammeln**, zusammenbringen; kann seine Sinne nicht: cham.$_{rb2}$ hyos.$_{rb2}$

– **Satyren**; Visionen von tanzenden: cann-i.$_{a1}$

– **Säuglinge**
☞ *Babies*

– **Schädel** würde hochgehoben und wieder gesenkt: stict.$_{c1}$

– **Schafe**:
• **sieht**: *Cimic.*
• **treibt**: acon.$_{a1,h}$

– **Schande**; sie sei in: plat. rob.$_{a1}$ ~~sarr.$_{a1,xxx}$~~ sec.$_{a1,dgt,*}$ sulph.$_{hr1,k}$
☞ *verachtet / verstoßen / verstoßen - Verwandten / Gelingt / Gesellschaft - Verlangen / Schüchternheit / Selbstvertrauen - Mangel / Verlassen / Verlassen - Isolation*

– **Schande** zu bringen; über jemanden:
• **Familie** oder Freunde gebracht; er habe Schande über: sarr.$_{a1,k}$

– **schaukeln**; er würde: ign.$_{rb2}$ merc.$_{rb2}$ sulph.$_{rb2}$
• **Bett**, im: camph.$_{rb2}$ lact.$_{rb2}$
• **Wiege**, in einer: ign.$_{rb2}$

– **schaukelt** in der Luft: mag-m.$_{bg2}$

– **schieben**:
• **vorne** schieben; er würde sich nach:
  • **Fahren**; beim: ferr.$_{rb2}$
  • **Liegen**; beim: ferr.$_{rb2}$

– **schießen**; er versucht, mit einem Stock zu: bell.$_{j5,kr1}$ merc.
☞ *Gewehr*

– **Schiffe**:
• **sieht** Schiffe auf dem Ozean: limest-b.$_{es1}$

– **Schiffe**: ...
• **Sturm**; sie seien an Bord eines Schiffes in einem: alco.

– **Schildkröten** im Zimmer; sieht: bell.

– **Schimpfen**, mit: lyc.$_{j5}$

– **schläfrig**; er sei: merl.$_{rb2}$ nat-m.$_{rb2}$ nux-m.$_{rb2}$
☞ *schlafen*

– **Schlaf**:
• **beraubt**, des Schlafes (= zu wenig Schlaf): merl.$_{rb2}$ rheum$_{rb2}$ rhus-t.$_{rb2}$ zinc.$_{rb2}$
• **Einschlafen**; Wahnideen beim: bell.$_{j5}$ bry.$_{j5}$ *Calc.*$_{j5}$ camph.$_{j5}$ chin.$_{j5}$ guaj.$_{j5}$ ign.$_{j5}$ merc.$_{j5}$ ph-ac.$_{j5}$ phos.$_{j5}$ spong.$_{j5}$ sulph.$_{j5}$
• **einschlafen**, er würde: asar.$_{rb2}$ lappa$_{rb2}$ merc-act.$_{j}$ mur-ac.$_{rb2}$ plat.$_{rb2}$
  • **tiefen** Schlaf fallen; in: camph.$_{rb2}$
• **gestört**; der Schlaf würde: agar.$_{rb2}$
• **müsse** schlafen, er: ant-t.$_{rb2}$

– **schlafen**; er würde: rhus-t.$_{rb2}$ ter.$_{rb2}$
☞ *schläfrig*
• **gerade** einschlafen
☞ *Schlaf - einschlafen, er*
• **Halbschlaf**; er befinde sich im: con.$_{rb2}$ rheum$_{rb2}$
• **betäubtem** Schlaf; er befinde sich in: ant-t.$_{rb2}$
• **Nacht** geschlafen; er habe die ganze: euph.$_{rb2}$ lina.$_{rb2}$
• **nicht** genug geschlafen; er habe: ars.$_{rb2}$ bapt.$_{rb2}$ bell.$_{rb2}$ calc.$_{rb2}$ colch.$_{rb2}$ con.$_{rb2}$ dig.$_{rb2}$ eucal.$_{rb2}$ lac-ac.$_{rb2}$ magn-gr.$_{rb2}$ nux-v.$_{rb2}$ phos.$_{rb2}$ ran-b.$_{rb2}$ rhus-t.$_{rb2}$ ruta$_{rb2}$ sulph.$_{rb2}$ thuj.$_{rb2}$
  • **morgens**: bell.$_{rb2}$ ham.$_{rb2}$
• **nicht** geschlafen; er habe:
  • **morgens** beim Erwachen: trif-r.$_{rb2}$
• **tief** schlafen; er würde: visc.$_{rb2}$
• **wach** ist; besteht darauf, daß er schläft, obwohl er: acon. alco.$_{a1}$

– **Schlag**:
• **elektrisch**:
  • **stürzen**; er würde plötzlich durch einen elektrischen Schlag: clem.$_{rb2}$

– **schlagen**:
• **möchte** schlagen:
  • **jeden**, der zu ihm spricht ins Gesicht: nux-v.$_{rb2}$

– **Schlangen**:
☞ *Schlange würde*
• **hinaufkriecht**; spürt eine Schlange, die das Bein: ail.$_{st}$
• **in** ihr und um sie herum: *Abel.*$_{vh,vh/dg}$ ail.$_{k2}$ anh.$_{sp1}$ arg-n.$_{bg2,k}$ bell.$_{a1,k}$ calc. cund.$_{bg1,st}$ gels.$_{bg1,bg2,*}$ *Hyos.*$_{hr1,k}$ ign.$_{bg1,bg2,*}$ *Lac-c.*$_{hr1,k}$ lach. lachn.$_{bg1,st}$ op. phys.$_{bg1,bg2}$ phyt.$_{st,vh}$ stram.$_{hr1,kr1}$ tub.$_{bg2,bg3,*}$ viol-o.$_{bg1,bg2,*}$
• **liegen**; sie würde auf einer großen Schlange: lac-c.$_{rb2}$

– **Schlange** würde sich um seinen Hals legen; eine scharlachrote: bell.
☞ *Schlangen*

– **schlecht** behandelt; er würde von allen: sumb.$_{rb2}$

– **schlechter** Laune; er ist in: zinc.$_{rb2}$

– **Schlösser** und Paläste; sieht: plb.
– **schlucken**, kann nicht: lyss.$_{hr1,kr1}$
– **Schmerzen**:
• **Schlaf**; er habe Schmerzen im: alum.$_{h}$
– **Schmetterlingen**, von: bell.$_{a1,k}$ cann-i.$_{a1,k}$
– **schmutzig**:
☞ *Schmutzig*
• **alles** sei: cur.
• **er** sei: hydrog.$_{srj2}$ *Lac-c.* limest-b.$_{es1}$ lycps-v. neon$_{srj5}$ rhus-t. *Syph.*$_{bg,ptk1}$
☞ *verunreinigen / Heikel / Waschen - Verlangen - Hände*
– **Schmutz**, ißt: verat.
– **schön**: anh.$_{sp1}$ bell.$_{bg2,k,*}$ *Cann-i.*$_{a1,k}$ coca *Lach. Sulph.*$_{h,k,*}$
☞ *Visionen - schön*
• **alte** zerlumpte Frau erscheint schön: psil.$_{ft1}$
• **Atmosphäre**; er befinde sich in schöner: dat-a.$_{a1}$
• **Dinge** sehen schön aus: bell.$_{bg2}$ eug.$_{a1}$ hydrog.$_{srj2}$ neon$_{srj5}$ olnd.$_{bg2}$ sulph.$_{bg2,h,*}$ tab.$_{bg2}$
• **Landschaft**; von einer schönen: coff.$_{k1}$ *Lach.*
• **Lumpen** erscheinen; selbst: *Sulph.*$_{h,k,*}$
• **sie** sei schön und wünscht es sich: stram.$_{st}$
• **Urinieren** schön; alle Dinge scheinen nach dem: eug.
• **Visionen**
☞ *Visionen - schön*
– **schöpferische** Kräfte; er habe: cann-i. psil.$_{ft1}$
☞ *hochgestellte / Wissen; er / Taten - große*
– **Schreck**:
• **nach**: bapt.$_{rb2}$ bell.$_{j5}$ calc-p.$_{rb2}$ merc.$_{rb2}$ plat.$_{j5}$
• **wie** erschreckt: borx.$_{rb2}$ calc-p.$_{rb2}$ iber.$_{rb2}$ nat-ar.$_{rb2}$ paeon.$_{rb2}$ psor.$_{rb2}$ sacch-l.$_{rb2}$ stram.$_{rb2}$ ter.$_{rb2}$ zinc.$_{rb2}$
• **Erscheinung** hinter ihm; durch eine: lach.$_{rb2}$
• **Erwachen**, beim: apis$_{rb2}$ bell.$_{rb2}$ lyc.$_{rb2}$ m-aust.$_{rb2}$ mag-p.$_{rb2}$ magn-gl.$_{rb2}$ phys.$_{rb2}$ samb.$_{rb2}$ sars.$_{rb2}$
• **Traum**, durch einen: borx.$_{rb2}$
• **Zittern**; und unbeschreibliche Furcht mit: iber.$_{rb2}$
– **schrecklich**
☞ *Bilder - schreckliche / Visionen-*
– **schrecklich**; alles erscheint: cic.$_{ptk1}$ plat.$_{ptk1}$
– **schreien**:
• **mit** Schreien: canth.$_{j5}$ hyos.$_{j5}$ *Stram.*$_{j5,kr1}$ verat.$_{j5}$
• **zwingen** zum
☞ *Schreien - muß*
– **schreiten**:
• **Daunen** gehen, er würde auf: der.$_{rb2}$
• **Person** würde laut schreiten, hart auftreten; eine: aloe$_{ptk1}$
• **Luft**; auf: dub.$_{rb2}$ nat-m.$_{rb2}$
• **Raum** schreiten; im leerem
☞ *Luft*
• **Stufen** so leicht wie eine einzige nehmen; sie könne zehn: puls.$_{rb2}$
– **Schrift** erschien ihr unsauber, unordentlich; ihre: hydrog.$_{srj2}$
– **Schritte**, hört: canth. carb-v. crot-c. nat-p.
☞ *Hören - Einbildung*
• **hinter** ihm: crot-c. *Med.*$_{vh,vh/dg}$
– **Schritte**, hört: ...
• **Nebenzimmer**, im: nat-p.
– **Schuld**; von
☞ *Unrecht - begangen*
– **Schulter** blicken; Menschen würden über seine: brom.
– **Schwangerschaft**; während der: puls.$_{hr1}$
– **schwanger**; sie wäre: apis$_{a1}$ berb.$_{c1}$ *Caul.*$_{c1,kr1,*}$ *Croc.*$_{kr1,sf1,*}$ cycl.$_{bro1}$ gink-b.$_{sbd1}$ hydrog.$_{srj2}$ ign. nux-v.$_{c1,c2}$ *Op.*$_{bro1}$ *Puls.*$_{k2,kr1}$ *Sabad.* sulph.$_{bro1}$ thuj.$_{c2,k}$ *Verat.*$_{c2,k}$
☞ *Wehen / Simuliert - Schwangerschaft*
– **schwanken**:
• **sie** würde schwanken: spig.$_{rb2}$
• **Ruhe**, in der: tax.$_{rb2}$
• **Seite** zur anderen; von einer: gamb.$_{rb2}$
– **schwanken**; er würde hin und her:
• **Sitzen**, im: paraf.$_{rb2}$
– **schwarz**:
• **Gegenstände** und Menschen; sieht: *Bell.*$_{bg2,j5}$ op.$_{j}$ plat.$_{bg2}$ puls.$_{bg2,j5}$ stram. tarent.$_{gg}$
• **sie** sei: sulph.$_{h,j5,*}$
– **Schwebe** gehalten zu sein; in der:
• **Luft** in Schwebe gehalten; er wird in der: sep.$_{rb2}$
• **Bett** liegen; und nicht im: hyper.$_{rb2}$
– **schweben**:
☞ *schwimmen - Luft*
• **Bett**:
• **ruhen**; er würde nicht auf dem Bett: *Lach.* stict.
• **würde** schweben
☞ *Bett - schweben*
• **schweben**; im Bett zu schwimmen, zu: bell.$_{h}$ stram.$_{h}$
• **schwimmen**; im Bett zu: bell.$_{h}$ stram.$_{h}$
• **Boot** zu schwimmen; in einem: bell.$_{rb2}$
• **Dinge** schweben:
• **Schreiben** hin und her; Gegenstände schweben beim: anag.$_{rb2}$
• **Fahren**; beim: haliae-lc.$_{srj5}$
• **Irrgarten**, in einem wogenden: keroso.$_{a1}$
• **Luft**, in der: *Acon.*$_{bg3,vh,*}$ *Ambr.*$_{vh,vh/dg}$ anh.$_{sp1}$ *Arg-met.*$_{vh,vh/dg}$ arg-n.$_{ptk1}$ asar.$_{c2,k,*}$ bell.$_{rb2,sf1}$ bry.$_{rb2}$ calc.$_{c1}$ calc-ar.$_{k2}$ cann-i. canth. chlf.$_{a1}$ cocain.$_{rb2}$ cocc.$_{ptk1}$ coff.$_{ptk1}$ dat-a.$_{a1}$ *Euon.*$_{sf1,st}$ euon-a.$_{c1,c2}$ germ-met.$_{srj5}$ haliae-lc.$_{srj5}$ hura hyos.$_{c1}$ hyper.$_{ptk1}$ jug-r.$_{c1,c2}$ kali-br. *Lac-c.*$_{bg3,k2,*}$ *Lach.* lact.$_{c1}$ lact-v.$_{c1,c2}$ luna$_{kg1}$ m-aust.$_{c1,c2}$ manc.$_{rb2}$ mosch.$_{rb2}$ nat-m.$_{bg3,ptk1}$ *Nux-m.*$_{k,rb2}$ *Op.*$_{bg3,rb2,*}$ passi.$_{c1,c2}$ pen.$_{c1,rb2}$ *Ph-ac.*$_{c1,c2,*}$ phos.$_{c2,k}$ phys.$_{c1,c2,*}$ pip-m.$_{rb2}$ sep.$_{gt}$ **Spig.**$_{bg3,vh,*}$ stict.$_{bg3,sf1,*}$ stram.$_{ptk1}$ *Tarent.*$_{c1,c2}$ tell.$_{c1,c2}$ tep.$_{rb2}$ ter.$_{bg1,bg2,*}$ thuj.$_{bg3,c2,*}$ valer.$_{bg3,sf1,*}$ visc.$_{c2,jl}$ xan.$_{c1,c2,*}$ zinc-i.$_{ptk1}$
☞ *Fliegen / Körper - leichter / schwimmen - Luft*
• **abends**: bell.
• **Beine** würden schweben: stict.$_{rb2}$
• **Gehen**, beim: asar.
• **Geist**; wie ein: asar.$_{k,rb2}$ lac-c.$_{k2}$ lach.$_{k2,st}$ tell.$_{rb2}$
☞ *Körper - leichter / leicht - er*

- • **Luft**, in der - **Geist**; wie ein: ...
    - • **Einschlafen**; beim: tell.$_{rb2}$
    - • **Liegen** auf der linken Seite: zinc-i.$_{ptk1}$
    - • **Sitzen**, im: xan.$_{rb2}$
  - • **Schließen** der Augen; beim: pen.$_{a1}$

– **schweben**; er würde in der Luft
  ☞ schweben - Luft

– **Schweine**; Männer seien: hyos.

– **schwer**, er sei: nat-c. thuj.
  - • **Bett**; er sei zu schwer fürs: hyper.$_{rb2}$
    - • **zerbrechen**; und das Bett würde: ovi-p.$_{rb2}$

– **Schwert** würde über dem Kopf hängen; ein: am-m.$_{a1,k}$

– **Schwierigkeiten**, Probleme:
  - • **brütet** über eingebildete Schwierigkeiten nach
    ☞ Brütet - Probleme - eingebildete
  - • **drohen**; Schwierigkeiten würden: am-c.$_{rb2}$
    - • **Kleinigkeit** würde zu großen Schwierigkeiten führen; jede: anac.$_{rb2}$
  - • **große** Schwierigkeiten geraten; er sei gerade in: cycl.$_{rb2}$

– **schwimmen**, er würde: cann-i.$_{a1,k}$ rhus-t.
  - • **Bett**; im
    ☞ schweben - Bett - schweben / schweben - Bett - schwimmen
  - • **Hinlegen**, beim: ox-ac.$_{rb2}$
  - • **Luft**, in der: calc-ar.$_{rb2}$ lac-c.$_{k2,vh,*}$ lact.$_{rb2}$ manc.$_{rb2}$ valer.$_{rb2}$
    ☞ schweben / schweben - Luft

– **Schwindel**:
  - • **beginnt**:
    - • **Auge** aus; vom linken: lob.$_{rb2}$
    - • **Magen** aus, vom: kali-c.$_{rb2}$
    - • **Ohren** beginnen und zum Scheitel drücken; würde vor den: sal-p.$_{rb2}$
  - • **bewegen**; würde sich mal in die eine, dann in die andere Richtung bewegen: coff-t.$_{rb2}$
  - • **haben**; Schwindel zu: aml-ns.$_{rb2}$ bell.$_{rb2}$ bufo$_{rb2}$ ferr.$_{rb2}$ gels.$_{rb2}$ jug-r.$_{rb2}$ sacch.$_{rb2}$ stram.$_{rb2}$
    - • **Seekrankheit**; durch: magn-gr.$_{rb2}$
  - • **überwältigender** Schwindel würde sie überkommen: con.$_{rb2}$
  - • **werden**; es werde ihm schwindelig: brom.$_{rb2}$ malar.$_{rb2}$
    - • **Bewußtsein** verlieren; und er werde das: mag-m.$_{rb2}$

– **schwindelig**
  ☞ Schwindel

– **seekrank**, er sei: der. magn-gr.$_{rb2}$ nitro-o.$_{a1}$ tab.$_{rb2}$
  - • **Reiten** im Dunklen; nach: sanic.$_{rb2}$

– **Seele**:
  - • **drücken**; etwas würde ihr auf die Seele: bamb-a.$_{stb2}$
  - • **Körper** wäre zu klein für die Seele oder von ihr getrennt; der
    ☞ getrennt - Körper - Seele

– **sehen**:
  - • **könne** nicht sehen; er: hyos.$_{j5}$ stram.$_{j5}$
    - • **ragen**, so daß er nicht darüberblicken kann; etwas würde aus dem Kopf: phel.$_{rb2}$

– **sehen - könne** nicht sehen; er: ...
    - • **versetzen**, verwandeln und nur dann könne er sehen; er könne sich in einen anderen: alum.$_{rb2}$
  - • **sich** selbst; sie sieht: anh.$_{sp1}$ stram.$_{he1}$
  - • **würde** etwas sehen; er:
    - • **herumdrehen** würde; wenn er sich: brom.$_{rb2}$

– **Sehen** und Hören; in bezug auf: anac.$_{j1}$ bell.$_{sf1}$ eup-pur.$_{a1,k}$
  ☞ Bilder / Hören - Einbildung

– **Seite**:
  - • **linke** Seite würde nicht ihr gehören; die: sil.
  - • **rechte** Seite:
    - • **Muskel** und jede Faser der rechten Seite fühlen; sie kann jeden: sep.$_{k1}$
    - • **verlängert**; die rechte Seite des Körpers und des Kopfes wären: adam.$_{srj5}$
  - • **gleich**; die linke und die rechte Seite wären nicht: bamb-a.$_{stb2}$
  - • **lebendig** auf der einen und begraben auf der anderen Seite; er sei: stram.

– **selbst**; er sei nicht er
  ☞ Person - andere

– **Selbstkontrolle** verlieren; sie würde alle: gels.$_{rb2}$

– **Selbstmord** genötigt; zum: ars.$_{j5}$ hyos.$_{j5}$ rhus-t.$_{rb2}$ thea$_{rb2}$ verat.$_{j5}$
  - • **Ertrinken**, durch: dros.$_{rb2}$
  - • **Messers**; beim Anblick eines: alum.$_{rb2}$

– **selbst**; sie sei nicht sie: haliae-lc.$_{srj5}$ puls.$_{rb2}$

– **Sessel**:
  - • **hängt** wäre eine Person; etwas, was über einem Sessel: calc.$_{rb2}$
  - • **heben**; der Sessel würde sich: phos.
  - • **reparieren**; er würde alte Sessel: cupr. cupr-act.$_{a1}$
  - • **stehen**; der Sessel würde mitten im Bett: thuj.$_{rb2}$

– **seziert** werden; er werde: cann-i.

– **sieht**, wenn er etwas:
  - • **Anderen** sehen; scheint es, als würde er es durch die Augen eines: alum.$_{k1}$
    ☞ Verwirrung - Identität

– **singen**, er würde: cann-i.

– **Sinne**:
  - • **beraubt**; er wäre aller Sinne: cycl.$_{rb2}$
  - • **vergehen**:
    - • **seien** vergangen; die Sinne: spira.$_{rb2}$
    - • **würden** vergehen; die Sinne: cann-s.$_{k2}$ merc.$_{c1,k}$ plat.$_{rb2}$ ran-b.$_{rb2}$

– **Sinnestäuschungen**: phos.$_{gt}$

– **Sitzen**:
  - • **hoch** sitzen; er würde zu: aloe$_{rb2}$
  - • **Nassen** sitzen, im: morph.$_{rb2}$

– **Skelette**, sieht: crot-c.$_{a1,k}$ op.$_{a1,k}$

– **Skorpione**, sieht: **Op.**$_{k,vh,*}$

– **Sodawasser**; er sei eine Flasche
  ☞ Flasche

– **Soldaten**:
  - • **Bett**, auf seinem: lact.

• **marschieren**:
  • **Luft**; marschieren vor ihren Augen in der:
    • **abends** im Halbschlaf: nat-c.$_{h2}$
  • **schweigend** vorbei: cann-i.
• **sein**; ein Soldat zu:
  • **nachts**: chel.$_{a1}$
• **sieht** Soldaten: bar-c. *Bell.* bry. nat-c.$_{h2,j5,*}$ op.
• **stechen** ihn nieder:
  • **Abkühlung** amel.: bry.
• **umringt** von: nat-c.$_{gl1,vh}$

– **sonderbar**, merkwürdig:
• **alles** sei: anac.$_{bg2,k2,*}$ *Anh.*$_{mg,mg1}$ bar-m. camph.$_{a1}$ cann-i.$_{a1,sf1,*}$ cann-s.$_{bg2,k2,*}$ carb-an. *Cic.*$_{k,st}$ glon.$_{bg}$ *Graph.* *Hydrog.*$_{srj2}$ *Med.*$_{ptk1}$ *Nux-m.*$_{bg2,k,*}$ petr.$_{bg2,sf1,*}$ *Plat.*$_{bg2,k,*}$ plb.$_{bg2,sf1,*}$ staph. stram. tub.$_{a1,br1,*}$ valer.$_{j}$
  ☞ *verändert / Sonderbar - alles*
  • **schrecklich**, und: plat.$_{rb2}$
  • **Zimmer**, im: tub.$_{rb2}$
• **Begriffe** scheinen: *Lyss.*
• **Gegenstände** scheinen: carbn-s.$_{a1}$ cic.$_{h}$ valer.$_{rb2}$
• **Häuser** erscheinen fremd, er verläuft sich in den Straßen
  ☞ *Straßen*
• **Land**; als sei er in einem fremden: bry. par. plat. verat.
• **Orte** scheinen fremd
  ☞ *Umgebung*
• **Stimme** scheint fremd; ihre eigene: *Cann-i.*
• **Straßen**, die Häuser erscheinen fremd; verläuft sich in den: *Glon.*$_{kr1}$
• **Symptome** würden nicht zu ihm gehören; seine
  ☞ *Symptome*
• **Umgebung** erscheint fremd: cic. hyos.$_{bro1}$ plat.$_{bro1}$ rhus-r. tub.$_{bro1,rb2}$
  • **Kopfschmerzen**, nach: glon.
• **Vertrautes** scheint fremd: arg-n. atro. bar-m. bell. bov.$_{sf1}$ calc. *Cann-i.* *Cann-s.*$_{kr1,st}$ carb-an. choc.$_{srj3}$ cic. *Cocc.*$_{bg1,st}$ croc. glon. *Graph.* hydrog.$_{srj2}$ hyos. kali-p.$_{bg1,st}$ lyss. mag-m. med. merc.$_{bg1,st}$ mosch. *Nux-m.*$_{bg1,sf1,*}$ op. petr.$_{bg1,sf1,*}$ phos.$_{bg1,st}$ *Plat.* puls.$_{bg1,st}$ ran-b.$_{bg1,st}$ rhus-t. staph. stram. sulph.$_{bg1,st}$ thuj.$_{bg1,st}$ tub.$_{bg,bg1,*}$ valer. verat.
  ☞ *Sonderbar - alles*
  • **lächerlich**, sind: cann-i. hyos. nux-m.
  • **schrecklich**, sind: plat.

– **Sonne**:
• **niederdrücken** und sie muß im Schatten ruhen, um weitergehen zu können; die Sonne würde sie: psor.$_{rb2}$
• **schwanken**; die Sonne würde: cann-i.$_{a1}$

– **Sorgen**, ob er in den Himmel oder die Hölle kommt; macht sich keine
  ☞ *Gleichgültigkeit - Religion - egal*

– **Spiegel**:
• **elend** aus; sie sehe im Spiegel
  ☞ *elend*
• **Gesicht** im Spiegel, außer dem eigenen; sieht jedermanns: anac.$_{ptk1}$

– **Spielzeug**:
• **Gegenstände** erscheinen so anziehend schön wie Spielzeug: cic.
• **spielt** mit Spielzeug: atro.

– **Spinnen**, sieht: *Lac-c.*
  ☞ *Furcht - Spinnen*

– **spinnt** (Handwerk); sie: hyos.$_{a1,k}$ stram.

– **Sprechen**:
• **anderer** spricht, wenn er spricht; ein: alum.$_{a1,k2}$ cann-s.$_{k2,st}$
• **eingebildeten** Personen; spricht laut und zusammenhanglos zu: atro.$_{a1}$ bell.$_{a1}$ chlol.$_{ptk1}$
• **Freunde** sprechen über sie: *Bar-c.*$_{ptk1}$ hyos.$_{ptk1}$ ign.$_{ptk1}$ lach.$_{k2}$ pall.$_{ptk1}$ stann.$_{ptk1}$ staph.$_{ptk1}$
• **Geistern**; mit: bell.$_{j5}$ nat-m.$_{gl1,vh/dg,*}$ nit-ac.$_{ptk1}$ *Plat.*$_{gl1,vh,*}$ stram.
• **geisteskrank**: nit-ac.$_{h}$
• **Glieder** unterhalten sich; die: bapt.$_{ptk1,ptk2}$
  ☞ *Teil / Beine - unterhalten*
• **hinter** ihm würde sprechen; jemand: *Med.*$_{vh,vh/dg}$
• **hört** sprechen; er: elaps$_{a1}$
• **irrational**: nit-ac.$_{a1,h}$
• **leblose** Gegenstände mit Namen an, bemerkt jedoch die Umstehenden nicht; er spricht: stram.$_{j5,kr1}$
• **Personen**, als seien sie in der Nähe; spricht von:
  • **Mitternacht**; gegen: sep.
• **schnell** sprechen; alle um sie herum würden: *Sang.*$_{kr1}$
• **sie** spricht: raph.
  • **sich** selbst; sie spricht mit: op.$_{rb2}$
• **Teil** des Körpers spricht mit einem anderen; ein: bapt.$_{k2}$
  ☞ *Glieder / Beine - unterhalten*
• **Toten**, mit: bell. **Calc-sil.**$_{k1}$ canth. hell. *Hyos.* med.$_{k2}$ nat-m. stram.
  ☞ *Sprechen - Toten*
  • **Schwester**, mit seiner: bell.$_{gl1,kr1}$ *Hyos.*$_{kr1}$
    • **Kirchhof**, auf dem: bell.$_{gl1,j5}$

– **springen**:
• **Dinge** springen vor ihr vom Boden auf; alle möglichen: brom.$_{a1,k}$ ther.$_{ptk1}$
• **müsse** aus dem Fenster springen; er: thea$_{rb2}$
• **sicher** landen; sie könne aus der Höhe springen und: marb-w.$_{es1}$

– **Stadt**; er sei in einer verlassenen: carb-an.$_{j5}$

– **Statue**:
• **bewundert** zu werden; nimmt die Haltung einer Statue ein, um: *Stram.*$_{vh,vh/dg}$
• **Marmorstatue**; er sei eine: cann-i.$_{rb2}$

– **Stecknadeln**, von: *Sil.*$_{bg2,k,*}$ spig.
  ☞ *Nadeln*

– **Stehen**:
• **Kopf** stehen; auf dem: ph-ac.$_{rb2}$
  • **Bett** umgekippt und sie würde auf dem Kopf stehen würde; als sei das: *Ph-ac.*$_{vh,vh/dg}$
• **muß** stehen, aufstehen:
  • **sitzt**; wenn er: sep.$_{rb2}$

• **neben** sich stehen; er würde: anh.$_{sp1}$
☞ *doppelt - sein*
• **sicher** stehen; er würde nicht: asar.$_{rb2}$ calc-act.$_{rb2}$
– **Stellung** nicht geeignet; sie sei für ihre: stram.$_{kr1}$
☞ *unfähig - Arbeit*
– **sterben**:
☞ *Tod - Vorahnung*
• **gleich** sterben; glaubt, er würde: **Acon.** agn.$_{c1}$ alum.$_{a1}$ am-c.$_{rb2}$ ant-t.$_{rb2}$ *Arg-n.* arn.$_{k2}$ ars.$_{k2}$ asaf.$_{rb2}$ asar.$_{rb2}$ bar-c. bar-m.$_{k2}$ bell.$_{sf1}$ cact.$_{kr1}$ calc.$_{gl1}$ cann-i. caps.$_{rb2}$ caust.$_{rb2}$ cench.$_{k2}$ *Chel.* *Croc.* cupr. gels.$_{rb2}$ glon.$_{rb2}$ graph.$_{rb2}$ hell.$_{h}$ iris-t.$_{c1}$ kali-c. lac-d. *Lach.*$_{k2,kr1}$ lil-t.$_{rb2}$ lyc.$_{kr1,rb2}$ lyss.$_{rb2}$ mag-p.$_{kr1}$ magn-gr.$_{rb2}$ med.$_{c1,rb2}$ merc.$_{j5}$ mur-ac.$_{rb2}$ *Nit-ac.* nux-v. petr. phos.$_{a1,rb2}$ *Plat.*$_{kr1,rb2}$ *Podo.*$_{br1,k1}$ psor.$_{rb2}$ puls.$_{rb2}$ pyrus$_{rb2}$ raph.$_{rb2}$ rhus-t. ruta$_{rb2}$ sil.$_{rb2}$ stram. sulph.$_{rb2}$ tab.$_{rb2}$ thea$_{rb2}$ *Thuj.* v-a-b.$_{j1}$ verat.$_{rb2}$ *Xan.*$_{kr1}$ zinc.$_{rb2}$
☞ *Krankheit - unheilbare / stirbt - er / Tod - Vorahnung*
  • **Anfall** bekommen, weshalb er schneller geht; denkt, er werde einen: *Arg-n.*
  • **Einschlafen** sterben; sie werde beim: lach.$_{rb2}$
  • **Erschöpfung** sterben; sie werde an: lach.$_{rb2}$
  • **Falsches** geben, wovon sie sterben würden; sie würde Menschen
  ☞ *Falsches - geben*
  • **heraushelfen**; und wünscht sich, jemand würde ihr: lach.$_{rb2}$
  • **Herzens**; bei Beschwerden des: pop.$_{rb2}$
  ☞ *Herz - Erkrankung - werde*
    • **Rheumatismus**, bei: *Cact.*$_{kr1}$
  • **hinlegen** und sterben; sie müsse sich: kali-c.$_{rb2}$
  • **hinsinken** und sterben; er würde
  ☞ *versinken - sterben*
  • **plötzlich**: thea$_{rb2}$
  • **Schwäche**; er würde vor: asar.$_{rb2}$ lyc.$_{rb2}$ vinc.$_{rb2}$
  • **seziert** werden; und werde bald: *Cann-i.*
  • **Stuhlgang**, vor: nat-hchls.$_{a1,rb2}$
• **lieber** sterben als leben; möchte: xan.$_{rb2}$
• **müsse** sterben; sie: nux-v.$_{rb2}$
  • **Tetanus** sterben, mit Schmerz im rechten Unterschenkel; muß an: *Mag-p.*$_{kr1}$
• **Zeit** zum sterben sei gekommen: ars. bell.$_{a1,k}$ lach. med.$_{c1}$ sabad. thuj.
☞ *Tod - Gewißheit*
– **Sterne** in seinem Teller; sieht: cann-i.
– **Stieren**, von: bell.$_{j5}$
– **stillen**; sie würde:
• **Tiere** oder haarige Babies: choc.$_{srj3}$
– **stillen**; sie würde ihr Kind: atro.
– **Stimmen**:
• **eigene** Stimme klingt fremd und scheint wie Donner zu hallen; die: cann-i.
☞ *Hören - Einbildung*
• **hört**: abrot. acon.$_{bg1,bg2,*}$ agar. anac. anh.$_{sp1}$ aster. bell. benz-ac. calc.$_{bg2}$ calc-sil.$_{k2}$ cann-i.

– **Stimmen - hört**: ...
Cann-s.$_{kr1}$ canth.$_{bg2}$ carb-v.$_{bg2}$ carbn-s. cench. **Cham.**$_{k1,st}$ chlol. coca coff.$_{k1}$ con.$_{bg2}$ *Crot-c.* crot-h. *Cupr-act.*$_{kr1}$ dros.$_{bg2}$ *Elaps* hyos. ign.$_{bg2}$ *Kali-br.* lac-c. lach. lyc. mag-m.$_{bg2}$ manc. med. nat-m. nit-ac.$_{bg2}$ petr. ph-ac.$_{bg2}$ *Phos.* plb. rhus-t.$_{a1}$ sol-ni. stram. verat.$_{bg2}$
☞ *Hören - Einbildung*
• **nachts**: *Cham.*
• **Abdomen**; Stimmen sind im: thuj.
• **abwesenden** Personen, von: anac.$_{h}$ cham.$_{gt,h,*}$ germ-met.$_{srj5}$
☞ *entfernte*
• **antwortet**, und: calc-sil.$_{k2}$
• **begehen**; eine Stimme befiehlt ihm, ein Verbrechen zu
☞ *Verbrechen*
• **entfernte** Stimmen: anac.$_{rb2}$ bell. cham. nat-m. stram.
☞ *abwesenden*
• **folgen**, er müsse: anac.$_{k2}$ crot-c. lach.$_{k2}$ thuj.$_{h}$
☞ *Teufel - spricht / Teufel - spricht - Engel / zuflüstern*
• **Fremden**, von: bell.$_{gl1}$ *Cham.*$_{gl1}$
• **gestehen**, die sie nie getan hat; sie muß Dinge: lach.$_{k2}$
• **hören** auf, wenn er im Bett angestrengt lauscht: abrot.
• **morden**; sagen, sie müsse stehlen und
☞ *Verbrechen*
• **rufen**:
  • **ihn**:
    • **nachts**: sulph.$_{gl1,vh}$
  • **seinen** Namen: anac.
• **sagen**; die "komm"
☞ *Menschen - sagen*
• **schimpfender** und unflätiger Sprache; Stimmen in ihm sprechen in: *Zinc.*$_{kr1}$
• **Schlaf**, im: cham.$_{gt}$
• **stehlen** und töten; er müsse
☞ *Verbrechen*
• **Toten**, von: anac.$_{br1,rb2}$ *Bell.* calc-sil.$_{k2}$ hyper.$_{st,vh}$ nat-m. stram.
• **unangenehme** Stimmen um sich herum: coca$_{ptk1}$
• **unflätiger** Sprache; Stimmen in ihm sprechen in schimpfender und
☞ *schimpfender*
• **Verbrechen** zu begehen; Stimme befiehlt ihm, ein: lach.$_{k2}$
• **verworren**:
  • **Schlucken** oder Gehen im Freien agg.: benz-ac. petr. phos.
– **Stimulans** eingenommen; er habe ein: nux-v.$_{rb2}$ sabad.$_{rb2}$
– **stirbt**:
☞ *Tod - Vorahnung - sagt*
• **er**: acon.$_{rb2}$ apis$_{rb2,st}$ cact.$_{rb2}$ cann-i. chlf.$_{rb2}$ morph.$_{rb2}$ nux-v. op.$_{rb2}$ podo.$_{rb2}$ rhus-t. stram. ther.$_{rb2}$ thyr.$_{rb2}$ vesp.$_{rb2}$ xan.$_{rb2}$
☞ *sterben - gleich / Tod - Gefühl*
• **Freund**; ein lieber: bar-c.$_{kr1}$

– **Stirn** hervorschauen; sie müsse unter ihrer: ph-ac.$_{h}$
– **stolpern**, er würde:
• **Beine**; über die eigenen: caj.$_{rb2}$
– **stolz**: lach.$_{j5}$ plat. stram. verat.
☞ *hochgestellte / Hochmütig*
– **Straße**:
• **heben**; würde sich beim Gehen: sep.$_{rb2}$
– **streichelt**; spürt eine Hand, die sie zart: med.$_{rb2}$
☞ *berührt*
– **Strudel**, Wirbel hinunter getragen; er würde einen seelischen: cann-i.
– **Stücke**
☞ *Körper - Stücke - zerfallen*
– **Studieren**, nach: hyos.$_{j5}$ nux-v.$_{j5}$
– **Stuhl**:
• **bewegen** würde; als ob sich der Stuhl:
• **hin** und her: thuj.$_{rb2}$
• **etwas**, was über einem Stuhl hängt, wäre ein Mensch
☞ *Person - etwas*
• **heben**; der Stuhl würde sich
☞ *Sessel - heben*
• **reparieren**; er würde alte Stühle
☞ *Sessel - reparieren*
• **schwanken**; der Stuhl würde:
• **morgens**; beim Aufrichten im Bett: zinc.$_{rb2}$
• **stehen**; der Stuhl würde in der Mitte des Bettes
☞ *Sessel - stehen*
• **wanken**; der Stuhl würde: chlf.$_{rb2}$
– **Stuhlgang**:
• **müsse** den Darm entleeren; er: spig.$_{rb2}$
– **stürzen**:
• **er** würde stürzen: calc.$_{rb2}$
– **sucht**:
• **etwas**; er sucht: stram.$_{rb2}$
– **Sünde** begangen; er habe eine unverzeihliche: chel.$_{rb2}$ med.$_{rb2}$
☞ *Hölle - kommen*
• **vergeben**, verziehen worden; und ihm wäre: neon$_{srj5}$
– **Sündenbock**; er sei ein
☞ *fehlschlagen - sein / Unrecht - erlitten*
– **Symptome** würden von außerhalb seiner selbst kommen; seine: bamb-a.$_{stb2}$
– **Tabak**:
• **Schwindel** würde von Tabak herrühren: rhod.$_{rb2}$
– **Tadel** verdienten; er habe seine Pflichten vernachlässigt und würde: *Aur.* germ-met.$_{srj5}$
☞ *Unrecht - begangen / vernachlässigt - Pflichten / Angst - Gewissensangst / Reue / Tadelt sich / Verlassen*
– **Tanzen**:
• **Nacht** getanzt; er habe die ganze: clem.$_{rb2}$ sabin.$_{rb2}$
• **er** würde tanzen: agar.$_{rb2}$ puls.$_{rb2}$
• **Gehen** auf und ab; er tanzt beim: ars-s-f.$_{rb2}$
• **Satyren** und nickende Mandarine, tanzende: cann-i.$_{a1,k}$
– **Tartaren**; von einer Horde von: cann-i.$_{a1}$
– **Tauben** würden im Zimmer umherfliegen, die er zu fangen versucht: *Kali-c.*$_{hr1,kr1}$
– **taub**, er sei: verat.
– **taubstumm**: verat.$_{a1,k}$
☞ *Hören - Einbildung*
– **taumeln**:
• **Umgebung** würde taumeln: anac.$_{rb2}$
• **oder** er selbst würde taumeln: anac.$_{rb2}$
– **taumeln**; als würde er: carb-ac.$_{rb2}$
• **Schwäche**, aus: olnd.$_{rb2}$
– **Teenager**; sie wäre ein: germ-met.$_{srj5}$
☞ *Kind - er*
– **Tetanus** sterben, mit Schmerzen im rechten Bein; er müsse an
☞ *sterben - müsse - Tetanus*
– **Teufel**:
• **alle** Menschen seien Teufel: **Plat.** *Plb.*$_{kr1}$
• **anwesend**, sei: anac. cann-i. op. phos. **Plat.**
• **besessen**, vom Teufel:
• **er** sei: borx.$_{k2}$ cann-i.$_{a1}$ *Hyos.*$_{k,vh/dg}$ plat.$_{gl1,vh}$ stram.$_{c1,gl1,*}$
☞ *besessen*
• **Gott** und vom Teufel besessen; abwechselnd von: psil.$_{ft1}$
• **jeder** sei: meli.
• **er** sei ein Teufel: **Anac.**$_{k,vh/dg}$ camph. cann-i. *Hyos.*$_{vh,vh/dg}$ kali-br. stram.
• **flüstert** gotteslästerliche Worte: *Anac.*$_{kr1}$
• **geholt** werden; er werde vom Teufel: bell.$_{gl1}$ manc. *Puls.*$_{kr1}$
☞ *Furcht - Teufel geholt*
• **hinter** ihm her; der Teufel sei: *Hyos.*$_{vh,vh/dg}$ *Manc.*$_{vh,vh/dg}$ *Zinc.*$_{kr1}$
• **sieht**: ambr. *Anac.* ars. *Bell.* cann-i. cupr. dulc. *Hell. Hyos.*$_{k,vh/dg}$ kali-c. lach. *Manc.*$_{vh,vh/dg}$ nat-c. *Op.*$_{gl1,k1,*}$ *Plat. Puls.* stram. sulph. *Zinc.*
☞ *Gesichter - teuflische*
• **Bett**; sieht Teufel an seinem: op.$_{j5}$
• **sitzen**; ein Teufel würde ihm im Nacken: *Anac.*$_{kr1}$
• **auffordern**; und zu anstößigen Dingen: anac.$_{rb2}$
• **spricht** in das eine Ohr, fordert zum Morden auf:
☞ *Stimmen - hört - folgen / zuflüstern*
• **Engel** spricht in das andere und fordert zu Taten der Güte auf; und ein: *Anac.*$_{k1,kr1}$
☞ *Stimmen - hört - folgen*
• **verfolgt**; er würde vom Teufel:
☞ *verfolgt, ihm würde nachgestellt - Dämonen*
• **Verbrechen**, die er nie begangen hat; wegen: zinc.$_{rb2}$
– **tief** unten; alles unter ihm scheint zu: staph.$_{h}$
– **Tiere**: absin. aeth. alum.$_{bg2}$ am-c.$_{bg2}$ am-m.$_{bg2}$ arn.$_{bg2}$ *Ars.* aur. aur-ar.$_{k2}$ aur-s.$_{k2}$ *Bell. Calc.* cham. choc.$_{srj3}$ *Cimic.* cina colch. con. *Crot-h. Hyos.* lac-c. lyc.$_{bg2}$ lyss. mag-m.$_{bg2}$ med. merc.$_{bg2}$ mosch.$_{bg2}$ nux-v.$_{bg2}$ **Op.** phos.$_{bg2}$ puls. santin. sec. sil.$_{bg2}$ *Stram.* sul-ac.$_{bg2}$ sulph. tarent. thuj. valer. verat.$_{bg2}$ zinc.$_{bg2}$
• **Abdomen**, sind im: *Croc.*$_{vh,vh/dg}$ *Thuj.*$_{hr1,k}$

- **abstoßend** aussehende Tiere
  ☞ *häßliche*
- **Bett**:
  - **auf** dem: ars.$_{a1,j5}$ cimic.$_{hr1}$ colch.$_{a1,k}$ *Plb.*$_{a1,k1,*}$ stram. valer.
  - **unter** dem: cham.$_{kr1,rb2}$
  - **tanzen** auf dem: con.$_{a1,k}$
- **dunkel** gefärbt: bell.$_{a1,k}$
- **Feuer**, im: bell.$_{a1,k}$
- **gefressen**; von Tieren:
  - **werden**, zu: *Stram.*$_{j5}$
  - **worden**: *Hyos.*
- **gehen** vorbei:
  - **vor** ihr: thuj.
- **groteske**: absin.$_{a1,k}$
- **häßliche**, abstoßend aussehende Tiere: *Crot-h.*$_{gm1}$
- **kriechen**: lac-c.
  - **auf** ihm: ail.$_{k2}$
  - **in** ihr: cycl.$_{a1}$ stram.
- **Personen** seien Tiere: bell.$_{vh}$ hyos. stram.
  - **Ratten**, Mäuse, Insekten etc.: *Aeth.* bell. *Calc.*$_{vh,vh/dg}$ *Cimic.* *Med.* stram.
  - **unreine** Tiere: bell.
- **schreckliche**: *Bell.* cham.$_{hr1,kr1}$ *Crot-h.*$_{hr1,kr1}$ *Op.*$_{a1,k}$ *Stram.*$_{h,k,*}$ tarent.$_{a1,k}$
- **schwarze** Tiere an den Wänden und auf den Möbeln; sieht: bell. stram.$_{vh}$
- **sein**; ganz und gar ein Tier zu: choc.$_{srj3}$ lach.$_{rb2}$
- **sie** sei ein Tier: choc.$_{srj3}$
  - **wildes**, gefangenes, eingesperrtes Tier; ein: germ-met.$_{srj5}$
- **springen**:
  - **an**; springen sie: *Merc.*$_{k1,st}$
  - **aus** dem Boden heraus: stram.
  - **Bett**; auf dem
    ☞ *Bett - tanzen*
- **Tasse**; bewegen sich in einer: hyos.
- **verändern**; die ihre Form: adam.$_{srj5}$

– **Tintenfaß**:
- **sei** ein Tintenfaß; er: cann-i.
- **sieht** eines auf dem Bett: lact.

– **Titan** in Siebenmeilenstiefeln; sie wäre ein: neon$_{srj5}$

– **Tomate** sei eine Heuschrecke: choc.$_{srj3}$

– **tot**:
- **alles** sei: mez.
  ☞ *Gleichgültigkeit - tot*
  - **allein**; alles sei totenstill und sie sei: rhus-t.$_{rb2}$
- **er** selbst sei: agn.$_{ptk1}$ anac. anh.$_{sp1}$ apis ars.$_{ptk1}$ camph. cann-i. choc.$_{srj3}$ graph.$_{ptk1}$ *Lach.* mosch.$_{bro1}$ oena.$_{rb2}$ *Op.*$_{bro1}$ phos. plat.$_{ptk1}$ raph.$_{rb2}$ sil.$_{rb2}$ stram.
  ☞ *Tod*
  - **Beerdigung** würden getroffen; und Vorbereitungen für seine: lach.$_{gm1,rb2}$
- **Freunde** seien tot und sie müsse in ein Kloster gehen; all ihre: *Lac-d.*
- **Kind** sei tot; ihr: *Kali-bi.*$_{kr1}$ kali-br.
- **Leiche**:
  - **Bahre**, auf einer: anac. cann-i.

– **tot - Leiche**: ...
  - **Bekannten** auf dem Sofa und hat Furcht; Leiche eines abwesenden: ars.
  - **Bruders** und des Kindes; Leiche des: calc-sil.$_{k2}$ con. plb.
  - **Ehemannes**, Leiche des: calc-sil.$_{k2}$ plb.
  - **große** gelbe Leiche würde versuchen, das Bett mit ihm zu teilen:
    - **hinausgeworfen**; und er würde sogleich: bell.
  - **Schwester**, Leiche der: agar.
  - **verstümmelte** Leiche: ant-c. arn. con. mag-m. merc. nux-v. sep.
- **Mutter** sei; seine: lach. nat-m.$_{h}$
- **Personen**, sieht tote: agar. alum. am-c.$_{bg2,k}$ *Anac.*$_{bg2,k}$ arg-n. arn.$_{h,k,*}$ *Ars.*$_{h,k,*}$ ars-i. aur.$_{bg2}$ bar-c. bar-i.$_{k13,k2}$ *Bell.*$_{bg2,k,*}$ brom. bry. calc.$_{bg2,k}$ calc-ar.$_{k13,k2}$ calc-i.$_{k13,k2}$ calc-sil.$_{k13,k2}$ canth. caust. cocc.$_{bg2,k}$ con.$_{bg2,k,*}$ fl-ac. graph.$_{bg2,k}$ *Hep.*$_{a1,k}$ hura *Hyos.* iod. kali-ar. *Kali-br.* *Kali-c.*$_{bg2,k}$ kali-p. kali-sil.$_{k13,k2}$ *Lach.* laur.$_{a1,k}$ *Mag-c.*$_{bg2,k}$ mag-m. nat-c.$_{bg2,k}$ nat-m. nat-p. nit-ac. nux-v.$_{bg2,k}$ op.$_{bg2,k}$ paull.$_{a1}$ *Ph-ac.*$_{bg2,k}$ *Phos.*$_{bg2,k}$ *Plat.*$_{bg2,k}$ plb.$_{a1,k}$ ran-s. sars. sil. stram.$_{bg2}$ stry.$_{a1,k}$ sul-ac. sul-i.$_{k13,k2}$ sulph. thuj.$_{bg2,k}$ verb. zinc. zinc-p.$_{k13,k2}$
  - **morgens** beim Erwachen erschreckt durch die Bilder von Toten: hep.
  - **Mitternacht** beim Erwachen; um: cann-i.$_{a1,k}$

– **töten**
☞ *ermorden / ermordet*

– **Tränenausbruch**; er bekommt einen: cot.$_{rb2}$

– **Traum**:
- **gehören**; die Träume würden einem anderen: choc.$_{srj3}$
- **gestohlen** worden; die Träume wären: choc.$_{srj3}$
- **wie** in einem
  ☞ *Traum*

– **träumen**; er glaubt im Wachen zu
☞ *Traum*

– **treibt**:
- **Pfauen**: hyos.$_{h,k,*}$
- **Schafe**: acon.$_{h,k,*}$

– **Trennung**, Kluft zwischen sich und anderen: hydrog.$_{srj2}$ nat-c.$_{k13,k2}$
☞ *getrennt / getrennt - Welt - er*

– **Treppe** würde auf ihn zukommen; die: pic-ac.$_{rb2}$
☞ *Boden - hochkommen*

– **Trinken**: bell.
- **habe** getrunken, er: aran-sc.$_{rb2}$
- **würde** trinken, er: bell.

– **Tür** hereinkommen; jemand würde zur:
- **nachts**: con.

– **Typhus** abdominalis bekommen; er würde: nat-p.

– **überanstrengen**, überheben; sie könne sich leicht: sep.$_{rb2}$

– **Überfluß**; sie habe alles im: adam.$_{srj5}$ sulph.$_{h}$

– **Übergangs**, der Transition befinden; sie würde sich in einem Zustand des: neon$_{srj5}$

– **Überirdischem**, von etwas: cann-i.$_{a1}$

– **Überlegenheit**, von: *Plat.*
  ☞ *hochgestellte / Hochmütig / Taten - große*
– **übermenschlich**, er sei: cann-i.
  ☞ *göttlich / hochgestellte / Taten - große*
  • **Kontrolle**; er sei unter übermenschlicher: agar. anac. *Lach.* *Naja* op.$_{bro1}$ plat.$_{bro1}$ psil.$_{ft1}$ *Thuj.*
    ☞ *Verwirrung - Identität*
– **Uhr** schlagen; er hört die: ph-ac.
  ☞ *Hören - Einbildung*
– **umgeben** von Freunden
  ☞ *Freund - umgeben*
– **Umgebung** sei weit ausgedehnt, weitläufig: ferr.
– **umgekehrt**; die Dimensionen von Gegenständen sind: camph-br.$_{bro1}$
– **umgewandelt**, transformiert; er würde:
  • **mehreren**, eigenartigen Verwandlungen unterzogen; er würde: cann-i.$_{a1}$
– **Umherstreifen** in den Feldern: rhus-t.
– **Umkippen**:
  • **Sitzen** oder Gehen; beim: euon-a.$_{rb2}$
– **umringt** von Armen und Beinen: *Pyrog.*$_{k13,k2,*}$ pyrus$_{st}$
– **unangenehm**: alum.$_{a1}$ bell.$_{a1,k}$ carbn-s.$_{a1}$ hep.$_{gl1}$
  • **getrennt** von umgebenden Gegenständen: bell.$_{a1,k}$ op.$_{a1}$
– **unangenehm**; alles sei: valer.$_{ptk1}$
– **unbehindert** durch einen materiellen Körper; er sei: chin-b.$_{rb2}$
– **unfähig**, ungeeignet:
  • **Arbeit**, zur: meph.$_{kr1}$
    ☞ *Stellung*
  • **geliebt** zu werden: germ-met.$_{srj5}$
  • **Leben**, lebensunfähig; für das: sep.$_{ptk1}$
  • **Welt**; er sei ungeeignet für die: *Aur.*$_{k2,kr1}$ plat.$_{h}$
    ☞ *gelingt*
– **Unfälle**:
  • **drohen**; ihm würde ein Unfall:
    • **tödlicher** Unfall, ein: alum.$_{rb2}$
  • **sieht** Unfälle: anac.$_{bg2}$ ars.$_{bg2}$
    • **Verwandten**, von: phos.$_{h}$
– **Ungeheuern**, Monstern; von:
  • **Stuhl** hervorkommen; ein grauenhaftes Monster würde unter seinem: lac-c.$_{rb2}$
– **Ungeziefer**:
  • **Bett** sei mit Ungeziefer bedeckt; sein: ars.
  • **sieht** Ungeziefer herumkriechen: alum. am-c. *Ars.* bov. calc.$_{gl1}$ kali-c. lac-c.$_{k2,vh,*}$ mur-ac. *Nux-v.* phos. ran-s. sil. sulph.$_{gl1,vh}$
– **Unglück**: calc-s.$_{k2}$ kali-c.$_{ptk1}$ laur.$_{ptk1}$ merc.$_{ptk1}$
  ☞ *Gedanken versunken - Unglück*
  • **nähern**; als würde sich ein Unglück: brass-n-o.$_{srj5}$ cupr.$_{gt}$
  • **untröstlich** über eingebildetes Unglück: *Verat.*
    ☞ *arm, er / Bedauert sich / Unglücklich, bedauernswert*
– **unheilbar**
  ☞ *Krankheit - unheilbare*
– **Unordnung**; Gegenstände scheinen in: glon.$_{st}$ op.$_{a1}$
– **Unrecht**:
  ☞ *Tadelt sich*
  • **begangen**; er habe Unrecht: alum.$_{a1,rb2}$ *Ars.* *Aur.* aur-ar.$_{k2}$ cina$_{ptk1}$ cocc.$_{c1,rb2}$ con.$_{rb2}$ cycl. dig. digin.$_{a1}$ ferr.$_{rb2}$ granit-m.$_{es1}$ *Hell.* hyos.$_{st}$ *Ign.* *Lach.*$_{vh,vh/dg}$ lyc. merc. nat-ar. nux-m.$_{ptk1,rb2}$ puls. ruta$_{ptk1,rb2}$ sarr.$_{a1}$ sil.$_{sf1}$ sulph.$_{h}$ thuj. verat.$_{rb2}$
    ☞ *richtig - machen / Tadel / vernachlässigt / vernachlässigt - Pflichten / Angst - Gewissensangst / Gelingt / Pessimist / Reue / Schüchternheit / Selbstvertrauen - Mangel / Tadelt sich*
    • **blicken**, da die anderen dies wissen; und könne niemandem ins Gesicht: cob.$_{rb2}$
  • **erlitten**; er habe Unrecht: adam.$_{srj5}$ carc.$_{sst}$ **Hyos.** lach. *Lyss.* naja
    ☞ *Verlassen*
– **unsicher**; alles ist
  ☞ *Unsicherheit*
– **unsichtbaren** Dingen; Wahnideen von: tarent.
– **Unsterblichkeit**, von: anh.$_{sp1}$
– **Unterlippe** sei geschwollen; die: glon.
– **untröstlich** zu sein; nicht getröstet werden zu können: stram.$_{rb2}$
– **unwichtig**, bedeutungslos; er wäre
  ☞ *Selbstvertrauen - Mangel*
– **unwirklich**:
  ☞ *Unwirklich - alles*
  • **alles** erscheint unwirklich: ail. *Alum.* aml-ns.$_{kr1}$ *Anac.*$_{k2,kr1,*}$ androc.$_{srj1}$ anh.$_{sp1}$ aran.$_{jl}$ cann-i. cann-s. cic.$_{sf1}$ *Cocc.*$_{bg1,st}$ con.$_{c1}$ gink-b.$_{jl}$ hydrog.$_{srj2}$ lac-c. lil-t. limest-b.$_{es1}$ *Med.* rauw.$_{sp1}$ staph.
    ☞ *angegriffen / Sonderbar - alles / Unwirklich - alles*
    • **Gesellschaft**; wenn in: psil.$_{ft1}$
  • **Leben** sei unwirklich; das: med.$_{rb2}$
– **Urin**:
  • **sie** würde sich in Urin verwandeln: lac-ac.$_{rb2}$
– **Vagina**:
  • **Lebendiges** würde nachts in die Vagina hineinkriechen: merc.
– **verachtet**, er würde: **Arg-n.** hura hydrog.$_{srj2}$ lac-c. lach.$_{gm1,ptk2}$ *Orig-v.*$_{kr1}$
  ☞ *anerkannt / beschimpft worden / herabsehen / kritisiert / lachen und / Schande; sie / vernachlässigt / vernachlässigt - er / verstoßen / Argwöhnisch / Ermahnungen - agg. / Furcht - Meinung / Jammern - anerkannt / Selbstvertrauen - Mangel / Spotten - andere / Verlassen / Verlassen - Isolation*
– **veränderlich**: hyos.$_{bg2}$
– **verändert**, alles sei: *Arg-n.*$_{hr1,k}$ bar-m. carb-an. *Nux-m.*$_{bg1}$ *Plat.* stram.$_{kr1}$
  ☞ *sonderbar - alles / Sonderbar - alles*
  • **Hause**, zu: arg-n.$_{rb2}$
– **Verbrechen**:
  • **begangen**; er habe ein Verbrechen: alum. am-c.$_{rb2}$ anac. ars.$_{bro1,k2}$ carb-v. chel.$_{bg1,rb2,*}$ chinin-s.$_{rb2}$ cina$_{bro1}$ cocc.$_{rb2}$ cycl. dig.$_{rb2}$ hell.$_{k2}$ *Ign.*$_{bro1,rb2}$ *Kali-bi.*$_{kr1}$ kali-br. lach.$_{k2}$ med.$_{c1}$ merc.$_{a1,rb2}$ nux-v.$_{bro1,rb2}$ plb.$_{k2}$ puls.$_{rb2}$ rheum$_{rb2}$ rhus-t.$_{rb2}$ ruta$_{bro1}$ sabad. staph.$_{bro1}$ *Verat.*$_{bro1,rb2}$ zinc.$_{bro1,rb2}$ zinc-o.$_{rb2}$
    ☞ *Angst - Gewissensangst / Reue*

  - **müsse** ein Verbrechen begehen; er: thea$_{rb2}$
  - **werde** ein Verbrechen begehen: *Kali-bi.*$_{kr1}$ kali-br.$_{hr1,k}$ *Lach.*$_{vh,vh/dg}$
- **Verbrecher**; er sei ein: cob. cycl. dig. hyos. *Ign.* *Merc.* op. phos. sabad.$_{rb2}$ sarr. thuj.
  ☞ *Angst - Gewissensangst*
  - **andere** wüßten es; und: cob.
  - **hingerichtet** werden soll; der: **Op.**$_{kr1}$
- **Verbrechern**, von: alum. am-c. *Ars.* bell.$_{a1,k}$ carb-v. caust. *Chel.* cina *Cocc.* coff. dig. *Ferr.* graph. *Hyos.*$_{h,k,*}$ merc. nat-c. nit-ac. nux-v. puls. ruta sil. stront-c. sulph. verat.
- **verdammt**; er sei: acon.$_{bro1}$ ars.$_{k13,k2}$ aur.$_{k2,sf1,*}$ bell.$_{gl1}$ cycl.$_{bro1}$ hell.$_{k13,k2}$ hyos.$_{k13,k2}$ *Ign.*$_{hr1,kr1}$ *Kali-br.*$_{hr1,kr1}$ *Kali-p.*$_{hr1,k2,*}$ lach.$_{bro1,sf1}$ *Lil-t.*$_{hr1,kr1}$ lyc.$_{bro1}$ med.$_{hr1,kr1}$ meli.$_{bro1}$ nat-m.$_{gl1}$ op.$_{bro1}$ *Plat.*$_{hr1,kr1}$ psor.$_{bro1}$ puls.$_{bro1,gl1}$ stram.$_{bro1}$ sulph.$_{j5}$ *Verat.*$_{bro1}$
  ☞ *verloren - Seelenheil / Angst - Seelenheil*
  - **Alkoholikern**; bei: *Lach.*$_{gl1}$
  - **büßen**; um ihre Sünden und die ihrer Familie zu: *Lil-t.*$_{kr1}$
  - **Seele** könnte nicht gerettet, erlöst werden:
    - **Weinen** und Rasen; mit: *Ign.*$_{kr1}$
- **verfolgt** zu werden (wegen der Haltung, Einstellung etc.):
  ☞ *Angst - verfolgt / Delirium - Verfolgungswahn / Geisteskrankheit - Verfolgungswahn*
  - **er** würde verfolgt: anac.$_{bg2,gl1,*}$ androc.$_{srj1}$ ars.$_{bg2,gl1}$ aur.$_{bg2}$ bell.$_{bg2,gl1}$ calc.$_{gl1}$ *Cench.*$_{k2,st}$ **Chin.** cocain.$_{bro1}$ con.$_{bg2}$ cycl. **Dros.** hydrog.$_{srj2}$ *Hyos.*$_{k,vh/dg}$ *Ign.*$_{gl1,vh}$ **Kali-br.**$_{k,vh/dg}$ *Lach.*$_{gl1,vh}$ merc.$_{gl1}$ nat-m.$_{gl1}$ nux-v.$_{gl1,vh}$ plb.$_{bro1}$ rhus-t.$_{bg2,gl1,*}$ spong.$_{kr1}$ staph.$_{bg2,gl1}$ stram. sulph.$_{gl1,vh}$ thyr.$_{bg2}$ verat.$_{gl1}$ verat-v.$_{bg2}$ *Zinc.*$_{kr1}$
    ☞ *anerkannt / verfolgt, ihm würde nachgestellt / Delirium - Verfolgungswahn / Verlassen*
  - **Szene** eines traurigen vergangenen Ereignisses verfolgt und gequält; er wird von einer: spong.$_{kr1}$
- **verfolgt**, ihm würde nachgestellt (konkret); er würde: absin. *Anac.*$_{k,k1,*}$ ars. aur.$_{bg2,sf1}$ bell. bry. chin.$_{bro1}$ choc.$_{srj3}$ *Cocain.*$_{bro1}$ con.$_{bg2,sf1}$ cycl.$_{vh}$ dros.$_{vh}$ hydrog.$_{srj2}$ *Hyos.*$_{bg2,k2,*}$ *Kali-br.* lach.$_{bg2,k2,*}$ med.$_{st}$ merc.$_{rb2}$ nux-v.$_{bro1}$ plb. rhus-t. sil.$_{bg2}$ staph. stram. thuj.$_{k2}$ verat-v.$_{bg2,sf1}$
  ☞ *verfolgt zu - er / Angst - verfolgt / Blicken - hinten / Geisteskrankheit - Verfolgungswahn*
  - **Bestehlen** eines Freundes; wegen: *Kali-br.*$_{a1,vh/dg}$
  - **Dämonen**; von: apis$_{a3}$ plb.$_{a1,k,*}$
    ☞ *Feinden / Teufel - verfolgt*
  - **Feinden**, von: absin. anac. ars. aur. *Bell.* *Chin.* cic. *Cocain.*$_{bro1}$ con. crot-h. cupr. cycl.$_{vh}$ dros. hell. *Hyos.* *Kali-br.*$_{k,vh/dg}$ *Lach.* lepi. lyc. meli. merc. nat-c. nux-v.$_{bro1}$ plb. *Puls.* rhus-t. sil. stram. stry. zinc.
    ☞ *Dämonen / Feind - Bett / Feind - jeder / Feind - umgeben / Feind - Verletzung / Feind*
  - **Freunden**, von: plb.$_{a1}$
  - **Gespenstern**, von: lepi. plat. stram.
  - **Mördern**; von: alco.
- **verfolgt**, ihm würde nachgestellt; er würde: ...
  - **Polizei**, von der: alco.$_{a1}$ ars.$_{k2}$ bell. *Cupr.* germ-met.$_{srj5}$ *Hyos.* *Kali-br.* meli. phos. plb. zinc.
    ☞ *eingesperrt*
  - **Räubern**; von: alco.
  - **Schrecklichem**, von etwas: anac.
  - **Schweiß**; mit kaltem: hydrog.$_{srj2}$
  - **Soldaten**, von: absin. bell. bry. nat-c.$_{gl1}$ plb.
  - **Tieren**; von: nux-v.$_{ptk1}$
- **vergangenen** Ereignisse; von lange: atro. hyos.$_{k2}$ op.$_{j5}$
  - **ängstliche** Gedanken und Dinge sind gegenwärtig; vergangene: staph.$_{h}$
- **vergehen**:
  - **Sinne** vergehen; es scheint, als würden die
    ☞ *Sinne - vergehen - würden*
  - **alles** werde: lyc.
- **vergeßlich**; er ist: bar-c.$_{rb2}$
- **vergiftet**:
  - **er**:
    - **worden**; er sei: caj.$_{a1,c1}$ cimic. culx.$_{k2}$ euph.$_{rb2}$ hydrog.$_{srj2}$ *Hyos.* lac-c.$_{ptk1}$ *Lach.*$_{sf1}$ lina.$_{rb2}$ marb-w.$_{es1}$ naja$_{ptk1}$ plat-m. rhus-t.$_{bro1,k2}$●$_{,*}$ stram.$_{he1}$ verat-v.$_{bro1}$ vip.$_{ptk1}$
      ☞ *Furcht - vergiftet - worden*
    - **würde** vergiftet werden; er: *Hyos.*$_{gl1,j5,*}$ kali-br. lach.$_{bro1,sf1}$ plb. **Rhus-t.**$_{k,vh/dg}$ verat-v.$_{bro1,sf1}$
      ☞ *Furcht - vergiftet - werden*
  - **Medikamenten** vergiftet; er würde mit: cimic.$_{k2}$ hyos.$_{k2}$ lach. lina.$_{rb2}$
- **vergiftet** Menschen, sie: limest-b.$_{es1}$ sulph.$_{h}$
- **vergrößert**: acon. agar.$_{bro1}$ alum. apis$_{a1}$ *Aran.*$_{sf1}$ arg-met.$_{sf1}$ *Arg-n.*$_{sf1}$ asaf.$_{bro1}$ atro.$_{bro1}$ *Bapt.*$_{sf1}$ bell. berb. *Bov.*$_{sf1}$ caj.$_{c1}$ **Cann-i.** coc-c. con.$_{sf1}$ euph. ferr.$_{a1}$ *Gels.*$_{sf1}$ glon. hydrog.$_{srj2}$ *Hyos.*$_{c1,sf1}$ kali-ar.$_{sf1}$ kali-bi.$_{sf1}$ kali-br.$_{c1}$ lach.$_{sf1}$ laur. limest-b.$_{es1}$ mang. nat-c. nux-m.$_{sf1}$ nux-v. *Op.* ox-ac.$_{sf1}$ *Par.*$_{sf1}$ phos.$_{sf1}$ pic-ac. pip-m.$_{sf1}$ *Plat.* puls.$_{sf1}$ rhus-t.$_{sf1}$ sabad. spig.$_{sf1}$ stram. zinc.
  ☞ *geschwollen / groß / groß gewachsen / Entfernungen - falsche*
  - **Augen** seien: bell. levo.$_{jl,jl3}$ op.$_{a1,k}$
  - **Bein** sei länger; ein: cann-i. haliae-lc.$_{srj5}$
  - **Buchstaben** wären: *Anh.*$_{mg1,st}$
  - **Entfernungen** seien: acon.$_{bro1}$ agar.$_{bro1}$ *Arg-n.*$_{bro1}$ atro.$_{bro1}$ bov.$_{bro1}$ camph. **Cann-i.**$_{a1,k}$ cann-s. cob-n.$_{mg,mg1}$ *Gels.*$_{bro1}$ glon. hydrog.$_{srj2}$ *Hyos.*$_{bro1}$ nux-m. op.$_{bro1}$ par.$_{bro1}$ stann.
    ☞ *Entfernungen / Entfernungen - falsche / Größen, Ausmaße - falsche*
  - **Gegenstände** seien: acon.$_{bro1}$ agar.$_{bro1}$ *Anh.*$_{mg,mg1}$ *Arg-n.*$_{bro1}$ atro.$_{a1,bro1}$ bov.$_{bro1}$ **Cann-i.**$_{a1,k}$ *Gels.*$_{bro1}$ glon.$_{bro1}$ *Hyos.*$_{bro1}$ op.$_{bro1}$ par.$_{bro1}$
    ☞ *länger / Größen, Ausmaße - falsche*
    - **verkleinert**; und: *Anh.*$_{mg,mg1,*}$
  - **groß**, großgewachsen; er sei sehr: hydrog.$_{srj2}$ op. pall. plat. stram.
    ☞ *groß gewachsen - er / Hochmütig*
  - **Hodensack** sei geschwollen: sabad.$_{a1,k}$
  - **Kinn** sei; das: glon.$_{hr1,k,*}$ sabad.$_{k13,k2}$

- **Körper** sei: adam.$_{srj5}$ arg-n.$_{rb2}$ bell.$_{rb2}$ caj.$_{rb2}$ hydrog.$_{srj2}$ limest-b.$_{es1}$ mim-p.$_{jl}$ par.$_{rb2}$ xan.$_{c1}$
  ◇ **abwechselnd** mit:
  - **klein**; Wahnidee, der Körper sei sehr: sulph.$_{rb2}$
  - **enorm**: cic.$_{rb2}$ neon$_{srj5}$
  - **fett**, blaß und häßlich; sie fühlt sich: haliae-lc.$_{srj5}$
  - **Körperteile**: acon.$_{sf1}$ alum. cann-i.$_{k2}$ carb-v.$_{k2}$ hyos. limest-b.$_{es1}$ mang.$_{sf1}$ op. pic-ac. stram.
    ☞ *Hals sei / Größen, Ausmaße - falsche*
- **Kopf** sei: acon.$_{a1,k}$ *Bapt.*$_{sf,sf1}$ berb.$_{sf,sf1}$ *Bov.*$_{sf1}$ cann-i.$_{a1,k}$ carb-ac.$_{a1}$ *Gels.*$_{sf,sf1}$ glon.$_{sf,sf1}$ kali-ar.$_{hr1,k}$ limest-b.$_{es1}$ mang.$_{sf,sf1}$ nux-m.$_{sf,sf1}$ *Par.*$_{sf,sf1}$ pip-m.$_{sf,sf1}$ *Plat.*$_{vh,vh/dg}$ zinc.
  ☞ *Kopf - groß - zu*
- **Personen** seien: cann-i. caust.$_{h,k,*}$
- **Unterarm** sei: aran.$_{jl,jl3}$
- **Wimpern** seien: cann-i.

– **verheiratet**
☞ *Ehe*

– **verhext**, er sei: cann-i.
☞ *verzaubert*

– **verhungern**:
☞ *arm, er / Furcht - Verhungern*
- **er** müsse: kali-chl.$_{hr1}$ kali-m.$_{hr1,k,*}$
  ☞ *Furcht - Armut*
- **Familie** werde, die: ars. calc-sil.$_{k2}$ *Sep.* staph.
  ☞ *arm, er / Not / Furcht - Armut / Furcht - Verhungern / Geiz*
- **sei** verhungert; er: naja$_{a1}$
  ☞ *Geiz*

– **verkauft**:
- **Bett** verkauft; jemand habe sein
  ☞ *Bett - verkauft*
- **worden**: hyos.

– **verkehrt**:
- **etwas** sei verkehrt: kali-br.$_{rb2}$ thuj.$_{ptk1}$

– **verkleinert**: cann-i. cinnm.$_{a1}$ grat.$_{a1}$ lac-c.$_{hr1}$ sabad.$_{hr1}$ sulph.
☞ *□ Allgemeines - Kleiner*
- **Abdomen** sei eingefallen
  ☞ *Abdomen - eingefallen*
- **alles** im Zimmer sei verkleinert, während sie groß und erhaben ist: plat.
  ☞ *hochgestellte*
- **alles** sei: cann-i. cinnm. grat. lac-c. plat.$_{bro1}$ sabad. sulph.
  ☞ *klein - Dinge - erscheinen / Größen, Ausmaße - falsche*
- **andere** seien: granit-m.$_{es1}$
- **dünn**, er sei zu: thuj.
- **geschrumpft**, Körperteile seien: nux-m.$_{sf,sf1}$ *Sabad.*$_{hr1,k}$
- **klein**, er sei: choc.$_{srj3}$ grat. hydrog.$_{srj2}$
- **Körper** sei; der
  ☞ *Körper - verkleinert*
- **kurz**, er sei: lac-c.

– **verkrüppelter** alter Mann; er sei ein
☞ *Mann - alter - sein*

– **verlassen**; er sei (= alleingelassen): **Arg-n.** *Aur.*$_{sf1}$ bamb-a.$_{stb2}$ bar-c. camph. cann-i. carb-an. carb-v. chin. *Cycl.* hura hyos. *Kali-br.* lil-t. limest-b.$_{es1}$ lyss. **Mag-c.**$_{gg}$ marb-w.$_{es1}$ nat-c. pall. *Plat.* puls.$_{k,kl2}$● sanic.$_{c1}$ *Stram.*
☞ *allein zu / Freunde / Gesellschaft - Verlangen / Schmeicheln - Verlangen / Schüchternheit / Selbstvertrauen - Mangel / Verlangen; großes - guten / Verlassen / Verlassen - Isolation*
- **morgens**:
  - **Erwachen**; beim: lach.$_{rb2}$
- **Freund** verlassen worden; sie wäre von einem engen: rhus-t.$_{rb2}$
- **Sorgen** machen; keiner würde sich um sie: hura$_{js1}$ lil-t.$_{rb2}$

– **Verletzung**:
- **Finger** und Zehen seien abgeschnitten; seine
  ☞ *Zehen - Finger*
- **werden**; würde gleich verletzt: ars. bell.$_{k2}$ cann-i. carbn-s. con. hyos.$_{st}$ lach. lyc. merc. nux-v. *Op.*$_{kr1}$ sil. stram. sulph.
  ☞ *angegriffen / Furcht - Verletzung - selbst*
  - **Freunde**; durch seine: lach.$_{k2}$
- **worden**; er sei verletzt: bry. cact. canth. elaps kali-br. lach. lyss. phos. rhus-t. **Stram.**$_{k,vh/dg}$ sulph.$_{a1,k}$
  - **Kopf**, am: naja$_{kr1}$
  - **Schlaf**, im: plat.$_{a1}$
  - **Umgebung**; durch seine: **Hyos.**$_{k1,st}$ *Lach.* *Naja*$_{k1,st}$
- **Zehen** wären abgeschnitten; die: mosch.
  - **Finger**; und die: mosch.
- **zufügen**; sie würde gleich jemandem eine Verletzung: limest-b.$_{es1}$

– **verlieren**:
- **Kontrolle** über seine Gefühle verlieren; er werde die: lact.$_{rb2}$

– **Verlobung** muß aufgelöst werden: fl-ac.$_{a1,k}$

– **verloren**, sie sei: cot.$_{rb2}$
- **Seelenheil** verloren; sie habe das: ars.$_{k2}$ *Aur.* hell.$_{k2}$ hura plb.
  ☞ *verdammt / Angst - Seelenheil*
  - **vorherbestimmt**; es sei so: *Lach.*$_{gl1}$

– **Vermögen** zu verlieren; er werde sein: psor. staph.
☞ *arm, er / Furcht - Armut / Geiz*

– **vernachlässigt**:
☞ *faul - bewegen / Unrecht - begangen / verachtet / Hochmütig / Schüchternheit / Selbstvertrauen - Mangel / Verlassen*
- **er** würde vernachlässigt: *Arg-n.* mag-m.$_{h2}$ marb-w.$_{es1}$ naja **Pall.** puls.$_{k2}$
  ☞ *anerkannt / verachtet / Schmeicheln - Verlangen / Selbstvertrauen - Mangel / Unsicherheit / Verlangen; großes - guten / Verlassen*
- **Pflichten** vernachlässigt; er habe seine: ars.$_{a1}$ **Aur.** cycl. hell.$_{k2}$ hyos. ign. *Lyc.* naja$_{a1}$ nat-ar. ptel.$_{a1}$ puls.
  ☞ *faul - bewegen / Tadel / Unrecht - begangen / Angst - Gewissensangst / Angst - Pflicht / Empfindlich - moralische / Furcht - Pflichten - vernachlässigen / Gewissenhaft / Reue / Tadelt sich / Unzufrieden - sich*

– **Vernichtung** anheimfallen; würde der: calc.$_{h}$ cann-i. carbn-h.
– **verraten** worden; er sei: adam.$_{srj5}$ hydrog.$_{srj2}$
☞ *betrogen*
– **verrückt**
☞ *geisteskrank*
– **verschwendet** Geld: *Verat.*$_{hr1,kr1}$
– **verschwinden**; sie werde: limest-b.$_{es1}$
– **Verschwörungen**:
• **gegen** ihn im Gange; es seien: ars. lach. plb. puls.$_{ptk1}$
• **gegen** ihren Vater; die Rechnungen des Hauswirtes seien Verschwörungen: kali-br.
– **versetzt**:
• **Welt**; in eine andere: cann-i.
• **Zimmer**; in ein anderes: coloc.
– **versinken**, er würde: alum.$_{ptk1}$ bapt.$_{sf1}$ benzo.$_{a1}$ benzol.$_{sf1}$ *Bry.*$_{ptk1}$ chinin-s.$_{ptk1}$ *Cimic.*$_{c2}$ cupr.$_{ptk1}$ dulc.$_{ptk1}$ *Glon.*$_{ptk1}$ hell.$_{ptk1}$ hydr-ac.$_{ptk1}$ *Ign.*$_{c2}$ kali-c.$_{ptk1,sf1}$ *Lach.*$_{ptk1}$ laur.$_{ptk1}$ lyc.$_{h,sf1}$ lyss.$_{rb2}$ nat-m.$_{ptk1}$ *Phos.*$_{ptk1}$ rhus-t.$_{ptk1}$ *Sulph.*$_{c2}$ tab.$_{ptk1}$ verat.$_{ptk1}$ xan.$_{ptk1}$
• **Boden**, durch den: ben.$_{ptk1}$ hyos.$_{ptk1}$ phos.$_{ptk1,rb2}$
☞ *Fußboden - sinken*
• **Steinbrücke** unter seinen Füßen einsinken; die Steine würden beim Überqueren einer: nat-m.$_{rb2}$
• **sterben**, und: asar.$_{rb2}$
• **warmen** Zimmer; im:
• **Arbeiten** in einem heißen Zimmer; beim: glon.$_{rb2}$
– **versklavt**; er sei: limest-b.$_{es1}$
– **verspielt**; er habe durch eigenes Verschulden seine Gnadenfrist: ars.$_{k2}$ aur.$_{k2}$ kali-p.$_{k2}$ plb.$_{k2}$ podo.$_{k2}$ psor.$_{k2}$ puls.$_{k2}$ stram.$_{c1,k2}$ sulph.$_{k2}$
– **Verstand**:
• **getrennt**; Verstand und Körper seien
☞ *getrennt - Körper - Geist*
• **verlieren**, verrückt werden; er werde seinen Verstand: ambr.$_{c1}$ cot.$_{a1,rb2}$ eup-per.$_{hr1,rb2}$ ham.$_{hr1,rb2}$ *Kali-br.*$_{hr1,rb2}$ nit-ac.$_{c1}$ ol-j.$_{rb2}$ petr.$_{c1}$
• **Erwachen**; beim: cot.$_{rb2}$
– **Verstand** verlieren; den
☞ *geisteskrank*
– **verstehen**:
• **nichts** verstehen; sie könne: sep.$_{rb2}$
– **verstoßen**; er sei:
☞ *Schande; sie / verachtet / Verlassen*
• **Gesellschaft**; von der: hydrog.$_{srj2}$
• **Verwandten**; von den: arg-n. hura
☞ *Schande zu / verlassen / Verlassen / Verlassen - Isolation*
– **verstreut**; er sei in Stücken
☞ *Körper - verstreut*
– **verstümmelte** Körper; sieht: ant-c. arn. con. mag-m. marb-w.$_{es1}$ merc. *Nux-v.* sep.
– **Vertrauen** in ihn verloren; seine Freunde hätten alles: aur. hura
☞ *Albernes / Gelingt / Schüchternheit / Selbstvertrauen - Mangel / Verlassen*

– **verunreinigen**, was sie berührt; sie würde alles: ars.
☞ *schmutzig - er / Waschen - Verlangen - Hände*
– **verwelken**, verdorren; der Körper würde: sabad.$_{k2}$
– **verwirrt**; er sei: xan.$_{rb2}$
– **verwirrt**, wie: tub.$_{rb2}$ verat-v.$_{rb2}$
☞ *kritisiert / Beschwerden durch - Tadel*
• **Rauch** im Kopf hätte die Verwirrung verursacht: sul-ac.$_{rb2}$
• **Schlaf**, durch zuwenig: sulph.$_{rb2}$
– **Verwirrung** bemerken; andere würden ihre: **Calc.**$_{k,vh/dg}$
☞ *kritisiert / Argwöhnisch / Beschwerden durch - Tadel / Ermahnungen - agg. / Furcht - bemerken / Furcht - Verwirrung*
– **verzaubert** und kann den Zauber nicht brechen: *Lach.*$_{kr1,rb2}$
☞ *verhext*
– **Verzauberung**, von: coff-t.$_{a1}$
– **Visionen**, hat: absin. agar.$_{bro1}$ alum. alum-sil.$_{k2}$ ambr.$_{k,k2}$ anac.$_{j1}$ anh.$_{mg1,sf1,*}$ antip.$_{vh}$ arg-n. arn.$_{kr1}$ *Ars.*$_{bg2,j5}$ *Atro.*$_{bro1}$ atro-s.$_{hr1}$ **Bell.**$_{k,vh/dg}$ bry.$_{ptk1}$ *Calc.*$_{k,vh}$ calc-ar.$_{kr1}$ *Calc-s.* camph.$_{j5}$ **Cann-i.** canth. carb-an.$_{j5}$ carb-v.$_{j5}$ carbn-o.$_{br1}$ *Carbn-s.* carc.$_{gb}$ caust.$_{j5}$ cench. cham.$_{h,k}$ chlol. chlorpr.$_{j1}$ cic. cimic. *Cina*$_{kr1}$ cocain.$_{bro1}$ coff.$_{k2}$ con. convo-s.$_{sp1}$ cortico.$_{sp1}$ *Crot-c.* dig.$_{c1}$ dros.$_{j5}$ dulc.$_{j}$ graph. hell.$_{j5}$ *Hep.* *Hyos.* kali-br.$_{bro1}$ kali-c.$_{j5}$ *Lach.* lact.$_{j}$ lyc. mag-m.$_{j}$ mag-s.$_{j5}$ merc.$_{j5}$ methys.$_{j1}$ *Morph.*$_{bro1}$ naja$_{kr1}$ nat-c.$_{j}$ *Nat-m.* nat-sal.$_{bro1}$ nit-ac. nux-m. *Nux-v.*$_{bg2,j5,*}$ olnd.$_{j}$ *Op.* past.$_{bro1}$ *Ph-ac.*$_{h,kr1}$ phos.$_{sf1}$ plat. psil.$_{j1}$ *Puls.* rhod. rhus-t. santin.$_{bro1}$ sec.$_{bg2,sf1}$ sep. *Sil.* spong. *Stram.* *Sulph.* tarent.$_{k2}$ ther.$_{c1}$ valer. verat.$_{bro1,j}$
☞ *Bilder / Erscheinung / Phantasiegebilde*
• **tagsüber**: bell. lac-c. lyc. nat-m. stram.
• **morgens**:
• **Bett**, im: hep.$_{c1}$
• **abends**: brom. carb-an. carb-v. chin. *Cina*$_{kr1}$ cupr. ign. phos. puls.
• **nachts**: camph.$_{kr1}$ canth. cham. spong. *Stram.*$_{kr1}$ thuj.$_{kr1}$
• **bunt**: anh.$_{j1,sp1}$
• **Erhabenheit**, von großartiger: cann-i.$_{kr1}$ carbn-s. coff.
☞ *hochgestellte / Hochmütig*
• **erzählt** wird; über das, was ihm: psil.$_{ft1}$
• **Farbwolken**: lach.
• **Feuer**
☞ *Feuer - Visionen*
• **Freude**; Visionen von:
• **Nacht**; füllen sein Gehirn die ganze: op.$_{rb2}$
• **gleichzeitig** von oben und unten: choc.$_{srj3}$
• **Macht**, von eingebildeter: cann-i. psil.$_{ft1}$
• **phantastisch**: arn.$_{kr1}$ ars. *Chlol.*$_{kr1}$ hyos. lach. nit-ac. op. psil.$_{ft1}$
• **Ratten**; von sonderbaren Gegenständen und
☞ *Ungeheuern - sonderbare*
• **Regenbögen** am Himmel: haliae-lc.$_{srj5}$
• **schlägt** nach ihnen und hält das Kruzifix hoch: *Puls.*$_{kr1,st}$

- **Schließen** der Augen; beim: anh.mg1 apis *Arg-n.* ars. **Bell.**k,vh/dg *Bry.* **CALC.**k1,st camph. caust. *Chin.* cocc. cupr. graph. hell. *Ign.* *Lach.* led. lyc. nat-m. plb. *Puls.* samb. sec. sep. spong. *Stram.*k,vh/dg *Sulph.* tarent. thuj.
- **schön**: bell. *Cann-i.* coca lac-c. lach. olnd. **Op.** psil.ft1
  ☞ *schön*
- **schrecklich**: absin. ambr.k2 atro.a1 **Bell.** **CALC.**k1,st calc-sil.k2 camph. carb-an. carb-v. *Caust.* hep.sf1 ign.kr1 *Kali-br.* lac-c. lyc. merc. nicot.a1 *Nux-v.*kr1,sf1 op. phos. *Puls.* rhod.a1 samb. sil. *Stram.* sulph. tarent.
  ☞ *Bilder - schreckliche / Phantasien - übertrieben - schrecklich*
  - **abends**: calc.a1 carb-v.a1
  - **nachts**: camph.a1 nit-ac.a1 phos.a1 tab.a1
  - **Dunkelheit**, in der: *Bell.* *Carb-v.* hell. petr. puls. stram.
  - **Ereignissen**, von vergangenen: spong.a1
  - **Erwachen**, beim: zinc.
  - **hinter** ihm: *Lach.*kr1
  - **neben** ihm: *Stram.*j5
- **Sonnen**; zwei: haliae-lc.srj5
- **symmetrisch**: cann-i.a1 cere-b.a1
- **Ungeheuern**, von: *Bell.* camph. cann-i. cic. lac-c. op.j5 samb. *Stram.* tarent.
  - **Einschlafen** und Erwachen; beim: ign.
  - **sonderbare** Gegenstände und Ratten: cimic.
    ☞ *Ratten*
- **verfolgt** in Visionen: hyos.rb2
- **wirklich**; die Visionen seien: lach.rb2
- **wundervolle**: calc. camph. cann-i. lach. psil.ft1

– **visuell**
  ☞ *Visionen*

– **Vogel**:
- **rupfen**; er würde einem Vogel die Federn: hyos.
- **sei**; er läuft zirpend und zwitschernd umher bis er in Ohnmacht fällt, als ob er ein Vogel: lyss.kr1
- **sieht** Vögel: bell. kali-c. lac-c.
  - **Adler**: haliae-lc.srj5

– **vorbeigehen**:
- **nicht** ohne zu stürzen an einem bestimmten Punkt vorbei; er könne: arg-n.rb2 kali-br.ptk1

– **vornehm**; er sei: marb-w.es1 phos.h2 stram. verat.
  ☞ *adlig / hochgestellte*

– **wach**:
- **Nacht** wach gewesen; er sei die ganze: puls.rb2
- **nie** wach werden
  ☞ *aufwachen - nie*

– **wachsen**:
- **größer** und länger werden; er würde: aur.rb2 plat.rb2 stram.rb2
  ☞ *groß gewachsen - er*

– **Wände**:
- **einstürzen**; die Wände würden: arg-n.st,vh cann-i.st,vh lyss.st,vh
  ☞ *Furcht - engen Räumen*

– **Wände - einstürzen**; die Wände würden: ...
- **innen**, nach: arg-n.rb2 carb-v.rb2 lyss.st
- **rutschen**, aufeinander zu gleiten; Wände scheinen zusammen zu: cann-i.
- **Schreckliches** an den Wänden; sieht: bell. cann-i. hyos. samb.
- **umgeben**; er wäre von hohen Wänden: cann-i.
  ☞ *Fallen - Wände / Furcht - engen Räumen*
- **zerdrücken**; die Wände würden ihn: *Arg-n.*
  ☞ *Fallen - Wände / Furcht - engen Räumen*

– **Wagen**:
- **prächtige**, herrliche Wagen; sieht: carbn-s.a1

– **Wahrheit**:
- **sagen**; wie würde nicht die Wahrheit: macro.rb2

– **wanken**:
- **alles** würde wanken und zittern
  ☞ *zittern - alles - wanken*
- **Gegenstände** wanken
  ☞ *flackern - Gegenstände*
- **Länge** nach wanken; er würde der:
  - **Liegen**; beim: merc.rb2

– **Wanzen** und Küchenschaben, von: stram.kr1
  ☞ *Küchenschaben*

– **wartet**; sie: limest-b.es1

– **Warzen**; er habe: mez.

– **Waschen**, von: bell.h,k,* syph.bg2

– **Wasser**:
- **blauem** Wasser; von: cann-i.
- **fließendes** Wasser; sieht: *Merc.*
- **Löffel** voll Wasser scheint wie ein See; ein: agar.
  ☞ *Tollwut*
- **Nektar**; Wasser sei wunderbarer:
  - **trinkt**; wenn er: cann-i.
- **spricht** von Wasser; und er: sep.j5
- **Überschwemmungen** u.ä.: cann-i.
- **unter** Wasser; er wäre: limest-b.es1
- **von**: alum.bg2 am-m.bg2 ant-t.bg2,h,* ars.bg2 bov.bg2 dig.bg2 ferr.bg2 graph.bg2 ign.bg2 iod.bg2 kali-c.bg2 kali-n.bg2 mag-c.bg2 mag-m.bg2 meph.bg2 merc.bg2,h,* nat-c.bg2 ran-b.bg2 sep.bg2 sil.bg2
- **waten**; er würde in Wasser: ant-t.j5

– **wechseln** plötzlich: cann-i.a1,k psil.ft1

– **wecken**:
  ☞ *aufwachen - allein*
- **jemand** würde versuchen ihn zu wecken: cur.rb2
  - **Traum**, aus einem: carb-v.rb2
- **worden**; er wäre gerade eben geweckt: cycl.rb2 mang.rb2
  - **Fieber**, durch: cic.rb2

– **weggenommen** worden; Gegenstände um ihn herum seien
  ☞ *Gegenstände - weggenommen*

– **Wehen** zu haben, oder glaubt, sie habe Schmerzen; sie gibt vor: verat.
  ☞ *schwanger; sie*

– **Weinbrand**, Brandy getrunken; er habe: puls.rb2

– **weinen**; er könnte: caj.rb2
 • **nichts** als weinen; er könnte: apoc.rb2
– **weinen**; er würde: aster.rb2 cot.rb2
– **Weinen**, mit: acon.j5 dulc.j5 lyc.j5 merc.j5 stram.j5
– **Wein** getrunken; er habe: sabad.rb2
– **weit** weg; wie: med.rb2
 • **Kopf**, im: sec.rb2
– **Wellen** würden durch den Kopf gehen
 ☞ *❏ Kopf - Wogendes*
– **Welt**:
 • **lasten**; die Welt würde auf ihm: tab.rb2
 • **neuen** Welt bewegen; er würde sich in einer: camph.rb2
 • **verloren**; er sei jenseits aller Hoffnung für die Welt: *Arg-n.*kr1
– **Whisky**:
 • **Whiskydämpfe** seien ihm in den Kopf gestiegen: ars-met.rb2
– **Willen** besessen; von zwei
 ☞ *Wille - zwei*
– **Willenskraft** verloren; als habe er seine: carb-v.rb2 chinin-s.j5 nit-ac.rb2 pop.rb2
 ☞ *Wille - Verlust / Wille - Willensschwäche*
– **Wimpern** verlängert: cann-i.a1
– **Wind**, der im Kamin heult, klingt wie das Sausen eines gewaltigen Rades:
 • **Widerhall** eines Donnerschlages auf einer großen Orgel; und wie der: cann-i.
– **wirbeln**:
 • **allem**, was ihn umgibt herumwirbeln er würde mit: op.rb2
– **Wirbelsäule** sei ein Barometer: cann-i.
– **wirklich**:
 • **nichts** scheint
 ☞ *unwirklich - alles*
– **wissen**:
 • **nicht**, wo er ist; weiß
 ☞ *Erkennt - nicht - Umgebung*
– **Wissen**; er habe grenzenloses, unendliches: cann-i. psil.ft1
 ☞ *hochgestellte / schöpferische*
– **Wölfen**, von: bell.hr1,k,* stram.
– **wohlhabend**; er sei sehr
 ☞ *Reichtum*
– **Wolken**:
 • **erreichen**; er scheint die Wolken zu:
  • **Arme**, Gesicht, Zunge und der Vorderteil des Gehirns scheinen bis zu den Wolken zu reichen: pic-ac.rb2
 • **Felsen** hinwegblicken; er würde über Wolken und: mag-m.
 • **fremdartige** Wolken lassen sich auf den Patienten nieder oder tanzen um die Sonne herum: cann-i.
 • **Gedanken** würden in Wolken schweben: dat-a.rb2
 • **Kopf** sei durch eine Wolke benommen: crot-t.rb2
 • **schwarze** Wolke würde sie einhüllen; eine schwere: adam.srj5 arg-n.bro1 *Cimic.*bro1,k *Lac-c.*bro1 puls.bro1
 • **sieht**: hep. mag-m. rhus-t.

– **Worte**:
 • **erinnern**; kann sich nicht an Worte: verat.rb2
– **wunderlich**, grillig: cann-i.a1
– **Würmer**:
 • **bedeckt** von; er sei: cocain.
 • **Bett**, seien im: ars.a1
 • **Erbrochene** sei ein Haufen Würmer; das: cann-i.
 • **kriechenden** Würmern, von: alum.bg2 am-c.bg2 ars.bg2 bov.bg2 kali-c.bg2 mur-ac.bg2 *Nux-v.*bg2 phos.bg2 ran-s.bg2 sil.bg2
– **Zahlen**; in bezug auf:
 ☞ *Ziffern*
 • **23** cm lang zu sein; er schien:
  • **nachts** beim Erwachen:
   • **Liegen** auf der anderen Seite amel.: sulph.
– **Zehen**:
 • **abgeschnitten**
 ☞ *Verletzung - Zehen*
– **Zehennägel** würden davonfliegen: pyrog.al2
– **Zeit**:
 • **früher**; es scheint (= vergeht zu schnell): *Cocc.*bro1,sf1 sulph. ther.bro1
 ☞ *Zeit - schnell*
 • **länger**; die Zeit erscheint: *Alum.*bro1 ambr.bro1 anh.bro1 *Arg-n.*bro1 **Cann-i.** cann-s. con.sf1 hydrog.srj2 limest-b.es1 med.bro1 nux-m. nux-v.bro1 onos. pall.rb2
 ☞ *Zeit - langsam*
– **Zeitungen**; er sieht: atro.
– **zerbrechen**:
 • **sie** würde zerbrechen:
  • **liegen** würde; falls sie lange in einer Position: pyrog.rb2
  • **zusammenbrechen**: arg-met.rb2
– **zerbrechlich**
 ☞ *Körper - zerbrechlich*
– **zerfallen**; er würde in Stücke
 ☞ *Körper - Stücke - zerfallen*
– **zerreißen**, es würde ihn
 ☞ *verlieren - Kontrolle*
– **zerschmelzen**, agg. durch Wechseln der Lage, amel. im Liegen; er würde: sumb.
– **Zerstörung** aller Menschen in ihrer Umgebung; von drohender: *Kali-br.*kr1
– **ziehen**:
 • **Beine** getragen; er würde nach vorne gezogen und schnell in Richtung auf seine: tell.rb2
 • **Kreis** herum ziehen; etwas würde sie im:
  • **Kopf** nicht geradehalten; und sie könne den: lyss.rb2
 • **rechts** ziehen; etwas würde sie beim Gehen nach: sil.rb2
– **zieht** sich zurück; alles nähert sich und: cic.rb2
– **Ziffern**, Zeichen; sieht: *Ph-ac.* phos. sulph.h,k,*
 ☞ *Zahlen*
– **Zimmer**:
 • **drehen**; das Zimmer würde sich im Kreis: nux-v.rb2
 • **drehen**; würde sich: calc-caust.rb2 cann-s.rb2 cod.rb2 dub.rb2 grat.rb2 kali-bi.rb2

• **eigenen** Zimmer befinden; er würde sich nicht im: coloc.$_{a1}$
• **groß**; das Zimmer sei zu: tub.$_{rb2}$
• **Haus**; das Zimmer sei ein: calc.
• **klein**; das Zimmer sei zu: cycl.$_{rb2}$ germ-met.$_{srj5}$
• **Meeres**; das Zimmer sei wie die Gischt eines aufgewühlten: sec.
• **Menschen**, sieht:
• **Bett**, am: atro. con.
• **Eintreten**, beim: lyc.
• **eintreten** und herausgehen und sie mitnehmen wollen; das Zimmer sei voller fremder Männer, die: bell.$_{rb2}$
• **Wände**
☞ *Wände*
• **wirbeln**; das Zimmer würde: nux-v.$_{rb2}$
• **zerfallen**; das Zimmer würde: cann-i.$_{rb2}$
– **zittern**:
• **alles** würde zittern:
• **an** ihm würde zittern; alles: sulph.
• **Kreis** drehen; und würde sich im: plb.$_{rb2}$
• **wanken**, und: aml-ns.$_{rb2}$
• **er** würde zittern:
• **ohne** zu zittern; aber: carb-v.$_{rb2}$ med.$_{rb2}$ sul-ac.$_{rb2}$ zinc.$_{rb2}$
– **zuflüstern**; jemand würde ihm etwas: med.$_{k2,st}$
☞ *Stimmen - hört - folgen / Teufel - spricht*
• **Blasphemie**, Gotteslästerung: anac.$_{c1,kl}$
– **Zug**
☞ *Eisenbahn*
– **Zuneigung** der Freunde verloren; er habe die: ars.$_{gm1}$ *Aur.*$_{hr1,k,*}$ hura hyos.$_{k2}$
☞ *Unsicherheit / Verlassen / Verlassen - Isolation*
– **Zunge**:
• **ausreißen**; jemand würde ihm die Zunge: bell.
• **Holz** zu sein; die Zunge scheint aus: apis
☞ *Holz / Holz - er / ☐ Extremitäten - Holz*
• **lang**; die Zunge wäre zu: aeth.
• **reichen**; die Zunge scheint bis zu den Wolken zu:
• **Einschlafen**; beim: pic-ac.
– **zusammen**:
• **sich** (seine Teile) nicht zusammenbringen; kann: caj.$_{rb2}$
• **Freien**; im:
• **amel.**: caj.$_{a1}$
– **zusammenbrechen**
☞ *zerbrechen - sie - zusammenbrechen*
– **zusammenreißen**; sie kann sich nur unter großer Anstrengung: sacch-l.$_{rb2}$
– **zwei**:
• **Dinge** geschehen gleichzeitig; zwei: adam.$_{srj5}$
• **Persönlichkeiten**; sie sei
☞ *Verwirrung - Identität - Dualität*
• **Willen**
☞ *Wille - zwei*
– **Zwerg**; er sei ein: cann-i.$_{a1}$
– **Zylinder**, er sei ein: cann-i.

Wahnsinn
☞ *Geisteskrankheit*

Wahrheit; sagt (vorbehaltlos, rücksichtslos) die reine: alum.$_{gl1}$ bov.$_{gl1}$ choc.$_{srj3}$ hyos.$_{gl1}$ verat.$_{gl1}$

Wahrnehmungen verändert
☞ *Größen / Phantasien - übertrieben*

Waisen: *Mag-c.*$_{k2}$

Wandern:
☞ *Reisen / Umherstreifen*
– **amel.** Gemütssymptome: hist.$_{mg1}$
☞ *Ruhelosigkeit - Gehen - Freien - amel.*
– **Verlangen** zu wandern: arag.$_{bro1}$ *Bry.*$_{bro1}$ *Calc-p.* cench.$_{k2}$ choc.$_{srj3}$ cimic. elat.$_{bro1}$ *Kali-br.*$_{kr1}$ lach.$_{bro1}$ lyss.$_{bg2}$ merc. sanic.$_{ptk1,st}$ **Tub.**$_{br1,st}$ verat. verat-v.$_{bg2}$
☞ *Reisen - Verlangen / Ruhelosigkeit*
• **nachts**: *Calc.*$_{kr1}$ *Elat.*$_{kr1,st}$
• **Haus** herumwandern; möchte im: *Valer.*$_{kr1}$
• **ruhelos** umher; wandert: bell.$_{bg2}$ canth.$_{bg2}$ hyos.$_{bg2}$ nux-v.$_{bg2,gl1}$ *Stram.*$_{bg2,kr1}$ verat.$_{bg2}$
☞ *Ruhelosigkeit - Kindern - rastlos*
• **Schwangerschaft**; während der: *Verat.*$_{kr1}$

Wankelmütig
☞ *Launenhaftigkeit / Unbeständigkeit / Unentschlossenheit*

Waschen:
– **Abneigung** gegen Waschen und Baden: *Am-c.*$_{bg2,sf1,*}$ *Ant-c.*$_{bg2,sf1}$ borx.$_{sf1}$ calc.$_{sf1}$ canth.$_{sf1}$ *Clem.*$_{bg2,sf1}$ kali-n.$_{sf1}$ marb-w.$_{es1}$ mez.$_{sf1}$ nit-ac.$_{sf1}$ psor.$_{k2,sf1}$ *Rhus-t.*$_{bg2,sf1}$ sep.$_{sf1}$ spig.$_{sf1}$ stront-c.$_{sf1}$ *Sulph.*$_{bg2,k2,*}$
☞ *Baden - Abneigung / Gleichgültigkeit - Äußerlichkeiten / Schmutzig*
• **Kindern**, bei: **Sulph.**$_{c1,kr1}$
– **Verlangen** zu waschen:
☞ *Baden - Verlangen*
• **Baden**; Manie zu
☞ *Baden - Verlangen*
• **Hände**; wäscht sich ständig die: ars.$_{bg,mrr}$ coca$_{st,vh}$ *Lac-c.*$_{st,vh}$ *Med.*$_{st,vh}$ merc.$_{gb,gk}$ nat-m.$_{mrr,vh}$ plat.$_{k13,wt}$ psor.$_{bg2,k13,*}$ sil.$_{gg,k13}$ *Sulph.*$_{k13,vh,*}$ *Syph.*
☞ *Wahnideen - schmutzig - er / Wahnideen - verunreinigen / ☐ Allgemeines - Baden - amel. / ☐ A~ Unsauberkeit*
• **Monomanie**: *Sil. Sulph.*
• **Sauberkeitswahn**, Reinlichkeitswahn: ars.$_{gl1,k2}$ sil.$_{gl1}$ sulph.$_{gl1}$

Wasser:
– **agg.** die Gemütssymptome
☞ *Tollwut*
– **liebt**: limest-b.$_{es1}$

Wechselnde Stimmung
☞ *Stimmung - veränderlich / Stimmung - wechselnd*

Weglaufen
☞ *Fliehen*

Wehleidig
☞ *Jammern / Klagen / Sprache - wehleidig / Unzufrieden*

Weibisch: calc.gl1,vh lyc.gl1,vh *Plat.*gl1,vh **Puls.**vh,vh/dg sil.gl1,vh

Weicht den Blicken anderer aus
☞ *Angesehen - weicht*

Weigert sich:
– **Behandlung**; gegen jede: bell.gl1 caust.gl1 lach.gl1 plat.gl1
☞ *Medizin / Gesund - sagt - krank*
• **krank** ist; obwohl er sehr: ars.gl1 caust.gl1 nux-v.gl1
– **essen**; zu
☞ *Essen - weigert*
– **Medizin** einzunehmen; die: *Arn.*st,vh cimic.k2,vh,* *Hyos.*k,vh/dg,* *Kali-p.*kr1 **Lach.**st,vh *Stram.*kr1 *Verat-v.*kr1 visc.sp1
☞ *Behandlung / Argwöhnisch - Medikamente / Arzneimittel - Abneigung / Furcht - Medikamente / Furcht - Medikamente - einzunehmen / Gesund - sagt - krank / Homöopathie / Reizbarkeit - Medikament / Reizbarkeit - schickt / Widerwillen - Arzneiflasche*
• **Delirium**; im: agar-pr.a1 hyos.vh
☞ *Delirium*
– **unmöglich**, sich zu weigern
☞ *Nachgiebigkeit*

Weinen (= Weinerlichkeit, weinerliche Stimmung): acet-ac.a1 **Acon.**bg2,k adam.srj5 *Aeth.*a1,br1,* aethera1 ail. allox.sp1 *Alum.* am-c. *Am-m.* *Ambr.*bg2,k amyg. anan. androc.srj1 ang. anh.sp1 *Ant-c.* *Ant-t.* **Apis** apoc.k2,kr1 arg-met. *Arg-n.* *Arist-cl.*jl,mg1 arn. **Ars.**bg2,k1,* ars-i. arum-m. asar. aster. *Aur.* aur-ar.k2 aur-i.k2 aur-m. aur-s.k2 *Bamb-a.*stb2 bapt.st bar-c. bar-i.k2 bar-s.k2 *Bell.* ben. berb. **Borx.**bg2,k brass-n-o.srj5 brom.bg2 **Bry.**bg2,k bufo buth-a.jl,sp1 *Cact.* **Calc.** *Calc-ar.*k2 *Calc-i.*k2 *Calc-p.* **Calc-s.** calc-sil.k2 *Camph.*bg2,k cann-i. cann-s. *Canth.*bg2,k caps. carb-an. *Carb-v.* **Carbn-s.** card-m. carl. cass.a1 castm. **Caust.** cedr. cench.k2 **Cham.**bg2,k *Chel.* chen-a. chin. chinin-ar. *Chinin-s.* chlf.kr1 **Cic.** *Cimic.* *Cina*bg2,k cinnm.kr1 cit-v.a1 clem. *Cocc.* **Coff.**bg2,k colch. *Coloc.*bg2,k *Con.* convo-s.jl,sp1 cop. cortiso.sp1 **Croc.**bg2,k crot-c.a1 *Crot-h.* *Cupr.* cupr-act.a1 cur. *Cycl.*bro1,k der. *Dig.* dros. dulc. elec.c1 eup-per.a1 eup-pur. *Ferr.* ferr-ar. ferr-i. ferr-p. ferul.a1 gels. gent-c. germ-met.srj5 gink-b.sbd1 gins.a1,j5 glon. goss.st **Graph.** haem.a1,j5 *Hell.* *Hep.* hir.jl hist.sp1 hura *Hydr.*kr1 hydrog.srj2 hydroph.jl hyos. iber.a1 **Ign.** ind.kr1 *Iod.* *Ip.*gl1,k1 *Jal.*j jug-r.st kali-ar. *Kali-bi.* **Kali-br.** **Kali-c.**bg2,k kali-chl.j5 kali-fcy.kr1 kali-i. kali-n. kali-ox.a1 *Kali-p.* kali-s. kali-sil.k2 kiss.a1 kreos.j5,k2,* **Lac-c.** lac-d.k2,st **Lach.**bg2,k lachn. lact. lam.j5 lat-m.jl,sp1 laur. led. levo.jl *Lil-t.* linu-u.a1 lith-c. lob. lob-s.kr1 lunakg1 **Lyc.** lyss. *M-arct.*j5 m-aust.j5 *Mag-m.* *Mag-p.*k1,st mag-s. *Mang.* *Med.* *Meli.* meny. **Merc.**gl1,k1 *Merc-i-r.*k1 merl. methys.jl mez. morph.c1 **Mosch.**bg2,k naja nat-ar. nat-c. **Nat-m.** *Nat-p.* *Nat-s.* nat-sil.k2 neonsrj5 nicc. nid.jl *Nit-ac.* nitro-o.a1 *Nux-m.* *Nux-v.* *Op.*gl1,k1 **Pall.** peti.a1 *Petr.* *Ph-ac.* phel.k1 *Phos.* **Plat.** plb. psil.jl psor. **Puls.** pyrusa1 raja-s.jl *Ran-b.*bg2,k rheum **Rhus-t.** rib-ac.jl

Weinen: ...
ruta sabin. samb.bg2 sanic.c1 sars. sec. senec.bg2,sf1 *Seneg.*j senn.hr1 **Sep.** sil. sol-ni. spig. spira.a1 **Spong.**bg2,k squil. **Stann.**bg2,k,* *Staph.* *Stram.*bg2,k *Stry.* *Sul-ac.* **Sulph.** syph.k2,kr1 tab. *Tarent.* tep.a1 thal.jl theaa1 thuj. thuj-l.jl thyreotr.jl til. trinit.br1 tub.a1 ust. vac.a1,kr1 **Verat.** vinc.j5,kr1 **Viol-o.**k1,st viol-t. visc.sp1 wies.a1 zinc. zinc-p.k2 ziz.a1
☞ *Angst - Weinen / Beschwerden durch - Kummer / Delirium - Schreien / Entmutigt - Weinen - amel. / Furcht - Weinen / Gleichgültigkeit - Weinen / Jammern / Klagen / Kummer / Sitzen - Neigung - weinend / Suizidneigung - Weinen / Traurigkeit / Traurigkeit - Weinen - amel. / Unzufrieden - Weinen - amel. / Verwirrung - Weinen / Verwirrung - Weinen - amel. / Weinen - Angst / Weinen, Schreien / ❑ Atmung - Schluchzend*
– **amel.**: *Anac.* androc.srj1 astac.c1 *Aster.*a1 cimic.ptk1 colch. cycl. *Dig.* gels.vh germ-met.srj5 gink-b.sbd1 granit-m.es1 *Graph.* hell.bg2 ign. lach.bg2,j5 *Lyc.* mag-m.gb *Med.* merc. nit-ac. phos. *Plat.* *Puls.*bg1,bg2,* sep. tab.
☞ *Angst - Weinen / Entmutigt - Weinen - amel. / Erschreckt - Weinen / Furcht - Weinen / Suizidneigung - Weinen / Traurigkeit - Weinen - amel. / Unzufrieden - Weinen - amel. / Verwirrung - Weinen - amel.*
– **agg.**: ant-t. *Arn.* *Bell.* borx. canth. cham. *Croc.* *Cupr.* *Cycl.*kr1 hep. lach. *Nat-m.*bro1 nit-ac. puls.bro1 *Sep.*bro1 stann.k1 *Teucr.* *Verat.*
– **tagsüber**: alum. bry. caust.k1,k13 lac-ac.k13 lac-c.k1 lyc. mez. stram.hr1,k1,*
– **Tag** und Nacht: apisk2
– **morgens**: alum.k2 alum-p.k2 alumn. am-c. bell. borx. canth. carb-an.h,k,* dulc. kreos. peti.a1 phos.a1,k plat.a1,k prun. puls.a1,k rhus-t.a1,k sars. sil.a1,k spong. stram. sulph.a1,k tarent.a1,k
• **Erwachen**, beim: alum.k2 alum-p.k2 puls.a1
– **vormittags**: canth.a1 huraa1 sars.a1,j5
• **11** h: **Sulph.**
– **nachmittags**: bell.a1 carb-v. castm. cop.a1,k dig. phos.a1,k *Sil.* tab.j5 tarent.a1,k
• **16** h: puls.
• **16** - **20** h: **Lyc.**
– **abends**: acon.a1,k alum. am-c. am-m. *Calc.* carb-an.h,k,* clem. coca *Graph.*a1,k huraa1 hyper.a1,k kali-c. kali-chl.j5 kali-i. kali-sil.k13,k2 lact.j5 lyc.j5 lyss.hr1,kr1 m-arct.j5 mez.a1,k nat-m. *Plat.*a1,k *Ran-b.*a1,k *Rhus-t.* sil. *Stram.*a1,k1 sul-i.jl,k2 sulph. *Verat.*
• **amel.**: am-c. castm. zinc.h
– **nachts**: alum.a1,k alum-p.k13,k2 am-c. anac. ant-t.j5 arn.h,k,* ars. ars-s-f.k13,k2 aur. aur-s.k13,k2 bamb-a.stb2 bar-c.h,k,* bar-s.k13,k2 bell.a1,k *Borx.* bry. calad.j5 calc. calc-ar.k13,k2 calc-sil.k13,k2 camph.j5 caps.j5 carb-an.h,k,* *Castm.*j5 caust. cham.h,k,* chel.a1,k *Chin.* chinin-s. *Cina* *Cocc.*j5 con.h,k,* croc.j5 euph.j5 graph.j5 guaj.j5 hep.j5 hipp. hyos. ign. indg. ip. kali-ar. kali-c. kali-i. kali-sil.k13,k2 lac-c.hr1,k *Lach.* lup.j5 lyc.a1,k m-arct.j5 mag-c.k,k1 mag-m.j5 merc. merc-act.j5 *Nat-c.*j5 *Nat-m.*a1,k nicc.j5 nit-ac. *Nux-v.* op.a1,k ph-ac. phos.a1,k *Phyt.* plat.j5 *Psor.* *Puls.* rheum rhus-t. rutaj5 *Sep.*j5 sil.a1,k spong. stann. *Stram.* sul-ac.j5 sulph. tab. tarent.a1,k

– **nachts**: ...
thuj.$_{a1,k}$ verat. *Zinc.*$_{j5}$
• **Mitternacht**:
• **vor**: alum.$_{a1}$ ars.$_{j5}$ merc.$_{j5}$ nux-v.$_{j5}$
• **um**: m-arct.$_{j5}$ mag-c.$_{j5}$
• **nach**: ars.$_{j5}$ bry.$_{j5}$
• **Erwachen**, beim: chinin-s. sil.$_{a1,k}$
• **Schlaf**, im: alum.$_{a1,k}$ carb-an.$_{h,k,*}$ caust. cham.$_{h,k,*}$ chel.$_{a1}$ con.$_{h,k,*}$ ign. lach. lyc.$_{a1,k}$ nat-m.$_{j5}$ nit-ac. *Nux-v.* phos.$_{a1}$ thuj.$_{a1,k}$
• **weint** die ganze Nacht, lacht den ganzen Tag: stram.
◆ **abwechselnd** mit:
• **Ärger**
☞ *Reizbarkeit - abwechselnd mit - Weinen*
• **Delirium**; mit heiterem
☞ *Delirium - heiter - abwechselnd mit - Weinen*
• **Fröhlichkeit**, Frohsinn
☞ *Froh - abwechselnd mit - Weinen*
• **Gleichgültigkeit**: ~~phos.$_{h,xxx}$~~
• **hoffnungsvoller** Stimmung
☞ *Hoffnung, voller - abwechselnd mit - Weinen*
• **Jammern**: bufo
• **Lachen**
☞ *Lachen - abwechselnd mit - Weinen*
• **mürrischem** Wesen; mit
☞ *Mürrisch - abwechselnd mit - Weinen*
• **Possen**; kauzigen
☞ *Possen, spielt - abwechselnd mit - Weinen*
• **Raserei**
☞ *Raserei - abwechselnd mit - Weinen*
• **Reizbarkeit**
☞ *Reizbarkeit - abwechselnd mit - Weinen*
• **schlechter** Laune
☞ *Reizbarkeit - abwechselnd mit - Weinen*
• **Singen**
☞ *Singen - abwechselnd mit - Weinen*
• **Spaßen**
☞ *Spaßen - abwechselnd mit - Weinen*
• **Tanzen**
☞ *Tanzen - abwechselnd mit - Weinen*
• **Zorn**
☞ *Zorn - abwechselnd mit - Weinen*
– **Abendessen**, nach dem: arn.$_{a1,h}$
– **allein**, wenn: *Con.*$_{h,k,*}$ ign.$_{vh}$ *Nat-m.*$_{a1,k}$
☞ *Gesellschaft - Verlangen / Gesellschaft - Verlangen - allein*
• **amel.**: allox.$_{jl,jl3,*}$
– **alles**; über: apis$_{a1}$
– **Alptraum**, nach: guaj.$_{h,k,*}$
☞ *□ Träume - Alpträume*
– **alten** Menschen; grundlos bei: caust.$_{gl1}$
– **anblickt**; wenn man ihn: ant-c.$_{st}$ kiss.$_{st}$ *Nat-m.* puls.$_{pe}$ *Tarent.*$_{kr1}$
☞ *Angesehen*
– **Anekdoten**, durch: *Lach.*
☞ *Schreckliches*
– **anfallsweise**
☞ *plötzlich*
– **angesprochen**; wenn: cimic.$_{k2}$ ign. *Med.* *Nat-m.* *Plat.* sil. **Staph.**$_{gl1,k1}$ thuj. *Tub.*$_{hr1,kr1}$

– **angesprochen**; wenn: ...
• **freundlich**:
• **Kindern**; bei: *Iod.*$_{st}$ *Sil.*$_{st}$
– **Angst**, nach: acon. am-c.$_{j5,kr1}$ am-m. asaf.$_{j}$ asar.$_{j5}$ bell.$_{j5}$ calc.$_{j5}$ camph.$_{j5,sf1}$ canth.$_{j5}$ carb-an.$_{j}$ carb-v. castm.$_{j5}$ dig.$_{j5}$ **Graph.**$_{j5,kr1}$ ign.$_{j5}$ *Kali-c.*$_{h,j5}$ **Kali-i.**$_{j5,kr1}$ lyc.$_{h,j5}$ nat-m.$_{j5}$ *Phos.*$_{h2,j5}$ puls.$_{j5}$ *Spong.*$_{j5}$ sul-ac.$_{j5}$ sulph.$_{j5}$ zinc.$_{j5}$
☞ *Angst - Weinen / Weinen*
– **ängstlich**: am-c.$_{hr1,kr1}$ caust.$_{h,kr1,*}$ coff.$_{a1}$ **Graph.**$_{hr1,kr1}$ **Kali-i.**$_{hr1,kr1}$ nat-m.$_{a1,kr1}$
– **Ärger**, durch: ambr.$_{vh}$ arn.$_{vh}$ bell.$_{j,vh}$ calad. caust.$_{vh}$ cham. cocc.$_{vh}$ coff.$_{vh}$ hydrog.$_{srj2}$ ign. lac-c.$_{vh}$ lil-t.$_{vh}$ m-aust.$_{j}$ mosch.$_{vh}$ nux-v. petr. plat.$_{vh}$ puls.$_{vh}$ sabin.$_{j,vh}$ spong.$_{j,vh}$ staph.$_{vh}$ sulph. tarent. *Zinc.*
• **alten** Ärger, durch: caust.$_{gl1}$ cham.$_{j}$ ign.$_{gl1}$ lach.$_{gl1}$ lyc.$_{j}$ nat-m.$_{j}$ staph.$_{gl1}$
☞ *Verweilt - erinnert - alten*
– **Aufstehen**, nach dem: am-c.$_{a1,k}$
– **Baden**, vor dem: sulph.$_{k2}$
– **Beantworten** einer Frage, beim: **Puls.**$_{hr1,kr1}$
– **Beleidigung**:
• **durch**: *Stram.*$_{hr1,kr1}$
• **eingebildete**; über die geringste: cham.$_{h}$
• **frühere** Beleidigung, über: caust.$_{gl1}$ ign.$_{gl1}$ lach.$_{gl1}$ staph.$_{gl1}$
– **bemitleidet**; wenn er glaubt, er würde: *Nat-m.*$_{k,k2}$●
☞ *Unglücklich, bedauernswert*
– **Berührung**, bei: ant-c. ant-t.$_{a1,k}$ **Cham.**$_{vh,vh/dg}$ cina sil.$_{h,k1}$ stram.$_{j5}$
☞ *Berührt*
– **Betrunkenheit**; bei: *Caust.*$_{gl1}$ *Lach.*$_{k2,st}$
☞ *Sentimental*
– **bitterlich**, bitter: hep.$_{a1,h}$ nat-m.$_{ptk1}$
– **Chorea**; bei: caust.$_{ptk1}$
– **Delirium**: stram.
• **während**: acon.$_{k2}$
• **nach**: nat-s.
– **Dunkelheit**, in der: stram.
☞ *Dunkelheit / Dunkelheit - agg. / Licht - Verlangen*
– **Entbindung**, während der: *Coff.*$_{kr1}$
– **Entkleiden**; und
☞ *Entkleiden - weint*
– **Entmutigung**; mit
☞ *Entmutigt - Weinen*
– **Enttäuschungen**, über: dig.$_{a1}$
– **Erkältung**, nach: *Op.*$_{kr1}$
– **Ermahnung**, durch: bell. *Calc.* carc.$_{fb}$ chin. ign. *Kali-c.* *Lyc.* nat-m. nit-ac. plat. staph.
☞ *Vorhaltungen / Beschwerden durch - Tadel / Ermahnungen - agg.*
– **Erregung**, durch: ign.$_{k2}$
– **Erwachen**, beim: alum. alum-p.$_{k2}$ am-c. am-m. ant-t.$_{j5}$ arn.$_{j5}$ bell.$_{h,k,*}$ borx.$_{j5}$ bufo carb-an.$_{h,k,*}$ chinin-s. *Cic.*$_{c1,c2}$ cina coff.$_{j}$ guaj.$_{j5}$ hyos.$_{a1,k}$ ign.$_{a1,k}$ kali-i. lach.$_{a1,k}$ lyc. *Mag-c.*$_{j5}$ merc.$_{a1,k}$ neon$_{srj5}$ nicc.$_{a1,k}$ nux-v.$_{a1,k}$ op.$_{a1,k}$ paull.$_{a1}$ phos.$_{a1,k}$ plan.$_{a1,k}$ puls.$_{a1,k}$ raph.$_{a1,k}$ ruta$_{j5}$ sabad.$_{j5}$ sabin.$_{j5}$ sep.$_{j5}$ sil. *Stram.*$_{j5}$ sulph.

– **erzählt**:
 • **Krankheit** erzählt; wenn sie von ihrer ●: adam.$_{srj5}$ bry.$_{st}$ carc.$_{hbh,st}$ gink-b.$_{sbd1}$ ign.$_{gb}$ *Kali-c.* *Med.* nat-m.$_{gb}$ **Puls.** **Sep.** sil.$_{gg}$ staph.$_{gb}$
  ☞ *Angst - Gesundheit - eigene / Denken - Beschwerden - agg. / Erzählen - agg.*
 • **Sexualleben** erzählt; wenn er über das: sep.$_{gb}$
– **Essen**:
 • **beim**: carb-an.
  • **Kindern**, bei: bell.$_{krl}$ staph.$_{krl}$
 • **nach**: arg-n. arn.$_{h,k,*}$ iod. mag-m. puls.
– **festhalten** könnte; sie würde schreien, wenn sie sich nicht an etwas
 ☞ *nervös - festhält*
– **Freien**, im: carb-v. hura
 • **amel.**: coff. *Nat-s.* *Plat.*$_{a1,k}$ **Puls.**
– **Freude**, durch: *Coff.*$_{hr1,k}$ lach.$_{a1,k}$ lyc.$_{k13,k2}$ neon$_{srj5}$ *Plat.*
 ☞ *Beschwerden durch - Freude - übermäßige / Beschwerden durch - Überraschungen - angenehme*
– **Freudigem** oder Traurigem; bei: **Puls.**$_{hr1,krl}$
– **Frost**:
 • **während**: acon. ars. *Aur.* aur-ar.$_{k2}$ **Bell.** **Calc.** cann-s. *Carb-v.* **Cham.** con. hep. ign. kali-c. **Lyc.** merc. nat-m. *Petr.* plat. **Puls.** sel. sil. stram. sulph. verat. **Viol-o.**
– **gedankt** wird; wenn ihm: **Lyc.**$_{h,k,*}$
– **Gedichten**; bei sanften, zärtlichen: lach.$_{a1,k}$
– **gefragt** wird; wenn er etwas: cimic.$_{ptk1}$
– **Gehen** im Freien, beim: bell. calc. coff. *Sep.*
 • **amel.**: *Puls.* *Rhus-t.*
– **geht** alleine weg und weint, als habe sie keine Freunde: bar-c.
 ☞ *Verlassen / Wahnideen - Freunde*
– **Gemütsbewegungen**; nach geringen: aster.$_{a1,k}$ aur.$_{zzb}$ calc.$_{zzb}$ **Cupr.**$_{st}$ kreos.$_{a1,k}$ *Lach.*$_{sf1}$ lyc.$_{k13,k2}$ naja *Plb.*$_{vh,vh/dg}$
– **Geräusch**, bei: aeth. ars.$_{a1}$ ign. kreos. *Lach.*
 ☞ *Empfindlich - Geräusche*
– **Gereiztheit**; mit
 ☞ *Reizbarkeit - Weinen*
– **Gesicht**:
 • **Hitze** des Gesichtes; mit: bamb-a.$_{stb2}$
 • **rotem** Gesicht; mit: bamb-a.$_{stb2}$
– **gestört** wird; wenn er bei der Arbeit: *Puls.*
– **Gesundheit**; um die:
 • **fortschreitender** Krankheit; bei progressiv: aeth.$_{ptk1}$ calad.$_{ptk1}$
– **getragen**, wenn: chel.
 • **mitleiderregend** wenn es gehalten oder getragen wird; das Kind weint: *Cina* sil.$_{st}$
 • **ruhig** wenn es getragen wird; das Kind ist nur: **Cham.** cina
  ☞ *Getragen - Verlangen / Ruhelosigkeit - Kindern - Herumtragen*
– **Glockenläuten**, beim: ant-c.$_{h,k,*}$ cop.$_{st}$
 ☞ *Angst - Kirchenglocken / Musik - agg.*
– **grundlos**: acon.$_{k13,k2}$ **Apis** ars.$_{a1,k}$ bell.$_{h,k,*}$ cact.$_{ptk1,st}$ camph. chin.$_{a1}$ *Cina* cocc.$_{a1}$ cortiso.$_{jl,jl3,*}$ *Graph.* hura kali-ar. kali-br. kali-c. kreos. *Lyc.*$_{a1,k}$ meli.$_{a1}$ *Nat-m.*$_{a1,k}$ nit-ac.$_{a1,k}$ nux-v.$_{gl1}$ phos.$_{h,kl}$ psor.$_{a1}$ **Puls.** pyrog.$_{st}$ rhus-t.$_{a1,bg2,*}$ *Sep.*$_{a1,kl2}$●

– **grundlos**: ... staph.$_{bg2,k}$ stry.$_{a1}$ **Sulph.**$_{a1,k}$ syph.$_{k13,k2,*}$ tarent.$_{a1,k}$ tub.$_{bgs}$ viol-o.$_{bg2,k}$ *Zinc.*
 • **ohne** zu wissen warum: cact.$_{st}$ *Camph.*$_{hr1}$ kali-c. pyrog.$_{st}$ **Rhus-t.**$_{a1,k}$ sep.$_{a1,k}$ tub.$_{a1,bgs}$ viol-o.$_{j}$
– **Halluzinationen**
 ☞ *Wahnideen*
– **hartnäckig**: cham.$_{sf,sf1}$
– **heftig**: bell.$_{a1,h}$ carl.$_{a1}$ caust.$_{a1,h}$ hydr-ac.$_{a1,k}$ *Ip.*$_{a1}$ nat-m.$_{gb}$ stram.$_{a1,k}$
– **Herzklopfen**, beim: phos.$_{a1,k}$ *Plat.*$_{hr1,krl}$
– **Hitze**; während: **Acon.** *Anac.*$_{krl}$ *Ant-c.*$_{krl}$ apis **Bell.** bry. calc. *Caps.* cham. coff. cupr. graph. ign. ip. *Lyc.* *Petr.* plat. **Puls.** *Spig.* **Spong.** *Stram.* sulph. til. vac.$_{krl}$ verat.
– **hoffnungslos**
 ☞ *Verzweiflung*
– **Husten**:
 • **vor** ●: ant-t. *Arn.* **Bell.** borx. **Bry.** **Hep.**$_{k,kl2}$● phos.$_{h}$
  • **Keuchhusten**: arn.$_{br1}$
 • **während**: ant-t. arn. ars. *Bad.*$_{krl}$ *Bell.* *Cain.* cham. chin. *Cina* **Hep.** ip. lyc. osm. ph-ac. samb. sep. sil. spig. spong. sulph. verat.
  • **Keuchhusten**: *Ant-t.*$_{krl}$ *Arn.*$_{krl}$ *Caust.*$_{krl}$
 • **nach**: arn. bell. caps. cina hep. op.
– **hysterisch**: ars.$_{hr1,krl}$ aur-ar.$_{k2,krl}$ cact.$_{hr1,krl}$ *Coff.*$_{hr1,krl}$ *Kali-p.*$_{hr1,krl}$ *Nat-m.*$_{hr1,krl}$ sumb.$_{a1,krl}$ *Tarent.*$_{hr1,krl}$ *Verat-v.*$_{hr1,krl}$
– **idiotisch**: merc-meth.$_{a1}$
– **kann** nicht weinen, obwohl er traurig ist: adam.$_{srj5}$ am-m.$_{br1,c1,*}$ apis$_{a1,st,*}$ carc.$_{a1,fb,*}$ crot-c.$_{a1,gb}$ *Gels.* germ-met.$_{srj5}$ granit-m.$_{es1}$ haliae-lc.$_{srj5}$ **Ign.**$_{a1,gl1,*}$ limest-b.$_{es1}$ marb-w.$_{es1}$ **NAT-M.**$_{k,k1,*}$ *Nux-v.*$_{h,k,*}$ op.$_{a1}$ puls.$_{a1}$ *Sep.*$_{vh,vh/dg}$ staph.$_{zr}$
 ☞ *Brütet / Kummer / Traurigkeit - Liebe / Untröstlich*
– **Kindern**; bei: acon.$_{c1}$ *Ant-t.*$_{a1}$ ars.$_{a1,j5}$ *Bell.*$_{hr1,j5,*}$ *Borx.*$_{j5,krl}$ calc.$_{gg}$ camph.$_{j5}$ carc.$_{cd,fb,*}$ caste.$_{j5,jl}$ caust.$_{j5}$ **Cham.**$_{hr1,j5,*}$ chap.$_{gg}$ chin.$_{j5}$ cina$_{j5}$ *Coff.*$_{j5}$ *Graph.*$_{gl1,j5}$ *Hyos.*$_{j5}$ hyosin-hbr.$_{j}$ *Ign.*$_{j5}$ ip.$_{gg}$ *Jal.*$_{j5}$ *Kali-c.*$_{j5}$ *Lyc.*$_{j5}$ nat-m.$_{a1}$ nit-ac.$_{j5}$ *Puls.*$_{j5}$ **Rheum**$_{j5,krl}$ *Rhod.*$_{gg}$ *Seneg.*$_{j5}$ sil.$_{j5}$ stann.$_{h}$ syph.$_{gg}$ thuj.$_{gg}$
 • **nachts**: arund.$_{hr1,krl,*}$ *Borx.*$_{krl}$ kali-c.$_{j}$ *Lac-c.*$_{hr1,krl}$ *Lyc.*$_{gg}$ *Psor.*$_{hr1,krl,*}$ *Rheum*$_{j,krl,*}$ sil.$_{gg}$ stram.$_{gg}$ thuj.$_{gg}$
  • **werfen** sich die ganze Nacht umher: *Psor.*$_{vh,vh/dg}$ *Rheum*$_{vh,vh/dg}$
 • **Neugeborenen**; bei: syph.$_{ptk1}$ thuj.$_{ptk1}$
 • **Säuglingen**; bei: ars.$_{gg}$ bell.$_{j5}$ borx.$_{j5}$ calc.$_{j5}$ camph.$_{gg}$ carc.$_{gg}$ caust.$_{gg}$ *Cham.*$_{j5}$ chap.$_{gg}$ chin.$_{gg}$ coff.$_{j5}$ *Hyos.*$_{gg}$ *Ign.*$_{gg}$ ip.$_{j5}$ jal.$_{j5}$ *Kali-c.*$_{gg}$ *Lyc.*$_{gg}$ nit-ac.$_{gg}$ *Puls.*$_{gg}$ *Rhod.*$_{j5}$ *Seneg.*$_{gg}$ senn.$_{j5}$ sil.$_{gg}$ syph.$_{c1}$
  • **Geburt**:
   • **unmittelbar** nach: syph.$_{a1}$
   • **von** Geburt an: carc.$_{sst}$
 • **Willen** nicht bekommen; wenn sie ihren: **Cina**$_{krl}$
 • **Zahnung**, durch schwierige: *Phyt.*$_{hr1,krl}$

– **Kind**, wie ein: ars.hr1,kr1 *Cupr-act.*kr1
• **Krankheit** mit sinnlosem Geplapper; über die: calad.kr1
– **Klavier**
☞ *Musik - Klaviermusik*
– **Kleinigkeiten**, über: alum.gl1 ant-c. arg-met. aster.hr1 bamb-a.stb2 bell.h ben.c1 bufo calc.h,k,* carc.cd **Caust.**hr1,k1,* chin.gl1 cina cocc.h,k,* coff.gl1 con. graph.a1 hypoth.jl,jl3 ign.gl1 *Kali-br.*hr1 kali-p.hr1 lyc.a1,gl1 nat-m.hr1,k nux-v.gl1 oena.br1 *Op.*gl1 petr. plat.gl1 puls.hr1,k puls-n.a1 rhus-t.hr1 sil. staph.gl1 stram. sulph.h ven-m.jl,jl3 verat.hr1 visc.sp1
☞ *Kleinigkeiten*
• **Kinder** bei der geringsten Sorge ●: *Caust.*k1 lyc. nat-m.ptk1 nit-ac. tub.st
☞ *Angst / Sorgen*
• **lacht** oder weint bei jeder Gelegenheit: *Caust.*gl1 **Puls.**gl1 sep.gl1 *Staph.*gl1
– **Konvulsionen**:
• **während**: absin.a1,k acon.j5 *Alum.*hr1,j5,* ant-t.j5 *Bell.*j5 **Camph.**hr1,kr1 *Canth.*j5 *Caust.*j5 cham. cic.j5 cinaj5 cocc.j5 **CUPR.**j5,st hyos.j5 *Ign.*j5 ip. lach.j5 *Lyc.*j5 *Mag-p.*k1,k13 *Merc.*hr1,j5,* mosch.j5 *Nux-v.*hr1,j5,* op.j5 plb. sil.j5 sulph.j5 vip.j5
• **epileptisch**: absin.a1,kr1 **Cupr.**hr1,kr1 *Indg.*hr1,kr1 *Lach.*hr1,kr1
☞ ❏ *Allgemeines - Konvulsionen - epileptisch - während*
• **nach**: caust. cinaj5
• **durch**: bell.hr1,kr1
– **konvulsivisch**
☞ *krampfhaft*
– **Kopfschmerzen**, mit ●: ars.a1 bry.kr1 chel.a1 *Coff.* coloc. *Kali-c.* kreos. lac-d.a1 lyss. peti.a1 phos.k,kl2● plat. *Puls.*kr1 ran-b. sep.k,kl2● zinc.kr1
– **Krämpfen**, nach: alum.ptk1 *Caust.*
– **Kränkung**, nach: cocc.h,hr1,* coff.k13,k2 coloc. pall.sf,sf1 puls.
☞ *Beschwerden durch - Ehre / Beschwerden durch - Kränkung / Beschwerden durch - Verlegenheit*
– **krampfhaft**, spasmodisch: alum.bg2,gl1 aur.bg2 bell.bg2 carbn-o.a1,bg2 **Caust.**bg2,gl1,* cinabg2 cupr.bg2 ign.bg2,gl1,* lach.bg2,gl1,* mag-p.c1,ptk1 mosch.bg2 nat-m.bg2,gl1 *Phos.*h,j5,* plb.bg2 stram.bg2 stry.a1 thala.bg2,jl
• **Asthma**; bei: bov.ptk1
– **Krankheit**, bei: calad.hr1,k,*
– **Lachen** und Weinen gleichzeitig
☞ *Lachen - Weinen - gleichzeitig*
– **Lähmung**; bei: caust.ptk1
– **laut**
☞ *Schluchzen*
– **leicht**: adam.srj5 alum.gl1,kr1 anan.a1 arg-met.kr1 aster.kr1 *Bell.*kr1 *Calc.*kr1 **Caust.**gl1,kr1 chin.gl1,kr1 coff.gl1,kr1 germ-met.srj5 gink-b.sbd1 *Kali-br.*kr1 lyc.gl1,kr1 *Nat-m.*gl1,kr1 neonsrj5 *Op.*gl1,kr1 **Puls.**kr1 quer-r.c1 rhus-t.kr1 *Sep.*gg staph.gl1,kr1 trinit.br1
– **Lesen**, beim: *Crot-h.* lach.
– **Liebkosungen**, durch: chin. ign.
– **Liegen**, beim: euphr.
– **Menopause**; während der: **Sulph.**st,vh
– **Menses**:
• **vor** ●: *Cact.* choc.srj3 con.h,k,* cycl.gk gink-b.sbd1 *Lyc.* neonsrj5 *Phos.* *Puls.* sep. *Zinc.*
☞ *Menses - vor; Gemütssymptome*
• **während**: *Ars.*h,k,* cact. calc. caust. *Cocc.* *Coff.* con. cycl. graph. hyos. *Ign.* ind.a1,k lach. lyc. *Nat-m.* *Petr.* phos. *Phyt.* *Plat.* *Puls.* sec. sep. *Stram.* thuj. verat. zinc. zinc-p.k2
☞ *Menses - während; Gemütssymptome*
• **aber** Weinen tut ihr nicht gut: cycl.
• **nach**: alum. con. lyc. phos. stram.
☞ *Menses - nach; Gemütssymptome*
• **Unterdrückung** von, bei: *Chen-a.*hr1,kr1 *Cycl.*hr1,kr1
– **mitleiderregend**: cham.a1,h stram.a1
– **Mitleid** mit anderen, Mitgefühl für andere; durch: carl. caust.
☞ *Mitgefühl*
– **Mittagessen**, nach dem: mag-m.h,k1,*
– **Musik**; durch: acon.bg2,gl1,* *Ambr.*bg2,br1,* carc.hbh croc.bg dig. **Graph.**hr1,k,* ign.sf,sf1 kali-n. *Kreos.*a1,k *Nat-c.* nat-m.st nat-s. *Nux-v.*gl1,k1,* sabin.sf,sf1 *Thuj.*
☞ *Musik - agg.*
• **Glockenläuten**: ant-c.h,k,* cop.st
• **Klaviermusik**: all-c.ptk1 cop.a1,k *Nat-c.* *Nat-s.*ptk1
• **Orgelmusik**; beim Hören von: **Graph.**st
– **nervös**:
• **den** ganzen Tag: bry. caust. lac-c. lyc. stram.
☞ *Ruhelosigkeit*
• **festhält**; fühlt sich so nervös, daß sie schreien könnte, wenn sie sich nicht an etwas: *Sep.*k,kl2●
• **schlechter**; ihr ist die ganze Zeit zum Weinen zumute, aber es geht ihr dadurch: stann.
– **Not**, über eine eingebildete: chin.
– **periodisch** alle vier Wochen: *Con.*kr1
– **plötzlich**: elec.a12 **Kali-br.**kr1 *Lac-c.*kr1 phos. sep.ptk1 stry.
– **Pollutionen**, nach: hipp. *Ust.*kr1
– **Reden**; beim Halten von: cupr.st
– **Reizbarkeit**; mit
☞ *Reizbarkeit - Weinen*
– **Samenabgänge**
☞ *Pollutionen*
– **Schlaf**, im: all-s.a1,k *Alum.*bg2,k,* alum-p.k13,k2 alum-sil.k13,k2 anac.j5 ang.bg2 ant-t. *Arn.*hr1,j5 ars.a1,k ars-s-f.k13,k2 *Aur.* aur-ar.k2 bar-c. bell. *Borx.*j5 bry.j5 bufo calad.j5 calc.bg2,k,* calc-act.a1 calc-sil.k13,k2 camph. caps.j5 carb-an.h,k,* *Carb-v.*hr1,kr1 carbn-s. *Castm.*j5 *Caust.*bg2,k,* **Cham.**h,k,* chin. chinin-s. cina *Cocc.*j5 *Con.*h,k,* croc.bg2,j5 cur.a1,k euph.j5 fl-ac.a1,k glon.a1,k graph.a1,k hep.j5 *Hyos.*h,k,* ign. ind.j ip. kali-ar. *Kali-c.* kali-i. kali-sil.k13,k2 kreos.a1,k *Lach.*bg2,k lyc.bg2,k,* m-arct.j5 mag-c.bg2,k mag-m.a1,k *Merc.*bg2,k *Mur-ac.*j5 *Nat-c.*j5 *Nat-m.*bg2,k,* nicc.a1,k *Nit-ac.*bg2,k *Nux-v.*bg2,k,* *Op.* *Ph-ac.*h,j5,* phos.a1,k plan.bg2 *Plat.*j5 podo.bg2 psor.zs1 *Puls.*bg2,k,* rheum rhus-t.bg2,k rob.a1,k sabin.bg2 *Samb.* sarr. *Sep.*j5 *Sil.*bg2,k,* *Spong.* stann.bg2,k stram.j5 sul-ac.j5 sulph.a1,k tab.a1,k tarent.a1,k thuj.bg2,k,* verat.j5 wildb.a1 *Zinc.*j5

– **Schlaf**, im: ...
☞ *Schluchzen - Schlaf*
• **erwacht** mit dem Gefühl, die ganze Nacht geweint zu haben: haliae-lc.$_{srj5}$
• **Kind** ist tagsüber brav und ist die ganze Nacht ruhelos und schreit: *Jal.*
– **Schläfrigkeit**, bei: cham.$_{hr1,kr1}$
– **Schluchzen**; Weinen mit: acon.$_{j5}$ alum. atro.$_{a1}$ carb-an.$_{j5}$ carbn-h.$_{a1}$ cham. cic. *Cocc.*$_{kr1}$ coff. con.$_{j5}$ crot-c.$_{bg2}$ cupr.$_{ptk1}$ galv.$_{c1,j}$ hell.$_{j}$ *Hep.*$_{kr1}$ hyos. *Ign.*$_{gl1,kr1}$ kali-c.$_{jl}$ lach.$_{gb}$ lob.$_{kr1}$ **Lyc.** lyss.$_{kr1}$ *Mag-p.*$_{c1,kr1}$ merc.$_{j5}$ nat-c. nat-m. nux-v. *Op.*$_{gl1}$ phos. plat. plb.$_{a1}$ plect. puls. sabin. *Sep.*$_{j5,kr1}$ staph. *Stram.*$_{a1,kr1}$ sulph.
☞ ❑ *Atmung - Schluchzend*
• **Schlaf**, im: aur.$_{gt}$ kali-i.$_{ptk1}$ mag-c.$_{j5}$ rhus-t.$_{a1}$
☞ *Schlaf*
• **aufzuwachen**; ohne: hyos.$_{ptk1}$
– **Schluckauf**; durch: bell.$_{st1}$
– **Schmerzen**:
• **Pausen** zwischen den Schmerzen; in den: glon.
• **während** den Schmerzen: acon.$_{sf,sf1}$ adam.$_{srj5}$ ars.$_{h,j5,*}$ asaf.$_{j5}$ bamb-a.$_{stb2}$ bell.$_{a1}$ *Cact.*$_{a1}$ canth.$_{j5}$ carb-v.$_{a1,h}$ cham.$_{gl1,j5}$ cina$_{j5}$ *Coff.* *Glon.*$_{hr1,kr1}$ kali-c.$_{j5}$ kali-cy.$_{gm1}$ *Lach.*$_{gl1,j5}$ lyc.$_{h,k1}$ *Merc.*$_{gl1,j5}$ merc-c.$_{j5}$ mez. mosch.$_{j5}$ *Nux-v.*$_{j5,k2,*}$ op.$_{gl1}$ *Plat.* puls. *Staph.*$_{gl1}$ stram.$_{j5}$ verat.$_{j5}$
☞ *Empfindlich - Schmerz / Schreien - Schmerzen / Verzweiflung - Schmerzen*
• **Zähnen**; in den: sep.$_{h}$ ther.$_{hr1,k2}$
– **Schnappen** nach Luft; mit hörbarem
☞ *Schluchzen*
– **Schnupfen**, beim: **Puls.**$_{bg2}$ *Spig.*$_{bg2}$
– **Schwäche**; durch: bamb-a.$_{stb2}$
– **Schwangerschaft**; während der: apis ign. lach.$_{j5}$ *Mag-c.* nat-m. puls. sanic.$_{c1}$ stann.
– **Schweiß**, beim: acon. arn. aur. **Bell.** bry. *Calc.* calc-s. *Camph.* *Cham.* chin. **Cupr.** graph. **Lyc.** nux-v. **Op.** *Petr.* phos. *Puls.* rheum rhus-t. sep. *Spong.* *Stram.* sulph. verat.
– **sexueller** Erregung; mit: *Aster.*$_{hr1,ptk1}$ stram.$_{ptk1}$
☞ *Traurigkeit - sexuelle Erregung*
– **Singen**, beim: hura
☞ *Singen*
– **sitzt** da und weint
☞ *Sitzen - Neigung - weinend*
– **Sprechen**, beim: kali-c.$_{a1}$ *Med.*$_{hr1,k2,*}$ puls.$_{a1}$ sep.$_{a1}$
– **still**: cycl.$_{ptk1}$
– **Stillen**, beim: *Lac-c.* **Puls.**
– **Stuhlgang**:
• **vor**: phos. puls. rhus-t.
• **während**: *Aeth.* *Borx.* *Cham.* cina phos. rhus-t. sil. sulph.
– **Tadel**, durch: calc.$_{st}$ carc.$_{gk}$ nit-ac.$_{j}$ *Plat.*$_{bg2,gl1,*}$
– **Tod**; durch den Gedanken an die Trauer, den Kummer der anderen bei ihrem eigenen: limest-b.$_{es1}$
– **Träumen**, beim: calc-f.$_{ptk1}$ nat-m.$_{a1}$ plan.$_{ptk1}$ spong.$_{ptk1}$ stram.$_{ptk1}$ tarent.$_{ptk1}$
☞ ❑ *Träume - Weinen*

– **traurig**:
• **Gedanken**, bei traurigen: alum. carb-v.$_{h,k,*}$ cina kali-c. phel. plat. stram.$_{a1,k}$
☞ *Beschwerden durch - Liebe / Kummer / Traurigkeit / Traurigkeit - Liebe*
• **Nachrichten**, bei traurigen: carb-v.$_{a1}$ ph-ac.$_{st}$
• **obwohl** traurig, kann er nicht weinen
☞ *kann*
– **Treffen** von Menschen; beim: *Aur.*
– **Trinken**, nach dem: *Caust.*$_{gl1}$ nux-v.$_{gl1}$ petr.$_{gl1}$
– **Trost**:
☞ *Untröstlich - Weinen*
• **amel.**: *Puls.*$_{bg2,sf1}$
• **agg.** ●: bell. cact. calc. *Calc-p.* chin. hell. ign. kali-c. lil-t. lyc. merc. nat-c.$_{gl1}$ **Nat-m.**$_{bg2,k}$ nit-ac. nux-v. *Plat.* **Sep.** **Sil.** staph. sulph. *Tarent.*$_{a1,k1,*}$ thuj.
☞ *Trost - agg. / Untröstlich*
• **durch** Trost: *Tarent.*$_{k1,st}$
• **will** nicht getröstet werden: carb-an.$_{pe}$ cycl.$_{pe}$ helon.$_{pe}$ ign.$_{pe}$ nat-m.$_{pe}$ plat.$_{pe}$ stann.$_{pe}$ sulph.$_{pe}$ thuj.$_{pe}$ verat.$_{pe}$
– **übermäßig**, maßlos: ferr.$_{ptk1}$
– **Undankbarkeit**, bei: *Lyc.*$_{gl1}$
– **Ungeduld**, aus: dulc.$_{bg2,sf1,*}$
☞ *Ungeduld*
– **Unheil** drohen würde; als ob: kali-i.$_{a1}$
☞ *Furcht - Unheil*
– **unterbrochen** wird; wenn er: *Puls.*$_{a1,k}$
– **unwillkürlich**: *Alum.*$_{a1,k}$ alum-p.$_{k13,k2}$ *Aur.* *Bell.* calc-sil.$_{k2}$ camph.$_{gl1}$ cann-i.$_{a1,k1}$ *Caust.* cench.$_{k2}$ cina coff. con.$_{hr1}$ croc.$_{ptk1}$ **Cupr.**$_{k,k1,*}$ **Ign.**$_{a1,k}$ kali-br.$_{c1,st}$ kiss.$_{a1}$ kreos.$_{a1}$ lach. mang.$_{br1,ptk1}$ *Merc.*$_{h,k1,*}$ morph.$_{a1}$ mosch. **Nat-m.**$_{a1,k}$ nat-p.$_{k2}$ op.$_{hr1}$ peti.$_{a1}$ phos. **Plat.**$_{a1,k}$ plb. **Puls.** **Rhus-t.**$_{a1,k}$ sarr.$_{a1}$ **Sep.**$_{a1,k}$ stann. stram.$_{h,k,*}$ verat.$_{a1,k}$ viol-o.
• **Essig** amel.: stram.
• **Gespräches**, während eines: **Cupr.**$_{st}$
• **Schwäche**, aus: ars.$_{st}$ olnd.$_{st}$ *Vinc.*$_{st}$
– **unzufrieden**; wenn
☞ *Unzufrieden - Weinen - mit*
– **Urinieren**:
• **vor**: *Borx.* *Lyc.*$_{k,k12}$● *Sanic.*$_{a1}$ *Sars.*
• **Kindern**; bei: sanic.$_{c1}$
• **beim**: erig. nat-m.$_{a1}$ *Sars.*
– **vergangene** Ereignisse; beim Denken an: lyc.$_{gl1,h,*}$ *Nat-m.*$_{bg2,k}$
☞ *Verweilt - vergangenen*
– **Verlangen** zu weinen: am-m.$_{hr1,kr1}$ aster.$_{hr1,kr1}$ *Cact.*$_{hr1,kr1}$ chin-b.$_{hr1,kr1}$ haliae-lc.$_{srj5}$ hydrog.$_{srj2}$
• **Augen** sind trocken; aber die: *Camph.*$_{kr1}$
• **immer**; die ganze Zeit: ail.$_{k1,k13}$ *Ambr.*$_{k1,sf1,*}$ *Camph.*$_{hr1,k1,*}$ carc.$_{cd}$ *Ferr.*$_{hr1,k1,*}$ *Ip.*$_{hr1,k1,*}$ kali-c.$_{hr1,k1,*}$ *Lyc.*$_{hr1,k1,*}$ merc.$_{hr1,k1,*}$ merc-c.$_{hr1,k1,*}$ *Murx.*$_{hr1,k1,*}$ neon$_{srj5}$ op.$_{hr1,k1,*}$ *Puls.*$_{hr1,k1,*}$ samb.$_{hr1,k1,*}$ *Stram.*$_{hr1,k1,*}$ *Thuj.*$_{hr1,k1,*}$
– **verlassen** zu sein; aus dem Gefühl heraus: lith-c.$_{ptk1}$
☞ *Verlassen*
• **nachts**: bamb-a.$_{stb2}$
– **verlassen** worden; als sei sie: lam.$_{a1}$
– **Vernachlässigung**; durch die geringste: coff.$_{k2}$

– **verweigert** wird; wenn etwas: bell. cham. ign. tarent.$_{a1,st}$ viol-o.$_{st}$
– **Verzweiflung**, aus: adam.$_{srj5}$ arg-n.$_{ptk1}$ chel.$_{bg2,sf1,*}$ *Cupr-act.*$_{bg2,kr1,*}$ germ-met.$_{srj5}$ hell.$_{bg2,sf1,*}$ sil.$_{bg2,sf1}$
☞ *Verzweiflung*
– **Vorhaltungen** gemacht werden; wenn ihm: bell. *Calc.*$_{gl1,k1}$ carc.$_{fb}$ ign. *Kali-c.* nit-ac. plat. staph.
☞ *Ermahnung / Beschwerden durch - Tadel / Ermahnungen - agg. / Streitsüchtig*
– **Wahnideen**, nach: dulc.
– **Waschen** in kaltem Wasser; beim: ant-c.$_{st}$
– **Weinkrämpfe**
☞ *krampfhaft / plötzlich*
– **Widerspruch**, durch: ign. *Nux-v.*$_{k,k1,*}$ stram. tarent.$_{a1,k}$
☞ *Widerspruch - verträgt*
– **Widerstand**, beim geringsten: nux-v.
☞ *Streitsüchtig*
– **Wimmern**, Winseln: acon.$_{bg2}$ **Alum.**$_{bg2}$ ambr.$_{bg2}$ ant-t.$_{bg2}$ apis$_{ptk1}$ **Arn.**$_{bg2}$ *Ars.*$_{h,j5,*}$ *Aur.* **Bell.**$_{bg2,j5}$ **Borx.**$_{bg2}$ **Bry.**$_{bg2}$ calc.$_{k13,k2}$ **Camph.**$_{bg2}$ canth.$_{bg2,j5}$ caps.$_{bg2}$ *Carb-an.*$_{bg2,ptk1}$ **Caust.**$_{bg2,j5}$ **Cham.**$_{bg2,k}$ *Chin.*$_{bg2,j5}$ *Cic.*$_{h,j5,*}$ **Cina**$_{bg2,ptk1}$ cocc.$_{h,j5,*}$ colch.$_{bg2,j5}$ *Cupr.*$_{bg2,h}$ hyos. ign. *Ip.*$_{bg2,j5}$ *Kreos.*$_{hr1,kr1}$ lyc.$_{bg2}$ **Merc.**$_{bg2,k}$ nit-ac. **Nux-v.**$_{bg2,k}$ op.$_{bg2}$ phos.$_{bg2,j5}$ plb.$_{bg2}$ podo.$_{ptk1}$ puls.$_{bg2,ptk1}$ *Rheum*$_{bg2,j5}$ rhus-t.$_{bg2,h,*}$ sec.$_{bg2}$ senec.$_{ptk1}$ squil.$_{h,j5,*}$ **Stram.**$_{bg2,h}$ sulph.$_{h,k1}$ *Verat.*$_{bg2,k}$ zinc.$_{bg2,j5}$
• **nachts**: am-c.$_{j}$ anac.$_{j}$ arn.$_{j}$ ars.$_{h,k1}$ aur.$_{j}$ caust.$_{j}$ chin.$_{j}$ ip.$_{j}$ lach.$_{j}$ lyc.$_{j}$ mag-c.$_{j}$ merc.$_{j}$ nat-m.$_{j}$ nit-ac.$_{j}$ nux-v.$_{j}$ op.$_{j}$ ph-ac.$_{j}$ phos.$_{h,k1}$ rheum$_{j}$ sulph.$_{j}$ verat.$_{j}$
• **Schlaf**, im: alum.$_{bg2,j5}$ anac.$_{h,j5,*}$ *Arn.*$_{h,j5,*}$ **Ars.**$_{h,j5,*}$ *Aur.*$_{h,j5,*}$ **Bar-c.**$_{bg2,j5}$ **Bry.**$_{bg2,j5}$ calc.$_{bg2,j5}$ *Caust.*$_{h,j5,*}$ **Cham.**$_{h,j5,*}$ *Chin.*$_{h,j5,*}$ *Hyos.*$_{h,j5,*}$ *Ign.*$_{bg2,j5}$ **Ip.**$_{h,j5,*}$ lach.$_{bg2,j5}$ lyc.$_{h,j5,*}$ mag-c.$_{j}$ *Merc.*$_{h,j5,*}$ nat-m.$_{h,j5,*}$ *Nit-ac.*$_{h,j5,*}$ *Nux-v.*$_{bg2,j5,*}$ *Op.*$_{bg2,j5}$ ph-ac.$_{h,j5,*}$ phos.$_{bg2,j5}$ podo.$_{ptk1}$ rheum$_{bg2,j5,*}$ sil.$_{bg2,j5}$ stann.$_{bg2,j5}$ sulph.$_{h,j5,*}$ verat.$_{h,j5,*}$
  • **komatös**: anac.$_{j5}$ op.$_{j5}$
  • **Zahnschmerzen**, mit: mag-c.$_{h}$
• **Schmerz**; bei: lachn.
• **Zorn**, mit: zinc.$_{h,k1}$
– **Zahnschmerzen**
☞ *Schmerzen - während - Zähnen*
– **Zimmer**, im: *Plat.*
– **Zorn**:
• **bei**: ant-t.$_{bg,ptk1}$ ars.$_{bg,ptk1}$ *Cham.*$_{bg2}$ lac-c.$_{bg2}$ lil-t.$_{bg2}$ sulph.$_{bg,ptk1}$ zinc.$_{bg,ptk2,*}$
• **nach**: ambr.$_{j5}$ arn. bell. caust.$_{j5}$ cham.$_{bg2,sf1}$ *Cocc.*$_{j5}$ *Coff.*$_{j5,kr1}$ lac-c.$_{bg2,sf1}$ lil-t.$_{bg2,sf1}$ luna$_{kg1}$ m-aust.$_{j5}$ *Mosch.*$_{kr1}$ nat-m.$_{vh}$ *Nux-v.* *Plat.* puls.$_{j5}$ sabin.$_{j5}$ spong.$_{j5}$ staph.$_{j5}$
– **Zukunft**, um die: lyc.$_{a1,k}$
☞ *Angst - Zukunft*

Weist zurück:
– **alles** ihm Angebotene: past.$_{a1}$
☞ *Launenhaftigkeit - weist*

Weist zurück: ...
– **Gewünschtes**
☞ *Launenhaftigkeit - weist*
– **Hilfe**: cina$_{bg2}$

Weltbürgerlich
☞ *Reisen*

Wertlos, Dinge scheinen: *Chin.*$_{h,k,*}$

Wetter:
– **bewölktes** Wetter agg.: aloe$_{bg2}$ alum.$_{bg2}$ *Am-c.*$_{bg2,st}$ nat-c.$_{bg2}$ *Phos.*$_{bg2,vh,*}$ sang.$_{bg2}$
– **Gewitter**:
• **liebt**: carc.$_{mg1,sk1,*}$ sep.$_{vh}$
• **vor** einem Gewitter; Gemütssymptome: bry. hyper. *Nat-c.*$_{sf1}$ nat-m.$_{sf1}$ petr.$_{sf1}$ **Rhod.** zinc.$_{kr1,sf1}$
☞ *Furcht - Gewitter - vor / Ruhelosigkeit - Gewitter - vor*
• **während** einem Gewitter; Gemütssymptome: borx.$_{bg2}$ bry. caust. lach. nat-c. nat-m. nat-p.$_{ptk1}$ nit-ac. petr. *Phos.* psor.$_{ptk1}$ *Rhod.* sep. *Sil.* syph.$_{ptk1}$
☞ *Froh - donnert / Furcht - Gewitter / Ruhelosigkeit - Gewitter - während / Schreien - Gewitter*
  • **amel.**: carc.$_{sk1}$ lyc.$_{c1}$ rhus-r.$_{ptk1}$ sep.$_{st}$
  ☞ *Froh - donnert*
– **Regen**:
• **Tröpfeln** des Regens amel.; das: lach.$_{dgt}$

Wettern
☞ *Fluchen*

Wichtigtuerisch, pompös: alco.$_{a1}$ bell.$_{bg2}$ calc.$_{ptk1}$ cann-i.$_{a1}$ cupr.$_{bg2}$ ferr-ma.$_{a1}$ glon.$_{bg2}$ *Lyc.*$_{bg2}$ phos.$_{bg2}$ **Plat.**$_{bg2}$ stram.$_{bg2}$ sulph.$_{bg2}$ *Verat.*$_{bg2}$

Widerspenstig: abrot.$_{sf1}$ acon. **Alum.** alum-p.$_{k2}$ alum-sil.$_{k2}$ ambr. **Anac.** anan. ant-c. *Ant-t.*$_{bg2}$ **Arg-n.** *Arn.* *Ars.*$_{bg3,k1,*}$ arum-t.$_{sf1}$ aur. aur-ar.$_{k2}$ *Bar-c.*$_{k,vh/dg}$ bell. brom.$_{j}$ bry.$_{bg2}$ calad. calc. calc-caust.$_{j}$ calc-s. calc-sil.$_{k2}$ camph. canth.$_{j5}$ caps. carb-an. *Caust.*$_{k,vh/dg}$ **Cham.**$_{bg2,sf1}$ chin.$_{sf1}$ cina$_{sf1}$ *Cocc.* con. croc. ferr-act.$_{j}$ guaj.$_{h,j5}$ **HEP.**$_{k1,st}$ hydr-ac.$_{j}$ ictod.$_{j}$ ign. ip. jug-r.$_{j}$ *Kali-c.* kali-p. kali-sil.$_{k2}$ kreos.$_{sf1}$ **Lach.**$_{gl1,vh}$ lact. laur. led. lyc. mag-c. mag-m. **Merc.**$_{bg2,k,*}$ *Nit-ac.* *Nux-v.* olnd.$_{j}$ petr. phos. plb. *Puls.* ruta samb. sars. sep.$_{gl1,vh}$ sil. spong. *Sulph.* **Tarent.** *Thuj.* trom.
☞ *Anmaßend / Beharrlichkeit / Bestimmtheit / Diktatorisch / Eigensinnig / Entschlossenheit / Hartnäckigkeit / Herausfordernd / Kämpfen / Reizbarkeit / Streitsüchtig / Unduldsamkeit / Ungehorsam / Widerspruch - Neigung*
– **nachmittags**: *Canth.*$_{a1}$
– **abends**: nicc.$_{a1}$
– **Eltern**; gegenüber den: tub.$_{vk}$

Widersprüchlich:
– **Handlungen** stehen im Widerspruch zu den Absichten: phos.$_{bg2}$ puls.$_{bg2}$ ruta$_{bg2}$ sep.$_{bg2}$ thuj.$_{bg2}$
☞ *Widerstreit / Wille - widersprüchlich / ❑ Träume - Widerspruch*
– **Impulse**
☞ *Widerstreit*

– **Worten**; die Absichten stehen im Widerspruch zu den: acon.bg2 alum.bg2 am-c.bg2 caps.bg2 chin.bg2 lyc.bg2 nux-m.bg2 rhus-t.bg2 sep.bg2
☞ *Widerstreit / Wille - widersprüchlich / Wille - zwei*

Widerspruch:
– **agg.**: *Asar.*bg aur.bg2,c1 bry.bg2 cop.a1 ferr.bg2,bg3 helon.bg2 *Ign.*bg2 *Lyc.*bg2 nux-v.bg2,bg3 olnd.bg2 petr.bg2 *Sep.*bg,bg3
– **Neigung** zu widersprechen: alum.a1,gl1 **Anac.**bg2,k1,* androc.srj1 *Apis*kr1 *Arg-n.*vh,vh/dg arn. *Ars.*gl1 *Aur.* aur-m.a1 bar-c.gl1 cael.jl camph. *Canth.* caps.k2 **Caust.**gl1,k1,* *Cupr.*kr1 ferr. ferr-ar.k2 grat. **Hep.** hyos. ictod. ign. **Lach.**gl1,k1,* *Lyc.*k,kl2● mag-c.mg1 *Merc.*gl1,k1,* nat-c. nicc. nit-ac. nux-v.k,kl2● *Olnd.* ruta sep.k,kl2●,* staph.gl1,k2 sulfonam.jl trom.a1,kr1 vip-a.jl
☞ *Anarchist / Anmaßend / Beharrlichkeit / Bestimmtheit / Diktatorisch / Eigensinnig / Entschlossenheit / Hartnäkkigkeit / Herausfordernd / Kämpfen / Protestiert / Reizbarkeit / Streitsüchtig / Ungehorsam / Unverschämtheit / Verwegenheit / Widerspenstig*
• **nachmittags**: *Canth.*
• **abends**: nicc.a1
  • **amel.**: nicc.a1
– **verträgt** keinen Widerspruch: acon. alco.a1 aloe alum. alum-sil.k2 am-c. *Anac.*k1,vh,* *Ant-c.*bro1 arn.bro1 ars. asaf.bro1 asar.bro1 aster. **Aur.** bell.bro1 *Bry.* cact. calc-p. cann-i. cann-s.c1 canth.bro1 *Caps.*bro1 carbn-s.a1 carc.cd,st1 *Cham.*bro1,k2 chin.bro1 *Cina*bro1 *Cocc.* *Colch.*bro1 coloc.bro1 con. echi. *Ferr.* glon.bro1 grat. hell.bro1 *Helon.* hep.bro1 hura hyos.bg2 ictod.j5 **Ign.** lach.bro1 lact.c1 **Lyc.**k,kl2● med.st merc. mez.bro1 morph.bro1 mur-ac.bro1 *Nat-c.*gl1,k1,* *Nat-m.*bro1,gl1 nicc. nit-ac.bg2 nuph.a1,kr1 *Nux-m.* *Nux-v.*k,kl2● olnd. op. pall.bro1 petr. phos.bro1 plan. *Plat.*bro1 puls.bro1 sars.bro1 **Sep.**k,kl2● *Sil.* *Staph.*bro1,gl1 stram. syph.a1 tarent. thuj. thyr.bro1,vh til. *Verat.*gl1
☞ *Beschwerden durch - Widerspruch / Ehrgeiz / Stöhnen - Widerspruch / Töten - widerspricht / Unduldsamkeit / Vorschläge / Weinen - Widerspruch / Zorn - Widerspruch*
• **vormittags**: nat-c.a1
• **abends**:
  • **amel.**: nicc.a1
• **zurückhalten**, um nicht gewalttätig zu werden; muß sich: aloe sil.
☞ *Heftig*

Widerstreit mit sich selbst: *Anac.*hr1,k aur.hr1,k bar-c.ptk1 *Kali-c.*h,k,* lac-c. *Sep.*gl1,sf1,*
☞ *Gedanken - zwei / Konflikt / Unentschlossenheit / Unternimmt - Dinge / Verwirrung - Identität / Verwirrung - Identität - Dualität / Widersprüchlich - Handlungen / Widersprüchlich - Worten / Wille - widersprüchlich / Wille - zwei*

Widerwillen: aloebg2 arn.j5 **Ars.**k,vh/dg aur.j5 camph.j5 caps.j5 carc.zzh caust.j5 cimx. coloc. con.j5 *Croc.*j5 dulc.h1 germ-met.srj5 *Hep.*j5 ip.j5 *Kali-c.*j5 kali-i.j5 **Lac-c.**kr1,vh/dg *Laur.*j5 led.j5 mag-c.j5 mag-m.j5 *Merc.* mez. nux-v.j5 petr.j5 phos. plb.j5

Widerwillen: ...
Puls. samb.j5 sars.j5 sil.j5 spong.j5 *Stram.*vh,vh/dg **Sulph.** **SYPH.**st,vh/dg tarent.kr1 theaj5 thuj.j5
☞ *Abneigung / Abscheu - allgemeiner / Gedanken - abscheuliche / Langeweile / Unzufrieden / Unzufrieden - allem / Widerwillen - Entmutigung / ❑ Träume - Ekelhaft*
– **allem**, vor: arn.j5 aur.j5 caust.j5 con.j5 ip.j5 kali-i.j5 *Laur.*j5 *Led.*j5 mag-c.j5 mag-m.j5 *Merc.*j5 nux-v.j5 petr.j5 phos.j5 *Puls.*j5,kr1 samb.j5 sars.j5 spong.j5 *Sulph.*vh,vh/dg **Syph.**vh,vh/dg theaj5 *Thuj.*j5
☞ *Abneigung - allem / Abscheu - Leben / Lebensüberdruß / Unzufrieden - allem*
– **Arzneiflasche**; beim Anblick der: visc.sp1
☞ *Weigert - Medizin*
– **bewußt**; ist sich seines unnatürlichen Geisteszustands: tarent.kr1
– **Entmutigung**; mit: caust.j5
☞ *Abscheu - Leben / Widerwillen*
– **Farben**:
• **grau**:
  • **agg.**: ign.vk4
  • **Abneigung** gegen: ign.vk4
– **Hochgefühl** anderer; gegen das: m-aust.j5
– **Körper**; vor dem eigenen: lac-c.ptk1
☞ *Wahnideen - Körper - häßlich*
• **Ausdünstungen**; bis zur Übelkeit durch die eigenen
☞ *Geruch - Übelkeit*
• **Geruch** des eigenen Körpers; vor dem: pyrog.ptk1
• **Übelkeit**; steigt bis zur: **Sulph.**kr
– **Lachen** anderer; vor dem: *Ambr.*j5,vh/dg
– **sich** selbst; vor: germ-met.srj5 gink-b.sbd1 lac-c.ptk1 neonsrj5
• **Lebensmut**, möchte nicht mit sich leben; hat keinen: *Bar-c.*vh,vh/dg *Merc.*kr1

Widmet; daß man sich ihm:
– **Verlangen**: marb-w.es1

Wiedererkennen unmöglich
☞ *Erkennt - nicht*

Wiederholt:
– **Frage** erst, bevor er antwortet; wiederholt die
☞ *Antworten - wiederholt*
– **Handlungen**; dieselben
☞ *Gesten - wiederholt*
– **Satz** beim Sprechen; denselben
☞ *Delirium - wiederholt / Sprache - wiederholt*
– **Worte** beim Schreiben
☞ *Fehler - Schreiben - wiederholt*

Wildes Gefühl im Kopf: ambr.bg bapt.a1,k *Cimic.*bg lil-t.a1,k *Med.* rhod.a1
☞ *Delirium - wild / Geisteskrankheit / Manie*

Wildgeworden, frenetisch
☞ *Außer sich / Manie / Raserei*

Wildheit: acon.bg2,k acon-l.a1 ant-t.h,k,* aur.k13,k2 bapt.a1,k bell. calc-p.hr1,k,* camph. canth.a1,k chinin-ar.k2 chlf.a1 chlol.a1 choc.srj3 croc.a1,k cupr. fagu.a1 hyos. lil-t.bg2 *Lob-s.*hr1,kr1 lyss.hr1,kr1,*

Wildheit: ...
m-aust.$_{j5}$ med.$_{hr1,k}$ mosch.$_{bg2,k}$ nat-s.$_{k13,k2}$ op.$_{bg2,k,*}$ petr.$_{bg2,k}$ ph-ac.$_{bg2,k,*}$ phos.$_{bg2,k}$ *Stram.*$_{a1,k}$ tab.$_{bg2}$ tarent.$_{a1}$ *Verat.*$_{a1,k}$
☞ *Geisteskrankheit / Gesten - Hände - wild / Gesten - wild / Heftig / Hochgefühl / Lachen - wild / Manie / Raserei / Sprache - wild / Tanzen - wild / Zorn*
– **abends**: ant-t.$_{a1}$ croc.$_{a1,k}$
– **nachts** beim Erwachen: cot.$_{a1}$
– **Ärger**, durch: ph-ac.$_{h,k,*}$
– **helles** Licht, starke Gerüche, Berührung; durch: *Colch.*$_{k1,st}$
– **Kindern**, bei: petr.$_{j5}$
– **Kleinigkeiten**, über: ign.$_{a1,k}$
☞ *Kleinigkeiten*
– **Konvulsionen**, vor: agar-st.$_{a1}$
– **Kopfschmerzen**, bei: bapt.$_{a1,k}$
– **Missetaten**, Vergehen anderer; wegen
☞ *Entrüstung - Missetaten*
– **unangenehmen** Nachrichten, wegen: calc-p.
☞ *Beschwerden durch - schlechte*

Will:
– **etwas**, weiß aber nicht was
☞ *Launenhaftigkeit*
– **nichts**: op.$_{st,vh}$
☞ *Bittet - nichts / Gleichgültigkeit / Verlangen - nichts*

Wille:
– **fehlend**
☞ *Unentschlossenheit*
– **große** Willenskraft, Anstrengung des Willens:
• **amel.**: phys.$_{ptk1}$
– **Kontrolle** über seinen Willen, weiß nicht, was er tun soll; hat keine:
• **Kopf**; mit Dumpfheit, Benommenheit im: apis$_{a1}$
– **Mangel** an Willenskraft
☞ *Verlust*
– **Muskeln** gehorchen dem Willen nicht
☞ *Verwirrung - Muskeln*
– **Verlust** der Willenskraft (= willenlos): am-c.$_{gl1}$ am-m.$_{gl1}$ *Anh.*$_{gl1,mg1,*}$ bar-c.$_{gl1}$ *Bar-s.*$_{gl1,k2}$ *Calc.*$_{gl1,j5}$ calc-act.$_{a1,gl1}$ calc-sil.$_{gl1,k2}$ camph.$_{a1,gl1}$ chinin-s.$_{gl1,j5}$ clem.$_{a1,gl1}$ coca$_{gl1,kr1}$ *Con.*$_{gl1,kr1}$ cortico.$_{gl1,jl}$ croc.$_{gl1,j5}$ des-ac.$_{gl1,jl}$ galv.$_{c1}$ grat.$_{gl1,k2}$ *Hell.*$_{gl1,kr1}$ hypoth.$_{gl1,jl}$ lyc.$_{gl1}$ *Merc.*$_{gl1,kr1,*}$ naja$_{gl1,jl}$ nat-br.$_{a1,gl1}$ nat-c.$_{gl1,j5}$ *Nat-m.*$_{gl1,kr1}$ nid.$_{gl1,jl}$ op.$_{gl1,j5}$ petr.$_{gl1,j5,*}$ phos.$_{gl1,kr1}$ *Pic-ac.*$_{gl1,k2,*}$ *Ptel.*$_{gl1,kr1}$ sil.$_{gl1}$ sulph.$_{gl1}$ thuj-l.$_{gl1,jl}$
☞ *Wahnideen - Willenskraft*
• **Apoplexie**, nach: *Anac.*$_{kr1}$
• **Einsicht**, Selbsterkenntnis; mit vermehrter: anh.$_{sp1}$
• **Gehen**, beim: chinin-s.$_{a1,j5}$
• **Melancholie**, durch: *Arg-n.*$_{kr1}$
– **widersprüchlich**: acon. **Anac.**$_{hr1,k}$ ant-t.$_{hr1,kr1}$ caps. naja sep.
☞ *zwei / Gedanken - zwei / Unternimmt - Dinge / Widersprüchlich - Handlungen / Widersprüchlich - Worten / Widerstreit*

Wille: ...
– **Willensschwäche**: abrot.$_{bro1}$ acetan.$_{bro1}$ *Alum.*$_{bg2,gl1}$ alum-sil.$_{bg2,k2}$ am-c.$_{bg2,gl1}$ am-m.$_{bg2,gl1}$ ambr.$_{bg2,sf1}$ *Anac.*$_{bg2,sf1}$ *Anh.*$_{bg2,mg1,*}$ ant-c.$_{bg2,sf1}$ *Ars.*$_{bg2,sf1}$ asaf.$_{bg2,j5}$ *Bar-act.*$_{bg2,sf1}$ **Bar-c.**$_{bg2,gl1}$ bism.$_{bg2,sf1}$ bry.$_{bg2}$ buth-a.$_{bg2,mg1}$ **Calc.**$_{bg2,gl1}$ calc-act.$_{bg2,sf1}$ cann-s.$_{sf1}$ caust.$_{bg2,gl1}$ cere-s.$_{bro1}$ chin.$_{bg2}$ cimic.$_{bg2,k2}$ coca$_{bro1}$ cocain.$_{bro1}$ coff.$_{bg2}$ coloc.$_{bg2}$ *Con.*$_{bg2,gl1}$ *Croc.*$_{bg2,j5}$ dulc.$_{bg2}$ graph.$_{bg2,gl1,*}$ grat.$_{bg2,k2}$ *Haem.*$_{bg2,sf1}$ ign.$_{bg2,sf1}$ ip.$_{bg2}$ kali-br.$_{bro1}$ kali-c.$_{bg2}$ kali-sil.$_{bg2,k2}$ *Lach.*$_{bg2,j5,*}$ laur.$_{bg2}$ *Lyc.*$_{bg2,gl1,*}$ merc.$_{bg2,gl1}$ *Mez.*$_{bg2,gl1,*}$ morph.$_{bro1}$ nat-c.$_{bg2,sf1}$ nat-m.$_{bg2,sf1}$ nux-v.$_{bg2,sf1}$ op.$_{a1,bg2,*}$ *Petr.*$_{bg2,gl1,*}$ *Pic-ac.*$_{bg2,bro1,*}$ *Puls.*$_{bg2}$ rheum$_{bg2}$ sil.$_{bg2,gl1}$ staph.$_{bg2,sf1}$ stry-p.$_{bro1}$ sulph.$_{bg2,gl1}$ tarent.$_{bro1}$
☞ *Ausdauer / Initiative / Unternimmt - fehlt / Unternimmt - Vieles / Wahnideen - Willenskraft*
• **geistige** Anstrengung, durch: *Pic-ac.*$_{sf1}$
☞ *Geistige Anstrengung - agg.*
– **zwei** Willen; Gefühl, er habe: **Anac.**$_{gl1,k,*}$ anh.$_{mg1}$ *Lach.*$_{bro1,k}$ naja
☞ *widersprüchlich / Gedanken - zwei / Unentschlossenheit / Verwirrung - Identität / Verwirrung - Identität - Dualität / Widersprüchlich - Worten / Widerstreit*
• **befiehlt**, was der andere verbietet; der eine: anac.$_{rb2}$

Wimmern, Winseln
☞ *Weinen - Wimmern*

Winseln, Wimmern
☞ *Stöhnen / Weinen - Wimmern*

Wirft mit Gegenständen um sich: acon.$_{k2}$ agar.$_{ptk1}$ androc.$_{srj1}$ ars. bry. camph. cham. *Cina* coff. coloc. dulc. *Kreos.* lyss.$_{a1}$ prot.$_{jl}$ **Staph.** stram.$_{kr1}$ tarent. thea thuj.$_{ptk1}$ tub.$_{a1,bg2,*}$
☞ *Destruktivität / Feuer - wirft / Zorn - wirft*
– **morgens**: dulc. **Staph.**
– **Personen**; nach: agar. bell. lil-t.$_{k2}$ lyss.$_{a1}$ neon$_{srj5}$ tub.$_{st,kl2}$●
☞ *Albernes / Ungeschicklichkeit*
• **beleidigen**; die ihn: **STAPH.**$_{k1,st}$
– **Ungeziefer** mit vollen Händen: ars.$_{ptk1,ptk2}$

Wirklichkeit:
– **Flucht** vor der: anh.$_{sp1}$
– **unwirklich**; alles erscheint
☞ *Unwirklich - alles*

Wißbegierig
☞ *Indiskretion / Neugierig / Spioniert*

Witze
☞ *Spaßen*

Witzig, geistreich: aeth.$_{a1}$ alco.$_{a1}$ aran-ix.$_{mg,mg1}$ cann-i.$_{a1}$ caps.$_{h,k,*}$ chlol.$_{a1}$ cocc.$_{h,k,*}$ *Coff.* croc.$_{hr1,k,*}$ *Lach.* *Op.* spong.$_{a1,k}$ sumb.$_{a1,k}$ thea
☞ *Bezaubert / Erregung / Froh / Gedanken - schnell / Gedächtnis - gut / Ideen - Reichtum / Ironie / Konzentration - gut / Lustig / Phantasien - lebhaft / Schnell / Spaßen / Spotten - Sarkasmus*

Wochenbett; Gemütssymptome im
☞ *Entbindung - nach*

Wohlbehagen: gamb.$_{a1}$ thea$_{a1}$
– **Geschäften**, in: coca$_{a1}$

Wohlerzogen
☞ *Höflich*

Wohlwollen, Güte: agar.$_{j}$ am-m.$_{j}$ anac.$_{j}$ aur.$_{j}$ bell.$_{gl1}$ calc.$_{j}$ cic.$_{j}$ coff. coff-t.$_{a1}$ hydrog.$_{srj2}$ ign.$_{gl1}$ lach.$_{j}$ led.$_{j}$ mang.$_{j}$ nat-m.$_{j}$ nit-ac.$_{j}$ nux-v.$_{gl1}$ op.$_{a1}$ phos.$_{j}$ stann.$_{j}$ sulph.$_{j}$
☞ *Angst - andere / Liebevoll / Milde / Mitgefühl*

Worten; sucht nach
☞ *Gedächtnis - Gedächtnisschwäche - Worte / Vergeßlich - Worte*

Wucherer: lyc.$_{gl1}$ puls.$_{gl1}$ sulph.$_{gl1}$

Würdelos: alco.$_{a1}$
☞ *Unterwürfig*

Wütend
☞ *Zorn*

Wunderlich, grillig
☞ *Launenhaftigkeit*

Zaghaftigkeit
☞ *Schüchternheit*

Zahlen:
– **geraden** Zahlen ziehen ihn an: neon$_{srj5}$

Zählt ständig: *Hyos.*$_{hr1,vh,*}$ phys.$_{bg2,k,*}$ sil.$_{bg1,bg2,*}$ verat.$_{vh}$

Zänkisch
☞ *Streitsüchtig*

Zanksüchtig
☞ *Streitsüchtig*

Zappelig
☞ *Launenhaftigkeit / Ruhelosigkeit / ❑ Extremitäten - Ruhelosigkeit*

Zart besaitet
☞ *Beleidigt / Empfindlich*

Zärtlich
☞ *Hochmütig / Liebevoll*

Zeit:
– **Fehler** in bezug auf die
☞ *Fehler - Zeit*
– **fragt** ständig nach der Uhrzeit
☞ *Fragt - dasselbe - Uhrzeit*
– **langsam**, scheint länger; vergeht zu: adam.$_{srj5}$ aloe *Alum.* *Ambr.*$_{bg2,br1,*}$ androc.$_{srj1}$ *Anh.*$_{mg1}$ arg-met.$_{br1}$ *Arg-n.* bar-c. camph. **Cann-i.** **Cann-s.**$_{k,vh/dg}$ *Cench.* cere-b.$_{a1}$ con. dirc. germ-met.$_{srj5}$ **Glon.** haliae-lc.$_{srj5}$ hep.$_{gl1}$ lach. limest-b.$_{es1}$ **Lyc.**$_{k,vh/dg}$ mag-m. *Med.* *Merc.* nat-c. nitro-o.$_{a1}$ *Nux-m.* *Nux-v.* onos. pall. petr. plb.
☞ *Beschwerden durch - Erwartungsspannung / Fehler - Zeit / Hast / Spontan / Wahnideen - Zeit - länger*
• **nachts**: nux-v.$_{a1}$
• **Ewigkeit** zu sein; wenige Sekunden scheinen eine: cann-i. haliae-lc.$_{srj5}$
– **pünktlich**, zur festgelegten Zeit ankommen; möchte
☞ *Angst - Zeit*
– **schnell**, scheint kürzer; vergeht zu: *Anh.*$_{mg1,sp1}$ atro. bamb-a.$_{stb2}$ choc.$_{srj3}$ coca **Cocc.** elaps hydrog.$_{srj2}$ neon$_{srj5}$ op. psil.$_{ft1,jl}$ sieg.$_{mg1}$ sulph. *Ther.* thuj. visc.$_{sp1}$
☞ *Hast / Wahnideen - Zeit - früher*
• **heute** Getanes scheint eine Woche zurück zu liegen: med.$_{ptk2}$
– **vergeudet** seine Zeit: bamb-a.$_{stb2}$ borx.$_{j5}$ cocc. crot-t.$_{j5}$ lach.$_{j5}$ *Nat-c.*$_{gl1,j5}$ nat-m.$_{j5}$ nux-v. stann.$_{gl1,j5}$ staph.$_{gl1}$ *Sulph.*$_{j5,sf1}$ tab.$_{gl1}$
☞ *Faulheit / Langeweile*
– **Vorstellung** vom Begriff der Zeit verloren; hat die
☞ *Fehler - Zeit - Vorstellung*

Zerbricht Dinge: androc.$_{srj1}$ *Apis* bell.$_{gl1,k2}$ carbn-s.$_{k2}$ hura hyos.$_{gl1}$ *Nux-v.*$_{gl1}$ sol-t-ae.$_{a1}$ *Staph.*$_{gl1,vh/dg}$ *Stram.* sulph.$_{gl1}$ *Tub.* verat.$_{gl1}$
☞ *Destruktivität / Gesten - Hände - zerbricht / Heftig / Raserei / Reizbarkeit - abwesenden / Sitzen - Neigung - zerbrechen / Verlangen, Wunsch - voller - mehr / Zerreißt - Dinge / Zorn*

Zerbrechlich zu sein; Gefühl
☞ *Wahnideen - Körper - zerbrechlich*

Zerreißt:
– **Dinge** im allgemeinen: agar.$_{bro1}$ **Bell.** *Camph.* canth. *Cimx.*$_{bro1,st}$ cupr. gink-b.$_{jl}$ hyos. ign. iod. *Kali-p.* merc. *Nux-v.*$_{gl1,k2,*}$ *Oena.*$_{kr1}$ op. phos. sec.$_{ptk1}$ **STRAM.**$_{k1,st}$ sulph. *Tarent.*$_{bro1,k2,*}$ *Verat.*
☞ *Destruktivität / Heftig / Manie - reißt / Manie - zerreißt / Raserei / Raserei - zerreißt / Zerbricht / Zorn*
• **Bekleidung**
☞ *Kleidung*
• **Kissen** mit den Zähnen; das: phos. **Stram.**
• **Kleidung**: nux-v.$_{pc}$ tarent.$_{k2}$ verat.$_{k2,pc}$
• **Nachthemd** und Bettzeug: *Bell.*$_{kr1}$ *Kali-p.*$_{kr1}$

Zerrissenheit der Person; Persönlichkeitsspaltung: anh.$_{mg1,sp1}$ aur.$_{kr1}$
☞ *Persönlichkeitsverlust*

Zerstreut (cave! war ehemals die Rubrik Geistesabwesend): acon.$_{h}$ acon-l.$_{st}$ agn.$_{j5}$ *Alum.*$_{k,k1,*}$ am-c.$_{j5}$ aml-ns. ang.$_{j5}$ *Arn.*$_{j5}$ bell.$_{h,j5}$ berb.$_{j5}$ bov.$_{a1,j5}$ bufo$_{gk}$ camph. *Cann-i.* caps.$_{j5}$ carb-ac.$_{a1,k}$ caust. *Cham.*$_{j5}$ choc.$_{srj3}$ cic. colch.$_{j5}$ con. cortico.$_{mg,mg1,*}$ *Croc.*$_{j5}$ cycl. elaps gink-b.$_{sbd1}$ *Graph.*$_{j5}$ guaj.$_{h,k,*}$ *Hell.* hydrog.$_{srj2}$ *Hyos.* ictod.$_{j5}$ kali-c.$_{j5}$ *Kreos.* laur. limest-b.$_{es1}$ lyc. *Lyss.*$_{k,k1,*}$ mag-c.$_{j5}$ mang.$_{j5}$ *Merc.*$_{j5}$ *Mez.*$_{k,k1,*}$ nat-c.$_{j5}$ *Nat-m.* **Nux-m.** nux-v.$_{j5}$ *Oena.* *Ol-an.*$_{j5}$ olnd.$_{j5}$ *Onos.* op. ph-ac. *Phos.*$_{k,k1,*}$ plat. plb.$_{j5}$ ran-b.$_{st}$ sabad. sars.$_{j5}$ sec. sel. sil. spong.$_{j5}$ stann.$_{j5}$ stram. sul-ac.$_{j5}$ *Sulph.* thuj.$_{j5}$ *Tub.*$_{st}$ verb.$_{j5}$ vesp. *Visc.*
☞ *Gedanken versunken / Geistesabwesend / Konzentration - schwierig / Unaufmerksam / Vergeßlich*
– **morgens**: guaj.$_{h,k,*}$

⬖ **abwechselnd** mit:
• **Lebhaftigkeit**
☞ *Lebhaft, munter - abwechselnd mit - Zerstreutheit*
– **Augen**; mit starren: psil.ft1
– **Autofahren**; beim: gink-b.sbd1

Ziehen:
– **Haaren**; an den: *Bell.* canth.gb dig.ptk2 lach.gb *Lil-t.* stram.gb tarent. tub.gb verat.gb
☞ *Eifersucht - reißt / Gesten - zieht / Schlagen - sich*
• **preßt** den Kopf; und: tarent.a1,k1
• **Verlangen** zu ziehen:
• **ihrem** eigenen Haar; an: *Ars.*ptk1 *Bell.*ptk1 *Cupr.*ptk1 dig.ptk1 germ-met.srj5 lil-t.hr1 med.bg2,ptk1 mez.bg2 tarent.bg2,ptk1 tub.bg2,hr1 xan.ptk1
• **jemanden** an den Haaren: ars.st bar-c.mrr **Bell.** cupr.st lach. *Lil-t.* med.st merc.mrr mez.st tarent. tub.bg,st
– **Nase**; an der:
• **jemanden** in der Straße an der Nase: merc.
– **Zähnen**; an den:
• **sich**: bell.

Zögerlich
☞ *Unentschlossenheit*

Zögern
☞ *Selbstvertrauen - Mangel / Unentschlossenheit*

Zorn (= Jähzorn, Ärgerlichkeit, üble Laune, Verdruß): abrom-a.bnj1 abrot.sf1 acet-ac.sf1 **Acon.**c2,k act-sp. adam.srj5 aesc. *Aeth.*a1,j5 agar. agn. all-c. allox.sp1 aloe *Alum.*bg2,gl1,* am-c. *Am-m.*bg2,j5 ambr. **Anac.** anan.a androc.srj1 androg-p.bnj1 ang.a1 *Ant-c.*bg2,j5,* *Ant-t.*bg2,j5,* *Apis* arg-met. arg-n. arn. **Ars.** ars-h.kr1 *Ars-i.* arum-t.bg2,sf1 *Asaf.*bg2 asar. aster. atro. **Aur.** aur-ar.k2 aur-s.k2 bamb-a.stb2 bar-c. bar-i.k2 bar-m. *Bell.* berb.j5 *Bond.*a1 *Borx.*j5 *Bov.*bg2,j5 **Bry.** bufo buth-a.mg1 cact. calad. *Calc.* calc-ar.k2 *Calc-p.* calc-s.k1 calc-sil.k2 camph.gl1,st cann-s. canth. *Caps.* *Carb-an.* *Carb-v.* *Carbn-s.* *Card-m.*kr1 carl. castm.j5 *Caust.* cench.k2 cere-s.c1 **CHAM.**c2,k,* chel. *Chin.*gl1,k1,* chinin-ar. chlor. cic.sf1 cimic. *Cina*bg2,sf1 cinnb. clem. *Cocc.* *Coff.* colch.bg2 *Coloc.* *Con.* cop. cor-r.j5 cortiso.gse *Croc.*c2,k crot-h.kr1,sf1 crot-t. **Cupr.**bg2 cur. cycl. cyna.j1 cypr. cyt-l.sp1 daph.j5 des-ac.j1 dig. dirc.a1 dros. *Dulc.* elae.a1 elaps eupi. ferr. ferr-ar. ferr-i. ferr-m.j5 ferr-ma.j5 ferr-p. ferul.a1 fl-ac. form.a1 galv.c1 gamb.a1 gels. germ-met.srj5 gink-b.j1 gran. granit-m.es1 *Graph.* grat.j5 haem.j5 haliae-lc.srj5 ham. hell. **HEP.**k1,st hir.j1 hura a1 hydr. hydr-ac.j5,kr1 hydrog.srj2 *Hyos.* **Ign.** indg.kr1 iod.k1 ip.k1 iris a1 kali-ar. kali-br.kr1,st **Kali-c.** kali-chl.j5 kali-cy.a1 *Kali-i.*j5,kr1 kali-m.bg2,k2 kali-n. *Kali-p.* **Kali-s.** *Kreos.*bg2,j5,* kres.mg1 lac-c.sf1 *Lach.*gl1,k1,* *Lact.*j5 lact-v.a1 laur.bg2,j5,* *Led.* lil-t.k2,sf1 *Luna*kg1 **Lyc.** lycpr.j5 lyss.a1,kr1 m-ambo.c1 m-arct.j5 *M-aust.*j5 macro.a1 *Mag-c.*h,j5,* *Mag-m.*h,j5,* mag-s. manc.kr1 mang. meli.kr1 meph. **Merc.**gl1,k1,* merc-cy.a1 merl. *Mez.* *Mosch.* *Mur-ac.* myric. nat-ar. *Nat-c.*gl1,k1,* **Nat-m.** nat-p. *Nat-s.* neon srj5 nicc. **Nit-ac.** nit-s-d.j5 nuph.kr1 nux-m. **NUX-V.**k,vh/dg ol-an.sf1 olnd. op.

Zorn: ...
osm. *Pall.* par.j5 ped.a1 **Petr.** *Ph-ac.* phel.j5 *Phos.* plat. plb.c1 *Psor.* ptel.a1,sf1 puls. puls-n.a1 ran-b. rat. rheum bg2 *Rhus-t.* ruta sabad. sabin.bg2,j5 samb.bg2 sang. sanic.ptk saroth.mg1 sars.h,j5,* scroph-n.a1,st sel.j1 senec.ptk1 seneg. **Sep.** sieg.mg1 sil. sol-mm.j5 *Spig.*gl1,k1,* spong.bg2,j5,* squil. *Stann.* **Staph.** stram. *Stront-c.* sul-ac. **Sulph.** sumb.sf1 syph.bg2,st **Tarent.**k,vh/dg tell. teucr.bg2,j5 thea j5 *Thuj.* thyr.j1 tril-p. *Tub.*bg2,vh/dg upa.a1 v-a-b.j11,srb2 valer. verat. verb.bg2,j5 vinc.j5,kr1 *Zinc.* zinc-cy.a
☞ *Angst - Zorn / Beleidigt / Bellen - brüllend / Beschimpfen - zornig / Delirium - zornig / Destruktivität / Entrüstung / Geisteskrankheit - Zorn / Heftig / Kämpfen / Leidenschaftlich / Raserei / Reizbarkeit / Seelenruhe - Zorn / Streitsüchtig / Wildheit / Zerbricht / Zorn - asthmatischer / Zorn - Erwachen / ❑ Allgemeines - Hitze - Hitzewallungen / ❑ A~ Hitze - Hitzewallungen - Zorn / ❑ A~ Konvulsionen - Zorn / ❑ A~ Ohnmacht - Zorn / ❑ Fieber - Zorn / ❑ Frost - Zorn / ❑ Gesicht - Farbe - blaß - Zorn / ❑ G~ Farbe - bläulich - zornig / ❑ G~ Farbe - braun - zornig / ❑ G~ Farbe - gelb - Zorn / ❑ G~ Farbe - rot - Zorn / ❑ Husten - Zorn / ❑ Rektum - Diarrhoe - Zorn / ❑ Schweiß - Zorn / ❑ Schwindel - Zorn / ❑ Träume - Zorn*
– **agg.**: alum-sil.k13,k2 calc-sil.k13,k2 *Cham.*k2,st nat-ar.k2 **Verat.**bg2 zinc-p.k13,k2
☞ *Beschwerden durch - Zorn*
– **morgens**: am-m.j5 bov.j5 *Calc.*h,j5 canth.j carb-an.a1,j5 castm.j *Kali-c.* mang.h,j5,* nat-s.j5 *Nux-v.* *Petr.*a1,k *Sep.*a1,k staph.j5 sul-ac.j *Sulph.*
• **Erwachen**, beim: ars.bg1,bg2,* canth.j5 carb-an. castm.j5 cham.bg2 hydrog.srj2 *Kali-c.* *Lyc.*bg1,bg2,* *Nit-ac.*vh,vh/dg **Nux-v.**vh,vh/dg petr. phos.bg1,bg2,* sul-ac.j5 sulph.h
– **vormittags**: carb-v. nat-c.j5 phos.h,j5,*
• **11** h: *Arg-n.*kr1 sulph.
– **mittags**: am-m.j5 zinc.h,k1
– **nachmittags**: androc.srj1 bov.j5 canth.j5 cench.j5,k2,* kali-c.j5
• **12** - 14 h: aster.a1 opun-v.a1
• **Freien**, im: mur-ac.a1
– **abends**: *Am-c.*a1,k androc.srj1 ant-t.j5 bov.j5 *Bry.* *Cain.* *Calc.*h,j5,* canth.j5 choc.srj3 *Croc.*a1,k *Kali-c.* kali-chl.k13 kali-m.k2 **Lyc.** nat-c.h,j5,* nat-m.gl1,j5,* *Nicc.*a1,k *Op.* *Petr.* sil.j5 zinc.bg1,h,*
• **amel.**: nat-s.j5 verb.j5
• **18** h: cench.k2
• **19**.30 h: hydrog.srj2
• **20**.30 h: cench.k2
– **nachts**: graph.h,j5,* lyc.a1,j5 mag-s.j5 rhus-t.j5
⬖ **abwechselnd** mit:
• **Entmutigung**: ran-b.j5 zinc.j5
• **Freundlichkeit**
☞ *Milde*
• **Fröhlichkeit**, Frohsinn: ant-t.j5 aur. cann-s.j5 caps. caust.j5 cocc.j5 *Coff.*vh,vh/dg croc. ign. nat-m.j5 op.j5 seneg.j5 spong.j5 stram. zinc.j5
☞ *plötzlich - abwechselnd mit - Fröhlichkeit*
• **Gleichgültigkeit**: carbn-s.a1 cham. chin.j5,k nid.a1,j1

– **abwechselnd** mit: ...
- **Hochgefühl**: ant-t.j5 bov.j5 caps.j5 *Op.*hr1,j5,* seneg.j5
- **Hysterie**: ign.bg2
- **Jammern**, Klagen: arn.bg2
- **Lachen**: croc.j5 stram.j5
- **Lebhaftigkeit**: cocc.j5 nat-m.j5
- **liebevollem** Wesen; mit: croc.gl1,j5
- **Milde**: cench.st kali-c.gl1
- **Possenreißen**, Possenspiel: op.j5
- **Reue**; mit schneller: anan.a1 cortiso.gse croc. lyss.kr1 mez. olnd.h1,j5 *Sulph.*h,k1 vinc.j5
  ☞ *Reizbarkeit - Reue / Reue - schnell*
- **Schüchternheit**: ran-b.j5 zinc.j5
- **Seelenruhe**; Gelassenheit: *Croc.*hr1,kr1 kali-c.gl1,j5
- **Singen**: croc.j5,k
- **Sorgen**: ran-b.j5
- **Spaßen**: caps.j5 cocc.j5 ign.j5
- **Traurigkeit**: ambr.j5 coff.j5 sumb.j5,sf1,* zinc.j5
- **Überschwenglichkeit**
  ☞ *Hochgefühl / Hochgefühl*
- **Unzufriedenheit**: ran-b.j5
- **Weinen**: bell.j5 cann-s.j5 lac-c.j5,sf1,*
  ☞ *Lachen; Zorn mit - abwechselnd mit - Weinen / Lachen - abwechselnd mit - Weinen*
- **Zärtlichkeit**
  ☞ *liebevollem*
- **Zufriedenheit**: caps.j,k

– **abwesende** Personen; beim Denken an: *Aur.* kali-c. kali-cy.a1 lyc.
  ☞ *Erregung - abwesende / Reizbarkeit - abwesenden / Streitsüchtig - abwesenden*

– **Aktivität**; mit großer körperlicher: *Plat.*kr1

– **Anfällen**; in
  ☞ *plötzlich*

– **angesprochen**, wenn: *Cham.*kr1 *Elaps*kr1 *Hell.*kr1

– **antworten** muß; wenn er: *Arn.* ars.gl1,h,* coloc. haliae-lc.srj5 nat-m. **Nux-v.** *Ph-ac.* puls.
  ☞ *Antworten - Abneigung / Antworten - weigert / Reizbarkeit*

– **Arbeit**:
- **Abneigung** gegen: bov.j5 m-aust.j5
- **kann** nicht: calc-p.hr1,kr1,*
- **über**: nat-m.a1

– **Ärger**, über früheren: *Calc.* carb-an. lyc.h sars.kr1 sep. sulph.kr1

– **ärgern**, schikanieren; möchte andere: **Chin.**kr1 mez.j,kr1,*

– **asthmatischer** Atmung; mit: arn.ptk1 *Ars.* **Cham.** manc.rb2 nux-v.bro1
  ☞ *Zorn*

– **Atmung**; mit schwieriger: arn. ars. **Cham.** ran-b.ptk1 *Rhus-t.* staph.

– **aufgeweckt**, wenn: sil.k2 zinc.k2

– **Aufmerksamkeit**; bei jeder kleinen: ant-c.br1

– **außer** sich; ist: **Acon.**bg2 anac.bg2 anh.sp1 ant-t.bg2 apisbg2 arn.bg2 *Ars.*bg2 bar-c.bg2 bell.bg2 calc.bg2 carb-an.bg2 carb-v.bg2 caust.bg2 **Cham.**bg2 chin.bg2 **Coff.**bg2 colch.bg2 coloc.bg2 con.bg2 cupr.bg2 cupr-act.j5 dros.bg2 graph.bg2 hyos.a1 **Ign.**bg2 kali-ar.k2 kali-c.bg2,j5 kali-n.bg2 lyc.h,k2,* merc.bg2 nat-c.bg2 nit-ac.bg2,sf1 **Nux-v.**bg2,gl1,* ph-ac.bg2,sf1 phos.bg2,h,* plb.bg2 *Puls.*bg2,j5,* sec.bg2 sep.bg2 sil.bg2 sol-ni.j5 spig.bg2 stann.bg2 stram.bg2 sulph.bg2 tarax.j5 ther.bg2 *Valer.*bg2 *Verat.*bg2,j5,* verb.bg2
  ☞ *Reizbarkeit - Kleinigkeiten*
- **Kleinigkeiten**; über: carl.rb2
  ☞ *Reizbarkeit - Kleinigkeiten*

– **Berührung**, bei: *Ant-c.* **Cham.**vh,vh/dg iod. lach.j sanic.ptk1 **Tarent.**
  ☞ *Berührt*

– **Denken** an seine Beschwerden; beim: *Aur-m.*hr1,k
  ☞ *Denken - Beschwerden - agg.*

– **Ehemann** gerichtet; auf ihren: adam.srj5 lunakg1

– **Epilepsie** durch Zorn
  ☞ *□ Allgemeines - Konvulsionen - Zorn - epileptische*

– **epileptischer** Anfall:
- **vor**: indg.kr1

– **ergreift** die Hände der Umstehenden: op.a1

– **erstechen** könnte; so wütend, daß er jeden: anac.j5 chin. **Hep.** merc. mosch.j5 nux-v. stront-c.j5 zinc.j5 zinc-act.j
  ☞ *Heftig / Töten*
- **belogen** hat und amel. wenn allein; eine Person, die sie: neonsrj5

– **Erstickungsanfall**, mit: *Cham.*kr1

– **Erwachen**, beim: bell.j5 carb-an.j5 castm.j5 caust.j5 cham.j5 chin.bg2 chinin-s.a1,j5 kali-c.bg2,j5 kali-p.bg2 lach.bg2 **Lyc.**bg2,j5,* lyss.j5,kr1 mag-s.j5 petr.j5 phos.bg2,j5 rhus-t.j5 sanic.bg2,j5 stram.bg2 sul-ac.j5 tub.bg2,j5
  ☞ *Zorn*

– **Essen**:
- **muß**; wenn er essen: ars.gl1,h
- **nach**:
  - **amel.**: am-m.j5
    ☞ *Essen - nach - amel.*

– **Fahren**; beim: haliae-lc.srj5

– **Farben**:
- **braun**:
  - **agg.**:
    - **dunkelbraun**: ign.vk4 plat.vk4
  - **Abneigung**:
    - **dunkelbraun**: ign.vk4 plat.vk4
- **grau**:
  - **agg.**: plat.vk4
  - **Abneigung**: plat.vk4
- **rot**:
  - **agg.**: sep.vk4

– **Fehler**, über seine: ars.kr1 bell.kr1 carc.pd,zzh neonsrj5 *Nit-ac.* nux-v.gl1 *Staph. Sulph.*
  ☞ *Angst - Gewissensangst / Reue / Tadelt sich*

– **Fieber**:
- **während**: anan.a1 hipp.a1
- **Zorn**; durch
  ☞ *□ Fieber - Zorn*

– **Fluor** aufhört; sobald der: *Hydr.*kr1

– **Frost**:
- **während**: bry.h caps.j5
- **durch** Zorn; Frost
  ☞ *□ Frost - Zorn*

– **geistige** Anstrengung:
• **nach**: calc-sil.k2
– **gelähmt**; fühlt sich wie: calc-p.kr1 *Cist.*kr1
– **Gelbsucht** durch Zorn
☞ ❑ *Haut - Farbe - gelb - Zorn*
– **Geräusch**, bei: adam.srj5 bamb-a.stb2 hep.gl1 ip.a1
• **Schlaf**, im: calad.a1
– **Gerüche**:
• **agg.**: colch.ptk1
– **Geschäfte**, über: ip.a1
– **geschehen** könnte; Zorn über das, was: sol-mm.a1
– **Gesicht**:
• **blassem**, lividem Gesicht; mit: ars. *Carb-v.*k,vh/dg *Con.*k1,st **NAT-M.**gl1,vh,* petr. plat. **STAPH.**gl1,vh,* verat.bnt
• **rot**:
• **Flecken** im Gesicht; mit roten: am-c.kr1
• **Gesicht**; mit rotem: **BELL.**gl1,kr1,* *Bry.*gl1,vh calc.gl1,vh **Cham.**gl1,kr1 hyos.gl1,vh **Nux-v.**gl1,vh,* puls.gl1,vh spig.gl1,j5 staph.gl1,k1 stram.gl1,vh
• **Nasenspitze**; mit roter: vinc.kr1
– **Gespräche**, durch: puls.a1 tarent.a1
– **getröstet**, wenn: ars. cham. ferr.vh *Hell.*kr1 ign.ptk1 *Nat-m.* nux-v.k2 sabalbg1,vh,* sep.ptk1 sil.ptk1
☞ *Trost - agg. / Untröstlich*
– **grundlos**: chel.a1 cyn-d.a1,jl3,* hydrog.srj2 *Mez.*a1 ped.a1
– **heftig**: **Acon.** adam.srj5 ambr.j5 **Anac.**h,k,* androc.srj1 *Apis* ars.k,k1 **AUR.**k,vh/dg aur-s.k13,k2 bamb-a.stb2 bar-c. *Bell.*k,vh/dg borx.j5 *Bry.* bufogk cain. *Calc.* cann-s.j5 *Carb-v.* carbn-s. *Caust.*hr1,j5,* cer-s.c cere-s.c1 **Cham.** *Chel.*hr1,kr1 chin.a1,h cimx.c1 cocc.j coff. *Croc.*br1,j5 cypr.hr1,kr1 dros.hr1,kr1 ferr. ferr-p. *Graph.* grat. **Hep.** hydrog.srj2 *Hyos.*k,k1,* ictod.j5 ign. iod.st *Kali-c.*hr1,j5,* kali-chl.j5 kali-i. lach.j5 led.j5 *Lyc.* lyss.hr1,kr1 *M-aust.*j5 mag-c.c1 mag-s.j5 *Meli.*hr1,kr1 mez.j5 mosch.j5 *Nat-m.*k,k1 nat-s.j5 neonsrj5 **Nit-ac.** **NUX-V.**k,vh/dg olnd.j5 pall. *Petr.* ph-ac.j5 phos. *Plat.*j5 seneg.j5 *Sep.*k,k1,* sil.j5 *Stann.*gl1,j5 **Staph.** stram.gl1,j5 stront-c.j5 sulph. **TARENT.**k,vh/dg tell.hr1,kr1 tub.ptk1 verat. zinc.hr1,k zinc-p.k13,k2
☞ *Heftig / Raserei*
• **Sachen** nicht nach seinem Willen, seinen Wünschen verlaufen; wenn: thuj.h
• **zerbricht** alles: cimx.tl
– **Herzschlag**; mit unregelmäßigem: adam.srj5
– **Hitze**:
• **durch** Zorn; Hitze
☞ ❑ *Fieber - Zorn*
• **Hitzewallungen** nach Zorn
☞ ❑ *Allgemeines - Hitze - Hitzewallungen - Zorn*
• **Schweiß**; mit
☞ ❑ *Fieber - Zorn - Schweiß*
– **Husten**:
• **vor**: asar.h,k,* bell. cina
• **Zorn**, durch
☞ ❑ *Husten - Zorn*
– **Kaffee**:
• **agg.**: calc.bg2 calc-p.bg1,bg2 chlor.a1 phos.bg2

– **kalt**:
• **Erkältung**, nach: calc.h,j5
– **Katalepsie**, durch: art-v.kr1
– **Kindern**, bei: *Acon.*kr1 anac.ptk ant-t.ptk arn.hr1 bell.j carb-v.hr1 carc.cd **Cham.**kr1 hep.c1,kr1 kali-c.hr1 *Lyc.*hr1 *Phos.*kr1 sanic.c1
– **Kleinigkeiten**, über: *Acon.*bg2,gl1,* adam.srj5 anac.bg2,k2 *Ars.*bg2,h,* atro.a1,bg2 aur.bg2,k2 bart.a1 bell.bg2,h,* bry.bg2,st cael.bg2,jl calc.bg2 calc-i.bg2,k2 cann-s.a1,h caust.a1,bg2 cere-s.a1,bg2 *Cham.*bg2,c1 *Chel.*bg2,kr1 chin.bg2,gl1 cinabg2 clem.bg2 *Cocc.*bg2,kr1 *Con.*bg2,gl1,* croc.a1,bg2 digin.a1,bg2 dros.bg2,kr1 hell.a1,bg2 *Hep.*bg2,k2,* ip.a1,bg2 kali-bi.bg2 kali-c.a1 kali-m.ptk1 kali-sil.bg2,k2 kreos.a1,bg2 lach.bg2 lyc.a1,bg2 lyss.bg2,kr1 mang.bg2,kr1,* meph.bg2,jl *Mez.*bg2,gl1,* nat-ar.bg2,k2 nat-c.a1,bg2 *Nat-m.*bg2,kr1,* nat-p.bg2,k2,* *Nit-ac.*bg2,kr1 *Nux-v.*bg2,c1 petr.bg2,sf1 ph-ac.h phos.bg1,bg2,* *Plat.*bg2,gl1,* *Rhus-t.*bg2,gl1,* sabad.a1,bg2 sanic.c1,ptk1 sarcol-ac.bg2,jl sel.bg2,jl seneg.a1,bg2 sep.bg1,bg2,* squil.h *Staph.*bg2,gl1 stram.bg2 sul-ac.bg2,k2 thuj.a1,bg2 tril-c.a1 tub.ptk1 zinc.a1 zinc-p.bg2,k2
☞ *Kleinigkeiten*
– **Koitus**:
• **nach**: *Calc.*j5,kr1,* ~~*Calc-ar.*a1,xxx~~
– **Konvulsionen**:
• **vor**
☞ ❑ *Allgemeines - Konvulsionen - Zorn*
– **Lachen**; Zorn mit: *Croc.*kr1
◇ **abwechselnd** mit:
• **Weinen**: *Plat.*kr1
☞ *abwechselnd - Weinen / Lachen - abwechselnd mit - Weinen*
– **Lachen**; Zorn mit Ausbrüchen von
☞ *Lachen; Zorn mit / Lachen*
– **Lähmung** durch Zorn: **Nat-m.**kr1 *Nux-v.*kr1
• **Seite**; auf einer: staph.kr1
– **leicht**, schnell zornig; wird: abrom-a-r.bnj1 adam.srj5 aesc.kr1 androc.srj1 arg-n.kr1 ars.kr1 aur-ar.k2 bar-m.k2 bell.kr1 calad.kr1 calc.kr1 calc-hp.ptk2 calc-s.k2 calc-sil.k2 *Caps.*kr1 **Cham.**c1,kr1 chinin-ar.k2 *Cocc.*kr1 con.kr1 *Crot-h.*kr1 *Dulc.*kr1 *Ferr.*kr1 ferr-i.k2 *Gels.*kr1 granit-m.es1 *Graph.*kr1 *Hell.*kr1 iriskr1 **Lyc.**kr1 meph.kr1 **Nux-v.**c1,kr1 *Phos.*kr1 *Plat.*kr1 *Psor.*kr1 ran-b.kr1 squil.kr1 teucr.kr1,vh,* *Thuj.*kr1 valer.kr1 *Zinc.*kr1
• **Trost** amel.: adam.srj5
– **Licht**:
• **helles** Licht:
• **agg.**: colch.ptk2
– **Liebe**; aus enttäuschter: hyos. *Lach.*vh,vh/dg,* nat-m.st
– **Liebkosungen**, durch: chin.
☞ *Liebkost - Abneigung*
– **Magen** gespürt; wird
☞ ❑ *Magen - Zorn*
– **Menses**:
• **vor**: cham.ptk1 *Sep.*j5,k,*
☞ *Menses - vor; Gemütssymptome*
• **während**: am-c.j5,sf1 castm.j5,sf1 caul.sf,sf1 cimic.sf,sf1 hyos.sf,sf1 kreos.sf,sf1 lunakg1
☞ *Menses - während; Gemütssymptome*

– **Menses - während**: ...
• **Angst**; mit
☞ *Angst - Menses - während - Zorn*
• **Unterdrückung** der Menses durch Zorn: cham.$_{kr1}$ **Coloc.**$_{kr1}$ *Staph.*$_{kr1}$
– **mißverstanden**, falsch verstanden; wenn: *Bufo*$_{k1,st}$ haliae-lc.$_{srj5}$ laur.$_{hr1,k1,*}$ marb-w.$_{es1}$
☞ *Wahnideen - mißverstanden*
– **Mitleid**, Mitgefühl:
• **agg.**
☞ *getröstet*
– **Mittagessen**, beim: kali-c.$_{h,k1}$
– **Muttermilch**:
• **erbricht** die Muttermilch durch Zorn der Mutter; Kind: coch.$_{kr1}$
• **Unterdrückung** der Milch; Zorn führt zu: *Cham.*$_{kr1}$
– **niemals**: staph.$_{zr}$
– **plötzlich**: bar-act.$_{a1}$ bell.$_{oss}$ cere-s.$_{c2}$ granit-m.$_{es1}$ luna$_{kg1}$ merc.$_{k2}$ *Staph.*$_{c2}$ stront-c.$_{ptk1}$ tub.$_{ptk1}$
☞ *Raserei*
◆ **abwechselnd** mit:
• **Fröhlichkeit**: acon.$_{j5}$ *Aur.* cann-s.$_{j5}$ caps. croc. hyos.$_{j5}$ ign. seneg.$_{j5}$ stram.
☞ *abwechselnd - Fröhlichkeit*
– **reißen**; könnte sich selbst in Stücke: sulph.$_{kr1}$
☞ *Reißt - sich / Schlagen - sich / Ziehen - Haaren*
– **schlechte** Nachrichten, über: calc-p.$_{a1}$
– **Schmerzen**:
• **agg.**: ant-t.$_{bg1}$ cham.$_{k2}$
• **über**: androc.$_{srj1}$ ars.$_{h,sf1,*}$ canth.$_{j5}$ *Cham.*$_{hr1,kr1}$ *Coloc.*$_{sf,sf1}$ op.$_{hr1,j5,*}$
☞ *Heftig - Schmerzen*
– **Schwäche**; Zorn gefolgt von: mur-ac.$_{sf1}$
– **Schwangerschaft**; während der: *Nux-m.*$_{kr1}$
– **Schweigsamkeit**; mit: am-m.$_{j5}$ hydrog.$_{srj2}$ *Ign.*$_{j5}$ nat-m.$_{j5}$ petr.$_{j5}$ puls.$_{j5}$ stann.$_{j5}$ sul-ac.$_{j5}$
☞ *Schweigsam*
– **schwieriger** Atmung; mit
☞ *Atmung*
– **sich** selbst; auf: adam.$_{srj5}$ aloe$_{br1}$ anac.$_{ptk2}$ ars.$_{kr1}$ bell.$_{kr1}$ gink-b.$_{sbd1}$ ign.$_{a1,ptk1}$ lyc.$_{h,kr1}$ neon$_{srj5}$ nux-v.$_{gl1,kr1}$ staph.$_{gl1,kr1}$ *Sulph.*$_{kr1}$
– **Sprechen**:
• **andere** Personen sprechen hört; wenn er: con. gink-b.$_{sbd1}$ mang.$_{j5}$ rhus-t.$_{j5}$ teucr. zinc.
☞ *Empfindlich - Geräusche - Stimmen*
• **Patienten** zuhört; wenn er einem: gink-b.$_{sbd1}$
– **Stimmen** von Menschen, durch
☞ *Sprechen - andere*
– **Stuhlgang**:
• **vor**: **Calc.**$_{bg2,j5}$
– **Tadel**, durch:
☞ *Beschwerden durch - Tadel*
• **andere** getadelt werden; wenn er hört, daß: cadm-met.$_{mg1}$ calc-p.$_{a1}$ croc.$_{a1}$ *Ign.*$_{a1,j5}$
☞ *Beschwerden durch - Tadel / Mitgefühl*
– **Träume**:
• **nach**: mur-ac.$_{h,k1}$
– **Trinken** von Kaffee und Wein; beim: chlor.$_{a1}$
– **übertrieben**, übermäßig
☞ *außer sich*
– **Unterbrechung**, durch: androc.$_{srj1}$ cench.$_{k2}$ *Cham.* cocc. granit-m.$_{es1}$ graph.$_{h}$ *Hell.*$_{kr1}$ marb-w.$_{es1}$ *Nux-v.*
☞ *Störungen / Unterbrechnung - agg.*
– **unterdrückt**
☞ *Beschwerden durch - Zorn - unterdrückten*
– **Unterstützung**, Zuwendung; möchte: adam.$_{srj5}$
– **vergangene** Ereignisse; über: calc. carb-an. sars.$_{kr1}$ sep. sulph.$_{kr1}$
– **verrückt** vor Zorn, außer sich
☞ *außer sich*
– **verstanden**, wenn nicht
☞ *mißverstanden*
– **Verzweiflung**; mit: tarent.$_{ptk1}$
– **Wahnideen** während der Menopause; mit: **Coloc.**$_{kr1}$ *Nux-v.*$_{kr1}$ *Zinc.*$_{kr1}$
– **Weinen** vor Schmerzen; mit: merc.$_{gl1}$ op.$_{gl1}$ staph.$_{gl1}$
– **Widerspruch**, durch: aesc.$_{k2}$ aloe am-c. *Anac.*$_{k1,st}$ ars. **Aur.** aur-ar.$_{k2}$ *Bry.* cact. calc-p. cocc. **Ferr.**$_{hr1,k}$ ferr-ar.$_{k1}$ granit-m.$_{es1}$ grat. helon. hura **Ign.** **Lyc.** merc. nat-ar. nat-c. nat-sil.$_{k2}$ *Nicc.* nit-ac.$_{gl1}$ *Nux-v.* olnd. op. petr. prot.$_{jl}$ **Sep.** *Sil.* stram. tarent. *Thuj.* til. *Verat.*$_{gl1}$
☞ *Reizbarkeit - Widerspruch - geringsten / Widerspruch - verträgt*
– **wirft** mit Gegenständen: androc.$_{srj1}$ camph.$_{vh}$ cham.$_{vh}$ *Cina*$_{vh,vh/dg}$ coff.$_{j5,vh}$ *Coloc.*$_{kr1,vh}$ hydrog.$_{srj2}$ *Kreos.*$_{vh,vh/dg}$ **Staph.**$_{k1,st}$ *Tarent.*$_{vh,vh/dg}$ thea$_{vh}$ *Tub.*$_{st,vh/dg}$
☞ *Wirft*
– **Würmer**; bei Beschwerden durch: *Carb-v.*$_{kr1}$ *Cina*$_{kr1}$
– **Zittern**; mit
☞ *❑ Allgemeines - Zittern - äußerlich - Zorn*
– **zuhört**; wenn er anderen Personen
☞ *Sprechen - andere*

Zudringlich, aufdringlich: alum.$_{gl1}$ atro. con.$_{gl1}$ hyos. hyosin.$_{c1}$ lyc.$_{gl1}$ plb.$_{a1}$
☞ *Anmaßend / Impertinenz / Impulse / Indiskretion / Spontan / Unaufmerksam / Unbesonnen / Verwegenheit / Überstürzt*

Zügellosigkeit, sexuelle Ausschweifung: act-sp.$_{hr1,kr1}$ agar.$_{ptk1}$ alum.$_{gl1}$ ant-c.$_{ptk1}$ arn.$_{j}$ bar-c.$_{j}$ bell.$_{gl1}$ calc.$_{gl1}$ *Canth.*$_{gl1}$ carb-v.$_{gl1}$ *Caust.*$_{gl1}$ chin.$_{gl1}$ con.$_{gl1}$ fl-ac.$_{st}$ hyos.$_{gl1}$ lach.$_{ptk1}$ lyc.$_{gl1}$ **Med.**$_{gg}$ merc.$_{gl1}$ nat-m.$_{gl1}$ *Nux-v.* orig.$_{gl1}$ ph-ac.$_{gl1}$ *Phos.*$_{gl1}$ pic-ac. *Plat.* puls.$_{gl1}$ *Raph.*$_{a1}$ sel.$_{ptk1}$ sep.$_{st}$ spong.$_{j}$ *Staph.* stram.$_{gl1}$ sul-ac.$_{ptk1}$ sulph.$_{gl1}$ verat.$_{gl1}$
☞ *Alkoholismus / Beschwerden durch - sexuell - Exzesse / Delirium tremens / Lasziv / Nymphomanie / Schamlos / Unanständig / Verwirrung - alkoholische / ❑ Allgemeines - Nachtschwärmerei / ❑ A~ Narkotika - agg. / ❑ A~ Rausch / ❑ Frost - Alkohol / ❑ Husten - Ausschweifung / ❑ Schlaf - Schlaflosigkeit - Wein*

Zufrieden: aloe$_{a1}$ alum.$_{a1}$ *Androc.*$_{srj1}$ aur.$_{a1,bg2}$ *Borx.*$_{a1,bg2}$ *Caps.*$_{bg2,j5,*}$ carbn-h.$_{a1,c1}$ carl.$_{a1}$ choc.$_{srj3}$ *Cic.*$_{bg2,kr1,*}$ coca$_{a1}$ cocc.$_{a1}$ com.$_{a1}$ cycl.$_{a1}$ fl-ac.$_{a1}$ gins.$_{a1}$ haliae-lc.$_{srj5}$ hydrog.$_{srj2}$ laur.$_{bg2,j5,*}$ limest-b.$_{es1}$ mag-s.$_{a1}$ mate$_{a1}$ meny.$_{a1}$ mez.$_{a1}$

Zufrieden: ...
nat-c.$_{a1,bg2}$ nat-m.$_{a1,h}$ **Neon**$_{srj5}$ *Op.*$_{bg2,gl1,*}$ phos.$_{a1,bg2}$ spig.$_{a1}$ staph.$_{a1,j5}$ tarax.$_{a1,bg2}$ *Zinc.*$_{bg2,j5,*}$
☞ *Amüsement - Verlangen / Delirium / Delirium - heiter / Froh / Lachen / Lustig / Lächeln / Selbstzufrieden / Spaßen / Vergnügen / Verspielt / Wahnideen - angenehme / Wahnideen - Insel*
– **morgens**: hydrog.$_{srj2}$
  • **Erwachen**; beim: neon$_{srj5}$
– **vormittags**:
  • **10** - 23 h: tus-fr.$_{a1}$
– **nachmittags**:
  • **Stuhlgang**, nach: *Borx.*$_{a1,kr1}$
– **nachts**: op.$_{a1}$
◇ **abwechselnd** mit:
  • **Angst**
    ☞ *Angst - abwechselnd mit - Zufriedenheit*
  • **Traurigkeit**: zinc.$_{j5}$
  • **Zorn**
    ☞ *Zorn - abwechselnd mit - Zufriedenheit*
– **sich** selbst; mit: carl.$_{km}$ caust.$_{a1}$ cic.$_{a1}$ led.$_{a1}$ mag-s.$_{a1}$ meny.$_{a1}$
– **still**; und: neon$_{srj5}$ op.$_{a1}$
  ☞ *Stilles*
– **vergißt** alle Beschwerden und Schmerzen: op.$_{gl1}$

Zuneigung; voller
☞ *Liebevoll*

Zupfen
☞ *Gesten - zupft*

Zurecht; kommt nicht mehr
☞ *Entmutigt / Erregung / Erschöpfung / Traurigkeit*

Zurückgezogenheit; Verlangen nach: paull.$_{a1}$ peti.$_{a1}$ polyp-p.$_{a1}$

Zurückhaltend, reserviert: acon.$_{j}$ aeth. agar.$_{j}$ alco.$_{a1}$ alum. alum-p.$_{k13,k2}$ am-c.$_{j}$ am-m.$_{j}$ ambr.$_{j}$ anac.$_{j}$ ant-t.$_{j}$ arg-n.$_{hr1,k}$ arn.$_{gl1}$ ars.$_{bg2,k,*}$ asar.$_{dgt,vh}$ aur.$_{bg2,k}$ aur-ar.$_{k2}$ bell. bism.$_{h,k,*}$ borx.$_{j}$ cact.$_{sf,sf1}$ *Calc.*$_{hr1,k}$ canth.$_{j}$ caps. carb-an. carc.$_{cd,hbh,*}$ caust. cham. chin. cic.$_{j}$ cina$_{j}$ clem. cocc.$_{j}$ coloc. con.$_{j}$ cupr.$_{j}$ cycl. dig.$_{j}$ dros.$_{bg2,k}$ dulc.$_{dgt,vh}$ euph. euphr. fl-ac.$_{k13,k2}$ graph.$_{j}$ grat. guaj.$_{j}$ *Hell.*$_{bg2,k}$ hep.$_{j}$ hydrog.$_{srj2}$ *Hyos.*$_{bg2,k}$ *Ign.*$_{bg2,k}$ indg. ip. kalm.$_{j}$ lach. led.$_{j}$ luna$_{kg1}$ lyc. mag-c. mag-m.$_{j}$ *Mang.*$_{hr1,k}$ med.$_{dgt,vh}$ meny.$_{a1,bg2}$ merc.$_{j,vh,*}$ mez.$_{j}$ *Mur-ac.* nat-c.$_{j}$ **Nat-m.**$_{k,vh/dg}$ nat-s.$_{dgt,vh}$ nit-ac. nux-m.$_{j}$ nux-v. olnd. op. petr. ph-ac. **Phos.**$_{bg2,k1,*}$ *Plat.*$_{bg2,k,*}$ plb.$_{bg2,k}$ *Puls.*$_{bg2,k,*}$ rheum sabad. sabin. sars.$_{j}$ sep.$_{j}$ sil.$_{k13,k2}$ spig.$_{j}$ spong. squil.$_{j}$ *Stann.*$_{bg2,k}$ *Staph.*$_{gl1,sf1,*}$ stront-c.$_{j}$ sul-ac.$_{j}$ sulph.$_{j}$ thuj.$_{j}$ verat. viol-t.$_{j}$
☞ *Bittet - nichts / Geheimnistuerisch / Gesellschaft - Abneigung / Gespräche - agg. / Gleichgültigkeit / Schweigsam / Schüchternheit / Schüchternheit - schamhaft / Selbstbetrachtung / Selbstvertrauen - Mangel / Stilles / Vorsichtig*
– **morgens**: cocc. hep. petr.
  • **Bett**, im: cocc.
– **nachmittags**: anac. mang.

Zurückhaltend, reserviert: ...
– **abends**: am-m.
– **Essen**, nach dem: plb.
– **Freien**, im: plat.$_{a1}$ stram.
– **Gehen**:
  • **nach**: arn. calc.
  • **Freien**, im: borx. ph-ac. sabin.
– **Menses**, während: am-c. mur-ac.
  ☞ *Menses - während; Gemütssymptome*
– **mißfällt**; wenn ihm etwas Unzufrieden - zurückhaltende):
– **Schlaf**, nach: anac.

Zurückkommen auf unangenehmes Vergangenes
☞ *Verweilt - vergangenen*

Zurückweisen alles Angebotenen
☞ *Launenhaftigkeit - weist / Weigert - Behandlung / Weist - alles*

Zusammenschrecken
☞ *Auffahren / Erschreckt*

Zuversichtlich: adam.$_{srj5}$ ang.$_{a1}$ choc.$_{srj3}$
☞ *Bestimmtheit / Entschiedenheit / Entschlossenheit*
◇ **abwechselnd** mit:
  • **Entmutigung**: alum.$_{j5}$
  • **Schüchternheit**: *Alum.*

Zuwendung, Zuneigung; liebt: carc.$_{cd,fb}$ *Phos.*$_{tl1}$
☞ *Trost - amel.*

Zwangsvorstellungen
☞ *Gedanken - zwingend / Manie / Wahnideen*

Zweifelt: alum.$_{ptk1}$ anh.$_{gl1,mg1,*}$ bar-c.$_{gl1}$ *Calc.*$_{ptk1}$ **Carb-v.**$_{gl1}$ cic.$_{bg2,h,*}$ *Graph.*$_{gl1}$ *Lach.*$_{gl1}$ *Petr.*$_{gl1}$ psil.$_{ft1}$ sep.$_{gl1}$ staph.$_{gl1}$ sul-i.$_{ptk1}$
– **Genesung**; an der: *Acon.*$_{hr1,k}$ agn.$_{hr1,k}$ *Alum.*$_{h,j5,*}$ alumn.$_{a1,hr1}$ arn.$_{sf,sf1}$ **Ars.**$_{j5,k2,*}$ ars-h.$_{hr1,kr1}$ aur.$_{st}$ bry. calc. calc-sil.$_{k13,k2}$ cecr.$_{jl}$ *Ign.*$_{k,k1,*}$ kali-c. kreos.$_{j5}$ lac-c.$_{sf,sf1}$ lach. *Lept.*$_{sf,sf1}$ lil-t.$_{sf,sf1}$ *Lyc.*$_{sf,sf1}$ *Merc.*$_{gl1}$ nat-s.$_{j5}$ nit-ac.$_{sf,sf1}$ nux-v. ph-ac.$_{k,k1}$ phos. psor. puls. sep. *Stann.*$_{sf,sf1}$ sulph. syph.$_{st}$
  ☞ *Angst - Gesundheit - eigene / Angst - hypochondrisch / Hypochondrie / Pessimist / Verzweiflung / Verzweiflung - Genesung / Wahnideen - Krankheit - unheilbare*
  • **Arznei** sei nutzlos; die: alumn.$_{j5,kr1}$ ars.$_{j5}$
  • **Menopause**; während der: sars.$_{kr1}$
– **Seelenheil**, am: **Ars.** **Aur.** bell. calc. chel. croc. cycl.$_{bg2}$ dig. hyos. **Lach.** *Lil-t.* lyc. nux-v. **Puls.** sel. stram. *Sulph.*$_{bg2,j5,*}$ *Verat.*
  ☞ *Angst - Seelenheil / Religiös - Gemütsstörungen / Verzweiflung - religiöse*
– **skeptisch**: carb-v.$_{pc}$ graph.$_{pc}$ lach.$_{pc}$ petr.$_{pc}$

Zwingen, etwas zu tun; sich dazu:
– **muß** sich dazu zwingen, etwas zu tun
  ☞ *Entmutigt / Erschöpfung*

Zynisch: lyc.$_{ptk1}$ nit-ac.$_{ptk1}$ tarent.$_{ptk1}$

Schwindel im allgemeinen:
abies-c.al,k abies-n.al,k abrom-a.bnj1 abrom-a-r.bnj1 absin.al,k acet-ac.hr1,k,* **Acon.**bg2,k,* acon-c.al acon-f.al acon-l.al aconin.al act-sp.al,k adox.al *Aesc.*al,k aesc-g.al,c2 *Aeth.*al,k aethyl-n.al,c1,* **Agar.**bg2,k,* agar-cpn.al agar-em.al,c2 agar-pa.al agar-pr.al agar-st.al agn.bg2,k,* agro.al **Ail.**bg2,k,* alco.al alet.hr1,k,* all-c.al,k all-s.al,hr1 *Aloe* alst.al *Alum.*bg2,k,* alumin-s.stj2 alumn.hr1,k,* *Am-c.*bg2,k,* am-m.bg2,k,* *Ambr.*bg2,k,* aml-ns. amph.al anac.bg2,k,* anan.al,k anders.bnj1 androg-p.bnj1 ang.al,bg2 anil.al anis. *Ant-c.*bg2,k,* ant-t.bg2,k,* **Apis** apoc.al,k apom.al **Arg-met.** *Arg-n.*bg2,k,* argonstj2 *Arn.*bg2,k,* *Ars.*bg2,k,* *Ars-h.*hr1,k,* ars-i. arum-m.hr1 arum-t.al,k arund.al,k asaf.bg2,k,* asar.bg2,k,* asc-c.hr1,k,* asc-t.al,k aspar.al,k *Aster.*hr1,k,* atha.al,c2 atro.al *Aur.*bg2,k,* aur-i.k2 *Aur-m.*al,k aur-s.al bad.al,k *Bamb-a.*stb2 **Bapt.**bg2,k,* *Bar-c.*bg2,k,* bar-m.al,k bar-s.k2 **Bell.**bg2,k,* bell-p.al,c2 benz-ac.al,k benzo.c2 *Berb.*hr1,k,* bism.bg2,k,* bism-sn.al bond.al borx.c2,k both.al,k bov.bg2,k,* brach.al,k brass-n-o.srj5 brom.bg2,k,* **Bry.**bg2,k,* bufo *Cact.*al,k cadm-s.br1 cain. caj.c2 calad.bg2,k,* **Calc.**bg2,k,* calc-act.c2 calc-ar. calc-f.al,k *Calc-p.*bg2,k,* **Calc-s.** calo.al *Camph.*bg2,k,* **Cann-i.**al,k *Cann-s.*bg2,k,* *Canth.*bg2,k,* caps.bg2,k,* carb-ac.al,k *Carb-an.*bg2,k,* *Carb-v.*bg2,k,* carbn-h. carbn-o. **Carbn-s.** carc.tp1 carl.al,k cass.al castor-eq. caul.al,k *Caust.*bg2,k,* *Cedr.*hr1,k,* cench.k2 cent.al cere-b.al cerv.al *Cham.*bg2,k,* **Chel.**bg2,k,* chen-a. chim.al,k *Chin.*bg2,k,* chinin-ar. **Chinin-s.** chlf.al,k,* chlol.al,k chlor.al,k chr-ac.al *Cic.*bg2,k,* cic-m.al *Cimic.*bg2,k,* cina cinch.al cinnb.hr1,k,* cist.hr1,k cit-v.al clem.al,k cob.al,k coc-c.al,k coca **Cocc.**bg2,k,* cocc-s.al *Coff.*al,k *Coff-t.*c2 coffin.al colch.al,k *Coloc.*hr1,k,* colocin.al com.al,k **Con.**h,k,* conin.al,c2 conin-br.al convo-d.c2 *Cop.*al,k cor-r.al cori-r.al corn.al,k cot.al crat.br1 croc.bg2,k,* *Crot-c.* crot-h.hr1,k,* crot-t.al,k culx.c2 cund.al *Cupr.*bg2,k,* cupr-ar.hr1,k,* **Cycl.**bg2,k,* cyt-l.al,c2 daph.hr1,k,* dat-a.al,c2 dat-f.al der.al **Dig.**bg2,k,* digin.al,c2 digox.al dios.al,k dirc.al,k dor.al dros.bg2,k,* dub.c2 dubo-h.al **Dulc.**bg2,k,* echi. *Elaps* equis-h. erech.al ery-a.al,hr1 eryth.al eucal.al,hr1 euon.al,k euon-a.c2 eup-per. eup-pur.al,k euph.bg2,k,* euph-ip.al euphr.bg2,k,* eupi.al,k fago.al,k fagu.c2 *Ferr.*bg2,k,* *Ferr-ar.* ferr-i.al,k ferr-ma.al,k *Ferr-p.*bg2,k ferul.al fl-ac.al,k form.al,k formal.br1 gamb.al,k gast.al **Gels.**bg2,k,* gent-c.al gent-ch.bnj1 gent-l.al gins.al *Glon.*hr1,k,* gnaph.al goss.k,vh gran.al,k granit-m.es1 *Graph.*bg2,k,* grat.al,k *Guare.*al,k,* ham.al,k heliumstj2 hell.bg2,k,* helon.al,k *Hep.*bg2,k,* hipp.al hura hydr-ac.al,k *Hydrc.*hr1,k,* *Hydrog.*srj2 hygroph-s.bnj1 *Hyos.*bg2,k,* hyosin.al hyper.al,k iber.al ign.h,k,* ind.al indg.al,k *Iod.*bg2,k,* ip.bg2,k,* iris jab.al,k jatr-c. jug-c.al,k jug-r.al,k kali-ar. *Kali-bi.*bg2,k,* *Kali-br.*al,k *Kali-c.*bg2,k,* kali-cy.al *Kali-i.*al,k *Kali-n.*bg2,k,* kali-ox.al kali-p. *Kali-s.*c2,k *Kalm.*al,k,* kreos.bg2,k,* krypt.stj2 lac-ac.al lac-c. lac-d. *Lach.*bg2,k,* lachn.al,k lact.al,k laur.bg2,k,* *Led.*bg2,k,* lepi.al lept.al,k lil-t.al,k lipp.al lith-br.c2 lob.al,k lob-p.c2 lob-s.al lol.al,bg2 lup.al **Lyc.**bg2,k,* lycps-v. lyss.al,k mag-c.bg2,k,*

Schwindel im allgemeinen: ...
mag-m.bg2,k,* mag-s.hr1,k,* magn-gr.c2 *Manc.*al,k mang.al,k mang-m.al med. meli.al meny.bg2,k,* *Merc.*bg2,k,* *Merc-c.*bg2,k,* merc-cy.al merc-i-f.al,k merc-i-r.al,k merc-n.al,c1 merl.al,c2 *Mez.*bg2,k,* mill.al,k mim-h.al mom-b.al morph.al,hr1,* morph-m.j2 morph-s.hr1 *Mosch.*bg2,k,* *Mur-ac.*bg2,k,* murx.al,k *Mygal.*hr1,k myric.al,hr1 naja narcot.al narcot-m.j2 *Nat-ar.* nat-bic.wd1 nat-br.al *Nat-c.*bg2,k,* *Nat-hchls.* **Nat-m.**hr1,k,* *Nat-p.*al,k *Nat-s.*bg2,k nicc.al,k *Nit-ac.*bg2,k,* nit-m-ac.al nit-s-d.al nitro-o.al *Nux-m.*bg2,k,* **Nux-v.**bg2,k,* oena.al oeno.al ol-j.al olnd.bg2,k,* **Onos.** **Op.**bg2,k,* oreo.br1 ox-ac.al,k oxeod.al oxyt.c2 paeon.al,hr1,* pall.al pana.al par.bg2,k,* past.al paull.al pen.al **Petr.**bg2,k,* *Ph-ac.*bg2,k,* phal.al,c2 phel.al,k **Phos.**bg2,k,* phys.al,br1 *Phyt.*bg2,k,* pic-ac.al,k pimp.al pin-s.al,c2 pip-m.al pitu-gl.br1 plan.al,k *Plat.*bg2,k,* plb.bg2,k,* plumbg.al *Podo.*bg2,k,* prim-v.c2 prun.al psil.ft1 *Psor.*al,k ptel.al,k **Puls.**bg2,k,* quer-r.c1,c2 rado.stj2 *Ran-b.*bg2,k,* ran-s.bg2,k,* raph.al,k rham-f.al rheum *Rhod.*bg2,k,* **Rhus-t.**bg2,k,* *Rhus-v.*al,k ric.al rob.al rosm.al rumx. ruta sabad.bg2,k,* *Sabin.*bg2,k,* sal-ac.al sal-p.al,c2 salin.al samb.bg2,k,* **Sang.**bg2,k,* sangin-t.c1 sanic. sapin.al sars.al,k scol.al scut.al **Sec.**bg2,k,* sel.al,k senec.al,k *Seneg.*bg2,k,* *Sep.*h,k,* **Sil.**h,k,* sin-a.al sin-n.al sol-a.c2 sol-ni.c2 sol-t.al solin.al *Spig.*bg2,k,* spig-m.al spira.al spirae.al *Spong.*bg2,k,* squil.bg2,k,* stach.al,c2 *Stann.*bg2,k,* staph.bg2,k,* still.al *Stram.*bg2,k,* streptom-s.vk2 *Stront-c.* *Stry.*al,k sul-ac.bg2,k,* sul-h.al sulo-ac.al **Sulph.**bg2,k,* sumb.al,k *Syph.*k2,vh **Tab.**bg2,k,* tanac.al tang.al tarax.bg2,k,* tarent.al,k tart-ac.al tax.al tell.al,k tep.al,c2 *Ter.*al,k teucr.al,k *Ther.*c2,k *Thuj.*bg2,k,* til.al titan.al trach.al trad.al trom.al tub.c tus-p.al upa.al uran-met. *Urt-u.*al,k,* ust.al,k v-a-b.j1 *Valer.*bg2,k,* vario.hr1 *Verat.*bg2,k,* *Verat-v.*al,k verb.al,bg2 verin.al *Vesp.*hr1,k,* vesp-xyz.c2 vib. vichy-g.al vinc.al viol-o.al,bg2 viol-t.al vip.al visc.al voes.al,c2 wies.al,c2 wye.al *Zinc.*bg2,k,* zinc-i.bg3 zinc-m.al zinc-p.k2 zinc-s.al zing.hr1,k,* ziz.al

☞ ❑ *Kopf - Leichtigkeit*

Morgens (6 - 9 h): acon.al,k *Agar.*bg2,k,* ail.al,k *Alum.*bg2,k,* alum-p.k13,k2 alum-sil.k13,k2 *Am-c.*bg2,k,* am-m.al,k ambr.k13,k2 *Arg-n.*bg2,k,* bar-c.bg2 bell.bg2,k,* bism.al,k *Bov.*bg2,k,* *Bry.*h,k,* bufo calad.bg2,k,* *Calc.*h,k,* calc-i.k13,k2 calc-s. **Carb-an.**bg2,k,* carb-v.bg2 *Carbn-s.* *Castor-eq.* caust.h,k,* cer-s.al cham.h,k,* *Chel.*al,k *Chin.* chinin-s. *Cinnb.* coc-c.al,k con.bg2 dig. dios.al,k *Dulc.* eup-per. eup-pur. euphr.al,bg2 form.al,k *Gels.*al,k glon. *Graph.*bg2,k,* *Hep.*hr1,k hydrog.srj2 hyper.al,k iod.bg2,k,* kali-bi.al,k *Kali-c.*h,k,* kali-n.bg2,k,* kali-p. kali-s. kali-sil.k13,k2 kreos. **Lach.**bg2,k,* lact. **Lyc.**h,k,* lyss. *Mag-c.*bg2,k,* *Mag-m.*bg2,k,* mag-s.al,k manc.al,k merl.al myric.al myris.al *Nat-m.*h,k,* *Nat-p.* nicc. *Nit-ac.*bg2,k,* *Nux-v.*bg2,k olnd. ox-ac.bg2,k,* *Petr.*bg2,k *Ph-ac.*h,k,* *Phos.*bg2,k,* pip-m.al psor.al,k *Puls.*bg2,k ran-b.al,k rhus-t. ruta sabad.al,bg2 sabin. samb.bg2 sang.al,k

Morgens (6 - 9 h): ...
sars.h,k,* sel.a1,k seneg. sep.h,k,* *Sil.*h,k,* sol-ni. squil.bg2,k stram.bg2 stront-c. *Sulph.*bg2,k,* tell.a1,k tub.c,xxb verat.h,k,* verat-v.bg2,k,* *Zinc.*a1,k
– **Aufstehen**:
• **amel.**: caust.a1,k rhus-t.a1,k
• **beim**: acon. am-c. *Ambr.* aml-ns. asar.a1,k atro.a1,k **Bell.**a1,k bov.a1,k **Bry.**h,k,* calc.h,k,* calc-i.k13,k2 calc-sil.k13,k2 carb-an.h,kl carbn-s. caul.k,kl *Caust.*h,k,* cham.h,k,* cimic. *Con.*h,k,* *Dulc.*a1,k fl-ac.a1,k *Gamb.*a1,k glon.a1,k gran.a1,k graph. guaj. hell.a1,k iod. kali-bi.a1,k lac-ac.a1 lach. lact.a1 **Lyc.**a1,k mag-c.hr1,k,* *Mag-m.* mag-s. manc. **Nat-m.**h,k,* nat-s. nicc.a1,k *Nit-ac.*a1,k nux-v.bg2 ph-ac.h,k,* **Phos.**hr1,k pimp.a1 **Puls.**a1,k **Rhus-t.**a1,k ruta sabad. samb.a1,k sep.h,k,* sil.h,k,* sol-ni. *Spig.* squil.a1,k sul-i.k13,k2 sulph.a1,k thuj.a1,k tril-p. verat. verat-v.bg2,k,*
• **nach**: am-c. bar-c.a1,k calc.h,k,* calc-sil.k13,k2 chel.a1,k hep.a1,k lach. **Lyc.**a1,k mag-c.a1,k mag-m. mur-ac.h,kl nat-m.h,k,* *Nit-ac.* **Phos.**hr1,k,* sabad.a1,k sil.h,k,* stram. sulph.a1,k **Tell.**
– **Bett**, im: alum. borx. *Calc.* *Carb-v.*bg2,k chel. con.h,k,* form. gels. graph.bg2,k lach.bg2,k lyc. nat-m.a1,k *Nux-v.*bg2 ol-an. ph-ac.h,k,* phos. pip-m.a1,k *Puls.*bg2 sep.h,k,* sil. *Zinc.* zinc-p.k13,k2
– **Erwachen**, beim: acon. atro. brom. bry. calc. caps. *Carb-v.* *Chin.* *Dulc.* euphr. fago. fl-ac. *Graph.* hell. hyper. iris *Kali-bi.* **Lach.** merc-i-f. myris. *Nat-m.* rhus-t. stann. sulph.k2 tarent. til.
– **Frühstück**:
• **amel.**: *Alum.*bg2,k calc. cinnb.a1,k cocc.bg2
• **vor**: alum. *Calc.*
• **beim**: con.a1,k *Sil.*h,k,*
• **nach**: bufo coc-c. gels.a1,k lyc.a1,k phos. scut.a1,c1 sel.a1,k tarent.a1,k
– **hinlegen**, muß sich: *Nit-ac.* **Puls.** tell.a1

Vormittags (9 - 12 h): acon.a1,k agar. ambr.bg2,k,* atro.a1,k bry.a1,k calc.h,k,* camph. carb-an.bg2 carb-v.h,k,* *Caust.*bg2,k,* cham.a1,k chinin-s. dulc.bg2 eup-pur. fl-ac.a1,k guaj.bg2 kali-c.bg2 *Lach.*bg2,k lact.a1,k *Lyc.*h,k,* lycps-v. mag-m.bg2 *Nat-m.*a1,k *Phos.*bg2,k,* sabad.bg2 samb. sars.bg2,k stann. staph.bg2 sul-ac.bg2 *Sulph.*hr1,k,* viol-t.a1,k *Zinc.*hr1,k,* zinc-p.k13,k2
– **11** h: bamb-a.stb2 ther.c1

Mittags (12 - 13 h): aeth.a1,k arn. *Calc-p.*a1,k *Caust.*hr1,k chin.a1,k dulc.bg2,k,* ham.a1,k kali-c.h,kl kalm. lyc.a1,k mag-m. mag-s. manc.a1,k merc.a1,k nat-s. nux-v. *Phos.*bg2,k,* sil.a1,h stram.a1,k stront-c. sulph. zinc.a1,k zinc-p.k13,k2

Nachmittags (13 - 18 h): *Aesc.*a1,k agar.hr1,k alum.a1,k alum-p.k13,k2 *Ambr.*bg2,k,* anac.bg2,h,* benz-ac.a1,k *Bry.*a1,k carb-an.bg2 carbn-s. cench.k13,k2 chel.a1,k chin. crot-t.a1,k cupr.a1,k cycl.a1,k dios.a1,k eupi.a1,k ferr.a1,k ferr-p. glon.a1,k hura kali-c.bg2,k kali-p. kali-sil.k13,k2 lyc.a1,k merc.bg2,k nat-m.a1,k nicc. nux-v.bg2,k ph-ac. phos.bg2,k,* puls.bg2,k rhus-t.bg2,k sabad.a1,k sars.a1,k *Sep.*h,k,* sil.h,k,* staph. stront-c. sul-ac.a1,bg2,*

Nachmittags (13 - 18 h): ...
sulph.a1,k *Thuj.*a1,kl
– **16** h: bamb-a.stb2

Abends (18 - 22 h): alum.a1,k alum-p.k13,k2 alum-sil.k13,k2 alumn.a1,k *Am-c.*bg2,k,* *Apis* arn.a1,k **Ars.**bg2,k,* ars-s-f.k13,k2 asaf.bg2,k asar.bg2 borx. bry.bg2 *Calc.*h,k,* calc-ar.c1,k2,* calc-s. calc-sil.k13,k2 carb-an.bg2,k,* carb-v.h,k,* *Carbn-s.* caust.a1,k cham.h,k,* chel.a1,k chin. chinin-ar. coloc.a1,k *Cycl.*bg2,k,* dios.a1,k eug.a1,k *Graph.*bg2,k,* *Hep.*bg2,k,* hydr.a1,k indg.c,c1 ip.bg2 iris *Kali-ar.* kali-bi.a1,k *Kali-c.*h,k,* *Kali-p.* kali-s. kali-sil.k13,k2 *Lach.*bg2,k,* laur. lyc.a1,k lycps-v. mag-c. mag-m.bg2 meph.a1,k merc.bg2,k,* mosch.bg2 nat-m.a1,k nat-s.a1,k nicc.a1,k *Nit-ac.*bg2,k,* nux-m.bg2,k *Nux-v.*bg2,k petr.bg2,k,* *Ph-ac.*h,k,* *Phos.*bg2,k,* phys.a1,kl phyt. pic-ac.a1,k plat.bg2,k,* **Puls.**bg2,k,* raph.a1,k *Rhod.*bg2,k rhus-t. rhus-v.a1,k sabad. sel.a1,k sep.a1,k *Sil.*h,k,* spong. staph.bg2,k,* stront-c. *Sulph.*bg2,k,* sumb.a1 tarent.a1,k thuj.bg2,k,* til.a1,k zinc.bg2,k
– **amel.**: indg.c1
– **Bett**, im: brom.a1,k lach. *Mag-c.* nit-ac.a1,k nux-m. *Nux-v.* *Petr.*a1,k *Phos.*hr1,k,* rhus-t. sep.a1,k staph.a1,k sulph.

Nachts (22 - 6 h): *Am-c.*bg2,k,* bamb-a.stb2 bar-c. bell. calc.h,k,* carb-an.bg2 caust.h,k,* chin.bg2,k,* clem.a1,k con.bg2 croc.bg2,k,* cycl. dig.a1,k fago.a1,k ham.a1,k hyper. lac-ac.c1 lac-c. lach. lyc.bg2,h,* nat-c.bg2,k,* nit-ac.bg2 nux-v. petr.bg2 phos.bg2,k,* phys.a1,k pic-ac. rhod.a1,k rhus-t.h,kl sang. sarr. sars.bg2 sep.a1,h,* sil.h,k,* *Spong.*bg2,k,* stram. sulph.bg2,k,* tarent.a1,k ther.a1,k *Thuj.*a1,k zinc.bg2,k zinc-p.k13,k2
– **Bett**, im: am-c. *Arg-met.* bar-c. *Caust.* ind.
• **Zubettgehen** amel.: aur-m. carb-an.
– **Erwachen**:
• **beim**: *Chin.*a1,k dig.a1,k lac-c. lyc.h,k,* phos.a1,k sabad. sil. *Spong.* stront-c. sulph.a1,k thuj.a1,k zinc.bg1,bg2,*
– **weckt**:
• **Schlaf**, aus dem ●: **Nux-v.**

Abwärtsbewegung; bei: **Borx.**k,kl2● coff. con. **Ferr.** gels. mag-m. merl. sanic. stann.
– **Auto**; im: bamb-a.stb2

Abwechselnd mit:
– **Kolik**: calc.bro1 mag-c.bro1 spig.bro1 verat.

Alkoholikern; bei: asar.gm1

Alkoholische Getränke, durch: caust. **Coloc.** **Nat-m.** **Nux-v.**k,kl2● verat.

Alten Menschen; bei ●: alum.bg2,hr1 *Ambr.*bg2,k arn.bg2 ars-i.bro1 aur.bg2 *Bar-c.*bg2,k bar-m.bro1 bell.bro1,c1 bell-p.bro1,c1 calc-p.bg2,k con.bg1,bg2,* *Cupr.*bg2,k dig.bro1 fl-ac.bg2 gran.bg1,bg2 iod.bro1 op.bro1 phos.bg2,bro1 *Rhus-t.*k,kl2● sec.bg2 *Sin-n.*bg2,k stroph-h.br1 sulph.bro1

Anfallsweise: agar.bg2,k,* aloe ant-t.bg2,k,* *Arg-met.* bell.h,kl borx.h calc.a1,k camph.h,kl caul.a1,k con.a1 cupr.h,k,* cur.bg2 graph.h,kl kali-bi.a1,k morph.a1,k

Anfallsweise: ...
Nat-m.$_{a1,k}$ *Nux-v.*$_{h,k,*}$ phos.$_{h,kl}$ plat.$_{bg2,k,*}$ ptel.$_{a1,k}$ sep.$_{a1,h,*}$ tab.$_{a1,k}$ til.$_{a1,k}$ verb.$_{h,kl}$

Angst, bei: acon. aloe alum.$_{bg2,k}$ arn. asar. bamb-a.$_{stb2}$ bell.$_{bg2,k}$ *Cact.* caps.$_{bg2}$ *Caust.*$_{bg2,k}$ coff.$_{bg2,k}$ *Dig.*$_{bg2,k}$ ign.$_{bg2,k}$ lyc.$_{bg2}$ merc.$_{bg2,k}$ nux-m.$_{bg2,k}$ nux-v. *Op.*$_{bg2,k}$ rhod.$_{bg2,k}$ rhus-t.$_{bg2,k}$ *Sulph.*$_{a1,k}$ *Zinc.*$_{bg2}$
☞ *❑ Gemüt - Angst*

Anhaltend: borx. kali-sil.$_{k13,k2}$ olnd. phos. psor. sil.

Anlehnen, Lehnen; beim:
– **gegen** etwas: cycl.$_{bg2,k,*}$ *Dig.* tub.$_{c}$
– **Kopfes**, des: verb.$_{h,k,*}$
– **Wange** auf die Hand; der linken: verb.

Anstrengung:
– **bei**: ars.$_{bg2,k,*}$ *Cact.*$_{k,k1}$ calc-p.$_{k13,k2}$ cop.$_{a1,k}$ kalm.$_{k13,k2}$ nit-ac. sol-ni.
– **Augen**; bei Anstrengung der: all-s. *Cur. Graph.* jab.$_{br1}$ *Mag-p.* **Nat-m.**$_{k,kl2}$● **Phos.**$_{k,kl2}$● *Sil.*

Ärger, Verdruß; nach: calc.$_{h,k,*}$ ign. nux-v.

Arteriosklerose, bei: thiosin.$_{br1}$

Atmen, tiefes:
– **agg.**: *Cact.*
– **amel.**: acon.
– **schwierig**, ist: cur.$_{bg1,kl,*}$

Auflehnen des Kopfes auf den Tisch amel.: sabad.$_{bg2,k,*}$

Aufrichten; beim:
– **Bücken**, vom: acon. *Anac.* apoc. *Arn.* ars. bar-c. **Bell.** berb. bov. *Bry. Calc.* calc-sil.$_{k2}$ *Carb-an.* cic. cocc.$_{bg1}$ con. **Ferr.** *Graph.* ham. hell. laur. lyss. meny. merc. nat-m. nicc. *Nit-ac.* nux-v. *Op.*$_{bg1,vh}$ petr.$_{bg1,vh}$ phos. pic-ac. *Puls. Sang.* sanic. sep. sil. sulph. thuj.$_{h}$ tub.$_{c1,xxb}$ zinc.
• **nach**: laur. zinc.
  • **amel.**: aur. *Hell.*
• **schnell**: *Ferr.* sang.

Aufsetzen; beim:
– **Bett**, im: ars. *Bry.* caust. **Chel.**$_{k,kl2}$● chinin-s. **Cocc.**$_{k,kl2}$● croc. *Cupr.* euph. eupi. ind. kali-br. merc. nat-m. nit-ac. op. *Phos.*$_{k,kl2}$● *Phyt. Puls.* sep. *Sil.* thuj. *Zinc.*
• **amel.**: hell. *Lac-d.* phos. puls.$_{h}$

Aufstehen:
– **amel.**: ars. *Aur.* caust. hell.$_{bg2,k,*}$ mosch.$_{a1,k}$ nat-m. phos. *Rhus-t.*
– **beim**: absin.$_{a1,k}$ **Acon.**$_{a1,k}$ acon-c.$_{a1,k}$ adon.$_{bro1}$ aeth. *Ail.*$_{a1,k}$ aml-ns. apoc.$_{a1,k}$ *Arn.* ars.$_{a1,k}$ arund.$_{a1,k}$ atro.$_{a1,k}$ bamb-a.$_{stb2}$ *Bar-c.*$_{a1,k}$ *Bell.*$_{hr1,k,*}$ berb.$_{a1,k}$ bov.$_{a1,k}$ **Bry.** *Calc.*$_{h,k,*}$ *Cann-i.*$_{a1,k}$ *Carb-an.*$_{a1,k}$ carbn-o. *Caust.*$_{h,k,*}$ cedr.$_{a1,k}$ chel.$_{a1,k}$ *Chin.* chinin-s. *Cic.* cina cocc. colch.$_{a1,k}$ con.$_{h,k,*}$ cupr. *Dig.*$_{a1,k,*}$ **Ferr.** ferr-ar. *Ferr-p.* form. genist.$_{a1,k}$ *Glon.*$_{a1,k}$ grat.$_{a1,k}$ *Guaj. Ham.*$_{a1,k}$ hell.$_{a1,k}$ hep.$_{a1,k}$ hyos. ind. kali-bi.$_{a1,k}$ kali-c.$_{h,k,*}$ kali-chl.$_{c1}$ kali-m.$_{k2}$ kali-p. kali-s. kali-sil.$_{k2}$ lac-ac.$_{a1,k}$ *Lac-d. Lach.* laur. lyc.$_{a1}$ lyss.$_{a1,k}$ manc.$_{a1,k}$ meny.$_{a1,k}$ merc.

Aufstehen - beim: ...
morph.$_{a1,k}$ **Nat-m.**$_{a1,k}$ nat-s.$_{a1,k}$ nux-v. olnd.$_{a1,k}$ op.$_{a1,k}$ *Petr.*$_{a1,k}$ **Phos.**$_{hr1,k,*}$ pic-ac.$_{a1,k}$ plat. ptel.$_{a1,k}$ *Puls.* **Rhus-t.**$_{a1,k}$ sabin.$_{a1,k}$ seneg. sil.$_{h,k,*}$ spig.$_{k2}$ sul-ac. sulph. syph.$_{xxb}$ **Tab.**$_{a1,k}$ thuj.$_{a1,k}$ trom.$_{a1,k}$ vario.$_{a12}$ *Verat-v.*$_{a1,k}$ vib.$_{c1}$ vip. zinc.
– **nach**: apoc. bar-c.$_{bg2,k}$ *Bell.* bry. calc.$_{bg2,k}$ cocc. dig. eug.$_{a1,k}$ *Form.* gnaph. graph. *Lyc.*$_{bg2,k,*}$ lyss.$_{a1,k}$ *Mag-c.*$_{bg2,k}$ ph-ac.$_{bg2,k}$ *Phos.*$_{bg2,k}$ sabad.$_{bg2,k}$ stann.
– **Bett**, vom: *Agar. Arn.* ars.$_{h}$ arund.$_{c1}$ bar-c. *Bell. Bry. Cact.* caust. *Cham.*$_{k,k1}$ **Chel.** *Chin.* chinin-s. cic. *Cimic.* cinnb. **Cocc.** con. cupr. dulc. **Ferr.** *Ferr-p. Fl-ac. Glon.* graph. hydrog.$_{srj2}$ ind. iod. kali-bi. kali-s. lach. lyc. mag-m. mag-s. *Merc-c.* **Nat-m.** nat-s. nicc. *Nit-ac.* **Nux-v.** olnd. *Op. Petr. Ph-ac.* **Phos. Phyt.** *Pic-ac.* puls. *Rhus-t.* ruta sabin. sel.$_{c1,k2}$ *Sep. Sil. Stram.* sul-ac. sul-i.$_{k2}$ *Sulph.* verat-v.
– **Knien**, vom: cere-b.
– **Liegen** auf dem Rücken; vom: croc. merc-c. olnd. petr. puls. sel. sil.
– **Sitzen**, vom:
• **beim**: *Acon.* aesc. aeth. all-s. asar. bov. **Bry.** *Calc. Calc-p. Carb-an.* cham. coca *Con. Dig.* **Ferr.** gink-b.$_{sbd1}$ grat. hell. hydrog.$_{srj2}$ ind. iod. kali-bi. kali-c. kali-s. kalm. laur. *Lyc.* lyss. merc. merc-i-f. nicc. nit-ac. **Nux-v.** ox-ac. *Petr.* ph-ac. **Phos.** pic-ac. ptel. **Puls. Rhus-t.** sabad. *Sang.* sel. sep. spig. staph. sul-i.$_{k2}$ *Sulph.* sumb. thuj. verat. verat-v.
• **nach**: apoc. bry. cocc. dig. phos.
  • **gebeugtem** Sitzen: merc.
    • **lange** Zeit, für: cham. ~~laur.$_{a1,xxx}$~~ ph-ac.
  • **lang** anhaltender Schwindel: laur.$_{a1}$

Aufsteigen, nach oben gehen; Gefühl, der Schwindel würde: sil.$_{bg2,bg3,*}$ sulph.$_{bg3,ptk2}$

Aufsteigen, sich nach oben bewegen; Gefühl, er (der Patient) würde: am-m. *Asaf.* asar. borx. hep. laur. lyc. *Merc.* nat-c. nux-v. *Phos. Plat.* ran-b. *Spig.* sul-ac. valer. *Verat.*

Aufstoßen:
– **während**: bell.$_{bg2}$ bism.$_{bg2}$ calc.$_{bg2}$ gymno. kali-c.$_{bg2}$ mag-c.$_{bg2}$ nat-m. nit-ac.$_{bg2}$ nux-m.$_{bg2}$ nux-v.$_{h,k,*}$ op.$_{bg2}$ petr.$_{bg2}$ phos.$_{bg2}$ *Puls.* sang.$_{bg2}$ sars.$_{bg2,k}$ tab.$_{bg2}$
– **nach**: hep.$_{bg2,k}$ nux-v.$_{a1,k}$

Aufwärtsbewegung; bei passiver:
– **Aufzug**; in einem: borx.$_{bg2,bnt}$ ferr.$_{bg2,bnt}$ gels.$_{bg2,bnt}$
– **Fahrstuhl**; in einem
☞ *Aufzug*

Auralis; Vertigo
☞ *Ménière*

Ausspannen; nach
☞ *Entspannung*

Baden; nach: nat-m.$_{bg2}$ phys.$_{a1,k}$ samb. sol-a.$_{a1}$ sumb.$_{a1,bg2}$

Balancieren, Gefühl zu: calad. ferr. lact. merc. thuj. zinc.

Beginnt im Nacken oder im Hinterkopf: gels.bro1 iber.bro1 petr.bro1 sil.bro1

Begleitet von:
– **Auge**; Schmerz im: ther.k2
– **Erbrechen**: ail. *Ars.* calc. *Canth.* *Chel.* cimic. crot-h. crot-t. *Glon.* gran. *Graph.* *Hell.* kali-bi. kali-c. *Lach.* *Merc.* mosch. *Nat-s.* *Nux-v.* oena. *Petr.* *Puls.* *Sang.* sars. sel. sep. tell. ther. **Verat.** *Verat-v.* vip.
• **krampfhaft**: caul.c1
– **Kopf**:
• **Schmerz** im Kopf: acet-ac. *Acon.* aeth. agar. ail. alumn. anac. ant-t. anthraci. **Apis** *Arg-n.* *Arn.* *Ars.* ars-s-f.k2 asaf. asc-c.c1 *Aur.* aur-ar.k2 aur-m.k2 aur-s.k2 bamb-a.stb2 *Bar-c.* **Bell.** *Bov.* bran.bro1 brom. bry. **Calc.** calc-ar.bro1,k1 calc-i.k2 *Calc-p.* calc-sil.k2 carb-v. carbn-s. carc.zzh *Caust.* *Chel.* chin.bro1 chinin-s.bro1 cimic. coca *Cocc.* *Coff.* **Con.** croc.ptk1 crot-h. *Cupr.* cycl. dub.bro1 dulc.h1 eug. eup-per.bro1,k2 ferr. ferr-ar. ferr-p. fl-ac. form. *Gels.* *Glon.* grat. *Hep.* hydrog.srj2 ign.bro1 *Indg.*bro1,c1 iod.ptk1 kali-ar. *Kali-bi.*k1 *Kali-br.* *Kali-c.* kali-n.c1,h kali-p. kali-s. kali-sil.k2 *Kalm.* lac-c.ptk1 *Lach.* laur. lept.bro1 lil-t.ptk1 lob. mag-c. mag-m. *Merc.* nat-c. *Nat-m.* *Nat-s.* *Nux-m.* **Nux-v.** onos.ptk1 ox-ac. *Phos.* pic-ac. *Plb.* podo.bro1 psil.ft1 *Psor.* ptel.c1 *Puls.* rhus-t.h sabalc1 *Sang.* sec. sep. **Sil.** *Spig.* stel.bro1 stram.h *Stront-c.*ptk1 sulph. *Tab.* tub.c1 *Verat-v.* xan. *Zinc.* zinc-p.k2
• **Schwere** im Kopf: ant-c.br1
• **Völle** im Hinterkopf
☞ ❑ *Kopf - Völlegefühl - Hinterkopf - begleitet von - Schwindel*
– **Magen**; Schwäche im:
• **hinlegen**; muß sich: ambr.c1,k2
– **Nasenbluten**: acon.bg2 ant-c.bg2 bell.bg1,bro1,* borx.bg1 bov.bg2 bry.bro1 carb-an.bg2,bro1,* lach.bg1,vh,* sec.k2 sulph.bg2,bro1,* vip.ptk1
– **Ohr**; Geräusche im: alum. alum-p.k2 arg-met. *Arg-n.* ars. bell. calc. *Camph.* carb-v. *Caust.* **Chinin-s.** *Cic.* *Cocc.* colch. com. crot-h. crot-t. *Dig.* gink-b.sbd1 *Glon.* gran. hell. kali-c. kali-n.c1 kali-p. kali-sil.k2 kalm. laur. mag-c. myric. nat-ar. nat-c. nat-m. nat-p. nat-s. nux-v. op. petr. ph-ac. **Phos.** pic-ac. psor. puls. sal-ac. *Sang.* seneg. sep. *Sil.* stann. zinc. zinc-p.k2
– **Sehen**:
• **Trübsichtigkeit**: *Acon.* act-sp. agar. alum.h amyg. *Anac.* ant-t. apis arg-met. arg-n. ars. asaf. *Bell.* calc.k,kl2● *Camph.* canth. carb-an. carb-v.h cham. chen-a.hr1 cic. cimic. con.k2 *Cupr.* **Cycl.** dulc. euon. **Ferr.** *Ferr-ar.* ferr-p. **Gels.**k,kl2● gink-b.sbd1 gins. *Glon.* gran. graph. gymno. hell. hep. hyos. *Kali-bi.* kalm. lach. lact. laur. *Merc.* mosch. mur-ac.vh nat-m.h *Nit-ac.* **Nux-v.**k,kl2●,* olnd. par. *Phos.*k,kl2● *Phyt.* plat.h psil.ft1 puls. raph. rhus-t.a1,h sabad. *Sabin.* seneg. *Stram.* *Stront-c.* *Sulph.* tep. ter. ther.k2 til. zinc.

Begleitet von - **Sehen**: ...
• **verschwommen**: psil.ft1
• **Verlust** des Sehvermögens: anac. apis arg-n. asaf. *Bell.* chen-a.hr1,k chin.c1 crot-t. *Gels.* hep. merc. morph. **Nux-v.** rhus-t. ter. thea
– **Speichelfluß**: calc.kr1,vk1
– **Taumeln**: acon. agar. am-c. anan. *Arg-n.* atro. *Aur.* aur-s.c1 bamb-a.stb2 bry. *Calc.* *Camph.* caps. carb-ac. *Carb-an.* *Carb-v.* *Cham.* chen-a.c1 *Chin.* *Cic.* coloc. *Con.* cupr-ar. dulc.a1 *Ferr.* ferr-ar. ferr-p. fl-ac. **Gels.** glon.k2 hydr-ac. ign. ip. kali-br. kali-c. kali-n.c1 kali-s. kreos. lil-t. lyc. lyss. med. merc. mur-ac. nicc. *Nux-m.* **Nux-v.** olnd. paeon. petr. **Phos.** *Phyt.* rhus-t.k2 sars. sec. *Sep.* sil.h *Stram.* sulph. tarax. thuj. til.
– **Zunge**:
• **weiße** Farbe der Zunge: sabad.kr1,vk1

Berauscht, wie: abies-c.a1 acet-ac. *Acon.*hr1,k act-sp.hr1,k agar.bg2,k,* ail. *Alum.*bg2,k,* alum-sil.k13,k2 am-c.h,k,* amyg.hr1 *Anac.*hr1,k anan. *Arg-met.* *Arg-n.*bg2,k,* ars.h,k1 asar.bg2,k,* *Aur.*hr1,k bamb-a.stb2 bapt.bg2,hr1 *Bell.*bg2,k,* benz-ac.hr1 berb. *Bry.*h,k,* caj. *Camph.*bg2,k,* cann-i. caps.bg2,hr1 *Carb-ac.*k,k1 carb-v.bg2 carbn-s. caust.h,k,* cench.k13,k2 *Cham.*a1,k chel.a1,k *Chin.*hr1,k chinin-s. *Cic.* clem.a1,k **Cocc.**bg2,k,* *Con.* cor-r.a1 cori-r. cot.c1 croc.hr1,k crot-h. cupr-ar.hr1 cur.a1,k dig. *Ferr.*hr1,k ferr-p. *Gels.*bg2,k,* *Glon.*k,k1 *Graph.*hr1,k grat.bg2,k ham.bg2,k,* *Hydr.*hr1,k hydr-ac.c1 *Hyos.*bg2,k,* *Kali-br.* kali-c.h,k,* kali-sil.k13,k2 kreos. lach.a1,k lact.a1 laur.bg2,k *Led.*bg2,k1,* *Lil-t.* lyc.bg2,k,* mag-c.h,k1 *Med.*bg2,k,* merc. merl.hr1,k *Mez.* mill.hr1 mosch.a1,k nat-m.bg2,k,* *Nux-m.*bg2,k,* **Nux-v.**bg2,k oena.a1,k *Op.*bg2,k,* petr.a1,k *Ph-ac.*h,k,* phel.hr1,k,* phos.hr1,k phyt.bg2 psor.hr1 **Puls.**bg2,k,* rhod. *Rhus-t.*bg2,k,* sabad. sang.a1 sarr.a1 sars.h,k,* *Sec.*bg2,k,* sel.a1,k sep.hr1,k,* *Sil.*h,k,* *Spig.*bg2,k *Spong.*bg2,k,* stram.bg2,k *Tab.*bg2,k tarax.bg2,k,* tep.a1,k ter.hr1 *Thuj.* til.a1,k valer.
– **abends**:
• **amel.**: bamb-a.stb2
– **Fahren** eines Wagens; nach: bamb-a.stb2

Berührung agg.: cupr.

Betäubung:
– **Barriere** zwischen den Sinnesorganen und den äußeren Gegenständen; als sei ein Hindernis, eine: aeth.
– **während** des Schwindels
☞ ❑ *Gemüt - Betäubung - Schwindel - während*

Bett:
– **auf**- und abgeworfen würde; als ob er im Bett: bar-c.c1 bell.
– **Bewegung**; Gefühl als wäre das Bett in: lac-c.bg1,bg2
– **Zubettgehen**, beim: nat-m. sabad. stram.

Beugen des Kopfes; beim:
– **hinten**, nach: clem.c1 glon. ol-an.h seneg.
• **amel.**: ol-an.h

– **vorne**, nach: bamb-a.$_{stb2}$ clem. mag-m. merc. pic-ac. *Sulph.* tub.$_{c}$
 • **amel.**: ol-an.$_{bg1,bg2}$
 • **nachmittags**:
  • **17** h: bamb-a.$_{stb2}$

Bewegung: *Agar.* ail. aloe *Am-c.* am-m. arn. *Aur.* aur-m. bar-c. *Bell.* bism-sn.$_{a1}$ **Bry.** *Calc-p.* carb-ac. *Carb-v. Chin. Cocc. Coff. Con.* crot-h. crot-t. cupr. ferr.$_{c1}$ ferr-i. fl-ac. gels. *Glon. Graph.* grat. *Hep.* hydr-ac. *Kalm.* laur. lycps-v. *Mag-c.* mag-p.$_{br1}$ *Med.* nat-ar. nat-c. nat-m. nux-v. oreo.$_{br1,c1}$ oxeod.$_{a1}$ paeon. phel. *Phos.* phys. *Puls.* sabad. sang. sec. sel. *Sil.* sin-n. sol-ni. spong. staph. sumb. tab. tell. ther.
– **amel.**: chinin-ar.$_{c1}$ coff.$_{bg2,k}$ cycl.$_{bg2,k}$ mag-m.$_{bg2,k,*}$ phos.$_{bg1,bg2}$ ptel.$_{c1}$ rhod.$_{bg2,k,*}$
– **Arme**, der: bar-c.$_{bg2,k}$ berb. sep.$_{h,k,*}$
– **Augen**, der: bell. chel.$_{bg2,k}$ cocc. *Con.*$_{bg2,k}$ mur-ac. petr. plat.$_{a1,k}$ puls. spig.
– **Bodens**; wie durch Bewegung des: gink-b.$_{sbd1}$ sulph.$_{bg1,bg2}$
 • **wellenartiger** Bewegung; der Boden ist in: bamb-a.$_{stb2}$
  • **nachmittags**:
   • **17** h: bamb-a.$_{stb2}$
  • **Schreck**; mit: bamb-a.$_{stb2}$
– **Erbrechen** und Übelkeit: sel. *Ther.*
– **geringer** Bewegung, bei: kalm.$_{k2}$
– **geringsten** Bewegung; bei der: morph.$_{bg1,bg2}$ ther.$_{bg1,bg2}$ zinc.$_{bg1,bg2}$
– **Halses**, des: verat.$_{h,k1}$
– **Kopfes**, des: acon. *Agar.* aloe am-c. *Arn.* atro. aur. *Bar-c. Bell.* **Bry.** *Calc.* calc-ar. carb-an. *Carb-v.* caust. clem. cocc. **Con.** cupr. echi. *Glon. Hep.* hydrog.$_{srj2}$ *Ign.* ip. kali-bi. kali-c. *Lac-d.*$_{k,k1}$ meph. mosch. nat-m. paeon. *Phos. Ptel.* rhus-t. samb. sang. sel. sep. spig. tell. ther. thuj.
 • **schneller** Bewegung, bei: adon.$_{br1}$ am-c. atro. bar-c. *Bry.* **Calc.** calc-s. *Carb-v. Coloc. Gels.* helo. *Kali-c.* kreos. lac-ac. merc. sang. spig. *Staph.* sulph. verat. xan.$_{c1}$
  • **amel.**: agar.
– **Lider**; der: alum. mosch.$_{a1,k}$
– **plötzlicher** Bewegung, bei: *Calc.*$_{bg2}$ *Con.*$_{bg2}$ ferr. gels.$_{bg2,k}$ granit-m.$_{es1}$ kali-bi.$_{bg2}$ kali-c.$_{bg2}$ lact. phos.$_{bg2}$ ptel.$_{a1,k}$ sang.$_{bg2}$ sumb.$_{a1,k}$

Bewußtlosigkeit, gefolgt von: lept.$_{bg2}$ sil.$_{bg1,bg2}$
 ☞ ❑ *Gemüt - Bewußtlosigkeit - Schwindel*

Bewußtseins; mit Verlust des
 ☞ *Bewußtlosigkeit* / ❑ *Gemüt - Bewußtlosigkeit - Schwindel*

Bier, nach: ferr.$_{a1}$ kali-n. merc.$_{bg2,k,*}$ sulph.$_{a1,k}$

Blähungen; mit eingeklemmten: calc.$_{h,k1}$

Blicken; beim:
– **angestrengtem** Blicken, bei: all-s.$_{hr1,k,*}$ am-c. ars. *Caust.*$_{h,k,*}$ colch. con.$_{bg2,bro1}$ *Cur. Kali-c. Lach.* manc.$_{bg2,k,*}$ **Nat-m.**$_{k,kl2}$● olnd.$_{bg2,k}$ onos.$_{bg2}$ *Phos.*$_{k,kl2}$● sabad.$_{bg2}$ sars.$_{bg2,k}$ *Sil.*$_{bg2,k}$ **Spig.**$_{a1,k}$ sulph. tarent.$_{bg2,k,*}$

Blicken; beim - **angestrengtem** Blicken, bei: ...
 • **amel.**: *Dig.*$_{a1,k}$ sabad.
– **bewegende** Gegenstände; auf sich: *Agar.* anac. *Con.*$_{k,kl2}$● *Cur.* graph. *Jab.* laur. mosch. nat-m. olnd. sep. *Sulph.*
– **drehende** Gegenstände; auf sich: lyc.$_{k,kl2}$●
– **Ebene**; auf eine große: sep.
– **Fenster**, aus dem: camph. *Carb-v.*$_{h,k,*}$ **Nat-m.**$_{k,kl2}$● ox-ac.
– **geradeaus** amel.: olnd.$_{h,k,*}$
– **Kinofilmen**; beim Ansehen von: cadm-met.$_{gm1}$
– **Licht**, in farbiges
 ☞ *Licht - farbig*
– **oben**, nach: aeth.$_{c1}$ *Calc.*$_{bg2,k}$ calc-sil.$_{k13,k2}$ carb-v. *Caust.*$_{h,k,*}$ chinin-ar. coloc.$_{bg2}$ crot-t.$_{a1,k}$ *Cupr.*$_{bg2,k,*}$ dig. digin.$_{a1}$ gran.$_{bro1}$ *Graph.*$_{bg2,k,*}$ iod. kali-p. kali-s. kalm.$_{bg2}$ *Lach.* mur-ac. nat-hchls. *Nux-v.*$_{bg2,k}$ *Petr.*$_{bg2,k}$ **Phos.**$_{bg2,k,*}$ plat.$_{bg2,k,*}$ plb.$_{bg2,k,*}$ **Puls.**$_{bg2,k,*}$ *Sang.* sep.$_{h,k,*}$ *Sil.*$_{h,k,*}$ stram. syph.$_{c1}$ *Tab.*$_{a1,k}$ *Thuj.*$_{bg2,k}$
 • **Gehen** im Freien; beim: *Arg-n.* ox-ac. *Sep.*$_{h,k,*}$
 • **hohe** Gebäude, auf: *Arg-n.*
 • **Licht**; in ein: chinin-m.$_{c1}$ cupr. plb. thuj. zinc.
– **rechts**, nach: lec.
– **Seite**, nach rechts oder links; auf die: *Con.* lec. olnd. op.$_{a1,k}$ sabad. *Spig.*$_{h,k,*}$ sulph. sumb.$_{a1,k}$ thuj.
– **Sonne** agg.; Blicken in die: kali-p.$_{bg3,ptk2}$
 ☞ *Sonnenschein*
– **Spiegel**, in einen
 ☞ *Spiegel*
– **unten**, nach: alumn.$_{hr1,k,*}$ ars. ars-s-f.$_{k13,k2}$ bamb-a.$_{stb2}$ bell.$_{bg2}$ borx.$_{bro1}$ calad. calc. camph. carb-v.$_{bg2}$ cham. cina con. ferr.$_{bg2,k}$ ferr-ar. ferr-p. graph. *Kalm.*$_{bg2,k,*}$ mag-m. mang-m.$_{a1}$ merc. nat-c. nit-ac. nux-v. olnd.$_{h,k,*}$ ox-ac. petr. **Phos.**$_{bg2,k,*}$ puls. rhod. rhus-t. salam. sep.$_{a1,k}$ **Spig.**$_{h,k,*}$ staph. **Sulph.**$_{bg2,k}$ thuj.
 • **wie**: phos.
– **verdrehten** Augen; mit: **Spig.**
– **Wasser**; auf fließendes: ferr.$_{c1}$

Blitz, durch: crot-h.$_{hr1,k}$

Blutandrang, durch: cact.$_{k2}$

Brot, nach: manc.$_{a1,k}$ sec.$_{a1,k}$

Bücken, beim: acon. act-sp. ail. *Alum.* alum-p.$_{k2}$ *Anac.* aran-sc. *Arg-n. Aur.* aur-m. aur-s.$_{k2}$ bamb-a.$_{stb2}$ bapt. *Bar-c.* bar-i.$_{k2}$ **Bell.** berb. *Bry. Cact. Calc. Calc-p.* calc-s. calc-sil.$_{k2}$ *Camph.* cann-i. *Carb-v.* carbn-s. *Caust. Cham.* chin. chinin-s. cic. cimic. cinnb. coff. con. corn. dig. ferr.$_{c1}$ *Glon. Graph. Guare. Ham. Hell.* helon. *Ign.* ind. inul.$_{br1}$ *Iod. Kali-bi. Kali-c.* kali-chl.$_{c1}$ kali-m.$_{k2}$ kali-n. kali-p. kali-s. kali-sil.$_{k2}$ *Kalm.* lac-ac. *Lach.* led. *Lyc.* mang-m. med. meny. meph. *Merc. Merc-c.* merl. mill. mosch. myric. nat-m. nat-s. nicc. *Nit-ac.* **Nux-v.** ol-an. op. oreo.$_{br1,c1}$ oxeod.$_{a1}$ *Petr.* ph-ac. *Phos.* pic-ac. plb. ptel. **Puls.** rhus-t. santin. sep. *Sil.* sol-ni. *Staph.* sul-i.$_{k2}$ **Sulph.** sumb. syph.$_{xxb}$ ther. thuj. tub.$_{xxb}$ valer. verat.
– **amel.**: carb-an. petr.$_{h}$
– **Abendessen**, nach dem: sep.

– **langem** Bücken, nach: cham.
– **Menses**; während
 ☞ *Menses - während - Bücken*

Chronisch: arn.$_{br1}$ nat-m. *Nux-v.* **Phos.** *Sec.*
– **Kopfschmerzen**, mit einseitigen: *Nat-m.*

Demütigung; durch
 ☞ *Kränkung*

Denken daran, beim: ph-ac.$_{bg2}$ pip-m. plb.$_{bg1,bg2,*}$
 ☞ ❑ *Gemüt - Gedanken - hartnäckig - Schwindel*

Diarrhoe:
– **vor**:
 • **und** nach: **Lyc.**$_{vh}$

Diplopie, mit ●: gels.$_{bg2,k}$ ger.$_{bro1}$ olnd.$_{h,k,*}$ phys.$_{bg2}$
– **Blick** nach unten; beim: olnd.

Drehen; beim: *Agar.* am-c. amph.$_{a1}$ calc. *Con.* genist. glon. hydr.$_{bg}$ ind. ip. *Kali-c.* merc. nat-m. phos. rhus-t. tell. ther.
– **Bett**; im ●: **Bell.** **Bry.**$_{xxb}$ *Cact.* carb-v. cean.$_{tl1}$ **Con.** *Graph.* ind. kalm. *Lac-d.* mang.$_{bg1,bg2}$ meph. phos.$_{k,kl2}$● rhus-t.$_{k,kl2}$● sulph.$_{k,kl2}$● syph.$_{xxb}$
 • **links**; nach: borx.$_{bg2,k,*}$ calc.$_{bg}$ calc-p.$_{bg2,k}$ coloc.$_{bg1,bg2}$ con.$_{bg1,bg2}$ gran.$_{bg1,bg2}$
 • **rechts**; nach: lach.$_{bg1,bg3}$
– **Kopfes**; oder Bewegen des: acon. *Agar.* aloe alum-sil.$_{k2}$ am-c. *Arn.* atro. aur. bamb-a.$_{stb2}$ *Bell.* **Bry.** *Calc.* calc-ar. carb-an. *Carb-v.* caust. clem. cocc. coloc.$_{bro1}$ **Con.** cupr. echi.$_{k,vh}$ *Glon.* *Graph.* hep. *Ign.* ip. *Kali-bi.*$_{k,vh,*}$ *Kali-c.* kali-p. kalm. *Lac-d.*$_{vh,vh/dg}$ lec. mentho.$_{bro1}$ meph. morph.$_{bro1}$ mosch. nat-ar.$_{bro1}$ nat-c. nat-m. paeon. *Phos.* ptel. rhus-t. samb. sang. sel. sep. spig. tell. ther. thuj. zinc.$_{bg1}$
 • **links**; nach: coloc.$_{a1,br1,*}$ con.$_{a1,br1}$
 • **schnell**: adon.$_{bro1}$ aloe alum-sil.$_{k2}$ am-c. atro. bar-c. *Bry.* **Calc.**$_{k,kl2}$● *Carb-v.* *Coloc.* **Con.**$_{k,kl2}$● *Gels.*$_{k,kl2}$● *Kali-c.* kreos. lac-ac. merc. *Phos.*$_{k,kl2}$● *Sang.* spig. *Staph.* sulph. *Verat.*
 • **amel.**: agar.
– **Oberkörpers** von rechts nach links; beim Drehen des: eupi.$_{c1}$
– **Seite** amel.; beim Drehen auf die rechte
 ☞ *Liegen - Seite - rechten - amel.*

Drehens; Gefühl des:
– **alles** im Kreis drehen; als würde sich: acon. aloe *Alum.* am-c. anac. *Arg-n.* *Arn.* asaf. *Aur.* bar-m. *Bell.* berb. *Bism.* **Bry.** calad. *Calc.* camph. chel. *Chinin-s.* *Cic.* cocc. **Con.** cupr. **Cycl.** euon. eup-per. eup-pur. euph. ferr. grat. hell. hep. hydr-ac. kali-bi. kreos. lact. laur. *Lyc.* mosch. *Mur-ac.*$_{k,vh,*}$ nat-c.$_{h2,k,*}$ nat-m. *Nux-v.* olnd. op. par. *Phos.* plat.$_{h}$ **Puls.** ran-b. rhod. rhus-t. ruta sabad. spig. staph. sulph.$_{k2}$ tab. ter.$_{a,k}$ til. valer. verat. viol-o.
– **Bett** hin- und herdrehen; als würde sich das
 ☞ *Herumdrehen*
– **er dreht sich** im Kreis: bamb-a.$_{stb2}$ bell. berb. *Calc.* carbn-o.$_{vh}$ caust. helo.$_{c1}$ helo-s.$_{c1}$
 • **rechts**; nach: berb. *Caust.*

Drehens; Gefühl des - **er dreht sich** im Kreis: ...
 • **links**; nach: bell.
– **Gegenstände** scheinen sich im Kreis zu drehen
 ☞ *Gegenstände - drehen*
– **im** Körper herumdrehen; als würde sich etwas:
 • **drehende** Gegenstände; beim Blick auf sich: lyc.$_{gsd1,k}$
– **Kopf** im Kreis drehen; Gefühl, als würde sich der: nux-m.$_{c1}$
– **Zimmer** drehen; als würde sich das
 ☞ *Gegenstände - drehen - Zimmer*

Dunkles Zimmer; beim Eintreten in ein ●: agar.$_{bg2,k}$ alum.$_{bg2}$ alumn.$_{bro1}$ *Arg-n.*$_{bg2,k}$ pic-ac.$_{bg2,bro1}$ *Stram.*$_{bg2,k}$

Einatmen; beim tiefen: *Cact.*

Eintreten ins Haus; beim: acon. ars. carb-ac. merc. pall. *Phos.* plat. *Puls.* ran-b. sil. tab.
– **Gehen**, nach dem: arg-met. plat. tab.

Entspannung, nach: calc. lach.

Epileptisch: *Apis* arg-n.$_{bro1}$ art-v.$_{hr1,k}$ bell.$_{bro1}$ bufo calc.$_{bro1}$ *Calc-ar.* calc-s. *Caust.* cocc.$_{bro1}$ crot-h.$_{hr1,k}$ cupr.$_{bro1}$ *Cur.* hydr-ac.$_{bro1}$ ign.$_{hr1,k}$ *Nat-m.* nit-ac.$_{bro1}$ *Nux-m.* *Nux-v.* oena.$_{hr1}$ op.$_{bro1}$ plb.$_{hr1,k}$ *Sil.*$_{hr1,k}$ stram.$_{bro1}$ thuj.$_{hr1,k}$ *Visc.*$_{bg,k}$

Epileptischem Anfall; vor einem: ars. *Calc-ar.* *Caust.* **Hyos.** indg.$_{bg}$ *Lach.* *Plb.* sil.$_{bg}$ *Sulph.* *Tarent.*$_{gsy1}$ visc.$_{bg}$

Erbrechen:
– **vor**: nat-s.$_{a1,k}$ phos.$_{h,k1}$
– **nach**:
 • **amel.**: eup-per.$_{ptk1}$ nat-s.$_{ptk1}$ op. tab.$_{bro1}$
– **mit**: ail. arn.$_{bg2}$ *Ars.*$_{bg2,k,*}$ bry.$_{bg2}$ calc.$_{bg2,k}$ *Canth.* *Chel.* cimic. cocc.$_{bg2}$ crot-h. crot-t. eup-per.$_{bg2,k2}$ *Glon.* gran.$_{a1,k}$ *Graph.*$_{bg2,k}$ *Hell.*$_{bg2,k}$ hydr-ac.$_{bg2}$ hyos.$_{bg2}$ ip.$_{bg2}$ kali-bi.$_{bg2,k,*}$ kali-c. *Lach.*$_{bg2,k}$ mag-c. *Merc.* mosch.$_{bg2,k}$ *Nat-s.* *Nux-v.*$_{bg2,k}$ oena. *Petr.* phos.$_{bg2}$ *Puls.*$_{bg2,k}$ sabad. *Sang.* sars. sel. sep. tab.$_{bg2}$ tell. ther.$_{bg2,k}$ **Verat.**$_{bg2,k}$ *Verat-v.*$_{bg2,k}$ vip.

Erektionen während des Schwindels: tarent.$_{a1,k}$

Erregung; bei:
– **Gemütes**; des: calc.$_{k2}$

Erweiterten Pupillen, mit: *Bell.* hell. teucr.

Essen:
– **beim**: am-c.$_{bg2,k}$ arn.$_{bg2,k}$ calc. chel. cocc.$_{bro1}$ con.$_{a1,k}$ dios.$_{a1,k}$ form.$_{a1,k}$ **Grat.**$_{bg2,k}$ hep. mag-c.$_{bg2,k}$ mag-m.$_{bg2,k}$ merc.$_{a1,k}$ nat-c.$_{a1,k}$ *Nux-v.*$_{bg2,k,*}$ olnd.$_{bg2,k}$ *Phos.*$_{bg2,k}$ puls.$_{bro1}$ sel. sil.$_{bg2,k}$
– **nach**: acon.$_{bg2}$ aloe *Alum.* ambr.$_{bg2,k}$ aran. bell. bry.$_{a1,k}$ bufo *Cham.*$_{h,k,*}$ chel. chin. coc-c.$_{a1,k}$ *Cocc.*$_{bg2,k}$ cor-r.$_{a1,k}$ cycl. gels. graph.$_{bg2,h,*}$ **Grat.**$_{bg2,k}$ *Kali-bi.* *Kali-c.*$_{h,k,*}$ kali-i. kali-p. kali-s. *Lach.*$_{bg2,k}$ lyc. mag-s. merc.$_{bg2,k}$ nat-m.$_{bg2,k}$ *Nat-s.*$_{bg2,k}$ **Nux-v.**$_{bg2,k,*}$ *Petr.*$_{bg2,k,*}$ ph-ac.$_{bg2,k}$ *Phos.*$_{bg2,k,*}$ plb. **Puls.**$_{bg2,k}$ *Rhus-t.*$_{bg2,k,*}$ sabad.$_{bg2}$ sanic. scut. sec.$_{bg2}$ sel. sep.$_{h,k,*}$ sil.$_{a1,h}$ *Sulph.*$_{bg2,k}$

– **nach**: ...
Tarent. zinc.$_{a1,k}$
• **amel.**: alum. arg-n. cinnb. cocc. dulc. nux-v.$_{ptk1}$ sabad.

Fahren, beim: ant-t. dig. grat.
– **Aufzug**; in einem
☞ *Aufwärtsbewegung - Aufzug*
– **Boot**, in einem: petr.$_{k2}$ ther.$_{k2}$
– **Reiten**, beim: cop. rhus-t.
• **amel.**: tarent.
– **Wagen**, im: acon. calc. cocc.$_{bro1}$ *Hep.* lac-d.$_{bro1}$ lyc. petr.$_{bro1,k2}$ sanic.$_{pc}$ sel. *Sil.*
• **amel.**: glon. puls.$_{k2}$ sil.
• **bergab**
☞ *Abwärtsbewegung - Auto*
• **wie** durch: cycl. ferr. grat. hep.
– **Zug**, im: kali-i.$_{ptk}$

Fallen, stürzen; Neigung zu: *Acon.*$_{bg2,k}$ agar.$_{hr1,k}$ alum. am-c.$_{bg2,k}$ anac.$_{bg2,h,*}$ ang. apis arg-n.$_{bg2}$ arn.$_{bg2,k}$ *Ars.*$_{bg2,k}$ asar.$_{bg2}$ bamb-a.$_{stb2}$ bar-c. *Bell.*$_{bg2,k}$ berb.$_{hr1,k}$ bov.$_{bg2,k}$ bufo$_{k2}$ *Calc.*$_{h,k,*}$ calc-ar.$_{k1,k13}$ calc-s. camph.$_{bg2}$ *Cann-s.*$_{bg2}$ canth.$_{bg2}$ caps.$_{bg2}$ carb-ac.$_{hr1,k}$ *Carb-an.*$_{hr1,k}$ *Carb-v.*$_{hr1,k}$ carbn-s. caust.$_{bg2,k,*}$ cham.$_{bg2}$ chin.$_{bg2,k}$ *Cic.*$_{bg2,k}$ *Cocc.*$_{bg2,k}$ coloc.$_{bg2,k}$ *Con.*$_{bg2,k}$ croc.$_{bg2}$ crot-h.$_{bg2,k,*}$ *Cupr.*$_{k,vh,*}$ dig.$_{bg2,h,*}$ dros. euph.$_{h,k,k1,*}$ euphr.$_{hr1}$ *Ferr.*$_{bg2,k}$ ferr-ar. gels.$_{hr1,k}$ *Glon.*$_{hr1,k}$ gran.$_{bg2}$ graph.$_{bg2,k,*}$ ham.$_{a1,k}$ hell. helo-s.$_{bro1}$ hep.$_{bg2}$ hydr-ac.$_{bg1,bg2}$ *Hyos.* ign.$_{bg2}$ ip.$_{bg2}$ kali-bi.$_{bg2}$ kali-c.$_{bg2,k,*}$ kali-n.$_{bro1}$ kali-p. kali-s.$_{hr1,k}$ kreos. lach. lact. laur.$_{bg2,k}$ led. *Lyc.*$_{hr1,k,*}$ mag-c. *Mag-m.*$_{bg2,k}$ mag-s. *Med.*$_{hr1}$ merc.$_{bg2,k}$ mez. nat-c.$_{bg2,k}$ nat-hchls. nat-m.$_{bg2,k,*}$ *Nat-n.* nat-p.$_{a1,k}$ nit-ac.$_{bg2,k}$ nux-m.$_{bg2,k}$ *Nux-v.*$_{bg2}$ oena.$_{hr1}$ olnd.$_{bg2}$ op.$_{bg2}$ ph-ac.$_{bg2,k}$ *Phel.*$_{a1,k}$ phos.$_{bg2}$ phyt. plb. psil.$_{ft1}$ *Psor.* *Puls.*$_{bg2,k}$ *Ran-b.*$_{bg2,k,*}$ rheum rhod.$_{bg2,k}$ *Rhus-t.*$_{bg2,k}$ ruta sabad.$_{bg2,k,*}$ *Sabin.*$_{bg2,k,*}$ sarr.$_{hr1}$ sars.$_{bg2,k}$ *Sec.*$_{bg2}$ sep.$_{bg2,h,*}$ *Sil.*$_{h,k,*}$ spig.$_{bg2,k}$ *Spong.*$_{bg2,k,*}$ squil. stann.$_{bg2}$ staph.$_{bg2}$ *Stram.*$_{bg2,k}$ *Sulph.*$_{bg2,k,*}$ tab. tarent. *Ter.*$_{hr1,k}$ upa.$_{a1}$ *Zinc.*$_{bg2,k,*}$ zinc-p.$_{k13,k2}$
– **morgens**:
• **Erwachen**; beim: *Graph.* phos.
– **Aufstehen**, beim:
• **Bett**, vom: **Rhus-t.**
• **Sitzen**, vom: stram.$_{h}$
– **Bewegung**, bei: sec.
– **Blicken** nach unten; beim: **Spig.**$_{a1,k}$
– **Bücken**, beim: merl.$_{a1,k}$
– **Dunkelheit**, in der: *Stram.*
– **Fieber**; während: sep.$_{a1,k}$
– **Gegenstände** würden fallen; hohe:
• **Mauern** auf ihn stürzen; als würden hohe: arg-n. sabad.
☞ *Hauswände*
• **Objekte** sich nach vorne neigen und auf ihn stürzen; als würden hohe: arn. sabad.
– **hinten**, nach ●: absin.$_{bg1,bg2,*}$ agar.$_{a1,k}$ anan.$_{hr1,k}$ bell.$_{bg2,k,*}$ bov.$_{bg2,k,*}$ brom.$_{bg2,k,*}$ *Bry.*$_{h,k,*}$ *Calc.*$_{hr1,k}$ calc-sil.$_{k13,k2}$ camph.$_{bg1,bg2}$ *Carb-an.*$_{bg2,k,*}$ *Caust.*$_{hr1,k}$ *Chin.*$_{bg2,k,*}$ chinin-s.$_{bg1,bg2}$ dios.$_{hr1,k}$

Fallen, stürzen; Neigung zu - **hinten**, nach: ...
dub.$_{bg1,bg2}$ helo. *Kali-c.*$_{bg2,k,*}$ kali-n. kali-s. kali-sil.$_{k13,k2}$ kreos.$_{bg2}$ led.$_{bg2,k}$ merc. mill.$_{a1,k}$ nat-m.$_{bg2}$ *Nux-v.*$_{bg2,k,*}$ oena.$_{hr1,k}$ *Ph-ac.*$_{bg2,k}$ phel.$_{hr1,k,*}$ *Rhod.*$_{bg1,bg2,*}$ **Rhus-t.**$_{bg2,k,*}$ sars.$_{bg2,k}$ *Sil.*$_{bg2,k,*}$ spig.$_{bg1,bg2}$ *Spong.*$_{bg2,k,*}$ stram.$_{hr1,k}$ stront-c.$_{bg1,bg2}$ sulph.$_{hr1,k}$ visc.$_{bg2}$
• **Bücken**, beim: caust.
• **Gehen**, beim: stram.
– **links**, nach ●: anac.$_{bg2,k,*}$ *Aur.*$_{bg2,k,*}$ *Bell.*$_{bg2,k,*}$ *Borx.* *Calc.*$_{bg2,k}$ *Caust.*$_{hr1,k}$ cic.$_{bg2,k,*}$ coloc.$_{bg2}$ con.$_{bro1}$ cupr.$_{bg2}$ dirc.$_{a1,k}$ dros.$_{bg2,k}$ *Eup-per.*$_{bg2,k,*}$ eup-pur.$_{a1,k}$ euph.$_{bg2,h,*}$ iod.$_{bg2,bro1}$ *Iris-foe.* *Lach.*$_{bg2,k,*}$ lycps-v. merl.$_{hr1,k,*}$ mez.$_{bg2,k,*}$ nat-c.$_{bg2,k,*}$ **Nat-m.**$_{bg2,k}$ nux-m.$_{bg2,k,*}$ phel.$_{bg2}$ sal-ac.$_{hr1,k}$ sil.$_{bg2,h,*}$ spig.$_{bg2,k,*}$ spong.$_{bg2}$ stram.$_{bg2,k,*}$ *Sulph.*$_{bg2,k,*}$ vib.$_{bg2,k,*}$ vip. *Zinc.*$_{bg2,k,*}$
• **morgens**: zinc.
• **Blicken** nach oben; beim: *Caust.*$_{hr1,k}$
• **Gehen** im Freien; beim: aur. dros. euph.$_{a1}$
• **Sitzen**, im: anac.$_{a1,k}$
– **rechts**, nach ●: *Acon.*$_{bg2,k}$ ars.$_{bg2,k,*}$ ars-s-f.$_{k13,k2}$ *Calc.*$_{bg2,k}$ camph.$_{hr1,k}$ carb-an.$_{bg2,k}$ *Caust.*$_{hr1,k}$ eup-pur.$_{hr1,k}$ euph.$_{h,k,*}$ ferr. fl-ac.$_{bg2}$ helo.$_{bg2,bro1}$ kali-n.$_{a1,k}$ lac-d.$_{c1,k2,*}$ lycps-v. lyss. mill.$_{a1,k}$ nat-s.$_{a1,k}$ phel.$_{bg2}$ psil.$_{ft1}$ rhus-t.$_{bg2,k}$ ruta *Sil.*$_{bg2,k,*}$ *Zinc.*$_{hr1,k,*}$
• **Sitzen**, im: stram.
– **Richtung**, in die er sich dreht; in die: alum-sil.$_{k2}$
– **Schlaf**, nach: ferr.
– **Seite**; zur: acon. am-m.$_{bg2,k,*}$ amph.$_{a1}$ arg-n.$_{hr1,k}$ ars.$_{bg2,k}$ *Benz-ac.*$_{hr1,k}$ bov.$_{hr1,k}$ **Calc.**$_{bg2,k,*}$ cann-s.$_{bg2,k,*}$ *Caust.*$_{h,k,*}$ **Cocc.**$_{bg2,k,*}$ *Con.*$_{bg2,k,*}$ dros.$_{bg2,k}$ euph.$_{h,k,*}$ euphr.$_{bg2,h,*}$ ip.$_{bg2}$ led.$_{a1,k}$ mez.$_{bg2,k}$ **Nux-v.**$_{bg2,k,*}$ phel.$_{bg2,k,*}$ puls.$_{bg2,k,*}$ rheum sil.$_{h,k,*}$ squil.$_{bg2,k}$ staph.$_{bg2,k}$ sulph.$_{bg2,k,*}$ tarax.$_{bg2}$ valer.$_{bg2,k}$ zinc.
• **Gehen**, beim: sul-ac.
– **Stuhl**, vom: calc-caust.$_{c1}$
– **vorne**, nach ●: agar.$_{bg2,k,*}$ *Alum.*$_{bg2,k}$ alum-p.$_{k13,k2}$ alum-sil.$_{k13,k2}$ arn.$_{bg2,k,*}$ bov.$_{bg2,k}$ bry.$_{bro1}$ calc.$_{bg2}$ *Calc-p.* *Camph.*$_{a1,k}$ carbn-s. card-m. *Caust.*$_{h,k,*}$ chel.$_{a1,k}$ *Cic.*$_{bg2,k,*}$ con.$_{bg2}$ cupr.$_{bg2,k}$ *Elaps* *Ferr.*$_{bg2,k,*}$ ferr-p. *Graph.*$_{bg2,k,*}$ guare.$_{bro1}$ hell.$_{a1,k}$ hyos. iod.$_{bg2,k,*}$ kali-n.$_{a1,k}$ kali-p. kali-s.$_{k13,k2}$ *Lach.* led.$_{bg2,k}$ lyc.$_{a1,k}$ lycps-v. mag-c.$_{bg2,k,*}$ mag-m.$_{bg2,k,*}$ mag-p.$_{br1,bro1}$ mag-s.$_{a1,k}$ mang.$_{bg2,k,*}$ **Nat-m.**$_{bg2,k,*}$ *Nux-v.*$_{hr1,k}$ petr.$_{bg2,k,*}$ *Ph-ac.*$_{bg2,k}$ phel.$_{hr1,k,*}$ phos.$_{bg2,k}$ *Podo.*$_{bg2,k,*}$ psil.$_{ft1}$ puls.$_{bg2,k}$ *Ran-b.*$_{bg2,k}$ **Rhus-t.**$_{bg2,k,*}$ ruta$_{h}$ *Sabin.*$_{bg2,k,*}$ sars.$_{bg2,k}$ sec. senec. *Sil.*$_{h,k,*}$ sol-t-ae.$_{a1}$ spig.$_{bg2,k,*}$ stram.$_{bg2,bro1}$ stry. *Sulph.*$_{bg2,k,*}$ syph.$_{bg1,bg2}$ tarax.$_{bg2,k,*}$ thuj.$_{bg2}$ urt-u.$_{bro1}$ vib.$_{bro1}$ vip.
– **Wände**
☞ *Gegenstände - Mauern*

Farbiges Glas fällt; durch Licht, das durch: art-v.

Freien, im: acon. act-sp.$_{bro1,k}$ aeth. *Agar.* ambr. anac. anag. ang.$_{c1}$ arg-n.$_{hr1}$ ars. aur. aur-s.$_{c1,k2}$ bamb-a.$_{stb2}$ bry. calc. canth. *Caust.* cocc. crot-t. cycl.$_{bro1}$ dros. euph. gins. *Glon.* grat. hydr-ac.$_{c1}$

Freien, im:
indg.$_{c1}$ kali-ar. kali-c. *Kreos.* lach. laur. manc. merc-c. *Mur-ac.* nicc. ol-an. *Phel.* podo. psor. *Ran-b.* ruta sabad.$_{k2}$ sars. senec. *Sep.* sil. sulph. tarax.
– **amel.**: act-sp.$_{bro1}$ *Aeth.* agar. *Am-m.* aur-m. bell. calc-s. *Camph.* carbn-s. carl. *Caust.* clem. conin.$_{c1}$ croc. genist. graph. *Grat.*$_{k,k2}$ hell. hydr-ac. hyos. kali-bi. kali-c. kali-p. *Kali-s.* lil-t. *Mag-m.* mag-s. manc. merc. mosch. mur-ac. *Nat-c.*$_{hr1,k}$ nicc. oena. ph-ac. *Phel.* phos. plb. *Puls.* *Sanic.* sol-ni. staph. *Sul-ac.* *Sulph.* **Tab.**

Frost:
– **vor**: *Ars.* *Bry.* corn-f.$_{br1}$ nat-m.
– **während**: alum. ant-t. **Calc.** caps. *Chin.* cocc. *Ferr.* ferr-p. gels.$_{psa}$ *Glon.* kali-bi. laur. lyss. nat-m. **Nux-v.** op.$_{ptk}$ phos. plb. puls. *Rhus-t.* sulph.$_{a1,k}$ verat. viol-t.
– **nach**: colch.$_{a1,k}$ sec.$_{a1,k}$

Frösteln, beim: gels. merc-c. rhus-t.

Frühling, Schwindelanfälle im: apis

Frühstück:
– **amel.**: *Alum.*$_{bg2,k}$ calc. cinnb.$_{a1,k}$ cocc.$_{bg2}$
– **beim**: con.$_{a1,k}$ *Sil.*$_{h,k,*}$
– **nach**: bufo coc-c. gels.$_{a1,k}$ lyc.$_{a1,k}$ phos. scut.$_{a1}$ sel.$_{a1,k}$ tarent.$_{a1,k}$
– **Gehen**, nach schnellem: coloc.

Füße heben; als würden sich die: ph-ac.$_{h}$

Gähnen, beim: agar.$_{bg2,k,*}$ apoc.$_{a1,k}$ petr.$_{bg2,k,*}$

Gefolgt von:
– **Nasenbluten**: carb-an.$_{bro1,h,*}$

Gegenstände:
– **bewegen**; scheinen sich zu: bamb-a.$_{stb2}$ *Cocc.* gink-b.$_{sbd1}$ hydr-ac. kali-cy. mosch. sep. thuj.
 • **links** und nach unten; nach: tab.
 • **rechts**, nach: *Lac-d.* nat-s. sal-ac.
 • **Stuhl** auf dem er sitzt; der: zinc.
– **drehen**; scheinen sich im Kreis: *Agar.* agn. *Alum.* alum-p.$_{k2}$ am-c. anac. arn. bar-c. bar-m. bar-s.$_{k2}$ bell.$_{k2}$ bov. *Bry.* cadm-s.$_{br1,k}$ **Chel.** *Cic.* coca cocc. colch. con. **Cycl.** eupi.$_{kr1}$ hell. kali-c. kali-n.$_{h}$ kali-p. kali-s. kali-sil.$_{k2}$ laur. lil-t.$_{k2}$ *Lyc.* mag-c. merc. merc-i-r. morph. mosch. *Mur-ac.* **Nat-m.** nat-p. nat-s. *Nux-v.* olnd. op. ph-ac. *Psor.* rhus-t. sabad. sel. sep. sil. sol-ni. sul-ac. zinc.$_{h}$
 • **Blicken** auf fließendes Wasser; beim: ferr.
 • **Gehen**, beim: arn.$_{br1}$
 • **Zimmer** dreht sich; das ●: alum.$_{h}$ cadm-s.$_{br1}$ *Calc.*$_{k,kl2}$● calc-caust.$_{c1}$ cann-s. *Caust.*$_{k,kl2}$● cod. dub. grat. kali-bi. merc.$_{h}$ **Nux-v.**$_{k,kl2}$● *Phos.*$_{k,kl2}$● sil.$_{h}$ tab.
– **groß**, scheinen: caust.
– **laufen**; scheinen ineinander zu: iris-fl.
– **näher** zu kommen und dann zurück zu weichen; scheinen: cic.
 ☞ ❑ *Sehen - Näher zu kommen*
– **schwanken**, scheinen zu: anac. *Bell.* *Bry.* glon.

Gegenstände: ...
– **stillzustehen**; scheinen: dulc.$_{h}$
– **umgedreht**, scheinen: bufo gels.$_{hr1}$
– **vibrieren**, zu zittern; scheinen zu: *Carb-v.*
– **weit** weg zu sein; scheinen zu: anac. gels.$_{hr1}$ **Puls.**$_{k,kl2}$● stann. stram.
 ☞ ❑ *Gemüt - Entfernungen - falsche* / ❑ *G~ Größen - falsche*

Gehen:
– **amel.**: *Acon.*$_{bg2,k}$ am-c.$_{bg2,k,*}$ bry.$_{h,k,*}$ calc.$_{a1,h}$ kali-bi.$_{a1,bg2}$ lil-t. mag-c.$_{hr1,k}$ sabad.$_{bg2}$ sil.$_{bg2,k}$ spira.$_{a1}$ *Staph.*$_{bg2,k,*}$ sulph.$_{bg2,k}$ *Zinc.*$_{bg2,k,*}$
– **beim**: acon.$_{a1,k}$ agar.$_{bg2,k,*}$ agn. aloe alum.$_{bg2,k,*}$ alum-p.$_{k2}$ alum-sil.$_{k2}$ am-m. anac. ant-t.$_{bg2,k,*}$ *Apis* *Arg-n.* *Arn.*$_{bg2,k,*}$ *Ars.*$_{bg2,k}$ ars-i. asar.$_{bg2,k,*}$ aster.$_{a1,k}$ atro.$_{a1,k}$ aur-m. bamb-a.$_{stb2}$ bar-c.$_{bg2,k,*}$ bar-i.$_{k2}$ bar-m. bar-s.$_{k2}$ *Bell.*$_{bg2,k,*}$ berb.$_{a1,k}$ bism. borx. *Bry.*$_{a1,k}$ calad. *Calc.*$_{h,k,*}$ calc-ar.$_{k13,k2}$ calc-i.$_{k2}$ calc-p.$_{a1,k}$ calc-s. camph.$_{bg2,k}$ cann-i.$_{a1,k}$ cann-s.$_{bg2,k}$ carb-an.$_{bg2,k}$ *Carb-v.*$_{h,k,*}$ carbn-s. caust. cham.$_{bg2,h,*}$ *Chin.*$_{bg2,k}$ chinin-ar. *Cic.*$_{bg2,k}$ coca cocc. coff. colch. *Con.*$_{h,k,*}$ cop.$_{a1,k}$ cycl. daph. dig.$_{br1,k}$ digin.$_{a1}$ dirc.$_{a1,k}$ *Dulc.*$_{bg2,k}$ euph.$_{h,hr1,*}$ *Ferr.*$_{bg2,k,*}$ *Ferr-i.* fl-ac. *Gels.*$_{a1,k}$ graph. *Hell.*$_{a1,k}$ hura hyos.$_{a1,k}$ hyper. ign. iod. ip.$_{bg2,k,*}$ kali-ar. kali-bi.$_{a1,k}$ kali-br. kali-c.$_{h,k,*}$ kali-m.$_{k2}$ kali-n. kali-p. kali-s. kali-sil.$_{k2}$ lac-c. laur.$_{bg2,k}$ led.$_{a1,k}$ lil-t.$_{a1,k}$ lycps-v. mag-m. merc.$_{bg2,k}$ merl.$_{a1,k}$ mill. *Mur-ac.*$_{bg2,k}$ nat-ar. *Nat-c.*$_{bg2,k,*}$ **Nat-m.**$_{h,k,*}$ nat-p. *Nat-s.* *Nit-ac.*$_{bg2,k,*}$ *Nux-m.*$_{a1,k}$ **Nux-v.**$_{bg2,k,*}$ op.$_{a1,k}$ ox-ac. paeon. *Petr.*$_{bg2,k,*}$ *Ph-ac.*$_{h,k,*}$ *Phel.*$_{a1,k}$ **Phos.**$_{bg2,k,*}$ phys.$_{a1,k}$ *Phyt.* pic-ac.$_{bg2,k,*}$ *Psor.* ptel.$_{a1,k}$ **Puls.**$_{bg2,k,*}$ ran-b.$_{bg2,k,*}$ *Rhus-t.*$_{bg2,k,*}$ ruta sars.$_{bg2,k,*}$ *Sec.* sel. *Sep.*$_{h,k,*}$ *Sil.*$_{h,k,*}$ *Spig.*$_{bg2,k,*}$ stann. staph. *Stram.*$_{a1,k}$ sul-ac. sul-i.$_{k2}$ *Sulph.*$_{a1,k}$ sumb. tab.$_{a1,k}$ tarax.$_{a1,k}$ tarent.$_{a1,k}$ tell. thuj.$_{bg2,k,*}$ valer. verat.$_{a1,k,*}$ viol-t.$_{bg2,k,*}$ *Zinc.* zinc-p.$_{k2}$
– **nach**: acon. arg-met. bry. calad.$_{a1,k}$ *Calc.*$_{h,k,*}$ caust.$_{h,k,*}$ colch. laur. lyss.$_{a1,k}$ phos. rhus-t.$_{bg2,h,*}$ sep.$_{a1}$
 • **langem** Gehen, nach: merl.$_{a1,k}$ nat-m.
– **Abhangs**, nahe eines: sulph.
– **engen** Pfad; entlang einem: bar-c.
– **Essen**, nach dem: *Nux-v.*
– **Freien**, im: acon. *Agar.* *Ambr.* ang. arn. *Ars.* ars-s-f.$_{k2}$ *Aur.* aur-ar.$_{k2}$ aur-m. aur-s.$_{k2}$ bry. *Calc.* calc-act.$_{c1}$ calc-ar. *Calc-p.* calc-sil.$_{k2}$ canth. carbn-s. *Chin.* chinin-ar. clem. coff. crot-t. *Cycl.*$_{k2}$ *Dros.* euph. gels. graph. ip. kali-ar. *Kali-c.* kali-p. kali-sil.$_{k2}$ kreos. *Lach.* laur. *Led.* *Lyc.* merc. *Mur-ac.* nicc. *Nux-m.* *Nux-v.* olnd. phel. *Phos.* phys. **Puls.** rhod. rhus-t. ruta sars. senec. *Sep.* sil. spig. stann. stram. stry. **Sulph.** tab. tarax. tell. thea thuj. til.
 ☞ ❑ *Gemüt - Auszugehen* / ❑ *G~ Furcht - Haus*
 • **amel.**: *Carb-ac.* crot-h. kali-c. mag-c. mag-m. mag-p.$_{br1}$ *Nat-c.* par. *Puls.*$_{k,kl2}$● rhod. sul-ac.$_{k2}$
 • **nach**: anac.$_{h}$
 • **Anhöhe**, auf eine: **Sulph.**

– **gleiten**, schweben; mit einem Gefühl, als würde er in der Luft:
 • **Füße** den Boden nicht berühren; und mit einem Gefühl, als würden die: agar. asar. aur-m.$_{rb2}$ **Calc-ar.** *Camph. Chin.* coff. cop. hura **Lac-c.** manc.$_{rb2}$ merc-i-f.$_{rb2}$ nat-m. nux-m. nux-v.$_{rb2}$ op. phos.$_{k,rb2}$ *Rhus-t.*$_{k,kl2}$● sep. *Spig.* stram. *Thuj.* valer. xan.$_{rb2}$
– **langsamen** Gehen, aber nicht bei heftiger Anstrengung; beim: mill.
– **schnell**: *Ferr.* grat. *Puls.* sulph.
– **seitwärts**: kali-c.
– **über**:
 • **hohe** Brücke, eine: puls. staph. *Sulph.*
 • **schmale** Brücke, eine: bar-c. ferr. sulph.
– **Überqueren** eines offenen, freien Platzes; beim: *Ars.*
 ☞ ❑ *Gemüt - Furcht - offenen Plätzen*
– **Wasser**:
 • **nahe**: ang.
 • **über**, Überqueren: ang. brom. *Ferr.* lyss.$_{brol}$ *Sulph.*
 • **fließendes** Wasser, Fließgewässer: *Arg-met. Brom. Ferr. Sulph.*
 ☞ *Wassers / Überqueren - fließenden*
– **Zimmer**, in einem: iris mag-m. manc. merc. nat-c. nit-ac. paeon.

Gehirnerschütterung, durch: acon.$_{a1,k}$ *Arn.*

Gehoben wird; wenn er
 ☞ *Aufwärtsbewegung*

Geistige Anstrengung: *Agar.*$_{bg2,k,*}$ agn. am-c. anac.$_{bg2}$ arg-met. *Arg-n.*$_{bg2,k}$ arn.$_{bg2,k}$ bar-c. *Borx.* calc. calc-p.$_{k2}$ calc-sil.$_{k2}$ cham.$_{a1,k}$ cocc.$_{bg2}$ coff.$_{bg2,k}$ cupr.$_{bg2,k}$ gran.$_{a1,k}$ grat.$_{bg2,k}$ kalm. merc-i-f. **Nat-c.**$_{bg2,k,*}$ **Nat-m.**$_{bg2,k}$ nat-p.$_{a1,k}$ nux-m.$_{bg2}$ **Nux-v.**$_{hr1,k}$ *Ph-ac.*$_{bg2,k}$ phos.$_{bg2}$ pic-ac.$_{bg2,k}$ *Puls.*$_{bg2,k}$ sep.$_{bg2,k}$ sil.$_{h,k,*}$ *Staph.*
 ☞ ❑ *Gemüt - Geistige Anstrengung - agg.*
– **amel.**: phos.$_{bg2,k}$

Geräusche, durch: asar.$_{k,vh}$ nux-v.$_{brol}$ *Ther.*
 ☞ ❑ *Gemüt - Empfindlich - Geräusche*

Geruch von Blumen; durch den: *Hyos.*$_{bg2,k}$ **Nux-v.**$_{bg2,k}$ **Phos.**$_{bg2,k,*}$

Geschlossenen Augen gehen; kann nicht mit: *Alum.*$_{st}$ arg-n.$_{st}$ ars.$_{st}$ *Stram.*$_{st}$ thuj.$_{st}$

Gestoßen; wie nach vorne: calc.$_{a1,h,*}$

Getränke:
– **kalten** Getränken, nach: colch.$_{bg1,bg2}$

Gleichgewichtsstörung; Gefühl von
 ☞ *Schwindel*

Gurgeln, beim: carb-v.$_{h,k,*}$

Hämorrhoiden:
– **nach**: chin.$_{k2}$

Haus:
– **Eintreten** ins; beim
 ☞ *Eintreten*

Haus: ...
– **im**: agar. am-m. arg-met. bell. *Croc.* crot-t. *Lyc. Mag-m.* merc. mur-ac. nat-c. par. phos. *Puls.* sil. stann. staph. sul-ac.
 • **amel.**: *Agar.* caust. *Cycl.* grat. kreos. merc. sulph.

Hauswände scheinen auf sie zu stürzen: arg-n.$_{hr1,k}$ sabad.
 ☞ *Fallen - Gegenstände - Mauern*

Hautausschläge:
– **vor**: cop.$_{a1,k}$
– **unterdrückt**: bell.$_{bg2,k}$ bry.$_{bg2,k}$ calc.$_{bg2,k}$ carb-v.$_{bg2,k}$ cham.$_{bg2,k}$ hep.$_{bg2,k}$ ip.$_{bg2,k}$ lach.$_{bg2,k}$ phos.$_{bg2,k}$ rhus-t.$_{bg2,k}$ *Sulph.*$_{bg2,k,*}$

Heben des Kopfes; beim: acon. aeth. ant-t. *Arn.* bar-c. **Bry.** cact. *Calc.* carb-an. *Carb-v. Chin.* clem. coloc. croc. hell. jatr-c. laur. mag-s. merc. merc-c. *Nux-v.* op. *Phos.* pic-ac. sel. spig.$_{vh}$ stann. stram.
– **Erwachen**; beim Heben des Kopfes vom Kissen beim: spig.$_{vh}$

Heben einer Last; beim: ant-t. **Puls.**$_{k,kl2}$●

Herabsteigen; beim:
– **Treppen**, von: **Borx.**$_{k,kl2}$● carb-ac. chr-ac. *Con.*$_{k,kl2}$● ferr.$_{brol}$ gins. meph.$_{brol}$ merc. merl. phys. *Plat.* sanic.$_{brol}$ tarent.

Herumdrehen; als würde sich das Bett: cadm-s.$_{k2}$ **Con.** nux-v. plb. *Puls.* sol-ni.
– **herumwirbeln**, erneuert beim Denken daran; und: plb.

Herzklopfen, beim: plat.$_{h}$

Hinterkopf, im ●: ang.$_{bg2,k}$ bamb-a.$_{stb2}$ bell.$_{gsy1}$ bry.$_{bg1,bg2,*}$ cann-s.$_{bg2}$ carb-v.$_{h,k,*}$ chin.$_{bg2,k}$ con.$_{ptk1}$ crot-h.$_{bg2}$ crot-t.$_{bg1}$ fl-ac. **Gels.**$_{k,kl2}$●,$_{*}$ gins.$_{bg1,bg2}$ glon.$_{bg2,k}$ iber.$_{bg1,bg2,*}$ led.$_{bg1,bg2}$ med.$_{bg2,k}$ onos.$_{bg2}$ petr.$_{bg2,k,*}$ pic-ac.$_{bg1,bg2}$ ran-b.$_{bg2,k}$ senec.$_{bg2,k}$ **Sil.**$_{bg2,k,*}$ sphing.$_{a1,k,*}$ spig.$_{bg2}$ sulph.$_{bg1,bg2}$ tab.$_{bg1,bg2}$ thuj.$_{bg1,bg2}$ verat.$_{ptk1}$ *Zinc.*$_{bg2,k,*}$
– **Drehen**; beim: bamb-a.$_{stb2}$
– **Schreiben**, beim: sphing.$_{kk3}$

Hitze:
– **vor**: chin.$_{h,kl}$ sep.$_{h,kl}$
– **während**: acon. arg-met. bamb-a.$_{stb2}$ bell.$_{h,kl}$ bry. cadm-s.$_{k2}$ *Carb-an. Carb-v.* chin. *Cocc.* corn-f.$_{br1}$ croc. ign. *Kali-c.* laur. led. mag-m. merc. mosch. nux-v. phos. *Puls.* sep.$_{a1,k}$ stram. verat.
– **durch**: con. ptel.
– **Gefühl** von Hitze in Brust und am Herzen; mit: lachn.
– **Sonne**; durch Hitze der
 ☞ *Warm - Sonne*
– **Wechselfieber**, bei: corn-f.$_{br1}$
– **Zimmers**; durch die Hitze des
 ☞ *Warm - Zimmer*

Hochgehoben, wie: aloe calc.$_{h,k,*}$ cann-i. hyper.$_{hr1,k}$ mosch.$_{a1,k}$ phos.$_{h,k,*}$ rhus-t.$_{h,k,*}$ sil.$_{h,k,*}$
– **abends**: phos.$_{a1,k}$

– **Essen**, nach dem: aloe

Hochlangen mit den Händen; beim: ars.$_{bg1}$ bar-c. cupr.$_{bg1}$ lac-d. *Lach.* sep.$_{bg1}$ sil.$_{bg1}$ sulph.

Höhe:
☞ ❑ *Gemüt - Hochgelegene - agg.*

– **Decke**; in einem Zimmer mit hoher: cupr-act.$_{bro1}$

– **Orte**, hoch gelegene ●: *Arg-n.*$_{k,k1}$ aur. **Calc.** calc-p.$_{dgt}$ chinin-s.$_{dgt}$ gels. kali-c.$_{dgt}$ manc.$_{vh}$ *Nat-m.* ph-ac.$_{dgt}$ phos. puls. spig.$_{bg2,bnt}$ staph. **Sulph.** *Zinc.*
☞ ❑ *Gemüt - Hochgelegene - agg.*

Hunger, bei: dulc. *Kali-c.* sul-i.$_{ptk}$

Husten, beim: acon. ant-t.$_{bg2,k,*}$ ars.$_{bg1,bg2}$ calc.$_{bg2,k}$ *Coff.*$_{bg2,k,*}$ cupr. *Kali-bi.* led. *Mosch.*$_{bg2,k}$ naja nux-v.$_{h,k,*}$ ther.$_{c1}$ thuj.$_{bg1,bg2}$

Kaffee:

– **amel.**: cann-i.$_{a1,k}$

– **nach** ●: arg-n. *Cham.*$_{k,kl2}$● cocc.$_{bg2}$ mosch.$_{bg2,k}$ **Nat-m.**$_{k,kl2}$● *Nux-v.*$_{bg2,k}$ phos.$_{bg2,k,*}$

Kalt:

– **Anwendungen** amel.; kalte: nat-m.$_{bg2,k,*}$

– **Wasser** bei Überhitzung; durch kaltes: *Ars. Kali-c.*

– **Zimmer**, im kalten:
 • **amel.**: puls.$_{k2}$

Klammert sich an die Krankenschwester, wenn es getragen wird; das Kind: borx. *Gels.*

Kneten von Teig oder ähnlichen Bewegungen; beim: sanic.

Knien, im: mag-c.$_{bg2,k,*}$ **Sep.**$_{k,kl2}$● stram. ther.$_{k2,ptk1}$

Koitus, nach: bov.$_{a1,bg}$ ph-ac. sep.$_{a1,k}$

Kolik:

◆ **abwechselnd** mit
☞ *Abwechselnd mit - Kolik*

Kopfschmerz:

– **vor**: *Aran.*$_{hr1,st}$ *Aren.*$_{st}$ berb.$_{ptk1}$ calc.$_{ptk1}$ plat.$_{bg2,hr1,*}$ plb.$_{bg2}$ til.$_{ptk1}$
 • **morgens**: bov.$_{hr1,st}$

– **während**
☞ *Begleitet von - Kopf - Schmerz*

– **nach**: kali-bi.$_{a1}$ merc.$_{bg1,st}$ merc-sul.$_{c,c1}$ merl.$_{bg2,st}$ phos.$_{bg1,bg2,*}$
 • **morgens**: bov.$_{hr1,st}$

Kopfverletzungen, nach: arn.$_{bg1}$ cic. *Nat-s.* op.$_{ptk1}$ ruta$_{bg1}$

Körperübungen, bei: ars. berb. bism. *Cact.* chin. cycl. kali-c. nat-c. sol-ni.

– **amel.**: mill.$_{c1}$ phos.

– **Arme**, die: berb. sep.

– **Freien**, im:
 • **amel.**: coff. *Nat-c.*

Krämpfen der Muskeln; mit: cic.$_{br1}$

Kränkung; durch: calc.$_{k2}$

Krankenpflege, Nachtwachen; durch
☞ *Schlaf - Schlafmangel*

Kratzen der Haut agg.: calc.$_{bg1,bg2}$

Lähmung, vor: olnd.$_{ptk1}$

Leber; mit Erkrankung der: mur-ac.$_{k2}$

Lesen:

– **beim**: *Am-c.*$_{bg2,k}$ ang.$_{bg2,k,*}$ arg-met. arn.$_{bg2,k}$ cupr.$_{bg2,k,*}$ *Cur.* gran.$_{bg2,k,*}$ *Graph.* grat.$_{a1,k}$ ham.$_{a1,k}$ hera.$_{c1}$ kali-c.$_{bg2}$ merc-i-f.$_{bg2,k,*}$ merl. neon$_{srj5}$ par.$_{bg2,k}$ ph-ac.$_{bg2}$ phos.$_{bg2}$ phys.$_{a1,k}$ sars.$_{bg2}$ stann.
 • **Gehen** amel.: am-c.
 • **langem** Lesen; bei zu: arn.
 • **lautem** Lesen, bei: manc.$_{a1,k}$ par.$_{bg2,k,*}$ stann.$_{bg2}$

– **nach** dem: kali-c.$_{h,k,*}$ ph-ac.$_{h,k,*}$

Licht:

– **farbig**: art-v.$_{bg1,bg2,*}$

– **Gaslicht**, durch: *Caust.*

– **hellem** Licht, in: agar.$_{a1,pd}$

– **Zimmer** mit vielen Lichtern; durch Aufenthalt in einem: nux-v.

Liegen:

– **beim**: adon.$_{bro1}$ ail.$_{bg1,bg2}$ alumn. am-c. *Apis* ars.$_{bg2,k,*}$ aur. bar-c. bar-i.$_{k13,k2}$ brom. calad.$_{bg2,k}$ calc.$_{bg2,k}$ calc-sil.$_{k13,k2}$ *Carb-v.* *Caust.*$_{bg2,k,*}$ *Cham.*$_{h,k,*}$ coca **Con.**$_{h,k,*}$ *Crot-c.* cycl.$_{a1,k}$ dig. ferr.$_{bg2}$ graph.$_{bg2}$ ham.$_{bg2,k,*}$ hell.$_{bg2}$ iod.$_{bg2,k,*}$ kali-bi.$_{bg1,bg2,*}$ kali-chl.$_{bg2}$ kali-m.$_{bg1,bg2,*}$ lac-c.$_{bg1,bg2}$ lac-d. *Lach.*$_{bg2,k,*}$ lact. mag-c. merc.$_{bg2,k,*}$ merl.$_{a1,k}$ nat-c.$_{h,h2,k,*}$ nat-s. *Nit-ac.*$_{bg2,k}$ nux-v.$_{bg2,k}$ ox-ac.$_{hr1,k}$ petr.$_{bg2,k}$ ph-ac.$_{k13,k2}$ phel.$_{a1,k}$ phos.$_{bg2,k}$ pic-ac.$_{bg2,k,*}$ polyg-h.$_{bg1}$ *Puls.*$_{bg2,k,*}$ rhod.$_{bg2,k,*}$ *Rhus-t.*$_{bg2,k,*}$ sang.$_{bg2,k,*}$ sep.$_{h,k,*}$ sil.$_{bg2,k,*}$ spig. staph.$_{bg2,k}$ stry.$_{a1,k}$ sul-i.$_{k13,k2}$ sulph.$_{bg2,k}$ *Sumb.*$_{a1,k}$ *Thuj.*$_{bg2,k,*}$
 • **amel.**: acon. alum. alum-p.$_{k2}$ alum-sil.$_{k2}$ alumn. *Arn.* aur-m. *Carb-an.* *Chin.* cic. *Cina* cocc. crot-h. cupr. grat. ham. kalm. lach. marb-w.$_{es1}$ med.$_{c1,k2}$ nat-m. nit-ac. olnd. op. petr. phel. phos. psil.$_{ft1}$ puls.$_{bro1}$ rhus-t. sil. stann. sul-ac. tell. thuj.
 • **berühren**; als würde er das Bett nicht: **Lac-c.**
 • **Füße** sich nach oben bewegen würden; als ob die: *Ph-ac.* stict.
 • **Kopf**; amel. durch hochgelagerten: anth.$_{bro1}$ apis$_{bro1}$ aur.$_{bro1}$ bry.$_{bro1}$ nat-m. *Petr.*
 • **Öffnen** der Augen; beim: lac-d.$_{c1}$
 • **sinken**; als würde er durch das Bett hindurch oder mit diesem nach unten: bell. benz-ac. **Bry.** *Calc-p.* chinin-s. dulc. kali-c. *Lach. Lyc.* mosch. nat-c. rhus-t. sacch.

– **Gesicht**, auf dem: phos.
 • **amel.**: *Coca*
 • **beim**: phos.

– **Hinlegen**:
 • **während** er sich hinlegt ●: *Bell.*$_{k,kl2}$● brom. caust.$_{h}$ ferr. kalm. lac-d.$_{k2}$ nit-ac. nux-v.$_{k,kl2}$● olnd. ox-ac. rhus-t.$_{k,kl2}$● sabad. sang.
 • **muß** sich hinlegen: *Ambr.* ant-t. *Aran.* asaf. *Aur.* aur-s.$_{k2}$ caust.$_{h}$ chel. **Cocc.** crot-h. cupr. *Graph.*$_{k,k2}$ *Kali-c.* kali-p. kali-s. kali-sil.$_{k2}$ kalm. kreos. laur. merc. mosch. nat-c. nat-m. nat-s.$_{ptk1}$ *Nit-ac.* op. **Phos.** **Puls.** sabin. sec. *Sil.* spig.$_{ptk1}$

– **Hinlegen - muß** sich: ...
Sul-ac. zinc.
– **Rücken**, auf dem: *Alumn.*$_{k,k1,*}$ anan. *Merc.*$_{bg2,k}$ merc-sul.$_{a1,k}$ mur-ac. nux-v.$_{bg2,k}$ *Puls.* *Sil.* sulph.$_{bg2,k}$
• **amel.**: stram.
• **kühlen** Zimmer amel.; in einem: castn-v.
– **Seite**, auf der:
• **agg.**: stram.
• **amel.**: merc.
• **linken**; auf der:
• **agg.**: alumn. *Iod.* lac-d.$_{bg1,bg2,*}$ naja$_{oss}$ onos.$_{bg1,bg2}$ *Phos.*$_{k,kl2}$● *Sil.*$_{bg2,k,*}$ zinc.$_{bg3}$ zinc-i.$_{ptk1}$
• **rechten**; auf der:
• **agg.**: eup-per.$_{bg1,bg2}$ *Gels.*$_{bg2,kl2}$●$_{,*}$ hell.$_{bg1}$ *Mur-ac.* *Phos.*$_{vh,vh/dg}$ rhus-t.$_{bg1,kl2}$●$_{,*}$ tub.$_{xxb}$
• **amel.**: *Alumn.*$_{k,k2,*}$

Loch treten; als würde er in ein
☞ *Sinken - Auftreten*

Magen:
– **kommt** vom Magen: *Kali-c.*$_{bg2,k}$
– **Schmerz** im Magen; mit: cic.$_{br1}$
– **Schwäche** im Magen, muß sich hinlegen; mit: ambr.$_{dgt,k13}$

Ménière; Morbus: chen-a.$_{ptk2}$

Menopause:
– **während**: con.$_{vh}$ *Crot-h.*$_{vh}$ *Glon.*$_{vh}$ *Sang.*$_{vh}$ *Ust.*$_{vh}$
– **nach**: con.$_{vh}$

Menschenmenge, in einer: nux-v.

Menses:
– **vor**: acon. agn. borx. bov. bry. calc. *Calc-p.* *Caul.* chel. *Con.* *Lach.* nux-m. phos. *Puls.* *Verat.* *Zinc.* zinc-p.$_{k2}$
– **während**: *Acon.* am-c. ant-t. arg-n. borx. bov. brom. cact. *Calc.*$_{h,k,*}$ calc-p.$_{bg2,k,*}$ carb-v. carbn-s. caul. *Caust.*$_{h,k,*}$ *Con.* *Croc.* cub. *Cycl.* elaps ferr. *Ferr-p.* *Gels.* graph. *Iod.*$_{bg2,k}$ *Kali-bi.* *Lach.* lyc. mosch. nux-v. *Ph-ac.* *Phos.*$_{bg2,k,*}$ plat. **Puls.** *Sec.* sul-i.$_{k2}$ *Sulph.* thuj. tril-p. uran-met. ust.
• **amel.**: all-s.$_{hr1,k}$ *Caust.*$_{a1}$ lach.
• **Bücken**, beim: calc.$_{h,k,*}$ caust.$_{hr1,k}$
• **Aufrichten** vom Bücken; und beim: *Calc.*$_{h,k,*}$
• **Gehen**, beim: phos.$_{a1,k}$
• **reichlich**: calc.$_{ptk1}$ ust.$_{ptk1}$
– **nach**: agar.$_{hr1,k}$ ant-t. con. nat-m. puls. ust.
– **abwesenden** Menses; bei: gels.$_{c1}$
– **unterdrückt**: *Acon.* bry. calc. cimic. con. **Cycl.** gels. lach. nux-v. phos. plat. **Puls.** sabin. sep. sil. sulph. verat. zinc.

Mittagessen:
– **amel.**: *Arg-n.* dulc. sabad.
– **beim**: arn.$_{a1,k}$ calc-p.$_{a1,k}$ chel. *Hep.*$_{a1,k}$ *Mag-c.* *Mag-m.*$_{a1,k}$ mag-s. olnd.$_{a1,k}$ sil.
– **nach**: acon.$_{a1,k}$ aloe bell. bufo coloc.$_{a1,k}$ ery-a.$_{a1,k}$ ferr.$_{a1,k}$ *Hep.* mag-s.$_{a1,k}$ *Nat-s.* **Nux-v.**$_{h,k,*}$ petr.$_{a1,k}$ phos.$_{a1,k}$ *Puls.* *Rhus-t.*$_{h,kl}$ sel.$_{a1,k}$ *Sulph.* thuj.$_{a1,k}$ tub.$_{c1}$ *Zinc.*$_{a1,k}$ zinc-p.$_{k13,k2}$

Mittagessen: ...
– **Aufstehen** vom Essen; beim: phos. phys.
– **Gehen**, nach dem: *Cocc.*

Morbus Ménière
☞ *Ménière*

Nachdenken, beim: agar. arg-met.$_{h1,k,*}$ coff. gran. *Ph-ac.* *Puls.* sil.
☞ ☐ *Gemüt - Gedanken* / ☐ *G~ Meditieren* / ☐ *G~ Traum*
– **amel.**: phos.
– **Denken** an etwas anderes amel.: agar. pip-m. sep.
– **Gehen** im Freien; beim: agar. sil.

Nachtwachen
☞ *Schlaf - Schlafmangel*

Nähen, beim: graph. lac-d. lact. mag-c. phel.$_{a1,k}$ sul-ac.$_{bg2,k}$

Nasenbluten:
– **amel.**: brom.$_{bg2,bro1}$ card-m.$_{bg2}$

Nervösen Erkrankungen, bei: ambr.$_{c1}$ arg-n.$_{bro1}$ caj.$_{c1}$ cocc.$_{c1}$ gels.$_{c1}$ ign.$_{c1}$ kali-p.$_{c1}$ nux-v.$_{c1}$ phos.$_{bg1,bg2}$ rhus-t.$_{c1}$ ther.$_{c1}$ zinc-p.$_{c1}$

Niesen, durch: apis$_{bro1}$ bar-c.$_{bg2,k,*}$ benz-ac.$_{bg2,k}$ dios.$_{bg2}$ nux-v.$_{h,k,*}$ *Seneg.*$_{bg2,k,*}$

Obstipation, bei: aloe bry.$_{k13,k2,*}$ *Calc-p.* chin.$_{bg2,k,*}$ crot-h.$_{a1,k}$ nat-s. nux-v.$_{bg2}$ sulph.

Öffnen der Augen
☞ *Schließen*

Öldämpfe, durch: sabal$_{c1}$

Periodisch: agar. ang.$_{a1,k}$ *Arg-met.* *Camph.*$_{bg2,k}$ *Cocc.*$_{bg2,k}$ cycl.$_{a1,k}$ gels.$_{bg1,bg2}$ *Ign.*$_{bg2,k}$ *Kali-c.*$_{bg2,k}$ **Nat-m.**$_{a1,k}$ **Phos.** *Tab.* ust.
– **Wochen**, alle zwei: cocc.

Plötzlich: aeth.$_{a1,k}$ agar.$_{a1,k}$ apoc.$_{a1,k}$ *Arg-met.* ars.$_{bg1,bg2}$ aster. *Bov.*$_{bg2,k}$ bry.$_{a1,k}$ calc-ar. camph. carbn-s. chen-a.$_{c1}$ chinin-ar. coloc.$_{a1,k}$ iris kali-bi.$_{a1,k}$ lach.$_{bg2}$ meph.$_{a1,k}$ mosch.$_{bg2,k,*}$ sec.$_{a1,k}$ senec. sep.$_{a1,k}$ stann.$_{a1,k}$ stram. sulph. tarent.$_{a1,k}$ thuj.$_{a1,k}$ tub.$_{xxb}$ verb.$_{a1,k}$ visc.$_{bg2}$

Pubertät: stroph-h.

Puls:
– **langsam**: ther.$_{c1}$

Rasieren, nach dem: *Carb-an.*

Rauchen, durch: alum. asc-t. borx. brom. calad.$_{bnt}$ clem. con.$_{bg2,bnt}$ *Gels.* **Nat-m.** nux-v.$_{ptk1}$ op. sil. *Tab.* zinc.$_{h}$

Reiben der Augen amel.: alum.$_{bg2,k}$

Rücken herauf; kommt den ●: *Sil.*$_{h,k,*}$

Ruhe:
– **agg.**: acon. bell. *Calc.*$_{h,k,*}$ cycl.$_{bg2,k}$ *Lach.* manc. *Nat-c.*$_{hr1,k}$ puls.$_{bg2,k}$ rhus-t.$_{bg2,k}$ sil.$_{a1,k}$
– **amel.**: cann-i.$_{a1,k}$ coca *Con.* eupi.$_{a1,k}$ nat-m.$_{a1,k}$ nux-m. nux-v.$_{a1,k}$

Säfteverlust, bei: *Chin.*k,kl2● **Phos.**k,kl2●,* *Sep.*k,kl2● verat.c1
☞ *Samenabgang*

Samenabgang, nach: bov. calc. caust. nat-c. sars. sep.h,kl
☞ *Säfteverlust*

Schaukeln:
– **amel.**: sec.bg2,k
– **durch**: borx. *Coff.*
– **Gefühl** wie: bell. calad.bg2,k

Schaukeln, Schwingen; wie ein: calad. ferr. *Merc. Sulph.* thuj. zinc.
– **hin** und her: petr.h

Scheitel, vom: berb.bg1,bg2 calc.bg2,k chel.bg1,bg2 kreos.bg1,bg2 lyc.bg1,bg2 lys.bg2 med.bg1,bg2 merc-i-f.bg1,bg2 phos.bg1,bg2 scroph-n.bg1,br1 senec.bg2
– **Stehen**, im: scroph-n.br1

Schlaf:
– **amel.**: bell. ferr. grat. pall.
– **im**: aeth.a1,k cimic.bg2 crot-h.a1,k kali-n.c1 *Lyc. Sang.* **Sep.** *Sil.*h,k,* ther.bg2,k
– **nach**, agg.: ambr. ant-t. apis ars. atro. *Calc. Carb-v. Chin.* cimic. *Dulc. Graph.* hep. *Kali-c.* kali-i. **Lach.** *Lact. Med.* merc. nat-m. **Nux-v.** op. *Sep. Spong.* stann. stict. stram. stront-c. tarent. *Ther.* thuj. zinc.
– **Einschlafen**, beim: arg-n. hep.h lach.k2 nat-m. stann.bg1,bg2 tell. *Ther.*
– **Halbschlaf**; im: arg-met. *Sil.*
– **Schlafmangel**, durch: **Cocc. Nux-v.**

Schläfen, in den: coloc.bg1,bg2

Schläfrigkeit, bei: aeth. arg-met. crot-t. laur. *Nit-ac.* nux-m. puls. sarr. *Sil.*
◆ **abwechselnd** mit: *Ant-t.*

Schlechte Nachrichten:
– **durch**: calc.k2

Schließen der Augen; beim ●: *Alum.* alum-p.k2 alum-sil.k2 *Alumn.* aml-ns. *Ant-t. Apis Arg-n.* **Arn.** *Ars.* calad. cham. **Chel.** cycl. ferr. ferr-p. gels.bg1,bg2 grat. *Hep.* **Lach.**bro1,k mag-p.br1,bro1 mag-s. merc.bg1,bg2 pen. petr. *Ph-ac.* phos. *Pip-m.* rhus-t. sabad. **Sep.** *Sil. Stram.* **Ther.** *Thuj.* vib. zinc.
– **amel.** ●: aloebro1 alum. *Con.*k,kl2● dig. ferr. *Gels.*k,kl2● ger.br1 graph. lol.br1 phel. *Pip-m.* sel. sulph. tab. verat-v.
  • **Liegen**, beim: *Lac-d.*
– **Sitzen**, im: thuj.
– **Übelkeit**, mit: *Lach. Ther.*

Schmerz:
– **agg.**: cimic.bg3,ptk1
– **vor**: ran-b.bg1,bg2

Schmerzhaft: phos.a1,k tab.a1,k tarent.a1,k

Schneuzen der Nase; beim: cod.bg1,bg2,* culx.bg2,k sep.bg2,k,*

Schnupfen:
– **nach** Schnupfen amel.: aloe

Schreck, nach: *Acon.*hr1,k bamb-a.stb2 crot-h.hr1,k *Op.*bg2,k,*
☞ ❑ *Gemüt - Beschwerden durch - Schreck*

Schreiben, beim: arg-met. crot-h.bg2 form. *Graph.*bg2,k *Kali-bi.*bg2,k kali-c.bg2,k,* merc.bg2,k ph-ac.bg2,k ptel. rhod.bg2,k,* *Sep.*bg2,k sphing.a1 stram. thuj.a1,k

Schütteln des Kopfes; beim: acon.h,k,* bry.bg2 corn. genist. glon. hep.bg2,k lyc.bg2 sep.a1,k spig.bg2,k
– **schnell**: sep.a1,k
– **unwillkürlich**: lyc.h,kl

Schwangerschaft; während der: alet.bg2,ptk1 ars. bell.br1 *Gels.* **Nat-m.** nux-v.bro1 phos.

Schwanken:
– **links**, nach: anac. arg-n. *Aur.* bell. *Borx.* calc. cic. dirc. dros. *Eup-per.* eup-pur. euph. iris-foe. lach.k2 lycps-v. merl. mez. myris. nat-c. nux-m. sol-ni. spig. *Sulph. Zinc.*
  • **abends**: nux-m.
  • **Gehen** im Freien; beim: aur. borx.h nux-m. sol-ni. sulph.
  • **Liegen**, beim: merl. ox-ac.
  • **morgens**, beim Erwachen: myris.
  • **Sitzen**, im: anac. merl.
  • **Stehen**, im: merl.
– **rechts**, nach: **Acon.** ars. berb. calc. carb-an. caust. dios. euph. ferr. grat. helo.c1 helo-s.c1 kali-n. lac-d. lycps-v. lyss. mill. nat-s. rhus-t. ruta sars. sil. *Zinc.*
  • **Kreis**, im: berb. *Caust.*

Schweben; als würde er: asar. bell. bry.rb2 *Calc-ar.* calc-s.bg1 camph. cocain.rb2 cocc. *Hyper. Lac-c. Lach.* lact. *Manc. Mez.* mosch. *Nux-m. Op.* pen.rb2 phos. rhus-t.h *Sep.* stram. tell.bg1 *Valer.* xan.c1,rb2
– **Liegen**, beim: ph-ac.k2
– **Sitzen**; im: xan.c1

Schweiß: ther.k2
– **amel.**: nat-s.ptk1

Schwimmen, als würde er
☞ *Schweben*

Schwinden, Vergehen der Sinne: ant-t. *Camph. Nat-m. Nux-m.* psil.ft1 *Stram.* verat.
– **Barriere** zwischen den Sinnesorganen und den äußeren Gegenständen; als sei ein Hindernis, eine: aeth.a1,k

Sinken; als würde er: bry.bg1,bg2 dulc.a1 lach. *Lyc.* nat-m. ph-ac.
– **Auftreten**; beim: bamb-a.stb2

Sitzen; beim: aeth. aloe alum. alum-p.k2 alum-sil.k2 am-c. anac. *Apis* arg-met. ars. bell. calc. calc-sil.k2 *Camph.* carb-ac. *Carb-an. Carb-v. Carbn-s. Caust. Cham.* chin. cic. coca *Cocc.* colch. coloc. cop. crot-h. crot-t. *Cupr.* dig. eug. euon. fl-ac. *Glon.* grat. hell. ind. kali-bi. *Kali-c.* kali-s. kali-sil.k2

Sitzen; beim: ...
lach. lycps-v. mang. meph. *Merc.* merc-cy. nat-c. nat-m.h nat-p. nit-ac. par. *Petr.* ph-ac. phel. **Phos.** phyt.k2 pic-ac. *Plat.* **Puls.** ran-s. rhod. *Rhus-t.* ruta sabad. sabin. sanic. sars. *Sep. Sil. Spig. Spong.* stann. staph. stram. sul-ac. *Sulph.* tab. tell. *Thuj. Viol-o. Zinc.* zinc-p.k2

– **amel.**: *Acon.* ars.h aur. bry. *Cycl.* form. lach. psil.ft1 puls. *Sil.*

– **aufrechten** Sitzen, beim: *Cham. Hydr.*

• **hoch** sitzen würde; als ob er zu: aloe *Phos.*

– **Essen**, vor dem: kali-c.

– **Schreiben**, beim: kali-bi. merc.

– **Spaziergang**, nach einem: caust.h colch. lach.

Sommer, Schwindelanfälle im: phos. *Psor.*

Sonnenschein, im: agar.ptk bell.bg1,bg2 glon.ptk kali-p.ptk nat-c.ptk
☞ *Blicken*

– **Hitze**; und in der: acon. *Agar.* brom. *Glon.* kali-p.bg3 *Nat-c.* nux-v.

Spiegel; nach Blick in einen: kali-c.h,k,*

Sprechen: alum.ptk1 borx. cham. cocc. par. sol-ni.

– **langem** Sprechen, bei: thuj.

– **nach** lebhaftem, angeregtem Sprechen: borx. cham. lyc. nat-c. par. stront-c.c1 thuj.

Stehen, im: *Acon.* aeth. aloe am-c. apis arg-met. *Arn.* aur. aur-s.k2 bamb-a.stb2 bar-c. bar-s.k2 borx. *Bov. Bry. Calc. Cann-s. Caust.* cham. *Cocc.* coff. cop. crot-t. cycl. euph. euphr. fl-ac. gels. glon. kali-bi. kali-br. kali-c. kali-n. kali-p. kali-s. *Lach.* laur. led. lyc. mag-c. mang. marb-w.es1 *Merc.* merc-sul. merl. nux-m. *Olnd.* petr. *Ph-ac. Phos.* phyt. pic-ac.k2 plat. podo.c1 *Puls.* rheum rhus-t. *Sabin.* sars. sec. sel. sil. sol-ni. *Spig.* stram. *Sulph.* ter. valer. zinc. zinc-p.k2

– **amel.**: nux-v. ph-ac.

– **angelehnt**, an etwas: dig.

– **Freien**, im: euph. *Podo.*

– **Gehen**, nach dem: bry.h *Calc.*

– **geschlossenen** Augen, mit: arg-n.bro1 lath.br1,bro1

– **Höhe**, auf einer: *Zinc.*

– **Zimmer**, in einem: cupr. stram.

Steigen; beim: borx.k,vh1 dirc.a1,k sulph.

– **Anhöhe**; beim Hochsteigen einer: borx. **Calc.** con.gsy1 dig. phos. *Sulph.*

– **Treppensteigen**; beim: aloe ant-c. apoc. ars-h. borx. cain. **Calc.** carb-ac. coca dig.bg1,bg2,* glon. *Kali-bi.* merc. par. pic-ac. sulph.

Sterne vor den Augen; weiße: alum. ant-t.ptk1

Strecken, beim: apoc.a1,k

Stuhlgang:

– **vor**: alum.bg2,k calc-p.bg1,bg2 carb-v.bg1,bg2 caust.bg1,bg2 chel.bg1,bg2 cocc.bg1,bg2 colch.bg1,bg2 cupr.bg1,bg2 glon.bg1,bg2 lach.bg2,k,* mag-m.bg1,h,* mang.bg1,bg2 nat-c.bg1,bg2 nat-m.bg2 oena. phos.bg1,bg2 ptel.bg1,bg2 *Zinc.*bg1,bg2

Stuhlgang: ...

– **während**: *Caust.*hr1,k cham.bg2,k cob.bg2,k,* *Cocc.* colch. kali-c.bg2 ptel.a1,k stram.bg2,k tab.bg2 zinc.bg2,k,*

– **nach**: apoc.a1,k carb-an. *Caust.*hr1,k cupr. gran.bg2,k,* lach.bg2,k,* *Nat-m.* petr.a1,k phos.bg2,k,* zinc.bg2,k,*

• **amel.**: *Cupr.*bg2,k,* lach.bg2 ox-ac.bg2 phos.bg3,ptk1 zinc.bg3,ptk1

Stürzen; als würde er aus großer Höhe: *Caust. Gels.* mosch.

Stützen des Kopfes amel.: sabad.a1,k

Synkope, mit: acon.bg2 alum.bg2,k arg-n.bg2 ars. bar-c.bg2 berb. *Bry.*bg2,k canth.bg2,k *Carb-v.*bg2,k *Cham.*bg2,k chin.bg2 cocc.bg2 coff.bg2 con.bg2 croc.bg2,k glon. hep.bg2,k hipp. ign.bg2 lach.bg2,k laur.bg2 mag-c.bg2,k mez.bg2 mosch.bg2,k nat-c.bg2 nat-m.bg2 **Nux-v.**bg2,k ol-an.bg2 olnd.bg2 *Op.*bg2 paeon. phos.bg2,k phyt.bg2 plat.bg2 rhus-t.bg2 sabad.bg2,k sep.bg2 sil.bg2 sulph.bg2,k verat.bg2 zinc.bg2

Syphilis, bei: **Aur.**

Tabak agg.: con.al1 zinc.bg1,bg2

Tanzen; beim: dros.bnt

Taumeln: acon.bg2,k *Agar.*bg2,k,* *Alum.*bg2,k anac. *Ars.*bg2,k,* bamb-a.stb2 *Bell.*bg2,k bruc.j5 bry.bg2,k,* calc.h,hr1,* camph.bg2,k cann-s.j5 *Caps.*bg2,k,* *Caust.*h,k,* chel.a1 *Cic.*bg2,k,* cimic. cocc.j5 con.a1,h croc.bg2,k cupr.hr1,k dulc.a1 ferr.bg2,k *Glon.* graph.h,k1 hell.j5 hydr-ac.hr1,k hyos.h,k1 kali-i.bg2,k,* kali-n.h,k1 lach. *Lyc.*bg2,k mag-c.bg2,k mag-m.bg2,k nat-c.bg2,k nat-m.bg2,k *Nux-m.*bg2,k,* *Nux-v.*bg2,k ol-an. op.j5 paeon. ph-ac.bg2,k,* plat.j5 prun.j5 puls.bg2,k,* rhod.j5 rhus-t.j5 rutaj5 sabad.j5 sanic. *Sec.*bg2,k,* seneg.bg2,k sep.a1,h sil.a1 spong.bg2,k *Stram.*bg2,k,* sulph.bg2,k,* sumb.a1 *Tab.* tarax. ter. teucr.j5 thuj.bg2,k,* verat.bg2,k verb.j5 viol-t.bg2,k
☞ *Begleitet von - Taumeln*

– **amel.**: carb-an.ptk

– **Gehen**, beim: agar.j5 alum.j5 am-c.j5 *Ars.*hr1 bell.j5 bruc.j5 carb-an.j5 caust.j5 cocc.j5 dros.j5 mag-m.j5 nat-m.j5 petr.j5 ph-ac.a1,j5 prun.j5 rhod.j5 rhus-t.j5 rutaj5 sabad.j5 stram.j5 *Sulph.*hr1 teucr.j5 verat.j5 verb.j5

– **Stehen**, im: con.a1 plat.j5 stram.j5

Tee, nach: **Nat-m. Sep.**

– **amel.**: glon.

Trinken:

– **beim**: *Lyc.*h,k,* mang.bg2,k *Sep.*

– **Wasser** amel.: op.a1,k

Trinkern; bei
☞ *Alkoholikern*

Übelkeit, mit: **Acon.** agar. ail. *Alum.* alum-p.k2 alum-sil.k2 *Alumn. Am-c.* aml-ns. amyg. *Ant-c.* ant-t. apis arg-n. *Arn.* ars. ars-s-f.k2 bamb-a.stb2 *Bapt. Bar-c. Bell.* borx. brom. *Bry.* cain. calad. *Calc. Calc-p. Calc-s.* calc-sil.k2 *Camph. Carb-an.*

Übelkeit, mit: ...
Carb-v. *Caust.* *Cham.* *Chel.* chin. chinin-ar. **Chinin-s.** cimic. *Cinnb.* coca **Cocc.** coloc. *Con.* crot-h. crot-t. *Cycl.* eup-per.[k2] **Ferr.** *Ferr-ar.* ferr-p. fl-ac. gels. *Glon.* gran.[k1] *Graph.* gymno. *Ham.* *Hell.* *Hep.* hydrog.[srj2] hyos.[h] *Ind.* indg.[br1] kali-ar. *Kali-bi.* kali-br. kali-c. kali-p. kali-s. kali-sil.[k2] *Kalm.* *Lac-c.* *Lach.* *Lob.* *Lyc.* *Lyss.* mag-c. *Merc.* mill. *Mosch.* mur-ac. myric. *Nat-m.* *Nat-s.* nicc. *Nit-ac.* *Nux-m.* *Nux-v.* **Petr.** *Phos.* pic-ac. plat.[h] ptel.[bg1,hr1] *Puls.* *Rhus-t.* rumx. sabad. *Sang.* sanic. sars. sel. senec. *Sep.* *Sil.* *Spig.* spong. squil. *Staph.* stram. stront-c. *Sulph.* *Tab.* tarent. tell. *Ter.* *Ther.* tub.[c1] *Verat.* *Verat-v.* vip. xan.[c1] *Zinc.* zinc-p.[k2]
– **morgens**: *Calc.* nit-ac.[h] sabad. squil. stront-c.
– **abends**: zinc.[h]
– **nach**: calc.[h,k] cimic. gran. lyss. *Zinc.*
– **Aufrichten** im Bett; beim: bry. **Cocc.**[k,kl2]● *Verat-v.*
– **Bewegung**, bei: sel.
– **Blicken** auf einen Gegenstand; bei langem: sars.
☞ ❑ *Magen - Übelkeit - Blicken - bewegende*
– **Brust**; in der Mitte der: bry. phos.
– **Bücken** amel.: *Petr.*
– **Erwachen**, beim: *Spong.*
– **Heben** des Kopfes; beim: *Merc.*
– **Lesen** im Auto; beim: bamb-a.[stb2]
– **Liegen**, beim: ars. puls.[k2]
 • **Kopf**; mit tiefliegendem: *Petr.*
 • **Seite** oder auf dem Rücken; auf der rechten: *Mur-ac.*
– **periodisch**: **Nat-m.**
– **Schließen** der Augen; beim: *Lach.* *Ther.*

Überqueren, beim:
– **Brücke**, einer: arg-n.[gl1] bar-c.[gl1,k] brom. ferr.[gl1] puls.[gl1]
– **fließenden** Wassers, eines Fließgewässers: *Ang.* *Arg-met.* brom. ferr. sulph.
☞ *Gehen - Wasser - über - fließendes / Wassers*

Urinieren:
– **beim**: acon.[bg2,k]
– **Harndrang**, bei: dig.[bg2] *Hyper.*[a1,k]
– **reichliches** Urinieren amel.: gels.

Verdunkelung des Gesichtsfeldes; mit
☞ *Begleitet von - Sehen - Trübsichtigkeit*

Vergehen der Sinne; mit
☞ *Schwinden*

Vorderkopf; im: merl.[a1]

Völlegefühl und Drücken im Scheitel; mit: **Cimic.**

Wände scheinen auf sie zu stürzen
☞ *Hauswände*

Wanken; mit
☞ *Begleitet von - Taumeln*

Warm:
– **Bett** amel.; im warmen: cocc.

Warm: ...
– **Sonne**; Wärme der: *Agar.* castn-v. gels. glon. nat-c.
– **Suppe** amel.; warme: kali-bi.[a1,k]
– **Zimmer**, im warmen: acon.[a1,k] agar.[bg2] bell.[bg2] brom. bry.[k13,k2] *Croc.*[bg2,k] *Grat.*[a1,k] kali-s. lact. lil-t. *Lyc.*[h,k,*] *Merc.*[bg2,k] mur-ac.[bg2] **Nat-c.**[bg2,k] nux-v.[bg2] paeon. ph-ac. phos.[bg2,k] *Ptel.* *Puls.*[bg2,k] rhod.[bg2] *Sanic.* sars.[hr1,k] sil.[bg2] staph.[bg2] stram.[bg2] sul-ac.[bg2] tab.[bg2,k]
 • **Eintreten** in ein warmes Zimmer; beim: arg-met. ars.[bro1] iod.[bro1] *Phos.*[bg2,k,*] plat.[a1,k] sep.[a1] tab.[bg2,k,*]

Wärme von der Brust zum Hals aufsteigen; Gefühl, als würde: merc.

Waschen, beim:
– **Füße**, der: merc.[bg2,k,*]
– **warmem** Wasser, in: sumb.

Wassers; beim Überqueren fließenden: ang. *Arg-met.* *Bell.* brom. *Ferr.* *Hyos.* lyss.[ptk1] stram. *Sulph.* verat.[bro1]
☞ *Gehen - Wasser - über - fließendes / Überqueren - fließenden*

Wein:
– **amel.**: arg-n. coca gels. phos.
– **nach**: *Alum.* bell. bov.[bg2,k] cocc. *Con.*[h,k,*] *Nat-c.*[bg2,k,*] nat-m. *Nux-v.* ox-ac.[bg2] petr.[bg2,k] sumb.[a1,k] *Zinc.*[bg2,k]

Wellen; in: bamb-a.[stb2]
– **links** nach rechts; von: bamb-a.[stb2]
– **Fersen**:
▽ **erstreckt** sich von den Fersen zum Hinterkopf: bamb-a.[stb2]

Wetter:
– **kaltem** Wetter, bei: ran-b.[k2] *Sang.*
– **nassem** Wetter, bei: brom. sars.
– **windigem** Wetter, bei: *Calc-p.*

Willensanstrengung amel.: pip-m.

Wischen der Augen amel.: *Alum.*[bg2,k,*]

Zervikal: bamb-a.[stb2]

Zimmer:
– **dreht** sich im Kreis
☞ *Gegenstände - drehen - Zimmer*

Zittern: am-c. arg-n.[bg2] ars. bell. *Camph.*[hr1,k] carb-ac.[hr1] carb-v.[bg2,k] chin.[bg2] crot-h.[hr1,k] *Dig.*[bg2,k,*] *Dulc.*[bg2,k] gels.[bg2] *Glon.*[hr1,k] gran.[bg2] nat-m. op.[bg2] puls. stann.[bg2] zinc.[bg2]

Zorn, nach: acon. calc.[bg2,k] ol-an.[bg2]

Abgeflacht, Gefühl wie:
– **flachgedrückt**, wie: verat.
○ **Hinterkopf**: mag-c.$_{k2}$
– **Stirn**: cor-r.

Abheben; Gefühl von:
○ **Knochen**; der: bell.$_{rb2}$
– **Schädels**; des: cann-i. cimic.$_{c1}$ glon.$_{k2}$ *Lac-d.* puls.$_{rb2}$
– **Scheitel**: dios.$_{c1,hr1,*}$ eup-pur.$_{a1,rb2}$ lac-ac.$_{a1,rb2}$ lac-d.$_{hr1,k2,*}$ passi.$_{c1,rb2}$

Abszeß: *Calc.*$_{hr1,k}$ *Hep.* lyc. *Merc.*$_{hr1,k}$ *Sil.*

Alopecia areata
☞ *Haar - Haarausfall - Stellen*

Alopezie
☞ *Haar - Haarausfall / Haar - Kahlköpfigkeit*

Ameisenlaufen: *Acon.*$_{bg2,k,*}$ aesc.$_{hr1,k,*}$ *Agar.*$_{bg2,k}$ alum.$_{h,k,*}$ alum-sil.$_{k2}$ am-c.$_{bg2,k}$ am-m.$_{a1,k}$ *Ant-c.*$_{hr1,k}$ *Arg-met.*$_{bg3}$ **Arg-n.**$_{bg2,k,*}$ *Arn.*$_{bg2}$ ars.$_{bg2,k,*}$ arund. atis.$_{bnj1}$ bar-c.$_{bg2,k,*}$ bar-s.$_{k2}$ brom.$_{a1,bg2}$ *Calc.*$_{bg2,k,*}$ *Calc-p.*$_{bg2,k,*}$ calc-s. camph.$_{bg2}$ cann-s.$_{a1,bg2}$ carb-v.$_{bg2,k}$ castor-eq. caust.$_{bg2,h,*}$ chel.$_{bg2,k,*}$ chin.$_{bg2}$ choc.$_{srj3}$ coc-c.$_{a1,k}$ colch.$_{bg2,k}$ cupr. *Cycl.* dulc. fago.$_{a1,k}$ *Ferr.*$_{bg2,k,*}$ hipp.$_{a1}$ hydrog.$_{srj2}$ hyos.$_{a1,k}$ kali-bi.$_{bg2,k,*}$ kali-c.$_{bg2}$ lach.$_{bg2,k,*}$ laur.$_{bg2,k,*}$ led.$_{bg2}$ mez.$_{bg2,k,*}$ nat-c. nat-s. nit-ac.$_{bg2,k,*}$ nux-v.$_{bg2,k,*}$ phos.$_{bg3}$ *Pic-ac.*$_{hr1,k}$ *Plat.*$_{bg3,k2}$ psor. puls.$_{a1,k}$ ran-b.$_{bg2,k,*}$ rhod.$_{bg2,k}$ *Rhus-t.*$_{bg2,k,*}$ sabad.$_{bg2}$ *Sel.*$_{bg2}$ sep. sil.$_{bg2,k}$ spig.$_{bg2}$ staph.$_{bg2}$ *Sulph.*$_{bg2,k,*}$ thuj.$_{bg2,k,*}$ verat.$_{bg2}$ zinc.$_{bg2}$
– **morgens**: arg-n.$_{a1,k}$ thuj.$_{a1,k}$
– **abends**: bar-c.$_{a1,k}$ calc.$_{a1,k}$
  • **Bett**, im: ran-b.
– **Gehen**, beim: *Coc-c.*
  • **Freien**, im: lyc. rhus-t.
– **Hitze** amel.: *Acon.*$_{hr1,k,*}$
– **kratzt**, bis die Stelle blutet: alum.$_{h,k,*}$
○ **Gehirn**: puls.$_{h,kl}$
– **Hinterkopf**: ars. bamb-a.$_{stb2}$ brom. carb-v.$_{h,kl}$ *Sep.* thuj.
– **Scheitel**: agar.$_{bg2}$ arn.$_{bg2,h,*}$ calc.$_{bg2}$ calc-p. cann-i.$_{bg2,k}$ caust.$_{bg2,h,*}$ *Cupr.*$_{bg2,k}$ hyos.$_{bg2}$ hyper.$_{bg2}$ lac-f.$_{c1}$ lil-t. *Nat-s.* nux-v.$_{bg2}$
– **Schläfen**: aesc.$_{bg1,bg2,*}$ alum.$_{bg1,bg2}$ arund.$_{bg1,bg2}$ guare.$_{bg1,bg2}$ plat.$_{bg1,h,*}$ sulph.$_{bg1,h,*}$
– **Seite**:
  • **links**: spig.$_{h,kl}$
  • **rechts**: nit-ac.$_{h,kl}$
– **Stirn**: apis arn. arund. benz-ac.$_{hr1,k,*}$ chel. chin.$_{h,kl}$ cic. *Colch.* glon. kali-c. laur. manc. nux-v. ph-ac. phos.$_{bg1,h,*}$ rhus-t. rhus-v. tarax. *Zinc.*
  • **über** der: kali-c.

Anämie des Gehirns: *Alum.* ambr. *Calc.* *Calc-p.* *Calc-s.* *Chin.* chinin-s. con. *Dulc.* **Ferr.** fl-ac. *Hell.* *Kali-c.* kali-sil.$_{k2}$ *Lyc.* *Mag-c.* mosch. mur-ac. nat-c. *Nat-m.* *Nit-ac.* *Nux-v.* petr. **Ph-ac.** **Phos.** sang. *Sel.* *Sep.* *Sil.* *Stry.* sulph. tab.$_{c2}$ *Zinc.*

Angst im Kopf: nat-c.$_{h}$ nat-m.$_{h}$ sars.$_{h}$

Anstoßen:
– **Gegenstände** an; stößt mit dem Kopf an: apis ars. **Bell.**$_{k,vh,*}$ con. hyos. mag-c. **Mill.**$_{k,vh,*}$ rhus-t. **Tub.**$_{vh,vh/dg,*}$
– **Schmerz**, als würde im Kopf geklopft, geschlagen
☞ *Schmerz - geklopft*

Anzulehnen; Verlangen, den Kopf: *Bell.*$_{a1,k}$ carb-v.$_{h,kl}$ gymno.

Apoplexie: **Bar-c.**$_{vh}$ **Crot-h.**$_{vh}$ *Ip.*$_{vh}$ **Nux-v.**$_{vh}$

Atherom ●: agar. anan.$_{hr1}$ *Bar-c.*$_{hr1,k}$ *Calc.*$_{hr1,k}$ **Graph.** *Hep.*$_{hr1,k}$ *Kali-c.*$_{hr1,k}$ *Lob.* lyc. nat-c. nit-ac.$_{h}$ sil.$_{hr1,k}$ sulph.$_{j5}$

Auf- und Abbewegung; Gefühl von: zinc.$_{h}$
– **Kopfes**, des: sep.$_{h}$

Aufsteigen würde; Gefühl als ob etwas im Kopf: glon. lac-d. nat-c. nux-v. rhus-t. thuj.
– **Bier**; beim Trinken von: rhus-t.
– **Gehen**, bei schnellem: nux-v.
– **sinken** würde, und: **Bell.** cob.
  • **Körper** sinkt; während der übrige: neon$_{srj5}$
○ **Gehirn** mehrmals hintereinander aufsteigen würde; als ob das: thuj.
– **Scheitel** zur Stirn aufsteigen würde; als ob etwas vom: glon.

Auftreibung:
○ **Blutgefäße**: acet-ac. aml-ns.$_{bg2}$ *Ars.*$_{bg2,k}$ *Aur.*$_{bg2}$ **Bell.**$_{bg2}$ cact.$_{br1,c1}$ cedr.$_{bg2}$ **Chin.**$_{bg2,k}$ *Chinin-s.* cub.$_{bg2}$ cupr.$_{bg2}$ *Ferr.* *Glon.*$_{bg2,k}$ guaj.$_{k2}$ jab.$_{bg2}$ ph-ac.$_{bg2,h}$ *Sang.*$_{bg2,k}$ stry. sulph.$_{bg2}$ tab.$_{bg2}$ thuj.$_{bg2,k}$ xan.
  • **Menses**, während: *Croc.*
– **Venen**: am-m.$_{gsy1}$ bell.$_{h}$

Ausgedehnt, Gefühl wie: *Arg-n.* bell. berb.$_{k2}$ cann-i. carb-ac. dulc. euph. lac-d.$_{k2}$ nux-m.$_{bro1}$ sol-ni. stront-c.
☞ *Großer / Schwellung; Gefühl / Schwellung; Gefühl - Schläfen - über / Vergrößert*
– **aufgeblasen**, wie: kali-i.
– **Ring**, wie ein: merc.
– **Schläfrigkeit**; mit: *Nux-m.*$_{br1,bro1}$
– **Schütteln** des Kopfes agg.: carb-ac.
– **Schwangerschaft**; während der: **Arg-n.**$_{hr1}$
– **Stuhlgang**, beim: cob.
○ **Gehirn**, beim Bücken: spig.$_{h}$
– **Stirn**: *Nux-m.*
◈ **abwechselnd** entspannt und ausgedehnt: glon.$_{k2}$ *Lac-c.*

Balancieren:
– **Aufrechthalten** des Kopfes fällt schwer: glon.
– **Bewegung**, bei: crot-h. fl-ac. lyc. rhus-t.
– **Gefühl** wie: aesc. bell. *Glon.* lyc.
– **Pendel**, wie ein: cann-i.
○ **Gehirn** hin und her balancieren; als würde das: aphis$_{rb2}$ chin.$_{c1,rb2}$ sul-ac.$_{c1}$ sulph.$_{c1}$

Band
☞ *Zusammenschnürung*

Beben, Wackeln; Gefühl von: bov. cann-s. lact.
– **Laufen** und Gehen; beim: nux-v.$_{hr1,k,*}$
– **Schütteln** des Kopfes; beim: xan.$_{a1,k}$
○ **Gehirn** wackeln würde; als ob das: rhod.$_{a1,k}$

Bedeckt den Kopf
☞ *Kälte - Bedecken - selbst*

Benebelt
☞ *Verwirrung*

Benommenheit
☞ ❑ *Gemüt - Stumpfheit*

Beschwerden des Kopfes:
◆ **begleitet** von:
• **Zunge**:
• **weiße** Farbe der Zunge:
• **dicker** Belag: *Glon.*$_{kr1,vk1}$
• **Zungenwurzel**: *Glon.*$_{kr1,vk1}$

Betäubung
☞ ❑ *Gemüt - Betäubung*

Beugen des Kopfes:
– **hinten** beugen; muß den Kopf nach: arn. *Cham.* kali-n.
☞ *Gezogen - hinten*
• **Gehen**; beim: *Arn.*
☞ *Bewegungen des - Werfen - hinten / Fallen - hinten - Gehen*
– **vorne** beugen; muß den Kopf nach: tarent.$_{k2}$
• **Gehen**; beim: sulph.$_{c1,k}$
• **Starren**, Stieren auf einen Gegenstand; beim: cic.$_{bg2,c1}$

Bewegungen des Kopfes: aloe ars. aur. aur-m. bell. benz-ac. bry. bufo *Calc-p.* cann-i. caust. *Cic.* crot-h. mez. nux-m. sec. sep. stram. tarent.
☞ ❑ *Gemüt - Gesten*
– **Drehen** des Kopfes:
☞ *Rollen*
• **hinten**, nach: laur.
• **Seite**, zur: op.
• **links**, nach: lyc. tarent.
• **rechts**, nach: plb.
• **falsche** Seite wenn angesprochen; auf die: *Atro.*
– **Heben** vom Kissen; krampfartiges: bell. stram.
– **Herumwerfen** des Kopfes: *Acon.* apoc.$_{k2}$ *Cocc.* *Cupr.* ign. ph-ac. *Tarent.*
– **hin** und her: ars. nit-ac.$_{h}$ op. *Stram.*
– **konvulsivisch**: **Agar.** *Calc.* *Camph.* *Caust.* *Cocc.* *Cupr.* lyc.$_{c2}$ *Nux-m.*$_{c2,k}$ stram. tarent.
• **Schluckauf**, nach: bell.$_{h}$
• **Sprechen** und Schlucken unmöglich sind; so daß: nux-m.
– **Nicken** mit dem Kopf: aur-m. aur-s.$_{c2,k}$ calc. caust. cham. ign.$_{bg1,bg2}$ kali-bi. lyc. *Mosch.* *Nat-m.* ph-ac. *Sep.*$_{bg1,bg2}$ stram.$_{bg1,bg2}$ *Verat-v.*
• **Kindern**; bei: *Sep.*$_{bg2}$
• **Schreiben**, beim: *Caust.* ph-ac.
– **Pendel**, wie ein: cann-i. sec.
– **reibt** den Kopf an etwas: tarent.

Bewegungen des Kopfes: ...
– **Rollen** des Kopfes ●: *Agar.* *Apis* apoc.$_{k2}$ *Arn.* ars. **Bell.**$_{k,kl2}$● *Bry.* caust. *Cic.* *Cina*$_{k,k2}$ clem. colch. cor-r. *Crot-t.* *Cupr.* dig. gal-ac.$_{zr}$ gels.$_{k2}$ *Hell.* *Hyos.* kali-br. kali-i. *Lyc.* *Med.* *Merc.* naja *Nux-m.* oena. *Op.* ph-ac. phos. *Podo.* pyrog. sec. *Sil.* spong. *Stram.*$_{k,kl2}$● sulph.$_{k,kl2}$● *Tarent.*$_{k,kl2}$● **Tub.**$_{k,kl2}$● verat. verat-v. zinc.
☞ *Drehen / Drehen*
• **Tag** und Nacht, mit Stöhnen ●: *Hell.* *Lyc.*
• **anfallsweise**: merc.
• **Kopfschmerz**:
• **während**: gels.$_{k2}$
• **Schlaf**:
• **im**: tub.$_{ih}$
• **schwach** ist, den Körper zu bewegen; wenn er zu ●: *Ars.*
• **Sitzen**, beim: *Nux-m.*
– **ruckend**
☞ *Rucken / Schläge*
– **Schmerzen** zu lindern; bewegt den Kopf, um: chin. *Kali-i.* sec.
– **Schütteln** des Kopfes; unwillkürliches:
• **schwindelig** wird; wodurch ihm: **Lyc.**
• **Übelkeit** und Schließen der Augen; mit: bry.$_{bg1}$
– **schwankend**: kali-c.$_{h}$
– **schwierig**: colch. hipp. kali-i. stann.
– **Seite** zur anderen; wirft den Kopf von einer
– seitwärts):
– **seitwärts**: aur. bell. caust. clem. hell. lyc. *Med.* naja$_{gm1}$ nat-s. nux-m. tarent.
• **wiegt** den Kopf von einer Seite auf die andere, um die Schmerzen zu lindern: kali-i. *Med.* tarent.
– **ständig**: ars. cocc. op.
• **links**, nach: cocc.$_{kl}$
– **unmöglich**: sphing.$_{k,kk3}$ tarent. zinc.
– **unwillkürlich**: agar. alum. cann-i.$_{br1,c1}$ caust. hell. lyc. merc. nat-m. zinc.
☞ ❑ *Gemüt - Gesten*
– **vorne**, nach: cic.$_{bg1,bg2}$ merc. nat-m. nux-m.$_{bg1,bg2}$ sep. stry.
– **vor** und zurück: agar. aur. *Cham.* *Cina* lam. lyc. *Nux-m.* *Ph-ac.* sep. *Verat-v.*
• **Kopfschmerzen**, mit: lam.$_{br1}$
– **Wackeln** mit dem Kopf: bell. cham.
– **wankend**: acon.$_{bg1,bg2}$
– **Werfen** des Kopfes:
• **Epilepsie**, bei: lach.$_{gt1}$
• **Herumwerfen**: *Bell.* caust. merc. phos. *Tarent.*
• **hinten**, nach: acet-ac. camph. cina *Glon.* hell. kali-n. lob. med.$_{bg1,bg2}$ merc. mygal. phyt. *Stram.* tab. tanac.
☞ *Beugen - hinten - Gehen / Fallen - hinten - Gehen*
◆ **begleitet** von:
• **Husten**: samb.
• **vorne**; nach: aethyl-n.$_{a1}$
○ **Kopfhaut**: caust.$_{h}$ nat-c.$_{h}$ nat-m.$_{h}$ sep.$_{h}$ sulph.$_{h}$

Bewegungen im Kopf: *Acon.* agar.k2 aloe alum. am-c. anan. ang. ant-t. arg-n.a1 *Ars.* bamb-a.stb2 *Bar-c.* bar-m. bar-s.k2 **Bell.** *Bry.* calc. camph.bg3 carb-an. carbn-s. caust. **Chin.** chinin-ar. cic. cinabg3 cob. cocc. con. croc. *Crot-c.* crot-h. *Cupr.*bg3 cycl. dig. elaps eug. **Glon.** graph. guaj. *Hep. Hyos.* ign.bg3 indg. *Kali-c.* kali-m.k2 kali-n. kali-p. kali-s. kali-sil.k2 kalm. lach. lact. *Laur. Lyc.* mag-s. mez. mosch. mur-ac. nat-m. nat-s. nicc. *Nux-m. Nux-v.* phel. phos. plat. rheum *Rhus-t.* **Sep.** *Sil.* sol-ni. spig. spong.bg3 stann. staph. stram.bg3 stront-c. sul-ac. *Sulph.* tab. tell. verat. xan.
☞ *Gluckern / Gurgeln / Lose / Schwappen / Schütteln / Wallen, Brodeln / Wallen, Wogen / Wogendes*
– **morgens**: cic. grat. guaj. hyos. indg. lact. nat-s. spig. tab.
• **Aufstehen**, beim: bamb-a.stb2 bar-c.
• **Erwachen**, beim: cic.
– **nachmittags**: graph. mag-m. mez. nat-m. sulph.
• **amel.**: bar-c.
– **abends**: eug. mag-m. nat-m. plat. stront-c. sulph.
– **nachts**: anan. hyper. puls.
• **Erwachen**, beim: par.
– **anhaltend**: tarent.k2
– **Anlehnen**, beim: cycl.
– **Aufstehen**, beim: cham. indg. lyc. phos.
• **amel.**: alum. laur. mill.
– **Auftreten**, beim: bar-c. guaj. led. lyc. **Rhus-t.** sep. *Sil. Spig.* thuj.
– **Beugen** des Kopfes; durch: asar. dig.
• **amel.**: spig.
– **bewegen** würde; als ob sich etwas vom Nacken hoch zum Kopf: glon.
– **Bewegung**:
• **amel.**: lach. petr. staph.
• **durch**: acon. *Ars.* bry. calc. carb-an. *Caust.* cic. cob. croc. led. lyc. mag-c. mag-s. mang. nat-m. nux-m. nux-v. spig. staph. *Sulph.* tab. tell.
– **Bewegung** des Kopfes; durch: am-c. *Ars.* bar-c. calc. chinin-ar.k,k2 cocc. con. croc. glon. kali-c. kali-s. lach. lact. mang. mez. nat-m. *Nux-m. Rhus-t.* sep. sol-ni. spig. squil. stann. sul-ac. *Sulph.* thuj. xan.
– **Bücken**, beim: alum. am-c. ant-t. berb. bry. carb-an. coff. dig. hydr-ac. kali-c. laur. mag-s. mill. nat-s. nux-v. rheum rhus-t.
– **Denken** daran amel.: cic.
– **Drehen** des Kopfes:
• **beim**: cham. *Glon.* kali-c. kalm. spig.
• **schnellem** Drehen, bei: nat-ar.
– **Druck** amel.: bell.
– **Erwachen**, beim: cic. par. phos.
– **Essen**:
• **amel.** nach: aloe
• **nach**: alum. mag-s.
– **Freien**, im: laur.
• **amel.**: indg. mag-m.
– **Gehen**:
• **beim**: acon. bar-c. bell. carb-an. cic. cob. cocc. crot-h. guaj. hyos. indg. led. lyc. mag-c. mag-s. nuph. nux-m. nux-v. rhod. *Rhus-t.* sep. *Sil. Spig.* staph. *Sulph.* verat. verb. viol-t.

Bewegungen im Kopf - **Gehen**: ...
• **Freien**, im: aloe caust. plat. *Rhus-t.* sul-ac.
– **Husten**, beim: acon. *Bry.* carb-an. lact. mag-s. sep. sul-ac.
– **Liegen** auf der rechten Seite; beim: anan.
– **Menses**, während: mag-m.
– **Nicken** mit dem Kopf; beim: aur-s.k2 *Sulph.*
– **Schütteln** des Kopfes; beim: sep.h
– **Sitzen**:
• **amel.**: spig.
• **beim**: grat. sil.
– **Sprechen**, beim: acon. cocc. zinc.
– **Stehen**, im: cycl.h mang.
– **Stolpern**, durch: bar-c. led. sep. sil. thuj.
– **Stuhlgang**, beim: spig.
– **Tragen** einer Last; beim: lyc.
– **Treppensteigen**, beim: bell. crot-h. lyc. nat-m. par.
– **Trinken**, beim: acon. bry.
– **warm**:
• **Zimmer**, im warmen: lact.
– **Wurm**, wie ein
☞ *Ameisenlaufen*
– **Ziehen** einer Last; beim: mur-ac.
– **Zimmer**, im: indg. mag-m.
▽ **erstreckt** sich zu:
• **Auge**: bamb-a.stb2
○ **Stirn**:
• **morgens**: bamb-a.stb2

Blutandrang: acet-ac. *Acon.* aesc. aeth. agar. all-c.k2 aloe alum. alum-sil.k2 alumn. am-c. am-m. *Ambr.* aml-ns.bg3,k *Anac. Ant-c.* **Apis** arg-met. *Arg-n.* **Arn.** ars.k2 ars-h. ars-i. ars-s-f.k2 asaf. aster. *Aur.* aur-ar.k2 aur-m.k2 aur-s. bapt.k2 bar-c. bar-i.k2 **Bell.** *Borx.* bov. brom. **Bry.** *Bufo* **Cact.** calad.k2 **Calc.** calc-i.k2 *Calc-p. Calc-s. Camph.* cann-i. *Cann-s. Canth.* carb-ac. *Carb-an.* **Carb-v. Carbn-s.** card-m.k2 caust. *Cedr.* cench.k2 *Cham.* chel. *Chin.* chinin-ar. chlor. choc.srj3 cic. *Cimic. Cinnb.* clem. coc-c. *Cocc. Coff.* colch. coloc. *Con.* cop. cor-r. corn. *Croc.* crot-h. crot-t. **Cupr.** cur. *Cycl.* dig. *Dulc.* elaps eug. eup-per. **Ferr.** ferr-ar. ferr-i. *Ferr-p. Fl-ac.* form. gamb. **Gels. Glon.** gran. *Graph. Grat.* **Hell.** hura hydr. hydr-ac. hydrog.srj2 *Hyos.* ign. indg. *Iod.* ip.k2 jatr-c. kali-ar. *Kali-bi. Kali-br. Kali-c.* kali-chl. *Kali-i.* kali-n. kali-p. kali-s. kalm. kreos. lac-ac. *Lac-d.*k2,vh **Lach.** lact. *Laur.* lil-t. limest-b.es1 **Lyc.** lyss. *Mag-c.* mag-m. mag-p.k2 *Mag-s. Mang.* mang-act.brl **Meli.** *Merc.* merc-c. merc-i-f. *Mill.* mosch. naja nat-ar. *Nat-c. Nat-m.* nat-p. *Nat-s. Nit-ac.* nux-m. *Nux-v.* ol-an. *Op.* ox-ac.k2 paeon. *Par.* petr. *Ph-ac.* phel. **Phos.** *Pic-ac.* plat. *Plb.* podo.k2 psil.ft1 *Psor.*c2,k *Puls.* pyrog.k2 *Ran-b. Rhus-t.* sabin. sal-ac. **Sang.** sec. seneg. *Sep. Sil. Spong.* staph. *Stram. Stry. Sul-ac.* **Sulph.** *Tab.* tarax. tarent. tell. thea thuj. urt-u. valer. *Verat. Verat-v.*k,vh/dg,* viol-o. *Zinc.* zinc-p.k2 zing. ziz.
☞ *Völlegefühl*
– **morgens**: calc. cham.a1,k chinin-s. glon.a1,k lac-ac. lach. *Lyc.* mag-c. mag-s. naja raph. tell.a1,k

– **morgens**: ...
- **Aufstehen**, beim: eug. lyc.
- **Erwachen**, beim: bry.k2 *Calc. Lyc. Ph-ac.*

– **vormittags**: mag-c. mag-s.
- **11** h: cact.k2

– **mittags**: cham. naja
- **Abend** hin allmählich abnehmend; zum:
  - **Schmerzen**, preßt den Kopf gegen die Wand, hat Angst, verrückt zu werden; mit schrecklichen: stram.

– **nachmittags**: am-c.a1,k cham. chinin-s. digin.a1 fago.a1 graph.a1,k lach.a1,k mang.a1 nat-m. paeon. pimp.a1 ran-b. sil.
- **17** h, bis Mitternacht: glon.

– **abends**: bar-i.k2 calc. calc-s.k2 caust. chinin-s. croc. fl-ac. graph.k2 hyos. indg. mag-m. mill. nat-c. nat-p. nux-v. phos. puls. rhus-t. sulph.h,kl trom.hr1,k,*

– **nachts**: am-c.hr1,k anac. *Aster.* bar-i.k2 berb. *Calc.*hr1,k *Calc-s.* calc-sil.k2 carb-v. cycl. kali-c.h,k,* kali-sil.k2 mill. **Psor.** puls. sil. *Sulph.*hr1,k
- **Mitternacht**:
  - **vor**:
    - **23** h: cact.k2
- **Strom** von der Brust zum Kopf, wie eine Windböe, mit Nasenbluten; ein: *Mill.*

◇ **abwechselnd** mit:
- **eisiger** Kälte; Gefühl von: *Calc.*
- **Herzen**; Blutandrang zum: *Glon.*

– **Absonderungen**; durch unterdrückte: cimic. **Verat-v.**vh

– **Alkohol** agg.: *Calc.*hr1,k calc-s. *Glon.*hr1,k *Lach.*hr1,k *Zinc.*

– **angesprochen** wird; wenn er barsch, schroff: ign.

– **Angst**, mit: *Acon.*hr1,k *Aur.*hr1,k carb-v.j5 *Cupr.*hr1 cycl.hr1,k *Ign.*hr1 puls.hr1

– **Aufsetzen**:
- **muß** sich aufsetzen: aloe

– **Aufstehen**, beim: eug. lyc. lyss.c1 mag-s. nat-c. sil. sulph.
- **amel.**: aur. mill.

– **Auftreten**, durch kräftiges: bar-c.

– **beginnt** im:
- **Abdomen**: crot-t.
- **Brust**: *Glon.* lyss. mill. sulph.
- **Rücken**: *Phos.*

– **Bett**, im: anac. kali-c. kali-s.k2 lyc. mill. *Sulph.*
- **amel.**: nat-c.h,kl

– **Beugen** des Kopfes:
- **hinten**, nach: bell.
- **vorne**, nach: lac-c.

– **Bewegung**:
- **durch**: glon. grat. kali-chl. mang. nux-v. petr. sulph.
- **schnelle** Bewegung, durch: *Petr.*

– **blassem** Gesicht, mit: *Ferr.*hr1,k *Glon.*hr1,k

– **Brust**; bei Schlägen in der: tab.a1,k

– **Bücken**, beim: acon. am-c. aur. *Bell. Calc-p.* canth. *Cor-r.* elaps lach. lyc. mill. myric. nat-c. nit-ac. *Puls.* rhus-t. seneg. sep. *Sulph.* tell. *Verat.*

– **Darmbeschwerden**, mit: aloek2

– **Eintreten** in ein Zimmer; beim: ol-an.

– **epileptischem** Anfall, vor: calc-ar.hr1,k

– **Erbrechen**

☞ ❑ *Magen - Erbrechen - Kopf; mit*

– **Erregung**, bei: asaf. ferr.k2 *Phos.*
- **Überraschung**; nach einer angenehmen: **Coff.**

  ☞ ❑ *Gemüt - Beschwerden durch - Überraschungen - angenehme*

– **Erwachen**, beim: am-c. bell. *Calc.*hr1,k carb-v. sil.h,kl

– **Essen**:
- **vor**: uran-met.
- **nach**: borx.h calc.hr1,k cinnb.hr1,k cop. cycl. glon. nux-m. petr. sulph.
- **schwelgerische** Lebensweise, durch: verat-v.hr1,k

– **Fahren** oder Reiten, durch: grat.a1,k sulph.h,k,*

– **Freien**, im: lil-t. nat-c. ran-b. *Sulph.*
- **amel.**: **Apis** *Ars.* bry.k2 calc-s.k2 camph. caust. *Coc-c.* ferr-i.k2 grat. hell. mag-m. mosch. nat-c.h,kl

– **Frost**; während: ars.k2

– **Gehen**, beim: caust. lach. mang. ran-b.
- **Freien**, im: caust. ran-b.
  - **amel.**: cham.
  - **schnellen** Gehen, beim: *Phos.*

– **geistige** Anstrengung, durch: agar. *Aur.* aur-ar.k2 **Cact.** *Calc.*hr1,k cham. nux-v. *Phos.*hr1,k psor.

– **Heben** des Kopfes; beim: lyc.

– **Heben** einer Last; nach: nat-c.

– **Herz**:
- **Blut** vom Herzen zum Kopf strömen würde; als ob: nux-m.
- **Herzschlag**, bei jedem: cimic. *Glon.*

– **Hitze** des Gesichtes, mit: acon. ars.k2 asaf. canth. cham.hr1,k chinin-s. coff. con.hr1 cop. ferr. *Ferr-p.* hell. kalm. mang. phos. rhus-t. sil. *Sulph.*hr1,k valer.

– **Husten**, beim: acon. ambr. anac. bell. calc. calc-s. calc-sil.k2 carb-v. caust. cham. chin. dulc. ferr. hyos. iod. kali-c. kali-p. kali-s. kali-sil.k2 lach. laur. lyc. mag-c. mag-m. merc. mosch. nit-ac. nux-v. phos. rhus-t. samb. seneg. sep. sil. spong. stram. sul-i.k2 sulph.

– **Kaffee**, durch: am-c. bart.a1 *Cact.* mill.hr1,k *Rumx.*

– **Kälte**, mit:
- **Extremitäten**, der: verat.k2

– **kalte** Anwendungen:
- **amel.**: ars.k2 bry.k2

– **Koitus**, nach: carb-v.bg1,bg2

– **Konvulsionen**:
- **vor**: calc-ar.bro1,kr1 **Glon.**a1,k
- **während**: **Bell.** canth. crot-h. **Gels.**

– **Kopfschmerz**, vor: lyc.h,kl

– **Körperübungen**, bei: sulph.a1,k

– **Liegen**: cycl. lac-c. lyss. mang. naja
- **amel.**: nat-c.
- **Rücken**, auf dem: *Sulph.*
- **Schläfe**, auf der: mur-ac.

– **Lochien**, durch unterdrückte: acon. bell. bry. cimic.
– **Menses**:
• **vor**: *Acon.* **Apis** *Bell.* bry. cupr. gels. *Glon.* hep. hyper. iod. *Kali-c.* lyc. manc.$_{hr1,k}$ *Meli.* *Merc.*$_{hr1,k}$ tril-p.
• **während**: acon. **Apis** *Bell.* *Bry.* cact. *Calc.* calc-i.$_{k2}$ calc-p. calc-s. caust. cham. *Chin.*$_{hr1,k}$ cinnb. con. elaps *Ferr-p.* gels. *Glon.*$_{hr1,k,*}$ iod. mag-c. mag-m. manc.$_{a1,k}$ merc. mosch. nat-m. *Nux-m.* *Nux-v.* *Phos.* sang. sul-i.$_{k2}$ **Sulph.**$_{hr1,k}$ verat. verat-v.
• **nach**: chin. ign.$_{hr1,k}$ *Nat-m.* sulph. thuj.
• **unterdrückte**, durch: *Acon.* *Apis* arn. **Bell.** *Bry.* *Calc.* calc-s. cham. *Chin.* **Cimic.** coc-c. *Cocc.* **Ferr.** **Gels.** **Glon.** *Graph.*$_{hr1,k}$ **Lach.**$_{hr1,k}$ merc. op. stram. sulph. **Verat-v.**
– **Mittagessen**, nach dem: cycl.$_{a1,k}$ nux-m.$_{a1,k}$ psor.$_{hr1,k}$
– **Musik**, durch: *Ambr.*$_{h,k,*}$
– **Nasenbluten**:
• **einsetzen** würde; als ob Nasenbluten: ign. lac-ac.
• **mit**: ant-c.$_{hr1,k}$ bell. bry. carb-v.$_{hr1,k}$ croc.$_{hr1,k}$ graph.$_{hr1}$ lach. lil-t. meli.$_{c1,k}$ nux-v.$_{hr1,k}$ pic-ac.$_{hr1,k}$ *Psor.*
– **Naßwerden** der Füße; durch: dulc.
– **Obstipation**, bei: aster. crot-h.$_{hr1,k}$ *Nux-v.*$_{hr1,k}$
– **periodisch**: *Cycl.*$_{hr1,k}$ ferr.
– **Raserei**, Tobsuchtsanfall; bei: acon. **Bell.** hyos. lach. nux-v. *Op.* phos. *Stram.* verat.
– **Rauchen**, durch: *Bell.* *Mag-c.*$_{hr1,k}$
– **Reden**
☞ *Sprechen*
– **Röte** des Gesichtes; mit: acon. **Bell.** canth. coff. cop. cor-r. *Glon.* *Graph.* meli. merc-c. phos. sil. sol-ni.
– **Schlaf**:
• **im**: carb-v.$_{k2}$ glon.$_{a1,k}$ sil.
• **nach**:
• **amel.**: grat.
– **Schmerzen** plötzlich aufhören; wenn: cimic. **Verat-v.**$_{vh}$
– **schmerzhaft**: sil.$_{h,kl}$
– **Schneuzen** der Nase; beim: nit-ac.
– **Schreck** oder Kummer; durch: *Ph-ac.*$_{hr1,k}$
– **Schreiben**, beim: cann-s.
– **Schütteln** des Kopfes; beim: nit-ac. nux-v.
– **Schwangerschaft**; während der: lyss.$_{c1}$
– **Schweiß**:
• **während**: thuj.$_{hr1,k}$
• **nicht** erscheint; wenn bei Malaria der Schweiß: **Cact.**
– **Schwindel**; während: sabin.$_{c1}$
– **Sitzen**; beim: lac-ac. mag-c. mang. nat-c. *Phos.* thuj.
– **Sonne**; durch Aufenthalt in der: *Acon.* *Bell.* *Cact.* *Gels.* *Glon.* sumb.$_{a1}$ verat-v.
– **Sprechen**; beim: coff.$_{hr1,k}$ sulph.
– **Stehen**, durch: kali-c. mang.$_{a1,k}$
– **strömen**; als würde Blut von unten nach oben oder von innen nach außen: ox-ac.

Blutandrang: ...
– **Stuhlgang**:
• **vor**: aloe
• **während**: aloe *Bry.* *Nux-v.*$_{hr1,k}$ *Sulph.*$_{hr1,k,*}$
• **nach**: lach. sulph.$_{hr1,k}$
– **unterdrückten**, durch: **Verat-v.**$_{vh}$
– **Urämie**, bei: am-c. apis *Bell.* con. *Cupr.* *Gels.* *Glon.* merc-c. *Stram.* tab. ter. verat-v.
– **warm**:
• **Zimmer**, im warmen: **Apis** bry.$_{k2}$ calc-s. *Carb-v.* *Coc-c.* ferr-i.$_{k2}$ graph.$_{k2}$ *Kali-s.* **Puls.** **Sulph.**
– **Wein**, nach: sil.
– **Zahnschmerzen**; mit: lyss.$_{c1}$
– **Zorn**, nach: *Bry.* *Cham.*$_{hr1,k}$ staph.
▽ **erstreckt** sich zum Kopf
☞ *beginnt*
○ **Gehirn**: absin.$_{c2}$ aethyl-n.$_{a1}$ aur.$_{h}$ *Cact.*$_{c2}$ calc-br.$_{c2}$ croc.$_{c2}$ ferr-py.$_{c1,c2}$ *Glon.*$_{c2}$ spong.$_{h}$ *Sulph.*$_{c2}$
• **Continua**; bei: chlol.$_{gm1}$ crot-h.$_{gm1}$ hell.$_{gm1}$ op.$_{gm1}$ zinc.$_{gm1}$
– **Hinterkopf**: aloe borx. calc.$_{k2}$ *Chel.*$_{a1,k}$ coff.$_{bg2}$ *Dulc.* *Gels.* *Glon.*$_{a1,k}$ lyc.$_{bg2}$ naja$_{k2}$ ol-an.$_{bg2,k}$ phel.$_{a1}$ pip-m.$_{a1,k}$ sabad.$_{bg2}$ sep.$_{bg2}$ staph. *Sulph.* thuj.$_{a1,k}$ *Verat-v.*
• **Bücken**, nach: lyc.$_{h,kl}$
• **Erwachen**; beim: tell.$_{c1}$
– **Scheitel**: absin.$_{a1,k}$ cann-i. **Cinnb.** nat-c.$_{h,kl}$ phos.$_{a1,k}$ ran-b.$_{a1,k}$ sil.
– **Schläfen**: chel. glon.$_{a1,k}$ sil. tell.$_{a1}$ zing.
– **Seiten**: dig.$_{a1}$
• **links**: androc.$_{srj1}$ dig.$_{a1}$
– **Stirn**, in der: aloe bad.$_{a1,k}$ *Bapt-c.*$_{c1}$ bell. cent.$_{a1}$ cimic. *Cinnb.*$_{a1,k}$ dirc.$_{a1}$ ferr-i.$_{k2}$ *Fl-ac.* glon.$_{a1,k}$ lac-ac.$_{a1,k}$ limest-b.$_{es1}$ mag-s. nat-c. ran-b. *Sil.* spong. stann. tell.$_{a1}$ viol-t.
• **Erwachen**; beim: tell.$_{c1}$

Blutgefäße der Schläfen sind aufgetrieben
☞ *Auftreibung - Blutgefäße*

Blutung des Gehirns
☞ *Gehirnblutung*

Blutwallungen nachts: borx.$_{h}$

Bohrt den Kopf in das Kissen: **Apis** *Arn.* arum-t.$_{bro1,c1}$ **Bell.**$_{bg2,k,*}$ *Bry.* camph.$_{a1,k}$ crot-t. dig. *Hell.*$_{bg2,k}$ helo.$_{c1}$ helo-s.$_{c1}$ hyper.$_{bg2,k,*}$ lach.$_{bg2}$ *Med.* sang.$_{bg2}$ *Stram.*$_{a1,k}$ sulph. tarent. **Tub.** verat.$_{bg2}$ zinc.$_{bg2,bro1,*}$
– **Schlaf**, im: apis$_{sf1}$ arn.$_{st}$ bell.$_{sf1}$ hell.$_{sf1}$ hep.$_{st}$ hyper.$_{a1,k}$ lach.$_{sf1}$ spong.$_{st}$ verat.$_{sf1}$ zinc.$_{sf1}$

Brettes vor dem Kopf; Gefühl eines (= Balken) ●: acon. aesc. bapt.$_{ptk1}$ calc. *Carb-an.* cocc. *Dulc.* eug. helon. kreos. lyc.$_{k,kl2}$● nux-m.$_{ptk1}$ olnd. op. plat. plb. *Rhus-t.*$_{k,kl2}$● *Sulph.*$_{k,kl2}$● tarent-c.$_{ptk1}$ zing.$_{a1,k}$
– **vormittags**:
• **11** h: zing.$_{a1,k}$

Brüchig; Gefühl wie: nat-m.$_{bg2,h,*}$

Drehen und Winden; Gefühl von: aeth.[a1,k] bell.[bg2,k,*] bry.[bg2,k,*] calc.[bg2,k] indg. iris **Kali-c.**[bg2,k,*] merl.[a1] nat-m.[bg2] nicc.[a1] petr.[bg2,k] plan.[bg2] rhus-t.[bg2,k] sabad.[bg2,k] sil.[bg2,k]

Drücken, Schieben:
– **Druck** amel.: *Arg-n.*
– **Gefühl** von: croc. *Nat-m.* ph-ac. phos.

Dünn; der Schädel scheint zu: *Bell.*[hr1,k] *Calc-p.*[hr1,k] puls.

Dumpfes Gefühl
☞ *Schweregefühl | ❑ Gemüt - Stumpfheit*

Eingehüllt
☞ *Entblößen | Warme*

Eingeschlafen, Gefühl wie: alum.[bg2,k,*] apis calad. carb-an. con.[a1,k] cupr. merc.[bg2,k,*] mur-ac.[a1,k] nat-m. nit-ac.[a1,k] op.[a1,k] sep.[a1,k]
☞ *Gefühllosigkeit*
– **Ausschweifung**, nach: *Op.*[a1,k]
– **Essen**, nach dem: con.[a1,k]
– **Liegen**, beim: merc.[a1,k]
○ **Seiten**:
• **links**: calad.
– **Stirn**:
• **linke** Hälfte: calad.
○ **in** der Stirn: mur-ac.[a1,k]

Empfindlichkeit: desm-g.[bnj1] plat.[k2]
– **Auftreten**, gegen das: **Bell.** *Calc.* calc-p. *Carb-v.* chin. dros. gels. **Glon.** *Ip. Led.* lyc. *Nat-m. Nit-ac.* raph. rhus-t. *Spig.* stann. *Sulph.*
☞ *Erschütterung | Schmerz - Erschütterung - jegliche*
• **Steigen**, beim: *Rhus-t.*
– **Berührung**, gegen: gent-ch.[bnj1] iod.[h] sep.[h]
• **zarteste** Berührung, nach Zorn; gegen die: mez.
– **Erschütterung**, gegen die geringste: androc.[srj1] **Bell.** calc. cob. ferr-p. *Glon.* hep. ip. kali-p. lac-d. lyc. *Mag-m.* mang. nat-ar. **Nit-ac.** ph-ac. phyt. raph. *Sil.* spig. stram. *Sulph. Ther.* vib.
☞ *Auftreten | Schmerz - Erschütterung - jegliche*
– **Geräusch**, gegen
☞ *Schmerz - Geräusche | ❑ Gemüt - Empfindlich - Geräusche*
– **Hut**; selbst gegen den: *Bry.*[st1] *Carb-v.*[st1] chin.[st1] crot-t.[st1] hep.[st1] merc.[st1] mez.[st1] **Nit-ac.**[h,st1] **Sil.**[st1] staph.[st1] sulph.[st1]
– **Kämmen**, Bürsten der Haare; gegen: **Arn.** *Bell. Bry. Carb-v.* carbn-s. cina coff. *Ip. Kreos.* mang.[a1,h2] *Nit-ac. Rhus-t.* sars.[h] *Sep.* **Sil.** *Sulph.* tub.[bg] v-a-b.[jl] vib.[bg1,bg2,*]
– **Luftzug**; gegen
☞ *Luft - Luftzug*
– **Menses**:
• **vor**: **Calc.** *Carb-v. Con. Hyos. Nat-m. Phos.* sil. sulph.[h] zinc.
• **während**: bell. *Calc.* carb-v. con. gels. *Hyos.* ip. *Kali-c. Mag-m. Phos. Sil. Zinc.*
○ **äußeren** Kopfes, des: agar.[j5] am-c.[j5] bell.[j5] borx.[j5] *Carb-an.*[j5] chin.[j5] chinin-s.[j5] grat.[j5] lach.[j5] lyc.[j5] mag-c.[j5] nat-m.[j5] nux-v.[j5] phos.[j5] sabin.[j5]

Empfindlichkeit - äußeren Kopfes, des: ... tong.[j5]
– **Gehirns**, des: arn.[br1] bamb-a.[stb2] **Bell.** *Bov.* brom. *Bry.* calc. *Carb-v.* **Chin.** *Con.* crot-t. dros. **Gels.** gent-c. germ-met.[srj5] **Glon.** hyos. iod. **Ip.** kali-c. kali-p. *Lach.* lact. led. lyc. *Mag-m.* **Mez.** *Nat-m.* **Nit-ac. Phos.** *Phyt.* prost.[srj5] raph. *Sil. Spig. Staph.* stram. vib.[bg1] zinc.
• **links**: bamb-a.[stb2]
• **elektrifiziert**; wie: bamb-a.[stb2]
• **Kindern**; bei jungen:
• **Überstimulierung** des Gehirns; durch: cypr.[bro1]
– **Kopfhaut**, der: bamb-a.[stb2] conv.[br1] cop.[br1] kali-n.[c1] *Mag-m.*[h]
• **links**: bamb-a.[stb2]
• **Berührung**, gegen: *Chin.*[st] hell.[h] kali-n.[h]
• **Bewegung**, gegen: hell.[h]
• **elektrifiziert**; wie: bamb-a.[stb2]
– **Scheitel**: alum.[h] kali-n.[h] mag-c.[h] mag-m.[h] phos.[h] squil.[h] zinc.[h]

Enge
☞ *Zusammenschnürung*

Entblößen des Kopfes agg.: acon. agar. ant-c. arg-met. arn. *Ars.*[hr1,k] *Aur.* aur-ar.[k2] *Bar-c.* **Bell.**[bg2,k] benz-ac.[hr1,k] borx. *Calc.* calc-p.[bg3] camph. canth. *Carb-v.* cham. chin. chinin-ar. cic. clem. cocc. coff. *Colch.*[bg2,k] *Con. Graph.* **Hep.**[bg2,k,*] *Hyos.* ign. kali-ar. kali-bi.[bg3] *Kali-c.* kali-p. kali-sil.[k2] kreos. *Lach.*[hr1,k] led. mag-c. mag-m. mag-p.[bg3] *Merc. Mez.* naja nat-c. *Nat-m.* nat-p. *Nit-ac. Nux-m.* **Nux-v.**[bg2,k] ph-ac. *Phos. Psor.* puls. rhod. **Rhus-t.**[bg2,k] *Rumx.* sabad. samb. *Sep.* **Sil.**[bg2,k,*] *Squil.* staph. stram. *Stront-c.*[bg3] *Thuj.*[hr1,k] til.

Entfernt worden sei; als ob die Schädeldecke: arum-t. cann-i.

Entzündung:
○ **Gehirn** (= Gehirnentzündung; Enzephalitis): *Acon.* apis arum-t.[c2] **Bell.** *Bry.* cadm-s. *Camph.* canth. cham. chr-o.[c2] cina *Con.* crot-h. *Cupr.* glon. *Hell. Hyos.* lach. *Merc.*[c2,k] nux-v. *Op.* par. *Phos.* phys. plb. puls. rhus-t. stram. sulph. tub.[bro1] verat-v.
◆ **begleitet** von:
• **Schlaf**; tiefer: borx.
• **Hautausschlägen**; nach unterdrückten: cic.[br1]
• **Ohr**; durch unterdrückte Absonderung aus dem: stram.[st]
• **Sopor**; mit
☞ *begleitet von - Schlaf*
– **Hirnhaut** (= Hirnhautentzündung; Meningitis): acon.[bg2,k,*] aesc-g.[c2] agar.[c2] *Apis*[c2,k] arg-n. *Arn.*[bg2,k,*] **Bell.**[bg2,k,*] *Bry.*[bg2,k,*] bufo[c2] cadm-s.[c2] *Calc.*[bg2,k] *Calc-p.* camph.[bg2] cann-s.[bg2] canth.[bg2,k] carb-ac.[c2] cham.[bg2] cic.[br1,k2,*] *Cimic.*[c2] *Cina Cocc.* cor-r.[hr1] crot-h.[bg2] *Cupr.*[bg2,k] *Gels.*[c2,k] *Glon.*[c2,k] **Hell.**[bg2,k,*] helo-s.[c1] *Hippoz. Hyos.*[bg2,k,*] hyper.[c2] iod.[bg2] iodof.[c2] ip.[k2] *Kali-br.* kali-i.[bg2] *Lach.*[bg2,k]

– **Hirnhaut**: ... mag-p.c2 med.c1 meningoc.jl2 *Merc.*bg2,k,* merc-c.bg2 merc-d.c2 *Nat-m.* nat-s.k2 nux-v.bg2 *Op.*bg2,k,* *Ox-ac.*c2 *Phos.*bg2,k *Plb.* *Puls.*bg2 *Rhus-t.*bg2,k *Sil.*c2,k sol-ni.c2 staphycoc.jl2 **Stram.**bg2,k,* *Sulph.*bg2,k,* tub.br1 verat.c2 verat-v.bg2,c2 **Zinc.**bg2,k,* zinc-cy.c2
◆ **begleitet** von:
• **Puls**; langsamer: cupr-cy.hsa1
• **Schluckauf**: *Arn.*st1
• **Zunge**:
• **Herausstrecken** der Zunge: *Apis*kr1,vk1 *Hydr-ac.*kr1,vk1
• **Lähmung** der Zunge: *Hydr-ac.*kr1,vk1
• **Schwellung** der Zunge: *Lyc.*kr1,vk1
• **weiße** Farbe der Zunge:
• **gelblichweiß**: *Gels.*kr1,vk1
• **Ohres**; durch Entzündung des
☞ ❑ *Ohr - Entzündung - Mittelohr - gefolgt - Meningitis*
• **spinalis**; Meningitis
☞ ❑ *Rücken - Entzündung - Rückenmarkshaut*
• **tuberkulös**: apisc1,hr1 *Calc.* *Iod.* *Lyc.*hr1,k *Merc.* nat-m. *Sil.* *Sulph.*c1,k *Tub.*k,k2,* *Zinc.*k,k2
– **Periost** (= Periostitis): *Aur.* *Aur-m.* **Fl-ac.** *Kali-i.* led. *Mang.* *Merc.* *Merc-c.* **Mez.** *Nit-ac.* **Ph-ac.** *Phos.* puls. *Rhod.* *Rhus-t.* *Ruta* *Sil.* *Staph.*
– **Processus** mastoideus
☞ ❑ *Ohr - Karies - Processus*

Enzephalitis
☞ *Entzündung - Gehirn*

Erfroren, wie: indg.br1
– **Gehirn**: indg.br1

Erschütterung im Kopf; schmerzlose: caust.h,k,*

Erweitert
☞ *Ausgedehnt*

Erysipel: ant-t. *Anthraci.* **Apis** apoc.a1,k *Ars.*k,k2,* ars-s-f.k2 bell.bg2 carbn-s. *Chel.*hr1,k *Chin.*hr1,k crot-t.a1 cupr.hr1,k dor.hr1,k *Euph.*bg2,k,* **Graph.**bg2,k,* kali-i.a1 *Lach.*bg2,k,* *Ph-ac.*hr1,k *Phyt.*hr1,k puls.bg2 *Rhus-t.*bg2,k,* rhus-v.a1,hr1 *Ruta* sol-t-ae.a1 sulph. ter.hr1,k verat-v.hr1,k
▽ **erstreckt** sich zum Gesicht: *Apis*
○ **Hinterkopf**: *Ph-ac.*hr1,k rhus-t.
– **Seiten**:
• **links**: samb.
• **rechts**; nach: *Rhus-t.*
– **Stirn**: apis kali-i.a1,k ruta sulph.
• **Stellen**, an einzelnen: kali-i.a1,k sulph.

Exostosen: **Arg-met.** **Aur.**bg2,k aur-m.k2 *Calc.* **Calc-f.** carbn-s.k2 *Fl-ac.* *Kali-i.* **Merc.** *Mez.* nit-ac.k2 **Phos.** *Phyt.* sars.bg2 syph.k2
– **schmerzhaft**: *Aur.* carbn-s.k2 *Kali-i.* **Merc.** syph.k2,xxb

Fäden um den Kopf; Gefühl von: manc.vh

Fallen des Kopfes:
☞ *Schweregefühl - Fallen*
– **alle** Richtungen fallen; Gefühl, als würde der Kopf in: cann-s.rb2 con.rb2

Fallen des Kopfes: ...
– **Gehen** im Freien, beim: sul-ac.
– **hinten**, nach: aeth. *Agar.* ant-t. bov. camph. cham. chin. choc.srj3 cic. *Colch.* *Dig.*br1,k dios. glon. *Ign.* kali-c. kali-m.k2 laur. *Led.* mur-ac. oena. *Op.* *Phel.* rhod.rb2 samb. *Spig.* tarent.
☞ *Gezogen - hinten*
• **Gehen**, beim: *Chin.* *Dig.* phel.
☞ *Beugen - hinten - Gehen / Bewegungen des - Werfen - hinten*
• **Schwindel**, bei: led.h ph-ac.h *Spig.*
• **Sitzen**, im: chin. *Dig.* oena. op.
– **hin** und her: bar-c. bell. *Cupr.* *Nux-m.* phel.
– **seitwärts**: am-c.a1,k aml-ns.rb2 ang. arn. ars. cann-s. *Cina* dios. eup-per. ferr. fl-ac. hyos. kali-bi. kali-i. *Mygal.* nux-m. op. prun. stram. sulph. tarax.
• **links**, nach: eup-per.rb2 nux-m. sil.h,kl
• **Frühstück**; beim: sil.rb2
• **rechts**, nach: am-c. ferr. lac-d.c1
• **anlehnt**; immer wenn das Kind den Kopf: cina
• **Erwachen**, beim: sulph.
• **Gehen**, beim: dios. ferr.
• **Schwindel**, mit: sil.h,kl spong.h,kl
– **vorne**, nach: agn. bar-c.a1,h calc. calc-sil.k2 cham. clem. *Cupr.* elaps gels. glon. hipp.a1,k hydr-ac.a1,k hyos. *Ign.* kali-c. kali-p. laur. lyc. *Merc.* *Nat-m.* nux-m. *Op.* par. phos. phys. pic-ac. plat. plb. *Puls.* ran-b. sars. sec. *Sil.* staph. sulph. verat.
• **Aufstehen**, beim: hipp.a1,k
• **Blicken** auf etwas; Sinken des Kopfes nach vorne beim: *Cic.*
• **Bücken**, beim: cist. *Puls.*
• **Gehen**, beim: carbn-s. hipp.a1,k mez.h,k,*
• **links**, und nach: calc-act.h
• **Schwindel**, bei: calc-act.h ph-ac.h,kl podo.br1 sars.h,kl
• **Sitzen**, im: *Nux-m.* oena. staph.
• **Stirnrunzeln** und im Freien amel.; bei: phos.
○ **Gehirn** fallen würde; als ob das:
• **Bücken**; beim:
• **Seite**, zu der er sich beugt; zur: am-c.
☞ *Lose*
• **Schläfe** fallen; als würde das Gehirn zur linken: nat-s.
• **Seite** zur anderen; von einer: nicc. sul-ac.
• **vorne**, nach: *Alum.* am-c. ant-t. bar-c. bell.k2 berb. bry. carb-an. cham. coff. *Dig.* grat. hipp. kali-c. kreos. laur. mag-s. nux-v. *Rhus-t.* sabad. sul-ac.
☞ *Lose*
• **Bücken**, beim: alum. ant-t. bar-c. *Carb-an.* chel. coff. dig. kali-c. laur. mag-s. nat-m. *Nat-s.* *Nux-v.* rhus-t.
• **Heben** des Kopfes amel.: alum.
• **hochkommen**; ein Schmerz, als würde das Gehirn nach vorne fallen und wieder: sul-ac.

Festgebunden, Gefühl wie: colch.a1,k desm-g.bnj1 pimp.a1

Festkleben der Stirnhaut
☞ *Verwachsen*

Fluktuation
☞ *Wogendes Gefühl*

Fontanellen:
– **geschlossen**; bei der Geburt: sanic.c1
– **offen**: *Apis* apoc.bro1,k2 bar-c.bnt **Calc.**bg2,k **Calc-p.**bg2,k *Ip.*bg2,k *Merc.*bg2,k ph-ac.bg2 *Phos.*bg2 *Puls.*ptk1 *Sep.*bg2,k **Sil.**bg2,k *Sulph.*bg2,k *Syph.* zinc-m.bro1
• **Abdomens**; mit Auftreibung des: sil.ptk2
• **eingesunken**: *Apis* calc.
• **Hinterkopf**; am: mag-c.ptk1
• **schließen** sich und öffnen sich wieder: calc-p.c1,ptk
– **pulsieren** kräftig: gels.ptk1

Frakturen
☞ *Knochenbrüche*

Fremdkörper in der rechten Seite des Gehirns; als sei ein: arg-n.bg1 ars.bg1 cinabg1 con. merc.bg1 phos.bg1,h phys.bg1

Fungus: *Apis Calc-p. Phos.*

Gedreht:
– **links** gedreht; bei Konvulsionen nach: mygal. plb.
– **Seite** gedreht; zur: cic.c1

Gefühllosigkeit, Taubheitsgefühl: acon. all-c. aloe alum. alum-p.k2 am-c. ambr. anac. ant-t. apis ars. arund. asaf. asar. aur. aur-m. aur-m-n. bapt. bell. berb.k2 borx. *Bry.* calc. calc-p. carb-ac. carb-an. carb-v. chel. coff. colch. coloc. con. dig. dios. *Fl-ac.* glon. **Graph.** ham. helo.c1 helo-s.c1 hura jatr-c. kali-br.bg1,bg2 *Lach.* lil-t. lyc. lyss.c1 mag-m. meny. meph. merc. merc-i-f. *Merl.* mez. mur-ac. nat-m. **Nit-ac.** nux-v. ol-an. olnd. op. ost.c2 *Petr.* phos. phys. *Plat.* sep. sil. stram. sulph.h thuj. zinc.bg1,bg2
☞ *Eingeschlafen*
– **morgens**: carb-v.
• **Wundheit**, dann Gefühllosigkeit, die sich über den Körper erstreckt: ambr.
– **Aufstützen** des Kopfes auf den Arm; beim: nat-m.h
– **Freien**; amel. im: mang.h2
– **Gehen** im Freien amel.: mang. *Plat.*
– **geistige** Anstrengung: mag-c.bg1 staph.bg1
– **Kappe**, wie eine: calc.k2
– **Liegen**, beim: merc. sulph.h
– **Menses**, während: plat.
– **Mittagessen**, nach dem: carb-v.
– **schmerzhaft**
☞ *Schmerz - Gefühllosigkeit*
– **Stuhlgang**; während: chel.dgt
○ **Gehirn**: apis bufo *Con.* kali-br. mag-c. nat-ar.bg1 *Plat.* staph.bg1,bg2
– **Hinterkopf**: *Agar.* ammc. ars.bg1,bg2 bry. *Calc-p.* carb-v. caust. fl-ac. gels. kali-c. *Lach.* mang.h2 merc-i-f. merl. nat-c. plat. raph. tell.
• **gebunden**; wie zu gebunden: *Carb-v. Plat.*
– **Scheitel**: carbn-s. cupr.bg1,bg2 graph.bg1,bg2 *Mez.* pall. phos. *Plat.* thuj.bg1,bg2

Gefühllosigkeit, Taubheitsgefühl - **Scheitel**: ...
• **vorangehendem** Gefühl, als seien Kopf und Gehirn zusammengezogen:
• **Bewegung** und im Freien amel.; bei: plat.
– **Schläfen**: ang.h aur. myric. phos. phys. **Plat.** zing.
– **Seiten**: androc.srj1 *Aur. Calc. Chel.* cina *Con.* hura *Lach.* lyss. ol-an. tarax. thuj.
• **links**: lyss. ol-an. par.ptk stram. xan.c1
• **rechts**: *Chel.*
• **dann** links: anac.
– **Stirn**: bapt. bar-c. brom. coll. dig. *Fl-ac.* ham. *Mag-m.* mang.h2 merc. *Mur-ac.* nat-ar. *Phos.* **Plat.** sil. valer.
• **morgens**:
• **Gehen** und Liegen, amel. durch Körperübungen und warmes Einhüllen des Kopfes; beim: mag-m.
• **abends**: nat-ar.
• **Brett** davor; als sei ein: acon.
• **Schlag**; wie durch einen: plat.
• **warm**:
• **Zimmer**, im warmen: plat.
▽ **erstreckt** sich zum Nasenbein: *Plat.*

Gehirnblutung: **Acon.** *Arn. Aur. Bar-c.* **Bell.** *Camph.* carb-v. *Chin.* **Cocc.**k,kk,* *Coff.* colch.ib,kk,* con. *Crot-h. Cupr. Ferr.* **Gels.** *Hyos.* **Ip. Lach.** laur. *Lyc.* merc. *Nat-m.* nit-ac. *Nux-m. Nux-v.* **Op.** *Phos.* pitu-gl.br1 plb. *Puls.* sep.k2 stram. tab.k2

Gehirnentzündung
☞ *Entzündung - Gehirn*

Gehirnerschütterung (= Commotio cerebri): **Arn.**c2,k bell. carc.fb3 **Cic.**c2,k *Hell.*c2,k hep. *Hyos.* **Hyper.**c2,k kali-p.c2,k led. mang.c2 merc. nat-s. ph-ac. rhus-t. sep. sil.c2 sul-ac.c2,k zinc.
◆ **begleitet** von:
• **Schluckauf**: hyos.st1 lyss.hr1
• **Zunge**; beißt sich auf die: *Cic.*kr1,vk1

Gehirnerweichung: *Agar.*c2 alco.a1 am-c.hr1 ambr.hr1,k,* bapt.c2 bell-p.c1,c2 bufoc2,k2 **Calc.**hr1 *Caust.*hr1,k crot-h.hr1 fl-ac. *Glon.*hr1 kali-p.hr1,k,* lach. nux-m.hr1,k,* **Phos.**hr1,k,* plb-xyz.c2 sil.bg2 sulph. vanad.br1,bro1 *Zinc.*hr1

Gehirns; Beschwerden des:
◆ **begleitet** von:
• **Zunge**:
• **reine** Zunge: cimic.kr1,vk1
• **Zittern** der Zunge: cimic.kr1,vk1
• **Zungenwurzel**:
• **weiße** Zungenwurzel: zinc.kr1,vk1
• **Urin**; spärlicher: *Apis* bell. bry. *Cupr.* squil. stram.
☞ *Schmerz - begleitet von - Urin*

Geräusche im Kopf: aethyl-n.a1 *Carbn-s.*c2 *Chinin-s.*c2 *Dig.*c2 *Graph.*c2 *Ham.*c2 *Hydr.*c2 *Merc.*c2 *Nat-sal.*c2
– **Brummen**: calc.h carb-v.h caust.h chinin-s.vh *Dig.*vh graph.h hydrog.srj2 kali-i.vh mag-c.h mang.h2 *Nat-s.*vh nux-v.h ph-ac.h phos.h,vh sars.h sulph.h thuj.h verat.h zinc.h

– **Brummen**: ...
• **Gehen**: verb.$_{h}$
• **Husten**, beim: hep.$_{h}$
• **Stuhlgang**, bei: zinc.$_{h}$
– **chronisch**: *Kali-i.*$_{vh}$
– **Entzündung** der Eustachischen Röhre: **Hydr.**$_{vh}$ **Merc.**$_{vh}$
– **Ketten**; wie von: nux-m.$_{c1}$
– **Knacken**: aloe$_{c1}$ kalm.$_{c1}$
– **Knistern**
☞ *Knisterndes*
– **Kopfschmerzen**; während: bell.$_{j5}$ calc.$_{j5}$
– **Sausen**, Brausen: caust.$_{h}$ chinin-s.$_{vh}$ *Dig.*$_{vh}$ graph.$_{h}$ kali-i.$_{vh}$ *Nat-s.*$_{vh}$ phos.$_{h,vh}$
• **Schnupfen**, beim: sep.$_{h}$
– **Summen**: caust.$_{h}$
– **Taubheit**, mit: carbn-s.$_{vh}$ graph.$_{vh}$
– **Zirpen** wie Zikaden: bry.$_{h}$
○ **Hinterkopf**: phos.$_{bg1}$

Gerührt; als würde das Gehirn mit einem Löffel: arg-n. iod.

Geschwüre: ambr.$_{c1}$ *Anan.*$_{hr1,k}$ *Ars.*$_{bg2,k,*}$ *Bar-m.*$_{hr1,k}$ *Calc-p.*$_{hr1,k}$ chel.$_{hr1,k}$ nit-ac.$_{bg2,k}$ *Phos.*$_{hr1,k}$ psor.$_{k2}$ ruta *Sil.*$_{hr1,k,*}$ sul-ac.$_{k2}$ tarent.$_{bg2,k}$ thuj.$_{hr1,k}$
– **Hinterkopf**, am: **Sil.**$_{a1,k}$

Gestoßen:
– **in** den Kopf hineingestoßen; als würde beim Auswurf etwas: pall.$_{c1}$
– **Stirn** gestoßen würde; Gefühl als ob eine Last vom Hinterkopf zur: pall.
– **vorne** gestoßen; wie nach: *Canth.* ferr-p.$_{hr1,k}$ grat.$_{a1,k}$ nit-ac. nux-m. nux-v. rhus-t. staph.$_{h}$

Getrennt, auseinander, abgetrennt:
– **Knochen**; als seien die: arg-n.$_{br1,rb2}$ ther.
– **Körper** getrennt; als sei der Kopf vom: aloe$_{bg3}$ alum.$_{bg1}$ ant-t.$_{bg1,bg3}$ cann-i.$_{rb2}$ cocc. *Daph.*$_{br1,k}$ nat-c.$_{bg1,bg3}$ nat-m.$_{bg1,bg3}$ nux-m.$_{bg1,bg3}$ **Psor.** ther.
• **nachts**: *Daph.*
○ **Gehirn** vom Schädel abgetrennt wäre; als ob das: staph.
– **Scheitel**; als sei der: *Ther.*$_{k,rb2}$
• **abheben**; oder als könnte sie ihn: ther.$_{rb2}$

Gewicht
☞ *Schmerz - drückend - Gewicht / Schweregefühl*

Gezogen; der Kopf wird:
– **hinten**, nach: acet-ac. *Acon. Ant-t. Apis Bell.* camph. cann-i. *Carb-ac.* carb-v.$_{bg1,k2}$ cedr. *Cham. Chin.* **Cic.** *Cimic. Cina Cupr.* cur. dig.$_{h}$ *Eup-per. Gels. Glon. Hell. Hep.* hyper.$_{bro1}$ *Ign.* ip. kreos. lach.$_{bg1}$ *Lyc. Mag-c. Med.* merc.$_{k2}$ mur-ac. nat-c. *Nat-m. Nat-s.*$_{bg1,k2}$ nit-ac. *Nux-v. Op. Phel.* phos.$_{k2}$ samb. sec.$_{bro1}$ sil.$_{bg1}$ *Stram.* stry. verat-v. viol-t. zinc.
☞ *Beugen - hinten / Fallen - hinten*
• **Konvulsionen**, in: **Cic.** cina$_{k2}$ *Ign.* mosch. *Nux-v. Op.* tab.$_{a1,k}$
• **Kopfschmerzen** in Hinterkopf und Scheitel; mit: spig.$_{h,kl}$

Gezogen; der Kopf wird **- hinten**, nach: ...
• **Menses**, während: zinc.$_{a1,k}$
• **Schlaf**, im: alum. *Hep.*
– **seitwärts**: ars. *Bar-c.* bell.$_{a1,k}$ calc. camph.$_{a1,k}$ caul.$_{a1,k}$ *Caust.* chel. chin.$_{h,kl}$ cic. cina colch. cupr. dulc. eup-pur. gels. hura kali-ar. lac-c. *Lach. Lachn.* **Lyc.** merc.$_{a1,k}$ *Nux-v.* plb.$_{a1,k}$ puls. *Rhus-t.* sabad. sil. stram.$_{a1,k}$ sulph. tax.$_{a1,k}$ tub.$_{c1}$
• **epileptischem** Anfall, vor: bufo *Caust.* **Lyc.**
• **links**; nach: gels.$_{hr1}$
• **links**, dann nach rechts; erst nach: *Stram.*
• **rechts**, dann nach links; erst nach: ang. *Nux-m.*
• **Schultern**, auf die: *Agar.*$_{hr1,k}$ hydr-ac.$_{a1,k}$
• **rechts**, nach: *Caust. Ferr.* lachn.$_{hr1}$ **Lyc.** *Nux-m.*
– **unten**, nach: sulph.$_{h,kl}$
– **vorne**, nach: bar-m. hydr-ac.$_{a1,k}$ merc.$_{a1,k}$ mur-ac. par.$_{a1,k}$ plb.$_{a1,k}$ sang.$_{a1,k}$ sulph.$_{h,kl}$

Gluckern, Glucksen; Gefühl von: acon.$_{h,k,*}$ asaf.$_{bg2,k}$ bell. benz-ac.$_{hr1}$ berb. bry.$_{bg2,k}$ indg.$_{a1,k}$ kali-c.$_{h,k,*}$ kreos.$_{bg2,k,*}$ nux-v.$_{h,k,*}$ par.$_{bg2,k,*}$ *Puls.*$_{h,k,*}$ rob.$_{a1,k}$ *Spig.*$_{h,k,*}$ *Sulph.*$_{bg2,k}$
☞ *Bewegungen im / Gurgeln / Wallen, Brodeln*
– **nachts**: par.$_{a1,k}$ puls.$_{h,k,*}$
– **Gehen**, beim: nux-v.$_{h,k,*}$ spig.$_{h,k,*}$
– **Lehnen** nach hinten beim Sitzen amel.: spig.$_{h,k,*}$
○ **Hinterkopf**, im: indg.$_{a1,k}$ sumb.
– **Stirn** platzen; als würde eine Luftblase in der: *Form.*

Glucksen im: sulph.
○ **Schläfen**; in den: bry.$_{h}$

Großer Kopf: caj. *Calc.*$_{k,kl2}$● *Calc-p.* cor-r. merc. *Sil.*
☞ *Ausgedehnt / Schwellung; Gefühl / Vergrößert*

Gurgeln, Gluckern: asaf. bry. sep.
☞ *Bewegungen im / Gluckern*
○ **Schläfen**: bry.

Haar:
– **ausgerissen** würde; als ob es: lyc.$_{h}$ mag-c.$_{bg1,bg2}$ phos.$_{k2}$
– **bewegen** würde; als ob sich das Haar: stann.$_{h,kl}$
– **blond**
☞ *□ Allgemeines - Aussehen - hell*
– **dünn**: mang-sil.$_{stj2}$ tub.$_{bl,xxb}$
– **dunkel**
☞ *□ Allgemeines - Aussehen - dunkel*
– **dunkler**, wird: jab.$_{c1}$ pilo.$_{c1}$ wies.$_{c1,c2}$ wildb.$_{c1}$
– **elektrisiert** (= elektrisch aufgeladen): med.$_{c1}$
• **Kämmen**; beim: sanic.$_{c1,ptk1}$
– **Farbe** verändert sich, wechselt: kali-i.$_{hr1,k,*}$ sarr.$_{a1}$
– **fettig**: arund.$_{bg1,bg2}$ ben-n.$_{bro1,c2}$ bran.$_{bg1}$ *Bry.*$_{bg2,k,*}$ calc.$_{vh}$ *Caust.*$_{vh}$ hera.$_{a1,bg2}$ lac-c.$_{bg1,bg2}$ lyss.$_{hr1,k,*}$ *Med.*$_{vh}$ merc.$_{bro1}$ *Nat-m.*$_{bro1,vh}$ *Ph-ac.*$_{bg2,k,*}$ plb.$_{bg1,j5,*}$ thuj.$_{bg2,sf1}$
– **glanzlos**: calc.$_{vh}$ fl-ac. kali-n. *Med. Psor. Thuj.* tub.

– **grau**, wird ●: *Ars*.bg2,k,* camph.hr1 carc.zzh graph.bg2,k,* hipp.a1,k *Kali-i.* kali-n.bg2,k,* kreos.bg2 limest-b.es1 **Lyc.**bg2,k,* *Nat-m.*ptk1 op.bg2,k,* *Ph-ac.*bg2,k,* **Phos.**hr1 sec.bg2,k,* *Sil.* staph.bg2 sul-ac.bg2,k,* sulph.bg2 thuj.bg2
• **Stellen**, an kleinen: psor.

– **Haarausfall**: abrot.br1 ail.k13,k2,* all-c.hr1 all-s.c2 alum.bg2,k,* alum-p.k2 am-c.bg2,k *Am-m.*bg2,k,* *Ambr.*bg2,k,* *Ant-c.*bg2,k,* ant-t.a1,k anthraco.bro1 apis *Ars.*bg2,k,* ars-i. ars-s-f.bg3 *Arund.*hr1,k,* asc-t.hr1,k,* **Aur.**bg2,k,* aur-ar.k2 *Aur-m.*hr1,k,* aur-m-n.hr1,k,* aur-s. bac.c2 **BAR-C.**k,vh/dg bar-s.k2 bell.bg2,k,* bov.bg2,k,* bry. bufo *Calc.*bg2,k,* calc-i.k2 *Calc-p.*hr1,k calc-s.bro1,k calc-sil.k2 *Canth.*bg2,k,* *Carb-an.*bg2,k,* **Carb-v.**bg2,k,* **Carbn-s.** carl.a1,k caust.h,k,* cere-b.a1 *Chel.*bg2,k,* chin.bg2,k chlol.a1,k cinch.a1,c2 colch.bg2,k,* *Con.*h,k,* cop.a1,k cupr-s.c2 dulc.bg2 *Elaps* *Ferr.*bg2,k,* ferr-ar. ferr-m. ferr-ma.a1 ferr-p.bg2,k **Fl-ac.**bg2,k,* *Form.*hr1,k,* gink-b.sbd1 glon.a1,k **Graph.**bg2,k,* hell.bg2,k,* hell-f.a1,br1,* *Hep.*bg2,k,* hipp.hr1 hyper.a1 ign.c1 iod.bg2,k,* jab.c2,hr1 kali-ar. *Kali-bi.*bg2,k,* **Kali-c.**bg2,k,* kali-i.hr1,k kali-n.a1,k kali-p. **Kali-s.**hr1,k kali-sil.k2 kreos.bg2,k,* **Lach.**bg2,k lob.c2 **Lyc.**bg2,k,* *Mag-c.*bg2,k,* manc.hr1,k,* *Merc.*bg2,k,* *Merc-c.*bg2,k,* *Mez.*hr1,k naja nat-c.bg2,k,* **Nat-m.**bg2,k,* nat-p. **Nit-ac.**bg2,k,* nuph.a1,k oena.a1,k ol-j.c2 op.bg2,k,* osm.hr1,k,* par.bg2 ped.a1,c2 *Petr.*bg2,k,* *Ph-ac.*bg2,k,* **Phos.**bg2,k,* pilo.bro1,c2 *Pix*bro1 plb.bg2,k,* psor. rein.a1 rhus-t.bg2 rhus-v.a1,k sabin.bg2 sanic. sarr.a1 sars.bg2,k,* sec.bg2,k,* *Sel.*bg2,k,* **Sep.**bg2,k,* **Sil.**bg2,k,* sphing.c2 spira.a1 *Staph.*bg2,k,* sul-ac.bg2,k,* sul-i.k2 **Sulph.**bg2,k,* syph.hr1,k tab.a1,k tax.c2 tep.a1,k test.mld2 thal.c1 thal-act.c1 **Thuj.**bg2,k,* thyr.c2 tub.bro1,k ust.hr1,k,* v-a-b.j1 vesp.hr1,k,* vinc.bro1,c2 wies.a1,c2 *Zinc.*bg2,k,* zinc-p.k2
• **büschelweise**: carb-v.ptk1 lyc. *Mez.*hr1,k **Phos.**hr1,k rein.a1 sulph.hr1,k syph.ptk1 thal.ptk1
• **Entbindung**:
 • **nach**: *Calc.* *Canth.* *Carb-v.* hep.bg1,bg2 **Lyc.** *Nat-m.* *Nit-ac.* *Sep.* sil.bg1,bg2 **Sulph.**
• **Erkrankung** (= Krankheit):
 • **Abdomens**; nach Erkrankung des: lyc.c1
 • **akute**, erschöpfende Erkrankung folgend; auf: carb-v.ptk2 manc.br1,bro1,* thal.bro1
• **Kämmen** der Haare; beim: canth.ptk2
• **Krankheit**; nach akuter
 ☞ *Erkrankung - akute*
• **Kummer**, durch: *Ph-ac.*hr1,k
• **Laktationsperiode**; in der: nat-m.ptk
• **Menopause**: lyc.st1 *Sep.*
• **Schwangerschaft**; während der ●: **Lach.**hr1,k
• **Stellen**, an kleinen (= Alopecia areata) ●: alum.ptk1 *Apis* *Ars.*hr1,k *Calc.* calc-p. *Canth.*bg2 carb-an. chin-b.hr1 **Fl-ac.**hr1,k graph.k2 *Hep.* ign.bs,vh *Iod.*bg2 kali-p.c2 lyc.k2 *Nat-m.*ptk1 petr.a1,bg2 *Phos.*c2,k *Psor.*
 • **ersetzt** durch; und wird:
  • **graues** Haar: vinc.c1
  • **weißes** Haar: vinc.
  • **wolliges** Haar: vinc.ptk2
 • **Kummer**; nach: *Ign.*bs,vh

– **Haarausfall**: ...
• **Verletzung**; durch: hyper.ptk1
○ **Augenbrauen**
 ☞ ❑ *Gesicht - Haar - Haarausfall - Augenbrauen*
• **Hinterkopf**, am: calc.bg2 *Carb-v.*bg2,k,* *Chel.* merc.ptk1 *Petr.*bg2,k phos.bg2 sep.bg2 sil.bg2,k staph.bg2,k,* sulph.bg2
• **Scheitel**; am: **Bar-c.**bg1,bg2 **Graph.**bg1,bg2 **Lyc.**bg1,bg2 thuj.bg1,bg2 zinc.bg1,bg2,*
• **Schläfen**: calc.bg2,k,* croc.a1 *Kali-c.*bg2,k,* lyc.bg2,k merc.bg2,k,* *Nat-m.*bg2,k,* par.bg2,k sabin.bg2,k
• **Seiten**: ars.bg1,bg2 bov.bg2,k calc.bg1,bg2 *Graph.*bg2,k kali-c.bg2,k merc.bg1,bg2,* ph-ac.bg2,k phos.bg1,bg2,* *Staph.*bg2,k zinc.bg2,k
• **Stirn**: ars.hr1,k bell. *Hep.* *Merc.* *Nat-m.*hr1,k *Phos.* sil.

– **Haareschneiden**:
• **Beschwerden** nach: bell.sf1 glon.sf1 kali-i.sf1 phos.sf1 sep.bg
• **kurz** und stoppelig scheren zu lassen; Verlangen, sich das Haar: choc.srj3 gink-b.sbd1
• **weigern** sich, die Haare geschnitten zu bekommen; Kinder: cinast

– **Haaresträuben**
 ☞ *Sträuben*

– **hell**
 ☞ ❑ *Allgemeines - Aussehen - hell*

– **Kahlköpfigkeit**: all-s.hr1 ambr.bg2 *Anac.*hr1,k *Apis* arn.c2 aur.k2 **Bar-c.**bg2,k,* *Fl-ac.*hr1,k *Graph.*bg2,k,* hep.hr1,k lyc.bg2,k,* nat-m.bg2 *Phos.* rosm.c2 *Sep.*hr1,k,* *Sil.*bg2,k,* sulph.bg2 thal.c2 vinc.hr1 *Zinc.*bg2,k
• **Flecken**, in: *Apis* *Calc.* cupr-s.hr1 *Graph.*hr1,k *Hep.*hr1,k *Kali-s.*hr1 lyc.hr1,k *Phos.* sep.hr1,k tub.xxb vinc.hr1
• **Gonorrhoe**; nach: kali-s.ptk2
• **jungen** Menschen, bei: *Bar-c.*hr1,k lyc.bro1 *Sil.*hr1,k

– **klebt** zusammen: borx. **Mez.**bg2,k,* *Nat-m.*bg2,k,* *Psor.*bg2,k sars.bg1,bg2 sep.bg1,bg2 sulph.bg1,bg2 viol-t.bg2
• **Waschen**; nach dem: hydrog.srj2
• **Spitzen**, an den: *Borx.*

– **lockig**, wird: mez.a1,k

– **ölig**
 ☞ *fettig*

– **rot**
 ☞ ❑ *Allgemeines - Aussehen - rote*

– **schmerzhaft**:
• **Berührung**; bei: alum. *Am-c.* ambr. **Apis**c1 *Ars.* arund.br1 *Asar.* *Bell.* calc. *Carb-v.* carbn-s.c1 *Carl.* chel. *Chin.*st chinin-s. *Cinnb.* *Coloc.* *Ferr.* ferr-p.c1 fl-ac. *Hep.* *Kali-i.* lac-c. lach.c1,pd mag-m.k2 mez.h mit.c1 nat-m. nat-s. nit-ac. *Nux-v.* par.ptk phos. *Puls.* **Sel.** *Sep.* spig.k1 spira. stann. *Sulph.* thuj.h verat.bg1,h vib.st zinc.
• **Haarausfall**; mit: ant-c.br1
• **Herunterhängenlassen** der Haare:
 • **amel.**: bell.bg1,bg2 cinabg1,bg2 dirc.bg1 ferr.bg1,bg2 phos.bg1,bg2

– **spröde**: ars.bg2,k,* bell.bg2,k,* fl-ac.bg2,k,* graph.bg1,bg2 *Kali-c.*bg2,k,* psor.bg2 wies.a1 zinc.ptk2
– **steif** an; Haar fühlt sich: sarr.a1
– **Sträuben** der Haare: acet-ac. *Acon.* am-c. arn. bar-c. calc. calc-sil.k2 canth.bg1,bg2 carb-v. carl. *Cham. Chel.* cina coc-c. dulc. glon.bg3 gran.bg1,bg2 hep.bg1,bg2 lachn. **Laur.**bg1,bg2 lyc. mag-m. mang. meny.bg1,bg2 meph.bg1,bg2 merc. mez.bg1,h,* *Mur-ac.* nit-ac. nux-v. polyp-p.bg1 puls. *Ran-b.*bg1,bg2 seneg. sil. spong. sul-i.bg1,k2,* sulph.h tarent. verat. *Zinc.*
☞ *❑ Haut - Gänsehaut*
• **Eintreten** ins Haus aus dem Freien; beim: am-c.hr1,k
• **elektrifiziert**; wie (= elektrisch aufgeladen): rhod.ptk2
• **Gefühl** als würden sie sich sträuben: acon.bg1,bg2,* am-c.bg1,bg2,* *Ars.*bg1,bg2 bar-c.bg1,bg2 chel.bg1,bg2,* dulc.bg1,bg2,* *Lach.*bg1,bg2,* lachn.c1 mez.bg1,bg2 sil.bg1,bg2,* spig.bg1,bg2,* spong.bg2 sul-i.a1 vinc.bg1,bg2 zinc.a1,bg2
○ **Hinterkopf**: lachn.c1
• **Mittagessen**, beim: sil.h,kl
• **scheinen** sich zu sträuben: acon.c1
• **schmerzhaften** Stelle; an der: sulph.h,kl
– **Trockenheit**: ail.bg2 aloe alum.bg2,k,* *Ambr.* bad.hr1,k,* *Calc.*bg2,k,* chel.bg2,k,* choc.srj3 *Fl-ac.*bg2,k,* graph.bg2 hipp.hr1,k,* kali-ar.hr1 *Kali-c.*bg2,k,* *Med.*hr1,k ph-ac.bg2 *Phos.*bg2,k,* *Plb.*bg2,k,* *Psor.*bg2,k,* sec.bg2,k,* *Sulph.*bg2,k,* **Thuj.**bg2,k,*
– **verwirrt**, verheddert sich leicht: *Borx.* *Fl-ac.*bg2,k,* graph.bg2,k,* lyc.bg1,bg2,* *Med.*bg2 mill.c1 nat-m.bg1,bg2,* *Petr.*hr1 psor.bg2,k,* sarr.a sars.bg2 tub.bro1 verat. vinc.bg2,k,*
– **wächst** schnell: gink-b.sbd1
– **Weichselzopf** (= Trichom): ant-t.bro1 bar-c.bro1 borx.bro1 graph.bro1 *Lyc.*bro1 nat-m.bro1 psor.bro1 sars.bro1 tub.br1,bro1 *Vinc.*bro1 viol-t.bro1
– **zieht** an den Haaren: ars.bg1,bg2 **Bell.**bg1,bg2 **Cupr.**bg1,bg2 lil-t.bg1,bg2 med.bg1,bg2 mez.bg1,bg2 tarent.bg1,bg2 tub.bg1,bg2

Haareschneiden
☞ *Haar - Haareschneiden*

Haaresträuben
☞ *Haar - Sträuben*

Haarkrone:
– **zwei** Haarkronen: calc-p.dgt

Halten:
– **hinten**, nach: borx.k2
– **hochzuhalten**; unfähig, den Kopf: abrot.br1,st *Aeth.* ant-t. atro. bapt. bar-m.k2 *Calc-p.* carb-v.k2 cham. con. croc. cupr. **Gels.** glon. hipp. lil-t. lyc. mag-c.vh *Mang.* mez. nux-m. nux-v. olnd. *Op.* petr. phel. *Puls.* rhus-t. sabad. *Sil.* tab. *Verat.* zinc.
– **Kopfschmerzen**, mit: petr.h
– **stillhalten**; kann den Kopf nicht: squil.

Hämatom am Kopf: *Calc-f. Merc. Sil.*

Hände:
– **hält** den Kopf mit den Händen: glon.a1,k hyos.a1,k
• **Husten**, beim ◆: **Bry.**k,kl2◆ nicc. **Nux-v.**k,kl2◆ sulph.h
• **Schwindel**; während: sabad.dgt
– **reibt** den Kopf mit den Händen: verat.
– **stützt** den Kopf auf die: iod.a1,k

Hart; als wäre der Kopf sehr: gink-b.sbd1

Hautausschläge: *Agar.* **Ars.** ars-i. arund. aur-ar.k2 *Bar-c. Bar-m.* bar-s.k2 *Bov.* cadm-s. **Calc.** *Calc-s.* calc-sil.k2 *Carb-an. Carb-v.* **Carbn-s.** *Caust.* cic. *Clem.* crot-t. cupr. cycl. dulc. **Graph.** *Hep. Jug-c.* kali-ar. *Kali-bi.* kali-br. kali-c. kali-n.h kali-p. *Kali-s. Lyc. Mag-c.* med.c1 **Merc. Mez.** naja *Nat-m.* nat-p. *Nit-ac.* **Olnd.** *Petr. Phos.* phyt. plan. *Psor.* **Rhus-t.** *Rhus-v. Ruta* sel.c1 **Sep.** sil. **Staph.** **Sul-ac.** sul-i.k2 **Sulph.** tell. zinc. zinc-p.k2
– **abschilfernd**: *Calc.* lach. merc. merc-c. mez. nat-m. **Olnd.** phos. staph.
– **ausbreitend**, sich: *Calc. Clem. Psor. Sars.*
– **beißend**
☞ *brennend*
– **Bläschen**: *Ars.* bov. clem. ~~crot-h.st,xxx~~ crot-t.st kali-bi. merc.k2 olnd. petr.k2 psor. rhus-t.k2 sep. *Sulph.* tell. tep.
○ **Haaransatz**: nat-m.k2
– **blutend**:
• **Kratzen**; nach: alum. *Ars. Bov. Calc.* cupr-ar. *Dulc.* lach. *Lyc. Merc. Nat-ar.*k,kl petr. *Psor.* staph. **Sulph.**
– **brennend**: *Ars.* bar-c.st cic. *Graph.* kali-bi. *Nit-ac.* petr. phos.h *Sars.* **Sulph.** tarax.h
• **Kratzen**; nach: granit-m.es1
– **eiternd**: ars. *Bar-m. Calc-s.* cic. clem. graph. hep. lyc. *Mez. Psor. Rhus-t. Sep.* staph. **Sulph.** vinc.
– **Ekzem**: *Agar. Ant-t.* **Ars.** ars-i.k2 ars-s-f.k2 *Arum-t. Aur. Bar-c. Bar-m.* brom. **Calc.** calc-ar.k2 calc-p.k2 calc-s. calc-sil.k2 **Carbn-s.** *Caust. Cic. Cocc. Dulc. Fl-ac.* **Graph. Hep.** iris kali-ar. *Kali-bi.* kali-m.k2 *Kali-s.* kali-sil.k2 *Kreos.* **Lyc.** melit.al2,c1 merc.k2 *Mez.* nat-m. nat-p. nat-s.k2 **Petr.** *Phyt.* **Psor.** *Rhus-t. Sars.* sel.c1,k2 sep.k2 *Sil.* staph. sul-i.k2 **Sulph.** tub.al,dp ust. *Vinc. Viol-t.*
○ **Haaransatz**: kali-sil.k2
○ **Ohr** zum anderen; hinten herum von einem: kali-sil.k2 *Nat-m.* nit-ac. petr. **Sulph.**
• **Hinterkopf**: *Caust.*st *Lyc. Petr. Sil.*st *Staph.* sulph. tell.br1
• **Stirn**: hydr.bg,bro1 nit-ac.k13 sulph.k13
– **empfindlich**; extrem: **Hep.** *Nit-ac.* **Staph.**
– **Exanthem** an der Stirn; juckendes, flüchtiges: rheum.h
– **feucht**: alum. *Anan. Ars.* **Bar-c.** *Bar-m.* bar-s.k2 *Calc.* **Carbn-s.** *Cham. Cic.* **Graph. Hep.** *Hydr.* kali-ar. *Kali-bi.* kali-s. *Lyc. Merc. Mez. Nat-m.* nat-s.k2 *Nit-ac. Petr. Phyt.* **Psor.** *Rhus-t. Sars.* sep.h,hr1 *Sil. Staph.* **Sulph.** *Thuj.* tub.al ust. vinc. *Viol-t.*
• **gelb**: *Clem. Iris* **Kali-s.** *Psor.* staph. *Viol-t.*
• **klebrige** Feuchtigkeit: **Graph.** kali-s.k2 *Nat-m. Sulph.*

– **feucht**: ...
• **zerfrißt** das Haar: ars. *Kali-bi.* *Merc.*st mez.k2 *Nat-m.* psor.k2 *Rhus-t.*
○ **Hinterkopf**: *Clem.* olnd. *Petr.* **Sil.** *Staph.* *Thuj.*
• **Stirn**, vor den Menses: sars.st
– **Flecken**: ars. kali-c. mang.k2 mosch. phos.k2 tell.bro1 zinc.
– **Flecken**; entzündete: *Apis* arg-n. sep.
• **feucht**: *Psor.*
– **Furunkel**: anac. *Arn.* *Ars.* bar-c. bell. *Calc.* *Hep.* kali-bi. *Kali-c.* **Kali-i.** led. mag-m. mez. mur-ac. nit-ac. *Psor.* rhus-t. *Sulph.*
○ **Hinterkopf**: *Kali-bi.* *Lyc.* *Nat-c.*
• **Schläfe**, rechte: mur-ac.
• **Stirn**
☞ ❑ *Gesicht - Hautausschläge - Furunkel - Stirn*
– **Haar**:
• **zerfressen** das Haar
☞ *zerstören*
– **hart**: ant-c. carb-an. nat-m.
– **Herpes**: agar. *Anan.* bad. bar-c. *Caps.* cupr. kali-c. *Lyc.* mag-c.st med.k2 petr.st *Psor.* ran-b. rhus-t. *Thuj.*
• **circinatus**: **Calc.** **Dulc.** med.k2 *Phyt.* *Sep.* tell. tub.
○ **Hinterkopf**: *Arg-n.* *Petr.*
• **Schläfen**: *Alum.* cadm-s. *Psor.*
– **Impetigo**: bar-c. calc-p. *Caust.* con. *Iris* **Merc.** *Petr.* rhus-t. *Rhus-v.* sil. sulph. *Viol-t.*
○ **Haaransatz**: *Nat-m.*
– **Insektenstiche**, wie: sarr.a1
– **juckend**: ars.h *Bar-c.* *Carbn-s.* *Cic.* ferr-m. fl-ac. granit-m.es1 *Graph.* *Hep.* hipp. led. *Lyc.* mag-c. **Merc.** *Mez.* nat-c.h2 nat-m. *Nit-ac.* *Olnd.* phos.h *Phyt.* *Psor.* rhus-t. sars.bro1 *Sep.* *Sil.* staph. sul-i.k2 **Sulph.** zinc.
• **morgens**: *Hep.*
• **nachts** agg.: *Mag-m.* merc-i-f. psor.k2 rhus-t. vinc.
• **feucht**, wenn: *Psor.*
• **Menses**, vor den: *Mag-m.* sars.bro1
• **warm**:
• **abends** agg.: *Lyc.* *Sulph.*st
• **Zimmer** agg.: *Clem.* *Mag-m.*
• **Wetter**, bei regnerischem: *Mag-c.*
○ **Schläfen**: zinc.h
– **Karbunkel**: *Anthraci.* *Ars.* *Hep.* *Lach.* *Sil.* *Sulph.*
– **Knoten**: asaf. *Caust.* *Chin.* *Coloc.*vh con. *Hep.* *Kali-i.*k,vh mag-c. nat-c.h nat-s. nit-ac. *Phyt.* rhus-t. **Sil.** thuj.
○ **Hinterkopf**: *Mag-m.*
– **Kratzen**; nach:
• **Knoten**: granit-m.es1
– **Krusten**, Schorfe: acet-ac. agar. alum. anan. ant-c. *Ant-t.* **Ars.** *Ars-i.* ars-s-f.k2 arum-t. astac. *Aur.* aur-ar.k2 *Bar-c.* bar-m. bar-s.k2 brom. *Calc.* calc-i.k2 *Calc-s.* calc-sil.k2 *Caps.* carb-ac. carb-v. carbn-s.st *Caust.* *Chel.* chin. *Cic.* **Clem.** **Crot-t.** **Dulc.** *Eup-per.* *Fl-ac.* **Graph.** hell. *Hep.* *Hydr.* iod. *Iris* *Kali-ar.* kali-bi. kali-c. kali-chl. kali-p. *Kali-s.* *Kreos.* lith-c. *Lyc.* med.c1 **Merc.** *Merc-i-f.* **Mez.** mur-ac. **Nat-m.** nat-p. *Nat-s.* *Nit-ac.* ol-j. *Olnd.*

– **Krusten**, Schorfe: ...
Petr. phos. *Phyt.* **Psor.** *Rhus-t.* ruta *Sars.* sel.c1 *Sep.* *Sil.* *Staph.* sul-ac. **Sulph.** ust. *Vinc.* *Viol-t.*
• **ausbreitend**, sich: *Psor.* *Sars.*
• **blutig**: *Calc.*
• **bösartig**: *Brom.* *Phos.*
• **braun**: **Dulc.**
• **Crusta** lactea
☞ *Milchschorf*
• **dick**: calc.bg2 mez.k2
• **feucht**: *Anan.* *Bar-c.* *Calc.* *Graph.* hep.c1 med.c1 **Psor.** ruta staph.
• **gelb**: calc. *Calc-s.*st dulc. *Kali-bi.*st **Kali-s.** med.c1 *Merc.*bg2,st nat-p. *Petr.*st *Psor.*st sep.k2 *Spong.*st *Staph.*st sulph. *Viol-t.*st
• **nässend**: med.c1
• **geschwürig**: ars. *Mez.* **Psor.**
• **grünlich**: *Kali-bi.* petr. sulph.
• **Ungeziefer**, mit: carb-ac. lyc. *Mez.* staph. vinc.
• **weiß**: alum. calc. *Mez.* **Nat-m.** tell. *Thuj.*
• **Eiter** darunter; mit dickem, weißem: **Mez.**
○ **Hinterkopf**: **Caust.** *Clem.* *Lyc.* *Nat-m.* *Sil.*
• **Schläfen**: *Dulc.* *Mur-ac.*
– **kupferfarben**: *Carb-an.* lyc. sulph.
– **Mäusen**, riecht nach: staph.bg1,bg2
– **Milchschorf**: ars.j5 bar-c.bro1 calc.bg3,bro1 calc-i.bro1 calc-s.bro1 cic.bro1 clem.bro1 *Dulc.*bg3,bro1 euph.bg3 graph.bg3,bro1 *Hep.*bro1 kali-m.bro1 lappabro1 *Lyc.*bg3,bro1 melit.al2,c1 merc.bro1 *Mez.*bro1 nat-p.hr1 ol-j.bg3 olnd.bro1 petr.bro1 psor.bg3,bro1 rhus-t.bro1,j5 sars.bro1 *Sep.*bg3,bro1 sil.bro1 sulph.bg3,bro1 tub.bg3 ust.bg3 *Vinc-ma.*bro1 *Viol-t.*bro1
• **faulig**: staph.bg3
• **fressend**, erodierend: staph.bg3
• **Kindern**; bei: kali-chl.c1 merc-i-f.c1
• **Neugeborenen**; bei: graph.bro1 lappabro1 rhus-t.bro1 tub.xxb *Viol-t.*bro1
• **Adenitis**; mit: am-c.st astac.ptk
– **miliar**, vor den Menses: sapin.a1,c1 ~~sep.a1,xxx~~
– **Pickel**: act-sp. agar. alum. *Ambr.*st anac. arg-met.h **Ars.** aur. aur-ar.k2 bar-c. bar-m. bar-s.k2 *Bov.* calc. calc-s. carbn-s. cench.k2 cob.bro1 *Con.* crot-c. cund. cycl. gal-ac.a1 **Hep.** kali-bi. kali-c. kali-p. *Kali-s.* **Led.** merc-i-r. mez. *Mur-ac.* nat-c. *Nat-m.* nux-v. olnd. petr. *Phos.* puls.hr1 rhus-t.hr1 sec. *Sil.* spig. staph.h **Sulph.** tarax.h tarent. *Zinc.*
○ **Haaransatz**, vorderer: gink-b.sbd1 nit-ac.
• **Hinterkopf**, am: am-m. bufo-s. clem. cycl. hydrog.srj2 kali-bi. kali-n. lyc. mag-m.a1 merc. **Sulph.**
• **Kopfhaut** wie Pocken, mit einem Gefühl darunter, wie Schrotkugeln; über der ganzen: am-c.k1
• **Schläfen**: carb-v.h
• **Stirn**
☞ ❑ *Gesicht - Hautausschläge - Pickel - Stirn*
– **Pusteln**: ammc. *Ars.* ars-s-f.k2 arund. bov. *Calc.* calc-sil.k2 *Hep.* *Iris* kali-br. *Merc.* merc-i-r. mur-ac. *Psor.* puls. rhus-t. sep. *Sil.* **Sulph.**
○ **Hinterkopf**: ammc. puls. **Sil.**
– **Risse**: *Graph.* *Petr.*

– **schmerzhaft**: arg-met.$_{h}$ bar-c.$_{h}$ cann-s. carbn-s.$_{k2}$ clem. ferr-ma. **Graph.** **Hep.** kali-c. lyc.$_{h}$ mag-c. mag-m.$_{a1}$ merc. nit-ac.$_{k2}$ par. rhus-t.$_{k2}$ sul-ac.$_{k2}$ sulph.
  • **Splitter**; Schmerzen wie durch: nit-ac.$_{k2}$
– **schmutzig**: *Psor.* sulph. syph.$_{hr1}$ thuj.
– **Schuppen**: alum. *Ars.* ars-s-f.$_{k2}$ arund. bell. *Calc.* carbn-s. *Cic.* *Fl-ac.* granit-m.$_{es1}$ **Graph.** *Kali-bi.* kali-n. *Kali-s.* *Kreos.* *Lyc.* merc. mez. naja nat-m. **Olnd.** phos. phyt. *Sep.* *Sil.* *Staph.* sulph. *Thuj.*
  • **blutet** nach Kratzen: lyc.
  • **fein**: clem. par.
  • **Fischschuppen**, wie: mez.
  • **Flecken**: graph. kali-n. lyc. phos. *Sil.*
  • **kahlen** Stellen, an: phos.$_{k2}$
  • **trocken**: ars. *Calc.* *Fl-ac.* mez. *Sil.* staph.
  • **übelriechend**: *Nit-ac.*
  • **Waschen** amel.: **Graph.**
  • **weiß**: alum. calc. *Mez.* **Nat-m.** tell. *Thuj.* tub.$_{dp}$
  • **Winter** agg.: *Sil.*
– **schuppig**: alum. ars. ars-i. *Bar-c.* *Calc.* com. con. **Graph.** hep. iod. kali-c.$_{h}$ *Merc.* nat-m. **Olnd.** *Psor.* sep.$_{h}$ sil.$_{h}$ *Staph.* *Viol-t.*
  • **feucht**: alum. *Anan.* *Bar-c.* *Calc.* *Graph.* nit-ac.$_{h}$
  • **schwarz**: *Calc-p.*
  • **Stellen**; an kleinen: kali-n.$_{c1}$
  • **trocken**: *Bar-c.*
  • **weiß**: nat-m.
– **Tinea** capitis: bapt.$_{c2}$ bar-m.$_{c2}$ mez.$_{c2}$ psor.$_{c2}$
– **trocken**: ars. *Calc.* *Fl-ac.* hep.$_{bg1,bg2}$ kali-ar. merc. *Mez.* **Psor.** sep. *Sil.* **Sulph.**
  • **übelriechend**: merc. *Sep.* *Sulph.*
– **Tuberkel** auf der Kopfhaut: anac. ant-c. bar-c. **Calc.** carb-an. kali-c. kali-i.$_{k2}$ *Lyc.* nat-m. ph-ac. phos. *Phyt.* *Psor.* sil. syph.$_{k2}$
  • **juckend**: phos.$_{h}$
– **übelriechend**: bar-m. brom. calc. graph. *Hep.* lyc. merc. mez. nit-ac. psor. rhus-t. sep. sil. staph. sulph. vinc.
– **Urtikaria**: *Agar.*
– **Weichselzopf**
  ☞ *Haar - Weichselzopf*
– **wund**: *Hep.* nat-m.
  • **Berührung**, bei: phos.$_{h}$
– **wundfressend**: *Calc.* *Graph.*$_{st}$ *Hep.*$_{st}$ med.$_{c1}$ **Merc.** *Nat-m.* *Nit-ac.* **Petr.** *Ph-ac.* *Psor.* rhus-t.$_{st}$ *Sep.* **Sulph.** *Viol-t.*
– **zerstören** das Haar: lyc.$_{bg1,bg2}$ med.$_{c1}$ merc.$_{bg1,bg2}$ mez.$_{bg1,k2,*}$ rhus-t.$_{bg1,bg2}$
○ **Haaransatz**: calc. gink-b.$_{sbd1}$ *Nat-m.* nit-ac. petr. sep. **Sulph.** tell.
– **Hinterkopf**: arg-n. bufo **Caust.** *Clem.* cycl. *Graph.* kali-bi. kali-n. kali-sil.$_{k2}$ *Lyc.* merc. nat-c. nat-m. olnd. *Petr.* *Psor.* puls. **Sil.** *Staph.* **Sulph.**
– **Scheitel**: mez.$_{k2}$
– **Stirn**
  ☞ ❑ *Gesicht - Hautausschläge - Stirn*

Heben des Kopfes:
– **häufiges** Heben des Kopfes vom Kissen: stram.$_{a1,k}$
– **schwierig**, nachts: chel.$_{a1,k}$

Heben des Kopfes: ...
– **unfähig** den Kopf zu heben: bell.$_{a1,k}$ carb-v.$_{h}$ chel.$_{a1,k}$ *Lach.* laur. nux-v.$_{h,k,*}$ *Op.*$_{a1,k}$ *Puls.*$_{a1,k}$
  • **morgens**, beim Erwachen: *Lach.*
  • **Bücken**, nach: bell.$_{a1,k}$ rhus-t.
  • **Liegen** auf dem Rücken, beim: chel. nux-v.$_{a1,k}$

Heben und Senken im Kopf; Gefühl von: bell. con. lyc.

Heißen Körpers; Gefühl eines
  ☞ *Hitze - heiß - Körper*

Herausfallen; als würde etwas:
– **Stirn** herausfallen; als würde alles zur: *Acon.* all-c. bar-c. bell. brom. bry. canth. carb-an. caust. cham. chel. colch. coloc. hell. hep. kali-c. kreos. mag-m. mag-s. mez. nux-v. phos. plat. puls. rat. rhod. sabad. sep. spig. spong. stann. staph. stront-c. tab. *Thuj.* verb.
  • **Bewegen** der Augen; beim: puls.
  • **Bücken**, beim: bar-c. hell. mag-s. nat-c.$_{h}$ spig.$_{h}$ staph.$_{h}$
  • **Husten**, beim: hep.
  • **Stuhlgang**, beim: rat.

Herumwerfen des Kopfes
  ☞ *Bewegungen des - Werfen*

Hervorwölben; Gefühl etwas würde sich aus dem Kopf:
– **Stirn**: phel.$_{a1}$

Hirnhautentzündung
  ☞ *Entzündung - Hirnhaut*

Hitze: abies-n.$_{a1,k}$ acet-ac. **Acon.**$_{a1,k}$ acon-c.$_{a1}$ aesc. aeth.$_{a1,k}$ agar.$_{a1,k}$ ail.$_{k2}$ *All-c.*$_{a1,k}$ *Aloe* *Alum.*$_{a1,k}$ alum-sil.$_{k2}$ *Alumn.* am-c. am-m.$_{a1,k}$ *Ambr.*$_{a1,k}$ anac.$_{a1,k}$ ang.$_{a1,k}$ ant-c. *Ant-t.*$_{a1,k}$ **Apis** apom.$_{a1}$ arg-met.$_{h}$ arg-n.$_{a1,k}$ arist-m.$_{a1}$ arn.$_{a1,k}$ **Ars.** ars-i. ars-s-f.$_{k2}$ arum-t.$_{k2}$ asaf.$_{a1,k}$ asar. aster.$_{a1,k}$ atro.$_{a1}$ *Aur.*$_{a1,k}$ aur-ar.$_{k2}$ aur-i.$_{k2}$ *Aur-m.* aur-s.$_{k2}$ bad. bamb-a.$_{stb2}$ bapt. bar-c.$_{a1,k}$ bar-i.$_{k2}$ bar-s.$_{k2}$ bart.$_{a1}$ **Bell.**$_{a1,k}$ benz-ac.$_{hr1,k,*}$ berb.$_{a1,k}$ bism.$_{a1,k}$ bism-sn.$_{a1}$ **Borx.** brom.$_{a1,k}$ *Bry.*$_{a1,k}$ **Cact.**$_{a1,k}$ cadm-s.$_{br1}$ calad.$_{a1,k}$ **Calc.**$_{a1,k}$ calc-ar. calc-i.$_{k2}$ *Calc-p.*$_{a1,k}$ *Calc-s.* calc-sil.$_{k2}$ calo.$_{a1}$ camph.$_{a1,k}$ cann-i. cann-s.$_{a1,k}$ canth.$_{a1,k}$ carb-ac. carb-an. *Carb-v.*$_{a1,k}$ carbn.$_{a1}$ *Carbn-s.* carl.$_{a1}$ casc.$_{a1}$ caust.$_{a1,k}$ cham.$_{a1,k}$ *Chel.*$_{a1,k}$ chin.$_{a1,k}$ chinin-ar. chinin-s. chlor.$_{a1}$ choc.$_{srj3}$ cic.$_{a1,k2}$ cic-m.$_{a1}$ cimic.$_{hr1,k,*}$ *Cina* cinch.$_{a1}$ cinnb. clem.$_{a1,k}$ *Cocc.*$_{a1,k}$ cod.$_{a1}$ coff.$_{a1,k}$ colch.$_{a1,k}$ *Coloc.* *Con.* corn. croc. *Crot-t.* cupr. *Cur.* *Cycl.*$_{a1,k}$ daph.$_{a1,k}$ dig.$_{a1,k}$ digin.$_{a1}$ dios. dor.$_{a1}$ dros.$_{a1,k}$ dulc. euph. euphr.$_{a1,k}$ eupi. fago.$_{a1}$ *Ferr.*$_{a1,k}$ *Ferr-ar.* ferr-i. ferr-p. *Fl-ac.* *Form.*$_{a1,k}$ *Gamb.*$_{a1,k}$ *Gels.*$_{a1,k}$ gent-l.$_{a1}$ gins.$_{a1,k}$ **Glon.**$_{a1,k}$ gran. **Graph.**$_{a1,k}$ grat.$_{a1,k}$ gymno. haem.$_{a1,k}$ *Hell.*$_{a1,k}$ helo. helon.$_{a1,hr1}$ hipp.$_{a1}$ hura hydr.$_{a1,k}$ hydr-ac.$_{a1,k}$ hyos.$_{a1,k}$ hyper. iber.$_{a1}$ *Ign.*$_{a1,k}$ ind. indg.$_{a1,k}$ iod.$_{a1,k}$ *Ip.*$_{a1,k}$ iris jatr-c. kali-ar. kali-bi.$_{a1,k}$ kali-br. kali-c.$_{a1,k}$ *Kali-chl.* kali-cy.$_{a1}$ kali-i.$_{a1,k}$ kali-n.$_{a1,k}$ kali-p. kali-s. kali-sil.$_{k2}$ kalm. kiss.$_{a1}$ kurch.$_{bnj1}$ lac-ac.$_{a1}$ *Lac-d.* **Lach.**$_{a1,k}$ lachn. lact.$_{a1,k}$ *Laur.*$_{a1,k}$ led.$_{a1,k}$ lepi.$_{a1}$

Hitze: ...
lil-s.a1 lil-t.a1,k2,* lup.a1 lyc.a1,k lyss. *Mag-c.*hr1,k,* *Mag-m.*a1,k mag-s.a1,k manc. *Mang.*a1,k meny. meph.a1 merc.a1,k merc-c.a1,k *Merc-i-r.*a1 merl.a1,k *Mez.*a1,k mill.k2 morph.a1,k *Mosch.* mur-ac.a1 myric.a1 naja nat-ar. *Nat-c.*a1,k *Nat-m.*a1,k nat-p. nat-s.k2 nicc.a1,k *Nit-ac.*a1,k nit-s-d.a1 *Nux-m.*a1,k *Nux-v.*a1,k oena.a1 ol-an.a1,k olnd.a1 *Op.*a1,k orig.a1 osm.a1 paeon.a1,k ped.a1 petr.a1,k ph-ac.a1,k phel.a1,k **Phos.**a1,k phys. *Phyt.*a1,k pic-ac.a1,k pimp.a1 plat. *Plb.*a1,k plect.a1 *Podo.* psil.ft1 psor. ptel.a1,hr1 puls. ran-a.a1 ran-b. ran-s. rat.a1,k rheum rhod.a1 rhus-t.a1,k ruta sabad.a1,k sabin. samb.a1,h,* sang.k2 sapin.a1 sarr. sars. sec.a1,k senec. *Sep.*a1,k serp.a1 *Sil.*a1,k sol-t-ae.a1 spig.a1,k spirae.a1 spong.a1,k squil. *Stann.*a1,k staph. *Stram.*a1,k *Stront-c.* sul-i.k2 *Sulph.*a1,k tab.a1,k tarent.a1,k tax. tell. ther. thuj.a1,k til.a1,k tong.a1 trif-p.a1 tub.c upa.a1 valer. *Verat.*a1,k verb. vinc.a1,k viol-o. vip.a1 *Xan.* zinc.a1,k zinc-p.k2 zing.a1 ziz.a1

– **morgens**: alum.a1,k alum-p.k2 am-m. ang.h,k1 ant-c. ant-t. *Bry.*a1,k calc.a1,k calc-s. carb-an.a1,k carb-v.h,k1 chin.a1,k clem. cycl.a1,k dios.a1,k euphr.a1,k hipp.a1,k hyper.a1,k indg. kali-n. *Kalm.*a1,k lyc. *Merc-i-r.* *Mez.*a1,k nat-ar. *Nat-c.* **Nux-v.**a1,k petr.a1,k phos.a1,k *Podo.* sarr.a1 sep.a1,k *Sulph.*a1,k til.a1,k tong.a1 zinc. zing.a1,k
  - **Aufstehen**, beim: agar. am-m. bar-c. calc. corn. cycl. dulc.
    - **amel.**: sulph.
  - **Bett**, im: staph.a1,h
  - **Erwachen**, beim: berb. calc. dulc.a1 lyc. nat-m.a1,k sil. stann. **Sulph.**

– **vormittags**: alum.a1 bry.a1,k lyc.a1,k

– **mittags**: ant-c.a1,k bell.a1,k jatr-c. mag-m.h,k1 nat-m.h,k1

– **nachmittags**: anac.a1,k arg-n.a1,k *Arum-t.*a1,k bad. berb.a1,k bry.a1,k cann-s.a1,k *Carb-an.*a1,k carbn-s. chinin-s. dios.a1,k fago.a1,k graph. *Hyper.*a1,k ip.a1,k kali-n.h,k1 lyc.a1,k mag-c.a1,k mag-m.a1,k mag-s.a1,k mang.a1,k nat-ar. nat-c.h,k1 nat-m. nicc.a1,k ol-an.a1,k phos.a1,k phys.a1,k pimp.a1 *Puls.*a1,k santin. sep. spong. stront-c. sulph.a1,k
  - **16** h: anac.c1 *Mang.*

– **abends**: *Acon.*a1,k alum.a1,k alum-p.k2 am-m. atha.a1 bar-c.h,k1 borx. calc.a1,k calc-s. calc-sil.k2 canth. carb-v.h,k1 chel.a1,k coc-c. cycl.a1,k digin.a1 gast.a1 grat.a1,k indg.a1,k ip.h,k1 jug-r.a1 kali-c.a1,k kali-p.k2 laur. lil-t. lob. lyc.a1,k mag-c.a1,k mag-m.a1,k merc-i-r. nat-c.a1,k nat-p. nux-v.a1,k ol-an.a1,k ph-ac.a1,k phys. puls. ran-b. *Rhus-t.*a1,k *Sep.*a1,k *Sil.*a1,k sulph.a1,k sumb.a1 thuj.a1,k tub.c1,xxb zinc.a1,k zinc-p.k2
  - **Liegen**: ars.h

– **nachts**: am-m.a1,k ambr.h,k1 ang. *Arg-n.*hr1,k arn.gsy1 camph. cann-s.a1,k carb-an.h,k1 com.a1 lyc.a1,k meph.a1,k nat-c.a1,k nat-m.h,k1 nit-ac.h,k1 rhus-r. ruta *Sil.*a1,k staph. til.
  - **Bett**, im: carb-an.a1,k lyc.a1,k nat-m.a1,k **Sulph.**a1,k
  - **Erwachen**, beim: arn.gsy1 til.a1,k

– **Mitternacht**: aur-m. lyc. sil.h
  - **nach**: nit-ac.h

◆ **abwechselnd** mit:
  - **Diarrhoe**: *Bell.*
  - **Frösteln**: asaf.a1,k phos.h,k1 sep.a1,k
  - **Kopfhaut**; Jucken der: act-sp.bro1
  - **Rücken**; Rigor im: spong.

◆ **begleitet** von:
  - **Gesicht**:
    - **Hitze** des Gesichtes: aeth. arg-n. berb. bry. calc-p. cann-s. canth. clem. corn. gels.psa glon. hura iris jatr-c. kali-c. kali-i. kali-n. mag-s.c1 nat-m. op. phos. sabad. sep. stront-c. sulph. tril-p.c1 xan.c1
    - **Röte** des Gesichtes; mit: aeth. arn.br1 aster. bry. cact. cann-s. coff.k2 kali-i. mag-c. mag-m. mag-s. merl. nat-c. phel. plb. stront-c. sulph. tarent. zinc.
      - **Kälte** des Körpers; und mit: arn.br1
  - **Hände**; Hitze der: canth. lach. laur. mag-c. ol-an. phel. phos.
  - **Handflächen**; Hitze der: borx. tarent.

– **absteigend**; zu den Zehen: *Calc-p.*

– **angenehm**: camph. cann-s.a1,k nicc. thuj.

– **Angst**, mit: canth.a1,k carb-v.j5 coff.a1,k *Cupr.*hr1 laur.j5 *Mag-c.*j5 phos.h sil.h,k1 stront-c. sulph.h,j5,* thuj.a1

– **Anstrengung**, durch: berb. con.

– **Atmen**, bei tiefem: borx.h

– **Aufstehen**, beim: bar-c. calc. mag-s.
  - **amel.**: carb-an. kali-c. sulph.
  - **Bücken**, vom: grat. nat-c.

– **aufsteigend**: aeth. calad. canth. cycl. gamb. kali-c. *Lil-t.* *Mang.* nat-s. plb. rheum rhus-t.
  - **Abdomen**, vom: alum. cann-s.k2 indg. kali-c. mag-m. nat-s. plb.
  - **Brust**, von der: acon. glon. *Lil-t.* lyss. mill. *Phos.* sulph.
  - **Rücken**, vom: phos.

– **Bett**, im: ang.a1,k arg-n. carb-an.a1,k carb-v.h,k1 cycl.a1,k lyc.a1,k nat-c. *Nux-v.*a1,k staph.a1,k
  - **amel.**: kali-c.a1,k nat-c.h,k1

– **Bewegung** agg.: calc.h,k1

– **Bier**, nach: chel.a1,k sulph.a1,k

– **blassem** Gesicht, mit: ambr. puls. thuj.vh

– **brennend**: *Acon.*bg3 ail. *Apis* aster. aur-s. *Bell.*bg3 borx.bg3 bry. camph. *Frax.*bg3 *Graph.*bg3 hell. kali-c.h,k1 lach.bg3 merc.bg3 *Merc-i-r.*bg3 mur-ac.h,k1 nat-c.bg3 *Phos.* *Pic-ac.*bg plan. sil. **Sulph.**bg3 verat.
  - **Hitze**:
    - **amel.**: ars.k2

– **brodelnd**, kochend im Gehirn: acon.bg3

– **Bücken**, beim: kali-c. petr. valer.

– **Dampf**; wie durch warmen: bufobr1 ol-an.a1,k

– **Delirium**, mit: acet-ac.bro1

– **Denken** daran agg.: hell.

– **Diarrhoe**, bei: *Apis* *Arn.* **Bell.** borx. *Bry.* hell. kali-br. ox-ac. rhus-t.

– **Druck**:
  - **amel.**: arg-n. carb-ac.a1 hydr.a1,k nux-v.a1,k
  - **Hände** amel.; der: nux-v.

– **epileptischem** Anfall, vor: calc-ar.kr1 *Caust.*

– **Erwachen**:
• **vor**: hyper.
• **beim**: arn.$_{br1}$ calc. chel.$_{a1,k}$ lyc. nat-m. phos.$_{a1,k}$ sil. spirae.$_{a1}$ stann. **Sulph.** tarent.$_{a1,k}$ til.
– **Essen**, nach dem: alum.$_{a1,k}$ alum-p.$_{k2}$ anac.$_{c1}$ bell.$_{a1,k}$ berb.$_{a1,k}$ canth. carb-v.$_{a1,k}$ caust. clem.$_{a1,k}$ cycl. graph. *Hyos. Kali-c.* laur. *Lyc.*$_{a1,k}$ mag-m. nux-v.$_{k2}$ *Petr.*$_{a1,k}$ phel. phos.
• **heiße** Speisen: mag-c.
– **Fahren** oder Reiten, beim: lyc.$_{a1,k}$
– **Frost**:
• **vor**: stram.
• **während**: acon. alum. androc.$_{srj1}$ *Apis* **Arn.**$_{a1,k}$ *Ars.* asar. *Bell.* berb. *Bry.* cedr. chin. cina cocc.$_{hr1}$ eup-per. gels. lachn. nat-s. nux-v. **Op.** rhod. stram. verat.
• **nach**: berb. caust. dros.$_{h,k1}$ mez.$_{h,k1}$ phos.$_{h,k1}$
– **Frösteln**:
• **vor**: zinc.$_{h,k1}$
• **während**: androc.$_{srj1}$ ant-c. asaf. asar.$_{h,k1}$ *Borx.* **Bry.** *Cocc.*$_{hr1,k}$ colch.$_{a1,k}$ dig.$_{h,k1}$ hell. mag-m. mang.$_{a1}$ *Merc.*
– **Frühstück**, nach dem: laur.$_{a1,k}$
– **Gehen**, beim: borx. glon. indg. mez. nit-ac. *Phos.* sep. stront-c.
• **Freien**, im: plb.$_{k2}$
• **amel.**: *Phos. Sulph.*
– **geistige** Anstrengung, durch: anac. aur. aur-ar.$_{k2}$ berb. **Cact.** calc.$_{bg2}$ *Con. Sil.*
– **Gewitters**; bei Herannahen eines: nat-c.
– **Heben** des Kopfes agg.: calc.$_{h,k1}$
– **heiß**:
• **Dampf** aufsteigen würde; als ob heißer: bufo$_{br1}$
• **Eisenband** um den Kopf herum; wie durch ein heißes: *Acon.*
• **Körper**, heißer:
• **fallen** würde; als ob ein heißer Körper nach vorne: kali-c.
• **Stirn**; wie ein heißer Körper in der: kali-c.$_{h}$
• **Wasser**, heißes: all-c. indg.
• **gespritzt** und bis zum Gehirn durchdringen würde; als ob heißes Wasser auf die Kopfhaut: peti.
– **Herz**:
• **Beklemmung** am Herzen; bei: glon.
• **Herzklopfen**, mit: coloc. iod.
– **Hitze** anderer Teile; mit
☞ *begleitet von*
– **Hitzewallungen**: aesc. aeth. alum-p.$_{k2}$ alum-sil.$_{k2}$ alumn. am-m. ant-t. arn. ars. arum-t.$_{k2}$ aur. aur-i.$_{k2}$ aur-s.$_{k2}$ bar-c.$_{h}$ cact.$_{k2}$ cadm-s.$_{k2}$ calc-ar.$_{k2}$ calc-p. calc-s. calc-sil.$_{k2}$ cann-s.$_{k2}$ carb-v.$_{k2}$ cench.$_{k2}$ cic. clem.$_{a1}$ cocc. colch. corn. dig. *Ferr. Ferr-ar.* ferr-p. *Glon. Granit-m.*$_{es1}$ *Graph.* grat.$_{k2}$ hell. hep. *Kali-c.* kali-p.$_{k,k2}$ kali-s. lach.$_{k2}$ lact. laur. led. mag-c. mag-m.$_{h}$ mag-s. mang.$_{h}$ mosch.$_{k2}$ nat-m.$_{k,k2}$ nat-p. nat-s.$_{k2}$ oena. phos. psor.$_{k2}$ ptel. rhus-t.$_{k2}$ *Sep.* sil.$_{h}$ *Sulph.* tab. tarent.$_{k2}$ tub.$_{c}$ verat.$_{k2}$ xan. zinc.$_{h}$ ziz.
• **Delirium**; mit: acet-ac.$_{bro1}$
• **epileptischem** Anfall; vor: calc-ar.$_{kr1}$
• **Kaffee**; durch: act-sp.$_{bro1}$

– **Hitzewallungen**: ...
• **Kopfschmerzen**; vor den: lac-f.$_{c1}$
• **Menopause**; während der: sulph.$_{k2}$
• **Nasenbluten**, mit: carb-v.$_{k2}$
• **Schweiß**, nach: nat-p.$_{k2}$
▽ **erstreckt** sich vom Kopf zum Magen: *Sang.*
– **Husten**, beim: am-c. ant-t. arn. *Ars.*$_{a1,k}$ carb-v. ip. *Sulph.*$_{a1,k}$
– **Kälte**:
• **Abdomens**; mit Kälte des: camph.$_{h}$
• **Extremitäten**; mit Kälte der: *Arn.* aur. aur-m.$_{k2}$ **Bell.** bufo *Cact.* cadm-s. calc.$_{k2}$ camph. cann-i. cann-s. chel. cic.$_{k2}$ cocc.$_{br1}$ com. *Ferr.* gels.$_{psa}$ glon. jug-r.$_{a1,k}$ lach.$_{k2}$ led. lyc.$_{k2}$ naja$_{k2}$ plb.$_{k2}$ pop-c.$_{bro1}$ stram.
• **Finger**; mit Kälte der: hell.
• **Füße**; mit Kälte der: alum. am-c. anac. apis$_{kr1}$ *Arn.* ars. bar-c. bar-s.$_{k2}$ *Bell. Cact. Calc.* carb-an.$_{h}$ cina$_{k2}$ con. *Ferr.* ferr-ar. *Gels.* hell.$_{h}$ *Ip.* kali-ar.$_{k2}$ laur. mur-ac.$_{h}$ *Nat-c.* nit-ac.$_{h}$ *Ph-ac.*$_{c1,h}$ sep. squil. sul-ac.$_{k2}$ *Sulph.* thuj. zinc.$_{bg1}$
• **Gesichtes**; mit Kälte des: thuj.
• **Hitze** der Hände; mit: ferr.$_{bro1}$
• **Hände**; mit Kälte der: arg-n.$_{a1}$ asaf. asar. aur-i.$_{k2}$ bar-c. bell. calo. hell. iod. *Ip.* lact. lyc. *Nat-c.* nat-m.$_{bg1}$ petr.$_{h}$ ph-ac. ran-b.$_{c1}$ sep. sumb.
• **Körpers**; mit Kälte des: *Acon.* agar. **Arn.** *Ars.* asaf. *Bufo Cact.* calc. chin. chinin-s. clem. gels. hell. hipp. hyos. ip.$_{h}$ *Lachn.* mag-s. mang.$_{h}$ mez.$_{h}$ nux-v. phyt.$_{c1}$ plb. ran-b. stram. sulph. verat.
• **Stirn**; mit Kälte der: nat-ar.$_{k2}$
– **Kaffee**:
• **Aufhören** mit dem Kaffeetrinken; durch: cact.$_{k2}$
• **durch**: act-sp.$_{bro1}$
– **kalt**:
• **Anwendungen**, kalte:
• **amel.**: aloe$_{k2}$
• **Bad**, kaltes:
• **amel.**: ars.$_{k2}$ euphr. ind. mez. nat-m. sep.
• **Berührung** kalt; trotz Hitze bei: carb-v.$_{k2}$ hydr.
• **Wasser**, kaltes:
• **amel.**: *Apis* ars.$_{k2}$ *Con.*
– **Kopfschmerz**:
• **vor**: lac-f.$_{c1}$
• **während**: nat-m.$_{h}$ sep.$_{h}$
• **nach**: nat-c.$_{h,k1}$
– **kratzen**, muß: mez.$_{h,k1}$
– **Kummer**, nach: *Ph-ac.*
☞ *❑ Gemüt - Beschwerden durch - Kummer*
– **Lachen** agg.: ther.
– **Lesen**, beim: nat-s.$_{a1,k}$
– **Liegen**, im: arn. ars.$_{h,k}$ jug-r.
• **amel.**: kali-c. nat-c. *Phos.* rhus-t.
– **Luft**:
• **Freien**, im:
• **agg.**: verat.
• **amel.**: **Apis** *Ars.* clem. con. ferr-i.$_{k2}$ grat. kali-i. kali-s. laur. mag-m. mang. mosch. nat-c. phel. **Phos.** sulph.
• **umgeben**; wie von heißer Luft: aster.
– **Menopause**; während der: *Sulph.*$_{vh}$

– **Menses**:
 • **vor**: apis bell. *Calc. Con. Crot-h. Ign. Iod.*$_{h,k,*}$ ip. *Lyc.* petr. *Thuj.*
 • **während**: *Apis Arn. Bell.* **Calc.** calc-i.$_{k2}$ carb-an. caust. cham. *Ferr-p. Ign.* ip. *Kali-i.* lach. lyc.$_{a1,k}$ mag-c. mag-m.$_{a1,k}$ mag-s. nat-m. nat-s. nux-m. petr. sulph.
 • **nach**: ferr.$_{a1}$ ferr-i. iod.$_{a1,k}$
– **Mittagessen**:
 • **beim**: grat.$_{a1,k}$ nat-c.$_{a1,k}$ nux-v.$_{a1,k}$ sars.
 • **nach**: alum.$_{a1,k}$ bell.$_{h,kl}$ berb. caust.$_{a1,k}$ cycl.$_{a1,k}$ graph.$_{a1,k}$ mag-m.$_{a1,k}$ phel.$_{a1,k}$ tub.$_{c1,xxb}$
– **Mittagsschlaf**, nach dem: clem. cycl.$_{a1,k}$ rhus-t.
– **Musik**, durch: **Ambr.**
– **Nähen**, beim: petr.$_{h,k,*}$
– **Nasenbluten** amel.: bufo coff.$_{k2}$ *Psor.*
– **Niesen** amel.: lil-t.
– **Obstipation**, mit: verat.$_{h,kl}$
– **Ofenhitze** agg.: bar-c.$_{h,kl}$ *Glon. Phos.*
– **partiell**, mit Kälte des übrigen Kopfes: kali-c.$_{bg1,bg2}$
– **periodisch**: calad.
– **Röte** des Gesichtes; mit
 ☞ *begleitet von - Gesicht - Röte*
– **Rückens**; mit Kälte des: thuj.
– **Schlaf**:
 • **amel.**: laur.
 • **vor**: alum. coc-c. sulph.
 • **im**: bell.$_{k2}$
– **Schläfrigkeit**, bei: kreos. stann. stront-c.
– **Schmerz** im Abdomen; durch: grat.
– **schmerzhaft**: sep.$_{h,kl}$
– **Schnupfen**, beim: anac.$_{h,kl}$ **Arum-t.**$_{a1,k}$ calc.$_{a1,k}$ graph.$_{h,kl}$ jatr-c. lach. mag-m. phos.$_{h,kl}$
– **Schreck**, nach: *Ph-ac.*
 ☞ ❑ *Gemüt - Beschwerden durch - Schreck*
– **Schreiben**, beim: aran. borx. kali-c.$_{h,k,*}$ ran-b.
– **Schwindel**:
 • **während**: sabin.$_{c1}$
 • **nach**: aeth.$_{ptk1}$
– **Sitzen**, im: canth.$_{a1,k}$ merc.$_{a1,k}$ nat-c.$_{a1,k}$ ph-ac. spong.
– **Sprechen**, durch: ph-ac.$_{a1,k}$ phos.$_{a1,k}$
– **Stehen**:
 • **agg.**: alum. canth.
 • **amel.**: phos.$_{a1,k}$
– **Stelle**; an einer kleinen: carb-v. mez.
– **Stuhlgang**:
 • **nach**: bell. lyc.$_{a1,k}$ nat-c.
 • **Stuhldrang**, bei: clem. mag-m. ox-ac.
– **Suppe**; beim Essen der: phos.
– **Urinieren**, beim: *Sep.*
– **vorübergehend**: agar. arn. cann-i. mag-m. sulph. tab. valer.
– **warmen** Zimmer, im: **Apis** *Ars. Calc-s. Carb-v.* caust. *Coc-c.* ferr-i.$_{k2}$ grat.$_{k2}$ indg. *Kali-s.* lyss. mag-m. nat-c. nicc. *Phos.* **Puls.** ran-s. **Sulph.**
– **Waschen** der Hände in kaltem Wasser amel.: rhus-v.
– **Wein**:
 • **nach**: gink-b.$_{sbd1}$ lyc. nux-v. petr.$_{a1,k}$
 • **wie** durch: rhus-r. sabad.
– **Widerspruch**, durch: cop.$_{a1,k}$
– **Zahnschmerzen**, mit einseitigen: am-c.$_{h}$ sil.$_{h}$
– **Zimmer**; beim Eintreten in ein: am-m.$_{h,kl}$ mag-m.$_{h,kl}$
▽ **erstreckt** sich zu den Zehen: *Calc-p.*$_{vh}$
○ **Hinterkopf**: aesc. arn.$_{bg1,bg2}$ aur-m-n.$_{a1,k}$ bell. brom.$_{a1,k}$ camph.$_{a1,k}$ cann-i.$_{a1,k}$ cann-s.$_{a1,k}$ chlf.$_{a1}$ cic.$_{a1,k}$ cinnb.$_{a1,k}$ coc-c.$_{a1,k}$ *Con.*$_{a1,k}$ dig.$_{a1,k}$ fl-ac. glon.$_{a1,k}$ indg.$_{a1,k}$ jatr-c. kalm.$_{a1,k}$ lob. manc.$_{a1,k}$ med. merc-i-f.$_{a1,k}$ *Nat-m.* nat-s.$_{a1,k}$ nit-s-d.$_{a1}$ nux-m. ph-ac. puls. rhus-r. *Sulph.*$_{a1,k}$ sumb. tarent.$_{a1,k}$ thuj.$_{a1,k}$ verat-v. *Zinc.*$_{a1,k}$
 • **morgens**: sulph.$_{a1,k}$
 • **abends**: sumb.
 • **Diarrhoe**, bei: bell. *Zinc.*
 • **Erregung** agg.: *Con.*
 • **Gehen** im Freien amel.: sulph.$_{a1,k}$
 • **Hitzewallungen**: aesc. lach. sumb.
 • **warmen** Zimmer, im: coc-c.$_{a1}$ sulph.$_{a1,k}$
– **Scheitel**: *Acon.*$_{a1,k}$ *Aur. Benz-ac.*$_{hr1,k,*}$ *Calc.* calc-s. camph.$_{a1,k}$ carb-an. carbn-s. cham. chel.$_{a1,k}$ coc-c.$_{a1,k}$ *Con.* corn.$_{a1,k}$ *Crot-c. Daph.*$_{br1,k}$ *Eup-per.*$_{a1,k}$ eupi.$_{a1,k}$ *Ferr-p. Glon.* **Graph.** grat. helo. helon.$_{a1,hr1}$ hep. *Hyper.*$_{a1,k}$ *Kali-i.*$_{a1}$ **Lach.** laur.$_{a1,k}$ lepi. mag-s.$_{a1,k}$ *Med. Merc-i-r.*$_{a1,k}$ *Mez. Mur-ac.* nat-c. nat-m. nat-p. *Nat-s. Nux-m.*$_{a1,k}$ *Ph-ac. Phos.* podo.$_{a1,k}$ ptel.$_{a1}$ rhus-r. **Sulph.** tarent.$_{a1,k}$ thea tub.$_{c1,wd}$
 • **morgens**: podo.$_{a1,k}$
 • **nachts**:
  • **23** h: **Merc-i-r.**
 • **Denken**, beim: *Nat-s.*
 • **Druck** amel.: eup-per.
 • **Hand** aufgelegt wird; wenn die: lac-v.$_{rb2}$
 • **kalt**:
  • **Anwendungen**, kalte:
   • **amel.**: sulph.$_{k2}$
 • **Kummer**, nach: *Calc. Ph-ac. Phos.*
 • **Menopause**; während der: carb-an.$_{vh}$ cimic.$_{vh}$ croc.$_{vh}$ **Lach.** *Sulph.*$_{vh}$
  • **Prolaps**, mit: *Lach.*$_{vh}$ sep.$_{vh}$
 • **Menses**, während: ferr-p.$_{k2}$ *Nat-s. Sulph.*
 • **Stellen**, an kleinen: *Arn. Graph. Mez.*
 • **warme** Anwendungen amel.: *Kali-bi. Kali-i.*
– **Schläfen**: berb.$_{a1,k}$ bond.$_{a1}$ euph.$_{a1,k}$ glon.$_{a1,k}$ hura ign.$_{a1,k}$ lyc. merl.$_{a1,k}$ nat-n.$_{a1}$ ol-an.$_{a1,k}$ phel.$_{a1,k}$ podo.$_{a1,k}$ upa.$_{a1}$
 • **kalten** Wangen, mit: berb.
– **Seiten**: am-m.$_{a1,k}$ calc.$_{a1,k}$ caust.$_{a1,k}$ cinnb.$_{a1,k}$ cycl.$_{a1,k}$ kali-bi.$_{a1,k}$ petr.$_{a1,k}$ phel. pic-ac.$_{a1,k}$ tarent.$_{a1,k}$ til.$_{a1,k}$
 • **rechts**, abends: am-m.$_{a1,k}$
 • **eine** Seite: kali-c.$_{k2}$
 • **Hitzewallungen**: kali-bi.
– **Stirn**: *Acon.*$_{hr1,k,*}$ aeth.$_{a1,k}$ *Alum.* alum-p.$_{k2}$ am-m.$_{a1,k}$ androc.$_{srj1}$ ang.$_{a1,k}$ ant-t.$_{a1,k}$ **Apis** *Ars.*$_{a1,k}$ ars-s-f.$_{k2}$ arum-d.$_{a1}$ arund.$_{a1}$ asaf. asar. aur-m.$_{k2}$ bad. bapt.$_{hr1,k,*}$ bart.$_{a1}$ **Bell.**$_{a1,k}$ brom.$_{a1,k}$ calc.$_{a1,k}$ calc-s. calc-sil.$_{k2}$ camph.$_{hr1,k,*}$ canth. carb-an.$_{a1,k}$ *Carb-v.*$_{a1,k}$ carbn-s. caust. cham.$_{h,kl}$ chel. chin.$_{a1,k}$ chinin-ar. choc.$_{srj3}$ cimic.$_{a1,k}$ cinnb.$_{a1,k}$ clem.$_{a1,k}$ coc-c. cocc. colch.$_{hr1,k}$ coloc. croc. crot-h. cupr.

- **Stirn**: ...
  cycl.$_{a1,k}$ digin.$_{a1}$ dor.$_{a1}$ elat.$_{hr1}$ euph.$_{a1,k}$ euphr.$_{a1,k}$ eupi.$_{a1,k}$ ferr-i.$_{k2}$ ferul.$_{a1}$ fl-ac.$_{a1,k}$ form.$_{a1}$ gels. gins.$_{a1,k}$ *Glon.*$_{hr1,k,*}$ gran.$_{a1,k}$ graph.$_{a1,k}$ grat. gymno. hell.$_{a1,k}$ hep. hydr.$_{a1,k}$ hyos.$_{a1,k}$ ind.$_{a1,k}$ indg.$_{a1,k}$ jatr-c. kali-ar. kali-bi.$_{a1,k}$ kali-c.$_{h,k,*}$ kali-n.$_{a1,k}$ kali-p. *Kali-s.* kali-sil.$_{k2}$ kreos. *Lach.*$_{hr1,k}$ lact.$_{a1,k}$ laur.$_{a1,k}$ led.$_{a1,k}$ lob-s.$_{a1}$ lyc.$_{a1,k}$ mag-m.$_{a1,k}$ mag-s. manc.$_{a1,k}$ merc. merc-c.$_{a1,k}$ *Mez.*$_{hr1,k,*}$ nat-ar. *Nat-c.* nat-m. nat-p. nicc. nit-s-d.$_{a1}$ *Nux-m.* **Nux-v.**$_{hr1,k}$ ol-an.$_{a1,k}$ op.$_{a1,k}$ petr.$_{a1,k}$ ph-ac. phel.$_{a1,k}$ *Phos.*$_{a1,k}$ phys. pic-ac.$_{a1,k}$ ptel.$_{a1,hr1}$ *Puls.*$_{a1,k}$ ran-b. rat.$_{a1,k}$ rhus-r. *Sabad.*$_{hr1,k,*}$ sapin.$_{a1}$ sedi.$_{a1}$ senec.$_{hr1,k,*}$ sep.$_{a1,k}$ sil. sin-n.$_{a1,hr1}$ spong.$_{a1,k}$ *Stann.* staph. *Stram.*$_{hr1,k}$ *Sulph.*$_{a1,k}$ sumb.$_{a1}$ tarax. tarent.$_{a1,k}$ tax. tell.$_{a1,k}$ thuj.$_{a1,k}$ til.$_{a1,k}$ vario.$_{a12,hr1}$ verat.$_{a1,k}$ viol-o.$_{hr1,k,*}$ zinc. zinc-p.$_{k2}$
  - **morgens**: am-m.$_{a1,k}$ ant-c.$_{a1,k}$ ant-t.$_{a1,k}$ cycl.$_{a1,k}$ indg.$_{a1,k}$ kali-n.$_{h,kl}$
  - **vormittags**: calc.$_{a1,k}$ carb-an.$_{a1,k}$ nat-c.$_{a1,k}$ thuj.$_{a1,k}$
  - **mittags**: zinc.$_{a1,k}$
  - **nachmittags**: chinin-s. ip.$_{a1,k}$ nicc.$_{a1,k}$ sep.$_{a1,k}$ spong.$_{a1,k}$
  - **abends**: canth.$_{a1,k}$ gran. hell.$_{a1}$ ip.$_{h,kl}$ lyc.$_{a1,k}$ mag-m.$_{a1,k}$ nat-c.$_{a1,k}$ ran-b.$_{a1,k}$ sep.$_{h,kl}$
    - **Schreiben**, beim: *Ran-b.*
  - **nachts**: ang.$_{a1,h,*}$ ph-ac.$_{a1,k}$ staph.$_{a1,k}$ til.$_{a1,k}$
  - ◈ **abwechselnd** mit Kälte: staph.$_{h,kl}$
  - **abwechselnd** in einem der Stirnhöcker: lact.
  - **Frösteln**, beim: asaf.$_{a1,k}$ asar.$_{h,kl}$ sep.$_{a1,k}$
  - **Frost**:
    - **während**: ars.$_{h,kl}$
    - **nach**: caust.$_{h,kl}$
  - **Gehen**, beim: digin.$_{a1}$ mez.$_{a1,k}$
  - **kalt**:
    - **Berührung**; aber kalt bei: mag-m.$_{h}$
    - **Luft** amel.; kalte: alum. **Apis** *Phos.*
  - **Kälte**, mit:
    - **Extremitäten**, der: chin.$_{h}$
    - **Hände** und Füße; der: camph.$_{h}$
  - **Kopfschmerzen**, mit: sil.$_{h}$
  - **Mittagessen**, nach: alum.$_{a1,k}$ caust.$_{h,kl}$ *Cor-r.*$_{hr1}$
  - **Schreiben**, beim: kali-c.$_{h,k,*}$ ran-b.$_{a1}$
  - **warm**:
    - **Wasser** innen herabrinnen würde; als ob warmes: glon.
    - **Wind**; wie durch warmen: staph.$_{h}$
  - **Wärmegefühl** in der Mitte der Stirn, dann Kühle wie durch Zugluft: laur.
  - **wiederkehrend**: granit-m.$_{es1}$
- ○ **Seite** der Stirn: ph-ac.$_{h,kl}$

Hohl, wie
☞ *Leeregefühl*

Hut:
- **agg.**: calc-p.$_{pd}$ carb-v.$_{pd}$ crot-c.$_{pd}$ mez.$_{pd}$ nit-ac.$_{pd}$ sil.$_{pd}$
- **Abneigung** gegen das Tragen von Hüten ●: carb-an. *Iod.* *Led.* *Lyc.*$_{k,kl2}$●
  ☞ *Warme Bedeckungen*

Hut: ...
- **empfindlich** gegen Hüte
  ☞ *Empfindlichkeit - Hut*
- **Gefühl** eines Hutes: calc.$_{c1}$ calc-s.$_{c1}$

Hydrozephalus: abrot.$_{bg2}$ acon.$_{bg2,k}$ am-c. **Apis**$_{c2,k}$ apoc.$_{bg2,k,*}$ arg-n.$_{bg2}$ *Arn.*$_{bg2}$ *Ars.*$_{bg2,k}$ ars-i.$_{bg2}$ art-v.$_{c2}$ *Aur.* aur-ar.$_{k2}$ aur-s.$_{k2}$ *Bac.*$_{c2}$ bar-c.$_{bg2}$ bell.$_{bg2,k,*}$ *Bry.*$_{bg2,k,*}$ **Calc.**$_{bg2,k,*}$ calc-i.$_{k2}$ *Calc-p.*$_{bg2,k}$ calc-sil.$_{k2}$ canth.$_{bg2}$ carb-ac.$_{c2,k}$ caust.$_{bg2}$ cina$_{k2}$ *Con.*$_{bg2,k}$ crot-h.$_{bg2}$ cupr.$_{bg2}$ cupr-act.$_{c2}$ cypr.$_{br1,bro1}$ cyt-l.$_{c2}$ *Dig.*$_{bg2,k,*}$ *Ferr.*$_{c2,k}$ ferr-i. galv.$_{c2}$ grat.$_{c2}$ *Hell.*$_{bg2,k,*}$ *Hyos.*$_{bg2,k}$ ign.$_{bg2}$ indg. *Iod.*$_{bg2,k,*}$ iodof.$_{c2}$ *Ip.*$_{bg2}$ *Kali-i.*$_{bg2,k}$ kali-p. lach.$_{bg2,k}$ *Lyc.*$_{k,kl2}$● mag-m. *Merc.*$_{bg2,k}$ *Nat-m.* nux-v.$_{bg2}$ *Op.*$_{bg2,k}$ ph-ac. *Phos.*$_{bg2,k,*}$ plat. *Puls.* rhus-t.$_{bg2}$ samb.$_{bg2,k}$ **Sil.**$_{bg2,k}$ sol-ni.$_{c2}$ spig.$_{bg2}$ squil.$_{bg2}$ *Stram.*$_{bg2,k}$ *Sulph.*$_{bg2,k,*}$ thuj.$_{bg2}$ tub.$_{st}$ verat.$_{bg2}$ viol-t.$_{bg2}$ zinc.$_{bg2,k,*}$ zinc-br.$_{c2}$ *Zinc-m.*$_{c2}$
- **Diarrhoe**; als Folge lange anhaltender, erschöpfender: cypr.$_{bro1}$
- **liegt** mit tief gelagertem Kopf: apis merc. sulph. zinc.
- **pränatale** Therapie für die Schwangere
  ☞ ❑ *Allgemeines - Krankengeschichte - Hydrozephalus*
- **Schweiß**, mit: merc.

Hyperästhesie
☞ *Empfindlichkeit*

Jucken der Kopfhaut: abrot.$_{hr1,k,*}$ acon.$_{a1,k}$ *Agar.*$_{bg2,k,*}$ agn.$_{bg2,k,*}$ *Alum.*$_{bg2,k,*}$ alum-p.$_{k2}$ alum-sil.$_{k2}$ *Am-c.*$_{bg2,k,*}$ *Am-m.*$_{bg2,k,*}$ ammc.$_{a1}$ anac.$_{bg2,k,*}$ anag. anan. *Ant-c.*$_{bg2,k}$ *Apis* aq-pet.$_{a1}$ arg-met.$_{k2}$ *Arg-n.*$_{bg2,k,*}$ arn.$_{a1,bg2}$ ars.$_{bg2,k,*}$ ars-i. ars-s-f.$_{k2}$ arund. asar.$_{bg2,h,*}$ aur.$_{bg2,k,*}$ aur-ar.$_{k2}$ aur-i.$_{k2}$ aur-s. bad.$_{a1,k}$ bamb-a.$_{stb2}$ **Bar-c.**$_{bg2,k,*}$ bar-s.$_{k2}$ bell.$_{bg2}$ benz-ac.$_{a1,k}$ berb.$_{a1,k}$ bond.$_{a1}$ *Bov.*$_{bg2,k,*}$ bry.$_{bg2,k,*}$ **Calc.**$_{bg2,k,*}$ calc-i.$_{k2}$ calc-p.$_{bg2}$ **Calc-s.** calc-sil.$_{k2}$ calen.$_{a1}$ caps.$_{bg2,k}$ *Carb-ac.*$_{a1,k}$ *Carb-an.*$_{bg2,k,*}$ *Carb-v.*$_{bg2,k,*}$ **Carbn-s.** *Caust.*$_{h,k,*}$ cench.$_{k2}$ cham.$_{bg2}$ chel.$_{bg2}$ chin.$_{bg2,h,*}$ choc.$_{srj3}$ *Clem.*$_{a1,k}$ cob.$_{a1,k}$ cod.$_{a1}$ coff.$_{a1,k}$ coloc.$_{a1,k}$ com.$_{a1,k}$ con.$_{bg2,k,*}$ corn.$_{a1,k}$ *Crot-h.*$_{bg2,k,*}$ crot-t.$_{bg2}$ cupr-ar.$_{a1,k}$ *Cycl.*$_{bg2,k,*}$ daph.$_{a1,k}$ dig.$_{bg2,k,*}$ *Dros.*$_{bg2,k,*}$ elaps eup-pur.$_{a1,k}$ fago.$_{a1,k}$ ferr.$_{a1,k}$ ferr-ar. ferr-i. ferr-p. *Fl-ac.*$_{a1,k}$ *Form.*$_{a1,k}$ gels.$_{a1,c1}$ granit-m.$_{es1}$ **Graph.**$_{bg2,k,*}$ grat.$_{bg2,k2,*}$ *Hep.*$_{bg2,k}$ hura hydrog.$_{srj2}$ ind.$_{a1,k}$ iod.$_{a1,k}$ jug-c.$_{a1,k}$ jug-r.$_{a1,k}$ *Kali-ar.* kali-bi.$_{bg2,k}$ kali-c.$_{bg2,k,*}$ kali-chl.$_{a1,k}$ kali-i. kali-n.$_{a1,h}$ kali-p. *Kali-s.* lach.$_{bg2,k,*}$ *Laur.*$_{bg2,k,*}$ led.$_{h}$ **Lyc.**$_{bg2,k,*}$ mag-c.$_{bg2,k,*}$ mag-m.$_{bg2,k,*}$ manc.$_{a1,k}$ *Med.* meph.$_{a1,k}$ *Merc.*$_{bg2,k,*}$ merc-c.$_{a1,k}$ merc-d.$_{a1}$ *Merc-i-f.*$_{a1,k}$ merc-sul.$_{a1,k}$ **Mez.**$_{bg2,k,*}$ mosch.$_{bg2}$ mur-ac.$_{a1,bg2}$ **Nat-m.**$_{bg2,k,*}$ nat-s.$_{k2}$ nit-ac.$_{bg2,k}$ nux-v.$_{bg2,k,*}$ ol-an.$_{a1}$ *Olnd.*$_{bg2,k,*}$ paeon.$_{a1,k}$ par.$_{bg2,k,*}$ ped.$_{a1}$ pen.$_{a1}$ *Petr.*$_{bg2,k,*}$ ph-ac.$_{bg2,k,*}$ *Phos.*$_{bg2,k,*}$ pic-ac.$_{bg2}$ plan.$_{a1}$ puls.$_{bg2}$ ran-s.$_{bg2,k,*}$ rat.$_{a1,k}$ rhod.$_{bg2,k,*}$ rhus-t.$_{bg2,k,*}$ *Ruta* *Sabad.*$_{bg2,k,*}$ sarr. *Sars.*$_{bg2,k,*}$ sel.$_{bg2,k}$ seneg.$_{bg2}$ *Sep.*$_{bg2,k,*}$ *Sil.*$_{bg2,k,*}$ spig.$_{bg2}$ spira.$_{a1}$ *Spong.*$_{bg2,k}$ *Staph.*$_{bg2,k,*}$ stry.$_{a1,k}$ *Sul-ac.*$_{bg2,k,*}$ sul-i.$_{k2}$ **Sulph.**$_{bg2,k,*}$ tab.$_{a1,k}$ tarax.$_{bg2,k}$ *Tarent.*$_{a1,k}$ *Tell.*$_{a1,k}$

Jucken der Kopfhaut: ...
thuj.$_{bg2,k}$ til.$_{a1,k}$ verat.$_{bg2,k,*}$ vichy-g.$_{a1}$ vinc.$_{a1,k}$ wies.$_{a1}$ yuc.$_{a1}$ zinc.$_{bg2,k,*}$ zinc-p.$_{k2}$ zing.$_{a1}$
– **tagsüber**: hydr.$_{a1,k}$ **Olnd.**$_{a1,k}$
– **morgens**: *Agar.* bov.$_{a1,k}$ hipp.$_{a1}$ *Kali-c.* kali-p. kali-s. lyc.$_{a1,k}$ lyss.$_{a1,k}$ mag-c.$_{a1,k}$ meph.$_{a1,k}$ ol-an.$_{a1,k}$ plan.$_{a1,k}$ seneg.$_{a1,k}$ staph.$_{a1,k}$ *Sulph.*$_{a1,k}$ zinc. zing.$_{a1}$
– **vormittags**: mag-c.$_{a1,k}$ sabad.
– **nachmittags**: aq-pet.$_{a1}$ fago.$_{a1}$ sep.$_{a1,k}$
• **14** h: chel.
– **abends**: agn. aq-pet.$_{a1}$ arg-n. calc. calc-p.$_{a1,k}$ *Carb-v.* chinin-s. *Cycl.* mag-c.$_{a1,k}$ mez.$_{h,kl}$ ph-ac.$_{h,kl}$ rhod. *Sel.*$_{k,st}$ sep.$_{bg1,bg2}$ staph. *Sulph.* ther.$_{a1,k}$
– **nachts**: agar.$_{a1,k}$ ars.$_{a1,k}$ aur-s.$_{a1,k}$ *Calc.*$_{a1,k}$ cob.$_{a1,k}$ cupr-ar.$_{a1,k}$ hyper.$_{a1,k}$ kali-p. *Mez.* nuph.$_{a1}$ **Olnd.**$_{a1,k}$
• **3** - 5 h: kali-p.
– **Abkühlung**, bei: ars. sulph.$_{k2}$
– **beißend**: agar. agn. arg-n.$_{a1}$ *Mez.* puls.$_{a1,k}$ rhus-t.$_{a1,k}$ staph.$_{a1,k}$ thuj. verat.$_{h,kl}$ vinc. wies.$_{a1}$
– **blutet**; muß kratzen bis es: alum. bov. carb-an. mur-ac. *Sabad.*
– **brennend**: ars. berb. *Calc.*$_{a1,k}$ calc-s.$_{k2}$ caps. dros. *Hep.* kali-c.$_{a1,k}$ *Mez. Ruta* sabad. *Sil.* spirae.$_{a1}$ vinc.
– **Bücken**; beim: mang.$_{a1}$
– **Einschlafen**, beim: agn.
– **Entkleiden**, beim: ars.
– **Gehen** im Freien; beim: calc.$_{a1,k}$
– **Hautausschläge**:
• **ohne**: ars-i.$_{k2}$
– **heftig**: am-c.$_{a1}$ anac.$_{a1}$ crot-h.$_{a1}$ hera.$_{a1}$ merc-sul.$_{a1}$ nuph.$_{a1}$ rhod.$_{a1}$ sabad.$_{a1}$
– **innerlich**: tarax.$_{h,kl}$
– **intensiv**
☞ *heftig*
– **Kopfschmerzen**, nach: sep.$_{h,kl}$
– **Kratzen**:
• **agg.**: *Calc. Lyc.* **Phos.** *Sil.*
• **amel.**: agar.$_{a1,k}$ agn.$_{a1}$ bar-c.$_{a1,k}$ caps.$_{a1,k}$ caust. cench.$_{k2}$ mag-c.$_{a1,k}$ mez.$_{a1,k}$ nat-m.$_{a1,k}$ ol-an.$_{a1,k}$ *Olnd.*$_{a1,k}$ ph-ac.$_{a1,k}$ ran-s.$_{a1,k}$ ruta$_{h}$ sabad. sars.$_{a1,k}$ thuj.
• **muß** kratzen: granit-m.$_{es1}$
• **nicht** amel. nach: bov. calc. carb-an. mur-ac.$_{h,kl}$ sars.$_{h,kl}$
• **wechselt** den Ort nach Kratzen: *Cycl. Mez.* sars. staph.
– **kriechend**: *Arg-n.* lach. led.$_{a1,h}$ sil.$_{a1,k}$
– **Liegen**, beim: mez.
– **plötzlich**: ph-ac.$_{a1,k}$
– **Reiben**
• **agg.**: staph.$_{h}$
• **amel.**: *Dros.* nat-m.
– **Schmerz**:
• **während**: sabad.$_{bg1}$
• **nach**: sep.$_{bg1}$
– **schmerzhaft**: ars.
– **Schwitzen**, beim: sabad.
– **stechend**, fein: caust.$_{h,kl}$ mez.$_{h,kl}$ sars.$_{h,kl}$
– **Stellen**, an einzelnen: sil. zinc.$_{h,kl}$
– **wandernd**: bar-c.$_{a1,k}$ mag-c.$_{a1,k}$ mosch.$_{a1,k}$

Jucken der Kopfhaut: ...
– **warm**:
• **Bett** agg.; im: bov. *Calc. Carb-v.* lyc. *Mez. Sil.* staph. *Sulph.*
• **Körperübungen**; bei Erwärmung durch: **Lyc.** sabad.
• **Warmwerden** des Kopfes; beim: *Bov.* mez. sabad. *Sanic.* staph.
– **Wetter**:
• **nassem** Wetter, bei: *Mag-c.*
• **regnerischem** Wetter, bei: *Mag-c.*
– **wund**: zinc.$_{h,kl}$
• **Kratzen**, nach: petr.$_{h,kl}$ sil.$_{h,kl}$
– **wundfressend**: ars.$_{h,kl}$ caps.$_{h,kl}$ con.$_{h,kl}$ ruta$_{h}$ sep.$_{h,kl}$ staph.$_{h,kl}$
○ **Hinterkopf**: *Am-c.*$_{a1,k}$ ars.$_{h,kl}$ borx.$_{h}$ calc.$_{a1,k}$ calc-sil.$_{k2}$ *Chel.*$_{a1,k}$ cinnb.$_{a1,k}$ fago.$_{a1,k}$ iodof.$_{a1}$ kali-c.$_{a1,k}$ kiss.$_{a1}$ mez.$_{a1,k}$ paull.$_{a1}$ sars.$_{a1,k}$ *Sep.* **Sil.**$_{a1,k}$ *Staph.*$_{bg2,k}$ **Sulph.**$_{bg2,k,*}$ tell.$_{a1,k}$ thuj.$_{a1,k}$
• **morgens**: *Sulph.*$_{a1,k}$
• **abends**: sep.$_{a1,k}$ *Staph.* stront-c.
• **Kratzen**:
• **agg.**: *Staph.*$_{a1,k}$
• **amel.**: chel.$_{a1,k}$ menth-pu.$_{a1}$ ruta
• **warmes** Zimmer agg.: fago.$_{a1,k}$ sulph.
○ **Ohren**:
○ **hinter** den: graph.$_{bg1,bg2}$ olnd.$_{bg1,bg2}$ rhus-t.$_{bg1,bg2}$ sabad.$_{bg1,bg2}$ sep.$_{bg1,bg2}$ staph.$_{bg1,bg2}$ sulph.$_{bg1,bg2}$
– **Scheitel**: graph.$_{bg1,bg2}$ grat.$_{a1}$ hyper.$_{a1}$ ind.$_{a1}$ manc.$_{a1}$ mez.$_{a1}$ mur-ac.$_{a1}$ pimp.$_{a1}$ sabad.$_{a1}$ sep.$_{a1,h}$ tell.$_{a1}$ zinc.$_{a1}$
– **Schläfen**: kali-p.$_{k2}$
• **rechte** Schläfe: graph.$_{h}$
– **Seiten**: pall.$_{c1}$
• **eine** Seite: dig.$_{c1}$
• **links**: sil.$_{h,kl}$ spig.$_{h,kl}$
• **rechts**: mang.$_{h,kl}$ sars.$_{h,kl}$
– **Stirn**: agar.$_{a1,k}$ alum. alum-p.$_{k2}$ am-m.$_{a1,k}$ ambr. anac.$_{a1,k}$ androc.$_{srj1}$ ars.$_{a1,k}$ arund.$_{a1}$ aur-m.$_{a1,k}$ bell.$_{a1,k}$ berb.$_{a1,k}$ bov.$_{a1,k}$ canth.$_{a1,k}$ caps.$_{a1,k}$ carb-an. carb-v. caust.$_{h,k,*}$ cham.$_{a1,k}$ chel.$_{a1,k}$ choc.$_{srj3}$ clem.$_{a1,k}$ con.$_{a1,k}$ fl-ac.$_{a1,k}$ form.$_{a1}$ gamb.$_{a1,k}$ gels.$_{a1}$ gran.$_{a1,k}$ hura hyper.$_{a1,k}$ jug-r.$_{a1}$ *Kali-bi.* lach.$_{a1,k}$ laur.$_{a1,k}$ led.$_{a1,k}$ lyc.$_{a1,k}$ mag-c.$_{a1,k}$ merc.$_{a1,k}$ nat-m.$_{a1,k}$ ol-an.$_{a1,k}$ olnd.$_{a1,k}$ pall. ped.$_{a1}$ petr.$_{a1,k}$ phos. *Rhus-t.*$_{a1,k}$ rhus-v.$_{a1}$ samb.$_{a1,k}$ sars.$_{a1,k}$ sil.$_{a1,k}$ spig.$_{a1,k}$ squil.$_{a1,k}$ *Sulph.*$_{a1,k}$ tab.$_{a1,k}$ tus-p.$_{a1}$ verat.$_{a1,k}$ vichy-g.$_{a1}$
• **abends**: *Sulph.*$_{a1,k}$ zinc.$_{a1,k}$
• **brennend**: *Kali-bi.*
• **Freien** amel., im: gamb.
• **Kratzen**:
• **amel.**: bov. mag-c. squil.
• **Menses**; juckender Hautausschlag vor: sars.
• **Mittagessen**, beim: hep.$_{a1,k}$ mag-c.$_{a1,k}$ sulph.$_{a1,k}$
• **Reiben** amel.: ol-an.$_{a1,k}$ samb.$_{a1,k}$ tab.$_{a1,k}$
• **wundfressend**: con.$_{h,kl}$ ph-ac.$_{h,kl}$

Kahlköpfigkeit
☞ *Haar - Kahlköpfigkeit*

Kälte, Frösteln etc.: abrot. acon. **Agar.** agn. alum. alum-p.$_{k2}$ alumn. am-c. ambr. anan. ant-c. apis *Arn.* *Ars.* ars-i. asaf. asar. *Aur.* bar-c. bar-i.$_{k2}$ bar-s.$_{k2}$ **Bell.** benz-ac. borx. **Calc.** calc-ar.$_{k2}$ calc-i.$_{k2}$ calc-p. calc-s. calc-sil.$_{k2}$ *Cann-s.* caps. carb-an. *Carb-v.* carbn-s. chel. chinin-ar. chlor. choc.$_{srj3}$ cimic. cist. coca cocc. *Colch.* *Con.* *Croc.* cupr. dios. dulc. eup-per. ferr. ferr-ar. ferr-i. ferr-p. gels. gins. glon. *Graph.* grat. ham. hura hyper.$_{bg3}$ ind. iod. iris$_{c1}$ kali-ar. *Kali-c.* kali-p. kali-s. kali-sil.$_{k2}$ kreos. *Lach.* lachn. lact. *Laur.* *Lyc.* mag-m. mag-s. mang. *Meny.* *Merc.* **Merc-c.** merc-i-r. morph. mosch. naja *Nat-m.* *Nit-ac.* nux-v. olnd. ph-ac. phel. *Phos.* phyt. psor.$_{k2}$ raph. **Rhus-t.** rhus-v. rumx. *Ruta* sabad. *Sanic.* *Sep.* *Sil.* **Stann.** staph. **Stront-c.** stry. sul-i.$_{k2}$ *Sulph.* sumb. *Tarent.* thea til. valer. *Verat.* *Verat-v.*$_{bg3}$ verb. vip. zing.
– **morgens**: cedr. dios. lact. sumb. *Tarent.*
– **nachmittags**: ars.$_{h}$ *Arum-t.* gamb. gels. ol-an. valer.
– **abends**: alum. ars-i. dulc. hyper. kreos. merc. stry. *Sulph.* zinc.
– **nachts**: cimic. lyc. mang. *Phos.* *Sep.* stront-c.
◈ **abwechselnd** mit Hitze: bell. calc. gels.$_{hr1}$ kali-n.$_{h}$ merc. *Phos.* verat.
– **Bedecken**:
• **amel.**: *Aur.* grat. kali-i. mag-m.$_{k2}$ nat-m. sanic.
• **selbst** wenn bedeckt: mang.
– **beginnt** im Kopf: *Bar-c.* nat-m. stann.
• **breitet** sich vom Kopf aus: mosch. valer.
– **Bewegung**, bei: chel. sep.
– **Blutandrang**, mit: glon.
– **Brennen**, nach: sulph.
– **Bücken** agg.: alum. sep.
– **Druck** des Hutes; durch den: valer.
– **einhüllen**; muß den Kopf: calc.$_{k2}$
– **eisige** Kälte: *Agar.* *Ars.* bar-c. **Calc.** calc-p. ind. laur. nux-v. phos. *Sep.* valer. verat.$_{k2}$
– **Erhitzung**, durch: **Carb-v.**
– **Fahren** oder Reiten, nach: lyc.
– **Frühstück**, nach dem: arn.
– **Gehen** amel.: gins.
– **Hand** berührt; wie mit einer eiskalten: hyper.$_{bro1,c1}$
– **Hitze**, mit: androc.$_{srj1}$ chin. puls. verat.$_{h}$
– **innerlich**: arn. bell. **Calc.** staph.$_{h}$
– **kalt**:
• **Luft**, kalte:
• **agg.**: calc.$_{k2}$ grat.$_{k2}$
• **strömen**; als würde kalte Luft über das Gehirn: anan. meny. *Petr.* *Sanic.*
• **wie** durch: acon. arg-n. cimic.$_{k2}$ *Laur.* nat-m. petr.
• **Schmerz** läuft die Mittellinie zum Scheitel hinauf und zum Ohr hinunter; kalter, kühlender: lac-f.$_{c1}$
• **Tuch** um das Gehirn; wie ein kaltes: glon. *Sanic.*
– **Kopfschmerzen**, bei: *Ars.* ars-s-f.$_{k2}$ calc.$_{bro1}$ calc-act.$_{bro1}$ sep.$_{bro1}$ sulph. verat.$_{bro1}$
– **Kratzen**, nach: *Agar.*
– **Liegen** amel.; im: calc.
– **Luft**:
• **Freien**, im: *Ars.* phos.
• **amel.**: *Laur.* sep.
– **Menses**, während: ant-t. calc. mag-s. sep. sulph. *Verat.*
– **Schmerzen**, mit: *Gels.* *Phos.*
– **schmerzhafte** Teile: *Kali-i.*
– **Schweiß**, mit: merc-c.
• **Körpers**, des: phos.$_{h}$
– **Sitzen**, im: mez.
– **Stelle**; wie eine kalte: choc.$_{srj3}$ sulph.
– **Stuhlgang**:
• **vor**: carb-an.
• **während**: staph.$_{h}$
• **nach**: plat.
– **warmes** Zimmer: *Laur.* merc-i-r. tarent.
– **Wasser**; wie durch kaltes: *Cann-s.* carb-an.$_{h}$ croc. cupr. glon. sabad. *Tarent.*
– **Wind**, wie durch: verat.$_{bg1}$
○ **Hinterkopf**: acon. agar. aloe alum. alum-p.$_{k2}$ alum-sil.$_{k2}$ berb. *Calc.* **Calc-p.** calc-sil.$_{k2}$ cann-i. **Chel.** chinin-s. coc-c. *Dulc.* echi. gels. gins. *Kali-n.* nux-m. *Phos.* plat. podo. sep.$_{st}$ sil. tarent. thea verat.
• **linke** Seite: cocc.$_{h}$ echi.$_{ptk1}$
• **rechte** Seite: *Form.*$_{bg2,k}$ lach.$_{bg1,k2,*}$
• **abends**: alum. *Dulc.*
• **erfroren**, wie: gels. nux-v. *Sep.*
• **Luft**, wie kühle: acon.
• **steigt** wie kalte Luft vom Hals auf: **Chel.** sep.
• **Wetter**, bei naßkaltem: *Dulc.*
– **Scheitel**: agar. am-c. arn. *Arum-t.* aur-m. *Bry.* calc. **Calc-p.** calc-s. calc-sil.$_{k2}$ elec.$_{wd}$ ferr-p. grat. kali-c. kali-i. kali-s. kali-sil.$_{k2}$ *Laur.* mang. myric. *Nat-m.* plat. psor. *Sep.* *Sil.* sul-i.$_{k2}$ sulph. tarent. valer. **Verat.**
• **nachmittags**: *Arum-t.*
• **bedeckt**, selbst wenn: mang.
• **Bewegung**, bei: sep.
• **Bücken**, beim: sep.
• **eisige** Kälte: agar. arn. *Laur.* valer. *Verat.*
• **bedeckt**, wenn: valer.
• **Menses**, während: *Sep.* sulph. *Verat.*
• **Stellen**, an einzelnen: mang. *Sulph.*
• **kleinen**: mang.
• **unbedeckt**; als sei der obere Teil: arum-t.
• **warmen** Zimmer, im: *Laur.*
• **Wasser**; wie durch kaltes: tarent.
▽ **erstreckt** sich zum Sakrum: acon.
– **Schläfen**: bell. *Berb.* gamb. merc-c. ol-an. ph-ac. plat. rhod. tarent.
• **rechts**: berb. tarent.
– **Seiten**: *Asar.* bar-c. *Calc.* cann-s. *Con.* croc. kali-bi. lach. lob. phos. tarent. verat.
• **eine** Seite: *Calc.* con. lach. ruta$_{h}$
• **links**: lach. phos.
• **rechts**: am-m.$_{h}$ bar-c. *Calc.* verat.
• **abends**: alum. *Dulc.*
• **fühlt** sich jedoch brennend heiß an: bar-c. *Calc.*
• **Stellen**, an kleinen: croc.
○ **über** dem Ohr: asar.

– **Seiten**: ...
 • **Wärme** amel.: lach.
– **Stirn**: acon. *Agar.* anac. arn. *Ars.* bell. calc-p.$_{k2}$ calc-s.$_{k2}$ *Camph.* carbn-s. cedr. cham. chin. chinin-ar. cimic. cinnb. cist. coff. colch. gels. glon. *Graph.* *Hep.* hydr-ac. hyper. *Lachn.*$_{hr1,k}$ *Laur.* lyc. mag-m. merc. mez. mosch. nat-m.$_{k2}$ oena. ph-ac. phel. puls. ran-s. rhus-t.$_{hr1,kr1}$ staph. sul-ac. sulph. tarent. verat. *Zinc.* zinc-p.$_{k2}$
 • **einseitig**: spig.$_{h}$
 • **morgens**: cedr.
 • **nachmittags**: nat-ar.
 • **abends**: hyper. sulph. zinc.
 • **nachts**: lyc.
 ◇ **abwechselnd** mit Hitze: spig.$_{h}$ staph.$_{h}$
 • **äußerlich**: cinnb. cist. gels. laur. sulph.
 • **Eis**, wie durch: agar. glon. lachn.$_{c1}$ laur.
 • **Hitze**:
  • **während**: chin. puls. zinc.$_{h}$
  • **äußerlicher** Hitze, mit: agar.
 • **Kopfschmerzen**, bei: ars-s-f.$_{k2}$
 • **Luft**:
  • **kalte** Luft durchdringt die Stirn schmerzhaft: zinc.
  • **Luftzug**; wie durch einen: *Laur.* staph.$_{h}$
 • **Menses**, während: sulph.
 • **Schwindel**; mit: lachn.$_{c1}$
 • **Stellen**; wie kalte Finger an kleinen: *Arn.*
 • **warm**:
  • **wird** warm, wenn leicht bedeckt: sil.$_{a1}$
  • **Zimmer**, im warmen: cist. *Laur.*
○ **Gehirnbasis** heiß: zinc.$_{bro1,kr1}$

Kalte Luft; Kopf empfindlich gegen ●: acon.$_{a1}$ ant-c. *Ars.* *Bar-c.* *Bell.* benz-ac.$_{hr1,k,*}$ borx. brom.$_{a1,k}$ *Carb-an.* *Carb-v.* card-m. **Chin.** dulc.$_{st}$ eup-per. ferr-p. *Graph.* grat.$_{a1,k}$ **Hep.** hyos. kali-ar. *Kali-c.* kali-p. *Lach.* *Lyc.* mag-c.$_{h,k1}$ *Mag-m.* *Merc.* *Mez.*$_{a1,k}$ *Nat-m.* nux-m. **Nux-v.** *Phos.* *Psor.* *Rhus-t.* sanic. *Sep.* **Sil.** squil. *Stront-c.* thuj. zinc.
 ☞ *Luft - Luftzug*
– **morgens**: carb-v.
– **abends**: ant-c.
– **nachts**: *Phos.*
– **Gehen** in kalter Luft; beim: **Carb-v.**

Kappe; Gefühl einer über den Schädel gezogenen ●: acon.$_{bg1}$ apis *Arg-n.* asaf. *Berb.* **Carb-v.**$_{bg1,k}$ chinin-ar. coc-c. *Crot-c.* **Cycl.** *Graph.* hell. helo-s.$_{bg1}$ ip. kali-s.$_{bg1}$ *Lil-t.* *Lyss.* petr. pyrog. stry. sulph. zinc.
– **nachmittags**:
 • **16** h: calc-s.

Karies: arg-met. asaf. **Aur.** caps. *Fl-ac.* *Hep.* hippoz. *Nat-m.* **Nit-ac.** *Ph-ac.* **Phos.** **Sil.** *Staph.*
– **Processus** mastoideus; des
 ☞ ❑ *Ohr - Karies - Processus*

Kitzeln: ferr.$_{a1,k}$ phos.$_{a1,k}$
○ **Gehirn**: ferr.$_{bg2}$ laur.$_{bg2,k}$ phos.$_{bg2,k}$
 • **nachts**: hyper.$_{a1,k}$
– **Schläfen**: sep.$_{h}$
– **Stirn**: brom.$_{a1,k}$ ferr. mag-c.$_{h}$

Kleiner:
– **linke** Hälfte ist im Wachstum zurückgeblieben: fl-ac.$_{k2}$
– **scheint** kleiner: acon.$_{bg2,k,*}$ chel.$_{kr1}$ coff.$_{hr1,k}$ glon.$_{a1,bg2,*}$ *Grat.*$_{bg2,k,*}$ pic-ac.$_{a1,k}$
○ **Gehirn** scheint kleiner als der Schädel: acon. glon.
 • **entfernt**; zu weit vom Schädel: staph.
– **Kopfhaut** zu klein; Gefühl, als wäre die: stict.$_{c1}$

Klopfen, Schlagen im Kopf: am-c. ang.
 ☞ *Pulsieren*
– **Kugel** an den Schädel schlagen; als würde eine: plat.
○ **Gehirn** gegen den Schädel klopfen würde; als ob das ●: ars. chin. daph. glon. hydr-ac. laur. mez. nat-m. nux-m. rheum stann. sul-ac. sulph.
 • **Bewegung**, bei: nux-m. *Rhus-t.*

Klumpens, Knotens; Gefühl eines: ant-t. arn. bamb-a.$_{stb2}$ cham. chel. *Con.* *Staph.*$_{k,vh,*}$
– **Stirn**, in der: bamb-a.$_{stb2}$ cham. pip-m. staph.
 • **fällt** bei Bewegung in der Stirn nach vorne: cham.$_{rb2}$
 • **Augen**; über den:
  • **drückt** auf die Augen: bamb-a.$_{stb2}$

Knipsen im Scheitel bei jedem Schritt; ein: con.$_{h}$

Knisterndes, knackendes Gefühl: acon.$_{h,k,*}$ agar.$_{bg1,bg2,*}$ ars.$_{h,k}$ calc.$_{h,k,*}$ cann-s.$_{bg2}$ carb-v.$_{h,k,*}$ carl.$_{a1}$ cean.$_{bg1,bg2}$ cham.$_{h,k,*}$ con.$_{bg2,k}$ dig.$_{h,k,*}$ glon.$_{a1,k}$ kalm.$_{a1,k}$ *Merc.*$_{hr1}$ nux-m.$_{br1,c1}$ puls$_{bg2,k,*}$ sep.$_{h,k,*}$ spig.$_{h,k,*}$
– **abends**: acon. carl.$_{a1}$
– **Bewegung** agg.: acon.
– **Drehen** des Kopfes; beim: sep.$_{h,k,*}$
– **Ketten**; wie von
 ☞ *Geräusche*
– **Mittagsschlaf**, beim: dig.$_{h,k,*}$
– **Schauder**, mit: kalm.$_{a1,k}$
– **Schneuzen** der Nase; nach: hep.$_{a1,k}$
– **Sitzen**, im: carb-v. coff.
 • **amel.**: acon.
– **Wind**:
 • **kaltem** Wind; in: androc.$_{srj1}$
– **zerbrechen**; als würde etwas: sep.
○ **Gehirn**, im: calc.$_{bg2}$ coff.$_{bg2}$ puls.$_{a1,bg2}$
– **Hinterkopf**: agar.$_{a1}$ androc.$_{srj1}$ *Calc.*$_{h,k,*}$ carb-v.$_{h,k,*}$ *Sep.*
– **Scheitel**: *Coff.*$_{bg2,k,*}$ con.$_{bg2,k}$ kali-bi.$_{bg1,bg2}$
– **Seite**: acon.$_{bg2,k}$ androc.$_{srj1}$ arn. ars.$_{h,k1}$ calc.$_{bg2,k}$ cham.$_{h,k,*}$ coff.$_{h,k,*}$ *Hep.*$_{a1,k}$
– **Stirn**: acon.$_{h,k,*}$ spig.$_{h,k,*}$

Knochenbrüche (= Frakturen):
○ **Schädels**; des: *Calen.*$_{st1}$

Knoten in der Kopfhaut: *Coloc.*$_{vh}$ *Kali-i.*$_{vh}$ sil.$_{k2}$
– **Kopfschmerzen**, bei: kali-i.$_{c1}$ phos.$_{c1}$ sil.$_{c1}$

Konvulsionen der rechten Seite des Kopfes: mygal.

Kopflos zu sein; Gefühl: asar. aur-ar.$_{k2}$ calc-i. nit-ac.

Körper in der Stirn; ein heißer: kali-c.$_{h}$

Krabbeln, Kriechen; Gefühl von
☞ *Ameisenlaufen*

Kratzen am Kopf: nat-m.$_{h}$
– **Erwachen**, beim: calc.$_{bg2,h,*}$

Krebs:
○ **Schädels**; des: cadm-met.$_{gm1}$ hippoz.$_{gm1}$
• **Sarkom**: cadm-met.$_{gm1}$

Kribbeln: acet-ac.$_{a1,k}$ acon. am-c.$_{bg2,k}$ apis arg-met. arn. bar-c. cadm-s. calc.$_{bg2}$ caust.$_{a1,k}$ chel. choc.$_{srj3}$ cic. cocc. *Colch.* *Cupr.* hydrog.$_{srj2}$ hyos. laur. lil-t.$_{k2}$ lyc.$_{bg2}$ mag-c.$_{bg2}$ neon$_{srj5}$ nit-ac.$_{bg2}$ nux-m.$_{a1,k}$ *Nux-v.*$_{bg2}$ ph-ac.$_{bg2,k,*}$ phos.$_{a1,k}$ plat. puls. rheum *Rhus-t.*$_{bg2,k,*}$ sec. sel.$_{k2}$ sil.$_{a1,bg2}$ stann.$_{a1,bg2}$ sulph.$_{bg2,k,*}$ tarax. thuj.$_{hr1,k}$ verb.$_{bg2,k,*}$
– **Gehen**, beim: verb.$_{a1,k}$
– **Glocke** geschlagen würde; als ob eine große: sars.
– **Schwindel**; mit: hydrog.$_{srj2}$
– **Sprechen**, bei lautem: zinc.$_{a1,k}$
○ **Hinterkopf**: rhus-t. sulph.$_{a1,bg2}$
• **betäubend**, beim Auftreten: sulph.
– **Scheitel**: aesc. calc.$_{a1,k}$ colch. *Cupr.*$_{hr1,k}$ hyos. lac-c.$_{hr1,k}$ sulph.$_{hr1,k,*}$
• **Husten**: sulph.$_{h}$
• **Menses**, bei aussetzenden: cupr.$_{hr1,k}$
– **Schläfen**: borx. kali-c.$_{bg2}$ plat. rheum stront-c. sulph.$_{hr1,k}$
• **Kälte** an einer Stelle; mit: plat.$_{a1,k}$
– **Stirn**: arn. aur.$_{a1,k}$ chel. cic. *Colch.* indg.$_{a1,k}$ ph-ac. puls. sabad. stram.$_{hr1,k,*}$ tarax. verat.$_{a1,k}$ viol-o. viol-t.$_{a1,k}$ zinc.

Kugel; Gefühl einer:
– **aufsteigenden** Kugel, einer: acon. cimic. lach. plat. plb. sep. staph.
– **Liegen** auf der rechten Seite; beim: anan.
– **rollt**; die im Gehirn: anan. bufo hura lyss.
☞ *Rollen würde - Bleikugel*
– **schlägt** zu Beginn des Gehens gegen den Schädel: plat.
○ **Gehirn** festsitzt; die im: staph.$_{a1,k}$
– **Stirn**, in der: ant-t.$_{bg3}$ carb-ac.$_{bg1,bg2,*}$ caust.$_{bg3}$ kali-c.$_{bg1,bg2,*}$ lac-d. *Staph.*

Lähmung des Gehirns:
– **beginnende**: am-c. ars.$_{bg2,k}$ carb-v.$_{bg2,k}$ hyos. Lyc. op. phos. plb. zinc.
– **Gefühl** wie:
• **Ejakulation**, nach: sil.
• **Sprechen**, beim: calc.$_{h}$
○ **Hinterkopfes**; Muskeln des: dulc.$_{h1}$
• **Stirn**: sep.$_{h}$

Läuse: am-c. apis ars.$_{bg2,k}$ bell-p.$_{vh}$ *Carb-ac.* cocc.$_{c1}$ lach.$_{bg2,k}$ *Lyc.*$_{k,st}$ *Merc.*$_{bg2,k}$ nit-ac. olnd.$_{bg2,k}$ *Psor.* sabad.$_{c2}$ **Staph.**$_{c1,vh}$ sulph.$_{bg2,k}$ tub. vinc.

Lebendigem im Kopf; Gefühl von etwas: alum-sil.$_{k4}$ ant-t. asar. croc. crot-c. hyper. *Petr.* *Sil.* sulph.
– **nachts**: hyper.

Lebendigem im Kopf; Gefühl von **- nachts**: ...
• **Bett**, im: hyper.
– **alles** im Kopf lebendig; als sei: petr.
– **Ameisenhügel**; als sei das Gehirn ein: agar.
– **drückender**, kribbelnder Schmerzt, der sich von der Mitte ausbreitet, wie von etwas Lebendigem: tarax.
– **Gehen**, beim: sil.
– **kriechen**; als würde ein Wurm in der Stirn: alum.
– **verläßt** ihn durch die Zehen; läuft den Körper nach unten und: alum-sil.$_{k4}$

Leere, Gedankenlosigkeit; Gefühl von: *Gels.*$_{psa}$ sec.$_{a1,k}$ sulph.$_{a1,k}$
☞ *Leeregefühl*
○ **Stirn**, morgens nach dem Erwachen: sulph.

Leeregefühl, wie hohl: abrom-a.$_{bnj1}$ acon.$_{bg1,bg2}$ adax.$_{wd1}$ alum. alum-p.$_{k2}$ alum-sil.$_{k2}$ am-c. anac. ant-c. *Arg-met.* arn. *Ars.* asaf. aster. bamb-a.$_{stb2}$ bar-c. bar-s.$_{k2}$ bell. berb. bov. cact. calc. camph. caps. *Carb-v.* carbn-s. caust. chin.$_{c1}$ chinin-s. choc.$_{srj3}$ *Cina* clem. clerod-i.$_{bnj1}$ *Cocc.* conin-br.$_{c2}$ *Cor-r.* *Cupr.* cycl. dulc. euphr. ferr. ferr-ar. ferr-p. glon. gran. *Graph.* hipp. hyos. ign. jab. lyc. *Manc.* mang. myric. naja nat-ar. nat-c. nat-m. nat-p. nux-v. ox-ac. *Phel.*$_{vh}$ **Phos.** pic-ac. plan. polyp-p.$_{bg1}$ *Puls.* *Sec.* *Seneg.* sep. spig. stann.$_{bg1,bg2}$ staph. stram. *Sulph.* zing.
☞ *Leere, Gedankenlosigkeit*
– **morgens**: anac. bov. chinin-s. euphr. stann.$_{bg2}$ sulph. verat.
– **abends**: bamb-a.$_{stb2}$
– **nachmittags**: nux-m.
– **nachts** beim Liegen auf dem Hinterkopf agg., amel. durch Drücken mit der Hand: sep.
– **Bett**; amel. beim Warmwerden im: cocc.
– **Blutung**; nach: blum-o.$_{bnj1}$
– **Bücken**: ign.$_{br1}$
– **Druck** mit der Hand amel.: mang. sep.
– **Essen**, nach dem: cocc. graph. meny.
– **Fahren** amel.: euphr.
– **Freien**, im: cocc. sulph.
– **Kopfschmerzen**, bei: calc.$_{h}$
– **Menses**:
• **während**: ferr-p.$_{k2}$
– **Rausch**; wie nach einem: acon. agar. ambr. spig.
– **Schlaf**, nach ruhelosem: hipp.
– **Sitzen**, im: spig.
– **Sprechen**, beim: lyc. spig. *Sulph.*
– **warmen** Bett amel.; im: cocc.
○ **Hinterkopf**: mang. nat-c. sep. *Staph.* *Sulph.*
○ **Gehirn** vorne zu groß scheint; während das: hell.
– **Schläfe**: cycl.
– **Seiten**: tann-ac.$_{h}$
– **Stirn**, in der: act-sp.$_{bg1,bg2}$ alum. **Caust.** cedr.$_{bg1,bg2}$ chel.$_{bg1,bg2}$ clem.$_{bg1,bg2}$ croc. hell.$_{bg1,bg2}$ spig. sul-ac. sulph.
○ **zwischen** Stirn und Gehirn; wie: caust.

Leichtigkeit, Gefühl von:
☞ ❑ *Schwindel - Schwindel*
– **Inhalt** stark an Gewicht verloren hätte; als ob der gesamte: mom-b.$_{c1}$
– **Übelkeit**; nach: lyss.$_{c1}$
○ **Hinterkopf**, im: sec.

Liegen:
– **Hartem** liegen würde; als ob er auf etwas: *Manc.* ph-ac.
– **tief** liegen würde; als ob er zu: phos.
– **unbequemer** Lage liegen würde; als ob er in: cimx. clem. lyc.

Lose, locker; Gefühl, als sei das Gehirn: acon. am-c. *Ars.* *Bar-c.* bar-m. bar-s.$_{k2}$ bell. bry.$_{rb2}$ calc-sil.$_{k2}$ carb-ac.$_{rb2}$ *Carb-an.* caust. **Chin.** chinin-ar.$_{k2}$ cic. cocc. con. croc. cycl.$_{rb2}$ dig. elaps genist. glon. graph. guaj. *Hep.* *Hyos.* *Kali-c.* kali-m.$_{k2}$ kali-n. kali-s. kalm. lac-f.$_{bg1}$ lach. lact. lact-v.$_{hr1}$ laur. *Lyc.* lyss.$_{c1}$ mag-s. mur-ac. *Nat-m.* nat-s. nicc. *Nux-m.* nux-v. parth.$_{rb2}$ phos.$_{rb2}$ phys. *Rhus-t.*$_{k,kl2}$● rob. rumx.$_{rb2}$ sep. sol-ni. **Spig.**$_{k,rb2}$ stann. staph. sul-ac. sulph.$_{bg1,bg2,*}$ tell. thlas.$_{rb2}$ tub.$_{bg}$ verat. xan.
☞ *Bewegungen im / Fallen - Gehirn - vorne / Schütteln*
– **morgens**: cic. guaj.
• **Erwachen**, beim: cic.
– **Aufrichten** vom Bücken; beim: phos.
– **Auftreten**, beim: ars.$_{k2}$ bar-c. guaj. led. lyc. **Rhus-t.** sep. **Spig.** stann. sul-ac.
– **Bewegung**, bei: am-c. ars. carb-an. *Caust.* croc. mag-s. tell.
– **Bücken**, beim: bry. kali-c. laur. nat-s.
– **Denken** an den Schmerz amel.; intensives: cic.$_{c1}$
– **diagonal** über den Scheitel hinweg, beim Drehen: kalm.
– **Drehen** des Kopfes; beim: kali-c. kalm. **Spig.**
– **Erwachen**, beim: cic.
– **fallen**; und würde:
• **Seite** fallen, auf die er sich lehnt; als würde das Gehirn zu der: am-c. nat-s.$_{k2}$ sul-ac.$_{k2}$
☞ *Fallen*
• **Seite** zur anderen fallen; und würde von einer: sul-ac.$_{rb2}$
– **Gehen**, beim: acon. bar-c. carb-an. cic.$_{c1,k2}$ cob. croc. guaj. led. lyc. mag-s. nux-m. nux-v. *Rhus-t.* sep. **Spig.** staph. sul-ac. verat.
• **Freien**, im: caust. sul-ac.
– **Husten**, beim: acon. bry. carb-an. sep. sul-ac.
– **rollen** würde; als ob es von einer Seite auf die andere: tub.$_{rb2}$
– **Schütteln** des Kopfes; beim: ars. bar-c. con. glon. nat-m. *Nux-m.* *Rhus-t.* stann. sul-ac. xan.
– **Stuhl**; beim Pressen zum: spig.
– **Tragen** einer Last, beim: mur-ac.
– **Treppensteigen**, beim: lyc.
– **Wetter**; bei heißem: *Nux-v.*
○ **Hinterkopf**: staph.
– **Schläfen**: sul-ac.
• **Bücken** nach links fallen würde; als ob es beim: nat-s.

Lose, locker; Gefühl, als sei das Gehirn: ...
– **Stirn**, in der: chel. con. laur. nat-m. *Sul-ac.*

Luft (= Wind):
– **gefüllt**; als wäre der Kopf mit Luft: lyss.$_{c1}$
– **Gefühl** eines Luftzugs:
• **strömen**; als würde ein Luftzug durch den Kopf: am-m.$_{bg1,bg2}$ anan. androc.$_{srj1}$ *Aur.*$_{bg2,k}$ benz-ac. choc.$_{srj3}$ colch. *Cor-r.* meny. mill. nat-m. nit-ac.$_{bg1,bg2}$ nux-m.$_{bg1,bg2}$ petr. puls. sabin. sanic. verat.$_{bg1,bg2}$ zinc.$_{bg1}$
• **Schaukeln**; beim: **Cor-r.**
▽ **erstreckt** sich zu:
• **Abdomen**: aloe
○ **Augen**; über den: borx.
• **Scheitel**: *Carb-an.*
– **Luftzug**; empfindlich gegen: *Acon.* *Ars.* **Bell.** benz-ac. borx. cadm-s. *Calc.* *Calc-ar.* *Calc-p.* *Caps.* **Chin.** coloc. gels. *Hep.* kali-ar. *Kali-c.* kali-n. kali-s. lac-c. *Merc.* *Nux-m.* *Nux-v.* phos. *Sanic.* *Sel.* **Sil.** stront-c. *Sulph.* valer. verb.
☞ *Kalte*

Lupus: calc. lyc.

Magen aufsteigend; wie vom: alum.$_{h,k,*}$ carb-v.$_{h,k,*}$ con.$_{h,k,*}$ mag-m.$_{a1,k}$

Marmor verwandelt; als habe sich das Gehirn in: cann-i.$_{a1,k}$

Meningitis
☞ *Entzündung - Hirnhaut*

Migräne
☞ *Schmerz - begleitet von - Übelkeit*

Milchschorf
☞ *Hautausschläge - Milchschorf*

Müdigkeitsgefühl, müdes Gefühl ●: apis bell.$_{hr1}$ con. iris lach. nat-m.$_{hr1,k}$ nux-m. **Phos.**$_{k,kl2}$● *Psor.* sil.$_{h}$

Muttermal
☞ *Naevus*

Naevus (= Muttermal):
– **Kindern**; bei:
• **Schläfe**; rechte:
• **flach**: fl-ac.$_{bro1}$

Nicken mit dem Kopf
☞ *Bewegungen des - Nicken*

Ödem der Kopfhaut: *Apis Ars.*
○ **Glabella**: kali-c.
☞ *Schwellung - Glabella*

Offene Fontanellen
☞ *Fontanellen - offen*

Öffnen:
– **Gefühl** wie geöffnet und als würde kalte Luft eindringen können: *Cimic.* neon$_{srj5}$
– **Schließen**, und
☞ *Schmerz - geöffnet / Schmerz - Öffnen*

Ölige Stirn: *Hydr.* *Psor.*

Periostitis
☞ *Entzündung - Periost*

Platschen im Kopf: asaf. bell. *Carb-an.*$_{h,k,*}$ hep. hyos. nux-v. rhus-t. spig. squil. vanad.$_{brol}$
☞ *Schwappen / Wogendes Gefühl*
– **Gehen**, bei schnellem: carb-an.$_{h,k,*}$

Plica polonica
☞ *Haar - Weichselzopf*

Pochen
☞ *Pulsieren*

Prickeln, Kribbeln: abrot.$_{bg2,hr1,*}$ alum. am-c.$_{bg2}$ am-m. ammc.$_{a1}$ apis arg-n. aur.$_{bg2,k}$ bamb-a.$_{stb2}$ bar-c. calad. carb-an. cench.$_{k2}$ cham. chinin-s. con. cupr. cycl.$_{bg2}$ hydr-ac. lachn. merc. mur-ac. nat-m. nit-ac. op. ph-ac.$_{bg2,k}$ sabad.$_{bg2,k,*}$ sep. sulph.$_{bg2}$ tarent. thuj. verb.$_{bg2,k}$ vinc.$_{bg2}$ viol-o. viol-t.$_{bg2}$
– **vormittags**: ph-ac.$_{h}$
– **Ausschweifung**, nach: *Op.*
– **Essen**, nach dem: con.
– **Liegen**, beim: merc.
– **Nadeln**, wie durch: con. eug. rhus-t. thuj.
○ **Hinterkopf**: ph-ac.$_{bg1,bg2}$
– **Scheitel**: carb-ac.
– **Schläfen**: ail. ant-c.$_{hr1,k}$ apis cocc. cupr. euphr. rhus-r. tarax. tarent. thuj. verb.$_{hr1,k}$
 • **abends**: lachn.
 • **Nadeln**, wie mit: nicc. zinc.
– **Seiten**:
 • **links**: calad.
– **Stirn**: apis aur. chinin-s. ferr. lil-t.$_{hr1,k}$ *Mur-ac.* sabad. sep.$_{bg2,k}$ thuj. verat. *Viol-o.*$_{hr1,k}$
 • **links**: calad.
 • **intermittierend**: verb.
 • **Nadeln**, wie: agar. all-c. am-c. asaf. caul.$_{hr1,k,*}$ hep. kali-c. mang. nat-m. sep.
 • **Stellen**, an kleinen: apis
○ **Nasenwurzel**; über der: kali-bi.

Pulsieren (= Pochen, Klopfen): *Acon.* aeth. agar. ail. all-c.$_{k2}$ aloe alum. alum-sil.$_{k2}$ am-c. am-m. *Aml-ns.* anac. anan. ant-t. apis arg-n.$_{k2}$ *Arn.* *Ars.* *Ars-i.* ars-s-f.$_{k2}$ *Asaf.* asar. aster. aur. aur-ar.$_{k2}$ aur-m.$_{k2}$ bamb-a.$_{stb2}$ bar-c. bar-m. **Bell.** *Borx.* bov. brach. *Bry.* *Cact.* cadm-s. calc. calc-ar. calc-i.$_{k2}$ calc-p.$_{k,k2}$ calc-s. calc-sil.$_{k2}$ *Camph.* *Cann-i.* cann-s. canth. *Caps.* carb-an. *Carb-v.* carbn-s. *Castm.* *Caust.* cedr. *Cham.* chel. **Chin.** **Chinin-s.** cimic. cinnb. clem. cob. cocc. coff. colch. con. *Croc.* *Crot-h.* crot-t. cupr. cur. cycl. daph. dig. dros. eug. *Eup-per.* euphr. eupi. *Ferr.* *Ferr-ar.* ferr-i. ferr-p. *Gels.* **Glon.** graph. grat. guaj. hell. hep. hipp. hydrog.$_{srj2}$ hyos. *Ign.* ind. indg. *Iod.* *Ip.* *Kali-ar.* kali-bi. *Kali-c.* kali-i. kali-m.$_{k2}$ *Kali-n.* kali-p. *Kali-s.* kali-sil.$_{k2}$ *Kalm.* *Kreos.* lac-d.$_{k2}$ **Lach.** lachn. lact. lam. *Laur.* led. *Lith-c.* **Lyc.** mag-c. mag-m. mag-p.$_{k2}$ mag-s. manc. mang. meli.$_{bg3}$ merc. mez. mill. mur-ac. myric. nat-ar. nat-c. nat-m. nat-p. nat-s.$_{k2}$ nicc. *Nit-ac.* *Nux-m.* nux-v. ol-an. olnd. *Op.* par. *Petr.* ph-ac. phel. *Phos.* pic-ac. plb. psil.$_{ft1}$ psor. *Puls.* *Pyrog.* *Rheum* rhod.

Pulsieren: ...
Rhus-t. ruta sabad. sabin. **Sang.** *Sars.* sec. *Seneg.* *Sep.* **Sil.** sol-ni. spig.$_{k2}$ *Spong.* squil. stann. staph.$_{bg3}$ *Stram.* sul-i.$_{k2}$ **Sulph.** tab. tarent.$_{k2}$ ter. ther. thuj. til. verat. *Verat-v.* zinc. zinc-p.$_{k2}$
☞ *Klopfen / Schmerz - pulsierend*
– **morgens**: alum.$_{h,k,*}$ asar. aur. bov. *Calc.*$_{hr1,k}$ canth. cedr. *Cob.*$_{a1,k}$ gamb. glon. graph.$_{a1,k}$ grat. indg. kali-bi. lact. lyc. nat-c. *Nat-m.* nicc. *Nit-ac.*$_{hr1,k}$ *Nux-v.* plb. podo. sars. sep. sil. spig. *Sulph.*$_{a1,k}$
 • **Aufstehen**, beim: *Asar.* caust. nat-m. ped.$_{a1}$
 • **erscheint** allmählich und verschwindet etwa zur Zeit des Frühstücks: *Nit-ac.*
 • **Erwachen**, beim: alum. *Bry.* kreos. lach. *Nat-m.* phos.$_{a1,k}$ ruta *Sulph.*
 • **steigt** bis abends an: eup-pur. sang. sep.
– **vormittags**: alum. nicc.$_{a1}$
– **nachmittags**: aeth.$_{a1,k}$ alum.$_{h,k,*}$ castm. caust. coca glon.$_{a1,k}$ graph. grat. guar.$_{a1}$ hura ind. lyc. mag-s.$_{a1,k}$ mang.$_{a1,k}$ *Merc-i-r.* nat-m. phel. phys. sil.
 • **16** h: ars-s-f.$_{k2}$
– **abends**: acon. am-m. bar-c.$_{h}$ bov.$_{a1,k}$ calc. canth. carb-v.$_{a1,k}$ castm. cic. clem.$_{a1,k}$ *Cocc.* con. cycl. fl-ac. glon. guar.$_{a1}$ indg. *Iris* kali-i. lac-ac. lyc.$_{a1,k}$ mag-s. *Nat-m.* nit-ac.$_{a1,k}$ ox-ac. *Puls.*$_{hr1,k}$ ruta sep.$_{a1,h}$ stram. zinc.
 • **Bett**, im: cycl.$_{a1,k}$ hipp.$_{a1}$ lyc.$_{a1,k}$ sep.$_{a1,h}$
 • **Einschlafen**, beim: sil.$_{h}$
 • **Schlafengehen**, bis zum: anac.$_{c1}$ castm.
– **nachts**: aloe arg-n.$_{hr1,k}$ ars.$_{hr1,k,*}$ *Cact.*$_{hr1,k}$ carb-v.$_{a1,k}$ chel.$_{a1,k}$ ferr. glon. hura hyos. lyc. nat-m.$_{h}$ sars. sep.$_{a1,h}$ sil. *Sulph.*$_{a1,k}$
 • **Mitternacht**; agg. nach: *Ferr.*$_{hr1,k}$
 • **Bett**, vor dem Schlafen; im: chel.
 • **erscheint** nachts, mit Übelkeit und Erbrechen: sil.
 • **Erwachen**, beim: carb-v.$_{k1}$ sulph.$_{k1}$
 • **treibt** aus dem Bett: *Arg-n.*$_{hr1,k}$
◆ **abwechselnd** Pulsieren von Kopf und Brust: bell.
– **anfallsweise**: caust. glon.
– **Anstrengung**, durch: gins. glon.$_{a1,k}$ lil-s.$_{a1}$
– **Atmung**; mit schwieriger: *Carb-v.*$_{a1,k}$ glon.$_{a1,k}$
– **Aufrichten**; beim: chinin-s. dirc. glon. phos.
 • **Bücken**, vom: mag-m.
– **Aufsetzen**; beim:
 • **Bett**, im: ars. calc-s.$_{k2}$
– **Aufstehen**; beim:
 • **amel.**: nat-c.
 • **Sitzen**, vom: bell.$_{k2}$
– **Aufstützen** des Kopfes amel.: kali-bi.
– **Auftreten**, beim: alum. *Phos.*
– **Ausstrecken** der Glieder; beim: phos.$_{a1,k}$
– **Baden**:
 • **nach**: castm.
 • **kaltes** Baden:
  • **amel.**: ars. ind. phos.
– **Berührung**:
 • **agg.**: chin.$_{k2}$

– **Bett**, im: chel. con. cycl. graph. sep.$_{a1,k}$
– **Beugen** des Kopfes; beim:
• **amel**.: *Bell. Nat-m. Sil.*
• **hinten**, nach: aur. glon. **Lyc.**$_{a1,k}$
• **vorne**, nach
☞ *Bücken*
– **Bewegen** des Kopfes agg.: *Sulph.*
– **Bewegung**:
• **agg**.: acon. *Anac.*$_{hr1,k}$ *Apis* ars. ars-s-f.$_{k2}$ aur-s.$_{k2}$ *Bell.*$_{k,k2}$ *Bry.* calc-p. calc-sil.$_{k2}$ caust.$_{h,k,*}$ chin. cimic. *Cocc.* colch. dirc. eupi.$_{a1,k}$ ferr. ferr-p. *Gels.* *Glon.*$_{hr1,k,*}$ grat.$_{a1,k}$ *Iod.*$_{hr1,k,*}$ kali-bi. *Lach.*$_{hr1,k}$ *Lyc.* *Nat-m.*$_{hr1,k}$ nit-ac. nux-m. *Sep.*$_{h,k,*}$ spig.$_{k2}$ *Stram. Sulph.*
• **amel**.: aloe lact.$_{hr1,k}$
• **mäßige** Bewegung amel.: iris vib.
• **plötzliche** Bewegung, durch: calc-p. ferr.
– **Binden** des Kopfes amel.; festes: pic-ac. sil.
– **Blutverlust**, nach: *Chin.*
– **brennend**: apis coff. *Rhus-t.*$_{h,k,*}$
– **Bücken**: alum. *Apis* ars-s-f.$_{k2}$ asar. bar-c. **Bell.** choc.$_{srj3}$ colch. ferr. ferr-p. *Glon.* hydr-ac. kali-bi. lach. *Laur.* mag-m.$_{h}$ nat-c. nat-m. *Nux-v.* phos. *Puls.* spig.$_{k2}$ *Sulph.*
• **nach**: hyos.$_{h}$
– **Denken** agg.: ant-c.
– **Drehen**:
• **Augen** agg.; der: sep.
• **Herumdrehen** agg.: glon.
• **Herumdrehen** im Bett; beim: bry.$_{k2}$
– **Druck**:
• **amel**.: aeth.$_{a1,k}$ *Am-c.* bell. bry. chin.$_{k2}$ ferr. glon.$_{a1,k}$ guaj.$_{a1,k2}$ kali-bi. kali-n.$_{a1,k}$ nat-m.$_{a1,k}$ *Puls.* pyrog.
• **Händen** amel.; mit den: apis carb-an.$_{h}$ guaj.
• **Stirn** verursacht Klopfen; auf die: mag-m.$_{a1,k}$
– **Dunkelheit** amel.: sep.
– **Einatmen**, beim: *Carb-v.*
– **Einhüllen** des Kopfes amel.; warmes: *Sil.*
– **endet** in Stechen: **Bell.**$_{a1,k}$
– **Erkältung** vorausgehend; einer: lach.
– **Erregung**, bei: *Sulph.*
– **Erschütterung**, durch jegliche: *Bell.* glon.$_{hr1,k}$ *Ther.*
– **Erwachen**, beim: aur. bell.$_{hr1}$ carb-v. cinnb. lach. lyc. nat-m. phos.$_{hr1,k}$ podo. ruta sulph.
– **Essen**:
• **vor**: cocc.
• **nach**: am-c. ars.$_{hr1,k}$ carb-v. clem. cocc. sel.
– **Fahren** oder Reiten, beim: cocc. *Glon.* grat.$_{a1}$ phos.
– **Fieber**, während: *Bell. Eup-per.*
– **Freien**, im:
• **agg**.: carb-an. chin.$_{k2}$ cocc. eup-pur. iris
• **amel**.: kali-bi. kali-i.$_{hr1,k}$ mang.$_{a1,k}$ nicc. phos.$_{a1,k}$ *Pic-ac.*
– **Frost**:
• **während**: ars.$_{k2}$ cann-i.$_{a1,k}$ *Eup-per.*
• **nach**: borx.
– **Frösteln**, mit: sil.
– **Frühstück** amel.: nat-m. nit-ac.
– **Gähnen**, nach: calc.

– **Gehen**, beim: alum. aster. *Bell.* bry.$_{k2}$ calc. *Glon.* guaj.$_{k2}$ kali-bi. *Nat-m.* nat-s. nux-v. plb. sars. sil. *Sulph.*
• **Freien**; im: *Am-c.* mag-s.
• **amel**.: ars. eup-pur. *Guaj.*
• **schnellem** Gehen, bei: calc.$_{h}$ ferr. nux-v. *Puls.*
– **geistige** Anstrengung, durch: agar. *Nat-m.* *Pic-ac.* psor.$_{a1,k}$ *Puls.*$_{hr1,k}$ *Raph.* sil. vib.$_{hr1,k}$
– **Geräusche**, durch: alum-sil.$_{k2}$ spig.$_{k2}$
– **geschwürig**: am-c. bov.$_{hr1,k}$ castm. mang.
– **Getränke**, durch:
• **kalte** Getränke:
• **Überhitzung**, bei: bry.$_{k2}$
– **Hämmer**, erwacht jeden Morgen; wie durch kleine: *Nat-m.* psor.
– **Heben** des Kopfes agg.; plötzliches: nat-p. squil.
– **Herzschlag**; synchron mit dem
☞ *synchron*
– **hier** und da: acon. aeth. indg.
– **Hitze**; während: ars.$_{k2}$ eup-per. glon.$_{hr1,k,*}$ rhus-t.
• **Körpers**, des: nat-m.$_{h}$
– **Husten**, durch: arn. aur. aur-s.$_{k2}$ dirc. ferr. hep. hipp. *Ip.* iris kali-c. led. **Lyc.**$_{a1,k}$ *Nat-m.* nit-ac. ph-ac. phos. seneg. sep. sil. spong. sulph.
– **intermittierend**: ferr-ma. verat.
– **kalte** Luft: iris$_{c1}$
– **Kauen**, beim: phos.
– **Lachen**, durch: lyc. phos.$_{a1,k}$
– **Lehnen** des Kopfes nach hinten; beim: **Lyc.**$_{a1,k}$
– **Lesen** im Sitzen; beim: lyc. *Nat-m.*$_{hr1,k}$
– **Licht**: bell.$_{k2}$
– **Liegen**:
• **amel**.: anac.$_{hr1,k}$ calc. kali-bi. marb-w.$_{es1}$
• **beim**: aloe calc-ar. glon.$_{a1,k}$ lachn. lyc. naja phos.$_{a1,k}$
• **Kopf**; amel. mit hoch gelagertem: nat-m. *Spig.*
• **muß** sich hinlegen: *Bell. Ign.*$_{hr1}$ sang.
• **Rücken**, auf dem: sep.
• **Seite** amel.; auf der: nat-m. sep.
• **Seite**, auf der man liegt: sep.$_{h}$
• **Stelle**, auf der man liegt: *Petr.*
– **liegt** besinnungslos mit geschlossenen Augen da: arg-n.$_{hr1,k}$
– **Menses**:
• **vor**: *Bell. Borx.* chin. *Crot-h.*$_{hr1,k}$ gels. *Glon.* *Lach.* nat-m. *Petr.*$_{hr1,k}$ sulph.
• **während**: acon. bell. *Borx.* bry. cact. *Calc.* calc-p. *Chin.* croc.$_{hr1,k}$ eupi.$_{a1}$ *Glon.* ign. lac-d. *Lach.* mag-c. *Nat-c.* nux-m. puls. sang. verat-v.$_{hr1,k}$
• **schmerzloses** Pochen: eupi.
• **nach**: calc-p. carb-an. ferr. glon. nat-m.
• **unterdrückt**: *Puls.*
– **Milch**; durch: brom.
– **Mittagessen**, nach dem: alum. *Am-c.* carb-an.$_{a1,k}$ kali-bi. mag-c.$_{a1,k}$ nat-c. ol-an. plb.$_{a1,k}$ zinc.
– **nagend**: par.
– **Nasenbluten**, nach: borx.
– **periodisch**: ars. ferr.

• **Morgen**, jeden:
• **dauert** den ganzen Tag: *Calc.*
– **Reiben** amel.: aeth.
– **ruckend**: bry. ign. phos.
– **Schlaf**:
• **amel**.: sang.
• **Einschlafen**, beim: sil.$_{bg1}$
– **Schließen** der Augen agg.: sep.
– **schmerzlos**, mit Furcht vor dem Einschlafen: glon.$_{k2}$ *Nux-m.*
– **Schneuzen** der Nase; beim: aster.
– **Schreiben**, beim: kali-c.$_{a1,k}$ manc.
– **Schütteln** des Kopfes agg.: *Glon.*$_{a1,k}$
– **Schweiß** amel.: ars.$_{k2}$ *Nat-m.*
– **Schwindel**, bei: glon. sec.
– **Sitzen**:
• **beim**: am-m. castm. guaj.$_{a1,k}$ indg.$_{a1,k}$ lyc. ol-an.$_{a1,k}$
• **amel**.: mag-m.
– **Sonnenlicht** agg.: acon. sulph.
– **Sprechen** agg.: acon. aur. *Cocc. Nat-m.*$_{hr1,k}$ sil. *Sulph.*
– **Stehen**:
• **amel**.: camph.
• **beim**: castm. chin.$_{bg1,bg2}$ guaj.$_{a1,k}$ plb.
– **Steigen**, beim: alum. aster.$_{a1,k}$ *Bry.* glon.$_{a1,k}$ nat-p. *Sep.*
• **schnellem** Steigen; bei: glon.$_{a1,k}$
– **Stellen**, an kleinen: nux-m.
– **Stuhl**; beim Pressen zum: ign.
– **synchron** mit dem Puls: glon.$_{k2}$
– **Tee** amel.; warmer: glon.
– **tiefsitzend**: carc.$_{tp1}$ cic.$_{a1,k}$ stram.$_{a1}$
– **Trinken**:
• **agg**.: acon.
– **vorübergehend**, in einer Hälfte: cham.
– **warm**:
• **Speisen** agg.; warme: sulph.
• **Zimmer**, im warmen:
• **agg**.: iod.$_{hr1,k}$ *Puls.* sulph.
• **amel**.: am-c. cocc.
– **Waschen**, kaltes
☞ *Baden - kaltes*
– **Wein**, nach: ox-ac.
– **ziehend**: ars.
– **Zimmer**; beim Eintreten in ein: aeth.$_{a1,k}$ mag-m. mang.$_{a1,k}$
▽ **erstreckt** sich zu:
• **Brust**: nat-m.
• **Hals**; äußerer: nat-m.
• **rechts**: psil.$_{ft1}$
• **Zähne**: mez.
○ **Fontanellen**: gels.$_{ptk1}$
– **Gehirn**:
• **gegen** den Schädel: *Ars. Bell.* **Chin.** daph. *Glon.* hydr-ac. laur. mez. nat-m. nux-m. psor. rheum stann. sul-ac. *Sulph.*
• **Hämmer**, wie kleine: bell.$_{k2}$ carb-v.$_{k2}$ ferr.$_{k2}$ glon.$_{k2}$ **Nat-m. Psor.**
• **Wellen**, wie in: **Chin.** dig.

– **Gehirn - gegen** den Schädel: ...
○ **Mitte** des Gehirns, jeden Morgen, dauert den ganzen Tag; pochender Schmerz in der: calc.
○ **im** Gehirn: *Bell. Chin.* cycl. dig. glon. hyos. kali-n.$_{h}$ *Lyc.* nit-ac. op. rhus-t. sang.$_{k2}$
• **Lehnen** des Kopfes nach hinten; beim: **Lyc.**
• **Stechen**, endet in: *Bell.*
• **tiefsitzend**: cic.
○ **Gehirnhälfte**; vorübergehendes Pulsieren in einer: cham.
– **Hinterkopf**: aeth.$_{a1,k}$ agar.$_{bg2,k}$ ail.$_{hr1,k}$ aloe *Alum.*$_{bg2,k,*}$ alum-p.$_{k2}$ am-c.$_{bg2,k}$ anac.$_{hr1,k}$ asar.$_{bg2,k}$ bapt.$_{bg2}$ bar-c.$_{bg2,k,*}$ bart.$_{a1}$ **Bell.**$_{bg2,k}$ berb. borx. **Bry.**$_{bg2,k}$ *Calc.*$_{hr1,k}$ *Camph.*$_{bg2,k}$ *Cann-i.*$_{hr1,k}$ cann-s.$_{bg2,k}$ *Carb-an.*$_{bg2,k,*}$ *Carb-v.*$_{bg2,k}$ carbn-s. carc.$_{tp1}$ caust.$_{bg2,k}$ *Chel.*$_{bg2,k,*}$ choc.$_{srj3}$ con. cop. corn.$_{hr1}$ *Crot-h.*$_{hr1,k}$ *Dros.*$_{bg2,k,*}$ eup-per.$_{hr1,k,*}$ *Eup-pur.*$_{bg2,k,*}$ *Ferr.*$_{bg2,k,*}$ *Ferr-ar.* ferr-p.$_{bg2,k}$ frax.$_{bg1,bg2}$ *Gels.*$_{bg2,k,*}$ *Glon.*$_{bg2,k,*}$ guare.$_{a1}$ ham.$_{hr1}$ hep.$_{bg2,k}$ hura ign.$_{bg2,k,*}$ indg.$_{bg2,k,*}$ kali-bi. kali-br.$_{h}$ *Kali-c.*$_{bg2,k}$ *Kali-n.*$_{bg2,k,*}$ kali-s. lac-c.$_{hr1,k}$ *Lach.* laur.$_{bg2,k}$ lob-c.$_{a1}$ lyc.$_{bg2,k,*}$ lyss.$_{hr1,k}$ *Mag-m.*$_{bg2,k,*}$ mang.$_{bg2,k}$ mez.$_{bg2,h}$ mosch.$_{bg2}$ *Nat-m.*$_{bg2,k,*}$ *Nit-ac.*$_{bg2,k,*}$ *Petr.*$_{bg2,k,*}$ **Phos.**$_{bg2,k,*}$ phys.$_{a1,k}$ pic-ac.$_{bg2,k}$ plb.$_{bg2,k}$ *Psor. Puls.*$_{bg2,k,*}$ ran-b.$_{bg2,k}$ rhus-t.$_{bg2,k,*}$ ruta **Sep.**$_{bg2,k,*}$ spig.$_{bg2,k}$ *Stram.*$_{bg2,k}$ *Sulph.* upa.$_{a1}$
• **tagsüber**: petr.$_{a1,k}$
• **morgens**: petr.$_{bg1,bg2}$
• **Aufstehen** während den Menses; nach dem: mag-m.
• **nachmittags**: nat-m.$_{a1,k}$ op.$_{a1}$
• **abends**: bar-c.$_{a1,k}$ kali-n. puls.
• **nachts**: aloe lyc.$_{a1,k}$
• **anfallsweise**: *Glon.*$_{a1,k}$
• **Aufstehen**, beim: gels. phos.
• **Bücken**, vom: mag-m.
• **Bewegung**, bei: **Bell. Bry.** *Eup-per. Ferr. Ip. Lach.* **Stram.**
• **amel**.: aloe
• **Bücken**, beim: *Ferr.*$_{hr1,k,*}$ mag-m.$_{h}$
• **Druck** amel.: alum. castm. kali-n.$_{a1,k}$
• **Gehen**:
• **agg**.: kali-br.$_{hr1,k}$
• **Freien** amel.; im: dig.
• **Hammerschläge**; wie: camph. *Nat-m.* psor.
• **Husten**, beim: *Ferr.* ferr-p. sep.
• **Liegen** auf dem Rücken, beim: *Petr.*$_{a1,k}$
• **Reiben** amel.: caust.$_{h}$
• **Schütteln** des Kopfes; beim: kali-br.$_{hr1,k}$
• **Sitzen**, im: kali-br. ran-b.
• **amel**.: mag-m.
• **Stehen** amel.: **Camph.**
• **Stuhlgang**, beim: *Ign.*$_{hr1,k}$
• **warmen** Zimmer, im: mag-m.
▽ **erstreckt** sich zu:
• **ganzen** Kopf; über den: mag-m.
• **Scheitel**: hura
• **Seiten** und Stirn: ferr.
• **Stirn**: carb-v. sil. *Spig.*
• **Stirnhöcker**: bar-c.

▽ **erstreckt** sich zu: ...
• **vorne**, nach: bar-c. lac-c. op. sulph.
○ **Seiten**: *Alum*.bg2,k,* am-c.bg2,k,* ars.bg1,bg2 castm. caust.bg2,k,* *Eup-pur*.bg2,k,* indg.bg2,k,* kali-n.bg2,k,* laur.bg2,k,* plb.bg2,k,* psil.ft1 ran-b.bg2,k,* stram.a1,k *Sulph*.bg2,k,*
• **abends** im Bett: kali-n.a1,k
• **Aufstehen**, beim: gels.a1,k

– **Scheitel**: aeth. agar.bg2,k,* *Alum*.bg2,k,* alum-p.k2 alum-sil.k2 anac.hr1,k ars.bg2,k bry.bg2,k,* calc.bg2,k,* cann-i. carb-an.bg2,k carl.a1 *Caust*.bg2,k,* *Cham*.bg2,k,* *Chel*. *Chinin-s*. cinnb. cocc.bg2,k,* corn. *Ferr*.bg2,k,* *Ferr-ar*. ferr-p. *Glon*.bg2,k,* grat.bg2,k,* ham.a1,k helon.hr1 hura hydrog.srj2 *Hyper*.bg2,k,* jab.bg2 kali-bi.bg2 kali-c.bg2,k,* kali-s. kreos.bg2,k,* *Lac-d*.hr1,k lach.bg2,k,* *Lyc*.bg2,k,* lyss.hr1,k,* manc.bg2,k,* *Merc-i-r*.bg2,k,* nat-ar. *Nat-c*.bg2,k,* *Nat-m*.hr1,k nat-p. *Nux-v*.bg2,k paull.a1 petr. phel.a1,k phos.bg2,k,* pic-ac. plan.hr1,k puls.bg2,k,* sang.k2 sars.bg2,k,* *Sep*.bg2,k,* *Sil*.bg2,k,* *Stram*.bg2,k,* *Sulph*.bg2,k,* syph.bg1,bg2 *Ter*.bg2,k,* thea tong.a1 verat.bg2,k visc.bg1,bg2 xan.hr1 zing.hr1
• **morgens**: alum.hr1,k bry.hr1,k caust.a1,k nat-c.hr1,k *Sep*.hr1,k sulph.bg1,bg2
• **vormittags**: alum. glon.a1,k
• **nachmittags**: alum-p.k2 *Hyper*.
• **Anstrengung**, bei: syph.bg1
• **Beugen** des Kopfes nach hinten amel.: **Sil**.a1,k
• **Bewegung**, bei: *Bry*. *Calc*. *Cocc*. ferr. glon. lach. sep. *Verat*.
• **Augen**, der: cocc.
• **Erwachen**, beim: alum.hr1 bry.hr1,k kreos.hr1 *Lyc*.
• **Gehen**:
• **beim**: carb-an. *Sars*.hr1,k
• **schnellem** Gehen, bei: ferr.a1,k puls.
• **geistiger** Anstrengung, bei: nux-v.hr1,k
• **Konzentration**, durch: nux-v.hr1,k
• **Menses**, nach den: ferr.a1,k *Lach*.hr1,k
• **Mittagessen**, nach dem: nat-c.a1,k
• **Treppensteigen** agg.: carl.a1,k ferr.
• **Zimmer**; in einem engen: hyper.hr1

– **Schläfen**: acon.hr1,k,* aesc.bg2,k,* aeth.bg2,k,* agar.bg2,k,* all-s.hr1,k,* *Alum*.bg2,k,* alum-p.k2 am-c.bg2,k am-m.bg2,k,* androc.srj1 ant-c.bg2,k,* ant-t.hr1,k arg-n.hr1,k,* *Ars*.a1,k *Ars-i*. *Asaf*.bg2,k aur-m.k2 aur-m-n.hr1,k,* bar-c.hr1,k bar-i.k2 bar-s.k2 **Bell**.bg2,k,* bond.a1 borx. brach.a1 *Bry*.bg2,k cact.bg2,k,* cadm-s. calc.bg2,k,* calc-i.k2 calc-p. calc-s. camph.bg2,k,* *Caps*.bg2,k,* carb-v.bg2,k,* carbn-s. castm. *Cedr*.hr1,k,* cham.a1,k *Chel*.h,k,* chin.bg2,k,* chinin-s. cic. cocc.bg2,k,* *Coff*.hr1 coloc.bg2,k,* crot-h.bg2 cupr.bg2 cupr-ar.hr1,k,* daph.hr1,k,* digin.a1 elae.a1 ferr.a1,k *Ferr-ar*. ferr-i.k2 ferr-p. fl-ac.bg2,k *Gels*.hr1,k gins.a1,k **Glon**.bg2,k,* *Grat*.hr1,k guar.a1 gymno. hell.bg2,k hep.bg2,k,* hura hyper.bg2,k,* *Iod*.hr1,k jug-r.a1 kali-bi.bg2 kali-br.hr1 kali-c.bg2,k,* *Kali-chl*.hr1 kali-i.hr1,k,* kali-n.a1,k kali-p. kali-s. kreos.bg2,k,* lac-ac.a1,k *Lac-c*.hr1,k lac-d.hr1,k *Lach*.bg2,k,* laur.bg2,k,* lyss. med.hr1,k merc-i-f.hr1 mur-ac.a1,bg2 nat-ar. nat-c.hr1,k nat-m.a1,k nat-p. nat-s.bg2,k,* *Nit-ac*.bg2,k paull.a1

– **Schläfen**: ...
peti.a1 *Phos*.bg2,k,* phys.a1,k pilo.a1 plb.a1,k podo.bg2,k,* *Raph*.a1 rhus-t.bg2,k,* sabad.bg2,k *Sang*.bg2,k,* sapin.a1 sars.bg2,k,* sol-t-ae.a1 *Spig*.hr1,k spong.bg2,k,* *Stann*.bg2,k,* *Staph*.bg2,k,* stram.bg2,k,* sul-i.a1,k *Sulph*.bg2,k tab.a1,k thea thuj.bg2,k,* verat.bg2,k,* verat-v.hr1,k,* ziz.a1
• **links**: aeth.bg1,bg2,* am-c.bg2 aml-ns. androc.srj1 ant-c.bg2 asaf.bg2 aur-m.bg1,bg2,* brach.a1,hr1 chinin-s. clem.bg1,bg2,* *Coloc*.bg2,k,* dig.bg2 digin.a1 glon.bg1,bg2 hell.bg2 hyper.bg1,bg2 kali-br.bg2 kali-c.bg2 kali-i.bg1,bg2 kreos.bg2 lach.bg2 nit-ac. petr.bg1,bg2 *Phos*.bg2,k,* rhus-t.a1,bg2 sabad.bg2 spong.bg2 stry.a1,bg2 sulph.bg2
• **rechts**: aesc.bg2,k,* alum.bg2,k am-m.a1,bg2 chel.bg2,h,* cupr.bg2 *Cupr-ar*.hr1,k,* fl-ac.a1,bg2 *Hep*.bg2,k hyper.a1,bg2 laur.bg2 psil.ft1 sabad.bg2 sang.hr1 sars.a1,bg2 stram.bg2 sulph.bg2 thuj.bg1,bg2
• **morgens**: bov.a1,k cann-s.a1 lach.a1,k *Podo*.hr1,k stry.a1,k
• **Erwachen**, beim: lach.
• **vormittags**: carl.a1,k
• **mittags**: ars.a1,k cham.a1 thuj.a1,k
• **nachmittags**: alum.a1,k glon.a1,k guar.a1
• **abends**: am-m.a1,k bry. fl-ac.a1,k glon. guar.a1 kali-i.a1,k lac-ac.a1,k
• **Gehen**: glon.a1,k
• **Sitzen**, im: am-m.a1,k
• **nachts**: *Cact*.hr1,k chel.a1,k
• **Mitternacht**: sars.a1,k
• **anfallsweise**: glon.a1,k
• **Berührung**:
• **agg**.: chin.k2
• **Bewegung**, bei: androc.srj1 caust. **Chin**. *Gels*. *Glon*.a1,k
• **Bücken**, beim: sul-i.a1,k
• **Druck**:
• **amel**.: chin.k2
• **Erwachen**, beim: carb-v.a1,k
• **Frost**, vor: carb-v.hr1,k
• **Gehen**, beim: aeth.hr1,k bar-c.hr1,k *Glon*.hr1,k,* nat-s.hr1,k,* sulph.
• **Hitze**; während: arg-n.a1 glon.a1,k
• **Husten**, beim: hep.hr1,k,*
• **Liegen**, beim: naja
• **Menses**, vor den: *Lach*.hr1,k
• **Treppensteigen**, beim: glon.a1,k
○ **Blutgefäße**: bell.c1 chin.c1 chion.c1 mur-ac.c1 tab.c1

– **Seiten**: aeth.a1,k agar.bg2,k alum.bg2,k,* alum-p.k2 am-c.bg2,k,* ant-t. arg-met.bg1 arg-n. ars.bg2,k aur.a1,k aur-ar.k2 aur-s.k2 bar-c.bg2,k,* bell.bg2,k bov.bg1,k,* brom.bg2 bry.bg2,k,* calc.bg2,k calc-p. canth.bg2,k,* *Cham*.bg2,k chin.a1,k coc-c.bg1,bg2 coca con.a1,k croc.bg2,k dirc.a1,k eup-per. glon.bg2,k,* *Graph*.bg2,k,* hura indg.a1,k iris kali-bi.bg2 kali-c.bg2,k kali-i. kali-s. kalm.a1,k laur.bg2,k,* lepi.a1 lyc.bg2,k,* mag-c.bg2,k mag-m.bg2,k,* mag-s.a1,k nat-c.bg2,k nit-ac.bg2,k ol-an.a1,k petr.bg2,k *Phos*.bg2,k,* plb.a1,k rhod.bg2,k rhus-t.bg2,k,* sars. sep.a1,k spong.bg2,k sul-ac.bg2,k sulph.bg2 verat.bg2,k zinc.bg2,k

- **links**: am-c.$_{bg2,k,*}$ bar-c.$_{bg2,k}$ bov.$_{bg2}$ brom.$_{bg2}$ calc.$_{bg2,k}$ chin-b.$_{kr1}$ croc.$_{bg2}$ dirc.$_{c1}$ glon.$_{bg1,bg2}$ hura kali-bi.$_{bg1,bg2}$ laur.$_{bg2}$ mag-m.$_{bg2,k,*}$ nat-c.$_{bg2,k,*}$ *Nit-ac.*$_{bg2,k}$ phos.$_{bg2,k,*}$
  - **nach** rechts: nux-m.
- **rechts**: aeth.$_{a1,k}$ agar.$_{bg2,k}$ alum.$_{bg2,k,*}$ anac.$_{bg1,bg2}$ arg-n.$_{k2}$ aur. bov.$_{bg1,bg2,*}$ bry.$_{bg1,bg2,*}$ cact.$_{br1}$ canth.$_{bg1,bg2,*}$ carc.$_{tp1}$ con.$_{a1,k}$ ferr-p.$_{k2}$ graph.$_{bg2,k,*}$ kali-c.$_{bg2,k}$ lach.$_{bg1,bg2}$ laur.$_{bg1,bg2,*}$ lyc.$_{bg1,bg2}$ mag-c.$_{bg2,k}$ mag-s.$_{a1}$ *Phos.*$_{bg2,k,*}$ rhod.$_{bg2,k}$ rhus-t.$_{bg1,bg2,*}$ sang.$_{k2}$ sul-ac.$_{bg2,k}$ zinc.$_{bg2,k}$
  - **nach** links: bov. indg.$_{a1}$
- **morgens**: aur.$_{a1,k}$ bov.$_{a1,k}$ *Nit-ac.*
- **vormittags**: plb.$_{a1,k}$ sars.$_{a1,k}$
- **nachmittags**: alum.$_{a1,k}$ graph.$_{a1,k}$ lyc.$_{a1,k}$
  - **15** h: hura
- **abends**: canth.$_{a1,k}$ con.$_{a1,k}$ phos.$_{a1,k}$
- **Aufstehen**, nach dem: glon.$_{a1,k}$
- **Beugen** des Kopfes nach hinten; beim: aur.$_{a1,k}$
- **Bewegung**:
  - **agg.**: bell.$_{h}$ *Calc-p.*
  - **amel.**: kali-i.$_{k2}$
- **Bücken**, beim: glon.$_{a1,k}$ laur.$_{a1,k}$
- **Gehen**, beim: kali-c. plb.$_{a1}$
  - **Freien**, im: mag-s.
    - **amel.**: kali-i.$_{k2}$
- **Haus** amel.; im: mag-s.
- **Husten** agg.: aur.$_{a1,k}$ dirc.$_{a1,k}$
- **Liegen** auf der Seite; beim: sep.$_{a1,k}$
- **Menses**, während: nat-c.$_{a1,k}$
- **Mittagessen**, nach dem: indg.$_{a1}$ kali-c. mag-c. ol-an.$_{a1,k}$
- **Schütteln** des Kopfes; beim: glon.$_{a1,k}$
- **Seite**, auf der er liegt: sep.$_{a1,k}$
- **Sitzen**: phos.$_{h}$
- **Stehen**, im: glon.$_{a1}$ kali-c. plb.$_{a1}$
- **tiefsitzend**: corn.$_{hr1}$ sars.$_{a1,k}$
- **Wärme**:
  - **amel.**: kali-i.$_{k2}$

– **Stirn**: acon.$_{bg2,k,*}$ aeth.$_{a1,k}$ aloe alum.$_{h,k,*}$ alum-p.$_{k2}$ alum-sil.$_{k2}$ *Am-c.*$_{bg2,k}$ am-m.$_{a1,k}$ amph.$_{a1}$ ang.$_{bg2,k}$ ant-t.$_{bg2,k}$ apis apoc.$_{a1,k}$ arg-n.$_{hr1,k,*}$ *Ars.*$_{bg2,k,*}$ *Ars-i.* ars-s-f.$_{k2}$ asaf.$_{bg2,k}$ asar.$_{bg2,k,*}$ aur.$_{bg2,k}$ aur-ar.$_{k2}$ aur-i.$_{k2}$ aur-m. bapt. bar-c.$_{bg2,k}$ bar-i.$_{k2}$ **Bell.**$_{bg2,k,*}$ borx. brach.$_{hr1,k,*}$ bry.$_{bg2,k,*}$ *Calc.*$_{bg2,k,*}$ calc-i.$_{k2}$ calc-p.$_{hr1,k}$ calc-s.$_{a1}$ calc-sil.$_{k2}$ *Camph.*$_{bg2,k,*}$ *Cann-i.*$_{hr1,k,*}$ cann-s.$_{bg2,k,*}$ canth.$_{hr1,k,*}$ *Caps.*$_{bg2,k,*}$ carb-v.$_{bg2,k}$ carl.$_{a1}$ castm. *Caust.*$_{bg2,k,*}$ cic.$_{a1,k}$ cinnb.$_{a1,k}$ clem.$_{a1,k}$ cocc.$_{bg2,k,*}$ con.$_{a1,h}$ corn.$_{a1,k}$ croc.$_{bg2,k}$ *Dig.*$_{bg2,k,*}$ digin.$_{a1}$ dulc.$_{bg2,k,*}$ euph.$_{a1,k}$ eupi.$_{a1,k}$ *Ferr.*$_{a1,k}$ *Ferr-ar.* ferr-i.$_{k2}$ *Ferr-p.* form.$_{a1}$ gamb.$_{a1,k}$ **Glon.**$_{bg2,k,*}$ graph.$_{bg2,k}$ grat.$_{hr1,k,*}$ hell.$_{a1,k}$ ign.$_{bg2,k,*}$ iod.$_{bg2,k,*}$ **Iris** jab.$_{a1}$ kali-ar. kali-bi.$_{bg2}$ kali-c.$_{bg2,k,*}$ *Kali-i.*$_{hr1,k}$ kali-n.$_{a1,h}$ kali-p. kali-sil.$_{k2}$ *Kalm.*$_{hr1,k}$ *Kreos.*$_{bg2,k,*}$ **Lac-d.**$_{hr1,k}$ laur.$_{bg2,k}$ lob-c.$_{a1}$ *Lyc.*$_{bg2,k,*}$ lyss. mag-c.$_{bg2,k,*}$ *Mag-m.*$_{bg2,k}$ mag-s. meli.$_{bg2,k,*}$ *Merc.*$_{bg2,k,*}$ *Merc-i-f.*$_{hr1,k,*}$ mez.$_{bg2,k,*}$ morph.$_{a1}$ nat-ar.$_{k2}$ nat-c.$_{bg2,k,*}$ *Nat-m.*$_{bg2,k,*}$ nat-p.$_{a1,k}$ nit-ac.$_{bg2,k}$ *Nux-m.*$_{bg2,k}$ olnd.$_{bg2,k,*}$ op.$_{bg2,k,*}$ ox-ac.$_{a1,k}$ par.$_{bg2,k,*}$ *Petr.*$_{bg2,k}$ phos.$_{bg2,k,*}$

– **Stirn**: ...
pic-ac.$_{a1}$ **Puls.**$_{bg2,k,*}$ ran-b.$_{bg2,k}$ rheum rhod.$_{bg2,k,*}$ rhus-t.$_{hr1,k,*}$ rob.$_{a1}$ ruta sabad.$_{bg2,k,*}$ sang.$_{k2}$ sars.$_{bg2,k,*}$ seneg.$_{bg2,k}$ sep.$_{bg2,k}$ *Sil.*$_{bg2,k,*}$ spig.$_{bg2,k}$ *Spong.*$_{bg2,k,*}$ stann. *Stram.*$_{hr1,k,*}$ ther.$_{bg2,k,*}$ thuj.$_{bg2,k,*}$ verb.$_{bg2,k,*}$ vib.$_{hr1,k}$ zinc.$_{bg2,k,*}$ zinc-p.$_{k2}$

- **eine** Seite: aur. kali-bi. ptel.
- **links**: acon.$_{bg2,k,*}$ aeth.$_{a1}$ *Arg-n.*$_{bg2,k,*}$ ars.$_{bg2}$ aur.$_{bg2}$ cann-s.$_{bg2}$ chin.$_{bg2}$ cimic.$_{bg2,k}$ cocc.$_{bg2,k}$ croc.$_{bg2}$ dulc.$_{a1,bg2}$ glon.$_{bg2}$ kali-c.$_{bg2,k}$ *Kreos.*$_{bg2,k,*}$ nat-m.$_{bg1,bg2,*}$ nux-m.$_{bg2,k}$ par.$_{bg2,k}$ rhod.$_{a1,bg2}$ sil.$_{bg1,bg2,*}$ spig.$_{bg2,k}$ sulph.$_{bg2}$ ther.$_{bg2}$ verat.$_{bg2,k}$ verb.$_{a1,bg2}$ zinc.$_{bg1,bg2}$
- **rechts**: *Ant-t.*$_{bg2,k,*}$ ars-s-f.$_{hr1}$ asaf.$_{bg2}$ bell.$_{bg1,bg2}$ chin.$_{bg2}$ dig.$_{bg2}$ ign.$_{bg2,hr1}$ iris$_{c1}$ lach.$_{bg2}$ meli.$_{bg2}$ ran-b.$_{bg2}$ sabad.$_{a1,bg2}$ sars.$_{bg2,k}$ *Sep.*$_{bg2,k}$ tarent.$_{bg2}$
- **morgens**: asar. *Canth.*$_{hr1,k,*}$ grat.$_{a1,k}$ *Nat-m.* sil.$_{a1,k}$
  - **Aufstehen**, beim: asar.$_{a1,k}$ *Nat-m.*$_{a1,k}$
  - **Erwachen**, beim: *Nat-m.*$_{a1,k}$ ruta
- **vormittags**: dios.$_{hr1}$ gamb.$_{a1,k}$ lyc.$_{a1,k}$
- **mittags**: lyc.$_{a1,k}$ nat-c.$_{a1}$
- **nachmittags**: alum.$_{a1,h}$ alumn. caust.$_{a1,k}$ lyc.$_{a1,k}$ mag-c.$_{a1}$ mag-s.$_{a1,k}$ sil.$_{a1,k}$
  - **14** h: nat-m.
  - **15** h: lyc.
- **abends**: am-m.$_{a1,k}$ cic.$_{a1,k}$ cocc. lyc.$_{a1,k}$ mag-s.$_{a1,k}$ merc-i-r.$_{a1}$ ruta stram.$_{a1,k}$
  - **21** h: calc. caust.
- **nachts**: *Camph.*$_{hr1}$ fago.$_{a1,k}$ hura *Merc.*$_{hr1,k}$ nat-m.
- **Aufsetzen** im Bett; beim: ars.$_{a1,k}$ glon.$_{a1,k}$
- **Beugen** des Kopfes nach vorne; beim: nat-m.
- **Bewegung**, bei: ars. *Gels.* *Glon.* merc. pic-ac.
  - **amel.**: *Puls.*
- **Bücken**, beim: asar.$_{hr1,k,*}$ bar-c. ost.$_{a1}$
- **Druck**, bei: mag-m.$_{h}$
  - **amel.**: aeth. am-c. nat-m.
- **Essen**, nach dem: *Am-c.* cocc. inul.$_{hr1}$
- **Fahren** oder Reiten, beim: *Glon.*$_{a1,k}$ grat.$_{a1,k}$
  - **kalter** Luft, in: *Am-c.* cocc.
- **Freien** amel.; im: aeth. *Am-c.* kali-i. **Puls.**
- **Gehen**, beim: *Aeth.* kali-c. sars.
  - **Freien**, im: am-c. sars.
- **Hagelkörner**, wie durch: amph.$_{a1}$
- **Husten**, beim: hep.$_{hr1,k}$ phos. spong.
- **Lesen**, beim: lyc.
- **Licht**:
  - **agg.**: ars.$_{k2}$
- **Menses**, während: acon. *Bell.* borx. bry. cact. *Calc.* calc-p.$_{hr1,k,*}$ *Chin.* *Glon.* *Ign.* *Lach.* mag-c. *Nat-c.* **Puls.** sang. *Tarent.*$_{hr1,k}$
- **Mittagessen**, nach dem: *Am-c.*$_{a1,k}$ kali-c. zinc.$_{a1,k}$
- **Schlaf**, verhindert den: pyrog.$_{ptk}$
- **Sprechen** agg.: cocc.
- **Stehen**, im: kali-c.
- **Treppensteigen**, beim: alum.$_{hr1}$ nat-p.$_{a1,k}$ par.$_{a1,k}$
- **warmes** Zimmer amel.: *Am-c.* cocc.

▽ **erstreckt** sich zu:
  - **Hinterkopf**: ars-s-f.$_{k2}$ bry. *Con.* ther.

○ **Augen**, über den: *Bell.*$_{bg2,k}$ carb-v.$_{bg1,bg2}$ digin.$_{a1}$ *Gels.*$_{bg2,k}$ glon.$_{bg2,k,*}$ gymno. ham.$_{k2}$ ign.$_{a1,k}$ *Kali-bi.*$_{bg2,k}$ *Lac-c.*$_{bg2,k}$ *Lach.*$_{bg2,k,*}$ lyc.$_{bg1,bg2}$ lyss.$_{a1,k}$ naja$_{bg1,bg2}$ *Nat-m.*$_{bg2,k,*}$ *Nux-m.*$_{bg2,k}$ pic-ac.$_{a1}$ ptel. *Sep.*$_{bg2,k}$ spig. stram.$_{a1,k}$ stry.$_{a1}$ ther. vib.

• **links**: digin.$_{a1}$ ham.$_{a1}$ nux-m.$_{c1}$ ther.$_{br1,c1}$

• **nachts**: xan.$_{c1}$

○ **Arterien**: caust.$_{h}$

• **Nasenwurzel**, über der: *Ars.*$_{bg2,k,*}$ camph.$_{a1,k}$ gamb.$_{a1,k}$ glon.$_{bg2}$ kali-i.$_{bg2}$ mez. phos.$_{bg1,bg2}$ puls.

• **vormittags**: gamb.$_{a1,k}$

• **Gehen** amel.: puls.

• **Stirnhöcker**: aesc. *Arg-n.* calc. cocc. hyos. iris lyc. meli.$_{bg2}$ mez. nit-ac. ran-b.

• **links**: *Arg-n.* cocc. verb.$_{h}$

• **rechts**: aesc. calc. lyc. mez.

• **nachmittags**:

• **16** h: nit-ac.

• **abends**: *Iris* lyc.

• **18** h: lyc.

• **20** h: iris-fl.

• **langsam**: verb.$_{h}$

Rausch, wie durch einen: aesc. *Agar.* am-c. ars. asc-t.$_{c1}$ berb. bry. carb-an. *Carb-v.* caust. chel. choc.$_{srj3}$ croc. crot-t. cycl. euphr. eupi. gels.$_{c1}$ *Glon.* graph. hydr-ac. iod. kali-n. kreos. laur. mag-m. mez. *Nat-m.* nit-ac. **Nux-v.** par. ph-ac. ptel. *Puls.* rhod. *Rhus-t.* samb. spig. sul-ac. tarax. valer.

☞ *❑ Gemüt - Betäubung / ❑ G~ Verwirrung - berauscht - wie*

Reiben des Kopfes: camph.$_{a1,k}$ carb-ac.$_{a1}$ con.$_{a1,k}$ hyos.$_{a1,k}$ tarent.$_{a1,k}$

– **gegen** etwas: tarent.$_{a1,k}$

– **Hand**, mit der: hyos.$_{a1}$ verat.$_{h,k,*}$

– **Kissen** wegen Kopfschmerzen; reibt den Kopf ins: med.$_{c1}$

○ **Stirn** zu reiben; Neigung, die: glon.$_{a1,k}$ nicc.$_{c1}$

Rollen des Kopfes

☞ *Bewegungen des - Rollen*

Rollen würde; Gefühl, als ob etwas im Kopf: cupr-ar. eug. graph. hura phys. sep.

– **Bleikugel** herumrollen würde; als ob eine: lyss.

☞ *Kugel - rollt*

• **Erbrechen** agg.: eug.

• **Schwindel**, bei: sep.

• **Studieren**, nach: cupr-ar.

○ **Gehirn** herumgerollt würde; als ob das:

• **Schädel**; im: chin.$_{rb2}$ phys.$_{rb2}$

– **Gehirn** zusammengerollt; als sei das: lob-e.$_{c1}$

• **Klumpen**; zu einem kleinen: *Arn.* *Coc-c.*

Rucken des Kopfes: *Agar.* alum. caust.$_{h,k,*}$ *Cic.* cina *Hyos.* ign. mygal. nat-c.$_{a1}$ *Nat-m.* *Nux-m.* plb.$_{k2}$ *Sep.*$_{h,k,*}$ *Stram.* stry. sumb. tarent.$_{k2}$ verat-v.

– **tagsüber**: *Sep.*

– **Gehen** oder Treppensteigen; bei schnellem: **Bell.**

– **hier** und da: chel. stram.$_{a1,k}$ stront-c.

– **hinten**, nach: alum. atro. bov. *Cic.* cina hyper.

Rucken des Kopfes - **hinten,** nach: ... ign.$_{bg1,bg2}$ kali-c.$_{h,k1}$ merc. nux-v. sep.$_{h,k,*}$ stry.

• **und** nach vorne: ars. nux-m. sep. stry.

– **hinten** nach vorne; von: kali-c. *Nux-m.* ph-ac. sep.$_{a1,h}$ spong. *Stram.* stry.

– **Liegen** auf dem Rücken; beim: *Cic.* *Hyper.*

• **hoch**; der Kopf ruckt vom Kissen: **Stram.**

– **rechts**, nach: *Nat-s.*

– **Schlaf**, im: *Arn.*

• **Einschlafen**, beim: puls.$_{h}$

• **hinten**; Kopf ruckt nach: *Hyper.*

– **Seite** zur anderen; von einer: kali-c. nat-s. nux-m. plb. samb.

– **Sitzen**, im: sep.

– **Sprechen**, beim: *Cic.*

– **unwillkürlich** nach hinten und vorne, beim Sitzen: sep.

– **vorne** und Knie nach oben beim Husten; Kopf nach: bell.$_{h}$ ther.

Ruhelosigkeit: ambr.$_{bg2,k}$ asc-t.$_{a1}$ bell.$_{a1,k}$ bond.$_{a1}$ caust.$_{a1,k}$ jab.$_{a1,k}$ merc.$_{bg2,k}$ phos.$_{a1,k}$ pip-m.$_{a1,k}$ ruta sec.$_{a1,k}$ sil.$_{a1,k}$ tarent.$_{k2}$

– **vormittags**: phos.$_{a1,k}$ sil.$_{a1,k}$

– **rollt** den Kopf von einer Seite auf die andere, während er zu schwach ist, den Körper zu bewegen: *Ars.*

○ **Hinterkopf**: ambr.$_{k1}$

Schläge (= Schocks, Stöße, Rucke): acon. aeth. agar. *All-c.* alum. alum-p.$_{k2}$ apis$_{bg1,bg2}$ ars. ars-s-f.$_{k2}$ asaf. aster. bapt. bar-c. bar-m. *Bell.* benz-ac. bov. calc. camph. **Cann-i.** carb-v. carbn-s. caust. *Cic.* cimic.$_{bg1,bg2}$ clem. *Coca* *Croc.* *Crot-c.* ferr. ferr-ar. ferr-p. fl-ac. *Glon.* graph. *Hell.* hydr-ac. indg. ip. *Kali-ar.* kali-c. kali-m.$_{k2}$ kali-p. *Kali-s.* lach. laur. led. lob. *Lyc.* lyss. mag-s. *Mang.* merc. mill. mur-ac. naja$_{bg1,bg2}$ nat-c. *Nat-m.* nat-p. nat-s. nit-ac. nux-v. olnd. ph-ac. phos. plat.$_{k2}$ plb. psor. puls. ran-b. raph. rhus-t. sabad. samb. sang. seneg. *Sep.* *Sil.* *Spig.* stann. *Sul-ac.* sulph. tab.$_{bg1,bg2}$ tarent. thea thuj. valer. verat-v. zinc.

– **morgens**: phos.$_{h}$

• **Aufstehen**, beim: sep.$_{h}$ tarent.

• **amel.**: nux-v.

• **Bett**, im: nux-v. sul-ac.

– **abends**: nit-ac.$_{h}$ sul-ac.

• **Bett**, im: sil.$_{h}$

• **Einschlafen**, beim: sil.$_{h}$

– **nachts**, 1 h, weckt ihn: psor.

– **außen**, nach: clem.

– **Bewegung**, durch: *Am-c.* *Cic.* *Lyc.* merc. prun.

– **Bewußtseins**; beim Wiedererlangen des: cann-i.

– **Bücken**, beim: merc. nit-ac. petr.$_{h}$ thuj.

– **Druck** amel.: bell. thuj.

– **Einschlafen**, beim: nat-c. phos.

• **Sitzen**; im: alum.

– **elektrischer** Schlag, wie ein: agar. ail. *All-c.* *Alum.* arn. aster.$_{rb2}$ bar-s.$_{k2}$ cann-i.$_{vh}$ carb-v. carbn-s.$_{k2}$ *Cic.* hipp. kali-ar.$_{k2}$ lob. mag-p.$_{ptk1}$ nat-s. nux-m. op. *Phos.* sul-ac.$_{k2}$ zinc-p.$_{k2}$

– **Erwachen**:
• **beim**: cann-i.k2
– **Essen**, nach dem: lyc.
– **Gehen**, beim: bell. mang. petr.h
• **Freien**; im: spig.
• **schnellen** Gehen, beim: ant-c. arn. **Bell.** nat-m.h par. ph-ac.
– **geistiger** Anstrengung, nach: phos.
– **Geräusche**, durch: germ-met.srj5 nit-ac.
– **hier** und da: zinc.
– **Husten**, beim: ars. *Calc. Ip. Lach.* lyc. mag-s. mang. *Nat-m.* rhus-t. seneg. spig. sul-ac.
– **kalter** Luft, in: *Cic.*
– **Laufen**, beim: nat-m.
– **Lesen**, durch: carb-v.
– **Liegen**, beim: nit-ac.
– **Menses**, während: borx.
– **Mittagsschlaf**, nach: sep.
• **Sitzen**, im: alum.
– **Niesen**, beim: bar-c.
– **plötzlich**: *Cic. Kali-i.* plat.k2
– **Puls**; synchron mit dem
☞ *synchron*
– **Räuspern**, beim: raph.
– **Schreiben**, beim: raph.
– **Schütteln** des Kopfes; beim: mang.
– **Sitzen** nach einer Hauptmahlzeit; beim: lyc.
– **Sprechen**, beim: nat-m.
– **stechend**: petr.h
– **Steigen**, beim: ant-c. arn. bell. meny. par. ph-ac.
– **Stuhlgang**, beim: phos.
– **synchron** mit dem Puls: *Cimic.* **Glon.**
– **Trinken** kalten Wassers; beim: thea
– **wecken**:
• **ihn**: helo-s.c1 psor.
– **zwickend**: sep.h
▽ **erstreckt** sich zu:
• **allen** Körperteilen aus; strahlt zu: mag-p.ptk
• **Ellbogen** zum Kopf; vom: agar.
• **Extremitäten**: *Ail.* **Cic.** nux-m.
• **hier** und da: zinc.
• **Wange**: puls.
○ **Hinterkopf**: arn. cann-i. hell. lyc. mang. *Phos.* plb. ran-b. sabad.
• **dumpfer**, schwerer, pochender Schmerz durch den Kopf:
• **kräftigen** Schlag auf Hinterkopf und Hals; mit einem Gefühl, wie von einem: cann-i.
• **geistige** Anstrengung: *Phos.*
• **Knall**; genau im Moment des Einschlafens, wie ein lauter: phos.
▽ **erstreckt** sich zur Stirn: clem. sabad.
– **Scheitel**: calc. lyc. lyss. mang. nat-c. phos.
• **Bolzen** vom Hals zum Scheitel, agg. bei jedem Herzschlag; wie durch einen: cimic.
• **Einschlafen**, beim: nat-c.
• **elektrischer** Schlag, wie ein: carb-ac. nat-s.
▽ **erstreckt** sich zur Stirn: nat-m.h
– **Schläfen**: agn. am-c. bar-c. camph. croc. *Iris* lach. **Lyc.** olnd. ph-ac. *Plat.* spig. sul-ac. thuj.
• **Husten**, beim: **Lyc.**

Schläge - Schläfen: ...
• **Pflock** tief hineingeschlagen; als würde ein: sul-ac.
• **plötzlicher** Schlag tief innen, läßt ihn auffahren: croc.
• **schmerzhaft**: sul-ac.
• **Stuhlgang**, beim: lyc.h
– **Seiten**: alum. am-c. bov. chel. graph. kali-c. kali-s. laur. mag-m. nat-s. phos. plat. plb. puls. sars. spig. sulph.
• **rechts**: graph. kali-s.k2 puls.h
– **Stirn**: acon. am-c. ang. camph. caust. croc. glon. hipp. kali-c. laur. mag-s. nat-m. olnd. phos.h plat. psor. rhus-t. sang. seneg. sep.h spig. stann. sul-ac. thuj. zinc.
• **Axt**; wie mit einer: nux-v.
• **Bewegung**, bei: mag-c.h
• **Finger**; wie mit einem: nat-m.
• **Gehen**: mag-c.h
• **Schlaf**, im: dig.
• **schmerzhaft**: sul-ac.
• **Stuhlgang**, nach: spig.h
• **wellenartig**: sep.h

Schlagen:
– **Fäusten** auf den Kopf ein; schlägt vor Schmerzen mit den: ars.h
– **Wand**; schlägt mit dem Kopf gegen die:
☞ *Schlägt - Wand*
• **Zucken** der Lider und der Muskeln der Stirn; mit: mill.
☞ *Schlägt - Wand*
○ **Gehirn** gegen den Schädel schlagen; als würde das ●: alum.h *Ars.* **Chin.** laur. *Nux-m.* plat. *Rhus-t.* rob. *Sep.* stann. sul-ac. *Sulph.* tub.hr
• **Nicken** mit dem Kopf; beim: *Sulph.*

Schlägt:
– **Bett**; mit dem Kopf gegen das ●: *Apis* con. hyos. mill. rhus-t.
– **Gefühl**, er könne den Kopf in Stücke schlagen: nit-ac.a1,k
– **Wand**; im Schlaf mit dem Kopf gegen die: mag-c.
☞ *Schlagen - Wand / Schlagen - Wand - Zucken*

Schleim; Gefühl von zähem:
– **Hinterkopf**; im: bamb-a.stb2

Schmerz (= Kopfschmerzen im allgemeinen): abrom-a.bnj1 abrot. absin. acet-ac. acon.c2,k acon-c.c2 act-sp. aesc.c2,k aeth.c2,k aethyl-n.a1 agar. ail.c2,k all-c. all-s.c2 aloe *Alum.*c2,k *Alumn. Am-c.* am-f.stj2 am-m. am-pic.c1,c2 ambr. aml-ns.c2 ammc. amph.c2 amyg.c2 anac.c2,k anag.c2 *Androc.*srj1 androg-p.bnj1 ang. *Ango.*c1 anh.c2 *Ant-c.* ant-t. anth.c2 **Anthraci.** antip.c2 ap-g.c2,k aphis.c2 **Apis** apoc. aran.c2 aran-sc.c2 **Arg-met.**c2,k *Arg-n.*c2,k *Arn.*c2,k **Ars.**c2,k ars-i. ars-met.c2 arum-i.c2 arum-t.c2,k asaf.c2,k asar.c2,k asc-c.c2 asc-t.c2 aster.c2 astra-m.c2 atha.c2 *Aur.* aur-ar.c2,k2 aur-m-n.c2 aur-s.k2 bad. **Bamb-a.**stb2 *Bapt.* bapt-c.c1,c2 bar-c. bar-i.k2 bar-m. **Bell.**c2,k bell-p.c2 ben.c2 benz-ac. berb. berb-a.c2 bism.c2,k bism-sn.a1 bol-la.c2

Schmerz: ...

bor-ac.c2 *Borx.* bov.c2,k brom. bruc.c2 brucin.c2 **Bry.**c2,k bufo *Cact.*c2,k caj.c2 calad. **Calc.**c2,k calc-act.c2 calc-ar.c2,k2 calc-hp.c2 calc-i.c2,k2 calc-p.c2,k **Calc-s.** calc-sil.k2 camph. cann-i.c2,k cann-s.c2,k canth. caps.c2,k2 carb-an.c2,k *Carb-v.*c2,k carbn-o.c2 carbn-s. carc.xxb card-b.c2 castm. caul. *Caust.*c2,k **Cedr.**vh cench.c2,k2 *Cham.*c2,k chel.c2,k chen-a.c2 chim-m.c2 **Chin.**c2,k chinin-ar. chinin-m.c2 **Chinin-s.**c2,k chion.c2 cich.c2 *Cimic.*k,k2,• cina cinch.c2 *Cinnb.* cinnm.c2 cit-v.c2 clem.c2,k cob.c2,k coc-c. coca **Cocc.**c2,k coch.c2 *Coff.*c2,k colch. *Coloc.*c2,k colocin.c2 com. con. conv. convo-d.c2 corn. croc.c2,k **Crot-c.**c2,k *Crot-h.*c2,k *Crot-t.* cund.c2,k *Cupr.* cupr-ar. cupre-au.c2 cur.c2,k cycl.c2,k daph. datin.hs1 desm-g.bnj1 *Dig.*c2,k *Dios.*c2,k dirc.c2 *Dros.*c2,k *Dulc.*c2,k elae.c2 elapsc2,k elat. elec.c1,c2 emblc.bnj1 ephe.c2 *Epiph.*c2 esin.c2 eug. euon.c2 eup-per. eup-pur.c2 euph.c2,k euph-hy.c2 euphr. eupi.c2,k fago.c2 fagu.c2 felc2 *Ferr.* ferr-ar.st ferr-br.c2 *Ferr-i.* ferr-m.c2 *Ferr-p.* ferr-py.c1,c2 ferr-s.c2 ferr-t.c2 fl-ac.c2,k form.c2 franc.c2 gamb. **Gels.**c2,k genist.c2 gent-c. gent-ch.bnj1 gent-l.c2 gink-b.sbd1 gins.c2,k **Glon.**c2,k gran. *Graph.*c2,k grat.c2,k guaj. guar.c2 gymno.c2,k haem.c2 ham. *Hell.*c2,k helo-s.c1,c2 *Hep.*c2,k hera.c2 hipp. hom.c2 hura hura-c.a1 hydr. hydr-ac. *Hydrog.*srj2 *Hyos.* hyper.c2,k ictod. *Ign.*c2,k ind.c2,k indg.c2,k *Iod.*c2,k iodof.c2 ip. **Iris**c2,k iris-fl.c2 iris-foe.c2 iris-t.c2 jal. jatr-c. jug-c.c2 jug-r.c2,k junc-e.c2 *Kali-ar.* *Kali-bi.*c2,k *Kali-c.*c2,k kali-chl. kali-cy.c2 **Kali-i.** *Kali-n.*c2,k *Kali-p.* *Kali-s.* *Kalm.*c2,k *Kreos.* kurch.bnj1 lac-ac. lac-c.c2,k2 *Lac-d.*c2,k lac-f.c2 lac-v.c2 **Lach.**c2,k lachn.c2,k lact. lam.c2 lapa.c2 laur. *Lec.* *Led.* *Lept.*c2 lil-t. lith-c.c2 lith-f.stj2 lob. lob-c.c2 lob-d.c2 lobin.a1 **Luna**c2,kg1 *Lyc.* lycpr.c2 lycps-v.c2 lyss.c2,k macro.c2 mag-c. *Mag-m.*c2,k **Mag-p.**c2,k mag-s. *Manc.*c2,k mang.c2,k *Med.*k,k2 *Meli.* meli-xyz.c2 menis.c2 menth.c2 menth-pu.c2 meph. **Merc.** merc-c. merc-i-f. merc-n.c1 merl. *Mez.* mill. morph.c2,k mosch. mur-ac. murx. najac2,k *Nat-ar.* *Nat-c.*c2,k nat-hchls.c2 **Nat-m.**c2,k nat-p. *Nat-s.*c2,k nicc.c2,k nicc-s.c2 **Nit-ac.** nuph.c2 *Nux-m.*c2,k **Nux-v.**c2,k nyct.c1 oena. ol-j.c2,k olnd.c2 onon.c2 onos.c2 op.k2 osm.c2,k ox-ac. paeon.c2 pall.c2,k *Par.*c2,k parth.c2 pen.c2 *Petr.*c2,k *Ph-ac.*c2,k phase-xyz.c2 phel.c2,k phenac.c2 **Phos.**c2,k phys.c2,k phyt.c2,k pic-ac. pimp.c2 pip-m.c2 pip-n.c2 plan. plat. plat-m-n.c1 *Plb.* plb-xyz.c2 *Podo.* prun. prun-p.c2 psil.ft1 **Psor.**c2,k ptel. **Puls.** pyrog.c2,k2 ran-b. ran-g.c2 ran-s. raph.c2,k rhen-met.stj2 rheumc2,k rhod. rhodi-o-n.c2 rhus-g.c2 *Rhus-t.* rhus-v. rumx. sabad.c2,k sabalc2 sacch-l.c2 salol.c1,c2 sang.c2,k sangin-n.c2 sanic.c2 sapin.c2 sars.c2 sec. sel.c2,k senec-j.c2 seneg. **Sep.** **Sil.**c2,k sin-a.c2 solc1,c2 sol-ni.c2,k sol-t-ae.c2 *Spig.*c2,k spong. stach.c2 stann.c2,k *Staph.* stict.c2 stram.c2,k stront-c.c2 stront-n.c2 stry. stry-xyz.c2 sul-ac. **Sulph.**c2,k syph.c2,k2 tab. tanac. tant-met.stj2 tarax. tarent.c2,k tax. tell. *Ter.* thea *Ther.*c2,k *Thuj.*c2,k til.

Schmerz: ...

tril-p. trios.c2 trom. tub.c2 tus-p.c2 upa.c2 urt-u. ust. valer.c2,k vario.c2 verat.c2,k verat-n.c2 vib.c2 viol-o. viol-t. vip. wye.c2 xan.c2,k yuc.c2 *Zinc.*c2,k zinc-p.c2,k2 zinc-pic.c2 zinc-s.c2,k zing. ziz.

- **tagsüber**: agar. am-c. aur. bry. calc. cann-s. caust. chel. chinin-s. cina cist. cob. coca crot-t. eup-per. ferr. fl-ac. ham. jac-c.a1 jac-g. kali-c. lac-c.k2 lyc. lyss.a1,k merc-i-f.a1 merc-i-r.a1,k *Nat-m.*a1,k nicc. petr.a1,k phos.a1,k phys.a1 rumx. scut.a1 sep.a1,k stann. staph. zinc.h,k1
- **morgens**: acon. **Agar.**a1,k alet. all-s. *Alum.* alum-sil.k2 alumn. am-c.k,k2 am-m. ambr.a1,k *Anac.* ang. ant-t. arg-met. arg-n. *Arn.*a1,k ars.a1,k ars-i. asaf. asar. *Aur.* aur-ar.k2 aur-i.k2 *Bar-c.* bar-m. *Bell.* benz-ac.hr1,k,• berb. borx. *Bov.* *Bry.*a1,k *Cact.* cadm-s. *Calc.* calc-i.k2 *Calc-p.*a1,k calc-s. calc-sil.k2 camph.a1,k cann-s. canth. *Carb-an.*a1,k *Carb-v.* *Carbn-s.* castor-eq. caust. cham. *Chel.* chin. chinin-ar. chinin-s. cic. cina clem. cob.a1,k coc-c.a1,k coca coff. *Coloc.* *Con.*a1,k croc. *Crot-t.* cund. cupr. cycl. dios.a1,k dulc. *Eup-per.* euphr. ferr. ferr-ar. ferr-i. ferr-p. *Fl-ac.* form. gink-b.sbd1 glon.a1,k *Graph.* grat. guaj. hell. *Hep.*a1,k hipp.a1,k *Ign.*a1,k ind.a1,k iod. ip. iris jatr-c. *Jug-c.*a1,k jug-r. kali-bi.a1,k *Kali-c.* kali-i. kali-m.k2 *Kali-n.*a1,k kali-p. *Kali-s.* kali-sil.k2 kalm. kreos. lac-c. lac-d.st *Lach.* lachn.a1,k lact. led.a1,k lil-t.a1,k lith-c. mag-c.hr1,k mag-m. manc.a1,k *Mang.*a1,k merc. merc-i-f.a1,k merc-sul. *Mez.* mur-ac. *Murx.*hr1,k najak2 nat-ar. nat-c. *Nat-m.*a1,k nat-p.a1,k nicc.a1,k *Nit-ac.* nux-m. **Nux-v.** ol-an. op.k2 paeon. pall. *Petr.*a1,k *Ph-ac.* *Phos.*a1,k phyt. pic-ac.k2 *Podo.* *Psor.* puls. ran-b. rheum *Rhod.* *Rhus-t.* rumx. ruta sabad. samb. sang. sars. scut. *Seneg.* *Sep.*h,k,• *Sil.* *Spig.* spong.h,k1 *Squil.* *Stann.*a1,k *Staph.* stram. stront-c. stry. sul-ac. *Sulph.* tab. *Thuj.*a1,k verat. zinc.a1,k
  - **amel.**: bov. caust.a1,k kreos. nat-m.a1,k verat.
  - **4** h:
    - **Erwachen**; beim: xan.c1
  - **6** h:
    - **abends**, bis: crot-t.
  - **8** h: bov.
  - **10** h; bis: *Arn.* lachn.k,vh mag-c.k,vh *Nat-m.*vh
  - **15** h; bis: aur.
  - **17** h; bis: mang.
  - **19** h; bis: aur.h
  - **22** h; bis: phys.
  - **mittags**, bis: ars. conv.a1,k ip. mag-c.h,k1 *Nat-m.* nicc. phos.a1,k sep.a1,k *Tab.*
  - **Aufstehen**:
    - **amel.**: *Alum.* ars. cham. coc-c. crot-h. *Graph.* *Hep.* ign. jug-c. **Kali-i.**a1,k merc-i-r.a1,k murx.hr1,k nat-m. *Nit-ac.* **Nux-v.** ph-ac. phos. **Rhod.**a1,k
    - **beim**: *Agar.* am-c. am-m. apis *Arg-n.*hr1,k asc-t.a1,k aur-m. bar-c. bar-i.k2 bar-m. **Bry.**a1,k camph.a1,k chel. chinin-s. cimic.bg1,bg2 cob. cod.a1 colch.a1,k crot-t. **Cycl.** dig. dulc. fago. glon.a1,k ham.a1,k hep. hydr. ind.a1,k indg.a1 iod. ip. jug-c. *Kali-p.* kalm. lac-d. *Lach.* lyc.

• **Aufstehen - beim**: ...
mag-c.hr1,k mag-m. merc.a1,k merc-i-f.a1 mur-ac. nicc. nux-v. ped.a1 petr. phos. *Psor.* ptel. puls. rhus-t.a1,k rumx. ruta *Sep.*h,k,* squil. staph. stront-c. sul-i.k2 **Sulph.** tarent.

• **Bett**, im: *Agar.* alum. alum-p.k2 am-c. anac. ant-t. aur. aur-s.k2 bar-c. bar-s.k2 *Bell.* berb. bov. *Bry.* calc. calc-p. carb-an.a1,k carb-v.h,k1 *Carbn-s.* *Cham.* chin. chinin-s. cic. coc-c. coff. con. dig. dulc. ferr. ferr-p. *Graph.* hell. *Hep.*a1,k ign. ip. jug-c. *Kali-c.* kali-i. *Kali-p.* kali-s. kreos. *Lac-d.* *Lach.* lact. laur.a1,k lyc. mag-c. mag-m. mag-s. mang. merc. merc-i-f.a1 mez. murx.hr1,k nat-m. *Nit-ac.* **Nux-v.**a1,k petr. *Phos.* *Psor.* ptel. ran-b. rheum *Rhod.*a1,k rhus-t. ruta squil. staph. sul-ac. sulph. thuj. verat. zinc. zinc-p.k2

• **Bewegung**; bei der ersten: **Bry.**

• **Übelkeit**, mit: calc. cob. *Eup-per.* graph. nat-m. nux-v. sep.h,k,* sil. sulph.

• **Erwachen**, beim: agar. ail. *Alum.* alum-p.k2 *Alumn.* anac.c1 *Arg-n.* *Arn.* ars.a1,k ars-s-f.k2 asc-c.hr1 benz-ac.hr1,k,* bov. **Bry.** bufo cadm-s.c1 calc. calc-p. calc-s. calc-sil.k2 cann-i. carb-an. carbn-s. caust. cham. *Chel.* chin. chin-b.c1 chinin-ar. cic. cimic.bg1,bg2 cob. coc-c. coff.a1,k colch. con. *Croc.* crot-h. crot-t. cupr-ar. dig. elaps erig. *Eup-per.* euphr. fago. form. **Graph.** ham.k2 hell. *Hep.* hipp. hydrog.srj2 ign. ind.a1,k jug-c. *Kali-bi.* *Kali-c.*a1,k *Kali-i.*vh kali-m.k2 kali-n. kali-p. kali-s. *Kalm.* kreos. *Lac-c.* **Lach.** lil-t. lob. luna.kg1 *Lyc.* mag-c. merc-i-f.a1,k morph. mur-ac. murx.a1,k myric. *Naja* **Nat-m.** nat-s.k2 nicc. **Nit-ac.** **Nux-v.** ol-an. op. peti. *Ph-ac.* *Phos.*a1,k phys.a1,k pip-m. plan.a1,k plat. *Psor.* puls. rhus-r. rhus-t.h,k1 rumx. sang.k2 *Sep.*h,k,* squil. stann. staph. sul-ac. *Sulph.* **Tarent.** *Thuj.*a1,k *Thyr.*vh

• **10** h, bis: *Arn.*

• **Hunger**; mit: ptel.c1

• **Öffnen** der Augen; beim ersten: *Bry.* ign. kalm. *Nux-v.*

• **Träumen**; mit vorangehenden:

• **Kopfschmerzen**; von

☞ ❑ Träume - Schmerz - Kopf - bevor

• **unangenehmen** Träumen: murx.

• **Frühstück** sich verzögert; wenn das: calc.

• **hört** gegen Abend auf: anis.c1 *Bry.* calc. *Kali-bi.* kalm. *Nat-m.* pic-ac.k2 plat. sang. spig. sulph.

• **kommt** und geht mit der Sonne: cact. kali-bi. *Kalm.* lac-d. *Nat-m.* *Sang.* *Spig.*hr1,k sulph. tab.

• **steigt** bis mittags oder etwas später, sinkt dann allmählich: phos. sulph.

• **steigt** im Verlauf des Tages: cact. calc.k2 pic-ac.k2 sang.k2

• **steigt** und sinkt mit der Sonne: acon. **Glon.** *Kalm.* nat-c.bro1 *Nat-m.* *Phos.* *Sang.* sel.ptk *Spig.*hr1,k *Stann.* stram.

– **vormittags**: aeth. alum. alumn. ant-c. arg-n.a1 *Aur.* *Bar-c.* bar-i.k2 bar-s.k2 bry.a1,k *Calc.*a1,k canth. carbn-s.k,k2 caust. chel. chinin-s. cimic.hr1,k,* cinnb.a1,k clem. cob.a1,k coc-c.a1,k cocc. *Con.* cop.

– **vormittags**: ...
cupr-ar.a1,k ferr-ma.a1 gamb.a1,k genist.a1,k gink-b.sbd1 ham.a1,k hydr.a1,k ind.a1,k indg.a1,k iod. jab. jac-g. *Kali-c.* kali-s. kalm. lach.a1,k lachn.a1,k lact. merc-i-f.a1,k *Nat-c.* *Nat-m.* nicc. phel.a1,k phyt.a1,k polyg-h. ptel.a1,k ran-b. rhod. rhodi.a1 rhus-t.a1,k rumx. sabad.k2 *Sars.* *Sep.*h,k,* sol-ni. sul-ac. sul-i.k2 sulph.a1,k trom.a1,k

• **9** h: carbn-s.k2

• **9** - 12 h: cedr.vh *Meli.* psil.ft1

• **9** - 13 h: cedr.vh crot-h.bg1,bg2 mur-ac.

• **9** - 16 h: caust. cedr.vh

• **10** h: apis *Aran.*vh ars. **Borx.** cimic. *Gels.* **Nat-m.** *Sil.*vh thuj.

• **10** - 11 h: nicc.c1

• **10** - 14 h: alum.

• **10** - 15 h: **Nat-m.**

• **10** - 16 h: *Stann.*

• **10** - 18 h: apis psil.ft1

• **11** h: cann-i.a1 ip. sol-ni. spig. sulph.

• **ansteigend**, bis nachts: sil.h,k1

– **mittags**: aeth. agar. alum. alum-p.k2 ant-c. arg-met. arg-n. asar. bell. bov. calc-ar. calc-p.a1,k cann-i. carb-v. *Cedr.* cham.a1,k chel.a1,k chinin-s. cic. cob.a1,k crot-t.a1 graph. gymno. ign. indg.a1,k jab.a1,k kali-bi.a1,k kali-n. kalm.a1,k lyc.a1,k lycps-v. lyss.a1,k mag-c. mang. merc.a1,k mur-ac. *Naja* nat-c. *Nat-m.* phos.a1,k puls. rhus-t. sol-t-ae.a1 spira.a1 spong. *Sulph.* zinc. zing.a1,k

• **abends**, bis: sil.

• **Mitternacht**, bis: *Caul.* *Sulph.*

– **nachmittags**: *Acon.* aeth. *Agar.* *Alum.*a1,k alum-p.k2 alum-sil.k2 *Am-c.*a1,k am-m. ambr. anac. anan.hr1 anders.bnj1 ant-t. aq-pet.a1 arn. ars. ars-i. ars-s-f.k2 asaf.hr1 asar. aur. aur-ar.k2 aur-s.k2 *Bad.*hr1,k,* bar-c. bar-i.k2 bar-m. bar-s.k2 **Bell.**hr1,k berb. bov. bry. bufo calad. calc. calc-ar. calc-f. calc-p.a1,k calc-s. calc-sil.k2 canth. carb-an. *Carb-v.* carbn-s. caust. chel.a1,k chin.a1,k chinin-ar. chinin-s. cic. cimic.hr1,k,* cob. coca cocc. colch. coloc. con.a1,k *Cupr.*hr1,k cycl.a1,k dig. digin.a1 dios. dros. epil.a1 equis-h. euphr. fago.a1,k ferr.hr1,k,* ferr-ar. ferr-i. ferr-p. form.hr1,k gamb. gels. genist.a1,k gink-b.sbd1 glon.a1,k *Graph.* grat.a1,k ham.a1,k hell.hr1,k iber. ign. ind.a1,k indg.a1,k iod.h,k iris kali-ar. *Kali-bi.*hr1 kali-c. kali-m.k2 *Kali-n.*a1,k kali-p. kali-s. kali-sil.k2 kalm. kreos. *Lac-c.*hr1,k lach. lact.a1,k laur.a1,k *Lyc.*a1,k lycps-v. lyss.hr1,k,* mag-c.a1,k mag-m. mag-s.a1,k *Mang.* meli.a1 merc-i-f.a1 merc-i-r.hr1,k,* *Mez.* *Mur-ac.* nat-ar. *Nat-c.* nat-m. nat-p.hr1,k *Nit-ac.* nux-m.a1,k nux-v. op. pall.hr1,k petr. *Ph-ac.* phos.a1,k phyt. pic-ac.a1,k *Plat.* plb. polyg-h. ptel.a1,k puls.hr1,k ran-b.a1,k rhus-r. ruta sabin. sarr.hr1 *Sars.* sec. **Sel.**hr1,k,* seneg. sep.hr1,k,* *Sil.* spong. stram.a1,k *Stront-c.* sul-ac. sul-i.k2 *Sulph.*hr1,k,* tab.a1,k tell.a1,k v-a-b.j1 valer. *Verat.*hr1,k *Zinc.* zinc-p.k2

• **amel.**: gels.ptk ip. ol-an.

• **13** h: ail. coca lyc. mag-c. pall.hr1 phys. pic-ac. ptel.

• **13** - 15 h: ars.k2 chinin-s. plan.

• **13** h: ...
  • **13** - 17 h: lac-ac. mag-c.
  • **13** - 18 h: carc.tp1
  • **13** - 22 h: mag-c. plat. sil. spig.
• **14** h: *Ars. Chel.* gink-b.sbd1 grat. iod.h laur. lyss. phys. ptel.
  • **14** - 7 h: *Bad.*
  • **abends**; bis spät: bad. chel.
• **15** h: apis **Bell.** fago. *Fl-ac.* gink-b.sbd1 guaj. hura iber. lycps-v. lyss. nat-ar. sep. sil. thuj. verat-v.
  • **15** - 16 h: brom. clem.
  • **15** - 21 h: arn. lyss. nat-ar. tarent.
• **16** h: arg-mur. arg-n. ars-s-f.k2 bar-c.h caust. chinin-s. dios. helon. meli. nat-m. phys. pic-ac. psil.ft1 stry. *Sulph.* syph.k2 verat-v.
  • **16** - 20 h: caust. hell. **Lyc.**
  • **16** - 3 h: **Bell.**
• **17** h: ars-s-f.k2 bufo equis-h. helon. iod.h nat-m. paeon. pic-ac. ptel. *Puls.* sulph.
  • **17** - 18 h: chinin-s. lil-t. sep.
  • **17** - 21 h: plat.
  • **17** - 22 h: *Puls.*
• **nachts**; bis: carc.zzh
• **anhaltend**; die ganze Nacht: ars.k2 colch. cupr. verat.
  • **bis** zum nächsten Abend: cist. kali-n.
• **ansteigend** bis Mitternacht, bei Dämmerung aufhörend: syph.k2
• **Schlaf**:
  • **nach**: calc-p.vh

– **abends**: acon. agar. **All-c.**al,k alum.hr1,k,* alum-p.k2 alum-sil.k2 am-c. *Ambr. Anac.* ang.hr1,k,* ant-c.hr1,k ant-t.hr1,k apis arg-met. ars. ars-s-f.k2 asaf.hr1,k aur.al,k aur-ar.k2 aur-s.k2 bad. bar-c.hr1,k bar-m. bar-s.k2 **Bell.**hr1,k,* borx. bov. brom.al,k bry.al,k calc. *Calc-s.* calc-sil.k2 camph. canth. caps. *Carb-an. Carb-v.*al,k *Carbn-s. Caust.* cedr. cham.al,k chel.al,k chin. chinin-s. cic. cimic.hr1,k cina.k1 cist.al,k1 clem.k1,k13 cob.al,k1,* coc-c.al,k1,* cocc.hr1,k1,* colch.hr1,k1,* coloc.al,k croc. crot-t. cupr. cupr-ar.al,k cycl.hr1,k *Dig.* dios.al,k *Dulc.* echi. elaps elat.al,k eug.al,k euphr. ferr.al,k ferr-ar. ferr-p. form. glon. graph.al,k hell. hep. hipp.al,k hydr.al,k hyper. ign.j5 ind.al,k indg.al,k iris jug-c. jug-r.al,k kali-ar. *Kali-bi.*hr1,k,* *Kali-c.* kali-chl.hr1,k kali-i.al,k kali-m.k2 *Kali-n.* kali-p.hr1,k **Kali-s.** kali-sil.k2 kalm.hr1,k lac-ac. lach.al,k lachn.al,k laur. led. lepi.al,k lept. lil-t. lob. *Lyc.* lycpr.c1 lycps-v. lyss. *Mag-c.*al,k *Mag-m.* mag-s. mang. meny. meph.al,k *Merc.*al,k merc-i-f.al,k merc-i-r.hr1,k **Mez.**hr1,k,* mosch. *Mur-ac.* murx.al,k *Nat-ar. Nat-c. Nat-m.*hr1,k,* nat-p. *Nit-ac.* nux-v. par.hr1,k,* perh-mal.jl3 petr.al,k *Ph-ac. Phos.*al,k phys.al,k plan.al,k *Plat.* plb. psor. ptel.al **Puls.**hr1,k ran-b. rat. rhod.al,k rhus-t.al,k rumx.k2 ruta sabad. sabin. sang. sars. sel.al,k *Seneg. Sep.*al,k *Sil.*hr1,k spig. spira.al *Stann.* staph.al,k stram.al,k *Stront-c. Sul-ac.* **Sulph.**al,k tarent.k2 tell.al,k ter. teucr. ther. thuj.al,k til.al,k v-a-b.jl valer. *Zinc.*hr1,k zinc-p.k2
  • **amel.**: am-c.h,k1 anis.c1 aur-m-n.c1 *Bry.* calc.k2 calc-f. ham.al,k kali-bi. lach. mang. nat-ar. *Nat-m.* phys. pic-ac. sang. sol-t-ae.al spig. spirae.al ter.

– **abends**: ...
  • **18** h: cob. gels. nat-s. paeon. ptel. puls. rhus-t. sep.
    • **18** - 4 h: guaj.k2
  • **19** h: bad. *Cedr.* chinin-s. cocc. elaps lyc. mag-c. nat-m. rhod. rhus-t. sep. *Sulph.* verat-v.
  • **20** h: gymno. lac-ac. merc-i-r. phys. sol-ni. stry. sulph.
    • **20** - 21 h: helon. indg.
  • **21** h: cham.k2 coca dios. eupi. gels. lyss. osm. pic-ac. ptel.
    • **21** - 1 h: crot-h.bg1,bg2
  • **anhaltend**; die ganze Nacht: alum. calc-sil.k2 sulph.k2
    • **folgenden** Tag; und am: kali-n.h
  • **Bett**, im: arg-met. ars. carb-v. cycl. hipp. laur. lyc. nat-m. phos. *Puls.* sep. **Sulph.** zinc.hr1,k
    • **amel.**: mag-c. **Nux-v.** sulph.
  • **Dämmerung**, in der: ang.bg2,k caj. puls.
  • **Gehen**; beim: ther.c1
  • **steigt** die Nacht über an: puls.k2

– **nachts**: acon.k2 act-sp. *Alum.* alum-p.k2 alum-sil.k2 alumn. am-c. am-m. ambr.al,k anac. ang. ant-c.k2 *Ant-t.* arg-n.al,k arn. *Ars.*al,k ars-s-f.k2 arum-t. aster. *Aur. Bamb-a.*stb2 *Bell.* benz-ac.k2 berb. borx. bov. bufo cact.al,k *Calc. Calc-p.*al,k *Calc-s.* camph. canth. *Carb-an.*al,k carb-v.al,k carbn-s. *Caust. Cedr.*al,k cham. chel.al,k *Chin. Chinin-ar.* chinin-s. cic. clem.al,k *Cocc.* colch. con.al,k *Crot-c.* cupr-ar. cycl.al,k dig. dulc. elaps eug.al,k glon.al,k graph. grat. guaj.al,k ham. *Hep.*al,k hydr-ac. hyos. ign. ind.al,k kali-bi.k2 *Kali-c. Kali-i.* kali-n. *Kali-p. Kali-s.* kali-sil.k2 kreos. lac-ac. lac-c. lach. lact. *Laur.* led. lob. **Lyc.** *Mag-c.* mag-m. **Merc.**al,k *Merc-c. Mez.* mill. nat-ar. nat-c. nat-m. nat-p. **Nit-ac.** nux-m. nux-v. op.al,k par. ph-ac. *Phos.*al,k *Phyt.* plat. puls. raph. rhus-r. rhus-t. rumx.k2 sars. sep.al,k *Sil.*al,k sol-ni. spig. stram. stront-c. *Sulph.*al,k **Syph.** tarent.al,k *Thuj.*al,k verat.al,k zinc.al,k zinc-p.k2
  • **amel.**: bad.c1 bufo glon.al ham.al,k mag-c. sol-t-ae. spira.
  • **Mitternacht**:
    • **vor**: am-m. anac. caust. chin. dulc. *Lach.* puls. rhus-t. sep.
      • **22** h: carbn-s. dios. ham. laur. mag-p. myric. phys.
      • **23** h: **Cact.** castm. dios. indg. merc-i-r. pip-m. stram. valer.
    • **gegen**: agar. all-s. arn. ars. elaps hep. *Kali-c.* mag-s. myric. plat. puls. sep. sulph.k2
      • **Morgen**, bis zum: hep.
    • **nach**: agar. *Ars.* bamb-a.stb2 bufo carb-an. cham. ferr. hep. ign. kali-ar. kali-c. kali-sil.k2 nat-s. ph-ac. psor. rhus-t. sep. *Sil.* spig. *Thuj.*
      • **1** h: chin.hr1 elaps.al
        • **1** - 10 h: chin.
        • **1** - 11 h: chin.hr1 elaps.al,k
        • **1** - 12 h: chin.hr1
      • **2** h: ars.h cimic. sulph.
      • **3** h: *Agar.* bov. chinin-s. nat-m. thuj.
      • **4** h: bamb-a.stb2 chel. con.h raph. stram.

- **Mitternacht - nach**: ...
  - **5 h**: calc. dios. kali-bi. **Kali-i.** mur-ac.$_{h}$ stann.
  - **morgens**; und: ind.$_{bg1}$

◆ **begleitet** von:
  - **Speichelfluß**: *Verat.*$_{kr1,vk1}$
- **Bett**, im: aloe *Alum.* alumn. androc.$_{srj1}$ chin.$_{j5}$ fago. hipp. hyper. merc-i-f. *Sulph. Thuj.*
  - **treibt** ihn aus dem: *Thuj.*
- **Erwachen**, beim: *Agar.* alumn. ambr.$_{a1,k}$ ant-t. aster. bufo canth. cinnb. coloc. ferr. gels.$_{c1,k}$ gins.$_{a1,k}$ glon. hyper.$_{a1,k}$ lac-ac. mag-c. mang. merc-i-f.$_{a1,k}$ mez. nat-ar. nit-ac.$_{h,kl}$ nux-v.$_{h,kl}$ ph-ac. *Psor.* rumx.
- **Lichtes** amel.; Anzünden des (Gas-): *Lac-c.* sil.
- **Schlaf** amel.: agar. pic-ac.$_{k2}$
  - **verhindert**: kali-n.$_{h}$ sulph.$_{h}$

⬖ **abwechselnd** mit:
- **Abdomen**; Schmerz im: aesc. aloe$_{ptk1}$ androc.$_{srj1}$ *Ars.* bry.$_{bg1}$ cina *Gels.* hydrog.$_{srj2}$ *Iris* plb. rhus-r. thuj.$_{bg1,bg2}$
- **Abdomens** und des Uterus; Beschwerden des: aloe cina$_{bg1}$
- **Analprolaps**: *Arn.*
- **Asthma**: ang. glon. kali-br.
- **Bauchsymptome**
  ☞ *Abdomens*
- **Becken**; Schmerz im: *Gels.*
- **Brust**; Schmerz in der: lachn.
- **Brustbeklemmung**: glon.$_{hr1,k}$
- **Diarrhoe**: *Aloe*$_{bro1,ptk1}$ mag-p.$_{k2}$ *Podo.*$_{br1,k}$ sec.
  - **Sommer**, im: podo.$_{c1}$
  - **Winter**; Kopfschmerzen im: podo.$_{c1}$
- **Entzündung** der Tonsillen: lac-d.$_{c1,kr1}$
- **Fingern**; Kälte in den: *Cupr.*
- **Gelenken**; Schmerz in: eup-per.$_{k2}$ *Lyc.* sulph.
- **Gliedern**; Schmerz in: sulph.$_{bg1}$
- **Hämorrhoiden**: abrot. aloe
- **Hals**; Schmerz im inneren: alumn.$_{kr1}$ lac-c.$_{kr1}$
- **Husten**: lach.$_{a1,k}$ psor.
- **körperliche** Symptome: ars.$_{k2}$
- **Leber**; Beschwerden der: podo.$_{k2}$
- **Lenden**; Schmerz in: aloe lycps-v.
- **Lumbago**: aloe lycps-v. meli.
- **Lumbosakralregion**: meli.
- **Magen**; Schmerz im: ars. bism. ox-ac.$_{bg1}$ plb.$_{bg1}$ verat.$_{bg1}$
- **Nacken**; Schmerz im: hyos.$_{j5}$
- **Rücken**; Schmerz im: aloe brom. ign.$_{ptk1}$ meli.
- **Sand** im Urin; mit rotem: *Lyc.*
- **Schlafsucht** und vielen Träumen; mit: ars.$_{bg1}$
- **Schulter**; Schmerz in der: cot.$_{c1}$
- **Schweiß**:
  - **Füße**: merc.$_{k2}$
- **Sehen**:
  - **undeutliches** Sehen: kali-bi.$_{kr1}$
- **Stiche** im Hypochondrium: aesc.
- **Tonsillitis**: lac-d.$_{c1}$
- **Träumen**, schrecklichen: chin.
- **Übelkeit**: androc.$_{srj1}$ squil.
- **Zähnen**; Schmerz in den: kali-p. *Lycps-v.* psor.

◆ **begleitet** von:
- **Auge**; Schmerz im: *Agar. Apis* bamb-a.$_{stb2}$ **Bell.** cimic.$_{k2}$ con. cor-r.$_{br1}$ nit-ac.$_{h}$ seneg. sep. stict. zinc.$_{h}$
  ☞ *Hinterkopf - begleitet von - Auge*
- **Erbrechen**: *Aeth.* agn. alum. alum-sil.$_{k2}$ anan. androc.$_{srj1}$ ant-c.$_{k2}$ ant-t. *Apis Arg-n.*$_{hr1,k}$ arn. *Ars.* ars-s-f.$_{k2}$ asar. bar-m. *Bell. Bry. Cact.* cadm-met.$_{gm1}$ cadm-s. *Calc.* calc-s. calc-sil.$_{k2}$ *Caps.* carbn-s. caust. chin. chinin-ar. *Chlf.* cimic. cimx. cocc. *Coff.* coloc. con. corn. *Crot-h.* crot-t. *Cupr.* dulc. eug. eup-per.$_{k2}$ ferr. ferr-ar. ferr-p. *Form. Gels.* glon. *Graph. Grat.* **Ip.** *Iris* jatr-c. kali-ar. kali-bi. kali-c. kali-chl. kali-p. kali-s. kali-sil.$_{k2}$ kreos. *Lac-c. Lac-d. Lach. Lob.* med. **Meli.** mez. mosch. *Naja Nat-m.* nat-p. *Nat-s. Nux-m. Nux-v.* op. *Phos.* plat. *Plb.* **Puls.** rhus-r. **Sang.** sarr. sars. *Sep. Sil.* spig. *Stann.* stict.$_{c1}$ *Stram.* sulph. tab. *Ther.* thuj.$_{h}$ tub.$_{c1}$ verat.$_{bg3}$ verat-v. vip. xan. zinc. zinc-p.$_{k2}$
- **Extremitäten**; wundem Schmerz in den
  ☞ ❑ *Extremitäten - Schmerz - wund schmerzend - begleitet von - Kopf*
- **Fibrom** des Uterus: til.$_{gm1}$
- **Gesellschaft**; Abneigung gegen
  ☞ ❑ *Gemüt - Gesellschaft - Abneigung - Kopfschmerzen*
- **Gesicht**; blasses: phos.$_{h}$
- **Gleichgültigkeit**
  ☞ ❑ *Gemüt - Gleichgültigkeit - Kopfschmerzen*
- **Hals**; Schmerz im äußeren: acon. ail. *Alum.* anac. arg-n. arn. asar. *Bamb-a.*$_{stb2}$ bar-c. *Bell.* borx. bry. bufo *Calc-p.* cann-i. cann-s. canth. *Carb-v. Carbn-s.* caust. chel. chin. clem. con. elaps euph. fago. gal-ac. **Gels.** *Glon.* graph. *Hell.* hura hydr-ac. hyos. jac-g. kali-c. kali-i. *Kalm.* lach. laur. lil-t. lyc. lyss. mag-c. mag-s. manc. merc. merc-i-f. mosch. myric. *Nat-m.* nat-s.$_{k2}$ peti. *Pic-ac.* plb. psor. ptel. ran-b. rhus-r. sars. serp. spong. stry. sulph. tep. ziz.
  - **Nacken**: aeth. alum. am-c. ambr. anac. asar. bar-c. *Bell.* berb. borx. bry. *Calc. Calc-p.* calc-sil.$_{k2}$ cann-s. carb-an. carb-v. caust. chel. cimic.$_{c1}$ cinnb. clem. **Cocc.** con. corn. crot-t. **Gels.** *Glon.* graph. *Hell.* hydr-ac. hyos. iod. ip. kali-c. kali-n. *Kalm.* lac-c. lil-t. lyc. mag-c. manc. merc. mez. mosch. mur-ac. nat-c. *Nat-m.* nat-s.$_{k2}$ op. paeon. par. **Ph-ac.** *Phyt.* **Pic-ac.** plb. plect. *Puls.* ran-b. rhus-t. sabin. sang.$_{k2}$ sars. sil. spong. *Stry.* sulph. tarax. tarent. verat.
- **Heißhunger**: phos.$_{k2}$
- **Herzen** beim Liegen auf der linken Seite; Schmerz im: crot-h.$_{br1}$
- **Kälte** des Körpers; eisige: cadm-s.$_{gm1}$ lachn.$_{c1}$
- **Magen**:
  - **Auftreibung**: hydrog.$_{srj2}$
  - **Leeregefühl** im: cocc. dig.$_{k2}$ *Nat-m.* nit-ac.$_{h}$ *Phos.* ptel. *Sang.* **Sep.**
- **Nase**; Verstopfung der: bamb-a.$_{stb2}$ calc. lach. phos. sang. thuj.
- **Niesen**; häufiges: abrom-a.$_{bnj1}$

• **Ohr**:
  • **Pulsieren** im Ohr: bamb-a.$_{stb2}$
  • **Stiche** im linken Ohr: borx.$_{a1,h1}$
• **Rücken**; Schmerz im: ail. benz-ac. cina cob. daph. fl-ac. graph. hydr. menis. merc. myric. ol-an. op. sabad. sabin. *Sil.* verat. ziz.
  • **Lumbalregion**: apoc. cob. lac-c. sil.
  • **Zervikalregion**
    ☞ *Hals*
• **Schluckauf**: aeth.$_{st1}$
• **Schmerzen**; andere: psil.$_{ft1}$
• **Schüttelfrost**: bamb-a.$_{stb2}$
• **Schwindel**
  ☞ *❑ Schwindel - Begleitet von - Kopf - Schmerz*
• **Sehen**:
  • **Farben** vor den Augen
    ☞ *❑ Sehen - Farben - begleitet von - Kopf*
• **sexuelles** Verlangen: *Pic-ac.*$_{k2,kr1}$ sep.
• **Speichelfluß**: am-c.$_{k,vk1}$ cinnb.$_{kr1,st,*}$ *Dulc.*$_{hr1}$ epiph.$_{bg1}$ hipp.$_{k,vk1}$ ign.$_{k,vk1}$ irid-met.$_{bg1}$ iris$_{c1}$ kali-bi.$_{bg1}$ mang.$_{bg1}$ **Merc.**$_{k,vk1}$ *Nat-s.*$_{k,vk1}$ op.$_{bg1}$ phos.$_{bg1,h}$ sep.$_{bg1}$ verat.$_{k,vk1}$
• **Speisen**; Abneigung gegen
  ☞ *❑ Allgemeines - Speisen - Essen - Abneigung - begleitet von - Kopf*
• **still** sein; möchte
  ☞ *❑ Gemüt - Still sein - Kopfschmerzen*
• **Übelkeit**: acon. aesc. ail. *Alum.* alum-p.$_{k2}$ alum-sil.$_{k2}$ alumn. *Am-c.* ambr.$_{h}$ androc.$_{srj1}$ **Ant-c.** ant-t. apis arg-met. arg-n. arn. *Ars.* ars-s-f.$_{k2}$ asar. asc-c.$_{c1}$ aur. aur-ar.$_{k2}$ aur-s.$_{k2}$ bamb-a.$_{stb2}$ benz-ac. *Borx.* *Bry.* cadm-s.$_{c1}$ calc. calc-lp.$_{br1}$ *Calc-p.* calc-s. calc-sil.$_{k2}$ camph. cann-s. *Caps.* *Carb-ac.* *Carb-v.* *Carbn-s.* **Caust.** *Cedr.* chel. chin. chinin-ar. chinin-s. chlf.$_{c2}$ cic. cimic. clem.$_{a1}$ cob. **Cocc.** *Coloc.* **Con.** cor-r. croc. crot-h. *Cupr.* cycl. dros. *Dulc.* epiph.$_{bg3}$ *Eug.* eup-per. eup-pur. ferr. fl-ac. form. gels. gink-b.$_{sbd1}$ *Glon.* *Graph.* grat. hep. hipp. hydrog.$_{srj2}$ ign. ind. **Ip.** **Iris** kali-ar. *Kali-bi.* *Kali-c.* kali-p. *Kali-s.* kali-sil.$_{k2}$ kalm. kreos. *Lac-c.* *Lac-d.* *Lach.* *Lept.* lith-c. *Lob.* luna$_{kg1}$ lyc. mag-c. med.$_{c1}$ *Merc.* mez. mill. *Mosch.* nat-ar. nat-c. *Nat-m.* nat-p. nat-s. *Nit-ac.* *Nux-m.* *Nux-v.* *Op.* petr. *Phos.* phyt. plat. ptel.$_{c1}$ *Puls.* ran-b. rhus-t. ruta **Sang.** *Sars.* seneg. *Sep.* sil. spig. *Stann.* stict.$_{c1,c2}$ stram. stront-c. *Sulph.* *Tab.* tarax. tep. ter. ther. thuj.$_{h}$ verat. xan.$_{c1}$ zinc. zinc-p.$_{k2}$ zing.
  ◆ **begleitet** von:
    • **Zunge**:
      • **graue** Farbe der Zunge: *Kali-c.*$_{kr1,vk1}$
      • **weiße** Farbe der Zunge: *Lept.*$_{kr1,vk1}$
• **Urin**; spärlicher: benz-ac.$_{k2}$
  ☞ *Gehirns - begleitet von - Urin*
• **Zähnen**; Schmerz in den:
  • **stechende** Zahnschmerzen: borx.$_{c1}$
• **Zunge**:
  • **graue** Farbe der Zunge: kali-m.$_{kr1,vk1}$
  • **reine** Zunge: *Nat-m.*$_{kr1,vk1}$
  • **steife** Zunge: *Lach.*$_{kr1,vk1}$

◆ **begleitet** von - **Zunge**: ...
  • **weiße** Farbe der Zunge: **Mag-m.**$_{kr1,vk1}$
– **Abendessen** amel.: am-c. colch. lachn.
– **Absonderungen**:
  • **amel.**
    ☞ *❑ Allgemeines - Absonderungen*
  • **unterdrückt**: merc.$_{k2}$
– **Abwärtsbewegung**, bei: **Bell.** *Ferr.*$_{bg2,k}$ meny. merc. merc-i-f.$_{a1,k}$ *Rhus-t.*
– **alkoholische** Getränke:
  • **amel.**: androc.$_{srj1}$ arg-n. bufo castm. hell.$_{a1,k}$ *Ign.* *Kreos.* naja phos.$_{a1,k}$ sel.$_{c1}$ sep.$_{a1,k}$
  • **durch**: acet-ac. acon.$_{bg2}$ **Agar.** alum. alum-p.$_{k2}$ alum-sil.$_{k2}$ *Ant-c.*$_{bg2,k,*}$ *Ant-t.*$_{bg2}$ *Ars.*$_{bg2,k}$ ars-s-f.$_{k2}$ asaf. *Bell.*$_{bg2,k}$ bry.$_{bg2,k}$ bufo *Calc.*$_{bg2,k}$ calc-s. calc-sil.$_{k2}$ cann-i. carb-an.$_{bg2}$ carb-v.$_{bg2,k}$ *Chel.* *Chin.*$_{bg2,k}$ chlor.$_{a1,k}$ cimic. *Coff.*$_{bg2,k}$ coloc. con. *Gels.* hell. hydr. *Ign.* ip.$_{bg2,k}$ **Lach.** *Led.* lob. luna$_{kg1}$ *Lyc.* mand.$_{sp1}$ merc. *Nat-m.* nit-ac.$_{bg2,k}$ *Nux-m.*$_{bg2,k}$ **Nux-v.**$_{bg2,k}$ *Op.*$_{bg2,k}$ par.$_{bg2}$ paull.$_{bro1}$ ph-ac.$_{bg2}$ *Phos.*$_{bg2,k}$ *Puls.*$_{bg2,k}$ **Ran-b.**$_{bg2,k}$ *Rhod.* *Rhus-t.*$_{bg2,k}$ *Ruta* sabad.$_{bg2,k}$ sabin.$_{bg2}$ *Sel.* *Sil.*$_{bg2,k}$ *Spig.* spong. *Stram.* *Sulph.*$_{bg2,k}$ tarax.$_{bg2}$ *Verat.*$_{bg2,k}$ *Zinc.*
– **allmählich**
  ☞ *steigt - allmählich*
– **alten** Menschen, bei: am-c. ambr. cypr.$_{br1,bro1}$ iod.
– **anfallsweise** erscheinende Schmerzen: acon. agar. ambr. ant-t. arn. *Ars.* asaf.$_{a1,k}$ **Bell.** bufo calc. calc-sil.$_{k2}$ carb-v. *Cedr.* *Cham.* chin. chinin-ar. cocc. colch. *Coloc.* crot-t. cupr. dig. ferr. ferr-ar. ferr-p. guaj.$_{k2}$ ign. *Kali-ar.* kali-c. kali-m.$_{k2}$ kali-n. kali-p. kali-sil.$_{k2}$ *Kalm.* **Lach.** lyc. *Mag-p.* mosch. mur-ac. murx. nat-ar. nat-c. nat-p. nicc. nit-ac. nux-m. petr. ph-ac. plat. psil.$_{ft1}$ psor. ran-b. **Sang.** sars. sep. *Sil.* *Spig.* spong. squil. stann. *Stram.* stront-c. thuj. valer. *Verat.* viol-t. zinc. zinc-p.$_{k2}$
  ☞ *Wellen*
– **anhaltend**, fortgesetzt: arg-met. arg-n.$_{a1}$ cadm-met.$_{gm1}$ cann-s. carb-v. *Chinin-s.* *Cimic.* cupr. dulc. **Ferr.** *Gels.* gink-b.$_{sbd1}$ *Glon.* hep. hydr. hyos.$_{h,k1}$ indg. lept. lob. nat-m. ph-ac.$_{h,k1}$ phos. rhod. rhus-r. sep. still. sulph.$_{k2}$ ter.
  • **unablässig**, gleichbleibend, dauert Wochen, Monate oder gar Jahre, mit seltenen Unterbrechungen: ter.
  • **zwei** oder drei Tage: croc. **Ferr.** sulph.$_{k2}$
– **Anstrengung**, bei:
  • **Augen**, der: *Agar.* arg-n. *Aur.* aur-s.$_{k2}$ bar-m.$_{k2}$ bell. *Borx.* *Cact.* *Calc.* calc-sil.$_{k2}$ *Carb-v.* *Caust.* *Cimic.* *Cina* gels. *Ham.* jab. **Kali-c.** kali-p. kali-s. kali-sil.$_{k2}$ **Lyc.** mag-p. mur-ac. *Nat-c.* **Nat-m.** *Nat-p.* *Onos.* par. **Ph-ac.** *Phos.* phys. pic-ac.$_{k2}$ **Rhod.** *Rhus-t.* **Ruta** sep. **Sil.** *Spong.* staph. sulph. *Tub.* valer. zinc.
  • **körperlicher** Anstrengung u.ä.; bei ●: acet-ac. ambr.$_{h,k2}$ anac. arn. ars-s-f.$_{k2}$ berb. bry.$_{k2}$ *Cact.* **Calc.** *Calc-p.* chinin-ar.$_{c1}$ coc-c.$_{k2}$ **Epiph.**$_{vh}$ gins. glon. kali-p. lact. lyc.$_{k2}$ med.$_{br1}$ merc. mez. nat-c. *Nat-m.*$_{k,kl2}$● pic-ac.$_{k2}$ rhus-r

- **körperlicher**; bei: ...
sil. spong. tanac.bro1 *Valer.* zing.
  - **amel.**: agar. apis mag-m. merc-i-f. naja.k2 *Rhod.* rhus-g. *Sep.*
- **Arbeit**:
  - **amel.**: merc-i-f.
  - **durch**: anac. bufo
  - **unangenehmer** Arbeit, bei: chin.
- **Ärger**, Verdruß; nach: acon. *Bry.* castm. *Cham.* cocc. *Coff.* ign. ip. lyc. *Mag-c.* **Mez.** *Nat-m.* nux-v. *Petr.* phos. plat.k2 ran-b. rhus-t. **Staph.** verat.
☞ *Zorn*
- **arthritisch**
☞ *rheumatisch*
- **Arzneimitteln**; nach Mißbrauch von: nux-v.
- **Atmen**:
  - **Anhalten** des Atems; beim: agar.bg2,k glon.bg2
  - **kalter** Luft durch die Nase
  ☞ *kalt - Luft - Einatmen*
  - **tiefem** Atmen, bei: anac.bg2,k cact.bg1,bg2 crot-h.bg1,bg2 mang.bg1,bg2 rat.bg2,k
- **Auflegen**, Aufstützen des Kopfes; beim:
  - **Arm**, auf den:
    - **amel.**: dros. seneg. staph.
    - **beim**: nat-m.
  - **Hand**, auf die: bell. chin.
  - **Kissen** amel.; bewegungslos auf ein: alum.hr1,k
- **Aufmerksamkeit**; durch zu angestrengte: anac. *Ign.* nux-v. sabad.
☞ *geistige - agg. / ❑ Gemüt - Konzentration - gut*
- **Aufrechthalten** des Kopfes; beim: bar-c.
- **Aufrichten**:
  - **beim**: acon. agn. ang. arn. ars. asar. bell. bov. bry. caps. caust. cham. cic. dros. hell. hep. ign. *Kali-c.* lac-d. laur. lyc. mag-m. *Mang.* *Mur-ac.* spong. sul-ac. tarax. verat. viol-t.
    - **amel.**: ant-t. cic. mag-c. rhus-t. sabin.
  - **Bücken**, vom: acon. asar. colch. cor-r. daph. hep. *Kali-c.* laur. lyc. mag-m. mag-s. mang. mur-ac. nux-v. sul-ac. viol-t.
    - **amel.**: calc-act. con. ign. indg.
- **aufschreien**; Schmerzen lassen ihn ●: anac. *Ars.* bov. cact. camph.h,kl *Coloc.* cupr. kali-c. lyss.a1,k mag-m. petr. *Sep.* sil. stann. stram. tarent.
- **Aufsetzen**:
  - **beim**:
    - **agg.**: mang.h,kl
    - **aufrechtes** Sitzen amel.; oder: ant-t. *Cic.* *Gels.* kali-c. merc. phos. spong.k2
- **Aufstehen**:
  - **amel.**: asaf. cinnb.k2 hep. ign. kali-i. merc. nat-c. nat-s. nit-ac. rhus-r.
  - **nach**: arn. glon. laur. nat-m. ox-ac. phos. stram. tarent.
  - **Liegen**, vom: aesc. am-m. anac. ang. apis arn. ars. asar. aur-ar.k2 aur-m. bapt. **Bell.** bov. bry. *Calc.* calc-s. calc-sil.k2 camph. caps. carb-an. cham. chel. cinnb. clem. coca coloc. con. cor-r. *Dulc.* fago. glon. graph. hep. iod. ip. kali-n. mur-ac. nat-c. *Nat-p.* nux-v. olnd. **Ph-ac.** *Phos.*

- **Aufstehen - Liegen**, vom: ...
puls. rhod. ruta sep. **Sil.** squil. staph. sulph. ust. verat.j5
    - **amel.**: aloe am-c. ambr. ars. aur. **Bell.** calad. carb-an. carb-v. cham. chin. cic. cupr. ferr. gels. hep. ign. *Kali-c.* kali-n. laur. lith-c. mag-c. nat-m. nit-ac. nux-v. ph-ac. **Phos.** phys. plb. puls. ran-b. rhod. rhus-t. sabin. spig. verat.
  - **Sitzen**, vom: aesc. apis *Bell.* chin. cob. ferr. grat. lam. laur. lyc. mang. mur-ac. ox-ac. puls. sil. spong. verat.
    - **amel.**: arg-met. phys. spig. spong.
  - **Stehen** amel.; zum: *Alum.* ang. aur. bar-c. bry. calc. canth. carb-v. chin. con. dig. *Kali-c.* laur. mag-c. nat-c. olnd. puls. rhus-t. spig. stann. teucr.
- **Aufstoßen** amel.: bry.bg2,k cann-s.bg2 carb-v.k13,k2,* cham.bg2 cimic.bg2 cinnb. gent-c.a1,k graph.bg2 hep.bg1,bg2 ign.bg1,bg2 lach.bg2,k sang.bg2,k
- **Auftreten**; beim: **Coff. Nux-v.** *Sil.*
☞ *Bewegung / Erschütterung - jegliche / Gehen*
  - **Fehltritt**: anac.bg2,k bar-c.bg2,k bry.bg2,k cob. hep. led.bg2,k puls.bg2,k **Sil.**bg2,k sol-ni. spig.bg2,k,* thuj. vib.
  - **kräftiges**, heftiges Auftreten agg.: aloe alum.bg2,k alum-p.k2 alum-sil.k2 am-c. ambr.bg2,k *Ant-c.* bar-c.bg2,k **Bell.**bg2,k **Bry.**bg2,k *Calc.*bg2,k calc-p.bg2,k calc-sil.k2 *Carbn-s.* *Caust.* chel. *Chin.*bg2,k cimic.bg2 coc-c. cocc.bg2,k coloc. **Con.**bg2,k dros.bg2,k **Glon.**bg2,k hell.bg2,k hydr. ign. kali-c.bg2,k kali-p. kali-s. kali-sil.k2 *Lach.*bg2,k *Led.*bg2,k *Lyc.*bg2,k *Mag-m.* meny.bg2,k mez. nat-ar. *Nat-m.*bg2,k **Nit-ac.** nuph. *Nux-v.*bg2,k ph-ac.bg2,k *Phos.*bg2,k *Phyt.* *Psor.* **Rhus-t.**bg2,k *Sep.*bg2,k **Sil.**bg2,k *Spig.*bg2,k spong.bg2,k sulph.bg2,k thuj.
- **Augenbrauen** herabdrücken; als würde es die: carb-an.h,k,*
- **ausstrahlend**; in alle Richtungen
☞ *Stelle - erstreckt sich - alle*
- **Baden**:
☞ *Waschen / Waschen*
  - **amel.**: lac-ac.
  - **nach**: **Ant-c.** *Bell.* *Calc.* canth. caust. kreos. *Nit-ac.* puls. *Rhus-t.* sep. sil.
    - **amel.**: bufo.k2
  - **Füße**, der:
    - **amel.**: asc-t.c1
  - **kaltem** Baden, bei: **Ant-c.**h,k,* ars.bg2 *Bell.* bry.bg2 *Caps.* cycl.bg2 glon.bg2 lac-c.bg2 *Nit-ac.* phos. *Rhus-t.* sars. sep. zinc.bg2
  - **Meer**, im: *Ars.* *Rhus-t.* sep.
- **Bandagieren**
☞ *Binden*
- **Berühren** der Haare; durch: agar. carb-v.bg2,k kreos.bg2
- **Berührung**: *Acon.*bg2,k *Agar.*bg2,k agn.bg2,k all-c. alum.bg2,k *Arg-met.* ars.bg2 bar-c.bg2,k *Bell.*hr1,k,* borx. bov.bg2,k bry.bg2,k calc. calc-sil.k2 camph.bg2,k canth.bg2 carb-an.bg2,k carb-v. casc. castm. chel. *Chin.*bg2,k chinin-ar. cina.k2 cinnb. coloc.j5 con.bg2,k cupr.bg2,k daph.bg2,k ferr.c1 ferr-p.bro1 *Gels.* grat. hep.h,kl hydrog.srj2 *Ign.* ip.bg2,k kali-bi. *Kali-c.*bg2,k

– **Berührung**: ...
kali-m.$_{k2}$ kali-n.$_{bg2,k}$ kali-p. kali-sil.$_{k2}$ *Kalm.* lact. laur.$_{bg2,k}$ led.$_{bg2,k}$ lyc.$_{bg2,k}$ lyss.$_{a1,k}$ mag-m.$_{h,kl}$ mag-s. mang.$_{k2}$ *Merc.*$_{bg2,k}$ merc-i-f.$_{a1}$ **Mez.**$_{bg2,k}$ mur-ac. nat-m.$_{bg2,k}$ nit-ac. nux-m.$_{bg2,k}$ *Nux-v.*$_{bg1,bg2,*}$ par. *Ph-ac.*$_{bg2,k}$ phos.$_{bg2,k}$ rhod.$_{bg2,k}$ rhus-t.$_{bro1,h}$ sabin. *Sars.*$_{bg2,k,*}$ sep.$_{bg2,k}$ *Sil.* spig.$_{hr1,k}$ staph.$_{bg2,k}$ *Sul-ac.* sulph.$_{j5}$ tarent.$_{bro1,k}$
- **amel.**: ars. asaf. bell. bry. *Calc.* coloc. con. cycl. kali-n. *Mang.* meny. *Mur-ac.* *Phos.* sars. thuj. viol-t.
- **Scheitels**; durch Berührung des: sabin.

– **Beschäftigung**:
- **amel.**: calc-sil.$_{k2}$ cham.$_{k2}$ hydrog.$_{srj2}$

– **Betäubungsmitteln**; nach Mißbrauch von: acet-ac.$_{br1,bro1}$ bell. cham. coff. dig. graph. hyos. lach. lyc. nux-v. op. puls. sep. valer.

– **Bett**, im:
- **amel.**: *Alum.*$_{hr1,k}$ colch. mag-c. rhus-t. sep.$_{a1,k}$
- **Einschlafen**, beim: alum. ars. *Lyc.* mag-m. *Merc.* puls. sabad. sep. sulph. zinc.
- **verlassen**; muß das Bett: coloc. rhus-t.$_{h,kl}$ sep.$_{h,kl}$ *Thuj.*

– **Beugen** des Kopfes; beim:
- **hinten**, nach: anac. aur. *Bell.* bry. carb-ac. *Carb-v.* caust. chin. cic. *Clem.* cob. colch. cupr. cycl. dig. dros. elaps glon. ign. kali-c. kali-s. lyc. mang. osm. *Puls.* sep. spig. spong. stann. valer. viol-o.
  - **amel.**: apis arg-n. bell. *Cact.* *Cham.* cocc. gels. gink-b.$_{sbd1}$ *Glon.* *Hep.* hydrog.$_{srj2}$ hyper.$_{bro1}$ lec. murx.$_{bro1}$ ph-ac. rhus-t. thuj. verat.
  - **geht** mit nach hinten gebeugtem Kopf: *Arn.* *Ars.*
- **Seite**, zur:
  - **eine** Seite, auf: chin. kali-s. meny. spong.
    - **amel.**: meny. *Puls.* sep. stram.
  - **schmerzhaften**; zur: mez. tab.
- **vorne**, nach: alum-sil.$_{k2}$ androc.$_{srj1}$ bell.$_{k2}$ carb-an. cimic. *Cob.* gink-b.$_{sbd1}$ rat. *Rhus-t.* viol-o.

☞ *Bücken / Bücken - durch*

– **Bewegung**, bei:
☞ *Auftreten / Erschütterung / Gehen*
- **agg.**: acon. agn. aloe alum-sil.$_{k2}$ am-c. am-m. ambr. *Anac.* anan. *Ant-c.* ant-t. *Apis* arg-met. *Arg-n.* arn. ars.$_{k2}$ ars-i. asc-t.$_{c1}$ *Aur.* aur-ar.$_{k2}$ aur-s.$_{k2}$ bapt. **Bell.** benz-ac. berb. bism. bov. **Bry.** bufo cact. calc. *Calc-p.* calc-s. calc-sil.$_{k2}$ camph. cann-s. canth. *Caps.* **Carb-v.** *Carbn-s.* caust. cham. chel. *Chin.* chinin-s. chion. chlor. choc.$_{srj3}$ cic. *Cimic.* cinnb. cob. *Cocc.* *Coff.* colch. coloc. *Con.* croc. *Crot-h.* *Crot-t.* cupr. cycl. dulc. eup-per.$_{k2}$ eupi. fago. *Ferr-p.* fl-ac. *Gels.* gent-c. *Glon.* graph. grat. hell. *Hep.* hipp. hydrog.$_{srj2}$ ign. iod. kali-ar. kali-bi. kali-c. kali-n. kali-s. kali-sil.$_{k2}$ kalm. *Kreos.* lac-c. lac-d. *Lach.*$_{k,k2}$ laur. **Led.** lob. *Lyc.* lyss. *Mag-c.* mag-m. *Mag-p.* *Mang.* med.$_{k2}$ *Meli.* merc. **Mez.** *Mosch.* naja nat-ar. nat-c. *Nat-m.* nat-p. nicc. **Nit-ac.** *Nux-m.* *Nux-v.* olnd. op.$_{k2}$ petr. *Ph-ac.* *Phos.* phys. pic-ac.

– **Bewegung - agg.**: ...
plat. podo. *Psor.* ptel. rat. rheum rhod. rumx. sabad. samb. *Sang.* sanic. *Sars.* *Sep.* *Sil.* sol-ni. *Spig.* spong. squil. *Stann.* *Staph.* stram.$_{k2}$ sul-i.$_{k2}$ sulph. thea *Ther.* thuj. tub.$_{bg3,k2,*}$ verat. verat-v. zing.
- **amel.**: *Agar.* alum.$_{bg2}$ am-m.$_{bg2,k}$ androc.$_{srj1}$ ant-t. arg-met. *Ars.* asaf. asar. benz-ac.$_{hr1,k,*}$ calc.$_{bg2,k}$ *Caps.*$_{bg2,k}$ cedr. cham.$_{bg2,k}$ cic. cina coc-c.$_{k2}$ coff. coloc.$_{bg2,k}$ com. con. cycl.$_{bg2}$ dros.$_{bg2,k}$ euph. fago.$_{a1}$ ferr. guaj. hipp. hyos.$_{bg2,k}$ ign. indg. iod. *Iris* kali-c.$_{bg2}$ kali-i. kali-n. kali-p. lach.$_{k2}$ lil-t.$_{k2}$ *Lyc.*$_{bg2,k,*}$ mag-c.$_{bg2,k}$ mag-m.$_{bg2,k}$ mang. meny.$_{bg2,k}$ merc-i-f. mosch.$_{bg2,k}$ *Mur-ac.*$_{bg2,k}$ nat-c.$_{bg2,k}$ *Nux-m.* op. petr.$_{bg2,k}$ phos.$_{bg2,k}$ psor. *Puls.*$_{bg2,k}$ *Rhod.*$_{bg2,k}$ **Rhus-t.**$_{bg2,k}$ ruta samb. scut.$_{c1}$ seneg.$_{bg2,k}$ sep.$_{a1}$ stann. staph. sul-i.$_{k2}$ sulph.$_{bg2,k,*}$ tarax. tub.$_{k2}$ *Valer.*$_{bg2,k}$ verb.$_{bg2,k}$
- **Arme**, der: bar-c. berb. bry.$_{k2}$ caust. coc-c. lept. nat-s. ptel. rhus-t. spong.
- **Auf**- und Abbewegung amel.: *Chin.*$_{bg2,k}$
- **Augen**, der: acon. agn. am-c. arn. bad. bapt. bar-c. bar-m. bar-s.$_{k2}$ **Bell.** **Bry.** *Caps.* chel. *Chin.* chinin-s. cimic.$_{kl}$ cinnb. *Colch.* *Coloc.* con. crot-t. cupr. dig. dros. gels. hell. *Hep.* ign. ind. jug-r. kali-c. kali-sil.$_{k2}$ mag-s. mur-ac. *Nat-m.* **Nux-v.** *Op.* pic-ac.$_{bg1,bg2}$ plat. ptel.$_{c1}$ puls. rhus-t. sang. *Sep.* *Sil.* *Spig.* sulph. valer.
- **Beginn** der Bewegung; zu: bry.$_{k2}$ iris *Sep.* ther.
  - **amel.**: valer.
- **Gesichtsmuskeln**, der: spig.$_{k2}$
- **heftige** Bewegung:
  - **amel.**: *Sep.*
  - **durch**: calc. cocc. dros. *Iris* mez.
- **Kopfes**, des: acon. alum. alum-p.$_{k2}$ alum-sil.$_{k2}$ *Am-c.* *Arn.* *Ars.* ars-s-f.$_{k2}$ *Asar.* bar-c. bar-s.$_{k2}$ **Bell.** berb. *Bry.* *Calc.* calc-i.$_{k2}$ calc-s. calc-sil.$_{k2}$ camph. cann-s. canth. *Caps.* *Carb-v.* *Carbn-s.* caust. *Chin.* cic. *Cimic.* clem. coc-c. cocc. colch. con. cor-r. corn. cupr. dros. euph. **Ferr.** *Ferr-ar.* ferr-i. ferr-p. fl-ac. **Gels.** genist. gent-c. *Glon.* graph. *Hell.* hep. ind. iod. ip. kali-ar. kali-c. kali-s. kali-sil.$_{k2}$ lac-c. lach. lact. lyc. mag-c. mang. **Mez.** *Mosch.* nat-ar. nat-c. *Nat-m.* nat-p. *Nux-m.* *Nux-v.* ph-ac. plat. puls. rhod. samb. sang. sars. sec. sep. *Sil.* sol-ni. *Spig.*$_{k,k2}$ spong. staph. sulph. ther. tub.$_{tl}$ verat. vib. viol-o.
  - **amel.**: *Agar.* *Chin.* cina con. gels. kali-p. plan. sulph.$_{h}$
  - **plötzlicher** Bewegung; bei: xan.$_{c1}$
- **langsame** Bewegung:
  - **amel.**: puls.$_{k2}$
- **Lider**, der: **Bell.** *Bry.* *Chin.* *Coff.* coloc. *Ign.* *Nux-v.* rhus-t.
- **muß** sich vor Schmerzen bewegen: chin. ph-ac.
- **schnelle** Bewegung, durch: cor-r. ferr.$_{k2}$ hydrog.$_{srj2}$ iod. mez.$_{h,kl}$ nat-c. nat-m. *Petr.* xan.$_{c1}$
- **vorsichtiger** Bewegung, bei:
  - **amel.**: chin.$_{bro1}$ glon.$_{bro1}$ helon.$_{bro1}$ iris$_{bro1}$ kali-p.$_{bro1}$ *Puls.*$_{bro1}$

– **Bewußtlosigkeit**, bei: acon. aeth. agar. ambr. arg-n. arn. aur. bell. *Bov.*a1,k cann-i. carb-v. castm. cocc. *Crot-h.* cycl. ferr. glon. hep. iod. kali-c. laur. mag-c. mang. *Mosch.* **Nat-m.** nux-m. *Nux-v. Petr.* phos. prun. puls. rhus-t. sabin. *Sil.* stann. stram. tarax. *Verat.*
• **Bewegung**, bei: calc. carb-an. rhus-t.
• **und** nach: bov.a1,k
– **Bier**, durch: all-c. bell. calc-caust. chim-m.c1 *Coc-c.* coloc. ferr. kali-chl. merc. *Rhus-t.* verat.
• **amel**.: chim-m.c1
• **Brot**; agg. durch Bier und: crot-t.
– **Binden**:
• **Kopfes**, des:
☞ *Druck*
• **amel**.: alum-sil.k2 apis *Arg-met.* **Arg-n.**bg2,k arn. aur-s.k2 bell.hr1,k bry.bg2,k *Calc.* calc-i.k2 carb-ac. glon.k2 *Hep.*bg2,k iod.bg1,bg2 lac-d. lach.k2 *Mag-m.* merc.bg1,bg2 nit-ac.bg2 nux-v.bg2,k pic-ac.bg2,k psor. **Puls.**bg2,k pyrog.a1 rhod. **Sil.**bg2,k spig. sul-i.k2
• **durch**: calc. cham. lach. rhus-t. thuj.
– **Blicken**, beim:
• **bewegende** Gegenstände; auf sich: con.k2
• **oben**, nach:
• **amel**.: thuj.bg2,k
• **durch**: acon.bg2,k aeth. arn.bg2,k arum-t. bapt. bell. bry.bg2 *Calc.* calc-s. caps.bg2,k caust. coca colch. cupr. glon. gran. graph. *Ign. Lac-c.*bg2,k lach. lil-t.bg2 plat. plb. ptel.bg1,bg2 **Puls.**bg2,k sep. sil. stram. *Sulph. Thuj.*
• **seitwärts**:
• **amel**.: olnd.bg2,k
• **durch**: acon.bg2,k dig.bg2,k merc.bg1 merc-c.bg2 sil.bg2,k
• **starrem** Blicken auf etwas; bei:
• **amel**.: *Agn.*hr1,k sabad. sars.
• **durch**: anac. *Aur.* cadm-s. calc. caust. cina gent-c. glon. helon. *Ign.* lac-c. lith-c. mur-ac. *Nat-m.* nux-v. olnd. **Onos.** par. pic-ac.k2 *Puls. Ruta* sabad. sars. *Spig. Spong.* sulph. tarent.
• **unten**, nach:
• **aus** dem Fenster verursacht Schwindel, Angst, Kopfschmerzen und Schweiß: ox-ac.
• **durch**: alum. dios.bg2 kalm. nat-m. olnd. phyt.bg2,k,* pic-ac.k2 spig. sulph.
– **blind**, macht: asar. aster. *Bell.*hr1,k *Caust.* **Cycl.** ferr-p. *Gels.* **Iris** lac-d. *Lil-t. Nat-m. Petr. Phos. Psor. Sil. Stram. Sulph.* zinc.h,k1
– **Blindheit**, gefolgt von heftigen Kopfschmerzen:
• **Sehvermögen** kehrt wieder, wenn die Kopfschmerzen agg. werden: *Kali-bi.*
– **Blinzeln**, beim: *All-c.*a1,k
– **Blutandrang**, wie durch: guaj.h nit-ac.h stront-c.c2 usn.c2
– **Blutung**; nach: plat.k2
• **Uterus**; des: *Glon.*
– **Bonbons**, Süßigkeiten; durch
☞ *Süßigkeiten*
– **Boot**; durch Fahren im: *Cocc.* colch. ferr. *Tab.*

– **Brot**; durch Essen von: manc. zing.
• **und** Bier agg.: crot-t.
– **Bücken**:
☞ *Beugen - vorne*
• **amel**.: ang.bg2,k bar-c.bg2,k bell.bg2 cann-s.bg2 carb-ac.c1 caust.bg2,k *Cina* con.bg2,k dig.bg2,k elaps fago. *Hyos.*bg2,k ign.bg2,k indg. laur.bg2,k mang.bg2,k mez.bg2,k nux-v. phos.bg2,k,* tarax.bg2,k verat.bg2,k verb.bg2,k viol-t.bg2,k
• **durch**: acet-ac. acon.bg2,k aesc.a1,k aloe *Alum.*bg2,k alum-p.k2 alum-sil.k2 am-m.bg2,k ang.bg2,k ant-t.bg2,k *Apis* arg-mur.a1,k arn.bg2,k ars-s-f.k2 asar.bg2,k aur.bg2 bapt.bg2,k *Bar-c.*bg2,k,* bar-m. bar-s.k2 **Bell.**bg2,k,* berb. borx. bov.a1,k brom.bg2 **Bry.**bg2,k *Calc.*bg2,k,* calc-i.k2 calc-p.a1,k calc-s. calc-sil.k2 camph.bg2,k canth.bg2,k caps.bg2,k carb-ac.a1,k carb-v.bg2,k caul.c1 caust.bg2,k cham. *Chel.*bg2,k chin.bg2,k chinin-s. cic. cinch.a1 cob.a1,k *Cocc. Coff.*bg2,k colch.bg2,k *Coloc.*bg2,k,* com. con. *Cor-r.*a1,hr1 corn. cupr.bg2,k cycl.bg2,k *Dig.*bg2,k,* dros.bg2,k *Dulc.*bg2,k *Ferr.*bg2,k ferr-i.a1,k ferr-ma.a1,k ferr-p. form. gels. *Glon.*bg2,k,* ham.a1,k *Hell.*bg2,k *Helon.*hr1,k,* *Hep.*bg2,k hydr. hydr-ac. hydrog.srj2 hyos.bg2,k *Ign.*bg2,k ip.bg2 kali-bi.bg2,k *Kali-c.*bg2,k kali-m.k2 *Kali-n.*bg2,k,* kali-p. *Kali-s.* kali-sil.k2 kreos.bg2,k lach.bg2,k laur.bg2,k *Led.* lil-t.bg2 lyc.bg2,k,* lyss. mag-m.bg2,k manc. mand.sp1 **Mang.**bg2,k med. meny.bg2,k **Merc.**bg2,k merc-i-r. mill.a1,k mur-ac.bg2,k nat-ar. nat-c.bg2,k *Nat-m.*bg2,k nat-p. nat-s. nicc. *Nit-ac.*bg2,k *Nux-m. Nux-v.*bg2,k par.bg2,k *Petr.*bg2,k *Phos.*bg2,k,* phys. phyt.bg2,k pic-ac.a1,k plat.bg2,k plect.a1,k ptel. **Puls.**bg2,k,* rheum rhus-r. *Rhus-t.*bg2,k samb.bg2,k *Sang.*bg2,k *Seneg.*bg2,k senn. **Sep.**bg2,k *Sil.*bg2,k sol-ni. **Spig.**bg2,k,* spong.bg2,k *Stann.*bg2,k staph.bg2,k,* stry. sul-ac. **Sulph.**bg2,k,* teucr.bg2,k *Thuj.*bg2,k **Valer.**bg2,k *Verat.*bg2,k vib. zing.
☞ *Beugen - vorne*
– **Bügeln**, durch: **Bry.** sep.a1,k
– **Chinin**, nach: corn-f.br1
– **Chorea** leiden; bei Menschen, die an: *Agar.*
– **chronisch**: am-c. *Ars. Caust.*h,k con. kali-ar.k2 lac-d.k2 lyss.br1 *Sil. Sulph.* ter.st tub.st
• **alten** Menschen, bei: bar-c.bro1 calc-p.bro1 iod. phos.bro1
• **anhaltend**; sieben Tage: *Caust.*h,k1
– **Delirium**, mit: chinin-s. sil. stram.
– **Denken** an den Schmerz; beim: ant-c. arn.bg1,bg2 calc-p. cham.bg2,k,* chin.a1,k con. euph.h,k1 ferr-p.a1,k *Hell.*bg2,k helon.hr1,k hydr. ign. nat-s. ol-an. ox-ac. pip-m.a1,k sabad.bg2,k sin-n.a1,k staph.bg2,k
• **amel**.: agar.bg2,k camph.bg2,k *Cic.*bg2,k helon.bro1 ox-ac.bro1 pall. prun.
– **Diarrhoe**:
• **amel**.: agar. alum. apis lachn. podo.ptk1
• **mit**: aeth. agar. aloe ambr. apis bamb-a.stb2 calc-p.c1 cham.bro1 con. glon. graph. ind. irisptk1 jatr-c. kali-n. podo.bro1 stram. verat.
– **Diätfehler**; nach dem geringsten: calc-ar.kr1
– **Drehen**, beim:
• **Bett**, im: chin.k2 crot-h. meph.

- **Kopfes**, des: arn.bg2 ars.bg2,k bell.bg2 bry.bg2 calc.bg2 canth. chinin-s. cic.bg2 clem. cocc. coloc. con.bg2 *Ery-a.*a1 gels. genist. glon. graph. hep.bg2 hyos.bg2,k ign. kali-c.bg2 kali-n. lyc.bg2,k,* nat-c.bg2,k nat-m.bg2,k nux-v.bg2 ph-ac.bg2,k phos.bg2,k,* phys. pic-ac.a1,k rhod. sang.bg2 sel.bg2 sil. spig.bg2 spong.bg2,k
  - **schnellem** Drehen, bei: genist. ign. nat-c. spig.bg2
- **Körpers**, des: carb-v.k2 cham.bg2,k glon. graph. lyc. merc-i-f. nat-c. nat-m.bg2,k plan. *Sil.*bg2,k

– **Druck**; äußerlicher:
☞ *Binden - Kopfes*
- **agg.**: *Agar.* alum-sil.k2 am-c. ant-c. *Arg-met. Bar-c.* bar-m. bar-s.k2 bell. bism. bov. calc. calc-p.k2 camph. castm. chin. *Cina* cinnb. *Cupr.* glon. *Kali-c.* kali-m.k2 kali-p. kali-s. lach. lact. lyc. *Mag-c.* mag-m. mand.sp1 mang.k2 merc-i-f. mez. mur-ac. nat-ar. nat-c. ph-ac. *Prun.* sabin. sars. sulph. teucr. tub.xxb valer. verb.
  - **Nacken** agg.; auf den: sec.
  - **unerträglich**, obwohl er nicht agg.; Druck ist: seneg.
- **amel.**: acon.bg1,bg2 agar. aloebg1,bg2 alum. alum-p.k2 *Alumn.* **Am-c.** *Anac.* ant-c. *Apis* aran. *Arg-met. Arg-n.* **Bell. Bry.** cact. *Calc.* calc-s. camph. carb-ac. carb-an. carb-v. chel. *Chin.* chion. choc.srj3 cimic. *Cinnb.* clem. *Coloc.* con. dirc.c1 dros. **Ferr.** *Ferr-i.* ferr-p. gels.br1,bro1 *Glon.* guaj. hell. hep. hydr. ign.bro1 ind. ip. *Kali-bi.* kali-n. kalm. lac-c.bro1 *Lac-d.* **Lach.** laur. lil-t. *Lyc.* mag-c. **Mag-m. Mag-p.** meny. merc. merc-i-f. mez. mur-ac. nat-c. **Nat-m.** nat-p. *Nat-s.* nicc. nux-m.bg1,bro1 *Nux-v.* olnd. par. phos. *Pic-ac.* podo. **Puls.** *Pyrog.* ran-s. rhus-t. sabad. sabin. *Sang. Sep. Sil. Spig.* **Stann.** staph. sul-ac. *Sulph.* tarent. thuj. verat. *Zinc.* zinc-p.k2
  - **Augen** amel.; auf die: nat-m.ptk1
  - **harter** Druck:
    - **amel.**: anac. arg-n. *Bell.* bry.k2 carb-an. **Chin.** glon.k2 ind.bg1 *Mag-m.* **Mag-p.** mand.sp1 meny. nux-m. *Sang. Zinc.*
      - **Hinterkopfes** gegen etwas Hartes amel.; Drücken des: sang.
  - **kalten** Händen amel.; mit: *Calc.* carb-ac.c1
- **Abdomen** verursacht Kopfschmerzen; auf das: **Ars.**vh
- **Augen**; Druck auf die:
  - **amel.**: bamb-a.stb2
- **Kopf** auf den Fußboden; preßt den: sang.bg1,bg2

– **Dunkelheit**:
- **agg.**: aloe ang.bg2 carb-an. *Carb-v.* lac-c. onos.bg2,k puls.bg2 *Sil.*
- **amel.**: acon. arn. *Bell.* brom. bry.k2 calc.k2 chin. hipp. *Lac-d.* mag-p. mez. *Sang.* sep.bg2,k *Sil. Stram.* sulph.k2 zinc.

– **Einatmen**, beim: *Anac.* brom. carb-v. rat.
- **kalter** Luft durch die Nase
☞ *kalt - Luft - Einatmen*
- **tiefem** Einatmen, bei: *Cact.*

– **Einhüllen** des Kopfes: *Acon.*bg2,k *Apis Arum-t. Borx.* bry. *Calc.*bg2,k calc-i.k2 *Carb-v.* cham. *Cob.* ferr.bg2,k *Ferr-i.* ferr-p. gels. *Glon.*bg2,k ign. **Iod.**bg2,k lach. *Led.*bg2,k **Lyc.**bg2,k merc. nit-ac.bg2,k op. **Phos.** pic-ac.k2 plat. **Puls.**bg2,k sec. seneg. sep. *Spig.*bg2,k staph. sul-i.k2 *Sulph.* thuj. *Verat.*
- **amel.**: agar. apis arg-met. *Arg-n. Ars. Aur. Bell.*hr1,k benz-ac. *Bry.* calc.bg2 *Colch. Con.* cor-r.bg1,bg2 *Cupr. Gels.* **Hep.**bg2,k hera.c1 hyos. kali-ar. kali-c.a1,k kali-i. kali-m.k2 kali-p. kali-sil.k2 *Lach.* mag-c.bg2,k *Mag-m.*bg2,k,* *Mag-p.* meny. mez. mur-ac. nat-m.bg2,k *Nit-ac. Nux-m.* **Nux-v.**bg2,k ph-ac. *Phos.* pic-ac. *Psor.* **Rhod.**bg2,k **Rhus-t.**bg2,k *Sanic. Sep.* **Sil.**bg2,k *Squil. Stront-c.* syph.bg1,bg2 *Thuj.* tub.bg1,bg2
- **Verlangen**, ihn einzuhüllen: gink-b.sbd1

– **Einkaufengehen**, durch: *Sep.*

– **Eiscreme**, nach: *Ars.* dig.br1 **Puls.**

– **Eisen**; durch Mißbrauch von: puls. *Zinc.*

– **Entbindung**; nach der: hyper.ptk1

– **Entblößen**:
- **Kopfes**, des:
  - **amel.**: acon.bg2 aur.bg2 borx.bg2 *Glon.*bg2,bro1 *Iod.*bg2 **Lyc.**bg2,bro1 puls.bg2 sulph.bg2
- **Körpers**, des:
  - **amel.**: cor-r.bro1,k
  - **durch**: benz-ac. nux-v.k2

– **epileptische** Anfälle:
- **vor**: cinah,k2,*
- **nach**: calc.kr1 *Caust.* cina cupr.hr1,k kali-br.hr1

– **Erbrechen**; mit: androc.srj1 ars.a1,k asar.bg2,k asc-c.c1 bamb-a.stb2 bar-m. carc.zzh chin.bg2 coloc.bg2 con.bg2,k eug. eup-per.k2 ferr-p. gels.k2 glon.a1,k graph.bg2 ip.bg2 **Iris** kali-c.bg2 lach.bg2,k lyc.bg2,k mez.bg2,k mosch.bg2 nat-m.bg2 nux-v.bg2,k op.bg2 phos.bg2 phyt.a1,k **Puls.**bg2 **Sang.**bg2 sec. sep.bg2,k verat.bg2,k
- **amel.**: ang.bg2 arg-n. asar.bg2,k,* bry.j5 calc. carc.zzh chel.k2 cycl. eup-per.bg2,ptk1 gels. glon. ign.bg2 kali-bi. lac-d. lach. manc.a1,k nat-s.ptk1 op.a1,k raph. *Sang.* sep. sil. stann. sul-ac.a1,c1 tab.bg2,k tub.c1,xxb
- **nach**: cham.bg2,k cocc. ferr.bg2,k lachn.c1 nat-c. nat-s.bg2 nux-v.bg2,k

– **erfroren**; als seien Kopf und Gehirn: *Indg.*vh

– **Erhitzung**, durch: *Acon.*bg2,k *Aloe* am-c.bg2,k **Ant-c.** *Apis* arg-n. arn. ars.k2 *Arum-t.* bar-c. bar-s.k2 **Bell.**bg2,k brom.k2 *Bry.*bg2,k calc.bg2,k calc-s. calc-sil.k2 camph. caps.bg2,k **Carb-v.**bg2,k *Carbn-s.* chel.k2 con. dig. dros. form. **Glon.**bg2,k grat. ign.bg2,k *Ip.*bg2,k *Kali-c.* kali-p. *Kali-s.* kali-sil.k2 *Kalm.* **Lyc.**bg2,k nat-ar. *Nat-m.* nux-m. op. phos. ptel. sel.bg2,c1 *Sep. Sil.*bg2,k staph. *Stram.* sul-i.k2 *Sulph. Thuj.*bg2,k verat-v.bg2 zinc. zinc-p.k2
- **Bett**, Bettwärme; im: *Lyc.* nux-m.
- **Feuer** oder einen Ofen; durch ein: **Ant-c.** *Apis Arn. Arum-t. Bar-c.* bry. bufok2 cimic. com. euph. **Glon.** lac-d. lyc.bg1 *Manc.* merc. nux-v. *Phos. Puls.* rhus-t. *Sanic. Zinc.*
- **Gehen** agg. die Kopfschmerzen, aber amel. den Schmerz in den Gliedern: lyc.
- **Kleidung**, durch: arum-t.c1

– **Erkältung**:
- **durch**: *Acon.* alum.k2 ant-c. arn. *Bell.* benz-ac.k2 *Bry.* *Calc.* calc-sil.k2 *Carb-v.* carbn-s. caust. *Cham.* chin. cimic.k2 coff. coloc. con. dulc. ferr.k2 graph. hep. hyos. *Kali-bi.* *Kali-c.* *Kali-p.* kali-s. lach. lyc.k2 merc. *Nit-ac.* nit-m-ac. *Nux-v.* petr. *Phos.* psor.k2 *Puls.* rhus-t. samb. sep. *Sil.* *Sulph.* verat.

– **Erregung**:
- **bedrückenden** oder traurigen Nachrichten; nach: cocc. ign. nux-v. op. staph.
- **Gemütes**; nach Erregung des: *Acon.* arg-met. *Arg-n.* *Arn.* *Aur.* *Bell.* benz-ac. bry. *Cact.* carc.xxb cham. chin. *Chinin-ar.* chinin-s. *Cocc.* *Coff.* con. cycl. ery-a. ferr.k2 *Ferr-p.* *Gels.* ign. kali-p. kreos. *Lach.* *Lyc.* *Lyss.* **Nat-m.** **Nux-v.** *Op.* par. petr. **Ph-ac.** *Phos.* *Pic-ac.* podo.c1 **Puls.** rhus-t. scut. **Staph.** sulph. tub. *Verat.*

– **Erschütterung**:
☞ *Bewegung / Gehen*
- **jegliche** Erschütterung, durch: am-c. am-m. arn. ars.k2 bar-c. bar-s.k2 **Bell.** **Bry.** *Calc.* calc-p.k2 calc-s. calc-sil.k2 *Carb-v.* *Carbn-s.* chel. *Chin.* chinin-ar. cina cob. cocc. con. crot-h. *Ferr-p.* *Gels.* **Glon.** grat. *Hep.* ign.k2 ind. *Kali-c.* kali-p. *Kali-s.* kali-sil.k2 lac-c. lac-d. lach. **Led.** *Lyc.* *Mag-m.* mang. med.br1 merc. nat-ar. *Nat-m.* **Nit-ac.** *Nux-v.* onos. op.k2 petr. *Ph-ac.* *Phos.* phyt. *Psor.* *Rhus-t.* sabad. sang. *Sep.* **Sil.** *Spig.* stram.k2 *Sulph.* *Ther.* *Thuj.* vib.
  ☞ *Auftreten / Fahren / Gehen / Husten / Lachen / Empfindlichkeit - Auftreten / Empfindlichkeit - Erschütterung*
  - **Gehen** auf den Zehenspitzen amel.: crot-h.ptk1
- **starke** Erschütterung des Kopfes; durch
  ☞ *Gehirnerschütterung*
- **wie** durch: sep.h,k1

– **Erwachen**, beim
☞ *morgens - Erwachen / nachts - Erwachen / Schlaf*

– **Essen**:
- **vor**: am-m. cann-s.bg2,k carb-an.bg2,k kali-sil.k2 nux-v.bg2,k phos.k2 ran-b.bg2,k sabad.bg2,k *Sil.*bg2,k
- **beim**: alum-sil.k2 am-c. bov.bg2 chel. *Cocc.*bg2,k con.bg2,k dulc.bg2,k gels. *Graph.*bg2,k,* ind. jug-r.a1 kali-c.bg2 kali-n.bg2 lyc.bg2 mag-m.bg2,k manc. morph.a1 nat-m.bg2,k nat-s.bg2 nit-ac. nux-v.bg2,k *Ph-ac.*bg2,k puls.bg2,k ran-b.bg2,k rhus-t.bg2,k sabin.bg2,k sars.bg2 scut.c1 sec.bg2,k sul-ac. tab. verb.bg2,k zinc.bg2,k
  - **amel.**: alum. *Anac.* ap-g. bov. carl.bro1 chel.bg2,k *Chin.* choc.srj3 coca elapsbg1,bg2 hydrog.srj2 ign.k,k2 iod. kali-p.c1 *Lach.* *Lith-c.* *Lyc.* phel. phos. phyt.bg2 psor. sang.bg1,bg2 sep. sil. sin-n. sulph. zinc.
- **nach**: agar.bg2,k **Alum.**bg2,k alum-p.k2 am-c.bg2,k ambr.bg2,k anac.bg2 ant-c.bg2,k ant-t.bg2 arn.bg2,k ars.bg2,k,* ars-s-f.k2 bamb-a.stb2 bar-c.bg2,k bar-m. bar-s.k2 bell.bg2,k bov.bg2,k *Bry.*bg2,k,* bufo cact.k2 *Calc.*bg2,k *Calc-p.*a1,k *Calc-s.* calc-sil.k2 cann-s.bg2 canth.bg2,k caps.bg2,k carb-an.bg2,k *Carb-v.*bg2,k,*

– **Essen - nach**: ...
carbn-s. castm. caust.bg2,k *Cham.*bg2,k,* chel.bg2,k chin.bg2,k chin-b.kr1 chinin-ar. chinin-s. chlor.bg2 choc.srj3 cina cinnb. *Cocc.*bg2,k *Coff.*bg2,k *Con.*bg2,k cop.a1 crot-t.bg2,k dios. euon. fago.a1 ferr.bg2,k ferr-ar. ferr-p. gels. glon. *Graph.*bg2,k grat.bg2,k hydr-ac.dp *Hyos.*bg2,k,* ign.bg2,k ind. kali-ar. kali-bi.bg2 kali-c.bg2,k kali-m.k2 kali-n.bg2,k kali-s. kali-sil.k2 lach.bg2,k laur.bg2 *Lith-c.* lob. *Lyc.*bg2,k mag-c.bg2,k mag-m.bg2,k meny.bg2,k merc. merc-i-f. mur-ac.bg2,k *Nat-ar.* **Nat-c.**bg2,k **Nat-m.**bg2,k nat-p. nat-s.bg2,k nit-ac.bg2,k nux-m.bg2,k **Nux-v.**bg2,k paeon. *Petr.*bg2,k *Ph-ac.*bg2,k phel. *Phos.*bg2,k plat.bg2,k podo.bg2 prun.bg2,k **Puls.**bg2,k ran-b.bg2,k *Rhus-t.*bg2,k rumx. ruta sars. sel.bg2 seneg.bg2,k sep.bg2,k *Sil.*bg2,k staph.bg2,k **Sulph.**bg2,k,* valer.bg2,k verat.bg2,k *Zinc.*bg2,k zinc-p.k2
  - **amel.**: aloe *Anac.*bg2,k *Arg-n.*hr1,k ars-i. arum-t. bov.bg2 caj. calc-p.bg2 carb-ac. carb-an.bg2,k card-m. caust.bg2,k,* chel.bg2,k chin.bg2,k cist.bg2,k coca con.bg2,k gels. genist.a1,k ind.a1,k iod.bg2,k *Kali-bi.*bg2,k kali-p. lachn. laur.bg2,k lyc.bg2,k,* mag-c.bg2,k mez. nat-c.k2 onos.bg2 petr. phos.bg2,k phys.c,c1 phyt. psor.bg2,k ptel.bg2 rhus-t.bg2,k sabad.bg2,k scut. **Sep.**bg2,k,* spig.bg2,k tell.a1,k *Thuj.*
  - **Überessen**, nach: coff. **Nux-m.** **Puls.** tub.k2
    - **etwas** zu viel ißt; wenn er nur: nux-m.br1,c1
- **unmöglich**: kali-n.h,k1

– **Essig**:
- **agg.**: teucr.a1,k
- **Anwendung** von Essig amel.: meli.a1,k op.a1,k

– **extrem**
☞ *heftige*

– **Fahren**:
☞ *Erschütterung - jegliche*
- **Boot**; durch Fahren in einem
  ☞ *Boot*
- **Reiten** amel.: calc.
- **Straßenbahn**, mit der: arg-n. **Cocc.** coloc. graph.bro1 hydrog.srj2 kali-c. *Med.* nit-ac.bro1 sulph.
  - **amel.**: *Nit-ac.*
- **Wagen**, im: alum-sil.k2 ars. ars-s-f.k2 asaf. chin. **Cocc.** colch. con.k2 ferr. ferr-act. ferr-ar.k,k2 ferr-p. *Graph.* *Hep.* *Ign.* iod. *Kali-c.* kali-p. lach. *Lyc.* med.bro1 meph. naja *Nux-m.* petr.bro1 phos. phyt. raph. **Sep.** *Sil.* sulph. thuj.
  - **amel.**: brom. graph. kali-n. merc. *Nit-ac.* *Sanic.*
  - **nach**: nat-m. *Nit-ac.* plat. **Sil.**
  - **Geräusche** und Erschütterung davon agg.: **Nit-ac.**

– **Farben**:
- **rot**:
  - **agg.**: thuj.vk4

– **festhalten**; muß den Kopf
☞ *halten - muß*

– **fette** Speisen, durch: *Ant-c.*hr1 *Carb-v.* colch. cycl.bg2,k ip. nat-c. nat-m. *Puls.*bg2,k sang. sep. thuj.

– **feuchten** Wohnungen; durch Leben in: *Ars.* bry.bro1 calc. *Carb-v. Dulc.* nat-s. phys. puls. rhod. *Rhus-t. Sil. Verat.*
– **Flatulenz**:
• **mit**: asc-t.br1 cann-i.br1,c1 xan.br1
• **wie** durch: carb-v. chinin-s. mag-c. nit-ac. sulph.
– **Flatus** amel.; Abgang von: aeth. cic. sang.k2
– **Fleisch**, nach: caust. *Puls.* staph.bg2,k
– **Flüssigkeitsverlust**
☞ *Säfteverlust*
– **Frauen**, bei: calc-sil.k2
– **Freude**, durch übermäßige: *Coff.*bg2,k cycl.bg2,k op. puls.bg2,k scut.
☞ *❑ Gemüt - Beschwerden durch - Freude - übermäßige / ❑ Gemüt - Beschwerden durch - Überraschungen - angenehme*
– **Frost**:
• **vor**: aesc. *Ars.* bell. *Bry.* calc. carb-v. cedr. chin. corn-f. elat. *Eup-per. Eup-pur.* ferr.c1 ip. kali-n. lach. nat-c. *Nat-m.* plan. puls. rhus-t. sang.k2 spong. symph.c1 syph.c1 *Thuj.*
• **während**: acon. agar. am-c. anac. ang. ant-t.a1,k *Aran. Arg-n.*a1,k arn. *Ars.* ars-s-f.k2 bapt. **Bell.** borx. *Bry.* **Cact.**a1 *Calc.* camph. caps. carb-an. carb-v. *Carbn-s.* **Castm.**a1,k cham. *Chin.* chinin-ar. chinin-s. cimic. cina coca coff. coloc. con. conv.br1 cor-r.hr1,k crot-h. *Cupr.* daph. dros. dulc. elat. *Eup-per. Eup-pur.* eupi.a1,k ferr. ferr-ar. ferr-p. gels.a1,k *Graph.* hell.a1,k hep. hipp.a1,k ign. ip. kali-ar. kali-c. kali-n.h,k1 *Kali-s.* kreos. lach. lact. led. lyc. mag-c. mang. mez. **Nat-m. Nux-v.** *Petr.* phos. podo.a1,k puls. rhod. rhus-t. ruta sang.a1,k seneg. **Sep.** spig. *Spong.* stram. *Sulph.* tarax.a1,k thuj.a1,k verat.
• **nach**: acon. alum. ant-c.hr1 ant-t. arn. berb. borx. bov. caust. cedr. *Cimx.*hr1,k cob. dros. mang. **Nat-m.** phos.h,k1
– **Frösteln**, mit: arg-n.br1 ign.kr1 lac-ac.kr1 mag-p.br1 *Sil.*
– **Frühstück**:
• **amel.**: am-m.bg2,k ap-g. arum-t.a1,k bov.bg2,k caj. canth.bg2,k,• carb-ac.a1,k cimic. cinnb. con.bg2,k croc.bg2,k eup-per.a1,k fl-ac. ind.a1,k narcot.a1 nat-p.a1,k petr.
• **vor**: calc. cimic. ind.a1,k rumx.
• **nach**: agar. bad.c1,kr1 bufo *Carbn-s.* cham.bg2,k hydr.a1,k hyper.bg2,k indg.a1,k *Iris Lyc.*bg2,k *Naja* nat-m. nit-ac.bg2,k nux-m.bg2,k *Nux-v.*bg2,k par.bg2,k ph-ac. phos. plb.bg2,k sul-ac.bg2,k
• **Auslassen** des Frühstücks; durch: calc.vh
– **Gähnen**, beim: agar. bar-c. chin. cycl. mag-c. nux-v. phyt.
• **amel.**: mur-ac. nat-m. staph.
• **endet** in: ign.h staph.h
– **gastrisch**: acet-ac. acon. aesc. ail. alum. am-c. *Anac.* **Ant-c.**bg2,k,• apis *Arg-n.*bg2,k *Arn.*bg2,k ars. asar. atro. bell. berb. bism. bor-ac.a1 **Bry.**bg2,k *Calc. Calc-p.* calc-s. caps. *Carb-v.*bg2,k cas-s.br1 caul. *Caust.* cham. chel.bg2 chin.bg2,h,• cic. cina cocc.bg2,k *Coff.*bg2,k *Coll.* cycl.bg2 *Eup-per.* euph.bg2,h,• ferr-i.k2 ferr-p.bg2 form. gamb. gels. glon. hipp.a1
– **gastrisch**: ... *Hydr.*a1,k ign. indg. **Ip.**bg2,k **Iris** kali-ar. kali-bi. kali-c.bg2,k kali-p. kali-s. lach. lept. *Lyc.*bg2,k mag-c.bg2 naja *Nat-c.*bg2 nux-m.bg2 **Nux-v.**bg2,k op.bg2,k par. *Phos.* phyt. plat. ptel.c2 **Puls.**bg2,k rhus-t.bg2 rob.c2,k **Sang.**bg2,k *Sep. Sil.* stict. **Sulph.**bg2,k *Tab.* tarax.c2 tarent. tub.k2 verat.bg2,k
– **gefolgt** von:
• **Herzen**; Schmerz im: merc-i-f.ptk1
• **Schwindel**: *Nux-v.*hr1
• **Trübsichtigkeit**: *Nux-v.*hr1
– **Gefühllosigkeit**, Taubheitsgefühl; mit: mang.h2
– **Gehen**:
☞ *Auftreten / Bewegung / Erschütterung / Erschütterung - jegliche / Luft - Freien*
• **amel.**: am-c. ant-c.bg2,k aran.a1,k asar.bg2,k borx. calc.bg2,k canth.bg2,k caps. carb-ac. cham. chin.bg2,k chinin-m.c1 coca coloc.bg2,k *Cycl.* dros.bg2,k fago. gels. glon.a1,k *Guaj.* ham. *Hyos.* **Lyc.**bg2,k mag-c.bg2,k mang.bg2,k *Mur-ac.*bg2,k nat-c.bg2,k nat-m.bg2,k,• ol-an.bg2 **Phos.**bg2,k puls.bg2,k ran-b.bg2,k **Rhod. Rhus-t.**bg2,k seneg.bg2,k sep.bg2,k sin-n. spig.bg2,k staph.bg2,k sulph.bg2,k syph.xxb *Tarax.*bg2,k *Thuj.*bg2,k
• **beim**: acon. act-sp. aloe *Alum.* alum-p.k2 alum-sil.k2 am-c.k2 anac. ang. ant-t. arn. ars. ars-i. asar. aster. bar-c. bar-i.k2 bar-m. bar-s.k2 **Bell. Bry.** cadm-s. calc. calc-i.k2 calc-p.k2 calc-s. calc-sil.k2 *Caps.* carb-an. *Carb-v. Carbn-s.* caust. *Chin.* chinin-ar. chion. cic. clem. cob. *Cocc.* coloc. con. corn. dig. dros. ferr. ferr-i. ferr-p. **Glon.** gran. guaj. hell. hipp. hura hyos. ign. iod. kali-bi.k2 *Kali-c. Kali-n.* kali-p. kali-sil.k2 *Lach.*k,k2 laur. *Led.* **Lyc.** mag-c. mang. meny. merc. merc-i-f. mur-ac. nat-ar. nat-c. nat-m.k2 nat-p. *Nat-s. Nit-ac.* nux-v. olnd. par. *Petr. Ph-ac. Phos.* phyt. plat. podo.c1 ptel. *Puls.* ran-b. raph. rheum rhod. *Rhus-t.* sabad.k,k2 sang.k2 *Sars. Sep. Sil.* spig. spong. staph. stront-c. sulph. tab. tarax. tarent. thea *Ther.* tril-p.c1 ust. verat. verb. viol-t. zinc. zinc-p.k2
• **nach**: nat-c.k2
• **Kopf** amel.; mit aufrechtem: *Nux-m.*
• **langsamem** Gehen, bei: hipp.
• **amel.**: agar. coc-c. eup-per. ferr. kali-p.k2 lyc. mur-ac.k2 **Puls.** sep. visc.
• **Luft**:
• **Freien**, im:
☞ *Luft - Freien*
• **beim**: acon. alum. am-c. ant-c. *Arn.* ars-s-f.k2 atro. bar-s.k2 *Bell.* borx. bov. bry. *Calc.* caust. *Chin.* chinin-s. *Cina* coff. *Con.* dulc. euphr. ferr. grat. hell. *Hep.* ign. kali-ar.k2 kali-c. kali-m.k2 lam. laur. lil-t. *Lyc.* mang. merc. *Mur-ac.* nat-c.h2 nat-m. nicc. nit-ac.h nux-m. *Nux-v.* par. petr. plat. puls. ran-b. *Rhus-t.* sabad. *Sars.* sel. sep. spig. *Spong.* staph. stront-c. sul-ac. *Sulph.* tarax. thuj. zinc.
• **amel.**: aeth. *Agar.* am-c. ambr. ang. **Ant-c. Apis** aral. aran. **Ars.** asar. bar-c. borx.h,k,• canth. carb-an. caust. chinin-s. cimic. cina

• **Luft - Freien - beim - amel.**: ... coff. coloc. cor-r. *Croc.* crot-t. eup-pur. fago. genist. glon. hera.cl *Hyos. Iris* **Kali-s.** *Lach.* laur. lil-t.k2 lith-c. **Lyc.** mag-c. *Mag-m.* mang. merc-i-f. mosch. *Nat-m.* olnd. phel. **Phos.** *Plat.* **Puls.** ran-b. **Rhod.** *Rhus-t.* sang. sars. *Seneg.* *Sep.* sol-ni. **Sulph.** *Thuj.* viol-t.

• **nach**: *Am-c.* bar-c.h bell. *Bov.* calc. caust. chel. chin. coca coff. con.h ferr. *Hep.* kali-bi. mez. mur-ac. nicc. nit-ac.h nux-v. pall. petr. puls. ran-b. ran-s. rhus-t. *Sabad.* spig. spong. **Sulph.** zinc.

• **muß** stehen oder gehen: chin.

• **schnellem** Gehen; bei: **Bell. Bry.** *Calc.* chel. ferr-i. *Iod.* mang. nat-c. **Puls.** tab.

• **Wind**; durch Gehen im: chin. mur-ac. nux-v.

• **Zehenspitzen** gehen; muß auf den: crot-h.ptk1

– **Gehirns**; durch Erkrankungen des: nat-m.k2

– **Gehirnerschütterung**; durch: arn. *Bell.* calc-s. cocc. ferr-p. hep. lac-c. merc. phos.

– **geistige** Anstrengung:

• **agg.**: acon. agar. agn. am-c. ambr. *Anac.* apis aran. arg-met.k,k2 *Arg-n.* arn. ars-i. asaf. asar. aster.st **Aur.** aur-ar.k2 bell. benz-ac. borx.st *Bry.* cact.st cadm-s. cain. **Calc.** calc-ar. **Calc-p.** calc-s. calc-sil.k2 *Carb-ac.* carb-an. *Carb-v.* carbn-s. *Cham.*st *Chin.* chinin-ar. cimic. cina cinnb. *Cist.* cob.st coc-c. *Cocc.* coff. *Colch.* coloc. *Con.* crot-h. cupr.bg1,bg2 daph. *Dig.* elaps fago. ferr.k2 *Ferr-pic.*st,vh *Gels.* gink-b.sbd1 gins. **Glon.** graph. hell. helon.st hipp. hydr.st hyper.st *Ign. Iris* kali-ar. kali-c.st kali-n.st *Kali-p.* kali-sil.k2 kalm. *Lac-c.* *Lach.* lact. lob.st **Lyc.** *Lyss.* *Mag-c.* *Mag-m.* mag-p.brl manc.st meli.st merc. mez.st morph. naja *Nat-ar.* **Nat-c.**hrl,k **Nat-m. Nat-p.** *Nat-s. Nit-ac.* *Nux-m.* **Nux-v.**hrl,k ol-an. olnd. op. ox-ac. *Par.* *Petr.* **Ph-ac.** *Phos.* **Pic-ac.** pimp.st *Pip-m.*vh pip-n.st plat. plb.st prun.st *Psor.* ptel. **Puls.** ran-b.st rhus-t.st rhus-v.st rob.st *Sabad.* sel. *Sep.* **Sil.** *Spig.* *Staph.* stram. *Sulph.* ter. ther. tub.al,k2,* zinc. zinc-p.k2

☞ *Aufmerksamkeit*

• **amel.**: am-c. ars. calc-act. calc-ar.krl calc-p. ham. helon.hrl,k,* ign. merc-i-f. nat-m. nit-ac. par. phos. phys.al,k pip-m. psor. sabad.

– **geklopft**, geschlagen; als würde im Kopf: mosch.

– **Gelbsucht**, mit: sep.k2

– **gelegen** hätte; als ob er mit dem Kopf zu tief: phos.h

– **Geräusche**, durch: acon. agar. alum-sil.k2 anac.bg2,k anan.hrl,k ang.bg2,k arg-n. arn.bg2,k *Ars.* ars-i. bapt.al,k bar-c.bg2,k bar-i.k2 bar-m. **Bell.**bg2,k,* borx. *Bry.* bufo *Cact.*bg2,k calad.bg2,k **Calc.**bg2,k calc-i.k2 *Calc-s.* calc-sil.k2 cann-s. caps. carb-an. carb-v. caust. cham.bg2 *Chin.*bg2,k *Chinin-ar.* cic. *Cocc. Coff.*bg2,k colch.bg2,k *Con.*bg2,k *Ferr-p.* gels. glon.k2 graph. hell.al,k hyos.bg2,k ign.bg2,k iod.bg2,k kali-ar. kali-bi. kali-p. kali-s. kali-sil.k2 *Lac-c.* *Lac-d. Lach.* lachn.brl lyc. *Lyss.* mag-m. manc.

– **Geräusche**, durch: ... merc.bg2,k merc-i-f.al,k mur-ac.bg2,k **Nat-ar.** *Nat-c.*bg2,k nat-m.k2 nat-p. **Nit-ac.**bg2,k *Nux-v.*bg2,k op.k2 *Ph-ac.*bg2,k *Phos.* plect.al ptel. sang. sanic. sep.j5 *Sil.*bg2,k *Sol-ni. Spig.*k,k2,* *Stann.*bg2,k stict. tab. **Ther.**bg2,k tril-p.cl tub.bg2 yuc. zinc.bg2,k,* zinc-p.k2

• **entferntem** Sprechen, von: mur-ac.hrl,k

• **Hammers** auf einem Amboß; eines: manc.al,k

• **herabstürzendem** Wasser; von: **Lyss.** nit-ac.

• **Rattern** von Wagen: **Nit-ac.** *Ther.*

• **schrille**, scharfe Klänge; durch: cop.brl

• **Schritten**, von: bell. bry. **Coff.** gels. **Nux-v.**k,st sang.j5 *Sil.*k13 ther.krl

• **Stimmen**, besonders von: bar-c. cact.k2 lyss.

• **Waggons**, von: nit-ac.k2

– **Gerüche**:

• **Alkohol**, von: sol-t-ae.

• **Eiern**, von: **Sulph.**vh

• **Kaffee**, von: lach.

• **kräftig**:

  • **angenehm**, und: arg-n.

  • **durch**: acon. anac. arg-n. *Aur.* aur-s.k2 *Bell.* cham. chin. *Coff. Colch.* gink-b.sbd1 graph. *Ign.* *Lyc.* nux-v. *Phos.* scut.brol sel. *Sil. Sulph.*

  ☞ ❑ *Gemüt - Empfindlich - Gerüche*

• **schmutziger** Kleidung, von: carb-an.

– **Gesellschaft**:

• **Abneigung** gegen Gesellschaft; mit

☞ ❑ *Gemüt - Gesellschaft - Abneigung - Kopfschmerzen*

• **Menschenmenge**; wenn in Gesellschaft oder in einer: mag-c. plat. *Plb.* staph.

☞ ❑ *Gemüt - Gesellschaft - Abneigung*

– **gesenkt** halten; muß den Kopf

☞ *halten - muß - gesenkt*

– **Gesichtes**; beim Bewegen des: apis spig.

– **Getränke**:

• **kalte** Getränke:

  • **amel.**: *Alumn.* bism. ~~kali-c.hrl,xxx~~

  • **durch**: bry.k2 con. dig. kali-c.hrl sulph.k2

  • **Überhitzung**, bei: bry.k2

• **warme** Getränke: kali-ar.k2 ther.k2

  • **agg.**: *Arum-t.* **Phos. Puls.** *Sulph.*

  • **amel.**: sulph.k2 ther.k2

– **Gewichtes** auf den Schultern; durch Tragen eines: mag-s.

– **Gewitter**:

• **vor** ●: bry. carc.fb,jl2 lach. *Nat-c.* **Phos.** *Rhod.* *Sep. Sil.*

• **während**: carc.fb *Nat-p.*al,k sep.j5

– **Gicht**, bei: guaj.k2

– **Haareschneiden**, nach dem ●: **Bell.**hrl,k bry.brol glon. led. puls. sabad. *Sep.*

– **halten**; den Kopf:

• **muß**: alum.bg2 anac.bg2 arn.bg2 *Bell.*bg2 caps.k2 cimic.bg2 con.bg2 glon.bg1,bg2 lac-c.bg2 merc.bg2 nux-v.bg2 rhod.bg2 sulph.bg2

  • **gesenkt** halten; muß Kopf und Augen: apis

– **Hals**; mit Schmerz im äußeren

☞ *begleitet von - Hals*

– **hämmernd** ●: *Am-c.* *Ars.* aur. aur-ar.k2 bamb-a.stb2 **Bell.** cadm-s. calc. calc-sil.k2 carc.sst chel. *Chin.*bg2,k chinin-ar. *Chinin-s.* cic. cimic. clem. *Cocc.* *Coff.* *Cur.* dros. **Ferr.**bg2,k **Ferr-ar.** ferr-p. gels.k2 gink-b.sbd1 **Glon.** *Hep.* indg.a1,k iris kali-i. *Lach.* mag-s. manc. mez. **Nat-m.** nicc. nit-ac. ph-ac. *Psor.* puls. rheum rhus-t. **Sil.** **Sulph.** *Tarent.* verb.h,kl
• **morgens**: **Nat-m.**
• **abends**, im Liegen: clem.
• **gefolgt** von:
• **Erbrechen**: cadm-s.gm1
• **lebhafte** Gespräche, durch: **Sulph.**
• **Hinterkopf**: gels.k2
– **Hängenlassen** der Füße; beim: *Puls.*
– **Hast**, Eile; bei: con.k13 ign.k2
– **Haus** agg.; im: ferr-i.k2
– **Hautausschläge**, unterdrückte: *Ant-c.*k,vh bry.k,vh kali-ar.k2 lyc.k,vh **Mez.**k,vh,* nux-m.k,vh **Psor.**k,vh,* *Sulph.*k,vh,*
– **Heben**, beim:
• **Arme** zum Kopf; der: sulph.
• **Kopfes**, des: acon.bg2 ang.bg2,k arn.bg2 ars.bg2,k asar.bg2 bar-c.bg2,k bell.bg2 bov.bg2,k *Bry.*bg2 cact. calc.bg2,k caps.bg2,k cham.bg2 chinin-s. cinnb. coca dros.bg2,k hell.bg2 hep.bg2 ign.bg2,k,* kali-c.bg2 lach.bg2,k laur.bg2 linu-c.a1 lyc.bg2 mag-m.bg2 mang.bg2 mur-ac.bg2 *Nux-m.* nux-v.bg2 ox-ac.k2 seneg. spong.bg2,k squil. sul-ac.bg2 sulph. tarax.bg2,k *Thuj.* verat.bg2,k viol-t.bg2,k
• **amel.**: alum.bg2 ang.bg2,k aur.bg2 bar-c.bg2 bry.bg2 calc.bg2 canth.bg2 carb-v.bg2,k chin.bg2 cic.bg2 con.bg2 dig.bg2 ign.bg2,k kali-c.bg2,k laur.bg2 mag-c.bg2,k nat-c.bg2 nat-m. *Olnd.*bg2 *Puls.*bg2 rhus-t.bg2,k spig.bg2,k stann.bg2 teucr.bg2
– **Heben** einer Last; durch: ambr. *Arn.* bar-c. *Bry.* *Calc.* cocc. *Graph.* *Lyc.* *Nat-c.* nux-v. *Ph-ac.* **Rhus-t.** *Sil.* sulph. valer.
– **heftige** Schmerzen: acon. aesc.k2 aeth. am-c.h,kl am-m. ant-c.h,kl *Apis* *Arg-n.* *Ars.*bg2,k ars-s-f.k2 asc-c.c1 aur-m.k2 bamb-a.stb2 bapt.k2 *Bar-c.* bar-s.k2 **Bell.** **Bry.**k,k2 **Cact.** cadm-met.gm1 calc-sil.k2 cann-s.bg2,k canth.bg2,k carb-v.k2 **Carbn-s.** cic.bg2 cimx.hr1,k cina cinnb. coc-c. *Cocc.* *Coff.* colch. coloc. croc.bg2,k *Crot-h.*bg2,k cupr.bg2,k eup-per.k2 euphr. ferr-ar.k2 *Gels.* **Glon.** grat.bg2,k *Hell.*bg2,k *Hyos.*bg2,k iod.h,k2,* *Ip.*bg2,k kali-ar. kali-bi. *Kali-br.* kali-c. *Kali-i.* kali-p. kali-s. kali-sil.k2 lac-c.k2 *Lac-d.* **Lach.** laur.bg2,k led.bg2,k **Lil-t.** lob-d.c1 *Lyc.*bg2,k lyss. mag-c.bg2,k mag-p.k2 mag-s.c1 manc. **Meli.** meph.a1 *Merc.* *Mez.* mill.k2 *Morph.* mosch.bg2,k mur-ac.bg2 *Nat-m.* nat-s.k2 nit-ac.k2 *Op.*bg2,k *Phos.* plat.k2 plb.bg2,k psor.k2 *Rhus-t.* *Sang.* *Sep.* **Sil.**bg2,k *Sol-ni.* spig.k2 stann.k2 *Stram.*bg2,k sul-ac.k2 *Sulph.* syph.k2 tarax.bg2,k ther.bg2,k thuj. tub.k2 valer.k2 verat.k2 zinc.bg2
• **Menopause**; während der: ther.
• **rotem** Gesicht, Erbrechen und Diarrhoe; mit: **Bell.**
– **heiß**:
• **Mund**; durch etwas Heißes im: chin.kr1
– **heiß**: ...
• **Speisen**, heiße:
• **agg.**: sulph.j5
• **Suppe**, heiße:
• **amel.**: kali-bi.
– **Herzens**; mit Beschwerden des: ars-i.k2 lach.k2
– **Herzschlag**; bei jedem
☞ *synchron*
– **hinlegen**, muß sich: alum. alum-p.k2 am-c. anac. bell. *Bry.* *Calc.* calc-i.k2 calc-p. calc-s. calc-sil.k2 chin. *Con.* croc. crot-h. euphr. **Ferr.** ferr-act. ferr-i. ferr-p.k2 gels. graph. iod. kali-bi. kali-c. kali-p. kali-s. kali-sil.k2 lach. lyc. mag-m. mosch. nat-c. *Nat-m.* nat-p. nit-ac. *Nux-v.* olnd. op. petr. ph-ac. phos. psor. puls. *Rhus-t.* sang. sars. *Sel.* *Sep.* sil. stann. stict. sulph. zinc. zinc-p.k2
– **Hitze**:
• **amel.**: *Arg-n.* ars. *Aur.* aur-ar.k2 *Bell.* *Bry.* caps. *Caust.* *Chin.* cinnb. cocc. colch. *Coloc.* *Gels.* hyos. *Ign.* iris kali-bi.k2 *Kali-c.* kali-i. kali-sil.k2 lach. *Mag-m.* **Mag-p.** *Nit-ac.* *Nux-m.* *Nux-v.* *Psor.* rhod. *Rhus-t.* **Sil.** stann. staph. *Stram.* stront-c. sulph. sumb.
• **Hand**, der: cinnb. iris
• **heiße** Anwendungen: *Arg-n.* ars. *Aur.* *Bry.* chin. cinnb. colch. coloc. *Gels.* glon. *Ign.*bg2 iris *Kali-c.* kali-i. lach. mag-m. **Mag-p.** nux-m. *Nux-v.*bg2 rhod.k2 sep.k2 **Sil.** sulph.k2 *Thuj.*bg2
• **vor** der: bry. chin. puls. rhus-t. sil.h,kl spong.
• **während** der: acon. aesc. agar. am-c. *Ang.* ant-t. **Apis** **Arn.** *Ars.*a1,k asaf. bamb-a.stb2 bapt.k2 **Bell.** berb. borx. bry. cact. cadm-s.k2 calc. calc-sil.k2 camph. caps. carb-v. carbn-s. **Chin.** chinin-ar. chinin-s. cina clem.a1 *Cocc.* coloc. corn-f. *Crot-h.* cupr. dros. dulc. elat. **Eup-per.** graph. *Hep.* hipp. hyos.a1,k *Ign.* kali-ar. kali-bi. kali-c. *Lach.* lob. lyc. **Nat-m.** *Nux-v.* *Op.* phos.h,kl plan. *Podo.* *Psor.* *Puls.* *Rhus-t.* ruta *Sabad.* sep. **Sil.**a1,k spig. sulph.a1,k ther.c1 *Thuj.*a1,k valer. verat.
• **nach** der: *Ars.* calc. *Carb-v.* **Eup-per.** **Nat-m.** sil.h,kl
– **Hochbinden**; beim:
• **Haare**; der: acon. alum. alum-p.k2 alum-sil.k2 am-c. ambr. *Arg-n.* arn. ars. aur. aur-ar.k2 aur-s.k2 bar-c. bar-i.k2 bar-m. **Bell.** bry. calc. calc-i.k2 calc-sil.k2 canth. carb-an. *Carb-v.* carbn-s. carl. chel. *Chin.* chinin-ar. *Cina* cinnb. coloc. ferr.k2 *Glon.* *Hep.* indg. iod. kali-c. kali-m.k2 *Kali-n.* kali-p. kreos. lach. laur. lyc. mag-c. mag-m. *Mez.* mosch. mur-ac. nat-c. nat-p. *Nit-ac.* *Nux-v.* petr. ph-ac. *Phos.* psor. *Puls.* rhus-t. sep. *Sil.* stann. sul-i.k2 *Sulph.* zinc. zinc-p.k2
– **hochgelegenen** Orten, an: *Coca*
– **Hundebisse**; durch: lyss.c1
– **Hunger**, durch
☞ *Essen - vor / nüchtern*
– **Husten**: ptel.c1
☞ *Erschütterung - jegliche*
• **amel.**: arg-mur.
• **beim**: acon. aeth. alum. am-c. ambr. *Anac.* ang. ant-t. apis *Arn.* ars. ars-s-f.k2 asim. aur. aur-ar.k2

- **beim**: ...
aur-s.k2 bad. bamb-a.stb2 bar-c. bar-s.k2 **Bell.** brom. **Bry.** cact. *Calc. Calc-s.* **Caps.** *Carb-v.* caust. *Chel. Chin.* chinin-ar. chion. choc.srj3 cimx. *Cina* coc-c. *Coloc.* **Con.** *Cupr.* dios. eup-per. ferr. ferr-ar. ferr-i. ferr-p. ham. hep. hydr. hyos. ign. *Ip. Iris Kali-ar.* kali-bi. *Kali-c.* kali-n. kali-p. kali-s. lac-ac. **Lac-d.** *Lach.* led. limest-b.es1 *Lob. Lyc.* mag-s. mang. med. *Merc.* mez. mur-ac. naja **Nat-m.** *Nicc. Nit-ac. Nux-v.* oena. ol-an. ol-j. *Petr. Ph-ac.* **Phos.** phyt.bg1,bg2 **Psor.** *Puls.* rhus-t. rumx. ruta *Sabad. Sang.* sars. seneg. *Sep.* sil. *Spig. Spong.* **Squil.** *Stann.* staph. stict. sul-ac. **Sulph.** tarent. tax. tril-p. verat. zinc. ziz.
- **unterdrücktem** Husten; nach: achy-a.bnj1

– **Hutes**; durch Druck des: agar.bg2,k alum. arg-met. *Calc-p.*bg2,k carb-an. **Carb-v.**bg2,k caust. *Crot-t.*bg2,k,* ferr-i.a1,k *Glon.*bg2,k,* hep.a1,k kali-n. *Lach.*bg2,k laur.bg2,k led.bg2,k lil-t.bg1,bg2 lyc. mez. nat-m.bro1 **Nit-ac.**bg2,k sep. *Sil.*bg2,k staph. sulph. *Valer.*bg2,k

– **hysterische** Kopfschmerzen: *Arg-n.* arn. **Asaf.** *Aur.* aur-ar.k2 bell. bry. cann-s. caps. cham. cimic.hr1,k *Cocc. Coff.* gels. hell. *Helon.*hr1 hep. hyos. *Ign.* iris kali-bi. *Lach.* lact. mag-c. mag-m. *Mosch.* nit-ac. *Nux-m.* nux-v. ph-ac. phos. *Plat.* rhus-t. ruta scut. *Sep.* stict. stram. *Tarent. Valer.* verat.

– **Influenza**; während: lob-p.c2

– **intermittierende**, aussetzende Schmerzen: agar.a1,k alum-sil.k2 alumn.a1,k anac. arg-met. *Ars.* cann-i. caul. cina coloc.k2 cupr. cupr-act.bg2 ferr. *Gels.* ign.a1,k iod.a1,k iris kalm.a1,k mill.a1,k nit-ac.a1,k plan.a1,k plat. psor.a1,k sang.a1,k sep.a1,k stann. ter.a1,k tet.a1 trif-p.a1 valer. verat.

– **Kaffee**:
- **amel.**: cann-i.a1,k chin. coloc. gink-b.sbd1 glon.a1,k hyos. til.
- **durch**: acet-ac. act-sp.br1 am-c. arg-n.bg2,k arn. arum-t.a1,k *Bell. Bry.* calc.bg2 calc-p.a1,k caust.bg2,k *Cham.*bg2,k *Cocc.*bg2,k form. glon. *Guar.* hep.bg2,k *Ign.*bg2,k kali-n.bg2,k lach.bg2,k lyc.bg2,k merc.bg2,k mill. nat-s. *Nux-v.*bg2,k pall. paull.bro1 *Puls.*bg2,k sulph.j5
- **Geruch** von; durch den: lach.bg2,k

– **Kalbfleisch**; durch Essen von: kali-n.bg2,k

– **kalt**:
- **Abkühlung**, durch: acon. agar. ant-c. arn.bg2 *Ars. Aur.*bg2 **Bell. Bry.** cadm-s. *Calc.* calc-s.k2 calc-sil.k2 carb-an. *Carb-v.* **Cham.** *Chin.* chinin-ar. cist.k2 clem. colch. *Con.* **Dulc.** ferr.k2 graph.k2 grat. *Hep.* kali-sil.k2 lach. *Lyc.* **Mag-p.** *Merc. Mez.* mosch. *Nat-m. Nit-ac.* **Nux-v.** petr. **Phos.** psil.ft1 *Puls.* ran-b.k2 *Rhus-t.*bg2,k **Sil.** *Spig. Stram. Stront-c.* sul-ac. *Sulph. Verat.* verb.
- **Anwendungen**, kalte:
  - **agg.**: zinc-p.k2
  - **amel.**: *Acon.* **Aloe** alum-sil.k4 alumn. *Am-c. Ant-c.* ant-t. apisbg1,bg2 arg-n.k2 *Ars.* asar. aur-i.k2 aur-m. bamb-a.stb2 *Bell.* bism. *Bry.* bufo

– **kalt - Anwendungen**, kalte - **amel.**: ...
Calc. Calc-p. caust. cedr. cham. chinin-s. cinnb. cycl. *Euph.* euphr. ferr. ferr-ar. ferr-p. *Glon.* ind. iod. kali-bi. kalm. lac-c. *Lac-d. Lach.* lappabg1 *Led.* lil-t.k2 mand.sp1 meny. merc-c. merl. mosch. myric. *Nat-m. Phos.* pic-ac.k2 plan. *Psor. Puls.* seneg. *Spig. Stram.* sul-i.k2 *Sulph.* xan.c1 *Zinc.*
- **Füße**, kalte: *Bar-c.* cham. kali-c. phos. *Puls.* **Sil.**
  - **amel.**: **Sulph.**vh
- **Kopfes**; bei Abkühlung des: *Aur.* **Bell.**bg2,k *Calc.* carb-an.bg1,bg2 *Carb-v.*hr1,k hep. hyos. kali-c. *Led.* nat-m. *Nux-v.* psil.ft1 puls. **Sep.**bg2,k **Sil.**bg2,k
- **Luft**, kalte:
  - **amel.**: aloe alum-sil.k2 arg-n. ars. aur-i.k2 bufo caust. cimic. croc. dros. euphr. ferr-p. *Glon.* iod. kali-s. *Lyc.* lyss. **Phos.** *Puls. Seneg.* sin-n.
  - **durch**: alum-sil.k2 am-c. **Ars.** ars-s-f.k2 **Aur.** aur-ar.k2 **Bell.** bov. *Bry. Calc.* calc-sil.k2 *Camph.* carb-an. *Carb-v.*k,k2 **Caust. Chin.** *Chinin-ar. Cocc. Coff.* **Dulc.** ferr. ferr-ar. grat. *Hep.* ign. *Iris Kali-ar. Kali-bi.* **Kali-c.** kali-chl. kali-m.k2 kali-p. kali-sil.k2 *Lac-c. Lach. Lyc.* mag-m.st *Mang.* nat-m. *Nit-ac.* **Nux-m. Nux-v.** *Phos.* plat. *Psor. Puls.* ran-b.k2 **Rhod. Rhus-t.** ruta sec.k2 *Sep.* **Sil.** *Sulph. Verat.*
  - **Einatmen** von kalter Luft durch die Nase: cor-r.br1
  - **Gehen** in kalter Luft; beim: caps.
- **Mund**; durch etwas Kaltes im: chin.c1,kr1
- **Wasser**, kaltes:
  - **Waschen** in kaltem Wasser amel.: acon. aloe ant-t. *Ars.* asar. aur-m. *Bry.* calc. calc-p. caust. cham. cinnb. cycl. euph. *Glon.* graph.c1 ind. iod. kalm. lac-c. lach.kr1 led.k2 myric. nat-s. *Phos.* plan. psor. spig.c1,k2 til.c1 zinc.
- **Zimmer**, im kalten: nat-c.k2

– **Kämmen** der Haare: alum-sil.k2 ars. bell.k2 *Bry.* carb-v. chin. chinin-ar. cina hell. ign. kreos. lac-c. merc-i-f.a1 *Mez.* nit-ac.k2 sel. sep.
- **amel.**: form.bg2,k,* glon.bg2 tarent.bg2
- **hinten**, nach: puls. rhus-t.

– **katarrhalisch**: acon. aesc. *All-c. Alum.* am-m. ambr.bg2,k ant-c.k2 *Ars. Ars-i. Aur.* bell. *Bry.*bg2,k,* *Calc.* **Calc-s.** camph. *Carb-v.* carbn-s. caul. cench.k2 cham. chin.bg2,k,* chinin-ar. *Chlor.* cic.bg2,k cimic. cina **Dulc. Euphr.** *Ferr. Ferr-ar.* ferr-p. *Gels.*hr1,k **Graph.**a1,k gymno. hell.bg2,k **Hep.** *Hydr.* ign.bg2,k *Iod. Kali-ar. Kali-bi. Kali-c.* **Kali-i.** *Kali-s.* kalm. *Lach.*bg2,k,* laur.bg2,k *Lyc. Mang.* mentho.br1 **Merc.**hr1,k merc-i-f. mez. nat-ar. *Nat-m.* **Nux-v.**bg2,k *Phos.* psor.k2 *Puls.*bg2,k,* ran-b. rumx. sabad.bg2,k samb.c2,k sang. sil. staph.bg2,k *Stict.* still.c2,k *Sulph.* teucr. tub.c

– **Katarrh**, bei unterdrücktem
☞ *Schnupfen - unterdrückten*

– **Kauen**, beim: alum-sil.k2 am-c.bg1,bg2 am-m.bg2,h,* ambr.bg1,bg2 ind. kali-c.bg2,k olnd.bg2,k phos.bg2,k ptel.bg1,bg2 sulph.bg2,k thuj.bg1,bg2 verb.bg1,bg2

– **Kellern**, Gewölben etc.; in: **Ars.** bry.bg2,k carb-an.bg2,k **Puls.** *Sep.* *Stram.*
☞ ❑ *Gemüt - Furcht - engen*

– **Klimakterium**
☞ *Menopause*

– **Klopfen** auf die Wirbelsäule; beim: bell.j5 cina sep.j5 spig.j5

– **klopfend**
☞ *pulsierend*

– **Koitus**: agar. arg-n. arn. *Bov.* calad. **Calc.** *Calc-p.*vh calc-sil.k2 chin. dig. graph. ham.ptk1 **Kali-c.** kali-sil.k2 *Lyc.* *Nat-c.* nat-m. *Petr.* ph-ac.bro1 *Phos.* puls. **Sep.** **Sil.** staph.
☞ *sexuelles*
• **Verlangen** nach; mit: sep.j5,ptk1

– **Kopfhaut**; bei Berührung der: lachn.c1

– **Körpersäfte**
☞ *Säfteverlust*

– **Kränkung**, durch: bry.k2 cham.k2 lyc. op.
☞ ❑ *Gemüt - Beschwerden durch - Kränkung*

– **Kratzen** amel.: mang.

– **Kugel** zu Beginn des Gehens gegen den Schädel schlagen würde; als ob eine: plat.

– **Kummer**, durch: *Aur.*k1,kr1 *Calc.*k1,kr1 **Ign.**bg2,k nat-m. op. *Ph-ac.*bg2,k *Phos.*k1,kr1 pic-ac.k2 *Puls.* **Staph.**bg2,k

– **Kupfer**; durch Mißbrauch von: hep.

– **Lachen**, durch: ars. ars-met.c1 bell.bg2 chion. cocc. ip. iris mang. *Nat-m.*bg2,k phos.bg2,k ther. zinc.bg2,k zing.bg2,k
☞ ❑ *Gemüt - Beschwerden durch - Freude - übermäßige*

– **Lage**; wie durch falsche: lyc.h,kl

– **Laufen**, durch: *Bry.*bg2,k *Ign.* nat-c. *Nat-m.*bg2,k,* *Nux-v.*bg2,k **Puls.** tarent.a1,k

– **Leber**; bei Beschwerden der: chel.bro1 jug-c.br1 lept.bro1 nux-v.bro1 ptel.bro1

– **Lehnen** an etwas:
• **beim**: ang. bell. cann-s.bg2 cycl. nat-m. nux-v.bg2
• **amel.**: anac. aral. aran. arn. **Bell.**bg2,k brom. cann-s. con. dros. gels. gymno. kali-bi.bg2,k *Lycpr.*c1 meny. merc.bg2,k nux-v. rhod.bg2,k sabad.bg2,k sabin.bg2,k sang. seneg.bg2,k spig.bg2,k sulph.

– **Lesen**, beim:
• **agg.**: agn.bg2,k,* apis aran.hr1 arg-met. arn.bg2,k asaf. aur. borx. bov.hr1,k bry.bg2,k *Calc.*bg2,k,* calc-s. carb-v.bg2,k carbn-s. caust.bg2,k cham. chel. chinin-s. cimic.bg2,k,* cina cinnb. clem. coca cocc.bg2,k coff.bg2,k crot-t. ery-a. ferr-i.a1,k glon.hr1,k,* helon.a1,k hydrog.srj2 ign.bg2,k,* lac-f.c1 lach. lyc.bg2,k lyss.hr1,k med.c1 merc. mez.bg2,k morph.a1 **Nat-m.**bg2,k,* nat-s.bg2,k,* nux-v.bg2,k olnd.bg2,k op. par.bg2,k ph-ac. phos.bg2 *Phys.*hr1 pic-ac.k2 *Plat.* polyp-p.a1 ptel.hr1,k ruta sabad.bg2,k *Sep.* sil.bg2,k sulph. *Tub.*
• **amel.**: ham. ign.bg2,k

– **Licht**:
• **amel.**: lac-c. sil.
• **durch** Licht im allgemeinen: acon. agar. aloe anan. ant-c.k2 *Ant-t.* arg-n. arn. *Ars.* ars-s-f.k2 **Bell.** *Bov.*a1,k *Bry.* bufo cact. **Calc.** calc-sil.k2

– **Licht - durch** Licht im allgemeinen: ... caul.c1 *Chin.* *Cocc.* *Coff.* euphr. ferr.bro1 *Ferr-p.* *Gels.* glon.k2 graph.k2 hydrog.srj2 *Ign.* kali-bi. kali-c.bro1 kali-p. kali-sil.k2 lac-c. *Lac-d.* *Lyc.* lyss.bro1 mag-p.k2 med.k2 nat-ar. *Nat-c.* *Nat-m.* nat-p. nat-s.k2 nux-v. *Ph-ac.* phel.bro1 *Phos.* podo. *Sang.* sanic. scut.bro1 *Sep.* *Sil.* sol-ni. stict. *Stram.* *Sulph.* syph.xxb tab. *Tarent.* ther.k2 ziz.
☞ ❑ *Gemüt - Empfindlich - Licht*
• **Gaslicht**; beim Arbeiten unter: bell. **Glon.** *Nat-c.*hr1,k nat-s.
• **künstliches** Licht, durch: bufo croc. *Glon.* manc. mang. nat-c. *Sang.* **Sep.** *Sil.* *Stram.* zinc.
• **Tageslicht**, im: *Calc.* *Hep.* nat-m. **Phos.** sang.bg2 sep.bg2,h,* **Sil.**bg2,k

– **Liegen**: agar. alum-p.k2 alum-sil.k2 *Am-c.* ambr. anac. ant-t. ars. asaf. asc-t.c1 *Aur.* aur-ar.k2 aur-s.k2 bar-c. bar-m. bar-s.k2 *Bell.* bov. cadm-s. calc. calc-sil.k2 camph. **Carb-v.** cham. chel. cimic. clem. coc-c.k2 *Coloc.* *Con.* cupr. dios. *Dulc.* euph. euphr. eupi. *Gels.* *Glon.* hep. ign. kali-ar. kali-c. lac-c. lach. led. lith-c. *Lyc.* mag-c. mag-m. mang. *Meny.* *Merc.* mez. mur-ac. nat-p. nat-s. nit-ac. nux-v. onos. *Op.* ox-ac. petr. *Ph-ac.* *Phos.* phys. *Plat.* puls. ran-b. rhod. *Rhus-t.* sanic. sep. spig. spong.k2 stann. staph. stram.k2 stront-c. sulph. ther. thuj. zinc. zinc-p.k2
• **amel.**: *Alum.*bg2,k alum-p.k4 alum-sil.k4 am-m. ambr.bg2,k anac.bg2,k ant-c.k2 arn.bg2,k asar.bg2,k asc-t.c1 *Bell.*bg2,k benz-ac.hr1,k,* *Bry.*bg2,k bufo *Cact.*bg2,k *Calc.*bg2,k calc-p. calc-s. camph. canth.bg2,k chel. *Chin.*bg2,k chinin-s. *Chion.* chlor.bg2 coc-c.a1 cocc.hr1,k colch. con.bg2,k cupr.bg2 dig.bg2,k *Dulc.*bg2,k epiph.vh eup-per.bg2 ferr.bg2,k ferr-i. ferr-p. fl-ac. gels. ham.bg2,k *Hell.*bg2,k hipp. ign.bg2,k kali-bi. *Kali-c.*bg2,k kali-s. *Lac-d.* lach.bg2,k *Lyc.*bg2,k *Mag-c.*bg2,k mag-m.bg2 mag-p.bg1,bg2 merc. mosch. mur-ac.bg2,k nat-c.bg2,k *Nat-m.*bg2,k nat-s.k2 *Nit-ac.*bg2,k *Nux-v.*bg2,k olnd.bg2,k petr.bg2,k *Ph-ac.*bg2,k *Phos.*bg2,k psor.bg2 puls.bg2 rhus-t.bg2 sabad.bg2,k sang.bg2,k sel.bg1,bg2,* sep.bg2,k2,* *Sil.*bg2,k spig.bg2,k,* spong. sulph.bg2,k,* tab. zinc.bg2,k zinc-p.k2 ziz.
• **Abdomen** amel. Schmerz im Hinterkopf; Liegen auf dem: grat.
• **dunklen** Zimmer, im:
  • **agg.**: onos.
  • **amel.**: acon. ars.k2 bamb-a.stb2 **Bell.** brom. *Bry.* chel.k2 *Lac-d.* podo. *Sang.* sep. **Sil.**
• **Hinterkopf**, auf dem: nat-m.h,kl
• **Rücken**, auf dem:
  • **amel.**: bry. castn-v. ign. kali-p. nux-v. par. petr. puls. spong. verat.
  • **beim**: agar.bg1,bg2 ail. bry. cact. cinnb. *Cocc.* coloc. gels.bg1,bg2 ign. lac-c. nux-v. petr. phos. plect. *Sep.* spig. verat.j5
• **Seite**, auf der: bell. calad. carb-v.k2 graph. ign. *Kreos.* nux-v. psor. puls.h stann.
  • **amel.**: cact. *Cocc.* ign. meny. merc. sep.
  • **links**: cinnb. cycl. nux-v.

• **Seite**; auf der - **links**: ...
  • **amel.**: nux-v.
• **rechts**: alum. brom.$_{bg2,k}$ carb-v. lil-t.$_{bg1,bg2}$ mang. merc. nux-v.$_{bg2,k}$ phos.$_{bg2,k}$ staph.$_{bg2,k}$
  • **amel.**: brom.$_{bg2,k}$ cinnb. nux-v.
• **schmerzhaft**: *Ars.* calad. calc. carb-v. chel. chin. graph. *Kali-bi.* mag-c. *Nux-v.* petr. ph-ac. puls. rhus-t. sep.$_{bro1}$ *Spong.* stann. staph.
  • **amel.**: anac. androc.$_{srj1}$ arn. bry. calc-ar.$_{bro1}$ hipp. ign. nux-v. plan. puls. sep.
• **schmerzlosen** Seite amel.; auf der: mag-c. *Nux-v.*
• **Steinen** liegen würde; als ob er auf harten: plat.$_{h}$

– **liegt**:
• **hängendem** Kopf zu liegen; neigt dazu, mit über der Bettkante: androc.$_{srj1}$ zinc.
• **Kopf**, mit dem:
  • **hoch** gelagert: androc.$_{srj1}$ arg-met. **Ars.** bell.$_{bro1}$ bry. caps.$_{k2}$ carb-v. *Con.* *Gels.* glon.$_{k2}$ nat-m. *Phos.* **Puls.** *Spig.* stront-c.
  • **tief** gelagert: absin. aeth.$_{bro1}$ arn. cadm-s. gels.$_{lp}$ *Hell.* ign. laur.$_{bg1}$ mosch. *Nux-v.* phys. *Spong.* thuj.

– **Limonade**, durch: *Sel.*$_{bg2,k,*}$

– **Linie**; in einer: hydrog.$_{srj2}$ syph.$_{xxb}$
• **Seite** zur anderen; von: hydrog.$_{srj2}$
• **senkrecht**: hydrog.$_{srj2}$

– **Luft**:
• **Freien**, im: alum. ang. *Arg-n.* ars.$_{j5}$ bar-c. bar-i.$_{k2}$ bar-m. *Bell.* bov. bry. cadm-s. *Calc.* calc-ar. calc-p. *Carb-an.* *Caust.* cedr. cham. *Chel.* **Chin.** cimic. cina *Cocc.* coff. colch. *Con.* cycl. eup-per. euphr. ferr. glon. grat. *Hep.* hipp. ign. iod. ip. *Kali-c.* kali-m.$_{k2}$ kalm. lach. laur. *Lil-t.* lyc. mag-m.$_{br1,ptk}$ *Mang.* meny. **Merc.** *Mez.* mur-ac. nat-m. *Nux-v.* petr. phos. phyt.$_{a1}$ ran-b. rhus-t. spig. staph. sulph. valer. zinc.
☞ *Gehen / Gehen - Luft - Freien*
  • **amel.**: acon.$_{bg2,k}$ act-sp.$_{bro1}$ *All-c.* aloe *Alum.*$_{bg2,k,*}$ alum-p.$_{k2}$ am-c.$_{bg2,k}$ ambr. androc.$_{srj1}$ ang.$_{bg2,k}$ *Ant-c.*$_{bg2,k}$ ap-g. *Apis* *Aran.*$_{a1,k}$ arg-met.$_{c1}$ arg-n.$_{bg2,k}$ arn. *Ars.*$_{bg2,k}$ ars-i. asar.$_{bg2,k}$ aur.$_{bg2,k}$ aur-s.$_{k2}$ bamb-a.$_{stb2}$ bar-c. bar-i.$_{k2}$ bar-s.$_{k2}$ bell. berb.$_{hr1,k}$ bov.$_{bg2,k}$ bry.$_{bg2}$ bufo$_{k2}$ calc. calc-s. camph.$_{bg2,k}$ cann-i. cann-s. *Carb-ac.* carb-an.$_{bg2,h,*}$ *Carb-v.* carbn-s. caust.$_{bg2,k}$ chlol.$_{br1}$ *Cimic.*$_{bg2,k,*}$ clem. cob.$_{a1,k}$ coc-c. *Coff.*$_{bg2,k,*}$ coloc.$_{bg2,k}$ com. con. cor-r.$_{a1}$ cot.$_{a1,c1}$ croc.$_{bg2,k}$ dulc.$_{bg2,k}$ fago. *Ferr.*$_{a1,k}$ ferr-ar. ferr-i. *Glon.*$_{bg2,k,*}$ graph.$_{k2}$ grat. ham.$_{a1,k}$ *Hell.*$_{bg2,k}$ hydr.$_{bg2,k}$ hydr-ac. hyos.$_{bg2,k}$ iod. jatr-c. *Kali-bi.*$_{bg2,k}$ kali-c.$_{bg2,k}$ *Kali-i.* kali-n.$_{bg2,k}$ *Kali-p.* *Kali-s.* lac-c. lach. laur.$_{bg2,k}$ *Led.* lil-t.$_{k2}$ limest-b.$_{es1}$ lith-c. **Lyc.**$_{bg2,k}$ lyss. *Mag-m.*$_{bg2,k}$ mag-p.$_{bg2}$ mag-s. **Mang.**$_{bg2,k}$ mang-c.$_{kr2}$ meny. merc-i-f. mez. mosch.$_{bg2,k}$ nat-ar. nat-c.$_{bg2,k}$ *Nat-m.*$_{bg2,k}$ nat-p. nat-s.$_{k2}$ *Nicc.* nux-v.$_{vh}$ olnd.$_{bg2,k}$ op. petr. ph-ac. phel. **Phos.**$_{bg2,k}$ phyt.$_{bg2}$ pic-ac. plat. podo.$_{bg2}$ **Puls.**$_{bg2,k}$ ran-b. rhod.$_{bg2,k}$ sang. sars.$_{bg2,k}$ sel. **Seneg.**$_{bg2,k}$ **Sep.**$_{bg2,k}$ sin-a.$_{a1}$ sin-n.$_{a1,k}$ sol-ni.

– **Luft - Freien**, im - **amel.**: ...
spong. stann. sul-ac.$_{bg2,k}$ sul-i.$_{k4}$ sulph.$_{bg2,k}$ *Tab.*$_{bg2,k,*}$ tarax.$_{bg2}$ tarent. thuj.$_{bg2,k}$ tub.$_{xxb}$ viol-t.$_{bg2,k}$ xan.$_{c1}$ **Zinc.**$_{bg2,k,*}$ zinc-p.$_{k2}$
• **Luftzug**: *Acon.* *Ars.* *Bell.* benz-ac. cadm-s.$_{c1,k}$ *Calc.* calc-sil.$_{k2}$ caps. carb-v.$_{k2}$ caust. *Chin.* coloc. gels. *Hep.* kali-ar. *Kali-c.* kali-n.$_{c1}$ kali-p. kali-s. kali-sil.$_{k2}$ lac-c. *Merc.* nux-m. *Nux-v.* phos. *Rhus-t.* *Sanic.* *Sel.* **Sil.** stront-c. *Sulph.* valer. verb.

– **Männerstimmen** greifen das Gehirn an: bar-c.
☞ *❑ Gemüt - Furcht - Männern*

– **Magen**:
• **Auftreibung** des Magens; mit
☞ *begleitet von - Magen - Auftreibung*
• **wie** vom Magen: alum.$_{bg2}$ carb-v.$_{bg2}$ con.$_{bg2}$ mag-m.$_{bg2}$

– **Masern**, nach: bell. *Carb-v.* dulc. hell. hyos. *Puls.* rhus-t. *Sulph.*

– **Masturbation**; nach: *Calc.* carb-v. *Chin.* *Con.* lyc. merc. nat-m. nux-v. phos. puls. *Sep.* spig. *Staph.* sulph.

– **Menopause**; während der: *Carb-v.* croc. cypr.$_{br1,bro1}$ glon. **Lach.** *Sang.* *Sep.* *Ther.* ust.

– **Menses**:
• **vor**: *Acon.* agn. alum. alum-p.$_{k2}$ alum-sil.$_{k2}$ *Am-c.* arg-n. ars. *Asar.* *Bamb-a.*$_{stb2}$ *Bell.* *Borx.* *Bov.* *Brom.* *Bry.* bufo *Calc.*$_{a1,k}$ calc-i.$_{k2}$ calc-p. calc-s. calc-sil.$_{k2}$ carb-an.$_{a1,k}$ *Carb-v.* caust. *Cimic.* *Cinnb.* cupr. ferr. ferr-ar. ferr-i. *Gels.* glon. graph. hep. hydrog.$_{srj2}$ hyper. iod. kali-p. **Kreos.** *Lac-c.* lac-d. *Lach.* laur. lil-t. *Lyc.* manc. *Meli.* merc. nat-ar. *Nat-c.*$_{a1,k}$ *Nat-m.* nat-p.$_{k2}$ nit-ac. *Nux-m.* nux-v. ol-an. petr. phos. *Plat.* *Puls.* sep. sil. stann. sul-i.$_{k2}$ *Sulph.* thuj. *Verat.* vib. *Xan.* zinc. zinc-p.$_{k2}$
• **Beginn** der; zu: ant-t. berb. brom. carb-an. graph. hyos. iod. *Kali-c.* lach. laur. *Nat-m.* nit-ac. plat. rhod.
  • **amel.**: all-s. alum. kali-p. *Lach.* *Meli.* verat. zinc.
• **während**: acon. agar. aloe alum. alum-p.$_{k2}$ alum-sil.$_{k2}$ am-c. am-m. androc.$_{srj1}$ ant-c. apis *Arg-n.* ars. ars-s-f.$_{k2}$ asar. aven.$_{br1}$ *Bamb-a.*$_{stb2}$ **Bell.** berb. borx. *Bov.* brom.$_{a1,k}$ *Bry.* bufo cact. *Calc.* calc-p. calc-s. calc-sil.$_{k2}$ canth. carb-an. *Carb-v.* castm. *Caust.* cham. chin. chinin-ar. cic. cimic. *Cocc.*$_{c2,k}$ coff. coloc. con. croc.$_{br1}$ cub. cupr. cur. cycl. dulc. eupi.$_{a1,k}$ ferr.$_{a1,k}$ ferr-ar. *Ferr-p.*$_{k,st}$ *Gels.* gent-c.$_{a1,k}$ **Glon.**$_{a1,k}$ **Graph.**$_{a1,k}$ hep. *Hyos.*$_{a1,k}$ hyper.$_{a1,k}$ *Ign.* kali-ar. kali-bi. *Kali-c.*$_{a1,k}$ kali-n. kali-p.$_{c2,k}$ kali-s. kali-sil.$_{k2}$ kalm. **Kreos.** *Lac-d.* *Lach.* *Laur.* **Lyc.** *Mag-c.*$_{a1,k}$ mag-m. mag-s. med. *Murx.* nat-ar. *Nat-c.* **Nat-m.** nat-p. nat-s.$_{c1,k2}$ *Nit-ac.* *Nux-m.* *Nux-v.* pall.$_{c1}$ *Phos.*$_{a1,k}$ *Plat.* *Puls.* rat. rhod. *Sang.* **Sep.** sil. spig.$_{j5}$ stann. sul-i.$_{k2}$ *Sulph.* teucr-s.$_{gm1}$ ther.$_{c1}$ til.$_{gm1}$ ust.$_{c2}$ *Verat.* xan. zinc. zinc-p.$_{k2}$
  • **amel.**: all-c. bell. puls.$_{k2}$ *Verat.* *Zinc.*
• **nach**: agar.$_{bg2,k}$ asar. *Bry.* *Calc.* calc-p. carb-ac.$_{a1,k}$ carb-an.$_{bg2,k}$ *Chin.* eupi. *Ferr.*$_{bg2,k,*}$

• **nach**: ...
ferr-p. glon.$_{bg2,k}$ kali-br. lac-d.$_{k2}$ *Lach.* *Lith-c.* lyc.$_{bg2,k}$ mag-c.$_{bg2}$ med.$_{c1}$ merl.$_{a1}$ mosch. naja *Nat-m.*$_{bg2,k}$ *Nat-p.* ol-an. plat. *Puls.* *Sep.*$_{bg2,k}$ thuj.
  • **morgens**, beim Erwachen, nach plötzlichem Aussetzen der Menses: *Lith-c.*
  • **Aussetzen** der Menses; beim: bry. *Carb-v.* glon.$_{a1,k}$ lach.$_{k2}$ naja nit-ac. **Puls.**
  • **Scheitel** abgesprengt würde, wegfliegen würde; als ob der: ust.
• **Amenorrhoe**: gels.$_{c1}$
• **unterdrückt**: acon. alum. *Bry.* **Puls.** sep.$_{h,kl}$
  • **während**: acon. alum. *Bry.* *Carbn-s.* glon.$_{k2}$ **Puls.** sep.$_{h}$

– **Metallen**; durch Mißbrauch von: sulph.

– **Migräne**
☞ *begleitet von - Übelkeit*

– **Milch**, durch:
• **saurer** Milch, nach: nat-p.$_{k2}$

– **Mittagessen**:
• **vor**: ind.$_{a1}$ indg. nux-v.$_{a1,k}$
• **beim**: pall.$_{c1}$
• **nach**: alum.$_{a1,h,*}$ am-c.$_{a1,k}$ ars.$_{k2}$ bell.$_{a1,k}$ *Calc-p.*$_{bg2,k}$ *Calc-s.*$_{bg2,k}$ carb-an.$_{bg1,bg2,*}$ carbn-s. castm. chinin-s. cimic. con. dios.$_{a1,k}$ genist.$_{a1}$ gent-c.$_{a1,k}$ gins.$_{a1,k}$ glon.$_{a1,k}$ hyper.$_{a1,k}$ jug-r.$_{a1,k}$ kali-bi.$_{bg2,k}$ kali-c.$_{h,kl}$ kali-n.$_{a1,k}$ lob-s.$_{a1,k}$ mag-m.$_{a1,k}$ merc-i-f.$_{a1,k}$ *Nat-m.*$_{bg2,k}$ nat-p.$_{a1,k}$ nux-v.$_{a1,k}$ phel.$_{a1,k}$ phos.$_{a1,k}$ phyt. raph.$_{a1,k}$ stram. *Sulph.*$_{bg2,k}$ thuj. valer.$_{a1,k}$ zinc.
  • **amel.**: arg-n. arum-t. genist. phos. ptel. zing.
• **verspätetes** Mittagessen, durch: cact. cist. lyc.

– **Musik**, durch: acon.$_{k,k1,*}$ ambr.$_{k,k1,*}$ cact.$_{k,k1}$ **Coff.**$_{k,k1}$ nux-v.$_{k,k1,*}$ *Ph-ac.*$_{k,k1,*}$ *Phos.*$_{k,k1,*}$ podo.$_{k,k1}$ sumb.$_{bg2}$ viol-o.$_{k,k1,*}$

– **Nachtwachen**, durch
☞ *Schlaf - Schlafmangel - Nachtwachen*

– **Nähen**, beim: cina$_{h,k2}$ lac-c. petr.$_{bg2}$

– **Nasenbluten**, nach: *Borx.*
• **amel.**: ant-c. brom.$_{bg1,bg2}$ bry.$_{bg1,bg2}$ bufo carb-an. cham. chin.$_{bg1,bg2}$ dig. ferr-p. ham. hyos. kali-bi. mag-s. *Meli.* mill. petr. *Psor.* raph.$_{bg1,bg2}$ rhus-t.$_{kr1}$ tab. tarent.$_{bg1,bg2}$

– **Nässe**:
• **Naßwerden**, durch: ars. *Bell.* bry. **Calc.** *Colch.* *Dulc.* hep. kali-c. *Led.* lyc. *Nat-m.* nux-m. phos. *Puls.* **Rhus-t.** *Sep.*
  • **Füße**, der: gels. phos. *Puls.* *Rhus-t.* sep. *Sil.*
  • **Kopfes**, des: bar-c. *Bell.* led. phos. puls. rhus-t.$_{k2}$ sep.
  • **Schwitzen**, beim: acon. calc. *Colch.* dulc. *Rhus-t.* sep.

– **nervös**: acet-ac. acon. **Agar.** agn. ail. anac. apis *Arg-met.* **Arg-n.** arn. *Ars.* **Asaf.** *Asar.* asc-c.$_{bro1,c1}$ asc-t. atro. aur. aur-ar.$_{k2}$ bell. bry. *Cact.* calad. *Calc.* camph. cann-s. caul. caust. cedr. *Cham.* **Chin.** chinin-ar. chlor. cic. cimic. cina coca cocc. **Coff.** coloc. croc. crot-t. daph.$_{a1}$ form. **Gels.** glon. graph. hydr.$_{a1,k}$ **Ign.** iod.$_{a1}$ *Ip.* iris *Kali-p.* lact. **Nat-m.** nicc.$_{c2}$ **Nux-v.** op. *Petr.* *Ph-ac.* **Phos.**

– **nervös**: ...
pic-ac.$_{k2}$ *Plat.* **Puls.** rhus-r. rhus-t. sang. scut.$_{c2,k}$ *Sep.* sil. spig.$_{hr1,k}$ stict. *Stram.* sulph. tarent. ter. *Ther.* **Thuj.** ust. *Valer.* *Verat.*$_{c2,k}$ verat-v.$_{c2,k}$ **Zinc.**$_{c2,k}$ zinc-p.$_{k2}$
• **Erschöpfung**; nervöse: sil.$_{bg1,bg2}$
• **hysterischen** oder skrofulösen Menschen; bei: asaf.$_{bg3,hr1}$

– **Nicken** mit dem Kopf; beim: *Sulph.*

– **Niesen**, beim: abrom-a.$_{bnj1}$ am-m.$_{bg2,k}$ apis arn.$_{bg2,k}$ astac.$_{a1,kr1}$ bar-c. bar-s.$_{k2}$ *Bell.* benz-ac. *Bry.*$_{bg2,k}$ *Carb-v.* cina grat. hydr. *Kali-c.*$_{bg2,k}$ kali-p. kali-s. *Nat-m.*$_{bg2,k,*}$ *Nit-ac.* nux-v. **Phos.**$_{bg2,k}$ sabad.$_{bg2,k}$ *Spig.* **Sulph.**$_{bg2,k}$
• **amel.**: calc.$_{bg2,k}$ calc-p.$_{bg2}$ lil-t.$_{bg2,k}$ lyc.$_{bg1,bg2}$ mag-m.$_{bg1,bg2,*}$ mur-ac.$_{bg2,k}$

– **nüchtern**, wenn ●: ars.$_{bro1}$ ars-i. cact.$_{bg2,bro1}$ caust.$_{bg2,k}$ *Cist.*$_{bg2,k}$ crot-h.$_{c1}$ elaps epiph.$_{bro1}$ ind. iod. *Kali-c.* kali-s. kali-sil.$_{k2}$ *Lyc.*$_{k,kl2}$● nux-v. *Phos.*$_{k,kl2}$● psor.$_{bg2,k2,*}$ ptel.$_{a1,k}$ ran-b. sabad.$_{bg2}$ *Sang.* *Sil.*$_{bg2,k,*}$ spig. sul-i.$_{k2}$ *Sulph.*$_{k,kl2}$● thuj. uran-met.
• **Hunger** nicht sofort gestillt wird; wenn der ●: cact. cist. elaps *Lyc.*$_{k,kl2}$● *Sang.* *Sulph.*

– **Obstipation**, bei: alet.$_{bg2}$ *Aloe* alum. am-c.$_{gsy1}$ **Bry.**$_{bg2,k}$ *Calc-p.* chin.$_{bg2}$ coff.$_{bg2,k}$ *Coll.* con.$_{bg2,k}$ crot-h.$_{bg2,k}$ gels.$_{bro1}$ hydr.$_{bro1}$ ign.$_{bg2,k}$ iris$_{bro1,c1}$ kali-bi.$_{bg2}$ *Lac-d.* lach.$_{bg2,k}$ mag-c.$_{bg2,k}$ merc.$_{bg2,k}$ *Nat-m.*$_{bg2,k}$ *Nat-s.* nit-ac.$_{bro1}$ *Nux-v.*$_{bg2,k}$ op.$_{bg2,k}$ petr. *Plb.* *Podo.* *Puls.*$_{bg2,k}$ rat.$_{bro1}$ sep.$_{bg2,bro1}$ verat.$_{bg2,k}$ zinc.

– **Ofenhitze**, durch
☞ *Erhitzung - Feuer / Hitze*

– **Öffnen**:
• **Augen**, der
☞ *Bewegung - Augen / Licht / morgens - Erwachen - Öffnen / Schließen der*
• **Mundes**; beim Öffnen des: fago. spig.$_{bg2,k,*}$

– **Ohnmacht**, nach: mosch.

– **Opium**; durch Mißbrauch von: acet-ac. cham.

– **Ovarien**; bei Beschwerden der: helon.$_{bro1}$ joan.$_{bro1}$ lil-t.$_{bro1}$ plat.$_{bro1}$ zinc.$_{bro1}$

– **periodisch**: act-sp. *Aeth.* aloe **Alum.** alum-p.$_{k2}$ alum-sil.$_{k2}$ ambr. ammc. *Anac.* *Apis* aran. arn. *Ars.* *Ars-i.* ars-s-f.$_{k2}$ asaf. aur-ar.$_{k2}$ bell. benz-ac. *Cact.* *Calc.* calc-s. *Carb-v.* card-m.$_{k2}$ **Cedr.** cham. chel.$_{k2}$ **Chin.** *Chinin-ar.* **Chinin-s.** **Coloc.** cupr. eup-per.$_{k,k2}$ *Ferr.* *Ferr-ar.* gels.$_{psa}$ *Ign.* *Kali-ar.* kali-bi. kali-sil.$_{k2}$ *Kreos.* lac-d. *Lach.* laur. lob. *Lyc.* mur-ac. *Nat-ar.* nat-c. **Nat-m.** nat-p. nat-s. nicc.$_{c2,k}$ nicc-br.$_{bwa3}$ **Nit-ac.** *Nux-v.* *Phos.* plat. podo.$_{k2}$ prun. psor.$_{k2}$ *Puls.* *Rhus-t.* sacch.$_{c2}$ **Sang.** *Sel.* **Sep.** **Sil.** *Spig.* *Stram.* *Sulph.* syph.$_{c1}$ tab. teucr-s.$_{gm1}$ *Tub.* zinc. zinc-p.$_{k2}$
• **morgens**:
  • **7** h: *Ars.*
  • **jeden** Morgen: *Chin.* hep. naja$_{k2}$
  • **zweiten** Morgen beim Erwachen; jeden: *Chin.* eup-per.

• **morgens**:
• **erwacht** mit Schwindel und Übelkeit, auch abends:
• **Druck**, Essen oder Aufenthalt im Freien amel.: kali-bi.
• **vormittags**:
• **9** - 13 h: *Cedr.*$_{vh}$ mur-ac.
• **mittags**, bis 22 h: form.
• **nachmittags**:
• **14** h, bis zur Schlafenszeit: sep.
• **16** - 3 h: bell.
• **steigt** bis Mitternacht, jeder dritte Anfall ist abwechselnd mehr oder weniger heftig: *Lob.*
• **Stunde**:
• **bestimmten** Stunde; zu einer: nat-c.
• **selben**, zur:
• **morgens**: kali-bi.
• **Tag**:
• **Nacht**; und: borx. caust. kreos. led. rhus-t. sul-ac. viol-t.
• **jeden** Tag: *Ars. Bell.* calc. calc-sil.$_{k2}$ cedr. coloc. con. eup-per. form. hep. lach. lyc. mag-c. mag-m. mang. merc-i-r. mur-ac. *Nat-m. Nux-m. Nux-v.* petr. phos. sabad. seneg. sep. *Sil.* spig. stann. sulph. zinc. zinc-p.$_{k2}$
• **anhaltend**; zwei oder drei Tage: croc.
• **früher**, jeden Tag: form.
• **Stunde**, zur selben: aran.$_{vh}$ ars. cact.$_{br1}$ cedr.$_{vh}$ cimic. gels. **Kali-bi.** mur-ac. spig.
• **zweiten** Tag, jeden: alum. alum-p.$_{k2}$ ambr. ars. cact. *Cedr.* chin. cimic. eup-per. merc-c. nat-m. nux-v. *Phos.* psor. sang. sulph.$_{bg1,k,*}$
• **drei** oder vier Tage; alle: aur. eup-per.$_{bg3}$ nat-m.$_{k2}$ sang.$_{bg3,k2}$
• **acht** Tage, alle: iris$_{bg3}$
• **zehn** Tage, alle: *Lach.*
• **Woche**:
• **jede** Woche ●: ars. calc.$_{bg1,k2,*}$ calc-ar. calc-sil.$_{k2}$ epiph.$_{bg1,bg3}$ eup-per.$_{bg3,k2}$ gels. *Iris Lac-d.* lyc. nux-m. *Phos.* phyt. psor. sabad.$_{bg1,bg2,*}$ *Sang.* sep.$_{hr1}$ *Sil. Sulph.*$_{k,k2}$ *Tub.*
• **zwei** Wochen, alle: *Ars.* ars-s-f.$_{k2}$ calc. *Chel.* chin. chinin-ar. ferr.$_{bro1}$ ferr-n.$_{stj2}$ ferr-sil.$_{stj2}$ ign. nicc. phyt. psor. puls. sang. *Sulph. Tub.*
• **anhaltend**; zwei oder drei Tage: **Ferr.**
• **drei** Wochen, alle: aur.$_{bg3}$
• **sechs** Wochen, alle: **Mag-m.**$_{hr1,k}$
– **plötzliche** Schmerzen
☞ *steigt - plötzlich*
– **Pollutionen**; nach: alum. bov. *Calc.* caust. cob. con. ham. kali-c. lach. lyc. nat-c. *Nux-v.* sel. sep. staph. viol-o.
☞ *sexuellen*
– **preßt** Kopf auf den Fußboden
☞ *drückend - pressen*
– **pulsierend**: *Acon.* aeth. alum.$_{h,k,*}$ alum-p.$_{k2}$ alum-sil.$_{k2}$ *Am-c.* am-m. anac. ang. *Apis* arg-n.$_{k2}$ *Ars.*$_{a1,k}$ ars-s-f.$_{k2}$ *Asar.* aur-ar.$_{k2}$ aur-m.$_{a1,k}$ bamb-a.$_{stb2}$ **Bell.**$_{j5,k,*}$ *Borx.* bov.$_{bg2}$ bry.$_{a1,k}$ bufo *Calc. Calc-p.*$_{a1,k}$ *Calc-s.*$_{a1,k}$ calc-sil.$_{k2}$ camph.$_{a1,k}$ cann-i.$_{k2}$ canth. caps. carb-an. **Carb-v. Carbn-s.**

– **pulsierend**: ...
carc.$_{jl2,st1,*}$ caust. *Cham.*$_{a1,k}$ *Chel.* **Chin.** chinin-ar. **Chinin-s.** cinch.$_{a1}$ clem. cob. cocc. cupr. cupr-s. eug.$_{a1,k}$ *Eup-per. Euphr.* **Ferr.** *Ferr-ar. Ferr-i.* ferr-m. ferr-ma.$_{a1}$ ferr-p. *Gels.*$_{bg2,k}$ **Glon.**$_{a1,k}$ ham.$_{a1,k}$ *Hep.* hydr.$_{a1,k}$ hydrog.$_{srj2}$ hyos. hyper.$_{a1,k}$ *Ign.*$_{a1,k}$ ind.$_{a1,hr1}$ indg.$_{a1,k}$ *Ip.* kali-ar. kali-bi.$_{a1,k}$ *Kali-c.* kali-i. kali-p. kali-s. kali-sil.$_{k2}$ lac-d.$_{k2}$ *Lach.* laur.$_{k2}$ *Led.* lil-s.$_{a1}$ luna$_{kg1}$ **Lyc.** *Lyss.* mag-m.$_{a1}$ mag-p.$_{k2}$ manc.$_{a1,k}$ mang.$_{h,k1}$ meli.$_{a1,k}$ merc-i-f.$_{a1}$ mez. *Morph.* nat-ar. nat-c.$_{h,h2,*}$ **Nat-m.** nat-p.$_{a1,k}$ nat-s.$_{a1,k}$ nicc. nit-ac. nux-m.$_{a1,k}$ *Nux-v. Op.* petr. ph-ac.$_{bg2,k}$ *Phos.*$_{bg2,k}$ plat. **Psor.** ptel.$_{a1,k}$ **Puls.**$_{a1,k}$ rhod. *Rhus-t.*$_{k,k2}$ *Ruta Sang.*$_{a1,k}$ sars.$_{h,k1}$ sec.$_{a1,k}$ *Sep.*$_{a1,k}$ *Sil.*$_{a1,k}$ sol-ni. spirae.$_{a1}$ *Stram.* stry. **Sulph.**$_{bg2,k,*}$ tarent.$_{a1,k}$ thuj.$_{h,k1}$ upa. verat.$_{a1,k}$ xan.$_{a1,k}$ zinc.$_{h,k1}$
☞ *Pulsieren*
• **nachts**: bamb-a.$_{stb2}$
• **tief** im Kopf: carc.$_{sst,tp1}$
▽ **erstreckt** sich zu:
• **Nasenwurzel**: hydrog.$_{srj2}$
○ **Augen**; hinter den: hydrog.$_{srj2}$
• **Hinterkopf**: bamb-a.$_{stb2}$
• **Scheitel**: hydrog.$_{srj2}$
• **Seiten**:
• **links**: hydrog.$_{srj2}$
• **Stirn**: bamb-a.$_{stb2}$ hydrog.$_{srj2}$
• **Trinken** von kaltem Wasser bei Erhitzung; nach: bry.$_{st}$
– **Quecksilber**, durch: arg-n. *Asaf. Aur.* carb-v. chin. clem. fl-ac. **Hep.** *Iod. Kali-i.* led. mez. **Nit-ac.** podo. puls. *Sars.* staph. still.$_{c2,k}$ sulph.
– **Rauchen**
☞ *Tabakrauchen - durch*
– **Rausch**:
• **nach**: *Ant-c.* bell. *Bry. Carb-v.* cocc. coff. glon. laur. **Nux-v.** *Puls.* spong. stram. sulph. tarax.
• **wie** durch: ambr.$_{c1}$
– **Räuspern** agg.: conv.$_{br1}$
– **Reden**
☞ *Sprechen*
– **Regen**:
• **agg.**: phyt.$_{bg1,bg2}$
• **amel.**: cham.$_{bg2,k,*}$
– **Reiben**: alum. calc-p. caust. dios. nit-ac.
• **amel.**: ars.$_{bg2,k}$ bamb-a.$_{stb2}$ canth.$_{bg2,k}$ carb-ac. chinin-ar. dios.$_{bg2}$ form. ham.$_{bg2,k}$ indg. laur.$_{bg2,k}$ ol-an.$_{bg2,k}$ op.$_{bg2,k}$ phos.$_{bg2,k}$ phys.$_{bg2,k}$ plb.$_{bg2}$
– **rheumatisch**: acon. am-m. arn.$_{a1}$ *Ars. Asar.* asc-t. *Aur.* aur-ar.$_{k2}$ *Bell.* benz-ac.$_{hr1,k,*}$ berb. **Bry.**$_{hr1,k}$ cact. *Calc-p. Caps. Carbn-s.* caul.$_{hr1,k}$ *Caust.* cham. chin.$_{hr1,k}$ *Cimic.* colch.$_{k2}$ **Coloc.** cycl. **Dulc.** *Eug.* eup-per.$_{k2}$ graph. *Guaj.* ign. kali-ar. kali-bi. kali-s. *Kalm.* lac-d.$_{k2}$ *Lach.* led. lyc.$_{a1,k}$ mag-m. mag-p.$_{k2}$ mang. **Merc.**$_{hr1,k}$ *Nat-m. Nit-ac.* nux-v. petr. *Phos.*$_{k,k2}$ *Phyt.* plat. podo. *Puls.*$_{hr1,k}$ *Ran-b.* rhod.$_{k2}$ **Rhus-r. Rhus-t.** *Sang.* **Sep.** *Sil.* spig. stict. stram. sulph. thuj.$_{k2}$ *Verat.* wies.$_{a1}$
• **Wärme**:
• **amel.**: ars.$_{k2}$

– **Rindfleisch**:
• **nach**: *Staph.*$_{bg2}$
– **Rollen** des Kopfes von einer Seite auf die andere amel.: *Agar.* cina$_{h,k2}$ kali-i. med. ph-ac.
– **Ruhe** agg.
☞ *Bewegung - amel.*
– **Runzeln** der Stirn
☞ *Stirnrunzeln*
– **Säfteverlust**: ars. *Calc. Carb-v. Chin.*$_{k,k2}$ cina cocc. con. ferr.$_{bro1}$ ferr-py.$_{bro1}$ kali-c. lach. merc. *Nat-m. Nux-v. Ph-ac.* phos. *Puls. Sep. Sil. Staph. Sulph.* verat.
☞ *sexuellen*
– **Säuren**, durch: *Ant-c.*$_{hr1}$ bell.$_{bg2,k}$ morph. *Sel.*
– **Scharlach**, nach: am-c. bell. *Bry.* carb-v. cham. dulc. hell. hep. lach. *Merc.* rhus-t.
– **Schauder**, mit: mag-s.$_{c1}$
– **Schlaf**:
• **im**: agn. androc.$_{srj1}$ arg-n.$_{bg2}$ ars.$_{bg2,k}$ camph.$_{bg2,k}$ cham.$_{bg2,k}$ colch. dig.$_{bg2,k}$ ferr.$_{bg2,k}$ graph. hyos. led.$_{bg2,k}$ mag-c.$_{bg2,k}$ nat-s.$_{bg2}$ nit-ac.$_{bg2}$ petr.$_{bg2,k}$ psor.$_{bg1,bg2}$ ptel.$_{bg1,bg2}$ ther.$_{bg2}$ thuj.
• **amel.**: acon. bad. glon. hell. hydrog.$_{srj2}$ ign. pall. sep. sil.
• **morgens**, im zweiten Schlaf agg.: ham.
• **nach**: aesc. aeth. *Agar.* ail. alum. alum-p.$_{k2}$ alum-sil.$_{k2}$ ambr.$_{bg2,k}$ *Anac. Ant-t.* arg-n. arn. ars. ars-s-f.$_{k2}$ *Aur.* aur-ar.$_{k2}$ aur-s.$_{k2}$ bad. bar-c. bar-s.$_{k2}$ *Bell. Bov. Bry.* cadm-s. calad. *Calc.* calc-s. calc-sil.$_{k2}$ carb-an. *Carb-v.* **Carbn-s.** caust. cham. chin. chinin-s. chion. cic. cimic. cina cinnb.$_{a1,k}$ clem. coc-c.$_{k2}$ *Cocc.* coff.$_{bg2,k}$ *Con.*$_{a1,k}$ croc. crot-c.$_{c1}$ crot-h. dig. dros. erig. eup-per. euphr. gels. *Graph.* ham. hell. hep.$_{bg2,k}$ ign.$_{bg2,k}$ ip. kali-ar. *Kali-bi. Kali-c.* kali-n. kali-p. kali-s. kali-sil.$_{k2}$ **Lach.** lact. luna$_{kg1}$ *Lyc. Mag-c.* mag-m. meny. merc. mill. morph.$_{a1,k}$ *Naja* nat-ar. nat-c. **Nat-m.** nat-p. nat-s. *Nicc.*$_{bg2}$ nit-ac. nux-m. *Nux-v.* op.$_{a1,k}$ ox-ac. pall. par. peti. petr. ph-ac. *Phos.* plb. psor. ptel. puls. raph. rheum rhus-r. rhus-t. rumx. ruta sabad. scut.$_{c1}$ sel. sep.$_{h,k,*}$ *Sil.* squil. staph. stram. sul-ac. *Sulph. Tarent. Thuj.*
☞ *geweckt / weckt*
• **amel.**: anac.$_{a1}$ bad.$_{c1}$ bell.$_{a1,k}$ camph.$_{a1,k}$ chel. chin-b.$_{c1}$ colch. epiph.$_{bg2}$ ferr. *Gels.* gink-b.$_{sbd1}$ *Glon.*$_{a1,k}$ graph. ham.$_{a1,k}$ hyos. ign.$_{bg2}$ kali-n. lac-c. laur.$_{bg2,k,*}$ macro.$_{a1}$ nat-m.$_{bro1,k2}$ onos.$_{bg2}$ *Pall.* **Phos.**$_{bg2,k,*}$ pic-ac. puls. *Sang.*$_{bg2,k}$ scut.$_{bro1}$ *Sep.* sil.$_{bro1}$ thuj.$_{bg2,h,*}$
• **guten** Schlaf; durch einen: epiph.$_{c1}$ *Phos.*$_{k,kl2}$● *Sep.*$_{k,kl2}$●
• **ruheloser** Schlaf: crot-c.$_{a1,k}$ stram.$_{a1,k}$
• **Einschlafen**:
• **beim**:
• **amel.**: anac. ang. nit-ac.
• **vor** dem: agar. nux-m.
• **geweckt** wird; wenn er aus dem Schlaf: *Arn. Cocc.* phos.
☞ *nach*
• **Mittagsschlaf**:
• **nach** ●: bamb-a.$_{stb2}$ bov. calad. calc-p.$_{vh}$ calc-s. carb-v. chel.$_{h}$ coff. glon.$_{k2}$ ign. merc-i-f. merc-i-r.$_{st}$ nux-m. rhus-t. sep. sulph.
• **amel.**: kali-n. pall.
• **Schlafmangel**, bei: gink-b.$_{sbd1}$
• **Nachtwachen**, durch: ambr. bry. carb-v. **Cocc.** colch. *Nux-v. Puls.* sulph.
• **spätes** Schlafengehen, durch: ant-c. arg-met. *Carb-v.* cimic.$_{bro1}$ *Cocc.* coff. colch. *Laur. Nux-v.* rhus-t. sulph.
• **verhindert**: chinin-ar.$_{k2}$ sulph.$_{k2}$
• **weckt** ihn; der Kopfschmerz: ars.$_{bg1,bg2}$
☞ *nach*
– **Schläge**, durch
☞ *Verletzungen*
– **Schließen** der Augen:
• **amel.**: *Acon.* agar. aloe ant-c.$_{bro1}$ ant-t.$_{bro1}$ *Bell.*$_{bg2,k,*}$ *Bry. Calc. Chel.*$_{a1,k}$ coff. con. hell. hyos. *Ign.*$_{k,st}$ iod. ip.$_{bg2,k}$ nat-m. *Nux-v.*$_{k,st}$ oxeod.$_{a1}$ plan. plat. rhus-t. *Sep.* **Sil.** *Spig.*$_{bg2,k}$ *Sulph.* til.$_{a1}$ zinc.
• **beim**: **All-c.** aloe alumn. ant-t. apis ars. bry.$_{bg2}$ *Chin.* clem.$_{a1}$ cocc.$_{bg2}$ ferr. ferr-p. grat. hep. ip. lac-c. lac-d.$_{c1}$ lach. nux-v.$_{bg2,k}$ op. ph-ac. sabin.$_{bg2,k}$ *Sil. Ther.*$_{bg2,k}$ thuj.
– **schließen**; muß die Augen: *Agar.* aloe arn. bamb-a.$_{stb2}$ *Bell.* caesal-b.$_{bnj1}$ calc. *Carb-v.* chinin-s. euph. mez. nat-m. podo.$_{c1}$ *Sil.*
– **Schlucken**, beim: gels.$_{bg2,k}$ kali-c.$_{bg2,k}$ mag-c.$_{bg2,k}$ thuj.$_{bg2}$
– **Schmerzen**; zusammen mit anderen
☞ *begleitet von*
– **Schneuzen** der Nase:
• **agg.**: alum.$_{h}$ ambr. aster. **Aur.** *Bell.* calc. *Chel.* euphr.$_{h}$ ferr. **Hep.** mur-ac. nit-ac. **Puls. Sulph.**
• **amel.**: chel.$_{ptk1}$
– **Schnupfen**:
• **vor**: stict.$_{ptk1}$
• **beginnendem** Schnupfen; wie bei: sep.$_{h,k1}$ sil.$_{h,k1}$
• **mit**: **Acon.**$_{bg2,k}$ *Aesc. Agar.* **All-c.** alum.$_{h,k1}$ anan. ant-c. *Arg-n.* arn. *Ars.*$_{bg2,k}$ ars-i. *Aur.* bad. bamb-a.$_{stb2}$ **Bell.**$_{bg2,k}$ bov. brom.$_{k2}$ **Bry.**$_{bg2,k}$ *Calc.* calc-i.$_{k2}$ calc-sil.$_{k2}$ carb-v.$_{bg2,k}$ caust. cham.$_{bg2,k}$ *Chin.*$_{bg2,k}$ *Chinin-ar.* **Chlor.**$_{a1,k}$ cic. cimic.$_{hr1,k,*}$ cina coff. coloc. con. cor-r.$_{a1,k}$ croc. dios. dulc. euphr. *Ferr.* ferr-ar. ferr-i. ferr-p. *Gels.* graph. hell. hep.$_{bg2,k}$ hyos. ign.$_{bg2,k}$ *Iod.* jac-c. jac-g. kali-ar. *Kali-bi.* kali-br.$_{bg2}$ *Kali-c. Kali-i.* kali-p. kali-s. kali-sil.$_{k2}$ kalm. *Lach.*$_{bg2,k}$ **Lyc.**$_{bg2,k}$ mag-m. **Merc.**$_{bg2,k}$ *Merc-i-r.* naja nat-ar. nat-c. nit-ac. **Nux-v.**$_{bg2,k}$ petr. *Phos.* phyt. psil.$_{ft1}$ psor. *Puls.*$_{bg2,k}$ rhod. rhus-t. rumx. sabad. samb. *Sang.* senec. seneg. *Sep.*$_{a1,k}$ *Sil. Spig.* stann.$_{h,k1}$ stict.$_{bg2}$ *Sulph.*$_{bg2,k}$ *Thuj.*$_{bg2,k}$ tub.$_{c1,xxb}$ verat.
• **Stockschnupfen**, mit: croc. *Sep.*
• **unterdrückten** Schnupfen, durch: *Acon.* am-c. ars. bell.$_{bro1,k}$ bry. *Calc.* carb-v. cham. chin. cina dulc.$_{vh}$ kali-bi.$_{bro1,k}$ kali-c. lach.$_{bro1,k}$ lyc. *Nux-v.* puls. sep. sil.
• **wie** durch: nit-ac.$_{h,k1}$ phos.$_{h,k1}$ sulph.$_{h,k1}$

– **Schreck**, nach: **Acon.** *Arg-n.* calc. *Chinin-ar.* *Coff.* *Cupr.* hipp.a1,k hyos. **Ign.** *Nux-v.* *Op.* ph-ac. *Plat.* **Puls.** samb. sil.j5

– **Schreiben**:

• **amel**.: hydrog.srj2 ign.bg2

• **durch**: aran. arg-n. ars. asaf. *Aur.*bg2,k borx. *Calc.*bg2,k calc-sil.k2 carb-an. caust. cimic.hr1 clem. dros.bg2,k *Ferr.* ferr-i. gent-l. glon. ign.bg2,k ip.bg2 *Kali-c.*bg2,k kali-p. lyc.bg2,k *Lyss.* manc. meph. **Nat-m.**bg2,k phos. ran-b.bg2,k raph.bg1,bg2 rhus-r. *Rhus-t.*bg2,k *Sil.*bg2,k

– **Schritte**
☞ *Auftreten*

– **Schütteln** des Kopfes; beim: acon. *Arn.* ars. ars-s-f.k2 asar.bg2 bac.c1 bar-c.bg2,k bar-s.k2 **Bell.**bg2,k borx. *Bry.*bg2,k calad. *Calc.* calc-s. carb-an. *Carb-v.* *Carbn-s.* *Caust.*bg2,k,* chin.bg2,k *Colch.* coloc. con.bg2,k *Cor-r.* corn.a1 *Ferr.* ferr-ar. ferr-i.a1 ferr-p. **Glon.**bg2,k,* *Hep.*bg2,k,* kali-n. kali-s. lact. *Led.* lyc.bg2,k,* mang.bg2,k merc. *Mosch.* *Nat-m.*bg2,k *Nit-ac.*bg2,k *Nux-m.*bg2,k **Nux-v.**bg2,k petr. *Ph-ac.* *Phos.* *Rhus-t.*bg2,k ruta sang. *Sep.*h,k,* sil. sol-ni. *Spig.*bg2,k,* squil.bg2,k stann.bg2,k,* staph.bg2,k stram. sul-ac.bg2,k sulph. tub.t1

• **amel**.: chin.bg2 cina gels.bg2,k hyos.bg2,k lach.bg2 phos.bg1,bg2

– **Schulkindern**; bei ●: acon. bell. *Calc.* **Calc-p.**k,kl2●,* *Lac-c.* *Nat-m.*k,kl2●,* **Ph-ac.**k,kl2●,* pic-ac.bro1,k2 psor.bro1 *Puls.* sabad.k2 tub.a1,br1,* tub-a.bro1 zinc.br1,ptk1 zinc-m.c1

– **Schulkopfschmerzen**
☞ *Schulkindern / Studenten*

– **Schwangerschaft**; während der: *Bell.* bry. calc. caps. caust. *Cham.* cocc. ferr.k2 gels.c1,kr1 hyos. lac-d.k2 nux-m. plat. *Puls.* rhus-t. *Sep.* sulph.

– **Schweiß**:

• **amel**.: aran.c1 ars.k2 bov.bg2,k bry.k2 carbn-s. chinin-ar. clem. graph. hep.bg2 iod.bg2 mag-m. *Nat-m.* nat-s. nux-v. psor. spong. *Sulph.*a1,k tarent.a1,k thuj.

• **während**: arn. ars. bell.h,k1 eup-per. nat-m. rhus-t. thuj.

• **nach**: calc. *Chin.* merc. nux-v.k2 puls. *Sep.* staph. sulph.

• **mit**: ant-c. apis arg-met. arn. ars. bamb-a.stb2 *Bry.* canth. caust. chinin-s. glon. hyos. kali-n. lachn. lyc. mag-s. nat-s. op. ox-ac. plat. puls. sil.k2 tarent.

• **unterdrückten**, durch: *Ars.* asc-c.bro1,c1 *Bell.* bry. *Calc.* **Carb-v.** *Cham.* *Chin.* lyc. merc.k,k2 *Nux-v.* phos. *Puls.* rhus-t. sep. *Sulph.*

• **vorangehenden** Kopfschmerzen, mit: asc-c.c1 ferr. lyc.h,k1

– **Schwindel**:

• **während**
☞ ❑ *Schwindel - Begleitet von - Kopf - Schmerz*

• **nach**: *Calc.*bg2,k kali-bi.bg1,bg2 phos.bg1,bg2 plat.bg1,h,* plb.bg1,bg2 ran-b.bg1,bg2 sep.bg1,h,* til.bg1,bg2

– **Sehen**; durch beeinträchtigtes, gestörtes: *Mag-p.*hr1,k

– **sexuelle** Erregung
☞ *sexuelles Verlangen*

– **sexuellen** Exzessen; nach: **Agar.** arn. *Bov.* **Calc.** carb-v. *Chin.* con. *Kali-c.* kali-sil.k2 lach. merc. *Nat-c.* nat-m. nat-p. *Nux-v.* ph-ac. phos. pip-m. *Puls.* **Sep.** **Sil.** spig. *Staph.* *Sulph.* *Thuj.*
☞ *Masturbation / Pollutionen / Säfteverlust*

– **sexuelles** Verlangen:

• **mit**
☞ *begleitet von - sexuelles Verlangen*

• **nach**: plat.k2

• **Unterdrückung** des: *Con.* *Puls.*

– **Singen**, durch: alum.bg2,k ptel.bg2,k,*

– **Sitzen**: *Agar.* alum. alum-p.k2 alum-sil.k2 am-m. ang. aral. arn.bg2,k ars.bg2,k asaf.bg2,k asar.bg2,k bell.k2 bism.bg2,k borx. bry.bg2,k bufo *Calc.*bg2,k canth.bg2,k carb-an.bg2,k carb-v.bg2 *Caust.*bg2,k cham.bg2,k *Chin.*bg2,k cic.bg2,k coff.bg2,k con.bg2,k cycl.bg2,k dros.bg2,k euph. ferr.bg2,k ferr-ar. ferr-p. gent-c. grat.bg2,k guaj. indg. lac-d. lach.bg2,k led.bg2,k lyc. mag-c. mang.bg2 meny.bg2,k merc. merc-i-r. mez. *Mosch.* mur-ac. nat-ar. *Nat-c.* *Phos.* plat. puls. ran-b. rat. rhod.bg2,k rhus-t.bg2,k ruta sabad.bg2,k seneg.bg2,k sil.a1,k spig.bg2 spong.bg2,k squil.bg2,k *Staph.*bg2,k *Sul-ac.*bg2,k sulph. tarax. verat. zing.

• **amel**.: alum-sil.k2 ant-t. arn. ars. asar. *Bell.* calad. calc. cic. cocc. coff. *Con.* ferr.a1 gels. glon. *Guaj.* hipp. ign. kali-ar. kali-c. *Kreos.* lam. lith-c. mag-c. mag-m. mang. merc. nat-m. nux-v. phos. rhus-t. sep. sulph. verat.

– **Sommer**, im: *Ant-c.* bar-c. bar-s.k2 **Bell.** *Bry.* **Carb-v.** **Glon.** graph. lyc. **Nat-c.** *Nat-m.* *Nat-s.* **Puls.** sulph. thuj.

– **Sonne**; durch Aufenthalt in der: *Acon.*bg2,k act-sp. aegle-f.bnj1 *Agar.* aloe alum.dgt androc.srj1 **Ant-c.**bg2,k *Arum-t.* *Bar-c.*bg2,k bar-s.k2 **Bell.**bg2,k,* brom. bruc. **Bry.**bg2,k cact.bg2,c2 cadm-s. *Calc.*a1,k calc-ox.gm1 calc-s. *Camph.*bg2,k cann-i.a1,k *Carb-v.* castn-v. *Chin.*bg2,k chinin-s. cinak2 *Cocc.* euphr.bg2,k ferr-p.bg2,bro1 *Gels.*bg2,k,* genist. **Glon.**bg2,k,* *Hell.*bg2 hipp. hyos.bg2,k ign.bg2,k kali-bi.bro1,c2 kalm.c2,k2 **Lach.**bg2,k,* manc.bg2,k mand.sp1 med.bg2 meli.bg2 nat-ar. **Nat-c.**bg2,k *Nat-m.* *Nux-v.*bg2,k **Puls.**bg2,k sang.bro1 *Sel.*bg2,k,* spig.bro1 *Stram.*bg2,k,* sul-i.k2 *Sulph.* syph. *Ther.*hr1,k valer.bg2,k verat-v.bg1,bg2 zinc.bg2,k zinc-p.k2

• **amel**.: graph.bg2,k stront-c.

– **Sonne**; kommt und geht mit der
☞ *morgens - kommt*

– **Sonne**; steigt und sinkt mit der
☞ *morgens - steigt und*

– **spinal**
☞ *Wirbelsäule*

– **Spinnen** (von Wolle etc.); durch: carb-an.a1,k

– **Spirituosen**
☞ *alkoholische*

– **Sprechen**:

• **amel**.: dulc. eup-per.a1,k ham. hydrog.srj2 lac-d. sil.

• **beim**: *Acon.*bg2,k,* agar. *Aran.* arg-n. *Aur.*bg2,k aur-s.k2 *Bell.* bry.bg2,k cact. *Calc.* calc-i.k2 *Calc-s.*

• **beim**: ...
canth.$_{bg2,k}$ chin.$_{h,k,*}$ cic. *Cocc.*$_{bg2,k}$ coff.$_{bg2,k}$ con.$_{bg2,k}$ dros.$_{bg2,k}$ dulc.$_{bg2,k}$ euphr. fl-ac. *Gels.* glon. hyos.$_{bg2,k}$ *Ign.*$_{bg2,k,*}$ iod.$_{bg2,k}$ jug-r. *Lac-c.* lac-d. led.$_{bg2,k}$ *Mag-m.*$_{bg2,k}$ mang.$_{bg2,hr1}$ meli. merc.$_{bg2,k}$ *Mez.*$_{bg2,k,*}$ **Nat-m.**$_{bg2,k}$ nux-v.$_{bg2,k}$ par.$_{bg2,k}$ ph-ac.$_{bg2,k}$ phos. psor. puls.$_{bg2,k}$ rhus-t.$_{bg2,k}$ sang. sars.$_{bg2,k}$ *Sil.*$_{bg2,k}$ spig.$_{bg2,k,*}$ spong. sul-i.$_{k2}$ **Sulph.**$_{bg2,k}$ syph.$_{xxb}$ ther.$_{k2}$ zinc.$_{bg2,k}$ zinc-p.$_{k2}$

• **anderen**, von: acon.$_{j5}$ aran. ars.$_{j5}$ bar-c.$_{bg2,k}$ bell.$_{j5}$ ign. mag-m. merc.$_{bg2,k}$ ph-ac.$_{k2}$ sep.$_{j5}$ spig.$_{j5}$ syph.$_{xxb}$

• **entfernt**: mur-ac.$_{hr1,k}$

• **laut**: spig.$_{c1}$

– **Stehen**:

• **beim**: agar.$_{bg2,k}$ alum.$_{bg2,k}$ alum-sil.$_{k2}$ arg-met. arn.$_{bg2,k}$ ars.$_{bg2,k}$ calc.$_{bg2,k}$ calc-s. canth.$_{bg2,k}$ chin.$_{bg2,k}$ dig.$_{bg2,k}$ guaj. ip. kali-ar. kali-c. kali-s. *Mag-c.*$_{bg2,k}$ mang.$_{bg2,k}$ *Nat-m.* **Puls.**$_{bg2,k}$ ran-b.$_{bg2,k}$ rheum rhus-t.$_{bg2,k}$ spong. staph.$_{bg2,k}$ sul-ac.$_{bg2}$ *Sulph.* tarax.$_{bg2,k}$ valer.$_{bg2}$ verat.$_{bg2,k}$ zinc.

• **amel**.: calc. calc-sil.$_{k2}$ camph. ran-b. tarax.

• **unmöglich**; ist: gels.$_{k2}$

– **Steigen**:

• **agg**.: conv.$_{br1}$

• **Treppensteigen**, beim: alum. alum-p.$_{k2}$ ant-c. arn. aster. **Bell. Bry.** cadm-s. **Calc.** calc-sil.$_{k2}$ *Carb-v.* carbn-s. cimic. conv.$_{br1}$ crot-h. *Cupr.* ferr. ferr-p. *Gels. Glon.* hydr. ign. *Kalm.* lac-c. *Lach.* lob. *Lyc.* meny. meph. *Mosch.* nat-ar. *Nux-v.* par. *Ph-ac. Phos. Psor.* ptel. *Rhus-t.* sang. *Sep.* **Sil. Spong.** staph. *Sulph. Tab.* thuj. zinc. zinc-p.$_{k2}$

– **steigt**:

• **allmählich** ●: acon. bry. carb-v. caust. con. lact. lob. psil.$_{ft1}$ sars.

• **aufhörend**, plötzlich ●: arg-met. caust. *Ign. Sul-ac.*

• **sinkt**:

• **allmählich** ●: arn. ars. bar-c. bufo crot-h. glon. jab. luna$_{kg1}$ mez. nat-m. op. pic-ac. *Plat.* psor. sabin. sars. sep.$_{bg1,bg2}$ spig. **Stann.** staph. stront-c. sulph. syph.$_{bg1,bg2}$ verb.

• **schnell** ●: *Arg-n.* **Bell.** coca ferr.$_{bg1}$ gink-b.$_{sbd1}$ merc-c. *Spig. Sulph.*

• **plötzlich**: agar. *Arg-n.* aster. *Bell.* berb. camph. cimic. croc. ferr. *Gels.* mez. morph. phys. podo.$_{c1}$ *Sabin. Tab.* valer.

• **sinkt**:

• **allmählich**: asaf. calc. fl-ac. puls. ran-s. sabin.

• **plötzlich**: asaf. aster. *Bell. Cedr.* fl-ac. *Ign.* kali-bi. mag-p. med.$_{c1,k2}$ merc-c. sabal$_{c1}$ *Sulph.*

• **Urinieren**; beim: tab.

– **Stelle**; Schmerz an einer kleinen: alum.$_{h,k1}$ am-m.$_{a1}$ borx.$_{bg2}$ cann-s.$_{bg2}$ carb-v.$_{h,k,*}$ caust.$_{bg2,k}$ colch.$_{bg2,k}$ dulc.$_{bg2,h,*}$ eupi.$_{a1,k}$ ferr-ma.$_{a1,k}$ gink-b.$_{sbd1}$ graph.$_{bg2,k}$ helon.$_{hr1,k}$ hep.$_{bg2,k}$

– **Stelle**; Schmerz an einer kleinen: ...
hydr-ac.$_{a1,k}$ hydrog.$_{srj2}$ ictod.$_{ptk1}$ ign.$_{bg1,bg2}$ *Kali-bi.*$_{bg2,k,*}$ *Kalm.*$_{bg2,k}$ lach.$_{bg2,k,*}$ lact. lith-c. nux-m. ox-ac.$_{a1,k}$ phos.$_{bg2,k}$ plan. psil.$_{ft1}$ psor.$_{bg2,k}$ ran-b.$_{a1}$ ran-s.$_{bg2,k,*}$ rat. sang. sol-ni. spig.$_{bg2,k}$ sul-ac. sulph.$_{bg2,k}$ tell.$_{hr1,k,*}$ thuj.$_{bg2,k,*}$ vinc. zinc.$_{bg2,k}$

▽ **erstreckt** sich zu:

• **alle** Richtungen; in: thea$_{br1}$

– **Stillen**, nach dem: bell. bry. *Calc.* cham. chin. dulc. phos. *Puls. Sep.* sil. staph.

– **Stimulanzien**
☞ *alkoholische*

– **Stirnrunzeln**:

• **agg**.: nat-m.$_{a1,k}$

• **amel**.: calc-caust. caust. phos.$_{bg1,k,*}$ sulph.

• **durch**: ars. mang. nat-m.

– **Streitgespräch**, nach: bry.$_{k2}$ staph.$_{k2}$

– **Streit**, Meinungsverschiedenheiten; durch: bry.$_{k2}$

– **Studenten**, bei: calc-p.$_{c2}$ kali-p.$_{k2}$ mag-p.$_{c2}$ nat-c.$_{c2}$ nat-m.$_{c2}$ ph-ac.$_{c2}$ pic-ac.$_{c2}$ sabal$_{c2}$

– **Stuhlgang**:

• **agg**.: alet.$_{bg1}$ ptel.$_{bg1}$

• **vor**: aloe merc. ox-ac. *Puls.*

• **nach**: aloe$_{c1}$ am-c. ambr.$_{a1,k}$ apoc. bell. bufo carb-an. *Carbn-s.* caust. chel. cupr. ign. lach. linu-c.$_{a1}$ lyc. nat-c. ox-ac. petr. phos. podo. sabad.$_{a1,k}$ sep.$_{h,k,*}$ sil. spig. ther. zinc.

• **amel**.: aeth.$_{bg2,k}$ agar.$_{bg2,k}$ aloe apis asaf. borx. corn. cupr. glon.$_{bg1,bg2}$ lachn. ox-ac.$_{bg2,k}$ ptel.$_{a1,k}$ thuj. verat-v.$_{bg2,k,*}$ *Zinc.*$_{bg1,bg2}$

• **Pressen** zum Stuhl; durch: alet.$_{bg1,bg2}$ bamb-a.$_{stb2}$ bell. *Bry.* calc-p. cob. coloc. *Con.* glon. ham. hell. ign. *Ind.* iod. *Lyc.* mang.$_{bg3}$ nat-m. *Nux-v.* ox-ac. phos. psor. ptel.$_{bg2}$ *Puls.* rat. *Sil.* spig. *Sulph.* thuj. vib.

– **Sturz**, nach einem: arn.$_{bg2,k}$ hyper. rhus-t.$_{bg2,k}$

– **Süßigkeiten**, Bonbons; nach: ant-c.$_{br1,k}$

– **synchron** mit dem Puls: bell.$_{j5}$

– **syphilitisch**: ars-i.$_{k2}$ asaf.$_{bg2,k}$ *Aur.*$_{bg2,k}$ aur-ar.$_{c2}$ aur-m.$_{k2}$ fl-ac. hep. iod.$_{bg2}$ kali-bi.$_{k2}$ *Kali-i.*$_{bg2,k}$ led. *Merc.*$_{bg2,k}$ mez.$_{bg2,k}$ *Nit-ac.*$_{bg2,k}$ phyt. sars.$_{bg2}$ still.$_{bg2,c2}$ sul-ac.$_{k2}$ sulph.$_{bg2}$ *Syph.*$_{bg2,k,*}$ **Thuj.**

– **Tabakrauchen**:

• **amel**.: am-c.$_{a1,k}$ *Aran.*$_{a1,k}$ calc-p.$_{a1,k}$ *Carb-ac.*$_{a1,k}$ glon.$_{a1}$ *Hyper.*$_{c1}$ naja

• **durch**: acet-ac. acon.$_{bg2,k}$ alum. ant-c.$_{bro1}$ *Ant-t.*$_{bg2,k}$ *Bell.* brom. calad. calc.$_{a1,k}$ carb-ac.$_{bro1}$ caust.$_{bg2,k}$ clem.$_{a1,k}$ coc-c. cocc.$_{bg2,k}$ ferr.$_{a1,k}$ ferr-i. *Gels.*$_{bg2,k}$ glon.$_{a1,k}$ hep.$_{bro1}$ *Ign.*$_{bg2,k}$ *Lob.* mag-c.$_{bg2,k,*}$ mand.$_{sp1}$ **Nat-ar.** nat-m. nux-v.$_{bg2,k}$ op. par.$_{bg2,k,*}$ petr. plan. *Puls.*$_{bg2,k}$ sil. spig.$_{bg2,k}$ thuj.$_{a1,k}$ zinc.

– **Tanzen**, beim: *Arg-n.*$_{bg2,k}$

– **Tee**:

• **amel**.: cimic. cot.$_{c1}$ ferr-p. kali-bi.

• **durch**: chin.$_{bg2,k}$ coff.$_{bg2}$ lach.$_{bg2,k}$ nux-v.$_{bro1}$ paull.$_{bro1}$ sel.$_{bg2,k,*}$ sep. *Thuj.* verat.$_{bg2,k}$

• **grüner** Tee:

• **amel**.: carb-ac.$_{br1,hr1,*}$

• **starker** Tee:
• **amel.**: *Carb-ac.* glon.
– **Temperatur**:
• **Veränderung** der: ran-b.$_{c1}$
– **Träumen**, nach unangenehmen: cob.$_{a1,k}$ sulph.$_{h,kl}$
– **Trinken**:
• **durch**: acon.$_{bg2,k}$ bry. *Cimx.*$_{hr1,k}$ *Cocc.*$_{bg2,k}$ crot-c. crot-t. kali-bi.$_{k2}$ lyc. merc. sep. sulph.$_{k2}$
• **Milch**; nach Trinken von: brom. lac-d. phys.
• **schnellem** Trinken, nach: nat-m.
– **Tuch** um den Hals agg.: arg-n. *Bell.* crot-c. *Glon.* *Lach.* sep.
– **Übelkeit**; mit
☞ *begleitet von - Übelkeit*
– **Überanstrengen** der Augen; durch
☞ *Anstrengung - Augen*
– **Übereinanderlegen** der Glieder agg.: bell.$_{bg1,bg2}$
– **Überessen**; nach
☞ *Essen - nach - Überessen*
– **Überhitzung**
☞ *Erhitzung*
– **unterdrückte** Absonderungen
☞ *Absonderungen - unterdrückt*
– **unterdrückte** Hautausschläge
☞ *Hautausschläge*
– **unterdrücktem** Husten; nach
☞ *Husten - unterdrücktem*
– **Urämie**, bei: cann-i.$_{br1}$ phos.$_{k2}$
– **Urinieren**:
• **vor** dem Urinieren, wenn dem Harndrang nicht nachgegeben wird: fl-ac. sep.
• **beim**: acon. coloc. nux-v.$_{bg1,bg2}$ *Tab.*$_{a1,k}$
• **nach**: caust.$_{bg2,k}$
• **amel.**: agar.$_{bg2,bg3}$ fl-ac.$_{bg2,k}$
• **reichliches**:
• **amel.**: *Acon.*$_{bg2,k}$ agar.$_{bg1,bg2}$ ferr-p. **Gels.**$_{bg2,k,*}$ *Ign.*$_{bg2,k}$ *Kalm.*$_{bg2,k}$ lac-d.$_{a1}$ lyc.$_{bg2}$ *Meli.*$_{bg2,k}$ mosch.$_{bg2}$ ph-ac.$_{bro1}$ sang.$_{bg2,k}$ sel.$_{bg2}$ *Sil.*$_{bg2,k}$ ter.$_{bg2,k}$ verat.
• **mit**: acon.$_{bg3}$
• **Unfähigkeit** zu: con.$_{k2}$
– **Urin**, mit spärlichem
☞ *begleitet von - Urin*
– **Uterus**; reflektorische Erkrankung des: aloe$_{bro1}$ bell.$_{bro1}$ *Cimic.*$_{bro1}$ gels.$_{bro1}$ ign.$_{bro1}$ puls.$_{bro1}$ *Sep.*$_{bro1}$ zinc-p.$_{bro1}$
– **Verletzungen**, nach mechanischen: *Arn.* *Bell.* calc. *Calc-s.* *Chel.*$_{pd}$ *Cic.* con. dulc. *Glon.*$_{vh,vh/dg}$ *Hep.* *Hyper.* lach. merc. *Nat-m.* **Nat-s.** nit-ac. petr. *Phos.* puls. *Rhus-t.* *Staph.* sul-ac. sulph.
– **Verlust** von Flüssigkeit
☞ *Säfteverlust*
– **verschließen**, zuziehen; als würde etwas die: *Cocc.* sulph.
– **Verwirrung**; mit: agar.$_{h}$ androc.$_{srj1}$ *Aur.* bry.$_{k2}$ calc.$_{k2}$ glon. nat-ar. nat-c.$_{a1}$ petr. stram. tarax.$_{h}$
• **Gedanken** zu sammeln; unfähig, seine ●: carb-v. chin. crot-h. cycl. kreos. *Mang.* mez. nit-ac. phos.$_{h}$ rhus-t. sars. sil. stann. sulph.

– **Verwirrung**; mit: ..
• **Verstand** verlieren oder verrückt werden; als würde er den ●: *Acon.* agar. chin. stram. tarent. verat.
– **wach** bleiben will; wenn er: phys.$_{a1,k}$
– **Wagen**
☞ *Fahren - Wagen*
– **wahnsinnig** machender Schmerz: *Acon.*$_{bg2,k}$ ambr. arg-n.$_{bg2}$ arn.$_{bg2}$ *Ars.*$_{bg2,k}$ aur.$_{bg2,k2}$ bamb-a.$_{stb2}$ **Bell.**$_{bg2,k}$ bry. cact. cadm-met.$_{gm1}$ *Calc.*$_{bg2,k}$ carl.$_{a1}$ *Cham.*$_{bg2,bg3}$ *Chin.* coloc.$_{bg2,bg3}$ crot-t.$_{bg2}$ cupr.$_{bg3}$ **Gels.** glon.$_{bg2}$ ign. ind. iod.$_{bg2}$ *Ip.* kalm.$_{bg2}$ *Lyss.* mag-c. med.$_{c1}$ meli.$_{bg3}$ *Nat-m.*$_{bg2,k}$ *Nit-ac.* psor. puls. *Sep.*$_{bg2,bg3}$ *Stram.* syph.$_{k2}$ *Tarent.* verat.$_{bg2}$
▽ **erstreckt** sich zu:
• **Augen**: cadm-met.$_{gm1}$
• **Ohren**: cadm-met.$_{gm1}$
• **Gehirn** gespürt; werden im: plan.
– **wandernde** Schmerzen: alum-sil.$_{k2}$ alumn. am-c. arg-n.$_{bg1,bg2}$ berb.$_{k2}$ calc. carb-v.$_{bg1,bg2}$ chin. colch. kali-bi.$_{a1,k}$ kali-c.$_{k2}$ led.$_{a1,k}$ luna$_{kg1}$ lyc.$_{a1,k}$ mag-p. mang.$_{bg1,bg2}$ med.$_{k2}$ nat-s.$_{a1,k}$ phos.$_{bg1,bg2}$ plan. podo. *Puls.* *Sang.* *Spig.* sulph.$_{bg1,bg2}$ tarent.$_{k2}$
• **Nebel** vor den Augen, gefolgt von flüchtigen Schmerzen:
• **Hinterhauptshöcker**, den Hals und die Schultern herab; am:
• **Liegen** an einem dunklen, stillen Ort und Schlaf amel.: podo.
– **warm**:
• **Anwendungen**, warme:
• **agg.**: chel.$_{k2}$ phos.$_{k2}$
• **amel.**: kali-ar.$_{k2}$ mag-p.$_{k2}$ syph.$_{k2}$
• **Bett**, im warmen: **Bell.**$_{bg2,k}$ *Carb-v.* **Lyc.** *Mez.*
• **Speisen**, warme:
• **agg.**: *Arum-t.* mez. *Phos.* *Puls.* *Sulph.*
• **Umschläge**, warme:
• **agg.**: arum-t.$_{k2}$ sul-i.$_{k2}$
• **Warmwerden**, beim:
• **amel.**: mosch.$_{k2}$
• **Zimmer**, im warmen:
• **agg.**: acon. aeth. **All-c.**$_{a1,k}$ aloe *Alum.* alum-p.$_{k2}$ am-m. ant-c. **Apis** *Arg-n.*$_{hr1}$ *Arn.*$_{bg2,k}$ *Ars.* ars-i. ars-s-f.$_{k2}$ *Arum-t.* asaf. aur-s.$_{k2}$ bar-c.$_{bg2,k}$ bar-i.$_{k2}$ bar-s.$_{k2}$ *Bell.* *Bov.*$_{bg2,k}$ bry. bufo calc. calc-i.$_{k2}$ calc-s.$_{k2}$ cann-i. carb-an.$_{a1}$ **Carb-v.** *Carbn-s.* *Caust.*$_{bg2,k}$ cham. *Chel.* *Cimic.* cob. coc-c. coca coff. colch. com. *Croc.* euph. ferr-i. ham. hydr.$_{a1,k}$ hyos. *Iod.* ip. kali-i. *Kali-n.* **Kali-s.** lact.$_{a1,k}$ laur.$_{bg2,k}$ *Led.* lil-t. *Lyc.* *Lyss.* mag-c. mag-m. *Mang.* merc-i-f.$_{a1}$ mez.$_{a1,k}$ *Mosch.* *Nat-ar.* nat-c. *Nat-m.* nat-p. nicc. ph-ac.$_{bg2,k}$ **Phos.**$_{bg2,k,*}$ pic-ac.$_{k2}$ **Plat.**$_{bg2,k}$ plb. ptel.$_{c1}$ **Puls.** ran-b.$_{k2}$ ran-s. rhod. sang. sanic.$_{c1}$ sel. **Seneg.** sep. sin-a.$_{a1}$ sin-n.$_{a1,k}$ sol-ni. *Spong.*$_{bg2,k,*}$ *Stram.* sul-i.$_{k2}$ *Sulph.* tab. thuj.$_{k2}$ til.$_{a1,k,*}$ *Verat.* verb. *Zinc.* zinc-p.$_{k2}$
• **amel.**: *Am-c.* *Aur.* bell.$_{bg2,k}$ bov.$_{bg2,k}$ bry.$_{bg2,k}$ cham.$_{bg2,k}$ chel.$_{bg2,k}$ **Chin.** cocc.$_{bg2,k}$ *Coff.*$_{bg2,k}$ eup-per. ferr.$_{bg2,k}$ graph.$_{k2}$ hep. kali-c. *Lac-c.* lycpr.$_{c1}$ mag-c.$_{bg2,k}$ **Mang.**$_{bg2,k}$ meny.$_{bg2}$

• **Zimmer**, im warmen - **amel.**: ...
*Merc.*bg2,k nux-m.bg2,k *Nux-v.*bg2,k rhus-t.bg2,k *Sil.* spig.bg2,k staph.bg2,k sul-ac. **Sulph.**bg2,k syph.c1 thuj. valer. zing.
• **Gehen** aus der Kälte in ein warmes Zimmer; beim: caust. chel. laur. mez. nat-m. *Nicc.* *Ran-b.* ran-s. rhus-t. sabad. spong.
– **Wärme**:
• **agg.**: nux-v.k2 thuj.k2
◇ **abwechselnd** mit Kälte: carb-v.bg2 ran-b.bg2 verb.bg2
– **Waschen**:
☞ *Baden*
• **Füße** amel.; der: asc-t.c1 nat-s.
• **Hände**, der:
• **durch**: rhus-r.
• **warmem** Wasser; durch Waschen der Hände in: phos.k2
• **Kopfes**; durch Waschen des: *Am-c.* *Ant-c.* bar-c. bell. bry. *Calc.* calc-s. canth. carb-v. cham. glon. lyc. merc. nit-ac. *Nux-m.* phos. puls. *Rhus-t.* *Sep.* spig. stront-c. *Sulph.*
– **Wasser**; beim Hören von fließendem: *Lyss.*
– **Wein**:
• **amel.**: *Arg-n.*hr1,k calc. coca
• **durch**: ant-c.bg2,k arn. *Ars.* bell. cact. *Calc.*bg2,k calc-sil.k2 *Carb-an.*bg2,k *Carb-v.*bg2,k coff.bg2,k con. **Gels.** glon. ign. kali-chl. kali-m.k2 lach.bg2,k *Led.* lyc. nat-ar. *Nat-c.* nat-m. nux-m.bg2,k *Nux-v.*bg2,k *Ox-ac.*bg2,k petr. puls.bg2 *Ran-b.*bg2,k *Rhod.*bg2,k rhus-t.bg2,k sabad. sang.k2 *Sel.*bg2,k,* *Sil.* stront-c. sulph.j5 ter. verat.bg2,k **Zinc.**bg2,k,* zinc-p.k2
• **sauren** Wein; durch: *Ant-c.* ars. ferr. sulph.
– **Weinbrand**, Brandy amel.: sel.c1
– **Weinen**, bei unterdrücktem: *Uva*vh
– **Wetter**:
• **bewölktem** Wetter, bei: bry. *Calc.* *Cham.* *Chin.* *Dulc.* *Mang.* merc. *Nux-m.* **Rhus-t.** *Sep.* sulph.
• **kaltem** Wetter, bei: acon. *Agar.* *Am-c.* *Ars.* *Aur.* aur-ar.k2 *Bell.* **Bry.** *Calc.* calc-p.k2 calc-s. *Camph.* *Caps.* carb-v. *Caust.* cocc. *Colch.* con. **Dulc.** *Hell.* **Hep.** hyos. ign. kali-bi.k2 kali-c. *Kali-i.* lyc. *Merc.* *Mosch.* nat-m. *Nux-m.* **Nux-v.** *Ph-ac.* phos. rhod. **Rhus-t.** *Sabad.* sep. *Spig.* *Stront-c.* *Sulph.* verat.
• **feuchtkaltem** Wetter; bei: *Am-c.* ars. brom. **Bry.** **Calc.** calc-sil.k2 carb-an. *Carb-v.* cimic. colch. **Dulc.** **Glon.** *Lach.* *Lyc.* *Mang.* med.k2 **Merc.** *Mez.* mosch. nat-c. **Nux-m.** **Nux-v.** phyt. **Rhod.** **Rhus-t.** **Sil.** *Spig.* stront-c. **Sulph.** thuj.k2 tub. *Verat.* zing.
• **trockenkaltem** Wetter; bei: acon. *Asar.* bry. *Caust.* **Hep.** *Nux-v.* sabad. *Spong.*
• **stürmisches**, windiges Wetter; durch: asar. *Aur.* aur-ar.k2 aur-s.k2 bry. cham. chin. lach. mur-ac. nat-c.k2 *Nux-m.* nux-v. phos. puls. *Rhod.* *Rhus-t.* *Spig.*
• **warmem** Wetter; bei:
• **beginnt** bei warmem Wetter: glon. **Nat-c.** nat-s.
• **amel.**: calc.

– **Wetter - warmem**: ...
• **nasses**, warmes Wetter agg.: glon.bg1,bg2
• **Wetterwechsel**, durch: am-c.k2 *Ars.* benz-ac.k2 *Bry.* *Calc.* *Calc-p.* *Carb-v.* cimic.k2 dulc.bro1 guaj.bro1 lach. mang.k2 mez. nat-c.k2 *Nux-m.* *Ph-ac.* *Phos.* phyt.bro1 *Psor.* *Ran-b.* *Rhod.* **Rhus-t.** *Sil.* spig.bro1 verb. vip.
– **Wetterveränderung**
☞ *Wetter - Wetterwechsel*
– **Widerspruch**, nach: *Aur.* *Bry.* *Coff.* lyc. mag-c. nat-m. petr. phos. rhus-t. sep.j5
– **Wind**:
• **Aufenthalt** im; durch: acon. bry. cham. chin. ham. mur-ac. nat-s.bg1,bg2 nux-m.k2 nux-v. *Phos.* *Sanic.* *Sep.*
• **kaltem** Wind, in ●: *Acon.* anag.c,c1 androc.srj1 *Aur.* *Bry.* calc-p.k2 **Hep.** *Ign.* *Lac-c.* *Mez.* *Mur-ac.* **Nux-v.** *Psor.* **Rhus-t.** *Sanic.* *Sep.*
• **Fahren** im: *Ars-i.* bry. calc.k2 *Calc-i.* *Carb-v.* glon. *Kali-c.* *Kali-i.* lyc. **Rhus-t.** *Sanic.*
– **Winter**, Kopfschmerzen im: *Aur-m-n.* *Bism.* *Sil.* **Sulph.**
◇ **abwechselnd** mit Diarrhoe im Sommer: podo.c1
– **Wirbelsäule**; durch Erkrankung der: alum.hr1,k1
– **Würmer**; bei Beschwerden durch: *Calc.* chin. *Cina* graph. nux-v. plat. sabad. *Sil.* spig. *Sulph.*
– **Wurm** kriechen würde; als ob ein: alum.h
– **Zähne**:
• **Zusammenbeißen** der Zähne: am-c.bro1
– **Zahnschmerzen**, mit: ail.hr1 *Hecla*hr1 *Ign.*hr1 *Kali-c.*hr1 lac-d.hr1 **Lach.**hr1 lyss.hr1 plan.hr1 *Sang.*hr1 sil.hr1 verat.hr1
– **Zahnung**; während der: *Acon.* bell. calc-p. *Cham.* *Cocc.* coff. hep. hyos. ign. merc. nit-ac. nux-v. rhus-t. sil.
– **Zimmer**, im: hyos.h
• **Eintreten** in ein Zimmer; beim:
• **kalten** Luft; aus der: colch. con. nat-ar.k2 puls.
• **erscheinen** sind amel. im Freien und umgekehrt; Schmerzen, die im Zimmer: mang. ran-b.
• **überfüllten** Zimmer; in einem mit Menschen: *Lyc.* mag-c. **Plat.** plb.
☞ ❑ *Gemüt - Furcht - engen* / ❑ *Gemüt - Furcht - Menschenmenge*
– **Zittern**, mit: arg-n.br1
– **Zorn**, durch: acon. arg-n. *Bry.* castm. *Cham.* coff. coloc. dulc. ferr-p.k2 gink-b.sbd1 haliae-lc.srj5 ign. kali-c. *Lyc.* mag-c. mez. *Nat-m.* *Nux-v.* *Petr.* *Phos.* *Plat.* ran-b. rhus-t. sep. *Staph.*
☞ *Ärger*
– **Zuhören** von Gesprächen und Vorlesen; beim: *Mag-m.*
▽ **erstreckt** sich zu:
• **alle** Richtungen ausstrahlend; von einer kleinen Stelle in
☞ *Stelle - erstreckt sich - alle*
• **Augen**: *Arg-n.* asaf. brom. *Calc.* carb-v.bg3 caust. *Chin.*bg3 cimic.bg3 croc. *Crot-h.* ign. *Kali-c.* kali-s. *Lach.* lith-c.bg3 *Lyss.* mag-m. mang.bg3

- **Augen**: ...
  merc. nat-c.$_{bg3}$ nat-m. nicc. **Nit-ac.** ph-ac.$_{bg3}$ **Phos.**$_{bg3}$ **Puls.** rhus-t. *Seneg.* sil.$_{bg1,bg2}$ *Spig.* **Sulph.** *Valer.*$_{bg}$ *Zinc.*$_{bg3}$
  - **linkes** Auge: ign.$_{hr1}$
- **Brust**: con. nat-m.
- **Ellbogen**: kali-n.$_{bg1,bg2}$
- **Epigastrium**: thuj.$_{bg1,bg2}$
- **Fingerspitzen**: camph.
- **Gehirnbasis**: ambr. cina laur. mang. phos. senn. xan.$_{c1}$
- **Gesicht**: am-m. anac. ant-t. aran. arg-met. *Bry.* graph. guaj. indg. lyc. mag-m. nat-m. phos. puls. rhus-t. sars. seneg. sil. spig. tarent. thuj.
- **Glieder**, durch die: acet-ac.
- **Hals**; zum äußeren
  ☞ *Zervikalregion*
- **Hals**; zum inneren: anac. merc. psor.$_{bg1,bg2}$ tarent.
- **Herz**: thuj.$_{bg1,bg2}$
- **Hinterkopf**: bell.$_{bg2,k}$ bry.$_{bg2}$ calc. calc-sil.$_{k2}$ carb-v. cench.$_{k2}$ cham.$_{bg2}$ chel. chlor.$_{bg2}$ glon. helon. lil-t.$_{bg2}$ nat-c. nat-m.$_{bg2}$ op. phos.$_{bg1,bg2}$ pic-ac.$_{bg2}$ pip-m. **Prun.** puls. *Sep.* sulph.$_{bg2}$ **Thuj.**$_{bg2,k}$ til.
  - **linke** Seite: calc-act.
  - **rechte** Seite: phos. **Prun.**
- **Jochbein**: *Hyper.* kali-chl.$_{bg1}$
- **Kiefer**: *Arg-n.* bell. calc-p. kali-chl. mez. phos.$_{bg1,bg2}$ spig.
- **Kinn**: hyper.$_{bg1,bg2}$
- **linke** Seite: camph. cann-s. *Spig.* staph.
- **Nase**: agar. ant-t. ars. bism. borx. calc.$_{bg1,bg2}$ chel.$_{bg2}$ cimic.$_{bg1,bg2}$ colch. coloc.$_{bg2}$ *Glon.* guaj. **Lach.** lachn.$_{bg1,bg2}$ lyc. lyss. mez.$_{bg2}$ nat-c. nux-v. parth.$_{gm1}$ ph-ac.$_{bg1,bg2}$ phos.$_{bg2,k}$ sep.$_{bg2}$
  - **Nasenspitze**: dig.$_{c1}$
  - **Nasenwurzel**: agar. *Bism.* hydrog.$_{srj2}$ kali-c. kali-n. *Lach.* nux-v.$_{h}$
- **Ohren**: agar. calc-ar.$_{kr1}$ choc.$_{srj3}$ cist.$_{k2}$ lach. merc. nux-v. puls. rhus-t.
  - **rechts**: ars-s-f.$_{k2}$
- **rechte** Seite: anac. asaf. castm. eupi. hell.
- **Rücken**: aloe anac. bell. calc. caust. dig. kali-n. lyc. mag-c. mosch. nat-m. nit-ac. petr. phos. podo.$_{c1}$ prun. *Puls.* rhod. rhus-t. samb. sep. sil. spig. spong. stann. stront-c. sul-ac. thuj.
- **Scheitel**: glon. par. sep. spig. staph.
- **Schläfen**: asar.
- **Schulter**: glon. graph. podo.$_{c1}$
- **Schulterblatt**: puls.
  - **rechts**: chel.$_{bg1,bg2}$
- **Stirn**: aloe bar-c. **Bell.** borx. *Bry.* carb-v. chin. cupr. dios. ferr. gran. kali-c. kali-s. lact. olnd. ph-ac. prun. stann. staph. sulph. til. viol-t.
- **um** den Kopf herum: calc-s.
- **Wange**: hep. *Hyper.* indg. rhus-t.
- **Wangenknochen**, oberer: nux-v.$_{h}$
- **Wirbelsäule** nach unten; die: *Cocc.* dirc.$_{c1}$ nux-v.$_{bg1,bg2}$ *Syph.*$_{bg1,bg2}$
- **Zähne**: **Chin.** crot-h. cupr.$_{bg1,bg2}$ ferr.$_{br1}$ graph. ign. kalm. kreos. lach. lyc. lycps-v. lyss.

▽ **erstreckt** sich zu - **Zähne**: ...
mag-c.$_{bg1,bg2}$ merc. mez. psor.$_{bg1,bg2}$ puls. rhus-t.$_{h}$ sep. sil. staph.
  - **Zahnwurzeln**: ip.$_{hr1}$
- **Zervikalregion**: anac. bar-c. berb. *Bry.* calc-sil.$_{k2}$ chel. chin. cimic.$_{bg3,k2}$ cocc.$_{bg1,bg2}$ gels.$_{k2}$ gink-b.$_{sbd1}$ guaj. jac-g. kali-c. kali-n. kalm.$_{bg1,bg2}$ *Lach.* lil-t.$_{bg1,bg2}$ lyc. merc. mosch. nat-m. nux-m. *Nux-v.*$_{bg3}$ onos.$_{bg1,bg2}$ phel.$_{bg1,bg2}$ sabin. viol-o.$_{bg2}$ viol-t.$_{bg1}$ ziz.$_{bg1}$
- **Zunge**: *Ip.*

○ **Arterien**:
- **pulsieren** schmerzhaft: caust.$_{h}$

– **Augen**:
- **Beschwerden** der; mit: euphr.$_{k2}$
- **herausfallen** würden; als ob die Augen: sep.$_{h}$
- **herausgedrückt** würden; als ob die Augen: rhus-t.$_{h}$

– **Gehirn**; schmerzhaftes Drücken tief im: *Acon.* aloe alum. alum-p.$_{k2}$ am-c. anac. ant-c.$_{c1}$ arg-met. arg-n. *Ars.*$_{k,k2}$ ars-s-f.$_{k2}$ asaf. asar. aur. bar-c. bell. bov. calc. calc-sil.$_{k2}$ camph. canth. carb-v. caust. cham. *Chin.* chinin-ar.$_{k2}$ *Chinin-s.* cina coc-c. *Coloc.* con. corn. croc. daph. dros. *Dulc.* glon. graph. guaj.$_{k2}$ hydrog.$_{srj2}$ hyos. ign. kali-n. lach. laur. lyc. mag-c. mang. *Med.* merc. *Mosch.* mur-ac. nat-m. *Nit-ac.* nux-v. olnd. petr. *Ph-ac.* phos. phys. prun. *Psor.* ran-b. rhod. ruta sabad. sars. sil. *Spig.* stann. *Staph.* sul-ac. sulph. ther. thuj. tub.$_{bg1,bg2,*}$ zinc.
- **links**: hydrog.$_{srj2}$
- **morgens**: kali-bi. lach. ruta spig. tub.$_{c1}$
  - **Aufstehen**, nach dem: ruta staph.
- **vormittags**: fl-ac. indg. ran-b.
- **nachmittags**: bar-c. hell. iris lact. mag-s. merc-i-f. uran-met.
- **abends**: agn. all-c. dulc.$_{a1}$ nat-m. par. phos. ran-b. zinc.
- **Aufrichten** vom Bücken; beim: laur.
- **Berührung**, durch: all-c. arg-met. bry. chin. cinnb. grat. kali-bi. lact. laur. mag-s. merc. merc-i-f. mez. mur-ac. nat-m. par. sabin. sars. staph. sulph. viol-t.
  - **amel.**: sars.
- **Bewegung**, bei:
  - **agg.**: iod.$_{h}$
  - **Oberlider**, der: *Coloc.*
- **Därmen**; mit Schmerz in den: cypr.$_{hr1}$
- **Denken**, beim: daph.
- **Erwachen**, beim: *Chin.* mang. phys.
- **Essen**:
  - **nach**: canth. ign. ran-b.
  - **amel.**: lach.$_{bg1}$
- **Gehen**, beim: gran.
- **Körperübungen**, bei: merc.
- **Liegen**, beim: ther.
- **Schütteln** des Kopfes; beim: *Caust. Spig.*
- **wandernd**: am-c. chin.
- **Zahnung**; während der: cypr.$_{hr1}$

▽ **erstreckt** sich durch die Stirn: hydrog.$_{srj2}$ viol-t.

– Haar

☞ *Haar - schmerzhaft*

– Hinterkopf: *Acon.*$_{bg2,k,*}$ *Aesc.* *Aeth.*$_{a1,k}$ *Agar.*$_{bg2,k,*}$ ail.$_{a1,k}$ all-c.$_{a1,k2}$ *All-s.*$_{a1,k}$ aloe alum.$_{bg2,k,*}$ alum-p.$_{k2}$ alum-sil.$_{k2}$ alumn.$_{a1,k}$ *Am-c.*$_{bg2,k}$ am-m.$_{bg2,k,*}$ *Ambr.*$_{bg2,k,*}$ ammc. *Anac.* androc.$_{srj1}$ ang.$_{bg2}$ ant-t.$_{bg2,k}$ **Apis** apoc-a.$_{a1}$ *Arg-met.* *Arg-n.* **Arn.**$_{bg2,k}$ *Ars.*$_{bg2,k,*}$ *Ars-i.* arund.$_{a1,k}$ asaf.$_{bg2,k,*}$ asar.$_{bg2,k,*}$ aster.$_{a1}$ aur.$_{bg2,k}$ aur-m-n. aur-s.$_{k2}$ aven.$_{br1,bro1}$ bamb-a.$_{stb2}$ bapt.$_{bg2,k,*}$ bar-c.$_{bg2,k}$ bar-i.$_{k2}$ bar-m. bar-s.$_{k2}$ **Bell.**$_{bg2,k,*}$ *Benz-ac.*$_{hr1,k}$ berb. bism.$_{bg2,k}$ borx. bov.$_{bg2,k,*}$ *Brom.* **Bry.**$_{bg2,k,*}$ cact.$_{a1,k}$ calad. *Calc.*$_{bg2,k,*}$ calc-i.$_{k2}$ *Calc-p.* calc-s. calc-sil.$_{k2}$ calen.$_{a1}$ calo.$_{a1}$ camph.$_{bg2,k}$ cann-i.$_{a1,k}$ cann-s. canth.$_{bg2,k}$ caps.$_{bg2,k}$ *Carb-ac.*$_{hr1,k,*}$ *Carb-an.*$_{bg2,k,*}$ **Carb-v.**$_{bg2,k,*}$ **Carbn-s.** carc.$_{zzh}$ card-b.$_{a1}$ card-m. **Caust.**$_{bg2,k}$ cedr.$_{a1,k}$ cench.$_{k2}$ cent.$_{a1}$ cere-b.$_{a1}$ cham. *Chel.*$_{bg2,k,*}$ **Chin.**$_{bg2,k,*}$ *Chinin-ar.* chinin-s. chlol.$_{a1}$ choc.$_{srj3}$ *Cic.*$_{bg2,k}$ **Cimic.**$_{bg2,k,*}$ *Cinnb.*$_{a1,k}$ clem. cob.$_{a1,k}$ coc-c.$_{a1,k}$ coca **Cocc.**$_{bg2,k,*}$ coff.$_{bg2}$ *Colch.*$_{bg2,k,*}$ coloc. colocin.$_{a1}$ con.$_{bg2,k,*}$ conv. *Cop.*$_{a1,k}$ corn.$_{a1,k}$ cot.$_{a1}$ crat.$_{br1}$ croc.$_{bg2,k}$ *Crot-c.* *Crot-h.*$_{a1,k}$ crot-t.$_{a1,k}$ cupr.$_{bg2}$ cupr-ar.$_{a1,k}$ cur.$_{a1}$ cycl.$_{bg2,k,*}$ daph.$_{a1,k}$ dig.$_{bg2,k,*}$ digin.$_{a1}$ dios.$_{a1,k}$ dros.$_{bg2}$ *Dulc.*$_{bg2,k,*}$ *Echi.* *Elaps* eran.$_{br1}$ ery-a.$_{a1}$ *Eup-per.*$_{bg2,k}$ euph.$_{bg2,k,*}$ euphr.$_{bg2}$ fago.$_{a1}$ ferr.$_{bg2,k}$ ferr-ar. ferr-i. ferr-p.$_{a1,k}$ **Fl-ac.** form. gal-ac.$_{br1}$ **Gels.**$_{bg2,k,*}$ gink-b.$_{sbd1}$ gins.$_{bro1}$ **Glon.**$_{a1,k}$ gnaph.$_{a1,k}$ *Graph.*$_{bg2,k,*}$ grat. guaj.$_{bg2,k}$ ham.$_{a1,k}$ *Hell.*$_{bg2,k,*}$ *Helon.*$_{hr1,k,*}$ hep.$_{bg2,k}$ hera.$_{a1}$ hura hydr. hydr-ac.$_{a1,k}$ *Hydrog.*$_{srj2}$ hyos.$_{a1,k}$ *Hyper.* *Ign.*$_{bg2,k,*}$ ind.$_{a1,k}$ indg. *Iod.*$_{bg2,k,*}$ *Ip.*$_{bg2,k}$ *Iris* jab.$_{a1}$ jatr-c. **Jug-c.** kali-ar. *Kali-bi.*$_{bg2,k,*}$ *Kali-br.*$_{a1,k}$ *Kali-c.*$_{bg2,k,*}$ *Kali-chl.*$_{a1,k}$ kali-cy.$_{a1}$ *Kali-i.* kali-m.$_{k2}$ *Kali-n.*$_{bg2,k,*}$ kali-p. *Kali-s.* kali-sil.$_{k2}$ kalm.$_{a1}$ kiss.$_{a1}$ *Kreos.*$_{bg2,k}$ lac-ac.$_{a1,k}$ **Lac-c.** lac-d.$_{k2}$ *Lach.* lachn.$_{a1,k}$ lact.$_{a1,k}$ lat-m.$_{br1}$ laur.$_{bg2,k,*}$ *Lec.* led.$_{bg2,k}$ lepi.$_{a1}$ *Lil-t.*$_{a1,k}$ lith-c. lob.$_{a1,k}$ lob-c.$_{a1}$ luna$_{kg1}$ *Lyc.*$_{bg2,k,*}$ *Lycps-v.* lyss.$_{a1,k}$ mag-c.$_{bg2,k}$ *Mag-m.*$_{bg2,k}$ mag-s.$_{a1,k}$ manc. mang.$_{bg2,k,*}$ *Med.* meny.$_{bg2}$ meph. merc.$_{bg2,k,*}$ merc-i-f.$_{a1,k}$ *Merc-i-r.* *Mez.*$_{bg2,k,*}$ mill.$_{a1,k}$ *Morph.*$_{a1,k}$ *Mosch.*$_{bg2,k,*}$ *Mur-ac.*$_{bg2,k,*}$ murx.$_{a1,k}$ myric.$_{a1,k}$ nabal.$_{a1}$ *Naja* *Nat-ar.* *Nat-c.*$_{bg2,k,*}$ nat-m.$_{bg2,k}$ *Nat-p.* *Nat-s.*$_{a1,k}$ nicc.$_{a1,k}$ *Nit-ac.*$_{bg2,k,*}$ nux-m.$_{bg2,k}$ **Nux-v.**$_{bg2,k,*}$ ol-j. olnd.$_{bg2}$ **Onos.** *Op.*$_{bg2,k,*}$ oreo.$_{c1,c2}$ osm.$_{a1,k}$ ox-ac. paeon.$_{a1,k}$ pall. par.$_{bg2,k}$ **Petr.**$_{bg2,k,*}$ **Ph-ac.**$_{bg2,k,*}$ *Phos.*$_{bg2,k,*}$ phys.$_{a1,k}$ *Phyt.*$_{bg2,k,*}$ **Pic-ac.**$_{bg2,k,*}$ pimp.$_{a1}$ pip-m. plan.$_{a1,k}$ plat.$_{bg2,k}$ plat-m.$_{a1}$ *Plb.*$_{bg2,k,*}$ podo.$_{k2}$ prun.$_{a1,k}$ psor. ptel.$_{a1,k}$ *Puls.*$_{bg2,k,*}$ *Pyrog.* ran-b.$_{bg2,k}$ ran-s.$_{bg2,k,*}$ raph.$_{a1,k}$ rhod.$_{bg2,k}$ *Rhus-r.* *Rhus-t.*$_{bg2,k,*}$ rumx. sabad.$_{bg2,k}$ *Sabin.*$_{bg2,k,*}$ samb.$_{bg2}$ sang.$_{bg2,k}$ sanic. sarr.$_{a1}$ *Sars.*$_{bg2,k}$ sec.$_{bg2,k,*}$ *Seneg.*$_{bg2,k,*}$ **Sep.**$_{bg2,k,*}$ **Sil.**$_{bg2,k,*}$ *Spig.*$_{bg2,k,*}$ spira.$_{a1}$ *Spong.*$_{bg2,k,*}$ squil.$_{bg2,k}$ stann.$_{bg2,k,*}$ *Staph.*$_{bg2,k,*}$ stram.$_{a1,k}$ stront-c. *Stry.*$_{a1,k}$ sul-ac.$_{bg2,k}$ *Sulph.*$_{bg2,k,*}$ sumb.$_{a1}$ syph.$_{k2}$ *Tab.*$_{a1,k}$ tarax.$_{bg2,k}$ *Tarent.*$_{a1,k}$ tep.$_{a1}$ teucr.$_{bg2,k}$ *Thuj.*$_{bg2,k,*}$ til.$_{a1,k}$ trom.$_{a1,k}$ urt-u.$_{a1,k}$ valer.$_{bg2,k}$ vario.$_{br1,c2}$ verat.$_{bg2,k,*}$ *Verat-v.*$_{a1,k}$ verb.$_{bg2,k,*}$ viol-t.$_{bg2}$ xan.$_{a1,k}$ *Zinc.*$_{bg2,k}$ zinc-m.$_{a1,k}$ zinc-p.$_{k2}$ zing.

– Hinterkopf: ...

- **links**: androc.$_{srj1}$
- **rechts**:
  - **nach** links: dig. mez. staph.
- **tagsüber**: aster.$_{a1}$ carb-v. ign. mag-c. petr. ph-ac. plan.$_{a1,k}$ seneg.$_{a1,k}$ stry.$_{a1,k}$
- **morgens**: agar. *All-s.*$_{a1,k}$ arum-t. bov.$_{a1,k}$ *Bry.* cedr. chinin-s. cob.$_{a1,k}$ colch. cop. dios.$_{a1,k}$ euph. fago.$_{a1}$ gels. *Helon.* *Jug-c.*$_{a1,k}$ junc-e. **Lac-c.** *Lach.* lob. lyc. mag-c. mag-s.$_{a1,k}$ morph. *Nat-m.* nit-ac. nux-m. *Nux-v.*$_{a1,k}$ op. petr. *Ph-ac.* puls. *Ran-b.* raph.$_{a1,k}$ rhod.$_{a1,k}$ rhus-r. rhus-t.$_{a1,k}$ sabin. sanic. *Sep.* *Sil.* spig. sulph.$_{a1,k}$
  - **14** h, bis: clem.
  - **15** h, bis: cob.
  - **17** h, bis: rhus-t.
  - **Aufstehen**:
    - **amel.**: jug-c. kali-p. spig.
    - **beim**: cimic. cinnb. dirc.$_{c1}$ gels. kali-bi. mag-m. merc-i-f. *Nux-v.*
  - **Bett**, im: agar. eupi. *Jug-c.*$_{a1,k}$ *Nux-v.* *Ph-ac.* sep.
    - **Liegen** auf dem Rücken, beim: *All-s.*$_{a1,k}$ *Bry.* sep.
  - **Erwachen**, beim: arg-met. arn. *Bry.* con. fl-ac. grat.$_{a1,k}$ hell. kali-bi.$_{a1,k}$ **Lac-c.** *Lach.* mill. *Morph.* *Nat-m.* op. ox-ac. *Petr.* *Ph-ac.* pyrog.$_{k2}$ rhus-t.$_{a1,k}$ sanic. *Sulph.*$_{a1,k}$ uran-met.
    - **mittags** amel.: *Bry.*
  - **Zimmer** amel.; im: bov.
- **vormittags**: agar.$_{a1,k}$ all-c. alum. *Bry.* chel.$_{a1,k}$ *Chin.* *Cob.* cop. dios.$_{a1,k}$ gels. indg. lact. lyc. nat-c. op. phys.$_{a1,k}$ phyt.$_{a1,k}$ psor. rhus-t. *Sep.* spong. sulph.$_{a1,k}$
  - **11** h: bamb-a.$_{stb2}$ gels.
  - **geistiger** Anstrengung, nach: rhus-t.
  - **Schütteln** des Kopfes; beim: cann-i.
  - **Sitzen**, im: rhod.
- **mittags**: cob.$_{a1,k}$ murx.$_{a1,k}$ nat-c. sulph.$_{a1,k}$
- **nachmittags**: aeth. agar. ang. bov. canth. castm. chel.$_{a1,k}$ chinin-s. cimic.$_{hr1,k}$ clem. coca dios.$_{a1,k}$ dirc. fago.$_{a1,k}$ gent-l.$_{a1}$ hydr. ind. iod. iris kali-n. mang. ol-an. osm.$_{a1,k}$ ph-ac. phos. rhus-r. rhus-t. rumx. sapin.$_{a1}$ sars. sep. spong.$_{a1}$ sul-i.$_{k2}$ sulph. trom.$_{a1}$
  - **13** h: ptel.
  - **15 - 18** h: phos.
  - **16** h: gels.
- **abends**: all-c. alum. ambr. bar-c. bell. bov. brom. canth. carb-an. carbn-s. chinin-s. cimic.$_{hr1,k}$ colch. dios.$_{a1,k}$ form. gels.$_{a1,k}$ graph. hyper. indg. jab. kali-br. kali-chl. kali-n. lob. lyc. mag-c. mez. mur-ac. nit-ac. ol-an. op.$_{a1,k}$ ptel.$_{a1,k}$ ran-b. ran-s. raph.$_{a1}$ rhus-r. seneg. sep. stann. staph. stront-c. sulph.$_{a1,k}$ thuj.$_{a1,k}$ uran-met. zinc.
  - **amel.**: coca sep.
  - **Bett**, im: dulc.$_{a1,k}$ kali-n. sarr.$_{a1,k}$
  - **Gas** angezündet war; wenn das: zinc.$_{hr1,k}$
- **nachts**: androc.$_{srj1}$ benz-ac.$_{k2}$ borx. carb-v.$_{a1,k}$ carbn-s. cedr.$_{a1,k}$ *Chel.*$_{a1,k}$ clem. hipp. kali-n. *Kali-p.* lyc. *Mez.* osm. sep. stront-c. *Sulph.*$_{a1,k}$ *Thuj.*

- **nachts**: ...
  - **Mitternacht**: sep.a1,k
    - **1** h: bry. rhus-t.
    - **2** h: sulph.
    - **3** h: chinin-s.
    - **3** - 4 h: bamb-a.stb2 spig.
    - **nach**: ars.k2
- ◆ **abwechselnd** mit:
  - **Gelenken**; Schmerzen in den: sulph.
  - **Sakrum**; Schmerzen im: alum. carb-v. *Nit-ac.*
  - **Schläfen**; Schmerzen in den: zinc.
  - **Stirn**; Schmerz in der: mosch. ptel.bg1
- ◆ **begleitet** von:
  - **Auge**; Schmerz im: **Nux-v.**
    ☞ *begleitet von - Auge*
- **Anfächeln** amel.: *Carb-v.*
- **anfallsweise**: *Aesc. Bell.* chen-v. cimic.a1,k *Gels.* **Lach.** *Stram.*
- **Anstrengung** der Augen; bei: lac-c.k2 mur-ac.k2
- **Anstrengung**, nach: ars.k2 *Gels.* nit-ac.a1,k *Ox-ac.*
- **Ärger**; Verdruß; nach
  ☞ *Kränkung - nach*
- **Aufstehen**:
  - **amel.**: chin. eup-per. grat.a1,k jug-c.a1,k kali-p. puls.
  - **nach**: fago.a1 gels. lyss. mur-ac.
  - **Bett** agg.; vom: *Mur-ac.*
- **Augen** zusammen, zieht die: nat-m.
- **Bandagieren** des Kopfes; beim: calc.a1,k gels.
  - **amel.**: plb.
- **Berührung**:
  - **agg.**: cupr. gels. *Kali-n.* mang.h nat-c.h2 *Nit-ac.* op.
  - **amel.**: mang.
  - **Haare** agg.; der: *Carb-v. Kali-n. Nit-ac.*
- **Beugen** des Kopfes nach hinten; beim: *Anac.* bapt.bg1,bg2 *Carb-v.* colch. ip. osm.a1,k staph. tarent.a1,k
  - **amel.**: aeth. bar-c. cact. chin. fago.a1,k murx. raph.a1,k *Rhus-t.*a1,k spig.a1,k
- **Bewegung**, bei: am-c. aur. *Bell.* bism. *Bry.*a1,k calc. *Carb-v.* chin. chinin-ar. chlol.a1 coc-c. cupr. elaps eup-per. *Ferr.* fl-ac.k2 *Gels.*a1,k glon. *Hell. Hyper.*a1,k iod.a1,k *Ip.*a1,k kali-c. kali-n. lac-ac. lac-c. *Lach.* lyc. mag-p. manc. mang. med.k2 *Mez.*a1,k mosch. nit-ac. *Nux-v. Ox-ac.* petr. ph-ac. *Sel. Sep.* spig.a1,k spong. staph. *Stram.* thuj.
  - **amel.**: *Agar.* carl. euph. pip-m. *Rhus-t.* stann.
  - **Augen**, der: lac-c.k2
    - **Lider**: bry. *Carb-v.*
  - **Kopfes**, des: cact. *Carb-v.* colch.a1 dirc.c1 *Gels.* glon.a1 ip.h nabal.a1 petr. staph. *Stram.* thuj.a1
- **Blicken** auf helle Gegenstände; beim: plb. *Stram.*
- **Blindheit**, mit: *Petr.*
- **Bücken**; beim: acon.a1,k aesc. aloe alum. alum-p.k2 ant-t. *Calc.* camph. carb-ac. *Carb-v.* chin. cob. colch. con. cupr. elaps fago.a1,k *Ferr.*
- **Bücken**; beim: ... *Gels.*a1,k *Hell.* helon.hr1,k kali-c. *Kali-n.* lyc. mag-s. mang. nit-ac. nux-m. ph-ac. *Phos.* prun.a1,k rhus-r. *Spig.* staph. sulph.a1,k
  - **amel.**: ign. ol-an. verat.
  - **wechselt** zur Stirn beim Bücken: carb-an.
- **Demütigung**
  ☞ *Kränkung*
- **Denken** agg.: ign.a1,k nit-ac.a1,k
- **Drehen**, beim:
  - **Augen**, der:
    - **agg.**: sep.
    - **oben**, nach: **Lac-c.**
  - **Kopfes**, des: *Carb-v.* mang. *Op.* spong.a1
- **Druck**:
  - **agg.**: am-c. calc. camph. dios. hydrog.srj2 ph-ac. sulph.a1,k
  - **amel.**: aeth.br1 *Bry.* calc. *Carb-v. Castm.* colch. dios. gels. grat. hydr. hydrog.srj2 hyos. kali-n. lunakg1 mag-c. *Mag-m. Mag-p.* mang.a1,k *Nux-m.* **Nux-v.** *Plb.* sabin. sep. spig. tarent. *Zinc.*
  - **Hutes** agg.; des: **Carb-v.** *Kali-n.* lob. *Nit-ac.* petr. sil. spig.h
- **Dunkelheit**:
  - **agg.**: carb-an. *Carb-v.* lac-c. onos.
  - **amel.**: mag-p. *Sep. Stram.*
- **Eiterung**, wie durch: borx.h mang.
- **Erhitzung**, durch: ars.k2 *Carb-v.* ip. kali-c. lac-c. *Stram.*
- **Erschütterung** agg.: anac. **Bell.** *Bry. Calc. Carb-v.* ferr-p. *Gels.* **Glon.** *Ip.* kali-n. **Led.** *Mag-m.* mag-s. **Nit-ac.** staph. *Stram.* ther.
- **Essen**, nach dem: agar.a1,k alum. canth. carb-v. dios.a1,k gels. *Kali-bi.* kali-p.c1 mill. nat-m. ol-an. pip-m.
- **Fahren** agg.: petr. phyt.a1,k
- **Fieber**; während: **Nux-v.** trom.a1 *Verat-v.*
- **Freien**, im: bov.a1,k cob.a1,k hydr-ac.a1,k iod. lob. nux-m.
  - **amel.**: all-c. alum. *Apis* carb-an. chlol.a1 *Cimic.*hr1,k,* glon. hydr. *Kali-c.* mag-m. mag-s.a1,k mosch. pic-ac. sep.
- **Fremdkörper**; wie durch einen: arg-met.
- **Frost**; während: eup-per.k2 petr.
- **Frühstück**, nach dem: aster.a1,k gels.a1,k
- **Gähnen**:
  - **agg.**: cocc.st
  - **amel.**: staph.
- **Gehen**: asar. bell. *Bry. Calc. Carb-v. Chin.* con. *Glon. Graph.*a1,k *Ip.* kali-br. kali-c. **Led.** mur-ac. nit-ac. phys.a1,k *Spig.*a1,k staph. *Stram.* sulph. tarax.
  - **Freien**, im: bov. *Calc. Caust.* cina ferr-p. mang. spig. staph. zinc.
    - **amel.**: cimic. mang. rhus-t. *Seneg.* sulph. tab.
    - **langsames** Gehen amel.: plb.
  - **muß** gehen: gels.k2
- **geistiger** Arbeit, bei: anac. aster. calc. *Carb-ac.*hr1,k carb-an. *Carb-v. Cimic. Coc-c. Colch. Elaps Gels.* ign. kali-n. lob. *Nat-c.* nat-s. nit-ac. *Par. Pic-ac.* psor. rhus-r. rhus-t.

- **geistiger** Arbeit, bei: ...
  - **amel.**: cact. calc.
- **Gemütsbewegungen**, durch: ars.$_{k2}$ benz-ac. petr.
- **Geräusche** agg.: anac.$_{h}$ *Bry.* calc. *Carb-v.* cimic. *Gels.* ign. ip. *Nit-ac.* *Ph-ac.* plb. spig.$_{k,k2}$ *Stram.*
- **Haare**; Lösen der
  ☞ *Lösen*
- **hämmernd**: act-sp. camph. ferr-p. nat-m. psor. stram.$_{bg2}$
- **Harndrang** nicht nachgekommen wird; wenn dem: sep.
- **heftig**: podo.$_{k2}$
- **heiße** Anwendungen amel.: *Gels.* *Ign.*
- **Herzschlag**, bei jedem: macro.$_{c1}$
- **Hitze**:
  - **agg.**: *Euph.* *Gels.* ip. *Phos.* *Puls.*
  - **während**: graph.$_{h}$ lyc.$_{h}$
  - **Ofenhitze**, bei: *Carb-v.* puls.
- **Hochbinden** der Haare; beim: alum. bell. *Carb-v.* *Kali-n.* kali-p.$_{k2}$ *Nit-ac.*
  - **amel.**: kali-n.$_{a1,h}$
- **Husten**, beim: alum. aml-ns.$_{bg1}$ anac. carb-an. carb-v. *Coca* coloc. *Ferr.* *Ferr-m.*$_{hr1,k}$ *Ferr-p.* *Glon.* ign.$_{bg1,bg2}$ *Lach.* mag-c. merc. mosch. nat-m. nit-ac. puls.$_{bg1,bg2}$ pyrog. sang. sep. sil. *Sulph.*$_{a1,k}$ tarent.$_{a1,k}$
- **kalt**:
  - **Anwendungen**, kalte:
    - **amel.**: *Acon.* aloe alumn. ant-t. *Ars.* asar. *Bell.* bism. *Bry.* *Calc.* *Calc-p.* *Caust.* cham. chinin-s. cinnb. euph. ferr. *Glon.* ind. iod. *Lac-c.* *Lach.* mag-s. *Mosch.* myric. *Nat-m.* *Phos.* psor. *Puls.* *Seneg.* *Spig.* *Stram.* *Sulph.* zinc.
  - **Luft**, kalte: *Ign.*
    - **amel.**: *Carb-v.* euph. *Lac-c.*
- **Koitus**, nach: agar. bov. calad. calc. chin. graph. kali-c. nat-m. petr. sep. sil. staph.
- **Körperübungen** amel.: cact.
- **Kränkung**:
  - **nach**: petr. ran-b.
- **Kummer**, nach: **Ph-ac.**
- **Lachen** agg.: zinc.
- **Leber**; verbunden mit Beschwerden der: jug-c.$_{bro1}$
- **Lehnen** des Kopfes nach hinten; beim: tarent.$_{a1,k}$
  - **amel.**: spig.$_{a1,k}$
- **Licht** amel.: lac-c.
- **Liegen**, beim: agar. camph. canth. chel. **Chin.** *Eup-per.* euph. *Gels.* ip. lachn. lyss. mag-s. nux-v. *Onos.* *Op.* pip-m. puls. sep. spig. spong. staph.
  - **amel.**: aeth.$_{br1}$ alum. *Graph.* *Hell.* iod. *Kali-s.* nit-ac. ph-ac. spig. tab.
  - **Abdomen** amel.; auf dem: grat.
  - **Hinterkopf**, auf dem: agar. bufo$_{bg2}$ cact. carb-v.$_{bg2}$ *Petr.* *Sep.* sulph.$_{h}$
    - **amel.**: *Kali-p.* ph-ac.
- **Liegen**, beim: ...
  - **Kopf**:
    - **hoch** gelagertem Kopf amel.; mit: *Gels.* *Spig.*
    - **tief** gelagertem Kopf amel.; mit: *Mosch.*
    - **Hinterkopf**; auf dem: agar. bufo$_{bg1}$ cact. carb-v.$_{bg1}$ cocc.$_{br1}$ dulc.$_{a1}$ *Petr.* *Sep.* sulph.$_{h}$
  - **Seite**:
    - **linken** Seite amel.; auf der: ars.
    - **rechten** Seite; auf der: *Carb-v.* petr. staph.
    - **einer** Seite agg.; auf: *Carb-v.*
    - **Kopfes** amel.; auf der Seite des: cact. *Sep.*
- **Lösen** der Haare:
  - **amel.**: kali-n.$_{c1}$
- **Menses**:
  - **vor**: calc. calc-i.$_{k2}$ nat-c. nit-ac.
  - **während**: bamb-a.$_{stb2}$ *Bell.* *Bry.* *Calc.* *Carb-an.* *Carb-v.* ferr-p.$_{k2}$ *Kali-n.* *Lac-c.* mag-c. mag-m.$_{a1,k}$ nit-ac. nux-v. *Phos.*
    - **spärlichem** Ausfluß, mit: alum. *Carb-v.*
    - **zieht** die Augen zusammen: *Carb-v.*$_{a1,k}$
  - **nach**: *Carb-v.*
- **neuralgisch**: aesc.$_{k1}$
- **Niesen**, beim: grat. lach.
- **pulsierend**: act-sp.$_{a1,k}$ agn. alum.$_{a1,k}$ am-c. asar. **Bell.** borx. *Calc.* camph. *Carb-v.*$_{a1,k}$ caust. *Chel.* cimic. con. *Crot-h.* dros. **Eup-per.** *Ferr.* *Gels.* *Glon.* ign. kali-br. *Kali-n.* *Kali-s.* **Lach.** *Led.* lyss. mag-m.$_{a1,k}$ mang. *Nat-m.* nit-ac. *Petr.* *Phos.* psor. puls.$_{a1,k}$ *Sep.* *Stram.*$_{st}$ valer.
- **Reiben** amel.: aeth.$_{c1}$ canth. carb-v. laur. ol-an. ph-ac. tarent.
- **rheumatisch**: bar-c.$_{a1,k}$ mez.$_{a1}$ staph.$_{h}$
- **Schlaf**:
  - **amel.**: nit-ac.$_{a1,k}$
  - **nach**: aesc. aeth. agar. ail. alum. alum-p.$_{k2}$ ambr. *Ars.*$_{a1,k}$ bov. bry. *Calc.* *Carb-v.* caust. *Chel.* chin. chinin-ar. *Cimic.* cinnb. cocc. *Con.* eup-per. *Gels.* *Graph.* hep. *Ip.* *Kali-bi.* *Kali-c.* *Kali-n.* **Lach.** *Lyc.* mag-m.$_{bg2}$ mang.$_{bg2,k}$ merc.$_{bg2}$ morph.$_{bg2}$ nat-c.$_{bg2}$ *Nat-m.*$_{bg2}$ *Nat-s.* nit-ac. nux-m. *Nux-v.* *Op.* ox-ac. *Pall.* petr. ph-ac. *Phos.* prun. ptel. puls. *Rhus-t.* sep. *Sil.*
- **Schließen** der Augen; beim: *Calc.* ip. *Lach.* op. *Stram.*
  - **amel.**: *Hell.* *Sep.*
- **Schlucken** agg.: gels. kali-c. mag-c.$_{bg1,bg2}$
- **Schmerz** im rechten Augen; mit: med.$_{c1}$
- **Schnupfen**, mit: sep.$_{h}$
- **Schreiben**, durch: carb-an. cocc. gels.$_{a1,k}$
- **Schütteln** des Kopfes; beim: apis calc. cann-i. **Carb-v.** con. *Glon.* *Ip.* *Kali-br.* mosch. *Nit-ac.* *Petr.* staph.
  - **amel.**: gels.$_{a1,k}$
- **Schwangerschaft**; während der: gels.$_{psa}$
- **Schweiß** amel.: clem.$_{a1,k}$ sep.$_{k2}$
- **sexuellen** Exzessen, nach: *Calc.* **Chin.** **Phos.**
  - **Neurasthenie**, bei: gels.$_{dp}$
- **Sitzen**:
  - **amel.**: asar. gels. ign. mag-c. mag-m. nux-m. spong.$_{k2}$
  - **beim**: *Agar.* castm. caust. chin. euph. indg.

- **Sitzen - beim**: ...
  Kali-br. *Kali-s.* meny. *Mosch.* ph-ac. ran-b.$_{a1,k}$ rhod. spig. squil.$_{a1,k}$ zinc.
- **Sonnenhitze**, in der: **Acon.** **Bell.** brom. **Bry.** camph. carb-v. *Gels.* **Glon.** *Nat-c.* *Ther.*
- **Stehen**, beim: *Carb-v.* castm. *Hell.* *Ip.* kali-c. kali-n. lac-c. mag-c. mosch. ph-ac. staph. tab.
  - **amel.**: *Chin.* nux-v. plb. tarax.
  - **Position**, in einer: cham.
- **Stuhl**; beim Pressen zum: *Ign.* mang.$_{bg1}$
  - **amel.**: asaf.$_{bg1}$
- **Treppensteigen**, beim: *Bell.* *Carb-v.* carl. ip. mosch. pic-ac. sep.$_{k2}$
- **Urinieren** amel.; reichliches: *Gels.*
- **Verdauungsstörung**, nach: cann-s. *Ip.* petr. ran-b. *Staph.*
- **Verdruß**, nach: alum. ip. petr. *Ran-b.*$_{a1,k}$ staph.
- **wandernd**: nat-s.$_{a1,k}$
- **warm**:
  - **Einhüllen** amel.; warmes: *Gels.* ign. *Nux-v.* **Rhus-t.** **Sil.**$_{a1,k}$
  - **Kleidung** agg.; warme: ip. nit-ac. staph. *Stram.*
  - **Speisen**, durch warme: ip. mez. puls. sulph.
  - **Zimmer**, im warmen: *All-c.* *Apis* bov. *Bry.* carb-v. *Cimic.* *Mag-m.* *Mez.* mosch. *Puls.* *Seneg.*$_{a1,k}$ *Stram.* sulph.$_{a1,k}$
    - **amel.**: bov.
- **weckt** ihn häufig: kali-p.$_{k2}$
- **Wein**:
  - **agg.**: zinc.
  - **amel.**: gels.
- **Wetter**; bei nassem: *Bar-c.* brom. **Calc.** *Calc-p.* **Dulc.** lyss. *Rhus-t.*
- **Zorn**, durch: ip. petr. *Staph.*
- **zusammengeschraubt**, wie: grat. mag-c. merc.

▽ **erstreckt** sich zu:
- **Arme**: asaf.$_{bg1}$
- **Augen**: androc.$_{srj1}$ atro. chin. dios.$_{bg1}$ ery-a. gels. *Glon.* **Lach.** nat-s. *Petr.* pic-ac. sanic. sars. *Sep.* **Spig.** stry. *Verat.* zinc.
  - **linkes** Auge: androc.$_{srj1}$
  - **rechtes** Auge: sang.$_{k2}$
  - **um** die Schläfen herum weiter bis zu den Augen: adon.$_{bro1}$
- **Brust**: graph.
- **Gesicht**: op.$_{k2}$
- **Hals**; zum äußeren: ambr. androc.$_{srj1}$ *Bell.* *Bry.* *Carb-v.* **Cocc.** crat.$_{br1}$ glon. hell. hep. ip.$_{k2}$ kali-c. laur. *Lil-t.* phyt. podo. sulph.
  - **Reizbarkeit**, mit: crat.$_{br1}$
  - **unten**; den Nacken nach: androc.$_{srj1}$ arg-n. bell. berb. *Bry.* cimic. *Cocc.* com. gels.$_{bg1}$ *Graph.* hell. *Hep.* hydr-ac. kali-c. kali-cy.$_{bg1}$ kali-n. laur. lil-t. lob. mang. med.$_{bg1}$ merc. mur-ac. nat-c. nat-s.$_{bg1}$ **Nux-m.** **Nux-v.** pic-ac. podo. ran-b. sabin. sep. sulph. tarent.
- **Hals**; zum inneren: hep.$_{bg1}$ laur.
- **innen**; nach: dirc.$_{c1}$
- **Kiefer**: androc.$_{srj1}$ arg-met.$_{bg1}$ bar-c. kali-chl. nit-ac.

▽ **erstreckt** sich zu - **Kiefer**: ...
- **Unterkiefer**: cham.
- **Kopf**: canth. carb-v. caust. **Chin.** eup-per.$_{k2}$ **Gels.** *Glon.* kalm. mag-p. merc. *Mez.* pic-ac. *Puls.* sabad. sang. *Sil.* **Stram.**
  - **über** den ganzen Kopf: chin. lycpr.$_{c1}$
- **Nase**: acon.$_{bg1}$ corn. lach.$_{bg1}$
- **oben**, nach: all-c. bell.$_{bg1}$ berb. **Calc.** caust. cimic.$_{bg1}$ **Gels.** glon. ol-an. onos.$_{bg1}$ ph-ac. phos.$_{bg1}$ *Puls.* *Sang.* sars. sep. **Sil.** verat-v.$_{bg1}$
- **Ohren**: aesc. bar-c. cann-s. chel. coca$_{bg}$ colch. lil-t.$_{bg1}$ mag-m.$_{bg1}$ plan. plb. puls. stry. thuj.$_{bg1}$
- **Rücken** hinab; den: *Aeth.* androc.$_{srj1}$ cimic. *Cocc.* crot-h. graph. ip.$_{k2}$ lil-t. lyss. nat-m. pic-ac.$_{k,k2}$ podo. sang. sep. *Stry.* thuj.
- **Scheitel**: ambr. bov. *Calc.* cann-i. *Caust.* **Cimic.** dig. *Dulc.* glon. hell. hura lac-ac. lac-c. lyc. mag-m. nat-c. ph-ac.$_{k2}$ phel. rat. sep. **Sil.**
- **Schläfen**: anac. arn. bamb-a.$_{stb2}$ cann-i. coca *Glon.* lycpr.$_{c1}$ plb. sars.$_{bg1}$ seneg. sep.$_{k2}$ *Spig.*
- **Schulterblatt**: hep.$_{bg1}$
- **Schultern**: androc.$_{srj1}$ *Bry.* caust. dios. *Gels.* hep. hydr.$_{bg1}$ *Ip.* kali-c. kali-n. podo.
  - **Liegen** auf dem Rücken; beim: *Bry.*
- **Seiten**:
  - **7** - 11 h: ars-s-f.$_{k2}$
- **Stirn**: ambr. *Arg-n.* aur. bell-p.$_{c1}$ bov. brom. *Calc.* canth.$_{bg1}$ *Carb-v.* *Chel.* chin. choc.$_{srj3}$ clem. con. dios. dirc. ferr. fl-ac. **Gels.** *Glon.* *Kali-bi.* kali-c. **Lac-c.** *Lach.* lappa$_{bg1}$ mang. merc. mez.$_{h}$ mosch. mur-ac. nat-c.$_{a1}$ *Nat-m.* nat-s. ol-j. op. par.$_{bg1}$ *Petr.* *Ph-ac.* plb. ptel. *Rhus-t.* **Sang.** sanic. *Sars.* *Sil.* sulph. tarent. ter.
  - **Wellen**, in: *Sil.*
- **unten**; die Wirbelsäule nach
  ☞ *Hals; zum äußeren / Rücken*
- **vorne**, nach: aeth. ambr. anac. aur. chin. mag-m. mand.$_{sp1}$ mang.$_{bg1}$ merc. *Ph-ac.* rat. sanic. *Sil.* valer.$_{bg1}$
- **Zähne**: zinc.$_{bg1}$
- **Ziliarregion**:
  - **rechts**: arund.$_{br1}$

○ **Hinterhauptshöcker**: bamb-a.$_{stb2}$ **Bry.** *Calc-p.* chin.$_{bg1,bg2}$ colch. dig. glon.$_{bg1,bg2}$ guaj.$_{bg1,bg2}$ mur-ac. nat-c.$_{h2}$ petr.$_{bg1,bg2}$ *Rhus-t.* *Sil.* staph.$_{h}$ uran-met.
- **nachmittags**: bamb-a.$_{stb2}$ chinin-s.
  - **17** h: bamb-a.$_{stb2}$
- **Berührung**, bei: nat-c.$_{h}$
- **Bewegung** agg.: **Bry.**
- **Druck** des Hutes agg.: *Sil.*
- **Gehen** im Wind; beim: mur-ac.
- **Hitze**, durch: *Sil.*
- **Seiten**, abwechselnde: sep.$_{bg1}$

- **Seiten** des Hinterkopfes: aesc.$_{a1,k}$ all-c.$_{a1,k}$ aster.$_{a1,k}$ cann-s.$_{a1,k}$ cham.$_{a1,k}$ *Chel.* colch.$_{a1,k}$ cot.$_{a1}$ elaps **Fl-ac.**$_{bg2,k}$ glon. guaj.$_{a1,k}$ hyos.$_{a1,k}$ ign.$_{a1,k}$ ind.$_{a1,k}$ kali-bi.$_{a1,k}$ kali-n.$_{a1,k}$ led.$_{a1,k}$ mag-c. mag-s.$_{a1,k}$ meph. mez.$_{a1,k}$ myric.$_{a1}$ ol-an.$_{a1,k}$ ph-ac. phys.$_{a1,k}$ ptel.$_{a1,k}$ sep.$_{a1,k}$ serp.$_{a1}$ *Sil.* **Stram.**$_{bg2,k,*}$ sulph.
  - **links**: agar. am-c. am-m.$_{a1}$ androc.$_{srj1}$

• **Seiten** des Hinterkopfes - **links**: ...
arg-n.bg1,bg2 bry.bg1,bg2 cham.a1,k *Chel.* guaj.a1,k led.a1,k nuph.a1,k ol-an.a1,k onos.bg1,bg2 phys.a1,k ptel.a1,k puls.a1,k rhus-t.bg1,bg2,* sep.bg1,bg2 sulph.a1,bg2 thuj.h
 • **rechts**; nach: squil.
 • **Sitzen**, im: *Agar.*
• **rechts**: aesc.a1,k aster.a1,k aur.bg2 cann-s.a1,k carb-v.bg1,bg2 colch.a1,k hep. ign.a1,k ind.a1,k *Iris* kali-bi.a1,k lach.bg2 myric.a1,k sang.bg1,bg2 sep.a1,k serp.a1 sil.bg1,bg2 stram.a1,k
 • **links**; nach: dig. *Mez.* staph.
 • **Auge**; zum linken: iod.
• **tagsüber**: nuph.a1 ph-ac.a1,k
• **morgens**: dios.a1,k puls.a1,k
• **vormittags**: all-c.a1,k dios.a1,k
• **abends**, 20 h: stram.
• **abwechselnde** Seiten: sep.bg1,bg2
• **Berührung**, bei: thuj.h
• **Beugen** nach hinten; beim: colch.a1,k
• **Blut** stocken würde; als ob das: sulph.h
• **Druck** amel.: hyos.a1,k
• **Erwachen**, nach dem: *Sulph.*a1,k
• **Gehen**, beim: aster.a1,k
• **hämmernd**: ign.h
• **Schütteln** des Kopfes; beim: glon.a1,k

– **Hinterkopf** und Scheitel: androc.srj1

– **Hinterkopf** und Stirn: aeth. *Alum.* ambr. anac. aphis arn. asaf. aur. aur-s.k2 bell. bry. calc. camph. cann-i. canth. caps. carb-v. chel. chin. chinin-s. choc.srj3 cimic. cina clem. colch. con. corn. dig. dios. eup-per. ferr. gels. glon. graph. grat. guaj. hydr-ac. hyos. ign. iod. iris kali-bi. kali-c. kali-n. lach. lachn. laur. lyc. mag-c. mag-m. mang. merc. mez. mosch. mur-ac. nat-m. ol-j. onos. op. *Oreo.*c1,c2 petr. ph-ac. prun. ptel.a1,k raph. rhus-t. sabad. sabin. sars. seneg. sep. serp. spig. spong. squil. stry. sul-ac. sulph. tab. thuj.
• **morgens**, beim Erwachen: kali-bi. *Lach.* **Onos.**

– **Knochen**: acon.bg2 agn.bg2 am-c.bg2 ang.bg2 *Ant-c.*bg2,k anthraci.bg2 *Arg-met.* ars.bg2 asaf.bg2,k2 **Aur.**bg2,k bar-c.bg2,k *Bell.*bg2,k bry.bg2,k *Calc.*bg2,k calc-f.bg2 calc-p.bg2 canth.bg2,k carb-v.bg2,k caust.bg2,k cham.bg2,k **Chin.**bg2,k clem.h,hr1,* cocc.bg2,k cupr.bg2,k daph.bg2 fl-ac.bg2 graph.bg2,k guaj.bg2,k **Hep.**bg2,k hydrog.srj2 ign.bg2,k ip.bg2,k kali-bi.bg2 kali-i.bg2 kali-p.bg2 kalm.k2 *Lyc.*bg2,k mang.bg2,k **Merc.**bg2,k *Mez.*bg2,k nat-c. nat-m.bg2 **Nit-ac.**bg2,k nux-v.bg2,k *Ph-ac.*bg2,k *Phos.*bg2,k phyt.k2 puls.bg2,k rhod.bg2,k rhus-t.bg2,k *Ruta* sabad.bg2,k sabin.bg2,k samb.bg2,k **Sep.**bg2,k *Sil.*bg2,k spig.bg2,k staph.bg2,k sulph.bg2,k syph.bro1,k2 tub.dp,k2 verat.bg2,k viol-t.bg2,k zinc.bg2,k

– **Knochennähte**; Schmerz folgt dem Verlauf der: agar.bg2 **Calc-p.**bg1,k,* coloc.h **Fl-ac.**bg2,k glon.bg1,bg2 kali-bi.bg2 spira.a1

– **Scheitel**: acet-ac.a1,k acon.bg2,k,* aeth.a1,k agar.bg2,k,* agn.bg2,k *Alum.*bg2,k alum-sil.k2 *Alumn.*a1,k am-c.bg2,k,* ambr.bg2,k *Anac.*bg2,k *Androc.*srj1 ant-c.bg2,k ant-t.bg2,k,* **Apis** arn.bg2,k,* ars.bg2,k,* ars-i. ars-s-f.k2 arum-t.a1,k asaf.bg2 asar.bg2

– **Scheitel**: ...
*Asc-t.*a1 aur.bg2 aur-m-n. bad. bamb-a.stb2 bar-c.bg2 bell.bg2,k,* *Benz-ac.*hr1,k,* borx. bov.bg2,k **Brom.** bry.bg2,k *Bufo* **Cact.**a1,k cadm-s. calc.bg2,k,* calc-i.k2 *Calc-p.*a1,k calc-s. calc-sil.k2 *Cann-s.*bg2,k,* canth.bg2 caps.bg2 **Carb-an.**bg2,k *Carb-v.*bg2,k,* *Carbn-s.* carl.a1 castm. *Caust.*bg2,k cedr. cench.k2 cent.a1 cham.a1,k *Chel.*bg2,k,* chen-a. *Chin.*bg2,k,* chinin-ar. **Cimic.**bg2,k,* *Cinnb.* cob.a1,k coc-c. coca cocc.bg2,k,* coff.a1,k colch.bg2,k,* coloc.bg2 *Con.*bg2,k conv. *Corn.*a1,k cot.a1,br1 croc.bg2 crot-c.a1,k *Crot-h.* *Cupr.*bg2,k *Cur.* cycl.bg2 daph.a1,k dig.bg2,k,* dios. dirc.a1 dor.a1 dros.a1,k dulc.bg2,k echi. *Elaps* *Eup-per.*a1,k euph.a1,k *Ferr.*bg2,k,* *Ferr-ar.* ferr-i. *Ferr-p.* ferr-pic. *Form.*a1,k *Gels.*a1,k gent-c. glon.a1,k gran.a1,k graph. guaj.bg2 guare.a1 hell.bg2,k,* *Hep.*bg2,k,* hura *Hydr.*a1,k *Hydrog.*srj2 hyos.bg2 *Hyper.* ign.bg2 *Ind.* iod.bg2,k,* ip.bg2 iris kali-bi.a1,k *Kali-c.*bg2 *Kali-n.*a1,bg2 kalm.a1,k kreos.bg2,k lac-ac.a1,k lac-c. lac-d. *Lach.*bg2,k lact.a1,k laur.bg2,k,* led.bg2 *Lil-t.* lith-c. *Lyc.*bg2,k lyss.a1,k mag-c.bg2 mang.bg2 *Meny.*bg2,k *Merc.*bg2,k merc-c.a1,k *Merc-i-f.*a1,k *Merc-i-r.* *Mez.*bg2,k mill.a1 mosch.bg2,k,* mur-ac.bg2,k,* myric.a1 nabal.a1 naja nat-ar. *Nat-c.*bg2,k nat-m.bg2,k nat-p. *Nit-ac.*bg2,k nuph.a1 *Nux-m.*bg2,k,* *Nux-v.*bg2,k ol-j.a1,k olnd.bg2 ox-ac.a1,k pall.a1,k pana.a1 par.bg2,k peti.a1 petr.bg2 *Ph-ac.*bg2,k *Phos.*bg2,k,* phys.a1,k *Phyt.*a1,k pic-ac.a1,k plat.bg2 podo.a1,k ptel.a1,k puls.bg2,k,* *Ran-b.*bg2,k **Ran-s.**bg2,k rheum rhod.bg2,k,* rhus-g.a1 rhus-t.bg2 rumx. sabad.bg2,k sabin.bg2 samb.bg2 sang.a1,k sanic. sarr.a1 sars.bg2 *Sep.* *Sil.*bg2,k sol-ni. sol-t-ae.a1 sphing.a1 *Spig.*bg2,k spira.a1 spong.bg2,k,* squil.bg2,k stann.bg2,k staph.bg2,k still.a1 stram.bg2,k,* stry.a1 sul-ac.bg2 sul-i.a1,k **Sulph.**bg2,k,* syph. tab.a1,k tell.a1,k ter. ther. *Thuj.*bg2,k,* ust. valer.bg2,k,* **Verat.**bg2,k verb.bg2,k,* viol-t.bg2 xan.a1,k *Zinc.*bg2,k,* zinc-p.k2
• **links**: anac.bg1,bg2,*
• **rechts**: hydrog.srj2 prun.bg1,bg2,* spig.kk3
 • **intermittierend**: sphing.kk3
• **tagsüber**: sep. sulph. tab.
• **morgens**: agar.a1,k ambr. aster. bar-c. bov. carb-ac. cinnb.k2 digin.a1 graph. hydr. hyper.a1,k iris lac-c. merc. nat-c.a1,k nat-p. ox-ac. pall. ran-b.a1,k staph. **Sulph.**a1,k thuj.a1,k
 • **5** h: calc.
 • **amel.**: laur.
 • **Aufstehen**, beim: bar-act. caust. cimic. kali-n. nicc. podo. *Sep. Sulph.*
  • **amel.**: carb-v.h cinnb.k2 ol-an.
 • **Bett**, im: carb-v.a1,k hell.
 • **Erwachen**, beim: alum. bamb-a.stb2 bar-act. *Bry.* bufo calc.a1,k carb-an.a1,k caust. cedr. croc. hyper.a1,k *Kali-bi.* nat-p. puls.a1,k *Sulph.*a1,k tab. verat.
• **vormittags**: *Alum.* bamb-a.stb2 bar-c. bov. bry.a1,k calc. fl-ac. gamb. glon. kali-cy.a1,k mag-s. nat-ar. nicc. nux-m.a1,k pic-ac.a1,k rhus-t. sulph.
 • **10** h: hydr. lac-ac.
 • **10.30** h: hydr.st

- **vormittags**: ...
  - **11** h: hydr.
- **mittags**: *Puls-n.* *Sulph.*a1,k thuj.a1,k
- **nachmittags**: alum. alumn. ambr. androc.srj1 ars. bufo calc-s. carb-v. *Cimic.*a1,k crot-h.a1,k graph. helon.a1,k hura hyper. indg. iris-foe. kali-n. lac-ac. lyc.a1,k lyss.a1,k mang. merc-i-r. mur-ac. nat-ar. nit-ac. osm. phel. phos. phys.a1,k sulph. tus-p.a1
  - **15** h: sabalc1
- **abends**: acon.a1,k ambr. apis borx. canth. carb-an. cimic. coc-c.a1 crot-h. cycl. dulc. fago.a1,k form. glon.a1,k *Hep.*a1,k hyper. kali-c. kali-i. lach.a1,k lith-c. lyc. merc. mur-ac. nit-ac. ol-an. petr. *Ran-b.* rhus-t. sep. sil. stann. stront-c. *Sulph.*a1,k thuj.a1,k zinc.
  - **Bett**, im: carb-v. stann.
- **nachts**: acon.a1,k agar.a1,k androc.srj1 aster. carb-an. ferr.a1,k glon.a1,k hipp. iris-foe. kali-n. laur. lyc. mez. mur-ac.h ol-an. rat. sulph.
  - **amel.**: mag-c.
  - **Einschlafen** amel.; beim: phyt.
- **abwechselnden** Tagen, an: hydr.
- **anfallsweise**: bamb-a.stb2 chel.a1,k *Chin.* cimic.a1,k hydr.
- **Aufstehen** vom Sitzen, beim: cob.
- **Berühren** der Haare agg.: *Carb-v.* nit-ac.h
- **Berührung**:
  - **agg.**: bov. caust.h chel. cinnb. kali-bi. mez. peti. phos. sulph.h
  - **Auflegen** der Hand amel.: kali-n.
- **Bewegung**, bei: alum. alumn. aur. *Bell.* calc-p. canth. *Chin.* echi. *Ferr.* glon. ip. iris lach. lob. lyss. mez. *Ox-ac.* ph-ac. phyt. sep. spig. thuj. verat.
  - **Augen**, der: sep.
  - **Kopfes**, des: alum.
- **Bücken**, durch: acon. alum. alumn. am-m. berb. calc. calc-p. coloc. elaps glon. helon. iris kreos. lyc. lyss. meny. nux-m.
  - **amel.**: laur. verat.
- **Druck**:
  - **agg.**: ant-c.h bell. castm. caust.h *Chin.* cina hydrog.srj2 kali-c. kali-n. *Lach.* nat-c. ther.bg2
  - **amel.**: alum. alumn. *Arg-n.* *Cact.* dirc.a1,k eup-per.a1,k ferr. *Meny.* nat-m.bg1,bg2 ph-ac. phys.a1,k stann. *Verat.* zinc.bg1,bg2
- **Einatmen**; beim tiefen: *Anac.*
- **Erschütterung** agg.: bell. cob.
- **Erwachen**, beim: kali-bi.a1,k thuj.a1,k
- **Essen**, nach dem: bad. calc-s. castm. dirc. kali-bi. lyc. mag-c. nat-c. phel. rhus-t. sulph. tab.
- **Fahren** im Wagen, beim: lyc.
- **Freien**, im: ferr. iris sulph.
  - **amel.**: carb-an. cimic. ferr. gamb. glon. ind. kali-n. puls. rat. tarent.
- **Gehen**:
  - **amel.**: peti. sang.
  - **durch**: calc.a1,k carb-an.a1,k cedr.a1,k con. glon. hura peti. phyt.a1,k spong. sulph.
  - **Freien**, im: calc.
    - **amel.**: acon. aster. thuj.
- **Gehen**: ...
  - **schnelles** Gehen agg.: chel.a1,k
  - **Sonne**, in der: bar-c.
- **geistiger** Anstrengung, bei: aster. carb-v. con. *Ferr-pic.* gent-c. nat-m. *Nux-v.*a1,k ph-ac. *Pic-ac.*a1,k ran-b. *Sep.*
- **Geräusche**, durch: *Cact.*a1,k calc. ferr-p. *Ferr-pic.* iod. spig. tub.bg1,bg2
- **hämmernd**: hyper. phos.
- **Hitze**; während: graph.a1,k
- **Husten**, beim: alum. *Anac.*a1,k apis caust. con. cupr. kali-c. sabad. squil. sulph.
- **kalt**:
  - **Anwendungen** amel.; kalte: *Acon.* *Alumn.*
  - **Luft** amel.; kalte: ind.
- **Kälte**, bei: kali-n.h
- **Kauen**: sulph.h
- **Lesen**, beim: carb-v. con.k2 helon.a1,k lyc. lyss.a1,k nat-m.
- **Liegen**:
  - **amel.**: bamb-a.stb2 calc-p. phos. spig.
  - **beim**: calc-p.bg1,bg2 carb-v. chel. glon.bg1,bg2 hipp. manc.ptk1 mur-ac.bg1,bg2 stann.
  - **Rücken**, auf dem:
    - **agg.**: cinnb.k2
  - **Seite**:
    - **linken** Seite, auf der: *Cinnb.*
    - **rechten** Seite, auf der:
      - **amel.**: cinnb.k2
- **Menses**, während: calc.a1,k carb-an. castm. ferr-p. lach. laur. lyc. mag-c. nat-m. nat-s.a1,k nux-v. ol-an. phos. rat. sulph.
- **Mittagessen**, nach dem: con.a1,k dirc.a1 nat-c.h nat-m.a1,k thuj.a1,k
- **Nachdenken**, beim: *Lyss.*
- **Niesen**, beim: apis bar-c. nux-v. sulph.
- **periodisch**: *Sil.*
- **pulsierend**: agar.a1,k alum. apoc.a1 ars.a1,k bell. *Bry.*a1,k canth. carb-an.a1,k corn.a1 *Ferr.* get.a1 *Glon.*a1,k helon.hr1 hyper. inul.a1 jab.a1 kreos.a1,k *Lach.* *Lyc.* lyss. nat-c.a1,k *Nux-v.*a1,k phos.a1,k pic-ac.a1 *Sep.*a1,k *Sil.* *Stram.* sulph. tep.a1 *Verat.*a1,k
- **Reiben** amel.: carb-ac. phos.
- **Schlaf** amel.: calc.
- **Schneuzen** der Nase; beim: sulph.h
- **Schreiben**, durch: gels.a1,k nat-m. ran-b.
- **Sitzen**, im: castm. lyc. peti. phos. verat. viol-t.
  - **amel.**: con. gels.
- **Sprechen**, beim: mez.h
- **Stehen**, im: alum. mang. ran-b. sul-ac.a1,k verat.
- **Stellen**, an kleinen: lil-s.a1 nux-m.a1 nux-v. psor.a1,k sol-ni. spig.a1,k
- **Stimmen** agg.: *Ferr-pic.* *Lyc.*
- **Stuhlgang**, beim: ind. lyc.a1,k
- **Treppensteigen**, beim: ant-c. cimic. ferr. lob. meny.
- **Urinieren**, nach: caust.
- **Wetter**; bei nassem: *Carb-an.*
- **Zimmer**; beim Eintreten in ein: *Ran-b.*

▽ **erstreckt** sich zu:
  - **Augen**: ign. nux-m.

▽ **erstreckt** sich zu - **Augen**: ...
- **über** den Augen: sil.bg1
- **Augenbrauen**: sumb.bg1
- **Gaumen**: nat-m.
- **Gehirn**: am-c.bg1 ox-ac.bg1
- **Gesicht**: sacch.bg1
- **Hals**; zum äußeren: calc-p. *Chel.* dios.bg1 gels.bg1 glon. kalm.
- **Hals**; zum inneren: cham.
- **hinten**, nach: chel. kali-bi. kali-n.
- **Hinterkopf**: aloebg1 calc-p. card-b.bg1 *Chel.* cimic.bg1 gels. indg. kali-bi.bg1 phys.bg1
- **Jochbein**: phos.
- **Kopf**:
  - **Mitte** des Kopfes: bar-c.bg1 bov.bg1 lach.bg1 petr.bg1
  - **Seiten**: hyper.bg1 nit-ac.bg1 pall.bg1
- **Nase**, beim Essen: dulc.
- **oben**, nach: glon.bg1
- **Ohr**: agar. lac-f.c1 phos.
  - **anderen**; von einem Ohr zum: chel.bg1 najabg1 nit-ac.bg1 pall.
- **Schläfen**: arg-met.bg1 carb-v. caust. cham. chel. hell.bg1 hipp. kalm. phos.
- **Schulter**: lyc.
- **Schulterblatt**: lil-t.bg1
- **Stirn**: agar.bg1 caps. *Caust.* cham. *Cocc.* led. mez. nicc. nux-m. sulph.bg1
- **unten**, nach: kali-n.h
- **Wangenknochen**: tarent.
- **Wirbelsäule** nach unten; die: pic-ac.k2

– **Scheitel** und Stirn: acet-ac. acon. all-c. aloe ambr. anac. androc.srj1 ant-c. ant-t. arg-n. bar-c. bell. berb. borx. bry. bufo calc. cann-i. carb-an. castm. caust. cinnb. corn. crot-t. dig. dios. glon. graph. grat. helon.hr1,k,* hura hydr-ac. ign. indg. kali-bi. laur. lyss. mag-c. mang. meny. merc. mez. mosch. mur-ac. myric. naja nat-c. nat-m. nat-p. nux-v. ol-an. ol-j. ox-ac. phel. ptel. puls. rhus-r. *Sep.* sil. sol-ni. stann. valer. zinc.

– **Schläfen**: acon.bg2,k,* act-sp. aesc.a1,k aeth.bg2,k agar.bg2,k,* *Agn.*bg2 ail. *All-c.*a1,k aloe *Alum.*bg2,k alum-p.k2 alum-sil.k2 am-c.bg2 am-m.bg2,h,* ambr.bg2,k **Anac.**bg2,k anan. androc.srj1 ang.a1,bg2 ant-c.bg2 ant-t.bg2 *Apis* apoc.a1,k **Arg-met.** arg-n. *Arn.*bg2,k,* ars.bg2,k,* *Ars-i.*a1,k arum-t.a1,k asaf.bg2 asar.bg2,k,* asim.a1 aspar.a1,k aster.a1,k *Atro.*a1,k aur.bg2,k,* aur-ar.k2 aur-s.k2 *Bad.*a1,k *Bapt.*a1,k bar-c.bg2,k bar-i.k2 bar-m. bar-s.k2 **Bell.**bg2,k,* benz-ac.hr1,k,* berb.a1,k bism.bg2 borx. bov.bg2 brom.a1,k bry.bg2,k,* cact.bg2 calc.bg2,k calc-i.a1,k2 calc-p.a1,k calc-sil.k2 camph.bg2,k,* cann-i.a1,k cann-s.bg2,k,* canth.bg2 caps.bg2,k,* **Carb-ac.**hr1,k carb-an.bg2,k,* carb-v.bg2 carbn-s. carl.a1 caust.bg2,k,* cedr.a1,k cent.a1 *Cham.*bg2,k,* *Chel.*bg2,k **Chin.**bg2,k,* chinin-s. chlol. choc.srj3 cic.a1,k *Cimic.*hr1 cina *Cinnb.*a1,k cit-v.a1 clem.bg2,k,* cob.a1,k coc-c.a1,k *Cocc.*bg2,k coff.bg2,k colch.bg2,k coloc.bg2,k,* colocin.a1 con.bg2,k,* cor-r.a1,k corn. croc.bg2 crot-h.bg2,k,* crot-t.a1,k cupr.bg2,k cupr-ar.a1,k **Cycl.**bg2,k,* *Daph.*a1,k der.a1 dig.bg2 digin.a1 dios.a1,k dirc.a1 dor.a1 dros.bg2,k,* dulc.bg2 echi. elaps elat.a1,k euon.a1 eup-per.a1,k euph.bg2 euphr.bg2,k,* eupi.a1,k *Ferr.* ferr-ar. ferr-i. *Ferr-m.*a1,k ferr-p. *Fl-ac.*a1,k form.a1,k *Gels.*a1,k gent-c. gent-ch.bnj1 gent-l.a1,k gink-b.sbd1 gins.a1 glon.a1,k graph.bg2,k,* guaj.bg2 gymno. ham.bg2,k,* hell.bg2,k,* hep.bg2,k *Hipp.*a1,k hura hydr.a1,k hydr-ac.a1,k hyos.bg2,k,* hyper.a1,k ign.bg2,k,* *Ind.* iod.bg2,k,* *Ip.*bg2,k *Iris Jatr-c. Jug-c. Kali-bi.*bg2,k,* **Kali-c.**bg2,k,* kali-chl.bg2,k,* kali-m.k2 kali-n.bg2 kali-p. kali-s. kali-sil.k2 kalm.bg2,k,* **Kreos.**bg2,k,* **Lac-c.** lac-d. *Lach.*bg2,k,* lachn.a1,k laur.bg2,k,* lec. led.bg2,k,* lepi.a1 lept.a1,k lil-t.bg2 linu-c.a1 lith-c. lob.a1,k **Lyc.**bg2,k,* lycps-v. *Lyss.*a1,k *Mag-c.*bg2,k *Mag-m.*bg2,k manc.a1,k *Mang.*bg2,k med. meli.hr1,k menis.a1 meny.bg2 *Merc.*bg2,k,* merc-c.a1,k merc-i-f.a1,k merl.a1,k *Mez.*bg2,k,* mosch.bg2,k,* mur-ac.bg2,k,* murx. myric.a1,k *Naja* nat-ar. nat-c.bg2,k,* nat-m.bg2,k,* nat-p. nat-s. nit-ac.bg2,k nuph.a1,k **Nux-m.**bg2,k,* *Nux-v.*bg2,k ol-j.a1,k olnd.a1,bg2 onos. *Op.*a1,k orig.a1,c1 osm.a1,k ost.a1 ox-ac.a1,k pall.a1,k pana.a1 **Par.**bg2,k paull.a1 peti.a1 *Petr.*bg2,k,* *Ph-ac.*bg2,k,* phel.bg2 phos.a1,k phys.a1,k phyt.bg2,k,* pic-ac.a1,k plan.a1,k **Plat.**bg2,k *Plb.*bg2,k,* plumbg.a1 podo.bg2,k,* psor.h,k,* ptel.a1,k **Puls.**bg2,k ran-b.bg2,k ran-s.bg2 raph.a1,k rheum rhod.bg2,k,* *Rhus-t.*bg2,k,* rob.a1,k rumx. *Ruta Sabad.*bg2,k,* **Sabin.**bg2,k samb.bg2 *Sang.*bg2,k,* sapin.a1 sars.bg2 sec. sel. seneg.bg2 *Sep.*bg2,k,* sil.bg2,k,* sin-n.a1 sol-ni. spig.bg2,k spira.a1 spong.bg2 squil.bg2 *Stann.*bg2,k staph.bg2,k,* still.a1 stram.bg2,k,* stry.a1,k *Sul-ac.*bg2,k sul-i.k2 sulph.bg2,k sumb.a1,k syph.k2 tab.a1,k **Tarax.**bg2,k,* *Tarent.*a1,k tet.a1 teucr.a1,bg2 **Thuj.**bg2,k,* trom.a1 tus-p.a1 upa.a1 uran-met. valer.bg2 verat.bg2 verat-v.a1,k **Verb.**bg2,k,* vichy-g.a1 viol-t.bg2,k,* vit.br1 xan.a1,k yuc.a1 *Zinc.*bg2,k,* zinc-p.k2 zing.a1
- **abwechselnde** Seiten: hyper. **Lac-c.**
- **links**: aesc.a1,k agar.a1,k *Arn.* asar.a1,k aspar. aur-m. bamb-a.stb2 bar-act. cench.k2 *Cimic.*hr1,k dig. digin.a1 *Kali-chl.* kali-n.h lith-c.bg1,bg2 *Merc.*a1,k mur-ac.a1,k nuph.a1,k nux-m.a1 onos. ox-ac.a1,k rhod.a1,k sang. sil.a1,k *Spig. Staph.*a1,k sumb.a1,k upa.a1 viol-t.a1,k
  - **nach** rechts: aur-m. calc. hipp. merc-i-f. ol-j. ptel. sulph.
  - ◇ **abwechselnd** mit Schmerz im rechten Knie: meli.
  - **periodisch**: spig.
  - **pulsierend**: spig.
- **rechts**: aloe androc.srj1 apis ars.a1,k ars-i.a1,k bamb-a.stb2 bell.a1,k cact.hr1,k *Caust.*a1,k *Chel. Coloc.*a1,k dros. ferr-ar. *Ferr-m.*hr1,k,* *Gels. Jug-c.* lyc.bg1,bg2 meli. mosch.a1,k *Nat-ar. Nux-v.* pall.a1,k psil.ft1 puls. rhus-t.a1,k rob.a1 sabalc1 sang.k2 sphing.kk3 spig.kk3 spira.a1 *Tarax.*a1,k thuj.a1,k trom.a1,k verat-v.a1 verb.a1,k ziz.a1,k
  - **nach** links: glon. lil-t. pall. plat. ptel. sep.
  - ◇ **abwechselnd** mit Schmerz:
    - **Knie**; im rechten: meli.
    - **Vorderkopf** und Hinterkopf; zwischen: ptel.c1

- **rechts**: ...
  - **Liegen** darauf, beim: stann.
- **tagsüber**: ars. calc. corn.$_{a1}$ hell. hep. hydr. jatr-c. kali-n. lyss.$_{a1,k}$ mez. phys.$_{a1}$ stann.
- **morgens**: all-c. am-c. apis bar-c. cact. camph. carbn-s. clem. cob.$_{a1,k}$ coloc. cop. cund. dios.$_{a1,k}$ dirc.$_{a1,k}$ equis-h. *Gels.* graph. ham.$_{a1,k}$ ign. jac-c. jac-g. kali-n. lil-t.$_{a1,k}$ lith-c. lyss.$_{a1,k}$ myric.$_{a1}$ nat-ar. nat-p.$_{a1,k}$ phos. podo. psor.$_{a1,k}$ rhus-r. rhus-t.$_{a1,k}$ rumx. sang.$_{a1,k}$ sep.$_{a1,k}$ sulph. tarent.$_{a1,k}$ thuj.$_{a1,k}$
  - **amel.**: mag-s.
  - **Aufstehen**, beim: aur-m. cench.$_{k2}$ coca *Lach.* lil-t.$_{a1,k}$ nat-ar. nit-ac. sulph.
  - **Erwachen**, beim: ail. anac. asim. atro. calad. calc.$_{a1,k}$ camph. carbn-s. castor-eq. cench.$_{k2}$ coff. graph. ind. *Lach.* lith-c. med. naja nat-ar. nat-p. nit-ac. tab. zinc.
    - **6** h: carbn-s.$_{k2}$
- **vormittags**: alum. ars. asar. *Caust.* cench.$_{k2}$ *Cham.*$_{a1,k}$ clem. cob.$_{a1,k}$ dios.$_{a1,k}$ fago. genist. hipp. hydr. indg. *Jug-c.*$_{a1,k}$ kali-c. lach. lil-t. lycps-v. mag-s. myric.$_{a1}$ nat-ar. peti. phyt.$_{a1,k}$ podo. rhus-t. seneg. sulph.$_{a1,k}$
- **mittags**: ars. dios.$_{a1,k}$ dirc. fago.$_{a1,k}$ pall.$_{a1,k}$ ptel.$_{a1,k}$ sulph.$_{a1,k}$
- **nachmittags**: aloe alum. bell.$_{a1,k}$ bov. bry. canth. carbn-s. caust. chinin-s. coca cod. coloc. corn.$_{a1,k}$ dios.$_{a1,k}$ dirc.$_{a1,k}$ dulc. equis-h. fago.$_{a1,k}$ gamb. grat. guaj.$_{a1,k}$ hipp. iber. iod.$_{a1,k}$ kali-bi. lac-c. laur. lyc.$_{a1,k}$ mag-s. myric.$_{a1,k}$ nat-act. nat-ar. ol-an. peti. plat. ptel.$_{a1,k}$ rumx. sang.$_{a1,k}$ sapin.$_{a1}$ sil. stront-c. sulph. zing.$_{a1,k}$
  - **15** h: dirc.$_{a1}$
  - **17** h: bamb-a.$_{stb2}$ bry. nat-ar.
- **abends**: acon. aloe alum. alum-p.$_{k2}$ am-c. ang.$_{a1,k}$ apis aran. calc-s.$_{a1,k}$ camph. castm. caust. chin.$_{a1,k}$ cinnb. colch.$_{a1,k}$ cop. crot-h. dig. dios.$_{a1,k}$ equis-h. fl-ac.$_{a1,k}$ hydr. hyper. inul. jac-c. jac-g. kali-c. kali-i. kali-n. kreos. lac-ac. lach. led.$_{a1}$ lith-c. *Mag-m.* mez. nat-m.$_{a1,k}$ nit-ac. nux-m.$_{a1,k}$ nux-v. ph-ac. pic-ac.$_{a1}$ psor.$_{h,k,*}$ **Puls.** ran-b. rhus-r. sep.$_{a1,k}$ stram. stront-c. sul-ac. sulph. tab. tarent. thuj.$_{a1,k}$ zinc. zing.$_{a1,k}$
  - **19** h: dirc.$_{a1}$
  - **Bett**, im: chel. glon. *Mag-m.* ol-an. ph-ac. rhus-t.
- **nachts**: arn. ars. arum-t. bamb-a.$_{stb2}$ bry.$_{a1,k}$ cact. cop. dig. ferr. grat. kali-c. lyc.$_{a1,k}$ mag-s. menth-pu.$_{a1}$ merc.$_{k2}$ merc-i-f.$_{a1,k}$ mur-ac.$_{h}$ rhus-r. sang.$_{a1,k}$ sapin.$_{a1}$ tarent.$_{a1,k}$ thuj.

◇ **abwechselnd** mit Hitze des Gesichtes: coc-c.

- **anfallsweise**: aesc. bamb-a.$_{stb2}$ cact.$_{hr1,k}$ lil-t.
- **Anstrengung**, nach: cact. hell.$_{a1,k}$ psor.$_{a1,k}$
- **Aufstehen**:
  - **amel.**: calc-act. rhus-t. stann.
  - **nach**: fago.$_{a1,k}$ lac-ac.$_{a1}$ lycps-v. verat.
- **Auftreten**, beim: carbn-s. coloc.$_{a1,k}$ hell. lyc.$_{a1,k}$ sol-ni.
- **Berührung** agg.: androc.$_{srj1}$ aur. berb. castm. chel. *Chin.* con. cupr. daph. led. *Mez.* nux-m. peti. staph.
- **Berührung**: ...
  - **amel.**: ars. calc-act. cycl.
- **Beugen** des Kopfes; beim:
  - **hinten**, nach: *Anac. Chin.* mang. thuj.
  - **vorne**, nach
    ☞ *Bücken*
- **Bewegen** der Augen; beim: *Bad.*$_{a1,k}$ chin. coloc.$_{a1,k}$ sulph.
- **Bewegung**, bei: agn. cact. caust. **Chin.** cinnb. cob. cupr. dirc. *Echi.* gels. glon. hipp. hydr.$_{a1,k}$ kali-bi. *Mez.*$_{a1,k}$ ph-ac. phos. phys.$_{a1,k}$ rhod. thuj.$_{a1,k}$ yuc.$_{a1}$ zinc.
  - **amel.**: carl. com. lil-t. merc.$_{k2}$ *Mez.*
- **Blinzeln** agg.: all-c.$_{a1,k}$
- **Bücken**; durch: am-m. bov. *Brom.* calc-act. carb-ac. carbn-s.$_{k2}$ chin. coff. coloc. cycl. dios. dros. fago. fl-ac. glon. guaj. hep. kali-bi. kali-c. lach. lyss. mur-ac. nat-ar. nat-s. phos. plat. *Puls.* sol-ni. sulph. thuj. verat.
  - **amel.**: ang. mang. verat.
- **Drehen** der Augen; beim:
  - **außen**; nach: raph.
  - **oben**; nach: puls.
- **Druck**:
  - **agg.**: aspar.$_{a1,k}$ bism. castm. cina cop. daph. kali-n. lil-t.$_{a1,k}$ mur-ac. nat-ar. nat-m. *Prun.* sulph.$_{h}$ verb.
  - **amel.**: aeth. alum. ant-c. aral. *Cact.* calad. calc-act. *Chin.* coc-c. cop. dios.$_{a1,k}$ dirc. echi. *Glon.* guaj. hydr. iod. kali-i. kalm. lil-t. mag-c. **Mag-m.** meny. nat-c. par.$_{a1,k}$ phos. plan.$_{a1,k}$ podo. stann. thuj. verat.
  - **gegenüberliegende** Seite amel.; auf die: jac-c.$_{a1}$ jac-g.
- **Dunkelheit**, in der: onos.
- **Einhüllen** amel.: mur-ac.$_{h,k,*}$
- **erscheint** plötzlich:
  - **verschwindet**; und:
    - **plötzlich**: bamb-a.$_{stb2}$
- **Essen**, nach dem: alum. aran. canth. castm. clem. con. dios. hydr. hyos. indg. kali-bi.$_{a1,k}$ kali-n. mag-c. ol-an. phos. zing.$_{a1,k}$
- **Fahren** im Wagen, beim: lith-c. lyc.
- **Frost**, nach: borx.
- **Frühstück**:
  - **amel.**: cench.$_{k2}$
- **Gehen**:
  - **amel.**: chin. guaj. staph. tarax.
  - **durch**: agn. alum. ant-t. ars. asar. bry. bufo castm. chin.$_{a1,k}$ cocc. coff. coloc. con. cupr. dios. genist. glon. hell. kali-bi.$_{a1,k}$ lil-t. lyss. mang. mez. nat-m. nat-s. pall.$_{a1}$ phos, ran-b. rhod. spig. sulph.
  - **Freien**, im: arn. bry. coff. hyos. mang. nat-m. rhod. spig. tarax. zing.
    - **amel.**: psor. rhod.
- **geistige** Anstrengung: anac. *Chin.* dig. gent-c. hell. kalm. manc. mez. nat-c. nat-m. nux-v. ph-ac. pip-m. *Psor. Puls. Sulph.*
  - **amel.**: calc-act.
- **Geräusche** agg.: cact. cann-s. cimic. yuc.$_{a1}$

- **hämmernd**: ars. benz-ac.$_{hr1,k,*}$ chel. chin. *Ferr.* ham.$_{bg2}$ hep. psor.$_{h,k,*}$
- **Hitze** amel.: mur-ac.$_{a1,k}$ nux-m. *Syph.*
- **Husten**, beim: alum. ambr. ant-t. *Bry.* caust. *Chin.* cina coca kali-c. kreos. **Lyc.** mang. *Puls.* rhus-t. sulph. tarent. tax.$_{a1,k}$ verb.
- **intermittierend**: atro.$_{a1,k}$ bad.$_{a1,k}$ caust.$_{a1}$ clem.$_{a1,k}$ iod. murx.$_{a1,k}$ nat-m.$_{a1,k}$ nat-p.$_{a1,k}$ pic-ac.$_{a1,k}$ *Stann.*$_{a1,k}$ stict.$_{a1,k}$ sulph.$_{a1,k}$
- **kaltes** Wasser amel.: aur-m. coc-c.$_{a1,k}$ kalm.$_{a1,k}$
- **Kauen**; beim: psil.$_{ft1}$
- **Licht**: gels.$_{c1}$
- **Liegen**:
  - **amel.**: asar. benz-ac.$_{hr1,k,*}$ chel. chinin-s. colch. ferr. gels. *Lach.* mag-c. nux-v.
  - **beim**: camph. clem. graph. lith-c. *Mag-m.* spong.
- **Luft**:
  - **Freien**, im: aur. *Chin.* coff. coloc.$_{a1,k}$ equis-h. hyos.$_{a1,k}$ jac-c. jac-g. kali-bi. mang. naja ol-an.
    - **amel.**: asar. atro. camph. castm. coloc. com. crot-t. glon. hell. hydr.$_{a1,k}$ hyos.$_{a1,k}$ jatr-c. lith-c. nuph.$_{a1,k}$ olnd. phos. **Puls.**
  - **kalter** Luft, in: hyos. kali-bi. *Spig.*
- **Menses**:
  - **vor**: lach.
  - **während**: am-m.$_{a1,k}$ berb. calc. castm. lac-c. **Lyc.** nat-c. nat-s. sang.
- **Mittagessen**:
  - **nach**: dios.$_{a1,k}$ kali-bi.$_{a1,k}$ pall.$_{a1,k}$ sulph.$_{a1,k}$
  - **verspätetem** Mittagessen, bei: *Cact.*$_{hr1,k}$
- **Niesen**, beim: am-c. cina
- **Öffnen** des Mundes; beim: ang.$_{h}$
- **Oper**; durch Besuch einer: cact.$_{hr1,k}$
- **pulsierend**: alum. am-c. anan. apis *Arg-n.* arn.$_{a1,k}$ aur-m.$_{a1,k}$ *Bell.* benz-ac.$_{a1,k}$ borx. camph. *Caps.*$_{a1,k}$ *Carbn-s.* caust.$_{a1,k}$ cedr.$_{a1,k}$ chel.$_{a1,k}$ *Chin. Chinin-s.* coc-c. cocc.$_{c1}$ coloc. corn.$_{a1,k}$ *Echi.* ferr. **Glon.**$_{a1,k}$ hep.$_{a1,k}$ jug-r. kali-n. lac-c. lac-d. **Lach.** merc-i-f.$_{a1,k}$ nat-c.$_{hr1}$ nat-s. nit-ac.$_{a1,k}$ *Phos.*$_{a1,k}$ *Podo. Puls.* sep.$_{h}$ sol-ni. spig. *Stann.*$_{a1,k}$ *Stram.*$_{a1,k}$ sulph.$_{a1,k}$ thuj.
  - **Lesen**, beim: calc-act. carb-ac. clem. coca mez. nat-m. phys. pip-m. sulph.
  - **Processus** mastoideus: iris
- **Reiben** amel.: canth. ol-an. phos. plat.
- **Schlaf**, im: mag-c.$_{a1,k}$
- **Schütteln** des Kopfes; beim: carbn-s. glon.$_{a1,k}$
- **Seite**:
  - **liegt**, auf der er: bry.$_{xxb}$ puls. stann.
  - **nicht** liegt; auf der er: graph.
- **Sitzen**:
  - **amel.**: ars. asar. calc-act. coff. coloc. lith-c. mang. merc.$_{k2}$
  - **beim**: am-m. arg-met. chin. lil-t. mang. mez. nicc. phos. staph. sul-ac. tarax. verat.
- **Sonne**; durch Aufenthalt in der: nat-ar.
- **Sprechen**, beim: glon.$_{a1}$ mez. phos.$_{k2}$
- **Stehen**:
  - **amel.**: tarax. zing.
  - **beim**: ars. castm. chin. coloc. glon. guaj. staph. verat.

– **Schläfen**: ...

- **Stuhl**; beim Pressen zum: *Bell.* nux-v. *Puls.* thuj.$_{a1,k}$
- **Treppensteigen**, beim: *Glon.* kalm. sulph.
- **umschriebener** Schmerz in der Schläfengegend: sabin.$_{c1}$
- **wandernd**: acon.$_{a1,k}$ *Aesc.* carbn-s. *Cham.*$_{a1,k}$ merl.$_{a1,k}$ plan.$_{a1,k}$ spig.$_{a1,k}$ verat-v.$_{a1,k}$
- **warm**:
  - **Zimmer**, im warmen:
    - **agg.**: cench.$_{k2}$
- **Wein**, durch: *Cact.*$_{hr1,k}$ zinc.
- **Wetter**, bei naßkaltem: nux-m.
- **Wind**; beim Fahren gegen den: calc-i.$_{a1,k}$
- **Zahnschmerzen**, mit: mur-ac.$_{h}$
- **Zimmer**, im: jatr-c. laur. phos. phys.$_{a1}$ ran-b.$_{a1,k}$ rhod. sabad. til.$_{a1}$
  - **amel.**: *Chin.* coff. hyos. ol-an. zing.

▽ **erstreckt** sich zu:

- **Auge**: aloe ant-c. asim. berb. cedr. coc-c. gels. lac-d.$_{kr1}$ nat-p. phos. pip-m.
- **Augenbrauen**: pic-ac.
- **Gesicht**: alum-sil.$_{k2}$ am-m. ant-t. arg-n. *Bry.* graph.$_{k2}$ kali-c. lachn. puls. rhus-t. seneg.
- **Hals**; zum äußeren: bry. kali-i. pic-ac. puls.
- **Hals**; zum inneren: croc.$_{bg1}$
- **hinten** über die Ohren; nach: arg-met. cedr. gymno. iris$_{bg1}$ nat-p. syph.$_{xxb}$
- **Hinterkopf**: cham. cinnb. coff. iod. iris kali-bi. kalm. lil-t. lycps-v. pic-ac. puls. rhus-v.
- **Jochbein**: agar.$_{bg2}$ coc-c. kali-c. phos.
- **Kinn**: gels.$_{br1}$
- **Kiefer**: arg-n. calc-p. glon. kali-c. lob. rhod. stann.
- **Mitte** des Kopfes: dirc.
- **Nase**: glon.
  - **Nasenflügel**: gels.$_{br1}$
  - **Nasenwurzel**: calc.$_{k2}$
- **oben**, nach: am-m. bry.$_{bg1}$ laur. rhus-v.
- **Ohr**: atro.$_{bg1}$ aur. bamb-a.$_{stb2}$ bov. gels.$_{br1,k}$ gymno.$_{bg1,hr1}$ lach.$_{bg1}$ puls. stry.$_{bg1}$
- **Scheitel**: am-m. berb.$_{bg1,bg2}$ carb-v.$_{bg2}$ coc-c.$_{bg2,k}$ cycl. iris$_{bg2}$ kali-bi.$_{bg2,k}$ laur.$_{bg2,k}$ phos.$_{bg2,k}$ rheum$_{bg2}$ *Sil.*$_{bg2}$
- **Scheitelbein**: bry.$_{bg1}$
- **Schläfe** zur anderen; von einer: alumn. asc-c. **Bell.** *Cedr.* chel. *Chin.* con. glon. ham. hydr. lac-c. lil-t. lob. lyss. manc. mez. naja nat-ar. *Phos.* plan. rhod. sep. *Sulph.* syph.$_{k2,xxb}$
  - **zurück**, und wieder: hydr. *Lac-c.* lil-t.
- **Schulter**, mit verzerrtem Gesicht: graph.
- **Stirn**, über die: *All-c.* anac. berb. borx. ferr. glon. hep. lil-t. lyc. mez. ph-ac. phos. sil. squil. tab.
- **Zähne**: bry. carb-v. lachn. nat-m.$_{bg1}$ rhus-t.$_{bg1}$ sars. sulph. *Verb.*
  - **Backenzahn**, hinterster: hydr.

– **Schläfen** und Hinterkopf: acon. aesc. *Alum.* bov. cann-s. nux-v. rhus-r. spig.

– **Schläfen** und Stirn: agar. agn. ant-c. ant-t. aran. arn. *Ars.* arum-t. atro. aur. aur-ar.$_{k2}$ aur-s.$_{k2}$ bar-c. *Bell.* berb. bov. bry. *Camph.* canth. cedr. chel. chin.

– **Schläfen** und Stirn: ...
chinin-ar. chinin-s. clem. coloc. cor-r.$_{al,k}$ crot-t. cycl. dig. dios. dulc. elat. ferr. ferr-ar. fl-ac. gels. glon. gran. hell. hipp. hura hydr-ac. ind. iris kali-bi. kalm. lachn. lil-t. lyc. lycps-v. mag-m. mag-s. mang. merc-i-f. merl. mez. mur-ac. myric. naja nat-ar. nat-m. nat-p. op. ph-ac. phos. phys. phyt. pip-m. psor. rhod. sabad. sabin. sel. seneg. **Sep.** spig. stann. sulph. tab. tanac. verat. zinc.

– **Seiten**: all-c. *Alum.* asar. bov. *Calc-p.* calc-s. carb-an. chin. cor-r. cupr. cycl. dig. dios. euphr. glon. hydrog.$_{srj2}$ kali-bi. **Kali-i.** lyc. mag-c. mag-m. *Merc-c.* merc-i-f. mez. ol-an. phos. plat. squil. til.

• **abwechselnde** Seiten: agar. atis.$_{bnj1}$ bell. blum-o.$_{bnj1}$ calc. calc-ar. cedr. chin. coch.$_{c1}$ colch. cupr. dros. euon. hell. hydr. hyper. *Iris* kali-bi. kali-c.$_{bg1,bg2}$ **Lac-c.** lil-t. lyc. nat-m. nat-p. nicc. *Nux-v.* phos. plan. sep. sil. valer.

• **links**: aloe alum.$_{a1,k}$ *Ambr. Ant-c.* apis$_{k1}$ *Ars.*$_{a1,k}$ *Ars-i. Asaf.*$_{a1,k}$ *Asar.* asc-c.$_{c1}$ aur-m.$_{k2}$ bamb-a.$_{stb2}$ *Bell.*$_{a1,k}$ bism. *Bov.*$_{a1,k}$ **Brom.**$_{a1,k}$ bry. calad. *Calc.* calc-p.$_{a1,k}$ cann-s. canth.$_{a1,k}$ carb-v. carbn-s. caust. *Cham. Chin.* chinin-ar. chinin-s. chlor.$_{a1}$ cimic.$_{a1,k}$ cina *Coloc.* con. conv. *Croc.*$_{a1,k}$ crot-h.$_{a1,k}$ cupr.$_{a1,k}$ *Cycl.* dios.$_{a1}$ dirc.$_{a1}$ erio.$_{a1}$ eup-pur. *Euph.* euphr.$_{a1}$ fago.$_{a1}$ *Ferr.*$_{a1,k}$ *Ferr-i.* fl-ac.$_{a1,k}$ form.$_{a1}$ gent-c.$_{a1}$ *Graph. Guaj.* gymno. ham.$_{a1,k}$ hydr.$_{a1,k}$ hydrog.$_{srj2}$ ign. inul.$_{a1}$ *Iod. Kali-c.* lac-ac.$_{a1,k}$ lac-c. *Lach.*$_{a1,k}$ laur.$_{a1}$ lil-t.$_{a1,k}$ lith-c. *Lob.* lyc. *Mag-c.* manc.$_{a1}$ med. *Merc.* merc-i-f.$_{a1,k}$ merc-i-r.$_{a1,k}$ mez.$_{a1}$ murx.$_{a1,k}$ nat-m. *Nit-ac.*$_{a1,k}$ *Nux-m.*$_{a1,k}$ *Olnd.* pall. *Par.* phel.$_{a1,k}$ *Phos.*$_{a1,k}$ plan.$_{a1,k}$ *Plat.* plb.$_{a1,k}$ ptel.$_{a1,k}$ ran-b. ran-s. *Rhod. Rhus-t.* sabad. *Samb.* sang.$_{a1}$ sec.$_{a1,k}$ *Sel.* **Sep.**$_{a1,k}$ sphing.$_{a1}$ **Spig.** *Sulph.* tab.$_{a1,k}$ *Tarax.* tarent.$_{bg1,bg2}$ *Thuj.* trom.$_{a1,k}$ verat-v.$_{a1,k}$ verb.$_{c1}$ viol-o. viol-t. xan.$_{a1,k}$ *Zinc.*$_{a1,k}$ zing. ziz.$_{a1,k}$

• **dann** rechts: aesc.$_{k2}$ arn. euon.$_{bg1,bg2}$ eup-per. glon.$_{a1,k}$ *Nux-m.* squil. sulph.

• **morgens**: *Arg-n.*$_{hr1}$

• **Kopf** und Gesicht, erstreckt sich zum Hals; linke Seite von: guaj.

• **Liegen**, beim:

• **linken** Seite agg.; auf der: ars. calad. kali-bi.

• **rechten** Seite amel.; auf der: brom.

• **Röte** und gedunsener Schwellung der Wange mit Übelkeit und Erbrechen; mit: apis$_{k1}$

• **Schmerz** im Ellbogen; mit: xan.$_{c1}$

• **Wind** auf den Kopf bläst; wenn: med.$_{c1}$

• **rechts**: *Alum.* alum-sil.$_{k2}$ arg-met. arg-n.$_{k2}$ ars. arum-d.$_{a1}$ asaf.$_{a1,k}$ **Bell.**$_{a1,k}$ *Bism.* bov. *Bry.* bufo *Cact.*$_{a1,k}$ **Calc.** calc-i.$_{k2}$ calc-sil.$_{k2}$ cann-i.$_{c1}$ carb-ac.$_{a1}$ carb-an. **Carb-v.**$_{a1,k}$ carc.$_{mg1,sp,*}$ *Caust.* cham. *Chel.* chen-a.$_{hr1}$ cimic.$_{hr1,k}$ *Cina* cist.$_{a1,k}$ coc-c. coca coff. colch.$_{a1}$ com.$_{a1}$ *Con.* croc.$_{a1,k}$ *Crot-c.* crot-h.$_{a1,k}$ cycl. euph.$_{h,k,*}$ ferr-ar. ferr-p.$_{a1}$ gels.$_{a1,k}$ gins.$_{a1,k}$ gran. graph. grat.$_{a1,k}$ guaj. *Hep.* hipp.$_{a1}$ iber.$_{a1}$ **Ign.**$_{a1,k}$ iod. **Iris** jac-c. jac-g.

– **Seiten - rechts**: ...
jug-c.$_{a1}$ kali-bi.$_{a1}$ kali-c. kali-sil.$_{k2}$ lach.$_{a1,k}$ lachn.$_{c1}$ *Lyc.* mag-c. meny.$_{a1,k}$ merc. merc-i-f.$_{a1}$ merc-i-r.$_{a1,k}$ *Mez.* mill.$_{a1,k}$ *Mosch.* nat-ar.$_{k2}$ *Nat-m.* nit-ac. nux-m.$_{a1,k}$ ol-an. ost.$_{a1}$ plat. *Plb. Ran-b. Rat.* rheum rhod.$_{a1,k}$ *Rhus-t. Ruta* **Sabad.** *Sang.* **Sep.**$_{a1,k}$ sil.$_{a1,k}$ spong. stict.$_{a1}$ still.$_{a1}$ sulph. tarax. tarent.$_{a1,k}$ thuj.$_{a1,k}$ urt-u. verat. zinc.$_{a1,k}$ zinc-m.$_{a1}$

• **dann** links: anac.$_{bg1,bg2}$ androc.$_{srj1}$ arn. bry. colch. cupr.$_{a1,k}$ dig. ign.$_{bg1,bg2}$ kalm.$_{bg1,bg2}$ merc-i-r.$_{a1,k}$ phos.$_{bg1,bg2}$ pic-ac.$_{a1}$ staph. tax.$_{a1,k}$

• **morgens** und links am Abend: bov.

• **abends** im Bett: con.

• **Blicken** nach oben agg.: lil-t.$_{bg1}$

• **Bücken** agg.: lil-t.$_{bg1}$

• **Fremdkörper**; wie durch einen: *Con.*

• **Herumdrehen**, beim: lil-t.$_{bg1}$

• **Liegen**, beim:

• **Seite**; auf der:

• **rechten** Seite agg.; auf der: mag-c.

• **schmerzhaften** Seite amel.; auf der: hipp.

• **periodisch**: *Cact.*

• **Schlag** auf einen Amboß; wie durch einen: manc.$_{a1,k}$

• **Schütteln** des Kopfes; beim: carb-v.$_{h}$

• **Trübsichtigkeit** des linken Auges; mit: arg-n.

• **verschwommenes** Sehen vor einem Anfall: **Iris**

• **warmes** Zimmer; beim Eintreten in ein: *Spig. Spong.*$_{a1,h}$

• **tagsüber**: cact. ferr. hydr. mag-m. plan.$_{a1}$

• **morgens**: aloe alum. *Ars.* arum-d.$_{a1}$ bell. bov. chinin-s. chr-ac. dios.$_{a1,k}$ euphr.$_{a1,k}$ fl-ac. gels. *Graph.* ham.$_{a1,k}$ hipp.$_{a1,k}$ hydr.$_{a1,k}$ jug-c. mag-c. mang. merc-i-r.$_{a1}$ ost.$_{a1}$ phys. sars. **Spig.**$_{a1,k}$ tab.$_{a1,k}$ verat-v.$_{a1}$

• **7** - 17 h: *Puls.*

• **Aufstehen**, beim: ars. cact. calc. gels. hydrog.$_{srj2}$ mag-s. puls. spig.

• **amel.**: graph. merc-i-r.

• **Bett**, im: graph.$_{a1,k}$ nicc. nux-v. scut.$_{a1,k}$ **Spig.**$_{a1,k}$

• **Erwachen**, beim: arum-d.$_{a1}$ arum-t. aur. cina merc-i-r. mur-ac. phos. puls. tab.

• **vormittags**: alum. cact. carb-an. castm. euphr.$_{a1,k}$ ferr-ma.$_{a1}$ fl-ac.$_{a1,k}$ hydr. indg. jug-c.$_{a1,k}$ jug-r. kalm. lach. nat-m. peti. plb. sars. stront-c. verat.

• **mittags**: calc-p.$_{a1,k}$

• **nachmittags**: aeth. alum. bry. canth. castm. chinin-s. coca colch. ferr. graph. indg. lach.$_{a1,k}$ laur. mag-s. merc-i-r.$_{a1,k}$ nat-m. nicc. nit-ac.$_{a1,k}$ nux-m.$_{a1}$ nux-v.$_{a1,k}$ ol-an. *Sep.*$_{a1,k}$ valer. zinc.

• **abends**: aloe alum-p.$_{k2}$ arg-met. *Ars.* bar-c. calc-s. canth. caust. chin. chinin-ar. dios.$_{a1,k}$ elaps fl-ac. graph. ham.$_{a1,k}$ ind.$_{a1,k}$ indg. kali-c. kali-n. lyc. lyss. mag-c. mag-m. menth-pu.$_{a1}$ merc-i-r. mez.$_{a1,k}$ nicc. nux-v.$_{a1,k}$ pall.$_{a1,k}$ phos. *Puls.*

- **abends**: ...
  Sep.$_{a1,k}$ sil. spig. sulph. tab.$_{a1,k}$ zinc.$_{a1,k}$ zing.$_{a1,k}$
  - **amel.**: phos. ptel.$_{a1,k}$ sep.$_{a1,k}$
  - **Bett**, im: arg-met. ars. con. plat. sep.$_{h}$
- **nachts**: acon. cact. *Caust.* *Graph.*$_{a1,k}$ kali-n. mag-c.$_{a1,k}$ mez. nat-m. nicc. ol-an. plb.$_{a1,k}$ staph. tarent.$_{a1,k}$
  - **amel.**: mag-c.
  - **Mitternacht**, nach: *Thuj.*
- **Abendessen**; amel. nach dem: sulph.
- **anfallsweise**: acon. *Ars.* kali-c.$_{a1,k}$ puls. *Sep.*
- **Aufstehen**:
  - **amel.**: carb-v. dig. graph.$_{a1,k}$ indg. merc-i-r.$_{a1}$ ol-an. rhod. tab.
  - **nach**: chin. graph. *Spig.*$_{a1,k}$
  - **Bücken**, vom: kali-c. mang. sul-ac.
- **Auftreten**, beim: ars.$_{k2}$ calc-p.$_{a1,k}$ *Lyc.* **Spig.**$_{a1,k}$
- **Berührung**:
  - **agg.**: agar. agn. borx. cupr. dirc. laur. merc-i-f.$_{a1,k}$ nit-ac.
  - **amel.**: bry. thuj.
- **Bett**, im: ars. iod.$_{a1,k}$
  - **amel.**: tab.$_{a1,k}$
- **Bewegung**:
  - **amel.**: *Agar.* *Iris* kali-i.$_{k2}$
  - **bei**: agn. arg-n. ars. bell. calc-p.$_{a1,k}$ chin. dirc.$_{a1,k}$ glon. hipp.$_{a1,k}$ mang.$_{a1,k}$ *Nux-v.* ph-ac. phos. prun. sabad. sil. **Spig.**$_{a1,k}$
- **Blicken**, bei angestrengtem: thuj.$_{a1,k}$
- **Bücken**:
  - **agg.**: alum. ang. calc-act. caps. chinin-s. cor-r.$_{hr1,k,*}$ dig. euphr.$_{a1,k}$ glon. hep. hipp.$_{a1,k}$ indg. laur.$_{a1,k}$ phos. puls.
  - **amel.**: dig. iris
- **Drehen** der Augen; beim:
  - **außen**; nach: raph.$_{a1,k}$
  - **erkrankte** Seite; auf die: con.$_{a1,k}$
- **Druck**: agar. kali-c.$_{h}$ stram.
  - **amel.**: mez. plan.$_{a1}$ sulph.
  - **Schläfen** agg.; Druck der Brille auf die: lyc.$_{h}$
- **Entblößen** amel.: kali-n.$_{c1}$
- **Erkältung**:
  - **nach**: kali-c.$_{h}$
- **erscheint** allmählich: con.$_{a1,k}$
- **Erschütterung**, bei: ars.$_{k2}$ **Bell.** *Lyc.* **Spig.**$_{a1,k}$
- **Essen**:
  - **amel.**: calc-p. colch. form. ham.$_{a1}$ nat-m.
  - **nach**: *Ars.* bar-c. bell. calc-s. coc-c. form. ham. kali-c. lach. mag-c. nux-v. paeon. phos. zinc.
- **Fahren** oder Reiten, beim: naja
- **Freien**, im: fago. fl-ac. mang. mez. **Sep.** trom.
  - **amel.**: am-c. carb-an. fago. kali-c. kali-i.$_{k2}$ mang. nat-m. phos. rat. *Sep.* sulph.
- **Fremdkörper**; wie durch einen: *Con.*
- **Frühstück**, beim: gels.$_{a1,k}$
- **Gehen**, beim: arg-met. arg-n. ars. bell. calc. clem. con. kali-c. *Lyc.* mez. nat-m. plb. **Spig.** trom.$_{a1,k}$
  - **Freien**, im: alum. chinin-s. grat. ign. mag-s. **Spig.**
    - **amel.**: ars.$_{k2}$ *Iris* kali-i.$_{k2}$ mang. merc-i-r. **Phos.**
- **Gehen**, beim: ...
  - **schnellem** Gehen, bei: sep.
- **geistiger** Anstrengung, bei: hyper. ign. phos.
- **Geräusch** von Stimmen; beim: cact.
- **Geräusche**, durch: cact. manc. phys.$_{a1,k}$ spig.$_{k2}$ ziz.$_{a1}$
- **hämmernd**: iris
- **Heben** des Kopfes; beim: cact.$_{a1,k}$
- **hellem** Licht, bei: cact.$_{a1,k}$ ziz.$_{a1}$
- **Husten**, beim: apis aur. cimic. dirc.$_{a1,k}$ mang. vib.
- **kalt**:
  - **Anwendungen** amel.; kalte: acon. ars.$_{k2}$ caust.
- **Kämmen** der Haare; beim: merc-i-f.$_{a1,k}$
- **Lehnen** auf die erkrankte Seite; beim: *Ars.*$_{a1,k}$ chin.$_{a1,k}$
- **Lesen**, beim: lyc.$_{h}$
- **Liegen**:
  - **amel.**: dig. spig.$_{k2}$
  - **beim**: carb-v. petr. rhod. sep.$_{a1,k}$ spong.
  - **Seite**, auf der:
    - **rechten** Seite mit den Händen über dem Kopf amel.; auf der: brom.
    - **liegt**, auf der er: *Ars.* bry.$_{bg2,k2,*}$ calad. calc.$_{a1,k}$ carb-v. chel. *Chin.* mag-c. nit-ac. *Nux-m.* *Nux-v.*$_{k,vh,*}$ ph-ac. puls. *Spong.* stann. staph.
    - **nicht** liegt; auf der er: calc-ar. *Graph.*$_{a1,k}$ puls.$_{a1,k}$
    - **schmerzhaften** Seite amel.; auf der: anac. arn. bry. calc-ar.$_{bro1}$ hipp. ign. plan. puls. sep.
    - **schmerzlosen** Seite amel.; auf der: mag-c. *Nux-v.*
- **Menses**:
  - **vor**: calc-p. cinnb. puls.
  - **während**: am-m. ars. berb. calc. calc-p. castm. chin. cic. colch. cycl. lob. lyc. mag-c. mag-m. nat-c. nux-v. puls. *Sang.* sep. verat.
  - **nach**: *Ferr.*
- **Milch**, nach: *Brom.*$_{a1,k}$
- **Mittagessen**, nach dem: *Form.*$_{a1,k}$ nit-ac. paeon.$_{a1,k}$
- **Niesen** agg.: am-m. arn. **Bell.** grat. *Spig.*
- **periodisch**: *Graph.* kali-bi.
- **pulsierend**: arg-n.$_{a1,k}$ *Ars.* aur.$_{h}$ bell.$_{a1,k}$ *Brom.*$_{a1,k}$ *Cact.*$_{a1,k}$ calc-p.$_{a1,k}$ carb-ac.$_{a1,k}$ con.$_{a1,k}$ corn.$_{a1}$ hura kali-c.$_{h}$ laur.$_{a1,k}$ nat-c.$_{h}$ *Nit-ac.*$_{a1,k}$ puls. sec. zinc.$_{a1,k}$
- **Reiben** amel.: chinin-ar.
- **Schreiben**, beim: gels.$_{a1,k}$ lyc.$_{h,k1}$
  - **geneigtem** Kopf; mit nach links: chinin-s.
- **Schütteln** des Kopfes; beim: trom.$_{a1,k}$
- **Sitzen**: am-m. canth. chinin-s. fago.$_{a1,k}$ indg. mag-c. nicc. phos. rat. rhod. sulph.
  - **amel.**: ars. calad. con.
  - **muß**: cic.$_{k2}$
- **Sprechen**, beim: ign.$_{a1,k}$
- **Stehen**, im: calc. canth. dig. kali-c. mag-c. mang. plb. zinc.
- **Stelle**; an einer kleinen: ferr-ma.$_{a1}$ *Kali-bi.*
- **Stuhlgang**, beim: **Spig.**$_{a1,k}$

- **Syphilis**, bei: kali-i.$_{k2}$
- **Treppensteigen**, beim: hydr.
- **wandernd**: nat-s.$_{a1,k}$
- **warm**:
  - **Anwendungen** amel.: kali-i.$_{k2}$ lach. *Nux-v.*
  - **Zimmer**; beim Gehen vom Freien in ein warmes: spong.
- **Zimmer**, im: am-m. *Bov.*$_{a1,k}$ euphr. *Fl-ac.* **Phos.** sabad.
  - **amel.**: mag-s.

▽ **erstreckt** sich zu:
- **Arm**: cimx. fago.
- **Auge**: ars. *Asaf.* brom. calc. caust. crot-h. mag-m. nat-m.
- **Augenbraue**: chinin-s.
- **Gesicht**: kali-bi.
- **Hals**; äußerer: chel. cupr. *Lach.* lyc. *Merc.*
- **Hand**:
  - **rechte** Hand: phos.$_{bg1}$
- **hinten**, nach: mag-c. mag-s. verat-v.
- **Hinterkopf**: lach. nux-m. phos. tab.
- **Nacken**: elaps sars.
- **Nase**:
  - **Nasenwurzel**: phos.$_{bg1}$
- **Ohr**: ars-met. chinin-s. grat. lyc.$_{h}$ *Merc.*
  - **hinter**: pic-ac.
- **Schläfen**: bell. kali-bi.
- **Schulterblatt**: *Chel.*
- **Schultern**: caust. *Lach.*
- **Seite** zur anderen; von einer: carb-v. clem. *Nat-m.* plan. rhus-t.
  - **Linie**; wie eine
    ☞ *Linie*
- **Stirn**: iod. sars.$_{bg1}$ sil.
- **Taille**: lyss.
- **unten**, nach: hyper.$_{bg1}$ ign.$_{bg1}$
- **vorne**, nach: ant-c. con. guaj. kali-c. mang. verb.$_{c1}$
- **Zähne**: crot-h. graph. lyc.$_{h}$ *Merc.*

○ **eine** Seite: acon. aesc. aeth. *Agar.* agn. **Alum.** alum-p.$_{k2}$ alum-sil.$_{k2}$ am-c. am-m. ambr. *Anac.* androc.$_{srj1}$ ang. ant-c. ant-t. *Apis* *Arg-met.* **Arg-n.** *Arn.* *Ars.* ars-i. ars-s-f.$_{k2}$ arund. *Asaf.* *Asar.* aur. aur-ar.$_{k2}$ aur-i.$_{k2}$ aur-s.$_{k2}$ *Bar-c.* bar-i.$_{k2}$ bar-m. bar-s.$_{k2}$ *Bell.* *Bism.* borx. *Bov.* *Bry.* *Bufo* *Cact.* *Calc.* calc-i.$_{k2}$ calc-p. calc-s.$_{k2}$ calc-sil.$_{k2}$ camph. cann-i. cann-s. *Canth.* *Caps.* carb-an. carb-v. carbn-s. carc.$_{jl2,sp,*}$ caust. *Cham.* *Chel.* chen-a.$_{hr1}$ *Chin.* chinin-ar. chinin-s. *Cic.* cina cinnb. clem. cocc. **Coff.** colch. *Coloc.* con. cop. *Corn.* croc. crot-h. cupr. cycl. dig. dios. dros. dulc. elaps elat. eug. eup-per. euph. euphr. *Ferr.* ferr-ar. ferr-i. ferr-p. *Gels.* gins.$_{bro1}$ *Glon.* *Graph.* *Guaj.* hell. hyos. *Ign.* ind. iod. ip. iris *Kali-ar.* *Kali-bi.* *Kali-br.* **Kali-c.** **Kali-i.** kali-m.$_{k2}$ kali-n. **Kali-p.** *Kali-s.* kali-sil.$_{k2}$ kalm. kreos. *Lac-d.* *Lach.* lact. *Laur.* led. *Lyc.* mag-c. mag-m. manc. mang. meny. *Merc.* *Mez.* mill. mosch. mur-ac. murx. nat-ar. nat-c. nat-m. nat-p. nicc. nit-ac. nux-m. *Nux-v.* olnd. par. petr. **Ph-ac.** *Phos.* *Phyt.* **Plat.** plb. *Psor.* **Puls.** ran-b. ran-s. rheum rhod. *Rhus-t.* *Rob.* ruta sabad. sabin. samb. *Sang.* **Sars.** sel.

– **Seiten - eine** Seite: ...
seneg. *Sep.* *Sil.* sphing.$_{k,kk3}$ **Spig.**$_{k,kk3}$ spong. squil. stann. staph. stict. stram. stront-c. **Sul-ac.** sul-i.$_{k2}$ *Sulph.* *Syph.* tab. tarax. tarent. teucr. *Thuj.* ust. valer. *Verat.* **Verb.** viol-o. viol-t. **Zinc.** zinc-p.$_{k2}$ zing.

◆ **abwechselnd** mit:
- **Arm**; mit Schmerzen im linken: ptel.
- **Blutandrang**: aeth.$_{hr1}$
- **Gemütsstörungen**, nach: arg-n.$_{br1}$
- **hört** auf einer Seite auf und wird auf der anderen heftiger: *Lac-c.* *Nat-m.*
- **juckend**: dig.$_{h}$
- **Kaffee**; nach übermäßigem Genuß von: nux-v.
- **Seite**, auf der er liegt
  ☞ *Liegen - Seite - liegt / Liegen - Seite*
- **Stellen**, an kleinen: kali-bi. kalm.
- **Übelkeit**; mit: cic.$_{c1}$

▽ **erstreckt** sich zu:
- **Auge**: *Asaf.* brom. caust. croc. mag-m. nat-m.
- **Hals**: guaj. *Lach.* lyc. merc.
  - **Schultern** mit steifem Hals; und: lach.
- **Seite** zur anderen; durch die Schläfen von einer: alum. chin. phos. plan. sang.
- **Taille**: lyss.

○ **hinter** den Ohren: asar. calc-p. caust. chel. onos. sang.
- **links**: ambr. kali-p. sang.
- **Bewegung**: kali-p.
- **Freien**, im: kali-p.

– **Stirn**, in der: acet-ac.$_{a1,k}$ **Acon.**$_{bg2,k,*}$ *Aesc.* *Aeth.* *Agar.*$_{h,k,*}$ agn.$_{bg2}$ *Ail.*$_{a1,k}$ *All-c.*$_{bg2,k,*}$ *Aloe* *Alum.*$_{bg2,k}$ alum-sil.$_{k2}$ alumn.$_{a1,k}$ **Am-c.**$_{bg2,k,*}$ **Am-m.**$_{bg2,k}$ ambr.$_{bg2}$ ammc.$_{a1,k}$ anac.$_{bg2,k}$ androc.$_{srj1}$ ang.$_{bg2,k}$ *Ant-c.*$_{bg2,k,*}$ *Ant-t.*$_{bg2,k,*}$ anth.$_{a1}$ *Apis* apoc. aran. *Arg-met.* *Arg-n.*$_{bg2,k,*}$ **Arn.**$_{bg2,k,*}$ **Ars.**$_{bg2,k}$ ars-i. ars-s-f.$_{k2}$ arum-t.$_{a1,k}$ arund. *Asaf.*$_{bg2,k,*}$ *Asar.*$_{bg2,k}$ asc-t.$_{a1}$ asim.$_{a1}$ aster. *Aur.*$_{bg2,k}$ aur-ar.$_{k2}$ aur-m.$_{k2}$ aur-m-n.$_{a1}$ *Bamb-a.*$_{stb2}$ *Bapt.*$_{a1,k}$ bar-c.$_{bg2,k}$ bar-i.$_{k2}$ bar-m. bar-s.$_{k2}$ **Bell.**$_{bg2,k,*}$ berb.$_{a1,k}$ **Bism.**$_{bg2,k,*}$ bism-sn.$_{a1}$ borx. bov.$_{bg2,k,*}$ brach.$_{a1}$ brass.$_{a1}$ brom.$_{bg2,k,*}$ **Bry.**$_{bg2,k,*}$ bufo cact.$_{a1,k}$ caj.$_{a1,k}$ calad. *Calc.*$_{bg2,k,*}$ *Calc-p.* *Calc-s.* calc-sil.$_{k2}$ *Camph.*$_{bg2,k,*}$ cann-s.$_{bg2,k,*}$ canth.$_{bg2,k,*}$ **Caps.**$_{bg2,k}$ *Carb-ac.* carb-an.$_{bg2,k,*}$ *Carb-v.*$_{bg2,k}$ *Carbn-s.* card-m.$_{bg2,k}$ caul.$_{bg2,k,*}$ *Caust.*$_{bg2,k}$ *Cedr.*$_{bg2,k,*}$ cench.$_{k2}$ cent.$_{a1}$ *Cham.*$_{bg2,k,*}$ *Chel.*$_{bg2,k,*}$ chim. *Chin.*$_{bg2,k,*}$ chinin-ar. *Chinin-s.* chion.$_{bg2}$ chlol. *Cic.*$_{bg2,k,*}$ cimic.$_{bg2,k,*}$ cina cinch.$_{a1}$ *Cinnb.*$_{bg2,k}$ cist. clem.$_{bg2,k,*}$ cob.$_{a1,k}$ coc-c.$_{a1,k}$ coca **Cocc.**$_{bg2,k}$ coff.$_{bg2}$ colch.$_{bg2,k}$ *Coll.* *Coloc.*$_{bg2,k}$ con.$_{bg2,k,*}$ cor-r.$_{br1}$ corn. croc.$_{bg2,k,*}$ *Crot-c.* crot-h. crot-t.$_{a1,k}$ *Cupr.*$_{bg2,k}$ cupr-ar.$_{a1,k}$ *Cur.* *Cycl.*$_{bg2,k}$ der.$_{a1}$ *Dig.*$_{bg2,k,*}$ digin.$_{a1}$ *Dios.*$_{a1,k}$ dirc.$_{a1}$ **Dros.**$_{bg2,k,*}$ *Dulc.*$_{bg2,k,*}$ echi. *Elaps* elat.$_{a1,k}$ erig.$_{a1}$ erio.$_{a1}$ eucal.$_{a1,bg2}$ euon.$_{a1}$ eup-per.$_{a1}$ euph.$_{bg2,k,*}$ *Euphr.*$_{bg2,k}$ eupi.$_{a1}$ fago.$_{a1}$ *Ferr.*$_{bg2,k,*}$ *Ferr-ar.* ferr-i. *Ferr-p.* fl-ac.$_{a1,k}$ form.$_{a1,k}$ gast.$_{a1}$ *Gels.*$_{bg2,k,*}$ gent-l.$_{a1}$ gink-b.$_{sbd1}$ gins.$_{a1,k}$ *Glon.*$_{a1,k}$ gran.$_{a1,k}$

– Stirn: ...
*Graph.*bg2,k grat.al,k guaj.bg2,k,* gymno. *Ham.*al,k hell.bg2,k,* helon.hr1,k,* **Hep.**bg2,k hera.al hipp.al,k hura *Hydr.* hydr-ac.bg2,k,* *Hydrog.*srj2 **Hyos.**bg2,k,* iber.al **Ign.**bg2,k,* ind. indg.al iod.bg2,k,* *Ip.*bg2,k *Iris* jab.al jug-c.al,k jug-r.al kali-ar. kali-bi.bg2,k,* *Kali-c.* kali-chl.bg2,k,* kali-cy.al *Kali-i.* kali-m.k2 kali-n.bg2,k,* kali-p. **Kali-s.** *Kalm.*bg2,k,* *Kreos.*bg2,k,* lac-ac.al,k **Lac-c.** *Lac-d.* *Lach.*bg2,k,* lachn.al,k lact. **Laur.**bg2,k,* lec. led.bg2,k,* lepi.al *Lept.*bg2,k,* lil-s.al lil-t.bg2,k,* linu-c.al lith-c. lob-c.al lunakg1 *Lyc.*bg2,k,* lycps-v. lyss.al,k *Mag-c.*bg2,k *Mag-m.*bg2,k mag-s.al,k manc.al,k mang.bg2,k *Med.* *Meli.*bg2,k *Meny.*bg2,k **Merc.**bg2,k merc-c. merc-d.al *Merc-i-f.*al,k merc-i-r. merl.al,k mez.bg2,k,* mit.al morph.al mosch.bg2,k,* *Mur-ac.*bg2,k,* musacl *Mygal.*bg2,k myric.al *Naja* **Nat-ar.** **Nat-c.**bg2,k **Nat-m.**bg2,k,* nat-p. nat-s.al,k *Nit-ac.*bg2,k,* nit-s-d.al *Nux-m.*bg2,k,* **Nux-v.**bg2,k ol-j.al,k *Olnd.*bg2,k op.bg2,k,* osm. *Ost.*al *Ox-ac.*al,k papin.al *Par.*bg2,k,* ped.al pen.al *Petr.*bg2,k,* ph-ac.bg2,k phase-vg.al phel.al,k **Phos.**bg2,k,* phys.al,k *Phyt.* pic-ac.bg2,k,* pip-m.al,k plan.al,k *Plat.*bg2,k *Plb.*bg2,k plect.al podo.bg2,k polyp-p.al prun.bg2 psil.ft1 *Psor.*al,k ptel.bg2,k,* **Puls.**bg2,k,* pulx.br1 quas.al *Ran-b.*bg2,k ran-s.bg2 raph.al,k rham-f.al rheum rhod.bg2,k,* rhodi.al rhus-g.al *Rhus-t.*bg2,k,* *Rhus-v.* rob.bg2 *Rumx.* ruta *Sabad.*al,bg2 *Sabin.*bg2 samb.bg2,k,* *Sang.*bg2,k,* sapin.al sarr.al *Sars.*bg2,k,* sec.bg2,k *Sel.*bg2,k seneg.bg2,k,* *Sep.*bg2,k,* serp.al **Sil.**bg2,k,* sin-a.al sin-n.al skat.br1 *Sol-ni.* **Spig.**bg2,k,* spira.al spirae.al *Spong.*bg2,k squil.bg2 **Stann.**bg2,k *Staph.*bg2,k stict.al,k still.al stram.bg2,k,* stront-c. stry. sul-ac.bg2,k,* sul-i.al,k2 **Sulph.**bg2,k sumb.al *Syph.* tab.al,k tarax.bg2,k,* *Tarent.*al,k tell. tep.al teucr.bg2,k,* thea *Ther.*bg2,k *Thuj.*bg2,k,* *Thyr.*bro1 til.al,k trif-p.al tril-p. trom.al,k tus-p.al upa.al uran-met. ust.al,k vac.al *Valer.*bg2,k,* verat.bg2,k verat-v.al,k verb.bg2,k,* vib. vichy-g.al viol-o.bg2 viol-t.bg2,k xan.al,k yuc.al zinc.bg2,k,* zing.al,k

- **abwechselnde** Seiten: aloebg1,bg2 gins.bg1 *Iris* **Lac-c.** lil-t. lob.bg1,bg2 stann.bg1,bg2 zinc.bg1,bg2
- **linke** Seite: acet-ac.al,k acon. aeth. agar.al,k ant-c. ant-t.al,k apis arg-met. *Arg-n.* arn.al,k asaf. *Asar.* aur. aur-i.k2 aur-m. bell.al,k bov. bry.al,k cact.al,k camph. carb-an.al,k caust. cere-b.al chel.al,k chin. chinin-s. cic.al,k cina clem. coca cocc. colch. coloc.al,k cund. cupr. dulc. euon.al,k euph. fl-ac.al,k glon. gran.al,k grat. haem.al,k ham. hipp. hyos. iod. ip. kali-bi. kali-n. kalm. kreos. *Lac-c.* laur. lil-t. lith-c. lyc.al,k lyss.al,k mag-c. mag-m. meny. merc.al,k mez. mur-ac. nat-c.al,k nat-m. nat-s. nuph.al ol-an. op. par. ph-ac. phel. phys.al,k pip-m.al,k plan.al,k plat. prun. psil.ft1 psor. ptel. rhod.al,k rhodi.al rhus-t.al,k sabin. sars. sel. seneg. sep.al,k sil. spig. spong. stann. staph. sul-ac.al,k sulph.al,k tab. tarax. **Thuj.**al,k valer. verb. zinc.al,k
  - **vormittags**: gink-b.sbd1
  - ▽ **erstreckt** sich zu:
    - **rechte** Seite: agar. chin. haem. *Iris* lycps-v. phos.bg1,bg2 rhus-r. squil.
  - **linke** Seite - **erstreckt** sich zu: ...
    - **Hinterkopf**: cere-b.al nat-c.
- **rechte** Seite: acet-ac.al,k *Acon.*al,k agar.h,k,* aloe anac. ant-t.al,k apis arg-n. arn. *Ars.*al,k ars-s-f.k2 arum-t.al,k asaf. bar-c. bar-i.k2 bar-s.k2 *Bell.*al,st berb. bov. brom. bufo canth. *Carb-ac.*k,st castm. *Chel.*al,k chin.al,k chinin-ar. cimx.al,k cinch.al cinnb. coc-c.al,k cocc. colch.al,k cop.br1 crot-h. cupr-ar.al,k cycl. dig.al,k dios.al,k dros. euphr. ferr. ferr-ar. ferr-i. ferr-p. fl-ac.al,k glon.al,k grat. hell. *Hep.* hydrog.srj2 *Ign.*al,k indg. iod. *Iris* kali-bi. kalm. kreos. lach. *Laur.* lyss. meny. merc. merc-i-f.al,k *Mez.* mosch.al,k nat-m.al,k nat-s.al,k nicc. ol-an. op.al,k osm. phase-vg.al phel. phos. *Phyt.* pic-ac.al,k **Prun.**al,k psor. *Ran-b.* rat. rhod.al,k rhodi.al rhus-r. rumx. ruta sabad.al,k sabin. sang.al,k sars. seneg. sep. sil.al,k spig. spong. squil. stann. staph. stram.al,k sul-ac. sulph. tarent. teucr. thuj. urt-u.al,k valer.al,k verb. zinc.
  - **morgens**, beim Erwachen: colch.al,k phyt.
  - **vormittags**: dig.al,k fl-ac.al,k
  - **nachmittags**: agar.al,k stram.al,k
  - **abends**: ant-t.al,k apis ferr-i.k2 merc-i-r.al,k nat-m. sang.al,k
  - **nachts**: merc-i-f.al sulph.al,k
  - **Schreiben**; beim: phase-vg.al
  - ▽ **erstreckt** sich zu:
    - **Auge**; rechtes: gink-b.sbd1
    - **Hinterkopf**; durch den Kopf zum: **Prun.**al,k
    - **linke** Seite: acet-ac.al,k aesc. aeth. cycl. ign. iris nat-m. **Sabad.** sanic.
    - **Ohr**: dios.al hydrog.srj2 sang.al
    - **Wange**: lachn.
- **tagsüber**: aesc.al *Calc.* caust. chel. con. cund. kali-c. kali-sil.k2 lach. lil-t. lyc. mag-c. merc-i-f.al nat-ar.k2 nat-m.al,k nuph. petr. phos. pic-ac.al pip-m.al ptel. ran-b. *Seneg.*al sep. sil. sol-t-ae.al,k sulph.al tarent. zinc.
- **morgens**: agar.al,k alum. alumn. am-m. arn. aster.al,k aur-m. bapt. bell. bov. brom.al,k bry. *Calc.* *Calc-s.* calc-sil.k2 canth. carbn-s. chel. chinin-s. cimic. cinnb.k2 coca crot-h. crot-t. cycl. dios.al,k dirc.al equis-h. euphr. ferr. form.al,k ham.al hydr. *Kali-bi.* kali-c. *Kali-s.* kali-sil.k2 kreos.al,k *Lac-c.* **Lach.** lact.al,k lil-t. lyc.al,k lyss. mag-c. mag-s. med. merl. mez. morph.al murx. naja nat-ar. nat-c. nicc. nit-ac. nux-m.al,k *Nux-v.* ol-an. ox-ac.al,k paeon.al,k peti.al phos. psor. raph.al,k rhod. rhodi.al rhus-r. rhus-t.al scut. seneg. sep. sil. sin-n.al stram.al,k stry.al,k **Sulph.**al,k tarent. thuj. ust.al,k zinc.al,k zinc-p.k2 zing.al
  - **6 h**: sulph. xan.c1
  - **amel.**: mag-s. ox-ac. petr.
  - **Aufstehen**, beim: am-m. asar. bar-c. bry. carb-an. cob. con. dulc. ferr. ham. iber. kali-bi. kali-n. kalm. lac-d. *Lach.* lil-t. lyc. mag-c. nat-c. nat-m. psor. raph. sep. sil.
    - **amel.**: anac.h graph. hep. **Nux-v.** phos. ran-b. rhod. *Sulph.*
  - **Bett**, im: anac.al,k dulc.al,k graph.al,k inul.al,k mez. nux-v. polyp-p.al ran-b. rhod.

- **morgens**: ...
  - **Erwachen**, beim: acon.a1,k agar. alum. alum-p.k2 alumn. anac. ant-t. arg-met. arg-n. arn. bell. berb. *Bry.*a1,k calc.a1,k calc-s. calc-sil.k2 carb-ac. carb-an.a1,k carbn-s. chinin-s. cina cinnb.a1,k coc-c. coff. colch.a1,k coloc. *Crot-h.* dig. erig. euphr. fago. ferr. ferr-p. fl-ac.a1,k gels. glon.a1,k graph. hep. hydr. hydrog.srj2 ign. ind. *Kali-bi.*a1,k kalm. kreos. lac-ac. lac-c. lact. lyc. lyss. mag-c. mag-m. mit.c1 morph. myric.a1,k naja nat-ar. **Nux-v.** ol-an. ox-ac.a1,k petr. ph-ac. phos. raph. rhus-t. rumx. ruta sang. sol-ni. staph. *Sulph.*a1,k tell.a1,k ther. thuj.
- **vormittags**: arn. ars-i.a1,k bamb-a.stb2 brom.a1,k bry.a1,k calc-s. carbn-s.k2 chin. clem.a1,k coc-c.a1,k cocc. coloc. con. dig.a1,k euphr. fl-ac.a1,k gamb. gels.a1,k gink-b.sbd1 guaj.a1 ign.a1,k kali-c. lach. lyc.a1,k mag-c. mag-s. meli. merc-i-r. myric.a1,k nat-ar. peti. petr.a1,k plect.a1 rhus-t.a1,k sars. sel. seneg. sep. sol-ni. *Sulph.*a1,k ust.a1,k zinc.a1,k
  - **10** h: *Gels.* **Nat-m.** psil.ft1
  - **10** - 15 h: *Nat-m.*vh *Tub.*vh
  - **amel**.: ind. lact.
- **mittags**: chel.a1,k dirc.a1,k fago.a1,k ign.a1,k puls-n. **Sulph.**a1,k verat.a1,k zinc.a1,k
- **nachmittags**: ail.a1,k *Aloe* alum. alum-p.k2 ambr. anac. arg-n. bad. borx. bov. bry. bufo calc-s.a1,k cann-i. castm. caust. chin. chinin-s. cic. cimic. cinch.a1 coca colch. com.a1 con. cycl. dios.a1,k dirc.a1,k fago.a1,k form.a1,k gels. glon.a1,k graph. hipp.a1,k ign. ind. iris-foe. jab. *Kali-c.* kali-cy. kali-n. kali-s. kali-sil.k2 kreos. lac-c. lact. laur. lil-t. lyc.a1,k lyss. mag-c. mag-s.a1,k mang. merc-i-r.a1,k mosch.a1 mur-ac. myric.a1,k naja nat-ar. nat-m. nit-ac. op. peti. ph-ac. phos.a1,k pip-m.a1,k plect.a1 psil.ft1 puls.a1,k ran-b. rhus-r. sang. senec. serp. sil. sol-t-ae. stront-c. sulph.a1,k tab. tarent. valer.
  - **15** h: hura lyc. lycps-v. sep. verat-v.
  - **15** - 19 h: tarent.
  - **15** - 20 h: arn.
  - **16** h: arg-mur. chinin-s. phys. pic-ac. *Sulph.*
  - **17** h: paeon. stram.
  - **Erwachen**, beim: sulph.a1,k
  - **Fahren** im Wagen; beim: lyc.
  - **Gehen**, beim: *Kali-c.*a1,k
- **abends**: acon.a1,k agar.a1,k alum. alum-p.k2 alumn. anac. ang.a1,k ant-t.a1,k aran. arg-met. arg-n.a1,k ars. ars-i. arum-t. bad.a1,k bamb-a.stb2 bapt.a1,k bar-c. bar-i.k2 bar-s.k2 bism. borx. bov. brach.a1 brom. bry.a1,k cact.a1,k calc-s. camph. castm. caust. chel.a1,k chin.a1,k chinin-s. cimic. cina cinnb. cocc. crot-h. *Cycl.*a1,k dig.a1,k dios. dulc. erig. fago.a1,k ferr. ferr-ar. ferr-i. ferr-p. fl-ac.a1,k graph. ham. hell.a1,k hipp.a1,k hura iber. ind. indg. iod. *Iris* iris-foe. jug-r. kali-c. kali-i. kali-n. *Kali-s.* kali-sil.k2 *Kalm.* lac-ac. lach.a1,k lepi. lil-t. lyc. lycpr. lyss. mag-c. mag-m. mag-s. merc. merc-i-f.a1,k merc-i-r.a1,k myric.a1,k narc-ps.a1 nat-c.hr1 nat-m. nit-ac. nit-s-d.a1 nuph. ol-an. osm. paeon.a1,k ped. peti. ph-ac. phos.a1,k phys.a1,k pic-ac.a1,k plat. plb. plect.a1 podo.a1,k

- **abends**: ...

  psor. *Puls.* ran-b. ran-s. rat. rhus-r. rumx. sars. sel. seneg. sep.a1,k1 sil. sin-n.a1,k staph. sul-ac. sul-i.k2 *Sulph.*a1,k tab. thuj.a1,k uran-met. ust.a1,k valer. yuc.a1 zinc.
  - **amel**.: chin. clem.a1,k coca kali-bi. naja op. phys.a1
  - **19** h: chinin-s. nat-m. *Sulph.* verat.
  - **19** - 20 h: sep.
  - **19** - 21 h: cocc.
  - **20** h: sol-ni.
  - **Bett**, im: fl-ac.a1,k mag-s. sep.a1,k
  - **Singen**, nach: rumx.
- **nachts**: *Acon.* anac. arg-n. ars. camph. caust. chinin-s. cinnb.a1,k croc. crot-c.a1 crot-h.a1,k cycl. fago.a1,k ham.a1,k hep. hura kali-c. kali-sil.k2 lac-ac. lachn. lyc. mag-s. merc. merc-i-f.a1 merc-i-r.a1,k naja pip-m.a1,k ptel. puls.h,k1 puls-n. raph. sang.a1,k sil. sin-n.a1,k spig. tarent.a1,k *Thuj.* til.
  - **amel**.: clem. phys.
  - **Mitternacht**: hep.a1,k mag-s.a1,k petr.a1,k
    - **nach**: **Lac-c.**
    - **2** h, nach: cimic.
    - **3** h, nach: lyc.h
    - **bis** morgens: hep.
  - **Erwachen**, beim: cinnb.a1,k merc-i-f.a1,k puls-n.
- ◆ **abwechselnd** mit:
  - **Brust**, am Schluß Reißen in Nase und Schultern; krampfartiger Schmerz in der: lachn.
  - **Gelenken**; gichtigem Schmerz in: sulph.
  - **Hinterkopf**; Schmerz im: acon. agn. ars.bg1 lac-ac.c1 mosch. sulph.
  - **Kreuz**; Schmerz im: brom.
  - **Scheitel**, verschiebt sich plötzlich; Schmerz im: cot.c1
  - **Seite** zur anderen; Schmerz von einer ☞ *abwechselnde*
- **Ablenkung**, bei: *Pip-m.*k1
- **Absonderung** aus der Nase amel. ☞ *Nase; Absonderung - amel.*
- **Abwärtsbewegung**, bei: *Bell. Ferr.*a1,k
- **anfallsweise**: aesc. ant-t. ars. berb. *Psor.* **Sep.** *Spig.*
- **Anstrengung** der Augen; bei: lac-c.k2
- **Aufrichten**; beim:
  - **Bücken**, vom: asar. *Bell.* mag-s.
- **Aufstehen**:
  - **amel**.: chinin-s. *Cinnb.*k,k2 spong. sulph.
  - **nach**: bar-c.bg1,bg2 cob.a1,k cocc.bg1,bg2 dulc.a1,k ery-a.a1 glon. iber.a1,k ign.bg1,bg2 kalm.a1,k mur-ac.a1,k phys.a1,k *Sang.*a1,k verat.
  - **Liegen**, vom: ars.h
- **Auftreten**, beim: alum. **Bell.** ph-ac. *Sep. Sil.* spig.k2
- **Berührung**: alum.h,k1 am-m. chin. cocc-s.kr1 cupr. ip. *Kali-c.* lepi. lyc.a1,k mur-ac.a1,k nat-m.a1,k sil. spong.h,k1
  - **amel**.: bell. calc-act. chin. cycl. mur-ac. viol-t.

- **Beschäftigung**:
  - **amel.**: calc-sil.$_{k2}$
- **Beugen** des Kopfes; beim:
  - **hinten**, nach: chin. stann.
    - **amel.**: bell. sanic. thuj. verat.
    - ▽ **erstreckt** sich zu:
      - **Schläfen**; beide: chin.$_{h}$
  - **vorne**, nach: tarent.
    - **amel.**: tril-p.$_{c1}$
- **Bewegung**, bei: acon. agn. ang. ant-t. *Ars.* atro. aur. aur-m. aur-s.$_{k2}$ **Bell.** bism. bov. **Bry.** *Calc.* calc-sil.$_{k2}$ canth. *Chel.* cimic. cinnb. cop.$_{br1}$ cupr. cupr-ar. cycl. dig. dulc. fago. ferr-i. **Glon.** graph. ign. iod. kali-bi. *Kali-c.* *Lac-d.* *Lach.* lyc. mag-c. meli. meny. mosch. nat-c. nat-p. *Nux-v.* ph-ac. phys. rhod. rob. rumx. sabad. *Sang.* sep. *Sil.* sol-ni. *Spig.* staph. sul-i.$_{k2}$ **Sulph.** tab. *Ther.*
  - **amel.**: *Agar.* hydr. *Iris* *Mag-m.*$_{hr1}$ petr. pip-m. *Puls.* *Rhod.*
  - **Augen**, der: *Bad.* bapt. bell. bry. chel. chinin-s. cimic. dros. gels. *Hep.* ign. jug-r. kali-c. lac-c.$_{k2}$ mur-ac. *Pic-ac.* puls. rhus-t. sil. spig. valer.
  - **Hände**, der: coc-c.
  - **Lider**, der: *Bry.* coloc.
  - **muß** den Kopf hin und her bewegen: *Agar.*
  - **schneller**, bei: dros. nat-m.
- **Binden** amel.; festes: lac-d.
- **Blicken**, beim:
  - **angestrengtem** Blicken, bei: glon.$_{a1,k}$
  - **oben**, nach: puls.$_{bg1}$
- **Bücken**:
  - **amel.**: bar-c. bell. caust. con. verb.$_{a1,k}$
  - **durch**: acon. am-c. am-m. ang. arg-mur.$_{a1,k}$ arg-n. arn. asar. atro. aur-m. bar-c. **Bell.** berb.$_{a1,k}$ borx. bov. brom. **Bry.**$_{a1,k}$ *Calc.* *Calc-s.* camph. canth. carb-an. carb-v. caust. chel. cob.$_{a1,k}$ coff. *Coloc.*$_{a1,k}$ cupr. cycl. dros.$_{a1,k}$ dulc. elaps fago. fl-ac. *Gels.* gran.$_{a1,k}$ guaj. haem. *Hep.* hyos. ign. ind. ip. junc-e. kali-bi.$_{a1,k}$ kali-i. kali-n. kreos. lact. laur.$_{a1,k}$ lyc. lyss. mag-m. manc.$_{a1,k}$ **Mang.** **Merc.** merc-c. mur-ac. murx. myric. *Nat-m.* *Nux-v.* phos. pic-ac.$_{a1,k}$ plat. ptel. **Puls.** rat. *Rhus-v.*$_{a1,k}$ sanic. *Sil.* sol-ni. **Spig.** stann. staph. **Sulph.**$_{a1,k}$ tarent. teucr. **Valer.** verat. zing.
- **Drehen**, beim:
  - **Augen** nach oben; der: *Lac-c.*
  - **Kopfes**, des: canth. chinin-s. coc-c. gels. glon.$_{a1,k}$ *Nat-c.*$_{a1}$ *Nat-m.* ph-ac.$_{a1,k}$ phos. rhod.$_{a1,k}$ spig.$_{k2}$
    - **rechts**, nach: aeth.
    - **schnellem** Drehen, bei: ign. **Nat-c.** ph-ac.
- **Druck**: calc. camph. dios. hydrog.$_{srj2}$ mag-m. mur-ac. ph-ac. teucr.
  - **amel.**: ail. am-c. am-m. anac. apis aral. **Bell.** **Bry.** cact.$_{a1,k}$ *Calc.* calc-sil.$_{k2}$ carb-ac.$_{c1,k}$ castm. *Chel.* *Chin.* cimic.$_{hr1,k}$ clem. colch. croc. *Ferr.* gels. *Glon.* ham. hell. hydr. ip. kali-i. kalm. *Lac-d.* lil-t. mang. meny. merc.$_{a1,k}$ merl. mur-ac. nat-c. **Nat-m.** nat-s. *Nux-v.* olnd. op. phys.$_{a1,k}$ **Puls.** sabad.$_{a1,k}$ spig. stann. sul-ac. sulph. tarent.
- **Druck - amel.**: ...
- **Erschütterung**, bei: spig.$_{k2}$
- **Erwachen**; beim: adam.$_{srj5}$ choc.$_{srj3}$
- **Essen**: alum. am-c. aran. bov. brom. *Bry.* calc-s. calen. *Carb-v.*$_{a1,k}$ cham. chel. *Chin.* chinin-s. clem. *Cocc.* colch. con. graph. hydr. inul. kali-bi. kali-br. *Kali-c.* kali-n. kali-s. lyc. mag-c. *Nat-m.*$_{a1,k}$ nat-s. op. *Phos.* phyt. plat. sars. sulph. tab. valer. zinc.
  - **amel.**: calc-sil.$_{k2}$ carb-an. chel. *Cist.* genist. phyt.$_{a1,k}$ psor. **Sep.** *Thuj.*
- **Fahren**, beim:
  - **kaltem** Wind, in: ars-i. calc-i. *Cocc.* glon. lyc.
  - **Wagen**, im: acon. *Cocc.* glon. *Lyc.* nux-m.
    - **amel.**: kali-n.
- **Feuer**, nahe einem: nux-v.
- **Frost**:
  - **während**: eup-pur. **Nat-m.**
  - **nach**: mang.
- **Furunkel**; wie ein: hep.$_{c1}$
- **Gebrauch** der Augen; beim: *Plat.*
- **Gefühllosigkeit** des Gehirns; mit: hydrog.$_{srj2}$
- **Gehen**:
  - **amel.**: calc-act. chin. coca dros. *Iris* puls. ran-b. rhod. sang. staph.
  - **beim**: acon. anac. *Arn.* ars. **Bell.** **Bry.** *Calc.* calc-s. calc-sil.$_{k2}$ chin. clem. coca cocc. coloc. digin.$_{a1}$ dros.$_{h,k1}$ euphr. gran. ind.$_{a1,k}$ kali-bi.$_{a1,k}$ *Kali-c.* kali-n. lac-d. lept. mag-c. naja ped.$_{a1}$ peti.$_{a1,k}$ ph-ac. phys.$_{a1,k}$ *Puls.* rat. rhus-v. sabad. sars. *Sil.* spong. sulph. ust.$_{a1,k}$ viol-t.
  - **Freien**, im: acon. ant-c. arg-n. asim. **Bell.** calc. carb-ac. *Caust.* *Chin.* *Cina* coca coff. hell. hyos. kali-cy. lyss. merc. nat-m. plat. sars. spong. tarax. *Thuj.*
    - **amel.**: borx. camph. chel. cor-r. crot-h. ham. hydr. hyos. *Iris* *Lyc.* mag-m. phys. *Plat.* scut. sep. sulph. thuj.
- **geistiger** Anstrengung, bei: anac. *Arg-met.* arg-n. arn. asar. borx. bov. *Calc.* calc-sil.$_{k2}$ coc-c.$_{k2}$ coff. cop. dig. fago. hydr. *Iris* kalm. lact.$_{a1,k}$ lyss. manc. meli. mez. *Nat-c.* *Nat-m.* **Nat-p.** nat-s. *Nux-v.* ol-an. ox-ac.$_{a1,k}$ petr. *Ph-ac.* *Pic-ac.* pip-m. plb. psor. puls. rhus-r. rob. sep. *Sil.*$_{a1,k}$ ter.
- **Geräusche**, durch: acon. agar. *Bell.* cact. *Chinin-s.* cit-v. colch. con. *Iod.* lac-c. lac-d. plect.$_{a1}$ *Sil.* *Spig.* ther.$_{k2}$
- **Gerüche**, durch starke: sel.
- **Geschäftsleuten**, bei: *Arg-met.*
- **geschlossen**; Augen werden gewaltsam: *Cocc.*
- **geschwürig**
  - ☞ *geschwürig*
- **Gesellschaft** agg.: *Plb.*
- **Getränke**:
  - **kalte** Getränke agg.: dig.$_{bg1}$
- **Gewicht** des Hutes; durch das: hep.
- **hämmernd**: am-m. cham.$_{h,k1}$ cic. **Ferr.** kali-i. kreos. **Lyc.** mez. nicc. olnd. rheum$_{h}$ verb.

- **Hitze**:
  - **amel**.: calc-sil.k2 cinnb. mag-m. **Sil.** stann. *Sulph.*
  - **während**: apis corn.a1 ferr-i. sep.a1,k sulph.a1,k
- **Husten**: acon. anac. ant-t. *Apis* arn. *Asc-t.*a1,k asim. **Bell.** brom.a1,k **Bry.** *Calc.* chel.a1,k coc-c.k2 coca ferr. ferr-i. ferr-p. form. hep. hyos. iod. iris kali-bi. kreos. lyc. mez. mosch. **Nat-m.** *Ol-j.* *Phos.* rumx. ruta seneg. sep. spong. staph. stict. sulph. verb. ziz.a1
  - **amel**.: arg-mur.a1,k
- **Hut**, durch den: calc-p.k2 ferr-i.k2 glon.a1 hep.a1,k
- **intermittierend**: agar.a1,h ant-c. stann.
- **kalt**:
  - **Anwendungen** amel.; kalte: chel. *Cycl.* merl. *Phos.* **Sulph.**
  - **Getränke**
    ☞ *Getränke - kalte*
  - **Hand** amel.; kalte: carb-ac.a1,k
  - **Luft**, kalte: *Bell.* calc. carb-an. caust. ferr. *Iris* kali-bi. *Nux-v.* rhus-t. sep. sil. ther.k2 zing.
    - **amel**.: lyc. **Phos.** pip-m.
    - **Atmen**, beim:
      - **Nase**, durch die: cor-r.br1
  - **Stirn**; mit kalter: cimic. *Cinnb.*
- **Körperübungen**, durch leichte: *Epiph.*vh *Sang.*
- **Lachen**, beim: iris *Nat-m.* zing.a1
- **Lehnen** nach vorne beim Nähen; beim: *Borx.*
- **Lesen**, beim: arn. borx. bov. bry.a1,k *Calc.* caust. chinin-s. cocc. coff. ery-a.a1 ferr-i. lob-s. lyc.a1,k lyss. op. phys. pip-m. rob. tarax.
  - **Kerzenlicht**, durch: *Spig.*
- **Liegen**:
  - **amel**.: anac. *Bell.* calc. calc-sil.k2 con. cupr. glon. ham.a1,k kali-bi. *Lac-d.* meli. nat-p. pip-m.a1,k rhus-t. sep. spig. tab. *Thuj.*
  - **beim**: alum. arg-met. bov. bry. camph. cham.h,kl chim-m. cinnb. coc-c.k2 coloc. fl-ac. *Gels.* lachn. mag-s.a1,k merc.a1,k nat-s. ran-b.
  - **Gesicht**; auf dem:
    - **amel**.: bry.sys
  - **Kopf** tief amel.; mit dem: *Spong.*
  - **Rücken**, auf dem: cinnb. *Coloc.*
    - **amel**.: dig. nux-v. spong.
  - **Seite**, auf der:
    - **amel**.: nat-m.
    - **linken** Seite agg.; auf der: *Cinnb.*
    - **rechts** amel.: cinnb.
- **Luft**:
  - **Freien**, im: agar.a1,k *Bell.* calc. chel.a1,k euphr. hera.a1 kali-bi. kalm. lac-c. lach. lachn. lil-t. *Mang.* *Nux-v.* rumx. sil. staph.
    - **amel**.: acon. alum. ang. *Apis* arg-met. aur. aur-m. berb. cact.a1,k calc. camph. carb-ac. cimic.a1,k colch. coloc. cor-r.hr1,k,* crot-t. euphr. *Ferr.* *Ferr-i.* *Ferr-p.* ham.a1,k hell. hydr.bg1,bg2 hydr-ac. jac-c. jac-g. jug-r.a1,k kali-bi. lach. *Mag-m.* mag-s. merc. nuph.a1,k *Phos.*a1,k pic-ac. puls.bg1,bg2 sanic. sars. seneg. sep. sin-n.a1 sul-ac.h,kl sulph. tab. tarax. viol-t.
- **Luft**: ...
  - **Zugluft**:
    - **amel**.: ferr-i.k2
- **Menses**:
  - **vor**: acon. bell. brom. *Calc.* cimic. cinnb. kali-p. lac-c. sil.
  - **während**: aesc. alum. am-c. am-m. apis bamb-a.stb2 bell. brom.a1,k *Bry.* cact. cain. carb-an. castm. cench.k2 cinnb. cycl. euph. *Gels.* graph. helon. iod. kali-bi. lac-d. lyc. mag-c. merc. nat-c. nat-m. nat-p. nux-v. phos.a1,k plat. rat. sang.a1,k sep. sil. sulph.
  - **nach**: ferr.
  - **Ende** der Menses; zu: crot-h.
- **Mittagessen**, nach dem: am-c. calc-s. chinin-s. cimic. con. phyt. sulph. thuj.
- **Nähen**, durch: iris lac-c.
- **Nase**; Absonderung aus der:
  - **amel**.: hydr.bg1,bg2 kali-bi.bg1,bg2 *Lach.*bg1,bg2 nux-v.bg1,bg2 puls.bg1,bg2
- **Nasenbluten** amel.: bufobr1
- **nasse** Füße, durch: *Spig.*
- **Niesen**, beim: apis arn.a1,k echi. *Nat-m.*a1,k sabad.
- **periodisch**: lac-d. laur. mag-m. merc-c. nat-s. nux-v. *Sil.* sulph. teucr. *Tub.*
  - **morgens**:
    - **zweiten** Morgen, den ganzen Tag anhaltend; jeden: *Calc.* carbn-s.k2
  - **zweiten** Tag; jeden: merc-c.
- **pulsierend**: alum. *Am-c.* *Am-m.* *Ars.* asar. **Bell.** *Bry.*a1,k *Calc.* calc-sil.k2 cann-i. *Caps.* carb-v. carc.st1,tp1,* *Caust.* cic. cimic.hr1,k cinch.a1 cocc. coloc.a1,k cupr-ar. *Dig.*a1,k dulc.a1,h,* eupi.bro1 **Ferr.** **Glon.** *Ign.*k,st *Iris* jab.a1 kali-c.h,kl kali-i. *Kalm.* kreos. **Lac-c.** **Lac-d.** laur.a1,k **Lyc.**a1,k lyss. mag-c. meli. merc-i-f. mez. naja nat-c.hr1 *Nat-m.* nicc. nux-m. olnd. ost.a1 petr. phos.h,kl **Puls.**a1,k ruta sec.a1,k sep. **Sil.** sol-ni. spong. *Stram.* ther. verb. zinc.
- **Rauchen**, durch: calad. caust. ferr-i.
- **Reiben** amel.: ars. ham. nicc.c1 ol-an. op. *Phos.* phys.
- **Sauna**; nach: bamb-a.stb2
- **Schlaf**, nach: ant-c. ant-t. calc. cham. cinnb. coc-c.k2 con. erig. euphr. fago. hell. lyc. myric. nat-ar. sol-ni. stram. thuj.
  - **amel**.: ars-s-f.k2 kali-bi. **Phos.** *Sep.*
- **Schließen** der Augen amel.: *Agar.* aloe atro.a1 **Bell.** *Bry.* calc. nat-m. sin-n.a1
- **Schneuzen** der Nase; beim: alum.
- **Schreiben**, beim: aran. borx. calc. calc-sil.k2 dros. ery-a.a1 ferr-i. gent-l. kali-c. lyc.a1,k op. ran-b. sanic. sil. zinc.
- **Schritte**: **Nux-v.** **Sil.**
  ☞ *Auftreten*
- **Schütteln** des Kopfes; beim: *Calc-s.* *Carbn-s.* coc-c. con. *Glon.*a1,k merc-c.a1,k sep.
- **Sitzen**, im: aeth. agar. *Alum.* aur-m-n. bism. calc.kl ~~calc-act.kl,xxx~~ castm. caust. *Chin.* con. glon. ham. *Iris* *Lac-d.* lach. merc. mez. phos. ruta seneg. spig. spong. staph. tarax. ter. verat.

- **Sitzen**, im: ...
  - **amel.**: acon. ars. *Bell.*
- **Sonnenlicht**, im: ign.$_{a1,k}$ psil.$_{ft1}$
- **Sprechen**, beim: cocc. iod. nat-m. *Sil.* spig.$_{k2}$
- **Stehen**:
  - **beim**: agar. *Alum.*$_{a1,k}$ ars. calc-act. canth. chin. ham.$_{a1,k}$ kali-c. mag-c. merc. phel. **Puls.** ran-b. rheum sang. spig. spong. staph. tab. tarax.
  - **amel.**: calc. iris teucr.
- **steigt** allmählich an: erech.
- **Stelle**, an einer einzelnen: alum.$_{h,k1}$
- **Stirnrunzeln**: nat-m.$_{a1,k}$
  - **amel.**: phos.$_{bg2,k}$
- **Stuhlgang**:
  - **während**: apis *Sil.* verb.$_{c1}$
  - **nach**: bufo chel.$_{a1,k}$ podo.$_{a1,k}$ sep.$_{a1,k}$
  - **Pressen** zum Stuhl, beim: spig.$_{k2}$
- **Treppensteigen**, beim: alum. *Ant-c.* arn. cimic. ign. meny. par.$_{bg1}$ sulph.
- **Übelkeit**; mit: choc.$_{srj3}$
- **Wärme**, in der: calc. ferr-i.$_{k2}$
- **wandernd**: aesc.
- **warme** Anwendungen amel.: *Ars.* cinnb. kali-c. mag-m. mag-p. *Sil.* sulph. *Thuj.*
- **Wasser**; Trinken von:
  - **kaltes** Wasser: dig.$_{c1}$
- **Wein**, nach: ran-b.$_{a1,k}$ rhod.$_{a1,k}$
- **Wellen**; Schmerzen in: **Sep.**
- **Wetter**, bei naßkaltem: *Calc.* *Dulc.* *Rhus-t.* *Spig.*
- **Wind**, bei kaltem: aur. *Carb-v.* lac-c. nux-v. rhus-t.
- **Zimmer**, im: acon. bry. cact. caust. coca colch. con. jug-r. lach. plat. ran-b. rhod. rhus-t. sep.
  - **amel.**: bell. mang.
  - **warmen** Zimmer, im: acon. **Apis** bov. carb-ac. caust. ferr-i. lac-ac. lil-t. merc. mez. *Phos.* plat. **Puls.** ran-b. *Sanic.* sel. *Seneg.* sin-n. verb.
    - **amel.**: lac-c. sil. sulph.
- **Zorn**, nach: petr.

▽ **erstreckt** sich zu:
  - **Augen**: acon.$_{bg1,bg2}$ agar. ant-t. apis asaf.$_{bg1,bg2}$ asar. *Bad.* bapt.$_{bg1,bg2}$ bry.$_{bg1,bg2}$ calc-p. cann-i. carb-v.$_{bg1,bg2}$ carc.$_{fb}$ cham. chel. clem.$_{a1}$ cor-r.$_{br1}$ *Crot-h.* epiph.$_{bg1}$ gink-b.$_{sbd1}$ gins. glon. grat. hep. hydrog.$_{srj2}$ ign. kali-bi. *Kali-c.* kali-p.$_{bg1}$ lac-ac. lac-c. lach. lil-t. mur-ac. nat-c.$_{bg1,bg2}$ nit-ac. nux-m. op.$_{bg1,bg2}$ *Phos.* psil.$_{ft1}$ puls. sabin. seneg. *Spig.* thuj. zinc.$_{bg1,bg2}$
  - **Augenhöhlen**: chel. gins. xan.$_{c1}$
  - **außen**, nach: bar-c. olnd.
  - **Backenzähne**, oben: *Kalm.*
  - **Brust**: cham.$_{bg1,bg2}$
  - **Eckzähne**: kalm.
  - **ganzen** Kopf
    ☞ *hinten - ganzen*
  - **Gehirn**; in das: agar.$_{bg1,bg2}$ croc.$_{bg1,bg2}$ glon.$_{bg1,bg2}$ hell.$_{bg1,bg2}$ laur.$_{bg1,bg2}$ pip-m.$_{bg1}$ plan.$_{bg1,bg2}$ ran-s.$_{bg1,bg2}$ stann.$_{bg1,bg2}$
    - **Gehirnbasis**: sep.$_{bg1,bg2}$
  - **Gesicht**: brom. bry.$_{bg1,bg2}$ chin. lachn. meny. merc. merc-i-f.$_{bg1,bg2}$ mosch. puls. sang. sep.

▽ **erstreckt** sich zu - **Gesicht**: ... tab.
  - **Knochen**: lys.$_{bg1}$ puls.$_{bg1,bg2}$ sulph.$_{bg1,bg2}$
- **Hals**: chel. kali-n. kalm. lil-t. lyc. mosch. onos. viol-t.
- **hinten**, nach: agar. anac.$_{bg1,bg2}$ anan.$_{a1,hr1,*}$ arn. bry. con.$_{bg1,bg2}$ *Crot-c.* cupr. eup-per. form.$_{bg1,bg2}$ kali-bi. *Lach.* lil-t. mur-ac.$_{h}$ onos. *Phyt.* pic-ac.$_{bg1,bg2}$ **Prun.** ran-s. sabad.$_{bg1,bg2}$ scroph-n.$_{br1}$ sel.$_{bg1,bg2}$ spong. stront-c.$_{bg1,bg2}$ tab. ther. **Thuj.** valer.$_{bg1,bg2}$
  - **ganzen** Kopf; über den: anac. lach. mur-ac. sel. valer.
- **Hinterkopf**: ars. **Bell.** bism. *Bry.* calc. camph. *Cann-s.* canth. carb-ac. cench.$_{k2}$ *Cham.* chel. chinin-s. chlol. **Cimic.** cina$_{bg1,bg2}$ cinnb.$_{bg1,bg2}$ coc-c. cocc.$_{bg1,bg2}$ colch. con. cupr. dios. diosm.$_{bro1}$ eup-per. *Form.* *Kali-bi.* kali-n. kali-p. kalm. kreos. *Lac-d.* *Lil-t.* lycps-v. merc-i-r. naja nat-c. nat-m. *Nux-v.* par. phos. phys. pic-ac. plat. **Prun.** psil.$_{ft1}$ sabad. sabin. *Sep.* sulph. ther. **Thuj.** zing.
  - **Streifen**; in einem: choc.$_{srj3}$
  - **und**:
    - **zurück**; wieder: cop.$_{br1}$
    - **Kopf**; über den: anac.$_{bg1,bg2}$ cimic.$_{bg1,bg2}$ colch.$_{bg1,bg2}$ sel.$_{bg1,bg2}$ thuj.$_{bg1,bg2}$
- **Kiefer**:
  - **Oberkiefer**: acon.$_{bg1,bg2}$ kali-bi.$_{bg1,bg2}$ phos.$_{bg1,bg2}$
  - **Unterkiefer**: bell.$_{bg1,bg2}$ brom.$_{bg1,bg2}$ nat-m.
- **Kopf**, über den: anac.$_{bg1}$ cimic.$_{bg1}$ colch.$_{bg1}$ sel.$_{bg1}$ thuj.$_{bg1}$
- **Lider**: chel.$_{bg1,bg2}$ phos.$_{bg1,bg2}$ spig.$_{bg1,bg2}$
  - **Oberlider**: chel.$_{bg1}$ phos.$_{bg1}$ spig.$_{bg1}$
- **Nase**: acon.$_{bg1,bg2}$ *Agar.* aloe$_{bg1,bg2}$ am-m.$_{bg1,bg2}$ bapt.$_{bg1,bg2}$ *Calc.* calc-p. cina croc. dig.$_{bg1,bg2,*}$ dios. dulc. fago.$_{bg1,bg2}$ ferr.$_{a1}$ glon. *Ign.*$_{bg1,bg2}$ kali-bi. *Kali-c.* **Lach.** mang. mez.$_{bg1,bg2}$ mosch. nat-c. nux-v. op. ph-ac. phos. plan.$_{bg1,bg2}$ plect.$_{bg1}$ psor. sep. thuj.$_{bg1,bg2}$
  - **Nasenknochen**: mez.$_{bg1,bg2}$
  - **Nasenrücken**: colch.$_{bg1,bg2}$ dulc.$_{bg1,bg2}$
  - **Nasenspitze**: bism.$_{bg1,bg2}$ brom.$_{bg1,bg2}$ kali-n.$_{bg1,bg2}$ nat-c.$_{bg1,bg2}$
  - **Nasenwurzel**: acon. aloe bamb-a.$_{stb2}$ bapt. cina$_{bg1}$ glon. *Kali-c.* kali-i. *Lach.* nux-v. phos. ptel.$_{br1,k}$ *Puls.*
  - **Seiten**: carb-v.$_{bg1,bg2}$ onos.$_{bg1,bg2}$ sep.$_{bg1,bg2}$
- **Ohren**: aur-m. glon. osm. squil. ter.
- **Scheitel**: chion.$_{bg1}$ cimic. ferr.$_{bg1,bg2}$ glon. hell. ip. kreos. laur.$_{bg1,bg2}$ lyc.$_{bg1,bg2}$ merc. phos.$_{bg1,bg2}$ ruta sep. sil. valer. xan.$_{bg1,bg2,*}$
- **Scheitelbein**: chel.$_{bg2,k}$ ind.$_{bg1,bg2}$
- **Schläfen**: arn. borx. canth. cimic. dios. hell. hydr. ign. kali-p.$_{k,k2}$ phys. psil.$_{ft1}$ stroph-h.$_{c1}$ thuj.
- **Schulter**: *Kalm.*
- **Wangen**: brom. lachn. mosch. puls. sang.
  - **Wangenknochen**, und: kali-chl.$_{bg}$ sulph.$_{bg1}$
- **Wirbelsäule** nach unten; die: pic-ac.$_{k2}$

▽ **erstreckt** sich zu: ...
• **Zähne**: ars.bg1,bg2
○ **Augen**:
○ **hinter** den Augen: acon.bg2,k am-m.bg2 androc.srj1 apoc.bg1,bg2 asc-t. bad. bamb-a.stb2 *Bell.* berb. bism. bry.bg1,bg2 calc.k2 calc-p.bg2 cann-i.k,kl,* cann-s.bg2,kl carc.tp1 caul.c1 caust.bg2 chel. cimic.bg2,k,* cob.bg2,k cop. cor-r.br1 daph. dig. fago. *Fl-ac.*bg2,k gels.bg2,k glon.bg2,k hep.bg1,bg2 hydrog.srj2 ictod. kali-n.bg2,k lach.bg2,k led. lith-c.bg1,bg2 lunakg1 merc.bg2 merc-c. pall. phos.h phys.bg1 phyt.bg2 *Podo.* puls.bg1,bg2 rhus-t.bg2,k sacch-l.bg1 *Sel.* seneg. sep.bg2,k staph.bg2 sulph.bg1,bg2 *Ther.*bg2,k ziz.
• **Lesen** agg.: calc.k2
• **über** den Augen: acon. aesc. aeth. agar. ail. all-c. aloe alum. alum-p.k2 am-c. ambr. ang. ant-c. *Apis* arg-met. *Arg-n. Arn. Ars.* ars-i. asaf. aspar. aur-m. bapt. bar-c. bar-i.k2 bar-s.k2 *Bell.* berb. bism.bg2 borx. bov. brom. *Bry.* cadm-s. *Calc.* calc-i.k2 *Calc-p.* calc-s. calc-sil.k2 cann-i. canth. caps. *Carb-ac.*st carb-an. carb-v. carc.sp caust. **Cedr.** *Chel.* chim-m. *Chin. Chinin-s.* chlol. cic.bg2,c1 cimic. cina cinnb. cist. coca colch. coloc.bg2 con. cop. *Croc.* crot-h. cupr. dig. dios. dros. echi. elaps ferr. ferr-ar. ferr-i. ferr-p. fl-ac. *Gels. Glon.* gymno. ham. hell. *Hep.* hipp. hura hydr. hydrc. hydrog.srj2 hyos. hyper. ign. ind. iod. ip. *Iris* jug-r. kali-ar. *Kali-bi.* **Kali-c.** kali-i.k2 kali-n. kali-p. *Kali-s.* kali-sil.k2 kalm. lac-ac. **Lac-c.** *Lac-d.* **Lach.** lact. laur. lil-t. lith-c. lob. lunakg1 *Lyc.* lyss. mag-c. mag-p. mang. med. *Meph.* merc. merc-i-r. merl. mez. mill.bg2 mosch. naja nat-ar. nat-c. *Nat-m. Nat-p.* nit-ac. nux-m. **Nux-v.** ol-an. onos. op. osm. ox-ac. *Petr.* ph-ac. *Phos. Phys. Phyt.* pic-ac. plan. plat. plb. podo.bg2 psil.ft1 *Psor.* ptel. **Puls.** ran-b. raph. rheum rhus-r. rhus-t. sabad. *Sang. Sanic. Sel. Seneg. Sep.* **Sil.** *Sol-ni.* **Spig.** spong. *Stann.* staph. sul-i. sulph. syph.k2 tab. tarent. tax. tell. ter. teucr. ther. thuj. urt-u. *Valer.* verat. viol-t. *Zinc.* zinc-p.k2 zing.
• **abwechselnde** Seiten: *Iris* **Lac-c.** *Lil-t.*
• **links**: acon. *Aesc.* aeth. ambr. ant-t. arn. *Ars.* arum-t. asaf. bar-c. berb. brom. **Bry.** caj. calc-p. camph. cann-i. caul.c1 cedr. *Chel.* chin.bg1,bg2 chinin-s.st *Colch.* cupr. echi. euph. ferr. ferr-i.k2 glon. ham. hell. helo. hydr. hydrog.srj2 ign. *Ip.* iris *Kali-bi. Kali-c.* kalm. lac-c. lac-f.k2 *Lach.* led.bg1,bg2 lil-t. lob. lyss. mag-c. mag-s. meny. merc-c. merc-i-r. mosch. mur-ac. naja nat-p. nit-ac. *Nux-v.* onos. ox-ac. *Ph-ac. Phos.* pip-m. psil.ft1 psor. ptel. puls. rhus-r. sel.br1 *Sep.* **Spig.** stann. stram. sul-ac. sulph.bg1,bg2 tell. ter. ther.k2 uran-met. verat. verat-v. verb.
• **dann** rechts: kali-bi. *Lac-c. Lach.* nit-m-ac. nux-m.bg1,bg2 *Psor.* sil.bg1,bg2 sulph.bg1,bg2 zing.
• **morgens**: hydrog.srj2
• **Beugen**; beim: hydrog.srj2

• **Augen - über** den Augen - **links**: ...
• **Gehen** in der Sonne; beim: sel.k2
• **Koitus**, nach: cedr.
• **Liegen** auf der linken Seite amel.: *Bry.*
• **Menses**; am Tag vor den: xan.c1
• **periodisch**: sep.
▽ **erstreckt** sich zu:
• **Hinterkopf** und schließlich über den ganzen Kopf: *Bry.*
• **Scheitel**: ferr-i.
• **Stirn**; steigt und sinkt allmählich über die ganze: *Stann.*
• **rechts**: acon. aesc. agar. am-m. anac. aran.vh arg-n. ars. aur-m. bamb-a.stb2 bapt. *Bell.* bism. *Bor-ac.* bry. cact.bg1,bg2 **Carb-ac.** carb-an. carb-v.bg1,bg2 carc.mg1,st1,* **Chel.** *Chin.* cinnb. cist. coc-c. coca cocc. cocc-s.kr1 com. cycl. daph. dig. dros. dulc. euon. ferr. fl-ac. *Gels.* gink-b.sbd1 gins. glon. graph. ham. hep.bg1,bg2 hydrog.srj2 hyos. *Ign.* iris kali-n. lac-c. lac-d.a1 lach. *Lyc.* mag-c.br1 *Mag-p.* mang. merc-i-f. mez. mur-ac. nat-c.a1 *Nat-m. Nux-m. Ol-an.* op. phys. phyt. prun.bg1,bg2 psil.ft1 **Ran-b.** rhus-t. rumx. sabad.bg1,bg2 **Sang.** *Spig.* staph. stict.c1 stront-c. sulph.bg1,bg2 tab. tarent. viol-t. xan. ziz.
• **dann**:
• **links**: aesc.bg1,bg2 calc. *Lac-c.* lyc.bg1,bg2 *Nat-m.* ptel. sep. sin-n.
• **geistiger** Anstrengung; bei: phase-vg.a1
▽ **erstreckt** sich zu:
• **Augen**: gink-b.sbd1
• **tagsüber**: phos. pic-ac. sulph.
• **morgens**: agar. alum. alumn. *Arg-n.* bry.k2 *Chin.* chinin-s. coc-c. dios. dros. *Kali-bi. Lac-c. Lach. Mez.* nat-ar. nux-m. **Nux-v.** petr. phys. sol-ni. *Stann.* sulph.h
• **6** - 12 h: *Glon.*
• **16** h, bis: *Mez.*
• **Bett**, im: coc-c. *Nux-v.* sol-ni. spig.
• **Erwachen**, beim: bell.h hydrog.srj2 phos.h
• **vormittags**: chin. glon. *Mez.* rhus-t. sulph. thuj.
• **8** h: hydr.
• **9** h: lyss. petr. pip-m.
• **9** - 15 h: *Caust.*
• **10** h: crot-c. petr. stram. tell.
• **10** - 16 h: *Stann.*
• **11** h: mag-p. merc-i-r. myric. verat.
• **Gehen**, beim: thuj.
• **mittags**: form. ham.
• **nachmittags**: alum-sil.k2 carb-v. cinnb. com. kali-bi. *Lac-c.* lyss. puls. sang. sulph.
• **13** h: chinin-s. dios. phys.
• **15** h: hura pip-m.
• **16** h: com.
• **Bewegung**, bei: cinnb.
• **abends**: alum-sil.k2 ars. chel. ferr. iod. kalm. lyss. nat-m. plan. *Puls.* ran-b. *Sep.* stry.
• **18** h: colch. dios. lil-t.
• **20** h: chinin-s.
• **21** h: lyss.

- **Augen - über** den Augen - **abends**: ...
  - **Lesen**, beim: *Chel.* lyss.
- **nachts**: ars. *Chel. Glon.* hyper. *Kali-bi.* lyss. *Mez.*
  - **Mitternacht**, nach: ambr.$_{kl}$
  - **4** h: spig.
- **Abendessen**, beim: chlor.
- **Bewegung**:
  - **während**: *Bry.* cinnb. cupr. mag-m. *Nux-v.* onos. plb. *Sang.* sol-ni. *Spig.* ther.
  - **amel.**: dios. *Puls.*
- **Blicken**, beim:
  - **angestrengtem** Blicken auf etwas; beim: calc.$_{k2}$ puls.
  - **helle** Gegenstände, auf: sol-ni.
  - **unten**, nach: *Nat-m.*
- **Brille**; durch Tragen einer: sil.$_{hr1}$
- **Bücken**, beim: dros. *Ign.* kali-bi. lyss. nat-m. petr. *Puls.* sin-n. sol-ni. *Spig.*
- **Druck** amel.: chinin-s.
- **Dunkelheit**, in der: onos.
- **Erwachen**, beim: bry. *Lac-c.* nat-ar. sol-ni. *Spig.*
- **Essen**:
  - **amel.**: chin.
  - **nach**: bry. colch. nit-ac. sulph.$_{h}$
- **Frühstück**, nach dem: hyper. *Lyc.*
- **Gefühllosigkeit**, Taubheit; gefolgt von: *Mez.*
- **Gehen**:
  - **amel.**: dros.$_{h}$ *Ran-b.*
  - **beim**: agar. chin. puls. scroph-n.$_{c1}$ thuj.
  - **Freien**, amel. im: borx. chel. hydr. nux-v. *Sep.*
- **geistiger** Anstrengung, bei: ph-ac. **Pic-ac.** *Puls.* sep. *Spig.*
- **Geräusche**, durch: chinin-s.
- **Hinlegen**, nach dem: chim-m. *Ran-b. Sang.* tell.
  - **amel.**: cupr. kali-bi.
- **Husten**, nach dem: *Ol-j.* seneg.$_{k2}$ *Spig.*
- **kalt**:
  - **Anwendungen**, kalte:
    - **amel.**: agn. cedr. chel. kali-bi. lac-d. *Lach. Spig.*
- **Koitus**, nach: castm. cedr.
- **Lesen**, beim: calc. chel. ph-ac.
- **Licht**, durch: chel. chinin-s. mez. nat-m. nux-v. pic-ac. spig.
- **Luft**:
  - **Freien**, im: calc. chel. colch. con.$_{c1}$ conin.$_{c1}$ ham.
    - **amel.**: echi. kali-bi. phos. pip-m. *Sep.*
  - **kalter** Luft, in: kali-bi.
- **Menses**:
  - **vor**: bell. graph. hyper. nat-p..sil. xan.
  - **während**: cench.$_{k2}$ cimic. graph. *Lach. Lyc.* nat-p. phos.$_{bg1}$ sang.
    - **amel.**: kali-bi.
  - **nach**: mag-m.
- **Nähen**, beim: **Lac-c.**
- **Niesen**, beim: echi.

- **Augen - über** den Augen: ...
  - **Öffnen** der Augen agg.: phys.$_{br1}$
  - **Ofenhitze** agg.: *Arn.*
  - **periodisch**: *Chinin-s. Tub.*
  - **plötzlich**: *Mez.*
  - **pulsierend**: *Bry.* caust. chel. dig.$_{h}$ *Glon.*$_{st}$ ham. *Kali-bi. Lach. Lyss.*$_{st}$ mag-m. nat-c.$_{h}$ nat-m. *Pic-ac.* plat. ptel. **Puls.** sep. *Spig.* ther.
  - **Schlaf** amel.: kali-bi.
  - **Schließen** der Augen; zwingt ihn zum: *Bell.*
  - **schmalen** Linie; in einer: bry.
  - **Schnupfen**, wie durch: sulph.$_{h}$
  - **Sitzen**, im: ter.
  - **Stehen** amel.: *Ran-b.*
  - **warm**:
    - **Anwendungen**, warme:
      - **amel.**: *Arg-met.* **Ars.** *Aur-m.* calc.$_{k2}$ *Mag-p.* sang. *Thuj.*
    - **Zimmer**, im warmen: mez. *Puls.*
      - **amel.**: lac-c.$_{k2}$
  - **Wärme**, bei: chel. mez.
  - **Wetter**:
    - **kaltem** Wetter, bei:
      - **naßkaltem**, bei: *Sil. Spig.*
  - **Wind**:
    - **kaltem** Wind, bei:
      - **trocken** kaltem, bei: **Acon.** lac-c.$_{k2}$
  - **Zubettgehen**, beim: ferr.
  - **Zusammenziehen** der Augenbrauen: *Arn.*
  - ▽ **erstreckt** sich zu:
    - **Augen**: con. lac-ac.$_{c1}$ lac-d.$_{c1}$ lil-t.
    - **außen**, nach: nat-c. sec. sulph.$_{bg1,bg2}$
    - **Gesicht**: *Mag-p.*
    - **Hinterkopf**: bell.$_{bg1}$ bism. bry.$_{bg1,k2}$ cham.$_{bg1}$ chel. chlor.$_{bg1}$ cimic. dios. kali-c.$_{bg1}$ kali-p. kalm. kreos. *Lach.* lil-t.$_{bg1}$ lyc. naja nat-c.$_{bg1}$ nat-m.$_{bg1}$ phos.$_{bg1}$ pic-ac.$_{bg1}$ sep. sulph.$_{bg1}$ syph.$_{k2}$ ther.$_{bg1}$ thuj.$_{bg1}$ zing.
    - **Kopf**: alum.$_{k2}$ gymno.
    - **Nase**: all-c. bov. *Calc.* chel.$_{bg1}$ coloc.$_{bg1}$ **Lach.** mez.$_{bg1}$ phos.$_{bg1}$ phys. ran-b. sep.$_{bg1}$
    - **Nasenwurzel**: **Lach.**
    - **Ohr**: aur-m. glon. lac-ac.$_{c1}$ lac-c. lac-d.$_{c1}$ osm.
    - **Scheitel**: arg-n. gymno. phos. phys.
    - **Schläfen**: *Arn.* borx. dios. hell. nat-ar. phys.
- **zwischen** den Augen: asc-c.$_{c1}$ **Cupr.** *Hep.* ictod. lach. lyc. phos.$_{h}$
  - ▽ **erstreckt** sich zum Oberkiefer: *Fl-ac.*
- **Gehirnhaut**
  - ☞ *Hirnhaut*
- **Haaransatz**, am: stroph-h.$_{c1}$
- **Hirnhaut**: hyos.$_{h}$ lob.$_{c2}$
- **Mitte**: agar.$_{a1,k}$ ail.$_{a1,k}$ *Ars.* atro.$_{a1,k}$ calc. carb-ac.$_{bg1,bg2}$ *Carb-an.* colch.$_{a1,k}$ crot-c.$_{a1,k}$ *Cupr.* fl-ac.$_{a1,k}$ gink-b.$_{sbd1}$ *Kali-bi.* kali-c.$_{bg1,bg2}$ **Kali-i.**$_{bg2,k}$ *Lyc.*$_{a1,k}$ **Merc.**$_{bg2,k}$ mez.$_{a1,k}$ ph-ac.$_{bg1,bg2}$ phys.$_{a1,k}$ pic-ac.$_{a1,k}$ psor.$_{a1,k}$ *Puls.*

- **Mitte**: ...
  rat.$_{a1,k}$ sabad.$_{a1,k}$ sang. sel.$_{a1,k}$ **Sil.**$_{bg2,k,*}$ *Staph.* verb.
  - **Fußbad**:
    - **amel.**: nat-s.$_{a1,k}$
  - **Gehen**:
    - **beim**: sil.$_{a1,k}$
    - **Freien**, im: tarax.
  - **hämmernd**: **Lyc.**
  - **Hut** agg.: sel.
  - **Menses**, vor den: *Calc.*
  - **Stuhl**; beim Pressen zum: rat.
  - ○ **Stirnhöhlen** durch chronischen Schnupfen: *Ars. Kali-bi. Sang.* **Sil.** *Thuj.*
- **Nasenwurzel**, über der: *Acon.* agar. am-m. ant-t. arn. *Ars. Ars-i.* asc-c.$_{c1}$ aster. *Bapt.* bar-c. *Bell. Bism.* borx. brom. *Calc.* calc-p. camph. canth. *Caps.* cench.$_{k2}$ chel. cist.$_{k2}$ coc-c. coloc. **Cupr.** dig. dulc. ferr. gink-b.$_{sbd1}$ *Glon.* guaj. ham. *Hep. Ign.* kali-bi. *Kali-c.* kali-chl. **Kali-i.** kreos. *Lach.* merc. *Merc-i-f.* mosch. nat-ar.$_{k2}$ nat-c.$_{k2}$ nux-v. plat. *Prun.* puls. raph. *Rhus-v.* **Staph.** stict. ther.$_{bg2}$ viol-t. xan.
  - **linke** Hälfte: mur-ac.
    - ▽ **erstreckt** sich zu:
      - **Hinterkopfes**; Basis des: oxeod.$_{a1}$
  - **abends**: ferr.
  - **nachts**: rhus-v.
  - **Menses**, während: arn. hep. *Ign.* kali-bi. *Lach.*
  - **pulsierend**: **Ars.**
  - ▽ **erstreckt** sich zu:
    - **Nacken**: gink-b.$_{sbd1}$
    - **über** den Kopf, mit Delirium und Erbrechen; allmählich: cimic.$_{k,k1}$
- **Seite** zur anderen; von einer
  ☞ *abwechselnde*
- **Stirnhöcker**: acon.$_{a1,k}$ agar.$_{a1,k}$ am-c. ambr.$_{a1,k}$ arg-met. *Arg-n.*$_{a1,k}$ bar-c. bell.$_{a1,k}$ berb.$_{a1,k}$ *Caust.*$_{a1,k}$ *Cina* clem.$_{a1,k}$ cocc. colch.$_{a1,k}$ cot.$_{a1}$ croc.$_{a1,k}$ dulc.$_{a1,k}$ *Ferr.* gran.$_{a1,k}$ grat.$_{a1,k}$ hell.$_{a1,k}$ hep.$_{bg3}$ hyos.$_{a1,k}$ kali-bi.$_{a1,k}$ kali-c. *Lach.*$_{a1,k}$ laur.$_{a1,k}$ led.$_{bg3}$ lycps-v. merc-c.$_{a1,k}$ mez.$_{a1,k}$ myris.$_{a1}$ naja nat-c. nit-ac.$_{a1,k}$ nux-m.$_{a1,k}$ onos. op.$_{a1,k}$ ph-ac.$_{bg3}$ pip-m.$_{a1,k}$ plan.$_{a1,k}$ polyg-h. puls-n. sin-a.$_{a1,k}$ spirae.$_{a1}$ spong. squil.$_{a1,k}$ stann.$_{a1,k}$ sulph.$_{bg3}$ *Thuj.*$_{a1,k}$ verat.$_{a1,k}$ verb.$_{a1,k}$ xan.$_{a1,k}$ zinc.$_{a1,k}$
  - **links**: agar.$_{a1,k}$ ambr.$_{a1,k}$ *Arg-n.* asaf.$_{k2}$ aur-m.$_{a1,k}$ *Cina* dulc.$_{a1,k}$ gran.$_{a1,k}$ *Lach. Lycps-v.* nat-c. onos. puls-n. squil.$_{a1,k}$ **Thuj.**$_{a1,k}$ zinc.$_{h,k1}$
    - ▽ **erstreckt** sich zu:
      - **Zähne**: cench.$_{k2}$
  - **rechts**: acon.$_{a1,k}$ am-c. *Arg-met. Caust.* cocc. colch.$_{a1,k}$ hell.$_{a1,k}$ kali-br. merc-c.$_{a1,k}$ mez.$_{a1,k}$ sin-a.$_{a1,k}$ xan.$_{a1,k}$ zinc.$_{a1,k}$
  - **morgens**: agar.$_{a1,k}$
    - **3.30** h: thuj.
    - **10** h: thuj.
    - **Erwachen**, beim: agar.$_{a1,k}$
  - **nachmittags**: mag-s.$_{a1,k}$ nat-m.$_{a1,k}$
    - **16** h: ferr.

– **Stirn - Stirnhöcker**: ...
  - **abends**: dulc.$_{a1}$ fl-ac.$_{a1,k}$ lycps-v. sin-a.$_{a1,k}$
    - **19** h: thuj.
    - **20** h: thuj.
  - ◆ **abwechselnd** mit Schmerzen in der Zervikalregion: thuj.$_{a1,k}$
  - **Blicken**, bei fixem: spong.
  - **Bücken**, beim: dulc.
  - **Druck** amel.: *Ferr.*$_{a1,k}$ lycps-v.
  - **Erwachen**, beim: thuj.$_{a1,k}$
  - **Gehen** im Freien; beim: thuj.
  - **katarrhalisch**: kali-bi.
  - **Luft**:
    - **Freien** amel.; im: *Ferr.*$_{a1,k}$
    - **Zugluft**, bei: verb.$_{a1,k}$
  - **Mittagessen**, nach dem: kali-bi.$_{a1,k}$ zinc.$_{h,k1}$
  - **pulsierend**: *Arg-n.* nit-ac.$_{h,k1}$
  - **Ruhe**, in der: thuj.$_{a1,k}$
  - **Schlag**; wie durch einen: sul-ac.$_{h}$
  - **Schütteln** des Kopfes; beim: sul-ac.$_{a1,k}$
  - **Sitzen**, im: hell.$_{a1,k}$
  - **Treppen**; beim Hinabsteigen von: *Ferr.*
  - **warm**:
    - **Bett** agg.; im warmen: arg-n.
    - **Zimmer** agg.; im warmen: spong.$_{h,k,*}$
  - ▽ **erstreckt** sich zu:
    - **Augen**: calc-act. thuj.
    - **außen**, nach: verb.
    - **Foramen** supraorbitale: aur-m.
    - **Hinterkopf**: coc-c. nat-c.
    - **Kiefer**: bell.
    - **Nase**: cina croc. dulc. op. squil.
    - **Ohren**: bov. nat-c. zinc.
    - **Scheitel**: *Ferr.*
    - **Schläfe**: thuj.
    - **Seite**:
      - **rechts**: cench.$_{k2}$
- **über** der Stirn: acon.$_{a1,k}$ calc-p.$_{a1,k}$ kalm.$_{a1,k}$ lyc.$_{h,k1}$ merc-i-f.$_{a1,k}$ naja *Olnd.*$_{a1,k}$ psor.$_{a1,k}$ sep.$_{a1,k}$ thuj.$_{a1,k}$
  - **geistige** Anstrengung; durch: psor.

– **tief** im Kopf: tub.$_{bg,br1,*}$

– **abheben**; Gefühl, als würde der Kopf: granit-m.$_{es1}$
- **Bewegung**:
  - **agg.**: granit-m.$_{es1}$
- **Fahren**:
  - **agg.**: granit-m.$_{es1}$

– **ablösen** würde; Schmerz, als ob sich die Schädeldecke: alum. anth.$_{c1}$ bapt. cact. cann-s. cham. cimic.$_{hr1,k}$ cinnb.$_{bg1,bg2}$ cob.$_{a1,k}$ cupr-s.$_{a1,k}$ helo.$_{bg1}$ helon.$_{bg2}$ iris$_{bg1}$ kali-bi.$_{bg1,bg2}$ lith-c. merc. sang.$_{a1,k}$ sin-n.$_{bg1}$ syph.$_{bg1,bg2,*}$ ther.
- **Erschütterung**, bei jeder: cob. merc.
- **Stuhl**; beim Pressen zum: ind.

– **Band**; wie durch ein
☞ *Zusammenschnürung - Band*

– **beengend**
☞ *ziehend / zusammenziehend*

– **beißend**: arg-met. bar-c. carb-v. cham. grat.$_{a1,k}$ kali-bi. kali-i. lyc.$_{a1,k}$ mez.$_{a1,k}$ phel.$_{a1,k}$ ran-s. rhod.$_{a1,k}$ sec.$_{a1,k}$

- **Kratzen** amel.: grat.a1,k
- **Reiben** agg.: staph.h,k,*
- ○ **Hinterkopf**: iod.h
- **Seite**, rechte: agn.hr1 thuj.h
- **Stirn**: spig.h

– **berstend**: aesc.a1,k all-c.k2 alum. alum-p.k2 alum-sil.k2 am-c.h,k,* *Am-m.*bg2,k anil.a1 ant-c.bg2,k apis arg-n.bg2,k,* ars. ars-met. asaf.bg2,k asar.bg2,k aster.a1,k atro.bg2 bamb-a.stb2 bapt. bar-c.bg2,k bar-s.k2 **Bell.**bg2,k,* berb.a1,k bov.bg2,k brom.a1,k **Bry.**bg2,k cact.bg2,k calad.a1,k **Calc.**h,k,* calc-sil.k2 cann-s.bg2,k canth.k2 *Caps.*bg2,k,* carb-an.bg2,k carb-v.k2 *Caust.*bg2,k cham.bg2,k,* chel.bg2,k **Chin.**bg2,k chinin-ar. cimic.bg2,k,* clem.a1,k cob.a1,k coc-c. cocc.k2 coff.bg2,k colch.k2 **Con.**h,k,* cupr. *Daph.*bg2 dig.bg2,k dios.a1,k dol. eup-per.k2 euph. *Euphr.*bg2,k fago.a1 *Ferr.*bg2,k ferr-ar. ferr-p. *Gels.*bg2 **Glon.**bg2,k,* *Graph.*bg2,k gymno. ham.a1,k helo.c1 helo-s.c1 *Hep.*bg2,k,* hydr.a1,k hyper.bg2 ign.bg2,k iod.bg2 *Ip.*bg2,k kali-ar. kali-bi.bg2,k kali-c.bg2,k kali-n.bg2,k,* kali-p. kali-s. kalm.a1,k kreos. lac-ac.a1,k lac-c.bg1,bg2 **Lach.**bg2,k lachn. *Lyc.* **Lyss.**a1,k mag-m. **Merc.**a1,k mez. mill. mosch. naja nat-ar. nat-c. **Nat-m.**bg2,k,* nat-p. nat-s.bg2,k nicc.a1,k *Nit-ac.*bg2,k *Nux-m.* nux-v.k2 *Olnd.*bg2,k op.bg2,k *Petr.*bg2,k ph-ac.bg2,k **Phos.**bg2,k,* phys. pic-ac.a1,k podo.k2 prun. psor. ptel.bg2,k *Puls.*bg2,k ran-b.bg1,bg2 *Rat.*bg2,k,* rhus-t.bg2,k,* sabad. *Sang.*bg2,k,* sarr.bro1 **Sep.**bg2,k,* *Sil.*bg2,k,* sol-ni. *Spig.*bg2,k,* *Spong.*bg2,k stann. stront-c. sul-ac. *Sulph.*bg2,k syph.k2,xxb thuj.bg2,k usn.bg2 verat. zinc.
  - ☞ *reißend - auseinanderreißend / zerrissen / Völlegefühl - zerplatzen*
  - **tagsüber**: *Sulph.*
  - **morgens**: am-m. dios.a1,k ham.a1,k lac-c. lach. phos.a1,k
    - **Erwachen**, beim: cham. *Con.*h,k,* ham.k2 hydr. nux-v.
    - **Öffnen** der Augen; beim ersten: *Bry.*
    - **steigt** bis abends allmählich: bry. sang. sep.
  - **mittags**: bamb-a.stb2
  - **abends**: caps. clem.a1,k ham.a1,k rat.
  - **nachts**: aster.a1 cact. carb-an. cedr. *Hep.*
    - **weckt** ihn: *Hep.*
  - ◆ **begleitet** von:
    - **Ohr**:
      - **Geräusche** im Ohr; zischende, hochtönende: bamb-a.stb2
  - **aufgesprengt**; wie mit einem Keil: lachn.a1,k
  - **Aufstützen** des Kopfes amel.: kali-bi.
  - **Bewegung**:
    - **Augen**, der: chin. ptel. *Puls.*
    - **durch**: caps. carb-v.k2 *Chin.* *Coff.* colch.k2 eup-per.k2 *Ferr.* kali-bi. *Lach.* lyss.a1,k mag-m. rhus-t.a1,k sep. sil. sol-ni. spig.
    - **fortgesetzte**, heftige Bewegung amel.: sep.
  - **Binden** des Kopfes amel.; festes: lac-d. mag-m. sil.
  - **Bücken**, beim: *Ham.*a1,k hep.a1,k hydr.a1,k kali-bi. lyss.a1,k nat-m.a1,k ptel. sep. stry.a1,k
  - **Drehen**:
    - **Herumdrehen**, beim: carb-v.k2

– **berstend - Drehen**: ...
    - **Kopfes**; nach Drehen des: lyss.
  - **Einhüllen** amel.: *Mag-m.*
  - **Erschütterung**, durch jegliche: bell. carb-v.k2 *Chin.* sabad.k2 sil.
  - **Erwachen**, beim: cham.a1,k chin. choc.srj3 cinch.a1 con. ham.a1,k hydr. *Lach.* nux-v.
  - **Essen**:
    - **nach**: *Graph.* nat-s. nux-v.
    - **Mittagessen**, nach dem: kali-bi.
  - **Fieber**; während: aesc.a1,k bell.
  - **Freien**, im: **Bell.** glon. mag-m.bro1
    - **amel.**: ars.k2 kali-bi.
  - **Frost**, durch: eup-per.k2
  - **Gehen**:
    - **beim**: caps. carb-an.h kali-bi. sabad.k2 stront-c.
    - **Freien**, amel. im: *Sang.*
  - **geistiger** Anstrengung; bei: arg-n.a1,k fago.a1 ptel.
    - **amel.**:
      - **Lesen** oder Schreiben; beim: ign.
  - **Husten**, beim: **Bell.**a1,k **Berb.** **Bry.** cact. calc.h,k,* **Caps.** *Chin.* coc-c. dios.a1,k hep. hydr.a1,k kali-bi. lac-ac. *Lach.* merc.a1,k **Nat-m.**a1,k nux-v. ol-j. *Ph-ac.* *Phos.*a1,k ptel.c1 puls. rumx. sep. sil. spig. *Spong.* staph. **Sulph.**
  - **Influenza**, bei: naja
  - **kalt**:
    - **Anwendungen**, kalte:
      - **amel.**: ars.k2
  - **Kontraktion** der Gesichtsmuskeln; bei: spig.h
  - **Liegen** amel.: carb-v.k2 *Ferr.* kali-bi. *Lach.* mag-m. sang.
  - **Menses**:
    - **vor**: brom. calc. cham. ham. nat-m.
    - **während**: berb.a1,k *Bry.* calc. *Glon.* kreos. lyc. nat-m.a1,k nat-s. sang. sep.
    - **anstatt**: nux-m.
  - **Niesen**, beim: nat-m. sabad.k2
  - **Öffnen** der Augen amel.: *Chin.*
  - **periodisch**:
    - **Tag**, jeden: *Sulph.*
    - **Woche**, jede sechste: **Mag-m.**
  - **pressen**; muß mit den Händen: bamb-a.stb2 carb-an. *Glon.* *Mag-m.* nux-m.bro1
  - **Reiben** amel.: **Phos.**a1,k
  - **Schlaf** amel.: *Sang.* sep.
  - **Schließen** der Augen; beim: *Chin.*
  - **Sitzen**:
    - **beim**: phos.a1,k
    - **gebeugtem** Sitzen; bei vornüber: rat.a1,k
  - **Sprechen**; beim: bamb-a.stb2
    - **laut**: ign. *Spig.*h
  - **steigt** und sinkt allmählich: mez. stront-c.
  - **Stuhlgang**:
    - **nach**: rat.a1,k
    - **Pressen** zum Stuhl; beim: ind.a1,k rat.ptk1
  - **Wasser**; Trinken von:
    - **kaltem** Wasser; von:
      - **Erhitzung**; bei: **Bry.**xxb
  - **Wetter**:
    - **nasses** Wetter agg.: carb-an.

- **zerreißen** würde; als ob er: arg-n. asaf. bar-c. carb-an. caust. graph. hep.

○ **Gehirn** herausplatzen würde; als ob das: alum. arg-n. cimic. con. *Glon.*$_{a1,k}$ sol-ni. verat.

- **Hinterkopf**: aloe *Calc.*$_{bg2,k}$ *Carb-v.* cimic.$_{bg1,bg2}$ ferr. *Gels.*$_{bg2,k}$ *Ip.*$_{bg2,k}$ *Lach.* nux-m. *Nux-v.* *Op.* podo.$_{bg1,k2,*}$ sil.$_{bg2}$ spig.$_{bg2,k}$ spong.$_{bg2,k}$ staph. syph.$_{xxb}$ thuj.$_{bg1,bg2}$ zinc.
  - **Erregung**, bei: *Ferr.*
  - ▽ **erstreckt** sich zu:
    - **Scheitel**, so heftig, daß sie glaubt, er werde platzen und sie werde verrückt werden: **Calc.**
    - **Kopf**, beginnt im der oberen Zervikalregion; über den:
      - **Stirn** und Augäpfeln; verursacht berstenden Schmerz in:
        - **vormittags**, 10 h, beim Liegen, mit Übelkeit:
          - **kalter** Schweiß und kalte Füße agg.: *Gels.*
- **Schädeldecke** abgehoben würde; als ob die: **Cann-i.**
- **Scheitel**: alum.$_{bg2,h}$ *Am-c.* am-m.$_{bg2,k,*}$ bapt. calc. calc-sil.$_{k2}$ **Carb-an.**$_{bg2,k}$ chin.$_{bg2}$ *Cimic.*$_{bg2,k,*}$ *Ferr.* glon.$_{bg2}$ graph.$_{bg2,k}$ *Hyper.* kali-i.$_{bg2}$ lac-ac.$_{bg2,k,*}$ meny.$_{bg2}$ *Nat-s.* nit-ac.$_{bg2,k}$ nux-v.$_{bg2,k2}$ phyt.$_{bg2}$ ran-b.$_{bg2}$ **Sil.**$_{bg2,k}$ spig.$_{bg2,k}$ spong. stront-c. syph.$_{bg1,bg2}$ xan. zinc.$_{bg2}$
  - **morgens**: am-m.$_{a1,k}$
  - **nachmittags**, beim Gehen: stront-c. syph.$_{bg1}$
  - **nachts**: carb-an.
  - **abgesprengt**, wie: cham.
  - **ablösen** würde; Schmerz, als ob sich die Schädeldecke: lac-d.$_{c1}$
  - **aufgesprengt**, wie: zinc.$_{h}$
  - **auseinandergepreßt**, wie: kali-i. lac-d. nux-v. *Sil.*
  - **Binden** des Kopfes amel.; festes: **Sil.**
  - **Gehen**, beim: stront-c.
  - **Husten**, beim: sanic.
  - **wegfliegen** würde, abgesprengt würde; als ob er: cimic.$_{hr1,k}$
  - **Wetter**; bei nassem: carb-an.
- **Schläfen**: acon.$_{bg1,bg2}$ apis *Bell.*$_{bg2,k,*}$ brom. cact. caust.$_{bg1,bg2}$ chin.$_{bg1,bg2}$ chinin-s. cimic.$_{a1,k}$ *Cina* glon.$_{bg2,k,*}$ hell.$_{bg2,k,*}$ ign.$_{bg2,k}$ ind.$_{a1,k}$ ip. kali-bi.$_{bg2}$ kalm. *Lach.*$_{bg2,k}$ lil-t. merc-i-f. sabin.$_{c1}$ *Sang.*$_{bg2,k,*}$ sol-ni. staph. usn.$_{bg1}$
  - **links**: bry.$_{bg1,bg2}$ kreos.$_{bg1,bg2}$
  - **rechts**: *Bell.*$_{bg2,k,*}$ sang.$_{bg2,k}$
  - **nachmittags**: sang.$_{a1,k}$
  - **abwechselnd**: ip.$_{bg1}$
  - **Gehen** im Freien amel.: *Sang.*$_{a1,k}$
  - **Husten**, beim: cina
- **Seiten**: asaf.$_{bg2}$ asar. bov.$_{bg2}$ brom.$_{a1,k}$ cor-r.$_{bg2,hr1,*}$ *Glon.* kali-bi.$_{bg2}$ nicc.$_{bg2,k}$ nit-ac.$_{h}$ *Puls.*$_{bg2,k,*}$ zinc.$_{bg2,k}$
  - **abends**: zinc.$_{h}$
  - **Essen**, nach dem: nit-ac.$_{h}$
  - **Menses**, während: glon. lach.
  - **Stehen**, im: zinc.

– **berstend**: ...

- **Stirn**: *Am-c.*$_{bg2,k,*}$ ant-c.$_{bg2,k}$ *Ars.* bamb-a.$_{stb2}$ bar-c.$_{bg2,k}$ bar-s.$_{k2}$ *Bell.*$_{bg2,k}$ calad.$_{a1,k}$ *Calc.*$_{bg2,k}$ caps.$_{a1,k}$ chinin-s. crot-c. dulc.$_{a1,k}$ *Ferr.*$_{bg2,k,*}$ *Gels.* *Glon.* *Graph.*$_{bg2,k,*}$ hell.$_{a1,k}$ hydr.$_{a1,k}$ indg.$_{a1,k}$ iod.$_{bg2}$ ip.$_{bg2}$ kali-bi.$_{bg2}$ *Kali-c.*$_{a1,k}$ kali-n. kali-p. kali-sil.$_{k2}$ lac-c. lac-d. lyc. *Mag-m.* **Merc.**$_{bg2,k,*}$ mez.$_{bg1,bg2}$ nat-ar. *Nat-c.*$_{bg2,k}$ **Nat-m.**$_{bg2,k}$ nat-s. nicc.$_{a1}$ *Nux-v.* *Olnd.*$_{bg2,k,*}$ **Puls.**$_{bg2,k}$ rat.$_{a1,k}$ ruta sabin.$_{c1}$ *Sang.* sep. sil.$_{bg2,k}$ sol-ni. spig.$_{bg2,k}$ spong. staph.$_{bg2,k}$ stry. sulph.$_{bg2,k,*}$ thuj.$_{bg2,k}$ ust.$_{a1,k}$ vip.$_{bg2}$ **Zinc.**$_{bg2,k}$
  - **morgens**: sulph.$_{a1,k}$
    - **7** - 17 h: nat-c.$_{h}$
  - **vormittags**:
    - **10** h: *Gels.*
  - **abends**: rat.$_{a1}$ ruta
  - **nachts**: *Crot-c.*
  - **anfallsweise**: kali-c.
  - **Bandagieren** amel.: lac-d.
  - **Bewegung**, bei: nat-c.$_{h}$
  - **Essen**, nach dem: am-c. *Graph.*$_{a1,k}$ nit-ac.$_{h}$
  - **Husten**, beim: *Nat-m.* ol-j. staph. stict.
  - **klein**; wie zu: bamb-a.$_{stb2}$
  - **Körperübungen**, nach: nat-c.
  - **Liegen**, beim: *Gels.*
  - **Menses**, während: lyc. nat-m.
  - ▽ **erstreckt** sich zu:
    - **Nase**: *Dulc.*
  - ○ **Augen**, über den: crot-c. kali-bi. mag-m. nit-ac.$_{h}$ psil.$_{ft1}$

– **betäubend**, die Besinnung raubend: acon.$_{hr1,k}$ aeth.$_{hr1,k,*}$ agar.$_{bg2,k,*}$ alum. alum-p.$_{k2}$ alum-sil.$_{k2}$ am-c.$_{bg2,k}$ anac.$_{bg2,k}$ ant-c.$_{bg2,k,*}$ ant-t.$_{hr1,k,*}$ arg-met. *Arg-n.* *Arn.*$_{bg2,k}$ *Ars.*$_{hr1,k}$ ars-i. asaf.$_{bg2,k,*}$ asar.$_{bg2,k}$ aur.$_{bg2,k}$ bapt.$_{hr1,k}$ bar-c. bar-i.$_{k2}$ bar-m. bar-s.$_{k2}$ *Bell.*$_{bg2,k,*}$ bov.$_{bg2,k}$ bry.$_{bg2,k}$ *Bufo* **Calc.**$_{bg2,k,*}$ calc-ar.$_{hr1,k}$ calc-sil.$_{k2}$ *Carb-an.*$_{h,k,*}$ **Carb-v.**$_{bg2,k,*}$ caust.$_{a1,k}$ chin.$_{bg2,k,*}$ chinin-s. cic. cimx.$_{hr1,k}$ cina cinnb. con.$_{bg2,k,*}$ crot-t. cupr.$_{bg2,k}$ cycl. dros.$_{bg2,k}$ *Dulc.*$_{bg2,k,*}$ fl-ac. gels.$_{bg2,bro1}$ glon. gran. **Graph.**$_{bg2,k}$ *Hell.*$_{bg2,k,*}$ hydr-ac.$_{hr1}$ *Hyos.* iod. *Iris* kali-bi. kali-c. kali-m.$_{k2}$ *Kali-n.* kali-p. kali-s. kali-sil.$_{k2}$ lac-c. *Lach.* *Laur.*$_{bg2,k,*}$ *Led.*$_{bg2,k}$ *Lyc.*$_{hr1,k}$ *Mag-c.* mang. meny.$_{bg2,k,*}$ *Mez.* mosch.$_{bg2,k,*}$ *Mur-ac.* *Naja* *Nat-ar.* *Nat-c.* *Nat-m.* nat-p. nit-ac. *Nux-m.*$_{bg2,k}$ **Nux-v.**$_{bg2,k,*}$ *Olnd.*$_{bg2,k}$ op.$_{bg2,k}$ petr. ph-ac.$_{bg2,k}$ *Phos.*$_{bg2,k,*}$ **Psor.**$_{bg2,k}$ ptel.$_{bg1,bg2,*}$ *Puls.*$_{hr1,k}$ rheum rhod.$_{bg2,k}$ *Rhus-t.*$_{bg2,k,*}$ ruta sabad.$_{bg2,k,*}$ sabin.$_{bg2,k}$ samb.$_{bg2,k}$ senec.$_{bro1}$ sep.$_{hr1,k}$ **Sil.**$_{bg2,k}$ *Stann.* *Staph.*$_{bg2,k}$ sulph.$_{hr1,k}$ syph.$_{bro1}$ tarax. *Tarent.* thuj. valer. verat.$_{a1,hr1}$ verb.$_{bg2,k,*}$ *Zinc.*$_{h,k,*}$ zinc-p.$_{k2}$
  - **morgens**: agar. arn.$_{hr1,k}$ **Nat-m.** **Nux-v.**$_{hr1,k}$ psor.$_{hr1}$ rhus-t. *Tarent.* zinc.$_{h,k,*}$
    - **Aufstehen**, nach dem: calc.$_{h}$
    - **Erwachen**, wie durch alkoholische Getränke; beim: chin.$_{h}$ kali-n. **Nat-m.** *Tarent.*
  - **nachmittags**: cham. hell.
  - **abends**: *Puls.*
  - **nachts**: arg-n. ars-h.$_{hr1}$ kali-n.$_{h}$ verat.$_{hr1}$

- **Bewegung**, bei:
  - **agg.**: rheum$_{h}$
  - **amel.**: *Meny. Puls.* **Rhus-t.**
  - **Kopfes**, des: staph.$_{h}$
  - **Ruhe**; und in der: **Calc.**
- **Bücken** agg.: *Hell.*$_{hr1}$ rheum$_{h}$
- **Druck** amel.: iod. podo.
- **drückend**: *Ant-t.* arg-met. arn. ars. *Asar.* calc. cic. cina *Crot-t.* cupr. *Dros.* dulc. *Euon.*$_{a1,k}$ hell. *Hyos. Mez. Ruta Sabad. Stann.* sulph. verb.
- **Essen**, nach dem: **Nux-v.**$_{hr1,k}$
- **Husten**, beim: aeth.$_{hr1,k}$ kali-n.
- **Kälte**:
  - **agg.**: puls. *Rhus-t.*
  - **amel.**: *Puls.*
  - **Frösteln**, mit: *Puls.*
- **Lesen**, beim: **Calc.** caust.
- **periodisch**: *Ars.*
- **pochend**, klopfend: nat-m. sabin.
- **Rauchen**, beim: ant-c.
- **Schnupfen**, mit: sabad.$_{k2}$
- **Sitzen**, beim: caust. cina
- **Sonnenschein**, durch: nux-v.$_{hr1,k}$
- **stechend**, fein: verb.
- **Stehen**, beim: staph.$_{h}$
- **warmes** Zimmer agg.: nat-c. nat-m. *Phos. Puls.*
- **ziehend**: asar.
- **zusammendrückend**: *Mosch.*$_{hr1,k}$
- **zusammenziehend**: asaf. olnd.

○ **Hinterkopf**: ars.$_{k2}$ *Cann-i.*$_{hr1,k,*}$ *Carb-v.*$_{hr1}$ cina *Dulc. Hell.*$_{hr1,k}$ lappa$_{bg1}$ mang.$_{h}$ *Naja* seneg.$_{bg2,k}$ sulph.$_{bg2,k}$ syph.$_{k2}$ tarent. zinc.$_{hr1,k}$

▽ **erstreckt** sich zu:
  - **Stirn**: mez.$_{h}$

- **Scheitel**: arund.$_{hr1}$ bov.$_{bg2,k,*}$ cycl.$_{h}$ dulc.$_{bg2,k}$ lyss.$_{hr1}$ phos.$_{bg2,k}$ psil.$_{ft1}$ rheum valer.$_{bg2,k}$
- **Schläfen**: acon.$_{bg2,k}$ ars. asar. cina iod.$_{a1,k}$ podo.$_{hr1,k}$ rheum sabad.$_{bg2,k}$ *Verb.*$_{bg2,k}$
- **Seiten**: asaf.$_{bg2,k}$ daph. dulc.$_{bg2,k}$ euph.$_{bg2,k}$ hell.$_{h}$ *Mez.*$_{bg2,k}$ olnd.$_{bg2,k}$ stann.$_{h}$ sul-ac.$_{bg2,k}$ verb.$_{bg2,k}$
  - **rechts**: euph.$_{bg2,k}$ *Mez.*$_{bg2,k}$ olnd.$_{bg2}$ sul-ac.$_{bg2,k}$ verb.$_{bg2}$
- **Stirn**: agar.$_{a1,k}$ anac.$_{bg2,k}$ *Ant-c.*$_{bg2,k,*}$ arg-met. arn.$_{bg2,k}$ *Ars.*$_{bg2,k}$ asaf. asar.$_{bg2,k}$ bapt. *Bell.* bov.$_{bg2,hr1}$ **Calc.**$_{bg2,k,*}$ cann-s.$_{bg2,k}$ carb-an.$_{h,k,*}$ caust.$_{a1}$ cere-b.$_{a1}$ cic.$_{bg2,k,*}$ cina con.$_{h}$ cycl.$_{bg2,k}$ dros.$_{bg2,k}$ dulc.$_{hr1}$ *Euph.*$_{bg2,k,*}$ fl-ac.$_{a1,k}$ gran. *Hyos.*$_{bg2,k,*}$ ign.$_{bg2,h,*}$ *Kali-n.*$_{bg2,k}$ laur.$_{bg2,k}$ led.$_{bg2,k}$ *Mag-c.*$_{bg2,k}$ mang.$_{bg2,k}$ meny.$_{bg2,k}$ mosch.$_{k2}$ *Mur-ac.*$_{bg2,k}$ *Nat-c.*$_{bg2,k}$ nat-p. olnd.$_{bg2,k}$ par.$_{bg2,k}$ *Ph-ac.*$_{bg2,k,*}$ phos.$_{bg2,k}$ plat.$_{bg2,k}$ ruta sabad.$_{bg2,k}$ sep.$_{bg2,k}$ *Stann.*$_{bg2,k}$ *Staph.*$_{bg2,k,*}$ syph.$_{k2}$ tarax.$_{bg2,k}$ thuj.$_{a1,k}$ valer. *Verb.*$_{bg2,k}$ *Zinc.*$_{bg2,k}$
  - **morgens**, beim Erwachen: ph-ac.$_{h}$
  - **Bewegung**:
    - **agg.**: ph-ac.$_{h}$
    - **Kopfes**, des: staph.$_{h}$
  - **Bücken** agg.: calc-act.$_{h}$
  - **Freien** amel.; im: tarax.$_{h}$
  - **Gehen** im Freien; schwitzt vor Angst bei heftigem, kräftigem: ant-c.

– **betäubend - Stirn**: ...
  - **Stehen**, beim: staph.$_{h}$

○ **Augen**, über den: ars.$_{h}$ euon.$_{a1,k}$ stann.$_{h}$
  - **Nase**, über der: *Acon.* ant-t. asar. mosch.

– **bohrend** (= wühlend, grabend, schraubend): act-sp. agar. am-c. am-m. anac. ang. ant-c. ant-t. *Arg-n.* ars. asaf.$_{k2}$ aur. aur-s.$_{k2}$ bar-c. bar-m. *Bell.* bism. borx. bov. bry. cadm-s. calc. camph. cann-s. canth. carb-an. carbn-s. **Caust.** cham. chin. chinin-ar. chinin-s. cimic. clem. *Cocc.* colch. *Coloc.* dros. dulc. gink-b.$_{sbd1}$ graph. hell. *Hep.* hipp. hydrog.$_{srj2}$ hyper. *Ign.* indg. ip. kali-c. kali-i. kali-m.$_{k2}$ kali-p. *Kali-s.* lach. laur. led. lyc. mag-c. mag-m. mang. merc. *Mez.* mosch. mur-ac. nat-m. *Nat-s.* nit-ac. nux-v. ol-an. olnd. op. paeon. petr. ph-ac. phel. phos. *Plat.* puls. ran-s. rhod. rhus-t. ruta sabad. sabin. samb. seneg. *Sep.* sil. sphing.$_{kk3}$ *Spig.*$_{k,kk3}$ squil. stann. staph. stram. sulph. *Tab.* thuj. valer. zinc.

- **morgens**: arg-n.$_{a1,k}$ camph. cham. dios. hep. hyper. lyss. nicc. nux-v.
  - **Erwachen**, nach dem: apis arg-met. arum-t. aur.$_{a1,k}$ mez.
- **nachmittags**: aloe mag-s. nicc. sang.$_{a1,k}$ sep.
- **abends**: aloe anac.$_{h}$ arg-n. coloc. hipp. mag-c. mag-m. nat-s. plan. puls. sep. zinc.
  - **amel.**: nux-v.
  - **Bett**, im: mag-s.
- **nachts**: am-c.$_{a1,k}$ arg-n. carb-v. clem. dulc.$_{a1,k}$ lyc. phos.$_{k2}$ sep.$_{h}$ sulph.
  - **Mitternacht**, vor: dulc.$_{a1,k}$
- **Abkühlen** des Kopfes agg.: carb-an.$_{a1,k}$
- **aufsteigend**: mang.$_{h,k,*}$
- **Bett**, im warmen: arg-n. puls.
- **Beugen** nach hinten: aur.$_{a1,k}$ mang.$_{h,k,*}$
- **Bewegung**:
  - **amel.**: calc.
  - **bei**: hep. *Sep.*
    - **Sprechen**; selbst beim: dulc.
- **Bücken**, beim: hep. merc. *Sep.*
  - **amel.**, kehrt beim Aufstehen oder beim Beugen des Kopfes nach hinten wieder: mang.
- **Druck**: bell.
  - **amel.**: hell. ip. sep.
- **Erwachen**, beim: cham.
  - **Schlaf** amel., wenn er lang genug ist: sep.
- **Essen**, nach dem: nux-v.
- **Frösteln**, beim: *Sang.*$_{a1,k}$
- **Frühstück**, nach dem: sphing.$_{kk3}$
- **Gehen**, beim: bufo coloc.$_{a1,k}$
- **geistige** Anstrengung: nux-v.
- **Geräusche** agg.: nux-v.
- **Hitze**:
  - **Gesichtes**; mit Hitze des: puls.
  - **Kälte** agg.; und: grat.
- **Husten** agg.: aur.$_{a1,k}$ bell. bry. *Nux-v.*
- **Kaffee**, nach: nux-v.
- **kalte** Luft amel.: phos. thuj.
- **Legen** des Kopfes auf den Tisch amel.: ang.$_{a1,k}$
- **Licht** agg.: nux-v.

- **Menses**, während: calc. mag-c. sep.
- **Mittagessen**:
  - **beim**: am-c.
  - **nach**: zinc.
- **Öffnen** des Mundes; beim: spig.
- **Reiben** amel.: ol-an.
- **Schlaf** amel.: sep.
- **Schließen** der Augen amel.: sep.
- **Schreiben**, beim: dros.
- **Sitzen**, im: agar.$_{a1,k}$
- **windender**, schraubender Schmerz von der rechten Seite des Kopfes zu beiden Schläfen:
  - **Zubettgehen** über den ganzen Kopf aus; breitet sich nach dem:
    - **wiederkehrend**, beim Eintreten in ein Zimmer nach einem Spaziergang; täglich: sabad.

▽ **erstreckt** sich zu:
- **außen**; von innen nach: dulc. puls. sep. zinc.
- **Nase**: phos.
- **Ohren**: sep.$_{h}$
- **Schläfen**: sep.$_{h}$
- **Zähne**: sep.$_{h}$

○ **Hinterkopf**: agar.$_{a1,k}$ *Arg-n.* con.$_{bg2}$ dig.$_{bg2}$ gels.$_{bg2,k}$ hell.$_{a1,k}$ merc.$_{bg2,k,*}$ *Mez.* mosch.$_{a1,k}$ nat-m.$_{bg2,k,*}$ *Nat-s.*$_{bg2,k,*}$ nicc.$_{bg2,k,*}$ nux-v.$_{bg2}$ ol-an.$_{bg2,k,*}$ ph-ac.$_{bg2,k,*}$ phel.$_{bg2}$ plan.$_{a1,k}$ ran-s.$_{bg2,k}$ *Rhus-t.* sabin.$_{bg2,k,*}$ spig.$_{bg2,k,*}$ stann.$_{bg2,k}$ stront-c. stry.$_{a1}$ zinc.$_{bg2,k,*}$
- **nachmittags**: nicc.$_{a1,k}$
- **abends**: zinc.$_{a1,k}$
- **Bolzen** vom Nacken zum Scheitel getrieben worden; als wäre ein:
  - **pulsierend**, agg. bei jedem Herzschlag: cimic.
- **Fleck**: stront-c.

○ **Seiten**: arg-met. aur-m-n.$_{a1,k}$ lycpr.$_{a1}$ nat-sal.$_{a1}$ ol-an.$_{a1,k}$ sabin.$_{a1,k}$ stront-c.
- **nachts**: stront-c.

- **Scheitel**: agar.$_{bg2,k,*}$ ang.$_{bg2,k,*}$ *Arg-n.* aur-s.$_{k2}$ bar-c. bell.$_{a1,k}$ caust. chel.$_{a1,k}$ chin.$_{bg2,k}$ cimic. colch.$_{bg2,k,*}$ cycl. dros.$_{h}$ *Lach.*$_{bg2,k,*}$ led. mag-s. mosch.$_{a1,k}$ mur-ac.$_{bg2,k,*}$ nit-ac.$_{bg2,k}$ olnd.$_{bg2,k}$ ph-ac.$_{bg2,k,*}$ phos.$_{a1,k}$ puls.$_{bg2,k,*}$ samb.$_{a1,k}$ spig.$_{bg2,k,*}$ *Sulph.*$_{bg2,k}$
  - **außen**, nach: spig. staph.$_{bg2,k}$
  - **Stellen**, an kleinen: borx. colch.$_{a1,k}$ sulph.
- **Schläfen**: acon. agar.$_{bg2,k}$ aloe alum.$_{a1,k}$ alum-p.$_{k2}$ alumn. ang.$_{bg2,k,*}$ ant-c.$_{a1,k}$ apis *Arg-n.*$_{a1,k}$ *Ars.* aur-m-n.$_{a1,k}$ bar-c. bar-m. bar-s.$_{k2}$ bell.$_{bg2,k}$ bov. bufo calad. calc.$_{bg2,k}$ *Camph.*$_{a1,k}$ carb-an.$_{bg2,k}$ carb-v.$_{bg2,k}$ carbn-s. cham.$_{a1,k}$ clem.$_{bg2,k,*}$ *Coloc.*$_{bg2,k,*}$ cycl.$_{a1,k}$ dios.$_{a1,k}$ dulc.$_{a1,k}$ *Ferr.* *Ferr-ar.* ferr-p. form.$_{a1}$ grat.$_{a1,k}$ *Hep.*$_{bg2,k,*}$ ip.$_{a1,k}$ *Kali-i.* led.$_{a1,k}$ mag-m. *Mang.*$_{h,k,*}$ mez.$_{a1,k}$ mur-ac. nat-ar. nat-s.$_{bg2,k,*}$ nit-s-d.$_{a1}$ ol-an. paeon.$_{a1,k}$ ph-ac.$_{bg2,k,*}$ *Phos.* psor.$_{a1,k}$ ptel.$_{a1,k}$ rhod.$_{bg2,k,*}$ sep. sil. stann.$_{bg2,k,*}$ stram.$_{bg2,k}$ sulph.$_{a1,k}$ *Thuj.*$_{a1,k}$
  - **links**: alum.$_{bg2,k,*}$ *Arg-n.*$_{a1,k}$ aur-m-n.$_{a1}$ bell.$_{bg2}$ calc.$_{bg2,k}$ carb-v.$_{bg2}$ *Clem.*$_{bg2,k}$ led.$_{a1}$ nat-s.$_{a1}$ ph-ac.$_{bg2,h}$ rhod.$_{bg2,k}$ stann.$_{bg2}$

- **Schläfen**: ...
  - **rechts**: alum.$_{a1}$ androc.$_{srj1}$ bell.$_{bg2,k}$ coloc.$_{bg2,k}$ cycl.$_{bg2}$ *Dulc.*$_{bg2}$ form.$_{a1}$ *Hep.*$_{bg2,k}$ nat-s.$_{a1,k}$ ptel.$_{a1,k}$ stann.$_{a1,bg2}$
    - **nach** links: nat-ar.
  - **tagsüber**: stann.$_{a1,k}$
  - **morgens**: apis camph.$_{a1,k}$ cham.$_{a1,k}$ hep. lyss.$_{a1,k}$ mez.$_{a1,k}$
    - **Erwachen**, beim: apis camph.$_{a1}$ mez.$_{a1}$
  - **vormittags**: alum.$_{a1,k}$
  - **mittags**: *Arg-n.*$_{a1,k}$
  - **nachmittags**: aloe nat-s.$_{a1,k}$
    - **17** h: nat-s.
  - **abends**: aloe alum.$_{a1,k}$ coloc.$_{a1,k}$ plan.$_{a1,k}$
    - **22** h: arg-n.
  - **außen**, nach: ant-c.$_{bg2,k,*}$ calc.$_{bg2}$ *Dulc.*$_{bg2,k}$ ip.$_{bg2}$
  - **Berührung** amel.: *Coloc.*
  - **Beugen** nach hinten agg.: mang.$_{h,k,*}$
  - **Bücken** amel.: mang.$_{h,k,*}$
  - **Druck** amel.: calad. ip.$_{a1,k}$ stann.
  - **Hitze** agg.: grat.$_{a1,k}$
  - **Husten**, beim: kali-bi.
  - **innen**, nach: alum.$_{bg2,h}$ hep. zinc.$_{bg2}$
  - **Kälte** agg.: grat.$_{a1,k}$
  - **Menses**, vor den: *Ant-c.*
  - **pulsierend**: *Ferr.*
  - **reißend**: *Rhod.*$_{a1,k}$
  - **Ruhe**, in der: dulc.
  - **Schließen** der Augen amel.: ip.$_{h}$
  - **Sitzen**; bei aufrechtem: mang.$_{h,k,*}$
  - **Übelkeit**, mit: nat-ar.$_{k2}$
  - ▽ **erstreckt** sich zu:
    - **Augen**: mang.$_{hr1}$
    - **Jochbein**, zum: carb-an.
    - **Kopf**, zum: hep.
    - **Stirn**: mang.$_{hr1}$
    - **Wangenknochen**, zum: carb-an.$_{h}$
- **Seiten**: agar. ang.$_{bg2,k,*}$ arg-n.$_{a1,k}$ arum-t.$_{a1,k}$ aur.$_{a1,k}$ aur-m-n.$_{a1,k}$ bell.$_{h}$ bov. bry. chin.$_{a1,k}$ clem. coloc.$_{a1,k}$ cop.$_{a1,k}$ eup-pur. hep.$_{bg2,k,*}$ iris kali-i.$_{a1,k}$ laur.$_{a1,k}$ led. mag-c. mag-m.$_{a1,k}$ mag-s.$_{a1,k}$ mang-m. mez. nat-m.$_{a1,k}$ nat-s.$_{a1,k}$ ol-an.$_{bg2}$ phos.$_{h}$ puls.$_{bg2,k}$ stann. staph.$_{h}$ zinc.$_{a1,k}$
  - **links**: aur.$_{a1,k}$ chin.$_{a1,k}$ cop.$_{a1,k}$ laur.$_{a1}$ mag-c.$_{bg2,h}$ mag-m.$_{a1,bg2}$ mag-s.$_{a1,k}$ nat-m.$_{bg2,k}$ nat-s.$_{a1,k}$ stann.$_{bg2}$ staph.$_{h}$ zinc.$_{bg2,k,*}$
  - **rechts**: anac.$_{gsy1}$ *Arg-n.*$_{a1,k}$ arum-t.$_{a1,k}$ aur.$_{bg2}$ bov.$_{bg2,k}$ bry. clem. coloc.$_{a1,k}$ nat-m.$_{bg2}$ stann. *Zinc.*$_{bg2,k,*}$
  - **morgens**: arum-t.$_{a1,k}$ aur.$_{a1,k}$ mag-c.$_{h}$
    - **8** h: arg-n.
    - **Erwachen**, beim: staph.$_{h}$
  - **nachmittags**: mag-s.$_{a1,k}$
  - **abends**: mag-m.$_{a1,k}$ zinc.$_{a1,k}$
    - **Stechen**, wird zum: bell.
  - **außen**, nach: bell.$_{bg2,k}$
  - **Beugen** des Kopfes nach hinten; beim: aur.$_{a1,k}$
  - **Bewegung** agg.: bell.$_{h}$
  - **heftig**: *Arg-n.*$_{a1,k}$
  - **Husten** agg.: aur.$_{a1,k}$

- **Seiten**: ...
  - **Mittagessen**, nach dem: zinc.$_{a1,k}$
  - **Sitzen**: phos.$_{h}$
  - **Stehen**: zinc.$_{h}$
  - **Stellen**, an kleinen: hep.$_{a1,k}$
  - ▽ **erstreckt** sich zum Hinterkopf: mag-c.$_{h}$
- **Stirn**: agar.$_{bg2,k,*}$ am-c.$_{bg2}$ am-m.$_{bg2,k}$ anac. ang.$_{bg2}$ ant-c.$_{bg2,k,*}$ ant-t. apis arg-met. *Arg-n.*$_{a1,k}$ *Ars.*$_{bg2,k}$ aur.$_{a1,k}$ aur-m-n. aur-s.$_{k2}$ bar-c. bar-s.$_{k2}$ *Bell.* *Bism.*$_{bg2,k,*}$ bov.$_{a1,k}$ brom.$_{a1,k}$ bry. calad.$_{bg2,k,*}$ calc.$_{bg2,k}$ carb-v.$_{bg2,k,*}$ carbn-s. chel.$_{bg2,k,*}$ chin. chinin-s. cimic.$_{hr1,k}$ colch.$_{bg2,k,*}$ *Coloc.*$_{bg2,k,*}$ cycl. dios.$_{a1,k}$ dros.$_{bg2,k}$ *Dulc.*$_{bg2,k,*}$ hell.$_{bg2,k,*}$ hep. hydr-ac.$_{a1,k}$ ign. ip.$_{bg2,k,*}$ iris kali-c. kali-p.$_{k2}$ kali-sil.$_{k2}$ laur.$_{bg2,k}$ led.$_{bg2,k,*}$ lyss.$_{br1}$ mag-m. mang.$_{bg2,k,*}$ *Merc.* mez.$_{bg2,k,*}$ mosch.$_{bg2,k,*}$ *Nat-m.* *Nat-s.*$_{bg2,k,*}$ nicc.$_{bg2,k,*}$ nit-s-d.$_{a1}$ ol-an. phel. phos. *Plat.*$_{bg2,k,*}$ psor. puls. ruta sabad. sabin. *Sang.*$_{a1,k}$ seneg.$_{bg2}$ sep.$_{bg2,k}$ *Sil.*$_{bg2,k,*}$ *Spig.*$_{bg2,k}$ *Spong.* squil. staph. sul-ac. sulph. zinc.
  - **morgens**: arg-n.$_{a1}$ *Bell.* calc. dios.$_{a1,k}$ sulph.
    - **Erwachen**, beim: *Bell.* *Bry.*
  - **vormittags** bis abends: sep.$_{h}$
  - **nachmittags**: bism.
  - **abends**: calc. nat-s.
  - **nachts**: carb-v.$_{a1,k}$ sulph.
  - **außen**, nach: ant-c.$_{bg2,k}$ bell.$_{bg2,k}$ bism.$_{bg2,k}$ bov.$_{bg2,k}$ dros.$_{bg2,k}$ *Dulc.*$_{bg2,k}$ ip.$_{bg2,k}$ sep.$_{bg2,k}$ spig. spong.$_{bg2,k}$ *Staph.*$_{bg2,k}$
  - **Bewegung**:
    - **amel.**: bism.
    - **bei**: dulc. sep.
  - **Bücken** agg.: calc.
  - **Druck**:
    - **agg.**: calc.
    - **amel.**: anac.$_{h}$ colch.
  - **Essen**:
    - **beim**: kali-p.$_{k2}$
    - **nach**: bism.
  - **Freien**, im: calc.
  - **Frösteln**, beim: sang.$_{a1,k}$
  - **Gehen**:
    - **beim**: arg-n. coloc.$_{a1,k}$
    - **Freien**, im: sul-ac.
      - **nach**: calc.
  - **innen**, nach: bell.$_{bg2,k}$ calc.$_{bg2,k}$ cocc.$_{bg2,k}$ kali-c.$_{bg2,k}$ mang.$_{bg2}$
  - **intermittierend**: arg-met.
  - **kalte** Anwendungen amel.: colch.
  - **Lesen**, beim: led.
  - **Schreiben**, beim: dros.$_{a1,k}$
  - ▽ **erstreckt** sich zur Nase: bism. mang.
  - ○ **Augen**, über den: agar. arg-n.$_{a1,k}$ *Ars.* asaf.$_{a1,k}$ aster. aur-m-n.$_{a1,k}$ **Bell.** calc-caust. cimic.$_{hr1,k,*}$ colch.$_{bg2,k,*}$ cupr-ar.$_{a1,k}$ dulc.$_{a1,k}$ ip.$_{a1,k}$ laur.$_{a1,k}$ led.$_{a1,k}$ lyc.$_{a1,k}$ mag-s.$_{a1,k}$ ol-an.$_{bg1,k,*}$ sep. spig. sulph.$_{bg2,k}$
    - **links**: *Arg-n.*$_{bg2,k,*}$ ars.$_{bg2}$ cimic.$_{hr1,k,*}$ cupr-ar.$_{a1,k}$ kali-c.$_{h}$ lyc.$_{a1,k}$ nux-m. spig.
    - **rechts**: colch.$_{bg2,k,*}$ dulc.$_{a1}$ ol-an.$_{bg2}$ sulph.$_{bg2,k}$

– **bohrend - Stirn - Augen**, über den: ...
- **morgens**: sulph.
- **vormittags**:
  - **10** h: cimic.
  - **11** h: *Spig.*
- **nachmittags**: sang.$_{a1,k}$
- **abends** im Bett: mag-s.$_{a1,k}$
- **Druck** amel.: ip.$_{h}$
- **Gehen**:
  - **amel.**: ars.
  - **beim**: aur-m-n.$_{a1,k}$
- **Gewitter**; bei: sep.
- **kalter** Luft, in: sep.
- **Schließen** der Augen amel.: ip.$_{h}$

- **Nase**, über der: bism. coloc.$_{a1,k}$ **Hep.** mang. nat-m. *Sulph.*$_{a1,k}$
  - **Seiten**: arg-met. *Arg-n.*$_{a1,k}$ aur.$_{a1,k}$ aur-m-n. *Bell.*$_{a1,k}$ brom.$_{a1,k}$ calc.$_{a1,k}$ cere-b.$_{a1}$ cimic. colch.$_{a1,k}$ *Coloc.* led.$_{a1,k}$ mez.$_{a1,k}$ nat-s.$_{a1,k}$ nit-s-d.$_{a1}$ *Puls.*$_{a1,k}$ spong.$_{a1,k}$ staph.$_{a1,k}$
    - **links**: arg-met. arg-n.$_{a1}$ aur.$_{a1,k}$ bov.$_{a1}$ brom.$_{a1,k}$ spong.$_{h}$
    - **rechts**: arg-n.$_{a1}$ coloc. *Puls.*$_{a1,k}$ ruta$_{h}$
    - **morgens**: *Bell.*$_{a1,k}$ staph.$_{a1,k}$
      - **8** h: borx.
    - **abends**: arg-met.
    - **Bewegung**, bei: arg-n.$_{a1,k}$
    - **Gehen** im Freien; beim: spong.$_{h}$
      - **nach**: calc.
  - ▽ **erstreckt** sich zum Nacken: arg-n.$_{a1,k}$
  - **Stirnhöcker**: am-c. arg-met. *Bell.* led. mang. ol-an.$_{a1,k}$ *Plan.*$_{a1,k}$ sabad. thuj.
    - **links**: **Arg-n.**$_{a1,k}$ ol-an.$_{a1,k}$ thuj.
    - **rechts**: bell. colch.
    - **Berührung** amel.: thuj.
  - ○ **über**: zinc.$_{h}$

– **brennend**: **Acon.**$_{bg2,k,*}$ agar.$_{h,k,*}$ ail.$_{a1,k}$ alum. alum-sil.$_{k2}$ am-c.$_{a1,k}$ anan. ant-t.$_{a1,k}$ *Apis* arg-met. *Arg-n.* *Arn.*$_{bg2,k,*}$ *Ars.*$_{bg2,k}$ ars-s-f.$_{k2}$ arum-t.$_{a1,k}$ atro.$_{a1}$ aur. aur-ar.$_{k2}$ aur-m. aur-s. *Bar-c.* bar-m. bell.$_{bg2,k,*}$ berb. bism.$_{bg2,k}$ bov. *Bry.*$_{bg2,k}$ *Calc.*$_{a1,k}$ calc-ar. *Calc-p.* calc-sil.$_{k2}$ *Canth.* carb-ac. carb-an. *Carb-v.*$_{bg2,k}$ carbn-s. *Caust.* chel. chin. cocc.$_{bg2,k,*}$ coff. coloc.$_{a1,k}$ crot-c. crot-t.$_{a1,k}$ cupr.$_{bg2,k}$ dig.$_{bg2,k,*}$ *Dros.* dulc.$_{bg2,k}$ *Eug.*$_{a1,k}$ eup-per.$_{k2}$ ferul.$_{a1}$ *Form.* *Glon.*$_{bg2,k}$ graph. *Hell.*$_{bg2,k,*}$ helon.$_{hr1,k,*}$ ip. *Kali-ar.* *Kali-bi.*$_{a1,k}$ kali-c.$_{a1,k}$ kali-p. kali-s. *Kreos.* lachn.$_{a1,k}$ lact. lil-t.$_{a1,k}$ lith-c. mag-m.$_{h}$ manc.$_{a1,k}$ mang. med. **Merc.**$_{bg2,k,*}$ *Merc-c.* merl. **Mez.**$_{bg2,k}$ mur-ac. nat-c.$_{h}$ nat-m. nat-s.$_{a1,k}$ nit-ac.$_{bg2,k,*}$ nux-v.$_{bg2,k,*}$ par.$_{a1,k}$ *Petr.* ph-ac.$_{a1,k}$ phel.$_{a1,k}$ **Phos.**$_{bg2,k}$ phys.$_{a1,k}$ plat.$_{a1,k}$ plb. psor.$_{a1,k}$ rhod.$_{bg2,k}$ rhus-t.$_{bg2,k,*}$ rob. ruta$_{h}$ sabad. sang. sarr.$_{bg1}$ sars.$_{bg2}$ sec.$_{a1,k}$ sep.$_{bg2,k}$ *Sil.* spig. stann. staph.$_{bg2,k}$ stront-c. sul-ac. sulph. tab.$_{a1,k}$ tarax.$_{bg2,k}$ tarent.$_{a1,k}$ tax.$_{a1,k}$ tub.$_{c}$ verat.$_{bg2,k}$ verat-v.$_{a1,k}$ zinc-s.$_{a1,k}$
- **links**: hydrog.$_{srj2}$
- **morgens**: arn. canth. glon. mur-ac.$_{h}$ *Nux-v.*$_{a1,k}$ phos. phys.
  - **Erwachen**, beim: chin. coc-c.
- **mittags**: *Sulph.*
- **nachmittags**: canth. fago.$_{a1,k}$

- **abends**: am-c.$_{a1,k}$ carb-ac. jug-r. merc-i-r. nat-c.$_{h}$ phys.$_{a1,k}$
  - **Bett**, im: carb-v.$_{a1,k}$ *Merc.* nat-c.
- **nachts**: arn. lyc. *Merc. Sil.*
- ◆ **abwechselnd** mit Schmerz: brom.$_{a1,k}$
- **Auftreten** agg.: bell.$_{k2}$
- **Baden**:
  - **kaltes** Baden:
    - **agg.**: form.
- **Berührung**, bei: ip.$_{a1,k}$ nat-m.$_{a1,k}$
- **Bewegung**:
  - **agg.**: *Apis* arn.
  - **amel.**: helon.$_{hr1,k}$
- **Bücken** agg.: *Apis* mang.$_{a1,h2}$ mur-ac.$_{h}$
- **drückend**: mang.$_{h,k,*}$
- **Druck** mit der Hand amel.: apis
- **Einhüllen** amel.; warmes: aur. **Sil.**
- **Erbrechen**, nach: eug.$_{a1,k}$ nat-s.$_{a1,k}$
- **Freien**, amel. im: *Apis* ars.$_{k2}$ mang. myric. **Phos.**
- **Frösteln**, mit: ant-t.$_{a1,k}$ eup-per.$_{k2}$ kali-c.$_{a1,k}$ sil.$_{a1,k}$
- **Funken**, wie: nit-ac.
- **Gehen**, beim: rhus-t.
  - **amel.**: canth.
- **geistige** Anstrengung: *Sil.*
  - **amel.**: helon.
- **heißes** Eisenband um den Kopf oder als sei heißes Wasser darin; wie durch ein: acon. coc-c.
- **kalt**:
  - **Anwendungen**, kalte:
    - **amel.**: ars.$_{k2}$
- **Kälte** des Körpers; mit: **Arn.**
- **Kratzen**, nach: cob. kali-n. lach. merc. ol-an.$_{a1,k}$ par.$_{a1,k}$
- **Licht** agg.: *Glon.*
- **Liegen**:
  - **Bett** agg., im: *Merc.*
  - **Rücken**, auf dem: agar.
    - **amel.**: canth.
- **Menopause**; während der: *Lach.*
- **Menses**, während: nat-m.
- **Mittagessen**, nach dem: *Alum.* grat.
- **Niesen** amel.: lil-t.
- **Reiben** amel.: phos.$_{a1,k}$
- **reißend**: merc.
- **Sitzen**, im: canth. phos.
  - **aufrecht** amel.: merc.
- **Sprechen**, durch: sil.
- **Stehen**, im: canth.
- **Stellen**, an kleinen: ars. glon.$_{a1,k}$ graph. nit-ac. raph.
- **warmen** Zimmer, im: apis **Phos.**
- **Wetter**:
  - **Wetterwechsel** agg.: merc.$_{k2}$
- **Zimmer**:
  - **Eintreten** vom Freien in ein Zimmer; beim: *Caust.*
- **zusammenziehend**: bism.$_{h,k,*}$
- ▽ **erstreckt** sich zu:
  - **Schultern**, zwischen den: glon.$_{k2}$
- ○ **Gehirn**: *Acon.* alum-sil.$_{k2}$ arn.$_{a1,k}$ bell.$_{a1,k}$ *Canth.* carb-ac. *Glon.* helo.$_{c1}$ helo-s.$_{c1}$ hydr-ac. med.$_{k2}$ ox-ac.$_{k2}$ ph-ac.$_{h,k1}$ **Phos.**$_{bg2,k}$ *Verat.*
  - **Sitzen**, bei aufrechtem: hell.$_{h,k,*}$
- **Gehirn** in Flammen stehen, brennen; als würde das: *Canth.* hydr-ac.$_{a1,k}$ *Phos.*
- **Hinterkopf**: aesc. agar.$_{bg2,k,*}$ *Apis* arn.$_{bg2}$ aur.$_{bg2,k,*}$ aur-m.$_{a1,k}$ chinin-ar. cupr.$_{bg2,k}$ *Gels.* indg. kali-c.$_{bg2,k,*}$ kali-n. lyc.$_{bg2,k,*}$ mag-m.$_{bg2,k,*}$ med. nat-c.$_{a1,k}$ **Phos.** pic-ac.$_{a1,k}$ rhus-t.$_{bg2,k,*}$ sep.$_{bg2,k}$ *Spong.* staph.$_{bg2,k}$ sulph.$_{bg2,k,*}$
  - **links**: chinin-ar.
  - **abends** im Bett: kali-n.$_{h}$
  - **Bedecken** des Kopfes agg.: gels.
  - **Kratzen**, nach: sulph.$_{h}$
  - **Liegen** auf dem Hinterkopf; beim: sulph.$_{h}$
  - ▽ **erstreckt** sich den Hals nach unten: lyss.$_{c1}$
    - **morgens**: chinin-ar.
- **Scheitel**: agar.$_{bg2,k,*}$ alumn. arn. ars.$_{bg2,k,*}$ *Aur.*$_{bg2,k}$ aur-ar.$_{k2}$ aven.$_{br1}$ bapt. *Bry.* **Calc.**$_{bg2,k}$ *Calc-p.*$_{bg2,k}$ carb-ac. *Carb-v.*$_{bg2,k,*}$ carbn-s. caust.$_{h,k,*}$ chinin-s. cimic.$_{bg2}$ coc-c.$_{bg2,k,*}$ *Con.* *Crot-c.* cupr.$_{bg2,k}$ daph.$_{bg2}$ dros.$_{h}$ dulc.$_{bg2,k}$ *Glon.*$_{bg2,k,*}$ **Graph.**$_{bg2,k}$ helon.$_{bg2,k,*}$ hyper. kali-i.$_{bg2}$ *Lach.*$_{bg2,k}$ laur.$_{bg2}$ merl.$_{a1,k}$ *Nat-m.*$_{bg2,k,*}$ nat-s.$_{bg2,k}$ peti.$_{a1}$ *Ph-ac.*$_{bg2,k}$ *Phos.*$_{bg2,k}$ podo.$_{bg2,k}$ ran-s.$_{bg2,k}$ raph.$_{a1,k}$ sabad.$_{bg2,k,*}$ sep.$_{bg2,k}$ stann.$_{bg2,k}$ **Sulph.**$_{bg2,k}$ viol-t.$_{bg2,k}$ zinc.$_{bg2,k}$
  - **morgens**: coc-c.$_{a1,k}$
    - **Erwachen**, beim: coc-c.$_{a1,k}$
  - **mittags**: sulph.$_{a1,k}$
  - **beißend**: dros.$_{h,k1}$
  - **Frost** beim Liegen: caust.$_{h}$
  - **Kummer**, nach: *Calc. Ph-ac.*
  - **Menopause**; während der: **Lach.**
  - **Menses**, während: *Lach. Nat-m. Phos. Sulph.*
  - **Reiben** amel.: phos.$_{a1,k}$
  - **Stellen**, an kleinen: *Arn.* ars.$_{a1,k}$ *Graph.* raph.$_{a1,k}$
  - **vorübergehend**: nat-c.
  - ▽ **erstreckt** sich zu den Schläfen: phos.$_{a1,k}$
- **Schläfen**: alum.$_{a1,k}$ alum-p.$_{k2}$ am-m.$_{h,k,*}$ apis aur.$_{a1,k}$ bar-c. calc.$_{bg2,k}$ cann-i.$_{a1,k}$ carb-ac. carb-an.$_{a1,k}$ caust.$_{a1,k}$ chel.$_{a1,k}$ cimic.$_{a1,k}$ cinnb.$_{a1,k}$ *Coloc.* con.$_{a1,k}$ crot-t. cupr. lyc.$_{bg1,bg2}$ *Merc.*$_{bg2,k,*}$ mez.$_{bg1,bg2,*}$ nit-ac.$_{a1,k}$ phel.$_{bg2,k,*}$ **Phos.**$_{bg2,k}$ phyt.$_{a1,k}$ plat. rhus-t.$_{a1,k}$ sabad.$_{a1,k}$ sars. spig.$_{a1,k}$ staph. sul-ac.$_{bg2,k}$ verb.$_{a1,k}$ viol-t.$_{bg2,k,*}$
  - **links**: am-m.$_{h,k,*}$ chel.$_{a1,k}$ cupr.$_{bg2,k}$ lac-f.$_{c1}$ merc.$_{bg2,k,*}$ nit-ac.$_{a1,k}$ plat.$_{bg2,k}$ sabad.$_{a1,k}$ sars.$_{bg2,k}$ *Spig.*$_{bg2,k,*}$ staph.$_{bg2,k}$ verb.$_{bg2,k,*}$
  - **rechts**: alum.$_{a1,k}$ aur.$_{a1,k}$ bar-c.$_{bg2,k}$ carb-an.$_{a1,k}$ caust.$_{a1,k}$ cimic.$_{a1,k}$ con.$_{a1,k}$ mang. rhus-t.$_{bg2,k,*}$ viol-t.$_{a1,k}$
  - **Schlag**; wie durch einen: sul-ac.$_{h}$
  - **wellenartig**: sul-ac.$_{h}$
  - ▽ **erstreckt** sich zur Wange: mez.$_{a1,k}$
  - **über** den: mang.$_{a1}$ mur-ac.$_{h}$
- **Seiten**: bapt.$_{a1,k}$ bar-c. bell.$_{a1,k}$ calc. canth. coloc.$_{h}$ dros.$_{h}$ mang.$_{a1,k}$ ph-ac.$_{h}$ **Phos.**$_{a1,k}$
  - **links**, morgens beim Erwachen: lyss.
  - **rechts**: spong.$_{h}$

• **Stirn**: acon.$_{bg2,k,*}$ *Alum.*$_{bg2,k,*}$ alum-p.$_{k2}$ am-c.$_{a1,k}$ ant-t.$_{a1,k}$ *Ars.*$_{a1,k}$ aur.$_{a1,k}$ aur-ar.$_{k2}$ aur-m. bell.$_{a1,k}$ bism.$_{bg2,k}$ brom.$_{a1}$ bry.$_{bg2,k,*}$ carb-ac.$_{bg2,k}$ carb-an.$_{a1,k}$ carb-v.$_{bg2,k,*}$ *Caust.*$_{bg2,k,*}$ cham.$_{a1,k}$ chel.$_{a1,k}$ *Chin.* coc-c.$_{bg2}$ *Coloc.* conv. crot-t. cupr. dulc.$_{bg2,k}$ eup-per.$_{a1,k}$ glon.$_{a1,k}$ grat.$_{a1,k}$ helon.$_{hr1}$ hyos.$_{a1,k}$ ip.$_{bg2,k,*}$ kali-c. **Kali-i.**$_{bg2,k,*}$ kali-m.$_{k2}$ kali-p. lil-t.$_{a1,k}$ *Lyc.*$_{a1,k}$ lyss. mag-m.$_{bg2,k}$ mang.$_{a1,k}$ meny.$_{a1,k}$ merc.$_{a1,k}$ merc-i-r.$_{a1,k}$ mez.$_{a1,k}$ mur-ac.$_{bg2,k,*}$ *Nat-c.*$_{bg2,k,*}$ nat-m.$_{bg2,k,*}$ nat-s.$_{bg2}$ nux-m. *Nux-v.*$_{bg2,k,*}$ ox-ac. **Phos.**$_{bg2,k,*}$ phys.$_{a1,k}$ podo. psor.$_{a1,k}$ rhus-t.$_{bg2,k,*}$ rhus-v.$_{a1,k}$ sabad.$_{bg2,k,*}$ sec.$_{bg2,k,*}$ sep.$_{h}$ *Spig.*$_{bg2,k,*}$ stann.$_{bg2,k}$ staph.$_{bg2,k,*}$ stront-c. sul-ac.$_{bg2,k}$ tarent.$_{a1,k}$ teucr.$_{bg2,k,*}$ ther. viol-o.$_{bg2}$ xan.$_{c1}$ zinc. zinc-p.$_{k2}$
 • **links**: bell.$_{bg2}$ cupr.$_{bg2}$ merc.$_{bg2,k}$ spig.$_{bg2,k,*}$
 • **rechts**: coloc. *Mang.*$_{bg2,k,*}$ sang.$_{bg2}$ **Spig.**
 • **Tag** und Nacht: *Lyc.*
 • **morgens**: mur-ac.$_{h}$ nux-v. phos.$_{a1,k}$ phys.$_{a1,k}$
  • **Aufstehen** amel.; beim: nux-v.
 • **abends**: nat-c.$_{a1,k}$
  • **Bett**, im: nat-c.$_{a1,k}$
 • **nachts**: lyc.$_{a1,k}$ *Merc.*
 • **Berührung**, bei: ip.$_{a1,k}$ nat-m.$_{a1,k}$
 • **Bücken**, beim: mur-ac.$_{h}$
 • **Erwachen**, beim: *Nux-v.*
 • **Essen**, nach dem: *Nux-v.*
 • **Freien** amel.; im: alum. **Phos.** stann.
 • **Gehen**, beim: rhus-t.
 • **kalte** Hand amel.: carb-ac. *Phos.*
 • **Kratzen**, nach: granit-m.$_{es1}$ laur.$_{a1,k}$
 • **Mittagessen**, nach dem: *Alum.*$_{a1,k}$ grat.$_{a1,k}$
 • **Sitzen**, im: *Alum.* phos.$_{a1}$
 • **Stehen**, im: alum.
 • **Stelle**; an einer einzelnen: mang.$_{h}$
 • **Stuhlgang**, beim: kali-p.
 • **Zimmer**, beim Eintreten in ein: *Caust.*$_{a1,k}$
▽ **erstreckt** sich zu den Augen: *Spig.*
○ **Augen**, über den: acon.$_{a1,k}$ agar.$_{h,k,*}$ **Ars.** cent.$_{a1}$ chel.$_{a1,k}$ coloc. dig. dros. meny.$_{a1,k}$ merc. mur-ac.$_{h}$ nux-m. rhus-t.$_{a1,k}$ sil.$_{a1,k}$ sulph.$_{a1,k}$
 • **nachmittags**: sulph.$_{a1,k}$
 • **abends**: chel.$_{a1,k}$
 • **nachts**: **Ars.**
○ **Seiten**: aur. caust. clem.$_{h}$ coloc. fl-ac. merc. ph-ac. **Spig.**

– **brummend**: hep.$_{h}$ squil.$_{h}$ staph.$_{h}$ sulph.$_{h}$

– **drückend**: *Acon.* *Aesc.* *Aeth.* *Agar.* agn. all-c. aloe alum. alum-p.$_{k2}$ alum-sil.$_{k2}$ *Alumn.* *Am-br.* *Am-c.* *Am-m.* ambr. *Anac.* androc.$_{srj1}$ ang. *Ant-t.* apis aran. arg-met. *Arg-n.* *Arn.* ars. ars-i. arum-t. *Asaf.* *Asar.* aster. aur. aur-ar.$_{k2}$ aur-i.$_{k2}$ aur-s.$_{k2}$ **Bamb-a.**$_{stb2}$ *Bapt.* bar-c. bar-i.$_{k2}$ bar-m. bar-s.$_{k2}$ **Bell.** benz-ac. berb. *Bism.* borx. bov. brom. *Bry.* cact.$_{k2}$ cadm-s. calad. *Calc.* calc-i.$_{k2}$ calc-p. *Calc-s.* *Camph.* cann-i. cann-s. canth. *Caps.* carb-ac. *Carb-an.* **Carb-v.** **Carbn-s.** *Caust.* cham. chel. **Chin.** chinin-ar. *Chinin-s.* *Chlol.* *Cic.* cimic. cina cinnb. clem. coc-c. *Cocc.* *Coff.* colch.$_{k2}$ *Coloc.* *Con.* cor-r. croc. crot-c. crot-h. cub. cupr. cycl. daph. *Dig.* *Dros.* dulc. eug. *Euon.* *Euph.* euphr. eupi. ferr. ferr-ar. ferr-i. ferr-p. fl-ac. gamb. gels.

– **drückend**: ...
gink-b.$_{sbd1}$ **Glon.** *Graph.* grat. guaj. *Hell.* helon. *Hep.* hipp. hydr-ac. *Hyos.* hyper. *Ign.* indg. iod. *Ip.* iris kali-ar. kali-bi. *Kali-c.* *Kali-i.* kali-m.$_{k2}$ *Kali-n.* kali-p. *Kali-s.* kali-sil.$_{k2}$ kalm. *Kreos.* **Lac-c.** **Lach.** lact. lam. laur. led. *Lil-t.* limest-b.$_{es1}$ lob. *Lyc.* *Lycps-v.* *Lyss.* *Mag-c.* *Mag-m.* mag-s. mang. meli. *Meny.*$_{c2,k}$ **Merc.** merc-c. merc-i-f. merc-i-r. merl. *Mez.* mosch. *Mur-ac.* myric. nat-ar. nat-c. **Nat-m.** nat-p. nat-s. nicc. **Nit-ac.** *Nux-m.* **Nux-v.** ol-an. *Olnd.* *Op.* osm. par. *Petr.* *Ph-ac.* *Phos.* pip-m. *Plat.* *Plb.* prun. **Psor.** **Puls.** pyrog.$_{k2}$ *Ran-b.* *Ran-s.* rheum *Rhod.* *Rhus-t.* rhus-v. *Ruta* *Sabad.* sabin. *Samb.* sars. *Seneg.* *Sep.* serp. *Sil.* *Spig.* *Spong.* squil. *Stann.* *Staph.* *Stront-c.* sul-ac. **Sulph.** tab. tanac. *Tarax.* *Tarent.* ter. ther. *Thuj.* valer. verat. verb. viol-t. xan. zinc. zing.
☞ *Schweregefühl*
• **tagsüber**: granit-m.$_{es1}$
• **morgens**: *Acon.* agar. alumn. ambr. arg-n.$_{a1,k}$ asaf. benz-ac. borx. bov. *Bry.* cann-s. caust.$_{a1,k}$ cedr. *Cham.* chin. cimic. coloc. *Con.*$_{a1,k}$ croc. cycl. dig.$_{h,k1}$ fago.$_{a1}$ gamb. glon. *Graph.* kali-bi. kali-n. **Lach.** lyc.$_{a1,k}$ mez. myric. nat-c. nat-m. nat-s. nicc.$_{a1,k}$ *Nux-v.* paeon. *Petr.* ph-ac.$_{a1,k}$ phos. pip-m. podo.$_{br1}$ psor. puls. rhus-t. *Sil.* sulph. thuj. tong.$_{a1}$
 • **3** - 4 h: thuj.
 • **Aufstehen**: cinnb. graph. **Lach.** lyc. mag-c. ox-ac. psor. sabin. squil. **Sulph.**
  • **nach**: calc.$_{h,k1}$ ruta$_{h}$
 • **Erwachen**, beim: agar. alumn. anac. arg-n. bell.$_{h,k1}$ coc-c. *Con.* ferr. gels. *Graph.* hep. mez. **Nat-m.** ol-an. ph-ac. zinc.
• **vormittags**: benz-ac.$_{a1}$ carbn-s.$_{k2}$ fago.$_{a1}$ puls.$_{a1}$
• **mittags**: agar. bamb-a.$_{stb2}$ cedr. kali-n.$_{h,k1}$ manc. sil. *Sulph.* zinc.
 • **gegen** Mittag amel.: bry. nat-m.
 • **Schlaf**, nach: calad.
• **nachmittags**: alum. ang. cann-i. carb-an.$_{h,k1}$ carb-v. cham.$_{a1,k}$ coloc. fago.$_{a1}$ graph. hell. kali-c. kali-n.$_{h,k1}$ lyc. mag-c. naja nat-c. nit-ac. op. ph-ac.$_{a1,k}$ phos. senec. sep.$_{a1,k}$ stram.
 • **14** h: alum.
• **abends**: acon.$_{a1,k}$ agar. alum. alum-p.$_{k2}$ ambr. *Anac.* ang.$_{c1}$ arg-n. ars.$_{a1,k}$ bamb-a.$_{stb2}$ castm. cham. chel. coc-c. colch. coloc. dig. dios. dulc.$_{a1,k}$ ferr.$_{a1,k}$ fl-ac.$_{a1,k}$ hell. hydr-ac.$_{a1,k}$ hyper.$_{a1,k}$ kali-bi. kali-n.$_{h,k1}$ kalm. *Lyss.* mag-m. mag-s. mang.$_{h,k1}$ nat-c.$_{h}$ nat-m. nat-s. ol-an. phos. plat.$_{h,k1}$ rhod. *Rhus-t.* ruta$_{h}$ sep. staph. **Sulph.** tab. tarent. thuj. valer. *Zinc.*
 • **amel.**: ran-b.
 • **Bett**, im: carb-v.$_{h,k1}$
 • **Gehen**, beim: dulc.
 • **Hinlegen**, nach dem: stann.
 • **Sonnenuntergang**, nach: nat-s.
• **nachts**: ambr.$_{h,k1}$ guaj. hep. lyc. mang.$_{h,k1}$ nit-ac.$_{h,k1}$ nux-v. *Sil.* sulph.
 • **2** h: ars.
 • **Erwachen**, beim: canth. mang.$_{h,k1}$ nat-c.$_{h,k1}$

- **nachts - Erwachen**, beim: ... plat.$_{h,kl}$ *Psor.*

◆ **begleitet** von:
- **Gliedern**; Schmerz in: bamb-a.$_{stb2}$
- **Nacken**; Schmerz im: bamb-a.$_{stb2}$
- **Abendessen**, nach dem: carb-v. ran-b.
- **Abwärtsbewegung**, bei: meny.$_{a1,k}$
- **anfallsweise**: agar. carb-v.$_{a1,k}$ cham.$_{a1,k}$ ign. **Lach.** ter.
- **Anstrengung**, bei: bamb-a.$_{stb2}$ **Bell.** calc-p.$_{k2}$ *Hell.* *Nat-c.*
- **Augen**, der: gent-c. helon.
- **Aufrichten**; beim:
- **Bücken**; vom: lyc.
- **Aufstehen**:
- **beim**: apis asaf. bell. cinnb. glon. hep.$_{c1}$ mag-s. nit-ac. *Spig.*
- **nach**, amel.: laur. ran-b. stann.
- **Auftreten** agg.: **Bell.** *Bry.* coc-c. *Glon.* hell. lyc.
- **auseinanderdrückend**: acon. aesc. aloe ant-c. *Arg-n.* arn. ars. bar-c. *Bell.* bov. *Bry.* calc-p. caps. *Carb-an.* chel. **Chin.** cocc. con.$_{a1,k}$ cor-r.$_{br1}$ daph. euph.$_{a1,k}$ fago.$_{a1}$ gels. hell. hyper.$_{a1,k}$ ign. kali-bi. kali-i. kali-n. lach. lil-t. *Lyc.*$_{a1,k}$ *Merc.* *Mez.* nat-m. nux-m. *Nux-v.* par. phyt.$_{a1}$ *Prun.*$_{a1,k}$ puls. ran-b. rhus-t. sabad.$_{a1,k}$ sabin. samb. *Sep.* *Sil.*$_{a1,k}$ spig. *Stann.* *Staph.* stront-c. tarax. *Thuj.* zinc.
- **außen**, nach: *Acon.*$_{a1,k}$ agar. alum-sil.$_{k2}$ *Am-c.* anac.$_{a1,k}$ arg-n. *Arn.*$_{a1,k}$ ars.$_{a1,k}$ **Asaf.** asar. bamb-a.$_{stb2}$ bar-m.$_{k2}$ bar-s.$_{k2}$ *Bell.*$_{a1,k}$ berb. *Bry.* cact.$_{k2}$ calc.$_{h}$ calc-sil.$_{k2}$ camph.$_{a1,k}$ carb-ac. *Carb-an.* chel. cimic.$_{hr1,k}$ cob. coloc. con. *Cor-r.*$_{hr1,k,*}$ dros. dulc.$_{a1,k}$ euph. fago.$_{a1}$ ferr.$_{a1,k}$ ferr-ar. ferr-p. fl-ac.$_{a1,k}$ glon. *Hell.* hep. hyper. ign. indg. ip.$_{a1}$ kali-ar. kali-c.$_{a1,k}$ kali-p.$_{k2}$ kali-sil.$_{k2}$ kiss.$_{a1}$ *Kreos.*$_{a1,k}$ **Lach.** laur.$_{a1,k}$ lil-t.$_{a1,k}$ lyc. *Menis.*$_{a1}$ meny.$_{h,k,*}$ *Merc.*$_{a1,k}$ **Nat-m.** nat-s.$_{k2}$ nux-m.$_{a1,k}$ *Olnd.* par.$_{a1,k}$ *Ph-ac.* phys. phyt. pic-ac.$_{a1,k}$ *Prun.* psor. ptel.$_{a1,k}$ ran-s. rhod.$_{a1,k}$ sabad.$_{a1,k}$ sabin. samb.$_{a1,k}$ sapin.$_{a1}$ *Sep.*$_{a1,k}$ *Sil.* spig. spong. stann. staph. sulph. tarax.$_{a1,k}$ thuj. zinc.$_{a1,k}$
- **Inhalt** herausgepreßt würde; als ob der: lil-t.
- **scharfes** Instrument; wie durch ein: prun.
- **Band**; wie durch ein: bamb-a.$_{stb2}$ *Carb-ac.* clem. cocc. *Gels.* glon. helo.$_{c1}$ helo-s.$_{c1}$ iod. ip. *Merc.* *Mosch.* *Nit-ac.* op. osm. psil.$_{ft1}$ *Spig.* *Stann.* **Sulph.** tub.$_{br1,k2}$
- **Eisenband** gedrückt; wie von einem: fuc.$_{br1}$ tub.$_{br1}$
- **bedeckt**, qualvolles Drücken; wenn: *Led.*$_{h,k,*}$
- **Bett**, im: kalm. nat-s. ol-an. pip-m. ran-b. rhus-t. sulph.
- **Beugen**, beim:
- **hinten**, nach:
- **agg.**: mang.
- **amel.**: *Bell.* ph-ac. thuj.
- **Kopfes** nach vorne; beim Beugen des: bell. ferr-p. nat-m. ph-ac.
- **amel.**: bamb-a.$_{stb2}$
- **Bewegung**, bei: acon. agn. *Arg-n.* **Bell.** bism. **Bry.** *Calc.* carb-v. cocc. colch.$_{k2}$ cupr. dulc. ferr-p. glon. *Hell.* hyper. lach. mez. nat-s. ph-ac. phos. pic-ac. rhod. *Spig.* sulph. thuj.
- **amel.**: *Agar.* *Ferr.* op. pip-m. sulph. *Valer.*
- **Arme**, der: rhus-t.
- **Augen**, der: *Bell.* *Chel.* hep. mag-s.$_{c1}$ *Puls.*
- **Freien**, amel. im: acon.
- **Gesichtsmuskeln**, der: *Spig.*
- **Kopfes**, des: coloc.$_{h}$ *Glon.* nat-s. staph.$_{h}$
- **Gehen**, beim: ars.
- **Binden** des Kopfes amel.; festes: *Arg-n.* hep.$_{c1}$
- **Blicken**; bei starrem, fixem: helon.$_{hr1,k,*}$ *Puls.*
- **Blutandrang**, wie durch: apis chin.$_{a1,k}$ dig.$_{h,kl}$ merl. nux-m. rhus-v.
- **brennend**: aloe alum. lact. mang. nux-m. sep. sul-ac. tarax.
- **Brettern** zusammengedrückt; wie zwischen zwei: ip.
- **Bücken**, beim: *Bell.* *Bry.* *Calc.* canth. carb-v. cham. chel. coloc. fl-ac. hep. lyc. mag-m. merc-c. merl.$_{a1,k}$ par. petr. phos. *Puls.* sil. *Spig.* stann. thuj. zing.
- **amel.**: caust. mang.
- **muß** sich bücken: cann-i. ign.
- **Denken** daran; beim: cham. cocc. dig. *Helon.*$_{hr1,k}$
- **Drehen** der Augen; beim:
- **leidende** Seite; auf die: con.
- **seitwärts**: *Sil.*
- **Druck**:
- **agg.**: alum-p.$_{k2}$
- **amel.**: alum. alumn. *Arg-n.* asaf. *Cact.* chin.$_{a1,k}$ dios. *Hell.* lach. *Meny.*$_{h,k,*}$ merc. nat-m.$_{a1,k}$ nat-s. *Nux-v.* op. *Puls.* pyrog. sang. stann. thuj.
- **dumpf**: aloe apis canth.$_{a1,k}$ cimic. con.$_{a1,k}$ ferr.$_{a1,k}$ hydr-ac.$_{a1,k}$ lith-c. op.$_{a1,k}$ phys.$_{a1,k}$
- **Dunkelheit**, in der: sil.
- **Einwickeln** des Kopfes amel.: kali-c.
- **Erbrechen** amel.: stann.
- **Erhitzung**; bei: am-c.$_{a1,k}$
- **Erregung**, nach: chinin-s.
- **Essen**:
- **amel.**: psor.
- **beim**: graph.$_{h}$
- **nach**: alumn. calc. carb-an. carb-v. clem. *Cocc.* con. graph. hydr. hyos. kali-c. lyc. nat-m. nat-s. ol-an. pip-m. ran-b. ruta sep. tab. thuj. *Zinc.*
- **Fahren** im Wagen; beim: cocc. *Nit-ac.*
- **Fieber**:
- **während**: rhod.$_{a1}$ ruta$_{h}$ sep.
- **Frost**; während: sep. tarent.
- **Kälte** am ganzen Körper; mit: camph. stann.
- **Frühstück**:
- **amel.**: bov. *Psor.*
- **nach**: chel. hydr. sars.
- **Gehen**, beim: alum. arn. ars.$_{h}$ *Asar.* *Bell.* *Bry.* calc. caust. *Chin.* clem. cocc. kali-c. **Lach.** lyc. nat-m.

- **Gehen**, beim: ...
  - **Freien**, im:
    - **beim**: agar. **Bell.** chin. con. dulc. ferr. glon. hell. lil-t. staph. thuj.
    - **nach**: **Bell.** sep. zinc.
- **geistige** Anstrengung, durch: anac. *Arg-n.* arn. asar. *Cact.* *Calc.* calc-s. *Carb-an.* cham. *Cocc.* coff. colch. dig. helon. ign. kali-c. *Lyc.* *Mag-c.* mez. **Nat-c.** nat-s. *Nux-v.* ol-an. par. *Ph-ac.* **Pic-ac.** *Sep.* sil. *Sulph.* ter.
  - **Aufmerksamkeit** auf etwas konzentriert ist; wenn die: helon.
  - **Lesen**, beim: **Bell.** *Cocc.* helon. *Lyc.*
- **Geräusche** agg.: *Nit-ac.* ph-ac. spig.
- **Gesellschaft**, in: lyc. mag-c.
  ☞ ❑ Gemüt - Gesellschaft - Abneigung
- **Gewicht**; wie durch ein: agar. alum. alumn. ambr.$_{bg2}$ arn.$_{bg2}$ ars.$_{bg2,k}$ aur.$_{bg2}$ bell.$_{bg2,k}$ *Bism.* *Bry.*$_{bg1,k2,*}$ cact. cann-s.$_{bg2,k}$ carb-v.$_{bg2,k}$ chel.$_{bg2}$ *Cina* con.$_{bg2}$ cupr. dig.$_{bg2}$ ign.$_{bg2}$ kali-n.$_{bg2}$ laur. led.$_{bg2,k}$ lyc.$_{bg2}$ mag-p.$_{bg2}$ med.$_{bg1,bg2}$ **Meny.**$_{h,k,*}$ merc-i-r. *Mosch.*$_{bg2,k}$ *Nit-ac.*$_{bg2,k}$ *Nux-v.*$_{bg2,k}$ ph-ac.$_{bg2,k}$ phys.$_{bg2}$ plat.$_{bg2,k}$ plb.$_{bg2}$ *Rhus-t.*$_{bg2,k}$ sars.$_{bg2,k}$ sil.$_{bg2,k}$ *Spig.*$_{bg2,k}$ squil.$_{bg2,k}$ sulph.$_{bg2,k}$ *Thuj.*$_{bg2,k}$ verat.
- **grabend**: bry. clem.
- **Heben** der Augen; beim: *Bry.*
- **heftig**: granit-m.$_{es1}$
- **Heißes**, durch: *Arum-t.*$_{a1,k}$
- **Heuschnupfen**, bei: sabad.
- **Husten**, beim: acon. alumn. ambr. anac. *Arn.* brom. **Bry.** chel. coc-c. con. hep. kreos. nit-ac.$_{a1,k}$ petr. phos. ruta sars. sep. spig. verb.
- **Hut**:
  - **Druck** des Hutes; durch: *Calc-p.* *Carb-v.* *Led.*$_{vh}$ **Nit-ac.** phys. sep.$_{h}$ sulph.$_{h}$
  - **engen** Hut; wie durch einen: calc-s.$_{k2}$ merc.$_{k2}$ sulph.
- **innen**, nach: *Alum.* *Anac.* asar. bov. cact.$_{k2}$ calc. cham.$_{a1,k}$ *Cocc.* coff. *Dulc.* graph. *Hell.* ign. merc. nit-ac. olnd. petr. ph-ac. *Plat.* *Ran-s.* sabad. sep. sil. spig. stann. staph. zing.$_{a1,k}$
  - **scharfe** Kanten; wie durch: cham.$_{a1,k}$
- **intensiv**
  ☞ heftig
- **intermittierend**: ph-ac.$_{h}$ sulph.$_{h}$
- **Kaffee**, nach: arum-t. nat-s.
- **kalt**:
  - **Anwendungen** amel.; kalte: *Phos.*
  - **Luft** agg.; kalte: ferr. *Sil.*
  - **Wasser** amel.; kaltes: euphr.
- **Kappe**, wie eine: androc.$_{srj1}$ apis *Arg-n.* asaf. berb.$_{k,rb2}$ *Carb-v.* coc-c. *Cocc.* crot-c. *Cycl.* gink-b.$_{sbd1}$ *Graph.* hell. ip. *Lil-t.* mag-p.$_{br1}$ peti. pyrog. stry. sulph. zinc.
  ☞ Rüstung
- **Knoten**, wie durch: phos.$_{h}$
- **krampfartig**: ars. colch. ph-ac. *Plat.* ran-s. zinc.
- **lähmungsartig**: nat-c.$_{h}$
- **Laufen** amel.: hipp.
- **Lesen**, beim: agn. bell. *Cocc.* hell. helon.$_{a1}$ lyc.$_{a1,k}$
- **Licht** agg.: cann-i. ph-ac.$_{k2}$
- **Liegen**, beim: glon. lach. *Lyc.* merc. nat-s. nux-v. **Tarax.**
  - **amel.**: bell. **Lach.** nit-ac. spig.
  - **Kopf**; amel. mit hoch gelagertem: *Spig.*
  - **Seite**, auf der: bar-c. calad.
- **Luft**:
  - **Freien**, im: agar. caust. chel. *Chin.* ferr. glon. hep. laur. meny.$_{h}$ *Merc.* nux-v. rhus-t. valer.$_{hr1}$
    - **amel.**: alum. *Arg-met.* bov. cinnb. coloc. *Hell.* hydr-ac. jatr-c. lach. lyc. mag-m. mang. *Phos.* sabin. seneg.
- **Menses**:
  - **vor**: bamb-a.$_{stb2}$ bell. cimic. hep. *Nat-m.* nux-v. petr. sep. sil.
  - **während**: acon. bamb-a.$_{stb2}$ bell. berb. *Bry.* castm. *Cimic.* cycl. eupi.$_{a1,k}$ *Gels.* *Graph.* iod. **Kreos.** lyc. merc. *Nat-m.* nat-s. nux-m. nux-v. plat. *Sep.* sil. stann. *Sulph.*
  - **nach**: ust.
- **Mittagessen**:
  - **beim**: pall.
  - **nach**: agar.$_{h}$ alum.$_{h}$ alumn. calc. carb-an.$_{a1,k}$ chin.$_{h}$ ol-an. ruta seneg. tab. thuj. *Zinc.*
- **nagend**: *Ran-s.*
  - **Kopfhaut**: hyos.$_{h}$
- **Nasenbluten**, vor: *Carb-an.*
- **Niesen**, nach: apis cina
- **oben**, nach: fl-ac. guaj. meph.$_{a1,k}$ ph-ac. spig.
- **Obstipation**, bei: jatr-c.
- **Öffnen** der Augen nach dem Schlafen; beim: rhus-t.
- **periodisch**: card-m.$_{k2}$
- **Pflock**; wie durch einen: anac.$_{br1}$
- **pressen**; möchte den Kopf auf den Fußboden: sang.
- **pulsierend**: arn.$_{h,k1}$ *Bry.*$_{a1,k}$ *Chin.* **Puls.** *Ruta* verat.$_{h}$
- **Rauchen**, durch: *Calad.* mag-c.$_{hr1,k}$
- **Reiben** amel.: op. ph-ac. phos.
- **rhythmisch**: ruta
- **ruckartig** drückend: dig.$_{h}$
- **Rüstung**; wie in einer: apis *Arg-n.* asaf. *Berb.* cann-i. *Carb-v.* clem. *Cocc.* *Crot-c.* *Cycl.* *Graph.* hell. *Ip.* *Lil-t.* **Nit-ac.** peti. pyrog. *Spig.* stry. sulph. zinc.
  ☞ Kappe
- **Schlaf**:
  - **Seite**; beim Schlafen auf der erkrankten:
    - **linken** Seite; auf der: caust.
  - **agg.**: *Arg-n.* *Bry.* calad. cocc. **Lach.** merc. nat-m. rhus-t. tarent. thuj. *Verat.*
  - **amel.**: thuj.
  - **Mittagsschlaf** agg.; nach dem: calad.
- **Schließen** der Augen amel.: chel.
- **Schluckauf**, beim: *Bry.*
- **Schneuzen** der Nase agg.: chel.
- **Schraubstock**; wie in einem: aeth. agar. *Alum.* am-c. am-m. ant-t. *Arg-n.* aster. atro. *Bar-c.* bar-s.$_{k2}$ bov. bry. *Cact.* cadm-s. carb-v. caust. chel. chin. cina clem. *Cocc.* daph. euph. gink-b.$_{sbd1}$ *Glon.* graph. grat. hell. lyc. mag-c.

• **Schraubstock**; wie in einem: ... chel. chin. cina clem. *Cocc.* daph. euph. gink-b.$_{sbd1}$ *Glon.* graph. grat. hell. lyc. mag-c. mag-s. **Merc.** *Nat-m.* nat-s.$_{k2}$ nicc. **Nit-ac.**$_{k,k2}$ olnd. op. petr. **Plat.** *Puls.* ran-b. ran-s. rat. rhus-t. sabad. sars. spig. stann. sul-ac. sulph. *Tarent.*
  • **Freien** amel.; im: caust.
• **Schreiben**, beim: borx. carb-an. ferr-i. gent-l.$_{a1,k}$ ign. kali-c. nat-c.
• **Schütteln** des Kopfes; beim: **Bell. Bry.** *Chin.* coloc.$_{h}$ ferr-p. **Glon.**
• **Schweiß** amel.: thuj.
• **Sitzen**, im: agar. alum. benz-ac. *Bry.* fl-ac. **Lach.**
  • **amel.**: asar. **Bell.** calad. pic-ac.
  • **aufrechtem** Sitzen, bei: mang.
  • **Aufsetzen** im Bett amel.: **Bell.** canth.
• **Sonne**, vergeht im Schatten; in der: brom.
• **Sprechen**:
  • **agg.**: ph-ac.$_{k2}$
  • **lautes** Sprechen, durch: spig.
• **Stehen**, beim: alum. staph.$_{h,k1}$
• **steigt** und sinkt langsam: *Stann.*
• **Stelle**, auf der er liegt: ph-ac.$_{h,k1}$
• **Stellen**, an kleinen: acon. asar. *Bell.*$_{a1,k}$ cic. con.$_{h,k1}$ dig.$_{a1,k}$ dulc.$_{a1,k}$ glon.$_{a1,k}$ ign. meph.$_{a1,k}$ nit-ac. nux-m.$_{c1}$ nux-v. ox-ac. ph-ac. psor. thuj.$_{a1,k}$ zinc.
• **Stuhlgang**:
  • **vor**: merc.
  • **während**: coloc. gran. merc.
  • **nach**: fago.$_{a1}$ *Lyc.*$_{a1,k}$ sil. spig.
• **synchron** mit dem Puls: hell.$_{h}$
• **Tee** amel.; nach warmem: glon.
• **tiefsitzend**: agar.$_{a1,k}$ *Arg-n.* asc-t.$_{c1}$ *Bell.* caust.$_{a1,k}$ cic. con. gins. indg.$_{a1,k}$ lach. nat-m. nat-s.$_{a1,k}$
• **Treppensteigen**, beim: ars. lyc. **Meny.** *Ph-ac.*
• **Trinken** agg.: cocc. merc.
• **unten**, nach: agar. ambr. ant-t. asar. cic.$_{a1,k}$ *Cina* cocc. con. *Cupr.* graph.$_{bg1,bg2}$ hura laur.$_{a1,k}$ mang. meny.$_{h,k,*}$ merc.$_{a1,k}$ merc-i-f. mur-ac. nit-ac.$_{a1,k}$ nux-v. *Ph-ac. Phos.* plat. rhus-t. senn. sil. spig. spong. *Sulph.* verat.
• **veränderlich**: bell. gins. *Ign.*$_{a1,k}$
• **vorne**, nach: asar. *Bry.* nit-ac. sil. sulph.
• **wandernd**: graph. *Ign.*
• **warm**:
  • **Zimmer**, im warmen: acon. **Apis** cann-i. *Coc-c.* **Puls.**
• **Waschen**:
  • **nach**, amel.: ferr. phos. *Psor.*
• **Wetter**:
  • **kaltem** Wetter; bei: bamb-a.$_{stb2}$
  • **nasses** Wetter agg.: sulph.
  • **windigem** Wetter; bei: bamb-a.$_{stb2}$
• **wiederkehrend**: granit-m.$_{es1}$
• **ziehend**: agar. ang. ant-c. ant-t. arg-met. ars. asaf. aur. carb-v. caust. coff. hell. hep. ign. iod. kali-c. mosch. nat-c. nit-ac. nit-s-d.$_{a1}$ olnd. ran-b. ran-s. *Rhod.* rhus-t. sabad. sars. spig. stann.$_{a1,k}$ staph. tarax. thuj.
• **Zimmer**, im: am-m.$_{a1,k}$ coc-c. laur. **Lyc.** mag-c.$_{a1,k}$ *Nat-m. Nat-s. Phos.* **Puls.** sulph.$_{h}$
  • **amel.**: *Chin. Hep.* merc. valer.
  • **Eintreten**, beim: bov.
  • **überfüllten** Zimmer; im von Menschen: mag-c.$_{hr1,k}$
• **zusammenschnürend**: *Cocc.* graph.
  ☞ *Zusammenschnürung*

∇ **erstreckt** sich zu:
• **Augen**: sil.$_{h}$
• **Nacken**: kali-c.$_{h}$ lyc.$_{h}$
• **Stirn**, links: ph-ac.$_{h}$

○ **Gehirn**:
• **auf** das Gehirn: ars. *Cann-i.* glon. ign. manc. meny. ph-ac.$_{h}$ phos.$_{h}$ ruta sep.
• **außen**, nach: aesc.$_{k2}$ agar. *Bell. Bry.* glon. guaj. hep. hydr. indg. laur. lil-t. *Nat-m.* phys. stann.
• **Eisenhelm**; wie durch einen: *Crot-c.*
• **Fleck**: m-ambo.$_{a12}$ zinc.$_{h}$
• **gebunden**, wie fest: acon. aeth. am-br. ant-t. arg-met. asar. aur.$_{h}$ **Bry.** calc. camph. *Carb-v.* cham. cimic. *Cocc.* colch. *Crot-c.* cupr. cycl. gels. graph. guaj. hell.$_{h}$ hyper. indg. **Lac-c.** *Lach.* laur. led.$_{k2}$ mag-s. manc. meny. *Merc.* morph. *Mosch.* mur-ac.$_{h}$ **Nat-m. Nit-ac.** *Olnd.* op. par. petr. *Ph-ac.* plat. prun. *Psor.* puls. rhus-t. sars. sil. *Spig. Staph.*
  • **Tuch**, mit einem: cycl.
• **innen**, nach: asar. coff.$_{k2}$ cupr. glon. ther.$_{rb2}$
• **Lesen**, beim: arg-met.$_{h}$
• **scharfe** Kanten; wie gegen: sabad.
• **Seite**, auf der man liegt: ph-ac.$_{h}$
• **Stehen**, beim: arg-met.$_{h}$
• **vorne**, nach: *Acon.* asar. bell. *Bry.* ip. kali-c.
  • **aus** den Augen herausdrückend ◆: nat-m.$_{h}$

○ **Hirnhaut** zu eng wäre; als ob die: *Acon.* carb-v. op. par. psor.
• **Mitte** des Gehirns: phos.$_{h}$ zinc.$_{h}$
• **Schädel**:
  • **gegen** den Schädel; wie: mez. rhod. rhus-v.
  • **klein**; wie zu klein: gink-b.$_{sbd1}$ *Glon.* morph. scut.

• **Hinterkopf**: acon.$_{bg2,k,*}$ acon-l.$_{a1}$ *Agar.*$_{bg2,k,*}$ all-c. *Aloe* *Alum.*$_{bg2,k,*}$ alum-p.$_{k2}$ alum-sil.$_{k2}$ am-caust.$_{a1}$ am-m.$_{a1,k}$ *Ambr.*$_{bg2,k,*}$ ammc.$_{a1,k}$ anac.$_{bg2,k}$ ang.$_{a1,bg2}$ ant-t.$_{a1,k}$ apis *Arg-met.* arn. *Ars. Ars-i.* ars-s-f.$_{k2}$ asaf.$_{bg2,k,*}$ asar. aur. aur-ar.$_{k2}$ aur-i.$_{k2}$ aur-s.$_{k2}$ *Bamb-a.*$_{stb2}$ bapt.$_{a1,k}$ bar-c. bar-i.$_{k2}$ bar-s.$_{k2}$ *Bell.*$_{bg2,k,*}$ berb. *Bism.*$_{bg2,k,*}$ borx. *Bov.*$_{bg2,k}$ *Bry.*$_{bg2,k,*}$ cact.$_{a1,k}$ *Calc.*$_{bg2,k,*}$ calc-i.$_{k2}$ calc-p. calc-sil.$_{k2}$ camph.$_{bg2,k,*}$ cann-i.$_{a1,k}$ cann-s.$_{bg2,k}$ canth.$_{bg2,k}$ carb-ac.$_{a1,k}$ carb-an.$_{h}$ **Carb-v.**$_{bg2,k,*}$ **Carbn-s.** card-m. carl.$_{a1}$ caust.$_{bg2,k,*}$ cedr.$_{a1,k}$ cham.$_{a1,k}$ *Chel.*$_{a1,k}$ *Chin.*$_{bg2,k}$ chinin-ar. cic.$_{bg2,k,*}$ cinnb.$_{a1,k}$ coc-c.$_{a1,k}$ cocc. *Colch.*$_{bg2,k}$ coloc.$_{a1,k}$ con.$_{a1,k}$ cop.$_{a1,k}$ croc. *Crot-c.* cupr.$_{bg2,k,*}$ dig.$_{bg2,k,*}$ digin.$_{a1}$ *Dulc.*$_{bg2,k}$ *Euph.*$_{bg2,k}$ fl-ac.$_{a1,k}$ *Gels.* gent-l. gins.$_{a1,k}$ glon.$_{bg2,k,*}$ gran.$_{k2}$ **Graph.**$_{bg2,k,*}$ grat. guaj.$_{bg2,k}$ *Hell.*$_{bg2,k,*}$ *Hep.* hydr-ac.$_{a1,k}$ *Hyper.* *Ign.*$_{bg2,k}$ *Iod.*$_{bg2,k}$ *Ip.*$_{bg2,k}$ jatr-c. kali-bi.$_{bg2,k,*}$ *Kali-c.*$_{bg2,k}$ kali-m.$_{k2}$

- **Hinterkopf**: ...

  kali-n.$_{bg2,k,*}$ kali-p.$_{bg2,k}$ kali-sil.$_{k2}$ lach. lact.$_{a1}$ laur.$_{bg2,k}$ lec. lil-t.$_{k2}$ lob.$_{a1,k}$ *Lyc.*$_{bg2,k,*}$ mag-c. *Mag-m.*$_{bg2,k,*}$ mag-s. manc. mang.$_{bg2,k}$ meny.$_{bg2,k}$ meph.$_{a1,k}$ *Merc.*$_{bg2,k}$ *Mez.*$_{bg2,k}$ mosch. nat-ar. *Nat-c.*$_{k2}$ *Nat-m.*$_{bg2,k,*}$ *Nat-p.* *Nat-s.*$_{bg2,k,*}$ *Nit-ac.*$_{bg2,k}$ nit-s-d.$_{a1}$ nux-m.$_{bg2,k}$ **Nux-v.**$_{bg2,k}$ ol-an. *Onos.* *Op.* ox-ac. paeon.$_{a1,k}$ par.$_{bg2,k,*}$ **Petr.**$_{bg2,k,*}$ ph-ac. phel. *Phos.*$_{bg2,k,*}$ pip-m.$_{a1,k}$ plb.$_{bg2,k,*}$ psil.$_{ft1}$ puls.$_{bg2,k}$ ran-b.$_{bg2,k}$ ran-s. rhod.$_{a1,k}$ *Rhus-t.* ruta sabad.$_{bg2,k}$ sabin.$_{bg2,k}$ sars.$_{bg2,k,*}$ **Sec.** sel.$_{a1,k}$ seneg.$_{bg2,k}$ *Sep.*$_{bg2,k}$ **Sil.**$_{bg2,k,*}$ *Spig.* *Spong.*$_{bg2,k,*}$ squil.$_{bg2,k,*}$ *Stann.*$_{bg2,k}$ *Staph.*$_{bg2,k,*}$ stram. stront-c. sul-ac. sul-i.$_{k2}$ *Sulph.*$_{bg2,k}$ tab.$_{a1,k}$ *Tarax.*$_{bg2,k,*}$ *Tarent.* teucr.$_{bg2,k,*}$ *Thuj.*$_{bg2,k,*}$ til.$_{a1,k}$ valer.$_{bg2,k}$ verb.$_{bg2,k,*}$ zinc.$_{bg2,k,*}$ zinc-p.$_{k2}$ zing.
  - **morgens**: caust.$_{a1,k}$ cedr.$_{a1,k}$ *Graph.* kali-bi. mag-s. nux-m. *Nux-v.* paeon.$_{a1,k}$ *Petr.*$_{a1,k}$ sil.$_{a1,k}$ *Sulph.*
    - **Erwachen**, beim: coc-c. hell.$_{h}$ kali-bi. *Sulph.*
  - **vormittags**: bov. caust.$_{a1,k}$ iod. kali-bi.$_{a1,k}$ nat-c.$_{h}$
  - **nachmittags**: ang.$_{a1,k}$ gent-l. iod.$_{h}$
    - **13** h: mang.$_{h}$
  - **abends**: anac. coc-c.$_{a1,k}$ rhod.$_{a1,k}$ sep.$_{h}$ stann.$_{h}$ staph.$_{h}$ thuj.$_{a1,k}$
    - **Mitternacht**, bis: sep.$_{h}$
    - **Gehen** im Freien; beim: thuj.
    - **warmen** Zimmer, im: coc-c.$_{a1,k}$
  - **nachts**: alum-p.$_{k2}$ *Sulph.*
  - **Abendessen**, nach dem: *Carb-v.*$_{a1,k}$
  - **anfallsweise**: zinc.
  - **Anstrengung** amel.; geistige oder körperliche: cact.
  - **Auflegen** der Hand amel.: mang.$_{h}$
  - **Aufrechthalten** des Kopfes amel.: spong.
  - **Aufstehen** vom Bett; beim: cinnb.$_{a1,k}$
  - **auseinanderdrückend**: aloe *Calc.* nux-v. staph.$_{a1,k}$
  - **außen**, nach: bell. berb. bry.$_{a1,k}$ *Calc.* carb-v. chin.$_{a1,k}$ fago.$_{a1}$ *Gels.* helon.$_{a1}$ mez. ph-ac. prun.$_{a1,k}$ sapin.$_{a1}$ stann. *Staph.* stront-c. til.$_{a1,k}$
  - **Band**; wie durch ein: anac. psor. sulph.
  - **Berührung** agg.: cupr.$_{a1,k}$ kali-n.
  - **Beugen** des Kopfes; beim:
    - **hinten** amel.; nach: ph-ac.$_{a1,k}$
    - **vorne**, nach: staph.$_{h}$
  - **Bewegung**, bei: *Bism.* **Bry.** colch. cop.$_{a1}$ cupr. *Hyper.* iod. ip. nat-s.$_{a1,k}$ ph-ac.$_{a1,k}$ spong.$_{h}$
    - **Kopfes**, des: mez.$_{h}$
  - **Blicken** nach oben; beim: *Graph.*
  - **brennend**: mang.$_{h}$
  - **Bücken**, beim: carb-v.$_{a1,k}$ *Colch.* nux-m. ph-ac.
  - **Druck** amel.: **Nux-v.** op.$_{a1}$
  - **Einwickeln** des Kopfes amel.: **Sil.** vichy-g.$_{a1}$
  - **engen** Hut; wie durch einen

    ☞ *Hut*

- **Hinterkopf**: ...
  - **Essen**:
    - **amel.**: kali-p.
    - **nach**: carb-v.$_{a1,k}$ pip-m.$_{a1}$
  - **Fieber**; während: rhus-t.
  - **Freien**, im:
    - **agg.**: iod.$_{h}$ nux-m. plect.
    - **amel.**: *All-c.* carb-an.$_{h}$ *Carb-v.* kali-c. mag-m.$_{h,k,*}$ mag-s. mez. puls.
  - **Gehen**:
    - **amel.**: nux-m.
    - **beim**: *Chin.*
    - **nach**: zinc.$_{a1,k}$
    - **Freien**, im: staph.$_{k1}$
      - **amel.**: mang.$_{h}$
  - **geistiger** Anstrengung, bei: androc.$_{srj1}$ *Carb-ac.* *Colch.* nat-c.
  - **Geräusche** agg.: *Carb-v.* *Nit-ac.* ph-ac.$_{a1,k}$ *Spig.*
  - **Gewicht** oder ein Stein; wie ein: anac. asar. *Bell.* bry.$_{bg2}$ cann-s. *Carb-v.* caust. *Chel.* cina cocc. cupr. graph. hell. kali-n. lach.$_{bg2}$ laur. led. meny. nux-v. **Petr.** ph-ac. plat. sulph.
  - **Hartem**; wie durch Liegen auf etwas: ph-ac.$_{h}$
  - **Husten**, beim: alum.$_{h}$
  - **Hut**; wie durch einen engen: *Alum.*$_{h,k}$
  - **innen**, nach: bar-c. calc. ign.$_{a1,k}$ mag-c. meph. olnd. ox-ac. ph-ac. sep. spig. stann. *Staph.* stront-c. thuj. upa.$_{a1}$
    - **zwischen** Scheitel und Hinterkopf: ox-ac.
  - **intermittierend**: carb-an. phel.$_{a1,k}$
  - **Lesen**, beim: carb-ac.$_{a1,k}$ helon.$_{a1}$
  - **Liegen**:
    - **Hartem**; wie durch Liegen auf etwas: ph-ac.$_{h}$
    - **Hinlegen**, nach dem: **Tarax.**
    - **Rücken**, auf dem: plect.
  - **Menses**, während: *Nux-v.*
  - **Mittagessen**, nach dem: agar.$_{h}$ con.$_{h}$ ol-an.$_{a1}$ vichy-g.$_{a1}$
  - **pulsierend**: kali-n. mosch. peti. sulph. zinc.
  - **Reiben** amel.: op.$_{a1}$ ph-ac.$_{a1,k}$ *Phos.*
  - **Schließen** der Augen agg.: ip.
  - **Schnupfen**; wie bei: cic.$_{c1}$
  - **Schraubstock**; wie in einem: am-m. grat. mag-c. merc.
  - **Schreiben**, beim: carb-an.
  - **Sitzen**, im: fl-ac.
    - **amel.**: nux-m.
  - **Sprechen**, durch: spig.
  - **Stehen**, im: *Ip.* kali-c. sel.
    - **amel.**: plb.
  - **Stellen**, an kleinen: carb-an.$_{h}$ glon.$_{a1,k}$ ol-an.$_{a1,k}$ olnd.$_{a1,k}$ sep.$_{h}$
    - **Knopf**; wie mit einem: acon. *Lyc.* thuj. zinc.
  - **Stuhlgang**, beim: gran.$_{a1,k}$
  - **unten**, nach: hydr-ac. merl.$_{a1,k}$
  - **vorne**, nach: chel. mang. nux-v. ol-an. ph-ac.$_{a1,k}$ plb. sabad.
  - **warm**:
    - **Anwendungen** amel.; warme: bamb-a.$_{stb2}$

• **Hinterkopf - warm**: ...
• **Zimmer**; agg. im warmen: *All-c.* *Carb-v.* coc-c. mag-m. *Mez.*
• **Zorn**, nach: *Petr.* *Staph.*
▽ **erstreckt** sich zu:
• **Augen**: *Carb-v.*
• **außen**, nach: mez. ph-ac.
• **Hals**; äußerer: calc. *Graph.* hep. laur. nat-c. nux-v.
• **Nacken**: sabin.$_{c1}$
• **oben**, nach: all-c. ambr.$_{h}$ onos. puls. staph.$_{h}$
• **Rücken** und in die Brust; mittags in den: *Graph.*
• **Scheitel**: bov. carb-an.$_{h}$ dig. glon.
• **Schultern**: hep. ip.$_{h}$
• **Seite**: asar.$_{h}$
• **Stirn**: ambr.$_{h}$ aur.$_{h}$ *Calc.* camph.$_{h}$ carb-v. fl-ac. mang. mez.$_{h}$ mur-ac.$_{h}$
• **unten**, nach: hep. hydr-ac. laur. nat-c.
• **vorne**, nach: ant-t. bov. *Chel.* hydr-ac. mang. nat-c. ph-ac. sabad.
• **Zähne**: ferr.
○ **Seiten**: anac.$_{a1,k}$ asar.$_{a1,k}$ aur.$_{a1,k}$ bov.$_{a1,k}$ bry.$_{a1,k}$ calc. calc-sil.$_{k2}$ camph. carb-an.$_{a1,k}$ carb-v. castm. caust. cere-b.$_{a1}$ *Chel.* colch.$_{a1,k}$ con.$_{a1,k}$ crot-t.$_{a1,k}$ dig.$_{a1,k}$ **Fl-ac.**$_{a1,k}$ glon.$_{a1,k}$ hydr-ac.$_{a1,k}$ ign. *Laur.*$_{a1,k}$ mag-s. mez.$_{a1,k}$ nat-c.$_{a1,k}$ nat-p. *Nat-s.*$_{a1,k}$ nux-v. ph-ac.$_{a1,k}$ psor.$_{a1,k}$ ruta$_{h}$ sabin.$_{a1,k}$ sep. *Sil.*$_{a1,k}$ spig.$_{a1,k}$ spong.$_{a1,k}$ stann. sul-ac.$_{a1,k}$ sulph. zinc.$_{a1,k}$
• **links**: androc.$_{srj1}$ asar.$_{a1,bg2}$ calc.$_{h}$ *Chel.* dulc.$_{h}$ lyc.$_{bg2,k}$ mez.$_{h}$ puls.$_{bg2}$ sabin.$_{bg2}$ sep.$_{bg2,h}$ stann.$_{a1,k}$ sul-ac.$_{bg2,k,*}$ sulph. zinc. zing.$_{a1,k}$
• **rechts**: anac.$_{bg2,k,*}$ aur.$_{bg2,h,*}$ *Calc.* carb-v. caust.$_{a1,k}$ colch.$_{a1,bg2}$ croc.$_{bg2}$ dig. hep.$_{h}$ ign.$_{bg2}$ lyc.$_{bg2,h}$ nat-c.$_{bg2,h,*}$ nat-s.$_{a1,bg2}$ ph-ac.$_{bg2,k}$ *Rhod.*$_{bg2,k}$ seneg.$_{bg2,k}$ sep.$_{bg2,h}$ *Spig.*$_{bg2,k}$ verb.$_{bg2,h}$
▽ **erstreckt** sich zu:
• **links**: dig.
• **Schulterblätter**: hep.$_{h}$
• **abends**: mez.$_{h}$ nat-s.$_{a1,k}$ zing.$_{a1,k}$
• **Auflegen** der Hände amel.: sul-ac.$_{h}$
• **auseinanderdrückend**: zinc.$_{h}$
• **Bücken** agg.: spig.$_{h}$
• **Drehen** des Kopfes; beim: ph-ac.
• **Druck**:
• **agg.**: ph-ac.$_{h}$
• **amel.**: spig.$_{h}$
• **Gehen** im Freien; beim: caust.$_{a1,k}$
• **Liegen** amel.: mag-s.
• **pulsierend**: bell.$_{a1,k}$ zing.$_{a1,k}$
• **Schlag**; wie durch einen: dig.$_{h}$
• **Sitzen**, im: fl-ac.$_{a1,k}$
• **Stelle**; an einer einzelnen: spig.$_{h}$
▽ **erstreckt** sich zu:
• **außen**, nach: ph-ac. stann.
• **Hals**: calc.$_{h}$ *Chel.* *Laur.*
• **unter** dem Hinterkopf; Gegend: ambr.$_{h}$ *Carb-v.* iod.$_{h}$
• **Scheitel**: **Acon.**$_{bg2,k,*}$ act-sp. aesc.$_{a1,k}$ *Agar.*$_{a1,k}$ agn.$_{bg2,k}$ all-c. all-s.$_{a1}$ *Aloe* alum.$_{bg2,k}$ alum-p.$_{k2}$

• **Scheitel**: ...
alum-sil.$_{k2}$ *Alumn.*$_{a1,k}$ *Am-c.*$_{h,k,*}$ am-m.$_{bg2}$ *Ambr.*$_{bg2,k,*}$ *Anac.* androc.$_{srj1}$ ang.$_{a1}$ ant-t.$_{bg2,k,*}$ apis *Arg-n.* arn.$_{bg2,k}$ *Ars.* asaf.$_{bg2,k}$ asar.$_{bg2,h}$ aur.$_{bg2,k}$ aur-i.$_{k2}$ aur-s.$_{k2}$ bamb-a.$_{stb2}$ bar-c.$_{bg2,k}$ bar-i.$_{k2}$ bar-s.$_{k2}$ **Bell.**$_{bg2,k,*}$ benz-ac.$_{a1,k}$ bov.$_{bg2,k,*}$ brom.$_{a1,k}$ bry. bufo **Cact.** *Calc.*$_{bg2,k,*}$ *Calc-ar.* calc-i.$_{k2}$ *Calc-p.* calc-sil.$_{k2}$ camph. *Cann-s.*$_{bg2,k}$ canth.$_{bg2,k,*}$ **Carb-v.**$_{bg2,k,*}$ **Carbn-s.** castm. *Caust.*$_{bg2,k}$ cedr.$_{a1,k}$ cham.$_{a1,k}$ *Chel.*$_{bg2,k,*}$ *Chen-a.* chin.$_{bg2,k}$ chinin-s. cic. **Cimic.** cimx.$_{hr1,k}$ *Cina* cinnb. clem.$_{a1,k}$ coc-c.$_{a1,k}$ cocc.$_{bg2,k}$ colch.$_{bg2,k}$ coloc.$_{bg2,k}$ con.$_{a1,k}$ cot.$_{br1}$ croc.$_{bg2,k,*}$ crot-h. cupr. cupr-s.$_{a1}$ *Cycl.*$_{bg2,k}$ *Dig.*$_{bg2,k,*}$ digin.$_{a1}$ dros.$_{a1,k}$ dulc.$_{bg2,k,*}$ eug. eup-per. euphr.$_{a1,k}$ fago.$_{a1}$ *Ferr.*$_{bg2,k,*}$ *Ferr-ar.* ferr-i. *Ferr-p.*$_{a1,k}$ fl-ac. gels.$_{a1,k}$ gent-c.$_{a1}$ **Glon.**$_{a1,k}$ granit-m.$_{es1}$ *Graph.* hell.$_{bg2,k,*}$ helon.$_{hr1,k,*}$ hep. hipp. hydr. hydr-ac. hyos.$_{bg2,k}$ *Hyper.*$_{bg2,k,*}$ ign.$_{bg2,k}$ indg. *Iod.*$_{bg2,k,*}$ ip. jac-c. *Kali-bi.*$_{bg2,k,*}$ *Kali-c.*$_{bg2,k}$ *Kali-i.*$_{a1,k}$ kali-n.$_{bg2,k,*}$ *Kali-p.* kali-sil.$_{k2}$ kalm. kreos.$_{a1,k}$ lac-c. **Lach.**$_{bg2,k}$ laur.$_{bg2,k,*}$ led.$_{bg2,k}$ lil-t.$_{a1,k}$ lith-c. **Lyc.**$_{bg2,k,*}$ *Lyss.*$_{a1,k,*}$ mag-c. mag-m.$_{a1,k}$ manc. mang. marb-w.$_{es1}$ med. *Meny.*$_{bg2,k}$ merc-i-r. *Mez.*$_{bg2,k}$ mosch.$_{bg2,k,*}$ *Naja* nat-ar. nat-c.$_{bg2,k,*}$ nat-m.$_{bg2,k,*}$ *Nat-p.* nat-s. *Nicc.*$_{a1,k}$ nit-ac.$_{a1,k}$ *Nux-m.*$_{bg2,k,*}$ *Nux-v.*$_{bg2,k}$ ol-an.$_{a1,k}$ olnd.$_{bg2,k}$ op.$_{a1,k}$ *Ox-ac.* pall.$_{a1,k}$ *Petr.*$_{bg2,k,*}$ **Ph-ac.**$_{bg2,k,*}$ *Phel.*$_{a1,k}$ *Phos.*$_{bg2,k}$ *Phys.*$_{a1,k}$ *Phyt.*$_{bg2,k,*}$ pic-ac. plat.$_{bg2,k}$ puls. *Ran-b.*$_{bg2,k}$ ran-s.$_{bg2,k,*}$ rheum rhod.$_{bg2,k}$ rhus-t. rumx. sabad.$_{bg2,k}$ sabin.$_{bg2,k,*}$ *Sars.*$_{bg2,k,*}$ sedi.$_{a1}$ *Sep.*$_{bg2,k,*}$ **Sil.**$_{bg2,k,*}$ spig.$_{bg2,k}$ spong.$_{bg2,k}$ squil. **Stann.**$_{bg2,k,*}$ *Staph.*$_{bg2,k,*}$ stict.$_{bg2}$ stram.$_{a1,k}$ sul-ac.$_{bg2,k}$ sul-i.$_{k2}$ **Sulph.**$_{bg2,k,*}$ syph. tab.$_{a1,k}$ *Thuj.*$_{bg2,k,*}$ tong.$_{a1}$ tub.$_{c1}$ upa.$_{a1}$ valer.$_{bg2,k}$ *Verat.*$_{bg2,k,*}$ verb.$_{bg2,k}$ viol-t.$_{bg2,k}$ xan. zinc. zinc-p.$_{k2}$
• **tagsüber**: carbn-s. *Crot-h.*
• **morgens**: agar. *Alumn.* ambr.$_{a1,k}$ chel. coc-c.$_{a1,k}$ ox-ac. rhus-t. squil. staph.$_{h}$ **Sulph.**
• **Erwachen**, beim: *Alumn.* calc.$_{h}$ coc-c.
• **nach**: verat.$_{h}$
• **vormittags**: *Acon.*$_{a1,k}$ glon.$_{a1,k}$
• **11** h: kali-bi.
• **mittags**: manc.$_{a1,k}$
• **nachmittags**: alum.$_{a1,k}$ bamb-a.$_{stb2}$ carb-v. graph.$_{h}$ op.$_{a1,k}$
• **13** - 14 h: marb-w.$_{es1}$
• **16** - 20 h: **Lyc.**
• **17** h: stram.
• **abends**: acon. ambr.$_{a1,k}$ carb-v.$_{h}$ chinin-s. coloc.$_{a1,k}$ dig.$_{h}$ hep.$_{h}$ kali-c.$_{a1,k}$ petr.$_{h}$ sil. stann.$_{h}$ *Sulph.*$_{a1,k}$
• **18** h: hyper.
• **nachts**: *Acon.* agar. lyc.$_{a1,k}$ sulph.$_{a1,k}$
• **4** h: *Alumn.*
• **5** h: calc.
• **anfallsweise**: chel. sil.$_{h}$ zinc.$_{h}$
• **Auflegen** der Hand agg.: kali-n.$_{h}$
• **auseinanderdrückend**: carb-an. hyper. nux-v. ran-b.

- **Scheitel**: ...
  - **außen**, nach: *Am-c.* bell.$_{bg2}$ calc.$_{bg2,k}$ calc-p.$_{bg2,k}$ **Carb-an.**$_{bg2,k}$ cham. chin.$_{bg2}$ **Cimic.**$_{bg2,k}$ *Ferr.*$_{bg2,k}$ glon.$_{bg2,k}$ helon.$_{a1,bg2}$ hydr.$_{bg2}$ hyper.$_{bg2}$ kali-i.$_{bg2}$ lac-ac.$_{bg2}$ *Lach.*$_{bg2,k}$ nat-m.$_{bg2}$ op.$_{bg2,k}$ ph-ac.$_{bg2,k}$ phys.$_{bg2,k}$ ran-b.$_{bg2}$ sep.$_{bg2}$ **Sil.** spig. stann.$_{bg2}$ sulph.$_{bg2}$ zinc.$_{bg2}$
  - **Band** von einem Ohr zum anderen fest darüber gezogen wäre; als ob ein: ip.
  - **Berührung** der Haare; bei: *Carb-v.*$_{bg2,k}$ kreos.$_{bg1,bg2}$
  - **Bewegung**:
    - **agg.**: aur.$_{h}$ ph-ac.$_{h}$
    - **amel.**: marb-w.$_{es1}$
  - **Binden** des Kopfes amel.; festes: **Sil.**
  - **Bücken**, beim: calc. cham. indg. *Lyc.* lyss.
  - **Denken** daran agg.: **Cham.**
  - **Drehen**:
    - **Kopfes**; beim Drehen des: hyos.
    - **Kreis**; wie nach Drehen im: calc.$_{h}$
  - **Druck**:
    - **agg.**: *Bell.* cina$_{h}$ kali-n.
    - **amel.**: *Alumn.* **Cact.**$_{bg2,k}$ *Cina* lach.$_{bg1,bg2}$ *Meny.*$_{bg2,k}$ nat-m.$_{bg2,k}$ stann.$_{h}$ *Verat.*$_{bg2,k}$
    - **harter** Druck amel.: alumn.$_{k1}$
  - **Dunkelheit**, in der: sil.
  - **Einatmen**; beim tiefen: *Anac.*
  - **Eis** amel.: alumn.$_{k1}$
  - **Essen**, nach dem: ambr.$_{k2}$ *Cinnb.* tab.$_{a1}$
  - **Fahren** im Wagen; beim: lyc.
  - **Finger**; wie mit einem: nit-ac. thuj.
  - **Freien** amel.; im: acon. marb-w.$_{es1}$
  - **gebunden**, wie: acon. cycl. kalm.
  - **Gehen**:
    - **beim**: *Hep.*
    - **Freien**, im: calc.
    - **schnellem** Gehen, bei: chel.
  - **geistiger** Anstrengung, nach: *Cham.* *Lyc.* nat-s. *Nux-v.* *Sep.*$_{a1,k}$
  - **Geräusche** agg.: *Bell.* *Cact.*
  - **Gesprächen**; Hören von ☞ *Sprechen - hört*
  - **Gewicht**; wie durch ein: acon.$_{bg2}$ cact.$_{bg2,br1}$ lach.$_{bg2}$ meny.$_{bg2}$
  - **Harndrang** nicht bald nachgekommen wird; wenn dem: *Fl-ac.*
  - **harten** Körper; wie durch einen: *Ign.* nux-v. thuj.
  - **Husten**, beim: *Anac.*
  - **innen**, nach: *Anac.* arg-n.$_{bg1}$ asaf. bism.$_{bg1}$ caust. cina$_{bg1}$ *Dulc.* ferr. glon. hell. lach.$_{bg1}$ lyc.$_{bg1}$ med.$_{br1}$ nit-ac. nux-v. ox-ac. **Ph-ac.** phel.$_{bg1}$ plat. puls.$_{bg1}$ ran-s. sep. sil. spig.$_{bg1}$ stann. staph. *Sulph.* thuj.$_{bg1}$ tub.$_{bg1}$ verat.$_{bg1}$ zinc.
    - **Gewicht**; wie ein: acon.$_{bg1}$ cact.$_{bg1}$ lach.$_{bg1}$ meny.$_{bg1}$
  - **intermittierend**: chel. *Cina* ph-ac.$_{h}$ stann.
  - **kalte** Luft, durch: *Ferr.* ran-b.$_{k2}$
  - **Kummer**, nach: *Ph-ac.*
  - **Licht**:
    - **agg.**: cact.$_{k2}$

- **Scheitel**: ...
  - **Liegen**, beim: *Lyc.*
  - **Menses**, während: *Calc.* castm. ferr-p. *Nat-s.* *Nux-v.*
  - **Mittagessen**, nach dem: calc.$_{h}$ con.$_{h}$ mag-c.$_{h}$
  - **oben**, nach: **Cimic.** *Ferr.* glon.$_{bg1,bg2}$ helon.$_{hr1,k,*}$ sulph.$_{bg1,bg2}$
  - **Pflock**; wie durch einen: **Anac.**
  - **ruckend**: sil.$_{h}$
  - **Schlaf**, nach: ambr.$_{bg1,k2,*}$
  - **Schraubstock** eingespannt; wie in einem: daph.
  - **Sitzen**:
    - **agg.**: marb-w.$_{es1}$
  - **Sonne**; beim Stehen in der: *Bar-c.*
  - **Sprechen**: iod. mez. peti. spig.
    - **hört**; wenn er andere sprechen: *Cact.*
  - **Stehen**, im: alum.$_{h}$ sul-ac.
  - **steigt** und sinkt langsam: sars. **Stann.**
  - **Stein** darauf liegen; als würde ein: kali-n.$_{c1}$
  - **Stelle**; an einer kleinen: spig.
  - **Stirnrunzeln**, zwingt zum: *Sulph.*
  - **Treppensteigen**, beim: **Meny.**
  - **warmen** Zimmer, im: ran-b.$_{k2}$
  - **Wetterwechsel**, bei: ran-b.$_{k2}$
  - **zusammenziehen**; muß die Augen: *Sulph.*
  - ▽ **erstreckt** sich zu:
    - **Auge**: calc.$_{a1,k}$ sil.
    - **Gehirn**: sulph.$_{h}$
    - **Hinterkopf**: bar-c. *Ph-ac.*
    - **Kopf**: dig.$_{h}$
    - **Schulter**: gels.
    - **Stirn**: cham.$_{a1,k}$ hydr-ac.$_{a1,k}$ ign. nat-m.$_{a1,k}$ sulph.$_{h}$
    - **Wirbelsäule**, ohne Schmerz: benz-ac.$_{a1,k}$
  - ○ **Hinterkopf**, dann im: calc-ar.$_{kr1}$
- **Schläfen**: acon.$_{bg2,k,*}$ aesc. *Agar.*$_{bg2,k,*}$ agn.$_{bg2,k}$ aloe *Alum.*$_{bg2,k}$ alum-p.$_{k2}$ alum-sil.$_{k2}$ *Am-br.* am-caust.$_{a1}$ ambr. *Anac.*$_{bg2,k,*}$ ang.$_{bg2,k,*}$ *Ant-t.*$_{bg2,k,*}$ apis *Arg-met.* *Arg-n.* arn.$_{bg2,k}$ *Ars.*$_{bg2,k}$ ars-i. ars-s-f.$_{k2}$ arum-m.$_{a1}$ *Asaf.*$_{bg2,k,*}$ *Asar.*$_{bg2,k}$ aur.$_{bg2,k}$ aur-ar.$_{k2}$ aur-i.$_{k2}$ aur-m-n.$_{a1}$ aur-s.$_{k2}$ bamb-a.$_{stb2}$ bar-c. bar-i.$_{k2}$ bar-s.$_{k2}$ *Bell.*$_{bg2,k,*}$ benz-ac. berb.$_{a1,k}$ *Bism.*$_{bg2,k}$ borx.$_{h}$ bov.$_{bg2,k,*}$ brom.$_{a1,k}$ *Bry.*$_{bg2,k,*}$ bufo calad.$_{a1,k}$ *Calc.*$_{bg2,k}$ calc-i.$_{k2}$ calc-sil.$_{k2}$ camph.$_{bg2,k,*}$ cann-i.$_{a1,k}$ *Cann-s.*$_{bg2,k,*}$ canth.$_{bg2,k,*}$ *Caps.*$_{bg2,k}$ carb-ac. carb-an.$_{bg2,k}$ **Carb-v.**$_{bg2,k}$ carbn-s. castor-eq. caust.$_{bg2,k,*}$ cedr.$_{a1,k}$ *Cham.*$_{bg2,k,*}$ *Chel.*$_{a1,k}$ *Chin.*$_{bg2,k,*}$ chinin-ar. chlor.$_{a1}$ cimic.$_{hr1,k}$ cina cinnb. clem.$_{a1,k}$ cob. coc-c. coca *Cocc.* cod.$_{a1}$ coff.$_{bg2,k}$ colch. *Coloc.*$_{a1,k}$ con.$_{bg2,k}$ cor-r.$_{a1}$ *Crot-c.* cupr.$_{bg2,k,*}$ *Cycl.*$_{a1,k}$ *Dig.*$_{bg2,k,*}$ dios.$_{a1,k}$ dros.$_{bg2,k}$ dulc.$_{bg2,k,*}$ echi. elaps elat. euon.$_{a1,k}$ euph.$_{bg2,k}$ fago.$_{a1}$ ferr.$_{a1,k}$ ferr-ar. ferr-i. *Ferr-p.* fl-ac.$_{a1,k}$ gent-c.$_{a1,k}$ gent-l. gins.$_{a1,k}$ **Glon.**$_{a1,k}$ gran.$_{a1,k}$ graph. *Guaj.*$_{bg2,k,*}$ hell.$_{a1,k}$ hep.$_{bg2,k,*}$ hipp.$_{a1,k}$ hura hydr-ac.$_{a1,k}$ hyos.$_{bg2,k,*}$ hyper.$_{a1,k}$ ign.$_{bg2,k,*}$ ind.$_{a1,k}$ inul.$_{a1,br1}$ iod.$_{bg2,k}$ ip.$_{a1,k}$ jac-c.$_{a1}$ jatr-c. kali-bi. *Kali-c.*$_{bg2,k}$ *Kali-i.* kali-m.$_{k2}$ kali-n.$_{a1,k}$ kali-p. kali-sil.$_{k2}$ kalm.$_{a1,k}$ kreos.$_{a1,k}$ lac-c. **Lach.**$_{bg2,k,*}$ lachn.$_{a1,k}$ laur.$_{bg2,k,*}$ lec.

• **Schläfen**: ...
led.bg2,k,* lith-c. lob.a1,k **Lyc.**bg2,k,* *Mang.*bg2,k meny.a1,k *Merc.*a1,k merl.a1,k *Mez.*bg2,k,* mim-h.a1 mosch.a1,k myric.a1 naja *Nat-ar.* nat-c.a1,k **Nat-m.**bg2,k,* nat-p. nat-s. nit-s-d.a1 *Nux-m.*bg2,k nux-v. ol-an.a1,k olnd.bg2,k *Op.*a1,k osm. *Par.*bg2,k,* petr.a1,k ph-ac.bg2,k,* *Phos.*bg2,k phys. phyt.bg2 pip-m.a1 **Plat.**a1,k plb. podo. *Prun.*a1,k prun-p.a1 psor.a1,k ptel.a1,k *Puls.*a1,k ran-b.bg2,k ran-s.a1,k rheum *Rhod.*bg2,k,* rhus-t.bg2,k,* *Sabad.*bg2,k,* *Sabin.*bg2,k samb.bg2,k sars.a1,h seneg.a1,bg2 sep.bg2 sil.a1,k spig.bg2,k,* spong.bg2,h,* *Squil.* *Stann.* *Staph.*a1,k still.a1 stront-c. sul-ac.a1,k sul-i.k2 *Sulph.* tab.a1,k tarax.bg2,k tax.a1,k teucr.bg2,k,* ther. thuj.a1,k upa.a1 verat. *Verb.*a1,k viol-t.bg2,k *Zinc.*bg2,k,* zinc-p.k2

• **links**: alum.bg2 anac.a1,bg2 *Asar.*bg2,k aur.bg2,k bamb-a.stb2 bar-c.bg2 bell.bg2 brom.a1,k calc.bg2 *Chin.*bg2,k *Coloc.*bg2,k cupr.bg2 cycl.bg2 dulc.h graph.bg2 guaj.bg2 kali-n.bg2 laur.a1,bg2 lith-c. lyc.bg2 mang.bg2 meny.a1,bg2 merc.bg2 **Mez.**a1,k mur-ac.bg2,h nux-m.bg2 olnd.bg2 par.bg2 ph-ac.bg2,h,* *Puls.*a1,k *Rhod.*bg2,k,* sabad.a1,bg2 sabin.bg2 samb.bg2 sars.bg2,k spig.bg2 sulph.bg2,h *Zinc.*bg2,k,*

• **rechts**: agar.bg2 agn.a1,bg2 *Alum.*bg2,k anac.bg2 ant-t.bg2 arg-n.a1 ars.bg2 asaf.a1,bg2 *Bell.*bg2,k,* borx.h bov.a1,bg2 calc.bg2 camph.a1,bg2 canth.bg2 carc.tp1 caust.bg2,k cedr. *Cham.* *Chel.*bg2,k *Guaj.*bg2,k,* hell.bg2,h,* hyos.bg2 ign.bg2 *Kali-c.*bg2,k kali-n.bg2,h laur.bg2 led.bg2 lyc.bg2 mosch.a1,bg2 myric.a1 nit-ac.h par.bg2,k petr.bg2 *Ph-ac.*bg2,k phos.h rhus-t.h sabad.bg2 *Sabin.*bg2 sars.a1,bg2 sil.bg2,h,* *Spig.*bg2,k *Stann.*bg2,k staph.a1,bg2 sul-ac.bg2 tarax.bg2,h teucr.bg2 thuj.a1,bg2 verb.

• **nach** links: apis lyc.

• **mittags** bis abends: sil.h

• **Liegen** darauf, beim: stann.

• **Stellen**, an kleinen: astac.kr1

• **tagsüber**: carl.a1,k hep.h *Stann.*a1,k

• **morgens**: apis bov.a1,k chin.h cycl.a1,k mez.a1,k *Phos.*a1,k ruta **Sulph.**

• **Aufstehen**, nach dem: nit-ac.h **Sulph.**

• **Bett**, im: graph.

• **Erwachen**, beim: apis calc.h ferr.a1,k *Nux-v.* ph-ac.

• **vormittags**: *Cham.*a1,k kali-c. podo. thuj.a1,k

• **mittags**: agar.a1,k fago.a1 peti.a1 sil.a1,k

• **nachmittags**: alum.h *Coloc.*a1,k dulc.h nat-c.a1,k nat-m.a1,k sil.

• **abends**: alum. ang.h calc.h *Cham.*a1,k chel.a1,k colch.a1,k dig.a1,k dios.a1,k hell.a1,k nat-s.a1,k ph-ac.h rhus-t.a1,k thuj.a1,k

• **amel.**: anac.

• **nachts**: alum. alum-p.k2 sep.a1,k

◆ **abwechselnd** mit:

• **Ziehen**:

• **Hinterkopf**, im: bry.

• **Scheitel**, im: phos.h

• **anfallsweise**: *Kali-c.* ptel.a1

• **Schläfen**: ...

• **Anstrengung**, bei: nat-c.

• **Aufstehen**:

• **amel.**: stann.a1,k

• **nach**: nit-ac.a1,k

• **Sitzen**, vom: mang.h

• **außen**, nach: acon.bg2,k aloe anac.a1,k asaf.bg2,k,* atro.a1 berb.a1,k bism.bg2,k,* bry.bg2,k calc. canth.a1,k carb-v. castor-eq. caust.bg2,k chin.bg2,k dros.a1,k *Fl-ac.*a1,k **Glon.**a1,k ign.bg2,k,* indg.a1,k ip.bg2,k kali-c. kali-m.k2 kreos.bg2,k **Lach.** lact.a1,k lil-t. lob. *Mez.*a1,k mur-ac.a1,k nat-c. nat-m.bg2,k,* nux-m.a1,k op.a1,k par.bg2,k ph-ac.a1,k phys.a1,k phyt.a1,k *Prun.* ran-s.bg2,k rhod. *Sabad.*a1,k sabin. samb.bg2,k sapin.a1 senec.a1,k *Spig.* spong.a1,k stann. stront-c. sulph. teucr.bg2,k valer.a1,k verb. viol-t.bg2,k

• **links**: asaf.bg2,k carb-v.bg2,k mez.bg2,k,* mur-ac.bg2,k *Phos.*bg2 sabin.bg2,k verb.bg2,k

• **rechts**: canth.a1,bg2 caust. dros.bg2,k glon.bg2 kali-c.bg2,k mur-ac.bg2,k nat-c.bg2,k nux-m.bg2,k ph-ac.bg2,k sabad.bg2,k sabin.bg2 spong.bg2,k stann.bg2,k stront-c.

• **Hitze** des Gesichtes und Flimmern vor den Augen; mit: aloe

• **Berührung**: arg-met.h aur.h cupr.h led.h sars.h

• **Haare** agg.; der: agar.

• **Beugen** nach hinten agg.: mang.

• **Bewegung**, bei: cupr. **Lach.** par. ph-ac. phos. *Spig.*

• **amel.**: ferr. mez. psor.

• **Bücken**, beim: *Lach.* phos. samb.h *Spig.*

• **amel.**: mang.

• **Denken** an die Schmerzen agg.: **Cham.**

• **Druck**, bei: bism.h nat-m.h ph-ac.h

• **amel.**: dios. ip.h meny.h par. *Stann.*

• **Erregung**, bei: par.

• **Erwachen**, beim: calad.a1,k *Calc.* ferr.a1,k *Nux-v.*

• **Essen**: calc.h

• **nach**: calc.h con. hyos.

• **Fieber**; während: sep.

• **Finger**; wie mit dem: ambr. ant-t. arn. asaf. cham. cocc. dulc. hell. nit-ac.h rhus-t. sep. staph.h

• **Freien** amel.; im: phos.

• **Frühstück**, nach dem: hyper.a1,k

• **Gehen**, beim: asar. chin.h hell.h **Lach.** mang.h nat-m.a1,k

• **geistiger** Anstrengung, bei: dig.h ph-ac.h

• **Geräusche**, durch: *Spig.*

• **Harndrang** nicht bald nachgekommen wird; wenn dem: *Fl-ac.*

• **Haus**, im: phos.a1,k

• **Husten**, beim: ambr.c1 verb.

• **innen**, nach: *Acon.*bg2,k *Alum.* alum-p.k2 *Anac.*bg2,k,* ant-c. ant-t.bg2,k *Asaf.*k,k1 asar. bell.bg2,k,* borx.h bov. *Calc.*bg2,k cocc.bg2,k con. dulc.bg2,k fl-ac. hell.a1,k jatr-c. kali-c. *Kali-i.* lith-c. *Lyc.* mez.bg2,k,* nat-c. **Nat-m.** nit-ac.bg2,k ol-an.a1,k op.bg2 *Ph-ac.*bg2,k *Plat.*bg2,k *Ran-s.* rhod.bg2,k,* rhus-t.bg2 sabad.bg2,k sabin. seneg.

- **Schläfen - innen**, nach: ...
  sol-ni. *Spig.*$_{bg2,k,*}$ **Stann.**$_{bg2,k}$ staph.$_{bg2,k}$ *Sul-ac. Ther. Thuj.*$_{a1,k}$ valer.$_{bg2,k}$ zinc.$_{bg2,k,*}$
  - **links**: asaf.$_{kl}$
- **intermittierend**: borx.$_{h}$ ph-ac.$_{h}$ sep.$_{h}$
- **Kauen**; beim: ptel.$_{c1}$
- **Keil**; wie mit einem: *Thuj.*
- **Konzentration**, nach starker: hell.$_{h}$
- **Lehnen** nach vorne auf den Tisch amel.: con.$_{h,k,*}$
- **Lesen**, beim: carb-an.$_{a1,k}$ mez. **Nat-m.** par.
- **Liegen**:
  - **Kopf**; amel. mit hoch gelagertem: *Spig.*
  - **Rücken** amel.; auf dem: ign.
  - **Seite**, auf der: ign.
    - **links**: asaf.$_{a1}$
- **Menses**, während: *Bry.* **Lyc.**
- **Mittagessen**, nach dem: agar.$_{kl}$ alum.$_{kl}$ ol-an.$_{kl}$ thuj.$_{kl}$
- **Nachdenken**, beim: *Cham.* ph-ac.$_{a1,k}$ psor. *Sulph.*$_{a1,k}$
- **Niesen**, nach: cina
- **Ohnmacht**, mit: petr.$_{h}$
- **pulsierend**: camph.$_{h}$ *Cocc. Glon.* grat. nux-v.
- **ruckartig**: dig.$_{h}$
- **scharf**: mang.$_{h}$
- **Schlaf**, nach: hep.$_{h}$ rhus-t.$_{a1,k}$
- **Schließen** der Augen amel.: ip.$_{h}$
- **schneidend**: bell.$_{a1,k}$
- **Schrauben**, wie mit: acon. arg-n. **Lyc.** sabad.
- **Schraubstock**; wie in einem: anac. cocc. con. dios. ham. *Lyc. Nat-m. Nux-m.* plat.
- **Schreiben**, beim: **Nat-m.**
- **Schütteln** des Kopfes; beim: *Asar.* chin.$_{a1,h}$
- **Seite**, auf der man liegt: stann.
  - **nicht** liegt; auf der er: graph.
- **Sprechen**, durch: mez.
- **steigt** und sinkt allmählich: **Stann.**
- **Stellen**, an kleinen: helon.$_{hr1,k}$ ox-ac.$_{a1,k}$ psor.
- **Stuhlgang**:
  - **vor**: merc.$_{a1,k}$
  - **während**: merc.$_{a1,k}$
  - **nach**: sil.$_{a1,k}$
- **vorne**, nach: verb.
- **wellenartig**: plat.$_{h}$
- **zerquetscht**, wie: caul.$_{a1,k}$
- **zieht** die Augen nach innen, wie bei Strabismus: podo.

▽ **erstreckt** sich zu:
  - **Augen**: anac.$_{h}$
    - **über**: alum.
  - **Gehirn**: glon. psil.$_{ft1}$
  - **Hals**: bov. chel.
  - **Hinterkopf**: lil-t. ph-ac.$_{h}$ sabad.
  - **Jochbein**: **Bry.**
  - **Kopf**: ambr. psor.
  - **oben**, nach: rhus-t.$_{h}$
  - **Ohren**: lach.
  - **Scheitel**: carbn-s. chel. kali-bi.
  - **Schläfe** zur anderen; von einer: sulph.$_{h}$
  - **Stirn**; quer über die: alum. bry. seneg. sol-ni.

- **Schläfen - erstreckt** sich zu: ...
  - **unten**, nach: sabad.
  - **vorne**, nach: verb.

○ **über** den Schläfen:
  - **Aufstehen** vom Sitzen; beim: mang.$_{h}$

- **Seiten**: acon.$_{a1,k}$ aeth. agar. agn. alum.$_{a1,k}$ alum-p.$_{k2}$ am-m.$_{a1,k}$ anac.$_{a1,k}$ ang.$_{bg2,k,*}$ arg-met. arn. arum-t. *Asaf.*$_{bg2,k,*}$ *Asar.*$_{a1,k}$ atro.$_{a1}$ aur.$_{h}$ *Bar-c.* bar-s.$_{k2}$ **Bell.**$_{bg2,k}$ bov.$_{a1,k}$ bry.$_{bg2,k,*}$ *Cact. Calc.*$_{bg2,k,*}$ calc-i.$_{k2}$ cann-s.$_{bg2,k,*}$ *Caps.* carb-an. caust. cedr.$_{a1,k}$ *Chel.* chin.$_{bg2,k}$ choc.$_{srj3}$ cic.$_{a1,h}$ clem.$_{bg2,k}$ coca coloc. com. con.$_{a1,k}$ cor-r.$_{hr1,k,*}$ crot-h.$_{a1,k}$ cupr. dig.$_{bg2,k,*}$ dios. dros. euph. fl-ac. *Glon.*$_{a1,k}$ grat.$_{a1,k}$ guaj.$_{h}$ *Hell.*$_{a1,k}$ **Hep.**$_{bg2,k}$ hydr-ac.$_{a1,k}$ ign. iod. kali-bi.$_{bg2,k}$ *Kali-i.* kali-n.$_{a1,k}$ kalm. kreos. laur.$_{bg2,k}$ lil-t.$_{a1,k}$ lyc. lyss.$_{a1,k}$ mag-c. mag-m. mang.$_{bg2,k}$ meny.$_{a1,k}$ mez.$_{a1,k}$ mur-ac.$_{a1,k}$ **Nat-m.** nat-s.$_{a1,k}$ nux-m. olnd.$_{a1,k}$ paeon. ph-ac. phos.$_{bg2,k}$ pip-m.$_{a1,k}$ *Psor.* rheum rhus-t. sabad. *Sabin.*$_{a1,k}$ samb. *Sars.*$_{a1,k}$ sep.$_{bg2,k}$ **Spig.** spong. squil. stann. staph. stront-c. sul-i.$_{k2}$ sulph. tab.$_{a1,k}$ *Thuj.*$_{a1,k}$ verat.$_{bg2,k}$ verb.$_{bg2,k}$ viol-t. zinc.$_{a1,k}$ zinc-p.$_{k2}$
  - **links**: agar.$_{bg2}$ am-m.$_{a1}$ ang.$_{bg2}$ arn.$_{bg2}$ *Asaf.*$_{bg2,k,*}$ asar.$_{bg2}$ bov.$_{bg2,k,*}$ cic.$_{a1}$ crot-h.$_{bg2,k,*}$ crot-t.$_{bg2}$ euph.$_{bg2}$ fl-ac.$_{bg2}$ hell. ign.$_{bg2}$ iod.$_{bg2,k}$ laur.$_{bg2}$ mez.$_{h}$ nit-ac.$_{h}$ ph-ac.$_{bg2,k}$ rhus-t.$_{bg2,k}$ sars.$_{bg2,k,*}$ spig.$_{bg2}$ stann.$_{bg2}$ staph.$_{bg2}$ *Stront-c.* sul-ac.$_{h}$ sulph.$_{bg2,k}$ *Thuj.*$_{bg2,k}$ verb.$_{a1,bg2}$
    - **Liegen** darauf; beim: caust.
  - **rechts**: agar. agn. anac.$_{bg2,h,*}$ ang.$_{bg2}$ arg-met. arg-n.$_{a1,k}$ asaf.$_{bg2,k}$ asar.$_{bg2}$ bar-c.$_{bg2,k}$ bry.$_{bg2,k}$ caust.$_{bg2,k}$ *Chel. Clem.*$_{bg2,k}$ con.$_{bg2}$ dros.$_{bg2,k}$ euph.$_{bg2}$ grat.$_{a1,k}$ *Hep.*$_{bg2,k}$ ign.$_{bg2,k}$ kalm. laur.$_{bg2}$ lil-t. limest-b.$_{es1}$ meny.$_{bg2}$ *Mez.*$_{bg2,k,*}$ nux-m.$_{bg2}$ olnd.$_{bg2,k}$ plat.$_{h}$ sabad.$_{bg2,k}$ sars.$_{bg2}$ spong.$_{bg2,k}$ tab.$_{a1,k}$ thuj.$_{h}$ verb.$_{bg2,h}$ zinc.$_{bg2,k,*}$
    - **nach** links: alum.$_{h}$
    - **dann** links: cupr.
  - **beide** Seiten: acon. aeth. alum. am-m.$_{a1}$ arg-met. asar. bar-c. bell. bov. bry. camph. *Chin.* cic. com. gamb. glon. hell. lam. mag-c. *Mag-m.*$_{hr1,k}$ mag-s. meny. nat-m. prun. sabad. sil. tarax.
  - **morgens**: carb-v.$_{h}$ sars.$_{h}$
  - **vormittags**: alum.$_{h}$
  - **abends**: zinc.$_{h}$
  - **nachts**: alum-p.$_{k2}$
  - ◇ **abwechselnd** mit Stichen: anac.$_{h}$
  - **Abendessen**, nach dem: sulph.$_{h}$
  - **allen** Seiten, von: *Acon.* tarax.$_{h,k,*}$
  - **Aufrichten**; beim:
    - **Bücken**, vom: kali-c.
  - **Aufstehen**; beim:
    - **Bett** amel.; aus dem: carb-v.$_{h}$
  - **auseinanderdrückend**: *Cor-r.*$_{hr1,k,*}$ *Spig.*
  - **außen**, nach: *Asaf.*$_{bg2,k,*}$ asar.$_{bg2,k,*}$ bell.$_{bg2,k}$ cina cor-r.$_{bg2,hr1,*}$ dros.$_{bg2,k}$ kreos. merc. nicc.$_{bg2}$ paull.$_{a1}$ ph-ac.$_{bg2,k}$ spig.$_{bg2,k}$ spong.$_{bg2,k}$ stann.$_{bg2,k,*}$ verb.$_{bg2,k}$ viol-t.$_{bg2,k,*}$
    - **links**: asaf.$_{bg2,k,*}$ bell.$_{bg2,k}$ brom.$_{bg2}$ calc.
    - **rechts**: cina dros.$_{bg2,k}$ paull.$_{a1}$ ph-ac.$_{bg2,k}$

- **Seiten - außen**, nach - **rechts**: ...
  spig.$_{bg2,k}$ spong.$_{bg2,k}$ stann.$_{bg2,k,*}$ verb.$_{bg2,k}$ viol-t.$_{bg2,k,*}$
- **Band**; wie ein darum gebundenes: dios.$_{a1,k}$
- **betäubend**, wie mit einem stumpfen Instrument: dulc.$_{h}$ olnd. ruta
- **Beugen** des Kopfes nach vorne; beim: ang.$_{h}$
- **Bewegung**:
  - **amel.**: kali-i.$_{k2}$
- **Blicken** nach oben; beim: caps.$_{h}$
- **brennendes** Drücken: mang.$_{h}$ staph.$_{h}$
- **Brett**; wie ein schweres: eug.$_{a1,k}$
- **Bücken**, beim: caps.$_{h}$ cor-r.$_{hr1,k,*}$
- **Drehen** der Augen auf die schmerzhafte Seite agg.: con.$_{h}$
- **Freien** amel.; im: *Kali-i.*
- **Fremdkörper**; wie durch einen: con.
- **Gehen**, beim: clem.$_{h}$
  - **Freien**, im:
    - **amel.**: *Kali-i.* mang.$_{h}$ phos.$_{h}$
- **geschraubt**:
  - **Gefühl** wie geschraubt:
    - **eingeschraubt**; wie:
      - **Freien**; amel. im: bar-c. *Kali-i.*
    - **zusammengeschraubt**; wie: am-m.$_{h}$ bar-c.$_{h}$ bell.$_{h}$ mag-c.$_{h}$ zinc.$_{h}$
- **hinten** und vorne; von: nux-m. spong.
- **innen**, nach: ant-t.$_{bg2}$ asaf.$_{bg2,k}$ bar-c. bell. *Bov.* calc.$_{bg2,k}$ croc. dulc.$_{bg2,k}$ kali-c. lyss.$_{a1,k}$ mag-c. nat-s.$_{bg2,k,*}$ olnd.$_{bg2,k,*}$ plat.$_{bg2,k}$ sars. staph.$_{h}$ sul-ac. sulph. zinc.
- **Instrument**; wie durch ein stumpfes: asaf. dulc. hep. olnd. ruta
- **Kauen** von warmem Essen; beim: phos.$_{h}$
- **Liegen**, beim: spong.$_{h}$
- **Mittagessen**, nach dem: zinc.$_{h}$
- **plötzlich**, als würde ein stumpfes Instrument eingedrückt: asaf.
- **Reifen**, wie ein: ther.
- **ruckartig**: dig.$_{h}$
- **Schädel** kleiner wäre; als ob der: grat.
- **Schraube** hinter jedem Ohr; wie durch eine: ox-ac.
- **Schraubstock**; wie in einem: kali-i.$_{k2}$
- **Seite**:
  - **beugt**; auf die er sich: chin.$_{h}$
  - **liegt**, auf der er: carb-v.$_{h}$ ph-ac.
- **Sprechen**, durch: fl-ac. ign. thuj.
- **stumpfes** Instrument; wie durch ein: calc.$_{h}$
- **unten**, nach: calc.$_{a1,k}$ con.$_{h,k,*}$
- **vorne**, nach: bar-c.$_{h}$ hell.$_{h}$ verb.$_{h}$
- **warm**:
  - **Anwendungen**; warme:
    - **amel.**: kali-i.$_{k2}$
  - **Zimmer**; warmes:
    - **Gehen** in ein warmes Zimmer; beim: phos.$_{h}$
- **Zahnschmerzen** auf der selben Seite; mit: staph.$_{h}$
- **Zimmer**, im: am-m.$_{h}$

▽ **erstreckt** sich zu:
- **Augen**: *Lyss.*
- **Seiten - erstreckt** sich zu: ...
  - **Augenhöhlen**: stann.$_{h}$
  - **Schläfe** hin, zur: iod.$_{h}$ kali-n.
  - **Stirn**: hydr-ac.

○ **Gehirn**:
- **gegen** den Knochen drücken würde; als ob das Gehirn: mez.
- **liegen** würde; als ob etwas auf dem Gehirn: grat.
- **innerlich**, beim Anlehnen des Kopfes gegen die Wand: cann-s.$_{h,k,*}$

- **Stirn**: **Acon.**$_{bg2,k,*}$ *Aesc.*$_{a1,k}$ *Aeth.*$_{a1,k}$ *Agar.*$_{bg2,k,*}$ agn.$_{bg2,k}$ **Aloe** alum.$_{bg2,k}$ alum-p.$_{k2}$ alum-sil.$_{k2}$ alumn.$_{a1,k}$ *Am-c.*$_{a1,k}$ am-m.$_{bg2,k,*}$ ambr.$_{bg2,k,*}$ ammc.$_{a1,k}$ *Anac.*$_{bg2,k,*}$ ang.$_{bg2,k,*}$ ant-c. *Ant-t.*$_{bg2,k,*}$ **Apis** *Arg-met.* *Arg-n.*$_{a1,k}$ *Arn.*$_{bg2,k}$ *Ars.*$_{bg2,k,*}$ *Ars-i.* ars-s-f.$_{k2}$ **Asaf.**$_{a1,k}$ asar.$_{bg2,k}$ aster. atro.$_{a1}$ *Aur.*$_{bg2,k,*}$ aur-ar.$_{k2}$ aur-i.$_{k2}$ aur-s.$_{k2}$ *Bamb-a.*$_{stb2}$ bapt.$_{a1,k}$ *Bar-c.*$_{bg2,k}$ bar-i.$_{k2}$ bar-m. bar-s.$_{k2}$ **Bell.**$_{bg2,k,*}$ *Berb.*$_{a1,k}$ *Bism.*$_{bg2,k,*}$ *Bism-sn.*$_{a1}$ borx. bov.$_{bg2,k}$ brach.$_{a1}$ *Brom.*$_{bg2,k,*}$ **Bry.**$_{bg2,k}$ cact. calad.$_{a1,k}$ *Calc.*$_{bg2,k,*}$ calc-i.$_{k2}$ calc-sil.$_{k2}$ camph.$_{bg2,k,*}$ cann-i.$_{a1,k}$ cann-s.$_{bg2,k,*}$ canth.$_{bg2,k}$ caps.$_{bg2,k}$ carb-an. carb-v.$_{bg2,k,*}$ carbn-s. card-b.$_{a1}$ carl.$_{a1}$ castm. *Caust.*$_{bg2,k,*}$ *Cedr.* *Cham.*$_{bg2,k,*}$ *Chel.*$_{bg2,k}$ chim-m. *Chin.*$_{bg2,k,*}$ chinin-ar. choc.$_{srj3}$ cic.$_{bg2,k,*}$ cimic.$_{a1,k}$ cina *Cinnb.* clem.$_{bg2,k,*}$ *Coc-c.* *Cocc.*$_{bg2,k}$ coff.$_{bg2,k}$ colch. *Coloc.*$_{bg2,k,*}$ con.$_{bg2,k,*}$ cop.$_{a1,k}$ *Cor-r.*$_{hr1,k,*}$ croc.$_{bg2,k}$ crot-t. cupr.$_{bg2,k,*}$ *Cycl.*$_{bg2,k}$ *Dig.*$_{bg2,k,*}$ digin.$_{a1}$ *Dros.*$_{bg2,k}$ dulc.$_{bg2,k,*}$ elaps *Euph.*$_{bg2,k,*}$ euphr.$_{a1,k}$ eupi.$_{a1,k}$ fago.$_{a1}$ *Ferr.*$_{bg2,k,*}$ *Ferr-ar.* *Ferr-i.*$_{a1,k}$ *Ferr-p.* fl-ac. gast.$_{a1}$ gels.$_{a1,k}$ gent-c. gent-l.$_{a1,k}$ gins.$_{a1,k}$ *Glon.*$_{bg2,k,*}$ gran.$_{a1,k}$ **Granit-m.**$_{es1}$ graph.$_{bg2,k,*}$ grat.$_{a1,k}$ guaj.$_{bg2,k}$ ham. helio.$_{a1}$ hell.$_{bg2,k,*}$ hura hydr-ac.$_{a1,k}$ *Hyos.*$_{bg2,k,*}$ *Ign.*$_{bg2,k,*}$ indg.$_{a1,k}$ inul.$_{a1,br1}$ *Iod.*$_{bg2,k,*}$ ip.$_{bg2,k,*}$ iris jac-c.$_{a1}$ jatr-c. kali-ar. kali-bi.$_{bg2,k,*}$ *Kali-c.*$_{bg2,k}$ kali-cy.$_{a1}$ kali-i.$_{a1,k}$ kali-m.$_{k2}$ *Kali-n.*$_{bg2,k,*}$ *Kali-p.* kali-sil.$_{k2}$ *Kalm.* *Kreos.*$_{a1,k}$ lac-c. **Lach.**$_{bg2,k,*}$ lachn.$_{a1,k}$ lact.$_{a1,k}$ lact-v.$_{hr1}$ laur.$_{bg2,k,*}$ led.$_{bg2,k,*}$ lepi.$_{a1,k}$ lept. lil-t.$_{a1,k}$ limest-b.$_{es1}$ linu-c.$_{a1}$ *Lyc.*$_{bg2,k,*}$ lycps-v. lyss. *Mag-c.*$_{bg2,k,*}$ *Mag-m.*$_{bg2,k,*}$ manc.$_{a1,k}$ mang.$_{bg2,k}$ marb-w.$_{es1}$ meny.$_{h,k,*}$ *Merc.*$_{bg2,k,*}$ *Mez.*$_{bg2,k,*}$ mosch.$_{bg2,k}$ *Mur-ac.*$_{bg2,k}$ naja narcot.$_{a1}$ *Nat-ar.* *Nat-c.*$_{bg2,k}$ *Nat-m.*$_{bg2,k,*}$ *Nat-p.* *Nat-s.*$_{a1,k}$ *Nit-ac.*$_{bg2,k}$ nit-s-d.$_{a1}$ nux-m.$_{a1,k}$ **Nux-v.**$_{bg2,k}$ *Ol-an.*$_{bg2,k,*}$ *Olnd.*$_{bg2,k}$ *Op.*$_{bg2,k,*}$ osm. *Ox-ac.*$_{a1,k}$ paeon.$_{a1}$ pall.$_{a1}$ *Par.*$_{a1,k}$ petr.$_{bg2,k}$ *Ph-ac.*$_{h,k,*}$ phel.$_{a1}$ **Phos.**$_{bg2,k,*}$ **Phyt.** pip-m.$_{a1,k}$ *Plat.*$_{bg2,k,*}$ plb.$_{bg2,k,*}$ plect.$_{a1,k}$ prun.$_{a1,k}$ prun-p.$_{a1}$ *Psor.*$_{bg2,k,*}$ ptel. *Puls.*$_{bg2,k}$ *Ran-b.*$_{bg2,k,*}$ raph.$_{a1,k}$ rheum *Rhod.*$_{bg2,k,*}$ rhus-t.$_{a1,k}$ ruta sabad.$_{bg2,k,*}$ *Sabin.* samb.$_{bg2,k}$ *Sang.*$_{a1,k}$ *Sars.*$_{bg2,k,*}$ *Seneg.*$_{bg2,k}$ *Sep.*$_{bg2,k,*}$ *Sil.*$_{bg2,k,*}$ *Sol-ni.* *Spig.*$_{bg2,k,*}$ *Spong.*$_{bg2,k,*}$ squil.$_{bg2,k,*}$ *Stann.*$_{bg2,k,*}$ *Staph.*$_{bg2,k,*}$ *Stict.*$_{a1,k}$ stram. stront-c. sul-ac.$_{a1,k}$ sul-i.$_{k2}$ **Sulph.**$_{bg2,k,*}$ tarax.$_{bg2,k,*}$ tarent.$_{a1,k}$ teucr.$_{bg2,k}$ thea *Ther.* thuj.$_{bg2,k,*}$ til.$_{a1,k}$ tong.$_{a1}$ ust. *Valer.*$_{bg2,k,*}$ verat.$_{bg2,k,*}$ verb.$_{bg2,k,*}$ vinc.$_{a1,k}$ viol-t.$_{bg2,k,*}$ *Zinc.*$_{bg2,k,*}$

- **Stirn**: ...
  - **tagsüber**: mag-c. op.$_{a1,k}$ *Phos.*$_{a1,k}$ sil.$_{a1,k}$ **Stict.**$_{a1,k}$
  - **morgens**: agar. am-m.$_{a1,k}$ ambr. ant-t. borx. brom. calc. caust.$_{a1,k}$ lyc.$_{a1,k}$ mez.$_{a1,k}$ nat-c. *Nat-m.*$_{a1,k}$ *Nat-s.* nit-ac.$_{h}$ *Nux-v.* pic-ac. *Psor.* ran-b. *Sabin.* *Sil.* **Sulph.** *Ther.* zinc.
    - **Aufstehen**:
      - **amel.**: *Ran-b.*
      - **nach**: am-m.$_{a1}$ calc-act. graph.$_{a1,k}$ nat-c. psor.$_{a1,k}$ sil.$_{h}$ spig. sulph.
    - **Erwachen**, beim: agar. alumn.$_{a1}$ anac.$_{a1,k}$ ant-t. arg-n.$_{a1,k}$ gels.$_{a1,k}$ mag-c. mag-m.$_{h}$ mez.$_{a1,k}$ *Nat-m.* ol-an.$_{a1,k}$ *Ph-ac.*$_{h,k,*}$ *Spig.* *Sulph.*$_{a1,k}$ zinc.$_{a1,k}$
  - **vormittags**: cocc. mag-c. mag-m.$_{a1,h}$ nat-c.$_{a1,k}$ nat-m.$_{a1,k}$ nat-s.$_{a1,k}$ nicc.$_{a1,k}$ plect.$_{a1}$ sars.$_{a1,k}$ sulph.$_{a1,k}$ zinc.$_{h}$
    - **10** h: nat-m.
    - **Menses**, während: sulph.$_{a1,k}$
  - **mittags**: gent-l.$_{a1,k}$ *Sulph.*$_{a1,k}$ zinc.$_{a1,k}$
  - **nachmittags**: *Aloe* bamb-a.$_{stb2}$ carb-v. chin.$_{h}$ hell.$_{a1}$ *Kali-c.* nit-ac.$_{h}$ ran-b. senec.$_{a1,k}$ sulph.
    - **13** h: fl-ac.
  - **abends**: *Acon.*$_{a1,k}$ alum. anac.$_{a1,k}$ ang.$_{h}$ castm. coff. coloc.$_{a1,k}$ dig.$_{a1,k}$ dulc. kali-c.$_{a1,k}$ kalm.$_{a1,k}$ mag-m.$_{a1,k}$ mang.$_{h}$ nat-c.$_{hr1}$ nat-m.$_{a1,k}$ *Nat-s.* *Ph-ac.*$_{h}$ phos.$_{a1,h}$ **Puls.** ran-b. sep.$_{h}$ *Sulph.*$_{a1,k}$ tab.$_{a1,k}$ thuj.$_{a1,k}$ valer. *Zinc.*$_{a1,k}$
  - **nachts** beim Erwachen: canth.$_{a1,k}$ *Sil.*
  - ◆ **abwechselnd** mit:
    - **Ausdehnungsgefühl**: tarax.
    - **Stechen**: agar.$_{a1}$ **Valer.**$_{a1,k}$
  - **Abendessen**, nach dem: nat-m.$_{h}$ ran-b.$_{a1,k}$
  - **anfallsweise**: mur-ac.$_{h}$ plat. sep. verat. zinc.$_{h}$
  - **Aufstehen**, beim: asaf.$_{a1,k}$ *Bell.* mag-s.$_{a1,k}$ *Spig.*$_{a1,k}$ *Stram.*
    - **amel.**: spong.$_{h}$
  - **außen**, nach: **Acon.**$_{bg2,k}$ all-c. aloe alum.$_{bg2,k}$ alum-p.$_{k2}$ *Am-c.*$_{bg2,k}$ anac.$_{bg2,k}$ ang.$_{bg2,k}$ ant-c.$_{bg2}$ arg-n. *Arn.*$_{bg2,k}$ **Asaf.**$_{bg2,k}$ *Bar-c.*$_{bg2,k}$ bar-m. bar-s.$_{k2}$ *Bell.*$_{bg2,k}$ benz-ac. *Berb.* brom. *Bry.*$_{bg2,k}$ calc.$_{bg2,k}$ calc-sil.$_{k2}$ *Camph.*$_{bg2,k}$ cann-i. cann-s.$_{bg2,k}$ canth.$_{bg2,k}$ *Caps.*$_{bg2,k}$ carb-v. castm. caust.$_{bg2,k}$ chel.$_{bg2,k}$ *Chin.*$_{bg2,k}$ cic. cimx.$_{hr1,k,*}$ cina colch. *Coloc.*$_{bg2,k}$ con.$_{bg2,k}$ *Cor-r.*$_{hr1,k,*}$ cupr.$_{bg2,k}$ *Dros.*$_{bg2,k}$ dulc.$_{bg2,k}$ *Ferr.*$_{h,k,*}$ graph.$_{bg2,k}$ grat.$_{bg2}$ hell.$_{bg2,k}$ hep.$_{bg2,k}$ ip.$_{bg2,k}$ *Kali-c.*$_{bg2,k}$ kali-m.$_{k2}$ *Kali-p.* kali-sil.$_{k2}$ *Kreos.*$_{bg2,k}$ **Lach.** lact. *Lil-t.* lyc. lyss. mag-m.$_{bg2,k}$ mag-s. mang.$_{bg2,k}$ med. meny.$_{h,k,*}$ merc.$_{bg2,k}$ mez.$_{bg2,k}$ mur-ac.$_{bg2,k}$ nat-c.$_{bg2,k}$ nat-m.$_{bg2,k}$ nat-p. nit-ac.$_{bg2}$ *Nux-m.*$_{bg2,k}$ nux-v.$_{bg2,k}$ *Olnd.*$_{bg2,k}$ op.$_{bg2,k}$ ph-ac.$_{h,k,*}$ *Phos.*$_{bg2,k}$ plat.$_{bg2,k}$ prun. *Psor.* ptel. *Puls.*$_{bg2,k}$ ran-b.$_{bg2,k}$ rat. rhod.$_{bg2,k}$ rhus-t.$_{bg2,k}$ sabad.$_{bg2,k}$ senec. *Sep.*$_{bg2,k}$ *Sil.*$_{bg2,k}$ **Spig.**$_{bg2,k}$ *Spong.*$_{bg2,k}$ *Stann.*$_{bg2,k}$ staph.$_{bg2,k}$ *Stront-c.* sul-ac.$_{bg2,k}$ *Sulph.*$_{bg2,k}$ tarax.$_{bg2,k}$ teucr.$_{bg2,k}$ thea thuj.$_{bg2,k}$ *Verb.*$_{bg2,k}$ viol-t.$_{bg2,k}$ zinc-p.$_{k2}$
    - **Augen** heraussprinqen würden; als ob die: kali-n.$_{h}$
- **Stirn - außen**, nach: ...
  - **Gehirn** herauskommen würde; als ob das: acon. all-c. am-c. ang. arn. **Bell.** brom. *Bry.* canth. caps.$_{k2}$ carb-v. caust. chel. colch. coloc. *Kali-c.* kreos. **Lach.** mag-m. mag-s. mang. med. mez. nat-c. nux-v. *Phos.* plat. puls. rat. rhod. sabad. sep. *Sil.* spig. spong. stann. staph. stront-c. sul-ac. thuj. verb.
  - **Band**; wie durch ein: *Aeth.* *Ant-t.* bamb-a.$_{stb2}$ *Carb-ac.* carb-v.$_{hr1}$ cedr. **Chel.** coca con. fuc.$_{bro1}$ helon. indg. iod. iris kali-p. *Lac-c.* lil-t. *Merc.* mill. **Sulph.** tarent.
    - **Lachen**, beim: iris
    - **Menses**; während: bamb-a.$_{stb2}$
    - **Schließen** der Augen amel.: *Chel.*
  - **Berührung** amel.: cycl.$_{h}$ mur-ac.$_{h}$
  - **Bett**, im: ran-b.$_{a1,k}$
  - **Beugen**, beim:
    - **hinten**, nach: chin. stann.
      - **amel.**: *Bell.* *Ign.*
    - **unten**; des Kopfes nach: bamb-a.$_{stb2}$ *Coloc.* nat-m.
  - **Bewegung**, bei: ant-t. bamb-a.$_{stb2}$ **Bell.** *Bism.* *Bry.* carb-v. cocc. cupr. dulc. graph.$_{h}$ kali-c. nat-s. par. ph-ac. sep. *Spig.* spong.$_{h}$ staph. sulph. *Ther.*
    - **amel.**: *Cic.* psor. valer.
    - **Arme**; bei heftiger Bewegung der: rhus-t.$_{h}$
    - **Auges**, des: *Chel.* dulc. ph-ac. *Puls.*
      - **Lider**, der: coloc.$_{h}$
    - **Kopfes**, des: lyss. plat. staph.$_{h}$
  - **Blicken**; bei angestrengtem: puls. spong.
  - **Bücken**:
    - **amel.**: bar-c. bell.$_{h}$ caust.$_{a1,k}$ con. verb.
    - **beim**: acon. arg-n.$_{a1,k}$ *Bell.* borx. **Bry.**$_{a1,k}$ calc. canth.$_{a1,k}$ caps.$_{k2}$ carb-v.$_{a1,k}$ carbn-s. caust. chel. *Coloc.* cupr. fl-ac.$_{a1,k}$ kali-n. kreos. lyss. mag-m.$_{a1,k}$ merc.$_{a1,k}$ nat-c. *Par.*$_{a1,k}$ plat. sep. sil. *Spig.* spong.$_{h}$ stann.$_{a1,k}$ staph.
    - **nach**: hyos.$_{h}$
  - **Denken** daran; beim: nat-s.
  - **Druck**:
    - **agg.**: spig.$_{k2}$
    - **amel.**: am-c. *Arg-n.* calc. chin. mur-ac.$_{h}$ *Nat-m.* *Nat-s.* *Spig.* stann.
    - **Schläfe**; durch Druck auf die:
      - **amel.**: calc.$_{h}$
  - **eng**, wie zu: gels.$_{a1,k}$
  - **Entblößen** des Körpers amel.: cor-r.$_{hr1,k,*}$
  - **Erregung**, bei: par.
  - **Erschütterung** agg.: acon. *Bell.* *Bry.* glon. *Spig.* *Sulph.*
  - **Erwachen**, beim: agar. anac. ant-t. arg-n. cina gels. mez. *Nat-m.*$_{a1,k}$ ol-an. *Ph-ac.* rhus-t.$_{a1,k}$ sulph. thuj.$_{a1,k}$ zinc.
  - **Essen**:
    - **amel.**: chel.$_{h}$ kali-p. psor.
    - **beim**: lyc.$_{h}$
    - **nach**: *Am-c.* carl.$_{a1,k}$ clem.$_{a1,k}$ *Cocc.* con.$_{a1,k}$ graph.$_{a1,k}$ lyc.$_{a1,kl,*}$ nat-m.$_{h}$ nat-s.
  - **Fahren**, beim: **Cocc.**
  - **Fieber**; während: ars.$_{h}$ glon.$_{a1,k}$ thuj.$_{a1,k}$

- **Stirn**: ...
  - **Finger**; wie mit einem: ol-an. stront-c.
  - **Freien**, im: *Bell.* calc. caust.$_{a1,k}$ *Glon.*$_{a1,k}$ laur.$_{a1,k}$ mang.$_{h}$ ran-b.$_{k2}$ rhus-t.$_{a1,k}$ valer.
    - **amel.**: *Alum.* **Apis** brom. *Ferr.*$_{a1,h}$ ferr-i. *Nat-c. Phos. Sabin.* seneg. sep. tarax.$_{h}$
  - **Frost**; während: *Ars.* cham.$_{h}$ ran-b.$_{k2}$ sep.$_{a1,k}$
  - **Gehen**, beim: anac. arg-n. *Arn. Bry.* calc. caust. *Chin.* clem.$_{h}$ cocc. *Kali-c.* nat-m. *Spig.*
    - **Freien**, im: am-c. arg-n. **Bell.** calc. caust. *Chin. Cocc.* dulc. plat.
      - **amel.**: borx. calc. cor-r. *Sang. Sep.*
    - **schnell**: caust.
  - **geistige** Anstrengung, durch: anac. arn. asar.$_{a1,k}$ borx. cocc. *Dig.* fago.$_{a1}$ *Mag-c.*$_{hr1,k}$ mez. *Nat-c. Nat-s.* petr. ph-ac.$_{h}$ *Psor.* sabad. *Sil.*
  - **Geräusche** agg.: **Bell.** cact.
  - **Gesellschaft** agg.: *Plb.*
  - **Gewicht** oder einen Stein; wie durch ein: acon. am-m. aur. bell. cham. con.$_{h}$ dig. *Glon.* kali-c. *Nat-m. Par.* rhus-t. sep. spig. tarax.
    - **herabsinkendes** Gewicht; wie ein: thuj.$_{h}$
  - **Haus** agg.; im: *Apis* cact.
  - **Heben** des Kopfes; beim: bar-act.
  - **hinten**, nach: dios. spong. tab.
  - **Husten**, beim: acon. alum. arn. bell. brom. bry. chel. con. hep. kreos. nit-ac. phos. ruta sars. sep. spong. verb.
  - **Hut**:
    - **engen** Hut; wie durch einen: *Alum.*
    - **Gewicht** des Hutes; durch das: carb-v.
  - **innen**, nach: agar. aloe alum. anac. ant-c. bapt. bell. brom. calc. cocc. croc. ferr. hell. hep. *Kali-c.* laur. mosch. *Nux-v.* olnd. *Plat.* ran-s. rhod. rhus-t. sep.$_{h}$ spig. **Stann.** staph. sulph. verb. zinc.
  - **intermittierend**: arn. hyos. plat.
  - **kalt**:
    - **Anwendungen** amel.; kalte: *Ant-t. Apis Ars.* calc. **Phos.**
    - **Luft** agg.; kalte: *Nux-v.*
  - **Keil**, wie ein
    ☞ *Pflock - Stirn*
  - **Körperübungen**, nach: nat-c.
  - **krampfartig**: **Plat.**
  - **Kugel**; wie durch eine: bell. con. mag-s. **Staph.**
  - **Lesen**, beim: arn. bamb-a.$_{stb2}$ borx.$_{h}$ *Calc.* carbn-s. cocc.$_{a1,k}$ *Nat-m.*
  - **Licht** agg.: cact.
  - **Liegen**:
    - **amel.**: bamb-a.$_{stb2}$ *Bell.* nat-m. nat-s.
    - **Rücken**, auf dem: *Coloc.*
      - **amel.**: *Nux-v. Spong.*
  - **Menses**:
    - **vor**: ign. *Sil.*
    - **während**: bamb-a.$_{stb2}$ castm. lac-c. lyc. nux-v. *Sep.*$_{a1,k}$ *Sil. Sulph.*
      - **ersten** Tag der Menses; am: bamb-a.$_{stb2}$
    - **nach**: *Ferr.*
  - **Mittagessen**, nach dem: *Alum.*$_{a1,k}$ calc.$_{a1,k}$ con.$_{h}$ kali-bi. plat. sars. seneg. *Zinc.*$_{a1,k}$

- **Stirn**: ...
  - **Niesen**, nach: apis
  - **oben**, nach: glon. nit-ac.$_{h}$ valer.
  - **Öffnen** der Augen; beim: *Ars.* ph-ac.
    - **behindert** das Öffnen der Augen: bell.$_{h}$
  - **plötzlich**: ther.
  - **Rauchen** (von Tabak): calad.$_{a1,k}$ coloc. *Mag-c.*$_{hr1,k}$
  - **Schläfrigkeit**, bei: ars-i.$_{k2}$ carbn-s.$_{k2}$
  - **Schließen** der Augen:
    - **amel.**: *Chel. Nat-m.*
    - **muß** die Augen schließen: **Bell.** calc. carb-v.$_{h}$ *Nat-m.* nux-v. plat.
  - **Schluckauf**, durch: *Bry.*$_{a1,k}$
  - **Schreiben**, beim: borx. kali-c.$_{a1,k}$ lyc. nat-c.$_{a1}$
  - **Schütteln** des Kopfes; beim: sep.
    - **amel.**: hyos.$_{bg1}$
  - **Sitzen**:
    - **amel.**: *Bell.*
    - **beim**: agar. alum. hyos.$_{bg2}$ *Spong.*
  - **Sprechen**, nach: sil. ther. thuj.
  - **Stehen**, im: **Alum.** sang. staph.
  - **Stellen**, an einzelnen: **Nux-m.** psor. *Zinc.*
  - **Stuhlgang**:
    - **während**: *Bry.* coloc.$_{a1,k}$ *Nux-v.* rat. *Spig.*
    - **nach**: sep.$_{h}$ spig.$_{a1,k}$
  - **stumpfen** Spitze; wie mit einer: caust.
  - **Treppen**; beim Hinabsteigen von: *Ferr.* meny.
  - **Treppensteigen**, beim: ang.$_{h}$ arn. **Bell.** meny.
  - **überfüllten** Zimmer; im mit Menschen: *Mag-c.*$_{hr1,k}$ *Plat.*
  - **unten**, nach: *Aloe* am-m.$_{a1,k}$ ambr. ant-t. *Asar.* bell. bry. cina cocc. *Glon.* mur-ac. *Par.* ph-ac. **Phos.** rhus-t. sabin.
  - **vorne**, nach: hydr. laur. mag-s. nux-m. rhus-t.
  - **warm**:
    - **Ofen** agg.; warmer: *Apis Arn.*
    - **Zimmer**, im warmen: acon. **Apis** ferr-i. *Plat.* ran-b.
      - **amel.**: am-c.
  - **Zimmer**, im: *Acon.* brom. nat-c.
  - ▽ **erstreckt** sich zu:
    - **Augen**: asar. bell. carb-v. carbn-s. caust.$_{h}$ *Chel.* ign. kali-bi. kali-c. kali-n. laur. mur-ac.$_{h}$ nux-m. op. *Phos.* samb.$_{h}$
    - **außen**, nach: aloe anac. asaf. bar-c. eupi. hell. lact. prun. psor. *Spig. Stann.* staph.
    - **Hals**: bamb-a.$_{stb2}$ borx.$_{h}$ chel. spong.$_{h}$
    - **Hinterkopf**: anac. bry. *Cann-s.* chel. coc-c. lyc. par. spong.$_{h}$ thuj.$_{h}$
    - **innen**, nach: agar. graph.$_{h}$ laur.
    - **Nase**: agar. aloe am-m. *Calc.* kali-c. kali-n.$_{c1}$ lyc. mez. ph-ac. *Phos.*
      ☞ *Nase*
    - **Scheitel**: glon. kreos. lyc. puls.
    - **Schläfen**: *Carbn-s.* chel. choc.$_{srj3}$ gran. sep.$_{h}$
      - **Beugen** nach hinten; beim: chin.
    - **Seite** des Kopfes: indg.
    - **unten**, nach: *Bry.* chinin-s. merc.
  - ○ **Augen**:
  - ○ **hinter** den Augen: granit-m.$_{es1}$ ther.$_{br1,c1}$

- **Stirn - Augen**: ...
  - **über** den Augen: *Acon.* aeth. agar. **Aloe** alum. alum-p.k2 alumn. am-c. *Anac.* ang. ant-c. apis arg-met.h arg-n. arn. ars. ars-i. asaf. aster. bar-c. bar-i.k2 bar-s.k2 *Bell. Bism.* borx. bov. brom. **Bry.** calc.h *Calc-p.* cann-i. carb-an. *Carb-v.* carbn-s. *Card-m.* caust. *Chel.* chin. chinin-ar. choc.srj3 cist. con. *Crot-h.* dig.h dros.h dulc. euon. euph. eupi. fl-ac. *Glon.* graph.k2 grat. gymno. haem. hep. *Ign.* indg. iod. *Kali-ar. Kali-c.* kali-n. kali-p. kali-sil.k2 kalm. kreos. lach. lil-t. lith-c. lyc. lyss. mag-c. merc. merc-c. merc-i-r. merc-sul.c1 merl. mez.h morph. **Nat-m.** *Nat-p.* nat-s. nit-ac. *Nux-m. Nux-v.* op. paeon. petr. ph-ac.h *Phos.* phyt. pic-ac. plan. plect. **Puls.** rheumh *Rhus-t.* ruta sabad. santin. seneg. sep. *Sil.* sol-t-ae. spig.h spong.h stann.h staph. stront-c. sul-i.k2 *Sulph.* tab. teucr. ther. thuj. urt-u. *Valer.* zinc. zinc-p.k2 zing.
    - **rechts**: am-m.h ant-c. bamb-a.stb2 caust. *Chel.* con.h dulc. *Ign.* nat-m.h plat.h rhus-t.h *Sang.* sil.h spig. spong.h staph.h thuj.h urt-u. zinc.h
      - **oben** und innen; nach: bism.
    - **links**: *Acon.* arg-met.h bamb-a.stb2 bry. camph.h cupr. mur-ac.h nux-m.c1 *Nux-v.* phos.h *Sep.* sulph.h *Ther. Thuj.*h verb.h
      - **gefolgt** von dumpfem, drückendem Schmerz in den Hinterhauptshöckern:
        - **Pulsieren** im Kopf; wie ein deutliches: *Bry.*
    - ▽ **erstreckt** sich zum rechten Auge: thuj.h
    - **tagsüber**: sep.
    - **morgens**: alumn. kali-n. lach. mag-c.h petr. sulph.
      - **Erwachen**, beim: alumn.
    - **nachmittags**: *Acon.* cann-i. carb-v.h ph-ac.h sulph.h
    - **abends**: camph.h iod.h
    - **außen**, nach: ang.h bell.h ip.h kali-c.h lyc.h phos.h
    - **betäubend**: plat.h
    - **Bewegung** agg.: **Bry.** *Sep.*
    - **Bücken** agg.: caps.k2 merc-c. spong.h teucr.
    - **Druck** amel.: apis ip.h
    - **Druck** beim Aufstehen so heftig, daß er die Augen nur halb öffnen und nicht hochblicken kann: stram.
    - **Freien**, im: staph.h
    - **Gehen**:
      - **nach**: con.h
      - **Freien**, im: *Sep.*
        - **agg.**: sep.h
    - **Heben** der Augenbrauen agg.: nat-m.h
    - **herabdrückend**; auf die Augen: arg-met.h bell.h hell.h *Hep. Phos.* plat.h rhus-t.h sabin. spig.h zinc.h
      - **Oberlid** herabdrückend, das: chel.h
    - **herausgedrängt**; als würden die Augen: bell.k2 caps.k2 cocc. gymno. ign. lachn.

- **Stirn - Augen - über** den Augen - **herausgedrängt**: ... nat-m. phos. sabin. sang.k2 seneg. sep. sil. tarent.
    - **innen**; nach: bamb-a.stb2
    - **Licht**, durch: sep.h
    - **Menses**:
      - **vor**: sil.h
      - **während**: lac-c.
    - **Mittagessen**, nach dem: phos.h
    - **Öffnen** der Augen agg.: sil.
    - **Schließen** der Augen amel.: ip.h
    - **schließen**; muß die Augen: nux-v.
    - **wellenartig**: plat.h
    - ▽ **erstreckt** sich zu:
      - **Augen** hinein; in die: con.
      - **Nase**: bov.
      - **außen**, nach: sec.
  - ○ **Muskeln**: bell.h
  - **Rand** der Augenhöhlen: anac.h hyos.h spig.h
    - ▽ **erstreckt** sich zu den Schläfen: cann-s. chin.h
  - **Stirnhöhle**: mag-m.h
- **Nase**, über der: *Acon.* aesc. aeth. am-m.a1,k ambr.a1,k ant-t.a1,k arn. asar. bamb-a.stb2 *Bapt.* bar-c. *Bell.* bism. bov.a1,k brom. camph. cann-s. **Carb-ac.** carb-v. chel.h chin.a1,k *Cimic. Cist. Coloc. Dulc.*hr1 euphr.a1,k glon. ham. helon.a1,k hep. hydr.a1,k *Ign.* iod.a1,k kali-n.a1,k manc. meny.a1,h merc. mez. mosch. ph-ac.h,k,* raph.a1,k rutah sil.a1,k spong. *Stict.* tarax. til.a1,k verb.h viol-t. zinc. zing.

  ☞ *erstreckt sich - Nase*
  - **morgens**: sil.a1,k
  - **drückt** auf die Lider: chel.h
  - **Kälte** amel.: euphr.a1,k
  - **Schnupfen**; bei: bamb-a.stb2
- **Seiten**: agar.a1,k alum. ang.h chel. chin. cina ign.a1,k lyc.a1,k rutah spig. verb.h
  - **links**: agn.bg2,k ambr.bg2,k ant-c.h ant-t.bg2,k arg-met. asaf.bg2,k,* *Aur.*bg2,k,* camph.bg2,k,* cann-s.bg2,k,* caust.bg2,k chel.bg2 cic.bg2,k cina coloc.bg2,k,* crot-t. dulc.bg2 euph.bg2,k ign.bg2,k,* *Iod.*bg2,k kali-n.bg2,k lach.bg2 mag-c.bg2,k merc. mur-ac.bg2,k nat-c.bg2,k nat-m.bg2,k nux-m.bg2,k *Nux-v.*bg2,k *Ph-ac.*h,k,* plat.bg2,k ran-b.bg2,k *Rhod.*bg2,k sabad.a1,bg2 sabin.bg2,k **Sars.**bg2,k,* seneg.bg2,k spong.bg2,h squil.bg2,k staph.h sulph.bg2 teucr.bg2,k thuj.bg2
  - **rechts**: anac.bg2,k,* arg-n. arn.bg2,k *Ars.*a1,k asaf.bg2,k,* *Bell.*bg2,k,* *Caust.*bg2,k **Chel.**bg2,k *Chin.*bg2,k clem.a1 coc-c. con.a1 crot-h. euph.a1,k ferr-i.a1,k grat.a1 guaj.bg2,k hell.bg2,k,* ign.bg2,k iod.h jac-c.a1 *Kali-c.*bg2,k kali-n.bg2,h meny.bg2,k merc.bg2,k mez.bg2,k mosch.bg2,k nat-s.a1,k *Nux-v.*bg2,k pall.a1 par.bg2,k ph-ac.bg2 phos. *Plat.*bg2,k rhus-t.bg2,k ruta sabad.bg2 sabin.bg2,k *Sars.*bg2,k *Spig.* spong.bg2 stann. *Staph.*bg2,k sul-ac.bg2,h,* teucr.bg2,k thuj.bg2,k,* valer.bg2,k verb.bg2,k viol-t.bg2,k zinc.bg2
    - **dann** links: colch.

- **Stirn - Seiten - rechts**: ...
  - ▽ **erstreckt** sich zu:
    - **Hinterkopf**: kali-n.$_{h}$
    - **links** und wieder zurück nach rechts: cycl.$_{h}$
    - **Schläfe**, linke: cycl.$_{h}$
  - **Hand** auf die Stelle amel; Auflegen der: meny.$_{h}$
  - ▽ **erstreckt** sich zum Rücken: spong.
- **Stirnhöcker**: agar.$_{a1,k}$ agn.$_{a1}$ ambr.$_{h,k,*}$ anac.$_{a1,k}$ arg-met.$_{h}$ *Arg-n.* asaf.$_{a1,k}$ bar-c. bell.$_{a1,k}$ brom.$_{a1,k}$ calc. *Caust.* cham.$_{a1,k}$ chin.$_{a1,k}$ cimx.$_{a1,k}$ clem.$_{a1}$ croc.$_{a1,k}$ cupr. dulc. *Ferr.*$_{h,k,*}$ ferr-p. gins.$_{a1,k}$ gran.$_{a1,k}$ guaj.$_{a1,k}$ nit-ac.$_{h}$ olnd.$_{a1,k}$ op.$_{a1,k}$ osm.$_{a1,k}$ par.$_{a1,k}$ ph-ac.$_{h,k,*}$ plat.$_{h}$ raph.$_{a1,k}$ sabad.$_{a1,k}$ *Sabin.* sars.$_{a1,k}$ *Spig.*$_{a1,k}$ spong. stann.$_{a1,k}$ sumb.$_{a1,k}$ teucr.$_{a1}$ thuj.$_{a1,k}$ verb.$_{a1,k}$ zinc.
  - **links**: agar.$_{a1,k}$ agn.$_{a1}$ ambr.$_{h,k,*}$ dulc.$_{a1}$ gran.$_{a1,k}$ *Nux-m.* squil.$_{h}$ staph. thuj.$_{h}$
  - **rechts**: arg-n.$_{k2}$ *Caust. Hell.*$_{h}$ mez.$_{h}$ ph-ac.$_{a1,h}$ *Sabin.* spong. zinc.$_{h}$
  - **morgens**: *Ferr.*$_{h,k,*}$
    - **Aufstehen**, nach dem: *Ferr.*$_{h,k,*}$
  - **nachmittags**, 15 h: bry.
  - **abends**: dulc.$_{a1,k}$ plect.$_{a1}$
  - **nachts**: anac. calc. *Caust.* ph-ac. spong. zinc.
    - **Mitternacht**: sulph.$_{a1,k}$
  - **Berührung** agg.: *Chin.*$_{a1,k}$
  - **Druck** amel.: *Ferr.*$_{h,k,*}$ op.$_{a1,k}$
  - **Freien**, im: ran-b.
    - **amel.**: *Ferr.*
  - **Gehen** im Freien; beim: dulc. hell.$_{h}$
  - **Herabsteigen** von Treppen agg.: *Ferr.*
  - **Mittagessen**, nach dem: zinc.
  - **Reiben** amel.: op.$_{a1,k}$
  - **schließen**; muß die Augen: calc.
  - **Sitzen**, im: spong.
  - **Studieren**, Lernen agg.: cham.$_{a1,k}$
  - **warmes** Zimmer; beim Eintreten in ein: spong. verb.$_{a1,k}$
  - ▽ **erstreckt** sich zu:
    - **Auge**: thuj.
      - **rechts**: calc.
    - **außen**, nach: anac. ph-ac. prun. spig. spong. staph.$_{h}$
    - **Hinterkopf**: spig.$_{h}$
    - **Scheitel**: *Ferr.*
  - **über** der Stirn: *Aloe* arg-n. chin.$_{h}$ coloc. con.$_{h}$ dig. dulc. *Iod.* nat-m. *Olnd. Par.* sep.$_{h}$ *Sil.*

– **dumpf**: acon-c.$_{a1}$ *Aesc.*$_{hr1,k,*}$ aeth.$_{a1}$ *Agar.*$_{bg2,k,*}$ ail.$_{hr1,k}$ alco.$_{a1}$ *All-c.*$_{a1,k}$ alum.$_{bg2,k}$ alum-p.$_{k2}$ alum-sil.$_{k2}$ *Anac.*$_{bg2,k}$ androc.$_{srj1}$ ant-c.$_{bg2,k}$ *Apis* apoc.$_{a1}$ apom.$_{a1}$ arg-met. *Arg-n.*$_{hr1,k,*}$ arum-t.$_{hr1,k,*}$ asaf.$_{a1,hr1}$ asar.$_{bg2}$ asc-t.$_{a1}$ atro.$_{a1}$ bad.$_{a1}$ *Bapt.*$_{hr1,k,*}$ bar-c. bar-s.$_{k2}$ bell.$_{a1,hr1}$ bism.$_{bg2,k,*}$ bond.$_{a1}$ bov.$_{bg2,k,*}$ bry.$_{a1,bg2}$ but-ac.$_{br1}$ caj.$_{a1}$ calc.$_{bg2,k}$ calc-p.$_{k2}$ calc-sil.$_{k2}$ camph. cann-i.$_{hr1,k,*}$ canth.$_{bg2,k}$ caps.$_{a1}$ carb-ac.$_{a1}$ carb-an. carb-v. *Carbn-s.* *Card-m.*$_{a1}$ caul.$_{a1}$ caust.$_{bg2,k,*}$ cench.$_{k2}$ cham.$_{a1,k}$ chel.$_{bg2,k,*}$ *Chin.*$_{bg2,k,*}$ cic.$_{a1}$ *Cimic.*$_{hr1,k,*}$ cimx.$_{a1}$

– **dumpf**: ...
cina cinnb.$_{a1,hr1}$ *Clem.*$_{a1,k}$ *Cocc.*$_{hr1,k}$ coch.$_{a1,hr1}$ coff. *Coll.*$_{hr1,k}$ coloc.$_{a1}$ con.$_{bg2,h}$ conv.$_{br1}$ cot.$_{a1}$ croc.$_{a1,k}$ crot-h.$_{a1,k}$ crot-t. cub.$_{a1}$ cupr. dig.$_{a1}$ *Dios.*$_{hr1,k,*}$ dirc.$_{a1}$ dor.$_{a1}$ *Dulc.*$_{bg2,k,*}$ *Echi.* ery-m.$_{a1}$ eucal.$_{a1}$ eup-pur. eupi.$_{a1}$ ferr.$_{a1,k}$ ferr-s.$_{hr1}$ fl-ac.$_{a1,bg2}$ form.$_{a1,hr1}$ gala.$_{br1}$ gels.$_{bg2,hr1,*}$ gent-l.$_{a1}$ gink-b.$_{sbd1}$ glon.$_{bg2,k,*}$ granit-m.$_{es1}$ *Graph.* haem.$_{a1}$ ham. hell.$_{bg2,k,*}$ hep.$_{bg2,k,*}$ hydro-v.$_{a1}$ hyos.$_{bg2,k}$ *Hyper.*$_{hr1,k,*}$ iber.$_{hr1}$ ign.$_{bg2,k}$ *Ind.* indg.$_{hr1}$ kali-c.$_{a1}$ kali-i.$_{a1}$ kali-n.$_{a1,hr1}$ *Kalm.*$_{a1,k}$ kreos.$_{a1,hr1}$ lac-ac.$_{a1}$ *Lach.*$_{bg2,k,*}$ lachn.$_{a1,k}$ lact.$_{hr1,k,*}$ laur.$_{bg2,k,*}$ led.$_{bg2,k,*}$ lepi.$_{a1}$ **Lil-t.**$_{a1,hr1}$ linu-c.$_{a1}$ lob.$_{hr1}$ *Lyc.*$_{a1,k}$ lyss.$_{a1}$ mag-m.$_{a1,k}$ mag-s.$_{a1}$ mang.$_{bg2,k,*}$ meny.$_{bg2,k,*}$ meph. *Merc.*$_{bg2,k,*}$ merc-c.$_{a1}$ merc-i-f.$_{a1,hr1}$ mez.$_{a1}$ morph.$_{a1}$ mosch.$_{a1,k}$ musa$_{c1}$ myric.$_{a1}$ *Nat-c.*$_{bg2,k,*}$ nat-m.$_{bg2,k,*}$ nat-p.$_{a1,hr1}$ nat-s.$_{hr1,k,*}$ nicc.$_{a1}$ *Nit-ac.*$_{bg2,k,*}$ nitro-o.$_{a1}$ nux-m.$_{a1}$ **Nux-v.**$_{a1,k}$ nyct.$_{ah1,br1}$ olnd.$_{a1}$ *Op.*$_{a1,k}$ osm.$_{a1}$ paeon.$_{a1}$ pall.$_{a1,hr1}$ par.$_{a1,hr1}$ ped.$_{a1}$ petr. *Ph-ac.*$_{bg2,k,*}$ phel.$_{a1,hr1}$ phos.$_{bg2,h,*}$ phyt.$_{a1,hr1}$ pic-ac.$_{a1}$ pin-s.$_{a1}$ plan.$_{a1}$ plat.$_{bg2,k,*}$ *Podo.*$_{bg2,k,*}$ psor.$_{a1}$ ptel.$_{a1,hr1}$ **Puls.**$_{bg2,k,*}$ ran-s.$_{a1,k}$ rat.$_{a1}$ rheum rhod.$_{bg2,k,*}$ *Rhus-t.*$_{a1,k}$ rhus-v.$_{a1}$ rob.$_{a1,hr1}$ rosm.$_{a1}$ sabad.$_{a1,k}$ sal-ac.$_{a1}$ salol.$_{c1}$ *Sang.*$_{hr1,k,*}$ sars.$_{bg2,k,*}$ sec.$_{bg2,k,*}$ sel.$_{a1}$ *Seneg.*$_{bg2,k,*}$ sep.$_{hr1,k,*}$ sil.$_{bg2,k,*}$ sin-a.$_{a1,hr1}$ spig.$_{hr1,k,*}$ spirae.$_{a1}$ spong.$_{bg2,k,*}$ squil.$_{bg2,k}$ stann.$_{a1}$ staph.$_{a1}$ stram.$_{hr1}$ *Stry.* sul-ac.$_{bg2,k}$ sulph.$_{a1,k}$ sumb.$_{a1}$ tab.$_{a1}$ tarax.$_{a1}$ tax.$_{a1}$ tell.$_{a1}$ ter.$_{hr1,k,*}$ teucr.$_{bg2,k,*}$ thuj.$_{bg2,k,*}$ til.$_{a1}$ trif-p.$_{a1}$ tus-p.$_{a1}$ urt-u.$_{hr1,k,*}$ ust.$_{a1}$ valer.$_{a1}$ verat.$_{bg2,k,*}$ verb.$_{bg2,k,*}$ viol-o.$_{bg2,k,*}$ viol-t.$_{bg2,k,*}$ vip.$_{a1}$ wies.$_{a1}$ xan.$_{a1}$ zinc.$_{a1,hr1}$ zing.$_{hr1}$

- **morgens**: agar.$_{hr1,k,*}$ calc-sil.$_{k2}$ chin.$_{h}$ hep.$_{h}$ ind. kali-c.$_{h}$ lach. lact-v.$_{hr1}$ nit-ac.$_{h}$
  - **Aufstehen**, nach dem: sep.$_{h}$ squil.$_{h}$
  - **Erwachen**, beim: ars.$_{h}$
- **nachmittags**: bapt.
- **abends**: carbn-s. ind. pall. rhus-t.$_{h}$
- **nachts**: nat-c.$_{h}$
- **Aufstehen** amel.: ars.$_{h}$
- **bewegen** und die Augen schließen; muß den Kopf: agar.
- **Bewegung**:
  - **agg.**: asc-t.$_{c1}$
- **Blutung**, bei: kali-c.$_{h}$
- **Druck**:
  - **agg.**: alum-sil.$_{k2}$
  - **amel.**: *Apis* cimic.
- **Essen** amel.: ind.
- **Freien**; amel. im: bamb-a.$_{stb2}$ granit-m.$_{es1}$
- **Frost**; während: petr.$_{h}$
- **geistige** Arbeit:
  - **agg.**: alum-sil.$_{k2}$
  - **amel.**: gink-b.$_{sbd1}$
- **Hitze**; während: agar.$_{h}$
- **Kaffee**:
  - **amel.**: gink-b.$_{sbd1}$
- **Liegen** amel.: asc-t.$_{c1}$ granit-m.$_{es1}$
- **Menses**, während: lyc.$_{h}$
- **Mittagessen**, nach dem: mag-m.$_{h}$ nat-c.$_{h}$

• **Schlaf**:
• **Schlafmangel**; durch: gink-b.$_{sbd1}$
• **Schreibtischarbeit**; durch lange: agar.$_{bro1}$
• **Zorn**; nach: gink-b.$_{sbd1}$
○ **Gehirnbasis**: hyos.$_{h}$
• **Hinterkopf**: *Aesc.*$_{a1,k}$ alum.$_{bg2,k}$ alum-sil.$_{k2}$ ambr. androc.$_{srj1}$ asar. bamb-a.$_{stb2}$ bry.$_{bg2,k}$ calc.$_{bg2,k,*}$ *Carb-v.* cench.$_{k2}$ chin.$_{bg2,k}$ cic.$_{bg2,k}$ cimic.$_{hr1,k}$ *Crot-h.* cycl.$_{bg2,k}$ *Echi.* fl-ac.$_{bg2,k,*}$ **Gels.**$_{bg2,k}$ glon.$_{a1,bg2}$ indg. *Ip.* *Lach.* mang.$_{a1,bg2}$ med. meny.$_{a1,bg2}$ mez.$_{a1,bg2}$ nat-c.$_{bg2,k,*}$ *Nat-s.* oxeod.$_{a1}$ ran-s.$_{bg2,k}$ *Rhod.*$_{bg2,k}$ rumx. samb.$_{bg2,k}$ *Sec.*$_{bg2,k}$ spig.$_{a1,bg2}$ squil.$_{a1,bg2}$ stram. stront-c. thuj.$_{bg2,k}$ urt-u. zinc.$_{a1,bg2}$
• **periodisch**:
• **Woche**, einmal pro:
• **breitet** sich über den Kopf aus:
• **Binden** des Kopfes amel., gefolgt von Blindheit und wund schmerzenden Augäpfeln; festes: arg-n.$_{k1}$
▽ **erstreckt** sich zum Scheitel: choc.$_{srj3}$ *Cimic.*
• **Scheitel**: aesc.$_{hr1}$ aeth. agn.$_{bg2,k}$ alum-sil.$_{k2}$ androc.$_{srj1}$ ang. ant-c.$_{bg2,k}$ asc-t.$_{c1}$ *Bar-c.*$_{hr1}$ caust.$_{hr1}$ cench.$_{k2}$ cimic.$_{hr1,k}$ gels.$_{hr1,k}$ graph.$_{h}$ *Hyper.*$_{hr1}$ lach. limest-b.$_{es1}$ lyss.$_{a1,hr1}$ mez.$_{bg2,k}$ mill.$_{hr1}$ *Ox-ac.*$_{hr1}$ phos.$_{h}$ still.$_{hr1}$ *Ter.*$_{hr1}$ zinc.$_{hr1}$
• **Schläfen**: aesc. *Agar.*$_{bg2,k}$ alum-sil.$_{k2}$ androc.$_{srj1}$ bamb-a.$_{stb2}$ calc.$_{h}$ **Carb-ac.** chin.$_{bg2,k}$ cupr-ar. echi. gink-b.$_{sbd1}$ granit-m.$_{es1}$ ind. laur.$_{bg2,k}$ ph-ac.$_{bg2,k}$ phyt.$_{bg2}$ stront-c. tril-p.$_{c1}$ verat.$_{bg2,k}$
• **einer** Schläfe zur anderen; von: lob.
▽ **erstreckt** sich zu:
• **Augen**: granit-m.$_{es1}$
• **Seiten**: canth.$_{bg2,k}$ croc.$_{bg2,k}$ dros.$_{bg2,k}$ laur.$_{bg2,k,*}$ spong.$_{bg2,k}$ zinc.$_{bg2,k}$
• **links**: canth.$_{bg2}$ *Cinnb.* croc.$_{bg2}$ dros.$_{bg2}$ laur.$_{a1,bg2}$ mez.$_{h}$ phos.$_{h}$ thuj.$_{h}$ zinc.$_{bg2,h}$
• **rechts** vorne: ars-s-f.$_{k2}$
• **Druck** amel.: mez.$_{h}$
• **Stirn**: *Aesc.* *Agar.*$_{bg2,k}$ aloe$_{gsy1}$ ant-c.$_{bg2,k}$ ant-t.$_{bg2,k}$ arn. asar.$_{bg2,k}$ asc-t.$_{c1}$ bamb-a.$_{stb2}$ bapt. calc.$_{bg2,k,*}$ camph.$_{bg2,k}$ cann-i. **Carb-ac.** carb-v.$_{bg2}$ *Chel.* cimic.$_{hr1,k}$ *Cinnb.* cocc.$_{bg2,k}$ coff.$_{bg2,k}$ *Coll.* coloc.$_{bg2,k,*}$ cop.$_{br1}$ **Cupr.** cupr-ar. *Dulc.*$_{bg2,k}$ euph.$_{bg2,k}$ *Euphr.* fl-ac. form. *Glon.*$_{a1,k}$ granit-m.$_{es1}$ graph.$_{h}$ hell.$_{bg2,k,*}$ hydr. hyos. ign.$_{bg2,k,*}$ ind. iris laur.$_{bg2,k}$ lept. limest-b.$_{es1}$ musa$_{a1}$ mygal. nat-c.$_{h}$ nat-m.$_{bg2,k,*}$ oxeod.$_{a1}$ ph-ac.$_{bg2,k}$ phos.$_{a1,k}$ *Plat.*$_{bg2,k}$ plb.$_{bg2,k}$ psil.$_{ft1}$ puls.$_{bg2,k}$ rheum sabad.$_{bg2,k}$ sars.$_{bg2,k}$ scut.$_{bro1}$ *Sep.* verat.$_{bg2,k}$ zinc.$_{bg2,k,*}$
• **morgens**: bamb-a.$_{stb2}$
• **Frost**; während: cham.$_{h}$
○ **Augen**:
○ **hinter** den Augen: granit-m.$_{es1}$
• **über** den Augen: apis *Arg-n.*$_{hr1}$ ars-s-f.$_{k2}$ cann-i. cench.$_{k2}$ nat-ar. *Sep.* urt-u. zinc.
▽ **erstreckt** sich zum Scheitel: ars-s-f.$_{k2}$
• **Nase**; über der: xan.$_{c1}$
• **Stirnhöcker**: cench.$_{k2}$
• **links**: cench.$_{k2}$
• **rechts**, dann links: acet-ac.

– **eingeschnürt**, wie
☞ *Zusammenschnürung - Schnur*
– **fein** stechend
☞ *stechend*
– **flüchtige** Schmerzen
☞ *wandernde*
– **Fremdkörper**; wie durch einen: *Con.* fl-ac. rhod.
– **geöffnet** und geschlossen; als würde der Kopf: calc.$_{bg3}$ **Cann-i.** *Cann-s.*$_{bg2,k}$ *Cimic.*$_{bg2,k,*}$ *Cocc.*$_{bg2,k}$ glon.$_{bg3}$ lil-t.$_{bg2}$ lyc. sep.$_{bg}$ sulph.$_{bg3}$ vib.$_{bg2}$
• **Bewegen** des Kopfes oder beim Drehen der Augen; beim: *Cimic.*$_{hr1,k}$
• **Geräusch**:
• **agg.**: cann-s.$_{k2}$
○ **Hinterkopf**: bell.$_{rb2}$ cann-i.$_{rb2}$ cimic.$_{rb2}$ *Cocc.* sep.
• **Freien** amel.; im: sep.
• **kalte** Anwendungen amel.: sep.
– **geschabt**, wie:
• **verschiebt** sich der Schmerz auf die Seite, auf der liegt, Bewegung amel.; beim Liegen: *Ph-ac.*
○ **Knochen**: mez.$_{k2}$
– **geschwürig**: acon.$_{bg2,k}$ **Am-c.** ant-t. ars.$_{bg2}$ borx. *Bov.*$_{bg2,k}$ bry.$_{bg1,bg2}$ bufo carb-v.$_{bg2,k}$ castm. caust.$_{bg2,k}$ *Hep.* kali-c. kreos. mag-c.$_{bg2,k}$ mang.$_{bg2,k}$ merc. nat-m.$_{bg1,bg2}$ nux-v.$_{bg2,k,*}$ petr.$_{bg2,k}$ puls. rhod.$_{bg2,k}$ sep.$_{bg2,k}$ stann. stront-c. *Sul-ac.* sulph.
○ **Hinterkopf**: am-c. kreos. mang. nux-v. sep.
• **links**: mag-c.$_{bg2,k}$
• **Husten**, beim: sulph.$_{h}$
○ **Drüse**: am-c.$_{h}$
• **Scheitel**: castm. kreos. zinc.
• **Schläfen**: mur-ac. *Puls.*
• **Stirn**: graph.$_{h}$ hep.$_{c1,k}$ mur-ac. nux-v.$_{hr1,k}$
• **Berührung**, bei: graph.$_{h}$
• **periodisch**, mit Obstipation: nux-v.$_{hr1,k}$
– **gespannt**; wie
☞ *zusammenziehend, wie*
– **gezogen** würde; Gefühl, als ob am Haar: acet-ac.$_{rb2}$ *Acon.*$_{bg2,k,*}$ *Aeth.* *Alum.*$_{bg2,k}$ ambr. *Arg-n.*$_{bg2,k,*}$ arn.$_{bg2,k,*}$ ars.$_{a1,bg2}$ aur. bar-c.$_{bg2,k,*}$ bry.$_{bg2}$ canth.$_{bg2,k,*}$ carb-an. carb-v.$_{bg2}$ caust.$_{bg2}$ **Chin.**$_{bg2,k}$ coloc.$_{bg2}$ eupi.$_{a1,rb2}$ ferr. indg.$_{a1,k}$ iod. *Kali-c.*$_{bg2,k}$ kali-n.$_{bg2,k,*}$ kali-p.$_{rb2}$ kreos.$_{bg2}$ *Laur.*$_{bg2,k,*}$ lept.$_{bg1,bg2,*}$ lyc.$_{bg2,k,*}$ mag-c.$_{bg2,k,*}$ mag-m.$_{bg2,k}$ mur-ac.$_{bg2,k}$ petr. ph-ac.$_{bg2,k,*}$ *Phos.*$_{bg2,k,*}$ psor. *Rhus-t.*$_{bg2,k}$ sel.$_{bg2,k}$ sil. sol-ni.$_{rb2}$ stann.$_{bg2,k}$ stry.$_{rb2}$ *Sulph.*$_{bg2,k}$ vib.$_{rb2}$
• **ausgerissen** würde; als ob es: arn.$_{a1}$ ars. bell. caps.$_{rb2}$ prun.$_{rb2}$ *Sulph.*
○ **Hinterkopf**: arn.$_{hr1,k,*}$ cocc.$_{a1}$ kali-n.$_{a1}$ kali-p. laur.$_{a1}$ *Nux-v.*
• **Scheitel**, vom: *Acon.* alum.$_{h,k1}$ bell.$_{a1}$ coloc.$_{a1}$ eupi.$_{a1}$ ferr. indg.$_{a1,k}$ kali-n.$_{a1,k}$ lyc.$_{a1}$ *Mag-c.*$_{hr1,k}$ *Mag-m.*$_{hr1,k}$ mag-s.$_{a1}$ mur-ac.$_{rb2}$ phos.$_{bg1,bg2,*}$ spong.$_{a1}$ *Sulph.*$_{a1,k}$
• **Schläfe**: bry.$_{h}$

• **Seite**: phos.$_{h}$
– **gezogen** würde; Gefühl, als ob an der Haut: sep.$_{h}$
– **glucksend**: sulph.$_{h}$
○ **Hinterkopf**: spig.$_{h}$
– **grabend**
☞ *wühlend*
– **grausam**, erschütternd: kali-c.$_{h}$
• **Glas** zerbrechen; als würde: choc.$_{srj3}$
• **Schütteln** des Kopfes; beim: mang.$_{a1}$
– **greifend**: arg-n.$_{bg2,k}$ ars.$_{a1,k}$ bar-c.$_{bg2}$ chin.$_{h}$ con.$_{bg2,k}$ hell. mag-m.$_{bg2,k}$ nat-s.$_{bg2,k,*}$
○ **Hinterkopf**: carb-v.$_{k2}$
• **Stirn**: arg-n.$_{bg2}$ bar-c.$_{bg2}$ con.$_{bg2}$ nat-s.$_{a1,bg2}$
• **kaltes** Fußbad amel.: nat-s.$_{a1,k}$
– **hackend**: am-c.$_{h,k,*}$ ars.$_{bg2,k}$ aur.$_{bg2,k,*}$ kali-n.$_{bg2,k,*}$ lyc.$_{bg2,k}$ ph-ac.$_{bg2,k,*}$
– **juckend**: chin.$_{h}$ sep.$_{h}$ sil.$_{h}$
– **Kappe**, wie durch eine
☞ *drückend - Kappe*
– **Keil**, wie ein
☞ *Pflock*
– **kneifend**: alum.$_{a1,h}$ con. mag-m.$_{a1,k}$ mag-s. mez.$_{a1}$ sep.
– **kontrahiert**:
○ **Kopfhaut** zusammengezogen; als sei die: carb-v.$_{rb2}$
• **Stirn**:
○ **Haut** in der Stirnmitte zusammengezogen; als sei die: gels.$_{rb2}$
– **krampfartig**: *Acon.* alum. alum-p.$_{k2}$ am-m. *Ambr.* anac. ang.$_{bg2,k,*}$ ant-c.$_{c1}$ *Ant-t.* ars. asaf. calc. carb-v.$_{bg2,k}$ cina colch. *Coloc.* croc. eug. gels. *Ign.* kali-c. mag-m. mez. nit-ac. nux-v. olnd. petr. *Ph-ac.* *Plat.*$_{bg2,k}$ psor. ran-s. rheum sep. squil. stann.$_{a1,k}$ teucr. thuj.$_{bg2,k,*}$ verb. zinc.
• **morgens** nach dem Aufstehen; früh: mag-c.
• **abends**: alum.
• **Ärger**, Verdruß; nach: mag-c.
• **Katarrh**, durch unterdrückten: *Acon.*
• **Reiben** der Stirn amel.: thuj.$_{a1,k}$
• **Studieren** und Anstrengung, nach Malaria; durch: gels.
▽ **erstreckt** sich zum Wangenknochen: bell.
○ **Gehirn**: bell.$_{k2}$
• **Hinterkopf**: am-m. *Camph.* dios. fl-ac.$_{a1}$ gels.$_{hr1}$
• **Bücken**, beim: camph.
• **Stelle**; an einer kleinen: am-m.
• **Scheitel**: bell.$_{bg2}$ chin.$_{bg2,h,*}$ coloc.$_{h}$ phos.$_{h}$ plat.$_{k2}$
• **Schläfen**: agar.$_{a1,k}$ *Calc.*$_{bg2,k}$ cann-s.$_{a1,k}$ cina indg.$_{a1,k}$ *Kali-c.*$_{bg2,k}$ nat-m.$_{bg2,k,*}$ *Petr.*$_{bg2,k,*}$ plat.$_{bg2,k,*}$ sil.$_{a1,k}$ verb.$_{bg2,k}$ zinc.$_{bg2,k}$
• **links**: agar. calc.$_{bg2}$ indg.$_{a1,k}$ kali-c.$_{bg2,k}$ petr.$_{bg2}$ plat.$_{a1}$ sil.$_{a1,k}$
○ **Muskel**: cocc.$_{h}$
• **rechts**: nat-m.$_{bg2,k,*}$
• **nachmittags**: *Plat.*
• **Kitzeln**, mit: cann-s.$_{a1,k}$
▽ **erstreckt** sich in die Zähne hinein: nat-m.$_{a1,k}$
• **Seiten**: bell.$_{a1,k}$ phos.$_{bg2,k,*}$ sars.$_{a1,k}$ thuj.$_{a1,k}$

– **krampfartig - Seiten**: ...
• **links**: phos.$_{bg2,k}$ thuj.$_{a1,k}$
• **kalt**, krampfartig: phos.$_{h,k,*}$
• **rechts**: bell.$_{a1,k}$
• **Stirn**: aeth.$_{bg2,k,*}$ bell.$_{bg2,k}$ calc.$_{h}$ croc.$_{bg2,k}$ ign.$_{bg2,k}$ nat-c.$_{h}$ nat-s.$_{bg2}$ *Plat.*$_{bg2,k,*}$
▽ **erstreckt** sich zu:
• **Augen**: nat-c.$_{h}$
• **Nase**: nat-c.$_{h}$
• **Scheitel**: calc.$_{h}$
• **Unterkiefer**: bell.$_{h}$
○ **Nasenwurzel**; über der: arn. bell. ign.$_{br1}$ spong.
• **Verstand** verlieren; als würde er den: *Acon.* ign.
– **kribbelnder** Schmerz in der Stirn: puls.$_{h}$
– **lanzinierend**: acon. aesc. alum. am-c. ambr. anan. arn. *Ars.* aur-s.$_{k2}$ *Bell.* cadm-s. calc. canth.$_{k2}$ con.$_{k2}$ *Cupr.* dros. gins. graph. hep. hura ip. kali-i.$_{k,k2}$ mag-c. manc. podo.$_{c1}$ sang. sphing.$_{k,kk3}$ squil. tarent.
☞ *schneidend*
• **morgens**: mag-c.$_{hr1,k}$
• **Aufstehen**, nach dem: coloc. mag-c.$_{hr1,k}$
• **abends**: *Bell.* kali-i.$_{a1,k}$
• **nachts**: am-c.$_{a1}$ tarent.$_{a1,k}$
• **Anstrengung**, bei: ambr.$_{a1,k}$
• **Auftreten**, beim: ambr.
• **Bewegung** amel.: kali-i.$_{a1,k}$
• **Bücken**, beim: arn.$_{a1,k}$ ped.$_{a1}$
• **Drehen** des Kopfes agg.: cupr.
• **Erwachen**, beim: tarent.
• **Gehen**, beim:
• **Freien**, amel. im: hep.
• **schnellem** Gehen, bei: *Calc.*
• **Hitze** agg.: kali-i.
• **kalt**:
• **Anwendungen** amel.; kalte: *Ars.*
• **Luft** agg.; kalte: kali-i. *Spig.*
• **Liegen** amel.: ambr.
• **Luft**:
• **Freien** amel.; im: am-c.
• **Schwindel**, mit: nat-m.
○ **Gehirnbasis**: aesc.
• **Hinterkopf**: aesc. androc.$_{srj1}$ aster.$_{a1,k}$ aur-s. *Bufo* canth. *Con.* *Cupr.* *Sang.* sec. syph.
• **links**: androc.$_{srj1}$
• **nachts**: syph.
• **Pulsschlag**, bei jedem: *Con.*
▽ **erstreckt** sich zur Stirn: gels.$_{c1}$
• **Scheitel**: sang.$_{k2}$
▽ **erstreckt** sich zu:
• **Auge**: hydrog.$_{srj2}$
• **Schläfen**: ail.$_{a1,k}$ anan. ang.$_{c1}$ aster.$_{a1,k}$ *Bell.* blatta-o. bond.$_{a1}$ crot-c.$_{a1,k}$ *Cupr.* form. *Ham.* hura **Kali-i.** lepi.$_{a1}$ linu-c.$_{a1}$ manc.$_{a1,k}$ ped.$_{a1}$ plb.$_{a1,k}$ senec.$_{a1,k}$ tarent.$_{a1,k}$
• **links**, beim Kauen: am-c.
▽ **erstreckt** sich zu:
• **Schläfe** zur anderen; von einer: **Bell.**
• **Seiten**: bell.$_{a1,k}$ *Calc.* cocc. hura kali-bi.$_{a1,k}$ spig. tarent.$_{a1,k}$

• **Seiten**: ...
• **links**: lepi.br1 sphing.kk3 spig.kk3
• **rechts**: amph.a1 sang.k2
• **morgens**: tarent.a1,k
▽ **erstreckt** sich zum Auge, Ohr, den Schläfen und zum Unterkiefer: hura
• **Stirn**: *Am-c.* *Bell.* *Calc.* coloc. *Cupr.* *Dros.* ferr. gins.a1,k jug-r.a1,k lyc. ped.a1 sang.k2 sel.c1 tarent.a1,k
• **morgens**: jac-c.a1 viol-t.
• **Aufstehen**, beim: coloc.
• **nachmittags**: sol-t-ae.a1,k
• **Bewegen** der Augen, beim: *Dros.*
• **Druck** agg.: *Cupr.*
• **Geräusch** wie ein Hämmern vor den Ohren; mit einem: spig.c1
▽ **erstreckt** sich zum Hinterkopf: *Bell.*
○ **Augen**; über den:
• **links**: sel.c1
• **Stirnhöcker**: thuj.a1,k
• **links**: thuj.a1,k

– **mahlend**: agar.bg2,k,* anac.bg2,k,* aur.a1,k clem.hr1 myric.a1,k
• **abends**: anac.a1,k
• **Druck** amel.: anac.a1,k dios.br1
• **Husten** agg.: aur.a1,k
○ **Stirn**: agar.a1,k anac.a1,k
• **Essen** amel.: anac.
○ **Stirnhöcker**, linker: agar.a1,k

– **murrend**: bamb-a.stb2 hep.a1,k indg.a1,k sul-ac.bg2,k,*

– **Nagel**, wie durch einen: *Agar.*bg2,k anac.bg2 arn.bg2,k *Asaf.*k,k1 carb-v.bg2,k caust. **Coff.**bg2,k con.bg2 dulc. euon.a1,k *Graph.* hell.bg2,k *Hep.*bg2,k *Ign.*bg2,k kali-i.k2 lach. lyc.bg2 nat-m.bg2,k nicc.bg2 *Nux-v.*bg2,k olnd. plat.bg2 ptel. *Puls.* ruta sang. *Sep.* sil.bro1 staph.bg2,k sul-ac.bg2 thea **Thuj.**bg2,k
☞ *Pflock*
• **morgens** beim Aufstehen: ptel.
• **alkoholischen** Getränken, nach: ruta
• **Freien**, im: coff.
• **Gehen** im Freien; beim: *Thuj.*
• **Liegen** auf dem Kopf; beim:
• **amel.**: ign.k2
• **Menses**, während: arn. *Ign.* *Nux-v.*
○ **Hinterkopf**: *Cimic.*hr1,k con.bg2 *Hep.* *Mosch.* puls. tarent.
• **eine** Seite: puls.
▽ **erstreckt** sich zum Scheitel: *Cimic.*hr1,k
• **Scheitel**: euon.a1,k form. hell.bg2,k hura ign.bg2 manc.bg2,k,* nicc.a1,k *Nux-v.* staph.bg2,k **Thuj.**bg2,k,*
• **3** - 4 h: *Thuj.*
• **Gehen** im Freien amel.: *Thuj.*a1,k
• **Schläfen**: *Am-br.* anac.c1 *Arn.*bg2,k,* asaf.k2 cocc.bg2,k dulc. ham. *Hep.* *Ign.* kali-i.bg2,k,* sang.a1,k spira.a1,k
• **anderen**; von einer Schläfe zu: ham.
• **rechts**: spira.
• **morgens**: sang.a1,k
• **Seiten**: acon.bg2,k *Agar.*bg2,k carb-v.bg2 chel.bg2,k *Coff.*bg2,k **Hep.**bg2,k *Ign.*bg2,k *Nat-m.*bg2,k

– **Nagel**, wie durch einen - **Seiten**: ... *Nux-v.*bg2,k plat.bg2 ruta staph. **Thuj.**bg2,k
• **rechts**: *Agar.*bg2,k hep.bg2 thuj.bg2
• **Druck** amel.: **Thuj.**
• **herausgetrieben** würde, amel. durch Liegen darauf; als ob ein Nagel: **Ign.**
• **Mittagessen**, nach dem: **Thuj.**
• **Umhergehen** amel.: *Agar.*
• **Stirn**: acon.a1,bg2 anac.k2 caust. hell.bg2,k *Ign.* lyc.bg2,k mosch.bg2 ptel.bg2 puls.bg2 rhus-t.bg2 sabin.bg2,k **Thuj.**
• **linke** Seite: hell.bg2 thuj.bg2,k
▽ **erstreckt** sich vom Hinterkopf zur Stirn: mosch.
○ **Stirnhöcker**, linker: asaf.k2 **Thuj.**

– **nagend**: calc.bg2,k canth.bg2,k *Coloc.* kali-m.k2 led. lyc. nat-m.bg2,k,* nat-s.k2 paeon.a1,k par.bg2,k phos.bg2,k ran-s.bg2,k zinc.bg2,k,*
• **nachts**: merc-i-r.a1,k
• **Auftreten**, bei schwerem, heftigem: lyc.
• **Ohren**; mit Schmerz in den: ran-s.
• **pulsierend**: par.
○ **Hinterkopf**: calc.a1,k cycl.h dros. glon.bg2,k,* kali-m.k2 led. *Nat-s.* nicc.bg2,k,* ol-an.bg2,k,* raph.a1,k zinc.bg2,h,*
• **wundfressend**: thuj.h
• **Scheitel**: *Ant-c.* meny.a1,k ran-b.bg2 ran-s.bg2,k,* spong.h
• **Schläfen**: canth.a1 kali-cy.a1 led. ran-s.a1,k sol-ni.
• **rechts**: sol-ni.
• **Seiten**: bell.h phos.a1,k *Thuj.*a1,k
• **Stirn**: con. dros.h merc-i-r.a1,k nat-s. ran-s.bg2 ruta.h sulph.a1,k zinc.bg2,k,*
○ **Auge**, morgens; über dem rechten: dros.a1,k
• **Nase**, über der: calc-act. merc. ph-ac.a1,h phos. raph.
• **Stirnhöcker**: bell.a1,k

– **offen**, wie: *Carb-an.* *Cimic.*hr1,k guan. nat-p.k2 sil.

– **Pflock**, Bolzen oder Keil:
☞ *Nagel*
• **aufgesprengt**; wie mit einem Keil weit:
• **brennt**, Körper ist kalt, kann sich nicht erwärmen; Kopf:
• **wimmert** vor Schmerz: lachn.
• **hineingestoßen** würde; als ob ein Pflock mit immer stärkeren Schlägen: sul-ac.
• **wie** durch einen: *Anac.* arg-met. asaf. bov. caust. cocc. con. dulc. hep. jac-g. kreos. olnd. plat. prun. ran-s. rhod. rhus-t. ruta *Sul-ac.*
○ **Hinterkopf**: *Arg-met.* bov. canth. con. hep. puls. rhod. tarent.
• **Scheitel**: lachn.hr1,k,*
• **Gefühl**, als wäre ein Bolzen vom Hals zum Scheitel getrieben worden:
• **pulsierend**, agg. bei jedem Herzschlag: *Cimic.*
• **Schläfen**: *Anac.* *Asaf.* cocc. dulc. hep. sul-ac. *Thuj.*
• **geistiger** Anstrengung, bei: *Anac.*
• **Seiten**: *Asaf.* dulc. **Hep.** *Plat.*

• **Stirn**: anac. asaf. caust. jac-g. mosch.$_{bg1,bg2}$ rhus-t.$_{bg1,bg2}$ sul-ac.
○ **Stirnhöcker**:
• **links**: asaf.$_{k2}$
– **pickend**: carb-an.$_{bg2,k}$ mosch.$_{bg2,k}$ nux-v.$_{bg2,k}$ rhus-t.$_{bg2,k}$ ruta
○ **Schläfe**, linke: nit-ac.$_{h}$
• **Stirn**: carb-an.$_{bg2,k}$ nat-m.$_{h}$ nicc.$_{a1}$
– **pochend**
☞ *pulsierend*
– **Reifen**; wie von einem
☞ *Zusammenschnürung - Band*
– **reißend**: acon.$_{k2}$ aesc. aeth. agar. *Agn.* ail. all-c.$_{k2}$ aloe$_{dgt}$ alum. alum-sil.$_{k2}$ am-c. *Am-m.* ambr. *Anac.* ant-c. *Arg-met.* *Ars.* ars-i. asaf.$_{k2}$ asar. **Aur.** aur-ar.$_{k2}$ aur-i.$_{k2}$ aur-m. aur-s.$_{k2}$ bamb-a.$_{stb2}$ *Bell.* *Berb.* borx. bov. *Bry.* calad. *Calc.* calc-p. *Calc-s.* camph. cann-s. *Canth.* caps. carb-an. *Carb-v.* castm. caust. *Cham.* *Chel.* *Chin.* chinin-ar. cina cinnb. *Cocc.* coff. colch.$_{dgt,k}$ *Coloc.* *Con.* croc. crot-t. cupr. *Cycl.* dig. dros. eup-per.$_{k2}$ eupi. ferr. ferr-ar. ferr-i. ferr-p. graph. *Guaj.* hell. hyos. hyper. *Ign.* indg. iod. *Ip.* kali-ar. kali-bi. *Kali-c.* kali-m.$_{k2}$ kali-n. kali-p. *Kali-s.* kali-sil.$_{k2}$ *Kalm.* *Kreos.* lach. laur. led. lil-t. **Lyc.**$_{dgt,k}$ *Mag-c.* *Mag-m.* mag-p. mag-s. manc. *Mang.* **Merc.** *Merc-c.* mez. mill. *Mur-ac.* nat-ar. nat-c. **Nat-m.** nat-p. nat-s. nicc. *Nux-v.* *Ol-an.* petr. *Ph-ac.*$_{dgt,k}$ phos. plat. plb. psor. *Puls.* ran-b. rat. rheum rhod. *Rhus-t.* ruta samb. sang.$_{k2}$ sars. sel. *Sep.* *Sil.* **Spig.** squil. *Stann.* *Staph.* stram. stront-c. sul-ac. **Sulph.** tarax. ter. teucr. thuj. til. valer.$_{k2}$ viol-t. vip. zinc. zinc-p.$_{k2}$
☞ *zerrissen*
• **morgens**: alum. arg-n. borx. bov. cic.$_{h}$ *Coloc.* con. hyper. indg. mez. nicc. nux-v. phos. ran-s. rhod. sars. sil. staph. verat.
• **bis**:
• **mittags**: ip.
• **abends**: ant-c. zinc.$_{h}$
• **Aufstehen**, beim: ip. staph. stram. stront-c.
• **Bett**, im: arg-n.
• **Erwachen**, beim: graph. *Phos.* puls. staph. verat.
• **vormittags**: alum. ant-c. *Ip.* kali-n.$_{h}$
• **mittags**: cham. graph. zinc.
• **nachmittags**: aeth. bamb-a.$_{stb2}$ calc. castm. caust. chel. graph. grat. guaj. kali-i. kreos. laur. *Lyc.* mag-c. mag-s. nat-c. nicc. ol-an. sil. sulph. zinc.
• **15** - 22 h: calc.
• **abends**; bis: lyc.
• **abends**: ail. alum. alum-sil.$_{k2}$ am-c. ambr. calc-p. cocc. coloc. grat. hyper. kali-n. lachn. *Lyc.* mag-c. mag-m. merc. nat-c.$_{h}$ nicc. olnd. petr. *Puls.* sars. sil. *Spig.* staph. sul-ac. sulph.
• **Mitternacht**; bis: laur.
• **Bett**, im: laur. sil. thuj.
• **nachts**: agar.$_{h}$ aur-m.$_{k2}$ *Caust.* cham. hep. laur. *Lyc.* mag-c. merc. phos.$_{k2}$ *Sil.* sulph.$_{h}$ thuj.
• **Erwachen**, beim: arg-n.
• **anfallsweise**: carb-v.$_{h}$ caust. *Coloc.* nicc.

– **reißend**: ...
• **Anstrengung**, bei körperlicher: *Anac.*
• **Atmen**, bei tiefem: rat.
• **Aufrichten**; beim:
• **Bücken**, vom: mang.
• **Aufsetzen**; beim:
• **Bett** agg.; im: cham.$_{h}$ *Lyc.* mur-ac.
• **Aufstehen**; beim: am-m. bell.$_{k2}$ kalm.
• **Auftreten**, beim:
• **agg.**: bell.$_{k2}$
• **auseinanderreißend**: agar. am-m. coff. *Mur-ac.* nat-s. op. *Puls.* staph. sul-ac. *Verat.*
☞ *berstend*
• **Berührung**:
• **agg.**: arg-met. chel. ip. staph.
• **amel.**: mur-ac.
• **Bett** amel.; im: aur-m. caust.
• **Beugen** des Kopfes; beim:
• **hinten** agg.; nach: anac.
• **vorne**, nach:
• **amel.**: ign.
• **brennendes** Reißen darin: cupr.
• **Bewegung**:
• **Augen** agg.; der: bell.$_{k2}$ dros. *Mur-ac.*
• **Oberlider**; der: *Coloc.*
• **Bewegung**, bei:
• **agg.**: *Agn.* *Aur.* calc. canth. *Carb-v.* carbn-s. *Chin.* chinin-ar. *Cocc.* coff. colch.$_{k2}$ *Coloc.* lith-c. phos. rat. sars.$_{h}$ sil. **Spig.** staph. tub.$_{bg}$ verat.
• **amel.**: caps.$_{h}$ mur-ac. *Rhod.* *Rhus-t.* sulph.
• **Binden** amel.; festes: sil.
• **Bücken**, beim: arn. asar. bov. canth. carb-an. *Coloc.* ip. rhus-t. sil.
• **Drehen** des Kopfes; beim: canth. coloc.
• **Druck**:
• **agg.**: agar.$_{h}$ *Arg-met.* bism. *Sil.*
• **amel.**: alum.$_{h}$ *Calc.* camph.$_{h}$ carb-an. mag-c. mag-m. mag-p. nat-c. sulph.
• **drückend**: aur.$_{h}$ camph. chel. sars.$_{h}$ squil.
• **drückend**, reißend, ruckend: phos.
• **eigenartiges** Gefühl läuft den Rücken hinauf; ein äußerst: lil-t.
• **Einhüllen** des Kopfes amel.: *Phos.* rhod. *Rhus-t.* sil.
• **Erbrechen**, nach: thuj.
• **Erwachen**, beim: arg-n. graph. phos. thuj. verat.
• **Essen**:
• **beim**: con. sul-ac. zinc.
• **nach**: carb-an. mag-c. *Nux-v.* ol-an. phel. sep. zinc.
• **Fehltritt**; agg. durch einen: **Spig.**
• **Frost**:
• **während**: eup-per.$_{k2}$ eupi. hyper. kali-n.$_{h}$
• **mit**: anac.$_{h}$
• **Frühstück**, beim: sul-ac.
• **Gähnen**; vergeht mit viel: mur-ac. staph.
• **Gehen**, beim: castm. *Chin.* con. sars. **Spig.** tarax.
• **Freien**, im: lyc.$_{h}$
• **amel.**: ant-t. coloc. *Thuj.*

- **geistige** Anstrengung:
  - **amel.**: calc-act.
  - **durch**: *Anac.* ran-b.
- **Geräusche** agg.: coff. **Spig.**
- **Gewitter**, bei: **Rhod.**
- **grabend**: coloc. spig.
- **hin** und her: ambr.a1,k1
- **Hitze**:
  - **amel.**: mag-p. *Rhod. Rhus-t.* staph. stram.
  - **während** der: puls.
- **Hitze** agg.: *Coloc.*
- **Husten**, beim: alum. arn. calc. cupr. mur-ac. puls. sep. verat.
- **intermittierend**: *Coloc.* ferr. hyos.h nicc. rheum *Stann.* sulph.h
- **kaltes** Wasser agg.: sulph.
- **lähmungsartig**: nat-c.h
- **Lehnen** des Kopfes; beim:
  - **Hände** amel.; auf die: dros.
  - **Tisch** amel.; auf den: sulph.
- **Liegen**:
  - **amel.**: *Calc. Calc-p. Calc-s. Chin. Lyc.* spig.h
  - **beim**: mag-c. thuj. zinc.h
  - **muß** sich hinlegen: colch. *Con. Nat-m.*
  - **Rücken** amel.; auf dem: ign.
  - **Stilliegen** amel. gegen Morgen: merc.
- **Luft**:
  - **Freien**, im: calc. mang. ol-an.
    - **amel.**: act-sp.bro1 alum. ant-c.h *Arg-met.* aur. carbn-s. mag-s. sulph.
  - **kalte**; durch: bov. caust. grat. ign. rhus-t. stram.
- **Menses**:
  - **vor**: ars. cinnb. glon. laur.
  - **während**: am-m.h calc. castm. lyc.h mag-c. *Nat-c.* rat.
  - **nach**: berb.
- **Mittagessen**:
  - **beim**: zinc.
  - **nach**: carb-an. mag-c. ol-an. zinc.
- **Öffnen** des Mundes; beim: spig.
- **periodisch**: anac. mur-ac.
  - **Tag**, mittags, Druck agg., im Freien amel.; jeden: *Arg-met.*
- **pulsierend**: ars. carb-an. *Cocc.* mag-m. nat-c. rhus-t. sil. spong. zinc.
- **Reiben** amel.: calc. laur. phos.
- **ruckend**: agar. arn. *Chin.* kali-c. mag-c. mur-ac. paeon. puls. rat. teucr. thuj.
- **rund** herum: calc-p. calc-s.
- **Säge**; wie mit einer: *Sulph.*
- **schießend**: arg-met. berb. caust. chel. chin. cic. hyos. hyper. mang.h2 phos. sil. sulph. vip. zinc.
- **schneidend**: bell.
- **Schreiben**, beim: ran-b.
- **Schwindel**, nach: plat.h
- **Sitzen**, im: indg. lith-c. mag-c. mez. nicc. phos. *Spig.*
  - **amel.**: *Carb-v.* mag-m.
  - **aufrechtes** Sitzen agg.: ign. mur-ac.
- **Sprechen**, beim: cocc. sars.
- **stechend**, fein: caps. cocc. hyper. *Ign.* mag-m. *Nat-m.* nicc. ph-ac. puls. sulph.h zinc.h
- **Stehen**:
  - **beim**: lith-c. ran-b. **Spig.**
  - **Stillstehen** amel.: *Tarax.*
- **Stellen**, an kleinen: aloe *Colch.* lyc. ph-ac.
- **Stricken**, beim: mag-s.
- **Überhitzung**, nach: *Kali-c.*
- **wahnsinnig** machend: mag-c.
- **wandernd**: ambr. ant-c. berb. colch. con. nat-s. rhus-t. sel.
- **Wärme**:
  - **Bettwärme**:
    - **agg.**: lyc. merc. sulph. thuj.
    - **amel.**: aur-m. caust.
  - **Zimmerwärme** amel.: *Carb-v.*
- **Wellen**, in: caust.
- **Wetter**, bei naßkaltem: **Calc.** *Rhod. Rhus-t.*
  - **amel.**: caust.
- **zerschlagen**, wie: bov. merc.
- **ziehend**: am-c. calad. canth. caps. cina guaj. *Kali-c.* lach. *Mang.* nux-v. ol-an. rhus-t. sil.
  - **bohrend**, ziehend, reißend: carb-an.
- **Zimmer**:
  - **amel.** im: ol-an.
  - **Eintreten**; beim: mag-m.
- **zuckend**: *Chin.* kali-c. sil.

▽ **erstreckt** sich zu:
- **Auge**, in Anfällen; linkes: nicc.
  - **heraus**, zum Auge: sil.h
- **Gesicht**: am-m. anac. bry. guaj. lyc. sil. squil. *Staph.* thuj.
- **Hals**; zum äußeren: anac. *Chin. Kalm. Merc.*
- **Hals**; zum inneren: anac. merc.
- **Hinterkopf**: rheumh
- **Nase**: lyc. nat-c. nux-v.
- **oben**, nach: am-c.
- **Ohr**: nux-v. sulph.h
- **Schläfe**, rechte: carb-v.
- **Schulterblätter**: puls.
- **Zähne**: chin. lyc. *Merc. Staph.*

○ **Hinterkopf**: acon. aeth. *Agar.* ail. am-m. ambr. *Anac.* arg-met. *Ars.* ars-s-f.k2 asaf. *Aur.* aur-ar.k2 aur-s.k2 bar-c. bar-m. bar-s.k2 bell. berb. bism. bov. calc. calc-sil.k2 camph. canth. carb-an. **Carb-v.** carbn-s. **Caust.** chel. colch. *Con. Cupr.* form. grat. *Guaj.* hyos. *Hyper.* ign. indg. kali-ar. kali-bi. kali-c. kali-m.k2 kali-n. kali-p. kali-sil.k2 laur. led. *Lyc. Lyss.* mag-c. *Mag-m.* mang. *Merc. Merc-c.* merl. mur-ac. nat-s. nit-ac. **Nux-m. Nux-v.** *Ph-ac.* phel. puls. ran-b. sabad. *Sep.* **Sil.** *Spig.* squil. stann. stront-c. sulph. *Tarax. Thuj.* verat. *Zinc.* zinc-p.k2
- **morgens**: agar. verat.
  - **Aufstehen**, beim: *Lyss.*
  - **Erwachen**, beim: verat.
- **nachmittags**: mang.h
  - **14** h: grat.
- **abends**: ambr. carb-an. hyper. ran-b. sil.
- **nachts**: lyc. thuj.
- **anfallsweise**: **Caust.**
- **Berührung** agg.: mang.

• **Hinterkopf**: ...
  • **Beugen** des Kopfes; beim:
    • **amel.**: bar-c.
    • **hinten**, nach: anac.
  • **Bewegen** des Kopfes nach vorne; beim: cupr.
  • **Bewegung** agg.: *Aur.* *Carb-v.* ph-ac. *Sil.* *Spig.*
  • **brennend**: cupr.
  • **Einwickeln** des Kopfes amel.: **Sil.**
  • **Erbrechen**, beim: thuj.
  • **Gehen**, beim: con. tarax.
  • **geistige** Anstrengung amel.: calc-ar.
  • **Geräusche** agg.: ph-ac. *Spig.*
  • **Haus**, beim Eintreten ins: mag-m.
  • **Hitze**; während: puls.
  • **Husten**, beim: cupr.
  • **Lachen**, durch: zinc.
  • **Liegen**:
    • **amel.**: spig.k2
    • **beim**: ambr.
  • **pulsierend**: kali-c. mag-m. mez.h
  • **Reiben** amel.: laur.
  • **ruckend**: anac.h mag-c.h
  • **Sitzen**:
    • **beim** Sitzen amel.: *Carb-v.* mag-m.
    • **aufrechtes** Sitzen agg.: ign.
  • **Sprechen**:
    • **agg.**: spig.k2
  • **Stellen**, an kleinen: *Colch.*
  • **Stillstehen** amel.: *Tarax.*
  • **warmes** Zimmer amel.: *Carb-v.*
  • **Zimmer**, beim Eintreten in ein: mag-m.h
  ▽ **erstreckt** sich zu:
    • **Hals**: laur.
    • **Nacken**: berb. **Nux-m.** **Nux-v.** ran-b.
    • **oben**, nach: ambr. berb. ol-an. sars. **Sil.**
      • **und** nach vorne: ambr. **Caust.** mag-m. rat.
    • **Scheitel**: ambr. *Caust.* mag-m. rat. sep.h
    • **Schläfe**: anac. arn.
    • **Stirn**: ambr. *Aur.* carb-v. chin. merc.
    • **vorne**, nach: aeth. anac. *Aur.* chin. merc. **Sil.**
  ○ **Seiten** des Hinterkopfes: agar. aur. bar-c. berb. bov. camph. carb-an. *Carb-v.* *Carl.* caust. colch. con. guaj. kali-bi. kali-c. kali-m.k2 kali-sil.k2 led. mag-c. mag-m. mur-ac. *Nat-s.* puls. ran-b. rhus-v. sabad. *Sil.* *Stann.* *Stront-c.* zinc.
    • **links**: con. lyc.h samb.h sep.h *Stann.*
    • **rechts**: *Aur.* bism.h chel.h guaj. kali-c. mag-c.h mag-m.h *Stront-c.*
    • **morgens**: anac.h puls. *Sil.*
    • **abends**: carb-an. nat-s.
    • **anfallsweise**: mur-ac.
    • **Beugen** des Kopfes nach hinten amel.: bar-c.
    • **Bewegen** des Kopfes nach links; beim: mag-c.
    • **Bewegung** agg.: *Aur.*
    • **drückend**: lyc.h zinc.h
    • **Gehen**, beim: con.
    • **intermittierend**: sep.h

• **Hinterkopf - Seiten** des Hinterkopfes: ...
    • **kaltem** Luftzug, bei: caust.
    • **Lachen**, beim: zinc.
    • **pulsierend**: kali-c.h
      • **Ruhe**, in der: nat-s.
    • **schießt** vor und zurück: carb-an.
    • **warmen** Bett amel.; im: caust.
    • **Wetter** amel.; nasses: caust.kl
    • **zuckend**: bism. mag-m.
  ▽ **erstreckt** sich zu:
      • **Hals**: ambr.
      • **Kopf**: canth. sabad. *Sil.*
      • **Stirn**: aur. mur-ac.
• **Scheitel**: act-sp. agar. agn. alum. alum-p.k2 alum-sil.k2 am-c. *Ambr.* anac. ant-c. arg-n.a1,k **Aur.** bar-c. bar-i.k2 bar-m. *Bell.* benz-ac. borx. bov. *Canth.* carb-v.h castm. caust. chel. colch. con. dulc. hyper. indg. iod. *Kali-c.* kali-m.k2 kali-n.h kali-p. kali-sil.k2 kalm. kreos. *Lach.* lachn. laur. *Lyc.* *Mag-c.* mag-s. mang. merc. mez. *Mur-ac.* naja nat-c. nit-ac. nux-v. ph-ac. phel. phos. ran-b. ran-s. rat. rhus-t. ruta *Sars.* sil. spig. *Stann.* thuj. vinc. *Zinc.* zinc-p.k2
  • **morgens**: bov. ran-b.
  • **vormittags**: borx.
  • **nachmittags**: kreos. phos.h
  • **abends**: *Calc.* hyper. lyc.
    • **19** h: lyc.
  • **nachts**: laur. *Merc.* thuj.
    • **22**.30 h: alum.
  • **anfallsweise**: carb-v.h zinc.h
  • **Bewegung** agg.: aur. bell.
  • **Druck** agg.: *Bell.*
  • **Essen**, nach dem: inul. phel.
  • **Husten**, beim: alum.h
  • **Liegen** amel.; im: *Lyc.*
  • **Menses**, während: *Laur.* mag-c. rat.
  • **Mittagessen**, nach dem: mag-c.
  • **ruckend**: mag-c.h
  • **Schreiben**, beim: ran-b.
  • **Sitzen**, im: phos.
  • **Stehen**, im: ran-b.
  ▽ **erstreckt** sich zu:
    • **Hinterkopf**: indg.
    • **Jochbein**: phos.
    • **Mitte** des Gehirns: thuj.h
    • **Ohr**: agar. phos.
    • **Schläfen**, über den: ang.
    • **Schulter**: lyc.
• **Schläfen**: acon. aeth. agar. *Agn.* ail. alum. alum-p.k2 alum-sil.k2 am-c. *Am-m.* ambr. *Anac.* ant-c. *Arg-met.* *Arg-n.* *Arn.* arum-t. asaf. *Asar.* aur. aur-i.k2 aur-m. aur-s.k2 *Bell.* *Berb.* bism. bov. bry. calc. calc-p. calc-sil.k2 camph. canth. carb-v. carbn-s. castm. caust. *Cham.* *Chel.* chin. chinin-ar. chinin-s. cic. cina cocc. colch. coloc. con. cop. cupr. cycl. dig. dulc. gran. grat. guaj. ham. hell. hyper. indg. iod. kali-bi. *Kali-c.* *Kali-i.* kali-m.k2 kali-n. kali-p. kali-sil.k2 kalm. kreos. lach. lachn. lact. laur. led. lyc. lyss. mag-c. *Mag-m.* mag-s. *Mang.* merc. merl. mez. mur-ac. nat-c. *Nat-m.* nat-s. nicc. *Nux-m.* nux-v. ol-an.

- **Schläfen**: ...
  olnd. par. petr. ph-ac. phos. plb. *Puls.* ran-b. rat. rhod. rhus-t. ruta sabad. sabin. samb. seneg. *Sep.* sil. *Spig.* spong. stann. staph.$_{h}$ sul-ac. sul-i.$_{k2}$ sulph. thuj. til. verb. viol-t. **Zinc.** zinc-p.$_{k2}$
  - **links**: acon. agn. *Anac. Arg-met.* arn. *Asar.* carbn-s. gran. grat. guaj. kali-bi. **Kali-c.** mag-c. mag-m. *Merc. Ph-ac. Rhod.* **Sep.** *Spig.* staph.$_{h}$ sulph.
    - **Seite** des Kopfes; zur: **Sep.**
    - **nach** rechts: aur-m. iod.
  - **rechts**: agar. alum. am-m. arum-t. asaf. bov. camph. *Chel.* chinin-ar. dig. gran.$_{a1}$ lachn.$_{c1}$ lact. laur. mur-ac. nat-s. ran-b. rhus-t. sang.
  - **morgens**: am-c. con.
  - **vormittags**: alum. am-m. arg-n. indg. nicc.
    - **Sitzen**, im: nicc.
  - **nachmittags**: aeth. castm. guaj. mag-c. mag-s. sil. sulph.
    - **13** h: sil.
    - **16** h: caust. lyc.
  - **abends**: am-c. kali-c. kali-n. lachn. led. mag-c. olnd. *Puls.* sil.$_{h}$ sul-ac. sulph.
    - **18** h: kali-i.
    - **morgens**, bis: kali-n.$_{h}$
    - **Hinlegen**, beim: mag-c.
  - **nachts** agg.: lyc.$_{h}$ thuj.
  - ◇ **abwechselnd** mit Drücken: bell.$_{h}$
  - **anfallsweise**: carb-v.$_{h}$ *Kali-c.*
  - **Berührung**: *Arg-met.* chel. cupr.
    - **amel.**: mur-ac.$_{h}$
  - **Bettwärme** agg.: puls.
  - **Beugen** des Kopfes nach hinten; beim: anac.$_{h}$
  - **Bewegung**, bei: *Agn. Chel.* chinin-ar. ph-ac.$_{h}$ sang. sil.$_{h}$
  - **brennend**: chinin-ar. lyc.$_{h}$
  - **Bücken**, beim: carbn-s. samb.$_{h}$
  - **Druck**: bism.
    - **amel.**: kali-n.$_{h}$ mag-c. nat-c.
  - **Essen**:
    - **beim**: con.
    - **nach**: con.
  - **Freien**, im: *Mang.* ol-an.
    - **amel.**: aur. *Puls.*
  - **Frost**; während: hyper.
  - **Frühstück**, beim: sul-ac.
  - **Gähnen** amel.: mur-ac.
  - **Gehen**, beim: castm. sulph.
    - **Freien**, im: arn. mang.
  - **Heben** der Augen; beim: puls.
  - **Hitze** agg.: grat.
  - **Husten**, beim: alum. puls.
  - **intermittierend**: dulc. samb.$_{h}$
  - **Kälte** agg.: grat.
  - **Menses**, während: am-m. nat-c.
  - **Mittagessen**:
    - **beim**: am-c. zinc.
    - **nach**: zinc.$_{h}$
  - **pulsierend**: *Sang.* staph.$_{h}$
  - **ruckend**: anac.$_{h}$ lyc.$_{h}$ mag-c.$_{h}$ puls.$_{h}$
  - **Schütteln** des Kopfes; beim: *Sang.*

- **Schläfen**: ...
  - **Seite**, auf der er liegt: puls.
  - **stechend**: lyc.$_{h}$ mur-ac.$_{h}$ zinc.$_{h}$
  - **Stehen**, beim: mur-ac.$_{h}$
  - **Stellen**, an kleinen: carb-v. rat.
  - **zuckend**:
    - **liegt**; verschiebt sich beim Drehen des Kopfes zur Schläfe, auf der er:
      - **Heben** der Augen agg.: puls.$_{hr1,k}$
  - ▽ **erstreckt** sich zu:
    - **Auge**: gran.
    - **Gehirn**, ins: ambr. anac.
    - **Gesicht**: am-m. arg-n. bry. kali-c. lachn. seneg.
    - **Hals**: bry. kali-i.
    - **Hinterkopf**: kali-bi. rhus-v.
    - **Jochbein**: coc-c. phos.$_{k2}$
    - **Kiefer**: arg-n. kali-c.
    - **oben**, nach: alum.$_{h}$ am-m. laur. mag-c.$_{h}$ rhus-v. *Sep.*
    - **Ohr**: aur-m. bov.
    - **Scheitel**: laur. *Mang.*
    - **Stirn**; quer über die: castm. lyc. mez. ph-ac.
    - **unten**, nach: bry. laur.
    - **Zähne**: bry. carb-v. lachn. *Verb.*
- **Seiten**: aesc. aeth. agar. alum. alum-p.$_{k2}$ am-c. am-m. ambr. ammc. *Anac. Arg-met.* arg-n. ars. aur. aur-m-n. aur-s.$_{k2}$ bar-c.$_{dgt,k}$ bar-m. borx. bov. brom. bry. *Canth.* caps. *Carb-an. Carb-v.* carbn-s. castm. caust. *Cham. Chel.* chin. cic. cina coc-c. colch. *Coloc.* con. croc. dig. *Gran. Graph.* grat. *Guaj.* hell. ign. indg. *Kali-c.* kali-i.$_{k2}$ kali-m.$_{k2}$ kali-p. kali-sil.$_{k2}$ laur. led. lith-c. *Lyc.* mag-c. mag-m.$_{a1,k}$ *Mang. Merc. Merl.* mez. mill. *Mur-ac.* nat-ar. nat-c. nat-s. nicc. nux-v. ol-an. phel.$_{bg1,k,*}$ phos. plb. *Puls.* rat. rhod. ruta sars. sel. sep. *Sil.*$_{st}$ *Spig.* stann. stront-c. sul-ac. sulph. teucr. thuj. til. verb. **Zinc.** zinc-p.$_{k2}$
  - **links**: ars. aur. *Caps. Chinin-ar.* cina *Coloc.* graph. *Guaj.* **Kali-c.** laur. led. mang.$_{a1}$ *Sars. Sel. Spig.* staph.$_{h}$ tell. thuj.
  - **rechts**: alum. anac. arg-met. bov. *Carb-an. Chel. Con.* mag-c. mang. *Mur-ac. Puls.* sul-ac. sulph. thuj. verb.
  - **morgens**: mang.$_{h}$ thuj.
  - **vormittags**: alum.
  - **nachmittags**: alum.$_{h}$ nicc. ol-an. zinc.
    - **14** h: grat. laur.
  - **abends**: graph. lyc. nicc. phos.$_{h}$ thuj.
    - **amel.**: ruta
    - **Sitzen**, im: phos.
  - **nachts**: arg-n. phos.$_{h}$
  - **Aufrichten**; beim:
    - **Bücken**, vom: mang.
  - **Aufstehen**:
    - **beim**: lyc.
  - **Auftreten**, beim: **Spig.**
  - **Berührung** agg.: bar-c.$_{h}$
  - **Bett**, im: thuj.
  - **Bewegung**, bei: **Spig.**
    - **amel.**: kali-i.$_{k2}$
  - **Bücken**, beim: mang. sil.

- **Seiten**: ...
  - **Gehen**, beim: castm. **Spig.**
    - **Freien**, im: kali-c.$_{h}$ thuj.$_{a1,h}$
      - **amel.**: kali-i.$_{k2}$
  - **Geräusche**, durch: spig.$_{k2}$
  - **glühend**: sulph.$_{h}$
  - **hinlegen**, muß sich: *Con.*
  - **intermittierend**: ant-t. spig.$_{h}$
  - **kalt**:
    - **Luft**, kalte: bov. caust. ign.
    - **Wasser** agg.; kaltes: sulph.
  - **Liegen** amel.: lyc. spig.$_{k2}$
  - **Luft**:
    - **Freien**, im:
      - **amel.**: kali-i.$_{k2}$
  - **Menses**, während: mag-c. nat-c.
  - **Mittagessen**, nach dem: mag-c.$_{h}$ mag-s. ol-an. zinc.
  - **pulsierend**: ars.
  - **Sitzen**, im: am-m. mag-c. phos.
  - **Sprechen**:
    - **agg.**: spig.$_{k2}$
  - **stechend**, fein: mang.$_{h}$ sars.
  - **Stehen**, beim: mang.$_{h}$
  - **Stellen**, an kleinen: bar-c. spig.$_{h}$
  - **Wärme**:
    - **amel.**: kali-i.$_{k2}$
  - **Wetter**:
    - **nasses** Wetter amel.: caust.
  - **ziehend**: bov. *Caps.* mang.$_{h}$ phos.$_{h}$ *Zinc.*
  - **zuckend**: teucr.
  - ▽ **erstreckt** sich zu:
    - **Auge**: *Mag-m.*
    - **Gesicht**: anac.$_{c1}$ kreos.
    - **Hals**; äußerer: anac.$_{c1}$
    - **innen**, nach: mag-c.
    - **oben**, nach: phos.
    - **Ohr**: lyc. *Merc.*
    - **Scheitel**: *Mang.*
    - **Seite** zur anderen, von einer: clem. rhus-t.
    - **unten** ins Gesicht und die Zähne; den Hals nach: lyc.
    - **vorne**, nach: indg.
    - **Zähne** und Halsdrüsen: graph. merc.
  - ○ **Processus** mastoideus:
    - **Lesen**; beim: aesc.
- **Stirn**: act-sp. aeth. agar. *Agn.* alum. alum-p.$_{k2}$ am-c. am-m. ambr. *Anac.* ant-c. ant-t. arg-met. arg-n. ars. arum-t. asaf. asar. *Aur.* aur-ar.$_{k2}$ aur-m-n. aur-s.$_{k2}$ *Bell.* *Berb.* bism. bov. brom. *Bry.* cact. calc. calc-p. calc-sil.$_{k2}$ camph. canth. *Caps.* carb-an. *Carb-v.* *Carbn-s.* castm. caust. *Cham.* chel. chin. cina *Cinnb.* coc-c. cocc. colch. *Coloc.* *Con.* cupr. cycl. dros. euphr. gran. *Graph.* grat. *Guaj.* hell. *Hep.* hyos. *Ign.* indg. ip. kali-ar. kali-bi. *Kali-c.* kali-m.$_{k2}$ kali-n. kali-p. kali-sil.$_{k2}$ kalm. kreos. *Lach.* lachn. laur. led. **Lyc.** mag-c. mag-m. mag-s. *Mang.* **Merc.** merc-i-r. merl. *Mez.* mur-ac. nat-ar. nat-c. nat-m. nat-s. nit-ac. nux-v. op. phel. phos. *Plb.* puls. rat. rhod. sabad. samb. *Sars.* *Sep.* **Sil.** **Spig.** *Stann.* staph. stront-c. sul-ac. *Sulph.* thuj. til. zinc. zinc-p.$_{k2}$

- **Stirn**: ...
  - **morgens**: *Coloc.* graph. mez.
    - **Erwachen**, beim: graph.
    - **Sitzen**, im: mez.
  - **vormittags**: alum. sars.
  - **mittags**: graph. zinc.
  - **nachmittags**: alum. chel. graph. laur. lyc.$_{h}$ sep. sulph.
    - **14** h: laur. sep.
    - **14** - 16 h: mag-s.
    - **14** - 3 h: ant-t.
  - **abends**: agn. alum. alum-sil.$_{k2}$ coloc. hell. lyc. mag-m. *Merc.* *Puls.* sars. sil. staph.
    - **18** h: brom.
    - **Sitzen**, im: staph.
  - **nachts**: ambr.$_{h}$ caust. hep. lyc. *Merc.* plb. thuj.
  - ◆ **abwechselnd** mit Schmerzen in den Armen: sil.
  - **Abendessen**, beim: zinc.$_{h}$
  - **anfallsweise**: cham.$_{h}$ mur-ac.$_{h}$ *Stann.* zinc.$_{h}$
  - **Aufstehen**, beim: kalm. lyc.
  - **ausstrahlend**: lyc.
  - **Berührung**, bei: ip.
  - **Bewegung**, bei: agn. aur. mag-m.$_{h}$ sil.$_{h}$ spig.$_{k2}$
  - **Bücken**, beim: asar. bov. dros.$_{h}$ ip. mag-m.$_{h}$ *Stann.* staph. *Sulph.*
  - **Erwachen**, beim: puls.$_{h}$ thuj.
  - **Essen**, nach dem: sep. sulph.
    - **amel.**: chel.$_{h}$
  - **Fahren** im Wagen amel.: kali-n.
  - **flüchtige** Schmerzen: rat. seneg.
  - **Freien**, im: lachn.$_{c1}$ mang.
    - **amel.**: alum. aur. mag-s.
  - **geistige** Anstrengung: anac.
  - **Geräusche**, durch: spig.$_{k2}$
  - **Hitze**; während: *Ars.*
  - **intermittierend**: agar.$_{h}$
  - **Kaffee** agg.: kali-n.
  - **Liegen** amel.: kali-p. *Lyc.* spig.$_{k2}$
  - **Menses**:
    - **vor**: *Cinnb.* kali-p.
    - **während**: castm. *Cinnb.*
      - **Einsetzen** des Ausflusses amel.; beim: kali-p.
  - **Mittagessen**, nach dem: mag-c. zinc.$_{h}$
  - **periodisch**: *Cham.* plb.
  - **pulsierend**: mag-c.
  - **quer** über die Stirn: bry. kalm. lachn.
  - **Sitzen**, im: am-m. merc. **Spig.** staph.
  - **Sprechen**; beim: mang.$_{a1}$
  - **Stehen**, im: merc. **Spig.**
  - **warmen** Zimmer, im: caust.
  - ▽ **erstreckt** sich zu:
    - **Augen**: arg-n.$_{a1}$ *Kali-c.* mur-ac. nat-c. nat-m. samb.$_{h}$ spig.
    - **Brust**: cham.
    - **Gesicht** und Zähne; nach unten in: lyc.
    - **Hals**: berb.$_{j5}$
    - **Halsmuskeln**, dann zum rechten Arm: bry.
    - **Hinterkopf**: bov. kali-n.
    - **Nase**: lyc. nat-c.

- **Stirn - erstreckt** sich zu **- Nase**: ...
    - **Nasenflügel**: sep.$_{h}$
    - **Nasenwurzel**: bov. *Kali-c.*
  - **Scheitel**: alum. merc. sil.
  - **Schläfe**: caust. gran. mang.$_{a1}$
- ○ **Augen**, hinter den: bism.$_{h}$ squil.$_{h}$
- **Augen**, über den: agar. agn. *Ars.* aur. aur-m. calc. chel. *Chin.* ferr-i. graph.$_{k2}$ iod. kali-ar. kali-c. kali-i. lach. laur. lyc. mag-p. mang. merc. mez. phos. sang. sep. sil.
  - **links**: aeth. arg-met.$_{h}$ *Iod.* laur. merc. *Merc-c.* stann.$_{h}$ verb.$_{h}$ zinc.$_{h}$
  - **rechts**: agn. anac. bism.$_{h}$ **Carb-ac.** mag-p. mang.
  - **morgens**: *Chin.* lyc.$_{h}$
  - **nachmittags**: sang. sep.$_{h}$
  - **abends**: agn.
  - **nachts**: *Lyc.*
  - **Bewegung** agg.: agn.
  - **Druck** amel.: *Anac.*
  - **Drücken** des Auges; beim: arg-met.$_{h}$ lyc.$_{h}$
  - **Freien** amel.; im: aur. aur-m. merc.
  - **intermittierend**: *Ars.*
  - **Öffnen** der Augen; beim: euph.$_{h}$
  - **Umhergehen** amel.: *Ars.*
  - **warme** Anwendungen:
    - **amel.**: calc.$_{k2}$
  - ▽ **erstreckt** sich zu:
    - **Nase**: calc.$_{k2}$
- **Mitte** der Stirn: bov. caust.$_{h}$ glon. laur. stront-c. sul-ac.
  - **morgens**: bov.
  - **nachmittags**: mag-c.
  - **Mittagessen**, nach dem: chel.
  - ▽ **erstreckt** sich zur linken Seite: sul-ac.$_{h}$
- **Nase**, über der: aeth. agar. ambr. chel.$_{h}$ lyc. nat-c. nat-m.
  - **drückt** auf die Lider: chel.$_{h}$
- **Seiten**: *Agn.* arg-n. arum-t. aur. bov. camph. *Carb-an.* caust. coloc. euph. grat. guaj.$_{h}$ kali-i. lachn. *Lyc.* lyss. *Mag-m.* mang. *Meny. Merc.* mez. nat-s. nuph. ol-an. *Puls.* seneg. *Stann.* staph. til. zinc.
  - **links**: aur. euph. kali-c. mang.$_{h}$ *Merc.* tarax.$_{h}$ *Zinc.*
    - **nach** rechts: lachn.$_{c1}$
  - **rechts**: *Carb-an.* kali-n.$_{h}$ *Lyc. Meny.* nux-v. puls. *Stann.* sul-ac.$_{h}$ thuj.$_{h}$ zinc.
    - **Hinterkopf**, zum: kali-n.$_{h}$
  - **morgens**: ol-an.
  - **abends**: sul-ac.
    - **16** h: mag-c.
  - **Bewegung** agg.: aur. euph.
    - **Muskeln**; bei Bewegung der: mang.$_{h}$
  - **Bücken**, beim: stann.$_{h}$
  - **Druck** amel.: nat-c.$_{h}$ sul-ac.$_{h}$
  - **intermittierend**: stann.$_{h}$
  - **Menses**, während: nat-c.
  - **Sitzen**, im: aeth. castm.
  - **Stich**, wie ein: meny.$_{h}$
  - ▽ **erstreckt** sich zu:
    - **Augenbraue**: *Lyc.*

- **Stirn - Seiten - erstreckt** sich zu: ...
    - **Nasenwurzel**: *Lyc.*
    - **Scheitel**: sep.$_{h}$
    - **Schläfen**: kalm. mez.
    - **Wange**: guaj.$_{h}$ lachn.
- **Stirnhöcker**: agn. alum. ambr. arg-met. arg-mur. asaf.$_{k2}$ bell. bov. calc. calc-sil.$_{k2}$ chel.$_{h}$ chin. cina cocc. hell. kali-c. lyc. mang. mill. nat-c. sabad. *Sep.* sil. **Spig.** *Thuj.* verb. *Zinc.*
  - **links**: asaf.$_{k2}$ kali-c. mang. mez.$_{h}$ nat-c.$_{h}$ *Zinc.*
    - **unter**: **Spig.**
    - ▽ **erstreckt** sich zu den Augen: **Spig.**
  - **rechts**: ambr. *Arg-met.* sep.$_{h}$ **Spig.**
  - **nachmittags**, 14 h: lyc.
  - **abends**: alum.
  - **Freien**, im: verb.
  - **Mittagessen**, nach dem: *Zinc.*
  - **Sprechen**, beim: mang.
  - ▽ **erstreckt** sich zu:
    - **Augenhöhle**: zinc.$_{h}$
    - **Hinterkopf**: spig.$_{h}$
    - **Ohr**: bov. nat-c. zinc.
    - **Schläfe**: arg-met. mang.
  - **über** der Stirn: iod.$_{h}$ lyc.$_{h}$ zinc.$_{h}$
- **über** den Schläfen: zinc.$_{h}$

– **ruckend**: acon. aeth. agar. alumn.$_{a1}$ am-c. ambr.$_{a1,k}$ anac. ant-t. apis *Arn.* asaf. bar-c. bar-s.$_{k2}$ **Bell.** bism. borx. *Bry.* calc.$_{a1,k}$ calc-sil.$_{k2}$ cann-i. cann-s.$_{a1}$ canth. *Carb-ac.* carb-an. carb-v. *Carbn-s.* caust.$_{a1,k}$ chel.$_{a1}$ *Chin.* crot-t.$_{a1,k}$ cycl. dig.$_{h}$ dulc. eupi.$_{a1,k}$ glon.$_{a1,k}$ graph.$_{a1,k}$ *Ign.* indg. kali-c. kali-m.$_{k2}$ kali-p. *Kali-s.* kreos. lach. laur.$_{a1}$ lyc.$_{a1,k}$ mag-c. mag-m. meny. merc.$_{a1,k}$ mill. morph.$_{a1}$ *Mur-ac.* nat-c.$_{a1,k}$ *Nat-m.* nit-ac.$_{a1,k}$ nux-v.$_{a1,k}$ paeon. *Petr.*$_{a1,k}$ ph-ac. phos.$_{a1,k}$ plb. prun. *Puls.* rat. sabad. samb. *Sep.*$_{a1,k}$ sil.$_{a1,k}$ *Spig.* spong. squil. *Stann.*$_{a1,k}$ stram.$_{a1}$ **Sulph.** teucr. thuj.

- **abwechselnde** Seiten: samb.
- **nachmittags**: mag-c.$_{h}$
- **Bewegung**:
  - **amel.**: stann.
  - **bei**: *Chin.*
- **Drehen**; bei plötzlichem: sil.$_{h,k,*}$
- **Gehen**, beim: **Bell.** *Chin.*
  - **Freien**, im: *Chin. Spig.*
- **Geräusche** agg.: carb-ac.
- **Heben** der Augen; beim: *Ign.*
- **hinten** nach vorne; von: ph-ac.
- **Licht** agg.: carb-ac.
- **Liegen** amel.: chin.
- **Menses**, während: eupi.
- **Treppensteigen**, beim: **Bell.** *Ign.*
- **Trinken** von kaltem Wasser amel.: kali-c.
- **wandernd**: chel. stront-c.
- ○ **Hinterkopf**: acon.$_{a1,k}$ *Bell.* cedr. fl-ac. glon. kali-c. prun. rhus-t.$_{a1,k}$ *Spig.*$_{a1,k}$ stann. sulph. thuj.
  - **Gehen** im Freien; beim: *Spig.*$_{a1,k}$
  - **intermittierend**: canth.
  - ▽ **erstreckt** sich zu:
    - **Nacken**, zum: calc.
    - **quer** über den Hinterkopf: sabad.
    - **vorne**, nach: arg-n.

• **Scheitel**: anac. *Calc.* gent-c.$_{a1,k}$ kali-i. meny. mur-ac.$_{a1,k}$ ran-s.$_{a1,k}$ sil.$_{a1,k}$ spig.$_{h}$ spong.
  • **anfallsweise**: *Sil.*
  • **hier** und da: kali-i.
• **Schläfen**: acon. apis arg-met.$_{h}$ arn. calc. carb-ac. castm. *Chin.* dig.$_{h}$ glon. kali-c.$_{a1,k}$ lact. lil-t.$_{a1,k}$ mang.$_{h}$ ox-ac.$_{a1,k}$ plb.$_{a1,k}$ rhus-t.$_{h}$ *Spig.* stann.$_{a1,k}$ sulph. valer.$_{a1,k}$
  • **links**: stann.$_{a1,k}$
  • **rechts**: sul-ac.$_{a1,k}$
  • **Auftreten**, beim: *Spig.*
  • **Rucken** mit den Armen; beim: spig.$_{h}$
  ▽ **erstreckt** sich zu:
    • **oben**, nach: am-m. spong.
    • **Oberkiefer**, zum: *Chin.*
    • **unten**, nach: anac.
    • **Unterkiefer**: rhus-t.$_{h}$
    • **Zähne**: rhus-t.$_{h}$
• **Seiten**: aeth.$_{a1,k}$ alum. calc.$_{h}$ caust. *Chin.*$_{a1,k}$ graph.$_{a1,k}$ kreos. nat-m. nicc. nit-ac. sabin. spig. spong.$_{h}$
  • **links**: aeth. cupr.$_{h}$ spig.
  • **rechts**: graph. kreos. *Prun.* sabin.
• **Stirn**: apis arn.$_{a1,k}$ borx. cann-i. carbn-s.$_{k2}$ caust. cham.$_{a1,k}$ *Chin.* lyc. mang.$_{h}$ op. *Prun.*$_{a1,k}$ *Sep.*$_{a1,k}$ *Sil.*$_{h,k,*}$ *Stann.*$_{a1,k}$ *Sul-ac.* sulph. *Thuj.*$_{a1,k}$
  • **links**: alumn.$_{hr1,k,*}$ caps.
  • **rechts**: cann-i.$_{c1}$
  • **abends**: alumn.$_{hr1,k}$
  • **nachts**: sil.
  ◆ **abwechselnd** mit dumpfem Drücken: stann.
  • **Bücken**, beim: sil.$_{h,k,*}$
  • **Husten**, beim: sul-ac.$_{h}$
  • **Stuhlgang**, nach: spig.$_{h}$
  ▽ **erstreckt** sich zu:
    • **außen**, nach: lyc.
    • **hinten**, nach: cann-i.$_{c1}$ *Prun.*
      • **innere** Teile: cann-i.$_{c1}$

– **scharf**: arn.$_{br1}$

– **scharf** (zupfend), als sei eine Klaviersaite gerissen: lyc.$_{h,k,*}$

– **schießend**: acet-ac. *Acon.* aeth. agar. *Alum.* alum-sil.$_{k2}$ am-c. ambr. ant-t. apis arg-met. bar-c. bar-s.$_{k2}$ *Bell.* berb. bry. calc. calc-i.$_{k2}$ calc-sil.$_{k2}$ caps. carb-v. caust. cham. cimic. colch. *Con.* corn. dulc. *Eup-per.* *Ferr.* gels. gran. *Hell.* hep. hura hyos. ign. indg. iod. ip. *Kali-bi.* **Kali-c.** kali-m.$_{k2}$ kali-n. lach. lact. laur. *Mag-c.* mag-m. mag-p. manc. mang. merl.$_{hr1,k}$ mur-ac. naja nat-c. *Nat-m.* *Nit-ac.* nux-v. petr. phos.$_{k2}$ plan. ptel. puls. rhus-r. *Rhus-t.* sabin.$_{c1}$ *Sep.* sil. staph. sul-i.$_{k2}$ sulph. *Ter.* teucr. thuj. valer.
  • **morgens**: arum-t.$_{a1,k}$ caust. ptel.$_{a1,k}$
    • **Aufstehen**:
      • **vor** dem Aufstehen agg.: *Nat-hchls.* ptel.$_{a1}$
      • **nach**: mag-c.
    • **beginnt** morgens, steigt bis mittags an und hört gegen Abend auf: kali-bi.
    • **Erwachen**, beim: caust.
  • **mittags**: calc-p. sep.
  • **nachmittags**: *Ferr.*$_{a1,k}$ plan.$_{a1,k}$ sulph. tarent.
    • **16 h**: ars-s-f.$_{k2}$

– **schießend**: ...
  • **abends**: arum-t.$_{a1}$ bell.$_{a1,k}$ tarent.
    • **amel.** gegen Abend: kali-bi.
  • **nachts**: tarent.$_{a1,k}$
  • **Ärger**, Verdruß; nach: mag-c.$_{hr1,k}$
  • **aufschreien**, läßt ihn: sep.
  • **Aufsetzen**:
    • **amel.**: acon.
    • **beim**: *Lyc.*
  • **Aufstehen** agg.: phys.
  • **Beugen** des Kopfes nach hinten; beim: anac.
  • **Bewegung**, bei:
    • **agg.**: bell.$_{k2}$
    • **Kopfes** amel.; des: mag-p. sulph.
  • **Bücken**, beim: bell. hep.$_{c1}$ indg. kreos.$_{a1,k}$ nit-ac.$_{a1,k}$ sul-i. sulph.
  • **Drehen** der Augen nach oben; beim: arum-t.
  • **Druck**:
    • **agg.**: verb.$_{c1}$
    • **amel.**: bell. cupr-s. mag-p.
  • **Erschütterung**:
    • **agg.**: bell.$_{k2}$
  • **Essen** agg.: inul.$_{br1}$ sulph. verb.$_{c1}$
  • **Gähnen**, durch: bar-c.
  • **Gehen**, beim: bell. phys.
  • **Husten**, beim: arn. bry.$_{a1,k}$ calc.$_{a1,k}$ carb-v.$_{a1,k}$ con.$_{a1,k}$ ferr.$_{c1}$ limest-b.$_{es1}$ mang.$_{a1,k}$
  • **kalt**:
    • **Luft**, in kalter: iris
  • **Körperübungen**, bei: nat-c.
  • **Krämpfe**, während der: hell.
  • **Licht**:
    • **agg.**: bell.$_{k2}$
  • **Liegen**, beim: cimic. kali-bi. *Rhus-t.*
    • **tief** liegendem Kopf; mit: *Rhus-t.*
  • **Luft**:
    • **Freien** amel.; im: naja
  • **Menses**:
    • **vor**: calc-p. ferr.$_{a1,k}$ nat-m. ol-an.
    • **während**: apis
    • **nach**: berb.
  • **Niesen**, beim: am-m. cina
  • **pulsierend**: aeth. **Bell.** ferr. nux-v.
  • **Schneuzen** der Nase; beim: kali-c.
  • **Schritt**, bei jedem: sep.
  • **Singen**, beim: alum. ptel.$_{a1,k}$
  • **Sprechen**, durch: nat-m. thuj.
  • **steigt** und sinkt: bar-c.
  • **Zähne** amel.; Zusammenbeißen der: sulph.
  ▽ **erstreckt** sich zu:
    • **außen**; von innen nach: alum. cinnb. nat-c. rhus-t. sulph.
    • **hier** und da: am-c. bapt. calc. hydr-ac. mag-c. mag-s. nicc. plb. rat. sul-ac.
      • **flüchtig**, vorübergehend: asar. calc. stront-c.
    • **oben**, nach: guaj. sep. sil.
    • **Scheitel**: sep.
    • **vorne**; von hinten nach: nat-m.
    • **Zähne** hinein; nach unten in die: *Kalm.* sep.
  ○ **Hinterkopf**: acon.$_{a1,k}$ aeth.$_{a1,k}$ agar. ail. alum. alum-p.$_{k2}$ anac.$_{a1,k}$ arum-t.$_{a1,k}$ asaf. bar-i.$_{k2}$

- **Hinterkopf**: ...
  bell.$_{a1,k}$ bov. calc. calc-i.$_{k2}$ calc-sil.$_{k2}$ caps.$_{a1,k}$ cedr. *Chel.* *Cimic.*$_{bg2,k,*}$ cinnb.$_{a1,k}$ con. dig. glon. grat. hep. *Hyper.* indg. iod. **Jug-c.** kali-bi.$_{bg2}$ kali-c. kali-m.$_{k2}$ kali-n. kali-sil.$_{k2}$ lac-c. laur. lyc. mag-c. mag-m. meny. mur-ac. naja nat-m. nit-ac. ol-an. phos. *Sang.* sec. *Sil.* stann.$_{a1}$ *Sulph.*$_{a1,k}$ teucr. zinc.
  - **abends**: mag-c.
  - **diagonal** über den Hinterkopf: agar.
  - **Drehen** der Augen nach oben: arum-t.$_{a1,k}$
  - **oben**, nach: ambr. sep. sil.
  - **Pulsschlag**, bei jedem: *Con.*
  - **vorne**, nach: chel. *Cinnb.*
  - ▽ **erstreckt** sich zu:
    - **Auge**: cimic. *Sulph.*
    - **Rücken** hinab, den: cimic.
    - **Scheitel**, wie ein Bolzen: *Cann-i.* *Cimic.* *Sil.*
    - **Schläfen**: *Cann-i.*
    - **Stirn**: *Cinnb.* lac-c.
    - **Wirbelsäule** und die Arme nach unten; die: *Crot-h.*
- **Scheitel**: acon. aeth. agar.$_{a1,k}$ alum. alum-p.$_{k2}$ am-m. bar-c. bar-s.$_{k2}$ bell. berb. bov. bry. calc. caps. carb-an. carb-v. caust. cham. chel. chin. choc.$_{srj3}$ cimic.$_{hr1,k}$ con. cupr. dig. ery-a.$_{a1}$ ferr.$_{a1}$ hura iod. ip. iris kali-bi. kalm. lach. laur. lyc. lyss.$_{a1}$ mag-c. mez. mill. nat-m. nit-ac. ph-ac. phel. phos. phyt. spig. stram.$_{a1,k}$ sul-i.$_{a1}$ sulph. tab. ter. valer. zinc.
  - **durchbohrend**: sil.
  - **Husten**, beim: alum.
  - **innen**, nach: aloe lach. lyc.
  - **kalter** Luft, in: iris
  - **quer** über den Scheitel: lac-ac.
  - **tief**: caps. indg. lyc. staph. tab.
  - **vorübergehend**: indg. mill.
  - **zieht** den Kopf nach hinten: phel.
  - ▽ **erstreckt** sich zu:
    - **Jochbein**: phos.$_{k2}$
    - **Schläfen**: kalm.
    - **vorne**, nach: cham. nicc.
- **Schläfen**: acet-ac.$_{a1,k}$ acon.$_{bg2,k,*}$ aesc. aeth.$_{a1,k}$ agar.$_{a1,k}$ alumn.$_{a1,k}$ anac.$_{a1,k}$ apis arum-t.$_{a1,k}$ bapt. *Bell.*$_{a1,k}$ calc-p.$_{a1,k}$ caust. chel. cimic.$_{hr1,k}$ coca com.$_{a1,k}$ cupr-s.$_{a1,k}$ dig. echi. *Form.*$_{a1,k}$ *Gels.* glon.$_{a1,k}$ *Iris* kali-bi.$_{bg2,k,*}$ **Kali-c.** kalm.$_{a1,k}$ lil-t.$_{a1,k}$ lyc. merc-i-f.$_{a1,k}$ naja nat-m.$_{bg2}$ *Nit-ac.* phos.$_{a1,k}$ phys.$_{a1,k}$ phyt.$_{a1,k}$ pic-ac.$_{a1,k}$ pip-m.$_{a1,k}$ ptel. rhus-t.$_{a1,k}$ sang. sep.$_{a1,k}$ *Spig.* stict.$_{a1}$ *Stram.* sul-i.$_{a1,k}$ sulph.$_{bg2,k,*}$ *Tarent.*$_{a1,k}$ thea verb.$_{c1}$
  - **links**: acon.$_{bg2}$ aeth.$_{a1,k}$ anac. arum-t.$_{a1}$ cimic.$_{hr1,k}$ *Merl.* *Nit-ac.* rhus-t.$_{a1,k}$ sep. spig. xan.$_{c1}$
  - **rechts**: *Bell.* calc-p.$_{a1,k}$ *Iris* sulph.$_{a1,k}$ tarent.$_{a1,k}$
    - **Essen**; beim: verb.$_{c1}$
    - ▽ **erstreckt** sich zu:
      - **Hinterkopfs**; linke Seite des: *Iris*
  - **morgens**, beim Erwachen: *Alumn.*$_{a1,k}$
  - **vormittags**, 10.30 h: kalm.
  - **mittags**: calc-p.$_{a1,k}$ sep.$_{a1,k}$
  - **nachmittags**: form.$_{a1}$ sep. sulph.$_{a1,k}$
  - **abends**: nit-ac. tarent.$_{a1,k}$
  - **nachts**: sang. *Tarent.*$_{a1,k}$
  - **Beugen** des Kopfes nach hinten agg.: anac.$_{a1,k}$
  - **breitet** sich kreisförmig aus: *Caust.*
  - **Druck** amel.: *Calc.* cupr-s.$_{a1}$
  - **Freien**, amel. im: naja
  - **Hitze** agg.: rhus-t.$_{a1,k}$
  - **Husten**, beim: mang.
  - **kalte** Luft agg.: *Spig.*
  - **Liegen** agg.: kali-bi.$_{a1,k}$
  - **pulsierend**: acon.
  - **Stuhlgang**, beim: lyc.
  - **vorübergehend**: iris tarent.
  - ▽ **erstreckt** sich zu:
    - **außen**, nach: bell. dulc. kali-bi. rhus-t.
      - **hinaus** und hinein: staph.
    - **Hinterkopf**: kalm. *Spig.* *Stram.*
    - **innen**, nach: arn. berb. canth. dirc. **Kali-c.** rhus-t.
    - **Jochbein**: *Phos.*
    - **Nase**:
      - **Nasenspitze**: dig.$_{c1}$
    - **oben**, nach: chinin-s.
      - **herauf** und herab: ang.
    - **Schläfe** zur anderen; von einer: alumn. asc-c. **Bell.** chel. *Chin.* eup-per.$_{k2}$ ham.$_{k2}$ phos. plat. sang.
- **Seiten**: acon. aesc. aeth. agar.$_{a1,k}$ aloe alum. am-c. am-m. anac. arg-n. bar-c. calc.$_{a1,k}$ camph. canth. caust. cham. *Chel.* cocc. con. *Ferr.*$_{a1,k}$ fl-ac. iris kali-c. lach. lil-t.$_{a1,k}$ mag-c. mag-m. mang.$_{a1,k}$ meny. nat-m. phos.$_{a1,k}$ phys.$_{a1,k}$ plan.$_{a1,k}$ *Prun.* rhod.$_{a1}$ rumx. sabin. sars. stann.$_{a1,k}$ tarent.$_{a1,k}$ upa.$_{a1}$
  - **links**: canth. *Cinnb.* *Ferr.* rhod.$_{a1}$ tarent.
    - **dann** rechts: aesc. eup-per.$_{k2}$
    - **Sprechen**, beim: canth.
  - **rechts**: lil-t.$_{a1,k}$ mag-c. plan.$_{a1,k}$ stann.$_{a1,k}$
  - **nachts**: tarent.$_{a1,k}$
  - **Husten**, beim: mang.$_{a1,k}$
  - **liegt**; Seite auf der er: mag-c.
  - **periodisch**: *Chel.*
  - ▽ **erstreckt** sich zu:
    - **Auge**: *Prun.*
    - **Hand**; zur Hälfte der rechten: phos.
    - **Nasenwurzel**: phos.
- **Stirn**: *Acon.*$_{bg2,k,*}$ aesc. agar.$_{bg2,k,*}$ ant-t. apis arn. ars-s-f.$_{k2}$ arum-t.$_{a1,bg2}$ *Bell.*$_{bg2,k,*}$ berb. cedr.$_{bg2}$ chin. cimic.$_{bg2}$ cinnb.$_{bg2,k,*}$ *Coloc.* **Con.** cycl. dig. dios.$_{a1}$ dulc. euph. ferr.$_{bg2,k,*}$ fl-ac.$_{a1,k}$ *Iris* kali-bi.$_{bg2,k}$ *Kali-c.* kali-n. kali-sil.$_{k2}$ kreos.$_{bg2,k,*}$ lob-c.$_{a1}$ mag-c. mag-m. mang.$_{bg2,k}$ merc. merc-i-f.$_{a1,k}$ merl.$_{hr1,k}$ mosch. naja nat-c. nat-m.$_{bg2}$ pic-ac.$_{bg2}$ plb.$_{bg2,k,*}$ **Prun.** puls. rhod. rhus-t.$_{bg2,k,*}$ rumx. sabad. senec.$_{a1,k}$ *Sep.*$_{bg2,k}$ sil.$_{bg2,k}$ **Spig.**$_{bg2,k}$ still.$_{a1}$ stram.$_{bg2,k,*}$ sulph.$_{bg2,k}$ tarent.$_{bg2,k,*}$ til.
  - **links**: bry.$_{bg2}$ cedr.$_{bg2}$ kali-bi.$_{bg2}$ mang.$_{bg2}$ *Merl.*

- **Stirn - links**: ...
  nat-m.$_{bg2}$ **Sep.**$_{bg2,k}$
  - ▽ **erstreckt** sich tief ins Gehirn hinein: ptel.$_{c1}$
- **rechts**: **Bell.** kali-bi.$_{bg2}$ **Prun.** sil.$_{bg2}$ **Spig.**$_{bg2,k}$
- **morgens**: iris
- **mittags**: con.
- **abends**: arum-t.$_{a1}$ mag-m.
- **nachts**, im Bett: sulph.$_{a1,k}$
- **außen**, nach: bell.$_{a1}$ berb.$_{a1}$ con. lyc. senec.$_{a1,k}$
- **Bewegung**, bei: ars-s-f.$_{k2}$ *Lach.*
  - **schneller** Bewegung, bei: iris
- **Bücken**, beim: ars-s-f.$_{k2}$ kreos.$_{a1,k}$
- **diagonal**: chel.
- **Essen**:
  - **amel.**: **Sep.**
  - **Eiscreme**, nach: dig.$_{br1}$
- **flüchtig**, vorübergehend: asar. jatr-c. sep.
- **Freien**, im: mang.
- **Gehen**, beim: kali-bi. kali-n.
- **innen**, nach: canth. coloc. gels. lach.
- **intermittierend**: mag-c.
- **Menses**, während: *Rat.*
- **rhythmisch**: kali-n.
- **Wasser**:
  - **kaltes** Wasser:
    - **Trinken**, nach: dig.$_{br1}$
- ▽ **erstreckt** sich zu:
  - **Hinterkopf**: ars-s-f.$_{k2}$ **Bell.** cinnb. nat-c. **Prun. Sep.**
  - **Nase**:
    - **in** die Nase hinein: dig.$_{br1}$
    - **Nasenspitze**: dig.$_{c1}$
- ○ **Augen**, über den: *Acon.* agar. am-c. ant-c. berb. bov. bry. caust. **Cedr.** *Kali-bi.* kali-p. lyss. nat-ar. nat-m. nit-ac. ph-ac. *Prun. Sep.* sulph. zinc.
  - **links**: *Acon.* agar. **Cedr.** nat-ar. pip-m. *Sep.* sulph.
    - **15** h: pip-m.
    - ▽ **erstreckt** sich zu:
      - **Hinterkopf**: **Sep.**
      - **rechts**: squil.$_{bg1}$
      - **Scheitel**: phyt.
  - **rechts**: bry. nat-ar. **Prun.**
    - **16** h: sol-ni.
    - ▽ **erstreckt** sich zu:
      - **Hinterkopf**: **Prun.** sol-ni.
      - **links**: mez.$_{bg1}$
  - **morgens**, beim Erwachen: agar.
  - **nachmittags**: sulph.
  - **außen**, nach: bar-act. bell. con. ferr. glon. gran. lyc. ph-ac. puls. senec. sep. sulph. verb.
  - **Druck** amel.: kali-p.
  - **heftig** schießende Schmerzen:
    - **Nasenwurzel** entlang dem linken Orbitalbogen zum äußeren Canthus; von der:
      - **Trübsichtigkeit**; mit:
        - **beginnt** morgens, steigt bis mittags und hört gegen Abend auf: kali-bi.
  - **oben**, nach: ph-ac. scut.
  - **Reiben** amel.: kali-p.
  - ▽ **erstreckt** sich zum Hinterkopf: tub.$_{a1,bg,*}$

– **schießend - Stirn**: ...
- **Stirnhöcker**:
  - **links**: asaf.$_{k2}$

– **Schläge**, wie durch: acon.$_{bg1,bg2}$ aeth. agn.$_{bg2}$ alum. ant-t.$_{bg2,k}$ apis$_{bg1,bg2}$ arn.$_{bg2,k}$ ars.$_{bg1,bg2}$ bell.$_{bg1,bg2}$ bov. calc.$_{bg1,bg2}$ cann-s.$_{bg2}$ caust. chel.$_{bg2,k}$ croc.$_{bg1,bg2}$ crot-h.$_{bg2}$ dig.$_{bg1,bg2}$ glon.$_{bg1,bg2}$ hell.$_{bg2,k}$ ign.$_{bg1,bg2}$ indg. kalm.$_{bg1,bg2}$ led.$_{bg2,k}$ lyc.$_{bg1,bg2}$ mang. med. mur-ac.$_{bg1,bg2}$ naja$_{bg1,bg2}$ nat-m.$_{bg2,k,*}$ nux-m.$_{bg1,bg2}$ nux-v.$_{bg2,k}$ olnd.$_{bg2,k}$ ph-ac. phos.$_{bg1,bg2}$ plat.$_{bg2,k}$ ran-b.$_{bg2,k}$ ruta sabad.$_{bg2,k}$ sol-ni. spig.$_{bg2,k}$ stann.$_{bg1,bg2}$ sul-ac.$_{bg2,k}$ tab.$_{bg2}$ tarent.$_{bg1,bg2}$ valer.$_{bg2,k}$ zinc.
- ○ **Hinterkopf**; auf den: bell.$_{bg1,bg2}$ cimic.$_{bg1,bg2}$ dig.$_{bg1,h,*}$ hell. lach.$_{bg1,bg2}$ lappa$_{bg1,bg2}$ *Lyss.* **Naja** plat.$_{bg1,bg2}$ ran-b.$_{bg1,bg2}$ sabad.$_{bg1,bg2}$ tab.$_{bg1,bg2}$ tarent.$_{bg1,bg2}$
  - **unter** dem Hinterkopf; Gegend: apis
- **Hinterkopf** und Hals; auf: cann-i.
- **Periost**: ruta$_{h}$
- **Scheitel**; betäubender Schmerz wie durch einen Schlag auf den: valer.$_{a1,k}$
- **Schläfe**: *Lyc.*$_{bg2}$ *Sul-ac.*$_{bg2,k}$
- **Stirn**, erwacht um 1 h; auf die: psor.
  - **morgens**, beim Erwachen: sol-ni.
  - ○ **Seite**, rechte: sul-ac.$_{h}$
  - **Stirnhöcker**, linker: squil.$_{h}$

– **schneidend**: acon. aesc. agar. ail. alum. alum-sil.$_{k2}$ am-c. ambr. *Apis* arg-met. *Arg-n. Arn. Ars. Aur.* bell. bism. bry.$_{k2}$ cadm-s. **Calc.** calc-sil.$_{k2}$ camph. cann-s. canth. caps. carb-ac. *Carb-an.* carb-v. carbn-s. caust. chel. chin. cina cinnb. cocc. con. croc. cupr. dig. dros. ferr. glon. graph. hell. hep. hura hydrog.$_{srj2}$ ip. **Iris** *Kali-bi.* kali-c.$_{k2}$ kali-chl. *Kali-i.* kali-m.$_{k2}$ kreos. *Lach.* lyc. mag-c. manc. merc. mosch. mur-ac. nat-m. nit-ac. par. petr. psor. puls. sang. sars.$_{h}$ sep. *Sil.* spig. squil. staph. tarent. til. tub.$_{k2}$ verat.
☞ *lanzinierend*
- **morgens**: coloc. mag-c. stry.$_{a1}$
- **nachmittags**: nat-p. ptel. sang.$_{a1}$
- **abends**: *Bell.*$_{a1,k}$ kali-i.
- **nachts**: dig.
- **Anstrengung**, bei: ambr.$_{a1,k}$ til.
- **Ärger**, Verdruß; nach: *Mag-c.*
- **Auftreten** agg.: alum. ambr.
- **Bewegung**, bei:
  - **agg.**: bell.$_{k2}$ bry.$_{k2}$ chin. phys.$_{a1}$ til.$_{a1,k}$
  - **amel.**: kali-i.
  - **Arme**, der: caust.
  - **Augen**, der: dros.
- **Binden** des Kopfes amel.; festes: carb-ac.
- **Bücken**, beim: arn. caust. chin. dros. ferr-p. glon.$_{a1}$ nicc.$_{a1,k}$
- **Denken** daran amel.: cic.
- **Drehen** des Kopfes; beim: cupr.
- **Erschütterung**:
  - **agg.**: bell.$_{k2}$
- **Freien**, im:
  - **agg.**: nat-m.
  - **amel.**: am-c.

- **Gehen**:
  - **agg.**: calc.
  - **amel.**: *Caps.* hep.
- **Geräusche**, durch: carb-ac.
- **gespalten**, eiskalter Körper, durstig; wie mit einem Keil: lachn.
- **heiß**: hydrog.$_{srj2}$
- **Hitze** agg.: kali-i.
- **Hitze** amel.: *Lach.*
- **Husten**, beim: asim. bell. ziz.
- **kalt**:
  - **Anwendungen** amel.; kalte: til.
  - **Luft** agg.; kalte: kali-i. *Spig.*
- **Licht**: carb-ac.
  - **agg.**: bell.$_{k2}$ carb-ac.
- **Liegen** amel.: ambr.
- **Menses**, nach den: *Nat-m.*
- **Messer**, wie mit einem: alum. *Arg-n. Arn. Bell.* bry.$_{k2}$ calc. canth.$_{k2}$ cocc. *Con.* kali-bi. lach. mag-c. mag-s. nat-m.
  - **Kälte**; gefolgt von Gefühl von: arn.
- **Ruhe**:
  - **agg.**: caps.
  - **amel.**: til.
- **Schlaf**:
  - **amel.**: stram.
  - **im**: dig.
- **Schließen** der Augen amel.: til.$_{a1,k}$
- **Schneuzen** der Nase; beim: sep.
- **Stehen**, im: agar. calc.
- **Sturm**, vor: *Sil.*
- **Stützen** des Kopfes auf die Hände amel.: dros. hydr.
- **Wind**, in kaltem: lyc.$_{h}$

○ **Gehirn** in Stücke geschnitten, zerschnitten; beim Bücken als sei das: nicc.

- **Hinterkopf**: aesc. ail.$_{a1,k}$ all-c.$_{bg2}$ *Arg-n.*$_{a1,k}$ aster. *Aur-s.* *Bell.*$_{bg2,k,*}$ *Bufo* *Calc.*$_{bg2,k,*}$ camph.$_{bg2}$ canth. *Caps.*$_{a1,k}$ carb-an. chin.$_{bg2,k,*}$ *Con.*$_{bg2,k}$ *Cupr.* dig. gels.$_{bg2}$ glon. med. mur-ac. nat-m.$_{bg2,k}$ sang. sars. stann.$_{a1}$ stry.$_{a1}$ **Sulph.** syph. tong.$_{a1}$
  - **nachts**: **Syph.**
  - **Bewegung** agg.: chin.$_{a1,k}$
  - **Bücken** agg.: chin.$_{a1,k}$
  - **Druck** agg.: calc.$_{h}$
  - **Gehen**: calc.
  - **Messer**, wie mit einem: *Con.* nat-m.
  - **Pulsschlag**, bei jedem: *Con.*
  - ▽ **erstreckt** sich zu:
    - **Augen**: chin.$_{a1,k}$
    - **Stirn**: arg-n.$_{a1,k}$ camph.$_{h}$ cann-i.$_{a1}$
- **Scheitel**: acon. aur.$_{h,kl}$ *Bell.*$_{bg2,k,*}$ calc.$_{bg2,k}$ *Carb-an.*$_{h,k,*}$ caust.$_{bg1,bg2}$ con. *Lach.*$_{bg2,k}$ nat-m. phos.$_{bg1,bg2}$ senec.$_{bg2,k,*}$ **Thuj.**$_{bg2,k}$ verat.$_{bg2,k,*}$
  - **Gehen**, beim: *Carb-an.*$_{h,k,*}$
- **Schläfen**: acon. agar. ail.$_{a1,k}$ alum. alum-p.$_{k2}$ apoc.$_{a1,k}$ arg-met. *Arg-n.*$_{bg2,k,*}$ arum-t.$_{a1,k}$ aster. bapt.$_{bg2,k}$ bar-c. **Bell.**$_{bg2,k,*}$ calc. camph. cann-i.$_{a1}$ canth.$_{a1,k}$ carb-ac. carbn-s. *Chel.* chin.$_{bg2,k,*}$ cimic.$_{bg2,k,*}$ coc-c.$_{bg2,k}$ *Coloc.*$_{bg2,k,*}$ *Croc.* crot-c.$_{bg2,k}$ cupr.$_{bg2,k}$ cupr-ar. cycl. dios.$_{bg2,k,*}$

- **Schläfen**: ...
eup-per.$_{a1,k}$ euphr. fago.$_{a1}$ form. genist. glon.$_{bg2,k,*}$ graph. guaj. *Ham.* hura *Hydr.*$_{bg2,k,*}$ iris kali-bi.$_{a1,k}$ **Kali-i.** lac-c. lach. *Lyc.* mag-c. manc. med. merc-i-f.$_{bg2}$ nat-p.$_{bg2,k,*}$ *Nit-ac.* onos. ph-ac. phos. plb.$_{bg2,k}$ ptel.$_{a1,k}$ *Puls.*$_{bg2,k}$ rhus-t. sang.$_{a1,k}$ senec.$_{bg2,k}$ stram.$_{a1,k}$ stront-c. sulph. tanac.$_{a1}$ tarent.$_{bg2,k}$ verb. xan.$_{a1,k}$
  - **links**: bar-c. *Coloc.*$_{a1,k}$ genist. guaj. *Kali-i.* onos. senec.$_{bg2}$
    - **Kauen**, beim: am-c.
  - **rechts**: apoc.$_{a1,k}$ *Chel.* ptel.$_{a1,k}$ puls.$_{bg2}$ stram.$_{a1,k}$ verb.
  - **Bewegung** agg.: chin.$_{h}$
  - **Bücken** agg.: chin.$_{h}$
  - **Druck** agg.: verb.
  - **Hinlegen**, nach dem: camph.$_{h}$
  - **Messer**, wie mit einem: cycl. ferr. lach. stram.
    - **Stuhlgang**, bei schwierigem: *Lyc.*
  - **Mittagessen**:
    - **nach** dem: carbn-s.$_{k2}$
  - **rhythmisch**: calc.
  - **Stuhl**; beim Stehen zum: *Lyc.*
  - ▽ **erstreckt** sich zu:
    - **Augen**: berb. chin.$_{h}$
    - **Kiefer**: glon.
    - **Kinn**, wie mit einem Rasiermesser geschnitten: lepi.$_{br1}$
    - **Schläfe** zur anderen; von einer: asc-c.$_{br1,c1}$ **Bell.** *Chin. Sulph.*
- **Seiten**: arg-n.$_{bg2,k}$ *Arn.*$_{a1,k}$ aur. *Bell.*$_{a1,k}$ *Calc.* carb-ac.$_{a1}$ *Chel.* cic. cocc. cot.$_{a1}$ hura iris kali-bi.$_{bg2,k,*}$ kalm.$_{a1}$ *Lach.*$_{bg2,k}$ mang. nat-m.$_{a1,k}$ nat-p.$_{a1,k}$ rumx. sep.$_{a1}$ spig. stann.$_{a1}$ stry.$_{a1}$ tarent.
  - **links**: *Arg-n.*$_{bg2,k}$ cupr.$_{h}$
  - **rechts**: *Bell.*$_{a1,k}$ kali-bi.$_{bg2}$
  - **morgens**: tarent.
  - **Druck**, bei: aesc.
  - **Husten**, beim: mang.
  - **Messer**, wie mit einem: *Arn.*$_{a1,k}$
  - **Steigen**, beim: lach.
  - **warme** Anwendungen amel.: lach.
- **Stirn**: acon. aesc. agar.$_{bg2,k,*}$ am-c. apoc.$_{a1}$ *Arg-n.* *Bell.*$_{a1,k}$ bism.$_{bg2,k}$ calc.$_{bg2,k,*}$ camph.$_{bg2,k}$ carb-ac. *Caust. Chel.* cinnb. coc-c.$_{bg2,k,*}$ coloc. con. *Cupr.* cycl. dios.$_{bg2,k,*}$ dros. erio.$_{a1}$ ferr.$_{bg2,k}$ glon.$_{a1}$ jug-r. kali-bi. *Lach.* lyc. lyss. mag-c.$_{a1,k}$ mang. merc.$_{bg2}$ merc-i-r.$_{bg2}$ nat-m.$_{bg2,k,*}$ *Nux-v.*$_{bg2}$ ox-ac.$_{bg2}$ phos.$_{a1}$ pic-ac.$_{bg2}$ podo.$_{a1,k}$ puls.$_{bg2}$ sabin. senec.$_{a1}$ seneg. sep.$_{bg2,k,*}$ stann.$_{bg2,k}$ staph.$_{h,kl}$ stram.$_{a1}$ tarent. ter. **Valer.**
  - **links**: aur-m-n.$_{a1}$ caust.$_{h}$ ferr.$_{bg1,bg2}$ iod.$_{bg1,bg2}$ nat-m.$_{a1,bg2}$ sel.$_{bg2}$ sep.$_{bg1,bg2}$ stann.$_{bg1,bg2}$ staph.$_{h}$
  - **morgens**: coloc. viol-t.
  - **Bewegung**, bei: acon. arn. lach.
    - **Arme**; bei heftiger Bewegung der: caust.$_{h}$
  - **Bücken**, beim: caust.
  - **Druck** agg.: calc. *Cupr.* dios.$_{a1}$
  - **Freien** agg.; im: kali-bi.
  - **Gehen** agg.: calc.$_{a1,k}$

• **Stirn**: ...
• **Husten**, beim: hyos. ziz.$_{al,k}$
• **Liegen**: camph.$_{h}$
• **Menses**, während: apis
• **Messer**, wie mit einem: *Lach.* mang. nat-m. sabin. ter.
• **pulsierend**: acon.
• **Schneuzen** der Nase; beim: sep.$_{al,k}$
• **Stehen**, im: agar.$_{al,k}$
▽ **erstreckt** sich zu:
• **Hinterkopf**: *Bell.* bism. ferr-i.$_{k2}$
• **rechts** nach links: *Aesc.*
○ **Augen**, über den: bry.$_{k2}$ card-b.$_{al}$ *Hydr.* hydrog.$_{srj2}$ kali-i.$_{k2}$ plect.$_{al}$ senec.$_{al}$
• **rechts**: bism. *Chel.* nat-ar.
▽ **erstreckt** sich zum Hinterkopf: tub.$_{al}$
• **Nasenwurzel**, über der: led.$_{al,k}$

– **Schnur**, wie durch eine
☞ *Zusammenschnürung - Schnur*

– **spaltend**
☞ *berstend / schneidend*

– **stechend**: *Acon.*$_{bg2,k,*}$ aeth.$_{al,k}$ *Agar.*$_{al,k}$ agn.$_{bg2,k}$ aloe *Alum.*$_{bg2,k,*}$ alum-sil.$_{k2}$ *Am-c.*$_{bg2,k,*}$ am-m.$_{al,k}$ ambr.$_{bg2,k,*}$ ammc.$_{al}$ anac.$_{bg2,k,*}$ anan. ant-c.$_{h}$ ant-t. apis arg-met. arg-n. *Arn.*$_{bg2,k,*}$ ars.$_{bg2,k}$ *Ars-i.* ars-s-f.$_{k2}$ asaf.$_{bg2,k}$ *Aur.*$_{bg2,k}$ aur-ar.$_{k2}$ aur-i.$_{k2}$ aur-s.$_{k2}$ bamb-a.$_{stb2}$ bapt.$_{bg2,k}$ *Bar-c.*$_{bg2,k,*}$ bar-i.$_{k2}$ *Bar-m.* bar-s.$_{k2}$ *Bell.*$_{bg2,k}$ *Berb.*$_{al,k}$ *Borx.* *Bov.*$_{bg2,k}$ *Bry.*$_{bg2,k}$ cadm-s.$_{c1}$ *Calc.*$_{bg2,k,*}$ calc-i.$_{k2}$ *Calc-s.* camph. cann-i.$_{al,k}$ cann-s.$_{al,k}$ canth.$_{bg2,k}$ *Caps.*$_{bg2,k,*}$ carb-ac. carb-an.$_{al,k}$ carb-v.$_{bg2,k}$ carbn-s. castm. *Caust.*$_{bg2,k,*}$ cham.$_{bg2,k,*}$ *Chel.*$_{bg2,k,*}$ **Chin.**$_{bg2,k}$ chinin-ar. *Cic.*$_{bg2,k,*}$ cimic.$_{bg2}$ cina coc-c.$_{al,k}$ cocc. coloc.$_{bg2}$ *Con.*$_{bg2,k,*}$ cop. croc. crot-t. cupr. cycl.$_{al,k}$ daph. dig. dirc.$_{al,k}$ dulc.$_{bg2,k}$ elaps eug.$_{al,k}$ *Euon.*$_{al,k}$ *Euphr.*$_{al,k}$ eupi.$_{al,k}$ ferr.$_{bg2,k,*}$ ferr-ar. ferr-i. ferr-p. gels. glon.$_{bg2,k}$ grat. guaj.$_{bg2,k,*}$ hell. *Hep.*$_{bg2,k,*}$ hipp. hydr-ac. *Hyos.*$_{bg2,k,*}$ *Ign.*$_{bg2,k,*}$ indg. iod.$_{bg2,k,*}$ *Ip.*$_{bg2,k,*}$ kali-ar. kali-bi.$_{bg2,k,*}$ **Kali-c.**$_{bg2,k,*}$ *Kali-i.*$_{al,k}$ kali-m.$_{k2}$ *Kali-n.*$_{bg2,k,*}$ **Kali-p.**$_{bg2,k}$ **Kali-s.**$_{bg2,k}$ kali-sil.$_{k2}$ kalm.$_{bg2}$ lach.$_{bg2,k,*}$ lachn.$_{al,k}$ lact. lam. *Laur.*$_{bg2,k,*}$ lepi.$_{al}$ lob. lol.$_{al}$ luna$_{kg1}$ *Lyc.*$_{bg2,k,*}$ *Mag-c.*$_{bg2,k,*}$ *Mag-m.* mag-p.$_{bg2,k}$ *Mag-s.*$_{al,k}$ manc.$_{al,k}$ *Mang.*$_{al,k}$ *Merc.*$_{bg2,k}$ merc-c.$_{bg2,k,*}$ merc-i-f.$_{al,k}$ merl.$_{al,k}$ mez. mill. miss.$_{mfm}$ mosch. *Mur-ac.*$_{bg2,k,*}$ nat-ar. *Nat-c.*$_{bg2,k}$ *Nat-m.*$_{bg2,k,*}$ *Nat-p.* nat-s. nicc.$_{al,k}$ *Nit-ac.*$_{bg2,k,*}$ nit-s-d.$_{al}$ nux-m. *Nux-v.*$_{bg2,k,*}$ ol-an. op.$_{al,k}$ *Par.*$_{bg2,k,*}$ *Petr.*$_{bg2,k,*}$ *Ph-ac.*$_{bg2,k,*}$ *Phos.*$_{bg2,k,*}$ plan. plat.$_{al,k}$ plb.$_{bg2,k,*}$ prun.$_{bg2}$ **Puls.**$_{bg2,k,*}$ raph. rat. rhod.$_{bg2,k,*}$ *Rhus-t.*$_{bg2,k,*}$ ruta$_{h}$ sabad.$_{bg2,k,*}$ *Sabin.*$_{bg2,k}$ *Sars.*$_{bg2,k,*}$ sel.$_{bg2,k,*}$ seneg.$_{bg2,k}$ *Sep.*$_{h,k,*}$ serp.$_{al,k}$ *Sil.*$_{bg2,k,*}$ *Spig.*$_{bg2,k}$ spong. *Squil.* stann.$_{bg2,k}$ staph.$_{bg2,k,*}$ *Stront-c.* stry. *Sul-ac.*$_{bg2,k}$ **Sulph.**$_{bg2,k,*}$ tab. tarax. tarent.$_{al,k}$ teucr.$_{bg2,k}$ *Thuj.*$_{bg2,k,*}$ til.$_{al,k}$ *Valer.*$_{bg2,k,*}$ verat.$_{al,k}$ verb.$_{bg2,k}$ viol-t. zinc. zinc-p.$_{k2}$
• **morgens**: agar. alum. am-m. arg-met. bry.$_{al,k}$ canth. cham. cic.$_{h}$ con. glon.$_{al,k}$ grat. hep. indg. lyc. mag-c.$_{al,k}$ mag-s. mang. nicc. petr. plb.$_{al,k}$ sars. sil. stront-c. thuj.$_{al,k}$ til. tong.$_{al}$ verat.

– **stechend - morgens**: ...
• **3 h**: ferr.
• **Aufstehen**, nach dem: bar-c. *Mag-c.* plb. stront-c.
• **Erwachen**, beim: caust.$_{h}$ petr.
• **mittags**: con. elaps
• **Einschlafen**, bis zum: mur-ac.
• **vormittags**: canth.$_{al}$ con.$_{al}$ gink-b.$_{sbd1}$
• **nachmittags**: aeth.$_{al,k}$ alum.$_{al,k}$ bov. canth. cham. grat. indg. *Lyc.* mag-c. nat-c. nicc. ol-an. phel. puls. sars. sep. sil.$_{h}$ stront-c.
• **16 h**: ars-s-f.$_{k2}$ asaf. laur.
• **abends**: ambr. bar-c. bell.$_{h}$ bov. calc.$_{al,k}$ canth. carb-an. carb-v.$_{al,k}$ caust. chel. dig. dulc. graph. hyper. indg. kali-i. linu-c.$_{al}$ lyc.$_{al,k}$ mag-c.$_{al,k}$ mang. mur-ac. nat-c. nat-m. nit-ac. petr. phos.$_{al,k}$ plat. puls. rat.$_{al,k}$ sel. sep. *Sil.* staph.$_{al,k}$ stram. stront-c. sulph. thuj.$_{al,k}$ valer.
• **Bett**, im: carb-v.
• **nachts**: am-c. arum-t. dig. hep. *Lyc.* mag-c.$_{al,h}$ nat-m. sep. sil.$_{h}$ spig. *Sulph.*
• **Erwachen**, beim: hep.$_{al,k}$
• **Abwärtsbewegung**, bei: merc-i-f.
• **Anstrengung**, bei: ambr.$_{h}$ nat-c.$_{al,k}$
• **Ärger**, Verdruß; nach: mag-c.
• **Atmen**, bei tiefem: rat.$_{al,k}$
• **Aufrichten**; beim:
• **Bücken**, vom: calc. hep. mur-ac.$_{h}$
• **Aufstehen**; beim: agar. calc.
• **amel.**: ol-an. puls.
• **Liegen**, vom: calc.$_{h}$
• **Sitzen**, vom: mur-ac.
• **Auftreten**, beim: aloe alum.$_{h}$ alumn. ambr.$_{h}$ **Bry.**$_{al,k}$ sep.
• **Berührung**, durch: hep. ip. spig. staph.
• **amel.**: ars. *Coloc.*
• **Bett**, im: nat-c. plat. thuj.
• **Bewegung**; bei: agn. ant-t. calc. caps. cham. chin.$_{h}$ hep.$_{h}$ hyper. kali-c. kali-n. mag-p. nat-m. rat. *Sep.* sil. spig.$_{k2}$ spong.
• **amel.**: caps. sulph.
• **Arme**, der: nat-s.
• **Augen**, der: caps. hyper. kali-c.
• **fortgesetzte** Bewegung amel.: calc-act.
• **Kiefers** agg.; des: kali-c.
• **Kopfes**, des: caps. hyper. kali-c. nat-m.
• **plötzlicher**, bei: petr.
• **bohrend** stechend: am-c. ruta$_{h}$
• **brennend**: arg-met.$_{h}$ ph-ac.$_{al,k}$ phos.$_{h}$ rhod.$_{al,k}$
• **Bücken**:
• **beim**: alum. am-m. berb. bry. calc.$_{al,k}$ caps. cycl.$_{al,k}$ euphr.$_{al}$ ferr-p. glon. *Hep.*$_{al,k}$ kali-c. kali-m.$_{k2}$ mag-m. mur-ac. nicc. *Par.* puls. staph. sulph. thuj.
• **nach**: aloe calc. rhus-t.
• **Druck** amel.: aeth. calad. guaj. mur-ac. psil.$_{ft1}$ sil. sulph.
• **dumpf**: mag-m.$_{al,k}$ sep.$_{al,k}$ sil.$_{al,k}$
• **Erwachen**, beim: canth.$_{al,k}$ hep. petr. thuj.
• **Essen**, nach dem: alum. ant-t. bar-c. lyc. mag-c. *Nux-v.*$_{al}$ phel. phos. sep.$_{h,k,*}$ sulph. *Zinc.*

- **Freien**, im: *Mang.* sil.
  - **amel.**: am-c. grat.$_{a1}$ nicc. sars. *Sep.* tab.
- **Frösteln**, beim: eupi.$_{a1,k}$ sil.$_{h}$
- **Frühstück**, nach dem: *Bry.*
- **Gehen**:
  - **amel.**: hep.$_{h}$
  - **beim**: alum. *Atro.*$_{a1}$ bry.$_{a1,k}$ calc. carb-an. crot-t. merc. nit-ac. plb. sep. staph.$_{a1,k}$ sulph. thuj.$_{a1,k}$
  - **nach**: bry. hep.$_{h}$ tarax. tell.
  - **Freien**, im: sul-ac.$_{h}$
  - **Herumgehen** amel.: canth. hep.
- **geistiger** Anstrengung, nach: lyc. pimp. pip-m.
- **Geräusch**, bei: spig.$_{k2}$
- **Gerüche**, durch starke: sel.
- **Heben** des Kopfes amel.: kali-c.
- **Hitze**:
  - **amel.**: kali-c.
  - **während** der: asaf. gels. *Nux-v.* puls.$_{a1,k}$
  - **Ofenhitze**; durch: bar-c.
- **Husten**, beim: alum. alum-p.$_{k2}$ anac. ant-t. arn.$_{a1,k}$ *Ars.* ars-s-f.$_{k2}$ *Bry.*$_{a1,k}$ calc.$_{a1,k}$ calc-s. caps.$_{k2}$ *Carb-v.*$_{a1,k}$ caust. chel.$_{a1,k}$ cimic. cina coloc. con.$_{a1,k}$ hep. hyos.$_{a1,k}$ kali-ar. *Kali-c.* mez. nit-ac. ph-ac. phos. ruta sabad. stann. sul-ac. sulph. thuj.$_{a1,k}$ verb. zinc.$_{a1,k}$ zinc-p.$_{k2}$
- **intermittierend**: ph-ac.$_{h}$
- **kalten** Hand amel.; Berühren mit einer: euphr.
- **Kratzen** amel.: plat.
- **Lesen**, beim: carb-v. caust. lyc.
- **Liegen**: canth. nat-c. puls. sep.
  - **amel.**: ambr.$_{h}$ calc. dulc. nat-m. nit-ac. *Sep.* spig.$_{k2}$
  - **Seite**, auf der:
    - **leidenden** Seite amel.; auf der: arn. chel. sep.
    - **schmerzlosen** Seite amel.; auf der: mag-c.
- **Menses**:
  - **vor**: calc-p. *Ferr.*
  - **während**: acon. berb.$_{a1,k}$ calc.$_{a1,k}$ lyc.$_{a1,k}$ mang. rat.
  - **nach**: berb. *Lyc.*$_{a1,k}$ *Nat-m.* ol-an. plat.
  - **Erscheinen** der Menses amel.; beim: cycl.$_{a1,k}$
- **Mittagessen**:
  - **beim**: zinc.$_{a1,k}$
  - **nach**: ant-t. bar-c. mag-c. mur-ac.$_{h}$ phos. *Puls.*$_{a1,k}$ *Zinc.*$_{a1,k}$
- **periodisch**: calc. mur-ac.
- **Tag**, jeden:
  - **16 h**:
    - **Kälte** und Zittern; mit: asaf.
- **pulsierend**: calc. ferr. kali-n.$_{h}$ *Spig.*
- **Reiben** amel.: canth. phos.
- **reißend**: berb.$_{a1,k}$ coloc.$_{a1,k}$ hyos.$_{h}$ kali-bi.$_{a1,k}$ merc.$_{a1,k}$ mur-ac. nat-m. phos.$_{a1,k}$
- **ruckend**: calc.$_{h}$ *Nat-m.* nux-v. puls. thuj.$_{h}$
- **Schneuzen** der Nase; beim: mur-ac.$_{a1,k}$
- **Schnupfen**:
  - **beim**: coc-c. kali-c. lyc.$_{h,k1}$
- **Schnupfen**: ...
  - **unterdrücktem** Schnupfen, bei: croc.
- **Schreck**; durch den geringsten: cic.
- **Sitzen**, im: caust. chin. indg. mag-c. nit-ac. phos. rat. squil. *Tarax.*
- **Sonne**; durch Aufenthalt in der: bar-c. sel.
- **Sprechen**, nach: agar. nat-m.
  - **laut**: sulph.
- **Stehen**:
  - **beim**: mag-c. nit-ac. plb.
  - **Stillstehen** amel.: mang.
- **tiefsitzend**: all-c.$_{a1,k}$ dulc.$_{a1}$ grat.$_{a1}$ lach.$_{a1,k}$ tab.$_{a1,k}$ verb.$_{c1}$
- **Wärme**, bei:
  - **Bettwärme**, bei: thuj.
  - **Ofenwärme**, bei: bar-c.$_{h}$
- **Waschen** des Gesichtes; beim: cop.
  - **amel.**, aber agg. danach: spig.
- **Wetterwechsel**; bei: merc.$_{k2}$ vip.$_{a1,k}$
- **ziehend**: kreos.$_{a1,k}$ *Mang.* sil. squil.
- **Zimmer**, im: am-m. bar-c. bov. con. nat-m. nicc. sel. sep.
  - **amel.** im: mang.

▽ **erstreckt** sich zu:
- **Augen**: *Calc. Kali-c. Lach. Spig.* **Sulph.**
  - **aus** den Augen heraus: sep.$_{h}$ sil.$_{h}$
- **außen**, nach: alum.$_{h}$ sil.
- **Brust** oder äußerer Hals: *Nat-m.*
- **Gesicht**: rhus-t. sars.
- **hinten**, nach: *Bry.*
- **Hinterkopf**: carb-v. *Lyc.* mag-c. puls.
- **Nasenwurzel**: *Kali-c. Lyc.* rhus-t.
- **oben**, nach: thuj.
- **Ohren**: rhus-t.
- **Schläfen**: carb-v.$_{h}$
- **Stirnhöcker**: guaj.
- **Wangenknochen**: indg. rhus-t.
- **Zähne**, Ohren und Hals: *Merc.*

○ **Gehirn**: *Agn.*$_{a1,k}$ **Alum.**$_{a1,k}$ am-c.$_{a1,k}$ bar-c.$_{a1,k}$ bell. *Bry.*$_{a1,k}$ calc.$_{a1,k}$ carl.$_{a1}$ cham.$_{a1,k}$ cina coc-c.$_{a1}$ colch.$_{a1,k}$ colocin.$_{a1}$ cycl.$_{a1,k}$ dulc.$_{a1,k}$ euphr.$_{a1,k}$ gran.$_{a1,k}$ *Guaj.*$_{a1,k}$ hyper. kali-c.$_{a1,k}$ kali-n.$_{a1,h}$ laur.$_{a1,k}$ lyc.$_{a1,k}$ mag-c. mill.$_{a1,k}$ nat-m.$_{a1,k}$ petr.$_{a1,k}$ plb.$_{a1,k}$ *Puls.*$_{a1,k}$ sabin.$_{a1,k}$ sil.$_{a1,k}$ thuj.$_{a1,k}$
- **Bücken**, beim: cycl.$_{h}$
- **Nadeln**; prickelndes Gefühl wie von Tausenden von: tarent.$_{rb2}$
- **oben**, nach: sil.$_{h}$

- **Hinterkopf**: acon.$_{bg2,k}$ aesc. aeth.$_{a1,k}$ aloe ambr.$_{bg2,k,*}$ ammc. ant-t.$_{bg2,k,*}$ arn.$_{a1,k}$ aur-m.$_{a1}$ *Bar-c.*$_{bg2,k,*}$ bar-i.$_{k2}$ bar-m. bart.$_{a1}$ *Bell.*$_{bg2,k}$ bov.$_{bg2,k,*}$ bry.$_{bg2,k}$ *Bufo* calc. calc-i.$_{k2}$ calc-sil.$_{k2}$ canth.$_{bg2,k,*}$ *Carb-an.*$_{bg2,k,*}$ carb-v.$_{bg2,k,*}$ caust.$_{bg2,k,*}$ cham.$_{a1,k}$ *Chel.*$_{bg2,k,*}$ cimic. coc-c.$_{a1,k}$ *Con.* dig.$_{bg2,k,*}$ dulc.$_{bg2,k,*}$ euphr. fago.$_{a1}$ ferr-p. ferul.$_{a1}$ gels. glon.$_{a1,k}$ grat.$_{a1,k}$ hell.$_{a1,k}$ *Hep.*$_{bg2,k,*}$ *Hyper.* ign. indg.$_{a1,k}$ iod.$_{a1,k}$ iris kali-bi.$_{a1,k}$ *Kali-c.*$_{bg2,k,*}$ kali-i.$_{a1,k}$ kali-m.$_{k2}$ kali-n.$_{bg2,k,*}$ kali-p. kali-sil.$_{k2}$ *Lac-c.* laur.$_{bg2,k,*}$ *Lyc.*$_{bg2,k,*}$ mag-c.$_{bg2,k,*}$ *Mag-m.*$_{bg2,k,*}$ mang.$_{bg2,k}$ meny.$_{bg2,h,*}$ *Merc. Mur-ac.*$_{bg2,k,*}$ nat-c. *Nat-m.*$_{a1,k}$ nit-ac.$_{bg2,k,*}$

• **Hinterkopf**: ...
nux-m. ol-an.$_{a1}$ olnd.$_{a1}$ petr.$_{bg2,k}$ **Phos.**$_{bg2,k,*}$ pimp.$_{a1}$ prun.$_{a1}$ puls.$_{bg2,k,*}$ ran-b.$_{bg2,k,*}$ rhus-t.$_{bg2,k,*}$ samb.$_{a1,k}$ sars.$_{bg2,k,*}$ sec. *Sep.*$_{h,k,*}$ sil.$_{a1,k}$ spig.$_{bg2,k}$ spong.$_{bg2,k,*}$ squil.$_{bg2,k,*}$ staph.$_{bg2,k,*}$ stront-c. stry. sul-ac.$_{a1,k}$ sul-i.$_{k2}$ *Sulph.*$_{k,vh,*}$ *Tarax.*$_{bg2,k}$ teucr.$_{bg2,k,*}$ thuj. verat.$_{a1,k}$ verb.$_{bg2,k}$ viol-t.$_{bg2,k}$ zinc.$_{bg2,k}$

• **morgens**: agar.$_{h}$ cop.$_{a1}$ kali-c. mang. petr.$_{h}$ verat.$_{a1,k}$
  • **Erwachen**, beim: arn. mang.
• **vormittags**: agar.$_{a1}$ lyc.$_{a1,k}$
• **abends**: alum.$_{a1,k}$ ambr.$_{a1,k}$ carb-v. hyper. lyc. mag-c.$_{a1,h}$ mur-ac.$_{a1,k}$ sep.$_{h,k,*}$ thuj.$_{a1,k}$
• **nachts**: lyc.$_{a1,k}$
• **Auftreten** agg.: con. kali-c. sep.$_{h}$
• **Berührung** agg.: kali-n.$_{h}$
• **Bewegung**, bei: *Kali-c.* kali-n.$_{a1,k}$ spong.
• **brennend**: carb-v.$_{a1,k}$ staph.$_{a1,k}$
• **Bücken**, nach: aloe ferr-p.$_{k2}$ kali-c. rhus-t.$_{a1,k}$
• **Drehen** des Kopfes: mang. *Spong.*
• **Essen**, nach dem: alum.$_{a1,k}$
• **Hinlegen**, beim: puls.$_{a1,k}$
• **Husten**, beim: coloc. sulph.$_{a1,k}$
• **Menses**, während: kali-n.
• **Mittagessen**, nach dem: ant-t.$_{a1,k}$
• **pulsierend**: *Carb-an.* *Con.* cop.$_{a1,k}$ hep.$_{a1,k}$ kali-n.$_{h}$
• **reißend**: aeth.$_{a1,k}$ samb.$_{a1}$ thuj.$_{h}$
• **Schlaf** amel.: nit-ac.
• **Sitzen**, im: indg.$_{a1,k}$ squil.$_{a1,k}$
• **tiefsitzend**: canth.$_{a1,k}$ cop.$_{a1,k}$
• **warmen** Zimmer, im: bov.$_{a1,k}$
• **Zimmer**, beim Eintreten in ein: nat-m.$_{a1,k}$
▽ **erstreckt** sich zu:
  • **Auge**: sanic.
  • **Brustkorbes**; an der Rückseite des: eupi.
  • **Nacken**: mang. mur-ac. stry.
  • **Oberkiefer**, links: cham.
  • **Ohren**, durch die: puls.
  • **quer** über den Hinterkopf: agar.
  • **Scheitel**: sep.
  • **Stirn**: bov. chel. ferr-p.$_{k,k2}$ **Lac-c.** nat-m.$_{h}$ sanic. sars.$_{h}$ thuj.$_{h}$
  • **Stirnhöcker**: bar-c.
  • **vorne**, nach: nat-m. sars.
○ **Hinterhauptshöcker**: nit-ac.$_{h}$
• **Kleinhirn**:
  • **rechts**: iris$_{c1}$
• **Seiten** des Hinterkopfes: acon.$_{a1,k}$ bov.$_{a1,k}$ calc.$_{bg2,k,*}$ *Chel.*$_{bg2,k,*}$ grat.$_{a1,k}$ guaj.$_{a1,k}$ indg.$_{a1,k}$ kali-bi.$_{a1,k}$ kali-n.$_{a1,k}$ laur.$_{bg2,k,*}$ lyc.$_{a1,k}$ mag-m.$_{a1,k}$ mill.$_{a1}$ nat-c.$_{bg2,k,*}$ nat-m.$_{h}$ phel.$_{a1}$ phos.$_{bg2,k,*}$ sars.$_{bg2,k,*}$ spig.$_{a1,k}$ sul-ac.$_{bg2,k,*}$ sulph.$_{bg2,k,*}$ verb.$_{bg2,k,*}$ viol-t.$_{bg2,k,*}$
  • **links**: alum.$_{bg2,k}$ bell.$_{bg2,k}$ *Chel.*$_{bg2,k,*}$ euphr.$_{bg2}$ nit-ac.$_{h}$ petr.$_{bg2,k,*}$ phos.$_{bg2}$ samb.$_{bg2,h}$ sars.$_{bg2,k,*}$ sul-ac.$_{bg2,k,*}$ tong.$_{a1}$ verb.$_{a1,bg2}$ viol-t.$_{a1,bg2}$
  • **rechts**: *Calc.*$_{bg2,k,*}$ chel.$_{bg2}$ ign.$_{bg2}$ laur.$_{a1,bg2}$ mang.$_{h}$ *Nat-c.*$_{bg2,k,*}$ nit-ac.$_{h}$ phel.$_{a1}$ phos.$_{bg2}$

• **Hinterkopf - Seiten - rechts**: ...
Sanic. sulph.$_{bg2,k,*}$
  ▽ **erstreckt** sich zu:
    • **links**: staph.$_{h}$
    • **Stirn**: chel.$_{h}$ sanic.
  • **morgens**: agar.$_{h}$ bov.$_{a1,k}$ eupi.$_{a1,k}$
    • **7** h: bov.
  • **nachmittags**: euphr.$_{a1,k}$ petr.$_{a1,k}$
  • **abends**: carb-an.$_{a1,k}$ nat-c.$_{a1,k}$ nit-ac.$_{a1,k}$
    • **Schlaf** amel.: nit-ac.$_{a1,k}$
  • **drückend**: chel.$_{h}$
  • **Frühstück**, beim: nit-ac.$_{a1,k}$
  • **Mittagessen**, nach dem: canth.$_{a1,k}$ ol-an.$_{a1,k}$
  • **reißend**: euphr.$_{h}$ samb.$_{h}$
  • **Stelle**, an einer einzelnen: spig.$_{h}$
  • **ziehend**: chel.$_{h}$
  • **zuckend**: cham.$_{a1,k}$ mag-m.$_{a1,k}$
  • **zwickend**: chel.$_{h}$
  ▽ **erstreckt** sich zu:
    • **Nacken**: mur-ac.$_{h}$
    • **oben**, nach: staph.$_{h}$
    • **Seite** zur anderen, von einer: agar.
    • **Stirn**: *Chel.*
• **Scheitel**: acon.$_{a1,k}$ aesc. aeth.$_{a1,k}$ alum.$_{bg2,k}$ alum-p.$_{k2}$ alumn. am-m.$_{bg2,k,*}$ anac.$_{bg2,k}$ *Bar-c.*$_{bg2,k}$ bar-s.$_{k2}$ bell.$_{bg2,k}$ borx. bov.$_{bg2,k}$ *Bry.*$_{bg2,k,*}$ *Calc.*$_{bg2,k}$ caps.$_{bg2,k}$ carb-an.$_{bg2,k,*}$ carb-v.$_{a1,k}$ *Caust.*$_{bg2,k}$ chel.$_{bg2,k,*}$ chin. cimic. cimx.$_{hr1,k}$ *Con.*$_{bg2,k}$ cop.$_{a1,k}$ cupr.$_{bg2,k}$ cycl. dig.$_{bg2,k,*}$ eupi. ferr.$_{bg2,k}$ ferr-i. ferr-p. graph.$_{h}$ guaj.$_{bg2,k}$ hell.$_{bg2,k}$ hyper.$_{a1,k}$ indg. iod.$_{bg2,k,*}$ ip.$_{bg2,k}$ kali-i.$_{a1,k}$ kali-n.$_{bg2,k,*}$ lach.$_{bg2,k,*}$ laur.$_{bg2,k,*}$ lipp.$_{a1}$ lith-c. *Lyc.*$_{bg2,k,*}$ *Mag-c.*$_{bg2,k,*}$ mag-m.$_{a1,h}$ meny.$_{bg2,k}$ *Mez.*$_{bg2,k}$ mill.$_{a1,k}$ nat-c.$_{bg2,k}$ *Nat-m.*$_{bg2,k,*}$ nicc.$_{a1,k}$ nit-ac.$_{bg2,k}$ nit-s-d.$_{a1}$ ol-an.$_{a1,k}$ olnd.$_{bg2,k}$ par.$_{bg2}$ petr.$_{bg2,k}$ *Ph-ac.*$_{bg2,k}$ phel.$_{a1,k}$ *Phos.*$_{bg2,k,*}$ puls. ran-b.$_{bg2}$ raph.$_{a1,k}$ rat.$_{a1,k}$ ruta sabad.$_{bg2,k}$ sars.$_{bg2,k,*}$ sep.$_{bg2,k}$ sil.$_{h}$ sphing.$_{a1}$ *Spig.*$_{bg2,k}$ *Stann.*$_{bg2,k,*}$ staph.$_{bg2,k}$ stront-c. stry. sul-i.$_{k2}$ sulph.$_{bg2,k}$ tab.$_{a1,k}$ thuj.$_{a1,k}$ tong.$_{a1}$ valer.$_{bg2,k,*}$ verb.$_{bg2,k}$ zinc.$_{a1,k}$ zinc-p.$_{k2}$
  • **morgens**: am-m.$_{a1,k}$ phos.$_{a1,k}$
    • **nachmittags**, bis: graph.$_{h}$
  • **vormittags**: nicc.$_{a1,k}$
    • **10**.30 h: mag-c.
  • **mittags**: mur-ac.$_{a1,k}$
  • **nachmittags**: alum.$_{a1,k}$ bov.$_{a1,k}$ indg.$_{a1,k}$ mur-ac.$_{a1,k}$ nit-ac.$_{h}$
    • **15** - 18 h: am-m.
  • **abends**: *Calc.* carb-an.$_{a1,k}$ nit-ac.$_{a1,k}$ petr.$_{h}$
  • **nachts**: chel.$_{a1,k}$ lyc.$_{a1,k}$ nit-ac.$_{h}$
  • **anfallsweise**: *Caust.*$_{a1,k}$ chel.$_{a1,k}$
  • **Aufstützen** des Kopfes amel.: nat-m.$_{h}$
  • **Berührung** agg.: ph-ac.$_{h}$
  • **brennend**: cupr.$_{h}$ phos.$_{h}$ stann. staph.$_{h}$ zinc.$_{h}$
  • **Bücken**, beim: alumn. am-m.
  • **Druck** amel.: ph-ac.$_{h}$
  • **Gehen**, beim: carb-an.$_{a1,k}$
    • **schnellem** Gehen, bei: chel.$_{h}$
  • **Husten**, beim: alum.$_{h}$ con. *Sabad.*

- **Scheitel**: ...
  - **intermittierend**: ph-ac.$_{h}$
  - **Lesen**, beim: carb-v.$_{a1,k}$ lyc.$_{a1,k}$
  - **Menses**, nach den: ol-an.$_{a1,k}$
  - **Nadeln**, wie: staph.$_{h}$
  - **pulsierend**: aeth.
  - **Reiben** amel.: aeth.
  - **Sonne**; durch Aufenthalt in der: *Bar-c.*
  - **Stellen**, an einzelnen: chel.$_{a1,k}$ kali-bi.$_{a1,k}$
  - **Waschen** amel.: spig.
  - **Wetter**; bei nassem: *Calc.*
  - **Zittern**: anac.$_{h}$
  - ▽ **erstreckt** sich zu:
    - **außen**, nach: staph.
    - **Gaumen** hinein; in den: nat-m.
    - **Gehirn**: spig.$_{h}$ staph.$_{h}$
    - **Hinterkopf**: mag-c.$_{h}$
    - **innen**, nach: petr.$_{h}$
    - **innen** nach außen; von: spig.
    - **Kopf**: lach.
      - **durch** den ganzen Kopf: bar-c.
    - **Rachen**: cham.
    - **Schläfen**: carb-v. phos.
    - **Stirn**: caps. mez. nicc.
    - **unten**, die Glieder herab in das Abdomen und die Genitalien hinein; nach: eupi.$_{br1}$
- **Schläfen**: acon.$_{bg2,k,*}$ aesc.$_{a1,k}$ aeth.$_{a1,k}$ agar.$_{bg2,k,*}$ agn.$_{bg2}$ aloe *Alum.*$_{bg2,k,*}$ alum-p.$_{k2}$ alum-sil.$_{k2}$ am-c.$_{a1,k}$ am-m.$_{bg2,k,*}$ ambr.$_{a1,k}$ anac.$_{bg2,k}$ ang.$_{bg2,k}$ ant-c.$_{h}$ ant-t.$_{bg2,k,*}$ **Apis** apoc.$_{a1,k}$ arg-met. *Arn.*$_{bg2,k,*}$ ars.$_{a1,k}$ ars-i. ars-s-f.$_{k2}$ arum-t.$_{a1,k}$ asaf.$_{bg2,k,*}$ asar.$_{h}$ bapt. bar-c.$_{bg2,k,*}$ bar-i.$_{k2}$ bar-m. bar-s.$_{k2}$ *Bell.*$_{bg2,k}$ berb.$_{a1,k}$ borx. bov.$_{bg2,k}$ bry.$_{bg2,k,*}$ cadm-s. calad.$_{a1,k}$ *Calc.*$_{bg2,k,*}$ calc-i.$_{k2}$ calc-s. calc-sil.$_{k2}$ camph.$_{bg2,k,*}$ *Cann-i.*$_{a1,k}$ canth.$_{bg2,k,*}$ *Carb-an.*$_{bg2,k}$ carb-v.$_{bg2,k}$ carbn-s. card-b.$_{a1}$ carl.$_{a1}$ **Caust.**$_{bg2,k,*}$ *Cham.*$_{bg2,k,*}$ chel.$_{a1,k}$ **Chin.**$_{bg2,k}$ cimic. cina coc-c.$_{a1,k}$ cocc.$_{bg2,k,*}$ coff.$_{bg2,k}$ *Coloc.* cop.$_{a1,k}$ crot-h.$_{a1,k}$ crot-t.$_{a1}$ *Cupr.*$_{a1,k}$ *Cycl.*$_{bg2,k,*}$ daph.$_{a1,k}$ dig.$_{bg2,k,*}$ dirc.$_{a1}$ dulc.$_{bg2,k}$ euon.$_{a1}$ euph.$_{bg2,h}$ euphr.$_{bg2,k,*}$ eupi.$_{a1,k}$ *Ferr.* ferr-ar. ferr-i. ferr-p. franz.$_{a1}$ gamb.$_{a1,k}$ gent-c.$_{a1}$ *Glon.* gran.$_{a1,k}$ graph. grat.$_{a1,k}$ *Guaj.* hell. hep.$_{bg2,k}$ hydr.$_{a1,k}$ hyper. ign.$_{bg2,k,*}$ iod.$_{a1,k}$ iris kali-bi.$_{bg2,k,*}$ *Kali-c.*$_{bg2,k,*}$ **Kali-i.** kali-m.$_{k2}$ kali-n.$_{a1,k}$ kali-p. kali-sil.$_{k2}$ kreos.$_{a1,k}$ lach.$_{a1}$ laur.$_{a1,k}$ lec. lob.$_{a1}$ lob-s.$_{a1}$ lol.$_{a1}$ **Lyc.**$_{bg2,k,*}$ *Lyss.*$_{st}$ mag-c.$_{bg2,k,*}$ mag-m.$_{bg2,k}$ mag-s.$_{a1,k}$ manc. *Mang.*$_{bg2,k}$ meny.$_{a1,k}$ *Merc.* merc-i-f. merl.$_{a1,k}$ mez.$_{a1,k}$ mur-ac.$_{bg2,k,*}$ nat-c.$_{bg2,k}$ *Nat-m.*$_{bg2,k,*}$ nat-p. *Nit-ac.*$_{bg2,k,*}$ nux-m.$_{bg2,k,*}$ *Nux-v.* ol-an.$_{a1,k}$ *Par.*$_{bg2,k,*}$ ph-ac.$_{bg2,k,*}$ *Phos.*$_{bg2,k,*}$ plat.$_{a1,k}$ plb.$_{bg2,k,*}$ psor.$_{a1,k}$ ptel.$_{a1}$ *Puls.*$_{bg2,k,*}$ ran-b.$_{a1,k}$ ran-s.$_{a1,k}$ rheum rhod. rhus-t.$_{bg2,k}$ rob.$_{a1}$ ruta sabad.$_{bg2,k,*}$ sal-ac. sang.$_{a1,k}$ *Sars.*$_{bg2,k,*}$ sel.$_{a1,k}$ sep.$_{h,k,*}$ serp.$_{a1}$ *Sil.*$_{bg2,k,*}$ sol-ni. *Spig.* spong. squil.$_{bg2,k}$ *Stann.*$_{bg2,k,*}$ *Staph.*$_{bg2,k,*}$ stram. stront-c. stry. sul-ac. sul-i.$_{k2}$ *Sulph.*$_{bg2,k}$ tab.$_{a1,k}$ tarax.$_{a1,k}$ tarent.$_{a1,k}$ ther.$_{a1,k}$ *Thuj.*$_{bg2,k,*}$ verat.$_{a1}$ verb.$_{bg2,k,*}$ vichy-g.$_{a1}$ viol-t.$_{bg2,k,*}$ zinc.$_{bg2,k,*}$ zinc-p.$_{k2}$
- **Schläfen**: ...
  - **links**: aeth. alum.$_{bg2}$ am-c.$_{bg2}$ ambr.$_{bg2,k}$ anac.$_{bg2}$ arn.$_{bg2}$ ars.$_{bg2}$ asaf.$_{bg2,k}$ bell.$_{bg2}$ calc. canth.$_{bg2}$ carbn-s. *Chel.*$_{bg2,k}$ chin.$_{bg2}$ coc-c. cocc.$_{bg2,k}$ crot-h.$_{a1,k}$ crot-t.$_{a1}$ cupr.$_{bg2}$ cycl.$_{bg2}$ dig.$_{a1,bg2}$ euphr.$_{bg2}$ gent-c. graph.$_{bg2}$ hell.$_{bg2}$ kali-c.$_{bg2}$ kali-i.$_{k2}$ lach.$_{bg2}$ laur.$_{bg2}$ mag-c.$_{bg2,k}$ mang.$_{a1,bg2}$ meny.$_{bg2}$ nit-ac.$_{bg2}$ nux-m.$_{bg2}$ nux-v.$_{bg2}$ par.$_{bg2}$ pip-m. plat.$_{bg2,k,*}$ plb.$_{bg2}$ ran-b.$_{bg2}$ ran-s.$_{bg2}$ rhod.$_{bg2}$ rhus-t.$_{bg2}$ sars.$_{bg2}$ *Sep.*$_{bg2,k,*}$ *Spig.*$_{bg2,k}$ *Spong.*$_{bg2}$ *Staph.*$_{bg2,k}$ sulph.$_{bg2}$ tarax.$_{bg2,k}$ thuj.$_{bg2}$ verb.$_{a1,bg2}$ viol-t.$_{a1,bg2}$ zinc.$_{bg2}$
    - **nach** rechts: calc.$_{h}$ cocc. verb.$_{a1}$
  - **rechts**: agar.$_{bg2,k}$ *Alum.*$_{bg2,k}$ am-m.$_{bg2}$ anac.$_{bg2}$ ang.$_{bg2}$ bar-c.$_{bg2}$ *Bell.*$_{bg2}$ borx. calc-i.$_{k2}$ cann-i.$_{c1}$ canth.$_{bg2}$ *Caust.* chin.$_{bg2}$ coff.$_{bg2,k}$ coloc. crot-c. cycl.$_{bg2}$ dig.$_{bg2}$ euphr.$_{bg2}$ grat. ign.$_{bg2}$ ind.$_{bg1,bg2}$ kali-c.$_{bg2}$ *Lyc.* *Mag-c.*$_{a1,bg2}$ mang.$_{bg2}$ mur-ac.$_{bg2}$ nux-m.$_{bg2}$ *Ph-ac.*$_{bg2,k}$ *Phos.*$_{bg2,k}$ plb.$_{bg2}$ psil.$_{ft1}$ rhus-t.$_{bg2}$ sabad.$_{bg2}$ *Sars.*$_{bg2,k}$ squil.$_{bg2,k}$ staph.$_{bg2}$ stront-c. *Verb.*$_{bg2}$ zinc.$_{bg2}$
    - **nach** links: aesc.
  - **morgens**: cham.$_{a1,k}$
  - **vormittags**: am-m.$_{a1,k}$ hep.$_{a1,k}$ indg.$_{a1,k}$ lyc.$_{a1,k}$ mag-s.$_{a1,k}$
    - **10** h: hep.
    - **11** h: lyc.
  - **nachmittags**: canth.$_{a1,k}$ cham.$_{a1,k}$ nit-ac.$_{h}$ stront-c.
    - **13** h: sars. sep.
    - **15** h: *Pip-m.*
  - **abends**: *Caust.* dig.$_{a1,k}$ graph.$_{a1,k}$ hyper. nat-c.$_{a1,k}$ nit-ac.$_{a1,k}$ phos.$_{a1,k}$ sep.$_{a1,k}$ sil.$_{a1,k}$ stront-c.
    - **18** h: kali-i. sep.
    - **20** h: stram.
    - **Bett**, im: nat-c.$_{a1,k}$ sep.
  - **nachts**: dig.$_{a1,k}$ ferr. lyc.$_{h}$
    - **3** h: *Ferr.*
    - **Schlaf**, im: dig.$_{a1,k}$
  - ◇ **abwechselnd** mit:
    - **Druck**: meny.$_{h}$ tab.$_{a1,k}$
    - **Hitze** und Kälte: borx.
  - **anfallsweise**: berb.$_{a1,k}$
  - **Atmen**, beim: anac.
  - **Auftreten** agg.: aloe
  - **Berührung**:
    - **agg.**: sars.$_{h}$ staph.$_{a1,k}$
    - **amel.**: ars.$_{a1,k}$ *Coloc.*$_{a1,k}$ cycl.$_{h}$ mur-ac.$_{h}$
  - **Beugen** des Kopfes; beim:
    - **hinten** amel.; nach: thuj.$_{h}$
    - **vorne**, nach: thuj.
  - **Bewegen** des Kiefers; beim: calc.$_{h}$ kali-c.
  - **Bewegung**, bei: agn.$_{a1,k}$ calc.$_{a1,k}$ kali-c. stann.
  - **Blicken** in die Sonne, auf Weißes oder Rotes; beim: graph.$_{h}$
  - **bohrend**, amel. bei Berührung: calc.$_{h}$ coloc.
  - **brennend**: ars. bar-c.$_{a1,k}$ cupr. phos.$_{h}$ plat.$_{h}$ sars.$_{h}$ staph.
  - **Bücken**, beim: kali-c. mang. *Par.*
  - **Druck** agg.: coc-c. verb.$_{h}$

- **Schläfen - Druck**: ...
  - **amel.**: aesc. aeth. guaj. thuj.h
  - **dumpf**: borx.h caust.sf1 cycl.h sars.h staph.h zinc.h
  - **Freien**, im: *Mang.*
  - **Frost**; während: graph.h stann.h
  - **Gähnen** amel.: mur-ac.h
  - **Gehen**:
    - **amel.**: guaj.h staph.a1,k
    - **beim**: ptel.a1,k sep.a1,k
    - **nach**: bry.a1,k tarax.a1,k tell.a1,k
    - **Freien**, im: tarax.h
  - **geistiger** Anstrengung, bei: lyc. sil. sulph.
  - **Heben** des Kopfes amel.: kali-c.
  - **Husten**, beim: alum.h ars-s-f.k2 caust. cina kali-c.
  - **intermittierend**: borx.h calc.h stann.
  - **juckend**: ang.h
  - **Kälte** amel.: *Apis*
  - **Kauen**, beim: am-c.a1,k am-m.
  - **Kratzen** amel.: plat.a1,h
  - **Lesen**, beim: *Caust.*
  - **Licht**; beim Blicken in helles: **Nat-m.**
  - **Liegen** auf dem schmerzhaften Teil amel.: chel.
  - **Mittagessen**, nach dem: kali-n.h mag-c.a1,k
  - **Nadeln**, wie: staph.rb2 zinc.h
    - **brennend**: ars.
  - **pulsierend**: stann.h staph.h
  - **reißend**: ars.h dig.a1,k kali-c.h viol-t.a1,k
  - **rheumatisch**: lyc.
  - **rhythmisch**: borx. stann.
  - **ruckend**: cycl.h mang.h rhus-t.h squil.h
  - **Schütteln** des Kopfes; beim: nat-m.a1,k *Nux-v.*a1,k
  - **Singen**, beim: alum.a1,k
  - **Sitzen**, im: *Caust.* guaj.h nit-ac. *Tarax.*a1,k
  - **Sprechen**, nach: agar.a1,k
  - **Stehen**:
    - **agg.**: guaj.h
    - **amel.**: mur-ac.h tarax.h
  - **Stuhlgang**, beim: lyc.
  - **Treppen**; beim Hinabsteigen von: merc-i-f.a1,k
  - **warm**:
    - **Anwendung** amel.; warme: kali-c.
    - **Zimmer**, im warmen: sel.
  - **ziehend**: cycl.h
  - ▽ **erstreckt** sich zu:
    - **Augen**: ant-c. berb. graph.h lec. ph-ac.h
    - **außen**, nach: bar-act. berb. calc. dulc.a1,h lyc. nux-m. rhus-t. sil. sulph.
    - **Gehirn**:
      - **durch** das Gehirn hindurch: dig.h
      - **ins** Gehirn hinein: aloe croc. ph-ac.h
    - **Hinterkopf**: carbn-s. *Cham. Pip-m.*
    - **innen**, nach: acon. arg-met. arn. lach. rhus-t. til.
    - **Jochbein**: kali-c.
    - **Schläfe** zur anderen; von einer: **Chin.**
    - **Stirn**; quer über die: anac.h berb.h borx.h *Ferr.*h sil.h squil.h tab.h
- **Schläfen - erstreckt** sich zu: ...
    - **unten**, nach: ang.
    - **Zähne**: sars.
- **Seiten**: aeth.a1,k alum.bg2,k,* alum-p.k2 alum-sil.k2 am-c.bg2,k am-m.bg2,k anac.bg2,k,* asaf.bg2,k aur. aur-s.k2 bar-c.bg2,k,* bar-i.k2 bar-m. bell.bg2,k *Berb.*a1,k borx. bov.bg2,k,* brom.a1,k bry. calc.bg2,k,* calc-i.k2 calc-p.a1,k calc-sil.k2 camph.bg2,k cann-s.a1,k canth.bg2,k,* caps.a1,k carb-ac. carb-v.h castm. caust.bg2,k,* cham.bg2,k,* chel.bg2,k,* chin.h cic.bg2,k cinnb. coc-c. cocc.bg2,k con.bg2,k,* crot-h.a1,k cupr.a1,k cycl.a1,k dig.bg2,k eup-pur. euph.bg2,k,* euphr.a1,k eupi.a1,k ferr.bg2,k ferr-p. gamb.a1,k graph.bg2,k grat.a1,k guaj.bg2,k,* hyos.bg2,k hyper. indg.a1,k iod.a1,k *Kali-bi.*a1,k kali-c.a1,k kali-m.k2 kali-p. **Kali-s.** kali-sil.k2 lach.bg2,k,* laur.bg2,k,* *Mag-c.*bg2,k,* *Mag-m.*bg2,k,* mag-s.a1,k mang.bg2,k,* meny.bg2,k merc-c.a1,k mez.bg2,k mill.a1,k mur-ac.bg2,k,* nat-c.bg2,k,* *Nat-m.*bg2,k,* nat-p. nat-s. nicc.a1,k nit-ac.a1,k *Nux-v.*bg2,k ol-an.a1,k petr.bg2,k ph-ac.bg2,k phos.bg2,k,* plat.bg2,k,* plb.bg2,k,* puls.bg2,k,* rat.a1,k rhod.bg2,k sars.bg2,k,* sep.h,k,* sil.a1,k spig.bg2,k,* staph.bg2,k sul-i.k2 sulph.bg2,k tarax.bg2,k,* *Tarent.* thuj.a1,k tong.a1 urt-u.a1 verb.bg2,k *Zinc.*bg2,k,* zinc-p.k2
  - **abwechselnde** Seiten: agar.
  - **links**: aeth.a1,k am-m.bg2 anac.bg2 *Bar-c.*bg2,k,* berb.a1,k calc.bg2,k,* calc-p.a1,k cann-s.a1,k canth.a1,bg2 cham.h chel.a1,bg2 cic.bg2 con.bg2,h crot-h.a1,k cycl.a1,k euphr.a1 eupi.a1 ferr.bg2,h1 guaj.bg2 hyos.bg2 indg.a1 kali-c.a1,k lach.bg2,k,* laur.a1,bg2 mag-c.a1,bg2 mag-m.a1,bg2 *Mang.*bg2,k meny.bg2 mez.bg2,h mur-ac.bg2 nat-c.bg2,h,* nat-m.h nux-v.bg2 ol-an.a1 phos.bg2 *Plat.*bg2,k rhod.bg2,k sars.bg2,k,* sep.bg2,h,* sil.a1,k spig.a1,bg2 staph.bg2,h sulph.bg2,k tab.a1,k tarax.a1,bg2 verb.bg2,c1
    - ▽ **erstreckt** sich zum Stirnhöcker: bar-c.h,k,* guaj.h
  - **rechts**: alum.bg2,k,* alum-p.k2 am-c.bg2 anac.a1,k arg-n.k2 asaf.bg2 bar-c.bg2 bell.bg2 borx. brom.a1,k calc.bg2 camph.bg2 canth.a1,bg2 caust.bg2,k,* cham.a1,bg2 cic.bg2,h cocc.bg2 cupr.a1,k euph.a1,bg2 grat.a1,k guaj.bg2 inul.a1 iod.a1,k kali-bi.a1,k lach.a1,bg2 laur.a1,bg2 *Mag-c.*bg2,k,* mag-m.a1,bg2 mag-s.a1 mill.a1 *Mur-ac.*bg2,k,* nit-ac.a1,k ol-an.a1 par.a1,bg2 ph-ac.bg2,k phos.a1 plb.bg2,k,* rat. sars.bg2,h,* sil.a1 sulph.bg2 tarent. thuj.bg2,k zinc.bg2
  - **tagsüber**: nicc.a1,k
  - **morgens**: alum.a1,k mag-c.h mag-s.a1,k nat-m.a1,k nicc.a1,k *Nux-v.* sars.a1,k
    - **abends**, bis: nat-m.a1,k
    - **Erwachen**, beim: staph.h
  - **vormittags**: alum.a1,k am-m.a1,k nicc.a1,k plb.a1,k
    - **Gehen**, beim: plb.a1,k
    - **Stehen**, beim: plb.a1,k
  - **nachmittags**: alum.a1,k canth.a1,k nicc.a1,k sep.h,k,*
    - **15** h: mag-c.

- **Seiten**: ...
  - **abends**: bar-c. canth.$_{a1,k}$ carb-v.$_{a1,k}$ caust.$_{a1,k}$ mag-c. nat-m.$_{a1,k}$ plat.$_{a1,k}$
  - **nachts**: nat-m.$_{a1,k}$
    - **Menses**, nach den: ol-an.$_{a1,k}$
  - **Anstrengung**, bei:
    - **Arme**, der: nat-s.$_{a1,k}$
    - **Augen** und des Kopfes; der: hyper.
  - **außen**, nach: mag-m.$_{h}$ staph.$_{h}$
  - **Beugen** des Körpers nach rechts; beim: mag-m.$_{h}$
  - **Bewegung** agg.: sil.$_{a1,k}$
  - **Blicken** nach oben; beim: caps.$_{a1,k}$
  - **brennend**: phos.$_{h}$ staph.$_{a1,k}$
  - **Bücken**, beim: alum.$_{a1,k}$ caps.$_{a1,k}$ hep.$_{a1,k}$ mang.$_{h}$
  - **Drehen** des Kopfes nach rechts; beim: mag-s.$_{a1,k}$
  - **Druck**, bei: kali-c.$_{h}$
  - **Erwachen**, beim: thuj.$_{a1,k}$
  - **hinsetzten**, muß sich: con.$_{h}$
  - **Hitze**; während: cham.$_{h}$
  - **Husten**, beim: anac.$_{h}$ *Bry.* cimx.$_{a1,k}$ mang. sulph.$_{a1,k}$
  - **intermittierend**: plat.$_{h}$ spig.$_{h}$
  - **Lesen**, beim: lyc.$_{a1,k}$
  - **Liegen** auf der schmerzlosen Seite amel.: mag-c.$_{a1,k}$
  - **Menses**:
    - **vor**: calc-p.$_{a1,k}$
    - **während**: *Calc-p.* mag-m.$_{a1,k}$
  - **Mittagessen**, nach dem: bar-c.$_{a1,k}$ mag-c.$_{a1,k}$ zinc.$_{a1,k}$
  - **Nagel**, wie durch einen: carb-v.$_{h}$
  - **pulsierend**: aeth. calc. petr.$_{h}$ tong.$_{a1}$
  - **reißend**: carb-v.$_{h}$ con.$_{a1,h}$ sars.$_{a1,k}$ spig.$_{a1,k}$ thuj.$_{h}$
  - **Schreck**, durch: cic.$_{a1,k}$
  - **Sitzen**:
    - **beim**: mag-c.$_{a1,k}$
    - **Hinsetzen**, beim: rat.$_{a1,k}$
  - **Sprechen**, beim: canth.$_{a1,k}$
  - **Stehen**, im: mag-c.$_{a1,k}$
  - **Stelle**; an einer kleinen: spig.$_{h}$
  - **Verbeugen**, beim: thuj.$_{a1,k}$
  - **wandernd**: *Kali-bi.* tarent.
  - **Zimmer**, im: am-m.$_{a1,k}$
  - ▽ **erstreckt** sich zu:
    - **Arm** nach unten; den: cimx.
    - **Auge**: calc. mag-m.$_{a1,k}$
    - **Augenhöhle**: mur-ac.$_{h}$
    - **außen**, nach: mag-c.
    - **Gehirn** hinein; tief in das: anac. indg.
    - **Gesicht**: kali-bi.
    - **hinten**, nach: mag-c.
    - **Hinterkopf**: cic.$_{h}$ mag-c.$_{h}$ phos. tab.
    - **Nacken**: sars.
    - **Scheitel**: meny.$_{h}$
    - **Seite** zur anderen; von einer: carb-v. mag-c.$_{h}$
    - **Stirn**: agn.$_{a1}$ con.$_{h}$ mur-ac.$_{h}$ sil.
    - **Stirnknochen**: con. guaj.
- **Seiten - erstreckt** sich zu: ...
  - **vorne**, nach: kali-c. mag-c. mag-m. mang. thuj.$_{h}$ verb.$_{c1,h}$
- **Stirn**: acon.$_{bg2,k,*}$ aesc.$_{a1,k}$ agar. *Agn.*$_{bg2,k}$ all-c.$_{a1}$ *Alum.*$_{bg2,k}$ alum-sil.$_{k2}$ am-c.$_{bg2,k}$ am-m.$_{k1}$ aml-ns. anac.$_{bg2,k}$ anan. ang.$_{h}$ ant-t.$_{bg2,k,*}$ apis arg-n.$_{a1,k}$ *Arn.*$_{bg2,k,*}$ *Asaf.*$_{bg2,k,*}$ *Atro.*$_{a1}$ aur.$_{bg2,k}$ aur-s.$_{k2}$ bar-c.$_{bg2,k}$ bar-m. bar-s.$_{k2}$ **Bell.**$_{bg2,k}$ *Berb.*$_{a1,k}$ *Bov.*$_{bg2,k,*}$ bry.$_{bg2,k,*}$ *Calc.*$_{a1,k}$ *Calc-s.* calc-sil.$_{k2}$ camph.$_{bg2,k,*}$ canth.$_{bg2,k}$ caps.$_{bg2,k}$ carb-v.$_{bg2,k}$ caust.$_{bg2,k}$ cham.$_{bg2,k,*}$ chel.$_{bg2,k,*}$ *Chin.*$_{bg2,k,*}$ cic.$_{bg2,k,*}$ cina coc-c. cocc.$_{bg2,k}$ coff.$_{a1}$ *Coloc.*$_{bg2,k}$ *Con.*$_{bg2,k,*}$ crot-t.$_{a1}$ cupr. cycl.$_{bg2,k,*}$ dig.$_{bg2,k}$ digin.$_{a1}$ dros.$_{bg2,k}$ *Dulc.*$_{bg2,k,*}$ *Elaps* euph.$_{bg2,k,*}$ euphr.$_{bg2,k}$ eupi.$_{a1}$ ferr.$_{bg2,k,*}$ ferr-p. gels.$_{a1,k}$ gins.$_{a1,k}$ goss.$_{a1}$ gran.$_{a1,k}$ grat.$_{a1,k}$ guaj.$_{bg2,k}$ hell.$_{bg2,k,*}$ *Hep.*$_{bg2,k,*}$ hydr-ac.$_{a1}$ hyos.$_{bg2,k}$ ign.$_{bg2,k,*}$ ip.$_{bg2,k}$ *Kali-c.*$_{bg2,k,*}$ kali-m.$_{k2}$ *Kali-n.*$_{bg2,k,*}$ kali-p. kali-sil.$_{k2}$ kreos.$_{bg2}$ *Lach.* lact.$_{a1,k}$ laur.$_{bg2,k,*}$ led.$_{bg2,k}$ *Lil-t.*$_{a1,k}$ lol.$_{a1}$ *Lyc.*$_{bg2,k,*}$ mag-c.$_{bg2,k}$ *Mag-m.*$_{bg2,k,*}$ *Mang.*$_{bg2,k,*}$ meny.$_{bg2,k,*}$ *Merc.*$_{bg2,k}$ *Merc-c.* merc-i-r.$_{a1}$ *Mez.*$_{bg2,k}$ mosch.$_{bg2,k}$ *Mur-ac.*$_{bg2,k,*}$ nat-c.$_{bg2,k}$ nat-m.$_{bg2,k,*}$ nat-p. *Nit-ac.*$_{bg2,k}$ nux-v.$_{bg2,k}$ ol-an.$_{a1}$ op.$_{a1,k}$ *Petr.*$_{bg2,k,*}$ ph-ac.$_{bg2,k}$ phos.$_{bg2,k,*}$ phys.$_{a1}$ plan.$_{a1,k}$ *Plat.*$_{bg2,k,*}$ plb.$_{bg2,k,*}$ podo. *Puls.*$_{bg2,k}$ rat. rhod.$_{bg2,k}$ rhus-t.$_{bg2,k}$ *Ruta* sabad.$_{bg2,k,*}$ sabin.$_{bg2,k}$ *Sars.*$_{bg2,k,*}$ sel. senec.$_{a1,k}$ *Sep.*$_{h,k,*}$ *Sil.*$_{bg2,k,*}$ *Spig.*$_{bg2,k,*}$ spong.$_{bg2,k,*}$ squil.$_{bg2,k}$ *Stann.*$_{bg2,k,*}$ *Staph.*$_{bg2,k,*}$ stram.$_{bg2,k}$ *Stront-c.* *Sul-ac.*$_{bg2,k,*}$ *Sulph.*$_{bg2,k,*}$ tab.$_{a1}$ tarax.$_{bg2,k}$ tarent.$_{a1}$ tax.$_{a1}$ ter. thuj.$_{a1,bg2}$ til.$_{a1,k}$ valer.$_{bg2,k,*}$ verat.$_{bg2,k,*}$ verb.$_{bg2,k}$ viol-t.$_{bg2,k,*}$ *Zinc.*$_{bg2,k,*}$ zinc-p.$_{k2}$
  - **tagsüber**: sep.$_{a1,h}$ spig.$_{a1}$ sulph.$_{a1,k}$
  - **morgens**: arg-n.$_{a1,k}$ bamb-a.$_{stb2}$ con.$_{a1,k}$ grat.$_{a1,k}$ hell.$_{h}$ kali-c. lyc.$_{a1,k}$ petr.$_{a1,k}$ sars.$_{h}$ sil.$_{a1,k}$ til.$_{a1}$
    - **Aufstehen**, nach dem: coloc.$_{h}$ con.$_{h}$
    - **Erwachen**, beim: arn. petr.$_{a1,k}$
  - **vormittags**: gink-b.$_{sbd1}$ mang.$_{a1,k}$ sars.$_{a1,k}$
    - **10** - 15 h: tub.$_{c1}$
  - **mittags**: con.$_{a1,k}$ mur-ac.$_{a1,k}$ zinc.$_{k1}$
  - **nachmittags**: aeth.$_{a1,k}$ alum.$_{a1,k}$ grat.$_{a1,k}$ mag-c.$_{a1,k}$ mur-ac. nat-c.$_{a1,k}$
    - **14** h: alum.
  - **abends**: alum.$_{a1,k}$ bov.$_{a1,k}$ dig. digin.$_{a1}$ mag-c.$_{h}$ mag-m.$_{a1,h}$ mang.$_{a1,k}$ nat-c.$_{a1,k}$ nat-m.$_{a1,k}$ sel.$_{a1}$ sil.$_{a1}$ sulph.$_{a1,k}$
    - **18** h: mag-c.
    - **20** - 23 h: *Sil.*
    - **Bett**, im: nat-c.$_{a1,k}$
  - **nachts**: cham.$_{h}$ nat-m.$_{a1,k}$ spig.$_{a1,k}$
    - **Mitternacht**, beim Husten; um: hep.
  - **Aufstehen**, nach dem: agar.$_{a1,k}$
  - **Berührung**, bei: ip.$_{a1,k}$
  - **Bewegen** der Augen, beim: *Dros.*
  - **Bewegung**, bei: ars-s-f.$_{k2}$ *Bov.* *Kali-c.* lyc.$_{h}$ mag-c.$_{h}$ *Sep.* spong.$_{a1,k}$ staph.$_{h}$
  - **brennend**: cupr.$_{h}$ meny.$_{h}$ phos.$_{h}$ staph.$_{h}$ thuj.$_{a1,k}$
  - **Bücken**, beim: ars-s-f.$_{k2}$ berb.$_{a1,k}$ bry.$_{a1,k}$ *Dros.* *Kali-c.* mag-m.$_{a1,k}$ mur-ac.$_{a1,k}$ rat.

- **Stirn - Bücken**, beim: ...
  staph.a1,k sulph.
  - **Druck** agg.: mur-ac.a1,k
  - **drückend**: mang.h nat-m.h
  - **Einschlafen**, beim: alum.a1,k
  - **Essen**:
    - **beim**: lyc.h
    - **nach**: alum. ~~lyc.kl,xxx~~ sulph.
  - **Freien**, im: *Mang.*a1,k sil.a1,k
    - **amel**.: sars.a1,k *Sep.*a1,k tab.a1,k
  - **Frost**:
    - **während**: arn.
    - **mit**: mang.h
  - **Gehen**, beim: crot-t. kali-n.h mang. merc. sep. spong.h sulph.
    - **Freien**, im: merc. sars.h spong.h
      - **amel**.: *Sep.*
  - **Heben**, beim:
    - **Augen**, der: arn.
    - **Kopfes** amel.; des: kali-c.
  - **Husten**, beim: anac.a1,k arn.a1,k hep.a1,k hyos. mez. sulph.a1,k
  - **juckend**: ang.h
  - **Lesen**, beim: lyc.a1,k *Ruta*
  - **Licht**, durch: bov.
  - **Liegen**:
    - **agg**.: cham.h
    - **amel**.: calc. *Lyc. Sep.*
  - **Menses**:
    - **während**: phos.
    - **nach**: plat.
  - **Mittagessen**, nach dem: ant-t.a1,k
  - **Nachdenken**, beim: lyc.a1,k
  - **pulsierend**: sars.h spig.a1
  - **quer** über die Stirn: chel.h spong.h
  - **reißend**: cham.h
  - **rhythmisch**: kali-n.h
  - **ruckend**: lyc.h mang.h
  - **Sitzen**, im: chin.a1,k
  - **Sonnenlicht**: bov.
  - **Sprechen**, bei lautem: sulph.a1,k
  - **Stehen**:
    - **beim**: alum.
    - **Stillstehen** amel.: mang.a1,k
  - **warme** Anwendungen amel.: kali-c.
  - **ziehend**: aur.h chel.h mang.h rutah squil.h
  - **Zimmer**, im: con.a1,k mang.k,kl,*
    - **amel**.: mang.h
  - **zuckend**: mag-m.h mang.h mez.h spong.h
  - ▽ **erstreckt** sich zu:
    - **Auge**: *Ant-t.* mang.
    - **außen**, nach: colch. con.h lyc.h sep. sulph.
    - **Brust**: cham.h
    - **Hinterkopf**: ars-s-f.k2 *Bell. Cedr. Cham.* nat-c.a1 nat-m.h petr.h phos.
    - **Nacken**: anan.
    - **Nase**: coloc. psor.
    - **Ohr**: all-c.k2 mang.h rhus-t. squil.
    - **Scheitel**: caust.h meny.h sep.h
    - **Schläfe**: mur-ac.h rutah
    - **Unterkiefer**: brom.

- **Stirn**: ...
  - ○ **Augen**, über den: agar.a1,k aloe alum.a1,k alum-p.k2 am-c.a1,k anac. ang.h arum-t. bell.h berb.a1,k borx.h *Bov.*a1,k bry.a1,k calc.h caps.a1,k *Cedr.* celt.a1 **Chel.**a1,k coc-c.a1 cocc.a1,k colch.a1,k *Ferr.*a1,k ferr-p. kali-c.a1,k **Kali-i.**a1,k kali-p. lach.a1,k *Lyc.*a1,k mag-p. mag-s.a1,k manc. mang. mez.a1,k nat-m.a1,k nit-s-d.a1 ol-an. paeon.a1,k petr.a1,h ph-ac. *Phos.* pimp.a1 pip-m. rhus-t. sel. *Sep.*a1,k sil.h *Spig.* sulph.h tarent. valer.a1,k
    - **links**: am-c.a1 bov.a1 caust.h chel.a1 **Kali-i.** *Lac-f.* mag-c.h ph-ac.h psil.ft1 ptel. **Sel.** *Sep.* thuj.h zinc.h
      - ▽ **erstreckt** sich nach rechts: thuj.h
    - **rechts**: anac.h bamb-a.stb2 *Bov.* carb-v.h *Cur. Lyc. Mag-p.* mang. nat-ar.k2 nux-m.bg1,bg2 tarent.
    - **morgens**: alum.a1,k nit-ac.h sep.a1,k
    - **nachmittags**:
      - **15** h: pip-m.
    - **abends**: hep.a1,k inul.a1,k kali-bi.a1,k pip-m.
    - **nachts**: lyc.h
    - **Bücken**, beim: ip.h
    - **Essen**, nach dem: am-c.a1,k
    - **Gehen** im Freien amel.: *Phos.* sep.a1,k
    - **Husten**, beim: hyos.a1,k
    - **Mittagessen**, beim: am-c.h am-m.h,kl,* borx.
    - **Schneuzen** der Nase; beim: mag-c.h
    - ▽ **erstreckt** sich zu:
      - **Scheitel**: ferr-i.k2
  - **äußerlich**: ang.a1,k ars-s-f.a1 dig.a1,k hell.a1,k hep.a1,k staph.h *Tarax.*a1,k
  - **hinter** den Augen: phos.h
  - **Mitte** der Stirn: aur. chel. gels. indg. sars. stann. valer.
    - **mittags**: gels.
    - **nachmittags**: gels.
    - **abends**: bov. mag-m.h
    - **Bewegung** agg.: sep.h
    - **Bücken**, beim: gels. rat.
    - **Essen**, nach dem: nit-ac.h
    - **Gehen** im Freien; beim: laur.
      - **amel**.: sep.h
    - **pulsierend**: petr.h
    - ▽ **erstreckt** sich nach außen: kali-c. ph-ac.h phos.
  - **Nase**, über der: agar. berb. camph. canth.a1 chin. *Coloc.*a1 kali-bi. kali-c. nat-m. nit-ac. psor. ran-b. rhus-t. sars. sep. sil.
    - **Nasenwurzel**: hep.c1
  - **Seiten** der Stirn: agar.a1,k am-m.h anac.bg2,k,* ant-c.a1,k asaf.bg2,k,* berb.a1,k bov.bg2,k,* bry.bg2,k,* calc.bg2,k,* calc-ar. canth.bg2,k,* cocc.bg2,k,* cocc-s.a1 cycl.a1,k dig.a1,k dros.bg2,k,* euphr.bg2,k,* gran.a1 grat.a1,k hyos.bg2,k,* kali-i.a1 kali-n.bg2,k,* kali-s. kreos.a1,k lach.a1,k mag-m.bg2,k,* mang.bg2,k,* nat-m.a1,k nat-s.a1,k op.a1 par.a1 phos.a1 psor.a1 rat.a1 *Sars.*bg2,k *Sil.*a1 **Spig.**a1 stann.a1 staph.bg2,k,* sul-ac.a1,h tarax.bg2,k,* thuj.a1,k verat.a1,k verb.bg2,k,* zinc.bg2,k,*

- **Stirn - Seiten** der Stirn: ...
  - **links**: agar.$_{a1}$ alum.$_{bg2}$ am-m.$_{bg2}$ ant-t.$_{bg2}$ *Arg-n.*$_{bg2,k}$ arn.$_{bg2}$ asaf.$_{a1,bg2}$ *Bar-c.*$_{bg2,k}$ bry.$_{a1,bg2}$ *Calc.*$_{bg2,k,*}$ canth.$_{bg2}$ caust.$_{bg2,h}$ chel.$_{a1,bg2}$ chin.$_{bg2,h}$ cocc.$_{bg2}$ coloc. cupr.$_{bg2}$ dig.$_{a1}$ *Euph.*$_{bg2,k}$ gran.$_{a1}$ grat.$_{a1}$ hell.$_{bg2}$ kali-i.$_{bg2}$ kali-n.$_{bg2}$ laur.$_{bg2}$ lyc.$_{h}$ mag-m.$_{a1}$ mang.$_{bg2,k,*}$ meny.$_{bg2}$ merc.$_{bg2}$ mez.$_{bg2}$ nat-c.$_{bg2}$ nit-ac.$_{bg2}$ ph-ac.$_{bg2}$ phos.$_{h}$ plb.$_{bg2}$ ptel.$_{bg2}$ sabad.$_{bg2}$ sabin.$_{bg2}$ sars.$_{bg2}$ *Sel.*$_{bg2}$ sep.$_{bg2}$ spig.$_{bg2}$ spong.$_{bg2,h}$ *Stann.*$_{bg2,k}$ **Staph.**$_{h,k,*}$ sul-ac.$_{a1,bg2}$ sulph.$_{bg2}$ tarax.$_{bg2,k,*}$ thuj.$_{a1}$ verat.$_{a1}$ verb.$_{a1,bg2}$
    - **nach** rechts: cocc. squil.$_{a1,h}$
  - **rechts**: agn.$_{bg2}$ *Alum.*$_{bg2,k}$ anac.$_{a1,bg2}$ bar-c.$_{bg2}$ bell.$_{bg2,k}$ berb.$_{a1}$ bov.$_{a1,bg2}$ canth.$_{a1,bg2}$ carb-v.$_{bg2}$ *Cocc.*$_{bg2,k}$ cocc-s.$_{a1}$ cycl.$_{a1}$ dros.$_{a1,bg2}$ euphr.$_{a1,bg2}$ guaj.$_{bg2}$ hell.$_{bg2}$ hyos.$_{bg2}$ kali-i.$_{a1}$ kali-n.$_{a1,bg2}$ laur.$_{bg2}$ led.$_{bg2}$ *Lyc.*$_{bg2,k}$ mag-c.$_{bg2,k}$ mag-m.$_{bg2}$ mag-p.$_{bg2}$ mang.$_{bg2}$ nat-m.$_{a1}$ nux-v. ph-ac.$_{bg2}$ *Phos.*$_{bg2,k}$ plb.$_{bg2}$ rat.$_{a1}$ ruta$_{h}$ sabin.$_{bg2}$ sars.$_{bg2}$ sil.$_{bg2,k}$ **Spig.**$_{a1,bg2}$ *Squil.*$_{a1,bg2}$ sul-ac.$_{bg2,h}$ tarent.$_{bg2}$ verb.$_{bg2}$ zinc.$_{a1,bg2}$
    - **nach** links: aesc.
  - **morgens**: carb-an. mez.$_{a1,k}$ nicc.$_{a1,k}$ sars.$_{a1,k}$
    - **9** h: sil.
    - **10** h: nat-s.
    - **11** h: calc.
    - **Aufstehen**, nach dem: carb-an.$_{a1,k}$
  - **nachmittags**: am-m.$_{a1,k}$ phos.$_{a1,k}$
  - **abends**: chel.$_{a1,k}$ lyc.$_{a1,k}$ nat-m.$_{a1,k}$ phos.$_{a1,k}$ sul-ac.$_{h}$ sulph.$_{a1,k}$
  - **Berührung** amel.: chin.$_{h}$
  - **Bücken**, beim: kali-n.$_{a1,k}$
  - **Druck** amel.: sul-ac.$_{h}$
  - **drückend**: dig.$_{h}$
  - **Freien** amel.; im: carb-an.
  - **Lachen**, beim: glon.$_{a1,k}$
  - **Mittagessen**, nach dem: nat-m.$_{a1,k}$
  - **Öffnen** der Augen; beim: *Sil.*$_{a1,k}$
  - **Schnupfen**, mit: stann.$_{h}$
  - **Sitzen**, im: calc. merc.$_{a1,k}$ nat-s.$_{a1}$ ruta
  - ▽ **erstreckt** sich zu:
    - **Augen** hinein; in die: psor.
    - **außen**, nach: mag-c.$_{h}$ spong.
    - **Gehirn**, ins: sul-ac.
    - **Gesicht**: cycl.
    - **Kiefer**: all-c.
    - **links** nach rechts; von: squil.
    - **Zähne**: all-c.
- **Stirnhöcker**: agar. aloe am-c. arg-n.$_{a1,k}$ arn. *Asaf.* bar-c. bar-s.$_{k2}$ bell.$_{h}$ bov. calc. canth. cham. chel. chin. cocc. croc. euon. grat. guaj. lact. laur. led.$_{h}$ lyc. mag-m. meny. mez. mur-ac. nat-c. nit-ac. plb. raph. ruta sabad. sars. **Spig.** stann. staph.$_{h}$ sul-ac. *Thuj.* verb.
  - **links**: *Arg-n.* arn. asaf. croc. mang. nat-c. sars.
  - **rechts**: bell. bov. kali-p. nat-c.$_{a1}$ pip-m. squil.
  - **nachmittags**: arg-n.

– **stechend - Stirn - Stirnhöcker - nachmittags**: ...
  - **14** h: laur.
  - **16** h: nit-ac.
- **abends**: alum. lyc. nit-ac.$_{h}$ sars.
  - **18** h: lyc.
  - **19** h: sars.
- **außen**, nach: bar-c.$_{h}$ bell.$_{h}$
- **Bewegung**, bei: staph.$_{h}$
  - **amel.**: pip-m.
- **Bücken**, beim: bar-c. lact.
- **Erwachen**, beim: thuj.
- **Freien** amel.; im: pip-m.
- **Geräusche**, durch: agar.
- **Mittagessen**, beim: am-c.
- **pulsierend**: *Spig.*
- **reißend**: chel.$_{h}$ mez.$_{h}$
- **Stehen**, im: canth.
- **Waschen**; beim: bar-c.
- ▽ **erstreckt** sich zu:
  - **außen**, nach: bar-c.$_{h}$ bell.$_{h}$ verb.
  - **Gehirn**, ins: sul-ac.
  - **Nase**, zur: squil.
  - **Ohr**, in das: nat-c.
- **über** dem: zinc.$_{h}$
- **über** der Stirn: aloe chin.$_{h}$ mez.$_{h}$ nat-m.$_{a1,k}$ ol-an.$_{a1,k}$ ruta sulph.$_{a1,k}$
  - **morgens** im Bett: mez.$_{h}$
  - **brennend**: chin.$_{h}$
  - **dumpf**: mez.$_{h}$

– **verstaucht**; wie: carb-an.$_{h}$

○ **Hinterkopf**: psor.

– **Wellen**; in: ant-t. asaf. bamb-a.$_{stb2}$ bell. chin. cocc. ferr. lach.$_{k2}$ plat. **Sep.** spig. viol-t. zinc.
☞ *anfallsweise*

– **wogend**, wallend: lach.$_{k2}$

– **wühlend**, grabend: agar.$_{bg2,k,*}$ ant-t.$_{bg2,k,*}$ aur.$_{h}$ bar-act. calc.$_{h}$ cham.$_{a1,k}$ clem.$_{bg2,k,*}$ coc-c.$_{a1,k}$ colch.$_{a1,k}$ eupi.$_{a1,k}$ *Hep.*$_{bg2,k,*}$ *Mag-m.*$_{bg2,k,*}$ phos.$_{bg2,k,*}$ rat.$_{a1,k}$ samb.$_{bg2,k}$ sep.$_{h}$ *Spig.*$_{h,k,*}$ squil.$_{bg2,k,*}$ til.$_{a1,k}$
- **morgens**: agar. hep.$_{a1,k}$
  - **Aufstehen**, nach dem: bar-act. junc-e. squil.$_{a1,k}$
- **nachmittags**: ant-t.$_{a1,k}$
- **nachts**: agar.
- **Beugen** des Kopfes nach hinten amel.: hep.$_{a1,k}$
- **Bewegung** agg.: *Spig.*$_{h,k,*}$
  - **Oberlider** agg.; der: coloc.$_{h}$
- **Binden** amel.; festes: hep.
- **Freien**, im: agar. rat.
- **Gehen** im Freien; beim: agar.$_{a1,k}$
- **Geräusche**, durch: *Spig.*$_{h,k,*}$
- **kalte** Luft amel.: phos.$_{h}$
- **Liegen** amel.: junc-e. *Spig.*$_{h,k,*}$
- **Mittagessen**, nach dem: agar. kali-c.
- **Öffnen** des Mundes; beim: *Spig.*$_{h,k,*}$
- **Sprechen**, bei lautem: spig.$_{h,k,*}$
- ▽ **erstreckt** sich zu:
  - **Augen**: calc.$_{h}$
  - **Nase**: calc.$_{h}$ *Phos.*

▽ **erstreckt** sich zu: ...
- • **Wangen**: calc.$_{h}$
- • **Zähne**: calc.$_{h}$

○ **Hinterkopf**: agar.$_{a1,k}$ ph-ac.$_{bg2,h}$ phel.$_{a1}$ *Spig.*$_{h,k,*}$ til.$_{a1}$ zinc.$_{bg2}$
- • **links**: agar.$_{a1,k}$
- • **Liegen** amel.: *Spig.*$_{h,k,*}$

• **Schläfen**: agar.$_{bg2,k,*}$ bar-c.$_{bg2,k}$ bov.$_{bg2}$ calc.$_{bg2}$ cham.$_{bg2,k,*}$ clem.$_{bg2,k,*}$ coloc.$_{bg2,k}$ mag-m.$_{bg2}$ mang.$_{bg2,k}$
- • **Mitternacht**: agar.$_{a1,k}$
- • **Mittagessen**, nach dem: agar.$_{a1,k}$

• **Seiten**: agar.$_{a1,k}$ carl.$_{a1,k}$ clem. phos.$_{a1,k}$ rat. spig.$_{a1,h}$
- • **vormittags**: agar.$_{a1,k}$
- • **Freien**, im: rat.$_{a1,k}$
- • **Gehen**, beim: clem.$_{h}$
  - • **Freien**; im: agar.

▽ **erstreckt** sich zum Hinterkopf: clem.$_{a1,k}$

• **Stirn**: agar.$_{a1,k}$ bar-c. cham.$_{bg2,k,*}$ coc-c.$_{a1,k}$ dulc.$_{bg2,k}$ eupi.$_{a1,k}$ kali-c. mag-m.$_{bg2,k,*}$ mez.$_{h}$ plat.$_{bg2,k,*}$ sang.$_{a1}$ sep.$_{h}$ spig.$_{h,k,*}$
- • **links**: agar.$_{a1,k}$ phel.$_{a1}$
- • **morgens**: bar-c. dulc.$_{a1}$ squil.$_{a1,k}$
  - • **Aufstehen**, beim: bar-c. squil.$_{a1,k}$

▽ **erstreckt** sich zum Mund: eupi.$_{a1,k}$

○ **Augen**, über den: dulc. kali-c. plat.$_{a1,k}$
- • **Gehen**, beim: plat.
- • **Seiten**: agar.$_{a1,k}$ clem.$_{a1,k}$ ol-an.$_{a1,k}$ phel.$_{a1}$

– **wund** beißend: bapt. camph. canth. chin. euphr. glon. ham. rhus-t. sabin.

☞ *wund schmerzend*

○ **Stirn**: bapt. canth. carb-an. gels. graph.$_{a1,k}$ hydr. lach.
- • **Berührung**; bei: graph.

– **wund** schmerzend: abrot. acon. aesc. agar. aloe alum. alum-p.$_{k2}$ alum-sil.$_{k2}$ alumn. am-c. am-m. ambr.$_{k2}$ anac. *Apis* *Arg-met.* *Arn.* *Ars.*$_{k,k2}$ *Ars-i.*$_{st}$ ars-s-f.$_{k2}$ *Aur.* aur-ar.$_{k2}$ aur-m.$_{k2}$ bad. *Bapt.* bar-c. bar-i.$_{k2}$ bar-m. bar-s.$_{k2}$ **Bell.** benz-ac. borx. *Bov.* bry. cact.$_{k2}$ *Calc.* calc-i.$_{k2}$ *Calc-p.* calc-sil.$_{k2}$ camph. cann-i. *Canth.* *Caps.* *Carb-ac.* *Carb-v.* *Carbn-s.* caust. cench.$_{k2}$ cham. chel. **Chin.** chinin-ar. *Chinin-s.* cimic. cina$_{k2}$ *Cinnb.*$_{k,k2}$ cob. coff. colch.$_{k2}$ con. cop. corn. *Cupr.* cupr-ar. daph. *Eup-per.* eup-pur. *Euph.* euphr. *Ferr.* *Ferr-ar.* ferr-p. fl-ac. **Gels.** *Glon.* granit-m.$_{es1}$ *Graph.* gymno. ham. *Hell.* **Hep.** hipp. *Ign.* ind. iod. **Ip.** kali-bi. kali-c.$_{k2}$ kali-i.$_{k2}$ kali-m.$_{k2}$ kali-n. kali-p. kali-sil.$_{k2}$ *Kreos.* lac-ac. lac-c. *Lac-d.* *Lach.* lachn. lact. led. *Lyc.* lyss. mag-c. *Mag-m.* manc. mang. med. **Merc.** **Mez.** mosch. mur-ac. naja nat-ar. nat-c. nat-m. *Nat-s.* nicc. **Nit-ac.** *Nux-m.* **Nux-v.** olnd. op. *Par.* *Petr.* ph-ac. *Phos.*$_{k,k2}$ *Phyt.* pic-ac. plan. plat. prun. *Puls.* raph. rat. rhod. *Rhus-t.* *Ruta* sabad. sang. sars. sec. *Sep.* **Sil.** sol-ni. sol-t-ae. *Spig.* stann. *Staph.* stram. *Sul-ac.* *Sul-i.* *Sulph.* *Syph.* *Tarent.* tela$_{bg1}$ tep. ter. *Thuj.* tub.$_{k2}$ *Verat.* zinc. zinc-p.$_{k2}$ zing.

☞ *wund beißend / zerrissen*

• **morgens**: aur. bov. caust. cob. con. gymno. hep. hyper. ind. merc. mez. nicc. **Nux-v.** petr. plan. sul-ac.
- • **Aufstehen**: ars.
  - • **amel.**: aur.$_{h}$
- • **Erwachen**, beim: ambr. anac.$_{h}$ con. *Cupr-ar.* *Ign.* *Plan.* tarent.

• **vormittags**: sep.

• **nachmittags**: alum. bufo nicc. phos. sang.

• **abends**: acon. bov. *Calc.* castm. chel. *Euphr.* graph. mag-c. nit-ac. phos. *Puls.* *Zinc.*
- • **Bett**, im: plan.

• **nachts**: cob. coca phos.

• **anfallsweise**: *Verat.*

• **Ärger**, Verdruß; nach: **Mez.**

• **Berührung**, bei: ambr.$_{k2}$ ars.$_{h}$ bry.$_{k2}$ lach.$_{k2}$ nit-ac.$_{h}$ ox-ac.$_{k2}$ ph-ac.$_{h}$ phos.$_{h}$ sul-ac.$_{h}$

• **Bewegung**, bei: calc-sil.$_{k2}$ caps. carbn-s. *Chin.*$_{st}$ **Cimic.** colch.$_{k2}$ cupr-ar. glon. granit-m.$_{es1}$ iod. mang. merc. nat-ar. *Nux-v.*$_{st}$ rumx. *Tell.*
- • **amel.**: aur. mur-ac. *Ph-ac.* *Puls.* tub.$_{k2}$

• **Bücken**, beim: bapt. *Coloc.* hell. lyc. nicc. rumx.

• **Drehen** der Augen; beim: cupr. hep. mur-ac.

• **Druck**, durch: arg-met.$_{h}$
- • **Hutes**, des: carb-v. **Nit-ac.** *Sil.*
- • **Kissen**, auf das: cupr-ar. **Nit-ac.**

• **Erhitzung**, bei: petr.

• **Erschütterung** agg.: bar-c. **Bell.** calc. calc-sil.$_{k2}$ hell. lac-d.$_{k2}$ *Led.* nit-ac. nux-v. phyt. sil.

• **Erwachen**, beim: ind. plan. tarent.

• **Fahren** mit der Straßenbahn agg.: glon.

• **Fieber**, nach: chinin-ar.$_{k2}$

• **Freien**, im: calc. card-m.$_{k2}$ eup-per.
- • **amel.**: ang.$_{h,k}$ *Ip.*$_{h,k}$

• **Frühstück**, nach dem: merc.

• **Gehen**:
- • **beim**: **Caps.** hyos. nit-ac. nux-v. ph-ac. phos. raph. stram.
- • **Freien**, im: *Chin.* coff.
  - • **amel.**: *Puls.*
- • **Wind**, im: chin.$_{h}$

• **geistiger** Anstrengung, nach: anac. *Aur.* **Chin.** daph. *Phos.* prun.

• **Gespräche** amel.: eup-per.

• **Haar** muß herabhängen; das: bry.$_{k2}$

• **kalt**:
- • **Anwendungen** amel.; kalte: euph.
- • **Luft**, in kalter: *Chin.* ind. thuj.

• **Kämmen** der Haare; beim: alum. alum-sil.$_{k2}$ *Ars.*$_{k,k2}$ asar. carbn-s. *Chin.* *Hep.* lac-c. mang. nat-s. nit-ac.$_{k2}$ *Rhus-t.* sars. *Sil.* *Sulph.*$_{st}$

• **Kopfschmerzen**, nach intensiven: lycpr.$_{c1}$

• **Kratzen**:
- • **agg.**: kali-i.$_{k2}$

• **Lehnen** des Kopfes nach rechts amel.: stram.

• **Lesen** agg.: aur.

• **Liegen**, beim:
- • **agg.**: aur. crot-h. euphr. nux-m.
- • **amel.**: granit-m.$_{es1}$
- • **erkrankten** Teil agg.; auf dem: **Nit-ac.** nux-m. plan. rhus-t.$_{k2}$ spig.

- **Menses**, während: *Gels.*st mag-c. nux-v. zinc-p.k2
- **Mittagessen**:
  - **nach**: mag-m.
  - **amel.**: rumx.
- **Niesen**, beim: arn. bell. bry. grat.
- **Reiben** amel.: ars. thuj.
- **Schlaf**:
  - **nach**: chinin-ar.k2
- **Schließen** der Augen amel.: *Chin.* plan. sil.
- **Schreiben**, beim: aur.
- **Schütteln** des Kopfes; beim: *Bell. Glon.* mang. nit-ac.
- **Sonne**; durch Aufenthalt in der: manc. nit-ac.
- **Sprechen**, beim: aur. *Chin.* spig.
- **Stelle**; an der schmerzhaften: *Spig.*
- **Stellen**, an einzelnen: ambr. eupi.brol helo.cl helo-s.cl mang.k2 *Ox-ac. Sil.*
- **Wärme** amel.: *Nux-m.*
- **warm**:
  - **Bett** agg.; im warmen: *Calc. Carb-v.*
  - **Zimmer**, im warmen: *Coff. Puls.*
    - **amel.**: eup-per.
- **Wellen**; in: granit-m.esl
- **Wetter**; bei nassem: **Calc.** *Nat-s.* phyt.

○ **Gehirn**, im: anac. ang.cl *Arn.* aur. bar-c. **Chin.** coff. *Cupr.* **Gels.** glon. hell. *Ign.* ind. iod. *Ip.* mang.k2 merc. mur-ac. *Nat-m. Nux-v. Ph-ac.* phos. phys. phyt. plan. rumx. stann. tell.
  - **nachmittags**: phos.h
  - **anfallsweise**: *Verat.*
- **Haut** des Kopfes wund wäre; als ob die ☞ *Kopfhaut*
- **Hinterkopf**: *Aesc.* agar. alum. ars.h aur. bapt. *Bry. Calc.* cann-i. carb-ac. carb-an. chel. choc.srj3 cic. **Cimic.** coff. crot-c. crot-h. dirc. **Eup-per.** *Euph.* ferr. ferr-p. **Gels.** *Glon.* grat. *Hell.* helo.cl helo-s.cl hyos. indg. *Ip.* kali-p. mag-s. merc-i-f. mez. *Mur-ac.* nat-m. nat-s. nicc. nit-ac. **Nux-v.** *Ph-ac.* phyt. pip-m. plan. rhus-t.h sabad. sep. spig. **Staph.** sulph. tab. tarent. zinc.h
  - **nachts** agg.: sep.h
  - **Berührung**, bei: calc.h sep.h
  - **Bewegung**:
    - **amel.**: euph. *Rhus-t.*
    - **bei**: **Cimic.** *Crot-h. Nux-v.*
  - **Blicken** nach oben; beim: graph.h
  - **Bücken**, beim: hell.
  - **Druck**, bei: sanic. tab.
    - **amel.**: sep.h
  - **Frost**; während: hell.h
  - **Husten**, beim: tarent.
  - **kalte** Anwendungen amel.: euph.hrl
  - **Liegen**, beim:
    - **amel.**: alum. hell.
    - **Seite** amel.; auf der schmerzhaften: *Bry.* plan.
    - **Hinterkopf**, auf dem: sep.h
  - **losgebrochen**; wie vom übrigen Schädel: chel.
  - **pulsierend**: *Eup-per.*
  - **Treppensteigen**, beim: nat-s.bg1

- **Hinterkopf**: ...
  - **Wunde** gedrückt würde; als ob auf eine: sabad.

○ **Seiten**: caust. euph.h grat. iod.h
- **Kopfhaut**: cann-i.cl nux-v.j7,rb2
- **Scheitel**: agar.h *Alum.* ant-c. apis arg-met. bov. bry. bufo castm. caust.h chel. cimic. cinnb. ferr. ferr-p. glon. hyper. ind. iod. kali-bi. kali-c. kali-n. lac-ac. *Lach. Mag-c.* mag-m. merc.bg1,bg2 nat-m.h nicc. nux-v.bg1,h,* olnd. petr. ph-ac. phos. phyt. rhod. rhus-t. sabin. sep. sil. spig. squil. sul-i. **Sulph.** thuj. *Zinc.*
  - **morgens**: bov. hyper. squil.
  - **vormittags**: nicc.
  - **nachmittags**: nicc.
  - **abends**: mag-c. sulph. *Zinc.*
  - **Berührung**, bei: zinc.h
  - **Druck** amel.: hell.
  - **Frost**; während: hell.
  - **geistiger** Anstrengung, bei: ph-ac.
  - **Husten**, beim: kali-c.
  - **Liegen** auf der schmerzhaften Seite agg.: nux-m.
  - **Luft**:
    - **Freien** amel.; im: gamb.
    - **kalte** Luft amel.: ant-c. thuj.
  - **Menses**, während: mag-c.
  - **pulsierend**: caust.
  - **Stellen**, an kleinen: *Caust.* vinc.
- **Schläfen**: aesc. agn.hrl atro. calc-p. castm. cham. cob. coca cupr-ar. daph. dirc. glon. grat. gymno. haem. lyss.cl meny.h merl. *Mez.* nicc. nux-m. ph-ac. phys. plan. plb. *Puls. Rhus-t.* sang. tarent. **Verb.**
  - **links**: cham. gymno.
  - **rechts**: calc-p. cop. dros.h nicc.
  - **tagsüber**: phys.
  - **morgens**: cob. plan.
  - **vormittags**: nicc.
  - **abends**: ph-ac.h *Puls.* rhus-t.
  - **nachts**: cop.
  - **Berührung**, bei: meny.h
  - **geistiger** Anstrengung, bei: ph-ac.h
  - **Husten**, beim: tarent.
- **Seiten**: ambr. ars. benz-ac. bov. *Chin.* con. crot-h. eup-per. grat. ip.h kali-ar.k2 kali-i. laur. lil-t. mag-c. merc-i-f. mez. nat-m. nit-ac. **Nux-v.** petr. phyt. plan. plat. rat. *Rhus-t.* **Ruta** sil. staph. sulph. zinc.h
  - **links**: cupr-ar. laur. lil-t. par. rat.bg1,bg2 sulph.
  - **rechts**: aesc. ambr. dros.h merc-i-f. mez. nit-ac. plat. staph.h zinc.h
  - **morgens**: ars.
  - **vormittags**: bov. mag-c.
  - **Berührung**:
    - **agg.**: petr.h
    - **amel.**: dros.h
  - **Bewegung** agg.: *Chin.*
  - **Drehen** der Augen auf die schmerzhafte Seite; beim: con.
  - **Druck**, bei: ang.h

• **Seiten**: ...
• **Liegen**, beim:
• **Seite**, auf der:
• **schmerzhaften**, auf der:
• **amel.**: plan.
• **unmöglich**: staph.$_{h}$
• **schmerzlosen** Seite amel.; auf der: nux-v.
• **liegt**, auf der er: bar-c. **Nit-ac.**
• **nicht**: *Rhus-t.*
• **Stellen**, an kleinen: agar. ambr. ang.$_{h}$ ant-c. plat. sulph. zinc.$_{h}$
• **wandernd**: ind.
▽ **erstreckt** sich zu:
• **Augen**: crot-h.
• **Ohren**: grat.
• **Zähne**: crot-h. rhus-t.$_{h}$
• **Stirn**: acon. ang. ant-t. apis *Arn.* ars. ars-s-f.$_{k2}$ bapt. bufo canth. carb-an. cob. coff. *Coloc.* cupr-ar. dros.$_{h}$ *Euph.* gels. germ-met.$_{srj5}$ glon. granit-m.$_{es1}$ *Hep.* hipp. hydr. indg. iod. lach. lil-t. lyc. mag-s. merc. merc-i-f. mur-ac. nat-ar. nat-c. nat-m. *Par.* ph-ac. plan. plat. podo. prun. **Puls.** ran-b. *Rumx.* sang. sarr. **Sil.** sol-ni. spig. spong. stann. sul-ac. sulph. tell. teucr. thuj. zinc. ziz.
• **tagsüber**: sil.
• **morgens**: cob. hep. sil.
• **9** - 13 h: mur-ac.
• **Erwachen**, beim: hep. sol-ni.
• **vormittags**: mag-s.
• **abends**: ph-ac.$_{h}$
• **Mitternacht** bis morgens: hep.
• **Berührung**, bei: nat-m.$_{h}$
• **Bewegen** der Augen, beim: hep.
• **Bewegung** agg.: cupr-ar. hep.
• **Bücken**: lyc.$_{h}$
• **Erwachen**, beim: hep. thuj.
• **geistiger** Anstrengung, bei: ph-ac. *Sil.*
• **Öffnen** der Augen agg.: *Sil.*
• **Reiben** amel.: ars.$_{h}$
• **Schlaf** amel.: thuj.
• **Schlag**; wie nach einem heftigen: arn. chel. sol-ni. sul-ac.
• **Stellen**, an kleinen: par.
• **zerbrechen** würde, nach dem Mittagessen; als ob etwas: nat-s.
○ **Augen**, über den: cann-i. choc.$_{srj3}$ gels. *Kali-c.* plan. plat.$_{h}$ *Sil.*
• **Gehirns**; wie auf der Oberfläche des: ph-ac.
• **Nase**, über der: carb-an.
• **Rand** des Orbitalbogens: spig.$_{h}$
• **Stirnhöcker**, im: arn. dros.$_{h}$ lach. plan. plat.$_{h}$ sul-ac.$_{h}$
– **wundfressend**: alum.$_{h}$ plat.$_{h}$ staph.$_{h}$
– **zerplatzen** würde, als ob er
☞ *berstend*
– **zerreißend**
☞ *berstend / reißend*
– **zerrissen**, wie: agar. alum. am-m. ang. arg-met. ars. aur. bell. bov. camph. **Carb-an.** caust. cham. *Chin.* *Coff.* con. euphr. ferr. graph. hell. hep. *Hyper.* ign. iod. ip. kali-n. lach. mag-c. merc.
– **zerrissen**, wie: ...
mosch. *Mur-ac.* *Nicc.* nit-ac. *Nux-v.* op. ph-ac. phos. plat. puls. *Rhus-t.* sep. stann. *Staph.* stront-c. sulph. thuj. verat. zinc.
☞ *berstend / reißend / wund schmerzend*
• **morgens**, beim Erwachen: con.$_{h}$
• **Bewegen** der Augen; beim: *Rhus-t.*
○ **Gehirn**:
• **morgens** beim Aufstehen, Bewegung agg., Ruhe und Wärme amel., vergeht mit Gähnen: staph.
• **Bewegen** der Augen oder Aufsetzen im Bett agg., mäßige Körperübung amel.: mur-ac.
• **gepackt** und zerrissen und verdreht; wie mit der Hand: mur-ac.
• **Hinterkopf**: con.
• **obere** Hälfte: ambr.$_{br1}$
• **Scheitel**: **Carb-an.** caust. mur-ac. thuj. zinc.
• **Schläfen**: mur-ac.
• **Seiten**: nux-v. sulph.
• **Stirn**: am-m. asar. coff. graph. hep. mez. nux-v. *Puls.* thuj.$_{h}$
• **vormittags**: graph.
– **zerschlagen**; wie
☞ *wund schmerzend / zerschmettert*
– **zerschmettert** (= wie zermalmt, in Stücke geschlagen): acon. aesc.$_{k2}$ aeth. alum. alumn.$_{k2}$ anan. **Arg-met.** ars. aur. bar-c. bell. bov. cact.$_{k2}$ calc. camph. caul.$_{hr1}$ caust. cham. *Chin.* *Cocc.* coff. *Con.* euph. glon.$_{k2}$ graph. hell. hyos. **Ign.** iod. *Ip.* kali-c. kali-i.$_{k2}$ *Lach.* lyss. mang. merc. mez.$_{k2}$ mur-ac. nat-m. nat-s. nux-v. ph-ac. **Phos.** puls. rhus-t. **Ruta** *Sep.* *Sil.* stann. stront-c. sul-ac. syph.$_{k2}$ verat. verb.$_{bg1,bg2}$
• **nachmittags**: marb-w.$_{es1}$
○ **Scheitel**: ip.$_{bg1,bg2}$
• **Seiten**:
• **beide** Seiten: kali-i.$_{k2}$
– **Ziehen**, wie ein: acon-l.$_{a1}$ canth.$_{bg2,k}$ *Lach.* petr.$_{bg2,k}$
▽ **erstreckt** sich in die Zähne hinein: staph.$_{a1,k}$
○ **Stirn**: plb.
– **ziehend**: *Acon.*$_{bg2,k,*}$ aeth.$_{a1,k}$ *Agar.*$_{bg2,k,*}$ agn.$_{bg2}$ ail. all-c.$_{k2}$ alum.$_{bg2,k,*}$ alum-sil.$_{k2}$ am-c.$_{bg2,k}$ ambr.$_{hr1,k}$ ammc.$_{a1}$ ang.$_{a1,k}$ ant-t.$_{bg2,k}$ apis aran.$_{hr1,k,*}$ arg-met. arg-n.$_{a1,k}$ *Ars.*$_{a1,k}$ asar.$_{bg2,k,*}$ aur.$_{bg2,k,*}$ aur-ar.$_{k2}$ aur-m.$_{hr1,k}$ aur-m-n.$_{a1}$ aur-s.$_{k2}$ bapt. bar-c.$_{bg2,k}$ bell.$_{bg2,k,*}$ berb.$_{a1,k}$ bism.$_{bg2,k,*}$ borx. bov.$_{a1,k}$ *Bry.*$_{bg2,k}$ *Calc.*$_{bg2,k,*}$ *Calc-p.*$_{hr1,k}$ camph.$_{hr1,k,*}$ canth.$_{bg2,k,*}$ caps.$_{bg2,k}$ carb-an.$_{bg2,k}$ *Carb-v.*$_{bg2,k,*}$ *Carbn-s.* *Caust.* *Cham.*$_{bg2,k,*}$ **Chin.**$_{bg2,k,*}$ cimic.$_{a1,k}$ cimx.$_{hr1,k,*}$ cina coff.$_{a1,k}$ coloc.$_{bg2,k,*}$ *Con.*$_{a1,k}$ croc.$_{bg2,k}$ cupr.$_{bg2,k,*}$ cycl.$_{bg2,k}$ dulc.$_{bg2,k}$ eug.$_{a1,k}$ eupi.$_{a1,k}$ ferr.$_{bg2,k,*}$ ferr-ar. *Gels.*$_{hr1,k}$ gink-b.$_{sbd1}$ *Glon.*$_{hr1,k}$ gran. *Graph.*$_{bg2,k}$ guaj.$_{bg2,k}$ hell.$_{bg2,k,*}$ hipp.$_{a1,k}$ hydr. ip.$_{bg2,k,*}$ kali-c.$_{bg2,k,*}$ *Kali-i.*$_{a1,k}$ kali-p. kali-s. kali-sil.$_{k2}$ kalm. *Kreos.*$_{hr1,k,*}$ lach.$_{a1,k}$ lil-t. lup.$_{a1}$ lyc.$_{bg2,k}$ *Mag-c.*$_{bg2,k,*}$ mang.$_{bg2,k,*}$ meny.$_{bg2,k}$ **Merc.**$_{bg2,k,*}$ merc-c. mez.$_{a1,k}$ *Mosch.*$_{bg2,k,*}$ nat-ar. nat-c.$_{a1,k}$

– **ziehend**: ...
Nat-m.$_{bg2,k}$ nat-p. nit-ac.$_{bg2,k,*}$ **Nux-v.**$_{bg2,k,*}$ ol-an.$_{a1,k}$ petr.$_{bg2,k,*}$ *Phos.*$_{h,k,*}$ *Plat.*$_{bg2,k,*}$ *Plb.*$_{hr1,k}$ *Puls.*$_{bg2,k,*}$ ran-s. rheum *Rhod.*$_{bg2,k,*}$ *Rhus-t.*$_{bg2,k,*}$ rhus-v.$_{a1}$ ruta sabad.$_{a1,k}$ sabin.$_{bg2,k}$ sars.$_{h,kl}$ seneg. *Sep.*$_{bg2,k,*}$ *Sil.*$_{bg2,k,*}$ squil.$_{bg2,k}$ stann.$_{bg2,k}$ *Staph.*$_{bg2,k,*}$ stront-c. stry. *Sul-ac.*$_{bg2,k,*}$ **Sulph.**$_{bg2,k,*}$ thuj.$_{bg2,k}$ til.$_{a1,k}$ tong.$_{a1}$ valer.$_{bg2,k,*}$ verat.$_{bg2,k,*}$ zinc.$_{bg2,k,*}$ zing.$_{hr1,k,*}$
☞ *Zusammenschnürung*

- **morgens**: agar.$_{hr1,k}$ ang.$_{a1,k}$ dros. hell. kali-bi. mag-c. mez. petr. rhod. sulph. zinc.
  - **Aufstehen**, beim: nat-m.
  - **Gehen**, vergeht beim Aufstehen; beim: am-c.
- **vormittags**: kali-c.
- **mittags**: phos.$_{h,kl}$
  - **amel.**: **Bry.**$_{a1,k}$
- **nachmittags**: agar. ant-t.$_{a1,k}$ dulc. gins. verat-v. zing.
- **abends**: all-c. aloe ang.$_{a1,k}$ bov. castm. crot-h. dulc. graph. hipp.$_{a1,k}$ kali-n. kalm. ol-an. phos. ran-b. stront-c. sul-ac.$_{h,kl}$ valer.$_{a1,k}$ zinc.
  - **amel.**: coloc.
- **nachts**: agar.$_{h,kl}$ *Kali-c.* nat-m. phos. rhus-t. sep.$_{h,kl}$
- **Achselhöhle**; mit vorangehendem Ziehen in der: petr.$_{h}$
- **Anfällen**, in: carb-v.$_{h,kl}$ thuj.
- **Atems**; beim Anhalten des: agar.
- **Aufstehen**, beim: bry.$_{a1,k}$ coloc. nat-m.
- **Berührung**, bei: con. **Staph.**
- **Bett**:
  - **im**: agar. hell. hipp.$_{a1,k}$
  - **warmes** Bett amel.: caust.
- **Bewegen** des Kopfes; beim: cact. staph.
- **Bewegung**:
  - **amel.**: arg-met. bell. eupi. *Rhod. Rhus-t.*
  - **bei**: arg-n.$_{a1,k}$ bism.$_{a1,k}$ tab. til.$_{a1,k}$
- **Bücken**; bei tiefem: *Ign.*$_{a1,k}$
- **Druck**:
  - **agg.**: agar.$_{h,kl}$ cina
  - **amel.**: chin.
- **Eintreten** ins Haus amel.: mang. plect.
- **Erhitzung**; bei: carb-v.
- **Essen**:
  - **beim**: dulc.
  - **nach**: ant-t. bell. chin. crot-h. mill. nat-c. phos.
    - **amel.**: con.$_{h,k,*}$ sulph.
- **Erwachen**; beim: agar.$_{a1,k}$
- **Frösteln**, beim: eupi. *Glon.*
- **Gehen**, beim: chel. coloc.$_{a1,k}$
- **geistige** Anstrengung, durch: borx. calc. cina coff.$_{a1,k}$ gins. nat-m. sulph.
- **Gewitter**, bei: *Rhod.*
- **hin** und her: ambr.$_{k1}$
- **Husten**, beim: iris
- **Hutes**; durch Druck des: carb-v.
- **kalte** Anwendungen amel.: til.$_{a1,k}$
- **Kauen**, beim: sulph.
- **Kirche**, in der: zinc.
- **Liegen**:
  - **amel.**: asar.
  - **Kopf**; amel. mit hoch gelagertem: gels.
- **Luft**:
  - **Freien**, im: *Con.*$_{a1,k}$ grat.$_{a1,k}$ kalm. mang.$_{hr1,k}$ plect.
    - **amel.**: asar.$_{hr1,k}$ hell.$_{a1,k}$ olnd.
  - **kalte** Luft agg.: *Caust.*
  - **Zugluft**, durch: til. valer.
- **Menses**, während: berb.$_{a1,k}$ mag-c. sang.
- **Mittagessen**:
  - **beim**: kali-c.$_{h,kl}$
  - **nach**: bell.$_{a1,k}$ nat-c.$_{a1,k}$ phos.
- **Niesen** amel.: mag-m.$_{h}$
  - **häufiges** Niesen amel.: lil-t.
- **pulsierend**: ars.
- **Schließen** der Augen; beim: sabad.
  - **amel.**: *Con.*$_{a1}$ til.$_{a1,k}$
- **Schlucken**, beim: mag-c.
- **Sitzen**, im: arg-met. chin. meny. *Mur-ac.* squil.
- **Sonnenhitze** amel.: stront-c.
- **Stehen**:
  - **amel.**: *Tarax.*
  - **beim**: agar. mag-c.
- **Strecken** agg.: agar.
- **Streifen**, wie in: arg-n.
- **Übelkeit**, bei: croc.
- **Wärme**:
  - **amel.**: stront-c.
  - **Bettes** amel.; des: caust.
- **Wetter**; bei nassem:
  - **während**: *Rhod. Rhus-t.*
  - **amel.**: caust.

▽ **erstreckt** sich zu:
- **Augen**: **Nit-ac.**
- **Gesicht**: ant-t. aran. graph. mag-m.$_{h}$ seneg.
- **Hals**; zum äußeren: graph.
- **hier** und da: ambr. ip. mosch. nux-v.
- **Hinterkopf**: *Ars.* glon.
- **Nase**: ant-t.
- **Ohren**: mag-m.$_{h}$ sep.$_{h}$
- **Schläfen**: asar. sep.$_{h}$
- **vorne**, nach: carb-v. nat-m.
- **Wirbelsäule**: kali-n. *Mosch.* thuj.
- **Zähne**: mag-m.$_{h}$ sep.$_{h}$

○ **Hinterkopf**: *Agar.*$_{bg2,k,*}$ ambr.$_{bg2,k}$ anac.$_{bg2,k,*}$ ang.$_{a1,bg2}$ ant-t.$_{bg2,k}$ *Arg-met.* arg-n.$_{bg2,k,*}$ **Arn.**$_{bg2,k,*}$ asaf.$_{bg2,k,*}$ aur-m-n.$_{a1,k}$ bell.$_{bg2,k}$ **Bry.**$_{bg2,k,*}$ cact.$_{a1,k}$ calad.$_{a1,k}$ calc.$_{bg2,k}$ *Calc-p.*$_{a1,k}$ calc-sil.$_{k2}$ camph. cann-s.$_{bg2,k}$ *Carb-v.*$_{bg2,k}$ carbn-s. *Carl.*$_{a1}$ caust.$_{bg2,k,*}$ cere-b.$_{a1}$ *Chel.*$_{bg2,k,*}$ chin.$_{bg2,k,*}$ coc-c.$_{a1,k}$ cocc.$_{bg2,k}$ coloc.$_{bg2,k,*}$ corn.$_{a1,k}$ cycl.$_{bg2,k}$ digin.$_{a1}$ dros.$_{bg2,k}$ *Ferr.*$_{bg2,k}$ *Gels.* gins.$_{a1,k}$ glon.$_{bg2,k,*}$ graph.$_{bg2,k,*}$ guaj.$_{bg2,k}$ hyper. ip. kali-bi.$_{bg2,k,*}$ kali-c. *Kali-n.*$_{bg2,k,*}$ laur.$_{bg2,k}$ mag-c.$_{bg2,k}$ mang.$_{bg2,k,*}$ meny.$_{bg2,k,*}$ merc.$_{bg2,k,*}$ mez.$_{bg2}$ mill.$_{a1,k}$ mosch.$_{bg2,k}$ *Mur-ac.*$_{bg2,k}$ nat-c.$_{bg2,k}$ nat-p. nat-s.$_{bg2,k,*}$ nit-s-d.$_{a1}$ *Nux-v.*$_{bg2,k,*}$ ph-ac.$_{bg2,k,*}$ phos. plat.$_{bg2,k,*}$ plect.$_{a1,k}$ puls.$_{bg2,k,*}$ ran-b.$_{bg2,k}$ raph.$_{a1,k}$ rhod.$_{bg2,k}$ rhus-t.$_{bg2,k,*}$ rhus-v.$_{a1}$ sabin.$_{bg2,k,*}$ sel.$_{bg2,k,*}$ *Sep.*$_{bg2,k,*}$ spig.$_{bg2,k}$ squil.$_{bg2,k,*}$

- **Hinterkopf**: ...
  staph.bg2,k,* sulph.bg2,k,* thuj.bg1,bg2,* valer.bg2,k,* *Zinc.*bg2,k,* zinc-p.k2
  - **morgens**: kali-bi.a1,k
- **Hinterkopf**: ...
  - **vormittags**: sulph.a1,k
  - **mittags** amel.: **Bry.**
  - **nachmittags**: agar.a1,k
  - **abends** im Bett: graph.a1,k
  - **Anstrengung**: gels.hr1
  - **Berührung**, bei: chin.h,kl
  - **Bett**, im: agar.a1,k graph.
  - **Beugen** des Kopfes:
    - **hinten**; nach:
      - **amel.**: cact.hr1,k,*
      - **muß** den Kopf nach hinten beugen: chin.h kali-n.c1
    - **vorne**; nach:
      - **agg.**: staph.h
  - **Bewegung**:
    - **agg.**: ph-ac.h,kl
    - **amel.**: arg-met.
    - **Kopfes**, des: *Cact.* staph.
  - **Bücken**, beim: mang.
  - **Druck** amel.: chin.a1,k mang.
  - **Essen**, nach dem: agar. ant-t.a1,k mill.a1
  - **Gehen** amel.: chin.a1,k
  - **geistiger** Anstrengung, bei: *Calc.* chin. gels.hr1 gins.a1
  - **Kauen**, beim: sulph.a1,k
  - **Schlucken**, beim: mag-c.a1,k
  - **Sitzen**, im: chin.a1,k meny.a1,k squil.a1,k
  - **Stehen**, im: chin.h,kl mag-c.a1,k
  - **wandernd**: mez.a1,k
  - **zurückwerfen**; muß den Kopf
    ☞ *Beugen - hinten - muß*
  - ▽ **erstreckt** sich zu:
    - **Hals**: merc. mur-ac.h nat-c. plect. sulph.
      - **Einschlafen**, vor dem: *Bry.*
      - **Nacken**: kali-n.c1 merc. nat-c. plect. sulph.
    - **Nase**: corn.
    - **oben**; vom Nacken nach: ambr. carb-v. ferr. sep.h staph.h
    - **Zervikalregion** und zu den Schultern; zur oberen:
      - **Ruhen** mit hoch auf einem Kissen gelagertem Kopf mit halb offenen Augen amel., und mit Schläfrigkeit: gels.
    - **Ohren**: bar-c. cann-s.
    - **Stirn**: arg-met.h chel. chin. nat-c.h sars.h
- ○ **Hinterhauptshöcker**, erstreckt sich zum Auge: mur-ac.h,kl
  - **Knochen** des Hinterkopfes: chin.h,kl ph-ac.h,kl
  - **Seiten**: alum.a1,k ang.a1 aur-m-n.a1,k *Carb-v.*a1,k *Chel.*a1,k chin.a1,k *Fl-ac.* kali-c.a1 kali-n.a1,k kali-s. kiss.a1 laur.a1,k meny.h,kl mez.a1,k nat-s.a1,k phos.a1,k sep. thuj.a1,k zinc.a1,k
    - **links**: calc. *Carb-v.*bg2,k,* *Chel.*a1,k chin.a1,bg2 cycl.bg2,h nat-s.a1 phos.a1 thuj.a1 zinc.bg2,k,*
      - **Unterkiefer**, zum: plat.h
    - **rechts**: alum.a1,k caust.bg2,k chin.bg2 cocc.bg2

- **Hinterkopf - Seiten - rechts**: ...
  dros.bg2 laur.a1,bg2 nat-c.bg2,k,* rhod.bg2,k spig.a1,bg2 zinc.h,kl
  - **vormittags**: alum.a1,k sulph.a1,k
  - ◆ **abwechselnd** mit einem ähnlichen Gefühl im Daumenballen: arg-met.
  - **anfallsweise**: rhod.a1,k
  - **Beugen** des Kopfes nach hinten amel.: chin.a1,k
  - **drückend**: *Chel.*a1 *Chin. Spig.*a1,k
  - **gezogen**; als würde der Kopf nach hinten: nat-c.a1,k
  - **krampfartig**: kali-n. plat.h *Sulph.*
  - **Niesen** amel.: calc.h
  - **rheumatisch**: coff.a1,k
  - **Seite**, auf die er den Kopf dreht: calc.h
  - **warmen** Zimmer, im: zing.a1,k
  - ▽ **erstreckt** sich zu:
    - **rechts**; von links nach: *Squil.*
    - **Stirn**: cycl.h
- **Periost**, wie im: *Merc. Merc-c.*
- **Scheitel**: anac.bg2,k ant-t.bg2,k,* arg-met. *Arn.*bg2,k ars.bg2,k,* aur-m-n.a1 bov.bg2,k,* *Calc.*bg2,k,* *Calc-p.* caust.bg2,k *Chel.*a1,k cinnb.a1,k crot-h.a1,k digin.a1 dulc.bg2,k,* grat.a1,k hell.bg2,k,* indg.a1,k iod.bg2,k *Kali-c.*bg2,k,* kali-p. led.a1,k meny.bg2 myric.a1 nux-m.a1,k nux-v.bg2,k,* ol-an.a1,k ph-ac.a1,k phos.bg2,k,* ran-b.bg2,k ran-s.bg2,k ruta sars.bg2,k sil.h spig.bg2,k spong.bg2,k,* stann.bg2,k,* thuj.h til.a1,k zinc.bg2,k
  - **morgens**: hell.a1,k
  - **abends**: borx.h bov.a1,h,* crot-h.a1,k dulc. ol-an.a1,k
    - **Zubettgehen**, vor dem: cinnb.
  - **anfallsweise**: zinc.h
  - **Bewegung** agg.: ph-ac.h
  - **Druck** amel.: ph-ac.h
  - **Gehen**, beim: chel.a1,k
  - **krampfartig**: phos.h
  - ▽ **erstreckt** sich zu:
    - **Augen**: nux-m.
    - **Hals**: chel.
    - **Nase**, beim Essen: dulc.
    - **Schläfe**: borx.h chel.
    - **Stirn**: led.
- **Schläfen**: acon.a1,k *Agar.*bg2,k,* ambr. ang.bg2,k,* ant-c.a1,k *Ant-t.*bg2,k,* *Arg-met.* asar. aur-m.a1,k bar-c. bar-s.k2 *Bell.*bg2,k,* *Bry.*a1,k cact. *Calc.*bg2,k,* cann-i. canth.a1,k carbn-s. casc.a1,k caust.bg2,k,* chel.a1,k chinin-s. *Cina* coc-c. coff.bg2,k colch.bg2,k,* *Coloc.*a1,k *Con.*bg2,k,* croc.a1,k cupr.bg2,k,* cycl.bg2,k,* dulc.bg2,k,* eupi.a1,k gast.a1 guaj. hep.bg2,k,* hipp.a1,k indg.a1,k kali-bi.bg2,k,* kreos.a1,k *Lach.*bg2,k laur.a1,k lyc.a1,k mang.bg2,k,* merc.bg2,k,* mez.a1,k mosch.bg2,k,* nit-ac.bg2,k,* *Nux-v.*bg2,k,* ol-an.a1,k olnd.bg2,k,* *Petr.*bg2,k,* ph-ac.bg2,k,* phos.bg2,k,* phyt.a1,k plat.bg2,k ran-b.bg2,k raph.a1,k rhod.bg2,k rhus-t.bg2,k,* rhus-v.a1 ruta sabad.bg2,k,* sabin.bg2,k,* sars.bg2,k,* seneg.bg2,k,* spig.bg2,k squil.bg2,k,* stann.bg2,k,* stront-c. sul-ac.bg2,k,* sulph.a1,k tab.a1,k tarax.bg2,k,* thuj.bg2,k,* til.a1,k upa.a1 zinc. zinc-p.k2

- **Schläfen**: ...
  zing.[al,k]
  - **eine** Seite: cham.[h]
  - **links**: ant-c.[bg2,k] *Arg-met.* caps. colch.[al,k] cupr.[al,bg2] cycl.[bg2,k,*] dulc.[bg2,k] indg.[al] kali-bi.[bg2] kreos.[al] *Lach.*[bg2,k] mang.[bg2] olnd.[bg2] *Petr.*[bg2,k] ph-ac.[bg2,h] plat.[bg2,k] *Spig.*[bg2,k] staph.[h] sul-ac.[bg2,h,*] *Tarax.*[bg2,k,*] thuj.[bg2,k] zinc.
  - **rechts**: ant-t.[bg2] arg-n.[bg2] ars.[bg2] *Bell.*[al,k] *Calc.*[bg2,k] casc.[al] caust.[al,k] *Cina* coff.[bg2,k] *Coloc.*[al] mang.[bg2] *Merc.*[bg2,k,*] mosch.[bg2] *Nit-ac.*[bg2,k] petr.[bg2] sabad.[bg2,k] sabin.[al] *Sars.*[bg2,k,*] squil.[bg2,k,*]
  - **nachmittags**: dulc.[al,k]
  - **abends**: alum.[h] alumn.[al,k] calc. dig. digin.[al] ran-b.[al,k] zinc.
  - **aufhörend**, plötzlich: caust.
  - **Berührung**, bei: con.[al,k]
  - **Bewegung**, bei: tab.[al,k]
  - **Druck** agg.: cina
    - **amel.**: ant-c.[h]
  - **Essen**: calc.
    - **nach**: calc.[h]
  - **Freien** amel.; im: olnd.
  - **Frösteln**, beim: eupi.[al,k]
  - **Gehen**, beim: con.[al,k]
    - **amel.**: *Tarax.*
  - **Husten**, beim: *Cina*
  - **Kauen** agg.: thuj.[h]
  - **periodisch**, alle zwei Tage: cact.
  - **pulsierend**: staph.[h]
  - **Schließen** der Augen: sabin.[al,k]
  - **Sitzen**, im: arg-met. *Tarax.*
  - **Stehen** amel.: *Tarax.*[al,k]
  - **steigt** allmählich an; der Schmerz: caust.
  - **Stellen**, an einzelnen: sul-ac.[al,k]
  - **Wurm** kriechen würde; als ob ein: sulph.[h]
  - ▽ **erstreckt** sich zu:
    - **Auge**: aloe
    - **Gesicht**: ant-t. arg-met. *Bry.* seneg.
    - **Jochbein**: **Bry.**
    - **Kopf**: ambr. dulc.
    - **Oberkiefer**: arg-n.
    - **Ohr**: hell.[h]
    - **Scheitel**: aur-m. cycl.
    - **Stirn**; quer über die: bell.[h] chinin-s. lach. lact. lyc. sabin.
    - **Wangenknochen**: **Bry.**[h]
- **Seiten**: *Acon.*[al,k] alum.[bg2,k,*] alum-p.[k2] anac.[al,k] ang.[bg2,k,*] ant-t.[bg2,k] apis *Arg-met.* arg-n.[bg2,k,*] arn.[bg2,k] asaf.[bg2,k] bar-act. bar-c.[bg2,k] bar-s.[k2] bell.[bg2,k] brom.[al,k] bry. calc.[bg2,k,*] camph.[bg2,k,*] canth.[bg2,k,*] caps.[bg2,k] carb-v.[bg2,k] caust.[bg2,k] *Cham.*[al,k] chin.[bg2,k] cimx. cina clem.[bg2,k,*] cocc.[bg2,k] colch.[bg2,k] coloc.[al,k] dig.[bg2,k,*] dros.[bg2,k] fl-ac.[bg2,k,*] gran. grat.[al] guaj.[h] hell.[bg2,k,*] indg.[al,k] iod.[bg2,k] ip. *Kali-c.*[bg2,k] kali-n.[al,k] kali-p. lach.[bg2,k,*] led. lyc.[bg2,k] meny.[bg2,k] nat-s.[al,k] nit-ac.[bg2,k] nit-s-d.[al] nux-v.[bg2,k] ph-ac.[bg2,k] phos.[bg2,k,*] plat.[bg2,k,*] rhus-t.[bg2,k] ruta[h] sars.[bg2,k] sep.[bg2,k] spong.[bg2,k,*] stann.[h] sul-ac.[bg2,k] thuj.[bg2,k,*] valer.[bg2,k]
- **Seiten**: ...
  - **links**: anac.[al,k] ant-t.[bg2,k] apis arg-met. arn.[bg2,k] bar-c.[bg2,k] brom.[al,k] calc.[bg2] canth.[al,bg2] caps.[bg2,h] carb-v.[bg2] chel.[bg2] cinnb.[h] colch.[bg2,k,*] cycl.[bg2] dros.[bg2,hr1] form.[al] grat.[al] hell.[bg2,h] iod.[bg2,k] **Kali-c.**[bg2,k] mang.[h] nit-ac.[bg2,k] phos.[bg1,bg2] plat.[bg2] rhus-t.[bg2,k] sars.[bg2,k] sep.[bg2,k,*] zinc.[bg2,h,*]
    - ▽ **erstreckt** sich zum Stirnhöcker: guaj.[h]
  - **rechts**: alum.[bg2,k,*] ang.[bg2] arg-n.[bg2,k,*] asaf.[bg2,k] aur.[al,bg2] *Bell.*[bg2,k] calc.[bg2,k,*] camph.[bg2,k,*] caust.[bg2] chel.[bg2] cocc.[bg2,k] dros.[bg2] fl-ac.[bg2,k,*] lach.[bg2,k,*] lyc.[bg2,k] nat-c.[bg2] *Ph-ac.*[bg2,k] phos.[bg2,k,*] sars.[h] spong.[bg2,k] sul-ac.[bg2,k] thuj.[bg2,k] valer.[bg2,k]
  - **abends**: ang.[al] phos.[al,k]
  - **nachts**: phos.[h]
  - **Bewegung** agg.: arg-n.
  - **Freien**, im: grat.[al,k]
  - **kalter** Zugluft, in: caust.
  - **Mittagessen**, nach dem: phos.[h] zinc.[h]
  - **reißend**: phos.[h] thuj.
  - **rheumatisch**: sep.[al,k]
  - **Seite**, auf der man liegt: ph-ac.
  - **steigt** allmählich und hört plötzlich auf, Gefühl, als sei ein Nerv gerissen: arg-met.
  - **Stellen**, an einzelnen: phos.[al,k]
  - **vorne**, nach: hell.[h]
  - **warmen** Bett amel.; im: caust.
  - **zuckend**: plat.
  - ▽ **erstreckt** sich zu:
    - **Augenhöhlen**: crot-h. stann.[h]
    - **Gesicht**: cupr.
    - **Hals**; zum äußeren: *Chel.* cupr-act. lyc.
    - **hinter** den Ohren: caust.
    - **Schläfe**: iod.[h]
    - **Schlüsselbein**: ind.
    - **Stirn**: bry. phos.[h] sul-ac.[h]
    - **Zähne**: crot-h. iod. nat-m.[h]
- **Stirn**: acon.[al,k] **Agar.**[bg2,k,*] all-c.[al,k] am-c. anac.[bg2,k] ang.[al,k] ant-c.[al,k] ant-t.[bg2,k] *Arg-n.*[al,k] *Ars.*[bg2,k] ars-s-f.[k2] asaf.[al,k] asar.[bg2,k] aur.[al,bg2] aur-m. aur-m-n.[al,k] bad.[al,k] bar-c.[bg2,k] bar-s.[k2] *Bell.*[bg2,k,*] benz-ac. borx. bry.[bg2,k,*] calc.[bg2,k] calc-sil.[k2] cann-i. cann-s.[al,k] canth.[al,k] *Caps.*[bg2,k] carb-ac.[bg2] carb-an. carb-v.[al,k] carbn-s. castm. caust.[bg2,k,*] chel.[bg2,k] chin.[bg2,k] cic.[bg2,k] *Cimic.* cimx.[al,hr1] cina clem.[bg2,k,*] cocc.[hr1,k] coff.[bg2] colch.[bg2,k] *Coloc.*[al,k] con.[al,k] *Croc.*[bg2,k,*] cycl.[bg2,k] dulc.[bg2,k,*] euon.[al] eupi.[al,k] ferr.[al,k] gink-b.[sbd1] gins.[al,k] *Graph.*[bg2,k,*] *Guaj.*[bg2,k,*] hell.[bg2,k,*] hipp.[al,k] *Ign.*[bg2,k] **Kali-c.**[bg2,k,*] kali-chl.[al] kali-n.[al,k] kali-p. kali-sil.[k2] lact.[al,k] laur.[bg2,k,*] led.[al,k] lil-t.[al,k] *Lyc.*[al,k] *Mag-c.*[bg2,k,*] *Mang.*[bg2,k,*] meny.[bg2,k,*] **Merc.**[bg2,k,*] mez.[al,k] mosch. *Nat-ar.* *Nat-c.* *Nat-m.*[bg2,k,*] nat-s.[al,k] nit-ac.[bg2,k] nit-s-d.[al] **Nux-v.**[bg2,k] petr.[bg2,k,*] phos.[bg2,k,*] *Plat.*[al,k] psor.[al,k] *Puls.*[bg2,k] ran-b.[bg2,k,*] rat.[al,k] rheum *Rhod.*[bg2,k,*] ruta sabad.[al,k] sabin.[bg2,k] sel. seneg.[bg2,k] *Sep.*[bg2,k,*] sil.[bg2,k,*] squil.[bg2,k,*] *Stann.*[bg2,k,*] staph.[bg2,k,*] *Stront-c.* *Sulph.*[bg2,k,*] tarax.[bg2,k] ter. thuj.[al,k] valer.[bg2,k,*] verb. viol-o.[al,k]

• **Stirn**: ...
viol-t.$_{a1}$ *Zinc.*$_{bg2,k,*}$ zinc-p.$_{k2}$ zing.$_{a1,k}$
• **links**: asaf.$_{bg2,k}$ bar-c.$_{bg2,k}$ calc.$_{bg2}$ cina clem.$_{bg2,k}$ colch.$_{bg2,k}$ *Coloc.*$_{bg2,k}$ cycl.$_{bg2,k}$ dulc.$_{bg2,k,*}$ nat-m.$_{bg2}$ *Rhod.*$_{bg2,k}$ staph.$_{bg2}$ thuj.$_{a1,k}$ verb.$_{bg2,k,*}$ viol-o.$_{bg2,k,*}$ viol-t.$_{a1}$
• **rechts**: calc.$_{bg2}$ caps.$_{bg2,k}$ dros.$_{bg2}$ ign.$_{bg2}$ meny.$_{bg2,k}$ nit-ac.$_{bg2,k}$ ran-s.$_{bg2}$ rat. ruta sabin.$_{bg2,k}$ stann.$_{bg2,k}$ staph.$_{bg2}$ sulph.$_{bg2}$
• **morgens**: agar.$_{a1,k}$ am-c. mez.$_{a1,k}$ nat-m.$_{a1,k}$ *Nux-v.* rein.$_{a1}$
• **Erwachen**, beim: agar. am-c. *Nux-v.* thuj.
• **vormittags**: *Kali-c.* mag-c.$_{a1,k}$ sulph.$_{a1,k}$ thuj.$_{a1,k}$
• **10** h: carbn-s.$_{k2}$ thuj.
• **mittags**: petr.$_{a1,k}$ zing.$_{a1,k}$
• **nachmittags**:
• **14** h: verat.
• **abends**: ang.$_{h,kl}$ bar-c.$_{h,kl}$ graph.$_{a1,k}$ kali-c.$_{h,kl}$ kali-n.$_{a1,k}$
• **nachts**: nat-m.$_{a1,k}$
• **Mitternacht**: *Kali-c.*$_{a1,k}$
◇ **abwechselnd** mit Schmerzen im Handgelenk: sulph.
• **anfallsweise**: zinc.$_{h,kl}$
• **Anstrengung**, bei: *Zinc.*$_{a1}$ *Zing.*$_{hr1,k}$
• **Aufstehen**, nach dem: coloc.$_{a1,k}$
• **Berührung** amel.: cycl.$_{h,kl}$
• **Bücken**, beim: borx.$_{h}$ dulc.$_{h,h1,*}$ mang.
• **Drehen** der Augen auf die Seite; beim: dig.
• **Druck** amel.: mang.
• **Frost**; während: petr.$_{h,kl}$
• **Gehen**, beim: arg-n.$_{a1,k}$ mang.$_{h,kl}$ rat.
• **geistiger** Anstrengung, bei: agar.$_{h,kl}$ asar.$_{h}$ calc. sulph.
• **Heben** der Augen; beim: puls.
• **intermittierend**: agar.$_{a1,h,*}$ thuj.$_{a1,k}$
• **Lesen**, beim: borx.$_{h}$
• **Liegen**, beim: nat-m.$_{a1,k}$
• **Menses**, während: mag-c.$_{a1,k}$
• **Mittagessen**, nach dem: phos.$_{a1,k}$
• **Öffnen** der Augen agg.: ars.
• **Schreiben**, beim: borx.$_{h}$
• **Sitzen**, im: *Aur-m-n.*$_{a1,k}$
• **Stehen**, im: agar.$_{a1,k}$ tarax.$_{a1,h}$
• **wandernd**: chel.
• **Wein** agg.: rhod.$_{a1,k}$
• **Wurm** hindurchkriechen würde; als ob ein: sulph.
▽ **erstreckt** sich zu:
• **Augen**: agar. cann-i. gink-b.$_{sbd1}$ glon. hep. *Kali-c.* lil-t.
• **Hals**: borx. kali-n. *Mosch.* viol-t.
• **Hinterkopf**: dros.$_{h}$ graph. mag-c.$_{h}$ *Sep.*
• **Nase**: **Agar.** dulc.$_{h1}$ glon. guaj. *Kali-c.* nux-v.
• **oben**, nach: nit-ac.$_{h}$
• **Ohr**: mang.$_{h}$
• **Scheitel**: sep.$_{h}$
• **Unterkiefer**: nat-m. rhus-t.$_{h}$
• **Zähne**: rhus-t.$_{h}$
○ **Augen**, über den: *Agar.*$_{bg2,k,*}$ asaf.$_{a1,k}$ aur-m-n.$_{a1}$ bry.$_{bg2,k,*}$ calc. *Cann-i.*$_{a1,k}$

– **ziehend - Stirn - Augen**, über den: ...
carb-an.$_{bg2,k,*}$ *Chel.* colch.$_{a1,k}$ con.$_{bg2,k,*}$ graph.$_{k2}$ *Ign.*$_{a1,k}$ lyss. nat-m. nit-ac.$_{a1,k}$ *Puls.* seneg. sil.$_{bg2,h}$ spig. stann.$_{a1,h}$ sulph.$_{bg2,k,*}$ thuj.$_{a1,k}$ zinc.$_{bg2,k,*}$ zing.$_{a1,bg2}$
• **links**: caul.$_{a1}$ chel. mag-c.$_{h,kl}$ nat-m.$_{a1,k}$ spig. thuj.$_{a1,k}$ verat-v.$_{a1}$ zing.$_{a1}$
• **rechts**: aur. carb-v.$_{h,kl}$ dros.$_{a1}$ dulc. gink-b.$_{sbd1}$ ign.$_{a1,k}$ lyss. staph.$_{h,kl}$
• **geistige** Anstrengung: calc.
• **heraustreten**; Gefühl, als würden die Augen:
• **Faden** straff durch den Augapfel gezogen; Gefühl, als wäre ein:
• **Gehirns**; und nach hinten zur Mitte des:
• **Sehschwäche**; mit: **Par.**
• **Schneuzen** der Nase agg.: mag-c.$_{h,kl}$
▽ **erstreckt** sich nach oben: staph.$_{h,kl}$
• **Nasenwurzel**, über der: acon. agar. asar. *Carb-v.* caust. *Hep.* kiss.$_{a1}$ meny.$_{a1,h}$ merc. nat-m. phyt.$_{a1}$ rheum spong. zing.$_{a1,k}$
• **geistiger** Anstrengung, bei: nat-m.
• **Seite** der Stirn: stann.$_{h}$
• **links**:
• **Schläfe**; zur: plat.$_{h}$
• **rechts**: ars.$_{h}$
• **links**; nach:
• **und** zur linken Schläfe: cycl.$_{h}$
• **zurück** zur rechten Seite; und: cycl.$_{h}$
• **um** den Kopf herum: bov. carb-v.
– **zuckend**: arn.$_{h,k,*}$ **Bell.**$_{h,k,*}$ bry.$_{bg2,k,*}$ carb-v.$_{bg2,k,*}$ chin.$_{bg2,k,*}$ ign.$_{bg2,k,*}$ kali-c.$_{bg2,k,*}$ lyc.$_{a1,k}$ sil.$_{a1,k}$ **Sulph.**$_{bg2,k,*}$
• **13** h: mag-c.
• **Bücken**, beim: arn.$_{h,k,*}$
• **Gehen**, beim: **Bell.**$_{h,k,*}$
○ **Hinterkopf**: kali-n.$_{h}$
• **Schläfe**, über der: hydrog.$_{srj2}$ zinc.$_{h}$
– **zusammengeklammert**, wie: am-c.$_{bg2}$ ant-t.$_{bg2}$ berb.$_{bg2}$
– **zusammenschnürend**
☞ *Zusammenschnürung*
– **zusammenziehend**: bism.$_{h}$ chin.$_{h}$ dig.$_{h}$ hep.$_{h}$ lyc.$_{h}$ mang.$_{h}$ nat-c.$_{h}$ nit-ac.$_{h}$ petr.$_{h}$ sep.$_{h}$
– **zusammenziehend**, wie gespannt, eng: asaf. bar-c. cann-i. carb-v. *Caust.* clem. coloc. dig. *Graph.* gymno. hep. kali-chl. lyc. mag-c. mag-m. mang. meny. *Mosch.* nat-c. nat-m. nit-ac. nux-v. olnd. op. par. petr. rhod. sabad. samb. stram. sulph. ther. verb.
– **zwickend**: alum.$_{h,k,*}$ arn.$_{br1}$ bar-c.$_{a1,k}$ caust.$_{bg2,k,*}$ colch.$_{a1,k}$ kali-c.$_{h}$ lyc.$_{a1,k}$ mez.$_{a1,k}$ nux-v.$_{a1,k}$ *Petr.*$_{bg2,k,*}$ phos.$_{bg2,k,*}$ sep.$_{bg2}$ sil.$_{a1,k}$ teucr.$_{a1,k}$ verb.
• **abends**: alum.$_{h,k,*}$
• **Bücken**: alum.$_{h,k,*}$
• **Gehen**, beim: sil.$_{a1,k}$
• **Schlaf**, nach: rheum
○ **Hinterkopf**: am-m.$_{a1,k}$ carb-v.$_{bg2,k}$ chel.$_{bg2,k,*}$ hipp.$_{a1,k}$ mag-m.$_{h}$ meny.$_{h}$ *Petr.*$_{bg2,k}$ ph-ac.$_{h}$
• **Scheitel**: mag-m.$_{h}$ ph-ac.$_{h}$ rheum$_{h}$ sep.$_{h}$

• **Schläfen**: **Arg-met.** calc. carb-an.$_{bg2,k,*}$ crot-h.$_{a1,k}$ *Kali-c.*$_{a1,k}$ lec. merc.$_{a1,k}$ mez.$_{bg2,k,*}$ olnd.$_{a1,k}$ petr.$_{h}$ ph-ac.$_{h}$ *Sulph.*$_{a1,k}$ **Verb.**$_{bg2,k,*}$ zinc.$_{h}$
  • **links**: kali-c.$_{a1,k}$ nat-p.$_{a1,k}$ ph-ac.$_{h}$ zinc.$_{h}$
  • **rechts**: crot-h.$_{a1,k}$ merc.$_{a1,k}$ olnd.$_{a1,k}$
  • **pulsierend**: rheum$_{h}$
  • **Zange**; wie mit einer: calc. ph-ac. verb.
 ▽ **erstreckt** sich zu:
  • **Nase**: mez.$_{h}$
  • **Ohr**: nat-p.$_{a1,k}$
  • **Stirn**: mez.$_{h}$
• **Seiten**: calc.$_{bg2,k,*}$ crot-h.$_{a1,k}$ lyc.$_{bg2,k}$ mez. petr.$_{bg2,k}$ sep.$_{bg2,k,*}$ squil.$_{a1,k}$
• **Stirn**: acon.$_{bg2,k,*}$ anac.$_{a1,k}$ calc.$_{a1,k}$ eug.$_{a1,k}$ mez.$_{a1,k}$ nit-ac.$_{a1,k}$ nux-m.$_{a1,k}$ petr. psor.$_{a1,k}$ rheum staph.$_{bg2,k}$ til.$_{a1}$ verat.$_{a1,k}$
 ▽ **erstreckt** sich zur Nasenwurzel: op.$_{a1,k}$
 ○ **über** den Augen: ars.$_{h}$

Schuppen ●: all-s.$_{hr1,k,*}$ alum.$_{bg2,k}$ *Am-m.*$_{hr1,k}$ *Ars.*$_{bg2,k,*}$ bad.$_{hr1,k,*}$ *Bry.*$_{hr1,k}$ bufo$_{ck}$ *Calc.*$_{hr1,k}$ *Calc-s.* **Canth.**$_{hr1,k}$ **Carbn-s.** crot-h.$_{a1}$ *Dulc.*$_{hr1,k}$ granit-m.$_{es1}$ **Graph.**$_{bg2,k,*}$ hydrog.$_{srj2}$ kali-c.$_{bg2,k}$ kali-chl.$_{hr1,k}$ kali-m.$_{k2}$ kali-p. *Kali-s.*$_{c2,k}$ lac-c. *Lyc.*$_{hr1,k}$ mag-c.$_{k,k1,*}$ maland.$_{al2}$ *Med.*$_{hr1,k}$ *Mez.*$_{hr1,k}$ **Nat-m.**$_{bg2,k,*}$ *Olnd.*$_{bg2,k,*}$ **Phos.**$_{bg2,k,*}$ *Psor.*$_{hr1,k}$ sanic.$_{c2,k}$ *Sep.*$_{bg2,k,*}$ *Staph.*$_{hr1,k}$ **Sulph.**$_{bg2,k,*}$ *Thuj.*$_{hr1,k}$
– **gelb** ●: calc.$_{ptk1}$ **Kali-s.**
– **juckend**: med.$_{ptk2}$
– **weiß** ●: alum.$_{h,k1}$ ars.$_{ptk1}$ choc.$_{srj3}$ *Kali-chl.*$_{hr1,k}$ kali-m.$_{k2,ptk1}$ *Mez.*$_{hr1,k,*}$ **Nat-m.**$_{hr1,k}$ *Phos.*$_{hr1,k}$ **Thuj.**$_{hr1,k}$

Schütteln; Gefühl von: acon. aloe *Am-c.* anac. ant-c. ant-t. arn. *Ars.* asar. aur. bar-c. bell. benz-ac. bufo *Calc.* calc-sil.$_{k2}$ cann-i. carb-v. caust. chel. cic. cinnb. cocc. cop. crot-h. cub. elaps eupi. fl-ac. glon. graph. grat. *Hyos.* ign. indg. kali-c. kali-p. kali-sil.$_{k2}$ lact. led. lith-c. *Lyc.* *Mag-c.* mag-p. mag-s. *Mang.* merc. mez. nit-ac. nux-m. nux-v. op. pall. petr. ph-ac. phos. plat. plb. rhod. sars. sep. *Sil.* sol-ni. *Spig.* stann. stront-c. sulph. tab. verat. verb. viol-t. zinc.
 ☞ *Bewegungen im / Lose / Schwappen / Wallen, Brodeln / Wallen, Wogen / Wogendes*
– **Aufrichten** vom Bücken; beim: lyc.
– **Aufstampfen**, beim: bar-c.$_{a1,k}$
– **Auftreten**, beim:
  • **Anstoßen** mit dem Fuß gegen etwas; beim: bar-c.$_{h}$ sep. sil.$_{h}$
  • **Schritt**, bei jedem: calc.$_{h}$
  • **schwerem**, kräftigem Auftreten; bei: led. *Lyc.* nux-v. *Sil.* *Spig.*
– **Bewegung**, bei: calc.$_{h}$ mang.$_{h}$
  • **Hinlegen** des Kopfes; beim: aloe
  • **Kopfes**, des: arn. ars.$_{h}$ cic. cocc. lact. lyc. mag-c. mez.$_{h}$ nux-v. sol-ni. *Spig.*
– **Bücken**, beim: berb.$_{a1,k}$
– **Einhüllen** amel.; warmes: nux-v.
– **Essen** agg.; nach dem: nux-m.
– **Frost**, bei: ars.$_{a1,k}$

Schütteln; Gefühl von: ...
– **Gehen**: anac. *Ars.* caust.$_{h}$ cic. cocc. hyos. led. *Lyc.* mang. nux-v. rhod.$_{bro1,rb2}$ sep. sil. spig. verb. viol-t.
  • **Beginn** des Gehens; zu: plat.$_{h}$
  • **Freien**, im: caust. *Nux-v.*
– **Hitze** amel., außer Bettwärme: nux-m.
– **Husten**, beim: ant-t. calc.$_{h}$ chin. cinch.$_{a1}$ hep. *Lact.*$_{a1,k}$ mag-s.$_{a1,k}$ rhus-t.$_{h}$
– **kalt**:
  • **Luft**, kalte:
   • **agg.**: aloe
– **Kälte**:
  • **agg.**: nux-m.
– **Menses**, während: ant-c. cic. cinnb. cub.
– **Niesen**, beim: bar-c.$_{h}$
– **Reden**, beim: cocc.
 ☞ *Sprechen*
– **Schaudern**, mit: mez.$_{h}$
– **Schütteln** des Kopfes; beim: calc.$_{h}$ mang.$_{h}$
– **Sprechen**, beim: phos. verat.
 ☞ *Reden*
– **Sprungfeder**; wie durch eine stählerne: grat.$_{a1,k}$
– **Treppensteigen**, beim: lyc.
– **warmes** Zimmer amel.: nux-m. nux-v.
○ **Hinterkopf**: calc.$_{h}$ fl-ac.$_{a1}$ *Lact.*$_{a1}$ sulph.
– **Schläfe**: caust.$_{a1,h}$ cocc. kali-c. stront-c.
– **Stirn**: aur.$_{h}$ *Merc.* spig.$_{a1}$
– **Stirnbein**, gegen das: aur.$_{a1,k}$

Schwäche: abrot.$_{a1,hr1}$ alum.$_{bg2,k,*}$ *Ambr.*$_{bg2,k,*}$ anan.$_{a1}$ anil.$_{a1}$ ant-c.$_{h}$ ant-t.$_{bg2,k,*}$ ars.$_{a1,bg2}$ ars-s-f.$_{k2}$ asaf.$_{bg2,k}$ aur.$_{bg2,k,*}$ bell.$_{a1,k}$ benz-ac.$_{a1}$ bry.$_{bg2,k}$ canth.$_{bg2,k,*}$ carb-v.$_{a1,k}$ caust.$_{a1,k}$ cham.$_{bg2,k,*}$ chin.$_{a1,k}$ cinnb.$_{a1,k}$ fago.$_{a1}$ ferr.$_{a1}$ graph.$_{h}$ hep.$_{bg2,k,*}$ hyper.$_{a1,k}$ iod.$_{bg1,bg2}$ kali-c.$_{bg2,k,*}$ kali-n.$_{bg2}$ kreos.$_{a1,k}$ lac-c.$_{bg1,bg2}$ *Lach.*$_{bg2}$ laur.$_{bg2}$ *Merc.*$_{bg2,k,*}$ nat-m.$_{bg2,k,*}$ nit-ac.$_{a1,k}$ nux-m.$_{a1,k}$ op.$_{a1,k}$ ph-ac.$_{bg2,k,*}$ phos.$_{bg2,k,*}$ phyt.$_{bg2}$ pimp.$_{a1}$ plan.$_{a1,k}$ psor.$_{a1,k}$ ptel.$_{a1}$ ran-b.$_{bg2,k,*}$ raph.$_{a1,k}$ rhus-t.$_{bg2,k,*}$ sars.$_{h}$ sep.$_{a1,k}$ sil.$_{a1}$ spong.$_{bg2,k,*}$ squil.$_{bg2,k,*}$ stann.$_{bg2,k}$ stram.$_{bg2,k,*}$ sul-ac.$_{bg2,k,*}$ sulph.$_{a1,k}$ tab.$_{a1,k}$ tanac.$_{a1,k}$ tarent.$_{a1,k}$ thuj.$_{bg2,k,*}$ zinc.$_{a1,k}$
– **morgens**: cham.$_{a1,k}$ phos.$_{a1,k}$ ran-b.
  • **Aufstehen**, nach dem: ph-ac.$_{a1,k}$
– **mittags**: ars.$_{a1,k}$
– **nachmittags**: sep.$_{h}$
– **abends**: plan.$_{a1,k}$ raph.$_{a1,k}$
– **Anstrengung**, nach: hydr-ac.$_{a1,k}$
– **Arbeit** in einem heißen Zimmer; wie durch: glon.$_{a1,k}$
– **Atmen**, bei tiefem: carb-v.$_{a1,k}$
– **Gehen**, beim: sulph.$_{a1,k}$
  • **Sonne**, in der: nat-m.
– **geistige** Anstrengung:
  • **nach**: cinnb.$_{a1,k}$
  • **verursacht** Geistesschwäche: spong.$_{a1,k}$
– **Herumdrehen**; wie nach vielem: nat-m.$_{h}$
– **Hitze**, nach: sep.$_{a1,k}$
– **Husten**, nach: bar-c.$_{h}$ hep.$_{a1,k}$
– **Kaffee**, nach: *Cham.*$_{a1,k}$
– **Klaviermusik** ist unerträglich: phos.$_{h}$

– **Kopfschmerz**:
 • **nach**: nat-m.$_{h}$
 • **erscheinen** würde; als ob: ambr. iod. lac-c. phos. stram. thuj.
– **Liegen** auf dem Rücken, beim: puls.$_{a1,k}$
– **Magen**; bei Schwäche im: ars.$_{a1,k}$
– **Mittagessen**:
 • **beim**: sulph.
 • **nach**: rhus-t.$_{h}$
– **Schmerzen**, durch: ars.$_{h}$ thea
– **Seite**, auf der man liegt: mag-m.
– **Stehen**, im: rhus-t.$_{a1,k}$
▽ **erstreckt** sich zu:
 • **Beine**, wie gelähmt: phys.
 • **Hals**: graph.$_{a1,k}$

Schwappen; Gefühl von: acon. aphis *Ars.* asaf. *Bell.* carb-ac. *Carb-an.* chin. cimic. dig. *Hep. Hyos.* indg. lyc. mag-m. nux-v. ph-ac. plect.$_{bg1}$ *Rhus-t.* samb. *Spig.* squil. sul-ac. viol-t.
☞ *Bewegungen im / Platschen / Schütteln / Wallen, Wogen / Wogendes*
– **Gehen**, beim: nux-v.$_{a1,k}$ *Spig.*$_{hr1,k,*}$
– **Schütteln** des Kopfes; beim: *Spig.* squil.

Schweiß der Kopfhaut: aesc. *Agar.* amph.$_{a1}$ **Anac.** *Ant-t. Apis* ars-i. bamb-a.$_{stb2}$ bar-c. bar-i.$_{k2}$ *Bar-m.* bar-s.$_{k2}$ *Bell.* benz-ac. borx. bov. bufo **Calc.**$_{k,k2}$ calc-i.$_{k2}$ *Calc-p. Calc-s.* calc-sil.$_{k2}$ camph. *Carb-v.* carbn-s. *Caust.* **Cham. Chin.** cimx. clem. cycl. dig. eup-pur. gamb. glon. *Graph.* grat. **Guaj.** *Hep.* iod. ip. *Kali-c.* kali-m.$_{k2}$ *Kali-p.* kali-s. kali-sil.$_{k2}$ laur. led.$_{h}$ *Lyc.* mag-c. *Mag-m.* **Merc.** *Mez.* mosch. **Mur-ac.** nat-m. *Nit-ac.* nux-v. ol-an. olnd. op. *Petr.* ph-ac. phel. **Phos.** plb. psor. **Puls.** *Pyrog.* **Rheum** sabad.$_{k,k2}$ *Sep.* **Sil.** spig. staph. *Stram.* stry. sul-i.$_{k2}$ sulph. tab. tarent. thuj. tub. valer. verat-v. zinc. zinc-p.$_{k2}$
– **tagsüber**: ol-an. stram.
 • **nachts**; und: sulph.$_{h}$
– **morgens**: bamb-a.$_{stb2}$ *Calc.* cann-s. dulc. hep. *Mez.* nat-m. nux-v. *Sep.*
 • **Aufstehen**, beim: nat-m.
– **vormittags**: mag-c.
– **nachmittags**: bamb-a.$_{stb2}$
– **abends**: anac. bar-c.$_{h}$ *Calc.* mag-m.$_{h}$ mur-ac.$_{h}$ sep. sil.$_{h}$
 • **Hinlegen**, nach dem: petr.
– **nachts**: bov. bry. **Calc.** carb-an. chin. coloc.$_{h}$ hep.$_{c1,h}$ hydrog.$_{srj2}$ kali-c.$_{h}$ *Merc.* nat-m. nit-ac.$_{h}$ rhus-t. sanic.$_{vh}$ sep.$_{h}$ *Sil.*
 • **Mitternacht**: ph-ac.$_{h}$ rhus-t.
– **außer** am Kopf: *Bell.*$_{k1,st}$ merc. mur-ac.$_{h}$ nux-v. **Rhus-t. Samb.** *Sec.*$_{kr1,st}$ *Sep.* **Thuj.**$_{hr1,k1,*}$
– **Bett**, im: bry.
– **entblößte** Teile: thuj.
– **epileptischem** Anfall, vor: *Caust.*
– **Erregung**; mit: bamb-a.$_{stb2}$
– **Erwachen**, beim: ph-ac.
– **Essen**, beim: **Calc.**$_{sys}$ nux-v. petr.
– **Frost**, nach: sulph.$_{h}$
– **Frühstück**, nach dem: par.
– **Gefühl** von Schweiß: gink-b.$_{sbd1}$

Schweiß der Kopfhaut: ...
– **Gehen**:
 • **nach**: *Calc.* carb-v. merc.
 • **Freien**, im: borx.$_{h}$ *Calc.* **Chin.** *Graph.* guaj. phos. thuj.
– **geistiger** Anstrengung, bei: kali-c. kali-p. ph-ac. ran-b.
– **heiß**: *Cham. Cimic. Glon. Op.* podo.
– **Hitze**; während: sep.$_{h}$
– **Honig**, riecht wie: thuj.
– **Husten**, beim: ant-t. calc. ip. merc. sil. tarent.
– **kalt**: acon. ant-t. benz-ac. bry. bufo *Calc.* camph. carb-v.$_{k2}$ cina cocc. con. dig. *Hep. Lob.* merc. merc-c. *Nux-v. Op.* petr. *Phos.* podo. tub.$_{k2}$ *Verat.*
 • **Luft**, in kalter: *Calc.*
 • **Zimmer**, im kalten: calc.$_{k2}$
– **klebrig**: cham. merc. nux-v.
– **Kopfschmerz**:
 • **mit**: bamb-a.$_{stb2}$ calc.$_{j5}$ mez.$_{h}$ phys. sil.$_{j5,k2}$ **Sulph.**$_{vh}$
– **Lesen**, beim: nat-s.
– **Menses**, während: cham. merc. phos. verat.
– **modrig**: nat-m.
– **Moschus**, riecht wie: *Apis Sulph.*
– **nur** am Kopf ●: acon. am-m.$_{bg2}$ *Calc.* cham.$_{k,k2}$ kali-m.$_{bg2}$ phos. *Puls.* rheum$_{bg2}$ sabad. sanic.$_{bg2}$ sep. *Sil.* spig. stann.
– **ölig**: *Bry.* hera.$_{c1}$ *Merc.*
– **sauer**: *Bry. Cham. Hep. Merc.* rheum *Sep.* **Sil.**$_{st}$
– **Schlaf** ●:
 • **im**: bamb-a.$_{stb2}$ *Bry.*$_{st}$ **Calc.** *Calc-p. Cham. Cic. Lyc. Merc. Podo.* sanic. *Sep. Sil.*
 • **Einschlafen**; beim: graph. sep. *Sil.* tarax.$_{kr1}$
– **schmerzhaften** Stellen, der: sil.$_{k2}$
– **stinkend**: *Calc. Merc.* puls. *Staph.*
 • **eine** Seite: *Nux-v. Puls.*
– **Stuhlgang**, beim: ptel.
– **Suppe**, nach der: phos. rheum
– **Waschen**; nach: **Graph.**
○ **Hinterkopf**: anac. ars. bamb-a.$_{stb2}$ *Calc.* chin. ferr. mag-c. mosch. nit-ac. nux-v. **Ph-ac.** *Sanic. Sep. Sil.* spig. stann. **Sulph.**
 • **Gehen**, beim: sulph.
 • **Schlaf**, im: *Sanic.*
– **Scheitel**: ruta$_{h}$
– **Schläfen**: ars-s-f.$_{k2}$
 • **Husten**:
  • **agg.**: ars-s-f.$_{k2}$
– **Seiten**:
 • **eine** Seite: ambr. bar-c. nit-ac.$_{h}$ *Nux-v.* **Puls. Sulph.**
  • **schmerzlose** Seite: aur-m-n.
– **Stirn**: acet-ac. *Acon.* aeth. agar. aml-ns. anag. ant-t. *Ars.* ars-i. asaf. bapt. bell.$_{h}$ *Brom.* bry. *Cact. Calc.* calc-i.$_{k2}$ calc-sil.$_{k2}$ camph. **Cann-i.** caps. *Carb-v.* carbn-o. carbn-s. cham. chel. *Chin.* chinin-ar. cic. cina colch. con.$_{h}$ croc. crot-t. cupr. dig. dros. elaps eup-pur. glon. *Guaj.* hell. *Hep.* hydrog.$_{srj2}$ iod. *Ip.* jab. kali-ar. *Kali-bi. Kali-c.* kali-p. kali-sil.$_{k2}$ lachn. *Laur.* **Led.** lyc. **Merc-c.** mosch. *Nat-ar.* **Nat-c.** nat-m. nat-p. *Nit-ac.* nux-v. **Op.** ph-ac.$_{h}$ **Phos.** phyt. psil.$_{ft1}$ ptel.$_{c1}$ ran-a. sabad.

– **Stirn**: ...
Sars. sil. sin-n. *Stann.* staph. stram. sul-i.$_{k2}$ sulph. *Tab.* **Verat.** vesp. *Zinc.* zinc-p.$_{k2}$
• **morgens**: ambr. ang.$_{h}$ dios. *Kali-c.* nux-v. phys. stann. staph.
• **6** h: nux-v.
• **8** h: dios.
• **Bett**, im: staph.
• **Stuhlgang**, beim: phys.
• **mittags**: nat-m. valer.
• **nachmittags**: ferr-i.
• **abends**: anac.$_{h}$ carb-v. chin. ol-an. puls.$_{h}$ ran-b. *Sars.* senec.
• **18**.30 h: ol-an.
• **Gehen**, beim: chin.
• **Liegen**, nach dem: carb-v.
• **Schreiben**, beim: ran-b.
• **nachts**: bry. calc.$_{k2}$ cann-s. chin. crot-t.
• **4** h: stann.
• **Schmerzen** im Abdomen; bei: crot-t.
• **Angst**, wie aus: nux-v. *Verat.*
• **Aufsetzen**; beim:
• **Bett**, im: mag-s.
• **Aufstehen**; beim:
• **Sitzen**, vom: *Verat.*
• **Bewegung**, bei: valer.
• **brennend**: nat-c.$_{h}$
• **Diarrhoe**, bei: sulph.
• **Erbrechen**, beim: ant-c.$_{h}$ mag-c.$_{h}$ phos.$_{h}$
• **Essen**, beim: carb-v. nit-ac. nux-v. sul-ac. sulph.
• **fettig**: coloc. hydr.$_{vh}$ *Psor.*
• **Fieber**; während: ant-t. cann-i.$_{c1}$ dig.$_{h}$ ip. mag-s. sars. staph. **Verat.**
• **Frost**; während: *Acon.* bry. *Calc. Chin.* cina dig. *Led. Nat-s.*
• **Gehen** im Freien; beim: guaj.$_{h}$ led.$_{h}$ merc. nux-v.
• **Gewitters**; beim Herannahen eines: nat-c.
• **heiß**: cham.$_{h}$ chin.$_{h}$
• **Husten**, beim: ant-t. ars-s-f.$_{k2}$ chlor. ip. verat.
• **Hutes**; durch Druck des: nat-c.$_{h}$
• **kalt**: acet-ac. *Acon.* ant-t. *Ars.* ars-s-f.$_{k2}$ asaf. bapt. bell.$_{h}$ bry. bufo *Cact. Calc.* camph. caps. **Carb-v.** carbn-s. *Chin. Cina* cist.$_{k2}$ cocc. *Colch.* croc. cupr. *Dros. Gels.* glon. *Hell. Hep. Ip. Kali-bi.* kali-c. kali-p. *Lach. Laur.* mand.$_{sp1}$ *Merc.* merc-c. nat-m.$_{h,k2}$ **Op.** ox-ac. petr. phos. *Phyt. Plb.* pyrog.$_{ptk}$ sabad. *Sec.* sep.$_{h}$ sil.$_{k2}$ *Staph.* sul-ac. sulph.$_{h}$ *Tab.* **Verat.** vip. zinc.
• **eiskalt**: lachn.$_{c1}$
• **Frost**; während: chin. cina
• **Hitze**; während: dig.$_{h}$
• **warmen** Zimmer, im: ambr.
• **zittriger** Angst, mit: sep.$_{h}$
• **klebrig**: cann-i.$_{c1}$ cham.$_{h}$ cocc.
• **klebrig**, kühl: acet-ac. carb-an. cina colch. *Hep. Op.*
• **Kopfschmerzen**, bei: cist.$_{k2}$ glon. *Kali-c.* ph-ac. *Phyt.* sulph.
• **Menses**, während: phos. verat.

Schweiß - Stirn: ...
• **Mittagessen**:
• **beim**: lyc.$_{h}$
• **nach**: nat-s. par. sars. sulph.
• **Übelkeit**; während: ptel.$_{hr1}$
• **sauer**: led.
• **Schlaf**, im: cham.$_{h}$
• **schnell**: rheum
• **Sitzen**, im: camph. iris-foe.
• **Stellen**, an einzelnen: acet-ac.$_{c1}$
• **Stuhlgang**:
• **während**: crot-t. **Verat.**
• **nach**: crot-t. ip. merc. nat-c.$_{h}$ **Verat.**
• **Traum**, bei einem schrecklichen: bell.$_{h}$
• **übelriechend**: led. sil.
• **warm**: acon. act-sp. anac.$_{h}$ camph. cham. glon. phys. psil.$_{ft1}$ puls.

Schwellung:
– **einzelne** Schwellungen: petr.$_{h}$
– **Tumor**
☞ *Tumoren - Schwellungen*
○ **Drüsen** des Kopfes: *Bar-c. Calc.* carb-v.$_{k2}$ *Merc. Psor.* **Sil.** *Sulph.*
○ **Hinterkopfes**; Drüsen des: **Bar-c.** mag-m.
– **Glabella**: fl-ac.$_{bg2,sf1}$ kali-c.$_{h,k,*}$ sel.$_{bg2,sf1}$ sil.$_{bro1}$
– **Schläfen**:
○ **Adern**: cub.$_{c1}$
– **Stirn**: apis$_{bg2}$ bell.$_{h}$ cupr.$_{h}$ dig.$_{h}$ hell.$_{bg2}$ ip.$_{bg2}$ stann.$_{bg2}$
• **drückt** auf die Nasenwurzel; die Schwellung: bamb-a.$_{stb2}$
• **glänzende** Schwellung: phos.$_{h}$
• **wund** schmerzende Schwellungen: hell.$_{h}$
○ **Adern**: cub.$_{c1}$
• **Stirnhöckers**; harte Schwellung des: ars.$_{h}$

Schwellung; Gefühl von: aeth. agar. am-c. aml-ns. anac. ant-t. **Apis** *Arg-n.* arn. ars.$_{h}$ bamb-a.$_{stb2}$ bapt. bar-c. *Bell.* berb. bism. bov. cann-i. caps. **Cedr.** chinin-s. cimic. cina cob. coc-c. coll. cor-r. cupr-act. daph. dig. dulc. gels. gins. **Glon.** guaj.$_{h}$ indg. kali-i. lach. lachn. lact. laur. lil-t. lith-c. mang. meph. merc. merl. nat-m. nux-m. **Nux-v.** op. par. plan. *Ran-b.* ran-s. rhus-t. samb. sep. spig. stront-c. sulph. tarax. ther.
☞ *Ausgedehnt / Großer / Vergrößert*
– **Eintreten**; beim:
• **Haus**; ins: aeth.$_{c1}$
• **Zimmer**; in ein: aeth.$_{c1}$
– **Erwachen**, beim: ars. samb.
– **Gehen** im Freien; beim: aeth. mang.
– **Waschen**; nach: aeth.
○ **Hinterkopf**: bry. dulc. pip-m. puls.
– **Scheitel**: all-c.
– **Schläfen**: bufo calc. cham. euph. par.
• **links**: cham. euph.
• **rechts**: bufo calc. par.
○ **über**: sep.$_{h}$
☞ *Ausgedehnt / Vergrößert*
• **Venen**: abrot.$_{k2}$ cub.$_{ptk1}$
– **Seiten**: caust. nux-m. par.

– **Stirn**: acon. agar. ars. bamb-a.$_{stb2}$ cic. dulc. hep. indg. lyc. merc. mez. nux-v. phos. pip-m. rhus-v. ruta sep. spong.$_{h}$
 • **Ausdehnungsgefühl**, abwechselnd mit Zusammenziehung: tarax.
 • **breit** und hoch; scheint: cund.
 ○ **Venen**: abrot.$_{bg1}$ calad.$_{bg1}$ chin.$_{bg1}$ cub.$_{bg1}$ sulph.$_{bg1}$

Schweregefühl: abrom-a.$_{bnj1}$ acet-ac. achy-a.$_{bnj1}$ *Acon.* adam.$_{srj5}$ aesc. aeth. *Agar.* agn. ail. all-c. aloe *Alum.* alum-p.$_{k2}$ alum-sil.$_{k2}$ am-c. *Am-m.* ambr. anac. anan. anders.$_{bnj1}$ androc.$_{srj1}$ ang. ant-t. **Apis** apoc. *Arg-n. Arn. Ars.* ars-i. arum-t. asaf. asar. asc-t. aur. aur-ar.$_{k2}$ aur-i.$_{k2}$ aur-m-n. bamb-a.$_{stb2}$ bapt. bar-c. bar-i.$_{k2}$ bar-m. *Bell.* berb. bism. borx. bov. brom. *Bry.* bufo *Cact. Calc.* calc-ar. calc-i.$_{k2}$ *Calc-s. Camph. Cann-i. Canth. Carb-ac. Carb-an.* **Carb-v. Carbn-s.** *Card-m.* castm. caust. cedr. *Cham. Chel.* **Chin.** chinin-ar. *Chinin-s.* cic. cimic. cinnb. *Clem.* coc-c. coca cocc. coff. *Colch.* coloc. *Con.* cop. *Corn.* croc. *Crot-c. Crot-h. Crot-t. Cupr.* cycl. desm-g.$_{bnj1}$ *Dig.*$_{br1,k}$ dios. *Dros. Dulc. Elaps* euphr. eupi. ferr. ferr-ar. ferr-i. ferr-p. fl-ac. form. *Gamb.* **Gels.** gent-ch.$_{bnj1}$ gins. *Glon.* gran. graph. grat. guare. gymno. haem. *Hell.* hep. hipp. hura hydr. hydr-ac. *Hydrog.*$_{srj2}$ *Hyos.* hyper. *Ign.* indg. iod. *Ip.* iris jatr-c. kali-ar. *Kali-bi.* kali-c. *Kali-i.* kali-m.$_{k2}$ *Kali-n. Kali-p.* kali-s. kreos. lac-c. **Lach.** lachn. *Lact. Laur.* led. lil-t. limest-b.$_{es1}$ lob. lob-e.$_{c1}$ luna$_{kg1}$ *Lyc. Mag-c. Mag-m. Mag-s.* manc. *Mang.* mang-act.$_{br1}$ marb-w.$_{es1}$ med. *Meny.* meph. *Merc.* merc-c. merc-i-f. merc-i-r. *Merl.* mez. morph. mosch. **Mur-ac.** murx. naja *Nat-ar. Nat-c.* **Nat-m.** *Nat-p.* nat-s. *Nicc.* **Nit-ac.** nux-m. **Nux-v.** ol-an. *Olnd.* onos. *Op.* oreo.$_{br1}$ osm. paeon. par. **Petr.** *Ph-ac. Phel. Phos.* phys. phyt. **Pic-ac.** pip-m. plan. plat. *Plb.* prun. ptel. *Puls.* ran-b. ran-s. rat. *Rheum Rhus-t.* ruta *Sabad. Sabin.* sang. *Sars. Sec. Seneg. Sep. Sil.* sol-ni. sphing.$_{kk3}$ spig.$_{kk3}$ squil. *Stann. Staph.* stram. *Stront-c. Sul-ac.* sul-i.$_{k2}$ **Sulph.** *Tab. Tarax. Tarent.* tell. ter. term-a.$_{bnj1}$ thea ther. *Thuj.* til. tub.$_{xxb}$ tub-r.$_{jl}$ ust. v-a-b.$_{jl}$ valer. verat. verat-v. verb. viol-o. *Viol-t.* vip. *Zinc.* zinc-p.$_{k2}$ zing.
 ☞ *Schmerz - drückend*

– **morgens**: acon.$_{a1,k}$ agar.$_{a1,k}$ alum.$_{h,k,*}$ alum-p.$_{k2}$ am-m.$_{hr1,k}$ ars.$_{h,k,*}$ art-v.$_{hr1}$ arum-d.$_{hr1}$ arum-t.$_{hr1,k,*}$ berb. bov.$_{a1,k}$ bry. calc.$_{a1,k}$ calc-sil.$_{k2}$ calen.$_{hr1}$ *Carb-an.*$_{a1,k}$ castm. chel. chin. chinin-ar. cimic. clem.$_{hr1,k,*}$ coca com.$_{a1,k}$ con.$_{a1,k}$ corn. croc.$_{a1,k}$ dirc.$_{a1}$ eupi.$_{a1,k}$ gamb. hell. hydr. hyper.$_{a1,k}$ indg.$_{a1,k}$ kali-c. kali-i.$_{hr1,k}$ kali-n.$_{a1,k}$ kali-p. kali-s. kalm. *Lach.*$_{hr1,k,*}$ lyc.$_{a1,k}$ mag-m.$_{a1,k}$ mang.$_{a1,k}$ mez. nat-m.$_{a1,k}$ nat-s.$_{hr1,k}$ nicc.$_{hr1,k}$ **Nux-v.**$_{h,k,*}$ op.$_{a1,k}$ ox-ac. paeon. pall. *Petr.*$_{hr1,k,*}$ phos.$_{a1,k}$ phys.$_{a1,k}$ phyt. pic-ac. plb. ruta sabin. sars.$_{a1,k}$ sep.$_{h,k,*}$ sil.$_{hr1,k}$ sin-a.$_{a1}$ sol-t-ae.$_{a1}$ spig. sul-ac.$_{a1,k}$ sulph. tarent.$_{a1,k}$ tell.$_{c1,hr1}$ verat. zinc.$_{hr1,k,*}$ zinc-p.$_{k2}$
 • **Aufstehen**:
  • **beim**: am-m.$_{hr1,k}$ anac.$_{a1,k}$ ang. ars.$_{a1,k}$ aur. aur-ar.$_{k2}$ bell.$_{a1,k}$ caj.$_{a1}$ clem.$_{a1,k}$ coc-c.$_{a1,k}$ coff.$_{a1,k}$ hell.$_{a1,k}$ hipp.$_{a1,k}$ hura kali-bi. kali-i.

Schweregefühl - morgens - Aufstehen - beim: ...
 kali-p. mag-c.$_{hr1,k,*}$ mag-m. mur-ac.$_{a1,h}$ nat-m.$_{a1,k}$ nicc. phos. rhod. sep.$_{h,k,*}$ stront-c. sulph. tong.$_{a1}$ verat.$_{a1}$
  • **nach**, amel.: kali-i. mag-s. *Nat-m.* nicc.
 • **Erwachen**, beim: ant-t. bar-c.$_{h,k,*}$ bell. bry. calc.$_{a1,k}$ calc-p. cann-i.$_{a1,k}$ cham.$_{a1,k}$ chin.$_{a1,k}$ croc. crot-t.$_{a1,k}$ euphr.$_{a1,k}$ ferr.$_{a1,k}$ fl-ac.$_{a1,k}$ ip.$_{h,kl}$ lach. lil-t. lyc. mag-s. mang.$_{h,kl}$ nat-m.$_{a1,k}$ nicc.$_{a1,k}$ nit-ac. phos. rhus-t. sol-ni. squil.$_{a1,k}$ *Tarent.* tong.$_{a1}$ uran-met. verat.$_{a1,k}$
– **vormittags**: ars.$_{a1}$ indg.$_{a1}$ lipp.$_{a1}$ mag-m.$_{a1}$ mang.$_{a1}$ sabin.$_{a1}$ sil.$_{a1}$ verat.$_{a1}$
 • **nachts**, bis: sil.$_{h}$
 • **10** - 11 h: sphing.$_{kk3}$
– **nachmittags**: all-c. alum.$_{h,k,*}$ am-c. androg-p.$_{bnj1}$ *Arg-n.*$_{a1,k}$ bry.$_{a1,k}$ bufo cham.$_{a1,k}$ chel.$_{a1,k}$ chinin-s. ferr. gamb. gels.$_{a1,k}$ hyper.$_{a1,k}$ indg.$_{a1,k}$ jug-r. kali-i. kali-n.$_{h,kl}$ lact. mag-c.$_{a1,k}$ mag-m. mang.$_{a1,k}$ murx. nat-c.$_{h,kl}$ nicc.$_{hr1,k}$ pall. puls.$_{a1,k}$ sil.$_{a1,k}$
 • **16** h: *Mang.*
– **abends**: alum-sil.$_{k2}$ ambr.$_{a1,k}$ apoc.$_{hr1,k}$ arg-n. ars. bar-c.$_{a1,k}$ bar-s.$_{k2}$ bov.$_{a1,k}$ bufo cedr.$_{a1,k}$ chinin-s. coloc. digin.$_{a1}$ ferr. fl-ac.$_{a1,k}$ hydr-ac.$_{a1,k}$ kali-i.$_{a1,k}$ kali-n.$_{h,kl}$ kalm. laur. lith-c. lyc.$_{a1,k}$ mang.$_{a1}$ phos.$_{a1,k}$ plan.$_{a1,k}$ rumx. sep.$_{h,k,*}$ sin-a.$_{a1}$ *Stann.*$_{h,k,*}$ sulph.$_{a1,k}$ tarent.$_{a1,k}$ zinc. zinc-p.$_{k2}$
 • **18** h: choc.$_{srj3}$
– **nachts**: arg-n.$_{a1,k}$ carb-an.$_{a1,k}$ kali-i. kali-n.$_{h,kl}$ lil-t. mez. nit-ac.$_{a1,k}$ sil.$_{a1,k}$ tarent. til.$_{a1,k}$
 • **Erwachen**, beim: chel. cic.$_{a1,k}$ mez.$_{h,kl}$ nat-c.$_{a1,k}$ til.$_{a1,k}$
◈ **abwechselnd** mit klarem Verstand: murx.
◆ **begleitet** von:
 • **Schwindel**
 ☞ ☐ *Schwindel - Begleitet von - Kopf - Schwere*
– **Abwärtsbewegung**, bei: meny.$_{a1,k}$
– **Alkohol**, wie nach: acon. agar. bell.$_{h,kl}$ cocc. dulc. kali-n. lach. laur. sabin.
– **anfallsweise**: nat-m.$_{h,kl}$
– **Anstrengung** der Augen; bei: mur-ac.$_{a1,k}$
– **anzulehnen**; Verlangen, sich an etwas: bamb-a.$_{stb2}$ *Bell.* gymno. staph.$_{h,kl}$
– **Ärger**, Verdruß; nach: mag-c.
– **Aufrechthalten** des Kopfes; beim: dros.$_{a1,k}$ tarax.$_{h,k,*}$
– **Aufrichten**, beim: con.
– **Aufstehen**, beim: am-m. ang. aur. aur-s.$_{k2}$ bapt. calc. hura iod. olnd. sulph. tarax. viol-t.
 • **amel.**: calc. con. laur. nicc.
 • **Bücken**; beim Aufrichten vom: grat. mag-s. sulph. viol-t.
– **Bett**; beim Liegen im: am-c.
– **Beugen** des Kopfes; beim:
 • **hinten** amel.; nach: *Cocc.* ph-ac.
 • **vorne**, nach: nat-m. ph-ac.$_{a1,k}$
– **Bewegung**:
 • **amel.**: caj.$_{a1}$ com.$_{hr1}$ mag-c.$_{a1,k}$ mosch. stann.$_{h,k,*}$
 • **durch**: acon.$_{a1,k}$ arg-n. aur-s.$_{k2}$ bism. bov. *Calc.* canth. colch. fl-ac. lyc. phys.$_{a1,k}$ plat. *Sars.*$_{a1,k}$ *Stann.*$_{h,k,*}$ *Sulph.*$_{hr1,k,*}$ thuj.

• **Augen**, der: bry. chin. nux-v. *Rhus-t.*
• **Kopfes**, des: calc. indg. sars. spig.
– **Bier**, nach: chel.$_{a1,k}$
– **Blicken**, beim:
• **angestrengtem** Blicken, bei:
• **agg.**: mur-ac.
• **amel.**: sabad.
• **Seite**, auf die: agn.
– **Blutandrang**, wie durch: dig.$_{h,kl}$
– **Blut** überfüllt; wie mit: *Glon.* ign.$_{a1,k}$ lil-t.$_{a1,k}$
– **Bücken**: acon. alum. alum-p.$_{k2}$ bell.$_{h}$ *Berb.* bov. bry. camph. *Carb-an.* colch. con. fl-ac. grat. hell. hyos. ign.$_{br1}$ indg. kali-bi. kali-i. laur. nat-m. nicc. nit-ac. *Nux-v.* petr. *Ph-ac.* phos. plat. **Puls.** rhus-t. senn. spong. sul-ac. *Sulph.* tab. urin.$_{c1}$
• **amel.**: dros. ign. tarax.$_{h,k,*}$ viol-t.$_{hr1,k}$
• **nach**: calc.$_{h,kl}$
– **Denken** daran agg.: *Hell.*
– **Druck** amel.: ail.$_{a1,k}$ **Cact.** camph. cop. mur-ac. nat-m. sabin.
– **dumpf**: apoc.$_{a1,k}$ caj.$_{a1,k}$ calc. fl-ac.$_{a1,k}$ glon.$_{a1,k}$ nat-s.$_{a1,k}$ phys.$_{a1,k}$ rumx. verb.$_{a1,k}$
– **Dunkelheit**:
• **agg.**: sil.
• **amel.**: brom.
– **Erkältung**:
• **nach**: dulc.
– **Erschöpfung**, mit: kali-p.$_{k2}$
– **Erwachen**, beim: bar-c. bell. bry. calc.$_{hr1,k}$ calc-p. cann-i. cham. chel.$_{a1,k}$ chin. cic. con.$_{a1,k}$ crot-t. euphr. ferr. fl-ac. ign.$_{a1,k}$ lach. lil-t. mag-s. nat-c. nat-m.$_{a1,k}$ nicc. nit-ac. rhus-t. sep. sol-ni. sol-t-ae.$_{a1}$ squil. sulph.$_{a1,k}$ tarent. til. verat.
– **Essen**:
• **beim**: aeth.
• **nach**: am-c.$_{a1,k}$ bry.$_{a1,k}$ carb-an.$_{hr1}$ castm. cedr. euphr.$_{a1,k}$ gins.$_{a1,k}$ graph.$_{a1,k}$ grat. guar.$_{hr1}$ jug-r.$_{a1,st,*}$ kali-i.$_{a1,k}$ mag-c. mag-s.$_{a1,k}$ nat-c.$_{a1,k}$ *Nat-m.*$_{hr1,k}$ op. *Phos.* sin-a.$_{a1}$ tab.$_{a1,k}$
– **Fahren** oder Reiten; beim: phyt.
– **Fallen** des Kopfes; mit:
☞ *Fallen*
• **hinten**, nach: ant-t. borx. camph. chin. kali-c. laur. mur-ac. op. phel.
• **Seite** fallen; als würde der Kopf auf eine: bry. fl-ac. phel.
• **unten** fallen würde; als ob das Gehirn nach: alum. bell. berb. hipp.
• **vorne**, nach:
• **Gehirn** fallen würde; als ob das: carb-an. laur. rhus-t. sul-ac.
• **Kopf** fallen würde; als ob der: agn. alum. bar-c. berb. chel. hipp. kali-c.$_{h}$ nat-m. op. par. phos. plb. rhus-t. sul-ac. sulph. tab. viol-t. zinc.
• **Seite**, und zur: arn.$_{h}$
– **Frost**:
• **während**: dros.$_{h,kl}$ kali-n.$_{h,kl}$ sulph.$_{a1,k}$
• **nach**: dros.$_{hr1,k}$
– **Frühstück**, nach dem: carbn-s.
– **gedrückt**, nach vorne:
• **Gewicht** auf dem Kopf; wie ein: cocc. phel.
– **gedrückt**, nach vorne: ...
○ **Gehirn**:
• **Gewicht** auf dem Gehirn; wie ein: chel. nux-v. pall.$_{c1}$ sil.
• **vorne** gedrückt; als würde das Gehirn nach: bry. canth. laur. thuj.
• **zusammengedrückt**; Gefühl wie: hyper.
– **Gehen**:
• **amel.**: kali-bi. mag-c.$_{hr1,k,*}$
• **beim**: hell. hipp. kali-bi. laur. puls. rheum rhus-t. spong. sulph. thea
• **Freien**, im:
• **amel.**: hydr.
• **nach**:
• **amel.**: bov. bufo-s.$_{a1}$
– **geistige** Anstrengung, durch: *Calc.* crot-h. ferr-i. lyc.$_{a1,k}$ **Nat-c.** nat-m. **Ph-ac.**$_{hr1,k}$ **Phos.**$_{a1,k}$
– **Heben** des Kopfes; beim: calc. dros. ign. op. spong. sulph.
• **amel.**: bry.
– **Hitze**:
• **während** der: calc.$_{h,kl}$ dig.$_{h,kl}$ sep.$_{a1,k}$ thuj.$_{a1,k}$
• **nach** der: tarent.$_{a1,k}$
• **durch**: com. hell.
• **Sonnenhitze**; durch: brom. nat-c.
– **Husten**, beim: euphr. tax.
– **Kaffee** amel.; starker: corn.
– **kalt**:
• **Luft**, in kalter: carb-an.
– **Kälte**:
• **amel.**: chinin-s.
– **Kerzenlicht**, durch: bov.
– **Kopfschmerzen**, durch: lyc.$_{h,kl}$
– **Körperübungen**, bei: calc.
– **legen**; es ist jedoch unmöglich, ihn aufs Kissen zu: glon.$_{bro1}$
– **Lesen**, beim: bry. *Calc.*$_{hr1,k}$ crot-t. pimp.$_{a1}$ sin-a.$_{a1}$
– **Licht**, durch starkes: cact.
– **Liegen**, beim: am-c. bov. *Glon.* mag-c. merc. nicc. nux-m. puls. sep. *Sulph.* *Tarax.*
• **amel.**: manc. *Nat-m.* olnd. rhus-t. tell.
• **Kopf**:
• **hoch** gelagertem Kopf amel.; mit: sulph.
• **tief** gelegen; als habe der Kopf zu: *Phos.*
• **Rücken**, auf dem: cact. mez.
• **Seite**:
• **amel.**: cact.
• **auf** der: meny.
• **rechten** Seite; auf der: anan.
– **Luft**:
• **Freien**, im: laur. lil-t.
• **amel.**: ant-t. **Apis** **Ars.** carc.$_{tp1}$ caust. clem. ferr-i. gamb. hell. hydr. mang. mosch. nicc. phos. *Puls.* tab. tub-r.$_{jl}$ zinc.
– **Menses**:
• **vor**: cimic. crot-h.$_{a1,k}$ ign.
• **während**: calc.$_{a1,k}$ calc-i.$_{k2}$ carb-an. ferr-p. *Ign.* *Kali-c.* *Mag-c.*$_{a1,k}$ mag-m. *Mag-s.*$_{hr1,k,*}$ nat-m. nux-v. zinc.$_{hr1,k}$
• **nach**: all-s.$_{a1,k}$ nat-m.$_{a1,k}$
• **Dysmenorrhoe**, bei: ant-t.

– **Mittagessen**:
 • **nach**: am-c.hr1,k,* euphr.a1 gins.a1 kali-i.a1 mag-s.a1 nat-c.a1,h nux-v.a1 tab.a1
 • **amel.**: carb-an.
– **Mittagsschlaf**, nach: bov. bry.a1,k mag-c.a1,k rhus-t.
– **Nähen**, beim: petr.h,k,*
– **Nasenbluten** amel.: dig.
– **Niesen**, beim: seneg.a1,k
– **Rauchen** agg.: ferr-i.a1,k gels.a1,k
– **Rücken** und Glieder:
 • **Schmerz** darin, mit: apoc.
  • **Schläfrigkeit**, und: gamb.
– **Schlaf** amel.: laur.
– **Schließen** der Augen:
 • **amel.**: androc.srj1
– **Schlucken** agg.: kali-c.
– **schmerzhaft**: cic.h,kl gran. hell. nicc. olnd. sabad. verb.
– **Schreiben**, beim: *Calc.*hr1,k ferr-i. gent-l.a1,k lyc.a1,k
– **Schütteln** des Kopfes amel.: gels.hr1,k
– **Schweiß**:
 • **amel.**: nat-m.h,kl
 • **während**: *Ars.*hr1,k caust. eup-per.hr1,k
– **Schwindel**; mit
 ☞ ☐ *Schwindel - Begleitet von - Kopf - Schwere*
– **Sitzen**, beim: aeth. alum. ang. ars. bism.h caust. chin. cic. manc. merc. olnd. squil. *Sulph.*
 • **amel.**: sulph.hr1,k
 • **aufrecht**: alum.h,k,*
 • **vorgebeugt**: *Con.*
– **Sprechen**, durch: *Ambr.*hr1,k cact. nat-m.a1,k sulph.hr1,k wies.a1
– **Stehen**, im: alum. ars.a1,k bov.a1,k calc.h,kl caust.a1,k kali-c. lob-e.c1 mag-c. manc. nicc. plb.
– **Steigen**, beim: meny.a1,k rhus-v.
– **Stirnrunzeln** amel.: phos.
– **Stuhlgang**, nach: apoc.a1,k
– **täglich**: nat-m. sil.
– **Urinieren** amel.; reichliches: fl-ac. **Gels.**
– **warm**:
 • **Zimmer**, im warmen: **Apis Ars.** chinin-s. ferr-i. hydr. laur. merc. paeon. *Phos.* rhus-t.
– **Waschen** amel.: mag-c.a1,k phos.
– **Wein**, nach: rhus-t.h,kl
○ **Hinterkopf**: *Aesc.*hr1,k,* aeth.a1,k *Agar.*bg2,k,* alumn.a1,k ant-t.bg2,k,* apis aur.bg2,k,* aur-m-n.a1,k aur-s.k2 bapt. bar-c.bg2,k,* bar-m. bar-s.k2 *Bell.*bg2,k,* bism.bg2,k,* bov.bg2,k,* brom.a1,bg2 *Bry.*bg2,k,* cact.a1,k cain. caj.a1,k *Calc.*bg2,k,* *Calc-ar.*hr1,k calc-s. *Cann-i.*hr1,k cann-s.a1,k *Canth.*hr1,k *Carb-an.*bg2,k,* **Carb-v.**bg2,k,* *Carl.*a1,k cham.bg2,k,* **Chel.**bg2,k,* chin.bg2,k chlf.a1 chlol.a1 cic.bg2,hr1,* clem. colch.bg2,k,* *Con.*bg2,k,* cop.a1,k *Crot-h.*hr1,k *Dulc.*bg2,k,* *Eup-per.* *Ferr.*bg2,k,* ferr-p. gels.bg2,k gins.a1,k graph. hell.bg2,k,* hydr.bg2 ign. indg.a1,k kali-c.bg2,k,* kali-i.a1,k kali-m.k2 kali-n.bg2,k,* kali-p.hr1,k kali-s. kreos.bg2,k,* lac-ac.a1,k *Lach.*bg2,k,* lact.hr1,k,* laur.bg2,k,* *Lyc.*bg2,k,* mag-m.bg2,k,* mang.bg2,k,* *Meph.*hr1,k merc-i-r.bg2 *Mez.*bg2,k,* *Mur-ac.*bg2,k,* myric.a1,k **Nat-m.**bg2,k,* nat-s.a1,k

– **Hinterkopf**: ...
nicc.a1,k nit-ac. nit-s-d.a1,hr1 nux-v. onos.bg2 *Op.*bg2,k paeon.a1,k **Petr.**bg2,k,* ph-ac.h,k,* phos.bg2,k,* pic-ac.bg2,k *Plb.*bg2,k,* podo.bg2 prun. psil.ft1 psor. ptel.a1,k ruta sabin.bg2,k,* sec.bg2,k,* sel.a1,k sep.h,k,* sil.k2 spig.bg2,k,* spong.bg2,k,* stann.bg2,k,* *Sulph.*bg2,k,* sumb. tab.bg2 tarax.h,k,* thuj.bg2,k,* til.a1,k tril-p. v-a-b.j1 verat.bg2 zinc.bg2,k,* zinc-p.k2
 • **morgens**: cham.hr1,k **Lach.** sep.h,k,* sulph.a1,k
  • **Menses**, während: mag-m.a1,k
 • **vormittags**: indg.a1,k
 • **nachmittags**: ferr.a1,k lact.a1,k spong.h,kl upa.a1
 • **abends**: *All-c.*hr1 bov.a1,k kali-i.a1,k
  • **Bett**; im: dulc.a1
 • **nachts**: chel.a1,k mez.a1,k
  • **hochheben** können; als würde man ihn nicht vom Kissen: *Chel.*
  • **Liegen** auf dem Rücken, beim: mez.a1,k
 • **Aufstehen**, beim: aur.a1,k tarax.a1,h
 • **Beugen** des Kopfes nach vorne; beim: colch. con. ph-ac.
 • **Bewegung** agg.: bar-c. bism.h,kl chlol.a1 colch.hr1,k,* lyc.a1,k thuj.a1,k
 • **Blei**, wie voll: kali-c. kali-m.k2 *Lach.*hr1,k,* mur-ac. op.hr1,k,* *Petr.*hr1,k,* spong.
 • **Bücken** amel.: tarax.a1,h
 • **Erwachen**, beim: bry.a1,k cham. hell.a1,k **Lach.**hr1,k
 • **Frost**; während: cann-i.
 • **Gehen**, beim: spong.
  • **Freien**, im: staph.h
 • **gezogen**; wie nach hinten: syph.xxb
 • **heben**:
  • **Schmerzen** im Hinterkopf wie ein Gewicht, muß den Kopf mit den Händen heben: *Eup-per.* op.
  • **schwierig** zu: *Chel. Lach.* op. sep.
 • **Liegen**:
  • **Hinlegen**; nach dem: *Tarax.*
  • **Rücken** agg.; beim Liegen auf dem: bry. cact.
  • **Seite** amel.; auf der: cact.
 • **Schlafmangel**; wie durch: nat-m.bg1 tell.bg1
 • **Schlucken** agg.: kali-c.a1,k
 • **Schritt** ein Schlag, als sei ein Gewicht am Hinterkopf; bei jedem: bell.
 • **sinken**; als würde der Kopf nach hinten: ign. kali-c. kali-m.k2 mur-ac. op.
 • **Sitzen**, bei gebeugtem: *Con.*a1,k
 • **Sonnenhitze**, in der: *Brom.*a1,k
 • **zieht** die Augen zusammen: **Nat-m.**
▽ **erstreckt** sich zu:
 • **Arme** hinab; die: nit-ac.
 • **Nacken** hinein, in den: sulph.
 • **Ohr** zum anderen; von einem: ferr.
 • **Schultern**, zu den: bry.
 • **unten**, nach: nit-ac. sep. sulph.
– **Scheitel**
 ☞ *Schmerz - drückend - Scheitel*
– **Schläfen**: agar.bg2,k bell.bg2,k bism.bg2,k,* bov.bg2,k,* cact. carb-an.bg2,k,* cimic.a1,k cinnb.hr1,k,*

– **Schläfen**: ...
clem.$_{bg2,k,*}$ ferr.$_{bg2,k,*}$ glon. kali-bi.$_{bg2}$ kali-i.$_{a1,k}$ led.$_{bg2,k,*}$ nit-ac. nit-s-d.$_{a1,hr1}$ *Phos.*$_{bg2}$ phyt.$_{bg2,k,*}$ pip-m.$_{a1}$ rhus-t.$_{bg2,k}$ sabad.$_{bg2,k,*}$ sars.$_{bg2,k,*}$ sep.$_{bg2,k,*}$ stann.$_{bg2,k,*}$ sul-h.$_{a1}$ tell.$_{a1,k}$ zinc.$_{bg1,bg2}$ zinc-s.$_{bg1,bg2}$
• **Gewicht** an beiden Seiten hängen; als würde ein: agar. rhus-t.
– **Seiten**: aeth.$_{bg2,k}$ agar.$_{bg2}$ am-c.$_{bg2,k}$ amph.$_{a1}$ arg-n.$_{bg2,k}$ bov.$_{bg2,k}$ *Cact.*$_{bg2,k}$ cedr.$_{bg2,k}$ coff.$_{bg2}$ con.$_{bg2}$ elaps eug. grat. hydr.$_{bg2,k,*}$ kali-c. kali-i.$_{bg2,k}$ kalm.$_{bg2,k}$ lyc.$_{bg2,k}$ mag-m. sabad.$_{bg2,k}$ sabin.$_{bg2,k}$ sin-n.$_{bg2}$ stann.$_{bg2,k}$ sul-ac.$_{bg2,k}$ tarent.$_{bg2,k}$
• **links**: ham.$_{bg2}$ hydr.$_{bg2}$ kali-c.$_{bg2}$ lyc.$_{bg2}$ mur-ac.$_{bg2}$ sabin.$_{bg2}$ stann.$_{bg2}$ sul-ac.$_{bg2,h,*}$ tarent.$_{bg2}$
• **rechts**: aeth.$_{bg2}$ am-c.$_{bg2,k}$ arg-n.$_{bg2}$ bov.$_{bg2,k}$ cact.$_{bg2}$ hydr.$_{a1}$ kalm.$_{bg2}$ nux-v.$_{bg2}$ phos.$_{bg1,bg2}$ sabad.$_{bg2}$ sars.$_{h,k1}$
– **Stirn**: *Acon.*$_{bg2,k,*}$ *Aesc.*$_{hr1,k}$ aeth.$_{bg2,k,*}$ agar.$_{bg2,k,*}$ ail. all-c.$_{a1,k}$ all-s.$_{a1,hr1}$ *Am-c.*$_{bg2,k,*}$ *Am-m.*$_{bg2,k,*}$ amph.$_{a1}$ amyg.$_{hr1}$ ang.$_{bg2,k,*}$ *Ant-c.*$_{hr1,k}$ ant-t.$_{a1,k}$ apis apoc.$_{a1,k}$ arg-met. arg-n.$_{bg2,k,*}$ arn.$_{bg2,k,*}$ ars.$_{bg2,k,*}$ *Ars-i.*$_{bg1,bg2}$ *Ars-s-r.*$_{hr1}$ arum-t. asaf.$_{bg2,k,*}$ asar.$_{bg2,k}$ aspar.$_{hr1,k}$ aur-m-n.$_{a1}$ bapt.$_{hr1,k}$ bar-c.$_{bg2,k}$ bar-m. bar-s.$_{k2}$ *Bell.*$_{bg2,k}$ berb. *Bism.*$_{bg2,k,*}$ *Bov.*$_{bg2,k,*}$ brom.$_{hr1,k,*}$ **Bry.**$_{bg2,k,*}$ bufo *Calc.*$_{bg2,k,*}$ calc-s. calc-sil.$_{k2}$ camph.$_{a1,k}$ cann-i.$_{a1,k}$ canth.$_{bg2,k,*}$ *Carb-an.*$_{bg2,k,*}$ carb-v.$_{bg2,k,*}$ carc.$_{xxb}$ cere-b.$_{a1}$ *Cham.*$_{bg2,k,*}$ chel.$_{hr1,k,*}$ chinin-s. choc.$_{srj3}$ *Cic.*$_{hr1,k,*}$ cinnb. cist.$_{bg2,k}$ clem.$_{a1,k}$ *Coloc.*$_{bg2,k,*}$ com.$_{a1}$ con. conv. crot-c.$_{bg2}$ crot-h. crot-t.$_{a1,k}$ dig.$_{a1}$ dulc.$_{bg2,k,*}$ elaps ferr.$_{a1,k}$ ferr-ar. ferr-i. ferr-p. fl-ac. gamb.$_{bg2,k,*}$ *Gels.*$_{a1,k}$ gins.$_{a1,k}$ glon.$_{bg2,k,*}$ gran.$_{a1,k}$ grat.$_{hr1,k}$ haem. ham.$_{hr1,k,*}$ hell.$_{a1,k}$ hep.$_{hr1,k,*}$ hipp. hura hydr.$_{a1,k}$ hydrog.$_{srj2}$ hyos.$_{a1,k}$ indg.$_{a1,k}$ ip.$_{hr1,k}$ jac-c.$_{a1,hr1}$ jac-g. jatr-c. kali-bi.$_{bg2,k,*}$ kali-c.$_{bg2,k,*}$ *Kali-i.*$_{bg2,k,*}$ kali-m.$_{k2}$ kali-n.$_{a1,k}$ kali-p. kali-s. kali-sil.$_{k2}$ kreos.$_{bg2,k,*}$ lac-c. *Lac-d.*$_{hr1}$ lac-f.$_{c1}$ lach.$_{bg2,k,*}$ laur.$_{bg2,k,*}$ led.$_{a1,k}$ lil-t. lith-c. lyc. *Mag-c.*$_{bg2,k}$ *Mag-m.*$_{bg2,k}$ mag-s. mang.$_{bg2,k,*}$ merc.$_{bg2,k}$ merc-i-r. mur-ac.$_{bg2,k,*}$ musa$_{c1}$ naja nat-ar. nat-c. *Nat-m.*$_{bg2,k,*}$ nat-p. nicc.$_{bg2,k,*}$ nit-ac. nit-s-d.$_{hr1}$ nux-m. *Nux-v.*$_{bg2,k,*}$ olnd.$_{bg2,k}$ op.$_{a1,k}$ *Ox-ac.*$_{hr1,k}$ pall. pana.$_{a1}$ paull.$_{a1}$ phos.$_{hr1,k,*}$ phyt. plb.$_{bg2,k,*}$ prun-p.$_{a1}$ psil.$_{ft1}$ *Puls.* rhod.$_{bg2,k}$ *Rhus-t.*$_{bg2,k,*}$ ruta sabin.$_{bg2,k}$ sars.$_{bg2,k}$ sep.$_{bg2,k,*}$ **Sil.**$_{bg2,k}$ sin-a.$_{a1}$ sol-ni. spira.$_{a1}$ *Stann.*$_{bg2,k,*}$ staph.$_{bg2,k}$ stront-c. *Sulph.*$_{bg2,k,*}$ sumb.$_{a1}$ tarent. tax. tell. thea verat.$_{a1,k}$ zinc.$_{bg2,k,*}$ zinc-p.$_{k2}$
• **morgens**: am-m.$_{hr1}$ ars-s-f.$_{k2}$ arum-t.$_{a1,k}$ chin.$_{a1,k}$ indg.$_{a1}$ kali-sil.$_{k2}$ nat-m.$_{a1,k}$ nicc.$_{hr1,k,*}$ ox-ac.$_{a1,k}$ pall.$_{a1,k}$ sin-a.$_{a1}$ sulph.$_{a1,k}$ verat.
  • **Aufstehen**, nach dem: ang.$_{h,k1}$
  • **Erwachen**, beim: bell.$_{h,k1}$ calc. nat-m.$_{a1,k}$
• **vormittags**: carb-an.$_{a1,k}$ gamb.$_{a1,k}$ *Mang.* nicc.$_{a1,k}$ sarr. sars.$_{a1,h}$
• **mittags**: sulph.$_{a1,k}$
• **nachmittags**: am-c.$_{a1,k}$ chel.$_{a1,k}$ chinin-s. kali-i.$_{a1,k}$ mag-m.$_{a1,h,*}$ mang. nicc.$_{hr1,k,*}$ pall.$_{a1,k}$ sil.$_{a1,k}$
  • **16** h: *Mang.*

Schweregefühl - Stirn: ...
• **abends**: alum-sil.$_{k2}$ ars-s-f.$_{k2}$ coloc.$_{a1,k}$ lith-c. mag-m.$_{a1,k}$ nat-m.$_{a1,k}$ sulph.$_{a1,k}$
  • **Menses**, während: zinc.$_{hr1,k,*}$
• **alles** herauskommen würde; als ob: acon.$_{hr1,k}$ kreos. mag-s.
• **Bewegung**, bei: *Bism.* chlol.$_{hr1}$ fl-ac.
• **Bücken**, beim: acon. *Carb-an.* psil.$_{ft1}$ rhus-t. tell.
• **Druck** amel.: mur-ac.$_{h,k1}$
• **Erwachen**, beim: bell. sulph.$_{a1,k}$
• **Essen**, nach dem: aeth.$_{a1,k}$ am-c.$_{a1,k}$ mag-c.$_{a1,k}$
• **Freien** amel.; im: mang.
• **Gehen**, beim: camph.$_{hr1,k}$ con. sulph.$_{a1,k}$
• **geistiger** Anstrengung, bei: calc.
• **Gewicht**, wie ein:
  • **sinken** würde; das nach unten: nux-v.
  • **vorne** drücken würde, muß den Kopf aufrecht halten; als ob ein Gewicht nach: *Acon.* *Rhus-t.*
• **Lesen** agg.: calc.$_{h,k1}$
• **Menses**, während: zinc.$_{a1,k}$
• **Mittagessen**, nach dem: sars.$_{a1,h,*}$
• **Schlafmangel**; wie durch: nat-m.$_{bg1,bg2}$ tell.$_{bg1,bg2}$
• **Schreiben**, beim: *Calc.*
• **Sonnenhitze**, in der: *Brom.*$_{hr1,k}$ nat-c.
• **Stehen**, im: mag-c.$_{a1,k}$
• **Stein** liegen würde; als ob dort: bell.$_{h,k1}$ ruta
○ **Stirnhöhlen**: puls.

Sinkendes Gefühl: glon.$_{bg2,k,*}$
– **etwas** vom Hinterkopf aus beim Bücken sinken; als würde: kali-c.$_{h,k,*}$
○ **Hinterhauptknochen**: mag-c.$_{ptk}$

Sonnenstich: *Acon.*$_{bg2,hr1,*}$ agar.$_{hr1,kr1,*}$ **Aml-ns.**$_{c1,kr1,*}$ *Ant-c.*$_{hr1,kr1,*}$ apis$_{mg1,sf1}$ arg-met.$_{c1,k}$ arg-n. *Arn.*$_{hr1,kr1,*}$ *Ars.*$_{hr1,kr1,*}$ *Bell.*$_{bg2,k,*}$ bry.$_{bro1}$ *Cact.*$_{hr1,kr1,*}$ cadm-s.$_{c1}$ *Camph.*$_{k,k1,*}$ carb-v.$_{c1,kr1,*}$ cit-l.$_{hr1,kr1,*}$ crot-h.$_{c1,c2,*}$ cyt-l.$_{mg,mg1,*}$ euph-pi.$_{c1,c2,*}$ *Gels.*$_{bg2,hr1,*}$ **Glon.**$_{bg2,k,*}$ *Hell.*$_{bg2}$ hydr-ac.$_{bro1,h,*}$ hyos.$_{bg2,sf1,*}$ kalm.$_{hr1,kr1,*}$ lach.$_{bg2,hr1,*}$ lyc.$_{c1,c2,*}$ lyss.$_{c1,c2,*}$ meli.$_{sf,sf1}$ **Nat-c.**$_{bg2,k2,*}$ nat-m.$_{c1,c2,*}$ nux-v.$_{bg2}$ *Op.*$_{hr1,kr1,*}$ pop-c.$_{c1,c2,*}$ rhus-t.$_{c1}$ sel.$_{c2}$ sol$_{c1,c2}$ stram.$_{c2,k}$ syph.$_{c1,c2,*}$ *Ther.*$_{hr1,k}$ thuj.$_{c,c1}$ usn.$_{bro1}$ valer.$_{c1}$ *Verat.*$_{hr1,kr1,*}$ verat-v.$_{c2,k1,*}$
◆ **begleitet** von:
• **Zunge**:
  • **weiße** Farbe der Zunge: *Glon.*$_{kr1,vk1}$
– **Schlafen** in der Sonne; durch: acon. *Bell.*

Spannung, Hochziehen der Stirnhaut: carb-an. merc.$_{bg3}$ phos.$_{k2}$
☞ *Zusammenschnürung - Stirn*
○ **Augen**; hinter den: hydrog.$_{srj2}$

Starre, Rigidität; Gefühl von: *Caust.* phos.$_{bg2,k}$ rheum

Steifheitsgefühl: canth.$_{a1,k}$ *Caust.*$_{bg2,hr1}$ colch.$_{a1,bg2}$ ferr.$_{a1,k}$ gels.$_{bg2}$ glon.$_{bg2,k,*}$ nat-m.$_{a1,k}$ nat-s.$_{a1,k}$ puls.$_{bg2}$
– **abends** im Bett: sil.

– **beugen**; muß den Kopf nach hinten: kali-n.
– **Bewegung**:
• **bei**: nat-s.$_{a1,k}$
• **Kopfes** agg.; des: colch.
– **Erwachen**, beim: anac.$_{a1,k}$
○ **Gehirn**, im Freien; im: phos.
– **Hinterkopf**, im: anac.$_{a1,k}$ apoc-a.$_{a1}$ calc. colch.$_{a1}$ ferr.$_{a1,k}$ gins.$_{a1,k}$ helo.$_{c1}$ helo-s.$_{c1}$ kali-n.$_{a1,k}$ phos.$_{a1,k}$ sil.$_{a1,k}$
▽ **erstreckt** sich zur Nase: lach. lachn.$_{a1}$

Stein; wie ein
☞ *Schweregefühl*

Stirnrunzeln
☞ *❑ Gesicht - Gerunzelt - Stirn*

Stocken würde; Gefühl, als ob das Blut: bar-c.$_{h}$
– **Schläfe**, in der: chel.$_{h}$

Taubes, pelziges Gefühl
☞ *Gefühllosigkeit*

Tinea capitis
☞ *Hautausschläge - Tinea*

Trällerndes Geräusch im Kopf
☞ *❑ Ohr - Geräusche - Trällern*

Trichom
☞ *Haar - Weichselzopf*

Tumoren:
– **Schwellungen**; tumorartige: anac.$_{bg2}$ arg-n.$_{bg2}$ ars.$_{bg2}$ *Calc.*$_{bg2}$ caust.$_{bg2}$ daph.$_{bg2}$ hell.$_{bg2}$ kali-c.$_{bg2}$ nux-v.$_{bg2}$ petr.$_{bg2}$ ph-ac.$_{bg2}$ puls.$_{bg2}$ rhus-t.$_{bg2}$ ruta$_{bg2}$ sep.$_{bg2}$ sil.$_{bg2}$

Übelkeit: cocc.$_{tl1}$

Unsicheres, wackeliges Gefühl: bell.$_{a1,k}$ clem.$_{a1,k}$ phos.$_{a1,k}$ rhus-t.$_{a1,k}$ sep.$_{a1,k}$ *Sulph.*$_{a1,k}$
– **Studieren**, Lernen agg.; nach: cupr-ar.

Verdrehen des Kopfes: nat-m.$_{j5}$

Vergrößert; Gefühl wie: acetan.$_{br1,c2}$ acon.$_{bg1,bg2}$ **Agar.** ant-c. apis apoc. aran.$_{rb2}$ **Arg-n. Arn.** ars. ars-met. bapt. **Bell.** *Berb.* **Bov.** cact. caj. *Caps.*$_{k,k2}$ choc.$_{srj3}$ *Cimic.* cob. coll. com. *Cor-r.* daph. *Dulc. Echi.* ferr.$_{k2}$ *Gels.* gent-l. gins. **Glon.** hell. *Hyper.* indg. kali-ar. kali-i. lac-ac. *Lac-d.* lach. lachn. lact. laur. limest-b.$_{es1}$ lith-c. *Mang.* meph. merc. merc-c. *Nat-c.*$_{hr1,k}$ *Nat-m.* **Nux-m. Nux-v.** *Par.* phel. pip-m.$_{c2,sf1}$ *Plat.* ptel.$_{c1}$ **Ran-b.** ran-s. rhus-t. *Sil. Spig.* sulph. syph.$_{rb2}$ tarax. ther. til. tub.$_{k2}$ verat.
☞ *Ausgedehnt / Großer / Schwellung; Gefühl / Schwellung; Gefühl - Schläfen - über*
– **nachmittags**:
• **16** h: *Mang.*
– **Anziehen** der Stiefel agg.: coll.
– **Aufstehen** vom Liegen; beim: rhus-r.
– **Bandagieren** amel.: *Arg-n.*
– **erweitert**, Gefühl wie: aloe
– **Fieber**, mit intermittierendem: *Cimic.*
– **Kopfschmerzen**, mit: *Arg-n.*$_{hr1}$ gels.
– **Liegen**:
• **amel.**: dulc.

Vergrößert; Gefühl wie: ...
– **Menses**, während: arg-n. *Glon.*
– **Metrorrhagie**; mit: bad.$_{c1}$
– **Schwangerschaft**; während der: **Arg-n.**
– **Stuhlgang**, beim: caps.$_{k2}$ cob.
– **Übelkeit**; mit schlechter Laune und: meph.$_{kr1}$
– **verlängert**: hyper.
– **Wetter**, bei naßkaltem: dulc.
○ **Gehirn** fühlt sich groß: arg-n. berb. chin. cimic. clem. echi. form. *Glon.* hell.
– **Hinterkopf**: dulc. med.
– **Scheitel**:
• **oben** zu vergrößert; Scheitel scheint nach: lachn.$_{hr1,k,*}$

Verlängerungsgefühl: choc.$_{srj3}$ *Hyper.*$_{bg2,k,*}$ lachn.$_{bg1,bg2}$
○ **Stirn**:
• **Brett** hervorstehen; als würde die Stirn wie ein: choc.$_{srj3}$

Verletzungen des Kopfes: carc.$_{fb}$
– **nach**: **Arn.** calen.$_{bg1,gk1}$ carc.$_{gk1}$ cedr.$_{gk1}$ chin.$_{gk1,vh}$ *Cic. Cocc.*$_{gk1,vh}$ *Hell.*$_{gk1,vh}$ *Hyos.*$_{vh}$ hyper. *Kali-p.*$_{gk1,vh}$ *Led.*$_{vh}$ *Lob.*$_{gk1,vh}$ mang.$_{vh}$ meny.$_{gk1}$ *Nat-m.*$_{bg2,k}$ **Nat-s.** *Rhus-t.*$_{gk1,vh}$ sul-ac.$_{c1}$ *Teucr.*$_{c1,vh,*}$ zinc.$_{gk1,vh}$
– **Entbindung**; während der: carc.$_{sst}$
○ **Kopfhaut**: calen.$_{bg1,bg2}$

Verstopfungsgefühl: nat-c.$_{h}$

Verwachsen; als wäre die Stirnhaut mit dem Kopf: sabin.

Verwirrung im Kopf:
– **ganzen** Kopf; im
☞ *❑ Gemüt - Verwirrung*
– **Hinterkopf**:
• **Nackenmuskeln**; mit eigentümlichem Gefühl in den: kali-chl.$_{a1,c1}$

Vibrieren
☞ *Schütteln*

Völlegefühl: abrot. **Acon.** *Aesc.* aethyl-n.$_{a1}$ agar. ail. all-c. am-c. *Am-m.* ang. **Apis** *Arg-n.* arn. arum-t. asaf. *Aster.* aur. aur-ar.$_{k2}$ aur-s.$_{k2}$ bapt. *Bell.* berb. *Borx.* bov. *Bry.* **Cact.** *Calc. Calc-p.* calc-s. calc-sil.$_{k2}$ cann-i. canth. caps. carb-ac. carb-an. *Carb-v.* carbn-s. *Card-m. Carl.* castm. cench.$_{k2}$ cham. chin. *Chinin-ar.* chinin-s. chr-ac. cimic. *Cinnb.* clem. cob. coc-c. coff. *Con.* corn. crot-h. crot-t. cupr. cupr-ar. cycl. daph. *Dig.*$_{br1,k}$ *Dios.* dulc. echi. elaps *Ferr.* ferr-ar. ferr-p. fl-ac. form. *Gels. Gent-c.* gent-l. gins. **Glon.** gnaph.$_{a1,k}$ granit-m.$_{es1}$ grat. guaj. gymno. *Ham. Hell.* helo. hydr. *Hyos.* hyper. ign. ip.$_{k2}$ iris jac-g. jug-c. kali-ar. kali-c. kali-i. kali-p. kali-s. kali-sil.$_{k2}$ kalm. kreos. lac-ac. *Lac-d.* **Lach.** lact. laur. lil-t. lyc. meli.$_{k2}$ meph. *Merc.* merc-i-r. mill. naja nat-ar. nat-c. nat-m. nat-p. nat-s.$_{k2}$ *Nicc. Nit-ac. Nux-m.* nux-v. onos. op. osm. *Paeon. Petr.* phel. *Phos.* phys. phyt. pic-ac. plan. *Psor.* puls. *Ran-b. Ran-s.* raph. *Rhus-t.* rumx. sabad.$_{k2}$ samb. *Sang. Sel.*

Völlegefühl: ...
senec. sep. sil. sol-ni. *Spong.* stram. *Stry.* *Sul-ac.* **Sulph.** syph.$_{k2}$ tab. tanac. tell. *Ter.* thuj. til. urt-u. ust. valer. verat-v. *Xan.* ziz.
☞ *Blutandrang*
– **morgens**: am-m. arg-n. arn. borx. cann-i.$_{a1,k}$ carl. chinin-s. chr-ac. cinnb. cob. *Con.* cop. dulc. hydr. indg. *Lach.* mag-m. nat-p. nicc. petr. pic-ac. rhus-t. sul-ac. tell.
• **Erwachen**, beim: arg-n. con.$_{a1,k}$ glon. kalm. lil-t. sulph.$_{k2}$ til.
– **vormittags**:
• **10** - 22 h: lac-ac.
– **mittags** bis 14 h: pic-ac.
– **nachmittags**: arg-n. coca ferr. gels. guare. jac-c.$_{a1}$ lac-ac. lact. lith-c. mill. nat-p. osm. phys. sang. stry. *Sulph.*
• **nachts**, bis: sil.
• **Erwachen**, beim: carb-v.$_{a1,k}$
– **abends**: arg-n. cimic. ferr. guare. ham. naja nat-m. nat-p. thuj.
– **nachts**: arg-n. *Aster.* chr-ac.
– **Abwärtsbewegung**, bei: **Borx.**
– **Aufsetzen**; beim:
• **agg.**: calc-p.
– **Aufstehen**, beim: am-m. cinnb. glon. sil.$_{a1,k}$
– **Bewegung** agg.: calc-p.
– **Bücken**, beim: acon. lac-ac. merl. nicc. petr. pic-ac. rhus-t. spong.
– **Druck** des Hutes:
• **agg.**: calc-p.
• **amel.**: agar. arg-n. bry.$_{k2}$ cop. hydr.
– **Erwachen**, beim: agar. asaf. carb-v.$_{a1,k}$ guare.
– **Essen**:
• **vor**: uran-met.
• **beim**: con.
• **nach**: borx.$_{h}$ con. gins. hydr. *Hyos.*
• **amel.**: onos.
– **Fahren** im Wagen; beim: asaf.$_{k2}$
– **Frühstück**, nach dem: con. hydr.
– **Gehen**, beim:
• **Freien** amel.; beim: *Apis* *Borx.* hydr. *Lyc.* **Puls.**
– **geistige** Anstrengung, durch: aur-ar.$_{k2}$ **Cact.** cinnb. helon.$_{hr1,k,*}$ ind. meph. *Nat-p.* phos. *Psor.*
• **Beschäftigung** amel.: helon.
– **Heben** des Kopfes; beim: sulph.
– **Hitze**; während: **Glon.** lach.
– **Husten**, mit: kali-p.$_{k2}$
– **intermittierend**: asaf.$_{a1,k}$
– **Koitus**, nach: phos.
– **Lehnen** des Kopfes nach links; beim: chinin-s.
– **Lesen**, beim: cop. *Ferr.*$_{hr1}$ helon.$_{a1,k}$ indg.
– **Liegen**, beim: naja sep.$_{a1}$
– **Luft**:
• **Freien**, im:
• **amel.**: bry.$_{k2}$ carl. cinnb. grat. jac-g.
– **Menses**:
• **vor**: brom.
• **während**: *Apis* arg-n. *Bell.* *Calc.* eupi. gent-c. *Glon.* granit-m.$_{es1}$ puls. *Xan.*
• **Erscheinen** der Menses; beim: *Glon.*
– **Mittagessen**, nach dem: gins.$_{a1,k}$
– **Mittagsschlaf**, nach dem: mill.
– **Nähen** agg.: petr.
– **Nasenbluten**: ~~tarent.$_{ptk2,xxx}$~~
• **amel.**: tarent.$_{ptk2}$
– **Niesen**, beim: hydr.
– **Schlaf**:
• **agg.**, nach: hep.$_{h,kl}$ sulph.
• **amel.**: onos.
– **Schreiben**, beim: chinin-s.
– **Schütteln** des Kopfes; beim: carl. glon.
– **Schwindel**, bei: am-m. borx. bry. chr-ac. con. crot-t. cycl. gymno. helon.$_{a1,k}$ lac-ac. lact. merc. nat-m. nat-p. podo. sol-ni. til. urt-u.
– **Sitzen**; beim: borx. glon.
– **Sprechen**, nach: sulph.
– **Steigen**, beim: borx.
– **Stuhlgang**:
• **nach**, amel.: corn.
• **Pressen** zum Stuhl; beim: ham.
– **Urinieren** amel.; reichliches: gels.
– **warm**:
• **Luft**, warme:
• **agg.**: bry.$_{k2}$
• **Zimmer**, im warmen: *Apis* bry.$_{k2}$ hydr. lact.
– **Wein**, nach: ail.
– **zerplatzen**, bersten würde; als ob er: am-c. aster. bry.$_{k2}$ cann-i. daph.$_{br1,k}$ **Glon.** ip. lil-t. merc. nit-ac.
☞ *Schmerz - berstend*
– **Zurückbeugen** des Kopfes; beim: osm.
○ **Adern** des Kopfes: stict.$_{c1}$
– **Hinterkopf**: *Acon.* agar. all-c. apis bapt. caj. cann-i. cham. cinnb. coca con. glon. helon.$_{a1,k}$ kreos. osm. puls. sulph. sumb. ther. thuj. zinc.$_{bg2}$ zinc-s.$_{bg1,bg2}$
• **abends**: sumb.
• **Gehen**, beim:
• **Freien**, im: thuj.
◆ **begleitet** von:
• **Schwindel**: bamb-a.$_{stb2}$
• **Husten**, beim: all-c.
• **Liegen** auf dem Gesicht amel.: *Coca*
○ **Ohren**, hinter den: glon.$_{bg1,bg2}$
– **Scheitel**: aesc. *Am-c.* apis calc-p. chinin-s. chr-ac. cimic. **Cinnb.** eup-pur. **Glon.** gymno. ham. helon.$_{hr1,k,*}$ hyper. kali-bi. lac-ac. meph. osm. pic-ac. psor.
• **abends**: cimic.
• **Aufsetzen** agg.: calc-p.
• **Bücken**: pic-ac.
• **Essen**, nach dem: *Cinnb.*
• **Lesen**, beim: hell.
– **Schläfen**: apis bell. cic. cinnb. cob. *Echi.* glon. gnaph. jac-c.$_{a1,hr1}$ jac-g. lil-t. lith-c. nat-m.$_{h,kl}$ plan. rumx. sep. sumb.
• **rechts**, dann links, dann zum Nacken, wo es verschwindet; erst: jac-g.
– **Seite**: arg-n. asaf. cimic. cycl. fl-ac. glon.
– **Stirn**: acon. aesc. agar. *Am-c.* am-m. ang. *Apis* apoc. arg-n. bapt. *Bell.* berb. borx. *Bry.* cain. calc. calc-s. cann-i. carb-an. **Carbn-s.** choc.$_{srj3}$ chr-ac. cimic. **Cinnb.** clem. coca con. cop. euph. eupi.

– **Stirn**: ...
gels. *Glon.* gymno. *Ham.* hell. *Helon.*$_{hr1,k,*}$ hydr. hyos. ind. indg. lac-ac. laur. lil-t. limest-b.$_{es1}$ mag-s. meph. naja *Nat-ar.* nat-p. nicc. ox-ac. pall. *Phos.* phys. phyt. pip-m. pitu-gl.$_{br1}$ podo. psor. ran-s. rhus-t. rumx. sang. sep. staph. stict. sul-ac. *Sulph.* thea til.
• **morgens**: arg-n. borx. carl. fago. glon. nat-p. til.
  • **Gehen**, beim: glon. til.
• **vormittags**: rhus-t. sul-ac.
• **nachmittags**: phys. sang.
• **abends**: *Bry.* naja nat-m. sumb.
• **Bücken**, beim: acon.
• **Erwachen**, beim: dig.
• **Essen** amel.: psor.
• **geistiger** Anstrengung, bei:
  • **agg.**: nat-p.$_{k2}$
• **Koitus**, nach: phos.
• **Lesen**, beim: indg.
• **Schließen** der Augen amel.: *Bry.*
• **Stuhlgang** amel.: fago.
• **Waschen** amel.: psor.
○ **Augen**, über den: hydr. lil-t. nat-p. ox-ac.
  • **Schwindel**, mit: podo.
• **Nase**, über der:
  • **abends**: naja

Wallen, Brodeln; Gefühl von: **Acon.** alum. alum-sil.$_{k2}$ bufo$_{ck}$ cann-i. caust. chin. coff. dig. graph. grat. hell. kali-c. kali-s. kali-sil.$_{k2}$ laur. lyc. mag-m. mang. med. merc. sars. sil. sulph.
☞ *Bewegungen im / Gluckern / Schütteln / Wogendes*
– **Seite**, auf der man liegt; auf der: mag-m.$_{a1,k}$
– **Wasser** im Kopf; als wäre kochendes: acon. canth.$_{bro1}$ indg. rob.
○ **Scheitels**; in der linken Seite des: lach.

Wallen, Wogen; Gefühl von: alum.$_{bg2,h,*}$ coff.$_{bg2}$ *Lach.*$_{bg2}$ ox-ac.$_{bg2}$ par.$_{bg2}$ petr.$_{bg2}$ puls.$_{bg2}$
☞ *Bewegungen im / Schwappen / Schütteln / Wogendes*
– **Aufrichten** amel.: alum.
– **Liegen**, beim: ox-ac.
○ **Hinterkopf**, erstreckt sich zur Stirn: cann-i. lach.
– **Stirn**, als würde Wellen auf und abrollen: *Sep.*

Warme Bedeckungen auf dem Kopf agg.: *Acon.* *Apis* asar. aur. *Borx.* bry. *Calc.* carb-an. *Carb-v.* cham. chin. *Ferr.* ign. **Iod.** lach. *Led.* **Lyc.** merc. mur-ac. nit-ac. *Op.* **Phos.** plat. **Puls.** *Sec.* seneg. sep. *Spig.* staph. sulph. thuj. *Verat.*
☞ *Hut - Abneigung*

Waschen des Kopfes agg.: *Am-c.* *Ant-c.* *Bar-c.*$_{bg2,k}$ *Bell.* bry. *Calc.* *Calc-p.* *Calc-s.* canth.$_{bg2,k}$ carb-v. cham. colch.$_{bg2}$ *Glon.* led. lyc. merc. nit-ac. *Nux-m.* phos. *Puls.* *Rhus-t.*$_{bg2,k}$ *Sep.* spig. stront-c. sulph.

Wasser, Gefühl von: acon.$_{bg2}$ am-c. anan.$_{a1,k}$ asaf. bell.$_{bg2,k}$ cina dig.$_{bg2,k}$ ferr. hell.$_{bro1}$ *Hep.* mag-m. ph-ac.$_{h}$ plat.$_{h,rb2}$ samb.$_{h,rb2}$
– **eingehüllt** von Wasser; wie: all-c.$_{a1,k}$

Wasser, Gefühl von: ...
– **herunterlaufen** würde; als ob ein Tropfen von der Schläfe: verat.$_{h}$
– **kochendem** Wasser
  ☞ *Wallen, Brodeln - Wasser*
– **tropfen** würde; als ob Wasser auf den Kopf: cann-s. verat.$_{bg1,bg2}$
– **übergossen**; wie mit kaltem Wasser: *Cupr.* sabad.$_{rb2}$ tarent.$_{a1,k}$
– **warmem** Wasser im Kopf; Gefühl von: am-c. peti. santin.
○ **Kopf**; im: bufo plat.$_{h}$

Wasseransammlung
☞ *Ödem*

Wassersucht: apoc.$_{k2}$ ars.$_{k2}$
☞ *☐ Allgemeines - Wassersucht - innere*

Wildes Gefühl: bapt.$_{br1}$ cimic.$_{br1}$ lil-t.$_{br1}$

Wind
☞ *Luft*

Wirbeln im Kopf: sep.$_{h2}$

Wogendes Gefühl: acon. alum. aphis bamb-a.$_{stb2}$ *Bell.* caust. chel. *Chin.* choc.$_{srj3}$ *Cimic.* cina coff. cupr-s. dig. dulc. ferr. fl-ac. gels. **Glon.** graph. *Hep.* *Hyos.* indg. *Lach.* laur. *Lyc.* lyss.$_{c1}$ *Mag-m.* mang. merc. mill. nux-m.$_{c1}$ par. petr. sars. sel. seneg. **Sep.** sulph. thuj.
☞ *Bewegungen im / Platschen / Schwappen / Schütteln / Wallen, Brodeln / Wallen, Wogen*
– **Aufrichten** vom Bücken; beim: lyc.
– **Beugen** nach hinten: dig.$_{h}$
– **Bewegung**:
  • **agg.**: nux-m.$_{c1}$
  • **amel.**: petr.
– **Bücken**, nach: hyos. lyc.
– **Drehen** des Kopfes agg.: carbn-s.$_{k2}$ *Glon.*$_{a1,k}$
– **Freien** amel.; im: mag-m.$_{h}$
– **Stehen** agg.: dig.
– **Verwirrung**, mit: mang.$_{h}$
– **Wasser** darin; wie durch: asaf. bell. cina dig. ferr. mag-m.
– **wellenartige** Aufwärtsbewegung: *Glon.* *Lach.*
○ **Hinterkopf**: gels. sil.
  ▽ **erstreckt** sich zu:
    • **Stirn**: mang.$_{h}$
– **Stirn**: asaf. **Bell.** merc. petr. **Sep.**
  • **rechts** nach links; von: glon.
  • **schwerer** Körper vor- und zurückschwappen würde; als ob ein: op.

Zerfallen würde; als ob etwas:
– **Stücke** zerfallen würde; als ob der Kopf in: xan.$_{c1}$
  • **Bücken**; beim: con.$_{bg1}$ glon.

Zerren; Gefühl von: ant-t. calc.$_{h,k,*}$ canth.$_{h,k,*}$ crot-h. gels.$_{a1,k}$ laur.$_{hr1,k}$ merl.$_{a1,k}$ nat-m. rhus-t.$_{h,k,*}$
– **Sitzen** und Anlehnen an ein hohes Kissen amel.: gels.$_{a1,k}$
▽ **erstreckt** sich zu den Schultern: gels.$_{a1,k}$

Zirpen: bry.$_{h}$

Zittern, zittriges Gefühl: ambr.$_{kl}$ anan.$_{kl}$ ant-c.$_{kl}$ *Ant-t.*$_{kl}$ bell.$_{kl}$ bufo$_{kl}$ calc.$_{kl}$ carb-v.$_{kl}$ caust.$_{kl}$ *Chel.*$_{kl}$ *Cic.*$_{kl}$ cinnb.$_{kl}$ *Cocc.*$_{kl}$ cop.$_{kl}$ cub.$_{kl}$ graph.$_{kl}$ *Ign.*$_{kl}$ indg.$_{kl}$ kali-c.$_{h,kl}$ kali-sil.$_{k2}$ *Lith-c.*$_{kl}$ *Mag-p.*$_{kl}$ merc.$_{kl}$ *Op.*$_{kl}$ petr.$_{kl}$ plat.$_{kl}$ *Plb.*$_{kl}$ sulph.$_{kl}$ tab.$_{kl}$
– **anfallsweise**: carb-v.$_{h}$
– **Anstrengung**, nach: ant-t.$_{gsy1}$
– **Bewegen** agg.: ant-t.$_{gsy1}$ cic.
– **epileptischem** Anfall, vor: *Caust.*
– **Geräuschen** im Ohr; mit: kali-c.$_{h}$
– **Gespräche**, durch: ambr.
– **Husten**, beim: ant-t.
– **konvulsivisch**: cocc.$_{h}$
– **Menses**, während: ant-c. cic. cinnb. cub.
– **Sprechen**, nach: ambr.
▽ **erstreckt** sich zur Magengrube: phys.

Zucken des Kopfes und der Muskeln des Kopfes: *Agar.*$_{kl}$ aloe$_{kl}$ ambr.$_{kl}$ apis$_{kl}$ arn.$_{kl}$ bar-c.$_{kl}$ *Bell.*$_{kl}$ bry.$_{kl}$ calc.$_{kl}$ calc-sil.$_{k2}$ cann-s.$_{kl}$ carb-v.$_{kl}$ caust.$_{kl}$ cham.$_{kl}$ chel.$_{kl}$ chin.$_{kl}$ *Cic.*$_{kl}$ crot-t.$_{kl}$ cycl.$_{kl}$ eupi.$_{kl}$ glon.$_{kl}$ graph.$_{kl}$ ign.$_{kl}$ kali-c.$_{kl}$ laur.$_{kl}$ lyc.$_{kl}$ mag-c.$_{kl}$ merc.$_{kl}$ mygal.$_{kl}$ nat-c.$_{kl}$ nat-p.$_{kl}$ nat-s.$_{kl}$ nit-ac.$_{kl}$ nux-v.$_{kl}$ *Op.*$_{kl}$ petr.$_{kl}$ *Ph-ac.*$_{kl}$ phos.$_{kl}$ rat.$_{kl}$ rhus-t.$_{kl}$ sabad.$_{kl}$ *Sep.*$_{kl}$ sil.$_{kl}$ stann.$_{kl}$ staph.$_{kl}$ stram.$_{kl}$
☞ ❑ *Gemüt - Gesten - Tics*
– **morgens**: cham. glon. nux-v. phos. sep.
– **mittags**: glon.
– **nachmittags**: aeth. borx. rhus-t.
– **abends**: fl-ac. mur-ac. nit-ac. rhus-t. sil.
– **nachts**: chel. rhus-t. sil.
– **Ärger**, Verdruß; durch: mag-c.$_{bg1}$
– **Auftreten**, beim: spong.
– **Berührung** agg.: chel.
– **Bewegung**, bei:
• **agg.**: eupi. hell.$_{h}$ phos.
• **Arme**, der: chel.
– **Bücken**, beim: berb. hell.$_{h}$ nit-ac. petr.
– **Druck** amel.: hell.$_{h}$
– **Essen**, nach dem: cham.
– **Gefühl** von: hell.$_{h}$
– **Gehen**, beim: petr. *Spig.*
– **Husten**, beim: lyc. puls.
– **Liegen**, im: nit-ac.
– **pulsierend**: ph-ac.$_{h}$
– **Rucken** mit den Armen; beim: spong.
– **Schneuzen** der Nase; beim: aster.
– **Stehen**, nach: fl-ac.
– **Stelle**, auf der er liegt: rhus-t.$_{h}$
– **Stuhlgang** agg.; beim: phos.
– **Treppensteigen**, beim: glon. hell.$_{h}$
○ **Gehirn**, wie im: aster. bar-c. bov. bry. calc. cann-s. nit-ac.$_{h}$ rat.
– **Hinterkopf**: acon. bism. canth. mag-c. *Mag-m.* merc. ph-ac. rhus-t. sars. *Spig.* sulph.$_{h}$ thuj.
▽ **erstreckt** sich zur Stirn: anac. ph-ac.$_{h}$
– **Scheitel**: chel. gent-c. mag-c. meny. mur-ac. petr. phos.$_{h}$ ran-s. sil.
– **Schläfen**: acon. agar. am-c. am-m. anac. apis arg-met. bar-c. berb. bov. bry. calc. carb-an. chel.

Zucken - Schläfen: ...
Chin. crot-h. cycl. glon. kali-c. lil-t. merc. ox-ac. phos. plb. *Spig.* squil. stann. sul-ac. valer.
• **links**: am-m. anac. bar-c. bov. chel. kali-c. phos. stann.
• **rechts**: merc. squil. sul-ac. valer. verb.$_{h}$
• **Gehen**, beim: *Spig.*
• **liegt**; reißendes Zucken in der Schläfe, auf der er:
• **verschiebt** sich beim Drehen der Augen auf die andere Seite:
• **Heben** der Augen agg.
☞ *Schmerz - reißend - Schläfen - zuckend - liegt - Heben*
• **Mittagessen**, nach dem: phos.$_{h}$
• **Stellen**, an kleinen: rat.
▽ **erstreckt** sich zu:
• **Gehirn**: camph.
• **Kiefer** oder Zähne: rhus-t.
• **Scheitel**: cycl.
– **Seiten**: aeth. agar. anac. ang. bar-c. calc. cann-i. caust. cupr. glon. graph. *Nit-ac.* ox-ac. plb. valer. verb.
• **links**: anac. calc. cann-i. cupr. *Nit-ac.* verb.
• **rechts**: aeth. agar. bar-c. caust. ox-ac. plb. valer.
• **Berührung** agg.: bar-c.$_{h}$
▽ **erstreckt** sich zu:
• **Hals**: chin.
• **Scheitel**, beim Rucken mit den Armen und beim Auftreten: spong.
• **Seite** zur anderen; von einer: merc.
– **Stirn**: acon. *Agar.* alumn. ant-t. arn. berb. borx. bry. caust. cham. chin. kali-chl. lach. mag-m. mez. phos. *Prun.* rhod. sabad. *Sep.* sil. spong. stann. sulph. thuj.
• **nachmittags**: borx.
• **Liegen**: hep.$_{h}$
• **abends**: alumn. fl-ac.
• **Aufstehen** amel.: hep.$_{h}$
• **Bücken**: berb.
▽ **erstreckt** sich ins Gehirn: camph.

Zugluft
☞ *Luft - Luftzug*

Zusammendrücken
☞ *Schmerz - drückend / Zusammenschnürung*

Zusammenschnürung: *Acon.* adon.$_{bro1}$ aesc. *Aeth.* agar. agn. aloe alum. alum-p.$_{k2}$ alum-sil.$_{k2}$ am-br. am-c. *Anac.* androc.$_{srj1}$ ang. *Ant-t.* antip.$_{vh}$ **Apis** arg-met. *Arg-n.* *Arn.* ars. *Asaf.* *Asar.* bamb-a.$_{stb2}$ bapt. bar-c. bar-m. bell. berb. bov. *Bry.* bufo cact.$_{br1,k2}$ cadm-s.$_{c1}$ calc. calc-s. *Camph.* cann-i. cann-s. carb-ac. carb-an. **Carb-v.** *Carbn-s.* carc.$_{tp1}$ card-m. **Caust.** cham. *Chel.* chin. chinin-ar. *Chinin-s.* cic. cimic. cina cinnb.$_{k2}$ clem. coc-c. coca$_{bg3}$ *Cocc.* coff. colch. coloc. *Con.* croc. *Crot-c.* crot-h. *Cycl.* daph. dig. dios. dulc. eug. ferr. ferr-ar. ferr-p. fl-ac. gamb. **Gels.** gent-c. glon. *Graph.* *Grat.* guare. *Hell.* helon. hep. hydrc. hydrog.$_{srj2}$ hyos. hyper. ign. indg. *Ip.* iris kali-ar. kali-bi. *Kali-br.* kali-c. kali-i. kali-m.$_{k2}$ kali-n.

Zusammenschnürung: ...
kali-p. kali-s. kali-sil.k2 kreos. lac-ac. lach. laur. lob. *Lyc. Lyss.* mag-c. mag-m. mag-s. manc. mang. marb-w.es1 med. *Meny. Merc.* merc-i-f. merl. *Mosch.* mur-ac. nat-c. *Nat-m.* nat-p. nat-s. **Nit-ac.** nux-m. *Nux-v.* olnd. op. *Par. Petr.* ph-ac. phel. *Phos.* phys. pip-m. *Plat.* plb. prun. psor. puls. ran-b. rhod. rhus-t. ruta sabad. sabin. samb. sel. sep. *Sil. Spig.* spong. stann. staph. *Stront-c.* sul-ac. **Sulph.** tab. tarax. tarent. ther. thuj. valer. verat. verb. viol-o. vip. xan.c1 *Zinc.* zinc-p.k2
☞ *Schmerz - drückend - zusammenschnürend / Schmerz - ziehend*

– **morgens**: agar. bry. carb-ac.a1 cham. chlor.a1 con.a1,k gamb. graph. kali-bi. nat-m.a1,k nux-m. sulph. sumb.a1,k tarax.
• **amel.**: glon.
• **Aufstehen**, nach dem: lyc. ped.a1
– **nachmittags**: graph.a1,k mag-c. naja nit-ac. phos.
– **abends**: anac. asaf. bamb-a.stb2 camph.h,kl hyper.a1,k kali-bi. merc. mur-ac. murx. phos. *Rhus-t.* sep. stront-c. sulph. tab. tarent. valer.
• **amel.**: anac.h,kl
• **Bett**, im: asaf. merc. ol-an.
– **nachts**: merc.hr1,k mez. nux-v.
◇ **abwechselnd** mit Entspannung: bism.h,kl calc. lac-c.
– **Abendessen**, nach dem: carb-v.h
– **anfallsweise**: crot-c.
– **Aufstehen** amel.: dig. laur.a1,k merc.hr1,k
– **Band** oder Reifen; wie ein ●: *Acon.*bg2,k,* aeth.bg2,k all-c. *Am-br.*a1,k aml-ns.rb2 anac.bg2,k,* ant-t.bg2,k arg-met. *Arg-n.* asaf. bapt.hr1,k bell.bg2,k brom.bg2,k,* cact.bg2,br1 camph. cann-s. **Carb-ac.**bg2,k,* carb-an. *Carb-v.*bg2,k carbn-s. card-m. *Chel.*bg2,k,* choc.srj3 cinnb.rb2 clem.a1,k coca bg1,bg2 *Cocc.*bg2,k colch.bg2 crot-h. cupr-s.a1,rb2 *Cycl.*bg2,k,* dios.a1,k ferr.bg2 franc.rb2 **Gels.**bg2,k,* glon.bg2,k *Graph.* guaj. hell.a1 helo.c1 *Hep.* hydrog.srj2 hyos.bg2,k,* indg.a1,k *Iod.*bg2,k,* ip. iris juni-v.rb2 kali-c. kali-s. laur.bg2,k lil-t.bg1,bg2,* med. *Merc.*bg2,k,* mill.a1 nat-m. **Nit-ac.**bg2,k,* op. osm.hr1,k,* petr. phos.a1 phys.a1,k plat.bg2,k rhus-t.bg2 rhus-v.a1,k sabin. sang. sars.h,k,* *Spig.*bg2,k spira.a1,rb2 spirae.a1 stann.bg2,k sul-ac. **Sulph.**bg2,k tab.rb2 tarent.a1 *Ter.* teucr.bg2,k ther.bg2,k thuj.bg2 tub.hr,k2,* vario.jl,rb2 verat. xan.c1,rb2 ziz.
• **Eisenband**, wie ein: acon.rb2 fuc.rb2 juni-v.rb2 tab.rb2 tub.rb2
• **heiß**: acon.bg2,k,* chlol.bg2,hr1 coc-c.bg2,k gels.bg2
• **Mittagessen**, nach dem: kali-c.h,k,*
• **Augen** hindurchläuft; der hinter den: hydrog.srj2
– **Beugen** nach hinten amel.: thuj.
– **Bewegung**, durch: asar. *Bry.* carb-v. hipp. iris-foe. mez. par. valer.
• **amel.**: op. sulph. valer.
• **Freien**, amel. im: acon.
– **Blicken**, beim:
• **angestrengtes** Blicken agg.: par. *Puls.*a1,k
• **seitwärts**: dig.
– **Bücken** agg.: berb.a1,k coloc. cupr-s.a1 dig. med.hr1,k thuj.
– **Druck** amel.: aeth.a1,k anac. lach. meny. thuj.
– **Eintreten** in ein Zimmer; beim: bov.
• **amel.**: hep. valer. verb.
– **Entblößen** des Kopfes amel.: *Carb-v.*
– **Erbrechen** amel.: stann.
– **Erhitzung**, bei: **Carb-v.**
– **Erwachen**, beim: anac. *Ant-t.* bry. graph. naja nux-v. tarent.
– **Essen**, nach dem: clem.a1 con. dios. kali-c. lyc. nat-m. sep.h,k,*
– **Faden** vom Nacken zu den Augen gespannt; als sei ●: lach.
– **Faden** zusammengeschnürt; wie mit einem ☞ *Schnur*
– **Freien**, im:
• **agg.**: mang. merc. nat-m. valer.
• **amel.**: berb.a1,k coloc. kali-i. lach. lyc.
– **Frost**; während: tarent.
– **Frühstück** amel.: bov.a1,k
– **Gehen**, beim: ang. *Asar. Chin.* hipp. thea
• **Freien**, amel. im: ox-ac.
– **geistige** Anstrengung, durch: iris par. *Sulph.*
– **Gemütsbewegungen**, nach: nat-m.h,kl
– **Husten**, beim: ferr. iris petr.a1,k
– **Hut**:
• **Druck** des Hutes agg.: **Carb-v.**
• **engen** Hut; wie durch einen ●: phys.
– **Kerzenlicht**, durch: cann-i.
– **Lachen**, beim: iris
– **lehnen**; muß sich nach vorne auf den Tisch: con.h,kl
– **Lesen**, beim: agn.a1,k kiss.a1
– **Liegen**, beim:
• **amel.**: nat-m.
• **Rücken**, auf dem: mez.
– **Menses**:
• **vor**: hep.a1,k nat-c. sil.a1,k
• **während**: gels. helon. iod. lyc. merc. plat. sulph. xan.c1
– **Mittagessen**, nach dem: bar-c. kali-c.a1,h,* kali-n.h,kl lyc.h,kl
– **Netz**; wie in einem: apis nat-m.
– **Niesen**, beim: kali-chl.
– **periodisch**: phos.
– **Rüstung**; wie in einer: apis *Arg-n.* cann-i. **Carb-v.** choc.srj3 clem. coc-c. cocc.h1,k *Crot-c.* *Graph.* nat-m.
– **Schlafen** agg.: graph. merc.
• **Seite**; auf der erkrankten: caust.
– **Schließen** der Augen amel.: *Chel.*a1,k sulph.
– **Schlucken**, beim: mag-c.
– **Schnur** zusammengeschnürt; wie mit einer ●: anac. asaf. bell. chin. cycl. **Gels.** graph. hell. iod. kalm.a1 lach. lam.a1 merc.a1,k merc-i-r. mosch. nat-c. *Nat-m.* nit-ac. plat. psor. **Sulph.**a1,k
☞ *Faden*
• **Nacken** zu den Ohren; vom: anac.
– **Schreiben**, beim: gent-l. *Lyc.*
– **Sitzen**:
• **agg.**: fl-ac.

– **Sitzen**: ...
  - **amel.**: asar.$_{hr1,k,*}$ nat-m.
  - **vorgebeugtes** Sitzen agg.: asaf.

– **Sonnenhitze** amel.: stront-c.
– **Sprechen**, beim: nat-m.
– **Stehen** agg.: mag-c.
– **Stuhlgang**, beim: coloc.
– **Trinken** agg.: merc.
– **Wärme** amel.: stront-c.
– **warmen** Zimmer, im: acon. *Bry.* cann-i.$_{a1,k}$ *Carb-v.* plat.
– **Waschen**; nach: *Ant-t.*
– **Wetter**:
  - **nasses** Wetter agg.: sulph.

▽ **erstreckt** sich zu:
  - **Augen** und Nase: kali-n.$_{c1}$ nit-ac.
  - **Nacken**: mosch.$_{k2}$

○ **Gehirn** zusammengedrückt; als wäre das ganze: asaf.$_{k1,k13,*}$
– **Hinterkopf**: agar.$_{a1,k}$ alum.$_{a1,k}$ anac.$_{bg2,k,*}$ *Asaf.* bar-c.$_{hr1,k}$ bar-s.$_{k2}$ berb.$_{a1,k}$ calc. calc-s. camph.$_{bg1,bg2}$ cann-s.$_{a1,k}$ carb-v.$_{h}$ **Carbn-s.** carl.$_{a1}$ *Chel.*$_{hr1,k,*}$ chin.$_{hr1,k,*}$ *Cimic.* coc-c.$_{bg1,bg2}$ cocca$_{bg,bg2}$ coloc.$_{a1,k}$ dulc. euph. glon.$_{a1,k}$ **Graph.**$_{bg2,k,*}$ guare.$_{a1}$ hell. hydrc.$_{a1}$ hyos.$_{a1,k}$ ip.$_{hr1,k}$ kali-chl.$_{hr1}$ kali-i.$_{a1,k}$ lach.$_{a1,k}$ lact.$_{a1,k}$ laur.$_{a1,k}$ lob.$_{a1,k}$ lob-e.$_{c1}$ lyc.$_{a1,k}$ mag-c.$_{a1,k}$ manc.$_{a1,k}$ mang.$_{bg1,bg2,*}$ merc. *Mez.*$_{a1,k}$ mosch.$_{hr1,k}$ mur-ac.$_{a1,k}$ murx.$_{a1,k}$ nat-c.$_{a1,k}$ nat-m.$_{bg1,h,*}$ par.$_{a1,k}$ phel.$_{a1}$ pic-ac.$_{bg1,bg2}$ pimp.$_{a1}$ psor.$_{bg2,k}$ ran-g.$_{a1}$ ruta stann.$_{bg2,k,*}$ staph.$_{a1,k}$ *Sulph.*$_{bg2,k,*}$ sumb.$_{a1,k}$ tab.$_{bg1,bg2}$ ther.$_{bg1,bg2}$ thuj.$_{a1,k}$ tong.$_{a1}$ verat.$_{a1,k}$ viol-o.$_{a1,k}$ ziz.$_{a1,k}$
  - **vormittags**: agar.$_{a1,k}$ alum.$_{h}$
  - **abends**: mur-ac.$_{a1,k}$ murx.$_{a1,k}$ sumb.
  - **nachts**:
    - **Liegen**, beim:
      - **Rücken**, auf dem: mez.
      - **Seite**, auf der: staph.

  ◇ **abwechselnd** mit Spannung im Gesicht: *Viol-o.*$_{a1,k}$
  - **Band**; wie durch ein: anac.$_{bg1,bg2}$ arg-n.$_{bg1,bg2}$ coc-c.$_{bg1,bg2}$ pic-ac.$_{bg1,bg2}$ psor.$_{bg1,bg2}$ tab.$_{bg1,bg2}$
  - **Erwachen**, beim: anac.$_{h,k,*}$ graph.$_{a1,k}$
  - **Husten**, beim: mag-c. mosch.
  - **Ohr** zum anderen; von einem: thuj.$_{bg1,bg2}$
  - **Schlucken**, beim: mag-c.$_{a1,k}$
  - **Schnur** zusammengeschnürt; wie mit einer:
    - **um** die Haut des Hinterkopfes herum: psor.$_{rb2}$
  - **Schreiben**, beim: lyc.$_{a1,k}$
  - **Stehen**, im: mag-c.$_{a1,k}$

  ▽ **erstreckt** sich zu:
  - **Fingergelenke**: plect.
  - **Nacken** hinein; in den: graph.$_{h}$ nat-c.
  - **oben**, unten und zu den Ohren; nach: **Glon.**
  - **Stirn**: mur-ac.$_{h}$

– **Nerven**: graph.$_{h}$
– **Scheitel**: ant-t.$_{a1,k}$ apis cact.$_{hr1,k,*}$ calc.$_{a1,k}$ carb-an.$_{h}$ chel.$_{a1,k}$ con. gent-c.$_{a1,k}$ ip.$_{bg1,bg2}$ kali-bi.$_{a1,hr1}$ kali-i.$_{a1,k}$ kali-n.$_{a1,h}$ lyc. mang.$_{a1}$ meny.$_{a1,k}$ mosch.$_{a1,k}$ naja nat-m. nux-m.$_{a1,bg2}$ phel.$_{a1}$ phos. phys.$_{a1}$ plat.$_{h}$ rheum sep.$_{h}$ stann.$_{h}$

– **Scheitel**: ...
staph.$_{a1,h}$ stront-c. tong.$_{a1}$ valer.$_{a1}$ verat. verb.$_{hr1,k,*}$
  - **morgens**: kali-n.$_{h}$ staph.$_{a1,h}$
  - **nachmittags**: kali-n.$_{a1}$
    - **und** nachts: kali-n.$_{h}$
  - **abends**: phos.$_{h}$
  - **Anstrengung** der Augen; bei: gent-c.$_{a1,k}$
  - **geistige** Anstrengung: gent-c.$_{a1,k}$
  - **Menses**, während: lyc. nat-m. phos.

  ▽ **erstreckt** sich zum Kiefer: stront-c.

– **Schläfen**: absin.$_{a1}$ acon.$_{a1,k}$ ail.$_{a1,k}$ alum.$_{hr1,k}$ am-br.$_{bg2}$ ambr.$_{a1}$ *Anac.* ant-t.$_{a1,k}$ arn.$_{a1,k}$ ars.$_{a1,k}$ bar-c.$_{hr1,k}$ berb.$_{hr1,k,*}$ bov.$_{a1,k}$ calc.$_{hr1,k}$ *Cann-s.*$_{a1,k}$ *Carb-an.*$_{a1,k}$ carb-v.$_{h}$ caust.$_{a1,k}$ cinnb.$_{hr1,k}$ clem.$_{a1,k}$ coloc.$_{a1,k}$ elaps elat.$_{a1,k}$ glon.$_{a1,k}$ hell.$_{a1,k}$ hyper.$_{a1,k}$ ip.$_{h}$ lith-c. lyc.$_{a1,k}$ mag-m. mang.$_{h}$ merl.$_{a1,k}$ mur-ac.$_{a1,k}$ naja nat-m.$_{a1,k}$ ol-an.$_{a1,k}$ pall.$_{a1,k}$ phys.$_{a1}$ *Plat.*$_{hr1,k,*}$ plb.$_{a1,k}$ *Puls.*$_{hr1,k,*}$ rheum sabin.$_{c1}$ *Squil.*$_{hr1,k}$ sumb.$_{a1}$ tab. thuj. verat. verb.$_{hr1,k}$ zinc.$_{hr1,k,*}$
  - **morgens**: sulph.$_{a1,k}$
  - **Band** von einer Schläfe zur anderen; wie ein: carb-ac.$_{a1}$ carb-an.$_{bg2}$
  - **Druck** amel.: alum.$_{h}$
  - **Husten**, beim: lach. mag-c. merc. mosch. verb.
  - **Öffnen** des Mundes; beim: ang.$_{h}$

– **Seite**: acon.$_{a1}$ aeth.$_{a1}$ ant-t.$_{a1,k}$ apis asaf.$_{a1,k}$ bar-c. calc.$_{a1,k}$ caust.$_{a1,k}$ chinin-s. clem. coloc. com.$_{a1}$ dig.$_{a1,k}$ fl-ac.$_{a1,k}$ mur-ac.$_{h}$ pall.$_{a1}$ pic-ac.$_{bg2}$ ruta$_{h}$ spig.$_{h}$ *Stront-c.* ther.$_{bg2}$

  ▽ **erstreckt** sich zu:
  - **Augenhöhlen** und die Zähne; in die: crot-h.
  - **Zähnen** links oben, an einzelnen Stellen, wie Stiche, beim Bücken, amel. beim Aufstehen; zu den: dig.

– **Stirn**: *Acon.* *Aesc.*$_{hr1,k}$ aeth.$_{a1,k}$ agn. ail. aloe alum.$_{a1,k}$ alum-p.$_{k2}$ alum-sil.$_{k2}$ *Ambr.* *Anac.*$_{hr1,k,*}$ *Ant-t.*$_{hr1,k,*}$ apis arg-n.$_{hr1,k}$ arn.$_{hr1,k}$ ars.$_{a1,k}$ ars-s-f.$_{k2}$ asaf. asar.$_{hr1}$ asc-c.$_{a1,hr1,*}$ bapt.$_{hr1,k,*}$ *Bar-c.*$_{a1,k}$ bar-s.$_{k2}$ bell. bell-p.$_{c1}$ berb.$_{hr1,k,*}$ bism.$_{hr1,k,*}$ bond.$_{a1}$ brach.$_{hr1}$ brass.$_{a1}$ bry.$_{a1,k}$ calc.$_{a1,k}$ *Calc-p.*$_{hr1,k,*}$ calc-s. calc-sil.$_{k2}$ camph.$_{bg2,k}$ cann-i.$_{hr1}$ cann-s.$_{a1,k}$ *Carb-ac.*$_{hr1,k,*}$ carb-an.$_{hr1,k,*}$ carb-v.$_{h}$ carbn-s. card-m. caul.$_{hr1}$ caust.$_{a1,k}$ *Cham.*$_{hr1,k,*}$ chel.$_{a1,k}$ chin.$_{a1,k}$ clem.$_{a1,k}$ cocc. coff. colch.$_{a1,k}$ coloc.$_{hr1,k,*}$ crot-t.$_{a1,k}$ *Cycl.*$_{hr1,k}$ *Dig.*$_{a1,k}$ dros. dulc.$_{a1,k}$ elat.$_{a1,k}$ euph.$_{h}$ fl-ac. gels.$_{hr1,k}$ glon.$_{bg2,k,*}$ *Graph.* *Grat.*$_{hr1,k,*}$ haem. ham.$_{a1,k}$ hell.$_{a1,k}$ helon.$_{hr1,k,*}$ hep. hydr-ac.$_{a1}$ hydrog.$_{srj2}$ hyos.$_{hr1,k,*}$ hyper.$_{a1}$ ign. ip. iris kali-ar. kali-c.$_{hr1,k}$ kali-chl.$_{a1}$ kali-n.$_{a1,k}$ kali-p. kali-s. kali-sil.$_{k2}$ lac-ac. lac-c. laur.$_{a1,k}$ lepi. mag-m. manc.$_{a1,k}$ mang. med.$_{hr1,k}$ meny. **Merc.**$_{bg2,k,*}$ mosch. *Naja* *Nat-c.* *Nat-m.*$_{hr1,k}$ nat-p. *Nit-ac.*$_{hr1,k}$ nux-m. nux-v.$_{hr1,k,*}$ olnd. osm. par.$_{hr1,k}$ *Phos.*$_{hr1,k}$ phys.$_{a1,k}$ phyt.$_{a1,k}$ *Plat.*$_{hr1,k,*}$ plb. psor. *Puls.*$_{hr1,k,*}$ rheum *Rhod.*$_{a1,k}$ rhus-t. ruta sabad.$_{a1,k}$ sabin.$_{hr1,k}$ sars.$_{bg1,bg2}$ sep.$_{hr1,k}$ *Sil.*$_{hr1,k,*}$ spig.$_{a1,k}$ stann. staph. *Sul-ac.*$_{hr1,k,*}$ sul-i.$_{k,k2,*}$ *Sulph.*$_{bg2,k,*}$ sumb.$_{a1}$ tarax.$_{h,k,*}$ ther. valer.$_{a1,k}$ verat.$_{a1,k}$ verat-v.$_{a1}$ verb.$_{a1,k}$ viol-o.$_{a1}$ viol-t.$_{a1,hr1}$ zinc.$_{hr1,k}$ zinc-p.$_{k2}$ ziz.$_{a1}$

☞ *Spannung*

– **Stirn**: ...
  • **morgens**: naja
    • **Aufstehen**, beim: sumb.$_{a1,k}$
  ◇ **abwechselnd** mit Ausdehnung: bism.$_{h,hr1,*}$ tarax.$_{h,k,*}$
  • **Alkohol** amel.: granit-m.$_{es1}$
  • **Band**; wie durch ein: aeth. ant-t. bar-c. cact.$_{bg3}$ **Carb-ac.** *Carb-v.* cedr. *Chel.* chlol.$_{bg1,c1}$ *Coca* fuc.$_{bro1,c1}$ gels.$_{bg3}$ granit-m.$_{es1}$ *Graph.* helon. indg. iod. iris lil-t. manc. med. **Merc.** *Merc-c.* merc-i-r. mill. phos. sang. sul-i. sulph.$_{bg3}$ tarent.
    • **mittags**: *Chel.*
    • **Lachen**, durch: iod.
    • **Schließen** der Augen amel.: *Chel.*
    • **Schnupfen**; mit: med.$_{c1}$
  • **Bücken** amel.: con.$_{h}$
  • **eng**, wie zu: bar-c.$_{a1}$ gels.$_{a1,k}$
  • **Essen**, nach dem: bar-c.$_{a1,k}$ clem.$_{a1}$ rhus-t.$_{h}$
  • **Hand** auf die Stelle amel.; Auflegen der: con.$_{h}$
  • **Husten**, beim: iris mosch. verb.
  • **intermittierend**: arn. hyos. plat.$_{h,k,*}$
  • **Liegen** amel.: granit-m.$_{es1}$
  • **quer** über die: arn. asc-c.$_{a1,bro1}$ bar-c. cann-i. granit-m.$_{es1}$ ham.$_{a1}$ iris laur. lepi. naja op. par. phys. sabin. sep. valer.$_{a1}$ verat.
  • **Schnupfen**, mit: sul-ac.$_{k2}$
  • **Schnur** zusammengeschnürt; wie mit einer: merc-i-r.$_{a1,k}$ nat-c.
  ▽ **erstreckt** sich vom Rand der Augenhöhlen zu den Schläfen: cann-s.
    • **Druck** amel.: aeth. *Anac.*
  ○ **Augen**; über den: aeth. anag. apis ars. asaf. bell. borx. bry. *Card-m.* chel. colch. dulc. euphr. *Glon.* iod. ip.$_{h}$ meny.$_{h}$ merl. nux-m. plat.$_{h}$ *Puls.* sang. sil. sul-i.
    • **links**: borx.
    • **rechts**: nat-c.$_{h}$
    • **Berührung** amel.: meny.$_{h}$
    • **Blicken**; bei angestrengtem: *Puls.*
    • **heiß**: chlol.$_{bg1}$
  • **Nasenwurzel**, über der
    ☞ *Schmerz - drückend - Stirn - erstreckt sich - Nase*
  • **über** der Stirn: sumb.

Zusammenziehung der Kopfhaut; Gefühl der: aeth. arg-n.$_{rb2}$ arn.$_{br1}$ cact.$_{k2}$ *Carb-v.*$_{k,rb2}$ coc-c.$_{rb2}$ crot-c.$_{bg1}$ helon.$_{bg1}$ iris$_{c1}$ lyc. lyss. merc. par. plat.$_{k,rb2}$ ran-s. rhus-t. sanic.$_{rb2}$ sel.$_{c1}$ spig. stann.
○ **Scheitel**: nux-m.$_{bg1,bg2}$
– **Stirn**: arn.$_{rb2}$ bell.$_{h}$ cann-i.$_{c1}$ caul.$_{hr1,rb2}$ *Cycl.* gels.$_{c1,rb2}$ lyc. *Sanic.*

Abgehärmt
☞ ❑ *Gesicht - Ausdruck - abgehärmt*

Ablösung der Netzhaut: apis **Arn.**mfj ars.mfj aur.hr1,k *Aur-m.*bro1 bry.mfj dig.hr1,k,* *Gels.*hr1,k,* hep.mfj kali-i.mfj merc.mfj naphtin.br1,bro1,* phos. pilo.bro1 rhus-t.mfj rutaks
– **Kurzsichtigkeit**: gels.ptk
– **Verletzung**; durch: gels.ptk

Absonderungen (= von Schleim oder Eiter): *Agar.* alum. alumn.k2 am-c. ant-c. ant-t.k2 *Apis* arg-met.k2 *Arg-n.* ars. arum-t.k2 *Aur.* aur-ar.k2 aur-s.k2 bar-m. bism. *Bry.* *Cadm-s.* **Calc.** **Calc-s.** calc-sil.k2 canth.k2 carb-v. *Carbn-s.* **Caust.** *Cham.* *Chel.* *Chin.* *Chlor.* cist.k2 clem. *Con.* dig. dulc. ery-a. euph. *Euphr.* *Ferr.* ferr-ar. ferr-i.k2 ferr-p. *Graph.* *Hep.* *Hydr.* iod.k2 *Ip.* kali-ar. kali-bi. *Kali-c.* *Kali-i.* kali-m.k2 kali-p. kali-s. *Kreos.* lach. lachn. lact. led.h *Lith-c.* *Lyc.* mag-c. mag-m. med.k2 **Merc.** merc-ns. mez. mill. *Nat-ar.* nat-c. *Nat-m.* nat-s. *Nux-v.* petr. ph-ac. phos. phys. pic-ac. plb. psor.k2 **Puls.** rhus-t. rumx.k2 *Sanic.* seneg. sep. *Sil.* spig.h staph. stict. stram. *Sulph.* **Tell.** *Thuj.*
☞ *Rückstand*
– **morgens**: alum-sil.k2 arg-n. ars. bamb-a.stb2 cinnb. kali-bi.a1,k mag-c. plb.a1,k sep. sil. staph.a1,k *Sulph.* tarax.h
– **abends**: kali-p. phos.h
– **nachts**: alum.
– **blutig**: ars. ars-s-f.k2 asaf. bry.k2 canth.k2 carb-v. *Carbn-s.* *Caust.* cham. *Hep.* *Kali-c.* kreos. lach. lyc. *Merc.* mez. nat-m. petr. ph-ac. phos. *Puls.* rhus-t. sep. *Sil.* sulph. thuj.
 • **wäßrig**:
  • **Kindern**; bei:
   • **Neugeborenen**; bei: cham.ptk1
– **brennend**: verb.c1
– **dick**: alum. alum-sil.k2 arg-n. ars.k2 calc-s. calc-sil.k2 *Chel.* dulc.k2 *Euphr.* *Hep.* *Hydr.* *Kali-bi.* kali-i.k2 kali-sil.k2 *Lyc.* nat-c.k2 *Nat-m.* pic-ac.k2 *Puls.* sep. *Sil.* sulph. thuj. zinc-p.k2
– **dünn**: acon.k2 ars.k2 canth.k2 *Graph.* sil.k2
– **eitrig**: ail. alum-p.k2 alumn.hr1,k *Arg-met.* **Arg-n.** aur-ar.k2 bar-c.h bell.h **Calc.** *Carb-v.* *Carbn-s.* *Caust.* *Cham.* *Chlor.* cist.k2 dulc.k2 ery-a. euph. ferr-i. *Graph.* *Grin.* **Hep.** *Kali-i.* *Lach.* *Led.* **Lyc.** *Lyss.* mag-c. mag-m. **Merc.** nat-c. nit-ac. petr. ph-ac. phos. psor.k2 **Puls.** rhus-t. *Sep.* spong. *Sulph.* syph.k2 tarax.h tell. zinc.h
 • **tagsüber**: phos.
 • **morgens**: ars.h bapt. bar-c.h cham.h
– **fadenziehend**: kali-bi.k2
– **gelb**: *Agar.* alum. alum-p.k2 alumn.k2 *Arg-n.* ars. ars-s-f.k2 aur. aur-ar.k2 aur-s.k2 *Calc.* *Calc-s.* calc-sil.k2 carb-v. carbn-s. caust. cham.k2 chel. dulc.k2 *Euphr.* hydr.k2 hydrog.srj2 *Kali-bi.* kali-c. kali-chl. kali-m.k2 kali-s. kali-sil.k2 kreos. *Lyc.* *Merc.* nat-c.k2 nat-p. psor.k2 **Puls.** *Sep.* **Sil.** *Sulph.* *Thuj.*
– **grau**: arg-met.k2
– **grün**: calc-sil.k2 kali-i.k2 kali-m.k2 kali-s.k2 merc.k2 nat-s.k2 psor.k2

Absonderungen: ...
– **hängen** und muß weggewischt werden; Gefühl, Absonderung würde über den Augen: croc. *Puls.*k,k12●
– **mild**, bland: all-c.k2
– **Öffnen** der Augen; beim gewaltsamen: ferr-i.k2
– **reichlich**: arg-n.br1 euphr.k2 kali-i.k2 rhus-t.k2 verb.c1
– **scharf**: am-c. ars. ars-i. ars-s-f.k2 calc. canth.k2 *Carbn-s.* *Cham.* coloc.bg2,k *Euphr.* fl-ac. *Graph.* *Hep.* iod.k2 kali-ar.k,k2 kreos.k2 merc. nit-ac. *Sulph.*
 • **Wasser**: **Clem.**hr1,k
– **stinkend**: psor.k2
– **übelriechend**: asaf.k2 led.h
– **wäßrig**: acon.k2 cortiso.gse dulc.k2 euphr.k2
– **warm**: verb.c1
– **weiß**: alum. ant-t.k2 hydr. lachn. *Petr.* plb.a1,k
 • **milchig** weiß: kali-chl. kali-m.k2
– **zäh**: hydr.k2
○ **Canthi**: ant-c. bell. berb. bism. dig. euph. euphr.h guaj.h kali-bi. lachn.c1 nat-c. nat-m. *Nux-v.* pic-ac. psor. zinc-p.k2
 • **morgens**: ant-c. calc-p. *Cham.* ruta
 • **Eiter**: cham. *Graph.* *Kali-bi.* kali-c. kali-i. led. **Nux-v.** *Ph-ac.* ran-b. *Zinc.*
 • **harte** Absonderung darin: dig. guaj. *Hep.* *Ip.* nux-v. *Petr.* sabad.
  • **vormittags**: coff.
  • **nachts**: seneg.
 • **trockene** Absonderung darin: calc. caust. cham. euphr. grat. *Hell.* nit-ac. viol-t.
  • **morgens**: lyc.
○ **äußere** ●: ant-c. bar-c. bry. chin.h ip.h lyc. mez. nux-v. rhus-t. sep.
  • **morgens**: nux-v. rhus-t. sep.
  • **nachts**: bar-c. *Lyc.*
  • **eitrig**: nux-v.
  • **harte** Absonderung darin: euph. *Hep.* *Ip.* nux-v. sabad.
 • **innere**: agar. ant-c.h euphr.h mag-s. nicc. phos. **Puls.** staph. *Stram.* thuj.h *Verat-v.* *Zinc.*
  • **morgens**: bamb-a.stb2 hell.h nicc. phos. **Puls.** staph. zinc.
  • **Menses**, während den: mag-c.
  • **trockene** Absonderung darin: hell.h staph.h
– **Tränensack**, aus dem: ars. arum-t.hr1,k *Con.*hr1,k *Hep.*hr1,k iod. *Merc.*hr1,k *Nat-m.*hr1,k **Petr.**hr1,k *Puls.* *Sil.*hr1,k stann.hr1,k *Sulph.*hr1,k

Ängstlich aussehende Augen
☞ ❑ *Gesicht - Ausdruck - ängstlich*

Amaurose
☞ *Lähmung - Sehnerv*

Amblyopie: alco.mfj alum.mfj anag.c2 ars.mfj bell.mfj ben-d.c2 carbn-s.c2 *Chin.*c2 *Chinin-s.*mfj cich.c2 cinch.c2 crot-h.c2 daph.c2 dros.c2 fil.mfj gels.mfj lach.c2 merl.c2 methan.mfj naphtin.c2 *Nux-v.*c2,mfj onos.c2 oxyt.c2 *Ph-ac.*c2 *Phos.*c2 phos-h.c2 raph.c2 *Ruta*c2 sacch-l.c2 sal-ac.mfj *Santin.*c2 seneg.c2 tab.mfj thyr.c2 zinc.c2
☞ ❑ *Sehen - Trübsichtigkeit*

Anämie:
○ **Bindehaut**: dig. plb.
– **Netzhaut**: *Agar.* calc.$_{mfj}$ *Chin.* chinin-s.$_{mfj}$ dig. ferr.$_{mfj}$ lith-c.$_{c2,k}$ phos.$_{mfj}$ puls.$_{mfj}$ syph.$_{k2}$
– **Sehnerv**: alum-p.$_{k2}$ kali-p.$_{k2}$

Anstrengen der Augen agg.
☞ *Blicken* | ❏ *Sehen - Anstrengung - Augen*

Anstrengung der Muskeln amel.: aur.

Arcus senilis
☞ *Trübung - Hornhaut - Arcus*

Asthenopie: ammc.$_{c2}$ carb-v.$_{c2}$ cina$_{c2}$ croc.$_{c2}$ jab.$_{c2}$ lach.$_{c2}$ lil-t.$_{c2}$ mang.$_{c2}$ nicc.$_{c2}$ rhod.$_{c2}$ sec.$_{c2}$
☞ *Schwäche* | ❏ *Sehen - Trübsichtigkeit*
– **akkommodative**: *Agar.*$_{mfj}$ arg-n.$_{br1,mfj}$ bell.$_{mfj}$ calc.$_{mfj}$ caust.$_{mfj}$ cimic.$_{mfj}$ con.$_{mfj}$ croc.$_{mfj}$ *Gels.*$_{mfj}$ **Jab.**$_{mfj}$ lil-t.$_{br1,mfj}$ merc.$_{mfj}$ nux-m.$_{mfj}$ op.$_{mfj}$ par.$_{mfj}$ phos.$_{mfj}$ *Phys.*$_{mfj}$ **Ruta**$_{mfj}$ spig.$_{mfj}$ sulph.$_{mfj}$
☞ ❏ *Sehen - Akkommodation - langsam*
– **muskuläre**: *Agar.*$_{mfj}$ **Alum.**$_{mfj}$ calc.$_{mfj}$ *Con.*$_{mfj}$ **Gels.**$_{mfj}$ **Jab.**$_{mfj}$ kalm.$_{mfj}$ led.$_{mfj}$ lil-t.$_{mfj}$ *Merc.*$_{mfj}$ **Nat-m.**$_{mfj}$ *Nux-v.*$_{mfj}$ **Onos.**$_{mfj}$ *Par.*$_{mfj}$ *Phys.*$_{mfj}$ rad-br.$_{mfj}$ *Rhod.*$_{mfj}$ *Rhus-t.*$_{mfj}$ ruta$_{mfj}$ **Seneg.**$_{mfj}$ sep.$_{mfj}$
– **myopische**: esin.$_{bro1}$ lil-t.$_{bro1}$
☞ ❏ *Sehen - Kurzsichtigkeit*

Astigmatismus: gels.$_{bro1,c1,*}$ *Lil-t.*$_{br1,hr1,*}$ phys.$_{br1,bro1,*}$ pic-ac.$_{hr1}$ sep.$_{hr1}$ *Tub.*

Atrophie:
☞ *Degeneration - Hornhaut*
○ **Chorioidea**; atrophierte Punkte in der: **Kali-i.**$_{kr1}$ *Phos.*$_{kr1}$ *Verat-v.*$_{kr1}$
– **Sehnerv**: alum-p.$_{k2}$ *Arg-n.*$_{mfj}$ ars.$_{mfj}$ *Nux-v.* **Phos.** **Plb.**$_{mfj}$ stry-p.$_{mfj}$ syph.$_{k2}$ *Tab.* verat-v.$_{mfj}$ zinc-p.$_{mfj}$
• **Tabak**; durch: ars.

Auftreibung, Gefühl von: acon.$_{bg2}$ ant-t.$_{bg2}$ *Asar.*$_{bg2}$ **Bell.**$_{bg2}$ bism.$_{bg2}$ *Bov.*$_{bg2}$ **Bry.**$_{bg2}$ calc-p.$_{bg2}$ cann-s.$_{bg2}$ *Caust.*$_{bg2}$ gels.$_{bg2}$ *Guaj.*$_{bg2}$ hep.$_{bg2}$ hyos.$_{bg2}$ merc.$_{bg2}$ nat-c.$_{bg2}$ *Nat-m.*$_{bg2}$ **Nux-v.**$_{bg2}$ op.$_{bg2}$ *Par.*$_{bg2}$ ph-ac.$_{bg2}$ phyt.$_{bg2}$ plb.$_{bg2}$ prun.$_{bg2}$ rhus-t.$_{bg2}$ *Seneg.*$_{bg2}$ **Spig.**$_{bg2}$ staph.$_{bg2}$ tarax.$_{bg2}$ thuj.$_{bg2}$ zinc.$_{bg2}$

Augenbrauen
☞ *Haare - Augenbrauen* | *Haare - Haarausfall - Augenbrauen*

Augenbutter
☞ *Rückstand*

Ausdruckslos
☞ *Stumpfe*

Ausfallen der Augenbrauen, Wimpern
☞ *Haare - Haarausfall*

Bandes um die Augäpfel; Gefühl eines: *Lac-d.* laur.

Beben: alum.$_{a1,k}$ alum-p.$_{k2}$ *Am-m.* *Apis* aran.$_{hr1,k}$ carb-v. con.$_{hr1,k,*}$ fl-ac.$_{a1,k}$ *Glon.*$_{hr1,k,*}$ *Hyos.*$_{hr1,k}$ iod.$_{k2}$ petr. *Phos.* plat.$_{k2}$ *Rat.* rhus-t. sars. *Seneg.*$_{hr1,k,*}$ stann. sulph.$_{h}$ zinc.

Beben: ...
– **links**: alum.$_{a1,k}$
– **rechts**: sars.
– **abends**: alum.$_{a1,k}$
– **nachts**: *Apis* berb.
– **Blicken** nach unten; beim: alum.
• **angestrengt**: *Seneg.*
– **Reiben** amel.: am-m.$_{h}$
○ **Augenbrauen**: alum.$_{a1,k}$ caust.$_{a1,k}$ kali-c.$_{a1,k}$ ol-an.$_{a1,k}$ ruta stront-c.
○ **zwischen** den:
• **Lesen**, beim: ang.$_{h}$
– **Canthi**: phos. stann.$_{h}$
– **Lider** ●: aesc.$_{a1,k}$ **Agar.**$_{hr1,k}$ alum. am-m. aran-sc.$_{st,st1}$ ars.$_{h}$ asaf. **Bell.**$_{hr1,k,*}$ berb. **Calc.**$_{hr1,k}$ carb-an. carb-v. *Carbn-s.* *Carl.*$_{a1,k}$ *Caust.* **Cic.** *Cocc.*$_{hr1,k}$ con. croc.$_{hr1,k}$ *Crot-c.* crot-h.$_{hr1,k}$ cupr. *Cur.* grat. *Iod.* lyc.$_{h}$ merc. mez.$_{h}$ *Nat-m.*$_{h,k,*}$ nat-p.$_{hr1,k,*}$ nux-v.$_{k2}$ *Ol-an.*$_{hr1,k}$ par. petr. phel. *Phos.*$_{hr1,k}$ *Plat.* *Rat.* rhod. rhus-t. sabin. sars.$_{hr1,k,*}$ schin.$_{st}$ sep. sil. stront-c. *Sulph.* *Verat.* zinc.
• **links**: lyc.$_{h}$
○ **Oberlid**: **Arum-t.** berb. *Croc.* mez.$_{h}$ mur-ac.$_{h}$
• **rechts**: bell.$_{hr1,k}$ nat-p.$_{hr1,k,*}$ nit-ac.$_{h}$ petr.$_{h}$ sars.$_{hr1,k,*}$
○ **Oberlid**: alum. bell.$_{hr1,k}$ calc.$_{hr1,k}$ nat-m. sars.$_{h}$
• **Lesen** bei Kerzenlicht: berb.
• **schmerzhaft**: bell.

Beschwerden der Augen:
◆ **begleitet** von:
• **Würmer**; Beschwerden durch: art-v.$_{sf1}$
– **kalt**:
• **Anwendungen** agg.; kalte: kali-n.$_{c1}$
– **Kälte**:
• **agg.**: *Clem.* cob. hep. **Merc.** *Thuj.*
• **amel.**: acon. agar. apis *Asar.* bry. *Nux-v.* *Puls.* *Sep.*

Betrunkenes Aussehen
☞ ❏ *Gesicht - Ausdruck - berauscht*

Bewegung der Augäpfel:
– **anhaltend**: agar. *Bell.* ben-n. *Iod.* kali-br.$_{ptk2}$ sil. *Stram.*
• **geschlossenen** Lidern; unter: ben-n. cupr.$_{bg1,bg2}$ zinc.$_{bg1,bg2}$
– **konvulsivisch**: acon. *Agar.* **Bell.** bufo canth. chinin-s. cocc.$_{c1}$ coff. hyos.$_{h}$ ign. kali-cy. *Mag-p.* sulph. verat. zinc.
• **Entbindung**, während der: chinin-s.$_{hr1}$
• **Gehen**, beim: coff.
• **Licht** agg.: bell.
• **Schlaf**, im: hell. op. ph-ac.
– **pendelartig**, von einer Seite auf die andere (= Nystagmus): **Agar.** amyg. *Ars.* *Bell.*$_{mfj}$ ben-n. *Carbn-h.* cic. cocc.$_{bg1}$ con.$_{h}$ *Cupr.* *Gels.* hyos.$_{mfj}$ ign.$_{mfj}$ jab.$_{mfj}$ kali-c.$_{bg1}$ mag-p.$_{mfj}$ nux-v.$_{mfj}$ phys.$_{mfj}$ puls.$_{bg1,k2}$ sabad. stram.$_{mfj}$ sulph. zinc.$_{bg1}$
– **Richtung**; in jede
☞ *anhaltend*
– **Rollen** der Augen: aeth. *Agar.* amyg. arg-n. *Bell.* ben-n. *Bufo* camph. *Caust.* cham. *Cic.* *Cocc.* colch.

– **Rollen** der Augen: ...
con.h *Cupr.* *Euphr.* *Gels.* hell. *Hyos.* kali-br. kali-i. lyss. merc. merc-c. nat-ar. op. petr. raph.bg1 santin. sec. *Stram.* stry. tarent. ter. tub. ust. *Verat.* *Zinc.*
☞ *rotierende / Verdreht*
• **ein** Auge rollt, das andere ist bewegungslos: apoc.ptk1
• **auf** und ab: benz-ac. sulph.
• **Getränken**; beim Anblick von: bell.
• **oben**, nach
☞ *Verdreht*
• **Schlaf**:
• **im**: *Apis* ol-an. puls.h
• **Einschlafen**; beim: aeth.br1,c1
• **Seite**, zur: spig.h
– **rotierende** Bewegung des Augapfels: seneg.mfj
☞ *Rollen*
– **Schlaf**:
• **amel**.: agar.k2
– **unregelmäßig**: agar.k2
– **unwillkürlich** (= Nystagmus): *Agar.*c2,k ben-n.c2 *Calc.* canth. cupr. gels.c2 kali-i.c2 *Mag-p.* *Nux-v.* spig.c1,h sulph.
☞ *Ruhelos / Unbewegliches - unmöglich*
• **starren** Blicken nach vorne; beim: ph-ac.
– **Zyklophorie**
☞ *rotierende*

Bläschen:
○ **Hornhaut**; auf der
☞ *Hautausschläge - Hornhaut - Bläschen*
– **Sklera**; auf der
☞ *Hautausschläge - Sklera - Bläschen*

Blasen bilden sich auf dem Auge; kleine
☞ *Hautausschläge - Bindehaut - Bläschen*

Blasen; als würde kalte Luft ins Auge
☞ *Kälte - Luft*

Blaß: alco.br1

Blaufärbung
☞ *Farbe - blau*

Blepharitis
☞ *Entzündung - Lider*

Blepharospasmus
☞ *Krämpfe - Lider*

Blicken, angestrengtes: agar. apis cadm-s. calc.k2 caust. croc. *Merc.* *Ruta* spong. thuj.
☞ *❑ Sehen - Anstrengung - Augen*
– **amel**.: petr.
– **einem** Auge; mit nur: phos.h
– **Ferne** agg.; in die: dig. euphr. ruta
– **oben**; nach:
• **agg.**: *Ars.* bell. carb-v. *Chel.* colch. sulph.
• **kann** nicht: arund.c1
– **weiße** Gegenstände agg.; auf: apis

Blindheit
☞ *❑ Sehen - Verlust*

Blinzeln: acon.bg2,hr1 agar.bg2,k,* am-c.bg2,k,* anan. *Apis* arg-n.bg2,k,* aster.hr1,k,* bamb-a.stb2 **Bell.**bg2,k,*

Blinzeln: ...
calc.bg2,hr1,* carc.jl2,tp1,* *Caust.*bg2,k,* chel.bg2,k,* chin.bg2,k,* con.bg2,k,* *Croc.*bg2,k,* cycl.bg2,k,* **Euphr.**bg2,k,* *Fl-ac.*bg2,k,* glon.bg2,k,* hep.bg2 hydrog.srj2 *Ign.* kalm. merc.gl1 *Mez.*bg2,k,* nat-c.a1 nit-ac.bg2,k,* *Nux-v.*bg2,k,* op.bg2,k,* petr.h,k,* ph-ac.bg2,h,* plat.bg2,k,* *Spig.*hr1,k sulph.bg2,k,* sumb.a1,k
☞ *❑ Gemüt - Gesten - Tics*
– **amel**.: asaf. croc. *Euphr.* olnd. stann.
– **Blicken** auf helle Gegenstände; beim: acon.a1,k acon-c.a1 apis
– **Epilepsie**, bei: kali-bi.
– **Freien**, im: merl.
– **Lesen**, beim: *Calc.* *Croc.* merl.
– **Schreiben**, nach: hep.a1,k
– **Sonnenlicht**, im: *Merl.*a1,k

Bluten aus den Augen: acon. ail.k2 aloe alumn.k2 am-c. am-caust. *Arn.* bell. **Both.** *Calc.* camph. *Carb-v.* *Cham.* cor-r. **Crot-h.** dig. elaps euphr. ham.k2 *Kali-chl.* kali-i.k2 kreos.k2 **Lach.**c2,k led.br1 nit-ac. **Nux-v.** **Phos.** plb. raph. ruta *Sulph.*
– **Brennen**, mit: carb-v.
– **Husten**, durch: arn.bg1 carb-v. cham. nux-v.
– **Keuchhusten**, bei: arn.h nux-v.
– **Schneuzen** der Nase; beim: nit-ac.
– **Trauma**, nach: sul-ac.br1,ptk1
○ **Augenkammer**; in der: led.k2
– **Bindehaut**: led.br1
– **Chorioidea**: **Lach.**kr1
– **Lider**: arn. bell. graph.k2 *Hep.* led.br1 *Nat-m.* *Nux-v.* puls.k2 **Sulph.**
– **Netzhautblutung** ●: arn. *Bell.* *Crot-h.* glon. ham. **Lach.** *Merc-c.* *Phos.* *Prun.* sul-ac.br1 *Sulph.*
☞ *Ekchymose / Entzündung - Netzhaut - haemorrhagica*

Blutunterlaufen
☞ *Ekchymose*

Chalazion
☞ *Tumoren - Lider - Knötchen*

Chemose: *Acon.* am-caust.a1,k **Apis** **Arg-n.** ars. bell. bry. cadm-s. *Con.* crot-h. der.a1 dulc. *Euph.* *Euphr.* *Guare.*a1,k,* *Hep.* *Ip.*a1,k *Kali-bi.* **Kali-i.** *Lach.* merc. merc-i-r.hr1,k mez. *Nat-m.* phyt. **Rhus-t.**bg2,k sil. syph. ter. thuj. *Vesp.*a1,k vesp-xyz.c2
☞ *Schwellung - Lider - ödematös*
– **links**: bell.
– **rechts**: syph. vesp.
– **abends**:
• **Arbeit**, bei der: mez.
– **Frost**; während: bry.
– **gelb**: am-caust.a1,k *Merc-i-r.*hr1,k
– **Staroperation**, nach: guare. phyt.
○ **Hornhaut**: *Hep.*

Chorioiditis
☞ *Entzündung - Chorioidea*

Degeneration:
☞ *Atrophie*
○ **Hornhaut**: *Ars.*

Descemet-Membran; Entzündung der
☞ *Entzündung - Descemet-Membran*

Drehen; Gefühl, als würden sie sich: petr.h phos.h

Dunkel um die Augen
☞ ❑ *Gesicht - Farbe - bläulich - Augen*

Eingesunken: *Abrot.*bg3 acet-ac. *Aeth.* agar. agar-cps.a1 am-c. am-caust.a1 ambr.bg2 ammc.a1 amyg.a1 *Anac.*bg2,k,* ant-c.a1,k **Ant-t.**bg2,k,* arg-n.bg2,k,* *Arn.*bg2,k,* *Ars.*bg2,k,* ars-i. ars-s-f.k2 aster. bar-m.a1,k bell.bg2,k,* *Berb.*a1,k bov.bg2 *Bufo* cadm-s. calc.bg2,k calc-i.k2 *Camph. Canth. Carb-v. Carbn-s. Cedr.* cent.a1 chel.a1,k **Chin.**bg2,k,* chinin-ar. chinin-s. chlor.a1,k chr-ac.a1 cic.bg2,k cimic. **Cina** clerod-i.bnj1 coc-c.a1,k coca *Colch. Coloc.*bg2,k crot-h. *Cupr.*bg2,k,* *Cur. Cycl.*bg2,k,* cyt-l.a1 *Dros.*bg2,k,* ferr.bg2,k ferr-ar. ferr-p. *Glon.*bg2,k gran.a1 *Graph.* haem.a1,k hell. hyos.bg2 ign.bg2 iod.bg2,k,* *Iris* kali-ar. *Kali-br. Kali-c.*bg2,k *Kali-i.* kali-p. *Kreos.* lach.bg2,k lith-c. *Lyc.*bg2,k,* *Merc.*bg2,k,* merc-c.bg2,k,* merc-n.c1 morph.a1,k naja nit-ac.bg2,k,* nux-v.bg2,k,* oena.a1,k olnd.bg2,k,* *Op.*bg2,k,* ox-ac. petr.a1,k *Ph-ac.*bg2,k,* *Phos.*bg2,k,* phyt.bg2,k,* *Plat.*bg2,k plb. plumbg.a1 podo.bg2,k,* **Puls.**bg2,k raph.a1,k rhus-t.bg2 rob.a1,k sang.a1,k **Sec.**bg2,k,* sep.bg2,k **Spig.**bg2 *Spong.*bg2,k,* *Stann.*bg2,k,* *Staph.*bg2,k,* stram. stry. sul-i.k2 *Sulph.*bg2,k,* tab.bg2,k,* ter.a1,k teucr.bg2,k,* thuj. til.a1,k upa.a1,k valer.bg2 *Verat.*bg2,k vip.a1,k zinc.bg2,k,* zinc-m.a1 zinc-p.k2
– **morgens**: elaps zinc.
– **vormittags**: lyc.a1,k ox-ac.a1,k
– **nachmittags** agg.: iod.a1,k
– **Freien**, im: kali-c.h
– **Gefühl** wie: ambr.bg1,bg2 ap-g.bg1 aur.bg1,bg2 chin.bg1,bg2 cinnb.bg1,bg2 iod.bg2 lac-f.bg1 led.bg1 limest-b.es1 lyc.bg1,bg2 teucr.bg1 zinc.bg1,bg2
☞ *Tiefliegend - Gefühl*
– **Menses**, während den: *Cedr.*
○ **Hornhaut**: aeth.c1

Einwärtskehrung des Lidrandes
☞ *Entropium*

Einwärtskehrung der Wimpern
☞ *Haare - Einwärtskehrung*

Ekchymose ●: *Acon.* aeth. am-c. arg-n.a1,k *Arn.*ptk1 **Ars.** *Bell.*bg2,k **Cact.** calc.bg2 cham.bg2,k *Chlol.*a1,k *Con. Crot-h.*bg2,k *Cupr-act.* der.a1 erig. *Glon. Ham.*bg2,k hydrog.srj2 kali-bi.bg2,k *Kali-chl.* kreos. *Lach.* **Led.**bg2,k *Lyc.*k,kl2● lyss. merc-c.bg2 mill.k2 *Nux-v.*bg1,k,* *Phos.* phys.ptk1 plb.bg2,k ruta *Seneg.*bg2 *Sul-ac.*bg2,k ter. thuj.ptk1 xan.c1
☞ *Bluten - Netzhautblutung*
– **rechts** ●: *Con.*
– **Husten**, durch: *Arn.* bell.
○ **Lider**: *Arn.*bg2,k led. sol-t-ae.a1
○ **Canthi**; innere: hydrog.srj2

Ektropium: alum. *Apis* **Arg-met. Arg-n.** bell. *Calc.* caps.bg1,bg2 graph. *Ham.* hep. *Lyc. Merc. Merc-c.* mez. *Nat-m.*k,kl2● *Nit-ac.*k,mfj psor.k,k2,* sil.bg1,bg2 spig.ptk1 *Staph. Sulph.* thiosin.bro1 zinc.

Ektropium: ...
– **Silbernitrat**, nach: nat-m.
– **Unterlid**: *Apis*

Embolie der Arteria centralis retinae (= Embolie der Netzhaut): aml-ns.nta1 croc.brl
☞ ❑ *Allgemeines - Embolie*

Empfindlichkeit:
– **Baden**, gegen: clem. *Sulph.*
– **Berührung**; gegen: lach.k2
☞ *Hyperästhesie*
– **glänzende** Gegenstände, gegen: **Bell.** bufo *Canth.* **Lyss.** *Stram.*
– **Hitze**, gegen: *Apis Arg-n.* caust. clem. con. *Merc.* puls.
– **kalt**:
• **Luft**, gegen kalte: **Acon.** cinnb. clem. *Hep. Lac-c.* merc. *Sil. Thuj.*
  • **Lider**: **Acon.**
• **Wasser**, gegen kaltes: elaps *Hep. Sulph.*
– **Kopfschmerzen**:
• **während**: cinak2
– **Licht**, gegen
☞ *Photophobie*
– **schmerzhaft** empfindlich
☞ *Schmerz*
○ **Lider**:
○ **rechtes** Oberlid: zinc.h

Empfindungslosigkeit: carbn-o. carbn-s. chen-a.a1 cic.k2 crot-h.a1,k hyos.a1,k kali-br. op.a1,k *Stram.*
○ **Augapfel**:
• **rechts**: chen-a.c1

Entropium: anan. *Arg-n.*mfj *Borx.*k,k2,* *Calc. Graph. Merc. Merc-c.*mfj *Nat-m. Nit-ac.* psor.ptk1 puls.bg1,bg2 *Sil.*bg1,bg2 *Sulph.* tell.bro1 zinc.
☞ *Haare - Einwärtskehrung*

Entzündung: abrot.hr1 achy-a.bnj1 **Acon.**bg2,k *Act-sp. Agar.*bg2,k albz-f.bta1 alco.a1 **All-c.** *Alum.*bg2,k alumn.k2 am-c.a1,k *Am-m.*c2 *Ambr.*bg2,k *Ant-c.*bg2,k *Ant-t.*c2,k **Apis** arg-met. *Arg-n.*bg2,k,* **Arn.**bg2,k,* **Ars.**bg2,k,* ars-i. ars-s-f.k2 *Asaf.*bg2,k,* asar. asc-t.a1 *Aur.*bg2,k aur-ar.k2 aur-i.k2 aur-m. aur-s.k2 *Bad.*a1,k *Bar-c.*bg2,k,* *Bar-m.* **Bell.**bg2,k,* benz-ac. *Borx.* bov.a1 brom.bg2,k,* *Bry.*bg2,k cact.bg2 cadm-s.k,k2 calad. **Calc.**bg2,k,* *Calc-p.* **Calc-s.**a1,k calen.c2 camph. cann-s.bg2,k *Canth.*a1,k,* caps.a1,k caps-f.jsx1 carb-v.h carbn-s. *Caust.*bg2,k,* cent.c2 *Cham.*bg2,k,* chel.k2 *Chin.*bg2,k chinin-ar. chlol.a1 cic.c1,c2 cimic. *Cinnb.*c2,k cist.k2 *Clem.*bg2,k,* coff. *Colch.*hr1,k *Coloc.*bg2,k,* *Con.*bg2,k,* convo-d.c2 conyz-sm.jsx1 cop. croc. crot-h.bg2 crot-t.a1,k cupr.bg2,k daph.a1,k der.c2 dig.bg2,k,* dor.a1 dros.k2 dulc.bg2,k,* elaps ery-a.a1,k eug.a1,k *Eup-per. Euph.*bg2,k,* **Euphr.**bg2,k,* fago.a1 ferr.bg2,k ferr-ar. ferr-p. fl-ac.a1 *Form.* gamb.c2 *Gels.*bg2,k,* *Glon.*bg2,k gran.a1 *Graph.*bg2,k *Grin. Ham.*bg2,k *Hep.*bg2,k,* *Hydr.* hydro-v.c1,c2 hyos.bg2,k,* *Ign.*bg2,k *Iod.*bg2,k,* *Ip.*bg2,k,* *Iris* jac-c.a1 jac-g.c2 kali-ar. *Kali-bi.*bg2,k,* *Kali-c.*c2,k *Kali-chl. Kali-i.*bg2,k kali-n.a1 kali-ox.c2

Entzündung: ...
kali-p.bg2,k kali-s. kali-sil.k2 *Kalm.*bg2,k kreos.a1,k *Lach.*bg2,k,* *Led.*bg2,k,* lil-t.k2 *Lith-c.* **Lyc.**bg2,k,* *Lyss.*a1,k *Mag-c.*c2,k mag-m.a1,k manc.c2 med.c1,c2 meph. **Merc.**bg2,k,* *Merc-c.*bg2,k,* *Merc-i-r.*a1,k,* *Merl.* *Mez.*a1,k morph. mur-ac.a1,h myric.a1 nat-ar.c2 nat-c.bg2,k,* **Nat-m.**bg2,k,* nat-p. *Nat-s.* *Nit-ac.*bg2,k,* *Nux-v.*bg2,k,* olnd.a1 op.bg2,k,* oxal-c.jsx1 paeon.a1 paull.a1 *Petr.*bg2,k ph-ac.bg2,k *Phos.*bg2,k phos-pchl.c1 *Phyt.*a1,k pic-ac.a1 plan.a1 plb.bg2,k,* plb-xyz.c2 plumbg.a1,c2 podo.a1 prim-o.c2 priva-l.bta1 **Psor.**bg2,k,* **Puls.**bg2,k ran-b. ran-r.c2 rat. **Rhus-t.**bg2,k,* rubd-met.stj2 ruth-met.stj2 sang. sec.bg2 sel.a1 **Sep.**bg2,k,* **Sil.**bg2,k,* sol-cp.bta1 *Spig.*bg2,k,* staph.bg2,k still.a1 *Stram.*a1,k stront-m.stj2 *Sul-ac.*bg2,k,* **Sulph.**bg2,k syph. tab.bg2 tarax.a1,k tarent.a1,k tell.c2 *Ter.*bg2,k teucr.a1,k *Thuj.*bg2,k *Urin.*c1 ust.a1 valer.bg2 verat.bg2,k,* vip.a1 xan.c1 xime-c.bta1 yuc.a1 *Zinc.*bg2,k,*

– **morgens**: nat-ar.k2
– **nachmittags**:
 • **16** h: *Ars.*
– **abends**: choc.srj3
◇ **abwechselnd** mit:
 • **Füße**; Schwellung der: *Ars.*
 • **Gelenken**; rheumatischem Schmerz in den: bry.k2
 • **Halsentzündung**: par.
– **akut**: *Acon.*bg2,k ant-c.bg2 **Apis** arn.bg2 *Ars.* aur-m. *Bell.*bg2,k *Bry.* **Calc.** canth.bg2 *Cham.*bg2,k *Dulc.*bg2 *Euphr.*bg2,k *Ferr-p.* *Hydr.* ign.bg2 kali-i.k2 lach.bg2 med.c1 *Merc.*bg2,k nit-ac.bg2 *Nux-v.*bg2,k **Puls.**bg2,k *Sep.* spig.bg2 sul-ac.bg2 **Sulph.**c2,k verat.bg2
 • **links**: med.vh
 • **Bienenstich**, nach: sep.h
 • **Verletzungen**, nach: *Acon.* *Arn.*
– **arthritisch** (= gichtig und rheumatisch) ●: *Ant-c.* **Ant-t.** *Apis* *Ars.* arum-m. bell. *Borx.* *Bry.* cact. **Calc.** *Cham.* *Chin.* *Cocc.* *Colch.* *Coloc.* dig. *Euphr.* **Form.** *Graph.* *Hep.* ilx-a.c1 kali-i.k2 *Kalm.* *Led.* **Lyc.** med.c1 *Merc.*c2,k *Mez.* *Nux-v.*c2,k **Phyt.** *Psor.* *Puls.* **Rhus-t.** **Sep.** spig. *Staph.* *Sulph.*c2,k
– **Baden**:
 • **kalt**: syph.pd
– **Bettwärme** agg.: **Merc.**
– **Blicken**:
 • **fixem**, starrem Blicken; bei: calc.k2
– **erysipelatös**: *Acon.* *Anac.* **Apis** *Bell.* com. *Graph.* *Hep.* *Led.* *Merc.* *Merc-c.* **Rhus-t.** vesp.
 ☞ *❑ Gesicht - Erysipel - Auge*
 • **Insektenbisse**, durch: led.
– **Feuer**:
 ☞ *Hitze - Strahlungswärme*
 • **agg.**: **Ant-c.** apisk2 *Arg-n.*hr1,k **Merc.**
 • **Arbeiten** über Feuer; durch:
  • **kalte** Luft und kalte Anwendungen amel.: **Arg-n.**
– **Fremdkörper**: **Acon.**hr1,k **Arn.** *Calc.*hr1,k *Puls.* **Sil.**hr1,k sulph.
– **gonorrhoisch**: ant-c. *Ant-t.* cann-s.br1,bro1 chin. clem.h cor-r. cub. hedy.c2 med. *Merc.* nat-m.gm1 **Nit-ac.** **Puls.** *Spig.* *Sulph.* *Thuj.*

– **Hitze**:
 • **agg.**: **Apis** **Bad.** **Bell.** *Bry.* **Glon.** *Kali-i.* med. *Merc.* still.
 • **Strahlungswärme**: phos.bg1,bg2
  ☞ *Feuer*
– **Impfung**, nach: thuj.
– **Kälte**:
 • **agg.**: *Ars.* *Dulc.*hr1 nat-ar.k2 sil.
 • **amel.**: apis **Arg-n.** *Asar.* *Bry.* caust. phos.k2 **Puls.** *Sep.*
– **kalt**:
 • **Wasser** agg.: sep.h
– **katarrhalisch**:
 • **Freien**; im: alum-sil.k2
 • **Erkältung**; durch: **Acon.** act-sp. **All-c.** alum. alum-sil.k2 alumn. ant-c. ant-t. *Apis* *Arg-met.* *Ars.* ars-i. *Arund.* *Aur.* aur-ar.k2 aur-i.k2 aur-s.k2 bapt. **Bell.** *Bry.* cadm-s.k2 **Calc.** *Calc-p.* *Carbn-s.* *Cham.* chel. *Chlol.* com. con. *Dig.* **Dulc.** **Euphr.** gamb. *Graph.* *Hep.* *Hydr.* iod. ip. *Iris* kali-ar. *Kali-bi.* kali-c. *Lyc.* **Merc.** *Merc-c.* *Mez.* *Nux-v.* *Petr.* *Phyt.* **Psor.** **Puls.** *Sang.* *Sep.* *Staph.* sul-i.k2 *Sulph.* *Thuj.*
  • **morgens**: hep. kali-bi. *Mez.*
  • **nachts**: all-s. *Cinnb.* *Dulc.* **Merc.** *Rhus-t.*
   • **Mitternacht**:
    • **nach**:
     • **1** h: chinin-ar.
 • **lesen**; beim Versuch zu: all-s.
– **Kindern**; bei:
 • **Kleinkindern**; bei ●: *Acon.* alumn. **Apis** *Arg-met.* **Arg-n.** arn. **Ars.** arund. *Bell.* borx. *Bry.* **Calc.** *Cham.* *Dulc.* *Euphr.* *Hep.* *Ign.* *Lyc.* *Merc.* *Merc-c.* **Nit-ac.** *Nux-v.* **Puls.** *Rhus-t.* *Sulph.* syph.k2 **Thuj.** zinc.
 • **Neugeborenen**; bei: kali-s.ptk2 merc-c.ptk2 puls.br1
– **Kopfschmerzen**, mit: apis bry.k2 lach.k2 led. med.c1 verat.
– **kruppös**: kali-bi.
– **Licht**:
 • **Gaslicht**; durch: *Merc.*
 • **reflektiertes** Licht: acon.lp1
 • **Sonnenlicht**: calc.k2
– **Masern**, nach: arg-met. *Carb-v.* crot-h. euphr. *Puls.*
– **Menses**:
 • **während**: *Ars.* **Zinc.**a1,k
 • **unterdrückt**: *Puls.*
– **mercurialisch**: *Asaf.* *Hep.* *Mez.*
 • **Freien**, amel. im: asaf.c1 *Asar.* **Puls.**
– **Nässe**:
 • **Füße**; Naßwerden der: calc.k2 *Chel.*
 • **Naßwerden** agg.: *Calc.* dulc. *Rhus-t.*
– **Ophthalmia** sympathica: bell.mfj bry.mfj kali-i.mfj merc.mfj rhus-t.mfj sil.mfj
– **phlyktenuläre** Keratokonjunktivitis: *Ant-c.*mfj *Ant-t.*mfj apismfj ars.mfj aur.mfj bar-c.mfj bar-i.mfj calc.mfj calc-hp.mfj calc-i.mfj calc-pic.mfj calc-s.mfj cham.mfj con.mfj crot-t.mfj euphr.mfj graph.mfj *Hep.*mfj *Ip.*mfj kali-bi.mfj lach.mfj merc.mfj merc-c.mfj merc-d.mfj *Merc-n.*mfj merc-pn.mfj *Nat-m.*mfj

– **phlyktenuläre** Keratokonjunktivitis: ... nux-v.mfj puls.mfj **Ran-b.**mfj rhus-t.mfj *Sep.*mfj sulph.mfj thuj.mfj

– **Pneumonie**, bei: ant-t.gsy1

– **Sand** und Staub; durch: sulph.

– **Schnee** in der Sonne; durch: acon.bg,lp1

– **Schweiß**:

• **unterdrückten**; durch: rhus-t.k2

– **skrofulös**: acon.c1 alumn. am-br.c2 *Ant-c.* *Apis* *Arg-met.* **Ars.** ars-i.c2,k arund. **Aur.** aur-ar.k2 aur-i.k2 **Aur-m-n.** aur-s.k2 *Bad.* *Bar-c.*hr1,k **Bar-m.** *Bell.* *Cadm-s.* **Calc.** calc-i.k2 *Calc-p.* **Calc-s.** cann-s. **Carbn-s.** **Caust.** *Cham.* chin. chinin-ar. *Cinnb.* *Cist.* *Con.* dig. *Dulc.* *Euphr.* ferr. ferr-ar. ferr-i.c2 *Fl-ac.* **Graph.** **Hep.** *Hyos.* *Iod.* ip. *Kali-bi.* *Kali-i.* kali-sil.k2 *Lith-c.* *Lyc.* *Mag-c.* **Merc.** *Merc-c.* *Nat-m.* *Nat-p.* *Nat-s.*c2,k **Nit-ac.** *Nux-v.* ol-j.c2,k **Petr.** **Phyt.** **Psor.**c2,k **Puls.** *Rhus-t.* *Sars.* **Sep.** **Sil.** solid.c2 *Spig.* *Sul-ac.* **Sulph.**c2,k *Tell.* *Viol-t.*c2,k *Zinc.*

• **Kindern** mit Neigung zur Kahlköpfigkeit und mit Entzündung des äußeren Ohres; bei: ars.k1

– **Sommer**, im: *Sep.*

– **Staub**, durch: acon.c1

– **Sturm**; nach Aufenthalt im: sil.kr1

– **syphilitisch**: arg-met. arg-n. *Ars.* ars-i.k2 **Asaf.** *Aur.* aur-ar.k2 aur-i.k2 aur-m. aur-m-n. aur-s.k2 *Cinnb.* *Clem.* *Graph.* *Hep.* **Kali-i.** **Merc.** **Merc-c.** *Merc-cy.* *Merc-i-f.*c2,k **Nit-ac.** **Phyt.** sil.k2 *Staph.* *Syph.* thuj. zinc.bg1

– **Trachom**: acon.mfj alum.mfj alumn.mfj *Arg-n.*mfj ars.mfj *Aur.*mfj bell.mfj calc.mfj chinin-m.c2,mfj cupr.mfj cupr-s.c2 euphr.mfj kali-bi.mfj merc.mfj merl.c2 *Nat-m.*mfj nux-v.mfj puls.mfj rhus-t.mfj sep.mfj sulph.mfj thuj.mfj

☞ *Bindehaut - granulär*

– **Verbrennungen**, durch: **Canth.**

– **Verletzungen**, nach: acon.lp1 *Arn.* calc.hr1 calen.br1 *Ham.* *Hep.* *Puls.* sil.k2 *Sulph.*

– **warmes** Bedecken amel.: *Hep.*

– **Waschen**:

• **agg.**: **Sulph.**

• **amel.**: puls.k2

• **Kälte** amel.: asaf.c1

– **Wetter**:

• **kaltem** Wetter, bei:

• **naßkaltem**, bei: calc.k2 **Dulc.** **Rhus-t.** *Sil.*

• **Wetterwechsel**: cadm-s.k2

– **wiederkehrend** ●: ars. bry. **Calc.** *Sulph.*

– **Wind**:

• **Fahren** im Wind; beim: calc.k2

• **trocken** kaltem Wind; bei: **Acon.** nat-ar.k2

– **Wunden**: arn. calad. **Staph.**

– **Zahnung**; während der:

• **agg.**: ferr-p.bg1

○ **Augenhöhle**:

• **Karies**; mit: asaf.mfj aur.mfj calc.mfj calc-hp.mfj *Fl-ac.*mfj *Hecla*mfj kali-i.mfj lyc.mfj merc.mfj mez.mfj nit-ac.mfj petr.mfj phos.mfj **Sil.**mfj sulph.mfj symph.mfj

○ **Augenhöhle**: ...

• **Nekrose**; mit: asaf.mfj aur.mfj calc.mfj calc-hp.mfj *Fl-ac.*mfj *Hecla*mfj kali-i.mfj lyc.mfj merc.mfj mez.mfj nit-ac.mfj petr.mfj phos.mfj **Sil.**mfj sulph.mfj symph.mfj

• **Zellulitis** der Augenhöhle: acon.mfj apismfj ars.mfj bell.mfj bry.mfj **Hep.**mfj **Iod.**mfj kali-i.mfj lach.mfj merc.mfj **Phyt.**mfj **Rhus-t.**hr1,kr1 **Sil.**mfj sulph.mfj

○ **Periost** der Augenhöhle: asaf.mfj aur.mfj calc.mfj calc-hp.mfj *Fl-ac.*mfj *Hecla*mfj kali-i.mfj lyc.mfj merc.mfj mez.mfj nit-ac.mfj petr.mfj phos.mfj **Sil.**mfj sulph.mfj symph.mfj

– **Bindehaut** (= Konjunktivitis): achy-a.bnj1 **Acon.** act-sp. ail. **All-c.**ptk1 **Alum.**a1,k alum-p.k2 ant-c. ant-t. **Apis** **Arg-n.**a1,k **Ars.**a1,k ars-i. ars-s-f.k2 asaf.k2 asc-t. aur.k2 aur-i.k2 bamb-a.stb2 bar-i.k2 bar-s.k2 **Bell.**a1,k bism-sn.a1 bomb-chr.a1 bor-met.stj2 brom.a1,k bry.k,k2 **Calc.** *Calc-f.* calc-i.k2 *Calc-p.* **Calc-s.** cann-i. cann-s.k2 *Canth.* **Carbn-s.** cedr.a1,k *Cham.* chin.a1,k *Chlol.*c2,k chrys-ac.c1 *Cinnb.* *Clem.* coc-c.a1,k conyz-sm.jsx1 crat.br1 crot-h. *Crot-t.* cupr-s.c2 *Dig.*a1,k ery-a.c2 **Euphr.**c2,k ferr-i. *Ferr-p.* ferr-p-h.c1,c2 gels.k2 gonotox.jl2 grat.a1 grin.c2 guare.a1 *Ham.* *Hep.* *Hydr.* *Iod.* *Ip.*a1,k kali-ar.a1 *Kali-bi.*c2,k kali-chl. kali-m.k2 kali-p. kali-s.k2 kali-sil.k2 led. lil-t.k2 *Lyc.* med.k2 *Merc.* merc-d.c2 merl.c2 mez.k2 myric.c2 *Nat-ar.* nat-p.c2,k *Nat-s.* *Nit-ac.*h,k2,* *Nux-v.* oxal-c.jsx1 peti.c2 *Petr.* pic-ac.a1,k *Puls.*hr1,k **Rhus-t.** sanic.c2 sec.a1 spira.a1 *Staph.* sul-i.k2 **Sulph.** sumb.a1,k syph.k2 tell.br1,c2 tep. thal.c2 *Thuj.* tub.c1,xxb v-a-b.jl *Zinc.*a1,k

◆ **begleitet** von:

• **Schnupfen**: stict.c1

• **granulär**: *Apis* **Arg-n.** ars.ptk1 *Ery-a.* *Euphr.* *Ham.* kali-bi.ptk1 *Merc.* nat-s. *Petr.* *Phyt.*c2,k psor. rhus-t. sep. *Sil.* *Sulph.* *Thuj.*

☞ *Trachom*

• **kalte** Anwendungen amel.: *Apis* asar. *Puls.*

• **kruppös**: acet-ac. kali-bi. merc.

• **Menses**, bei abwesenden: euphr.ptk1,ptk2

• **pustulös**: *Aeth.* agar. ant-c. **Apis** ars. aur. bar-c. **Calc.** calc-i. calc-s.mfj cann-s.mfj *Cham.* *Chlol.* **Clem.** *Con.* *Crot-t.* *Euphr.*hr1,k **Graph.** hep. *Ip.* *Kali-bi.* **Kali-chl.** *Kali-i.* kali-m.k2 *Lach.* *Merc.* *Merc-c.* *Merc-d.* *Merc-i-f.* *Nat-c.* *Nat-m.* *Nat-s.* *Nit-ac.* **Petr.** **Psor.** **Puls.** rhus-t. **Sec.** **Sep.** *Sil.* **Sulph.** *Syph.* tell. *Thuj.* zinc.

– **Canthi**: am-c.a1,k apis **Arg-n.** *Borx.* bufo *Calc.*a1,k calc-s. clem. *Graph.*a1,k kali-c. lil-t.a1 mag-c.a1,k merc. nat-c.a1,k sulph.a1,k zinc.

• **morgens** agg.: *Nux-v.*

• **Ulzeration**, mit: *Apis* bufo *Kali-c.* zinc.

• **äußere**: *Borx.* **Graph.**a1,k *Kali-c.*

• **Ulzeration**, mit: *Calc-act.* upa.

• **innere**: *Agar.* *Borx.* *Clem.*a1,k mag-c.h nat-c.a1,h *Nux-v.* petr. rhus-t.a1 zinc.br1,ptk2

– **Chorioretinitis**: **Gels.**kr1 **Kali-m.**kr1 **Phos.**kr1 **Puls.**kr1

– **Chorioidea** (= Chorioiditis): acon.mfj *Ars.* asaf.k2 *Aur.* aur-s.k2 *Bell.* **Bry.** *Cedr.* *Coloc.* crot-h.mfj *Dub.*mfj ferr-p.mfj *Gels.*c2,k *Hep.*mfj iod.mfj *Ip.* jab.

- **Chorioidea**: ...
Kali-chl. *Kali-i.* kali-m.mfj kalm.mfj lach.mfj *Merc.* *Merc-c.* *Merc-d.* *Nux-v.* phos. *Phyt.* *Prun.*c2,k psor. puls. *Rhus-t.*c2,mfj ruta *Sil.* *Spig.* *Sulph.* *Thuj.* verat-v.mfj viol-o.c2
- **Descemet**-Membran: ars.mfj aur.mfj calc.mfj **Gels.**mfj hep.mfj **Kali-bi.**mfj merc.mfj
- **Episklera** und Sklera: acon.mfj aur.mfj cinnb.mfj cocc.mfj **Kalm.**mfj *Merc.*mfj nux-m.mfj puls.mfj *Sep.*mfj spig.mfj sulph.mfj terebe.mfj **Thuj.**mfj
☞ *Skleren*
- **Hornhaut** (= Keratitis): *Apis* *Ars.* ars-s-f.k2 aur-ar.k2 *Aur-m.* *Bell.* **Calc.** *Calc-p.* *Cinnb.* *Con.* *Crot-h.* crot-t. *Euphr.* *Graph.* *Hep.* *Kali-chl.* kali-m.k2 *Kalm.* *Lyc.* lyss.a1 **Merc.**a1,k *Merc-i-f.* plat.a1,k plb. *Psor.* *Puls.* *Rhus-t.* *Sep.* spig. **Sulph.** syph.k2 **Thuj.** vario.a12
  - **herpetisch**: ran-b.br1
  - **Keratokonus**
  ☞ *Keratokonus*
  - **parenchymatosa**; Keratitis: apismfj ars.mfj **Aur.**mfj bar-i.mfj calc-p.mfj *Cann-s.*mfj ferr-p.mfj hep.mfj kali-i.mfj **Kali-m.**mfj merc.mfj sep.mfj **Sulph.**mfj
- **Iridochorioiditis**: apismfj ars.mfj asaf.mfj aur.mfj *Bell.*mfj *Bry.*mfj **Gels.**mfj *Hep.*mfj kali-i.mfj merc.mfj *Merc-c.*mfj prot.mfj prun.mfj sil.mfj sulph.mfj thuj.mfj
- **Iris** (= Iritis): acon.mfj *Apis* *Arg-n.*hr1,k **Arn.**hr1,k *Ars.*bg2,k *Ars-i.* ars-s-f.k2 *Asaf.*bg2,k,* *Aur.* aur-ar.k2 aur-i.k2 aur-s.k2 *Bell.*hr1,k **Bry.**mfj calc. calc-hi.mfj *Cedr.*bg2,k,* *Chin.* chinin-m.c2,kr1 *Cinnb.*bg2,k *Clem.*hr1,k *Colch.*hr1,k *Coloc.*hr1,k *Com.* con.mfj crot-h. *Crot-t.* *Dulc.* *Euphr.*bg2,k,* gels.bg2,hr1,* grin.c2 ham.mfj *Hep.*bg2,k iod.bg2,k,* *Kali-bi.*c2,k *Kali-i.*bg2,k *Merc.*hr1,k **Merc-c.**hr1,k,* merc-i-f. merc-pn.mfj mez. *Nat-m.*hr1,k nat-sal.mfj *Nit-ac.*hr1,k nux-v.mfj petr. plb. *Puls.* **Rhus-t.**bg2,k sabalc2 sal-ac.c2 *Seneg.*hr1,k,* *Sil.*bg2,k spig.hr1,k,* *Staph.*c2,k sul-i.k2 *Sulph.* *Syph.*c2,k *Ter.*c2,k thuj. zinc.
  - **nachts** agg.: *Ars.* *Dulc.* **Kali-i.** **Merc.** **Merc-c.** *Nit-ac.* *Rhus-t.* *Staph.* *Sulph.* zinc.
  - **Hypopyon**, mit: ant-s-aur.c1 grin.c1 **Hep.** *Merc.* *Merc-c.* **Sil.** sulph. *Thuj.*
  - **Prostata**; mit Beschwerden der: sabalbr1,c1
  - **rheumatisch**: arn. *Ars.* *Bry.* *Colch.* coloc. *Dulc.* *Euphr.* grin.c1 *Kali-bi.* kali-i. *Kalm.* **Rhus-t.** sol-t.c2 *Spig.* syph. *Ter.*
  - **syphilitisch**: *Arg-n.* *Ars.* *Asaf.* *Aur.* *Aur-m.* *Cinnb.* *Hep.* **Kali-i.** *Merc.* **Merc-c.** *Merc-i-f.* **Nit-ac.**c2,k petr. sil.k2 *Staph.*c2,k sul-i.k2 syph. *Thuj.* zinc.
    - **berstendem** Schmerz im Augapfel, in der Schläfe und der Seite des Gesichtes; mit: **Staph.**
  - **tuberkulös**: bar-i. tub.
  - **Verwachsungen**, mit: *Calc.* *Clem.*hr1,k *Merc-c.*hr1,k *Nit-ac.*hr1,k sil.hr1,k spig.hr1,k staph. *Sulph.*hr1,k *Ter.*hr1,k
- **Karunkel**, Tränenkarunkel: bell.a1,k berb.a1,k cann-i.a1,k
- **Lider** (= Blepharitis): *Acon.* act-sp. am-c.k2 anac. androc.srj1 **Ant-c.** **Apis** **Arg-met.** **Arg-n.**a1,k
- **Lider**: ...
*Ars.*a1,k ars-s-f.k2 arund. asc-t.a1 atro.a1 bac.tl1 bar-c.hr1,k bar-s.k2 bell.a1,k berb.a1,k bry.a1,k2 **Calc-s.** canth.k2 *Carb-an.* **Carbn-s.** caust.a1,h cimic.a1 *Cinnb.* clem.k2 *Cocc.* com.a1,k con. crot-t. *Dig.* euph.a1,h euphr. gels.k2 granit-m.es1 **Graph.**a1,k *Hep.*a1,k *Hydr.* hyos. *Iris* kali-ar. kali-bi.a1,k *Kali-c.*a1,k kali-s. kali-sil.k2 kreos. lach.a1,k lil-t. **Lyc.**a1,k mag-c.a1 **Med.** meph. **Merc.** *Mez.* nat-ar. *Nat-c.*a1,k *Nat-m.* *Nit-ac.* olnd.a1 **Petr.** phos. podo.a1,c1 *Psor.* puls. **Rhus-t.**a1,k *Sang.* *Sanic.* sarr. sars.a1,k *Seneg.*a1,k *Sep.*a1,k *Sil.* *Spig.* stann. **Staph.** stram.a1,k sul-ac.a1 **Sulph.**a1,k **Tell.** *Ter.* *Thuj.* *Uran-met.* vario.br1 verat. zinc. zinc-p.k2
  - ○ **Lidränder**: *Aeth.*a1,k *Arg-met.* *Arg-n.* ars. *Aur-m.* bell. *Borx.* *Bov.* *Cham.* **Clem.** *Dig.* euphr. **Graph.**a1,k *Hep.* *Hydr.* jatr-c.c2 lach. med.c1 merc. *Merc-c.* mez.h nat-ar. *Nat-m.* nat-s. nux-v. *Puls.* **Sanic.** *Seneg.* sil.k2 *Staph.* stram. syph.alj1
  - **Oberlid**:
    - **rechts**: zinc.h
  - **Unterlid**: mag-c.h sulph.h
- **Meibomsche** Drüsen: cham. *Colch.* *Dig.*a1,k *Euphr.* *Hep.* indg.a1,k kreos. phos. puls. *Staph.* stram. sulph.
  - **eitrig**: *Con.* *Phos.*
- **Netzhaut** (= Retinitis): *Ars.* asaf. aur. bell.k2 ben-d.c2 *Calc.* crot-h. *Gels.* *Kalm.* *Lach.* *Merc.* *Merc-c.* *Phos.*c2,k *Prun.* puls. sec. *Sulph.*
  - **Albuminurie**: apismfj ars.mfj gels.mfj hep.mfj kali-i.mfj **Kalm.**mfj **Merc-c.**mfj phos.mfj plb.mfj
  - **Commotio** retinae: **Apis**mfj **Arn.**mfj gels.mfj **Hyper.**mfj
  ☞ *Verletzungen*
  - **haemorrhagica**; Retinitis: arn.mfj **Bell.**mfj **Crot-h.**mfj **Dub.**mfj **Lach.**mfj **Merc-c.**mfj **Phos.**mfj
  ☞ *Bluten - Netzhautblutung*
  - **Neuroretinitis**:
  - ◆ **begleitet** von:
    - **Hyperämie** der Netzhaut: acon.mfj ars.mfj aur.mfj **Bell.**mfj bry.mfj cact.mfj chinin-s.mfj con.mfj **Dub.**mfj ferr-p.mfj **Gels.**mfj kali-i.mfj kali-m.mfj lach.mfj merc.mfj napht.mfj nux-v.mfj **Phos.**mfj puls.mfj sec.mfj spig.mfj sulph.mfj verat-v.mfj
  - **pigmentosa**; Retinopathia: lyc.mfj nux-v.mfj phos.mfj
  - **punctata** albescens; Retinopathia: napht.mfj
  - **syphilitisch**: *Asaf.*mfj *Aur.*mfj *Kali-i.*mfj merc.mfj **Merc-c.**mfj nit-ac.mfj
- **Panophthalmie**: acon.mfj apismfj ars.mfj asaf.mfj bell.mfj **Hep.**mfj *Iod.*mfj merc.mfj *Phyt.*mfj **Rhus-t.**mfj sil.mfj sulph.mfj
- **retrobulbär**: alco.mfj ars.mfj cann-i.mfj ferr-p.mfj iodof.mfj kali-p.mfj nitrob.mfj *Nux-v.*mfj plb.mfj stram.mfj tab.mfj terebe.mfj
- **Sehnerv** (= Neuritis nervi optici): *Bell.* merc.k2 *Phos.* plb. *Puls.* tab.a1,k
- **Skleren**: acon. chinin-m.c2 *Cocc.* ery-a.c2 hura *Kalm.*c2,k *Merc.* *Psor.* rhus-t. spig. *Thuj.*
☞ *Episklera*
  - **rheumatisch**: chinin-m.kr1

• **Stichen** und Abneigung gegen Sonnenlicht; mit: nux-v.
– **Tenon-Kapsel** (= Tenonitis): bry.mfj kali-i.mfj **Kalm.**mfj puls.mfj rhus-t.mfj
– **Tränendrüsen**: acon.mfj *Ant-c.* apis *Cupr.* fl-ac. hep. iod.mfj **Puls.** rhus-t.mfj **Sil.**
– **Tränenkanal**: acon. apis *Calc. Fl-ac.* graph.c2 hep. kali-bi. *Nat-m.* nit-ac. **Petr. Puls.** *Sil. Stann.*
– **Tränensack**: apis arum-t. *Graph.* hep. *Merc.* nat-c. **Petr. Puls.**c2,k **Sil.**
– **Uvea** (= Uveitis): arn.mfj **Aur.**mfj **Bry.**mfj **Gels.**mfj hep.mfj **Kali-bi.**mfj kali-i.mfj merc.mfj **Rhus-t.**mfj sil.mfj

Erschreckter Blick
☞ ❑ *Gesicht - Ausdruck - erschreckt*

Erweiterung
☞ *Pupillen - erweitert*

Erysipelatös
☞ *Entzündung - erysipelatös*

Esophorie
☞ *Lähmung - Augenmuskeln - rectus*

Exkoriation:
○ **Canthi**: alum. apis **Ars.** borx. euph. hell.h kali-c.h nat-m.h
○ **äußere**: ant-c.h borx.h zinc.h
– **Lider**: am-c.k2 apis **Arg-n. Ars.** ars-s-f.k2 *Calc.* graph. *Hep.* kreos.k2 *Med.* **Merc.** *Merc-c. Nat-m. Sulph.*

Exophorie
☞ *Lähmung - Augenmuskeln - rectus*

Exophthalmus
☞ *Vorwölbung - Exophthalmus*

Fadens; Gefühl eines
☞ *Haare - Gefühl*

Faltige, runzelige Bindehaut
☞ *Runzelige*

Farbe (= Verfärbung):
– **blau**: ferr-i.k2
○ **Bindehaut**
☞ *Skleren*
• **Canthi**: aur. ham. sars.
• **Lider**: *Dig.*br1,k dros. *Kali-c.* naja zinc.
• **Ränder** der Augen; der: *Bad. Bov. Phyt.* verat.
• **Skleren** oder Bindehaut: ars.bg2,h bell. calc-p.mrr carbn-o. **Carc.**fb,tp1,• med.mrr plb. stram. tub.bn,xxb verat.bg2
– **gelb**: acon. agar. anan. *Ars.* ars-h. ars-i.k,k2 bell.h *Canth.* carb-an. *Card-m.*k,k2 caust. *Cham.* chel. **Chin.** *Chion.* clem. cocc. con. corn. **Crot-h.** cupr-act. cur. *Dig. Dios.* elat.hr1 *Eup-per.*k,k2 *Ferr.* ferr-ar.k,k2 ferr-i.k,k2 ferr-p.k,k2 *Gels.* graph. *Hep. Hydr.* hygroph-s.bnj1 *Iod. Ip.* kali-ar.k,k2 *Kali-bi.* **Lach.**k,k2 lyc. *Mag-m.*k,k2 myric. nat-c. nat-p.k,k2 *Nat-s.*k,k2 nit-ac. **Nux-v.**k,k2 op. ph-ac. phel. *Phos.* pic-ac. *Plb. Podo.* quer-r.c1 *Sang.* sec. **Sep.** sul-i.k2 sulph.c1,h *Verat.* vip.
• **Fleck** auf dem Auge; gelber: agar. ph-ac.

Farbe - gelb: ...
• **Ringe** um die Augen; gelbbraune
☞ ❑ *Gesicht - Farbe - gelb - Augen - gelbbraune*
○ **unteren** Teils; des: nux-v.
– **grün**: canth. cupr-act.
• **Iris**; der: hydrog.srj2
• **Ring** um die Augen
☞ ❑ *Gesicht - Farbe - grünlich - Augen*
○ **um** die Augen
☞ ❑ *Gesicht - Farbe - grünlich - Augen*
– **rot**: abrot. absin. acet-ac. achy-a.bnj1 **Acon.** aesc.k2 aeth. **Agar.** ail. **All-c.** aloe alum. alum-p.k2 alum-sil.k2 alumn.k2 am-c. am-m.h ambr. aml-ns. anac. androc.srj1 ang.c1 *Ant-c.* **Apis** apoc. **Arg-n.** *Arn.* **Ars.** ars-h. ars-i. *Asaf.* asar. aster. *Aur.* aur-ar.k2 aur-i.k2 aur-m. aur-s.k2 bad. bapt.k2 *Bar-c.* bar-i.k2 **Bar-m.** bar-s.k2 **Bell.** *Berb.* bism. bism-sn.a1 blum-o.bnj1 bov. bry. bufo calad. *Calc.* calc-i.k2 *Calc-p. Calc-s.* calc-sil.k2 camph. **Cann-i.** *Caps. Carb-an.* carbn-h. *Carbn-s.* card-m. *Caust.* cham. *Chel. Chin.* chinin-s. *Chlol. Cimic. Cinnb.*hr1 *Clem.* cob. coff. *Colch.* coloc. con. cop. *Crot-h. Crot-t. Cupr.* cycl. der. desm-g.bnj1 *Dig.* dor. dros. elaps **Euphr.** fago. *Ferr. Ferr-ar.* ferr-i. *Ferr-p.* gels.k2 **Glon.** gran. *Graph. Ham. Hell. Hep.* hura hydro-v.a1 hygroph-s.bnj1 *Hyos. Ign.* iod. *Ip. Iris* jab. jug-c. *Kali-ar. Kali-bi. Kali-br. Kali-c.* kali-chl. *Kali-i. Kali-p.* **Kali-s.** kali-sil.k2 kreos. *Lach.* lact. led. *Lith-c. Lyc.* lyss. *Mag-c. Mag-m.* manc. mang.k2 med.c1 *Meph.* merc. *Merc-c. Merl. Mez.* mill.k2 *Mur-ac. Nat-ar.* **Nat-m.** nat-p. *Nat-s.* nicc. *Nit-ac.* **Nux-v.** oena. olnd. *Op.* osm. paeon. petr.k2 ph-ac. phos. phyt. pic-ac. *Plb.* podo. *Psor.* puls. *Rhus-t.* rhus-v. *Ruta* santin. sec. *Seneg. Sep. Sil.* sol-ni. *Spig. Spong.* stann.h *Staph.* **Stram.** stry. sul-ac. sul-i.k2 **Sulph.** syph. tab. tarent. ter. *Teucr. Thuj. Verat.* vesp. vip. vip-t.j2 xan. zinc. ziz.
• **links**: psil.ft1
• **tagsüber**: *Sulph.*
• **morgens**: acon.bg1 act-sp.bg1 am-br.a1,k apoc. bry. caps. dios. eug.bg1 fago. *Mez.* nat-ar. raph. *Rhus-t.* sang. sep. spig.h **Sulph.** valer.
• **9 - 15 h**: meny.
• **abends**: apoc. dig. *Hyos.* kali-chl. lyc.
• **nachts**:
• **Mitternacht**:
• **nach**:
• **4 h**: hyper.
• **Essen**, beim: sulph.h
• **Freien** amel.; im: **Arg-n.**
• **Herzklopfen**, bei: iber.c1
• **kalt**:
• **Anwendungen**; kalte:
• **amel.**: phos.k2
• **Kopfschmerz**:
• **vor**: phos. sulph.
• **während**: arg-met.h bamb-a.stb2 bell. carb-an.hr1 *Cimic.* gels.hr1 glon. lach.hr1 mez.hr1 sang.h spig.h sulph.
☞ *Migräne - während*
• **Lesen**, beim: ammc. **Arg-n.** lact. *Merl. Nat-m.*

– **rot**: ...
• **Menses**:
• **vor**: dros.k2 glon.
• **während**: acon. bell. cham. dros.k2 euphr. glon. hep. ign. merc. nux-v. puls. zinc.
• **Migräne**:
• **während**: *Kali-br.*hr1 *Spig.*hr1
☞ *Kopfschmerz - während*
• **Nähen**, beim ●: **Arg-n. Nat-m.**k,kl2● *Ruta*
• **Neuralgie**, mit: aml-ns.hr1 chel.hr1 mag-p.hr1 nat-m.hr1
• **sexuellen** Exzessen, nach: **Staph.**
• **Verletzungen**, nach: **Acon.** *Arn. Euphr. Hep. Sil.*
○ **Canthi**: agar. **Arg-n.** *Aur.* aur-s.c1 bell. *Borx.* bov. brach. bry. *Calc-s.* crot-h. gran. iris kali-bi. kali-n. *Mag-c. Nat-m.* nux-v. sil. **Sulph.** tab. teucr. upa. zinc.
○ **äußere**: **Ant-c.** carbn-s. nux-v. ran-b. *Sulph.*
• **innere**: arg-n. aur. calc-p. calc-sil.k2 chel. *Graph.* mag-c. nat-ar. podo. rhus-t.
• **Karunkel**, Tränenkarunkel: kali-c.
• **Lider**: *Acon.* **Ant-c. Apis** *Arg-met.* **Arg-n.** *Ars.* ars-i. ars-s-f.k2 *Aur.* aur-ar.k2 *Aur-m.* aur-s.k2 bamb-a.stb2 bar-c. bar-i.k2 bar-m. *Bell.* berb. bomb-chr.a1 *Bry. Calc.* calc-i.k2 calc-sil.k2 cann-s. *Carbn-s. Caust.* cham. chel. *Chinin-s.* cinnb. *Cocc.* colch. com. *Crot-t.* cupr. elaps **Euphr.** *Ferr. Ferr-ar.* ferr-i. ferr-p. **Gels.** gink-b.sbd1 granit-m.es1 *Graph. Hep.* iod. *Kali-ar.* kali-bi. *Kali-c.* **Kali-i.** *Lac-d.* **Lyc.** mag-m.h **Merc.** *Merc-i-f. Mur-ac. Nat-m.* nicc. nux-v. **Petr.** plb. podo. psor. *Puls.* ran-b.c1 rhod. *Rhus-t.* rhus-v. sabad.k2 sanic. *Sep.* sil. sul-i.k2 *Sulph.* **Tell.** teucr. upa. vinc. zinc. zinc-p.k2
• **morgens**: bry. **Sulph.**
• **mittags**: bamb-a.stb2
• **nachts**: cench.k2 **Merc.**
• **bläulichrot**: ferr-i.k2
• **Flecken**: berb.
• **Menses**, vor den: aur.
○ **Lidränder**: *Arg-met. Arg-n.* **Ars.** aster. *Borx. Bufo* calc. carb-v.h **Carbn-s.** cench.k2 *Chel.* coff. *Colch. Coloc. Con.* dig.br1 **Eup-per. Euphr.** *Ferr-m. Gels.* **Graph.** hura hydr.k2 *Ip. Kali-bi. Kali-c.*hr1,k kreos. *Lil-t. Med. Merc-c. Nat-m.* nux-m. nux-v. par. *Ph-ac. Puls. Rhus-t.* sabad. sanic. stram. **Sulph.** syph. upa. zinc. zinc-p.k2
• **Unterlider**: ph-ac.h
• **Venen**: *Acon.* aesc.k2 aeth. all-c. *Alumn. Ambr. Ant-t. Apis Arg-n.*a1,k *Ars.* ars-s-f.k2 aur-m.k2 bar-m. *Bell.* blum-o.bnj1 *Calc-p.* calc-sil.k2 *Camph. Carbn-s. Caust. Clem.* con. *Crot-t.* dig.c1 elaps *Euphr.* ferr-ar.k2 *Graph. Hep.* ign. kali-ar. *Kali-bi.* kali-c. *Kali-i. Kali-s.* kali-sil.k2 *Lach. Lyc.* mag-c.h mag-m.h meph. *Merc. Merc-c.* **Nat-ar. Nat-m.** nat-p. onos. ph-ac. phos. *Sang.* sil. spig. *Stram. Sulph.* ter.
– **Iris**; Verfärbung der: *Aur.* coloc. *Euphr.* hydrog.srj2 kali-i. merc-i-f. *Nat-m.* spig. syph.

Farbe: ...
– **um** die Augen
☞ ❑ *Gesicht - Farbe - bläulich - Augen - um*

Fett im Auge; Gefühl von: calc.h

Feuer agg.; Blick ins: *Merc.* nat-s.

Film auf den Augen; ein: lyc.bg2,k,* nat-c.h

Fissur, Canthi
☞ *Risse - Canthi*

Fistel:
– **absondernd**; bei Druck Eiter: **Puls.** *Sil. Stann.*
– **eiternd**: *Calc.*hr1,k **Puls.**
– **lacrimalis**, Fistula: agar.hr1,k,* *Apis Arg-n. Aur-m.*hr1,k bell.bg2 *Brom.*hr1,k,* **Calc.**bg2,k,* calc-f.mfj chel.bg2,k,* **Fl-ac.**bg2,k,* graph.bg1,bg2 heclamfj *Hep.* kreos.bg1,bg2 *Lach.*hr1,k,* *Lyc.*hr1,k merc.mfj mill.hr1,k,* nat-c. *Nat-m.*hr1,k *Nit-ac.*hr1,k,* **Petr.**bg2,k,* phyt.hr1,k **Puls.**bg2,k,* **Sil.**bg2,k,* *Stann.*c2,k *Sulph.*hr1,k
○ **Hornhaut**, der: *Sil.*

Flecken, Punkte etc. auf der Hornhaut: agar. alumn. ant-s-aur.c1,c2 **Apis** *Ars.* ars-s-f.k2 *Aur.* aur-s.k2 bar-c. bell. *Cadm-s.* **Calc.** *Calc-f. Calc-p.* calc-sil.k2 cann-s. *Caust. Chel.* cina *Clem.*hr1 coch.c2 *Colch.* **Con.** cupr. *Euphr. Form. Hep.* kali-ar. *Kali-c.* kali-s. kali-sil.k2 lyc. *Merc. Nat-m. Nit-ac.* nux-v. phos. psor. *Puls.* rhus-t. *Ruta Seneg.* sep. *Sil.* spong. *Sulph. Syph.* thuj.
☞ *Trübung - Hornhaut*
– **bläulich**: *Colch.*
– **braun**: agar. kali-bi.bg1,bg2
– **feuchte** Flecken an den äußeren Canthi, schmerzhaft, wenn Schweiß an sie herankommt: *Ant-c.*
– **gelbe** Flecken im Weißen des Auges: agar. ph-ac.
• **Netzwerk** von Blutgefäßen auf der Hornhaut gekennzeichnet; durch ein: **Aur.**
– **Narben**: *Apis Ars.* cadm-s. *Con.* euphr. kali-chl. *Merc. Sil.*
– **weiße** Flecken in den Canthi: colch.

Fransenvorhang über die Augen fallen würde; Gefühl, als ob ein: *Con.*

Fungus oculi
☞ *Krebs - Granulom*

Funkelnd
☞ *Glasig / Glänzend*

Funken auf den Lidern; Gefühl vieler brennender: sulph.h

Furunkel
☞ *Hautausschläge*

Gangrän: canth.k2

Gedunsene Lider
☞ *Schwellung*

Gefühllosigkeit, Taubheit um die Augen: **Asaf.**bg2,k,*

Gelbfärbung
☞ *Farbe - gelb*

Gerstenkörner: alum.$_{bg2,k}$ alum-p.$_{k2}$ alum-sil.$_{k2}$ am-c.$_{hr1,k}$ ambr.$_{bg2}$ ant-t.$_{st}$ *Apis* ars.$_{st}$ *Aur.*$_{hr1,k}$ bar-c.$_{k2}$ bry. cain. calc-f.$_{bg2,vml}$ **Carbn-s.** carc.$_{tpl}$ caust.$_{hr1,k}$ *Chel.*$_{hr1,k}$ coch.$_{c1}$ colch.$_{hr1,k}$ **Con.**$_{bg2,k,*}$ cypr.$_{hr1,k,*}$ *Dig.*$_{bg2}$ elaps fago.$_{c2}$ *Ferr.*$_{hr1,k}$ ferr-p.$_{bg2,k,*}$ **Graph.**$_{bg2,k,*}$ hep.$_{c2,k}$ *Jug-c.*$_{hr1,k}$ *Jug-r.* kali-p. kreos.$_{bg2}$ lac-f.$_{c1,c2}$ lach.$_{bg2}$ lappa$_{c1}$ **Lyc.**$_{hr1,k}$ m-aust. mand.$_{sp1}$ meny.$_{bg2,k}$ *Merc.* nat-m.$_{h,k,*}$ *Ph-ac.*$_{hr1,k}$ phos.$_{hr1,k}$ pic-ac.$_{c2}$ *Psor.* **Puls.**$_{bg2,k,*}$ *Rhus-t.*$_{bg2,k}$ sacch-l.$_{c2}$ seneg.$_{bg2,k,*}$ **Sep.**$_{bg2,k,*}$ *Sil.*$_{bg2,k,*}$ sol-o.$_{c2}$ stann.$_{bg2,k,*}$ **Staph.**$_{bg2,k,*}$ **Sulph.**$_{bg2,k,*}$ *Thuj.*$_{hr1,k}$ tub.$_{a1}$ uran-n.$_{c2}$ valer.$_{bg2,k,*}$ viol-o.$_{c2}$ ziz.$_{c2}$

– **linkes** Auge: *Bar-c.*$_{hr1,k}$ caust.$_{bg2}$ colch.$_{hr1,k}$ elaps hydr.$_{hr1,k}$ *Hyper.*$_{hr1,k}$ staph.$_{hr1,k}$ sulph.$_{bg1,bg2}$

– **rechtes** Auge: am-c.$_{hr1,k}$ bell.$_{bg2}$ cypr.$_{hr1,k,*}$ ferr-p.$_{hr1,k}$ *Nat-m.*$_{hr1,k}$

– **Essen** von Fett, fetten, schweren Speisen oder Schweinefleisch; durch: puls.$_{a1}$ staph.$_{a1}$

– **Verhärtung** durch: *Calc.*$_{hr1,k}$ *Con.*$_{hr1,k}$ **Sep.** *Sil.* **Staph.**$_{hr1,k}$ *Thuj.*

– **wiederkehrend** ●: alum. calc-f.$_{st}$ carbn-s. *Con.*$_{hr1,k}$ *Graph.*$_{hr1,k}$ *Psor.* puls.$_{k2}$ *Sil.* **Sulph.**$_{hr1,k}$

○ **Canthi**:

○ **äußere**: aur-s.

• **Gefühl** eines Gerstenkorns im linken Canthus: abies-c.$_{c1}$

• **innere**: aur-ar.$_{k2}$ bar-c.$_{hr1,k}$ *Nat-m.*$_{k,kl2}$● stann. sulph.$_{h}$

• **zu** den inneren hin: kali-c. *Lach.* *Lyc.* *Nat-m.*$_{k,kl2}$● petr. puls. sil.

– **Lider**:

○ **Oberlid**: alum.$_{h}$ am-c. bell. ferr. merc. *Ph-ac.* **Puls.** pyrog.$_{a1}$ staph. sulph.$_{h}$

• **Unterlid**: *Colch.* cypr.$_{hr1,k,*}$ elaps ferr-p. *Graph.* *Hyper.* kali-p. *Phos.* puls. *Rhus-t.* seneg.

Geschlossen: *Calc.* *Cocc.* *Grat.* hyos. *Lachn.* **Rhus-t.** sep. stram. stry. sulph.$_{h}$ urt-u. zinc.$_{h}$
☞ *Schließen - krampfhafter / Öffnen - unmöglich*

– **abends**: nat-m.$_{h}$

– **Melancholie**, bei: **Arg-n.** sep.$_{h}$

– **Schwellung** der Lider; durch: acon.$_{k2}$

Geschwollen
☞ *Schwellung*

Geschwüre:

○ **Bindehaut**: **Alum.**$_{hr1,k}$ alumn.$_{k2}$ arg-n.$_{vh}$ cadm-s.$_{k2}$ **Caust.** coloc.$_{hr1,k}$ *Crot-t.*$_{hr1,k}$ hippoz.$_{hr1}$ *Hydr.*$_{hr1,k}$ *Lyss.* nit-ac. psor.$_{k2}$ sul-ac.$_{k2}$ syph.$_{k2}$

– **Hornhaut**: *Agar.*$_{hr1,k}$ **Apis** *Arg-n.*$_{bg2,k,*}$ *Ars.*$_{bg2,k,*}$ ars-s-f.$_{k2}$ *Asaf.* *Aur.*$_{hr1,k}$ aur-ar.$_{k2}$ aur-s.$_{k2}$ *Bar-c.*$_{hr1,k}$ bar-m. bell.$_{bg2,hr1,*}$ bufo **Calc.**$_{bg2,k,*}$ calc-f. *Calc-p.*$_{hr1,k}$ *Calc-s.*$_{bg2,k,*}$ calc-sil.$_{c2,k2}$ *Cann-s.*$_{hr1,k}$ carbn-s.$_{k2}$ cedr. *Chin.*$_{hr1,k}$ chinin-ar. chinin-m.$_{kr1}$ chlol.$_{hr1,k}$ cimic.$_{hr1,k}$ *Clem.*$_{hr1,k}$ *Con.*$_{hr1,k}$ crot-c. *Crot-t.* *Cund.*$_{hr1,k}$ **Euphr.**$_{bg2,k,*}$ *Form.*$_{hr1,k}$ *Graph.*$_{hr1,k}$ ham.$_{k2}$ *Hep.*$_{bg2,k,*}$ hippoz. hydr.$_{k2}$ iod.$_{k2}$ *Ip.*$_{hr1,k}$ kali-ar. *Kali-bi.*$_{bg2,k,*}$ *Kali-c.*$_{hr1,k}$ kali-chl.$_{bg2,k,*}$ kali-s. kali-sil.$_{k2}$ kreos. *Lach.*$_{bg2,k,*}$ *Lyss.* med.$_{k2}$ *Merc.*$_{bg2,k}$ *Merc-c.*$_{hr1,k}$ merc-d.$_{hr1,k}$ *Merc-i-f.*$_{hr1,k}$ nat-ar. *Nat-c.*$_{bg2,k,*}$ *Nat-m.*$_{hr1,k}$ *Nit-ac.*$_{hr1,k}$ petr.$_{k2}$ podo.$_{hr1,k,*}$ *Psor.*$_{hr1,k,*}$ *Puls.*$_{hr1,k}$ *Rhus-t.*$_{bg2,k,*}$ ruta *Sang.*$_{hr1,k}$ *Sanic.*$_{c2,k}$ *Sil.*$_{bg2,k,*}$ *Sulph.*$_{bg2,k,*}$ syph.$_{k2}$ *Thuj.*$_{hr1,k}$ tub.$_{c1,c2,*}$ zinc.$_{bg2}$

• **rechts** nach links: **Con.**$_{hr1,k}$

• **abwechselnde** Seiten: *Ars.*

• **Kindern**; bei: bac.$_{tl1}$

• **Neugeborenen**; bei: arg-n.$_{k2}$

• **Luft**:

• **Freien**; amel. im: asaf.$_{k2}$

• **Narben**, durch: cadm-s. *Euphr.* sil.

• **pulsierend**: kali-bi.$_{k2}$

• **Schmerzen** und Photophobie; ohne: kali-bi.$_{ptk1}$

• **schmerzhaft**: *Merc-c.* *Nat-c.*$_{hr1}$

• **Mitternacht**:

• **3** h, bis: chinin-ar.

• **syphilitisch**: carbn-s.$_{gm1}$

• **vaskuläres** Hornhautgeschwür: calc.$_{hr1,k}$ cann-s. hep.$_{hr1,k}$ merc-c. merc-i-f. *Sil.*

– **Lider**: anan. *Apis* arg-met.$_{k2}$ arg-n.$_{k2}$ *Ars.*$_{hr1,k}$ *Bar-m.* carbn-s.$_{k2}$ *Clem.*$_{hr1,k}$ colch.$_{k2}$ *Graph.*$_{hr1,k}$ *Hep.*$_{hr1,k}$ kali-bi.$_{hr1,k}$ kali-i. led. **Lyc.**$_{hr1,k}$ *Merc.*$_{hr1,k}$ *Merc-c.*$_{hr1,k}$ nat-m.$_{a1,k}$ nat-p. phos. psor. rhus-t. sep. *Spig.*$_{hr1,k}$ *Stram.* *Sulph.*$_{hr1,k}$ tell.$_{c1}$ *Zinc.*$_{hr1,k}$

• **bösartig**: phyt.

○ **Canthi**: calc. phos.

○ **äußere**: borx. *Kali-c.*

• **Lidränder**: arg-n.$_{br1}$ bufo calc. **Clem.** crot-t. *Euphr.* *Graph.* hep.$_{k2}$ *Merc.* *Nat-m.* psor. puls. **Sanic.** spig.$_{h}$ staph.

• **Oberfläche**, unter der: **Ars.** bell. merc. nux-v. phos. puls. rhus-t. sil. sulph.

– **Meibomsche** Drüse: *Colch.*

– **Tränenkanal**: anan.

Gezogen:

– **zusammengezogen**; Gefühl wie: lach.$_{bg3}$ lyc.$_{bg1,bg2}$ merc.$_{bg3}$ **Nat-m.** sep. *Sulph.* zinc.$_{bg3}$

○ **Augenbrauen** und Lider sind hochgezogen: lachn.$_{c1}$

Glänzend: absin.$_{a1,k}$ acon.$_{bg3}$ *Aeth.* ail.$_{c1}$ alco.$_{a1}$ am-caust.$_{a1}$ *Ars.* atro.$_{a1,k}$ bapt. **Bell.**$_{bg2,k,*}$ ben. **Camph.**$_{a1,k}$ cann-i.$_{a1,k}$ cann-s.$_{a1,k}$ cedr. clem.$_{a1}$ coca *Coff.* *Coloc.* cupr. emb-r.$_{bnj1}$ *Eup-per.* euph.$_{a1,k}$ gast.$_{a1}$ *Gels.* hydrog.$_{srj2}$ *Hyos.*$_{bg2,k,*}$ *Lachn.*$_{bg2,k}$ lil-s.$_{a1}$ *Lyc.* *Lyss.* mill. mosch.$_{k2}$ *Op.*$_{bg2,k,*}$ plb.$_{a1,k}$ puls. santin. spira.$_{a1}$ *Stram.*$_{bg2,k,*}$ tanac.$_{a1,k}$ *Zinc.*
☞ *Glasiert*

– **Schweiß**, beim: op.

Glanzlos
☞ *Stumpfe*

Glasiert, wie: cupr.$_{a1,k}$ hyos.$_{a1,k}$ op.$_{a1,k}$ podo.$_{a1,k}$
☞ *Glänzend*

Glasig: acon.$_{bg2,k,*}$ *Aeth.*$_{bg2}$ am-m. amyg.$_{a1}$ arn.$_{bg2,k,*}$ ars.$_{a1,k}$ ars-s-f.$_{k2}$ *Bell.*$_{bg2,k,*}$ ben-n. bry.$_{bg2,k}$ camph.$_{a1,k}$ cedr. chlor.$_{a1,k}$ *Cic.* cic-m.$_{a1}$

Glasig: ...
cina$_{k2}$ coc-c.$_{a1,k}$ cocc.$_{bg2,k}$ cod.$_{a1}$ com.$_{a1,k}$ croc.$_{bg2,k}$ cupr.$_{bg2,k,*}$ daph. elaps eup-per. fago.$_{a1,k}$ gels.$_{k2}$ *Glon.* *Hell.* hydr-ac.$_{bg2,k,*}$ hyos.$_{bg2,k,*}$ iod.$_{a1,k}$ *Kali-ar.* *Lach.*$_{a1,k}$ *Lyc.* lyss. merc. merc-c.$_{bg2}$ mosch.$_{a1,k}$ nux-v.$_{a1,bg2}$ **Op.**$_{bg2,k,*}$ ox-ac.$_{a1,k}$ petr.$_{a1,k}$ **Ph-ac.**$_{bg2,k,*}$ *Plat.* podo.$_{c1}$ psor. puls. sang. sec.$_{bg2,k,*}$ sep.$_{a1,k}$ spig.$_{bg2,k}$ *Stram.*$_{bg2,k,*}$ sulph. tab. verat.$_{bg2}$ vesp.$_{k2}$
– **morgens**: sep.
– **Fieber**; während: bell. bry. glon. iod.$_{a1,k}$ op.
– **Frost**; während: bell. cocc.
– **Konvulsionen**:
• **während**: cina$_{k2}$
– **Schweiß**: bell. cocc. puls.

Glaukom: *Acon.*$_{bro1}$ arn.$_{mfj}$ ars.$_{mfj,st}$ asaf.$_{mfj}$ atro.$_{a1,bro1}$ aur.$_{bro1}$ *Bell.*$_{bro1}$ bry.$_{bro1,hr1}$ camph.$_{st}$ caust.$_{bro1,st}$ cedr.$_{bro1,c2}$ cham.$_{mfj}$ cinnb.$_{br1}$ cocain.$_{bro1}$ cocc.$_{hr1}$ colch.$_{st}$ coloc.$_{br1,c2}$ com.$_{bro1}$ con.$_{mfj}$ croc.$_{br1,bro1,*}$ crot-h.$_{hr1,st}$ crot-t.$_{mfj}$ esin.$_{bro1,c2}$ gels.$_{br1,bro1}$ *Glon.*$_{st}$ grin.$_{c2}$ ham.$_{mfj}$ ictod.$_{ks}$ kali-i.$_{st}$ lac-c.$_{hr1,st}$ lach.$_{br1,st}$ lyc.$_{j5}$ macro.$_{mfj}$ mag-c.$_{bro1,st}$ merc.$_{mfj}$ mez.$_{ks,st}$ nux-v.$_{bro1,st}$ op.$_{bro1}$ *Osm.*$_{br1,bro1,*}$ *Phos.*$_{bro1,c2,*}$ *Phys.*$_{br1,bro1,*}$ pipe.$_{c2}$ plb.$_{ks}$ pot-a.$_{ks}$ prun.$_{hr1,k,*}$ *Puls.*$_{bg2}$ *Rhus-t.*$_{bro1,hr1,*}$ sil.$_{j5}$ *Spig.*$_{hr1,k,*}$ sulph.$_{st}$ suprar.$_{bro1}$ syph.$_{st}$ *Ter.*$_{st}$ thuj.$_{st}$ wies.$_{c2}$
☞ *Härte - Gefühl*
◆ **begleitet** von:
• **Auge**; Schmerz im: acon.$_{bg1}$ mez. *Phos.* rhod.$_{st1}$

Granuliert:
○ **Canthi**:
○ **äußere**: ant-t.
– **Lider**: abr.$_{c2}$ alco.$_{a1}$ *Alum.* ant-t. *Apis* *Arg-n.* **Ars.** ars-s-f.$_{k2}$ *Aur.* aur-ar.$_{k2}$ bar-c. bell. *Borx.* *Carbn-s.* *Caust.* dulc.$_{k2}$ *Euphr.*$_{c2,k}$ fago.$_{a1,k,*}$ **Graph.** *Kali-bi.*$_{a1,k}$ **Lyc.** *Merc-c.* *Merc-i-f.* *Merc-i-r.* mez. *Nat-act.* nat-ar.$_{c2}$ *Nat-m.* nat-p.$_{k2}$ *Nat-s.* *Nux-v.* ol-j. petr. phyt.$_{a1,k}$ psor.$_{k2}$ *Puls.* rheum rhus-t. *Sang.*$_{c2,k}$ *Sep.* *Sil.* *Sulph.* tab.$_{a1}$ *Thuj.* *Zinc.*$_{c2,k}$ zinc-s.$_{c2}$
• **abends**: *Nux-v.*
• **kalte** Anwendungen amel.: *Apis* *Puls.*
• **Sommer**, im: nux-v.
• **Wasser** agg.: *Sulph.*

Grünlich
☞ *Farbe - grün*

Haare:
– **Haarausfall**:
○ **Augenbrauen** ●: agar. ail. alum. *Anan.* aur-m. borx.$_{bro1}$ hell. **Kali-c.** merc.$_{bro1}$ mill. *Nit-ac.*$_{bro1}$ ph-ac.$_{k2}$ plb. plb-act.$_{bro1}$ sanic.$_{bro1}$ sel. sil. sulph.
• **Wimpern** ●: alum. *Apis* *Ars.* aur. aur-ar.$_{k2}$ borx.$_{mfj}$ bufo *Calc-s.* *Chel.* chlol. *Euphr.* kali-c.$_{st1}$ med. *Merc.* nat-m.$_{st}$ petr.$_{br1}$ ph-ac. psor. **Rhus-t.** *Sel.* sep. sil. *Staph.* *Sulph.*
– **Einwärtskehrung** der Wimpern: borx.$_{c1,mfj}$
☞ *Entropium*
– **Gefühl** eines Haares im Auge ●:
calc-f.$_{st}$ *Coc-c.*$_{st}$ euphr.$_{st}$ kali-n.$_{h}$ mag-p.$_{st}$ nat-c.$_{h2}$ plan. *Puls.*$_{k,kl2}$● *Ran-b.*$_{st}$ sang. sil.$_{st}$ tab.
• **nachmittags**: sang.

Haare: ...
– **Augenbrauen**, weiße: ars-h.$_{a1,k}$
– **Wimpern** lang und fein: calc-p.$_{vml1}$ phos.$_{ptk1}$ tub.$_{vh}$

Hämorrhagie
☞ *Bluten / Ekchymose*

Herpes zoster ophthalmicus
☞ *Hautausschläge - Herpes*

Härte: cann-i.$_{c1}$ coloc.$_{bg2,k}$ graph.$_{k2}$ marb-w.$_{es1}$ phos.$_{bg1,bg2}$ plb.$_{a1}$
– **Gefühl**, als sei das Auge hart wie Marmor: cann-i. coloc.$_{st1}$ mez.$_{st1}$
○ **Lider**, der: *Acon.* arg-met. bar-c.$_{k2}$ *Calc.* *Con.* med. *Merc-c.* *Nit-ac.* *Phyt.* psor. ran-s. sep. *Sil.* *Spig.* *Thuj.*
☞ *Verdickung - Lider*
– **Meibomschen** Drüsen, der: *Bad.* *Lith-c.* staph.

Hautausschläge:
– **Herpes** zoster ophthalmicus: ars.$_{mfj}$ canth.$_{mfj}$ **Crot-t.**$_{mfj}$ graph.$_{mfj}$ merc.$_{mfj}$ puls.$_{mfj}$ **Ran-b.**$_{mfj}$ rhus-t.$_{mfj}$
☞ *Hornhaut - Herpes / Lidern - Herpes / um - Herpes*
○ **Augenbrauen**:
○ **um** die: bar-c.$_{h}$ *Caust.* clem. ferr-ma. *Kali-c.* mez.$_{k2}$ **Nat-m.** par. *Phos.* *Sel.* sep. sil. stann. staph. sulph. thuj.
• **Ekzem**: kali-sil.$_{k2}$
• **gelb**: fl-ac. nat-m. rhus-t. spong.$_{h}$
• **juckend**: **Nat-m.**
• **krustig**: anan. fl-ac. nat-m. sep. spong.$_{h}$
• **Pickel**: guaj.$_{h}$ kali-c. stann.$_{h}$ tarax.$_{h}$
• **brennend**: stann.$_{h}$
• **Psoriasis**: *Phos.*$_{k,kl2}$●
• **schwammig**: fl-ac. nat-m.
• **zwischen** den:
• **Pusteln**: thuj.$_{h}$
– **Bindehaut**:
• **Bläschen**: bufo$_{br1}$
– **Canthi**: lact.$_{a1,k}$ syph.
○ **äußere**: ant-c.$_{c1}$ tax.
• **innere**, Krusten: clem.
– **Hornhaut**:
• **Bläschen**: *Agar.* ars. *Aur.* bar-c. bell.$_{h}$ bufo$_{k2}$ *Calc.* cann-s. *Euphr.* *Hep.* ip. *Kali-bi.* *Kali-chl.* kali-m.$_{k2}$ *Merc.* *Merc-c.* *Nat-c.* *Nat-m.* *Nit-ac.* petr.$_{k2}$ psor. *Puls.* ran-b.$_{br1,k2,*}$ sulph.
• **Herpes**: *Graph.* *Hep.* ign. ran-b.$_{br1}$
☞ *Herpes / Lidern - Herpes / um - Herpes*
• **Pusteln**: aeth.$_{c1}$ ant-c.$_{br1}$
– **Lidern**, an den: ant-t. *Bry.* carbn-s. crot-t. **Graph.** guaj. **Hep.**$_{a1,k}$ kali-s. kreos. *Mag-m.* med.$_{c1}$ *Mez.* *Nat-m.* *Psor.* puls. rhus-t.$_{a1,k}$ *Sars.* sil. sulph.$_{a1,k}$ **Thuj.**
• **Bläschen**: berb. bomb-chr.$_{a1}$ *Cimic.* *Crot-t.*$_{a1,k}$ lachn.$_{a1}$ mez.$_{a1,k}$ pall. *Psor.* rhus-t.$_{a1,k}$ rhus-v.$_{a1,k}$ *Sars.* sel.
• **gelb**: dulc. *Psor.* rhus-t.$_{a1,k}$
○ **Lidrändern**, an den: aur. pall. *Sel.* urt-u.
• **brennend**: carbn-s.$_{k2}$

– **Lidern**, an den: ...
• **Ekzem**: clem. **Graph.** *Hep.* *Mez.* tell. **Thuj.** tub.$_{cp}$
○ **Lidrändern**; an den: bac.$_{c1}$
• **Exanthem**, flüchtiges: sulph.
• **Flechten**; trockene, brennende, juckende: *Bry.*
• **Flecken**: camph.$_{a1,h}$ sil.
• **rot**: camph.$_{kl}$ sil.$_{kl}$
• **Flecken**; entzündete: aur. bry. calc. ran-s. staph. thuj.
• **Furunkel**
☞ *Pusteln*
• **Herpes**: bry. corn. *Graph.* kreos. *Psor.* *Rhus-t.* *Sep.* sulph. tarent. tub.$_{a1,c1}$
☞ *Herpes / Hornhaut - Herpes / um - Herpes*
• **juckend**: carbn-s.$_{k2}$ nit-ac.$_{h}$ *Sars.*
• **Krusten**: ant-c. *Arg-n.* *Aur.* berb. bufo calc. dig. *Graph.* hep. *Psor.* *Sanic.* sep. *Sulph.*
○ **Lidrändern**; an den: *Dulc.*$_{hr1}$
• **Pickel**: alum.$_{a1,k}$ aur.$_{a1}$ bry.$_{a1}$ canth.$_{a1}$ chel. guaj. **Hep.** *Lyc.*$_{a1,k}$ merc-c. mosch.$_{a1}$ nat-m.$_{h,k,*}$ nit-ac.$_{a1,h}$ petr.$_{a1,h}$ rhus-t. sel. *Seneg.* sulph.$_{a1}$ tarent.$_{a1}$
• **Pusteln**: *Ant-c.* arg-met. carbn-s. hydrog.$_{srj2}$ lyc.$_{a1,k}$ *Merc.*$_{bg2,k}$ puls.$_{k2}$ sep.$_{bg2,k}$ *Sil.* *Sulph.*$_{bg2,k}$ **Tell.** upa.$_{a1}$
• **rechten** Lid; unter dem: pall.$_{c1}$
○ **Canthi**: bell. bry. calc. kali-c. *Lach.* lyc. nat-c. petr. puls. sil.
• **links**, innere: stann.
• **Lidränder**: *Arg-met.* hydrog.$_{srj2}$ puls. sep.
• **schorfig**: lyc.$_{a1,h}$ *Mez.* **Petr.** **Sep.** tub.
• **Schuppen**: ars.$_{a1,k}$ cob.$_{a1}$ *Psor.* **Sep.**$_{a1,k}$
• **schuppiger** Herpes: *Chel.* kreos. *Nat-m.* **Psor.** sep.
○ **Lidränder**: *Apis* arg-n. *Aur.* aur-m. *Dulc.* **Graph.** *Kali-chl.* *Kali-s.* med.$_{c1}$ *Merc.* *Tub.*
• **Tuberkel**: aur. bry. calc. ran-s. *Staph.* *Thuj.*
– **Orbitalbogen**, am:
• **Furunkel**
☞ *Pusteln*
• **Pusteln**: phos.$_{h}$
– **Sklera**:
• **Bläschen**: am-m.$_{h}$
– **über** den Augen: ran-b.
• **bläulich** schwarze Bläschen: ran-b.
– **um** die Augen: agn. arn. *Ars.* ars-s-f.$_{k2}$ calc. carbn-s. *Caust.* clem.$_{k2}$ con. crot-h. euphr. *Graph.* *Hep.* ign. kali-c. *Kali-s.* med.$_{c1}$ **Merc.** merc-c. olnd. petr. *Rhus-t.* *Sel.* sil. spong. **Staph.** **Sulph.** *Syph.* thuj.
• **Blasenausschlag**: clem.$_{k2}$
• **Ekzem**: bry.$_{bg2}$ kali-sil.$_{k2}$ sep.$_{bg2}$
• **Exanthem**, flüchtiges: sulph.
• **fein**: euphr.$_{hr1,k}$
• **Furunkel**: *Sil.*
• **Herpes**: alum. bry. *Caust.* *Con.* kreos. lach. olnd. spong. sulph.
☞ *Herpes / Hornhaut - Herpes / Lidern - Herpes*
• **Pickel**: **Hep.** mag-m.$_{k2}$ merc. petr.$_{h}$
– **unter** den Augen: dulc. guaj. sel. thuj.

Häutchen über die Augen gezogen; Gefühl, als sei ein: apis caust. daph. puls. rat.

Herabfallen:
○ **Lider**, der: acon. *Alum.* ant-t. apis apoc. arg-n.$_{hr1}$ arn. *Bell.* cann-i. carbn-s. *Caust.* cham. chel. con. croc. crot-h. **Gels.** ger.$_{br1}$ graph. kali-br. kali-p. lach.$_{bg1}$ *Lyc.* merc. naja nat-c. nux-m. nux-v. *Op.* phel. phos.$_{k2}$ sep. sil. spig. spong. sul-ac. sulph. syph.$_{xxb}$ tax. viol-o. *Viol-t.* vip. zinc.
☞ *Lähmung - Lider*
• **morgens**:
• **Erwachen**, nach dem: bell.$_{h}$
• **abends**: am-br. am-m.$_{h}$ bar-c.$_{h}$
• **Gehen** im Freien: graph.$_{h}$
• **Kopfschmerzen**, bei: *Sep.*
• **Lesen**, beim: mez.$_{h}$
• **Schläfrigkeit**, bei: plat.$_{h}$

Herausfallen:
– **Gefühl**, als würden die Augen herausfallen: glon.$_{kr1}$ lyc.$_{bg1,bg2}$
• **Bücken**, beim: brom.$_{kr1}$ coloc.$_{kr1}$

Hitze: *Acon.*$_{bg2,k,*}$ acon-l.$_{a1}$ aesc.$_{bg2,k,*}$ agar.$_{a1,k}$ aloe$_{k2}$ ammc.$_{a1}$ anan. androc.$_{srj1}$ ang. aran.$_{a1,k}$ *Arg-n.* *Ars.*$_{bg2,k,*}$ aster. aur. aur-ar.$_{k2}$ aur-s.$_{k2}$ bar-c.$_{a1,h}$ **Bell.**$_{bg2,k,*}$ benz-ac. berb.$_{a1,k}$ *Bov.*$_{bg2,k,*}$ bry.$_{bg2,k2}$ calc.$_{bg2,k}$ calc-p.$_{k2}$ calc-s.$_{a1}$ *Canth.* carb-v.$_{bg2,k}$ *Carbn-s.* *Carl.*$_{a1}$ caust.$_{h}$ **Cham.**$_{bg2,k,*}$ *Chel.*$_{a1,k}$ **Chin.**$_{a1,k}$ chlol. *Clem.* con.$_{bg2,k,*}$ cor-r.$_{a1,k}$ croc.$_{bg2}$ *Cycl.*$_{a1,k}$ dig.$_{a1,k}$ eucal.$_{a1}$ euphr.$_{a1,bg2}$ eupi.$_{a1}$ fago.$_{a1}$ *Glon.*$_{a1,k}$ *Graph.*$_{bg2,k,*}$ *Ign.* *Jab.* kali-ar. *Kali-bi.*$_{a1,k}$ **Kali-c.**$_{bg2,k,*}$ kali-sil.$_{k2}$ *Kreos.*$_{bg2,k,*}$ lach.$_{bg2,k}$ *Lil-t.*$_{a1,k}$ **Lyc.**$_{bg2,k,*}$ lyss.$_{a1}$ mag-p.$_{br1}$ mang.$_{a1,k}$ med. meph. *Merc.*$_{bg2,k,*}$ *Mez.*$_{a1,k}$ morph.$_{a1}$ nat-ar. nat-c.$_{a1,k}$ nat-m. *Nat-s.*$_{a1,k}$ nicc. *Nit-ac.*$_{a1,k}$ nux-v.$_{bg2}$ onos. *Op.*$_{bg2,k,*}$ par.$_{bg2}$ petr.$_{a1,k}$ ph-ac. *Phos.*$_{bg2,k,*}$ plat.$_{a1,k}$ *Psor.* ran-b. raph.$_{a1}$ rhus-t.$_{a1,k}$ **Ruta** sabin. *Sep.*$_{bg2,k,*}$ sil.$_{bg2,k,*}$ *Spig.*$_{a1,k}$ staph.$_{h}$ stram.$_{bg2}$ **Sulph.**$_{bg2,k,*}$ *Tab.*$_{a1,k}$ tarent.$_{a1,k}$ tell.$_{a1,k}$ thuj. ust.$_{a1}$ *Verat.*$_{bg2,k,*}$ verb.$_{a1,k}$ viol-o.$_{a1,k}$ zinc.$_{a1,k}$ zinc-p.$_{k2}$
– **rechts**: choc.$_{srj3}$
– **tagsüber**: *Ars.*$_{a1,k}$ phos.$_{a1,k}$
– **morgens**: apoc.$_{a1,k}$ fago.$_{a1}$ *Hep.* *Mez.* sep.$_{a1,k}$ sulph.$_{a1,k}$
– **vormittags**: con.$_{a1,k}$
– **nachmittags**: chin.$_{a1}$ petr.$_{h}$ spig.$_{a1}$
– **abends**: con.$_{h}$ dios. fago.$_{a1}$ kali-bi.$_{a1,k}$ nat-m.$_{a1,k}$ nicc. psor. *Puls.*
• **heiße** Luft ausströmen würde; als ob: dios.
• **Kerzenlicht**, bei: graph.
– **nachts**: *Crot-t.* nat-c.$_{a1,k}$ zinc.
– **Anstrengung**, bei: aur.$_{k,kr1}$ jab. **Ruta**
– **ausstrahlend**: gent-ch.$_{bnj1}$
– **ausströmender** Hitze; Gefühl: **Cham.**$_{bg2,k}$ *Clem.* dios. nat-s.
– **Chorioiditis**, bei: *Coloc.*
– **Erkältung**, nach einer: kali-c.$_{h}$
– **Essen**, nach dem: caust.
– **Fieber**; während: *Sep.*$_{a1,k}$
– **Frost**, nach: petr.$_{h}$

– **Gebrauch** der Augen; beim: aur. jab. **Ruta**
– **Gehen** im Freien, nach: lyc.$_{h}$
– **Hitzewallungen**: *Gels.* phos. sep.
– **Iritis**, bei: *Arg-n.*$_{hr1}$ *Arn.* puls.
– **kalte** Luft agg.: zinc.
– **Schließen** der Augen; beim: *Cor-r.* ust.
○ **Canthi**: carb-v. phos. psor.$_{a1,k}$ thuj.$_{a1,k}$
○ **äußere**: cann-s.$_{a1,k}$ glon.$_{a1,k}$ thuj.$_{a1,k}$
– **Lider**: acon.$_{a1,k}$ arum-d.$_{a1}$ benz-ac.$_{a1,k}$ bomb-chr.$_{a1}$ *Calc.*$_{a1,k}$ calc-p.$_{a1,k}$ chel.$_{a1,k}$ cimic.$_{a1}$ cinnb. euph.$_{a1}$ *Gels.* *Glon.* *Graph.*$_{a1,k}$ kali-ar.$_{a1}$ lil-t.$_{a1,k}$ *Med.* pic-ac.$_{a1}$ sep. stry.$_{a1}$ syph. upa.$_{a1,k}$
○ **Lidränder**: par.$_{a1,k}$ phyt. *Sep.*$_{a1,k}$ *Sulph.*
– **um** das Auge: cic.$_{h}$

Hitze agg.
☞ *Wärme - agg. - Hitze*

Hochgezogene Augenbrauen
☞ *Gezogen - Augenbrauen*

Hordeolum
☞ *Gerstenkörner*

Hornhautkegel
☞ *Keratokonus*

Hyperämie der Netzhaut:
◆ **begleitet** von:
• **Neuroretinitis**
☞ *Entzündung - Netzhaut - Neuroretinitis - begleitet von - Hyperämie*

Hyperästhesie der Netzhaut: acon.$_{mfj}$ ant-t.$_{mfj}$ ars.$_{mfj}$ *Bell.*$_{mfj}$ chin.$_{mfj}$ *Con.* crot-h. gels.$_{mfj}$ haliae-lc.$_{srj5}$ hep.$_{mfj}$ hyos.$_{mfj}$ **Ign.**$_{k,nta1}$ lac-ac. lil-t.$_{br1}$ macro.$_{mfj}$ *Merc.*$_{mfj}$ **Nat-m.** *Nux-v.* puls.$_{mfj}$ rhus-t.$_{mfj}$ sep.$_{mfj}$ sulph.$_{mfj}$
☞ *Empfindlichkeit - Berührung*
– **rechts**: haliae-lc.$_{srj5}$

Hyperphorie
☞ *Lähmung - Augenmuskeln - obliquus*

Hypertrophie der Bindehaut: apis

Infiltration
☞ *Härte / Verdickung*

Injiziert: acon.$_{bg3}$ aesc.$_{k2}$ all-c. ant-t. apis$_{bg3}$ arg-n.$_{bg3}$ *Arn.*$_{bg3}$ astac. aur-m.$_{k2}$ bar-m.$_{k2}$ *Bell.* bry.$_{k2}$ bufo camph. cedr. *Clem.* con. cub.$_{c1}$ ferr. ferr-ar. ferr-m. ferr-p. **Glon.** *Hep.* *Kali-bi.* led.$_{bg3}$ meph.$_{a1}$ *Merc.* merc-i-r.$_{a1}$ mill.$_{k2}$ nat-m.$_{bg3}$ *Nux-v.*$_{bg3}$ vesp.$_{k2}$
○ **Bindehaut**:
• **dunklen** Blutgefäßen; voll von: aesc.$_{k2}$ alumn.$_{k2}$ *Apis* arg-n. ars. ars-h. bar-m. *Bell.* *Calc.* *Calc-p.* *Camph.* cann-i. cann-s.$_{k2}$ *Carbn-s.* *Chinin-s.* *Chlol.* clem. *Con.* *Cop.* *Crot-c.* *Crot-t.* *Euphr.* *Ferr.* *Graph.* *Ham.* *Hep.* *Ip.* kali-ar. *Kali-bi.* kali-c. *Kali-i.* kali-p. kali-s. *Lach.* lyss. merc. *Merc-c.* *Mez.* morph. *Morph-s.*$_{hr1}$ *Nat-ar.* **Nat-m.** *Nux-v.* *Op.* phos. podo. sang. sec. sep. *Sil.* spig. stram. stry. sul-ac.$_{k2}$ *Sulph.* tarent. thuj.
• **morgens**: *Mez.*
• **Kopfschmerzen**, mit: glon.$_{kr1}$

Injiziert - Bindehaut - dunklen Blutgefäßen: ...
• **Menses**, vor den: puls.
– **Canthi**:
○ **äußere**: sars.$_{h}$
• **innere**: euphr.$_{k2}$ laur. nat-p.
– **Hornhaut**: **Aur.** *Graph.* hep. *Ign.* ip. *Merc.* plb.

Iritis
☞ *Entzündung - Iris*

Jucken: absin. acon. *Agar.*$_{bg2,k,*}$ *All-c.* *Alum.*$_{bg2,k}$ alum-sil.$_{k2}$ am-c.$_{bg2}$ am-m. ambr.$_{k2}$ anan. *Ant-c.* *Apis* *Arg-met.* *Arg-n.* ars.$_{bg2,h}$ arund. asaf.$_{bg2}$ asc-t. aspar. aur. aur-m. bamb-a.$_{stb2}$ *Bar-c.*$_{bg2,k,*}$ bar-i.$_{k2}$ *Bar-m.*$_{st}$ bar-s.$_{k2}$ bell.$_{bg2,k}$ berb. borx. bov.$_{bg2}$ bry.$_{bg2,k}$ bufo *Calc.*$_{bg2,k}$ calc-p. calc-s. calc-sil.$_{k2}$ cann-s. canth.$_{bg2,k}$ carb-an.$_{bg2,k}$ *Carb-v.*$_{bg2,k}$ carbn-s.$_{k2}$ casc. *Caust.*$_{bg2,k}$ chel.$_{bg2,h}$ chim. chin. cist.$_{k2}$ clem. coloc.$_{bg2,k}$ con.$_{bg2}$ cop. cortiso.$_{gse}$ cupr.$_{bg2,k}$ cycl.$_{bg2,k}$ elaps eug. *Euphr.*$_{a1,k}$ fago. ferr.$_{bg2,k}$ ferr-i. gels. grat.$_{k2}$ hep. hura hydro-v.$_{a1}$ hygroph-s.$_{bnj1}$ ign.$_{bg2,k}$ iod. *Kali-bi.*$_{bg2,k}$ kali-c.$_{h}$ kali-n. kali-s. *Kalm.* kreos. lach.$_{bg2,k}$ lachn. laur.$_{bg2}$ lob. *Luna*$_{kg1}$ *Lyc.* lyss. mag-c.$_{bg2,k}$ *Mag-m.*$_{bg2,k}$ *Manc.*$_{bg2}$ mang.$_{h}$ meph. *Merc.*$_{bg2,k}$ merc-c. *Mez.* mosch.$_{bg2,k}$ *Mur-ac.*$_{bg2,k}$ *Nat-c.*$_{bg2,k}$ *Nat-m.*$_{bg2,k}$ nat-p. nat-s.$_{bg2,k}$ nicc. nit-ac. *Nux-v.*$_{bg2,k}$ ol-an. olnd.$_{bg2}$ osm. paeon. pall. *Petr.*$_{bg2,k}$ ph-ac. *Phel.* *Phos.*$_{bg2,k}$ phyt. plat.$_{bg2,h}$ **Puls.**$_{bg2,k}$ ran-b.$_{bg2,k}$ rhod.$_{bg2,k}$ rhus-t. ruta sars. sep.$_{bg2,k}$ sil.$_{bg2,k}$ spig.$_{bg2,k}$ squil.$_{h}$ stann.$_{bg2,k}$ stram. stront-c. **Sulph.**$_{bg2,k}$ tarent. tell.$_{br1}$ verat.$_{h}$ vesp. viol-t.$_{bg2,k}$ *Zinc.*$_{bg2,k}$
– **links**:
▽ **erstreckt** sich zu:
• **rechts**: cench.$_{k2}$
– **morgens**: agar.$_{a1,k}$ am-c. calc-s.$_{k2}$ caust.$_{h}$ chinin-m.$_{kr1}$ dios. fago. meph. nat-c.$_{h}$ *Nat-m.* *Nat-s.* *Sulph.*
• **Aufstehen**, nach dem: nat-m.
– **vormittags**: *Sulph.*
• **11** h: nat-c.
– **abends**: *Acon.* bamb-a.$_{stb2}$ calc. calc-p. *Cupr.* dios. erig. eug. euph. ferr. *Gamb.* mag-c. meph. *Merc-c.* pall. phos. plat.$_{h}$ **Puls.** sil. **Sulph.** vesp.
• **Reiben**; nicht amel. durch: pall.
– **nachts**: ars. sulph.
– **Anstrengung** der Augen; bei: *Rhus-t.*
– **Baden**, beim:
• **warm**: *Mez.*
– **Befeuchten** des Auges amel.: nat-c.$_{h}$
– **beißend** durch Reiben: ruta$_{h}$
– **Druck** nach oben amel.: bell.$_{h}$
– **Freien**, im:
• **agg.**: staph.$_{bg1}$
• **amel.**: **Puls.**
– **Gaslicht** agg.: *Phyt.*
☞ *Licht*
– **Haus**, im: ran-b.
– **kalt**:
• **Anwendung** amel.; kalte: *Puls.*
– **Lesen**:
• **beim**: carbn-s.$_{k2}$

– **Licht**; durch: anan.
☞ *Gaslicht*
– **Mittagessen**, nach dem: mag-c.
– **Reiben**:
• **agg.**: *Kalm.* kreos. sulph.
☞ *Tränenfluß*
• **amel.**: agar.$_{h,k,*}$ am-c.$_{h}$ *Caust.* euph.$_{h}$ *Euphr.* mag-c. mag-m.$_{h}$ nat-c. *Nux-v.* ol-an. phos.$_{h}$ spig.$_{h}$ spong. stann.$_{h}$ stram. sulph. zinc.
– **Schnupfen**, beim: caps.
– **Stuhlgang**:
• **nach**: carbn-s.$_{k2}$
– **Tränenfluß** durch Reiben: nat-c.$_{h}$ ruta$_{h}$
☞ *Reiben - agg.*
– **warmen** Zimmer, im: *Puls. Sulph.*
– **wundfressend**: ars.$_{h}$
○ **Augenbrauen**: agar. agn. all-c. alum. ars. arund. berb. bry. caust. com. con. ferr. fl-ac. laur. manc. mez. nat-m. pall. par. rhod. sel. sil. spig. **Sulph.** verat. viol-t.
• **morgens**: nat-m.
• **abends**: all-c.
– **Canthi**: agar. **Alum.** *Ant-c.* **Arg-met.** *Arg-n.* arn. asc-t. *Aur.* aur-s.$_{bg,k2}$ bell. benz-ac. berb. borx. **Calc.** carb-v. *Caust.* cina cinnb. clem. *Con.* crot-c. *Euph. Euphr.* ferr-ma. *Fl-ac. Gamb.* graph.$_{k2}$ hell.$_{h}$ hyos.$_{h}$ iod. led. *Lyc. Mosch. Mur-ac. Nat-m.* nux-v. petr. ph-ac.$_{h}$ prun. *Puls.* ruta sep. staph. *Stront-c.* succ-ac.$_{bro1}$ *Sulph.* trom. zinc.
• **abends**: mag-c. ph-ac.$_{h}$ puls.
• **Freien**, im:
• **agg.**: staph.
• **amel.**: gamb.
○ **äußere**: ant-c. aur-m. benz-ac. bry. carb-v. cinnb. com. euph.$_{h}$ euphr. fago. form. mez. *Nat-m.* prun. rhus-t. sep. squil.$_{h}$ *Sulph.* tarent. tax. upa.
• **innere**: **Alum.** alum-p.$_{k2}$ *Apis Aur.* bell.$_{h}$ borx. calc. carb-v. *Caust.* chel. chlol.$_{c1}$ cina *Cinnb.* clem. *Con.* cycl. fl-ac. *Gamb. Graph.* grat. hyos. lach. laur. led.$_{h}$ *Lyc.* mag-c. **Mag-m.** mez. mur-ac.$_{h}$ *Nat-m.* nit-ac. osm. ph-ac.$_{h}$ phos. *Psor. Puls. Ruta* sep. stann. staph. *Stront-c. Sulph.* syph. tab. *Zinc.*
• **links**: lachn.$_{a1}$
• **morgens**: sep.
• **abends**: dios. fl-ac. *Puls.*
– **Lider**: agar.$_{h}$ agn.$_{a1}$ alum. alum-p.$_{k2}$ ambr. anag. ang.$_{h}$ apis **Arg-met.** asaf. asc-t. aur. aur-m. aur-s.$_{k2}$ bamb-a.$_{stb2}$ bell. berb. bry. bufo *Calc.* camph.$_{h}$ carb-an.$_{h}$ carbn-s. *Caust.* chin.$_{h}$ con. croc. *Crot-t.* cycl. dros. euph. *Euphr.* gal-ac.$_{c1}$ *Graph.* helo.$_{c1}$ helo-s.$_{c1}$ *Hep.* iod.$_{h}$ kali-ar. *Kali-bi.* lob. lyc.$_{h}$ mag-m.$_{h2}$ *Mez.* nat-c.$_{h2}$ nat-p. nux-v. paeon. pall. *Petr. Ph-ac. Phos.* **Puls. Rhus-t.** ruta$_{h}$ *Sep.* sil.$_{h}$ sin-n. spong. **Sulph.** tarent. **Tell.** vesp. vinc. zinc. zinc-p.$_{k2}$
• **tagsüber**, nur: *Phos.* **Sulph.**
• **morgens**: carb-v. nat-c.$_{h}$ nux-v.
• **abends**: *Mez.* phos.$_{h}$ **Puls.**
• **Reiben** amel.: staph.$_{h}$

Jucken - Lider: ...
○ **Lidränder**: am-c. asaf. bar-c.$_{h}$ bry. *Calc. Carb-v.* chin. con. euphr. fago. grat. jatr-c. kali-bi. kali-c. kreos. mez. nat-ar. nat-p. *Nat-s.* nux-v. phos. prun. **Puls.** sel. *Sep.* **Staph.** *Sulph.* zinc.
• **Unterlider**: sul-ac.$_{h}$
– **Orbitalbogen**: kali-n.$_{h}$
– **um** das Auge: agn. apis ars.$_{h}$ aur-s.$_{k2}$ berb. *Carb-v.* con. lach. lyc. pall. sars. til.
– **unter** dem Auge: nat-m.$_{h}$ spong.$_{h}$

Kälte: aesc. alum. am-c. ambr. amyg. *Arg-n.* asaf. asar. berb. bufo *Calc. Calc-p.* chlor. *Con.* croc. *Euphr.* eupi. *Fl-ac.* form. graph. *Kali-c.* lachn. lith-c. *Lyc.* med. par. *Phyt. Plat.* plb. raph. seneg. sep. sil. spig. spong. squil. stram. sulph. syph. *Thuj.*
– **links**: tarent.
– **rechts**: plat.$_{h}$
– **abends**: lyc.
– **eisige** Kälte: lyc.$_{bg1}$ m-arct.$_{bg1}$
– **Gehen**, beim:
• **Luft**:
• **Freien**, im: alum. con. sil. squil.
• **Wind**:
• **kaltem** Wind, in: *Squil.*
– **Luft** in die Augen blasen; als würde kalte: asaf. asar.$_{h}$ berb. cinnb. *Croc.*$_{c1,k}$ *Fl-ac.*$_{br1,k}$ m-aust.$_{bg2}$ med.$_{c1,k}$ mez.$_{c1}$ sep. sulph. syph.$_{br1,k,*}$ *Thuj.*$_{c1,k}$
☞ *Wind - kalter*
– **schmerzhaften** Auge; im: *Thuj.*
– **schwimmen**; als würde es in kaltem Wasser: squil.$_{h}$
○ **Canthi**: asaf. asar.$_{c1}$ euphr. lith-c.
○ **Ränder** der: kali-c.
• **Schließen** der Augen; beim: ph-ac.
– **hinter** den Augen: calc-p.
– **Lider**: brom. hura *Kali-c.* ph-ac.
○ **Lidränder**: kali-c.
• **Schließen** der Augen; beim: ph-ac.
• **zwischen** den Lidern:
• **Tropfen** kalten Wassers; wie: berb.$_{bg1,bg2,*}$
○ **Augäpfeln**; und: berb.$_{bg2}$
– **über** den Augen: graph.$_{h}$

Kälte; Beschwerden durch
☞ *Beschwerden - Kälte*

Kalte Anwendungen
☞ *Beschwerden - kalt - Anwendungen*

Katarakt ●: acon.$_{bg2}$ agar.$_{bg2}$ *Am-c.*$_{bg2,k}$ *Am-m.*$_{bg2,k,*}$ anac.$_{bg2}$ anag.$_{c2}$ ang.$_{bg2}$ ant-t.$_{bg2,k,*}$ *Apis* arg-i.$_{c2}$ arn.$_{bg2,k}$ ars.$_{bg2}$ aur.$_{bg2,k2}$ *Bar-c.*$_{bg2,k,*}$ bar-s.$_{k2}$ bell.$_{bg2,k}$ bov.$_{bg2}$ bry.$_{bg2}$ **Calc.**$_{bg2,k,*}$ **Calc-f.**$_{c2,k}$ **CALC-P.**$_{k,nta1}$ calc-s. calc-sil.$_{k2}$ *Cann-s.*$_{hr1,k,*}$ caps.$_{bg2}$ *Carb-an.*$_{hr1,k,*}$ **CAUST.**$_{c2,k,*}$ *Chel.*$_{bg2,k,*}$ chim.$_{hr1,k,*}$ chin.$_{bg2,k}$ cine.$_{br1,c1,*}$ coch.$_{c2}$ *Colch.*$_{hr1,k,*}$ coloc.$_{c2}$ *Con.*$_{bg2,k,*}$ croc.$_{bg2}$ dig.$_{bg2,k,*}$ dulc.$_{bg2}$ *Euph.*$_{bg2,k,*}$ euphr.$_{bg2,k,*}$ hed.$_{c2}$ hep.$_{bg2,k}$ hyos.$_{bg2,k}$ ign.$_{bg2}$ *Jab.*$_{hr1,k,*}$ *Kali-c.* kali-m.$_{c2}$ kali-s.$_{hr1,k,*}$ kali-sil.$_{k2,st}$ kreos.$_{bg2,c1}$ lac-c.$_{hr1,k}$ lec.$_{br1}$ *Lyc.*$_{bg2,k,*}$ **Mag-c.**$_{bg2,k,*}$ mang.$_{bg2}$ merc.$_{bg2,k,*}$ naphtin.$_{c2}$ nat-c.$_{bg2}$ nat-m.$_{bg2,k}$ nat-s.$_{bg1,bg2}$

Katarakt: ...
Nit-ac.$_{bg2,k}$ op.$_{bg2,k}$ *Phos.*$_{bg2,k,*}$ platan.$_{brol}$ platan-or.$_{c1,c2}$ plb.$_{bg2,k}$ podo.$_{c2}$ psor. *Puls.*$_{bg2,k,*}$ rhus-t.$_{bg2,k}$ ruta sacch.$_{c2}$ *Santin.*$_{c2,vh}$ sars.$_{bg2}$ *Sec.*$_{hr1,k,*}$ seneg.$_{bg2,k}$ **SEP.**$_{k,nta1}$ **Sil.**$_{bg2,k,*}$ spig.$_{bg2,k,*}$ stann.$_{bg2}$ staph.$_{bg2}$ stram.$_{bg2}$ **Sulph.**$_{bg2,k,*}$ tarax.$_{bg2}$ tell.$_{hr1,k,*}$ valer.$_{bg2}$ verat.$_{bg2}$ *Zinc.*$_{c2,k}$ zinc-p.$_{k2}$
– **links**: merc.$_{a1}$ *Sulph.*
– **rechts**: *Am-c. Kali-c. Nit-ac. Sil.*
– **beginnend**: *Ant-t.*$_{bg2}$ aur.$_{bg2}$ caust.$_{bg2,k,*}$ *Chin.*$_{bg2}$ dulc.$_{bg2}$ hyos.$_{bg2}$ *Nat-m.*$_{bg2}$ phos.$_{hr1}$ *Puls.*$_{bg2,k,*}$ sec. sep.$_{bg2,k,*}$ *Sulph.*$_{bg2}$
– **dunklen** Tag besser sehen; kann an einem: euph.
– **Frauen**, bei: sep.
– **Fußschweiß**; nach unterdrücktem: **Sil.**
– **Gicht**, mit: led.$_{br1}$
– **Hemianopsie**; mit vertikaler: caust.
– **Operation**, nach: arn. rhus-t.$_{hr1,kr1}$ *Seneg.*
– **Quetschung**, durch: arn. *Con.*$_{hr1,k}$
– **reticularis**, netzförmig: caust.$_{bg2,k}$ plb.$_{bg2,k}$
– **senil**, Altersstar: *Carb-an.*$_{hr1,k}$ *Cine.*$_{c1}$ *Sec.*$_{hr1,k}$
– **Verletzung**; nach: tell.$_{br1}$
– **viridis**: colch. *Phos.*$_{hr1,k}$ puls.
– **weich**, Linsenerweichung: *Colch.*$_{hr1,k}$ merc.$_{a1,k}$ sec.$_{a1,k}$
○ **Kapselstar**: *Am-m.*$_{hr1,k}$ colch.$_{hr1,k,*}$
– **Rindenstar**: **Sulph.**$_{hr1,k}$

Keratitis
☞ *Entzündung - Hornhaut*

Keratokonus: calc-i.$_{mfj}$ *Euphr.*$_{hr1,k}$ puls.$_{hr1,k,*}$

Kitzeln des Periosts um die Augen: phos.$_{h}$

Klebrige Lider: acon.$_{bg2}$ calc-act.$_{bg2}$ euph.$_{bg2}$

Kleiner; Gefühl, ein Auge sei: alum.$_{st}$ bell.$_{st}$ bry.$_{st}$ croc.$_{st}$ merc-c.$_{st}$ merl.$_{st}$ nat-m.$_{st}$

Kleinkindern; Beschwerden der Augen bei
☞ *Entzündung - Kindern - Kleinkindern*

Knötchen in den Lidern
☞ *Tumoren - Lider - Knötchen*

Kondylom: arund. *Calc.*$_{hr1,k}$ cinnb. *Merc. Nit-ac.*$_{hr1,k}$ phos. staph. **Thuj.**
○ **Augenbrauen**: anan. *Caust. Thuj.*
– **Canthi**: calc.$_{hr1,k}$ nit-ac. psor.$_{h}$
– **Hornhaut**: ars.$_{h}$
– **Iris**: *Cinnb.*$_{hr1,k}$ **Merc.**$_{hr1,k}$ staph. thuj.$_{hr1,k}$
– **Lider**: *Caust.*$_{hr1,k}$ cinnb. *Nit-ac.*$_{hr1,k}$ sulph. **Thuj.**$_{hr1,k}$
• **rechtes** Unterlid: *Nit-ac.*
• **blutet** bei Berührung: nit-ac.
– **Skleren**: arund.

Kongestion
☞ *Farbe - rot*

Konjunktivitis
☞ *Entzündung - Bindehaut*

Konvulsivische Bewegung
☞ *Bewegung - konvulsivisch*

Körner im Auge; Gefühl wie
☞ *Schmerz - Sand*

Krämpfe:
○ **Augen**: sil.$_{h}$
– **Lider**: agar. alum. *Bell. Calc.* calc-p. camph. chel.$_{c1}$ chinin-ar. croc. *Cupr. Euphr.* hyper.$_{bg1}$ ign.$_{br1}$ *Mag-p.* meny.$_{h}$ *Merc-c.* nat-c.$_{k2}$ *Nat-m. Nux-v.* plat. *Plb. Puls.* ruta sep. sil.
• **nachts**: alum. croc. *Merc-c.*
○ **orbicularis** palpebrarum: chinin-ar. *Mez.* verat.$_{c2}$
• **Unterlider**: ruta$_{h}$
• **Ziliarmuskel**: agar. *Arg-n.* aur. aur-m. caust. esin.$_{c2}$ gels. hyosin.$_{c2}$ *Jab.*$_{c2,k}$ *Morph.* nat-m. nit-ac. *Nux-v.* phys.$_{c2,k}$ puls. *Ruta* spig. sulph. tab.

Kränkliches Aussehen um die Augen: **Cina** guare.
☞ ❑ *Gesicht - Ausdruck - kränklich*

Krebs: ars.$_{bg2}$ aur-m-n. *Bell.*$_{bg2}$ **Calc.**$_{bg2,k}$ con.$_{bg2}$ hep.$_{bg2}$ **Laur.**$_{bg2}$ *Lyc.*$_{bg2,k}$ **Phos.** sel.$_{bg2}$ *Sep. Sil.*$_{bg2,k}$ thuj.
– **Epitheliom**: cund.$_{hr1,k}$ *Lach.* ran-b.$_{k2}$
○ **Hornhaut**, der: hep.$_{hr1,k}$
• **Lider**, der: con.$_{k2}$ hydr. lach. phyt. ran-b.$_{c1}$ sep.$_{k2}$ thuj.
○ **Unterlid**: apis cund.$_{c1,k}$ thuj.
– **Granulom** (Fungus): bell.$_{bg2,k}$ **Calc.**$_{bg2,k,*}$ *Lyc.*$_{bg2,k}$ **Phos.**$_{hr1,k}$ *Sep.*$_{bg2,k,*}$ *Sil.*$_{bg2,k,*}$ syph.$_{k2}$ thuj.
• **medullaris**: bell.$_{bg2,k}$ **Calc.**$_{hr1,k}$ *Lyc. Sil.*$_{hr1,k}$
○ **Tränendrüsen**: *Carb-an.*$_{hr1,k}$

Kribbeln: agar.$_{bg2,k}$ arund.$_{hr1}$ asar. bell.$_{bg2,k,*}$ chin.$_{hr1,k,*}$ cina colch.$_{a1,k}$ crot-t.$_{bg2}$ nat-c. *Nat-s.*$_{bg2,k,*}$ nux-v.$_{bg2}$ seneg. sep.$_{bg2,k}$ spig.$_{bg2,k,*}$ sulph.$_{a1,k}$ verat.
☞ *Prickeln*
○ **Canthi**: plat.$_{a1,k}$

Kurz; als wären Muskeln zu kurz: sabin.$_{c1}$

Lähmung:
– **Akkommodationslähmung**
☞ ❑ *Sehen - Akkommodation - gestört*
○ **Augenmuskeln**: *Acon.*$_{mfj}$ alum.$_{k2}$ arn.$_{mfj}$ aur.$_{mfj}$ bufo$_{k2}$ **Caust.** chel.$_{mfj}$ cocc.$_{k2}$ *Con.* cupr-act.$_{mfj}$ *Euphr.* **Gels.** hyos.$_{k2}$ kali-i. merc-i-f. merc-pn.$_{mfj}$ *Nat-m.* **Nux-v.** par.$_{mfj}$ phos.$_{k2}$ phys.$_{br1}$ *Rhus-t.* ruta$_{k2}$ *Seneg.* spig.$_{mfj}$ syph.$_{k2}$
◆ **begleitet** von:
• **Lähmung** der Halsmuskeln: gels.$_{hr1}$
• **Diphtherie**; nach: phys.$_{br1}$
• **Kaltwerden**; durch: rhus-t.$_{k2}$
○ **obliquus** superior (= Hyperphorie) ●: *Arn.* cupr. *Seneg. Syph.*
• **rectus** externus (= Esophorie): *Caust.*$_{k,kl2}$● chel. gels. kali-i. rhod. *Ruta* sulph.
• **rectus** internus (= Exophorie) ●: *Agar.* alum. *Con.* graph. *Jab.* lil-t. merc-i-f. **Morph. Nat-m.** phos. rhod. *Ruta Seneg.*
• **Ziliarmuskeln**: *Acon.* alum.$_{k2}$ *Arg-n.* cocc.$_{k2}$ *Con. Dub.* gels. graph. kali-br. lil-t.$_{br1}$ nat-m. nux-v. par.$_{c2,k}$ phys. **Ruta** seneg.

– **Iris**: **Arn.**$_{hr1}$ ~~**Ars.**$_{hr1,xxx}$~~ kali-bi. *Par.*
– **Lider**, der: *Alum. Ars.* bapt. bar-m. bell. bufo$_{k2}$ *Cadm-s. Cocc. Con. Graph. Guare.* hydr-ac. *Merc-i-f.* nat-ar. nat-c.$_{k2}$ nit-ac. op. *Plb.* puls. **Sep. Spig.** stram. *Verat.* vip. zinc. zinc-p.$_{k2}$
☞ *Herabfallen*
○ **Oberlid**: *Acon.*$_{mfj}$ *Alum.* alum-p.$_{k2}$ apis arn. *Ars.* bar-m.$_{k2}$ bufo *Cadm-s.* **Caust.** chlol. cina cinnb.$_{k2}$ *Cocc. Con.* crot-c. crot-h. cur. *Dulc.* euph. **Gels.** *Graph.* kalm.$_{mfj}$ *Led.* lyss. *Mag-p. Med. Merl. Morph.* naja nat-ar. nat-c. **Nit-ac.** *Nux-m.* op. *Phos. Plb.* **Rhus-t.** *Sec.* **Sep. Spig.** stann. *Syph. Verat. Zinc.*
• **links**: ars.$_{bg1,bg2}$ bar-c.$_{bg1}$ bar-m.$_{bg2}$ caust.$_{bg1}$ coloc.$_{bg1,bg2}$ graph.$_{bg2}$ kali-p.$_{bg1,bg2}$ lyc.$_{bg2}$ nux-v. plb. thuj.$_{bg1,bg2}$ verat.$_{bg2}$
• **rechts**: alum.$_{bg2,k}$ *Apis*$_{bg2,k}$ caust.$_{bg2}$ *Cur.* gins.$_{bg1}$ mag-p. med.$_{bg1,bg2}$ nat-m.$_{bg1,bg2}$ nit-ac.$_{bg2}$ phys. rad-br.$_{bg2}$ rhus-t. sulph.
• **morgens**: *Nit-ac.*
• **Kälte**, durch: **Caust.**$_{k,kl2}$● *Rhus-t.*
• **Verletzung**, nach: *Led.*
• **Unterlid**: phyt.$_{bg2}$
– **orbicularis** oculi, Pars orbitalis; Musculus: acon.$_{mfj}$ *Alum.*$_{mfj}$ arn.$_{mfj}$ aur.$_{mfj}$ **Caust.**$_{mfj}$ chel.$_{mfj}$ *Con.*$_{mfj}$ cupr-act.$_{mfj}$ **Gels.**$_{mfj}$ hyos.$_{mfj}$ kali-i.$_{mfj}$ merc-pn.$_{mfj}$ nat-m.$_{mfj}$ nux-v.$_{mfj}$ par.$_{mfj}$ phos.$_{mfj}$ rhus-t.$_{mfj}$ **Seneg.**$_{mfj}$ spig.$_{mfj}$ sulph.$_{mfj}$
– **Sehnerv** (= Amaurose): *Acon.*$_{c1,c2}$ anac. anan. ant-s-aur.$_{c1,c2}$ *Arg-met.* arg-n. *Ars.* ars-s-f.$_{k2}$ aur. aur-ar.$_{k2}$ *Aur-m.*$_{c2,k}$ *Aur-m-n.* aur-s.$_{k2}$ bar-c. bar-s.$_{k2}$ **Bell.**$_{c2,k}$ ben-n.$_{c2}$ both. *Bov.* bry. bufo *Calc.* calc-sil.$_{k2}$ caps.$_{c2,k}$ card-b.$_{c2}$ *Caust.*$_{c2,k}$ cench.$_{c2}$ *Chel. Chin.* chinin-s.$_{hr1,k}$ cic. cocc. **Con.** croc. daph.$_{c2}$ dig.$_{c2,k}$ dros. dulc. *Elaps*$_{c2,k}$ euphr. *Ferr.* ferr-ar. ferr-ma.$_{c2}$ fl-ac. **Gels.**$_{c2,k}$ guaj. *Hep.*$_{c2}$ *Hyos.*$_{c2,k}$ kali-ar. kali-c. **Kali-i.** kali-p. *Kali-s.* kali-sil.$_{k2}$ laur. *Lyc. Meny.*$_{c2,k}$ *Merc.* nat-ar. nat-c. **Nat-m.** nat-p. nit-ac. *Nux-v.*$_{c2,k}$ olnd. *Op.* petr. *Ph-ac.* **Phos.**$_{c2,k}$ *Plb.* plb-xyz.$_{c2}$ *Psor.* **Puls.**$_{c2,k}$ *Rhus-t. Ruta* **Sec.** *Sep.* **Sil.** sol-ni.$_{c2}$ sol-t.$_{c2}$ spig.$_{c2,k}$ staph. **Stram.** stry-xyz.$_{c2}$ **Sulph.**$_{c2,k}$ syph. *Tab.*$_{c2}$ *Thuj.* upa.$_{c2}$ verat. verat-v.$_{c2,hr1}$ vib. *Zinc.*$_{bg2}$ zinc-p.$_{k2}$
• **rechts**: *Bov.*
  • **dann** links: *Chin.*
  • **Stuhlgang**:
    • **amel.**: apis$_{ptk1,ptk2}$
• **Entbindung**; während der: aur-m.$_{c1}$
• **Kopfschmerzen**; mit heftigen: zinc.$_{br1}$
• **Masturbation**; durch: gels.$_{c1}$

Leerer Blick
☞ *❑ Gesicht - Ausdruck - ausdruckslos*

Leuchtend
☞ *Glasig / Glänzend*

Licht:
– **agg.**
☞ *Photophobie*

Lose, locker; Gefühl wie: all-c.$_{bg2}$ bell.$_{bg2}$ *Carb-an.*$_{bg2,k}$ kali-bi.$_{bg1,bg2}$

Lupus:
○ **Augenbrauen**: alum. alumn. anan.
– **Lider**: alumn. kali-chl. phyt.
  ○ **Unterlid**: *Apis*

Makulaatrophie
☞ *Atrophie - Chorioidea / Entzündung - Chorioidea*

Melanose: *Aur.*$_{hr1,k,*}$

Mondschein amel. die Beschwerden der Augen: *Aur.*
☞ *❑ Gemüt - Mondschein*

Müder Ausdruck: clem.$_{h}$ cupr.$_{h}$ kali-c.$_{h}$
☞ *❑ Gesicht - Ausdruck - müde*

Müdigkeitsgefühl ●: am-m. androc.$_{srj1}$ ang.$_{bg2}$ ant-t.$_{bg2,hr1}$ arg-n.$_{br1}$ *Arn.*$_{bg2}$ ars.$_{bg2,k,*}$ asar.$_{bg2}$ bar-c.$_{h}$ *Bell.*$_{bg2}$ bov.$_{bg2}$ *Bry.*$_{bg2}$ *Cann-s.*$_{bg2}$ carb-an.$_{bg2}$ caust.$_{bg2}$ *Chin.*$_{bg2}$ choc.$_{srj3}$ clem.$_{bg2}$ con.$_{bg2}$ croc.$_{bg2}$ cycl.$_{bg2}$ *Graph.*$_{bg2,k,*}$ haliae-lc.$_{srj5}$ hydrog.$_{srj2}$ iod.$_{bg2,k}$ jab. lach.$_{bg2}$ *Luna*$_{kg1}$ lyc.$_{h,kl2}$● mag-p.$_{br1}$ nat-ar. nat-c.$_{bg2}$ nat-m. nit-ac.$_{bg2}$ op.$_{bg2}$ petr.$_{h}$ ph-ac.$_{bg2}$ *Phos.*$_{k,kl2}$● psor.$_{hr1,k}$ *Ruta* sabad.$_{bg2}$ seneg.$_{bg2}$ *Sep.*$_{k,kl2}$● *Spig.*$_{bg2}$ squil.$_{bg2}$ stann.$_{bg2,k}$ stram.$_{bg2,k,*}$ sulph. valer.$_{bg2}$ *Verat.*$_{bg2}$ *Zinc.*$_{bg2,k}$
– **Besichtigungen**, Kinobesuch etc.; nach: arn.$_{br1}$
– **Lesen**; beim: sulph.$_{h}$
– **Licht**; bei:
  • **künstlichem** Licht; bei: choc.$_{srj3}$

Trachom
☞ *Entzündung - Trachom*

Mydriasis
☞ *Pupillen - erweitert*

Nähe der Augen zu bringen; Abneigung, Gegenstände in die: fl-ac.$_{a1,k}$ mang.

Neuralgie
☞ *Schmerz - neuralgisch*

Nystagmus
☞ *Bewegung - pendelartig / Bewegung - unwillkürlich*

Offene Augen, geöffnete Lidspalte: ant-t. apis *Caust. Cocc.* crot-h. *Cupr. Dol.* **Guaj.** hydr-ac. *Hyos.* **Iod.** *Laur.* **Lyc.** naja nux-v. olnd. *Onos. Op.* sol-ni. squil. *Stram.*
– **eine** Seite: ant-t.$_{gsy1}$
– **rechtes** Auge weiter offen als das linke: staph.$_{h}$
– **Anfall**; vor einem: *Laur.*
– **Bewußtlosigkeit**; während: *Op.*
– **Delirium**; mit: *Crot-h.*$_{bg1,k,*}$ **Stram.**
– **Gefühl**, als wären die Augen weit offen: carb-v. choc.$_{srj3}$ fl-ac.$_{rb2}$ haliae-lc.$_{srj5}$ marb-w.$_{es1}$ onos. pip-m.
  • **geschlossenen** Augen weit offen; als wären die: phos. sep.
– **halb** offen: *Agar.* amyg. *Ant-t. Apis Ars.* ars-s-f.$_{k2}$ *Art-v.* bapt. **Bell.** *Bry.* cadm-s. cann-i. *Canth.* caps. *Carbn-h. Cham. Coff. Colch. Coloc. Crot-c. Crot-h.* **Cupr.** *Dig.* ferr. ferr-ar.$_{k2}$ ferr-m. ferr-p. *Gels. Hell. Hydr-ac. Ip. Kreos. Lach.* laur. *Lyc.* mag-m.$_{h}$ *Merc. Morph. Nat-m. Oena.* **Op.** ph-ac.

– **halb** offen: ...
phel. *Phos.* plb. podo. *Rhus-t.* samb. *Stram.* *Sulph.* ter. verat. *Zinc.* zinc-p.k2
– **krampfhaft** geöffnete Augen: aeth. ang. apis arn. **Bell.** camph. *Caust.* *Cocc.* crot-h.bg1 dol. *Guaj.* hyos. **Iod.** *Ip.* laur. lyc. lyss. naja nat-m.h **Nux-v.** op. **Stram.** *Stry.* tarent.k2
 • **Delirium**; während: *Op.* *Stram.*
– **muß** die Augen offenhalten: arn.br1
 ☞ *Öffnen - Verlangen*
 • **Licht** blicken; und ins: puls.
– **Schlaf**; im ●: ant-t. apisgsy1 ars. *Bell.* bry. cadm-s. calc.gl1,h chin. *Cocc.* con.h cupr. ferr. ferr-p.c1 hyos.gl1 ip. *Lyc.* op. ph-ac. puls.h samb. stram. sulph.
– **schwierig**, die Augen offen zu halten; es ist
 ☞ *Öffnen - schwierig - offen*
– **Stöhnen** und Rollen des Kopfes; mit: *Podo.*bg2 *Samb.*bg2
– **unfähig**, die Augen zu öffnen
 ☞ *Geschlossen / Öffnen - unmöglich*

Öffnen der Augen, der Lidspalte:
– **Abneigung**, sie zu öffnen, fürchtet, es würde die Kopfschmerzen agg.: phys.
– **Niesen**, verursacht: **Graph.**
– **schließen** sich in schneller Folge; öffnen und: agar. chlf.hr1 mygal.hr1
– **schwierig**; ist: *Agar.* alum. ambr. anan. *Arg-met.* arg-n. **Ars.** *Borx.*k,k2 caps.h **Caust.** *Chel.* *Cina*h cocc.c1 *Con.* cupr. elaps *Ferr.* ferr-ar. *Fl-ac.* **Gels.** granit-m.es1 hell.h hydr-ac. hyos. kali-ar. kali-c. *Lyc.* *Mag-m.* *Merc.* merl. ~~nat-act.kl,xxx~~ *Nat-c.*k1 nat-m. *Nit-ac.* *Nux-v.* *Phos.* samb. sep. spig. sul-ac.
 • **morgens** ●: ambr. bar-c. borx. bov. *Caust.* con. cortiso.gse hep.bg1 *Lyc.* mag-c.h mag-m. nicc. *Nit-ac.* *Petr.* *Ph-ac.* psor. rhus-t. *Sep.*k,kl2● sul-ac.
  • **Erwachen**, beim: *Cocc.* kali-c.
 • **nachts**: carb-v.h chel. *Cocc.* mag-m. nat-m. rhus-t. *Sep.*k,kl2●
 • **offen** zu halten; es ist schwierig sie: ars. bapt. *Borx.* bufo caust. **Gels.** helo.c1 helo-s.c1 hyos. naja nat-ar. ph-ac. pic-ac.
– **unmöglich**, die Augen, die Lidspalte zu öffnen; es ist: abrot. *Alum.* alum-p.k2 am-c. anan. *Arg-met.* ars. ars-s-f.k2 *Aur.* aur-ar.k2 bufo cadm-s. carb-v. *Cham.* *Chel.* *Con.* gels. hell. hyos. kali-n.h lach. lyc. mag-c. merl. nat-ar.k,k2 **Nux-m.** *Nux-v.* oena. op. petr. ph-ac. sil. staph. sul-ac. syph.k2 *Tarent.* thuj.
 ☞ *Geschlossen*
 • **morgens**: *Lyc.* mag-m. petr. ph-ac. staph. thuj.
  • **Druck** in der Stirn; durch: ph-ac.
 • **nachts**: ars. carb-v. cinnb. *Cocc.*
  • **Erwachen**; beim: *Merl.*
  • **Schlaflosigkeit**; während: nat-c.h2
 • **Erwachen**; beim: am-c.h *Merl.*
 • **Kopfschmerzen**; während: euph.h nux-v.h petr.h ph-ac.a1 *Tarent.*
 • **Menses**; während: *Cimic.*
 • **Schlaflosigkeit**; mit: nat-c.h

Öffnen der Augen, der Lidspalte: ...
– **Verlangen**, die Augen weit offen zu halten: onos.
 ☞ *Offene - muß*

Öffnung der Augen; krampfhafte
 ☞ *Offene - krampfhaft geöffnete*

Onyx: *Hep.*hr1,k *Merc.*hr1,k rhus-t.hr1,k

Ophthalmie
 ☞ *Entzündung*

Pannus: alum.mfj *Apis*c2,k **Arg-n.**hr1,k *Aur.*hr1,k aur-m.bro1 *Bar-c.*hr1,k *Calc.*hr1,k cann-s.mfj *Caust.* chinin-m.c2,kr1 *Euphr.*hr1,k *Graph.*hr1,k *Hep.*hr1,k kali-bi.hr1,k kali-c.hr1,k merc. *Merc-i-f.*hr1,k *Merc-i-r.*hr1,k merl.hr1,k,* *Nit-ac.*hr1,k petr.hr1,k puls.hr1 rhus-t.hr1,k sep. sil.hr1,k *Sulph.*hr1,k

Photomanie ●: *Acon.*bg2,k am-m.bg2,k **Bell.**k,kl2● calc. ferr-p.k2 **Gels.** *Lac-c.* ruta **Stram.**bg2,k valer.
 ☞ *❑ Gemüt - Dunkelheit - agg. / ❑ G~ Licht - Verlangen*
– **Delirium**, mit: calc.

Photophobie: **Acon.**bg2,k aeth. aethyl-s-d.dp1 agar.hr1,k *Agn.*hr1,k *Ail.*hr1,k *All-c.* *Alum.*bg2,k,* alum-p.k2 alum-sil.k2 am-c.bg2,k,* am-m.bg2,k anac.hr1,k *Anan.*hr1,k ant-c.bg2,k,* *Ant-t.* *Apis* **Arg-n.** *Arn.*bg2,k,* **Ars.**bg2,k,* *Arum-t.*hr1,k arund. *Asar.* asc-t.k,kl aster.hr1 atis.bnj1 atis-r.gsb1 *Aur.*hr1,k aur-ar.k2 *Aur-m.*hr1,k aur-s. bapt. **Bar-c.**bg2,k,* bar-i.k2 *Bar-m.* bar-s.k2 **Bell.**bg2,k,* berb.hr1,k borx. brom. *Bry.*bg2,k bufo cact. **Calc.**bg2,k,* *Calc-p.*hr1,k calc-s. calc-sil.k2 camph.hr1,k cann-i. carb-ac. **Carbn-s.** carc.sst castm. *Caust.*bg2,k,* cedr.hr1,k cere-b. *Cham.*bg2,k,* *Chel.* **Chin.**bg2,k,* *Chinin-ar.* *Chinin-s.* chlf.hr1 chlol.c1 *Cic.*bg2,k cimic. cina cinnb.hr1,k *Clem.*bg2,k,* *Coff.*bg2,k colch.bg2 coloc.hr1,k **Con.**bg2,k,* *Croc.*bg2,k,* *Crot-h.*hr1,k *Crot-t.* *Dig.*bg2,k,* dirc.a1,c1 dros.bg2,k,* elaps ery-a.a1,hr1 *Eup-per.*hr1,k *Euph.*hr1 **Euphr.**bg2,k,* ferr.br1 ferr-i. gal-ac.br1,c1 gamb. *Gels.*hr1,k *Glon.*hr1,k **Graph.**bg2,k,* *Ham.*hr1 *Hell.*bg2,k,* *Hep.*bg2,k,* hydro-v.a1 *Hyos.*bg2,k *Ign.*bg2,k,* ip.hr1,k *Jab.*hr1 *Kali-ar.* *Kali-bi.*bg2,k,* *Kali-c.*hr1,k *Kali-chl.*hr1 kali-i. kali-m.k2 *Kali-n.*bg2,k *Kali-p.*hr1,k kali-s.k2 *Lac-ac.* **Lac-c.** *Lac-d.*hr1,k *Lach.*hr1,k laur.bg2 *Led.* *Lil-t.*hr1,k *Lith-c.* lunakg1 **Lyc.**bg2,k,* lyss.hr1,k mag-c. mag-m.h *Mag-p.*hr1,k mag-s. mang.h marb-w.es1 med.c1 **Merc.**bg2,k,* *Merc-c.*hr1,k *Merc-i-f.*hr1,k *Merl.* mosch. mur-ac.h,k,* *Nat-ar.* *Nat-c.*bg2,k **Nat-m.**bg2,k,* nat-p. **Nat-s.**hr1,k,* nicc. nit-ac.hr1,k *Nit-s-d.*hr1 nux-m. **Nux-v.**bg2,k,* **Op.**hr1,k petr. ph-ac.bg2,k,* phel.hr1 *Phos.*bg2,k,* phys.br1 *Phyt.*hr1,k plb.hr1 psil.ft1 *Psor.*hr1,k ptel.c1 *Puls.*bg2,k,* ran-b.br1 **Rhus-t.**bg2,k,* *Sanic.* sarr.bro1 sec.hr1,k seneg.bg2,k,* *Sep.*bg2,k,* *Sil.*bg2,k sol-ni. *Spig.*bg2,k,* staph. *Stram.*h,k,* sul-ac. **Sulph.**bg2,k,* *Sumb.* syph.k2,xxb *Tab.* tarax.hr1,k *Tarent.* ther.hr1,k,* *Tub.* *Verat.* *Zinc.*hr1,k,* ziz.hr1,k
 ☞ *❑ Gemüt - Empfindlich - Licht / ❑ G~ Licht - Abneigung / ❑ G~ Licht - Abneigung - meidet*

– **morgens**: am-c. am-m. *Ant-c.*$_{hr1,k}$ *Calc.*$_{hr1,k}$ hydro-v.$_{a1}$ kali-n. *Nat-s.* **Nux-v.**$_{hr1,k}$ phyt. sil. verat.
• **Aufstehen**, beim: ant-c.$_{h}$ calc.$_{hr1,k}$
• **Erwachen**, beim: dirc.$_{c1}$ *Lach.* rhus-v.
– **nachmittags**: zing.
• **17** h: chinin-m.$_{kr1}$
– **abends**: arund. borx. **Calc.** carb-an. *Caust.*$_{hr1,k}$ eug. *Euphr. Lyc. Merc.* ph-ac. sil. stram. sumb. *Zinc.* zing.$_{hr1,k}$
• **18** - 20 h: **Caust.**
– **nachts**: con. gels.
• **Mitternacht**:
• **nach**:
• **3** h, bis: chinin-ar.
– **chronisch**: aeth.$_{hr1,k}$ *Nat-s. Sil.*$_{hr1,k}$
– **Entzündung**, ohne: **Con.** hell.
– **Essen**, nach dem: sil.$_{h}$
– **Frost**; während: acon. apis ars. **Bell.** borx. cham. hep. lyc. nux-v. rhus-t. sep.
– **Frühling**; im: cob.$_{bg3,ptk1}$
– **Gehen** im Freien; beim: *Clem.*$_{hr1,k}$ *Psor.*$_{hr1,k}$
• **amel.**: *Gamb.*
– **Koitus**, nach: apis calc. *Chin. Graph.* **Kali-c.** kali-p. phos. sep. sil.
– **Kopfschmerzen**, bei: *Ferr-p.* kali-p. **Nat-s.**$_{hr1,k}$ tarent.$_{hr1,k}$
– **Krusten** aus der Nase gezupft werden; wenn: *Kali-bi.*
– **Licht**:
• **blaues** Licht: tab.
• **Feuerschein**; bei: euphr.$_{k2}$ **Merc.**
• **Gaslicht**: asc-t. *Calc-p.* dirc.$_{a1,c1}$ *Graph. Med.* **Merc.** *Sulph.*
• **Kerzenlicht**: borx.$_{c1}$ gels.$_{c1}$ hep.$_{c1}$
• **künstlichem** Licht; bei: agar. *Arg-n.* aster. borx. *Calc.* calc-p. castm. chel. choc.$_{srj3}$ coff. *Con. Crot-h.* cupr. dros. *Euphr.* gels. hydrog.$_{srj2}$ *Ip. Lac-d.* lith-c. *Merc. Nat-m.* phos. *Puls.* stram. *Sulph.*
• **Sonnenlicht**: **Acon.** androc.$_{srj1}$ *Ars.* ars-s-f.$_{k2}$ *Asar.* berb. *Bry.* calc. camph. castm. **Chin.** *Cic. Clem. Euphr.* gels.$_{hr1}$ **Graph.** *Hep. Ign. Kali-ar. Lac-c. Lith-c. Merc.* merc-c. *Merc-sul.* petr. ph-ac. *Phos.* **Sulph.** zinc. zinc-p.$_{k2}$
• **Tageslicht**: *Acon.* androc.$_{srj1}$ ant-c. **Ars.** bell. berb. *Bry.* camph. castm. *Caust.* **Chin.** *Cic. Clem. Con. Euphr.* **Graph.** hell. *Hep. Ign.* kali-ar. *Kali-bi. Kali-c.* kali-s. kali-sil.$_{k2}$ lac-c. *Lith-c. Lyc. Merc.* merc-c. merc-sul. *Nat-ar.* nat-c. nit-ac. nux-v. petr. ph-ac. *Phos.* psor. *Sars.* sep. sil. stram. *Sulph. Zinc.*
• **Gaslicht**; mehr als bei: *Graph.* kali-bi.
• **Lampe**; Verlangen nach dem Licht einer: stram.
• **nur** bei: *Kali-bi.* nit-ac.
– **Masturbation**, nach: cina
– **Menses**, während: ferr-p. ign.$_{hr1,k}$
– **Mittagessen**, nach dem: *Calc.*
– **Operation**, nach: stront-c.$_{ptk1}$
– **Raserei**, Tobsuchtsanfall; bei: *Acon.* ars. **Bell.** hyos. merc. nux-v. phos. puls. **Stram.**
– **Schnee**, durch: ant-c. **Ars.** cic.$_{br1,ptk1}$ glon.$_{ptk1}$

Photophobie: ...
– **Schweiß**, beim: sulph.
– **Schwindel**, mit: scut.$_{c1}$
– **Überanstrengung** der Augen; nach: **Arg-n.**$_{hr1,k}$
– **warm**:
• **Zimmer** agg.: **Arg-n.**
– **Wetter**:
• **nebeligem** Wetter, bei: cic.
• **warmem** Wetter, bei: sulph.

Polyp

☞ *Tumoren - Bindehaut - Polyp / Tumoren - Canthi - äußere - Polyp*

Prickeln: clem.$_{hr1,k}$ phos.$_{bg2}$ *Phyt.*$_{hr1,k}$ pic-ac.$_{hr1,k,*}$ spig.$_{c1}$

☞ *Kribbeln / Prickeln, Kribbeln*

– **links**: cench.$_{k2}$
○ **Knochen**: phos.$_{bg1,bg2}$

Prickeln, Kribbeln: lyc.$_{h}$ sep.$_{h}$ zinc.$_{h}$

☞ *Kribbeln / Prickeln*

Pterygium (= Flügelfell): *Am-br.*$_{hr1,k,*}$ *Arg-n.*$_{bg2,k,*}$ *Ars.*$_{hr1,k}$ *Ars-met.* bell.$_{lb}$ *Calc.*$_{hr1,k}$ cann-i.$_{mfj}$ chim.$_{hr1,k,*}$ *Euphr.*$_{hr1,k}$ *Form.*$_{hr1,k}$ guare.$_{c2}$ *Lach.*$_{hr1,k}$ lyc.$_{lb}$ merc.$_{lb}$ *Nux-m.*$_{hr1,k}$ nux-v.$_{c1}$ *Psor.*$_{hr1,k}$ *Puls.*$_{bg2}$ *Rat.*$_{hr1,k,*}$ spig.$_{hr1,k,*}$ *Sulph.*$_{hr1,k}$ tell.$_{hr1,k}$ *Zinc.*$_{bg2,k,*}$

– **rosa**: *Arg-n.*

Ptose

☞ *Lähmung - Lider - Oberlid*

Pulsieren:

○ **Augenbrauen**: petr.$_{h}$
– **in** den Augen: ammc. apis *Ars.* asaf. asar. aur-ar.$_{k2}$ aur-s. **Bell.** benz-ac. berb.$_{k2}$ brom. bry. bufo cact.$_{a1,k}$ *Calc.* calc-sil.$_{k2}$ *Chel.* clem. *Coloc. Gels.* glon. *Hep. Hyos.* lil-t. lith-c. lyss. mang. *Merc. Merc-i-f. Nux-v.* petr. phys. pic-ac. rheum seneg. *Sil.* stram. tarent. ter. ther.
• **morgens**: *Nux-v.*
• **Liegen**, im: nux-v.
• **abends**: cycl. kreos.
• **nachts**: ars. **Asaf. Merc.** *Merc-i-f.*
• **Mitternacht**, nach: *Ars.*
◆ **abwechselnd** mit:
• **stechende** Schmerzen: calc.
• **anfallsweise**: calc. *Sil.*
• **Lesen**, beim: ammc.
○ **Ziliarmuskel**, oberer: cina$_{bro1}$
– **Oberlider**: mang.$_{h}$ stry.
– **um** die Augen: *Ars.* luna$_{kg1}$

Pupillen:

◆ **abwechselnd** zusammengezogen und erweitert; im selben Licht: acet-ac.$_{a1,k}$ *Acon.*$_{bg2,k,*}$ aesc.$_{bg2}$ agar.$_{bg2}$ am-c.$_{bg2,k,*}$ anac.$_{hr1,k}$ arn.$_{bg2}$ ars.$_{bg2,k,*}$ *Bar-c.*$_{bg2,k,*}$ cann-s.$_{bg2,k,*}$ *Carb-ac.*$_{bg2,k,*}$ cham.$_{bg2,h}$ chin.$_{bg2}$ chlol.$_{a1}$ cic.$_{bg2,k,*}$ cocc.$_{bg2}$ con.$_{bg2}$ cycl.$_{bg2,k,*}$ dig.$_{bg2,k,*}$ dros.$_{hr1,k}$ dulc.$_{bg2,k,*}$ gels.$_{bg2}$ *Hell.*$_{bg2,k,*}$ hyos.$_{bg2}$ ign.$_{bg2}$ *Lach.*$_{bg2,k}$ oena.$_{hr1,k}$ op.$_{bg2}$ *Phys.*$_{bg2,k,*}$ sol-ni. stann.$_{bg2}$ zinc.$_{bg2,k,*}$

– **erweitert** (= Mydriasis): absin.a1 acet-ac.hr1,k acetan.br1 Acon.bg2,k,* aesc.hr1,k Aeth.bg2,k,* Agar.bg2,k,* agar-ph.a1 Agn.bg2,k,* Ail.hr1,k alumn.hr1,k am-caust.a1 amyg.hr1 Anac.bg2,k androc.srj1 ang.a1,bg2 Apis **Arg-n.**bg2,k,* Arn.bg2,k,* ars.bg2,k,* ars-i. art-v.hr1 arund.hr1,k asaf.bg2 asar.bg2 astac.hr1,k atro.a1,hr1 aur.bg2,h,* bapt.bg2 bar-c.bg2,k bar-i.k2 Bar-m.hr1,k **Bell.**bg2,k,* bell-p.c2 brom.bg2,k,* bry.a1,k2 bufo cadm-s. cain. **Calc.**bg2,k,* calc-i.k2 calen.hr1 Camph.bg2,k,* canth.bg2 caps.bg2,k,* carb-ac.c1 Carb-an.bg2,k,* carbn-s. cass.a1 caust.bg2,k Cedr.hr1,k Chel.bg2,k,* **Chin.**bg2,k,* Chinin-s. chlf.hr1 Cic.bg2,k,* cimic.hr1,k Cina cinch.a1 coca Cocc.bg2,k,* Coff.bg2,k,* Colch.hr1,k Coloc.hr1,k Con.bg2,k,* Cor-r.hr1,k Croc.bg2,k,* crot-c. crot-h.hr1,k crot-t. cupr.bg2,h,* Cycl.bg2,k,* cyt-l.a1 Dig.bg2,k,* dor.hr1 dros.bg2,k dub.c2 dubo-h.a1 dulc.bg2,k,* euph.bg2,h,* **Gels.**bg2,k,* ger.a1,bro1 Glon.bg2,k,* gran.a1 Grat.hr1 Guaj.bg2,k,* guare.a1,hr1 Hell.bg2,k,* hep.bg2,k hippoz.hr1 hydr-ac.bg2,k,* **Hyos.**bg2,k,* Hyper.hr1,k,* ign.bg2,k,* Iod.bg2,k,* ip.bg2,k,* jasm.a1 kali-bi.a1,bg2 Kali-br.bg2,k,* kali-cy.a1 Kali-i.bg2,k,* kali-n. kali-ox.a1 kreos.a1,bg2 lac-ac.hr1,k,* lach.hr1,k lachn.hr1,k lact.hr1,k lact-v.hr1 Laur.bg2,k,* Led.bg2,k,* lobin.a1 lyc.bg2,k,* lyss.hr1,k mand.sp1 **Mang.**bg2,k,* meny.bg2,h Merc.bg2,k,* Merl.hr1,k,* mez.bg2,h Mosch.bg2,k,* mur-ac.bg2,h,* nat-ar. Nat-c.bg2,k,* Nat-m.hr1 Nat-p. nat-sal.a1 Nit-ac.bg2,k,* nitro-o.a1 nux-m.hr1,k Nux-v.bg2,k,* oena.hr1 olnd.a1,bg2 Op.bg2,k,* par.bg2 past.a1 ped.a1 petr.bg2,h Ph-ac.bg2,k,* phase-vg.a1 Phos.bg2,k,* phys.hr1,k phyt.hr1,k,* pic-ac.hr1,k,* plb.bg2,hr1,* psil.ft1 Puls.bg2,k,* ran-b.hr1,k raph. rhod.bg2,k,* rhus-t.bg2,hr1,* samb.bg2,k Sang.bg2,k,* sangin-t.c1,c2 sars.bg2,k,* scor.a1,c1 **Sec.**bg2,k,* sol-ni. sol-ps.c2 Spig.bg2,k,* squil.bg2,k stann.bg2 staph.bg2,k,* **Stram.**bg2,k,* Stry.a1,k sul-i.k2 sulph.hr1,k,* suprar.bwa3 tarax.bg2,h,* tarent.a1,hr1 thuj.bg2,h,* valer.bg2,k,* Verat.bg2,k,* verat-v.bg2,hr1 verb.bg2,h,* vib.hr1,k vip.bg2 visc.a1 xan.c1 zinc.bg2,k zinc-m.a1 zinc-p.k2 zinc-s.a1
- **Seite**; eine: cadm-s.br1 nat-p.k2
- **links** mehr als rechts: Art-v.hr1 nat-ar. urt-u.
- **rechts** mehr als links: colch.a1 cycl.h mang. Merc-i-f.hr1 Ph-ac. plb. sil. Tarent.
  ☞ ungleich
- **Epilepsie**:
  - **vor**: **Arg-n.** Bufo
  - **während**: aeth.bro1 Bell.kr1 carb-ac.kr1 cic.kr1 Cina.kr1 cocc.kr1 plb.kr1 verat-v.kr1
- **Frost**; während: aeth. apis calc. carb-an. cham. cic. hyos. ip. lach. mez.h nux-m. op. stram.
- **Hitze**; während: ail. apis ars. **Bell.** bufo chin. cic. cina cocc. colch. hell. hyos. lyc. merc. nux-v.
- **Katalepsie**; während: gels.c1
- **Lesen** agg.: Ph-ac.
- **Meningitis**; bei: gels.c1
- **Menses**:
  - **vor**: lyc.hr1,k,*
  - **während**: glon.
- **Schweiß**, beim: acon. bell. bufo calc. cina cocc. hell. hep. hyos. op. stram.

– **erweitert**: ...
- **Stupor**, bei: sec.a1,k
- **Tadel**, bei: stram.a1
- **Vorwürfe**, durch: **Stram.**kr1,st
  ☞ ❑ Gemüt - Ermahnungen - agg.
- **Zahnschmerzen**, bei: mang.a1,k

– **rechteckig**: acon. bar-c. Cocc.hr1,k hyos.a1,k merc-c.

– **schwach**: spig.a1,k

– **träge**: acon-f.a1 Ail.hr1 alco.a1 Arg-n.hr1 bell.a1,k carbn-s. cench.a1 cham.a1,k Chin.hr1 croc.br1 cupr. cyt-l.a1 dig.hr1,k,* Gels.hr1 gran.a1 Hell.a1,k ip.a1,k jatr-c. merc.a1,k naja nit-ac. **Op.**hr1 phos.hr1,k,* rhod.hr1 rumx. sec.a1,k seneg.a1,k sul-ac.a1,k tab.a1,k tax.a1,k

– **unempfindlich** gegen Licht: aeth. agar. agar-pr.a1 alco.a1 amyg.a1 arg-n. **Arn.** ars.a1,k aur-m. Bar-c. Bar-m. **Bell.**a1,k bufo cain. Camph.a1,k carb-ac. carb-an. carb-v. cedr.a1,k Chel. chin.a1,k Cic. cic-m.a1 Colch. **Cupr.** der.a1 Dig. dub.a1,k euph.a1,k gels.a1,k Hell. hep.hr1,k hydr. hydr-ac. hydrc.a1 **Hyos.**a1,k jab.br1 kali-bi.a1,k Kali-br. kali-cy.a1 Kali-i. laur. Merc. Merc-c.a1,k morph.a1 naja nit-ac. nit-s-d.a1 nux-m. oena.a1 **Op.**a1,k ox-ac.a1,k par. phase-vg.a1 phos. Plat. ran-b.a1,k rhus-t. sol-ni. Stram.a1,k sul-ac.a1,k sulph. tab.a1,k ter. Tub. visc.a1

– **ungleich** ●: absin.br1 bell. cadm-s. cann-i. chlor. colch. dig. digin.a1 hyos.bg3,ptk1 lyss. mang. merc-c. merc-i-f.hr1 morph.a1,k nat-p. plb. rhod. sulph. tarent. zinc.h
☞ erweitert - rechts

– **unregelmäßig**: acon. aur.k2 bar-c.bg2,k,* chlor.a1,k cinnb. dig.br1 dub.a1,k hyos.a1,k merc.bg3 nit-ac. plb. sil.hr1,k sulph.bg2,k,* tab.bg2,k,*

– **ziehen** sich nur schwer zusammen: nit-ac.

– **zusammengezogen**: Acon.bg2,k,* aesc.hr1,k,* agar.bg2,k,* alco.a1 am-caust.a1 amyg.a1,hr1 Anac.bg2,k,* ang.bg2,h ant-t.bg2,k,* Apis arg-met. arg-n.a1,bg2 Arn.h,k,* Ars.bg2,k,* Aur.bg2,k,* aur-ar.k2 aur-s.k2 bar-c.bg2 Bell.h,k,* Calc.bg2,k,* calc-sil.k2 Camph.bg2,k,* canth.bg2,k,* caps.bg2,k,* carb-ac.hr1,k,* carbn-s. cham.bg2,k Chel.bg2,k,* chin.h Chinin-s. Chlf.hr1 chlor.a1 cic.bg2,k,* cinch.a1 clem.a1 cocc.bg2,k,* con. croc.bg2 crot-t.hr1,k cub.a1,c1 cyt-l.a1 Daph.hr1,k,* Dig.bg2,k digin.a1 dros.bg2,k,* dubo-h.a1 esin.a1,c2 euph.a1 Euphr.hr1,k ferr.hr1 fl-ac.a1,k gamb.a1,k gels. Gins. gran.a1 haem. Hell.bg2,k,* hydr-ac.a1 Hyos.bg2,k,* ign.bg2,k,* ip.a1 jab.hr1,k,* kali-bi.a1,k kali-br.hr1 Kali-chl.hr1 kali-i.a1,k laur.bg2 led.bg2,k,* lyss.hr1 mag-p.hr1 mang.bg2,k,* meny.bg2,h Merc.hr1,k Merc-c.hr1,k Mez.bg2,k,* morph.a1 mosch.a1,bg2 Mur-ac.bg2,k,* muscin.a1 narcot.a1 nat-c.h2 Nat-m.hr1,k nit-s-d.hr1 Nux-m.bg2,k,* nux-v.bg2,k,* oena.a1 ol-an. olnd.a1,bg2 **Op.**bg2,k,* ph-ac.bg2,k,* phos.bg2,k,* Phys.bg2,k,* phyt.bg2,k,* Plb.bg2,k,* podo.a1,k Puls.bg2,k,* rheum rhod.bg2 Rhus-t.bg2,k rob.a1 russ.a1 ruta.bg1,h,* sabad.a1,k sal-ac.hr1 samb.bg2,k sec.bg2,k seneg.bg2,k,* Sep.bg2,k,* sil.bg2,k,* sol-ni. squil.bg2,k,* Stann.bg2,k,* staph.bg2,h stram.bg2,k,* sul-ac.a1,k sulph.bg2,k tab.a1,k tarax.bg2,h,* Ter.hr1 **Thuj.**bg2,k,* tub. upa.a1

– **zusammengezogen**: ...
vario.$_{al2,hrl}$ *Verat.*$_{bg2,k,*}$ viol-o.$_{bg2,hrl}$ viol-t.$_{a1,bg2}$ vip.$_{a1}$ visc.$_{a1}$ *Zinc.*$_{bg2,k,*}$ zinc-m.$_{a1}$ zinc-p.$_{k2}$
• **eine** zusammengezogen, die andere erweitert: cadm-s. colch.$_{bg2,hrl}$ gels.$_{bg2,brl}$ nat-p.$_{bg2}$ phys.$_{hrl}$ plb.$_{bg2}$ rhod. tarent. zinc.$_{hrl}$
• **links**: *Arg-met.* *Tarent.*
• **rechts** erweitert: colch. lyss. rhod. *Tarent.*
• **rechts**: anac.$_{h}$ *Arg-n.*$_{hrl,k}$ atro.$_{hrl}$ onos. verat-v.$_{hrl,k}$
◆ **abwechselnd** mit Erweiterung: arn.$_{bg1,bg2}$ staph.$_{bg1}$
• **erweitert**, dann: stann.$_{h}$
• **Frost**; während: *Acon.*$_{hrl}$ bell. caps. gins.$_{a1}$ nux-v. sep. sil. sulph.
• **Hitze**; während: acon. arn. ars. bell. cham. cocc. digin.$_{a1}$ *Gels.* hyos. mur-ac. nux-v. phos. sec. stram. verat.
• **Konvulsionen**, bei den: cic.$_{krl}$ *Op.*$_{krl}$ phyt.$_{krl}$
• **Kopfschmerzen**, mit: bell.$_{h}$
• **Nadelspitze**; bis auf die Größe einer: cub.$_{c1}$
• **Schweiß**: bell. cham. cocc. mez. mur-ac. phos. puls. sep. sil. sulph. thuj. verat.

Pusteln auf der Hornhaut
☞ *Entzündung - Bindehaut - pustulös / Hautausschläge - Hornhaut - Pusteln*

Rauheit der Hornhaut: sil.
– **Gefühl** beim Blinzeln: ail. bell.

Reiben; Verlangen zu: agar.$_{h}$ all-c. apis ars.$_{rb2}$ bamb-a.$_{stb2}$ borx. carb-ac. *Caust.*$_{bg2,k}$ chin-b.$_{krl}$ cina$_{vml1}$ *Con.*$_{bg2,k}$ *Croc.*$_{bg2,k}$ fl-ac.$_{bg2,k}$ gymno. kali-bi.$_{bg2,k}$ limest-b.$_{es1}$ *Mez.*$_{bg2,k}$ morph. nat-c. nat-p.$_{k2}$ *Op.*$_{bg2,k}$ plb. *Puls.*$_{bg2,k}$ rat. sanic.$_{bg1,bg2,*}$ seneg.$_{bg1,bg2}$ *Squil.*$_{bg2,k}$ *Sulph.*$_{bg2,k}$ symph.$_{t1}$

Reizung: amgd-p.$_{c2}$ apis *Ars.*$_{a1,k}$ atis.$_{bnj1}$ *Caust.* con.$_{a1,k}$ fago.$_{a1,k}$ ign.$_{a1,k}$ iod.$_{a1,k}$ *Luna*$_{kg1}$ lyc. med.$_{c1}$ merc-i-f. nat-ar. puls.$_{a1,k}$ ran-s.$_{a1,k}$ rhus-t.$_{a1,k}$ ruta sang.
– **tagsüber**, nur: iod.$_{a1,k}$
– **morgens**: apoc.$_{a1,k}$
– **nachmittags**: bad.$_{a1,k}$
– **abends**: iod.$_{a1,k}$ lyc. *Ruta*
• **Kerzenlicht**, durch: lyc.
• **Lesen** bei künstlichem Licht; beim: *Apis*
○ **Lider**:
• **Luft**, in kalter:
• **amel.**: coff.
– **Sehnerv**: phos. phos-h.$_{a1}$

Retinitis
☞ *Entzündung - Netzhaut*

Risse:
○ **Canthi**; in den ●: alum. alum-p.$_{k2}$ *Ant-c.*$_{brl,bro1}$ borx.$_{bro1}$ calc-s.$_{k2}$ cist.$_{k2}$ **Graph.**$_{k,k2}$ iod. **Lyc.** merc. mez.$_{k2}$ *Nat-m.* nit-ac. petr. phos. plat. sep. sil. staph.$_{bro1}$ *Sulph.* zinc.
○ **äußere** Canthi: *Nat-m.* sulph. zinc.
– **Lider**: am-c.$_{k2}$

Röte
☞ *Farbe - rot*

Rollen der Augen
☞ *Bewegung - Rollen*

Ruck im rechten Lid; ein brennender: sulph.$_{h}$

Rucken der Augenmuskeln
☞ *Bewegung - konvulsivisch*

Rückstand von Augenschleim (= Augenbutter): alum.$_{a1,k}$ am-c. ant-c. *Arg-n.*$_{a1,k}$ bism. *Calc.* caust. coff.$_{bg1}$ con. dig.$_{bg1}$ graph.$_{bg1,k}$ guaj.$_{bg1}$ hep.$_{h}$ ip. nit-ac.$_{h}$ nux-v. *Psor.*$_{a1,k}$ *Seneg.* sil.$_{bg1}$ staph. thuj.$_{a1,k}$
☞ *Absonderungen*
– **trocken**: borx.$_{h}$
○ **Canthi** ●: aeth.$_{a1,k}$ *Agar.*$_{a1,k}$ *Ant-c.*$_{a1,k}$ ars-s-f.$_{a1,k2}$ bism. *Calc.* caust.$_{bg1,h,*}$ coff.$_{bg1,bg2}$ dig.$_{bg1,h,*}$ *Euph.* graph.$_{bg1,bg2}$ guaj.$_{bg1,h,*}$ nat-ar. nat-c.$_{h}$ *Nat-m.* nit-ac.$_{h}$ nux-v. seneg.$_{bg1,bg2}$ sil.$_{bg1,h,*}$ staph. *Sulph.*
○ **äußere**: ars.$_{h}$ chin.$_{a1,k}$ euph. kali-c.$_{a1,k}$ nat-ar. nat-m.$_{h}$
– **Lidern**, an den: *Agar.* am-c. ars. ferr.$_{h1}$ **Graph.** mag-m.$_{k2}$ seneg.
• **morgens**: alum. berb. con. *Phos.* seneg.
– **Wimpern**: mag-m.$_{k2}$

Ruhelos: bell. *Chinin-s.* kali-p. lyss. *Stram.* stry. valer. *Verat.*
☞ *Bewegung - unwillkürlich*

Runzelige Bindehaut: arg-n.$_{a1,bg2}$ brom.$_{a1,k}$ nat-ar.

Sarkom
☞ *Tumoren - Bindehaut - Sarkom / Tumoren - Lider - Sarkom*

Schielen
☞ *Strabismus*

Schläfriges Gefühl der Augen: phos.$_{h}$ staph.$_{h}$ thuj.$_{h}$

Schließen der Augen:
– **kann** sie nicht schließen
☞ *unmöglich*
– **krampfhafter** Verschluß: acon. agar. *Alum.* apis arg-met.$_{k2}$ **Ars.** *Bell.* brom. *Calc.* cham. **Coloc.** *Con.* hep. *Hyos.* **Merc.** *Merc-c.* **Nat-m.** nux-v. osm. *Psor.* *Rhus-t.* sep. sil.$_{h}$ spong. staph.$_{h}$ stram.$_{h}$
☞ *Geschlossen*
• **morgens**: hep.$_{h}$ nat-m. sep.$_{h}$ spong.$_{h}$
• **abends**: con. *Hep.* nat-m. sep.$_{h}$
• **nachts**: alum. hep. nat-m.$_{h}$
• **Blicken**; beim: *Merc.*
• **Kopfschmerzen**; mit: calc.$_{bg2}$ calc-act.$_{bg1}$ *Nat-m.* sep.$_{bg1,h,*}$
• **Schmerz**; durch:
• **Abdomen**; im: coloc.$_{h}$
– **Menses**, während den: phos.
– **muß** die Augen schließen: agar. arn. atis.$_{bnj1}$ bamb-a.$_{stb2}$ calc. *Canth.* carb-v. *Chel.* euph. *Kali-c.* *Lyc.* mez. petr.$_{h}$ ph-ac.$_{h}$ sil. spig.
• **Schmerzen**; vor: hep.$_{bg1}$
• **Augen**; in den: ph-ac.$_{h}$ plat.$_{h}$ spig.$_{h}$
• **Kopf**; im: carb-v.$_{h}$ plat.$_{h}$
– **schwierig**, ist: aur-m. cadm-s. carb-v. euph. **Nux-v.** **Par.** *Phos.* *Sil.*

– **schwierig**, ist: ...
• **abends**: borx.[h]
• **Kopfschmerzen**, bei: hep.[c] lach.[c] sulph.[h]
– **unmöglich**; ist: phos.[bg1,bg2,*]
– **unwillkürlich**: acon.[k,k2] alum. androc.[srj1] bamb-a.[stb2] bov. **Caust.** chin. **Chinin-s.** chlor. cic. cinnb.[k2] **Con.** euph. eupi. *Gels.* graph.[h] *Grat.* hura mag-s. *Merc.* mez. *Nat-c.* phos. *Rhus-t.* *Sep.* spong. **Sulph.** viol-t.
• **nachmittags**: alum.
• **Blicken**; bei angestrengtem: gels.[k2]
• **Fokussieren**; beim: gels.[psa]
– **Verlangen**, sie zu: agar. androc.[srj1] ant-t. bell. *Calc.* *Caust.* *Chel.* choc.[srj3] con. dios. elaps gels. lac-ac. *Med.* ox-ac. *Sil.*
• **abends**:
  • **Arbeit**, bei der: mez.
• **Fieber**; während: chin-b.[kr1]
• **Frost**; während: bry.
• **Gehen** im Freien; beim: calad.
• **Schwächegefühl**, durch: cupr.

Schmelzen; Gefühl als würde es: ham.[st]

Schmerz: absin. *Acon.* aesc.[k2] aeth. agar.[h,k,*] *All-c.* *Aloe* *Alum.* alum-sil.[k2] alumn.[k2] *Am-c.* am-m. *Ambr.* *Anac.* anan. ant-t. *Apis* *Arg-n.* *Arn.* *Ars.* ars-i. *Asaf.* asar. asc-t. aspar. *Atro.* **Aur.** aur-ar.[k2] aur-i.[k2] aur-m. bad.[c2,k] *Bamb-a.*[stb2] bapt. *Bar-c.* bar-m. **Bell.** *Berb.* *Borx.* bov. brom. **Bry.** bufo calad. *Calc.* calc-i.[k2] *Calc-p.* *Calc-s.* calc-sil.[k2] *Carb-ac.* carb-an. carb-v. *Carbn-s.* card-m. *Carl.* *Caust.* *Cedr.* **Cham.** *Chel.* *Chen-a.* **Chin.** chinin-ar. chlor. chr-o.[c2] cic. *Cimic.*[a1,k] cina *Cinnb.* *Clem.* *Cocc.* *Colch.* *Coloc.* *Com.* *Con.* cop. cor-r. *Croc.* crot-c. *Crot-h.* *Crot-t.* *Cupr.* daph. *Dig.* echi. *Elaps* eup-per. *Euphr.* ferr. *Ferr-ar.* ferr-i. *Ferr-p.* fl-ac. gamb. *Gels.* gink-b.[sbd1] *Glon.* *Graph.* grin.[c2] *Guar.* *Guare.* gymno. *Ham.* hell. *Hep.* *Hydr.* hydrc. hyos. hyper. *Ign.* iod. ip. jab. *Kali-ar.* kali-bi. *Kali-c.* kali-i. *Kali-p.* kali-s. kali-sil.[k2] **Kalm.** kreos. *Lac-ac.* *Lac-c.* lac-d.[k2] *Lach.* led. lil-t. lith-c. lob. *Luna*[kg1] **Lyc.** *Lyss.* mag-c. mag-m. *Mag-p.* mag-s.[c2] manc. mang. *Med.* meph. **Merc.** *Merc-c.* merc-i-f. merc-i-r. *Merl.* *Mez.* mill.[k2] naja nat-ar. **Nat-m.** nat-p. **Nit-ac.** *Nux-v.* osm. ox-ac. pall. par. *Petr.* *Ph-ac.* phel. *Phos.* *Phys.* *Phyt.* pic-ac. *Plan.* *Plat.* *Plb.* podo. *Prun.* psil.[ft1] *Psor.* *Ptel.* *Puls.* **Ran-b.** *Rhod.* *Rhus-t.* rhus-v. rumx. **Ruta**[c2,k] sabad. **Sang.** santin. *Sars.* sec. *Sel.* **Seneg.** *Sep.* *Sil.* **Spig.**[c2,k] *Spong.* *Stann.* *Staph.* stram. stry. *Sulph.* symph.[c2] syph.[k2,xxb] tab. tarax. *Tarent.* *Ter.* *Ther.* *Thuj.* tub. urt-u. ust. valer. verat. vesp. *Zinc.* zinc-p.[k2] zing.
– **abwechselnde** Seiten: lac-c.[k2]
– **links**: agar. *Anac.* *Ars.* *Asar.* asc-t. *Aur.* aur-m. *Caust.* *Elaps* *Hep.* lac-d.[k2] lac-f. *Lach.* lyc.[h] mag-m. naja onos. ox-ac.[k2] pall.[c1] pic-ac. psil.[ft1] stann.[k2] *Sulph.* syph.[k2] zinc.
• **rechts**; nach: lach.[k2]
  • **Hinterkopf**: tub.[xxb]
• **Kopfschmerzen**; mit linksseitigen: apis[a1,k1]
• **Ohr**; zum linken: tub.[xxb]

Schmerz - links: ...
○ **um** das Auge:
  ▽ **erstreckt** sich bis hinter die rechte Augenbraue: pall.[c1]
– **rechts**: anan. *Apis* **Bell.** calc-ar. **Carb-ac.** card-m. choc.[srj3] coc-c. **Com.** crot-h. dol. erig. hydrog.[srj2] *Kali-c.* kali-sil.[k2] *Kalm.* med. *Nat-m.* pall. *Prun.* *Ran-b.* **Sang.** *Sil.* tarent. tell.[c1]
• **Liegen** auf der linken Seite; beim: lac-f.
▽ **erstreckt** sich zu:
  • **links**, nach: bad.
  • **Stirn**: kalm.
– **tagsüber**, nur: ammc. caust. cob. *Hep.* **Kalm.** lyc. mang. phos. **Sang.** sep.
– **morgens**: *Ambr.* arg-n. ars-met. asar. *Aur.* aur-ar.[k2] borx. chel. chinin-m.[kr1] cimic. elaps euphr. form. graph. kali-c. meph. naja *Nat-ar.* nat-c. nat-m. nicc. *Nux-v.* paeon. phos. podo. *Puls.* rhus-t. seneg. *Sep.*[st] **Spig.** stann. stry. sulph. tarent. thuj. valer. zinc.
• **7** h: *Puls.*
• **8** - 9 h: *Chin.*
• **Arbeiten** amel.: *Form.*
• **Aufstehen**, nach dem: sep. sulph. thuj.
• **beginnt** am Morgen, steigt bis zum Mittag an und hört abends auf: **Kalm.** *Nat-m.*
• **Dämmerung**: am-m.
• **Erwachen**, beim: bry. ferr. *Form.* kali-p. *Lach.* nat-m. **Nux-v.** *Sep.* sulph. upa.
• **Frühstück** amel.; nach: naja
• **Gehen**, beim: puls.
• **Öffnen** der Augen; beim: form. ph-ac.
– **vormittags**: kali-bi. lach. lyc. nat-c. phyt. plat. podo. rumx. sulph. zinc.
• **10** h:
  • **mittags**, bis: *Chin.* stann.
• **11** h: jac-g. phys.
– **mittags**, täglich: cham. *Chinin-s.* ign. sulph. valer. verat.
– **nachmittags**: all-c.[bg1,k2] ars-met. *Cham.* chin. *Cimic.* grat. lachn. petr. phys. phyt. rhus-t. sang. seneg. sep. sil. staph.
• **13** h: ars.
• **14** h: dios. phys. sep.
  • **Mittagsschlaf**, nach dem: euphr.
• **15** h: mag-c.
• **15** oder 16 h: *Com.*
• **16** h: caust. gent-l. hura **Lyc.** sil.
  • **16** - 20 h: **Lyc.**
  • **Bier**, nach: sulph.
• **17** h: chinin-m.[kr1] mag-c. nat-ar. thuj.
• **18** h: euph. phys.
• **Mittagsschlaf**:
  • **amel.**: am-c.[ptk1,ptk2]
• **Rollen** der Augen nach oben oder auf die Seite agg.: sang.
• **Schließen** der Lider; beim: cimic.
– **abends**: aloe alum. apis ars-met. ars-s-f.[k2] bov. *Calc.* *Calc-s.* camph. carb-an. *Carb-v.* *Carbn-s.* cedr. coloc. con. croc. daph. dig. dios. euphr. ferr. graph. hep. ind. kali-chl. *Kalm.* lyc. mag-m. merc mur-ac. nat-c. nat-m. nit-ac. op. pall.[c1] *Petr.* phys.

– **abends**: ...
plat. **Puls.** rhus-t. **Ruta** sars. seneg. *Staph.* stry. **Sulph.** tarent. verat. **Zinc.**
• **19** h: *Cedr.* glon.
• **20** h: ham. lac-ac. stry.
• **amel.**: chel.
• **Blick** ins Licht: amph. plat.
• **Dämmerung**, in der: am-m.$_{a1,hr1}$ nat-m.
• **Gaslicht**, durch: *Calc.* carb-an. petr. *Ruta* seneg.
• **Gehen** und Fahren; beim: plan.
• **Lesen**:
  • **beim**: *Calc.* mill. *Nat-s.* phys. **Ruta**
    • **künstlichem** Licht, bei: mez.$_h$ sars.$_h$
• **Liegen**, beim: *Carb-v.* fl-ac. zinc.
• **Luft**:
  • **Freien**, im: glon. kali-bi.
• **Nähen**, beim: apis mez. **Ruta**
• **Schreiben**, beim: sel. wildb.
• **Sitzen**, im: chinin-s.
• **Sonnenuntergang** bis Sonnenaufgang; von: syph.$_{k2}$
– **nachts**: acon. am-m. ars. *Asaf.* *Aur.* aur-ar.$_{k2}$ *Bry.* canth. chel. *Chin.* chinin-ar. cimic. cinnb.$_{bro1,k2}$ cob. cocc. coloc. *Con.* *Crot-t.* cycl. euphr.$_{bro1}$ *Hep.* kali-ar. *Kali-i.* *Led.* lyc. **Merc.** **Merc-c.** merc-i-f. nit-ac.$_{k2}$ *Nux-v.* *Plb.* **Prun.** puls.$_{bro1}$ rhus-t.$_{bro1}$ *Sep.* *Spig.* *Staph.* *Syph.* thuj. vesp. **Zinc.** ziz.
• **Mitternacht**: merc.
  • **vor**:
    • **23** h: euphr. nat-m.
  • **um**: merc.
  • **nach**: ars. sulph.
    • **2** h:
      • **2** - 5 h: syph.$_{c1}$
    • **3** h: spig.
    • **4** h:
      • **Erwachen**; beim: *Nux-v.*
    • **5** h: stann.
• **Bett**, im: arn. cimic. sil.
• **Erwachen**, beim: chel. cycl.
• **pochend**, klopfend: *Asaf.*
◇ **abwechselnd** mit:
• **Abdomen**; Schmerzen im: *Euphr.*
• **Arm**; Schmerzen im linken: plb. ptel.$_{c1}$
• **Ovar**; Schmerzen im: sulph.
◆ **begleitet** von:
• **Glaukom**
☞ *Glaukom - begleitet von - Auge*
• **Kopfschmerzen**
☞ ❑ *Kopf - Schmerz - begleitet von - Auge*
• **Ohres**; Entzündung des
☞ *Ohres*
• **Schwindel**
☞ ❑ *Schwindel - Begleitet von - Auge*
– **Abdomens**; steigt mit den Beschwerden des: arg-n.$_{c1}$
– **anfallsweise**: ars. **Bad.** *Chin.* *Chinin-s.* hep.$_h$ nicc. plat. puls. sil. tell.$_{c1}$
– **Anstrengung** der Augen:
• **durch**: aur-s.$_{k2}$ bar-c. bar-m.$_{k2}$ bar-s.$_{k2}$ **Bry.** calc. canth. carb-v. *Chel.* graph.$_{k2}$ ign. *Mang.* meph.$_{a1}$

– **Anstrengung** der Augen - **durch**: mur-ac. naja **Nat-m.** *Nux-m.* *Phyt.* plat. *Psor.* *Puls.* *Rhus-t.* **Ruta** sil. *Spig.* *Staph.* stram.$_{k2}$
☞ *Gebrauch / Lesen / Nähen / Schreiben*
• **feine** Arbeit; durch: *Carb-v.* cina$_{k2}$ coloc. *Con.* *Jab.* merc. mur-ac. *Nat-m.* **Ruta** seneg. sulph.
• **wie** durch: gink-b.$_{sbd1}$ graph.$_h$
– **Aufstehen**, beim: ars. cere-b. fago.
– **Baden** des Auges:
• **agg.**: *Sulph.*
• **amel.**: aur. mur-ac. nicc. thuj.
• **kaltem** Wasser amel.; in: *Apis* *Asar.* *Phos.* *Puls.* syph.$_{c1}$
– **Bedecken** der Augen:
• **Hand** amel.; mit der: *Aur-m.* *Thuj.*
• **leichtes** Bedecken amel.: hep.$_{c1}$
– **Berührung**:
• **agg.**: *Agar.* arg-n. asaf. aur. bamb-a.$_{stb2}$ *Bell.* *Bry.*$_{k,k2}$ calc-s.$_{k2}$ *Caust.* chin. clem.$_h$ cupr. dig. dirc.$_{c1}$ eup-per.$_{k2}$ **Hep.** lach.$_{k2}$ mag-p. *Merc.* nat-c.$_h$ phos.$_{bro1}$ plan.$_{bro1}$ psor. pyrog.$_{k2}$ scut.$_{c1}$ sil.$_h$ spig.$_{k2}$ sulph.$_h$ thuj. tub.$_{k2}$
• **Halses** agg.; Berührung des: lach.$_{k2}$
– **Beugen** nach vorne agg.: *Coloc.*
– **Bewegung**, bei:
• **Augen**, der: agar. apis arg-n. arn. *Ars.* ars-s-f.$_{k2}$ astac. aur-s.$_{k2}$ bad. bell.$_{k2}$ *Berb.* brom. **Bry.** camph. *Carb-v.* *Carbn-s.* caust. chel. *Chin.* cimic. clem. com. cor-r. crot-h. crot-t.$_{bro1}$ *Cupr.* desm-g.$_{bnj1}$ euphr.$_{bro1}$ *Gels.* glon. grin. *Hep.* hipp.$_{c1}$ kali-ar. kali-c. kali-p. *Kalm.* *Lac-d.* lach. lyc. *Mang.* med. meph. merc. nat-ar. *Nat-m.* par. phos. phys. phyt. pic-ac. **Prun.** *Puls.* *Ran-s.* **Rhus-t.** sep. sil. *Spig.* stann. *Sulph.* sumb. tub.$_{k2}$
  • **amel.**: dulc. kali-i.$_{bro1}$ op. rhod.$_{k2}$
  • **schnelle**: ran-s. stram.
• **Lider**, der: carbn-s.$_{k2}$
  • **amel.**: stann.$_h$
– **Blicken**, beim: acon. anac. *Apis*$_{k,k2}$ caust. **Nat-m.** ph-ac. *Phos.* rheum *Ruta* sars. sulph. tab.
☞ *Drehen / Drehen*
• **angestrengt**: *Apis* *Ars.* *Arund.* calc.$_{k2}$ *Carb-v.* *Caust.* *Chel.* *Cina* nat-ar. nat-c. **Nat-m.** plat. *Psor.* rheum$_h$ *Rhus-t.* *Ruta* *Seneg.*
  • **nahe** Gegenstände, auf: echi. *Mang.*
• **Kerzenlicht**, in: euphr. graph.$_{k2}$ staph.
• **oben**, nach: ars. bar-c. *Carb-v.* *Chel.* con. kali-c.$_h$ mang. plb. pyrog.$_{k2}$ sabad. sulph.
• **scharfem** Hinsehen, bei: sul-ac.$_h$
• **Schnee**; auf: apis$_{k2}$
• **seitwärts**: bar-c. pyrog.$_{k2}$
• **unten**, nach: nat-m.$_{bro1}$
  • **amel.**: bar-c.$_h$
– **Blinzeln**: kali-i.$_{k2}$
• **amel.**: bar-c.$_h$
– **Blutandrang**, wie durch: nit-ac.$_h$
– **Bücken**, beim: berb. bov. *Coloc.* fl-ac. merc. seneg. spig.
– **Denken** an die Schmerzen agg.: *Lach.* *Spig.*
– **Drehen** der Augen; beim:
☞ *Blicken / Blicken*

• **oben**, nach: ars. bar-c. *Carb-v. Chel.* con. mang. plb. sabad. *Sulph.*
• **rechts**, nach: dig.$_{h}$ sep.
• **seitwärts**: bad. bar-c. *Bry. Crot-t. Cupr.* **Kalm.** lyc.$_{h}$ *Med.* phys. *Rhus-t. Sil.* **Spig.** *Stict.* tarent. **Tub.** ust.

– **Druck**:
• **agg.**: arn. brom. bry.$_{k2}$ choc.$_{srj3}$ dros. eup-per.$_{k2}$ ham. plan. sars.
• **amel.**: arg-n.$_{br1,bro1}$ *Asaf.* bapt. bry. *Calc. Caust.* chel. chinin-s. choc.$_{srj3}$ cimic. coloc. con. ham. lac-d.$_{c1}$ lil-t.$_{bro1}$ luna$_{kg1}$ mag-m. *Mag-p.* mur-ac. pic-ac.
• **nach**: bar-act.

– **Dunkelheit** amel.: bell. *Chin.* con.$_{bro1}$ *Euphr.* lil-t.$_{bro1}$ luna$_{kg1}$ *Nux-m.* staph.
– **Essen**, nach dem: dig. lyc.$_{h}$ sulph.
– **Feuerschein**: **Merc.**
– **Frost**:
• **während**: seneg.
• **mit**: chinin-m.$_{kr1}$
– **Funken**; wie durch einen: tarent.
– **Gähnen**, beim: agar.
– **Gebrauch** der Augen: *Arg-n. Arn. Calc.* carb-v. con. *Lach. Merl.* **Nat-m.** *Nux-v.* onos.$_{k2}$ phos. **Ruta** staph.
☞ *Anstrengung / Lesen / Nähen / Schreiben*
– **Gehen**:
• **beim**: anac. puls.
• **nach**: anac. bell. con. euphr. pall. puls. sep.
• **Luft**:
• **Freien**, im: benz-ac. plan. sulph. zinc.
• **amel.**: arn. carb-v. nat-m.
• **warmes** Zimmer amel.: *Coloc.*
– **Gewitter**, bei: sep.
– **Glaukom**, bei
☞ *Glaukom - begleitet von - Auge*
– **Halssymptomen**, mit: sep.$_{bg2}$ tarent.$_{bg1,bg2}$
– **Heben** der Lider; beim: *Nat-m.*
– **Herausstrecken** der Zunge agg.: syph.$_{bg3,ptk2,*}$
– **Herzschlag**, bei jedem: atro.
– **Hitze**; während: *Guar. Guare.* hep. kali-c. *Led.* **Lyc.** *Nat-m. Nux-v.* ph-ac. puls. rhod. rhus-t. *Sep. Stram.* thuj. **Valer.**
– **Husten**, beim: bry.$_{k2}$ seneg. sul-ac.
– **intermittierend**
☞ *anfallsweise*
– **Kämmen** der Haare agg.: nux-v.$_{bg1,bg2}$
– **kalt**:
• **Anwendungen**; kalte:
• **amel.**: spig.$_{k2}$
• **Wasser** amel.; kaltes: acon. *Apis Asar. Aur. Form.* lac-d. nat-ar. nit-ac. *Phos.* pic-ac. *Puls.* syph.$_{bg1}$
– **Koitus**, nach: bart. nat-m.$_{bg1,bg2}$
– **Konvulsionen**; durch: dros.$_{k2}$
– **Kopfschmerzen**, bei
☞ ❑ *Kopf - Schmerz - begleitet von - Auge*
– **Lesen**, beim: *Agar.* alum. alum-p.$_{k2}$ ammc. *Apis Arg-n. Arn. Ars.* ars-i. ars-met. ars-s-f.$_{k2}$ asar. aur. aur-ar.$_{k2}$ aur-s.$_{k2}$ bapt. *Bry. Calc.* calc-p. cann-i. caust. cic. **Con. Dulc.** *Echi.* ign. *Jab.* kali-ar.

– **Lesen**, beim: ...
Kali-c. Kali-p. lac-ac. *Lac-c. Lac-d.*$_{k,k2}$ *Lach. Lith-c.* lyc.$_{h}$ *Mang.* merc. *Merl.* mur-ac. *Nat-ar.*$_{a1,k}$ nat-c. **Nat-m.** nat-p. nat-s. nit-ac. *Nux-v.* ol-j. olnd. *Onos.* petr. phel. *Phos.* phys. phyt. pic-ac. *Puls. Rhod.* **Ruta** sars. *Seneg.* **Sep.** *Staph.* sulph. thuj.
☞ *Anstrengung / Gebrauch / Nähen / Schreiben*
• **anderen** Auge; mit dem: kalm.$_{bg1,bg2}$
• **Licht**; bei: kali-c.$_{h}$
• **Kerzenlicht**; bei: benz-ac. *Cina* lach. mang. nat-m. nux-v. staph.
• **künstlichem** Licht; bei: calc-p.$_{k2}$
– **Licht**: *Apis Ars.* asar.$_{gm1}$ asc-t. atro. aur-ar.$_{k2}$ *Aur-m.* **Bar-c.** bar-i.$_{k2}$ bar-s.$_{k2}$ *Bell. Calc.* calc-sil.$_{k2}$ *Chel.* **Chin.** cob. cocc-s.$_{kr1}$ **Con.** *Cupr.* euphr. ferr-i. graph.$_{k2}$ *Hep.* iod. *Lac-d.* lycpr.$_{c1}$ mang. *Merc.* nat-ar. *Nat-m. Nux-m. Nux-v.* petr. *Phos. Phyt.* sep. *Sil. Staph.* sulph. syph. thuj.
• **helles**, kräftiges Licht: *Asar.* com. *Hep. Mang.* nat-ar. nat-c.$_{k2}$ petr. phos. pic-ac. ruta *Sil. Sulph.* thuj.
• **amel.**: stram.$_{k2}$
• **künstliches**, durch: *Calc. Calc-p.* carb-an. *Chel.* cina croc. ip. *Lith-c.* luna$_{kg1}$ lyc. mang. nat-ar. *Nat-m.* nux-v. petr. pic-ac. plat. sars. *Seneg.* sep. staph.
• **Tageslicht**, durch: am-c. ammc.$_{a1}$ gink-b.$_{sbd1}$ hell. hep. lac-ac. *Merc.* sars. *Sil.*
• **trübes** Licht agg.: am-m. *Apis* sars. *Stram.*
– **Liegen**, beim: bell.$_{bro1}$ *Carb-v.* cedr. con.$_{bg1,bg2}$ *Gels.* nux-v. *Phos.* zinc.$_{bg1,bg2}$
• **amel.**: chel. *Cimic.*
• **Rücken**, auf dem:
• **amel.**: puls.$_{bro1}$
• **Seite**, auf der:
• **links**:
• **amel.**: nat-ar.
• **schmerzhaften**; auf der:
• **agg.**: syph.$_{bg1,bg2}$
• **amel.**: lach. zinc.
– **Luft**:
• **Freien**, im:
• **agg.**: aur-m. benz-ac. berb. clem. euphr.$_{k2}$ glon. kali-bi. *Kalm.* merc-c. seneg. *Spig.*
• **amel.**: **Arg-n.** ars. **Asaf.** gink-b.$_{sbd1}$ lac-c.$_{k2}$ *Lil-t.* nat-m. *Phos. Puls.* sep.
• **kalte** Luft:
• **agg.**: *Acon.* asar.$_{bro1,gm1}$ chel. cinnb. *Clem.* cob. **Hep.** mag-p.$_{kr1}$ nit-ac.$_{k2}$ **Sil.** *Spig.*
• **amel.**: *Arg-n.* asar. gink-b.$_{sbd1}$
• **Atmen**:
• **Nase**, durch die: cor-r.$_{br1}$
– **Masturbation**, nach: *Cina*
– **Menses**, während: carb-an. *Coloc.* croc.
– **Mittagessen**, nach dem: agar. mez. phos. seneg.
– **Nähen**, beim: *Apis* ars-met. *Cina* dig. lyc.$_{h}$ mang.$_{k2}$ mez.
☞ *Anstrengung*
• **feiner** Arbeit, bei: carb-v. coloc. *Con.* merc. *Nat-m.* **Ruta**
– **Niesen**:
• **amel.**: lil-t.$_{ptk1}$

– **Öffnen** der Lider; beim ●: ars. cephd-i.$_{bnj1}$ croc. desm-g.$_{bnj1}$ *Graph.*$_{h}$ *Hydr.* kali-bi. *Led.* ph-ac. upa.
– **Ohres**; mit Entzündung des: plan.$_{bro1}$
– **Operation**, nach: asar.$_{gm1}$ mez.$_{bro1}$
– **Otitis** media, mit
 ☞ *Ohres*
– **periodisch**: aur-m. *Cedr. Chin.* chinin-m.$_{kr1}$ *Chinin-s. Coloc. Euphr. Gels. Nat-m.* **Prun.**
 • **Tag**, jeden zweiten: ars.$_{h}$
 • **Tag** mittags; jeden
  ☞ *mittags*
– **Rauchen**, durch: calad.
– **Reiben**:
 • **agg.**: carb-v. caust.$_{h}$ euphr. kali-c. sep.
 • **amel.**: agn.$_{a1}$ *Caust. Ran-b.* zinc.
– **Ring**; wie durch einen: sep.
– **Ruhe**:
 • **agg.**: *Coloc.* dros. dulc. merc-i-f. mur-ac. thuj.
 • **amel.**: asaf.$_{bro1}$ berb. bry.$_{bro1}$ cimic.$_{bro1}$ pic-ac.
– **Schlaf**:
 • **amel.**: am-c. chel. **Phos.**
 • **vor**: *Con.* **Phos.**
 • **nach**: canth. euphr. gels.
– **Schlag**, durch einen: **Arn. Symph.**
– **Schließen** der Augen:
 • **agg.**: *Bell.* canth. *Carb-v.* cimic. clem. con. fago. lac-ac. manc.$_{bg1,bg2}$ sil. staph. sumb.
 • **amel.**: arg-n.$_{br1}$ *Chel. Lac-d.* nit-ac. ph-ac. pic-ac. plat. sin-n.
– **schließen**; muß die Augen: *Aur.* bar-c. *Calc. Mang.*$_{hr1}$
 • **hineindrücken** sollte; mit einem Gefühl, als ob sie sie: calc.$_{h}$
– **Schlucken**, beim: tarent.
– **Schneuzen** der Nase:
 • **agg.**: nit-ac.$_{h}$
 • **amel.**: aur.
– **Schnupfen**; durch unterdrückten: kali-c.$_{k2}$
– **Schreiben**, beim: *Calc-f.* coff. con. euphr. *Merl. Nat-ar.*$_{a1,k}$ nat-c. **Nat-m.** phyt. sep.
 ☞ *Anstrengung - durch / Gebrauch / Lesen*
– **Schritt**, bei jedem: hep.
– **Schütteln** des Kopfes agg.: lyc.$_{h}$ nit-ac.$_{h}$
– **Sitzen**, im: chinin-s. merc. phos.
– **Sonnenaufgang** bis Sonnenuntergang; von: *Kalm. Nat-m.*$_{k13}$
– **Sonnenlicht** agg.: aml-ns. asar.$_{bro1}$ calc. *Clem. Hep. Kali-p. Mang.* merc.$_{bro1}$ merc-sul.$_{c1}$ *Nat-ar. Nat-m.* sulph.
– **Staub**; wie durch: euphr.$_{k2}$
– **steigt** bis mittags an: **Kalm.** *Nat-m. Puls. Stann.*
– **Stuhlgang**:
 • **während**: calc-sil.$_{k2}$ *Crot-t.*
 • **nach**: nat-c.
– **Sturm**:
 • **vor**: *Cedr.* **Rhod.** *Sil.*
 • **während**: **Rhod.** sep. *Sil.*
– **Trockenheit** der Augäpfel; mit: **Sulph.**
– **überanstrengt**, wie: androc.$_{srj1}$ graph.$_{h}$ *Mez.* **Ruta**
– **unerträglich**: zinc.$_{h}$
– **Urinieren** amel.; reichliches: acon. ferr-p. *Gels. Ign. Kalm.* sang. sil. ter. verat.
– **warm**:
 • **Anwendungen**; warme:
  • **agg.**: arn. *Chel.* kali-sil.$_{k2}$ lac-d.$_{k2}$ merc. mez. nat-m. *Puls.*
  • **amel.**: **Ars.** aur-ar.$_{k2}$ *Aur-m. Dulc.* ery-a. **Hep.** kali-ar. *Lac-d. Mag-p. Nat-ar.* nat-c. rhod.$_{k2}$ seneg. *Sil.* spig. *Thuj.*
 • **Bett** agg.; warmes: cinnb.$_{k2}$
 • **Ofen** agg.; warmer: *Apis Com.*$_{a1,k}$ merc.$_{k2}$
 • **Zimmer** agg.; warmes: *Apis* **Arg-n.** *Con. Puls.*
– **Wechsel**, durch:
 • **Dunklen** ins Helle und umgekehrt; vom: *Stram.*
– **Weinen**, nach: berb. tab.
 • **wie** nach Weinen: stann.$_{h}$
– **Wein**; nach einem Glas: zinc.
– **Wetter**:
 • **nasses** Wetter agg.: *Calc. Dulc. Merc. Rhus-t. Spig.*
 • **warmes** Wetter agg.: sulph.
 • **Wetterwechsel**: cadm-s.$_{bg1,bg2}$ ran-b.$_{bg2}$
– **Wind** agg.: ars-met. asar.
– **Zahnschmerzen**, mit: plan.$_{bro1,c1}$
– **Zorn**; durch: coloc.$_{k2}$
– **Zwinkern**
 ☞ *Blinzeln*
▽ **erstreckt** sich zu:
 • **alle** Richtungen; in: spig.$_{k2}$
 • **Arm**: rumx.
 • **außen**, nach: *Asaf.* aster. hydr-ac.
 • **Gesicht**; über die Seite des: acon.$_{bg1,bg2}$ lyc. op.
 • **hinten**, nach: *Aur.* bapt.$_{k2}$ cimic. colch. coloc. *Com.* crot-h. hep. lach. lil-t. mez. nat-m. *Par.* phos. phys. *Rhus-t. Spig.* tarent. *Thuj.*
  • **Gehirn**, ins: grin.$_{c1}$
 • **Hinterkopf**: *Bry.* coc-c. colch. com. crot-t. dios. gels.$_{ptk}$ kali-p. lach. *Nat-ar.* pic-ac. sil. tub.$_{xxb}$
 • **innen**; nach: spig.$_{br1}$
 • **Kopf** hinein; in den: psil.$_{ft1}$ spig.$_{c1}$
 • **Nase**: camph.$_{bg1,bg2}$
 • **Ohr**: bar-c.$_{h}$ fago. mang.$_{k2}$ petr. tub.$_{xxb}$
 • **Scheitel**: cimic. *Croc.* kreos.$_{bg1,bg2}$ lach. phyt.
 • **Schläfen**: anac. bad. bar-c.$_{h}$ chel. coc-c. ip. phys.
 • **Stirn**: agar. croc. hura kalm. ran-b.
  • **quer** über die: cedr. lac-ac.
 • **Stirnhöhle**: **Spig.**
 • **unten**, nach: *Aur.* bry. cain. carb-v. coloc. *Gels.*
○ **Augapfels**; Mitte des: cimic.
– **Augenbrauen**: acon. aeth. *Chel.* con. cupr. dros. elaps ferr. fl-ac. hell.$_{h}$ hyper. lith-c. lyss. naja rhus-t. thuj.
 • **rechts**: *Chel.* dig.$_{c1}$ hyper. lyss.
  • **Berührung**, bei: nux-v.$_{h}$
 • **nachts** agg.: hyper. lyss.
 • **Gehen**, nach dem: lyss.
 • **Lesen**, beim: ferr-p.
– **Canthi**: aur-s.$_{k2}$ chin. euphr. lach. nat-m. plb. sil.$_{h}$
 • **Schließen** der Augen; beim: ign.

○ **äußere**: chin.$_{h}$ ign. ran-b.$_{k2}$ sulph.
▽ **erstreckt** sich zu:
• **innen**; nach: caust.$_{bg1}$
• **innere**: *Alum.* amph.$_{a1}$ asc-t. bell.$_{h}$ *Fl-ac.* *Graph.* *Lach.* sol-ni. staph. syph.
▽ **erstreckt** sich zu:
• **Augenbrauen** herum; um die: cinnb.
• **Ohren**; zu den: cinnb.$_{br1}$
• **äußere** Canthi: nat-c.$_{h2}$
– **hinter** den Augen
☞ ☐ *Kopf - Schmerz - Stirn, in - Augen - hinter*
– **Lider**: *Caust.* chel. chin. graph.$_{h}$ ign. *Lyc.* mez. nat-c.$_{h2}$ ph-ac.$_{h}$ sep. *Sulph.* vesp. xan.
• **rechts**: xan.$_{c1}$
• **morgens**: calc. lyc. nux-v. sep. sulph.
• **nachmittags**: cimic.
• **13** h: ars.
• **abends**: thuj. zinc.$_{h,k}$
• **Berührung**, bei: lyc.$_{h}$ mang.$_{hr1}$
• **Bewegen** der Lider; beim: *Mang.*$_{a1}$
• **Gebrauch** der Augen; beim: cob.
• **lähmungsartig**: graph.$_{h}$
• **Schließen** der Augen; beim: cimic. phyt. rhus-t.
○ **Lidränder**: phos.$_{h}$ thuj. zinc.
• **abends**: thuj.$_{hr1,k}$ zinc.
• **Unterlider**:
• **rechts**: ran-b.$_{k2}$
– **Tränenkanal**: all-c.$_{hr1,k}$
▽ **erstreckt** sich um das Auge zur Schläfe: cinnb.$_{br1}$
– **um** die Augen: *Cinnb.* *Gels.* *Ign.* **Mag-m.** merc. merc-c. nit-ac. pall. phyt. puls. **Spig.** stann.$_{k2}$ sulph. ter.
• **Stirnrunzeln**; beim: phase-vg.$_{a1}$
– **Ziliarneuralgie**
☞ *neuralgisch - Ziliarkörper*
– **zwischen** Auge und Nase: mang.
• **nachmittags**: kalm.
– **zwischen** den Augen: asc-c. carbn-h. caust. dios. gymno.
– **beißend**
☞ *brennend*
– **berstend**: asar. bell.$_{bg2}$ choc.$_{srj3}$ daph. *Gels.* *Glon.* juni-v. lac-ac.$_{hr1,k}$ mag-c.$_{bg2,k}$ **Prun.** puls. *Seneg.* spig. *Staph.*$_{bg2,k}$ stram.$_{bg2,k}$ **Sulph.**$_{bg2}$
• **nachts**: staph.
• **Bücken** agg.: lac-ac.
• **Drehen** des Kopfes agg.: lac-ac.$_{hr1,k}$
• **Gebrauch** der Augen; beim: staph.
• **Lesen**, beim: asar. staph.
• **Licht**, im: staph.
• **Liegen**, beim: *Gels.*
• **Luftblase**, wie eine: puls.
• **Tränenfluß**, mit:
• **amel.**: prun.$_{br1}$
– **bohrend**: apis arg-n. asaf. *Aur.* aur-m. bism.$_{bg2,k}$ calc.$_{bg2}$ chinin-s. coff. *Crot-h.* elaps form. hell.$_{bg2,k}$ hep.$_{bg2}$ kali-c.$_{bg2,k}$ *Merc.* merc-i-f. nat-m.$_{bg2,k}$ *Nux-m.* phos.$_{bg2}$ puls.$_{bg2,k}$ spig.$_{bg2,k}$ stry. tab.$_{bg2}$ thuj.$_{bg2,k}$
• **Canthi**; über den inneren: thuj.$_{h}$

– **brennend** (= beißend, scharf): **Acon.** aesc. *Aeth.* *Agar.* agn. ail. **All-c.** aloe **Alum.** alumn. am-c. *Am-m.* ambr. anan. ang. aphis **Apis** arag.$_{br1}$ aran. *Arg-n.* arn. **Ars.** arum-t. arund. *Asaf.* asar. aur. aur-ar.$_{k2}$ aur-m. bamb-a.$_{stb2}$ bapt. bar-c. bar-i.$_{k2}$ bar-m. bar-s.$_{k2}$ **Bell.** berb. bism.$_{h}$ blum-o.$_{bnj1}$ borx. brom. *Bry.* bufo bufo-s. cain. calad. **Calc.** calc-i.$_{k2}$ calc-s. calc-sil.$_{k2}$ camph. cann-i.$_{a1}$ *Canth.* *Caps.* carb-ac. carb-an. **Carb-v.** **Carbn-s.** card-m. *Carl.* *Caust.* *Cedr.* cephd-i.$_{bnj1}$ cham. *Chel.* **Chin.** chin-b.$_{c1}$ *Chinin-ar.* *Chlol.* choc.$_{srj3}$ cic.$_{br1}$ *Clem.* cob. coc-c. coff. *Colch.* *Coloc.* **Con.** cop. croc. *Crot-h.* *Crot-t.* cupr. *Cycl.* *Dig.* dios. dros. elaps eug. *Euph.* **Euphr.** eupi. fago. ferr. ferr-ar. ferr-i. ferr-p. fl-ac. form. *Gamb.* gels. glon. gran. *Granit-m.*$_{es1}$ *Graph.* gymno. hell. *Hep.* *Hydr.* hydro-v.$_{a1}$ hyos. hyper. *Ign.* *Iod.* ip. jab.$_{br1}$ jug-r. *Kali-ar.* *Kali-bi.* **Kali-c.** *Kali-i.* kali-m.$_{k2}$ kali-n. kali-p. *Kali-s.* kali-sil.$_{k2}$ kalm. kreos. *Lac-c.* *Lach.* lachn. lact. lact-v.$_{hr1}$ laur. led.$_{h}$ lept.$_{br1}$ lil-t. *Lyc.* lyss. *Mag-c.* *Mag-m.* mang. meph. *Merc.* *Merc-c.* merc-i-f. *Merc-i-r.* *Mez.* mosch. *Mur-ac.* nat-ar. *Nat-c.* **Nat-m.** nat-p. *Nat-s.* *Nicc.* *Nit-ac.* nux-m. *Nux-v.* ol-an. olnd. *Op.* osm. paeon. par. *Petr.* **Ph-ac.** phel. *Phos.* phys. *Phyt.* pic-ac. pitu-a.$_{ft}$ plat. plb. podo. psor. **Puls.** **Ran-b.** ran-r.$_{c2}$ *Ran-s.* raph. *Rhod.* *Rhus-t.* rhus-v. **Ruta** sabad. sabin. *Sang.* sars. *Seneg.* *Sep.* sil. *Sin-n.* sol-ni. *Spig.* spong. *Stann.* staph. stict. stram.$_{h}$ *Stront-c.* *Stry.* *Sul-ac.* **Sulph.** syph. tab. tarax.$_{h}$ *Tarent.* tep. *Teucr.* *Thuj.* til. valer. verat. verb.$_{c1}$ vesp. vib. viol-o. viol-t. **Zinc.**$_{k,k2}$ zinc-p.$_{k2}$ zing.
• **ein** Auge, dann das andere: **Chin.** nat-c.
• **links**:
▽ **erstreckt** sich nach rechts: mur-ac.$_{k2}$
• **rechts**: ambr.$_{a1,k1}$
• **tagsüber**, nur: am-c. hep. *Mang.* nat-c. phos. sulph.
• **Lesen**, beim: sul-ac.
• **morgens**: *Alum.* am-c. am-m. calc. calc-s. caps.$_{h}$ carb-an. carbn-s. *Chel.* dios. elaps fago. *Ferr.* granit-m.$_{es1}$ graph. hep. *Kali-bi.* kali-n. lachn.$_{c1}$ lyc. mag-m. meph. *Mur-ac.* nat-ar. **Nat-m.** *Nat-s.* nicc. *Nit-ac.* **Nux-v.** phel. phys. rat. rhod. ruta sars. *Seneg.* *Sep.* sil. stront-c. **Sulph.** thuj. **Zinc.**
• **Aufstehen**, beim: ars-met. fago. nat-c. nat-m. *Sulph.* thuj.
• **Erwachen**, beim: alum. alum-p.$_{k2}$ am-c.$_{h}$ arg-n.$_{a1}$ chel. elaps iod. nicc. ol-an. rat. sars. sep. *Sulph.*
• **Frühstück**, nach dem: *Sulph.*
• **Waschen**: kali-n.$_{h}$ *Mur-ac.*$_{h,k,*}$ *Sulph.*
• **amel.**: alum.$_{h}$ am-m.$_{h}$ nicc.
• **vormittags**: dios. gels. kali-bi. nat-c. phys. *Sulph.* ust. valer.
• **mittags**: gymno. *Sulph.*
• **12**.30 h: nat-m.
• **nachmittags**: borx.$_{a1,h}$ ~~bov.$_{h,xxx}$~~ caust.$_{h}$ corn. gamb. jug-c. kalm. merc-i-f. *Nat-c.* *Nat-s.* nicc. ph-ac. rhod. stry. *Sulph.* *Thuj.* **Zinc.**
• **Menses**, während: nicc.

- **abends**: acon. agar.$_{a1,k}$ *Alum.* alum-p.$_{k2}$ alum-sil.$_{k2}$ am-br. am-c. am-m. ang.$_{h}$ ant-t. ars. bamb-a.$_{stb2}$ bapt. cann-s. carbn-s. *Caust.* con. dios. erig. eug. fago. gamb. graph. hura kali-ar. kali-bi. laur. led.$_{h}$ lyc.$_{h}$ mag-c. mag-s. meph.$_{a1}$ mur-ac.$_{h}$ nat-ar. nat-c. **Nat-m.** *Nat-s.* nicc. ph-ac. phos. pic-ac. psor. **Puls.** ran-b.$_{k2}$ rat. **Ruta** seneg. **Sep.** sil. *Sulph.* thuj. viol-o. **Zinc.** zinc-p.$_{k2}$
  - **18** - 20 h: caust.
  - **Dämmerung**, in der: am-m.$_{hr1,k}$ stram. sul-ac.$_{h}$
  - **Feuer**; beim Blick ins: mag-m. *Nat-s.* phyt.
  - **Gaslicht**, bei: phyt.
  - **Kerzenlicht**, durch: calc. calc-caust.$_{c1}$ graph. ol-an. ph-ac. **Ruta**
  - **Lesen**, beim: agn. ars-s-f.$_{k2}$ *Graph.* *Nat-m.* **Ruta** sul-ac.$_{k1}$
  - **Liegen** amel.: nat-c.
  - **Luft**:
    - **Freien**, im: kali-bi.
  - **Schreiben**, beim: *Nat-m.*
  - **Zubettgehen**, nach dem: op.
- **nachts**: alum. am-m. **Ars.** asaf. *Con.* *Crot-t.* eug. fago. ilx-a.$_{c1}$ kali-ar. kali-c. merc. **Ruta** sanic. stry. sulph. *Tarent.*
  - **Mitternacht**:
    - **nach**: **Sulph.**
  - **Feuerbälle**, wie: **Ruta**
  - **Lesen** im Bett; beim: cycl.
- ◇ **abwechselnd** mit:
  - **drückendem** Schmerz
    - ☞ *drückend - abwechselnd - Brennen*
- **abwechselnd**: *Chin.* nat-c.$_{k13}$
- **Anstrengung** der Augen; bei: bar-c. bar-s.$_{k2}$ dros.$_{h}$ jab.$_{br1}$ **Nat-m.** *Petr.* **Ruta** staph.
- **Arbeit**, bei der: graph. nat-c.
- **Baden**:
  - **agg.**: *Mur-ac.* sulph.
  - **amel.**: am-m.$_{h}$ mur-ac.$_{k2}$ nicc.
- **Befeuchten** der Augen:
  - **amel.**: nat-c.$_{h}$
- **Berührung** agg.: agar.$_{h}$ *Caust.* thuj.
- **Bewegung** agg.: berb. caust.$_{h}$
- **Blicken**; beim:
  - **Licht**; ins: *Mag-m.*$_{hr1,k}$ nux-v.
  - **oben**; nach: alum.
  - **scharfem** Blicken; bei: bar-c. castm. mag-m. *Nat-m.* psor. rhod. sul-ac.$_{h}$
- **Bücken**, beim: bov.
- **Druck**:
  - **agg.**: spig.$_{k2}$
  - **amel.**: pic-ac. spig.$_{k2}$
  - **oben**; nach:
    - **amel.**: bell.$_{h}$
- **Feuer**; beim Blick ins: *Apis* mag-m. *Merc.* *Nat-s.* phyt.
- **Frost**, vor: rhus-t.
- **Gähnen**, beim: agar.$_{a1,k}$
- **Hinlegen** agg.: *Nux-v.*
- **Hitze**:
  - **während**: cedr. chin. lyc.$_{h}$ *Petr.* rhod. sul-ac.
  - **trockene** Hitze amel.: ars.$_{k2}$
- **Husten**, mit: agar. bol-la. chin.
- **juckend**: calc.$_{h}$ *Kali-bi.* *Lyc.* **Puls.**
- **kalt**:
  - **Baden** amel.; kaltes: *Apis* ars.$_{k2}$ *Aur.* nicc. *Puls.* *Sep.* thuj.
  - **Wind**; bei kaltem: **Sep.**
- **Kopfschmerzen**, bei: ail. aran. bry.$_{k2}$ carb-v.$_{k2}$ carbn-s. *Coff.* *Eug.* granit-m.$_{es1}$ hep.
- **Lesen**, beim: agn. *Ars.* asar. bar-c. *Calc.* *Carb-v.* *Carbn-s.* cob. *Con.* *Croc.* cycl. *Graph.* kali-ar. *Kali-c.* lil-t. myric. *Nat-ar.* *Nat-c.* **Nat-m.** *Olnd.* petr. phos. pic-ac. psor. *Puls.* rhod. *Ruta* *Seneg.* sep. *Staph.* sul-ac.$_{h}$ *Sulph.* thuj. zinc.
  - **feine**, kleine Schrift: ind. mur-ac. nat-m. psor. *Ruta*
- **Licht**:
  - **agg.**: calc. cob. ery-a. iod.
  - **helles** Licht: ery-a. *Kreos.* *Mag-m.* *Rhod.*
    - **amel.**: am-m.
  - **Kerzenlicht**: *Calc.* calc-caust.$_{c1}$ cor-r. graph. mag-s. ol-an. ph-ac. pic-ac. sulph.
    - **amel.**: am-m.
  - **Tageslicht**: mag-c.$_{h}$
  - **trübes** Licht:
    - **agg.**: am-m. stram.
- **Luft**:
  - **Freien**, im: graph. kali-bi. *Merc.* merc-c. nat-ar. ol-an. sul-ac.$_{h}$ verat.
    - **amel.**: asaf.$_{k2}$ *Gamb.* *Phyt.* **Puls.**
- **Menses**, während: castm. mag-c. nicc. *Nit-ac.*
- **Mittagessen**, nach dem: carb-v.$_{h}$ kali-bi. mag-m. nat-c. thuj. zinc.$_{h}$
- **Müdigkeit**; mit: bamb-a.$_{stb2}$
- **Öffnen** der Augen; beim: agar.$_{a1}$ **Ars.** *Kali-bi.* mag-m.
- **Operationen**, nach: asar.$_{c1}$ *Staph.* *Zinc.*
- **periodisch**: asaf.
- **Rauch**, wie durch: aeth. *All-c.* alum-sil.$_{k2}$ *Croc.* lyc.$_{h}$ mosch. nat-ar. petr.
- **Reiben**:
  - **amel.**: am-c.$_{h}$ gink-b.$_{sbd1}$ mag-c.$_{h}$ zinc.
  - **beim**: carb-an. carb-v. *Con.* kalm. *Puls.* sep.$_{h}$
- **reiben**, muß: **All-c.** chin. chin-b.$_{kr1}$ **Puls.**
- **Reinigen** der Augen; beim: ph-ac.$_{h}$
- **Sand**, wie durch: agar. ambr. **Caust.** con. ign. iod. mag-m. merc. *Nat-m.*
- **Schlaf**, nach: alum. canth.
  - **amel.**: chel.
- **Schließen** der Lider; beim: agar.$_{a1,k}$ am-m. calc. carb-v. *Clem.* ham. lyc. *Manc.* psil.$_{ft1}$ sars. sil.
  - **muß** die Augen schließen: spig.$_{c1}$
- **Schreiben**, beim: cob. lact. *Lil-t.* nat-ar. nat-c. *Nat-m.* rhod. *Seneg.* staph.$_{h}$ zinc.
- **Stellen**, an kleinen: nat-m.$_{h}$ *Phos.*
- **Stuhlgang**, nach: *Nat-c.*
- **Tränenfluß**, mit: chin.$_{h}$ gink-b.$_{sbd1}$ nux-m.$_{c1}$ sulph.$_{h}$
- **warm**:
  - **Bett**, agg. im: *Merc.*
  - **Zimmer**: aeth. **Apis** *Con.* **Puls.**
    - **Gehen** amel.: *Coloc.*

• **Waschen** amel.: kali-n.h
○ **Augenbrauen**: dros.h sulph.h
• **Canthi**: aesc. *Agar.* alum. alum-p.k2 alum-sil.k2 *Am-m.*hr1,k ant-t. *Apis Asaf. Aur.* bar-c. bar-s.k2 bell. berb. **Bry.** cact. *Calc.* carb-an. *Carb-v. Carbn-s. Caust.* cinnb. *Clem.* coloc. con. euphr. fl-ac. gels. gran. *Graph.* hell.h hyper. iris kali-bi. *Kali-c.* kali-m.k2 kali-n. lact. mag-c. mez.h *Mur-ac.* nat-c.h2 nat-m. nux-v. par. petr. ph-ac. phos. ran-b. *Ran-s.* rhod. *Rhus-t.* ruta sanic. *Sep.* sil. spig. *Staph.* stront-c. *Sulph.* tab. teucr. ther. thuj. tril-p. zinc.
• **morgens**: am-m.hr1,k carb-an.h rhod. sil.h stront-c. sulph.
• **Erwachen**, beim: sep.
• **nachmittags**:
• **17** h: mag-c.
• **abends**: ang. sulph. thuj.
• **nachts**: **Bry.**
• **juckend**: alum. euphr.
• **Schreiben**, beim: kali-bi.
• **Waschen**; nach: am-m.hr1,k
• **amel.**: am-m.h
○ **äußere**: **Ant-c.** arg-n. aur-m. bry. camph. carb-an.h carb-v.h colch. dig. *Hep.* ign. kali-bi. kali-c.h kali-n.h lyc. mang. mur-ac. nux-v. phos. *Ran-b.* ran-s. ruta sep.h spig.h squil.h staph.h sulph. thuj.h zinc.
• **innere**: agar.h alum.h alum-sil. ant-t. asar.h aur.h bry. calc.h calc-s. carb-an.h carb-v. *Caust.* coloc.h *Con.* dios. graph. mag-c.h mez. mur-ac.h nat-m.h nicc. nux-v. ox-ac. *Petr.* ph-ac.h *Phos.* phyt. *Puls.* sep. sil. stann.h *Staph. Sulph.* teucr. tril-p.c1 *Zinc.*
• **rechts**: iris.c1
• **morgens**: calc-s. **Nux-v.**
• **abends**: mag-c.h
• **Erwachen**; beim: ther.c1
• **Karunkel**, Tränenkarunkel: bell.h
• **Lider**: alum.h am-m.k2 ambr.a1,h aur.h bomb-chr.a1 calc.h dros.h gal-ac.br1,c1 kali-c.h kali-n.h lyc.h ph-ac.h phos.h sars.h sep.h sil.h spong.h stann.h sulph.h tarax.h zinc.h
○ **Lidränder**: alum. alum-sil.k2 ambr.k2 *Apis* **Ars.** ars-s-f.k2 arum-d. asaf. asar.h aur. aur-m-n. brom. bry. bufo calc. camph. cann-i. carbn-s. card-m.k,k2 caust.h clem. coc-c. *Colch.* con.k2 crot-h. *Dig.* **Euphr.** fago. ferr-i.k2 ferr-p. gins. hell. hura jatr-c. kali-bi. kali-p. kreos. *Lach. Led.* manc. med. meph. *Merc-c.* mez. nat-p.k2 *Nat-s.* nux-v. *Olnd.* psil.ft1 ran-s. sanic. sep.h sol-ni. spig.h *Sulph.*
• **tagsüber**, nur: nat-m. *Sulph.*
• **morgens**: *Gamb. Nat-s. Nit-ac. Nux-v.* seneg. **Sulph.** *Zinc.*
• **Erwachen**, beim: agar. euphr. kali-bi. sulph.
• **Lesen**, beim: carbn-s.k2 ign.
• **vormittags**: sulph.
• **nachmittags**: kali-bi. *Sang. Sulph.*
• **abends**: **Ars.** *Thuj. Zinc.*
○ **Drüse**: rheum.h

– **brennend - Lider**: ...
• **Unterlider**:
• **rechts**: ran-b.k2
• **Rückseite** der Augen; an der: form.
• **um** das Auge: canth. chlor. cic. manc. nat-c.h phos. spig.k2 spong. staph.h
• **rechts**: phase-vg.a1
– **drückend**, Druck etc.: acon. aeth. *Agar.* aloe *Alum.* alum-p.k2 alum-sil.k2 *Am-c. Ambr. Anac.* ang. ant-t. *Apis* arg-n. arn. ars. ars-s-f.k2 *Asaf.* asar. *Aur.* aur-ar.k2 aur-i.k2 aur-s.k2 bamb-a.stb2 bapt. bar-c. bar-i.k2 bar-m. bar-s.k2 *Bell.* benz-ac. berb. bism. borx. bov. **Bry.** bufo cain. calad. **Calc.** calc-s. calc-sil.k2 camph. cann-i. cann-s. canth. caps. carb-an. *Carb-v. Carbn-s.* card-m. *Carl. Caul. Caust.* cere-b. **Cham.** *Chel.* **Chin.** chinin-ar. cic. cimic. cina cinnb. *Clem.* coc-c. coca *Cocc.* colch. *Coloc. Com. Con.* croc. crot-c. *Crot-t. Cupr. Cycl.* daph. *Dig.* dulc. euph.h *Euphr.* fago. ferr-m. fl-ac. gels. *Glon. Graph.* grat. gymno. ham. hell. *Hep.* hydr. *Ign.* ind. indg. iod. kali-ar. *Kali-bi. Kali-c.* kali-chl. kali-i. kali-m.k2 kali-n. kali-p. kali-s. kali-sil.k2 kalm. kreos. lac-ac. *Lac-c. Lach.* lachn. laur. *Led.* lil-t. **Lyc.** lyss. *Mag-c.* mag-m. manc. mang. med. meny. meph. **Merc.** *Merc-c.* merc-i-f. merc-i-r. *Mez.* mosch. mur-ac. naja nat-ar. nat-c. **Nat-m.** nat-p. *Nat-s.* nicc. **Nit-ac.** *Nux-v.* ol-an. olnd. op. paeon. *Petr. Ph-ac. Phos.* phys. *Phyt. Plat. Plb. Prun.* psil.ft1 *Psor. Puls.* **Ran-b.** ran-s. raph. *Rhod. Rhus-t. Ruta* sang. santin. *Sars.* sec. sel. **Seneg.** *Sep. Sil.* **Spig.** *Spong. Stann. Staph. Stram.* stront-c. stry. sul-ac.h sul-i.k2 *Sulph.* tab. *Ther. Thuj.* tub. valer. verat. viol-o. vip. *Zinc.* zinc-p.k2 zing.
• **links**: agar. bamb-a.stb2 calc-s. *Coloc.* indg. *Puls.* sulph.h zinc.h zing.
• **rechts**: apoc. cann-i.a1 *Coloc.* crot-c. *Ferr. Fl-ac.* kalm. nat-m. *Spig.*
• **tagsüber**, nur: caust. lyc. sep.
• **morgens**: agar. bell.h borx. calc. caust.h con. euphr. graph. meph. *Nux-v.* phos. rhus-t. seneg. *Sep.* thuj. *Valer.* **Zinc.**
• **Erwachen**, beim: agar.h bry. nat-m. *Sep.* staph.h thuj. upa.
• **5** h: stann.
• **vormittags**: kali-n.h lach. lyc. plat.
• **mittags**: cham. ign. kali-c.h valer. verat.
• **nachmittags**: borx.h *Cham.* chin. coloc. grat. lachn. phyt. sil.
• **14** h, nach einem Nickerchen: euphr.
• **16** h, täglich: sil.
• **abends**: aloe alum.h ang. ant-t. *Calc. Calc-s.* camph. carb-an. carbn-s. coloc. con. croc. euphr. graph. hep. *Kalm.* led.h lycps-v. mag-m. mur-ac. *Nat-m.* nat-s.a1,k nit-ac. *Petr.* rhus-t. sars. *Seneg.* spong.h *Staph.* **Sulph.** *Zinc.*
• **Dämmerung**, in der: *Nat-m.*
• **Freien**, im: glon. kali-bi.
• **Kerzenlicht**, bei: carb-an. *Petr.* seneg.
• **Lesen**, beim: alum.h mill. *Nat-s.*
• **künstlichem** Licht, bei: sars.h
• **Zubettgehen**, nach dem: upa.

- **nachts**: alum.$_{h}$ chel. *Cocc.* croc. cycl. *Sep. Staph.*
  - **23** h: euphr. nat-m.
  - **Erwachen**, beim: chel. cycl.
  - **Freien**; im: aur-m.
- ◇ **abwechselnd** mit:
  - **Brennen**: sars.
- **Anstrengung** der Augen: nat-s.$_{k2}$
  ☞ *feiner / Überanstrengung*
- **außen**, nach: agar. *Asaf.* asar. aur.$_{h}$ bell. berb. *Bry.* camph. *Cann-s.* card-m.$_{k2}$ caul. caust.$_{h}$ cham. cimic. crot-c. daph. dulc.$_{a1}$ eupi. fago. ferr.$_{a1}$ *Fl-ac. Glon.* guaj. guare. *Ham.* iber.$_{bg1}$ ign. ip. *Lac-c.* lach. **Led.** lycps-v. mag-c.$_{h}$ med.$_{c1}$ *Merc.* merc-c. merl. nat-m.$_{h}$ *Nat-s.* **Nux-v.** op. par. ph-ac. *Phos. Phyt. Psor.* puls. sabin.$_{c1}$ *Sang. Seneg. Sil.* **Spig.** staph.$_{h}$ sulph.$_{h}$ thuj. tril-p.$_{c1}$
  - **links**: bamb-a.$_{stb2}$
  - **Blicken** auf die Seite; beim: mag-s.$_{c1}$
  - **Drücken** des Halses; beim: **Lach.**
  - **Husten**, beim: kali-chl.$_{c1}$ kali-m.$_{c1}$
  - **Kopfschmerzen**, mit: phos.$_{h}$
- **Berührung**:
  - **agg.**: *Aur. Caust.* cupr. psor.
  - **Halses** agg.; des: lach.$_{k2}$
- **Bewegen** der Augen; beim: agar. brom. **Bry.** camph. *Carb-v.* chel. clem. crot-h. glon. *Hep. Lach. Mang.* merc. *Spig.* stann.
  - **amel.**: op.
- **Blicken**, beim: acon. anac. caust. **Nat-m.** ph-ac. *Phos.* rheum
  - **angestrengt**: anac.$_{h}$ caust. *Nat-m.* rheum$_{h}$ rhus-t.$_{h}$
  - **innen**, nach: mang.$_{h}$
  - **Kerzenlicht**, in: *Euphr.* staph.
  - **nahe** Gegenstände, auf: ph-ac.$_{h}$
  - **oben**, nach: ars.$_{h}$ bar-c. mang. sabad.
  - **Punkt** agg.; auf einen: bar-c. *Nat-m.*
  - **scharf**: sul-ac.$_{h}$
  - **seitwärts**: bar-c.
  - **Sonne**; wie durch Blick in die: nit-ac.
  - **unten** amel.; nach: bar-c.$_{h}$
- **Bücken** agg.: *Coloc.* fl-ac. merl.$_{a1,k}$ seneg.
- **Drehen** der Augen agg.: **Spig.** tub.
  - **rechts**, nach: sep.
- **Drücken** amel.: *Asaf. Caust. Ham.* mur-ac.
- **Dunkelheit**:
  - **agg.**: ph-ac.$_{h}$
  - **amel.**: *Bell.* euphr. staph.
    ☞ *Licht - agg.*
- **Essen**:
  - **beim**: meny.$_{h}$
  - **nach**: sulph.
- **feiner** Arbeit, bei: *Con. Ruta*
  ☞ *Anstrengung / Überanstrengung*
- **Fieber**; während: kali-c. nat-c.$_{h}$ sep. thuj.
- **Finger**; wie mit einem: nit-ac.$_{h}$
- **Freien**, im: aur-m. *Clem.* glon. kali-bi. seneg. sul-ac.$_{h}$
  - **amel.**: *Asaf. Phos. Puls.*
- **Gehen**:
  - **nach**: con. ~~euphr.$_{kl,xxx}$~~
- **Gehen**: ...
  - **Freien**, im: carb-v.$_{h}$ euphr.$_{kl}$ sep.$_{h}$ sulph. zinc.
    - **amel.**: arn. nat-m.
- **Gerstenkorn** auf dem Lid; wie durch ein: stann.
- **Haar**; wie durch ein: kali-n.$_{h}$
- **Hartes** darin; wie durch etwas: olnd.
- **hinten**, nach: bism.$_{h}$
- **innen**, nach: agar. anac. *Aur.* bamb-a.$_{stb2}$ bapt. bell. borx. **Calc.** caust. cor-r.$_{a1,rb2}$ kali-c.$_{h}$ ph-ac. zinc.
- **Heben** der Augenbrauen; beim: ptel.$_{c1}$
- **Klopfen**
  ☞ *Pochen*
- **Kopfschmerzen**, bei: bamb-a.$_{stb2}$ carb-v.$_{h}$ ran-b.$_{c1}$ *Sel.*$_{h,k}$ seneg. sulph.$_{h}$
- **Lesen**, beim: *Agar.* alum. asar. cic. *Con.* dulc. ign. *Kali-c.* mang. merl.$_{a1,k}$ mur-ac. *Nat-m. Nat-s. Nux-v.* pic-ac. *Ruta* sars. staph.
  - **künstlichem** Licht, bei: mang.$_{h}$
- **Licht**:
  - **agg.**: aur-m. *Bell. Con.* euphr. mag-m.$_{h}$ *Phos.* sep. *Staph.* sulph.
    ☞ *Dunkelheit - amel.*
  - **Kerzenlicht**: carb-an. croc. mang. petr. *Seneg.* staph.
  - **Veränderung** des Lichts: stram.$_{h}$
- **Menses**, während: carb-an. *Croc.* nat-p.
- **Mittagessen**, nach dem: agar. mez. phos. seneg.
- **oben**, nach: bism.$_{h}$
- **Öffnen** der Augen: alum.$_{h}$ caust.$_{h}$ croc. upa.
  - **unmöglich**: alum.$_{h}$
- **periodisch**: aur-m. ran-s.
  ☞ *nachmittags - 16 h*
- **Pochen**, Klopfen in den Schläfen; nach: glon.
- **Pflock**, wie ein: *Anac. Ran-b.*
- **Rauchen**, durch: calad. ran-b.$_{br1}$
- **Reiben**:
  - **agg.**: ars.$_{bg1,bg2}$ sep.
  - **amel.**: borx.$_{h}$ *Caust. Ran-b.*
- **reiben**, muß sie: chin.$_{h}$
- **Ruhe** amel.: ars.$_{bg2}$ berb. pic-ac.
- **Schlafmangel**:
  - **nach**: kali-c.$_{h}$
  - **wie** durch: chin.
- **Schließen** der Augen, beim: *Bell.* con. sep.$_{h}$ staph.
- **Schnupfen**, mit: lyc.$_{h}$
- **Schreiben**, beim: alum.$_{h}$ con.
- **Schwäche**, verursacht: glon. staph.
- **Sonne**; Arbeiten in der: sulph.$_{h}$
- **Überanstrengung** der Augen; bei: mur-ac. nat-m. *Ruta*
  ☞ *Anstrengung / feiner*
- **unten**, nach: anac.$_{h}$ aur.$_{h}$ carb-an.$_{h}$ sulph.$_{h}$
- **warm**:
  - **Anwendungen** amel.; warme: nat-c. seneg.
  - **Bett** amel.; warmes: nat-c.
  - **Zimmer** agg.; warmes: *Apis*
- **Waschen** in kaltem Wasser amel.: *Apis Asar. Phos. Puls.*

• **zusammendrückend**: op.$_{bg1}$
• **zusammenziehend**: euphr.$_{h}$
▽ **erstreckt** sich zu:
• **Augenbrauen**: ambr.$_{k2}$
• **Kopf**, in den: hep. nat-m.
• **Stirn**: agar. croc. ran-b.
• **unten**, nach: *Aur.* bry. cain. carb-v. coloc.
○ **Augapfel**: granit-m.$_{es1}$ thuj.$_{bg1}$
• **Augenbrauen**:
• **links**: ambr.$_{a1,h}$ camph.$_{h}$ sul-ac.$_{h}$
• **über** der Augenbraue: sulph.$_{h}$
• **Augenhöhlen**: bell.$_{h}$ caust.$_{h}$ con.$_{h}$ kali-c.$_{h}$ ph-ac.$_{h}$ phos.$_{h}$ sep.$_{h}$
• **Canthi**, in den: agar.$_{h}$ alum.$_{h}$ calc. *Carb-v. Colch.* cycl. grat. lach. sil.
○ **äußere**: anac.$_{h}$ ~~carb-an.$_{kl,xxx}$~~ carb-v.$_{h}$ chin. con.$_{h}$ lachn. *Mez.* op. staph.$_{h}$ sul-ac. thuj.$_{h}$
• **innere**: anac. carb-an.$_{h}$ *Caust.* cic. cycl. **Euphr.** gamb. hell. hydr-ac. iod. lach. laur. lyc. mag-m.$_{h}$ nat-m. petr. ph-ac. puls. rhod. *Stann.* staph. tarax.$_{h}$ zinc.
• **Blicken**, bei angestrengtem: ph-ac.$_{h}$
• **hinter** den Augen: caust.$_{h}$ granit-m.$_{es1}$
• **Karunkel**, Tränenkarunkel: bell.$_{h}$
• **Lider**: alum.$_{h}$ am-c.$_{h}$ borx.$_{h}$ cupr.$_{h}$ graph.$_{h}$ hep.$_{h}$ kali-c.$_{h}$ lyc.$_{h}$ nat-m.$_{h}$ nit-ac.$_{h}$ ph-ac.$_{h}$ sars.$_{h}$ sep.$_{h}$ sil.$_{h}$ spong.$_{h}$ sulph.$_{h}$ zinc.$_{h}$
• **abends**: sulph.$_{h}$
• **Lesen**, beim: zinc.$_{h}$
• **unten**, nach: zinc.$_{h}$
○ **Lidränder**:
○ **Drüse** an den Lidrändern: rheum$_{h}$
• **Oberlider**: graph.$_{h}$ lyc.$_{h}$ nat-c.$_{h}$ ph-ac.$_{h}$ phos.$_{h}$ stann.$_{h}$ staph.$_{h}$ sulph.$_{h}$
• **links**: kali-n.$_{a1}$
• **Unterlider**:
• **links**: ph-ac.$_{h}$
○ **Lidrand**: zinc.$_{h}$
• **Tränendrüse**: staph.$_{h}$
• **um** die Augen: borx.$_{h}$ kali-n.$_{h}$ mag-c.$_{h}$ mez.$_{h}$ phyt.$_{h}$ staph.$_{h}$
• **unter** dem rechten Auge:
• **nachts**: ars.$_{h}$
• **zwischen** den Augen: caust.$_{h}$

– **durchdringend**
☞ *stechend*

– **Fremdkörper**; wie durch einen: *Acon.* alum. alum-p.$_{k2}$ am-m. *Anac.* **Apis** arn. *Aur. Bell.* borx. *Bov. Calc.* **Calc-p.** calc-s. *Caps.* carb-an. caul. *Caust. Chel.* cinnb. *Cist.* coc-c. *Euphr. Fl-ac. Gels. Hep.* hyos. *Ign.* kali-bi. *Lyc.* med. meph. *Merc. Nat-m.* phos. plb. *Psor.* puls. rhus-t. ruta sang. sars. sep. *Sil.* stann. staph. stram. sul-ac.$_{k2}$ *Sulph. Thuj.* upa.
• **rechts**: sulph.
• **morgens**: *Sulph.*
• **vormittags**: am-m. dios. sulph.
• **abends**: rheum$_{h}$ *Sulph.*
• **Haare**, wie durch: *Coc-c.* sang.
• **Körnchen**; wie durch kleine: lith-c. sars. sep.
• **Reiben** amel.: spig.$_{h}$
○ **Bindehaut**, unter der: tab.

– **Fremdkörper**; wie durch einen: ...
• **Canthi**, in den: alum.
○ **äußere**: apis bar-c. con. *Euphr.* ign. phos. *Sul-ac.*
• **innere**: agar. berb.
• **hinter** den Lidern: meny.$_{h}$ *Merc.* spig.$_{h}$ stann. *Staph.*
• **Oberlid**:
• **rechts**:
○ **unter** dem Lid: calc-caust.$_{c1}$

– **fressend**
☞ *wundfressend*

– **grabend**: bell. bism.$_{bg2,k}$ calc.$_{bg2}$ colch.$_{bg2,k}$ phos.$_{bg2,h}$ sep. spig.$_{bg2,k}$
○ **Canthi**: anan.

– **herausgerissen**; wie: bamb-a.$_{stb2}$

– **herausgezogen**; als würde es: bell.$_{h}$ *Glon.* med.
• **geschlossen**, wenn: med.
• **Kopfschmerzen**, mit: carb-v.$_{h}$ cocc.$_{h}$

– **klopfend**, pochend, nachts
☞ *nachts - pochend*

– **krallend**: am-m.

– **kribbelnd**, an der Innenseite der Lider: chin.$_{h}$

– **lanzinierend**
☞ *schneidend*

– **mahlend**: xan.
• **links**: xan.$_{c1}$

– **Nagel**, wie durch einen: hell.

– **nagend**: agn. ars. berb. kali-c.$_{h}$ ox-ac.$_{bg2,k}$ *Plat.*

– **neuralgisch**:
○ **infraorbital** (= Infraorbitalneuralgie): arg-n.$_{mfj}$ ars.$_{mfj}$ bell.$_{mfj}$ kalm.$_{mfj}$
• **Lider**; Nerven der: verat.$_{c2}$
• **supraorbital** (= Supraorbitalneuralgie): *Asaf.*$_{mfj}$ **Cedr.**$_{mfj}$ chel.$_{mfj}$ chin.$_{mfj}$ chinin-s.$_{mfj}$ **Cinnb.**$_{mfj}$ ign.$_{mfj}$ kalm.$_{mfj}$ *Mag-p.*$_{mfj}$ nat-m.$_{mfj}$ nux-v.$_{mfj}$ sep.$_{mfj}$
• **Ziliarkörper** (= Ziliarneuralgie): acon.$_{mfj}$ amylam.$_{mfj}$ arn.$_{mfj}$ ars.$_{mfj}$ *Asaf.*$_{mfj}$ bad.$_{mfj}$ *Bell.*$_{mfj}$ chin.$_{mfj}$ chinin-m.$_{mfj}$ cimic.$_{mfj}$ **Cinnb.**$_{mfj}$ *Coloc.*$_{mfj}$ croc.$_{br1,bro1,*}$ *Hyper.*$_{mfj}$ ign.$_{mfj}$ ip.$_{mfj}$ kali-p.$_{mfj}$ *Mag-p.*$_{mfj}$ mez.$_{mfj}$ nat-m.$_{mfj}$ nat-sal.$_{mfj}$ phyt.$_{mfj}$ *Plan.*$_{mfj}$ **Prun.**$_{mfj}$ rad-br.$_{mfj}$ sang.$_{mfj}$ sil.$_{mfj}$ **Spig.**$_{mfj}$ terebe.$_{mfj}$ thuj.$_{mfj}$

– **pulsierend**: *Ars. Asaf. Chel.* merc-i-f.$_{bg2}$ petr. puls.$_{bg2}$ rheum$_{h}$ rhus-t.

– **reiben**; als würde man mit einem wollenen Handtuch: stann.$_{h}$

– **reißend**: acon. aeth. agar. all-c. alum.$_{h}$ am-m. ambr. *Anac.* ant-t. apis *Arn. Ars.* ars-s-f.$_{k2}$ asaf.$_{k2}$ asar. aur. aur-ar.$_{k2}$ aur-m. bar-c. bar-s.$_{k2}$ *Bell.* berb. borx. bov. bry. cadm-s. *Calc.* calc-sil.$_{k2}$ canth. carb-v. carbn-s. caust. *Cham. Chel. Chinin-s.* cic. cob. *Cocc. Colch. Coloc.* con. croc. *Crot-h.* dros. gran. graph.$_{h}$ grat. *Hyos.* hyper. *Ip.* kali-ar. *Kali-c.* kali-n. kali-p. kali-s. kali-sil.$_{k2}$ kalm.$_{k2}$ kreos. led. *Lyc.* mag-c. med. **Merc.** merc-c. *Mez.* nat-s. nicc. *Nux-v.* paeon. par. *Phos.* plb. *Prun.* **Puls.** rhus-t. ruta sep. *Sil.* spig.$_{k2}$ spong. squil. sulph. tax. thuj. valer. *Verat.* zinc. zinc-p.$_{k2}$
• **links**: agar.$_{h}$ caust. *Chel.* coloc. nicc. sulph. thuj.

• **rechts**: ambr. bov. colch. croc. gran. mag-c. *Prun.*
  • **kurzen** Rucken in und um das rechte Auge; in: ambr.$_{a,k1}$
• **morgens**: *Crot-h.* mag-c. mag-s.
  • **Gehen**, beim: anac.
• **vormittags**: kreos.
• **mittags**: chinin-s.
• **nachmittags**: borx. calc. lyc. phos. sep.
  • **14** h: lyc. sep.
  • **Sitzen**: phos.$_{h}$
• **abends**: calc. *Chel.* coloc. crot-h. hyper. kali-c. nat-c.$_{h}$ nat-m. thuj.
  • **Hinlegen**, nach dem: chel. cocc.
• **nachts**: coloc. *Kali-c.* **Merc.** nux-v. *Plb.* rhus-t.
  • **Bett**, im: **Merc.**
  • **weckt** ihn: *Nux-v.*
  • **um** die Augen agg.: *Acon.* coloc.
• **anfallsweise**: chinin-s. nicc. *Sil.*
• **Bedecken** mit der Hand amel.: aur-m.$_{a1,k}$
• **Bett** agg.; im: arn. mag-c. mag-s. **Merc.**
• **kurzen** Rucken in und um das Auge; in: ambr.$_{a1}$
• **Licht**; beim Blick ins: *Ars. Aur-m.*
• **Menses**, während: *Coloc.*
• **periodisch**: aur-m. chinin-s.
• **Schließen** der Augen; beim: sil.
• **Wärme**:
  • **agg.**: arn.
  • **amel.**: thuj.$_{k2}$
  • **bei**: anac.
• **Wetter**:
  • **feuchtem** Wetter, bei: *Merc.*

▽ **erstreckt** sich zu:
  • **außen**, nach: sil.$_{h}$
  • **Gehirn**: *Thuj.*
  • **Hinterkopf**: colch.
  • **Jochbein**: *Chel.*
  • **Schläfen**: anac.$_{a1,k}$ chel. ip.
  • **Stirn** und Wangen: lyc.
  • **Zähne**: *Chel.*

○ **Augenbrauen**: bell. *Cocc.* euph. kali-c. rhus-t.$_{h}$ *Thuj.* zinc.
• **Augenhöhlen**: sep.$_{h}$
• **Canthi**, in den: chin. hyos.$_{h}$ nat-m.
  ○ **äußere**: am-m.$_{h}$ aur.$_{h}$
  • **innere**: bell.$_{h}$ calc-caust. kali-n. meny.$_{h}$ nat-c. nicc. rat.
• **Lider**: alum.$_{h}$ bar-c.$_{h}$ kali-c.$_{h}$ mag-c.$_{h}$ nat-c.$_{h}$
• **Orbitalbogen**: alum.$_{h}$
• **Tränendrüse**: staph.$_{a1,k}$
• **um** die Augen: iod.$_{h}$ lyc.$_{h}$

– **rheumatisch**: anac.$_{h}$ *Apis* clem. *Dulc.* kali-bi.$_{k2}$ kali-c. *Led. Mez. Phyt.*

– **ruckend**: agar. *Asar.* lac-f. staph.$_{h}$
  • **links**: agar. lac-f.

– **Sand**, wie durch: agar.$_{a1,k}$ ail.$_{bg2}$ alum.$_{bg2,k}$ alum-p.$_{k2}$ alum-sil.$_{k2}$ am-br.$_{hr1,k}$ ambr.$_{bg2,k,*}$ *Apis* arg-n. **Ars.**$_{bg2,k,*}$ asaf.$_{bg2,k}$ asc-t.$_{hr1,k}$ *Aur.*$_{bg2,k,*}$ aur-ar.$_{k2}$ aur-s.$_{k2}$ bar-c.$_{bg2,k,*}$ bar-i.$_{k2}$ bar-s.$_{k2}$ bell.$_{bg2,k,*}$ berb.$_{hr1,k}$ borx.$_{h}$ bry.$_{bg2,k,*}$ **Calc.**$_{bg2,k,*}$ calc-sil.$_{k2}$ cann-s.$_{hr1,k}$ caps. *Carb-v.*$_{bg2,k,*}$ carbn-s.

– **Sand**, wie durch: ...
Caust.$_{bg2,k,*}$ *Chel.*$_{hr1,k}$ **Chin.**$_{hr1,k}$ chinin-m.$_{c1}$ cina cob.$_{hr1,k}$ cocc.$_{bg2,k,*}$ con.$_{bg2,k,*}$ *Cor-r.*$_{hr1,k}$ *Dig.* dios.$_{hr1}$ elaps euph. *Euphr.*$_{hr1,k}$ *Ferr.* ferr-ar. ferr-i. ferr-p. **Fl-ac.**$_{bg2,k,*}$ form. graph.$_{bg2,k}$ grat.$_{hr1,k}$ *Hep.*$_{hr1,k}$ hura$_{c1}$ hydrog.$_{srj2}$ *Ign.*$_{bg2,k,*}$ iod. kali-ar. kali-bi.$_{bg2,k}$ kali-c.$_{h}$ kali-chl.$_{hr1,k}$ kali-i.$_{k2}$ kali-m.$_{k2}$ kali-n.$_{bg2}$ kali-p. kali-sil.$_{k2}$ kreos. lac-d.$_{hr1,k}$ lach.$_{bg2,k}$ lachn.$_{hr1,k}$ *Led.*$_{hr1,k}$ lith-c. luna$_{kg1}$ *Lyc.*$_{bg2,k,*}$ mag-m.$_{bg2,k}$ *Med.*$_{hr1,k}$ merc.$_{bg2,k}$ myric. **Nat-m.**$_{bg2,k,*}$ nat-p.$_{hr1,k}$ nit-ac.$_{bg2,k}$ ol-an. *Op.*$_{bg2,k,*}$ ox-ac. paeon. petr.$_{hr1,k}$ ph-ac. phos.$_{bg2,k,*}$ *Phyt.*$_{bg2,k,*}$ pic-ac.$_{hr1,k}$ plat.$_{bg2,k}$ *Psor. Puls.*$_{bg2,k,*}$ rhus-t.$_{bg2,k}$ sars.$_{bg2,k,*}$ *Sep.*$_{bg2,k,*}$ *Sil.*$_{bg2,k,*}$ sol-ni. *Spig.*$_{bg2,k,*}$ stram. stront-c. **Sulph.**$_{bg2,k,*}$ sumb. syph.$_{hr1,k}$ tarent. *Thuj.*$_{bg2,k,*}$ upa. urt-u.$_{hr1,k}$ viol-t. xan.$_{c1}$ *Zinc.*$_{bg2,k,*}$ zing.$_{hr1}$
• **rechts**: amph.$_{a1}$ **Sep.**
• **morgens**: apoc.$_{hr1,k}$ lyc. **Nat-m.**$_{hr1,k}$ *Sil.* sol-ni. *Sulph.* thuj.
• **vormittags**: chel. con.$_{hr1,k}$ kali-n.$_{h}$
• **nachmittags**: bry.
• **abends**: *Ars. Calc.* cor-r.$_{hr1}$ ferr. kali-bi. ox-ac. petr. *Puls.* **Zinc.**$_{hr1,k}$
• **nachts**: calc. kali-bi. **Zinc.**$_{hr1,k}$
• **Luft**:
  • **Freien** amel.; im: sars.
• **Reiben** agg.: sep.$_{h}$
• **Schließen** der Augen agg.: sep.$_{h}$
○ **Canthi**, in den: acon. alum.$_{h}$ dig. sumb. tarax.$_{c1}$ thuj.
  • **äußere**: bar-c. con. crot-c. *Nit-ac.* staph. sulph.
  • **innere**: tarax.$_{h}$

– **schießend**
☞ *stechend*

– **schneidend**: act-sp. am-c.$_{bg2,k}$ *Apis Asaf.*$_{bg2,k}$ asar. atro. aur. aur-s.$_{k2}$ *Bell.*$_{bg2,k}$ borx. bry.$_{bg2,k}$ bufo cadm-s. *Calc.*$_{bg2,k}$ calc-sil.$_{k2}$ canth.$_{bg2}$ carbn-s. caust. *Chel.*$_{bg2,k}$ *Chin.*$_{bg2,k}$ cic. *Cimic.*$_{bg2,k}$ *Colch.*$_{bg2,k}$ *Coloc.*$_{bg2,k}$ con. crot-c. *Cund.* dros.$_{bg2,k}$ echi. *Euphr.*$_{bg2,k}$ ferr-i. graph. hep.$_{bg2}$ ind. iod. kali-c.$_{bg2}$ lac-f. *Lach.*$_{bg2,k}$ *Merc.*$_{bg2,k}$ mosch.$_{bg2}$ mur-ac.$_{bg2,k}$ nat-p.$_{bg2,k}$ *Nux-v.*$_{bg2,k}$ ol-an. petr.$_{bg2,k}$ phyt. puls.$_{bg2,k}$ rhus-t.$_{bg2,k}$ sang.$_{bg2,k}$ sil. spig.$_{bg2}$ staph.$_{bg2}$ *Sulph.*$_{bg2,k}$ tarent. verat.$_{bg2,k}$ viol-t.$_{bg2,k}$ zinc.
• **links**: *Asar.* borx. caust. lac-f.
• **rechts**: *Coloc. Sulph.*
• **morgens**: hura
• **abends**: calc. chr-ac.
• **nachts** agg.: *Merc.*
• **Anstrengung** der Augen; bei: merc. petr.
• **Berührung**, durch: *Asaf.*$_{hr1,k}$
• **Bewegen**, beim: bry. ind.
• **Bücken**, beim: coloc.
• **Druck** amel.: *Bry.* coloc.
• **Gehen** im warmen Zimmer amel.: *Coloc.*
• **Lesen**, beim: *Calc. Merc.* petr. phyt.
• **Licht**:
  • **Kerzenlicht**: *Calc.*
  • **Sonnenlicht**: *Graph.*
• **Liegen** auf der linken Seite; beim: lac-f.

• **Öffnen** der Augen; beim: *Bry.*
• **Ruhe**, in der: mur-ac.
• **Schreiben**, durch: cann-s. canth. phyt.
▽ **erstreckt** sich zu:
• **außen**, nach: cadm-s. *Lach.* sulph.
• **innen**, nach: acon. act-sp. *Asaf.* bry. *Coloc.*
• **Kopf**: coloc. euphr.$_{k2}$
○ **Canthi**: bell. brom.
○ **äußere**: brom. hep. kali-i.
• **Lider**: calc.$_{h}$ coloc.$_{h}$ staph.$_{h}$
○ **Lidränder**: spig.$_{h}$
– **Schnur** gezogen; wie mit einer
☞ *ziehend - hinten / ziehend - Schnur*
– **Splitter**; wie durch einen: med. nit-ac. tarent.
• **links**: elat.$_{c1}$
– **springen**; als würden die Augen aus dem Kopf: gels.$_{c1,hr1}$
– **stechend**: *Acon.*$_{bg2,k}$ aesc. agar.$_{h,k,*}$ all-c. alum. alum-p.$_{k2}$ alum-sil.$_{k2}$ am-c.$_{bg2,k}$ anac. anan. ang. ant-c.$_{bg2,k}$ **Apis** aran. *Arg-met.* *Arg-n.* arn.$_{bg2,k}$ ars.$_{bg2,k}$ ars-i. ars-s-f.$_{k2}$ asaf. aspar. aur. aur-ar.$_{k2}$ aur-i.$_{k2}$ aur-m. aur-m-n. aur-s.$_{k2}$ bamb-a.$_{stb2}$ bapt. bell.$_{bg2,k}$ *Berb.* borx. *Brom.*$_{bg2,k}$ *Bry.*$_{bg2,k}$ calad. *Calc.*$_{bg2,k}$ calc-sil.$_{k2}$ canth.$_{bg2,k}$ caps.$_{h}$ carb-an.$_{bg2,k}$ carb-v.$_{h}$ carbn-s. *Caust.*$_{bg2,k}$ *Cham.*$_{bg2,k}$ *Chel.* chin. *Cimic.* cinnb. cist. cob. cocc. coloc.$_{bg2,k}$ con.$_{bg2,k}$ crot-h. crot-t. cycl.$_{bg2,k}$ *Dig.*$_{bg2,k}$ dios. dros.$_{bg2,k}$ *Dulc.* eup-per. *Euphr.*$_{bg2,k}$ eupi. fago. ferr. ferr-i. ferr-p. form. *Gels.*$_{bg2,k}$ *Glon.* *Graph.*$_{bg2,k}$ *Hell.*$_{bg2,k}$ *Hep.*$_{bg2,k}$ *Hyos.* hyper. ign. iod.$_{bg2,k}$ *Ip.*$_{bg2,k}$ *Kali-bi.* **Kali-c.**$_{bg2,k}$ kali-chl. kali-i. kali-m.$_{k2}$ kali-n. *Kali-p.* kali-sil.$_{k2}$ *Kalm.* lac-f. *Lach.*$_{bg2,k}$ laur.$_{bg2,k}$ *Lec.* led. limest-b.$_{es1}$ *Lith-c.* *Lyc.*$_{bg2,k}$ lyss. mag-c.$_{bg2,k}$ *Mag-m.*$_{bg2,k}$ manc. mang. med.$_{br1,k2}$ meny.$_{h}$ *Meph.* *Merc.*$_{bg2,k}$ merc-i-r. merl. mill.$_{k2}$ *Mur-ac.* naja nat-ar. *Nat-c.*$_{bg2,k}$ *Nat-m.*$_{bg2,k}$ nat-p. nat-s.$_{bg2,k}$ *Nit-ac.*$_{bg2,k}$ *Nux-m.* *Nux-v.* ol-an. *Par.*$_{bg2,k}$ *Petr.*$_{bg2,k}$ ph-ac.$_{bg2,k}$ *Phos.*$_{bg2,k}$ phys. phyt. pic-ac. plan. **Prun.** psor. *Puls.*$_{bg2,k}$ **Rhus-t.** rhus-v. sang. sars.$_{h}$ sec. sel. *Senec.* seneg.$_{bg2,k}$ *Sep.*$_{bg2,k}$ *Sil.*$_{bg2,k}$ sin-a. **Spig.**$_{bg2,k}$ spong.$_{bg2,k}$ stann.$_{bg2,k}$ staph.$_{bg2,k}$ stram. stront-c. stry. sul-i.$_{k2}$ **Sulph.**$_{bg2,k}$ tab. tarax.$_{bg2,k}$ *Tarent.* ter. *Thuj.*$_{bg2,k}$ til. verat.$_{bg2,k}$ *Zinc.*$_{bg2,k}$ zinc-p.$_{k2}$
• **links**: bamb-a.$_{stb2}$ chim. chin. chin-b.$_{c1}$ cimic. cist. *Croc.* lac-f. *Mur-ac.* sep.$_{h}$ *Spig.* tell.$_{c1}$ *Thuj.* zinc.
• **rechts**, nach: croc. mur-ac.
• **gefolgt** von Jucken und Tränen: chin-b.$_{c1}$
• **Liegen** auf der linken Seite: lac-f.
• **Scheitel**; zum: phos. phyt.
• **rechts**: cic.$_{h}$ dios. nat-m. phys. rhus-t.
• **tagsüber**: cimic.
• **morgens**: arg-n. croc. *Crot-h.* fago. ign. kali-p.$_{k2}$ lyc.$_{h}$ nit-ac. *Nux-v.* *Sil.* tarent. thuj.
• **6** h: arg-met.
• **Erwachen**, nach dem: hell.
• **vormittags**: apis ery-a.
• **nachmittags**: caust.$_{h}$ dig. sin-n.
• **Gehen**, beim: bell.
• **Sitzen**, im: phos.
• **abends**: borx. *Caust.* *Crot-h.* hep. *Kalm.* **Lyc.**

– **stechend - abends**: ... *Merc.* pic-ac. spong. *Stann.* tarent. thuj.
• **Bett**, im: hipp.
• **Lesen**, beim: caust. mill. pic-ac.
• **Licht**; beim Blick ins: **Lyc.**
• **Schnupfen**, beim: sep.
• **nachts**: acon. *Apis* asaf.$_{k2}$ *Caust.* *Coloc.* *Con.* *Euphr.* hep. **Merc.** prun. rhus-t. *Spig.* tarent. thuj. til.
• **Mitternacht**:
• **vor**:
• **22** h: arg-met.
• **um**: ars.
◆ **abwechselnd** mit:
• **Pulsieren**: calc.
• **Anstrengung** der Augen; nach: staph.
• **ausstrahlend** von den Augen: **Spig.**
• **Bett**, im: arn.
• **Bewegung**: **Acon.** *Asaf.* brom. *Bry.* gels. *Prun.* rhus-t. *Spig.* sulph. viol-t.
• **amel.**: *Coloc.* dros. **Dulc.** phys. thuj.
• **Augen**, der: stann.$_{h}$
• **Blicken** auf etwas Weißes oder Rotes oder in die Sonne; beim: **Lyc.**
• **brennend**: *Euphr.* stann.$_{h}$ tarax.$_{h}$
• **Bücken** agg.: brom. coloc. dros.$_{h}$
• **Drehen** der Augen; beim: ars.$_{h}$
• **Druck**:
• **agg.**: brom. petr.$_{h}$
• **amel.**: *Bry.* *Coloc.* kali-p. phys. tarent.
• **drückt** die Lider nach unten: spig.$_{h}$
• **Einschlafen**; beim: **Phos.**
• **erscheint** plötzlich:
☞ *plötzlich*
• **verschwindet**; und:
• **plötzlich**: bamb-a.$_{stb2}$
☞ *plötzlich*
• **Essen**, nach dem: ambr.$_{a1,k1}$ dig.
• **Freien**, im: *Hep.* kalm. phel. *Sil.* spig.
• **amel.**: **Asaf.** *Puls.* sars.$_{h}$
• **Haus**, im: phel.
• **Herumgehen** in einem warmen Zimmer amel.: *Coloc.*
• **Hitze**; während: *Kali-c.* lyc.$_{h}$
• **Husten**, beim: *Seneg.*
• **Iritis**, bei: *Asaf.* **Merc.** **Rhus-t.** *Thuj.*
• **juckend**: cycl.$_{h}$
• **kalt**:
• **Luft**: thuj.$_{h}$
• **Kopfschmerz**:
• **während**: hipp. thuj.
• **nach**: gels.
• **Lesen**, beim: *Apis* carbn-s. caust. *Kali-c.* lac-f. nat-c. ph-ac. phyt. pic-ac. rhod. sel. *Sulph.*
• **Licht**:
• **hellem** Licht; in: amph. cob. euphr. graph. iod. *Kali-c.* lyc. *Merc.* *Puls.* thuj.
• **Kerzenlicht**; bei: *Colch.* *Sep.*
• **Sonnenlicht**: *Calc.* graph. *Puls.*
• **Liegen**: dig.
• **amel.**: cimic.
• **Menses**, während: calc.

- **Mittagessen**, nach dem: nat-c.al,k ol-an.
- **Nadeln** in den Augapfel gestoßen; als würden: spig.cl
- **Öffnen** der Augen; beim: **Ars.**
- **Pannus**, bei: *Apis*
- **plötzlich**: sil.
  ☞ *erscheint / erscheint - verschwindet - plötzlich*
- **pulsierend**: *Ars.* calc. rhus-t.
- **Reiben**: agn.al
- **rheumatisch**: bry. *Merc. Rhus-t.*
- **ruckend**: staph.h
- **Schließen** der Augen; beim: *Cimic.* clem. hell.h sars.h
- **Schlucken**, beim: tarent.
- **Schreiben**, beim: cob. lac-f.cl lyc. *Phyt.*
- **Schütteln** des Kopfes; beim: puls.
- **Sprechen**, beim: bry.
- **starrem** Blicken, bei: arund. lac-f.
- **Stuhlgang**, nach: carbn-s.
- **Sturm**, vor: *Cedr. Rhod. Sil.*
- **unten**, nach: carb-an.h hell.
- **Wärme**: *Arn.*
  - **amel.**: *Hep. Ign. Sil.* thuj.
- **Waschen**, beim: *Mur-ac.*
- **Wetter**:
  - **nassem** Wetter, bei: rhus-t.
  - **warmes** Wetter agg.: *Sulph.*

▽ **erstreckt** sich zu:
  - **außen**, nach: **Asaf.** *Bell.* cadm-s. *Camph.* cocc. dros. *Kali-bi. Mur-ac. Nat-c.* rhod. senec. sil.h *Spig.* sulph.h *Thuj.*
  - **hinten**, nach: bell. berb. cinnb. graph. hyper. lac-f. rhus-t. sep. **Spig.**
  - **Hinterkopf**: *Bell.* cic.h dios. *Ign.* lac-f. *Lach. Prun.* rhus-t. uran-met.
  - **innen**, nach: *Asaf. Caust. Cimic.* cinnb. *Coloc.* graph.h lac-f. phos. phyt. **Prun. Rhus-t. Spig.** stram. syph.
  - **Nasenwurzel**: coloc.h
  - **Oberkiefer**: agar.h
  - **Scheitel**: cimic. *Lach.* phyt.
  - **Schläfen**: kali-p. *Lach.*
  - **Seite** des Kopfes: tarent.
  - **vorne**, nach: spig.

○ **Augenbrauen**: bov. cic.h hell.h mang. petr. scroph-n.brl thuj. zinc.
- **Augenhöhle**:
  ○ **Knochen** der Augenhöhle, vom inneren zum äußeren Canthus; in den: cinnb.brol
- **Canthi**: agar. alum. ant-t. arg-met. bar-c. berb. brom. calc. chel. con. laur. nat-m. ph-ac. *Puls.* ruta sulph. verat.
  ○ **äußere**: amph.al aur-m-n. bar-c. cinnb. euphr. kali-c. laur. mur-ac. nat-c.h nat-m. nicc. ol-an. op. petr. spong. staph. *Sulph. Thuj.*
    ▽ **erstreckt** sich zu:
      - **inneren** Canthi: petr.h
  - **innere**: agar. alum. ant-t. arg-met. arg-n. arn. *Aur.* aur-m-n. bar-c. *Bell.* brom. *Calc.* cann-i. carb-an. chel. *Cinnb.* clem. *Con.* elaps elat. eug. fl-ac. *Graph.* grat. indg. led. mag-m. mag-s. med.cl meny.h nat-c.h2 nat-m. nat-p. nat-s. *Petr.* phos. plan. *Puls.* sang. sol-ni. spig. stann.h staph. sulph. *Thuj.* **Zinc.**
    - **rechts**: arg-n.bg1 brom.bg1 coloc.bg1 eug.bg1 fl-ac.bg1 grat.bg1 ind.bg1 led.bg1 mag-s.bg1 sol-ni.bg1 spig.bg1
    - **links**: agar.bg1 alum.bg1 arg-met.bg1 *Aur.*bg1 aur-m-n.bg1 calc.bg1 carb-an.bg1 clem.bg1 elat.bg1 nat-c.bg1 nat-m.bg1 nat-s.bg1 nit-ac.bg1 rhus-r.bg1 rhus-t.bg2 spong.bg1 stann.bg1
    - **morgens**: carb-an. con.h eug. phos.
      - **Freien**, im: phos.
    - **abends**: *Puls.* sulph.
- **Lider**: alum.h ang.h aur.h bar-c.h camph.h cycl.h mang.h mez.h ph-ac.h sil.h spig.h stann.h sul-ac.h zinc.h
- **Tränenkanal**: all-c.hrl,k
- **um** die Augen: acon. aeth. ant-c.h cinnb. coloc. hura spig.k2
  - **kreist** die Augen ein: cinnb.
- **unter** den Augen: nat-m.h rhus-t.h spong.h

– **stechend**; fein: androc.srj1 **Apis** *Calc. Caust. Crot-t. Ferr.*hrl *Granit-m.*es1 hydrog.srj2 *Luna*kg1 mag-s. meph. nabal.al nat-c. nit-ac. *Puls.* spong. tarent. thuj.
  ○ **Canthi**: *Apis* asar. carb-an. ran-s. spong. squil.h
  - **Lider**: *Apis Aur.* tarax.h
    ○ **Oberlid**: carc.mg1,st1,•
  - **um** die Augen: aesc. spong.

– **Wehtun** (= unbestimmt, drückend): achy-a.bnj1 **Acon.** aesc. *Agar.*h,k,• ail. androc.srj1 ant-t. apis *Arg-met.* arg-n.brl arn. *Ars.* ars-s-f.k2 aur. aur-ar.k2 *Bad.* bapt. bar-c. bar-i.k2 bar-s.k2 *Bell.* bov. brom. *Bry. Calc-p. Calc-s.* carb-v. *Carbn-s. Carl.* caul. cench.k2 *Cere-b.* cham. chel. chin. chinin-s. **Cimic.** *Cina* cob. coc-c. coca colch. coloc. cop. cupr. dig. dios. dulc.h1 ery-a. **Eup-per.** ferr. ferr-ar. ferr-i.k2 ferr-p. form. gels. *Glon. Graph.* grat. hell. *Hep.* hydr-ac. hydrc. iod. ip. kali-bi. kali-n. *Kali-p.* lac-d.k2 lach. laur. led. lept. lob. *Luna*kg1 lyc. lyss. mag-m. mang. marb-w.es1 *Med.* merc. merc-i-r. *Mez.* myric. naja nat-ar. *Nat-m.* nat-p. *Nit-ac. Nux-v.* onos. osm.k2 paeon. par. petr. ph-ac. phel. *Phos. Phyt.*bg2,k pic-ac. *Plan. Podo.*cl,k psor. **Puls.** ran-b.cl *Rhus-t.* rhus-v. rumx. *Ruta* sang. scut.cl sep. sil. **Spig.** staph. stront-c. stry. *Sulph.* sumb. syph. tep. thuj. til. ust. valer. verat. verat-v. xan. zinc.
- **links**: *Agar.*
- **morgens**: arg-n.al *Form. Graph.* podo. spig. stry. sulph.
  - **Erwachen**, beim: nat-ar. sumb.
  - **Frühstück** amel., nach dem: naja
- **vormittags**: cimic. sulph.
- **nachmittags**: staph.
- **abends**: dios. ferr. merc. myric. paeon. petr. **Puls.** rhus-t. ruta **Sulph.** verat-v.
  - **amel.**: chel.
  - **Hinlegen**, nach dem: *Carb-v.*
  - **Licht**, durch: carb-an. petr. *Ruta*
- **nachts**: *Bry.* cob. coloc. merc. merc-i-f.
  - **Schließen** der Lider; beim: bell.

- **nachts - Schließen** der Lider; beim: ...
  - **amel.**: nit-ac. pic-ac.
- **Berührung**, bei: bry.k2 dig.h,k,*
- **Bewegen** der Augen agg.: *Bad.* **Bry.** chel. *Gels. Hep.* nat-ar. phyt. pic-ac.
- **Blicken**, bei scharfem: *Carb-v. Chel.* nat-ar. **Nat-m.** *Psor. Rhus-t.*
  - **nahe** Gegenstände, auf: *Mang.*
  - **oben**, nach: *Chel.*
  - **Überanstrengung** der Augen; bei: *Carb-v.* coloc. merc. *Nat-m.* **Ruta**
- **Bücken**, beim: coloc.
- **Druck**:
  - **amel.**: pic-ac.
  - **nach**: *Bar-act.*
- **Fahren** oder Reiten, beim: verat.
- **Gehen** im Freien; beim: pall. zinc.
- **Lesen**, beim: cann-i. **Dulc.** *Jab.* nat-ar. ol-j. olnd. *Puls.* **Ruta** staph.
- **Licht**:
  - **helles** Licht:
    - **agg.**: *Hep.* petr. phyt. ruta thuj.
  - **Sonnenlicht**:
    - **agg.**: *Nat-ar.*
- **Luft**:
  - **Freien** amel.; im: limest-b.es1 *Seneg.*
- **Masturbation**, nach: *Cina*
- **Schlaf**, vor dem: *Con.*
- **Schreiben**, beim: *Calc-f.*
- **Übelkeit**, mit: thuj.
- **Wärme** amel.: ery-a. *Hep.*

○ **Canthi**: mag-m.
- ○ **äußere**: chin. dios. lyc.
- **innere**: acon. mosch. *Puls.* rhus-t. stann.

– **wund** beißend
☞ *brennend*

– **wund** schmerzend (= wie zerschlagen, empfindlich etc.): *Acon.* aesc. *Agar.* agn.a1 alum. alum-p.k2 alum-sil.k2 alumn.k2 am-br. androc.srj1 ant-c. ant-t. *Apis* arg-met. arg-n. *Arn. Ars.* ars-i. ars-s-f.k2 *Aur.* aur-ar.k2 bad. bamb-a.stb2 *Bapt.* bar-c. bar-i.k2 *Bell.* **Bry.** cain. calad. calc. calc-i.k2 *Calc-p. Calc-s.* calc-sil.k2 camph. canth. *Carb-v. Carbn-s.* caust. cedr. cham. *Chel. Cimic.* clem. cocc. *Colch. Com.* cor-r. *Corn. Croc. Cupr.* dios. dirc. dor. **Eup-per.** fago. *Gels. Glon.* granit-m.es1 gymno. **Ham. Hep.** hura hyos. *Hyper.* iod. kali-bi. kali-i.k2 kali-p. *Lach.* lec. lil-t. limest-b.es1 lith-c. *Luna*kg1 *Lyc.* lyss. mag-m.a1 manc. mang.k2 *Merc.* naphtin. nat-ar. nat-c. nat-m. nat-p. *Nit-ac. Nux-v.* onos. ox-ac. phos. *Phos-pchl.*c1 *Phys.* phyt. pic-ac. plan. podo. **Prun.** psor. *Puls.* pyrog.k2 *Ran-b.* **Rhus-t.** rob. rumx. *Ruta* sang. sars. scroph-n.br1 *Sep. Sil.* sin-n. *Spig.* stann. stry. sul-ac. sul-i.k2 sulph. *Symph.* ter. thuj.k2 *Tub.* urt-u. ust. verat.h vib. **Zinc.**
- **links**: bamb-a.stb2
- **rechts**: *Chel.* choc.srj3 *Com.* pyrog.k2
- **tagsüber**, nur: sulph.
- **morgens**: dios. fago. myric. nat-ar. sars.
  - **Erwachen**; beim: marb-w.es1
- **nachmittags**: dios. fago. nat-m.

– **wund** schmerzend **- nachmittags**: ...
- **16** h: lyc.
- **abends**: am-br. calc-s. cinnb. com. dios. *Gels.* lyc.h nat-p. stry. zinc.
  - **Spaziergang**, nach einem: **Sep.**
- **nachts**: *Bry. Cocc.* dios. gels.
- **Arbeit**; Wundheitsgefühl nach feiner: arn.br1
- **Berührung**, bei: borx.h bry.k2 calc-s.k2 hep.h spig.c1 sulph.h thuj.k2 tub.k2
- **Beugen** des Kopfes nach unten; beim: chel.
- **Bewegung**:
  - **während**: bamb-a.stb2 carbn-s. *Cupr.*
  - **Augen**; der: agar. *Bapt.* **Bry.** *Carb-v. Carbn-s. Com. Crot-t. Cupr.* gels. nat-ar. *Nat-m.* phos. *Phys.* pic-ac. pyrog.k2 ran-b.c1 **Rhus-t.** *Stict.* **Tub.**
  - **Lider**; der: **Bry.** glon. nat-ar.
- **Drücken** amel.: *Chel.* eup-per.k2 hyos. verat.h
- **Fremdkörper**; wie durch einen: gels. hura
- **Frost**; während: *Tub.*
- **Influenza**, bei: bry.st eup-per.st gels.st
- **kalt**:
  - **Anwendungen** amel.; kalte: chel. *Puls.* sulph.
  - **Luft**, in kalter: chel. *Sil.* zinc.
- **Kopfschmerzen**:
  - **während**: bamb-a.stb2 cimic.k2
- **Lesen**, beim: *Croc. Kali-bi.* nat-ar. nat-p.
- **Licht** agg.: *Chel.*
- **Luft** agg.: *Chel.*
- **Menses**, während: *Zinc.*
- **Öffnen** der Augen; beim: sil.
- **Rauch**; wie durch: ran-b.br1
- **Schlag**, durch einen: **Symph.**
- **Schließen** der Augen; bei gewaltsamem: sulph.h

▽ **erstreckt** sich zu:
- **Kopf**, in den: *Hep.*

○ **Augenbrauen**: dros.h guaj.h *Kali-c.*
- **Augenhöhle**; untere: sars.h
- **Canthi**: *Apis* arg-n. *Carb-v. Cham.* **Graph.** *Nat-m. Nux-v.* phos.
  - ○ **äußere**: **Ant-c.** borx. calc-act. cham. fago. form. *Kali-c. Ran-b.* rhus-t. sep. *Zinc.*
    - **Lippen**; mit rohen: cham.h
  - **innere**: bry. *Nux-v.* podo. *Puls.* sep. **Zinc.**
- **Lider**: ang.h arg-n.br1 bell. cham.h,k,* chim. cob. coloc.h dios. dros.h *Euphr.* form. kali-act. kali-bi. kalm. lith-c. lyc. merc. myric. nat-p. *Phys.* phyt. pic-ac. plb. psor. ran-b.c1 sil. verat. zinc.h
  - **nachts**: kali-c.h
  - **gerieben**, wie: verat.
  - **kalt**:
    - **Luft**; bei kalter: rhus-t.
  - **roh**, wie: ~~cham.kl,xxx~~ *Psor.*
  - **Schließen** der Lider; beim: dig.h phyt. rhus-t.
  - **Splitter**; wie durch einen: med. nit-ac. tarent.
  - **Lidränder**: *Acon. Apis Borx.* carc.mg1,sp,* dig.h kalm. *Nux-v.* spig.
    - **morgens**: nux-v. *Sulph.* valer.
  - ○ **Unterlider**:
    - **rechts**: ran-b.k2

• **Orbitalbogen**: nat-m.h
– **wundfressend**, Lid: caust.h
– **zerrend**: apis *Caust.* sep.
– **zerschlagen**
☞ *wund schmerzend*
– **zerschmetternd**: acon.bg2,k **Bry. Prun.**
– **ziehend**: *Agar.*a1,k apis arn.bg2,k *Ars.*bg2,k ars-s-f.k2 asar.h bell.bg2,k borx.c1 bov. calc-p. *Camph.* cann-s. canth.bg2,k carb-v. carbn-s. *Caust.*bg2,k cham. *Chel.* cic. *Colch.*bg2,k con. cop. croc.bg2 crot-c. *Cur. Glon. Graph.* hell. *Hep.*bg2,k hyos. jug-c. kali-ar. kali-bi. kali-c. kali-p. **Kalm.** kreos. lac-d. lach. lil-t. lith-c. lyc. lyss. med. *Naja* **Nat-m.** nit-ac.h oena. petr. phos.bg2 *Phys.* plat.bg2,k plb.bg2 podo.bg2,k puls.bg2 ran-s. rhod.bg2 **Ruta** sabad.bg2 *Seneg.*bg2,k sep. sil. *Spig.* stront-c. sulph. tab. thuj.bg2,k til. *Zinc.* zing.
☞ *Ziehendes Gefühl*
• **tagsüber**, nur: *Kalm.*
• **morgens**: grat. sep.
• **vormittags**: podo.
• **nachmittags**: phys.
• **abends**: bov. phys.
• **nachts**: lyc.
• **außen**, nach: aloebg1,bg2 cop. crot-c. crot-t.bg2 lach.bg2 med.bg2,k phos.bg1
• **Bewegung**, bei: **Kalm.** *Nat-m. Puls.*
• **Drehen** der Augen auf die Seite; beim: **Kalm.**
• **Freien** amel.; im: sep.
• **Gehen**, beim: merc-sul.
• **hinten**; zieht den Augapfel nach: agar. aster. aur-m. bov.bg2,k bry.bg1,bg2 carbn-s. cham.bg2,k *Crot-t.*bg2,k cupr. *Graph.*bg2,k *Hep.*bg2,k *Lach.*bg2,k *Mez.*bg2,k nicc-s.bg1 olnd.bg1,bg2 **Par.**bg2,k petr.bg2 phos.bg1,bg2 plb.bg2,k *Puls.*bg2,k rhod. sep.bg2,k sil.bg2,k stry. sulph.bg2,k zinc.
• **Lesen**; beim: lac-d.k2
• **Licht**:
  • **Lampenlicht** agg.: syph.
• **Mittagessen**, nach dem: agar.
• **Schläfe**, zur: crot-c.
• **Schließen** der Augen agg.: carb-v.
• **Schmerzen** im Hinterkopf; bei: *Carb-v.*
• **Schnur** vom Hinterkopf oder ins Gehirn; wie mit einer: *Crot-t.* hep. *Lach.* olnd.bro1 **Par.** rutarb2 sil.
• **Sitzen**, im: merc.
• **stechend**: *Lach.*
• **Stehen**, im: merc-sul.
• **Steifheitsgefühl** in den Muskeln: **Nat-m.**
• **unten**; nach: aeth.br1
• **zusammenziehend**: *Coloc.*bg2 grat.bg2 lyc.bg1,bg2 *Merc.*bg2 **Nat-m.**bg2,k op.bg1,bg2 sep.bg2,k *Sulph.*bg2,k *Zinc.*bg2,k
▽ **erstreckt** sich zu:
  • **Hinterkopf**: *Lach. Naja*
  • **Kopf**: *Graph.* lach.
    • **Stirn**, zur: agar.
  • **Ohr**: petr.
  • **Scheitel**: *Lach.*
○ **Augenbraue**: caust.h cic.h dros.h
• **Canthi**, in den: *Aur.* **Sep.**
  ○ **äußere**: spong.h

Schmerz - ziehend: ...
• **Knochen** der Augenhöhle: sulph.h
• **Lider**: graph.h ph-ac.h
• **um** das Auge: plat.h
• **unter** dem linken Auge: bell.h
• **zwischen** den Augen: caust.h
– **zuckend**
☞ *stechend*
– **zusammenschnürend**: acon. amph. cham. chlor. elaps lyc. naja nit-ac.
• **abends**: rat.
○ **Augenhöhlen**: verb.c1
– **zusammenziehend**: agar. bism.h borx. crot-c. dulc.a1 euphr. gink-b.sbd1 *Kali-n.* nat-c. plb. spig.h *Verat.*
• **morgens**: stry.
• **abends**: agar. euphr. glon. rhus-t.
• **konzentriert** in der Nasenspitze; der Schmerz in Augen, Stirn und Gesicht: *Kali-n.*a1,k
– **zwickend**: arn. croc.bg2 euph.h kali-c. nit-ac.bg2,k
○ **Augenhöhle**: ph-ac.h
• **unter** dem Auge: sil.h

Schnee; Beschwerden durch: acon.bro1 cic.bro1

Schrumpfen:
– **Gefäße** der Netzhaut; der: acetan.br1

Schwäche: *Agar.*a1,k alum.h am-c.h ammc.a1 *Anac.* ant-t.a1,k *Apis* ars.a1,k asc-t.a1,k *Aur.* bamb-a.stb2 bapt.hr1,k bar-c.hr1,k,* blum-o.bnj1 bov.a1,k calc.a1,k calc-i.k2 calc-sil.k2 cann-i.a1,k *Cann-s.*a1,k caps. *Carb-an.*hr1,k,* *Carb-v.* carbn-o. *Carbn-s.* carc.tp1 caust.a1,k cench.k2 cham.a1,k chel. chin. chlol.a1 chlor. cic. cina cinnb.hr1,k,* cob.a1,k **Con.**hr1,k croc.a1,k crot-t.a1,k cupr.a1,k cycl.a1,k daph.a1,k dig.a1,k dios.a1,k dor.a1,k dros.a1,k ery-m.a1 *Euphr.*a1,k eupi.a1,k *Ferr.*a1,k ferr-i. gels.a1,k *Graph.*a1,k ham.a1,k hep. hura hyos. hyper.a1,k ign.br1 iod.a1,k kali-bi.a1,k *Kali-c.*a1,k kali-n.h kali-p. kali-sil.k2 kalm.a1,k kreos.a1,k lach.a1,k lact.a1,k *Lil-t.*hr1,k,* lyc.a1,k lycps-v. lyss.hr1,k,* mang. meph.a1,k merc.a1,k merc-i-r.a1,k morph.a1,k naja nat-ar. *Nat-m.*a1,k nat-s. nicc.a1,k nit-ac.a1,k nux-m. *Op.*a1,k osm.a1,k ox-ac.a1,k par. ped.a1 petr.a1,k *Phos.*hr1,k,* *Phys.*hr1,k,* plat. plb. ran-b.c1 raph.a1,k rhod.a1,k rhus-t. **Ruta** sabad.a1,k sec. **Seneg.**a1,k sep. *Sil.* sin-n.a1,k spig.a1,k staph. stram. stront-c. stry.a1,k sulph.a1,k tab.a1,k tarent.a1,k *Thuj.*hr1,k,* urt-u.hr1,k,* ust.a1,k verat.a1,k zinc.hr1,k,*
☞ *Asthenopie | ❑ Sehen - Schwach*
– **tagsüber**: stann.a1,k
– **morgens**: ars.a1,k bry.a1,k cina dig.a1,k dios.a1,k phos. sang.a1,k upa.a1,k
– **vormittags**: ph-ac.a1,k squil.a1,k sulph.a1,k valer.a1,k
– **mittags**: cinnb.a1,k
– **nachmittags**: sin-n.a1,k
– **abends**: alum.h carb-an.a1,k nicc.a1,k psor.a1,k
• **Licht**, durch das: lyc. sep.
• **Zubettgehen**, nach dem: op.

– **angestrengtem** Blicken, bei: *Lyc.*
• **lange** Zeit, für: alum.$_{h}$
– **Arbeiten**; durch feine: carb-v.$_{k2}$
– **Koitus**, nach: **Kali-c.** kali-p.$_{bg1}$
– **Lesen**:
• **beim**: agar. *Ammc.* anders.$_{bnj1}$ bell. kali-i. lyc. myric. nat-ar.$_{k2}$ *Nat-m.* phys. **Ruta Seneg.** *Sep.*
• **nach**: am-c.$_{gsy1}$
– **Licht**, bei: aster.$_{a1,k}$ gins.$_{a1,k}$ merc.$_{a1,k}$ nat-p.
• **Kerzenlicht**, bei: bell.
– **Masern**, nach: *Kali-c. Puls.*
– **Menopause**; während der: tril-p.$_{c1}$
– **Menses**, während: *Cinnb.*$_{hr1,k}$
– **Mittagessen**, nach dem: valer.$_{a1,k}$
– **Samenabgang**, nach: jab. kali-c. lil-t. nat-m. puls. sep.
– **Schreiben**: anders.$_{bnj1}$ bell. carl. *Nat-m. Sep.*
– **sexuellen** Exzessen, nach: *Calc. Chin.* gels. upa.$_{a1,k}$
– **Weinen**, wie nach: cycl.$_{bg1}$
– **Ziliarmuskel**
☞ *Asthenopie - akkommodative*

Schweiß an Augenbrauen und Lidern: calc-p.$_{hr1}$

Schwellung: achy-a.$_{bnj1}$ *Acon.* alum-p.$_{k2}$ **Anac. Apis** *Ars.* atro. aur-i.$_{k2}$ bapt. bar-c. *Bry.* bufo cann-i. carb-v. card-m. *Cedr. Cham.* **Chlol.** coloc. croc. desm-g.$_{bnj1}$ dulc. ery-a. fago. ferr. ferr-ar. gels. **Guaj.** *Hep.* hura *Ign. Ip.* jug-c. *Kali-c.* kali-i. kali-p. lach. lyc. *Mag-c.* mang. merc. *Nat-ar.* nat-s.$_{k2}$ *Nit-ac. Nux-v.* oena. ol-j. par. phos. phys. plb. psor. puls. pyrog. raph. **Rhus-t.** sars. **Sep.** spig. *Stram.* stry. sulph.$_{k2}$ til. vesp.
– **links**: carb-v.$_{h}$ *Coloc.*
– **rechts**: *Lyc.*
– **morgens**: bar-c. bry. **Cham.** cocc. *Crot-h.* cupr. myric. naja sarr. **Sep.** sil. **Sulph.** tub.$_{c1}$ uran-met.
• **Erwachen**, beim: chel. kali-bi. mag-c. nat-ar. nicc.
• **Kopfschmerzen**, nach: ~~coc-c.$_{kl,xxx}$~~ cocc.$_{h1,kl}$
– **vormittags**: bry. *Euphr.* myric.
– **abends**: *Hep.* sep.
– **nachts**: *Hep.*
– **Gefühl** von Schwellung: acon.$_{bg1,bg2}$ ant-t.$_{rb2}$ arg-n.$_{bg1,bg2}$ bapt. bell.$_{rb2}$ calc. calc-p. cann-i. caust. chel.$_{bg1,bg2}$ choc.$_{srj3}$ coloc.$_{rb2}$ con.$_{rb2}$ digin.$_{rb2}$ **Guaj.** ham. mag-c. nat-ar. op.$_{rb2}$ phos.$_{rb2}$ phys. rhus-t. sarr. sol$_{rb2}$ spig.$_{rb2}$ thlas.$_{rb2}$ thuj.
• **Lider**
☞ *Lider - Gefühl*
– **Kopfschmerzen**, mit: sep.$_{h}$
○ **Bindehaut**: *Apis Arg-n. Ars.* bell. bry. cadm-s. cedr. cham. *Chel.* chlol. euph. *Graph. Ip.* led. mez.$_{k2}$ nat-ar. *Nat-c.* nat-m. nux-v. rhus-t.$_{hr1,kr1}$ sep.
• **Dermatoid**: *Calc. Nat-c. Nat-m.*$_{k,st}$ thuj.
○ **Drüse**: *Agar.* anan. *Graph.* kali-i. **Sil.**
• **Tränenkanal**: apis bell. brom. *Calc. Nat-m.* **Petr.** *Sil.*
• **Tränensack**: nat-c.$_{h}$ nat-m.$_{h}$ **Puls. Sil.**
– **Canthi**: agar. *Arg-n.*$_{bro1}$ aur. bell. bry. **Calc.** cinnb.$_{bro1}$ graph.$_{bro1}$ merc. petr. sars. sil. stann.

Schwellung - Canthi: ...
zinc.$_{bro1}$
• **innere**: arg-n.$_{br1}$ calc-p. kali-c.$_{ptk1}$ petr. puls.$_{ptk1}$ sars. sep.
– **Karunkel**, Tränenkarunkel: agar. **Arg-n.**$_{hr1,k,*}$ cann-i. *Kali-c.* zinc.
– **Lider**: absin. *Acon.* agar.$_{h}$ *All-c.* alum. alum-sil.$_{k2}$ anac. androc.$_{srj1}$ **Apis** *Arg-met.* **Arg-n.** arn. **Ars.** ars-i. ars-s-f.$_{k2}$ aur. aur-ar.$_{k2}$ aur-s.$_{k2}$ bamb-a.$_{stb2}$ bar-c. bar-i.$_{k2}$ *Bar-m.* bar-s.$_{k2}$ *Bell.* berb. bry. cadm-s.$_{c1}$ *Calc.* calc-i.$_{k2}$ calc-sil.$_{k2}$ *Carbn-s.* card-m. *Carl. Caust.* cham. chin.$_{bg1,bg2}$ *Chinin-s.* cinnb. colch. com. *Con. Crot-t.* cupr. *Cycl. Dig.*$_{br1,k}$ euph. **Euphr.** *Ferr. Ferr-ar. Ferr-i. Ferr-p.* gels. *Graph.* ham. *Hep.* hydro-v.$_{a1}$ hyos. ign. iod. *Ip. Kali-ar. Kali-bi. Kali-c.* **Kali-i.** kali-p. kali-s. kali-sil.$_{k2}$ **Kreos.** lach. *Lyc.* mag-m. manc. mang. med.$_{k2}$ **Merc.** merc-c. merc-i-f. mez. *Mur-ac.* **Nat-ar. Nat-c.** *Nat-m.* nat-p. nat-s. **Nit-ac.** nux-m. *Nux-v.* op. petr. *Phos. Phyt.* plb. *Psor. Puls.* rheum$_{h}$ **Rhus-t. Rhus-v.** ruta *Sanic.* sec. *Seneg. Sep.* sil. spong. squil. stram. sul-ac. sul-i.$_{k2}$ *Sulph.* syph. *Tell.* ter. *Thuj.* tub.$_{c1}$ urt-u. v-a-b.$_{jl}$ valer. verat. vesp. vip. zinc-p.$_{k2}$
• **morgens**: bamb-a.$_{stb2}$ bar-c.$_{h}$ cham.$_{h}$ crot-h.$_{hr1}$ sep.$_{h}$
◆ **begleitet** von:
• **Schnupfen**: bamb-a.$_{stb2}$
• **Gefühl** von Schwellung: arum-t.$_{rb2}$ carbn-s.$_{rb2}$ *Caust.* chel. chin.$_{bg1}$ cimic. coc-c. *Croc. Cycl.* euphr.$_{rb2}$ fago.$_{rb2}$ guaj. lact.$_{rb2}$ mag-m.$_{h}$ meny.$_{h,rb2}$ psor. sacch-l.$_{rb2}$ stram.$_{rb2}$ sumb.$_{rb2}$ tarax. *Thuj.*
• **Unterlid**: arum-t.$_{rb2}$ coloc.$_{rb2}$ nat-ar.$_{rb2}$
• **hart** und rot: acon. thuj.
• **Hundebiß**; nach einem: lyss.$_{c1}$
• **Menses**:
• **während**: apis cycl. kali-c.
• **unterdrückt**: acon. arg-n. *Ars. Calc.* cycl. *Kali-c.* merc. nux-v. rhus-t. sulph.
• **ödematös**: anac. **Apis** *Arg-n. Arn.* **Ars.** ars-i. bamb-a.$_{stb2}$ colch. *Crot-t. Cycl. Ferr.*$_{hr1}$ *Graph. Iod. Kali-ar. Kali-bi.* **Kali-c.** *Kali-i.* kali-p. medus.$_{br1}$ *Merc-c. Nat-ar. Phos. Phyt. Psor.* puls. raph. **Rhus-t. Tell.** urt-u. vesp. zinc.
☞ *Chemose*
• **purpurn**, blaurot: phyt.
• **wäßrig**, weiß: *Iod.*
○ **Lidränder**: arum-t. *Chel.* coc-c. *Con.* **Euphr.** *Graph. Hep.* kali-bi.$_{k2}$ *Kali-c. Kreos. Merc-c.* nux-m. ph-ac. *Phos.* psor. puls. sulph. syph. valer.
• **Oberlider**: **Apis** bamb-a.$_{stb2}$ bry. *Con. Cycl.* hydrog.$_{srj2}$ *Ign.* **Kali-c.** kali-i. *Med.* nat-ar.$_{k2}$ *Nat-c.* nux-m.$_{bg1,bg2}$ *Petr. Squil.* sulph.$_{h}$ *Syph.* teucr. thuj.$_{h}$ zinc.$_{h}$
• **links**: asar. cain. tell.
• **rechts**: *Caust.* nat-c. phos. sep.$_{bg1,h,*}$ vesp.$_{bg1,bg2}$
• **morgens**: bamb-a.$_{stb2}$
• **Kopfschmerzen**, bei: stront-n.$_{vh}$
• **unter** den Lidern: **Apis Ars.** *Hep.* **Kali-c.** med. ph-ac.$_{h}$ **Phos.**$_{st}$

– **Lider**: ...
 • **Unterlider**: aur. bamb-a.stb2 cain. calc.bg1,h,* crot-c. *Dig.* glon.bg1,bg2 **Kali-ar.** mag-c.h op. ph-ac.h *Phos.* raph. rhus-t.bg1,bg2 sep.h
  • **links**: calc. merc.
  • **morgens**: bamb-a.stb2 calc.h
– **Meibomsche** Drüsen: *Aeth.* borx. *Clem.* *Colch.* *Con.* hep. merc. nicc. *Phyt.* sil. *Staph.* *Sulph.* thuj.
– **Orbitalbogen** an der Seite der Schläfe: spig.h
– **über** den Augen
 ☞ ❑ *Gesicht - Schwellung - Augen - über*
– **um** die Augen
 ☞ ❑ *Gesicht - Schwellung - Augen - um*
– **unter** den Augen
 ☞ ❑ *Gesicht - Schwellung - Augen - unter*

Schweregefühl: *Aesc.* all-c.a1 all-s. **Aloe**k,st ambr.c1 amyg.a1 anan. anders.bnj1 androc.srj1 apis *Arn.*a1,k ars-met. arum-t. asc-t.a1 bell.bg2,h caj.a1 cann-i.a1 *Carb-v.*a1,k carbn-s. caust.bg2,h cent.a1 cere-b.a1 chel.a1 choc.srj3 cimic.a1 *Com.* conin.c2 croc.a1,bg2 crot-t.a1 ery-a.a1 gels.a1 gins.a1 glon.bg2 ham.a1 hell.bg2 hep. hipp.a1,k hydrog.srj2 iris.c1 kali-bi.a1,bg2 lac-ac.a1 lach. lil-t.a1 lob-s.a1 lyc.bg2,k,* mag-s.a1 manc.a1,k marb-w.es1 mit.a1 myric.a1 nux-m.a1 parth.gm1 peti.a1 phys.a1 pic-ac.a1,bg2 plb.bg2,k podo.a1,k ptel.c1 rhus-v.a1 rumx. *Sep.*a1 sol-t-ae.a1 stach.a1 stram.a1,k *Sulph.*bg2,k,* tab.a1 tarent.a1 trif-p.a1 verat.a1 vib. zinc.a1
– **tagsüber**: granit-m.es1
– **Menses**:
 • **vor**: lac-d. *Nat-m.*
 • **während**: carb-an.a1,k lac-d. *Nat-m.*
○ **Lider**: absin.a1,k acon.a1,k adam.srj5 agar. anan. apis arum-t.a1,k arund.a1,k asaf. bamb-a.stb2 bar-c.k2 bell.a1,k berb.a1,k brom.a1,k bufo caj.a1,k *Calc.* calc-sil.k2 cann-i.a1,k carbn-s. *Caul.* **Caust.** cent.a1 cham. chel.a1,k chinin-m.c1 chlol. choc.srj3 cimic.a1,k cina cinnb. *Cocc.* coloc.a1 **Con.** corn.a1,k croc.br1 crot-c.a1,k cupr. dirc.a1,c1 eucal.a1 euph.a1,h *Ferr.*a1,k *Form.*a1,k **Gels.**a1,k gins.a1 *Graph.*a1,k haem.a1 *Hell.* *Hydr.* jab.a1 *Kali-bi.*a1,k kali-p. *Lac-c.* *Lac-d.* lachn. lil-t.bg1,bg2 *Lyc.*a1,k mag-m.h manc.ptk1,ptk2 *Merl.*a1,k naja nat-ar. *Nat-c.*a1,k *Nat-m.*a1,k nat-p.a1,k *Nat-s.*a1,k nicot.a1 nit-ac. *Nux-m.*a1,k *Nux-v.* ol-j.a1 onos. op.a1,k oreo.br1 peti.a1 ph-ac.a1,k phel. *Phos.* phys.a1,k pic-ac.a1,k plb.a1 plumbg.a1 psil.ft1 **Rhus-t.**a1,k *Sep.* sil.a1,k spira.a1 spirae.a1 *Spong.*a1,k sul-i.a1,k2 *Sulph.* tarent. thuj.a1,k verat.a1 *Verat-v.*a1,k viol-o.a1,k *Zinc.*
 • **morgens**: chel.bg1 daph.a1,k ferr.a1,k glon.a1,bg1 myric.a1,k phos. *Sep.* *Upa.*a1,k
  • **Erwachen**, beim: *Kali-bi.* *Sep.*
  • **offenhalten**; als könne er sie nicht: lachn.c1 nit-ac. *Sep.*
 • **abends**: bufo cinnb. dig.a1,k pic-ac.a1,k sulph.a1,k
  • **Lesen** bei künstlichem Licht; beim: *Nat-s.*a1,k
 ◆ **begleitet** von:
  • **Fluor**
   ☞ ❑ *Weibliche Genitalien - Fluor - begleitet von - Lider*
 • **Gebrauch** der Augen; beim: nat-c. *Nat-m.*

Schweregefühl - Lider: ...
 • **Gefühllosigkeit**, Taubheit der Lider; mit: neon.srj5
 • **Kopfschmerzen**:
  • **während**: gels.br1
  • **Stirn**; in der: sep.
 • **warmen** Zimmer; im: bamb-a.stb2
○ **Oberlider**: alum-p.k2

Schwimmen in Tränen
 ☞ *Tränenfluß*

Skrofulöse Erkrankungen: aeth. *Am-br.* *Apis* ars. *Aur.* aur-s.k2 bell. **Calc.** *Cann-s.* **Caust.** *Cham.* *Chinin-ar.* cist. *Con.* *Dulc.* **Euphr.** ferr. **Graph.** *Hep.* mag-c. merc. nat-m. *Nux-v.* **Puls.** rhus-t. scroph-xyz.c2 **Sulph.** zinc.

Spannung: agar.a1,k ang.c1 apis asaf. *Aur.*hr1,k,* bar-c.h berb.a1,k *Calc.* camph.hr1,k,* carb-v. carl.a1,k caust. chin. choc.srj3 colch.hr1,k *Coloc.*hr1,k cop. croc.a1,k dros.h dulc.a1,k euphr.a1,k *Gels.*hr1,k glon.a1,k hyper.a1,k *Ip.*hr1,k,* jab.c2 kreos.a1,k lach. led.a1,k *Lith-c.* med.k2 merc.a1 merl.a1,k mez. *Nat-m.*a1,k *Nux-m.* *Nux-v.*hr1,k,* onos. *Par.*hr1,k *Phos.*a1,k phys.hr1,k plat. **Ruta** sabad.a1,k seneg.a1,k sep.a1,k *Sil.*hr1,k,* sol-ni. spig.hr1,k stann. tab.a1,k til.a1,k
– **links**: lyc.h
– **rechts**: zinc.h
– **morgens**: ang.a1,k merc.a1 merl.a1,k thuj.
 • **Erwachen**, beim: sulph.h
– **Bewegen** der Augen agg.: nit-ac.h
– **Blicken** nach oben; beim: sulph.h
– **Drehen** der Augen; Drehen: *Calc.*
– **Koitus**, nach: agar. *Calc.* phos. sep. *Sil.*
– **Lesen**, beim: calc. caust.
– **Schließen** der Augen amel.: aur.
– **Schmerzen** im Hinterkopf; mit: carb-v.
– **starrer** Blick agg.: aur.a1,k
○ **Augenbrauen**: bov. hell.h
– **Canthi**, innere: bar-c.h kali-cy.
– **Lider**: acon. dros.h hyper. merl. nit-ac. *Nux-m.* olnd. ph-ac. plat. sul-ac.
 • **rechts**: carb-v. olnd.a1
 • **morgens**: sulph.h
 • **Lesen**, beim: calc. caust. olnd.a
 • **Schließen** der Lider; beim: phys.
 ○ **Unterlid**: arum-t.
– **um** die Augen: alum. limest-b.es1 *Nux-m.* *Nux-v.* par. spong.

Spasmen
 ☞ *Krämpfe*

Spasmodisch
 ☞ *Bewegung - konvulsivisch*

Staphylom: *Alumn.*hr1,k *Apis* *Aur-m.*hr1,k bar-m.hr1,k calen.hr1 *Caust.*hr1,k *Chel.*hr1,k *Euphr.*c2,k *Hep.*hr1,k ilx-a.c1,c2 *Lyc.*hr1,k *Nit-ac.*hr1,k sil.hr1,k *Thuj.*hr1,k

Starren, Stieren: *Acon.*bg2,k,* *Aeth.*bg2,k *Agar.*hr1,k,* am-c.bg2,k *Anac.*hr1,k ang.bg1,bg2,* *Ant-t.*bg2,k,* *Arn.*bg2,k,* *Ars.*bg2,k,* *Ars-i.* *Art-v.*hr1,k asar.bg2,k,*

Starren, Stieren: ...
atro.a1,k aur.hr1,k aur-ar.k2 **Bell.**bg2,k,* ben-n. borx. *Bov.*hr1,k brom. bry.bg2,k *Calc.*hr1,k *Camph.*bg2,k,* cann-i.a1,k *Canth.*bg2,k,* carb-ac.a1,k carb-v. *Carbn-s.* cass.a1 caust.hr1,k *Cham.*bg2,k,* chin.bg2,k,* *Chinin-s.* *Chlor.*hr1,k,* *Cic.*h,k,* cic-m.a1 cina clem.hr1,k coca *Cocc.*bg2,k,* *Colch.*hr1,k,* *Croc.*hr1,k crot-c. *Cupr.*bg2,k,* dig.bg1,bg2 dor.hr1,k,* eup-per.hr1,k,* gels.a1,k *Glon.*bg2,k,* grat.a1,k guaj. guar.a1 *Hell.*bg2,k,* *Hep.*bg2,k hipp.a1 hydr-ac.hr1,k hydrog.srj2 **Hyos.**bg2,k,* *Hyper.*hr1,k,* *Ign.*bg2,k,* **Iod.**bg2,k,* ip.hr1,k jab.br1 kali-ar.hr1,k kali-br.hr1,k kali-c.bg2,k,* *Kali-cy.*a1,k *Kali-i.*hr1,k kali-n.a1,k kali-p.hr1,k kali-sil.k2 kalm.bg2,k *Kreos.*a1,k lach. lachn.a1,k *Laur.*bg2,k,* **Lyc.**bg2,k,* lyss.hr1,k manc.bg2,k,* med. **Merc.**bg2,k,* merc-c.a1,k *Merc-cy.*a1,hr1 *Mez.*hr1,k,* morph.a1,k mosch.bg2,k,* mur-ac.bg2,k,* *Naja* nat-ar. nat-c.a1,k nat-p. nitro-o.a1 *Nux-m.*bg2,k,* *Nux-v.*bg2,k,* oena.hr1,k,* olnd.a1,k **Op.**bg2,k,* paeon.a1,k petr.a1,k *Ph-ac.*bg2,k,* phos.hr1,k,* *Phyt.*hr1,k plat.hr1,k plb.hr1,k,* plb-c.a4 plb-chr.a1 puls.hr1,k ran-b. rhus-t.bg2,k ruta sang.a1,k sangin-t.c1 santin. **Sec.**bg2,k,* seneg.bg2,k sil.hr1,k,* sol-ni. *Spong.*bg2,k,* *Squil.*bg2,k,* **Stram.**h,k,* *Stry.*a1,k sul-ac. sul-i.k2 sulph.bg2,k,* tab.a1,k tarent.a1,k ter.hr1,k *Verat.*bg2,k,* vip.a1,k *Zinc.*hr1,k,* zinc-p.k2
☞ ❑ *Gemüt - Starren*
– **morgens**, im Freien: nux-v.a1,k
– **abends**: chin.a1,k
• **Bett**, im: sil.a1,k
• **Erwachen**, beim: *Ip.*hr1,k
• **Konvulsionen**, bei: ars.a1,k
– **nachts**: corn.a1,k eup-pur.
• **Schlaf**, im: ant-t.a1,k corn.a1,k op.a1,k
– **Bewußtlosigkeit**, bei: aeth.hr1 caust.hr1,k hyos.a11
– **Erwachen**, beim: *Arn.* bell.a1,k ip.hr1,k stram. *Zinc.*hr1,k
• **plötzlich**: sec.a1,k *Zinc.*
– **Frost**; während: *Calc.*
– **Gefühl** als würde er: med.
– **Gegenstand** zu blicken; scheint starr auf einen: cic.bg2,c1
– **Gehen** im Freien; nach: alum.h
– **Konvulsionen**:
• **während**: ign.k2
– **Kopfschmerzen**, bei: **Bell. Glon. Stram.**
– **Menses**, vor den: puls.hr1,k
– **Musik**; beim Anhören von: tarent.a1,k
– **Schlaflosigkeit**, mit: eup-pur.
– **Schmerz**:
• **Hinterkopf**, im: *Carb-v.*
• **Stirn**; mit Schmerz in der: spig.
– **Schwindel**, bei: hep.h
– **Sonnenstich**, bei: *Glon.*hr1,k
– **Stupor**, im: ars.a1,k *Hell.*
– **Unterkühlung**, nach: cic.h,k,*

Starrer Blick unmöglich
☞ *Bewegung - unwillkürlich / Unbewegliches - unmöglich*

Steifheit:
○ **Augäpfel**: agar. ars.bg2,k,* bar-m.a1,k calc.bg2,k calc-p. camph. caust.bg2,k,* crot-c. cupr-s.a1,k

Steifheit - Augäpfel: ...
hep.bg2,k **Kalm.**bg2,k *Nat-ar.* **Nat-m.**bg2,k,* onos. phos.bg2,k,* seneg.bg2,k sil.bg1,bg2 spig.bg2,k,* stry.a1,k
– **Lider**: **Apis** arum-d.a1,k camph. gels. **Kalm.**a1,k nat-ar. *Nux-m.*a1,k rat.ptk1 *Rhus-t.*a1,k *Sep. Spig.* spig-m.a1 *Verat.*a1,k
– **Muskeln** um die Augen: agar. ery-a.a1 **Kalm.**a1,k *Nat-m.* nux-v.a1

Steine; wie voller kleiner: kali-n.bg1,h lac-d.bg1

Strabismus, Schielen: acon.bg2 aeth.bg2 agar.bg2,k,* *Alum.*bg2,k,* alumn.hr1,k,* androc.srj1 ant-t.bg2,k,* **Apis** *Arg-n.*k,st arn.bg2,mfj ars.bg2,k,* **Bell.**bg2,k,* ben-n.c2,k bufo *Calc.*hr1,k calc-p.bg2,k,* cann-i.bg2,k,* *Canth.* carb-an.c2 caust.bg2 *Chel.*hr1,k *Chinin-s.* **Cic.**bg2,k,* *Cina*c2,k *Con.*bg2,k,* cupr.bg2,mfj cupr-act.c2 **Cycl.**bg2,k,* *Dig.*hr1 ery-a.c2 esin.mfj *Gels.*bg2,k,* *Hell.*hr1,k *Hyos.*bg2,k,* jab.hr1,k,* *Kali-br.*hr1,k *Kali-i.*bg2,k,* kali-p.hr1,k *Lyc.* lyss.hr1,k *Mag-p.*bg2,k,* meny.bg2,k *Merc.*bg2,k,* *Merc-c.*bg2,k,* morph.a1,k nat-ar. *Nat-m.*bg2,k nat-p.bg2,k,* nat-sal.a1 *Nux-v.*hr1,k,* olnd.c2 op.bg2,k,* phys.bg2 pin-s.c2 plb.bg2,k,* podo.c2,k2 psor. puls.bg2,k,* rhus-t.bg2 rutak2 sapin.c2 scor.a1,c1 sec.bg2,c2 **Seneg.**mfj sil.bg2 *Spig.*bg2,k,* *Stram.*bg2,k,* sulph.bg2,k syph.c2,k2 *Tab.*bg2,k,* tanac.a1 thuj.bg1,bg2 tub.hr1,k verat.bg2,k *Zinc.*bg2,k,*
☞ *Lähmung - Augenmuskeln*
– **linkes** Auge nach innen gedreht: *Calc. Cycl.*
– **rechtes** Auge nach innen gedreht: alumn.hr1,k
– **nachts**: spig-m.vh
– **außen**; nach
☞ *divergens*
– **Berührung** agg.: cic.k2
– **convergens**: alum.bg1,bg2,* art-v.bg1,bg2 calc.b1,bg1,* *Camph.*hr1 chel.hr1 **Cic.**bg2,k,* cina **Cycl.**bg2,k,* jab.hr1,k lil-t.k2 *Lyc.*hr1 mag-p. nux-v. op.hr1 spig.c1,hr1 syph.hr1,xxb
• **Sturz** oder Schlag; durch einen: cic.brol
– **Diarrhoe**; durch unterdrückte: podo.k2
– **divergens** ●: *Agar.*bg2,k alum.hr1,k *Camph.*hr1 *Coloc.*bg2,k,* *Con.*bg2,k dig.bg2 graph. hyos.bg2 *Jab.* lil-t. merc-i-f. morph.a1,hr1,* morph-s.hr1 **Nat-m.**k,kl2● nat-sal.c2 phos.hr1,k rhod. ruta seneg. sulph.hr1 tab.bg2 zinc.hr1
– **epileptischen** Anfällen, bei: tarent.gt1
– **Furcht**; durch: *Cic. Nux-m.* stram.
– **Gefühl** von: bell.bg2 *Con.*bg2 meny.bg2,h nat-m.bg2 op.bg2 podo.bg2 puls.bg2,h
– **Gemütsbewegungen**; durch: *Cic. Nux-m.* stram.
– **innen**; nach
☞ *convergens*
– **Lesen**, beim: tab.
– **periodisch**: chin. *Chinin-s.* **Cic.** jab. *Nux-v.* thuj.bg1
• **Tag**:
• **zweiten**, jeden: *Chinin-s.*
• **Verletzung**; nach: cic.br1
– **Verletzungen**:
• **nach**: cic.k2
– **Zahnung**; während der: alum.bg3

Striktur des Tränenkanals ●: **Abrot.**vn1 *Arg-met.* calc.hr1,k euphr. *Fl-ac.* graph. hep.hr1,k *Nat-m.*k,kl2● *Puls.*k,kl2● *Rhus-t.*k,kl2● **Sil.**k,kl2● thiosin.bc

Stumpfe, trübe Augen: abrot. acon.bg2,k,* aesc.a1,k aeth. **All-c.** androc.srj1 ang.bg2,h ant-c.br1 **Ant-t.**bg2,k arn.bg2,k ars.bg2,k ars-s-f.k2 asaf.bg2 asar.bg2,k asc-t.c1 atro.a1,k bapt. *Bar-c.*hr1 basil.a1 bell.bg2,k,* berb. bov.bg2,k bry.bg2,k bufo caj.a1 calc. *Calc-ar.* calc-i.k2 camph.a1,k cann-s.bg2 carb-an.bg2 *Carb-v.*bg2,k carbn-s. caust.bg2 *Cedr.* *Chel.* chin.bg2,k *Chinin-s.* *Chlor.* cimic. clem.bg2 coloc.a1,k com.a1,k con.bg2,k croc.bg2 cupr.bg2,k cycl.bg2,k cyt-l.a1 daph. ery-a.a1 fago.a1 ferr.bg2,k ferr-ar.k2 gels.a1,k *Glon.* graph.bg2,h grat. hell.k2 hyos.bg2,k,* iod.bg2,k,* kali-bi.a1,k kali-br. kali-c. kali-i.a1 kali-p. *Kalm.* kreos. lach.bg2,k,* *Lyc.* *Merc.*bg2,k merc-c.a1,k mez.a1,k mit.a1 mosch. myric.a1 nat-c.bg2 *Nit-ac.*bg2,k nux-m.a1 **Nux-v.** op.bg2,k,* ph-ac.bg2,k phos.a1,k plb.a1,k podo. rheum rhus-t.a1,k rhus-v.a1 rumx. sabin.bg2,k sang.a1,k spig.bg2,k spong. squil.bg2,k stann.bg2,k *Staph.* stram.bg2,k,* sul-ac. sul-i.k2 *Sulph.* sumb.a1 trif-p.k13 valer.bg2,k verat.bg2,k zinc.bg2,k,* zinc-p.k2 zinc-s.
- **morgens**: sep.h
- **Anstrengung**, nach: ferr.
- **Menses**, während: mag-c.h
- **sexuelle** Exzesse: **Staph.**

○ **Iris**: colch.a1 ip.a1 kali-bi.hr1,k kali-i.hr1,k sulph.hr1,k syph.hr1,k

Sugillation
☞ *Ekchymose*

Sympathetische Ophthalmie
☞ *Entzündung - Ophthalmia*

Tenonitis
☞ *Entzündung - Tenon-Kapsel*

Tiefliegend:
- **Gefühl** wie zu tief: ambr.c1
  ☞ *Eingesunken - Gefühl*

Tränen:
☞ *Tränenfluß*
- **tagsüber**, verklebte Augen nachts: ign.hr1
- **beißend**: con.h
- **brennend**: **Apis** *Arn.* *Ars.*hr1,k *Ars-i.* *Aur.* bell.hr1,k,* cadm-s. *Calc.*hr1,k canth. **Chin.**hr1,k chinin-ar. chlol.a1 dios.hr1,k eug. **Euphr.**hr1,k kreos. *Lyc.*hr1,k *Merc.*hr1,k nat-p.k2 *Nat-s.*hr1,k *Nit-ac.*hr1,k nux-v.hr1,k ph-ac.h phos.h *Phyt.*hr1,k plb.hr1,k psor.hr1,k **Rhus-t.**hr1,k *Sang.*hr1,k *Sil.*hr1,k spig. staph.hr1,k stict.hr1,k stront-c. **Sulph.**hr1,k syph.k2 *Verb.*hr1,k zinc.hr1,k
- **dick**: tarent.bg1,bg2
- **Gefühl** wie von: cor-r.a1 eupi.a1,k fago.a1 hyos.a1,k ign.h lil-t.a1,k merc.a1,k nit-ac.a1,k pyrog. sep.a1,k sil.h spig.h spirae.a1 staph.h sulph.h
- **heiß**: eug.bro1
- **kalt**: lach.
- **mild**, bland: **All-c.**hr1,k gink-b.sbd1
- **ölig**: sulph.
- **reichlich**
  ☞ *Tränenfluß*

Tränen: ...
- **salzig**: bell. *Kreos.*a1,k nux-v.
- **scharf**: all-s. **Ars.**hr1,k,* ars-s-f.k2 bell. bry. *Calc.*hr1,k,* *Caust.*hr1,k cedr.hr1,k clem.hr1,k *Colch.*hr1,k *Coloc.*hr1,k dig.a1,k eug. *Euph.* **Euphr.**hr1,k fl-ac. gamb.a1,k graph.a1,k *Ham.*hr1,k *Ign.*hr1,k iod. kali-ar. kali-n.h kiss.a1 *Kreos.*hr1,k,* *Led.*hr1,k,* *Lyc.*hr1,k *Merc.*hr1,k **Merc-c.**hr1,k *Nat-m.*hr1,k,* *Nit-ac.*hr1,k ph-ac. pic-ac.hr1,k plb.a1,k puls.hr1,k rhus-t.hr1,k sabin. spig.hr1,k staph. **Sulph.**hr1,k syph.hr1,k teucr.
  - • **nachts**: *Merc.*

Tränenfluß: absin. acet-ac. achy-a.bnj1 *Acon.* act-sp. aesc. *Agar.* *Ail.* **All-c.** all-s. aloe *Alum.* am-c. am-m. ambr. amph.a1 anac. androc.srj1 *Apis* *Arg-n.* arn. *Ars.* ars-i. ars-s-f.k2 art-v. arum-t. arund. *Asar.* *Aur.* aur-ar.k2 aur-i.k2 aur-s.k2 bamb-a.stb2 bar-c.h bar-s.k2 **Bell.** berb. borx. *Brom.* bry. cadm-s. **Calc.** calc-i.k2 calc-p. *Caps.* *Carb-ac.* carb-an. *Carb-v.* *Carbn-s.* caul. *Caust.* cench.k2 *Cham.* *Chel.* chin. chinin-ar. chlol. chlor. cimic. cina cinnb. clem. coc-c. *Colch.* coloc. *Com.* *Con.* cortiso.gse *Croc.*c2,k *Crot-c.* *Crot-h.* *Crot-t.* cupr-ar. daph. dig. dios. *Elaps* eug. *Eup-per.* *Euph.* **Euphr.**c2,k *Ferr.* ferr-ar. *Ferr-i.* *Ferr-p.* **Fl-ac.** formal.br1 gamb. gels. gink-b.sbd1 glon.bg1,bg2 *Granit-m.*es1 *Graph.* grat. *Ham.* helo.c1 helo-s.c1 *Hep.* hydr. hydro-v.a1 *Hydrog.*srj2 hygroph-s.bnj1 *Ign.* *Iod.* ip. jab.br1 kali-ar. *Kali-bi.* *Kali-c.* *Kali-i.* kali-n.br1,h kali-p. kali-s. kreos. *Lach.* lachn. *Led.* lil-t.br1 limest-b.es1 **Lyc.** *Mag-c.* mag-m.h2 mag-p.br1 mag-s. meny.h **Merc.** *Merl.*c2,k *Mez.* mill. mosch. mur-ac.h muscin.a1 naja nat-ar. *Nat-c.* **Nat-m.** nat-p. *Nat-s.* nicc. **Nit-ac.** nux-m. *Nux-v.* ol-an. olnd. **Op.** osm. *Par.* petr. ph-ac. **Phos.** phyt. *Psor.* **Puls.** ran-b. ran-s. rheum *Rhod.* **Rhus-t.** *Ruta* *Sabad.* sabin. *Sang.* sars.h sel. *Seneg.* *Sep.* *Sil.* sin-n. *Sol-ni.* sphing.kk3 *Spig.*k,kk3 *Spong.* squil.c2,k stann. staph. *Stram.* stry. *Sul-ac.* **Sulph.** sumb. *Tarax.* tax.c2 tell. teucr. *Thuj.* ust. *Verat.* xan.c1 *Zinc.*
☞ *Tränen*
- **links**: arum-t.k2 carb-ac.hr1,k carb-v.h cench.k2 chin-b.hr1 clem. *Coloc.*bg2,k,* dios.hr1,k gink-b.sbd1 *Ign.*bg2,k,* mag-c.h phys.hr1 sin-n.hr1,k thuj.bg1,h,* uran-met.
- **rechts**: acon.bg1,bg2 ars.bg2 brom.hr1,k calc. calc-sil.k2 chin.h graph.k2 hydrog.srj2 *Hyos.*bg2,k,* kali-n.h lyc.h mag-c.h nit-ac.h sang.c1 sep.bg1,bg2 spig.bg1,bg2 stram.a1 verb.hr1,k vesp.hr1,k
- **tagsüber**, nur: **Alum.**hr1,k lyc.a1,k sars.hr1,k,* zinc.hr1,k
- **morgens**: alum. am-m.h bell.h borx.h *Calc.*hr1,k,* carb-an. granit-m.es1 kali-n.a1,k kreos. lachn. limest-b.es1 mag-c. merc. nat-ar.k2 nat-c. nat-m.hr1,k,* nicc. phel. phos. **Puls.**a1,k rat. rhus-t. *Sep.*hr1,k,* staph. **Sulph.**hr1,k,* zinc.hr1,k
  - • **Erwachen**, beim: marb-w.es1 nat-ar. sep. zinc.h
    - • **nach**: alum.h
  - • **früh**: coloc.bro1
- **vormittags**: nat-c.hr1,k squil.

– **nachmittags**: lyc.h
• **17** h: chinin-m.kr1
– **abends**: acon.hr1,k all-c.hr1,k asar. calc.a1,k eug.hr1,k,* gink-b.sbd1 mag-m.a1,k merc. nicc.a1,k phos.a1,k rhus-t.a1,k *Ruta Sep.*hr1,k ter.hr1,k **Zinc.**hr1,k
– **nachts**: acon. all-s. am-c.bg1,h am-m.bg1,h *Apis* arn.bg1 ars.bg1 bar-c.bg1 chin.h gels.bg1 hep.c1 phos.h ran-s.bg1 **Zinc.**a1,k
◆ **begleitet** von:
• **verschwommenes** Sehen
☞ *❑ Sehen - Verschwommen - begleitet von - Tränenfluß*
– **Blicken**; bei starrem, fixem: *Apis* chel. cinnb. echi. euph. euphr.k,k1 gink-b.sbd1 ign. ip.hr1 kali-c. kreos.j5 nat-ar. osm. plat.h psor.c1 *Seneg.* spong. tab.
– **Erbrechen**, durch: cupr.h
– **Essen**, beim: ol-an.bro1,c1
– **Feuer**; beim Blick ins: ant-c. chel. *Mag-m. Merc.* sabad.
– **Fieber**; während: acon. ail.bg1 apis bell. calc. cham. eup-per. ign. lyc. petr. *Puls.* spig. spong. sulph.
– **Frost**; während: elat. euphr.k2 sabad.ptk1
– **Gähnen**, beim: ant-t. bar-act.h bar-c.bg bell.h calc-p. ferr.bg,h1 hell.bg hydrog.srj2 ign. kali-c. kreos. mag-p.ptk meph. *Nux-v.* ph-ac.h plat.h rhus-t. *Sabad.* sars. staph. tub.xxb viol-o.
– **heftig**
☞ *reichlich*
– **Herzens**; mit Beschwerden des: am-c.bg1 spong.ptk1
– **Husten**, mit: acon.a1,k *Agar.*hr1,k all-c.ptk1 aloe arn.k1 brom. bry.hr1,k calc. carb-ac. carb-v. cench. chel.hr1,k choc.srj3 cina cupr.ptk1 cycl. *Eup-per.*hr1,k euph. **Euphr.** *Graph.*hr1,k hep. hydrog.srj2 ip. kali-c. kali-perm. kreos. merc. **Nat-m.**hr1,k op.a1,k *Phyt.*hr1,k **Puls.** rhus-t. *Sabad.*hr1,k sil.a1,k **Squil.** staph. sulph. tub.xxb
• **Keuchhusten**: all-c.hr1 *Caps.* euphr.bro1 *Graph. Nat-m.*
• **reichlicher** Tränenfluß bei jedem Hustenanfall: arn.k1
– **juckend**:
• **morgens**: *Granit-m.*es1
– **kalt**:
• **Anwendungen**; kalte: sanic.bro1
• **Luft**, in kalter ●: ars-i.k2 calc-sil.k2 cob. dig. echi. euphr. eupi.c1 kali-sil.k2 kreos. lyc. phos. **Puls.** rutak2 sanic.bro1,c1 *Sep. Sil.* sul-i.k2 sulph.gt1 thuj.
– **Kopfschmerzen**, bei: agar. apisptk1 arg-n. asar. bell. bov. carb-an. carb-v. chel. com. con. eug. euphr.k2 hep. *Ign.* ind. kali-c.hr1,k kali-i. lac-c. lach.bg1 lil-t. merc. mez.ptk1 nat-m.bg1 osm. *Plat. Puls.* rhus-r. spong. stram. sulph.k2 tax.
– **Lachen**, beim: carb-v.h nat-m.
– **Lesen**, beim: *Am-c. Carbn-s. Croc.* grat. hera.c1 ign. nat-ar. nit-ac. olnd. phos. ruta *Seneg.* sep. still. sul-ac.
– **Licht**, durch: dig. kreos. puls. spong.
• **helles**: ail. chel. *Chinin-s. Kreos. Mag-m.* sabad.
– **Licht - helles**: ...
spong.
• **Sonnenlicht**: bry. graph. ign. staph.
– **Luft**:
• **Freien**, im: ail. alum. alum-p.k2 arn. bar-c. bell. bry. **Calc.** camph. *Canth.* carbn-s. *Caust.* chel. chlor. *Clem.* cob. coc-c. *Colch.* dios. dulc. euph. *Graph.* hyos. lyc.bro1,h merc. nat-ar. *Nat-m.* nit-ac. petr. phel. **Phos.** phyt. *Puls.* rheum *Rhus-t. Ruta Sabad.* sanic.bro1 senec. seneg. *Sep.* **Sil.** staph. **Sulph. Thuj.** ust. verat. zinc. zinc-p.k2
• **amel.**: all-c.bro1 chinin-s. *Croc.* phyt. plat.h
– **Menses**, während: calc. phyt.bg3 zinc.
– **Nase**:
• **beißende** Schmerzen darin; durch: aur.h
• **Jucken**, durch: mag-m.h plat.h
– **Öffnen** der Augen; beim: *Kali-bi.*
• **gewaltsam**: acon.k2 *Apis Con. Ip. Merc-c. Rhus-t.*
– **Pfeffer** in Hals und Mund; durch ein Gefühl wie: hydrog.srj2
– **Reiben**; nach: nat-c.h ph-ac.h rutah sep.h
– **reichlich**: all-c.k2 syph.dgt
– **Schlaf**; im:
○ **Canthi**; äußere: psil.ft1
– **Schlucken**, beim: arg-n.bg1
– **Schmerzen**, durch:
• **anderen** Körperteilen, in: acon.h ferr. *Sabad.*
• **Auge**, im: calc. chel. cimic.hr1 *Coloc.* ferr. gels.hr1 gink-b.sbd1 hep.h ip.c1 lac-d.k2 lac-f.c1 mag-c.h mag-m.h meny.h nat-c.h rheumh stann.k2 sulph.h thuj.h
• **Lid**; im rechten: xan.c1
• **Gesicht**, im: bell.j5 lach.j5 spig.j5
• **Hals**, im inneren: sep.
• **Nase**, in der: anac.h aur.h hydrog.srj2 mag-m.h
• **Supraorbitalregion**, in der: mez.c1
– **Schnee**, durch: acon.bro1
– **Schnupfen**, beim: acon. agar. **All-c.**hr1,k alum. *Anac.*hr1,k anan. anth.bro1 *Arg-n.* ars. ars-i. bry.k2 calc-sil.k2 carb-ac.hr1,k *Carb-an.*hr1 **Carb-v.** cench.k2 cham.k2 *Chin. Dulc.*hr1,k **Euphr.** iod. jab. *Kali-c.* lach. lyc. **Nux-v.**hr1,k *Phos. Phyt.*hr1,k *Puls.* ran-s.hr1,k *Sabad. Sang.*hr1,k sin-n. *Spig.* squil.h staph. **Tell.** *Verb.*hr1,k
– **Schreiben**:
• **beim**: *Calc.* ol-an. staph.h
• **nach**: ferr.
– **Schwall**, in einem; in Güssen: aur.bg1,bg2 chinin-ar.bg1 eug.bg1
– **Seite**, betroffene ●: lach.bg3 nat-m.bg3 nux-v.bg3 puls.bg3 spig.bg3
– **stark**
☞ *reichlich*
– **stechend**:
• **morgens**: *Granit-m.*es1
– **Striktur** des Tränenkanals
☞ *Striktur*
– **Stuhlgang**, beim: **Phos.**vh
– **Urinieren**, beim: *Clem.*hr1 **Phos.**vh
– **warm**:
• **Zimmer**, im warmen: *All-c.* bamb-a.stb2 *Phos.*

– **Wetter**:
• **nassem** Wetter, bei: crot-h. graph.
– **Wind**, im ●: calc.$_{vml1}$ **Euphr.** lyc. *Nat-m.* phos. **Puls.** rhus-t. ruta$_{k2}$ sanic. *Sil.* sulph. *Thuj.*
– **Zimmer**, in einem: agn.$_{a1}$ asar. bamb-a.$_{stb2}$ caust. *Croc.* dig. phos.
– **Zusammenziehung** des Oberlids; durch: spig.$_{h}$
○ **Canthi**:
○ **äußere**:
• **Schlaf**; im
☞ *Schlaf - Canthi*

Trichiasis
☞ *Haare - Einwärtskehrung*

Trockenheit: **Acon.**$_{bg2,k}$ agar.$_{h,k,*}$ **Alum.**$_{bg2,k}$ alum-p.$_{k2}$ alum-sil.$_{k2}$ ammc.$_{a1}$ androc.$_{srj1}$ ang.$_{c1}$ arg-met. *Arg-n.* *Arn.* **Ars.**$_{bg2,k,*}$ ars-s-f.$_{k2}$ *Asaf.*$_{bg2,k,*}$ *Asar.*$_{bg2,k,*}$ aur-m.$_{a1,k}$ bamb-a.$_{stb2}$ bar-c.$_{bg2,k,*}$ bar-s.$_{k2}$ bart.$_{a1}$ **Bell.**$_{bg2,k,*}$ berb.$_{a1,k}$ bry.$_{bg2,k}$ calc.$_{bg2}$ carb-v.$_{a1,k}$ carc.$_{sst}$ *Caust.*$_{bg2,k,*}$ cedr.$_{a1,k}$ *Cham.*$_{a1,k}$ chin.$_{bg2,k}$ choc.$_{srj3}$ chr-ac.$_{a1}$ cina *Clem.* cocc.$_{a1,k}$ colch.$_{a1}$ cop. *Croc.*$_{bg2,k}$ crot-h. *Cycl.*$_{a1,k}$ daph.$_{a1}$ dros. dulc.$_{a1}$ *Elaps* euph.$_{a1}$ *Euphr.*$_{bg2,k,*}$ fago.$_{a1,k}$ franz.$_{a1}$ gamb.$_{a1,k}$ gels.$_{a1}$ gink-b.$_{sbd1}$ glon.$_{k2}$ *Graph.*$_{bg2,k,*}$ grat. hep. kali-ar. kali-bi.$_{bg2,k,*}$ kali-c.$_{bg2,k,*}$ kali-n.$_{a1,k}$ kali-p. kali-s. kali-sil.$_{k2}$ lac-d.$_{k2}$ lach.$_{a1,k}$ lachn.$_{a1,k}$ laur.$_{bg2,k,*}$ lec. limest-b.$_{es1}$ lith-c. luna$_{kg1}$ **Lyc.**$_{bg2,k,*}$ *Mag-c.*$_{bg2,k,*}$ mag-m.$_{bg2,k,*}$ manc.$_{a1,k}$ *Mang.*$_{bg2,k,*}$ *Med.* *Meny.*$_{vh}$ merc.$_{a1,k}$ merc-c. *Merl.*$_{a1,k}$ **Mez.**$_{a1,k}$ nat-ar. nat-c.$_{bg2,k,*}$ nat-m.$_{a1,k}$ nat-p. *Nat-s.*$_{bg2,k,*}$ neon$_{srj5}$ nicc. **Nux-m.**$_{bg2,k,*}$ *Nux-v.*$_{bg2,k,*}$ **Op.**$_{a1,k}$ paeon.$_{a1,k}$ pall. *Petr.* phel. phos.$_{bg2,k,*}$ pic-ac. plan.$_{a1}$ plb.$_{a1,k}$ podo.$_{c1}$ **Puls.**$_{bg2,k,*}$ *Rhod.*$_{bg2,k,*}$ *Rhus-t.*$_{a1,k}$ rumx. *Sang.*$_{a1,k}$ sanic.$_{bg2,k}$ sars. *Seneg.*$_{bg2,k,*}$ *Sep.*$_{a1,k}$ sil.$_{a1,k}$ spig.$_{bg2,k,*}$ *Staph.*$_{bg2,k,*}$ **Sulph.**$_{bg2,k,*}$ tep.$_{a1}$ thuj.$_{bg2,k,*}$ **Verat.**$_{bg2,k,*}$ **Zinc.**$_{bg2,k,*}$ zinc-p.$_{k2}$
– **morgens**: acon. berb. *Caust.*$_{a1,k}$ graph.$_{a1,k}$ lachn.$_{c1}$ ~~lyc.$_{kl,xxx}$~~ mag-c.$_{a1,k}$ mag-m.$_{h}$ *Nux-v.* *Puls.* *Sil.*$_{a1,k}$ **Zinc.**$_{a1,k}$
• **Erwachen**, beim: arg-n.$_{a1,k}$ elaps lyc.$_{k1}$ phos.$_{a1,k}$ sanic. *Staph.*$_{a1,k}$
• **Tränenfluß**, nach: **Sulph.**
– **nachmittags**: caust.$_{h}$ *Nat-s.*
• **Schlaf**, nach: mag-m.$_{h}$
– **abends**: *Alum.*$_{a1,k}$ *Caust.*$_{a1,k}$ cina coloc.$_{a1,k}$ graph.$_{h}$ *Lyc.* mang. nat-s. nicc. pall.$_{a1,k}$ *Puls.* sang.$_{a1,k}$ sep. sil. *Staph.*$_{a1,k}$ **Zinc.**$_{a1,k}$
• **Blick** ins Feuer: mag-m.$_{h}$
• **Zubettgehen**, beim: op.
– **nachts**: lyc. sanic.$_{bg1}$ spig.$_{h}$ sulph.$_{bg1,h}$
– **Erwachen**, beim: arg-met. elaps phos. puls. sanic. staph. *Verat.*
– **helles** Licht; beim Blicken in: **Mang.**$_{a1,k}$
– **künstlichem** Licht, bei: ars. pic-ac.
– **Lesen**, beim: aur. cina graph.$_{a1,k}$ hyos. nat-m. phos.$_{h}$
– **Menses**, während: mag-c.$_{a1,k}$
– **warm**:
• **Zimmer**; im warmen: **Puls.**$_{k,kl2}$● *Sulph.*$_{k,kl2}$●

Trockenheit: ...
○ **Canthi**: acon-l.$_{a1}$ *Alum.*$_{a1,k}$ arg-met. asar.$_{h}$ berb.$_{a1,k}$ nat-m.$_{a1,k}$ **Nux-v.**$_{a1,k}$ *Thuj.*$_{a1,k}$
• **abends**: nat-m.$_{a1,k}$
○ **äußere**: thuj.$_{h}$
– **Lider**: alum.$_{h}$ ang.$_{h}$ asar.$_{h}$ carb-v.$_{h}$ cham.$_{h}$ cycl.$_{h}$ euph.$_{h}$ euphr.$_{k2}$ graph.$_{h}$ ip.$_{h}$ mag-m.$_{h}$ petr.$_{h}$ sars.$_{h}$ verat.$_{h}$ zinc.$_{h}$
○ **Lidränder**: ars.$_{h}$ cham.$_{h}$ sulph.$_{h}$
• **Gefühl** von: pall.$_{c1}$

Trübung:
○ **Bindehaut**; der: zinc.$_{k2}$
– **Hornhaut**; der: agn. *Apis* **Arg-n.** *Aur.* *Aur-m.* *Aur-s.*$_{k2}$ bar-c. *Bar-i.* bar-s.$_{k2}$ **Cadm-s.**$_{c2,k,*}$ **Calc.** calc-f.$_{c2,k}$ calc-p. calc-sil.$_{k2}$ *Cann-s.*$_{c2,k}$ *Caust.* *Chel.* *Chin.* cine.$_{br1,c1,*}$ *Cinnb.* *Cocc.* *Colch.* **Con.** *Crot-t.*$_{c2,k}$ euph. *Euphr.* *Hep.*$_{c2,k}$ *Hydr.* *Kali-bi.*$_{c2,k}$ *Kali-c.*$_{hr1,k}$ kali-sil.$_{k2}$ *Lach.* *Lyc.* *Mag-c.*$_{c2,k}$ *Merc.* merc-c. *Merc-i-f.* *Naphtin.*$_{bro1}$ *Nit-ac.* op. puls. rhus-t. sacch.$_{c2}$ *Seneg.*$_{c2,k}$ *Sil.* **Sulph.** *Tarent.*$_{c2,k}$ thiosin.$_{br1}$ tub.$_{a1,c1,*}$ *Zinc.* **Zinc-s.**$_{c2,ptk1}$
☞ *Flecken*
• **rechts**: *Lyc.* *Sil.*
• **links**: *Hep.* *Sulph.*
• **Arcus** senilis ●: acon. ars. calc.$_{ptk1}$ *Cocc.* *Coloc.* *Kali-bi.* kali-c.$_{bg3,ptk1}$ lyc.$_{rs,kl2}$● *Merc.* merc-c. mosch. phos.$_{bg3,ptk1}$ **Puls.** **Sulph.**$_{k,kl2}$● vario.$_{ptk1}$ zinc.
• **Pocken**, nach: *Sil.*
• **punktförmig**: kali-bi. kali-chl. kali-i.
• **Wunden**, durch: *Euphr.*
○ **Glaskörpers**, des: chlol.$_{c2}$ colch. *Gels.* kali-n.$_{br1}$ *Merc-i-f.* *Phos.* prun.$_{c2,k}$ psor. seneg. *Sulph.*

Tumoren:
○ **Bindehaut**:
• **Polyp**: *Kali-bi.* *Staph.* thuj.
• **Sarkom**: iod.
– **Canthi**:
○ **äußere** Canthi:
• **Polyp**: *Lyc.*$_{c2,k}$
– **Lider**: aur. *Benz-ac.*$_{c2}$ *Calc.* caust. *Con.* graph. *Hep.* hydrc. kali-bi. lyc. *Nat-m.* *Nit-ac.* *Phos.* *Puls.* *Sil.* *Staph.* sulph. teucr.$_{c2,k}$ *Thuj.*
• **rechts**:
○ **Oberlid**: zinc.
• **Unterlid**: zinc.
• **Atherome**: *Graph.*
• **empfindlich**: staph.$_{k2}$
• **Knötchen** in den Lidern (= Chalazion) ●: calc.$_{mfj}$ caust.$_{mfj}$ *Con.*$_{k,mfj}$ graph.$_{bg3}$ hep.$_{mfj}$ **Platan-oc.**$_{ah1,mfj}$ puls.$_{k2}$ *Sil.* **Staph.** sulph. *Thuj.* tub.$_{c1}$ zinc.$_{mfj}$
○ **Lidränder**: aur.$_{h}$ *Calc.* *Con.* *Sep.* sil. **Staph.** thuj.
• **Polyp**:
○ **Oberlids**; unter der Oberfläche des: *Kali-bi.*
• **Sarkom**: iod. *Phos.*
• **Zysten**: *Calc.* calc-f.$_{st}$ *Graph.* kali-i.$_{c2}$ *Merc.* *Sil.* staph. thuj.

– **Lider - Zysten**: ...
  ○ **Lidknorpel**; am: ferr-p.$_{c2}$ ferr-py.$_{c2}$ kali-i.$_{c2}$
  ☞ *Tumoren - Lidknorpel*
○ **Lidknorpel**: bar-c. caust. *Puls.* sanic.$_{c2}$ *Sep. Sil. Staph.*$_{c2,k}$ *Thuj.*$_{c2,k}$ **Zinc.**$_{c2,k}$
  ☞ *Zysten - Lidknorpel*
  • **wiederkehrend**: **Calc-f.**$_{st}$ *Puls. Staph.*
  • **wiederholt** aufgetretenen Gerstenkörnern; nach: **Sep.**
• **Meibomsche** Drüsen: alum.$_{st}$ bad. **Staph.** *Thuj.*
  • **entzündet**: lol.$_{st}$

Überanstrengung der Augen:
– **Nähen**, durch: arg-n.$_{br1}$
– **warmen** Zimmer agg.; im: arg-n.$_{br1}$

Umstülpung des Lids
☞ *Ektropium*

Unbewegliches Blicken:
– **unmöglich**, die Augen fest auf etwas zu richten; es ist: arg-n.$_{br1}$
  ☞ *Bewegung - unwillkürlich*

Unbeweglichkeit
☞ *Starren / Unbewegliches*

Unruhiger Blick
☞ *Unsteter*

Unsteter, unruhiger Blick: aloe anan.$_{hr1,k}$ *Bell.*$_{hr1,k,*}$ camph.$_{hr1,k}$ cedr.$_{hr1,k}$ cupr. hydrc.$_{c1}$ *Lach.*$_{hr1,k}$ **Morph.**$_{hr1,k,*}$ par.$_{hr1,k}$ sabad.$_{bg2}$ *Stram.*$_{bg2,k,*}$
☞ *Unbewegliches - unmöglich*

Uveitis
☞ *Entzündung - Uvea*

Venen
☞ *Farbe - rot - Venen*

Verdickung:
☞ *Härte - Lider*
○ **Bindehaut**, der: apis$_{st}$ aur-m.$_{k2}$ cadm-s.$_{k2}$ kali-m.$_{k2}$ zinc.$_{k2}$
– **Gewebe** um die Augen: lach.$_{k2}$
– **Hornhaut**, der: *Apis Arg-n.* asar. bell. *Nit-ac.* sil.
– **Lider**: **Alum.** apis **Arg-met. Arg-n.** aur-m.$_{k2}$ bar-c.$_{k2}$ borx.$_{k2}$ *Carbn-s.* coloc. *Euphr. Graph.* **Merc.** *Nat-m. Phyt. Psor. Puls. Sulph.* **Tell.** zinc.$_{k2}$
  ☞ *Härte - Lider*
  ○ **Lidränder**: hydr.$_{k2}$
– **Schleimhaut**: petr.$_{k2}$

Verdreht: bell. caust.$_{h}$ con. hipp. meph. nicc. phos.$_{bg1,bg2}$ **Spig.**
☞ *Bewegung - Rollen*
– **links**: amyg. bufo dig. hydr-ac.
– **rechts**: camph. *Ip.*
– **außen**, nach: bell.$_{a1,k}$ camph. *Crot-h.* dig.$_{a1,k}$ glon. morph.$_{a1,k}$ op. phos. plb.$_{bg1,bg2}$ stry.$_{a1,k}$ sul-ac. verat. zinc.$_{a1,k}$
– **innen**, nach: arg-n. bell. ben-n. *Calc.* plb. rhod. ruta
– **Konvulsionen**, bei den: aeth.$_{bro1,j5}$

Verdreht: ...
– **oben**, nach: acet-ac.$_{a1,k}$ acon.$_{a1,k}$ agar. am-c. am-caust.$_{a1}$ anan. ant-t.$_{a1,k}$ arn.$_{a1,k}$ ars.$_{a1,k}$ art-v. bell.$_{a1,k}$ *Bufo Camph.* carb-ac. carb-an.$_{h}$ chin. chlol. cic. cina cocc. cub.$_{c1}$ *Cupr.* euph.$_{a1,k}$ *Glon. Hell.*$_{a1,k}$ hyos. jatr-c. kali-cy.$_{a1,k}$ kalm. lach. morph.$_{a1,k}$ mosch. nux-v.$_{a1,k}$ olnd.$_{a1,k}$ *Op.*$_{a1,k}$ stry.$_{a1,k}$ tab.$_{a1,k}$ verat.$_{a1,k}$
  ☞ *Bewegung - Rollen - oben*
  • **Beugen** des Kopfes nach vorne; beim: cic.$_{br1}$
  • **Einschlafen**, beim: mez.$_{a1,k}$
  • **Fieber**; während: hell.$_{a1,k}$
  • **Konvulsionen**, bei den: hydr-ac.$_{kr1}$
  • **links** oben: amyg. bufo$_{kr1}$ dig. hydr-ac.
    • **Konvulsionen**; vor: bufo$_{kr1}$
  • **Neigen** des Kopfes; beim: cic.$_{br1}$
  • **rechts** oben: camph. stry.
– **unten**, nach: *Aeth.* canth.$_{a1,k}$ cham.$_{a1,k}$

Verdreht; Gefühl wie: chin.$_{bg1,bg2}$ petr.$_{bg1,bg2}$ phos.$_{bg1,bg2}$ phys.$_{bg1,bg2}$ pop-c.$_{bg1,bg2}$ spong.$_{hr1,k}$

Verdreht; krampfhaft: *Acon.*$_{hr1,k}$ *Agar. Ars.* **Bell.** cadm-s. calc-p. *Camph.* canth. carb-ac. carb-v. *Cham. Chel. Chin.* choc.$_{srj3}$ *Cic.* cocc. colch. con. crot-h. *Cupr.* dig. *Hydr-ac. Hyos.* kali-s. *Lach. Laur. Merc. Mosch.* olnd. op. petr. ph-ac. *Plat.* plb.$_{a1,k}$ puls.$_{bg2,k}$ ran-s.$_{a1,k}$ santin. sec.$_{bg2,k,*}$ *Sil. Stram.* sul-ac. *Sulph.* tarent. verat. verat-v.
– **abends**: bry. caust.
– **Pneumonie**, bei: chel.$_{hr1}$
– **Schlaf**, im: aeth. chin. cocc. cupr. hyper. ph-ac.$_{h}$

Verengung der Lidspalte: *Agar.*$_{h,k,*}$ ant-c.$_{bg2}$ arg-n.$_{bg2,k,*}$ *Arn.*$_{bg2}$ canth.$_{bg2}$ croc.$_{bg2}$ crot-h.$_{bg2}$ dig.$_{h}$ euphr. nat-m. nux-v. rhus-t. squil.$_{bg2}$

Verfärbung
☞ *Farbe*

Vergrößerte Linse ◆: colch.$_{a1,k}$

Vergrößert; Gefühl wie: **Acon.**$_{bg2,k}$ agar.$_{bg1,bg2}$ alum-sil.$_{k2}$ ant-c. **Arg-n.**$_{hr1}$ *Ars. Aur.*$_{bg2}$ *Bell.*$_{bg2}$ ben-n. bufo-s. calad. calc-p.$_{bg2,k}$ caps. caust.$_{bg2,k}$ chel. chlol. chlor. cimic.$_{bg2,k}$ colch. coloc.$_{bg1,bg2}$ *Com.* con. *Daph.* gels.$_{bg2}$ *Glon.*$_{bg2}$ hyos.$_{bg2,k}$ kali-ar. lach. laur.$_{bg2}$ *Lyc. Mez.*$_{bg2,k}$ nat-ar. **Nat-m.**$_{bg2,k}$ onos. *Op.*$_{bg2,k}$ **Par.**$_{bg2,k}$ ph-ac.$_{bg2,k}$ *Phos. Plb.*$_{bg2,k}$ *Pulx.*$_{bg1,br1}$ rhus-t.$_{bg2,k}$ ruta$_{bg1,bg2}$ sanic.$_{bg1,bg2}$ seneg.$_{bg2,k}$ **Spig.**$_{bg2,k}$ stram. tril-p.
– **links**: arg-n.$_{bg2}$ psil.$_{ft1}$
– **rechtes** Auge fühlt sich größer an als das linke: **Com.**$_{bg2,k}$ *Phos.*$_{vh,vh/dg}$
– **morgens**: nat-ar.
– **abends**: am-br.
– **nachts**: chr-ac.
  • **Gaslicht** agg.: sulph.

Verhärtung
☞ *Härte*

Verklebt: acon.$_{bg2}$ aeth.$_{a1,k}$ *Agar.*$_{bg2,k}$ *All-s. Alum.*$_{bg2,k,*}$ am-br.$_{a1}$ am-c.$_{a1,bg2}$ am-m.$_{a1,bg2}$ ant-c.$_{br1}$ apis *Arg-met.* **Arg-n.**$_{bg2,k,*}$ **Ars.**$_{bg2,h,*}$ bamb-a.$_{stb2}$ *Bar-c.*$_{bg2,k,*}$ bar-m. bell.$_{bg2,k,*}$ bov.$_{a1,bg2}$

Verklebt: ...
*Bry.*bg2,k,* **Calc.**h,k,* calc-s. calc-sil.k2 carb-an.bg2,k carb-v.h,k,* *Carbn-s.* **Caust.**h,k,* **Cham.**bg2,k,* chel.bg2,k,* chlam.mld2 *Clem.* coc-c.a1,k colch.a1,k con.a1,bg2 croc.bg2 cycl.a1,k *Dig.*bg2,k,* dros.bg2,k,* ery-a.a1 *Euph.*h,k,* euphr.bg2 ferr.bg2 gast.a1 **Graph.**bg2,k,* grat.a1 hep.a1,bg2 hydr. *Ign.*bg2,k,* iod.bg2 kali-ar. *Kali-bi.*a1,bg2 *Kali-c.*bg2,k,* kali-n.a1,k kali-p. kali-s. **Kreos.**a1,k lac-c. laur.a1,k led.a1,bg2 lept.a1,k lil-t.a1,k limest-b.es1 **Lyc.**bg2,k,* lyss.a1 *Mag-c.*h,k,* mag-m.a1,bg2 mang.bg2,k2 *Merc.*a1,bg2 merl.a1 mez.a1 mur-ac.a1,bg2 nat-ar. nat-c.h,h2,* nat-m.a1,bg2 *Nat-s.*bg2,k,* nicc.a1,k *Nux-m.*bg2,k,* *Nux-v.*bg2,k ol-an.a1 op.a1,k ph-ac.a1,k **Phos.**h,k,* *Phyt.*bg2,k,* plat.bg2,k,* plb.bg2,k,* psor.a1,bg2 *Puls.*bg2,k,* ran-s.a1 rhod.bg2,k,* rhus-t.bg2,k,* sars.a1,bg2 seneg.bg2 **Sep.**bg2,k,* *Sil.*bg2,k,* spig.bg2,k spong. *Stann.*bg2,k *Staph.*h,k,* stram.bg2 *Sulph.*bg2,k,* syph.xxb tarax.a1,bg2 *Thuj.*bg2,k,* uran-met. valer.a1,k verat.bg2,h,* zinc.bg2,h,*
– **morgens**: *Aeth.*a1,k ail.a1,k *Alum.*a1,k am-br.a1 am-c.a1,k am-m.a1,k ambr. androc.srj1 ang.a1,k *Arg-met.* **Arg-n.**a1,k *Ars.*h,k,* ars-s-f.k13,k2 aur.a1,k aur-ar.k2 aur-m.a1,k aur-s.a1,k bamb-a.stb2 bar-c. bar-m.k13,k2 bar-s.k13,k2 *Bell.*a1,k berb.a1,k borx. bov.a1,k bry.a1,k **Calc.**h,k,* calc-s. *Carb-v.*h,k,* **Carbn-s.** carl.a1,k *Caust.*h,k,* *Cham.*a1,k *Chel.*a1,k **Clem.** con.a1,k cop.a1,k *Dig.*a1,k,* *Dios.*a1,k erig.a1 euph.a1,h *Euphr.* gast.a1 **Graph.**a1,k *Hep.*a1,k hydr.a1,k hydro-v.a1 hydrog.srj2 ign.a1 kali-ar. *Kali-bi.*a1,k *Kali-c.*a1,k kali-n.a1,k kali-p. kali-sil.k13,k2 kreos.a1 led.a1,k lyc.a1,k m-arct.st *Mag-c.*h,k,* mag-m.a1,k *Mang.* **Med.** *Merc.* merl.a1 mill.a1,k mur-ac.a1,k naja *Nat-ar.* *Nat-c.*h,k,* *Nat-m.*a1,k *Nat-s.*a1,k nicc.a1,k nit-ac.a1,k nux-v. petr. phos.h,k,* plb.a1,k polyp-p.a1 *Psor.*a1,k *Puls.*a1,k raph.a1 rat.a1 rheum.h **Rhus-t.**a1,k sanic. sars.a1,k *Seneg.* *Sep.*a1,k sil.a1,k stann. staph.a1,h sul-ac.a1,k **Sulph.**a1,k tanac.a1,c1 tarax.a1,h *Tarent.*a1,k tep.a1 thuj.a1,k ust.a1 vesp.a1 vip. *Zinc.*h,k,* zinc-p.k13,k2 ziz.a1
– **nachmittags**: nat-c.a1,h
– **abends**: plat.h plb.a1,k sep.a1,k
– **nachts**: aeth.c1 **Alum.**bg2,k,* alum-p.k13,k2 alum-sil.k13,k2 am-c. ang. *Ant-c.*bg2,k,* *Apis* *Arg-n.*bg2,k,* ars. bar-c. bart.a1 bell. *Borx.* *Bov.* bry. calc.h,k,* *Carb-v.* **Carbn-s.** cham. chel. cic. *Croc.* dig. *Euph.*h,k,* *Euphr.* ferr.bg2,k,* ferr-ar. *Gamb.*a1,k **Graph.** *Hep.*bg2,k,* *Ign.* iod.bg2,h,* kali-c. led. **Lyc.**bg2,k,* mag-c. mag-m.bg2,k,* merc-n. merc-ns. nat-m. nit-ac. nux-v. ol-an. phos. phyt.a1,bg2 plan.a1 plb. puls. rat.a1,k rhod. *Rhus-t.*bg2,k,* sars. **Sep.** *Sil.* *Spong.* *Stann.*bg2,k,* staph. stram.bg2,k,* sulph. *Syph.* tarax. *Thuj.* verat.h,k,*
– **Erwachen**; beim: choc.srj3
– **Freien**, im: thuj.a1,k
– **Gefühl** wie: carb-v.h caust.bg1,bg2 plat.h,rb2
– **Menses**, während: *Calc.*h,k,* mag-c.a1,h
– **Schlaf**, nach: hydrog.srj2 rheum.st
○ **Canthi**:
○ **äußere**: ars.h sep.h
• **innere**: mag-c.h phos.h staph.h zinc.h

Verkrustete Lidränder
☞ *Hautausschläge - Lidern - Krusten - Lidrändern*

Verletzungen, durch: acon.bg2,k *Arn.*bg2,k calc.bg2,k calc-s. calc-sil.gm1 calen.bro1 canth.bro1 cic.bg2 coc-c.st coch.bro1 con.bg2,gm1 erig.ptk1 *Euphr.*bg2,k ham.bg2,k hep.bg2,h kali-bi.gm1 lach.bro1 *Led.*bg2,k nit-ac.bg2 nux-v.bro1 petr.bg2 phys.c2 puls.bg2 rhus-t.bro1 sil.bg2,k *Staph.*bg2,k sul-ac.bg2,k sulph.bg2,k *Symph.*c2,k thuj.gm1
☞ *Entzündung - Netzhaut - Commotio*
– **blutunterlaufen**
☞ *Ekchymose*
– **Fremdkörper**; durch: coc-c.bg2,st
– **Rißwunden**: asar.gm1
• **schmerzhaft**: asar.gm1
○ **Knochen**, der: ruta.bg1

Verwachsungen:
○ **Hornhaut**:
• **Agyrol**; nach Behandlung mit: kali-bi.gm1
• **Atropin**; nach Behandlung mit: kali-bi.gm1

Verzerrt: *Acon.*a1,bg2 *Agar.* alco.a1 ang.bg2 *Arn.*bg2 *Ars.*a1,bg2 **Bell.**a1,bg2 bry.a1,bg2 calc-p. *Camph.*a1,bg2 canth.bg2 carb-ac. carb-v.a1 *Cham.*bg2 *Chel.* *Chin.* *Cic.*bg2 cocc.bg2 colch.a1 con. conin.a1 crot-h. *Cupr.*a1,bg2 dig. hell.bg2 *Hydr-ac.* *Hyos.*a1,bg2 kali-s.a1 lach.a1,bg2 *Laur.*bg2 *Merc.* *Mosch.*a1 olnd.a1 op.a1,bg2 petr.a1,bg2 ph-ac. *Plat.*bg2 plb.bg2 *Sil.*a1 spig.bg2 *Stram.*bg2 sul-ac.a1 *Sulph.*bg2 tarent.a1 verat.a1,bg2 verat-v.
○ **Iris**: apis *Merc.*hr1,k merc-i-f.hr1 rhus-t.hr1,k

Völlegefühl: apis *Arg-n.*hr1,k bell.bg2,k,* caust. cub.hr1,k,* dulc. euph. ferr.k2 gels. ger.a1,k *Guaj.* gymno. hep. lac-ac.hr1,k lyc.a1,k morph. nat-m.a1,k *Nux-m.*bg2,k,* nux-v.hr1 olnd.a1,k phys. plb. podo.c1 sapin.a1 *Seneg.* sep. spig.bg2 stach.a1 sulph.bg2,k,* thuj. verat.a1,k
○ **Lider**: gels.c1

Vorwölbung: acet-ac. *Acon.*bg2,k *Aeth.* aloe arn.bg2,k *Ars.*bg2,k *Ars-i.* ars-s-f.k2 *Aur.*bg2,k aur-ar.k2 aur-i.k2 aur-s.k2 *Bar-c.* bar-i.k2 bar-s.k2 **Bell.**bg2,k brom. bufo.k2 *Cact.* calc. calc-i.k2 calc-p.bg2,k *Camph.* *Canth.*bg2,k caps.bg2,k cedr. *Cham.* chin.bg2,k chlor.bg2,k *Cic.*bg2,k *Clem.* *Cocc.*bg2,k colch. *Coloc.* **Com.**bg2,k *Con.* crot-h. cupr.bg2,k dig. dor. *Dros.*bg2,k dulc. *Ferr.*bg2,k *Ferr-ar.* **Ferr-i.**k,k2 *Ferr-p.* fl-ac.bg2,k *Glon.*bg2,k **Guaj.**bg2,k gymno. *Hep.*bg2,k hydr-ac. *Hyos.*bg2,k *Ign.* *Iod.*bg2,k kali-ar. kali-c.k2 kali-i.bg2,k kali-m.k2 kali-n.bg1,bg2 kara.c1 *Kreos.*bg2,k lac-ac. lac-c. *Lach.* *Laur.*bg2,k merc-c.a1 morph. mosch.bg2,k **Nat-m.**bg2,k *Nux-v.*bg2,k oena. *Op.*bg2,k *Phos.*bg2,k *Plat.* *Puls.* rhus-t.bg2,k sang. *Sangin-t.*c1 santin. spig.bg2,k *Spong.*bg2,k *Stann.*bg2,k **Stram.**bg2,k,* stry. sul-ac. sul-i.k2 sulph.bg2,k tab. thuj. *Verat.*bg2,k vip.
– **rechts**: arn.h
• **links**; rechts mehr als: **Com.**
– **Exophthalmus** ●: aml-ns.c2,k ars. *Aur.* bad. *Bar-c.* bell. cact. *Calc.* calc-i.k2 con. crot-h. dig. digin.c2 **Ferr.** **Ferr-i.** *Ign.* **Iod.** kali-ar.c2

– **Exophthalmus**: ...
*Lycps-v.*c2,k *Nat-m.* passi.c2 *Phos.*c2,k sangin-t.c1,c2 sapin.c2 scut.c2 **Sec.** *Spong.*c2,k stry-xyz.c2
• **Basedow**
☞ ❑ *Äußerer Hals - Kropf - Basedow*
– **Gefühl** von: bell.bg2,k bry. con.bg2 daph. ferr-p.k2 guaj.h,k2 ham. *Med.* **Par.** scut.c1
• **rechts**: com.a1
○ **Canthi**, in den: euphr.
– **Schnupfen**, beim: spig.h
○ **Iris** wölbt sich durch die Hornhaut: ant-s-aur.c1

Wärme:
– **agg.**:
• **Hitze**: *Apis* *Arg-n.* cann-i.a1 caust. clem. *Coff.* gels.psa hep.c1 **Merc.** *Puls.*k,kl2● til. *Zinc.*
– **Gefühl** von: asar.h

Wäßrig
☞ *Tränenfluß*

Wandernder Blick
☞ *Unsteter*

Warzen
☞ *Kondylom*

Wein agg.: *Gels.* **Zinc.**

Wilder Blick: acet-ac. ail.hr1,k *Alumn.*hr1,k *Anac.* anan.hr1,k arg-n.a1,k *Ars.*bg2,k,* ars-i. **Bell.**bg2,k,* *Camph.*hr1,k cann-i.a1,k *Carb-v.* *Cimic.*hr1,k con.a1,k *Cupr.*bg2,k,* *Glon.*bg2,k,* hydr-ac. *Hyos.*bg2,k,* iod.a1,k kali-i. *Lach.*hr1,k **Lyss.**hr1,k *Nit-ac.*hr1,k **Nux-v.**hr1,k,* op.bg2,k,* plb.a1,k sec.bg2,k,* *Stram.*bg2,k,* stry. tab. valer.hr1,k vesp.k2 vip.

Wimpern
☞ *Haare - Wimpern*

Wind:
– **kalter** Wind ins Auge blasen; als würde: med.c1
☞ *Kälte - Luft*

Wischen der Augen; Neigung zum: agar.a1,k alum. arg-n. *Calc.* carb-an. *Croc.*a1,k kreos. lac-c. lyc. *Nat-c.*a1,k plb. *Puls.* rat. sep.

Wucherungen
☞ *Kondylom*

Zellulitis der Augenhöhle
☞ *Entzündung - Augenhöhle - Zellulitis*

Ziehendes Gefühl: crot-t. mur-ac. raph. sep.
☞ *Schmerz - ziehend*

Zittrig
☞ *Beben*

Zucken: acon.a1,k aesc.a1,k **Agar.**h,k,* alum.a1,k am-m.a1,k apis *Ars.*a1,k bar-c. calc.a1,k carb-ac.a1,k carb-an.a1,k carbn-s. cedr. chin.a1,k *Crot-t.*a1,k gels.a1,k *Glon.*hr1,k hyos.h,k2 iod.h juni-v.c2 kali-n.a1,k kali-p. kalm.a1,k *Lachn.*a1,k lith-c. mag-p.k2 mang.h mez.a1,k nat-m.h,k,* nicc.a1,k petr.a1,k phys.br1 phyt.a1,k plat.k2 puls.k2 rat.a1,k rhus-t.a1,k sel.a1,k *Stann.*hr1,k,* sul-i.k2 ust.hr1,k,* vesp.hr1,k,* xan.c1
☞ ❑ *Gemüt - Gesten - Tics*

Zucken: ...
– **links**: apis hydrog.srj2 mez.a1,k sel.a1,k
– **rechts**: androc.srj1 rat.hr1,k,* ther.hr1,k
– **tagsüber**: aloe nat-m.a1,k
– **Anfälle**: ars. calc.
– **Blick**, bei starrem: lach.bg1
– **kaltes** Wasser amel.: agar.
– **Lesen**, beim: agar.
– **Reiben** amel.: am-m.h
– **schmerzhaft**: agar.
○ **Augenbrauen**: carc.tp1 caust.a1,k cic. cina grat.a1,k hell.h kali-c.a1,k ol-an.a1,k puls. ruta sin-n.a1,k stront-c. zinc.a1,k
– **Canthi**: agar.a1,k indg.a1 kali-chl.a1,k lachn.a1,k rhus-t.
• **rechts**: lachn.c1
○ **äußere**: am-c.a1,k bar-c.h camph.a1,k *Cann-i.*a1,k ind.a1,c1 mez.a1,k nat-m.a1,k nicc.a1,k *Phos.*a1,k seneg.a1,k
• **linkes** Auge: ind.c1
• **Kauen**, beim: kali-n.ptk1
• **innere**: *Carl.*a1,k chel.a1,k kali-chl.a1,k kali-m.k2 rat.a1,k stann.a1,k sul-ac.a1,k
– **Lider**: acon.a1 aesc.hr1,k,* **Agar.**hr1,k,* alum.a1,k alum-p.k2 anac.a1,k ant-c.a1,k *Apis* *Ars.*a1,k ars-i. ars-s-f.k2 arund.hr1,k,* asar. aster.hr1,k bad.a1,k bar-c.h bell.hr1,k,* berb.a1,k calc.hr1,k,* calc-i.k2 calc-s.hr1,k calc-sil.k2 camph.hr1,k,* canth.a1,k carb-v.a1,k carbn-s. carc.mg1,sp,* card-b.a1 *Caust.*hr1,k,* cedr.hr1,k *Cham.*hr1,k,* chel.hr1,k,* chin.h **Cic.**hr1,k *Cocc.*hr1,k croc.hr1,k,* *Crot-t.*hr1,k,* *Cupr.*hr1,k cupr-s.a1 dulc.a1,k euphr.a1,k grat.a1,k guar.c2 hell.hr1,k,* hydr-ac. hyos.k2 *Ign.*hr1,k ind. indg.hr1,k,* *Iod.*a1,k *Ip.*hr1,k jab.br1 jatr-c. kali-bi.hr1,k,* kali-p.k2 kreos.hr1,k *Lach.*hr1,k lachn.a1,k lil-t.k2 lyc.a1,k mag-c.a1,k *Mag-p.*hr1,k meny.a1,k merc.hr1,k,* merl.a1,k *Mez.*a1,k nat-c.h *Nat-m.*hr1,k,* nit-ac.a1,k nitro-o.a1 *Nux-v.*hr1,k,* ol-an.a1,k oreo.br1 par.a1,k petr.a1,k *Phos.*hr1,k,* **Phys.**hr1,k,* *Plat.*hr1,k,* *Puls.*hr1,k,* *Rat.*hr1,k,* **Rheum** rhod.a1,k rhus-t.a1,k sabin. sel.a1,k seneg.a1,k sep.a1,k *Sil.*hr1,k,* spig. stront-c. sul-i.k2 **Sulph.**hr1,k,* verat-v.hr1,k
• **links**: aloe bad.hr1,k carc.tp1 *Caust.* cench.k2 chinin-s.c1 croc.hr1,k merl.hr1,k *Mez.*hr1,k,* puls.hr1,k stront-c.
• **rechts**: alum. chin.hr1,k coloc.hr1,k form.hr1,k *Lach.*hr1,k nat-m.a1,k par.hr1,k sulph.bg1 syph.hr1,k
• **epileptischen** Konvulsionen, vor: agar.gt1
• **Essen**, beim: meny.a1,k
• **geschlossen**, wenn: cupr-s.hr1,k lachn.a1,k merc.a1,k
• **Gewitter**, vor: *Agar.*
• **kalter** Luft, in: dulc.hr1,k,*
• **Lesen**, beim: agar. kali-bi. puls.
• **künstlichem** Licht, bei: berb.
• **Menses**, vor den: *Nat-m.*hr1,k
• **Öffnen**, beim: kali-bi.hr1,k
• **Schlaf**, im: rheum
○ **Oberlid**: alum.a1,k amph.a1 ars. *Aur.*hr1,k *Calc.*hr1,k,* cedr.hr1,k chin.kr1 lac-ac.hr1,k,* lachn.hr1,k,* mag-m.a1,h *Merl.*hr1,k *Mez.*hr1,k,* mur-ac.a1,k nat-m.a1,k rat.hr1,k,* stram.hr1,k stront-c.

– **Lider - Oberlid**: ...
  - **links**: amph.$_{cl}$ jatr-c.$_{cl}$
  - **Unterlid**: am-c. aran-sc.$_{cl}$ carc.$_{tpl}$ coc-c.$_{a1,k}$ graph. *Iod.*$_{hr1,k,*}$ kali-i.$_{a1,k}$ lyc.$_{h}$ nat-m. ph-ac.$_{h}$ seneg.$_{a1,k}$ sulph.$_{a1,k}$ zinc.$_{hr1,k,*}$
  - **links**: am-m.$_{h}$ lyc.$_{h}$

– **um** die Augen: luna$_{kg1}$

Zusammengezogene Augen bei Kopfschmerz: sulph.$_{h}$

Zusammenziehendes Gefühl: agar.$_{h,k,*}$ alum.$_{h}$ bell.$_{h}$ bism.$_{bg2}$ borx.$_{h}$ bov.$_{bg2,k}$ euphr.$_{a1,bg2}$ glon.$_{a1,bg2}$ hyper.$_{bg2}$ kali-i.$_{bg2}$ kali-n.$_{bg2,k,*}$ nat-c.$_{bg2,k,*}$ *Nat-m.* nit-ac.$_{bg2,k}$ phys.$_{bg1,bg2}$ plb.$_{a1,bg2}$ rhus-t.$_{a1,bg2}$ sep.$_{bg2,k}$ sil.$_{bg2}$ spig.$_{bg2}$ squil.$_{bg2,h,*}$ stann. verat.$_{a1,bg2}$

– **rechts**: hyper.$_{bg1}$

– **Kopfschmerzen**, bei: *Carb-v.*$_{h,k,*}$ kali-n.$_{c1}$ mag-c.$_{h}$

– **Lesen** und Schreiben bei Kerzenlicht; beim: sep.$_{h}$

○ **Augenbrauenmuskel**: hell.$_{h}$

– **Augenhöhlen**: verb.$_{c1}$

– **Canthi**, äußere: graph.$_{h}$

– **Lider**: agar.$_{h}$ borx.$_{h}$ nux-v.$_{h}$ rhus-t.$_{h}$ staph.$_{h}$

Zusammenziehung der Lider: acon.$_{bg2}$ agar.$_{bg2}$ *Ant-t.*$_{bg2}$ ars.$_{bg2}$ *Bell.*$_{bg2}$ bov.$_{bg2}$ bry.$_{bg2}$ carb-an.$_{bg2}$ **Chin.**$_{bg2}$ cic.$_{bg2}$ cocc.$_{bg2}$ con.$_{bg2}$ *Croc.*$_{bg2}$ cupr.$_{bg2}$ cycl.$_{bg2}$ ferr.$_{bg2}$ ign.$_{bg2}$ kali-c.$_{bg2}$ kali-n.$_{bg2}$ lyc.$_{bg2}$ merc.$_{bg2}$ **Nat-m.**$_{bg2}$ *Nux-m.*$_{bg2}$ olnd.$_{bg2}$ ph-ac.$_{bg2}$ plat.$_{bg2}$ sep.$_{bg2}$ sil.$_{bg2}$ spong.$_{bg2}$ squil.$_{bg2}$ stann.$_{bg2}$ staph.$_{bg2}$ **Sulph.**$_{bg2}$ tab.$_{a1}$ viol-o.$_{bg2}$ viol-t.$_{bg2}$

– **morgens**: sulph.$_{bg2}$

– **Kopfschmerzen**, mit: kali-n.$_{bg2}$ nit-ac.$_{bg2}$ sep.$_{bg2}$ sulph.$_{bg2}$

Zwinkern

☞ *Blinzeln*

Akkommodation:
– **gestört**: *Agar.* ail. androc.srj1 *Arg-n.*k,mfj aur-m. bapt-c.c2 **Bell.**mfj calc.k2 caust.mfj cocc.k2 con.k2 *Dub.*mfj elae.c2 **Gels.**mfj *Haliae-lc.*srj5 *Hydr. Morph. Nat-m.* nit-ac. onos. *Phys.*brol rutak2 spig.
• **bewegende** Gegenstände; für sich: cocc.k2
• **Diphtherie**; nach: phys.brl
• **Kopfschmerzen**; verursacht
☞ *❑ Kopf - Schmerz - Sehen*
• **Überanstrengung**; bei: ~~*Nux-v.*hrl,xxx~~
– **langsam**; zu: *Aur-m. Cocc.* **Con. Gels.** *Nat-m. Onos. Plat. Psor.*
☞ *❑ Auge - Asthenopie - akkommodative*
– **Reaktion**; zu starke: phys.
– **Spannung**: *Jab.*c1,k
– **vermindert**: duboin.nh3 morph. phys. tab.
☞ *Fokus*

Amaurose
☞ *❑ Auge - Lähmung - Sehnerv*

Amblyopie
☞ *❑ Auge - Amblyopie*

Anstrengung:
– **Augen** agg.; der: agar. alum. alum-p.k2 alum-sil.k2 *Am-c.* am-m. anac. *Apis* arg-met. **Arg-n.** *Asaf.* asar. *Aur.* bar-c. bar-m. bell. borx. bry. **Calc.** calc-sil.k2 cann-i. canth. *Carb-v. Caust.* chlol. *Cic.* **Cina** cocc. coff. con. **Croc.** cupr. dros. dulc. ferr. *Graph.* hep. ign. *Jab.* **Kali-c.** kali-p. kali-s. kali-sil.k2 kreos. led. **Lyc.** mag-c. mag-m. mang. merc. mez. mur-ac. *Naja* nat-ar. *Nat-c.* **Nat-m.** *Nat-p.* nicc. nit-ac. nux-m. *Nux-v.* olnd. **Onos.** par. petr. *Ph-ac. Phos.* phys. *Phyt.* puls. ran-b. **Rhod.** *Rhus-t.* **Ruta** sabad. *Sars.* sel. **Seneg.** *Sep.* **Sil.** *Spig. Spong.* staph. stram. stront-c. sul-ac. sulph. ther. thuj. valer. verb. viol-o. zinc. zinc-p.k2
☞ *❑ Auge - Blicken*
– **körperliche** Anstrengung amel.: *Aur.*

Asthenopie
☞ *❑ Auge - Asthenopie*

Astigmatismus: *Gels.*hrl *Lil-t.*hrl *Phys.*hrl tub.st
☞ *Kurzsichtigkeit - Astigmatismus*

Aufsteigender Körper versperrt die Sicht; ein: am-m.h

Beben
☞ *Zittern*

Bewegung: **Acon.**bg2 *Agar.*bg2,k,* *Aloe* am-c.a1,k am-m.bg2 **Arg-n.** aur.bg2 bapt.bg2 *Bell.*bg2,k,* *Borx. Calc.*bg2,k calc-p. *Cann-i.* **Chin.**bg2 *Cic.*h,k,* cocc.bg2 coff.bg2 *Con.*bg2,k,* dulc.bg2 *Euphr.*bg2,k,* *Glon.* hyos.bg2 ign.bg2,k,* *Lach.* laur.bg2,k lyc.bg2,k meny.h,k,* merc.bg2,k,* mosch.bg2,k nat-m.bg2 **Nit-ac.**bg2 *Nux-v.*bg2,k *Olnd.*bg2,k par.bg2,k petr.bg2,k,* **Phos.**bg2 *Psor.*h,k,* rhus-t.bg2 sabad.bg2,k *Sep.*bg2,k,* **Sil.**bg2,h,* stram.bg2,k *Sulph.*bg2
☞ *Farben / Veränderlich*
– **abends**, beim Lesen: merc.
– **Buchstaben**, der: *Agar.*hrl,k,* am-c.a1,h cic.c1 con.a1,k *Hyos.* iod. merc.a1,k phys.a1,k

Bewegung - Buchstaben, der: ...
• **gegen** Mittag zu: am-c.a1,k
– **etwas** scheint sich zu bewegen: lyss.a1,k psor.h,k,*
– **Gegenstände** scheinen sich zu bewegen: bapt. carb-ac. con. euphr. hydr-ac. hydrog.srj2 ign. nux-m. petr.h psor.
• **Auto** im Regen scheint sich zu bewegen; das: hydrog.srj2
• **drehen**; sich um sich selbst zu: *Bell.*
• **feiner** Bewegung, in: petr.
• **herauf** und herab: ars. *Cocc.* con. sil. spong.
  • **Pulsieren** im Ohr; durch: sil.h
• **hinten**, nach: *Bell.* calc. cic. sep.
  • **langsam**: sep.
  • **vorne**; und nach: carb-ac. *Cic.*
• **hin** und her, gegen Mittag: elaps
• **Kreis**; im:
  • **Schließen** der Augen; beim: hep.
• **schweben**: nux-m.
• **schwimmen** hin und her: anag. lyss.
• **Seite** zur anderen, von einer: cic.
• **Springen**: meny.h

Bewölkt
☞ *Nebelig*

Blaß: rhus-t.a1
– **Gegenstände** werden nach langem Blicken blaß: *Agar.* rhus-t.a1

Blenden, erhöhte Helligkeit: alum.h *Anan.*h *Ars.*h chel.h olnd.h
☞ *Heller - Gegenstände*

Blindheit
☞ *Verlust*

Blitze: *Bell.*bg2,k brom.bg2,k,* *Caust.*bg2,k croc.bg2,k cycl.a1,k dig.bg2,k,* fl-ac.bg2,k *Glon.*bg2,k,* *Kali-c.*bg2,k *Nat-c.*bg2,k,* *Nux-v.*bg2,k olnd.bg2,k,* op.bg2,k *Phos.*bg2,k phys. *Puls.*bg2,k santin. sec.bg2,k sep.bg2,k *Sil.*bg2,k *Spig.*bg2,k staph.bg2,k stram.bg2,k thuj.bg1,bg2 valer.bg2,k zinc.bg2,k
– **mittags**: dig.a1,k
– **nachts**, 23 h, ein entfernter Flächenblitz im Dunklen: coca
– **Dunkelheit**; in der ●: *Phos.* stram.a1,k valer.
– **Einschlafen**, beim: nat-c. **Phos.** sulph.
– **Erwachen**, beim: *Nat-c.*

Bunt
☞ *Farben vor - bunt*

Diesig
☞ *Nebelig*

Diplopie, Doppeltsehen: aeth.hrl,k,* *Agar.*bg2,k,* *Alumn.*bg2,k,* am-c.bg2,k,* apis arag.brl,vh *Arg-n.*hrl,k arn. art-v.hrl,k atro.hrl,k,* **Aur.**bg2,k,* aur-i.k2 aur-s.k2 bamb-a.stb2 bar-c.bg2,k,* bar-i.k2 *Bell.*bg2,k,* bry. calc. calc-s.k2 cann-i.a1,k cann-s. carbn-s. *Caust.*bg2,k cham.bg2 *Chel.*hrl,k chlf.a1,k chlol.a1 *Cic.*bg2,k,* cimic.bg2 clem.bg2,k,* *Con.*bg2,k,* crot-h.hrl,k cupr. *Cycl.*hrl,k,* *Daph.*bg2,k,* *Dig.*bg2,k,* eug.hrl,k,* euph.h,k,* **Gels.**bg2,k,* ger.a1,k,* gins.brol *Graph.*bg2,k,*

Diplopie, Doppeltsehen: ...
Hyos.bg2,k,* *Iod.*bg2,k,* iodof.c2 kali-bi.hr1,k kali-c.bg2,k *Kali-cy.*hr1,k,* kali-i.hr1,k,* kali-m.k2 led.bg2 *Lyc.*bg2,k *Lyss.*hr1,k mag-p.hr1,k med.hr1,k merc.bg2,k *Merc-c.*hr1,k *Morph.*a1,k **Nat-m.**bg2,k,* *Nicc.*hr1,k **Nit-ac.**bg2,k,* nux-m. *Nux-v.*hr1,k *Olnd.*bg2,k,* onos.c2 op.a1,k par.hr1,k petr.bg2,k,* phys.hr1,k,* phyt.hr1,k,* *Plb.*bg2,k,* plb-xyz.c2 pop-c.c1 psor. *Puls.*bg2,k,* raph.a1,k rhus-t.a1,k sec.bg2,k,* *Seneg.*bg2,k,* sep. *Spong.*hr1,k,* stann. *Stram.*bg2,k,* stroph-h.c2 sul-i.k2 *Sulph.*bg2,k,* syph.c1,hr1,* tab.bg2,k,* ter.hr1,k ther.hr1,k *Thuj.*hr1,k ust.hr1,k,* *Verat.*bg2,k,* verat-v.c2 zinc.bg2,k,*
☞ *Polyopie | Triplopie*
- **morgens**: cycl. gels.
- **abends**: agar.a1,k con.a1,k nit-ac. phyt.a1,k
- **nachts**: bamb-a.stb2 nit-ac.
- **Aufrichten** vom Bücken; beim: gels.psa
- **Beugen** des Kopfes nach hinten amel.: seneg.bg2,bg3,*
- **Blicken**, beim:
  • **angestrengt**: am-c. con. gins.a1,k
  • **oben**, nach: *Caust.*
  • **seitwärts**: gels.hr1,k,*
    • **rechts**, nach: caust. dig.
      • **amel.**: caust.bg2,bg3
  • **unten**, nach: *Arn.*hr1,k olnd.hr1,k,*
- **Blutung** aus der Netzhaut; durch: arn.br1
- **Drehen** der Augen nach rechts; beim: dig.hr1,k,*
- **entfernte** Gegenstände: am-c.a1,k bell. nit-ac. plb.
- **Fahren** mit der Straßenbahn; nach: cupr.c1,k,* cupr-act.hr1,k,*
- **Fieber**; während: gels.hr1
- **Frost**:
  • **vor**: gels.k2
- **Gehör**; mit beeinträchtigtem, gestörtem: cic.c1
- **Konvulsionen**, mit: *Bell.* cic. *Hyos.* *Nux-v.* *Stram.*
- **Kopfschmerzen**:
  • **vor**: tub.xxb
  • **während** ●: *Gels.* stroph-h.c1 tub.xxb
- **Lähmung** der Muskeln; durch: arn.br1
- **Lesen**, beim: agar. ant-t. arg-n. *Camph.* *Graph.* stram. thuj.
- **Licht**:
  • **Blicken** ins Licht; beim: ther.
  • **Kerzenlicht**: alumn.k2
- **Liegen** amel.: spong.hr1,k
- **nahe** Gegenstände: aur. bell. cic. con. nit-ac. phyt. stann. verat-v.
- **Neigen** des Kopfes auf eine Seite; beim: gels.
- **Schlaf**:
  • **nach**: chlol. gels.
- **Schreiben**, beim: coca *Graph.*hr1,k,*
- **Schwangerschaft**:
  • **während** ●: bell. cic. *Gels.*
- **Schwindel**:
  • **nach**: bell. olnd.ptk1
- **senkrechte** Diplopie: atro.bg2,bg3 cic.h,k1 haliae-lc.srj5 kali-bi.bg2,bg3 rhus-t.bg2,bg3 seneg.bg2,bg3 stram.bg2,bg3 syph.bg2,bg3,*

Diplopie, Doppeltsehen: ...
- **Stehen** und beim Blick nach unten; bei aufrechtem: olnd.a1,k
- **Überarbeitung** am Schreibtisch, Büroarbeit: *Agar.*hr1,k
- **unter** dem anderen zu sein; ein Bild scheint unter dem
  ☞ *senkrechte*
- **Verletzungen**, durch: arn.br1
- **waagerechten** Gegenständen, bei: gels.c,c1 mag-p.c,c1 **Nit-ac.**a1,k olnd.
- **Willensanstrengung** amel.: gels.c1,psa

Doppeltsehen
☞ *Diplopie*

Entfernt; Gegenstände scheinen (weit): *All-c.*a1,k *Anac.*hr1,k,* atro.a1,k *Aur.* bell.a1,k calc.a1,k cann-i. carb-an. *Carbn-s.* **Gels.** glon. merc-c.a1,k nat-m. *Nux-m.*a1,k ox-ac. *Phos.* *Plb.* *Stann.* *Stram.*hr1,k,* **Sulph.**a1,k xan.c1
☞ ❑ *Gemüt - Entfernungen - falsche*
- **Dunkelheit**; in der: nux-m.
- **Erwachen**, beim: anac.
- **Gähnen**, beim: all-c.ptk1

Faden vor den Augen: choc.srj3 con.h

Farben vor den Augen: agar. alum-p.k2 am-c. anac. anh.c1,c2 arn. arund. aur. bar-c. *Bell.* *Bry.* *Calc.* calc-i.k2 calc-sil.k2 *Camph.* caust. chin. chinin-s. *Cic.* *Cina* cocc. **Con.** *Cycl.* *Dig.* euph. hep. *Iod.* ip. kali-ar. *Kali-bi.* *Kali-c.* kali-n. kali-p. kali-sil.k2 mag-c. *Mag-p.* manc.vh merc. nat-c. *Nat-m.* nat-p. nit-ac. ph-ac. phos. psor. puls. ruta sars. sep. sil. spong. stram. stront-c. sulph. thuj.
☞ *Bewegung | Flecken - farbig | Kreise | Kugeln*
- **abends**: agar. kali-n. sars.
◆ **begleitet** von:
  • **Kopf**; Schmerz im: psil.ft1
- **Bewegungen**; bei schnellen: stram.
- **blau**: acon.bg2,k,* act-sp.hr1,k,* agar.mfj aml-ns.bg1,bg1 ars.bg2 *Aur.*bg2,k,* *Bell.*bg2,k *Bry.*bg2,k **Chin.** **Cina** coff.bg1,bg2 *Crot-c.*bg2,k,* cycl.bg2,k,* dig.bg1,bg2 elaps glon.bg2 jab.bg1 kali-c.h,k,* kreos.bg1,bg2 *Lach.*bg2,k,* *Lyc.*bg2,k nicc.hr1,k phos.k2 *Stram.*bg2,k,* stront-c. sulph.bg1,bg2 thuj.bg1,bg2 tril-p. *Tub.*bg2,k valer.bg1,bg2 xan.c1 zinc.bg2,k,*
  • **rechtes** Auge: nicc.hr1,k
  • **abends**: am-br.hr1,k,*
  • **Blindheit** für blau: carbn-s.
  • **Blitze**: xan.c1
  • **Buchstaben**: bell.h,k1
  • **dunkelblau**: cycl.a1,k kreos.a1,k
  • **Entfernung**, in der: *Iod.*
  • **Flecken**: acon.a1,k *Kali-c.*h,k,*
    • **morgens** beim Aufstehen: thuj.a1,k
    • **nachts** im dunklen Zimmer, beim Liegen auf der rechten Seite: stram.a1,k
    • **dunklen** Zimmer, im: hep. stram.
  • **Funken**: ars.a1,k
  • **Gaze** blicken; als würde er durch blaue: xan.c1
  • **geschlossenen** Augen, bei: thuj.
  • **Hof** um das Kerzenlicht: *Hipp.*a1 *Ip.* *Lach.*bg2,k,*

- **Kreise**: zinc.$_{bg2,k,*}$
- **Lesen**, beim: bell.$_{a1,k}$
- **Licht**, um das: *Lach.*$_{bg2,k,*}$
  - **Kerzenlicht**: hipp.
- **Punkte**: androc.$_{srj1}$ sec.
- **Reiben**, beim: stront-c.
- **Schleier**: *Bry.*$_{hr1,k}$
- **Sterne**: psor.
  - **Kopfschmerzen**, bei: *Psor.*

– **Blindheit** für
☞ *Verlust - Farben*

– **braun**: agar.$_{bg1,bg2}$ bell.$_{bg2}$ lac-c.$_{bg1,bg2}$ med.$_{bg1,bg2,*}$
- **Fleck**:
  - **Schließen** des anderen Auges; beim: agar.$_{h}$
  - **Wetter**; bei düsterem: agar.$_{h}$

– **bunt** gescheckt, buntscheckig: *Bell.*$_{bg2,k}$ *Bry.* *Cic.*$_{bg2,k}$ **Con.**$_{a1,k}$ dig.$_{bg2,k,*}$ euph.$_{a1,bg2}$ kali-c.$_{bg2,k}$ kali-n.$_{bg2,k,*}$ kali-s. mag-p.$_{bg2,k}$ nicc. *Ph-ac.*$_{bg2,k}$ *Phos.*$_{bg2,k}$ *Sep.* stram.$_{bg2,k,*}$ sulph.$_{bg2,k}$
- **Räder**: kali-n.$_{h}$

– **dunkel**: acon.$_{bg2,k,*}$ agar.$_{bg2,k}$ am-m.$_{bg2,k,*}$ ambr.$_{bg2,k}$ *Anac.*$_{bg2,k,*}$ arn.$_{bg2,k}$ ars.$_{bg2,k}$ ars-s-f.$_{k2}$ asaf.$_{bg2,k}$ *Aur.*$_{bg2}$ *Bar-c.*$_{bg2}$ *Bell.*$_{bg2,k}$ berb. *Calc.*$_{bg2,k}$ calc-sil.$_{k2}$ carb-v.$_{bg2,k}$ *Caust.*$_{bg2,k,*}$ cham.$_{bg2,k}$ *Chin.*$_{bg2,k}$ cic.$_{bg2}$ *Cocc.*$_{bg2,k}$ *Con.*$_{bg2,k}$ cupr.$_{bg2,k}$ dig.$_{bg2,k}$ dros.$_{bg2,k}$ *Euphr.*$_{bg2,k}$ ferr.$_{bg2,k,*}$ hep.$_{bg2,k}$ *Kali-c.*$_{bg2,k}$ kali-p. kali-s. kali-sil.$_{k2}$ laur.$_{bg2,k}$ lyc.$_{bg2,k}$ mag-c.$_{bg2,k}$ mang.$_{bg2,k}$ meny.$_{bg2,k}$ *Merc.*$_{bg2,k}$ mosch.$_{bg2,k}$ mur-ac.$_{bg2,k}$ nat-ar. nat-c.$_{bg2,k}$ nat-m.$_{bg2,k}$ nat-p. *Nit-ac.*$_{bg2,k}$ nux-v.$_{bg2,k}$ olnd.$_{bg2,k}$ op.$_{bg2,k}$ petr.$_{bg2,k}$ ph-ac.$_{bg2,k}$ *Phos.*$_{bg2,k,*}$ plb.$_{bg2,k}$ ruta sabad.$_{bg2,k}$ sec.$_{bg2,k}$ *Sep.*$_{bg2,k}$ *Sil.*$_{bg2,k}$ squil.$_{bg2,k}$ staph.$_{bg2,k}$ *Stram.*$_{bg2,k}$ **Sulph.**$_{bg2,k}$ thuj.$_{bg2,k}$ verat.$_{bg2,k}$ verb.$_{bg2,k}$
- **Flecken**: agar. anac.$_{h,k1}$ asc-t. cact. *Calc.*$_{bg2}$ carb-ac.$_{a1,k}$ carb-an.$_{hr1,k}$ carb-v.$_{bg2}$ caust.$_{bg2}$ chlf.$_{a1}$ chlol.$_{hr1,k}$ *Cimic.*$_{hr1,k}$ *Cocc.* con.$_{bg2,k,*}$ dig.$_{bg2}$ elaps euon.$_{a1}$ fl-ac. hell.$_{a1,k}$ jatr-c. *Kali-c.*$_{bg2,k}$ lyc.$_{bg2}$ *Mag-c.*$_{bg2}$ med. *Merc.* nat-c.$_{bg2}$ *Nat-m.*$_{bg2}$ *Nit-ac.*$_{bg2}$ petr.$_{bg2}$ *Phos.*$_{bg2,k,*}$ sec.$_{bg2}$ *Sep.*$_{bg2}$ **Sil.**$_{bg2}$ **Sulph.**$_{bg2,k}$ thuj.$_{a1,k}$ verat.$_{bg2}$
  - **Lesen** agg.: fl-ac. *Kali-c.* *Lach.*$_{a1,k}$ lachn.
  - **schweben**: agar. cocc.$_{a1,k}$ phos.$_{h,k1}$ **Sulph.**$_{a1,k}$
  - **weißen** Rändern, mit: con.$_{a1,k}$
- **Gegenstände**: ant-t. ign. lac-c.$_{hr1}$ *Nat-m.* phos.$_{a1,k}$ sulph.
  - **bewegen** sich: carbn-h. lac-c.$_{hr1}$
  - **scheinen** dunkel: bell.$_{a1,k}$ berb. hep.$_{a1,k}$ nit-ac. thuj.$_{a1,k}$
- **Kreise**: caust.$_{bg2}$ hell.$_{bg2}$ *Iod.*$_{bg2,k,*}$ kali-c.$_{bg2,k}$
  - **Lichtpunkten**, mit: caust.
- **Punkte**: chlf.$_{a1,k}$ cic.$_{a1,k}$ *Con.* hyos.$_{a1,bg2}$ **Sulph.**$_{a1,k}$
  - **schweben**: aur. cann-s.$_{a1}$ hyos.$_{a1,k}$ phos.$_{h,k1}$
- **schlangenartige** Wellen: phys.$_{a1,k}$
- **Streifen**: cic.$_{a1,k}$ **Sulph.**$_{a1,k}$ zinc.$_{a1,k}$
- **Tüpfel**: *Calc.*$_{bg2,k}$ cimic.$_{bg2}$ con. cupr-ar. *Kali-c.*$_{bg2,k}$ mag-c. nat-m. nit-ac. **Phos.**$_{bg2,k}$ sep. **Sil.**$_{bg2,k}$ sulph.
- **Wolken**: coca lac-ac.$_{a1,k}$ ol-an.$_{a1,k}$ tarent.
- **Würmer**: phys.$_{a1,k}$

– **gelb**: agar.$_{bg2,k}$ aloe alum.$_{bg2,k,*}$ am-c.$_{bg1,bg2}$ am-m.$_{bg1,bg2}$ aml-ns.$_{bg1}$ ars.$_{bg2,k}$ aur.$_{bg1,bg2}$ *Bell.*$_{bg2,k}$ bry.$_{bg1,bg2}$ calen.$_{bg1,bg2}$ cann-i.$_{bg2,k,*}$ *Canth.*$_{bg2,k,*}$ carb-an.$_{bg2}$ cedr.$_{bg1,bg2,*}$ chin.$_{bg1,bg2}$ **Cina** coff.$_{bg1,bg2}$ colch.$_{bg2}$ coloc.$_{bg1,bg2}$ *Crot-h.* *Cycl.*$_{bg2,k,*}$ *Dig.*$_{bg2,k,*}$ hyos.$_{bg1,bg2}$ ind. irid-met.$_{bg1}$ kali-ar. *Kali-bi.*$_{bg2,k}$ *Kali-c.*$_{bg2,k}$ kali-s. kali-sil.$_{k2}$ lac-c. lachn.$_{bg1,bg2}$ mang.$_{bg2}$ merc.$_{bg2}$ nat-s.$_{bg2}$ osm.$_{bg1,bg2}$ petr.$_{bg1,bg2}$ phos.$_{bg1,bg2}$ plb.$_{bg2,k,*}$ santin.$_{c2,k}$ *Sep.*$_{bg2,k}$ sil.$_{bg2,k}$ stront-c. sulph.$_{bg2,k}$ tab.$_{a1,bg2}$ zinc.$_{bg2,k}$
- **tagsüber**: cedr.$_{a1,k}$
  - **und** nachts rot: cedr.
- **Buchstaben**: canth.$_{a1,k}$
- **Erbrechen**, beim: tab.$_{a1,k}$
- **Flammen**: santin. thuj.
- **Flecken**: agar. am-c.$_{hr1,k}$ am-m.$_{bg2,k,*}$ carb-an.$_{h,k1}$ lachn.$_{c1}$ ph-ac.$_{bg2}$ plb.$_{a1,k}$
  - **Lesen**; beim: lachn.$_{a1}$
  - **vor** dem linken Auge: agar.$_{hr1,k}$
    - **Blicken** auf weiße Gegenstände; beim: am-c.
    - **Lesen**, beim: phos.
- **Gegenstände** erscheinen gelb: ars-s-f.$_{k2}$
- **glänzender**, bebender Nebel: kali-c.
- **halbmondförmige** Körper schweben schräg nach oben: *Aur.*
- **Hof** um das Licht: **Alum.** sarr.
- **Kreis** um das Licht: alum.$_{gsy1}$ *Kali-c.* *Osm.* zinc.
  - **Bewegen**: *Aloe*
- **Punkte**: carb-an.$_{a1,k}$
- **Räder**: kali-c.$_{a1,h,*}$ zinc.$_{h,k1}$
- **Rand** um alle Gegenstände: bell.$_{a1,k}$
- **rote** Gegenstände sehen gelb aus: bell.
- **Schleier**: kali-bi.$_{a1,k}$
- **Wolke**: kali-c.$_{a1,k}$

– **golden**: bell.$_{bg2}$ hyos.$_{bg2}$
- **alles** sieht golden aus: hyos.$_{a1,k}$
- **Buchstaben** erscheinen: bell.$_{a1,k}$
- **Kette** baumelt vor den Augen; eine goldene: *Chin.*

– **grau**:
- **bläulichgrauer** Kreis um das Licht: lach.
- **Buchstaben**: stram.$_{a1,k}$
  - **werden** zu runden grauen Punkten: calc-p.$_{a1,k}$
- **Decke** vor den Augen: phos.$_{h,k,*}$ sil.$_{hr1}$
- **Flecken**: *Arg-n.*$_{bg2,k,*}$ calc-p.$_{a1,k}$ chlf.$_{a1,k}$ cic.$_{a1,k}$ conv.$_{br1}$ lachn.$_{a1,k}$ nit-ac.$_{a1,bg2}$
  - **Entfernung**, in der: nit-ac.
  - **Quadrat** von etwa 7,5 cm: conv.$_{br1}$
- **Gegenstände** erscheinen: ammc.$_{bg1}$ arg-n.$_{bg1,bg2}$ *Ars.*$_{bg2,k}$ brom.$_{bg1,bg2}$ calc-p.$_{bg1,bg2}$ camph. elaps$_{bg1}$ guare.$_{a1,k}$ lachn.$_{bg1,bg2}$ nit-ac.$_{bg2,k}$ *Nux-v.*$_{bg2,k}$ phal.$_{a1,k}$ *Phos.*$_{bg2,k}$ sep.$_{bg2,k}$ *Sil.*$_{bg2,k}$ *Stram.*$_{bg2,k,*}$
- **Hof**: phos.$_{bg2,k}$ sep.$_{bg2,k}$
- **Kreise**: lachn.$_{a1,k}$
- **Nebel**: cic.$_{a1,k}$
- **Punkt** vor dem rechten Auge, der sich zusammen mit diesem bewegt: brom.$_{a1,k}$
- **Punkte**: *Nux-v.*$_{bg2,k,*}$

• **rötlichgrauer** Rand um weiße Gegenstände: *Stram.*$_{a1,k}$
• **schlangenartige** Körper: **Arg-n.**$_{hr1,k,*}$
• **Schleier**: *Apis* elaps
• **schwarze** Gegenstände erscheinen grau: nux-v.$_{bg2}$ sep.$_{hr1}$ *Stram.*$_{bg2,k}$
– **grün**: aml-ns.$_{bg1}$ **Ars.**$_{bg2,k}$ bry.$_{bg1,bg2}$ calc. cann-i.$_{bg2,k,*}$ canth. carbn-s. caust.$_{bg1,bg2,*}$ chin.$_{bg2}$ **Cina** cupr.$_{bg2}$ *Cycl.*$_{a1,k}$ *Dig.*$_{bg2,k,*}$ hep.$_{bg1,bg2}$ kali-ar. kali-c.$_{h,k,*}$ *Lac-c.* mag-m.$_{a1,k}$ merc.$_{bg2,k,*}$ nit-ac.$_{bg2}$ **Phos.**$_{bg2,k}$ *Ruta* **Santin.** sep.$_{bg2,k}$ stram.$_{bg2,k,*}$ *Stront-c.* stry.$_{a1,k}$ sulph.$_{bg2,k}$ tab.$_{a1}$ *Tub.* verat.$_{bg2}$ verat-v.$_{bg1,bg2}$ zinc.$_{bg2,k}$ zinc-p.$_{k2}$
• **Aufstehen**:
• **Bett**, vom: vario.$_{j1}$
• **Blindheit** für grün: carbn-s.
• **Buchstaben**: canth.$_{a1,k}$
• **Erbrechen**: tab.$_{a1,k}$
• **erbsengrün** beim Blick in den Spiegel; sieht sich selbst: cina
• **Flecken**: *Caust.* *Kali-c.*$_{h,k,*}$ *Lac-c.* nit-ac.$_{bg2,k,*}$ stram. stront-c.
• **Gehen** im Dunkeln; beim: *Stront-c.*
• **Funken**: kali-c.
• **Gegenstände** erscheinen grün, dann rot und nebelig: carbn-s.$_{c1}$
• **gelbgrün**: santin.
• **Hof** um das Licht: ammc.$_{bg1}$ anag.$_{bg1}$ atro.$_{bg1}$ calc. *Caust.* chin.$_{bg1,bg2}$ com.$_{bg1,bg2}$ mag-m. **Phos.** ruta *Sep.* sil. *Sulph.* zinc.
• **Kreise**: zinc.$_{bg2,k,*}$
• **Licht**, um das: verat-v.
• **Mittagessen**, beim: mag-m.$_{a1,k}$
• **Aufstoßen** amel.: mag-m.
• **Strahlen**: bell.$_{bg1,bg2}$ con.$_{bg1,bg2}$ ign.$_{bg1,bg2}$ ph-ac.$_{bg1,bg2}$
• **Streifen**: thuj.
– **Hof**, ein farbiger:
• **Buchstaben** beim Lesen; um die: alum. cic.
• **Licht**, um das: alum. alum-p.$_{k2}$ *Anac.* bar-c. **Bell.** *Bry.* *Calad.* calc. *Carb-v.* cham. chim. *Cic.* *Cycl.* *Dig.* gels. *Hep.* *Ip.* kali-c. kali-n. kali-p. kali-s. *Lach.* mag-m. merl. nat-p. *Nicc.* nit-ac. **Osm.** *Ph-ac.* **Phos.** **Puls.** ran-b. *Ruta* *Sars.* *Sep.* stann. *Staph.* **Sulph.** *Tub.* zinc. zinc-p.$_{k2}$
– **lebhaft**:
• **erscheinen** lebhafter; Farben
☞ *Überempfindliches*
– **leuchtend**: aloe alum.$_{bg2,k,*}$ am-c.$_{bg2,k,*}$ am-m.$_{bg2}$ *Ant-t.*$_{bg2,k}$ ars.$_{bg2,k,*}$ *Aur.*$_{bg2,k}$ aur-ar.$_{k2}$ aur-i.$_{k2}$ bar-c.$_{bg2,k}$ *Bell.*$_{bg2,k}$ *Borx.* bry.$_{bg2,k}$ *Calc.*$_{bg2}$ *Camph.* cann-s.$_{bg2,k}$ caust.$_{bg2,k}$ chel.$_{bg2,k,*}$ chlol.$_{hr1}$ chlor.$_{bg2}$ cic.$_{bg2,k,*}$ **Cina** coloc.$_{bg2,k}$ *Con.*$_{bg2,k,*}$ croc.$_{bg2,k}$ *Dig.*$_{bg2,k,*}$ digin.$_{a1}$ dros.$_{bg2,k}$ dulc.$_{bg2,k}$ euphr.$_{bg2,k}$ fl-ac.$_{a1,k}$ *Graph.*$_{bg2,k}$ hydrog.$_{srj2}$ *Hyos.*$_{bg2,k,*}$ ign.$_{bg2,k}$ *Iod.*$_{k,k2,*}$ *Ip.* *Kali-bi.* *Kali-c.*$_{bg2}$ *Lyc.*$_{bg2,k}$ mang.$_{bg2,k}$ meny.$_{bg2,k}$ mez.$_{bg2,k}$ nat-m.$_{bg2,k}$ nit-ac.$_{bg2}$ **Nux-v.**$_{bg2,k}$ olnd.$_{bg2,k}$ op.$_{bg2,k}$ ph-ac.$_{bg2}$ phos.$_{bg2,k}$ plat.$_{bg2,k}$ *Puls.*$_{bg2,k}$ rhus-t.$_{bg2,k}$ sabin.$_{bg2,k}$ sec.$_{bg2,k}$ seneg.$_{bg2,k}$ sep.$_{bg2}$ *Sil.*$_{bg2}$ spig.$_{bg2,k}$ stram.$_{a1,k}$ stront-c. *Valer.*$_{bg2,k}$ verat.$_{bg2,k}$ viol-o.$_{bg2,k}$ xan.$_{bg2}$ zinc.$_{bg2,k}$

– **leuchtend**: ...
• **scheinen** stärker zu leuchten; Farben
☞ *Überempfindliches*
– **purpurn**, blaurot: cund.$_{a1}$ haliae-lc.$_{srj5}$
– **Regenbogenfarben**:
• **allen** Farben, in: *Bell.*$_{bg2,k,*}$ *Bry.*$_{bg2,k,*}$ calc.$_{bg2}$ cic.$_{bg2,hr1}$ *Con.*$_{bg2,k,*}$ dig.$_{bg2,k}$ digin.$_{a1}$ euphr.$_{bg2}$ haliae-lc.$_{srj5}$ ip.$_{a1,k}$ kali-c.$_{bg2}$ kali-n.$_{bg2}$ osm.$_{bg2}$ *Ph-ac.*$_{bg2}$ *Phos.*$_{bg2}$ puls. stann.$_{bg2}$ stram.$_{bg2}$ sulph.$_{bg2}$
• **Kreise**: dig. digin.$_{a1}$ ip.$_{a1,k}$
• **Streifen**:
• **Schließen** der Augen: bry.
• **Lichtstrahl** in Regenbogenfarben: bell.
– **Reiben**; nach: stront-c.
– **rot**: **Bell.**$_{bg2,k}$ bry.$_{bg1,bg2}$ *Cact.*$_{bg2,k,*}$ calc.$_{mfj}$ carbn-s. caust.$_{mfj}$ cedr.$_{a1,k}$ com.$_{bg1,bg2}$ **Con.**$_{a1,k}$ croc.$_{bg2,k}$ cund.$_{a1,bg1}$ *Dig.*$_{bg2,k,*}$ elaps fl-ac.$_{bg1,bg2}$ *Hep.*$_{bg2,k}$ *Hyos.*$_{bg2,k}$ iodof.$_{bg1}$ ip.$_{bg1,bg2}$ *Kali-bi.* lac-c. mag-m.$_{a1,k}$ *Nux-m.* nux-v.$_{bg1,bg2}$ onos.$_{bg2}$ **Phos.**$_{bg2,k}$ ruta$_{bg3}$ sabad.$_{bg2}$ sars.$_{bg2,k}$ sep.$_{bg2,k}$ spig.$_{bg2}$ spong. stram.$_{bg1,bg2}$ *Stront-c.* *Sulph.*$_{bg2,k}$ tarent. verat.$_{bg2}$ verat-v.$_{bg1,bg2,*}$ zinc.$_{bg1,bg2}$
• **abends**:
• **Lesen** bei Kerzenlicht; beim: sars.$_{h}$
• **nachts**: cedr.$_{a1,k}$ chin. elaps mag-m. spong.
• **und** tagsüber gelb: cedr.
• **Blindheit** für rot: carbn-s.
• **Flecken**: dub.$_{bg1}$ elaps hipp.$_{a1}$ hyos. lac-c. lyc.
• **feuerrot**: elaps
• **Funken**: fl-ac.$_{a1,k}$ stry.$_{a1,k}$
• **Gegenstände** erscheinen: atro.$_{a1,k}$ **Bell.**$_{a1,k}$ carbn-s. **Con.**$_{a1,k}$ *Dig.* *Hep.* *Hyos.*$_{a1,k}$ iod.$_{a1}$ iodof.$_{a1,k}$ *Nux-m.*$_{a1,k}$ **Phos.** *Stront-c.*
• **Hindernisse** beim Blick ins Licht: cund.$_{a1,k}$
• **Hof**: bell.$_{kl2}$● com. *Ip.* osm.$_{bg2}$ sil.$_{a1,k}$ verat-v.$_{a1,k}$
• **Lampe**; um das Licht der: com.
• **Kerzenlicht** scheint ein rotes Rad zu sein; das: sulph.$_{h}$
• **Kreise**: cact.$_{hr1,k,*}$
• **Licht** scheint aus roten Kreisen zu bestehen: *Sulph.*$_{a1,k}$
• **Reiben**, beim: stront-c.
• **leuchtende** Erscheinungen: *Phos.* spong.$_{hr1,k}$
• **Massen**: spig.$_{a1,k}$
• **Mittagessen**, beim: mag-m.$_{a1,h,*}$
• **Papier** sieht rot aus: croc.$_{hr1,k}$ sars.$_{h,hr1,*}$
• **Punkte**: elaps
• **Schließen** der Augen; beim: elaps
– **schwarz**: acon.$_{bg2,hr1}$ agar.$_{bg2,k}$ am-m.$_{bg2}$ anac.$_{bg2}$ *Arn.*$_{bg2,k,*}$ bar-c.$_{bg2}$ *Bell.*$_{bg2}$ calc.$_{bg2}$ caps.$_{bg2}$ carb-v.$_{bg2}$ caust.$_{bg2}$ *Chin.*$_{bg2}$ cic.$_{bg2}$ cina *Clem.*$_{bg2,k,*}$ cocc.$_{bg2,hr1}$ con.$_{bg2}$ euphr.$_{bg2}$ ferr.$_{k2}$ *Kali-c.*$_{bg2}$ *Lach.*$_{bg2,k,*}$ lyc.$_{bg2}$ mag-c.$_{br1}$ mang.$_{bg2}$ *Merc.*$_{bg2,k}$ mosch.$_{bg2}$ nat-c.$_{bg2}$ **Nat-m.**$_{bg2,k,*}$ nit-ac.$_{bg2}$ nux-v.$_{bg2}$ petr.$_{bg2,hr1}$ ph-ac.$_{bg2}$ *Phos.* sec.$_{bg2}$ **Sep.**$_{bg2}$ **Sil.**$_{bg2}$ staph.$_{bg2}$ *Stram.*$_{bg2}$ sulph.$_{bg2}$ thuj.$_{bg1,bg2}$ valer.$_{bg2}$ verat.$_{bg2}$ zinc.$_{bg2}$
• **Aufrichten**; beim:
• **Bücken**; vom: mez.
• **Aufstehen**:
• **Bett**; aus dem: cina$_{k2}$

• **Bewegung**, in: thuj.
• **Blick** nach unten; beim: *Kalm.*
• **Blitz**: staph.$_{bg2,k,*}$
• **Buchstaben** werden zu Punkten: *Calc-p.*
• **Flecken**: acon.$_{bg2}$ agar.$_{hr1,k}$ am-c.$_{h,k,*}$ ammc.$_{hr1}$ arg-n. asc-t.$_{a1,k}$ *Aur.*$_{bg2,k,*}$ *Bar-c.*$_{bg2,k,*}$ bar-s.$_{k2}$ bell. *Calc.*$_{bg2,k,*}$ *Camph.*$_{a1,k}$ carb-an.$_{h,kl}$ carb-v.$_{bg2}$ chel.$_{hr1,k}$ chinin-s. chlf.$_{a1}$ chlor. *Cimic.*$_{a1,k}$ cocc.$_{bg2,k,*}$ *Con.*$_{hr1,k}$ cupr-ar.$_{a1,k}$ cur.$_{hr1,k,*}$ daph.$_{hr1}$ dulc.$_{a1,k}$ elaps gels.$_{k2}$ **Glon.**$_{hr1,k}$ hell.$_{a1,k}$ hydrog.$_{srj2}$ *Kali-c.*$_{bg2}$ *Lil-t.* *Lyc.*$_{bg2,k,*}$ *Mag-c.*$_{bg2,k}$ mang.$_{bg2}$ med.$_{hr1,k}$ meli.$_{hr1,k}$ nat-c.$_{hr1,k}$ **Nat-m.** *Nit-ac.*$_{bg2,k,*}$ petr.$_{bg2,k,*}$ *Phos.*$_{bg2,k}$ *Psor.*$_{hr1,k}$ **Sep.**$_{bg2,k,*}$ *Sil.*$_{bg2,k}$ stram.$_{a1,k}$ stront-c. syph. tab.$_{a1,k}$ thuj. verat.$_{bg2,k,*}$
• **morgens**, beim Erwachen: dulc.
• **Anstrengung**, körperliche: *Calc.*$_{a1,k}$
• **Aufstehen** vom Sitzen, beim: verat.$_{h,k,*}$
• **bewegen** sich in alle Richtungen: *Chinin-s.* med.$_{c1}$ *Sep.*$_{a1,k}$ stram.$_{a1,k}$
• **Drehen**, bei schnellem: *Glon.*$_{hr1,k}$
• **Essen**, nach dem: lyc.$_{a1,k}$
• **geschlossenen** Augen, bei: *Con.* elaps
• **Kopfschmerz**:
• **vor**: phos.$_{ptk}$ *Psor.*
• **während**: *Glon.*$_{hr1,k}$ **Meli.**$_{hr1,k}$
• **Lesen**:
• **beim**: med.$_{c1}$
• **nach**: cocc. *Cur.*
• **Nähen**:
• **beim**: ~~am-c.$_{kl,xxx}$~~
• **nach**: am-c.$_{kl}$
• **Schreiben**, beim: *Nat-c.*$_{hr1,k}$
• **schwebend** (= Mouches volantes): acon. aesc. *Agar.* am-c. anac.$_{c1}$ anan. ant-t. *Arg-n.* arn. asaf. *Aur.* *Bar-c.* *Bell.* *Calc.* *Carb-v.* *Carl.* *Caust.* chel. **Chin.**$_{c2,k}$ chlf.$_{c2}$ chlol. cob. **Cocc.** coff. *Con.* *Crot-h.* cupr-ar. cur.$_{c2}$ *Cycl.* *Daph.* dig.$_{br1,k}$ *Gels.* glon. hyos. itu$_{c2}$ *Kali-c.* kali-p. kali-s. kali-sil.$_{k2}$ lact. lact-v.$_{c1,hr1,*}$ *Lil-t.* *Lyc.* mag-c. *Merc.* mez. morph. nat-c. **Nat-m.**$_{k,kl2}$● *Nit-ac.*$_{k,kl2}$●,* *Nux-m.* *Nux-v.*$_{c2,k}$ par. paraf.$_{c2}$ **Phos.**$_{k,kl2}$●,* **Phys.** *Psor.* *Rhus-t.* **Sep.**$_{k,kl2}$● **Sil.** sol-ni. *Stram.* **Sulph.** *Tab.* ter. thuj.$_{c2,k}$ verat. zinc.
• **Essen**, nach dem: lyc. *Phos.*
• **Fixieren** eines Gegenstandes amel.: aesc.$_{kl}$
• **Gehen** im Freien: ter.
• **Lesen**, beim: choc.$_{srj3}$ *Kali-c.*
• **Nähen**, nach dem: am-c.
• **Schreiben**, beim: *Nat-c.*
• **Schwindel**, mit: *Con.*$_{hr1,k}$ *Glon.*$_{hr1,k}$
• **Fliegen** schweben vor den Augen: agar.$_{k2}$ asaf.$_{k2}$ bar-s.$_{k2}$ kali-sil.$_{k2}$ sulph.$_{a1,k}$
• **Flimmern**, Flackern: **Lach.**$_{bg2,k,*}$
• **Funken**: mang.$_{h,kl}$ stry.$_{a1,k}$
• **Gegenstände**: caps.$_{hr1,k}$ *Cic.*$_{hr1,k}$ sol-ni. stram.$_{a1,k}$ sul-ac.$_{hr1,k}$
• **Herumdrehen**, beim: cocc.$_{h,k,*}$ sarr.$_{hr1,k}$
• **Gestalten**: bell.$_{bg2}$ cocc.$_{bg2,k,*}$ petr.$_{hr1,k,*}$
• **schweben** vor den Augen: cocc.$_{hr1,k}$

– **schwarz**: ...
• **Hof**: caust.$_{bg2}$ phos.$_{bg2,k}$
• **Hörner**: cund.$_{a1,k}$
• **Kreise**
☞ *Ringe*
• **Kugeln**: *Bell.* cund.$_{a1,k}$ *Kali-c.*$_{a1,k}$
• **Lesen**, beim: cic.$_{a1,k}$ kali-c.$_{a1,k}$ sol-ni.
• **begleiten** die Buchstaben: calc.$_{a1,k}$
• **Punkte**: anan.$_{hr1,k}$ ant-c. calc.$_{bg2,k,*}$ *Caust.* chin.$_{bg2,k,*}$ chlf.$_{a1}$ con.$_{bg2,k,*}$ dig.$_{bg2}$ elaps *Gels.* jatr-c. *Kali-c.*$_{h,k,*}$ *Merc.*$_{bg2,k,*}$ mez.$_{a1}$ mosch.$_{a1,k}$ nat-c.$_{bg2}$ nat-m.$_{bg2,k}$ nit-ac.$_{bg2,k}$ *Nux-v.*$_{bg2,k,*}$ petr.$_{bg2}$ *Phos.*$_{bg2,k,*}$ sol-ni. sulph.$_{bg2}$ tab.$_{hr1,k,*}$ ter.$_{a1}$ thuj.$_{bg2,k,*}$
• **morgens**: bell.$_{a1,k}$
• **Kerzenlicht**, durch: carb-an.$_{a1,k}$
• **Lesen**, beim: calc.$_{a1,k}$ *Kali-c.*
• **Mittagessen**, vor dem: thuj.$_{a1,k}$
• **Ringe**, Kreise: hell.$_{bg1}$ nit-s-d.$_{bg1}$ psor. sol-ni.
• **Hitze**; während: dig. digin.$_{a1}$
• **Kopfschmerz**, vor: *Psor.*
• **Lesen**, beim: kali-c.$_{h,k,*}$
• **schweben**: dig. digin.$_{a1}$
• **wanken**: dig.$_{a1,k}$
• **Scheibe**: elaps
• **Schlangen**: cund.$_{a1,k}$
• **Schleier**: aur.$_{a1,k}$
• **rechten** Auge; vor dem: *Phos.*
• **schweben**: aur-s.$_{k2}$ *Chel.* chin. chlf.$_{a1,k}$ cop. daph.$_{hr1,k}$ gins. led. petr. **Phos.**
• **Stäubchen**: agar.$_{hr1}$ arg-n.$_{hr1}$ merc-i-f.$_{hr1,k}$
• **Streifen**: con.$_{a1,k}$ ph-ac.$_{a1,k}$ *Sep.* sol-ni. sulph.
• **morgens**: bell.$_{a1,k}$
• **Lesen**, beim: kali-c. sol-ni.
• **Teller**: kali-bi.$_{a1,k}$
• **Tiere**: nat-ar.
– **Streifen**, in: *Am-c.*$_{bg2,k}$ am-m.$_{bg2}$ bell.$_{bg2,k}$ cham.$_{bg2}$ **Con.**$_{bg2,k}$ iod.$_{bg2}$ kali-c.$_{bg2}$ merc.$_{bg2}$ *Nat-m.*$_{bg2,k}$ phos.$_{bg2}$ puls.$_{bg2,k}$ *Sep.*$_{bg2,k}$ sol-ni.$_{bg1}$ sulph.$_{bg1,bg2}$ thuj.
☞ *Streifen*
– **violett**: cann-i.$_{a1}$ **Cina**
– **weiß**: alum.$_{bg1,bg2}$ am-c.$_{bg2,k,*}$ apis$_{bg1,bg2}$ ars.$_{bg1,bg2}$ bell.$_{bg2,k,*}$ cann-s.$_{bg2,h,*}$ caust.$_{bg1,bg2}$ chel.$_{bg2}$ chlf.$_{bg1}$ coca$_{bg,bg2}$ *Dig.*$_{bg2,k,*}$ elaps grat.$_{a1,k}$ *Kali-c.*$_{bg2,k,*}$ *Ph-ac.*$_{bg2,k}$ sulph.$_{bg1,bg2}$ thuj.$_{bg1,bg2}$ ust.$_{bg1,bg2}$
• **blaß** weiß; Gesichter erscheinen: dig.$_{a1,k}$ ind.$_{a1,k}$
• **Blindheit** für weiß: carbn-s.
• **Flammen**: chlf.$_{a1,k}$
• **Flammenstrahlen**: cann-s.$_{h,k,*}$
• **Flecken**: acon.$_{a1,k}$ alum.$_{bg2}$ am-c.$_{bg2}$ ars.$_{a1,k}$ *Caust.* coca con.$_{a1,k}$ gins.$_{a1,k}$ jab.$_{br1}$ mez.$_{a1,k}$ sol-ni. *Sulph.*$_{bg2,k,*}$ ust.$_{a1,k}$
• **dann** grün: *Caust.*
• **schwanken**: dig.$_{a1,k}$
• **Fliegen**; weiße: bell.$_{bg2}$ dig.$_{bg1,bg2}$
• **Flimmern**, Flackern: *Ign.*$_{a1,k}$ sep.$_{a1,k}$
• **Funken**: rat.$_{bg1,bg2}$ stry.$_{a1,k}$ ust.$_{bg1,bg2}$
• **grün** aus; weiße Gegenstände sehen: grat.
• **Kerzenlicht** erscheint: dig.$_{a1,k}$
• **Kügelchen**: upa.$_{a1,k}$

• **Punkte**: ars.$_{a1,k}$ cann-s.$_{a1}$ rat. ust.
• **Räder**: kali-c.$_{h,kl}$
• **Rand** um die Buchstaben; ein weißer: *Chin.*
• **Schlangen**: ign.$_{bg1,bg2}$
• **Sterne**: alum.$_{hr1,k,*}$ am-c.$_{bg2,k,*}$ bell.$_{bg2,k,*}$ calc.$_{bg1,bg2}$ caust.$_{bg2,k}$ kali-c.$_{bg2,k,*}$ nat-c.$_{bg2,k,*}$
  • **Niesen**: am-c.$_{h}$
  • **Schneuzen** der Nase; beim: alum.$_{a1,k}$
  • **Schreiben**, beim: kali-c.$_{a1,k}$
• **Streifen**: sol-ni.
• **Tropfen** beim Blick auf Schnee; sieht farbige, herabfallende: *Kali-c.*
• **Wasserflaschen**: thuj.$_{bg1,bg2}$
• **Wolken** wandern von links nach rechts: bell.$_{h,kl}$
• **Zickzacklinien** in einem Kreis: ign.$_{a1,k}$

Farbenblindheit
☞ *Verlust - Farben*

Federn vor den Augen; wie ●: *Alum.*$_{bg2,k,*}$ *Calc.*$_{bg2,k,*}$ kreos.$_{a1,k}$ **Lyc.**$_{bg2,k,*}$ mag-c.$_{h,k,*}$ *Merc.* *Nat-c.*$_{bg2,k}$ nat-m.$_{h,k,*}$ seneg.$_{bg2,k}$ spig.$_{h,k,*}$

Fehler: adam.$_{srj5}$ bell.$_{bg2,k}$ bov.$_{bg2,k}$ euph.$_{bg2,k}$ *Hyos.*$_{bg2}$ kali-c.$_{bg2,k}$ *Plat.*$_{bg2,k}$ stram.$_{bg2}$

Feuer:
– **Schließen** der Augen; sieht ein Flammenmeer beim: **Phos.** spig.
☞ *Feurig - Regenschauer | Flammen - verschiedenfarbige*

Feurig: **Bell.**$_{bg2,k}$ *Bry.*$_{bg2,k}$ *Dig.*$_{bg2,k,*}$ *Dulc.*$_{h}$ *Hyos.*$_{bg2,k}$ iod.$_{bg2,k,*}$ **Kali-c.**$_{bg2,k}$ *Lach.* *Nat-m.*$_{bg2,k}$ *Nux-v.*$_{bg2,k}$ *Phos.*$_{bg2,k}$ *Psor.* *Sep.*$_{bg2,k}$ **Spig.**$_{bg2,k}$ stram.$_{bg2,k,*}$ viol-o.$_{bg2,k,*}$ zinc.$_{bg2,k}$
– **Aufstehen** vom Sitzen; beim: verat.$_{a1,k}$
– **Flecken**: *Alum.*$_{hr1,k}$ coca elaps
– **Flimmern**: *Calc-p.*
– **Körper**: arg-n.$_{a1,k}$ zinc.
– **Kreise**: anan.$_{hr1,k}$ calc-p.$_{a1,k}$ *Camph.*$_{a1,k}$ carb-v. ip.$_{a1,k}$ *Puls.*$_{bg2,k,*}$ *Zinc.*$_{bg2,k}$
– **Kugeln**: act-sp.$_{bg1,bg2}$ *Cycl.*$_{bg2,k}$ stram.$_{bg2,k,*}$
– **Oberfläche**: ph-ac.$_{a1,h,*}$
– **Punkte**: ammc.$_{hr1,k,*}$ *Aur.*$_{h,k,*}$ merc.$_{bg2,k,*}$ merl. *Nat-m.*$_{bg2,k,*}$ petr. sec. zinc.
  • **bewegen** sich zusammen mit den Augen: am-c. ammc.$_{a1}$ nat-m.$_{h,kl}$
  • **fallen** nach unten: ph-ac.$_{a1,h,*}$
– **Regenschauer**, wie Feuer vom Himmel; feurige: plb.$_{a1,k}$
– **Scheiben**: thuj.
– **Strahlen** um das Licht: *Kali-c.* **Lach.**$_{a1,k}$
– **Zickzacklinien** ●: con.$_{h,k,*}$ *Graph.*$_{a1,k}$ ign. **Nat-m.**$_{a1,k}$ *Sep.*$_{a1,k}$
  • **um** Gegenstände: graph.$_{a1,k}$ *Nat-m.*

Flackern
☞ *Flimmern*

Flammen: **Bell.**$_{bg2,k,*}$ calc. cann-s.$_{a1,k}$ *Carb-v.* chin-b. *Chinin-s.* cycl. dulc. myric. *Puls.* santin. spong. staph.$_{a1,k}$ ther.$_{a1,k}$ *Thuj.*
– **nachts**, im Bett: spong. staph.
  • **Erwachen**, beim: cycl.

Flammen: ...
– **verschiedenfarbige** Flammen: *Crot-h.* *Phos.* thuj.
☞ *Feuer - Schließen | Feurig - Regenschauer*

Flecken: acon.$_{bg2}$ act-sp.$_{hr1,k,*}$ agar.$_{bg2}$ alum.$_{bg2,k}$ am-c.$_{bg2}$ **Am-m.**$_{bg2}$ anac.$_{bg2}$ arg-n.$_{br1}$ asc-t.$_{c1}$ *Aur.*$_{bg2}$ bar-c.$_{bg2}$ *Bell.*$_{bg2}$ **Calc.**$_{bg2}$ calc-sil.$_{k2}$ cann-s.$_{bg2}$ carb-v.$_{bg2}$ carbn-s. *Caust.*$_{bg2,k}$ chel.$_{a1,bg2}$ chin.$_{bg2}$ cocc.$_{bg2}$ colch. *Con.*$_{bg2,k,*}$ **Cycl.**$_{a1,k}$ dig.$_{bg2}$ dros.$_{bg2}$ elaps euon.$_{a1}$ euphr.$_{bg2}$ fl-ac.$_{bg2}$ hyos.$_{bg2}$ *Jab.* kali-bi.$_{bg2,k,*}$ **Kali-c.**$_{bg2,k,*}$ lach.$_{bg2}$ lyc.$_{bg2}$ mag-c.$_{bg2}$ mang.$_{bg2}$ **Merc.**$_{bg2}$ mosch.$_{bg2}$ nat-c.$_{bg2}$ *Nat-m.*$_{bg2}$ *Nit-ac.*$_{bg2}$ petr.$_{bg2}$ ph-ac.$_{bg2}$ **Phos.**$_{bg2,k}$ scroph-n.$_{br1}$ sec.$_{bg2}$ seneg.$_{bg2}$ **Sep.**$_{bg2}$ sil.$_{bg2,k,*}$ sol-ni. **Sulph.**$_{bg2,k,*}$ thuj.$_{bg2}$ valer.$_{bg2}$ verat-v.
– **Blicken**; bei starrem, fixem: act-sp.$_{a1,k}$
– **Erwachen**, beim: **Cycl.**$_{a1,k}$
– **farbig**: astac.
☞ *Farben*
– **hell**: con.$_{h}$
– **Kopfschmerz**:
  • **vor**: *Psor.*$_{k,kl2}$●
  • **mit**: cycl.
– **Lesen**, beim: astac. *Jab.* kali-c.$_{a1,k}$
– **leuchtend**: *Hyos.*
– **rund**: dig.$_{a1,k}$
– **Schließen** der Augen; beim: *Hydr.*
– **Schreiben**; beim: kali-bi.$_{a1,k}$
– **schweben**: am-m.$_{hr1,k}$ calc-sil.$_{k2}$ cann-i.$_{a1,k}$ dig.$_{a1,k}$ hell.$_{a1,k}$ hydrog.$_{srj2}$ phos.$_{a1,k}$ ruta$_{h}$ zinc-p.$_{k2}$
– **springen** auf und ab: *Croc.*

Flimmern, Flackern: acon.$_{bg2,k,*}$ acon-f.$_{a1}$ *Aesc.*$_{hr1,k,*}$ *Agar.*$_{hr1,k,*}$ alco.$_{a1}$ all-c.$_{hr1,k,*}$ aloe alum.$_{bg2,k}$ alum-p.$_{k2}$ *Am-c.*$_{bg2,k,*}$ am-m.$_{bg2}$ anac.$_{bg2,k,*}$ *Ant-t.*$_{bg2,k,*}$ *Aran.*$_{hr1,k}$ arn.$_{bg1,bg2}$ *Ars.*$_{bg2,k,*}$ *Ars-i.* ars-s-f.$_{k2}$ bar-c.$_{a1,k}$ bar-i.$_{k2}$ bar-m. **Bell.**$_{bg2,k,*}$ *Borx.* bry. calc.$_{bg2,k,*}$ calc-f.$_{hr1,k}$ calc-s. calc-sil.$_{k2}$ camph.$_{hr1,k,*}$ cann-i.$_{a1,k}$ cann-s.$_{a1,k}$ caps.$_{hr1,k}$ *Carb-v.*$_{bg2,k,*}$ carbn-o. **Carbn-s.** carl.$_{a1,k}$ *Caust.*$_{bg2,k,*}$ *Cham.*$_{bg2,k,*}$ *Chel.*$_{hr1,k,*}$ *Chin.*$_{bg2,k}$ chinin-ar. chlf.$_{a1,k}$ clem.$_{hr1,k,*}$ coca coff. *Colch.*$_{bg2}$ con.$_{bg2,k,*}$ croc. cupr-act. **Cycl.**$_{bg2,k,*}$ dig.$_{bg2,k,*}$ dros.$_{bg2}$ form.$_{hr1}$ *Gels.*$_{a1,k}$ **Graph.**$_{bg2,k,*}$ hell.$_{a1,k}$ *Hep.*$_{bg2,k,*}$ *Hyos.*$_{bg2,k,*}$ *Ign.*$_{bg2,k,*}$ *Iod.*$_{bg2,k,*}$ kali-sil.$_{k2}$ *Kalm.*$_{a1,k}$ **Lach.**$_{bg2,k,*}$ *Led.*$_{bg2,k,*}$ lipp.$_{a1}$ *Lyc.*$_{bg2,k,*}$ med.$_{hr1,k}$ meny.$_{bg2,k,*}$ merc.$_{a1,k}$ merl. mez.$_{bg2,k,*}$ mur-ac.$_{h,k,*}$ nat-ar. nat-c. **Nat-m.**$_{bg2,k,*}$ nat-p. *Nux-v.*$_{bg2,k,*}$ olnd.$_{bg2}$ op.$_{a1,k}$ paeon.$_{a1,k}$ *Petr.*$_{bg2,k,*}$ ph-ac.$_{bg2,k}$ **Phos.**$_{bg2,k,*}$ phys.$_{hr1,k}$ *Plat.*$_{bg2,k}$ plb.$_{a1,k}$ plect.$_{a1}$ *Psor.*$_{hr1,k}$ *Puls.*$_{bg2,k,*}$ salin.$_{a1}$ santin. sars.$_{h,k,*}$ sec.$_{bg2,k,*}$ *Seneg.*$_{bg2,k}$ **Sep.**$_{bg2,k,*}$ *Sil.*$_{hr1,k,*}$ sol-ni. *Staph.*$_{bg2,k}$ stram.$_{a1,k}$ stront-c. sul-i.$_{k2}$ **Sulph.**$_{bg2,k,*}$ sumb.$_{a1,k}$ tab.$_{bg2,k,*}$ ther.$_{bg2,k,*}$ *Thuj.*$_{hr1,k,*}$ verat.$_{bg2}$ *Zinc.*$_{hr1,k,*}$ zinc-p.$_{k2}$
☞ *Vibrieren*
– **links**: *Chinin-ar.* dig.$_{a1}$ nat-p.
– **rechts**: bry.$_{a1,k}$ lach.
– **tagsüber**: anac.$_{hr1,k}$ phos.$_{hr1,k}$
– **morgens**: am-c.$_{a1,k}$ *Borx.* calc. kali-c.
  • **5** h: nat-p.

– **morgens**: ...
• **Aufstehen**, beim: carb-v.$_{a1,k}$ **Cycl.**$_{hr1,k,*}$ nat-p.$_{hr1,k,*}$
• **Erwachen**, beim: calc.$_{a1,k}$ dulc.$_{a1,k}$
• **Kopfschmerzen**, mit: **Cycl.**$_{a1,k}$
• **Schreiben**, beim: *Borx.*
– **nachmittags**, nach einem Nickerchen: *Lyc.*
– **abends**: merc.$_{a1,k}$ plat.$_{h,kl}$ til.$_{a1,k}$
• **lesen**; beim Versuch zu: *Cycl.*
– **nachts** agg.: cycl.$_{a1,k}$
– **anfallsweise**: *Ther.*
– **Aufstehen**, beim: acon. verat.$_{h}$
– **außerhalb** des Sehfelds: *Graph.*
– **bewegt** sich nach rechts: borx.
– **Blicken**, beim:
• **angestrengt**: led.$_{a1,k}$ tab.$_{a1,k}$
• **lange**: caust.$_{a1,k}$ ph-ac.$_{a1,k}$ psor.
– **bunt**, verschiedenfarbig: **Cycl.**$_{hr1,k}$
– **Einschlafen**, beim: lyc.$_{a1,k}$
– **Eintreten** ins Haus; beim: dig.$_{a1,k}$
– **Essen** amel.: phos.$_{a1,k}$
– **Frost**: cham. led. lyc. sep. ther.
– **Frühstück**, nach dem: sulph.$_{a1,k}$
– **Kerzenlicht**: bar-c.$_{a1,k}$
– **Körperübungen**, nach: dig.$_{a1,k}$
– **Kopfschmerzen**:
• **vor** ●: aran.$_{hr1,k}$ *Graph.* iris *Nat-m.* *Plat.* *Psor.*$_{hr1,k}$ *Sars.* sep.$_{st}$ *Sulph.* ther.$_{a1}$
• **während**: caps.$_{hr1}$ **Chin.** chinin-ar. chinin-s. *Coloc.*$_{hr1,k}$ con. **Cycl.** graph.$_{hr1,k}$ *Lach.*$_{hr1,k}$ **Nat-m.**$_{hr1,k}$ *Phos.*$_{hr1,k}$ sars.$_{hr1,k,*}$ *Sil.* *Sulph.*
• **Beginn** der Kopfschmerzen; zu: *Sars.*
– **Kreise**: calc-p.$_{a1,k}$ ign.$_{a1}$
– **Lesen**, beim: aran.$_{a1,k}$ arn.$_{hr1,k}$ cob. *Cycl.*$_{hr1,k,*}$ merc.$_{a1,k}$ ph-ac.$_{a1,k}$ *Seneg.*$_{hr1,k,*}$
• **Licht**; bei (künstlichem): ph-ac.$_{h}$
– **Licht**; beim Blick ins: anac.$_{h,kl}$ *Sep.*$_{hr1,k,*}$
– **Liegen**, beim: *Cham.*$_{hr1,k}$
– **Mittagessen**:
• **beim**: *Thuj.*$_{a1,k}$
• **nach**: bry.$_{hr1,k}$
– **Nähen**, beim: iod.$_{a1,k}$
– **Ohnmacht**, mit: nux-v.$_{c1,pd}$
– **plötzlich**: zing.$_{a1,k}$
– **Schließen** der Augen, beim: nat-ar. ther.$_{hr1,k}$
– **Schreiben**, beim: agar.$_{hr1,k,*}$ *Aran.*$_{a1,k}$ arn.$_{hr1,k}$ *Borx.* nat-m. *Seneg.*$_{a1,k}$
– **Schwindel**, mit: alum.$_{a1,k}$ ant-t.$_{hr1}$ *Bell.*$_{hr1,k}$ *Calc.* chel.$_{a1}$ dig.$_{a1,k}$ *Glon.*$_{hr1,k}$ mez.$_{h,kl}$ *Stram.*$_{hr1,k}$ thuj. vinc.$_{hr1,k,*}$
– **Treppensteigen**, beim: dig.$_{a1,k}$
– **Wischen** der Augen agg.: seneg.$_{hr1,k,*}$

Fokus:
☞ *Akkommodation - vermindert*
– **ungleich**: *Chin.*$_{hr1,k}$
– **verändert** sich beim Lesen: agar.$_{hr1,k}$ carb-ac. jab. lyc.

Funken: acon.$_{hr1,k,*}$ am-c.$_{bg2,k,*}$ ammc.$_{hr1,k,*}$ ant-t.$_{a1,k}$ arn.$_{a1,k}$ ars.$_{bg2,k,*}$ ars-i. ars-s-f.$_{k2}$ *Aur.*$_{bg2,k,*}$ aur-ar.$_{k2}$ aur-i.$_{k2}$ aur-s.$_{k2}$ *Bar-c.*$_{bg2,k,*}$ bar-i.$_{k2}$ bar-s.$_{k2}$ **Bell.**$_{bg2,k,*}$ bol-s.$_{a1}$ bufo calc.$_{bg2,k,*}$ *Calc-f.* calc-i.$_{k2}$ calc-sil.$_{k2}$ *Camph.*$_{a1,k}$ *Caust.*$_{bg2,k,*}$ *Chel.* **Chin.** chinin-ar. *Chinin-s.* chlf.$_{a1,k}$ choc.$_{srj3}$ coff. coloc.$_{bg2,h,*}$ con.$_{h,k,*}$ cupr. cupr-ar. *Cycl.* dulc.$_{bg2,k,*}$ ferr-i. *Glon.*$_{bg2,k,*}$ hyos.$_{bg2,k,*}$ iod.$_{bg2,k,*}$ kali-ar. *Kali-bi.*$_{bg2,k,*}$ *Kali-c.*$_{bg2,k,*}$ kali-s. kali-sil.$_{k2}$ *Lach.* lyc.$_{bg2,k,*}$ lyss. mag-p. *Merc.*$_{bg2,k,*}$ mez.$_{bg2,k,*}$ nat-ar. nat-c.$_{bg2,k,*}$ nat-p. nit-ac.$_{a1,k}$ *Nuph.*$_{a1,k}$ *Nux-v.*$_{bg2,k,*}$ *Op.*$_{bg2,k,*}$ petr.$_{bg2,k,*}$ phos.$_{bg2,k}$ pic-ac.$_{a1,k}$ *Plat.* *Psor.*$_{a1,k}$ sec.$_{bg2,k,*}$ *Sep.*$_{bg2,k,*}$ *Sil.*$_{bg2,k}$ sol-ni. *Spig.*$_{bg2,k}$ staph.$_{bg2,k}$ stram.$_{bg2,k,*}$ stront-c. stry. sul-i.$_{k2}$ *Sulph.*$_{bg2,k}$ thuj.$_{bg2,k,*}$ valer.$_{bg2,k}$ verat.$_{bg2,k,*}$ zinc.$_{bg2,k}$
☞ *Lichtblitze / Sterne*
– **tagsüber**: croc.$_{a1,k}$
– **morgens**: calc.$_{a1,k}$ ferr-i.
• **Erwachen**, beim: *Calc.*
• **Frühstück**, nach dem: ferr-i.
– **mittags**: dig.$_{a1,k}$ verat.$_{a1,k}$
– **abends**: ammc.$_{hr1,k,*}$
• **Strahlen**, wie: mang.
– **nachts**: *Am-c.*$_{hr1,k,*}$ *Staph.*
• **Einschlafen**, beim: **Phos.**
• **Erwachen**, beim: *Am-c.* *Calc.*
– **außerhalb** des Sehfelds, auf beiden Seiten: thuj.$_{hr1,k}$
– **Bewegen** der Lider; beim: bell.$_{h}$
– **Blinzeln**, beim: *Caust.*$_{a1,k}$
– **Dunkelheit**; in der ●: *Bar-c.*$_{a1,k}$ calc.$_{a1,k}$ lyc.$_{a1,k}$ *Phos.*$_{a1,k}$ thuj. valer.
– **epileptischem** Anfall; vor einem: *Hyos.*
– **Gehen**, beim: hura
• **Freien**, im: con.$_{h}$
– **Gehen** ins Freie; beim: con.$_{a1,k}$ lyc.$_{a1,k}$
– **geistige** Anstrengung: *Aur.*
– **Husten**, beim: bell. kali-c.$_{a1,k}$ kali-chl.$_{c1}$ kali-m.$_{k2}$ nuph.$_{a1,k}$ par.
– **Kopfschmerz**:
• **vor**: carb-ac. chinin-s. coca cycl. eug. lach. phos. *Plat.* psor. sars. spong. sulph.$_{k2}$ viol-o.
• **während**: am-c. ars.$_{a1,k}$ *Chel.* **Mag-p.**
– **Mittagessen**, beim: thuj.$_{a1,k}$
– **Nähen**, beim: iod.
– **Niesen**, beim: kali-chl.$_{c1}$ kali-m.$_{k2}$
– **Ruhe** agg.; in der: dulc.
– **Schließen** der Augen; beim: *Hydr.* mang.$_{h,kl}$
– **Schneuzen** der Nase; beim: alum. cod.$_{a1,k}$ nat-s.$_{bg1}$
– **Schreiben**: borx.$_{c1}$ kali-bi.$_{a1,k}$
– **schwarze** Funken beim Blick ins Licht: mang.$_{h}$
– **Schwindel**, bei: ars.$_{a1,k}$ *Camph.*$_{a1,k}$ psor.$_{a1,k}$
– **Sitzen**, im: hura
– **Streifen**, nach Schreiben; in: *Carl.*

Geblendet: acon. am-m. anan. ant-c. ars. **Bar-c.** bell. *Calc.* calc-sil.$_{k2}$ *Camph.* **Con.** crot-c. **Dros.** *Euphr.* **Kali-c.** kali-s. kali-sil.$_{k2}$ lach. *Lyc.* *Merc.* nat-c. olnd. ph-ac. *Phos.* plat.$_{h}$ plb. psil.$_{ft1}$ *Psor.* *Seneg.* sep. **Sil.** stram. *Sulph.* *Valer.* verat-v.
☞ *Schatten amel.*
– **morgens**: sulph.$_{h,kl}$
– **Dunkelheit** amel.: ferr.$_{bg1,bg2}$

– **entfernte** Gegenstände: all-c.$_{al,k}$
– **Fleck** vor den Augen; blendender: *Chel.*$_{bg2,k}$
– **Hinsehen**, durch langes: **Sulph.**$_{al,k}$
– **Kerzenlicht**: lyc.
– **Lesen**, beim: seneg.
– **nahe** Gegenstände: ph-ac.$_{h,kl}$
– **Schnee**: ant-c. *Ars.* olnd. sep.
– **Sonnenlicht**: euphr. lith-c. *Sep. Stram.*
– **Urinieren**, nach dem: eug.

Gelb:
– **Gegenstände** scheinen gelb zu sein: dys.$_{bh,hbh,*}$

Gegenstände:
– **neben** dem Sehfeld zu liegen; die Gegenstände scheinen: calc.$_{bg3}$ camph.$_{bg3}$ cann-s.$_{bg3}$ coloc.$_{bg3}$ graph.$_{bg3}$ ign.$_{bg3}$ lac-c.$_{bg3}$ nux-m.$_{bg3}$ nux-v.$_{bg3}$ stram.$_{bg3}$ thuj.$_{bg3}$
– **undeutlich**: bell.$_{kr1}$ kali-bi.$_{kr1}$
– **unscharf** abgegrenzt; sind: **Sulph.**$_{kr1}$
– **verschwommen**; die Umrisse von Gegenständen sind: phos.$_{kr1}$
☞ *Verschwommen*

Gesichtsfeld verändert sich beim Lesen
☞ *Fokus - verändert*

Glitzernde Gegenstände: aran.$_{hr1,k}$ arund.$_{hr1,k,*}$ *Calc-p.*$_{al,k}$ *Camph.*$_{al,k}$ chel.$_{rb2}$ con.$_{rb2}$ *Cycl.*$_{al,k}$ ign.$_{rb2}$ nat-s.$_{rb2}$ *Nux-v.*$_{hr1,k,*}$ *Ther.*
– **Gaslicht**, bei: aur.$_{hr1,k}$
– **Kerzenlicht**: anag.$_{hr1,k}$
– **Kreise**: calc-p.$_{al,k}$
– **Lesen**, beim: aran.$_{hr1,k}$
– **Nadeln**: **Cycl.**$_{al,k}$
– **Punkte**: chel.$_{al,k}$
– **Schneuzen** der Nase; glitzernde Körper beim: alum. nat-s.
• **außerhalb** des Gesichtsfeldes: *Nux-v.*
• **helle**, leuchtende Erscheinungen: calc. *Hep. Phos.*
– **Schwindel**, mit: calc.$_{hr1,k}$
– **Sterne**: con.$_{al,k}$
– **Zickzacklinien**: ign.$_{h,k,*}$

Groß:
– **Gegenstände** scheinen groß: aeth. apis atro. berb. cann-i. cann-s. caust.$_{bg3}$ con. conin.$_{c1}$ euph. hep.$_{br1}$ **Hyos.** kreos.$_{bg1,bg2}$ *Laur.* nat-m. *Nicc.* **Nux-m.** *Onos.* op. ox-ac. phys. verb.
☞ *☐ Gemüt - Größen - falsche*
• **Aufstehen** vom Sitzen; beim: staph.
• **Dämmerung**; in der: *Berb.*$_{k,kl}$
• **Gehirn**; bei Blutandrang zum: aeth.
• **hebt** den Fuß unnötig hoch, wenn er beim Gehen über kleine Gegenstände steigt: agar.$_{bg1,bg2}$ euph. **Onos.**
• **verlängert**: zinc.
– **Kerzenflamme**: dig. hyos.$_{k2}$ osm.

Großes Sehfeld: choc.$_{srj3}$ fl-ac. stry.

Haar vor den Augen hängen, das weggewischt werden muß; als würde ein: alum. ars-h. colch. dig. *Euphr.*$_{k,kl2}$● lach.$_{bg3}$ plan.$_{bg3}$ sang. spig. staph.

Halbseitenblindheit
☞ *Hemianopsie*

Halluzinationen, optische: absin.$_{a1}$ acon.$_{bg2,hr1}$ aesc.$_{a1,k}$ *Agar.*$_{hr1,k}$ am-c.$_{hr1}$ am-m.$_{bg2,hr1}$ ambr.$_{bg2}$ anac.$_{hr1}$ ang.$_{bg2}$ ant-t.$_{bg2}$ *Asaf.*$_{bg2}$ bell.$_{a1,k}$ bism.$_{bg2}$ bov.$_{a1}$ bry.$_{bg3}$ camph.$_{bg2,k,*}$ cann-s.$_{bg2}$ carbn-s. cham.$_{bg2}$ chel.$_{a1,k}$ cina$_{k2}$ *Cocc.*$_{bg2}$ *Croc.*$_{bg2}$ cycl.$_{bg2}$ dig.$_{hr1,k,*}$ digin.$_{a1,c2}$ dros.$_{bg2}$ eup-per. eup-pur.$_{a1}$ *Euphr.*$_{bg2}$ galv.$_{c2}$ glon.$_{k2}$ hyos.$_{bg2,k}$ *Ign.*$_{bg2}$ kali-bi. kali-br.$_{a1}$ lact.$_{a1,k}$ laur.$_{bg2}$ med.$_{k2}$ *Merc.*$_{a1,k}$ morph.$_{c2}$ nux-v.$_{bg2}$ olnd.$_{bg2}$ *Onos. Op.*$_{bg2}$ par.$_{bg2}$ past.$_{a1}$ **Phos.** plb.$_{bg2,k,*}$ psil.$_{ft1}$ *Puls.*$_{bg2}$ ran-b.$_{bg2}$ rhus-t.$_{bg2}$ sabin.$_{bg2}$ *Samb.*$_{bg2}$ sang. *Sec.*$_{bg2}$ seneg.$_{a1}$ spig.$_{bg3}$ staph.$_{bg2}$ stram.$_{bg2,k,*}$ sulph.$_{a1,k}$ thuj.$_{a1,k}$ valer.$_{bg2}$ verat.$_{bg3}$ verb.$_{bg2}$ viol-o.$_{bg2}$ viol-t.$_{bg2}$
– **Einschlafen**, beim: **Phos.**
– **Gegenstände** ziehen vorbei: glon.$_{a1,k}$
– **Insekten**: caust.$_{hr1,k}$ dig.$_{hr1,k}$ merc.$_{a1,k}$

Heller:
– **Gegenstände** erscheinen heller: agar.$_{h}$ camph.$_{h}$ carb-an.$_{h}$ dig.$_{h}$ hyos.$_{h}$ nux-v.$_{h}$
☞ *Blenden*

Hemeralopie, Tagblindheit
☞ *Trübsichtigkeit - tagsüber / Verlust - tagsüber*

Hemianopsie (= Halbseitenblindheit): *Ars.*$_{hr1,k}$ *Aur.*$_{bg2,k,*}$ aur-ar.$_{k2}$ aur-m. aur-s.$_{k2}$ *Bov.* cain. *Calc.*$_{bg2,k}$ calc-s.$_{hr1,k,*}$ cann-s. caust.$_{bg2,k}$ chin.$_{bg1,bg2}$ chinin-s.$_{c1}$ chion.$_{bro1}$ cic. *Cocc.* cycl. dig.$_{hr1,k}$ ferr-p.$_{bg2}$ gels.$_{bg2,k}$ *Glon.* hyos.$_{bg1,bg2}$ iod.$_{bg2}$ lach.$_{bro1}$ *Lith-c.*$_{c2,k}$ lob.$_{hr1,k}$ *Lyc.*$_{bg2,k,*}$ morph.$_{a1,k}$ mur-ac.$_{h,k,*}$ nat-ar. nat-c. *Nat-m.*$_{bg2,k,*}$ onos.$_{bg2}$ plb.$_{a1,k}$ psor. ran-b.$_{bg1,bg2}$ rhus-r.$_{a1}$ rhus-t.$_{a1,k}$ *Sep.*$_{bg2,k,*}$ staph. *Stram.*$_{hr1,k,*}$ sulph. titan.$_{br1}$ titan-xyz.$_{c2}$ verat.$_{bg1,bg2}$ zinc.
– **linke** Hälfte verloren ●: calc.$_{hr1,k}$ cic. nat-c.
– **rechte** Hälfte verloren ●: borx.$_{a}$ *Calc. Cocc.*$_{hr1,k}$ cycl.$_{hr1,k}$ glon. ind.$_{mfj}$ iod. **Lith-c.** *Lyc.*$_{hr1,k,*}$
– **abends**: calc-s.$_{a1,k}$ dig. digin.$_{a1}$
– **Gehen**, beim: dig.$_{hr1,k}$ digin.$_{a1}$
– **horizontale** Hemianopsie ●: **Ars.**$_{hr1,k}$ *Aur.*$_{bg2,k,*}$ *Lith-c.*$_{vh}$ *Lyc.*$_{vh}$ sep. sulph. titan.$_{mfj}$ *Tub.*
– **Menses**, während: lith-c.
– **Migräne**, mit: lyc.$_{hr1,kl2}$●
– **obere** Hälfte verloren ●: arn.$_{mfj}$ *Ars.*$_{hr1,k}$ **Aur.**$_{hr1,k}$ aur-ar.$_{k2}$ aur-s.$_{k2}$ *Camph.*$_{hr1,k}$ *Dig.*$_{hr1,k}$ digin.$_{a1}$ gels.$_{a1,k}$
– **Schwangerschaft**; während der: ran-b.$_{k2,ptk1}$
– **untere** Hälfte verloren ●: *Aur.*$_{hr1,k}$ cain. sulph.
– **vertikale** Hemianopsie ●: aur. bov.$_{hr1,k}$ calc. *Caust.*$_{bg2,k}$ cic. gels. glon. **Lith-c.** *Lyc.*$_{bg2,k}$ morph.$_{a1,k}$ *Mur-ac.*$_{h,k,*}$ *Nat-m.*$_{bg2,k,*}$ op. plb.
☞ *Trübsichtigkeit - Seite*

Hoch zu sein; Gegenstände scheinen zu
☞ *Groß - Gegenstände - hebt*

Hof um das Licht: kali-s.$_{k2}$ nat-p.$_{k2}$
– **abends**: alum.$_{h}$ anac.$_{h}$

Hypermetropie
☞ *Weitsichtigkeit*

Klein; Gegenstände erscheinen: *All-c.* *Aur.* camph. carb-v. *Glon.* *Hyos.* *Kali-chl.* *Lyc.* med. *Merc.* *Merc-c.* nit-ac. nux-m.$_{c1}$ op. petr.$_{h}$ *Plat.* *Plb.* stram. thuj.
☞ ❑ *Gemüt - Größen, Ausmaße - falsche* / ❑ *G~ Wahnideen - klein - Dinge - erscheinen*

Kopf; Gegenstände stehen auf dem
☞ *Umgekehrt*

Kreise: calc.$_{bg3,h}$ *Calc-p.* *Carb-v.*$_{h,k}$ caust. elaps$_{bg3,h}$ hell. iod. *Kali-c.* phos.$_{bg3,h}$ plb. *Psor.* stront-c. zinc.
☞ *Farben*
– **Buchstaben** erscheinen: bell.$_{h,kl}$
– **drehende**, sich: *Kali-c.*$_{h,k,*}$
– **farbig**:
 • **Bänder**, farbige: con.
 • **helle** Mitte; um eine: ammc.
 • **weiße** Gegenstände; um: hyos.
– **feurige**
☞ *Feurig - Kreise*
– **Gegenstände**:
 • **bewegen** sich im Kreis:
 • **Schließen** der Augen; beim
☞ *Bewegung - Gegenstände - Kreis - Schließen*
 • **um**: cic.$_{c1}$
– **gelben** und weißen Strahlen; mit: kali-c.$_{h,k,*}$
– **Halbkreise**: con.$_{h,kl2}$●
– **helleres** Feld in der Mitte; um ein: carb-v.
– **Hitze**; während: dig. digin.$_{a1}$
– **Kerzen**; um: cic.$_{c1}$
– **Lesen**, beim: kali-c.$_{h,k,*}$
– **Licht**, um das: cycl.
– **Zickzacklinien**: viol-o.$_{a1,k}$
 • **farbig**: sep. viol-o.$_{k13}$
☞ *Zickzacklinien - Ringe*
 • **Flimmern**, Flackern: ign.$_{a1,k}$

Krumm, gekrümmt:
– **Gegenstände** erscheinen: *Bell.*$_{a1,k}$ bufo$_{k,kl}$ nux-v.$_{bg2}$ stram.$_{bg2}$
– **Zeilen** beim Lesen: *Bell.*

Kugeln: verat-v.
☞ *Farben*
– **Feuerbälle**: stram.$_{a1,k}$
– **leuchtende**: cycl.$_{a1,k}$
– **schwebende**: kali-c.$_{a1,k}$

Kurzsichtigkeit: *Agar.*$_{bg2,k,*}$ *Am-c.*$_{bg2,k}$ *Anac.*$_{bg2,k,*}$ androc.$_{srj1}$ ang.$_{c1,c2}$ *Ant-t.*$_{bg2}$ apis arec.$_{c1,c2}$ *Arg-n.*$_{hr1,k}$ ars.$_{a1,k}$ *Calc.*$_{bg2,k,*}$ *Carb-v.*$_{bg2,k,*}$ carbn-s. *Chin.*$_{bg2,k,*}$ cimic.$_{a1,k}$ coff-t.$_{a1,k}$ *Con.*$_{bg2,k,*}$ *Cycl.*$_{bg2,k}$ dig.$_{hr1,k}$ euph.$_{bg2,h,*}$ *Euphr.*$_{bg2,k}$ form.$_{bg2}$ *Gels.*$_{hr1,k}$ *Graph.*$_{bg2,k,*}$ grat.$_{hr1,k}$ haliae-lc.$_{srj5}$ hep.$_{bg2}$ *Hyos.*$_{bg2,k,*}$ *Jab.*$_{a1,k}$ *Lach.*$_{bg2,k,*}$ lil-t.$_{br1,bro1}$ *Lyc.*$_{bg2,k}$ *Mang.*$_{bg2,k,*}$ *Meph.*$_{bg2,k,*}$ mez.$_{h,k,*}$ nat-ar. *Nat-c.*$_{bg2,k}$ *Nat-m.*$_{bg2,k,*}$ nat-p. *Nit-ac.*$_{bg2,k,*}$ *Petr.*$_{bg2,k,*}$ *Ph-ac.*$_{bg2,k,*}$ **Phos.**$_{bg2,k,*}$ **Phys.**$_{bg2,k,*}$ *Pic-ac.*$_{hr1,k,*}$ pilo.$_{c2}$ plb.$_{bg2,k,*}$ psor. **Puls.**$_{bg2,k,*}$ raph.$_{a1,k,*}$ *Ruta* sel.$_{bg2,k,*}$ spong.$_{bg2,k,*}$ *Stram.*$_{bg2,k}$ *Sul-ac.*$_{bg2,k,*}$ *Sulph.*$_{bg2,k,*}$ syph.$_{hr1,k,*}$ *Thuj.*$_{bg2,k,*}$ *Tub.* *Valer.*$_{bg2,k}$ verb.$_{bg2,k}$ viol-o.$_{bg2,k,*}$ viol-t.$_{bg2,k}$
☞ ❑ *Auge - Asthenopie - myopische*

Kurzsichtigkeit: ...
– **Astigmatismus**, myoper: lil-t.$_{br1}$
– **Kerzenlicht** schlechter als bei Tageslicht; sieht bei: arg-n.
– **Lesen**, beim: agar.$_{a1,k}$ grat.$_{a1,k}$ lyc.$_{a1,k}$
– **Überanstrengung** der Augen; nach: *Carb-v.*$_{a1,k}$
– **Wegblicken** von der Arbeit amel.: ph-ac.$_{a1,k}$

Leuchtende Gegenstände springen beim Bedecken der Augen umher: dig.$_{h}$

Licht: calc.$_{h,k,*}$ *Caust.* *Chinin-s.* limest-b.$_{es1}$ *Phos.* spong.
– **Flecken**, Lichtflecken: con.$_{a1,k}$ hydrog.$_{srj2}$
– **Punkte**, Lichtpunkte: nat-m.$_{a1,k}$
 • **dunklen** Kreis; in einem: caust.
– **Streifen**, Lichtstreifen: am-c.$_{h,kl}$ **Nat-m.**
 • **bewegen** sich nach unten, werden auf einer Seite des Augen im Dunkeln gesehen: thuj.$_{hr1,k}$
– **unempfindlich** gegen: agar.$_{a1,k}$ hydr-ac.$_{a1}$ kali-br.
– **Wellen** von: borx.

Lichtblitze: alco.$_{a1}$ androc.$_{srj1}$ **Bell.**$_{a1,k}$ ben-n. brom. calc. carbn-s. caust. *Cedr.* chlf.$_{a1,k}$ coca *Croc.* cycl. dig. digin.$_{a1}$ fl-ac. *Glon.* iber.$_{a1}$ merc. merc-i-f. *Nat-c.*$_{a1,k}$ op.$_{a1,k}$ **Phos.** **Phys.** *Puls.*$_{a1,k}$ sec.$_{a1,k}$ *Sil.* spong. stram.$_{a1,k}$ sulph. tab.$_{a1,k}$ tarent.$_{a1,k}$ *Valer.*
☞ *Funken* / *Sterne*
– **morgens**:
 • **Dunkelheit**; in der: arg-n.
 • **Erwachen**, beim: *Nat-c.*
– **abends**:
 • **Einschlafen**; beim: nat-c.$_{h}$
– **Beugen** des Kopfes nach unten; beim: androc.$_{srj1}$
– **Bewegung**; bei plötzlicher: androc.$_{srj1}$
– **Dunkelheit**; in der ●: arg-n.$_{a1,k}$ **Phos.** stram.$_{a1,k}$ *Valer.*
– **Einschlafen**, beim: *Phos.*
– **Erwachen**:
 • **nach**: ~~*Nat-c.*$_{kl,xxx}$~~
– **Husten**, beim: kali-c. kali-chl.
– **Schließen** der Augen; beim: ail. androc.$_{srj1}$ atro.$_{a1}$ *Nat-c.* phos. sep. spong. sulph.
– **Streifen**: nat-c. nux-v.
– **Stromschläge**; wie: *Croc.*
– **wach** ist; während er: *Nat-c.*$_{kl}$

Mehrfach; sieht Gegenstände
☞ *Diplopie* / *Polyopie*

Menses:
– **vor** den Menses agg.: dict.$_{bg3}$
– **während** den Menses agg.: cycl.$_{bg3}$ graph.$_{bg3}$ puls.$_{bg3}$ sep.$_{bg3}$

Mondschein amel.: *Aur.*
☞ ❑ *Gemüt - Mondschein*

Morgendämmerung amel.; in der: phos.$_{h}$

Mouches volantes
☞ *Farben - schwarz - Flecken - schwebend*

Nachbilder bleiben zu lange erhalten: alum. anan.hrl,k gels.bg2,bg3 hydrog.srj2 jab. *Lac-c.*bg2,k *Nat-m.* nicc.st phos.bg2,bg3 tab.bg2,k tub.

Nachtblindheit
☞ *Trübsichtigkeit - nachts / Verlust - nachts*

Näher; Gegenstände scheinen: *Bov.* phys.a1,k rhus-t.a1,k stram.
☞ ❑ *Gemüt - Entfernungen - falsche*
– **aneinander**: *Nux-m.*a1,k

Näher zu kommen und dann zurück zu weichen; Gegenstände scheinen: *Cic.* nit-ac.h
☞ ❑ *Schwindel - Gegenstände - näher*
– **Filmen**; beim Ansehen von: cadm-met.gm1

Nebelig: acon.hrl,k,* *Agar.*hrl,k,* all-c.bg1 *Alum.*hrl,k alum-p.k2 alum-sil.k2 am-c.a1,k am-m.hrl,k,* ambr.hrl,k ammc.hrl,k,* ang.c1 *Ant-t.*hrl,k,* *Apis* aran.hrl,k *Arg-met.* *Arg-n.*hrl,k,* **Ars.**hrl,k *Ars-i.* ars-s-f.k2 arum-t.hrl,k,* arund.hrl,k,* asaf.hrl,k atro.a1,k *Aur.*hrl,k aur-ar.k2 aur-i.k2 *Aur-s.*k2 bamb-a.stb2 *Bar-c.*hrl,k,* bar-i.k2 bar-s.k2 *Bell.*hrl,k,* berb.hrl,k bism.hrl,k bruc.a1,k bry.a1,k bufo cain. calad.bg1 **Calc.**hrl,k,* calc-f.a1,k calc-i.k2 *Calc-p.*hrl,k,* calc-s. calc-sil.k2 *Camph.*hrl,k,* cann-i.a1,k carb-an.hrl,k,* carbn-s. carl.a1,k *Castm.*vh **Caust.**hrl,k,* cedr.a1,k *Cham.*a1,k *Chel.*hrl,k,* **Chin.** *Chinin-s.* *Cina* clem.a1,k *Cocc.*hrl,k coff-t.a1,k coloc.a1,k *Con.*a1,k **Croc.**hrl,k,* crot-t.hrl,k,* cund.hrl,k,* **Cycl.**hrl,k,* dig.a1,k *Dros.*hrl,k,* *Dulc.*hrl,k,* elaps euph.a1,h euphr.hrl,k,* eupi.a1,k form.hrl,k,* gamb.a1,k **Gels.**hrl,k,* gent-c.a1,k *Glon.*hrl,k,* *Graph.*hrl,k,* grat.a1,k haem.a1,k *Hep.*hrl,k,* hydr-ac.hrl,k,* *Hyos.*hrl,k,* *Iod.*hrl,k,* ip.a1,k jab.hrl,k,* kali-ar. *Kali-c.*hrl,k,* *Kali-i.*hrl,k,* kali-n.c1 kali-p. kali-s. kalm.a1,k *Kreos.*hrl,k,* lac-ac.hrl,k,* *Lac-d.*hrl lach.hrl,k,* lachn.c1 lact.bg1,hrl *Laur.*hrl,k *Lil-t.*a1,k limest-b.es1 *Lith-c.* *Lyc.*hrl,k,* mag-c.a1,k **Merc.**hrl,k,* merl.hrl,k,* *Mill.*hrl,k,* *Morph.*hrl,k,* mosch.bg1 nat-ar. *Nat-m.*hrl,k,* nat-p.hrl,k,* nit-ac.a1,k nux-m.a1,k ol-an.a1,k op.a1,k osm.a1,k ox-ac.bg1 *Petr.*hrl,k,* *Ph-ac.*a1,k **Phos.**hrl,k,* pic-ac.a1,k plan.a1,k *Plat.*a1,k *Plb.*hrl,k podo. psor. **Puls.**hrl,k,* *Ran-b.*hrl,k,* raph. *Rhod.*a1,k *Rhus-t.*h,k,* *Ruta* sabad. sabin.c1 sang.a1,k sangin-t.c1 *Sars.*hrl,k,* *Sec.*hrl,k,* *Sep.*hrl,k,* *Sil.*hrl,k,* sol-ni. spig.hrl,k,* staph. *Stram.*hrl,k,* stry.a1,k sul-i.k2 **Sulph.**hrl,k,* tab.a1,k *Tarent.*a1,k *Ther.*hrl,k,* *Thuj.*hrl,k,* til.a1,k upa.a1,k verb.c1 vinc.bg1 **Zinc.**hrl,k,* zinc-p.k2
– **tagsüber**: bar-c.hrl,k,*
– **morgens**: alum.h,kl am-m.a1,k ang.c1 *Bar-c.*hrl,k,* bov.a1,k bry.a1,k caust. *Lyc.*a1,k merl.hrl nicc.a1,k nit-ac. stram.a1,k zinc.hrl,k,*
• **10** - 15 h: nat-m.
– **nachmittags**: *Cycl.*hrl,k,* mag-c.a1,k nat-m.a1,k ol-an.hrl
• **15** - 16 h: bufo
• **16** h, nach dem Schlaf: cain. lyc.
– **abends**: alum.a1,k cina euphr.hrl,k,* ind.hrl,k,* lachn.hrl lyc.hrl,k,* phos.a1,k rhus-t.a1,k **Sulph.**a1,k tab.hrl,k,*
• **22** h: marb-w.es1

Nebelig - abends: ...
• **Kerzenlicht**: sulph.
– **Aufstehen** vom Sitzen, beim: puls.a1,k
– **Bewegung**, bei: con.
• **Augen** amel.; Bewegung der: nit-ac.h
– **Blicken**, bei angestrengtem: calc.h
– **drohender** Katarakt: bar-c.k2 *Caust.*
– **entfernte** Gegenstände: mill.c1 phos.a1,k
– **Essen**, nach dem: *Bar-c.*hrl,k,* calc. zinc.h,kl
– **Farben** hervorgerufen; durch: tarent.
– **Fieber**, bei: sep.
– **Freien** agg.; im: alum.h,kl am-m.hrl,k,* thuj.
– **Gehen**: phys.a1,k puls.a1,k vinc.hrl,k,*
• **amel.**: lachn.hrl
• **Freien**, im: caust.h
– **Hemianopsie**, bei: **Aur.**hrl,k
– **Hinsetzen**:
• **beim**: lachn.hrl
– **Kerzenlicht**, um das: osm. tell.
– **Kopfschmerzen**, bei: aster. *Cycl.*hrl,k gels.k2 sulph.a1,k til.bro1
• **Nebel** vor den Augen: podo.st
– **Kreise**: merl.
– **Lesen**, beim: arn. *Ars.* calc.h,hrl,* camph. cina croc.a1,k gent-c.a1,k grat.hrl,k,* *Kali-c.*hrl,k lyc.a1,k nat-m.a1,k ph-ac.a1,k *Sulph.*a1,k vinc.hrl,k,*
– **Licht**:
• **Gaslicht**: nat-p.k2
• **helles** Licht: am-m.
• **Sonnenlicht**: am-m. *Tarent.*
– **Liegen** auf der linken Seite: merc-i-f.a1,k
– **Menses**:
• **vor**: puls.k2
– **Mittagessen**, nach dem: bar-c. lyc.a1,k
– **Nähen**, beim: ph-ac.
– **Ohnmacht**, mit: petr.h,kl
– **Reiben** agg.: caust.h spig.h
– **Reiben** amel.: cinah **Puls.**h
– **Samenabgang**, nach: sars.
– **Schlaf**, nach: stram.a1,k
– **Schließen** der Augen amel.: nit-ac.h,kl
– **Schreiben**: asaf.a1,k calc-f.a1,k grat.hrl,k lyc.a1,k ol-an.hrl ph-ac.a1,k
– **Sitzen**:
• **langem** Sitzen; nach: sars.
– **Stehen**, im: *Caust.*a1,k nat-m.a1,k
– **Tränenfluß** amel.: calc.h,kl
– **Waschen** amel.: alum.h,kl am-m.a1,k caust.
– **weiß**: ars.h
– **Zimmer**, im: lac-ac.a1,k osm.a1,k
– **zittrig**: kali-c.a1,k

Netz vor den Augen: anac.h,kl *Carb-an.*a1,k *Chinin-s.* hyos.a1,k thuj.a1
– **schwimmt** vor den Augen: *Carb-an.*a1,k thuj.a1

Nyktalopie, Nachtblindheit
☞ *Verlust - nachts*

Polyopie: gels.kl iod.h
☞ *Triplopie*

Rauchig
☞ *Nebelig*

Regenbogen
☞ *Farben - Hof*

Regen zu blicken; er scheint durch: nat-m.

Ringe
☞ *Kreise*

Rotwein:
– **agg.**: gels.$_{psa}$

Runde Gegenstände ziehen im Liegen an den Augen vorbei: caust.$_{a1,k}$

Schatten amel.; Aufenthalt im: con.$_{bg2,bg3}$ phos.$_{bg2,bg3}$
☞ *Blenden / Geblendet*

Schatten, sieht: calc.$_{a1,bg2}$ nat-m.$_{bg2}$ *Ruta* *Seneg.*$_{bg2,k,*}$
– **Blick** beschattet; als sei der: *Seneg.*
– **Seite** der Gegenstände; an einer: *Calc.*

Schiefsichtig: *Nux-m.*$_{a1,k}$ *Stram.*$_{bg2,k,*}$

Schlange bewegen sich vor den Augen; Körper in Form einer: arg-n.$_{bg2,k,*}$ *Gels.*$_{hr1,k,*}$

Schleier; wie durch einen
☞ *Nebelig*

Schnee, sieht:
– **morgens** beim Erwachen erscheinen Gegenstände wie mit Schnee bedeckt: dig.$_{hr1,k,*}$
– **fallen** würde; als ob: plb.$_{bg2,k,*}$
– **Oberflächen**, auf: ph-ac.$_{h,kl}$
– **Schneeflocken**: bell.$_{a1,k}$ jab.$_{a1,k}$ plb.$_{rb2}$

Schwach, Schwachsichtigkeit: acet-ac. acon. *Agar.* alum. *Am-c.* *Anac.* *Apis* *Arg-met.* *Arg-n.* *Ars.* ars-i. asaf. *Asar.* *Aur-m.* *Bapt-c.*$_{c1}$ bar-c. bar-i.$_{k2}$ bar-s.$_{k2}$ bell.$_{bg3,k}$ cact. cann-i. cann-s. *Caust.* chel. **Chin.** *Chinin-ar.* cic. *Cina* *Cinnb.* coc-c. **Con.** croc.$_{br1}$ *Crot-h.* dig. gels. *Ham.* hura hyos. hyper. *Iod.* jug-c.$_{c2}$ kali-ar. kali-bi. kali-br. *Kali-c.* kali-i. *Kali-p.* kali-s. kali-sil.$_{k2}$ *Kalm.* *Lach.* lact. *Led.* *Lil-t.* *Lith-c.* *Lyc.* *Mang.* meph.$_{c2,k}$ *Merc.* merl. *Morph.* *Morph-s.*$_{hr1}$ nat-ar. *Nat-m.* *Nat-s.* nicc.$_{c2,k}$ *Nux-m.*$_{c2}$ *Nux-v.* **Op.** par. *Petr.* *Ph-ac.* **Phos.** plb. *Puls.* raph. rhus-t.$_{c2,k}$ **Ruta**$_{c2,k}$ sal-ac. sec. *Seneg.* *Sep.* *Sil.* sol-ni. *Spig.* stann. *Stram.* sul-ac. *Sulph.* tab. *Tarent.* thuj. til. verat. zing.
☞ *Trübsichtigkeit / Verschwommen / ❑ Auge - Schwäche*
– **morgens**, als seien die Augen überanstrengt: ruta
– **abends**: euphr.$_{a1,k}$ tarent.$_{a1,k}$
  • **Dämmerung**: arg-n.$_{a1,k}$
  • **Gebrauch** der Augen agg.: **Apis**
  • **Kerzenlicht**, durch: bar-c. *Hep.*$_{a1,k}$
– **Denken**: gels.$_{psa}$
– **Gebrauch** der Augen agg.: agar. alum. *Am-c.* **Apis** *Arg-met.* *Carb-v.* caust. crot-h.$_{ptk}$ gels. *Jab.* **Nat-m.** par. *Phos.* **Ruta** **Seneg.** sulph.
– **große** Entfernungen, für: gels.$_{psa}$ nat-ar.
– **hysterisch**: gels.$_{br1}$
– **Kummer**; durch: crot-h.$_{ptk}$
– **Licht**:
  • **helles** Licht: bell. sol-ni.

Schwach, Schwachsichtigkeit: ...
– **Rauchen**:
  • **nach** Rauchen; sieht sehr wenig: asc-t.$_{c1}$

Schwankende, leuchtende Öffnungen; sieht: arund.$_{hr1,k,*}$

Schwarze Flecken; schwebende
☞ *Farben - schwarz - Flecken - schwebend*

Schwebende, leuchtende, wellenförmig sich bewegende Gegenstände: arund.$_{c1}$

Schwinden des Sehvermögens
☞ *Verlust - Vergehen*

Skotom: aloe carbn-s. tab.$_{a1,k}$
– **zentrales** Skotom: carbn-s. tab.$_{a1,k}$ thyr.$_{bro1}$

Spinnweben vor den Augen
☞ *Nebelig*

Springen beim Lesen; Worte: bell. hyos.$_{k2}$ lyss.

Sterne: alum. *Ammc.* atro. *Aur.* aur-s.$_{k2}$ *Calc.* castm. con. hyos. *Kali-c.* nat-c. puls. sec. sulph.$_{k2}$ tarent. verat-v.
☞ *Funken / Lichtblitze*
– **rechten** Seite des Sehfelds; auf der: *Calc.*
– **Kopfschmerzen**; vor den: sulph.$_{k2}$
– **Licht**; bei künstlichem: puls.
– **Niesen** agg.: nat-c.$_{bg1}$
– **Schreiben**; beim: *Kali-c.*
– **Sternenhof** um das Licht: puls.
– **tanzend**: croc.$_{a1,k}$ psil.$_{ft1}$
– **weiß**
☞ *Farben vor - weiß - Sterne*

Strahlen: bell.$_{bg2}$ cham.$_{bg2}$ iod.$_{bg2}$ kali-c.$_{bg2}$ lach.$_{bg2}$
– **gebogene** Strahlen schießen aus der Sehachse heraus: iod.$_{a1,k}$
– **gebrochen** zu sein; das Licht scheint in: bell.
– **um** das Licht: kali-c.$_{h,kl}$

Streifen: **Con.** *Sep.* *Sulph.* thuj.
☞ *Farben - Streifen*

Tagblindheit
☞ *Trübsichtigkeit - tagsüber / Verlust - tagsüber*

Tanzen vor den Augen: all-c. *Bell.* calc.$_{a1,k}$ *Cic.* *Glon.*$_{a1,k}$ nux-m. *Psor.* santin.
– **Kopfschmerzen**, vor den: *Psor.*

Triplopie, Dreifachsehen: *Bell.*$_{hr1,k,*}$ con.$_{h,kl2}$● sec.$_{hr1,k,*}$
– **Drehen** der Augen nach rechts; beim: dig.$_{hr1,k}$

Tropfen vor den Augen: kali-c.$_{bg2,h,*}$

Trübsichtigkeit, trübes Sehen: absin.$_{hr1,k}$ acon.$_{bg2}$ aesc-g.$_{hr1}$ **Agar.**$_{bg2,k,*}$ ail.$_{hr1,k,*}$ alet.$_{hr1}$ *Alum.*$_{bg2,k,*}$ alum-p.$_{k2}$ alum-sil.$_{k2}$ alumn.$_{a1,k}$ *Am-c.*$_{bg2,k,*}$ am-m.$_{bg2}$ ambr.$_{bg2,k,*}$ *Ammc.*$_{hr1,k,*}$ amyg.$_{hr1}$ *Anac.*$_{bg2,k,*}$ ang.$_{bg2,h,*}$ ant-t.$_{bg2}$ *Apis* *Arg-met.* *Arg-n.*$_{h,k,*}$ arn.$_{bg2}$ *Ars.*$_{bg2,k,*}$ *Ars-i.* ars-s-f.$_{k2}$ *Arum-t.*$_{a1,k}$ arund.$_{a1,k}$ asaf.$_{bg2,k,*}$ *Asar.*$_{a1,k}$ astac.$_{hr1,k,*}$ atro.$_{hr1,k,*}$ **Aur.**$_{bg2,k,*}$ aur-ar.$_{k2}$ aur-i.$_{k2}$ *Aur-m.* aur-s.$_{k2}$ bamb-a.$_{stb2}$ bapt-c.$_{c2}$ *Bar-c.*$_{bg2,k,*}$ bar-i.$_{k2}$ *Bar-m.* bar-s.$_{k2}$ **Bell.**$_{bg2,k,*}$ berb.$_{hr1,k,*}$

Trübsichtigkeit, trübes Sehen: ...
bism.bg2,k,* bism-sn.al bov.bg2 brach.hrl bry.bg2,k,* bufo *Cact.*bg2,k,* cadm-s. calad.bg2 **Calc.**bg2,k,* *Calc-f.*bg2,k,* calc-i.k2 calc-s. calc-sil.k2 camph.hrl,k,* cann-i.hrl,k **Cann-s.**bg2,k,* canth.bg2,k,* caps.bg2,k,* carb-ac.al,k *Carb-an.*bg2,k,* *Carb-v.*bg2,k,* **Carbn-s.** **Caust.**bg2,k,* cedr.hrl,k,* cench.k2 *Cham.*bg2,k,* *Chel.*bg2,k,* **Chin.**bg2,k,* *Chinin-ar.* *Chinin-s.* chlf.al *Chlol.*hrl,k,* chlor.hrl *Cic.*bg2,k,* *Cimic.*al,k *Cina* *Cinnb.* *Clem.*bg2,k,* clerod-i.bnjl cob.st *Cocc.*bg2,k,* coch.hrl coff.bg2 *Colch.*hrl,k *Coloc.*hrl,k,* *Com.*al,k **Con.**bg2,k,* cop.hrl *Croc.*bg2,k,* *Crot-c.* *Crot-h.*bg2,k,* *Crot-t.* cupr.bg2,h,* cupr-ar.hrl,k cupr-s.hrl **Cycl.**bg2,k,* daph.bg2,hrl dig.bg2,k,* dros.bg2 *Dulc.*bg2,k,* elae.c2 *Elaps* eucal.hrl **Euph.**h,k,* euphr.bg2,k,* fago.al,k ferr.bg2,k2 ferr-ar. *Form.*bg2,k,* **Gels.**bg2,k,* gent-ch.bnjl gink-b.sbdl *Glon.*bg2,k,* graph.bg2,k,* guaj.bg2 haem.al ham.al,k hell.al,k helon.al,k **Hep.**bg2,k,* hura *Hydr.*al,k hydr-ac.hrl *Hyos.*bg2,k,* hyper. *Ign.*bg2,k,* *Iod.*bg2,k,* *Ip.*bg2,k jab.hrl,k,* *Kali-ar.*al,k *Kali-bi.*bg2,k,* *Kali-br.*hrl,k,* *Kali-c.*bg2,k,* kali-cy.al,k *Kali-i.*hrl,k,* kali-m.k2 *Kali-p.* kali-s. kali-sil.k2 *Kalm.*bg2,k,* *Kreos.*bg2,k,* *Lac-c.*hrl,k *Lac-d.*hrl,k **Lach.**bg2,k,* lachn.al,k lact-v.hrl *Laur.*bg2,k,* *Led.*bg2,k *Lil-t.*hrl,k,* *Lith-c.* lol.bg2 **Lyc.**bg2,k,* lyss.hrl,k,* *Mag-c.*bg2,k,* *Mag-m.*bg2,k,* mag-p.hrl *Mang.*bg2,k,* med.k2 meny.bg2 meph.al,k **Merc.**bg2,k,* merc-i-f.hrl *Merl.* mim-h.al mosch.bg2,hrl *Mur-ac.*al,k *Nat-ar.* *Nat-c.*bg2,k,* *Nat-m.*bg2,k,* nat-p.al,k *Nat-s.*bg2,k,* nicc.al,k **Nit-ac.**bg2,k,* nux-m.bg2,k,* *Nux-v.*bg2,k,* oena.al,k ol-an.al,k olnd.al,k onos. **Op.**bg2,k,* osm.al,k ox-ac.bg2 par.bg2,k,* *Petr.*bg2,k,* **Ph-ac.**bg2,k,* phel.bg2,k,* **Phos.**bg2,k,* *Phys.*hrl,k,* *Phyt.*hrl,k,* pic-ac.hrl,k,* plat.bg2 *Plb.*bg2,k,* *Psor.* **Puls.**bg2,k,* raph. rat.bg2 rhod.bg2,k *Rhus-t.*bg2,k,* rhus-v.al,k **Ruta** *Sabad.*bg2,k sang.al,k sangin-t.c1,c2 sarr.hrl *Sars.*bg2,k,* *Sec.*bg2,k,* sel.al,k *Seneg.*bg2,k **Sep.**bg2,k,* **Sil.**bg2,k,* sol-ni. *Spig.*bg2,k,* spira.c2 spong.hrl stann.bg2 *Staph.*bg2,k,* *Stram.*bg2,k,* stry.al,k *Sul-ac.*bg2,k,* sul-i.k2 **Sulph.**bg2,k,* sumb.al,k tab.al,k tarax.bg2 *Tarent.*al,k tax.al,k,* *Teucr.* *Ther.* *Thuj.*bg2,k,* til.al,k upa.al,k valer.bg2 *Verat.*bg2,k,* *Verat-v.*al,k verb.bg2,k,* vinc.bg2 viol-o.bg2,k,* viol-t.al,k vip.al,k zinc.bg2,k,* zinc-p.k2
☞ *Schwach / Verschwommen / ❑ Auge - Amblyopie / ❑ Auge - Asthenopie*

– **links**: borx. *Com.* sars.h
 • **Kopfschmerzen**; mit rechtsseitigen: arg-n.
– **rechts**: agar.al,k chel.al,k form.al,k iris.vh *Kali-c.*al,k kalm.k2 osm.al,k *Puls.*al,k rhod.al,k ruta tarent. teucr.
– **tagsüber**: apis both. *Mang.*h,hrl *Phos.*mfj sep. stram.mfj
 ☞ *Verlust - tagsüber*
– **morgens**: asar. calc. caps.al,h,* carb-an.al,k *Carb-v.* *Caust.*al,k cham. chel.hrl,k,* *Croc.* cycl.al,k daph. elaps gels. hell.al,k *Hep.* *Kali-c.*al,k mag-s.al,k nat-m.al,k *Nux-v.*al,k *Puls.* ruta stram.al,k sul-ac.al,k valer.al,k
 • **amel.**: *Chin.* *Phos.*al,k
 • **Aufstehen**, nach dem: ammc.al ang.h,kl
– **morgens**: ...
 • **Erwachen**, beim: *Caust.*al,k *Dulc.*hrl,k *Kali-c.* mag-c.al,k raph.al,k zinc.hrl,k,*
 • **Waschen** amel.: caust.h,k,*
– **vormittags**: carb-v.al,k sulph.al,k *Tarent.*
 • **7** - **10** h: tarent.
 • **11** h: *Sulph.*
 • **Lesen**, beim: op.al,k
– **mittags**: bell.h,kl nat-ar.
 • **Aufstehen** vom Sitzen, beim: nat-ar.
– **nachmittags**, beim Lesen: ol-an.
– **abends**: alum.hrl,k,* *Ammc.*hrl,k,* anac.h,kl *Apis* asar. aur-m.k2 borx. carbn-s.c1 choc.srj3 *Euphr.*al,k ind.al,k *Kalm.* lachn. marb-w.esl merl. nat-c.hrl nicc.hrl,k nit-ac. *Puls.*al,k *Ruta* sulph.al,k tarent.
 • **9** h: stram.
 • **Dämmerung**: arg-n.
  • **amel.**: phos.k2
 • **Erwärmung** durch Anstrengung; bei: **Puls.**
 • **Gehen**:
  • **beim**: kali-bi.al,k *Puls.*
  • **nach** dem Gehen, beim Eintreten in ein Zimmer: dros.al,k
  • **schnell**: **Puls.**
 • **Lesen**, beim: **Apis** croc.al,k *Hep.* mez.al,kl,* rhod.al,k *Ruta*
  • **Licht**; bei:
   • **künstlichem** Licht; bei: mez.h2 nux-m.c1
 • **Licht**:
  • **Feuerschein** agg.: merc.
  • **künstlichem** Licht; bei: aur-m.k2
 • **Liegen** amel.: sep.al,k
 • **Menses**, während: *Sep.*al,k
– **nachts**: alum-sil.k2 anac. anders.bnjl **Chin.** hell. *Hyos.* *Puls.* *Ran-b.* *Stram.*hrl,k zinc.
 ☞ *Verlust - nachts*
 • **besser** als tagsüber; nachts: apis
 • **Menses**, während: *Puls.*
◇ **abwechselnd** mit:
 • **klarem** Sehen: anac.h euphr.h
 • **Krämpfe** in Händen und Füßen: bell.al,h,*
 • **Stumpfheit**; geistiger
  ☞ *❑ Gemüt - Stumpfheit - abwechselnd mit - Trübsichtigkeit*
 • **Taubheit**: cic.
◆ **begleitet** von:
 • **Schwindel**
  ☞ *❑ Schwindel - Begleitet von - Sehen - Trübsichtigkeit*
– **Alkoholikern**; bei: **Nux-v.** ter.c2
– **alten** Menschen, bei: *Bar-c.*
– **Amblyopia** potatorum
 ☞ *Alkoholikern*
– **Angst**, bei: chel.al,k
– **Anstrengung**, bei:
 • **Augen**, der: alum-sil.k2 aur-s.k2 bar-s.k2 *Calc.* calc-f.k2 mang. *Nat-m.* nit-ac. *Petr.*
 • **feiner** Arbeit, bei: agar. *Calc.* nat-c.h2 *Nat-m.* **Ruta**
 • **körperlicher**, bei: *Calc.* **Puls.**
– **Aufrichten**, beim: *Verat-v.*hrl,k,*

– **Aufstehen**, beim:
- • **Bett**, vom: ars. sec.
- • **Bücken**, vom: nat-m.
- • **Sitzen**, vom: con. laur. verat-v.

– **bewegenden** Gegenständen; bei sich: con.a1,k *Gels.*hr1,k
– **Bewegung**; durch ungleichmäßige: cic.bg1 con.
– **Blicken**, beim:
- • **angestrengtes** Blicken amel.: *Aur.* mang.
- • **langem** Blicken, bei: agar. mang. nat-ar.
- • **starrem** Blicken, bei: chinin-s.c1
- • **weiße** Gegenstände, auf: cham.h

– **Blinzeln** amel.: anac.h,kl anan. *Euphr.*hr1,k
– **Dämmerung**; in der:
- • **amel.**: bry.bg1 lyc.bg1 *Phos.*

– **Denken**, durch: arg-n.hr1,k
– **Diphtherie**, nach: apis gels. **Lach.** nux-v. phys. **Phyt.** *Sil.*
– **Dunkelheit** amel.: mur-ac.k2
– **dunkler** Tag amel.; ein: *Euph.*k,kl,* sep.
– **Ejakulation**, nach: kali-c. *Lil-t.* nat-m. **Sep.**
☞ *Koitus / Verschwommen - Samenabgang*
– **Entblößen** des Kopfes; durch: *Calc.*
– **entfernte** Gegenstände: *Cact.*hr1,k camph.hr1 euphr.a1,k *Gels.*hr1,k,* *Jab.* mang.a1,k nat-ar. nat-c.a1,k nat-m.a1,k nat-p. ol-an.a1,k ph-ac.a1,k phos.a1,k phys.hr1,k,* rat.a1,k spong. **Stram.**hr1,k,* *Sulph.*hr1,k,*
– **Erwachen**, beim: **Cycl.**hr1,k,* **Lach.**hr1 *Puls.*
– **Erweiterung** der Pupillen, Halten der Hand vor die Augen amel.; mit: ph-ac.h
– **Essen**:
- • **beim**: bufo nat-s. *Nux-v.*
- • **nach**: *Calc.*hr1,k *Kali-c.*hr1 *Nux-v.*

– **Fieber**; während: sabin.c1
– **Freien**, im: alum. asar. con. ferr.c1 merl. **Puls.** thuj. upa.
- • **frische** Luft amel.: *Asar.* nat-s.

– **Frost**; während: bell. chin. gels.k2 nat-m. sabin.
– **Fußschweiß**, nach unterdrücktem: **Sil.**
– **Gehen**:
- • **beim**: dor.a1,k gels.hr1,k *Puls.* sanic. sin-a.a1,k
- • **Freien**, im: agar. con.h gels. nat-m.h sulph.h til.
  - • **amel.**: lachn.

– **geistige** Anstrengung: arg-n. *Nux-v.*hr1
– **Glas** blicken; als würde er durch ein trübes: nat-m.h
– **helles** Licht: bell. caust.h,kl sol-ni.
– **Hinterkopf**, der sich zum Auge erstreckt; mit Schmerz im: ery-a.
– **Hitze**; während: asar. bell.h
– **Husten**, beim: coff.hr1,k,*
– **kalt**:
- • **Baden** amel.; kaltes: **Asar.** glon.a1,k nicc.a1,k
- • **Kopfes**; durch Kaltwerden des: *Calc.*hr1,k

– **Koitus**, nach: *Chin.* **Kali-c.** *Kali-p.* nat-p. **Phos.** **Sep.** *Sil.*
☞ *Ejakulation / Verschwommen - Samenabgang*
– **Kopfschmerz**:
- • **vor** ●: *Gels.* hyos. **Iris** *Kali-bi.*hr1,k *Lac-d.*hr1,k *Nat-m.* podo.hr1,k *Psor.*hr1,k *Sep.* stram.h,kl
- • **während**: androc.srj1 anh.c1 *Arg-n.*hr1 *Ars.* asar. aster. *Bell.* caul.hr1 *Caust.*hr1,k chen-a.hr1

– **Kopfschmerz - während**: ... chim-m.hr1 **Cycl.**hr1,k ferr-p. gels.a1,k hyos.bg1 ign.bg1,c1 **Iris** lac-c.br1 lil-t. mag-m.a1 mur-ac.k2 nat-c.a1 *Nat-m.* nit-ac.h,kl *Petr.* *Phos.* *Psor.* sarr.kr1 *Sil.* *Stram.* **Sulph.**hr1,k tub.c1 verat-v.hr1,k *Zinc.*
- • **nach**: *Lach.*c,c1 *Sil.*
- • **rechten** Seite; bei Kopfschmerz auf der: chen-a.hr1

– **Lesen**, beim: agar.a1,k alum. am-c. *Apis* *Arg-met.* *Asar.* atro.a1,k calc. *Carb-v.* *Caust.* cinah cocc.c1 *Croc.*a1,k daph. gels. *Hep.*hr1,k,* *Ign.*hr1,k jab. merl.a1,k **Nat-m.** **Nit-ac.**a1,k op. ph-ac.a1,k *Phos.* rhod.hr1,k rhus-v.a1,k **Ruta** **Seneg.** sep. **Sil.** **Sulph.**hr1,k,* vinc.a1,k
– **Licht**:
☞ *helles / Sonnenlicht*
- • **Feuerschein**; bei: *Merc.* *Nat-s.*
- • **Kerzenlicht**: all-c. *Arg-n.*hr1,k aur-m. bar-c. *Euphr.* *Hep.*

– **Masern**, nach: *Caust.*hr1,k *Euphr.* **Kali-c.** *Puls.*
– **Menses**:
- • **vor**: agn. bell. cinnb. *Graph.*hr1 nat-m.bg1 puls.k2
- • **während**: cycl. *Graph.*hr1,k nat-m. *Puls.* *Sep.* *Sil.*

– **Mittagessen**, nach dem: bell.h,kl calc. peti.a1,k
– **Mittagsschlaf**:
- • **nach**: lyc.bg1

– **Nasenbluten**, mit: indg.c1
– **Ohnmacht**:
- • **während**: calc.pd lach.pd lyc.pd nux-v.pd

– **plötzlich**
☞ *zunehmend*
– **Rauchen** (von Tabak); beim: asc-t.a1,k
– **Reiben**:
- • **agg.**: caust.a1,k
- • **amel.**: caps.h,kl cina nat-ar.k2 ph-ac.h,kl *Puls.* sulph.

– **Rheumatismus**, bei: puls.
– **Schleim** bedeckt; wie mit: nat-m.a1,h,* tab.a1
– **Schmerz**; mit:
- • **Magen**; im: gels.a1

– **Schneuzen** der Nase: *Caust.*a1,k
– **Schreiben**, beim: aloe calc-f.hr1,k chel.a1,k con. lyc.a1,k **Nat-m.** ol-an.a1,k phys. rhod.hr1,k sep.hr1,k,* thuj.a1,k zinc.
– **Schwangerschaft**; während der: gels.c1
– **Schwindel**:
- • **vor**: stram.h,kl
- • **während**: *Acon.* act-sp. aesc-g.hr1 agar.hr1,k amyg.hr1,k *Anac.*hr1,k ant-t. apis arg-met. arg-n.hr1,k ars.a1,k asaf. *Bell.*hr1,k,* calc. *Camph.*hr1,k canth. carb-an. caul.hr1 cham.hr1,k cic.hr1,k cimic. coff-t.hr1 *Cupr.* cupr-s.hr1 **Cycl.**hr1,k dulc. euon.a1,k **Ferr.** **Gels.**hr1,k gins.a1,k *Glon.*hr1,k,* *Gran.* graph. gymno. hell.a1,k hep. hyos. *Kali-bi.*hr1,k kalm. lach. lact. laur. *Merc.* mosch. mur-ac.h,kl *Nit-ac.* **Nux-v.** olnd. par.hr1,k *Phos.* *Phyt.* puls. raph.hr1,k,* sabad.a1,k *Sabin.* seneg. *Stram.* *Stront-c.* *Sulph.* tep.a1,k ter. til. zinc.

– **Seite** des Gesichtsfeldes; an der: cham.a1,h,* rutah
☞ *Hemianopsie - vertikale*

- **Seite** des Gesichtsfeldes; an der: ...
  - • **nur** dann Gegenstände sehen, wenn er sie von der Seite anblickt; kann: *Chinin-s.* lil-t.$_{bg1}$ olnd.$_{ptk}$
- **Sonnenlicht** agg.: agar. asar. *Both.* cic. *Merc.*
- **Stechen** im Auge; mit: thuj.$_{h}$
- **Stehen**, im: dig. digin.$_{a1}$ verat-v.
- **Stimulanzien**, durch: kali-br. **Nux-v.**
- **Traurigkeit**, bei: *Petr.*$_{br1}$
- **Treppen**; beim Hinabsteigen von: phys.$_{a1,k}$
- **Trinkern**; bei
  ☞ *Alkoholikern*
- **Übelkeit**, mit: kalm.$_{bg1,bg2}$ mygal.$_{hr1}$
- **Überanstrengung** der Augen; bei: agar. *Calc.* **Ruta**
- **Überhitzung**: *Nux-v.*
- **Urinieren** amel.: *Gels.*$_{a1,k}$
- **Verdruß**, Ärger; bei: iris$_{vh}$
- **vorübergehenden** Anfällen; in
  ☞ *zunehmend - abnehmend*
- **Wärme**: calc. **Puls.**
- **Waschen** (von Wäsche) in Wasser; nach: kali-c.
- **Wasser**, wie voller: **Acon.**$_{bg2}$ arg-n.$_{bg2}$ chin.$_{bg2,ld}$ **Euphr.**$_{bg2}$ iod.$_{bg2}$ *Merc.*$_{bg2}$ nux-v.$_{bg2}$ phyt.$_{bg2}$ **Puls.**$_{bg2}$ *Rhus-t.*$_{bg2}$ *Spig.*$_{bg2}$ squil.$_{bg2}$ *Staph.*$_{bg2}$ stram.$_{bg2}$
- **weiße** Gegenstände; beim starren Blick auf: cham.$_{a1,k}$
- **Wetter**; bei nassem: *Calc.* crot-h.
- **wiederkehrend**: cact.
- **Wischen** der Augen amel.: *Alum.*$_{a1,k}$ arg-n. carl.$_{a1,k}$ *Cina* croc. *Euphr.*$_{hr1,k}$ *Lyc.* *Nat-ar.* *Nat-c.* *Puls.* *Sil.*
- **Zimmer** amel.; im: alum. con.
- **zunehmend**; plötzlich: mosch.$_{k2}$
  - • **abnehmend**; plötzlich: cadm-s. euphr. *Lyc.*

Überempfindliches Sehen: acon.$_{bg2,k,*}$ anac.$_{c1}$ ang.$_{a1,k}$ ant-c.$_{bg2}$ aspar.$_{hr1,k,*}$ bamb-a.$_{stb2}$ **Bell.**$_{bg2,k,*}$ *Bufo* *Chin.*$_{bg2,k,*}$ choc.$_{srj3}$ coff.$_{k2}$ colch.$_{bg2,k,*}$ cycl.$_{a1,k}$ fl-ac.$_{hr1,k}$ haliae-lc.$_{srj5}$ hell.$_{bg2}$ hyos.$_{hr1,k,*}$ ign.$_{bg2}$ lach. luna$_{kg1}$ *Nux-v.*$_{bg2,k}$ ph-ac.$_{a1,k}$ sars.$_{bg2,k}$ seneg.$_{bg2,k}$ spig.$_{bg2}$ valer.$_{k2}$ viol-o.$_{hr1,k,*}$
☞ ❑ *Gemüt - Sinne - scharf*
- **tagsüber**: choc.$_{srj3}$
- **morgens**: bamb-a.$_{stb2}$
- **nachts**, bei hysterischen Personen: *Ferr.*

Umgekehrt, Gegenstände erscheinen: bell.$_{a1,k}$ gels.$_{hr1}$ guare.$_{a1,k}$ kali-c.$_{a1,k}$
☞ *Zeile*

Unbehindertes, freies Sehfeld:
- **Verlangen** nach: brass-n-o.$_{srj5}$

Undeutlich (= kann nichts genau unterscheiden): acon. aeth. atro. *Aur.* bapt. bell. cann-i. cedr. cic.$_{k2}$ cocc.$_{c1}$ *Con.* croc. dig. eug. **Gels.** *Glon.* hep.$_{c1}$ ign.$_{k2}$ kali-bi. lil-t. lyc. **Nat-m.** *Phys.* pic-ac. *Plat.* *Psor.* *Rhus-t.* sec. stram. stry.
- **Druck** unter der Nase amel.: gels.$_{a1,psa}$
- **Rotwein** agg.: gels.$_{a1}$
- **Stuhlgang**; nach: gels.$_{a1}$

Unklar
☞ *Trübsichtigkeit*

Unscharf
☞ *Fokus / Nebelig / Trübsichtigkeit*

Veränderlich, wechselhaft: gels.
☞ *Bewegung*

Verlust des Sehvermögens (= vorübergehende Blindheit): **Acon.** aconin.$_{c2}$ *Agar.* all-c. alum. ant-c. ant-t. apis arg-met. arg-n. arn. ars. aster. *Aur.* aur-ar.$_{k2}$ *Aur-m.* aur-s.$_{k2}$ *Bell.* berb. *Both.*$_{c2,k}$ *Bov.* bufo cact. *Calc.* camph. cann-i. caps. carb-an. carbn-o. *Carbn-s.* *Caust.* cent.$_{c2}$ cham. chel. *Chin.* *Chinin-s.* chlf. chlol. cic. clem. *Con.* croc. crot-c. crot-h. crot-t. cupr-act. cycl. *Dig.* elaps eug. eup-per. *Euphr.* eupi. ferr. ferr-p. fil.$_{c2}$ *Gels.* glon. hell. hura$_{c2,k}$ hura-c.$_{c1,c2}$ hydr-ac. **Hyos.** ip. jug-c.$_{c2}$ kali-ar. kali-bi. kali-br. kali-cy. *Kali-i.* kali-n. kali-sil.$_{k2}$ kalm.$_{c2,k}$ kreos. lac-ac. lac-v.$_{c2}$ lach. lact. lam. led. *Lith-c.* *Lyc.* *Lyss.* manc.$_{c2}$ meny. meph.$_{c2,k}$ **Merc.** morph. mosch. naja *Nat-m.* nat-p.$_{k2}$ nit-ac. nux-m. *Nux-v.* olnd. *Op.* ox-ac.$_{k2}$ ph-ac. *Phos.* *Plb.* **Puls.** raph. rhus-t. rhus-v. russ.$_{c2}$ sars. *Sec.* *Sep.* **Sil.** sol-ni. spig. **Stram.** *Sulph.* *Tab.* *Ther.* thuj. verat. *Verat-v.* vip. zinc. zinc-m.
- **tagsüber**: both.$_{c2}$ con. ran-b.$_{br1,c1}$ *Sil.* **Stram.** sulph.
  ☞ *Trübsichtigkeit - tagsüber*
  - • **Licht**, durch: merl. nit-ac. *Phos.* sep.
- **morgens**: arg-n.$_{hr1}$ bell.$_{a1,k}$ ign.$_{a1,k}$ sulph.$_{a1,k}$
  - • **Aufstehen**: puls.
  - • **nüchtern**, wenn: *Calc.*$_{hr1,k,*}$
- **vormittags**: thuj.$_{a1,k}$
- **mittags**: am-c.$_{a1,k}$
  - • **Essen**, vor dem: dulc.
- **nachmittags**: indg.$_{a1,k}$
  - • **16 h**: *Lyc.*
  - • **Aufstehen** nach Schlaf; beim: ferr.$_{a1,k}$
  - • **Bücken**, beim: apis
  - • **Schmerz** im Kopf und in den Augen; nach: *Con.*
- **abends**: ammc.$_{a1,hr1}$ bell. calc.$_{a1,k}$ camph. ferr.$_{hr1,k,*}$ nat-c.$_{a1,k}$ phos.$_{a1,k}$ psor. sulph.$_{hr1}$ til.$_{a1,k}$
  - • **Dämmerung** ●: both.$_{st}$ **Lyc.**$_{k,kl2}$● psor.
  - • **Hinsetzen** bei Schwindel; beim: coloc.$_{a1,k}$
  - • **Lesen**, beim: brom.$_{a1,k}$
  - • **Licht**, durch: **Lyc.** mang. thuj.
  - • **Menses**, während: *Sep.*$_{a1,k}$
  - • **Sonnenuntergang**, bei: bell.$_{bg1,k,*}$
- **nachts** ●: achy-a.$_{bnj1}$ bell.$_{c2,k}$ cadm-s. chel. **Chin.**$_{k,mfj}$ hell.$_{c2,k}$ *Hyos.*$_{c2,k}$ **Lyc.**$_{k,kl2}$●,* meph. merc. *Nit-ac.*$_{k,mfj}$ nux-v.$_{c2,k}$ petros.$_{c2,k}$ phys.$_{br1}$ psor. puls. *Ran-b.*$_{c2,k,*}$ sil.$_{bg1}$ stram. stry-xyz.$_{c2}$ sulph.$_{bg1,c1}$ verat.$_{c2,k}$ zinc.
  ☞ *Trübsichtigkeit - nachts*
  - • **Flimmern** tagsüber, Blindheit nachts: anac.$_{hr1,k}$

⬥ **abwechselnd** mit:
  - • **Kopfschmerzen**: *Kali-bi.*

◆ **begleitet** von:
• **Schwindel**
☞ ❑ *Schwindel - Begleitet von - Sehen - Verlust*
– **Abdomen**; bei Schmerz im: crot-t.$_{a1,k}$ plb.$_{a1,k}$
– **anfallsweise**: acon. con. kali-n. mang. mosch.$_{k2}$ nit-ac.$_{h,kl}$ nux-v. phos.$_{hr1,k,*}$ sil.$_{a1,k}$ stram. sulph.
– **Anstrengung** der Augen: chin. helon. lyc. nat-m.
• **Nähen**; beim: berb. *Nat-m.* *Ruta*
– **Aufstehen**: cedr.$_{a1,k}$ glon.$_{a1,k}$ *Hep.* olnd.
• **Bett**, vom: bell. *Cina* colch. com. sec.
• **Essen**, nach dem: merc.
– **Bewegung** agg.: grat.
– **Blicken**; beim:
• **Gegenstand**; auf einen: nux-m.$_{br1}$
• **helle** Gegenstände; auf: grat. ph-ac.
• **lange** Zeit; für: mang.
• **nahe** Gegenstände; auf: mag-m.
• **oben**, nach: *Cupr.*$_{a1,k}$
• **Seite**; zur: olnd.$_{hr1,k,*}$
• **unten**, nach: kalm.$_{a1,k}$
– **Blitzschlag**, nach: phos.$_{hr1,k}$
– **Bücken**: bell.$_{a1,k}$ *Calc.*$_{hr1}$ coff.$_{a1,k}$ com. ferr-p.$_{hr1,k}$ graph.$_{hr1,k}$ nat-m.$_{h,kl}$ phos.$_{a1,k}$ upa.
– **Delirium**, im: phos.$_{a1,k}$
– **Entbindung**, während der: aur-m. caust. cocc. cupr.
– **Erkältung**, nach: acon.$_{hr1,k}$
– **Erwachen**, beim: bell.$_{a1,k}$ *Dulc.*$_{hr1}$ oena.$_{a1,k}$
– **Essen**, nach dem: *Calc.*$_{hr1,k}$ *Crot-t.* sil.$_{a1,k}$
– **Farben**, für (= Farbenblindheit): bell. ben-d.$_{c2}$ carbn-s. chlol. cina onos.$_{c2}$ santin. tab.$_{c2}$
– **Freien**, im: nit-ac.$_{a1,k}$
• **amel.**: merc.$_{a1,k}$ phos.$_{a1,k}$
– **Frost**; während: cann-i.$_{a1,k}$ ol-j.$_{a1}$
– **Gegenstände**; beim Blicken auf
☞ *Blicken - Gegenstand*
– **Gehen**, beim: dor. ferr. hell. lachn. nat-m.$_{h}$ sulph. *Verat-v.*
• **Freien**, im: merc.
– **geistige** Anstrengung: arg-n. meny.$_{a1,k}$
– **Gemütsbewegung**, durch plötzliche: jug-c.
– **helle** Gegenstände; durch
☞ *Blicken - Gegenstand - helle*
– **hysterisch**: gels.$_{kr1}$
– **Kampfergeruch**, bei: kali-n.$_{h}$
– **Konvulsionen**:
• **vor**: *Cupr.*
• **nach**: dig.$_{h,kl}$ sec.$_{a1,k}$
– **Kopf**:
• **Blutandrang**; bei: grat.
• **Drehen**, beim: sec.
• **plötzlich**: helon.
– **Kopfschmerzen**:
• **vor**: gels.$_{br1,hr1}$
• **Beginn** der; zu: kali-bi. nat-m.$_{hbh}$ sars.
• **während**: atro.$_{hr1}$ *Bell.*$_{hr1}$ *Caust.*$_{hr1}$ *Chen-a.*$_{hr1}$ cupr.$_{hr1}$ *Ferr-p.*$_{hr1}$ *Gels.*$_{hr1}$ *Lac-d.*$_{hr1}$ lil-t.$_{k2}$ **Meli.**$_{hr1}$ *Nat-m.*$_{hr1}$ petr.$_{k2}$ *Sep.*$_{hr1}$ *Stram.*$_{hr1}$ *Zinc.*$_{hr1}$
• **nach**: *Arg-n.*$_{hr1}$ sil.$_{a1,k}$
– **Lesen**, beim: agar.$_{a1,k}$ arg-n.$_{a1,k}$ aur-m. caust.$_{a1,k}$ clem.$_{a1,k}$ crot-h.$_{a1,k}$ dros. haem.$_{a1,k}$ lachn.$_{a1,k}$ lyc.$_{a1,k}$ nat-c.$_{a1,k}$ nat-m.$_{h,kl}$ *Phos.*$_{a1,k}$ staph.$_{a1,k}$
• **kleiner** Buchstaben, von Kleingedrucktem: cadm-s.$_{c1}$
• **Stehen**, im: glon.
– **Licht**, durch: calc.$_{a1,k}$ *Graph.*$_{a1,k}$ mang.$_{a1,k}$ phos.$_{a1,k}$
• **Eintreten** aus dem Dunklen ins Helle; beim: dig.$_{a1,k}$
• **künstliches** Licht: aur-m. chin.$_{a1,k}$ *Lyc.* mang. *Nux-m.* phos.$_{a1,k}$
• **Sonnenlicht**: *Lith-c.*
– **Liegen**: cham.$_{bg1}$
• **amel.**: cina phos. sep.
• **vor**: cycl.$_{bro1}$ puls.$_{bro1}$
– **Masturbation**, durch: gels.$_{lp}$ ph-ac.$_{ptk1,ptk2}$
– **Meningitis**, nach: phos.$_{hr1}$
– **Menses**:
• **amel.**: *Sep.*
• **während**: cycl.$_{hr1}$ *Graph.*$_{hr1,k,*}$ lyc. **Puls.**$_{a1,k}$ *Sep.*$_{a1,k}$
• **unterdrückten** Menses; bei: chen-a.$_{hr1}$
– **Mittagessen**:
• **beim**: gels.$_{a1}$
• **nach**: *Calc.* zinc.
– **Moment**; für einen
☞ *zunehmend - abnehmend*
– **Mondschein**: bell.$_{ptk1}$
– **Ohnmacht**, wie durch: *Agar.* aur. bell. *Calc.*$_{hr1,k}$ *Caust.* chel.$_{a1,k}$ *Chen-a.* *Cic.* cycl. dros. ferr. ferr-p. *Graph.* hep. *Hyos.* kali-n. manc.$_{hr1}$ *Mang.* merc. *Nat-m.* olnd. *Phos.* *Puls.* *Sep.* spig. stram.
– **periodisch**: acon.$_{bg2}$ am-c.$_{bg2}$ anac.$_{bg2}$ ant-c.$_{bg2}$ *Ant-t.*$_{bg2,k}$ bar-c.$_{bg2}$ bell.$_{bg2}$ calc.$_{bg2}$ caust.$_{bg2}$ *Chel.*$_{bg2,k}$ chin.$_{bg2,k}$ con.$_{bg2}$ croc.$_{bg2}$ *Dig.*$_{bg2,k}$ *Euphr.*$_{bg2,k}$ graph.$_{bg2}$ hyos.$_{bg2,k}$ kali-n.$_{bg2}$ lyc.$_{bg2}$ merc.$_{bg2,k}$ nat-c.$_{bg2}$ *Nat-m.*$_{bg2,k}$ nux-v.$_{bg2}$ petr.$_{bg2}$ *Phos.*$_{bg2,k}$ plb.$_{bg2}$ *Puls.*$_{bg2,k}$ rhus-t.$_{bg2}$ sec.$_{bg2}$ *Sep.*$_{bg2,k}$ *Sil.*$_{bg2,k}$ spig.$_{bg2}$ staph.$_{bg2}$ stram.$_{bg2}$ *Sulph.*$_{bg2,k}$ verat.$_{bg2}$
– **plötzlich**: acon.$_{c1,c2,*}$ aur-m.$_{hr1,k}$ calc.$_{a1,k}$ chin.$_{hr1,k}$ cupr. gels.$_{c1}$ mosch. *Nat-m.* phos.$_{a1,k}$ psor.$_{a1,k}$ sec.$_{a1,k}$
– **Scharlach**; durch: aur-m.$_{k2}$
– **Schlaf** amel.: calc. grat.$_{a1,k}$
– **Schneeblindheit**: cic.$_{a1,k}$ *Kali-chl.*$_{hr1}$ *Merl.*$_{hr1}$
– **Schreiben**: arg-n.$_{a1,k}$ grat.$_{a1,k}$ kali-c.$_{a1,k}$ nat-m.$_{h,kl}$ phys.$_{a1,k}$ zinc.$_{a1,k}$
– **Schwindel**:
• **durch** Schwindel mit Schmerz in den Augen: ther.$_{hr1,kr1}$
– **Sitzen**:
• **beim**: kalm.$_{a1,k}$ lyss.$_{hr1}$ merc.$_{a1,k}$ phos.$_{a1,k}$
• **gebeugtem** Sitzen; nach: *Hep.*$_{hr1,k,*}$
– **Sonne**; nach Schlafen in der: con.$_{a1,k}$
– **Sonnenschein**; Schlafen im: con.$_{a1,k}$
– **Sonnenuntergang**:
• **bei**: bell.$_{bg1}$
– **starres** Blicken: ant-t.$_{a1,k}$ euphr.$_{a1,k}$ kali-bi.$_{a1,k}$ lachn.$_{a1}$ mag-c.$_{a1,k}$ *Nat-m.* nit-ac.$_{a1,k}$ spig.$_{a1,k}$

– **Stehen**, im: colch.
 • **amel.**: merc.
– **Stromschlag**:
 • **nach**: phos.k2
– **Stuhlgang**:
 • **amel.**: apisptk1,ptk2
 • **nach**: petr.h
– **Suppe**; beim Essen der: nat-s.a1,k
– **Syphilis**; durch: aur-m.k2
– **Tabak**: ars. nux-v. phos.
– **Treppensteigen**, beim: coca
– **Übelkeit**, bei: *Sep.*a1,k
– **Vergehen**, Schwinden des Sehvermögens: ant-t. *Arg-met. Arg-n. Carbn-s. Chel. Chen-a. Cic. Crot-t. Cycl. Gels.* graph. *Grat.* kali-bi. *Kali-c.* kali-n.h *Laur.* lyc.h lyss. *Nat-m. Nux-m.* **Nux-v.** *Ox-ac. Puls. Sep. Sil.* spig. thuj.h *Zinc.*
 • **Aufrichten**; beim:
  • **Bücken**, vom: *Kali-bi.*
 • **Aufstehen**:
  • **Sitzen**, vom: hep.
 • **husten**; durch Unfähigkeit zu: sulph.h
 • **Menses**, während: *Graph.*hr1,k
 • **Schreiben**, beim: arg-n.a1 *Kali-c.*a1,k
– **Verletzung** des Auges: *Arn.*
– **vorübergehend**: kali-c.h merc.h phos.h
 ☞ *zunehmend - abnehmend*
– **warmes** Zimmer agg.: merc.a1,k *Puls.*hr1
– **weiße** Gegenstände; beim Blicken auf: graph.a1,k tab.a1,k
– **Wetter**; bei nassem: crot-h.
– **zunehmend**; plötzlich:
 • **abnehmend**; plötzlich: calc-ar.k2
 ☞ *vorübergehend*

Verschwimmen von:
– **Buchstaben**: bell.a1,k coca
– **Gegenständen**: carb-ac.hr1,k,* *Carl.*a1,k coloc. conin.c1 euphr.bg2 hyos.bg2 merl. mez.a1,k **Nat-m.**bg2,k,* nux-m.bg2 olnd.bg2 par.bg2,k,* phos.bg2 puls.bg2 stram.bg2 sumb.a1,k thuj.a1,k til.a1,k zinc.a1,k
 • **17** h: thuj.

Verschwinden und kehren wieder; Gegenstände: gels.

Verschwommen: acon. aeth. all-c.hr1 am-m.hr1 arg-n.br1 arn. *Ars.*hr1,k *Aur.* aur-ar.k2 bamb-a.stb2 bell.bg2 cact.hr1,k calc.hr1,k calc-f.hr1,k calc-p.k2 chel. chin. *Con.*hr1,k *Crot-c.*a1,k dros. euphr.k2 fago.a1,k **Gels.**hr1,k,* *Glon.*hr1,k iris jab.a1,k kali-n.br1 kali-p. **Lac-c.** *Lil-t.*hr1,k,* lyc. mag-p.br1 med.hr1,k meph.br1 merl.hr1,k nat-ar. **Nat-m.**hr1,k nat-s.a1,k *Nux-v.*hr1,k onos. phos.hr1,k *Phys.*hr1,k,* *Plat. Psor.*hr1,k,* *Rhus-t. Ruta* sec.hr1,k,* stram. ter.hr1 *Teucr.*hr1,k thuj.hr1,k tril-p. xan.c1
 ☞ *Gegenstände - verschwommen | Schwach | Trübsichtigkeit | Zusammenlaufen*
– **morgens**: merl.hr1,k nat-s.a1,k
– **nachmittags**: bamb-a.stb2
– **abends**: ruta

Verschwommen: ...
◆ **begleitet** von:
 • **Schwindel**
 ☞ ❑ *Schwindel - Begleitet von - Sehen - verschwommen*
 • **Tränenfluß**: bamb-a.stb2 granit-m.es1
– **Brille** angepaßt wurde; sogar nachdem die: gels.br1
– **Buchstaben**: ail.hr1,k,* arg-met. arg-n.hr1,k,* *Ars. Bell.* carb-ac.a1,k *Chel.* chlol.hr1 cina cob.hr1,k,* cund.hr1 dros.hr1 graph.k2 jab. kali-c. lyc. meph.hr1,k ox-ac.hr1,k oxal-a.kr1 phys. *Ruta* stram.a1,k sulph.hr1,k
– **Drehen** der Augen; beim: gels.a1,k
– **Druck** amel.: calc-f.hr1,k
– **entfernte** Gegenstände: chel. jab.
– **Erwachen**; beim: granit-m.es1
– **Gestalten**: ail.hr1,k,*
– **halben** Gesichtsfeld, im: zinc.br1
– **Hinblicken**, kurzes: nat-ar.
– **Kopfschmerzen**:
 • **vor** ●: *Gels.* hyos. **Iris** *Kali-bi.* lac-d.bg1 podo. psor.bg1 *Sep. Sulph.*vh tub.xxb
 • **während**: carc.zzh
 • **nach**: xan.c1
– **Reizung**, bei: con.
– **Licht**: calc.
 • **Gaslicht**: calc.
– **Samenabgang**, nach: *Calc. Chin. Lil-t.*hr1,k **Phos.**
 ☞ *Trübsichtigkeit - Ejakulation | Trübsichtigkeit - Koitus*
– **Schließen** der Augen amel.: calc-f.hr1,k
– **Schreiben**, beim: calc-f.hr1,k
– **Überhitzung**, bei: *Nux-v.*hr1,k
– **Verdruß**, nach: con.ptk

Verzerrt: bell.bg1,bg2 nux-v.bg1,bg2 stram.bg1,bg2

Vibrieren:
 ☞ *Flimmern*
– **erhitzte** Luft; wie: *Lyc.*
 ☞ *Zittern*
– **leuchtendes** Vibrieren vor den Augen: ther.br1

Visionen
 ☞ ❑ *Gemüt - Wahnideen - Visionen*

Wanken, Schwanken: bell. chlf.bg1,bg2 cic.c1 con. lyc.a1,k manc.a1,k morph.bg1,bg2 *Nat-m.*hr1,k rhus-r.a1 santin. sumb.a1,k *Verat-v.*hr1,k

Weiße, glänzende Punkte nach unten fallen; sieht: ph-ac.h

Weitsichtigkeit: acon.a1,k *Aesc.* alum.bg2,k,* alum-sil.k2 am-c.bg2 androc.srj1 ang.bg2 **Arg-n.**bg2,k,* *Bell.*bg2,k,* bry.bg2,k,* **Calc.**bg2,k,* calc-sil.k2 *Carb-an.*bg2,k,* caust.bg2,k,* chel.a1,k *Chin.* coff.bg2 *Coloc.*hr1,k *Con.*bg2,k,* *Dros.*bg2,k,* grat.a1,k *Hyos.*bg2,k,* jab.c2 *Lil-t.*hr1,k,* *Lyc.*bg2,k,* mag-m.bg2,k,* meph.bg2 mez.h,k,* morph.a1,k *Nat-c.*hr1,k *Nat-m.*bg2,k,* *Nux-v.*bg2,k,* *Onos. Petr.*bg2,k,* phos.a1,k phys.a1,k phyt.a1,k psor. raph.a1,k sang. **Sep.**bg2,k **Sil.**bg2,k spig.bg2,k,* stram.hr1,k,* sulph.bg2,k,* tab.a1,k valer.a1,k

– **abends**: hyper.$_{a1,k}$
– **Essen**, nach dem: mez.$_{h,kl}$
– **Kopfschmerzen**; während: choc.$_{srj3}$
– **plötzlich**: arg-n.$_{c1}$
– **Überanstrengung** der Augen bei feiner Arbeit: *Arg-n.*

Wirbeln: apis atro.$_{a1,k}$ eug.$_{a1,k}$ *Glon.* kali-c. pic-ac.$_{a1,k}$ ust.$_{a1,k}$ verat.

Zahlen: ph-ac.$_{bg2,k,*}$ phos. sulph.

Zeile scheint über der oberen zu sein; die untere: kali-c.$_{h}$
☞ *Umgekehrt*

Zickzacklinien ●: cann-s.$_{bg2}$ coloc.$_{bg1}$ con.$_{bg1,bg2}$ fl-ac.$_{bg1,bg2}$ *Graph.*$_{bg2,k}$ ign.$_{bg2,k,*}$ kali-bi.$_{bg1,bg2}$ lach.$_{bg1,bg2}$ lyc.$_{bg1,bg2}$ **Nat-m.**$_{bg2,k}$ phos.$_{bg1,bg2}$ *Sep.*$_{bg2,k,*}$ *Sul-i.*$_{bg}$ sulph.$_{k2}$ viol-o.$_{a1,bg2}$
– **außerhalb** des Gesichtsfeldes: *Graph.*
– **Essen**:
• **nach**: sulph.$_{k2}$
– **feuerrot** ●: con.$_{h}$ graph.$_{h}$ nat-m.$_{h}$ sep.$_{h}$
– **flatternd**: thuj.$_{a1,k}$
– **Flimmern**, Flackern: *Graph.* ign.$_{a1,k}$ *Lach.*$_{a1,k}$ phos.$_{a1,k}$
– **Gehen**, beim: hura$_{c1}$
– **Kopfschmerzen**:
• **vor**: nat-m.$_{k2}$ psor.$_{k2}$ sulph.$_{k2}$
• **während**: anh.$_{kr1}$
– **Ringe**, farbige ●: *Sep.*$_{k,kl2}$● viol-o.$_{a1,k}$
☞ *Kreise - Zickzacklinien - farbig*
– **Schreiben**, beim: thuj.$_{a1,k}$
– **wogend**: thuj.$_{a1,k}$

Zittern, Gegenstände: alum. bell. camph. *Cann-i.* carbn-s. *Con.* *Cur.* kali-c. *Lyc.* *Petr.* ph-ac. *Phos.* phys. *Plat.* plb. *Psor.* sabad. sumb. thuj.$_{h}$ viol-o.
☞ *Vibrieren - erhitzte*
– **morgens**, beim Erwachen: phos.$_{a1,k}$
– **abends**, bei künstlichem Licht: **Lyc.**$_{a1,k}$ petr.
– **gelber**, glänzender, bebender Nebel: *Kali-c.*$_{h,k,*}$
– **Licht**; bei künstlichem: **Lyc.**

Zurückziehen
☞ *Bewegung - Gegenstände - hinten*

Zusammengezogen:
– **Sehfeld**: acetan.$_{br1}$ mang-act.$_{br1}$

Zusammenlaufen, Ineinanderlaufen von Gesehenem:
☞ *Verschwommen*
– **Buchstaben**: arg-n.$_{bg2,k,*}$ *Art-v.*$_{hr1,k}$ atro.$_{a1,k}$ bell.$_{bg2,k,*}$ berb. bry.$_{bg2,k,*}$ calc. calc-ar.$_{hr1,k}$ *Camph.*$_{hr1,k,*}$ **Cann-i.**$_{bg2,k,*}$ carb-ac.$_{a1,hr1}$ *Chel.*$_{hr1,k,*}$ *Chin.*$_{bg2,k,*}$ clem.$_{hr1,k,*}$ coca *Con.*$_{hr1,k}$ cund.$_{a1}$ daph.$_{bg2}$ *Dros.*$_{bg2,k,*}$ elaps euphr.$_{a1,k}$ *Ferr.*$_{hr1,k,*}$ gels. gins.$_{a1,k}$ *Graph.*$_{bg2,k,*}$ hyos.$_{bg2}$ iris *Lac-c.*$_{hr1,k}$ lach.$_{bg2}$ *Lil-t.*$_{bg2}$ *Lyc.*$_{bg2,k,*}$ lycpr.$_{c1}$ meph.$_{a1,k}$ *Merl.*$_{hr1,k,*}$ **Nat-m.**$_{h,k,*}$ op.$_{a1,k}$ osm.$_{a1,k}$ phos.$_{bg2}$ **Ruta** *Seneg.*$_{bg2,k,*}$ **Sil.**$_{bg2,k,*}$ **Staph.**$_{hr1,k}$ **Stram.**$_{bg2,k}$ *Tub.* viol-o.$_{bg2,k,*}$
• **morgens**: bry.$_{a1,k}$

Zusammenlaufen, Ineinanderlaufen von - **Buchstaben**: ...
• **abends**: merl.$_{a1,k}$
  • **Lesen** im Bett; beim: bell.$_{a1,k}$
• **geistiger** Anstrengung, nach: *Arg-n.*
• **nach** kurzer Zeit: *Con.*
• **Schreiben**, beim: carb-ac.$_{hr1,k,*}$ *Chel.*$_{a1,k}$ clem.$_{hr1,k}$ *Ferr.*$_{a1,k}$ gels. lyc. *Merl.* op.$_{a1,k}$ *Sil.*
• **Überanstrengung** der Augen bei feiner Arbeit; durch: nat-c.$_{h,kl}$
– **Gegenstände**: berb.$_{hr1,k,*}$ *Calc.*$_{hr1}$ sil.$_{a1,k}$
• **Nähen**, beim: berb.$_{a1,k}$ *Calc.*
• **Stiche** beim Nähen; einzelne: **Nat-m.**$_{h,k,*}$

Absonderungen: absin.hr1,k,* aeth.c2,k aethi-a.c2 agra.bnt,br1,* *All-c.*hr1,k *Alum.*bg2,k,* *Alumn.*hr1,k am-c.bg2,k,* am-m.bg2,k,* anac.bg2,k,* anan.a1,k *Ant-c.*hr1,k ap-g.c2 *Apis* *Ars.*hr1,k,* *Ars-i.*c2,k arund.hr1,k,* *Asaf.*bg2,k,* *Aur.*bg2,k,* aur-ar.k2 aur-s.k2 bar-c. bar-i.k2 **Bar-m.**bg2,k,* *Bell.*bg2,k,* *Borx.*c2,k bov.bg2,k,* brom.hr1,k *Bry.*bg2,k,* bufo **Calc.** *Calc-f.* calc-i.k2 **Calc-p.**bg2,k,* **Calc-s.**bg2,k calen.bg1 caps.hr1,k *Carb-an.*bg2,k,* **Carb-v.**bg2,k,* **Carbn-s.** castm. **Caust.**h,k,* *Cham.*bg2,k,* chin.hr1,k cic.bg2,k,* **Cist.**bg2,k,* coc-c.bg2,k colch.bg2,k,* **Con.**bg2,k,* cop.a1,k croc.bg2 *Crot-c.* *Crot-h.*hr1,k,* crot-t.hr1,k cur.hr1,k dulc.k2 *Elaps* ery-a.hr1,k ferr.hr1,k ferr-ar. ferr-p.hr1,k *Fl-ac.*hr1,k,* *Gels.*hr1 **Graph.**h,k,* **Hep.**h,k,* hipp.a1,k *Hydr.*hr1,k iod.bg2,k,* jug-r.a1,k *Kali-ar.* **Kali-bi.**bg2,k,* **Kali-c.**h,k,* *Kali-chl.*hr1 kali-i.a1 kali-p.hr1,k **Kali-s.**bg2,k,* kali-sil.k2 kino.bg1 kreos. lac-c.a1,hr1 *Lach.*bg2,k,* lachn.a1,k **Lyc.**h,k,* mang.k2 meny.bg2,k,* meph.hr1,k **Merc.**h,k,* *Merc-c.*hr1,k *Merc-d.*hr1 mez.k2 mosch.bg2,hr1,* *Nat-m.*bg2,k,* *Nat-s.* *Nit-ac.*bg2,k,* ol-j.hr1 **Petr.**h,k,* *Phos.* **Psor.**bg2,k,* **Puls.**h,k,* *Rhus-t.* sal-ac.hr1,k *Sang.*hr1,k sarr.a1 *Sel.*bg2,k *Sep.*h,k,* **Sil.**h,k,* spig.bg2,k sul-i.k2 **Sulph.**bg2,k,* syph.c2,k tarent. **Tell.**bg2,k,* tep. teucr.c1,hr1 thuj.hr1,k tub.br1 vesp.hr1,k viol-o.c2 visc.c2 zinc.bg2,k,*
☞ *Katarrh*

– **links**: *Ferr.*hr1,k *Graph.*hr1,k *Psor.*hr1,k,* *Puls.*a1,h sil.a1,h zinc.h,hr1,*

– **rechts**: aeth. ars.st elaps eucal-r.br1 *Lyc.* *Merc.*h,hr1,* merc-i-f.vh nat-s.k2 *Nit-ac.* *Sil.* *Thuj.* tub.xxb

– **nachts**: *Merc.*hr1 sep.h,k,*
 • **warmen** Bett, im: merc.

– **Blut**: am-c.bg2,k,* *Arn.*bg2,k,* arund.hr1,k,* asaf. bar-s.k2 *Bell.*bg2,k,* **Both.** bry.bg2,k,* bufo calc-sil.k2 cary.a1 *Chin.*hr1,k *Cic.*h,k,* colch. con.bg2,k,* **Crot-h.**bg2,k,* *Elaps* ery-a.hr1,k,* *Ham.*hr1,k,* kali-sil.k2 **Lach.**hr1 merc.h,k,* mosch.bg2,k,* *Op.*hr1,k *Petr.*h,k,* **Phos.**bg2,k,* puls.bg2,k,* *Rhus-t.*bg2,k,* rob.a1 sul-ac.k2 tell.hr1,k zinc-p.k2
 • **morgens**: merc.h,k,*
 • **Eiterung**; nach lange anhaltender: *Chin.*
 • **Husten**, beim: bell.hr1,k
 • **Menses**, anstatt den: *Bry.*hr1,k *Phos.*hr1,k

– **blutig**: am-c.bg2,k ars.bg2,k arund. bar-c.bg2,k bell.bg2,k bry.bg2,k,* *Calc.*bg2,k **Calc-s.** cann-s.bg2,k *Carb-v.* *Carbn-s.* caust.h,k,* *Chin.*hr1,k cic.bg2,k,* con.bg2,k,* *Crot-h.*bg2,k,* elaps ery-a.hr1,k *Graph.*h,k,* ham.hr1,k,* *Hep.*hr1,k kali-ar. kali-c. kali-i.a1 kali-p. kali-s. kino.bg1 *Lach.*bg2,k lyc.bg2,k **Merc.**bg2,k,* merc-i-r. mosch.bg2,k,* *Nit-ac.*bg2,k *Petr.*h,k,* phos.bg2,k,* **Psor.**hr1,k,* *Puls.*bg2,k,* rhus-t.bg2,k,* sarr.a1 sep.bg2,k **Sil.**bg2,k,* *Sulph.*bg2,k *Tell.*hr1,k zinc.bg2,k

– **bräunlich**: *Anac.* carb-v.a1,k *Kali-s.*hr1,k nit-ac.k2 *Psor.*hr1,k,* tarent.a1,k

– **chronisch**: aur.bg2 bar-c.bg2 cadm-met.gm1 calc.bg2 calc-i.bg2 caust.bg2 **Kali-bi.**bg2,hr1 kali-i.bg2 merc.hr1 petr.bg2 *Puls.*hr1 sil.bg2,fb sulph.bg2
 • **links**: aur.st *Puls.*st
 • **rechts**: tub.xxb

– **dick**: aur-ar.k2 **Calc.** **Calc-s.** calc-sil.k2 *Carb-v.*hr1,k ery-a.hr1,k,* hep.k2 **Hydr.**hr1,k **Kali-bi.**hr1,k *Kali-chl.*hr1,k kali-i.k2 kali-sil.k2 limest-b.es1 *Lyc.*hr1,k merc.k2 nat-m. psor.k2 **Puls.**hr1,k sarr.a1 sep. **Sil.** tarent.a1,k

– **dünn**: ars.bg2,k asaf.bg2,hr1 cham. elaps *Graph.*hr1,k kali-c.h,hr1,* **Kali-s.**bg2,k,* merc.h,k,* petr.a1,k *Psor.*hr1,k,* *Sep.*h,k,* *Sil.*h,k,* *Sulph.*bg2,k

– **eitrig**: acon.bg1,bg2 aeth.a1,k *All-c.*hr1,k *Alum.*bg2,k,* alum-p.k2 alum-sil.k2 *Alumn.*hr1,k *Am-c.*bg2,k,* am-m. anan.hr1,k,* arn.hr1,k ars.bg2 *Arund.*hr1,k,* *Asaf.*bg2,k,* *Aur.*bg2,k aur-ar.k2 aur-i.k2 aur-s.k2 bar-c.bg2 *Bar-m.*hr1,k bell.bg2,k,* *Borx.* *Bov.*bg2,k,* bry.bg2 bufo **Calc.**bg2,k,* **Calc-s.** calc-sil.k2 cann-s.bg2 *Caps.*bg2,k,* carb-an.bg2,k *Carb-v.*bg2,k,* *Carbn-s.* *Caust.*h,k,* cham. *Chin.*hr1,k *Cist.*hr1,k,* clem.bg2 coc-c.bg2 *Con.*bg2,k cop.a1,k crot-h.bg2 cur.hr1,k ery-a.a1 ferr-p. gels.hr1,k *Graph.*bg2,k,* **Hep.**h,k,* *Hydr.*hr1,k jug-r.a1 **Kali-bi.**hr1,k **Kali-c.**h,k,* kali-chl.bg2 kali-i.a1 *Kali-p.*hr1,k **Kali-s.**bg2,k,* kali-sil.k2 kino *Lach.*bg2,k **Lyc.**h,k,* **Merc.**h,k,* *Merc-c.*hr1,k *Nat-m.*bg2,k,* nat-s.k2 *Nit-ac.*bg2,k,* *Petr.*h,k,* phos.bg2,k **Psor.**bg2,k,* **Puls.**h,k,* pyrog.bg2 rhus-t.bg2,k,* rob.a1 sacch. sal-ac.hr1,k *Sep.*h,k,* **Sil.**bg2,k,* sulph.bg2,k,* syph.hr1,k tell.bg2,k,* tep.a1,k thuj.bg2,k,* *Tub.* *Zinc.*bg2,k,* zinc-p.k2
 • **eiterartig**: bry.bg1
 • **Ekzem**, mit: *Calc.* *Hep.* *Lyc.* *Merc.* *Sulph.*
 • **Quecksilber**; nach Mißbrauch von: *Asaf.*hr1,k *Aur.*hr1,k **Hep.**hr1,k **Nit-ac.**hr1,k *Sil.*hr1,k *Sulph.*
 • **Schwefel**; nach Mißbrauch von: *Calc.* merc. *Puls.*

– **fleischfarben**: *Carb-v.*bg1,bg2 kali-c.bg1,bg2 zinc.bg1,bg2

– **Folgeerscheinung**, als: **Aur.** bar-m. *Cact.* *Calc.* **Carb-v.** *Colch.*hr1,k crot-h.hr1,k *Hep.* lach. *Lyc.*hr1,k merc.hr1,k *Nit-ac.*hr1,k **Psor.** **Puls.**hr1,k *Sulph.*

– **Geburt** an; von der: viol-o.ptk1

– **Gefühl** von Absonderung: acon.bg1,bg2 agar.bg1,h,* calc.bg1,bg2 chr-ac.bg1 cimic.bg2 cinnb.bg1 dirc.bg1 gink-b.sbd1 graph.bg1,bg2 merc.bg1,bg2 nat-m.bg2 sil.bg1,bg2 tell.bg1,bg2

– **gelb**: aeth.hr1,k anan.a1 *Ars.*hr1,k aur-ar.k2 *Calc.* *Calc-s.* calc-sil.k2 *Caps.*hr1 *Crot-h.* *Hydr.* *Kali-ar.* **Kali-bi.**hr1,k *Kali-c.*h,k,* kali-i.a1 **Kali-s.**hr1,k kali-sil.k2 limest-b.es1 *Lyc.*hr1,k *Merc.*h,k,* *Nat-s.*hr1,k petr.a1,k phos.h,k,* psor.hr1,k2,* **Puls.**hr1,k sarr.a1 sep.k2 *Sil.*

– **gelblichgrün**: ars-i.k2 calc-sil.k2 *Cinnb.* *Elaps* *Kali-chl.*hr1,k *Kali-s.* *Merc.*hr1,k **Puls.**hr1,k tell.hr1

– **grün**: *Elaps* *Hep.*hr1,k *Kali-i.* kali-s.k2 **Lac-c.**hr1,k,* lyc. *Merc.*k,k2,*
 • **morgens**: elaps
 • **geruchlos**: lac-c.hr1,k,*

– **Hautausschlägen**; nach unterdrückten: aur-s.k2 cist. *Sulph.*

– **jauchig**: am-c. **Ars.**hr1,k calc-p. *Carb-an.*hr1,k *Carb-v.* **Lyc.**hr1,k *Nit-ac.*hr1,k **Psor.**hr1,k,* sep. *Sil.*hr1,k *Tell.*

– **käsig**: *Hep.*hr1,k **Sil.**

– **Karies**, drohende: *Asaf.*bg2,k,* **Aur.**bg2,k,* *Calc.*hr1,k *Calc-f.*hr1,k *Calc-s.* caps. nat-m.hr1,k

– **Karies**, drohende: ...
Sil.bg2,k,* sulph.
▽ **erstreckt** sich zur Hirnhaut
☞ *Karies - erstreckt sich - Hirnhaut*
– **klar**: bry.a1,k
– **klebrig**: **Graph.** nat-m.
– **Malaria**; nach: carb-v.k2
– **Masern**, nach: *Bov.* cact. *Carb-v.* colch. *Crot-h.* *Lyc.* merc. *Nit-ac.* **Puls.** *Sulph.*
– **Ohrschmalz**: am-m. anac. hep. kali-c. lyc. marb-w.es1 merc. mosch. nat-m. nit-ac. phos. puls.
– **periodisch**:
• **siebten** Tag, jeden: *Sulph.*
– **reichlich**: *Bar-m.*hr1,k *Fl-ac.*hr1 *Kali-bi.*hr1 kali-i.k2 *Lach.*hr1 *Merc.*hr1 **Puls.**hr1 *Sulph.*hr1 tarent.k2 tell.c1,hr1
– **Scharlach**, nach: *Apis* *Asaf.*hr1 *Asar.* *Aur.*hr1,k *Bar-m.*hr1,k *Bell.*hr1 *Bov.* brom. calc-s. **Carb-v.** colch.hr1 *Crot-h.*hr1,k *Graph.*hr1,k *Hep.*hr1,k *Kali-bi.*hr1,k **Lyc.**hr1,k *Merc.*hr1,k *Nit-ac.*hr1,k **Psor.**hr1,k,* *Puls.*hr1,k sil.hr1 *Sulph.*hr1,k tell.hr1,k *Verb.*
– **schleimig**: alum.bg2 bell.bg2 borx.bg2 bov.bg1,bg2 *Calc.*bg2,hr1 carb-v.bg2 graph.bg2 hep.bg2 *Hydr.*hr1 kali-bi.hr1 kali-chl.hr1 *Lyc.*bg2 **Merc.**bg2 nat-m.bg2 phos.bg2 **Puls.**bg2,hr1 sil.bg2 sulph.bg2 tarent.bg1,bg2
– **schmerzhaft**: *Calc-s.* ferr-p. mang.k2 **Merc.**h,k,*
– **serös**: elaps *Kali-bi.*hr1 tarent.a1,k *Tell.*
– **stinkend**: *Ars.*hr1,k *Ars-i.* ars-s-f.k2 asaf.k2 **Aur.**hr1,k aur-ar.k2 aur-i.k2 aur-s.k2 *Bar-m.*hr1 *Bov.*hr1,k *Calc.*hr1,k *Carb-ac.*hr1,k *Carb-v.*hr1,k carbn-s. *Caust.*hr1 *Chin.*hr1 **Cist.**hr1,k,* cub. *Elaps* ery-a.hr1 *Hep.*hr1,k *Hydr.*hr1 *Kali-ar.* *Kali-bi.*hr1,k kali-c.h,k,* kali-i.k2 *Kali-s.*hr1 **Lyc.**hr1 meph.hr1,k **Merc.**h,k,* *Merc-c.*hr1,k *Nit-ac.*hr1,k ol-j.hr1 **Psor.**hr1,k,* puls.hr1 *Rhus-t.*hr1 rob.a1 sal-ac.hr1,k sep.a1,k **Sulph.**hr1,k syph.bg1,bg2 **Tell.**hr1,k,* thuj.hr1,k zinc.hr1,k
• **Diarrhoe**; mit wäßriger, übelriechender: *Psor.*hr1,k2
– **übelriechend**: *Ars.*bg2,k,* ars-s-f.k2 asaf.bg2,k,* **Aur.**bg2,k,* aur-ar.k2 aur-s.k2 *Bar-m.*hr1,k *Bov.*bg2,k,* *Calc.*hr1,k calc-s. calc-sil.k2 *Carb-v.*bg2,k,* *Carbn-s.* *Caust.*h,k,* *Chin.*hr1,k **Cist.**bg2,k,* con.bg2 crot-h.bg2,k,* elaps ery-a.hr1,k,* ferr-ar. *Fl-ac.*bg2,k *Graph.*bg2,k,* *Hep.*bg2,k,* *Hydr.*hr1,k hyos.bg2 *Kali-ar.* *Kali-bi.*bg2,k,* kali-c.h,k,* *Kali-p.*bg2,k,* *Kali-s.*bg2,k,* kali-sil.k2 kreos. lach.bg2 limest-b.es1 **Lyc.**bg2,k,* mang. meph.hr1,k **Merc.**h,k,* *Merc-c.*hr1,k *Nit-ac.*bg2,k,* ol-j.hr1,k **Psor.**bg2,k,* puls.hr1,k pyrog.bg2 rob.a1 sep.bg2,k,* **Sil.**bg2,k,* sul-ac. *Sulph.*bg2,k,* syph.bg2 *Tell.*bg2,k,* *Thuj.*bg2,k,* *Tub.* zinc.bg2,k,*
• **aashaft**: *Ars.*hr1,k
• **Fischlake**, wie: *Graph.* **Tell.**hr1,k,*
• **Fleisch**, wie faules: **Kali-p. Psor.** *Thuj.*
• **Käse**, wie verdorbener: *Bar-m.* *Hep.*
• **sauer**: *Sulph.*hr1,k
– **unterdrückt**: alum. asaf. **Aur.**bg2,k *Bell.*bg2 bry.bg2 *Calc.* **Carb-v.** *Castm.* dulc.bg2 *Graph.* *Hep.*bg2,k lach.bg2 led.bg2,hr1 **Merc.**bg2,k nux-v.bg2 petr. *Puls.*bg2,k,* stram.k2 sulph.hr1,k viol-o.c2 zinc.bg2,k,*
– **wäßrig**: bry.bg2 calc.hr1,k calc-sil.k2 *Carb-v.* *Cist.*bg2,k,* *Elaps* *Graph.*hr1,k *Kali-bi.*hr1 **Kali-s.**hr1,k kreos.bg2 *Merc.*h,k,* phos.bg2,h,* puls.hr1 **Sil.**bg2,k,*

Absonderungen - wäßrig: ...
spong.bg1,bg2 *Syph.*hr1,k **Tell.**bg2,k,* thuj.hr1,k
– **warm**; als wären sie: aeth.br1,c1
– **weiß**: *Calc.*hr1 ery-a.hr1,k,* *Hep.*hr1,k *Kali-bi.*hr1 *Kali-chl.*hr1,k **Nat-m.**
• **milchig**: **Kali-chl.** kali-m.k2
– **wundfressend**: alum.bg2 am-c.k2 ars.bg2 *Ars-i.*bg2,k *Calc-p.*bg2,k,* carb-an.bg2 *Carb-v.* *Fl-ac.*bg2,k *Hep.* *Hydr.*hr1 iod.bg2 *Lyc.*bg2,k,* *Merc.*bg2,k *Nat-m.*hr1,k petr.bg2 puls. *Rhus-t.*hr1,k **Sulph.**bg2,k,* *Syph.*bg2,k,* **Tell.**bg2,k,*

Abszeß:
○ **Gehörgang**: **Calc-s.** crot-h. **Hep.** *Mag-c.* *Puls.* **Sil.**
• **Menses**; während: puls.
– **hinter** dem Ohr: anan. **Aur.** *Bar-m.* brom.k2 *Caps.* carb-an. kali-c. *Nit-ac.* phyt. **Sil.**
☞ *Hautausschläge - hinter - Furunkel*
• **periodisch**:
• **Wochen** bildet sich ein Abszeß und entleert sich; alle zwei: iris
– **Processus** mastoideus: caps.k2
– **unter** dem Ohr: caps.k2 nat-hchls.

Ameisenlaufen: alum.bg2 am-c.bg2,k ambr.bg2,k,* ant-c.h,k,* *Arg-met.* ars.bg2,k,* ars-s-f.k2 arund.hr1,k,* bar-c.bg2,k,* bar-s.k2 calc.h,k,* carb-v.bg2 caust.h,k,* chin.h,k,* colch.bg2,k,* coloc.bg2,k,* cop.a1,k der.a1 dros.bg2,k,* dulc.bg2,h,* grat.a1,k kali-c.h,k,* lachn.hr1,k,* laur.bg2,k,* mang.bg2 med.hr1 merc.h,k,* mill.a1,k nat-m.a1,k nit-ac.a1,h nux-v.h,k,* osm. phys.a1,k pic-ac.a1 plat.h,k,* prun-p.a1 psor.a1 rat.a1,k rhus-t.bg2,h,* samb.h,k,* sep.h,k,* spig.bg2,k,* spong.bg2 stry. sul-ac.bg2,k,* sulph.bg2,k tong.a1 zinc.bg2,k,*
– **morgens**: zinc.a1,k
– **Essen**, beim: lachn.hr1,k,*
▽ **erstreckt** sich zum Unterkiefer: am-c.a1,k
○ **Gehörgang**: am-c. ambr. ant-c.h,k,* calc. caust. kali-n. laur.a1,k mang.a1 med.hr1,k plat.h,k,* puls.hr1,k samb. sulph.a1,k
– **hinter** dem Ohr: bry.a1,k prun-p.a1
– **um** das Ohr: calad.hr1,k hydrog.srj2 nit-ac.a1,h

Atem aus dem Ohr kommen würde; Gefühl, als ob: psor.

Atherom
☞ *Tumoren - Atherom*

Auralis; Vertigo
☞ ❏ *Schwindel - Ménière*

Ausdehnung:
– **Gefühl** von Ausdehnung im Ohr: bell. kali-i. laur. *Mez.* nat-s.k2 nit-ac. *Puls.*
☞ *Völlegefühl*
– **Schneuzen** der Nase; beim: *Puls.*
○ **Venen**; der: dig.c1

Beben
☞ *Zittern*

Beschwerden der Ohren:
◆ **begleitet** von:
• **Parotis**; Verhärtung der: sil.k2

– **Kindern**; bei
☞ *Kinder*

Bewegt sich beim Schlucken im Ohr; etwas: nat-c.$_{ptk1}$

Blasen würde; Gefühl, als ob etwas: ail.$_{a1,k}$ rhus-t.$_{h,k,*}$ *Sel.*
– **rechts**: ail.$_{a1,k}$ rhus-t.$_{h,k,*}$
– **Kopfschmerzen**, bei: *Sel.*
– **pulsierend**, nachts: sep.$_{a1,k}$

Blutandrang zum rechten Ohr: lyss.

Blutung
☞ *Absonderungen - Blut*

Bohren mit den Fingern darin: agar.$_{bg2,k,*}$ chel. colch.$_{a1}$ hipp.$_{a1}$ mez.$_{bg2,k,*}$ mill.$_{a1,k}$ phys.$_{a1,k}$ rhus-t.$_{a1,h}$ ruta sal-ac. *Sil.* thuj.
☞ ❑ *Allgemeines - Bohren*
– **amel.**: agar.$_{a1}$ chel. lach.$_{a1,k}$ *Mez.*$_{a1,k}$ nat-c.$_{br1}$ par.$_{a1,k}$ rheum spig.
☞ *Jucken - Gehörgang - Bohren - amel.*
– **Kindern**; bei ●: arund.$_{k,kl2}$● *Cina Psor. Sil.*
– **Schlaf**, im: *Sil.*

Brettes; Gefühl eines:
○ **vor** dem Ohr: arg-n.$_{a1,k}$
• **linkes** Ohr: arg-n.$_{a1,k}$

Brummen
☞ *Geräusche - Brummen*

Degeneration:
○ **Trommelfell**: mez.$_{k2}$

Druck; Gefühl von
☞ *Schmerz - drückend / Völlegefühl*

Einziehung, Gefühl von: verb.$_{h,k,*}$

Eiterung: thiosin.$_{br1}$
○ **hinter** dem Ohr: kali-c. *Nit-ac.* phyt.
– **Mittelohr**: am-c.$_{bg2,k}$ bar-c. *Calc.*$_{bg2,k,*}$ **Calc-s.** *Caps.* carb-an. *Carb-v.*$_{bg2,k}$ *Caust.*$_{h,k,*}$ **Hep.**$_{a1,k}$ hydr. **Kali-bi.**$_{hr1,k}$ *Kali-p.*$_{hr1,k}$ lyc.$_{h,k,*}$ **Merc.**$_{bg2,k,*}$ nat-m.$_{hr1,k}$ olnd. psor.$_{k2}$ *Puls.*$_{bg2,k}$ **Sil.**$_{hr1,k}$ *Spong.*$_{bg2,k}$ stann.$_{bg2,k}$ sulph.
– **vor** dem Ohr: *Merc.*

Empfindliches Ohrläppchen: phos.$_{h}$

Empfindlichkeit:
– **vermehrt**: kali-i. *Lach.*$_{a1,k}$ merc.$_{a1,k}$ mur-ac.$_{h,kl}$ valer. zinc.
• **tauben** Ohr; im:
• **schmerzhaft**: *Am-c.*
• **Wind**, gegen
☞ *Luft - empfindlich / Wind - empfindlich*
– **vermindert**: mur-ac.$_{hr1,k}$

Engegefühl: lyc.$_{h}$

Entzündung: acon.$_{k2}$ *Apis* bamb-a.$_{stb2}$ *Bell.* borx. bov. brom.$_{k2}$ *Bry.* *Cact.*$_{c2,k}$ cadm-s. *Calc.* canth. chr-met.$_{stj2}$ cur.$_{c2}$ eug.$_{c2}$ *Fl-ac.* guaj.$_{c2}$ kali-bi. kali-c.$_{c2,k}$ kali-i. *Kreos.* led.$_{c2}$ mag-c. mag-sil.$_{stj2}$ **Merc. Merc-c.** nat-n.$_{c2}$ nux-v.$_{k2}$ *Pic-ac.*$_{c2,k}$ *Plan.*$_{c2}$ plb-m.$_{stj2}$ **Puls.** *Rhus-t.* ter. verat. zinc-n.$_{stj2}$

Entzündung: ...
– **links**: bamb-a.$_{stb2}$
– **abwechselnde** Seiten: caps.$_{ptk2}$
– **eitrig**: arn. caps.
– **erysipelatös**: *Apis*$_{c2,k}$ ars. bell. calc-p. *Carb-v.* *Crot-h.*$_{hr1,k}$ jug-c.$_{hr1}$ *Kali-bi.* *Lach.* meph.$_{bg2,k,*}$ *Merc.* *Petr.* **Puls.**$_{bg2,k,*}$ *Rhus-t.*$_{hr1,k,*}$ *Rhus-v.* samb.$_{hr1,k}$ *Sep.* *Sulph.*$_{hr1,k}$ tell. tep.$_{a1,k}$
– **Flugzeug**; durch Luftdruckveränderungen im: arn.$_{mtr}$
– **Luftdruckwechsel**; durch
☞ *Flugzeug*
– **rheumatisch**: lob-c.$_{bnt}$
– **Scharlach**, nach: apis$_{c1}$
– **Schlag** auf das Ohr:
• **nach**: calc-s.$_{hr1}$
○ **äußeres** Ohr: bamb-a.$_{stb2}$
– **Eustachische** Röhre: am-m. bell.$_{bro1}$ **Calc.** caps.$_{bro1}$ ery-a.$_{hr1,k,*}$ *Gels.*$_{hr1,k}$ *Iod.*$_{hr1,k}$ kali-chl.$_{hr1,k}$ **Kali-s.**$_{hr1,k}$ *Mang.*$_{hr1,k}$ *Merc.* *Nat-m.*$_{hr1,k}$ nit-ac. petr.$_{k,k2}$ *Phyt.*$_{a1,k}$ **Puls.**$_{hr1,k}$ *Sang.*$_{hr1,k}$ **Sil.** sul-i.$_{k2}$ *Sulph.* teucr.
– **Felsenbein**: aur.$_{ptk}$ calc-p.$_{ptk}$ canth.$_{ptk}$ caps. ferr-p.$_{ptk}$ hep.$_{ptk}$ lach.$_{ptk}$ *Phos.*$_{ptk}$ sil.$_{ptk}$
– **Gehörgang**: *Acon.* arund. *Bar-c.* *Bar-m.* **Bell.** borx. bov. bry. *Cact.* **Calc. Calc-s.** canth. *Caps.* carb-v. carbn-s. carc.$_{tp1,xxb}$ *Caust.* **Cham.** *Con.* cur. ferr-p. **Graph. Hep.** *Kali-bi.* *Kali-c.* *Kali-chl.* *Kali-i.* kino *Lach.* led. **Lyc.** *Mag-c.* mag-m. **Merc.** *Merc-c.* mez. *Nat-s.* *Nit-ac.* *Petr.* phos. *Pic-ac.* *Psor.* *Puls.* *Rhus-t.* *Sang.* sep. *Sil.* spig. **Sulph.** ter. ther. *Thuj.* verat-v. verb. zinc.
– **innen**
☞ *Gehörgang*
– **Mittelohr** (= Otitis media, Mittelohrentzündung): all-c.$_{k2}$ *Apis* *Arn.* *Bar-c.* *Bell.* *Borx.* **Calc.**$_{hr1,k}$ **Calc-s.** *Caps.* *Carb-v.* carbn-s.$_{k2}$ carc.$_{cd}$ *Caust.* **Cham.**$_{hr1,k}$ cleom-g.$_{jsx1}$ cur. *Dulc.* *Ferr-p.*$_{hr1,k}$ gels.$_{hr1,k}$ graph.$_{vh}$ **Hep.** hydr.$_{hr1,k}$ kal.$_{jsx1}$ **Kali-bi.** *Kali-c.* *Kali-chl.* *Kali-i.* kali-sil.$_{k2}$ lap-a.$_{br1}$ **Lyc.**$_{hr1,k}$ **Merc.**$_{hr1,k,*}$ **Merc-d.**$_{hr1,k}$ *Nat-c.*$_{hr1,k}$ *Nat-m.* *Psor.* **Puls.**$_{hr1,k}$ rhus-t. **Sil.** **Sulph.** *Tell.* thiosin.$_{br1}$ *Thuj.*$_{hr1,k}$ tub.$_{ih}$ tub-a.$_{ih,vs}$ tub-m.$_{ih,vs}$ zinc.
• **gefolgt** von:
• **Meningitis**: *Crot-h.*$_{hr}$
• **chronisch**: aur.$_{bro1}$ calc-f.$_{bro1,cr}$ *Caust.*$_{bro1}$ kali-m.$_{c1}$ merc.$_{bro1}$ *Puls.*$_{bro1}$ sabal$_{c1}$ *Sil.*$_{bro1}$ tub.$_{xxb}$
• **Kindern**; bei: dros.$_{k2}$ dulc.$_{k2}$
• **subakut**: thiosin.$_{br1}$
• **wiederkehrend**: thymul.$_{ttm}$
– **Ohrläppchen**: kali-n.$_{a1,h,*}$
☞ *Geschwüre - Ohrläppchen*
• **rechts**: carc.$_{tp1}$ kali-n.$_{c1}$
– **Ohrmuschel**: arund.$_{hr1}$ jug-r.$_{a1}$ nat-m.$_{h,k,*}$ psor.$_{a1}$ rhus-t.$_{hr1}$ sil.$_{h,k,*}$
– **Ränder**: sil.
– **Tragus**: bamb-a.$_{stb2}$

Erfrieren, leichtes: zinc.$_{a1,k}$

Erfroren, wie ●: **Agar.**$_{k,kl2}$● colch. crot-h. **Petr.**$_{k,kl2}$● **Puls.**$_{k,kl2}$● sacch-l.$_{rb2}$

Erschlaffung des Trommelfells; Gefühl von: rheum.h

Erweiterung des Gehörganges; Gefühl von: mez.a1,k
– **abends**: mez.a1,k

Erysipel
☞ *Entzündung - erysipelatös*

Exkoriation hinter dem Ohr: kali-c.h nit-ac.h petr.h
– **Gefühl** von: cic.c1

Exostose: puls.

Farbe (= Verfärbung):
– **blaß**: calc.k2 petr.hr1
– **blau**: nitro-o.a1 santin. **Tell.**a1,k
– **braune** Flecken: cop.a1,k
– **livid**: carbn-o. op.a1,k ran-s.hr1
– **rot**: acon.bg2,k,* **Agar.**bg2,k,* ail. *Alum.*bg2,k,* alum-p.k2 *Ant-c.*h,k,* **Apis** arn. asaf.a1,k astac.a1,k *Aur.* *Aur-m.*hr1,k aur-s.k2 *Bell.*bg2,k,* bry.hr1,k,* calc.bg2 calc-p.hr1,k,* *Camph.*bg2,k,* canth.bg2 *Caps.* *Carb-v.*bg2,k,* *Carbn-s.* *Caust.*bg2,k,* *Cham.*hr1,k **Chin.**h,k,* choc.srj3 cit-v.a1,k der.a1 *Elaps* fuch.br1 gink-b.sbd1 *Glon.* graph.h,k,* hep.h,k,* *Hydr.*hr1,k *Ign.*h,k,* ind.hr1,k,* ip.ptk1 jab.a1,k jug-r.a1,k *Kali-bi.*hr1,k *Kali-c.*h,k,* kali-n.h,k,* *Kreos.*bg2,k,* lyc.a1,k *Mag-c.*h,k,* manc.hr1,k,* meph.hr1,k,* *Merc.* *Nat-m.*h,k,* nat-p.hr1,k *Nit-ac.*h,k,* nitro-o.a1 oena.a1 op. peti.a1 petr.bg2 *Phos.*h,k,* plan. plat.h,k,* psil.ft,ft1 *Psor.*hr1,k,* **Puls.**h,k,* pyrog.ptk2 raph.a1 *Rhus-t.*a1,k rhus-v.a1 samb.hr1,k *Sang.*bg2,k,* sep.bg2,h,* spira.a1 spirae.a1 spong.bg2 *Sulph.*bg2,k tab.bg2,k,* tarent.a1 *Tell.*bg2,k trom.a1,k vesp.a1
• **eine** Seite: alum. ant-c.bg1,bg2 carb-v. chin.h choc.srj3 *Ign.* ind. *Kali-c.* kreos.bg1,bg2 meph.a1 nat-m.bg1,bg2 nat-p. sep.bg1,bg2 tab. tell.bg1,bg2
• **links**: ant-c.ptk1 carb-v.ptk1 jug-r.a1 kreos.ptk1 peti.a1 raph.a1 sep.h,k1
• **rechts**: bry.hr1 calc.bg1,bg2 *Cham.*hr1 ind.a1,hr1 kali-n.a1,h meph.a1 samb.hr1
• **nachmittags**: astac.a1 nat-m.a1,k
• **abends**: *Alum.*hr1,k,* *Carb-v.*hr1,k,* elaps oena.a1,k raph.a1,k rhus-t. rhus-v.a1 sep.a1,k spirae.a1 tab.a1,k tarent.a1,k trom.a1,k vesp.a1,k
• **Berührung** oder beim Kratzen; bei: ail.
• **erysipelatös**
☞ *Entzündung - erysipelatös*
• **Frostbeulen**: **Agar.**hr1,k
• **Menses**, während: agar.
• **Wein**; nach: gink-b.sbd1
○ **Gehörgang**: *Acon.* *Cham.*hr1,k *Graph.*hr1 *Mag-c.*h,k,* *Pic-ac.*hr1,k **Puls.**hr1,k
• **hinter** den Ohren: acon-l. ant-s-aur. *Hydr.* *Nit-ac.* *Petr.* ptel. rhus-v. tab.
• **Ohrläppchen**: caj.a1 camph.h,hr1,* caps.a1 *Cham.* chin.a1,k cit-v.a1 kali-n.a1,h,* merc.a1,h puls.hr1
 • **heiß**, und: camph.ptk1
• **Ohrmuschel**: arn.a1,k nat-m.h,k,*
• **um** das Ohr: arn.a1,k
– **weiß**: rhus-t.a1

Farbe - weiß: ...
○ **Trommelfell**: mez.k2

Feuchtigkeit: asaf.bg2 carb-an.bg2 *Caust.*bg2 colch.bg2 *Graph.*a1,hr1 *Hep.*hr1 kali-c.a1,h kreos.bg2 meny.bg2 *Merc.*bg2,h,* nat-m.bg2 nit-ac.bg2 petr.hr1 phos.bg2,h,* sep.a1,h spig.a1,bg2
– **hinter** den Ohren: calc.bg2,k,* carb-v. caust. **Graph.**bg2,k,* hep.hr1,k kali-c. lyc.bg2,k,* nit-ac. *Olnd.*bg2,k,* *Petr.*h,k,* phos. *Puls.*bg2 rhus-v.a1 sil.h,k,*
– **Ohrmuschel**: sil.h,k,* sulph.a1,k
– **Ränder**: sil.h,k,*

Flattern in den Ohren
☞ *Geräusche - Flattern | Geräusche - Klatschen*

Fremdkörpers darin; Gefühl eines: ang.h phos.h sil.h
– **Eustachischen** Röhre; in der: nux-m.c1

Frostbeulen
☞ *Farbe - rot - Frostbeulen | Jucken - Gehörgang - brennend*

Frösteln: calc.h

Gefühllosigkeit, Taubheit: agar.bg2 calc-i.a1,k carb-ac.hr1 fl-ac.hr1,k gels.a1,k irid-met. lach.bg2,k,* mag-c.bg2,br1 manc.a1,k nux-m. *Plat.*h,k,* sarr.a1 sulph. thuj.bg2,k,* *Verb.*bg2,k,*
– **links**: tarax. thuj. *Verb.*
○ **Gehörgang**: lach. mur-ac.
– **hinter** dem Ohr: ox-ac.bg1,bg2
– **Ohrmuschel**: lach.a1,k
– **Processus** mastoideus; im: **Plat.**
– **um** das Ohr: calad.hr1 *Fl-ac.*hr1,k lach.hr1,k
– **vor** dem Ohr: sulph.

Geräusche im Ohr, Ohrgeräusche: acon.bg2,k,* acon-c.a1 aconin.c2 act-sp. *Aesc.* agar.bg2,k *Agn.*bg2,k,* ail. all-c.hr1,k,* aloe alum.bg2,k am-c.bg2,k am-m.bg2,k *Ambr.*bg2,k anac.bg2,k anag. anan.hr1 ang. anis. ant-c.h,k,* ant-t. antip.br1,bro1 *Arg-n.* *Arn.*bg2,k *Ars.*bg2,k,* *Ars-i.* arund.hr1,k,* asaf.bg2,k,* *Asar.*bg2,k aster. atro. *Aur.*bg2,k aur-ar.k2 *Bar-c.*bg2,k,* bar-i.k2 *Bar-m.*c2,k bar-s.k2 **Bell.**bg2,k,* benz-ac.bg2 berb.a1,k bism. bol-s.a1 *Borx.* bov.bg2,k brom.hr1,k *Bry.*bg2,k,* **Cact.**hr1,k cadm-s. cain. calad.hr1,k **Calc.**bg2,k,* calc-i.k2 calc-p.hr1,k,* *Calc-s.* calc-sil.k2 camph.hr1,k,* **Cann-i.**hr1,k cann-s.bg2,k canth.bg2,k,* carb-ac. carb-an.bg2,k *Carb-v.*bg2,k carbn-h. carbn-o. *Carbn-s.* card-b.a1 *Carl.*a1,k castm. **Caust.**h,k,* *Cedr.* cham.h,k,* *Chel.*h,k,* chen-a.c2 **Chin.**bg2,k,* chin-b.hr1 chinin-ar. **Chinin-s.** chinin-sal.c2 chlf.hr1,k,* chlor.a1,hr1 *Cic.*bg2,k,* cimic. cinch.a1 *Cinnb.*a1,hr1 cit-v.a1 clem.h,k,* cob.a1,hr1 *Coc-c.*hr1,k,* coca cocc.h,k,* coff.hr1,k coff-t.a1,hr1 colch.hr1,k,* coloc.hr1,k com. *Con.*h,k,* cop.a1,k croc.hr1,k,* crot-t.a1,k *Cupr.*bg2,k,* cupr-act. cur.hr1,k,* cycl.hr1,k,* daph.hr1,k *Dig.*hr1,k,* dios.hr1,k,* dirc. dros.bg2,k,* dulc.bg2,k,* elaps ery-a.hr1,k euon. eup-per.hr1,k *Eup-pur.*hr1,k,* euph.bg2,h,* euphr.a1,hr1 fago.a1 ferr.h,k,* ferr-ar. ferr-i.hr1,k,* ferr-p.hr1,k ferr-pic.c2 ferr-s.hr1 ferul.a1 fl-ac.hr1,k,* form.hr1,k gad.a1 gamb.hr1,k,* gast.a1 *Gels.*a1,hr1 *Glon.*hr1,k,* gran.a1 **Graph.**h,k,* guar.a1 guare.hr1,k,* ham.a1,hr1 hell.hr1,k,*

Geräusche im Ohr, Ohrgeräusche: ...
hell-v.al hep.h,k,* hura hydr.hrl,k,* hydr-ac.hrl,k,* hydrc.al hyos.h,k,* hyper.al,k iber.al,hrl *Ign.*h,k,* indg.al,k *Iod.*bg2,k,* jac-c.al jal.al,hrl jatr-c. kali-ar. kali-bi.al,k kali-br.hrl,k,* *Kali-c.*h,k,* kali-chl.hrl,k,* **Kali-i.**hrl,k,* kali-n.h,k,* *Kali-p.*hrl,k *Kali-s.* kali-sil.k2 kalm.hrl,k,* kiss.al,c2 *Kreos.*h,k,* lac-ac.hrl,k,* *Lac-c.*hrl,k,* *Lach.*bg2,k,* lachn.hrl,k,* lact.al,k lact-v.c1,c2 laur.al,k led.h,k,* lepi.al,k linu-c.al lipp.al lob-d.c2 lol.al **Lyc.**h,k,* *Lyss.* mag-c.h,k,* mag-m.h,k,* mag-s.al,k manc.al,k mang.h,k,* med.hrl meny.h,k,* *Merc.*h,k,* merc-c.h,k,* merc-cy.al merc-d.al,bg2 merc-i-r.al merc-n.al mez.bg2,k,* mill.al,hrl mim-h.al morph.al,k mosch.h,k,* mur-ac.h,k,* murx.al myric.hrl,k,* naja narcot.al nat-ar. nat-c.h,k,* *Nat-m.*h,k,* *Nat-p.*hrl,k,* *Nat-s.*hrl,k,* *Nat-sal.*c2 nicc.hrl,k,* *Nit-ac.*h,k,* nitro-o.al nux-m.hrl,k,* *Nux-v.*h,k,* ol-an.al olnd.h,k,* *Op.*h,k,* osm.hrl,k,* paeon.al,k *Par.*bg2,k,* paull.al ped.al pen.al peti.al **Petr.**h,k,* petros.hrl **Ph-ac.**h,k,* phel.al,k *Phos.*h,k,* phys.al pic-ac.al,k pimp.c2 pin-s.al,k,* plan.al,k *Plat.*h,k,* *Plb.*hrl,k,* plb-chr.al plect.al **Psor.**hrl,k,* ptel.hrl,k,* **Puls.**h,k,* puls-n.c2 rat.al,hrl,* rheum *Rhod.*bg2,k,* rhus-r.al rhus-t.h,k,* ric.al ruta sabad.bg2,k,* sabin.hrl,k *Sal-ac.*hrl,k,* salin.al,c2 **Sang.**hrl,k,* sangin-n.c2 sarr.hrl,k,* sars.h,k,* *Sec.* sel.al seneg.al,k *Sep.*h,k,* *Sil.*h,k,* sphing.al,kk3 **Spig.**bg2,k,* spong.bg2,k stann.bg2,k *Staph.*bg2,k stram.bg2,k stront-c. stry.al,k sul-ac.bg2,k sul-i.c2 sulfon.c2 **Sulph.**h,k,* *Tab.*al,k tarax. tarent.al,k tep.al,k ter.hrl teucr.bg2,k,* thea ther. thiosin.brl,c2 thuj.bg2,k til. **Tub.** valer.bg2,k verat.h,k,* verat-n.c2 verat-v.al viol-o.bg2 xan. zinc.bg2,k,*

– **links**: agar. anac. *Berb.* bov. bry.hrl,k,* carbn-s. chel.al,k chin-b.hrl cic.hrl,k cob.hrl,k,* coc-c.hrl,k,* coff.hrl,k ery-a.hrl,k gamb.hrl glon.al,hrl graph. hydrc.al hyper.al lac-ac.al,hrl mag-c.al,h mag-s.al,k merc.al,h merc-c.al,h mill.hrl,k2,* myric.hrl,k,* nat-m.h,k,* nat-s.al ol-an.al paeon.al paull.al phos.al,h sars.h,k,* stann. staph. ter.hrl zinc.

– **rechts**: aesc. ail. ang. bar-c.k2 borx. brom. bry.al calc-p.hrl,k castm. cham. chin-b.hrl chlor.al,k colch.al,k con.al,k euph.h,hrl,* ferr.hrl,k,* fl-ac.al gad.al lac-c.al lyc.al,k mag-c.h,hrl,* mag-m.al,h meny.h,k,* merc.hrl,k,* merc-c.al,k mez.al,k mill.al,k mur-ac.h,k,* *Nat-s.*al,k phel.al phos.al,k phys.al plat.h,hrl,* rat.al,hrl rheum rhod.hrl,k rhus-v.al,k sep.h,k,* spong. stront-c. sulph.al tarent.al,k2 tub.

– **tagsüber**: ph-ac.h,k,* sulph.al,k

– **morgens**: alum.h,k,* alum-p.k2 ant-c.al,k arg-n.al,k ars.al,k aur.al,k bell.h,k,* calc.h,k,* carb-v. carbn-s. caust.h,k,* clem.al,k *Coff.*hrl *Cupr.*h,hrl,* dios.al,k dros. dulc.al,k gamb.al *Graph.*h,k,* *Lach.*al,k mag-c.h,k,* mag-m.al,h mang.al,h merc.h,k,* mez.al,k naja nat-ar. nat-c.h,k,* nat-m.h,k,* *Nat-s.* *Nux-v.*al,h ph-ac.h,k,* phel.al,k phos.al,h plat.h,k,* ptel.al puls.h,k,* rhod.al,k sil.h,k,* sulph.h,k,* tab.al,k teucr.al,k zinc.hrl,k,*

• **Aufstehen**; beim: mez.
• **Aufstehen**; nach: alum. ars. calc. nux-v. sil.
• **Bett**, im: arg-n.al,k aur.al,k graph.hrl,k mag-c.h,k,* nat-m.h,k,* puls.h,k,* sulph.h,k,*

– **morgens - Bett**, im: ...
  • **Bewegen** des Kiefers; beim: graph.
  • **Erwachen**, beim: hyper.al,k **Lach.**al,k *Naja* nat-m.h,k,* rhod.al,k tarent.

– **vormittags**: ars.al,h carb-v.al,k chinin-s. fl-ac.al,k hura mag-c.al,k *Nat-m.*al,k rhod.al,k
• **9** h: euphr. hura
• **11** h: mag-c. *Nat-m.*

– **mittags**: cedr.al,k fago.al,k glon.al,k sars.al,h thuj.al

– **nachmittags**: all-c.al,k *Ambr.*h,k,* *Ant-c.*h,k,* *Bad.*al,hrl carb-v.al,k carl.al cham.al,k dios.al,k elaps gamb.al,k hydr.al,k kalm.al,k lac-ac.al,hrl mag-c.h,k,* murx.al nit-ac.al,h nux-v.al,h ptel. puls.h,k,* rhus-t.h,k,* sars.al,h spig. sulph. thuj.al,k verat. verat-v.al,k
• **14** h: hydr. verat. verat-v.
• **15** h: elaps fago. mag-c.
• **16** h: dios. *Lyc.* puls.
• **17** h: ol-an. sulph.
• **18** h: ol-an.

– **abends**: acon. alum.al,k alum-p.k2 bad.al,hrl bar-c.h,k,* borx. calc.al,k canth. *Carbn-s.* *Caust.*h,k,* cinnb.h,k,* *Coc-c.*hrl *Con.*hrl croc.al,k gamb.al,k glon.hrl,k *Graph.*h,k,* ham.al hydr.al,k kali-n.al,k lach.al,k lact.al,k linu-c.al *Lyc.*h,k,* mag-c.h,k,* *Merc.*h,k,* *Merc-i-r.*al,k murx. nat-ar. nat-m.al,k nicc.al,k *Nux-v.*h,k,* op.al,k petr.h,k,* ph-ac.h,k,* plat.h,k,* plb.al,k ptel.al,k *Puls.*al,k rhod.hrl,k,* sel.al,k sep.h,k,* *Sil.*al,k spig.h,k,* stann.al,k sul-ac.al,h *Sulph.*h,k,* sumb.al,k tab.al,k tarent.al thuj.al,k valer.al,k zinc.al,k zinc-p.k2
• **19** h: mag-c. phys.
• **20** h: ham.
• **21** h: hydr.
• **22** h: nat-ar.
• **Bett**, im: croc. *Graph.* lact. *Merc.* phos. rhod. sel. **Sulph.** valer.

– **nachts**: agar. am-c.al,k am-m.al,k androc.srj1 bar-c.h,k,* carb-an.h,k,* carbn-s.k2 cham. chin. chin-b.hrl chinin-s. cinch.al coc-c.hrl,k con.h,k,* cycl.al,k *Dulc.*hrl,k elaps euph.h,k,* *Graph.*h,k,* lac-c.al,hrl lil-t.al,k lyss.hrl,k mur-ac.h,k,* *Nat-m.*hrl nicc.al,k *Nux-v.*h,k,* ph-ac.h,k,* rat.al,k sars.al sep.h,k,* *Sil.*h,k,* spong.hrl,k sulph. ther.al,k tub. zinc.hrl,k,* zinc-p.k2
• **Mitternacht**: am-c.h,k,* rat.al,k
  • **2** h: chinin-s.
  • **Erwachen**, beim: rat.al,k
  • **Liegen** auf dem Ohr; beim: am-c.h,k,*
• **Erwachen**, beim: con.h,k,* hydr.al,k rat.al
• **Kopfschmerzen**, mit:
  • **agg.**: cycl.

◆ **begleitet** von:
• **Schwerhörigkeit**
  ☞ ❑ *Hören - Schwerhörig - begleitet von - Geräusche*
• **Schwindel**
  ☞ ❑ *Schwindel - Begleitet von - Ohr*
• **Übelkeit**: gink-b.sbd1

– **Angst** agg.: act-sp.
– **Atmen**, beim: bar-c. *Iod.* nat-s.
– **auffahren**; lassen ihn: mill.k2

- **Aufrichten**; beim:
  - **Bücken**, vom: mang. sep.
- **Aufstehen**, beim: acon. mez. *Phos.*
  - **amel.**: nat-c. tarent.
  - **Sitzen**, vom: lac-ac. *Verat.*
- **Bedecken** der Augen mit den Händen amel.: spig.$_{h,kl}$
- **Berührung**, durch unerwartete: mag-c.$_{c1}$
- **Bewegung**:
  - **während**: nat-c. nux-v. *Puls.* staph. sulph.
  - **Kiefers**; des: ant-c. *Carb-v.* dulc. *Graph.*
    ☞ *Kauen*
  - **Kopfes**; des: *Graph.* puls. staph.
    ☞ *Drehen*
    - **agg.**: nat-c.$_{bg1}$
- **Blutandrang** zum Kopf; durch: arn.$_{br1}$
- **Bohren** im Ohr amel.: aeth.$_{c,c1}$ lach.$_{a1,k}$ meny.$_{h,k,*}$ nicc.$_{a1,k}$
- **Bücken**, beim: croc. *Graph.*$_{bg1,vh,*}$ *Mang.*$_{bg1,vh,*}$
- **Chinin**; nach: kali-ar.$_{k2}$
- **Drehen** des Kopfes; beim: *Caust.*$_{hr1,k}$ nat-c.$_{h,k,*}$
  ☞ *Bewegung - Kopfes*
- **Druck**:
  - **amel.**: thlas.$_{bg1}$
- **Einatmen**, beim: bar-c. *Iod.*
- **Einschlafen**, beim: dig.$_{hr1,k}$ zinc.
- **Epilepsie**:
  - **vor**: *Hyos.*$_{hr1,st}$
  - **nach**: *Caust.*
- **Erregung**, bei: sulph.
- **Erwachen**, beim: *Ars.*$_{hr1}$ bell.$_{h,k,*}$ con.$_{h,k,*}$ hydr.$_{a1,k}$ hyper.$_{a1}$ lach.$_{a1,k}$ naja nat-m.$_{h,k,*}$ puls.$_{h,k,*}$ rat.$_{a1,k}$ rhod.$_{a1,k}$ tarent.$_{a1,k}$
  - **Auffahren**, mit: dig. zinc.
- **Essen**:
  ☞ *Kauen*
  - **beim**: con. *Graph.* nat-m. petr. sil. sulph. zinc.
  - **nach**: agar. canth. cinnb.$_{h,k,*}$ con.$_{h,k,*}$ mag-c.$_{h,k,*}$ nat-s.$_{a1}$ op.$_{h,k,*}$ sil.$_{h,k,*}$ sulph.$_{hr1}$
- **Fieber**; während: lach.$_{a1,k}$ puls.$_{hr1}$ *Tub.*
- **Freien**, im: agar.$_{a1,k}$ carb-an.$_{a1,k}$ graph. tab.$_{a1,k}$
  - **amel.**: ars.$_{hr1,k}$ cic.$_{hr1,k}$ *Coff.*$_{hr1}$ puls.$_{hr1,k}$ thuj.$_{a1,k}$
- **Frost**; während: cedr. chinin-s. glon.$_{hr1,k}$ nat-m.$_{a1,h,*}$ puls. rhus-t. *Tub.*
- **Frühstück**, beim: carb-v. nit-ac.$_{h,k,*}$ zinc.
- **Gähnen**, beim: acon. cocc.$_{h,k,*}$ mang. mez.$_{a1,k}$ verat.$_{a1,k}$
- **Gehen**, beim: bar-c. chel. colch. cycl. ferr. manc. mang. meny. nat-m. nicc. rhus-t. spig. verb.$_{c1}$
  - **amel.**: bell. cop.
  - **Freien**, im: agar. carb-an. lachn.
  - **schnellem** Gehen, bei: bar-c.
- **geistiger** Anstrengung, bei: *Caust.* con.$_{h,k,*}$ ferr-pic.
- **Geräusche** agg.: coloc. kali-p. ol-an.$_{a1,k}$ phos. plat.$_{h,k,*}$ tab.$_{a1,k}$
- **Hinterkopf**, im
  ☞ ❑ *Kopf - Geräusche - Hinterkopf*
- **Husten**, beim: nux-v.$_{h,k,*}$ sil.
- **kalte** Getränke:
  - **nach**: kali-c.
- **Kauen**, beim: aloe alum.$_{bg2,k,*}$ bar-c.$_{bg2,k}$ bar-i.$_{k2}$ bar-m. *Calc.*$_{h,k,*}$ carb-v.$_{a1,k}$ *Graph.*$_{h,k,*}$ *Iod.* **Kali-s.** mang.$_{hr1,k}$ meny.$_{bg2,k,*}$ nat-m.$_{h,k,*}$ **Nit-ac.**$_{h,k,*}$ nux-v. *Petr.*$_{bg2,k}$ sil.$_{h,k,*}$ sulph.
  ☞ *Bewegung - Kiefers / Essen*
- **Koitus**:
  - **während**: graph.$_{h,k,*}$
  - **nach**: carb-v. dig.$_{hr1,k}$
- **Konvulsionen**, nach den: *Ars.*
- **Kopfschmerzen**, bei: acon-c.$_{a1,k}$ carbn-s. caust.$_{k13}$ **Chin.**$_{hr1,k}$ *Cocc.*$_{hr1}$ cycl.$_{a1,k}$ dios.$_{hr1,k}$ erig.$_{hr1}$ euphr.$_{a1,k}$ ferr-s.$_{hr1}$ gels.$_{hr1,k,*}$ glon.$_{a1,hr1}$ hydr-ac.$_{a1}$ *Kali-c.*$_{hr1}$ *Lyc.*$_{hr1}$ *Naja* narcot.$_{a1}$ *Nux-v.*$_{h,hr1,*}$ phos.$_{hr1}$ *Plat.*$_{hr1}$ plb-chr.$_{a1}$ *Puls.*$_{hr1,k}$ sep.$_{a1,h}$ *Sil.* staph.$_{h}$ sulo-ac.$_{a1}$
- **Legen** des Kopfes auf den Tisch; beim:
  - **amel.**: ferr.$_{c1,ptk2}$
- **Liegen**, beim: agar. all-c. cann-i. con. *Cupr.* *Ferr-act.*$_{vh}$ ferr-p.$_{bg1,bg2}$ lil-t. *Mag-c.* merc. nat-c. nat-m. phos. plat. puls. sil. *Sulph.* *Tarent.*
  - **amel.**: *Bar-c.* bell. nat-c. nat-s. **Ph-ac.**
  - **auf** dem Ohr: am-c. bar-c. cupr. mag-m. mez. rhus-r. sep. spong.
- **Menses**:
  - **vor**: *Borx.* bry. ferr.$_{h,k,*}$ *Ign.*$_{hr1}$ *Kreos.*$_{hr1,k}$ phys.$_{bg1,bg2}$
  - **während**: ars. *Borx.* chin. *Ferr.*$_{hr1,k}$ *Ign.*$_{hr1}$ kreos.$_{hr1,k,*}$ lac-c.$_{a1,hr1}$ mosch. *Petr.*$_{h,k,*}$ *Verat.*$_{a1,k}$
  - **nach**: chin.$_{hr1,k}$ ferr.$_{hr1,k}$ kreos.$_{hr1,k}$
  - **unterdrückt**: calc. graph. puls.
- **Mittagessen**
  ☞ *Essen / Kauen*
- **Musik** amel.: aur. *Aur-m.*
- **nervöse** Erschöpfung; durch: kali-p.$_{k2}$
- **Niesen**, beim: bar-c.$_{h,k,*}$ bry.$_{a1}$ euph.$_{h,k,*}$ graph.$_{hr1,k}$ mag-c.
- **Öffnen**:
  - **Mundes**; des
    ☞ *Bewegung - Kiefers*
  - **Ventil** öffnen und schließen; Gefühl, als würde sich ein: goss.$_{st1}$ graph.$_{bg1,st1}$ xan.$_{bg1}$
- **Pfeifen**, beim: op.$_{a1,k}$ ped.$_{a1}$
- **Reiben** amel.: meny.$_{h,k,*}$
- **Schließen** der Augen; beim: chel.$_{a1,k}$
- **Schlucken**, beim: agar. alum. ars. *Bar-c.* bar-m. benz-ac. *Calc.* *Cic.* coc-c. coca *Elaps* *Eup-pur.* graph. hep. kali-chl. kali-i. lepi. mag-c. mang. nat-m. rhod. sil. thuj.
  - **amel.**: rheum
- **Schmerzen**; bei jedem Anfall von: *Ars.* lach.
- **Schneuzen** der Nase; beim: bar-c.$_{h,k,*}$ *Calc.*$_{hr1,k}$ *Carb-an.*$_{h,k,*}$ *Hep.*$_{h,k,*}$ kali-chl.$_{hr1,k}$ lyc.$_{h,k,*}$ mang.$_{hr1,k}$ meny.$_{h,k,*}$ ph-ac.$_{h,k,*}$ stann.$_{h,k,*}$ teucr.$_{hr1,k,*}$
- **Schreiben**, beim: carl.$_{a1,k}$ sep.$_{h,k,*}$
- **Schweiß**, mit: **Ars.** ign.
- **Schwindel**:
  - **vor**: lachn. sep.
  - **mit**
    ☞ ❑ *Schwindel - Begleitet von - Ohr*
- **Sitzen**, im: am-m. ars. bell. con. mag-s. merc-cy. nat-c. nat-m. op. sulph.

– **Sprechen**, beim: nat-c.$_{h,k,*}$ op.$_{a1,k}$ sars.$_{hr1}$ spig.$_{a1,k}$ teucr.$_{hr1,k,*}$
– **Stehen** amel.: bell.$_{h,k,*}$
– **Stuhlgang**:
  • **während**: *Con.*$_{hr1}$ lyc.$_{h,k,*}$
  • **nach**: apoc.$_{a1,k}$ calc-p.$_{hr1,k}$
– **synchron** mit dem Puls ●: am-m. ars-s-r.$_{hr1}$ benz-ac.$_{hr1}$ *Bufo*$_{hr1}$ carl.$_{a1}$ chen-a.$_{c1}$ coff.$_{hr1,k}$ coloc. glon.$_{kr1}$ kali-br.$_{hr1,k,*}$ merc.$_{bg2,h,*}$ merc-c.$_{a1,h,*}$ *Nux-v.*$_{k,kl2}$● op.$_{a1,h}$ *Puls.*$_{k,kl2}$● pyrog.$_{ptk2}$ rhus-t.$_{k,kl2}$● sarr.$_{a1}$ sep.$_{k,kl2}$● sil.$_{h,k,*}$ sul-ac.
– **treibt** aus dem Bett: mag-c.$_{a1,h}$ sil.$_{h,kl}$
– **Ventil** öffnen und schließen; als würde sich ein
  ☞ *Öffnen - Ventil*
– **Verwachsungen**; durch fibröse: thiosin.$_{c1}$
– **warmes** Zimmer agg.: ars. cic.$_{hr1,k}$ mag-c.$_{h,k,*}$ *Ph-ac.*$_{hr1}$ thuj.
– **Zahnung**, während der: aloe$_{bg1}$ caust.$_{bg1}$ *Mang.*$_{bg1,vh,*}$ *Nit-ac.*$_{bg1,vh,*}$ phos.$_{bg1}$ *Thlas.*$_{bg1,vh,*}$
– **betäubend**, die Besinnung raubend: bar-c.$_{h,kl}$
– **Bienen**, Geräusch von
  ☞ *Summen*
– **Blasen**: hydr-ac. hydrc.$_{a1}$ ox-ac.$_{a1,k}$ *Phos.* *Sel.* sep.$_{a1,h}$
– **Blubbern**, Glucksen: bar-c.$_{bg2}$ bell.$_{h,k,*}$ berb.$_{ptk2}$ card-b.$_{a1}$ con.$_{h,k,*}$ dulc.$_{a1,k}$ euphr.$_{a1,k}$ graph.$_{h,k,*}$ hura kali-c.$_{h,k,*}$ kali-n. kreos.$_{a1,bg2}$ lim.$_{a1}$ lyc.$_{h,k,*}$ *Nat-c.*$_{bg2,k,*}$ nat-m.$_{bg2,k,*}$ petr.$_{bg2,h,*}$ rheum sil.$_{h,k,*}$ sulph.$_{bg2,h,*}$ thuj.$_{bg2,k,*}$
– **Blubbern** in den Ohren wie Luftblasen: *Lyc.*
– **Brüllen**: *Acon.*$_{bg2,hr1,*}$ acon-c.$_{a1}$ agar.$_{a1,bg2}$ *Agn.*$_{bg2,hr1,*}$ alco.$_{a1}$ all-c.$_{bg2,hr1,*}$ alum.$_{bg2,hr1}$ am-c.$_{bg2}$ am-m.$_{bg2,hr1}$ *Ambr.*$_{bg2,h,*}$ ammc.$_{hr1}$ coc-c.$_{a1}$ *Cocc.*$_{bg2,hr1}$ coff.$_{a1,bg2}$ coff-t.$_{a1}$ *Colch.*$_{bg2,hr1,*}$ *Coloc.*$_{a1,hr1}$ *Con.*$_{bg2,h,*}$ cop. croc.$_{bg2,hr1,*}$ crot-h.$_{hr1}$ crot-t.$_{a1}$ cub.$_{a1}$ cupr.$_{bg2}$ cur.$_{a1}$ *Cycl.*$_{bg2,hr1,*}$ daph.$_{a1,hr1}$ dig.$_{bg2,hr1,*}$ dirc.$_{a1}$ *Dros.*$_{bg2,hr1}$ dulc.$_{bg2}$ euon.$_{a1}$ euph.$_{h,hr1,*}$ ferr.$_{bg2,h,*}$ ferr-ar. *Ferr-i.*$_{a1,hr1}$ ferr-p.$_{hr1}$ fl-ac.$_{bg2}$ *Gels.*$_{hr1}$
  • **Vieh**, Rindern; von: thuj.$_{h}$
– **Brummen**: abrot.$_{a1,k}$ *Acon.*$_{bg2,k,*}$ act-sp. agar.$_{a1,k}$ all-c.$_{hr1,k,*}$ all-s.$_{a1,k}$ aloe *Alum.*$_{bg2,k,*}$ alum-p.$_{k2}$ alum-sil.$_{k2}$ *Am-c.*$_{bg2,k,*}$ am-m.$_{hr1,k}$ aml-ns. amyg.$_{a1}$ *Anac.*$_{hr1,k,*}$ anag. ant-c. *Arg-n.*$_{hr1,k}$ *Arn.*$_{h,k,*}$ *Ars.*$_{bg2,k,*}$ ars-i. ars-s-f.$_{k2}$ *Aur.*$_{hr1,k,*}$ aur-ar.$_{k2}$ aur-i.$_{k2}$ aur-m-n.$_{hr1}$ aur-s.$_{k2}$ *Bell.*$_{h,k,*}$ bry.$_{hr1,k,*}$ calc.$_{h,k,*}$ calc-i.$_{k2}$ calc-s. calc-sil.$_{k2}$ *Canth.*$_{bg2,k,*}$ carb-ac.$_{hr1,k,*}$ carb-an. carb-v.$_{a1,k}$ *Carbn-s.* card-b.$_{a1,k}$ *Carl.*$_{a1,k}$ casc. castm. *Caust.*$_{bg2,k,*}$ cham. chel.$_{hr1,k,*}$ **Chin.**$_{hr1,k}$ chin-b.$_{c1,hr1}$ chinin-ar. *Chinin-s.* cinch.$_{a1}$ cob.$_{hr1,k,*}$ *Con.*$_{h,k,*}$ cop.$_{a1,k}$ *Croc.*$_{hr1,k}$ crot-t. cur.$_{a1}$ *Cycl.*$_{hr1,k}$ daph.$_{hr1,k}$ der.$_{a1}$ dirc. *Dros.*$_{bg2,k,*}$ *Dulc.*$_{hr1,k}$ *Ferr.*$_{h,k,*}$ ferr-ar. ferr-i. ferr-p. ferul.$_{a1}$ gels.$_{a1,k}$ glon.$_{a1,k}$ *Graph.*$_{h,k,*}$ hep.$_{a1,k}$ hyos.$_{bg2,k}$ iod.$_{bg2,k}$ jal.$_{a1,hr1}$ kali-ar. kali-c.$_{a1,k}$ kali-m.$_{k2}$ kali-p. kali-s. kalm.$_{a1,k}$ kreos.$_{hr1,k,*}$ lact.$_{a1,k}$ laur. **Lyc.**$_{h,k,*}$ mag-c.$_{h}$ mag-m.$_{h,k,*}$ meny.$_{a1,k}$ merc.$_{h,k,*}$ merc-c.$_{h,k,*}$ mez.$_{a1,k}$ *Mur-ac.*$_{hr1,k}$ nat-ar. nat-c.$_{h,k,*}$ *Nat-m.*$_{h,k,*}$ nat-p. nicc.$_{hr1,k,*}$ *Nit-ac.*$_{h,k,*}$ nitro-o.$_{a1}$ *Nux-v.*$_{h,k,*}$ *Op.*$_{h,k,*}$ *Petr.*$_{hr1,k}$ *Ph-ac.*$_{h,hr1,*}$ **Phos.**$_{h,k,*}$ plb.$_{a1}$ *Psor.*$_{hr1,k,*}$ *Puls.*$_{h,k,*}$ rhod.$_{bg2,k,*}$ rhus-t.$_{k2}$ ric.$_{a1}$ rob.$_{a1}$ sabad.$_{bg2,k,*}$ sang.$_{hr1,k,*}$

– **Brummen**: sec.$_{hr1,k}$ seneg.$_{a1,k}$ **Sep.**$_{h,k,*}$ sil.$_{h,k,*}$ *Sphing.*$_{k,kk3}$ *Spig.*$_{a1,bg2}$ stann.$_{h,kl}$ *Stry.*$_{a1,k}$ sul-ac.$_{bg2}$ sul-i.$_{k2}$ *Sulph.*$_{bg2,k,*}$ tab.$_{a1,k}$ ter.$_{hr1}$ thuj.$_{bg2}$ verat. verat-v.$_{hr1,k,*}$ zing.$_{a1,k}$
  • **links**: anac.$_{a1}$ bry.$_{a1,hr1}$ chin-b.$_{hr1}$ cob.$_{a1,hr1}$ merc.$_{a1}$ merc-c.$_{h}$ sphing.$_{a1,kk3}$ ter.$_{hr1}$
  ▽ **erstreckt** sich zum Hinterkopf: sphing.$_{kk3}$
  • **morgens**: *Alum.*$_{h,k}$ carbn-s.
    • **11** h: zing.
    • **Aufstehen**, nach dem: alum.$_{h}$ ars. sil.
    • **Erwachen**, beim: nat-m.$_{h,k,*}$ rhod.$_{a1,k}$
  • **abends**: alum. nicc.$_{a1,k}$ *Ph-ac.*$_{hr1}$ rhod.$_{a1}$ sep.$_{h,k,*}$ spig.
    • **Abendessen**, nach dem: canth.
  • **nachts**: agar. chin-b.$_{hr1}$ *Nux-v.*
  • **abwechselnde** Seiten: sulph.$_{h,kl}$
  • **Angst** agg.: act-sp.
  • **Auflehnen** des Kopfes auf den Tisch amel.: ferr.$_{h,k,*}$
  • **Bewegung**, bei: *Puls.*$_{hr1,k}$
  • **Freien**, im:
    • **agg.**: tab.
    • **amel.**: *Ars.*
  • **Frost**; während: *Ars.* puls.
  • **Geräusche** agg.; laute: ol-an. tab.
  • **Hitze**; während: *Ars.* *Nux-v.*
  • **Kauen**: *Iod.*
  • **Liegen**: all-c.$_{hr1,k,*}$ rhod.$_{a1}$
    • **Ohr**, auf dem: mez.
  • **Menses**:
    • **vor**: borx. bry. *Kreos.*$_{hr1,k}$
    • **während**: *Kreos.*$_{hr1,k,*}$
  • **Schlaf**, nach: act-sp.
  • **schwankend**: calc.$_{h,kl}$
  • **Schwindel**, mit: bell.$_{h,kl}$ *Ph-ac.*$_{hr1}$ sep.$_{h,k,*}$
  • **Sitzen** agg.: bell.
  • **Sprechen**, beim: op.$_{a1,k}$
  • **Sumsen**: alum.$_{h,kl}$
  • **synchron** mit dem Puls: carl.$_{a1,k}$ puls.$_{h,k,*}$
  • **warmes** Zimmer agg.: *Ars.* *Ph-ac.*$_{hr1}$
  • **Zimmer**; agg. im: tab.
– **Dampf**, wie ausströmender: caust. glon.$_{a1,k}$ lach.$_{hr1,k}$ phys.$_{a1,k}$ tarent.
– **Donnern**: am-m. *Calc.* carbn-o. caust.$_{h}$ chel. *Graph.* *Lach.* ol-an. petr. *Plat.* rhod. sil.
  ☞ *Grollen*
  • **morgens**: *Plat.*
  • **nachts**: am-m.$_{a1,k}$
  • **Sitzen**: am-m.$_{a1,k}$
– **Dudelsack** in der Entfernung; wie von einem: nat-c.$_{h,k,*}$
– **Echos** wiederkehrend; wie
  ☞ *Widerhall*
– **Explosion**, wie eine: cann-i. dig.$_{hr1,k}$ graph. hep.$_{h}$ nat-c.$_{h,k}$ peti.$_{a1}$ phos.
  • **Schlaf**, im: dig.$_{hr1,k}$ mag-c. stann.
  • **Schneuzen** der Nase; beim: hep.$_{c1}$
  • **zerbrechendes** Glas; wie: aloe dig. zinc.
– **Flattern**: acon.$_{bg2,k}$ agar. alum.$_{bg2,k}$ alum-p.$_{k2}$ alum-sil.$_{k2}$ ant-c.$_{bg2}$ ant-t.$_{a1,hr1}$ ars. ars-i. aur.$_{bg2,k}$ aur-s.$_{k2}$ *Bar-c.*$_{bg2,k}$ bar-i.$_{k2}$ bar-s.$_{k2}$ *Bell.*$_{h,k,*}$

– **Flattern**: ...
berb.hr1,k borx. *Calc.*bg2,k,* calc-sil.k2 *Carbn-s.* carl.a1,k caust.bg2,k cham.h,k,* chin.bg2,k cocc.bg2,k con.bg2,k cupr.bg2,k,* dros.bg2,k dulc.bg2,k *Graph.*h,k,* hep.bg2,k iod. jac-c.a1,hr1 kali-c.bg2,k kali-i. *Kali-p.* *Kali-s.* lach.bg2,k laur.bg2,k *Lyc.*h,k mag-c.h,k,* *Mag-m.*h,k,* mang.h,k,* meny.bg2,k *Merc.*h,k,* merc-d.a1 mosch.h,k,* nat-m.h,k,* nat-s. nit-ac.bg2,k olnd.bg2,k petr.bg2,k *Ph-ac.*a1,k phos.h,k,* **Plat.**h,k,* psil.ft,ft1 *Psor.* *Puls.*bg2,k rheum rhod.bg2,k sabad.bg2,k sel.a1,k sep.bg2,k sil.h,k,* **Spig.**bg2,k,* spong.bg2,k stann.bg2,k staph. *Sulph.*h,k,* tab.a1 zinc.bg2,k zinc-p.k2
• **rechts**: mag-c.hr1,k,* mag-m.h,k,* nat-s. plat.a1,h tab.a1
• **morgens**: bell.h,k,* plat.h
 • **Erwachen**, nach dem: bell.h,k,*
• **abends**: mag-c.h,k,* mang. plat.h tab.a1,k
 • **17** h: sulph.
• **Atmen**, beim: *Bar-c.*
• **Aufstoßen**, mit: caust. graph.h,k,*
• **Liegen** amel.: *Bar-c.* *Ph-ac.*
• **Mittagessen**, beim: nat-m.h,k,*
• **rhythmisch**: sil.h,k,*
• **Schlucken**, beim: ars.
• **Schmetterling**, wie ein: jac-c.a1 jac-g. nat-m.h,k,*
• **Vogel**, wie ein: ant-t.a1,hr1 *Calc.*bg2,vh,* cham.h,k,* jac-c.c1 mag-c.h,k,* mang.a1,k mosch.h,k2,* *Ph-ac.*a1,k plat.a1,h spig.a1,h
– **Fledermäusen**; Geräusche wie von: mill.
• **nachts**: ph-ac.
– **Flügeln**, von
☞ *Flattern - Vogel*
– **Flüstern**: am-c. dulc. med.hr1 rhod.a1,k
• **morgens**: dulc.
• **abends**: rhod.a1,k
– **Gewehrschüsse**, wie: am-c. cann-i.a1,k graph. spong.hr1,k
• **nachts**: spong.hr1,k
• **Schlucken**, beim: graph.
– **Glocke** eines Weckers; wie die: mang.h,k,*
– **Glockenläuten**, Geläut: ars. arund.c1 chin. *Chinin-s.* clem. crot-h. mang. nat-s. *Petr.* ph-ac. psil.ft,ft1 sars. *Spig.* sul-ac. valer.
☞ *Klingeln*
• **morgens**: mang.h,k,*
– **Glucksen**: agar.a1,k *Bar-c.*hr1,k cadm-s. *Elaps* *Graph.*hr1,k kali-c.h,k lyc.h,k petr.h,k rheum sep.h,k,* sil.
• **linken** Ohr; beim Liegen auf dem: bar-c.
• **Aufrichten** vom Bücken; beim: graph.h,k sep.h,k,*
• **Bücken**, beim: graph.
– **Gong**; im Liegen, wie ein: sars.
– **Grollen**: apis *Asar.* bry.h,k,* chlf.hr1 *Elaps* equis-h. gast.a1 merc.hr1 *Plat.*hr1,k sel.a1,k sep.h,k,* tarent.a1 thuj.a1
☞ *Donnern*
• **abends** im Bett: sel.a1,k
• **Wirbelsturm**; wie ein entfernter: *Asar.*hr1,k
– **hämmerndes** Geräusch: spig.

– **Hall**; wie
☞ *Widerhall*
– **Heulen**: sep.h
– **Heuschrecken**, wie
☞ *Zirpen*
– **Kanonenschüsse**: bad. chel. chen-a.c1 chin-b.c1 mosch.
• **entfernt**: bad.a1,hr1 chel.a1,k1 plat.h,k,*
– **Kaskade**; Geräusch einer
☞ *Rauschen - Wasserfall*
– **Katze**; wie eine fauchende: calc. nit-ac.h,k,* plat.h,k,* sil.bg2,h spig.bg2
• **nachmittags**: nit-ac.h,k,*
– **Klatschen**: alum-p.k2 aur-ar.k2 bar-c.k2 bar-i.k2 calc.bg1,bg2 calc-sil.k2 carbn-s.k2 kali-s.k2 kali-sil.k2 nat-s.k2
– **Klingeln**: **Acon.**bg2,k,* acon-c.a1 *Aesc.*hr1,k *Agar.*bg2,k,* agn.bg2,k,* ail.bg2,k,* alco.a1 *All-c.*a1,k aloe alum.bg2,k,* alum-p.k2 alum-sil.k2 alumn. am-c.bg2,k am-m.bg2,h,* ambr.bg2,k anac.h,k1 anan. ang.bg2,k,* anis. ant-c.bg2,k,* apis apoc.a1,bg2 *Arg-n.*bg2,k,* arn.bg2,k,* *Ars.*h,k,* ars-i. ars-s-f.k2 arund.hr1,k asaf.bg2,k,* asar.bg2 atro.hr1,k,* *Aur.*bg2,k,* aur-ar.k2 aur-i.k2 aur-m.hr1,k aur-s.k2 *Bar-c.*h,k,* bar-i.k2 bar-m. bar-s.k2 **Bell.**bg2,k,* berb.a1,k *Borx.* brom.bg2,k,* brucin.a1 bry.bg2,k,* **Cact.**hr1,k **Calc.**h,k,* calc-i.a1,k **Calc-s.** calc-sil.k2 *Camph.*h,k,* **Cann-i.**hr1,k,* cann-s.bg2,k,* *Canth.*bg2,k,* carb-an.h,k,* **Carb-v.**bg2,k,* *Carbn-o.* *Carbn-s.* card-b.a1 *Carl.*a1,k **Caust.**h,k,* *Cham.*h,k,* *Chel.*h,k,* chen-a.hr1,k **Chin.**h,k,* chin-b.c1,hr1 chinin-ar. **Chinin-s.** chlf.hr1,k,* chlol.a1,k chlor.bg2,k,* cic.h,k,* cinch.a1 cinnb.hr1 cit-d.br1 *Cit-v.*hr1,k,* *Clem.*bg2,k,* coc-c.hr1,k,* coca *Cocc.*hr1,k cod.a1 coff. coff-t.a1,hr1 colch.bg2,k,* coloc.a1,k com.a1,k *Con.*h,k,* corn.hr1 croc.bg2,k,* crot-h. cupr. *Cycl.*bg2,k,* *Dig.*hr1,k,* dios.bg2,k,* *Dulc.*h,k,* elaps ery-a.hr1,k,* *Euph.*h,k,* euphr.bg2,k,* fago.a1 *Ferr.*bg2,k,* ferr-ar. ferr-i. ferr-p.bg2,k *Ferr-s.*hr1 *Fl-ac.*hr1,k,* *Form.*hr1,k gamb.hr1,k gast.a1 *Glon.*bg2,k,* *Gran.*a1,k *Graph.*h,k,* guare.a1,k *Ham.*hr1,k,* *Hell.*hr1,k,* hell-v.a1 helo-s.c1 hep.bg2,k hura *Hydr.*a1,k hydr-ac.a1,k hydrc.a1,k *Hydrog.*srj2 hyos.h,k,* *Ign.*h,k,* iod.a1,k *Ip.*hr1,k kali-ar. kali-bi.bg2,k,* kali-br.hr1 **Kali-c.**h,k,* kali-cy.a1,k **Kali-i.**a1,k kali-m.k2 kali-n.h,k,* kali-p. **Kali-s.** kali-sil.k2 kalm.a1,k kiss.a1 kreos.bg2,k,* lac-c.a1,k lach.bg2,k,* lachn.a1,k laur.hr1 lec. led.h,k,* **Lyc.**bg2,k,* *Mag-c.*h,k,* mag-s.a1,k manc.a1,k mang.h,k,* *Meny.*h,k,* *Merc.*h,k,* merc-cy.a1,k merc-n.a1,c1 *Mez.*bg2,k,* mill.a1,k morph.a1,k mur-ac.h,k,* myric.hr1,k,* nat-ar. nat-c.h,k,* *Nat-m.*h,k,* nat-p. *Nat-s.*bg2,k,* nat-sal.a1 nicc.a1 nit-ac. *Nux-m.*hr1,k *Nux-v.*h,k,* ol-an.a1 olnd.h,k,* op.h,k,* *Osm.*hr1,k,* paeon.a1,k *Par.*bg2,k,* pen.a1 **Petr.**bg2,k,* petros.hr1 *Ph-ac.*h,k,* phel. *Phos.*h,k,* phys.a1 plan.a1,k **Plat.**h,k,* plb.a1,k plb-chr.a1 **Psor.**bg2,k,* *Ptel.*hr1,k,* **Puls.**h,k,* rat.a1,k *Rhod.*bg2,k,* rhus-t.bg2,h,* rhus-v.a1,k rumx. ruta sabad.bg2,k,* sal-ac.a1,k salin.a1 *Sang.*bg2,k,* sars.h,k,* sel.a1,k **Sep.**h,k,* *Sil.*h,k,* sol-t-ae.a1,k *Spig.*h,k,* spong.bg2,k,* *Stann.*bg2,k,* staph.bg2,k,* stram.a1,k sul-ac.bg2,k,* sul-i.k2 sulo-ac.a1 **Sulph.**h,k,* tab.a1,k tanac.a1 tarax.bg2 tarent.bg2,k,* ter.hr1,k,*

– **Klingeln**: ...
teucr.bg2,k,* thuj.bg2,k,* thymu.brl til.al,k valer.bg2,k,* verat.h,k,* verat-v.al vinc.hrl,k,* viol-o.bg2,k,* xan.bg2,k,* zinc.bg2,k,* zinc-p.k2
☞ *Glockenläuten*
- **links**: agar.al,k androc.srj1 arn.al,k bry.al caust.h,k,* chin-b.hrl cic.h,k,* coc-c.hrl,k,* ery-a.hrl,k,* fago.al *Gamb.*hrl,k glon.al graph.h,k,* hydrc.al kali-c.al,h kali-n.al,h mag-c.al,h mag-s.al,k mez.al,h myric.hrl,k,* nat-m.al,h nat-s.al nicc.al *Nux-v.*hrl,k ol-an.al olnd.al,h paeon.al par.hrl,k,* ph-ac.al,h phos.al,h sars.h,k,* stann.hrl,k,* staph.al,k vinc.hrl
  - **dann**:
    - **rechts**: androc.srj1
- **rechts**: *Aesc.*hrl,k ail.al,k ang.al,k apoc.al ars.al,h borx. brom.hrl,k,* caust.al,h cham.al,k chin.al chlor.al,k colch.al,k coloc.al,k con.al,k erig.hrl *Ferr.*hrl,k,* fl-ac.al *Lac-c.*al,k lyc.al,k mag-c.al,h meny.h,k,* mez.al mill.al,k nat-m.al nat-s.al,k osm.hrl,k,* phys.al plat.al,h puls.hrl *Rhod.* rhus-t.al,h rhus-v.al,k spong.hrl,k,* teucr.al,hrl thuj.al,k xan.hrl,k,* zinc.al,hrl
- **tagsüber**: sulph.al,k
- **morgens**: clem.al,k mang.h,k,* nux-v. phel. sulph.h,k,* tarent.k2
  - **Ankleiden**, Anziehen; nach dem: mez.al,h,*
  - **Aufstehen**, beim: alum. mez. *Nux-v.*
  - **Bett**, im: arg-n. mag-c. sulph.
- **vormittags**: carb-v.al,k fl-ac.al,k
  - **9** h: euphr.
  - **11** h: nat-m.
- **mittags**: glon.al,k sars.al,h
- **nachmittags**: carb-v.al,k carl.al kali-n. kalm.al,k sars.al,h
  - **14** h: verat-v.
  - **15** h: fago.
  - **16** h: dios.
  - **18** h: ol-an.
- **abends**: bar-c. caust.h,k,* cinnb.hrl croc.al,k kali-n.al,k *Merc.*h,k,* rhod.hrl,k,* sil.al,k valer.al,k
  - **19** h: phys.
  - **20** h: ham.
  - **Bett**, im: croc. *Merc.* phos. rhod. valer.
- **nachts**: carb-an.h,k,* chin-b.hrl cycl.al,k ph-ac.h,k,* sulph. zinc.hrl,k,*
  - **Mitternacht**:
    - **vor**:
      - **23** h:
        - **plötzliches** Klingeln: limest-b.es1
    - **um**:
      - **Erwachen**; beim: rat.
    - **nach**:
      - **2** h: chinin-s.
  - **aufstehen** und umhergehen; muß: sil.
- **Aufstehen** amel.: tarent.al,k
- **Bewegen** des Kopfes; beim: staph.hrl,k,*
- **Bewegung**, bei: *Nux-v.*hrl,k
- **Bohren** mit dem Finger im Ohr: chel.h
  - **amel.**: meny. nicc.
- **Drehen** des Kopfes; beim: nat-c.h,k,*
- **einem** Ohr, Brennen im anderen; Klingeln in: kali-c.

– **Klingeln**: ...
- **entfernt**: all-c.al,k arg-n.al,k coca *Spig.*hrl,k,*
- **epileptischem** Anfall; vor einem: **Hyos.**hrl,k
- **Erregung**, durch: mag-c.
- **Erwachen**, beim: arg-n. mag-c. rat.al,k sulph. tarent.al,k
- **Freien**, im: carb-an.al,k
- **Frost**; während: cedr. chin. **Chinin-s.** graph. rhus-t. *Sep.*
- **Gähnen**, mit: acon.
- **Gehen**, beim: chel. manc. nicc. rhus-t.
  - **Freien**, im: agar. carb-an.
- **Husten**, mit: sil.
- **Kälte**, bei: graph.h,k,*
- **kaltes** Wasser amel.: euphr.al,k
- **Koitus**, nach: *Dig.*hrl,k
- **Kopfschmerzen**:
  - **während**: acon-c. carbn-s. caust. **Chin.** cocahrl cycl. dios. euphr. hydrog.srj2 *Naja Puls.* sul-ac.c1
- **Liegen**:
  - **nach**: croc.
    - **agg.**: croc.
  - **agg.**: sulph.h,k,*
- **Menses**:
  - **vor**: *Ferr.*hrl,k *Ign.*hrl,k
  - **während**: cocaal **Ferr.**hrl,k *Ign.*hrl verat.hrl,k
- **Mittagessen**:
  - **beim**: *Sulph.*al,k
  - **nach**: cinnb.h,k,* mag-c.h,k,* thuj.al
- **Niesen**, beim: euph.h,k,*
- **Reiben** amel.: meny.h,k,*
- **Ruhe** amel.: nux-v.hrl,k staph.al,k
- **Schlaf**; gefolgt von: anis.c1
- **Schließen** der Augen; beim: chel.al,k
- **Schneuzen** der Nase; beim: *Carb-an.*hrl,k teucr.hrl,k,*
- **Schwindel**, mit: acon-c.al alum. carb-v. chin.c1 cocc.hrl,k coff-t.hrl com. *Dig.*hrl,k merc-cy.al myric.hrl,k,* nat-m.al,k petr.hrl ph-ac.k2 ptel.al,hrl *Puls.*hrl
- **Sitzen**, im: ars.h,k,* merc-cy.al,k *Sulph.*al,k
- **Sprechen**, beim: spig.al,k
- **Stuhlgang**:
  - **während**: *Lyc.*hrl,k
  - **nach**: apoc.al,k
- **Verstopfen** des Ohres mit dem Finger lindert nicht: croc.

– **Klingen**: agn. aloe am-c. am-m. ant-c.bg2 atro.al,k bar-c. bell.al,k berb. calc.bg2 carb-v. *Caust.*hrl,k cham. chin. *Con.* croc.bg2 ferr. graph. hippoz.hrl kali-c. kali-m.k2 lyc. mag-c.h,k meny. mur-ac.hrl,k nat-m. nat-s.bg2,k,* nux-v. ol-an. olnd. op. par. petr. *Puls.*hrl,k sars.h,k,* stann. staph. sulph. ter. valer. viol-o.

– **Klirren**: *Mang.* sabad. sil.

– **Klirren** von Scherben:
- **zerbrochenen** Glasplatte; einer: aloe dig. zinc.

– **Klopfen**:
- **Aufstehen**; amel. beim:
  - **entfernte** Geräusche: mez.

– **Knacken**: agar. alum.bg2 aur-ar.k2 *Bar-c.*h,k,* bry.a1,bg2 *Calc.*h,k,* carbn-s. coc-c.bg2,k,* cocc.h,k,* *Coff.*hr1,k *Com.*hr1,k con.hr1 dig.hr1 dulc. ery-a.hr1,k,* *Form.*hr1,k glon.bg2,k,* *Graph.*h,k,* hep.h,k,* kali-ar.k2 **Kali-c.**h,k,* kali-chl.bg2,k,* kali-s. kalm.hr1,k,* *Lach.*bg2,k,* lachn.a1 mang.hr1,k meny.hr1,k mosch.a1,k mur-ac.hr1,k nat-c.h,k,* *Nat-m.*h,k,* **Nit-ac.**h,k,* nux-v.a1,h ol-an.a1,k ped.a1 **Petr.**h,k,* *Psor.*hr1,k,* *Puls.*h,k,* rhod.hr1,k *Rhus-t.*bg1,bg2,* sang.a1 stry.a1,k sulph.h,k,* tarent.a1,k thuj.a1,k zinc.hr1,k,*
- **linken** Ohr; im:
  - **Kopfschmerzen**; mit: form.br1
- **rechts**: *Hep.*bg1,bg2,* lachn.a1 nat-c.a1,h ped.a1 sang.a1 tarent.a1
- **morgens**: *Coff.*hr1 nat-c.h,k,*
  - **Bett**, im: *Graph.*h,k,*
  - **Bewegen** des Kiefers; beim: *Graph.*bg2,k,* rhus-t.a1,h
  - **Frühstück**:
    - **beim**: **Nit-ac.**h,k,*
    - **nach**: zinc.hr1,k,*
- **abends**: petr.h,k,*
  - **Essen**, beim: *Graph.*h,k,* petr.
- **nachts**: *Mur-ac.*hr1,k
- **Bewegung**, bei:
  - **Kiefers**, des: aloe *Graph.*
  - **Körpers**, des: puls.h
  - **Kopfes**, des: graph.a1,k *Puls.*h,k,*
- **Drehen** des Kopfes; beim: *Caust.*hr1,k
- **Gähnen**, beim: cocc.h,k,*
- **Gehen**, bei schnellem: *Bar-c.*hr1,k,*
- **geplatzt**; als sei im Schlaf eine Trommel: ~~*Lach.*a1,xxx~~ *Rhus-t.*a1
- **Husten**, beim: nux-v.h,k,*
- **intermittierend**: petr.h,k,*
- **Kauen**, beim: aloe alum.bg2,k bar-c.bg2,k brom.bg2 *Calc.*h,k,* calc-sil.k2 cocc.bg2 *Graph.*h,k,* kali-c.bg2 *Kali-s.* lach.bg2,hr1 meny.bg2,k,* *Nat-m.*h,k,* **Nit-ac.**h,k,* *Petr.*bg2,k rhus-t.a1,h sabad.bg2 sil.h,k,* sulph.
- **Lesen**, beim lauten: aloe
- **Liegen** amel.: bar-c.
- **Nickerchen**, bei einem: dig.br1
- **Niesen**, beim: *Bar-c.*h,k,* bry.a1,k *Graph.*hr1,k
- **Öffnen** des Mundes; beim: dulc.a1,k glon.bg1,bg2
- **Schlaf**, im: dig.hr1,k *Lach.*
- **Schlucken**, beim: agar. alum. *Bar-c.*h,k,* *Calc.*hr1,k cic.h,k,* coc-c.a1,k coca der.a1,k *Elaps* graph.a1,h kali-chl.hr1,k kali-m.k2 mang.bg2,k,* nat-m.a1,k sil.h,k,* thuj.
- **Schneuzen** der Nase; beim: hep.h,k,* kali-c. kali-chl.hr1,k kali-m.k2 mang.hr1,k
- **Streicheln** der Wange, beim: sang.a1,k

– **Knall** (auch mehrere): aloe am-c. aster. *Bad.* *Bar-c.* **Calc.** cann-i. chel. *Chin.* cic. dig. eup-pur. graph. hep. itu.c2 kali-c. mosch. nat-c. nit-ac. phos. plat. rhus-t. sabad. sil.h staph. zinc.
- **morgens**: nat-c.h,k zinc.
  - **Frühstück**, nach dem: zinc.
- **nachmittags** beim Einschlafen: rhus-t.
- **nachts**: bar-c. *Spong.*

– **Knall** (auch mehrere): ...
- **Blutstropfen**, mit: mosch.hr1,k,*
- **heftig** in den Ohren: aster.
- **Menses**, während: mosch.
- **Schlaf**:
  - **im**: dig.hr1,k
  - **Einschlafen**, beim: dig. rhus-t. zinc.
- **Schlucken**, beim: *Cic.* mang.atr
- **Schneuzen** der Nase; beim: hep. mang.atr
- **Schüsse**, wie entfernte: am-c.a1,k bad.hr1,k,* chel. *Dig.* plat.h,k,*
- **zerbrechendes** Glas, wie: aloe dig.hr1,k zinc.hr1,k,*

– **Knarren**: agar.bg2,k,* ambr. graph.h,k,* mosch. puls.bg2,h rhus-t.h stann.bg2,k,* thuj.hr1,k,*
- **morgens** im Bett beim Bewegen des Kiefers: graph.h,k,*
- **abends**: stann.a1,k
  - **Bett**; im: graph.kl
  - **Essen**, beim: ~~graph.kl,xxx~~
- **Schlucken**, beim: agar.hr1,k,* graph.a1,k *Thuj.*hr1,k,*

– **Knistern**, Prasseln: acon. agar. alum.hr1,k ambr.bg2,k,* ars. aur.bg2,k,* aur-s.k2 *Bar-c.*h,k,* bar-s.k2 borx. calc.h,k,* cann-i. carb-v. coc-c.hr1,k,* con. dulc.bg2,k,* *Elaps* eup-pur.hr1,k,* glon.a1,k *Graph.*h,k,* hep.h,k,* hipp.a1 kali-ar. kali-c.a1,k kali-i. kali-s. lach.bg2,k meny. mosch.a1,k nat-m.bg2 nit-ac. puls.h,k,* rheum sabad.bg2,k,* sep.h,k,* spig.h,k,* sulph. teucr.a1,k thuj.bg1,bg2
- **morgens**, beim Frühstück: carb-v.
- **abends**: acon. borx.
- **Bewegung** des Kiefers; bei: carb-v.
  ☞ *Kauen*
- **Gehen**, beim: bar-c. meny. puls.a1,h
- **Kauen**, beim: alum.hr1,k carb-v.a1,k
  ☞ *Bewegung*
- **Liegen** auf dem Ohr; beim: bar-c.a1,k
- **Niesen**, beim: bar-c.
- **Öffnen** des Mundes; beim: dulc.a1,k
- **Schlucken**, beim: alum.hr1,k,* bar-c.a1,k elaps eup-pur.hr1,k,* graph. hep. kali-i.
- **Schneuzen** der Nase; beim: hep. teucr.a1,k
- **synchron** mit dem Puls: coff.hr1,k puls.h,k,*

– **Krachen**: aloe bar-c. con. dig. *Graph.* zinc.
- **nachts**: bar-c.h,k,*
  - **Einschlafen**, beim: *Dig.* zinc.

– **Kreischen**, beim Schneuzen der Nase: ph-ac.c1 stann.

– **Lärm** bei hartem Auftreten: *Lyc.*

– **locker**, lose; als sei etwas: *Calc.*bg1,bg2,* *Graph.*bg1,bg2,*

– **Maschinenlärm**: bell.bg2 ferr-p.bg2 hydr.hr1,k,*
- **14 h**: hydr.

– **Mäusen**, Geräusch von: rhus-t.h,k,* teucr.bg2,hr1
- **Zwitschern** von jungen Mäusen; wie das: rhus-t.a1

– **Mühle**, Geräusch einer: bry.a1,k cit-v.a1,k iod.a1,k mez.a1,k naja nux-v.h,k,* plat.hr1
- **morgens**, beim Erwachen: naja
  - **Entfernung**, in der: bry. mez.

– **Murmeln**: borx.c1

– **Musik** zu hören; er scheint: ail.$_{a1,k}$ bell. calc.$_{hr1,k}$ *Cann-i.*$_{hr1,k}$ kalm. lyc.$_{h,k,*}$ *Merc.*$_{hr1,k}$ nat-c.$_{h,k,*}$ phos.$_{a1,k}$ plb.$_{hr1,k}$ puls.$_{h,k,*}$ sal-ac.$_{hr1,k,*}$ sarr.$_{a1,k}$ stram.$_{hr1,k}$ sulph.
• **abends**: lyc.$_{h,k,*}$ puls.$_{a1,k}$
 • **Hinlegen**, beim: puls.
• **Pfeifen**: *Borx.*
• **Ruhe**, in der: nat-c.$_{h,k,*}$
• **schrill**: coff.$_{hr1,k}$
• **wimmernde**, winselnde Melodie: ant-c.
– **Nägeln**, die in der Entfernung in ein Brett geschlagen werden; Geräusch von: agar.$_{a1,k}$
– **Pfeifen**: aeth.$_{a1,k}$ alum.$_{hr1,k,*}$ *Ambr.*$_{h,k,*}$ aur.$_{a1,k}$ bell.$_{bg2,k,*}$ borx.$_{h}$ carb-an.$_{h,k,*}$ caust.$_{h,k,*}$ chel.$_{bg2,k,*}$ chin-b.$_{c1,hr1}$ cur.$_{hr1,k,*}$ elaps ferr.$_{a1,k}$ ferul.$_{a1}$ graph. hep.$_{h,k,*}$ hura kreos. lyc.$_{h,k,*}$ mag-c.$_{h,k,*}$ manc.$_{a1,k}$ merc.$_{hr1,k}$ mur-ac.$_{h,k,*}$ *Nux-v.*$_{h,k,*}$ puls.$_{a1,k}$ sarr.$_{a1}$ sars. sep.$_{h,k,*}$ sil.$_{h,k,*}$ teucr.$_{hr1,k,*}$ verat.$_{a1,k}$ vinc.$_{a1,hr1}$ zinc.
• **links**: caust.$_{bg1,h,*}$ vinc.$_{hr1}$
• **rechts**: chin-b.$_{hr1}$ *Hep.*$_{h}$ mur-ac.$_{a1,h}$ puls.$_{a1}$ verat.$_{a1}$
• **vormittags**: hura
 • **9** h: hura
• **nachmittags**: *Ambr.*$_{h,k,*}$
• **abends**: lyc.$_{h,k,*}$ sep.$_{h,k,*}$
◇ **abwechselnd** mit Brausen: mag-c.
• **Gehen**, beim: manc.$_{a1,k}$
• **Schneuzen** der Nase; beim: carb-an.$_{h,k,*}$ hep.$_{h,k,*}$ lyc.$_{h,k,*}$ ph-ac.
• **Schreiben**, beim: sep.$_{h,k,*}$
– **Platzen** einer Luftblase; wie das: sulph.$_{h}$
– **Pochen**
 ☞ *Pulsieren*
– **Pulsieren**, Pochen: calc.$_{bro1}$ caust.$_{bro1}$ *Ferr-p.*$_{bro1}$ *Glon.*$_{bro1}$ hep.$_{bro1}$ hydr-ac.$_{bro1}$ lach.$_{bro1}$ merc.$_{bro1}$ *Morph.*$_{bro1}$ nit-ac.$_{bro1}$ *Puls.*$_{bro1}$
– **Quaken** wie Frösche:
• **Gehen**, beim: mang.
• **Sitzen**, im: mag-s.
– **Quieken**, Piepsen: eup-pur.
– **Rascheln**: aloe *Bell.* borx. brom.$_{hr1,k}$ carb-v.$_{hr1,k}$ caust. cham.$_{a1,h}$ mang. merc. mosch.$_{a1}$ phos. puls. rhus-v.$_{a1}$ sil. stann.$_{a1}$ ther. viol-o.
• **Bewegung**, bei:
 • **Kiefers**, des: aloe carb-v.
• **Schneuzen** der Nase; beim: sil.$_{h,k1}$
• **Vogel**, wie ein: cham.$_{h,k1}$
– **Rasseln**: bar-c.$_{bg1,bg2}$ *Rhus-t.*$_{bg1,bg2,*}$ *Sep.*$_{bg1,bg2,*}$
– **Rauschen**: abrot.$_{a1,k}$ acon.$_{bg2}$ agar.$_{bg2,k,*}$ alco.$_{a1}$ alum.$_{bg2}$ am-c.$_{bg2,k}$ anac.$_{bg2}$ ant-t.$_{bg2}$ *Arn.*$_{bg2,k,*}$ ars.$_{h,k,*}$ ars-s-f.$_{k2}$ asar.$_{bg2}$ aster.$_{a1,k}$ *Aur.*$_{bg2,k,*}$ aur-ar.$_{k2}$ aur-s.$_{k2}$ bar-c.$_{bg2,k}$ bell.$_{bg2,h,*}$ borx. bov.$_{bg2,k}$ brom.$_{a1,k}$ *Bry.*$_{bg2}$ calc.$_{bg2,k}$ canth.$_{bg2}$ *Carb-an.*$_{bg2}$ *Carb-v.*$_{bg2}$ carbn-s.$_{k2}$ caust.$_{h,k,*}$ cham.$_{bg2,h,*}$ *Chel.*$_{bg2,k,*}$ chin.$_{bg2}$ *Chinin-s.* cinnb.$_{a1,k}$ *Cocc.*$_{h,k,*}$ *Coloc.*$_{hr1,k}$ con.$_{h,k,*}$ cupr.$_{bg2}$ dulc.$_{bg2,k,*}$ euph.$_{h}$ euphr. ferr.$_{bg2,h}$ *Gels.*$_{hr1,k}$ glon.$_{a1,k}$ *Graph.*$_{h,k,*}$ hep.$_{h,k,*}$ hydr-ac. *Hyos.*$_{hr1,k}$ kali-ar. **Kali-c.**$_{h,k,*}$ kali-cy.$_{a1,k}$ kali-n.$_{a1,k}$ *Kali-p.* *Kali-s.* *Lach.*$_{hr1,k}$ *Led.*$_{bg2,k}$ lil-t.$_{hr1,k,*}$ **Lyc.**$_{bg2,k,*}$ lyss.$_{hr1,k,*}$ mag-c.$_{h,k,*}$ mag-s.$_{a1,k}$ mang.$_{hr1,k}$ merc.$_{h,k,*}$ mez.$_{a1,k}$

– **Rauschen**: ...
mosch.$_{h,k,*}$ mur-ac.$_{h}$ nat-ar. nat-c.$_{h,k,*}$ **Nat-m.**$_{h,k,*}$ nat-p.$_{hr1,k,*}$ **Nit-ac.**$_{h,k,*}$ nitro-o.$_{a1}$ nux-v.$_{bg2,k,*}$ op.$_{bg2}$ ox-ac. **Petr.**$_{h,k,*}$ **Phos.**$_{bg2,k}$ phyt.$_{a1,k}$ plat.$_{h,k}$ *Puls.*$_{h,k,*}$ rhod.$_{bg2,hr1,*}$ rhus-r.$_{a1}$ rhus-t.$_{h,k,*}$ sec.$_{bg2}$ *Sel.* sep.$_{h,k,*}$ sil. spig.$_{bg2,k}$ stann.$_{a1,k}$ staph. *Sul-ac.*$_{bg2,k}$ *Sulph.*$_{bg2,k,*}$ tab.$_{a1,k}$ ther.$_{a1,k}$ verat.$_{bg2,k,*}$ viol-o.$_{hr1,k,*}$ zinc.$_{bg2}$
• **rechts**: brom.$_{a1}$ *Mag-c.*$_{bg1,bg2,*}$ nat-ar. plat.$_{h}$
• **morgens**: dulc.$_{a1,k}$ merc.$_{h,k}$
• **abends**: bar-c. caust. mag-c.$_{h,k,*}$ petr.$_{h,k,*}$ sep.$_{h,k,*}$
• **nachts**: am-c.$_{a1,k}$ caust. con.$_{h,k,*}$ euph.$_{h,k}$ lil-t.$_{a1,k}$ nux-v.$_{a1,k}$ ther.$_{a1,k}$
 • **Mitternacht**, beim Liegen auf dem Ohr: am-c.
• **Atmen**; beim: bar-c.$_{k2}$
• **Aufstehen** vom Sitzen, beim: verat.
• **Aufstoßen**, durch: caust.
• **Dampf**; wie ausströmender: glon.$_{a1,k}$ sil.
• **entfernt**: brom.$_{a1,k}$
• **geistige** Anstrengung: con.$_{h,k,*}$
• **Koitus**, beim: graph.$_{h,k,*}$
• **Kopfschmerzen**; mit: tub.$_{c1}$
• **Liegen**, beim: agar. con. lil-t. merc. nat-m.
 • **Ohr**, auf dem: am-c.
• **Menses**:
 • **vor**: borx.
 • **während**: borx.$_{h,k2}$ kreos.$_{hr1,k}$
• **synchron** mit dem Puls: **Puls.**$_{hr1,k}$ sil.
• **Wasser**, wie: aster. **Cham.** *Cocc.* kali-n. mag-c. mag-s. nitro-o.$_{rb2}$ petr. *Puls.*
 • **16** h, nach: *Puls.*
• **Wasserfall**, wie ein: ars.$_{h,k,*}$ aster. aur. bry.$_{a1,k}$ cann-i.$_{a1,k,*}$ caust.$_{h,k,*}$ chel.$_{h,k,*}$ chinin-s. con.$_{h,k,*}$ lyss.$_{hr1,k,*}$ mag-c.$_{h,k,*}$ nat-p.$_{hr1,k,*}$ petr.$_{a1,k}$ rhus-t.$_{h,k}$ sul-ac.$_{a1,k}$ ther.$_{hr1,k}$
◆ **begleitet** von:
 • **Schwerhörigkeit**
  ☞ ☐ *Hören - Schwerhörig - begleitet von - Geräusche - Rauschen*
 • **Öffnen** des Mundes; beim: sal-ac. sul-ac.$_{a1}$
• **Wind**; Geräusch von aus den Ohren herausströmendem: abrot.$_{rb2}$ mosch.$_{rb2}$ sulph.$_{rb2}$
• **Zimmer**, im: mag-c.
– **Regen**, Geräusch von: bov.$_{a1}$ coff-t.$_{hr1}$ kali-i. rhod.$_{hr1,k}$ rhus-r.$_{a1,k}$
– **Rollen**: am-m.$_{bg2}$ *Graph.*$_{h,k,*}$ *Plat.*$_{h,k,*}$
• **morgens**: *Plat.*$_{h,k,*}$
– **Sausen**, Brausen: *Acon.* aconin.$_{a1}$ agar. *Agn.* all-c. alum. alum-p.$_{k2}$ alum-sil.$_{k2}$ am-c. am-m. *Ambr.* *Anac.*$_{bg2,k,*}$ anis. ant-c.$_{bg2,k,*}$ ant-t.$_{bg2,k,*}$ apom.$_{a1}$ aran.$_{bg2}$ arg-n. arn.$_{bg2,k,*}$ *Ars.*$_{h,k,*}$ *Ars-i.* *Asar.*$_{bg2,k,*}$ atro.$_{a1,k}$ *Aur.*$_{bg2,k,*}$ aur-ar.$_{k2}$ aur-i.$_{k2}$ *Aur-m.*$_{hr1,k}$ aur-s.$_{k2}$ bapt.$_{hr1,k}$ **Bar-c.**$_{bg2,k,*}$ bar-i.$_{k2}$ *Bar-m.* bar-s.$_{k2}$ **Bell.**$_{bg2,k,*}$ benz-ac.$_{bg2}$ berb.$_{hr1,k}$ bism.$_{a1,k}$ **Borx.** bov.$_{bg2,k,*}$ brom.$_{a1,k}$ *Bry.*$_{bg2,k,*}$ cact. cain. calad.$_{hr1,k,*}$ *Calc.*$_{h,k,*}$ calc-i.$_{k2}$ *Calc-s.* calc-sil.$_{k2}$ *Camph.*$_{hr1,k,*}$ canch.$_{a1}$ cann-s.$_{bg2,k,*}$ *Canth.*$_{bg2,k,*}$ carb-ac.$_{a1,k}$ carb-an.$_{bg2,k}$ **Carb-v.**$_{bg2,k,*}$ *Carbn-h.* **Carbn-s.** card-b.$_{a1}$ *Carl.*$_{a1,k}$ castm. **Caust.**$_{h,k,*}$ cedr. *Cham.*$_{h,k,*}$ chel.$_{bg2,k,*}$ chen-a.$_{hr1,k,*}$

– **Sausen**, Brausen: ...
Chin.h,k,* *Chinin-ar.* **Chinin-s.** chlf.a1,hr1 chlol.hr1 cic.h,k,* cimic. cinch.a1 *Cinnb.*h,k,* cit-v.a1 clem.a1,k coc-c.hr1,k coca *Cocc.* coff. *Colch. Coloc. Con.* cop. croc. crot-t. cupr. *Cycl.* daph. dig. dirc. *Dros.* dulc. *Elaps* euon. euph. ferr. ferr-ar. *Ferr-i.* ferr-p. *Gels.*a1,k gran.a1 **Graph.**h,k,* guare.a1 *Hell.*hr1,k,* hell-v.a1 *Hep.*h,k,* hydr.bg2,k,* hydr-ac.hr1,k,* hyos.bg2,k,* hyper.a1 iber.a1,hr1 ign.h,k,* indg.a1,k *Iod.*bg2,k,* jatr-c. kali-ar. kali-bi.a1 kali-br.hr1,k,* *Kali-c.*bg2,k,* kali-chl.a1,k kali-i.bg2,k,* kali-m.k2 kali-n.a1,k kali-p.bg2,k,* *Kali-s.* kali-sil.k2 kiss.a1 *Kreos.*bg2,k,* lac-ac.hr1,k,* lac-c. *Lach.*bg2,k,* lact.a1,k *Laur.*bg2,k,* *Led.*h,k,* lepi.a1,br1 lipp.a1 lol.a1 **Lyc.**h,k,* *Mag-c.*h,k,* *Mag-m.*h,k,* mag-s.a1 manc.a1,k mang.h,k,* mela.a1 meny.h,k,* *Merc.*h,k,* *Merc-c.*a1,k merl. mez.a1,k morph.a1,k mosch.bg2,k mur-ac.bg2,k,* narcot.a1 nat-ar. nat-c.h,k,* *Nat-m.*h,k,* *Nat-p. Nat-s.* nicc.hr1,k,* *Nit-ac.*h,k,* **Nux-v.**h,k,* ol-an.a1,k olnd.bg2,k *Op.*h,k,* paeon.a1,k paull.a1 ped.a1 *Petr.*h,k,* **Ph-ac.**h,k,* *Phos.*h,k,* pimp.a1 pin-s.a1 *Plat.*h,k,* plb.bg2,k,* plect.a1 psor.hr1,k,* ptel.a1,k **Puls.**h,k,* rheum *Rhod.*bg2,k,* rhus-t.h,k,* rumx. *Sal-ac.*bg2,k,* sang.bg2,k,* *Sec.*bg2,k,* seneg.a1,k *Sep.*h,k,* **Sil.**h,k,* sphing.a1 **Spig.**h,k,* spong.bg2,k,* stann.bg2 *Staph.*bg2,k,* stram.bg2,k,* stront-c. stry.a1,k *Sul-ac.*h,k,* sul-i.k2 **Sulph.**h,k,* tab.bg2,k,* tanac.a1 tarent.a1 tell.hr1 tep.a1,k ter. teucr.bg2,k thea *Ther.*bg2,k,* thuj.bg2,k,* til.a1,k verat.h,k,* *Verat-v.*hr1,k viol-o.bg2,k wies.a1 zinc.h,k,* zinc-p.k2 zinc-s.a1
• **links**: agar.a1,k all-c.hr1 ars.a1 asar.hr1 borx. bov.a1,k bry.hr1,k,* coc-c.hr1,k,* *Coloc.*hr1,k,* con.a1,h graph.h,k,* hep.a1,h hyper.a1 lac-ac.a1,hr1 lach.a1 laur.a1 mag-c.a1 mag-s.a1 mela.a1 meny.a1,h *Nat-c.*hr1,k nat-m.a1,k nit-ac.a1,h *Nux-v.*hr1 paull.a1 sil.a1,h sul-ac.a1 thuj.a1,k
• **rechts**: am-m.hr1,k bar-c.hr1,k castm. caust.a1,k cham.a1 colch.a1 con.h,k,* mag-c.a1,k merc-c.a1,k mez.a1 mur-ac.a1,k nat-s. nicc.a1 ph-ac.a1,h phos.hr1,k,* plat.a1,h rheum sep.a1,h *Sil.* stront-c.
• **tagsüber**: calad.hr1 caust.a1,h ph-ac.a1,k sulph.
• **morgens**: alum.a1,k calc.h,k,* carbn-s. lach.a1 mag-m.a1,k merc.h,k,* nat-s. ph-ac.a1,k plat.a1,k ptel.a1 tab.a1,k
  • **11** h: mag-c.
  • **Aufstehen**, nach dem: alum. calc.h,k,* nat-s. *Nux-v.*h,k,*
  • **Bett**, im: *Aur.*a1,k mag-m.a1 nat-m.h,k,*
  • **Erwachen**, beim: hyper.a1,k lach.a1
• **nachmittags**: all-c.a1,k *Ambr.*h,k,* *Ant-c.*a1,k cham.a1,k lac-ac.a1,hr1 mag-c.a1 thuj.a1
  • **15** h: elaps mag-c.
  • **16** h: **Lyc.**
  • **Aufstehen**, beim: lac-ac.hr1,k
  • **Freien**; beim Hereinkommen aus dem: thuj.
• **abends**: alum.a1,k alum-p.k2 calc.a1,k *Carbn-s.* caust.h,k,* cinnb.h,k,* coc-c.hr1 graph. hydr.a1,k lach.a1 mag-c.a1,k op.a1,k ped.a1 petr.h,k,* ph-ac.a1,k plat.a1,k plb.a1,k ptel.a1,k rhod.hr1 spig.h,k,* sul-ac.h,k,* **Sulph.**h,k,* thuj.a1,k
  • **19** h: mag-c.
  • **21** h: hydr.
• **abends**: ...
  • **Bett**, im: hep.h sulph.h
  • **Erwachen**, beim: hydr.
• **nachts**: am-c.a1,k chin. cinch.a1 coc-c.hr1,k con.h,k,* elaps euph.h,k,* **Graph.**h,k,* *Hydr.*a1,k *Kali-br.*hr1,k,* nicc.a1,k nux-v.h,k,* sep.h,k,* *Sil.*h,k,* zinc.
  • **Erwachen**, beim: con.h,k,* hydr.a1,k
• **Abendessen**, nach dem: canth.a1,k
• **Aufstehen**, beim: acon. *Phos.*
  • **Sitzen**, vom: verat.
• **Bewegung** agg.: nat-c.h,k,*
• **Bohren** mit dem Finger im Ohr amel.: castm. lach.a1,k
• **Bücken**: croc.
  • **nach**: mang.h,k,*
• **Einatmen**, beim: bar-c.
• **epileptischem** Anfall, nach: *Caust.*
• **Essen**:
  • **vor**: sil.a1,h
  • **beim**: con.h,k,* sil.
  • **nach**: cinnb.h,k,* op.h,k,* sil.h,k,*
• **Fieber**; während: lach.a1,k puls.hr1
• **Freien**, im:
  • **amel**.: *Cic.* puls. thuj.
• **Gähnen**, beim: verat.
• **Gehen**, beim: colch.a1,k cycl.a1,k ferr.h,k,* nat-m.a1,k
• **geistiger** Anstrengung, bei: con.h,k,*
• **Geräusch**, bei jedem: coloc.a1,k ol-an.a1,k
• **Halten** der Hände vor die Augen amel.: spig.h,k,*
• **Hitze**; während: *Ars.*h,k,* nat-m.bg2 *Nux-v.*h,k,*
• **Kaltwerden** der Füße; durch: *Sil.*
• **Koitus**:
  • **während**: graph.
  • **nach**: carb-v. dig.hr1,k
• **Kopfschmerzen**, mit: *Aur.*bg1,vh,* chen-a.hr1 gels.hr1,k,* *Lyc.*hr1 narcot.a1 phos.hr1 *Plat.*hr1 puls.hr1 *Sil.* staph.h,kl
• **Lesen** agg.: acon.
• **Liegen**: con. graph. *Mag-c.* merc. plat. **Sulph.**
  • **amel**.: *Ph-ac.*a1,k
  • **Ohr**, auf dem: mag-m. spong.
    • **amel**.: phos.
• **Menses**:
  • **vor**: borx.
  • **während**: *Ars.* borx. kreos.a1,k *Petr.*h,k,* *Verat.*a1,k
  • **unterdrückt**: graph.
• **Mittagessen**, nach dem: cinnb. con.
• **Musik**:
  • **amel**.: ign.bro1
• **Niesen**, beim: mag-c.
• **rhythmisch**: *Coloc.*a1,k *Kali-br.*hr1,k,* sep.h,k,* *Sul-ac.*h,k,*
• **ruckend**: staph.h,kl
• **Schlucken** amel.: rheum
• **Schmerz**:
  • **Anfall** von Schmerzen; bei jedem: *Ars.* lach.
  • **Ohr**, im: petr.h
• **schmerzhaft**: ant-c.a1,h,*

• **Schneuzen** der Nase; beim: meny.h,k,*
• **Schnupfen**, bei: sep.h
• **Schweiß**, beim: ars. ign.
• **Schwindel**, mit: alco.a1 *Bell.*hr1,k calc.h,k,* carb-v.hr1,k cocc. crot-t.a1,k gran.a1,k hell.a1,k nat-c.h,k,* *Op.*hr1,k petr.h,k,* *Phos.*hr1,k,* *Psor.*hr1,k,* puls.hr1 seneg.a1 stry.
• **Sitzen**: con. nat-m. phos.h sulph.
  • **Aufsetzen**:
    • **amel.**: mag-c. op.
• **Sprechen** agg.: nat-c.h,k,*
• **Stuhlgang**:
  • **Pressen** zum Stuhl; beim: lyc.
  • **schmerzhaftem** und blutigem; bei: kali-chl.c1
• **treibt** aus dem Bett: mag-c.a1,h,*
• **Wasserfall**, beim Öffnen des Mundes beim Mittagessen; wie von einem: sul-ac.
• **Wind**, wie durch: asar.rb2 caust.rb2 chel.rb2 con.rb2 croc.rb2 led.rb2 mag-c.rb2 petr.rb2 sulph.rb2 verat.rb2
• **Zimmer**; agg. im: cic. mag-c.
– **Scharren** wie ein Vogel: cham.h,kl
– **Schlagen**:
  • **Tür** schlagen; als würde jemand an die: ant-c.
– **Schmatzen**:
  • **Gähnen**: mang.atr
  • **Schlucken**, beim: **Calc.**
– **Schnalzen**: ambr.h,k,* aq-pet.a1 ars-s-f.k2 bar-c.bg2,k bell.bg2 borx. cocc.bg2 *Dulc.*a1,k *Graph.*bg2,k,* hep.hr1,k *Kali-c.*bg2,k kali-m.k2 lac-ac.hr1,k,* *Mang.*bg2 nat-c.bg2 nat-m.bg2 nux-v.bg2 petr.bg2 puls. rhus-t.bg2 sabad.bg2 *Sil.*bg2 staph.bg2 tarent.a1,k zinc.bg2
  • **abends**: tarent.a1,k
  • **Aufstoßen**, nach jedem: *Graph.*hr1,k
  • **Drehen** des Kopfes; beim: *Caust.*hr1,k
  • **elektrische** Funken, wie: ambr.h,k,* *Calc.*hr1,k dulc. *Hep.*h,k,* rheum sabad.
  • **Öffnen** des Mundes; beim: dulc.a1,k
  • **Schlucken**, beim: bar-c.
  • **Schneuzen** der Nase; beim: hep.
  • **synchron** mit dem Puls: ars-s-r.
– **Schwappen**, Plätschern: androc.srj1 sarr.a1,k spig. **Sulph.**a1,k
  • **Bewegung**, bei:
    • **Kiefers**, des: ant-c.
– **Schwirren**, Sausen: agar. alum.a1,k alum-p.k2 alum-sil.k2 am-c. *Arg-n.*hr1,k,* bell. berb.a1,k brom. calc. calc-sil.k2 *Caust.*hr1,k chel. *Hep.*hr1,k hura kali-c.hr1,k kali-m.k2 kali-p. kali-s. *Lach.*hr1,k,* laur.a1,k led.hr1,k **Lyc.**hr1,k *Mag-c.*hr1,k,* *Mang.*hr1,k merc.h,k,* mim-h.a1 *Mur-ac.*hr1,k naja nat-c.h,k nat-p. nicc. nit-ac.h,k nux-v.hr1 olnd.h,k,* ped.a1 **Petr.**hr1,k ph-ac.h,k phos.h,k,* *Plat.*h,k,* plb.a1,k rhus-t. sang.bg2,k,* sep.h,k,* sil. sol-t-ae.a1 sphing.a1,kk3 spig.a1,h,* sul-ac. *Sulph.*hr1,k tab. tarent.a1,k thuj.a1,k zinc.hr1,k,* zinc-p.k2
  • **tagsüber**: ph-ac.h,k
  • **morgens**: plat.h,k,*
  • **vormittags**, 11 h: mag-c.
  • **abends**: ph-ac.h,k spig.a1,h sul-ac. zinc.a1,k
– **Schwirren**, Sausen **- abends**: ...
    • **Hinlegen**, nach dem: plat.h,k,*
    • **Schreiben**, beim: sep.h,k,*
  • **nachts**: am-c.
    • **Bett**; amel. im: phos. plat.
  • **Schneuzen** der Nase; beim: hep.
– **Singen**: acon.a1,k am-m.a1,k arg-met. arn.a1,k *Ars.*hr1,k asar.bg2,k,* atro.a1,k bell.bg2,k,* bry. cact.hr1,k *Calc.*h,k,* calc-p.hr1,k,* calc-s.hr1,k *Camph.*hr1,k,* cann-i.hr1,k,* cann-s.a1,k carbn-o. *Carbn-s.* *Caust.*h,k,* cedr.a1,k cer-s.a1 cham.k2 chel.a1,k **Chin.**hr1,k *Chinin-ar.* chlf.hr1,k chlor.hr1,k cimic.hr1,k coff.hr1,k coff-t.a1 coloc.a1,k *Con.*hr1,k cot.a1 croc. cupr-act. dig.bg2 erig.a1 ery-a.hr1,k,* ferr.h,k,* ferr-ar. ferr-m. ferr-p. fl-ac.hr1,k gast.a1 gels.psa gink-b.sbd1 glon.a1,k *Graph.*bg2,k *Hyos.*hr1,k kali-bi.bg2,k,* **Kali-c.**h,k,* kali-i.hr1,k kali-m.k2 *Kali-p.* lac-ac.hr1,k,* *Lach.*hr1,k,* lachn.hr1,k,* linu-c.a1 *Lyc.*hr1,k merc-i-r.a1,k mur-ac.h,k,* nat-ar. *Nat-c.*hr1,k nat-m.h,k,* nat-p. nitro-o.a1 *Nux-v.*h,k,* ol-an.a1,k olnd.h,k,* onos. op.a1,k pen.a1 petr.h,k,* petros.hr1 ph-ac.h,k,* phel.a1,k phos.h,k,* phys.a1,k *Psor.*hr1,k,* ptel.c1 rhus-t.a1,k *Sang.*hr1,k,* sec.hr1,k sep.h,k,* *Stram.*hr1,k sul-i.a1,k sumb.a1,k ter.a1,k thuj.a1 verb. vichy-g.a1
  • **links**: bry. cann-i.a1 cot.a1 ery-a.a1,hr1 lac-ac.a1,hr1 lachn.a1 linu-c.a1 nat-m.a1,h ol-an.a1 olnd.a1,h tarent.
  • **rechts**: arn.a1 asar.hr1,k,* calc-p.hr1,k,* cer-s.a1 erig.a1 lach.a1 lachn.hr1,k,* *Nat-c.*hr1,k phel.a1 sumb.a1
  • **morgens**: phel.a1,k
  • **nachmittags**, beim Gehen im Freien: lachn.
    • **17** h: ol-an.
  • **abends**: linu-c.a1 merc-i-r.a1,k sumb.a1,k
  • **nachts**: mur-ac.h,k,* nux-v.h,k,*
    • **Hinlegen**, nach dem: *Phys.*a1,k
  • **Auflehnen** des Kopfes auf den Tisch amel.: ferr.hr1,k
  • **Dampf**; wie ausströmender: phys.a1,k
  • **Gehen** im Freien; beim: lachn.hr1,k,*
  • **Liegen**, beim: cann-i.a1,k ph-ac.h,k,* *Phos.*h,k,*
  • **Menses**:
    • **vor**: ferr.h,k,*
    • **während**: petr.h,k,*
    • **nach**: *Chin.*hr1,k *Ferr.*hr1,k
  • **periodisch**: *Cann-i.*hr1,k,*
  • **Schließen** der Augen; beim: chel.a1,k
  • **Schwindel**, mit: *Camph.*hr1,k *Sang.*hr1,k,* stram.
  • **Sitzen**, im: ars.
  • **Wasserkessel**, wie ein: *Lach.* tarent.
  • **Zikaden**, Heuschrecken; wie: nux-v.h,k,* rhus-t.a1,k
– **Summen**: abrom-a.bnj1 abrot.a1,k achy-a.bnj1 acon.bg2,k,* agar.bg2,k,* alco.a1 all-c.bg2,k,* aloe alum.bg2,k,* alum-p.k2 *Am-c.*bg2,k,* ambr.bg2,k anac.c1 anis.c1 ant-c.bg2,k *Arg-met.* **Arg-n.**hr1,k,* *Arn.*bg2,k,* *Ars.*bg2,k,* *Ars-i.* ars-s-f.k2 *Aur.*k,k2,* aur-ar.k2 aur-i.k2 *Aur-m.*hr1,k aur-s.k2 *Bar-c.*h,k,* bar-i.k2 *Bar-m.* bar-s.k2 *Bell.*h,k,* *Berb.*a1,k borx. *Cact.*hr1,k,* cain. calad. *Calc.*bg2,k,* calc-i.k2 calc-s. *Camph.*hr1,k canch.a1 **Cann-i.**hr1,k,* carb-ac.a1,hr1 carb-an.bg2,k

– **Summen**: ...
Carb-v.$_{bg2,k,*}$ carbn-s. carl.$_{a1,k}$ castm. *Caust.*$_{bg2,k,*}$ cedr.$_{a1,k}$ chel.$_{bg2,k,*}$ chen-a.$_{a1,c1}$ **Chin.**$_{bg2,k}$ chinin-ar. **Chinin-s.** chlf.$_{hr1,k}$ choc.$_{srj3}$ *Cic.*$_{hr1}$ cimic.$_{hr1,k}$ coc-c. cocc.$_{bg2,k}$ *Coff.*$_{bg2,k,*}$ coff-t.$_{a1}$ *Con.*$_{bg2,k,*}$ cop.$_{a1,k}$ croc.$_{bg2,k}$ crot-c.$_{a1,k}$ dig.$_{bg2,k,*}$ dios.$_{hr1,k,*}$ dros.$_{bg2,k}$ *Dulc.*$_{bg2,k,*}$ *Elaps* *Eup-per.*$_{hr1,k}$ euph.$_{hr1,k}$ fago.$_{a1}$ ferr.$_{c1}$ *Ferr-p.*$_{hr1,k}$ ferr-pic. *Form.*$_{hr1,k}$ gamb.$_{a1,k}$ gent-ch.$_{bnj1}$ glon.$_{hr1,k,*}$ guare.$_{hr1}$ *Ham.*$_{hr1,k,*}$ hep.$_{bg2,k}$ hydr-ac.$_{hr1,k}$ *Hyos.*$_{bg2,k,*}$ *Iod.*$_{bg2,k,*}$ kali-ar. **Kali-c.**$_{h,k,*}$ kali-i.$_{bg2,k,*}$ kali-m.$_{k2}$ kali-p.$_{bg2,k}$ kali-s. kalm.$_{a1,k}$ *Kreos.*$_{bg2,k,*}$ *Lac-c.*$_{a1,k}$ *Lach.*$_{bg2,k,*}$ lact. *Laur.*$_{bg2,k}$ **Lyc.**$_{h,k,*}$ lyss.$_{hr1,k,*}$ *Mag-c.*$_{h,k,*}$ mag-m.$_{h,k,*}$ merc.$_{h,k,*}$ merl. *Mur-ac.*$_{bg2,k,*}$ murx.$_{a1,bg2}$ *Nat-m.*$_{h,k,*}$ nat-s.$_{a1}$ nicc.$_{a1,k}$ nit-ac.$_{bg2,k,*}$ nitro-o.$_{a1}$ *Nux-m.*$_{hr1,k,*}$ **Nux-v.**$_{h,k,*}$ olnd.$_{bg2,k}$ *Op.*$_{bg2,k,*}$ *Petr.*$_{bg2,k}$ ph-ac.$_{h}$ *Phos.*$_{h,k,*}$ phys.$_{a1}$ *Pic-ac.*$_{a1,k}$ **Plat.**$_{h,k,*}$ plb.$_{bg2,k,*}$ *Psor.*$_{hr1,k,*}$ puls.$_{h,k,*}$ rhod.$_{bg2,k,*}$ rhus-t.$_{k2}$ ric.$_{a1}$ sabad.$_{bg2,k,*}$ sabin.$_{hr1,k}$ sal-ac.$_{bg2,k,*}$ sang.$_{a1}$ sarr.$_{a1,hr1}$ sars.$_{h}$ sec.$_{bg2,k}$ sel. *Sep.*$_{h,k,*}$ *Spig.*$_{bg2,k}$ stront-c. sul-ac.$_{bg2,k,*}$ *Sul-i.*$_{a1,k}$ *Sulph.*$_{bg2,k,*}$ *Tarent.*$_{a1,k}$ term-a.$_{bnj1}$ ther.$_{bg2,k}$ thuj.$_{bg2,k,*}$ verat.$_{a1,h}$ zinc.$_{bg2,k}$ zinc-p.$_{k2}$

- **ein** Ohr und dann das andere; erst: *Sulph.*
- **links**: *Aur-m.*$_{hr1}$ *Berb.* *Coff.*$_{hr1,k}$ glon.$_{a1}$ kali-c.$_{h}$ merc.$_{h}$ rhod.$_{a1}$
- **rechts**: cann-i.$_{a1}$ elaps *Euph.*$_{hr1}$ fago.$_{a1}$ lac-c.$_{a1,k}$ lyss.$_{a1,hr1}$ mag-c.$_{h,hr1}$ mag-m. mur-ac.$_{hr1,k}$ phys.$_{a1}$ sul-ac.$_{hr1}$ sulph.$_{hr1,k}$ thuj.$_{a1}$
- **morgens**: dios.$_{a1,k}$ mag-m.$_{h,k}$ sil.$_{hr1}$
  - **Erwachen**, beim: nat-m.
- **vormittags**: ant-c. rhod.$_{a1,k}$
- **mittags**: cedr.$_{a1,k}$ fago.$_{a1,k}$ sars.$_{h}$ thuj.$_{a1}$
- **nachmittags**: gamb.$_{a1,k}$ murx.$_{a1}$ nux-v.$_{a1,h}$
- **abends**: *Bar-c.*$_{h,k,*}$ gamb.$_{a1,k}$ murx. nux-v.$_{a1,h}$ sel. *Spig.* sul-ac.
  - **Bett**, im: lact.
- **nachts**: am-m. **Dulc.**$_{hr1,k}$ *Euph.* lac-c.$_{a1,k}$
- ◆ **abwechselnd** mit Pfeifen: mag-c.$_{h,k}$
- **Anlehnen** des Kopfes amel.: kali-c.
- **epileptischem** Anfall, nach: *Caust.*
- **Essen**; beim: choc.$_{srj3}$
- **Frost**; während: glon.$_{hr1,k}$
- **geistiger** Anstrengung, nach: ferr-pic.
- **Kopfschmerzen**, mit: dios.$_{hr1,k}$
- **Menses**:
  - **vor**: *Kreos.*$_{hr1,k}$
  - **während**: coca$_{a1}$ *Kreos.*$_{hr1,k}$
- **Pfeifen** agg.: rhod.$_{a1,k}$
- **Schlucken**, beim: rhod.$_{hr1,k}$
- **Schweiß**, beim: **Ars.**
- **Schwindel**, mit: *Arg-n.* *Ars.* bell.$_{hr1}$ cann-i.$_{a1}$ **Chinin-s.** *Cic.*$_{hr1,k}$ *Glon.*$_{hr1,k}$ laur. nat-s.$_{a1,k}$ sal-ac.$_{a1}$ zinc.
- **Seite**, auf der man liegt: mag-m.$_{h,k}$
- **Sitzen**, im: am-m. bell.$_{a1,h}$
- **Stuhlgang**:
  - **während**: lyc.$_{h,k}$
  - **nach**: *Calc-p.*$_{hr1,k}$
- **Treppen**; beim Hinabsteigen von: crot-c.$_{a1,k}$
- **Wechselfieber**, bei: *Ars.*$_{hr1,k}$

– **Tick**-tack-Geräusch: calad. gad.$_{a1,k}$

– **Ticken**: bell.$_{bg2}$ *Chin.*$_{h,k,*}$ *Graph.*$_{bg2,k,*}$ mag-s.$_{a1,k}$ nat-m.$_{a1,k}$ petr.$_{bg2,k,*}$ sil.$_{bg2}$ ter.$_{a1,k}$ zinc-val.$_{bg2}$
- **abends**: nat-m.$_{a1,k}$

– **Trällern** von Vögeln: bell.$_{a1,k}$ bry.$_{a1,k}$ lyc.$_{bg2}$

– **Trommeln**: bell.$_{h,k,*}$ borx. canth.$_{bg2,k,*}$ *Cupr.*$_{h,k,*}$ *Dros.*$_{bg2,k,*}$ dulc.$_{bg2,k,*}$ *Lach.*$_{bg2,k,*}$ manc.$_{a1,k}$ rob.$_{a1}$
- **morgens**: lach.
  - **Erwachen**, beim: lach.
- **dumpf**: borx.
- **entfernt**: *Cupr.*$_{h,k,*}$ dros.$_{a1,k}$ mez.$_{a1,k}$
- **Gehen**, beim: manc.$_{a1,k}$
- **liegt**, Aufstehen amel.; im Ohr, auf dem er: *Cupr.*

– **Trompeten**, Dröhnen wie: bell.$_{h,k,*}$ chin-b.$_{hr1}$ gast.$_{a1}$

– **Uhr**; wie beim Aufziehen einer: ambr.

– **Wasser**:
- **in** den Ohren; als sei Wasser: nit-ac.
- **kochenden** Wassers; Geräusch: bry. cann-i. chlf.$_{rb2}$ dig. lyc.$_{rb2}$ sulph. thuj.

– **Wasserfälle**
☞ *Rauschen - Wasserfall*

– **Widerhall**, Echos ●: *Bar-c.* *Bar-m.*$_{bro1}$ bar-s.$_{k2}$ bell.$_{bro1}$ cadm-s. *Carbn-s.* **Caust.**$_{k,kl2}$● *Cic.* coloc.$_{br1,bro1}$ cop. *Graph.* hep. hydr-ac. kali-br. kali-c. kali-m.$_{k2}$ *Kali-p.* lac-c. *Lach.* **Lyc.** merc. mosch. mur-ac. nat-c. nat-s. *Nit-ac.*$_{k,kl2}$● *Nux-v.* *Ph-ac.* **Phos.**$_{k,kl2}$● plat. *Puls.* *Rhod.* *Sars.* sec. **Sep.** sil. spig. sulph. zinc.
- **morgens**: *Caust.*$_{h,k,*}$ *Nux-v.*$_{h,k,*}$ phos.$_{h,k,*}$
  - **Frühstück**, vor dem: ant-c.
- **vormittags**: *Nux-v.*$_{h,k,*}$
- **nachmittags**:
  - **16 h**: *Lyc.*
- **Erwachen**, beim: puls.$_{h,k,*}$
- **Gehen**:
  - **amel.**: cop.
  - **beim**: verb.$_{c1}$
- **jedes** Geräusch hallt wider: *Caust.* *Lyc.*$_{a1,k}$ ph-ac.$_{h,hr1,*}$ phos.$_{h,k,*}$
  - **Schwerhörigkeit**, mit: **Caust.** *Lyc.* merc.$_{h}$
- **laute** Geräusche hallen lange wider: rhod.$_{c1}$
- **Schlucken**, beim: *Cic.*
- **schmerzhaft**: cop.$_{a1,k}$ nit-ac.
- **Schneuzen** der Nase; beim: *Bar-c.*$_{h,k,*}$ hep.
- **Stimme** hallt wider; die eigene: *Caust.*$_{bg2,k,*}$ *Graph.*$_{hr1}$ kali-c.$_{a1}$ lac-c.$_{bg2,k,*}$ nat-s. *Nit-ac.*$_{h,k,*}$ nux-v.$_{h,k,*}$ ph-ac.$_{bg2,k}$ *Phos.*$_{h,k,*}$ sars.$_{h,hr1,*}$ *Spig.*$_{bg1,bg2,*}$ zinc.$_{bg1,bg2}$

– **Wind**, Geräusch von: abrot.$_{a1,k}$ am-c. *Bar-c.*$_{a1,h}$ bell.$_{bg2,h,*}$ calc. carbn-s. *Chel.*$_{bg2,k,*}$ ign. *Led.*$_{h,k,*}$ mag-c.$_{h,k,*}$ mez.$_{bg2}$ mosch.$_{bg2,k,*}$ **Petr.**$_{h,k,*}$ *Phos.* plat.$_{h,k,*}$ *Puls.*$_{h,k,*}$ *Sep.*$_{h,k,*}$ spig.$_{bg2,k,*}$ stann.$_{bg2}$ stram.$_{bg2}$ stry.$_{a1}$ sulph.$_{h,k,*}$ verat.$_{a1,h}$ vinc.
- **nachmittags**: mag-c.$_{a1,k}$ puls.$_{h,k,*}$
- **nachts**: sep.$_{h,k,*}$
- **agg.**: plat.$_{h,k,*}$
- **Sturm**: caust.$_{h}$ con.$_{h}$ mag-c.$_{h}$
- **Wirbelwind**: croc.$_{a1,k}$

– **Wirbel**, wie ein: kali-c. lact. lyc. merc-c. nux-v. puls.

• **abends** im Bett: lact.
• **rhythmisch**: merc-c.$_{al}$
– **Zimbeln** (Becken) und Trommeln; Geräusch von: lob. lol.$_{al}$
– **Zirpen**: agar. bry.$_{h,k,*}$ calad.$_{hr1,k,*}$ carb-v.$_{bg2,k,*}$ *Carbn-s.* *Caust.*$_{bg2,k,*}$ cedr.$_{a1,k}$ euph.$_{h,k,*}$ ferr.$_{h,k,*}$ kali-chl.$_{bg2}$ kali-s. lach. *Lyc.*$_{h,k}$ meny.$_{h,k,*}$ mur-ac.$_{h,k,*}$ *Nat-s.* nicc.$_{a1,k}$ *Nux-v.*$_{h,k,*}$ *Puls.*$_{h,k,*}$ rat.$_{hr1,k,*}$ *Rhus-t.*$_{h,k,*}$ *Sil.*$_{h,k,*}$ stann.$_{a1}$ sulph. tarax.$_{bg2,k,*}$ *Tub.*
• **rechts**: euph.$_{a1,h}$ ~~*Hep.*$_{h,xxx}$~~ nicc.$_{a1}$ rat.$_{hr1,k,*}$
• **morgens** im Bett: puls.$_{h,k,*}$
• **abends**: *Carbn-s.* lyc.$_{h,k}$ nat-s.
• **nachts**: carb-v. mur-ac.$_{h,k,*}$ nux-v.$_{h,k,*}$ rhus-t.
• **Ventil**, das sich öffnet und schließt; wie ein: goss.$_{bg2,c1}$ *Graph.*$_{bg2,c1,*}$ xan.$_{bg2,c1}$
• **Wechselfieber**, bei: *Lyc.* *Nat-s.* nux-v. *Puls.* *Rhus-t.* tub.
– **Zischen**, hoch tönendes: acon.$_{bg2,k,*}$ aeth.$_{br1,h,*}$ agar. alum. anis. bar-c. bar-m.$_{bg2}$ benz-ac.$_{hr1,k}$ bry.$_{bg2,k,*}$ cain. *Calc.*$_{bg2,k,*}$ *Cann-i.* caust. chin.$_{bg2,k}$ **Dig.**$_{bg2,k,*}$ dros.$_{hr1,k}$ ferr-pic. gamb.$_{hr1}$ glon. *Graph.*$_{h,k,*}$ hep.$_{h,k,*}$ kali-n.$_{a1,k}$ kreos.$_{bg2,k,*}$ *Lach.* lyc.$_{h,k,*}$ mag-m. med.$_{hr1,k}$ mur-ac.$_{h,k,*}$ nat-s.$_{bg2,k,*}$ *Nux-v.*$_{h,k,*}$ *Pic-ac.*$_{bg2,k,*}$ rhod.$_{bg2}$ sep.$_{bg2,h,*}$ sil.$_{h,k,*}$ sulph.$_{bg2,k,*}$ sumb.$_{a1,k}$ teucr.$_{bg2,k,*}$ thuj.$_{a1,k}$ valer.$_{hr1,k}$
◆ **begleitet** von:
• **Kopf**; berstender Schmerz im
☞ *◻ Kopf - Schmerz - berstend - begleitet von - Ohr - Geräusche*
• **morgens**:
• **Schniefen** und Aufstoßen; mit: teucr.
• **Seite**, auf der man liegt: mag-m.$_{h}$
• **abends**: calc.$_{a1,k}$ hep.
• **epileptischem** Anfall, nach: *Caust.*
• **Hornes**; Blasen eines: *Kalm.*
• **kochendes** Wasser; wie: *Bar-c.* bry.$_{a1,k}$ *Cann-i.*$_{bg2,k,*}$ chlf.$_{a1}$ *Dig.*$_{bg2,k,*}$ lyc.$_{bg2,k,*}$ mag-m.$_{h,k,*}$ sulph.$_{bg2,k,*}$ thuj.$_{bg2,k,*}$
• **Sprechen**, beim: teucr.$_{hr1,k,*}$
• **synchron** mit dem Puls: bamb-a.$_{stb2}$ benz-ac.$_{hr1,k}$ sep.$_{a1,h}$
• **Uhr** tickt nicht, sondern zischt; die nahe ans Ohr gehaltene: ph-ac.$_{h}$
– **Zupfen** einer Saite; wie beim:
• **Drahtes**, eines lockeren: phel.
• **Harfensaite**, einer: lyc. sulph.
– **Zwitschern**
☞ *Zirpen*

Geruch: graph.
☞ *Absonderungen - stinkend / A~ übelriechend*

Geschlossen, wie
☞ *Verstopfungsgefühl*

Geschwüre: alum.$_{bg2}$ am-c.$_{bg2}$ *Anac.*$_{a1,k}$ bov.$_{bg2,k,*}$ bry.$_{a1,k}$ bufo *Calc.*$_{hr1,k}$ *Camph.*$_{bg2,k,*}$ carb-v.$_{bg2,hr1}$ graph.$_{a1,k}$ hep. kali-bi.$_{hr1,k}$ kali-c.$_{bg2,h}$ kali-sil.$_{k2}$ *Lyc.*$_{hr1}$ merc.$_{bg2,k}$ mur-ac.$_{a1,k}$ *Olnd.*$_{hr1,k}$ *Petr.*$_{hr1,k}$ psor.$_{k2}$ **Puls.**$_{bg2}$ sarr.$_{a1}$ sars.$_{h,k,*}$ sep. *Spong.*$_{bg2}$ stann.$_{bg2}$ sulph.$_{hr1,k}$
– **links**: camph. graph.$_{a1,k}$ mur-ac.$_{a1,k}$ sars.$_{h,k,*}$

Geschwüre: ...
– **rechts**: bov.$_{a1,k}$
– **Schlucken** ist schmerzhaft: anac.$_{a1,k}$ bov.$_{a1}$
○ **Gehörgang**: bov. *Calc.* *Camph.* *Carb-v.* *Hep.* kali-bi. kali-c. *Lyc.* *Merc.* *Puls.* sep. *Sil.* sulph. tell.
– **Ohrläppchen**, im Loch für die Ohrringe: kali-m.$_{ptk1}$ *Lach.*$_{hr1,k}$ med.$_{a1,k}$ stann.$_{hr1,k,*}$
☞ *Entzündung - Ohrläppchen*
– **Trommelfell**: *Calc.*$_{hr1,k}$ hep.$_{k2}$ *Iod.*$_{hr1,k}$ *Kali-bi.*$_{hr1,k,*}$ *Kali-p.*$_{hr1,k}$ **Merc.**$_{hr1,k}$ **Merc-d.**$_{hr1,kr1}$ mez.$_{k2}$ *Psor.*$_{hr1,k,*}$ puls.$_{k2}$ *Sil.*$_{hr1,k}$
– **um** das Ohr: calc-p.$_{hr1,k,*}$ olnd.$_{hr1}$
– **vor** dem Ohr: carb-v. merc.
• **Fistelmund**: *Calc.*

Hämmern im Ohr: chel.$_{a1}$ kali-c.$_{a1,h}$ thuj.$_{h}$

Härte der Drüsen am Ohr
☞ *◻ Gesicht - Verhärtungen - Parotis*

Hautausschläge: agar.$_{bg2,k}$ alum. alum-p.$_{k2}$ am-c. am-m. ant-c.$_{bg2,k,*}$ apis ars.$_{bg2,k}$ ars-s-f.$_{k2}$ **Bar-c.**$_{bg2,k,*}$ *Bar-m.* bov.$_{hr1,k}$ bry.$_{hr1,k}$ calad.$_{hr1,k}$ *Calc.*$_{bg2,k,*}$ calc-p.$_{hr1,k}$ cann-s. carb-v. caust.$_{hr1,k}$ chin.$_{h,k,*}$ *Cic.*$_{h,k,*}$ *Cist.*$_{hr1,k}$ com.$_{hr1,k}$ cop.$_{a1,k}$ elaps *Fl-ac.* *Graph.*$_{bg2,k,*}$ hep.$_{bg2,k,*}$ *Hyper.*$_{hr1}$ jug-c.$_{hr1}$ jug-r.$_{a1}$ kali-ar. *Kali-bi.*$_{hr1,k}$ kali-c.$_{h,k,*}$ kali-p. kali-s. kreos.$_{bg2,k,*}$ lach.$_{bg2,hr1,*}$ *Lyc.*$_{bg2,k,*}$ merc.$_{bg2,h,*}$ mez.$_{bg2,k,*}$ mosch.$_{a1,k}$ mur-ac.$_{h,k,*}$ nat-m.$_{h,k,*}$ nat-p.$_{hr1,k,*}$ *Olnd.*$_{bg2,k,*}$ *Petr.*$_{h,k,*}$ *Phos.*$_{h,k,*}$ **Psor.**$_{bg2,k,*}$ ptel.$_{hr1,k,*}$ puls.$_{h,k,*}$ rhus-t.$_{bg2,k,*}$ rhus-v.$_{a1,k}$ *Sep.*$_{h,k,*}$ sil.$_{bg2,h,*}$ spong.$_{bg2,k}$ staph.$_{bg2,k}$ *Sulph.*$_{bg2,k}$ tell. teucr.$_{hr1,k,*}$ thuj. verb.
– **abwechselnde** Seiten: carc.$_{fb}$
– **abblätternd**: aur-m.$_{hr1,k}$ bov.$_{hr1,k}$ calc. cinnb.$_{hr1}$ com.$_{hr1,k}$ graph. hep.$_{hr1,k}$ hyper.$_{hr1}$ *Iod.*$_{hr1,k}$ *Lach.* **Lyc.**$_{hr1,k}$ mur-ac.$_{h,k,*}$ nat-m.$_{k2}$ **Psor.**$_{hr1,k,*}$ puls.$_{h,k,*}$ sars.$_{h,k,*}$ sil.$_{h,k,*}$
• **rechtes** Ohr: cinnb.$_{hr1,k}$
– **abschilfernd**: *Anac.* bry.$_{a1,k}$ *Com.*$_{hr1,k}$ cop.$_{a1,k}$ *Graph.*$_{hr1,k}$ merc.$_{h,k}$ phos. *Psor.*$_{hr1,k,*}$ ptel.$_{a1,hr1}$ rhus-t.$_{a1}$ teucr.$_{a1}$
– **Bläschen**: alum.$_{a1,k}$ ars.$_{a1,k}$ meph.$_{hr1,k,*}$ nat-m.$_{k2}$ *Olnd.* phos.$_{h,k,*}$ *Psor.*$_{a1,hr1,*}$ ptel.$_{hr1,k,*}$ rhus-t.$_{hr1,k2,*}$ rhus-v.$_{hr1,k,*}$ sep.$_{hr1,k}$ *Tell.*
• **durchsichtig**: alum.$_{a1,k}$
• **eitrig**: ptel.$_{hr1,k,*}$
• **gangränös**: ars.$_{a1,k}$
• **Serum** gefüllt, mit: rhus-v.$_{hr1,k,*}$
• **umgeben** von entzündeter Basis: ars.$_{a1,k}$
• **Wasser** absondernd: ptel.$_{hr1,k,*}$
• **weiß**: ptel.$_{hr1,k,*}$
• **roter** Basis, auf: ptel.
• **zusammenfließend**: ars.$_{a1,k}$
– **Blasen**: camph.$_{hr1,k}$ *Kreos.* meph.$_{hr1,k}$ nicc.$_{a1}$ ptel.$_{a1,hr1}$ rhus-t.$_{hr1}$
– **brennend**: anan.$_{hr1,k,*}$ *Cic.*$_{hr1,k}$ *Kali-bi.*$_{hr1}$ merc.$_{a1}$ mosch.$_{a1,k}$ puls.$_{h,k,*}$ sars.$_{h,k,*}$
– **eitrig**: cic.$_{h,k,*}$ cycl. gast.$_{a1}$ *Hep.*$_{hr1}$ *Kreos.* **Lyc.**$_{hr1}$ **Psor.**$_{hr1,k,*}$ ptel.$_{a1,hr1}$ sep.$_{h,k,*}$ *Sulph.*$_{hr1,k}$
• **juckend**: mur-ac.$_{h}$
• **stechend**: phos.$_{h}$

– **Ekzem**: *Bov.*$_{c2}$ *Kali-bi.*$_{hr1,k}$ *Kali-s.* **Lyc.**$_{hr1}$ *Psor.*$_{hr1,k,*}$
– **feucht**: ant-c.$_{hr1,k}$ bov.$_{hr1,k}$ *Calc.*$_{hr1,k}$ **Graph.**$_{hr1,k}$ *Hep.*$_{hr1}$ *Kali-bi.*$_{hr1,k}$ kreos.$_{hr1,k}$ *Lyc.*$_{hr1,k}$ *Merc.*$_{h,k,*}$ mez.$_{hr1,k}$ nat-m.$_{k2}$ nat-p.$_{k2}$ petr.$_{h,k,*}$ *Psor.*$_{hr1,k,*}$ ptel.$_{hr1,k,*}$ puls.$_{a1,h}$ rhus-t.$_{a1}$ *Rhus-v.*$_{hr1}$ staph.$_{hr1,k}$
– **Flecken**: berb. bry.$_{bg1,bg2}$ calc.$_{bg1,bg2}$ *Carb-an.*$_{bg1,vh,*}$ caust.$_{bg1,bg2}$ dros. lach. merc. nicc. phos. spong. staph.
– **Furunkel**: bov.$_{hr1}$ carc.$_{fb}$ kali-c.$_{a1,k}$ pic-ac.$_{c2,hr1}$ ptel.$_{hr1}$ sil. spong.$_{bg2,k,*}$ *Sulph.* syph.
– **Herpes**: am-m. caust.$_{hr1,k}$ cist. graph. kreos.$_{hr1,k}$ mag-m.$_{hr1,k,*}$ *Olnd.*$_{hr1,k}$ phos.$_{a1,k}$ *Psor.*$_{a1,hr1}$ ptel.$_{hr1}$ sars.$_{a1}$ sep.$_{hr1,k}$ teucr.$_{hr1,k,*}$
– **juckend**: am-m.$_{h,k1}$ *Kali-bi.*$_{hr1,k}$ merc.$_{a1,h}$ *Mez.*$_{hr1,k}$ mosch.$_{a1,k}$ nat-m.$_{k2}$ pall.$_{hr1,k}$ *Psor.*$_{hr1,k,*}$ puls. sars.$_{h,k,*}$ *Staph.*$_{hr1,k}$
– **Pickel**: agar. am-c. am-m.$_{bg2,h,*}$ berb.$_{hr1,k}$ calad.$_{hr1,k,*}$ *Calc-p.*$_{hr1,k,*}$ calc-s.$_{hr1}$ *Camph.*$_{hr1}$ cann-s.$_{a1,k}$ cic. clem.$_{bg2}$ coff. ind.$_{a1,hr1}$ kali-c.$_{h,k,*}$ *Kali-s.* *Kreos.*$_{hr1,k,*}$ mang.$_{bg2}$ merc.$_{h,k,*}$ merc-c. *Mur-ac.*$_{h,k,*}$ nat-m.$_{h,k,*}$ petr.$_{h,k,*}$ phos.$_{h,k,*}$ *Psor.*$_{a1,k}$ sabad.$_{a1,k}$ sel.$_{a1,k}$ spong. staph. *Sulph.*$_{bg2,k,*}$
– **rissig** und eine Substanz wie Stärkemehl abschilfernd: *Com.*$_{hr1,k}$
– **Schorfen**, mit: anan.$_{hr1,k,*}$ bar-c.$_{bg2,hr1}$ bov.$_{bg2}$ bry. elaps graph.$_{bg2,k,*}$ hep.$_{c1}$ *Hydr.*$_{hr1,k}$ iod.$_{bg2,k}$ lach.$_{bg2,k,*}$ lyc.$_{bg2,k,*}$ mur-ac.$_{h,k,*}$ nat-p.$_{hr1,k}$ *Psor.*$_{hr1,k,*}$ ptel.$_{a1,hr1}$ *Puls.*$_{h,k,*}$ sanic. sarr.$_{a1}$ sars.$_{h,k,*}$ sil.$_{h,k,*}$ spong.$_{bg2,k,*}$ sulph.$_{bg2}$
– **schuppig**: cop.$_{a1,k}$ hydr.$_{k2}$ *Petr.*$_{hr1,k}$ psor.$_{hr1,k,*}$ teucr.$_{hr1,k,*}$
 • **Ohrläppchen**: hydrog.$_{srj2}$
– **unterdrückten** Hautausschlägen; Beschwerden der Ohren nach
 ☞ *Absonderungen - Hautausschlägen*
– **wundfressend**: *Graph.*$_{hr1}$ **Kali-bi.**$_{hr1,k}$ kali-c.$_{bg2,k}$ kali-s. *Merc.*$_{h,k,*}$ *Petr.* *Sulph.*
– **zusammenfließend**: cop.$_{a1,k}$ *Psor.*$_{hr1,k,*}$
▽ **erstreckt** sich zu:
 • **Gesicht**: *Graph.* *Sep.*
 • **Kopfhaut**: hep.
○ **Antitragus**: am-m.$_{h}$ spong.
– **Gehörgang**; im: kreos. *Nit-ac.* *Psor.* verb.$_{br1}$
 • **Bläschen**: nicc.
 • **Ekzem**: nit-ac. *Psor.*
 • **Furunkel**: bov. *Calc-pic.*$_{bro1,c1}$ crot-h. **Merc.** **Pic-ac.**$_{c1,k}$ puls. rhus-t. **Sulph.**
 • **Herpes**: merc.
 • **Pickel**: jug-r. kali-p.
 • **Pusteln**: castor-eq. pic-ac.$_{k2}$
 • **schuppig**: all-s. **Lyc.** *Psor.*
– **hinter** den Ohren: anac.$_{bg1,bg2}$ ant-c. ars. ars-s-f.$_{k2}$ arund. **Bar-c.** bar-s.$_{k2}$ bufo **Calc.** calc-s. carb-v. *Carbn-s.* **Caust.** chin.$_{bg1,bg2}$ **Cic.** cocc. **Graph.** guare. *Hep.* jug-r. kali-c. kali-i. *Kali-s.* lach. limest-b.$_{es1}$ **Lyc.** mag-m. mag-s. *Merc.* *Mez.* *Mur-ac.*$_{bg1,bg2,*}$ nat-m. *Nit-ac.*$_{bg1,bg2,*}$ *Olnd.* **Petr.** **Psor.** *Puls.* *Sabad.*$_{bg1,bg2,*}$ sanic. scroph-n.$_{br1}$ sel. *Sep.* **Sil.** **Staph.** **Sulph.** tell. teucr. tub.$_{a1,dp,*}$ vinc. *Viol-t.*
 • **links**, dann rechts: *Graph.*

– **hinter** den Ohren: ...
 • **Bläschen**: am-m. calc. caust. chin. nat-m. phos. *Psor.* *Rhus-t.* *Rhus-v.* tell.
 ▽ **erstreckt** sich zum Gesicht: *Graph.* sep.
 • **brennend**: viol-t.
 • **Kratzen**, nach: mag-m.
 • **Ekzem**: aur-m.$_{k2}$ **Calc.** **Graph.** **Lyc.**$_{c2,k}$ *Olnd.* **Psor.** scroph-n.$_{br1}$ stront-n.$_{c2}$ sulph. tell. tub.$_{a1,dp,*}$
 • **Exanthem**, flüchtiges: ant-c. nat-m.
 • **feucht**: am-m. ant-c. aur. *Calc.* carb-v. caust. **Graph.** kali-c. *Lyc.* *Mez.* nit-ac. *Olnd.* **Petr.** phos. **Psor.** ptel. *Rhus-t.* rhus-v. sanic. *Sep.* sil. *Staph.* tub.$_{a1,xxb}$
 • **klebrig**: **Graph.** sanic.
 • **Kratzen**, nach: *Graph.*
 • **Flecken**: anac.$_{vh}$ bry. *Calc.* carb-an. caust. chin.$_{vh}$ graph.$_{k2}$ *Mur-ac.*$_{vh}$ *Nit-ac.*$_{vh}$ *Sabad.*$_{vh}$ staph.
 • **Furunkel**: *Ang.* bry. *Calc.* carc.$_{fb}$ *Con.* nat-c. *Phyt.* *Sulph.* *Thuj.*
 ☞ *Abszeß - hinter*
 • **Herpes**: am-m. bufo *Caust.* cist. con. *Graph.* *Mag-m.* mez. *Olnd.* *Sep.* teucr.
 • **juckend**: bufo *Graph.* mag-m. mag-s. mez.$_{h}$ nat-m.$_{h}$ *Petr.* staph. viol-t.
 • **Pickel**: alum. calad. calc. cann-s. canth. caust. dros. graph. ham. mez. nat-m. nicc. *Pall.* puls. rhus-t. sabad. sel. sulph.
 • **brennend**; bei Berührung: canth.
 • **juckend**: rhus-t.
 • **Pusteln**: berb. cann-s. carb-v. castor-eq. crot-h. phyt. *Psor.* ptel. **Puls.** spong. sumb.
 • **Risse**: chel. **Graph.** *Hep.* *Hydr.* *Lyc.* *Petr.* *Sep.* *Sulph.*
 • **Schorfen**, mit: aur-m. *Bar-c.* **Graph.** hep.$_{c1}$ kali-c. lach. **Lyc.** **Sil.** tell. thuj.
 • **Herpes**: kali-i.
 • **absondernd**, schmerzt bei Berührung wund; eine klebrige Feuchtigkeit: thuj.
 • **schuppig**: hep. kali-sil.$_{k2}$ **Psor.** puls. *Sil.* staph.
 • **wund**: *Graph.* kali-c. nit-ac. **Petr.** **Psor.**
 • **wundfressend**: **Graph.** kali-c. nit-ac. **Petr.** **Psor.** sanic. sulph.
– **Ohrläppchen**, an den: bar-c. caust. hydrog.$_{srj2}$ puls. sars. tell. teucr.
 • **Bläschen** durch die Absonderung: **Tell.**
 • **Furunkel**: nat-m.
 • **Herpes**: caust. cist. *Sep.* teucr.
 • **Lupus**: nit-ac.$_{st}$
 • **Menses**, während: mag-c.
 • **Pickel**: lach. merc.
 • **Schorfe**: sars.
 • **Schuppen**: sars.
 • **brennend** und juckend: sars.$_{h}$
– **Ohrmuschel**: am-m.$_{a1,h,*}$ ars.$_{a1,k}$ chin.$_{a1,h,*}$ mosch.$_{a1}$ phos.$_{h,k,*}$
 • **Bläschen**: ars.$_{a1,k}$ phos.$_{h,k,*}$
 • **Krusten**: mur-ac. nat-p.
 • **Pickel**: agar.$_{a1}$ kreos.$_{a1,hr1}$ mur-ac.$_{a1,h,*}$ psor.$_{a1}$
 • **schuppig**: iod.$_{h,hr1,*}$
– **Ränder**, feucht: sil.$_{a1,k}$
– **Tragus**: mur-ac.$_{h,k,*}$ *Puls.*$_{h,k,*}$ sulph.$_{a1,k}$

– **Trommelfell**:
• **Bläschen**: tell.c1
• **schorfig**: graph.bg2,k
– **über** den Ohren, Pickel: cop. mur-ac.
– **um** die Ohren: calc-p.k2 *Camph.*hr1 *Cic.*hr1,k *Cist.*hr1,k hep. *Hydr.*hr1 *Hyper.* lach.hr1,k *Mez.* nat-p.a1,k olnd.hr1,k *Sulph.*hr1,k
• **breitet** sich zur Kopfhaut aus: hep.
• **Ekzem**: *Ars.*bro1 arund.bro1 bov.bro1 chrysar.bro1 *Clem.*bro1 crot-t.bro1 *Graph.*bro1 hep.bro1 kali-m.bro1 *Mez.*bro1 olnd.bro1 petr.bro1 psor.bro1 *Rhus-t.*bro1 sanic.bro1 scroph-n.br1 tell.bro1
• **Exanthem**, flüchtiges: *Ars.*hr1,k
• **feucht**: kreos.
• **herpetisch**: olnd.hr1,k
– **unter** den Ohren:
• **Bläschen**: mag-c.h ptel.a1,k
• **Wasser** absondernd: ptel.a1,k
• **Furunkel**: *Calc.*hr1,k
– **vor** dem Ohr: berb. cic. olnd. sep. ter.
• **Bläschen**: cic.
• **Furunkel**: bry. carb-v. laur. sulph.
• **Herpes**: olnd.
• **Pickel**: ant-c.h nat-c.h verb.h
• **Pusteln**: mag-c.

Hitze: **Acon.**hr1,k,* aeth.hr1,k agn.a1,k aloe *Alum.*h,k,* alum-p.k2 alum-sil.k2 alumn.hr1,k,* aml-ns. anan.hr1,k,* ang.bg2,k,* ant-c.h,k,* ant-t.a1,hr1 *Arg-met.* arn.hr1,k,* *Ars.*hr1,k ars-i. ars-s-f.k2 ars-s-r.hr1 arum-d.a1 arund. asaf.hr1,k,* asar.bg2,k,* astac.hr1 aur-m-n.a1,k *Bell.*hr1,k,* berb.hr1,k,* borx. bov. brom.a1,k *Bry.*hr1,k,* **Calc.**hr1,k,* calc-i.k2 *Calc-p.*hr1,k,* calc-sil.k2 *Camph.*bg2,k,* cann-s. canth.hr1,k,* *Caps.*hr1,k *Carb-v.*bg2,k,* carbn-s. *Carl.*a1,k casc.hr1,k *Cham.*hr1,k,* chel.hr1,k,* chin.h,k,* choc.srj3 *Cic.*hr1,k,* cinnm.hr1 clem.hr1,k,* coc-c.a1,k coloc.a1,k com.hr1,k crot-h.a1,k der.a1 *Elaps* fago.a1,k form.a1,hr1 gast.a1 gran.a1,k *Graph.*bg2,k,* hep.h,k,* hyos.h,k,* *Hyper.*hr1,k,* *Ign.*h,k,* iod. iodof.a1,hr1 jac-c.a1,hr1 jac-g. jatr-c. kali-ar. *Kali-bi.*hr1,k *Kali-c.*h,k,* kali-m.k2 kali-n.h,k,* kali-p. kali-sil.k2 kiss.a1 kreos.bg2,k,* lach.hr1,k,* lob-s.a1 *Lyc.*h,k,* lyss.hr1,k mag-m.h,k,* manc.hr1,k,* mang.h,k,* meny.h,k,* meph.bg2,k,* *Merc.*h,k,* merc-sul.a1,hr1 mur-ac.h,k,* nat-ar. *Nat-m.*h,k,* nat-n.a1,k nat-p.hr1,k nat-s.hr1,k *Nit-ac.*h,k,* nitro-o.a1 nux-m.a1,k oena.a1,k ol-an.a1,k olnd.h op.a1,k paeon.a1,k par.hr1,k,* paull.a1 peti.a1 petr.h,k,* ph-ac.h,k,* *Phos.*h,k,* phys.a1,k pip-m.a1,k plat.h,k,* psil.ft,ft1 psor.a1,k *Puls.*h,k,* raph.hr1,k,* rob.a1 rutah sabin.bg2,k,* samb.hr1 sang.bg2,k,* sarr.a1 seneg.a1,k sep.h,k,* sil.h,k,* spira.a1 *Spong.*hr1,k stry. sul-ac.a1,k sul-i.k2 *Sulph.*a1,k tab.hr1,k,* tarent.a1,k ter.hr1,k,* thuj.a1,k til.a1,k verat. zing.hr1,k,*
– **eine** Seite: alum. asar. carb-v. chin.h ign. nat-m.h nat-p. puls.h
• **Gefühl**, ein Ohr wäre heiß, was nicht der Fall ist: arn.h mang.h
– **links**: arn.h,hr1,* *Asaf.*bg2,k calc.bg2 carb-v.h,hr1,* cinnm.hr1 cycl.h,k1 fago.a1 *Graph.*bg2,k jac-c.hr1,k,* *Kreos.*a1,hr1 mang.a1,h merc.hr1 nat-m.a1,h,* peti.a1 pip-m.a1 raph.a1,hr1 sep.h,k1
• **dann** rechts: mur-ac.h,k,* nat-n.a1
– **rechts**: aeth.hr1 asar. bry.hr1 com.hr1,k crot-h.a1 *Kali-c.*bg2,k,* lyss.hr1,k *Nat-s.*bg2,k,* psor.a1 samb.hr1,k sep.a1,h,* ter.hr1,k
• **rot** und heiß, links blaß und kalt: *Kali-c.*hr1,k
– **morgens** im Bett: cocc.
– **nachmittags**: cann-s.a1,k
• **13** h: com.
• **Kaffee**, nach: nat-m.
– **abends**: *Alum.*hr1,k,* bry.a1,k *Caps.*a1,k *Carb-v.*hr1,k,* cycl.h,k1 lyc.a1,h nat-m.h,k,* nat-n.a1,k *Nat-s.*hr1,k oena.a1 sabin.a1,k sanic. sil.h,k,*
• **22** h: stry.
• **Liegen**: ars.h,k1
• **Schlaf**, vor dem: ph-ac.a1,h,*
• **Zubettgehen**, beim: hyper.
– **nachts**: alumn.hr1,k,* meph.a1 sulph.a1,k
• **Mitternacht**: alumn.a1,k
◇ **abwechselnd** mit:
• **Kälte**: berb. *Cic.* verat.
– **ausströmender** Hitze; Gefühl von: aeth.a1,k calc.h,k,* *Canth.*hr1,k caust.ptk1 clem.a1,k *Kali-c.*h,k,* mur-ac.h,k,* ol-an.a1,k par.hr1,k,* rob.a1 sul-ac.a1,h
• **Wasser** aus dem rechten Ohr herauslaufen würde; als ob heißes: cham.
– **Druck** im Hinterkopf; bei: gran.a1,k
– **Essen**, nach dem: *Asaf.*hr1,k
– **Frost**; während: acon. alum. ars. bell. merc. puls. rhus-t.
• **Rücken**, im: asaf.
– **Hitzewallungen**: arg-met. **Lyc.**h,k,*
– **kalt**:
• **Berührung**; jedoch kalt bei: ail.dgt2 ambr.dgt2 apisdgt2 ars.dgt2 bapt. bry.dgt2 calc.dgt2 calc-caust.dgt2 calc-i.dgt2 caust.dgt2 cench.dgt2 chel.dgt2 cinnb.dgt2 con.dgt2 cor-r.dgt2 elapsdgt2 fl-ac.dgt2 grat.dgt2 hep.dgt2 ign.dgt2 ip.dgt2 lach.dgt2 lec.dgt2 lyc.dgt2 mag-c.dgt2 mag-m.dgt2 med.dgt2 meph.dgt2 morg-g.dgt2 nat-n. nit-ac.dgt2 nux-v.dgt2 phos.dgt2 plb.dgt2 ptel.dgt2 rumx.dgt2 sang.dgt2 sep.dgt2 sil.dgt2 sul-ac.dgt2 sul-i.dgt2 sulph.dgt2 vip.dgt2
• **Körpers**; mit Kälte des: acon.
• **Liegen**, beim: ars.
– **Röte** eines Ohres; mit: alum. tab.
– **Schlucken**, durch: arum-d.a1,k
▽ **erstreckt** sich zu:
• **Hinterkopf** zum Nacken; vom: spong.
• **Kopfes**; Hälfte des: chel.
• **Rachen**, abends beim Fahren: nux-m.
○ **Gehörgang**: acon. asar. bell.h *Calc.* calc-p. canth. casc. chel. com. euphr. *Lyc.* puls.
– **innen**
☞ *Gehörgang*
– **Ohrläppchen**, der: alum.h,kr1 ang.h camph.h hyos.h kali-c.h kali-n.h nat-m.h sil.h
• **Stöhnen**; mit: alum.kr1

Hohl; Gefühl wie: aur-m.hr1,k *Nux-v.*h,k,*
– **morgens**, amel. nach dem Mittagessen: nux-v.

Jucken

☞ *Gehörgang*

○ **Antitragus**: coc-c.$_{al,k,*}$

– **äußeres** Ohr: **Agar.** *Alum.* am-m. ant-c.$_{h,k,*}$ apis *Arg-met.* ars-s-f.$_{k2}$ bamb-a.$_{stb2}$ berb.$_{al,k}$ calc-p.$_{al,k}$ *Calc-s.* *Carb-v.* chel.$_{al}$ *Coloc.* *Con.*$_{al,k}$ fago.$_{al,k}$ *Graph.* hep.$_{al,c1}$ kali-bi.$_{k2}$ *Kali-c.*$_{h,k,*}$ mag-m. manc.$_{al,k}$ meph.$_{al}$ mez.$_{al}$ nat-c.$_{h,k,*}$ nat-m.$_{al,k}$ nat-p.$_{al}$ ol-an.$_{al}$ *Petr.* ph-ac. pic-ac.$_{al,k}$ plat. **Puls.** rhod.$_{al,k}$ **Rhus-t.**$_{al,k}$ rhus-v.$_{al}$ sil.$_{al,h,*}$ spig.$_{al,bg2}$ spira.$_{al}$ stry. **Sulph.**$_{al,k}$ **Tell.** trom. verat. zinc.
- **Berührung** amel.: anis.$_{c1}$

– **Eustachische** Röhre: agar. arg-met. *Calc.*$_{bg2,k}$ caust. coc-c.$_{bg2,k}$ coloc. ign.$_{bg1,bg2}$ kali-chl.$_{bg2}$ *Kali-m.*$_{bg1,bg2}$ nat-p.$_{al}$ **Nux-v.**$_{h,k,*}$ *Petr.*$_{bg2,k}$ senec.$_{bg2}$ **Sil.**$_{bg2,k,*}$
- **husten**; muß: gels.$_{bro1}$ nux-v.$_{bro1}$ sil.$_{bro1}$
- **schlucken**; muß: gels.$_{bro1}$ **Nux-v.** sil.$_{bro1}$

– **Gehörgang**: acon. aeth. *Agar.* alum. alum-p.$_{k2}$ alum-sil.$_{k2}$ *Am-c.* am-m. ambr. *Anac.* anag. ant-c. arg-met.$_{k2}$ *Ars.* ars-s-f.$_{k2}$ arund.$_{c1}$ **Aur.** aur-ar.$_{k2}$ bamb-a.$_{stb2}$ **Bar-c.**$_{bg2,k,*}$ bar-m. bar-s.$_{k2}$ benz-ac. borx. *Bov.* *Calad.* *Calc.* *Calc-s.* calc-sil.$_{k2}$ *Caps.* *Carb-v.* *Carbn-s.* *Caust.* chel.$_{al,k}$ cinnb. *Cist.* coc-c. *Colch.* *Coloc.* crot-h. crot-t. cupr. *Cycl.* *Elaps* ferr-ar. ferr-p.$_{k2}$ *Fl-ac.* form. *Graph.* grat.$_{k2}$ ham. **Hep.** hyper. *Ign.* *Kali-ar.* *Kali-bi.* **Kali-c.** kali-n. *Kali-p.* *Kali-s.* kali-sil.$_{k2}$ lach. lachn. *Laur.* *Lyc.* mag-c. mag-m. manc.$_{al,k}$ **Mang.** med. meny. *Merc.* merc-d.$_{al}$ merc-i-f. merc-i-r.$_{al,k}$ *Mez.* mill. mur-ac. nat-ar. nat-c.$_{h,k,*}$ nat-m. nat-p. nat-s. nit-ac. **Nux-v.** **Petr.** ph-ac. *Phos.* *Psor.* puls.$_{k2}$ rat. rhod. rumx. ruta sabad. samb.$_{h}$ *Sars.* **Sep.** **Sil.** *Spig.* stann. sul-ac. sul-i. **Sulph.** tab. tarax.$_{h}$ tarent. *Tell.*$_{c1,k}$ tub-a.$_{br1}$ zinc. zinc-p.$_{k2}$
- **abwechselnde** Seiten: chel.$_{bg1,bg2}$
- **links**: **Anag.** androc.$_{srj1}$ anis.$_{c1}$ benz-ac. calc. caust. cist. coc-c. form. ham. lachn.$_{hr1}$ mang. mur-ac. nat-c.$_{al,k}$ petr.$_{h}$ phel. rhus-t. sars. stann. sulph. *Tell.* verat-v. zinc.
- **rechts**: carb-ac. chel. cinnb. meny. merc-i-r. mez. nat-m. nat-p. psor. rat. rumx. tarent.
- **tagsüber**: cench.$_{k2}$
- **morgens**: am-c. arg-met. choc.$_{srj3}$ kali-n. nat-c. sars.$_{h}$
- **nachmittags**: agar. laur. ol-an. puls.
- **abends**: acon. borx. calad. calc-p. elaps graph. grat. mag-c. nat-m. psor. puls.
  - **21** h: phel.
  - **Gehen**, beim: borx.
- **nachts**: cench.$_{k2}$ *Merc-i-r.* sep. stry.
- ◇ **abwechselnd** mit:
  - **Anus**, Jucken des: sabad.
- **Aufstehen**; bald nach dem: arg-met. trom.
- **Berührung** amel.: hyper. mur-ac.$_{h}$ nat-m.
- **Bewegen** des Kiefers; beim: ph-ac.
- **Bohren** mit dem Finger:
  - **amel.**: aeth. agar. *Bov.* coc-c. *Coloc.* fl-ac. lachn. laur. mag-m. mill. ol-an. zinc.
    ☞ *Bohren - amel.*
  - **nicht** amel. durch: agar. *Carb-v.* laur. mang. ruta$_{h}$

– **Gehörgang**: ...
- **brennend** (= Frostbeulen): **Agar.** alum. arg-met.$_{k2}$ *Arn.* **Ars.** arund. bad. **Bry.** calc. calc-p. carb-an. carb-v. carl.$_{c1}$ *Caust.* corn. lach. *Lyc.* *Mur-ac.* nat-p. *Nit-ac.* *Nux-v.* **Petr.** *Phos.* puls. stry. *Sulph.* thuj. zinc.
  - **Kratzen**, nach: *Fl-ac.*
  - **warmes** Zimmer: calc-p.
- **Bücken**, beim: lepi.
- **erfroren**, wie: **Agar.** colch. crot-h. hipp. **Petr.**
- **Essen**, beim: lachn.
- **Fahren** oder Reiten, nach: calc-p.
- **Gähnen**, beim: acon.
- **Gehen**, beim: borx.
- **Husten**, durch: lach.
- **Kratzen**, scharfes:
  - **agg.**: bamb-a.$_{stb2}$
  - **amel.**: caust. mag-c. nat-c.
    - **nicht** amel. durch: am-m. *Arg-met.* cist.$_{k2}$ fl-ac. hydrog.$_{srj2}$ *Sars.*
  - **muß** kratzen, bis es blutet: alum. *Arg-met.* nat-p.
- **Lachen**, beim: mang.$_{ptk1}$
- **Liegen**, beim: kali-p.
- **Menses**, während: agar.
- **Niesen**, beim: cycl.$_{br1}$
- **Reiben**:
  - **agg.**: alum.
  - **amel.**: mez.$_{h}$ ol-an. phel.
    - **nicht** amel. durch: zinc.
- **Schlaf**, im: *Lyc.*
- **Schlucken**, beim: mang. *Sil.*
  - **muß** schlucken: carb-v. **Nux-v.**
- **Sprechen**, beim: mang.$_{ptk1}$
- **stechend**: lach.
- **taub**: sep.$_{h}$
- **warmes** Zimmer: calc-p. coc-c.
  - **Eintreten** aus der kalten Luft; beim: *Coc-c.*
- **wundfressend**: *Arg-met.*
- ▽ **erstreckt** sich zu:
  - **Körper**; über den ganzen: am-c.
  - **Mund**: coc-c.$_{bg1,bg2}$

– **hinter** dem Ohr: *Agar.* alum. aur. aur-m. brom. calc. calc-s.$_{k2}$ carb-v. fago. **Graph.** hura hydrog.$_{srj2}$ lyc. mag-c. mag-m. merc-i-f. *Mez.* *Mosch.*$_{bg1,bg2,*}$ **Nat-m.** *Nit-ac.* *Petr.* *Rhod.*$_{bg1,bg2,*}$ rhus-v. *Ruta*$_{bg1,h,*}$ sulph. ther. til. verat. verat-v.
- **mittags**: fago.
- **abends** im Bett: merc-i-f. sulph.
- **nachts**: *Aur-m.* mag-c. mag-m. merc-i-f. ruta
- **Brennen**; gefolgt von: nat-m.
- **Kratzen** amel.: brom. mag-c. mag-m. ruta

– **Ohrläppchen**: agar.$_{al,k}$ alum.$_{al,k}$ *Arg-met.* asc-t.$_{al}$ caust.$_{al,k}$ graph.$_{al,k}$ hydrog.$_{srj2}$ kali-bi.$_{hr1,k}$ kali-c.$_{al,h,*}$ laur.$_{al,k}$ nat-c.$_{al,h,*}$ nat-m.$_{h,k,*}$ nux-v. ph-ac.$_{al,h,*}$ rhus-t.$_{al}$ sabad.$_{bg2,k,*}$ sulph. verat.$_{bg2}$
- **nachts**: nux-v.

– **Ohrmuschel**: agar.$_{al,k}$ ant-c.$_{al,h,*}$ arg-met. bry.$_{al}$ calc.$_{al,k}$ chel.$_{hr1,k,*}$ kali-n.$_{al}$ paeon.$_{al,k}$ ped.$_{al}$ phel.$_{al}$ raph.$_{al,k}$ spig.$_{al,k}$ sulph.$_{al,k}$ wies.$_{al}$

– **Tragus**: mur-ac.$_{h,k,*}$

– **über** dem Ohr:
  • **linkes** Ohr: anis.$_{c1}$
    • **Berührung** amel.: anis.$_{c1}$
– **um** das Ohr:
  • **abends**: phel.
– **unter** dem Ohr: ars. caust. mag-c. ol-an. verat.
  • **Kratzen** amel.: mag-c.
– **vor** dem Ohr: alum.$_{h}$ ol-an.
  • **linkes** Ohr:
    • **Berührung** amel.: anis.$_{c1}$

Kahler Fleck über dem Ohr: phos.$_{h,k,*}$

Kalkablagerung auf dem Trommelfell: *Calc-f.*$_{hr1,k}$ syph.
☞ *Sklerose*

Kälte: aeth. amyg.$_{a1,k}$ ars.$_{bg2,k,*}$ bapt.$_{hr1,k}$ berb.$_{bg2,k,*}$ *Calc.*$_{bg2,k,*}$ *Calc-p.*$_{hr1,k,*}$ carb-v. *Chel.*$_{hr1,k,*}$ chin.$_{c1}$ cic.$_{hr1,k,*}$ dulc.$_{bg2}$ ign.$_{bg2}$ ip.$_{bg2,k,*}$ kali-ar. *Kali-c.*$_{h,k,*}$ *Lach.*$_{bg2,k,*}$ lyc.$_{bg2,k,*}$ *Mang.*$_{h,k,*}$ meny.$_{h,k,*}$ merc.$_{h,k,*}$ mez.$_{a1,bg2}$ *Nit-ac.* paeon.$_{a1,k}$ *Petr.*$_{hr1,k}$ *Plat.*$_{h,k,*}$ psor.$_{bg2,k,*}$ ran-s.$_{hr1,k}$ sel.$_{bg2}$ seneg.$_{bg2,k,*}$ stram.$_{hr1,k}$ ter.$_{bg2,k,*}$ thea *Verat.*$_{bg2,k,*}$ verat-v.$_{hr1,k,*}$ zinc.$_{bg2}$
– **links**, erstreckt sich durch das Ohr: seneg.
– **rechts**: chel.$_{a1}$ hydrog.$_{srj2}$ *Kali-c.* lyc. mang.$_{a1,h}$ plat.$_{a1,h}$ psor.$_{a1}$ verat.$_{a1}$
  • **Brennen** links, und: nat-n.
– **abends**: mez.$_{a1,k}$ paeon.
  • **17** h: paeon.
  • **warmen** Bett, im: merc.
◆ **abwechselnd** mit Hitze: berb.$_{hr1}$ verat.$_{a1,k}$
– **brennend** heiß, jedoch kalt bei Berührung: bapt.$_{hr1,k}$ nat-n.
– **eines** kalt, das andere heiß: chel.$_{hr1,k}$ *Kali-c.*$_{hr1}$ nit-ac. paeon.$_{a1}$
– **Gefühl** von:
  • **Luft** darauf blasen; als würde: hydrog.$_{srj2}$
  • **äußeres** Ohr: lachn. nat-n.
– **Hitze**; während: *Ip.*$_{bg2,k,*}$ *Lach.*$_{hr1,k}$
– **Luftzug**; wie durch einen: mang.$_{h,k,*}$ stann.
– **Schwangerschaft**; während der: berb.$_{ptk}$ merc.$_{ptk2}$
– **warm**:
  • **Bett**; im warmen:
    • **agg.**: merc.$_{bg1}$
– **Wasser**:
  • **herausgelaufen** wäre; als ob kaltes Wasser: merc.
  • **hereingekommen** wäre; als ob kaltes Wasser: meny.
○ **Gehörgang**: caust. *Merc. Mez. Plat.* staph.
  • **Wind**; wie durch: caust. mang. *Mez.* sanic. staph.
– **hinter** dem rechten Ohr: *Form.*
– **über** dem Ohr: indg.$_{a1,k}$ lac-ac.$_{a1,k}$
– **um** das Ohr: aeth. bry. form.$_{a1,hr1}$
– **unter** dem Ohr: aeth.

Karies, drohende: *Asaf.* **Aur.** *Calc. Calc-f. Calc-s.* fl-ac.$_{k2}$ nat-m. **Sil.** sulph.
▽ **erstreckt** sich zu:
  • **Hirnhaut**: *Stram.*$_{k2}$

Karies, drohende: ...
○ **Felsenbein**: calc-f.$_{br1,bro1}$ **Caps.**
– **Processus** mastoideus: **Aur.** aur-ar.$_{k2}$ **Caps.** carb-an. *Fl-ac. Hep. Lach. Nit-ac.* **Sil.** stram.$_{k2}$ syph.$_{k2,xxb}$

Katarrh:
☞ *Absonderungen*
○ **Mittelohr**: ars-i.$_{k2}$ kali-m.$_{k2}$
– **Eustachische** Röhre: agra.$_{bro1}$ alf.$_{bro1}$ alum. *Ars.*$_{bnt}$ ars-i.$_{k2}$ arum-d.$_{a1}$ **Asar.** aur.$_{bnt}$ bar-m.$_{bro1,k2}$ **Calc.**$_{hr1,k}$ calc-i.$_{k2}$ calc-p.$_{k2}$ calc-s. caps. *Caust.* cench.$_{k2}$ cham.$_{bnt}$ chin.$_{k2}$ dulc.$_{c1,k2}$ ery-a.$_{hr1}$ ferr-i.$_{bro1}$ **Ferr-p.**$_{bro1,k2}$ gels.$_{hr1,k}$ *Graph.*$_{bro1}$ hep.$_{bro1,ptk1}$ *Hydr.*$_{hr1,k,*}$ ign.$_{bnt}$ *Iod.*$_{hr1,k}$ *Kali-bi.* *Kali-chl.*$_{hr1,k}$ *Kali-i.* kali-m.$_{bro1,k2,*}$ **Kali-s.**$_{hr1,k,*}$ lach.$_{k2}$ lob-c.$_{bro1}$ lob-s.$_{c2}$ *Mang.*$_{hr1,k}$ menth.$_{bro1}$ *Merc.*$_{hr1,k}$ *Merc-d.*$_{hr1,k}$ mez.$_{k2}$ *Nat-m.*$_{hr1,k}$ *Nit-ac.*$_{hr1,k}$ pen.$_{bro1}$ **Petr.**$_{hr1,k}$ *Phos.* phyt.$_{hr1,k,*}$ **Puls.**$_{hr1,k}$ rhus-t.$_{c1,cpy}$ ros-d.$_{bro1}$ *Sang.*$_{hr1,k}$ sangin-n.$_{c2}$ **Sil.**$_{hr1,k}$ *Sulph.*$_{hr1}$ visc.$_{bro1}$

Kindern; bei: *Cham.*$_{hr1,k}$ *Puls.*$_{hr1,k}$ *Zinc.*$_{hr1,k}$

Kitzeln
☞ *Jucken*

Knoten:
○ **äußeren** Ohren; kupferfarbene Knoten an den: arg-met. dros.$_{h}$ graph.$_{h}$ merc. staph.$_{h}$
– **hinter** dem Ohr: bar-c. ph-ac.
– **Ohrmuschel**, an der: berb.$_{ptk2}$

Knoten hinter dem Ohr; harte: cinnb.

Kongestion
☞ *Völlegefühl*

Körpers hinter dem Ohr; Gefühl eines harten: graph.$_{h}$

Krabbeln
☞ *Ameisenlaufen*

Kratzendes Gefühl: mang.$_{h,k1}$ plb.$_{a1}$ ruta

Kribbeln: agar.$_{hr1,k}$ am-c. am-m. ambr. anac.$_{a1,k}$ ant-c.$_{h,k,*}$ arg-met.$_{k2}$ arn. ars. ars-s-f.$_{k2}$ ars-s-r.$_{hr1}$ asaf. aur-m-n. bar-c. bar-m. *Bell.*$_{a1,k}$ brach.$_{hr1,k,*}$ *Calc.*$_{hr1,k}$ camph. cann-s. carb-ac.$_{hr1}$ carb-an. *Carb-v.* caust. cent.$_{a1}$ cham. chel. *Chin.*$_{hr1}$ *Chinin-s.* cic. *Colch.*$_{hr1,k}$ con.$_{hr1,k}$ dig. dulc. ferr-ma.$_{a1,k}$ *Graph.* ign. kali-ar. kali-c. kali-m.$_{k2}$ kali-n. kalm. lachn.$_{a1,k}$ *Laur.*$_{hr1,k}$ lol.$_{a1}$ lyc. mag-c. mill.$_{a1,k}$ *Mur-ac.*$_{hr1,k}$ nat-m.$_{h,k}$ neon$_{srj5}$ nux-v. plat. puls.$_{a1,k}$ rhus-t. rob.$_{a1}$ salin.$_{a1}$ sarr.$_{a1}$ sars.$_{h,k}$ *Sep.*$_{h,k,*}$ stann. stry.$_{a1,k}$ sul-ac. sul-i.$_{a1,k}$ *Sulph.*$_{hr1,k,*}$ thuj.$_{a1,k}$ verat.
– **links**: nat-m.$_{h}$ sars.$_{h}$
  • **Musik** agg.: choc.$_{srj3}$
– **rechts**: anac.$_{c1}$ salin.$_{a1}$
– **morgens** im Bett: sulph.
– **mittags**: stry.$_{a1,k}$
– **nachts**: carb-an.
– **Bohren** mit dem Finger amel.: lachn.$_{a1,c1}$ mill.$_{a1}$
– **Drehen** des Kopfes: nat-c.

– **Gehen**, beim: rhus-t.
 • **Freien**, im: carb-an.
– **Menses**; vor den: ferr.$_{c1}$
– **Niesen**, beim: euph.
– **Sitzen**, im: sulph.
○ **Gehörgang**: alum.$_{a1,k}$

Lebendigem im Ohr; Gefühl von etwas: rhus-t.$_{bg2,rb2}$ sil.$_{rb2}$

Luft:
– **empfindlich** gegen die Luft im Freien: caust. **Cham. Lach.** *Mez.*$_{c2,k}$
 ☞ *Wind - empfindlich*
– **Gefühl** von Luft:
 • **aus** dem Ohr herausströmen würde; als ob Luft: aphis$_{rb2}$ *Chel.* stram.$_{ptk1,rb2}$
 • **kalte** Luft: mill.
 • **Eindringen** von Luft
  ☞ *in das Ohr*
 • **Fächeln** vor dem Ohr: calc. mang. nit-ac.
 • **im** Ohr: graph. *Mez.*
  • **ausdehnen**; als würde Luft den Gehörgang: mez.$_{c1}$
   • **abends**: mez.
  • **kalt**: caust. dulc. kali-c.$_{ptk1}$ *Mez.* mill.$_{ptk1}$ plat. staph. vinc.
  • **Luftblase**: hura$_{rb2}$ *Nat-m.*
 • **in** das Ohr hineinströmen würde; als ob Luft: amph.$_{a1}$ lachn. mang. mez. staph.
  • **Aufstoßen**, beim: caust. graph.
  • **Schneuzen** der Nase; beim: puls.$_{h}$ sulph.
  • **Ziehen** des Kiefers zur anderen Seite; beim: sarr.
– **hereinströmen**
 ☞ *Gefühl - in das Ohr*

Lupus am Ohrläppchen: nit-ac.$_{hr1,k}$

Ménière; Morbus
 ☞ *❑ Schwindel - Ménière*

Mittelohrentzündung
 ☞ *Entzündung - Mittelohr*

Offen; der Gehörgang scheint: aur-m. mez.
– **morgens**: mez.

Öffnen; Gefühl, als würde sich das Ohr:
– **schließen** wie ein Ventil; und: *Bar-c.* borx. goss.$_{st1}$ *Graph.*$_{bg1,k}$ *Iod.* iris-foe.$_{a1}$ *Nat-s.* *Psor.* xan.$_{bg1}$
 ☞ *Verstopfungsgefühl - Ventil*
 • **Schritt**, bei jedem: graph.

Öffnung; Gefühl einer:
– **Luft** beim Öffnen und Schließen des Mundes eindringt; durch die: thuj.

Ohrgeräusche
 ☞ *Geräusche*

Ohrschmalz:
– **blaß**: **Lach.**$_{hr1,k}$ wies.$_{a1}$
– **braun**: calc-s.$_{bg2,k,*}$
 • **rot** oder dunkel: *Mur-ac.*$_{bg2,k,*}$
– **dick**: chel.$_{a1,k}$ *Petr.*$_{hr1,k}$

Ohrschmalz: ...
– **dunkel**, fließend: calc-s.$_{ptk1,ptk2}$
– **dünn**: am-m.$_{hr1,k,*}$ *Cham.*$_{hr1}$ *Con.* *Hep.*$_{hr1,k}$ iod. *Kali-c.*$_{h,k,*}$ lach. *Merc.*$_{h,k,*}$ mosch. *Petr.*$_{hr1,k}$ sel.$_{a1,k}$ *Sil.*$_{h,k,*}$ sulph.$_{a1,k}$ *Tell.*$_{a1,k}$ wies.$_{a1}$
– **eitrig**: con.$_{hr1,k}$ sep.$_{h,k,*}$
– **faulig**: caust.$_{bg1,bg2}$
– **fehlend**: aeth. anac.$_{hr1,k}$ *Calc.*$_{bg2,k}$ *Carb-v.*$_{bg2,k,*}$ *Cham.*$_{hr1,k}$ *Lach.*$_{hr1,k}$ mur-ac.$_{hr1,k}$ *Petr.*$_{hr1,k}$ psor.$_{a1}$
 ☞ *Trockenheit - Gehörgang*
– **gelb**: *Carb-v.*$_{hr1,k}$ *Kali-c.*$_{h,k,*}$ lach.
– **Papier**:
 • **gekautes** Papier, wie: con.$_{ptk1}$ lach.$_{ptk1}$
 • **verrottetes** Papier, wie: con.
– **rot**: **Con.**$_{h,k,*}$ mur-ac.$_{hr1,k}$ *Psor.*$_{hr1,k,*}$
– **rötlich**: *Psor.*$_{hr1,k,*}$
– **schwarz**: elaps **Puls.**$_{hr1,k}$
 • **verhärtet**: elaps$_{ptk1}$
– **spärlich**: aur-s.$_{k2}$
– **trocken**: alum.$_{bg2}$ *Elaps* graph.$_{bg2}$ lac-c. *Lach.*$_{hr1,k}$ mur-ac.$_{h,k,*}$ petr.$_{hr1,k}$
 • **abschilfernd**; in Schuppen: *Mur-ac.*
– **verhärtet**: all-s.$_{hr1,k}$ con. elaps$_{ptk1}$ lach.$_{hr1,k}$ mur-ac.$_{hr1}$ **Puls.**$_{bg2,k,*}$ sel.$_{bg2,k,*}$
– **vermehrt**: agar.$_{bg2,k,*}$ am-m.$_{bg2,k}$ ammc.$_{hr1}$ anan.$_{hr1,k,*}$ bell.$_{a1,k}$ *Calc.*$_{bg2,k,*}$ calc-sil.$_{k2}$ **Carb-v.**$_{bg2}$ **Caust.**$_{bg2,k,*}$ chin-b.$_{kr1}$ *Con.*$_{k,kl2}$●,* cycl.$_{hr1,k,*}$ dios.$_{hr1,k}$ *Elaps* graph.$_{bro1}$ helo.$_{c1}$ *Hep.*$_{h,k,*}$ kali-c.$_{h,k,*}$ **Lach.**$_{bg2}$ *Lyc.*$_{bg2,kl2}$●,* merc.$_{bg2}$ merc-i-r.$_{hr1,k,*}$ merl. mosch.$_{a1,k}$ mur-ac. petr.$_{bg2,k,*}$ sedi.$_{a1}$ sel.$_{bg2,k,*}$ sep.$_{h,k,*}$ sil.$_{h,k,*}$ sulph.$_{a1,k}$ tarent.$_{a1,k}$ thuj.$_{bg2,k,*}$ wies.$_{a1}$ zinc.$_{hr1,k,*}$
– **weich**: petr.$_{hr1}$ sil.$_{a1,k}$ wies.$_{a1}$
– **weißlich**: chel.$_{a1,k}$ con. **Lach.**$_{hr1,k,*}$ sep.$_{h,k,*}$
 • **Brei**, wie: chel.

Otitis media
 ☞ *Entzündung - Mittelohr*

Perforation:
○ **Trommelfell**: aur.$_{bg2,bro1}$ calc.$_{bg2,bro1}$ calc-i.$_{bg2}$ caps.$_{bg2,bro1}$ hep.$_{ptk1,ptk2}$ *Hydr.*$_{kr1}$ *Kali-bi.*$_{bg2,kr1,*}$ *Kali-p.*$_{kr1}$ merc.$_{bg2,bro1}$ *Sil.*$_{bg2,bro1}$ sul-i.$_{bg2}$ *Sulph.*$_{bg2,kr1}$ tell.$_{bg2,bro1}$ *Tub.*$_{bg2,br1,*}$
 • **drohend** bei Otitis media: **Merc.**$_{kr1}$ *Puls.*$_{kr1}$
 • **Hohlraum** ist mit dickem, gelbem Eiter gefüllt: *Caps.*$_{kr1}$
 • **Luft** strömt beim Schniefen hindurch: *Tell.*$_{kr1}$
 • **Rändern**; mit ausgefransten, gezackten: *Tub.*$_{br1}$

Pfeffer; Gefühl wie von: hydrog.$_{srj2}$

Pochen
 ☞ *Pulsieren*

Polyp: anac.$_{hr1,k}$ **Calc.**$_{bg2,k,*}$ calc-i. caust. *Hep.*$_{c2}$ hydr.$_{hr1}$ kali-bi. kali-chl. *Kali-s.*$_{hr1,k}$ *Lach.*$_{hr1,k,*}$ *Lyc.*$_{bg2,k,*}$ *Merc.*$_{bg2,k,*}$ petr.$_{hr1,k}$ *Phos.*$_{bg2,k,*}$ sang.$_{bg2,k,*}$ sil.$_{bg2}$ staph.$_{bg2,k}$ sulph. tax.$_{c2}$ *Teucr.*$_{bg2,k,*}$ *Thuj.*$_{bg2,k,*}$
– **blutend**: calc. merc.$_{hr1,k}$ thuj.$_{hr1,k}$
 • **weicher** Polyp, blutet leicht: *Calc.* *Merc.* **Thuj.**

Prickeln, Kribbeln: dulc.$_{h}$

Pulsieren: acon.$_{bg2}$ aloe alum.$_{bg2,k,*}$ alum-p.$_{k2}$ alum-sil.$_{k2}$ alumn. am-c.$_{a1,k}$ am-m.$_{bg2,k,*}$ aml-ns. anac. anan.$_{hr1,k,*}$ ars-s-f.$_{k2}$ ars-s-r. atis.$_{bnj1}$ bar-c.$_{bg2,k,*}$ bar-m. bar-s.$_{k2}$ **Bell.**$_{bg2,k,*}$ benz-ac.$_{hr1,k}$ berb.$_{hr1,k,*}$ brom.$_{hr1,k,*}$ *Cact.*$_{bg2,k,*}$ calad.$_{hr1,k,*}$ **Calc.**$_{bg2,k,*}$ calc-p.$_{hr1,k,*}$ *Calc-s.* calc-sil.$_{k2}$ **Cann-i.**$_{hr1,k,*}$ cann-s.$_{bg2,k,*}$ carb-ac.$_{a1,k}$ carb-an. *Carb-v.*$_{a1,k}$ *Carbn-o.* carbn-s. *Caust.*$_{bg2,k,*}$ cham.$_{bg2}$ chel.$_{a1,k}$ chin.$_{h,k,*}$ cob.$_{a1,k}$ coc-c.$_{a1,k}$ coca *Coloc.*$_{hr1,k,*}$ *Con.*$_{h,k,*}$ crot-h. dig.$_{bg2,k,*}$ ferr-m. ferr-ma.$_{a1}$ ferr-p.$_{bg2}$ gamb.$_{a1,k}$ *Glon.*$_{bg2,k,*}$ graph.$_{h,k,*}$ *Hep.*$_{bg2,k,*}$ hydrc.$_{a1,k}$ hydrog.$_{srj1}$ ign.$_{h,k,*}$ ind.$_{a1,hr1}$ indg.$_{a1,k}$ kali-bi.$_{bg2,k}$ kali-c.$_{h,k,*}$ kali-i.$_{bg2}$ kali-n.$_{a1,k}$ kali-p. kali-s. kali-sil.$_{k2}$ *Lach.*$_{hr1,k,*}$ lec.$_{br1}$ lyc.$_{h,k,*}$ *Mag-m.*$_{bg2,k,*}$ *Med.*$_{hr1,k}$ *Merc.*$_{bg2,k}$ *Merc-c.*$_{bg2,k,*}$ merc-i-f.$_{hr1,k,*}$ mez.$_{h,k,*}$ *Mur-ac.*$_{h,k,*}$ nat-c.$_{h,k,*}$ *Nat-m.*$_{hr1,k}$ nat-p. **Nit-ac.**$_{h,k,*}$ ol-an.$_{a1,k}$ onis.$_{a1}$ op.$_{a1,k}$ **Phos.**$_{h,k,*}$ phys.$_{a1,k}$ plan.$_{a1,k}$ psor.$_{a1}$ ptel.$_{a1,k}$ *Puls.*$_{bg2,k}$ rheum rhod.$_{bg2,k,*}$ *Rhus-t.*$_{h,k,*}$ rumx. sang.$_{hr1,k,*}$ sel.$_{a1,k}$ sep.$_{h,k,*}$ *Sil.*$_{h,k,*}$ spig.$_{bg2,k,*}$ spong. sulph.$_{bg2,k,*}$ *Tell.*$_{bg2,k,*}$ thuj.$_{a1,k}$ zinc.$_{a1,k}$ zinc-p.$_{k2}$

– **links**: am-c.$_{a1,k}$ *Bar-c.*$_{a1,k}$ berb.$_{a1,k}$ carbn-o. cob.$_{a1,k}$ gamb.$_{a1,k}$ indg.$_{a1}$ kali-n.$_{a1}$ *Merc-c.*$_{hr1,k,*}$ nat-c.$_{h,k,*}$ plan.$_{a1,k}$ rhod.$_{a1,k}$ spig.$_{a1,k}$

– **rechts**: am-m.$_{a1,k}$ cact.$_{a1,k}$ calad.$_{hr1,k,*}$ glon.$_{hr1,k,*}$ hydrc.$_{a1,k}$ kali-c.$_{a1,h}$ lec. mag-m.$_{h,k,*}$ ol-an.$_{a1,k}$ phos.$_{h,k,*}$ ptel.$_{a1,k}$ sel.$_{a1,k}$ sil.$_{h,k,*}$

– **morgens**: graph.$_{h,k,*}$
  • **Frühstück**, nach dem: zinc.

– **vormittags**: coca

– **abends**: cob.$_{a1,k}$ hep.$_{a1}$ ind.$_{a1,hr1}$ indg. phys.$_{a1,k}$ zinc.
  • **Bett**, im: hep. thuj.
  • **Einschlafen**, beim: sil.

– **nachts**: am-m.$_{a1,k}$ dig.$_{a1,k}$ *Kali-bi.* **Puls.** *Rhus-t.*$_{h,k,*}$ sep.$_{h,k,*}$
  • **Bett**:
    • **Warmwerden** im; beim: *Merc.*
  • **Liegen** auf dem Ohr; beim: am-c.$_{a1,k}$ *Bar-c.*$_{a1,k}$ kali-c.$_{h,k,*}$ lec. sil.$_{h,k,*}$

◆ **begleitet** von:
  • **Kopf**; Schmerz im
    ☞ ❑ *Kopf - Schmerz - begleitet von - Ohr*

– **Bücken**, beim: graph. rheum zinc.
  • **amel.**: cann-s.

– **Druck** amel.: carb-an.$_{a1,k}$

– **Essen** agg.: graph.$_{h,k,*}$

– **Gehen**, nach dem: phos.$_{h,k,*}$

– **Liegen**:
  • **Ohr**, auf dem: am-c. bar-c. kali-c. nat-hchls. sil. *Spong.*
  • **Seite**, auf der: bar-c. nat-hchls.

– **Luft**; Einwirkung von:
  • **agg.**: ptel.

– **Mittagessen**, nach dem: carb-an.$_{a1,k}$ indg.$_{a1,k}$

– **Schreiben**, beim: rheum zinc.$_{a1,k}$

– **Sitzen**, im: am-m.$_{a1,k}$ indg.$_{a1,k}$

– **Stehen**, im: cann-s.

– **wellenartig**: spig.$_{h,kl}$

○ **hinter** dem Ohr: *Aml-ns.* anan. ang.$_{h}$ calc-p. caust. glon. kali-c. kali-m.$_{k2}$ lach. mez. phos. pic-ac. rhus-t. zinc-chr.$_{ptk1,ptk2}$
  • **rechts**: marb-w.$_{es1}$
  • **Bewegen** des Kopfes; beim: kali-c.
  • **Gehen** amel.: rhus-t.
  • **kalte** Luft amel.: rhus-t.
  • **Liegen** auf der erkrankten Seite; beim: rhus-t.
  • **Wärme** agg.: rhus-t.

– **Ohrläppchen**: ferr-m. ferr-ma.$_{a1}$ phos.$_{h,k,*}$

– **unter** dem Ohr: sang.

– **vor** dem Ohr: bar-c. calad. hep. lyc.
  • **morgens**: lyc.
  • **abends**: lyc.
  • **Liegen**:
    • **Hinlegen**; nach dem: hep.
    • **Ohr**; auf dem: bar-c.
    • **Seite**; auf der linken: choc.$_{srj3}$

Rauhe Epidermis in den Ohren: olnd.

Risse hinter dem Ohr
  ☞ *Hautausschläge - hinter - Risse*

Roheit hinter
  ☞ *Hautausschläge - hinter - wund*

Rollen würde; als ob beim Schütteln des Kopfes etwas im Ohr hin und her: ruta

Röte
  ☞ *Farbe - rot*

Schläge, Erschütterungen beim Schlucken: con.

Schläge in den Ohren: arn. nat-m. nux-v. paeon. plat.

Schmerz: *Acon.*$_{bg2,k,*}$ act-sp. aesc. aeth. agar.$_{bg2,k}$ ail. *All-c.*$_{hr1,k}$ aloe alum.$_{bg2,k}$ alum-sil.$_{k2}$ am-c. am-m. ambr.$_{bg2,k}$ *Anac.* anag.$_{hr1}$ *Ang.*$_{hr1,k}$ *Ant-c.*$_{h,k,*}$ ant-t. *Apis* aran.$_{bg2,k,*}$ arg-met. *Arg-n.* *Arn.*$_{bg2,k}$ *Ars.*$_{a1,k}$ ars-i. ars-s-f.$_{k2}$ arum-d.$_{a1}$ arum-t. arund.$_{hr1,k}$ asaf.$_{bg2,k,*}$ *Asar.* *Aur.* aur-ar.$_{k2}$ aur-m. aur-m-n. aur-s.$_{k2}$ *Bamb-a.*$_{stb2}$ *Bar-c.* *Bar-m.* **Bell.**$_{bg2,k,*}$ berb. bism.$_{hr1,k}$ *Borx.* bov.$_{bg2,k}$ brach.$_{hr1,k,*}$ brom.$_{hr1,k,*}$ bry.$_{bg2,k,*}$ cact. cadm-s. calad.$_{bg2,k,*}$ *Calc.*$_{bg2,k,*}$ calc-f. calc-i.$_{k2}$ *Calc-p.*$_{bg2,k,*}$ *Calc-s.* camph.$_{hr1,k}$ *Cann-i.*$_{a1,k}$ cann-s. canth. *Caps.*$_{bg2,k}$ carb-ac.$_{hr1}$ carb-an. *Carb-v.*$_{bg2,k,*}$ *Carbn-s.* card-m.$_{hr1}$ carl.$_{a1,k}$ castm. *Caust.*$_{h,k,*}$ **Cham.**$_{bg2,k}$ *Chel.*$_{h,k,*}$ chim.$_{hr1}$ chim-m.$_{hr1}$ chin.$_{bg2,k,*}$ chinin-ar. chinin-s. chlf.$_{hr1,k}$ *Chr-ac.*$_{hr1}$ cic.$_{h,k,*}$ *Cimic.*$_{a1,k}$ cinnb.$_{a1,k}$ cist.$_{hr1}$ cit-v.$_{a1}$ clem.$_{hr1,k,*}$ cob.$_{hr1,k,*}$ coc-c.$_{hr1,k,*}$ coff.$_{bg2}$ colch.$_{bg2,k,*}$ coloc.$_{hr1,k}$ com. con.$_{h,k,*}$ croc.$_{a1,k}$ crot-h.$_{hr1,k}$ crot-t.$_{hr1,k}$ *Cupr.*$_{bg2,k,*}$ cupr-ar.$_{hr1,k}$ *Cur.*$_{hr1,k}$ cycl.$_{hr1,k}$ der.$_{a1,k}$ desm-g.$_{bnj1}$ dig.$_{hr1,k,*}$ dios.$_{hr1,k,*}$ dol.$_{hr1}$ *Dros.*$_{hr1,k}$ *Dulc.*$_{bg2,k,*}$ elaps ery-a.$_{hr1,k}$ erythr-ca.$_{bta1}$ euph.$_{h,k,*}$ euphr.$_{h,k,*}$ eupi.$_{a1,k}$ fago.$_{a1,k}$ ferr.$_{hr1,k,*}$ ferr-ar. ferr-i.$_{a1,k}$ ferr-m. ferr-ma.$_{a1}$ ferr-p.$_{bg1,k,*}$ ferr-s.$_{hr1}$ *Fl-ac.*$_{a1,k}$ *Form.*$_{hr1,k,*}$ gamb.$_{hr1,k,*}$ gast.$_{a1}$ *Gels.*$_{bg2,k,*}$ genist.$_{a1}$ gent-c.$_{a1}$ gink-b.$_{sbd1}$ glon.$_{hr1,k,*}$ gran.$_{a1}$ *Graph.*$_{h,k,*}$ grat.$_{a1}$ *Guaj.*$_{h,k,*}$ ham.$_{a1,k}$ hell.$_{h,k,*}$ hell-f.$_{a1}$ **Hep.**$_{h,k,*}$ hura hydr.$_{hr1,k,*}$ hydrc.$_{a1}$ hyos.$_{h,k,*}$ hyper.$_{hr1,k,*}$ ign.$_{h,k,*}$ indg.$_{a1,k}$ inul.$_{a1,hr1}$ iod.$_{bg2,k,*}$ iodof.$_{a1,hr1}$ ip.$_{h,k,*}$ jatr-c. jug-r.$_{a1}$ kali-ar. *Kali-bi.*$_{bg2,k,*}$

Schmerz: ...
Kali-c.$_{h,k,*}$ kali-chl.$_{bg2,k,*}$ kali-i.$_{bg2,k,*}$ kali-m.$_{k2}$ kali-n.$_{h,k,*}$ *Kali-p.*$_{bg2,k}$ *Kali-s.* kali-sil.$_{k2}$ *Kalm.*$_{hr1,k,*}$ kreos.$_{bg2,k,*}$ lac-ac.$_{hr1,k,*}$ lac-c.$_{hr1,k,*}$ **Lach.**$_{bg2,k,*}$ lachn.$_{a1,hr1}$ lact.$_{a1,k}$ laur.$_{a1,k}$ lepi.$_{a1}$ lil-t.$_{a1,k}$ lipp.$_{a1}$ lith-c. lob.$_{a1,k}$ lob-e.$_{c1}$ lob-s.$_{a1,k}$ luna$_{kg1}$ **Lyc.**$_{h,k,*}$ lyss.$_{hr1,k,*}$ mag-c.$_{h,k,*}$ mag-m.$_{h,k,*}$ *Mag-p.*$_{bg2,k,*}$ mag-s.$_{a1,k}$ *Mang.*$_{h,k,*}$ med.$_{hr1,k}$ meny.$_{hr1}$ meph.$_{hr1,k,*}$ **Merc.**$_{h,k,*}$ merc-c.$_{hr1,k,*}$ *Merc-i-f.*$_{hr1,k,*}$ *Merc-i-r.*$_{hr1,k,*}$ merl.$_{hr1,k,*}$ *Mez.*$_{h,k,*}$ *Mill.*$_{hr1,k,*}$ mit.$_{a1}$ morph.$_{a1,k}$ mosch.$_{h,k,*}$ *Mur-ac.*$_{h,k,*}$ muru.$_{a1}$ murx.$_{hr1}$ nat-ar. nat-c.$_{h,k,*}$ *Nat-m.*$_{h,k,*}$ nat-n.$_{a1,c2}$ *Nat-p.*$_{hr1,k,*}$ *Nat-s.*$_{hr1,k,*}$ nicc.$_{hr1,k,*}$ *Nit-ac.*$_{h,k,*}$ nit-s-d.$_{a1}$ nux-m.$_{hr1,k,*}$ *Nux-v.*$_{h,k,*}$ ol-an.$_{a1,hr1}$ ol-j. olnd.$_{h,k,*}$ onis.$_{a1}$ op.$_{a1,k}$ osm.$_{a1,k}$ ost.$_{a1}$ ox-ac.$_{hr1,k,*}$ paeon.$_{a1}$ pall.$_{a1,hr1}$ par.$_{bg2,k,*}$ paull.$_{a1}$ *Petr.*$_{h,k,*}$ **Ph-ac.**$_{h,k,*}$ *Phel.*$_{a1,k}$ **Phos.**$_{h,k,*}$ phys.$_{a1,k}$ phyt.$_{hr1,k,*}$ pic-ac.$_{a1,hr1}$ pin-s.$_{a1}$ pip-m.$_{a1}$ *Plan.*$_{bg2,k,*}$ *Plat.*$_{h,k,*}$ *Plb.*$_{bg2,k,*}$ plect.$_{a1}$ plumbg.$_{a1}$ prun.$_{hr1,k,*}$ *Psor.*$_{hr1,k,*}$ ptel.$_{a1,k}$ **Puls.**$_{h,k,*}$ ran-b.$_{a1,hr1}$ ran-s.$_{hr1,k,*}$ raph.$_{a1,k}$ *Rhod.*$_{bg2,k,*}$ rhodi-o-n.$_{c2}$ *Rhus-t.*$_{h,k,*}$ rumx. ruta sabad.$_{hr1,k,*}$ sabin.$_{a1,k}$ sal-ac.$_{a1,hr1}$ samb.$_{h,k,*}$ *Sang.*$_{hr1,k,*}$ sarr.$_{hr1,k,*}$ **Sars.**$_{h,k,*}$ sec.$_{hr1}$ seneg.$_{bg2,k,*}$ *Sep.*$_{h,k,*}$ *Sil.*$_{a1,k}$ *Spig.*$_{bg2,k,*}$ *Spong.*$_{bg2,k,*}$ squil. *Stann.*$_{bg2,k}$ staph.$_{bg2,k}$ stram.$_{a1,k}$ stront-c. sul-ac.$_{bg2,k,*}$ **Sulph.**$_{bg2,k}$ syph. tab. tarax. tarent.$_{a1,k}$ tell.$_{bg2,k}$ ter.$_{hr1}$ teucr.$_{hr1,k,*}$ *Thuj.* til. trom. *Tub.* tub-a.$_{ih}$ ust. valer. verat. **Verb.**$_{bg2,k}$ visc.$_{c2}$ xan. *Zinc.*$_{bg2,k,*}$ zinc-p.$_{k2}$ zing.

– **links**: acon.$_{a1,k}$ androc.$_{srj1}$ arund.$_{hr1}$ asaf.$_{a1,k}$ bamb-a.$_{stb2}$ calen.$_{hr1,k}$ camph.$_{hr1,k}$ cench.$_{k2}$ cob.$_{a1,hr1}$ coch.$_{hr1,k}$ *Crot-t.*$_{hr1}$ *Dulc.*$_{hr1,k}$ erig. ery-a. euphr.$_{a1,h}$ eupi.$_{a1}$ fago.$_{a1}$ fl-ac.$_{a1}$ form.$_{hr1,k,*}$ genist.$_{a1}$ gran.$_{a1}$ *Graph.*$_{h,k,*}$ grat.$_{a1}$ guaj.$_{h,k,*}$ hyper.$_{a1}$ indg.$_{a1}$ inul.$_{a1,hr1}$ *Lac-c.*$_{hr1,k,*}$ lach.$_{hr1,k,*}$ lob.$_{a1}$ lob-s.$_{a1}$ mag-c.$_{a1,h}$ mag-s.$_{a1,k}$ mang.$_{h,k,*}$ merc.$_{a1,h}$ merc-i-f.$_{a1,hr1}$ mez.$_{h,k,*}$ morph.$_{a1}$ mur-ac.$_{h,k,*}$ muru.$_{a1}$ nat-c.$_{h2}$ nat-m.$_{h,k,*}$ nit-s-d.$_{a1}$ ost.$_{a1}$ petr.$_{h,k,*}$ plan.$_{a1}$ prun.$_{a1}$ puls.$_{h,hr1,*}$ rob.$_{a1}$ sep.$_{a1,k}$ spig. stram.$_{hr1,k,*}$ tarax. *Verb.* zinc.
 • **dann** rechts: aesc. arn. brom. merc.$_{hr1,k}$
 ◆ **begleitet** von:
  • **Halsentzündung**: gink-b.$_{sbd1}$
 ▽ **erstreckt** sich zu:
  • **rechtes** Ohr: androc.$_{srj1}$ calc-p.

– **rechts**: aeth. *Am-m.* ambr. anag.$_{hr1}$ arg-n. ars-s-f.$_{k2}$ asaf.$_{a1,k}$ aur-m. bamb-a.$_{stb2}$ *Bar-c.* *Bar-m.* bar-s.$_{k2}$ **Bell.**$_{hr1,k}$ berb. brom.$_{a1,k}$ bry. cann-i.$_{a1}$ *Carb-v.*$_{hr1}$ card-m.$_{hr1}$ *Caust.* chel.$_{hr1,k}$ chim.$_{hr1,k}$ chim-m.$_{hr1}$ chin. cocc.$_{hr1}$ colch.$_{a1,k}$ *Coloc.* cupr. *Cycl.*$_{hr1,k}$ dios.$_{a1}$ dros.$_{hr1,k}$ *Echi.*$_{vh}$ *Elaps* euphr.$_{a1,h}$ eupi.$_{a1,k}$ fago.$_{a1}$ ferr-p.$_{a1}$ **Fl-ac.**$_{a1,k}$ form.$_{hr1}$ gels.$_{hr1,k,*}$ gink-b.$_{sbd1}$ *Glon.*$_{a1,hr1}$ ham.$_{a1}$ hell.$_{a1}$ hura hydr.$_{a1}$ hydrog.$_{srj2}$ hyper.$_{a1,k}$ ip.$_{h}$ *Kali-c.*$_{h,k,*}$ kali-sil.$_{k2}$ *Kalm.*$_{hr1,k,*}$ *Lac-c.*$_{hr1,k,*}$ lach.$_{hr1,k,*}$ lipp.$_{a1}$ *Lyc.*$_{h,k,*}$ lyss.$_{a1,hr1}$ mag-c.$_{h,k,*}$ mag-m.$_{h,k,*}$ *Merc.*$_{hr1,k}$ merc-i-f.$_{hr1,k,*}$ mur-ac.$_{h,k,*}$ nat-n.$_{a1}$ nat-p.$_{k2}$ *Nat-s.*$_{hr1,k,*}$ **Nit-ac.**$_{h,k,*}$ *Nux-v.* paeon.$_{a1}$ petr.$_{h,k,*}$ phys.$_{a1}$ prun.$_{hr1,k,*}$ psor.$_{a1,k}$ *Puls.*$_{hr1,k}$ ran-b.$_{k2}$ ran-s.$_{a1}$ rat.$_{a1,hr1}$ samb.$_{a1,h}$ seneg.$_{a1,k}$ sep.$_{h,k,*}$ stront-c. sulph.$_{a1,k}$ tab. tarent.$_{a1,k}$ *Tell.*$_{hr1,k}$ ter.$_{hr1}$ thuj. verb.

– **rechts**: ...
 • **dann** links: bar-c. calc.$_{hr1}$ *Lyc.* merc-i-f.$_{hr1}$
 • **Liegen** darauf amel.: *Lach.*
 • **Schreiben**; beim: phys.$_{a1,c1,*}$

– **tagsüber**: nat-m.$_{h,k,*}$ rhod.$_{hr1,k,*}$

– **Tag** und Nacht: hell.$_{a1,k}$

– **morgens**: all-c. alum. ars. borx. carb-v.$_{a1,k}$ ferr.$_{hr1,k,*}$ form.$_{hr1,k,*}$ hydr.$_{a1}$ hydrog.$_{srj2}$ kali-bi.$_{a1}$ kali-c.$_{a1,h}$ lyss.$_{hr1,k}$ *Mang.*$_{h,k,*}$ merc. merc-i-f. mez.$_{a1}$ *Nat-ar.* nat-c.$_{h,k,*}$ nat-s.$_{a1,k}$ nux-m.$_{a1,k}$ nux-v.$_{h,k,*}$ psor.$_{a1}$ rhod.$_{a1,hr1}$ rumx. sars.$_{h,k,*}$ sep.$_{h,k,*}$ tarent.$_{a1,k}$ trom. verat.
 • **8** h: dios. nat-c.
 • **Erwachen**, beim: gink-b.$_{sbd1}$ sep.$_{h,k,*}$ *Verb.*

– **vormittags**: chinin-s. fago.$_{a1}$ gamb.$_{a1}$ genist.$_{a1}$ hydr.$_{a1,k}$ indg.$_{a1}$ kali-bi.$_{a1}$ kali-i.$_{a1}$ *Mag-c.*$_{h,k,*}$ mang.$_{a1,h}$ nat-c.$_{a1}$ nat-m.$_{h,k,*}$ nux-m.$_{a1,k}$ plan.$_{a1}$ plb.$_{a1,k}$ plect.$_{a1}$ sars.$_{a1,k}$
 • **9** h: elaps nat-s.
  • **Verlassen** des Hauses; nach dem: tell.
 • **10** h: mag-s.
 • **10**.30 h: hydr.
 • **11** h: dios. hydr.
 • **Sitzen**, im: nat-m.$_{a1,h}$ phos.$_{h,k,*}$
 • **Stehen**, im: plb.$_{a1,k}$

– **mittags**: aloe chinin-s. gels.$_{a1,k}$ kali-bi.$_{a1}$ nat-p.$_{a1}$ psor.$_{a1,k}$ sulph.

– **nachmittags**: aeth. alum. aran. bov. brom. bry. carbn-s. *Chel.*$_{hr1,k}$ chinin-s. dios.$_{a1,k}$ euphr.$_{a1,k}$ fago.$_{a1}$ form.$_{a1,k}$ gels.$_{a1,k}$ ham.$_{a1}$ hydr.$_{a1}$ indg.$_{a1}$ kali-bi.$_{a1}$ lyss.$_{hr1,k}$ *Merc-c.*$_{hr1,k,*}$ nat-ar. ol-an.$_{a1}$ ox-ac.$_{a1}$ paull.$_{a1}$ plect.$_{a1}$ rumx. stry. sulph.$_{a1,k}$ tarent.$_{a1,k}$ trom.
 • **13** h: graph.
 • **14** h: chinin-s.
 • **15** h: phys.
 • **16** h: kalm. nat-c.
 • **17** h: bamb-a.$_{stb2}$ berb.

– **abends**: acon. aloe alum. *Ars.* ars-s-f.$_{k2}$ berb. borx. brom. carb-v. carbn-s. caust. chinin-s. cob.$_{a1,k}$ dios.$_{a1,k}$ fago.$_{a1}$ graph.$_{h,k,*}$ ham.$_{a1,k}$ hyos.$_{h,k,*}$ hyper.$_{a1,k}$ indg.$_{a1,k}$ inul.$_{a1,hr1}$ kali-ar. *Kali-bi.*$_{a1,k}$ kali-c.$_{h,k,*}$ kali-i.$_{hr1,k,*}$ kali-n.$_{a1}$ kali-s. lach.$_{hr1,k,*}$ lyc.$_{h,k,*}$ lyss.$_{hr1}$ mang.$_{h,k,*}$ merc. mur-ac.$_{a1,h}$ nat-c.$_{h,k,*}$ nat-m.$_{h,k,*}$ nux-v.$_{h,k,*}$ ox-ac.$_{a1,k}$ par.$_{a1,k}$ psor.$_{a1,k}$ puls.$_{hr1,k2}$ ran-b.$_{hr1,k,*}$ rhus-r. sep.$_{a1,k}$ staph. sulph.$_{a1,k}$ tarent. thuj. verb. zinc.
 • **19** h: bamb-a.$_{stb2}$ phys. zing.
 • **19**.30 h: fago.
 • **20** h: nat-s.
 • **20** - 22 h: phel.
 • **21** h: carbn-s. dios.

– **nachts**: alum. am-m. bamb-a.$_{stb2}$ bar-c. *Bry.* cimic.$_{a1}$ cycl. **Dulc.**$_{hr1,k}$ gran.$_{a1}$ hell.$_{a1,k}$ *Hep.*$_{h,k}$ kali-ar. *Kali-bi.*$_{hr1,k}$ kali-c.$_{h,k,*}$ kali-n.$_{h,k,*}$ lac-c.$_{a1,k}$ *Lach.*$_{hr1,k,*}$ mang.$_{h,k,*}$ **Merc.**$_{hr1,k}$ merc-i-f.$_{a1,k}$ *Nat-m.*$_{hr1}$ nux-v. phos.$_{a1,h}$ **Puls.**$_{hr1,k}$ *Rhus-t.*$_{h,k,*}$ sep.$_{h,k,*}$ *Sil.* stry. tell. *Tub.* vib.
 • **Mitternacht**: kali-c.
  • **vor**:
   • **22** h: form.

• **Mitternacht**: ...
 • **nach**: sep.
  • **Gehen** im Wind; beim: sep.
  • **treibt** sie aus dem Bett: *Mygal.*
◇ **abwechselnd** mit Schmerzen in den Augen: bell.
– **Absonderungen**:
 • **amel.**: calc.$_{k2}$
– **Ärger**, Verdruß; nach: sulph.
– **anfallsweise**: alum. anac. *Cham.*$_{hr1,k}$ crot-t.$_{hr1,k}$ ferr-p. guaj.$_{hr1,k2}$ merc-i-f.$_{k13,kr1}$ *Ph-ac.*$_{h,k,*}$ stront-c. tarent.$_{a1,k}$
– **Anstrengung** der Augen; nach: sil.
– **Atmen**, beim: mang.$_{hr1,k}$
– **Aufstehen**:
 • **Bücken**, vom: mang.
  • **amel.**: carb-v.
 • **Sitzen**, vom: *Sil.*
– **Aufstoßen**, beim: bell.$_{h}$ phys.$_{c1}$ sulph. tarent.$_{a1,k}$
 • **Hals** entlang der Eustachischen Röhre zum Mittelohr; vom: phys.$_{c1}$
– **Aufstützen** auf der Hand; beim: arn. kali-n. lac-c. lach.
– **Berührung**, bei: bamb-a.$_{stb2}$ caust.$_{h,k1}$ chin.$_{hr1,k,*}$ cop.$_{a1,k}$ gast.$_{a1}$ hydrog.$_{srj2}$ *Lach.*$_{a1,k}$ mag-c.$_{a1,h,*}$ *Mang.*$_{hr1}$ merc-i-f.$_{c1,ptk2}$ *Mur-ac.*$_{h,k,*}$ teucr.$_{a1}$
– **Bewegung**, bei: *Sil.* stann.
 • **amel.**: *Cham. Psor.* puls.$_{k2}$
 • **Kopfes**, des: am-c.
 • **Unterkiefers**, des: nux-m. ph-ac. stann. verb.
– **Bohren** mit dem Finger:
 • **agg.**: anac.$_{h,k}$ mur-ac.$_{a1,h,*}$ ruta sep.$_{a1,h}$ *Tarent.* zinc.
 • **amel.**: agar.$_{a1,k}$ *Coloc.*$_{hr1,k}$ fl-ac.$_{a1,k}$ lach.$_{a1,k}$ mez.$_{a1,k}$ mur-ac.$_{h,k,*}$ ph-ac.$_{h,k,*}$ phys. psor.$_{a1,k}$
– **Bücken**; beim: bry. *Cham.* graph. kreos. m-arct.$_{h}$ merc.$_{h}$ phos.$_{h}$ rheum$_{h}$
 • **nach**: mang.$_{h}$
– **Drehen**, beim:
 • **Augen** nach außen; der: raph.
 • **Kopfes**, des: *Carb-v.* chinin-s. coc-c. **Mag-p.** meph.
– **Druck**, bei: caps.$_{k2}$ cina lac-c. raph. spong.
 • **amel.**: alum. bism. cann-i.$_{a1}$ carb-an. caust. gink-b.$_{sbd1}$ ham.
– **Drücken** der Stirn; beim: nit-ac.$_{h,k,*}$
– **Eintreten** in ein Zimmer; beim: nux-v.
– **Erwachen**, beim: hydrog.$_{srj2}$ sep.$_{h,k,*}$ tarent. *Tub.*
– **Essen**: apis carb-an. carbn-s. cinnb. phel. verb.
 • **amel.**: mag-c.
 • **nach**: graph.$_{h,k,*}$ mang. nat-m.$_{hr1}$
– **Frost**; während: acon. apis calc. gamb.$_{a1,k}$ graph. *Nux-v.* puls. sulph.
– **Gähnen**, beim: acon. cocc. hep. rhus-r. verat.
– **Gehen**: am-c. borx. bry. con. kali-bi. *Lach.* mang. rumx.
 • **Freien**; im: am-m. benz-ac. bry. *Chin.* con. *Mang.* nat-c. par. *Sep.* spong.
  • **amel.**: am-m.
 • **langsam**:
  • **amel.**: puls.$_{k2}$
– **Geräusche**, durch: am-c.$_{h,k,*}$ arn. *Bell.*$_{hr1,k}$ carb-v. cham.$_{bro1}$ chin.$_{k2}$ **Con.**$_{h,k,*}$ gad.$_{a1,k}$ mur-ac.$_{hr1,k}$ *Op. Phos.* plan.$_{br1}$ *Sang.*$_{hr1,k,*}$ *Sil.*$_{h,k,*}$ **Sulph.**
 • **laute**, durch: spig.$_{h,k1}$
 • **tauben** Ohr, im: am-c.
– **Gesicht**; mit Schmerz im: **Bell.** merc. ph-ac.
– **Gewitter**, vor: rhod.$_{a1,k}$
– **Glocke**; beim Klang der: mag-m. ph-ac.$_{h,k,*}$
– **Halsentzündung**, mit: **Apis** *Bar-m. Cham.* **Lach.**$_{hr1,k,*}$ *Merc.*$_{hr1,k}$ **Nit-ac.**$_{hr1,k}$ *Par.*$_{hr1,k}$
– **Hammers**; durch das Geräusch eines: sang.$_{a1,k}$
– **hinlegen**, muß sich: cur.$_{hr1,k}$
– **Hitze**; während: calad.$_{bg2,k,*}$ calc. chinin-s. graph.$_{bg2,k}$
– **Husten**:
 • **beim**: *Calc. Caps.* dios. eug.$_{hr1,kr1}$ kali-bi. nux-v. sep.$_{bg1,bg2}$ thuj.
– **intermittierend**: arn. nat-c.$_{h,k,*}$ nat-m.$_{h,k,*}$ tarent.$_{a1}$
– **kalt**:
 • **Anwendungen**:
  • **agg.**: borx. bufo calc.$_{hr1,k}$ dulc. **Hep.** sep. *Sil.*
  • **amel.**: ars-s-r.$_{hr1}$ aur.$_{k2}$ merc.$_{hr1,k}$ puls.
 • **Erkälten**, durch: calc.$_{k2}$ *Dulc. Gels. Kalm. Merc. Puls.* sep.
 • **Getränke**:
  • **amel.**: bar-m.
 • **Kaltwerden** der Füße; beim: stann.
 • **Kopf**, im: *Bell.* gels. led. puls.
 • **Luft**, in kalter ●: agar. *Ars.* bry. calc-p.$_{bro1,k2}$ caps.$_{bro1}$ *Cham.*$_{bro1}$ colch. *Dulc.* graph.$_{k2}$ *Hep.* kali-ar.$_{k2}$ kali-m.$_{bro1}$ lach. *Lyc.* mag-p.$_{bro1}$ merc. *Mez.* nat-c. par. sang.$_{bro1}$ *Sep.* valer.$_{br1}$
 • **Waschen**; durch: mag-p.$_{br1}$
  • **Gesicht** und Hals mit kaltem Wasser; von: *Mag-p.*$_{br1,bro1}$
– **Kauen**, beim: aloe *Anac. Apis* arg-met. bell. cann-s. hep. lach.$_{hr1,k,*}$ nux-m.$_{hr1,k,*}$ nux-v.$_{h,k,*}$ seneg.$_{a1,k}$ verb.
– **Kinder**: acon.$_{st1}$ all-c.$_{k2,st1}$ cham.$_{k2,st1}$ **Dulc.**$_{hr1}$ puls.$_{k2,st1}$ ter.$_{hr1}$ *Verb.*$_{hr1}$ *Zinc.*$_{hr1}$
– **Klänge**, scharfe: **Con.** *Cop.*$_{a1,k}$ *Sil.*
– **Kopfschmerzen**, bei: ham.$_{a1,k}$ lach.$_{a1,k}$ merc. phos. psor.$_{a1,k}$ puls. ran-s.$_{hr1,k,*}$ sang.$_{hr1,k,*}$
– **Lachen**, beim: mang.$_{h,k,*}$
– **laufen** am Ohr zusammen; heftige Schmerzen: mang.$_{hr1,k}$
– **Liegen**:
 • **Bett**, im: *Caust.* kali-i. *Kali-p.* nux-v. sang. *Sulph.* thuj.
 • **Ohr**, auf dem: agar. am-c.$_{h}$ am-m. *Bar-c.* bar-m. chin. hep.$_{h}$ kali-n. lac-c. med.
  • **amel.**: lach.
 • **Seite**; auf der rechten: ptel.
– **Luft**:
 • **amel.**: *Phos.*
 • **Freien**, im: acon. bry. con. euph.$_{h,k,*}$ *Hep. Lyc.*$_{h,k,*}$ *Mang.*$_{h,k,*}$ mez. par.$_{a1}$ *Sep.*$_{a1,k}$ sulph. tab.
  • **amel.**: acon.$_{bro1}$ aur.$_{bro1}$ cic. ferr-p.$_{bro1}$ *Puls.*
 • **Zugluft**: act-sp.$_{bg1}$ camph. *Dulc. Hep. Lyc. Mez.* staph.$_{dtp}$ valer.$_{br1}$

– **Malaria**; nach Unterdrückung von: *Puls.*
– **Menses**:
• **während**: agar.$_{hr1,k}$ aloe *Kali-c.*$_{hr1,k}$ kreos.$_{hr1,k,*}$ mag-c.$_{a1,k}$ merc.$_{h,k}$ petr.
• **unterdrückt**: am-c. puls. sulph.
– **Mittagessen**, nach dem: agar.$_{hr1,k}$ ant-c.$_{h,k,*}$ bov. carb-an. indg.$_{a1}$ ol-an.$_{a1}$ plb.$_{a1,k}$
– **Musik**:
• **amel.**: aur-m.$_{c1}$
• **durch**: ambr. cham. kreos. *Ph-ac.* tab.
– **Nagel** hindurchgestoßen worden; als sei ein: berb.$_{kr1}$
– **Niesen**, beim: act-sp. calc. ph-ac. phos. *Sulph.*
• **amel.**: mag-m.
– **Öffnen** des Mundes amel.: nat-c.
– **Ohnmacht** vor Schmerzen im Ohr: cur.$_{hr1,k}$ *Hep. Merc.*$_{hr1,k}$
– **periodisch**: arn. *Gels.*$_{hr1,k}$ nat-c.$_{h,k,*}$ *Nat-m.*$_{h,k,*}$
– **pulsierend**: bufo carb-ac.$_{hr1}$ gamb.$_{a1}$ glon.$_{a1,hr1}$ indg.$_{a1}$ kali-bi.$_{hr1,k}$ lepi.$_{a1}$ mag-c.$_{hr1}$ mag-m.$_{a1}$ *Merc.*$_{hr1}$ ol-an.$_{a1}$ plan.$_{a1}$ ptel.$_{a1}$ **Puls.**$_{hr1}$ rhus-t.$_{h,k,*}$ *Tell.*
– **Putzen**, Reinigen des Ohres; beim: sulph.$_{h}$
– **Quecksilber**; Mißbrauch von: asaf. nit-ac. petr.$_{hr1}$ staph.
– **Reiben** amel.: aeth. lepi.$_{a1}$ mang.$_{h,k,*}$ merc.$_{hr1}$ ol-an.$_{a1,k}$ phos.$_{h,k}$
– **rhythmisch**: mur-ac.$_{h,k,*}$
– **Schlaf** amel.: sep.$_{a1,k}$
– **Schluckauf**, durch: bell.
– **Schlucken**, beim: ail. alum. alum-p.$_{k2}$ anac. **Apis** benz-ac. bov. *Calc.* carb-an. *Carbn-s.* coc-c. *Con.*$_{h,k,*}$ dros.$_{hr1,k}$ *Elaps* fago.$_{a1,k}$ ferr-m. ferr-ma.$_{a1,k}$ gels.$_{k13,ptk2,*}$ jug-c.$_{hr1,k}$ kali-bi.$_{hr1}$ *Lac-c.*$_{a1,hr1}$ **Lach.**$_{hr1,k,*}$ lyc.$_{h,k,*}$ mang.$_{hr1,k}$ *Merc.* merc-i-f.$_{hr1,k}$ mur-ac. nat-i.$_{k13}$ nat-m.$_{h,k,*}$ **Nit-ac.**$_{hr1,k}$ **Nux-v.**$_{hr1,k}$ *Par.*$_{hr1,k}$ *Petr.*$_{hr1,k}$ phos. *Phyt.*$_{hr1,k,*}$ plb.$_{a1,k}$ sars.$_{h,k}$ *Sulph.*$_{a1,k}$ thuj. trom.
☞ *Trinken*
• **linkes** Ohr: carbn-s. fago.$_{a1}$ kali-bi. mang.
• **amel.**: rhus-t.
• **rechtes** Ohr: brom.
– **Schneuzen** der Nase; beim: act-sp. alum. alum-p.$_{k2}$ bar-c. *Calc.*$_{hr1,k}$ caust. con. dios.$_{hr1,k,*}$ hep.$_{h,k,*}$ lyc.$_{h,k,*}$ ph-ac.$_{hr1,k}$ puls.$_{h,k,*}$ sil.$_{h,k,*}$ spig. stann. teucr. trom.
– **Schreiben**, beim: phys.$_{a1,k}$ phyt.$_{ptk1}$
– **Schweiß**, beim: ign.
– **Singen**: ph-ac.
– **Sitzen**: berb. gels. indg. lach. nat-c. phos.
• **nach** langem: *Sil.*
– **Sprechen**, beim: mang.$_{h,k,*}$ nux-v. spig. teucr.
– **Stehen**: mag-s. nat-c. plb.
– **Stuhlgang**, beim: sep.
– **Tabak**, durch: raph.$_{a1,k}$
– **Taubheit**, dann: caps.$_{ptk2}$
– **Traumata**, durch: arn.
– **Treppen**; beim Hinabsteigen von: bad. chinin-s.
– **Trinken**, beim: con.
☞ *Schlucken*
– **Übelkeit**, mit: *Dulc.*$_{hr1,k}$
– **Unterdrückung** von Katarrh; durch: calc.$_{k2}$
– **Urinieren**, reichliches: **Thuj.**
– **Verstand** bringt; Schmerz, der ihn fast um den: merc. *Puls.*
– **Vollmond**, bei: sil.
☞ ❑ *Gemüt - Mondschein*
– **warm**:
• **Anwendungen**; warme:
• **amel.**: kali-sil.$_{k2}$
• **Bett**, Bettwärme agg.; warmes: **Merc.** merc-i-f. *Nux-v.* phos. puls.
• **Einhüllen** amel.; und warmes: *Cham. Dulc.* **Hep.** kali-ar. lach. *Mag-p.* mur-ac. rhod.$_{k2}$ rhus-t. *Sep.* stram.
• **trockene** Wärme: bry.
• **Zimmer**; im warmen: *Nat-s. Nux-v.* phos. *Puls.*
• **amel.**: sep.
• **Eintreten** aus kalter Luft agg.: graph.$_{dgt}$ *Nat-s.*
– **Wellen**; in: bamb-a.$_{stb2}$
– **Wetter**:
• **feuchtem** Wetter, bei: *Calc. Calc-p. Dulc.* mang.$_{k2}$ *Nat-s. Nux-m.*$_{bg1,bg2,*}$ *Petr.*$_{bg1,bg2,*}$ *Sil.*
• **kaltem** Wetter, bei: asar. calc.$_{k2}$
• **Regen**: nux-v.
• **Wetterwechsel**, bei: calc.$_{k2}$ *Mang.* rhod. *Rhus-t. Sil.*
– **Wind**: nux-v.
• **kalter** Wind: acon.$_{k2}$ ars-i. *Lac-c.* sep.$_{k,kl2}$ ● spong.
– **Zahnschmerzen**:
• **nach**: mang.$_{a1,h,*}$
• **mit**: ammc.$_{hr1}$ calc-caust.$_{c1}$ chim-m.$_{hr1}$ chr-ac.$_{hr1}$ clem.$_{h,kl}$ *Glon.*$_{hr1,k}$ hydrog.$_{srj2}$ meph.$_{a1,k}$ *Merc.*$_{a1,h}$ merl.$_{a1,k}$ mur-ac.$_{h,hr1,*}$ ph-ac. *Plan.*$_{hr1,k}$ *Puls.*$_{hr1}$ **Rhod.**$_{hr1,k}$ sep.$_{h,k,*}$
– **zunehmend**:
• **allmählich** zunehmend:
• **abnehmend**:
• **plötzlich** abnehmend: sul-ac.$_{k2}$
– **Zusammenbeißen** der Zähne: anac.$_{h}$
▽ **erstreckt** sich zu:
• **anderen** Ohr; zum: chel. *Hep.* laur. plan.$_{br1}$ thuj.$_{bg1}$
• **Arm**, linker: staph.
• **Auge**: glon. hura *Puls.* spig.
• **links**: hura
• **außen**, nach: aeth. am-c. *Am-m. Ars.* bar-c. berb. calc-p. cann-s. carb-v. con. dulc. glon. gran. *Kali-c.* kali-i. lyc. merc-i-f. nat-m. *Nat-s.* nicc. *Puls. Sep. Sil.* thuj. til.
• **Beine**: cur.
• **Brust**: stram.
• **Eustachische** Röhre: ant-c. carb-an. med.$_{k2}$
• **Fingerspitzen**: ham.
• **Gaumen**: *Kali-bi.*$_{bg1,k,*}$
• **Gehirnbasis**: arg-met.$_{c1}$
• **Gesicht**: anac. *Bell.* cann-s. *Merc.* nux-v. puls.$_{bl1}$ stram. thea
• **Hals**; zum äußeren: ars.$_{bg1,bg2}$ **Bell.** coc-c.$_{bg1,bg2}$ *Crot-h.*$_{bg1,bg2,*}$ *Haem.*$_{bg1,vh,*}$ *Kreos.*$_{bg1,bg2,*}$ lith-c. *Lyc.*$_{bg1,bg2,*}$ *Nat-m.*$_{bg1,bg2,*}$ sil. tarax. *Ther.*$_{bg1,bg2,*}$ *Zinc.*$_{bg1,bg2,*}$

- **Hals**; zum äußeren: ...
  - **Seite** des Halses: *Carb-v.* cocc. kali-bi. *Mag-p.* meph. *Nat-m.*
    - **rechts**: psil.ft1
    - **Schlüsselbeingegend** und zum hintersten Backenzahn und zur Seite des Hinterkopfes; und zur: coc-c.
- **Hals**; zum inneren: all-c.ptk2 carb-an. chel. fago. kali-bi. *Merc-i-f.* puls.bl1 *Spig.*
- **hinter** das Ohr: psil.ft1
- **Hinterkopf**: ambr. *Bell.*bg1,bg2,* fago. *Mur-ac.*bg1,bg2,*
  - **Seite** des Hinterkopfes: coc-c.
- **innen**, nach: arg-met. arn. bry. *Calc.* carb-an. carb-v. dros. hyos. kali-bi. kali-i. lob. lyss. med. nat-s. nux-v. rhus-t. thuj. verb.
- **Jochbein**: hyper. spig.
- **Kiefer**: androc.srj1 bov. lyc.bg1,bg2 merl. phel. spig.
  - **Oberkiefer**: agar.
  - **Unterkiefer**: am-c. asar. com. kali-bi.
- **Kinn**: bell.
- **Kopf**: *Sulph.*
- **links**; von rechts nach: arn.bg1,bg2 *Ars.*vh helo.br1
- **Nase**: sil.
- **Ohrläppchen**: phos.
- **Parotis** und Processus mastoideus: *Kali-bi.* sep.
- **Scheitel**: arn. chel. ol-an.bg1,bg2 psor.bg1,bg2 sars.bg1,bg2
- **Scheitelbein**: indg. ran-b.
- **Schläfen**: eupi. form. indg. lac-c. lach. *Nux-v.* puls. sars. tarent.
- **Schulter**: *Ars.*bg1,bg2,* cann-s. *Kreos.*bg1,bg2,* *Nat-m.* rumx.
  - **links**: nat-m.
- **Stirn**: bell.bg1,bg2 dig. nux-v. ptel. spig.bg1,bg2
- **über** das Ohr: psil.ft1
- **unten**, nach: **Bell.** cur. verb.
- **Wangenknochen**: spig.
- **Wirbelsäule**: ptel.
- **Zähne**: bell. chel. lyss. mosch. ol-an. *Spig.* xan.

○ **Antitragus**: mur-ac.h,k,*

– **Eustachische** Röhre: ant-c.br1
- **oben** und aus den Ohren heraus; die Eustachische Röhre nach: med.hr1

– **Gehörgang**: absin. agar. aloe alum. *Anac.* androc.srj1 ang. ant-c. apis apoc. arg-met. arn. arund. *Asaf.* *Asar.* *Aur.* aur-m-n. aur-s.k2 bar-c. *Bar-m.* **Bell.** berb. bism. borx. bov. brom. bry. *Calc.* *Calc-p.* *Canth.* caps. carb-an. carb-v. *Caust.* cench.k2 **Cham.** chel. chin. cic. coc-c. colch. croc. dig. dros. *Dulc.* ferr. ferr-p. *Fl-ac.* gamb. *Graph.* ham. hell. **Hep.** ign. indg. *Kali-c.* kali-n. kali-sil.k2 kreos. **Lach.** *Lyc.* mang. meph. *Merc.* *Merc-i-f.* *Mez.* *Mur-ac.* *Nat-m.* nat-p. nat-s. *Nit-ac.* *Nux-v.* olnd. op. ox-ac. par. petr. **Ph-ac.** phel. *Phos.* phys. *Plat.* plb. psor. **Puls.** ran-b. ran-s. rheum rhod. rumx. samb. sars. sep. *Sil.* *Spig.* *Spong.* stann. stry. sul-ac. *Sulph.* sumb. tab. tarax. tarent. *Tell.* *Thuj.* upa. valer. verat. viol-t. *Zinc.*

– **hinter** dem Ohr: acon. aesc. agar. alet. all-c. aloe alum. am-c. *Ambr.* anac. androc.srj1 arg-met. arg-n. ars. ars-s-f.k2 arum-d. asaf. asar. *Aur.* aur-ar.k2 *Aur-m-n.* bar-c. bar-s.k2 *Bell.* borx. bry. cadm-s. *Calc-p.* *Calc-s.* cann-i.a1 cann-s. canth. *Caps.* carb-ac.bg1,bg2 carb-v. castm. *Caust.* cedr. *Chel.* chin. cic. coc-c. colch. *Coloc.* con. croc. *Crot-h.* *Cupr.* dig. dios. fl-ac. *Glon.* ham. *Hep.* hura hydrog.srj1 ign. indg. kali-ar. kali-bi. *Kali-c.* kali-i. kali-m.k2 kali-n. *Kali-p.* kali-sil.k2 kalm. *Lach.* laur. led. lith-c. lyc. manc. mang. merc. merc-i-f. merl. mez. mosch. mur-ac. myric. nat-ar. nat-c. nat-m. nat-s. *Nit-ac.* nux-v. ox-ac.k2 paeon. par. phel. phos. phys. phyt. pic-ac. ptel. ran-s. rhus-t. rumx. sabin. sars. sep. **Sil.** spig. stann. stry. *Sulph.* tab. thea ther. *Thuj.* verat-v. verb. viol-o. xan. zinc. zinc-p.k2
- **links**: androc.srj1 **Aur.** kali-p. *Lach.*
- **rechts**: aesc. chel.c1
- **morgens**: dios. ptel. sulph.
- **vormittags**:
  - **11** h: ham.
- **nachmittags**: ham. iris ptel.
  - **13** h: nat-c. sil.
  - **15** h: phel.
  - **16** h: caust. grat.
  - **Erwachen**, beim: ptel.
- **abends**: ham. nat-m. ran-s.
- **anfallsweise**: aesc.
- **Berührung** agg.: bar-c.h mang. sil.
- **Bewegen** des Kopfes; beim: am-c. hydrog.srj2 *Kali-p.*
- **Drehen** des Kopfes: bar-c.h
- **Druck**, bei: mur-ac.h
- **Freien**, im: *Kali-p.* mang.
- **Gehen**: asar.
  - **Freien**, im: mang.
  - **gebeugt** gehen, muß: lyc.
- **Lesen**, beim: aesc. spig.
- **Liegen** darauf, beim: coc-c.
- **pulsierend**: hura
- **Ruhe**, in der: arg-met.
- **Schreiben**, beim: spig.
- **Schütteln** des Kopfes; beim: glon.
- **Sitzen**:
  - **amel.**: asar.
  - **Aufsetzen** im Bett amel.: alum.
- **warmen** Bett; im: coc-c.

▽ **erstreckt** sich zu:
- **Arm**, linker: staph.
- **Auge**: **Prun.**
- **Hals** nach unten; den: lith-c.
- **Schläfe**: cedr.

– **innen**

☞ *Gehörgang*

– **Ohrknorpel**:
- **Liegen** darauf; beim: med.hr1

– **Ohrläppchen**: bamb-a.stb2 cham. dros. mur-ac.h nat-m. ph-ac. phos. plb. sabad. tab. zinc.

– **Ohrmuschel**: ip.h kali-c.a1,h laur.a1 lyc.h,k,* mag-c.a1 mag-s.a1 mur-ac.a1,h phos.a1,h rhus-t.a1 sars.a1,h spig.

• **nachts**: phos.al,h,*
– **Processus** mastoideus: caps.k2
– **Tragus**: fago.al,k lach.al nit-ac.al
– **über** dem Ohr: *Arg-met.* arg-n. asaf.al,k aur-m. aur-m-n. brom. camph. cann-i. carb-v. cedr.al,k chel.al,k chinin-s. coloc. dios.al,k dulc. *Eup-per.*hrl hura hydr.al indg.al kali-c.al,h lach. led.al lepi.al lyss.hrl mag-c.al,h merc.al,k mez.al,k mur-ac.al nat-s.al,k nux-m.al,k osm.al ox-ac.al,k pall.hrl plumbg.al *Puls.*hrl,k rhod. sabin.al,k sep.al,h sil. tell. verat.
  • **morgens**: brom.
  • **abends**: chinin-s. dios.al,k lyss.hrl
  • **Stuhlgang**, beim: ox-ac.
  ▽ **erstreckt** sich zu den oberen, hinteren Zähnen: chel.al,k
– **um** das Ohr: am-m. arg-n. asar. astac.al bell. bry.al,k canth.brol cench.k2 chel.al coc-c. dol.hrl dulc.hrl,k ery-a.hrl fago.al glon.al,k grat. ham.al indg.al kali-c.h,k,* lac-c.al lepi.al meph.hrl merc-i-f.al,k mez. mur-ac.al,h nat-c.al,h nit-ac.h,k,* osm.al ox-ac.al,k *Petr.*hrl,k plb.al *Puls.* rhod.hrl,k,* sabad.al sabin. tell.
  • **morgens**:
    • **Aufstehen**:
      • **nach**: arg-n. brom.
  • **Spaziergang**, durch einen: pall.
  ○ **Knochen**: canth.brl
– **unter** dem Ohr: acon.al,k aloe alum. am-c. antip.brl asar. bapt.hrl *Bar-c.* caps.al,k caust. chel.al,k hell-f.al mag-c.al mag-s.al *Merc.*hrl,k nat-p.hrl,k,* ol-an.al,k olnd.h,k,* petr.al,h phos.h,k,* sars.al,h sep.h,k,* sil.al,k zinc.
  • **rechts**: gink-b.sbdl ol-an.al sil.al
  • **Bewegen** des Kopfes agg.: am-c.
  • **Reiben** amel.: ol-an.al phos.h,k,*
  • **Schlucken**, beim: nat-hchls.
  • **Sitzen**, im: phos.h,k,*
  ▽ **erstreckt** sich zu:
    • **Unterkiefer**: *Merc.*
– **vor** dem Ohr: anac. ang. arg-n. aur-m-n. *Bar-c.* bov. *Calc-p.* colch. *Cupr.* dios. indg. kali-i. mag-c. mag-m. merc-i-f. nat-p. ol-an. *Phos.* rat. sep. stront-c. sul-ac. tab. zinc.
  • **rechts**:
    ▽ **erstreckt** sich zu:
      • **Stirn**: choc.srj3
– **beißend**: caust.bg2,k,* lyc.h,k,* phel.al,k plat.bg2,h,* psor.al,k
  • **links**: caust.al,bg2 psor.al,k
  • **abends**:
    • **20** - 22 h: phel.
    • **elektrische** Funken, wie: phel.al,k
    • **juckend**: caust. phel.al,k
      • **Bohren** mit dem Finger im Ohr agg.: phel.
  ○ **hinter** dem Ohr: lyc.h,k,* ol-an.al,k *Puls.*hrl
– **berstendes**, platzendes Gefühl: bell.bg2 calc-caust. *Caust.*bg2,k,* *Clem.* *Dulc.* glon.al *Guaj.* hell.al,k hep.k2 indg.al lyc.h,k,* *Merc.* *Mur-ac.* nit-ac.h,k,* par.bg2 *Phos.*h,k,* **Plat.** psor.al,k spig.bg2 *Stann.* *Viol-o.*bg2
  • **Herzschlag**, bei jedem: aml-ns.

– **berstendes**, platzendes Gefühl: ...
  • **Husten**, beim: caps.
  • **Niesen**, beim: *Puls.*hrl,k
  ○ **vor** dem Ohr: dros.
– **bohrend**: alum. alum-p.k2 alum-sil.k2 am-c. am-m. ant-c. *Arund.*bgl,vh,* aur. aur-m-n. *Bar-c.* *Bell.* cann-i. canth. carb-an. carbn-s. caust. chel. *Cina* coc-c. colch. coloc. *Cupr.* cupr-ar. euph. euphr. gels. hell. hydr-ac. indg. kali-c. *Kali-i.* kali-s. kali-sil.k2 lact. laur. mag-c. mag-m. mag-s. mang. **Merc.** merc-c. *Merc-i-f.* mill. nat-m. *Ol-an.* phel. *Phos.* plat. plb. ran-s. rhod. *Ruta* sil. *Spig.* stann. stront-c. stry. sulph. thuj.
  • **links**: agar. canth. mag-s. med. merc-c. merc-i-f. stry.
  • **rechts**: am-m. bar-c. cann-i. carb-an. carbn-s. caust. chel. colch. coloc. cupr-ar. gels. hell. mag-m. mez. nicc. plb. stann. stront-c.
  • **morgens**: alum.
  • **vormittags**: mag-c.
  • **nachmittags**: alum. gels. indg. merc-c.
  • **abends**: phys. ran-s.
  • **nachts**: am-m. mang.
  • **Bettwärme**; durch: **Merc.**
  • **Bohren** mit dem Finger im Ohr: agar. mez. phys.
    • **amel.**: aeth.cl
  • **Druck**, bei: alum.
  • **Gehen** im Freien; beim: am-m.
  • **Kaltwerden** der Füße; beim: stann.
  • **kitzelnd**: nicc.
  • **klebend**: mag-m.
  • **liegt**; in einem Ohr, auf dem er: am-m.
  • **Mittagessen**, nach dem: plb.
  • **scharf**, heftig: merc-i-f.
  ▽ **erstreckt** sich zum linken Nasenloch: lac-c.
  ○ **hinter** dem Ohr: am-m. *Aur.*hrl,k,* aur-m-n.al,k cann-i.al,k caust.bg2,k,* coloc.al,k *Cupr.*hrl,k,* *Lach.*hrl mez.al,k mosch.al,k nat-s.bg2,k,* onis.al ran-s.al,k rumx. sabad.bg2,k,* *Sep.*vh spig.
    • **links**: **Aur.**hrl,k,* caust.al,k *Lach.*hrl,k,* sabad.al
    • **rechts**: cann-i.al,k coloc.al,k mez.al nat-s.al onis.al ran-s.al,k
    • **abends**: ran-s.al,k
    • **Gehen**: mez.al
    • **Lesen**, beim: spig.
    • **Schreiben**: spig.
  • **über** dem Ohr: arg-n. cann-i.al,k rhod.
  • **um** das Ohr: am-m.al,k aur-m-n.al bell.al,k rhod.al,k
  • **unter** dem Ohr: caust.al,k
  • **vor** dem Ohr: arg-n. aur-m-n. *Bar-c.* laur.
    • **Beugen**; beim:
      • **Körpers** nach rechts; des: mag-m.h
      • **Kopfes** nach rechts; des: mag-m.h,kl,*
– **brennend**: acon.bg2,k aesc.hrl,k,* agar.bg2,hrl all-c.hrl,k alum.bg2,k alum-p.k2 alumn. am-c. am-m.hrl,k aml-ns. anac-oc.hrl ang.bg2,k,* ant-c.h,k,* ant-t. *Apis* arg-met. arn.bg2,k *Ars.*bg2,k ars-s-f.k2 arum-t.al,k arund.hrl,k asaf.al,k **Aur.**bg2,k,* aur-ar.k2 aur-m.hrl aur-s.k2 bell.al,k berb. brom.bg2,k,* bry.bg2,k calad.hrl calc.bg2,h,* calc-p.hrl camph.hrl,k,*

– **brennend**: ...
cann-i.a1,k canth.bg2 *Caps*.bg2,k,* carb-an.bg2,k carb-v. **Caust**.h,k,* chel.h,k,* chin.h,k,* chinin-ar. cic. clem.bg2,hr1,* con.a1,k cop.a1,k cycl.a1,k daph.hr1,k,* dig.bg2,k,* *Dros*.bg2,k,* fago.a1,k grat.a1 ham.a1 *Ign*.h,k,* jac-c.hr1,k,* jatr-c. jug-r.a1 kali-ar. kali-bi.a1,k kali-c.bg2 kali-n.h,k,* kreos.bg2,k,* lach.hr1 laur.bg2,k,* lob-s.a1,k lyc.h,k,* lycps-v. lyss.hr1,k mag-c.h,k,* mag-m.a1,k *Mang*.hr1,k **Merc**.h,k,* merc-sul.hr1,k,* merl. mit.a1 mur-ac.h,k,* naja **Nat-m**.h,k,* nat-p.hr1,k,* ol-an.a1,k olnd.bg2,h,* op.a1,k ph-ac.h,k,* phel.a1,k phos.h,k,* pic-ac.hr1,k,* plat.h,k,* pyrog.bg2 ran-b.a1,bg2 rhus-t.bg2,hr1,* rhus-v.a1 sabad.bg2,k,* sabin.a1,hr1 **Sang**.bg2,k,* sarr.a1 sars.bg2,h,* sep.bg1,h,* spig.bg2,k spong.bg2,k,* staph.bg2,k sulph. tab.bg2,k tarax.bg2 **Tell**.bg2,k,* til.a1,k upa. zinc.bg2,k,* zinc-p.k2

• **links**: acon. am-c. ant-c.h,k,* arum-t.hr1,k bry. cop.a1,k fago.a1,k jac-c.a1,hr1 jug-r.a1 kreos.a1,hr1 laur.a1 merc.a1,h olnd.a1,h pall.hr1 rhus-t.a1 stry.a1,k **Tell**.hr1,k,*

• **rechts**: am-c. arum-t.a1,k bov. calc-p.hr1,k carb-an. carb-v. chel.h,k,* cycl.a1,k dros.a1,k ham.a1,k lycps-v. lyss.hr1,k mag-c.a1,k merc.a1 nat-m.h,k,* nat-p.hr1,k,* sabad.a1,k

• **mittags**: stry.a1,k

• **nachmittags**: stry.a1,k

• **abends**: ars.a1,k brom.a1,k ham.a1,k ol-an.a1,k ran-b.a1 still.hr1 zinc.a1,k

  • **20** - 22 h, wie elektrische Funken: phel.

  • **Bett**, im: caust.

  • **Druck** amel.: ham.a1,k

  • **Freien** agg.; im: acon.

  • **Reiben**; nach: grat.

• **nachts**: aur-m.hr1 stry.a1,k

  • **Schlaf**, vor dem: still.

• **Berührung**, bei: cop.a1,k

• **Essen**, nach dem:

  • **amel**.: acon.

• **Freien**, im:

  • **agg**.: acon.

• **Frost**:

  • **nach**: merc-sul.c1

• **Gähnen**, beim: acon.a1,k

• **Gehen** im Freien: am-m.hr1,k,*

• **Hitze**; während: ran-b.a1,k

• **Kopfschmerzen**, mit: rhus-t.bro1

• **Kratzen**, nach: ol-an.a1,k

• **Menses**, während: agar.

• **Schwitzen**, beim: acon.a1,k

• **Stellen**, an kleinen: calc-p.hr1,k,*

• **Wärme**, durch trockene: bry.

• **warmes** Zimmer geht; wenn er aus der kalten Luft kommend in ein: kali-n.

○ **äußeres** Ohr: acon.bg2 **Agar**.bg2,k alum.bg2 *Ars*.a1,k bell.bg2 caust.bg2 cham.bg2 chin.bg2 *Clem*.hr1,k,* dros.h,k1 ferr-p.bg2 ign.bg2 jug-r.a1 kreos.bg2,k,* lyss.hr1 merc.bg2 ol-an.a1 pic-ac.a1,k puls.bg2 *Rhus-t*.a1,k sang.bg2 sulph.a1,k **Tell**.a1,k upa.a1

• **Gehörgang**: anan. arund. aur-s. borx. brom. canth. caust. crot-t. jatr-c. mag-c. *Merc*. olnd.

– **brennend - Gehörgang**: ...
sep. spong. stry.

  • **rechts**: brom.

• **hinter** dem Ohr: aur.a1,k aur-m.hr1,k,* calc-p.a1,k grat.a1,k lyc.h nat-m.h,k,* rhus-v.a1,k sabad.bg2,k,* spong.hr1,k thuj.a1,k

  • **rechts**: calc-p.a1,k grat.a1,k nat-m.h,k,* thuj.a1,k

  • **nachts**: aur-m.hr1,k,*

• **Ohrläppchen**: carb-an.a1,k carb-v.h,k1 chel.h,k,* kali-n.h,k,* rhus-t.a1 sabad.a1,k sabin.a1 **Tell**.

• **Ohrmuschel**: caust. kali-bi.a1,k lyss.hr1 merc.h,k,* mur-ac.h,k,* nat-m.h,k,* op.a1,k phos.h,k,* spig.a1,k staph.h,k1 wies.a1

• **Tragus**: *Mur-ac*. puls.a1,h

• **Trommelfell**: ang.bg1,k,*

• **um** das Ohr: agar.k2 *Calc*.a1,k daph.hr1 ham.a1

• **unter** dem Ohr: mag-c.

  • **Menses**, während: mag-c.

– **drückend**: acon.a1,k aesc. **Anac**.bg2,k androc.srj1 aran.hr1,k arn.bg2,k,* ars-s-f.k2 asaf.bg2,k,* *Asar*.bg2,k aur.bg2,k *Bell*.bg2,k,* berb.hr1,k,* bism.bg2,k,* bry.bg2,k calc.a1,k calc-i.k2 calc-p.hr1,k,* camph.bg2,k,* cann-s.bg2,k *Caps*.bg2,k,* carb-ac.hr1 carb-v.a1,k carbn-s. carl.a1,k *Caust*.hr1,k **Cham**.bg2,k,* *Chel*.bg2,k,* chim-m.hr1 chin.h,k,* *Clem*. coc-c. coloc.bg2 con.h,k,* crot-h.hr1 crot-t. *Cupr*.bg2,k,* dig.bg2,k,* *Dros*.hr1,k *Dulc*.bg2,k eupi.a1,k fl-ac.bg2,k,* form.hr1,k,* gast.a1 gink-b.sbd1 glon.a1,k granit-m.es1 *Graph*.h,k,* *Guaj*. hell.bg2,k,* hep.k2 hydr-ac.a1,k hyper.a1,k ign.bg2 indg.a1,k iod.a1,k ip.a1,k kali-c.h,k,* kali-m.k2 kali-n.a1,k kali-p. kali-s. kreos.bg2,k,* lach.a1,k laur.a1,k lyc.h,k,* lyss.hr1,k,* mang.h,k,* **Merc**.bg2,k,* merc-i-r.a1,k merl.hr1,k,* mosch.a1,k *Mur-ac*.h,k,* nat-c.h,k,* *Nat-m*.h,k,* *Nat-s*.hr1,k,* nit-ac.h,k,* nux-m.bg2,k,* *Nux-v*.h,k,* olnd.h,k,* op.a1 osm.a1 *Par*.hr1,k petr.h,k,* *Ph-ac*.h,k,* *Phos*.h,k,* phys.a1 pip-m.a1 *Plat*.h,k,* prun.hr1,k,* **Puls**.h,k,* rheum rhod.a1,k ruta sabad.bg2,k,* sabin.a1,bg2 **Sars**.h,k,* seneg.bg2,k,* sep.h,k,* *Sil*.h,k,* *Spig*.bg2,k spong.bg2,k,* *Stann*. staph.bg2 sul-i.k2 sulph.a1,k tarax. *Thuj*.bg2,k verat.bg2,k,*

☞ *Völlegefühl*

• **links**: asaf.a1,k bism.hr1 carb-ac.hr1 chel.hr1 dig.a1,k fl-ac.a1 gast.a1 sep.h,k,* sil.a1,h spig.a1,k tarax.

  • **dann** rechts: arn.a1,k

• **rechts**: aran.hr1 asaf.a1 berb.a1,k chel.a1,k chim-m.hr1 *Dros*.hr1 eupi.a1,k fl-ac.a1 glon.a1 hyper. iod.a1 kreos.a1 lach.a1 laur.a1 lyss.a1,hr1 mur-ac.h,k,* nat-s.a1,k prun.hr1,k,* rhod.a1,k seneg.a1,k verat.a1,k

  • **dann** links: bar-c.a1,k

• **morgens**: nat-s.a1,k nux-m.a1,k verat.a1,k

  • **9** h: nat-s.

  • **10**.30 h: hydr.

  • **Erwachen**, beim: sep. *Verb*.

• **abends**: berb.a1,k hyper. kali-bi.a1,k mang.h,k1 sep. *Verb*.

• **auseinander**: kreos.a1 spig.h,k1

• **außen**, nach: ars-s-f.k2 astac. calc-caust. *Caust*.bg2,k chel.bg2,k,* *Con*. graph. guare.hr1,k,* helo.c1 helo-s.c1 hydr.hr1,k,* iris kali-n. kreos.a1,k lyc. *Merc*.h,k,* mur-ac.h,k,* nat-m.h,k,* *Nat-s*.bg2,k,*

• **außen**, nach: ...
nit-ac. *Nux-v.*$_{h,k,*}$ par.$_{hr1}$ prun. **Puls.**$_{h,k,*}$ sep.$_{h,k,*}$
• **Bewegung**:
 • **Kiefer**: nux-m.
• **Bohren** mit dem Finger:
 • **agg**.: anac.$_{h,kl}$ ruta
 • **amel**.: fl-ac.$_{a1,k}$
• **Bücken**, beim: cham. kreos.
• **Druck** amel.: bism.$_{h,kl}$
• **Finger**, wie ein: rheum$_{h}$
• **Gehen** im Freien: mang.$_{h,k,*}$
• **heiß**: ruta$_{h}$
• **Husten**, beim: *Caps.*$_{hr1,k}$
• **innen**, nach: nit-ac.$_{h,kl}$ sep.$_{a1,h}$
• **intermittierend**: arn.
• **kalt**:
 • **Luft** amel.: phos.
• **Kauen**, beim: seneg.
• **kitzelnd**: ruta$_{h}$
• **Liegen** auf dem Ohr; beim: bar-c. coc-c.
• **Menses**, während: kreos.$_{a1,k}$
• **Niesen**, beim: phos.$_{a1,k}$ *Sulph.*$_{a1,k}$
• **Pflock**, wie ein: *Anac.*$_{bg2,k}$ aur-m.$_{bg2}$ *Spig.*$_{bg2,k,*}$
• **rhythmisch**: mur-ac.$_{h,k,*}$
• **Schlucken**, beim: nux-v.$_{hr1,k}$ phos.$_{a1,k}$ *Sulph.*$_{a1,k}$
• **Schneuzen** der Nase; beim: sil.$_{h}$
• **Stuhlgang**, beim: sep.$_{h,k,*}$
• **vorne** im Ohr; nach: *Cann-s.* caust. nat-s. nux-v. par. *Puls.* spong.
• **warmes** Zimmer: phos.$_{h,k,*}$ *Puls.*
• **Wetter**:
 • **kaltem** Wetter, bei: asar.
▽ **erstreckt** sich zu:
 • **Schläfe**: sars.$_{h}$
 • **Wangenknochen** und Zähne: spig.$_{h}$
○ **hinter** dem Ohr: asar. *Bell.* borx. cadm-s. cann-s. canth. *Caust.* coc-c. coloc. *Crot-h.* hell.$_{h}$ ip.$_{h}$ kali-bi. led. manc. merl. mez. mur-ac. nat-m. nat-s. ox-ac. *Plat.* stann. ther. *Thuj.* verb. viol-o.
 • **links**: anac. bell.$_{h}$ coloc.$_{h}$ graph.$_{h}$ helo.$_{c1}$ helo-s.$_{c1}$ ph-ac.$_{h}$
 • **abends**: nat-m.
 • **Gehen**:
  • **agg**.: asar.
  • **Freien**, beim Gehen im: mang.$_{h}$
 • **Liegen** darauf, beim: coc-c.
 • **Sitzen** amel.: asar. mang.$_{h}$
 • **Trinken**, bei schnellem: nat-m.$_{h}$
• **Ohrläppchen**: phos.$_{h}$
• **Ohrmuschel**: bell.$_{h,kl}$ bism.$_{h,kl}$ cupr.$_{h,kl}$ iod.$_{a1}$ lyc.$_{h,k,*}$ mez.$_{a1}$ mosch.$_{a1}$ sars.$_{a1,h,*}$ staph.$_{h,kl}$
• **Processus** mastoideus: mur-ac.$_{h}$ plat.$_{h}$
• **Tragus**: mur-ac.$_{h,k}$ ph-ac.$_{h,kl}$
• **über** dem Ohr: arg-met. aur-m-n. brom. camph.$_{hr1,k,*}$ cedr.$_{a1,k}$ dulc.$_{a1,k}$ hura lil-t.$_{a1}$ mez.$_{a1,k}$ nux-m.$_{a1,k}$ osm.$_{a1}$ ox-ac.$_{hr1,k,*}$ *Puls.*$_{hr1,k,*}$ sabin.$_{a1,k}$ ther.$_{c1}$
 • **morgens**: brom.
 • **Stuhlgang**, beim: ox-ac.
• **unter** dem Ohr: asar. iod.$_{h}$ sep. zinc.
• **vor** dem Ohr: aur-m-n. caust.$_{h}$ *Cupr.* dios. *Phos.* sep. verb.$_{h}$ zinc.

– **drückend - vor** dem Ohr: ...
 • **warmen** Zimmer, im: *Phos.*
– **durchbohrend** stechend: androc.$_{srj1}$ berb.$_{hr1,k,*}$ calc.$_{a1,k}$ canch.$_{a1}$ cench. con.$_{hr1,k}$ glon.$_{hr1,k,*}$ kali-i. *Nat-c.*$_{h,k,*}$ *Nat-s.*$_{hr1,k}$ rat.$_{a1}$
 • **rechts**: glon.$_{hr1,k,*}$ *Nat-s.*$_{hr1,k}$
 • **außen**, nach: berb.$_{hr1,k}$ glon.$_{hr1,k,*}$
 • **innen**, nach: *Nat-s.*$_{hr1,k}$
– **Fremdkörper** darin; als sei ein: phos.$_{h,k,*}$
○ **Eustachische** Röhre: *Nux-m.*$_{hr1,k,*}$
– **fressend**, Ohrläppchen: plat.$_{h}$
– **geschwürig**: anac.$_{h,k,*}$ ant-t.$_{rb2}$ calc. caust.$_{h,kl}$ ferr.$_{h,k,*}$ graph.$_{a1,h,*}$ kali-c.$_{h,k,*}$ mag-c.$_{h,k,*}$ mang.$_{h,k,*}$ mur-ac.$_{h,k,*}$ nat-c.$_{a1,h}$ psor.$_{a1}$ sars.$_{h,k,*}$ sep.$_{h,k,*}$ sulph.$_{rb2}$
 • **Schlucken**, beim: anac.$_{a1,h,*}$ sulph.$_{h}$
 • **Zusammenbeißen** der Zähne: anac.$_{c1}$
○ **Ohrläppchen**: mur-ac.$_{h}$
– **grabend**: am-m.$_{bg2,k,*}$ anan.$_{hr1,k}$ colch.$_{bg2,k,*}$ gels.$_{hr1,k,*}$ kali-i.$_{hr1,k,*}$ mang.$_{h,k,*}$ merc-c.$_{a1,k}$ nat-m.$_{h,k,*}$ plat.$_{h,k,*}$ *Ruta* sep.$_{a1,h}$ stry.$_{a1,k}$
 • **links**: jac-c.$_{a1,hr1}$ merc-c.$_{a1,k}$ stry.$_{a1,k}$
 • **rechts**: am-m.$_{hr1,k}$ colch.$_{a1,k}$ *Gels.*$_{hr1,k,*}$ nat-m.$_{a1,h}$ plat.$_{h}$
 • **nachmittags**: gels.$_{a1,k}$ merc-c.$_{a1,k}$
 • **nachts**: am-m.$_{hr1,k}$ mang.$_{h,k,*}$
  • **Liegen** darauf, beim: am-m.$_{hr1,k}$
 • **Insekt** hineingekommen sei; als ob: kali-i.
▽ **erstreckt** sich zum linken Nasenloch: jac-c.$_{a1,hr1}$ lac-c.
– **herausdrängend**
☞ *herausdrückend*
– **herausdrückend**, als müßte innen etwas zerreißen: *Con.* lil-t.$_{a1,k}$ nat-s.$_{a1,k}$
– **kneifend**: carbn-s. colch.$_{a1}$ kali-c.$_{h}$
 • **links**: carbn-s.
 • **nachts**: carbn-s.
  • **Erwachen**, beim: carbn-s.
– **krampfartig**: agar. aloe *Anac.* anan. ang.$_{c1,h}$ ars. bry. calc. carb-an. *Cina* colch. croc. crot-t. dig. *Glon.*$_{bg1,bg2,*}$ graph. kali-c. kali-n. kali-p. kali-sil.$_{k2}$ kreos. mang. *Merc.* mur-ac. nat-m. nit-ac. nux-v.$_{h}$ olnd. petr. **Ph-ac.** *Plat.* ran-b. samb. *Sars.* *Sil.* spig. spong. stann. staph. thuj. valer. zinc.
 • **links**: agar. mur-ac. nat-m. spong. zinc.
  • **Gehen**: mez.
 • **rechts**: petr.$_{h}$ samb. stann. thuj.
 • **abends**: ran-b. thuj.
 • **Gehen** im Freien: mang. spong.
○ **hinter** dem Ohr: calc-act.$_{h}$ mang. murx.
 • **Ohrläppchen**: zinc.
 • **Ohrmuschel**: staph.$_{h}$
– **kriechend**: bar-c.$_{h,kl}$
– **lanzinierend**: aeth.$_{a1,k}$ alum. am-m. anac. androc.$_{srj1}$ arg-met. *Asaf.* aster. aur-s.$_{a1,k}$ bamb-a.$_{stb2}$ *Bell.* berb. cadm-s. caust. cham.$_{hr1}$ cit-v.$_{a1,k}$ cur.$_{hr1,k}$ der.$_{a1,k}$ ferr-i.$_{a1,k}$ gamb.$_{hr1,k}$ hura kali-bi.$_{hr1}$ kali-i.$_{a1,k}$ lepi.$_{a1}$ meny. nat-c.$_{h}$ nux-v. plb.$_{a1,k}$ raph.$_{a1,k}$ rob.$_{a1}$ sarr.$_{a1}$ tarent.$_{a1,k}$ teucr.$_{hr1,k}$ v-a-b.$_{j1}$ verb.$_{c1}$ zinc.
 • **morgens**: tarent.$_{a1,k}$
 • **abends**: nux-v.

• **außen**, nach: aeth.$_{a1}$ *Asaf.*
• **innen**; nach: hydrog.$_{srj2}$
• **intermittierend**: *Asaf.*
▽ **erstreckt** sich zu:
• **alle** Richtungen; in: bamb-a.$_{stb2}$
○ **hinter** dem Ohr: kali-c.
• **unter** dem Ohr: tarent.
– **nagend**: ang.$_{bg2}$ dros.$_{bg2,k}$ indg.$_{a1}$ kali-c.$_{h,k,*}$ kali-i.$_{bg2,k,*}$ led.$_{hr1,k}$ mang.$_{h,k,*}$ mur-ac.$_{h,k,*}$ phos.$_{bg2}$ plat.$_{h}$ sulph.$_{bg2,k}$ tab.$_{bg2,k,*}$
• **links** nach rechts; von: indg.
• **rechts**: mur-ac.$_{h,k,*}$ tab.$_{a1,k}$
• **nachmittags**: indg.$_{a1,k}$
• **abends**: mur-ac.$_{h,k,*}$
• **nachts**: mang.$_{h,k,*}$
• **Reiben** amel.: indg.$_{a1,k}$
○ **hinter** dem Ohr: kali-i.$_{a1,k}$
• **vor** dem Ohr: sulph.$_{h}$
– **pickend** und brennend im rechten äußeren Ohr: dros.$_{h}$
– **reißend**: *Acon.* aeth. *Agar.* all-c.$_{k2}$ *Alum.* alum-p.$_{k2}$ alum-sil.$_{k2}$ am-c. *Ambr. Anac.* ang.$_{c1,h}$ *Arg-n.* arn. *Ars.* ars-i. ars-s-f.$_{k2}$ arum-t. aur. aur-s.$_{k2}$ bamb-a.$_{stb2}$ *Bar-c.* bar-i.$_{k2}$ bar-m. bar-s.$_{k2}$ **Bell.** berb. bism. borx. bov. brom. calc. calc-i.$_{k2}$ calc-p. calc-sil.$_{k2}$ camph. cann-i. *Canth. Caps.* carb-an. *Carb-v.* carbn-s. **Caust. Cham.** *Chel.* **Chin.** *Chinin-ar.* coc-c. colch. *Con.* cupr. cycl. *Dulc.* elaps ery-a. eupi. gamb. gran. *Graph.* grat. *Guaj.* hep.$_{k2}$ hyos. indg. iod. kali-ar. kali-bi. **Kali-c.** kali-i. kali-n. kali-p. kali-s. kali-sil.$_{k2}$ kalm. *Lach.* lachn. laur. **Lyc.** *Lyss. Mag-c. Mag-m. Mang.* meph. **Merc.** merl. *Mez.* mur-ac. nat-ar. nat-c. *Nat-p.* nicc. *Nit-ac. Nux-m.* nux-v. par. petr. *Ph-ac.* phel. *Phos. Plat. Plb.* psor. **Puls.** raph. rat. *Rhod.* sabin. *Sars. Sep.* sil. spig. *Squil. Stann.* stram. stront-c. *Sul-ac.* sul-i.$_{k2}$ **Sulph.** tab. tarax. tarent. teucr. *Thuj.* til. *Verb. Zinc.* zinc-p.$_{k2}$ zing.
• **abwechselnde** Seiten:
• **manchmal** im linken und manchmal im rechten Ohr: aphis$_{c1}$
• **links**: *Acon.* anac. apis *Ars.* bamb-a.$_{stb2}$ bar-c. calc. camph. carb-an. caust. coc-c. elaps *Graph.* grat. mag-c. merl. mez. puls. sabin. sul-ac. *Sulph.* teucr. *Verb.*
• **nach** rechts: aloe
• **rechts**: aeth. agar. am-m. ambr. arg-n. bamb-a.$_{stb2}$ cann-i. *Canth.* carb-v. con. cupr. eupi. iod. *Kali-c.* kali-i. *Lyc.* lyss. mang. plb. rat. rhod. sars. spig. stram. stront-c. tab. *Tarent.* til. zing.
• **nach** links: laur. sulph.
• **morgens**: bamb-a.$_{stb2}$ mang. sars. zinc.
• **8** h: nat-c.
• **Bett**, im: carb-v.
• **vormittags**: elaps kali-i. mag-c. phos. plb.
• **9** h: elaps
• **mittags**: sulph.
• **nachmittags**: aeth. bov. castm. *Chel.* indg. sars.
• **abends**: alum. *Ars.* indg. kali-i. mag-c. nat-s. thuj. zinc. zing.
• **19** h: mag-c. zing.
• **Bett**, im: thuj.

– **reißend - abends - Bett**, im: ...
• **amel**.: mang.$_{h}$
• **Liegen**: mang.$_{h}$
• **nachts**: am-m.
◆ **abwechselnd** mit Drücken: bell.$_{h}$
• **anfallsweise**: bamb-a.$_{stb2}$ stront-c.
• **Aufrichten** vom Bücken; beim: mang.
• **außen**, nach: ars.$_{h}$
• **Beugen** des Körpers nach rechts: mag-m.
• **Bewegung**:
• **Unterkiefer**:
• **agg**.: *Nux-m.* stann.
• **Bohren** mit dem Finger agg.: anac.
• **Druck** der Hand amel.: alum. bism. carb-an. hyos.
• **Essen**, beim: verb.
• **Geräusche** agg.: **Sulph.**
• **intermittierend**: nat-c. psor.
• **kalte** Luft agg.: agar.
• **Liegen** auf dem Ohr agg.: agar. am-m.
• **Menses**, während: *Merc.*
• **Mittagessen**, nach dem: bov. carb-an. phel.
• **Reiben** amel.: aeth. phos.
• **Schlucken** agg.: anac.
• **Sitzen**, im: indg. nat-c. phos.
• **Stehen**, im: nat-c. plb.
• **warmes** Zimmer agg.: *Nux-v.*
• **Wetter**:
• **kaltes** Wetter agg.: calc-p.$_{k2}$
▽ **erstreckt** sich zu:
• **Hinterkopf**: ambr.$_{h}$
• **Kopf**: sulph.$_{h}$
• **Oberkiefer**: agar. anac. mag-c.
• **Scheitel**: phos.$_{h}$
• **Schläfen**: lach. *Nux-v.* sul-ac.$_{h}$
• **unten**, nach: **Bell.** verb.
• **Wange**: sul-ac.$_{h}$
• **Zähne**: chel.
• **rechten** Seite; Reißen vom rechten Ohr zu den Zähnen der: chel.
○ **Antitragus**: anac. berb.
• **hinter** dem Ohr: agar. alum. am-c. *Ambr.* anan. ang.$_{h}$ arg-met. arg-n. ars. *Bar-c.* bar-m. bell. berb. brom. calc. canth. *Caps.* carb-v. caul. *Caust.* chel. coc-c. colch. dig. indg. kali-c. kali-m.$_{k2}$ kali-n. kali-sil.$_{k2}$ laur. lyc. mang. meny.$_{h}$ mez.$_{h}$ mur-ac. nat-ar.$_{k2}$ nat-c. nit-ac.$_{h}$ nux-v. petr. phel. rhus-t. rhus-v. sars. *Sep.* **Sil.** squil. tab. tarax.$_{h}$ thuj. zinc.
• **links**: *Ambr.* caps.$_{h}$
• **rechts**: agar. bar-c. calc-caust.
• **nachmittags**: caust. nat-c. phel. sars. sil.
• **13** h: nat-c. sil.
• **15** h: phel.
• **16** h: caust.
• **abends**: canth. nit-ac.$_{h}$ thuj.
• **21** h: alum.
• **Aufsetzen** im Bett amel.: alum.
• **Berührung** agg.: bar-c.$_{h}$
• **Bewegen** des Kopfes; beim: am-c.
• **intermittierend**: petr.
• **Lesen**, beim: aesc.

• **hinter** dem Ohr: ...
  ▽ **erstreckt** sich zu:
    • **Hals**: chel. tarax.
      • **Nacken**: mur-ac.
    • **oben**, nachmittags; nach: rat. sars.
    • **Scheitel**, Hinterkopf, Hals und Schulter, Bewegen des Kopfes agg.; zu: am-c.
    • **Schlüsselbein**: petr.
    • **Schulter**: ars.
• **Ohrläppchen**: ambr. ars. carb-an. *Carb-v.* cham. chin. mur-ac. stann.$_{h}$ verat.$_{h}$ zinc.
  • **links**: ars. mur-ac.
• **Ohrmuschel**: bell.$_{h}$ bism.$_{h}$ bov. *Caps.* chin. cupr. guaj. hyos. kali-c. lyc. mag-c.$_{h}$ mang. ph-ac. sars.$_{h}$ thuj.
• **Processus** mastoideus: mang.$_{h}$
• **Tragus**, im: anac. nit-ac.
• **über** dem Ohr: *Arg-met.* camph. chel. nat-s. sil.
  • **links**: arg-met.
  • **rechts**: chel.
  • **abends**: chel.
• **um** das Ohr: aeth. am-c. canth. *Con.* ery-a. grat. kali-c. mur-ac.$_{h}$ nat-s. phos.$_{h}$ plb. rhod.
• **unter** dem Ohr: acon. alum. am-c. caust. iod.$_{h}$ nit-ac.$_{h}$ ol-an. phos. sil. tab. zinc.
  • **Bewegen** des Kopfes agg.: am-c.
  • **Reiben** amel.: *Phos.*
  • **Sitzen**, im: *Phos.*
• **vor** dem Ohr: ang. *Bar-c.* bov. *Carb-v.* colch. dros.$_{h}$ grat. indg. kali-c.$_{h}$ kali-i. mag-c. mag-m. nat-p. ol-an. rat. stront-c. sul-ac. tab. verb.$_{h}$ zinc.
  • **abends**: con.$_{h}$
  ▽ **erstreckt** sich zu:
    • **Schläfen**: kali-i. sul-ac.
    • **Wange**: sul-ac.

– **ruckend**: all-c.$_{hr1,k}$ am-m.$_{bg2}$ anac. ang.$_{bg2,k}$ *Calc.*$_{hr1,k}$ calc-p.$_{hr1,k}$ calc-sil.$_{k2}$ cann-s. carb-v.$_{h,kl}$ caust. *Cina* clem.$_{a1,h,*}$ dig.$_{h,k,*}$ fl-ac.$_{a1,k}$ *Hep.*$_{h,k,*}$ m-aust. mag-m.$_{a1,k}$ mang.$_{h,k,*}$ mur-ac.$_{h,k,*}$ nux-v.$_{h,kl}$ paeon. petr.$_{h,k,*}$ ph-ac.$_{h,k,*}$ phos.$_{a1,h}$ **Plat.**$_{h,k,*}$ *Puls.*$_{bg2,k,*}$ rhod.$_{bg2,k,*}$ rhus-v.$_{a1}$ sabad.$_{hr1,k}$ sil.$_{h,k,*}$ spig.$_{bg2,k,*}$ valer.$_{bg2,k}$ zinc.
  • **morgens**: mang.$_{h,k,*}$
  • **abends**: mang.$_{h,k,*}$
    • **Liegen**:
      • **Hinlegen**, beim: mang.
      • **nach** Liegen im Bett:
        • **amel.**: mang.
  ○ **hinter** dem Ohr: kali-c. mang. merc. mez.$_{h}$ sil.
  • **vor** dem Ohr: dros.

– **schabend**, kratzig: lyc.$_{a1}$ ruta

– **schießend**
  ☞ *lanzinierend / stechend*

– **Schlag**; wie durch einen: am-c. anac. arn. bell. cina con. nat-m. nux-v. paeon. plat. spig.

– **schneidend**: acon.$_{k2}$ anac. arg-met. cadm-s. canth.$_{bg1,bg2}$ caust. *Coloc.* cur. dros. *Ferr-i. Form. Hydr.*$_{bg1,vh,*}$ *Hyos.*$_{bg1,bg2,*}$ kali-i. kali-s. lach. mang. mur-ac. *Nit-ac.*$_{bg1,bg2,*}$ nux-m. petr. *Puls.*$_{bg1,bg2,*}$ *Syph. Zinc.*
  • **links**: arg-met. *Hydrog.*$_{srj2}$ petr.
  • **abends**: lach.

– **schneidend**: ...
  • **Bewegen** des Kiefers agg.: nux-m.
  • **Bohren** mit dem Finger amel.: *Coloc.*
  • **Freien**; beim Gehen ins: mang.
  ○ **Eustachische** Röhren beim Kauen: arg-met.
  • **hinter** dem Ohr: bell.$_{a1}$ carb-v.$_{a1}$ ox-ac.$_{a1}$ sil.$_{a1,h}$
    ▽ **erstreckt** sich zu:
      • **Hals**: mur-ac.$_{bg1}$ sil.$_{bg1}$
      • **unten**, nach: sil.$_{bg2,h}$
  • **Processus** mastoideus: bell.$_{h}$ caust. con. mur-ac.
    ▽ **erstreckt** sich zu:
      • **Hals**; äußerer: lith-c.$_{ptk1,ptk2}$ mur-ac.$_{ptk1}$
        • **Nacken**: mur-ac.$_{ptk2}$
  • **über** dem Ohr: carb-v.$_{a1,k}$
  • **vor** dem Ohr: arg-met.

– **schraubend**, windend: bell. daph.$_{a1,k}$
  • **morgens**, beim Erwachen: daph.$_{a1,k}$ nux-v.$_{h}$
  • **windend**, abends: nux-v.$_{a1,k}$

– **spasmodisch**: chin. merc.$_{h,k,*}$ murx.$_{hr1,k}$ ol-an. ran-b.$_{a1,k}$ rob.$_{a1}$ sarr.$_{a1}$ spig. *Thuj.*
  ○ **Gehörgang**: anac. *Ang. Caust.* croc. ferr. kreos. merc. mur-ac. petr. *Ph-ac. Plat.* puls. ran-b. samb. thuj. valer.
  • **hinter** den Ohren: murx.$_{hr1,k}$
  • **im** Ohr
    ☞ *Gehörgang*

– **stechend**: *Acon.* aesc. *Aeth.* agar. all-c. aloe *Alum.* alum-p.$_{k2}$ alum-sil.$_{k2}$ am-c. *Am-m.* anac. anan. ang. ant-c. apis apoc. arg-met. *Arg-n. Arn. Ars.* ars-i. ars-s-f.$_{k2}$ arum-d. *Asaf.* aur. aur-ar.$_{k2}$ aur-i.$_{k2}$ aur-m. aur-m-n. aur-s.$_{k2}$ *Bar-c.* bar-m.$_{k,k2}$ bar-s.$_{k2}$ **Bell.** benz-ac. *Berb. Borx. Bov.* brom. *Bry.* bufo calad. *Calc. Calc-p.* calc-s. calc-sil.$_{k2}$ *Camph.* cann-s. canth. *Caps. Carb-an.* carb-v. **Carbn-s. Caust. Cham.** chel. **Chin.** *Chinin-ar. Chinin-s.* cimic. *Cinnb.* coc-c. *Colch. Coloc.* com. **Con.** crot-c. cupr. cycl. desm-g.$_{bnj1}$ dol. *Dros.* **Dulc.** echi. euph. eupi. *Ferr.* ferr-ar. ferr-p. fl-ac. form. gamb. *Gels.* gink-b.$_{sbd1}$ glon. gran. **Graph.** hell. *Hep.* hura hyos. hyper. ign. indg. iris-fl. jatr-c. *Kali-ar. Kali-bi.* **Kali-c. Kali-i.** kali-m.$_{k2}$ *Kali-n.* kali-p. *Kali-s.* kali-sil.$_{k2}$ *Kalm. Kreos. Lach.* lact. laur. lob. lyc. lyss. mag-c. *Mag-m.* mag-s. *Mang.* marb-w.$_{es1}$ med.$_{k2}$ meny. *Merc. Merc-c.* merc-i-f. mez. mill. mur-ac. *Nat-ar. Nat-c. Nat-m. Nat-p. Nat-s.* nicc. *Nit-ac. Nux-m. Nux-v.* ol-an. olnd. paeon. *Petr. Ph-ac. Phos. Phyt.* pic-ac. plan. *Plat. Plb.* psor. ptel. **Puls.** ran-b. ran-s. raph. rat. rhod. *Rhus-t.* rhus-v. ruta sabad. samb. sang. sarr. *Sars.* sep. *Sil.* spig. spong. stann. *Staph.* stront-c. stry. sul-ac. sul-i.$_{k2}$ **Sulph.** syph.$_{k2,xxb}$ tab. tarax. tarent. tep. teucr. *Thuj.* til. tub.$_{xxb}$ valer. verb. vesp. viol-o. *Zinc.* zinc-p.$_{k2}$
  • **links**: aesc. arg-met. asc-c.$_{hr1}$ bar-c. borx. bry. calad. carb-an. coc-c. colch. cop. dros. eupi. form. graph. **Kali-bi.** kali-n.$_{h}$ kali-p. mag-c. mag-m. mag-s. merc-c. merc-i-f. mill. nicc. psor. ptel. *Puls.* rhod. sabad. samb. sang. sep. sil. *Staph.* **Sulph.** verat. verb.
    • **dann** rechts: aloe borx. staph.$_{h}$

- **links**: ...
  - ◆ **begleitet** von:
    - **Kopfschmerzen**
      - ☞ ❑ *Kopf - Schmerz - begleitet von - Ohr - Stiche*
- **rechts**: acon. *Aeth.* agar. all-c. brom. **Carbn-s.** *Caust.* clem.$_{h}$ dros. *Echi.*$_{vh}$ ferr. ferr-p. gink-b.$_{sbd1}$ glon. hell. hyper. kali-n.$_{h}$ kalm. kreos. *Lyc.* lyss. med. nat-c. nat-m. *Nat-s.* nit-ac. phyt. ran-b.$_{k2}$ raph. rat. rhus-t. sars. sep. staph. tarent. thuj. trom. vesp. zinc.
  - **dann** links: *Arg-n.* laur. sulph.
- **morgens**: all-c. ars. borx. *Ferr.* form. kali-c. *Nux-v.* sars.
  - **Bett**, im: *Nux-v.*
  - **Erwachen**, beim: borx. gink-b.$_{sbd1}$
  - **Waschen** in kaltem Wasser; beim: borx.
- **vormittags**: chinin-s. kali-bi. kali-i. mag-c. mag-s. nat-ar. nat-m. nux-m. paeon. sars.
  - **10** h: mag-s.
- **mittags**: chinin-s. gels. psor.
- **nachmittags**: aeth. bry. carbn-s. chinin-s. clem. form. merc-c. nat-ar. trom.
  - **13** h: graph.
  - **15** h: phys. trom.
  - **16** h: kalm. nat-c.
  - **17** h: berb.
- **abends**: *Alum. Ars.* berb. borx. chinin-s. clem. daph. graph. hyper. kali-c. kali-i. kali-n. merc. nat-m. ox-ac. phos. psor. ran-b. staph. sulph. tarent. thuj.
  - **18** h: phys.
  - **20** h: nat-s.
  - **20** - 22 h: phel.
  - **21** h: carbn-s.
  - **Bett**:
    - **im**: caust. kali-c. kali-i. *Nux-v.* spong. thuj.
    - **Einschlafen**, beim: ferr-p.
  - **Essen**, nach dem: graph.
  - **Liegen** darauf agg.: kali-n.
- **nachts**: *Alum. Ars.* cop. cycl. hell. *Kali-bi.* kalm. *Phos.* thuj.
  - **22** h: form.
  - **Erwachen**, beim: carbn-s.
  - **Zahnschmerzen**, mit: hell.
- **anfallsweise**: caust.
- **Aufstehen** aus dem Bett amel.: coc-c.
- **Aufstoßen**, mit: bell.$_{h}$
- **außen**, nach: *Alum. Ars. Asaf.* berb. calc.$_{h}$ *Con.* dulc.$_{h}$ kali-c. mang. *Nat-c.* sep. *Sil.* stront-c. tarax.$_{h}$
- **Berührung** amel.: mur-ac.$_{h}$ sars.$_{h}$
- **Beugen** des Körpers nach rechts; beim: mag-m.$_{h}$
- **Bewegung**:
  - **Kiefer**: *Nux-m.* ph-ac.
- **Bohren** mit dem Finger im Ohr amel.: aeth. *Coloc.* mur-ac. ph-ac. psor.
- **Bücken**, beim: **Cham.** *Merc.* merc-c.
- **Drehen** des Kopfes; beim: chinin-s.
- **Druck** amel.: alum.$_{h}$
- **Drücken** der Stirn; beim: nit-ac.
- **Eintreten** in ein warmes Zimmer; beim: *Nat-s. Nux-v.*
- **Erwachen**, beim: *Form.* spong.
- **Essen**, beim: verb.
- **Fröstelns**; zu Beginn des: gamb.
- **Frost**; während: gamb. graph. psor. puls.
- **Gähnen**, beim: acon.
- **Gehen**, beim: arg-n. borx. kali-bi. *Mang.*$_{hr1,k}$ merl.
  - **Freien**, im: am-m. bry. con.
- **Glocke**; durch den Klang der: mag-m. ph-ac.
- **Hitze**; während: calc.
- **Husten**, mit: nux-v.
- **innen**, nach: alum. arg-n. carb-v. dros.$_{h}$ hyos.$_{h}$ kali-bi. mag-c.$_{h}$
- **Insektenstich**; wie durch einen: berb.$_{kr1}$
- **intermittierend**: plat.$_{h}$
- **juckend**: mez.$_{h}$ mur-ac.$_{h}$ ph-ac.$_{h}$
- **kalt**:
  - **Luft**, bei kalter: graph.$_{k2}$ kali-ar.
  - **Stiche**; kalte: ferr-ma.
    - **eiskalte** Nadeln, wie: agar.
- **Kälte**:
  - **amel**. durch Kälte: merc.
- **Kauen**, beim: cann-s. nux-v.
- **kitzelnd**: dros.$_{h}$
- **Kopfschmerzen**, mit: borx.$_{c1}$ caps.$_{bro1}$ *Kali-bi.* kali-n.
- **Kratzen**, scharfes: mang.$_{h}$
- **Lachen**, beim: *Mang.*
- **Liegen**, beim: kali-p.
  - **Ohr**, auf dem: kali-n.
  - **Seite**, auf der:
    - **links**: merc.
    - **rechts**: ptel.
- **Luft**:
  - **Freien**, im:
    - **agg.**: acon. sulph. tab.
    - **Gehen** ins Freie; beim: bry. con.$_{h}$
  - **Luftzug**; durch: *Camph.*
- **Menses**, während: kali-c.
- **Musik**, durch: *Ph-ac.* tab.
- **Niesen**, beim: calc.
- **Öffnen** des Mundes: *Petr.*
  - **amel.**: nat-c.
- **Reiben** amel.: mang.
- **Ruhe**, in der: phos. psor.
- **Schließen**:
  - **Augen** amel.; Schließen der: calc.
  - **Mundes** amel.; Schließen des: nat-c.
- **Schlucken**, beim: anac. con. *Gels.* lach. lyc. *Mang.* nat-m. **Nux-v.** *Petr.* **Phyt.** thuj. trom.
- **Schneuzen** der Nase; beim: *Calc.* con. hep. lyc. trom.
- **Schütteln** des Kopfes amel.: kali-c.$_{h}$
- **Singen**, beim: ph-ac.
- **Sitzen**, im: gels. nat-m. phos.
- **Sprechen**, beim: *Mang.*
- **Stehen**, im: mag-s.
- **Stuhlgang**, nach: carbn-s.
- **tauben** Ohr, im: *Mang.* sep.$_{h}$
- **Treppen**; beim Hinabsteigen von: chinin-s.

• **Trinken**, beim: con.
• **warm**:
 • **Anwendungen**; warme:
  • **amel.**: cham.k2
 • **Bett**, Bettwärme; warmes: **Merc.**
• **Wetter**:
 • **feuchtem** Wetter, bei: *Nat-s.*
• **Zupfen**: clem.h
▽ **erstreckt** sich zu:
 • **Auge**: puls.h
 • **außen**, nach: *Ars.* calc-caust. canth. *Con.* kali-c. *Sil.*
 • **äußeren** Ohr, zum: *Hep.*
 • **Gaumen**: kali-bi.
 • **Gehirn**: arg-met.h chin.h
 • **Hals**; zum äußeren: nat-m.
 • **Hals**; zum inneren: sulph.
 • **hinten**, nach: mur-ac.h
 • **innen**, nach: arg-met. carb-v. dulc.al kali-bi. meny.h
 • **Kinn**: bell.h
 • **Ohrläppchen**: phos.h
 • **Schläfen**: *Nux-v.*
 • **Schulter**: nat-m.
 • **Wange**: kali-p.k2
○ **Antitragus**, bei Berührung: coc-c.al,k kreos.al,k sep.al,h
• **Eustachische** Röhre: agar.al,k alum.bg2 coloc.h,kl gels.bg2 sal-ac.al,hrl staph.bg2
 ▽ **erstreckt** sich zum Trommelfell:
  • **Bohren** mit dem Finger amel.: carl.cl
• **hinter** dem Ohr: aeth.al,k agar.bg2,k *Arn.*bg2,k,* aur.al,k aur-s.k2 bar-c.bg2,h,* bell.bg2,k berb.hrl,k brom.al,k calc.h,k,* calc-p. cann-s.bg2,k,* canth.bg2,k carb-an.hrl,k *Caust.*bg2,k,* cham.bg2 cina con.h,k,* cop.al,k dig.bg2,k,* dios. euphr.bg2,k,* gels.hrl,k hell.bg2 hep.bg2,h,* *Kali-c.*h,k,* kali-m.k2 *Kali-n.*h,k,* kali-p.k,k2 *Kalm.*hrl,k,* lyc.al,k lyss.hrl mag-c.h,k,* meny.h,k,* mur-ac.h,k,* nat-ar.k2 nat-c.h,k,* nat-m.bg2,k,* nat-p. nit-ac.h,kl ph-ac.h,k,* phos.h,k,* plan.al plect.al ptel.al,k sabad.hrl,k,* sabin.bg2,k,* sars.h,k,* stry. sulph. tab.al,k tarax.bg2,k,* ter.bg2 thuj.bg2,k verat.bg2,k,* verb.bg2,k,* viol-o.bg2,k viol-t.al,bg2 xan.hrl,k
 • **links**: am-m. viol-t.al
 • **rechts**: berb.hrl,k canth. euphr.al,k kalm.al,hrl mag-c.al,h marb-w.es1 plect.al sars.al,h thuj.
 • **morgens**: calc.h,k,*
 • **nachmittags**: lyss.hrl nat-c.al,k ph-ac.h,k,*
  • **13** h: nat-c.
  • **15** h: mag-c.
 • **abends**: bell.h,kl berb.hrl,k carb-an. nit-ac.h,kl sulph.al,k
 • **Bewegung**: nat-m.al,k
 • **Druck** amel.: mag-c.h,k,* nat-c.h,kl
 • **Ruhe**, in der: sabin.al,k
 ▽ **erstreckt** sich zu:
  • **Auge**: **Prun.**hrl,k
  • **Hals**: nat-m.al,k
  • **Kiefer**: kali-n.h,k,* lyc.al,k
• **Ohrläppchen**: nat-c.al,h,* nat-m.h,k,* ph-ac.h,k,* phos.h,k,* plb.al,k psor.al sabad.bg2,k,* tab.al,k zinc.

– **stechend - Ohrläppchen**: ...
 • **Druck** amel.: nat-c.al,h,*
 • **Reiben** amel.: nat-c.al,h,*
• **Ohrmuschel**: ant-c.al,h,* arund.cl nat-c.h,k,* plb.al rhus-t. rhus-v.al stann. sulph.al,k thuj.al,k
 • **links**: elat.hrl
 ○ **Rand**: ant-c.al,h caust.h,kl
• **Processus** mastoideus: sars.h
 ▽ **erstreckt** sich zur Stirn: sars.h
• **Processus** styloideus: agar.h con.h
• **Tragus**: cham.hrl,k,* lach.al
• **über** dem Ohr: ars.al,k asaf.al,k coc-c.al,k indg.al,k kali-c.h,k,* mag-c.h,k,* merc.al,k mur-ac.h,k,* plan.al,k sep.h,k,*
 • **16** h: merc.
 • **Gehen**, beim: ars.al,k
• **um** das Ohr: arn.brl asaf.al,k *Calc-p.*hrl clem.al,k con.hrl,k fago.al,k kali-bi.al nat-c.al,h nat-m.h,k,* phos.h,kl viol-o.
• **unter** dem Ohr: apis bar-c. bry.al,k coc-c.al,k crot-t.al,k hell.h,kl mag-s.al,k nit-ac.h,kl sars.h,k,* viol-o.al,k xan.hrl,k
• **vor** dem Ohr: arg-met. aur-m-n. caust.h *Cham.* laur. mag-c. mag-m. plan. ran-s. sars. stront-c. *Thuj.* verb. zinc.
 • **abends**: con. mag-c. ran-s.
– **stechend**, fein
 ☞ *stechend*
– **stechend**, wie mit einer Nadel: **Aur.**hrl,k brach.hrl,k dulc.al,k lepi.al merc.hrl,k raph.al sil.al,k
 • **juckend**: spig.al,k
– **Wehtun** (= unbestimmt, drückend): all-c. aloe asaf. bell. brom. calc-s.k2 cann-i. *Caps.* caust. **Cham.** chlf. *Cimic.* clem. colch. coloc. *Con.* cur. **Dulc.** ery-a. euphr. form. guaj. ham. hyos. iod. ip. jatr-c. jug-r. kali-c. *Kali-s.* kali-sil.k2 lach. lact. laur. lyc. mang. meny.h meph. merc-i-r. mez. mosch. nat-m. nat-p. nit-ac. nux-m. nux-v. olnd. osm. *Phos.* podo.cl psor. **Puls.** ran-b. rhus-t. seneg. sep. sil. spong. sul-i.k2 **Sulph.** tab. tarent. **Tell.** thuj. tub.c ust.
• **links**: androc.srj1 bell.al,k choc.srj3 ery-a.hrl,k,* guaj.h,k,* iodof.al,hrl lac-c.al,hrl laur.al lob.al mez.h,k,* nat-m.h,k,* plumbg.al rob.al sep.h,k sil.al,k sulph.al,k v-a-b.jl
 • **dann** rechts: brom.al,k calc-p.bg1 merc.hrl
• **rechts**: asaf.al,k berb.al,k brom.al,k choc.srj3 euphr.al ham.al,k hell.al hydrog.srj2 ip.h lac-c.al lach.hrl merc-i-r.al,hrl mit.al mygal.hrl nat-p.hrl,k,* plat.al,h psor.al,k ran-s.al rhod.hrl
• **morgens**:
 • **Aufstehen**, beim: ferr. form.al,hrl
 • **Bett**, im: merc-i-r.
• **nachmittags**: euphr.al,k sep.al
• **abends**: berb.al,k brom.al,k kali-bi.al,k lyc.h,k,* nat-m.al,k osm.al sep.h,k,*
 • **17** h: dios. ham. sep.
 • **Freien**, im: sep.
• **nachts**: *Dulc.*hrl,k,* *Lach.*hrl,k,* rhus-t.hrl sep.al,h
 • **Mitternacht**, nach: sep.al,k
  • **Gehen** im Wind; nach: sep.
• **Druck** amel.: ham.al,k

• **Freien**, im: euph.$_{h,k,*}$ *Lyc.*$_{h,k,*}$ sep.$_{a1}$
• **Gewitter**, vor einem: rhod.$_{a1,k}$
• **Hinlegen**, nach dem: sang.$_{a1,k}$
• **Menses**, während: aloe
• **Schlucken**, beim: con.$_{h,k,*}$ dros.$_{hr1}$ fago.$_{a1,k}$
• **Schneuzen** der Nase; beim: ph-ac.$_{hr1}$ sil.$_{a1,k}$
• **Schreiben**; beim: phyt.$_{ptk1}$
• **warm**:
  • **Zimmer** amel.; Gehen in ein warmes: sep.
○ **hinter** dem Ohr: arum-d. caust. cedr. con. glon. hydrog.$_{srj2}$ lyc. mang. mosch. nat-m. stry. viol-o.
  • **Berührung** agg.: mang.
  • **Freien**, im: mang.
  • **Schütteln** des Kopfes; beim: glon.
  ▽ **erstreckt** sich zu den Schläfen: cedr.
• **Ohrknorpel**:
  • **Liegen** darauf; beim: med.$_{hr1}$
• **über** dem Ohr: dulc.$_{a1,k}$ lil-t.$_{a1}$ lyss.$_{hr1}$ mez.$_{a1,k}$ tell.$_{a1,k}$
• **vor** dem Ohr: anac. cupr. dios. merc-i-f.
  • **nachmittags**:
    • **15** h: dios.

– **windend**: aloe anac. anag. aran. arg-n. asar. *Bar-c.* berb.$_{k2}$ carb-v. caust. coc-c. coloc. *Crot-t.* dulc. ferr. graph. kali-n. kreos. merc. mez. par. plan. prun. staph.
• **links**: coc-c.$_{a1,k}$ crot-t.$_{hr1,k,*}$ merc-d.$_{a1}$ prun.$_{a1,k}$ staph.$_{a1,k}$
• **rechts**: anag.$_{a1,k}$ arg-n. coloc. dulc.$_{a1,k}$ form.$_{a1}$ kreos.$_{a1,k}$
• **morgens** im Bett: ferr. form.$_{a1}$
• **nachmittags**: aran.$_{a1,k}$
• **abends**: aloe carb-v.$_{a1,k}$ mez.$_{a1,k}$
• **spasmodisch**: crot-t.$_{hr1,k,*}$

– **wühlend**, grabend: am-c. am-m. ant-c. coc-c. hell.
• **rechts**: am-m.$_{a1,k}$ hell.$_{a1,k}$
• **nachts**: hell.$_{a1}$ mang.$_{h2}$
• **gelegen** hat; im Ohr auf dem er: am-m.

– **wund** schmerzend (wie zerschlagen, empfindlich, einschl. Wundheit): anac.$_{hr1}$ *Arn.*$_{bg2,k}$ *Bapt.*$_{hr1}$ borx. bry.$_{a1,k}$ *Calc-p.*$_{hr1,k,*}$ *Caust.* chel.$_{a1,bg2}$ *Chin.*$_{hr1,k}$ cic.$_{h,k,*}$ crot-h.$_{a1,bg2}$ cupr-ar.$_{hr1,k}$ ery-a.$_{hr1,k,*}$ fago.$_{a1,k}$ jug-r.$_{a1,k}$ kali-bi. *Lac-c.*$_{hr1,k,*}$ mag-c.$_{h,k,*}$ mag-s.$_{a1,k}$ *Mang.*$_{hr1,k}$ *Merc.*$_{h,k,*}$ merc-i-f.$_{hr1,k,*}$ *Mur-ac.* nat-p.$_{hr1}$ ol-an.$_{a1}$ phos.$_{a1,k}$ pic-ac.$_{hr1}$ psor.$_{a1,hr1}$ ptel.$_{a1,k}$ *Ruta* sel.$_{a1,k}$ sep.$_{h,k,*}$ spong.$_{a1,k}$ stry. *Sulph.*$_{a1,k}$ teucr.$_{a1}$ zinc.
• **linkes** Ohr:
  • **Loch** des Ohrrings: med.$_{hr1}$
• **abends**: borx.
• **Bohren** mit dem Finger: borx.$_{h}$
○ **äußeres** Ohr: *Acon.*$_{a1,k}$ bry.$_{a1,k}$ *Calc-p.*$_{hr1,k}$ form.$_{hr1,k,*}$ *Mang.*$_{hr1,k,*}$ mur-ac.$_{a1,k}$ nat-p.$_{hr1}$ vib. *Zinc.*
• **hinter** dem Ohr: anac. borx. *Bry.* calc-p. **Caps.** chel. cic. cupr-ar. **Graph.** kali-c. lachn. lyc. merc. mur-ac. nit-ac. *Petr.* *Psor.* ruta *Sil.* verat.
  • **Husten**, mit: phos.
• **Ohrknorpel**: arn.$_{br1}$
• **Ohrläppchen**: chel.$_{h}$ crot-h. mur-ac.
  ○ **hinter** dem Ohr: mag-c.$_{h}$

– **wund** schmerzend: ...
• **Ohrmuschel**: ruta$_{h}$ spong.$_{a1,k}$ zinc.$_{a1,k}$
• **um** das Ohr: calc-p.$_{hr1,k}$ coc-c. psor.$_{a1}$
• **unter** dem Ohr: **Bar-c.** ptel. sars. zinc.
  ○ **Processus** mastoideus: **Ruta**
• **vor** dem Ohr: *Calc.* ptel. senec. zinc.

– **wundfressend**
☞ *brennend*

– **zerreißend**: bell. cadm-s. **Merc.**$_{hr1}$ **Sulph.** tarent.$_{a1,k}$
• **rechts**: tarent.$_{a1,k}$

– **zerschlagen**
☞ *wund*

– **ziehend**: acon. aloe ambr.$_{c1}$ anac. ang. ant-c. arg-met. arn. ars. ars-s-f.$_{k2}$ asaf. asar. aur-m. *Bar-c.* bar-m. bar-s.$_{k2}$ *Bell.* berb. bism.$_{h}$ bov. bry. calc. calc-sil.$_{k2}$ carb-an. *Cham.* chel. coc-c. colch. *Con.* crot-h. *Cycl.* dros. dulc. ferr-ma. ferr-p. hell. kali-ar. kali-bi. *Kali-c.* kali-m.$_{k2}$ kali-n. kali-p. kali-sil.$_{k2}$ kalm. kreos. lact. lyc. mag-m. mag-s. merc. mez. mill. mosch. mur-ac. *Nat-m.* nicc. *Nit-ac.* ol-an. olnd. op. petr. **Ph-ac.** *Phos.* *Plat.* puls. ran-s. rhod. rhus-t.$_{a1}$ sars. *Sep.* *Sil.* *Sphing.*$_{k,kk3}$ spong. *Stann.* staph. sul-ac. sulph. *Tarax.* til. valer. *Verb.* zing.
• **links**: arn. chel. con. dig. hyper. mez. mill. plat. spig. til. valer. *Verb.*
• **rechts**: ant-c. aur-m. bry. *Caust.* coc-c. *Cycl.* dros. gamb. glon. mosch. nat-m. nit-ac. petr.$_{h}$ sep. sil. spong.
• **abends**: coc-c.$_{k1}$ ~~crot-c.$_{k1,xxx}$~~ ran-s.
• **nachts**: alum. bar-c. *Sil.*
  • **Erkältung**, durch: glon.
• **abwärts**: berb.
• **anfallsweise**: alum. *Ph-ac.*
• **Aufstehen** vom Sitzen, beim: *Sil.*
• **Aufstoßen**, beim: sulph.
• **Bewegung**, bei:
  • **Unterkiefers**, des: stann. verb.
    • **außen**, nach: caust. *Con.* *Euphr.* sul-ac.$_{h}$
• **Drücken** auf das Ohr; beim: raph.
• **Faden** durch das Ohr gezogen; als sei ein: rhus-t.$_{h}$
• **Hinlegen**, nach dem: sulph.
• **Mittagessen**, nach dem: ant-c.
• **Niesen**, nach:
  • **amel.**: mag-m.
• **Schlucken**: alum. ferr-ma.
▽ **erstreckt** sich zu:
  • **Eustachische** Röhre; in die: ant-c.
  • **Hals**; zum äußeren: bell.$_{h}$
    • **Schultern**; und zu den: *Nat-m.*
  • **Wangenknochen**: sphing.$_{kk3}$ spig.$_{kk3}$
  • **Zähne**: bell.
○ **hinter** dem Ohr: aloe anac.$_{a1,k}$ arg-met. ars. asaf.$_{a1,k}$ bar-c. bar-s.$_{k2}$ canth. chel.$_{a1,k}$ chin.$_{h,k,*}$ coloc.$_{a1,k}$ crot-h. dig. gent-c.$_{a1}$ kali-bi.$_{bg2,k,*}$ kali-c.$_{h,k,*}$ kali-n.$_{h,k,*}$ kali-sil.$_{k2}$ laur.$_{a1,k}$ mang.$_{a1,k}$ merc.$_{h,k,*}$ merl.$_{a1}$ mur-ac.$_{h,k,*}$ ol-an.$_{a1}$ petr.$_{h,k,*}$ *Prun.*$_{hr1,k}$ sars.$_{h}$ sil.$_{h,k,*}$ sulph.$_{a1,k}$ thuj.$_{a1,k}$ zinc.$_{hr1,k}$
  • **tagsüber**: kali-n.$_{h,k,*}$

• **hinter** dem Ohr: ...
 • **Berührung** agg.: merc.$_{a1,h}$ sil.$_{h,k,*}$
 • **Bewegung**, bei: *Prun.*$_{hr1,k}$
 • **Ruhe**, in der: arg-met.
 ▽ **erstreckt** sich zu:
  • **Kiefer**: *Zinc.*
  • **Nacken**: mur-ac.$_{h}$
  • **Processus** mastoideus: chin.
  • **Schulter**: ars.$_{h}$
  • **unten**, nach: arg-met.
• **Ohrläppchen**: ars.$_{h}$ *Cham.* dros. phos. sars.$_{h}$
○ **unter**: arg-met.
• **Ohrmuschel**: asaf.$_{a1}$ sars.$_{h,k1}$ stann.$_{h,k1}$
• **Processus** mastoideus:
 ▽ **erstreckt** sich zu:
  • **Stirn**: sars.$_{h}$
  • **Zähne**: mez.$_{h}$
• **Tragus**: mur-ac.$_{h,k1}$ ph-ac.$_{h,k1}$
• **über** dem Ohr: asaf.$_{a1,k}$ chel.$_{a1,k}$ coloc.$_{a1,k}$ lach.$_{a1,k}$ mez.$_{a1,k}$ verat.$_{a1,k}$
 • **Bett**, im: chel.
 • **Narbe**; in einer alten: lach.
 ▽ **erstreckt** sich zum Scheitel: lach.$_{a1,k}$
• **um** das Ohr: asaf.$_{a1,k}$ grat.$_{a1,k}$ nit-ac.$_{h,k,*}$
 • **nachmittags**: clem.$_{h,k}$
 • **Druck** amel.: grat.$_{a1,k}$
• **unter** dem Ohr: arg-met.$_{h}$ dig.$_{h,k1}$ petr.$_{a1,h}$ sul-ac.$_{h,k1}$
• **vor** dem Ohr: *Bar-c.* dig.$_{h}$ sulph.

– **zuckend**
 ☞ *stechend*

– **zwickend**: am-c. ang. aran. asar. *Bell.* bry. carb-an. carb-v. caust. colch. *Con.* crot-t. der. dulc. ferr-ma. kali-c. kreos. laur. mang.$_{h}$ meny. *Merc.* *Mur-ac.* nat-c. nit-ac. nux-v. sabin. *Spig.* stann. staph. teucr. thuj.
• **links**: carb-an. carb-v. dulc. staph.
• **rechts**: nat-c. thuj.
 • **dann** links: bell.
• **morgens**: nat-c.
• **nachmittags**: aran.
• **abends**: am-c.
• **nachts**: bry.
• **Reiben** amel.: mang.$_{h}$
• **Schluckauf**, bei: bell.
• **Trinken**, beim: con.$_{h}$
○ **hinter** dem Ohr: lyc. merc. paeon. sabin.
• **über** dem Ohr: carb-v.$_{h}$
• **um** das Ohr: glon.

Schnauben, Blasen in den Ohren durch Pulsieren der Temporalarterien: benz-ac.$_{a1,k}$

Schwammartige Wucherungen: *Merc.*

Schweiß: act-sp.$_{bg1}$ puls. zinc.$_{bg1,bg2}$
○ **hinter** den Ohren: cimic.

Schwellung: *Acon.* agar.$_{bg2}$ alum. alum-p.$_{k2}$ anac.$_{bg2,k,*}$ anac-oc.$_{hr1}$ ant-c.$_{h,k,*}$ *Apis* arn. ars.$_{a1,k}$ *Bell.*$_{a1,k}$ borx. bry.$_{hr1,k,*}$ bufo$_{k2}$ **Calc.**$_{bg2,k,*}$ calc-ar.$_{k2}$ calc-p.$_{hr1,k,*}$ *Carb-v.*$_{hr1,k}$ caust.$_{h,k,*}$ chlol.$_{a1,k}$ cist.$_{hr1,k,*}$ com.$_{bg2}$ ery-a.$_{hr1,k,*}$ glon.$_{a1,k}$ **Graph.**$_{h,k,*}$ hep.$_{bg2}$ hydr.$_{k2}$ ign.$_{bg2}$ jug-c.$_{hr1}$

Schwellung: ...
jug-r.$_{a1,k}$ kali-ar. *Kali-bi.*$_{hr1,k,*}$ *Kali-c.*$_{h,k,*}$ kali-n.$_{bg2,h,*}$ kali-p. kreos.$_{bg2,k,*}$ lyc.$_{bg2,k}$ med.$_{hr1}$ medus.$_{a1,br1}$ *Merc.*$_{h,k,*}$ *Nat-m.*$_{h,k,*}$ nit-ac.$_{h,k,*}$ *Petr.*$_{h,k,*}$ ph-ac.$_{h,k,*}$ phos.$_{bg2,k,*}$ pic-ac.$_{a1,k}$ psor.$_{a1,k}$ ptel.$_{a1,k}$ **Puls.**$_{h,k,*}$ *Rhus-t.*$_{h,k,*}$ rhus-v.$_{a1,k}$ samb.$_{hr1,k}$ *Sep.*$_{h,k,*}$ *Sil.*$_{h,k,*}$ spong.$_{bg2,k}$ *Tell.*$_{a1,k}$ tep. urt-u.$_{a1,k}$ zinc.$_{bg2,k}$ zinc-p.$_{k2}$
– **links**: ant-c.$_{h,k,*}$ ery-a.$_{hr1,k,*}$ graph.$_{h,k,*}$ jug-r.$_{a1}$ kreos.$_{a1,hr1}$ nit-ac.$_{h,k,*}$ rhus-t.$_{hr1,k,*}$ *Tell.*$_{a1,k}$
– **rechts**: bry.$_{hr1}$ calc.$_{hr1,k,*}$ crot-c.$_{a1,k}$ glon.$_{a1,k}$ jug-c.$_{hr1}$ jug-r.$_{h,k}$ ptel.$_{a1,k}$ sulph.$_{k2}$
○ **Antitragus**: kreos.$_{a1,k}$ spong.$_{a1,k}$
– **Gehörgang**: acon. bry. **Calc.** calc-p. calc-sil.$_{k2}$ cann-s. *Caust.* *Cist.* *Cupr.* graph. kali-c.$_{h}$ lach. mag-c. mez. nat-m. *Nit-ac.* *Petr.* ph-ac. **Puls.** *Sep.* *Sil.* *Tell.* thuj. zinc. zinc-p.$_{k2}$
• **abends**: mez.
– **hinter** dem Ohr: ant-s-aur. *Aur.* *Bar-c.* bar-m. benz-ac. berb. bry. calc. *Calc-s.* **Caps.** *Carb-an.* caust. cist. colch. dig. *Graph.* *Hep.* kali-c. *Lach.* lyc. *Nit-ac.* ph-ac. puls. rhus-t. rhus-v. *Sil.* tab. tub.$_{a1}$
• **Bettwärme** amel.: nit-ac.
• **glänzend**: con. lyc. rhus-v.
• **hart** und rot: tab.
• **knotige** Schwellung: *Bar-c.* *Graph.*
○ **Lymphdrüsen**: apis *Bar-c.* dig.$_{h}$ *Nit-ac.*
• **Periost**: caps. *Carb-an.*
– **im** Ohr
 ☞ *Gehörgang*
– **Ohrläppchen**: chin.$_{br1}$ kali-n.$_{h,k,*}$ puls.$_{hr1,k}$ *Rhus-t.*$_{hr1,k,*}$
– **Ohrmuschel**: ant-c.$_{a1,h,*}$ arn.$_{a1,k}$ nat-m.$_{h,k,*}$ phos.$_{a1,k}$ **Puls.**$_{hr1}$ sil.$_{a1,k}$ tep.$_{a1,k}$
– **Parotis**
 ☞ ❑ *Gesicht - Schwellung - Parotis*
– **Processus** mastoideus: caps.$_{k2}$
– **um** das Ohr: arn.$_{a1,k}$ form.$_{hr1,k,*}$ *Phyt.*$_{a1,k}$ puls.$_{k2}$
○ **Drüsen**, der: *Bar-c.* bar-m. *Calc.* carb-an.$_{h}$ con.$_{k2}$ dig.$_{h}$ kali-m.$_{ptk2}$ *Merc.* *Nit-ac.* tub.$_{xxb}$
– **unter** dem Ohr: all-c. **Bar-c.** berb. *Caps.* cist. hura nat-hchls. ptel. samb. sars. tub.$_{a1}$
○ **Drüsen**: am-c. **Bar-c.** *Cist.* dig. *Graph.* kali-c.$_{k2}$ *Nit-ac.* ptel. sars. tell.$_{hr1}$
– **vor** dem Ohr: anthraci. bry. *Calc.* cist. iod. *Merc.*
○ **Drüsen**: puls.$_{h}$

Sklerose:
○ **Gehörknöchelchen**: thyr.$_{ptk1}$
• **und** des Felsenbeins:
 • **Taubheit**, Klingeln und Sausen; mit: calc-f.$_{br1}$
 ☞ ❑ *Hören - Schwerhörig - Sklerose*

Spannung: alum.$_{a1,k}$ ambr. apis asar.$_{bg2}$ aur.$_{a1,bg2}$ bamb-a.$_{stb2}$ carl.$_{a1}$ cham.$_{bg2}$ colch.$_{bg2}$ dros.$_{bg2,h,*}$ euphr.$_{bg2,h,*}$ glon.$_{a1}$ graph.$_{h,k,*}$ kreos. lach. lact.$_{a1}$ lyc.$_{h,k,*}$ mag-c.$_{a1,h}$ nux-v.$_{hr1,k}$ plb.$_{a1}$ spong.$_{bg2}$ staph.$_{bg2}$ thuj.$_{bg2,k,*}$ verat.$_{bg2}$ viol-o.$_{bg2}$
– **schmerzhaft**: bamb-a.$_{stb2}$
○ **Gehörgang**: *Asar.* aur. bamb-a.$_{stb2}$ cham. dig. euphr. kali-n.$_{h}$ lact. *Merc.*

– **hinter**: am-c.bg2,k,* ars-s-f.k2 asar.bg2 caust.bg2,k *Con*.h,k,* glon.a1 *Kali-n*.h,k,* lyc.h,k,* mag-c.a1,h,* mez.bg2,h,* nit-ac. plat.h,hr1,* plb.bg2 verb.bg2
– **im** Ohr
☞ *Gehörgang*
– **Ohrmuschel**: bov.a1,k
– **unter**: *Graph*.h,hr1,* petr.a1,h thuj.h,kl

Steatom
☞ *Tumoren - Steatom*

Stenose
☞ *Zusammenziehung*

Striktur:
○ **Eustachische** Röhre: lach.k2

Summen
☞ *Geräusche - Summen*

Tinnitus
☞ *Geräusche*

Trockenheit: aeth.bg2,k,* arn.hr1,k aur.hr1,k aur-s.k2 berb.a1,k *Calc*.hr1,k *Carb-v*.hr1,k carbn-s. castor-eq. *Cham*.hr1 colch.bg2,k,* fago.bg1 **Graph.**bg2,k,* hydrog.srj2 iodof.bg2,hr1,* kali-s.k2 *Lach*.bg2,k,* mag-c.st1 nit-ac.h,k,* *Nux-v*.hr1,k *Onos*. *Petr*.bg2,k,* phos.h,k,* podo.bg2 *Puls*.hr1,k *Sulph*.hr1,k
– **Gefühl** von: petr.hr1,k phos.h,k,*
☞ *Ohrschmalz - fehlend*
○ **Gehörgang**: aeth.bg2 alum.bg2 ferr-pic.bg2 graph.bg2,hr1 iod.bg2 nux-v.hr1 petr.bg2 phos.bg2,hr1 psor.a1 sil.hr1,k verb.bg2,br1,*
– **Ohrläppchen**: hydrog.srj2

Trommelfell:
– **drücken** würde; als ob etwas mit einem stumpfen Instrument schnell: carbn-s.kr1
– **dünn** und durchsichtig: *Graph*.kr1
– **Entzündung**
☞ *Entzündung - Mittelohr*
– **geschwollen**: *Ferr-p*.kr1
• **Kapillaren**, erweiterte: *Graph*.kr1
• **Periostitis** des Processus mastoideus; bei: sil.kr1
– **Kalkablagerung**
☞ *Kalkablagerung*
– **Katarrh**
☞ *Absonderungen*
– **Perforation**
☞ *Perforation - Trommelfell*
– **Stiche**; wie:
• **Insekten**; von
☞ *Schmerz - stechend*
– **Ulzeration**
☞ *Geschwüre - Trommelfell*
– **verdickt**: ars-i.bro1,ptk1 graph.kr1 merc-d.bro1 mez.ptk1 thiosin.bro1
• **weiß** und undurchsichtig:
• **Hautausschlag** an der Kopfhaut; nach unterdrücktem: mez.kr1
– **Verwachsungen**
☞ *Verwachsungen*

Trommelfell: ...
– **weiß**:
• **rechts** weißer als links: phos.kr1
• **Belag** bedeckt; nach Scharlach von einem: *Graph*.kr1

Tuberkel, harter:
○ **hinter** dem Ohr:
• **linkes** Ohr: nicc.
• **rechtes** Ohr: graph. ph-ac.kl
– **Ohrläppchen**, am: merc. ~~ph-ac.kl,xxx~~
○ **hinten**: nit-ac.h

Tumoren:
– **Atherom**:
○ **hinter** den Ohren: merc-i-r. verb.
• **Ohrläppchen**, am: nit-ac.
– **Fungus**
☞ *Schwammartige*
– **kleine** Tumoren:
○ **hinter** den Ohren: berb. bry. caust. *Con*.
– **Knoten**
☞ *Knoten*
– **Steatom**: calc.hr1,k nit-ac.
– **warzenartig**
☞ *Warzenartige*
– **zystisch**: *Nit-ac*.hr1,k
○ **Ohrläppchen**: nit-ac.ptk2
– **hinter** den Ohren: olnd.
– **Ohrläppchen**:
○ **am**: merc. *Nit-ac*.
• **unter** dem: *Calc*.
– **vor** dem Ohr: bry. *Calc*.

Tympanum
☞ *Trommelfell*

Übelkeit: dios.tl1

Ventil
☞ *Öffnen*

Verdickung: *Hydr*.hr1 rhus-t.a1 rhus-v.a1
○ **Ohrknorpel**: arg-met.k2

Verhärtung:
○ **Trommelfell**: sulph.k2

Verklebung zwischen Ohrmuschel und Kopf: olnd.

Verlegt
☞ *Verstopfungsgefühl*

Verstopfungsgefühl: acon.bg2,k,* aeth.bg2,k,* agar.a1,k alet. alum. alum-p.k2 alum-sil.k2 *Anac*.bg2,k,* anag.hr1,k androc.srj1 ang.a1,bg2 ant-c.h,k,* arg-met. *Arg-n*.a1,k ars.bg2,k,* ars-i. ars-s-f.k2 **Asar.**bg2,k,* aur-m. bamb-a.stb2 *Bar-c*.bg2,k bar-i.k2 berb.hr1,k,* bism.bg2,k borx. brom. bry.bg2,k,* bufo calad.bg2,k calc.bg2,k calc-s. calc-sil.k2 cann-i. **Carb-v.**bg2,k,* *Carbn-s*. carc.tp1 carl.a1 *Caust*.bg2,k,* cham.bg2,k,* *Chel*.bg2,k,* chen-v.hr1 *Chin*.h,k,* chinin-s. chlf.a1,k choc.srj3 cinnb.a1,k coc-c.hr1,k,* cocc. cod.a1 *Colch*.bg2,k,* coloc.a1,k **Con.**h,k,* crot-h.a1,k cycl.bg2,k,* dig.a1,k dios.hr1,k,* gast.a1 *Glon*.bg2,k,* *Graph*.h,k,* *Guaj*.bg2,k guare.hr1,k,*

Verstopfungsgefühl: ...
ham.a1 hell-v.a1 hep.k2 hura hydr.a1,k hydrc.a1,k hydrog.srj2 indg.a1,k *Iod.*bg2,k jac-c.a1,hr1 jac-g. kali-bi.a1,k kali-c.h,k,* kali-m.ptk1 kali-p. kali-s. kali-sil.k2 *Lach.*bg2,k,* lachn.hr1,k,* *Led.*h,k,* lepi.a1 lim.a1 lob.hr1,k lol.bg2 **Lyc.**h,k,* lyss.hr1,k mag-m.h,k,* manc.hr1,k *Mang.*h,k,* marb-w.es1 *Meny.*h,k,* **Merc.**h,k,* merc-c.a1,k merc-i-f.a1,k merl.hr1,k,* *Mez.*h,k,* *Mill.*hr1,k,* nat-ar. *Nat-c.*h,k,* nat-m.a1,k nat-p. *Nat-s.* *Nit-ac.*h,k,* nit-s-d.a1 *Nux-m.*bg2,k,* ol-an.a1,k op.a1,k petr.h,k,* *Phos.*h,k,* phys.a1,k phyt.hr1,k,* plat.h,k,* plect.a1 psil.ft,ft1 psor.a1,k,* **Puls.**h,k,* raph.a1,k rhus-t.bg2,k,* rumx. sabad.bg2,k,* *Sang.* sanic. sec.a1,k *Sel.*bg2,k,* seneg.a1,k sep.h,k,* **Sil.**h,k,* *Spig.*bg2,k,* spong.bg2,k stann.bg2,k,* *Sul-ac.*bg2,k sul-i.k2 *Sulph.*bg2,k,* symph. tab.bg2,k,* tell.a1,k tep.a1,k teucr.bg2,k,* thuj.a1,k til.a1,k tub. upa.a1,k *Verat.*bg2,k *Verb.*bg2,k,*
– **abwechselnde** Seiten: cocc.
– **links**: acon.a1,k agar.a1,k aur-m. berb.a1,k coc-c.a1,k hydr.a1,k hydrc.a1,k hydrog.srj2 jac-c.a1,hr1 jac-g. kali-bi.a1,k lepi.a1 merl.a1 nat-c.a1 nit-s-d.a1 rumx. sel.a1,k spig.a1,k stann.a1,k
 • **dann** rechts: *Verb.*a1,k
– **rechts**: aeth. ant-c.h,k,* arg-met. astac.c1 cann-i. caust.a1,k chen-v.hr1 colch.a1,k crot-h.a1,k cycl.hr1,k,* ham.a1 kali-c.a1,h lach.a1 lim.a1 lob.hr1 merc-i-f.a1 nat-c.h,k,* *Nat-s.* ol-an.a1 *Puls.*a1 rhus-t.a1,k tell.a1,k teucr.a1 thuj.a1,k til.a1,k *Tub.*
– **morgens**: ant-c.a1,k brom. caust.a1,k sil.a1,k tell.c1 teucr. thuj.a1,k *Tub.*
 • **Frühstück**, nach dem:
  • **amel.**: ant-c.
– **vormittags**: ham.a1 nat-m. psor.a1,k tell.a1,k
– **nachmittags**: mill.a1,k nat-m.a1,k
 • **15** h: jac-g.
 • **amel.**: nat-m.a1,k
– **abends**: ant-c.h,k,* ham.a1,k kali-c.h,k,* lim.a1 spig. thuj.a1,k
 • **20** h: bamb-a.stb2 dios.
 • **Bett**, im: sel.a1,k
 • **Sitzen**, im: kali-c.h,k,*
– **Aufstehen** amel.; beim: stann.
– **Bohren** mit dem Finger amel.: lob.hr1,k mag-m.h,k,* sel.a1,k spig.
– **Erregung** agg.: dig.a1,k
– **Essen**, beim: *Sulph.*
– **Freien**, im: spig.
– **Gähnen** amel.: nat-m.a1,k *Sil.*
– **Gehen**, beim: colch.a1,k
– **Husten**, nach: chel.
– **Kauen**, beim: sulph.ptk1
– **Knall**; Ohren öffnen sich mit lautem: *Sil.*
– **Lesen**, beim lauten: verb.a1,k
– **Liegen**:
 • **agg.**: coc-c.
 • **Ohr**, auf dem:
  • **nach**: sel.
– **Menses**, während: mag-m.a1,k
– **Mittagessen**, nach dem: chinin-m.c1 mill.
– **plötzlich**: dios.rb2 tanac.br1
– **Räuspern**, beim: hyos.h,k,*

Verstopfungsgefühl: ...
– **rhythmisch**: coloc.a1,k
– **Schlucken**:
 • **amel.**: alum. calc. merc.hr1,k *Sil.*
 • **beim**: ars. hydrog.srj2
– **Schneuzen** der Nase: alum.a1,k bamb-a.stb2 calc. *Con.*h,k,* *Mang.*k,k2 spig. *Sulph.*a1,k
 • **amel.**: *Merc.*hr1,k stann.a1,k
– **Schreiben**, beim: raph.a1,k
– **Sprechen**, beim: meny.h,k,*
– **Ventil**; wie durch ein: *Bar-c.* borx. graph. *Iod.* *Nat-s.*
 ☞ *Öffnen - schließen*
– **Vollmond**, bei: graph.ptk1
– **Waschen** der Haare; durch:
 • **rechtes** Ohr: limest-b.es1
– **Wetter**:
 • **kaltes**: mang.k2
○ **Eustachische** Röhre: alf.br1,bro1 hydrog.srj2 kali-chl.bro1 phyt.a1,hr1
 • **nachts**: alf.br1

Verwachsungen im Mittelohr: *Graph.*kr1 iod.c1,k thiosin.c1
– **Tinnitus**, mit: thiosin.c1

Völlegefühl: aesc. *Arg-n.*hr1,k ars-s-f.hr1,k2 ars-s-r.hr1 arum-d.hr1,k,* bell.bg2,k berb.a1,k bond.a1 **Cann-i.**hr1,k,* carb-v. cham. chel.a1,k choc.srj3 cinnb.a1,k com.hr1,k,* *Crot-h.*hr1,k cur. dig.a1 eup-per. eup-pur.a1,hr1 ferr.a1,k form.a1 *Glon.*hr1,k,* granit-m.es1 hep. iod. iodof.a1,hr1 jug-r.a1,k kali-i. kali-p.bg2,k lac-c.hr1,k,* laur.a1,k lyc.h,k1 mang.hr1,k *Merc.*hr1,k **Mez.** nat-c.hr1,k nat-p.hr1,k,* nat-s.a1,k nit-ac. *Op.* pen.a1,k phos. phys.a1,k *Puls.*h,k,* stry.a1,k sulph. *Thuj.*a1,k verat-v.a1,k
 ☞ *Ausdehnung - Gefühl / Schmerz - drückend*
– **morgens**: ham.a1,k thuj.a1,k
– **nachmittags**: stry.a1,k
 • **13** h: com.
– **abends**: mez. nat-p.a1,k
◈ **abwechselnd** mit:
 • **Knacken**; Aufgehen der Ohren mit einem: granit-m.es1
◆ **begleitet** von:
 • **beeinträchtigtem**, gestörtem Gehör: granit-m.es1
– **Bohren** darin amel.: mez.
– **Erregung**, durch: dig.a1,k
– **Essen**, beim: *Nat-c.*hr1,k
– **Schlucken**, durch: arum-d.a1,k *Mang.*hr1,k
– **Schneuzen** der Nase; beim: mang.hr1,k *Puls.*h,k,*
– **stechenden** Schmerzen, nach: iod. iodof.a1
○ **hinter** den Ohren: ther.c1,k2

Wachs
 ☞ *Ohrschmalz*

Wärmegefühl: sul-ac.h

Warzenartige Auswüchse, entzündet und geschwürig:
○ **äußeren** Ohren; an den: bufo
– **hinter** dem Ohr: calc.

Wasser; Gefühl von:
– **aus** den Ohren; läuft: calc. spig. sulph.
• **heißes** Wasser:
• **linkes** Ohr: acon.
• **rechtes** Ohr: cham.
• **kaltes** Wasser: merc.
– **im** Ohr: ant-c. graph. meny. psil.$_{ft,ft1}$ spig.$_{h}$ *Sulph.*
• **links**: graph.
• **rechten** Ohr; erscheint und verschwindet plötzlich: chr-ac.$_{rb2}$
• **warmes** Wasser: calad.
– **in** die Ohren; strömt: petr.$_{rb2}$ puls.$_{rb2}$ rhod. sulph.$_{rb2}$
– **strömt** aus
☞ *aus den Ohren*

Widerhall
☞ *Geräusche - Widerhall*

Wind:
– **empfindlich** gegen: caust. **Cham. Lach.** *Lyc.* mag-c.$_{dgt}$ mag-m.$_{dgt}$ *Mez.*
☞ *Luft - empfindlich*
– **Gefühl** von Wind:
• **aus** den Ohren:
• **puffen** würde; als ob Wind: meli. sil.
• **Schlucken**, beim: meli.$_{rb1}$
• **strömt** aus den Ohren: abrot. *Aeth.*$_{vh}$ *Bell. Calc.*$_{vh}$ canth. *Chel.* meli. *Mill.*$_{vh}$ psor.$_{vh}$ stram.
• **Stecken** des Fingers in das Ohr amel.: chel.
• **im** Ohr: *Bell.* carbn-s. *Caust. Chel.* eupi. led. mag-c. mang. *Mez.* mosch. plat. puls. stann. stram. vinc.
• **links**: carbn-s. mag-c. mosch. stann.
• **in** oder auf das Ohr blasen würde; als ob Wind: *Caust.* mang. meny. mez.$_{c1}$ mosch. plat. stann. staph.
▽ **erstreckt** sich zu:
• **Hals**; innerer: mez.$_{c1}$
• **kalter** Wind gegen den Gehörgang des rechten Ohres blasen würde; als ob: aeth.$_{bg2}$ calc.$_{bg2}$ *Caust.* mang. mill.$_{bg2}$ psor.$_{bg2}$ sanic. staph.
– **Geräusch** von
☞ *Geräusche - Wind*

Wogen, Wallen: kali-p.

Würmern; Gefühl von: acon.$_{h,k,*}$ calc.$_{h,k,*}$ coloc.$_{h,k,*}$ guare.$_{a1,k}$ med.$_{hr1,k}$ pic-ac.$_{a1,k}$ puls.$_{hr1,k}$ rhod.$_{hr1,k,*}$ ruta

Zerumen
☞ *Absonderungen - Ohrschmalz / Ohrschmalz*

Zittern im Ohr: bov. kali-c.
– **traurigen** Nachrichten, nach: kali-c. sabin.
☞ ❑ *Gemüt - Beschwerden durch - schlechte*

Zucken: act-sp.$_{a1,k}$ aeth.$_{a1,k}$ *Agar.*$_{a1,k}$ all-c.$_{hr1}$ am-c.$_{a1,k}$ am-m.$_{bg2,k}$ anac.$_{bg2,k}$ ang.$_{bg2,h,*}$ ant-t.$_{hr1,k}$ bar-c.$_{h,k,*}$ bar-m. bar-s.$_{k2}$ borx. bov.$_{bg2,k,*}$ *Calc.*$_{h,k,*}$ calc-act. calc-p.$_{a1,k}$ calc-sil.$_{k2}$ cann-i.$_{bg2,k,*}$ caust.$_{a1,k}$ chin. clem.$_{bg2,k,*}$ dig.$_{a1,k}$ dros.$_{bg2}$ fl-ac.

Zucken: ...
hep.$_{h,k,*}$ kali-c.$_{h,k,*}$ kali-m.$_{k2}$ kali-p. lyc.$_{a1,h}$ mag-m.$_{h,k,*}$ manc.$_{a1,k}$ mang.$_{h,k,*}$ merc.$_{h,k,*}$ mez.$_{h,k,*}$ *Mur-ac.*$_{h,k,*}$ nat-m.$_{a1,k}$ nicc.$_{a1,k}$ nit-ac.$_{h,k,*}$ nux-v.$_{a1,k}$ op.$_{a1}$ petr.$_{h,k,*}$ ph-ac.$_{h,k,*}$ phos.$_{h,k,*}$ plat.$_{h,k,*}$ *Puls.*$_{h,k,*}$ rhod.$_{bg2,k,*}$ sars.$_{h,k,*}$ sil.$_{bg2,k,*}$ spig.$_{bg2,k,*}$ sul-ac.$_{bg2,k,*}$ thuj.$_{a1,k}$ valer.$_{bg2}$ zinc.$_{a1,k}$ zinc-p.$_{k2}$
– **links**: am-c.$_{a1,k}$ bar-c.$_{h,k,*}$ bov.$_{a1,k}$ phos.$_{a1,h}$ sil.$_{a1,k}$
– **rechts**: ant-t.$_{hr1,k}$ calc.$_{a1,k}$ mag-m.$_{a1,k}$ *Mang.*$_{h,k,*}$ nat-m.$_{a1,k}$ nicc.$_{a1}$ nit-ac.$_{h,k,*}$ petr.$_{a1,h}$ plat.$_{a1,h}$ sul-ac.$_{a1,k}$ thuj.$_{a1,k}$
– **morgens**: ant-t.$_{a1,k}$ mang.$_{h,k,*}$ nux-v.$_{a1,k}$
• **6** h: nat-m.
• **Erwachen**, beim: nux-v.$_{a1,k}$
– **abends**: ant-t.$_{hr1}$ mez. nux-v.$_{a1,k}$
– **Aufstehen**, beim: kali-c.$_{h,k,*}$
– **Niesen**, beim: act-sp.$_{a1,k}$
– **Schneuzen** der Nase; beim: act-sp.$_{a1,k}$
▽ **erstreckt** sich zu:
• **Auge** und Unterkiefer: spig.
• **außen**, nach: caust.
• **Hals**; zum inneren: spig.
• **Mund**: thuj.
• **Unterkiefer**: nit-ac.
○ **Gehörgang**, im: am-m. anac.$_{a1,k}$ carb-v.$_{a1,k}$ lyc.$_{h,k,*}$ nit-ac.$_{h,k,*}$ valer.$_{a1,k}$
– **hinter** dem Ohr: bar-c.$_{h}$ kali-c.$_{h}$
– **Ohrläppchen**, im: kali-n.$_{h}$ ph-ac. sars.
• **sichtbar**: sars.
– **Ohrmuschel**: agar.$_{a1,k}$ ant-t.$_{hr1}$ calc-act.$_{h}$ ph-ac.$_{h,k,*}$ spig.$_{a1,k}$ upa.$_{a1,k}$
– **unter** dem Ohr: elaps
– **vor** dem Ohr: ang.$_{h}$ dros.$_{h}$ mag-m.

Zusammenschnürung: thuj.

Zusammenziehung: anac.$_{bg2,k}$ asar.$_{bg2,h,*}$ bry.$_{bg2}$ caust.$_{a1,k}$ croc.$_{bg2}$ dig.$_{bg2,h,*}$ dros.$_{bg2}$ lach.$_{bg2,k,*}$ merc.$_{bg2}$ sars.$_{h,k,*}$ spig.$_{bg2}$ spong.$_{bg2}$ thuj.$_{bg2}$
– **Gefühl** von: graph.$_{h,k1}$ sars.$_{a1,h}$
• **schläft**; abends nach dem Hinlegen und agg., wenn er auf dieser Seite: caust.
– **spasmodisch**, nachmittags im Sitzen: aeth.$_{a1,k}$
○ **Gehörgang**: anac. arg-n. bry.
– **unter** dem Ohr: aeth. dulc.$_{h}$ zinc.$_{h}$
– **vor** dem Ohr: zinc.$_{h}$

Entfernt:
☞ ❑ *Gemüt - Entfernungen - falsche*
– **Geräusche** scheinen weit: all-c.hr1,k cann-i.bg2,k,* carb-an.bg2 cham.a1,k coca eupi.a1,k **Lac-c.**bg2,k,* nux-m.bg2,k peti. sol-ni. thuj.a1
☞ ❑ *Gemüt - Entfernungen - falsche*
– **Stimmen** erscheinen: cann-i.a1,k cann-s.c1 coca nitro-o.a1,k pop-c.c1 sabalptk1
• **seine** eigene Stimme: aran.j1 arn. cann-i. cann-s.c1

Fremd in den Ohren; ihre eigen Stimme klingt ihr: tanac.br1,c1

Halluzinationen: absin. am-c. anac.c1 atro. carb-v. carbn-o. carbn-s. coff.k2 con. conin.c1,c2 crot-h. elaps eup-pur. hyos. kali-ar. med.k,k2 rhodi-o-n.c2 stram. thea
☞ ❑ *Gemüt - Wahnideen - Geräusche - hören* / ❑ *G~ Wahnideen - Hören - Einbildung*
– **Geräusche**, Töne, Klang:
• **linken** Seite zu kommen, wenn sie in Wirklichkeit von rechts kommen; Geräusche scheinen von der: *Nat-c.*
• **bleiben** länger im Ohr: ptel.a1,hr1,*
• **richtigen** Klang zu haben; nichts scheint den: coloc.a1
– **Welt**; als käme der Ton aus einer anderen: **Carb-an.**

Hellhörigkeit
☞ ❑ *Gemüt - Hellhörig*

Schwerhörig: abrom-a.bnj1 achy-a.bnj1 aeth.a1,k agar.hr1,k,* agn.a1,k alco.a1 alet. *All-c.*hr1,k alum.a1,h alum-p.k2 alum-sil.k2 *Am-c.*hr1,k,* *Am-m.*hr1,k *Ambr.*a1,k *Anac.*hr1,k,* androc.srj1 *Ang.* ant-c.hr1,k *Apis* arg-met. arg-n.a1,k *Arn.*a1,k *Ars.*a1,k ars-i.k2 ars-s-f.k2 asaf.a1,k *Asar.*a1,k aster.a1,k *Aur.*hr1,k,* aur-ar.k2 aur-i.k2 aur-m.hr1,k aur-s.a1,k *Bapt.*hr1,k,* **Bar-c.**a1,k bar-i.k2 *Bar-m.* bar-s.k2 **Bell.**a1,k borx. *Bov.*hr1,k,* *Bry.*a1,k bufo cact.hr1,k,* cadm-met.gm1 caj.hr1 calad.hr1,k **Calc.**hr1,k,* calc-i.k2 *Calc-p.*hr1,k,* calc-sil.k2 cann-i.a1,k caps.hr1,k **Carb-an.**hr1,k,* **Carb-v.** carbn-o. **Carbn-s.** **Caust.**hr1,k,* cedr.hr1,k cham. *Chel.*hr1,k,* *Chen-a.*hr1 **Chin.**hr1,k,* chin-b.hr1 chinin-ar. chinin-s. chlf.hr1,k *Chlor.*hr1 *Cic.*hr1,k,* cist. cit-v.a1 clem.a1,k coc-c.a1,k *Cocc.*hr1,k,* coff.hr1,k colch.a1,k coloc.a1,k com.a1,k *Con.*hr1,k,* conin.a1 cor-r.a1,k croc.hr1,k crot-c. crot-h.hr1,k *Crot-t.*hr1,k **Cupr.**hr1,k *Cycl.*hr1,k,* der.a1 dig.hr1,k,* *Dros.*hr1,k,* dulc.hr1,k *Elaps* *Euphr.*hr1 *Ferr.*hr1,k ferr-ar. *Ferr-i.* ferr-p. *Fl-ac.*hr1,k *Form.*hr1,k,* gad.a1 gamb.a1,k gaul.a1 *Gels.*hr1,k,* *Glon.*hr1,k,* **Graph.**hr1,k,* grat. guaj. guar.a1 guare. *Hep.*h,k,* hippoz.hr1 *Hydr.*hr1,k,* hydr-ac.hr1,k **Hyos.**hr1,k,* iber.a1,hr1 ign.hr1,k *Iod.*h,k,* iodof.a1,hr1 *Ip.*h,k,* jatr-c. *Kali-bi.*hr1,k *Kali-br.*hr1,k,* *Kali-c.*hr1,k,* kali-chl.hr1,k kali-i.a1,k kali-m.k2 kali-n. kali-p.hr1,k kali-s.hr1,k kali-sil.k2 kalm.a1,k *Kreos.*hr1,k,* *Lach.*hr1,k,* lachn.hr1,k *Lact.* *Laur.*hr1,k *Led.*h,k,* lepi.a1 **Lyc.**h,k,* *Mag-c.*h,k,* *Mag-m.*h,k,* mag-p.hr1,k *Mang.*h,k,* med.hr1,k meny. meph.hr1,k *Merc.*h,k,* *Merc-d.*hr1 merc-i-r.hr1,k,* merl.hr1,k,* mez.h,k,* mosch.hr1,k,* *Mur-ac.*h,k,* nat-ar. *Nat-c.*h,k,*

Schwerhörig: ...
Nat-m.h,k,* *Nat-p.* nicc.hr1,k,* nicot.a1 **Nit-ac.**h,k,* nux-m.a1,k *Nux-v.*hr1,k ol-j.hr1 olnd.a1,k onos. op.a1,k par.a1,k peti.a1 **Petr.**h,k,* **Ph-ac.**h,k,* **Phos.**h,k,* phys.a1,k phyt.a1 plat.h,k,* *Plb.*hr1,k,* psil.ft1 *Psor.*hr1,k,* **Puls.**h,k,* rheum rhod.hr1,k *Rhus-t.*hr1,k rhus-v.a1 rob.a1 *Ruta* *Sabad.*hr1,k *Sabin.*a1,k *Sal-ac.*hr1,k,* salin.a1 *Sang.*hr1 sarr.a1,hr1 sars. **Sec.**hr1,k,* sel.a1,k *Sep.*h,k,* **Sil.**h,k,* *Spig.*a1,k *Spong.*a1,k squil. stann. *Staph.* *Stram.*a1,k *Sul-ac.*a1,k sul-i.k2 **Sulph.**a1,k syph.k2 tab.a1,k tarax. tarent.a1,k *Tell.* tep.a1,k ther.a1,k thuj.a1,k tub-a.ih valer. *Verat.*a1,k **Verb.** viol-o. wies.a1 zinc. zinc-p.k2
– **links**: anac.a1,k *Arg-n.*a1,k borx. bry.a1,k *Calc.*hr1 chel.a1,k cit-v.a1 coc-c.a1,k jac-c.hr1,k,* mag-m.a1,k nat-c.hr1,k,* ol-j.hr1 op.a1,k
• **dann** rechts: sulph.
– **rechts**: *Arn.* *Calc.*hr1,k cocc. cycl.hr1,k,* *Ham.*hr1,k,* iber.a1 ip.h *Kali-s.*hr1,k *Led.*h,k,* merc.h,k,* nat-c.hr1 phys.a1,k puls.hr1 thuj.a1
• **dann** links: elaps
– **morgens**: calc.h,k,* clem.a1,k gamb.a1,k merc-i-r.a1,k rob.a1 sil.h,k,* stann.a1,k
– **vormittags**: asaf.a1,k clem. *Ham.*hr1,k,* mag-c.a1,k phys.a1,k
• **11** h: mag-c.
• **11** - 20 h: phys.
– **nachmittags**: elaps sil.a1,k
• **Ohr**; mit Schmerzen im: ign.
– **abends**: anan. ant-c.h,k1 cham. ham.a1 kali-c.a1,k merc-c.a1,k nicc.a1,k plb.a1,k rob.a1 tarax.
• **21** h: phys.
– **nachts**: *Cedr.*hr1,k,* elaps
⬖ **abwechselnd** mit:
• **Absonderung** aus den Ohren: puls.
• **Augen**; Beschwerden der: guare.a1,k
• **Otorrhoe**
☞ *Absonderung*
• **Verdunkelung** des Gesichtsfeldes: cic.h,k,*
◆ **begleitet** von:
• **Geräusche** im Ohr ●: caust.h cocc.h con.h dig.h lyc.h mag-c.h merc.h nit-ac.h petr.h ph-ac.h sep.h sil.h sulph.h
• **Rauschen** wie ein Wasserfall: ther.br1
• **ständige** Geräusche: chin.k2
• **Völlegefühl** im Ohr
☞ ❑ *Ohr - Völlegefühl - begleitet von - beeinträchtigtem*
– **Absonderungen**:
• **amel.**: cadm-met.gm1
• **unterdrückten** Absonderungen; nach: lob.bg2
– **alten** Menschen, bei: bar-c. *Cic.*hr1,k kali-chl.bg3 kali-m.bg3,bro1 mag-c.c1 merc-d.bro1,h *Petr.*hr1,k phos.bro1
– **Arbeiten** im Wasser; beim: *Calc.*
– **Aufstoßen**, beim: petr.h,k1
– **Beugen** des Kopfes nach hinten amel.: *Fl-ac.*hr1,k
– **Blatt** oder eine Haut vor dem Ohr; wie ein: acon. agar. alum. am-c. ant-c. *Arg-n.* asaf. *Asar.* bell. calad. *Calc.* cann-s. chel. *Chin.* cocc. *Cycl.* *Graph.* kali-i. led. *Mag-m.* mang. med. nit-ac. par.

– **Blatt** oder eine Haut vor dem Ohr; wie ein: ... *Phos.* sabad. sel. *Sul-ac.* tab. verat. **Verb.**
• **Schütteln** des Kopfes und Bohren im Ohr amel.: sel.
– **Brennen** und Stechen; nach: caps.
– **Bücken**:
• **agg.**: *Croc.* merc.
• **amel.**: croc.$_{ptk1}$
– **Chinin**; nach Mißbrauch von: *Calc.*
– **Drücken** auf das Ohr amel.: *Phos.*$_{h,k,*}$
– **Ekzem**; nach unterdrücktem: lob.$_{br1,bro1}$
– **entfernt**:
• **amel.** wenn Geräusche entfernt sind: calen.$_{br1}$ gamb. ph-ac.$_{br1}$
• **scheinen** weit entfernt; alle Geräusche: cann-i. cann-s.$_{k2}$ lac-c. nux-m.
• **wenn**: ph-ac.
– **Erkältung**, durch: acon.$_{bro1}$ aran.$_{bg2}$ ars. bell. *Cham.*$_{bg2}$ *Chin.*$_{bg2}$ *Dulc.*$_{bg2}$ *Elaps* ferr-p.$_{ptk1}$ hep.$_{bg2}$ kali-m.$_{bro1}$ lach. *Led.*$_{bg2,k}$ mag-c. merc.$_{bg2,k}$ *Nux-v.*$_{bg2}$ **Puls.**$_{bg2,k}$ sil. *Sulph.*$_{bg2}$ *Urt-u.*$_{bg2}$ visc.$_{bg2,bro1}$
• **Menses**:
• **während**: ferr-p.$_{ptk1}$
– **Erschütterungen**, durch: **Arn.** chinin-s. croc.$_{h,kl}$
– **Essen** agg.: sil.$_{h,k,*}$ spig. **Sulph.**
– **Fahren** in einem Wagen:
• **amel.**: calen.$_{bro1}$ *Graph.* **Nit-ac.** *Puls.*
– **Fieber**:
• **Wechselfieber**; durch unterdrücktes: *Calc. Chinin-s.*
– **Freien**, im: calc.
• **amel.**: mag-c. merc.
– **Gähnen** amel.: sil.
– **Gehen**, beim: chinin-s.
• **Wind**, im: phos.
– **Gehörnervs**; durch Lähmung des: *Bar-c.* *Bell.* calc. *Caust.* chel. dulc. *Glon.* graph. *Hyos.* kali-n.$_{c1}$ kali-p. lyc. merc. nit-ac. nux-v. *Op.* petr. *Ph-ac.* *Puls.* sec. *Sil.*
– **Geräusche**:
• **amel.** ●: calen.$_{ptk1}$ **Graph.**$_{k,kl2}$● jab.$_{ptk1}$ mag-c.$_{c1}$ nit-ac.$_{ptk1}$
• **mit** Geräuschen
☞ *begleitet von - Geräusche*
– **Hautausschlägen** am Kopf; nach unterdrückten: *Mez.*
– **Hitze**; während: *Euphr.*$_{hr1}$ rhus-t.$_{bg2,k}$
– **Husten**:
• **beim**: chel.$_{hr1,k,*}$ puls.
• **amel.**: *Sil.*
– **intermittierend**: mag-m.$_{a1,k}$ sil.$_{a1,k}$
– **Kindheit**, in der: calc.$_{c1}$
– **Kleidung**; beim Wechsel der: *Sil.*
– **Knall**:
• **amel.**: graph. hep. mur-ac. *Sil.* tarent.
• **lauter** Knall:
• **Taubheit**, gefolgt von: sep.
– **Konvulsionen**, nach den: sec.$_{ptk1}$
– **Kopfschmerzen** im Hinterkopf; mit: ign.$_{h}$
– **Kränkung**, nach: ign.$_{hr1,k}$
– **Kummer**, Sorgen, aber Geräusche werden verstärkt; durch: ign.$_{c1}$
– **Lesen**, beim laut: verb.$_{a1,k}$
– **Masern**, nach: arg-n. asar. *Carb-v.* kali-chl.$_{hr1}$ *Merc.*$_{hr1,k}$ **Puls.**$_{hr1,k}$ *Sil.* spig. *Sulph.* ter.$_{c}$
– **Menses**:
• **vor**: ferr. *Kreos.*$_{hr1,k,*}$ scroph-n.$_{c1}$
• **während**: *Calc.* *Kreos.*$_{hr1,k,*}$ mag-m.$_{h,k,*}$ scroph-n.$_{c1}$
• **unterdrückt**: *Cub.*$_{bg1,vh,*}$ *Puls.*$_{bg2}$
– **Mittagessen**, nach dem: **Nux-v.**$_{hr1}$ sulph.$_{a1,k}$
– **Müdigkeit**; bei: sabin.$_{c1}$
– **Ohrenschmalz** amel.; nach Entfernen von: *Con.*
– **Ohr**; mit Schmerz im: cycl.$_{h}$
– **periodisch**: sec.$_{hr1,k,*}$ *Spig.*
– **Pflock**; wie durch einen: sep.$_{h,kl}$
– **plötzlich**
☞ *zunehmend - plötzlich*
– **Quecksilber**; nach Mißbrauch von: *Asaf.*$_{hr1,k}$ *Carb-v.*$_{hr1,k}$ *Nit-ac.*$_{hr1,k}$ *Petr.*$_{hr1,k}$ *Staph.* *Sulph.*
– **Reiben** amel.: *Phos.*$_{h,k,*}$
– **Richtung** der Ton kommt; kann nicht sagen, aus welcher: arg-n.$_{ptk1}$ *Carb-an.*$_{h,k,*}$ kali-bi.$_{ptk1}$
– **Salpetersäure**; Mißbrauch von: petr.
– **Scharlach**, nach: asaf.$_{hr1}$ bell.$_{kh}$ **Carb-v.** *Crot-h.*$_{hr1,k}$ *Graph.*$_{hr1,k}$ *Hep.*$_{hr1,k}$ *Lach.*$_{hr1,k}$ **Lyc.**$_{hr1,k}$ *Nit-ac.* *Puls.*$_{hr1,k}$ *Sil.* **Sulph.**
– **Schluckauf**, nach: bell.$_{h,kl}$
– **Schlucken**, beim: ars. aur. phos.
• **amel.**: alum. merc.
– **Schneuzen** der Nase:
• **agg.**: sulph.$_{ptk1}$
• **amel.**: hep. *Mang.* merc. *Sil.* stann.
– **Schreck**, nach: mag-c.
– **Schwangerschaft**; während der: caps.
– **sexuelle** Exzesse, durch: *Petr.*$_{hr1,k}$
– **Singen** agg.: apoc.
– **Sklerose** der Gehörknöchelchen; bei: calc-f.$_{st1}$
☞ ❑ *Ohr - Sklerose - Gehörknöchelchen*
– **Stimme**; für die menschliche ●: *Ars.* bov. bufo calc.$_{bro1}$ *Carb-an.* *Chen-a.* *Fl-ac.*$_{hr1,k}$ ign.$_{bro1}$ iod. kali-p. lyc.$_{h}$ mag-c.$_{st1}$ mur-ac.$_{h,k,*}$ onos. **Phos.**$_{k,kl2}$● rhus-t.$_{hr1,k}$ *Sil.*$_{h,k,*}$ **Sulph.**$_{k,kl2}$●
• **außer** für: ign.
– **Straße**; auf der:
• **amel.**: mag-c.$_{c1}$
– **Sturm**, vor: croc.$_{pd}$ nux-m.$_{a1,k}$
– **tiefe** Töne: chen-a.$_{br1,bro1}$
– **Tonsillen**:
• **Hypertrophie** der: *Agra.*$_{bro1}$ aur.$_{bro1}$ bar-c.$_{bro1}$ calc-p.$_{bro1}$
• **vergrößert**: agra.$_{br1}$ aur. hep.$_{ptk1}$ *Kali-bi.* med.$_{c1}$ *Merc.* *Nit-ac.* *Staph.*
– **Tubenkatarrh**: ars-i.$_{ptk1}$ **Asar.** **Calc.**$_{hr1,k}$ caps.$_{hr1,k}$ chin.$_{k2}$ gels.$_{hr1,k}$ *Iod.*$_{hr1,k}$ **Kali-s.**$_{hr1,k}$ kali-sil.$_{k2}$ lach.$_{a1,k}$ *Mang.*$_{hr1,k}$ nit-ac.$_{hr1,k}$ **Petr.**$_{hr1,k}$ *Phos.* **Puls.**$_{hr1,k}$ rhus-t.$_{sf,sf1}$ *Sang.*$_{hr1,k}$ *Sil.* thiosin.$_{br1}$
– **Typhus** abdominalis; nach: *Apis* *Arg-n.* *Ars.* *Nit-ac.* *Ph-ac.*
– **Überhitzung**, nach: merc. merc-i-f.
– **Uhr**; für die nahe: ph-ac.$_{h}$

– **Verletzung** des Trommelfells; bei: tell.$_{ptk1}$

– **Verletzungen**, mechanische

☞ *Erschütterungen*

– **Verwachsungen** im Mittelohr; durch: iod.$_{ptk1}$

– **verwechselt** Geräusche: alco.$_{a1}$ **Carb-an.**$_{h,k,*}$ germ-met.$_{srj5}$ plat.$_{h,k,*}$ sec.$_{hr1,k}$

– **Vollmond** agg.: sil.$_{h}$

– **vorübergehend**: sep.$_{h,k1}$ sulph.$_{h,k1}$

– **warmes** Zimmer:

• **agg.**: kali-s.

• **amel.**: *Puls.*$_{hr1,k}$

– **Warmwerden** durch Gehen; beim: merc.

• **amel.**: merc-i-r.$_{hr1,k,*}$

– **Waschen** agg.: sil.

– **Wasser** ins Ohr gelangt; dadurch daß: limest-b.$_{es1}$ verb.$_{c1}$

– **Wetter**:

• **nasses** Wetter agg.: anan. calen.$_{bg1,br1}$ *Mang.* sabin.$_{c1}$

• **naßkaltem** Wetter, bei: dulc. *Mang. Merc. Puls. Sil.*

• **nebligem** Wetter; bei: sabin.$_{c1}$

• **Wetterwechsel** agg.: mang. sabin.$_{c1}$

– **Zimmer**; in einem: mag-c.$_{h,k,*}$

– **Zorn**; nach: mosch.$_{k2}$

– **zunehmend**:

• **langsam**:

• **abnehmend**:

• **langsam**: kali-c.$_{h}$

• **plötzlich**: dig. *Elaps Gels. Mag-c.*$_{br1,ptk1}$ mosch.$_{k2}$ nicc. nit-ac.$_{h}$ *Plb.* sec. sep. *Sil.*

Taubheit, Verlust des Gehörs: acon. aconin.$_{c2}$ *Agar.*$_{hr1,k}$ agra.$_{c2}$ all-s.$_{c2}$ alum. am-c. *Ambr.*$_{c2,k}$ *Anac.* ant-c. ant-t. *Arg-n.* arn. ars. *Ars-i.* asaf.$_{k2}$ *Asar.* aur. aur-ar.$_{k2}$ *Aur-m.*$_{hr1,k,*}$ aur-s.$_{k2}$ bar-c. *Bar-m.*$_{c2,k}$ **Bell.**$_{a1,k}$ borx. bry. caj.$_{c2,hr1}$ *Calc.*$_{hr1,k}$ calen.$_{c2}$ cann-s. caps.$_{hr1,k}$ *Carb-v.*$_{hr1,k,*}$ *Carbn-s.* carl. **Caust.**$_{hr1,k,*}$ cham. cheir.$_{c2}$ *Chel.*$_{hr1}$ chen-a.$_{hr1}$ chin.$_{c2}$ chinin-s. chinin-sal.$_{c1,c2}$ chlor.$_{hr1,k}$ *Cic.*$_{hr1,k,*}$ coca$_{c2,k}$ cocc. con.$_{hr1,k}$ croc. crot-t.$_{hr1,k,*}$ cupr. dros. dulc. *Elaps*$_{c2,k}$ ferr-pic.$_{c2}$ form.$_{a1,hr1}$ gal-met.$_{stj2}$ gels.$_{hr1,k,*}$ *Glon.*$_{hr1,k,*}$ *Graph.*$_{hr1,k,*}$ **Hep.**$_{hr1,k}$ hippoz.$_{hr1}$ hydr-ac.$_{hr1,k}$ *Hyos.*$_{hr1,k,*}$ iod.$_{hr1}$ ip.$_{c2}$ jatr-c. kali-ar.$_{c2,k}$ kali-br.$_{a1}$ kali-c. *Kali-n.* kali-p.$_{hr1,k}$ kara$_{a1,c1}$ lac-c.$_{a1,hr1}$ lach.$_{hr1,k}$ lachn.$_{hr1,k}$ lam.$_{a1,h}$ laur. led.$_{h,k,*}$ lepi.$_{a1}$ lob.$_{c2}$ lob-e.$_{c2}$ lol.$_{a1}$ **Lyc.**$_{hr1,k,*}$ *Lyss.* mag-c.$_{c2,k}$ mag-m.$_{h,k,*}$ mag-p.$_{hr1}$ mang.$_{h,k,*}$ med.$_{hr1,k}$ meny. meph.$_{hr1}$ merc.$_{hr1,k}$ merc-c.$_{a1,k}$ merc-d.$_{c2}$ mez.$_{k2}$ mosch.$_{hr1,k}$ nat-c.$_{hr1,k,*}$ nat-m.$_{h,k,*}$ nat-p. nat-s. nicc.$_{hr1,k,*}$ nit-ac.$_{hr1,k}$ **Nux-v.**$_{hr1}$ ol-an. ol-j.$_{hr1}$ olnd.$_{a1,k}$ peti.$_{a1}$ petr.$_{h,k,*}$ ph-ac.$_{hr1,k}$ phos.$_{hr1,k,*}$ pilo.$_{c2}$ *Plat.*$_{hr1,k}$ plb.$_{hr1,k,*}$ psor.$_{a1,k,*}$ *Puls.*$_{hr1,k,*}$ puls-n.$_{c2}$ raph. rheum$_{c2,k}$ rhod.$_{hr1,k}$ rhus-t.$_{hr1,k}$ rhus-v.$_{a1}$ rob.$_{a1}$ sabad. sal-ac.$_{a1,hr1}$ salin.$_{a1,c2}$ sang.$_{c2}$ sangin-n.$_{c2}$ sarr.$_{a1,hr1}$ scroph-xyz.$_{c2}$ *Sec.*$_{hr1,k,*}$ sep.$_{h,k,*}$ sil. solid.$_{c2}$ sphing.$_{a1,kk3}$ **Spig.**$_{a1,k}$ spong. stann.$_{a1,k}$ *Stram.* **Sulph.** syph.$_{c2,k}$ tell.$_{br1}$ ulm-c.$_{c2}$ verat. verb.$_{c2}$ vib-t.$_{c2}$ vip. visc.$_{c2}$ zinc.

– **links**: all-s. lepi.$_{a1}$ ol-j.$_{hr1}$ puls.$_{hr1}$

– **morgens** nach dem Aufstehen: stann.$_{a1,k}$

Taubheit, Verlust des Gehörs: ...

– **nachmittags**: sil.$_{a1,k}$

– **abends**:

• **21** h:

• **Liegen**; beim:

• **agg.**: merc-c.

– **Absonderung** aus den Ohren; nach: lob-e.$_{c1}$

– **Anämie**; nach: lob-e.$_{c1}$

– **Blattes** davor; Gefühl eines: ant-c.$_{h,k,*}$

– **Bohren** mit dem Finger amel.: spig.$_{h,k,*}$

– **Bücken**, nach: mang.$_{h,k1}$

– **Erkältung**:

• **agg.**: ferr-p.$_{ptk1}$

– **Erwachen**, beim: oena.$_{a1,k}$

– **Fahren** im Wagen amel.: *Graph.*$_{h,k,*}$

– **Konvulsionen**, nach den: sec.$_{a1,k}$

– **lauten** Geräuschen; gefolgt von: sep.

– **Menses**, während: ferr-p.$_{ptk1}$ lyc.$_{a1,k}$

– **Mittagessen**, beim: sulph.$_{a1,k}$

– **Otorrhoe**; nach

☞ *Absonderung*

– **Scharlach**, nach: *Graph.*$_{hr1}$ *Lach.*$_{hr1}$ **Lyc.**$_{hr1,k}$

– **Schneuzen** der Nase; beim: spig.$_{h,k,*}$

– **stiernackigen** Knaben; bei: scroph-n.$_{c1}$

– **Tonsillektomie**; nach: lob-e.$_{c1}$

– **Verstopfungsgefühl**, mit: calad.$_{a1,k}$ limest-b.$_{es1}$ luna$_{kg1}$ *Mang.*$_{h,k,*}$ peti.$_{a1}$ *Sep.*$_{a1,k}$ sphing.$_{a1,kk3}$ spig.

– **Weisheitszahnes**; durch Herauskommen eines: mag-c.$_{c1}$

Überempfindliches Gehör: **Acon.**$_{bg2,k}$ adam.$_{srj5}$ agar.$_{bg2,k,*}$ alco.$_{a1}$ aloe alum.$_{bg2,k}$ alum-p.$_{k2}$ alum-sil.$_{k2}$ am-c.$_{a1,k}$ *Anac.*$_{hr1,k,*}$ ang.$_{hr1,k,*}$ apis arn.$_{bg2,k,*}$ ars.$_{bg2,k,*}$ ars-i. *Asar.* atro.$_{a1,k}$ *Aur.*$_{bg2,k}$ aur-ar.$_{k2}$ aur-i.$_{k2}$ aur-s.$_{k2}$ bar-i.$_{k2}$ **Bell.**$_{bg2,k,*}$ borx. bry.$_{bg2,k,*}$ bufo$_{k2}$ cact.$_{a1,k}$ calad.$_{a1,k}$ calc.$_{bg2,k}$ calc-i.$_{k2}$ calc-sil.$_{k2}$ calen.$_{hr1}$ *Cann-i.*$_{hr1,k,*}$ carb-v.$_{hr1,k,*}$ carbn-s. cham.$_{bg2,k}$ **Chin.**$_{bg2,k,*}$ chinin-ar. choc.$_{srj3}$ *Cic.* cimic. *Cocc.*$_{bg2,k,*}$ **Coff.**$_{bg2,k,*}$ coff-t.$_{hr1}$ *Colch.*$_{bg2,k,*}$ **Con.**$_{bg2,k,*}$ cop. cupr.$_{bg2,k}$ gink-b.$_{sbd1}$ *Graph.*$_{h,k,*}$ *Hep.*$_{bg2,k}$ hydrog.$_{srj2}$ *Iod.*$_{hr1,k}$ kali-ar.$_{k2}$ *Kali-c.*$_{bg2,k}$ kali-m.$_{k2}$ *Kali-p. Kali-s.* **Lach.**$_{bg2,k,*}$ *Lyc.*$_{bg2,k,*}$ lyss.$_{hr1}$ mag-c.$_{hr1,k,*}$ mand.$_{a1}$ med.$_{hr1,k2}$ merc.$_{bg2,k,*}$ mur-ac.$_{h,k,*}$ *Nat-ar.* **Nat-c.**$_{hr1,k}$ *Nat-m. Nat-p.* nitro-o.$_{a1}$ *Nux-m.*$_{hr1,k}$ **Nux-v.**$_{bg2,k,*}$ **Op.**$_{hr1,k,*}$ petr.$_{bg2,k}$ *Ph-ac.*$_{h,k,*}$ *Phos.*$_{h,k,*}$ phys.$_{a1,k}$ phyt.$_{bg2,k,*}$ *Plan.*$_{a1,k}$ plb.$_{a1,k}$ psor.$_{a1}$ ptel.$_{hr1,k,*}$ *Puls.*$_{bg2,k,*}$ sang.$_{hr1,k,*}$ sarr.$_{a1}$ sec.$_{hr1,k,*}$ seneg.$_{hr1,k,*}$ *Sep.*$_{h,k,*}$ **Sil.**$_{h,k,*}$ *Spig.*$_{bg2,k,*}$ staph.$_{k2}$ stram.$_{hr1,k,*}$ *Stry.*$_{a1,k}$ *Sulph.*$_{bg2,k,*}$ **Tab.**$_{a1,k}$ *Ther.*$_{a1,k}$ thuj.$_{bg2,k}$ valer.$_{k2}$ *Verat.*$_{a1,k}$ viol-o. zing.$_{a1,k}$

☞ *❑ Gemüt - Sinne - scharf*

– **morgens**: *Fl-ac.*$_{a1,k}$

– **abends**: coca rhod.$_{a1,k}$

• **Bett**, im: *Kali-c.*

• **Einschlafen**, beim: calad. calc.

– **nachts**: atro.$_{a1,k}$

– **Absonderung** von Feuchtigkeit; nach: spig.$_{a1,h,*}$

– **Bett**, im: kali-c.

– **entfernte** Geräusche; gegen: haliae-lc.$_{srj5}$ nux-m.$_{c1}$

– **Frost**; während: arn. **Caps.**

– **Geräusche**, gegen: **Acon.** aloe am-c. apis arn. *Ars.* **Aur.** aur-ar.$_{k2}$ aur-i.$_{k2}$ aur-s.$_{k2}$ bar-c. **Bell.** borx. bry. bufo calad. *Calc.* cann-i.$_{c1}$ caps. caust. chen-a.$_{c1,k}$ *Chin.*$_{hr1,k}$ *Cic.* *Cocc.*$_{hr1,k}$ *Coff.*$_{hr1,k}$ **Con.**$_{hr1,k}$ crot-h.$_{hr1,k}$ *Ferr.*$_{hr1,k}$ ferr-p.$_{hr1,k}$ fl-ac.$_{hr1,k}$ *Gels.*$_{hr1,k}$ hydrog.$_{srj2}$ *Ign.*$_{h,k,*}$ *Iod.*$_{h,k,*}$ *Ip.*$_{h,k,*}$ *Kali-c.* kali-m.$_{k2}$ *Kali-p.*$_{hr1,k}$ kali-sil.$_{k2}$ lac-c. **Lach.**$_{hr1,k,*}$ **Lyc.**$_{h,k,*}$ mag-c.$_{hr1,k,*}$ mag-m. mill.$_{hr1,k}$ **Mur-ac.**$_{h,k,*}$ *Nat-ar.* *Nat-c.*$_{hr1,k}$ *Nat-p.*$_{a1,k}$ *Nat-s.* **Nit-ac.** nux-m. **Nux-v.**$_{hr1,k}$ ol-an.$_{a1,k}$ **Op.**$_{hr1,k,*}$ *Ph-ac.*$_{h,k,*}$ phys.$_{a1}$ plan.$_{a1}$ plb.$_{a1,k}$ psil.$_{ft1}$ psor.$_{a1}$ ptel.$_{a1,hr1}$ *Sang.*$_{hr1,k,*}$ sarr.$_{a1}$ sec.$_{hr1,k,*}$ *Sep.*$_{h,k,*}$ *Sil.*$_{h,k,*}$ *Spig.*$_{a1,k}$ stann. staph.$_{k2}$ sul-i.$_{k2}$ *Sulph.* tab. **Ther.** *Tub.* **Zinc.**
  ☞ ❑ *Gemüt - Empfindlich - Geräusche*
  • **Armbanduhr**; der: chen-a.$_{c1}$
  • **entfernte**; gegen
   ☞ *entfernte Geräusche*
  • **Fahrzeugen**, aber taub für Stimmen; von: *Chen-a.*$_{c1,k}$
  • **geringste** Geräusche; gegen:
   • **lautere** Geräusche; aber weniger gestört durch: borx.$_{br1}$
  • **Hammers**, Klang eines: sang.
  • **hohe** Töne; gegen: chen-a.$_{br1}$
  • **klingen** lange nach; Geräusche: lyc. phos.
  • **Kratzen** auf Leinen oder Seide ●: **Asar.**
  • **Rascheln** von Papier ●: *Asar.*$_{sf1}$ *Borx.* calad.$_{a1,k}$ ferr. lyc.$_{k2}$ *Nat-c.* *Nat-s.* tarax.$_{h,k1}$ zinc.
  • **schmerzhaft**: coff.$_{k2}$
  • **Schweiß**, beim: **Caps.**
  • **Ticken** einer Uhr; gegen das: hydrog.$_{srj2}$
  • **Übelkeit**, verursachen: *Cocc.* *Ther.*
  • **Wasser**, fließendes: **Lyss.**
  • **Zähne** an; greifen die: *Lach.* *Ther.*

– **Hitze**; während: acon. bell. calc. **Caps.** **Con.** ip. lyc. nux-v.

– **Knacken** in den Ohren; davor: graph.$_{h,k,*}$ mur-ac.$_{a1,h,*}$

– **Kopfschmerzen**, bei: acon.$_{bg1}$ coff.$_{bg1}$ gels.$_{psa}$ phyt.$_{bg1,bg2}$

– **Menses**, während: *Hyper.*$_{hr1,k}$ mag-c. nux-v.

– **Musik**; gegen: **Acon.** aloe ambr. bufo *Cact.* *Cham.* *Coff.* *Lyc.* *Nat-c.* **Nux-v.** ph-ac. *Sep.* sulph. *Tab.* viol-o.
  • **amel.**: **Aur.** aur-m.
  • **Geigenmusik**: viol-o.
  • **Klaviermusik**: phos.$_{h}$ sabin. sulph.
  • **Menses**, während den: *Nat-c.*
  • **Orgelmusik**: lyc.

– **Schlaf**, im: alumn. *Calad.*

– **Schritt**, bei jedem ●: **Coff.**$_{a1,k}$ *Nux-v.*

– **Schweiß**, beim: acon. bell. calc. **Cham.** *Coff.* **Con.** ip. lyc. nat-c. **Nux-v.** zinc.

– **Stimmen** und Sprechen; gegen: *Agar.* am-c. ars. cact. carb-v. *Cocc.* *Coff.* con. *Ign.* *Kali-c.* kali-p. *Mur-ac.* *Op.* ph-ac. ptel. verat. **Zinc.**
  • **eigene**, die: bell.$_{ptk1}$ op.
   • **laut**; scheint sehr: *Caust.*
  • **Erwachen**, beim: carb-v. puls.

Überempfindliches Gehör - **Stimmen**: ...
  • **Männerstimme** agg.: bar-c.$_{ptk1}$ *Nit-ac.*$_{ptk1}$

– **tiefe**, volle Töne; gegen: choc.$_{srj3}$

– **Wehen**, während der ●: cimic.

Unnatürlich; die eigene Stimme klingt: ter.$_{ptk2}$

Verlust des Gehörs
  ☞ *Taubheit*

Abschälen
☞ *Abschilferung*

Abschilferung der Haut: ars.$_{bg2,k,*}$ aur.$_{bg2,k}$ aur-m.$_{bg2,k,*}$ canth.$_{bg2,k}$ carb-an.$_{bg2,k}$ crot-t. mez.$_{bg2}$ *Nat-c.*$_{bg2,k}$ *Nat-m.* nit-ac.$_{bg2,bg3}$ phos.$_{bg2,bg3}$ samb.$_{vh}$ sep.$_{bg2}$ sumb.$_{bg1}$
○ **Nasenspitze**: carb-an. nat-c.
– **Septum**: crot-t. kali-bi.

Absonderung: gink-b.$_{sbd1}$
– **links**: all-c. arum-t.$_{k2}$ hydrog.$_{srj2}$ kali-s. lach. sep. teucr.
– **rechts**: crot-c.$_{a1,k}$ kali-bi. kali-c. kali-p. lyc. puls. sang.
– **eine** Seite: calc-s. hippoz. hydrog.$_{srj2}$ phyt.$_{c1}$
– **tagsüber**: arum-t. caust. nat-c.
– **morgens**: berb. gink-b.$_{sbd1}$ granit-m.$_{es1}$ *Hydrog.*$_{srj2}$ kali-c.$_{k2}$ kali-p. mang. phos. puls. squil.
– **vormittags**: erig.$_{a1,k}$
– **nachmittags**: lyc.
– **abends**: puls.
– **nachts**: crot-c.$_{a1,k}$ kali-bi. **Lac-c.** **Nit-ac.**
• **5** h: *Ars.*
– **anhaltend**: agar. all-c.$_{k2}$ hydr. iod. kali-bi. lac-c. phos. teucr.
– **beißend**
☞ *wundfressend*
– **bitter**: ars. ph-ac.
– **blau**: am-m. arund.$_{a1,k}$ *Kali-bi.* *Nat-ar.*
– **blutgestreift**: phos.$_{bg1,k2,*}$
– **blutig**: acon.$_{bg2,k}$ act-sp.$_{hr1,k,*}$ *Agar.*$_{bg2,k,*}$ **Ail.**$_{hr1,k}$ **All-c.** **Alum.**$_{bg2,k}$ alum-p.$_{k2}$ alum-sil.$_{k,k4,*}$ **Am-c.**$_{bg2,k,*}$ *Am-m.*$_{bg2,k}$ ambr.$_{bg2,k}$ androc.$_{srj1}$ ant-t.$_{bg2,k}$ *Apis* arg-met. arg-n.$_{a1,k}$ arn.$_{bg2}$ **Ars.**$_{bg2,k,*}$ ars-h.$_{hr1,k}$ *Ars-i.* ars-s-f.$_{k2}$ *Arum-t.*$_{bg2,k,*}$ asar.$_{hr1,k,*}$ *Aur.*$_{bg2,k}$ aur-ar.$_{k2}$ aur-i.$_{k2}$ *Aur-m.*$_{hr1,k}$ *Aur-m-n.*$_{hr1,k}$ aur-s.$_{k2}$ bamb-a.$_{stb2}$ bapt.$_{k2}$ bar-c.$_{bg2,k}$ bar-i.$_{k2}$ bar-s.$_{k2}$ **Bell.**$_{bg2,k,*}$ borx. bov.$_{bg2}$ brom.$_{a1,bg2}$ bry.$_{bg2,k}$ bufo calad.$_{hr1,k}$ *Calc.*$_{a1,k}$ **Calc-s.**$_{hr1,k,*}$ calc-sil.$_{k2}$ canth.$_{bg2,k,*}$ caps.$_{bg2,k,*}$ carb-ac.$_{hr1,k}$ *Carb-v.*$_{bg2,k}$ carbn-s. *Caust.*$_{bg2,k}$ cench.$_{k2}$ chel.$_{hr1,k}$ **Chin.**$_{bg2,k}$ **Chinin-ar.** cimic. cinnb. clem.$_{hr1,k,*}$ *Cocc.*$_{bg2,k,*}$ *Con.*$_{bg2,k,*}$ cop. *Croc.*$_{bg2,k,*}$ *Crot-c.* crot-h.$_{bg2,k}$ cupr.$_{bg2,k,*}$ daph.$_{bg2}$ dros.$_{bg2,k}$ euphr.$_{bg2,k}$ *Ferr.*$_{h,k,*}$ *Ferr-ar.* ferr-i. ferr-p.$_{bg2,k,*}$ fl-ac.$_{bg2}$ gels.$_{a1,k}$ get.$_{a1}$ *Graph.*$_{bg2,k,*}$ **Hep.**$_{bg2,k,*}$ hippoz.$_{hr1,k}$ *Hydr.*$_{bg2,k,*}$ hydrog.$_{srj2}$ hyos.$_{a1}$ ind.$_{hr1,k}$ iod.$_{bg2,k}$ ip.$_{bg2,k}$ *Kali-ar.* *Kali-bi.*$_{bg2,k,*}$ *Kali-c.*$_{bg2,k,*}$ kali-chl.$_{bg2}$ kali-cy.$_{a1}$ **Kali-i.**$_{hr1,k}$ kali-n.$_{a1,k}$ kali-p. kali-s. kali-sil.$_{k2}$ kreos.$_{bg2,k}$ *Lac-c.*$_{hr1,k}$ *Lach.*$_{bg2,k,*}$ laur.$_{bg2,k}$ led.$_{bg2,k,*}$ *Lyc.*$_{bg2,k,*}$ mag-c.$_{bg2,k}$ mag-m.$_{bg2,k,*}$ *Mang.*$_{bg2,k,*}$ med.$_{k2}$ **Merc.**$_{bg2,k,*}$ *Merc-i-r.*$_{hr1,k,*}$ *Mez.*$_{bg2,k,*}$ mur-ac.$_{k2}$ myric. *Nat-m.*$_{bg2,k}$ **Nit-ac.**$_{bg2,k,*}$ nux-m.$_{bg2,k}$ *Nux-v.*$_{bg2,k,*}$ op.$_{bg2,k,*}$ par.$_{bg2,k,*}$ petr.$_{bg2,k}$ ph-ac.$_{bg2,k}$ *Phos.*$_{k,k2,*}$ phyt. plan.$_{a1}$ **Psor.**$_{hr1,k}$ puls.$_{bg2,k,*}$ ran-b.$_{bg2,k}$ rhus-t.$_{bg2,k}$ sabad.$_{bg2,k}$ sabin.$_{bg2,k}$ sanic. sarr.$_{hr1,k,*}$ sel.$_{bg2,k}$ *Sep.*$_{bg2,k,*}$ *Sil.*$_{bg2,k,*}$ *Sin-n.* spig.$_{bg2,k,*}$ spong.$_{bg2,k}$ *Squil.*$_{bg2,k}$ *Stict.* sul-ac.$_{bg2,k}$ sul-i.$_{k2}$ *Sulph.*$_{bg2,k,*}$ *Thuj.*$_{bg2,k,*}$ *Tub.* zinc.$_{bg2,k}$ zinc-p.$_{k2}$
• **morgens**: *Am-c.* arum-t.$_{hr1,k}$ calc. digin.$_{a1}$ fago.$_{a1}$ kali-c. *Lach.* lyc.$_{a1,k}$ petr. phos.$_{k2}$ plan.$_{a1}$

Absonderung - blutig - morgens: ...
sol-t-ae.$_{a1}$ spig.$_{a1,h,*}$ sulph.$_{a1,k}$
• **Schneuzen** der Nase; beim: androc.$_{srj1}$ calad. caust. chel. graph. lach. meny.$_{h}$ nit-ac. phos.$_{h}$ puls. sep.$_{h}$ sulph. thuj. zinc.
• **abends**: sul-ac.$_{k2}$
• **nachts**: sulph.$_{h,k1}$
• **einer** Seite, aus: asc-t.
• **Husten**, beim: caps.$_{bg2,k}$
• **Kindern**; bei: calc-s.$_{k2}$
• **Kleinkindern**; bei: calc-s.$_{ptk1}$
• **Schnupfen**, beim: sulph.$_{h,k1}$
○ **Choanen**: *Hep.* nux-v.$_{h,k1}$ puls.$_{h,k1}$ tell.
– **bräunlich**: bamb-a.$_{stb2}$ cench.$_{k2}$ hydrog.$_{srj2}$ *Kali-s.* nit-ac.$_{k2}$ sin-n.$_{hr1}$ thuj.
– **brennend**: *Acon.*$_{bg2}$ agar. **All-c.**$_{bg2,k}$ alum. *Am-c.*$_{bg2,k}$ am-m. aphis *Ars.*$_{bg2,k}$ *Ars-i.*$_{bg2,k}$ *Ars-met.* ars-s-f.$_{k2}$ arum-t.$_{bg2,k}$ bell.$_{bg2}$ brom. calad.$_{bg2,k}$ calc.$_{bg2,k}$ canth.$_{bg2,k}$ carb-an.$_{bg2,k}$ *Caust.*$_{bg2,k}$ *Cham.*$_{bg2}$ chel.$_{a1}$ cina *Cinnb.*$_{bg2,k}$ con.$_{bg2,k}$ euph. graph.$_{bg2}$ ham.$_{bg2,k}$ iod.$_{bg2,k}$ *Kali-ar.* kali-bi. kali-c.$_{bg2,k}$ kali-i.$_{bg2,k}$ kali-s. kreos.$_{bg2,k}$ lach.$_{bg2}$ lyc.$_{bg2}$ merc.$_{bg2,k}$ mez.$_{bg2,k}$ mosch.$_{bg2,k}$ nat-m.$_{a1,bg2,*}$ par.$_{bg2}$ phos.$_{bg2}$ **Puls.**$_{bg2,k}$ rhus-t.$_{bg2}$ seneg.$_{bg2}$ spong.$_{bg2}$ sul-ac.$_{bg2,k}$ *Sulph.*$_{bg2,k}$ wye.$_{k2}$ zinc.$_{bg2}$
– **Bücken** agg.: am-c.$_{k,k1}$
– **cremig**, sahneartig: cench.$_{k2}$ *Hippoz.*$_{bg1,bg2}$
– **dick**: acon.$_{bg2,k}$ aesc.$_{a1}$ aeth.$_{a1,k}$ agar. all-c. *Alum.*$_{bg2,k,*}$ alum-p.$_{k2}$ alum-sil.$_{k2}$ *Am-m.*$_{bg2,k}$ ambr.$_{bg2,k}$ androc.$_{srj1}$ ant-c.$_{bg2,k}$ ant-t.$_{a1}$ apis apoc.$_{a1,k}$ arg-n.$_{hr1,k}$ **Ars.**$_{bg2,k,*}$ *Ars-i.* ars-met. ars-s-f.$_{k2}$ *Arum-t.* arund. asaf.$_{bg2}$ asim. *Aur.*$_{bg2,k}$ aur-ar.$_{k2}$ aur-i.$_{k2}$ aur-m.$_{k2}$ aur-s.$_{k2}$ *Bad.* bamb-a.$_{stb2}$ bapt.$_{a1,k}$ *Bar-c.*$_{bg2,k,*}$ bar-i.$_{k2}$ *Bar-m.* bar-s.$_{k2}$ bell.$_{bg2}$ borx. bov.$_{bg2,k}$ *Calc.*$_{bg2,k,*}$ *Calc-f.* calc-i.$_{k2}$ **Calc-s.** calc-sil.$_{k2}$ caps. *Carb-v.*$_{bg2,k}$ *Carbn-s.* carc.$_{sst}$ caust.$_{bg2,k}$ choc.$_{srj3}$ cinnb. cist. *Coc-c.* colch. cop. cor-r. croc. dig.$_{bg2,k}$ dulc. ery-a.$_{a1,k}$ euphr. ferr-i. gal-ac.$_{a1,c1}$ graph.$_{bg2,k,*}$ *Hep.* *Hippoz.* **Hydr.**$_{bg2,k,*}$ *Hydrog.*$_{srj2}$ iod.$_{bg2,k}$ ip.$_{bg2,k}$ *Kali-ar.* **Kali-bi.**$_{bg2,k,*}$ kali-br. *Kali-c.* kali-chl.$_{bg2}$ *Kali-i.* kali-m.$_{k2}$ **Kali-p.** *Kali-s.*$_{bg2,k}$ kali-sil.$_{k2}$ kreos.$_{bg2,k}$ lac-ac. **Lac-c.** lach. led.$_{a1}$ lob-s.$_{a1}$ lyc.$_{bg2,k}$ lyss. mag-c.$_{bg2,k,*}$ mag-m.$_{bg2,k}$ mang.$_{bg2,k,*}$ med. *Merc.*$_{bg2,k}$ merc-i-f.$_{hr1,k}$ *Mur-ac.*$_{bg2,k}$ *Nat-ar.* *Nat-c.*$_{bg2,k}$ *Nat-m.*$_{bg2,k}$ *Nat-p.* **Nat-s.** nit-ac.$_{bg2,k,*}$ nux-v. ol-an.$_{a1}$ op.$_{bg2,k,*}$ par.$_{bg2,k}$ petr. ph-ac. *Phos.*$_{bg2,k}$ plan.$_{a1}$ plb. psor.$_{k2}$ **Puls.**$_{bg2,k}$ *Ran-b.*$_{bg2,k}$ *Rhus-t.* *Sabad.*$_{bg2,k}$ samb.$_{bg2,k}$ *Sang.* sanic. sars.$_{bg2,k,*}$ sel.$_{bg2,k,*}$ *Sep.*$_{bg2,k}$ **Sil.**$_{bg2,k}$ sin-n. *Spong.*$_{bg2,k}$ *Stann.*$_{bg2,k}$ *Staph.*$_{bg2,k,*}$ *Sul-ac.*$_{bg2,k}$ *Sul-i.*$_{a1,k}$ *Sulph.*$_{bg2,k,*}$ syph. teucr. *Ther.* *Thuj.* **Tub.** ust.$_{a1}$ zinc.$_{bg2,k,*}$ zinc-p.$_{k2}$ ziz.$_{a1}$
• **tagsüber**: *Arum-t.*$_{a1,k}$ sulph.$_{a1}$ sumb.$_{a1}$
• **dann** dünn: staph.$_{h,k1}$
• **klar** und mit Kopfschmerzen wenn die Absonderung aufhört: *Kali-bi.*$_{hr1,k}$
○ **Choanen**, aus den: alum.$_{h}$ ant-c.$_{h}$ *Carb-an.* *Hydr.* *Kali-bi.* *Nat-p.* *Nat-s.* petr. *Phyt.*
– **dunkel**: cinnb.$_{ptk1}$ merc-d.$_{ptk1}$

– **dünn**: aesc. ail.k2 aphis arum-t. aur-m.k2 bov. calc-sil.k2 camph.bg2,h,* caps.bg2,h,* carb-v.k2 cench.k2 coc-c. colch. crot-c. eup-pur.a1 form.a1 *Graph.* hep. hippoz. hydr. hydrog.srj2 ind. **Iod.** kali-s. lac-c. lach. laur.bg2 lil-t. mez. mur-ac. naja *Nat-c.*hr1,k nit-ac.k2 *Phyt.* rhod. rhus-t.bg2 *Sabad.* sin-n. staph.bg2 *Sulph.* trif-p.a1

• **morgens** beim Aufstehen: camph.h

• **abends**, beim Zubettgehen: camph.h

• **lindert** das Brennen: psor.hr1,k

– **eitrig**: acon-l.a1 ail. *Alum.*bg2,k alum-p.k2 alum-sil.k2 am-c.bg2,k anac. anan. arg-met. *Arg-n.*bg2,k,* ars.bg2,k *Ars-i.* arund.a1 *Asaf.*bg2,k asar.bg2,k **Aur.**bg2,k aur-ar.k2 aur-i.k2 *Aur-m.* aur-m-n. aur-s.k2 *Bar-m.* bell.bg2,k *Berb.*a1,k brom.bg2 bry.bg2 **Calc.**bg2,k calc-i.k2 **Calc-s.** calc-sil.k2 *Carb-v.*bg2 *Carbn-s.* cham.bg2,k chin.bg2,k chinin-ar. cic.bg2,k cina cinnb.bg2 *Cocc.*bg2,k *Coloc.* **Con.**bg2,k cop. cor-r.bg2 cur. dros.bg2,k dulc.bg2 eucal. euph. euphr. *Ferr.*bg2,k *Ferr-ar.* *Ferr-i.* *Ferr-p.* *Graph.*bg2,k,* guaj.bg2,k **Hep.**bg2,k *Hippoz.* *Hydr.*bg2,k ign.bg2,k *Iod.* ip.bg2,k ipom-p. kali-ar. **Kali-bi.**bg2,k *Kali-c.*bg2,k,* kali-chl.bg2 *Kali-i.* kali-m.k2 kali-n.bg2,k *Kali-p.* **Kali-s.**bg2,k kali-sil.k2 kreos.bg2,k lac-c. **Lach.**bg2,k,* led.bg2,k **Lyc.**bg2,k mag-c.bg2,k *Mag-m.*bg2,k **Merc.**bg2,k merc-i-f.hr1,k mur-ac. *Nat-ar.* *Nat-c.*bg2,k *Nat-m.*bg2,k *Nat-p.* *Nat-s.* *Nit-ac.*bg2,k nux-v.bg2,k *Petr.*bg2,k *Ph-ac.*bg2,k *Phos.*bg2,k,* plb.bg2 **Psor.** *Puls.*bg2,k,* *Rhus-t.*bg2,k sabin.bg2,k samb.bg2,k *Sang.* sec.bg2 *Sep.*bg2,k **Sil.**bg2,k stann.bg2,k staph.bg2,k *Stict.* still. sul-i.k2 *Sulph.*bg2,k,* *Thuj.* **Tub.** *Uran-met.* zinc. zinc-p.k2

• **links**: uran-met.

• **rechts**: *Kali-c.* *Puls.*

• **morgens**, beim Schneuzen der Nase; früh: am-c.

• **vormittags**: ail.

• **plötzlich**: aur-m.

• **wöchentlich**: kali-s.

– **Eiweiß**, Eiklar; wie: *Aur.* hydrog.srj2 **Nat-m.**

• **Ausschneuzen** von gelblichen Pfropfen amel.: hydrog.srj2

– **Eiweiß**, Eiklar überzogen; wie mit: alum. cund.hr1 *Petr.*hr1,k

– **eiweißartig**: am-caust.a1 *Aur.*bg2,k calc-sil.k2 hippoz. hydrog.srj2 *Iod.* kali-i.bg2 mag-p.bg2 **Nat-m.**bg2,k *Nat-s.* phos.bg2

– **Essen**, beim: carb-an.bg2,bg3 clem.bg2,bg3 nux-v.bg2,bg3 plb.bg2,bg3 sanic.bg2,bg3 sulph.bg2,bg3 trom.bg2,bg3

☞ *reichlich - Essen / wäßrig - Essen / Schnupfen - Essen - agg.*

– **Fischlake**, riecht nach: elaps thuj.ptk1

– **flockig**: am-c. *Ars.* carb-v. ferr. hydrog.srj2 puls. sep. sil. sulph.

– **gallertartig**: bar-c.bg2 chin.bg2 coc-c.k2 *Dig.*bg2 ferr.bg2 hep. *Laur.*bg2 sabad.bg2 sel.bg2,k

– **gelb**: acon.bg2,k,* *Alum.*bg2,k alum-p.k2 alum-sil.k2 am-c.bg2 am-m.bg2,k,* anag.hr1,k androc.srj1 ant-c.bg2,k *Arg-n.* *Ars.*bg2,k,* *Ars-i.* *Ars-met.* ars-s-f.k2 **Arum-t.**a1,k **Aur.**bg2,k aur-ar.k2 aur-i.k2 *Aur-m.*a1,k aur-s.k2 *Bad.* bamb-a.stb2 *Bar-c.*bg2,k,*

– **gelb**: ...
bar-i.k2 *Bar-m.* bar-s.k2 bell.bg2,h,* *Berb.*a1,k borx.k2 bov.bg2,k brom.bg2,k,* **Bry.**bg2 bufo **Calc.**bg2,k calc-i.k2 calc-p.a1 **Calc-s.**a1,k calc-sil.k2 carb-an.bg2 **Carb-v.**bg2 carbn-s.k2 carc.fb cench.k2 cham.bg2 chinin-ar. chlor.bg2,k *Cic.*bg2,k,* cinnb. *Cist.* coc-c. *Con.*bg2,k *Cop.*bg2,k cupr. *Daph.*bg2 dig.bg2 *Dros.*bg2 dulc.k2 ery-a.a1,k *Ferr-i.* *Graph.*bg2,k,* **Hep.**bg2,k,* **Hydr.**bg2,k,* *Hydrog.*srj2 *Hyper.* ind.a1,k *Iod.*bg2,k,* kali-ar. **Kali-bi.**bg2,k,* *Kali-c.*bg2,k,* kali-chl. **Kali-i.**a1,k kali-m.k2 **Kali-p.** **Kali-s.** kali-sil.k2 kreos.bg2 lac-ac. *Lach.*a1,k lil-t.a1,k limest-b.es1 lunakg1 **Lyc.**bg2,k mag-c.bg2 *Mag-m.*bg2,k,* mag-s.a1,k mang.bg2,k med.br1,k2 merc.bg2,k2,* *Mez.*bg2,k,* mur-ac.bg2,k *Nat-ar.* *Nat-c.*bg2,k *Nat-m.* *Nat-p.* *Nat-s.* **Nit-ac.**bg2,k,* nux-v.bg2 op.a1 petr.k2 ph-ac.bg2 *Phos.*a1,k plan.a1,k plb.bg2 psor.k2 **Puls.**bg2,k,* rhus-t. rumx.k2 sabad.bg2 sabin.bg2,k sang. sanic. sel.bg2,k,* seneg.bg2,k **Sep.**bg2,k,* *Sil.* sin-n. spig.bg2,k,* spong.bg2 stann.bg2,k *Staph.*bg2 *Stram.* sul-i.k2 **Sulph.**bg2,k sumb.a1 syph.k2 teucr. *Ther.* *Thuj.*bg2,k **Tub.** verat.bg2 wies.a1

• **links**: calc-s.a1,k kali-bi.a1,k sumb.a1,k

• **rechts**: plan.

• **tagsüber**: *Arum-t.*a1,k

• **morgens**: berb. **Kali-bi.** kali-p. *Lach.* *Mang.* phos.a1,k **Puls.**a1,k sulph.a1,k

• **nachmittags**: bad.

• **abends**: calc-s.a1,k **Puls.** sulph.h,kl

• **Erwachen**; beim: choc.srj3

• **Honig**, wie: **Ars-i.**

• **schmutzig**: teucr.

○ **Choanen**, aus den: cinnb.

○ **Choanen**, aus den: ant-c.h *Calc-s.* cinnb. **Hydr.** **Kali-bi.** meny. merc-i-f. *Nat-p.* *Nat-s.* *Rumx.* sep.wt spig.h sumb.

– **gelblichgrün**: *Alum.* alum-p.k2 alum-sil.k2 arund. *Aur-m.* bufo *Calc-f.* *Calc-s.* calc-sil.k2 carb-v.k2 caust. choc.srj3 cop. *Hep.* **Hydr.**bg2,k hydrog.srj2 **Kali-bi.**bg2,k *Kali-c.*bg2,k *Kali-i.*bg2,k lac-c. limest-b.es1 *Mang.*bg2,k **Merc.**bg2,k *Nat-c.*bg2,k *Nat-s.* nit-ac.bg2 par. *Phos.*bg2,k plan. psor. **Puls.**bg2,k rhus-t.bg2,k sabad.bg2,k sarr.hr1,k,* **Sep.**bg2,k *Sil.* syph. *Ther.* *Thuj.* **Tub.**a1,a12,*

• **morgens**: gink-b.sbd1

• **nachts**:

• **färbt** das Kissen: lac-c.

• **Essen**, beim: plb.bg

– **gelblichweiß**: calc. merc-i-r.hr1,k

– **gelborange**: kali-bi.bg1,bg2

– **glasig**: cedr.hr1,k iod.hr1,k

– **grau**: **Ambr.**bg2,k anac.bg2,k ars.bg2,k asim.hr1,k bell.bg2 carb-an.bg2,k chin.bg2,k hippoz.hr1,k kali-c.bg2,k kreos.bg2,k **Lyc.**bg2,k mang.bg2,k med. nux-v.bg2,k rhus-t.bg2,k sang.hr1,k seneg.bg2,k sep.bg2,k thuj.bg2,k

– **grauweiß**: sang.

– **grünlich**: *Alum.* alum-p.k2 alum-sil.k2 anan.hr1,k arn. ars.bg2,k *Ars-i.* ars-s-f.k2 arund.hr1,k asaf.bg2,k aur.bg2,k aur-ar.k2 aur-i.k2 aur-m.a1,k aur-s.k2 bamb-a.stb2 *Berb.*hr1,k,* *Borx.* bov.bg2,k *Bry.*hr1,k,*

– **grünlich**: ...
bufo calc.$_{bg2,k}$ *Calc-f.* calc-i.$_{k2}$ calc-sil.$_{k2}$ cann-s.$_{bg2,k}$ carb-an.$_{bg2,k}$ *Carb-v.*$_{bg2,k,*}$ carbn-s. cimic.$_{hr1,k,*}$ colch.$_{bg2,k}$ cop.$_{hr1,k}$ culx. dros.$_{bg2,k}$ ferr.$_{bg2,k}$ ferr-ar. *Ferr-i.* graph. hep. hippoz.$_{hr1,k}$ hydr-ac.$_{hr1,k}$ *Hydrog.*$_{srj2}$ hyos.$_{bg2,k}$ ind.$_{hr1,k}$ iod.$_{bg2,k,*}$ kali-ar. **Kali-bi.**$_{bg2,k,*}$ *Kali-c.*$_{bg2,k,*}$ **Kali-i.**$_{hr1,k}$ kali-p. kali-s. kali-sil.$_{k2}$ kreos. **Lac-c.**$_{hr1,k}$ led.$_{bg2,k}$ lyc.$_{bg2,k}$ lyss. mag-c.$_{bg2}$ mang.$_{bg2,k}$ marb-w.$_{es1}$ **Merc.**$_{bg2,k,*}$ *Nat-c.*$_{bg2,k,*}$ nat-s.$_{k2}$ *Nit-ac.*$_{bg2,k}$ nux-v.$_{bg2,k}$ par.$_{bg2,k,*}$ *Phos.*$_{bg2,k,*}$ plb.$_{bg2,k}$ psil.$_{ft1}$ **Puls.**$_{bg2,k,*}$ *Rhus-t.*$_{bg2,k,*}$ sanic. **Sep.**$_{bg2,k,*}$ *Sil.*$_{bg2,k,*}$ spig. squil.$_{a1}$ stann.$_{bg2,k}$ *Stict.* *Sul-i.*$_{a1,k}$ sulph.$_{bg2,k}$ syph. *Teucr.*$_{hr1,k}$ *Ther.* *Thuj.*$_{bg2,k,*}$ tub.$_{a1,br1}$

• **morgens**: gink-b.$_{sbd1}$

• **blutgestreift**: **Phos.**

• **Licht**, im: *Nat-s.*

– **grünlichbraun**: *Hydr-ac.*

– **grünlichgelb**

☞ *gelblichgrün*

– **grünlichschwarz**: **Kali-i.**

– **Gummi**, wie: sumb.

– **hart**, trocken: agar.$_{bg2,k,*}$ *Alum.*$_{bg2,k,*}$ alum-sil.$_{k2}$ **Alumn.** ant-c.$_{bg2,k}$ ars. arund. **Aur.** aur-i.$_{k2}$ *Aur-m.* aur-s.$_{k2}$ bar-c. bar-i.$_{k2}$ bar-s.$_{k2}$ *Borx.* brom. *Bry.*$_{bg2,k}$ calc. carbn-s. cere-b.$_{a1}$ coc-c.$_{a1}$ *Con.*$_{bg2,k}$ elaps *Graph.* guare.$_{a1,k}$ hydr-ac. *Iod.*$_{bg2,k}$ **Kali-bi.**$_{bg2,k}$ kali-c.$_{k2}$ *Lach.*$_{bg2,k,*}$ limest-b.$_{es1}$ lyc.$_{a1,k}$ *Merc.* merc-i-f. mez. *Nat-ar.* *Nat-c.*$_{bg2,k}$ nat-s. petr. phos.$_{bg2,k}$ phyt.$_{bg2}$ sec. **Sep.**$_{bg2,k,*}$ **Sil.**$_{bg2,k}$ sin-n.$_{a1}$ staph.$_{bg2,k}$ **Stict.** stront-c. sul-i.$_{k2}$ *Sulph.*$_{bg2,k}$ tell. thuj.$_{bg2,k}$ xan.

• **morgens**: *Arum-t.*$_{a1}$ asim. **Sil.**

• **Menses**, während: sep.$_{a1,h,*}$

• **verstopft** die Nase: mur-ac.$_{bg1,bg2}$

○ **Choanen**: *Merc.*

– **heiß**: acon. ars-i.$_{bg2,bg3}$ ars-met. bamb-a.$_{stb2}$ cham.$_{ptk2}$ iod. kali-i.$_{bg1}$ lyc. rhus-t.

– **Husten** agg.: agar.$_{bg1,bg3,*}$ caps.$_{bg1}$ lach.$_{bg1,bg3}$ nit-ac.$_{bg1,bg3}$ sal-ac.$_{bg1}$ sul-ac.$_{vh}$ sulph.$_{bg1}$ thuj.$_{bg1}$

– **jauchig**: **Ail.** all-c.$_{hr1,k,*}$ ars. arum-t. aur-m-n.$_{hr1,k}$ *Lyc.* merc. *Nit-ac.* *Rhus-t.* rhus-v.$_{a1}$

• **Singen**, beim: all-c.$_{hr1,k}$

– **kalt**: ambro.$_{ptk1}$ ichth.$_{ptk1}$ kali-i.$_{ptk1}$ lach.$_{ptk1}$

– **klar**: *Acon.* agar. am-m. androc.$_{srj1}$ asar. aur. bamb-a.$_{stb2}$ bell.$_{k2}$ calc. carbn-s. castm. cedr. choc.$_{srj3}$ con. graph. hydr. *Hydrog.*$_{srj2}$ *Iod.* lac-ac. mag-c. mang. merc-i-r.$_{a1}$ *Nat-m.* phos. squil.$_{k2}$ sulph.

☞ *Eiweiß, Eiklar; wie / wäßrig*

• **heißes** Wasser: acon.

– **Klebstoff**, wie: hep.$_{bg1}$ *Merc-c.* *Psor.* sel. stict. *Sulph.*

○ **Choanen**, aus den: *Merc-c.* sumb.

– **klumpig**: cinnb.$_{bg2,bg3}$ kali-bi.$_{bg2,hr1}$ mag-p.$_{bg2}$ mang.$_{k2}$ merc-d.$_{bg2,bg3}$ mur-ac.$_{bg2}$ petr.$_{h,hr1,*}$ phos.$_{bg2,bg3}$ sel.$_{a1,bg2}$ sep.$_{bg2}$ *Sil.*$_{bg2}$ solid.$_{bg2,bg3}$ zinc-i.$_{bg2,bg3}$

○ **Choanen**, aus den: merc-i-f.$_{bg3}$ osm.$_{c1}$ zinc.$_{h}$

– **Krusten**, Schorfe in der Nase: *Agar.* ail. *Alum.* alum-p.$_{k2}$ *Alum-sil.*$_{k,k2}$ *Alumn.* ant-c. apis arg-n. *Ars.* ars-s-f.$_{k2}$ arund. *Aur.* aur-ar.$_{k2}$ *Aur-m.* aur-s. bamb-a.$_{stb2}$ bar-c. bar-s.$_{k2}$ *Borx.* **Bov.** *Brom.* bry. cadm-s.$_{c2}$ *Calc.* *Calc-s.* calc-sil.$_{k2}$ *Carb-an.* carbn-s. caust.$_{c2,k}$ cench.$_{k2}$ chr-ac.$_{br1}$ cic. coc-c. con. cop. cor-r.$_{kkb}$ crot-t. culx. daph. *Elaps* fago.$_{c2}$ *Ferr.* ferr-ar. *Ferr-i.* ferr-p. **Graph.** *Hep.* *Hippoz.* hydr. hydrog.$_{srj2}$ hyper. *Iod.* **Kali-bi.**$_{c2,k}$ *Kali-c.* kali-i.$_{k2}$ kali-p. kali-sil.$_{k2}$ lac-c. *Lach.* lem-m.$_{br1,c1}$ lith-c. *Lyc.* mag-c. *Mag-m.* *Merc.* *Merc-i-f.* merc-i-r. *Mez.* *Nat-ar.* *Nat-c.* *Nat-m.* nat-p. nat-s. *Nit-ac.* nux-v. petr. *Phos.* *Phyt.* psor. *Puls.* ran-b. rat. rhod. rhus-r. *Sanic.*$_{c2,k}$ sars. **Sep.** *Sil.* staph. **Stict.** stront-c. *Sulph.* syph.$_{c2,k}$ teucr. **Thuj.** trom. **Tub.** vinc. xan.

☞ *Schorfige*

• **links**: cob. nat-p.

• **rechts**: *Alum.* *Aur.* aur-s.$_{k2}$ hep. *Iod.* kali-p.$_{k2}$ lith-c. nit-ac. sars. *Sil.* uran-met. xan.

• **abgelöst**, wenn:

• **bilden** sich neu: *Ars.* borx. **Kali-bi.** lac-c. *Psor.*

• **Bluten**, verursacht: *Arg-n.* aur-m.$_{k2}$ *Kali-bi.* kali-c.$_{k2}$ lac-c. *Nat-ar.* nat-c.$_{k2}$ *Nit-ac.* puls.$_{k2}$

• **roh** und blutend, bis sich neue Krusten bilden; hinterläßt die Nasenlöcher: *Ars.* brom. *Nit-ac.*

• **Schmerz** und Wundheit; verursacht: arg-n.$_{a1}$ *Kali-bi.* nit-ac. teucr. *Thuj.*

• **Abkühlung** der Teile agg.: chinin-s.$_{bg1,bg2}$

• **abzulösen**:

• **leicht** abzulösen:

• **Wundheit** an der Nasenwurzel; werden sie jedoch zu früh herausgezogen, führt es zu:

• **Photophobie**; mit: **Kali-bi.**

• **schwierig** abzulösen:

• **rohe** und wunde Stelle; hinterlassen eine: *Ars.* *Bov.* **Kali-bi.** nit-ac. *Phos.* phyt. psor. puls.$_{k2}$ stict. *Thuj.*

• **blutig**: am-c. am-m. ambr. calc. dulc.$_{k2}$ gink-b.$_{sbd1}$ hydr.$_{bg1,bg2}$ *Kali-bi.* nat-ar. *Phos.* puls. sep. stront-c. thuj.$_{bg1,bg2}$

• **braune** Krusten: gink-b.$_{sbd1}$ *Kali-c.* *Thuj.* vinc.

• **elastische** Pfropfen: **Kali-bi.** *Lyc.*

• **gelb**: aur. aur-m. *Calc.* *Cic.* *Iod.* *Kali-bi.* kali-c. kali-p.$_{k2}$ mag-m. puls.$_{k2}$ rhod.

• **glänzend**: lith-c.

• **grau**: ail. hippoz. kali-c.

• **grün**:

• **Morgen**, jeden: *Nit-ac.*

• **Massen**: alum.$_{k2}$ *Elaps* **Kali-bi.** *Phos.* **Sep.** *Teucr.*

• **grünlich**, scheint von einem Geschwür zu stammen: *Nat-s.*

• **hart**: bamb-a.$_{stb2}$

• **verstopfen** die Nase: mur-ac.$_{vh}$

• **hoch** oben: arum-t. calc-sil.$_{k2}$ crot-t. nit-ac.$_{k2}$ *Sil.* staph.

– **Krusten - hoch** oben: ...
 • **Absonderung** einer großen Kruste durch Ansammlung hoch oben hinter den Nasenknochen: arum-t.$_{k1}$
 • **kleben** fest: phos.
 • **kleieartig**: sulph.$_{bg1,bg2}$
 • **orange**: limest-b.$_{es1}$
 • **orangegelb**:
  • **dick**, mächtig, hoch oben: crot-t.
  • **Schnupfen**, bei: *Bar-c.* brom. *Kali-c.*
  • **trocken**: aur-m.
 • **Ozaena**, bei: calc-f.$_{br1}$
 • **schmerzhaft**: bamb-a.$_{stb2}$ graph. mag-m.$_{a1}$ *Sil. Thuj.*
  • **groß**, müssen durch die Choanen ausgeschieden werden: alum. *Sep.*
 • **schwarz**: calc. rhod.
 • **wäßrig** beim Essen
  ☞ *wäßrig - Essen*
 • **weißlich**: kali-bi.
 ○ **Choanen**: alum.$_{k2}$ alumn. *Bar-c.* bufo$_{vh}$ calc-ar. caust.$_{vh}$ culx. elaps hydr. kali-c.$_{k2}$ *Sep.* syph.$_{k2}$
 • **Nasenmuscheln**: cop.$_{br1}$
 • **Ränder** der Nase: calc-s.$_{k2}$
 • **Septum**: anac. *Kali-bi. Lac-c.* ph-ac. *Psor.* sel. *Sil.* **Thuj.**
  • **rechte** Seite: *Lac-c.* uran-met.

– **Luft**:
 • **Freien**; im:
  • **amel.**: hydr.$_{bg1}$

– **mild**, bland: arg-n.$_{bg2}$ *Calc.* cycl.$_{bg2}$ **Euphr.**$_{bg2,k}$ kali-s.$_{bg2}$ plan. **Puls.**$_{bg2,k}$ *Sep. Sil.* staph.

– **Molke**, wie: am-c.$_{bg2}$ *Ars.*$_{bg2}$ carb-v.$_{bg2}$ ferr.$_{bg2,k,*}$ puls.$_{bg2}$ sep.$_{bg2}$ sil.$_{bg2}$ *Sulph.*$_{bg2}$

– **orange**: hydrog.$_{srj2}$ puls.$_{ptk1}$
 • **Krusten**
  ☞ *Krusten - orange*

– **periodisch**
 ☞ *eitrig - wöchentlich*

– **plötzlich**: apis calc. chlor. coff. cycl.$_{h,k1}$ plan.$_{hr1,k}$
 • **Schwall** in einem; in Güssen
  ☞ *Schwall*

– **reichlich**: acon. aeth. agar. ail. **All-c.** alum. alum-p.$_{k2}$ *Alumn.* anac. anan. aral.$_{br1,bro1}$ **Ars.**$_{bg2,k}$ *Ars-i.* arum-t. aspar. bamb-a.$_{stb2}$ bar-c.$_{bg2,k}$ bar-i.$_{k2}$ bar-m. bar-s.$_{k2}$ berb. borx. *Bry.* calc.$_{bg2,k}$ calc-f. calc-sil.$_{k2}$ canth.$_{bg2,k}$ carb-v.$_{k2}$ carbn-s. caust. cedr. cench.$_{k2}$ chlor. choc.$_{srj3}$ cic.$_{bg2,k}$ coc-c. coff.$_{bg2,k}$ cop. cor-r. crot-c. cupr. cycl. dros. ery-a. eup-pur.$_{a1,k}$ euph. euphr.$_{bg2,k}$ ferr-i. granit-m.$_{es1}$ *Graph.*$_{bg2,k}$ guaj. hep.$_{k2}$ hydr. hydrog.$_{srj2}$ *Iod.*$_{bg2,k}$ kali-bi.$_{k2}$ kali-c. kali-chl. **Kali-i.**$_{bg2,k}$ kali-m.$_{k2}$ lac-ac. lac-c. lem-m.$_{br1}$ lyc. mag-m.$_{bg2,k}$ mur-ac.$_{bg2,k}$ *Nat-ar. Nat-c.* **Nat-m.**$_{bg2,k}$ nat-s. *Nit-ac.* nux-v.$_{bg2,k}$ **Phos.**$_{bg2,k}$ plan. plat.$_{bg2,k}$ *Puls.* ran-b.$_{c1}$ rein.$_{a1}$ rhod.$_{bg2,k}$ *Rumx. Sabad.*$_{bg2,k}$ *Senec. Sep.* sil.$_{bg2,h,*}$ *Spig.* squil.$_{k2}$ staph. *Stict.* sul-i.$_{k2}$ *Sulph.* teucr. *Tub.* verat-v. verb.$_{c1}$ wye.$_{k2}$ *Zinc.*$_{bg2,k}$ zinc-p.$_{k2}$
 • **morgens**: puls.$_{k2}$
  • **Aufstehen**; nach dem: rhus-t.$_{h}$

– **reichlich**: ...
 • **Essen** agg.: plb.$_{bg2}$
  ☞ *Essen*
 • **Freien**, im: hydr.
 • **Schnupfen**, ohne: mag-m.$_{h}$ phos.$_{h}$
 • **tröpfelnd**: acon.$_{bg2}$ agar.$_{bg2}$ all-c.$_{bg2}$ ars.$_{bg2}$ cham.$_{bg2}$ chin.$_{bg2}$ con.$_{bg2}$ hep.$_{bg2}$ kali-i.$_{bg2}$ lach.$_{bg2}$ mag-c.$_{bg2}$ nat-m.$_{bg2}$ nit-ac.$_{bg2}$ nux-m.$_{bg2}$ phos.$_{bg2}$ sep.$_{bg2}$ sulph.$_{bg2}$
 • **verstopft**, benommen im Kopf; wie: *Acon.* agar. *Arum-t. Calc.* **Kali-i.** *Nit-ac. Nux-v.* phos.$_{h}$ spig.$_{h}$
  • **morgens**: *Arum-t.*
 ○ **Choanen**, aus den: carb-v. **Cor-r.** euph. *Spig.*
 • **Stirnhöhle**; aus der: verb.$_{c1}$

– **rötlich**: bry.$_{bg2}$ kali-cy.$_{a1}$ par.$_{bg2,k,*}$ squil.$_{bg2}$

– **rötlichgelb**: calc. hydrog.$_{srj2}$

– **salzig**: aral.$_{bg2,bg3}$ cimic.$_{bg2,bg3}$ kali-i.$_{bg2}$ nat-m.$_{bg2,bg3}$

– **scharf**
 ☞ *wundfressend*

– **schaumig**: acon.$_{bg2}$ am-m.$_{bg2}$ ammc.$_{a1}$ ant-c.$_{a1,bg2}$ arund.$_{a1,bg2}$ carb-ac.$_{a1,bg2}$ cic-m.$_{a1}$ dios.$_{bg2}$ hydrog.$_{srj2}$ kali-cy.$_{a1,bg2}$ lac-ac.$_{a1,bg2}$ lach.$_{bg2}$ merc.$_{bg2,bg3}$ oena.$_{a1,bg2}$ op.$_{a1,bg2}$ plb.$_{bg2}$ sil.$_{bg1,bg2,*}$

– **Schwall**, in Güssen; Flüssigkeit kommt in einem: agar.$_{h,k1}$ all-c.$_{bg2}$ ars.$_{bg2}$ chlor.$_{bg2}$ con.$_{bg2}$ euphr.$_{bg2,h,*}$ fl-ac.$_{bg1,bg2,*}$ hydr.$_{bg1,bg2,*}$ kali-bi.$_{bg1,bg2,*}$ lach.$_{bg1,bg2,*}$ lyc.$_{bg2}$ *Nat-c.*$_{bg1,bg2,*}$ *Nat-m.*$_{bg1,bg2,*}$ phos.$_{bg1,bg2,*}$ sel.$_{bg1,bg2,*}$ sil.$_{bg2}$ spig.$_{bg2}$ staph.$_{bg1,bg2}$ *Thuj.*$_{bg1,bg2,*}$ zinc.$_{bg2}$

– **spärlich**: alum-sil.$_{hr1,k}$ astac.$_{hr1}$ bell.$_{k2}$ kali-bi. mag-c. nat-p.$_{k2}$ sin-n.
 • **Zimmer**, im: hydr.

– **Stärke**, wie gekochte: *Arg-n.*$_{hr1,k}$ *Nat-m.*$_{hr1,k}$ nat-s.

– **stinkend**
 ☞ *übelriechend - stinkend*

– **talgartig**, hinterläßt Fettflecken auf der Wäsche: *Cor-r.*$_{a1,k}$ lyc.

– **trocknend** und Krusten bildend; schnell: cench.$_{k2}$ psor. *Stict.*

– **tröpfelnd**: *Acon.*$_{bg2}$ agar.$_{bg2}$ *All-c.*$_{bg2,bg3}$ *Ars.*$_{bg2,bg3}$ ars-i.$_{bg2,bg3}$ arum-t.$_{bg2,bg3}$ calc.$_{bg2,bg3}$ cham.$_{bg2}$ *Chin.*$_{bg2}$ *Con.*$_{bg2}$ euph.$_{bg2}$ euphr.$_{bg2,bg3}$ graph.$_{bg2,bg3}$ *Hep.*$_{bg2,vh,*}$ kali-bi.$_{bg2}$ kali-i.$_{bg2,k}$ lach.$_{bg2}$ lyc.$_{bg2}$ mag-c.$_{bg2}$ mag-m.$_{bg2}$ merc.$_{bg2}$ merc-c.$_{bg2}$ nat-m.$_{bg2}$ nit-ac.$_{bg2,bg3}$ nux-v.$_{bg2,bg3}$ phos.$_{bg2,k}$ rhod.$_{bg2}$ **Rhus-t.**$_{bg2}$ sabad.$_{bg2,bg3}$ sang.$_{bg2}$ sep.$_{bg2}$ sil.$_{bg2}$ *Sulph.*$_{bg2,bg3,*}$ tab.$_{bg3,k}$
 • **Essen** agg.
  ☞ *Essen*

– **übelriechend**: agar. alum.$_{bg2,k}$ alum-p.$_{k2}$ alum-sil.$_{k2}$ anan. arn.$_{bg2}$ ars.$_{bg2,k}$ ars-i.$_{bg2}$ ars-s-f.$_{k2}$ **Asaf.**$_{bg2,k}$ asim. **Aur.**$_{bg2,k}$ aur-ar.$_{k2}$ aur-i.$_{k2}$ *Aur-m.* aur-s.$_{k2}$ bapt.$_{k2}$ *Bar-c.* bar-s.$_{k2}$ bell.$_{bg2,k}$ berb.$_{hr1,k}$ bufo$_{bg1,k,*}$ **Calc.**$_{bg2,k}$ *Calc-f.*$_{bg2,k}$ *Calc-s.* calc-sil.$_{k2}$ *Carb-ac.*$_{a1,k}$ carb-v.$_{bg2}$ carbn-s. caust.$_{bg2,k,*}$ cham.$_{bg2}$ chin.$_{bg2,k}$ con.$_{bg2,k}$ cop. crot-h.$_{bg2}$ cub. cupr.$_{bg2}$ cur. *Elaps* ferr.$_{bg2}$ fl-ac. *Graph.*$_{bg2,k,*}$ guaj.$_{bg2,k}$ ham. **Hep.**$_{bg2,k,*}$ *Hippoz.* hydr.$_{bg2}$ *Iod.*$_{bg2,k}$

– übelriechend: ...
kali-ar.k2 **Kali-bi.**bg2,k kali-br.bg2 *Kali-c.*bg2,k *Kali-i.*bg2,k,* kali-n.a1 *Kali-p.* *Kali-s.* kali-sil.k2 kreos.bg2,k *Lach.*bg2,k led.bg2,k *Lyc.*bg2,k *Mag-m.*bg2,k,* mang.bg2 **Merc.**bg2,k merc-i-f.hr1,k merc-i-r.bg2 mez.bg2,k2 nat-ar. **Nat-c.**bg2,k nat-s. *Nit-ac.*bg2,k nux-v.bg2,k petr.bg2,k ph-ac.bg2,k *Phos.*bg2,k phyt. **Psor.**bg2,k **Puls.**bg2,k,* rhus-t.bg2,k sabin.bg2,k sang. sarr.hr1,k,* *Sep.*bg2,k **Sil.**bg2,k sol-o.a1 spig. stann.bg2,k stram.a1,k **Sulph.**bg2,k syph. tell. teucr.bg2,k *Ther.*bg2,k *Thuj.*bg2,k ust.
- **faulig**: agar. arund. asaf. bufo **Carb-ac.** *Elaps* graph. psil.ft1 **Psor.**
- **Heringslake**, wie: *Elaps*
- **Käse**, wie: hep. merc. **Tub.**
- **Menses**, während: *Graph.* sep.h,kl
- **sauer**: alum. hep.
- **stechend**: berb.
- **stinkend**: *Agar.* anthraci. apis *Asaf.* **Aur.** aur-ar.k2 *Aur-m-n.*hr1,k berb. bufobg1,bg2 *Calc.* calc-i.k2 *Carb-ac.* caust. cop. cur. eucal. *Graph.* *Hep.* *Iod.* *Kali-c.* *Kali-n.* *Kreos.* led. lyc. mag-m. *Merc.* *Myric.* nat-c. *Nit-ac.* petr. *Puls.* rhus-t. sil. tell. *Ther.* thuj. tub.a1
- **Übelkeit** erregend, süßlich: nit-ac.
- **Urin**, wie: graph.
- **verbrannt**, wie: berb.

– unterdrückt: *Acon.*bg2 ail. alum. am-c. am-m. ambr. *Arg-n.* *Ars.*bg2,k *Aur.* aur-ar.k2 *Bell.*bg2 **Bry.**bg2,k **Calc.**bg2,k *Carb-v.*bg2,k *Carbn-s.* caust. cham.bg2,k *Chin.*bg2,k cina cinnb.bg2 con. *Dulc.*bg2,k euphr.bg2 *Graph.* *Hep.*bg2,k ign.bg2 *Ip.*bg2,k *Kali-bi.*bg2,k *Kali-c.* *Kali-i.* *Lach.*bg2,k *Lyc.*bg2,k mag-c. mang. **Merc.**bg2,k *Nat-ar.* *Nat-c.* *Nat-m.* *Nit-ac.*bg2,k *Nux-v.*bg2,k *Petr.* ph-ac.bg2 *Phos.* **Puls.**bg2,k rhod.bg2 rhus-t.bg2 samb. sars. *Sep.*bg2,k *Sil.*bg2,k spong.bg2 stann. sulph.bg2,k thuj. zinc.bg2

– veränderlich: calc. staph.ptk1

– viel
☞ *reichlich*

– wäßrig: abrot. *Acon.*bg2,k,* aesc.a1,k *Agar.*bg2,k,* ail. **All-c.**bg2,k,* aloe alum.bg2,k alum-sil.k2 am-br.a1,k am-c.bg2,k am-caust.a1,k am-m.bg2,k,* ambr.bg2 anag. androc.srj1 ant-c.bg2,k ant-t.bg2,k anth.br1 aphis apis arg-met. arg-n.bg2 **Ars.**bg2,k,* *Ars-i.* **Arum-t.**bg2,k,* arund.a1,k asar.bg2,k,* aur-ar.k2 *Aur-m.* bad. bamb-a.stb2 bell.bg2,k berb. bov.bg2,k *Brom.*bg2,k *Bry.*a1,k bufo cain. *Calc.*a1,k calc-i.k2 calc-p. calc-s.a1,k calc-sil.k2 carb-an.bg2,k *Carb-v.*bg2,k,* carbn-s.k2 castm. cedr.a1 cench.k2 **Cham.**bg2,k,* chel. *Chin.*bg2,k chinin-ar. chlor.a1,k cinnb. clem.bg2,k,* cob.a1,k coc-c. coca coff.bg2,k colch. coloc. con.bg2,k,* cortiso.gse crot-t.a1 cub. cupr. cupr-ar. *Cycl.*bg2,k daph.bg2 dios.a1,k dros. *Dulc.*hr1,k elaps eup-pur.a1,k euph.bg2,k **Euphr.**bg2,k fago.a1 ferr.bg2,k,* ferr-ar. *Ferr-i.* *Fl-ac.* gels.bg2,k,* granit-m.es1 **Graph.**bg2,k guaj.bg2,k,* ham.a1,k hep.k2 *Hydr.*a1,k *Hydrog.*srj2 ign.bg2,k ind.a1,k **Iod.**bg2,k *Kali-bi.*bg2,k,* kali-br.bg2 *Kali-i.*bg2,k kali-n.bg2,k *Kali-p.* kreos.bg2,k lac-c. lach.bg2,k,* lil-t. limest-b.es1 lunakg1 lyc.bg2 lyss. mag-c.bg2,k,*

– wäßrig: ...
mag-m.bg2,k,* mag-s.a1,k marb-w.es1 meny.bg2,h,* **Merc.**bg2,k,* merc-c.bg2 merl.a1 mez.bg2,k,* mur-ac.bg2,k *Naja* **Nat-ar.** nat-c.k2 *Nat-m.*bg2,k nat-s. **Nit-ac.**bg2,k **Nux-v.**bg2,k osm. ox-ac.a1,k pall.a1,k par.bg2,k petr. phos.bg2,k,* *Phyt.*bg2,k **Plan.** plb.bg2,k puls.bg2,k ran-s.bg2,k rhus-t.bg2 rumx. *Sabad.*bg2,k,* *Sang.* *Seneg.*bg2,k,* sep.bg2,k *Sil.*bg2,k sin-n. spig. spira.a1 squil.bg2,k stann.bg2 staph.bg2,k sul-ac.bg2,k *Sulph.*bg2,k,* tab.a1 **Tell.**bg2,k ter. teucr. thuj.a1,k verb.bg2 wies.a1 yuc.a1 zinc. zing.a1
☞ *Eiweiß, Eiklar; wie / klar*
- **links**: am-br. androc.srj1 chlor. lach.a1
  - **nachts**: calc-s.
- **rechts**: alum. calc-s.a1,k *Kali-bi.* nit-ac. sol-ni.br1
  - **tagsüber**: calc-s.
- **morgens**: bamb-a.stb2
- **nachts**: calc-s.a1 nat-s.bg2,bg3 nit-ac.k2
  - **5 h**: *Ars.*

◆ **begleitet** von:
- **Verstopfung**
  ☞ *Verstopfung - begleitet von - Absonderung - wäßrig*
- **Chorea**, mit: *Agar.*
- **Essen**, beim: plb.bg1,vh sulph.h *Trom.*vh
  ☞ *Essen*
- **Freien**, im: *Ars.* calc-s.a1,k carb-ac.a1,k choc.srj3 dulc. euphr. hydr. *Iod.* nat-m. **Nit-ac.** *Phos.* **Puls.** sabad. *Sulph.* tell. thuj. zinc.
- **kalten** Zimmer, im: carb-ac.
- **Menses**, während: am-c.
- **Nasenbluten**, nach: agar.
- **plötzlich** und reichlich aus Augen, Nase und Mund: **Fl-ac.**
- **Schmerzen** im Auge; bei: mag-c.h,kl
- **Schnupfen**, ohne: *Agar.* alum. am-c. kali-n.
- **Trinken**, nach dem: caust.
- **warmes** Zimmer amel.: calc-s. carb-ac.
- **Waschen** in kaltem Wasser amel.: calc-s.

– weiß: *Acon.*bg2 agar.a1,k am-br.a1 am-c.a1 am-m.bg2 androc.srj1 apis *Arg-n.* ars-s-f.k2 ars-s-r. arund. *Aspar.* aur-m.bg2 bamb-a.stb2 bell.a1,k2 berb. borx.k2 bov.a1 brom.a1 bry.a1 carb-an.bg2 **Carb-v.**bg2 chin.bg2 choc.srj3 cimic.a1 coc-c.a1 cupr.bg2 elaps fago.a1 ferr.bg2 graph.a1,k hippoz. *Hydr.* *Hydrog.*srj2 kali-bi.k2 *Kali-chl.* kali-m.k2 kali-p. *Kreos.*bg2 lac-ac.a1 **Lac-c.** lach.bg2 lyc.bg2,k med.k2 merc. **Nat-m.** nux-v. ph-ac.bg2 *Phos.*bg2 **Puls.**bg2 rhus-t.bg2 *Sabad.*bg2,k,* sanic. senec.a1 *Sep.*bg2 sil.bg2 sin-n. spig.bg2,k,* **Sulph.**bg2
- **links**: graph.a1,k
- **tagsüber**: cimic.
- **Eiweiß**, Eiklar; wie
  ☞ *Eiweiß, Eiklar; wie*
- **milchig**: *Kali-chl.* kali-m.k2 **Sep.**
- **Choanen**; klumpig aus den: zinc.h

– wundfressend: agar. *Ail.*bg2,k **All-c.**bg2,k,* *Alum.*bg2,k alum-p.k2 alum-sil.k2 *Am-c.*bg2,k,* **Am-m.**bg2,k anac.bg2,k ant-c.bg2,k ant-t. apis aral.bg2,br1 **Ars.**bg2,k *Ars-h.* **Ars-i.**bg2,k ars-met. ars-s-f.k2 **Arum-t.**bg2,k *Aur-m.* bamb-a.stb2 borx. *Brom.*bg2,k bry.bg2 cact.a1,k cain. calad. *Calc.*bg2,k

– **wundfressend**: ...
calc-i.$_{k2}$ *Calc-s.*$_{a1,k}$ calc-sil.$_{k2}$ cann-s.$_{bg2,k}$ canth.$_{bg2,k}$ carb-an.$_{bg2,k}$ *Carb-v.*$_{bg2,k}$ *Carbn-s.* carc.$_{mg1,sp,*}$ castm. *Caust.* cedr.$_{a1,k}$ *Cham.*$_{bg2,k}$ chin.$_{bg2,k}$ chlor.$_{bg2,k}$ cinnb. *Con.*$_{bg2,k}$ eup-pur. euph.$_{bg2}$ euphr. *Ferr.*$_{bg2,k}$ ferr-ar. **Ferr-i.** ferr-p. fl-ac. *Gels.*$_{bg2,k}$ **Graph.**$_{bg2,k}$ ham.$_{bg2,k,*}$ *Hep.*$_{bg2,k}$ *Hippoz.* *Hydr.*$_{bg2,k,*}$ ign.$_{bg2,k}$ **Iod.**$_{bg2,k}$ kali-ar. *Kali-bi.*$_{bg2,k,*}$ kali-br.$_{bg2}$ *Kali-c.*$_{bg2,k}$ *Kali-i.*$_{bg2,k,*}$ kali-m.$_{k2}$ kali-n. kali-p. kali-s. **Kreos.**$_{bg2,k}$ *Lac-c.* *Lach.*$_{bg2,k}$ *Lyc.*$_{bg2,k}$ mag-c.$_{bg2,k}$ *Mag-m.*$_{bg2,k}$ mag-s. mang.$_{bg2,k}$ **Merc.**$_{bg2,k}$ *Merc-c.*$_{bg2,k}$ *Merc-i-f.* merc-i-r.$_{bg2}$ *Mez.*$_{bg2,k}$ *Mur-ac.*$_{bg2,k,*}$ *Naja* nat-c.$_{bg2}$ nat-m.$_{bg2,k,*}$ **Nit-ac.**$_{bg2,k}$ **Nux-v.**$_{bg2,k,*}$ par.$_{bg2}$ petr.$_{bg2}$ ph-ac.$_{bg2,k}$ *Phos.*$_{bg2,k}$ *Phyt.*$_{bg2,k}$ puls.$_{bg2,k}$ *Ran-b.*$_{bg2,k}$ *Rhus-t.* *Sang.*$_{bg2,k,*}$ seneg.$_{bg2}$ sep.$_{bg2,k}$ *Sil.*$_{bg2,k,*}$ *Sin-n.*$_{bg2,k}$ spig.$_{bg2,k}$ spong.$_{bg2}$ *Squil.*$_{bg2,k,*}$ stann. staph.$_{bg2,k}$ stict.$_{bg2,k}$ sul-ac.$_{bg2,k}$ *Sul-i.* *Sulph.*$_{bg2,k,*}$ thuj.$_{bg2,k}$ uran-met. wye.$_{k2}$ *Zinc.*$_{bg2,k}$ zinc-p.$_{k2}$
☞ *Exkoriation | Schnupfen - scharf*
• **linken** Nasenloch; aus dem: **All-c.**
• **rechts**: kali-bi. sang.
• **tagsüber**: cain.
• **morgens**: ars-met. *Squil.*
 • **11** h: ars-met.
• **nachts**: **Nit-ac.**$_{a1,k}$
• **milder**, blander Absonderung aus den Augen; mit: **All-c.**
• **Freien**, im: kali-s.
• **Menses**, während: am-c.$_{a1,k}$
• **Waschen** in kaltem Wasser amel.: calc-s.$_{a1,k}$
○ **Lippen**: sulph.$_{k2}$
• **Nasenwinkel**: chinin-ar. sulph.$_{k2}$
• **Oberlippe**; rötet die: ars-i.$_{ptk1}$
– **zäh**: agar. alum. alum-p.$_{k2}$ arg-n. ars. bamb-a.$_{stb2}$ **Bov.** brom. *Cann-s.* *Canth.* carb-an. carbn-s.$_{k2}$ *Caust.* **Cham.** cinnm. coc-c. *Colch.* croc. dros. gran. *Graph.* hep. *Hippoz.* **Hydr.** hydrog.$_{srj2}$ **Kali-bi.**$_{k,vh}$ **Kali-i.** kali-m.$_{k2}$ kali-p.$_{k2}$ **Kali-s.** lac-ac. lyc.$_{k2}$ *Mez.* mur-ac. *Nat-ar.* nat-c. *Par.* *Phos.* *Plb.* *Psor.* *Ran-b.* *Sabad.* *Samb.* sanic. sel. *Sep.* *Sil.* spig. *Spong.* **Stann.** sul-ac. *Sulph.*
 ○ **Choanen**, aus den: alum.$_{h}$ bell.$_{k2}$ calc. canth. **Caps.** *Carb-an.* *Hydr.* **Kali-bi.** *Nat-ar.* *Nat-p.* *Phyt.* plb. psor. staph. sumb.
○ **Choanen**: *All-c.* alum.$_{k2}$ *Alumn.* anac. androc.$_{srj1}$ *Ant-c.* *Arg-n.* arn.$_{h}$ ars.$_{h}$ arum-t. bamb-a.$_{stb2}$ bar-c. bar-i.$_{k2}$ bry. bufo$_{bg1,bg2,*}$ *Calc.* *Calc-s.* *Canth.* **Caps.** carb-ac. *Carb-an.* carb-v. caust.$_{bg1,bg2}$ chin. cinnb. cop. **Cor-r.** dulc.$_{k2}$ elaps euph. euphr. *Ferr.* ferr-i.$_{k2}$ gran. hep. hydr. hydrog.$_{srj2}$ iod. **Kali-bi.** *Kali-chl.* kali-m.$_{k2}$ lac-ac. lach. lem-m.$_{br1}$ *Mang.* med. *Merc.* merc-c. merc-i-f. *Merc-i-r.* mez. *Nat-ar.* **Nat-c.** **Nat-m.** *Nat-p.* *Nat-s.* *Nit-ac.* osm. paeon. *Petr.* ph-ac. *Phos.* *Phyt.* *Plb.* psil.$_{ft1}$ *Psor.* rhus-t. rumx. sabad.$_{k2}$ *Sel.* sep. sin-n. *Spig.* staph. *Stict.* sulph. tell. thuj. *Tub.*$_{a1,k}$ *Zinc.* zinc-p.$_{k2}$ zing.
☞ *Katarrh - Choanen*
• **morgens**: aur. *Mang.* *Nat-m.* petr. tell.
• **vormittags**: *Arg-n.*

Absonderung - Choanen: ...
• **nachts**: cop.$_{br1}$ nat-p.$_{c,c1}$
• **Gehen**; beim: hydr.$_{st}$
• **salzig**: nat-s.$_{k2}$

Abszeß: cadm-s.$_{k2}$ *Calc.*$_{hr1,k}$ **Hep.**$_{hr1,k}$ *Lac-c.*$_{hr1,k}$ lach. *Merc.*$_{hr1,k}$ **Sil.**$_{hr1,k}$ still.$_{hr1,k,*}$
○ **Nasenspitze**: acon.$_{bg3,ptk1}$ am-c.$_{ptk1}$ anan.$_{bg3}$
– **Nasenwurzel**: *Puls.*

Ameisenlaufen: aesc. arg-met. arn. hydrog.$_{srj2}$ *Sulph.* thuj.
☞ *Jucken | Kribbeln*
○ **innen**: am-c. aur. carb-v.$_{bg2,k}$ cench.$_{k2}$ con. hep.$_{h,k1}$ mang.$_{a1}$ med.$_{c1}$ mez.
– **Nasenrücken**: con.
– **Nasenspitze**: con. kali-n.$_{h,k1}$ mosch.$_{bg2,h,*}$
– **Nasenwurzel**: *Teucr.*

Anosmie
☞ *Geruch - verloren*

Atemnot in der Nase: *Ars.*$_{bg3}$ kreos.$_{bg3}$ lach.$_{bg3}$ puls.$_{bg3}$ sabad.$_{bg3}$ sulph.$_{bg3}$

Atrophie:
○ **innen**: lem-m.$_{br1}$

Aufgesprungen: arum-t.$_{a1,k}$ carb-an.$_{hr1,k}$
○ **Nasenloch**: aur.$_{hr1,k}$ graph.$_{h,k1}$

Auftreibung: lyc.$_{h}$

Ausdehnungsgefühl in den Nasenwegen beim Gehen im Freien: carb-ac. carb-an.
○ **Choanen**: *Fl-ac.*

Ausgeatmete Luft stinkt faul
☞ *Absonderung - übelriechend - stinkend*

Auswüchse: *Iod.*$_{hr1,k}$ *Nit-ac.*$_{hr1,k}$ syph.

Beben: agar. chel. mosch. stront-c.
– **linke** Seite: am-c.$_{h,k,*}$
○ **Nasenwurzel**:
 • **sichtbar**: mez.$_{hr1,k}$
▽ **erstreckt** sich zur Wange: calc-s.$_{hr1,k}$

Bewegung der Nasenflügel:
☞ *Geweitete*
– **anhaltend**: *Ammc.* diph.$_{bg3}$
– **Fächer**, wie ein: ammc. *Ant-t.* ars.$_{ptk1}$ bapt.$_{bg1}$ bell.$_{ptk1}$ *Brom.* *Chel.* chlf.$_{bg1}$ cupr.$_{ptk1}$ diph.$_{ptk1}$ ferr.$_{c1}$ *Iod.* kali-bi.$_{bg1}$ **Lyc.** merc-i-f. ol-j.$_{bg1}$ *Phos.* pyrog. rhus-t.$_{ptk1}$ *Spong.* sul-ac. zinc.
 • **Herzklopfen**, mit: lyc.$_{ptk1}$
 • **Pneumonie**, bei ●: *Ammc.* *Ant-t.* chel.$_{c1}$ *Kreos.* **Lyc.** *Phos.* *Sulph.*

Blasen aufplatzen; Gefühl, als würden: sars.$_{h}$

Blubberndes, glucksendes Gefühl: sars.$_{h,k,*}$ sulph.$_{bg2,k}$

Blutandrang:
○ **Nase**, zur: alum.$_{h}$ am-c. calc. **Cupr.** hep.$_{h}$ meli.$_{br1,bro1}$ osm.$_{c1}$ samb. sulph.$_{h,k}$
 • **Bücken**, beim: am-c.
– **Nasenwurzel**, zur: nit-ac.$_{h}$

Bluten
☞ *Nasenbluten*

Bohren mit den Fingern in der Nase ●: anac.$_{bg3}$ androc.$_{srj1}$ **Arum-t.** aur. bufo carb-v.$_{bg3}$ caust.$_{bg3}$ **Cina** con. hep.$_{bg3}$ lyc.$_{bg3}$ merc.$_{bg3}$ nat-m.$_{bg3}$ nat-p.$_{bg3}$ ph-ac. phos. psor. sabal$_{bg3}$ sel. **Sil.**$_{bg3}$ spig.$_{bg3}$ stict. sulph.$_{bg3,gl1}$ thuj.$_{bg3}$ verat. *Zinc.*
☞ *Zupfen - Nase* / ❑ *Allgemeines - Bohren* / ❑ *Gemüt - Gesten - Hände - Greifen - Nase*
– **amel.**: nat-c.$_{bro1}$
– **blutet**; bis es: arum-t.$_{ptk1}$ cina$_{ptk1}$ con.$_{ptk1}$
– **katarrhalischen** Symptomen, mit: hep.$_{c1}$
– **Kopfschmerzen**, mit: hep.$_{c1}$

Breit und flach: syph.$_{a1}$

Dick: arg-met.$_{k2}$ *Ferr-i.* kali-c.

Diphtherie: *Am-c.* *Hydr.* *Kali-bi.* *Lyc.* merc-c. merc-cy. nit-ac. *Petr.*
– **beginnt** in der Nase: lyc. merc-c. merc-cy.
▽ **erstreckt** sich zu den Lippen: am-c.
○ **Choanen**: lac-c. lach.

Doppelt, als hätte sie zwei Nasen; Gefühl als wäre die Nase
☞ ❑ *Gemüt - Wahnideen - Nase - zwei*

Druck der Brille agg.: arg-n.$_{bg3,ptk1}$ chin.$_{bg3,ptk1}$ cinnb.$_{bg3,ptk1}$ con.$_{bg3,ptk1}$ cupr-act.$_{ptk1}$ cupr-ar.$_{bg3}$ fl-ac.$_{ptk1}$ kali-bi.$_{bg3,ptk1}$ *Merc.*$_{bg3,ptk1}$ phos.$_{bg3,ptk1}$

Eingedellt
☞ *Eingesunken*

Eingesunken: ant-t.$_{k2}$ *Aur.* hep. merc.$_{k13}$ *Psor.* sil.
– **Kindern**, Kleinkindern; bei: *Aur-m.*

Eingezogene Nasenlöcher: cina$_{bg3}$

Empfindlich gegen Gerüche
☞ *Geruch - überempfindlicher*

Empfindlichkeit: cinnb.$_{c2}$
☞ *Schmerz - wund schmerzend*

Entzündung (= Rhinitis): alum. *Arn.*$_{bg2,k}$ *Ars.*$_{bg2,k}$ *Asaf.* asar. *Aur.*$_{bg2,k}$ aur-m. *Bell.*$_{bg2,k}$ borx. *Bry.*$_{bg2,k}$ cadm-s. *Calc.*$_{bg2,k}$ cann-s.$_{bg2,k}$ *Canth.*$_{bg2,k}$ *Caust.* cist. coch. *Con.*$_{bg2,k}$ *Crot-h.* euphr.$_{bg2}$ *Fl-ac.*$_{c2,k}$ *Hep.*$_{bg2,k}$ *Hippoz.* ip.$_{k2}$ kali-n.$_{bg2,h,*}$ **Lach.**$_{bg2,k}$ mang.$_{bg2,k}$ med. *Merc.*$_{bg2,k}$ *Merc-i-r.*$_{hr1,k}$ mez.$_{bg2}$ *Nat-c.* *Nat-m.*$_{bg2,k}$ nux-v.$_{bg2,k}$ phel. **Phos.** plb.$_{bg2,k}$ *Puls.*$_{bg2,k}$ ran-b.$_{bg2,k}$ rat. *Rhus-t.*$_{bg2,k}$ *Sep.*$_{bg2,k,*}$ sil.$_{bg2}$ stann.$_{bg2}$ **Sulph.**$_{bg2,k,*}$ ust.$_{c2}$ verat.$_{bg2,k}$
– **links**: cist. goss. *Nat-m.*
– **rechts**: **Aur.** merc-i-r.$_{hr1,k}$
– **Alkoholikern**; bei: *Ars.* bell. *Calc.* hep. *Lach.* merc. *Puls.* *Sulph.*
○ **innen**: *Agar.*$_{bg2,k}$ *Alum.*$_{bg2}$ am-m.$_{h,kl}$ ars.$_{k2}$ asaf.$_{bg2}$ **Aur.**$_{bg2}$ *Bell.* borx. *Bry.*$_{bg2,k}$ *Calc.*$_{bg2,k}$ canth. carb-v.$_{bg2}$ caust.$_{bg2}$ cham. chel. cic.$_{bg2}$ cist. cocc. con.$_{bg2,k}$ goss. graph.$_{bg2}$ *Hep.* *Kali-bi.*$_{bg2,k,*}$ kali-c.$_{bg2}$ *Kali-i.* *Lach.*$_{bg2}$ lyc.$_{bg2}$ mag-c.$_{bg2}$ mag-m.$_{bg2}$ mang.$_{bg2,k}$ merc.$_{bg2,k}$ mez.$_{bg2}$ nat-c.$_{bg2}$ *Nat-m.* nit-ac.$_{bg2}$ *Nux-v.* petr.$_{k2}$ **Phos.**$_{bg2,k,*}$ polyg-h. psor.$_{bg2}$ *Puls.*$_{bg2}$ ran-b. rhus-t. sabad.$_{k2}$

Entzündung - innen: ...
sep.$_{bg2}$ sil.$_{bg2,k}$ stann. *Sulph.*$_{bg2,k,*}$ thuj.$_{bg2}$ verat.
– **Knochen**: anan.$_{hr1,k}$ asaf.$_{hr1,k}$ **Aur.** *Aur-m.* **Hep.** still.$_{hr1,k}$
– **Nasenflügel**: nit-ac.$_{a1,h,*}$ sulph.$_{a1,h,*}$
• **links**: gink-b.$_{sbd1}$
– **Nasenrachenraum**
☞ ❑ *Innerer Hals - Entzündung - Nasenrachenraum*
– **Nasenspitze**: *Aur.* bell. borx. bry. *Carb-an.* **Caust.** crot-h. kali-c. *Kali-n.*$_{a1,k}$ *Lach.* lyc. merc.$_{a1,k}$ nicc. *Nit-ac.* phos. *Rhus-t.* *Sep.* sulph.
– **Nebenhöhlen**
☞ *Nasennebenhöhlen* / ❑ *Allgemeines - Entzündung - Nasennebenhöhlen*
– **Ränder** der Nase: bar-c. mez.$_{a1,k}$
– **Septum**: alum.$_{h,kl}$ psor.$_{a1,k}$ sars.

Erfroren ●: *Agar.*
– **leicht**, erfriert: *Zinc.*

Erysipel
☞ ❑ *Gesicht - Erysipel - Nase*

Exkoriation: nat-m.$_{h}$
☞ *Absonderung - wundfressend* / *Schmerz - Roheit*

Exostosen: merc. phos.

Fächer; Bewegung wie ein
☞ *Bewegung - Fächer*

Farbe (= Verfärbung):
– **blasse** Nasenflügel, mit rotem Gesicht: stram.$_{c1}$
– **bläulich**: agar.$_{bg2,k,*}$ ars.$_{bg2}$ aur.$_{bg2,k}$ *Carl.*$_{a1}$ crot-h. *Lach.*$_{bg2,k}$ phos.$_{bg2}$ sec.$_{bg2}$ verat-v.$_{a1,k}$
○ **Nasenflügel**: hydr-ac.
• **Nasenspitze**: agar.$_{a1,k}$ carb-an.$_{bg2}$ *Crot-h.*
• **Nasenwurzel**: calc.
– **braun**: *Aur.*$_{h,k,*}$
• **rot** in kleinen Flecken: *Aur.*
○ **quer** über die Nase (= brauner Sattel): *Carb-an.*$_{ptk1}$ *Lyc.*$_{ptk1}$ op.$_{ptk1}$ sanic.$_{ptk1}$ **Sep.**$_{ptk1}$ sulph.$_{ptk1}$ *Syph.*$_{ptk1}$
– **gelb**:
○ **quer** über die Nase (= gelber Sattel): carb-an. lyc.$_{bg3}$ op.$_{bg3}$ sanic. **Sep.** sulph.$_{bg3}$
• **Flecken**: sep.
– **kupferfarbene** Flecken: ars. cann-s.
– **rot**: act-sp.$_{a1}$ *Agar.*$_{bg1,bg2,*}$ aloe **Alum.**$_{bg2,k}$ alum-p.$_{k2}$ am-m.$_{a1,bg2}$ anan. anthraci. *Apis*$_{bg1,k,*}$ *Ars.* ars-i. arund. *Aur.*$_{bg2,k,*}$ aur-ar.$_{k2}$ aur-i.$_{k2}$ aur-m.$_{bg2,k}$ aur-s.$_{c1,k2}$ bamb-a.$_{stb2}$ bar-c. bar-i.$_{k2}$ *Bell.*$_{bg2,k,*}$ bond.$_{a1}$ *Borx.* bov.$_{bg2}$ *Calc.*$_{bg2,k}$ calc-i.$_{k2}$ cann-s.$_{bg2,k}$ canth.$_{bg2,k,*}$ caps.$_{bg2}$ carb-an.$_{bg2,k}$ carb-v. carbn-s. caust.$_{bg2,k}$ chel.$_{bg1,bg2,*}$ **Chin.**$_{bg2,k,*}$ coc-c.$_{a1}$ cycl. fago.$_{a1}$ ferr.$_{a1,bg2}$ ferr-m.$_{st}$ ferr-p.$_{bg2,st}$ fl-ac. graph.$_{bg2,k,*}$ *Hep.*$_{bg2,k,*}$ hippoz. iod.$_{bg2,k}$ *Kali-bi.*$_{bg2,k}$ *Kali-c.*$_{bg2,k,*}$ kali-i.$_{bg2,k,*}$ kali-n.$_{bg2,h,*}$ *Lach.*$_{bg2,k}$ led. lith-c. mag-c.$_{bg2,k,*}$ *Mag-m.*$_{bg2,k}$ mag-p. mang.$_{bg2,k,*}$ *Merc.*$_{bg2,k,*}$ *Merc-c.*. *Nat-ar.* *Nat-c.*$_{bg2,k,*}$ nat-m.$_{bg2,k}$ **Nit-ac.**$_{bg1,bg2,*}$ ox-ac.$_{bg2}$ petr.$_{bg2}$ ph-ac.$_{bg2}$ phel.$_{a1}$ **Phos.**$_{bg2,k}$ *Plb.*$_{bg2,k}$ psor.$_{c2,k}$ ran-b.$_{bg2,k,*}$ rhus-t.$_{bg2,k,*}$ rhus-v.$_{a1}$ sarr.$_{hr1,k,*}$ *Sep.*$_{bg2}$ sil.$_{bg2,h,*}$ *Stann.*$_{bg2,k,*}$ stram.$_{a1,bg2}$ sul-ac.$_{bg2}$ sul-i.$_{k2}$ **Sulph.**$_{bg2,k,*}$ thuj. vinc.$_{bg2,c2}$

– **rot**: ...
yuc.$_{a1}$ *Zinc.*$_{c2,k}$ zinc-p.$_{k2}$
• **linke** Seite: aur-m. nat-m.
• **rechte** Seite: aur.$_{a1,k}$ lith-c. ox-ac.
▽ **erstreckt** sich zur Wange: anthraci.
• **nachmittags**: kali-c. sulph.$_{a1}$
• **abends**: mag-c.$_{a1,h,*}$ mang.$_{a1}$ oena.$_{a1}$ ox-ac.$_{a1}$
• **Alkoholikern**; bei: agar. *Ars.*$_{bg2}$ bell.$_{bg2}$ **Calc.**$_{bg2}$ crot-h.$_{hr1,k}$ hep.$_{bg2}$ *Lach.*$_{bg2,k,*}$ led.$_{bg2,k}$ merc.$_{bg2}$ *Puls.*$_{bg2}$ **Sulph.**$_{bg2}$
• **Anstrengung**, nach: sil.$_{h,k1}$
• **Erfrierung**, nach: *Zinc.*
• **Erregung**, nach: vinc.
• **erysipelatös**: **Apis** *Rhus-v.*
  • **linke** Seite: lac-ac.
• **Essen**, beim: *Sil.*$_{bg1,h}$
• **Frauen**; bei jungen: borx.$_{br1,c1}$
• **glänzend**: borx. canth. merc. *Ox-ac. Phos.*$_{bg2,k}$ sep.$_{bg2}$ sil.$_{bg2}$
  ☞ *Schwellung - glänzend - rot*
○ **Nasenflügel**, rechter: canth.
  • **Nasenspitze**: bell. borx. *Phos.* sulph.
• **Luft** im Freien; in kalter: aloe *Sulph.*
• **plötzlich**: bell. borx.
• **Quecksilber**; Mißbrauch von: lach.
• **Sattel**; roter
  ☞ *quer*
• **schmerzhaft** bei Berührung: bell.$_{bg2,k}$ *Carb-an.*
• **Stellen**, an kleinen: aur.$_{bg2,k,*}$ calc. *Iod.*$_{bg2,k}$ manc.$_{a1}$ ph-ac.$_{bg2,k,*}$ rhod.$_{bg2,k}$ *Sars.* sep.$_{a1,bg2}$ sil.$_{bg2,k,*}$ sulph.$_{bg2}$ thuj.$_{bg2}$ verat.$_{bg2,k,*}$
  • **rechte** Seite: euphr.
  • **berührungsempfindlich**: aur. calc. rhod.
○ **Septum**: alum.$_{h,k1}$ berb. lil-t. sars.
• **Zorn**, nach: vinc.$_{hr1,k}$
▽ **erstreckt** sich über die Nase zu den Stirnhöhlen
  ☞ ❑ *Gesicht - Farbe - rot - Nase - erstreckt*
○ **innen**: acon. act-sp. ail. apis *Ars.* bar-c. bell.$_{bg2,k}$ bry. carb-an. coc-c.$_{a1,k}$ cocc. gels. hep. ip.$_{k2}$ kali-bi. kali-c. *Kali-i.* lach. **Merc.** nux-v. petr. phel. phos. polyg-h. stann. **Sulph.**
  • **links**: *Nat-m.* stann.
  • **rechts**: aur.
  • **blutig**: *Kali-c.*
  ○ **Choanen**: *Arg-n.* phyt.
  • **Septum**: alum. borx. bov. *Lil-t.*
• **Nasenflügel**: all-c. aur.$_{h,k1}$ *Caj.* calc.$_{a1,k}$ chinin-ar. clem.$_{a1}$ crot-h.$_{a1}$ *Kali-bi. Kali-c. Mag-m.*$_{a1,k}$ peti.$_{a1}$ ph-ac.$_{a1,k}$ *Phos.*$_{a1,k}$ sabin. **Sin-n.**
  • **links**: calc.$_{a1}$ gink-b.$_{sbd1}$ nat-m.$_{a1,k}$ stann.$_{h,k1}$ zinc.
  • **rechts**: canth. gins. mag-m.$_{a1,k}$
  ○ **Kanten**: coc-c. *Gels.* lach.$_{a1}$ ph-ac.$_{a1,k}$
  • **Nasenwinkel**: benz-ac. plb.
• **Nasenspitze**: agar. alum. *Aur. Bell.* borx. *Calc.*$_{bg2,k,*}$ caps.$_{a1,k}$ **Carb-an.**$_{bg2,k}$ *Carb-v. Carbn-s.* chel. clem.$_{a1,k}$ con. *Crot-h.* der.$_{a1}$ *Kali-c.* kali-i.$_{k2}$ kali-n.$_{br1}$ **Lach.**$_{bg2,k}$ led. m-aust.

Farbe - rot - Nasenspitze: ...
merc. nat-m. nicc. *Nit-ac.*$_{bg2,k}$ phos. *Rhus-t.*$_{bg2,k}$ sep. sil.$_{bg2,k,*}$ **Sulph.**$_{bg2,k}$ vinc.$_{bg1,bg2,*}$
  • **abends**: caps.$_{a1,k}$
  • **Alkoholikern**; bei: agar. carb-an.$_{h,k}$ *Crot-h.*$_{hr1}$ lach. *Led.*
  • **Atemnot**, bei: ph-ac.$_{c1}$
  • **beginnt** an der Nasenspitze und breitet sich aus: *Ox-ac.*
  • **Bücken**, beim: *Am-c.*
  • **Menses**, während: carb-an.
  • **purpurn**, blaurot in kalter Luft: aur. phos.
  • **Zorn**, durch: vinc.$_{hr1,k}$
• **quer** über die Nase (= roter Sattel): ictod.
– **schwarz**: merc.
  ☞ *Rußige*
  • **Poren**; schwarze: sabin.$_{c1}$

Feucht nach dem Essen: caust.$_{h,k1}$

Flecken
☞ *Farbe*

Flüssigkeiten kommen beim Versuch zu schlucken zur Nase heraus: anan. **Arum-t.** aur. *Bar-c.* bell. bism. canth. *Carb-ac.* caust. cocc.$_{ptk1}$ cupr. cur. gels. hyos. ign. kali-bi. *Kali-perm.* **Lac-c. Lach. Lyc.** *Merc. Merc-c. Merc-cy. Nat-m.* op. petr. *Phos.*$_{ptk1}$ *Phyt. Plb.* puls. sil. *Sul-ac.*

Fremdkörpers; Gefühl eines: am-m. calc. calc-p.$_{c1}$ con. hep.$_{h}$ kali-bi. nat-c. psor.$_{ptk1}$ ruta$_{ptk1}$ sep.$_{ptk1}$
○ **Nasenwurzel**: spig.$_{h}$
– **oberer** Teil: am-m.$_{ptk1}$

Funken am linken Nasenflügel; Gefühl von elektrischen: carb-ac.

Furunkel
☞ ❑ *Gesicht - Hautausschläge - Furunkel - Nase*

Gangrän: *Ars.* hippoz. sec.$_{a1}$

Gedunsen: bell. caust. kali-c. merc. nat-c. ph-ac. plb. puls. rhus-t. sep.
☞ *Schwellung*

Gefühllosigkeit, Taubheit: acon.$_{bg3,ptk1}$ ars-h.$_{hr1,k}$ ars-met. asaf.$_{hr1,k,*}$ bell.$_{bg3,ptk1}$ cadm-s. ferr.$_{bg2,k,*}$ jug-c.$_{a1}$ kali-bi.$_{bg1,bg2}$ lyc. med.$_{bg2,k,*}$ nat-c.$_{bg1}$ *Nat-m.*$_{bg2}$ nux-m. olnd.$_{bg2,k}$ phys.$_{bg2,k,*}$ plat.$_{bg2,k,*}$ samb.$_{h,k,*}$ spig.$_{bg1,bg2}$ viol-o.$_{bg2,ptk1}$
– **eine** Seite: *Nat-m.*
– **Nasenbluten**, mit: acon.$_{ptk1}$ bell.$_{ptk1}$ med.$_{ptk1}$
○ **innen**: bamb-a.$_{stb2}$ nat-m.$_{hr1,k}$
– **Knochen**, der: aml-ns. arn. *Asaf.*$_{bg1,vh,*}$
  • **rechts**: plat.
– **Nasenspitze**, der: gels. viol-o.

Gelb
☞ *Farbe - gelb*

Geruch, Geruchssinn:
– **empfindlich** gegen Gerüche
  ☞ *überempfindlicher*

– **Halluzinationen**
☞ *Gerüche*

– **überempfindlicher** Geruchssinn: **Acon.**$_{bg2,k,*}$ adam.$_{srj5}$ *Agar.*$_{bg2,k,*}$ alum.$_{bg2,k,*}$ alum-sil.$_{k2}$ *Anac.*$_{bg2,k,*}$ ant-c.$_{bg2,k}$ aran.$_{bg3}$ arn.$_{bg2,k}$ *Ars.*$_{bg2,k}$ ars-s-f.$_{k2}$ asar.$_{bg2,k}$ **Aur.**$_{bg2,k,*}$ aur-ar.$_{k2}$ aur-s.$_{k2}$ bamb-a.$_{stb2}$ *Bar-c.*$_{bg2,k,*}$ bar-s.$_{k2}$ **Bell.**$_{bg2,k,*}$ bry.$_{bg2,k,*}$ *Calc.*$_{bg2,k,*}$ calc-sil.$_{k2}$ canth.$_{bg2,k}$ caps. carb-ac.$_{bg2,k,*}$ *Carbn-s.* *Cham.*$_{bg2,k,*}$ **Chin.**$_{bg2,k,*}$ choc.$_{srj3}$ cina *Cocc.*$_{bg2,k,*}$ **Coff.**$_{bg2,k,*}$ *Colch.*$_{bg2,k,*}$ *Con.*$_{bg2,k,*}$ cupr.$_{bg2,k}$ cycl.$_{bg2,k}$ der.$_{a1}$ dig.$_{a1,bg2}$ granit-m.$_{es1}$ **Graph.**$_{h,k,*}$ ham.$_{hr1,k,*}$ *Hep.*$_{h,k,*}$ hydrog.$_{srj2}$ hyos.$_{bg2,k}$ *Hyper.*$_{hr1,k,*}$ **Ign.**$_{bg2,k}$ kali-ar. kali-bi.$_{a1,bg2}$ kali-c.$_{h,k,*}$ kali-p. kali-s. kali-sil.$_{k2}$ *Kalm.*$_{hr1,k,*}$ lac-ac.$_{hr1,k}$ lach. **Lyc.**$_{h,k,*}$ *Lyss.*$_{hr1,k,*}$ mag-c.$_{bg2,k}$ marb-w.$_{es1}$ merc.$_{bg2}$ mez.$_{bg2,k}$ nat-ar. nat-c.$_{bg2,k,*}$ nat-p. *Nux-m.*$_{bg2,k,*}$ **Nux-v.**$_{h,k,*}$ **Op.**$_{bg2,k,*}$ petr.$_{bg2,k}$ ph-ac.$_{bg2,k,*}$ **Phos.**$_{h,k,*}$ *Plat.*$_{hr1,k}$ *Plb.*$_{bg2,k,*}$ plumbg.$_{a1}$ puls.$_{bg2,k}$ sabad.$_{bg2,k}$ sang.$_{bg2,k2}$ sel.$_{bg2,k}$ senec.$_{a1}$ **Sep.**$_{bg2,k,*}$ sil.$_{h,k,*}$ spig.$_{bg2}$ spira.$_{a1}$ stann. staph.$_{k2}$ sul-i.$_{a1}$ *Sulph.*$_{h,k,*}$ tab.$_{bg2,k,*}$ thuj.$_{bg2,k}$ valer.$_{bg2,k}$ viol-o.$_{bg2,k}$ zinc.$_{bg2,k}$ zinc-p.$_{k2}$
☞ *❑ Gemüt - Empfindlich - Gerüche / ❑ Gemüt - Sinne - scharf*

• **alles** riecht zu stark: aur.$_{h,k,*}$
• **aromatische** Getränke:
 • **agg.**
 ☞ *❑ Allgemeines - Speisen - aromatische - agg. - Geruch*
• **Bier**:
 • **agg.**
 ☞ *❑ Allgemeines - Speisen - Bier - agg. - Geruch*
• **Blumen**: all-c. chin. choc.$_{srj3}$ **Graph.** hyos. *Lac-c.* lem-m.$_{c1}$ lyc. **Nux-v. Phos.** sabad.$_{k2}$ sang.
• **Blut**: haliae-lc.$_{srj5}$
• **Eier**: **Colch.**
 ☞ *❑ Allgemeines - Speisen - Eier - agg. - Geruch*
• **Essig**: agar.
• **Fäzes**, Stuhl: **Sulph.**
• **Fisch**: *Colch.*
• **Fleisch**:
 • **agg.**
 ☞ *❑ Allgemeines - Speisen - Fleisch - agg. - Geruch*
• **Fleischbrühe**: **Colch.**
• **Gas** verursacht Schwindel: **Nux-v. Phos.**
• **Käse**:
 • **agg.**
 ☞ *❑ Allgemeines - Speisen - Käse - agg. - Geruch*
• **Kaffee**: arg-n. lach. sul-ac. tub.$_{a1}$
 ☞ *❑ Allgemeines - Speisen - Kaffee - agg. - Geruch*
 • **Menopause**; während der: **Lach.**$_{st}$ *Sul-ac.*$_{kr1}$
• **Knoblauch**: sabad.$_{k1}$
 ☞ *❑ Allgemeines - Speisen - Knoblauch - agg. - Geruch*
• **Kochen** von Speisen: ars.$_{k2}$ chin. **Colch.** *Dig. Eup-per. Sep.* stann.
 ☞ *Speisen*
• **Kopfschmerzen**, bei: **Phos.**$_{h,k,*}$
• **Mäuse**: sabad.
• **Obst**: choc.$_{srj3}$

– **überempfindlicher** Geruchssinn: ...
• **Parfüm**: phos.$_{oss}$
• **Pfirsiche**: all-c.
 ☞ *❑ Allgemeines - Speisen - Pfirsiche - agg. - Geruch*
• **Ruß**: bell.
• **saure** Gerüche: dros.
• **Schnupfen**, bei: kalm.$_{ptk2}$
• **Schwangerschaft**; während der: stann.$_{hr1,k}$
• **Schweinefleisch**:
 • **agg.**
 ☞ *❑ Allgemeines - Speisen - Schweinefleisch - agg. - Geruch*
• **Sirup**: sang.$_{k1}$
• **Speisen**: ant-c.$_{k2}$ arg-n. **Ars.** bamb-a.$_{stb2}$ *Cocc.* **Colch.** eup-per. *Ip.* lach. **Sep.** stann.
 ☞ *Kochen / ❑ Allgemeines - Speisen - Essen - Abneigung - Geruch / ❑ Allgemeines - Speisen - Essen - agg. - Geruch*
• **starke** Gerüche: *Acon. Agar.* anac. asar. **Aur.** bar-c. **Bell.** bry. calc. canth. carbn-s. *Cham. Chin. Cocc.* **Coff. Colch.** *Con.* cupr. **Graph.** *Hep.* **Ign.** kali-c. **Lyc.** *Lyss.* mag-c. nat-c. nat-m. **Nux-v.** petr. **Phos.** plb. puls. sabin. sel. *Sep.* spig. *Sulph.* valer.
• **Süßigkeiten**: aur.$_{bg2}$ nit-ac.$_{bg2}$ sil.$_{bg2}$
• **Tabak** ●: bamb-a.$_{stb2}$ *Bell.* chin. *Ign.* lyss. *Nux-v.* phos. *Puls.*
• **unangenehme** Gerüche ●: *Acon.* all-c. pall. phos.$_{h}$ **Sulph.**$_{k,k2}$●
• **Wein**: tab.

– **verloren** (= fehlend; Geruchsverlust; Anosmie): ail. *Alum.* alum-p.$_{k2}$ alum-sil.$_{k2}$ *Am-m.*$_{c2,k}$ *Anac. Ant-c.* ant-s-aur.$_{br1}$ *Ant-t.* arg-n.$_{br1}$ *Ars. Ars-i.* ars-s-f.$_{k2}$ arund. aspar. *Aur.* aur-ar.$_{k2}$ aur-i.$_{k2}$ aur-s.$_{k2}$ **Bell.** *Bry.* bufo **Calc.** calc-i.$_{k2}$ **Calc-s.** calc-sil.$_{k2}$ camph. *Caps.* carb-an. *Carbn-s.* card-m. *Caust. Cham.* chlor. cod. *Cupr.* cycl. *Elaps Graph.* **Hep.** *Hyos. Ign. Iod. Ip. Kali-bi. Kali-i.* kali-n.$_{c1,h}$ kali-p. *Kali-s.* kali-sil.$_{k2}$ lach. lem-m.$_{br1}$ *Lyc. Mag-m.* mag-p. mang. med. **Merc.** *Mez. Nat-ar. Nat-c.* **Nat-m.** *Nux-m. Op.* phel. **Phos. Plb.** *Psor.* **Puls.** rhod. *Rhus-t. Sang. Sarr.* sec. **Sep. Sil.** spig. stram. *Sul-ac.* sul-i.$_{k2}$ *Sulph. Teucr.* verat. *Zinc.*

– **vermindert**: *Alum.*$_{bg2,k,*}$ alum-sil.$_{k2}$ **Anac.**$_{bg2,k}$ *Arg-n.*$_{bg2,k,*}$ asaf.$_{bg2,k}$ **Bell.**$_{bg2,k}$ benz-ac.$_{a1,k}$ **Calc.**$_{bg2,k,*}$ calc-sil.$_{k2}$ *Caps.*$_{bg2,k}$ *Cocc.*$_{bg2,k}$ *Coloc.* con.$_{bg2,k}$ *Cycl.*$_{bg2,k,*}$ gink-b.$_{sbd1}$ *Hell.*$_{a1,k}$ *Hep.*$_{bg2,k}$ **Hyos.**$_{bg2,k,*}$ kali-bi.$_{a1,bg2}$ kali-br.$_{a1,k}$ kali-c. kali-sil.$_{k2}$ laur. *Lyc. Mez.*$_{bg2,k,*}$ mur-ac.$_{h,k1}$ nat-ar. **Nat-m.**$_{bg2,k}$ nit-ac.$_{bg2,k}$ *Nux-v.*$_{bg2,k}$ olnd.$_{bg2,k}$ op.$_{bg2,k,*}$ osm.$_{a1}$ plb.$_{a1,k}$ *Puls.*$_{bg2,k}$ rhod.$_{bg2,k}$ rhus-t.$_{bg2,k}$ ruta sec.$_{bg2,k}$ **Sep.**$_{bg2,k}$ **Sil.**$_{bg2,k}$ sulph.$_{bg2,h,*}$ tab.$_{a1,k}$ zinc.$_{bg2,k}$ zinc-p.$_{k2}$
• **Blattes** an der Nasenwurzel; mit Gefühl eines: kali-i.

Gerüche; eingebildete und wirkliche: anac.$_{ptk1}$ bell.$_{ptk1}$ benz-ac.$_{k2}$ calc.$_{ptk1}$ cina$_{k2}$ manc.$_{ptk1}$ mosch.$_{k2}$ par.$_{ptk1}$ sulph.$_{ptk1}$ valer.$_{ptk1}$
– **alter** Katarrh
☞ *Katarrh*
– **angenehm**: *Agn.* puls.

– **Bier**, saures: *Bell.* thuj.
☞ *gegorenem*
– **Bittermandeln**: laur.
– **Blut**, nach: nux-v. psor. sil.
– **Brennen**:
• **etwas** brennen; als würde: anac. aur. graph. nux-v. sulph.
• **Zunder** am Morgen; wie brennender: anac.
– **Chemikalien**; nach: bamb-a.$_{stb2}$
– **Dung**, nach: anac. bry. *Calc.* mag-c. manc.$_{ptk1}$ puls.$_{k2}$ verat.
☞ *Mäusekot*
– **Eiter**, nach: *Arg-n.*$_{hr1,k}$ gamb. seneg. sulph.
• **nachts**: arg-n.
– **Erbsen**, eingeweichte: sulph.
– **Erde**; wie: calc.$_{ptk1}$ verat.$_{ptk1}$
– **Essen**, wie: nat-m.$_{h}$
– **faulig**: anthraci. asaf. aur. bell. calc. cob. graph. *Kali-bi.* kreos. lem-m.$_{br1}$ m-arct. meny. merc. *Nit-ac.* par. phos. **Puls.** seneg. sep. verat.
• **morgens**, beim Erwachen: kreos.
• **Brot** und Milch riechen: par.
• **Eiern**, von: aur. bell. *Calc.* kali-bi. m-arct. meny. merc. nux-v. phos. sep. *Sulph.*
• **Schneuzen** der Nase; beim: *Aur.* kali-bi.
• **Speisen** riechen faul: sulph.$_{h}$
• **Speisen** und Milch riechen: *Nux-v.* par.
– **faulig**; Getränke riechen: *Nux-v.*
– **Fäzes**, nach: *Chel.*$_{bg1,bg2,*}$
– **Fischlake**, nach: agn. *Bell.* colch. elaps thuj.
☞ *Hering*
• **Schneuzen** der Nase; beim: bell.
– **gegorenem** Bier, nach: agn. bell. thuj.
– **geräucherter** Schinken: colch.
– **geschwürig**: cadm-s. seneg.
– **Getränke** riechen faulig
☞ *faulig; Getränke*
– **Gurken**, wie: vichy-g.$_{c1}$
– **Hering**: agn.$_{a1}$
☞ *Fischlake*
– **hohlen** Zähnen, aus: mez.$_{h}$
• **Liegen**: nit-ac.
– **Honig**; alles riecht nach: *Apoc-a.*$_{br1,vh}$
– **Hühnermist**: anac.
☞ *Dung*
– **Hummer**, beim Auswurf; nach: lyc.
– **Käse**, nach: *Nux-v.*
– **Kaffee**, nach: puls.$_{k,kl2}$●
– **Kalk**; Speisen riechen nach: sulph.$_{h}$
– **Kalk** und Kalkfarbe; nach: m-arct.
– **Katarrh**, Schnupfen; wie durch: graph.$_{ptk1}$ puls.$_{ptk1}$ *Sulph.*$_{ptk1}$
☞ *Schnupfen*
• **alter** Katarrh, alter Schnupfen: androc.$_{srj1}$ ars. *Graph.* merc.$_{k,k2}$ *Puls.*$_{k,kl2}$● **Sulph.**$_{k,kl2}$●
– **Kiefernrauch**, nach: *Bar-c.*
– **Knoblauch**; empfindlich gegen den Geruch von: sabad.
– **Kohl**, nach: benz-ac.
– **kränklich**: aur. cench.$_{k2}$ cob. nit-ac. *Nux-v.* sil.
– **krebsartig**: cadm-s. sulph.
– **Lavendel**: bamb-a.$_{stb2}$
– **Leiche**, wie eine: chin. vichy-g.$_{c1}$
– **Mäusekot**: haliae-lc.$_{srj5}$
☞ *Dung*
– **Meerrettich**, wie: raph.
– **modrig**, Absonderung: nat-c.
– **Moschus**, nach: agn.
– **Öl**, nach brennendem: raph.$_{bg2}$
– **Pech**, nach: ars. con.
– **Rauch**, nach: bar-c. cor-r. *Sulph.* verat.
– **Ruß**, nach: graph.
– **sauer**: alum. bell.
• **morgens**, früh: alum.
• **Brot** riecht sauer: bell.$_{h}$
– **Schießpulver**, nach: *Calc.* manc.$_{ptk1}$
– **schlecht**, morgens: kreos. puls.
– **Schnupfen**; wie durch:
☞ *Katarrh*
○ **Choanen**; in den: con.$_{h}$
– **Schnupftabak**, nach: graph. **Sulph.**
– **Schwefel**, wie: anac. *Ars.* calc. graph. *Nux-v.* plb. sulph.
– **Sirup**; Abneigung gegen den Geruch von: sang.
– **Staub**, nach: benz-ac.
– **stinkend**: ail.$_{k2}$ arg-n. asaf. *Aur.* **Bell.** benz-ac.$_{ptk1}$ *Calc.* *Carbn-s.* *Chel.* chlor. chr-ac. crot-t. cub.$_{br1}$ elaps *Graph.* iod. **Kali-bi.** kreos. lac-c. meny. merc. nit-ac. nux-v. **Par.** petr.$_{k2}$ ph-ac. **Phos.** *Plb.* *Puls.* sarr. *Sep.* sil. **Sulph.** verat.
• **Atmen** durch die Nase; beim: nit-ac.
• **Schneuzen** der Nase; beim: aur.
– **süßlich**: aur. nux-v.$_{h}$
– **Tabak**, nach: puls.
– **Talg**, nach: valer.
– **Taubenmist**, nach: anac.
☞ *Dung*
– **Teergeruch** hinten in der Nase; eine Art: con.
– **Teer**, nach: ars. con.
– **Übelkeit** erregend: canth. meny.
• **Milch**, nach: bell.$_{h}$
– **übelriechend**: agar. anac. ars. ars-s-f.$_{k2}$ asaf. aur-s.$_{k2}$ benz-ac. *Calc.* *Calc-s.* *Chel.* *Cina* dros. elaps ham. mag-c. merc.$_{k2}$ mez.$_{h}$ nat-p. *Nit-ac.* par. *Phos.* puls.$_{k2}$ sep. **Sulph.** verat.
• **morgens**: kreos. nat-p. puls.
• **abends**: nit-ac.
• **Liegen**: nit-ac.
• **Schneuzen** der Nase; beim ●: *Aur.* kali-bi. **Sulph.**
– **verbrannt**, wie:
• **Federn**; wie verbrannte: bapt.$_{ptk1}$
• **Haar**; wie verbranntes: graph. sulph.
• **Holz**; wie verbranntes: haliae-lc.$_{srj5}$
• **Horn**; wie verbranntes: sulph.
• **Schwamm**; wie verbrannter: anac.
– **Weinbrand**, Brandy; wie: aur.
– **Whisky**, nach: aur.
– **widerlich**
☞ *stinkend*
– **Zunder**, nach: anac. nux-v.

– **Zwiebeln**, nach: cor-r. *Manc.* plat.bg1 sang.bg2
 • **gebratenen**, nach: sang.

Gerunzelte Haut: cham.bg2,k

Geschwüre: alum-p.k2 alum-sil.k2 anan.hr1,k *Anthraco.* ars.bg3 ars-s-f.k2 aur-ar.k2 aur-i.k2 aur-m-n.hr1,k aur-s.k2 bry.hr1,k calc-sil.k2 caust.hr1,k cocc.hr1,k cor-r.bg2,k,* *Fl-ac.*hr1,k *Kali-bi.*hr1,k,* *Kali-c.*hr1,k kali-sil.k2 *Merc.* mez.k2 *Nat-c.*hr1,k psor.k2 puls. ran-s.c2 sabad.k2 syph.k2
– **links**: *Aur-m.* bell. borx. bry. calc. lyc.
– **rechts**: cor-r. gamb.hr1,k
– **bösartig**: carb-an. kali-bi.hr1,k
– **brennend**: *Ars.*hr1,k *Sil.*
– **gelb**, schorfig: arg-n.
– **Menses**, anstatt den: euphr.ptk1
– **perforierend**: fl-ac. hippoz.c1,hr1 *Kali-bi.*hr1,k merc. *Merc-c.*hr1,k
– **phagedänisch**: ars.k2 hep.k2 merc-c.k2
– **schmerzhaft**: cor-r.br1 **Sil.**hr1,k
○ **äußeren** Winkel der Nase; am: bell.h
– **Choanen**: arg-n.bg2,k arum-t. syph.k2
– **innen**: *Alum.*bg2,k,* alum-sil.k2 anan.hr1,k ang.hr1,k **Ant-c.**bg2,k ant-t.k2 *Arg-n.*hr1,k *Arn.*bg2,k,* *Ars.*bg2,k,* *Ars-i.* asaf.k2 **Aur.**bg2,k,* **Aur-m.**hr1,k **Aur-m-n.**hr1,k *Borx.* brom.bg2,k,* bry.bg2,k,* bufo cadm-s. *Calc.*bg2,k,* calc-p. carb-ac.c1 carb-an. *Carbn-s.* *Cham.*bg2,k,* chr-ac.br1 *Crot-c.*a1,k ferr-i. *Fl-ac.*hr1,k *Graph.*bg2,k,* *Hippoz.*hr1,k hydr.k2 hyos.bg2,h,* ign.bg2,k,* *Iod.*hr1,k jatr-c. **Kali-bi.**bg2,k,* kali-c.bg2,k,* *Kali-i.*hr1,k,* kali-n.bg2,h,* kali-p. lyc.bg2,k,* *Mag-m.*bg2,k,* *Merc.*bg2,k,* *Merc-c.*bg2,k,* *Nat-c.*bg2,k,* nat-m.ptk1 **Nit-ac.**bg2,k,* *Petr.*bg2,k,* *Phos.*bg2,k,* puls.bg2,k,* sang.bg2,k **Sep.**bg2,k,* **Sil.**hr1,k spong.k2 *Squil.*bg2,k,* staph.bg2,k,* sul-i.k2 *Sulph.*bg2,k,* syph.hr1,k tab.a1,k **Thuj.**bg2,k,*
 • **rechts**: aur. bry. gamb.hr1,k kali-n.a1,k *Sil.*hr1,k thuj.
  • **hoch** oben: *Nat-c.*hr1,k *Sil.*hr1,k *Thuj.*
– **Nasenflügel**: kali-c.a1,k psor. **Puls.**bg2,k,* *Sanic.* thuj.
 • **links**: dulc.a1,k fl-ac. kali-bi. kali-c.
 • **rechts**: *Ars.*hr1,k cor-r.
 • **Ränder**: *Kali-bi.*hr1,k mag-m.
– **Nasenlöcher**: alum.bg2,h,* aur.k2 bell.h,k,* borx.c1 bufo cadm-s. *Cocc.*hr1,k *Cor-r.*hr1,k kali-c.bg2,k,* *Mag-m.*h,k2,* merc.bg2,k,* nit-ac.bg2,k,* petr.bg2,h,* phos.bg2,k,* **Sep.**bg2,k,* syph.k2
– **Nasenspitze**: *Borx.* *Bry.*a1,k **Caust.**hr1,k
– **Septum**: arg-n.br1 arn.bg2 *Aur.*bg2 bar-c.bg2 bov.bg2 crot-t.bg2 **Kali-bi.**bg2 mez.bg2 nat-m.bg2 nit-ac.bg2 *Sep.*bg2
 • **runde** Geschwüre: alum.bg1 *Aur.* calc-p. cop. *Fl-ac.* *Hippoz.* **Kali-bi.** *Kali-i.* merc. *Merc-c.* *Nat-c.* nit-ac.bg1 sars. *Sep.* **Sil.** syph. **Thuj.**
– **unter** der Nase: arund.hr1,k

Geweitete Nasenlöcher: *Ant-t.* *Ars.* hell. *Lyc.* op.h ox-ac. phos. phys. *Spong.*
 ☞ *Bewegung*
– **Ausatmen**, beim: *Ferr.*

Geweitete Nasenlöcher: ...
– **Einatmen**, bei jedem: *Merc-i-f.*
– **Gefühl** von Weitung der Nasenlöcher: iod.

Gewicht
 ☞ *Schweregefühl*

Gezogen, wie: *Nat-c.*bg1,vh,*

Glänzend: aur-m-n.hr1,k *Calc.*bg1,vh,* canth.a1,k *Hydr.*bg1,vh,* *Iris*bg1,vh,* merc.hr1,k,* *Mez.*bg1,vh,* ox-ac.a1,k peti.a1 **Phos.**hr1,k rhus-v.a1
○ **Nasenflügel**, rechts: canth.
– **Nasenspitze**: *Bell.*hr1,k borx. *Phos.*hr1,k *Sulph.*

Haar:
– **Gefühl** eines Haares: kali-bi.k2
○ **Nasenlöchern**; Ausfallen der Haare aus den: calc. *Caust.* *Graph.* iod.

Härte: calc.bg2,k,* canth. **Kali-c.**
○ **Nasenflügel**, der: aur-m. *Thuj.*
 • **links**: alum. *Thuj.*
– **Schleimhaut**, der: iod.

Hautausschläge
 ☞ ◻ *Gesicht - Hautausschläge - Nase*

Heuschnupfen: ail. **All-c.**c2,k ambro.c1,c2,* antho.c1,c2 aral.c2,hr1 *Ars.*k,kl2● *Ars-i.*c2,k *Arum-t.* **Arund.**c2,k asc-c.c1,c2 bad.c2,k benz-ac.rb2 *Brom.* calc.rb2 *Calc-ln.*c1 calc-sil.k2 camph.c1 *Carb-v.* carc.sst chin.br1 chinin-ar.bro1,rb2 cocain.rb2 con.rb2 cupr-act.rb2 cycl. *Dulc.*c2,k euph.c2 euph-pi.rb2 *Euphr.* *Gels.*k,kl2●,* graph.kl grin.kl hep.bro1,kl iod. just.br1 kali-bi.c2,k *Kali-i.*c2,k *Kali-p.* kali-s.mha kali-s-chr.c1,dp lach.c2,k linu-u.c2,rb2 lith-i.stj2 lob-s.c2 lyc.rb2,kl2● lycpr.br1 malar.c2 mang-i.stj2 mang-n.stj2 mang-p.stj2 med.bg1 meph.j5 merc.rb2 merc-i-f.rb2 merc-k-i.c1,c2 *Naja*c2,k napht.c1,rb2 nat-c.k2 nat-i.c2,rb2 **Nat-m.**k,kl2● nat-s.fs nux-v. phel.bg2 phle.bg1,bro1 phos.ptk1,rb2 **Psor.**c2,k *Puls.*k,kl2● *Ran-b.*c2,k rhus-t.k1 ros-d.c2,st **Sabad.** *Sang.* sangin-n.c2,rb2 senec.bg1,bg2,* seneg.c2 sep.ptk1,rb2 *Sil.* sin-a.c1 **Sin-n.**c2,k skook.c1,c2 *Stict.*c2,k succ.bg1,c2 sul-i.k2 *Sulph.*ptk1,rb2 teucr. trif-p.rb2 **Tub.**al2,st *Wye.*
– **asthmatischer** Atmung, mit: ambro.ll *Ars.*k,kl2● *Ars-i.* *Bad.* *Carb-v.* chinin-ar.st *Dulc.* *Euphr.* **Iod.** kali-i. lach. linu-u.kr1 *Naja* *Nat-s.*k,kl2● *Nux-v.*k,kl2● op.kl *Sabad.* sang. sil. *Sin-n.* stict.
– **August**, im: **All-c.** dulc. gels. naja
 • **Herbst**; bis: sin-n.st
– **chronisch**: carc.fb
– **Frühling**, im: *All-c.* *Gels.* lach. naja sabad.h,k1 sang.h,k1,* tub.kr1
– **Gras**, frisch gemähtes: dulc.k1
– **häufig**: carc.fb,sp
– **Herbst**; im: psor.k2

Hitze: aesc.a1 anis.bg1 *Apis* arn.a1,k bar-m. *Bell.*a1,k brom.a1 calad. cann-i. cann-s.bg2,k,* canth.bg2,k,* caps.k2 caust.a1 *Cham.*a1,k chel.a1 **Chin.**bg2,k,* cinnb.a1 clem.a1,k colch.bg2,k cor-r.a1,k crot-h. cycl.a1 daph.a1,k dios.a1 eup-pur. euphr. fago.a1 gran.a1 *Graph.* guare. hell.a1,k *Hep.*a1,k hyos. *Kali-bi.*bg2,k kali-c.a1,k kali-cy.a1 lepi.a1 lyc.h,kl mag-m.bg2,k,*

Hitze: ...
merc-i-r.hr1,k,* naja *Nux-v.*bg2,k,* op.a1 phos.a1 phys.a1,br1 psor. ptel.a1 rhus-g.a1 rhus-r. ruta sabad.ptk1 sang.bg2,k,* stront-c. thuj. verat.a1,k vinc.a1,k
– **links**: cina coff.a1,k nat-m.
• **unter**: rhus-t.h,kl
– **rechts**: *Merc-i-r.*hr1,k,*
– **Atem** erscheint heiß: **Kali-bi.**bg2,k ptel. rhus-t.h,k
– **bluten**; als würde sie: cann-s. sep.wd1
– **kalt**, bei Berührung: arn.
– **Luft** fühlt sich heiß an; ausgeatmete: **Kali-bi.** rhus-t.h
– **Niesen**, beim: anis.c1 com.ptk1
○ **innen**: bamb-a.stb2
– **Nasenlöcher**: cinagsy1
– **Nasenspitze**: bell. caps.a1,k con. m-arct. *Nat-m.*
• **abends**: *Caps.* sin-n.
• **Wetter**, bei warmem: bell.
– **Nasenwurzel**: **Kali-bi.**

Hochgezogen; als würde die Nasenspitze mit einer Schnur: crot-c.bg1,k

Jucken: acon.bg2 *Agar.*bg2,k,* agn.a1,bg2 ail.hr1,k alum.bg2,k alum-p.k2 alum-sil.k2 am-c.bg2,k am-m.bg2,k,* apis *Arg-n.*bg2,k,* arn.bg2,k ars-met. **Arum-t.**hr1,k arund.hr1,k asc-t.hr1,k,* *Aur.*hr1,k,* aur-ar.k2 aur-m.bg2,k,* aur-s. bamb-a.stb2 bar-c. bell.bg2,k berb.hr1,k,* borx. *Bov.*bg2,k,* brach.hr1,k brom. *Calc.*bg2,k,* *Calc-p.*hr1,k,* *Calc-s.* camph.hr1,k cann-s.bg2 canth.a1,bg2 caps.bg2,k,* carb-ac.bg2,k,* *Carb-v.*bg2,k,* carbn-s. card-m. **Caust.**bg2,k,* cench.k2 cere-b.a1 *Cham.* *Chel.*bg2,k,* chin.bg2,k **Cina** cinnb.hr1,k cinnm.c1 cob. coc-c.hr1,k colch.hr1,k coloc.bg2 com.hr1,k,* con.bg2,k,* *Crot-c.* euphr.a1,bg2 fago.a1 ferr.a1 ferr-i.a1 ferr-m.hr1,k fl-ac. grat.a1,k hell.bg2,k,* hipp.a1 hydr.hr1,k,* ign.bg2,k,* ip.hr1,k jatr-c. kali-ar. kali-bi.bg2,hr1,* *Kali-c.*bg2,k,* kali-m.k2 *Kali-n.* kali-p. kali-s. lac-c. lach.bg2 laur.a1,bg2 lepi.a1 lipp.a1 lob-s.a1 *Lyc.*bg2,k,* lyss.hr1,k mag-c.a1,bg2 *Mag-m.*bg2,k,* med. menis.a1 *Merc.*bg2,k,* merc-sul. merl.a1,k *Mez.*hr1,k morph.a1 mur-ac.bg2 napht.c1 narcot.a1 nat-p.k2 *Nit-ac.*bg2,k,* *Nux-v.*bg2,k,* ol-an.a1,hr1 olnd.bg2,k op.a1,bg2 pen.a1 *Ph-ac.*bg2,k,* phos.bg2,k,* pin-s.a1 plat.bg2 plb.a1,bg2 podo.bg2 puls.hr1,k rat.a1,k rhod.a1,bg2 rhus-t.a1,bg2 rhus-v.a1 sabad.bg2 samb.bg2,k sanic. sel.bg2,k2 seneg.bg2 sep.bg2,k,* *Sil.*bg2,k,* *Spig.*bg2,k,* squil. staph.bg2,k stry.a1,k sul-i.k2 **Sulph.**bg2,k,* sumb.a1 tarent.a1 *Teucr.* ther.hr1,k thuj. til.c1 tub.hr1,k uran-met. urt-u.hr1,k verat.bg2 vinc.hr1,k,* viol-t.bg2 zinc.bg2,k,* zing.a1,hr1
☞ *Ameisenlaufen / Kribbeln*
– **links**: bad. carb-v.h,kl cench.k2 chel.hr1,k cob.hr1,k grat. hell. *Hydr.*hr1 laur. mag-c.a1 nat-m.h,kl pall. plb.a1 rhus-r. sars.hr1,k staph.
• **Haar**; wie durch ein: kali-bi.ptk2
– **rechts**: fl-ac.hr1,k gins. hydr. merl. *Nux-m.*bg2,vh **Nux-v.**bg1,vh,* sars. spig.h,kl *Teucr.*
– **abends**: carb-v.h,kl coloc.a1,k kali-n.h,kl lach.a1,k phys.a1 puls.hr1,k sil.hr1,k,* sulph.a1
– **nachts**: am-m.bg1 arg-n.a1,bg1 *Gamb.*bg1,vh,* hydr.a1

Jucken: ...
– **brennend**: *Agar. Aur.*
– **Essen**, beim: jatr-c. lach.a1,k
– **Federn**; wie durch: bamb-a.stb2
– **kratzen** bis sie wund ist; muß: limest-b.es1
– **Menses**, nach den: *Sulph.*a1,k
– **Nasenbluten**, vor: am-m.h,kl arg-met.h
– **reibt** sich die Nase: agar.h arg-n. bell.h borx.bg2,h,* caust.bg3 **Cina**k,kl2● hell.ptk2 med.pc sabad.bg3 sil.
• **Anfällen**, vor den: bufohr1
• **Kind** fährt aus dem Schlaf auf und: lyc.
• **ständig**: arg-n.hr1,k borx.bg1 **Cina** med.pc napht.c1 sil.
– **schmerzhaft**: mag-c.h,kl
– **Würmer**; durch: spig.c1
○ **Choanen**: ail.bg2 arg-met. chin.a1 kali-p.bg1,bg2,* lyc.h,kl *Ran-b.* rumx.k2 samb.a1 *Wye.*
– **innen**: *Agar.*bg2,k,* am-c. am-m.bg2,k,* ambr.h,kl anac. *Arg-met.* *Arg-n.* arn. *Ars.*bg2,k ars-h. **Arund.**hr1,k asar.h,kl asc-t.a1 *Aur.* aur-m.bg2,k aur-s.k2 bamb-a.stb2 bar-m. bell. benz-ac. berb.a1,k borx. brach.a1,k brom.a1,k bufo *Calc.* calc-p. calc-s.k2 camph.bg2,k,* *Caps.*bg2,k,* carb-ac.c1 *Carb-v.* card-m. **Caust.**bg2,k,* *Cham.* chel. *Cina* *Colch.* con.hr1,k corn.hr1,k cupr. eug.hr1,k,* euphr. fago.a1 ferr.a1,bg2 gamb. gran. graph. grat.a1 *Hep.* hydrog.srj2 hyper. ign. kali-ar. *Kali-bi.* kali-c. kali-n.h,kl *Kali-s.* kali-sil.k2 kalm. lac-c. laur. *Lyc.*bg2,k,* lyss.a1,k mag-c.bg2,k mag-m.h,kl med.hr1,k menis.a1 *Merc.* merl.a1,k mosch. mur-ac.bg2,k,* nat-c.h,h2,* *Nat-m.*bg2,k,* nit-ac. **Nux-v.**bg2,k ol-an. petr.h,kl ph-ac. phos. plat.h,kl psil.ft1 *Puls.* *Ran-b.*bg2,k ran-s. rat.a1,k rhod.bg2,k,* rumx.k2 *Sabad.*bg2,k sang. *Sel.*bg2,k seneg.bg2,k,* sep.bg2,k,* *Sil.*hr1,k sin-n. *Spig.* staph.bg2 *Stict.* stram. *Stront-c.* **Sulph.**hr1,k syph.hr1,k tab. *Teucr.* ther.a1,k *Thuj.*bg2,k,* uran-met. urt-u. ust. wies.a1 *Zinc.*bg2,k,* zinc-p.k2 zing.
• **links**: androc.srj1 arg-met. asc-t. bell. benz-ac. brom. calc. camph. carb-v. card-m. caust. cob. coloc. grat. kali-bi. lachn.a1 mag-c.h,kl mang. med. ol-an. rhus-r. sars. spong. syph.hr1,k zinc.h,kl
• **dann** rechts: brom.
• **rechts**: *All-c.* am-c. card-m. con.h,kl dros.h,kl hydr. kali-c. kali-n. nat-m. *Teucr.* zinc.
• **dann** links: aur-m. card-m. verat-v.
▽ **erstreckt** sich zum Rachen: rumx.ptk1
– **Knochen**: spong.h,kl
– **Nasenflügel**: agar.a1,k alum. aur. calc. cann-s. **Caust.**bg2,k,* merc. nat-m. *Nat-s.*hr1,k sars.hr1,k sel.bg2,k sil. sulph.hr1,k,*
• **links**: ars-met. bad.hr1,k bell. hell.h,kl laur. mag-c. nat-m.h,kl pall.hr1 staph.h,kl
• **rechts**: fl-ac. laur. spig. staph. thuj.
– **Nasenlöcher**: arund.br1 brach.hr1 carb-v.h,kl caust.h,kl con.h,kl ol-an.hr1 ph-ac.h,kl plat.h,kl *Syph.*hr1
– **Nasenrücken**: alum.h,kl chin.h,kl con.h,kl samb.h,kl spig.h,kl
– **Nasenspitze**: agn.a1,k ars-met. calc-p.a1,k calc-s.k2 cann-s.a1 carb-an.a1,k carbn-s. **Caust.**bg2,k,* *Chel.*hr1,k choc.srj3 colch. *Con.*hr1,k hydrc.a1,c1 kali-n.a1,h,* laur.a1,k med.c1,ptk2 merc. mosch.

– **Nasenspitze**: ...
mur-ac. ol-an.hr1,k paeon. *Petr.*hr1,k,* ph-ac. psor.a1 rat.a1,k rheum rhus-v. *Sep.*hr1,k *Sil.*bg2,k,* sulph.a1,h,*
– **Nasenwurzel**: asc-t.a1 con. inul. merc. olnd.
– **Septum**: asc-t.a1 benz-ac.a1,k bry. *Iod.*hr1,k *Kali-bi.*hr1,k sel.a1

Kälte: aloe anan.hr1,k apisbg1,bg2 arn.hr1,k,* *Ars.* ars-h.a1,k ars-s-f.k2 bell.a1,k brom.a1,k calc-p.k,k2,* **Camph.**hr1,k,* cann-i.hr1,k,* **Carb-v.**hr1,k *Carbn-s.* cench.k2 *Chin.*a1,k cist.a1,k cocc.a1,k colch.a1,k *Crot-h.*a1,k cycl. dros.a1,k gink-b.sbd1 ictod. *Ign.*hr1,k,* iod.hr1,k,* kali-n.c1 **Lac-c.**hr1,k laur.bg1 mang. murx.hr1,k *Nux-v.*hr1,k op.a1,k ph-ac.a1,k *Plb.*hr1,k,* polyg-h.bg2 polyp-p.bg1 *Puls.* sep.a1,k *Sil.*hr1,k,* *Spong.*hr1,k stram.hr1,k sulph.a1,k tab.a1,k tarax.c1,k **Verat.**hr1,k verat-v.hr1,k zinc.hr1,k,*
– **abends**:
• **20** h: tarax.c1
– **eisige** Kälte: *Cedr.*hr1,k *Verat.*hr1,k
– **Frost**; während: ant-c. apis bol-la. cedr. chel. colch. iod. meny. sil. sulph. *Tarax.*
– **Knien**, mit heißen: ign.ptk1
– **Kopfschmerzen**:
• **vor**: lac-f.c1
○ **innen**:
• **Einatmen**; beim: *Aesc.* alum-sil.k2 anan. *Ant-c.* *Ars.* brom. camph. chel.st cimic. *Cist.*k,k2 **Cor-r.** hipp. *Hydr.* kali-bi. lith-c. menth.gg
• **Schneuzen** der Nase; nach: *Cist.*
• **Umhergehen** im Zimmer; beim: *Camph.*
– **Nasenflügel**, beide: laur.a1,k
– **Nasenspitze**: aloe anac.bg1 ant-c.bg1 **Apis** *Arn.*hr1,k *Ars.*a1,k *Calc-p.*hr1,k,* *Cedr.*hr1,k,* choc.srj3 crot-h. kali-c.h,k1 *Lach.*hr1,k lob.hr1,k med.hr1,k meny.bg1 polyp-p.bg1 verat.br1
– **Nasenwurzel**: cinnb.k2 lac-f.c1

Karies: **Asaf.** **Aur.** aur-ar.k2 *Aur-m.* aur-m-n. cadm-s. calc. calc-s.k2 fl-ac. *Hecla* *Hep.* *Hippoz.* kali-i. lyc.k2 merc-i-r. *Phos.* *Phyt.* **Sil.** *Still.* syph.k2
☞ *Nekrose / Ozaena*
– **syphilitisch**: heclac1 *Kali-bi.*hr1,k *Sil.*hr1,k
☞ *Ozaena - syphilitisch*
○ **Septum**: hecla *Hippoz.* *Kali-bi.*hr1,k

Katarrh: acet-ac.hr1,k *Acon.* aesc. *Agar.*hr1,k,* agra.br1 ail. aloe *Alum.*hr1,k alum-p.k2 alum-sil.k2 *Alumn.*hr1,k,* am-c. *Am-m.* ambr.hr1,k *Ant-c.* *Ant-s-aur.* ant-t.a1,k *Apis* *Arg-met.* *Arg-n.*hr1,k,* **Ars.**hr1,k *Ars-i.*hr1,k *Arum-t.* *Asaf.* asar. aspar. **Aur.**hr1,k aur-ar.k2 aur-i.k2 *Aur-m.*hr1,k aur-s.k2 bapt.hr1,k *Bar-c.*a1,k bar-i.k2 *Bar-m.*hr1,k bar-s.k2 **Bell.** berb.hr1,k,* *Borx.* *Bov.* **Brom.**hr1,k bry. cadm-s.k2 calad. **Calc.**hr1,k calc-ar. calc-f.k2 calc-i.k2 *Calc-p.*a1,k *Calc-s.* calc-sil.k2 camph. canth. caps. *Carb-ac.*hr1,k *Carb-an.* **Carb-v.** **Carbn-s.** *Castm.* caust. cean-tr.br1 cham.hr1,k chel.a1,k chin. chinin-ar. cic. cimic. cina cinnb. *Cist.*hr1,k clem. coc-c. cocc. coff.a1,k colch. coloc. *Con.*hr1,k cop.hr1,k cor-r.hr1,k,* crot-h.hr1,k crot-t. cub.br1,c1 cupr. cycl. dros. dulc.k2 elaps **Eup-per.**hr1,k euph. *Euphr.*c2,k fab.br1 *Ferr.*hr1,k

Katarrh: ...
Ferr-ar. *Ferr-i.*hr1,k ferr-ma.a1 ferr-p. *Fl-ac.*hr1,k *Form.*hr1,k gels.hr1,k **Graph.**hr1,k,* guaj. hell.a1,k **Hep.**hr1,k *Hippoz.*hr1,k *Hydr.*hr1,k *Hydrog.*srj2 ign. *Iod.*hr1,k,* jal. *Kali-ar.* **Kali-bi.**hr1,k,* *Kali-c.*hr1,k,* *Kali-chl.*hr1,k *Kali-i.*hr1,k kali-m.k2 *Kali-p.* kali-s.hr1,k kali-sil.k2 kreos.hr1,k lac-ac.hr1,k,* *Lac-c.*hr1,k lac-d. *Lach.*hr1,k,* laur.a1,k led. lem-m.c1,k **Lyc.**hr1,k,* mag-c. *Mag-m.*hr1,k,* *Mang.*hr1,k,* *Med.* meny. **Merc.**a1,k **Merc-c.** *Merc-i-f.*hr1,k,* *Merc-i-r.*hr1,k,* *Mez.*a1,k mosch. mur-ac. naja **Nat-ar.** *Nat-c.*hr1,k,* **Nat-m.**hr1,k nat-p.hr1,k *Nat-s.*hr1,k *Nicc.*hr1,k,* **Nit-ac.**hr1,k *Nux-m.*a1,k **Nux-v.**a1,k *Ol-j.*hr1,k *Osm.*hr1,k par. **Petr.**a1,k ph-ac. *Phos.*hr1,k,* phyt.k2 plat.a1,k plb.hr1,k,* **Psor.**hr1,k,* **Puls.**hr1,k ran-b. ran-s.hr1,k rhod. **Rhus-t.** *Rumx.* *Sabad.* *Samb.* *Sang.*hr1,k *Sars.* **Sel.** seneg.hr1,k **Sep.**hr1,k **Sil.**hr1,k,* *Spig.*hr1,k,* spong. *Squil.* stann. staph.a1,k *Stict.* still. stront-c. sul-ac. sul-i.k2 **Sulph.**hr1,k,* tab. tarent.k2 *Teucr.*hr1,k,* *Ther.*c2,k *Thuj.*hr1,k,* trom.c2 *Tub.* uran-met. ust. verat. zinc.hr1,k zinc-p.k2
☞ *Heuschnupfen / Schnupfen*
– **links**: kali-s. lach.hr1,k sep. teucr.
– **rechts**: *Lyc.*
– **eine** Seite: hippoz. kali-c. nat-c. phos. phyt.
– **morgens**: *Ferr-i.* kali-c.k2 petr.k2
– **abends**: hydrog.srj2 *Mang.*hr1,k *Puls.*hr1,k
◇ **abwechselnd** mit:
• **Rheumatismus**
☞ ☐ *Extremitäten - Schmerz - rheumatisch - abwechselnd mit - Schnupfen*
◆ **begleitet** von:
• **Obstipation**: aur-m-n.c1 hydr.c1
– **alten** Menschen; bei: *Alum.*hr1,k am-c. bar-c. eup-per. ictod. kali-s.hr1,k *Kreos.*hr1,k merc-i-f.
– **chronisch**: carc.fb
☞ *trocken*
– **Freien**; im:
• **amel.**: androc.srj1 *Aur.* *Bry.* carb-v. *Mag-m.* **Puls.**
– **Hautausschlägen**; durch Zurücktreten von: *Sep.*
– **Masern**, Scharlach und Pocken; nach: *Thuj.*
– **Meer** agg.; am: nat-m.
– **Nasenbluten**, mit: bar-c.bg2 ip.bg1 kali-bi.bg1
– **Obstipation**; mit
☞ *begleitet von - Obstipation*
– **Quecksilber**, nach: asaf. kali-chl.hr1,k
– **Silbernitrat**; Mißbrauch von: *Nat-m.*
– **syphilitisch**: aur-m.k2
– **trocken**, chronisch: *Carb-v.*hr1,k cor-r.br1 *Dulc.*hr1,k mang-act.br1 *Nat-m.*hr1,k **Sil.**hr1,k *Spong.*hr1,k **Stict.**hr1,k *Sulph.*
– **übelriechend**
☞ *Absonderung - übelriechend / Ozaena*
– **Wein**; durch sauren: ant-c.k2
– **Wetter**:
• **kaltem** Wetter, bei: *Ars.*
• **nassem** Wetter, bei: kali-bi.k2 *Nux-m.*
▽ **erstreckt** sich zu:
• **Antrum**: berb. kali-c. kali-i. merc.

▽ **erstreckt** sich zu: ...
• **Brust**: bry.
• **Stirnhöhlen**: *Ars.* berb. bry. *Calc.* calc-sil.$_{k2}$ *Cupr.* ferr. *Kali-bi.* *Kali-chl.* *Kali-i.* **Lyc.** **Merc.** merc-i-f. *Nux-v.* *Puls.* *Sang.* **Sil.** stict. *Thuj.* verb.
○ **Choanen**: acon. aesc. *Alum.* alum-sil.$_{k2}$ alumn. androc.$_{srj1}$ ant-s-aur. ap-g.$_{c2}$ *Arg-n.* *Aur.*$_{c2,k}$ aur-m. bar-c. bry. *Calc.* calc-f.$_{c1,c2}$ calc-i.$_{k2}$ *Calc-s.* calc-sil.$_{k2}$ *Canth.* caust. chin-b.$_{c1}$ choc.$_{srj3}$ cinnb. *Cor-r.*$_{c2,k}$ dulc.$_{k2}$ euphr. *Ferr.* **Ferr-p.** graph.$_{k2}$ **Hep.** *Hydr.*$_{c2,k}$ hydrog.$_{srj2}$ *Iod.* **Kali-bi.**$_{c2,k}$ *Kali-c.* *Kali-chl.* *Kali-i.* kali-sil.$_{k2}$ kreos. lith-c. lob-s.$_{c2}$ *Lyc.* mag-s. *Manc.* *Mang.* med. *Merc-i-f.* *Merc-i-r.*$_{c2,k}$ *Merl.* *Mez.* nat-ar.$_{c2,k}$ **Nat-c.**$_{c2,k}$ **Nat-m.** nat-p.$_{c2}$ nat-s. *Nit-ac.* ovi-p.$_{c2}$ pen.$_{br1,c2}$ petr. phos. *Phyt.* *Plb.* **Psor.** *Rhus-t.* sang. sangin-n.$_{c2}$ *Sel.* **Sep.** *Sil.* sin-n.$_{c2}$ spig.$_{c2,k}$ staph. stict.$_{c2}$ syph.$_{k2}$ tell.$_{c2}$ *Ther.* thuj.$_{c2,k}$ wye.$_{c2}$ yuc.$_{c2}$ zinc. zing.$_{c2}$
☞ *Absonderung - Choanen*
• **nachts**: cop.$_{br1}$
– **Stirnhöhle** herrührend; von der: nat-m.$_{c2}$ thuj.$_{c2}$

Kitzeln
☞ *Ameisenlaufen / Jucken*

Klumpen in den Choanen: cist.$_{bg3}$ hydr.$_{bg3}$ kali-bi.$_{bg3}$ *Lach.*$_{bg3}$ nat-m.$_{bg3}$ phos.$_{bg3}$ sep.$_{bg3}$ spig.$_{bg3}$ stict.$_{bg3}$ sulph.$_{bg3}$ teucr.$_{bg3}$ zinc.$_{bg3}$

Knistern in der Nase: acon.$_{bg2,k,*}$ sulph.$_{bg2,k}$

Knollige Nasenspitze: *Aur.*$_{bg2,k}$ calc.$_{bg2}$

Knotige Schwellungen: **Ars.**$_{bg2,k}$ **Aur.** bar-m.$_{hr1,k}$ merc-i-r.$_{hr1,k}$ nat-c.$_{h2}$ *Sulph.*
– **umgeben** von einer roten Schwellung wie bei Akne rosacea: cann-s.
○ **Nasenwurzel**, schmerzlos: sep.

Komedonen
☞ ❑ *Gesicht - Hautausschläge - Komedonen*

Kondylom
☞ *Warzen*

Kongestion
☞ *Blutandrang - Nase, zur*

Konvulsivische Bewegung
☞ *Zucken*

Krabbeln
☞ *Ameisenlaufen / Jucken*

Krampf: lyc.$_{h}$ sulph.$_{h}$
○ **Nasenflügel**: ambr.$_{h}$

Krampfadern: aur. *Carb-v.* *Crot-h.* mez.
☞ ❑ *Gesicht - Venen*

Kratzen in den Choanen: *Kali-bi.*$_{a1,k}$ *Kali-chl.* *Kali-p.* nat-c.$_{h,k1}$ **Nat-m.** nat-s.

Krebs: alumn.$_{hr1,k}$ *Ars.*$_{bg2,k,*}$ **Aur.**$_{bg2,k}$ *Aur-m.*$_{hr1,k}$ aur-s.$_{gm1}$ *Calc.*$_{bg2,k,*}$ carb-ac.$_{hr1,k}$ *Carb-an.*$_{bg2,k,*}$ cund.$_{hr1,k}$ eucal.$_{gm1}$ euphr.$_{c2}$ hecla$_{c1}$ *Kreos.*$_{hr1,k}$ merc. *Phyt.*$_{hr1,k}$ *Sep.*$_{bg2,k}$ *Sil.*$_{bg2}$ sulph.$_{bg2,k}$ symph.$_{gm1}$

Krebs: ...
– **Epitheliom**: *Ars.* ars-i.$_{k13,k1}$ aur.$_{k2}$ *Carb-ac.*$_{hr1,k}$ con.$_{k2}$ cund.$_{hr1,k}$ *Hydr.* **Kali-s.**$_{hr1,k}$ *Kreos.*$_{hr1,k}$
○ **Nasenflügel**: med.$_{k2}$
– **flach**, auf der rechten Seite: euphr.$_{hr1,k}$
○ **Antrum**: symph.$_{gm1}$
• **rechts**: symph.$_{c1}$

Kribbeln: aesc. agar.$_{a1,k}$ all-c.$_{hr1,k}$ am-c. ambr.$_{bg2,k,*}$ arg-met. arn.$_{hr1,k}$ arum-t.$_{k2}$ bamb-a.$_{stb2}$ berb. calc. canth. caps.$_{hr1,k}$ colch.$_{hr1,k}$ corn. dros.$_{a1,k}$ gran. lach. mag-c. nat-p. ol-an. ran-b.$_{k2}$ rhus-r. sul-ac.
☞ *Ameisenlaufen / Jucken*
○ **Choanen**: arg-n. mag-c.$_{h,k1}$ ran-b. rumx.$_{k2}$
– **innen**: agar. *All-c.*$_{hr1,k}$ am-c. ambr.$_{a1,k}$ arg-met. **Arn.**$_{hr1,k}$ bamb-a.$_{stb2}$ bell.$_{k2}$ berb. borx. *Caps.*$_{hr1,k}$ carb-ac. carb-v. cham. *Colch.*$_{hr1,k}$ *Con.*$_{hr1,k}$ daph. *Gels.*$_{bg2,k,*}$ gent-ch.$_{bnj1}$ hep. hydr-ac. *Hydrog.*$_{srj2}$ laur. mag-c. nat-p. nit-ac.$_{bg2,k,*}$ ol-an. ph-ac. plat. *Ran-b.*$_{bg2,k,*}$ ran-s.$_{a1,k}$ rat. *Rumx.* *Sabad.*$_{bg2,k,*}$ sep.$_{bg2,k,*}$ spig. stry.$_{a1,k}$ sul-ac. sulph. tab. *Teucr.*$_{hr1,k}$
• **links**: arg-met. carb-v. dros. hep. nat-p.
• **rechts**: agar. *All-c.*$_{hr1,k}$ ars-s-r.$_{hr1,k}$ mag-c. *Stict.*$_{hr1,k}$ sul-ac.
• **abends**: carb-v.
• **breitet** sich über den ganzen Körper aus: sabad.$_{ptk1}$
• **Nasenbluten**, vor: arg-met.$_{h}$
• **plötzlich**, scharf, gefolgt von Niesen: *Rumx.*
• **Schneuzen** der Nase; beim: hep.
• **Spinnweben**; wie durch: brom.$_{ptk1}$
– **Knochen**: cinnb. corn. spong.
– **Nasenflügel**: carb-ac.
– **Nasenlöcher**: phys.$_{br1}$
– **Nasenspitze**: aesc. bell. berb. con. kali-n. lach. mosch. paeon. ran-b.$_{a1}$ ran-s.$_{h,k}$ rheum sars.
• **Reiben** amel.: bell.
– **Nasenwurzel**: ambr.
– **Septum**, beim Schneuzen der Nase: bry.

Kriechen
☞ *Kribbeln*

Krusten
☞ *Absonderung - Krusten*

Lang:
– **Gefühl** als wäre die Nase länger: choc.$_{srj3}$

Lazeration: calen.

Liegen agg.: puls.$_{bg3}$

Lipom: *Sulph.*

Luft:
– **empfindlich** gegen die eingeatmete Luft ●: acon.$_{bg3,ptk1}$ *Aesc.* am-c. *Ant-c.*$_{bg1,k}$ ars. aur.$_{bg3,ptk1}$ brach. brom.$_{bg3,ptk1}$ bufo camph.$_{bg3,ptk1}$ *Cimic.*$_{bg1,bg2,*}$ cist.$_{bg3,ptk1}$ cor-r.$_{bg1,bg3,*}$ echi. fago.$_{bg1}$ gins. *Hep.*$_{k,kl2}$● hydr. *Ign.*$_{bg1,k,*}$ kali-bi.$_{bg1,bg2}$ kali-i.$_{bg1}$ kreos. lith-c. mag-s. med.$_{k,ptk1}$ nat-ar. nux-v.$_{h,kl2}$●,* osm. ox-ac.$_{bg1}$ phos.$_{k,kl2}$● psor. *Ran-b.* rumx.$_{bg1,bg2,*}$ sep. syph.$_{xxb}$ thuj.

– **empfindlich** gegen die eingeatmete Luft: ...
 • **fühlt** sich kalt an: cor-r.brl
 ○ **Choanen**: kreos.
 • **Stirnhöhlen**: zinc.h
– **kalte** Luft; empfindlich gegen: camph.dw1 dulc.dw1 kali-bi.dw1 phos.dw1,kl2● rumx.dw1,kl2● stict.dw1
– **Luftstrom** über den Nasenrücken blasen; als würde ein leichter: spig.

Lupus: alumn.hr1,k ars.bg2 *Aur-m.*hr1,k *Caust.*hr1,k graph.bg2 *Kali-bi.*hr1,k kali-chl. **Kreos.**hr1,k merc.bg2 nat-m.bg2 nit-ac.bg2 *Phyt.*hr1,k sep.bg2 sil.bg2 staph.bg2 sulph.bg2 thuj.hr1,k
– **linke** Seite: caust. *Kreos.*hr1,k
– **exedens**: cist.hr1,k *Hydrc.*hr1,k jug-c.hr1,k kali-bi.k2 phyt.hr1,k thuj.hr1,k
○ **Nasenflügel**, am: *Aur-m. Hydrc.*

Nasenatmung, laute
 ☞ ❑ *Atmung - Laut*

Nasenbluten: abrot.bg2,k,* acet-ac.hr1,k **Acon.**bg2,k,* adel.a1 *Agar.*bg2,k,* ail.bg2,k,* alco.a1 *All-c.*hr1,k aloe alum.bg2,k *Alumn.*hr1,k **Am-c.**h,k,* am-caust.a1 am-m.bg2,k **Ambr.**h,k,* ambro.c2 anac.bg2,k,* anag.c2,k anan. ang.hr1 **Ant-c.**bg2,k,* ant-s-aur.c2,k ant-t.bg2,k,* antip.c2 apis aran.hr1,k *Arg-met.* arg-n. **Arn.**bg2,k,* *Ars.*h,k,* *Ars-i.* ars-s-f.k2 arum-t.k2 asaf. asar.bg2,k,* astac.a1,k aster.a1,k aur.bg2,k,* aur-ar.k2 aur-i.k2 bals-p.c2 bamb-a.stb2 *Bapt.*bg2,k,* *Bar-c.*h,k,* *Bar-m.* **Bell.**bg2,k,* benz-ac.hr1,k *Berb.*hr1,k bism.bg2,k blum-o.bnj1 borx. **Both.** **Bov.**bg2,k,* *Brom.*bg2,k,* *Bry.*h,k,* *Bufo* **Cact.**bg2,k,* cadm-s. **Calc.**h,k,* calc-i.k2 **Calc-p.**bg2,k,* **Calc-s.**bg2,k,* calc-sil.k2 camph.hr1,k,* *Cann-s.*bg2,k,* canth.bg2,k,* *Caps.*bg2,k,* *Carb-an.*h,k,* **Carb-v.**h,k,* **Carbn-s.** card-m.hr1,k,* *Carl.*a1 **Caust.**h,k,* cer-s.a1 cere-s.c2 *Cham.*bg2,k,* chel.c2 **Chin.**bg2,k,* chinin-ar. chinin-m.c1 *Chinin-s.* chlf.a1 choc.srj3 cic.a1,k *Cina* cinch.c2 *Cinnb.*hr1,k,* cinnm.hr1,k clem.bg2,k cocc.bg2,k,* coff.h,k,* coff-t.a1 colch.bg2,k coloc.bg2,k *Con.*h,k,* conv.brl *Cop.*hr1,k,* cor-r.hr1,k,* **Croc.**bg2,k,* crot-c.a1,k,* **Crot-h.**bg2,k,* *Cupr.*bg2,k cycl.a1 der.a1 *Dig.*bg2,k,* *Dros.*bg2,k,* *Dulc.*bg2,k,* echi. *Elaps*c2,k elat.a1 *Erig.*bg2,k,* euphr.bg2,k eupi.a1,k,* *Ferr.*h,k2,* *Ferr-ar.*k,k2 ferr-m.k,k1 *Ferr-p.*hr1,k1,* **Ferr-pic.**c1,c2,* gal-ac.a1,c1 gamb.hr1,k1,* gels.k,k1 *Glon.*hr1,k,* gran.bg1,bg2 *Graph.*h,k,* **Ham.**bg2,k,* *Hecla* helia.c2 hell.a1 *Hep.*bg2,k,* hepat.c2 *Hydr.*bg2,k,* hydrc.a1 **Hyos.**bg2,k,* ign.bg2,k,* ind.a1,hr1,* indg.hr1,k,* *Iod.*bg2,k,* **Ip.**bg2,k,* kali-ar. *Kali-bi.*bg2,k,* *Kali-c.*h,k,* kali-chl.hr1,k,* **Kali-i.**bg2,k,* kali-m.k2 *Kali-n.*hr1,k,* kali-p.hr1,k kali-s. *Kreos.*bg2,k,* *Lac-ac.*hr1,k **Lach.**bg2,k,* lachn.hr1,k lapa.c2 *Led.*bg2,k,* lil-s.a1 lil-t. lob.hr1,k,* lol.a1 *Lyc.*bg2,k,* *Lyss.*hr1,k *Mag-c.*h,k,* mag-m.bg2,k mag-s.a1,k **Med.**bg2,k,* **Meli.**bg2,k,* meli-xyz.c2 *Meny.*bg1,bg2,* meph.bg2,k,* **Merc.**h,k,* *Merc-c.*bg2,k,* merc-cy.bg1,bg2,* merl.bg1 *Mez.*bg2,k,* **Mill.**bg2,k,* morg-g.jl2 *Mosch.*bg2,k,* mur-ac.bg2,k,* nat-ar. *Nat-c.*h,k,* nat-hchls. *Nat-m.*h,k,* nat-n.bg2 *Nat-p.*a1,k nat-s.hr1,k,* nicc.a1 **Nit-ac.**h,k,* *Nux-m.*bg2,k,* *Nux-v.*h,k,* oena.hr1,k,* onon.c2 op.bg2,k orig.a1 ox-ac.

Nasenbluten: ...
par.bg2,k,* *Petr.*h,k,* *Ph-ac.*h,k,* **Phos.**h,k,* phys.a1 phyt.k2 pic-ac.hr1,k,* pimp.a1,c2 pin-s.a1 plat.bg2,k,* plb.bg2,k,* *Prun.*bg1,bg2,* psil.ft1 **Puls.**h,k,* pyrog.bg2,k2 ran-b.a1,k raph.c2 *Rat.*bg2,k,* *Rhod.*bg2,k,* rhus-g.c2 **Rhus-t.**bg2,k,* rob.a1 *Rumx.*c2,k ruta c2,k sabad.bg2,k,* **Sabin.**bg2,k,* samb.bg2,k *Sang.*hr1,k santin.c2 sarr.hr1,k,* *Sars.*bg2,k,* **Sec.**bg2,k,* sel.bg2 senec.c2,k seneg.bg2,k,* *Sep.*h,k,* *Sil.*h,k,* sin-n.hr1,k sol-t-ae.c2 spig.hr1,k spira.a1 *Spong.*bg2,k,* squil.bg2,k *Stann.*bg2,k,* staph.bg2,k stict.hr1,k stram.bg2,k,* stront-c. *Sul-ac.*bg2,k,* **Sulph.**h,k,* sumb.a1 syph.k2 tab.a1 tarax.bg2,k,* *Tarent.*hr1,k,* tep.a1,c2 *Ter.*hr1,k,* teucr.hr1,k *Thuj.*h,k,* til.a1,k,* *Tril-p.* **Tub.**bg2,k *Ust.* vac.hr1,k valer.bg2,k *Verat.*bg2,k,* vinc.hr1,k,* viol-o.bg2,k vip.a1,k,* wies.c2 zinc.bg2,k,*
– **amel.**
 ☞ ❑ *Allgemeines - Nasenbluten - amel.*
– **links**: am-c.hr1,k,* am-m.hr1,k aml-ns. asaf.hr1 asc-t.a1,c1 bapt.hr1,k berb.hr1,k,* bry.a1 caust.hr1,k,* chel.a1 chlf.a1 cor-r.a1 del.a1 dios.hr1,k,* dulc. eupi.a1 *Ferr.*bg1,bg2,* hydr.hr1,k,* kali-bi.a1 *Kali-n.*bg1,bg2,* lach.a1 merc.a1,k phys.a1 rhod.hr1,k,* rhus-g.a1 sars.a1,k *Sep.*a1,h tarax.h,hr1,* tarent.a1,k thuj.a1
 • **nach** rechts: ham.
 • **Bad**, nach einem: calc-s.
 • **Schneuzen** der Nase; beim
  ☞ *Schneuzen - links*
– **rechts**: am-c.hr1,k arg-n.a1,k brom.a1 bry.a1,k calc.hr1,k cham.a1 cic.a1,k con.hr1,k cor-r.a1 cupr.hr1,k echi.ptk2 eupi.a1 gamb. gins.a1 ind. indg.a1,k,* kali-bi.bg2,k,* kali-c.h,k,* kali-chl.hr1,k,* mag-c. mez.a1 phys.a1 pic-ac.a1 sars.a1,k sil.a1 *Verat.*h,k,*
 • **nach** links: coca cor-r.
 • **nachts**: kali-chl.ptk1 verat.ptk1
 • **Schneuzen** der Nase; beim
  ☞ *Schneuzen - rechts*
– **morgens**: acon. agar.bg2,k,* *Agn.*bg1,bg2,* aloe am-c.bg2,k,* **Ambr.**h,k,* ant-c.bg2,k apis arn.a1,k *Arum-t.*a1,k astac.a1 bell.h,k,* berb.hr1,k,* borx. **Bov.**bg2,k,* *Bry.*h,k,* bufo *Calc.*h,k,* *Calc-s.* canth.hr1,k caps.h,k,* **Carb-an.**h,k,* *Carb-v.*h,k,* *Carbn-s. Caust.*hr1,k *Chin.*hr1,k,* coff.h,k,* colch.hr1,k croc. dios.hr1 dros.h,k,* *Ferr.*h,k,* ferr-p. *Graph.*h,k,* **Ham.**bg2,k,* hep.h,k,* hipp.hr1,k,* hyos. indg.a1 kali-bi.bg2,k,* *Kali-c.*h,k,* kali-n.bg2 kali-p. kali-s. kreos.bg2,k,* *Lac-ac.*hr1,k *Lach.*hr1,k,* *Mag-c.*h,k,* *Meny.*bg1,bg2,* merc. *Nat-c.*h,k,* *Nat-m.*bg2,k,* nat-p.a1 **Nit-ac.**h,k,* *Nux-v.*h,k,* *Petr.*bg1,bg2,* *Phos.*h,k,* puls.h,k,* rhus-r. *Rhus-t.*h,k,* sabin. sec. *Sep.*hr1,k,* sol-t-ae.a1 *Stann.*hr1,k **Sulph.**bg2,k,* thuj.hr1,k,* trom.a1
 • **6** - 7 h: *Chin.*bg1,vh,*
 • **8** h: *Bry.*bg1,vh,*
 • **9** h: kali-c.
 • **10** - 12 h: carb-v.
 • **Aufstehen**, nach dem: agar.a1,k berb.a1,k **Bry.**h,k,* cham.a1 **Chin.**hr1,k,* coff.h,k,* ferr. kali-bi.a1 sep.a1,k stann.a1,k thuj.a1,k
 • **Bett**, im: aloe ptk1 ambr.hr1,k bar-c.a1,k bov. *Caps.*h,k,* *Carb-v.*h,k,*

– **morgens - Bett**, im: ...
• **amel**.: mag-m.bg1,bg2
• **Erwachen**, beim: am-c.ptk1 aster.hr1,k bell.a1,k *Bry.*hr1,k mag-c. stann.a1,k
• **Bücken**, beim: *Ferr.*h,k,*
• **Schneuzen** der Nase; beim
☞ *Schneuzen - morgens*
– **mittags**: kali-bi.a1,k tarax.h,k,*
– **nachmittags**: *Ant-t.*bg1,bg2,* *Calc-p.*bg2,k,* carb-an.h,k,* cham.a1,k indg.a1,k kali-m.k2 kali-n.hr1,k,* lach.a1 *Lyc.*bg2,k,* m-arct. *Nat-s.*bg2,k,* *Sulph.*bg1,bg2,* tab.a1,k thuj.a1,k trom.a1,k
• **15** h: *Sulph.*
• **16** h: *Lac-c. Lyc.*
– **abends**: *Ant-c.*h,k,* borx. bufo *Carbn-s.* *Coff.*bg1,bg2,* *Colch.*hr1,k,* dios.hr1 dros.h,k,* *Ferr.*h,k,* gamb.a1,k *Graph.*h,k,* indg.a1 kali-bi.a1,k kali-m.k2 *Lach.*hr1,k,* *Lyc.*h,k,* mez.a1,k nat-s.k2 *Ph-ac.* *Phos.*h,k,* phys.a1 *Puls.* sars.a1,k *Sep.*h,k,* *Sul-ac.*hr1,k,* *Sulph.*h,k,* thuj.a1,k til.a1,k
• **18** h: coff.
• **Schneuzen** der Nase; beim
☞ *Schneuzen - abends*
– **nachts**: aloebg1,bg2 ant-c. arg-met. arn.a1,k *Bell.*h,k,* bry. calc.h,k,* caps.bg1,bg2 carb-an.h,k,* **Carb-v.**h,k,* con.h,k,* cor-r.hr1,k,* croc. graph.h,k,* hyos. kali-bi.a1,bg2 kali-chl.hr1,k,* mag-m.hr1,k mag-s.hr1,k *Merc.* mill.hr1,k nat-m.h,k,* nat-s.bg2,k,* **Nit-ac.**h,k,* *Puls.* *Rhus-t.*h,k,* sars.a1,k *Verat.*h,k,*
• **Mitternacht**:
• **vor**:
• **22** h: graph.
• **Erröten** des Gesichtes; mit vorangehendem: graph.c1
• **nach**:
• **3** - 4 h: bry.c1
• **morgens**:
• **gegen** Morgen zu: apis mag-c.h
• **Schneuzen** der Nase; beim
☞ *Schneuzen - nachts*
◆ **abwechselnd** mit Blutspucken: **Ferr.**hr1,k
◆ **begleitet** von:
• **Husten**
☞ *❑ Husten - Begleitet von - Nasenbluten*
• **Schnupfen**
☞ *Schnupfen - begleitet von - Nasenbluten*
• **Schwindel**
☞ *❑ Schwindel - Begleitet von - Nasenbluten*
– **Alkoholikern**; bei: *Carb-v.* hyos.bg1,bg2 *Lach.* nux-v.bg1,bg2,* **Sec.**
– **alten** Menschen, bei: *Agar.*bg2,k,* aur.bg2 bar-c.bg2 bov.bg2 *Carb-v.*bg2,k,* chin.bg1 con.bg2 ferr-p.bg1 ham. phos.bg2 **Sec.**hr1,k sil.bg2 sul-ac.hr1,k verat.bg1
– **Amenorrhoe**, bei: *Bry.* *Cact.* con. ham. lach. ol-j. *Phos.* *Puls.* sep.bg1,bg2
– **Anämie**, bei: bry.bg1,bg2 chin.bg1,bg2 ferr.bg1,bg2 hydr.bg1,bg2 kali-c.bg1,bg2 nat-m.sf1 *Puls.*bg1,bg2,*
– **Anstrengung**, durch: *Arn.* carb-v. *Croc.* *Rhus-t.*hr1,k
– **Auswurf**, beim: dros.ptk1
– **Baden**, nach
☞ *Waschen*
– **Berührung**, durch leichte: cic.hr1,k,* hydr. ind.hr1,k,* *Sec.* sep.ptk1
– **Bewegung** agg.: carb-v.bg1 *Rhus-t.*bg1,vh,*
– **Blasinstrumenten**; Spielen von: *Rhus-t.*bg1,bg2,*
– **blassem** Gesicht, mit: carb-v.ptk2
– **Blut** (Eigenschaften):
• **blaß**: arn.a1,k bar-c.hr1,k bell. *Carb-ac.* carb-an.bg1 *Carb-v.* crot-h.hr1,k dig.hr1,k dulc.hr1,k *Ferr.*bg1,vh,* *Graph.* hyos.hr1,k *Kreos.*bg1,vh,* lach. lachn.hr1,k,* led.hr1,k nat-s.a1 phos. puls.hr1,k rhus-t. *Sabad.*bg1,vh,* sabin. sars.a1 sec. *Sulph.*bg1,vh,* ter. til.a1
• **dunkel**, schwarz: acon. am-c. ant-c. *Arn.* asar. bapt. *Bell.* bism. bry. calc. canth. **Carb-v.** *Carbn-s.* *Cham.* chin. *Cina* cinnb. cocc. con. **Croc.** *Crot-h.* cupr. dig. dros. *Elaps* ferr. graph. *Ham.* ign. *Kali-bi.* *Kali-n.* *Kreos.* **Lach.** led. lyc. mag-c. mag-m. *Merc.* mill.bg1 mur-ac. nat-hchls. *Nit-ac.* *Nux-m.* **Nux-v.** *Ph-ac.* phos. plat. *Puls.* **Sec.** sel. *Sep.* *Stram.* sul-ac. sulph. *Tarent.* verat.bg1,k2 *Vip.*st1
• **dünn**; und: carb-an. *Carb-v.* **Crot-h.** **Ham.** *Lach.* *Nit-ac.* **Sec.** *Sul-ac.*
• **fadenziehend**: bapt. **Croc.**bg2,k,* crot-h.bg2 *Cupr.*bg2,k kali-bi. *Kreos.*bg1,vh,* *Lach.*bg1,vh,* mag-c.bg2,k *Merc.*hr1,k,* najabg1 *Sec.*bg2,k,* sep.h,k,* verat.bg1
• **flüssig**: am-c.k2 arn. *Carb-v.* **Crot-h.** *Erig.* eupi.a1 *Ham.* **Sec.** *Sul-ac.* ter. til.a1
☞ *dunkel - dünn*
• **geronnen**, klumpig: acon. ambr.c1 *Arg-n.* *Arn.*bg1,bg2 bapt. **Bell.** bry. cann-i. canth. carb-an. *Carbn-s.* caust. **Cham.** **Chin.** con. *Croc.* dig. dios. dulc. *Ferr.* *Ferr-m.* ham.k2 hep. hyos. ign. **Ip.** kali-n. kreos. *Lach.*bg1,bg2,* lyc. lyss. mag-c. *Merc.* nat-hchls. *Nat-m.* *Nit-ac.* nux-v. ph-ac. *Phos.* **Plat.** *Puls.* **Rhus-t.** sabin. **Sec.** sel.k2 sep. stram. stront-c. *Sulph.* *Tarent.* *Tub.*
• **langsam**: blum-o.bnj1 ham.bg1,bg2 lach.bg1
• **leberartig**: sabin.bg1
• **schnell**: croc.bg1 merc. nit-ac. puls.bg1 rhus-t.bg1,bg2
• **ständig** voll davon; die Nase ist: ferr.
• **heiß**: acon.bg1 *Bell.*bg1,vh,*
• **hell**: abrot.bg2 *Acon.*bg2,k,* am-c.bg2,k ant-t.bg2,k arn.bg2,k ars.bg2,k bapt.hr1,k bar-c.bg2,k,* **Bell.**bg2,k borx. bov.bg2 brom.a1 bry.bg2,k,* calc.bg2,k calc-sil.k2 canth.bg2,k *Carb-ac.*hr1,k carb-an.a1,k carb-v.bg2,k cham.a1 *Chin.*bg2,k cic.a1,k *Crot-c.*a1,k dig.bg2,k dios.hr1,k,* dros.bg2,k *Dulc.*bg2,k,* *Elaps* *Erig.*bg2,k,* eupi.a1 ferr.bg2,k *Ferr-p.*hr1,k gins.a1 graph.bg2,k hydr.a1 **Hyos.**bg2,k,* indg.a1 **Ip.**bg2,k,* kali-bi.a1 kali-n.bg2,k kreos.bg2,k,* *Lach.*hr1,k laur.bg2,k *Led.*bg2,k mag-m.bg2,k merc.bg2,k mez.hr1,k *Mill.*bg2,k,* nat-ar. nat-c.bg2,k nat-s.hr1,k nux-m.bg2,k *Ph-ac.* **Phos.**bg2,k puls.bg2,k *Rhus-t.*bg2,k sabad.bg2,k,* *Sabin.*bg2,k sec.bg2,k sep.bg2,k,* sil.bg2,k stram.bg2,k stront-c. sulph.bg2,k,* *Tub.* zinc.bg2,k
• **scharf**: kali-n.bg2,k,* nit-ac.bg2,k sil.bg2,k
• **übelriechend**: *Sec.*

– **Blut**: ...
  • **warm**: dulc.hr1,k,*
  • **wäßrig**
    ☞ *blaß*
– **Blutandrang** zum Gesicht; mit: bufo.br1
– **Blutern**, bei: bov.bg2 crot-h.bg2 lach.bg2
  ☞ *Purpura*
– **Blutung**; mit allgemeiner: crot-h.bg1 lach.bg1
– **Bohren** mit dem Finger: *Ferr-m.*bg3 *Ferr-ma.*a1 *Lach.*bg3 *Sil.*h,k1
– **Bücken**, beim: dros. *Ferr. Nat-m. Nux-v.* ol-j. *Rhus-t.* sil.
  • **nach**: carb-v.
– **Diarrhoe**:
  • **unterdrückte**: abrot.k2
– **Diphtherie**, bei: ars.hr1,k *Carb-v. Chin.*hr1,k *Crot-h.*hr1,k *Hydr.*hr1,k *Ign.*hr1,k *Kali-chl.*hr1,k lac-c.hr1 *Lach.*bg2,k,* *Merc-cy.*hr1,k *Mur-ac.*hr1 *Nit-ac.*hr1,k phos.hr1,k
  • **Ablösung** der Membran; nach: *Phos.*
– **Erbrechen**:
  • **nach**: ars.h,ptk1
  • **mit**: ox-ac.ptk1 sars.bg1,ptk1
– **Erhitzung**, bei: thuj.bg2,h,* thyr.bg1
– **Erschütterung**, durch: *Carb-v.*hr1,k sep.ptk1
– **Essen**:
  • **amel.**: tarax.bg1,bg2
  • **nach**: am-c. arg-met.bg1 arg-n.vh kali-bi.bg2 kali-c.bg1 spong.bg2 *Zinc.*bg1,vh,*
– **Fieber**:
  • **amel.**: crot-h.bg1 lach.bg1
  • **während**: acon.bg2 bell.bg2 bry.bg1,bg2 carb-v.bg1,bg2 cham.bg2 chin.bg2 erig.bg1,bg2 ferr-p.bg2,k ham.hr1,k ign.bg2 lach.bg2 lyc.bg2 meli.hr1,k nux-v.bg2 op.bg2 ph-ac.bg1 pyrog.k2 rhus-t.bg2,ptk1 sep.bg2 sil.bg2 squil.bg2 stram.bg2 sulph.bg2 thuj.ptk2 verat.bg2
    • **Typhus** abdominalis; während: **Arn.** ars.bg1 **Bapt.** *Bry.* carb-v.bg1 *Chinin-s.* **Crot-h.** gels. kali-p. **Lach.** *Ph-ac.* phos.bg1 *Rhus-t. Ter.*
– **Frost**:
  • **während**: bell. bry. calc. kreos. puls.hr1,k rhus-t.
  • **nach**: *Eup-per.*bg1,bg2,* *Hep.*bg2,k
  • **anstatt**: nat-m.
– **Frühling**, im: con.
– **gefolgt** von:
  • **Schwindel**: carb-v.bg2,h
– **Gefühl** von: cina.wd2 cupr.rb2 eucal.wd2 lac-ac.rb2,wd2 lil-t.wd2 meli.rb2 phys.wd2 xan.wd2
– **Gehen**, beim: elaps.hr1,k,* lach.a1 nat-s.a1
  • **amel.**: elaps.c1,ptk2
  • **Freien**, im: bry. lyc.bg1 nat-c.bg1,k
– **Gemütsbewegungen**, durch: carb-v.hr1
– **geronnen**
  ☞ *Blut - geronnen*
– **Geruchsverlust**, mit: *Ip.*bg1,vh,*
– **habituell**: nat-n.sf,sf1 sil.sf,sf1
– **Hämoptyse**, mit: *Ham.*bg1,vh,*
– **Hämorrhoiden**:
  • **mit**: **Sep.**hr1,k sulph.bg2
  • **unterdrückte**, durch: *Nux-v.* sulph.bg1
– **hartnäckig**: *Carb-v. Croc. Crot-h. Ferr.*bg1,vh,* led.bg1 mill.bg1 mur-ac. **Phos.** *Sulph.*hr1,k
– **Heben** agg.: *Rhus-t.*bg1,vh,*
– **Hitzewallungen**:
  • **nach**: ferr.bg1 graph.c1
– **Husten**, mit
  ☞ ❑ *Husten - Begleitet von - Nasenbluten*
– **Jucken**:
  • **nach**: am-m.bg1
  • **gefolgt** von: *Hydr.*bg1,vh,*
  • **mit**: arg-met.bg1 *Arg-n.*vh *Arn.*bg1,vh,* bell.bg1 *Carb-v.*bg1,vh,* kali-bi.bg1 lach.bg1 *Rhus-t.*bg1,vh,*
– **jungen** Frauen, bei: phos. **Sec.**hr1,k
– **Kaffee** agg.: nux-v.bg1,bg2
– **Keuchhusten** ●: **Arn.** *Bry. Cina Cor-r. Crot-h.* **Dros. Ip.** *Led. Merc. Mur-ac. Nux-v.* spong. stram.
  • **nach** einem Anfall von Keuchhusten: cina indg.
– **Kindern**, bei ●: abrot.c1,st1 bell.hr1,k calc.vh chinin-s. *Croc.*hr1,k **Ferr.** *Ferr-p.*hr1,k ferr-pic.st1 *Ham.*hr1,k merc. nat-m.ih nat-n.ih1 phos. *Sil.*vh *Ter.*hr1,k
  • **skrofulösen**, bei: calc.bg1 sil.bg1
– **Klimakterium**, im ●: arg-n. bell.bg1,bg2 bry.bg1,bg2 *Ham.*bg1,bg2,* **Lach.** nux-v.bg1,bg2 *Puls.*bg1,bg2,* *Sep.*bg1,bg2,* *Sul-ac. Sulph.*
– **Konvulsionen**, bei den: caust.st op.a1 plb.a1
– **Kopfschmerz**:
  • **während**: **Acon.**hr1,k **Agar.**hr1,k alum.bg2,k am-c. ambr. asaf. bell. *Bry.*bg2,k,* cadm-s.c1 carb-an. cham.bg1 chin.bg1 *Cinnb.*hr1,k crot-h.bg1 dig.bg1 dulc.bg2,k ferr.k2 ferr-p. kreos.bg1 lach.a1,k mag-c.bg1 mill.bg1 nux-v.bg1 phys.a1 rhus-t.bg1 tub.c1,xxb
  • **nach**: am-c.bg1 ant-c. bell.bg1 carb-an. croc. lach.a1,k meli.hr1,k nux-v. sabin. **Sep.**bg1,k,*
– **Krämpfen**, bei: caust.ptk1 *Mosch.*bg1,ptk1
– **Liegen**, beim: hura puls.hr1,k
– **Masern** agg.: acon.bro1 bry.bg1 ip.bro1 puls.bg1 sabad.bg1
– **Menses**:
  • **vor**: *Bar-c.*hr1,k hydr.hr1 *Ip.*bg1,vh,* **Lach.**bg2,k,* *Nat-s.*hr1,k nux-v.bg1 *Puls. Sulph.*h,k,* *Verat.*bg2,k,* vib.
  • **während**: **Ambr.**k,k1,* bov.bg2 bry.bg2,k dulc.bg2 ferr.k2 graph.ptk1 ham.k2 lach.ptk1 nat-c.bg1 nat-m.bg2 *Nat-s.*hr1,k,* puls.bg2,k *Sep.*h,k,* *Sulph.*h,k,* verat.bg1
    • **aussetzt**; wenn der Ausfluß: *Eupi.*a1,k nat-c.bg1
    • **reichlich**: acon.bg2,k ambr. calc.bg1,bg2 *Croc.*bg1,bg2,* meli.ptk1 sabin.bg1,bg2
    • **spärlich**: *Bry.*bg1,bg2 graph.bg1 *Phos.* puls.bg1,bg2 sec.bg1,bg2 sep.bg1,bg2
  • **nach**: sulph.h,k,*
  • **anstatt**: apis.ptk1 *Bry.* carb-an.ptk1 cham.ptk1 dulc.bg3,ptk1 eupi.c1 ferr.ptk1 graph. *Ham. Lach.* lyc.ptk1 phos.ptk1 *Puls.*ptk1 senec.ptk1 sil.ptk1
  • **unterdrückt**: acon. bell. **Bry.**hr1,k *Cact.* calc. carl.c1 *Con.*hr1,k *Croc. Gels.*hr1,k ham. hyos. kali-i. **Lach.** nit-ac. ol-j. *Phos.* **Puls.**hr1,k *Rhus-t. Sabin.* senec.c,c1 *Sep.*

– **Mittagessen**:
• **beim**: kali-bi.$_{a1,k}$ sil.$_{a1}$ spong.$_{hr1,k}$
• **nach**: am-c.$_{h,k,*}$ arg-met. hydr.$_{a1}$ spong. zinc.$_{h,k,*}$
– **Naßwerden**, nach: *Dulc. Puls. Rhus-t.*
– **Niesen**: am-c.$_{bg1}$ bapt. *Bov. Con.* ferr-p.$_{k2}$ *Indg. Mag-c.*$_{bg1,vh,*}$ rumx. *Sabad.*$_{bg1,bg2,*}$
• **nach**: indg.$_{hr1}$ zinc.$_{h,k1}$
– **Ohrgeräuschen**, mit: bell.$_{bg1,bg2}$ *Chin.*$_{bg1,bg2}$ graph.$_{bg1,bg2}$ nux-v.$_{bg1,bg2}$
– **Operationen**; nach: thlas.$_{ptk1}$
– **Ozaena**, bei: sang.$_{bg1}$
– **periodisch**: carb-v.$_{hr1,k}$ chin.$_{bg1,k2}$ croc.$_{bg1}$ kali-c. **Phos.**$_{hr1}$ puls.$_{hr1,k}$
– **plethorischen** Menschen, bei: abrot.$_{bg1}$ *Acon.* nux-v.
☞ ❑ *Allgemeines - Plethora - Konstitution*
– **Purpura** haemorrhagica; mit: *Crot-h.*$_{hr1,k}$ *Ham.*$_{hr1,k}$ *Lach.*$_{hr1,k}$ **Phos.**$_{hr1,k}$ rhus-t.$_{hr1,k}$ ter.$_{hr1}$
☞ *Blutern*
– **Räuspern**, beim: rhus-t.$_{h}$
– **Reiben**; nach: phos.$_{h,k1}$
– **reichlich**: cact.$_{br1}$ ham.$_{k2}$
– **Schlaf**, im: bell.$_{bg1}$ bov. *Bry.*$_{bg2,k,*}$ *Crot-c.* graph. kali-bi.$_{a1}$ **Merc.**$_{bg2,k,*}$ *Merc-c.*$_{bg1,vh,*}$ nat-s.$_{hr1,k}$ *Nit-ac.*$_{hr1,k}$ *Nux-v.*$_{hr1,k}$ puls.$_{hr1,k}$ sulph.$_{hr1,k}$ *Verat.*$_{h,k,*}$
– **Schlag**, durch einen: acet-ac.$_{hr1,k}$ **Arn.**$_{hr1,k}$ *Elaps Ham.*$_{hr1,k}$ *Sep.*$_{hr1,k}$
– **Schneuzen** der Nase; beim: *Agar.* alum. alum-p.$_{k2}$ alum-sil.$_{k2}$ *Alumn.* am-c. am-m. ambr. anac. ant-c. arg-met. arg-n. **Arn.** asar. asc-t. aur. *Aur-m.* aur-s.$_{k2}$ bamb-a.$_{stb2}$ bapt. *Bar-c.* bar-i.$_{k2}$ bar-s.$_{k2}$ borx. *Bov.* brom. *Bry.* bufo *Calad.* calc. calc-p. calc-sil.$_{k2}$ canth. caps. carb-ac. *Carb-an. Carb-v.* **Carbn-s.** caust. chin. cinnb. *Croc. Crot-h.* cupr. dros. elaps ferr. ferr-i. ferr-p. *Graph.* hep. indg. iod. kali-c. kali-p. kali-s. kali-sil.$_{k2}$ **Lach.** led. lyc. mag-c. mag-m. meny. merc. mez. nat-ar. nat-c. *Nat-m.* nat-p. nat-s. nit-ac. *Nux-v.* par. **Ph-ac. Phos.** *Puls.* ran-b. rhus-t. ruta sabad. sars. *Sep.* sil. spig. spong. stront-c. **Sulph.** teucr. *Thuj.* zinc. zinc-p.$_{k2}$
• **links**: am-c. bapt. kali-n. sars.
• **rechts**: arg-n.
• **morgens**: *Agar.* arn. borx. *Bov. Caust.* kali-s.$_{k2}$ **Lach.** nat-c. nit-ac. *Puls.* sulph.$_{h}$ thuj.
• **abends**: borx. graph. sep.
• **nachts**: arg-n. graph. nit-ac.
– **Schnupfen**, beim
☞ *Schnupfen - begleitet von - Nasenbluten*
– **Schwäche** durch Nasenbluten: chin.$_{bg1}$ ferr.$_{bg1}$ sec.$_{bg1}$ verat.$_{bg1}$
– **Schwangerschaft**:
• **während**: bry.$_{ptk2}$ cocc.$_{hr1}$ *Sep.*$_{hr1,ptk1}$
• **gesamten** Schwangerschaft; während der: erig.$_{zr}$
– **Schweiß**, mit: bry.$_{ptk1}$ caust.$_{ptk1}$ con.$_{ptk1}$ nux-v.$_{ptk1}$ op.$_{ptk1}$ **Phos.** tarax.$_{ptk1}$ thuj.$_{ptk1}$
• **Stirn**; auf der: crot-h.$_{bg1}$
– **Schwindel**:
• **vor**: carb-v.$_{h,k1}$

Nasenbluten - Schwindel: ...
• **nach**: carb-an.$_{br1,h,*}$
• **mit**
☞ ❑ *Schwindel - Nasenbluten*
– **Sehvermögens**; mit Verlust des: indg. ox-ac.
– **sickert** heraus; Blut: aloe$_{k2}$ *Bapt.*$_{hr1}$ crot-h. ham.$_{hr1,k}$ phos. plb.$_{a1}$ *Sul-ac.*$_{hr1}$
– **Singen**, nach: hep.$_{h,k,*}$
– **Sitzen**, im: carb-an.$_{bg1}$ sul-ac.$_{bg1}$
– **Speichelfluß**, mit: hyos.$_{bg1}$
– **Sprechen**, beim: lac-c.$_{hr1,k}$
– **Stehen** agg.: sul-ac.$_{bg1}$
– **Stillen** des Kindes; beim: vip.$_{ptk1}$
– **Stuhlgang**:
• **während**: carb-v.$_{bg2,k}$ coff.$_{hr1,k}$ phos.$_{h,k,*}$ rhus-t.$_{hr1,k}$
• **Pressen** zum Stuhl; beim: *Coff. Phos. Rhus-t.*
• **nach**: *Carb-v.*
– **Überhitzung**, durch: sep.$_{hr1,k}$ thuj.$_{bg2,k,*}$
– **vikariierend**: *Bry.*$_{hr1,k}$ dulc.$_{bg2}$ graph.$_{k13}$ **Ham.**$_{hr1,k}$ *Lach.*$_{hr1,k,*}$ nat-s.$_{bro1}$ **Phos.**$_{hr1,k}$ *Puls.*$_{hr1,k}$ sec.$_{k2}$ sep.$_{bro1}$
– **warm**:
• **Erwärmung**, bei: carb-v.$_{bg1}$
• **Zimmer**; im warmen: *Puls.* sep.
– **Waschen**; durch:
• **Füße**; der: carb-v.$_{bg1}$
• **Gesichtes**; des: am-c. ambr.$_{ptk1}$ ant-s-aur. **Arn.** bry.$_{ptk1}$ *Calc-s. Dros.* kali-bi. *Kali-c.* phos.$_{gm1}$ tarent.
• **Hände**; der: am-c.$_{k2,ptk1}$
– **wäßriger** Absonderung, nach: agar.
– **Wein**, durch: ars.$_{a1,k}$
– **Weinen**, beim: *Nit-ac.*$_{h,k,*}$
– **Weinen**, Heulen; nach: nit-ac.$_{bg1,bg2}$
– **Wetter**, bei heißem: **Croc.**$_{k,k12}$●
– **Zorn**, durch: *Ars.*

Nasennebenhöhlen; Beschwerden der: cinnb.$_{bg3}$ cot.$_{c2}$ kali-bi.$_{bg3}$ lach.$_{bg3}$ phos.$_{bg3}$ scolo-v.$_{vs}$ sil.$_{c2}$ syph.$_{bg3}$

Nässegefühl in der Nase; ständiges: pen.$_{br1,bro1}$

Nekrose: *Phos.*
☞ *Karies / Ozaena*

Niesen: *Acon.*$_{a1,k}$ acon-f.$_{a1}$ aegle-f.$_{bnj1}$ *Aesc.*$_{a1,k}$ aeth.$_{a1,k}$ *Agar.*$_{a1,k}$ agar-em.$_{a1}$ agn.$_{a1}$ ail.$_{a1,k}$ *All-c.*$_{a1,k}$ aloe alum.$_{a1,k}$ alum-sil.$_{k2}$ alumn. am-c.$_{a1}$ *Am-m.*$_{a1,k}$ ambr.$_{a1,k}$ ammc.$_{a1,k}$ *Anac.*$_{a1,k}$ anag. androc.$_{srj1}$ anis. ant-c.$_{a1}$ *Ant-t.*$_{a1,k}$ aphis apis apoc.$_{a1}$ *Arg-met. Arg-n.*$_{a1,k}$ arn.$_{a1,k}$ **Ars.**$_{a1,k}$ ars-h.$_{a1}$ *Ars-i.*$_{k,k2}$ ars-s-f.$_{k2}$ ars-s-r. arum-d. arum-t.$_{a1,k}$ *Arund.*$_{a1,k}$ asaf.$_{a1}$ asar.$_{a1,k}$ asc-t.$_{a1,c1}$ aspar.$_{a1,k}$ atro.$_{a1}$ *Aur.*$_{a1,k}$ aur-ar.$_{k2}$ aur-i.$_{k2}$ aur-m.$_{a1}$ aur-m-n.$_{a1}$ aur-s.$_{a1,k2}$ *Bad.*$_{a1,k}$ *Bamb-a.*$_{stb2}$ bapt.$_{a1,k}$ *Bar-c.*$_{a1,k}$ bar-i.$_{k2}$ bar-m. bar-s.$_{k2}$ *Bell.*$_{a1,k}$ benz-ac.$_{a1,k}$ berb.$_{a1,k}$ borx. bov.$_{a1}$ brach.$_{a1,k}$ *Brom.*$_{a1,k}$ **Bry.**$_{a1,k}$ bufo cadm-s.$_{k2}$ caesal-b.$_{bnj1}$ calad.$_{a1}$ *Calc.*$_{a1,k}$ *Calc-ar.* calc-f.$_{a1}$ calc-i.$_{k2}$ *Calc-p.*$_{a1,k}$ *Calc-s.*$_{a1,k}$ calc-sil.$_{k2}$ *Camph.*$_{a1,k}$ cann-i.$_{a1}$ cann-s.$_{a1}$ canth.$_{a1}$ *Caps.* carb-ac.$_{a1,k}$ *Carb-an.*$_{a1,k}$ **Carb-v.**$_{a1,k}$ **Carbn-s.** card-b.$_{a1}$ *Carl.*$_{a1}$ castm. *Caust.*$_{h,k,*}$ cench.$_{k2}$ cent.$_{a1}$

Niesen: ...
cere-b.a1 cham.a1,k2 chel.a1,k *Chin.*a1,k *Chinin-ar.* *Chinin-s.* chlor.a1,k choc.srj3 *Cic.*a1,k cimic.a1,k cimx.a1 **Cina** *Cist.* clem.a1,k cob.a1,k **Coc-c.** cocc.a1,k coch. colch.a1,k coloc.a1 *Con.*a1,k cop.a1,k *Croc.*a1 crot-h.a1,k crot-t. cupr.a1,k *Cycl.*a1,k delphin.a1 dig.a1,k digin.a1 dios.a1 *Dros.*a1,k *Dulc.*a1,k erio.a1 **Eup-per.** eup-pur. euph.a1,k *Euphr.*a1,k ferr. *Ferr-ar.* ferr-i. ferr-ma.a1 *Ferr-p.* form. *Gamb.*a1,k gels. gent-c.a1 gins.a1 glon.a1,k *Graph.*a1,k grat.a1,k ham.a1,k hell.a1,k hell-v.a1 hep.a1,k hydr.a1,k *Hydrog.*srj2 hyos.a1 hyper.a1,k *Ind.*a1,k *Indg.*a1,k *Iod.*a1,k *Ip.*a1,k ipom-p. irid-m.rb iris jac-c.a1,k *Kali-ar.* *Kali-bi.*a1,k kali-c.a1,k kali-chl.a1,k *Kali-i.*a1,k kali-m.k2 kali-n.a1,h,* kali-p. kali-s. *Kalm.*a1,k *Kreos.*a1,k lac-ac. *Lac-c.* *Lach.*a1,k lact.a1 laur.a1 led.a1 lil-t. lim.a1 linu-c.a1 lipp.a1 lob.a1 lob-c.a1 lob-s.a1 *Lyc.*a1,k lyss.a1,k mag-m.a1,k mag-n.stj2 mag-s.a1 mang.a1 mela.a1 menis.a1 meny.a1 meph. **Merc.**a1,k merc-i-f.h,k merc-i-r.a1,hr1 merc-sul. mez. mosch.a1 mur-ac. naja.k2 narz.a1 *Nat-ar.* nat-br.a1 *Nat-c.* *Nat-m.*a1,k *Nat-p.* *Nat-s.* nicc. *Nit-ac.*a1,k *Nux-m.*a1,k **Nux-v.**a1,k ol-an.a1 ol-j. olnd.a1,k op.a1 *Osm.*a1,k ox-ac.a1,k par.a1 *Petr.*a1,k *Ph-ac.*a1,k *Phos.*a1,k phys.a1,k *Plan.* plb.a1 prun. psor.a1,k ptel.a1,k **Puls.**a1,k ran-s.a1,k raph.a1 rat.a1,k rhod.a1 *Rhus-r.* **Rhus-t.**a1,k rob.a1 *Rumx.* **Sabad.**a1,k sabin.a1 sacch. *Sal-ac.*a1,k **Sang.**a1,k sanic. sapin.a1 sars. sec. *Senec.*a1,k *Seneg.*a1,k,* senn.a1 *Sep.*a1,k *Sil.*a1,k sin-n.a1 sol-t-ae.a1 *Spong.*a1,k *Squil.*a1,k stann.a1 *Staph.*a1,k stict. stram.a1 stry.a1 **Sulph.** sumb.a1 tab.a1 *Tarax.* tarent.a1,k tet.a1 *Teucr.*a1,k ther.a1,k thuj.a1,k til.a1 upa.a1 urt-u.a1 v-a-b.jl valer.a1 verat.a1,k verat-v.a1 verin.a1 vichy-g.a1 wies.a1 zinc.a1,k zinc-p.k2 zing.a1,k ziz.a1

– **tagsüber**: gamb.a1,k hydrog.srj2 merc.a1 *Nit-ac.*a1 petr.a1 ther.

– **morgens**: agar.a1,k *All-c.* alum.a1,h **Am-c.**a1,k aspar. benz-ac.a1,k bov. bry.a1,k calc.a1,k calc-ar. camph.bro1 **Caust.**h,k,* chlor.a1,k *Cimx.* *Cist.* clem.a1,k eupi.a1 fl-ac.a1,k *Gels.* granit-m.es1 hell.a1,k hydrog.srj2 hyper.a1 *Kali-bi.*a1,k kali-n.a1,h,* *Kreos.*a1,k laur. lyc.a1,k lyss. *Mag-c.*a1,k menis.a1 merc. mez. *Nat-m.* nicc.a1 nit-ac.a1,k nux-m.a1,c1 *Nux-v.*a1,k ol-an.a1 onos. phos. *Puls.*a1,k sars.a1,k *Sep.*a1,k sil.bro1 sin-n. stict. **Sulph.** thuj.a1,bg1 zinc.a1,h,*

- **2** h: kali-p.
- **5** h: nicc.
- **6** h: *Sep.*
- **7** h: bamb-a.stb2
- **abends**; und: nit-ac.bg1 sulph.bg1
- **Aufstehen**, nach dem: agar.a1 all-c. bov.bg1 caust.h,k,* hell. nux-v. rhod.a1,k sars.a1,k
- **Bett**, im: agar. **Am-c.**a1,k aspar. bamb-a.stb2 **Nux-v.**a1,k *Puls.*a1,k *Sep.*a1,k
- **Erwachen**, beim: agar.a1 **Am-c.** ars.a1,k aster.a1,k bov.a1,k calc. cench.k2 chin. chin-b.c1 graph. hydr.bg1 hydrog.srj2 kali-c.a1,h,* psil.ft1 spig.
- **nüchtern**, wenn: hell.a1,k
- **Sprechen**, verhindert das: rhus-t.

– **vormittags**: bry.a1 cimx. mez.a1 nicc.a1

– **nachmittags**: *Arum-t.*a1 bad. cimic.a1 digin.a1 fl-ac.a1,k ham.a1 laur. mur-ac.a1,h,* peti.a1 sil.a1 zinc.a1,h,*

– **abends**: all-c.a1,k bar-c. bry.a1 calc-p.a1 cham.a1 *Cist.* coc-c.a1 coff.a1 eupi.a1 glon.a1 glyc.bro1 hydrog.srj2 *Iod.* lyss. mag-c.a1,k mur-ac.a1,h,* nit-ac.a1,k petr.a1,h,* phos.a1,k *Puls.*a1,k rumx. stann.a1 sul-i.k2 **Sulph.** ther.a1,k thuj.a1 zinc.a1

- **Zubettgehen**, beim: bufo

– **nachts**: ars.a1 *Arum-t.*a1,k bamb-a.stb2 carb-v.a1,k *Elaps* ferr-i. hep.a1 petr. rhus-t. rob.a1 *Rumx.* sin-n. tong.a1

- **Liegen**, im: sin-n.

– **anfallsweise** ●: *Agar.* arn. bell.a1,k calc. carc.sst coc-c.a1 con. *Gels.*hr1,k glon. ham.a1,k hell. *Ip.* kali-bi.a1 *Kali-i.* lach. lyss. morph.a1 mosch.a1 *Nat-m.* nux-v. phos.a1,k *Rhus-t.* *Sabad.* sil. staph. *Stram.* sul-ac.h,k1 *Sulph.*a1,k tab.hr1 ther.

- **morgens**: gels.hr1
- **lang** anhaltende Anfälle: nux-v.
  ☞ *heftig - anhaltend*
  - **dauert** vier bis sechs Stunden mit Kräfteschwund: petr.

– **anhaltend**: all-c. anac. ars. *Dulc.* gamb. *Indg.* iris kali-i.k2 merc.a1,k mez.a1 nat-c.a1,k sabad.k2 squil.a1,k sul-ac.a1 sulph.k2 thyr.st1

- **vormittags**: cimx.
- **nachts**: carb-v. rhus-t.

– **Aufstehen**:

- **nach**: psil.ft1
- **Bett** agg.; aus dem: all-c.bro1 stach.bg1

– **Aufstoßen**, mit: ham.bg1 lob.bg1 *Phos.*bg1,vh,*

– **Blicken** auf glänzende Gegenstände; beim: lyss.

– **Blumen**: sabad.k2

– **Brennen** in Mund und Hals; mit: sabal.c1

– **Dampf** im Hals; wie durch: sal-ac.bg1 thuj.bg1

– **Einatmen**; beim: brom.

– **Entblößen**, durch: **Hep.** *Merc.* nat-m.bg1 nux-v.ptk1 *Rhus-t.* sil.ptk1

- **Hände**, der: **Hep.** pyrog. rhus-t.

– **erschütternd**: castm. sulph.

– **Essen** agg.: kali-p.bg1 zinc.bg1

– **Frost**; während: hydrog.srj2

– **Gähnen**, mit: astac. bry. cycl.bg1 lob.bg1 mag-c.h,k1

– **Gehen** im Freien; beim: bamb-a.stb2 cocc.a1,k plat.a1,k tarax.a1,k

– **Gerüche**, durch: phos.ptk1,ptk2

– **häufig**: acon. agar. *All-c.* alum.h,k alum-p.k2 alum-sil.k2 am-c. **Am-m.** ambr. anac. arg-met. arn. **Ars.** asaf. aspar. *Aur.* bar-c.a1,k bar-m. *Bell.*a1,k *Brom.* *Bry.*a1,k calc.a1,k calc-p.a1 carb-an.h,k1 **Carb-v.** **Carbn-s.** castm. *Caust.*h,k,* chinin-s. cic. cist. **Coc-c.** coff.a1 con. cor-r.a1,k cortiso.gse crot-h. cupr. *Cycl.* dig.h,k1 *Dros.* *Dulc.* euph. gink-b.sbd1 gins. graph.h,k,* gymno. *Hep.* hydrog.srj2 hyos.h,k1 ind.a1 kali-ar. *Kali-bi.*a1 *Kali-c.* kali-i.a1,k kali-n.h,k1 kali-p. kali-sil.k2 kalm. *Kreos.* lact. laur. lil-t. *Lyc.*a1,k mag-c.a1,k mag-m.a1,k mag-s. mang.h,k1 **Merc.**a1,k mez.a1,k mosch. mur-ac.a1,k nat-ar. *Nat-c.*hr1,k nat-m. *Nit-ac.* nux-m. **Nux-v.** petr.a1,k

– **häufig**: ...
Phos. Plan. prun.$_{al,k}$ psor. **Puls.**$_{fs}$ ran-s. rhus-t. ruta *Sang.* scor.$_{al,c1}$ sep. *Sil.* spig.$_{al,k}$ *Squil.*$_{al,k}$ stann. staph.$_{al,k}$ *Stict.* stront-c. **Sulph.**$_{al,k}$ ther. verat. *Zinc.*$_{al,k}$

◆ **begleitet** von:

• **Kopf**; Schmerz im

☞ ❑ *Kopf - Schmerz - begleitet von - Niesen*

– **heftig**: acon. all-c. am-c. anac. anag. aphis arg-met. *Ars.* ars-h. asaf. asar. aspar. *Bar-c.* brom. *Bry.*$_{al,k}$ calad. canth. caps. carb-v. cench.$_{k2}$ chin.$_{al,k}$ chlor. *Cina* cist. coc-c. con. croc. crot-h. dig. fl-ac. *Gamb.* gels. gymno. ictod. *Ind.*$_{al,k}$ indg.$_{al,k}$ *Ip.*$_{al,k}$ kali-ar. kali-bi.$_{al}$ *Kali-c.* *Kali-i.*$_{al,k}$ kali-p. kali-sil.$_{k2}$ lach.$_{al}$ laur. lim.$_{al}$ lyc. mag-c. merc. mez.$_{al}$ mosch.$_{al,k}$ mur-ac.$_{al}$ *Nat-ar.* *Nat-c.*$_{al,k}$ nat-m.$_{al,k}$ nicc.$_{al,k}$ nit-ac. nux-v. olnd. puls. rhus-t. rumx. sabad. seneg. sil. *Squil.* sulph.$_{al,k}$ teucr.$_{al}$ ther. *Thuj.* verat. verin.$_{al}$

• **anhaltend**; fünf Minuten lang: seneg.

☞ *anfallsweise - lang*

– **Heuschnupfen**, mit: *Ars. Carb-v. Dulc. Euphr.* lach. *Naja Nat-s. Nux-v.* sin-n. stict.

– **Hitze**:

• **vor**: chin.$_{h}$

• **während**: senn.$_{c2}$

– **Husten**:

• **vor**: *Ip.*$_{bg1,vh,*}$

• **beim**: agar. bell. just.$_{ptk2}$ psor. *Squil.*

• **nach** ●: **Agar.** *Arg-n.* bad.$_{al,k}$ *Bell.* bry.$_{al,k}$ caps. *Carb-v.* hep. lyc. nit-ac.$_{al}$ oena.$_{br1}$ psor. seneg.$_{c2,k}$ *Squil.* stict.$_{c1}$ sulph.$_{h,kl}$

• **zwischen** den Hustenstößen: bry.

– **Jucken**, mit: *Stry.*$_{bg1,vh,*}$

• **Ohren**, in den: cycl.$_{ptk2}$

– **kalt**:

• **Abkühlung**, durch: hep.$_{vh}$

• **Luft**, in kalter: anan. ars.$_{bro1}$ bamb-a.$_{stb2}$ hep.$_{bro1}$ hydrog.$_{srj2}$ nit-ac.$_{k2}$ sabad.$_{bro1}$

– **Kämmen** oder Bürsten der Haare; durch: sil.

– **Kehlkopf**; durch Reizung im: *Agar. Arg-n. Carb-v.*

– **Kitzeln** in der Luftröhre; durch: caps.

– **Kreide**; durch: *Nat-p.*$_{vh}$

– **Kribbeln** in der Nase; durch: arg-n.$_{al}$ borx. carb-v. ferr. *Hydrog.*$_{srj2}$ kali-bi. paeon. plat. rumx. senec.$_{pd}$ stict. teucr.

– **Liegen**:

• **agg.**: kali-bi.$_{bg1}$

• **amel.**: merc.

– **Luft**:

• **amel.** in der: *All-c.* calc-i. calc-s. phos. puls.

• **Freien**, im: alumn. bamb-a.$_{stb2}$ *Kali-bi.* sabad. tarax.

• **kalter** Luft; in

☞ *kalt - Luft*

• **Zugluft**: aral.$_{br1}$ nit-ac.$_{k2}$

– **Magen** kommend; wie vom: *Dig.*$_{bg1,vh,*}$

– **Menses**, während: mag-c.$_{h,kl}$

– **Mittagessen**:

• **beim**: grat.$_{al,k}$

Niesen - Mittagessen: ...

• **nach**: agar.$_{al,k}$ kali-bi.$_{al}$ phel.$_{al}$ phos.$_{al,k}$ zinc.

– **Nasenbluten**:

• **amel.**: astac.$_{kr1}$

– **Öffnen** der Augen; beim: am-c.$_{bg1}$ *Graph.* sangin-n.$_{bg1}$

– **periodisch**:

• **Stunde**:

• **zwei** Stunden; alle: granit-m.$_{es1}$

– **Pfirsichen**; beim Anfassen von: all-c.$_{bro1}$

– **plötzlich**: glon. ind.$_{al}$ rumx. seneg.$_{c2}$

– **Schlaf**:

• **im**: bar-m. *Nit-ac.* puls.

• **weckt** ihn aus dem Schlaf: **Am-m.**

– **Schläfrigkeit**, bei: *Petr.*$_{bg1,bg2,*}$

– **schmerzhaft**: carb-an. cina dros.$_{al,k}$ kali-i. mez.$_{al}$

• **Hals**, im inneren: phos.$_{ptk2}$

– **Schneuzen** der Nase:

• **agg.**: carb-v.$_{bg1}$ eupi.$_{c1}$

– **Schnupfen**:

• **ohne**: acon. aesc. *Agar.* alum. alum-sil.$_{k2}$ *Am-m.* ars. **Calc.** *Carb-v.* caust. cic. cist. con. dig. dros. euph.$_{h}$ *Euphr.* hell. hyos. iod. kali-c. lyc. meny. *Merc.* mur-ac. nat-c. nicc. *Nit-ac.* petr.$_{h}$ phos. *Sep.* sil. stann. staph. sulph. *Teucr.* ther.$_{c1}$ zinc.

– **Sonnenschein**:

• **durch**: aur.$_{bg1}$ hydr.$_{bg1}$ *Merc.*$_{bg1,vh,*}$ *Sang.*$_{bg1,vh,*}$

• **im**: agar. aur.$_{bg1}$ hydr.$_{bg1}$ merc.$_{bg1,br1}$ merc-sul. sang.$_{bg1}$

– **Sprechen**, verhindert das: rhus-t.

– **Staub** verursacht: benz-ac.$_{bg1}$ brom. lyss.

– **Steigen**:

• **agg.**: sol-t-ae.$_{bg1}$

– **Temperaturveränderung**, durch geringe: rumx.$_{vh}$

– **trocken**: agn.$_{al}$ ambr. chin. graph.

• **Nase**, mit trockener: ambr.$_{kl}$ chin.$_{kl}$ graph.$_{kl}$

– **Übelkeit**:

• **nach**: sulph.$_{c1}$

– **vergebliche** Versuche: acon. aeth.$_{al,k}$ alum. anac.$_{al}$ ars.$_{br1,bro1}$ asar.$_{al,k}$ benz-ac. bov.$_{al}$ calc.$_{al,k}$ **Calc-f.**$_{hr1,k,*}$ canth. **Carb-v.**$_{al,k,*}$ caust.$_{h,k,*}$ cocc. colch. culx.$_{st1}$ euph.$_{al,k}$ guare.$_{al,k}$ hell. hydrog.$_{srj2}$ indg.$_{al,k}$ *Kali-i.*$_{al,k}$ laur.$_{al,k}$ lyc.$_{hr1,k,*}$ mang.$_{al}$ *Mez.*$_{al,k}$ mur-ac. *Nat-m.*$_{al,k}$ *Nit-ac.* osm.$_{al,k}$ phos.$_{al,k}$ *Plat.*$_{al,k}$ plb. sars. sep.$_{al}$ **Sil.**$_{al,k,*}$ sul-ac.$_{al,k}$ sulph. zinc. zing.$_{al}$

• **Freien**, im: cocc.$_{hr1}$

– **warmen** Zimmer, im: *All-c.*$_{al,k}$ **Puls.**

– **Wasser**; beim Tauchen der Hände in: lac-d.$_{bro1}$ phos.$_{bro1}$

– **Wetter**:

• **wechselhaftem** Wetter; bei: ars.$_{k2}$

– **Wind**:

• **kalten** Wind; durch jeden: hep.$_{k2,ptk1}$

Ödem: **Apis** bapt.

Offen, beim Gehen im Freien; Gefühl, als seien die Choanen: fl-ac.

Ölig: calc.$_{bg2,k}$ *Hydr.* merc.$_{bg2}$ mez.$_{bg2}$ puls.

Operationen, nach: ferr-p.$_{ptk1}$

Ozaena: all-s. *Alum.*$_{c2,k}$ *Am-c. Arg-n. Ars.* **Asaf.**$_{c2,k}$ **Aur.**$_{c2,k}$ aur-ar.$_{k2}$ **Aur-m.**$_{c2,k}$ *Aur-m-n.* aur-s.$_{k2}$ cadm-s.$_{br1,c1,*}$ **Calc.** *Calc-f.*$_{c2,k}$ *Calc-p.* calc-s.$_{k2}$ calc-sil.$_{k2}$ *Carb-ac. Carb-an. Carbn-s.* chr-ac.$_{k,kr1}$ *Con.* crot-h.$_{c2,k}$ *Cur.*$_{c2,k}$ der.$_{c2}$ *Elaps*$_{c2,k}$ fl-ac. *Graph.* **Hep.** *Hippoz.*$_{c2,k}$ *Hydr.*$_{c2,k}$ *Hydrin-m.*$_{c2}$ *Iod.*$_{c2}$ **Kali-bi.**$_{c2,k}$ **Kali-i.** *Kali-p.* kali-perm.$_{c2}$ *Kali-s.*$_{c2,k}$ *Lach.* lem-m.$_{c1,c2}$ mag-m.$_{c2,k}$ **Merc.** *Merc-c. Merc-i-f.*$_{c2,k}$ mez. *Myric. Nat-ar. Nat-c.*$_{c2,k}$ *Nat-m.* nat-p. *Nat-s. Nit-ac.*$_{c2,k}$ ol-j. *Petr. Ph-ac.* phos.$_{c2,k}$ *Phyt.*$_{c2,k}$ *Psor.*$_{c2}$ **Puls.** *Sang.* sanic.$_{c2}$ **Sep.**$_{c2,k}$ **Sil.** skook.$_{c2}$ *Stict.*$_{c2,k}$ *Sulph. Syph.*$_{c2,k}$ *Teucr. Ther.*$_{c2,k}$ thuj.$_{c2}$ zing.$_{c2}$
☞ *Karies / Nekrose*
– **Krätze**, nach unterdrückter: calc.
– **syphilitisch**: *Asaf.* **Aur.** *Aur-m.* crot-h. fl-ac.$_{k2}$ **Hep.** *Kali-i. Merc.* **Nit-ac.** *Phyt.* **Sil.** *Syph.*
☞ *Karies - syphilitisch*

Perforation:
○ **Septum**: alum.$_{k1}$ kali-bi.$_{ptk1}$ kali-i.$_{bg3,ptk1}$ merc.$_{bg3,ptk1}$ merc-c.$_{bg3,ptk2,*}$ sil.$_{ptk1}$ syph.$_{ptk1}$

Pergament; Gefühl, als sei die Nase aus: *Kali-bi.* sulph.

Pfeifen: alum.$_{a1,h,*}$

Pickel: cub.$_{bg1}$

Pochen
☞ *Pulsieren*

Polyp: *All-c.*$_{hr1,k}$ alumn.$_{hr1,k}$ *Apis* arum-m.$_{hr1,k,*}$ aur.$_{bg2,k,*}$ aur-s.$_{k2}$ bell.$_{bg2,k,*}$ blum-o.$_{bnj1}$ cadm-s.$_{br1,c1,*}$ **Calc.**$_{bg2,k,*}$ calc-i. *Calc-p.*$_{hr1,k}$ *Calc-s.* calc-sil.$_{k2}$ *Carbn-s. Con.*$_{bg2,k,*}$ form. *Graph.*$_{bg2,k,*}$ hecla hep. hydr. *Kali-bi.*$_{bg2,k,*}$ *Kali-i.*$_{bg1,vh,*}$ *Kali-n.*$_{bg2,k,*}$ *Lem-m.*$_{c1,k}$ lyc.$_{c2,k}$ med.$_{c1}$ merc.$_{bg2,k,*}$ merc-c. *Merc-i-r.*$_{hr1,k,*}$ merc-k-i.$_{c2}$ nit-ac.$_{bg2,k,*}$ *Phos.*$_{bg2,k,*}$ *Psor.* puls.$_{bg2,k}$ **Sang.**$_{bg2,k,*}$ sangin-n.$_{br1}$ *Sep.*$_{bg2,k}$ *Sil.*$_{bg2,k,*}$ staph.$_{bg2,k,*}$ *Sulph.*$_{bg2,k,*}$ **Teucr.**$_{bg2,k,*}$ *Thuj.*$_{bg2,k,*}$ zinc-chr.$_{kl,ptk1}$
☞ *Rachenmandelwucherung*
– **links**: alumn.$_{hr1,k}$ apis calc. merc-i-r.$_{hr1,k}$
– **rechts**: *Caust.*$_{vh}$ *Kali-n.*$_{hr1,k}$
– **blutet** leicht: calc. calc-p. *Phos.*$_{hr1,k}$ thuj.
○ **Choanen**: *Teucr.*$_{hr1,k}$

Prickeln
☞ *Ameisenlaufen / Kribbeln*

Pulsieren: *Agar.*$_{bg2,k,*}$ all-c. arg-met. **Ars.**$_{hr1,k}$ bell.$_{bg2}$ borx. bov.$_{bg2}$ canth.$_{bg2}$ *Coloc.*$_{bg2,k,*}$ cor-r.$_{bg2,k,*}$ hydrog.$_{srj2}$ kali-bi.$_{k2}$ **Kali-i.**$_{a1,k}$ mag-m.$_{bg2,k}$ sil.$_{bg2,k}$
– **links**: arg-met.
○ **Nasenspitze**: hydrog.$_{srj2}$ ph-ac.
– **Nasenwurzel**: ars.$_{bg2}$ borx. camph.$_{bg2}$ **Kali-bi.**$_{bg2,k,*}$ phos.$_{bg2,h,*}$ sarr.$_{hr1,k,*}$ zinc.$_{bg2}$

Quietschen in der Nase: nat-c.$_{hr1,k}$ teucr.$_{hr1,k}$

Rachenmandelwucherung: agra.$_{br1,c2}$ bar-c.$_{br1}$ calc.$_{br1,c2}$ calc-f.$_{br1,c2}$ calc-i.$_{br1}$ calc-p.$_{br1}$ chr-ac.$_{br1}$ iod.$_{br1}$ kali-s.$_{br1}$ lob-s.$_{br1,c2}$ mez.$_{br1}$ osm.$_{c2}$ psor.$_{br1,c2}$

Rachenmandelwucherung: ... sangin-n.$_{br1,c2}$ *Spig.*$_{c2}$ *Staph.*$_{c2}$ *Sulph.*$_{br1,c2}$ *Thuj.*$_{br1}$ tub.$_{br1,k2}$
☞ *Polyp*

Rasseln: alum.$_{bg2,h,*}$ am-c.$_{a1,bg2}$

Rauch; wie
☞ *Gerüche - Rauch*

Rauheit an der Innenseite: mez.
– **nachts**: carb-v.
○ **Choanen**: am-m.$_{h}$ gal-ac. hyper. staph.

Reibt sich die Nase
☞ *Jucken - reibt*

Rhinitis
☞ *Entzündung*

Risse:
○ **Nasenflügel**: aur-m. caust. hep. *Merc.* sil. *Thuj.*
– **Nasenlöchern**, in den: **Ant-c.** anthraco.$_{c2,k}$ *Aur. Aur-m. Graph.* nit-ac. *Petr.*
– **Nasenspitze**: **Alum.** carb-an.
 • **Menses**, während: carb-an.
– **Nasenwinkel**: *Graph.* merc.
– **Septum**: merc.

Rot
☞ *Farbe - rot*

Rucken der Nasenwurzel; plötzliches: hyos.$_{ptk2}$

Rußige Nasenlöcher: *Ant-t.*$_{hr1,k}$ *Chlor.*$_{hr1,k}$ *Colch.*$_{hr1,k,*}$ crot-h.$_{bg1,bg3}$ *Hell.*$_{bg2,k}$ *Hyos.*$_{hr1,k}$ *Lyc.* merc.$_{bg2}$ *Zinc.*
☞ *Farbe - schwarz*

Schleimhaut: petr.$_{k2}$
– **abgelöst**: *Elaps*
– **Atrophie**: ambr.$_{k2}$
– **gangränös**: *Ars.*
– **zerstört**: am-m.

Schmal, hager: ant-t.$_{k2}$ aur-m.$_{k2}$ *Camph.*$_{hr1,k}$ canth.$_{k2}$ cina$_{k2}$ *Kali-bi.*$_{hr1,k}$ kali-c.$_{a1}$ lachn.$_{a1}$ *Lyc.*$_{hr1,k}$ op.$_{a1,bg2}$ podo.$_{a1,bg2}$ sep.$_{a1}$ *Spig.*$_{hr1,k}$ spong. verat.$_{hr1,k}$ verat-v.$_{bg2,k,*}$
☞ *Spitz*
– **zusammengedrückt**, wie: *Kali-bi.*$_{ptk1}$ spong.$_{ptk1}$

Schmerz: acon. aesc. agar. agn. alum. anac. ant-t. *Arg-met. Arg-n. Ars.* ars-i. ars-met. *Arum-t.* arund. asaf. asar. aspar. **Aur.** aur-ar.$_{k2}$ aur-i.$_{k2}$ *Aur-m.* bar-c. bar-i.$_{k2}$ bell. benz-ac. *Borx.* brom. bufo *Calc.* cann-i. carb-an. carb-v. carbn-s. cench.$_{k2}$ chin. cimic. *Cinnb.* coff. *Colch.* coloc. cor-r. *Crot-h.* cycl. *Elaps Euphr.* fl-ac. glon. **Graph.** grat. guaj. hell. **Hep.** *Hydrog.*$_{srj2}$ ign. *Iod.* kali-ar. **Kali-bi.** **Kali-i.** kali-n. kali-s. kali-sil.$_{k2}$ kalm. lach. laur. lyc. lyss. mag-c. mag-m. mang.$_{k2}$ *Merc. Merc-i-f.* nat-ar. nat-m. nat-s. *Nit-ac.* olnd. petr. phos. phyt. prun. **Puls.** ran-b. rheum rumx.$_{k2}$ ruta sang. sars. *Sep.* **Sil.** spig. *Sulph.* teucr. *Thuj.* verat.
– **links**: alum. arg-met. ars-met. arum-m. bell. cench.$_{k2}$ nat-p.$_{k2}$ stann.

– **rechts**: am-m. aur-s.k2 brom. camph. mez. psor.
  • **nach** links: euphr.
– **vormittags**: phos.h
– **abends**: alum. ars-met. cycl. ran-b.k2
– **nachts**: am-m.h **Aur.** aur-s.k2 bell. cor-r. lach. phos.
  • **Schlaflosigkeit**, mit: cor-r.
– **anfallsweise**: plat. zinc.
– **Atmen**, bei starkem: am-c. borx. op.
– **Berührung**, bei: alum. alum-p.k2 *Aur.* aur-s.k2 bar-m. bell. bry. canth. carb-an. caust. cic.k2 colch. graph.k2 *Hep.* kali-bi. kali-n. led. lyc. *Mag-m.* mag-s. **Merc.** nat-c. *Nat-m.* **Nit-ac.** petr. ph-ac. *Phos.* rhus-t. sabin. *Sil.* stann. sulph.
– **Bewegung** agg.: cupr. lyc.h
– **Brille** agg.: cinnb.bg1,bg2 lyc.bg1
– **Druck**:
  • **agg.**: alum-p.k2 aur-m.k2 chin. con. cupr-ar. led. lyc.bg1,bg2
  • **amel.**: agn. kali-bi.bg1
– **Einatmen** von Luft; beim: *Aesc.* alum-sil.k2 am-c. *Ant-c.* brach. bufo gins. *Hep.* hydr. mag-s. med.k2 osm. ox-ac. phos. *Psor.* sep. thuj.
– **Flohbisse**, wie: asc-t.k,wd
– **Haar** gezogen; Gefühl in der linken Seite, als würde an einem: plat.
– **heiße** Luft amel.
  ☞ *warm - Luft - Einatmen - amel. - heiße*
– **Husten**, beim: nit-ac.
– **kalten** Zimmer; im: dulc.k2
– **Kopfschmerzen**, mit: **Agar.** ferr. glon. hep. merc. mez.
– **Liegen**:
  • **agg.**: *Borx.*
  • **amel.**: cupr.
– **Menses**, vor den: con.
– **Nasenbluten**, mit: mill.bg1 rumx.bg1
– **Niesen**, beim: *Nit-ac.*
– **pulsierend**: ars. borx. *Coloc.* kali-bi. *Kali-i.* ph-ac. plat.
– **Reiben** amel.: bell. nat-c.
– **Schneuzen** der Nase; beim: aur. bamb-a.stb2 euphr.h **Graph.** *Hep.* iod. kali-bi. kali-c. kali-i. *Led.* mang.h *Nat-m.* nit-ac. *Sil.* teucr.
– **Sprechen** agg.: canth.bg1,bg2
– **Trockenheit**, aus: calc. **Graph.** *Kali-bi. Phos. Sep. Sil. Stict.* sulph.
– **warm**:
  • **Luft**; warme:
    • **Einatmen** von warmer Luft; beim:
      • **amel.**:
        • **heiße** Luft amel.: merc.k2
– **Wischen** der Nase; beim: brom.k2
▽ **erstreckt** sich zu:
  • **Augen**: **Hep.** lyc.
    • **Canthus** des linken Auges; von der Nasenwurzel entlang dem Orbitalbogen zum äußeren: kali-bi.
  • **Augenbrauen**: inul.
  • **Choanen**: bapt.
  • **Gehirn**, wie Strahlen: *Sil.*
  • **Hals**: gels.

▽ **erstreckt** sich zu: ...
  • **Hinterkopf**: acon.bg1 agar.bg1 kali-c.
  • **Kinn**: chin.
  • **Kopf**: alum-sil.k2 kali-bi. kali-i.
  • **Nasenwurzel**: *Coloc.* sang.
  • **Ohren**: berb.bg1 fago.bg1 lem-m.c1 psor.bg1
    • **Schlucken**, beim: elaps
  • **Schläfen**: kali-bi. mag-c.
  • **Stirn**: bufo calc. kali-bi.k2 kali-i. nat-s. sabalbr1,c1 sil.
  • **unten**; von oben nach: arn.
  • **Wangenknochen**: kali-bi. rhus-t.a1 thuj.bg1
○ **Choanen**: *Elaps* kali-perm.
  • **Aufstoßen**, nach dem: sulph.h
  • **Husten**, beim: *Carb-v.*
  • **Luft** beim Husten oder Sprechen hineinströmen; als würde: mag-s.
  • **Schlucken**, beim: *Carb-v.*
  • **Schneuzen** der Nase; beim: *Carb-v.*
– **innen**: **Graph.** nat-ar.k2 rheumc2 rhus-t.k2
– **Knochen**: *Aesc.* arg-n. *Ars.* **Aur.** aur-ar.k2 aur-m-n. aur-s.k2 benz-ac. cadm-s.k2 *Carb-an.* castor-eq. cench.k2 colch. cor-r. cycl. graph.k2 guaj. **Hep.** indg. **Kali-bi.**k,k2 *Kali-i.* kali-n. kali-sil.k2 lach. led. merc. mez. mosch. nat-m. onos. phos. *Puls.* **Sil.** ***Sulph.*** thuj. verat.
  • **linke** Seite: cench.k2 marb-w.es1
  • **rechte** Seite: aesc. aur.
  • **tagsüber**: *Sulph.*
  • **Druck** agg.: merc.k2
  • **pulsierend**: anan. **Kali-i.**
– **Knorpel**:
  • **Druck**, durch: calc.
○ **Ansatzstelle** des Knorpels: **Kali-bi.** mang.k2
– **Nasenflügel**: bar-c. calc. gels. hep. lyc.bg3 stram. thuj.bg3
  • **links**: alum.h gink-b.sbd1 zinc.
    • **Berührung**, bei: alum.h stann.h
  ○ **genau** über: lach.
  • **rechts**: arg-n.
    • **Berührung**, bei: mag-m.
    • **Bewegung**, durch: calc.
  • **Berührung**, bei: mag-m. stann.
– **Nasenloch**: bell.h hydrog.srj2 lunakg1
  • **links**:
  ○ **unteren** Winkel, am: coff.
    • **vorderem** Winkel, am: cocc.h
  • **rechts**: lyc.h
  • **Faden** vom Nasenloch zum Ohr; wie ein: lem-m.br1
– **Nasenrücken**: agn. canth. chin. *Hep.* kali-bi kalm. *Phos.*
– **Nasenspitze**: bar-c. bell. carb-an. carb-v.bg3 caust.bg3 *Cist.* kali-n.h lyc. plb. rhus-t.k2 sep.bg3
  • **Berührung**, bei: sulph.h
  • **Menses**, während: carb-an.
– **Nasenwurzel**: *Acon.* agn. *Alum.* alum-p.k alum-sil.k2 androc.srj1 *Ant-t.* arg-n. *Ars. Arum-* arund. aspar. *Bapt.* bar-i.k2 calc. calc-sil.k2 cann- cann-s.k2 *Carb-v. Chin.* cinnb. *Con.* crot-t. *Cupr* *Dig. Elaps* euphr. *Ferr.* ferr-p.bg1 *Gels. Glon.* hel **Hep.** hydrog.srj2 *Ign.* **Kali-bi.** kali-i.bg1,k2 lac-d.

– **Nasenwurzel**: ...
lach.$_{bg1,bg2}$ *Merc. Merc-i-f. Mez.* mill.$_{k2}$ *Nat-ar.*$_{c2,k}$ *Nat-m. Nat-s.* parth.$_{gm1}$ *Petr. Phos. Phyt.* plat. *Puls. Sang.* sarr. *Sep. Sil.* sulph. ther. thuj.
• **anfallsweise**: arn. hyos. zinc.
• **Erbrechen**, nach: dig.$_{c1,ptk1}$
• **Kopfschmerzen**, mit: **Agar.** *Cupr.* dulc.$_{a1}$ ferr. glon. hep. *Merc. Merc-i-f. Mez.* stict.$_{c1}$
• **Menses**, vor den: *Con.*
• **pulsierend**: kali-bi. sarr.
▽ **erstreckt** sich zu:
• **Ohren**, beim Schlucken: elaps
• **Stirn**: hep.$_{k2}$ merc.$_{k2}$ *Mez.* sabal$_{c1}$
– **Nasennebenhöhlen**:
• **rechts**, nachts: am-m.$_{c1}$
• **geschwürig**: sil.$_{h}$
• **pulsierend**: sil.$_{h}$
○ **Kieferhöhle**: bamb-a.$_{stb2}$
• **links**: bamb-a.$_{stb2}$
– **Septum**: alum. alum-sil.$_{k2}$ caust. kali-bi. plb. sel. *Sil.*
– **ausdehnender** Schmerz: bar-c.
– **beißend**: ambr. ang. arn. *Aur.* bar-m. berb. bry. calc-p. *Carb-v.* chin. euph. grat. hell. hep.$_{h}$ kali-c. kali-n. lach. lyc. mez. plat. ran-s. *Sabad.* spig. teucr. thuj.
• **erstickend**: euph.$_{h}$
• **Haut**, auf der: *Mez.*
○ **Nasenflügel**: aphis
• **Nasenloch**, abends; linkes: chin.
• **Septum**: asar.
– **berstend**: asaf. bar-c. kali-bi.
○ **Nasenflügel**, im rechten: asaf.
– **bohrend**: **Aur.** aur-ar.$_{k2}$ aur-i.$_{k2}$ bism.$_{h}$ *Kali-i.* nat-m. ruta spig. sulph.
• **rechte** Seite: camph. psor. spig.
• **nachts**: **Aur.** phos.
○ **Knochen**: **Aur.** aur-m-n. led. mez. nat-m. phos.
• **nachts**: phos.
▽ **erstreckt** sich zu:
• **Nasenwurzel**: *Coloc.*
• **Stirn**: *Kali-i.*
• **Nasenwurzel**: agar. bism. *Hep.* nat-m. phos. sulph.
• **morgens**: *Hep.*
• **7** - 12 h: hep.
• **katarrhalischen** Symptomen oder Kopfschmerzen; mit: hep.$_{c1}$
– **brennend**, beißend: *Aesc.* aeth. *Agar. All-c.* aloe alum. alum-p.$_{k2}$ alum-sil.$_{k2}$ *Am-c.* ambr. anan. ang. ant-c. aphis apis *Arg-met. Arg-n.* **Ars.** ars-s-f.$_{k2}$ arum-t.$_{k2}$ *Arund.* aur. aur-ar.$_{k2}$ aur-m. aur-s.$_{k2}$ bamb-a.$_{stb2}$ bar-c. *Bell.* berb. borx. bov. brach. brom.$_{k2}$ bufo calad. *Canth.* caps. *Carb-an. Carb-v.* card-m. *Caust.* chel. chlor. cimic. cina *Cist.* clem. coc-c. *Coloc. Con.* cop. crot-c. *Crot-t.* gamb. *Gels.* gran. grat. *Hep. Hydr.* kali-ar. *Kali-bi. Kali-c.* **Kali-i.** *Kali-n.* kali-p. kali-s. kali-sil.$_{k2}$ led.$_{k,ptk1}$ lyc. *Mag-m. Med.* merc.$_{k2}$ *Merc-c.* merl. *Mez.* nat-ar. *Nat-m. Nat-s.* nicc. *Nit-ac.* ol-an. pall. petr. ph-ac. phel. *Phos.* phys. plat. psor. rat. sabad. sang.$_{k2}$ sars. sec.$_{k2}$ senec. *Seneg.* **Sil.** sin-n. stann.

– **brennend**, beißend: ...
stry. *Sulph.* syph. tab. tarent.$_{k2}$
• **links**: caps. cina cist. coff. *Gels.* grat. kali-c. *Sep.*
• **rechts**: card-m. crot-t. hydr. kali-bi. kali-n.
• **morgens**: mag-m.
• **abends**: bamb-a.$_{stb2}$ pall.
• **Berührung**, bei: kali-n. mag-m. phos.
• **Einatmen**, beim: ant-c.$_{k2}$ cist.$_{k2}$ mag-m. med.
• **Freien**, im: kali-c.
• **kalte** Luft: bufo cist. kali-c.$_{k2}$ led.$_{ptk}$
• **agg.**: aesc.$_{bg1,ptk1}$
• **Menses** agg.; bei den: carb-an.
• **Nasenbluten**, mit: hydr.$_{bg1}$ led.$_{bg1}$
• **Pfeffer**, wie durch: calad. cench.$_{k2}$ choc.$_{srj3}$ hydrog.$_{srj2}$ *Seneg.*
• **Schneuzen** der Nase:
• **beim**: bamb-a.$_{stb2}$ carb-v. graph. kali-n. sars. sul-i.$_{k2}$
• **nach** Ausschneuzen dicken Schleims: aesc. ant-c. cist. nat-ar. *Nit-ac.*
• **Schnupfen**, beim: *Aesc. All-c.* aloe *Am-c.* **Ars.** calad. *Caust. Gels.* mez. pall.$_{c1}$ *Senec. Seneg. Sulph.*
• **Stellen**; an einzelnen: bar-c. graph. iod.
• **Tropfen** heißen Fettes; wie ein: bar-c.
○ **Choanen**: *Aesc.* arg-n. *Cist.* crot-t. *Kali-bi. Merc-i-r.* phos.
• **links**, wie brühend heißes Wasser: *Gels.*
• **Knochen**: **Kali-i.** kali-n.$_{h}$ *Mez.* nat-m. phos.
• **Nasenflügel**: all-c. aphis caps.$_{h}$ chel. clem. coc-c. kali-c. kali-n. *Nit-ac.* sulph. syph.
○ **Rand** des Nasenflügels: sulph.$_{bg1}$
• **links**: hell. sulph.
• **rechts**: sulph.
• **abends**: alum.
• **Nasenlöcher**: caps.$_{h}$ caust. con.$_{h}$ kali-c.$_{h}$ mag-m.$_{h}$ med.$_{a12}$ phys.$_{br1}$
• **Atmen** durch die Nase; beim: med.$_{c1}$
○ **innen**: merc.$_{k2}$
• **Nasenrücken**: bar-c.$_{h}$ coloc.
• **Nasenspitze**: bell. caps. *Carb-an.* carbn-s. nicc. ol-an. sil.
• **Menses** agg.; bei den: *Carb-an.*
• **Nasenwurzel**:
• **linke** Seite: kali-c.$_{h}$
• **rechte** Seite: lachn.
▽ **erstreckt** sich zum Ohr: elaps
○ **innen**: carbn-s. *Kali-bi.* nat-m.
• **Ränder** der Nase: arn. chel. sulph. thuj.
• **Seite** der Nase: aeth. alum.$_{h}$ graph.$_{h}$ petr.$_{h}$ sil.$_{h}$
• **Septum**: aphis cina *Kali-bi.* mez. sil. *Sulph.*
• **links**: cina
• **morgens**: *Sulph.*
• **Berührung**, bei: sil. staph.
• **um** die Nase: phos.$_{h}$
– **drückend**: acon. agar. agn. alum.$_{h}$ asaf. *Aur-m. Borx.* calc. *Cinnb. Colch.* coloc. con.$_{h}$ *Cor-r.* cycl. grat. *Kali-bi.* kali-c.$_{h}$ kalm. laur. mag-c. mag-m. merc. olnd. phos. prun. puls. ran-b. *Sil.*$_{bg1,vh,*}$ *Sulph.* teucr. verat.
• **rechts**: lyc.$_{h}$ plat.$_{h}$

◇ **abwechselnd** mit stechendem Schmerz: laur.
- **Gehirn** nach herausdrängen würde; als ob das: am-c. *Borx.*
- **Liegen** agg.: *Borx.*
- **oben**; nach: ran-b.$_{cl}$
- **unten**, nach: mag-s. merc.
  - **durch** die rechte Seite: borx.
- **zusammengezwickt**, zusammengeklemmt würden; als ob die Nasenlöcher: *Kali-bi.* lachn. spong.

▽ **erstreckt** sich zur Seite: chin.

○ **Choanen**: lyc.$_{h}$
- **Knochen**: agar. arn. bell.$_{h}$ carb-v. cinnb. cycl. **Kali-bi.** lyc.$_{h}$ merc.$_{k2}$ *Sulph.* verat.
  - **abends**: sulph.
  - **auseinanderdrückend**: colch. cor-r. laur. prun. *Puls.*
- **Nasenrücken** wie ein Stein: agn. coloc. kalm.
  - **Brille**; wie durch eine: *Cinnb.*
  - **Druck** amel.: agn.
- **Nasenspitze**: lact.
- **Nasenwurzel**: acon. aesc. agar. agn. all-c. all-s. am-c. anan. *Ant-t.* aspar. *Bapt.* bar-c. benz-ac. bism. *Brom.* calc. cann-s. carb-v. chel. *Chin.* cimic.$_{bg3}$ cimx. *Cinnb.* coloc. cund.$_{brl,k}$ *Cycl. Dulc. Gels.* granit-m.$_{es1}$ grat. hell.$_{h}$ hipp. *Hyos. Iod.* **Kali-bi.**$_{brl,k,*}$ *Kali-c. Kali-p.* kalm. *Lac-d.* lyc.$_{h}$ mag-s. manc. mang. *Merc.* mez. *Nat-ar. Nat-m.* olnd. phos. prun. ptel.$_{c1,hr1}$ *Puls. Ran-b.* raph. rhus-v. ruta sarr. *Sep.* spong. stict. sul-i.$_{k2}$ ther. *Thuj. Zinc.*
  - **betäubend**: acon. cann-s. olnd. zinc.$_{h}$
  - **Druck** amel.: *Kali-bi.*
  - **Nasenbluten**; gefolgt von: bry.$_{bg1}$ *Dulc.*$_{bg1,vh,*}$ kali-bi.$_{bg1}$ *Ruta*$_{bg1,vh,*}$
  - **Schwindel**; gefolgt von: *Zinc.*

  ▽ **erstreckt** sich zur Seite der Stirn: chin.
- **über** der Nase, wechselt zu einem Reißen, gefolgt von dumpfem Gefühl im Hinterkopf: ambr. cupr.

– **elektrischen** Funken am linken Nasenflügel, mit Verlangen zu reiben; Gefühl von: carb-ac.

– **exkoriiert**, wund; wie: lyc.$_{h}$

☞ *wund schmerzend*

– **Fremdkörper**; wie durch einen: calc-p. con.

– **Furunkel**; wie durch ein: hep.

– **geschwürig**: aeth. arn. aur-ar.$_{k2}$ aur-s.$_{k2}$ *Hep.* ign. *Kali-c.* mag-s. *Puls. Staph.*
- **Berührung**, bei: am-m. **Aur.** bry. mag-s.$_{c1}$ petr. *Sil.*

○ **innen**: *Am-m.* ars. **Aur.** bell. borx. bry. *Hep.* ign. *Kali-bi. Nit-ac. Nux-v.* puls. *Sil.* verat.
  - **links**: am-m. cocc. puls. staph.
  - **rechts**: **Aur.** *Graph. Kali-c.* thuj.
- **Nasenflügel**: nux-v.
  - **links**: laur.
  - **abends**: nux-v.
  - **Bewegung**, bei: nux-v.
- **Nasenwinkel**: camph. nux-v.
- **Nasenwurzel**:
  - **Berührung**, bei: petr.$_{h}$

– **geschwürig - Nasenwurzel**: ...
  - **Bücken**, beim: puls.
  - **Septum** bei Berührung: staph.

– **grabend**: *Coloc.* kali-n.
  - **spannend** im rechten Nasenloch: lach.

▽ **erstreckt** sich zu:
  - **Nasenwurzel**; von der linken Seite zur: *Coloc.*

– **juckend**: aur-m.$_{h}$

– **kneifend**: kali-n.$_{h}$

○ **Nasenflügel**: kali-n.$_{h}$
- **Nasenspitze**: kali-n.$_{h}$

– **krallend**: arg-n. kali-n.

– **krampfartig**: nux-m. plat. sulph.

○ **Knochen**, rechts: laur. plat.
- **Nasenflügel**: kali-n. plat. zinc.
  - **links**: plat.
  - **rechts**: ambr.
- **Nasenspitze**: stront-c.
- **Nasenwurzel**: *Acon.* arn. bapt. bell. colch. hyos. kali-c. *Mang. Plat.* zinc.
  - **rechte** Seite: kali-c.

– **kratzend**, scharf: ruta$_{h}$

○ **Choanen**, in den: staph.

– **lanzinierend**

☞ *stechend*

– **nagend**: fago.$_{bg1}$ merc. **Sil.**

○ **äußeren** Nase, wie von etwas Scharfem; an der: plat.
- **Nasenknochen**, in den: bufo **Kali-i.**
- **Nasenspitze**: berb.
- **Nasenwurzel**: calc. merc. raph.

– **pochend**

☞ *pulsierend*

– **prickelnd**

☞ *stechend*

– **reißend**: alum. alum-sil.$_{k2}$ arn. cadm-s. *Calc.* chel. *Chin.* colch. euphr. ind. kali-bi. kali-i. lach. lyc. mag-c. mag-m. mang. nat-s. nicc. *Sep.* sil. spong. *Sulph.* zinc.

☞ *zerreißend*
- **links**: am-c. aur-m. mang. ol-an.
- **rechts**: alum. zinc.
- **Druck** amel.: alum. sulph.

○ **Choanen**: zinc.
- **Knochen**: *Aur-m. Con.* gamb. indg. *Kalm.* merc.$_{k2}$ mez.
  - **Übelkeit**, mit: *Kalm.*
- **Nasenflügel**: caust. sil. stram.
  - **links**: sil. thuj.
  - **rechts**: caust.
- **Nasenrücken**: *Chin.*
- **Nasenwurzel**: castm. chin. coloc. *Kalm. Mang. Merc-c.* nicc. *Phos.*

  ▽ **erstreckt** sich zur Stirn: *Nat-m.*
- **Seite**: carb-an. carb-v.$_{h}$
  - **links**: mag-c.$_{h}$
  - **rechts**: lyc.$_{h}$

  ▽ **erstreckt** sich zu:
  - **Auge**: lyc.$_{h}$
  - **Schläfe**: mag-c.$_{h}$

• **Septum**: plb.
– **Roheit**: *Aesc.* ail. all-c.k2 ars. ars-h. **Arum-t.** bar-m. calc. conv.brl cop. echi. graph.k2 *Hydr.* kali-ar. *Lach.* lec. mag-m. merc.k2 *Merc-c.* *Mez.* nat-ar.k2 nat-m.h sabad.k2 sang.k2 *Sep.* *Sil.* *Sul-i.*
☞ *Exkoriation*
• **links**: psil.ft1 *Sep.*
• **morgens**: mag-m.
• **Einatmen**, beim: *Aesc.* agar. *Ant-c.* cist.k2 *Sep.*
• **Schneuzen** der Nase:
• **beim**: *Hep.* hydrog.srj2
• **nach**: aesc. ant-c. cist. *Hep.* nat-ar. *Nit-ac.*
• **Schnupfen**, beim: aesc. ail. all-c.k2 ant-c. **Ars.** pen.brl sep. *Sil.* uva
○ **Choanen**: *Acon.* *Arum-t.* carb-v. chlor. *Cist.* dig.h hydr. iris *Kali-bi.* kali-n. lac-ac. *Merc-i-r.* *Quill.*bg1,vh,* sep.
• **morgens**: chlor. dig.h
• **nachmittags**: nat-ar.
• **abends**: dig.h
• **Einatmen** agg.: *Ferr-p.* kreos.
• **Nasenflügel**: all-c.k2
○ **Schleimhaut**: *Mag-m.* med. nat-m.h
• **Nasenlöcher**: *Ail.* *Arum-t.* bar-c. **Bov.** **Brom.** cact. calc. *Calc-p.* graph.k2 iod. **Lach.** *Mag-m.* merc. merc-c. phos. rhus-t. *Sep.* sulph.k2
• **Nasenspitze**: calc. carbn-s.
• **Ränder**: sulph.
• **Septum**: lac-c. *Mag-m.*
– **ruckend**: con.
• **links**: caps.
• **rechts**: zinc.
• **plötzlich** in der Nasenwurzel: hyos.
▽ **erstreckt** sich zu:
• **unten**; von oben nach: hyos.
– **Sattel**, wie ein: cinnb.bg1,bg3 kali-bi.bg2 **Sep.**bg2 thuj.bg1,bg2,*
– **scharrend**, kratzig: nux-v.
– **schneidend**: arn. bry. caust. hydrog.srj2 *Kali-bi.* kali-i. zinc.
• **abends**: lyc.
• **Bett**, im: lyc.
○ **Knochen**: indg. *Kali-bi.* *Kali-i.* merc-i-f. teucr.
• **Nasenflügel**: caust. stram. zinc.
• **links**: zinc.
• **rechts**: caust.
• **Nasenloch**; rechtes: lyc.
• **Nasenmuscheln**: cop.brl
• **Nasenwurzel**: *Kali-c.* *Teucr.*
▽ **erstreckt** sich zum Hinterkopf: ferr-i.
• **Septum**: lyc. merc-i-f.
• **links**, beim Einatmen: agar.
○ **oberen** Teil des Septums; im: lyc.
– **Splitter**, wie ein: *Nit-ac.*
• **Berührung**, bei: *Nit-ac.* *Sil.*
– **stechend**: *Aesc.* anan. anis. **Apis** asc-t. *Aur.* bamb-a.stb2 bar-m. bell. berb. blum-o.bnj1 calc. calc-p. calc-sil.k2 camph. caps. con. euph. euphr. ipom-p. kali-bi. *Kali-c.* mur-ac. **Nit-ac.** nux-m. olnd. puls. *Sang.* spig. tarent. teucr. thuj.
• **links**: arg-met. calc. carb-ac. chin. grat. *Spong.*
• **Einatmen**, beim: chin.

– **stechend**: ...
• **rechts**: psor. sulph.
• **Atmen**, beim: hydrog.srj2 op. ox-ac.
• **Schneuzen** der Nase, als würden die Knochen aneinanderreiben; beim: kali-bi.
▽ **erstreckt** sich beim Schneuzen der Nase zur Stirn: sulph.
◈ **abwechselnd** mit Druck: laur.
• **Absonderung** amel.: hydrog.srj2
• **Berührung**, bei: calc. **Nit-ac.** *Sil.* zinc.
• **Husten**, beim: *Nit-ac.*
• **amel.**: hydrog.srj2
• **Niesen**, beim: *Nit-ac.*
• **Schneuzen** der Nase; beim: *Kali-bi.* kali-c. *Nit-ac.* sulph.
▽ **erstreckt** sich zu:
• **Hinterkopf** beim Schneuzen der Nase: cic.h kali-c.
• **Scheitel**: tarent.
○ **Choanen**: *Aesc.*
• **innen**: bufo calc. *Con.* hydr-ac. merc-c. mur-ac. sang.
▽ **erstreckt** sich zu:
• **Ohr**, beim Schneuzen der Nase: calc.
• **Stirn**: bufo *Kali-bi.* *Kali-i.*
• **Knochen**: ars. calc. cham. *Cina* kali-bi. kali-i. lach. led. spong. teucr.
• **links**: spong.
• **Nasenflügel**: kali-c. stram.
○ **Verbindung** der Nasenflügel mit dem Gesicht; an der: all-s.
• **linke** Seite: all-s.
• **Nasenrücken**, rechts: con. inul.
• **Nasenspitze**: anis. bell. *Con.* kali-c. kali-n. sars.h sep. sil.
• **Berührung**, bei: sep.
▽ **erstreckt** sich zur Stirn: sil.
• **Nasenwinkel**: camph.
• **Nasenwurzel**: acon. inul. *Kali-bi.* merc-i-f. mill. nat-m. nicc. *Nit-ac.* *Phos.* *Rhus-t.* sil. teucr.
• **links**: agar.
◈ **abwechselnd** mit Stechen im Hinterkopf: acon.
• **Niesen**, beim: nit-ac.
• **stürzt**; bevor er bei Schwindel: *Kali-c.*
▽ **erstreckt** sich zu:
• **Canthus** des Auges; äußerer: *Kali-bi.*
• **Spitze**: camph.
• **oberer** Teil: teucr.
• **Seite**: aeth. alum.h sil. sul-ac.h
• **Septum**: aur. chin. *Cinnm.* con. *Iod.* *Sil.*
• **Berührung**, bei: con.h sil. zinc.
– **stechend**; fein: sep.bg1,bg2
• **Flohbisse**; wie
☞ *Flohbisse*
– **stechend**; fest:
○ **Septum**:
• **Berührung**; bei: zinc.
– **Stöckchen**; wie voller: alum.k2
– **Wehtun** (= unbestimmt, drückend): asar. cench.k2 cimic. *Elaps* merc-i-f.
○ **Knochen**: bell. castor-eq. cycl. mosch. sulph.

– **Wehtun** (= unbestimmt, drückend): ...
• **Nasenrücken**: agn. canth.
  • **morgens**: canth.
• **Nasenwurzel**: agn. asar. bapt. chin. hell. *Hep.* *Kali-bi.* nat-ar. puls. sang. sulph.
– **wühlend**, grabend: coloc. kali-n.
○ **Nasenspitze**: sil.
– **wund** schmerzend (= wie zerschlagen, empfindlich): act-sp. agar. alum-sil.c2 am-m. arg-n. *Arn.* *Ars.* **Aur.** bell. benz-ac. brach. *Brom.* *Calc.* cic. *Cina* coloc. con. crot-t. cupr-ar. fago.c2 *Hep.* iod. *Kali-bi.*c2,k kali-n. lac-c. led. lith-m.c2 lyss. mang.k2 *Nat-m.* *Petr.*c2,k *Phos.* podo.c1 *Puls.* **Sil.** viol-o. zinc.
☞ *exkoriiert / Empfindlichkeit*
• **abends**: alum.
• **Berührung**: *Alum.* am-m. anac. **Aur.** *Aur-s.* bell. bry. *Calc.* caust. cic. colch. euphr. graph. *Hep.* ictod. *Kali-bi.* kali-i. lyss. *Mag-m.* *Mang.*hr1,k *Merc.* *Nat-m.* *Nit-ac.* **Phos.** *Sil.* sulph. thuj. zinc.
• **Schneuzen** der Nase; beim: *Aur.* **Graph.** led. mag-s. *Nat-m.* *Sil.*
• **Stellen**, an kleinen: merc-i-f.
• **Zusammendrücken** der Nasenflügel; beim: arg-n. colch. nat-m.
○ **Choanen**: am-m.h bapt. cop. kreos. lec. mag-c. ox-ac. par. ph-ac.
  • **morgens**: dig.
  • **Husten**, beim: carb-v.
• **innen**: *Aesc.* agar. *Alum.* alum-p.k2 alum-sil.k2 *Am-m.* ambr. anac. ang. anis.bg1 ant-c. aphis arn. *Ars.* **Arum-t.** **Aur.** aur-ar.k2 aur-s.k2 bapt. bar-c. bar-m. borx. *Bov.* *Brom.* *Calc.* *Calc-p.* calc-sil.k2 camph. carb-an. carbn-s. caust. cench.k2 cham. chel. cic. cocc. colch. *Con.* conv.br1 cop. crot-t. dios. *Euphr.* gels. **Graph.** hep. *Hyper.* *Ign.* jab. **Kali-bi.** *Kali-c.* **Kali-i.** *Kali-n.* kali-p. kali-s. kali-sil.k2 lac-c. *Lach.* lact. led.bg1 lith-c. *Mag-m.* mag-s. **Mang.** med. *Merc.* merc-c. *Mez.* mur-ac. nat-ar. *Nat-m.* nat-p. nat-s. nicc. **Nit-ac.** *Nux-v.* ol-an. *Petr.* phos. podo. psor. ptel. puls. ran-b. rhod. *Rhus-t.* sars. sec. sep. **Sil.** stann. staph. sulph. syph. teucr. *Thuj.* *Tub.* uran-met. *Zinc.* zinc-p.k2
  • **links**: agn. **Arum-t.** cench.k2 coff. fl-ac. ictod. med. nat-p. staph.
  • **rechts**: *Alum.* am-c. ant-c. *Aur.* calc. colch. kali-bi. *Kali-n.* kali-p. lac-c. mag-c. *Sil.* *Thuj.*
  • **Einatmen**, beim: ant-c.h
• **Knochen**, in den: arg-n. **Aur.** *Aur-m.* *Aur-s.* chel. cupr-ar. graph.k2 guaj. *Hep.* jab. kali-i.k2 *Lac-c.* lach.k2 merc. *Nat-m.* *Sil.*
  • **links**: aesc. anac. arg-n. nat-m.
  • **rechts**: **Aur.**
• **Knorpel**; im: mang.k2
• **Nasenflügel**: am-m. aur.h brom. calc. calc-p. calc-s. gels. iod. kali-bi. *Nat-m.* nit-ac. rhus-t.
  • **links**: calc. med. nat-m.h
  • **rechts**: cic. daph. hydr. mez.
• **Nasenrücken**: **Hep.** *Kali-bi.* *Nat-c.* *Petr.* **Phos.** *Sil.*

Schmerz - wund schmerzend: ...
• **Nasenspitze**: bell. *Borx.* calc. carb-an. cist. *Con.* hep. kali-bi. *Lith-c.* lyc. merc-sul. op. rhus-t. sil. tax.
• **Nasenwurzel**: *Ant-t.* carb-an. kali-bi. nicc. *Nit-ac.* raph.
  • **Operation**, nach: ferr-p.ptk1
• **Ränder**: am-m. calc. *Calc-p.* kali-bi. nux-v. squil. sumb. thuj.
• **Septum**: *Alum.* borx. *Bov.* calc. caust. *Colch.* con. hep. *Hydr.* **Kali-bi.** kali-s. *Lac-c.* *Mag-m.* *Merc-i-f.* *Mur-ac.* nat-m. sep. *Sil.* *Staph.* *Sulph.* thuj.
  • **rechte** Seite: lac-c. lyc.h *Merc-i-f.*
    • **Pickel**, durch ein: calad.
– **wundfressend**, am Nasenloch: lyc.h
– **zermalmend** in der Nasenwurzel: anan.
– **zerreißend**: cadm-s.
☞ *reißend*
– **zerrender** Schmerz in den Knochen: merl.
– **zerschlagen**; wie
☞ *wund schmerzend*
– **ziehend**: agar. anac. ant-c. bapt. bell. camph. canth. caul. caust. clem. colch. crot-h. crot-t. *Hep.* *Kali-n.* lach. laur. mez. nat-s. sil.
• **links**: bell. camph.
• **rechts**: aesc. lyc. nat-c. zinc.
• **nachts**: *Crot-h.* hep.
• **Reiben** amel.: nat-c.
▽ **erstreckt** sich zu den Augen: hep.
○ **Knochen**: clem. *Colch.* lach. mez.
  • **Sattel**, wie ein: thuj.h
• **Nasenflügel**: caust.
• **Nasenwurzel**: *Calc.* *Carb-v.* kali-chl. nat-m. petr. *Phyt.* rheum *Sil.*
  ▽ **erstreckt** sich zu:
    • **oben**, nach: nat-m.h
    • **Spitze**: rheum
– **zuckend**
☞ *stechend*
– **zusammendrückend**
☞ *drückend*
– **zusammenziehend**: anac. caps. fago.bg1 graph. hell. hep. *Kali-n.* sabad.
• **links**: caps.
• **Schneuzen** der Nase; beim: kali-c.
▽ **erstreckt** sich zu:
  • **Auge**: zinc.
    • **links** bis über das linke Auge; von: caps.
  • **Hinterkopf**: kali-c.
– **zwickend**
☞ *drückend - zusammengezwickt*

Schmutzig
☞ *Rußige*

Schneuzen der Nase:
– **Neigung**, sich die Nase zu schneuzen; ständige ●: agar. *Am-m.* bar-c. bar-s.k2 *Borx.* bov. calc.h carb-an. echi. hep. *Hydr.* *Kali-bi.* lyc.ptk1 mag-c. mang.ptk1 nat-m. phos.k,kl2● psor. rumx.k2 **Stict.**k,kl2● sulph.k,kl2● **Teucr.**k,kl2● ther. tritic.br1

– **Neigung**, sich die Nase zu: ...
• **abends**: lith-c.
• **Fremdkörpers** in der Nase; Gefühl eines großen: am-m.gsy1 **Teucr.**
• **nicht** amel.; was aber: *Kali-bi.*ptk1 lach.ptk1 psor.ptk1 *Stict.*ptk1 *Teucr.*ptk1
• **ohne** Absonderung, aber
☞ *Trockenheit - innen - schneuzen*
– **Unfähigkeit**, sich die Nase zu schneuzen bei Kindern: am-c.ptk1,st

Schniefen: acon.bro1 alum.bg1 am-c. apoc.bg1,c2 ars.bg1 arund.c1 *Asc-t.* *Aur.* aur-m. bell.bro1 cham.bro1 cupr.bg1 dulc.bro1,k2 elaps hep.bro1 kali-bi.bg2,k2,* kali-c.bg2 kali-i.bg1 **Lyc.** *Med.*bg1,bg3 merc.bg1 merc-i-f.bro1 nat-m.bg1 **Nux-v.** osm.bg3 phos.bg3 puls. sabad.bg3 **Samb.**c2,k sep.bg1,h stict.bro1 sulph.bro1 syph.xxb vib.bg3
– **Kindern**; bei:
• **Neugeborenen**; bei ●: calc-lac.bc *Dulc.* **Lyc.** *Merc.*bg1,vh,* **Nux-v.** *Puls.* **Samb.**
☞ *Verstopfung - Kindern*

Schnieft ständig, aber ohne Absonderung: iodof.
– **Sprechen**, beim: kali-bi.
– **Wetter**; bei warmem, nassem: *Kali-bi.*

Schnupfen: *Acon.*hr1,k,* *Aesc.*a1,k aeth.a1,k agar.a1,k ail.hr1,k,* **All-c.**a1,k,* all-s.hr1,k aloe alum. alum-sil.k2 am-br.c2 *Am-c.*a1,k *Am-m.*hr1,k,* **Ambr.**hr1,k,* ammc.hr1,k *Anac.*hr1,k,* anan. *Androc.*srj1 anis. ant-c.a1,k ant-t. antho.c2 aphis c2,k apis *Apoc.*hr1,k,* aran.a1,k *Arg-met.* *Arg-n.*a1,k arn.a1,k **Ars.**hr1,k,* *Ars-i.*hr1,k ars-met.c2 arum-m.c2 *Arum-t.*a1,k **Arund.**c2,k asaf.a1,k *Asar.*hr1,k asc-t.a1,k *Aspar.*hr1,k,* astac. *Aur.*hr1,k,* aur-ar.k2 *Aur-m.*hr1,k,* aur-s. aven.br1 *Bad.*a1,k,* *Bamb-a.*stb2 bapt. bar-c.hr1,k bar-m. **Bell.**hr1,k,* *Benz-ac.*hr1,k *Berb.*hr1,k *Borx.* bov.a1,k *Brom.*a1,k *Bry.*a1,k,* bufo *Cact.*hr1,k,* cadm-s.k2 cain. calad. *Calc.*hr1,k,* calc-ar. calc-f. calc-p. calc-s.a1,k camph. canth. *Caps.*k,k2,* *Carb-ac.* *Carb-an.* **Carb-v.**hr1,k,* **Carbn-s.** castor-eq. *Caust.*a1,k *Cean.*hr1,k cench.k2 cent.c2 *Cham.*a1,k **Chel.**a1,k *Chin.* chin-b.c2 chinin-ar. *Chlor.*a1,k *Cic.* cimic.a1,k cimx. *Cina* *Cinnb.*hr1,k,* cist.k2 clem.hr1,k coc-c.hr1,k cocc.a1,k coff. *Colch.*hr1,k,* coloc. con.hr1,k,* *Cor-r.* corn. croc. crot-h. crot-t. cupr.a1,k *Cycl.*hr1,k,* daph. dig.a1,k dros. dulc.a1,k eucal.hr1,k,* eug.c2 **Eup-per.** eup-pur. euph. **Euphr.**hr1,k,* *Ferr.*hr1,k,* *Ferr-ar.* ferr-i.c2,st **Ferr-p.**hr1,k fl-ac.a1,k formal.br1 *Gels.*hr1,k glon. *Graph.*hr1,k,* guaj. **Hep.**a1,k hom.c2 *Hydr.*hr1,k,* ign.a1,k *Iod.*a1,k,* ip. *Jab.*hr1,k jac-c.a1,k jal.c2 jug-c.c2 *Kali-ar.* *Kali-bi.*a1,k,* *Kali-c.*hr1,k,* *Kali-chl.*hr1,k kali-chls.c2 **Kali-i.**hr1,k,* kali-m.k2 kali-n. kali-p. *Kali-s.* kali-sil.k2 *Kalm.*a1,k kreos. lac-ac. *Lac-c.* *Lach.*hr1,k,* laur. lob-s.c2 *Luna*kg1 *Lyc.*a1,k lycpr.c2 lyss. *Mag-c.*a1,k *Mag-m.*hr1,k,* mag-s.a1,k mang.a1,k med. meph. **Merc.**hr1,k,* *Merc-c.* *Merc-i-f.*hr1 *Merc-i-r.*hr1,k,* merc-sul. *Mez.*hr1,k,* mur-ac.a1,k myric.a1,k myrt-c.c2 *Naja* narc-ps.c2 **Nat-ar.**c2,k *Nat-c.*hr1,k,* nat-i.c2 *Nat-m.*hr1,k,* nat-p. nat-s.a1,k

Schnupfen: ...
nicc. *Nit-ac.*hr1,k,* **Nux-v.**hr1,k nymph.c2 ol-an.c2 ol-j.c2 *Osm.*hr1,k,* ovi-p.c2 oxyg.c2 par. pen.br1,c2 *Petr.*hr1,k,* *Ph-ac.*hr1,k,* phel.a1,k,* **Phos.**a1,k,* *Phos-pchl.*c2 *Phyt.*hr1,k,* plat. plb. pop-c.c2 psil.ft1 psor.a1,k **Puls.**hr1,k,* ran-s.c2 rhod.c2,k rhus-r. **Rhus-t.**a1,k rob.c2 *Rumx.*c2,k *Sabad.*c2,k sal-ac.c2 *Sang.*hr1,k,* sangin-n.c2 sanic.c2 sars.a1,k sec.a1 sel.a1,k *Senec.*c2,k seneg.a1,k *Sep.*a1,k **Sil.**a1,k,* sin-n.hr1,k,* spig. spira.c2 *Spong.*hr1,k,* *Squil.*a1,k,* stann.a1,k **Staph.**hr1,k,* *Stict.*hr1,k still. sul-ac.a1,k sul-i.c2 **Sulph.**hr1,k,* syph.k2 tarent.a1,k tell.a1,k,* ter. *Teucr.*a1,k thuj.hr1,k til. tub.c upa.c2 vac. verat. verb. vichy-g.a1 wye.k2 yuc.c2 zinc.a1,k zinc-o.c2
☞ *Heuschnupfen / Katarrh*
– **amel.** die allgemeinen Symptome
☞ *❑ Allgemeines - Schnupfen - amel.*
– **links**: agar. *All-c.*hr1,k alum.h,k1 **Arum-t.** bad.a1,k berb. cist. cop. jug-c.hr1,k mang. psil.ft1 thlas. thuj. zinc.hr1,k
▽ **erstreckt** sich nach rechts: agar. all-c. androc.srj1
– **rechts**: **Ars.** brom. *Calc-s.*hr1,k euphr.hr1,k kali-bi. kali-i.vh merc-i-r.a1,k *Sang.* sars. tarent.
▽ **erstreckt** sich nach links: androc.srj1 borx.h,k1,* brom.h *Carb-v.* chel. euphr. lyc.
• **Bad**, nach einem: calc-s.k,kr1,*
– **eine** Seite: alum. am-m.h aur-m. bell. calc-s.k2 hep. kali-c. nux-v. **Phos.** *Phyt.* plat. rhod. stann. staph.
– **tagsüber**: carb-v.a1,k caust. cimic.a1,k euphr. merc. nat-c.hr1 *Nux-v.*a1,k stann.a1,k
– **morgens**: aeth.a1,k all-c. alum. ant-c. ars-met. *Arum-t.*hr1,k asc-t.a1,k *Bar-c.*hr1,k bufo *Calc.* calc-ar. calc-p. *Carb-v.* con. corn.hr1,k,* cycl.hr1,k dig.a1,k euphr.a1,k ferr-i. iod. kali-bi. kali-c.k2 lach. *Mag-c.*a1,k myric.hr1,k nat-m. **Nux-v.**hr1,k,* onos. puls. sars.hr1,k sep.a1,k *Squil.*hr1,k sumb.hr1,k,*
• **amel.**: stict.
• **abends**; und: mag-c.bg1
• **Erwachen**, beim: ars. *Aster.* carb-v.h dulc.
• **Erwachen**; beim: ars.a1 *Aster.*a1,hr1 carb-v.h,k1 *Dulc.*hr1
– **mittags**: cina
– **nachmittags**: agar. alum. lach. lyc.a1,k sin-n. staph.h,k1 stict.
• **16** h: apis
– **abends**: *All-c.*hr1,k,* anac.a1,k aphis *Apis* arn.a1,k calc-s.a1 *Carb-an.*a1,k *Carb-v.* chlor.hr1,k,* dulc.a1,k euphr. iod. kali-bi. kali-c.hr1 lach. lith-c. mag-c.a1,k mang. phos.a1,k *Puls.* ran-b.k2 *Rumx.* sel. sin-n. ther.hr1,k trom.hr1,k *Zinc.*hr1,k zinc-p.k2
• **Fließschnupfen**, morgens trocken: apis
• **Hinlegen**, nach dem: zinc.
– **nachts**: alum. ant-c.k2 bry.a1,k *Calc.* *Carb-an.* carb-v. caust. cham. euphr. ferr.a1,k lac-c.ptk2 mag-m. **Merc.**hr1,k naja *Nat-c.*hr1,k nat-s.hr1,k nicc. *Nit-ac.*a1,k *Nux-v.* phos. rumx. sang. thuj.a1,k
• **Mitternacht**:
• **vor**: acon.k2

– **nachts - Mitternacht**: ...
  • **nach**:
    • **3** h: am-c.
  • **Freien**, im: *Aeth.* calc-p. calc-s. nat-c.
◇ **abwechselnd** mit:
  • **Abdomen**; schneidendem Schmerz im: calc.cl
◆ **begleitet** von:
  • **Brust**; Schmerz in der
    ☞ ❑ *Brust - Schmerz - begleitet von - Schnupfen*
  • **Diarrhoe**: chlor.hr1 sep.h
    • **Sommer**; im: dulc.ptk1
  • **Diphtherie**
    ☞ ❑ *Innerer Hals - Belag - begleitet von - Schnupfen*
  • **Hals**; Schmerz im inneren
    ☞ ❑ *Innerer Hals - Schmerz - begleitet von - Schnupfen*
  • **Hüsteln**
    ☞ ❑ *Husten - Hüsteln - begleitet von - Schnupfen*
  • **Konjunktivitis**
    ☞ ❑ *Auge - Entzündung - Bindehaut - begleitet von - Schnupfen*
  • **Lider**; Schwellung der
    ☞ ❑ *Auge - Schwellung - Lider - begleitet - Schnupfen*
  • **Magens**; Beschwerden des
    ☞ ❑ *Magen - Verdorben - begleitet von - Schnupfen*
  • **Nasenbluten**: ant-t.bg1 ars.bg1,bg2 bry.k2 graph.bg1,h kali-bi.bg1 kreos.k2 nit-ac.h puls.bg1,bg2 sulph.h
  • **Speichelfluß**: *Calc-p.*kr1,vk1 cupr-ar.kr1,vk1
  • **Stöhnen**
    ☞ ❑ *Gemüt - Stöhnen - Schnupfen*
  • **Zunge**:
    • **weiße** Farbe der Zunge: **Kali-i.**kr1,vk1
– **Absonderung**; mit (= Fließschnupfen): *Acon.* *Aesc.* aeth. *Agar.* ail. **All-c.** alum. **Am-c.** *Am-m.* anac. anan. androc.srj1 ant-c. *Ant-t.* aphis apis **Arg-met.** **Ars.** *Ars-i.* ars-s-f.k2 *Arum-t.* asaf. *Asc-t.* *Aspar.* aur. aur-ar.k2 aur-i.k2 aur-m. aur-s.k2 bad. bamb-a.stb2 *Bar-c.* bar-i.k2 bar-m. bar-s.k2 **Bell.** berb. *Borx.* *Bov.* *Brom.* *Bry.* bufo cact. cain. calad. **Calc.** *Calc-ar.* calc-f. calc-i.k2 *Calc-p.* *Calc-s.* *Camph.* carb-ac. *Carb-an.* *Carb-v.* carbn-s. castm. castor-eq. *Caust.* *Cham.* *Chel.* *Chin.* chinin-ar. chlor. cimic. cimx. cina cinnb. clem. coc-c. coff. colch. *Coloc.* *Con.* cop. *Cor-r.* cortiso.gse crot-t. *Cupr.* *Cycl.* dig. *Dros.* *Dulc.* *Elaps* *Eup-per.* eup-pur. euph. **Euphr.** ferr-i. ferr-p.bg3 *Fl-ac.* form. *Gels.* *Glon.* graph. guaj. *Hep.* *Hydr.* *Hydrog.*srj2 **Ign.** *Iod.* jac-g. **Kali-ar.** *Kali-bi.* *Kali-c.* *Kali-chl.* **Kali-i.** kali-m.k2 kali-n. *Kali-p.* kali-s. kalm. kreos. **Lac-c.** *Lach.* lil-t. *Lyc.* mag-c. *Mag-m.* *Mag-s.* *Mang.* med. meny. meph. **Merc.** **Merc-c.** merc-i-r. merc-sul. *Mez.* mur-ac. naja *Nat-ar.* **Nat-c.** **Nat-m.** nat-p. *Nat-s.* **Nit-ac.** **Nux-v.** ol-j. *Osm.* ox-ac. par. *Petr.* ph-ac. phel.a1 phos. *Phyt.* plat. plb. psil.ft1 **Puls.** *Ran-b.* ran-s. rhus-r. rhus-t. rumx. **Sabad.** *Sang.* sarr. sars. sel. *Sep.* *Sil.* sin-n. *Spig.* *Spong.* squil. staph. sul-ac. sul-i.k2 **Sulph.** *Syph.* **Tell.** **Thuj.** xan. *Zinc.* zinc-p.k2
  • **abwechselnde** Seiten: androc.srj1 **Lac-c.**
– **Absonderung**; mit: ...
  • **tagsüber**: carb-v. caust. cimic. dig. euphr. merc. nat-c. **Nux-v.** stann.
  • **morgens**: *Acon.* alum.h ant-c. calc-p. carb-v. caust. coloc. *Cycl.* dros. *Euphr.* ferr-i.k2 kali-c.k2 mag-c. **Nux-v.** puls. sars. *Sep.* *Squil.* *Sulph.* thuj.
    • **Aufstehen**, nach dem: calc-sil.k2 caust. **Nux-v.**
    • **Bett**, im: carb-v.
    • **Husten** und Auswurf; mit: **Euphr.**
    • **trocken**, nachmittags: mag-c.
  • **vormittags**: calc-p. cimic. merc-i-r. nat-c.
    • **10** h: med.
    • **11** h: *Tell.*
  • **mittags**: *Cina*
  • **nachmittags**: alum.h **Arum-t.** calc-p. kali-c. mag-s. plb. sulph. trom. wye.
    • **amel.**: nat-c.
  • **abends**: agar. **All-c.** aphis *Apis* bufo *Carb-an.* *Carb-v.* coff. fl-ac. kali-c. mez. nat-ar. *Puls.* *Rumx.* sel. sulph. ther. thuj. trom. *Zinc.*
  • **nachts**: aur-m. fl-ac. iod. *Kali-bi.* merc. *Nat-c.* *Rumx.*
    ☞ *Schlaf; Fließschnupfen*
  • **Bücken**, beim: agar. *Merc.*
  • **Freien**, im: *Ars.* calc-s. calc-sil.k2 *Carb-ac.* *Coloc.* dulc. euphr. hydr. *Iod.* **Nit-ac.** plat. **Puls.** sabad. sul-i.k2 *Sulph.* tell. *Thuj.* trom. zinc. zing.
    • **amel.**: androc.srj1 ars-i. *Calc-s.* carb-v. choc.srj3 cycl.
  • **gefolgt** von Schnupfen ohne Absonderung (Stockschnupfen): zinc.h
  • **kalt**:
    • **Wasser**; durch kaltes: fl-ac.
    • **Zimmer**; im kalten: *Calc-p.* *Carb-ac.* *Merc.*
  • **warmes** Zimmer: **All-c.** androc.srj1 cycl. kali-c.k2 *Merc.* *Nux-v.* **Puls.**
  • **Wetter**; bei windigem: euphr. hep.k2
– **Absonderung**; ohne (= Stockschnupfen): *Acon.* agar. all-c. all-s. alum. alum-p.k2 alum-sil.k2 *Am-c.* *Am-m.* ambr. *Anac.* *Ant-c.* apis *Ars.* asar. asc-t. aur. aur-ar.k2 aur-i.k2 aur-s. *Bamb-a.*stb2 *Bell.* bov. *Bry.* *Cact.* **Calc.** calc-i.k2 calc-s. *Camph.* *Caps.* *Carb-an.* *Carb-v.* *Carbn-s.* **Caust.** cham. chel. **Chin.** *Chinin-ar.* coff. cor-r. croc. cupr. cycl. dig. dros. *Dulc.* *Graph.* hep. *Ign.* *Iod.* *Ip.* kali-ar. *Kali-c.* kali-chl. kali-m.k2 kali-n. kali-p. kreos. lach. *Lyc.* *Mag-c.* mag-m. *Mang.* merc. mez. mosch. *Nat-ar.* *Nat-c.* *Nat-m.* nat-s. *Nit-ac.* **Nux-v.** ol-an. ol-j. op. *Par.* petr. **Phos.** *Plat.* psor. *Puls.* rat. sabin. sacch. **Samb.**c2,k sars. *Sep.* *Sil.* *Spig.* *Spong.* squil. stann. **Stict.** *Sul-ac.* *Sulph.* teucr. *Thuj.* uran-met. verb. *Zinc.*
  ☞ *Verstopfung*
  • **links**: calc-caust. *Sep.*
  • **tagsüber**: carb-an.
  • **morgens**: *Apis* calc. *Carb-an.* carb-v. con. dig. iod. kali-c. lach. laur. mag-s. nat-m. nux-v. *Sil.*
    • **Fließschnupfen**:
      • **tagsüber**: *Sil.*
      • **abends**: apis

– **Absonderung**; ohne - **morgens**:...
• **Aufstehen**:
• **amel**.: carb-an.
• **nach**: bov.
• **nachmittags**: mag-c.
• **abends**: calc. carb-v. carbn-s. cimic. euphr. iod. lach. mang. nicc. nux-v. puls. *Sulph.*
• **Bett**; im: kali-c.
• **Absonderung** am Tage; mit: cimic. dig. euphr. *Nux-v.*
• **nachts**: alum. am-c. bamb-a.$_{stb2}$ calc. *Caust.* dig. euphr. lach. *Mag-c.* mag-m. nat-c. nicc. nit-ac. **Nux-v.** sep.$_{h}$
• **Fließschnupfen** am Tage; mit: caust. dig. euphr. merc. nat-c. nicc. **Nux-v.**
◇ **abwechselnd** mit:
• **Fließschnupfen**: alum. alum-p.$_{k2}$ alum-sil.$_{k2}$ ant-c. ant-t. *Apis Ars.* bell. cund. euphr. kali-c.$_{k2}$ kali-n.$_{h}$ lach. mag-c. *Mag-m. Mang. Nat-ar. Nat-c. Nat-m.* nit-ac. **Nux-v.** par. *Phos.* psor.$_{k2}$ **Puls.** sang. *Sil.* sul-ac. *Sulph.* zinc. zinc-p.$_{k2}$
☞ *Verstopfung - abwechselnd mit - Absonderung*
• **Essen**; beim: spig.
• **Freien**; im: calc-p. naja **Nux-v.**
• **gefolgt** von Fließschnupfen: asc-t. cor-r. plat.
• **warmen** Zimmer; im: *Ars.* calc-p.$_{k2}$ *Coloc.* hydr. *Iod.* plat. *Puls. Sulph. Thuj.* zing.
– **alten** Menschen, bei: am-c.$_{k,st}$ anac.$_{br1}$ ant-c.$_{ptk1}$ camph.$_{ptk1}$
• **Herzklopfen**, mit: anac.$_{bro1,ptk1}$
– **anhaltend**: bar-c. calc. carbn-s. graph. kali-n. kali-sil.$_{k2}$ nat-c. sil.
– **Atmung** behindert
☞ *Trockenheit - Choanen / Trockenheit - innen - atmen / Verstopfung*
– **Aufsetzen**:
• **amel**.: mag-m. sin-n.
– **Baden**: sulph.$_{k2}$
• **kaltes** Baden:
• **amel**.: calc-s.
• **Meer**; Baden im:
• **amel**.: med.$_{ptk1}$
– **Bewegung**:
• **agg**.: nux-v.$_{k2}$
• **amel**.: *Dulc.* phos. *Rhus-t.* thuj.
– **Blumen**, durch: **All-c.**$_{k,kl2}$● sabad. sang.$_{hr1,k}$
☞ *Rosen*
• **Kamillenblüten**: wye.$_{vh}$
– **blutig**
☞ *Absonderung - blutig*
– **Bücken** agg.: laur.
– **chronisch**, lang anhaltend: ail. alum. am-c. anac. ant-c.$_{k2}$ *Apis* ars-i. berb. **Brom.** bry. *Calc.* calc-p. calc-sil.$_{k2}$ *Canth.* carc.$_{bg2,sp}$ cist. coch. *Colch.* coloc. *Cycl.* eucal. fl-ac. graph. hep.$_{ptk1}$ hydr. kali-bi.$_{ptk1}$ kreos. *Lyc.* mang. nat-ar. nat-c. nat-m. ol-j. phos. psor. puls. *Sang.* sars. sep.$_{h}$ *Sil.* spig. spong. sul-i.$_{k2}$ *Sulph. Teucr. Tub.*
• **links**: *Berb.*
– **Diarrhoe**, mit
☞ *begleitet von - Diarrhoe*

– **Diphtherie**, bei
☞ ☐ *Innerer Hals - Belag - begleitet von - Schnupfen*
– **Entblößen**; durch: nux-v.$_{k2}$
• **Kopfes**; des: *Hep. Nat-m.*
– **Entzündung**; mit:
• **Augen**; der: cain.$_{c1}$
• **Kehlkopfes**; des: acon. alum. am-m. *Ars.* ars-met. bar-c. *Benz-ac.* **Bry.** calc. *Calc-p.* calc-s. **Carb-v.** carbn-s. **Caust.** cham. *Dig.* dulc. eup-per. ferr-p. graph. *Hep. Kali-bi.* kali-c. *Kalm. Mag-m.* mag-s. **Mang. Merc.** *Merc-i-r.* nat-ar. *Nat-c.* nat-m. *Nit-ac. Petr.* phel. **Phos.** puls. *Ran-b. Rumx. Seneg. Sep. Spig. Spong.* sul-ac. sulph. *Tell.* thuj. zinc.
– **Erkältung**:
• **durch**: sulph.$_{k2}$
– **Erregung** amel.: fl-ac.$_{a1,k}$
– **erschöpfend**: arg-n.$_{bg1,bg2}$
– **Essen**:
• **agg**.: carb-an.$_{a1,k}$ hydrog.$_{srj2}$ sanic.$_{bg2,bg3}$ trom.$_{hr1,k}$
☞ *Absonderung - Essen*
• **nach**: clem.$_{bg1,bg2}$ fl-ac.$_{bg1}$ **Nux-v.** *Plb.*$_{bg1,bg2,*}$ sanic.$_{bg1,bg2}$ spig. sulph.$_{bg1,h,*}$ *Zinc.*
– **Fieber**, mit: *Acon.*$_{hr1,k}$ all-c. anac. *Ars.* bar-m.$_{hr1,k}$ *Bell.* **Bry.** chlor. gels. graph. *Hep.* iod.$_{hr1,k}$ jab.$_{hr1,k}$ lach. **Merc.** nat-c.$_{hr1,k}$ nit-ac. *Seneg.* sep.$_{h,kl}$ spig. *Tarent.*$_{a1,k}$
– **Frösteln**, mit: *Acon.*$_{hr1,k}$ aphis arg-n. *Ars.*$_{hr1,k}$ *Bry.* calc-p.$_{hr1,k}$ carbn-s. caust. graph. **Merc.**$_{hr1,k}$ nat-c. nit-ac. **Nux-v.** *Puls. Sarr. Sil. Spig. Spong.*$_{hr1,k}$ *Sulph.*$_{hr1,k}$
• **Rücken**, im: aphis
– **Frost**; während: calad. elat.
– **Frühling**; im: gels. lach. naja
– **Gähnen**, mit: carb-an. cupr. lyc.
– **gefolgt** von:
• **Diarrhoe**: alum.$_{ptk1}$ calc.$_{bg3,ptk1}$ *Sang.* sel. tub.$_{bg3,ptk1}$
– **Gehen** amel.: *Dulc.* merc-i-r.$_{a1,k}$ phos. *Puls. Rhus-t.*
– **Haareschneiden**, durch ●: *Bell.* **Nux-v.** puls. *Sep.* sil.$_{h,kl}$
– **Halsentzündung**, mit: *Calc-p. Carb-an.* cimic. hydrog.$_{srj2}$ lac-c.$_{k2}$ *Lach.* **Merc. Nit-ac. Nux-v. Phos.** *Phyt.*
– **hartnäckig**, mit Wundheit unterhalb der Nase und am Rand der Nasenlöcher: **Brom.** iod.
– **heftigen** Anfällen, in: alum. alum-sil.$_{k2}$ **Ars. Arum-t.** *Bry. Calc. Carb-v.* chlor. cocc. cycl. kali-n.$_{c1}$ **Lyc.** mag-c. mang.$_{a1}$ mez. nat-c. nit-ac. ph-ac.$_{h,kl}$ psil.$_{ft1}$ rhus-t.$_{k2}$ sil. *Staph.* thuj.
– **Herbst**, im: merc.$_{ptk1}$
– **Heuschnupfen**
☞ *Heuschnupfen*
– **Hunger**, mit: all-c. hep. *Sul-ac.*
– **Husten**, mit: acon. agar.$_{ptk1}$ *All-c.* alum. alum-p.$_{k2}$ alum-sil.$_{k2}$ am-c. ambr. *Ars.* ars-i. bad. bar-c. bar-i.$_{k2}$ bar-s.$_{k2}$ **Bell.** *Calc.* calc-sil.$_{k2}$ canth. carb-an. carb-v. carbn-s. *Caust. Cham.* cimx. *Colch.* con. dig.$_{h}$ **Euphr.** *Ferr-p. Gels. Graph.* hep.

– **Husten**, mit: ...
Hydrog.$_{srj2}$ ign. iod. **Ip.** *Kali-bi.* kali-c. kali-chl. *Kali-i.* kali-m.$_{k2}$ kali-n.$_{h}$ kali-p. lach. *Lyc.* mag-c. mag-s. meph. merc. nat-ar. nat-c. *Nat-m.* nat-p.$_{k2}$ *Nit-ac.* ph-ac. *Phos.* *Rhus-t.* rumx. *Sang.* sarr. sars.$_{h}$ *Seneg.* sep. sil. spig. *Spong.* *Squil.* staph. sul-ac. sul-i.$_{k2}$ *Sulph.* *Tell.* *Thuj.*
• **nach**: kali-n.$_{h}$
– **intermittierend**: nat-c.$_{a1,k}$
– **jährlich**
☞ *Heuschnupfen*
– **Jahreszeit**; beim Wechsel der: all-c.$_{ptk1}$ gels.$_{ptk1}$
– **kalt**:
• **Abkühlen**; beim: ars-i.$_{k2}$ benz-ac. graph. *Kali-ar.* kali-i. *Merc.* nat-c.$_{h}$ nux-v. petr.$_{h}$
• **Luft** agg.; kalte: *Calc-p.* coff. cor-r.$_{kkb}$ *Dulc.* euphr.$_{st1}$ graph. hyos. *Kali-ar.* kali-p.$_{k2}$ mang. **Merc.** **Ph-ac.**
– **Keuchhusten**, bei: all-c.$_{hr1}$
– **Kindern**, bei: merc-i-r.$_{ptk1}$ **Nux-v.**$_{hr1}$
– **Kopfschmerzen**, mit: arg-n.$_{br1}$
– **Krupp**, mit: *Acon.*$_{hr1,k}$ *Ars.*$_{hr1,k}$ cub.$_{hr1,k}$ *Hep.*$_{hr1,k}$ *Nit-ac.*$_{hr1,k}$ *Spong.*$_{hr1,k}$
– **kurz**: graph.$_{h,hr1,*}$ nit-ac.$_{h,k1}$ sep.$_{h,k1}$ sulph.$_{h,k1}$
– **lang** anhaltend
☞ *chronisch*
– **Licht**, durch starkes: *Puls.*
– **Liegen**: chinin-ar. euphr. mag-m. sin-n. spig.
• **amel.**: merc. psor.$_{k2}$
• **Fließschnupfen** beim: *Spig.*
• **fließt** in den Rachen und rasselt beim Atmen: phos.
– **Luft**:
• **Freien**, im: *Aeth.*$_{a1,k}$ alumn. ars-i. *Calc-p.*$_{a1,k}$ calc-s.$_{kr1}$ carb-ac. carbn-s. coloc. *Dulc.* euphr. *Graph.* hydr. iod.$_{hr1,k}$ *Kali-bi.* kali-i.$_{k2}$ lith-c. lycpr.$_{c1}$ merc. nat-ar. nat-c.$_{a1,k}$ **Nit-ac.**$_{vh}$ *Phos.* plat.$_{hr1,k}$ **Puls.**$_{hr1,k}$ sabad. sulph.$_{hr1,k}$ tarax. teucr. thuj.$_{hr1,k}$
• **amel.**: *Acon.*$_{hr1,k}$ *All-c.*$_{hr1,k,*}$ ars.$_{bro1}$ aur-m.$_{k2}$ bry.$_{a1,k}$ calc-p.$_{ptk1}$ *Calc-s.* chinin-ar. *Cycl.* euphr.$_{vh}$ mag-m. merc. merc-i-r.$_{a1,k}$ **Nux-v.**$_{hr1,k}$ ol-an.$_{c1}$ phos.$_{a1,k}$ *Puls.*$_{hr1,k}$ stict. tell. thuj.
• **nach** einer Weile: tell.
• **trocken** kalter Luft; bei: hyos.
• **heiße** Luft:
• **Einatmen** heißer Luft amel.: sabad.$_{k2}$
• **Schnee** in der Luft; bei: *Puls.* *Rhus-t.*
• **Zugluft**, durch: carb-v.$_{k2}$ *Dulc.* *Elaps* med.$_{c1}$ *Merc.* *Nat-c.* nit-ac.
○ **Choanen** sind empfindlich gegen: kreos.
– **Menses**:
• **vor**: graph. *Mag-c.*$_{a1,k}$ tarent.$_{a1,k}$
• **Husten** und Heiserkeit; mit: *Graph.*
• **während**: alum. *Am-c.* am-m. *Graph.* *Kali-c.* kali-n.$_{h,k1}$ lach.$_{bg1,bg2,*}$ mag-c. phos.$_{bg2,bg3}$ zinc.$_{bg2,bg3}$
• **unterdrückt**: seneg.
– **Mittagessen**, nach dem: nat-c.$_{h,k1}$ **Nux-v.**$_{hr1}$
– **Nasenbluten**, mit
☞ *begleitet von - Nasenbluten*

– **Naßwerden**, nach: nat-c.$_{hr1}$ sep.$_{a1,k}$
– **periodisch**: chinin-ar.$_{k2}$ *Graph.* sil.
• **Tag**:
• **zweiten**, jeden: aran. *Nat-c.*$_{hr1,k}$
• **vierten**, jeden: iod.
• **Woche**:
• **drei** Wochen, alle: ars-met.
• **Jahr**, jedes
☞ *Heuschnupfen*
– **Pfirsichen**; durch den Geruch von: **All-c.**$_{hr1,k,*}$
– **plötzlichen** Anfällen; in: agar. alum. apis bar-c.$_{h,k1}$ cycl. fl-ac.$_{a1,k}$ *Iod.* *Plan.* spig.$_{a1,k}$ staph.$_{a1,k}$ sulph.$_{h,k1}$ *Thuj.*$_{a1,k}$ *Zinc.*$_{a1,k}$
• **abends**, nach dem Hinlegen: *Zinc.*$_{a1,k}$
– **Rosen**; durch den Geruch von ●: *All-c.* *Sabad.* *Sang.* *Tub.* wye.
☞ *Blumen*
– **scharf**:
☞ *Absonderung - wundfressend*
• **trockener** Schnupfen im warmen Zimmer, Fließschnupfen im Freien: hydr.
– **Scharlach**, bei: **Ail.** *All-c.* *Am-c.* **Arum-t.** *Caps.* *Mur-ac.* *Nit-ac.* phos. phyt. rhus-t.
– **Schlaf**; Fließschnupfen im: *Fl-ac.*
☞ *Absonderung; mit - nachts*
– **Schlaflosigkeit**, mit: ars. *Calc-ar.*
– **Schlucken** agg.: carb-an.
– **Schweiß**, mit: eup-per. jab. *Merc.*
• **amel.** nach: nat-c. nat-m.
– **Sitzen**; beim:
• **kalten** Stein; auf einem: nux-v.
– **Sommer**, im: dulc.$_{ptk1}$ *Gels.*
– **Sprechen** agg.: acon.
– **Stuhlgang**, beim: thuj.$_{a1,k}$
– **Temperaturveränderung**; bei: all-c.$_{ptk1}$ gels.$_{ptk1}$
– **Tränenfluß**, mit: arg-n.$_{br1}$
– **Überhitzung**, nach: acon. ars. bry. *Carb-v.* *Puls.* *Sep.* sil. sulph.$_{k2}$
– **unterdrückt**: *Acon.* am-c. ambr. *Ars.* **Bell.** *Bry.* *Calc.* carb-v. cham. *Chin.* *Cina* graph. kali-bi. kali-c. **Lach.** *Lyc.* *Nux-v.* par. puls. sep. *Sil.*
• **kalter** Luft; durch den geringsten Kontakt mit: dulc.
– **Unterkühlung**, durch:
• **Schnee** oder Eis; durch: ant-c.$_{ptk1}$ dros.$_{ptk1}$ iod.$_{ptk1}$ laur.$_{ptk1}$ puls.$_{ptk1}$ seneg.$_{ptk1}$ verat.$_{ptk1}$ verb.$_{ptk1}$
• **Überhitzung**, bei: **Ars.** *Carb-v.* *Puls.* *Sil.*
– **warm**:
• **Bett**; warmes: merc.$_{k2}$ nux-v.$_{k2}$
• **Erwärmung** beim Gehen amel.: merc-i-r.
• **Luft**; warme: ant-c. *Apis* **Merc.**
• **Scheu** vor kalter Luft; aber: apis *Merc.*
• **Wasser**; warmes:
• **Nase** amel.; in der: ars.$_{k2}$
• **Zimmer**; warmes: **All-c.** *Ant-c.* aur-m.$_{k2}$ carb-v. cycl. iod.$_{k2}$ kali-i.$_{k2}$ *Merc.* *Merc-i-r.*$_{a1,k}$ *Nux-v.* phos. psil.$_{ft1}$ puls.$_{k2}$ sep.
• **amel.**: *Ars.* calc-p. coloc. *Dulc.* psor.$_{k2}$ *Sabad.*
– **Waschen**:
• **amel.**: calc-s.$_{a1,k}$ phos.$_{a1,k}$

– **Waschen**: ...
  • **nach**: fl-ac.
– **Wetter**:
  • **nasses** Wetter:
    • **bei**: all-c. dulc. hep. kali-i.$_{ptk1}$ *Mang.*$_{hr1,k}$ *Merc.* *Puls.* sin-n.
  • **trockenem**, kaltem Wetter; bei: nux-v.
  • **warmem** Wetter; bei: brom.$_{k2}$
  • **wechselhaftem** Wetter; bei: ars.$_{k2}$ gels. hep. kali-i.$_{k2}$ sulph.$_{k2}$
  • **windigem** Wetter, bei: euphr.
– **Wind**:
  • **kalter** Wind:
    • **naßkalter**: all-c.$_{k2}$
    • **trockenen** Wind hervorgerufen; durch kalten: **Acon.** *Spong.*
    • **Westwind**: *Kali-bi.*
  • **Nordostwind**, nach: **All-c.**

▽ **erstreckt** sich zu:
  • **Brust**: *All-c.*$_{k,ptk1}$ am-c.$_{st}$ carb-v. euphr. *Ip.*$_{k,ptk1}$ lap-a.$_{st}$ *Merc.*$_{k,ptk1}$ nux-v. stict.$_{c1}$
  • **Hals**; zum inneren: ars.$_{k2}$ carb-v.$_{k2}$
  • **Kehlkopf**: carb-v.$_{k2}$ graph.$_{k2}$ rhus-t.$_{k2}$
  • **Stirnhöhlen**: *Ars.* calc-p. cimx. *Kali-i.* *Sil.* *Stict.*

Schorfe
  ☞ *Absonderung - Krusten*

Schorfige Nasenlöcher: *Alum.* am-m. *Ant-c.* **Aur.** borx. **Bov.** brom.$_{k2}$ **Calc.** carb-an. chel. cic. crot-t. ferr. **Graph.** *Hep.* *Hippoz.* *Iod.* *Kali-bi.* *Kali-c.* **Lach.** *Lyc.* mag-m. *Merc.* *Merc-c.* *Nat-m.* *Nat-s.* *Nit-ac.* *Petr.* *Phos.* **Puls.** rat. sars. **Sep.** **Sil.** *Sulph.* *Thuj.*
  ☞ *Absonderung - Krusten*

○ **Seiten** der Nasenlöcher: petr.$_{h}$

Schwarz
  ☞ *Farbe - schwarz / Rußige*

Schweiß: bell. cimx.$_{bg2,k}$ cina cinnb.$_{dp}$ laur. nat-m.$_{k,kl2}$● rheum ruta teucr.$_{bg1}$ tub.$_{k,kl2}$●,*
– **morgens**: cimx.
– **kalter** Schweiß um die Nase: **Chin.**$_{bg2,k}$ rheum$_{h}$

Schwellung: *Alum.* alum-p.$_{k2}$ alum-sil.$_{k2}$ am-c. am-m. anan. anthraci. **Apis** **Arn.** **Ars.** **Ars-i.** **Ars-met.** ars-s-f.$_{k2}$ asaf. **Aur.** aur-ar.$_{k2}$ aur-i.$_{k2}$ **Aur-m.** aur-s.$_{c2,k}$ *Bapt.* **Bar-c.** bar-i.$_{k2}$ bar-s.$_{k2}$ *Bell.* borx. bov. brom. bry. cadm-s. **Calc.** calc-i.$_{k2}$ *Calc-p.* *Calc-s.* calc-sil.$_{k2}$ cann-s. *Canth.* *Carb-an.* *Carbn-s.* caust. cham. cist. **Coc-c.** cocc. cor-r. crot-h. *Ferr-i.* fl-ac. *Graph.* *Guaj.* **Hep.** hippoz. ictod. ign. *Iod.* *Kali-ar.* *Kali-bi.* **Kali-c.** kali-chl. *Kali-i.* kali-n. *Kali-p.* kali-s. kali-sil.$_{k2}$ *Lach.* lith-c. **Lyc.** mag-c. *Mag-m.* meph. **Merc.** *Merc-c.* merc-i-r. mez.$_{k2}$ *Naja* nat-c.$_{c2}$ *Nat-m.* nicc. nit-ac. petr. *Ph-ac.* **Phos.** *Puls.* ran-b. rat. *Rhus-t.* *Rhus-v.* sarr. **Sep.**$_{c2,k}$ *Sil.* sol-ni. sul-i.$_{k2}$ **Sulph.** thuj. *Tub.* urt-u. *Zinc.* zinc-p.$_{k2}$
  ☞ *Gedunsen*
– **links**: *Alum.* am-m. *Aur-m.* brom. *Calc.* cist. *Hydr.* lach. merc. *Nat-m.* sep.$_{h}$ stann. thuj.
  • **gedrückt** wird; wenn sie: brom.

Schwellung: ...
– **rechts**: *Aur.* aur-m. cocc. cor-r. *Kali-bi.* *Lith-c.* *Merc-i-f.* *Merc-i-r.* *Mez.* ox-ac. zinc.
  • **Gefühl** von: kali-n. rat.
– **eine** Seite: cocc. croc. hippoz. *Phos.* *Zinc.*
– **morgens**: aur. caust.
– **abends**: alum. mag-c.$_{h}$ *Puls.*
  • **amel.**: caust.
– **Berührung**; schmerzhaft bei: alum. *Calc.* hippoz. *Nat-m.* *Phos.*
– **Gefühl** von Schwellung: bamb-a.$_{stb2}$
– **Gehen** im Freien, nach: aur.
– **glänzend**: *Aur-m-n.* borx. lith-c. ox-ac. sulph.
  • **rot**: borx. merc. ox-ac. phos. sulph.
    ☞ *Farbe - rot - glänzend*
    • **links**: aur-m.
    • **rechts** von der Nasenspitze: ox-ac.
– **hart**: alum. aur-m-n. calc. thuj.
– **kalt**: ph-ac.
– **knotig**: **Ars.** **Aur.**
  ○ **Nasenrücken**, auf dem: calc.
– **Kopfschmerzen**; mit: gels.$_{c1}$
– **ödematös**: rhus-t.$_{k2}$
– **pochend**, klopfend: cor-r. kali-bi.
– **pustulös**:
  • **Alkoholikern**; bei: alum.$_{gl1}$ caust.$_{gl1}$ hep.$_{gl1}$
– **rot**, wie ein Sattel: ictod.
– **Schnupfen**, mit: phos.$_{h}$
– **schwammige** Schwellung der Gefäße, die Nase ausdehnend: kali-bi.
– **Zimmer**, nach Gehen im Freien; im: aur.

○ **Antrum**: phos.$_{bro1}$ spig.$_{bro1}$
– **Choanen**: bry. hydr. petr.$_{k2}$ ph-ac. rumx.$_{k2}$
– **innen**: *Acon.* am-c. arg-met.$_{k2}$ ars-i.$_{k2}$ aspar. bell. cadm-s. *Calc.* canth. carb-ac. cist. cocc. *Euphr.* *Ign.* *Kali-bi.* *Kali-c.* kali-n. kali-sil.$_{k2}$ *Lach.* lem-m.$_{br1}$ *Merc.* mez.$_{k2}$ *Nat-m.* petr.$_{k2}$ rhus-t. sang. **Sep.** *Sil.* stann. *Teucr.* zinc.
  • **Gefühl** von: kali-n.$_{h}$ mag-c.$_{h}$
– **Knochen**: anan. arg-met.$_{k2}$ asaf. **Hep.** *Hydr.* ictod. **Kali-i.** *Merc.* *Merc-i-r.* **Phos.** sulph.
– **Nasenflügel**: aur.$_{h}$ brom. cann-s. carb-an. hydr-ac. kali-bi. *Kali-c.* lach. mag-m. *Nat-m.* *Nit-ac.* ox-ac. phel. phos. stann. *Sulph.* thuj.
  • **links**: *Alum.* merc. nat-m. stann.$_{h}$ thuj. zinc.
    • **Stelle**; an einer: calc. zinc.$_{h}$
  • **rechts**: arg-n. calc. hydr. *Mag-m.* merc-i-f. mez.
– **Nasenrücken**: calc. kali-bi. *Ph-ac.* rat.
– **Nasenspitze**: aur-s.$_{k2}$ *Bell.* *Borx.* *Bry.* calc. **Caust.** *Chel.* clem. *Crot-h.* *Kali-c.* lyc. merc. merc-sul. nicc. ox-ac. *Sep.* *Sulph.*
  • **Wetter**, bei warmem: bell.
– **Nasenwurzel**: *Calc.* hippoz. *Kali-bi.* merc. *Nit-ac.* *Petr.* sarr. sars.$_{ptk1}$
  • **erscheint** und verschwindet: *Calc.*
– **Septum**: *Alum.* caust. elaps ham. merc. *Merc-i-f.*
– **Tränenbein**, mit Pochen; an einer Stelle am rechten: kali-bi.
– **unter** der Nase; Gefühl von Schwellung: rhus-t.$_{h}$

Schweregefühl: am-c.bg2,k carb-v.bg2,k *Caust.* *Cham.*bg2,k colch.bg2,k *Crot-h.* euphr. *Ind.*bg1,vh,* merc.bg2,k *Phyt.*bg1,vh,* samb.bg2,k *Sang.* sil.bg2,k *Stann.*bg2,k
- **Bücken**, beim: am-m. sil.
- **Gewichtes**; Gefühl eines herabhängenden: *Kali-bi.* merc.
  ○ **Knochen**, in den: colch.
○ **Nasennebenhöhlen**: stann.h,kl
- **Nasenwurzel**: bism. cinnb. glon.bg2 *Sang.* stann. stict.bg2 ther.

Seiten, abwechselnde: phyt.bg3 sin-n.bg3 sulph.bg3

Sinusitis
☞ *Nasennebenhöhlen* / ❑ *Allgemeines - Entzündung - Nasennebenhöhlen*

Sommersprossen: lyc.a1 phos.k,kl2● **Sulph.**k,kl2●

Spannung: *Acon.* asaf. borx. cadm-s. caps. carb-an. ham.ptk1 kali-bi. kali-i.ptk1 merc. *Petr.* ph-ac. ran-b. senec.ptk1 sulph. *Thuj.*
☞ ❑ *Gesicht - Spannung*
- **schmerzlos** über den Nasenknochen: asaf.
○ **Haut**: acon. arg-met. *Petr.* *Phos.*
- **innen**: cadm-s. canth.a1,k graph.bg2,k,* *Lac-d.*hr1,k
- **Knochen**: thuj.bg2,k
- **Nasenflügel**: thuj.bg2,k
- **Nasenlöcher**: caps.h
- **Nasenrücken**: ph-ac.
- **Nasenspitze**: *Carb-an.*hr1,k
- **Nasenwurzel**: *All-c.* *Ant-t.*hr1,k,* cadm-s. carb-ac.hr1,k cupr. cupr-s.hr1 *Graph.*bg1,vh,* ham. *Kali-bi.*hr1,k *Kali-i.*hr1,k lac-d. meny.bg2,k,* merc. nat-p. petr. spong.
  • **über** der:
    • **Band**; wie durch ein: ant-t.
    • **Sattel**; wie durch einen: thuj.h
- **quer** über die Nase: eucal.hr1 ham.hr1 merc. petr.hr1
- **über** der Nase: *Glon.*hr1,k hep.hr1,k
- **unter** der Nase: rhus-t.h,kl

Spasmen der Muskeln: lyc.
○ **Nasenflügeln**; in den: ambr.

Speiseresten in den Choanen; Gefühl von: *Nit-ac.* petr. *Sil.*
- **Schlucken**, beim: *Nit-ac.* petr.h *Sil.*

Spinnwebe, Gefühl einer
☞ ❑ *Gesicht - Spinnwebe - Gefühl*

Spitz: anan.hr1,k *Ant-t.*bg2,k,* *Ars.*bg2,k,* **Camph.**hr1,k *Carb-v.*hr1,k chin.a1,bg2 cocc.hr1,k *Cupr.*hr1,k *Hell.*hr1,k kali-cy.a1 *Lach.*hr1,k morph.a1 myos-a.hr1,k nux-v.hr1,k *Ph-ac.*bg2,k,* plb. raph.a1 rhus-t.bg2,k,* spong. *Staph.*bg2,k,* **Verat.**bg2,k,*
☞ *Schmal*

Steif: phos.bg1,h,*

Torpor; Gefühl von: asaf. plat. samb. viol-o.

Trockenheit:
○ **äußerlich**
☞ ❑ *Gesicht - Trockenheit - Nase*
- **Choanen**: *Acon.*bg2,k *Aesc.*bg2,k alumn.bg2,k,* bell.bg2,k2 calc-p. carb-ac.bg2,k carb-v.bg2,k *Cinnb.* cist.bg2 *Coc-c.*bg2,k colch.bg2 cop.br1 cor-r.bg2 fago. graph.h,k1 lem-m.br1 **Lyc.**h,k,* mag-m.bg2 merc.bg2 merc-c.bg2,k,* nat-c.h,kl *Nat-m.*bg2,k nux-m.bg2,k onos. petr.bg2 phos.bg2 plb.bg2 rumx. sang.bg2 seneg.bg2 *Sep.*bg2,k *Sil.*bg2,k sin-n.bg2,k,* stram.bg2,k verat.bg2 *Wye.* zinc.bg2,k zing.sf,sf1
  • **morgens**: carb-ac. nat-m.
  • **nachts**: cinnb.
  • **Freien**; im: nat-c.h
- **innen** in der: abrot.hr1,k *Acon.*bg2,k,* aesc.bg2,k,* *Agar.*bg2,k,* agar-ph.a1 agn.a1,bg2 ail.bg2,k,* *All-c.*hr1,k,* aloe alum.bg2,k,* alum-sil.k2 alumn.a1,k am-c.bg2,k,* am-m.bg2,k,* *Ambr.*k,k1,* anac. ant-t.hr1,k *Apis* aq-pet.a1 **Ars.**bg2,k,* **Ars-i.**hr1,k,* ars-s-f.k2 arum-t.a1,k *Arund.*hr1,k atro.hr1,k aur.hr1,k aur-i.k2 aur-s.k2 bamb-a.stb2 **Bar-c.**bg2,k,* bar-i.k2 bar-m. bar-s.k2 **Bell.**bg2,k,* *Berb.*hr1,k,* bism.bg2,k,* bond.a1 borx. brom.a1,k *Bry.*bg2,k bufo *Cact.*hr1,k **Calc.**h,k,* calc-i.k2 *Calc-s.*a1,k calc-sil.k2 *Cann-s.*bg2,k,* canth.a1,bg2 carb-an.bg2,hr1 **Carb-v.**bg2,k **Carbn-s.** *Caust.*hr1,k *Cham.*bg2,k,* *Chel.*bg2,k,* chin.bg2,k chin-b.hr1 chinin-ar. chlor.bg2,k,* cic.bg2,k,* cimic. *Cimx.*hr1,k,* clem.hr1,k cob.hr1,k *Coc-c.*bg2,k,* *Colch.*bg2,k,* coll.a1 coloc.a1,bg2 con.bg2,k,* cop. cor-r.bg2,k,* crot-t.a1,k cund. *Cycl.*bg2,k,* *Dig.*hr1,k digin.a1 dios.hr1,k,* dros.bg2,k,* dulc.bg2,k,* eup-per.hr1,k,* *Euphr.*hr1,k,* fago.a1 ferr-i.hr1,k,* gamb.hr1,k,* gink-b.sbd1 gran. **Graph.**bg1,k,* hipp. hydr.a1,k hydr-ac.hr1,k *Hyos.*bg2,k,* hyper.hr1,k,* ign.bg2,k *Iod.*bg2,k,* ip.bg2,k,* jug-c.a1,hr1 kali-ar. **Kali-bi.**bg2,k,* *Kali-c.*bg2,k,* kali-m.k2 kali-n.bg2,k,* kali-p. *Kali-s.* kali-sil.k2 lac-ac.a1 lac-c. lach. lact.a1,k laur. lil-t.a1,k lith-c. lob-s.a1 **Lyc.**h,k,* mag-c.bg2,k2 *Mag-m.*bg2,k,* manc.hr1,k,* *Mang.*hr1,k mang-act.br1 meli.hr1,k menis.a1,bg2 meph.bg2,k,* *Merc.*bg2,k,* merc-c.bg2 *Merc-i-f.*a1,k *Merc-i-r.*a1,k merl.a1,k *Mez.*bg2,k,* mur-ac.bg2,k naja.k2 nat-ar. *Nat-c.*h,h2,k **Nat-m.**bg2,k *Nat-s.*hr1 nicc.hr1,k *Nit-ac.*bg2,k,* **Nux-m.**bg2,k,* *Nux-v.*bg2,k,* ol-an. onos.c2 op.bg2,k,* *Petr.*h,k,* ph-ac.bg2,k,* **Phos.**bg2,k,* pimp.a1 plan.a1 plb.a1,bg2 *Psor.* puls.hr1,k *Quill.*bg1,bg2,* ran-b.a1,bg2 rat.a1,k rhod.bg2,k,* rhus-g.a1 *Rhus-t.*bg2,k,* rhus-v.a1,k *Rumx.* sabad. **Samb.**bg2,k,* sang.k2 sec.bg2,k2,* senec.hr1,k,* *Seneg.*bg2,k,* *Sep.*bg2,k,* **Sil.**bg2,k,* sin-n.bg2,k,* spig.bg2,k,* **Spong.**hr1,k **Stict.**bg2,k,* stram.bg2,k,* **Sulph.**bg2,k,* sumb.a1 syph.k2 tab.bg2,k,* tanac.a1 tarent.k2 tell.hr1,k,* tep.a1 *Ther.*hr1,k,* **Thuj.**bg2,k,* til.a1,k trif-p.a1 trom.hr1,k,* ust.hr1,k,* *Verat.*bg2,k,* vinc.hr1,k *Wye.* xan.hr1,k,* *Zinc.*bg2,k,* zinc-p.k2 zing.bg2,k
  • **abwechselnde** Seiten: sin-n.
  • **rechts**: gamb.hr1,k,* kali-bi.a1,k petr.h,k,*
  • **links**: calc-s.a1,k chel.hr1,k,* cist. cob.hr1,k,* merl.a1,k *Sep.*h,k,* sin-n.hr1,k,*
  • **morgens**: apis *Calc.* ferr-i. *Lyc.*a1,k mag-c.h,k,* plect.a1

– **innen - morgens**: ...
  • **Bett**; im: aloe paeon.$_{a1,k}$
  • **Erwachen**; beim: am-c. *Calc.* carb-an. hydrog.$_{srj2}$ kali-bi. lyc. mag-c.$_{a1,k}$ sulph. thuj.$_{a1,k}$
  • **Gehen**; beim: hydr.$_{a1,k}$
• **vormittags**: calc-s.$_{a1}$ ust.$_{a1}$
  • **Freien**; im: *Sulph.*
• **nachmittags**: op.$_{a1}$ phys.$_{a1}$ stram.$_{a1}$
  • **15** h: *Sulph.*
• **abends**: apis cur. dulc.$_{a1,k}$ graph.$_{a1,k}$ kali-bi.$_{a1,k}$ paeon. tell. thuj.$_{a1,k}$ trom. yuc.$_{a1}$
• **nachts**: am-m. *Borx.* cact. *Calc.*$_{a1,k}$ calc-s.$_{a1,k}$ kali-ar.$_{k2}$ lyc.$_{a1,k}$ mag-c. merc-d.$_{a1}$ nux-v.$_{bg2,k}$ phos. *Sil.*$_{bg2,k}$ spig.$_{h,kl}$ thuj.
  • **feucht** am Tage: calc.$_{h,k,*}$
  • **Schlaf**; verhindert den: *Borx.*
  • **weckt** sie: ammc. mag-c.
◇ **abwechselnd** mit:
  • **Absonderung**
    ☞ *Schnupfen - Absonderung; ohne - abwechselnd mit - Fließschnupfen*
• **Absonderung**; nach: bar-c.$_{a1,h,*}$
• **atmen**; muß durch die Nase: meli.$_{ptk1}$
• **chronisch**: am-c. ambr. caust. *Sil.*
• **Fußschweiß**; nach unterdrücktem: **Sil.**
• **Gefühl** von: anac.$_{bg2,hr1}$ *Bell.*$_{hr1}$ cann-s.$_{bg2}$ con.$_{bg2}$ iodof.$_{hr1}$ ip.$_{bg2}$ kali-bi.$_{bg2}$ *Lyc.*$_{hr1}$ mez.$_{bg2,k}$ nat-m.$_{h,hr1,*}$ *Petr.*$_{bg2,k,*}$ phos.$_{bg2,k,*}$ sabad.$_{bg2}$ seneg.$_{bg2,k}$ **Sil.**$_{bg2,k}$ stram.$_{bg2,hr1}$ verat.$_{bg2,hr1}$ zing.$_{hr1}$
• **Gehen** im Freien; beim: ant-c. kali-c.$_{k2}$ lyc. sulph.
• **Haus**; im: nux-v.$_{ptk1}$ thyr.$_{ptk1}$
• **Hitze**; mit: ars.$_{bg2}$ *Bell.*$_{bg2}$ calc.$_{bg2}$ cann-s.$_{h,k,*}$ clem.$_{hr1,k}$ dros.$_{bg2}$ graph.$_{bg2}$ merc.$_{bg2}$ nat-m.$_{bg2}$ phos.$_{bg2}$ *Rhod.*$_{a1,bg2}$ sep.$_{bg2}$ sil.$_{bg2}$ *Spig.*$_{bg2}$ sulph.$_{bg2}$
• **kühle** Luft amel.: kali-bi.
• **Luft**:
  • **Freien**; im:
    • **amel**.: rad-br.$_{gk1}$ *Thuj.*
• **Schlucken** amel.: sin-n.$_{a1,k}$
• **schmerzhaft**: alum-p.$_{k2}$ bamb-a.$_{stb2}$ bar-c.$_{c1}$ calc. **Graph.**$_{hr1,k}$ kali-bi. *Phos.*$_{hr1,k}$ sep. *Sil.*$_{hr1,k}$ *Stict.* sulph.$_{h,k,*}$
  • **Schnupfen**; bei: sulph.$_{h,kl}$
• **schneuzen**, aber ohne Absonderung; muß die Nase ●: agar. cench.$_{k2}$ cimic. **Kali-bi.**$_{k,kl2}$● lac-c. *Lach.* mag-c. naja *Psor.* **Stict. Teucr.**
  • **Gefühl** von Trockenheit; bei: bar-c.
• **Schnupfen**; mit: nit-ac.$_{h,kl}$
• **warm**:
  • **Luft**; in warmer: calc-p. kali-bi.
  • **Zimmer**; im warmen: *Kali-bi. Kali-s. Thuj.*
• **Wetter**:
  • **kaltes** Wetter; durch: kali-bi.$_{k2}$
– **Nasenmuscheln**
  ☞ *❑ Gesicht - Trockenheit - Nase - Nasenmuscheln*
– **Nasenspitze**
  ☞ *❑ Gesicht - Trockenheit - Nase - Nasenspitze*

Trockenheit: ...
– **vorderer** Teil
  ☞ *❑ Gesicht - Trockenheit - Nase - vorderer*

Tröpfelnde, laufende Nase
  ☞ *Absonderung - tröpfelnd*

Tumor:
– **linke** Seite: merc-i-r.
– **hart**: ars.
– **Sarkom**; bösartiges:
  ○ **Kieferhöhle**; rechte: symph.$_{c1}$
○ **Choanen**: chr-ac.$_{br1}$
– **innen**: ars. kali-bi.
– **Nasenspitze**: anan.$_{hr1,k}$ carb-an.$_{hr1,k}$ sulph.
– **Nasenwurzel**: bell.

Unangenehmes Gefühl um die Nase: ail.$_{ptk1}$

Vergrößert; Gefühl wie: cann-s.

Verkleben der Nasenlöcher: **Aur.**$_{h,k,*}$ bar-c.$_{h,k,*}$ carb-an. lyc.$_{bg2,k,*}$ merc.$_{bg2}$ nit-ac.$_{bg2}$ phos.$_{bg2,k,*}$ thuj.$_{bg2}$
– **morgens**: lyc.$_{a1,k}$
– **Gefühl** von: bar-c.$_{h}$ phos.

Verstopfung: acon.$_{hr1,k}$ aeth.$_{hr1,k,*}$ *Agar.*$_{hr1,k}$ agra.$_{br1}$ ail.$_{hr1,k}$ *All-c.*$_{hr1,k}$ *Alum.*$_{bg2,k,*}$ alum-sil.$_{k2}$ am-br.$_{hr1,k}$ *Am-c.*$_{bg2,k,*}$ am-caust. *Am-m.*$_{bg2,k,*}$ *Ambr.*$_{bg2,k,*}$ anac.$_{bg2,k,*}$ androc.$_{srj1}$ ant-c. apis apoc. arg-met. *Arg-n.*$_{bg2,k,*}$ **Ars.**$_{bg2,k,*}$ **Ars-i.**$_{hr1,k}$ ars-met. ars-s-f.$_{k2}$ **Arum-t.**$_{hr1,k}$ asaf.$_{hr1,k}$ **Aur.**$_{bg2,k,*}$ aur-ar.$_{k2}$ aur-i.$_{k2}$ *Aur-m.*$_{bg2,k,*}$ aur-s.$_{k2}$ bad.$_{hr1,k}$ *Bamb-a.*$_{stb2}$ bapt.$_{hr1,k}$ bar-c. *Bar-m.* bar-s.$_{k2}$ bell.$_{a1,hr1}$ *Borx.*$_{k,k2}$ *Bov.*$_{bg2,k,*}$ brom.$_{bg2,k}$ bry.$_{bg2,k,*}$ bufo cact.$_{hr1,k}$ cadm-s. calad. **Calc.**$_{bg2,k,*}$ calc-i.$_{k2}$ calc-p.$_{a1}$ *Calc-s.*$_{hr1,k}$ cann-s.$_{hr1,k}$ **Caps.**$_{hr1,k}$ *Carb-ac.*$_{hr1,k}$ *Carb-an.*$_{bg2,k,*}$ **Carb-v.**$_{bg2,k,*}$ **Carbn-s.** castm. **Caust.**$_{bg2,k,*}$ cench.$_{k2}$ *Cham.*$_{bg2,k,*}$ chel.$_{bg2,k}$ *Chin.* chinin-ar. chlor.$_{hr1,k,*}$ choc.$_{srj3}$ cic.$_{bg2,k}$ cimic. cina clem.$_{a1}$ cob.$_{hr1,k}$ coc-c.$_{hr1,k}$ coff. colch.$_{k2}$ *Coloc.*$_{hr1,k}$ **Con.**$_{bg2,k}$ cop. cor-r.$_{hr1,k,*}$ crot-t.$_{hr1,k}$ *Cupr.*$_{bg2,k,*}$ *Dig.*$_{hr1,k}$ dios.$_{a1,k}$ dros.$_{hr1,k}$ *Dulc.*$_{hr1,k}$ echi. *Elaps*$_{c2,k}$ eup-per. ferr-i. ferr-ma.$_{a1}$ fl-ac.$_{hr1,k}$ gels.$_{hr1,k}$ **Graph.**$_{bg2,k,*}$ grat.$_{bg2,k,*}$ *Ham.* helia.$_{c2}$ *Hell.* *Hep.*$_{hr1,k}$ *Hydr.*$_{hr1,k}$ *Hydrog.*$_{srj2}$ ign.$_{hr1,k}$ *Iod.*$_{bg2,k,*}$ *Ip.*$_{bg2,k,*}$ *Kali-ar.* **Kali-bi.**$_{bg2,k,*}$ *Kali-c.*$_{bg2,k,*}$ *Kali-chl.* *Kali-i.*$_{hr1,k}$ kali-m.$_{k2}$ kali-n.$_{bg2,k}$ *Kali-p.* kali-s. kali-sil.$_{k2}$ kalm.$_{a1,k}$ kreos. lac-ac. lac-c.$_{hr1,k}$ *Lach.*$_{bg2,k,*}$ laur.$_{bg2,k,*}$ lem-m.$_{br1}$ limest-b.$_{es1}$ luna$_{kg1}$ **Lyc.**$_{bg2,k,*}$ mag-c.$_{bg2,k,*}$ *Mag-m.*$_{bg2,k,*}$ *Mang.*$_{bg2,k,*}$ mang-act.$_{br1}$ med.$_{hr1,k}$ *Merc.*$_{bg2,k,*}$ *Merc-c.* *Merc-cy.*$_{hr1}$ *Mez.* mill.$_{hr1,k}$ mosch. *Mur-ac.*$_{bg2,k,*}$ *Nat-ar.* **Nat-c.**$_{bg2,k,*}$ nat-caust.$_{stj2}$ **Nat-m.**$_{bg2,k,*}$ nat-p. *Nat-s.*$_{hr1,k}$ *Nicc.* **Nit-ac.**$_{bg2,k,*}$ *Nux-m.*$_{bg2,k,*}$ **Nux-v.**$_{bg2,k,*}$ ol-an. op.$_{bg2,k,*}$ par.$_{bg2,k}$ *Petr.*$_{bg2,k}$ ph-ac. phel. **Phos.**$_{bg2,k,*}$ phys.$_{br1}$ *Phyt.*$_{hr1,k}$ pic-ac.$_{hr1,k}$ plat.$_{hr1,k}$ plb.$_{bg2,k}$ psil.$_{ft1}$ *Psor.*$_{hr1,k,*}$ **Puls.**$_{bg2,k,*}$ ran-b.$_{bg2,k,*}$ raph.$_{hr1,k}$ rat. *Rhod.*$_{bg2,k}$ *Rhus-t.*$_{hr1,k}$ *Rumx.* *Sabad.*$_{bg2,k,*}$ **Samb.**$_{bg2,k,*}$ *Sang.*$_{bg2,k,*}$ sars.$_{bg2,k,*}$ sec. sel.$_{bg2,k,*}$ *Seneg.* *Sep.*$_{bg2,k,*}$ **Sil.**$_{bg2,k,*}$ spig.$_{bg2,k,*}$ *Spong.*$_{hr1,k}$ *Stann.*$_{bg2,k,*}$ staph.$_{bg2,k,*}$ *Stict.*$_{hr1,k}$ stram.$_{bg2,k,*}$ *Sul-ac.*$_{hr1,k}$ *Sulph.*$_{bg2,k,*}$ *Sumb.*$_{hr1,k}$ syph.$_{hr1,k}$ tab.

Verstopfung: ...
tell.$_{hr1,k,*}$ **Teucr.**$_{bg2,k,*}$ thuj.$_{bg2,k,*}$ til.$_{a1}$ v-a-b.$_{jl}$ verb.$_{bg2,k,*}$ vinc.$_{hr1,k}$ *Zinc.*$_{bg2,k,*}$ zinc-p.$_{k2}$ zing.$_{hr1,k}$
☞ *Schnupfen - Absonderung; ohne*

– **abwechselnde** Seiten: acon.$_{bro1}$ am-c.$_{bro1}$ bamb-a.$_{stb2}$ borx.$_{bro1}$ *Gels.*$_{bg1,vh,*}$ hydrog.$_{srj2}$ *Kali-bi.*$_{bg1,vh,*}$ **Lac-c.**$_{hr1,k}$ mag-m.$_{bro1}$ manc.$_{bg1}$ mez. nux-v.$_{bg1,k,*}$ *Phos.* phyt.$_{bg1,ptk1}$ plat. rhod. sabad.$_{bg1,k}$ sin-n. sulph.$_{ptk1}$ thuj.$_{bg2}$

– **links**: alum.$_{hr1,k}$ am-c. anac. *Arum-t.*$_{hr1,k}$ asar.$_{hr1,k,*}$ bamb-a.$_{stb2}$ carb-an. carb-v. chinin-ar. chlor. choc.$_{srj3}$ cimic. hydrog.$_{srj2}$ mag-c. *Mag-m.* mag-s. nit-ac. nux-m. rhod.$_{hr1,k}$ sec.$_{hr1,k}$ sep.$_{hr1,k}$ *Sin-n.*$_{hr1,k}$ stann. stram.$_{hr1,k}$ uran-met.
- **Heraustropfen** von Wasser; mit: bov.

– **rechts**: alum. bamb-a.$_{stb2}$ bapt.$_{hr1,k}$ *Borx.* brom.$_{hr1,k}$ camph.$_{hr1,k}$ carb-v. chel.$_{h,k1}$ croc. ferr-ma.$_{a1}$ *Gels.*$_{hr1,k}$ gink-b.$_{sbd1}$ kali-bi. kali-c.$_{h,k1}$ kali-n.$_{h,k1}$ lac-c. lil-t.$_{hr1,k}$ mag-c. *Merc.*$_{bg1,vh,*}$ nat-ar. nicc. phyt. *Sars.*$_{hr1,k}$ sep. stict. *Sulph.*$_{bg1,vh,*}$ **Teucr.**$_{hr1,k}$ thuj. xan.$_{hr1,k}$ ziz.$_{hr1}$
- **dann** links: *Borx.* brom.$_{hr1,k}$ chel.
- **Fließschnupfen** links: alum.

– **eine** Seite: alum. alum-p.$_{k2}$ bell. chel. coc-c.$_{bg1}$ ferr-ma. *Hep.*$_{bg1,bg2}$ ign. lac-c. *Lach.*$_{bg1,bg2,*}$ mez. *Nux-v.* phos. phyt. plat.$_{h}$ *Pyrog.*$_{bg1,bg2,*}$ *Rhod.* sabad. *Staph.* sul-ac. *Sulph.* teucr. vinc.

– **tagsüber**: mag-c. *Naja*

– **morgens**: aeth. apoc. arn. arum-t.$_{hr1,k}$ bamb-a.$_{stb2}$ bell. bov. *Calc.*$_{hr1,k}$ calc-sil.$_{k2}$ *Carb-an.*$_{hr1,k}$ con.$_{bg2,k}$ dig. ferr-i. gink-b.$_{sbd1}$ *Hep.*$_{hr1,k}$ *Kali-bi.*$_{hr1,k}$ kali-i. lach.$_{bg2,k}$ lith-c. *Lyc.*$_{hr1,k}$ mag-c.$_{h,k1}$ *Mag-m.* marb-w.$_{es1}$ merc-i-r.$_{a1}$ *Nat-ar.* nit-ac. par.$_{bg2,k}$ *Phos.*$_{bg2,k,*}$ puls.$_{k2}$ rhod.$_{bg2,k,*}$ sep. *Sil.*$_{hr1,k}$ trom.
- **Erwachen**, beim: aeth. apoc. *Calc.* carb-an. hydrog.$_{srj2}$ kali-bi. *Kali-i.* nat-ar.$_{k2}$ nit-ac. phyt. sil.
- **Fließschnupfen** tagsüber: *Sil.*$_{hr1,k}$

– **vormittags**: carb-an.$_{h,k1}$ sars.

– **nachmittags**: mag-c.$_{h,k1}$

– **abends**: ant-c. *Carb-v.*$_{bg2,k,*}$ cimic. *Cina* euphr.$_{bg2,k}$ *Iod.*$_{hr1,k}$ *Kali-bi.* *Kali-c.* kalm. *Lyc.* *Mag-m.* **Puls.**$_{bg2,k,*}$ *Ran-b.*$_{hr1,k}$ sep. staph. *Teucr.* *Thuj.*

– **nachts**: *Agar.* **Am-c.**$_{bg2,k,*}$ am-m. ambr.$_{ptk1}$ ant-c.$_{k2}$ arg-n. *Ars.*$_{hr1,k}$ ars-i.$_{k2}$ bamb-a.$_{stb2}$ bar-i.$_{k2}$ *Bov.* bry.$_{k2}$ *Calc.*$_{hr1,k}$ calc-sil.$_{k2}$ *Caust.*$_{hr1,k}$ cortiso.$_{gse}$ cycl.$_{k2}$ *Ferr-i.* glon. hydrog.$_{srj2}$ iod.$_{k2}$ ip. kali-bi.$_{k2}$ *Kali-p.* **Lyc.**$_{bg2,k,*}$ *Mag-c.* *Mag-m.*$_{bg2,k}$ *Nat-ar.* *Nat-c.*$_{hr1,k}$ nat-s.$_{k2}$ nicc.$_{hr1,k}$ nit-ac. **Nux-v.**$_{bg2,k}$ phel. phos.$_{h,k1}$ puls.$_{k2}$ *Samb.* sec. sep. sil. stict.$_{hr1,k}$ syph.$_{k2}$ tell. zinc-i.$_{bg3,ptk1}$
- **Entblößen** des Kopfes am Tage; durch: *Nat-m.*
- **weckt** ihn auf: bamb-a.$_{stb2}$ *Mag-c.*$_{hr1,k}$ nit-ac. *Phyt.*$_{hr1,k}$ stict.$_{hr1,k}$
  - **3** h: *Phyt.*

◇ **abwechselnd** mit:
- **Absonderung**: *Ars.* bell.$_{h}$ mag-c. mang. nat-m. sang. *Sil.*
  ☞ *Schnupfen - Absonderung; ohne - abwechselnd mit - Fließschnupfen*
- **Trockenheit**: kali-c.$_{k2}$

◆ **begleitet** von:
- **Absonderung**: ars.$_{bg3}$ bry.$_{bg3}$ calc.$_{bg3}$ chin.$_{bg3}$ cic.$_{bg3}$ graph.$_{bg3}$ hydrog.$_{srj2}$ kali-bi.$_{bg3}$ *Lach.*$_{bg3}$ mag-m.$_{bg3}$ merc.$_{bg3}$ nit-ac.$_{bg3}$ nux-v.$_{bg3}$ osm.$_{bg3}$ puls.$_{bg3}$ sil.$_{bg3}$
  - **wäßrig**: am-m.$_{bg1}$ ars.$_{bg2}$ calc.$_{bg1}$ mag-m.$_{bg1}$ nit-ac.$_{bg1}$ nux-v.$_{bg2}$ psil.$_{ft1}$ zinc.$_{bg2}$
- **Kopf**; Schmerz im
  ☞ ☐ *Kopf - Schmerz - begleitet von - Nase*

– **Absonderung**:
- **amel.**:
  - **nicht** amel. durch: kali-bi.$_{k2}$ lach.$_{k2}$ naja$_{k2}$ psor.$_{k2}$ stict.$_{k2}$
- **mit**
  ☞ *begleitet von - Absonderung*
- **Schleim**; von: cic.$_{c1}$
- **wäßriger**; mit
  ☞ *begleitet von - Absonderung - wäßrig*

– **Anstrengung** amel.: cor-r.$_{kkb}$

– **Aufstehen** aus dem Bett amel.: nux-m.

– **Blatt**; wie mit einem: bar-c.$_{rb2}$ ign. kali-i.$_{hr1,k}$ mur-ac.
- **Nasenwurzel**: kali-i.$_{rb2}$

– **Blutdruck**, durch hohen: iod.$_{ptk1}$

– **Bücken**, beim: agar.

– **chronisch**: bry. **Calc.** *Con.*$_{hr1,k}$ fl-ac.$_{hr1,k}$ sars.$_{hr1,k}$ sel.$_{hr1,k}$ *Sil.*$_{hr1,k}$ *Sulph.*$_{hr1,k}$

– **Diphtherie**, bei
☞ ☐ *Innerer Hals - Belag - begleitet von - Nase*

– **Eiter**, mit: *Calc.* chinin-ar. lach. led. *Lyc.* nat-c. puls. sep. **Sil.**
- **nachts**: **Lyc.**

– **Erkältung**, nach jeder: rhus-t.$_{k2}$ *Sil.*$_{hr1,k}$

– **Essen**, nach dem: nat-c. spig.

– **Fahren** im Wagen: asaf.$_{hr1,k}$ aur-m-n.$_{k2}$ *Phyt.*$_{hr1,k}$

– **Fußschweiß**, durch unterdrückten: **Sil.**

– **Gefühl** von: agar. arum-t. **Aur.**$_{hr1,k}$ *Aur-m.*$_{hr1,k}$ bar-c. cann-s. *Cham.*$_{hr1,k}$ cob.$_{hr1,k}$ cop.$_{br1}$ cupr.$_{hr1,k}$ eucal.$_{hr1,k}$ ferr-i. *Ham.*$_{hr1,k}$ *Hydr.* hydrog.$_{srj2}$ kali-bi.$_{hr1,k}$ laur.$_{hr1,k}$ mag-m. meny. merc-c.$_{hr1,k}$ nat-ar. nat-c. nat-s.$_{hr1,k}$ **Nux-v.**$_{hr1,k}$ *Phos.*$_{hr1}$ stann. stram.$_{hr1,k}$ thuj. zinc.$_{hr1,k}$ zing.$_{hr1,k}$
- **wäßriger** Absonderung, mit: **Ars.** arum-t. bov. brom. chin. *Cupr.* graph. kali-i. *Merc-c.* nux-v. sec. sin-n.
- ○ **Choanen**: hydr. lac-ac.
- **Nasenloch**; rechtes: aur. teucr.
- **Nasennebenhöhlen**: stann.$_{h,k1}$

– **Gehen** im Freien amel.: *Kali-c.*$_{hr1,k}$ *Puls.*

– **Hitze**
☞ *Wärme*

– **kalt**:
- **Luft**; kalte:
  - **agg.**: hep.$_{br1}$
  - **amel.**: kali-c.$_{k2}$

– **Kindern**, bei: am-c. *Ars.* asc-t.
☞ *Schniefen - Kindern - Neugeborenen*
• **Säuglingen**, bei ●: *Aur.* *Kali-bi.*hr1,k **Lyc.** **Nux-v.**hr1,k *Samb.*hr1,k
– **Kopfschmerzen**, mit
☞ *❑ Kopf - Schmerz - begleitet von - Nase*
– **Lesen**, bei lautem: kali-bi.ptk1 sil.ptk1 teucr.hr1,k verb.bg2,k,*
– **Liegen**, beim: bamb-a.stb2 bov.bg2,bg3,* caust. chinin-ar. *Nux-m.* puls.bg3
• **Abdomen**; auf dem: bamb-a.stb2
• **Seite** auf der er liegt: *Rhus-t.*bg1,vh,*
– **Luft**:
• **Freien**, im:
• **agg.**: arg-n.bg1 dulc.ptk1 *Nat-m.*bg1,vh,* psor.k2 *Rhod.*bg1,vh,* *Rhus-t.*bg1,vh,* *Sulph.*bg1,vh,*
• **amel.**: arg-n. hydrog.srj2 kali-c.ptk1 *Phos.*k,kl2● pic-ac. puls.ptk1 rhod. rhus-t.a1,h *Sulph.*k,kl2● v-a-b.jl
• **Luftzug**: dulc.vg
– **Menses**, vor den: *Mag-c.*hr1,k
– **Nasenbluten**; mit: acon.bg1 calc.bg1 puls.bg1,bg2
– **Niesen**:
• **nach**: brom.a1 carb-v.h,kl phos.h,kl sul-ac.h,kl
○ **Nasenlöcher** kleben zusammen: carb-an.
– **plötzlich**: sep.
– **Schlaf**, im: *Am-c.* ars.hr1,k bamb-a.stb2 **Lyc.** nit-ac.k2 *Stict.*
– **Schneuzen** der Nase:
• **agg.**: carb-v.a1
• **amel.**: ferr-i.k2
• **nicht** amel. durch: bamb-a.stb2
– **Schnupfen** amel.: sil.h,kl
– **Schwellung**, durch: cadm-s.
• **innen**: lem-m.br1
– **Seite**, auf der er liegt
☞ *Liegen - Seite*
– **Sitzen** amel.: bamb-a.stb2
– **Sprechen**, beim: nat-c. sil.
– **Stuhlgang**:
• **während**: ~~hep.h,xxx~~
• **nach**: hep.h
– **syphilitisch**: phyt.
– **Tränenfluß**, mit: borx.
– **trinken**, kann nicht: lach.
– **Wärme**:
• **amel.**:
• **Hitze** amel.: dulc.k2
– **warm**:
• **nasse**, warme Anwendungen:
• **amel.**: dulc.ptk1
• **Zimmer**; warmes: **Ant-c.** arg-n. *Ars-i.* calc-p. carb-v. choc.srj3 cycl. *Hydr.*bg1,vh,* **Iod.** kali-c. **Kali-i.** nux-v.k2 op. phos.k,kl2● pic-ac. plat. **Puls.**bg2,k ran-b.bg2,k sabad. *Sulph.*k,kl2● *Thuj.*bg1,vh,* v-a-b.jl
• **amel.**: psor.k2
• **Eintreten** in ein warmes Zimmer aus kalter Luft; beim: carc.zzh

Verstopfung
– **Wetter**:
• **nassem** Wetter, bei: calc.bg1 *Dulc.* elaps lem-m.bg1,br1,* *Mang.*
• **warmem** Wetter, bei:
• **feuchtem**, warmem Wetter; bei: *Kali-bi.*
○ **Choanen**: anac. *Calc-s.* hydr. iris kali-i. med.k,k2 nat-ar. petr. puls. sin-n.hr1 staph. zing.
– **hinterer** Teil: arg-met.h
– **Nasenwurzel**, an der: arg-n.st **Ars.** *Kali-i.* lith-c. *Lyc.* med. mur-ac.h,kl par. sin-n. stict. sulph.h,kl
• **Ausräuspern** von dickem, gräulichem Schleim gefolgt von blutigem Schleim:
• **amel.**: med.c1
• **schmerzhaft**: arg-n.bg1,st kali-bi.
– **oben** in der Nase; hoch: nat-m.ptk1

Völlegefühl: aesc. agar.bg2,k all-c. alum-sil.k2 asaf. **Bapt.** *Cham.*bg2,k echi. **Kali-i.** lac-ac. *Lac-c.* laur.bg2,k par.bg2,k pen.br1 *Phos.*bg2,k puls. *Senec.*bg2,k
○ **Choanen**: puls.k2
– **Nasenloch**:
• **links**:
• **oben**; hoch: phos.
– **Nasenwurzel**: aesc. cann-i. cund. *Gels.* *Kali-bi.* lac-c. nat-p. *Par.* phos. sang. **Stict.**
▽ **erstreckt** sich zum Hals und zum Schlüsselbein: gels.
– **Stirnhöhlen**; durch Entzündung der: *Kali-bi.*
– **um** die Nase: calc.h,k,*

Warm: sabad.ptk1

Warzen: **Caust.**bg2,k,* *Nit-ac.*bg2,k,* **Thuj.**bg2,k,*
○ **innen** in der Nase: nit-ac.hr1,k
– **Nasenspitze**: caust.k2

Wasser herausfließen würde; als ob heißes: acon.ptk1 gels.ptk1

Wetterwechsel agg.: ars.ptk1

Winter agg.: am-c. ars. sulph.ptk1

Wundes Gefühl
☞ *Schmerz - wund schmerzend*

Wundheit
☞ *Schmerz - wund schmerzend*

Zittrige Empfindung an der Nasenspitze: chel.bg2,k,*

Zucken: am-c.bg3,ptk1 ambr.bg1,bg2,* aur.bg3,ptk1 bry. calc. *Chel.*bg3,ptk1 choc.srj3 con. *Glon.*bg1,bg2,* *Hyos.*bg3,ptk1 *Kali-bi.*bg3,ptk1 *Lyc.*bg1,bg2,* mosch. nat-m.ptk1 phys. *Plat.* puls. zinc.bg1,bg2
☞ *❑ Gesicht - Zucken*
– **linke** Seite: am-c.a1,k nat-m.
• **hochzuziehen**; scheint den Nasenflügel: am-c.
– **rechte** Seite: brom.a1,k zinc.h,kl
– **Kribbeln** unter der Haut, links: arg-n.
○ **Nasenflügel**:
• **links**: kali-bi.a1,k plat.
• **rechts**: lyc.a1,k
– **Nasenspitze**: *Bry.*hr1,k,* chel.hr1,k,*

– **Nasenwurzel**: phos.$_{h,kl}$
 • **linke** Seite: nat-m.
 • **sichtbar**: carb-v.$_{h,kl}$ con.$_{a1,k}$ glon.$_{a1,k}$ *Hyos.*$_{a1,k}$ *Mez.*$_{hr1,k,*}$ nat-m.
– **Septum**: aur.

Zupfen:
– **erkrankten** Teile; die: mag-m.
○ **Nase**, an der: **Arum-t.** carb-v.$_{bg3}$ caust.$_{bg3}$ **Cina** *Con.* cop. hell. hyper. lac-c. limest-b.$_{es1}$ **Lyc.**$_{bg1,vh,*}$ merc.$_{bg3}$ nat-m.$_{bg3}$ nat-p. nit-ac.$_{bg3}$ nux-v. petr.$_{bg}$ ph-ac. *Phos.*$_{bg2,bg3}$ sabal$_{c1}$ sil.$_{bg2,bg3}$ sulph.$_{bg3}$ **Teucr.** thuj.$_{bg}$ zinc.
 ☞ *Bohren*
 • **blutet**, bis sie: **Arum-t.** **Cina** *Con.* *Lach.* *Phos.*$_{bg1,vh,*}$ *Sil.*$_{bg1,vh,*}$
 • **ständiges** Verlangen: *Con.* lil-t. rumx. stict. symph. ter.
 ☞ ❑ *Gemüt - Gesten - Tics*
 • **Gehirns**; bei Erkrankungen des: **Cina** *Con.* *Hell.* **Sulph.**

Zusammenschnürung: arg-n.$_{hr1}$ graph. hell. kali-n. nat-m.

Zusammenziehung: hep.$_{h}$ lyc.$_{h}$ nit-ac.$_{h}$

Abgehärmt
☞ *Ausdruck - abgehärmt*

Abmagerung: acet-ac. agar. anac. ars. ars-i. bar-c. bar-i.k2 *Calc.* cench.k2 chinin-s. cupr. *Guaj.* hell.k2 hura iod. kali-bi. kali-i. *Lac-d.* lyc.k2 merc-c. mez. naja nat-c. nat-p. nux-m. ph-ac.k2 plb. *Psor.* sec.k2 *Sel.* *Sep.* sil. stann.k2 sul-ac.k2 sulph. sumb. tab. *Tarent.*bg1,hr1,* verat.bg1,hr1
☞ ❑ *Allgemeines - Abmagerung*
– **Händen**; von Gesicht und: grat. sel.
– **Neuralgie**, nach: plb.

Abschälen der Lippen: acon. aloe alum. am-m. aphisc1 arum-t. bell.h berb. camph. canth. caps.h cham. choc.srj3 cob. con. iod. *Kali-c.* kali-chl. kreos. lac-c. mez. mosch. nat-c.ptk1 nat-m. nat-s. nit-ac.bg1 *Nux-v.* plat.h plb. puls. sep. stram. sul-ac. sulph.h thuj. thyr.ptk1

Abszeß: anan. *Bell.* **Hep.** *Kali-i.* **Merc.** *Phos.* *Sil.*
○ **Antrum**: kali-i.hr1,k lyc. *Merc.* mez.hr1,k **Sil.**
– **Kiefer**: ars. phos.bg2,k
– **Lippe**: *Anthraci.*
• **Oberlippe**: *Bell.*hr1,k
– **Parotis**: **Ars.**hr1,k *Lach.* lyc. *Phos.*hr1,k phyt. *Rhus-t.*hr1,k **Sil.**hr1,k
– **Unterkieferdrüsen**: *Calc.* hippoz.hr1,k *Kali-i.*hr1,k *Lach.*hr1,k *Phos.* *Sil.* sulph.k2

Alt aussehend
☞ *Ausdruck - alt*

Ameisenlaufen: *Acon.* acon-f. agn. alum. apis arg-n.a1 arund. aster. bar-c. berb. brom. cadm-s. calad. calc. camph. coc-c. con. crot-c. *Crot-t.* grat. gymno. lachn. lact. *Laur.* lyss. mag-m. myric. nux-v. ol-an. ph-ac. **Plat.** **Sec.** sul-ac.h sulph. tab. thuj. til. urt-u.
☞ *Kribbeln* / ❑ *Haut - Ameisenlaufen*
– **links**: arg-n.bg1,k13 cench.k2
– **rechte** Seite: alum. *Plat.*
– **folgt** auf Schmerzen: euph.h,k1
○ **Jochbein**, zum: thuj.h
– **Kiefer**:
• **Unterkiefer**: alum.h alumn. bufo-s. grat. ol-an. **Plat.**
– **Kinn**, am: stram.
– **Lippen**: ant-c. berb.hr1,k borx. calc. caust.a1,k graph.hr1,k,* nat-c.h,k1 nat-m.a1,k ph-ac.a1,k stront-c.
• **Menses**, während: graph.hr1,k,*

Anämisch
☞ *Farbe - blaß*

Angiom: abrot.br1

Aphthen:
☞ ❑ *Allgemeines - Aphthen* / ❑ *Mund - Aphthen*
○ **Lippen**, an den: *Ant-t.* cadm-s. chin-b.c1 cub.c1,st1 graph.k2 hep.st1 *Hydr.*c1,k ip.c1,k,* *Jug-r.*st1 *Kali-c.*st1 **Merc-c.**st1 *Mur-ac.*st1 sanic.c1

Aufgesprungen: *Arum-t.*hr1,k,* cench.k2 choc.srj3 *Graph.*hr1,k kali-c.h,k1 *Lach.*hr1,k nicc.c2,hr1 *Petr.*hr1,k *Sil.*bg2,k,*

Aufgesprungen: ...
☞ *Rissig*
○ **Lippen**: act-sp.hr1 agar.bg2,k,* **Alum.**bg2,k,* am-m.bg2,k,* *Ant-t.*bg2,k,* apis arn.bg2,k,* ars.bg2,k **Arum-t.**bg2,k,* bov.bg2,k,* **Calc.**hr1,k **Carb-v.**bg2,k cham.bg2,k,* chel.hr1,k chin.bg2,k chr-ac.hr1 *Colch.*bg2,k,* *Cor-r.*hr1,k fl-ac. *Graph.*bg2,k,* guare.hr1,k,* hep.bg2,k hydrog.srj2 *Kali-bi.*hr1,k *Kali-c.*bg2,k,* *Kali-chl.*hr1 kali-i.hr1,k kreos.bg2,k *Mag-m.*bg2,k,* mono.a1 nat-c.h2 **Nat-m.**bg2,k ol-an.bg2,k,* ph-ac.bg2,k *Phos.*bg2,k sel.bg2,k staph. **Sulph.**bg2,k tab.bg2,k tarax. zinc.

Aufgetrieben
☞ *Blutandrang / Gedunsen / Schwellung*

Aura; epileptische
☞ *Spürt*

Ausdruck:
– **abgehärmt**: am-c. **Ars.**a1,k bell.a1,k *Camph.*hr1,k,* canth.a1,k *Caps.*hr1,k *Carb-v.* colch.a1,k cupr.a1,k elec.c1 *Graph.*hr1 *Hydr.*hr1,k *Hyos.*a1,k kali-ar. **Kali-c.**a1,k kali-p.hr1,k *Lach.*hr1,k merc.h,k,* morph.a1,k naja *Nat-m.*hr1,k nit-ac. op.a1,k ox-ac.hr1,k,* *Phos.*hr1,k plb.a1,k sang.a1,k *Sangin-t.*c1 sec.a1,k *Sil.* staph.a1,k stram. sul-i.k2 tab.a1,k *Verat-v.*hr1,k zinc-p.k2
☞ ❑ *Gemüt - Angst* / ❑ *G~ Erschöpfung* / ❑ *G~ Sorgen*
• **Oberlippe** bei Frauen; an der: ol-j.pd
– **abwesend**: camph.bg1 graph.bg1 mang.bg1
– **ängstlich**: **Acon.**hr1,k,* **Aeth.**hr1,k agar. **Ail.** all-c.hr1,k,* aloe am-c.a1,k am-m.a1,k ant-c.bg2 *Ant-t.*bg2,k,* *Apis* apoc.k2 **Ars.**bg2,k,* ars-h.hr1,k,* ars-s-f.k2 *Aspar.*hr1,k1,* *Bapt.*hr1,k bar-m.a1,k *Bell.*bg2,k,* **Borx.** *Cact.*hr1,k *Calc.*hr1,k **Camph.**hr1,k,* cann-i.a1,k canth.bg2,k,* *Carb-v.* carbn-o. carbn-s. *Chel.*hr1,k chinin-ar. **Chinin-s.** chlol.a1,k cic.a1,k coff.a1,k colch.hr1,k,* *Coloc.*hr1,k *Crot-h.*hr1,k,* *Cupr.*bg2,k,* cupr-ar.hr1,k,* *Cur.*hr1,k *Dig.*hr1,k dulc.a1,k eup-per.hr1,k ferr-m.a1,k hyos.bg2 ip.k2 iris kali-ar.hr1,k kali-bi.bg2,k,* kali-ox.a1 *Kalm.*hr1,k **Lac-c.**hr1,k lach.k2 *Lat-m.* *Lyc.*hr1,k lyss.hr1,k merc.a1,k merc-c.bg2,k,* merc-sul.c1 morph.a1,k mygal.a1,k naja nit-ac.a1,k *Nux-v.*a1,k phos.a1,hr1 *Plb.*bg2,k,* sec.bg2 sol-ni. *Spig.*hr1,k *Spong.*bg2,k,* *Stram.*bg2,k,* *Stry.*a1,k sul-ac.a1,k *Sulph.*hr1,k,* **Verat.**hr1,k,* vesp.hr1,k,* vip.a1,k zinc.hr1,k
☞ ❑ *Gemüt - Angst*
• **Abwärtsbewegung**, bei ●: **Borx.** gels.
☞ ❑ *Gemüt - Furcht - fallen*
• **Menopause**; während der: *Tril-p.*k1
• **Wiege** gehoben wird; wenn das Kind aus der ●: calc.hr1,k
– **albern**, töricht: absin.hr1,k,* acon.a1,k arg-n.hr1,k,* *Bar-c.* **Bufo**k,k12● kali-br.hr1,k,* *Lyc.*hr1,k *Nux-m.*hr1,k,* *Phos.* *Stram.*a1,k
☞ ❑ *Gemüt - Albernes* / ❑ *Gemüt - Frivol* / ❑ *Gemüt - Kindisches*
– **alt** aussehend: *Abrot.*bg2,k,* *Alum.*ptk1 *Ambr.* **Arg-n.**bg2,k,* *Ars.*bg2,k,* *Ars-h.*hr1,k *Ars-i.* *Aur-m.*hr1,k *Bar-c.*bg2,k brom.k2 bry.hr1 **Calc.**bg2,k,* carc.sst chlor.a1,k con. *Fl-ac.*bg2,k,* **Guaj.**hr1,k hydr-ac.hr1,k

– **alt** aussehend: ...
hydrog.srj2 *Iod.*hrl,k kali-bi.bg2 *Kreos.*hrl,k lyc.ptkl merc.al,bg2 merc-c. **Nat-m.** ol-j. **Op.**bg2,k,* ph-ac.k13,k2 plb.bg2,k,* *Pulx.*brl *Samb.*hrl sanic.ptkl *Sars.*hrl,k *Sep.* staph. *Sulph.*bg2,k,* syph.cl,ptkl *Ter.*stl tub.ptkl vip.bg2
☞ *Runzelig*
• **bleich**, runzelig ●: *Sep.*
• **Kindern**; bei: sars.gml
• **vorzeitig**: arg-n.brl
– **argwöhnisch**, mißtrauisch: lach.k2
☞ ❑ *Gemüt - Argwöhnisch*
– **ausdruckslos**, nichtssagend: *Anac.*hrl,k anan. arn.bgl *Bell.*al,k *Camph.*hrl,k,* cann-i.k2 carbn-s. cic.hrl,k *Cocc.*hrl,k *Ferr.*hrl,k *Hell.* hyos. *Kali-br.*hrl,k *Lach.* *Mez.* op.al,k *Ph-ac.* *Phos.*bgl,vh,* plb. psor.k2 sanic. sil. *Stram.*hrl,k,* sul-ac.bgl zinc.hrl,k
☞ ❑ *Gemüt - Betäubung* | ❑ *G~ Erschöpfung* | ❑ *G~ Gedanken* | ❑ *G~ Langeweile* | ❑ *G~ Meditieren* | ❑ *G~ Selbstbetrachtung* | ❑ *G~ Stumpfheit* | ❑ *G~ Traum*
– **bedrückt**, gequält: *Ail.*hrl,k am-c. **Ars.**hrl,k,* *Aspar.*hrl,k **Cact.** *Crot-t.*al,k cupr. cupr-n.al gels.k2 *Iod.*hrl,k,* lach.k2 *Nux-m.*hrl,k,* nux-v.al,k phos.al,k spong.k2 *Stram.*hrl,k stry.al,k zinc-p.k2
– **benommen**: bry.k2
– **berauscht**: bapt.k2 bry.k2 *Bufo* cann-i.al,k cench.k2 chlf.al chlol. *Cocc.* dor.al,k eug. *Gels.* hydr.h,k hydrc.al hyos.al,k kali-i.al,k *Lach.* *Led.* merc.al,k merl. mur-ac. najagml *Nux-v.* *Op.* ruta *Stram.*
☞ ❑ *Gemüt - Betäubung*
– **betrunken**; wie: ail.bg2,k arn.bg2 **Bapt.**k,kl2● bell.bg2,k,* *Bry.* *Bufo* cench. *Cocc.*hrl,k *Crot-c.* *Crot-h.*bg2,k,* *Gels.*k,kl2● *Lach.*k,kl2● led. mur-ac. nat-m.bg2 *Nux-m.*k,kl2● op. sol-ni. *Stram.*bg2,k,*
– **blickt** in einen Spiegel, um sich seinen Gesichtsausdruck anzusehen: nat-m.bgl
– **dumm**, einfältig: ail.k2 *Arg-n.*hrl,k *Arn.*hrl,k *Ars.*hrl,k,* ars-h.hrl,k asc-c.al aster.hrl,k,* bell.al,k camph.al,k **Cann-i.**hrl,k,* cann-s.al,k chinin-s. *Crot-c.* cupr. *Ferr.*hrl,k *Gels.*hrl,k glon.k2 *Hell.*hrl,k hura *Hydr.* *Hyos.*hrl,k kali-br.hrl,k,* lil-t. lyss.hrl merc.al,k *Nux-m.*hrl,k op.al,k ox-ac.al,k phos.al,k phyt.hrl,k plb.al,k rhus-v. sec.al,k *Stram.*hrl,k sulph. tab.al,k
☞ ❑ *Gemüt - Betäubung* | ❑ *G~ Stumpfheit*
– **durcheinander**: *Aesc.* *Bry.* carbn-s. glon. *Lyc.* nux-m.al,k *Ph-ac.*bgl,k2 phos.al plb.al,k *Stram.*hrl,k,* zinc.
☞ *verwirrt* | ❑ *Gemüt - Fassung* | ❑ *G~ Vergeßlich* | ❑ *G~ Verwirrung*
– **elend**: nat-m.bgl
– **erregt**: neonsrj5
– **erschreckt**: **Acon.**al,k apis ars.al,k atro.al,k *Bapt.*hrl,k bell.k2 cact.k2 *Canth.*bg2,k,* cimic. cocc.hrl,k cupr.bgl,bg2 hyos.bg2 kali-ar.hrl,k lyss.hrl,k op.bg2 sol-ni. **Stram.**bg2,k,* stry. tab.hrl,k,* tarent.al,k vip.al,k zinc.hrl,k
☞ ❑ *Gemüt - Beschwerden durch - Schreck*
• **weckt**; wenn man ihn: *Ail.*
– **erstaunt**: acon.al,k bell.al,k cann-s.al,k carbn-s. plb.al,k stram.

– **feierlich** beim Erwachen: stram.h
– **finster**, verdrießlich: alum.al,k mag-c.h,kl nux-v.al,k
☞ *mürrisch* | ❑ *Gemüt - Mürrisch* | ❑ *G~ Schmollen* | ❑ *G~ Stirnrunzeln* | ❑ *G~ Unzufrieden*
– **glücklich**: *Apis* *Ars.* *Op.*k,kl2●
– **hager**, lang: *Acon.*al,k *Aeth.*al,k *Ars-i.*hrl camph.hrl carb-an.al,k *Carb-v.*k,k2 *Cina* cocc.hrl,k *Cupr.*hrl,k,* *Dig.*hrl ferr.al,k *Ferr-p.*hrl *Iod.*hrl,k kali-ar.k2 kali-n.al,k lyc.al,h merc. merc-c.bg2,hrl,* phos.al,k rhus-t.hrl *Sec.*hrl,k staph.hrl,k,* sul-ac.hrl *Tab.*bg2,k,* *Verat.*bg2,k,* verat-v.hrl,k zinc.hrl,k,*
☞ *Spitz*
– **heftig**, grimmig: **Bell.**k,kl2● hydr-ac.al,k merc-i-r.al,k op.al,k
☞ ❑ *Gemüt - Raserei*
– **idiotisch**: **Agar.**hrl,k bry.k2 *Calc.* cann-i.k2 kali-br.hrl,k,* *Lach.*hrl,k *Laur.*hrl,k *Lyc.* plb.al,k sec.al,k stram.hrl,k,* tarent.hrl,k thuj.hrl,k
☞ ❑ *Gemüt - Idiotie*
– **jugendlich**, jung: tub.xxb
• **Frauen** sehen wie sechzehn aus; vierundzwanzigjährige: bell.gll bry.gll nat-m.gll sulph.gll
– **kachektisch**
☞ *kränklich*
– **kalt**, distanziert, abwesend ●: puls.hrl,k
☞ ❑ *Gemüt - Stimmung - abweisend*
– **kindisch**: *Anac.*hrl,k nux-m.hrl,k
– **kränklich**: acon.al,k aesc.hrl,k,* aloe alumn.hrl,k,* am-c.bg2 *Anac.*bg2,k,* ant-t.bg2 *Apis* arg-met.k2 *Arg-n.*bg2,k,* **Ars.**bg2,k,* **Ars-h.**hrl,k *Ars-i.* ars-s-f.k2 bamb-a.stb2 bar-c.k2 *Berb.*al,k bism.bg2,k,* *Borx.* *Bry.*bg2 *Calc.* *Calc-p.* cann-i. canth.bg2 carb-ac. carb-an. *Carb-v.* carbn-s. carl.al,k *Caust.*bg2,k,* *Chel.*hrl,k,* *Chin.*bg2,k,* chinin-s. **Cina** *Clem.*bg2,k,* colch.bg2,k,* con.hrl,k,* cop.al,k corn.al,k crot-h.al,k cund. cupr.bg2,k,* *Dig.*bg2,k,* *Eup-per.*hrl,k *Ferr.* ferr-ar.k2 ferr-i. glon.al,k *Gran.*al,k hura *Iod.*hrl,k,* *Kali-ar.*k,k2 kali-bi.bg2,k,* *Kali-c.*bg2,k,* kali-chl.hrl,k kali-m.k2 kali-n.bg2,k,* kali-p. kali-s. kali-sil.k2 kreos.k,k2,* **Lach.** lact.al,k **Lyc.**bg2,k,* *Mag-m.*bg2,k,* *Mang.*bg2,k *Merc.*bg2,k,* mez.bg2,k2 naja *Nat-m.*al,k nat-s.hrl,k nit-ac. nux-m.al,k nux-v.bg2,k,* ol-j.hrl op.al,k *Ph-ac.*bg2,k,* *Phos.*bg2,k,* phyt.bg2,k,* *Plb.*bg2,k,* psor.hrl,k ptel.hrl,k puls.bg2 *Rhus-t.*bg2,k,* *Sec.*bg2 sel.k2 sep.al,k *Sil.*bg2,k *Spig.*bg2,k,* *Stann.*bg2,k,* *Staph.*bg2,k,* stram.k2 sul-ac.k2 sul-i.k2 *Sulph.*bg2,k,* tab.al,k teucr.bg2 thuj.k,k2,* til.al,k *Tub.*hrl,k verat.bg2 zinc.bg2,k,* zinc-p.k2
• **morgens**: sep.h,kl
• **abends**: phos.h
– **lächerlich** im Schlaf: hyos.h
– **leichenartig**: ars.k2 carb-v.k2
– **leidend**: *Acon.*al,k aeth. *Am-c.*al,k *Anac.* *Ant-t.*hrl,k,* arg-n.al,k **Ars.**hrl,k,* ars-s-f.k2 aur-ar.k2 *Borx.* **Cact.** *Calc-ar.* *Canth.*hrl,k,* *Carb-v.* carbn-s. caust.al,k cench.k2 *Chel.*hrl,k,* *Chinin-s.* *Cocc.* *Colch.*bg2,k,* coloc.hrl,k cupr.hrl,k,* *Dig.*hrl ferr-ar.k2 helon.hrl,k hyper.hrl,k kali-ar.kali-br.al,k **Kali-c.**al,k kali-m.k2 kali-p. kali-s. kali-sil.k2 *Kreos.*hrl,k *Lach.*bg2,k,* **Lyss.** mag-c.al,k *Mag-m.*hrl,k,*

– **leidend**: ...
Mang.$_{hr1,k,*}$ *Mez.*$_{a1,k}$ nat-m.$_{a1,k}$ nit-ac. *Nux-m.*$_{hr1,k,*}$ ph-ac.$_{a1,k}$ phase-vg.$_{a1}$ *Phos.*$_{hr1,k,*}$ *Phyt.*$_{hr1,k,*}$ plat.$_{a1,k}$ plb.$_{a1,k}$ *Puls.*$_{bg2,k}$ raph.$_{a1,k}$ sec.$_{a1,k}$ **Sil.**$_{hr1,k,*}$ stram. stry.$_{a1,k}$ sul-ac.$_{a1,k}$ **Sulph.**$_{a1,k}$ wies.$_{a1}$
– **Maske**; unbeweglich wie eine: mang.$_{ptk1}$
– **müde**: acon. adam.$_{srj5}$ arg-met.$_{k2}$ *Ars.* cimic. stram.
– **mürrisch**, beim Husten: spong.$_{h,k1}$
☞ *finster*
– **reagiert** auf jedes Gefühl, spiegelt jedes Gefühl wider: lyc.$_{k2}$
– **sardonisches** Lachen
☞ *Risus*
– **schläfrig**: **Cann-i.**$_{a1,k}$ laur.$_{a1,k}$ *Nux-m.*$_{k,k12}$● **Op.**$_{k,k12}$● phos.$_{a1,k}$ phys.$_{a1,k}$
– **teuflisches**, diabolisches Grinsen: nux-m.$_{c1}$
– **veränderlich**, wechselhaft: squil.$_{h}$
– **verändert**: *Acon.*$_{bg3}$ aeth. apis$_{bg3}$ arg-n.$_{bg3}$ ars. bell.$_{bg3}$ bufo *Camph.*$_{hr1,k}$ caust. *Cham.*$_{hr1,k,*}$ choc.$_{srj3}$ colch. *Cupr.*$_{hr1,k}$ gels.$_{bg3}$ *Hell.*$_{hr1,k}$ hyos.$_{bg3}$ ign.$_{hr1,k}$ lyc.$_{a1,k}$ mang.$_{bg3}$ *Op.*$_{a1,k}$ ph-ac.$_{bg3}$ phos.$_{a1,bg3}$ sec.$_{hr1,k}$ squil.$_{h,k,*}$ *Stram.*$_{hr1,k}$ verat.
– **verwirrt**: *Aesc.* *Ars.*$_{a1,k}$ *Bufo* cupr-act. hyos.$_{a1,k}$ **Lyc.** nat-m.$_{a1,k}$ phos.$_{a1,k}$ plb.$_{bg2,k,*}$ stram.$_{bg2}$ zinc.$_{bg2}$
☞ *durcheinander* / ❑ *Gemüt - Fassung* / ❑ *G~ Vergeßlich* / ❑ *G~ Verwirrung*
– **wild**
☞ ❑ *Auge - Wilder*

Ausfallen der Haare
☞ *Haar - Haarausfall*

Backenbart
☞ *Haar - Haarausfall - Backenbart* / *Hautausschläge - Backenbart* / *Jucken - Backenbart* / *Kribbeln - Backenbart*

Barthaare, Ausfallen der
☞ *Haar - Haarausfall - Backenbart*

Beben: agar.$_{bg2,k}$ ambr.$_{bg2}$ bar-c.$_{bg2}$ caps.$_{bg2}$ chin. cocc.$_{k2}$ coloc.$_{h,k}$ *Gels.* hell.$_{bg2}$ *Kali-c.*$_{bg2,k}$ lyss. mag-m. merc.$_{bg2}$ nux-v.$_{bg2,k2}$ op.$_{bg2}$ phel. plb.$_{bg2,k}$ puls.$_{bg2}$ sec.$_{bg2}$ stram.$_{bg2}$ stront-c. thuj.$_{bg2,k}$ valer.$_{bg2}$
○ **Kiefer**:
• **Unterkiefer**: agar. nat-c.
– **Kinn**: coloc.$_{h,k1}$ gels.$_{br1,c1}$
– **Lippen**: ars. berb. *Carb-v.* castm. crot-h. lact. sulph.$_{k2}$ til.$_{c1}$
• **sprechen**; beim Versuch zu: lach.$_{k2}$ phos.$_{k2}$ stram.$_{k2}$ zinc.$_{k2}$
○ **Oberlippe**: *Carb-v.* nat-c.$_{h,h2,*}$

Belag:
○ **Lippen**, auf den: ars-i. arum-t. bry.
☞ *Schleimige*
– **Mundwinkeln**, auf den: ars-i. arum-t. bry. iod. kali-bi.

Bewegung:
○ **Kiefers**; des
☞ *Kaubewegungen*

Bewegung:
– **Lippen**; der:
• **Delirium**; im: hell.$_{k2}$
– **Mund** herum; viel Bewegung um den: cocc.$_{zr}$

Blockierte Nasennebenhöhlen
☞ *Verstopfung - Nasennebenhöhlen*

Blutandrang: acon. agar. **Aml-ns.** ant-t. *Apis* arg-n. **Aur.** bar-c. bar-i.$_{k2}$ **Bell.** *Bry.* *Cact.* *Calc.* cann-s. caust. chin. coc-c. coloc. cop. equis-h. eup-per. *Gels.* **Glon.** graph.$_{k2}$ hydr-ac. hyos. ign. ind. *Iod.* lac-ac. *Lach.* lil-t. meli. merc-c. mit. morph. oena. op. paeon. *Phos.* psil.$_{ft1}$ **Puls.** sabin. **Stram.** *Stry.* tanac. thuj. ust. ziz.
☞ *Gedunsen* / *Hitze*
– **nachmittags**, 15 h: sulph.
– **Essen**, beim: *Cop.*$_{a1,k}$
– **Freien**, im: phos.$_{a1,k}$
– **Gehen**, nach dem: caust.$_{a1,k}$
– **Hast**, Eile; bei: ign.$_{a1,k}$
– **Hitzewallungen**
☞ *Hitze - Hitzewallungen*
– **Prosopalgie**, bei: plat.$_{j}$
– **Reiben**; nach: aesc.$_{a1,k}$
– **Stuhlgang**, beim: aloe

Bluten der Lippen: aloe am-c. androc.$_{srj1}$ *Ars.* **Arum-t.** *Brom.* *Bry.* calc.$_{k2}$ carb-an. *Cham.* chlor. cist.$_{k2}$ cob. hyos.$_{k2}$ *Ign.* kali-c. kreos.$_{k2}$ *Lach.* nat-m. nit-ac.$_{k2}$ ph-ac. phos.$_{k2}$ plat. rhus-t.$_{k2}$ sep.$_{k2}$ stram.

Blutgefäße, geschwollene
☞ *Venen*

Breit werden; Gefühl es würde: coll.
☞ *Vergrößert*

Brummendes, summendes Gefühl:
○ **Kiefer**:
• **Unterkiefer**: mur-ac.$_{h}$

Chloasma: lyc.$_{bg3}$ nux-v.$_{bg3}$ sep.$_{bg3}$
☞ *Farbe - braun - Flecken - Milchkaffee* / ❑ *Haut - Farbe - Chloasma*
– **Sonne** und Wind agg.: cadm-s.$_{br1}$

Chlorotisch: *Acet-ac.* alet.$_{k2}$ **Ars.** ars-s-f.$_{k2}$ bar-c. *Bell.* **Calc.**$_{hr1,k}$ **Calc-p.** carb-an. *Carb-v.*$_{hr1,k}$ **Carbn-s.** caust. *Chin.*$_{hr1,k}$ chinin-ar. **Cocc.** *Con.* *Crot-h.* *Cycl.* dig. **Ferr.**$_{hr1,k}$ ferr-ar.$_{k2}$ *Ferr-i.* **Ferr-m.** ferr-p. **Graph.**$_{hr1,k}$ *Hell.* *Helon.*$_{hr1,k}$ ign. kali-ar. **Kali-c.** kali-p. *Kali-s.* lach.$_{k2}$ **Lyc.** *Mang.* merc. **Nat-m.**$_{hr1,k}$ **Nit-ac.** *Nux-v.*$_{hr1,k}$ olnd. ph-ac. *Phos.*$_{hr1,k}$ **Plat.** plb. **Puls.** sabin. **Senec.** **Sep.**$_{hr1,k}$ spig. staph. sul-ac. **Sulph.**$_{hr1,k}$ valer. zinc.

Chorea
☞ *Verzerrung* / *Zucken*

Dick:
– **Stellen**, an einzelnen: carb-an.
○ **Haut**: bell.$_{bg2,k,*}$ rhus-v.$_{a1}$ viol-t.$_{bg2,k,*}$
– **Lippen**: mez.$_{h,k1}$ syph.$_{xxb}$

Dünn:
○ **Haut**:
• **Gefühl**, die Haut wäre dünn: bamb-a.gm1
☞ ❑ *Haut - Dünn - Gefühl*
– **Lippen**; dünne:
○ **Oberlippe**: bov.zr sil.zr

Eingefallen: acon. *Aeth*.bg2,k,* *Agn*.hr1 aloe androc.srj1 *Ant-c*.bg2,k **Ant-t.**bg2,k,* apis *Arg-n*.bg2,k,* *Arn*.bg2,k,* **Ars.**bg2,k,* ars-h.hr1,k *Ars-i*.hr1 ars-s-f.k2 asc-t.hr1 bar-i.k2 bell.bg2,k **Berb.**hr1,k *Brom*.hr1 *Calc*.hr1,k calc-i.k2 **Camph.**bg2,k,* cann-i.k2 cann-s.bg2 canth.bg2,k,* **Carb-v.**bg2,k,* *Carbn-s.* *Cham*.bg2,k,* *Chel*.hr1,k **Chin.**bg2,k,* chlor.hr1,k cina *Cocc*.hr1 *Colch*.bg2,k,* *Coloc*.hr1 con.hr1,k corn.hr1 crot-h.bg2 *Cub*.hr1,k cupr.bg2,k,* cupr-ar.hr1 cycl.bg2 **Dig.**hr1,k dirc. dros.bg2,k,* eup-per.hr1,k *Ferr*.bg2,k,* *Ferr-ma.* ferr-p. gels.hr1,k gran. *Ham*.hr1 hell.bg2,k,* hydr.k2 hydr-ac.a1,k hyos.bg2,k,* **Ign.**bg2,k,* iod. *Ip*.bg2,k,* *Kali-ar*.hr1,k *Kali-c*.hr1,k *Kali-i*.hr1 kali-m.k2 kali-n. kali-p.hr1,k kali-s. *Lach*.bg2,k,* laur.bg2,k,* *Lyc*.bg2,k,* **Mang.**bg2,k,* *Merc*.hr1,k merc-c. mez. morph. *Mur-ac*.hr1,k *Myos-a*.hr1 *Nat-s*.hr1,k *Nit-ac*.hr1,k,* nux-v.bg2,k,* ol-an. olnd.bg2,k,* **Op.**bg2,k,* ox-ac. petr. *Ph-ac*.bg2,k,* *Phos*.bg2,k,* phyt.hr1,k,* pic-ac.hr1 *Plat*.bg2,k,* *Plb*.hr1,k psor.k2 puls.k2 pyrog.bg2,k2 *Rhus-t*.bg2,k,* sabad.hr1,k *Samb*.hr1,k **Sec.**bg2,k,* *Sel*.hr1 sep.bg2,k,* sin-n. squil.bg2,k *Stann*.bg2,k,* *Staph*.bg2,k,* sul-ac.hr1,k sul-i.k2 *Sulph*.hr1,k *Tab*.hr1,k ter.hr1,k teucr.bg2 **Verat.**bg2,k,* wies.a1 *Zinc*.hr1,k zinc-p.k2
☞ *Hippokratisches*
– **morgens**: lyc. nat-m. ol-an. olnd.hr1
– **Abendessen**, nach dem: nat-m.
– **Raserei**, Tobsuchtsanfall; bei: *Ars.* canth. cupr. lach. nux-v. phos. sec. verat.
– **Stuhlgang**, nach: crot-t.hr1 ferr-m.

Eiterung:
○ **Kinn**:
• **Furunkel**; alte: anac.h
– **Kiefer**:
○ **Unterkiefer**: phos.

Eiweiß, Gefühl von
☞ *Spannung - Eiweiß | Spinnwebe - Gefühl*

Empfindlich: acon. carb-an.bg2,k *Carbn-s.* caust.bg2 chinin-s. cod. *Kali-bi*.bg2 kali-chl. *Lach.* nux-v. ph-ac.bg2 phos.bg2 *Puls*.bg2,k *Spig*.bg2 teucr.bg2 thuj.bg2 *Zinc.*
– **Luft**, gegen: colch. kali-i.
– **Rasieren**, beim: carb-an.h,k,* ox-ac.hr1,k,*
○ **Knochen**: *Carb-v.* *Kali-bi*.bg2,k *Merc.* *Merc-i-f.* sulph.
◆ **begleitet** von:
• **Fleckfieber**; epidemisches
☞ ❑ *Fieber - Fleckfieber - begleitet von - Knochen*
– **Lippen**: hep. kali-c. lach.k2 mag-c. merc. nat-m.
– **Unterkieferdrüsen**: *Ars.* kali-ar.a1 *Lyc*.a1,k *Merc-c*.a1 *Merc-cy.* phys.a1 *Psor.* vesp.a1

Empyem:
○ **Kieferhöhle**: arn.br1

Entzündung:
○ **Knochen**, der: **Aur.**hr1,k *Calc*.hr1,k *Fl-ac*.hr1,k *Merc*.hr1 *Mez*.hr1,k *Nit-ac*.hr1,k *Ph-ac*.hr1,k *Ruta* *Sil*.hr1,k *Staph*.bg2,k,* *Still*.hr1,k symph.hr1,k
– **Lippen**: *Acon*.bg2,k,* anan.hr1,k **Bell.**hr1,k **Merc.**bg2,k,* mez.h,k1 mono.a1 ph-ac. staph.
○ **Oberlippe**, linke: mang.
– **Oberkiefer**: bamb-a.stb2
• **links**: bamb-a.stb2
– **Parotis**: acon.c,c1 *Am-c*.hr1,k,* *Ars*.hr1,k *Arum-t.* *Aur.* aur-ar.k2 **Bar-c.**hr1,k,* *Bar-m.* **Bell.**hr1,k *Calc*.hr1,k,* calc-sil.k2 *Carb-an.* **Carb-v.**hr1,k *Cham*.c2,k chinin-s.c2 **Cist.**hr1,k,* coc-c.hr1,k cocc.c2,k *Con.* *Crot-h*.hr1,k dios.c2 dor.hr1,k,* euphr.c2 *Ferr-p.* graph.c2 *Hep*.hr1,k hippoz.hr1,k,* hyos.c2 jab.c1,hr1,* kali-ar. *Kali-bi*.hr1,k *Kali-c*.hr1,k kali-chl.hr1 kali-p. kali-sil.k2 *Lach*.hr1,k *Lyc.* mang.c2 **Merc.**hr1,k,* merc-i-r.c2 *Nat-m*.hr1,k *Phos.* phyt.hr1,k **Puls.**hr1,k *Rhus-t*.hr1,k sal-p.c2 sars. *Sil.* sol-ni.c2 sulph.k2
• **links**: **Brom.**hr1,k *Lach*.hr1,k **Rhus-t.**hr1,k
• **rechts**: *Bar-m.* *Calc*.hr1,k *Hep*.hr1 *Kali-bi*.hr1,k *Kali-c*.hr1,k **Merc.**hr1,k
• **links**, dann: **Lyc.**
• **Eiterung**, mit: **Ars.**hr1,k **Brom.**hr1,k *Bry*.hr1,k **Calc.**hr1,k *Con*.hr1,k **Hep.**hr1,k *Lach.* **Merc.**hr1,k *Nat-m*.hr1,k *Phos*.hr1,k **Rhus-t.**hr1,k **Sil.**hr1,k sul-ac.
• **Fisteln**; mit: phos.k2
• **gangränös**: anthraci.c2,k
• **Meningitis**; drohende: gels.bnt jab.bnt
• **Metastasierung** zu:
• **Gehirn**: apisbro1 bell.bro1 hyos.c1
• **Hoden** ●: abrot.k2 *Ars*.hr1,k aur.bro1 *Carb-v*.hr1,k clem.bro1 jab.hr1,k nat-m.hr1,k puls.hr1,k rhus-t.k,kl2● thuj.k2
• **Mammae** ●: abrot.k2 carb-v.k2 **Puls.**hr1,k
• **Mumps**: acon.c2 ail.c2 bapt.c2 bar-m.c2 *Bell*.c2 carb-v.c2 cham.c2 fago.c2 ferr-p.c2 jab.c2 kali-bi.c2 kali-m.c2 lach.c2 merc.c2 *Merc-c*.c2 pancr.c2 phyt.c2 pilo.c2 *Puls*.c2 trif-p.c2 trif-r.c2
◆ **begleitet** von:
• **Speichelfluß**: *Hydr*.st1 *Nat-m*.kr1,vk1
• **Prophylaxe** gegen Mumps: trif-p.ptk2
• **Scharlach**, bei: **Am-c.**hr1 *Calc*.hr1,ll *Phos*.hr1 **Rhus-t.**hr1
– **Periost**: **Aur.**bg2,k,* *Calc*.hr1,k *Fl-ac*.hr1,k *Merc*.hr1,k merc-c. *Mez*.hr1,k **Nit-ac.**hr1,k **Ph-ac.**hr1,k **Phos.** phyt. *Ruta* sil.bg2,k,* *Spig*.bg2 *Staph*.hr1,k still.hr1,k symph.hr1,k
○ **Unterkiefer**: *Merc.* *Ph-ac.* *Phos.* ruta
– **Sublingualdrüse**: kalm. **Merc.** psor. sil.k2
– **Unterkieferdrüsen**: ars. ars-s-f.k2 **Bar-m.** *Bell.* chin. crot-t. *Dulc.* graph.a1,k kali-ar. kali-c. *Kali-i.* kali-s. kalm.a1,k *Lach.* lyc. mag-c. **Merc.** nit-ac. *Phyt.* *Psor.* *Puls.* **Rhus-t.** sep. *Sil.* spong. stram. *Sul-ac*.a1,k *Sulph.* tarent. *Verat-v.*

Epithelioma basocellulare
☞ *Geschwüre - rodens*

Errötet
☞ *Farbe - blaß - errötet | F~ rot - Erregung | F~ rot - errötet*

Erysipel: agn.$_{hr1}$ ail.$_{a1,k}$ anac-oc.$_{hr1,k}$ anan. *Anthraci.* **Apis** arn.$_{hr1,k,*}$ ars.$_{bg2,k,*}$ *Astac.* *Aur.*$_{hr1,k}$ aur-ar.$_{k2}$ aur-m. **Bell.**$_{bg2,k,*}$ *Borx.* bufo calc.$_{bg2,k}$ *Camph.*$_{bg2,k,*}$ *Canth.*$_{k,k2,*}$ *Carb-an.*$_{bg2,k,*}$ *Carb-v.*$_{hr1,k}$ carbn-s. *Caust.* *Cham.*$_{bg2,k,*}$ *Chel.*$_{hr1,k}$ *Chin.*$_{hr1,k}$ cic.$_{k2}$ cinnb. cist.$_{hr1,k,*}$ com. crot-h.$_{bg2,k,*}$ crot-t.$_{hr1,k,*}$ *Cupr.*$_{hr1,k}$ dor.$_{hr1,k}$ *Echi.* *Euph.*$_{bg2,k,*}$ gels. **Graph.**$_{h,k,*}$ gymno. *Hep.*$_{bg2,k,*}$ hippoz.$_{hr1,k}$ *Hydr.*$_{hr1}$ *Jug-c.*$_{hr1,k}$ kali-ar. kali-c. kali-i.$_{a1,k}$ **Lach.**$_{bg2,k,*}$ *Led.*$_{hr1,k}$ meph. *Mez.*$_{a1,k}$ naja nat-s.$_{hr1,k}$ *Nit-ac.*$_{hr1,k}$ phos.$_{bg2,k,*}$ phyt.$_{k2}$ plb.$_{a1,k}$ *Puls.*$_{bg2,k,*}$ **Rhus-t.**$_{bg2,k,*}$ *Rhus-v.* sarr. sep.$_{bg2,k,*}$ sol-t-ae.$_{a1,k}$ stram.$_{bg2,k,*}$ *Sul-ac.* *Sulph.*$_{bg2,k,*}$ tep.$_{a1,k}$ ter.$_{hr1,k}$ thuj.$_{bg2,k,*}$
☞ *Gangrän*

– **links**: agn.$_{hr1,k}$ *Borx.* *Cham.*$_{hr1,k}$ lach.$_{hr1,k}$ *Stram.*$_{hr1}$
  • **nach** rechts: lach. **Rhus-t.**
– **rechts**: arund.$_{hr1,k}$ *Bell.*$_{bg2,k}$ stram.$_{hr1,k}$ sulph.$_{k2}$
  • **nach** links: apis arund. **Graph.** lyc. sulph.
– **eine** Seite: apis borx. cham.$_{k2}$ nux-v.$_{hr1,k}$ sep. *Stram.*$_{hr1,k}$
◆ **begleitet** von:
  • **Zunge**:
    • **glatte** Zunge: rhus-t.$_{kr1,vk1}$
    • **rote** Farbe der Zunge:
      • **feuerrote**: *Canth.*$_{kr1,vk1}$
– **Bläschen**:
  • **mit**: *Ars.* bell. camph. canth. chin. cist. com. **Euph.** *Graph.* hep. lach. puls. ran-b. **Rhus-t.** *Rhus-v.* sep. sulph. tep.
  • **ohne**: chin.$_{c1}$
– **Fleck**: *Apis*
– **gangränös**: **Ars.**$_{hr1,k}$ camph.$_{hr1,k}$ **Carb-v.**$_{hr1,k}$ chin.$_{hr1,k}$ *Hippoz.* **Lach.**$_{hr1,k}$ mur-ac.$_{hr1,k}$ *Rhus-t.*$_{hr1,k}$ **Sec.**$_{hr1,k}$ sil.$_{hr1,k}$
– **Insektenbisse**, durch: *Led.*$_{hr1,k}$
– **ödematös**: **Apis** ars. chin. crot-t. hell. lyc. merc. *Rhus-t.* sulph. thuj.
– **periodisch**: **Apis** *Crot-h.*
– **phlegmonös**: *Acon.*$_{hr1,k}$ *Apis* *Arn.*$_{hr1,k}$ *Bell.*$_{hr1,k}$ bry.$_{hr1,k}$ bufo carb-an.$_{hr1,k}$ carbn-s. cham.$_{hr1,k}$ *Crot-h.*$_{hr1,k}$ *Graph.*$_{hr1,k}$ *Hep.*$_{hr1,k}$ *Hippoz.*$_{hr1,k}$ **Lach.**$_{hr1,k}$ led.$_{k2}$ merc.$_{hr1,k}$ phos.$_{hr1,k}$ puls.$_{hr1,k}$ **Rhus-t.**$_{hr1,k}$ sep.$_{hr1,k}$ *Sil.*$_{hr1,k}$ *Sulph.*$_{hr1,k}$
– **Schwangerschaft**; während der: *Borx.*
– **Stillen**, beim: borx.
– **strahlenförmig** aus; breitet sich: graph.
– **wandernd**: arn.$_{hr1,k}$ bell.$_{hr1,k}$ mang.$_{hr1,k}$ **Puls.**$_{hr1,k}$ rhus-t. sabin.$_{hr1,k}$ sulph.$_{hr1,k}$
▽ **erstreckt** sich zu:
  • **Kopf**: agn.$_{hr1}$ *Chel.* op.$_{a1,k}$ puls.$_{k2}$
  • **Körper**: *Graph.*
  • **Ohr**: *Jug-c.*
○ **Auge**, um das: acon. anac. **Apis** ars. bell. com. *Graph.* *Hep.* *Led.* *Merc.* *Merc-c.* **Rhus-t.** vesp.
☞ □ *Auge - Entzündung - erysipelatös*
– **Kopfhaut** und Gesicht: *Lach.*
– **Nase**: agn.$_{hr1}$ am-m. *Apis* arn.$_{a1,bg2}$ *Aur.* cadm-s. *Calc.*$_{bg2,k,*}$ *Canth.*$_{bg2,k}$ graph. hippoz. lach.$_{bg2}$ plb.$_{bg2,k}$ rhus-t.$_{bg2,k}$ stram.$_{bg2,k,*}$
– **Ohr**; beginnt im rechten: sulph.

Erysipel: ...
– **Unterlippe** zum Gesicht; erstreckt sich von der: *Anthraci.* apis

Exkoriation:
– **Menses**:
  • **während**: kreos.$_{bg1,k2}$
○ **Lippen**: all-c.$_{k2}$ am-c.$_{k2}$ am-m. ant-t. **Ars.** **Arum-t.** calc. canth. *Caust.* cham. cop. cupr. *Graph.* ham. *Hell.* *Iod.* kali-c. *Kali-p.* kreos.$_{k2}$ lac-c. **Lach.** lyc. mang. merc. mez. *Mur-ac.* nat-m. *Nit-ac.* phos. *Sep.* stram. sulph.$_{k2}$
  • **Speichel**, durch scharfen: am-c.$_{k2}$ arum-t.$_{k2}$ **Nit-ac.** sulph.$_{k2}$
○ **Innenseite**: cupr.$_{h}$ sep.$_{h}$
  • **Oberlippe**: mag-c.$_{h}$ mang.$_{a1}$
– **Mundwinkel** ●: ant-c. *Ars.* **Arum-t.** arund.$_{br1}$ bamb-a.$_{stb2}$ bell. bov. brach. *Caust.* *Cocc.* *Cund.* dios. eup-per. form. *Hell.* ign.$_{br1}$ ind. ip. kreos.$_{k2}$ *Lyc.*$_{k,kl2}$● **Merc.** mez. nat-c.$_{h2}$ nat-m. pall. phos. *Psor.* *Sulph.*$_{k,kl2}$● zinc.$_{h}$
☞ *Rissig - Mundwinkel*
– **Nasenwinkel**: chinin-ar.

Exostose: *Aur-m.* *Hecla* phyt.
○ **Kiefer**:
○ **Unterkiefer**: **Ang.** **Calc-f.** *Hecla*$_{st1}$ *Hep.*
– **Wangenknochen**:
  • **rechts**: *Aur-m.*

Farbe (= Verfärbung): choc.$_{srj3}$
☞ *Flecken - verfärbte*
– **aschfahl**: *Ars.*$_{hr1,k}$ *Bad.*$_{hr1,k,*}$ brom.$_{k2}$ *Chlor.*$_{hr1,k}$ *Cic.*$_{hr1,k}$ *Ferr.*$_{hr1,k}$ kali-bi.$_{a1,k}$ *Lach.*$_{hr1}$ *Lyc.*$_{hr1}$ morph.$_{a1,k}$ *Phos.*$_{hr1,k}$ *Plb.*$_{hr1,k,*}$ sec.$_{hr1,k,*}$ sulph.$_{hr1,k}$ verat.$_{hr1,k}$ verat-v.$_{hr1}$
– **blaß**: abrot.$_{br1,hr1}$ absin.$_{a1,k}$ *Acet-ac.*$_{hr1,k,*}$ acetan.$_{br1}$ *Acon.*$_{bg2,k,*}$ adam.$_{srj5}$ *Aesc.*$_{hr1,k,*}$ *Aeth.*$_{bg2,k,*}$ agar.$_{hr1,k,*}$ ail.$_{hr1,k,*}$ alet.$_{k2}$ all-s.$_{hr1,k}$ aloe alum.$_{bg2,k,*}$ alum-p.$_{k2}$ alumn.$_{hr1,k,*}$ *Am-c.*$_{bg2,k,*}$ *Am-m.*$_{bg2,k,*}$ ambr.$_{bg2,k,*}$ aml-ns. ammc.$_{hr1,k,*}$ amyg.$_{hr1,k,*}$ **Anac.**$_{bg2,k,*}$ anan.$_{hr1,k}$ androc.$_{srj1}$ ant-c.$_{a1,k}$ **Ant-t.**$_{bg2,k,*}$ *Apis* apoc.$_{a1,k}$ **Arg-met.** *Arg-n.*$_{bg2,k,*}$ *Arn.*$_{bg2,k,*}$ **Ars.**$_{bg2,k,*}$ ars-h.$_{hr1,k,*}$ *Ars-i.* ars-s-f.$_{k2}$ ars-s-r.$_{hr1}$ arund.$_{hr1}$ *Aspar.*$_{hr1,k,*}$ *Aster.*$_{hr1,k}$ *Aur.*$_{hr1,k}$ aur-ar.$_{k2}$ aur-i.$_{k2}$ aur-m.$_{bg2,k2,*}$ aur-m-n.$_{hr1,k}$ aur-s.$_{k,k2,*}$ *Bad.*$_{hr1,k,*}$ bamb-a.$_{stb2}$ *Bar-c.*$_{hr1,k,*}$ bar-i.$_{k2}$ bar-m.$_{a1,k}$ bar-s.$_{k2}$ *Bell.*$_{bg2,k,*}$ ben. ben-n. **Berb.**$_{hr1,k,*}$ bism.$_{bg2,k,*}$ boerh-d.$_{bnj1}$ *Borx.* bov.$_{bg2,k,*}$ brom.$_{hr1,k,*}$ *Bry.*$_{bg2,k,*}$ *Bufo* *Cact.*$_{hr1,k,*}$ cadm-s. caesal-b.$_{bnj1}$ **Calc.**$_{bg2,k,*}$ *Calc-ar.*$_{hr1,k}$ calc-i.$_{k2}$ **Calc-p.**$_{hr1,k,*}$ *Calc-s.*$_{hr1,k}$ calc-sil.$_{k2}$ **Camph.**$_{bg2,k,*}$ cann-i.$_{hr1,k,*}$ cann-s.$_{bg2,k,*}$ *Canth.*$_{bg2,k,*}$ caps.$_{bg2,k,*}$ *Carb-ac.*$_{hr1,k,*}$ *Carb-an.*$_{bg2,k,*}$ **Carb-v.**$_{bg2,k,*}$ carbn-h. carbn-o. **Carbn-s.** *Caust.*$_{h,k,*}$ cedr.$_{hr1,k}$ cench.$_{k2}$ *Cham.*$_{bg2,k,*}$ *Chel.*$_{bg2,k,*}$ **Chin.**$_{bg2,k,*}$ chinin-ar. **Chinin-s.** chlf.$_{a1,k}$ chlol.$_{a1,k}$ *Chlor.*$_{hr1,k}$ *Cic.*$_{bg2,k,*}$ cimic.$_{hr1,k}$ **Cina** **Clem.**$_{bg2,k,*}$ *Cocc.*$_{k,k2,*}$ cod.$_{a1,k}$ coff. coff-t.$_{a1,hr1}$ *Colch.*$_{bg2,k,*}$ coleus-a.$_{bnj1}$ *Coloc.*$_{bg2,k,*}$ *Con.*$_{bg2,k,*}$ cop.$_{a1,k}$ crat.$_{br1}$ *Croc.*$_{bg2,k,*}$ crot-h.$_{hr1,k,*}$ crot-t. **Cupr.**$_{bg2,k,*}$ cupr-ar.$_{a1,k}$ *Cycl.*$_{hr1,k,*}$ der.$_{a1,k}$ **Dig.**$_{bg2,k,*}$ dirc.$_{a1,k}$ dor.$_{a1,k}$ *Dros.*$_{bg2,k,*}$ *Dulc.*$_{bg2,k,*}$ emb-r.$_{bnj1}$ *Eup-per.*$_{hr1,k}$

– **blaß**: ...
euph.bg2,k,* euphr.bg2,k,* fago.a1,k **Ferr.**bg2,k,* ferr-ar. **Ferr-i.** ferr-m.hr1,k ferr-ma.a1 **Ferr-p.**hr1,k fl-ac.hr1,k *Gels.*hr1,k,* *Glon.*hr1,k,* gran.a1,k granit-m.es1 **Graph.**bg2,k,* grat.a1,k haem.a1 ham.hr1,k *Hell.*bg2,k,* *Hep.*bg2,hr1 hura *Hydr.*bg2,k,* *Hydr-ac.*hr1,k,* *Hydrog.*srj2 hygroph-s.bnj1 *Hyos.*bg2,k,* *Ign.*bg2,k,* *Iod.*bg2,k,* *Ip.*bg2,k,* jab.a1,k jatr-c. *Kali-ar.*hr1,k,* *Kali-bi.*bg2,k,* kali-br.hr1,k,* *Kali-c.*bg2,k,* *Kali-chl.*a1,k *Kali-i.*hr1,k,* kali-m.k2 kali-n.bg2,k,* *Kali-p.*hr1,k kali-s. kali-sil.k2 *Kalm.*hr1,k,* *Kreos.*bg2,k,* *Lac-d.*hr1,k *Lach.*bg2,k,* lachn. lact.a1,k *Laur.*bg2,k,* lec.br1,k *Led.*bg2,k,* lept.a1,k limest-b.es1 **Lob.**a1,k **Lyc.**bg2,k,* lyss.hr1,k,* *Mag-c.*bg2,k,* *Mag-m.*bg2,k,* *Mag-p.* mag-s.a1,k manc.hr1,k,* **Mang.**bg2,k,* **Med.**hr1,k meli.a1,k *Merc.*bg2,k,* *Merc-c.*bg2,k,* *Merc-cy.*a1,k *Merc-d.*hr1,k,* merc-n.c1 *Merc-sul.*hr1,k,* *Mez.*bg2,k,* morph.a1,k mosch.bg2,k,* *Mur-ac.*hr1,k,* naja **Nat-ar.** **Nat-c.**bg2,k,* **Nat-m.**bg2,k,* nat-n.a1,k **Nat-p.**hr1,k nat-s.bg2,k,* nicc. *Nit-ac.*bg2,k,* nuph.hr1,k,* *Nux-m.*bg2,k,* *Nux-v.*bg2,k,* oena.a1,k ol-an.hr1,k,* olnd.bg2,k,* **Op.**bg2,k,* *Ox-ac.*hr1,k,* *Par.*bg2,k,* *Petr.*bg2,k,* **Ph-ac.**bg2,k,* *Phos.*bg2,k,* phys.a1,k *Phyt.*hr1,k,* *Plat.*bg2,k,* **Plb.**bg2,k,* podo.bg2,k,* *Psor.*hr1,k,* ptel.hr1,k,* *Puls.*bg2,k,* *Pyrog.* raph.hr1,k,* *Rheum* *Rhus-t.*bg2,k,* rhus-v.a1,k rob.hr1 sabad.hr1,k,* sabin.bg2,k,* *Samb.*bg2,k,* *Sang.*bg2,k,* santin. sarr.hr1 **Sec.**bg2,k,* sel.bg2,k,* senec.hr1,k,* **Sep.**bg2,k,* *Sil.*bg2,k,* *Spig.*bg2,k,* *Spong.*bg2,k,* squil.hr1 *Stann.*bg2,k,* staph.bg2 *Still.*hr1 *Stram.*bg2,k,* stry.a1,k *Sul-ac.*bg2,k,* **Sulph.**bg2,k,* sumb.a1,k syph.xxb **Tab.**bg2,k,* tarent.hr1,k,* tax.a1,k tep.a1,k *Ter.*hr1,k,* *Teucr.*bg2,k,* thea ther.hr1,k thuj.hr1,k,* til.a1,k **Tub.**hr1,k tub-m.dp,zs tub-r.jl,vn,* tub-sp.jl2,vn,* urin.c1 ust.bg2,hr1,* valer. **Verat.**bg2,k,* verat-v.a1,k verb.a1,k vesp.hr1,k,* vinc.hr1,k,* vip.bg2,k,* **Zinc.**bg2,k,* zinc-p.k2 ziz.a1,hr1

- **einseitig**: acon. arn. bell. *Cham.* coloc. ign. ip. *Mosch.* nux-v. tab. verat.
  - **eine** Seite blaß und heiß, die andere rot und kalt: *Mosch.*
- **morgens**: aloe *Bov.*hr1,k,* cod.a1,k con.a1,h,* lyc.a1,k mag-c.a1,k nat-m.a1,k *Nat-s.*hr1 olnd.h,k,* op.a1,k **Sec.**a1,k sep.a1,k
  - **Aufstehen**, nach dem: *Bov.*hr1,k,* graph.a1,k olnd.a1,h ph-ac.a1,k
  - **Erwachen**, beim: nat-s.a1,k
- **mittags**: kali-c.h,kl ox-ac.a1,k phos.a1,k sulph.a1,k *Verat.*a1,k
- **nachmittags**: hura mag-c.a1,k nat-m.a1,k
  - **14** h: verat-v.
  - **Erwachen**, beim: spig.a1,k
- **abends**: caust.a1,k kali-c.h,kl lyc.a1,k merc.a1,k olnd.a1,k *Phos.*a1,k sep.a1,k
  - **19** h: phos.
  - **Gehen**: phos.a1,k
- **nachts**: carb-v.a1,k mang.a1,k merc. merc-c.a1

◇ **abwechselnd** mit:
- **Röte**
  ☞ *rot - abwechselnd mit - Blässe*

◆ **begleitet** von:
- **Abdomen**; Schmerz im
  ☞ ☐ *Abdomen - Schmerz - begleitet von - Gesicht*
- **Herzklopfen**
  ☞ ☐ *Brust - Herzklopfen - begleitet von - Gesicht*
- **Kopf**; Schmerz im
  ☞ ☐ *Kopf - Schmerz - begleitet von - Gesicht*
- **Rücken**, unter dem rechten Schulterblatt; Schmerz im
  ☞ ☐ *Rücken - Schmerz - Dorsalregion - Schulterblätter - rechts - unter - begleitet von - Gesicht*
- **Ärger**, Verdruß; nach: *Ars.*
  ☞ ☐ *Gemüt - Beschwerden durch - Tadel*
- **Aufsetzen** im Bett; beim: acon.h,kl
- **Aufstehen**, beim: *Acon.*bg2,k,* *Puls.* *Verat.* *Verat-v.*a1,k
- **Blutung**; nach einer kleinen: erig.zr
- **Erhitzung**; bei: hep.bg1,h,*
- **errötet** leicht: **Ferr.**hr1,k
- **Essen**, nach dem: *Kali-c.*hr1,k mag-c.a1,k thuj.a1,k
- **Flecken**, in: bell.a1,k calc.a1,k sil.a1,k
  ☞ *weißer*
- **Frost**:
  - **vor**: ars. cina ferr.
  - **während**: arg-n.a1,k bell.hr1,k **Bry.** **Camph.** canth.a1,k *Chin.* chinin-s. **Cina** coff.a1,k croc.a1,k *Dros.* *Hep.*a1,k ign.hr1,k ip. *Lyc.* *Nux-m.*hr1,k nux-v. ph-ac. phos.a1,k *Puls.*hr1,k *Rhus-t.*hr1,k *Sec.* sep.a1,k *Sulph.*hr1,k,* **Verat.** zinc.a1,k
- **Gehen**; beim:
  - **Freien**; im: plb.k2
- **Herzklopfen**, bei
  ☞ ☐ *Brust - Herzklopfen - begleitet von - Gesicht - blaß*
- **Hitze**; während: acon.bg2 *Ars.*bg2,k bell.bg2 **Cina** cocc.bg2,k **Croc.**bg2,k *Ferr.*hr1 glon.k2 *Hep.*bg1,vh,* **Hyos.**hr1 *Ip.*bg2,k *Lyc.*bg2,k nat-m.bg2,k puls.bg2,k rhus-t.bg2,k sep.h,k,* spong.bg2,k,* thuj.bg2,k verat.bg2,k
  - **Kopfes**, des: hell.h
- **Husten**, beim: cinaptk1 samb.ptk1
  - **gedunsenem** Gesicht; mit: samb.ptk1
- **Kindern**; bei:
  - **Laufen**; beim: sil.ptk2
- **Körperübungen**:
  - **nach**: nit-ac.h
  - **durch**: spong.ptk1
- **Konvulsionen**, bei den: cic.kr1 cupr.hr1,kr1 glon.hr1 hyos.hr1 ip.kr1 kali-i.kr1 kali-p.kr1 lach.hr1,kr1 nux-v.hr1 op.hr1 puls.hr1 sil.kr1 sulph.kr1 *Verat.*kr1 zinc.br1,kr1
- **Kopfschmerzen**, mit: acon. aeth.a1,k *Alum.* am-c.h,kl ambr. anac.hr1,k *Ars.* bism.hr1 calc.bro1 canth. *Carb-v.* chin.bro1 *Chinin-s.* *Echi.* *Hell.* hydr.a1,k ign. ip.hr1,k lac-d.c1,k2 *Lach.*hr1,k lob.bro1 mag-c. meli.bro1 nat-m.bro1 *Phos.*hr1,k,* *Sep.*hr1,k,* sil.bro1 spig.hr1,k *Stram.* tab.bro1 valer. *Verat.*hr1,k *Zinc.*
- **Lesen**, durch: graph.h,k,* sil.h,kl
- **Liegen**: *Bell.* thea
  - **amel.**: petr.a1,k

- **Luft**; beim Gehen in:
  - **feuchter** Luft:
    - **agg**.: *Nux-m.*
  - **Freien**, im: kali-c.h
  - **frischer** Luft:
    - **amel**.: cann-i. caust. *Gels.*
  - **kalter** Luft: nux-m.
- **Menses**:
  - **vor**: am-c.hr1,k mang.a1,k
  - **während**: am-c.hr1,k,* apis *Ars.*hr1,k castm. *Cedr.*hr1,k *Cocc.*hr1 *Ferr.*hr1,k graph. **Ign.**a1,k *Ip.*hr1,k lyc. *Mag-c.*hr1,k,* *Mag-m.*hr1,k,* puls.hr1,k stann.hr1,k verat.hr1,k
  - **nach**: *Nat-m.*hr1,k puls. verat.
  - **abwesend**: lob.ptk1
- **Mittagessen**, beim: mag-m. nat-m. nit-ac. phel.
- **Nasenbluten**, mit: carb-v.bg1 chin.bg1 ferr.bg1 *Ip.*bg1,vh,* puls.bg1 verat.bg1
- **plötzlich**: *Cimic.*hr1,k graph.h,k,* phos.h,kl
- **Raserei**, Tobsuchtsanfall; bei: anac. ars. croc. merc. phos. puls. *Verat.*
- **rot** in kleinen Flecken: *Aur-m.*hr1,k bamb-a.stb2 *Ferr.*hr1,k *Sulph.*
- **Schlaf**:
  - **im**: rheum
  - **nach**: bov.hr1 spig.a1,k
- **Schmerz**; durch: *Ferr.*hr1,k
  - **Abdomen**; im
    ☞ ❑ *Abdomen - Schmerz - begleitet von - Gesicht*
- **Schweiß**, beim: mosch. sep.
- **Stehen**, beim: chin.a1,k petr.a1,k rumx.
- **Steigen**, beim: dirc.a1,k
- **Stuhlgang**:
  - **während**: *Calc.*hr1,k crot-t.hr1,k ip.hr1,k *Kali-c.*hr1,k *Rheum* verat.hr1,k
  - **nach**: coloc.hr1,k *Crot-t.*hr1,k ferr-ma.a1,k
- **warmes** Zimmer: am-c.h,kl apis
  - **amel**.: nux-m.a1,k
- **Wetter**:
  - **nassem** Wetter, bei: aloe nux-m.
- **Zorn**, nach: *Con.*
  ☞ ❑ *Gemüt - Zorn*

○ **Augen**; um die: ptel.bg1
- **Lippen**: aeth.k2 ant-t.hr1,k *Apis* *Aran.*hr1,k **Ars.**hr1,k *Calc.*hr1,k,* carb-ac.hr1,k caust.h,k,* coca *Colch.*hr1,k,* cupr. *Cycl.*hr1,k dig.hr1,k **Ferr.**bg2,k,* *Ferr-ar.* *Ferr-p.* **Hydr-ac.**hr1,k,* ip.hr1,k **Kali-ar.** kali-c.bg2,k,* kali-s.k2 *Lac-d.*hr1,k *Lyc.*bg2,k,* manc.hr1,k,* *Mang.* **Med.** *Merc-c.*hr1,k,* nat-p. *Op.*hr1,k,* ph-ac.hr1,k phos.h,kl pic-ac.hr1,k *Puls.*hr1,k sec.hr1,k *Senec.*hr1,k,* sep.k2 spig.bg2,k,* sulph.hr1,k,* thuj.hr1,k valer.bg2,k,* verat.hr1,k,* verat-v.hr1,k xan.hr1,k
  - **Menses**:
    - **während**: cycl.hr1,k *Ferr.*hr1,k
    - **unterdrückt**: ars. chin. cycl.hr1,k *Ferr.* ph-ac. rhus-t. *Senec.* *Sep.* sulph.
  ○ **Oberlippe**: aeth.c1
- **Mund**, um den: *Carb-ac.* **Cina** merc-c.ptk1 nat-p.k2 **Stram.**
  - **übriges** Gesicht dunkelrot: carb-ac.
- **Nase**; um die: nat-p.k2

– **bläulich**: absin.br1 acon.bg2,k,* *Agar.*bg2,k,* agar-ph.a1 *Ail.* alum-p.k2 alum-sil.k2 am-c.bg2 aml-ns. androc.srj1 ang.c1 ant-t.bg2,k,* *Apis* *Arg-n.*bg2,k,* **Ars.**bg2,k,* *Ars-i.* ars-s-f.k2 **Asaf.** asim.hr1,k *Aur.*bg2,k,* aur-ar.k2 bad. **Bapt.**bg2,k **Bell.**bg2,k,* borx. both.a1,k brom.k,k2 **Bry.**bg2,k,* bufo *Cact.*hr1,k calc. calc-p.hr1,k,* **Camph.**bg2,k,* **Cann-i.** *Canth.*hr1,k,* *Carb-an.* **Carb-v.**bg2,k *Carbn-s.* carl. *Caust.*h,k,* *Cedr.*hr1,k *Cench.*k,k2 *Cham.*bg2,k,* chinin-ar. chlf.hr1 *Chlol.* *Chlor.*hr1,k *Cic.*hr1,k cimic.hr1,k *Cina* *Cocc.*hr1,k colch.hr1,k,* **Con.**bg2,k,* cor-r. croc. crot-h.bg2,k,* crot-t.a1,k **Cupr.**bg2,k,* cyt-l.a1 **Dig.**bg2,k,* *Dros.*hr1,k *Dulc.*hr1,k frag.a1 gels.k2 *Glon.*k,k2,* *Hep.*bg2,k hydr-ac.bg2,k,* **Hyos.**bg2,k,* ign.bg2,k iod.a1,k **Ip.**bg2,k,* jal.br1 *Kali-c.*a1,k kali-cy.a1,k *Kali-i.*hr1,k kali-m.k2 kali-p. kali-sil.k2 *Kreos.*hr1,k **Lach.**bg2,k,* lachn.hr1,k *Laur.*bg2,k,* *Lyc.*bg2,k,* mag-p.hr1,k meph.hr1,k merc.a1,k merc-c.a1,k merc-cy. mill.k2 **Morph.**a1,k mosch.hr1,k nat-ar. *Nat-m.*hr1,k nat-p.hr1,k nitro-o.a1 *Nux-v.* oena.bro1 **Op.**bg2,k,* ox-ac.a1,k petr. phos.hr1,k,* *Phyt.*bg2,k,* plb. prun. psor.hr1,k *Puls.*hr1,k rhus-t.hr1,k russ.a1 *Samb.*bg2,k,* sang. santin.bro1 sars.k,k2 sec. sil. spig.hr1,k,* *Spong.*bg2,k,* *Staph.*bg2,k,* *Stram.*hr1,k *Stry.*a1,k sul-ac.a1,k *Sulph.*hr1,k *Tab.*hr1,k,* *Tarent.* tub.k2 **Verat.**bg2,k,* **Verat-v.**hr1,k,* vesp.hr1,k *Vip.* zinc.hr1,k,* zinc-p.k2
- **morgens**: bamb-a.stb2 phos.h,kl
- **Ärger**, Verdruß; nach: verat.
- **Asthma**, bei: *Aur.*hr1 *Crot-h.*hr1 cupr.bg1 *Stram.*hr1,k tab.hr1,k
- **Atemnot**, mit: *Arg-n.*hr1 brom.k2 bry. *Op.* *Stram.*
- **Cholera**, bei: *Camph.* **Cupr.**hr1,k **Verat.**hr1,k
- **Flecken**: ail. apis ars.a1,k aur.a1,k *Bapt.* crot-h. ferr.bg2,k hura kali-br. kali-p. lach. led. mur-ac.
  - **Hautausschlägen**, nach: ant-t. ferr. **Lach.** thuj.
- **Frost**; während: asar.h,kl bry. *Cact.*hr1,k lach. nat-m. **Nux-v.** petr. **Stram.** sulph.a1,k *Tub.*
- **Glottisspasmus**, bei: *Bell.* *Coff.* **Lach.** *Mosch.*
- **Hautausschlag**, unterdrückter: abrot.br1
- **Herzens**; bei Beschwerden des: *Apis* *Cact.*hr1,k laur.br1
- **Hitze**; während: lach.bg1
- **Husten**, beim: *Apis* bell. caust. *Coc-c.* *Cor-r.* cupr.h **Dros.** **Ip.** *Mag-p.* samb. *Verat.*
  - **Keuchhusten**: ars. *Coc-c.* *Cor-r.* crot-h. *Dros.* *Ip.* *Nux-v.*
- **Konvulsionen**, mit: absin.hr1,kr1 agar.hr1,kr1 atro.hr1,kr1 *Bell.*hr1,kr1 *Cic.*hr1,k cina.kr1 crot-h.hr1 **Cupr.**hr1,k *Hyos.* ign.j5 *Ip.* nux-v.hr1,k2,* *Oena.* op.kr1 phys. plb.hr1,kr1 stry. *Verat.*hr1,kr1
- **Kopfschmerzen**, bei: cact. *Op.*
- **Krupp**, bei: brom.hr1,k *Carb-v.*hr1,k
- **Lachen**, beim: **Cann-i.**
- **Menses**:
  - **vor**: *Puls.*
  - **während**: verat.k2
    - **amel**.: puls.k2
  - **Ende** der Menses; zu: verat.
- **Neugeborenen**; bei: laur.br1
- **purpurn**, blaurot: tub.xxb

- **Raserei**, Tobsuchtsanfall; bei: acon. ars. bell. con. hyos. lach. merc. *Op.* puls. verat.
- **rot**: **Acon.**bg2 agar.bg2 **Ang.**bg2 ant-t.bg2 ars.bg2 asar.bg2 *Aur.*hr1 bell.hr1 bry.bg2,hr1 camph.bg2 carb-v.bg1,bg2 *Caust.*hr1 *Cedr.*hr1 **Cham.**bg2 cic.bg2 con.bg2 **Cupr.**bg2 **Dig.**bg2,hr1 dros.bg2 *Dulc.*hr1 hep.bg2 hydr-ac.a1 *Hyos.*bg2,hr1 ign.bg2 *Ip.*bg2,hr1 *Lach.*bg2,hr1 lyc.bg2 merc.bg2 nux-v.bg2 *Op.*bg2,hr1 phos.a1,bg2 *Puls.*bg2 *Samb.*bg2 staph.bg2 stram.bg2 verat.bg2,hr1
- **Schwangerschaft**; während der: *Phos.*hr1,k
- **Sprechen** in Gesellschaft; beim: carb-v.h
- **Stuhlgang**:
  - **während**: rhus-t.
  - **nach**: rhus-t.
- **Urinieren**, beim: aspar.hr1,k
- **Würgen**, durch: bell.h,kl
- **zornig**, wenn: mosch.k2 *Staph.*hr1,k
  - ☞ ❑ *Gemüt - Zorn*
- ○ **Augen**:
  - ○ **um** die Augen; Ringe: abrot. *Acet-ac.* acon. agar. ail. alum-sil.k2 *Anac.* androc.srj1 ant-t.k,k2 *Aran.* **Ars.** ars-i. ars-s-f.k2 bad. bamb-a.stb2 *Bell.* **Berb.** *Bism.* cadm-s.br1 *Calc.* *Calc-ar.* calc-p. *Camph.* *Canth.* carb-an. cench.k2 cham. chel. **Chin.** *Cic.* cimic. *Cina* cinnb. *Cocc.* corn. *Crot-h.* *Cupr.* cycl. fago. *Ferr.* ferr-ar. ferr-p. glon.k2 *Graph.* ham. hell. *Hep.* hura hydrog.srj2 *Indg.* *Iod.* **Ip.** *Iris* jatr-c. kali-ar. kali-bi. kali-c. *Kali-i.* kali-p. kreos. lac-d.k2 lach. **Lyc.** mag-c. merc. mez. *Naja* **Nat-ar.** **Nat-c.** *Nat-m.* *Nat-p.* nit-ac.k2 **Nux-m.** **Nux-v.** **Olnd.** op. pall. petr. *Ph-ac.* *Phos.* *Phyt.* plat. plb. psil.ft psor. *Puls.* raph. **Rhus-t.** rhus-v. *Sabad.* sabin. **Sec.** *Sep.* *Stann.* *Staph.* stram. sulph. tab. tarent. ter. upa. *Verat.* zinc. zinc-p.k2
    - **Menses**:
      - **vor**:
        - **agg.**: tub.xxb
  - **unter** dem Auge: lachn.c1 psil.ft1
- **Kinn**: plat.a1,k
- **Lippen**: **Acet-ac.**a1,k *Acon.*bg2,k,* agar.bg2,k,* alum.bg2,k,* alumn.hr1,k am-c.bg2,k,* amyg.hr1,k,* ang.bg2 **Ant-t.**bg2,k,* *Apis* *Apoc.*hr1,k **Arg-n.**bg2,k *Ars.*bg2,k,* ars-i. *Aur.*hr1,k *Bar-c.* bar-i.k2 berb.hr1,k *Cact.* calc. calc-sil.k2 **Camph.**hr1,k carb-an.bg2 carc.sp,xxb caust.h,k,* *Cedr.*hr1,k *Chin.*hr1,k *Chinin-s.* chlol.hr1 chlor. cic.bg2 *Colch.*hr1,k,* con.bg2,k *Crot-h.* cub.c1 **Cupr.**bg2,k,* cupr-ar.hr1 *Cupr-m.*bro1 cupr-s.bro1 cur.hr1,k cyt-l.a1 *Dig.*bg2,k,* *Dros.*hr1,k eup-pur. ferr-p.bg2 gels.bg2 glon.bg2 hell.bg2 *Hep.*hr1,k **Hydr-ac.**bg2,k,* hyos.bg2 *Iod.*bg2,k,* *Ip.*hr1,k kali-ar. *Kali-i.*hr1,k kreos.bg2,k **Lach.**hr1,k lachn.hr1,k **Lyc.**bg2,k,* merc.bg2,k merc-cy. mosch.bg2,k,* *Nat-m.*hr1,k nitro-o.a1 **Nux-v.**bg2,k,* *Op.*bg2,k,* ox-ac.a1,k2,* *Phos.*bg2,k,* plan. plb.bg2 *Prun.* psor.hr1,k rhus-t.hr1 samb.hr1,k sec.bg2,k,* stram.bg2,k,* *Stry.*a1,k tab.bg2 tub-r.j1 verat.bg2,k,* vip.bg2,k,*
  - **Frost**; während: *Ars.*a1,k *Chinin-s.* eup-pur. *Ip.*hr1,k **Nat-m.** *Nux-v.* *Sec.*
  - **Keuchhusten**: cupr. dros.hr1,k ip. *Nux-v.*

– **bläulich - Lippen**: ...
  - **Konvulsionen**, bei den: **Nux-v.**hr1,k
  - **Menses**, während: *Arg-n.* *Cedr.*hr1,k
  - **Schelte**, durch: *Mosch.*hr1,k,*
- **Mund**, um den: ars. **Cina** *Cupr.* kreos. nit-ac.k2 ph-ac. sabad. stram. sulph. syph.xxb verat.
- **Stirn**: apis rhus-t.hr1
- **Wangen**: cham.

– **bleich**: ail.a1,k alum.hr1,k,* alumn.hr1,k *Apis* *Arg-met.* **Arg-n.**hr1,k *Arn.*hr1,k *Ars.*hr1,k,* ars-h.hr1,k ars-i.hr1,k ars-s-f.k2 *Bapt.*hr1,k,* berb.hr1,k *Calc.*hr1,k *Calc-p.*hr1,k,* *Carb-ac.*hr1,k **Carb-v.**hr1,k carl.a1,k cench.k2 **Chel.**hr1,k *Coc-c.*hr1,k cocc.hr1,k *Coloc.*hr1,k con.hr1,k *Corn.*hr1,k *Croc.*hr1,k *Crot-c.* *Crot-h.* dulc.k2 *Eup-per.* *Ferr.*hr1,k ferr-ar. *Ferr-i.* ferr-p.hr1,k *Helon.*hr1,k hydr.hr1,k hydr-ac.hr1,k ind.hr1,k *Iod.*hr1,k,* kali-c.hr1,k kalm.hr1,k *Lac-d.*hr1,k *Lach.*hr1,k lept. mag-c.k2 **Med.** *Merc.*hr1,k,* myric.hr1,k naphtin. **Nat-m.**hr1,k *Nat-s.*hr1,k nit-ac.k2 *Nux-v.*hr1,k op.a1,k *Pall.*hr1,k plan.hr1,k **Plb.**hr1,k,* podo.hr1,k puls.hr1,k *Sep.*hr1,k stann.k2 sul-i.k2 **Sulph.**hr1,k syph.xxb
  - **Diarrhoe**, mit: corn.br1

– **bleifarben**: *Apoc.*hr1 **Arg-n.**hr1,k,* ars.bg2,k,* ben-n. carb-an.a1,k carbn-o. chr-ac.hr1 coca cocc.hr1,k crot-h.hr1,k,* *Kali-i.*hr1,k lach.bg2,k,* merc.bg2,k *Nat-m.*hr1,k nit-ac.a1,k *Oena.* op.a1,k *Plb.*hr1,k,* thuj. verat.hr1,k zinc.hr1

– **braun**: acon-l.a1 *Arg-n.* ars. ars-i. *Bapt.* bry. carb-ac. carc.sp1 caust. con. crot-h. gels. hyos. *Iod.*hr1,k lyss.a1,k mag-m. *Nit-ac.* op.hr1,k,* puls. rhus-t.a1,k samb. sars. *Sep.* staph. stram.hr1,k,* *Sulph.*
  - **Flecken**: ambr. anan. ant-c. ars. ars-i. benz-ac. cadm-s. *Calc.* *Carb-an.*hr1,k *Carbn-s.* caul.c1 caust. *Colch.* con. ferr. ferr-p.k2 hyos. iod. *Kali-c.* kali-i. kali-p. *Laur.* *Lyc.* nat-ar. *Nat-c.* nat-p. nat-s.k2 *Nit-ac.* petr. phos. *Sep.* *Sulph.*a1,k sumb. thuj.
    - **Entbindung**; nach der: crot-h.
    - **Milchkaffee**: carc.cd,jl2,*
    - **Sonne** agg.: cadm-s.br1
    - **Wind** agg.: cadm-s.br1
  - **gelblich**: phos. vac.a1,k
  - **rötlich**: bry.bg2,k calc-p.bg2 carb-v.bg2 hyos.bg2,k *Iod.*bg2 kreos.bg2 nit-ac.bg2,k *Op.*bg2,k puls.bg2,k samb. sec.bg2 *Sep.*bg2,k **Staph.**bg2 stram.bg2,k sulph.bg2,k
  - **Schlaf**, im: *Stram.*a1,k
  - **zornig**, wenn: *Staph.*hr1,k
    - ☞ ❑ *Gemüt - Zorn*
  - ○ **Augen**, um die: *Lach.*bg1,vh,* sep.ctc
  - **Lippen**: ant-t. *Ars.* ars-h. bry. *Carb-v.* chlor.hr1,k *Hyos.* olnd. op. *Phos.* *Psor.*a1,k squil. staph. sul-ac.a1,k *Verat.*
    - **Flecken** an der Oberlippe: nat-c. sulph.h,kl
    - **Streifen** entlang der Unterlippe: *Ars.*
  - **Mund**, unter dem: phos.h
  - **Stirn**: kali-p. phos.
    - **Flecken**: *Caul.* *Nat-c.* nit-ac.k2 *Sep.*
      - ◆ **begleitet** von Fluor
        - ☞ ❑ *Weibliche Genitalien - Fluor - begleitet von - Stirn*

– **bräunlich** gelbe Stirn am Haaransatz: caul.bg2,bg3 kali-p.bg2,bg3 med.bg2,bg3 nat-m.bg2,bg3
– **bronzefarben**: ars-h.a1,k
– **Chloasma**
☞ *braun - Flecken - Milchkaffee / Chloasma*
– **dunkel**: *Ail.*bg2,k,* am-c.k2 ant-t.gm1 *Apis* arg-n.bg2 ars.bg2,k,* asaf.k2 **Bapt.**hr1,k bell.k2 both.a1,k cact.k2 calc-p.bg2 canth.k2 carb-an.bg2 *Carb-v.*hr1,k *Carbn-s.* chin.bg2 croc.bg2 crot-h.bg2 cub.c1 cupr.bg2,k,* dub.a1,k elaps *Gels.*bg2,k,* glon.k2 hura hydr-ac.a1,k kali-i.bg2,k,* lach.hr1,k morph.a1,k **Nit-ac.**hr1,k *Op.*bg2,k,* ox-ac.a1,k *Phos.*bg1,vh,* plan.a1 plb.bg2,k,* psor.k2 *Sulph.*hr1,k thuj.bg1 verat.bg2,k,* verat-v.bg2 zinc.bg2
○ **Augen**; Ringe unter den: sep.ptk2
– **düster**
☞ *dunkel*
– **erdfahl**: *Aeth.*hr1 *Ant-t.*hr1,k,* *Arn.*hr1,k *Ars.*bg2,k,* ars-h.hr1,k *Ars-i.* ars-met. ars-s-f.k2 *Aster.*hr1,k aur. bapt.bg2 bell.a1,k *Berb.*hr1,k bism.bg2,k,* *Borx.* *Brom.*hr1,k *Bry.*bg2,k *Calc.*hr1,k calc-i.k2 *Calc-p.*hr1,k,* calc-sil.k2 canth.bg2 carb-ac.a1 *Carb-an.*bg2,k,* *Carb-v.*hr1,k **Chin.**bg2,k,* chinin-ar. *Cic.*bg2,k,* cimic. *Cina* cocc.hr1,k con.hr1,k *Croc.*bg2,k crot-h.a1 der.a1,k euph.bg2 **Ferr.**bg2,k,* *Ferr-ar.* **Ferr-i.** **Ferr-p.**hr1,k gran.a1,k **Graph.** *Helon.*hr1 hydr-ac.a1,k hyos.bg2,h,* *Ign.*bg2,k,* iod.bg2,k ip.bg2,k kali-ar. kali-bi.bg2,k,* kali-chl.hr1,k kali-p. kreos.bg2,k,* *Lach.*bg2,k,* *Laur.*bg2,k,* *Lyc.*bg2,k,* *Mag-c.*bg2,k,* *Mag-m.*hr1,k mag-s.a1,k *Med.* **Merc.**bg2,k,* *Mez.*hr1,k mosch.bg2,k,* nat-ar. nat-c.a1,k *Nat-m.*bg2,k,* nat-p. *Nit-ac.*bg2,k *Nux-v.*bg2,k,* ol-an.hr1,k **Op.**bg2,k,* pall. *Ph-ac.*hr1,k *Phos.*bg2,k,* plb.bg2,k,* psor.hr1,k *Puls.*hr1,k samb.bg2,k,* sec.bg2,k,* **Sep.**bg2,k,* *Sil.*bg2,k,* spig.bg2 sulph.a1,k tarent.a1,k ter.hr1,k thuj. *Verat.*bg2 vip.a1,k zinc.bg2,k,* zinc-p.k2
– **fleckig**: *Ail.* *Bapt.* *Bell.*bg2,k,* bry.k2 calc-p.k2 *Cench.* *Crot-h.* *Dor.*a1,k gels.k2 *Lach.* lachn.bg1 op.k2 psor.k2 puls.k2 *Rhus-t.*bg2,k,* spig.k2 sulph.k2
○ **Lippen**: cact.k2
– **gelb**: acon.bg2,k aesc. agar.a1,k ail. alumn.hr1,k *Ambr.*bg2,k,* anan.hr1,k ant-ar. ant-c.bg2 apis **Arg-met.** **Arg-n.**hr1,k arn.bg2,k,* **Ars.**bg2,k,* *Ars-h.*hr1,k,* *Ars-i.* ars-s-f.k2 asaf.bg2 asc-t.hr1,k aur.bg2 *Bapt.*hr1,k *Bell.*bg2,k,* blatta-o. *Bry.*bg2,k,* caj.a1,k **Calc.**bg2,k,* calc-i.k2 **Calc-p.**hr1,k cann-s.bg2 *Canth.*bg2,k,* carb-an.a1,k *Carb-v.*bg2,k,* *Carbn-s.* **Card-m.**hr1,k **Caust.**h,k,* cedr.hr1,k *Cham.*bg2,k,* **Chel.**bg2,k,* *Chin.*bg2,k,* chinin-ar. *Chinin-s.* *Chion.* chlor.hr1,k cimic. cina clem.a1 coc-c. cocc.k,k2,* **Con.**bg2,k,* *Corn.*hr1,k,* *Croc.*bg2,k,* *Crot-c.* *Crot-h.*bg2,k,* cupr.bg2,k,* *Dig.*bg2,k,* *Dios.*hr1 dol. dulc.bg2,k2 *Elaps* euph.bg2 **Ferr.**bg2,k,* *Ferr-ar.* **Ferr-i.** *Ferr-p.* *Gels.*hr1,k,* gran. granit-m.es1 *Graph.*bg2,k,* *Hell.*bg2,k,* *Hep.*bg2,k,* hura hydr.hr1,k ign.bg2 *Iod.*bg2,k,* *Ip.*bg2,k,* kali-bi.bg2,k,* kali-br.hr1,k *Kali-c.*h,k,* kali-i.bg2 kali-p. kali-s. kali-sil.k2 kreos.bg2,k2 **Lach.**bg2,k,* lachn.hr1,k,* laur.bg2,k,* *Lept.* **Lyc.**bg2,k,* lyss.a1,k *Mag-c.*hr1,k *Mag-m.*bg2,k,* manc.hr1,k mang. *Med.*hr1,k **Merc.**bg2,k,* merc-c.hr1,k mez.a1,k *Myric.*hr1,k,* naja nat-ar. nat-c.bg2,k *Nat-m.*bg2,k,* nat-p. **Nat-s.**hr1,k **Nit-ac.**h,k,*

– **gelb**: ...
Nux-v.bg2,k,* oena.hr1 *Op.*bg2,k,* ox-ac.a1,k *Petr.*bg2,k,* ph-ac.bg2 *Phos.*bg2,k,* *Phyt.*bg2,k,* pic-ac.bg2 **Plb.**bg2,k,* *Podo.* psor.hr1,k ptel.hr1,k *Puls.*bg2,k,* ran-b.bg2 raph.a1,k rhus-t.bg2,k,* sabad.bg2 samb.hr1,k *Sars.*hr1,k *Sec.*bg2,k,* **Sep.**bg2,k,* *Sil.*bg2,k,* spig.bg2,k stann.bg2,hr1 stram. sul-ac.bg2,k,* sul-i.k2 **Sulph.**bg2,k,* tarax.bg2 tarent.hr1 upa.a1,k verat.bg2,k,* zinc.hr1
• **morgens**: raph.a1,k
• **nachmittags**: gels.a1,k
• **nachts**: plb.a1,k
• **Ärger**, Verdruß; nach: *Kali-c.*h,k,*
☞ ☐ *Gemüt - Beschwerden durch - Tadel*
• **Blutung**, bei: kali-c.h
• **Flecken**: ambr.bg2 ars-i.k2 calc.bg2 carb-an.bg2 caust.bg2 *Colch.*bg2 *Ferr.*bg2,hr1 hell.bg2 kali-i.a1 laur.a1 lyc.bg2 nat-c.bg2 nat-m.bg2 *Nit-ac.*bg2 nux-v.bg2 phos.bg2 rhus-t.bg2 sep.h sulph.bg2 sumb.a1
• **Hitze**; während: *Ars.*bg2 cina.c1 *Ferr.* lach.bg2,k,* *Nat-m.*bg2 nux-v.bg2,k *Rhus-t.*bg2
• **Konvulsionen**, während den: cic.kr1 plb.kr1
• **Menses**, während: *Caust.*h,k,*
• **Raserei**, Tobsuchtsanfall; bei: *Acon.* canth. lach. lyc. merc. *Nux-v.* phos. puls. verat.
☞ ☐ *Gemüt - Raserei*
• **Sattel** quer über die Wangen: carb-an.bg2 lyc.bg2 **Sep.**bg2,k,* sulph.bg2
☞ *Sattel*
• **Sonne** und Wind färben Nase und Wangen gelb: cadm-s.br1
• **Syphilis**: **Lach.**hr1,k merc-c. nit-ac.
• **Wechselfieber**, bei: am-c. *Chinin-s.* *Con.* ferr.hr1,k nat-c. nat-m. *Nux-v.* **Sep.** *Tub.*
• **Zorn**, nach: nat-s.
☞ ☐ *Gemüt - Zorn*
○ **Augen**, um die: coll.bg1,bg3 mag-c.bg1,bg2,* *Nit-ac.* nux-v. spig.
• **gelbbraune** Ringe: nit-ac.
• **Lippe**:
• **Streifen** auf: stram.kl
○ **Oberlippe**:
• **Flecken** auf der: nat-c.h
• **Streifen** auf der: ~~stram.kl,xxx~~
• **Mund**, um den: act-sp. hydrc. mag-m.h nux-v. *Sep.*
• **Nase**, um die: nux-v. sep.
• **Schläfen**: *Caust.*h,k,*
• **Stirn**: chel.bg2,k,* nat-c.k2 phos.bg2,k,*
• **Flecken**: kali-c.h nat-c.h
• **Wange**:
• **Flecken**: cadm-s.br1
– **gespenstisch**, totenbleich
☞ *blaß / bleich / erdfahl*
– **gräulich**: *Ars.*bg2,k,* *Berb.*bg2,k,* *Brom.*hr1,k *Bufo* *Cadm-s.* *Carb-v.*bg2,k,* *Chel.*hr1,k **Chin.**hr1,k *Chlor.* *Colch.*hr1,k *Cupr.*hr1,k gels. *Hydr-ac.*hr1,k,* kali-c.hr1,k kreos.bg2,k,* *Lach.*bg2,k,* laur.bg2,k **Lyc.**bg2,k,* *Mez.*bg2,k,* oena. phos.bg2,k,* tab.bg2,k,* tarent.a1,k tub-r.jl,vn,* *Verat.*hr1

◆ **begleitet** von:
• **Zunge**; graue Farbe der: kali-c.krl,vkl
• **gelb**: *Ars.*hrl *Carb-v.*hrl,k chel.hrl,k *Kali-c.*hrl,k kreos.hrl,k **Lyc.**hrl,k,*
– **grünlich**: *Ars.* berb. **Carb-v. Chel.** cocc.k2 crot-h. cupr. dig. *Ferr.* ferr-ar. *Iod.* kreos. *Med.* merc. merc-c. nux-v. *Puls.* verat.
• **Flecken**: ars.al,k
• **Hitze**; während der: lach.vh
○ **Augen**, um die: *Verat.*
– **kaffeefarbene** Flecken
☞ *braun - Flecken - Milchkaffee / Chloasma*
– **kränkliche** Farbe: acet-ac. aesc.hrl,k alet.k2 aloe alum. alum-p.k2 alumn.hrl,k am-c.bg2,k ant-t.k2 apis *Arg-met.* *Arg-n.*bg2,k,* **Ars.**bg2,k,* ars-h.hrl,k *Ars-i.* *Bapt.*hrl,k bism.bg2,k,* borx. brach.hrl,k brom.k2 **Calc.**bg2,k calc-ar.k2 calc-s. *Carb-v.* carbn-s. *Caust.*h,k,* *Chel.*hrl,k *Chin.*bg2,k chinin-ar. *Cina* *Clem.*bg2,k,* cocc.k2 con.hrl,k *Crot-c.* *Crot-h.* dig.bg2,k,* dulc.k2 eup-per.hrl,k **Ferr.** *Ferr-ar.* *Ferr-i.* graph.k2 hydr.k2 *Iod.*hrl,k ip.k2 *Kali-c.*bg2,k,* kali-chl.hrl,k kali-n.bg2,k kali-p. kali-s. *Kreos.*hrl,k lac-d.k2 lachn.hrl,k **Lyc.**bg2,k,* mag-c. *Mag-m.*bg2,k,* *Mang.*bg2,k **Med.** *Merc.*bg2,k,* mez.k2 nat-s.hrl,k *Nit-ac.* *Nux-v.*bg2,k,* petr.k2 *Ph-ac.*bg2,k,* *Phos.*bg2,k,* podo. psor.hrl,k ptel.cl puls.k2 pyrog.k2 rhus-t.bg2,k sil.bg2,k *Spig.*bg2,k,* *Staph.*bg2,k,* sul-ac.k2 *Sulph.*bg2,k,* tab. tarent.k2 teucr.bg2,k ther.k2 thuj.hrl,k til. **Tub.**hrl,k zinc.bg2,k zinc-p.k2
– **kupferfarben**: alum.bg2,k,* *Ars.*bg2,k ars-h.hrl,k aur.bg2 calc.bg2,k,* *Calc-p.*bg2,k,* cann-s.bg2 canth.bg2 caps.bg2 *Carb-an.*bg2,k carb-v.bg2 cic.bg2 clem.bg2 cupr. euphr.bg2 kali-c.bg2 *Kreos.*bg2,k,* lach.bg2 led.bg2,k *Mez.*bg2 nit-ac.bg2 petr.bg2 ph-ac.bg2 phos.bg2 plb.bg2 *Rhus-t.*bg2,k *Ruta* sep.bg2 sil.bg2 stram.hrl,k sul-ac.bg2 sulph.bg2 thuj.bg2 verat.bg2,k
• **Flecken**: *Benz-ac.* *Graph.*
– **Leberflecken**
☞ *braun - Flecken*
– **mahagonifarben**
☞ *rot - mahagonifarben*
– **marmoriert**: phos. sabad.
– **purpurn**
☞ *bläulich - purpurn*
– **rosa** Flecken: carb-an.hrl,k
– **rot**: abies-n.brl acet-ac.al,k **Acon.**bg2,k,* adel.al aegle-f.bnjl aeth.hrl,k,* *Agar.*bg2,k,* agar-ph.al agn.bg2 *Ail.*hrl,k,* alco.al aloe alum.bg2,k,* alum-p.k2 am-br.al am-c.bg2,k,* am-caust.al am-m.bg2,hrl ambr.bg2,cl *Aml-ns.* amyg.al *Anac.*bg2,k,* ang.bg2,hrl,* *Ant-c.*bg2,k,* *Ant-t.*bg2,k,* **Apis** apoc.al arg-met. *Arg-n.*hrl,k *Arn.*bg2,k,* *Ars.*bg2,k,* ars-h.hrl,k ars-i. ars-s-f.k2 arum-d.al arum-t.hrl,k *Asaf.*bg2,k asar.bg2 *Astac.* *Aster.*hrl,k,* atro.al,k aur.bg2,k,* aur-i.k2 *Aur-m.*hrl,k,* aur-s.k2 *Bad.*hrl,k bamb-a.stb2 **Bapt.**hrl,k,* *Bar-c.*bg2,k,* bar-i.k2 bar-m.al,k bar-s.k2 **Bell.**bg2,k,* berb.hrl,k,* borx. *Bov.*bg2,k,* brach. brom.hrl,k **Bry.**bg2,k,* cact.hrl,k,* calad.bg2,k,* calc.bg2,k,* calc-i.k2 *Camph.*bg2,k,* cann-i.al,k cann-s.bg2,k,* *Canth.*bg2,k,* **Caps.**k,k2,* carb-ac.al,k carb-an.h,kl carb-v.bg2,k,* carbn-h. carbn-o. carbn-s.

– **rot**: ...
*Carl.*al,k castm. *Caust.*h,k,* *Cedr.*hrl,k cench.k2 **Cham.**bg2,k,* **Chel.**bg2,k,* **Chin.**bg2,k,* *Chinin-s.* chlf.al chlol.al,hrl chlor.al,k choc.srj3 **Cic.**bg2,k,* cimic.al,k **Cina** cinnm.hrl clem.bg2,k,* *Coc-c.*bg2,k,* *Cocc.*bg2,k,* cod.al,k *Coff.*bg2,k,* colch.hrl coll.al *Coloc.*bg2,k,* com.al,k con.bg2,k,* cop.hrl,k,* cori-r.al cot.al *Croc.*bg2,k,* crot-c.al,k *Crot-h.*bg2,k,* *Crot-t.*hrl,k cub.hrl,k,* cund.hrl *Cupr.*bg2,k,* cupr-s.al,hrl cur.hrl,k cycl.bg2,hrl der.al *Dig.*bg2,k,* digin.al dirc.cl dor.hrl,k,* *Dros.*bg2,k,* dub.al,k *Dulc.*bg2,k,* echi. *Elaps* epil.al *Erig.*hrl eryt-j.al *Eup-per.*hrl,k,* eup-pur.al,k euph.bg2,hrl euphr.bg2,k,* fago.al,k **Ferr.**bg2,k,* *Ferr-ar.* **Ferr-i.**hrl,k,* ferr-m.k,vh/dg,* *Ferr-ma.*al,k ferr-p.hrl,k,* *Gamb.*hrl gels.bg2,k,* *Glon.*bg2,k,* gran.al,bg graph.bg2,k,* *Grat.*hrl,k,* *Guaj.*bg2,k,* guar.al helia.al *Hell.*bg2,k,* *Hep.*bg2,k,* hippoz. *Hura* hydr-ac.al hydrog.srj2 hygroph-s.bnjl **Hyos.**bg2,k,* hyosin.al *Hyper.*hrl,k iber.al *Ign.*bg2,k,* ind.hrl,k,* indg.hrl,k,* iod.bg2,k,* ip.bg2,k,* iris *Jab.*al,k jug-c.al,k jug-r.al,k kali-act. kali-bi.hrl,k kali-br.al,k kali-c.bg2,k,* kali-chl.hrl,k,* kali-cy.al *Kali-i.*hrl,k,* kali-m.k2 kali-n.bg2,k,* kali-ox.al kali-p. kali-s.al,k kali-sil.k2 kalm.hrl,k,* keroso.al kreos.bg2,k,* lac-ac.al *Lac-c.*hrl **Lach.**bg2,k,* lachn.bgl,hrl laur.bg2,k,* led.bg2,k,* lil-t.al,k linu-c.al lob.al,k lob-s.al lol.al lon-x.al *Lyc.*bg2,k,* lyss.hrl,k,* mag-c.bg2,k,* mag-m.bg2,k,* mag-s.hrl,k,* mang.bg2,k,* **Meli.**bg2,k,* meny.bg2,k,* *Merc.*bg2,k,* *Merc-c.*bg2,k,* merc-cy.al merc-d.al merc-i-r.al,k merc-n.al,cl merl.hrl,k,* **Mez.**bg2,k,* mill.al,k mom-b.al morph.al,k mosch.bg2,hrl,* *Mur-ac.*bg2,k,* mygal.al,k myris.al *Naja* narcot.al nat-ar. *Nat-c.*bg2,k,* *Nat-m.*bg2,k,* nat-p.hrl,k nat-s.al,k nat-sal.al nicc.hrl,k nit-ac.h,k,* nitro-o.al nux-m.bg2,k,* **Nux-v.**hrl,k,* oena.hrl,k,* ol-j.al olnd.bg2,k,* **Op.**bg2,k,* opun-f.bnjl ox-ac.hrl,k,* paeon.al,k par.bg2 ped.al *Petr.*bg2,k,* ph-ac.bg2,k,* phel.al,k **Phos.**bg2,k,* phys.bg2,k,* phyt.al,k pilo.al *Plan.*hrl,k,* *Plat.*bg2,k,* *Plb.*bg2,k,* plb-chr.al podo.bg2,k,* polyp-p.al psor.k,k2,* ptel.hrl,k,* *Puls.*bg2,k,* *Pyrog.* ran-a.al *Ran-b.*bg2,k,* ran-s.bg2 raph.hrl,k,* rhod.bg2 **Rhus-t.**bg2,k,* rhus-v.al,k rumx. ruta *Sabad.*bg2,k,* sabin.bg2,k,* *Samb.*bg2,k,* **Sang.**bg2,k,* santin. sarr.hrl,k sars.bg2,k2 sec.bg2,k,* sel.bg2 *Senec.* seneg.bg2 *Sep.*bg2,k,* *Sil.*bg2,k sol-a.al sol-ni. sol-t-ae.al,k *Spig.*bg2,k,* spig-m.al spira.al spirae.al *Spong.*bg2,k,* squil.bg2,k,* *Stann.*bg2,k,* staph.bg2,k **Stram.**bg2,k,* *Stront-c.* stry.al,k *Sul-ac.*bg2,k,* sul-h.al sul-i.k2 *Sulph.*bg2,k,* *Tab.*al,k tanac.al *Tarax.*bg2,k,* tarent.hrl tart-ac.al tell.cl tep.al,k *Ter.*hrl,k teucr.al,bg2 ther.h,k *Thuj.*bg2,k,* til.al,k trom.al tub.k2 upa.al uva vac.hrl valer.bg2,k,* vario.hrl *Verat.*hrl,k,* **Verat-v.**bg2,k,* verb.hrl vesp.hrl,k,* vib.h,k viol-o.bg2 viol-t.bg2,hrl vip.al wies.al yuc.al zinc.bg2,k,* zinc-m.al zing.hrl,k,* ziz.al,hrl
• **eine** Seite: acon. ant-t. *Arn.* ars.bgl,vh,* bar-c.bgl,h bell. calc.bgl cann-s. *Cham.*k,kl2● *Chel.* chin.h coloc. *Ign.*k,kl2● ip. *Lyc.*bgl,vh,* *Mosch.* *Nat-m.*bgl

- **eine** Seite: ...
nux-v. *Phos.*bg1 *Plb.*bg1,vh,* *Puls.*k,kl2● rheum *Rhus-t.*bg1,vh,* sang. sep.bg3 spig.bg3 tab.hr1 verat.
  - **blaß**, die andere rot; eine Seite: acet-ac. *Acon.* cann-s.k2 caps. **Cham.** *Cina* *Ferr.*ptk1 ferr-p.ptk1 glon.ptk1 **Ip.** lac-c.ptk1 *Lach.* *Mosch.* *Nux-v.* op.ptk1 *Puls.* rheum stram.ptk1 sulph.
- **abwechselnde** Seiten: chel.bg3,ptk1 lach.bg3,ptk1 nat-p.bg3,ptk1 *Phos.*bg3,ptk1
- **links**: *Acet-ac.*hr1,k,* aesc.hr1,k agar.ptk1 alumn.hr1,k am-c.h,kl,* ambr.ptk2 apisptk1 asaf. borx.h,ptk1 cann-s.hr1 cham.ptk1 chel. *Graph.*hr1 inul.hr1 lac-ac.hr1 lac-c. lyc. merc.h,kl murx. nat-m.bg2,k,* ol-an. ph-ac. **Phos.**ptk1 *Rhus-t.*ptk1 spig. stram.ptk1 *Sulph.*ptk1 thuj.h,kl,* verat.ptk1
  - **rechts** blaß: cann-s. upa.a1
- **rechts**: *Ars.*ptk1 *Calc.*ptk1 cham.h,kl choc.srj3 elaps lachn.ptk1 mag-c.h,kl merc.ptk1 mosch.ptk1 nat-c.ptk1 nicc.hr1 puls. sang.ptk1 sep.hr1 sul-ac.h,kl,* tab.ptk1
  - **links**:
    - **Blässe** der linken mit Hitze, rechts ohne Hitze: mosch.
    - **wächsern** gelb: canth.
- **morgens**: ail.a1,k dirc.a1,k kali-c.h,k,* lyc.a1,k phos.h,kl *Podo.* rhus-t. *Sep.*hr1 sulph.k2 yuc.a1
  - **bis** 15 h: stront-c.
  - **Erwachen**, beim: kali-cy.a1 nat-m.a1,k **Sulph.**hr1
- **vormittags**: lyc.a1,k
  - **8** h: myric.
  - **9** h: lyc.
  - **11** h: nat-c. sol-ni. zing.
- **mittags**: apis bamb-a.stb2 bell.h,kl lyc.a1,k mag-c.a1,k nat-m.a1,k phos.a1,k sep.h,kl sil.a1,k spig.h,kl
- **nachmittags**: calc.h,kl lyc.a1 meli.a1,k nat-c.h,kl phos.h,kl phys.a1,k sang. senec.hr1,k thuj.a1 **Tub.**
  - **14** h: cench.k2 nat-m.
  - **15** h: coff. meli.
  - **16** h: agar. puls-n. sil.
  - **17** h: chel. mag-c.
  - **17** - 19 h: mag-c.
  - **17** - 21 h: plat.
  - **18** h: cann-s. sarr.
- **abends**: ars-h.hr1 bamb-a.stb2 bar-c.hr1,k,* bell.h calc.h,kl carb-an.h,kl *Croc.*a1,k elaps **Ign.**a1,k iod.a1,k kali-c.h,kl lyc.a1,k mag-c.h,kl mag-m.h,kl naja nat-m.a1,k nux-v.a1,k oena.a1,k ox-ac.a1,k plan.a1,k plat.h,kl plb.hr1 puls.hr1,k,* rumx. scut.a1,k sep.a1,k sulph.hr1,k,* thuj.a1,h,* trom.hr1,k,* upa.a1 verat.h,kl zinc.h,kl
  - **21** h: phos.
- **nachts**: aloe cedr. cic.a1,k cocc-s.hr1 plb.hr1 viol-t.hr1
  - **Mitternacht**:
    - **nach**:
      - **1** - 8 h: lachn.c1

◇ **abwechselnd** mit:
- **Blässe**: **Acon.** alum. alum-p.k2 am-c. ars. aur.bg1 bell. *Borx.* bov. brom. *Camph.* caps. cham. *Chin.* cimic.bg1 cina croc. cub. **Ferr.** ferr-p. gins. *Glon.* *Hell.* hyos. *Ign.* kali-c.

◇ **abwechselnd** mit - **Blässe**: ...
Lac-c. *Led.* lyc. mag-c. merc. mur-ac. nat-c. nat-p. nit-ac. nux-v. olnd. op.a,bro1 ph-ac. phos. plat. puls. rhus-t. sep.bg1 spong.k2 squil. stram.br1 sul-ac. tab. til.c1 verat. zinc.
  - **Menses**; während den: zinc.

◆ **begleitet** von:
- **Herzklopfen**
  ☞ ❑ *Brust - Herzklopfen - begleitet von - Gesicht - rot*
- **Abendessen**, nach dem: carb-v.h,kl
- **Alkohol**; nach: bamb-a.stb2 carb-v.gm1
  ☞ *Wein rot*
- **Anstrengung**, nach: **Ferr.** nux-v.h,kl squil.a1,k
- **Asthma**, mit: caps.ptk1
- **Aufsetzen**; beim:
  - **Bett**; im: mag-s.a1,k
- **Aufstehen**:
  - **beim**: naja phys. sulph.k2 verat.bg1
- **Bewegung**, bei der geringsten: nux-v.h squil.h
- **Bewußtlosigkeit**, während der: canth.bro1,kr1 glon.a1,k *Mur-ac.*kr1,ptk1
- **bläulichrot**: *Acon.*bg2,k agar.bg2,k **Ang.**bg2 *Ant-t.*bg2,k *Apis* *Ars.*bg2,k asar.bg2,k aur.bg2,k **Bell.**bg2,k,* **Bry.**bg2,k camph.bg2,k **Cann-i.** carb-ac. carb-v.a1,bg2 carl.a1 cham.bg2,k cic.bg2,k cina *Con.*bg2,k cor-r. *Crot-c.* *Cupr.*bg2,k dig.bg2,k dros.bg2,k grin. *Hep.*bg2,k hydr-ac.a1,k hyos.bg2,k ign.bg2,k ip.bg2,k kali-chl. *Lach.*bg2,k lyc.bg2,k meli. merc.bg2,k morph.a1,k nux-v.bg2 *Op.*bg2,k *Ox-ac.* petr.a1,k phel. phos.bg2,k,* puls.bg2,k *Samb.*bg2,k sang. spong. staph.bg2,k stram.bg2,k stry.a1 verat.bg2,k verat-v.
- **blaurot**: gels.k2
- **Bücken**, beim: *Bell.* *Canth.*a1,k
- **Delirium**; im: lachn.c1
- **dunkelrot**: *Acon.*hr1 alum. ant-t.hr1,k *Arn.*hr1 ars-h.hr1 asaf.k2 aur-m.hr1 **Bapt.**hr1,k *Bar-c.*bg2,k,* **Bell.**hr1,k berb.hr1 **Bry.**hr1,k *Camph.* cench.k2 *Chel.*hr1,k chlol.gm1 clem.a1 *Coloc.*hr1,k *Cupr.*hr1 *Dig.*hr1 *Gels.*hr1,k **Glon.**hr1 *Graph.*hr1 *Hep.*hr1 *Hyos.*hr1,k kali-c.hr1 kreos. *Lach.*hr1 *Lyss.*hr1 *Merc.*hr1 merl.hr1 *Mur-ac.*hr1 oena.hr1 **Op.**hr1,k ph-ac.h,kl plat.hr1 *Rhus-t.*hr1 *Sang.* *Sec.* sil.h,kl **Spig.**hr1 spong.hr1 squil.bg2 stann. stram.bg2 *Sulph.* *Tarent.* *Verat.*bg2,k,* *Verat-v.*bg2 vesp.bg2,hr1
- **Dysmenorrhoe**, bei: ferr-p.hr1 **Xan.**
- **Erregung**, bei ●: *Coff.* **Ferr.** phos. sep. sulph.
  ☞ ❑ *Gemüt - Erregung* / ❑ *G~ Erröten* / ❑ *G~ Schüchternheit - schamhaft* / ❑ *G~ Selbstvertrauen - Mangel*
  - **Erröten**; bei Neigung zum: ambr.st
- **errötet** von den Haarwurzeln bis zum Hals und zur Brust: chlol.gm1
- **Erwachen**, beim: choc.srj3 cimic.a1,k **Cina** hura
- **erysipelatös**: **Acon.** am-c. *Apis* ars.a1,k bar-c. **Bell.** borx. bry. calc. camph.hr1,k canth. carb-an. *Cham.* chel.hr1 clem. **Euph.** **Graph.**hr1,k **Hep.** *Hydr.*hr1 lac-ac.hr1 *Lach.* lyc. merc. nat-c. ph-ac. phos. **Rhus-t.**hr1,k,* ruta samb. sep. sil. stram.a1,k sulph. thuj.
- **Erythem**: gels.c1

- **Essen**: sep.
  - **nach ●**: alum.bro1 arum-t. caps.ptk1 carb-an.bro1 carl.a1,k caust.a1,k coff.hr1,k cycl.a1,k *Lyc.*k,kl2● merc.a1,k nit-ac.a1,k nux-v. petr.h,kl puls. sil. stront-c.bro1 sulph.h,kl,* upa.a1 vesp.a1,k
    - **anregenden** Speisen; nach: carb-v.k2
- **Fahren**:
  - **beim**: ferr.
    - **Luft**; an der: sulph.k2
- **Fieber**:
  - **während**: **Acon.**bg2,hr1 agar.bg2 alum.bg2 am-m.bg2,h,* arn.bg2 ars.bg2 **Astac.**hr1 bar-m.hr1,k2 **Bell.**bg2,k,* brom. *Bry.*bg2 calc.h,kl camph.bg2 canth.bg2 caps.bg2 carb-an. carb-v.bg2 *Cedr.*hr1,k *Cham.*bg2 chel. **Chin.**bg2,k,* cina *Cocc.*bg2,k coff.bg2,k,* con.bg2 **Croc.**bg2 cycl.bg2 dig.bg2,k dulc.bg2 **Eup-per.**hr1,k euphr.k2,st1 ferr.bg2,k ferr-p. hell.a1,k **Hep.**bg2 hura hydrog.srj2 hyos.bg2 ign.bg2 ip. **Kreos.**bg2 *Lach.*bg2 lyc.bg2,k,* merc.bg2,k merc-c.bg2 nat-c.bg2 nat-m.h,kl *Nux-v.*bg2,k,* op.bg2 par.bg2 phos.a1,k *Plb.*bg2 *Psor. Puls.*bg2 rhus-t.bg2,k sang.a1,k **Sep.**bg2,k,* sil.bg2,k,* spig.bg2 *Spong.*bg2 squil.bg2 **Stram.**bg2 sulph.bg2,k,* *Tub.* valer.bg2 *Verat.*bg2,k **Viol-t.**bg2 zinc.bg2,h,*
  - **ohne**: **Caps. Ferr.** ol-an. phos. psor.
- **Flecken**: aeth. ail. alum. alum-p.k2 **Am-c.** ambr. *Anan.* ars. ars-s-f.k2 aur. aur-ar.k2 aur-s.k2 bamb-a.stb2 **Bell.** berb. *Bry.* canth. *Caps.* carb-an. *Carbn-s.* croc. cycl. elapsptk1 *Ferr.* gels.k2 hura hydrog.srj2 ictod. kali-bi. *Lac-c.* lach. *Lyc.* merc. nat-m. *Oena.* op. ox-ac. **Phos.** rhus-v. **Sabad.** samb. *Sil.* stroph-h.ptk1,ptk2 sul-ac.k2 **Sulph.** sumb. tab. tarax.
  ☞ ❑ *Haut - Farbe - rot - Stellen*
  - **Ärger**, Verdruß; nach: am-c.hr1,k
  - **brennend**: *Chel. Croc.* tab.
  - **Essen**, nach dem: lyc.h,kl sil.h,kl
  - **Hautausschlägen**, nach: dig.h,kl
  - **heiß**: bry.
  - **schmerzhaft**: alum.h,kl
  - **Schreck**, nach: am-c.
  - **umschrieben**
    ☞ *umschrieben*
  - **Waschen**; nach: *Aesc.*a1,k *Am-c. Kali-c.* phos.a1,k
- **Flecken**; entzündete: kreos.k2 nat-p.k2
- **Freien**; im: valer.k2
  - **Wangen** sind rot und heiß: valer.ptk2
- **Frost**:
  - **vor**: cedr. chin.h,kl
  - **während**: acon. aeth.a1,k all-s.a1,k alum. *Am-m.* apis *Arn. Ars.*a1,k *Bell. Bry.*hr1,k *Calc.* **Cham.**hr1,k *Chin.* coc-c.a1,k dig.h **Ferr.** *Ferr-ar.* glon. hyos. *Ign.*hr1,k *Ip.* kali-n.a1,k kreos. *Led.* lyc. merc. merl. mur-ac. *Nux-v.*hr1,k ox-ac.hr1,k,* plb. puls. *Rhus-t.*hr1,k *Sep.* **Stram.**hr1,k *Sulph.*hr1,k thuj. *Tub.* zinc.
- **Gehen**, beim: stront-c.
  - **Freien**, im: mur-ac. sulph.
- **glühend** rot: *Acon.*bg2,k,* alum.bg2 *Apis Arg-n.*hr1 arn.bg2 **Astac.**hr1,k aur.hr1,k bamb-a.stb2 **Bell.**bg2,k,*
- **glühend** rot: ...
  bov.bg2 *Bry.*bg2 *Calc. Camph.*hr1,k cann-s.bg2 canth.bg2 caps.bg2 carb-an.bg2 *Carb-v.*hr1,k cham.bg2 *Chin.*bg2 **Cina** cocc.bg2,k coff.bg2,hr1 croc. dulc.bg2 euph.h,hr1,* *Ferr.* ferr-s.hr1 *Glon.*hr1,k hell.bg2 *Hep.* ign.bg2 inul.hr1 kali-c.bg2,h,* *Lyc.*bg2,k,* mang.bg2 marb-w.es1 merc.bg2 mur-ac.bg2,k,* nat-c.a1,h,* *Nux-v.*bg2 *Op.*bg2 *Phos.*hr1 *Plat.*bg2,k pyrog.bg2 ran-b.bg2 *Sabad.*bg2,k samb.bg2 sil.bg2,k stann.bg2 *Stram.*bg2,k sulph.k2 tab. *Thuj.*bg2,k valer.bg2 zinc.bg2
- **Heimweh**; mit: caps.k2
- **Herzen**; mit Schlägen am: phos.h,kl
- **Hitze**:
  - **Strahlungswärme**; bei: **Ant-c.** nat-m.
  - **mit**: bamb-a.stb2 gels.bg2
  - **ohne** innerliche: bamb-a.stb2 mill.c1
- **Husten**:
  - **während**: acon. am-c.h **Bell.** bry. cadm-s. caps. *Carb-v.* chr-ac. *Coc-c.* con. cor-r. *Cupr. Dros.* eup-per. ferr. *Graph.* hep. hyos. iber.br1 *Ip.* kali-bi. *Kali-c.* lach. lyc. mag-p. mur-ac. nit-ac. pert.a12,c1 sabad. samb. **Sang.** sil. squil. staph. stram. sulph. tub.bg,c,*
  - **dunkelrot**: bar-c. cor-r. kali-c. ph-ac.h sil.h squil. stram.
    - **sonst** blaß: kali-c.
  - **totenblaß** wenn er nicht hustet: *Nit-ac.*
- **Kälte** des Körpers, mit: arn.br1
- **kalt** und rot: asaf.ptk1 caps. chin.kr1 *Ferr.* mosch.ptk1 ol-an.hr1,k phos. psor.
- **Klimakterium**, im: *Graph. Kali-bi.* **Lach.** lyc. *Phys.*vh *Sang.*vh **Sul-ac.** sulph.k2 ter.
- **Koma**, mit: chin.ptk1 *Mur-ac.*
- **Konvulsionen**; während: aeth.bro1,kr1 *Bell.*kr1 bufo camph.kr1 caust.h,kr1 **Cic.**kr1 cinakr1 cocc.c1 *Cupr.*kr1 **Glon.** ign.kr1 ip.kr1 lyc.kr1 nux-v.kr1 *Oena.* **Op.** stram.kr1
- **Kopfschmerzen**, bei: acon. agar.hr1,k ail. alum.h,kl *Arg-n.*hr1 aur. **Bell.**hr1,k,* bov. bry. *Bufo Cact. Calc.*hr1,k calc-sil.k2 camph. cann-s. canth. *Cic. Coff. Croc.* cycl.hr1,k *Ferr.*hr1,k *Ferr-p.*hr1,k **Glon.**hr1,k,* hydrog.srj2 ign. ind. indg.hr1,k ip. kali-i. *Kalm.*hr1,k kreos. *Lach.*hr1,k led.hr1,k lyc. lyss. mag-c. mag-m. mag-p. mag-s.c1 **Meli.**hr1,k mur-ac. nat-c. *Nat-m.*hr1,k *Nux-m.*k,kl *Nux-v. Op.* phos. plat. plb. *Psor.* ptel.hr1,k puls.hr1,k rhus-t. sep.kr1 sil. spong. stront-c. sulph. syph.k2,xxb tarax. thuj.hr1,k zinc.
- **Kratzen**, nach: sulph.a1,k
- **Liegen**, beim: acon. lob-c. verat.
  - **Rücken**, auf dem: chlol.
  - **Seite**; auf der linken: *Calc.*
  - **wird** blaß beim Aufstehen: *Acon. Puls. Verat. Verat-v.*
- **mahagonifarben**: *Ail. Arn.* eup-per. *Gels.*
- **marmoriert**: *Bell.*hr1 ferr. *Lach.*
- **Menses**:
  - **während**: ind.a1,k *Puls.* xan.
    - **amel.**: puls.k2

• **Mittagessen**, nach dem: cedr.$_{a1,k}$ cor-r.$_{br1}$ grat.$_{a1,k}$ hell.$_{a1,k}$ lob-s.$_{a1}$ nat-c.$_{a1,k}$ par.$_{a1,k}$
• **Musik** agg.: ambr.
• **Nasenbluten** amel.: bapt.$_{bg1}$ bell.$_{bg1}$ erig.$_{bg1}$ ferr.$_{bg1}$ meli.$_{bg1}$ nux-v.$_{bg1}$
• **plötzlich**: acon.$_{bg2}$ alum.$_{h,k1}$ *Bell.*$_{a1,k}$ calc.$_{bg1}$ clem.$_{a1,k}$ euphr.$_{h,k1}$ ferr.$_{bg1,bg2}$ *Mur-ac.*$_{hr1,k}$ phos.$_{bg1,bg2}$ puls.$_{bg2,h,*}$ sep.$_{bg2}$ sulph.$_{bg2}$ thuj.$_{h,k,*}$
• **Raserei**, Tobsuchtsanfall; bei: acon. ars. **Bell.** cic.$_{h}$ *Cupr. Hyos.* lyc. merc. nux-v. *Op.* plat. puls. *Stram. Verat.*
• **Schaudern**, beim: **Arn.**$_{h,k,*}$
• **Schlaf**, im: *Arum-m.* bell. chlol. meny. viol-t.
• **Schmerzen**, bei ●: bell. caps. cham. cimic.$_{bg1}$ **Ferr.**$_{h,k,*}$ ferr-p. ter.$_{bg1}$
• **Schwellung**; mit: cic.$_{c1}$
• **Schwindel**, bei: anan.$_{hr1,k}$ *Bell.*$_{hr1,k}$ *Cact.*$_{hr1,k}$ *Cocc.*$_{hr1,k}$ *Ferr.*$_{hr1}$ *Glon.*$_{hr1}$ kalm.$_{ptk1}$ *Lyc.*$_{hr1}$ **Nux-v.**$_{hr1}$ *Stram.*$_{hr1,k}$
• **Sitzen**, im: **Bell.** ferr-p.$_{k2}$ merc.$_{a1}$ phos.$_{a1,k}$ tell.$_{hr1}$ thuj.$_{a1}$
• **Sprechen**, beim: squil.$_{h,k1}$
• **Stuhlgang**:
  • **vor**: manc.
  • **während**: caust.$_{ptk1}$
• **Tee**, nach: plan.
• **umschrieben**: acon.$_{bg2,k}$ ambr.$_{c1}$ *Ant-t.*$_{hr1,k}$ *Arg-n.*$_{hr1,k}$ *Ars.*$_{bg2,k,*}$ ars-i. ars-s-f.$_{hr1,k2}$ aur-m.$_{k2}$ bar-c.$_{hr1,k}$ bar-i.$_{k2}$ benz-ac.$_{hr1,k,*}$ bry.$_{bg2,k}$ calc.$_{bg2,k}$ calc-sil.$_{k2}$ *Camph.*$_{hr1}$ carb-v.$_{bg2,k}$ chel. **Chin.**$_{bg2,k}$ chinin-ar. *Cina* clem.$_{a1}$ *Colch.*$_{hr1,k}$ con.$_{bg2,k}$ croc.$_{bg2,k}$ crot-h.$_{bg2}$ dol.$_{hr1,k}$ dros.$_{bg2,k}$ *Dulc.*$_{bg2,k,*}$ **Ferr.**$_{bg2,k,*}$ *Ferr-i.* ferr-m.$_{bro1}$ ferr-p. hep.$_{bg2,k}$ iod.$_{bg2,k}$ *Kali-c.*$_{bg2,k}$ kali-n.$_{bg2,k}$ kali-p. kali-s. kali-sil.$_{k2}$ *Kreos.*$_{bg2,k,*}$ *Lach.*$_{bg2,k,*}$ lachn.$_{hr1,k,*}$ laur.$_{bg2,k}$ led.$_{bg2,k}$ **Lyc.**$_{bg2,k,*}$ merc.$_{bg2,k}$ mez.$_{hr1}$ nat-m.$_{bg2,k}$ nit-ac.$_{bg2,k}$ nux-v.$_{bg2,k}$ op. ph-ac.$_{bg2,k}$ **Phos.**$_{bg2,k,*}$ *Puls.*$_{bg2,k}$ pyrog. rhus-t.$_{hr1}$ sabad. samb.$_{bg2,k,*}$ *Sang.*$_{bg2,k,*}$ seneg.$_{bg2,k}$ sep.$_{bg2,k}$ sil.$_{bg2,k}$ spong.$_{bg2,k}$ *Stann.*$_{bg2,k}$ stram.$_{bg2,br1}$ sul-i.$_{k2}$ **Sulph.**$_{bg2,k,*}$ **Tab.** thuj.$_{hr1,k,*}$ **Tub.** tub-m.$_{dp,zs}$ wies.$_{a1}$
  • **Herzens**; bei Erkrankung des: aur-m.$_{k2}$
• **warmen** Zimmer, im ●: am-m.$_{hr1}$ ferr-s.$_{hr1}$ grat. *Sulph.*
• **Waschen**; nach: *Aesc. Am-c.* bry.$_{xxb}$ *Kali-c.* phos.
• **Wein** rot; das blasse Gesicht wird nach: *Carb-v. Ferr.*
  ☞ *Alkohol*
• **Weinen**; mit
  ☞ ❑ *Gemüt - Weinen - Gesicht - rotem*
• **Wetter**:
  • **kaltes** Wetter: sulph.$_{k2}$
  • **nasses** Wetter: sulph.$_{k2}$
• **Widerspruch**, durch: ign.
• **Zahnschmerzen**, mit: *Acon.*$_{hr1,k}$ **Bell. Cham.** *Coff. Ferr-p.* merc. nux-m. phos. puls. rhus-t. sulph. verat.$_{hr1}$
• **Zorn**, nach: *Bry.* hydrog.$_{srj2}$ staph.
  ☞ ❑ *Gemüt - Zorn*

– **rot**: ...
○ **Augen**, um die: borx.$_{h}$ elaps$_{bg1,bg2}$ lappa$_{bg1,bg2}$ maland.$_{bg1}$ *Puls.*$_{bg1,bg2,*}$ sil.$_{bg1,bg2}$
  • **Weinen**, beim: borx.$_{h}$
• **Kinn**: ail. canth. colch.$_{a1,k}$ merc.$_{a1,k}$ nat-m.$_{a1,h,*}$ spira.$_{a1}$ sul-i.$_{c1}$ zinc.$_{a1,k}$
  • **Flecken**: anac.$_{a1,k}$ *Caust.* crot-t.$_{a1,k}$ dig.$_{a1,k}$ nat-m.$_{a1,h,*}$ sep.$_{h,k1}$ sulph.$_{a1,k}$ sumb.$_{a1,k}$ zinc.
• **Lippen**: all-c. aloe *Apis* ars.$_{a1,bg2}$ arum-t. *Aur-m.* bar-c.$_{bg2,k}$ *Bell.*$_{bg2,k,*}$ bry.$_{bg2,k,*}$ calc-caust.$_{c1}$ carb-v. chlol. kreos.$_{k2}$ lac-c. *Lach.* lachn. merc. merc-c. mur-ac.$_{bg2}$ phos.$_{a1,bg2}$ psor.$_{k2}$ puls. rhus-t. *Sang.* spig.$_{bg2,k}$ stram.$_{bg2,k,*}$ sul-ac.$_{a1,bg2}$ **Sulph.**$_{bg2,k,*}$ *Tub.* tub-m.$_{vn}$ verat.
  • **dunkel**: bar-c. bell. gins. mez.
  • **Flecken**: caust.$_{h,k1}$ nat-m.$_{h,k1}$ sulph.$_{h,k1}$
• **Mund**:
○ **Mundwinkel**: ars.
  • **um** den: ars.$_{bg2}$ *Ign.*$_{bg2}$ ip.$_{bg2,k}$ op.$_{bg2}$
• **Nase**:
▽ **erstreckt** sich zu den Stirnhöhlen; über der Nase und: am-caust.$_{c1}$
• **Stirn**: calc.$_{a1,k}$ hura laur.$_{a1,k}$ lil-t.$_{a1,k}$ merc-i-r.$_{a1,k}$ mez.$_{a1,k}$ rhus-v.$_{a1,k}$ stram.$_{a1,k}$ vac.$_{a1,k}$ verat.$_{a1,k}$
  • **Flecken**, in: aesc.$_{a1,k}$ berb.$_{a1,k}$ caps.$_{a1,k}$ cycl.$_{a1,k}$ mosch.$_{a1,k}$ sars.$_{h,k1}$ sulph.$_{a1,k}$ *Tell.*$_{a1,k}$
• **Wangenknochen**: phos.$_{h}$

– **schmutzig** aussehend: *Apis* **Arg-n.**$_{bg2,k}$ ars.$_{bg2}$ berb.$_{bg2}$ calc-p.$_{k2}$ *Caps.* *Carb-v.*$_{bg2}$ card-m. *Chel.*$_{hr1,k}$ chlor.$_{hr1}$ *Cupr.*$_{a1,k}$ iod. kali-bi.$_{bg2}$ *Kali-c.*$_{hr1}$ kali-p. kreos.$_{bg2}$ *Lach.*$_{bg2,hr1}$ laur.$_{bg2}$ **Lyc.**$_{bg2,k}$ *Mag-c. Merc.* mez.$_{bg2}$ phos.$_{bg2,k}$ **Psor.** *Sanic.* sec. sep.$_{hr1}$ **Sulph.** tab.$_{bg2}$ thuj.

– **schwarz**: alco.$_{a1}$ camph.$_{hr1,k,*}$ canth.$_{k2}$ **Chin.**$_{hr1,k}$ *Cor-r.*$_{hr1,k}$ crot-h.$_{a1,k}$ hydr-ac.$_{a1,k}$ *Lach.*$_{hr1,k}$ *Oena.*$_{hr1,k,*}$ op.$_{a1,k}$ stry.$_{a1,k}$ *Tarent.*$_{a1,k}$
  ☞ *Rußig*
• **blaue** Flecken, und: arn. crot-h. *Lach.* phos. rhus-t. **Sul-ac.** *Tarent.*
• **Husten**; beim: samb.
• **Poren**: sabin.$_{c1}$
○ **Lippen**: acon.$_{bg2,k,*}$ amyg.$_{a1}$ ant-t. **Ars.**$_{bg2,k,*}$ bry.$_{bg2,k,*}$ bufo carb-ac.$_{hr1,k}$ *Carb-v.*$_{hr1,k}$ *Chin.*$_{bg2,k,*}$ *Chlor.*$_{hr1,k}$ colch. con. der.$_{a1}$ fago.$_{a1}$ *Hyos.*$_{hr1,k}$ kali-ar. *Kali-c.*$_{hr1,k}$ *Lach.*$_{hr1,k}$ *Merc.*$_{bg2,k,*}$ *Merc-c.*$_{bg2,k,*}$ merc-sul.$_{hr1,k,*}$ ph-ac.$_{bg2,k}$ *Phos.*$_{hr1,k}$ *Psor.*$_{bg2,k,*}$ rhus-t. squil.$_{bg2,k,*}$ *Verat.*$_{hr1,k}$
• **Mund**, um den: ars.$_{h,k1}$

– **veränderlich**
  ☞ *wechselt*

– **wechselt** die Farbe: *Acon.*$_{bg2,k}$ agn.$_{bg2}$ *Alum.*$_{bg2,k}$ ars.$_{bg2,k}$ asaf.$_{bg2}$ aur.$_{bg2}$ **Bell.**$_{bg2,k}$ bism.$_{bg2}$ borx. bov.$_{bg2,k}$ bry.$_{bg2}$ camph. *Caps.*$_{bg2,k}$ carb-an.$_{bg2}$ *Cham.*$_{bg2,k}$ chin.$_{bg2,k,*}$ *Cina* croc.$_{bg2,k}$ cycl.$_{bg2}$ *Ferr.*$_{bg2,k,*}$ glon.$_{bg2}$ graph.$_{bg2}$ hyos.$_{bg2,k}$ **Ign.**$_{bg2,k}$ iod.$_{bg2,h,*}$ kali-c.$_{bg2,k}$ laur.$_{bg2,k}$ led.$_{bg2,k}$ lyc.$_{bg2}$ *Mag-c.*$_{bg2,k}$ mag-s. mur-ac.$_{bg2}$ nat-c.$_{bg2}$ nat-m.$_{bg2}$ nux-v.$_{bg2,k}$ olnd.$_{bg2,k}$ *Op.*$_{bg2,k}$ ph-ac.$_{bg2,k}$ **Phos.**$_{bg2,k,*}$ **Plat.**$_{bg2,k,*}$ puls.$_{bg2,k}$ *Sec.* sep.$_{bg2}$ spig.$_{bg2,k}$ squil.$_{bg2,k,*}$ stann.$_{bg2}$ staph.$_{bg2}$ stram.$_{bg2}$ *Sul-ac.*$_{bg2,k}$ *Sulph.*$_{bg2}$ til.$_{a1}$ valer.$_{bg2}$ verat.$_{bg2,k}$ zinc.$_{bg2,k}$

– **wechselt** die Farbe: ...
 • **Ruhe**, in der: ign.$_{al,br1}$
– **weißer** Flecken: ars. merc. nat-c. sulph.$_{h}$
 ☞ *blaß - Flecken*
 • **juckend**: sulph.$_{h}$
– **zyanotisch**: anan. **Ars.**$_{hr1,k}$ *Aur. Cact. Cupr.*$_{hr1,k}$ hydr-ac.$_{a1,k}$ lyss. merc-cy. **Nat-m.** russ.$_{a1}$ spig.$_{hr1}$ vesp.

Fettig: acet-ac.$_{h}$ agar.$_{bg2,k}$ apis$_{h}$ arg-n. ars.$_{h,kl}$ aspar.$_{st}$ aur.$_{bg2,k}$ *Bar-c. Bry.*$_{bg2,k}$ bufo calc. card-m.$_{bg2}$ caust. *Chin.*$_{bg2,k}$ con.$_{h,hr1,*}$ ferr-ar.$_{hr1}$ hydr.$_{hr1,st}$ iod.$_{h,hr1,*}$ lyc.$_{h,kl}$ *Mag-c.*$_{bg2,k}$ med. *Merc.*$_{bg2,k}$ merc-c.$_{bg2}$ *Nat-m.*$_{k,kl2}$● phos.$_{h,kl}$ *Plb.*$_{bg2,k,*}$ *Psor.*$_{bg2,k,*}$ *Rhus-t.*$_{k,kl2}$● *Sel.*$_{bg2,k,*}$ sep.$_{h,kl}$ sil.$_{h,kl}$ stram.$_{bg2,k}$ sulph.$_{hr1}$ thuj.$_{bg2,k}$ *Tub.*
 ☞ *Glänzend*
○ **Lippen**: am-m.$_{a1,k}$
– **Stirn**: *Hydr.*$_{hr1,k}$ *Psor.*$_{hr1,k}$

Flecken:
 ☞ *Farbe*
– **geschwürig**: nat-c. staph.
– **schmerzhaftes** Gefühl: verb.
– **verfärbte**: *All-s.* benz-ac. *Calc.* **Carb-an.** dor. *Guaj.* kali-chl. *Lyc. Nat-c.* nux-m. **Rhus-t.** sabad. **Sil.** sul-ac. syph. verb.
 ☞ *Farbe*

Frösteln: ang.$_{h,hr1,*}$ ars.$_{h,kl}$ ars-h.$_{hr1}$ berb.$_{hr1,k}$ brach.$_{hr1,k}$ camph.$_{h,kl}$ **Caust.** coloc.$_{h,kl}$ rhod.$_{hr1,k}$

Gangrän: *Merc.* sul-ac.
 ☞ *Erysipel*

Gedunsen: **Acon.** agar. ail.$_{k2}$ *Ant-t. Apis Apoc.* arn. **Ars.** arum-t.$_{k2}$ asaf.$_{k2}$ *Aur.* aur-i.$_{k2}$ bapt.$_{k2}$ bar-c. *Bell. Bry. Bufo Cact.* calc. calc-ar.$_{k2}$ *Camph.* carbn-s. *Cedr.* cench.$_{k2}$ cham. *Chin.* chlor. *Cina Cocc. Colch.* con. cop. *Crot-c. Crot-h.* dig. dirc. dor. dros. *Dulc.* elaps ferr. ferr-i.$_{k2}$ glon. graph. guare. hell. *Hippoz.* hura hydr-ac. hyos. hyper. ip. kali-bi. *Kali-c. Lach.* laur. led. manc. merc. *Nat-c. Nat-m.* nit-ac.$_{k2}$ nux-v. oena. *Op. Phos.* plb. puls. *Samb.* sang. senec. sep. sol-ni. *Spig.* spong. stram. sulph. thuj. verat.$_{k2}$ vesp. vinc.
 ☞ *Blutandrang / Schwellung*
– **morgens**: crot-h.$_{a1,k}$ dirc.$_{a1,k}$ kali-c.$_{hr1}$ nat-c.$_{h,kl}$
 • **Erwachen**, beim: agar. hura *Spig.*
– **Fieber**; während: sil.$_{h,kl}$
– **glänzend**, und: aur.$_{h,k,*}$
– **Liegen**, beim: apoc.$_{hr1,k}$
– **Menses**, vor den: bar-c. *Graph. Kali-c. Merc. Puls.*
– **Seite**, auf der man liegt: phos.$_{h,kl}$
– **Sprechen** in Gesellschaft: carb-v.$_{h}$
○ **Augen**:
 ○ **über** den Augen: cench.$_{k2}$ ruta sep.
 • **um** die Augen: *Apis Ars.* colch. elaps *Ferr.* merc. ~~nit-ac.$_{kl,xxx}$~~ phos. rhus-t.
  • **morgens**: nit-ac.$_{h}$
 • **unter** den Augen: apis apoc.$_{k2}$ *Ars. Aur.* bry. cench.$_{k2}$ kali-c. merc. nux-v. olnd. phos. puls.
 • **zwischen** den Augen: lyc.

Gedunsen: ...
– **Lidern** und Augenbrauen; zwischen: cench. **Kali-c.**
– **Lippen**:
 ○ **Unterlippe**: mur-ac.

Gefühllosigkeit, Taubheit: acon.$_{bg2,k,*}$ agar.$_{bg2}$ anac.$_{bg2}$ ang.$_{bg2}$ *Asaf.*$_{bg2,k,*}$ asar. bamb-a.$_{stb2}$ bapt.$_{bg2,k,*}$ bell.$_{hr1,k,*}$ benz-ac.$_{hr1,k,*}$ caj.$_{a1}$ *Caust.*$_{hr1,k}$ cham.$_{bg2,ptk1}$ chel.$_{bg2}$ cocc. coll.$_{a1}$ coloc.$_{bg2}$ fl-ac.$_{bg2}$ gels.$_{bg2,k,*}$ gran.$_{bg2}$ kalm.$_{ptk1}$ *Mez.*$_{bg2,k}$ *Nux-v.* olnd.$_{bg2}$ **Plat.**$_{bg2,k,*}$ *Ruta*$_{bg1,bg2,*}$ samb.$_{bg2,k}$ sep.$_{ptk1}$ tab.$_{bg1,bg2}$ thuj.$_{hr1,k}$ urt-u.$_{a1,hr1}$ *Verb.*$_{ptk1}$
– **eine** Seite:
 • **multipler** Sklerose; bei: nat-m.$_{lp}$
– **links**: graph.$_{hr1,k}$
– **rechts**: *Chel.*$_{hr1,k}$ *Gels.*$_{hr1,k}$ **Plat.**$_{hr1,k,*}$
 • **Frost**; während: **Plat.**
– **erkrankte** Seite: bell. *Caust. Nux-v. Plat.*$_{bg2,k}$ puls.
– **Erwachen**; beim: marb-w.$_{es1}$
○ **Jochbein**: fl-ac.$_{bg1}$ **Plat.**$_{hr1,k,*}$
– **Kiefer**: choc.$_{srj3}$ fl-ac.$_{a1,k}$ gran.$_{a1,k}$ hura phos. valer.$_{bg2}$
 ○ **Unterkiefer**: plat.$_{k2}$
– **Kinn**: *Asaf. Plat.*$_{a1,k}$ *Spong.*
– **Knochen**: *Asaf.*$_{hr1}$ ruta$_{h}$
– **Lippen**: *Acon.*$_{a1,k}$ ambr.$_{a1,k}$ anis.$_{c1}$ calc. caust.$_{vh}$ cic. *Crot-h.* glon. hydrog.$_{srj2}$ lath.$_{br1}$ *Nat-m.*$_{k,kl2}$● phos.$_{bg1}$ plat.
 • **morgens**, beim Erwachen: ambr.$_{a1,k}$
 ○ **Oberlippe**: cycl.$_{a1,k}$ hydrog.$_{srj2}$ olnd. phos.$_{bg2}$
 • **Unterlippe**: calc.$_{a1,k}$ *Glon.*$_{a1,k}$
– **Mund**, um den: choc.$_{srj3}$ plat.
– **Wange**: asaf. *Caps. Mez. Nux-v. Olnd. Plat.*$_{bg2,k,*}$ plb. samb.$_{h,kl}$
 • **folgt** auf Schmerzen: *Caust.*$_{hr1,k}$ kali-chl.$_{c1}$ *Mez.*
– **Wangenknochen**: marb-w.$_{es1}$

Gelbsucht
 ☞ *Farbe - gelb*

Gerunzelt: *Abrot.*$_{hr1,k}$ aeth. alco.$_{a1}$ alum.$_{bg3}$ ant-t. apis arg-met.$_{k2}$ *Ars.* bar-c. bell.$_{bg2,k,*}$ **Calc.**$_{bg2,k}$ carbn-h. crot-t. graph.$_{bg2}$ *Hell.*$_{bg2,k}$ *Lyc.*$_{bg2,gl1}$ merc.$_{bg2,k,*}$ nat-m. nit-ac. op.$_{bg2,k,*}$ plb.$_{bg2,k,*}$ *Pulx.*$_{br1}$ rheum$_{c2}$ rob. *Sars.* sec.$_{bg1,k2}$ *Sep.*$_{bg2}$ sin-n. stram.$_{bg2,k}$ ter. zinc.$_{bg2,k,*}$ zinc-s.
 ☞ *Runzelig*
○ **Augen**; um die: choc.$_{srj3}$
– **Augenbrauen**: ox-ac. *Rheum*$_{bg1,vh,*}$ stram. ther. viol-o.$_{bg1}$
– **Lippen**: am-c.$_{bg1}$
– **Stirn**, Stirnrunzeln ●: acet-ac.$_{a1,k}$ agar.$_{bg2}$ alum.$_{bg2,k}$ am-c.$_{bg2}$ brom.$_{bg2,k,*}$ bry.$_{bg2}$ calc-p.$_{bg2}$ *Caust. Cham.*$_{bg2,k}$ *Cycl.* equis-h.$_{a1}$ *Graph.*$_{bg2,k,*}$ grat. *Hell.*$_{bg2,k,*}$ kali-c.$_{dgt}$ lachn.$_{c1}$ **Lyc.**$_{gl1,kl2}$● mang.$_{bg2,k,*}$ merc.$_{bg2,k,*}$ nat-m. **Nux-v.**$_{k13}$ ox-ac. phos. puls.$_{dgt}$ rheum rhus-t.$_{bg2,k}$ *Sep.*$_{k,kl2}$● *Stram.*$_{bg2,k,*}$ sulph.$_{bg2}$ *Syph.*$_{bg1,vh,*}$ verat.$_{ptk1}$ viol-o.$_{bg2}$ zinc.$_{bg2,k}$

– **Stirn**, Stirnrunzeln: ...
☞ ❑ *Gemüt - Stirnrunzeln*
• **Brust**; bei Beschwerden der ◆: **Lyc.**
• **Gefühl** von: *Graph.* thuj.a1,k
• **Gehirnsymptomen**, bei: *Hell.* **Stram.**
• **Kopfschmerzen**, bei: aster. *Caust.* grat. hell.h,kl hyos. nat-m. phos. **Stram.** sulph. viol-o.

Geschwüre: anan. ant-t. **Ars.**bg2,k aur-m-n. bamb-a.stb2 *Bry.*bg2 *Con.*bg2,k cund. *Hep.* iod. *Kali-ar.* kali-bi. *Kali-chl.* *Kali-i.* kali-m.k2 *Lach.* merc.bg2,k mez.k2 nat-m. *Nit-ac.* *Phos.* *Phyt.* *Psor.* thuj. vesp.
– **ausbreitend**, sich: caust. *Staph.*
– **brennend**: hep.h,kl nux-v.
– **empfindlich** gegen Luft: **Hep.**
– **Essen**: *Ars.* *Con.* nux-v. *Phos.*
– **faulig**: merc.
– **harte** Ränder: *Kali-bi.*
– **rodens**; Ulcus (= Epithelioma basocellulare, Noli me tangere): cund.c2 ferr-pic.c2 jug-c.c2 mill.c2 phyt.c2
☞ *Krebs - Ulcus*
– **warzenartig**: **Ars.**
○ **Jochbein**: phos.
– **Kinn**: **Cund.** hep. merc. *Nat-m.* *Nit-ac.* sep. syph.k2
– **Lippen**: am-m. anan. **Ars.**a1,k ars-s-f.k2 aur-ar.k2 *Aur-m.* aur-s.k2 bamb-a.stb2 bell.a1,k beryl.vk1 bov. *Bry.* *Caps.* carbn-s. *Caust.* *Cham.* chin.a1,k chinin-ar. *Cic.* *Clem.* *Con.*k,k2 *Graph.* hep. *Kali-ar.* *Kali-bi.* *Kali-c.* kali-chl. kali-m.k2 kali-p. kali-sil.k2 lyc. *Mag-c.* *Merc.*a1,k *Mez.* nat-ar. *Nat-c.*hr1,k *Nat-m.* **Nit-ac.** nux-v.a1,k *Ph-ac.* *Phos.* *Phyt.* *Psor.* sep. **Sil.** staph. **Stram.** sulph. syph.k2 *Zinc.* zinc-p.k2
☞ *Krebs - Lippen*
• **ausbreitend**, sich: borx.
• **Berührung** agg.: ars.h,kl
• **brennend**: *Caust.* chin.h,kl *Cic.* nux-v. staph. sulph.h,kl
• **Freien** agg.; im: ars.h
• **juckend**: chin.a1,k,* staph.h,kl
• **krebsartig**: *Ars.* *Aur-m.* carb-an. *Clem.* **Con.** *Kali-bi.* lyc. *Phos.* phyt.
☞ *Krebs - Lippen*
• **Krusten**, mit: staph.h,kl
• **phagedänisch**: *Ars.* caps.k2 *Con.*
• **scharfer** Speichel kommt heraus: *Nit-ac.*
• **schmerzhaft**, bei Bewegung: ars.h,kl caps.h,kl
• **speckige** Basis: caps.k2
• **Splitters**; mit Gefühl eines: bov. **Nit-ac.**
○ **Oberlippe**: caust. kali-c. merc. *Mez.* staph.h,kl *Zinc.*
• **Unterlippe**: bamb-a.stb2 calc-sil.k2 *Caust.* *Clem.* ign.h,kl *Lyc.* ph-ac. *Phos.* sep. sil. sulph. zinc.
– **Mund**:
• **juckend**: sil.h
○ **Mundwinkel**: ail. *Am-m.* anan. ant-c. arn. aur-m-n. *Bell.* *Bov.* **Calc.** carb-an. carb-v. chin-b.c1 *Cocc.* **Graph.** *Hep.* ign. ip. *Mang.* **Merc.** mez. *Nat-m.* **Nit-ac.** nux-v. *Phos.* *Psor.*

Geschwüre - Mund - Mundwinkel: ...
Rhus-t. *Sil.*h,k,* staph. *Sulph.* thuj. zinc. zinc-p.k2
☞ *Exkoriation - Mundwinkel / Rissig - Mundwinkel*
• **um** den: dulc.a1,h,* *Nat-c.*hr1,k *Nit-ac.*
– **Parotis**: bar-c. calc-p. rhus-t. sars. sil.
– **Unterkieferdrüsen**: *Kali-i.*
– **Wange**: ant-c. ant-t. calc. iod. nat-m. phos. psor.k2

Gezogen:
– **Falten** gezogen; in: ars. lyc.
– **Länge**; in die
☞ *Langgezogen*
– **Spitze** gezogen; zu einer: brom.bg1,bg2
○ **Kiefer**:
○ **Unterkiefer**:
• **hinten** gezogen; nach: bell.h
– **Lippen**:
○ **Oberlippe**:
• **entblößt** die Zähne; nach oben gezogen und: acon.bg1 ant-t.bg1 **Camph.** *Phyt.*bg1,vh,*
• **Lachen** nach oben gezogen; beim: mag-m.dgt sil.dgt

Glänzend: acon. **Apis** arg-n. *Aur.*bg2,k caust. coff. cupr. der. eup-pur.hr1,k glon.k2 hyos. *Lyc.*hr1,k med. *Nat-m.*bg2,k,* op. *Plb.*bg2,k,* psor.bg2,k,* rheum rhus-t.bg2,k sel.bg2,k,* thuj.bg2,k
☞ *Fettig / Wächsern*
– **Flecken** nach Hautausschlägen; glänzende: nat-m.
– **ölig**, wie: *Nat-m.* *Plb.* thuj.
○ **Lippen**: cub.c1

Glucksen im Unterkiefer: bell.h

Glühend
☞ *Farbe - rot - glühend*

Größer; Gefühl, als wäre das Gesicht
☞ *Breit / Vergrößert - Gefühl*

Haar:
– **Gefühl** eines Haares: carl. chlol. *Graph.* laur. sulph.vh
☞ *Spinnwebe - Gefühl*
– **Haarausfall**:
○ **Augenbrauen**: kali-c.bg1,bg2 plb.bg1,bg2 sel.bg1,bg2
☞ ❑ *Auge - Haare - Haarausfall - Augenbrauen*
• **Backenbart**: agar. alum.k2 ambr. *Anan.*k,kr1 aur-m. *Calc.* carb-an. *Graph.* *Kali-c.* *Nat-c.* *Nat-m.* nit-ac. *Ph-ac.* plb. sanic. sel.k2,ptk2 sil.
• **Kummer**; nach: *Ph-ac.*
• **Schnurrbart**: bar-c. kali-c. plb.bg1,k,* sel. tub.xxb
• **linke** Seite: tub.xxb
– **Haarwuchs**:
• **Frauen**, bei:
• **Backenbart**: calc.zr calc-s.zr ign.zr nat-m.zr
○ **Kinn**, am: ign.vh ol-j.ptk1
• **Oberlippe**; an der (= Schnurrbart): cortico.sp1 hydrog.srj2 nat-m.kl ol-j.ptk1 sep.kl thuj.k13 thyr.c1
• **Kindern**, bei: calc. nat-m. ol-j. psor. sulph. thyr.c1
○ **Augenbrauen**; zwischen: kali-n.dgt phos.dgt

Härte

☞ *Verhärtungen*

Hautausschläge: agar. ail. *Alum.* *Am-c.* *Am-m.* ambr. **Ant-c.** *Ant-s-aur.* *Ant-t.* apis arg-met. arg-n. arn. *Ars.*$_{c2,k}$ ars-i. ars-s-f.$_{k2}$ asc-t. *Aur.* aur-ar.$_{k2}$ aur-i.$_{k2}$ aur-m. aur-s.$_{k2}$ bamb-a.$_{stb2}$ *Bar-c.* bar-i.$_{k2}$ *Bar-m.* bar-s.$_{k2}$ *Bell.* berb. borx. *Bov.* brom. *Bry.* cadm-s. **Calc.** *Calc-f.* *Calc-p.* *Calc-s.* calc-sil.$_{k2}$ canth. caps. carb-an.$_{c2,k}$ *Carb-v.* *Carbn-s.* **Caust.** cham. chel. chinin-s. *Cic.*$_{c2,k}$ cinnb. *Cist.* clem. coloc. com. *Con.* crot-h.$_{c2,k}$ *Crot-t.* **Dulc.** elaps eug. euph. *Fago.* ferr-ma. *Fl-ac.* gels. *Graph.* guaj. hell. *Hep.* hydr. ign. iod. ip. kali-ar. *Kali-bi.* **Kali-br.** **Kali-c.** kali-chl. *Kali-i.* kali-m.$_{k2}$ kali-p. *Kali-s.* kali-sil.$_{k2}$ **Kreos.** lac-ac. lac-c. *Lach.* **Led.** *Luna*$_{kg1}$ *Lyc.*$_{c2,k}$ mag-c. *Mag-m.* mang. med.$_{k,k2}$ **Merc.** merc-c. **Mez.** morph. *Mur-ac.* *Nat-ar.* *Nat-c.* **Nat-m.** nat-p. nat-s. nicc. *Nit-ac.* nux-v. pall. par. **Petr.** *Ph-ac.* phenac.$_{c2}$ *Phos.* phyt. pic-ac. plan. **Psor.** **Puls.** **Rhus-t.** *Rhus-v.* ruta sang. sars. sel. seneg. **Sep.** *Sil.* spong. *Staph.* sul-ac.$_{h}$ sul-i.$_{k2}$ **Sulph.** tarent. ter. thuj. urt-u. valer. *Verat.* *Viol-o.* zinc.

☞ *❑ Haut - Hautausschläge*

– **nachts** agg.: *Ars.* *Mag-m.*
 • **warmes** Zimmer agg.: mag-m.
– **kalte** Luft agg.: *Ars.* dulc.
– **Menses**:
 • **vor**: dulc.$_{k2,sf1,*}$ *Mag-m.* nat-m.$_{sf1,kl2}$● nux-m.$_{sf,sf1}$ sapin.$_{a1}$ sars.$_{a1}$ sep.$_{a1,kl2}$●
 • **während**: calc. dulc. eug. graph. kali-c.$_{gt1}$ nux-m.$_{gt1}$ psor. sang. sars.$_{fb,gt1}$
– **Menstruationsbeschwerden**, bei: sang.$_{c1}$
– **Wärme**:
 • **agg.**: euphr. mez. psor. sulph. teucr.
 • **amel.**: *Ars.*
– **Waschen** agg.: nux-v. sulph.
○ **Auge**; entzündet um das: spig.$_{h}$
– **Backenbart**: ambr. *Calc.* cic.$_{k2}$ graph. lach. nit-ac.
– **Bart**: *Hep.*$_{c2}$
– **Kinn**: agn.$_{bg2}$ alum.$_{bg2,k}$ alum-p.$_{k2}$ am-c.$_{bg2,k,*}$ am-m.$_{bg2}$ ambr.$_{bg2,k}$ anac.$_{bg2,k}$ *Ant-c.*$_{bg2,k}$ arg-n. bell.$_{bg2}$ borx. *Bov.*$_{bg2,k,*}$ *Calc.*$_{bg2,k}$ calc-sil.$_{k2}$ canth.$_{bg2}$ carb-an.$_{bg2}$ carb-v.$_{bg2,k,*}$ *Carbn-s.* caust.$_{h,k,*}$ *Chel.* *Cic.*$_{bg2,k}$ clem.$_{bg2,k}$ cob. con.$_{bg2,k}$ crot-h. crot-t. dig.$_{bg2,k,*}$ dros.$_{bg2}$ *Dulc.*$_{bg2,k}$ ferr-ma. ferr-p.$_{bg2}$ *Graph.*$_{bg2,k,*}$ *Hep.*$_{bg2,k}$ hydr. *Hydrog.*$_{srj2}$ hyos.$_{bg2}$ kali-bi. kali-c.$_{bg2,k}$ kali-i. *Kreos.*$_{bg2,k}$ *Lach.*$_{bg2,k}$ laur.$_{bg2}$ led.$_{bg2}$ *Lyc.*$_{bg2,k}$ mag-c.$_{bg2,k}$ manc. *Merc.*$_{bg2,k,*}$ merc-i-r. *Mez.*$_{bg2,k}$ nat-c.$_{bg2,k,*}$ **Nat-m.**$_{bg2,k,*}$ nat-p. nat-s. nit-ac.$_{bg2,k}$ nux-m.$_{bg2,k}$ *Nux-v.*$_{bg2,k,*}$ olnd.$_{bg2,k}$ *Par.*$_{bg2,k}$ ph-ac.$_{bg2,k}$ phos.$_{bg2,k,*}$ plat.$_{bg2}$ *Psor.* puls.$_{bg2,k}$ **Rhus-t.**$_{bg2,k,*}$ sabin.$_{bg2}$ sars.$_{bg2,k}$ **Sep.**$_{bg2,k}$ *Sil.*$_{bg2,k,*}$ spig.$_{bg2,k}$ spong.$_{bg2}$ squil.$_{bg2}$ sul-i.$_{c2}$ **Sulph.**$_{bg2,k,*}$ *Syph.* tarax.$_{bg2}$ thuj.$_{bg2,k}$ verat.$_{bg2,k,*}$ verb.$_{bg2}$ viol-t. zinc.$_{bg2,k,*}$
 • **schmerzhaft**: merc. rhus-t. sars. **Sulph.**
– **Lippen**: agar. ail. alum. *Am-c.* am-m. ant-c. ant-t. apis arg-n. arn. **Ars.**$_{a1,k}$ asc-t. aur-m. bell. berb.

Hautausschläge - Lippen: ...
Borx. bov. brom. bry.$_{a1,k}$ cadm-s. *Calc.* calc-f. calc-s. calc-sil.$_{k2}$ cann-s.$_{h,kl}$ canth. caps. carb-an. carb-v. carbn-s. caust.$_{a1,k}$ cham. chel. chinin-s. cic. cinnb. *Clem.* *Com.* *Con.* *Crot-t.* dig. ferr-m. *Graph.*$_{k,k2}$ guaj. hell. *Hep.* hydr. ign. ip. kali-c. kali-chl. kali-m.$_{k2}$ kali-s. lac-c. lach. lyc. *Mag-c.* *Mag-m.* mang. med. merc. merc-c. *Mur-ac.* nat-ar. *Nat-c.* **Nat-m.**$_{c2,k}$ nat-p. nat-s. nicc. *Nit-ac.* nux-v. pall. par. petr. ph-ac. phos. plat. rhod. **Rhus-t.** ruta sang. sars. seneg. **Sep.** *Sil.* spong. *Squil.* staph. sulph.$_{a1,k}$ tarent. ter.$_{a1,k}$ thuj. urt-u. valer. viol-t.
○ **Oberlippe**: acon.$_{bg2}$ amph.$_{a1}$ ant-c.$_{bg2}$ arg-n.$_{a1}$ arn.$_{bg2}$ **Ars.**$_{bg2,k}$ *Bar-c.*$_{bg2,k}$ bell.$_{bg2,k}$ borx.$_{h}$ canth.$_{bg2}$ *Carb-v.*$_{bg2,k}$ caust.$_{bg2}$ *Cic.*$_{bg2,k}$ cinnb. con.$_{bg2}$ dig.$_{h,kl}$ graph.$_{bg2,k}$ hell.$_{bg2}$ hep.$_{bg2}$ **Kali-c.**$_{bg2,k}$ **Kreos.**$_{bg2,k}$ *Lyc.*$_{bg2,k}$ mag-c.$_{bg2,k}$ mag-m.$_{bg2,k}$ mang. merc.$_{bg2}$ *Nat-c.*$_{bg2,k}$ *Nat-m.*$_{bg2,k}$ nit-ac.$_{bg2,k}$ *Par.*$_{bg2,k}$ petr.$_{bg2}$ phyt. plat.$_{bg2}$ *Rhus-t.*$_{bg2,k}$ sabad.$_{bg2}$ *Sep.* *Sil.*$_{bg2,k}$ spig.$_{bg2}$ squil. **Staph.**$_{bg2,k}$ sul-i.$_{c2}$ **Sulph.**$_{bg2,k}$ *Thuj.*$_{bg2,k}$ viol-t. zinc.$_{bg2,h,*}$
 • **um die Lippen herum, durch Lecken**: agar.$_{zr}$
 • **Unterlippe**: alum.$_{bg2}$ borx. **Bry.**$_{bg2,k}$ *Calc.*$_{bg2,k}$ caust.$_{bg2,k}$ cham.$_{bg2}$ clem.$_{bg2}$ *Ign.*$_{bg2}$ mez.$_{bg2}$ *Nat-c.* *Nat-m.*$_{bg2,k}$ *Ph-ac.*$_{bg2,k}$ phos.$_{bg2,k}$ rhod.$_{bg2}$ **Sep.**$_{bg2,k}$ *Sulph.*
– **Mund**:
○ **Mundwinkel**: **Am-m.**$_{bg2}$ *Ant-c.*$_{bg2,k}$ arn.$_{bg2}$ **Bell.**$_{bg2,k}$ bov.$_{bg2,k}$ **Calc.**$_{bg2,k}$ calc-f. cann-s.$_{h,kl}$ carb-v.$_{bg2,k}$ caust.$_{bg2,h,*}$ *Cic.* coloc.$_{bg2}$ *Cund.* **Graph.**$_{h,k,*}$ hell.$_{bg2}$ **Hep.**$_{bg2,k}$ hydrog.$_{srj2}$ *Ign.*$_{bg2,k}$ iris *Kreos.*$_{bg2,k}$ *Lyc.* *Mang.*$_{bg2,k}$ **Merc.**$_{bg2,k}$ mez.$_{bg2,k}$ napht.$_{bro1}$ nat-c.$_{bg2,k}$ *Nat-m.*$_{bg2,k}$ **Nit-ac.**$_{bg2,k}$ nux-v.$_{bg2,k}$ *Petr.*$_{bg2,k}$ ph-ac. *Phos.*$_{bg2,k}$ psor. rhod.$_{bg2}$ rhus-t. seneg. **Sep.**$_{bg2,k}$ *Sil.*$_{bg2,k}$ tab. verat.$_{bg2,k}$ zinc.$_{bg2}$
 • **rechts**: bell.$_{bg1}$ hep.$_{bg1}$ merc.$_{bg1}$ sep.$_{bg1}$ til.$_{bg1}$
 ○ **unter**: caust.$_{h}$ graph.$_{h}$ hep.$_{h}$
 • **um den**: acon.$_{bg2}$ *Agar.*$_{bg2,k}$ alum.$_{bg2}$ am-c.$_{bg2,k}$ am-m.$_{bg2}$ anac.$_{bg2,k}$ ant-c.$_{bg2}$ **Ant-t.** arn.$_{bg2}$ **Ars.**$_{bg2,k}$ bar-c.$_{bg2}$ bell.$_{bg2,k}$ *Borx.* *Bov.*$_{bg2,k}$ **Bry.**$_{bg2}$ *Cadm-s.* *Calc.*$_{bg2,k}$ calc-f. calc-sil.$_{k2}$ cann-s.$_{bg2}$ canth.$_{bg2}$ caps.$_{bg2}$ carb-an.$_{bg2}$ carb-v.$_{bg2,kl,*}$ carbn-s. *Caust.*$_{bg2,kl}$ cham.$_{bg2,kl,*}$ chel.$_{k,kl,*}$ chin.$_{bg2}$ ~~chinin-s.$_{kl,xxx}$~~ choc.$_{srj3}$ *Cic.*$_{bg2,h}$ clem.$_{bg2}$ cocc.$_{bg2,h,*}$ coloc.$_{bg2}$ con.$_{bg2}$ crot-h.$_{h,kl}$ dig.$_{bg2}$ dulc.$_{bg2,h,*}$ **Graph.**$_{bg2,k}$ *Hell.*$_{bg2,k}$ *Hep.*$_{bg2,k}$ hydr. hyos.$_{bg2}$ *Hyper.* ign.$_{bg2,k}$ ip.$_{bg2}$ kali-ar. *Kali-bi.* *Kali-c.*$_{bg2,k}$ **Kali-chl.** kali-i. kali-m.$_{k2}$ **Kreos.**$_{bg2,k}$ lach. laur.$_{bg2,k}$ *Led.*$_{bg2,k}$ *Lyc.*$_{bg2,k}$ *Mag-c.*$_{bg2,k}$ *Mag-m.*$_{bg2,k}$ mang.$_{bg2,k}$ *Merc.*$_{bg2,k}$ *Merc-c.* *Mez.*$_{bg2,k}$ *Mur-ac.* **Nat-ar.** **Nat-c.**$_{bg2,k}$ **Nat-m.**$_{bg2,k}$ nat-p. nat-s. **Nit-ac.**$_{bg2,k}$ *Nux-v.*$_{bg2,k}$ *Par.*$_{bg2,k}$ *Petr.*$_{bg2,k}$ ph-ac.$_{bg2}$ *Phos.*$_{bg2,k}$ plat.$_{bg2}$ rhod.$_{bg2}$ **Rhus-t.**$_{bg2,k}$ rhus-v. sabad.$_{bg2}$ samb.$_{bg2}$ **Sep.**$_{bg2,k}$ *Sil.*$_{bg2,k}$ spig.$_{bg2}$ spong.$_{bg2}$ squil.$_{bg2}$ **Staph.**$_{bg2,k}$ **Sulph.**$_{bg2,k}$ tarax.$_{bg2,k}$ thuj.$_{bg2}$ verat.$_{bg2}$ zinc.$_{bg2,k}$
 • **Flechten**; wie: borx.$_{c1}$

– **Nase**: agar.bg2,k agn.bg2,k *Alum.*bg2,k alum-p.k2 am-c.bg2,k am-m.bg2,k anac.bg2,k ant-c.bg2,k arn.bg2,k ars.bg2,k,* ars-i. arum-t. *Aur.*bg2,k aur-ar.k2 aur-i.k2 aur-m-n. aur-s.k2 bar-c.bg2,k bar-i.k2 bar-m. bar-s.k2 bell.bg2,k bond.a1 borx. bov.bg2,k brom.bg2,k bry.bg2,k cadm-s. calc.bg2,k,* calc-sil.k2 cann-s.bg2 canth.bg2,k caps.bg2,k *Carb-an.*bg2,k *Carb-v.*bg2,k,* carbn-s. **Caust.**bg2,k cham.bg2,k chel.bg2,k chin.bg2,k cina *Cist. Clem.*bg2,k coloc.bg2 con.bg2,k crot-t. dulc.bg2,k *Elaps* euphr.bg2,k fl-ac.bg2 graph.bg2,k guaj.bg2,k hell.bg2 hep.bg2,k,* ign.bg2,k iod.bg2,k iris kali-ar. *Kali-br.*c2 *Kali-c.*bg2,k kali-i.bg2 kali-n.bg2,k kali-s. lach.bg2,k laur.bg2,k *Led.* lyc.bg2,k mag-c.bg2,k mag-m. mang.bg2 meny. *Merc.*bg2,k mez.bg2,k mur-ac.bg2,k *Nat-ar.* **Nat-c.**bg2,k,* nat-m.bg2,k **Nat-p.** nicc.a1,k *Nit-ac.*bg2,k nux-v.bg2,k olnd.bg2,k par. petr.bg2,k **Ph-ac.**bg2,k phos.bg2,k plat.bg2,k plb.bg2,k *Puls.*bg2,k ran-b. rhod.bg2 *Rhus-t.*bg2,k sabad.bg2 sabin.bg2 samb.bg2 sars.bg2,k sel.bg2,k seneg.bg2 **Sep.**bg2,k **Sil.**bg2,k *Spig.*bg2,k spong.bg2 staph.bg2,k stront-c. sul-ac.bg2,k **Sulph.**bg2,k syph. tarax.bg2,k tax.c2 thuj.bg2,k verat.bg2,k viol-t.bg2,k zinc.bg2,k zinc-p.k2
 ○ **innen** in der: am-m.bg2,k,* ant-c.bg2 arn.bg2 canth.bg2 carb-an.bg2 cic.bg2 cocc.bg2 graph.a1,bg2 guaj.bg2 kali-bi.bg2 kali-n.bg2 mag-c.bg2,k petr.bg2 phel. phyt.a1 podo. ran-b.bg2 sars.bg2,k,* sel.bg2,k sil.bg2,k spig.a1,bg2
  • **links**: bell. borx. calc. cob. graph.a1 sars.a1,k
  • **rechts**: calc. carb-an. dulc. gamb. kali-n. lach. spig.a1
 • **Nasenflügel**: ars. aur-m. carb-v. chin.bg2,k cor-r. dulc. euphr.bg2,k fl-ac. hipp. *Merc-i-r.* nat-m.bg2,k *Nit-ac.*bg2,k petr. rhus-t.bg2,k sep. *Sil.* spig.bg2,k thuj.bg2,k
  • **links**: limest-b.es1
 • **Nasenspitze**: acon. *Aeth.* am-c.bg2,k anan. asaf. calc.bg2 carb-an.bg2,k carb-v.bg2,k *Caust.*bg2,k clem.bg2,k con.bg2 kali-n.h,k1 lyc. mag-c.bg2 nat-c.bg2 nit-ac.bg2,k pall. ph-ac.bg2,k *Sep.*bg2,k sil.bg2,k spong.bg2,k
 • **Nasenwinkel**: anac. carb-v.h,k1 dulc.bg2,k euphr.bg2,k led. mang. mill. plb.bg2,k *Rhus-t.*bg2,k thuj.bg2,k
 • **Nasenwurzel**: caust.h
 • **Septum**: am-c.bg2 bar-c. bov. calad. caps. crot-t. kali-bi.bg2 ol-an. psor.bg2,k teucr. thuj.bg2,k vinc.
 • **um** die: alum.bg2,k am-c.bg2,k *Ant-c.*bg2,k ars.bg2 bar-c.bg2,k bov.bg2,k calc.bg2,k *Caust.*bg2,k choc.srj3 dulc.bg2,k elaps mag-m.bg2,k *Nat-c.*bg2,k par.bg2,k **Rhus-t.**bg2,k *Sep.*bg2,k sil.bg2,k sul-ac.bg2,k sulph.bg2,k tarax.bg2,k zinc.bg2,k
 • **unter** der Nase: arn. *Bar-c.*bg2 borx. bov. caps.bg2 fl-ac.bg2 lach.bg2 lyc.k2 sars.bg2,k sil.bg2 squil.bg2,k sulph.bg2 teucr.bg2

– **Schläfen**: *Alum.*bg2,k ambr.bg2 anac.bg2 *Ant-c.*bg2,k arg-met. arn.bg2 bar-c.bg2 bell.bg2,k bry.bg2,k calc. carb-v.bg2,k caust.bg2,k cocc.bg2 *Dulc.* lach.bg2,k lyc.bg2,k *Mur-ac.*bg2,k *Nat-m.*bg2,k nit-ac.bg2,k sabin.bg2,k spig.bg2,k sulph.bg2,k thuj.bg2,k

– **Stirn**: agar.bg2,k agn.bg2 ail.k2 alum.bg2,k alum-p.k2 am-c.bg2,k am-m.bg2,k ambr.bg2,k anac.bg2 **Ant-c.**bg2,k arg-met. arn.bg2 ars.bg2,k aur.bg2,k aur-s.k2 bad.

– **Stirn**: ...
bar-c.bg2,k bar-m. bar-s.k2 bell.bg2,k *Bov.*bg2,k bry.bg2,k cadm-s. *Calc.*bg2,k *Calc-p.* calc-sil.k2 canth.bg2 caps.bg2,k carb-an.bg2,k carb-v.bg2,k caul. *Caust.*bg2,k cham.bg2,k chel.bg2 chin.bg1 cic.bg2,k clem.bg2,k cocc.bg2 con.bg2 cycl. dig.bg2 dulc.bg2,k euphr.bg2 ferr-ma. graph.bg2 hell.bg2 *Hep.*bg2,k hura kali-c.bg2 **Kreos.**bg2,k laur.bg2 **Led.**bg2,k lol.bg2 *Lyc.*bg2,k mag-c.bg2 mag-m.bg2,k merc.bg2 mez.bg2 mur-ac.bg2,k nat-ar. nat-c.bg2,k **Nat-m.**bg2,k nat-p. nit-ac.bg2,k **Nux-v.**bg2,k olnd.bg2 *Par.*bg2,k *Ph-ac.*bg2,k *Phos.*bg2,k *Psor.*bg2,k puls.bg2 rhod.bg2 **Rhus-t.**bg2,k rhus-v. sabad.bg2 *Sars.*bg2,k **Sep.**bg2,k sil.bg2,k staph.bg2,k sul-ac.bg2,h,* **Sulph.**bg2,k valer.bg2 verat.bg2 viol-t.bg2,k zinc.bg2
 • **Menses**, vor den: mag-m.hr1 sars.br1

– **Wangen**: agar.bg2,k agn.bg2 alum.bg2,k alum-p.k2 am-c.bg2,k ambr.bg2 anac.bg2,k ang.bg2 **Ant-c.**bg2,k arn.bg2 asaf.bg2 bar-c.bg2 *Bell.*bg2,k *Bov.*bg2,k bry.bg2,k *Calc.*bg2,k calc-sil.k2 canth.bg2 carb-an. carb-v.bg2 *Caust.*bg2,k cham.bg2,k chel.bg2 cic. con.bg2,k cycl.bg2 dig.bg2,k *Dulc.*bg2,k **Euph.**bg2 **Euphr.** ferr-ma. graph.bg2 hep.bg2 hyos.bg2 *Kali-chl.* kali-i. kali-m.k2 kali-n.bg2 **Kreos.**bg2,k *Lach.*bg2,k laur.bg2,k *Lyc.* mag-m.bg2,k merc.bg2,k merc-i-r. mez.bg2,k nat-c.bg2,k *Nat-m.*bg2,k nit-ac.bg2,k nux-v.bg2 olnd.bg2 phos.bg2,k **Rhus-t.**bg2,k sabad.bg2 sabin.bg2 sars.bg2 *Sep.*bg2,k *Sil.*bg2,k spong.bg2,k **Staph.**bg2,k stront-c. tarax.bg2 thuj.bg2 valer.bg2 *Verat.*bg2,k verb.bg2,k viol-t.bg2,k
 • **links**: tub.c,t1
 • **rechts**: limest-b.es1

– **abblätternd**
 ☞ *schuppig*

– **abschilfernd**: apis *Ars.*a1,k *Bell.*a1,k canth.a1,k chinin-s. hydr.a1,k hydrog.srj2 *Kali-ar.*a1,k kali-s.k2 lach.a1,k *Merc.*a1,k nat-m.k2 ol-an.a1,k phos.a1,k *Psor.* puls.a1,k *Rhus-t.*a1,k rhus-v.a1,k sol-t-ae.a1 *Sulph.*a1,k thuj.
 • **gelber** Flecken: kali-c.h,k1
 ○ **Backenbart**: sphing.kk3
 • **Kinn**: sphing.kk3

– **Akne**: agar.st ail.c2 ambr.st *Ant-c.*bg2,k,* ant-s-aur.c1,c2 *Ant-t.*bro1 anthraci.c2 *Ars.*bg2,k,* *Ars-br.*bro1,c2 *Ars-i.*hr1,k ars-s-f.k2 ars-s-r.bro1,c2 asim.bro1 *Aster.*bro1,c2 **Aur.** aur-m.k2 bar-c.bg2,k,* bar-s.k2 bell.bg2,k,* bell-p.br1,c2 berb.hr1 *Berb-a.*bro1 bov.st bufogk *Calc.* calc-p.st calc-pic.bro1 *Calc-s.* **Calc-sil.** carb-ac.c1,c2 **Carb-an.**hr1,k **Carb-v.**bg2,k,* **Carbn-s.**c2,k carc.jl2,mg1,* **Caust.**hr1,k chel.hr1,k chim.c2 cic.st *Con.*hr1,k *Cop.*hr1,k,* *Crot-h.*hr1,k dios.c2 dulc.st echi-p.bro1 *Eug.*hr1,k **Fl-ac.**st glon.st gran.bro1 **Graph.**c2,st **Hep.**bg2,k,* hir.st *Hydrc.*bro1 ign.c2 indg.c2 iod.hr1,k *Jug-c.*bro1,c2 *Jug-r.*bro1,c2 **Kali-ar.**st **Kali-bi.**a1,c2,* **Kali-br.**bg2,k,* kali-c.st *Kali-i.*bro1,hr1 kali-m.bro1,c2 *Kreos.*hr1,k,* *Lach.*bg2,k,* lappabro1,c2 led.hr1,k **Lyc.**st mag-c.st mag-m.st maland.c2 med.hr1,k *Merc.*st,vh mur-ac.st nabal.bro1 nat-c.st *Nat-m.*k,kl2●,* nat-p.st *Nit-ac.*hr1,k nux-m.c1 **Nux-v.**hr1,k *Ph-ac.*hr1,k **Phos.**st pic-ac.c2 pixc2 *Psor.*hr1,k,* *Puls.*k,kl2●,* rad-br.bro1 ~~rad-met.bro1,xxx~~

– **Akne**: ...
Rhod.st **Rhus-t.**st sabin.bg2,k,* sanic. **Sars.**st sel.hr1,k **Sep.**k,kl2● **Sil.**hr1,k,* sul-i.bg2,k,* *Sulph.*k,kl2●,* sumb.bro1,c2 **Syph.**st **Teucr.**st *Thuj.*bg2,k *Tub.*c2,k tub-r.jl,vn,* uran-met. urin.c1,c2 vinc.c2 **Zinc.**st

- **Alkoholikern**; bei: ant-c.bro1 bar-c.bro1 carbn-s.k2 *Led.*bro1 *Nux-v.*bro1 rhus-t.bro1
- **Drüsenschwellung**, mit: brom.bro1 calc-s.bro1 merc-sul.bro1
- **Erhitzung**:
  - **agg.**: *Caust.*
- **Feuer**; nahe einem: *Ant-c.*
- **hartnäckig**: hir.st
- **jungen** Menschen; bei beleibten:
  - **roher** Lebensweise und bläulichen, roten Pusteln in Gesicht, an Brust und Schultern; mit: kali-br.bro1
- **Kachexie**, bei: ars.bro1 carb-v.bro1 nat-m.bro1 sil.bro1
- **Kaliumiodid**; durch Mißbrauch von: aur.bro1
- **Käse**, durch: nux-v.k2
- **Kosmetika**, durch: bov.br1,zr
- **Magens**; mit Beschwerden des: *Ant-c.*bro1 *Carb-v.*bro1 cimic.bro1 lyc.bro1 *Nux-v.*bro1 puls.bro1 rob.bro1
- **Masturbation**; durch: crot-h.ptk1 ph-ac.ptk1
- **Menses**:
  - **vor**: graph.ptk1 mag-m.ptk1 psor.ptk1 sep.kr1,ptk1
  - **nach**: med.ptk1
  - **spärliche** Menses: sang.ptk1
  - **unregelmäßige** Menses: aur-m-n.bro1 bell.bro1 bell-p.bro1 berb.bro1 *Berb-a.*bro1 calc.bro1 *Cimic.*bro1 con.bro1 eug.bro1 *Graph.*bro1 kali-br.bro1 kali-c.bro1 kreos.bro1 nat-m.bro1 psor.bro1 *Puls.*bro1 *Sang.*bro1 sars.bro1 thuj.bro1 verat.bro1
  - **verzögerte** Menses: crot-h.ptk1
- **Narben**, mit häßlichen: carb-an.bro1 kali-br.bro1
- **Obstipation**; mit: calc-sil.vh nux-v.bro1
- **Papeln**, mit verhärteten: agar.bro1 arn.bro1 ars-i.bro1 berb.bro1 bov.bro1 brom.bro1 *Carb-an.*bro1 cob.bro1 con.bro1 *Eug.*bro1 iod.bro1 *Kali-br.*bro1 *Kali-i.*bro1 nat-br.bro1 nit-ac.bro1 rob.bro1 *Sulph.*bro1 thuj.bro1
- **Pubertät**, in der:
  - **Mädchen** mit Kopfschmerzen am Scheitel und Dyspepsie mit Blähungen, Essen amel.: calc-p.bro1
- **pustulös**: kali-ar.ptk1
- **Quecksilber**; durch Mißbrauch von: kali-i.bro1 mez.bro1 nit-ac.bro1
- **Rheumatismus**, bei: led.bro1 rhus-t.bro1
- **rosacea**: agar.br1,kr1,* *Ars.*hr1,k,* *Ars-br.*bro1 ars-i.bro1,c2 aur. aur-ar.k2 *Aur-m.*hr1,k aur-s.k2 bell.bro1 *Calc.*hr1 *Calc-p.*hr1,k **Calc-sil.** cann-s.hr1 canth.hr1,k *Caps.*hr1,k carb-ac.hr1,k **Carb-an.**hr1,k,* **Carb-v.**hr1,k carbn-s. **Caust.**bg2,k,* chel. chrysar.bro1 *Cic.*hr1,k clem.hr1,k **Eug.**hr1,k,* guare.hr1 *Hydr-ac.*hr1,k *Hydrc.*bro1,c2 iris kali-br.hr1,k *Kreos.*hr1,k **Lach.**hr1,k led.hr1,k *Mez.*hr1,k nux-v.bro1,c2 ov.bro1,c2 *Petr.*hr1,k plb. **Psor.**hr1,k *Rad-br.* ~~*Rad-met.*k,xxx~~ rhus-r.bro1 **Rhus-t.**bg2,k,*

– **Akne - rosacea**: ...
Ruta *Sep.*hr1,k *Sil.*hr1,k sul-ac.hr1,k13 *Sul-i.*bro1 sulo-ac.c1,c2 *Sulph.*hr1,k *Tub.* *Verat.*hr1,k viol-o.hr1,k *Viol-t.*hr1,k

- **bläulich**: *Lach.* *Sulph.*
- **Gruppen**, in: **Caust.**hr1,k
- **Nase**, an der: ars-br.br1 calc-p. cann-s. carb-an.h **Caust.** kali-i.bg3 *Psor.* rhus-t.bg3

- **Schwangerschaft**; während der: bell.bro1 sabin.bro1 sars.bro1 sep.bro1
- **sexuellen** Exzessen, mit: *Aur.*bro1 calc.bro1 kali-br.bro1 *Ph-ac.*bro1 rhus-t.bro1 sep.bro1 thuj.bro1
- **skrofulösen** Personen, bei: bar-c.bro1 brom.bro1 *Calc.*bro1 calc-p.bro1 con.bro1 *Iod.*bro1 merc-sul.bro1 mez.bro1 sil.bro1 *Sulph.*bro1
- **symmetrisch** verteilt: arn.bro1
- **Syphilis**, durch: aur.bro1 *Kali-i.*bro1 merc-sul.bro1 nit-ac.bro1
- **tuberkulösen** Kindern, bei: tub.bro1

○ **Kinn**: *Hydr.* verat. *Viol-t.*hr1,k
- **Entbindung**; nach der: sep.bro1

- **Lippen**: cadm-s. caps. hydr.
- **Nase**: ars.ptk1,ptk2 calc-p. cann-s. caps. **Caust.**c2,k graph. sel. *Sulph.*
- **Stirn**: ant-c. *Ars.*hr1,k aur. aur-ar.k2 bamb-a.stb2 bar-c. bell. *Calc.* *Caps.* **Carb-an.** **Carb-v.** **Carbn-s.** **Caust.** *Cic.* clem. **Hep.** *Hydr.*hr1 kali-bi.a1 *Kreos.*hr1,k led. *Nat-m.* *Nit-ac.* **Nux-v.**hr1,k *Ph-ac.* **Psor.** **Rhus-t.** **Sep.** **Sil.**hr1,k **Sulph.**hr1,k viol-t.
  - **stechenden** Schmerzen, mit: led.br1

– **beißend**: bry. merc. nat-m. plat. sil.
☞ *brennend / schmerzhaft / wund beißend*

– **Bläschen**: acon.bg2 aeth.a1,k *Agar.*a1,k alum.bg2,k,* am-c.bg2,k am-m.bg2,k anac.a1,k *Ant-c.*bg2,k,* ant-t. *Ars.*a1,k ars-s-f.k2 bar-c.bg2 benz-ac. borx. calc-s. canth.bg2,k carb-an.bg2,k *Carbn-s.* caust.bg2,k,* cic.hr1,k cist. *Clem.* **Crot-t.**a1,k *Dulc.* *Euph.*bg2,k ferr-i. *Graph.*bg2,k hep. indg. kali-ar.a1,k kali-bi.a1,k *Kali-i.* kali-n.bg2,k,* lach. *Mag-c.*bg2,k,* **Manc.**hr1,k,* mang.bg2,k medus.br1 *Merc.*a1,k mez.bg2,k,* mur-ac.bg2,h,* nat-ar. *Nat-c.*bg2,k,* **Nat-m.**bg2,k *Nat-s.* *Nit-ac.*bg2,k ol-an.hr1,k *Petr.*bg2,k ph-ac. phos.bg2,k plb.bg2,k plect.a1 **Psor.**a1,k ran-b. **Rhus-t.**bg2,k,* rhus-v.a1,k samb. **Sep.**bg2,k,* *Sil.*bg2,k stram. stront-c. *Sulph.*bg2,k syph. valer.bg2,k zinc.bg2,k zinc-p.k2

- **Blut** gefüllt; mit: lach.k2
- **brennend**: agar. *Anac.* aur. caust.a1,k cic. hep.h,kl nat-c.h,kl *Nat-m.* *Ran-b.*
- **gelb**: *Agar.* ant-c. ars.a1,k cic. com. crot-t. *Dulc.* *Euph.* *Euphr.* kreos. *Manc.*a1,k *Merc.* mur-ac.h,kl nat-c. ph-ac. **Rhus-t.**a1,k *Rhus-v.*a1,k sep.
- **juckend**: *Anac.* ant-c.h,k,* *Ars.* cic. mang.h,kl *Mez.* sars.h,kl sep.a1,k
- **kalte** Luft: *Dulc.*
- **Pocken**, wie milde: ant-c.h,k,*
- **scharf**: caust.a1,k rhus-t.a1,k
- **weiß**: clem. hell. mez.h,kl nat-c.h,kl sulph. valer.
- **zusammenfließend**: crot-t.a1,k mez.a1 ran-b. rhus-t.a1,k *Sulph.*

○ **Kiefer**: hydrog.srj2

• **Kinn**, am: agar. anac. canth. *Cic.* crot-t. hep. *Manc. Nat-c.* **Nat-m.** *Nat-s. Nit-ac. Sanic. Sars.*
• **Lippen**: agar.$_{al,k}$ ail. *Alum.*$_{bg2,k,*}$ am-c.$_{h,kl}$ am-m.$_{bg2,k}$ ant-t. asc-t. aur.$_{bg2,k}$ berb. borx. bov. calc-s. *Carb-an.*$_{al,k}$ chel.$_{al,k}$ chinin-s. cic.$_{bg2,k}$ *Clem.*$_{bg2,k}$ com. *Con.*$_{bg2,k}$ hell.$_{bg2,k}$ hep. kali-p. kali-s. lac-ac. lac-c. *Mag-c.*$_{bg2,k,*}$ *Mag-m.*$_{bg2,k}$ mang.$_{al,k}$ merc. nat-c.$_{bg2,k}$ **Nat-m.**$_{bg2,k,*}$ nat-s.$_{bg2,k}$ *Nit-ac.* par.$_{bg2,k}$ plat.$_{bg2,k}$ rhod.$_{bg2,k}$ sang. *Sanic.* seneg.$_{bg2,k}$ sil.$_{bg2,k}$ valer.$_{bg2,k}$
• **Fieberbläschen**: ars.$_{hr1,kr1}$ brom.$_{hr1,kr1}$ *Calc-f.*$_{hr1,kr1}$ canth.$_{hr1,kr1}$ *Crot-h.*$_{kr1}$ *Crot-t.*$_{hr1}$ *Graph.*$_{hr1,kr1}$ hyos.$_{h,kl}$ *Lac-c.*$_{hr1,kl}$ med.$_{hr1,kr1}$ *Nat-m.*$_{hr1,kl}$ phos.$_{bg2,bg3}$ **Rhus-t.**$_{hr1,kr1}$ sep.$_{hr1}$ urt-u.$_{hr1,kr1}$
○ **Innenseite**: sep.$_{h,kl}$ sil.$_{h,kl}$
• **Oberlippe**: *Agar.* alum.$_{hr1,k}$ am-m.$_{bg2,k}$ cic.$_{bg2,k}$ kali-n.$_{h,kl}$ kali-p. mag-c.$_{al,h}$ mag-p. mang.$_{al,k}$ mur-ac.$_{h,kl}$ nat-c.$_{al}$ rat. rhus-v. seneg.$_{bg2,k}$ valer.$_{bg2,k}$ zinc.
• **Blutblasen**: *Nat-m.*$_{bg2,k}$
• **Unterlippe**: agar. ail. aur.$_{bg2,k}$ bell.$_{h,kl}$ clem.$_{h,kl}$ com. mag-c.$_{al,h,*}$ mag-m. mang.$_{al}$ mur-ac.$_{h,kl}$ nat-s.$_{hr1,k}$ par.$_{bg2,k}$ sars.$_{h,kl}$ staph.$_{h,kl}$ sulph.$_{h,kl}$
• **juckend**: clem.$_{h,kl}$
• **weiß**: phos.$_{h,kl}$
○ **Innenseite**: phos.$_{h,kl}$
• **unter** der: hep.$_{h,kl}$
• **Mund**:
○ **Mundwinkel**: agar. am-c.$_{h,kl}$ caust. *Cic.* mag-c.$_{al,h,*}$ mez. nat-c.$_{al,h,*}$ seneg. senn. verat.$_{h,kl}$
○ **unter** dem: mang.$_{al,h,*}$
• **um** den: am-c.$_{h,kl}$ am-m.$_{h}$ *Borx. Hell.* mag-c.$_{h,kl}$ nat-c.$_{h,kl}$ **Nat-m.** *Nat-s.*
• **Fieber**; während: nat-m.$_{k2}$
• **Nase**: am-c. ant-c.$_{al,h,*}$ clem. crot-t. lac-ac. *Lach.*$_{bg2,k}$ *Mag-c.*$_{bg2,k,*}$ mag-m.$_{bg2,k}$ *Mez.*$_{bg2,k,*}$ nat-c. *Nat-m.*$_{bg2,k}$ nit-ac.$_{bg2,k}$ petr.$_{bg2,k}$ phel. phos.$_{bg2,k}$ *Plb.*$_{bg2,k}$ **Rhus-t.** sil.$_{bg2,k}$ verat.$_{bg2,k}$
• **Menses**, vor den: mag-c.$_{al2,h,*}$
○ **in** der; rechts: ars.$_{bg1}$ **Carb-an.** lach. phos.
• **Mitte** der; auf der: *Carb-ac.*
• **Nasenflügel**: chel. **Nat-m.** sil. thuj.
• **rechts**: nat-c.
• **Nasenloch**, unter dem: sil.$_{h,kl}$
• **Nasenspitze**: nit-ac.
• **Nasenwurzel**: nat-m.
• **Seite** der, blutig: sep.$_{h}$
• **Septum**: am-c. crot-h. thuj.
• **um** die: phos.$_{h,kl}$
• **Stirn**: am-c.$_{al,k}$ arn.$_{al,k}$ borx. canth.$_{al,k}$ kali-i.$_{al,k}$ mag-c.$_{al,h,*}$ mez.$_{al,k}$ nat-m.$_{al,k}$ plb.$_{al,k}$ *Psor.*$_{al,k}$ rhus-v.$_{al,k}$ stront-c.
– **Blasen**: canth.$_{k2}$
– **blutend**:
• **berührt**; wenn an der Nase: *Brom. Merc.*
• **gekratzt** wird, wenn: *Dulc.*$_{hr1}$ lach.$_{k2}$ *Merc. Mez.* par. *Petr. Rhus-t. Sulph.*
– **bräunlich**: dulc.$_{hr1,k}$
– **brennend**: alum. am-c. am-m. *Anac.* ant-c. apis *Ars.*$_{hr1,k}$ bamb-a.$_{stb2}$ bar-c.$_{h,kl}$ calc. *Caust.* chinin-s.
– **brennend**: ...
Cic. euphr. graph. kali-c. led. mag-m. merc. nat-m. phos. rat. *Rhus-t.* samb.$_{h,kl}$ *Sars.* seneg. *Sep.* staph. sulph.$_{hr1,k}$
• **befeuchtet**; wenn: euphr.$_{hr1,k}$
• **Berührung** agg.: canth.$_{k2}$
• **Freien**, im: *Led.*
• **gekratzt** wird, wenn: nat-s. sars.
• **schlafen**; kann ohne kalte Anwendungen nicht: am-m.
○ **Lippen**: am-c. aur. bov. caust. graph. mag-m. mur-ac. nat-m.$_{h,kl}$ nicc. plat. rat. seneg. *Staph.* sulph.
• **Nase**: alum. apis caust. graph. nat-c. nat-m. ol-an. phos.
• **Stirn**: granit-m.$_{es1}$
– **eiternd**: **Ant-c.** *Cic.* lyc. *Psor. Rhus-t.*
– **Ekzem**: alum. alum-p.$_{k2}$ *Anac. Ant-c.* **Ars.** ars-i.$_{k2}$ bar-c.$_{bg2,k}$ bar-s.$_{k2}$ *Borx.* **Calc.** calc-ar.$_{k2}$ *Calc-s.* calc-sil.$_{k2}$ *Carb-an.*$_{bg2}$ carb-v. *Caust. Chel.*$_{bg2}$ chin.$_{cr}$ **Cic.** cist.$_{k2}$ clem. *Con.*$_{bg2}$ **Crot-t.** cur. cycl. **Dulc.**$_{bg2,k}$ ferr-i. *Fl-ac.* **Graph. Hep.** *Iris Kali-ar.* kali-sil.$_{k2}$ *Kreos.*$_{bg2}$ lac-d.$_{c1,k2}$ *Lach.*$_{bg2}$ lec.$_{br1}$ *Lyc.*$_{bg2,k}$ *Merc.* merc-i-r. *Mez.* mur-ac.$_{hr1,k}$ nat-m.$_{bg2,k}$ nat-s.$_{k2}$ *Petr. Ph-ac.*$_{bg2}$ phos.$_{hr1,k}$ **Psor.** ran-b. **Rhus-t.**$_{bg2,k}$ **Sars.** *Sep.*$_{bg2,k}$ sil.$_{bg2,k}$ staph. sul-ac. **Sulph.**$_{bg2,k}$ *Syph.* vinc. *Viol-t.*
• **blutend**: alum. *Ars.* dulc. *Hep. Lyc. Merc. Petr.* psor. sep. *Sulph.*
• **brennend**: *Cic. Viol-t.*
• **feucht**: *Cic.* **Graph.** kali-sil.$_{k2}$ **Lyc.** *Petr. Psor. Rhus-t.*
• **Honig**, wie getrockneter: *Ant-c.* **Cic.** mez.
• **Kindern**; bei:
• **Kleinkindern**; bei: dulc.$_{k2}$
• **Ofenhitze**: **Ant-c.**
• **stillenden** Müttern; bei: sep.
• **stinkend**: lyc.
○ **Bartes**, des: ars-i.$_{ptk1}$
• **Waschen** agg.: ars-i.$_{ptk2}$
• **Haaransatz**: **Sulph.**
• **Hinterkopf** aus; breitet sich vom: *Lyc.* sil.
• **Kinn**: borx. *Cic.* graph. kali-sil.$_{k2}$ *Merc-i-r.* phos. rhus-t. sep.
• **Lippen**: kali-sil.$_{k2}$
• **Mund**:
○ **Mundwinkel**: *Arund. Graph. Hep.* lyc. *Rhus-t.* sil.
• **um** den: ant-c.$_{br1}$ kali-sil.$_{k2}$ *Mez.* mur-ac. *Nat-m.*
• **Nase**: *Ant-c.* caust. *Cist.*$_{hr1,k}$ kali-sil.$_{k2}$ nit-ac.$_{bg2}$ rhus-t.$_{hr1,k}$ *Sep.*$_{hr1,k}$ spig.$_{bg2}$ sulph.$_{hr1,k}$
• **Fissur** des rechten Nasenflügels: *Thuj.*
• **Ohr** aus; breitet sich vom: ars.
• **Stirn**: nat-p.$_{k2}$
• **Wangen**: cic.$_{k2}$
– **entzündete** Flecken
☞ *Flecken; entzündete*
– **Erhabenheiten**: bell. cic. cop. nat-ar. pic-ac.
• **Bläschen**:
• **erhabene** Bläschen bei Säuglingen mit aphthöser Stomatitis: corn.$_{br1}$

• **rötlich**: phos.$_{h,kl}$ pic-ac. rhus-v.
• **verhärtet**: rhus-v.
– **Erythem**: graph.$_{c2}$
☞ *Urtikaria* | ❑ *Haut - Hautausschläge - Erythem*
– **Exanthem**, flüchtiges: *Acon.* *Ail.* anan. *Ant-c.* ant-t.$_{a1,k}$ *Ars.* ars-s-f.$_{k2}$ **Bell.** *Bry.* carbn-s. caust. *Cham.* coff. con. *Euphr.* *Graph.* *Hep.* hydr.$_{a1,k}$ *Ip.*$_{hr1,k}$ jab. kali-br. lach. *Merc.* *Mez.* *Nat-m.* nit-ac. phos. **Puls.** **Rhus-t.**$_{a1,k}$ *Stram.*$_{a1,k}$ **Sulph.**$_{a1,k}$ tab. tarent. teucr.$_{hr1,k,*}$ verat.
• **bläulich**: *Lach.* *Phos.* sulph.
• **brennend**: teucr.$_{hr1,k,*}$
• **juckend**: caust.$_{h,kl}$ teucr.$_{hr1,k,*}$
• **Kratzen**, nach: alum.$_{h,kl}$
• **purpurn**, blaurot: hyos.$_{a1,k}$ sep.$_{a1,k}$
• **syphilitisch**: syph.
• **Wärme**:
• **agg.**: *Euphr.* kali-i.$_{vh}$ teucr.
• **Waschen**:
• **nach**: glon.
○ **Kinn**: am-c.
• **Stirn**: ail.$_{a1,k}$ arn.$_{a1,k}$ indg.$_{a1,k}$ *Ip.*$_{hr1}$ lil-t.$_{a1,k}$ rheum teucr.$_{hr1,k,*}$
• **juckend**: rheum$_{h}$ teucr.$_{a1,hr1}$
– **exkoriierend**: calc-f.$_{gm1}$ *Graph.* hell. **Merc.** *Mez.* **Petr.** *Phos.* *Psor.* *Sulph.* viol-t.
○ **Kinn**: ant-c. hep. mang. verat.
• **Nase**: agar. bov. caust. graph. phos. sil.
– **feucht**: ant-c. *Ars.* *Ars-i.* *Calc.* *Carb-v.* *Carbn-s.* carc.$_{xxb}$ caust. cham. cic. *Clem.* con. **Dulc.** **Graph.** *Hep.* kreos. **Lyc.** *Merc.* **Mez.** nat-ar. nat-c. nat-m.$_{k2}$ nit-ac. olnd. *Petr.* ph-ac. *Psor.* **Rhus-t.** sars. *Sep.* *Sil.* squil. *Sulph.* *Thuj.* vinc. *Viol-t.*
• **gelb**: lyc. rhus-t. *Viol-t.*
• **Kratzen**, nach: *Kali-c.* *Sars.* sulph.$_{h,kl}$
• **stinkend**: cic. merc.
○ **Nase**: aur-m-n. carb-v. **Graph.** nat-c. thuj.
○ **Nasenflügel**: thuj.
• **Septum**: vinc.
– **Fissuren**: calc. **Graph.** *Merc.* nicc. nit-ac. *Petr.* *Psor.* sil. sulph.
• **blutend**: petr.
– **Flecken**: acon. alum. am-c. ambr. ars. bar-c. bell. berb. bry. *Calc.* carb-an. carb-v. colch. croc. ferr. ferr-m. hyos.$_{h,kl}$ luna$_{kg1}$ lyc. *Merc.* *Nat-c.* nit-ac. par. phos. samb. sars. **Sep.** sulph. tub. vip. zinc.
– **Flecken**; entzündete (Hitzblattern): alumn. ant-t.$_{hr1}$ apis arg-n. ars. bar-c. calc. canth. *Carb-an.* carb-v. chel. chlol.$_{hr1}$ con. cop.$_{a1,k}$ cund.$_{hr1}$ dig. dulc. elaps *Fl-ac.*$_{hr1,k,*}$ *Graph.*$_{hr1,k}$ *Guaj.* hell. *Hep.* iod. *Kali-bi.* kali-c.$_{c2,k}$ *Kali-i.*$_{hr1,k,*}$ lach. *Led.*$_{hr1,k}$ *Lyc.*$_{hr1,k}$ mag-c. mag-m.$_{hr1,k}$ med.$_{hr1,k2,*}$ merc. nat-c. nat-p.$_{hr1}$ nux-v. op.$_{a1,k}$ *Phos.*$_{hr1,k}$ phyt.$_{hr1,k}$ puls. rhus-r. *Rhus-t.*$_{a1,k}$ sabin.$_{a1,k}$ sep.$_{a1,k}$ sulph. sumb. viol-t.
• **nachts** agg.: *Mag-m.*$_{hr1,k}$
• **juckend**: graph.$_{hr1,k}$ sep.$_{a1,h,*}$
• **Menses**, agg. vor den: mag-m.
• **warm**:
• **Bettwärme** agg.: mag-m.
• **Waschen**; nach: am-c. phyt.$_{hr1,k}$

– **Flecken**; entzündete: ...
○ **Kiefer**:
• **Unterkiefer**: stann. staph.
• **Kinn**: bry. carb-an. euph. hep. mag-m. olnd.
• **Lippen**: arg-met. ars. bar-c. caust. con. hep. kali-i. mag-m. nat-c. sep. sil. sulph.
• **Nase**: bell. brass.$_{a1}$ iod.
• **Stirn**: arn.$_{a1}$ ars.$_{a1}$ *Mag-m.*$_{hr1}$ nat-c.
– **Flecken**; große: calc. *Graph.* hydrog.$_{srj2}$ *Kali-bi.*$_{hr1,k}$ lac-c.$_{hr1,k}$ *Merc.* *Nux-m.*$_{hr1,k}$ phos.$_{hr1,k}$ puls. sec. sep. stram.$_{hr1,k}$ sumb.
• **Menses**, während: nux-m.$_{hr1,kr1}$
– **Furunkel**: alum.$_{h,k,*}$ am-c.$_{h,k,*}$ anan.$_{hr1,k}$ ant-c.$_{hr1,k}$ arn.$_{bg2,k,*}$ bar-c.$_{bg2,k,*}$ bar-i.$_{k2}$ bar-s.$_{k2}$ *Bell.*$_{bg2,k,*}$ brom.$_{a1,bg2}$ bry.$_{bg2,k,*}$ *Calc.*$_{bg2,k,*}$ *Calc-p.*$_{c2}$ calc-s.$_{a1,k}$ calc-sil.$_{k2}$ carb-v.$_{bg2,k,*}$ chin.$_{bg2,k,*}$ cina coloc.$_{hr1,k}$ *Hep.*$_{hr1,k}$ hyos.$_{bg2,k,*}$ iod.$_{bg2,k,*}$ iris kali-ar.$_{hr1,k}$ kali-br. **Kali-i.**$_{hr1,k}$ *Lappa* laur.$_{bg2}$ led.$_{bg2,k,*}$ *Mez.*$_{bg2,k,*}$ mur-ac.$_{bg2,k,*}$ nat-c.$_{bg2,k}$ nat-m.$_{bg2,k,*}$ nit-ac.$_{bg2,k,*}$ pic-ac.$_{bg2}$ rhus-t.$_{bg2}$ rhus-v.$_{a1,k}$ sars.$_{bg2,k,*}$ *Sil.*$_{bg2,k,*}$ sul-i.$_{k2}$ *Sulph.*$_{hr1,k}$
• **Blutbeulen**, kleine: alum.$_{hr1,k}$ iris *Sil.*$_{hr1,k}$
• **Menses**; während den: med.$_{br1}$
• **schmerzhaft**: *Hep.*
• **wiederkehrende**, öfter: alum.$_{h}$
○ **Kinn**: am-c.$_{h,k,*}$ cob.$_{hr1,k,*}$ hep.$_{hr1,k}$ lyc. nat-c.$_{h,kl}$ nit-ac.$_{hr1,k,*}$ sil.$_{hr1,k,*}$
• **rechte** Seite: cob.$_{a1,k}$ nat-c.$_{a1}$
○ **unter**: carb-v.
• **Lippen**: *Hep.*$_{hr1,k}$ *Lach.*$_{hr1,k}$ nat-c. petr.
• **Mundwinkel**: am-c. **Ant-c.**
• **Nase**: acon.$_{bg2,k}$ alum.$_{h,k,*}$ am-c.$_{h,k,*}$ anan. cadm-s. carb-an.$_{bg2,k}$ con. *Hep.* mag-m.$_{bg2,k,*}$ phos. sars. sil.$_{bg2,k}$
○ **innen** in der: alum. am-c. carb-an.$_{bg2,k,*}$ phys.$_{a1}$ pic-ac.$_{a1}$ sep. sil. *Tub.*
• **Nasenspitze**: acon.$_{a1,k}$ am-c.$_{h,k,*}$ anan. apis borx. carb-an. tub.$_{a1}$
• **Schläfen**: mur-ac.
• **Stirn**: alum.$_{a1}$ am-c.$_{h,k,*}$ bar-c.$_{a1,h,*}$ carb-an.$_{h,kl}$ led.$_{a1,k}$ mag-c.$_{a1,k}$ phos.$_{a1,k}$ ptel.$_{c1}$ rhus-v.$_{a1}$ sep.
○ **Augen**, über den: calc-s. nat-m.
– **hart**: anac. crot-h. mag-c. puls. verat.
– **Herpes**: agar. alum.$_{bg2,k,*}$ *Am-c.*$_{bg2,k}$ am-m.$_{a1,k}$ anac.$_{bg2,k}$ *Anan.* androc.$_{srj1}$ arn.$_{br1}$ *Ars.*$_{a1,k}$ *Bar-c.*$_{bg2,k}$ bar-s.$_{k2}$ bell. *Bov.*$_{bg2,k}$ bry.$_{bg2,k}$ bufo *Calc.*$_{bg2,k}$ calc-f. *Calc-s.* calc-sil.$_{k2}$ caps.$_{bg2,k,*}$ *Carb-an.* *Carb-v.*$_{bg2,k}$ *Carbn-s.* caust.$_{bg2,k}$ chel.$_{bg2,k}$ *Cic.*$_{bg2,k}$ coloc. *Con.* crot-t. *Dulc.*$_{bg2,k}$ elaps gink-b.$_{sbd1}$ *Graph.*$_{bg2,k}$ *Hep.* kali-ar. *Kali-bi.* *Kali-c.* *Kali-i.*$_{a1,k}$ kali-s. kali-sil.$_{k2}$ kreos. **Lach.**$_{c2,k}$ **Led.**$_{bg2,k}$ *Lyc.* *Merc.*$_{bg2,k}$ *Nat-ar.* *Nat-c.*$_{bg2,k}$ **Nat-m.**$_{bg2,k}$ *Nat-s.* nicc. *Nit-ac.*$_{bg2,k}$ petr.$_{bg2,k}$ ph-ac. phos.$_{bg2,k}$ *Psor.* **Rhus-t.**$_{bg2,k}$ sabad.$_{bg2,k,*}$ sarr.$_{a1,k}$ **Sep.**$_{bg2,k}$ *Sil.*$_{bg2,k}$ spong. *Sulph.* tarent.$_{a1,k}$ thuj.
• **Brennen** und **Jucken**; mit: *Mez.*$_{vh}$
• **circinatus**: anag. bar-c. calc. cinnb. clem. dulc. *Graph.* hell. kali-chl. lith-c. lyc. med.$_{k2}$ *Nat-c.* *Nat-m.* phos. *Sep.* sulph. tarent. *Tell.*$_{a1,k}$ **Tub.**
• **Gesichtsneuralgie**; mit: *Kalm.*$_{vh}$
• **Husten**, mit krampfhaftem: arn.$_{br1}$

• **mehlig**: **Ars.** bry. cic. kreos. *Lyc.* merc. nit-ac. sulph. thuj.
• **schuppig**: anac. anan. calc.$_{bg2,k}$ *Graph.*$_{bg2,k}$ kreos. led.$_{bg2,k}$ lyc.$_{bg2,k}$ phos.$_{bg2,k}$ *Rhus-t.* sep.$_{bg2,k}$ *Sulph.*$_{bg2,k}$
○ **Backenbart**: agar. calc. lach. *Nat-m.*$_{k,k2}$ *Nit-ac.*$_{h,k,*}$ sil.
• **Kinn**: am-c. *Bov.*$_{bg2,k}$ carb-v. chel.$_{bg2,k}$ dulc. *Nat-m.* nux-v.$_{bg2,k}$ ph-ac. sars.$_{a1,k}$ *Sil.*
• **Lippen**:
○ **Oberlippe**: agar. carc.$_{xxb}$ gink-b.$_{sbd1}$ sars.
• **rechts**:
• **schmerzhaft**: med.$_{c1}$
• **über** den: phos.$_{h,kl}$
• **um** die: agar.$_{a1,k}$ anac. *Ars.*$_{a1,k}$ asc-t. borx. brom. *Calc-f.* canth. carb-v. caust. chel. choc.$_{srj3}$ conv.$_{br1}$ crot-t. *Dulc.* *Graph.* *Hep.* hyos.$_{h,kl}$ ip. kali-p. lac-c. lach. *Med.* nat-ar. nat-c. **Nat-m.** *Nicc.* *Par.* petr.$_{k2}$ ph-ac. **Rhus-t.** sars. **Sep.** sil. spong. sulph.$_{a1,k}$ *Tub.* urt-u.
• **Mund**:
○ **Mundwinkel**: carb-v. choc.$_{srj3}$ *Lyc.* med. ph-ac. phos.$_{h,kl}$ sep. *Sulph.*
○ **unter** dem: *Calc-f.* *Nat-m.*
• **um** den: am-c. anac. ars. *Borx.* cic. con. *Hep.* kreos. mag-c. med. nat-c. **Nat-m.**$_{bg2,k}$ *Par.* petr.$_{k2}$ phos. *Rhus-t.* *Sep.* sulph.
• **schneidend**: phos.$_{h,kl}$
• **stechend**: phos.$_{h,kl}$
• **Nase**: **Aeth.** aloe aur. *Calc.* carc.$_{xxb}$ chel. conv.$_{br1}$ gins. graph. iod. lyc. *Nat-c.* *Nat-m.* *Nit-ac.* ph-ac. phys.$_{br1}$ *Rhus-t.*$_{bg2,k}$ *Sep.* sil. spig.$_{bg2,k}$ sulph.
• **juckend**: nit-ac.$_{h,kl}$
○ **Nasenflügel**: *Nit-ac.*
• **Menses**:
• **während**:
• **Beginn** der; zu: gink-b.$_{sbd1}$
• **Nasenlöcher**: phys.$_{br1}$
• **Nasenspitze**: aeth.$_{br1,c1}$
• **quer** über die Nase: sep. *Sulph.*
• **Sattel**; wie ein: sulph.$_{c1}$
• **Stirn**: agar.$_{hr1}$ bad.$_{hr1,k}$ bar-c. borx. caps.$_{bg2,k,*}$ dulc. tarent.$_{a1,k}$
• **Wangen**: alum. am-c. ambr.$_{bg2,k}$ anac.$_{bg2,k}$ ant-t. bar-c.$_{bg2}$ bov.$_{bg2,k}$ bry.$_{bg2}$ carbn-s.$_{k2}$ caust.$_{bg2,k}$ chel. **Con.** dulc. graph. hep. kali-i. kreos. lach. merc.$_{bg2,k}$ nat-m. nicc. ph-ac. sars. sil. *Spong.* staph. stront-c. thuj.

– **Impetigo**: ant-c. ars. calc. *Cic.* *Con.* *Crot-t.* *Dulc.* *Graph.* *Hep.* *Kali-bi.* kreos. *Lyc.* *Merc.* *Mez.* *Nit-ac.* *Rhus-t.* sep. *Viol-t.*
○ **Lippen**, um die: tarent.
• **Stirn**: ant-c. kreos. led. *Merc.*$_{hr1,k}$ *Rhus-t.* sep. sulph. *Viol-t.*

– **juckend**: agar. alum-p.$_{k2}$ am-c. *Anac.* *Ant-c.* *Ars.* bufo *Calc.* *Calc-s.* caps. *Carbn-s.* *Caust.* chel. chinin-s. *Cic.* con. dig. euphr. granit-m.$_{es1}$ *Graph.* *Jug-c.* *Kali-bi.* *Kali-c.* *Kali-i.*$_{a1,k}$ led. luna$_{kg1}$ *Lyc.*$_{a1,k}$ *Mag-m.* marb-w.$_{es1}$ *Merc.* **Mez.** nat-c. *Nat-m.* nat-s.$_{k2}$ nicc. *Nit-ac.* *Olnd.* *Petr.* *Phos.*$_{a1,k}$ psor. **Rhus-t.**$_{a1,k}$ sanic. *Sars.* **Sep.** squil.$_{h,kl}$

– **juckend**: ...
stann.$_{h,kl}$ staph.$_{a1,k}$ stram. **Sulph.** teucr. thuj. *Viol-t.* zinc.
• **nachts** agg.: *Mez.* *Sulph.* *Viol-t.*
• **Kratzen** unverändert; durch: am-c.
• **Wärme** agg.: *Ant-c.* euphr. *Mez.* *Psor.* *Sulph.* teucr.
○ **Kinn**: dulc. lyc. mag-m.$_{h,kl}$ nat-c. nat-m. nux-v. par. sars. sep. sulph.$_{k2}$ thuj. zinc.
• **Lippen**: am-c. calc. graph.$_{h,kl}$ mag-m.$_{h,kl}$ nit-ac.$_{h,kl}$ sil.$_{h,kl}$
• **Nase**: apis carb-v. iod. lyc.$_{h,kl}$ nat-c. nit-ac. pall. phel. sil. squil. *Sulph.*
○ **unter**: sars.$_{h,kl}$
• **Stirn**: caps.$_{h,kl}$ granit-m.$_{es1}$ *Sars.*

– **Karbunkel**:
○ **Kinn**: *Lyc.*

– **kleieartig**:
○ **Backenbart**, im: kali-ar.

– **knötchenförmig**: bry. *Chel.* cic. kali-ar. rhus-t.
○ **Nase**: bar-m. nat-m.
• **Stirn**: ars.$_{h,kl}$ *Cocc.*$_{hr1}$ rhus-t.$_{hr1}$

– **Komedonen** ●: *Abrot.*$_{bg2,k,*}$ **Ant-c.**$_{bg2}$ *Ars.*$_{bg2,k,*}$ aur.$_{hr1,k}$ aur-ar.$_{k2}$ aur-s.$_{k2}$ bar-c.$_{bg2}$ *Bell.*$_{bg2,k,*}$ brom.$_{bg2}$ *Bry.*$_{bg2,k,*}$ *Calc.*$_{bg2,k,*}$ calc-sil.$_{k2}$ *Carb-v.*$_{bg2,k,*}$ **Carbn-s.** chel. dig.$_{bg2,k,*}$ dros.$_{bg2,k,*}$ *Eug.*$_{hr1,k,*}$ **Graph.**$_{bg2,k,*}$ grat.$_{hr1}$ *Hep.*$_{bg2,k,*}$ hydr.$_{hr1,k}$ **Kali-br.**$_{bg2}$ *Lach.*$_{bg2}$ **Lyc.**$_{bg2}$ mez.$_{a1,bg2}$ *Nat-ar.* *Nat-c.*$_{bg2,k}$ *Nat-m.*$_{bg2,k,*}$ *Nit-ac.*$_{bg2,k,*}$ **Petr.**$_{bg2}$ plb.$_{bg2}$ **Psor.**$_{bg2}$ *Sabad.*$_{hr1,k}$ sabin.$_{bg2,k,*}$ **Sel.**$_{hr1,k,*}$ *Sep.*$_{bg2,k,*}$ *Sil.*$_{hr1,k}$ *Sul-i.*$_{bg2}$ **Sulph.**$_{bg2,k,*}$ sumb.$_{bg2,k,*}$ thuj.$_{bg2,k,*}$ *Tub.*
• **geschwürig**: dig.$_{hr1,k}$ *Sel.* *Tub.*
○ **Kinn**: dros. *Tub.*
○ **Oberlippe**; und: sulph.$_{a1,k}$
• **Nase**: dros.$_{bg2,k}$ *Graph.*$_{bg2,k,*}$ mez.$_{a1,bg2}$ *Nit-ac.*$_{bg2,k}$ sabin.$_{bg2,k}$ sel. *Sulph.*$_{k,kl2}$● sumb. *Tub.*$_{k,kl2}$●
• **Stirn** ●: **Sulph.**

– **Krusten**, Schorfen; mit: *Anan.* *Ant-c.* **Ars.** aur-s.$_{k2}$ bar-c. bar-m. bar-s.$_{k2}$ **Calc.** calc-i.$_{k2}$ *Carbn-s.* *Caust.* *Chel.* *Cic.* *Cist.* *Clem.* *Con.* cory.$_{br1}$ **Dulc.** elaps fl-ac. *Graph.* *Hep.* hyper. jug-c. *Kali-bi.* lach.$_{k2}$ lappa *Led.* *Lith-c.* *Lyc.* *Merc.* merc-i-r. **Mez.** *Mur-ac.* nit-ac.$_{k2}$ **Petr.** ph-ac. *Psor.* **Rhus-t.** sars. sul-ac. sul-i.$_{k2}$ *Sulph.* syph. thuj. vac. *Viol-t.* zinc.
• **alten** Menschen, bei: cory.$_{br1}$
• **ausbreitend**, sich: sulph.
• **gelb**: *Ant-c.* *Calc.* *Cic.* **Dulc.** *Hyper.* *Merc.* *Mez.* ph-ac. sulph. *Viol-t.*
• **grünlichgelb**: calc.$_{h}$ *Merc.*$_{k,kl,*}$ *Petr.*$_{k,kl,*}$
• **schwarz**: *Ars.*
• **übelriechend**: *Psor.*
• **weiß**: *Mez.*
○ **Jochbein**: ars. *Cist.* mag-m.
• **Kinn**: ant-c.$_{br1}$ *Cic.* **Dulc.** *Graph.* *Mez.* *Sep.* *Sil.* *Sulph.* syph.
• **Schorfe**; erhabene weiße: *Mez.*
• **Lippen**: alum.$_{h}$ *Apis* *Ars.* *Arum-t.*$_{vh,vh/dg}$ berb. bry. *Cinnb.* *Con.* kali-p. *Merc.* merc-c. *Mur-ac.* nat-c.$_{h2}$ *Nux-v.* petr.$_{k2}$ **Ph-ac.** *Rhus-t.* sep.$_{bg1}$ **Sil.**

• **Lippen**: ...
squil. sulph.k2 *Ter.* valer. verat.vh
  • **braune** Krusten:
    ◆ **begleitet** von:
      • **blaue** und blasse kleine Flecken auf der Schleimhaut des Mundes: ars.hr1,k
• **Mund**:
  ○ **Mundwinkel**: ant-c. bov.ptk2 **Graph.** guare. kali-p. lac-v.c1 nat-m. nit-ac. *Rhus-t.* rhus-v. *Sars.*
    • **um** den: **Graph.** hyper. *Led. Merc. Mez. Nat-m.* **Nit-ac.** petr.k2 rhus-v.
• **Nase**: ail. *Alum. Aur.* aur-m-n. aur-s.k2 *Calc.* carb-an. carb-v. carbn-s. *Caust.* chin. *Cic.* graph. hyper. *Iod. Led. Lyc. Mag-m.* mang. **Merc.** *Merc-i-r. Nat-m. Nit-ac.* ph-ac. ran-b. rat. sars. *Sep. Sil.* spong. *Staph.* sul-i.k2 *Sulph.* syph.
  ▽ **erstreckt** sich zu:
    • **Lippe** hinunter, mit tiefer Fissur, sehr wund und empfindlich bei Berührung; zur: *Hep.*
  ○ **innen** in und auf der: *Ant-c.* aur. borx. **Bov.** carb-an.h chel. cic. crot-t. **Graph.** *Hep. Kali-c.* **Lach.** *Lyc.* mag-m. *Merc. Merc-c. Nat-s.* phos. **Puls.** rat. sars. **Sep.**
    • **Nasenflügel**, nahe dem: aur. *Merc-i-r. Nit-ac.* petr. rhus-t.h
    • **Nasenspitze**: *Carb-an.* carb-v. **Caust.** *Nit-ac.* sep. *Sil.*
    • **Rand** der Nase; am: *Calc-s.* kali-bi. nit-ac. phos. sulph.
      • **blutige** Schorfe an den Rändern der Nasenlöcher: *Phos.*
    • **um** die: led.
    • **unter** der Nase: bar-c. *Kali-c. Rhus-t.* sars. *Sil.*
    • **unterhalb** der Nase: sulph.
  • **Stirn**: *Ars. Calc. Dulc. Mur-ac.*
  • **Wange**: *Ant-c.* dulc.k2 *Lyc.*
– **kupferfarben**: *Ars.* **Ars-i.** *Aur.* aur-ar.k2 benz-ac. calc. **Carb-an.**a1,k *Graph. Hydr. Hydrc. Kali-i. Lyc.* merc. *Psor.* rhus-t. ruta syph.k2 verat.
  ○ **Kinn**, am: verat.
  • **Nase**: *Carb-an.*
  • **Stirn**: *Carb-an. Lyc.*
– **lepraartige** Flecken: *Ant-t. Graph.* phos. **Sec.**
  • **Kinn**, am: calc.
– **miliar**: ail. anan. ars. bell.a1,k cham. euphr. hep. hura ip. manc.a1,k par. phos.h,kl sarr. tab. tarent.a1,k verat.
– **papulös**: aur. borx. *Calc.* carb-v. *Crot-h.* cub.c1 dig.h,kl dulc.h,kl *Gels. Hydrc. Kali-c. Kali-i. Lyc.* ol-an.hr1,k *Petr. Pic-ac.* sabalc1 sep. sil. syph. zinc.
  • **roseolaartige** Papeln ohne Fieber oder Jukken: cub.c1
  • **schmerzhaft**: *Calc.*
  ○ **Kinn**: borx.c1 calc. caust. *Crot-h. Lyc.* merc. nit-ac. *Sars.*
  • **Nasenloch**:
    • **rechts**:
      ○ **Innenseite**: chen-a.hr1
  • **Unterlippe**: zinc.
  • **Wangen**: borx.c1

– **Pickel**: agar.bg2,k alum.bg2,k,* alum-p.k2 am-m. ambr.h,k,* anac.bg2 anan. *Ant-c.*bg2,k,* apis *Ars.*bg2,k,* *Ars-i.* ars-s-f.k2 arum-t. aster. *Aur.*bg2,k aur-ar.k2 aur-i.k2 aur-s.k2 bamb-a.stb2 bar-c.bg2,k,* bar-i.k2 bar-m. bar-s.k2 *Bell.*bg2,k,* berb. borx. *Bov.*bg2,k **Calc.**bg2,k,* *Calc-p. Calc-s.* calc-sil.k2 caps.bg2 **Carb-an.**bg2,k *Carb-v.*bg2,k,* *Carbn-s.* **Caust.**h,k,* *Chel.*a1,k *Cic.*bg2,k clem.c2,k cocc.bg2 coloc. *Con.*bg2,k crot-h. cub.vh dros.bg2,k,* **Eug.**a1,k gels.a1,k *Glon.* granit-m.es1 **Graph.**bg2,k *Hep.*bg2,k hura hydr. *Hydrc.*a1,k indg.a1,k,* iod.a1,k jug-r. *Kali-ar.*a1,k **Kali-c.**bg2,k kali-chl. kali-m.k2 kali-n.a1,k kali-s. kali-sil.k2 **Kreos.** lac-d.c1,kr1 lach.bg2,k,* *Led.*bg2,k,* **Lyc.**bg2,k,* lyss.a1,k mag-c.bg2 *Mag-m.* meny. meph. **Merc.** mosch.a1,k *Mur-ac.*bg2,k nat-ar. *Nat-c.*bg2,k **Nat-m.**bg2,k *Nat-p. Nat-s.* **Nit-ac.**h,k,* **Nux-v.**h,k,* ol-an.hr1,k pall. par.bg2,k petr.bg2,k,* *Ph-ac.*bg2,k,* *Phos.*bg2,k *Psor.* puls.a1,k *Rhus-t.*bg2,k,* sabin. sanic. *Sars.*bg2,k,* *Sep.*bg2,k,* *Sil.*bg2,k sol-t-ae.a1,k stann.bg2 *Staph.*bg2,k sul-ac.bg2 sul-i.k2 **Sulph.**bg2,k,* syph. tarax. tarent.a1,k tell.c1 thuj.bg2,k,* til.a1,k verat.bg2 vinc.a1,k zinc.bg2,k,* zinc-p.k2
  • **nachts** agg.: *Mag-m.*
  • **bläulich**: lyss.
  • **brennend**: aphis *Cic.* graph.h,kl kali-c.h,kl nat-c.h,kl sars.h,kl
    • **Berührung**, bei: coloc.h nat-s.
  • **entzündet**: bry.a1,k *Chel.* sars.h,kl stann.a1,k sulph.a1,k
  • **erhabene** Ränder: verat.a1,k
  • **grünlich**: cupr.a1,k
  • **Insektenbisse**; Pickel wie durch: ant-c.
  • **juckend**: agar.h,kl *Ant-c.*a1,k asc-t. calc.h,kl *Caust.* clem.hr1 *Con.* dulc.a1 **Graph.** *Hep. Mur-ac.* ol-an.hr1,k pall. *Psor.* sars.h,kl *Sep.* stann.h,kl staph.h,kl *Til.* zinc.
    • **feucht** nach Kratzen: **Graph.**
    • **stechend**: staph.h,kl
    • **warm**, wenn: *Ant-c.* cocc. *Til.*
  • **kalt**:
    • **Luft** agg.; kalte: *Ars.*
  • **Kratzen**, nach: alum.h,kl
  • **kupferfarben**: kali-i.a1,k
  • **Leberfleck**, auf dem: con.h,kl
  • **Menses**:
    • **vor** den Menses agg.: dulc.gt1 *Mag-m.*
    • **während**: dulc. eug. graph. kali-c.gt1
  • **purpurnem**, blaurotem Hof; mit leicht: **Merc.**
  • **rot**: ph-ac.h,kl phos.h,kl zinc.a1,h,*
  • **schmerzhaft** bei Berührung: bamb-a.stb2
  • **warmes** Zimmer agg.: *Mag-m.*
  • **Waschen** agg.: nux-v.a1,k *Sulph.*
  • **weiß**: coloc.a1,h,* graph.h,kl mag-m.h,kl zinc.h,kl
  • **zusammenfließend**: *Cic. Psor.* tarent.a1,k
  ○ **Backenbart**: *Agar.* ambr.h,k,* calc. calc-s. graph. lach. nit-ac. pall. sulph.
  • **Kiefer**:
    ○ **Unterkiefer**: ars.h meph.a1 par. *Sil.*
  • **Kinn**: alum.a1,k ambr. ant-c. arg-n.a1 aster. bamb-a.stb2 borx. calc.h,kl caust.a1,h *Chel. Clem.* con. crot-h. dulc.a1,k ferr-m. *Hep.*a1,k hydrog.srj2 kali-chl. *Lyc.*a1,k mag-c.a1,h,* mag-m.a1 merc.a1,k

- **Kinn**: ...
  nat-c.$_{h,h2,*}$ nat-s. nit-ac.$_{a1,k}$ *Nux-v.*$_{a1,h}$ par. ph-ac. *Psor.* *Rhus-t.*$_{a1,k}$ sars.$_{a1,k}$ *Sep.*$_{a1,k}$ sil.$_{a1,k}$ thuj.$_{a1,k}$ zinc.$_{a1,k}$
- **Lippen**: *Agar.*$_{a1,k}$ am-m.$_{bg2,k}$ arn.$_{bg2,k}$ aur.$_{a1,k}$ bell.$_{h,kl}$ berb.$_{a1,k}$ borx. *Bov.*$_{a1,k}$ bufo calc.$_{bg2,k}$ *Carb-v.*$_{bg2,k}$ ferr-m. *Graph.*$_{a1,k}$ guaj. *Hep.* *Kali-c.*$_{bg2,k,*}$ kali-chl.$_{a1,k}$ kali-p. *Merc.*$_{bg2,k}$ *Mur-ac.*$_{bg2,k,*}$ *Nat-c.*$_{bg2,k,*}$ nit-ac.$_{h,kl}$ nux-v.$_{bg2,k}$ pall. par.$_{bg2,k}$ petr. ph-ac.$_{bg2,k}$ ruta *Sep.*$_{bg2,k}$ spig.$_{h,kl}$ staph.$_{h,kl}$ thuj.$_{bg2,k}$
  - **brennend**: aur. hep.$_{h,kl}$ ph-ac.$_{h,kl}$ staph.$_{h,kl}$
    - **juckend**: aur. kali-c.$_{h,kl}$
  - **juckend**: am-m.$_{h,kl}$ kali-c.$_{h,kl}$ nit-ac.$_{h,kl}$ thuj.$_{h,kl}$
  - ○ **Innenseite**: mag-m.$_{h,kl}$
  - **Oberlippe**: am-m.$_{bg2,k,*}$ amph.$_{a1}$ ant-c.$_{bg2,k}$ arn.$_{bg2,k}$ bufo calc.$_{h,kl}$ *Carb-v.*$_{bg2,k}$ cench.$_{k2}$ clem.$_{h,kl}$ mang. nat-c.$_{a1}$ spig. *Thuj.*$_{bg2,k}$ *Zinc.*$_{bg2,k,*}$
    - **brennend**: aphis graph.$_{h,kl}$
    - **juckend**: graph.$_{h,kl}$ lyc.$_{h,kl}$
    - **rot**: zinc.$_{h,kl}$
    - **wund** schmerzend; bei Berührung: zinc.
  - **Unterlippe**: kali-chl.$_{c1}$ mang.$_{h,kl}$ nicc. nit-ac.$_{h,kl}$ pall. zinc.$_{h,kl}$
- **Mund**:
  - ○ **Mundwinkel**: arg-n.$_{a1}$ bar-c. bell.$_{h}$ lyc.$_{h}$ mag-m.$_{a1,h}$ mang.$_{h}$ nat-m.$_{h}$ petr. phos.$_{h}$ tarax.
  - **um** den: agar.$_{h,kl}$ *Bar-c.* bov. calc.$_{h,kl}$ *Dulc.* hydrog.$_{srj2}$ kali-c.$_{h,kl}$ *Mag-c.* *Mur-ac.* phos. *Rhus-t.* sep. *Sil.* zinc.
- **Nase**: agar. alum.$_{bg2,k,*}$ **Am-c.**$_{bg2,k}$ *Anac.*$_{bg2,k}$ ant-c.$_{a1,bg2}$ arum-d. asc-t.$_{a1}$ aur.$_{bg2,k,*}$ bamb-a.$_{stb2}$ bar-c.$_{h,k,*}$ *Bell.*$_{bg2,k}$ berb.$_{a1}$ borx. bov.$_{a1,bg2}$ brom.$_{a1,k}$ **Calc.**$_{bg2,k,*}$ cann-s.$_{bg2,k,*}$ canth.$_{a1,bg2}$ caps.$_{bg2,k}$ carb-an.$_{bg2,k,*}$ carb-v. **Caust.**$_{bg2,k}$ clem.$_{bg2,k,*}$ cob.$_{a1}$ coc-c.$_{a1}$ cocc.$_{a1}$ con.$_{bg2}$ dulc.$_{bg2,k}$ euphr.$_{a1,k}$ *Fl-ac.*$_{bg2,k}$ *Graph.*$_{bg2,k,*}$ guaj.$_{bg2,k,*}$ *Kali-c.*$_{bg2,k,*}$ kali-i.$_{bg2,k,*}$ kali-n.$_{bg2,h,*}$ lach.$_{bg2,k}$ led.$_{bg2}$ *Lyc.*$_{bg2,k}$ m-arct. mag-m.$_{bg2}$ mag-s.$_{a1}$ mang.$_{bg2,k}$ *Merc.*$_{bg2,k}$ *Nat-c.*$_{bg2,k,*}$ *Nat-m.*$_{bg2,k,*}$ nicc.$_{a1}$ ol-an.$_{a1,k}$ ox-ac. pall. petr.$_{bg2,k}$ *Ph-ac.*$_{bg2,k}$ *Phos.* plan. plb.$_{bg2,k}$ podo. *Psor.* rat.$_{a1}$ rhus-t. sars.$_{bg2,k,*}$ sel. *Sep.*$_{bg2,k}$ *Sil.*$_{bg2,k,*}$ stram.$_{a1,bg2}$ sul-ac.$_{a1,bg2}$ *Sulph.*$_{bg2,k,*}$ **Syph.** *Teucr.* thuj. zinc.$_{bg2}$
  - **brennend**: alum. aphis canth.$_{a1,k}$ kali-n.$_{a1,h,*}$ ol-an.$_{a1}$
    - **Berührung**, bei: canth.
  - **nässend**: ol-an.
  - **rot**: ant-c. aur. calc-p. ph-ac.$_{a1,h,*}$ plan. sulph.$_{a1}$
  - **schmerzhaft**: bamb-a.$_{stb2}$
  - **weiß**: carb-v. kali-c. *Nat-c.* nat-m.$_{a1,h}$
  - ○ **innen** in der: arn.$_{bg2,k,*}$ calad. calc.$_{h,k,*}$ carb-an. chin.$_{h,kl}$ graph. guaj. kali-c. ox-ac. petr.$_{bg2,h,*}$ phos.$_{a1,bg2}$ rat. sep.$_{h,kl}$ sil. tub.
  - **Nasenflügel**: anac.$_{a1}$ bamb-a.$_{stb2}$ bar-c.$_{h,k}$ chel.$_{a1}$ chin.$_{h,k}$ nat-m.$_{a1,k}$ phos.$_{a1,h,*}$ tarax.$_{a1,k}$ zing.
    - **links**: fl-ac.
    - **Perforation**; mit erbsengroßer: fl-ac.
    - **wiederkehrend**: bamb-a.$_{stb2}$

– **Pickel - Nase**: ...
  - **Nasenlöcher**: chin.$_{h}$ sep.$_{h}$
    - **links**: calc. dulc. graph. kali-c.
      - ○ **unter**: dig.$_{h}$
    - **rechts**: aphis ox-ac. phos. rat.
    - **schmerzhaft** nur wenn die Muskeln von Gesicht und Nase bewegt werden: calc.
  - **Nasenrücken**, mit entzündeter Basis; am: fl-ac.
  - **Nasenspitze**: am-c.$_{a1,k}$ asaf. **Caust.**$_{a1,k}$ cench.$_{k2}$ clem.$_{a1}$ coc-c.$_{a1,k}$ cund.$_{a1,k}$ *Lyc.* nit-ac. pall.$_{a1,k}$ ph-ac.$_{a1,k}$ spong.
    - **blutet** bei Druck: pall.
    - **wund**: *Lyc.*
  - **Nasenwinkel**: dulc.$_{h,kl}$ tarax.$_{h,kl}$
  - **Nasenwurzel**: bell.$_{h,kl}$ caust.$_{a1,k}$ cench.$_{k2}$ clem.$_{a1}$ *Led.*$_{a1,k}$
  - **Seite**: aster. sil.
    - **links**: caps.$_{h,kl}$ nat-c.$_{h,kl}$
    - **rechts**: alum. euphr. lach. ox-ac. sars.
    - **klein** und hart: agar.$_{hr1,k}$
  - **Septum**: arg-n.$_{a1,k}$ asc-t.$_{a1,k}$ calad.$_{a1,k}$ chin.$_{a1,k}$ nat-m. ol-an.$_{a1,k}$ *Teucr.*
    - **nässend**: ol-an.
    - ○ **unter**: nat-m.$_{a1,h,*}$
  - **um** die Nase: carb-v.$_{a1,h,*}$ nat-m.$_{a1,h,*}$ pall.$_{a1}$ par.$_{hr1,k,*}$ plan.$_{a1}$ sep.$_{a1}$ tarax.$_{h,kl,*}$
  - **unter** der Nase: caps.$_{h,kl}$ dig.$_{h,kl}$ par.$_{a1}$
- **Schläfen**: arg-met. *Mur-ac.* nit-ac.
- **Stirn**: agar.$_{a1,k}$ alum.$_{a1,k}$ alum-p.$_{k2}$ am-c. am-m. *Ambr.*$_{a1,k}$ anac. ars.$_{a1,k}$ aur. aur-ar.$_{k2}$ aur-s.$_{k2}$ bamb-a.$_{stb2}$ bell.$_{a1,k}$ berb.$_{hr1}$ *Bov.*$_{a1,k}$ bry.$_{a1,k}$ calc.$_{a1,k}$ *Calc-p.*$_{a1,k}$ canth. carb-v.$_{a1,k}$ chel.$_{a1,k}$ chin.$_{bg1}$ cic.$_{hr1}$ *Clem.*$_{hr1,k,*}$ con.$_{a1,k}$ cycl.$_{a1,k}$ ferr-m. gels.$_{hr1}$ gran.$_{a1,k}$ hep.$_{a1,k}$ hura hyper.$_{hr1}$ indg.$_{a1,k}$ kali-bi.$_{a1,k}$ kali-br.$_{a1,k}$ kali-chl.$_{hr1,k}$ kreos.$_{a1,k}$ lac-d.$_{hr1}$ lach.$_{a1,k}$ lachn.$_{c1}$ *Led.*$_{hr1,k,*}$ mag-m.$_{hr1,k}$ meph.$_{hr1,k,*}$ mez.$_{a1,k}$ *Mur-ac.*$_{hr1,k,*}$ nat-c.$_{a1,k}$ nat-m.$_{a1,k}$ *Nat-p.* nit-ac.$_{a1,k}$ nux-v.$_{a1}$ olnd.$_{a1,k}$ par.$_{a1,k}$ *Ph-ac.*$_{hr1,k,*}$ phos.$_{a1,k}$ *Psor.*$_{hr1,k}$ puls.$_{a1,k}$ *Rhod.* rhus-v.$_{a1,k}$ sabin.$_{hr1}$ *Sep.*$_{a1,k}$ sol-ni. *Sulph.*$_{h,k,*}$ tab.$_{a1,k}$ tarent.$_{a1,k}$ zinc.$_{a1,k}$ zinc-p.$_{k2}$ zing.$_{hr1}$ ziz.$_{hr1,k,*}$
  - **brennend**: ars.$_{h,kl}$ bell.$_{a1,k}$ canth.$_{a1,k}$ cic.$_{hr1}$
  - **dick**: bamb-a.$_{stb2}$
  - **eiternd**: bamb-a.$_{stb2}$
  - **juckend**: alum.$_{a1,k}$ calc.$_{a1,k}$ mag-m.$_{a1,h,*}$ *Sulph.*$_{h,k,*}$ ziz.$_{a1,k}$
    - **Reiben** agg.: mag-m.$_{h,kl}$
  - **rot**: ambr.$_{h,kl}$ anac. bell.$_{a1,k}$ carb-v.$_{a1,k}$ led.$_{br1}$ nat-c.$_{h,kl}$ nat-m.$_{a1,k}$ nux-v.$_{a1}$ sep.$_{h,kl}$ sol-ni.
  - **schmerzhaft**: ambr.$_{h,kl}$ bamb-a.$_{stb2}$ clem.$_{h,kl}$ indg.$_{a1,k}$ sep.$_{h,kl}$ staph.$_{a1,k}$ *Sulph.*$_{a1,h}$
  - **stechend**; beim Reiben: sulph.$_{h,kl}$
  - **Waschen**; beißend beim: nux-v.$_{a1,k}$
  - **Wein**, nach: zinc.$_{a1,k}$
  - **weiß**: carb-v.$_{a1,k}$ kali-br.$_{a1,k}$ sulph. zinc.
  - **wund** schmerzend; bei Berührung: ambr.$_{h,kl}$ hell.$_{h,kl}$ led.$_{br1}$ ph-ac.$_{a1,k}$ zinc.$_{h,kl}$

– **Psoriasis** der Augenbrauen: *Phos.*

– **Pusteln**: am-c.$_{a1,k}$ *Anac.* **Ant-c.** ant-t. arn. *Ars.*$_{a1,k}$ ars-i.$_{k2}$ ars-s-f.$_{k2}$ **Aur.** aur-ar.$_{k2}$ aur-s.$_{k2}$ **Bell.**$_{a1,k}$

– **Pusteln**: ...
bov. *Calc.* calc-p. calc-s. *Carb-v.* carbn-s. *Caust.*$_{h,k,*}$ chel.$_{a1,k}$ **Cic.** cimic.$_{a1,k}$ clem. *Con.* *Crot-t.*$_{a1,k}$ cund. dros.$_{a1,k}$ dulc. eug. eup-per.$_{a1,k}$ graph. grat.$_{a1,k}$ *Hep.* *Hydr.* hyos.$_{bg2,k}$ ind. *Iris* jug-c.$_{a1,k}$ *Kali-bi.*$_{a1,k}$ *Kali-br.*$_{a1,k}$ kali-c.$_{h,kl}$ *Kali-i.* kali-n.$_{h,kl}$ kreos. lach.$_{a1,k}$ lyc.$_{a1,k}$ mag-c. mag-m. mag-s. *Merc.*$_{bg2,k}$ *Mez.*$_{a1,k}$ nat-c.$_{h2}$ *Nat-p.*$_{a1,k}$ *Nit-ac.*$_{bg2,k}$ nux-m. pall. ph-ac.$_{a1,k}$ phos.$_{a1,k}$ psor. puls. **Rhus-t.** sars.$_{a1,k}$ sulph. syph.$_{k2}$ tarax. thuj. **Tub.** verat. *Viol-t.* zinc.
• **Geschwüren** endend, in: crot-t.
• **jauchig**: iris
• **juckend**: euph.$_{h,kl}$ ph-ac.$_{h,kl}$ sars.$_{h,kl}$
• **Menses**, während: am-c.$_{h,kl}$
• **verschwinden**, bevor sie sich voll entwickelt haben: chin-b.$_{kr1}$
• **zusammenfließend**: *Cic.*
○ **Kinn**: am-c. camph. caust.$_{h,k,*}$ *Clem.* *Graph.*$_{a1,k}$ hyos.$_{a1,k}$ *Kali-bi.* kali-i. mang.$_{a1,k}$ merc. *Mez.* nit-ac.$_{a1,k}$ nux-m. olnd.$_{a1,k}$ petr.$_{a1,h,*}$ *Psor.* rhus-t. sars. *Tub.* *Viol-t.* *Zinc.*
  • **harten** roten Rändern; mit: nux-m.$_{c1}$
  • **juckend**: zinc.$_{a1}$
• **Lippen**: ant-c. *Anthraci.* aur. bell. berb. *Calc.* *Cinnb.* clem. *Hep.* iris mag-c.$_{h,kl}$ mur-ac.$_{h,kl}$ samb.$_{h,kl}$ sep.$_{h,kl}$ *Viol-t.* zinc.
  • **schwarz**: **Anthraci.** *Lach.*
  ○ **Oberlippe**: ant-c. *Anthraci.* arg-n.$_{a1}$ calc. carb-v.$_{h,kl}$ mag-c.$_{h,kl}$ sul-i.$_{c1}$ *Viol-t.* zinc.
• **Mund**:
  ○ **Mundwinkel**: ant-c.$_{h}$ bar-c. coloc.$_{h}$ phos.$_{h}$ tarax.$_{h}$
  • **um** den: nat-c.$_{h}$
• **Nase**: *Am-c.*$_{bg2,k}$ ant-c. asc-t. bell.$_{bg2,k}$ bov. brom.$_{bg2}$ bufo canth.$_{bg2}$ clem.$_{bg2,k}$ cocc. crot-h.$_{bg2}$ euphr.$_{bg2,k}$ fl-ac.$_{bg2}$ hippoz. *Iris* kali-n.$_{bg2}$ mag-c. merc.$_{bg2,k}$ nat-c. nit-ac. petr.$_{bg2,k}$ ph-ac.$_{h,kl}$ *Phos.* plb.$_{bg2,k}$ podo.$_{bg2,k}$ sars.$_{bg2,k}$ sulph.$_{bg2}$ tarax. *Tub.*
  • **links**: kali-n. nat-c.
  • **rechts**: con. cund. fl-ac. mag-c. mang. sars.
  ○ **innen** in der: arn. hippoz. *Tub.*
  • **Nasenflügel**: anac.$_{h,kl}$ euphr. mang. nat-c.$_{h2}$ tarax.
    • **links**: nat-c.$_{h,kl}$
    • **rechts**: petr.
  • **Nasenspitze**: am-c. clem. kali-br. lyc. mag-c. pall.$_{c1}$
  • **Nasenwinkel**: mang.$_{h,kl}$
  • **Nasenwurzel**: clem.
  • **Septum**: am-c. *Anac.* hippoz. lycps-v. petr. psor.
    • **rechts**: anac. sars. tarax.
    • **Perforation**, mit: hippoz.
  • **unter**: arn.$_{h}$ borx. bov. mag-c.$_{h}$ squil.
• **Schläfen**: lyc.$_{h,kl}$ mag-m.$_{h,kl}$
• **Stirn**: am-c.$_{hr1,k}$ anac. ars. carb-an. chel. chin.$_{bg1}$ clem. cycl. eup-per. euph.$_{a1,h,*}$ *Hydr.*$_{hr1}$ *Kali-bi.* kali-c.$_{a1,k}$ kali-p. lyc.$_{h,kl}$ *Lyss.*$_{hr1}$ *Merc.* mur-ac. nat-c.$_{h,h2,*}$ *Nat-m.*$_{hr1,k}$ psor.$_{hr1}$ rhod. sars.$_{a1,k}$ spig.$_{hr1}$

– **Pusteln**: ...
• **Wangen**: am-c. calc. carb-an.$_{a1,h,*}$ chin-b.$_{kr1}$ choc.$_{srj3}$ iris *Kali-bi.* lyc.$_{h,kl}$ pall.
  • **Menses**, während: am-c.$_{a1,h,*}$

– **rauh**: alum.$_{a1,k}$ anac. bar-c. granit-m.$_{es1}$ kali-c.$_{a1,k}$ kalm.$_{a1,k}$ led. nat-m.$_{a1,k}$ puls. rhus-t.$_{a1,k}$ rhus-v.$_{a1,k}$ sep.$_{a1,k}$ stram.$_{a1,k}$ sulph.$_{a1,k}$ teucr.
• **morgens**: nat-m.
• **rot**: phos.$_{h,kl}$ sep. sulph.
• **Sommer**: kalm.$_{a1,k}$
○ **Kinn**: hydrog.$_{srj2}$
• **Lippen**: merc. sulph. tab.
• **Mund**, um den: anac. ars.
• **Stirn**, an der: pall. rhus-t. sars. sep. sulph. teucr.
  • **Flecken**: sars.

– **Rhusvergiftung**: **Anac.** *Bry.* *Crot-t.* *Graph.* *Rhus-t.* *Rhus-v.* sep. sulph.

– **Risse**
☞ *Fissuren*

– **rot**: alum.$_{h,kl}$ ant-c.$_{a1,k}$ aur.$_{hr1,k}$ bamb-a.$_{stb2}$ calc. calc-p. carb-an.$_{h,kl}$ carbn-s. carc.$_{xxb}$ caust.$_{h,k,*}$ cham. cic. euphr. fago. hyper. *Lac-c.* *Led.*$_{a1,k}$ marb-w.$_{es1}$ nit-ac. par. *Petr.* phos.$_{a1,k}$ psor. sep. sulph.
○ **Kinn**: borx.$_{c1}$ caust.$_{a1,h}$ mag-m.$_{h,kl}$ verat.$_{h,kl}$
• **Mund**, um den: verat.$_{h,kl}$
• **Nase**, an der: androc.$_{srj1}$ aur. bell. carbn-s. crot-t. lach. ph-ac. samb.$_{h,kl}$ syph. thuj.
• **Stirn**: nat-s.$_{k2}$
• **Wangen**: borx.$_{c1}$

– **Rupia**:
○ **Wangen**: syph.$_{k2}$

– **scharf**
☞ *exkoriierend*

– **schmerzhaft**: alum. apis *Bell.* berb. calc. cic.$_{a1,k}$ clem. eug. hydrog.$_{srj2}$ led. luna$_{kg1}$ phos.$_{a1,k}$ plat. sep. staph.$_{a1,k}$ **Sulph.**
☞ *beißend / brennend / wund beißend*
• **nachts**: viol-t.
• **Berührung**, bei: ant-c. bell. *Hep.* hydrog.$_{srj2}$ lach. led. nat-c.$_{h2}$ nit-ac. par. sabad. sep.$_{h,kl}$ stann. sulph.$_{h,kl}$ valer.
• **Stellen**: luna$_{kg1}$
○ **Kinn**: **Sulph.**
• **Nase**: calad. caps. cor-r. mag-c. phos. sel. sep.
  • **Berührung**, bei: chin. clem. kali-c. petr. ph-ac.
  • **stechend**, fein: apis$_{kl}$ squil.$_{k,kl}$
• **Oberlippe**: clem.$_{h,kl}$

– **Schorfen**, mit
☞ *Krusten*

– **schuppig**: alum. anac. **Ant-c.** ant-t. **Ars.**$_{bg2,k,*}$ *Ars-i.* ars-s-f.$_{k2}$ aur. aur-ar.$_{k2}$ aur-s.$_{k2}$ bamb-a.$_{stb2}$ **Bar-c.**$_{bg2,k}$ bell.$_{bg2,k}$ *Bry.*$_{bg2}$ *Bufo* *Calc.*$_{bg2,k}$ calc-s. calc-sil.$_{k2}$ carb-an. carbn-s. **Caust.**$_{h,k,*}$ chinin-s. *Cic.*$_{bg2,k}$ coloc.$_{bg2,k}$ cory.$_{br1}$ crot-t.$_{a1,k}$ dulc.$_{bg2,k}$ granit-m.$_{es1}$ *Graph.*$_{bg2,k}$ *Hep.*$_{bg2,k}$ *Kali-ar.* kali-s.$_{k2}$ kreos. **Lach.**$_{bg2,k}$ led.$_{bg2,k}$ *Lyc.*$_{bg2,k}$ mag-m.$_{h,kl}$ *Merc.*$_{bg2,k}$ merc-i-f. *Mez.*$_{bg2,k}$ mur-ac. nat-m.$_{k2}$ nit-ac.$_{bg2,k,*}$ *Nux-v.*$_{a1,k}$ *Petr.*$_{bg2,k}$ *Ph-ac.*$_{bg2,k}$ *Phos.*$_{bg2,k}$ *Phyt.* plat. **Psor.** rhus-t.$_{a1,k}$ rhus-v.$_{a1,k}$

– **schuppig**: ...
sars.$_{bg2,k}$ **Sep.**$_{bg2,k}$ *Sil.*$_{bg2,k,*}$ sulph.$_{bg2,k}$ thuj.$_{bg2,k}$ verat. *Viol-t.*$_{bg2,k}$ zinc.$_{bg2,k}$
• **alten** Menschen, bei: cory.$_{br1}$
• **gelb**: *Merc.*
• **weiß**: anac. *Ars.*
○ **Backenbart**: calc.$_{hr1,k}$ lach.$_{hr1,k}$
• **Kinn**: am-c. caust.$_{a1,h}$ *Cic.* crot-t.$_{a1}$ dulc. *Graph.* hydrog.$_{srj2}$ kreos. merc. sep.
• **Lider**
☞ ☐ *Auge - Hautausschläge - Lidern - schorfig*
• **Lippen**: ant-t. **Ars.** bar-c. bell. berb. borx. calc. cham. *Cic. Hep.* ign. *Kali-c.*$_{a1,k}$ merc. mur-ac. *Nat-ar.* nux-v. petr. ph-ac. phos. plan. rhus-t. *Sep. Sil.* squil. staph. sulph.$_{a1,k}$
• **Mund**:
○ **Mundwinkel**: ign. lyc.$_{h,kl}$ petr. sil.$_{h,kl}$
○ **unter** dem: hep.$_{h,kl}$
• **um** den: am-c. anac. calc. *Cic. Graph.* mur-ac. *Petr.* sep.
• **Nase**: ant-c.$_{br1}$ aur-m-n. iod. nat-m. sil.$_{h,kl}$
• **blutend**: kali-n.$_{h,kl}$
○ **Nasenrücken**: phos.$_{h,kl}$
• **Nasenspitze**: caust. kali-n.$_{h,kl}$ nit-ac. sep.
• **unter**: bar-c. mag-c.$_{h,kl}$ ph-ac.$_{h,kl}$
• **Stirn**: *Ars.*$_{hr1}$ calc. dulc. granit-m.$_{es1}$ graph.$_{hr1}$ mag-c.$_{h,kl}$ mur-ac. sulph.$_{hr1}$
○ **Schläfen**, und: dulc. mur-ac.
• **Wange**: anac. bell. calc. *Cic.* kreos. lach. *Lyc.*
– **schwärzlich**: ars. spig.
– **stechend**, schmerzhaft; fein: clem. dulc.$_{h,kl}$ led. plat. squil.$_{h,kl}$ staph.
– **syphilitisch**: *Ars-i. Aur. Cinnb. Fl-ac.*$_{hr1,k}$ *Hep. Kali-bi.* **Kali-i.** kreos. *Lach. Lyc.*$_{hr1,k}$ **Merc. Merc-c.** *Nit-ac. Phyt.* sep. *Sil. Sulph.* **Syph.**$_{hr1,k}$
– **trocken**: **Ars.** choc.$_{srj3}$ cory.$_{br1}$ kali-i. led. *Lyc.* psor. *Sep.*
• **alten** Menschen, bei: cory.$_{br1}$
○ **Stirn**: granit-m.$_{es1}$
– **Tuberkel**: *Alum.* ant-c. *Ars.* asaf. bar-c. calc. *Carb-v.* cic. con. dulc. *Fl-ac. Graph.* hep. *Kali-bi.* kali-c. *Kali-i.* kali-n.$_{c1}$ lach. *Led.* lyc. mag-c. mag-m. merc. *Nat-c.* nit-ac. olnd. phyt. puls. sil. sumb. syph.$_{k2}$ thuj.$_{a1,k}$ zinc.
• **eiternd**: *Fl-ac.* nat-c. *Sil.*
• **juckend**: kali-n.$_{h,kl}$
• **schmerzhaft**: sep.$_{h,kl}$
○ **Kiefer**:
○ **Unterkiefer**: graph. nat-c. staph. verat.
• **Kinn**: carb-an. euph. hep. mag-m. olnd.
• **Lippen**, weiß: graph.$_{h,kl}$
• **Mund**, um den: ars. bar-c. bry. caust. con. mag-m. sep. sil. sulph.
○ **Mundwinkel**: mag-c.$_{h}$
• **Nase**:
○ **Nasenflügel**: hippoz.
• **Nasenwurzel**; schmerzloser Tuberkel an der: sep.$_{h}$
• **Seite** der Nase; schmerzloser Tuberkel an der rechten: nat-c.$_{h}$
• **Stirn**: ant-c.$_{a1,h,*}$ *Fl-ac. Led.*$_{hr1,k}$ lyc.$_{h,kl}$ olnd.$_{hr1,k}$ sep.$_{h,kl}$ sulph.$_{h,kl}$

Hautausschläge: ...
– **Urtikaria**: *Am-c.* anan. *Ant-c.*$_{a1,bg2}$ **Apis Ars.** *Bell.*$_{a1,k}$ *Calc. Chel. Chinin-s.* **Chlol.**$_{a1,k}$ **Cop.**$_{a1,k}$ crot-t.$_{a1,k}$ dulc.$_{h,kl}$ *Gels.*$_{a1,k}$ *Hep.*$_{a1,k}$ hydr. hydrc.$_{a1}$ *Kali-i.*$_{hr1,k}$ lach.$_{a1,k}$ *Led.* mag-m.$_{h2}$ mez. *Nat-m.* nit-ac.$_{h,kl}$ *Rhus-t.*$_{a1,k}$ *Sep.* sil. **Sulph.** *Urt-u.*
• **morgens**: chin.$_{a1,k}$
• **Freien**, im:
• **amel.**: calc.
• **Jahreszeiten**:
• **Winter**, im: *Kali-i.*
• **symmetrisch**: crot-t.$_{a1}$
– **wund** beißend: cic. ip. rhod. verat.
☞ *beißend / brennend / schmerzhaft*
– **wundfressend**: dig.
– **zusammenfließend**: carb-v. cic.

Häutung der Lippen
☞ *Abschälen*

Herabfallen des Unterkiefers: acet-ac. apis *Arn. Ars. Bapt.* bufo$_{k2}$ *Carb-v. Chel.* cimic. colch. cupr. gels. glon. *Hell.* hydrog.$_{srj2}$ *Hyos. Kali-i.* **Lach. Lyc.** merc-cy. **Mur-ac.** *Nux-v.* **Op.** ph-ac. *Phos.* podo. sec. *Stram.* **Sulph.** tab. vario. verat-v. zinc.
☞ *Schwäche - Kiefer - Unterkiefers / ☐ Mund - Offen*

Herunterhängen des Kiefers
☞ *Herabfallen*

Hippokratisches Gesicht: acon. **Aeth.** agar. *Am-c. Ant-c.* **Ant-t. Ars.** asc-t. *Camph.* canth. **Carb-v.** carbn-h. **Chin.** chlor. cic. *Colch. Cupr.* dig. ferr. ferr-ar. ferr-i. ferr-p. iod. kali-bi. kali-n. *Lach.* lyc. merc. merc-c. mez. nux-m. op. ox-ac. *Ph-ac. Phos.* phyt. *Plb.* puls.$_{k2}$ rhus-v. **Sec.** stann. staph. stry. sul-ac. sul-i.$_{k2}$ **Tab. Verat.** vip. zinc.
☞ *Eingefallen*

Hitze: acet-ac.$_{a1,k}$ *Acon.*$_{hr1,k,*}$ *Aesc.*$_{hr1,k}$ *Aeth.*$_{hr1,k,*}$ *Agar.*$_{hr1,k,*}$ agn.$_{a1,k}$ *Ail.*$_{hr1,k,*}$ *All-c.*$_{hr1,k,*}$ aloe *Alum.*$_{bg2,k,*}$ alum-p.$_{k2}$ *Am-c.*$_{h,k,*}$ *Am-m.*$_{bg2,k,*}$ ambr.$_{c1}$ *Aml-ns.* amph.$_{a1}$ *Anac.*$_{bg2,k,*}$ ang.$_{c1,hr1}$ *Ant-c.*$_{hr1,k}$ *Ant-t.*$_{a1,k}$ *Apis* aran.$_{hr1,k}$ *Arg-met.* arg-n.$_{hr1,k}$ *Arn.*$_{hr1,k,*}$ ars.$_{a1,k}$ ars-s-f.$_{hr1,k2}$ ars-s-r.$_{hr1}$ asaf.$_{bg2,k,*}$ asar.$_{hr1,k}$ aspar.$_{hr1}$ astac.$_{hr1}$ atro.$_{hr1,k,*}$ aur.$_{hr1,k,*}$ aur-ar.$_{k2}$ *Bapt.*$_{hr1,k,*}$ bar-c.$_{a1,k}$ bar-m. bar-s.$_{k2}$ **Bell.**$_{hr1,k,*}$ benz-ac.$_{hr1,k,*}$ berb.$_{hr1,k,*}$ *Bov.*$_{hr1,k}$ brach.$_{hr1}$ **Brom.**$_{hr1,k,*}$ **Bry.**$_{hr1,k,*}$ calad.$_{hr1,k,*}$ *Calc.*$_{bg2,k,*}$ calc-ar.$_{hr1,k}$ *Calc-p.*$_{hr1,k}$ calc-s.$_{hr1,k,*}$ calc-sil.$_{k2}$ camph.$_{hr1,k,*}$ cann-s.$_{bg2,k,*}$ *Canth.*$_{hr1,k}$ *Caps.*$_{hr1,k}$ *Carb-an.*$_{hr1,k,*}$ carb-v.$_{hr1,k}$ carbn-s. card-b.$_{a1}$ card-m.$_{hr1,k,*}$ caust.$_{bg2}$ cedr.$_{hr1,k}$ **Cham.**$_{bg2,k,*}$ *Chel.*$_{hr1,k}$ *Chim.*$_{hr1}$ *Chin.*$_{a1,k}$ chin-b.$_{hr1}$ *Chinin-s.* chlol.$_{hr1,k,*}$ choc.$_{srj3}$ chr-ac.$_{hr1}$ cimic.$_{a1,k}$ **Cina** *Cinnb.*$_{hr1,k}$ cinnm.$_{hr1}$ cist.$_{hr1,k}$ *Clem.*$_{hr1,k}$ coc-c.$_{a1,k}$ *Cocc.*$_{bg2,k,*}$ *Coff.*$_{bg2,k,*}$ colch.$_{hr1,k}$ coloc.$_{hr1,k}$ *Con.*$_{hr1,k,*}$ *Cor-r.*$_{hr1,k}$ corn.$_{hr1,k,*}$ *Croc.*$_{hr1,k}$ crot-t.$_{a1,k}$ cupr.$_{a1,k}$ cycl.$_{bg2,k,*}$ daph.$_{hr1}$ dig. digin.$_{a1}$ *Dros.*$_{hr1,k,*}$ dulc.$_{a1,k}$ *Elaps* equis-h. eup-per. eup-pur.$_{a1,hr1}$ euph.$_{hr1,k,*}$ euphr.$_{a1,k}$ fago.$_{a1,k}$ *Ferr.*$_{hr1,k}$ ferr-ar. ferr-ma.$_{a1,k}$ *Ferr-p.*$_{hr1,k}$ *Fl-ac.*$_{hr1,k,*}$ form.$_{a1,k}$ *Gels.*$_{hr1,k,*}$ *Glon.*$_{hr1,k,*}$ gran.$_{a1,k}$ **Graph.**$_{bg2,k,*}$ *Grat.*$_{a1,k}$ *Guaj.*$_{a1,k}$ *Gymno.*

Hitze: ...
hell.hr1,k,* **Hep.**hr1,k hipp.a1,k hura hydr.a1,k hydr-ac.a1 hydrog.srj2 hygroph-s.bnj1 hyos.a1,k hyper.hr1,k,* iber.hr1 *Ign.*hr1,k ind.hr1,k,* indg.hr1,k,* inul.hr1,k,* *Ip.*a1,k jab.a1,k jatr-c. *Kali-ar.* *Kali-bi.*hr1,k,* kali-c.bg2,k,* kali-i.a1,k kali-m.k2 kali-n.hr1,k,* kali-p. *Kreos.*hr1,k,* lac-c.hr1 lac-d.k2 *Lach.*hr1,k lact.hr1,k,* laur.hr1,k,* *Led.*hr1,k lil-t.hr1,k limest-b.es1 lob.hr1 *Lyc.*bg2,k,* lyss.hr1,k,* mag-c.a1,k manc.a1,k *Mang.*h,k,* meny.hr1,k,* *Merc.*bg2,k,* merc-c.hr1,k merl.hr1 *Mez.*hr1,k mill.c1 morph.a1,k mosch.hr1,k,* mur-ac.hr1,k myric.hr1,k,* naja narcot.a1,k nat-ar. *Nat-c.*hr1,k *Nat-m.*hr1,k,* nat-p. neonstj2 *Nit-ac.*hr1,k,* nit-s-d.hr1 *Nux-m.*hr1,k **Nux-v.**bg2,k,* ol-an.hr1 olnd.hr1,k **Op.**hr1,k,* *Ox-ac.*hr1,k,* paeon.hr1,k par.a1,k ped.a1 *Petr.*bg2,k,* *Ph-ac.*hr1,k,* phel.a1,k *Phos.*bg2,k,* *Phyt.*hr1,k,* pin-s.a1,k plan.a1,k *Plat.*hr1,k,* plb.hr1,k,* psil.ft1 psor.hr1,k ptel.hr1,k,* **Puls.**hr1,k,* pyrog.k2 ran-b.hr1,k,* rat.a1,k *Rhod.*a1,k *Rhus-t.*hr1,k *Rhus-v.*hr1,k,* rumx. ruta sabad.hr1,k,* samb.a1,k *Sang.*bg2,k,* sarr.hr1 sars.hr1,k,* seneg.hr1,k sep.h *Sil.*bg2,k,* spig.a1,k spirae.a1 spong.hr1,k,* squil. *Stann.*hr1,k staph.h,hr1,* **Stram.**hr1,k,* *Stront-c.* stry. *Sul-ac.*h,k,* sul-i.k2 *Sulph.*h,k,* *Tab.*hr1,k,* *Tarax.*hr1,k,* tarent.a1,k tell.c1 teucr.bg2 *Thuj.*bg2,k,* til.a1,k **Tub.** *Urt-u.*hr1,k *Verat.*hr1,k,* verat-v.hr1 vib.hr1 vinc.hr1 viol-t.bg2,hr1 wies.a1 *Xan.*hr1,k zinc.hr1,k,* zing.hr1
☞ *Blutandrang*

– **eine** Seite: arn. asaf.kr1 asar.h bar-c.h benz-ac. chin.h cimic. coff. dros.ptk1 ign. kali-c. *Lac-d.*vh murx. phos.h spong. stann. sulph.h viol-t.

– **links**: alum.a1,h,* alumn.hr1,k,* arg-n.hr1,k arn.h,k1 borx. euphr.h,k1 inul.hr1,k *Lac-d.*vh *Olnd.*hr1,k ph-ac.h,k1 phyt.hr1 raph.hr1,k verat.hr1,k

– **rechts**: alum.h,hr1,* cham.h,k1 crot-t.a1 dros.hr1 lyss.hr1,k nat-m. nicc. puls. sul-ac.a1,h,*
 • **dann** links: brom.hr1,k

– **tagsüber**: petr.a1,k sulph.h

– **morgens**: ail.a1,k bar-c. chel.a1,k coc-c.a1 croc.a1,k cycl.a1,k ferr.a1,k hep.hr1,k,* kali-c.a1,k kali-n.h,k1 lyss.hr1 nit-ac.a1,k nux-v.a1,k ph-ac.h,k1 phos.a1,k *Sep.*a1,k sil.a1 sulph.h,k,* til.a1,k verat.a1,k
 • **8** h: asaf. myric.
 • **15** h, bis: stront-c.
 • **Aufstehen**, beim: coloc.a1,k lyc.a1,k nux-v.a1,k rhod.hr1,k,*

– **vormittags**: lact.a1,k lyc.a1,k nux-m.a1,k ox-ac. puls.hr1 zinc.a1,k
 • **9** h: asaf. lyc.
  • **9** - 16 h: lyc.
 • **11** h: equis-h. sol-ni.

– **mittags**: caps.a1,h lyc.a1,k mag-c.a1,k ped.a1 sep.h,k,* *Spig.*a1,k

– **nachmittags**: agar.a1,k alum. anac.h,k,* arg-n.a1 **Arum-t.**hr1,k,* bar-c.a1,h,* berb.hr1,k cann-s.a1,k *Carb-an.*hr1,k carbn-s. cench.k2 chel.a1,k chinin-s. com.a1,k dig. digin.a1 gels.a1,k graph.a1,k grat.a1,k hyper.a1,k ip.h,k1 kali-bi.a1,k lyc.a1,k mag-c. mag-m.h,k,* mag-s.a1,k nat-m.h,k1 nit-ac.a1,k ped.a1 petr.a1,k ph-ac.a1,k phos.h,k1 phys.a1,k phyt.

– **nachmittags**: ...
*Rhus-t.*a1,k ruta stront-c. zing.a1,k
 • **13** h: equis-h.
 • **14** h: cench.k2 *Chel.* grat. lyc. phys.
 • **14** - 15 h: phos.h
 • **14**.30 h: gels.
 • **15** h: chin. sol-ni.
 • **16** h: agar. anac.h sol-t-ae.
 • **17** h: kali-bi. *Rhus-t.* zing.
 • **20** h; bis: psil.ft1

– **abends**: *Acon.*a1,k agar.a1,k *All-c.*hr1 alum.h,k,* anac.h,k1 *Ang.*a1,k ant-t.a1,k apis *Arn.*hr1,k ars.h,k1 aur.h,k1 bry.a1,k *Calc-p.*hr1,k,* carb-an.h,k1 carbn-s. *Cham.* chinin-s. coc-c.a1 con.a1,k croc.hr1,k dig. digin.a1 euphr.a1,k fago.a1,k fl-ac.a1,k gran.a1,k graph.a1,k *Guaj.*hr1,k **Hep.**a1,k hura ip.h,k1 lob.a1,k lyc.a1,k mag-c.a1,k mez.a1,k naja nat-c.a1,k nat-m.a1,k nat-p. nit-ac.a1,k nux-v.a1,k oena.a1,k ph-ac.a1,k phos.a1,k plat.a1,k puls.a1,k ran-b.hr1 ran-s.a1,k rhus-t.hr1,k,* rumx. sabad.a1,k sep.hr1,k,* sil.a1,k *Sulph.*h,k,* thuj.a1,k verat.a1,k zinc.h,k1 zinc-s.a1,k
 • **18** h: cann-i. cedr. chinin-s. ferr-p.
 • **18** - 19 h: phos.h
 • **19** h: *Hep.*
 • **19** - 20 h: ars.k1
 • **20** h: ~~ars.k1,xxx~~
 • **21** h: ars. hura
 • **22** h: *Chr-ac.*
 • **Bett**, im: sep.h
 • **Frösteln**, beim: apis graph.a1,k
 • **Liegen**, nach dem: am-m.a1,k asar.hr1,k nux-v.a1,k sep.h,k1 viol-t.hr1
 • **Schlaf**, vor dem: ph-ac.h,k1

– **nachts**: aloe alumn.a1,hr1 cocc-s.hr1 **Hep.**hr1,k *Mez.* ph-ac.a1,k rhus-v.a1,k sars.a1,k
 • **Mitternacht**: alum. nat-m. sulph.
  • **nach**: sulph.h
 • **Erwachen**, beim: am-c.h,k,* tarax.h,k1

◇ **abwechselnd** mit:
 • **Frösteln**: caust.h,k1
 • **kalter** Körper: stram.hr1,k

– **Abendessen**, nach dem: alum.h,k1 anac.a1,h ang.h,hr1,* carb-v.a1,k chinin-s.

– **Angst**, bei: *Acon.*j5 arg-n.j5 bell.j5 **Carb-v.**hr1,k graph.a1,k merc.j5 puls.a1
☞ ❑ *Gemüt - Angst*

– **Anstrengung**, bei: am-c.a1,k nux-v.h,k1 spig.a1,k spong.a1,k squil.a1,k

– **Ärger**, Verdruß; nach: *Cham. Phos.*

– **Aufstehen** vom Sitzen, beim: nat-c.a1,k

– **Bett**, im: nux-v.a1,k sep. verat.
 • **amel.**: alum.a1,k

– **Bewegung**:
 • **agg.**: nux-v.h,k1 squil.h,k1
 • **während**: chin.a1,k spig.h,k1
 • **nach**: **Spong.**a1,k

– **Bewegungen** des Kindes; bei den ersten: sulph.h

– **brennend**: acon. am-m.bg2,k,* ant-t.hr1,k apis aran.hr1,k *Ars.*hr1 *Bapt.*hr1,k **Bell.**bg2,k,* benz-ac.hr1 borx.h *Bry.*bg2,k camph. caps.bg2,k carb-ac.c1 *Cham.*bg1,bg2,* chel. **Cina** cist. *Clem.* cocc.hr1,k

– **brennend**: ...
croc.bg2,k dulc.a1 grat.bg2,k,* hyos.h,kl ign.bg2,k iod. *Kali-bi.*hr1 mag-c.h,kl mang.h,kl merc-sul.hr1 mosch.hr1 *Nat-c.*bg2,k,* nat-p. nux-v.bg2,k paeon. petr.h,kl phos.h,k2,* plan.hr1 plat.bg2,k,* psor.hr1 ptel.hr1,k *Puls.*bg1,bg2 rhus-t.bg2,k sabad.bg2,k,* samb.hr1,k *Sang.*bg2,k,* sep.h,kl spig.hr1 stront-c. sulph.bg2,k,* tab. thuj.bg2,k,* urt-u.hr1 verat.bg2,k
• **Röte** der linken Seite; und: alum. asaf. lac-c. murx. nat-m. ol-an. ph-ac. spig.
– **Bücken**, nach: rhus-t.a1,k
– **Entbindung**, bei der: *Arn.*hr1,k *Bell.*hr1,k *Coff.*hr1,k *Ferr.*hr1,k *Gels.*hr1,k *Op.*hr1,k
– **Erwachen**, beim: alum.hr1,k,* bry.bg1,bg2 chin.bg1,bg2 *Hep.*hr1 nit-ac. sulph.
– **Essen**: am-c. nat-c.
• **nach**: am-c.hr1,k am-m.hr1,k anac.h,k,* *Asaf.*hr1,k,* *Calc.*hr1,k,* calen.hr1 caps.a1,h carl.a1,k caust.a1,k **Cham.**h,k,* *Coff.*hr1,k,* cor-r.hr1,k,* *Lyc.*hr1,k merc.a1,k nat-m.h,kl nit-ac.a1,k nux-v. paull.br1 *Petr.*hr1,k phos.h,k,* phyt. sep.a1,k sil.h,k,* sulph. viol-t.a1,k
– **Frost**:
• **vor**: calc. chin.h,kl lyc. meny. staph. sulph.
• **während**: acon. agar.h,k alum. ambr. anac. *Apis* **Arn.**hr1,k,* ars.h,kl aur.h,kl bell. *Bry.*hr1,k *Calc.*hr1,k *Calc-p.*hr1,k carbn-s. cedr. **Cham.** chin. cina **Coff.**hr1,k coloc.hr1,k con.h,kl dig.h,kl *Dros.*hr1,k,* **Ferr.** gels. graph. hell. *Hyos.*a1,k jatr-c. kreos. lach. led. lyc. *Merc.* mez. *Mur-ac.*hr1,k nat-c. nat-m.h,kl nat-p. **Nux-v.** **Olnd.** ph-ac. *Phos.* plat.h,kl *Puls.* ran-b. *Rhus-t.*hr1,k ruta sabad.hr1,k samb. sars.h,kl seneg. spong.h,kl staph.hr1,k *Stram.* sulph.h,k,* tub.
• **nach**: ars.h,kl graph.hr1 merc-sul.hr1 petr.h,kl sep.h,kl staph.h,kl sulph.h,kl
– **Frösteln**:
• **während**: alum.a1,k asar.a1,k bov.a1,k dig.h,kl ferr.a1,k gels.hr1,k,* *Hell.*hr1,k inul.hr1 *Kali-bi.*hr1 kali-c.a1,k **Merc.**hr1,k *Nux-v.*hr1,k ol-an.a1,k ran-b.hr1,k,* sabad.a1,hr1 sabin.hr1 samb.h,kl squil.h,kl
• **nach**: kali-c.h,kl
– **Gähnen**, nach: calc.a1,k
– **Gefühl** von: ang. asaf.bg2 asar.bg2 bar-act.h *Bell.* calc-s.a1 cann-s.bg2 canth.bg2 chin.bg2 cocc.bg2 coff.bg2 *Croc.*bg2,hr1 euphr. helo-s.c1 hydrog.srj2 hyper. kali-n.bg2 laur.bg2 lyss.hr1 mag-m.h,k,* mang.a1,h,* *Merc.* nit-ac.h,kl petr. ph-ac.bg2 plat. puls.bg2 rhus-t.h,hr1,* samb.bg2 sarr.rb2 seneg.bg2 stront-c. tarax. thuj.hr1,k valer.bg2 ziz.a1,hr1
• **brennen**, in Flammen stehen; als würde das Gesicht: sarr.rb2
• **kalt**; wenn bei Berührung: chin. grat.
– **Gehen**: mang. nux-v. stront-c. *Sulph.* tarax.
• **amel.**: sabad.
• **nach**: sep.h,k,*
• **Freien**, im: ph-ac.h tarax.h
– **geistiger** Anstrengung, bei: agar. *Am-c.*hr1,k lyc. lyss.hr1,k,*

– **Getränke**:
• **warme** Getränke: sabad.
– **Hautausschlag**, vor: nat-m.h,kl
– **Herzens**, Zusammenschnürung des: hydrc.
– **Herzklopfen**:
• **während**: *Arg-met.*hr1,k *Calc-ar.* *Glon.* iber.c1 kali-n.h mag-m.ptk1
• **rotem** Gesicht, mit: agar.bro1 aur.bro1 bell.bro1 glon.bro1
– **Hinlegen**:
• **nach** dem: am-m. asar. *Cham.* nux-v.
– **Hitzewallungen**: *Acon.* adam.srj5 *Aesc.* agar. agn.c1 alum. *Ambr.* *Arg-met.* ars. asaf. bamb-a.stb2 bufo *Cact.* calc.h calc-s. camph. carb-ac. carb-an. **Carbn-s.** carl. caust.ptk1 cedr. cench.k2 cham. *Chel.* cic. cimic. *Cist.* clem. coc-c. *Cocc.* coff. colch. crot-c. crot-h. cub. dig. dros. dulc.a1 ferr. ferr-ar. ferr-p. *Glon.* **Graph.** helo.c1 helo-s.c1 hep. hydr. inul. *Kali-bi.* kali-c. kali-chl. kali-m.k2 kali-p. kali-s. kalm.k2 *Kreos.* **Lach.** lob. **Lyc.** lyss.c1 mang.h med. meny.h mez.k2 mill.k2 nit-ac.h nux-v. *Petr.* ph-ac. *Phos.* plb. podo. *Psor.* ptel.c1 puls.k2 ran-s. rhus-t. sabad. sabin. sang.ptk1 seneg. **Sep.** *Sil.* spig.h spong. *Stann.* stront-c. *Sul-ac.* **Sulph.** tarent. tell. *Ter.* teucr. *Thuj.* til. tub.bg valer.
• **links**: *Lac-d.*c1,k sulph.h
• **morgens**: lyc.h sulph.k2
• **mittags**: bamb-a.stb2
• **nachmittags**: cedr. seneg.
• **abends**: alum. arn. bamb-a.stb2 cedr. nit-ac. nux-v. petr.
• **18** h: cedr.
◊ **abwechselnd** mit:
• **Frösteln**: cedr. petr.
◆ **begleitet** von:
• **Herzens**; Schwäche des
☞ ☐ *Brust - Schwäche - Herz - begleitet von - Gesicht*
• **Baden** amel.: bufo.k2
• **Bewegung**, bei: *Stann.*
• **Erregung**; durch: sulph.k2
• **Frösteln**, mit: ambr.c1 nit-ac. petr. puls.h sulph.h
• **Husten**, beim: petr.
• **kalt**:
• **Luft**; kalte:
• **amel.**: bufo.k2
• **Kopfschmerzen**; auf der Seite der: sang.kr1
• **Menopause**; während der: aml-ns. carc.fb,xxb glon.a1 *Graph.* *Kali-bi.* **Lach.** *Lyc.* *Psor.* **Sul-ac.** sulph.k2 *Ter.*
• **Nasenbluten**; mit: bufo.br1
• **Ofenhitze** agg.: bufo.k2
• **plötzlich**: bamb-a.stb2 mang.
• **Schauder**, mit: **Sulph.**
• **Trinken**; nach: cocc.c1
• **warm**:
• **Zimmer**; warmen im: bufo.k2 sulph.k2
• **Wein**:
• **nach**: coff.k2
– **Husten**, beim: bell.hr1 *Cham.*hr1 *Guaj.*hr1 ip.a1 *Mur-ac.*hr1 sulph.h

– **innerlich**: chin.$_{h,kl}$ con.$_{a1,h,*}$ nit-s-d.$_{a1}$ peti.$_{a1}$ sep.$_{a1}$ squil.$_{h,kl}$
– **Kaffee**, nach: chinin-s.$_{c1}$ lyss.$_{hr1,k,*}$
– **kalt**:
• **Berührung**, kalt bei: spig.$_{h}$
• **Finger**; kalte:
 • **Fingerspitzen**; mit kalten: thuj.$_{h}$
• **Füßen**; mit kalten: acon.$_{a1,k}$ ars.$_{h,kl}$ aur.$_{h,kl}$ bell.$_{h,kl}$ caps.$_{a1,h,*}$ ferr.$_{br1}$ gels.$_{a1,k}$ graph.$_{h,kl}$ ign.$_{a1,k}$ kali-c.$_{h,kl}$ mag-c.$_{h,kl}$ meny.$_{hr1}$ nat-c.$_{h,h2,*}$ petr.$_{h,kl}$ phos.$_{h,kl}$ sabin.$_{c1,hr1}$ samb.$_{hr1,k}$ *Sep.* sil.$_{a1,h,*}$ **Stram.**$_{hr1,k}$ verat.$_{h,kl}$
• **Glieder**: *Arn.*$_{hr1,k}$ bell.$_{h,kl}$ *Calc-p.* cham.$_{a1,k}$ chin.$_{a1,k}$ dros.$_{k2}$ hell. *Sabad.*$_{hr1}$ *Stram.*$_{hr1,k}$
• **Hände**: **Arn.** ars. asaf.$_{a1,k}$ aur.$_{h,kl}$ camph.$_{h,hr1,*}$ caps.$_{a1,h,*}$ chin.$_{h,k2,*}$ con.$_{a1,k}$ cycl. *Dros.* euph. euphr.$_{h,kl}$ ferr.$_{br1}$ graph.$_{h,kl}$ hyos. ign. kali-n.$_{h,kl}$ m-ambo.$_{a12}$ meny.$_{hr1}$ nat-c.$_{h,kl}$ nit-ac.$_{h,kl}$ nit-s-d.$_{a1}$ phos.$_{h,kl}$ plat.$_{h,kl}$ ruta sabin.$_{hr1,k}$ *Sep.*$_{hr1}$ sil.$_{a1,h,*}$ spig.$_{h}$ **Stram.**$_{hr1,k}$ sumb.$_{a1,k}$ thuj.$_{a1,k}$
 • **und** Füße: con.$_{a1}$ graph.$_{a1}$
• **Körper**, mit kaltem: *Arn.* *Calc-p.*$_{hr1,k}$ cann-s. *Cham.*$_{hr1,k}$ *Chin.*$_{hr1,k}$ dig.$_{h,kl}$ *Led.*$_{hr1,k}$ nit-ac. *Stram.*$_{hr1,k}$ tab.$_{a1,k}$ trom.$_{hr1,k}$
• **Nase**, mit kalter: arn.$_{hr1,k}$
• **Seite** kalt, die andere heiß; eine: *Acet-ac.* *Acon.* **Cham.** dros.$_{ptk1}$ **Ip.** *Kali-c.* *Lach.* *Mosch.* *Nux-v.* spong.$_{c1}$
• **Wange** kalt und rot, die andere heiß und blaß: *Mosch.*
• **Wasser**; Waschen mit kaltem:
 • **nach**: euph.$_{bg1}$ phos. sil.
 • **Verlangen** nach: *Fl-ac.*
• **Zimmer**, im kalten: *Cocc.* nat-c.
– **Kopfschmerzen**, mit: *Acon.*$_{bro1,k2}$ agar.$_{hr1,k}$ aloe aml-ns.$_{br1}$ ang.$_{h,kr1,*}$ aran.$_{hr1,k}$ *Bell.*$_{bro1}$ calc.$_{h,kl}$ cham.$_{bro1}$ **Chinin-s.** cop.$_{hr1,k}$ ferr-p.$_{bro1,k2}$ gels.$_{bro1,psa}$ *Glon.*$_{hr1,k}$ grat.$_{a1,k}$ indg.$_{hr1}$ lac-ac.$_{c1}$ lact.$_{br1}$ lith-c. mag-p.$_{bro1}$ *Meli.*$_{bro1}$ naja$_{bro1}$ nat-m.$_{bro1,h,*}$ nux-v.$_{bro1,hr1}$ phys.$_{hr1}$ podo.$_{bro1}$ ptel.$_{hr1}$ puls.$_{hr1}$ rumx. ruta$_{h}$ *Sang.*$_{bro1}$ sep.$_{bro1}$ *Spong.*$_{hr1,k}$ til.$_{a1}$ viol-t.$_{a1,k}$ zing.$_{hr1,k}$
– **Lesen**, beim: arg-met.
– **Liegen**; beim: mang. petr. phos. plb.
– **Luft**:
• **Freien**, im: dig. hep. mur-ac. sulph.$_{h}$ valer.
 • **amel.**: am-m. phos.$_{h}$ stann.
• **Seite**, die der Luft ausgesetzt ist: ph-ac. viol-t.$_{hr1,k}$
– **Menopause**; während der
☞ *Hitzewallungen - Menopause*
– **Menses**:
• **vor**: alum.$_{hr1,k,*}$ lyc.$_{h,kl}$
• **während**: nat-m.$_{a1,k}$
– **Mittagessen**:
• **beim**: am-c.$_{hr1,k}$ am-m. mag-m.$_{a1,kl}$
• **nach**: am-c.$_{hr1,k}$ *Am-m.*$_{a1,k}$ anac.$_{a1}$ asaf.$_{hr1}$ calc.$_{hr1}$ calen.$_{hr1}$ caps.$_{a1,h,*}$ carb-an.$_{a1,k}$ *Cor-r.*$_{hr1,k}$ grat.$_{a1,k}$ hell.$_{a1,k}$ hura mag-m.$_{a1}$ phyt.$_{a1,k}$ ran-b.$_{hr1,k}$ tell.$_{a1,k}$
– **Naseschneuzen** amel.
☞ *Schneuzen - amel.*
– **Niesen**, beim: nux-v. rhod.$_{hr1,k}$

Hitze: ...
– **Ohnmacht**, mit: petr.$_{h,kl}$
– **periodisch**: aloe phos.
– **plötzlich**: alum.$_{h,kl}$ euphr.$_{h,kl}$ rhus-t.$_{h}$
– **prickelnd**: bell.$_{h}$
– **Raserei**, Tobsuchtsanfall; bei: *Acon.* **Bell.** kali-c. lach. lyc. merc. op. puls. *Verat.*
– **Rauchen** (von Tabak): *Calad.*
– **Röte** ohne: adren.$_{st}$ olnd.$_{st}$
– **Schaudern**, mit: ars.$_{a1,k}$ thuj.$_{a1,k}$
– **Schlaf**, im: meny.$_{hr1,k,*}$
– **Schmerzen**, mit: ars.$_{h,kl}$
– **schmerzhaften** Teiles; des: spig.
– **Schneuzen** der Nase:
• **amel.**: acon.$_{bg1,bg2}$
– **Schnupfen**, beim: ars-met. **Arum-t.** croc.$_{a1,k}$ graph.$_{h,kl}$ **Nux-v.**$_{hr1,k}$
– **Schreiben**, beim: chinin-s.
– **Schwäche**; mit: hydrog.$_{srj2}$
– **Seite**, auf der er nicht liegt: ph-ac.$_{hr1,k}$ viol-t.$_{hr1,k}$
– **Sitzen**, im: calc.$_{a1,k}$ carb-v.$_{h,kl}$ con.$_{a1,k}$ ferr-p.$_{a1,k}$ nit-s-d.$_{a1}$ phos.$_{a1,k}$ **Valer.** viol-t.$_{a1,k}$
– **Sprechen**, nach: fl-ac.$_{a1,k}$ sep.$_{h,k,*}$ squil.
– **Stehen**, im: mang.$_{a1,k}$
– **Stuhlgang**:
• **während**: gran.$_{a1,k}$ hep.$_{hr1,k}$ merc.$_{a1,k}$
• **nach**: caust.$_{h,kl}$ trom.$_{hr1}$
– **Trinken**, beim: **Cham.** cocc.
– **warmes** Zimmer: hyos. *Puls.*
– **Wein**, nach: fl-ac.$_{a1,k}$
– **Weinen**; mit
☞ ❑ *Gemüt - Weinen - Gesicht - Hitze*
– **Zahnschmerzen**, mit: *Acon.*$_{bg2}$ all-c.$_{hr1}$ *Cham.*$_{bg2}$ ferr-p.$_{h,k2,*}$ graph.$_{bg2,h,*}$ nat-m.$_{h,kl}$ olnd.$_{bg2}$ phos.$_{h,kl}$ rhus-t.$_{bg2}$ sil.$_{bg2,h,*}$ spig.$_{hr1}$ stann.$_{h,kl}$ staph.$_{bg2,h,*}$
– **Zimmer**, im: am-m. kali-n.$_{h}$
• **Eintreten** in das nicht warme Zimmer aus dem Freien; beim: **Chin.**$_{h,k}$
○ **Kinn**: canth.$_{a1,k}$ euphr.$_{a1,k}$ nat-m.$_{a1,k}$
– **Lippen**: *Acon.*$_{a1,k}$ aesc. aloe ambr.$_{a1,k}$ ang. arn.$_{a1,k}$ ars-met. bell.$_{h}$ card-b.$_{a1}$ cench.$_{k2}$ coll.$_{a1}$ fl-ac.$_{a1}$ gels.$_{a1,k}$ *Hyper.*$_{a1,k}$ *Kali-chl.* lach.$_{a1}$ *Merc.* *Nit-ac.* oena.$_{a1}$ sabad.$_{a1,k}$ senec.$_{a1}$ sep.$_{a1,h,*}$ sil.$_{a1}$ sulph.$_{h,kl}$ sumb.$_{a1}$
• **brennende** Hitze: arn.$_{a1,k}$
○ **Oberlippe**: *Apis* borx.$_{h}$ *Carb-v.*$_{a1,k}$ *Kali-bi.* mez.$_{h,kl}$ sep.$_{a1}$
– **Nase**:
○ **um** die: rheum$_{h}$
– **Parotis**: brom.
– **Wangen**: ang.$_{h,kl}$ bamb-a.$_{stb2}$ calc.$_{bg2}$ cann-s.$_{bg2}$ hell.$_{h,kl}$ hep.$_{h,kl}$ mang.$_{h,kl}$ merc.$_{bg2}$ rheum$_{h}$ sil.$_{h,kl}$ staph.$_{h,kl}$

Jucken: acon. *Agar.* *Agn.* *Alum.* alum-p.$_{k2}$ am-c. ambr. *Anac.* anac-oc. anan. ant-c. *Apis* *Apoc-a.* *Arg-met.* arn. *Ars.* ars-s-f.$_{k2}$ bell. berb. brach. *Brom.* *Bry.*$_{bg1,vh,*}$ bufo-s. **Calc.** *Calc-s.* cann-s. caps. carb-ac. carbn-s. **Caust.** chel. chinin-s. cist.$_{k2}$ cod. colch. com. con. cycl. dol. euph. ferr-ma. *Fl-ac.* gels. glon. gran. *Graph.* grat. hydr. indg. kali-ar. kali-bi. kali-br. *Kali-c.* kali-i. kali-n. kali-p.

Jucken: ...
kali-s. kali-sil.$_{k2}$ lach. lachn. *Laur.* limest-b.$_{es1}$ lyc. meph. merc. morph. nat-ar. *Nat-c.* nat-m. nat-p. *Nat-s.* nicc. nux-v. op. pall. par. petr. ph-ac. *Phos.* plan. *Rhus-t.* **Rhus-v.** ruta *Sars.* *Sep.* *Sil.* stram. stront-c. stry.$_{a1}$ sul-ac. *Sulph.* tarent. til. *Urt-u.* verat. zinc. zinc-p.$_{k2}$
☞ ❏ *Haut - Jucken*
– **rechts**: kali-p.
– **vormittags**:
• **10** h: mag-c.
• **11** h: iod.
– **nachmittags**: *Chel.*$_{a1,k}$ fago.$_{a1,k}$
– **abends**: berb.$_{hr1}$ gink-b.$_{sbd1}$ ph-ac.$_{h,kl}$ rhus-v.$_{a1,k}$ sabad.$_{a1,k}$ *Sulph.*$_{a1,k}$ zinc.$_{hr1,k,*}$
• **19** h: fago.
– **nachts**: ail.$_{bg1,hr1}$ *Dig.*$_{bg1,h,*}$ kalm.$_{hr1,k,*}$ *Lach.*$_{hr1,k}$ *Mez.*$_{hr1,k}$ *Puls.*$_{bg1,vh,*}$ rhus-v.$_{a1,k}$ stry.$_{a1,k}$ *Zinc.*$_{bg1,vh,*}$
– **beißend**: *Agar.* agn. alum. arn.$_{a1}$ calc. *Caust.* *Euph.* hell.$_{h,kl}$ *Lach.* *Lyc.* *Merc.* *Nat-c.* nat-m. nat-p. petr. ph-ac. phos. rhus-t.$_{hr1}$ sep. sil. *Sulph.* urt-u. zinc.
– **Berührung**, bei: psor.$_{h,k,*}$
– **brennend**: kali-c.$_{h,kl}$ sil.$_{h,kl}$
• **Reiben**, nach: con.$_{h}$
– **erfroren**, wie: *Agar.* *Arg-met.*
– **folgt** auf Schmerzen: agn.$_{hr1}$ euph.
– **Kratzen** amel.: *Apis* con.$_{h}$ grat. mag-c.$_{h}$ nat-c.
– **Reiben** amel.: rhus-v.
– **Schreiben**, beim: chinin-s.
– **stechend**, fein: agn. **Apis** arn. ars. *Calc.* *Calc-s.* *Caust.* con.$_{h,kl}$ *Graph.* *Kali-c.* kali-s. merc. nat-c. *Nat-m.* nat-p. *Rhus-t.* sars.$_{h,kl}$ *Sep.* *Sil.* *Sulph.* urt-u.$_{bg}$ verat-v.$_{bg}$
– **Stelle**; an einer: luna.$_{kg1}$ sulph.$_{h,kl}$
– **verändert** den Ort beim Kratzen: berb.$_{hr1}$ sars.$_{hr1,k}$
– **Warmwerden**, beim: *Mez.*$_{hr1,k}$ puls.
○ **Augen**:
○ **unter**: agn.$_{a1}$ apis *Con.*
– **Backenbart**: agar.$_{bg2,k}$ ambr.$_{h,k,*}$ arg-met. *Calc.*$_{bg2,k}$ cob.$_{hr1,k}$ kali-bi.$_{bg2,k}$ kali-n.$_{bg2}$ kali-p. mez. **Nat-c.**$_{bg2,k}$ nat-m.$_{bg2,k}$ nat-s.$_{k2}$ sil.$_{bg2,k}$ trom.$_{hr1}$ zing.$_{hr1}$
☞ *Kribbeln - Backenbart*
– **Jochbein**: alum.$_{h,kl}$ hep.$_{h,kl}$ thuj.$_{h,kl}$
– **Kiefer**:
○ **Unterkiefer**: phos.$_{h}$
• **beißend** und brennend: arg-met. nat-c.$_{h}$ par.
○ **unter** dem Unterkiefer: mang.$_{a1}$
– **Kinn**: agn.$_{bg2,c1}$ alum.$_{h,k,*}$ am-c.$_{bg2,k}$ benz-ac.$_{hr1,k,*}$ berb.$_{a1,k}$ calc.$_{h,kl}$ carb-an.$_{hr1,k}$ *Chlol.*$_{hr1}$ *Chlor.* cob.$_{hr1}$ con.$_{bg2,k,*}$ dig.$_{bg2,h,*}$ gamb.$_{hr1,k}$ *Kali-c.*$_{bg2,k,*}$ laur.$_{bg2}$ *Lyc.*$_{bg2,k,*}$ mag-c.$_{bg2}$ meph.$_{a1}$ nat-c.$_{bg2,k,*}$ nat-m.$_{bg2,k,*}$ op.$_{bg2}$ phos.$_{bg2,k}$ plat.$_{bg2}$ puls.$_{bg2,h,*}$ sars.$_{bg2}$ spig.$_{bg2}$ squil.$_{bg2,h,*}$ *Stront-c.* **Sulph.**$_{bg2,hr1,*}$ tarax.$_{bg2,h}$ ther. thuj.$_{bg2}$ til.$_{a1}$ trom.$_{hr1,k,*}$ zinc.$_{bg2,k,*}$
○ **unter** dem: alum.$_{h,kl}$ tarax.$_{h,kl}$
• **zwischen** Kinn und Lippen: hydr-ac.$_{c1}$
– **Lippen**: alum.$_{bg2}$ am-c.$_{bg2,h,*}$ *Apis* ars.$_{hr1,k,*}$ arum-t.$_{hr1,k}$ asc-t.$_{hr1,k,*}$ aur-m.$_{hr1,k,*}$ berb.$_{hr1,k,*}$

Jucken - Lippen: ...
calc.$_{bg2}$ caust.$_{bg2}$ ferr-ma.$_{a1}$ glon.$_{bg2}$ kali-bi.$_{bg2}$ kali-c.$_{bg2}$ laur.$_{bg2}$ manc.$_{bg2}$ mang.$_{bg2}$ nat-c.$_{h2}$ *Nit-ac.*$_{hr1,k,*}$ ol-an.$_{hr1,k}$ rhus-v.$_{a1}$ sabad.$_{bg2,k,*}$ tub.$_{hr1,k}$
• **Stelle**; an einer: sulph.$_{h,kl}$
○ **Oberlippe**: ars.$_{h,kl}$ bar-c. calc-act.$_{h}$ calc-ar.$_{hr1,k}$ chel.$_{a1,bg2}$ con.$_{h,kl}$ fago.$_{a1}$ hell.$_{h,kl}$ mag-c.$_{h,kl}$ nat-c.$_{h,kl}$ nit-ac.$_{h,kl}$ phos.$_{h,kl}$ rhus-v.$_{a1}$ vinc.$_{hr1,k,*}$ zinc.$_{bg2,k,*}$
• **Ränder** der Lippen: kali-c.$_{h}$
• **Unterlippe**: anag.$_{hr1}$ sil.$_{hr1,k}$
– **Mund**:
○ **Mundwinkel**: alum.$_{h}$ hell.$_{h}$
• **um** den: anac. calc.$_{bg2,h,*}$ caust.$_{h,kl}$ *Hep.* nat-p.$_{bg2}$ rhus-t.$_{bg2,k}$ sil.$_{h,kl}$ zinc.
• **unter** dem: mang.$_{h,kl}$
– **Nase**
☞ ❏ *Nase - Jucken*
– **Parotis**: nit-ac.$_{h,kl}$
– **Schläfe**: ars.$_{h,kl}$
– **Stirn**
☞ ❏ *Kopf - Jucken - Stirn*
– **Wangen**: agar.$_{a1,k}$ agn.$_{bg2,k,*}$ alum.$_{bg2,k,*}$ anan.$_{hr1,k}$ ang. ant-c. asaf.$_{bg2,k,*}$ bell.$_{bg2,k}$ berb.$_{hr1,k,*}$ chel.$_{bg2}$ con.$_{bg2}$ cycl.$_{bg2}$ dig.$_{bg2,h,*}$ dulc.$_{h,h1,*}$ *Euph.*$_{hr1}$ graph.$_{bg2,h,*}$ hyper.$_{a1,k}$ kali-p. lach.$_{bg2}$ laur.$_{bg2}$ mag-m.$_{bg2,k,*}$ nat-m.$_{bg2,k,*}$ olnd.$_{bg2}$ puls.$_{a1,k}$ rhus-t.$_{bg2,k,*}$ ruta sabad.$_{bg2}$ sil.$_{bg2}$ spong.$_{bg2,k,*}$ staph.$_{bg2,h,*}$ *Stront-c.* sulph.$_{a1,k}$ thuj.$_{bg2,k}$ viol-t.$_{a1,k}$ zinc.$_{hr1}$ zing.$_{hr1}$
• **Mittagessen**, beim: hep.$_{h,kl}$

Kachektisch
☞ *Ausdruck - kränklich*

Kälte: abrot.$_{hr1,k}$ acon.$_{a1,k}$ agar. am-c.$_{k2}$ aml-ns. *Ant-t.*$_{hr1,k,*}$ *Apis* **Ars.**$_{hr1,k,*}$ *Ars-i.* ars-s-f.$_{k2}$ *Bar-c.*$_{hr1,k}$ bar-i.$_{k2}$ bar-s.$_{k2}$ bell.$_{bg2,k,*}$ berb.$_{hr1,k,*}$ bism. bry.$_{a1,k}$ *Cact.*$_{hr1,k}$ *Calc.*$_{hr1,k,*}$ calc-i.$_{k2}$ *Camph.*$_{hr1,k}$ cann-i.$_{hr1,k,*}$ canth.$_{a1,k}$ caps.$_{k2}$ **Carb-v.**$_{hr1,k}$ carbn-s. cass.$_{a1}$ cedr. *Cham.*$_{hr1,k}$ chel.$_{a1,k}$ *Cic.* cimic.$_{a1,k}$ **Cina** clem.$_{a1}$ *Cocc.*$_{hr1,k}$ colch. *Coloc.*$_{hr1,k}$ crot-t.$_{a1,k}$ *Cupr.*$_{hr1,k}$ cyt-l.$_{a1}$ dig. dros.$_{hr1,k,*}$ *Graph.*$_{hr1,k}$ *Ham.*$_{hr1,k}$ *Hell.*$_{hr1,k}$ *Hep.* hydr-ac.$_{a1,k}$ *Hyos.*$_{hr1,k,*}$ ign.$_{hr1,k,*}$ *Iod.*$_{hr1,k}$ ip. iris jal.$_{br1}$ kali-bi.$_{a1,k}$ *Kreos.*$_{hr1,k}$ lach.$_{k2}$ lil-t.$_{a1,k}$ lyc.$_{hr1,k,*}$ merc.$_{hr1,k,*}$ merl.$_{hr1}$ mez.$_{a1,k}$ morph.$_{a1,k}$ naja nat-c.$_{h2}$ *Nux-v.*$_{hr1,k,*}$ oena.$_{a1,k}$ op.$_{a1,k}$ ox-ac.$_{a1,k}$ petr.$_{hr1,k,*}$ ph-ac. **Plat.**$_{hr1,k,*}$ plb.$_{a1,k}$ *Puls.*$_{hr1,k,*}$ ran-s.$_{hr1,k,*}$ rhus-t.$_{hr1,k}$ *Ruta* sabin.$_{hr1,k}$ *Sec.*$_{a1,k}$ sep.$_{a1,k}$ *Stram.*$_{hr1,k}$ stry. sul-ac.$_{a1,k}$ sul-i.$_{k2}$ sulph.$_{a1,k}$ ter.$_{hr1,k}$ til.$_{bg}$ upa. **Verat.**$_{hr1,k,*}$ verat-v.$_{hr1,k}$ zinc.$_{hr1,k}$
– **eine** Seite: dros.$_{bro1}$ ph-ac. puls.
• **andere** Seite heiß und blaß; eine Seite kalt und rot: ip.$_{st}$ *Mosch.*
– **links**: ars.$_{bg1}$ dros.$_{hr1,k}$ **Graph.**$_{hr1,k}$ hydrog.$_{srj2}$ lob. ruta
– **rechts**: gels.$_{hr1,k}$ ph-ac.$_{h,kl}$ **Plat.**$_{hr1,k}$ polyg-h.
• **Schmerz** in der linken Seite am heftigsten ist; wenn: polyg-h.
– **morgens**: cedr. petr.$_{a1,k}$

– **vormittags**: phos.a1,k
• **10** h: petr.
– **nachmittags**: ars.a1,k
• **14** h: grat.
• **17** h: ars.
– **nachts**: *Lyc.*hr1,k
◊ **abwechselnd** mit:
• **Hitze**: *Calc.* chel. lyc. merc.
◆ **begleitet** von:
• **Hände**; Kälte der: cic.c1
• **Ischialgie**
☞ ❑ *Extremitäten - Schmerz - Beine - Ischialgie - begleitet von - Kälte - Gesichtes*
– **anfallsweise**: sulph.h,kl
– **brennendem** Gefühl; mit: bar-c.h,kl grat. nat-m.
– **Cholera**, bei: ant-t.hr1,k **Camph.**hr1,k *Carb-v.* *Cupr.* iris **Verat.**hr1,k
– **eisige** Kälte: *Agar.*hr1,k *Arg-n.*hr1 **Camph.**hr1 *Cupr.*hr1 *Hell.*hr1 lyc.h,kl **Verat.**hr1
• **Schnurrbart** aus Eis; als hätte er einen: lach.hr1,kr1
– **Frost**, mit: asar.h,kl chel. **Cina** *Dros.*hr1,k *Lyc.* nat-c. *Petr.*hr1,k,* *Plat.* puls.a1,k *Rhus-t.* sec. *Stram.* **Verat.**
– **Gefühl** von: abrot.hr1 acon. bar-c.h,hr1,* berb.bg2 lyc.bg2 *Merc.* *Plat.*bg2,k,* ran-s. thuj.bg2
• **Seite**, auf einer: ph-ac. *Plat.*
– **Hände**; mit Kälte der
☞ *begleitet von - Hände*
– **Herzklopfen**, mit: *Camph.*hr1,k
– **Hitze**, mit:
• **Körpers**, des: spong.
 • **kalte** Hände, und: puls.a1
• **Stirn**, der: thuj.h
• **innerlicher**; mit: nat-m.h
– **Hydrozephalus**, bei: agar. arg-n. **Camph.** hell. *Lyc.*hr1 *Verat.*
– **Kopfschmerzen**, bei: ars.a1,k *Carb-v.* ip. lac-d.k2
– **Menses**, während: nat-m.h,kl
– **Mittagessen**, nach dem: cann-i.a1,k
– **Schlaf**, im: ign.a1,k
– **Schmerz**:
• **gefolgt** von: *Dulc.*
• **Hinterkopf**; mit Schmerzen im: *Carb-v.*
– **schmerzhaft**: lyc. plat.h,kl
– **Stellen**, an kleinen: *Agar.*
– **trocken**, und: *Camph.* *Carb-v.*
– **Tropfen** ins Gesicht spritzen, wenn er ins Freie geht; Gefühl, als würden: berb.
– **Wasser**, wie von: sulph.h,kl
– **Wind**:
• **wie** durch kalten: ph-ac.
▽ **erstreckt** sich zu:
• **Rücken**: berb.
○ **Kiefer**:
○ **Unterkiefer**: **Plat.**
– **Kinn**: aeth. chin.c1 chinin-s. kali-n.ptk1 stram. verat.
• **Gefühl** von: **Plat.**
– **Lippen**: amyg.a1 apis ars.hr1,k,* *Cedr.*hr1,k cupr. plat. verat.

Kälte - Lippen: ...
• **Menses**, während: cedr.hr1,k
○ **Oberlippe**:
• **linke** Seite: hydrog.srj2
– **Mund**:
○ **Mundwinkel**: aeth.c1
– **Nase**
☞ ❑ *Nase - Kälte*
– **Stirn**: anac.hr1,k ars-s-f.hr1 bar-c.h,kl *Calc.* *Cimic.*hr1,k cinnb. merc. plb.hr1

Karbunkel am Kinn
☞ *Hautausschläge - Karbunkel - Kinn*

Karies der Knochen; Knochenfraß: **Aur.** aur-m. kali-s. *Phos.*
○ **Kiefer**:
○ **Unterkiefer**: asaf. *Aur.* *Aur-m.* *Aur-m-n.* *Cist.* *Con.* *Fl-ac.* *Kali-i.* *Merc.* mez. *Nit-ac.* *Phos.* *Phyt.* *Sil.* staph.

Kaubewegungen des Kiefers: *Acon.* asaf. aster.st *Bell.* **Bry.**k,k2 *Calc.* caust.st cham. cic. cinak2 cupr.ptk1 fl-ac. gels. *Hell.* ign. lach. *Lyc.*ptk1 *Merc.* mosch. nat-m. *Phos.* plb. podo.k2 rutast sec.st sep. sol-ni. *Stram.*gl1,k strych-g.br1 verat.gl1,k *Verat-v.*bg3
☞ ❑ *Zähne - Zähneknirschen*
– **Chorea**, bei: asaf.ptk1
– **epileptischem** Anfall; vor eine *Calc.*
– **Frost**; während: nat-m.
– **Gehirns**; bei Erkrankungen des: bry.ptk1
– **Schlaf**, im: bry.bg2,.bg3 **Calc.**k,kl2●,* chel.dgt cinabg3 ign.hr1,ptk1 podo. sep.k,kl2● zinc.
• **schluckt**, und: calc.ptk1 cinaptk1 ign.ptk1
– **seitliche** Bewegungen: bry.k2
– **Speichel**; mit schaumigem: asaf.ptk1
– **Speisen** kommen dabei wieder aus dem Mund heraus: arg-n.ptk1
– **vorne** und hinten; nach: lyc.h

Kiefersperre (= Trismus): absin.hr1,k *Acon.*bg2,k,* aconin.c2 aeth.hr1,k,* agar.bg2,k,* agar-ph.c2 alum.bg2,k,* alumn. amyg.hr1,k,* androc.srj1 ang.c1,kr1 ant-t.hr1,k anthraci. *Arg-n.*bg2,k,* arn.bg2,k art-v.hr1,k aster.hr1,k aur.hr1,k aur-m-n.hr1,k bapt.hr1,k **Bell.**bg2,k,* ben-n.c2 bry.bg2,k,* calc.bg2,k *Camph.*bg2,k,* *Canth.*bg2,k,* carbn-o.c2 carbn-s.c1 castor-eq. *Caust.*bg2,k,* *Cedr.*hr1,k chinin-s. chlf.hr1,k chr-o.c2 **Cic.**bg2,k,* cina cob.hr1,k colch.bg2,k con.bg2,k,* cori-m.a1 *Crot-c.* crot-h.hr1,k *Cupr.*bg2,k,* dios.hr1,k dulc.a1 *Gels.*bg2,k,* *Glon.*hr1,k *Hep.*hr1,k hydr-ac.hr1,k,* *Hyos.*bg2,k,* **Hyper.**bg2,k,* ign.bg2,k,* *Ip.*bg2,k,* lach.bg2,k,* *Laur.*bg2,k,* linu-u.c2 *Lyc.*bg2,k,* mag-p.bg2,k,* *Merc.*bg2,k,* morph.a1,c2 *Mosch.*hr1,k naja ner-od.br1 *Nux-m.*hr1,k **Nux-v.**bg2,k,* *Oena.*hr1,k,* **Op.**bg2,k,* ph-ac.hr1,k phos.bg2,k,* phys.bg2,k,* *Plat.*bg2,k,* *Plb.*bg2,k,* plb-xyz.c2 podo.hr1,k puls.hr1,k rhus-t.bg2,k scor.c1 *Sec.*bg2,k,* sil.bg2,k,* sol-ni.c2,k sol-t.c2 spong.bg2,k,* *Stram.*bg2,k,* **Stry.**bg2,k,* sulph.bg2,k,* tarent. ter.hr1,k ther.hr1,k *Verat.*bg2,k,* verat-v.hr1,k
☞ *Zusammengebissen*
– **morgens**, beim Erwachen: ther.hr1,k

– **Kindern**; bei:
 • **Neugeborenen**; bei: ambr.$_{ptk1}$ ang.$_{c1}$ camph.$_{ptk1}$ merc.$_{c1}$
– **Menses**, während: hyos.$_{hr1,k}$
– **Verletzungen**, nach: all-c.$_{gsy1}$
– **Zahnschmerzen**, durch: staph.$_{h,kl}$
○ **Lippen** stehen auseinander und man sieht die Zähne: ang.$_{c1}$

Kleben zusammen; Lippen: cann-i.$_{br1,c1}$ nux-m.$_{c1}$ stram.$_{h}$

Knacken im Kiefergelenk: haliae-lc.$_{srj5}$
– **Kauen**, beim: *Am-c.* brom. chinin-s. *Cor-r.*$_{bg1,vh,*}$ *Gamb.*$_{bg1,vh,*}$ gran.$_{bro1,kka1}$ kali-c.$_{dgt}$ *Lac-c.* *Lach.* *Meny.* *Mez.* **Nit-ac.** ol-an. **Rhus-t.** sabad. sel. spong. *Stry.*$_{bg1,vh,*}$ sulph. *Thuj.*
– **Öffnen** des Mundes; bei weitem: sabad. thuj.
– **würde**; als ob es knacken: petr.$_{h}$ sep.$_{h}$

Knoten
 ☞ *Verhärtungen - rote, harte Knoten*

Knotige Schwellungen: *Ars.*$_{bg2,k}$ bry.$_{bg2,k,*}$ cic.$_{bg2,k}$ cund. *Hep.*$_{bg2,k}$ *Mag-c.*$_{bg2,k,*}$ merc.$_{bg2,k}$ *Merc-i-r.* still.$_{vh}$
– **Kiefer**:
 • **Unterkiefer**: *Graph.* kali-c.$_{k2}$
– **Kinn**, am: euph.
– **Lippen**: bell. caust. *Con.* *Sep.* sil. sulph.
 • **Oberlippe**: ars.$_{h,kl}$
– **Mundwinkel**: *Mag-c.* sil.
– **Stirn**: still.$_{vh}$

Komedonen
 ☞ *Hautausschläge - Komedonen*

Konvulsionen, Spasmen: acon. agar. ambr. amyg. anan. ant-t. arg-n. *Ars.* atro. bar-c. bar-m.$_{k2}$ **Bell.** bism. *Bov.* brom. *Bufo* calc. camph. canth. carbn-s. *Caust.* *Cham.* **Cic.**$_{k,k2}$ *Cocc.* con. crot-c. **Cupr.** dig. *Glon.* *Hep.* hydr-ac. *Hyos.* *Ign.* *Ip.* kali-n. *Laur.* *Lyc.* *Lyss.* merc-c. morph. nat-c. nit-ac. nux-v. *Oena.* ol-an. *Op.* phos. *Phys.* plb. *Ran-b.* ran-s. rhus-t. sec. **Stram.** stry. sul-ac. sulph. tab. verat. vip. *Zinc.* ziz.
– **links**: dig.$_{c1}$
– **rechts**: agar.
– **eine** Seite: dig. plb.
– **beginnt** im Gesicht: absin. *Bufo* cic.$_{k2}$ cina dulc. hyos. ign. kali-br.$_{bg1}$ santin. *Sec.*
 • **linke** Seite: *Lach.*
– **Frost**; während: ars. bell. cham. cic. ign. op. stram.
– **Menses**, vor den: puls.
– **Sprechen**, beim: plb.
▽ **erstreckt** sich zu:
 • **Glieder**: cic.$_{k2}$ santin. sec.
○ **Augen**:
 ○ **um** die: cic.$_{k2}$
– **Kaumuskeln**: ambr. ang. cic.$_{k2}$ cocc. cupr. laur.$_{br1}$ mang. nux-v.
– **Kiefer**: agar. ars. asaf. *Bell.* carb-an. cic.$_{k2}$ coloc. crot-c. hydr-ac. ign. kali-c. mang. oena. op. ran-b. stram. sulph.

Konvulsionen - Kiefer: ...
 • **Kiefergelenke**: colch. kali-c. nicc. ol-an. rhus-t. sil. spong. stann.
– **Lippen**: *Ambr.* cadm-s.$_{c1}$ caust. crot-c. kali-c. naja$_{gm1}$ ran-b.
– **Mund**: bell. cham. dulc. ign. *Ip.* *Lyc.* merc. nit-ac.$_{h}$ olnd. op. stram.

Krabbeln
 ☞ *Ameisenlaufen*

Krampf:
– **Essen**: ~~mang.$_{h,xxx}$~~ spong.
 • **nach**: mang.$_{h}$
○ **Kiefer**:
 • **Essen**; nach dem: mang.$_{h}$
– **Kiefergelenk**: ang.$_{a1,hr1}$ asaf.$_{bg2,k}$ asar.$_{h,hr1}$ *Bell.*$_{a1,k}$ carbn-h. coloc.$_{bg3}$ crot-h.$_{a1,k}$ dig.$_{h,kl}$ fl-ac. kali-c.$_{a1,k}$ kali-i.$_{a1,k}$ mang.$_{hr1}$ mez.$_{bg3}$ nicc.$_{c1}$ nit-ac.$_{bg2,k,*}$ ox-ac. plat.$_{bg2,k}$ rhus-t. sep.$_{bg2,k}$ sil. *Spong.*$_{h,k,*}$ sulph. *Verb.*$_{bg3}$
– **Kinn**: bell.$_{h,kl}$
– **Lippen**: ambr.$_{c1}$ caust.$_{h}$ kali-c.$_{h}$
 ○ **Unterlippe**: ambr.$_{c1,h}$
– **Muskeln** unterhalb des linken Kaumuskels, muß den Kopf nach rechts drehen: mang.$_{h}$
– **Wange**: meny.$_{h}$
 • **Gähnen**: arn.$_{h}$
– **Wangenknochen**:
○ **unter** dem: dig.$_{h}$

Kränklich
 ☞ *Ausdruck - kränklich / Farbe - kränkliche*

Krebs: **Ars.**$_{bg2,k}$ *Aur.* *Carb-an.*$_{hr1,k}$ *Con.*$_{hr1,k}$ *Kali-ar.* kali-c.$_{a1,k}$ kali-i.$_{a1,k}$ lach. nit-ac.$_{a1,k}$ *Phos.* sil. sulph. syph.$_{k2}$ zinc.
– **Epitheliom**: **Ars.** aur-ar.$_{k2}$ cic. con.$_{k,k2}$ hydr. kali-ar. **Kali-s.**$_{hr1,k}$ *Lach.* lap-a. *Phos.* ran-b.$_{k2}$ *Sep.* sil.
 ○ **Lippen**: acet-ac.$_{br1,bro1}$ *Ars.*$_{c2}$ ars-s-f.$_{k2}$ aur.$_{k2}$ aur-ar.$_{k2}$ aur-s.$_{k2}$ *Cic.* *Con.* *Hydr.* kali-m.$_{k2}$ *Kreos.*$_{c2}$ lap-a. med.$_{k2}$ sep.
  ○ **Unterlippe**: *Ars.* clem. *Dulc.*$_{vh}$ *Merc-i-f.* *Phos.* *Sep.* *Sil.*
 • **Nasenflügel**; nahe dem: *Aur.* sep.$_{k2}$
– **lupoid**: *Hep.* kali-m.$_{k2}$
– **Lupus**: alumn.$_{bg2,k,*}$ *Arg-n.*$_{bg2,k,*}$ **Ars.**$_{bg2,k,*}$ aur-m. carb-ac.$_{hr1,k}$ *Carb-v.*$_{hr1,k}$ cist.$_{hr1,k}$ graph.$_{bg2,hr1}$ **Hydrc.** kali-ar. *Kali-bi.*$_{hr1,k}$ kali-chl. kreos. lach. mag-c.$_{bg2}$ nat-c.$_{bg2}$ phos.$_{bg2}$ *Psor.* *Sep.* *Sil.*$_{bg2,k,*}$ staph.$_{bg2}$ sulph.$_{bg2}$ syph.$_{k2}$
– **Szirrhus**: bell.$_{bg2}$ *Carb-an.*$_{hr1,k}$ sil.$_{bg2,k}$
– **Ulcus** rodens auf der Nase (= Epithelioma basocellulare, Noli me tangere): cist. jug-c. phyt. thuj.
 ☞ *Geschwüre - rodens*
○ **Kiefer**:
 • **links**: *Ars.*$_{vh}$ merc.$_{vh}$ phos.$_{vh}$ sil.$_{vh}$
 • **rechts**: *Ant-c.*$_{vh}$ arg-n.$_{vh}$ ars.$_{vh}$ aur.$_{vh}$ calc.$_{vh}$ fl-ac.$_{vh}$ graph.$_{vh}$ rhus-t.$_{vh}$
○ **Knochen**: hecla$_{gm1}$ symph.$_{gm1}$
– **Lippen**: ant-m.$_{c2}$ *Ars.* aur. *Aur-m.* camph. *Carb-an.* caust. *Cic.* *Cist.* clem. **Con.** cund.

– **Lippen**: ...
Hydr.$_{c2}$ kali-chl. kali-s. *Kreos. Lach. Lyc.*$_{c2,k}$ phos. phyt. *Sep. Sil.* sulph. tab.$_{c2}$
☞ *Geschwüre - Lippen - krebsartig*
• **Druck** der Pfeife; durch den: *Con.*$_{hr1,k}$ sep.
○ **Oberlippe**: ant-c.$_{bg2}$ calc.$_{bg2}$ ph-ac.$_{bg2}$
• **Unterlippe**: ant-m.$_{gm1,k}$ *Ars.* caust.$_{bg2}$ *Cist.*$_{hr1,k,*}$ *Clem.*$_{hr1,k}$ *Con. Dulc.*$_{bg1,bg2,*}$ *Lyc. Phos. Sep. Sil.*$_{hr1,k}$
– **Unterkieferdrüsen**: *Anthraci.*$_{vh}$ calc-s.$_{vh}$ carb-an.$_{vh}$ ferr-i.$_{vh}$
– **Wangenknochen**:
• **rechts**: syph.$_{c1}$

Kribbeln: *Acon.*$_{bg2,k,*}$ alum. ambr.$_{h,k,*}$ amph.$_{a1}$ apis arund. aur. bamb-a.$_{stb2}$ bar-c. bell. calc.$_{bg2,k}$ cann-i. caust.$_{bg2,k}$ *Colch.*$_{hr1,k}$ con.$_{bg2}$ crot-h. cycl.$_{bg2,k}$ dros.$_{bg2}$ *Ferr-ma.* grat. hep. *Hydr.*$_{hr1}$ hydrog.$_{srj2}$ hyper.$_{hr1,k}$ lach. lachn. lact. laur. lyc.$_{bg2,k}$ lyss.$_{c1}$ nux-m.$_{bg2,k}$ nux-v. ol-an.$_{bg2,k}$ olnd.$_{bg2,k}$ paeon. plat. ran-b. rhus-t. sabad.$_{bg2,k}$ sars.$_{bg2}$ *Sec.*$_{hr1,k}$ stront-c. sul-ac. thuj.
☞ *Ameisenlaufen*
– **links**: euon. hydrog.$_{srj2}$ zinc.$_{h,kl}$
• **dann** rechts: bamb-a.$_{stb2}$
– **rechts**: aur. elaps gymno.
– **Seiten** voneinander getrennt; als wären die: bamb-a.$_{stb2}$
○ **Augen**:
○ **um** die: ambr.$_{c1}$
– **Backenbart**: ambr.
☞ *Jucken - Backenbart*
– **Kiefer**:
○ **Unterkiefer**: caust.$_{h}$ mur-ac.
– **Kinn** und Nase: ran-b. verat.
– **Lippen**: *Acon.*$_{bg2,k,*}$ apis arn.$_{h,kl}$ arum-t.$_{k2}$ echi. ferr-ma. hydrog.$_{srj2}$ *Nat-m.*$_{hr1,k}$ neon$_{srj5}$ *Pic-ac.*$_{hr1,k,*}$ sabad.
○ **Oberlippe**: hydrog.$_{srj2}$ paeon.
– **Mund**:
○ **über** dem: hydrog.$_{srj2}$
– **Parotis**: phos.
– **Stirn**: ambr. stram.
– **Wangen**: choc.$_{srj3}$ *Hyper.*$_{hr1}$
○ **Lippen**; und: agn. *Arn.* ars. berb. dros.

Kriechen
☞ *Ameisenlaufen / Kribbeln*

Lähmung: *Acon.*$_{bro1,c2}$ *Agar.* all-c.$_{c2,k}$ alum.$_{bro1}$ *Am-p.*$_{bro1,c2}$ anac. *Bar-c.* bell.$_{bro1,k2}$ *Cadm-s.*$_{bro1,k,*}$ carc.$_{fb,tp1}$ **Caust.**$_{bg2,k,*}$ *Cocc.* crot-h. *Cupr. Cur.*$_{c2,k}$ *Dulc.*$_{bg2,k}$ form.$_{c2,k}$ *Gels.*$_{bro1}$ *Graph.*$_{bg2,k}$ hyper.$_{bro1}$ iod. *Kali-chl.*$_{c2,k}$ *Kali-i.*$_{bro1}$ kali-m.$_{k2}$ kali-p. merc-k-i.$_{c2}$ *Nux-v.* ol-an.$_{c2}$ op.$_{bg2,k}$ petr.$_{c2,k}$ physal-al.$_{bro1}$ plb. puls. rhus-t.$_{bg2,bro1}$ ruta seneg.$_{c2,k}$ sep.$_{bg2}$ stry. syph. zinc. zinc-pic.$_{bro1,c2}$
– **eine** Seite: *Bar-c.* cadm-s. **Caust.**$_{k,kl2}$● *Cocc.* con.$_{k2}$ *Graph. Kali-chl.* kali-p. puls. sil.$_{hr1}$
– **links**: *All-c.* cadm-s. *Cur.* form. graph. *Nux-v.* seneg.$_{bro1}$ spig. sulph.
– **rechts**: apis$_{gsy1,sf1,*}$ *Arn.* bell.$_{bro1}$ *Caust.* hep. kali-chl. kali-p. *Phos.* plb. sil. zinc-p.$_{k2}$

Lähmung: ...
– **Baden**, durch: graph.
– **Fahren** im Wind: *Cadm-s. Caust.*$_{k,kl2}$●
– **geschlossenen** Augen, mit: apis$_{ptk1}$
– **Kälte**, durch ●: acon.$_{c,c1}$ *Cadm-s.* **Caust.** *Dulc.* ruta$_{c2,k}$
– **Kropf**; nach Unterdrückung von: iod.$_{ptk1}$
– **Mundwinkeln** und Speichel läuft heraus; es tröpfelt aus den: agar. op. zinc.
– **Naßwerden**, nach: **Caust.**$_{k,kl2}$●
– **schließen**; kann die Augen nicht: cadm-s.$_{ptk1}$
– **Schmerzen**, nach: kali-chl.$_{hr1,k}$
– **Urin**, mit reichlichem: all-c.
○ **Kiefer**:
○ **Unterkiefer**: arn.$_{h}$ ars. bapt.$_{bg1}$ carb-v.$_{bg1}$ colch.$_{bg1}$ crot-h. dulc. *Hell.*$_{bg1,vh,*}$ *Hyos.*$_{bg1,vh,*}$ lach. *Lyc.*$_{bg1,bg2,*}$ *Mur-ac.*$_{bg1,vh,*}$ nux-m.$_{c1}$ *Nux-v.* **Op.**$_{bg1,bg2}$ *Phos.*$_{bg1,vh,*}$ ran-b. *Sec.*$_{bg1,vh,*}$ *Stram.*$_{bg1,vh,*}$ *Sulph.*$_{bg1,vh,*}$ *Zinc.*$_{bg1,vh,*}$
• **abends**: ran-b.
– **Lippe**:
○ **Oberlippe**: cadm-s. graph.
• **Gespräche**; durch lange: gels.$_{c1}$

Lang:
– **Gefühl** wie verlängert: choc.$_{srj3}$ stram.
○ **Kinn**: glon.
• **Nase**
☞ *❑ Nase - Lang - Gefühl*

Langgezogen (= in die Länge gezogen): *Acon.* **Aeth.** agar.$_{k2}$ am-c. ambr. androc.$_{srj1}$ **Ant-c.** *Arg-n.*$_{a1,k}$ **Ars.** *Ars-h.* ars-i. bar-c. bar-i.$_{k2}$ **Bell.** bism. *Bry.* calc. *Camph.* cann-s. *Canth. Carb-v.* carbn-h. carbn-s. *Caust. Cham.* chel. *Cic.* cocc. colch. crot-h. *Cupr.* dig. dulc. gels. *Gran. Graph.* guaj. hell. hep. hydr-ac. hydrog.$_{srj2}$ *Hyos. Ign.* iod. *Ip.* kali-bi. kali-c. kali-s. kali-sil.$_{k2}$ lach. laur. **Lyc.** *Merc. Merc-c. Mez.* mosch. nat-ar.$_{k2}$ nat-c. nit-ac. nux-m. nux-v. olnd. **Op.** ph-ac. *Phos. Plat.* plb. puls. ran-b. ran-s. rheum *Rhus-t.*$_{bg2,k,*}$ samb. **Sec.**$_{bg2,k,*}$ sep. sil. spig.$_{bg2,k}$ spong.$_{bg2,k}$ *Squil.*$_{bg2,k}$ *Stann.* staph. **Stram.**$_{bg2,k,*}$ sul-i.$_{k2}$ *Sulph.* **Tab.**$_{a1,k}$ **Verat.**$_{hr1,k}$ vip.$_{a1,k}$
☞ *Gezogen*
– **Schlaf**, im: tab.$_{a1,k}$

Leckt sich die Lippen: choc.$_{srj3}$
☞ *❑ Mund - Leckt*
– **Hitze**; während der: *Puls.*$_{hr1}$

Luft ins Gesicht blasen; als würde kalte: coloc. mez. olnd.$_{bg1,h}$ thuj.$_{bg1}$

Lupus
☞ *Krebs - Lupus*

Marmorierte Haut
☞ *Farbe - marmoriert / Venen - netzförmig*

Müdes Gefühl im Kiefer: alum. cham.$_{bg2,k}$ gels.$_{bg2}$ iod. kalm.$_{bg2}$ nicc. nit-ac.$_{bg2,k}$ ran-b.$_{bg2}$ tarent.$_{a1,k}$ vip.$_{bg2,k}$

Mumps
☞ *Entzündung - Parotis - Mumps / Schwellung - Parotis*

Muttermal
☞ *☐ Haut - Naevi*

Narben: mez.k2
☞ *☐ Haut - Narben*
– **Hautausschläge**; durch:
☞ *Hautausschläge - Akne - Narben*
○ **Augen**:
○ **um** die Augen: mez.k2

Nasenlinie ausgeprägt (= Falte von den Nasenflügeln zu den Mundwinkeln, Linea nasalis): aeth.bg2,k ant-t.ptk1 carb-ac.ptk1 *Cina*ptk1 ip.ptk1 merc-cy.ptk1 *Phos.*ptk1 *Stram.*ptk1 tarent.ptk1

Nekrose:
○ **Kiefer**:
○ **Oberkiefer**: *Merc-c.*
• **Unterkiefer**: *Hep.* merc. **Phos.** *Sil.*

Noli me tangere
☞ *Geschwüre - rodens / Krebs - Ulcus*

Ödem
☞ *Schwellung - ödematös*

Offener Mund
☞ *☐ Mund - Offen*

Ölig
☞ *Fettig / Glänzend - ölig*

Pelziges Gefühl bei Hemiplegie: caust.hr1

Prickeln
☞ *Ameisenlaufen / Kribbeln*

Prognathie: bufogk

Pulsieren: acon. *Agar.*bg2,k *Arg-met.* arg-n.bg2 arn.bg2,k ars. bell.k,k2,* bry.bg2,k bufo *Calc.*bg2,k cann-s.bg2,k carb-an.h,kl caust.bg2,k cham.bg2,k clem.bg2,k croc.bg2,k *Ferr-p.* hell.bg2 hura hyos.bg2 kreos.bg2,k mag-c. merc.bg2 *Mur-ac.* myric. nit-ac. petr.bg2 *Plat.*bg2 rumx. sabad.bg2,k spong. staph.bg2,k sulph.
○ **Kiefer**:
○ **Unterkiefer**: bov. carb-an. cham. cupr-ar. ind. *Lach.* nat-c. petr.h plat. stram.
• **abends**: ind.
– **Kinn**: stry.
– **Lippen**: berb.bg1
– **Parotis**: hyos.gt1
– **Unterkieferdrüsen**: am-m.a1,k cham.a1,k clem.h,kl ign.a1 lyc.a1,k stram.a1,k tarent.a1,k
– **Wangenknochen**: calc.h carb-an.h mag-c. merc-i-f. sulph.

Rasieren:
– **agg.**: carb-an. plb.bro1
– **amel.**: brom.bg,bro1,*

Rauhe Haut: alum.bg2,h,* anac.bg2 ars.bg2 *Bar-c.*bg2 bell.bg2 berb-a.c2 bov.bg2 *Caps.*bg2 *Graph.*bg2 merc.bg2 nit-ac.bg2 *Petr.*c2 phos.bg2 rhus-t.bg2 sars.bg2 *Sep.*bg2 sulph.bg2,h
○ **Mund**, um den: phos.h
– **Schläfen**: nat-m.h,kl

Rauhe Haut: ...
– **Stirn**: sep.h,kl

Reiben:
– **Husten** Gesicht und Augen mit der Faust; reibt beim: caust.ptk1 puls.ptk1 squil.ptk1

Rissig:
☞ *Aufgesprungen*
○ **Lippen**: *Agar.*bg2,k,* *Ail.*hr1,k aloe alum.bg2,k alum-p.k2 *Am-c.*bg2,k *Am-m.*bg2,k,* ambr.hr1,k androc.srj1 ant-c.bg2 ant-t.bg2,k,* *Arn.*bg2,k,* *Ars.*bg2,k,* ars-s-f.k2 **Arum-t.**bg2,k,* aur. aur-ar.k2 aur-s.k2 *Bapt.*hr1,k bar-c.bg2,k,* bar-s.k2 bell.bg2,k,* bism. *Bov.*bg2,k,* **Bry.**bg2,k,* **Calc.**hr1,k,* *Calc-s.* calc-sil.k2 *Cann-s.*bg2 *Caps.*bg2,k,* carb-ac.hr1,k *Carb-an.*bg2,k,* **Carb-v.**bg2,k,* **Carbn-s.** caust. cench.k2 *Cham.*bg2,k,* chel.a1,k **Chin.**bg2,k,* chinin-ar. cimic.hr1,k cist.k2 colch.bg2,k,* con. cop. cor-r.a1,k *Croc.*bg2,k,* crot-t.a1 cupr. dros.bg2,k,* fago.a1 gink-b.sbd1 **Graph.**bg2,k,* guare. ham.hr1,k,* *Hell.*hr1,k hep.bg2,h,* hyos.k2 *Ign.*bg2,k,* iris jatr-c. kali-ar. kali-bi. kali-c.bg2,k,* kali-i.a1,k kali-p. kali-s. kali-sil.k2 kalm.hr1,k,* *Kreos.*bg2,k,* **Lach.**hr1,k lunakg1 lyc.bg2 mag-m.bg2,k,* mang.bg1 meny.bg2,h,* *Merc.*bg2,k,* *Merc-c.*bg2,k,* *Mez.*bg2,k,* mur-ac.h,k2,* nat-ar. nat-c.bg2,k,* **Nat-m.**bg2,k,* nicc. nit-ac.bg2,k nux-v.bg2,k ol-an.bg2 par.bg2,k petr.h,kl ph-ac.bg2,k *Phos.*bg2,k,* *Plat.*bg2,k plb.hr1,k,* ptel.c1 puls.bg2,k,* *Rhus-t.*bg2,k,* sabad. sabin.bg2 sel.bg2,k,* sep.bg2,k2 *Sil.*hr1,k,* spig.hr1,k squil.bg2,k,* *Stram.*hr1,k **Sulph.**bg2,k,* syph.k2 tab.bg2,k,* tarax. ter.hr1,k tub-m.vs tub-r.jl,vn *Verat.*bg2,k,* *Zinc.*hr1,k,* zinc-p.k2
• **Schnupfen**, beim: staph.a1,h,*
○ **Oberlippe**: agar.h androc.srj1 bar-c. calc.bg1,h,* ~~hell.kl,xxx~~ *Kali-c.* nat-c. *Nat-m.* ~~tarax.kl,xxx~~ zinc.h
○ **Mitte** der ●: *Calc.*vh *Chin.*vh hell.kl *Hep.* mag-m.dgt *Nat-c.*vh *Nat-m.* *Nux-v.*vh *Ph-ac.*vh *Phos.*vh *Sel.* *Sep.*vh tarax.kl
• **Unterlippe**: anag.bg2,vh apis arag.br1 bry.h cham. cimic. *Nat-c.* *Nit-ac.* *Phos.* **Sep.** sulph.h zinc.h
○ **Mitte** der ●: agar.bg1,k,* *Am-c.* aur-m. calc.bg1 *Cham.* *Chin.*bg1,h,* dros. graph.bro1 haliae-lc.srj5 *Hep.* *Nat-c.*bg1,bg2,* nat-m.k,kl2● *Nux-v.*bg1,h,* *Ph-ac.*bg1,h,* *Phos.*bg1,h,* *Puls.* *Sep.*bg1,bro1,*
– **Mundwinkel**: am-c. ambr. *Ant-c.* apis **Arum-t.** calc. caust. cinnb. **Cund.** eup-per. gink-b.sbd1 **Graph.** *Hell.* *Hydr.* hydrog.srj2 ind. *Iod.*bg1,vh,* *Merc.* merc-c.ptk2 *Mez.* *Nat-ar.* *Nat-m.* **Nit-ac.** psor.ptk2 rhus-t.ptk2 *Sep.* **Sil.** sulph.k2 syph.xxb *Thlas.*bg1,vh,* v-a-b.jl *Zinc.*
☞ *Exkoriation - Mundwinkel / Geschwüre - Mund - Mundwinkel*
• **rechts**: kreos.k2 *Lyc.*bg1,vh,*
• **Menses**:
• **während**: kreos.k2

Risus sardonicus (= sardonisches Lachen): **Bell.**bg2,k,* camph.bg2,sf cann-i.a1 *Caust.*hr1,k *Cedr.*hr1 cic.h,kl *Colch.*bg2,k,* con.bg2,k,* croc.a1 *Cupr.*hr1 hydr-ac.bg2,hr1,* *Hyos.*bg2,k,* ign.a1,k med.c1,hr1 nux-m.a1,k *Oena.*hr1,k,* phyt.bg2,sf plb.bg2,k,* ran-b.hr1 ran-s.bg2,k,* *Sec.*bg2,k,* sol-ni.

Risus sardonicus: ...
Stram.$_{k,k2,*}$ stry.$_{a1,k}$ tarent.$_{k13}$ verat.$_{hr1,k}$ zinc.$_{bg2,k}$ zinc-ox.$_{j5}$

Röte
☞ *Farbe - rot*

Rucken
☞ *Zucken*

Runzelig, faltig: ant-t. apis choc.$_{srj3}$ crot-t. merc. op. plb. rob. sec.$_{k2}$ sin-n. sulph.$_{k2}$ ter. zinc-s.
☞ *Ausdruck - alt / Gerunzelt*

○ **Augen**; um die: choc.$_{srj3}$

– **Lippen**: am-m.$_{hr1,k}$ ant-t.$_{k2}$ ars.$_{k2}$ chin.$_{hr1,k}$ mang.$_{h,k1}$ zinc.$_{k2}$

Rußig: *Ant-t.*
☞ *Farbe - schwarz*

Sattel quer über der Nase: *Carb-an.*$_{hr1,k}$ sanic. **Sep.**$_{bg2,k}$ syph.$_{xxb}$ tril-p.$_{bg1}$
☞ *Farbe - gelb - Sattel*

Schärfe
☞ *Schmerz - wundfressend*

Schaudern im Gesicht und sich von dort ausbreitend: caust. mag-m.$_{h}$

– **Stuhlgang**; nach jedem: ang.$_{c1}$

○ **Kinn**: stram.$_{h}$

Schläge, Schocks gefolgt von Brennen: *Thuj.*

Schleimige Lippen: kali-i. stram. zinc.
☞ *Belag - Lippen*

Schmerz: abrot. **Acon.** *Agar.* all-c. alum. alum-p.$_{k2}$ alum-sil.$_{k2}$ am-c. am-m. ambr. *Anac.* anan. apis arg-met. *Arg-n.* *Arn.* **Ars.** *Ars-i.* *Ars-met.* arund. asaf. asar. **Aur.** aur-ar.$_{k2}$ aur-i.$_{k2}$ aur-m. aur-s.$_{k2}$ bamb-a.$_{stb2}$ bar-c. bar-i.$_{k2}$ bar-s.$_{k2}$ **Bell.** benz-ac. *Berb.* bism. borx. bov. brach. *Bry.* cact. *Cadm-s.* **Calc.** calc-i.$_{k2}$ *Calc-p.* calc-s. camph. *Caps.* *Carb-an.* *Carb-v.* carbn-s. casc. **Caust.** **Cedr.** *Cham.* *Chel.* *Chin.* chinin-ar. *Chinin-s.* *Chlol.* *Cimic.* *Cina* cist. clem. coc-c. *Cocc.* *Coff.* *Colch.* **Coloc.** *Con.* cor-r. crot-h. *Cupr.* *Cupr-ar.* desm-g.$_{bnj1}$ dig. dros. *Dulc.* echi. euon. *Euph.* euphr. ferr-ar. ferr-m. ferr-p. **Gels.** *Glon.* graph. grat. *Guaj.* ham.$_{k2}$ *Hep.* hura hydrc. *Hyos.* *Hyper.* *Ign.* iod. *Iris* *Kali-ar.* *Kali-bi.* *Kali-c.* kali-cy.$_{gm1}$ *Kali-i.* kali-m.$_{k2}$ *Kali-p.* *Kali-s.* kalm. kreos. lac-c. *Lach.* led. lepi. *Lith-c.* lob. *Lyc.* *Mag-c.* *Mag-m.* **Mag-p.** mang. *Merc.* *Merc-c.* merc-i-f. *Mez.* morph. naja nat-ar. *Nat-c.* nat-hchls. **Nat-m.** nat-p. nat-s. nicc. nit-ac. **Nux-v.** ol-an. onos. *Paeon.* ph-ac. **Phos.** *Phyt.* *Plan.* **Plat.** plb. prun.$_{ptk1}$ psor. *Puls.* ran-b. ran-s. *Rhod.* *Rhus-t.* rhus-v. ruta sabad. sabin. sang. sanic. sars. sec. *Sep.* *Sil.* sol-t-ae. **Spig.** spong. **Stann.** **Staph.** **Stram.** stront-c. sul-ac. sul-i.$_{k2}$ *Sulph.* syph.$_{k2}$ tarax. ter. *Thuj.* valer. *Verat.* **Verb.** viol-o. zinc.

– **eine** Seite: acon. am-c. caps. *Caust.* cham. colch. euon. grat. *Kali-bi.* kalm. kreos. led.$_{h}$ mag-c.$_{br1}$ mez. nux-v. ol-j. phos. puls. verat. verb.

Schmerz: ...

– **abwechselnde** Seiten: lac-c.$_{k2}$
☞ *wandernd*

– **links**: *Acon.*$_{hr1,k}$ *Ars.*$_{hr1,k,*}$ arund.$_{hr1,k,*}$ asar.$_{hr1,k}$ *Bamb-a.*$_{stb2}$ bell.$_{j5}$ *Cedr.* cham.$_{j5}$ *Chel.*$_{hr1,k,*}$ *Chin.*$_{hr1,k,*}$ *Chinin-s.* *Coloc.*$_{hr1,k}$ cor-r.$_{hr1,k}$ *Dulc.*$_{hr1,k}$ echi. glon.$_{hr1,k}$ *Guaj.*$_{hr1,k}$ hell.$_{hr1,k}$ hydrog.$_{srj2}$ *Kali-bi.*$_{hr1,k}$ kali-chl.$_{j5}$ lach.$_{j5}$ **Lob.**$_{hr1,k}$ lyc.$_{a1,h,*}$ *Mag-c.*$_{hr1,k,*}$ merc-c.$_{hr1,k}$ mez.$_{j5}$ nat-c.$_{hr1}$ nat-hchls. nux-v.$_{j5}$ osm.$_{hr1,k}$ *Phos.*$_{hr1,k}$ plan.$_{hr1,k}$ polyg-h. puls.$_{hr1,k}$ sabad.$_{hr1,k,*}$ sep.$_{hr1,k}$ **Spig.**$_{hr1,k}$ stann.$_{a1,k}$ staph.$_{hr1,k}$ stram.$_{j5}$ *Thuj.*$_{hr1,k}$ **Verb.**$_{hr1,k}$ vesp.$_{a1,k}$
• **nach** rechts: *Chin.*

– **rechts**: agar.$_{hr1,k,*}$ am-c.$_{a1,k}$ *Am-m.*$_{hr1,k}$ anac.$_{hr1,k,*}$ arn.$_{hr1,k}$ *Aur.*$_{hr1,k,*}$ aur-s.$_{k2}$ **Bell.** bry. *Cact.*$_{hr1,k}$ *Calc-p.* camph.$_{hr1,k}$ *Carb-v.*$_{hr1,k}$ *Caust.*$_{hr1,k}$ cedr.$_{hr1,k}$ **Chel.**$_{hr1,k}$ *Chinin-s.* *Cist.*$_{hr1,k}$ *Clem.*$_{hr1,k,*}$ coff. *Cur.*$_{hr1,k}$ dor. *Ferr.* hom. indg.$_{hr1,k}$ *Iris* *Kali-i.*$_{hr1,k}$ kali-m.$_{k2}$ *Kali-p.*$_{hr1,k}$ *Kalm.*$_{hr1,k}$ lil-t.$_{hr1,k}$ *Lyc.*$_{hr1,k,*}$ lyss.$_{hr1,k}$ *Mag-p.*$_{hr1,k}$ med.$_{c1}$ *Merc.*$_{hr1,k,*}$ mez.$_{j5}$ nux-v. op.$_{j5}$ phos.$_{j5}$ *Plat.*$_{hr1,k}$ psor. **Puls.**$_{hr1,k}$ rhod.$_{hr1,k,*}$ *Rhus-t.*$_{bg2,vh/dg,*}$ sanic. *Sep.*$_{hr1,k,*}$ *Spig.*$_{hr1,k}$ spong.$_{hr1,k}$ stram.$_{j5}$ stront-c. sul-ac.$_{hr1,k,*}$ *Sulph.*$_{hr1,k,*}$ syph. ter.$_{hr1,k,*}$ urt-u.$_{a1,k}$ verat.$_{j5}$ *Verb.*$_{hr1,k}$ zinc.$_{hr1,k,*}$
• **nach** links: calc-p. lyc. nat-m.
• **Menses**; während: bamb-a.$_{stb2}$

– **tagsüber**: calc. cedr.$_{br1,bro1}$ *Cimic.* kalm. mag-p. plan.$_{bro1}$ puls. **Spig.**$_{hr1,k}$ *Stann.* thuj.

– **morgens**: agar. *Chin.* *Chinin-s.* *Cupr.* kali-cy.$_{gm1}$ kalm.$_{k2}$ mez.$_{hr1,k,*}$ nat-hchls. *Nux-v.*$_{hr1,k}$ rumx. sars.$_{a1,k}$ thuj.$_{hr1,k,*}$ verat. verb.$_{hr1,k}$
• **5** h: caj.
• **7** h:
 • **7** - 8 h: rhus-t.
 • **7** - 12 h: *Chinin-s.*
 • **7** - 14 h: plan.$_{br1}$
• **Erwachen**, beim: agar. hydrog.$_{srj2}$ *Iris* kali-cy.$_{gm1}$ sars.$_{a1,k}$ sep.$_{hr1,k}$ sulph.
• **Frühstück**, nach dem: *Iris*
 • **amel.**: caj.
• **steigt** bis mittags an und sinkt dann: mag-c.

– **vormittags**: *Chinin-s.* lach. nat-m.$_{hr1,k}$ plat.$_{hr1,k}$
• **9** h: *Caust.* kali-bi. lac-c. nux-v. sul-ac. *Verb.*
• **9** - 16 h: *Verb.*
• **9.30** h: verb.
• **10** h: *Chinin-s.* gels. nat-m.
• **11** h: mag-p. nux-v. puls.
• **11** - 14 h: mag-p.

– **mittags**: nat-m. spig.$_{hr1,k}$ stram. sulph. verb.

– **nachmittags**: calc. cimic. *Cocc.*$_{hr1,k}$ hyper.$_{a1,k}$ kalm. lac-c. mez.$_{a1}$ nux-v. sulph.$_{a1,k}$ ter. verb.
• **13** h: ars. coff.
• **14** h: mag-p.
• **15** h: calc. *Chinin-s.* pip-m.
• **16** h: chinin-s. coloc. verb.
• **16** - 20 h: **Lyc.**
• **16** h, die ganze Nacht anhaltend: merc-c.

– **abends**: am-m.$_{a1,k}$ caps.$_{hr1,k}$ *Chinin-s.* cist.$_{hr1,k}$ cocc.$_{hr1,k}$ guaj. hyper.$_{hr1,k}$ ign. kali-s. mag-s. *Mez.*$_{hr1,k}$ nit-ac. *Phos.* pip-m. *Plat.* *Puls.*$_{hr1,k}$ rhus-t.$_{hr1,k}$ sep.$_{hr1,k}$ spong. stram.$_{hr1,k}$ *Sulph.*

– **abends**: ...
*Thuj.*hr1,k *Verb. Zinc.*
• **18** h bis morgens: *Guaj.*
• **19** - 20 h: **Cedr.**
• **21** h: sul-ac. urt-u.
• **21** - 3 h: sulph.
• **amel.**: kali-bi. spig. stann. sulph. verat.
• **Hinlegen**, nach dem: stram.
– **nachts**: *Acon.* agar. aran. brach.al *Calc-p.* *Caust.*hr1,k chel.hr1,k *Cocc. Con. Glon. Guaj. Lach.* led. *Mag-c.*hr1,k *Mag-p.* **Merc.** merc-c. *Mez.*hr1,k,* nicc. phos. *Phyt.* plan.al,k plat. puls.hr1,k *Sep.* *Sil.*hr1,k spong.hr1,k staph.hr1,k *Sulph.*hr1,k
• **amel.**: cupr. *Staph.*
• **Mitternacht**:
• **vor**:
• **22** h: chinin-s. coloc. ign.
• **nach**:
• **2** h: spig.
• **3** h: *Sulph.* **Thuj.**
• **4** h: kali-cy.gm1
• **Bett**; treibt ihn aus dem: *Mag-c. Mag-p. Rhus-t.*
• **Ruhe**, in der: *Mag-c.* mag-p.
◇ **abwechselnd** mit:
• **Bauchgegend**; Schmerz in der: coloc.ptk1
• **Brust**; Beklemmung in der: cocc-s.c1
• **Gliedern**; Schmerz in: *Kali-bi.*
• **Magen**; Schmerz im: bism.bro1,ptk1
• **Schulter**; Schmerz in der: mag-p.
◆ **begleitet** von:
• **Speichelfluß**: bell.j *Mez.*j,kr1,* plat.kr1,st1,* verb.j zinc.j
– **Ablenkung**: pip-m.
– **allein**, wenn: pip-m.
– **anfallsweise**: acon. *Bell. Caust. Cedr.*hr1,k *Cham.* *Chin.* chinin-s. cocc. *Coloc.* dulc. guaj.k2 plat. sabad.hr1,k sep.hr1,k stann. stram. thuj. *Verb.*
– **Anstrengung**, bei:
• **agg.**: **Bry.** *Cact.*hr1,k calc-p. lac-c.hr1,k merc.
• **amel.**: iris sep.
– **Ärger**, Verdruß; bei: *Coloc.* kalm. staph.
– **Aufsetzen**; beim:
• **Bett**, im:
• **amel.**: bell. *Ferr.* hep. mag-c.h *Puls.* sulph.
– **Aufstehen**:
• **Bett**, vom:
• **agg.**: chin. olnd. rhus-t. spig.
• **erneutes** Aufstehen: chin.
• **amel.**: hep.
– **ausstrahlend**: cocc.bg2 ferr.bg2 mag-p.bg2 mez.bg2 ptel.bg2 sang.ptk1 spig.bg2,ptk1
– **Baden** agg.: am-c. coff. con.h,kl
– **Berührung**:
• **agg.**: arn. aur. bad.c1 **Bell.**hr1,k *Bry.*hr1,k *Caps.*hr1,k *Chel. Chin.*hr1,k chinin-s. cina *Clem.*hr1 cocc. **Coff.** *Coloc.* cor-r. cupr. dig. dros.hr1,k **Hep.**hr1,k kali-c.h,kl kali-chl.c1 kali-cy.gm1 **Lach.** lyc. mag-c.hr1,k mag-p.bro1,k merc-i-f.c1 *Mez.*bro1 nat-m. *Nux-v.* par.hr1,k ph-ac. *Phos.*hr1,k puls.hr1,k *Sep.*hr1,k spig. spong. staph.hr1,k sulph.h,kl verb. zinc.hr1,k
• **amel.**: am-c. am-m. asaf. chin. euphr. kali-p.

– **Berührung - amel.**: ...
olnd. thuj.
– **betäubend**: *Mez. Plat.* stann.h,kl verb.
– **Bett**, im:
• **agg.**: carb-v. *Mag-c. Mag-p.* puls. *Sil.* spong. verb. viol-t.
– **Beugen** nach vorne agg.: lac-c.
– **Bewegung**:
• **agg.**: *Acon.* **Bell.**hr1,k **Bry.** *Cact.*hr1,k calc. calc-p. *Chin.*hr1,k chinin-ar. *Colch. Coloc. Ferr-p. Gels.* lac-c.hr1,k mez. **Nux-v.**hr1,k phos.hr1,k rhod. sep. **Spig.**hr1,k squil. staph. *Valer. Verb.*
• **amel.**: agar. *Bism.*hr1,k ferr. iris kali-p. lyc. *Mag-c.*hr1,k mag-p. meny. *Plat. Puls. Rhod.* **Rhus-t.** ruta thuj.bro1 *Valer.*
• **Augen**, der: bry. kali-c.
• **Gesichtsmuskeln**, der:
• **agg.**: stann.h
• **Unterkiefers**, des:
☞ *Kauen*
• **agg.**: alum. alum-p.k2 am-c. androc.srj1 borx. bry. cham. cocc. *Coloc.*bg1,vh,* cor-r. ign. kali-c. m-arct. mag-p. mang. *Merc.* nat-ar. nat-m. phos. rhus-t. sabad. spig. spong. thuj. verat. *Verb.*
• **amel.**: *Rhod.*
– **Binden** amel.; festes: kali-c.h,kl sep.h,kl
– **Bücken** agg.: ang.c1 bry. canth. carc.zzh coloc. ferr-p. gels. kali-c. nux-v. petr. puls. *Spig.*hr1,k
– **Chinin**, nach: *Hep.*hr1,k **Nat-m.**hr1,k *Nux-v.*hr1,k *Puls.*hr1,k *Stann.*
– **Druck**: calc-p.k2
• **agg.**: *Bell. Caps. Cina Coloc.* cupr. dros.hr1,k gels. kali-cy.gm1 *Mag-c.* merc-i-f.al,k nux-v. petr.h,kl *Verb.*
• **amel.**: ail. aur.h,kl *Bry.*hr1,k coloc. cupr. *Dig.* guaj. lepi. *Mag-c.* mag-m.br1,bro1 **Mag-p.** *Mez.* rhod.bro1 sang. sep.hr1,k spig. stann. staph. syph.
• **harter** Druck amel.: bell. *Bry.* chin. *Chinin-s.* *Rhus-t.* spig.
– **Einhüllen**:
• **amel.**: gink-b.sbd1
• **nachts**:
• **amel.**: phos.k2
– **entzündlich**: *Acon.*hr1,k arn.hr1,k *Bar-c.*hr1,k **Bell.**hr1,k *Bry.*hr1,k cact.hr1,k *Ferr-p.*hr1,k glon.hr1,k *Lach.*hr1,k **Merc.**hr1,k phos.hr1,k plat.hr1,k thuj.hr1,k verat.hr1,k
– **Erregung**: ang.c1 cact. cham.k2 *Coff.* coloc.k2 cupr. lyc. sep. *Staph.*
• **amel.**: kali-p. pip-m.
– **Erschütterung** agg.: *Arn.* **Bell.** chin. *Cocc.* ferr-p.bro1 *Mag-c. Spig.*
– **Erwachen**, beim: croc. hell. hep. kali-p.k2 *Lach.* nux-v. puls. sabad. sep. spig. verb.
– **Essen**: bry. gels. kali-chl.c1 mag-p. *Mez.* phos. plan. spig. spong. syph.
• **nach**: agar. chin. iris mang. nux-v. *Phos.* zinc.hr1,k
• **amel.**: chin. kali-p. *Kalm.* spig.
• **amel.**: caj.al,k chin.c1 rhod.
– **Freude**; durch übermäßige: coff.k2

– **Frost**; während: acon. *Caust.*hrl,k chin. lach. mez. nux-v. rhus-t. spig.
– **Frösteln** bei den Schmerzen: *Caust.* coloc.ptk1 rhus-t.ptk1
– **Frühling**, im: *Lach. Nux-v.*
– **Gähnen**, beim: arn.a1,k ign. mag-c.h,kl op. rhus-t. sabad. staph.a1,k
– **Gefühllosigkeit**, mit: acon. **Cham.** *Kalm. Mez. Plat.*hr1,k
– **Gehen**:
• **agg.**: ang.c1 guaj. laur. mang. merc. mur-ac. petr. thuj.
• **amel.**: agar. *Mag-c.*hr1,k sulph.
• **nach**: ran-s.
• **langsam** amel.: chin. *Ferr. Puls.*
• **Warmwerden**: plan.a1,k **Puls.**
• **Freien**, im: nat-c. nux-v.
• **amel.**: asar. *Coloc. Mag-c.*
– **geistige** Anstrengung agg.: am-c. bry. calc-p. *Coff.* ign.hr1,k kalm. lac-c. *Nux-v.* spig.k2 staph.
– **Geräusche** agg.: acon. arn. calc-p. *Chin.*hr1,k *Cocc. Coff. Nux-v.* sep.hr1,k **Spig.**hr1,k
☞ ❑ *Gemüt - Empfindlich - Geräusche*
– **Gerüche** agg.: sep.hr1,k
– **Hautausschlägen**; nach unterdrückten: *Dulc. Kalm. Mez.* thuj.
– **Hitze**
☞ *brennend / Wärme / Überhitzung*
– **Husten**, beim: *Kali-bi.*
– **intermittierend**
☞ *anfallsweise*
– **Kaffee**:
• **agg.**: spig.
• **Mißbrauch** von; nach: **Nux-v.**
– **kalt**:
• **Abkühlung**, durch: calc-s. mag-p.ptk1
• **Anwendungen**, kalte:
• **agg.**: aesc. *Bell.* con. *Ferr. Hep. Mag-c.* **Mag-p.** *Phos. Rhod.* **Rhus-t.** sanic. **Sil.** stann.
• **amel.**: apis arg-met. ars-met. asar. *Bism. Bry. Caust.* chin. *Clem.*bro1 **Coff.** ferr.k2 *Ferr-p.* fl-ac. *Kali-p. Lac-c.* nicc. phos.bro1 *Puls.* sabad. sep.
• **Einwirkung** von Kälte; durch: acon. *Agar.* arn. *Bell. Calc. Calc-p.* calc-sil.k2 *Caust.* coff.bro1 *Dulc. Gels. Graph. Hep.* kali-cy.gm1 *Kalm. Mag-c. Mag-p. Merc.* nit-s-d.bro1 *Phos. Rhod. Rhus-t.* ruta *Sep.* **Sil.** *Sulph.* verb.
☞ *Wetter / Wind*
• **Feuchtigkeit**, und durch: coloc.bro1 *Dulc.*bro1 mag-m.bro1 rhus-t.bro1 *Sil.*bro1 *Spig.*bro1 thuj.bro1
• **Hitze**, oder: merc. plan. sul-ac.
• **Luft**, kalte:
• **agg.**: *Acon. Agar.* **Ars.** aur-s.k2 *Bell. Carbn-s. Colch. Dulc.* kali-ar. kali-c. kali-p. *Mag-c.* **Mag-p.** *Merc.* phos. *Rhod.* **Rhus-t.** ruta sulph. verb.
• **amel.**: *All-c.* **Kali-s.** nicc. *Puls.*
• **Waschen** in kaltem Wasser agg.
☞ *Anwendungen, kalte*

– **kalt**: ...
• **Wasser** im Mund; durch Halten von kaltem:
• **amel.**: clem.ptk1
– **Kauen**, beim: acon. alum. alum-p.k2 alum-sil.k2 am-m. anac. arg-n. *Bell. Bism. Bry.* calc. *Cham.* coff. coloc.bg1 cur. desm-g.bnj1 euphr. graph. hell.ptk1 kali-chl.ptk1 lach. *Nat-m.* nit-ac. osm. phos. plat. puls. sep. sil. spig. *Staph.* verat. verb.
☞ *Bewegung - Unterkiefers / Bewegung*
• **amel.**: cupr. cupr-act.bro1
– **Knien** und den Kopf fest auf den Boden zu pressen:
• **amel.**: sang.bro1,ptk1
– **Lachen**, beim: borx. mang. tab.
– **Lähmung**, mit: *Caust.*hr1,k *Cur. Gels.*hr1,k kali-chl.hr1,k **Nat-m.**hr1,k
– **Licht** agg.: *Ars.*hr1,k *Bell.*hr1,k *Cact.*hr1,k *Chel.*hr1,k cocc-s.hr1 *Con.*hr1,k mag-p.hr1,k spig.hr1,k
– **Liegen**: ail. ambr. arn. bell. carbn-s. cham. chel. *Chin. Coloc. Ferr.* gels. graph. hep. ign. kalm. lac-c. *Mag-c.* phos. pip-m. plat. plb. *Puls.* ruta sil. spig. sulph. syph. *Verb.*
• **amel.**: *Cact.*hr1,k calc-p. chinin-s. coff. *Nux-v.* sep. spig.
• **Gesicht**, auf dem:
• **amel.**: spig.
• **ruhig**:
• **amel.**: bry. sep.
• **Seite**:
• **erkrankten** Seite; auf der:
• **agg.**: acon. arn. chin. *Clem.* puls. spig. syph.
• **amel.**: bry. cupr. ign. sul-ac.
• **tief** liegendem Kopf; mit:
• **agg.**: *Puls.*
– **Luft**:
• **Freien**, im:
• **agg.**: alum. alum-p.k2 alum-sil.k2 amph.a1 *Ars.* ars-s-f.k2 *Bell.* calc. carb-an. chin. chinin-ar. cocc. guaj. *Hep.* kali-ar. *Kali-c. Kali-p.* kreos. laur. mag-c. mag-p. *Merc.* merc-c. *Phos.* plat. puls. *Rhus-t.* sars. sep. sil. spig. spong. **Sulph.** thuj. valer.
• **amel.**: all-c. am-m. hep. kali-bi. *Kali-i. Kali-s.* lac-c.k,k2 nat-m. nat-s. *Puls. Sulph.* thuj.bro1
• **Luftveränderung**: staph.
– **Menses**:
• **vor**: am-c. mang. *Stann.* zinc.
• **während**: am-c. bamb-a.stb2 caust. graph. lyc. mag-c. mag-m. *Nat-m.* sep. sil. stann.hr1,k zinc.hr1,k
• **nach**: spig.
• **spärlichen**; mit: caust.ptk1 lob.ptk1 mez.ptk1
• **unterdrückt**: stann.wt
– **Musik**, durch: *Cact.*hr1,k nux-v. ph-ac.
– **Niesen**, beim: chin. mag-c.h,kl *Verb.*
– **nüchtern**, wenn: *Cact.*
– **Öffnen**, beim:
• **Augen**, der: bry.
• **Mundes**, des: alum. ang. cham. **Cocc.** dros. hydrog.srj2 mag-p. merc. phos. sabad. spong. thuj. verat.

– **periodisch**: *Ars.* ars-s-f.$_{k2}$ *Cact.* *Cedr.*$_{hr1,k}$ *Chin.*$_{hr1,k}$ chinin-ar. *Chinin-s.* glon.$_{hr1,k}$ *Guaj.*$_{hr1,k}$ kali-ar. *Mag-p.*$_{hr1,k}$ mez.$_{j5}$ **Nat-m.**$_{hr1,k}$ nux-v.$_{j5}$ **Spig.** thuj.$_{hr1,k}$ verat.$_{j5}$
– **plötzlich**: *Ign.*$_{hr1,k}$ kalm. valer.$_{hr1,k}$
• **zunehmend** und abnehmend; plötzlich: **Bell.** *Spig.* *Sulph.*
– **pulsierend**: **Acon.**$_{hr1,k}$ arg-met. *Arn.* bamb-a.$_{stb2}$ *Cact.* cupr-ar.$_{hr1,k}$ *Ferr-p.* *Glon.* *Mag-c.* merc-i-f. nit-ac. *Plat.* puls.$_{hr1,k}$ sabad. sep.$_{hr1,k}$ spig.$_{hr1,k}$ staph.
– **Quecksilber**, nach: *Aur.*$_{kr1}$ aur-m. carb-v.$_{hr1,k}$ chin.$_{hr1,k}$ **Hep.**$_{hr1,k}$ kali-chl.$_{hr1}$ **Kali-i.**$_{hr1,k}$ *Nit-ac.*$_{hr1,k}$ *Sulph.*$_{hr1,k}$
– **Rasieren**, nach dem: aur-m. carb-an.$_{h,kl}$
– **Rauchen** amel.: clem.
– **Reiben** amel.: acon.$_{bro1}$ ant-c. *Caust.* **Phos.** plat. plb. *Rhus-t.* valer.
– **rheumatisch**: **Acon.**$_{bg2,k,*}$ act-sp.$_{hr1,k}$ **Ars.**$_{hr1,k}$ **Bry.**$_{hr1,k}$ *Calc-p.*$_{hr1,k}$ **Caust.**$_{hr1,k}$ *Chin.*$_{bg2,k}$ *Cimic.*$_{hr1,k}$ *Colch.*$_{hr1,k}$ *Coloc.*$_{hr1,k}$ gels.$_{hr1,k}$ *Hell.* *Hep.*$_{hr1}$ *Kali-ar.* kali-bi. *Kalm.*$_{hr1,k}$ lach.$_{hr1,k}$ *Lith-c.* mag-c.$_{hr1,k}$ med.$_{k2}$ *Merc.*$_{hr1,k}$ merc-i-f. mez.$_{hr1,k}$ nat-c.$_{h}$ nux-v.$_{hr1,k}$ phos.$_{hr1,k}$ *Phyt.*$_{hr1,k}$ *Puls.*$_{hr1,k}$ rhod.$_{hr1,k}$ *Rhus-t.*$_{bg2,k,*}$ *Sil.* *Spig.*$_{hr1,k}$ verat.$_{hr1,k}$
– **Ruhe** in einem dunklen Zimmer amel.: *Mez.*$_{hr1,k}$
– **Säuren**, durch: kali-c.$_{bro1}$
– **Schlaf**:
• **amel.**: mag-p. **Phos.** sep.$_{hr1,k}$
• **durch**: mez.$_{a1,k}$ verb.
• **Einschlafen**, beim: *Caps.* lach.
– **Schläge** in schneller Folge: coff.
– **Schließen** der Augen; beim: cimic. med.
– **Schlucken**:
• **agg.**: bell.$_{bg1}$ kali-n. phos. staph.
– **Schneuzen** der Nase agg.: **Merc.**
– **Schreiben**, beim: chinin-s.
– **Schwangerschaft**; während der: *Ign.*$_{hr1,k}$ mag-c.$_{ptk1}$ *Sep.*$_{hr1,k}$ stram.$_{hr1,k}$
– **Sitzen**:
• **agg.**: am-m. canth. graph. guaj. *Mag-c.* *Phos.* rhus-t. thuj.
– **Sonne**; kommt und geht mit der: kali-bi. *Kalm.* *Nat-m.* *Spig.* *Stann.* *Verb.*
– **Speichelfluß**, mit
☞ *begleitet von - Speichelfluß*
– **Sprechen**:
• **agg.**: *Bry.* chel. euphr. kali-chl.$_{c1}$ mag-c.$_{h,kl}$ *Mez.* phos.$_{hr1,k}$ puls. rhod. spig. squil. verb.
• **amel.**: kali-p.
– **Stehen** agg.: chin. guaj. nux-v.$_{hr1,k}$ spig.
– **steigt** allmählich:
• **sinkt**:
• **allmählich**: *Plat.* **Stann.**
• **plötzlich**: arg-met.$_{bro1}$ *Bell.*$_{bro1}$ puls. sul-ac.
– **Stuhlgang**, beim:
• **agg.**: spig. verb.$_{c1}$
– **Tabak**, durch: ign. sep.$_{hr1,k}$
– **Tee** agg.: sel.$_{bro1}$ *Spig.*$_{hr1,k}$ thuj.$_{bro1}$
– **Temperaturveränderung**, bei: mag-c. *Verb.*
– **Überhitzung**; nach: *Ferr.*
☞ *Wärme - agg. - Hitze*

– **Urinieren**:
• **häufigem**; mit: calc.$_{ptk1}$
• **reichlich**:
• **amel.**: acon. ferr-p. **Gels.** ign. kalm. sang. sil. ter. verat.
– **wandernd**: acon. arg-n.$_{a1}$ *Colch.* **Gels.** graph.$_{h,kl}$ kali-bi.$_{bg2}$ *Mag-p.* **Puls.** rob.$_{bg2}$
☞ *abwechselnde*
– **warm**:
• **Anwendungen**; warme:
• **agg.**: cedr.$_{vh}$
• **amel.**: dulc.$_{hr1}$ lac-c.$_{k2}$
• **Bett**, Bettwärme; warmes:
• **agg.**: clem. glon. *Merc.* *Mez.* plat. *Puls.* verat.
• **Getränke**; warme: cham.
• **Ofen**, Ofenwärme; warmer:
• **amel.**:
• **Hitze** amel.: *Mez.* **Sil.**
• **Speisen**; warme:
• **agg.**: mez. *Puls.* sep.
• **Zimmer**; im warmen:
• **agg.**: am-c. **Kali-s.**$_{hr1,k}$ *Mez.*$_{hr1,k}$ **Puls.**$_{hr1,k}$
• **amel.**: *Calc.* *Hep.* lac-c. laur. *Sep.*$_{hr1,k}$ staph.
– **Wärme**:
• **agg.**: cham.$_{bro1}$ glon.$_{bro1}$ kali-s.$_{bro1}$ merc-sul.$_{bro1}$ mez.$_{bro1}$ *Puls.*$_{bro1}$
• **Hitze** agg.: cedr. chin. glon. *Phos.* rhod.
☞ *Überhitzung*
• **amel.**: **Ars.**$_{bro1,k}$ ars-s-f.$_{k2}$ *Calc.*$_{bro1,k}$ *Calc-p.* calc-sil.$_{k4}$ caust. *Cham.* chinin-s. coloc. cupr. cupr-act.$_{bro1}$ *Dulc.*$_{hr1}$ gink-b.$_{sbd1}$ **Hep.** kali-p. lac-c.$_{k2}$ lach. mag-m.$_{bro1}$ **Mag-p.**$_{bro1,k}$ *Mez.*$_{bro1,k}$ phos. rhod. *Rhus-t.* sanic. **Sil.** spig. sul-ac. sulph. thuj.$_{bro1}$
• **Hitze** amel.: calc-p.$_{k2}$ gink-b.$_{sbd1}$ kali-ar.$_{k4}$
– **Waschen** mit kaltem Wasser
☞ *kalt - Anwendungen*
– **Wechselfieber**, nach unterdrücktem: **Nat-m.** sep. *Stann.*
– **Wein** agg.: bell. *Cact.*$_{hr1,k}$
– **Wetter**:
☞ *kalt - Einwirkung*
• **kaltem** Wetter; bei: kali-cy.$_{gm1}$
• **nassem** Wetter; bei:
• **agg.**: amph.$_{a1}$ *Calc.* *Calc-p.* chinin-s. dulc. mag-c.$_{br1}$ *Merc.* *Nat-s.* *Sep.* *Sil.* spig.$_{j5,k}$ verat.
• **stürmisches**: *Caust.* phos. **Rhod.** **Sil.** spig. verb.
• **vor**: *Rhod.* sep. *Sil.*
• **Erkältung** bei stürmischem Wetter; durch: nit-s-d.$_{c1}$
• **Wetterwechsel**: kali-cy.$_{gm1}$ *Rhod.*
– **Widerspruch**, durch: *Bell.*
– **Wind**:
☞ *kalt - Einwirkung*
• **agg.**: *Caust.* *Dulc.* lac-c. mag-p. phos. *Rhod.* *Sep.*
• **Südwind**; warmer, feuchter: ip. *Kali-s.* *Puls.*
• **trocken** kalter: **Acon.** bell.$_{k2}$ *Caust.* **Hep.** lac-c. **Mag-p.** rhod.

– **Zähne** oder nach Extraktion; durch kariöse: hecla$_{ptk1}$
– **Zimmer**, im: am-m. chin. hell. m-aust. *Puls.* ran-s.
– **Zorn**; durch: cham.$_{k2}$
– **Zugluft** agg.: bell. calc-p. caps. chin. coff. gink-b.$_{sbd1}$ hep. kali-p. *Mag-c.*$_{hr1,k}$ mag-m.$_{br1}$ *Mag-p. Merc. Nux-v. Sil. Stram.* sulph. *Verb.*
▽ **erstreckt** sich zu:
- **andere** Körperteile: calc-p. *Cocc.*
- **Arme**: kalm.
- **Brust**: sil.
- **Finger**: cocc.$_{ptk1}$ *Coff.*
- **Hals**; äußerer: *Bell. Coloc. Guaj.* lyc.$_{bg1}$ *Puls.* sang. *Spig.*
- **Kopf**: all-c.$_{k2}$
- **Nase**: puls.$_{k2}$ *Spig.*
  - **Nasenwurzel**: phos.
- **Ohren**: **Bell.** *Calc.* carb-an. *Caust.* cocc-s.$_{kr1}$ *Coloc. Hep.* **Lach.** lyc. *Mez.*$_{hr1,k}$ plan. **Puls.** sang. *Sep.* spig. thuj.
- **Schamgegend**: arund.$_{br1}$
- **Schläfen**: berb. hep. med.$_{c1}$ *Mez.*$_{hr1,k}$ phos. plan.$_{br1}$ spig.
- **Schultern**: arund.$_{br1}$
- **Zähne**: merc.$_{bg1}$

○ **Auge**:
- **links**: arg-n. coloc.$_{k2}$
- ○ **unter** dem (= infraorbital): *Acon. Arg-n. Ars.* aur-m-n. *Bell.* carc.$_{zzh}$ cham.$_{j5}$ *Chin.*$_{c1}$ coloc. *Gels.* hydrc. iris mag-p. mang.$_{h}$ mez. *Nux-v.* phos.$_{j5}$ plat. puls.$_{j5}$ *Sil.* spig. sulph. verb. zinc.

– **Foramen** mentale: *Mez.*
▽ **erstreckt** sich zum Ohr: calc.
– **Jochbein**: *Aur.* bamb-a.$_{stb2}$ *Calc-p.* caps. caust. chel. cinnb. *Kali-bi.* lec.$_{br1}$ mag-m.$_{a1}$ mang.$_{h,k1}$ psor. ptel.$_{c1}$ sphing.$_{a1,c2,*}$ spig.$_{kk3}$ verb.
- **abends**: lyc.$_{h,k1}$
- **nachts**: kali-c.$_{h,k1}$

– **Kiefer**: all-c.$_{k2}$ am-c.$_{h,k,*}$ ambr. amph.$_{c2}$ androc.$_{srj1}$ carb-v.$_{h,k1}$ **Caust.**$_{hr1,k}$ cimic. clem.$_{k2}$ coff.$_{k2}$ con. crot-h. dol.$_{c2}$ hydrog.$_{srj2}$ kali-p.$_{k2}$ lach. lyc.$_{h,k1}$ merc. merc-c. merc-i-r.$_{hr1,k}$ nat-c.$_{h2}$ nit-ac. phos. rumx. seneg. vip.
- **links**: guaj.$_{k2}$
- **Erwachen**; beim: hydrog.$_{srj2}$
- **Hitze** agg.: clem.$_{k2}$
- **Husten**: am-c.$_{h}$
- **kaltem** Wasser im Mund amel.; Halten von: clem.$_{k2}$
- **Liegen**:
  - **nachts** agg.: cench.$_{k2}$
- **Wärme**:
  - **agg.**:
    - **Hitze**: clem.$_{k2}$
  - **warm**:
    - **Bett**, Bettwärme; warmes:
      - **agg.**: clem.$_{k2}$
- **zusammen**- oder auseinandergeschraubt; als würde er: ambr.$_{k1}$
- ○ **Kiefergelenk**: acet-ac.$_{hr1,k}$ agar.$_{hr1,k,*}$ alum.$_{hr1,k}$ alumn.$_{a1,k}$ am-m.$_{hr1}$ *Arum-t.*$_{hr1,k,*}$ asaf.$_{a1,k}$ asar. brom.$_{a1,k}$ calc.$_{a1,k}$ *Caust.*$_{a1,k}$ cimic.$_{a1,k}$ cist.

– **Kiefer - Kiefergelenk**: ...
cor-r.$_{hr1,k,*}$ dros.$_{a1,k}$ fl-ac.$_{a1,k}$ glon.$_{hr1,k,*}$ hydrog.$_{srj2}$ hyper.$_{a1,k}$ laur.$_{a1,k}$ mang.$_{a1,k}$ nicc.$_{a1,k}$ op.$_{a1,k}$ psil.$_{ft1}$ *Rhus-t.*$_{hr1,k,*}$ sphing.$_{a1,c2,*}$ spig.$_{a1,k,*}$ spong.$_{hr1,k,*}$ *Stry.*$_{a1,k}$ sul-ac. til.$_{c1}$ vesp.$_{a1,k}$ xan.$_{c2}$
- **links**: cor-r.$_{br1}$ v-a-b.$_{jl}$
- **rechts**: hydrog.$_{srj2}$
- **morgens**: vesp.
- **Gähnen**, beim: cor-r.$_{hr1,k,*}$ ign. rhus-t.$_{a1,k}$ staph.$_{h,k,*}$
- **Kauen**, beim: acon.$_{a1,k}$ alum.$_{hr1,k}$ am-c. am-m.$_{hr1}$ bell. calc.$_{hr1,k,*}$ coc-c.$_{a1,k}$ cor-r.$_{hr1,k}$ sil. v-a-b.$_{jl}$
- **Öffnen** des Mundes; beim: alum.$_{hr1,k}$ am-c. am-m.$_{hr1}$ **Caust.** cor-r. dros. hep. nicc. sabad. verat.
- **rheumatisch**: *Rhus-t.*
- **Ruhe**, in der: *Rhus-t.*
- **Schließen** des Mundes; beim: *Bar-c.*$_{hr1,k}$
- **Schlucken**, beim: *Arum-t.*

▽ **erstreckt** sich zum Gesicht: verb.$_{c1}$
- **Kieferköpfchen**: **Psor.**
- **Kieferwinkel**, links: acet-ac.$_{br1}$
- **Oberkiefer**: aster.$_{a1,k}$ bamb-a.$_{stb2}$ brom.$_{a1,k}$ *Calc-p.*$_{a1,k}$ *Calc-s.*$_{a1,k}$ carb-v.$_{a1,k}$ chel.$_{a1,k}$ cimic.$_{a1,k}$ cycl.$_{a1,k}$ fl-ac.$_{a1,k}$ hydrog.$_{srj2}$ iod.$_{a1,k}$ kali-n.$_{a1,k}$ led.$_{a1,k}$ mang.$_{a1,k}$ merc-i-r.$_{a1,k}$ merl.$_{a1,k}$ olnd.$_{a1,k}$ op.$_{a1,k}$ phos.$_{a1,k}$ phyt.$_{a1,k}$ stann.$_{a1,k}$ zinc.$_{a1,k}$
  - **links**: bamb-a.$_{stb2}$
- **Unterkiefer**: acon.$_{a1,k}$ agar.$_{a1,k}$ aloe ambr. amph.$_{a1}$ arg-met. *Ars.*$_{a1,k}$ caps.$_{a1,h,*}$ *Carb-v.*$_{a1,k}$ *Caust.*$_{hr1,k,*}$ cham.$_{hr1,k}$ chin. cimic.$_{a1,k}$ coff.$_{k2}$ cupr-ar.$_{a1,k}$ *Dulc.* echi. graph. grat. guaj. iod.$_{a1,k}$ kali-p. *Lach.*$_{hr1,k}$ lyss.$_{hr1,k}$ mang.$_{a1,k}$ *Merc.*$_{hr1,k,*}$ merc-c.$_{a1,k}$ merc-i-r.$_{hr1,k,*}$ *Mez.* nat-p.$_{k2}$ nit-ac.$_{a1,k}$ op.$_{a1,k}$ pall.$_{hr1,k,*}$ ph-ac. *Phos.*$_{a1,k}$ phys.$_{a1,k}$ plan.$_{bro1}$ *Plat.* rhod.$_{a1,k}$ *Rhus-t.* rumx. sep. *Sil.*$_{hr1,k}$ *Spig.*$_{hr1,k}$ stram.$_{hr1,k}$ stry.$_{a1,k}$ sul-ac. sulph.$_{hr1,k,*}$ tarent.$_{hr1,k,*}$ zinc.$_{hr1,k,*}$
  - **abends**: nit-ac.$_{a1,k}$ *Plat.*
  - **Berührung**, bei: nat-m.$_{h,k1}$ spong.$_{h,k1}$
  - **geistiger** Anstrengung, bei: lyss.
  - **gichtig**: caust.$_{h,k1}$
  - **Splitter**; wie durch einen: agar.
  - **zerbrechen**; als würde er: ph-ac.

  ▽ **erstreckt** sich zum Ohr: choc.$_{srj3}$ lyc.$_{a1,k}$ ol-an.$_{a1,k}$ sol-ni.
  - ○ **Drüsen**
    ☞ *Unterkieferdrüsen*
  - **Kiefergelenk**
    ☞ *Kiefergelenk*
  - **Kieferwinkel**: tarent.$_{k2}$

– **Kinn**: mang.$_{a1,k}$ nux-m.$_{a1,k}$
– **Knochen**: aeth. anan. asaf.$_{bg2}$ astra-m.$_{c2}$ aur. bamb-a.$_{stb2}$ *Caps.*$_{bg2,k}$ carb-v.$_{a1,h,*}$ chel.$_{bg2}$ *Chinin-s. Cimic.* colch.$_{bg2,k,*}$ graph.$_{a1,h,*}$ hell. *Hep.*$_{a1,k}$ hydrog.$_{srj2}$ kali-c.$_{h,k1}$ kali-n. mag-m.$_{a1}$ *Merc.* merc-i-f.$_{a1}$ merc-i-r. nat-c.$_{a1,k}$ nat-m. nit-ac.$_{a1,k}$ nux-m.$_{bg2}$ nux-v. olnd.$_{bg2}$ onos. phos.$_{a1,h,*}$ *Phyt.*$_{bg2,k,*}$ ruta$_{h}$ samb.$_{bg2}$ sil.$_{h,k1}$ spig.$_{bg2}$

– **Knochen**: ...
staph.$_{bg2}$ sulph.$_{bg1}$ valer.$_{bg2}$ zinc.$_{a1,k}$
• **links**: bamb-a.$_{stb2}$
• **Kauen**, beim: nat-m.$_{h,kl}$
– **Lippen**: am-c.$_{hr1,k}$ anan.$_{hr1,k}$ ars-met. bry. cic.$_{hr1,k}$ cor-r.$_{hr1,k,*}$ *Hep.*$_{a1,k}$ *Kali-c.*$_{hr1,k,*}$ mag-s. merc.$_{a1,k}$ mez.$_{hr1,k,*}$ *Mur-ac.*$_{hr1,k,*}$ plb.$_{hr1,k,*}$ psor.$_{hr1,k,*}$ sep.$_{a1,k}$
• **Berührung** agg.: bry. *Hep.* merc.$_{hr1,k}$ mez.
• **exkoriiert**, wund; wie: caust.$_{h}$
• **Reiben**; nach: phos.$_{h,kl}$
• **Splitter**; wie durch einen: bov. ign. *Nit-ac.* par. *Sep.*
○ **Oberlippe**: ars. *Calc-p.*$_{hr1}$
– **Nerven**: apoc-a.$_{c2}$ caps.$_{h,kl}$ tong.$_{c2}$
– **Parotis**: apis aran. arg-met. arum-t.$_{k2}$ *Aur.*$_{a1,k}$ aur-ar.$_{k2}$ aur-s.$_{a1,k}$ bapt. *Bell.* calc.$_{k2}$ calc-act. calc-p.$_{a1,k}$ cham. coc-c.$_{a1,k}$ dios.$_{a1,k}$ elaps fago.$_{a1,k}$ ferr-p. kali-c.$_{k2}$ lac-ac.$_{a1,k}$ lycps-v. mang. *Merc.*$_{h,k,*}$ *Merc-i-r.*$_{a1,k}$ nat-m.$_{a1,k}$ phyt. plb.$_{a1,k}$ psor.$_{k2}$ *Rhus-t.* sabad.$_{a1,k}$ sulph.$_{a1,k}$
• **links**: coloc. rhus-t.
• **rechts**: bell. calc-s.$_{k2}$ coc-c.$_{a1}$ cocc. merc.$_{h,k,*}$ merc-i-r.$_{a1}$
• **nachmittags**: dios.$_{a1,k}$
• **Mittagessen**, nach dem: sulph.$_{a1,k}$
• **abends**, 20.30 h: merc-i-r.
• **22** h: dios.
• **Berührung**, bei: arum-t.$_{k2}$ *Aur.* merc-i-r.$_{a1}$ phos.$_{h,kl}$
• **kalt**:
• **Anwendungen**; kalte:
• **amel.**: merc.
• **Luft**; kalte: kali-c.
• **Schlucken**, beim: *Chin.*
▽ **erstreckt** sich zu:
• **Auge**: coloc.
• **Ohr**: lac-ac.$_{c1}$
– **Sublingualdrüsen**: arund.$_{c1}$ calc.$_{k2}$
– **Unterkieferdrüsen**: ambr. *Ars.* ars-s-f.$_{k2}$ arum-t.$_{k2}$ *Aur.* aur-ar.$_{k2}$ aur-i.$_{k2}$ *Aur-m.* aur-s.$_{k2}$ **Bar-c.** bar-i.$_{k2}$ **Bar-m.** bar-s.$_{k2}$ bell.$_{k2}$ brom. bry. calc.$_{h,k2}$ carbn-s. **Chin.** cina clem. coc-c. *Cor-r.* *Crot-t.* *Dulc.* graph. ign. kali-m.$_{k2}$ kali-n. led. lyc. mag-c. mez. nat-m. *Nit-ac.* *Phos.* plb. psor.$_{k2}$ puls. *Rhus-t.* sabad. sep. *Sil.* *Staph.* *Stram.* *Sul-ac.* *Sulph.* verat.
• **nachts**: nat-m.
• **Berührung**, bei: sep.$_{h}$ sil.$_{h}$
• **Bewegung** des Unterkiefers; bei: mag-c.$_{h}$
• **Bücken**: nat-m.$_{h}$
• **Druck**, bei: ars.$_{h}$ mag-c.$_{h}$
• **gequetscht**, zusammengedrückt; wie: nat-m.$_{h}$ staph.$_{h}$
• **Kauen**, beim: *Calc.*
• **Schlucken**, beim: chin.$_{kr1}$ cor-r. stram.
• **Schwellung**:
• **Gefühl** von: nat-m.$_{h}$ staph. sul-ac.$_{h}$
• **mit**: ambr.$_{k1}$ staph.$_{h}$
▽ **erstreckt** sich zur Zunge: sul-ac.$_{h}$
– **Wange**: acon.$_{a1,k}$ alum-sil.$_{k2}$ *Ang.* bamb-a.$_{stb2}$ *Bell.* *Bism.*$_{a1,k}$ bry.$_{a1,k}$ *Caps.* *Caust.*$_{a1,k}$ *Chel.*$_{a1,k}$

– **Wange**: ...
Chinin-s. cimic. *Cina* cocc. *Coloc.*$_{a1,k}$ dig.$_{a1,k}$ dulc.$_{a1,k}$ *Hep.* hyos. *Kali-bi.* *Kali-i.*$_{a1,k}$ *Mag-c.*$_{a1,k}$ *Mag-m.*$_{a1,k}$ *Merc.*$_{a1,k}$ merc-i-f.$_{a1,k}$ merc-i-r.$_{a1}$ mez.$_{a1,k}$ nat-m. onos. *Plat.*$_{a1,k}$ psor. rhus-t.$_{a1,k}$ ruta sep.$_{a1,k}$ *Stann.*$_{a1,k}$ valer. **Verb.**$_{a1,k}$
• **rechts**: *Chel.* guaj.$_{k2}$ nat-p.$_{k2}$
• **tagsüber**: cimic.
• **Husten**, beim: *Kali-bi.*
▽ **erstreckt** sich zum Kopf: thuj.
– **Wangenknochen**: *Aur.* calc-caust.$_{c2}$ *Calc-p.* caps. caust. chel. cinnb. guaj.$_{k2}$ *Kali-bi.* kali-c.$_{k2}$ mang.$_{h}$ polyp-p.$_{c2}$ psor. stry-xyz.$_{c2}$ tub.$_{bg}$ verb.
• **abends**: lyc.$_{h}$
• **nachts**: kali-c.$_{h}$
• **Schnupfen**; durch unterdrückten: kali-c.$_{k2}$
• **Zahnschmerzen**, mit: mur-ac.$_{h}$
– **beißend**: berb.$_{hr1}$ cann-s.$_{a1,bg2}$ *Carb-an.*$_{hr1}$ grat.$_{hr1}$ lyss.$_{a1}$ plat.$_{a1,h,*}$ rhus-t.$_{a1}$ sep.$_{h,kl}$ spig.$_{bg2}$ zinc.$_{hr1}$
○ **Kinn**: plat.$_{a1,h,*}$
• **Lippen**: ip.$_{a1,h,*}$
– **berstend**: bov.$_{bg1}$ *Thuj.*$_{bg1,vh,*}$
– **bohrend**: arg-n.$_{bg2,k,*}$ **Aur.**$_{hr1,k}$ bar-c.$_{bg2,k}$ bell.$_{bg2,k}$ bov.$_{bg2,k,*}$ *Calc.*$_{hr1,k}$ calc-sil.$_{k2}$ camph.$_{hr1,k}$ carb-v.$_{bg2,k}$ chel.$_{bg2}$ *Cocc.* dros.$_{bg2}$ dulc.$_{bg2,k}$ euph.$_{bg2,h,*}$ hep.$_{ptk1}$ *Ign.*$_{bg2,k,*}$ indg. *Mag-c.* merc.$_{bg2}$ *Mez.*$_{bg2,k}$ nat-s.$_{bg2}$ **Plat.**$_{bg2,k,*}$ sabad.$_{bg2}$ sil. *Thuj.*$_{bg2,k,*}$ ziz.$_{a1}$
• **links**: aur. *Thuj.*
• **rechts**: *Camph.*$_{hr1,k}$ *Plat.*$_{hr1,k}$ stront-c.
• **nachts** agg.: *Mag-c.* *Mez.* *Plat.* *Sil.*
• **Berührung** amel.: *Thuj.*$_{hr1,k,*}$
• **Druck** amel.: *Merc.* *Mez.*
• **Ruhe** agg.: *Mag-c.*
○ **Jochbein**: *Aur.*$_{hr1,k}$ *Psor.* thuj.$_{h,kl}$
• **Gehen** agg.: *Aur.*$_{hr1,k}$
• **Kiefer**:
○ **Oberkiefer**: aur. aur-m-n. led. *Mez.* rhus-v. thuj.
• **Unterkiefer**: aur. aur-m-n. bov. brom. *Cocc.* coloc. indg. kali-bi. *Lach.* led. mag-c. *Mez.* plb. sabad.
• **links**: mez. plb. sabad.
• **rechts**: aur. brom. coloc. elaps indg. led.
• **nachts**: *Mez.*
▽ **erstreckt** sich zum Ohr: elaps
○ **Unterkieferast**: agar. merc-i-f.
• **Parotis**: sabad.$_{a1,k}$
• **Unterkieferdrüsen**: led.$_{a1,k}$ lyc. nat-m.$_{a1,k}$ puls.$_{a1,k}$ sabad.$_{a1,k}$
• **nachts**: nat-m.$_{a1,k}$
• **Wangenknochen**: aur-m-n. bov. indg. *Mag-c.* *Mez.* nat-m.$_{h}$ *Stront-c.* *Thuj.*
• **nachts** agg.: nat-m.$_{h}$
– **brennend**: acon. aeth. *Agar.* all-c. alum. anac. anac-oc. *Apis* aran. *Arg-met.* arg-n. *Arn.* **Ars.** ars-s-f.$_{k2}$ asar. aspar. astac. bapt. *Bell.* berb. brom. *Bry.* calc.$_{h}$ camph. cann-s. canth.$_{k2}$ *Caps.* carb-v.$_{h}$ carbn-s. *Caust.* cedr. cench.$_{k2}$ *Cham.* chel. *Chin.* chinin-ar. cimic. cist. clem. cocc. coloc. com. cop. corn. *Crot-t.* cycl.$_{h}$ dig. dros.$_{h}$ dulc. elaps *Euph.* euphr. graph. guar. hyper. jac-g. jug-c. *Kali-ar.*

– **brennend**: ...
kali-bi. kali-c.$_{h}$ *Kali-i.* *Kali-n.* *Kreos.* lach. laur. **Lyc.** mag-c.$_{h}$ manc. merc. merc-c. merc-sul. *Mez.* mosch. mur-ac. myric. nat-p. nux-v.$_{k2}$ olnd. pall. petr.$_{k2}$ *Ph-ac.* phos.$_{h}$ *Plat.* psor. puls. raph. **Rhus-t.** rhus-v. ruta$_{h,k2}$ sil. *Spig.* *Stann.* staph. *Stront-c.* sul-i.$_{k2}$ **Sulph.** *Thuj.* til. ust. verat. vesp. zinc.$_{h}$
☞ *Wärme / Hitze - brennend*
• **links**: arg-n.$_{hr1,k}$ *Asaf.*$_{bg2}$ asar.$_{bg2,k,*}$ bapt.$_{bg2,k,*}$ cench.$_{k2}$ **Coloc.**$_{hr1,k}$ *Hydr.*$_{hr1,k}$ lac-c.$_{bg2}$ murx.$_{hr1,k}$ ol-an.$_{bg2}$ *Rhus-t.* *Rhus-v.*$_{hr1}$ *Spig.*$_{hr1,k}$ thuj.
▽ **erstreckt** sich nach rechts: cench.$_{k2}$
• **rechts**: arund.$_{hr1,k}$ chin.$_{hr1,k}$ ham.$_{hr1,k}$ lachn.$_{hr1}$ *Merc.* nux-v. pall.$_{hr1,k}$ psor.$_{hr1,k}$ puls.$_{hr1,k}$
• **tagsüber**: manc.$_{hr1,k}$ sulph.$_{a1,k}$
• **morgens**: corn.$_{a1,k}$ lyc.
  • **9** - 16 h: lyc.
  • **15** h; bis: stront-c.
• **nachmittags**: fago.$_{a1,k}$ *Phos.*$_{hr1,k}$
• **abends**: borx. cham.$_{hr1,k}$ com.$_{hr1,k}$ mag-c.$_{h,k1}$ yuc.$_{a1}$
• **nachts**: cench.$_{k2}$ chin. *Lach.*$_{hr1,k}$ *Mez.*
• **Anstrengung** agg.: kreos.$_{hr1,k}$
• **Aufstehen** aus dem Bett; nach: nat-m.$_{a1,k}$
• **Berührung** agg.: canth.$_{k2}$ *Chin.* **Coloc.**$_{hr1}$
• **Bewegung** agg.: spig.
• **erfroren**, wie: agar.
• **Essen**:
  • **amel.**: chin.
  • **nach**: spig.
• **Flecken**: ph-ac.$_{h}$
• **Freien**, im:
  • **amel.**: kali-i.
• **Frösteln**:
  • **während**: *Caust.*$_{hr1,k}$ mur-ac.$_{a1,k}$
  • **nach**: merc-sul.$_{hr1,k}$
• **geistiger** Anstrengung, bei: spig.
• **grabend**
☞ *wühlend*
• **kalt**:
  • **brennend**: sul-ac.$_{a1,h,*}$
  • **Wasser**, kaltes:
    • **amel.**: *Ars-met.*
    • **Waschen** mit kaltem Wasser; nach: sil.$_{h}$
• **Kälte**, bei: grat.$_{a1,k}$ nat-m.$_{a1,k}$
• **Karies**, bei: **Aur.**$_{hr1,k}$
• **Kopfschmerzen**, bei: stront-c.
• **Liegen**: chin. plb.
  • **Seite**; auf der schmerzhaften:
    • **amel.**: kreos.
• **Mittagessen**, nach dem: grat.$_{a1,k}$
• **Nadeln**, wie: **Ars.**$_{hr1,k}$ *Caps.* spig.$_{hr1,k}$
• **Rasieren**, nach dem: aur-m.$_{hr1,k}$
• **Reiben**, nach: kali-c.$_{h,k1}$ rhus-v.$_{a1}$ sep.$_{h,k1}$
• **schneidend**: chin.
• **Sprechen** agg.: kreos.$_{hr1,k}$
• **Stehen**, im: chin.
• **wühlend**, grabend: coloc.$_{a1,h,*}$
• **Zahnschmerzen**, mit: sil.$_{a1,h,*}$ *Staph.*$_{hr1}$
○ **Kiefer**: anac. bov. caust. daph. fl-ac.
  ○ **Kiefergelenke**: op.

– **brennend - Kiefer**: ...
  • **Oberkiefer**: chin.$_{a1,h,*}$
  • **Unterkiefer**: ars. caust. mang.
• **Kinn**: anac.$_{a1,k}$ apis berb.$_{a1,k}$ bov. canth. caust.$_{a1,k}$ mang.$_{a1,k}$ merc.$_{a1,k}$ mez.$_{a1,k}$ nat-c.$_{a1,k}$ ol-an.$_{a1,k}$ rhus-t. spong. sulph.$_{k2}$
  • **Funken**; wie durch heiße: ant-c.
  • **Kratzen**, nach: sulph.$_{a1,k}$
• **Lippen**: *Acon.*$_{a1,k}$ agar.$_{h,k1}$ *All-c.* *Am-c.* *Am-m.* anac.$_{a1,k}$ ant-t. apis arg-n. arn.$_{a1,k}$ ars. **Arum-t.**$_{a1,k}$ asaf. aur.$_{a1,k}$ aur-ar.$_{k2}$ aur-m.$_{k2}$ aur-m-n. aur-s.$_{k2}$ bar-c.$_{h,k1}$ bell.$_{a1,k}$ berb.$_{a1,k}$ borx. bry. caps.$_{a1,k}$ carb-ac.$_{a1,k}$ *Carb-an.* carbn-s. chel.$_{a1,k}$ chin.$_{a1,k}$ chlf. *Cic.* con. *Crot-t.* *Glon.*$_{a1,k}$ *Ham.* hyos.$_{h,k1}$ kali-c.$_{h,k1}$ lac-c. lach.$_{a1,k}$ lyss. mag-s.$_{a1,k}$ *Merc.*$_{a1,k}$ *Mez.*$_{a1,k}$ *Mur-ac.*$_{a1,k}$ nat-s.$_{a1,k}$ *Nux-m.*$_{a1,k}$ *Ph-ac.* *Phos.* plat.$_{h,k1}$ *Psor.*$_{a1,k}$ rhod.$_{a1,k}$ *Sabad.*$_{a1,k}$ spig.$_{a1,k}$ *Staph.* *Sulph.*$_{a1,k}$ tab.$_{a1,k}$ tell.$_{c1}$ thuj.$_{a1,k}$ zinc.
  • **Berührung**, bei: mez.$_{h}$
  • **Freien**, im: plat.$_{h}$
  ○ **Oberlippe**: ars. bar-c.$_{a1,k}$ borx. brom.$_{a1,k}$ *Calc-p.*$_{a1,k}$ caust.$_{h,k1}$ mag-c.$_{h,k1}$ *Mez.*$_{h,k,*}$ mur-ac.$_{h,k1}$ nat-c.$_{h,h2,*}$ nat-m.$_{h,k1}$ phos.$_{h,k1}$ sep.$_{h,k1}$ spig.$_{h,k1}$ sulph.$_{a1,k}$ verat.$_{h,k1}$
    • **Freien**, im: plat.$_{h}$
  • **Unterlippe**: am-c. anac. bar-c.$_{h,k1}$ borx. clem.$_{a1,k}$ coloc.$_{a1,k}$ graph.$_{h,k1}$ kali-c.$_{h,k1}$ *Mez.* *Mur-ac.*$_{a1,k}$ *Nat-m.*$_{a1,k}$ *Ph-ac.*$_{a1,k}$ sang.$_{a1,k}$ sep.
    ○ **zwischen** Kinn und: mag-c.$_{h,k1}$
• **Mund**:
  ○ **Mundwinkel**: ambr. androc.$_{srj1}$ borx. carb-an.$_{h}$ cob. coloc.$_{h}$ **Dros.** ip. kali-chl. mez. nat-c.$_{h2}$ nat-s. ph-ac. zinc.
  • **um** den: sulph.$_{h,k1}$
• **Parotis**: apis merc.$_{a1,k}$ phos.
  • **kalte** Luft:
    • **amel.**: merc.
• **Wangenknochen**: aur.$_{bg2}$ caust.$_{a1,k}$ chel.$_{a1}$ cic. cist. gels.$_{bg2}$ glon.$_{a1,bg2}$ grat. nat-m. ol-an.$_{a1,k}$ par. spig.$_{bg2,k,*}$ staph. sulph.$_{bg2,h,*}$ thuj.

– **drückend**: acon. acon-c.$_{a1}$ agar.$_{bg2}$ *Anac.*$_{bg2,k}$ ant-t.$_{bg2}$ arg-met. arg-n.$_{hr1,k}$ asaf.$_{bg2,k,*}$ bamb-a.$_{stb2}$ bar-c.$_{bg2}$ bell.$_{bg2}$ bism.$_{bg2}$ bry.$_{bg2,k}$ calc.$_{bg2}$ cann-s.$_{bg2}$ caps.$_{bg2}$ chin.$_{bg2,h,*}$ *Cina* *Coca* cocc.$_{bg2,k}$ *Dig.*$_{bg2,k}$ dros.$_{bg2,k}$ dulc.$_{bg2}$ ferr-p.$_{hr1,k}$ graph.$_{bg2}$ hyos.$_{bg2}$ ign.$_{bg2}$ iod.$_{bg2}$ kali-bi.$_{bg2}$ kali-c.$_{h,k1}$ lyc.$_{bg2}$ mang.$_{bg2}$ merc.$_{bg2,k}$ *Mez.*$_{bg2}$ mosch.$_{bg2}$ nat-c. nat-m.$_{bg2,k}$ nit-s-d.$_{a1,hr1}$ nux-m.$_{bg2}$ *Olnd.*$_{bg2}$ par.$_{bg2}$ petr.$_{bg2}$ ph-ac.$_{bg2}$ phos.$_{bg2,k,*}$ plat.$_{k2}$ rhus-t.$_{bg2,k}$ sabad.$_{bg2}$ sabin.$_{bg2}$ samb.$_{bg2}$ *Sep.*$_{bg2,k}$ **Spig.**$_{bg2}$ spong.$_{bg2}$ *Stann.*$_{bg2,k}$ staph.$_{h}$ sul-ac.$_{h,k1}$ sulph.$_{bg2}$ tarax.$_{bg2,k}$ teucr.$_{bg2}$ verat.$_{bg2,h,*}$ **Verb.**$_{bg2,k}$ viol-o.$_{bg2}$ viol-t.$_{bg2}$ zinc.$_{bg2,k}$
• **links**: bamb-a.$_{stb2}$ **Verb.**
• **rechts**: chel. iris kalm. psor. spong. verb.
• **abends**: *Verb.*
• **Bewegung** des Gesichtes; bei: stann.$_{h,k1}$
• **Druck**:
  • **agg.**: *Cina* verb.
  • **amel.**: aur.$_{h,k1}$
• **Finger**; wie mit einem: sul-ac.$_{h,k1}$

• **Gehen** im Freien: nat-c.
• **herausdrückend**: asaf.$_{a1}$ dros.$_{bg2}$ kali-i. merc.
• **Öffnen** des Mundes agg.: *Cocc.* dros.$_{h}$
• **Reiben** amel.: phos.
• **warmes** Zimmer amel.: sep.$_{hr1,k}$
○ **Jochbein**: agar.$_{a1}$ caps. *Cinnb.* dulc.$_{h,h1,*}$ euph.$_{h,kl}$ hell.$_{a1}$ ign.$_{a1}$ lec. led.$_{a1}$ lycpr.$_{a1}$ nat-s.$_{a1}$ *Plat.* rhus-t.$_{a1,kl}$ sabin.$_{c1}$ *Verb.*$_{a1,k}$
• **abends**: caps. con.$_{h,kl}$
• **außen**, nach: dros.$_{a1,h,*}$
• **Berührung** agg.: caps.
• **Kiefer**:
• **abends**: nat-c.$_{h,kl}$
○ **Kiefergelenk**: asaf.$_{a1,k}$ dros.$_{h,kl}$ kali-n.$_{a1,k}$ nat-m.$_{h,kl}$ op.$_{a1,k}$ paeon.$_{a1,k}$ verb.$_{a1,k}$
• **Bewegung**; bei: kali-n.$_{h,kl}$
• **Schlucken**; beim: kali-n.$_{h,kl}$
○ **hinter** dem: tarax.$_{h,kl}$
• **Oberkiefer**: acon. ars. aster. calc.$_{h}$ chel. graph.$_{h}$ iod.$_{h}$ kali-bi. lach. zinc.$_{h}$
• **rechts**:
• **nachts**: chin.$_{h}$
• **links**: foen-an.$_{a1}$
• **Unterkiefer**: ambr. ang.$_{h}$ aur. berb. chin.$_{h}$ cupr. guaj.$_{h}$ led. lyss. mag-m. petr.$_{h}$ phos. *Sars.* sil. spig. stront-c. *Verb.*
• **rechts**:
• **nachts**: chin.$_{h}$
• **nachts**: graph.$_{h}$ sil.
▽ **erstreckt** sich zu:
• **hinten**, nach: lyc.
• **innen**, nach: led.
• **Kinn**: phos.
• **Nacken**: petr.
• **Ohr**: petr.
○ **Kieferwinkel**: ph-ac.$_{h}$ sil.$_{h}$ spig.$_{h}$
• **Kieferhöhle**: petr.$_{h}$
• **Kinn**: acon.$_{a1}$ agar. anac.$_{a1,k}$ asaf. bov. fl-ac.$_{a1,k}$ plat.
○ **unter** dem Kinn: bar-c.$_{h}$
• **zwischen** Kinn und Unterlippe: mag-c.$_{h,kl}$
• **Parotis**: mang.$_{a1,h,*}$
• **Unterkieferdrüsen**: ars.$_{h}$ aur.$_{h}$ chin.$_{h}$ cycl.$_{h}$ graph.$_{h}$ nit-ac.$_{h}$ rhus-t.$_{h}$ spong.$_{h}$
• **Wangenknochen**: agar.$_{h}$ am-c. anac. ant-t. arg-met. *Bell.* berb. *Bism.* *Caps.* chel. *Cina* cocc. colch. *Coloc.* dros.$_{h}$ hyos. kali-chl. *Kali-i.* mang.$_{h}$ *Merc.* *Mez.* nat-c.$_{h}$ nat-m.$_{h}$ *Olnd.* phos.$_{h}$ *Plat.* sabin. samb. sep. spig. *Stann.* staph. sulph. teucr. **Verb.** viol-o.
• **nachts**: mang.$_{h}$
• **intermittierend**: bism.$_{h}$ mang.$_{h}$ *Verb.*
• **Kauen** von warmem Essen: phos.$_{h}$
• **krampfartig**: stann.$_{h}$
• **Schneuzen** der Nase; beim: *Merc.*
• **warm**:
• **Zimmer**:
• **Gehen** in ein warmes Zimmer; beim: phos.$_{h}$
▽ **erstreckt** sich zu den Zähnen: nat-m.$_{h}$
– **fadenförmig**, eine feine Linie des Schmerzes den Nerv entlang: all-c.$_{bro1,ptk1}$ caps.$_{bro1,ptk1}$

– **fressend**
☞ *wundfressend*
– **geschwürig**: acon.$_{bg2}$ bamb-a.$_{stb2}$ chin.$_{h,kl}$ mag-c.$_{h,kl}$ mang.$_{h,kl}$ rhus-t.$_{bg2}$ staph.$_{bg2}$
• **Berührung** agg.: bamb-a.$_{stb2}$
○ **Mundwinkel**: mang.$_{a1}$
– **grabend**: aur-m. bov. cupr. euph.$_{h,kl}$ *Kali-bi.* *Mag-c.* *Plat.* sep. *Thuj.*
○ **Kiefer**:
○ **Unterkiefer**: cocc. *Plat.*
○ **Unterkieferäste**: *Kali-bi.*
• **Parotis**: sulph.$_{a1,k}$
• **Mittagessen**, nach dem: sulph.
• **Unterkieferdrüsen**: *Rhus-t.*$_{h,k,*}$
• **Wangenknochen**: *Mag-c.* mang.$_{h}$ *Psor.* *Thuj.*
– **krallend**, Parotis: sabad.
– **krampfartig**: calc.$_{h}$ *Cocc.* coloc.$_{ptk1}$ hyos. *Mag-m.* *Mag-p.* mang. mez.$_{ptk1}$ mur-ac.$_{h}$ plat. *Verb.*$_{ptk1}$
• **brennend**: stann.$_{h}$
• **Essen**, nach dem: mang.
• **Öffnen** des Mundes; beim: cham.$_{h}$
▽ **erstreckt** sich zu:
• **Augen**: ang.$_{c1}$
• **Schläfen**: ang.$_{c1}$
○ **Kaumuskeln**: ang.$_{c1}$
• **Kiefer**: con.$_{h}$ nit-ac.$_{h}$
○ **Oberkiefer**: spong.$_{h}$
• **Unterkiefer**: carb-v.$_{h}$ plat.$_{h}$ sep.$_{h}$
• **Lippen**: bell. caust. kali-c. *Merc.* plat.
• **Wange**:
• **links**: stann.$_{h}$
• **rechts**: thuj.$_{h}$
• **Wangenknochen**: *Ang.* cina cocc. *Coloc.* dig. hyos. *Mag-m.* mez. nit-ac.$_{h}$ ruta sep. valer.
• **links**: ol-an. *Plat.*
• **Öffnen** und Schließen des Mundes amel.: ang.$_{h}$
▽ **erstreckt** sich zum linken Auge: *Coloc.*
– **lanzinierend**: acet-ac. *Agar.*$_{hr1,k}$ alum.$_{hr1,k}$ *Asaf.* aur. bufo *Chin.*$_{hr1,k}$ cocc. *Guaj.* *Kalm.* **Mag-p.** *Plan.* senec. sil. sulph. verb.
• **links**: chinin-s. lepi.$_{br1}$ sulph.
• **rechts**: *Agar.*$_{hr1,k}$ brach.$_{hr1,k}$ *Guaj.* *Mag-p.* verb.
• **morgens**: verb.
○ **Auge**:
○ **unter** dem Auge nach oben hindurch zum Scheitel; von: tarent.
• **Kiefer**:
○ **Unterkiefer**:
▽ **erstreckt** sich zu:
• **Wangenknochen**: sabin.$_{c1}$
• **Parotis**: carb-an.$_{hr1,k}$
• **Unterkieferdrüsen**: am-m. hyper.$_{a1}$
• **Wangenknochen**: alum. cimic. *Guaj.*
– **linear**
☞ *fadenförmig*
– **nagend**: ambr.$_{a1}$ arg-met. arn.$_{bg2}$ aur-m.$_{hr1}$ bamb-a.$_{stb2}$ bar-c.$_{bg2,k}$ berb.$_{hr1,k}$ *Cham.*$_{bg2}$ eug. euph.$_{bg2,k}$ *Glon.* indg. kali-bi.$_{bg2}$ lyc.$_{hr1,k}$ lyss.$_{hr1,k}$ ph-ac.$_{bg2,k}$ samb.$_{bg2}$ stann.$_{bg2,k}$ sulph.$_{bg2,k}$ thuj.$_{bg2}$
• **rechts**: *Lyc.*
○ **Jochbein**, rechtes: *Lyss.*

- **Kiefer**: naja nat-m.
  - ○ **Oberkiefer**: kali-n.$_{h}$ samb.$_{h}$ thuj.$_{h}$
  - • **Unterkiefer**: bar-c. fl-ac. ind. kali-i. par.
    - ○ **Unterkieferäste**: sul-ac.
- • **Mund**, um den: puls.

– **neuralgisch**: anan.$_{c2}$ cocc-s.$_{c2}$ der.$_{c2}$ gels.$_{c2}$ kali-chl.$_{c2}$ kali-i.$_{c2}$ mag-p.$_{c2}$

◆ **begleitet** von:
- • **Nasennebenhöhlen**; verstopfte: cadm-met.$_{gm1}$

– **pickender** Schmerz im Wangenknochen: chin.$_{h}$

– **prickelnd**, kribbelnd: lyc.$_{a1,h,*}$

– **reißend**: act-sp. aeth. *Agar.*$_{bg2,k}$ agn.$_{k2}$ *Alum.*$_{bg2,k}$ alum-p.$_{k2}$ alum-sil.$_{k2}$ am-c.$_{bg2,k}$ *Am-m.*$_{a,h}$ ambr.$_{bg2,k}$ *Anac.* *Ant-t.* *Arg-met.* arg-n.$_{bg2}$ *Ars.*$_{a1,k}$ ars-s-f.$_{k2}$ asaf.$_{bg2}$ **Aur.**$_{bg2,k}$ aur-ar.$_{k2}$ aur-s.$_{k2}$ bamb-a.$_{stb2}$ **Bell.**$_{bg2,k}$ berb. borx. bry.$_{bg2,k}$ *Calc.*$_{bg2,k}$ calc-ar. calc-sil.$_{k2}$ caps. carb-an.$_{bg2,k}$ **Carb-v.**$_{bg2,k,*}$ carbn-s. **Caust.** *Chel.*$_{bg2,k}$ *Chin.*$_{bg2,k}$ chinin-ar. cina$_{a}$ cist. *Cocc.* *Colch.*$_{bg2,k,*}$ **Coloc.**$_{bg2,k,*}$ *Con.*$_{bg2,k}$ dig.$_{bg2}$ dulc.$_{h,h1,*}$ euon. euph.$_{bg2}$ gels.$_{bg2,k}$ *Graph.*$_{bg2,k}$ grat.$_{bg2,k}$ guaj.$_{bg2}$ hep.$_{bg2,k}$ ign.$_{k2}$ indg. kali-ar. kali-bi.$_{bg2,k}$ *Kali-c.*$_{bg2,k}$ kali-chl. kali-m.$_{k2}$ *Kali-n.*$_{bg2,k}$ kali-p. kali-s. kali-sil.$_{k2}$ *Kalm.* **Lach.** lachn. led.$_{bg2,k}$ **Lyc.**$_{bg2,k,*}$ *Lyss.* **Mag-c.**$_{bg2,k}$ mag-m.$_{bg2}$ **Mag-p.**$_{bg2,k}$ mag-s. meny.$_{bg2}$ **Merc.**$_{bg2,k,*}$ *Mez.*$_{bg2,k,*}$ mur-ac.$_{bg2,k}$ *Nat-s.*$_{bg2,k,*}$ *Nit-ac.*$_{bg2,k}$ **Nux-v.**$_{bg2,k}$ *Phos.*$_{bg2,k,*}$ *Plat.* plb.$_{bg2,k}$ **Puls.** *Rhod.*$_{bg2,k}$ *Rhus-t.*$_{bg2,k}$ ruta sars.$_{bg2,k}$ seneg.$_{bg2}$ *Sep.*$_{bg2,k}$ *Sil.*$_{bg2,k}$ *Spig.*$_{bg2,k}$ spong.$_{bg2,k}$ stann.$_{bg2}$ staph.$_{bg2,k}$ stram. *Stront-c.* sul-ac.$_{bg2,k,*}$ *Sulph.*$_{bg2,k}$ tab. teucr.$_{bg2,k}$ thuj.$_{bg2,k}$ *Verat.*$_{a1,k}$ vinc. viol-o.$_{bg2,k}$ zinc.$_{bg2,k}$
- • **links**: am-c. ars. *Aur.* bamb-a.$_{stb2}$ *Carb-v.* *Caust.* colch.$_{a1}$ **Coloc.**$_{hr1,k}$ gran. graph. *Guaj.* *Lach.* mag-c.$_{k2}$ mag-s. *Mez.* plan. sars. *Spig.* spong. staph. *Thuj.* zinc.
- • **rechts**: agar. am-c. am-m. anac. anag. arg-met. *Bell.* *Carb-v.* **Chel.** *Chin.* *Con.* *Kalm.* led.$_{h,kl}$ *Lyc.* *Lyss.* *Mag-c.* *Mag-p.* phos. *Plat.* psor. sars.$_{h,kl}$ spig. spong. stram. *Sulph.* thuj.
- • **morgens**: *Mez.*$_{a1,k}$ *Nux-v.* thuj.$_{a1,k}$
  - • **bis** Sonnenuntergang: *Spig.*
- • **nachmittags**: alum. calc.
- • **abends**: am-m. carb-an. carb-v.$_{h,kl}$ cist. mag-s.$_{h,k}$ phos. **Puls.** rhus-t. thuj.$_{h,kl}$ zinc.
  - • **20** h: *Guaj.* *Puls.*
  - • **Bett**, im: kali-n.$_{h}$
- • **nachts**: chin. *Cocc.* *Con.* *Lach.* led.$_{h,kl}$ *Mag-c.*$_{a1,k}$ rhus-t.
- • **anfallsweise**: **Caust.** *Coloc.* nux-v. puls.
- • **Ärger**, Verdruß; nach: *Coloc.*
- • **Berührung** agg.: *Chin.* **Coloc.**$_{hr1,k}$ *Mag-p.* staph.
- • **Bewegung**:
  - • **agg.**: **Bell.** *Colch.* coloc.$_{hr1,k}$ *Nux-v.* *Spig.*
  - • **amel.**: **Mag-c.** **Rhus-t.**
  - • **Unterkiefers**, des:
    - • **amel.**: phos.$_{h}$
- • **Denken**; beim
  - ☞ *geistige*

– **reißend**: ...
- • **Essen**:
  - • **agg.**: phos.
  - • **amel.**: chin. phos.$_{h,kl}$ rhod.
- • **Frühling**, im: *Lach.* *Nux-v.*
- • **Gehen** amel.: ail. **Mag-c.**
- • **geistige** Anstrengung agg.: spig.$_{k2}$
- • **Geräusche** agg.: *Spig.*
- • **Kaffeemißbrauch**, nach: *Nux-v.*
- • **kalt**:
  - • **Anwendungen** amel.; kalte: **Puls.**
  - • **Luft**; kalte: aeth. kali-p.$_{k2}$ *Rhus-t.*
- • **Liegen**:
  - • **agg.**: ail.$_{a1,k}$ *Chin.* **Mag-c.** phos. *Puls.*
  - • **amel.**: nux-v.
  - • **Gesicht**; auf dem:
    - • **amel.**: spig.
  - • **Rücken**, auf dem:
    - • **agg.**: *Arg-met.*
  - • **Seite**:
    - • **erkrankten** Seite; auf der:
      - • **amel.**: kali-n.$_{h}$
- • **Menses**, nach den: spig.
- • **Mittagessen**, nach dem: carb-an.
- • **periodisch**: guaj. *Spig.*
  - • **Druck** amel.: aur.$_{h}$ *Bry.* carb-an.$_{h}$ kali-c.$_{h}$ kali-n.$_{h}$ **Mag-c.** **Mag-p.** *Rhus-t.*
- • **Reiben** amel.: alum.$_{h}$ nat-c.$_{h}$ *Phos.* *Rhus-t.*
- • **rheumatisch**: sul-ac.$_{h}$
- • **ruckend**: agar. am-m. *Carb-v.* euph.$_{h,kl}$ *Puls.* rhod.
- • **Schlucken** agg.: phos.
- • **Sprechen**, beim: phos.
- • **steigt** allmählich und hört plötzlich auf: *Arg-met.*
- • **Sturm**, vor: *Rhod.*
- • **wandernd**: colch.$_{hr1,k}$ puls.
- • **Wärme**:
  - • **agg.**: *Puls.*
  - • **amel.**: *Coloc.*$_{hr1,k}$ **Mag-p.** *Rhod.* **Rhus-t.**
- • **Wetter**:
  - • **nasses** Wetter agg.: *Merc.* *Rhod.* *Rhus-t.* verat.
  - • **Wetterwechsel**: *Rhod.*
- • **Wind** agg.: *Rhod.*

▽ **erstreckt** sich zu:
- • **Arme**: *Kalm.* lyc.$_{h}$
- • **Finger**: lyc.$_{h}$
- • **Hals**: *Puls.*
- • **Hinterkopf**: sep.$_{h}$
- • **Kopf**: colch.$_{a1}$ *Coloc.*$_{hr1,k}$
- • **Ohr**: colch.$_{a1}$ **Coloc.**$_{hr1,k}$ **Lach.** *Lyss.* plan. **Puls.** *Sep.*
- • **Scheitelbein**: chin.
- • **Schläfen**: zinc.$_{h}$
- • **Stirn**: zinc.$_{h}$

○ **Jochbein**: alum. am-m.$_{a1,k}$ *Arg-met.* arg-n. **Aur.**$_{a1,k}$ berb. borx. carb-an.$_{h,kl}$ **Carb-v.**$_{a1,k}$ chel. con.$_{a1,k}$ *Graph.*$_{a1,k}$ mag-m.$_{h,h2,*}$ merl. mur-ac.$_{a1,h,*}$ nat-c.$_{h,h2,*}$ nit-ac.$_{h,kl}$ phos.$_{h,kl}$ spig.$_{a1,k}$ spong.
- • **links**, dann rechts: arg-n.

• **Jochbein**: ...
• **rechts**: arg-met. *Chel.* nat-c.a1 spig.a spong.
▽ **erstreckt** sich zum Kopf: mag-m.a1,h,*
• **Kiefer**:
○ **Kiefergelenk**: anac.h nat-c.h sep.h
• **Kauen**; beim: spig.h zinc.h
• **Oberkiefer**: agar.a1,k arg-met. berb. calc-act.h *Calc-ar.*a1,k carb-an.h *Carb-v.*a1,k caust. kali-chl.a1,k *Lyc.*a1,k meny.a1,k merl.a1,k mur-ac.a1,k plb.a1,k rhus-v.a1,k sep.a1,k stront-c. sulph.a1,k thuj.a1,k
• **rechts**, nachts: chin.h,kl lyc.h,kl
• **morgens**: carb-v.a1,k
• **abends**: sulph.a1,k
• **nachts**, im Liegen: phos.h,kl
○ **Oberkieferwinkel**: **Bell.** kali-n. laur. thuj.a1,k
• **Unterkiefer**: aeth.a1,k *Agar.*a1,k *Agn.* am-m.a1,k *Anac.* *Anthraci.* arg-met. *Aur.* aur-s.k2 bar-c.a1,k bell. berb.a1,k *Bov.*a1,k *Bry.* calc.a1,k calc-ar. canth.a1,k carb-an.a1,k carb-v. *Caust.*a1,k *Cham.* chin.h *Colch.* *Dros.* graph.a1,k indg.a1,k kali-c.h kali-i.a1,k kali-n.a1,k *Kalm.*a1,k *Lach.* laur.a1,k led. lyc. *Lyss.* mag-m.a1,k meph. *Merc.* mez.a1,k nat-c.a1,h nat-m.h *Nux-v.* *Phos.*a1,k plb.a1,k puls.a1,k *Rat.*a1,k rhus-v. *Sel.* sep. spig. stront-c. sul-ac.a1,k *Sulph.*a1,k thuj.a1 viol-o. zinc.a1,k
• **links**: kali-n.h
• **rechts**, nachts: chin.h
• **abends**: merc.a1,k nat-c. phos. sulph.h thuj.h
• **nachts**, während den Menses: sul-ac.a1,k
• **Kauen**, beim: ph-ac.h
• **Liegen**, im: phos.h
• **ruckweise**: lyc.h
▽ **erstreckt** sich zu:
• **Kinn**: phos.a1,k thuj.a1,k
• **Kopf**: kali-n.h
• **Ohr**: am-c. cham.h *Lyss.* mag-m.h **Spig.**a1,k viol-o.a1,k
• **Kinn**: agar. am-m.h aur. *Caust.* plat. zinc.h
• **rechts**: kali-n.h
• **Lippen**: agar.h,kl caust.h,kl stann.h,kl
○ **Oberlippe**: caust. kali-c.h,kl
▽ **erstreckt** sich zum Ohr: nat-m.h,kl
• **Unterlippe**: mag-c.h,kl zinc.h,kl
• **Mundwinkel**: bell.h,kl carb-v.h,kl
• **Nase** und Augen, zwischen: mang.
• **Parotis**: bell.
• **Trinken**, beim: nat-m.a1,k
• **Wangenknochen**: *Aeth.* agar. agn.k2 alum. alum-p.k2 am-c. *Am-m.* ant-t. *Arg-met.* aur. aur-s.k2 berb. borx. bry. *Calc.* *Carb-v.* *Chel.* cina *Colch.* *Coloc.* graph. hep.c1 indg. kali-c. kali-n. **Lyc.** *Mag-c.* mag-s. **Merc.** mez.h mur-ac. *Nat-s.* nit-ac. nux-v. *Phos.* *Rhus-t.* ruta sep. sil.h *Spig.* stann.h staph. stront-c. sul-ac. sulph.h tab. teucr. *Zinc.*
• **links**: caust.h kali-n.h lyc.k13 sul-ac.h
▽ **erstreckt** sich zum Unterkiefer: stann.h
• **rechts**: agn. calc-caust. *Chel.*
– **ruckend**: am-m. **Bell.** bry. **Carb-v.**hr1,k *Cham.* chin.bg2 cina *Cocc.*hr1,k colch.bg2,k gels. *Glon.* indg. mang.bg2,k **Nux-v.**bg2 phos.bg2 puls.hr1,k rhod.hr1,k *Sep.*hr1,k spig.bg2,k stront-c. sul-ac. thuj.bg2,h,* valer. *Zinc.*
• **rechts**: am-m. carb-v.
• **Druck** amel.: am-c.
• **Gehen** im Freien; beim: thuj.h,kl
• **Lachen**, beim: mang.h,kl
○ **Jochbein**: am-m. **Carb-v.**h,k,* chel.
• **rechts**: chel.
• **links**, vor dem Ohr: carb-v.h,k,*
• **abends**: am-m. *Carb-v.*h,k,*
• **Kiefer**:
○ **Unterkiefer**: lyss.
• **Lippen**:
○ **Oberlippe**: zinc.h
• **Wangenknochen**: **Carb-v.** cina colch. mang. spig. stann.h stront-c.
– **schießend**
☞ *stechend*
– **Schlag**; wie durch einen: *Arn.*bg2 asar.bg2 euph.bg2 hep.bg2 mang.a1,h,* rutah stann.bg2,h,*
– **schneidend**: arg-met.a1,k arg-n.hr1 ars.bg1 *Bell.*bg2,k,* calc-s. chin.bg2,k clem.bg2,k con.k2 mag-c.k2 rhus-t.bg2,k sabin. staph.bg2,k thuj.bg2 til.
• **links**: bell.hr1,k senec.
• **rechts**: **Bell.**
• **Bewegen** des Gesichtes; beim: stann.h,kl
• **Stehen**, im: chin.
○ **Kiefergelenk**: asar.h
• **Kinn**: caust. stann.
• **Lippen**:
○ **Oberlippe**: lyc. nit-ac. *Sep.*
• **Unterlippe**: *Clem.*h,hr1 phos.
• **Parotis**: arg-met.
• **Kauen**, beim: arg-met.
• **Unterkieferdrüsen**: arg-met.h
– **Splitter**; wie durch einen: agar.a1,k
○ **Lippen**: bov.hr1,k,* ign.h,k,* **Nit-ac.**h,k,* par.h phos.h,k sep.h
– **stechend**: *Acon.* aesc.hr1,k aeth.a1,k agar.bg2,k agn.bg2,hr1,* alum.bg2,k alum-p.k2 alum-sil.k2 am-c.bg2,k am-m. ang.bg2,k ant-c.bg2,k,* apis ars.bg2,k,* arund.hr1,k,* *Asaf.*bg2,k,* asar.bg2,k,* **Aur.**bg2,k,* aur-ar.k2 aur-m.hr1,k aur-s.k2 bamb-a.stb2 bar-c.bg2,k,* **Bell.**bg2,k,* berb.hr1,k,* bry.bg2 calad.bg2,k,* calc.hr1,k,* calc-sil.k2 camph.hr1,k,* canth.bg2 caps.hr1,k *Carb-an.*hr1,k carb-v.h,kl carbn-s. castor-eq. *Caust.*hr1,k cedr. *Cham.*bg2,k,* chin.bg2,k,* chinin-s. *Cist.* clem.bg2,k *Cocc.*bg2,k *Coloc.*bg2,k con.bg2,k cupr-ar.hr1,k cycl.bg2,h,* *Dig.*bg2,k dros.bg2,hr1 euphr.bg2,k ferr-ma.a1,k ferr-p. fl-ac. *Gels.*hr1,k *Graph.*bg2,k,* *Guaj.*bg2,k,* *Ham.*a1,k *Ign.*bg2,k,* indg.hr1,k,* kali-ar. *Kali-bi.*bg2,k,* *Kali-c.*h2,k,* kali-chl.a1,k *Kali-i.*hr1,k,* kali-m.k2 *Kali-n.*bg2,k,* kali-p. kali-s. kali-sil.k2 *Kalm.* lach.a1,k lyc.h lyss.hr1,k *Mag-c.*hr1,k mag-m.bg2,h,* *Mag-p.*hr1,k manc.hr1,k,* *Mang.*bg2,k meny.bg2,h,* *Merc.*bg2,k merc-c. merc-i-f.hr1,k,* mez.hr1,k naja nat-c.h,h2,* nat-hchls. nat-m.bg2,k,* nat-p.hr1,k,* nit-ac.bg2,k,* nux-v.k2 olnd.bg2 par.bg2,k,* petr.bg2 *Phos.*bg2,k,* plan.hr1,k *Plat.*bg2,k,* plb.bg2 psor.

– **stechend**: ...
Puls.$_{bg2,k}$ *Rhod.*$_{bg2,k}$ *Rhus-t.*$_{bg2,k,*}$ sabad.$_{bg2}$ sabin.$_{bg2,k}$ *Sang.*$_{hr1,k}$ senec. **Sep.**$_{bg2,k,*}$ *Sil.*$_{bg2,k,*}$ *Spig.*$_{bg2,k,*}$ spong.$_{bg2,k,*}$ *Stann.*$_{bg2,k,*}$ *Staph.*$_{bg2,k,*}$ stict.$_{hr1,k}$ still.$_{hr1,k}$ stront-c. *Stry.* sul-ac.$_{bg2,h,*}$ *Sulph.*$_{bg2,k,*}$ tarax.$_{bg2,h,*}$ tarent.$_{a1,k}$ thuj.$_{bg2,k}$ valer.$_{hr1,k}$ verat.$_{a1,bg2}$ verb.$_{bg2,k,*}$ vesp.$_{hr1,k,*}$ *Zinc.*$_{bg2,k,*}$
- **links**: aesc. all-c. apis asar.$_{a1,k}$ bamb-a.$_{stb2}$ camph.$_{a1,k}$ chel.$_{a1,k}$ **Coloc.**$_{h,k,*}$ *Con.* dros.$_{h,kl}$ *Guaj.* indg. *Kali-bi.* kali-i. *Mag-c.* *Mang.* merc-i-f.$_{a1,k}$ nat-c.$_{a1}$ *Nat-m.* par. *Plan.* puls. *Sang.* senec. sep.$_{h,kl}$ stict. *Sulph.* valer.
  - ▽ **erstreckt** sich zum linken Ohr: *Coloc.*$_{hr1,k}$
- **rechts**: am-m. *Bell.* cist. *Clem.* cupr.$_{h,kl}$ *Guaj.*$_{a1,k}$ ham. *Kali-i.* lyss.$_{hr1,k}$ *Mag-p.* nat-p. onos. *Phos.* sars.$_{h,kl}$ *Sep.* *Spig.* spong. verat.$_{h,kl}$ verb. zinc.
- **abends**: bamb-a.$_{stb2}$ guaj. lach.$_{a1,k}$ zinc.
- **nachts**: bamb-a.$_{stb2}$ clem. *Guaj.* *Mag-c.*
- **Ärger**, Verdruß; bei: nat-hchls.
- **außen**, nach: **Asaf.**
- **Berührung**: *Chin.* chinin-s. cupr.$_{kl}$ ~~mag-c.$_{h,kxxx}$~~ mag-m.$_{h,kl}$ nat-m.$_{kl}$ *Phos.* sep.$_{h,kl}$ staph. *Verb.*
- **Beugen** nach vorne mit dem Kopf zum Boden hin amel.: *Sang.*
- **Bewegung**: chin. spig.$_{k2}$
- **brennend**: stann.$_{h,kl}$
  - **Nadeln**, wie: **Ars.**$_{hr1,k}$ *Aur.* caps. *Spig.*
- **Denken** agg.: spig.$_{k2}$
- **Erschütterung**: *Chin.*
- **Essen**, beim: *Mez.* phos.
- **Frost**; während: **Caust.** dros.
- **Gehen**:
  - **amel.**: *Mag-c.*
  - **Freien**, im: thuj.$_{h}$
- **Geräusche**, durch: chin.
- **intermittierend**: *Asaf.*
- **juckend**: aur.$_{h,kl}$ cycl.$_{h,kl}$ plat.$_{h,kl}$ stann.$_{h,kl}$ staph.$_{h,kl}$
- **kalte** Luft: kali-p.$_{k2}$
- **Licht**, bei: chin.
- **Nadeln**; wie:
  - **kalte**; wie: agar.$_{br1,bro1}$
  - **warme**; wie
    ☞ *brennend - Nadeln*
- **Quecksilber**; nach Mißbrauch von: kali-i.
- **Reiben** amel.: nat-c.$_{h,kl}$
- **rhythmisch**: bamb-a.$_{stb2}$
- **ruckend**: zinc.$_{h,hr1,*}$
- **Sprechen**, beim: mez. *Phos.* verb.
- **Temperaturveränderung**, bei: mag-c.
- **warm**:
  - **Bett**, in der Bettwärme; im warmen: clem.
  - **Hand** amel.; Wärme der: kali-p.$_{k2}$
  - **Zimmer**; warmes:
    - **agg.**: *Mez.* nat-hchls.
- **Zugluft** agg.: kali-p.$_{k2}$ mag-c.
- ▽ **erstreckt** sich zu:
  - **Augen**: chin. clem. naja
    - **Druck**, bei: mur-ac.$_{h}$
    - **Kauen**, beim: bell.

▽ **erstreckt** sich zu: ...
- **Hals**; zum äußeren: bell. nat-hchls.
- **oben**, nach: clem. sul-ac.$_{h,kl}$
- **Ohr**: *Acon.* *Bell.* *Carb-an.* *Coloc.*$_{hr1,k}$ kali-bi. mur-ac.$_{h,kl}$
- **Schläfe**: alum. chin. mez. naja nat-hchls.
- **Stirn**: nat-c.$_{h,kl}$

○ **Jochbein**: arg-n.$_{a1}$ aur. nat-c.$_{h2}$ rhus-t.$_{h,kl}$ sphing.$_{a1,kk3}$ verb. *Zinc.*
- **Kiefer**: acon. ambr. berb. carb-an. cimx. kalm. op. thuj. verat. zinc.
  - **nachts**:
    - **Mitternacht**; nach:
      - **4** h: bamb-a.$_{stb2}$
  - ▽ **erstreckt** sich zu:
    - **Hals**; zum äußeren: zinc.
    - **Ohr**: bell. *Cham.* **Sep.**
    - **Schläfe**: alum. mang.$_{h,kl}$
    - **Zähne**: *Cham.*
  - ○ **Kiefergelenke**: agar. bell. *Cham.* hep. kali-n.$_{h,kl}$ nat-m. nit-ac. staph.$_{h,kl}$ tab.
    - **Bewegung**, bei: kali-n.$_{h,kl}$ verat.$_{a1}$ zinc.
    - **Öffnen** des Mundes; beim: verat.$_{h,kl}$ zinc.
    - **Schlucken**, beim: kali-n.$_{h,kl}$
    - ▽ **erstreckt** sich zum Gesicht: verb.$_{c1}$
  - **Oberkiefer**: chel. clem. coloc.$_{hr1,k,*}$ *Kali-bi.* kalm. meny.$_{h,kl}$ merc. rhus-v. *Spong.*
    - **nachmittags**: indg.
    - **abends** im Bett: spong.
    - **synchron** mit dem Puls: clem.$_{a1,h,*}$
    - ▽ **erstreckt** sich zu:
      - **Ohr**: kali-bi. phos. spong.$_{h}$
      - **Scheitel**: spig.$_{h,kl}$
  - **Unterkiefer**: acon. aur. bar-c. *Bell.* berb. *Carb-an.* *Caust.* *Cham.* chin. cina *Cocc.* colch. *Coloc.* cupr.$_{h,kl}$ dig. dros. euphr. *Gels.* graph.$_{h,kl}$ guaj.$_{h,kl}$ kali-chl. kali-i. kalm. lact. **Mang.** nat-p. plb. psor. rhus-v. sabin. *Sars.* sep. sil. staph. *Thuj.* zinc.
    - **morgens**: thuj.
    - **abends**: berb.
    - **nachts**: sil.$_{h,kl}$ zinc.
    - **Gehen**, beim: euphr. zinc.
    - **juckend**: mang.$_{h,kl}$
    - **Lachen**, beim: mang.$_{h,kl}$
    - **Mittagessen**, beim: euphr.$_{h,kl}$
    - ▽ **erstreckt** sich zu:
      - **Ohr**: sep.$_{h}$
        - **heraus**; aus dem Ohr: sulph.$_{h}$ thuj.$_{h}$
      - **Schläfen**: mang.$_{h}$
      - **Stirn**: phos.$_{h}$
    - ○ **Unterkieferwinkel**: mang.$_{h}$
- **Kieferhöhle**: bamb-a.$_{stb2}$
- **Kinn**: agar. am-m. ant-c.$_{h,kl}$ bamb-a.$_{stb2}$ bell. con.$_{h,kl}$ euphr. lact. stann.$_{h,kl}$ zinc.$_{h,kl}$
- **Lippen**: ant-c.$_{a1,h,*}$ asaf. bell. bov.$_{a1,k}$ caust.$_{a1,h,*}$ clem.$_{h,kl}$ con.$_{a1,k}$ kali-c.$_{a1,h,*}$ nat-c.$_{h,kl}$ nit-ac.$_{a1,k}$ ph-ac.$_{a1,h,*}$ phos.$_{a1,h,*}$ sabad. sep. spong. stann.$_{h,kl}$ staph. sulph.$_{a1,h,*}$ thuj.$_{a1,h,*}$ zinc.$_{a1,k}$
  - ▽ **erstreckt** sich bei Berührung zum Gesicht: staph.
  - ○ **Oberlippe**: phos.$_{h}$

• **Lippen - Oberlippe**: ...
▽ **erstreckt** sich zum Ohr: nat-m.$_{h}$
• **Parotis**: am-m.$_{k2}$ asaf. **Bell.**$_{a1,k}$ bry.$_{a1,k}$ calc. cham.$_{a1,k}$ chin.$_{a1,k}$ *Dulc.*$_{hr1,k,*}$ ign.$_{a1,k}$ *Kali-bi.*$_{hr1,k,*}$ kali-c. kalm.$_{a1,k}$ lyc.$_{hr1,k}$ merc. nat-c.$_{a1,k}$ phos. puls.$_{a1,k}$ *Sep.*$_{hr1,k,*}$ sil.$_{a1,k}$ spong. sulph.$_{hr1,k}$
• **Schlucken**, beim: ign. spig.$_{h}$
• **Unterkieferdrüsen**: am-m.$_{hr1,k,*}$ arg-met. bell. *Calc.*$_{a1,k}$ merc. *Mez.*$_{a1,k}$ nux-v.$_{a1,k}$ ph-ac.$_{a1,k}$ sep.$_{h,kl}$ sil.$_{a1,k}$ *Sul-ac.*$_{a1,k}$ *Sulph.*$_{hr1,k,*}$
• **Schlucken**, beim: nux-v. *Rhus-t.*
• **Wangenknochen**: aesc. aeth. agar. alum. arg-met.$_{h}$ ars. bamb-a.$_{stb2}$ berb. *Carb-an.* con. euon. guaj. *Kali-bi.* kali-c.$_{k2}$ *Kali-i.* merc. mez.$_{h}$ par. phos. psor. sabin. sil. stann.$_{h}$ staph. verb.
– **stechend**; fein: all-s.$_{hr1,k}$ **Apis** arn.$_{hr1,k}$ **Ars.**$_{hr1,k}$ asar.$_{hr1,k}$ berb.$_{hr1,k}$ caust.$_{hr1,k}$ *Chin.*$_{hr1,k}$ *Cinnb.*$_{hr1,k}$ *Clem.*$_{hr1,k}$ **Coloc.**$_{hr1,k}$ con.$_{hr1,k}$ dros.$_{hr1,k}$ *Euph.*$_{hr1,k}$ *Ferr-p.*$_{hr1,k}$ *Graph.*$_{hr1,k}$ *Ind.*$_{hr1,k}$ *Kali-c.*$_{hr1,k}$ kalm. merc-i-f.$_{hr1,k}$ sars. spong.$_{hr1,k}$ vesp.$_{hr1,k}$ zing.
• **rechts**: sars.
• **Hitze**; während: olnd.$_{h,kl}$
○ **Lippen**: agar. am-m. ant-c. ars. asaf. caust. *Graph.* kali-c. merc. nit-ac. petr. ph-ac. phos. sil. stann. staph. sulph. thuj.
○ **Oberlippe**: am-m.
• **Blut** herausdrängen; stechendes Gefühl, als würde das:
• **Berührung**:
• **amel.**: anis.$_{c1}$
• **Parotis**: apis merc.
• **Unterkieferdrüsen**: am-m. kali-i.$_{hr1,k}$
• **Schlucken**, beim: nux-v.
– **Stromschlag**; wie durch einen: psil.$_{ft1}$
– **wühlend**, grabend:
○ **Jochbein**: mang.$_{h2}$ thuj.$_{h}$
• **Kiefer**:
○ **Kiefergelenk**: dros.$_{h}$
• **Unterkiefer**: ang.$_{h}$ caust.$_{h}$
– **wundfressend**: dig.$_{h}$ ruta$_{h}$
○ **Jochbein**: bamb-a.$_{stb2}$
• **Oberlippe**: mang.$_{h}$
– **wund** schmerzend (= wie zerschlagen, empfindlich etc.): alum.$_{bg1,bg2}$ anac.$_{bg1,bg2}$ ant-t.$_{bg1}$ *Arn.*$_{bg2,k}$ **Aur.** *Bry.*$_{bg1,bg2,*}$ carbn-s. caust.$_{h,k,*}$ con.$_{h,k,*}$ cor-r.$_{hr1,k,*}$ cupr. cupr-ar.$_{a1}$ graph. ham.$_{hr1,k}$ *Ign.* kali-bi.$_{bg2,k}$ *Kali-c.*$_{bg1,vh,*}$ **Lach.** lyss.$_{a1,hr1}$ mag-m.$_{bg2}$ *Manc.*$_{bg1,vh,*}$ *Merc-i-f.*$_{hr1,k,*}$ mez.$_{bg1}$ *Nat-m.*$_{h,k,*}$ nit-ac.$_{bg2}$ *Phos.*$_{bg1,vh,*}$ plan.$_{hr1,k,*}$ *Plat.*$_{bg1,vh,*}$ puls. *Ruta* sars. stann.$_{hr1,k}$ sul-ac.$_{bg2}$ sulph.$_{bg2,k,*}$ thuj. til. *Verat.*$_{bg1,vh,*}$ zinc.$_{bg2,k,*}$
• **morgens**: sars.
• **Erwachen**, beim: sars.
• **Baden**; nach: con.$_{h,kl}$
• **Druck**, bei: caust.$_{h,kl}$ euph.$_{h,kl}$
• **Kauen**, beim: caust.$_{h,kl}$ *Nat-m.*$_{hr1,k}$
• **Menses**, während: stann.$_{hr1,k}$
○ **Jochbein**: cor-r. sul-ac. zinc.
• **Kiefer**: *Caust.* crot-h. lyss.$_{c1}$ phos. plan. sars.$_{h}$
○ **Oberkiefer**: mang.$_{h}$
• **Unterkiefer**: agar. **Aur.** coc-c. *Lach.* lyss.

– **wund** schmerzend - **Kiefer - Unterkiefer**: ... mang.$_{h}$ merc-i-f. mur-ac. nat-c. *Nat-m.* nat-p. sabad. sars.$_{h}$ sil. spong. verat.$_{h}$ zinc.
• **rechts**: nat-p.$_{k2}$
• **morgens**: zinc.
• **Druck** amel.: nat-c.$_{h2}$
• **Kauen**; beim: verat.$_{h}$
• **Kiefergelenk**:
• **Bewegung**, bei: rhus-t.
• **Kauen**, beim: sil.
• **Knochen**: bufo *Carb-v.*$_{hr1,k,*}$ cupr-ar.$_{hr1,k,*}$ hep.$_{a1}$ *Kali-bi.*$_{bg2,k,*}$ *Merc-i-f.*$_{hr1,k,*}$ nat-m. rhus-t.$_{k2}$ tarent. zinc.$_{bg2}$
• **Lippen**: caust.$_{a1,h}$ mur-ac.$_{k2}$ ptel.$_{c1}$
○ **Oberlippe**: mang.$_{h,kl}$
• **rechts**: chin.$_{a1,h,*}$
• **Unterlippe**: borx.$_{h}$ euph.$_{h,kl}$ mez.$_{h,kl}$ sep.$_{h,kl}$
• **links**: chin.$_{a1,h,*}$
○ **Innenseite**: chin.$_{a1,h,*}$ vip-l-f.$_{a1}$
• **Mund**:
○ **Mundwinkel**: androc.$_{srj1}$ bell.$_{h,kl}$ graph.$_{h,kl}$ sul-ac.$_{h,kl}$
• **um** den: plat.$_{h,kl}$
• **Öffnen** des Mundes; beim: nat-m.$_{h}$
• **Parotis**: ail.$_{a1,k}$ arum-t.$_{a1,k}$ aur.$_{a1,k}$ *Aur-m.* bry.$_{a1,k}$ calc-p.$_{a1,k}$ calc-s. cop.$_{a1,k}$ dros. kali-n.$_{a1,k}$ merc.$_{k2}$ merc-i-r.$_{a1,k}$ nat-c.$_{a1,k}$ phos.$_{a1,k}$ wies.$_{a1}$
• **links**: arum-t.$_{a1,k}$
• **rechts**: calc-s.
• **Unterkieferdrüsen**: ars.$_{a1,h,*}$ arum-t.$_{k2}$ calen.$_{a1}$ chin.$_{a1}$ clem.$_{a1}$ cop.$_{a1,k}$ crot-t.$_{a1,k}$ fago.$_{a1}$ graph.$_{a1,k}$ kali-c.$_{a1,k}$ lyc.$_{a1,k}$ mag-c.$_{a1,k}$ merc-c.$_{a1,k}$ nat-m. *Nit-ac.*$_{a1,k}$ plan.$_{a1}$ psor.$_{a1,k}$ puls.$_{a1,k}$ sep.$_{a1,k}$ *Sil.*$_{a1,k}$ *Spong.*$_{a1,k}$ *Staph.* *Sulph.*$_{a1,k}$ verat-v.$_{a1}$ vesp.
• **Wangenknochen**: chel.$_{a1}$ cor-r.$_{hr1,k,*}$ mang.$_{h,kl}$ merc-i-f.$_{hr1,k,*}$ nat-m.$_{h,k,*}$ nit-ac.$_{a1,h,*}$ *Rhus-t.* stann. sul-ac.$_{a1,k}$ sulph.$_{a1,k}$ zinc.$_{a1,k}$
• **links**: cor-r.$_{a1,k}$ sul-ac.$_{a1,k}$
• **rechts**: *Merc-i-f.*$_{a1,k}$ sulph.$_{a1,k}$ zinc.$_{a1,k}$
• **Kauen**, beim: nat-m.$_{h,kl}$
▽ **erstreckt** sich zur Stirn und zur Seite des Kopfes: merc-i-f.$_{hr1,k,*}$
– **zerschlagen**
☞ *wund schmerzend*
– **ziehend**: abrot.$_{hr1,k}$ acon. acon-c.$_{a1,k}$ *Agar.*$_{hr1,k,*}$ aloe *Alum.*$_{bg2,k,*}$ alum-p.$_{k2}$ alum-sil.$_{k2}$ am-c. anac.$_{bg2,k}$ ang.$_{bg2}$ ant-t.$_{bg2,k}$ arg-met. arg-n.$_{a1,bg2}$ **Ars.**$_{bg2,k,*}$ ars-s-f.$_{k2}$ asaf. *Aur.*$_{bg2,k,*}$ aur-ar.$_{k2}$ aur-m-n.$_{a1,k}$ aur-s.$_{k2}$ bar-c. bar-m.$_{bg2,k,*}$ bar-s.$_{k2}$ bell.$_{bg2,k}$ bism.$_{bg2}$ *Bry.*$_{bg2,k,*}$ cadm-s. *Calc.* calc-sil.$_{k2}$ cann-s.$_{bg2}$ *Carb-v.*$_{bg2,k,*}$ carbn-s. *Caust.*$_{bg2,k,*}$ cham.$_{bg2,k}$ *Chel.*$_{bg2,k,*}$ cit-v.$_{a1,k}$ clem.$_{bg2}$ cocc. *Colch.*$_{bg2,k,*}$ *Coloc.*$_{a1,k}$ *Con.* **Dig.**$_{bg2,k}$ dros.$_{bg2,k}$ dulc.$_{h,h1,*}$ euon.$_{a1,k}$ euphr.$_{bg2,k}$ graph.$_{bg2,k}$ guaj.$_{bg2,h,*}$ hep.$_{bg2,k}$ hyper.$_{hr1,k}$ *Ign.*$_{hr1,k}$ kali-ar. kali-bi.$_{bg2,k,*}$ *Kali-c.*$_{bg2,k,*}$ kali-chl.$_{hr1,k,*}$ kali-m.$_{k2}$ *Kali-n.* kali-p. kali-s. kali-sil.$_{k2}$ kreos.$_{bg2,k}$ *Lach.* led.$_{a1,k}$ lob-c. lyc.$_{bg2,k,*}$ mag-m.$_{bg2,k}$ mang.$_{bg2,k,*}$ **Merc.** *Mez.* nat-c.$_{bg2}$ nat-hchls. nat-m.$_{bg2,k}$ *Nux-v.*$_{bg2,k,*}$ *Ol-an.*$_{a1,k}$ petr.$_{bg2}$ ph-ac.$_{bg2,k,*}$ *Phos.*$_{bg2,k}$ *Plat.* puls.$_{hr1,k}$ ran-s.$_{bg2,k}$ rhod.$_{bg2,k,*}$ *Rhus-t.*$_{bg2,k,*}$ rhus-v.$_{hr1,k}$ *Sars.*

– **ziehend**: ...
seneg.bg2 *Sep.*bg2,k,* *Sil.*bg2,k *Spig.*bg2,k *Stann.*bg2,k,* *Staph.*bg2,k,* sulph.bg2,k tep.a1,k ter.hr1,k thuj. valer.bg2,k,* *Verat.*bg2,k,* *Verb.* viol-o.bg2 viol-t.bg2 zing.hr1,k
- **links**: arg-n.a1,bg1 *Aur.* chel.hr1,k nat-hchls. ol-an.a1 ph-ac.h,k1 puls.hr1 *Sulph.*bg1,vh,* *Verb.* zing.
- **rechts**: agar.hr1,k am-c. anac. arg-met. *Caust.*hr1,k kali-chl.bg1 lyc.bg1 lyss. nit-ac.h,k1 sars.h,k1 ter.hr1,k thuj. verat.bg1,h,*
- **morgens**: kali-bi.a1,k sulph.
  - **Aufstehen**, beim: guaj.h
- **nachmittags**: alum.h,k1 euphr. lyc.a1,k sulph.
- **abends**: anac. cist.hr1,k ol-an.a1 thuj.
  - **21** h: zinc.
- **anfallsweise**: *Caust.* cocc. nat-hchls. sep.
- **Bücken**, beim: nux-v.a1,k
- **fester** und fester und läßt dann plötzlich lokker; es zieht: *Puls.*hr1,k
- **Husten**, beim: carb-v.h
- **kalt**:
  - **Luft**: kali-p.k2
    - **amel.**: all-c. nat-hchls.
- **Liegen**, beim: chel.hr1,k
- **Musik**, durch: ph-ac.
- **oben**, nach: *Ol-an.*
- **rheumatisch**: caust. sul-ac.a1,h,*
- **Wärme** amel.: **Ars.** *Caust.* *Coloc.*
- **Zugluft**, bei: *Verb.*

▽ **erstreckt** sich zu:
- **Kinn**: phos.
- **Ohr**, in das: *Acon.* *Caust.* con. ph-ac.h

○ **Jochbein**: calc.a1,h,* camph.a1 chel.a1,k con.a1 dig.a1,h,* gins.a1 kali-bi.a1 mag-m.a1 sulph.a1 thuj.a1
- **Liegen**: chel.

- **Kaumuskel**: kali-bi.a1 *Nux-v.*a1 sabin.br1 *Sars.*a1,k thuj.a1 verb.a1,k
- **Kiefer**: acon.a1,k agar.a1 *Alumn.*a1,k anac. ang.a1,h *Aur.*a1,k bry.a1,k calc.a1,k carb-ac.a1 **Carb-v.**a1,k caust. cham. *Con.* lyc.a1,k mez. mur-ac.a1,k nat-c. nat-s.a1,k nit-ac. *Nux-v.*a1,k ph-ac.a1,k phos.a1,k puls. *Rhus-v.*a1,k sabad.a1,k sil.a1,k sulph.h,k,* til.a1 zinc.a1,k
  - **Frösteln**, beim: sep.h,k1
  - **krampfartig** ziehend: sulph.h,k1
  - ○ **Oberkiefer**: acon. agar. chel. dros. euphr. graph. nat-m. rhus-v. sulph. thuj. zing.a1,k
  - **Unterkiefer**: agar. alum.h am-m. anac. arg-n. bell. bry. calad. calc. carbn-s. cham.h chin. cupr.h euphr. eupi. fl-ac. guaj. indg. kali-bi. kali-n. lach. led. lob. lyc. nat-m. nat-s. ox-ac.k2 petr.h phos. stann. sulph. tab. thuj. til. viol-t. zing.a1,k
    - **rechts**: sabin.c1
    - **morgens**: sulph.
    - **nachmittags**: euphr. sulph.
    - **abends**: anac.h thuj.h
    - **nachts**: sil.h
    - **Trinken**, nach dem: con.h

Schmerz - ziehend - Kiefer - Unterkiefer: ...
▽ **erstreckt** sich zu:
- **Kinn**: phos.
- **Kopfes**; Seite des: viol-t.
- **Ohr** und Kopf: con.h
- **Unterkieferwinkel**: ph-ac.h

- **Kiefergelenke**: am-m. bell. daph. nat-c.h *Rhus-t.* sars. verb.

▽ **erstreckt** sich zum Ohr: agar. ol-an.
- **Kinn**: agar.a1,k aur-m-n.a1,k caust. chinin-s. cupr. hyper. olnd.a1,k stront-c. *Verb.*
- **Lippen**: bell.h,k1 calc.a1,h,* *Sep.* spig.
- **Mund** zur Nase; vom: thuj.h,k1
- **Parotis**: agn.hr1,k *Arg-met.* mang.
  - **links**: agn.hr1,k
- **Unterkieferdrüsen**: am-m.a1,k *Arg-met.* cob.a1,k cycl.h,k1 ign.a1,k lyc.a1,k *Sil.*a1,k
  - **Essen**, nach dem: lyc.
- **Wangenknochen**: am-c. anac. arg-met.h carb-an.h *Caust.* *Chel.* *Colch.* dros.h hep.c1 kali-chl. nat-c.h nat-m.h *Plat.* sil. stann. staph.h *Verb.*

– **zuckend**
☞ *stechend*

– **zwickend**:
○ **Kiefer**:
- ○ **Kiefergelenk**: *Bry.* coloc. gran.
  - **Unterkiefer**: nat-m.h verb.h
- **Kinn**: dulc.h1
- **Parotis**: aran. nat-m.
- **Unterkieferdrüsen**: verat.h
- **Wange**: ruta.h sul-ac.h

Schnurrbart bei Frauen
☞ *Haar - Haarwuchs - Frauen - Oberlippe*

Schorfig: nit-ac.bg2

Schwäche: cham.bg2
○ **Kiefer**:
○ **Unterkiefers**; des: nit-ac.h
☞ *Herabfallen*
- **Essen**; nach dem: *Bar-c.* cham.bg1

Schwammartige Wucherungen:
○ **Kiefer**:
○ **Unterkiefer**: *Hep.* *Phos.* thuj.

Schweiß: acet-ac.br1 acon.hr1,k acon-l.a1 act-sp.hr1 aesc.hr1,k,* aeth.a1,k *Agar.*hr1,k,* *Alum.*bg2,k alum-p.k2 am-c.bg1 *Am-m.* ambr. amyg.a1,k ant-t.hr1,k aphis.c1 apom.a1 arg-met. *Arg-n.*hr1,k *Arn.*a1,k *Ars.*hr1,k,* ars-h.hr1,k aur.hr1,k aur-ar.k2 aur-s.k2 bamb-a.stb2 *Bapt.*hr1,k **Bell.**bg2,k,* benz-ac.hr1,k,* berb.hr1 borx. *Bry.*a1,k *Bufo* **Cact.**hr1 **Calc.**hr1,k *Calc-p.*hr1,k,* calc-s. calc-sil.k2 **Camph.**hr1,k canth.a1 *Caps.* *Carb-ac.*hr1,k,* carb-an.h,k,* **Carb-v.**bg2,k,* *Carbn-s.* cham.bg2,k,* *Chin.*bg2,k,* chin-b.hr1 chinin-ar. chion.c1 cic.a1,k **Cina** cit-l.hr1 *Cocc.*bg2,k,* *Coff.*bg2,k,* colch.hr1,k coloc.a1,k con.hr1,k crot-h. *Cupr.*hr1,k cupr-s.hr1,k,* *Dig.*hr1,k digin.a1 *Dros.*bg2,k,* dulc.bg2,k,* elaps ferr.hr1,k ferr-ar. ferr-p. fl-ac.hr1,k,* *Glon.*hr1,k,* guaj. *Hell.*hr1,k hep.hr1,k hydr-ac.a1,k *Hyos.*a1,k iber.a1,hr1 **Ign.**bg2,k,* *Ip.*hr1,k jab.a1,k

Schweiß: ...
Kali-ar. *Kali-bi.*hr1,k kali-c. kali-i.a1,k kali-m.k2 kali-p. kali-s. kali-sil.k2 kreos.a1,k *Lach.*hr1,k lachn.hr1,k laur.bg2,k,* linu-c.a1 **Lyc.**hr1,k lyss.c1,hr1 mag-c.bg2,k,* med.hr1,k **Merc.**bg2,k,* *Merc-cy.*hr1 mez.a1,k morph.a1,k mosch.a1,k mur-ac.a1,k nat-c.h2 *Nat-m.*hr1,k *Nat-s.*hr1,k,* nitro-o.a1 **Nux-v.**bg2,k,* ol-an.a1,k **Op.**a1,k ox-ac.hr1,k,* par. ped.a1 *Petr.*hr1,k,* *Phos.*hr1,k,* pilo.a1 plat.bg2 plb.bg2,hr1 *Psor.*hr1,k **Puls.**h,k,* rheum rhus-t.bg2,k,* sabad.hr1,k *Samb.*bg2,k,* *Sars.* *Sec.*hr1,k *Sep.*bg2,k,* **Sil.**bg2,k,* spig.hr1,k spirae.a1 **Spong.**bg2,k,* *Stann.*a1,k staph.hr1,k *Stram.*hr1,k stry.a1,k sul-ac. *Sulph.*bg2,k,* *Tab.*hr1,k tarent.a1,k tell.hr1,k *Thuj.*hr1,k,* til.a1,k **Valer.** **Verat.**bg2,k,* verat-v.hr1,k viol-t.bg2 vip.a1,k wies.a1
– **eine** Seite: alum. *Ambr.* *Bar-c.* **Nux-v.** **Puls.** sulph.
– **rechts**: alum. puls.h,k,*
– **morgens**: ars.a1,k bamb-a.stb2 chin.a1,k nit-ac.h,k1 puls.hr1,k rutah sulph.a1,k verat.a1,k
– **vormittags**: phos.a1,k
– **mittags**: cic.a1,k
– **nachmittags**: bamb-a.stb2 com.a1,k ign.a1,k samb.a1,k
 • **16** h: bamb-a.stb2
– **abends**: hura iber.a1 psor.a1,k puls.a1,k sars. spong.hr1,k,* yuc.a1
 • **Haus**, im: mez.a1,k
– **nachts**: dros.h,k1 hep.h,k1 puls.
 • **Mitternacht**: plat.h,k1 rhus-t.a1,k
 • **2** h: ars.
◆ **begleitet** von:
 • **Erbrechen**
  ☞ ❑ *Magen - Erbrechen - begleitet von - Schweiß - Gesicht*
– **Abendessen**, beim: calc.a1,k
– **Angst**, mit: nat-c.h
– **Anstrengung**:
 • **nach**: sil.k2
 • **geringste** Anstrengung; durch die: bamb-a.stb2 sulph.h
– **Aufstoßen**; beim: cadm-s.c1
– **außer** im Gesicht: *Rhus-t.*vh sec.vh
– **Bewegung**, bei: psor.hr1 valer.a1,k
– **Bienenstich**, durch: sep.h
– **Erbrechen**; beim
  ☞ ❑ *Magen - Erbrechen - begleitet von - Schweiß - Gesicht*
– **Erwachen**, beim: bamb-a.stb2 puls.h,k1
– **Essen**: *Ign.* *Nat-m.* *Sulph.*
 • **nach**: alum.a1,k **Cham.**hr1,k,* nat-s.hr1,k,* psor.a1,k viol-t.
 • **warme** Speisen: mag-c.bl1 sep.a1,k
– **Flatus**; beim Abgang von: kali-bi.
– **Gehen**; beim: borx.h valer. verat.h
 • **Freien**; im: guaj.k2
– **Herzklopfen**, mit: ars.
– **Hitze**; während: alum.h,k1 ars.bg2,h,* bell.bg2,h,* *Cham.*bg2,k,* *Chel.* *Dros.* dulc.hr1,k *Lach.*bg2,k *Psor.*hr1,k **Puls.**bg2,k,* sep.h,k1 spong.bg2,k valer.bg2,k,*
– **Husten**, beim: tarent.a1,k

Schweiß: ...
– **kalt**: acon.a1,k aeth. agar.a1 ant-c. *Ant-t.*hr1,k,* arn. **Ars.**hr1,k,* ars-s-f.k2 *Aur.*hr1,k aur-ar.k2 aur-s.k2 bell.a1,k benz-ac.hr1,k,* berb.hr1 *Bry.* **Cact.**hr1,k,* cadm-s. *Calc.* *Calc-p.*hr1,k,* calc-s. **Camph.**hr1,k caps. carb-ac.hr1,k,* carb-an. **Carb-v.**hr1,k *Carbn-s.* *Chin.*hr1,k chinin-ar. **Cina** coc-c.a1,k *Cocc.*hr1,k crot-h. *Cupr.*hr1,k *Dig.*hr1,k *Dros.*hr1,k elaps euph-l.br1 ferr.hr1,k *Glon.* hell.hr1,k hep.hr1,k hura iber.hr1 ign.hr1 *Ip.*hr1,k *Kali-bi.*hr1,k,* kali-cy.a1 kali-ox.a1 *Lach.*hr1,k lachn.hr1,k *Lob.*hr1,k,* *Lyc.*hr1,k,* *Merc.*hr1,k,* **Merc-c.** *Merc-cy.*hr1 morph.a1,k mur-ac. nat-m. *Nux-v.*hr1,k *Op.*a1,k ox-ac.hr1,k phos.hr1,k2 plat.a1,k plb.hr1 *Puls.*hr1,k,* pyrog. *Rheum* rhus-t. ruta sabad.hr1,k *Samb.*hr1,k *Sec.*hr1,k sep.hr1,k spig. **Spong.**hr1,k staph.hr1,k *Stram.*hr1,k sul-ac.a1,k *Sulph.*hr1,k *Tab.*hr1,k,* **Verat.**hr1,k verat-v.hr1,k,* zinc-m.bro1
 • **Diarrhoe**, bei: apoc.ptk1
 ○ **Mund**, um den: **Chin.** rheum
 • **Stirn**: acet-ac.br1
– **Konvulsionen**, bei den: *Bufo* *Cocc.*
– **Kopfhaut** und: puls.h,k,* valer. verat.
– **Mittagessen**:
 • **beim**: carb-an.a1,k
 • **nach**: sulph.a1,k
– **nur** im Gesicht: calc.k2 con.vh ign. phos.vh
– **Schlaf**:
 • **vor**: calc.h,k1
 • **im**: med.hr1,k prun.a1,k sep.a1,k tab.a1,k
 • **Einschlafen**, beim: sil.
– **Seite**:
 • **liegt**, auf der er: *Acon.*hr1,k act-sp.hr1,k chin.
  • **nicht**: sil. thuj.
– **Sitzen**, im: calc.a1,k nat-s.a1 spong.a1
– **Stehen**, im: eupi.a1,k
– **Stellen**; an einzelnen:
 • **Essen**:
  • **beim**: ign.ptk1
– **Stuhlgang**, nach: com.hr1,k,*
– **Trinken**, nach dem: *Cham.*hr1,k,*
– **übelriechend**: *Puls.*
– **warme** Speisen und Getränke: sep.a1,k sul-ac.a1,k
○ **Augen**:
 ○ **unter** den: con.bg1
– **Lider** und Augenbrauen:
 • **Schlaf**:
  • **im**: calc-p.tl1
– **Lippen**:
 ○ **Oberlippe**: acon. coff. kali-bi. kali-c. med.bg1,c1 nux-v. rheum sin-n. thuj.st1
 • **Unterlippe**: rheum
– **Stirn**
  ☞ ❑ *Kopf - Schweiß - Stirn*

Schwellung: **Acon.**bg2,k,* act-sp.bg2 aesc. aeth.a1,k agar.bg2,k,* ail.bg2,k,* aloe alum.bg2,k,* alum-p.k2 am-c.bg2,k am-m.bg2,k amyg.a1,k anac.bg2,k,* anac-oc.hr1,k anan.hr1,k *Ant-t.*bg2,k,* **Apis** apoc. *Arn.*bg2,k,* **Ars.**bg2,k,* ars-s-f.k2 *Arum-t.* asaf.k2 astat.stj2 *Aur.*bg2,k aur-ar.k2 *Aur-m.* bapt.bg2 *Bar-c.*bg2,k,* bar-i.k2 bar-s.k2 **Bell.**bg2,k,* boerh-d.bnj1

Schwellung: ...
borx. **Bov.**bg2,k **Bry.**bg2,k,* *Bufo* *Cact.* **Calc.**bg2,k,* *Calc-ar.* *Camph.* *Canth.*bg2,k,* caps.bg2,k carb-an.bg2 *Carb-v.*bg2,k,* carbn-h. *Carbn-s.* **Cham.**bg2,k,* chel.bg2,k,* *Chin.*bg2,k chinin-ar. chlor.hr1,k,* choc.srj3 cic.bg2,k,* *Cina* *Cocc.*bg2,k,* *Colch.*bg2,k,* *Coloc.*bg2,k *Com.*hr1,k *Con.*bg2,k,* cop. *Crot-h.*bg2,k,* crot-t.hr1,k cub.a1,k cupr.bg2,k,* dig.bg2,k dol. dor.a1,k dros.bg2,k,* *Dulc.*bg2 *Elaps* *Euph.*bg2,k,* fago.a1,k **Ferr.**bg2,k,* *Ferr-ar.* ferr-i. ferr-m.a1,k *Ferr-p.* gels.bg2,k,* glon.bg2,k,* *Graph.*h,k,* *Guaj.*bg2,k guare.a1,k gymno. hell.bg2,k helon.hr1,k **Hep.**bg2,k hura hydr-ac.hr1,k,* hydrc.a1,k hyos.bg2,k,* hyper. iod.bg2 ip.bg2,k,* kali-ar.a1,k kali-bi.bg2,k,* *Kali-c.*bg2,k kali-chl.hr1,k *Kali-i.*a1,k kali-m.k2 kali-p. kali-sil.k2 kreos.bg2 lac-c.hr1,k *Lach.*bg2,k,* lachn.hr1,k laur.bg2,k led.bg2,k **Lyc.**bg2,k,* mag-c.bg2,k,* mag-m.bg2 mag-p.bg2,hr1 manc.hr1,k,* **Merc.**bg2,k,* *Merc-c.*bg2,k,* *Mez.*bg2,k,* mosch.bg2 *Nat-ar.* *Nat-c.*bg2,k,* *Nat-hchls.* **Nat-m.**bg2,k,* nicc.a1,k *Nit-ac.*bg2,k,* *Nux-m.*bg2,k,* *Nux-v.*bg2,k,* *Oena.*hr1,k,* olnd.bg2 **Op.**bg2,k,* ox-ac.a1,k petr.bg2 ph-ac.bg2 *Phos.*hr1,k,* plan.hr1,k *Plat.*hr1,k plb.bg2,k,* podo.bg2 psor.bg2,k,* puls.bg2,k,* **Rhus-t.**hr1,k,* *Rhus-v.*a1,k sabin.bg2,k,* *Samb.*bg2,k sang.bg2,k sec.bg2,k,* sel.bg2,k,* senec. seneg.bg2,k *Sep.*bg2,k,* sil.bg2,h,* sol-ni. *Spig.*bg2,k spong.bg2,k *Stann.*bg2,k staph.bg2 *Stram.*bg2,k,* stry.a1,k sul-ac.bg2 sul-i.k2 sulph.bg2,k tab.bg2,k,* tarax.bg2,k,* tax.a1,k ter.hr1,k teucr.bg2 thuj. tung-met.stj2 urin.c1 vac.hr1,k,* *Verat.*bg2,k,* vesp.hr1,k,* vinc.hr1,k,* vip.bg2,k,* zinc-s.a1,k ziz.a1,hr1
☞ *Gedunsen / Vergrößert*

– **eine** Seite: arn. *Ars.* *Aur.* bar-c.h bell. borx.h bry. canth. *Cham.* graph.h *Merc.* nux-v. phyt.k2 plb. puls. sep. staph.
– **links**: anac.hr1,k arg-met.k1 arg-n.hr1,k *Com.*hr1,k *Kali-c.*hr1,k **Lach.**hr1,k lyss.hr1,k nat-m.h,kl *Phyt.*hr1,k zinc.hr1,k
  • **Hitze** und Brennen; mit: arg-met.a1,k1
– **rechts**: act-sp.bg1 *Ars.*bg1,vh,* *Calc.*bg1,vh,* elaps merc. nicc.hr1,k *Plb.*bg1,vh,* rumx.bg1 russ.bro1
– **morgens**: **Ars.**a1,k aur. calc. crot-h. dirc. graph.h,kl *Hep.*bg1,vh,* kali-c. *Kali-chl.*bg1,vh,* *Kalm.*bg1,vh,* *Lyc.*bg1,vh,* manc.a1,k merc.a1,k *Nit-ac.* *Phos.*bg1,vh,* *Sep.*bg1,vh,* *Spig.*bg1,vh,* sulph.h,kl
  • **Erwachen**, beim: agar. hura nat-ar. rhus-t. spig.
– **nachmittags**: *Ars.* bell.bg1 phos.a1,k
– **abends**: ars.bg1 lyc.bg1 rhus-t.a1,k sulph.bg1
– **nachts**: *Lach.*hr1,k
– **Bienenstiche**, durch: *Carb-ac.* *Lach.* *Led.*
– **erysipelatös**
☞ *Erysipel*
– **Essen**: sep.h
  • **nach**: merc.bg1,h,*
– **Gefühl** von Schwellung: acon.wd2 *Aesc.*bg1,vh,* aeth. alum. apisin.wd2 *Aran.* ars-met. bamb-a.stb2 bar-act.wd1 bar-c. *Bell.*bg1,vh,* calc. *Chel.* daph.rb2 euph.rb2 *Ferr.* *Grat.* *Gymno.* *Lil-t.*bg1,vh,* *Mez.*bg1,vh,* nat-ar.k2 *Nat-m.*bg1,vh,* nicc. *Nux-m.* phos. pip-m. puls. spig.wd2 *Staph.* stram. *Sul-ac.*
☞ *Vergrößert - Gefühl*

– **Gefühl** von Schwellung: ...
  • **links**: nux-m.c1 stram.rb2
  • **Eintreten** ins Haus; beim: aeth.
  • **Freien**, im: phos.h
  • **Schnupfen**; mit: ars-met.rb2
  • **Wangen**
  ☞ *Wangen - Gefühl*
  • **Wangenknochen**
  ☞ *Wangenknochen - Gefühl*
– **glänzend**: apis arn. aur. spig.
– **hart**: am-c.hr1,k *Arn.* ars. bell. borx. calc-f.br1 **Hep.**hr1,k *Merc.*hr1,k *Sil.*
– **heiß**: borx.h rhus-t.h,kl
– **juckend**: rhus-t.h,kl
– **knötchenförmig**: alum.hr1,k
– **Liegen**, beim: apoc.
– **Menses**:
  • **vor**: bar-c.hr1,k *Graph.*hr1,k,* *Kali-c.*hr1,k,* *Merc.*hr1,k *Puls.*
  • **während**: aeth. *Sulph.*hr1,k
  • **anstatt** der: *Kali-c.*h,kl
– **ödematös**: aeth. ant-ar. *Ant-t.* **Apis** *Apoc.* **Ars.** ars-h. *Ars-met.* asaf.k2 bry.k2 *Cact.* **Calc.** calc-ar.k2 carbn-s. *Chel.* *Chin.* chinin-ar.k2 *Colch.* *Crot-h.* cupr-ar. *Dig.* *Dulc.* euph. *Ferr.* *Ferr-p.* **Graph.** ham. *Hell.* kali-ar. lach.k2 **Lyc.** medus.br1 *Merc.* *Merc-c.* *Nat-ar.* *Nat-c.* *Nat-m.* *Phos.* *Plb.* puls.k2 *Rhus-t.* thuj. tub.a1,c1 urt-u.bg1 *Vesp.* *Xan.*
– **Prosopalgie**, bei: bell.j5 coloc.j5 phos.j5 plat.j5 spig.j5 verb.j5 zinc.j5
– **Quecksilber**, nach: *Hep.*hr1 *Kali-i.*hr1,k
– **rot**: *Arn.*hr1,k ars. bell. borx. cic. coloc. euph. guaj.h,kl *Kali-c.* lach. merc. nat-c. nux-v. olnd. rhus-t.hr1,k sulph. verat.h,kl
– **Scharlach**: **Apis** **Arum-t.**hr1,k *Calc.*hr1,k *Hell.*hr1,k *Kali-s.* *Lyc.*hr1,k zinc.hr1,k
– **Schwangerschaft**; während der: jab.hr1 *Merc-c.* *Phos.*hr1,k
– **Seite**, auf der man liegt: phos.bg1
– **Waschen**; nach: *Aesc.*hr1,k
– **Wechselfieber**, bei: ars. chin. lyc. nat-m.
– **Zahnschmerzen**: all-c.hr1,k am-c.h,kl *Ant-c.*hr1,k aur.h,kl bell.bro1 borx.h *Calc.*hr1,k *Calc-s.*hr1,k **Cham.**hr1,k coff.bro1 colch.hr1,k *Euph.*hr1,k graph.h,kl *Hep.* iod.h,kl *Kali-c.*hr1,k **Lach.**hr1,k lyc.h,kl *Mag-c.*hr1,k **Merc.**hr1,k nat-c.h2 nat-m.h,kl nit-ac.h,kl nux-v.hr1,k petr.hr1 phos.h,kl samb.hr1,k **Sep.**hr1,k **Sil.** *Spig.*hr1,k staph.h,kl stront-c. *Thuj.*bg1,vh,* *Verat.*hr1,k
○ **Augen**:
  • **morgens**: sep.k1
○ **über** den: cench.c2,k2 chin.bg1 **Kali-c.**bg2,k,* lach.k2 *Lyc.*bg2,kl nat-ar. puls.bg1,bg2 ruta sep.bg2,k
  • **Husten**; beim: kali-c.k2
  • **um** die: all-c. **Apis** *Ars.*bg2,k calc-ar.k2 chin.a1,k colch. cupr. elaps *Ferr.*bg2,k,* **Kali-c.** lach.bg2 merc.bg2,k nit-ac.bg2,k *Phos.*bg2,k,* puls.bg2 **Rhus-t.**k,kl2● sang.a1,k sep.bg2 spig.h,kl stram.a1,k urt-u.bg1
  • **rechts**: ail.bg1 *Rhus-v.*bg1,vh,*
  • **morgens**: ars.h,kl nit-ac.h,kl
  • **Menses**; während: puls.k2

○ **Augen**: ...

• **unter** den: **Apis** apoc. **Ars.**$_{bg2,k,*}$ *Aur.*$_{bg2,k}$ bry.$_{bg2,k}$ calc.$_{bg2,h,*}$ *Calc-ar.* cench.$_{k2}$ cham.$_{bg2}$ cinnb. *Fl-ac.*$_{bg2,k}$ iod.$_{k2}$ **Kali-c.** *Kali-i.* med. merc.$_{bg2,k,*}$ nat-c.$_{bg2,h,*}$ nit-ac. nux-v.$_{bg2,k}$ olnd.$_{bg2,k}$ phos.$_{bg2,k,*}$ puls.$_{bg2,k}$ *Raph.*$_{bg1,vh,*}$ rhus-t.$_{bg2}$ sep.$_{bg2}$ stram.$_{bg2}$ *Thlas.*$_{bg1,vh,*}$

• **rechts**: carb-ac.$_{bg1}$

• **links**: colch.$_{bg1}$ sulph.$_{bg1}$

• **Husten**; durch: kali-c.$_{k2}$

• **zwischen** den: lyc.

– **Drüsen** im Allgemeinen: am-c. am-m. arn. *Ars.* *Ars-i.* **Arum-t.** asaf. aur. aur-m. aur-s.$_{k2}$ bad. *Bar-c.* *Bar-m.* **Bell.** bov. brom. bry. calad. **Calc.** calc-sil.$_{k2}$ camph. *Carb-an.* *Carbn-s.* cham. chin. cic. clem. cocc. con. cor-r. crot-t. dulc. graph. **Hep.** **Iod.** jab. *Kali-c.* kali-i. kali-m.$_{k2}$ *Lach.* led. *Lith-c.* *Lyc.* **Merc.** *Mur-ac.* *Nat-c.* *Nat-m.* nat-p. *Nit-ac.* nux-v. petr. *Phos.* plb. puls. **Rhus-t.** *Sep.* **Sil.** spig. spong. stann. *Staph.* *Sul-ac.* **Sulph.** thuj. verat.

• **hart**, schmerzhaft: bar-c. *Bell.* calc. hell. iod. mur-ac. nat-m. petr. *Rhus-t.* **Sil.** staph. *Sulph.*

○ **Kiefer**; unter dem

☞ *Unterkieferdrüsen*

– **Jochbein**: con.$_{h,kl}$

– **Kiefer**:

○ **Oberkiefer**: alum. *Nit-ac.*$_{a1,k}$ phos. stann.

• **Unterkiefer**: acon.$_{bg2,k}$ alum.$_{h,kl}$ amph.$_{a1}$ *Anthraci.* arn.$_{bg2}$ ars.$_{bg2,k}$ *Aur.* bar-i.$_{k2}$ calc. *Calc-f.* calc-s. caust. *Crot-h.* *Fl-ac.* *Kali-c.*$_{bg2,k}$ **Lach.** lyc.$_{bg2}$ mag-c.$_{h,kl}$ merc.$_{bg2,k}$ *Nit-ac.*$_{a1,k}$ ol-an.$_{bg2,k}$ petr.$_{bg2,k}$ **Phos.**$_{bg2,k}$ *Sil.*$_{bg2,k}$ staph.$_{bg2}$ sulph. verat.$_{bg2,h,*}$ zinc.

• **morgens**: zinc.

○ **Kieferwinkel**, hart: lyc.$_{h}$

– **Kinn**: carb-v. caust.$_{a1,k}$ spig.$_{h,kl}$

• **links**: chinin-ar.$_{vh}$

– **Lippen**: acon. ail. alum. alum-p.$_{k2}$ anan. ant-t. **Apis** arg-met. arg-n. arn. *Ars.* **Arum-t.** asaf. *Aur.* aur-ar.$_{k2}$ *Aur-m.* aur-s.$_{k2}$ bar-c. **Bell.** *Bov.* brach. **Bry.** cadm-s. calad. *Calc.* canth. *Caps.* *Carb-an.* *Carb-v.* chin. *Clem.* *Cor-r.* *Crot-h.* cub.$_{c1}$ dig. gels. glon. hell. hep.$_{c2,k}$ hydrog.$_{srj2}$ kali-ar. *Kali-c.* kali-chl. kali-m.$_{k2}$ kali-p. kali-s. kali-sil.$_{k2}$ *Kalm.* *Lach.* lachn. lyc. med.$_{br1}$ medus.$_{br1}$ *Merc.* *Merc-c.* mez. mono.$_{a1}$ *Nat-c.* **Nat-m.** **Nit-ac.**$_{a1,k}$ *Nux-m.* op. *Par.* ph-ac. phel. *Phos.* plb. *Psor.* puls. rhus-t. *Rhus-v.*$_{c2}$ sang. **Sep.** *Sil.* staph. stram. *Sulph.* thuj. tub. urt-u. zinc. zinc-p.$_{k2}$

• **morgens**: lyc.$_{h,kl}$

• **Gefühl** von: lact. olnd.$_{h}$

○ **Oberlippe**: **Apis** arg-met. ars. **Bar-c.**$_{a1,k}$ **Bell.**$_{a1,k}$ *Bov.*$_{a1,k,*}$ *Bry.* **Calc.**$_{a1,k}$ *Calc-p.* canth.$_{a1,k}$ *Carb-v.*$_{a1,k}$ graph.$_{a1,k}$ grat. guare.$_{a1,k}$ **Hep.**$_{a1,k}$ jug-r.$_{a1}$ *Kali-c.*$_{a1,k}$ kali-p. *Lach.* *Lyc.*$_{a1,k}$ mang. *Merc.* merc-c.$_{a1,k}$ merc-i-f. *Mez.*$_{a1,k}$ *Nat-c.* **Nat-m.**$_{a1,k}$ **Nit-ac.**$_{h,k,*}$ phel.$_{a1,k}$ *Phos.* *Psor.*$_{a1,k}$ rhus-t. *Rhus-v.*$_{a1}$ **Staph.** **Sulph.**$_{a1,k}$ *Tub.* vinc.$_{a1,k}$ zinc.$_{a1,h,*}$

• **morgens**: *Calc.*$_{a1,k}$ grat.$_{a1,k}$ phos.$_{a1,h,*}$

• **abends**: sulph.$_{h}$

• **Schnupfen**; mit: bar-c.$_{c1}$

– **Lippen**: ...

• **Unterlippe**: alum. am-caust.$_{c1}$ arn.$_{bg1}$ **Asaf.** borx.$_{h}$ calc. *Caust.* *Clem.* com. *Kali-bi.* *Kali-c.* kali-s. lach.$_{bg1,bg2,*}$ *Lyc.* *Merc-c.* mez. *Mur-ac.* *Nat-c.*$_{h,hr1}$ **Nat-m.** nit-ac.$_{a1,h,*}$ puls. *Sep.*$_{h,k,*}$ sil. stram. *Sulph.*

• **morgens**: *Sep.*$_{a1,h}$

• **Gefühl** von: glon.$_{rb2}$

○ **Innenseite**: vip-l-f.$_{a1}$

○ **Innenseite**: dig.$_{h,kl}$

– **Mund**:

○ **Mundwinkel**: clem. olnd.$_{a1,h}$ vinc.

• **um** den: carb-an. nux-v. olnd.$_{a1,h,*}$

– **Nasenknochen**

☞ ❑ *Nase - Schwellung - Knochen*

– **Parotis**: *Ail.* *Am-c.* am-m.$_{k2}$ anth. apis *Arn.* *Ars.* **Arum-t.** *Aur.* aur-ar.$_{k2}$ *Aur-m.* aur-s.$_{k2}$ bapt.$_{k2}$ **Bar-c.** bar-i.$_{k2}$ *Bar-m.* bar-s.$_{k2}$ **Bell.** **Brom.**$_{k,k2}$ *Bry.* bufo *Calc.* calc-p.$_{k2}$ *Calc-s.* calc-sil.$_{k2}$ *Carb-an.* *Carb-v.* *Carbn-s.* **Cham.** **Chin.** *Chinin-ar.* chlol. *Cinnb.* *Cist.* coc-c. *Cocc.* *Con.* *Crot-h.* dig. *Dulc.* fago. *Ferr-p.* *Graph.* *Hep.* hippoz. hyos. *Ign.* *Iris* jab.$_{bro1}$ kali-ar. *Kali-bi.* *Kali-c.*$_{k,k2}$ *Kali-i.* kali-m.$_{k2}$ kali-p. kali-sil.$_{k2}$ lac-c. *Lach.* *Lyc.* *Mang.*$_{hr1}$ **Merc.** *Merc-cy.* *Merc-i-r.* merc-sul.$_{c1}$ *Mur-ac.* nat-ar. nat-c.$_{k,k2}$ **Nit-ac.** nux-v. petr.$_{k2}$ *Phos.* *Phyt.* plb. *Psor.* puls. **Rhus-t.** sarr. *Sep.* **Sil.** staph. stram. *Sul-ac.* sul-i.$_{k2}$ sulph. sumb. vip.

• **links**: **Brom.** con. *Lach.* **Rhus-t.** *Sul-ac.*

• **rechts**: am-c. **Bar-c.** *Bar-m.* **Bell.** calc-s.$_{k2}$ carb-an. graph. *Kali-bi.* kali-c. *Merc.* nit-ac. plb. sep. stram.

• **dann** links: **Lyc.**

◆ **begleitet** von:

• **Fleckfieber**; epidemisches

☞ ❑ *Fieber - Fleckfieber - begleitet von - Parotis*

• **hart**: am-c. **Bar-m.** **Brom.** *Merc.* sil.$_{h,kl}$ sul-ac.

• **Hautausschlag**, nach: anthraci. *Arn.* *Bar-c.* **Brom.** *Carb-v.* dulc. iod. kali-bi. mag-c. sulph.

• **kalte** Luft amel.: *Merc.*

• **Menses**, während: kali-c.

– **Speicheldrüsen**

☞ ❑ *Mund - Schwellung - Speicheldrüsen*

– **Stirn**: apis$_{bg1}$ ars.$_{bg1}$ hell.$_{bg1}$ lyc.$_{bg1}$ *Nux-v.*$_{bg1}$ phos.$_{bg1,bg2}$ rhus-t.$_{bg1}$ ruta$_{bg1,bg2}$ sep.$_{bg1,bg2}$

– **Sublingualdrüse**: brom.$_{k2}$ calc.$_{k2}$ *Canth.* con.$_{k2}$ kalm. **Merc.** petr.$_{k2}$ plb.$_{k2}$ psor. staph.$_{h,kl}$

– **Submentaldrüse**: am-c. bar-i.$_{k2}$ con.$_{k2}$ glech.$_{bg1}$ graph.$_{h,kl}$ led.$_{h,kl}$ staph.

• **schmerzhaft**: am-c.

– **Unterkieferdrüsen**: am-c.$_{bg2,k}$ *Am-m.*$_{bg2,k,*}$ ambr.$_{a1,k}$ *Anan.* *Anthraci.* *Arg-met.* arn.$_{bg2}$ *Ars.*$_{bg2,k,*}$ **Ars-i.** ars-s-f.$_{k2}$ **Arum-t.**$_{a1,k}$ asim. aur. aur-ar.$_{k2}$ *Aur-m.*$_{a1,k}$ aur-s.$_{k2}$ **Bar-c.**$_{bg2,k,*}$ bar-i.$_{k2}$ **Bar-m.** bar-s.$_{k2}$ bell.$_{k,k2,*}$ bov.$_{bg2,k}$ **Brom.** bufo calad.$_{a1,k}$ **Calc.**$_{bg2,k,*}$ calc-i.$_{k2}$ *Calc-p.* *Calc-s.* calc-sil.$_{k2}$ *Camph.*$_{h,kl}$ *Carb-an.* carbn-s. **Cham.** **Chin.**$_{bg2,k,*}$ chinin-ar. chinin-s. chlol. cic.$_{bg2,k2}$ clem.$_{bg2,k,*}$ *Cocc.*$_{bg2,k,*}$ *Con.*$_{bg2,k}$ cop.$_{a1}$ *Cor-r.*$_{a1,k}$ *Crot-h.* *Crot-t.*$_{a1,k}$ der.$_{a1}$ *Dulc.*$_{bg2}$ fago.$_{a1}$ *Ferr-i.* *Graph.*$_{bg2,k,*}$ *Hep.* hippoz. ign.$_{a1,k}$ *Iod.*$_{bg2,k}$ jab.$_{a1}$

– **Unterkieferdrüsen**: ...
*Jug-c.*a1,k *Kali-ar.* *Kali-c.*k,k2,* **Kali-i.** kali-n.a1,k kali-p. kali-s. kali-sil.k2 *Kreos.*bg2 *Lac-c.* *Lach.* led.bg2,k **Lyc.**bg2,k,* mag-m. med. *Merc.*bg2,k,* *Merc-c.*a1,k merc-cy.a1,k *Merc-i-f.* *Merc-i-r.*a1,k mit.a1 *Mur-ac.* **Nat-c.**bg2,k *Nat-m.*bg2,k,* nat-p. *Nat-s.* **Nit-ac.**bg2,k *Nux-v.* *Petr.*bg2,k,* ph-ac.bg2 phos.bg2,h,* phys.a1 *Phyt.* pin-s.a1,c2 *Plb.*bg2,k,* *Psor.*a1,k puls.bg2 **Rhus-t.**bg2,k,* *Sep.*bg2,k **Sil.**bg2,k spong.bg2,k,* stann.bg2,k,* *Staph.*bg2,k stram. *Sul-ac.*bg2,k sul-i.k2 *Sulph.*bg2,k,* syph. tab.a1,k tarent. thuj.bg2 verat.bg2,k,* verat-v.a1 vesp.a1 vip.a1 zinc.a1,k
• **links**: ars.h,kl arum-t. **Brom.** *Cor-r.* vesp.
• **rechts**: bufo kali-br. sep. spong.a1,k stram. *Sulph.*
• **abends** agg.: ars.a1,h,*
• **hart**: ars.h,kl **Brom.** **Calc.** *Graph.* *Kali-c.* *Merc.* **Rhus-t.** syph.
• **schmerzhaft**: am-m. arum-t. aur. aur-m. **Bar-c.** *Bar-m.* bell.h,kl bufo **Calc.** cic.c1 clem.h,kl *Graph.* merc-i-r. *Nit-ac.* **Sil.** stann.h,kl sul-ac.h,kl *Sulph.*
• **nachts**: bell.h,kl
• **Schlucken**, beim: chin.h,kl

– **Wangen**: am-c.bg2,k,* am-m.bg2,k,* apis *Arn.*bg2,k,* ars.bg2,k *Aur.*bg2,k,* aur-s.k2 bar-c.bg2,hr1 bell.bg2,k,* borx.h bov.bg2,k bry.bg2,k *Calc.*bg1,h,* canth.bg2 caps.h,kl carb-an.bg2,h,* carb-v.bg2,k caust.bg2,k,* *Cham.*bg2,k,* chin.bg2 dig.bg2,k euph.bg2,hr1 euphr. ferr.bg2,hr1 graph.bg2 *Guaj.*hr1 hep.bg2,h,* iod.bg2 kali-ar. *Kali-c.*bg2,k,* *Kali-i.*a1,k kali-sil.k2 *Lach.*bg2 lyc.bg2,h,* *Mag-c.*bg2,k mag-m.bg2,h,* **Merc.**bg2,k,* merc-c.a1,k nat-c.bg2,k,* nat-m.bg2,h,* nit-ac.bg2,k,* nux-v.bg2,k,* ph-ac.bg2 phos.bg2 puls.bg2,k rhus-t.bg2 samb.bg2 sep.bg2,k,* *Sil.*bg2,k,* spig.bg2 *Spong.*bg2,k,* *Stann.*bg2,k staph.bg2,k sulph.bg2,k,*
• **links**: sul-ac.h,kl
• **morgens**: nat-c.h,kl
• **Gefühl** von: acon. aran.rb2,wd1 bamb-a.stb2 calc.h *Chel.* echi.wd1 kali-c.wd1 nat-ar.k2,rb2 nux-m.wd2 samb. spig.h staph.rb2,wd2
• **hart**: am-c.h,kl
• **Menses**:
• **vor**: phos.h,kl
• **während**: graph.h,k,* sep.
• **nach**: phos.h,kl
• **rot**: sulph.h,kl

– **Wangenknochen**: nat-ar.bg1
• **Gefühl** von: spig.h
• **rechter** Wangenknochen: chel.rb2

Schweregefühl: acon.bg2,hr1 alum.bg2,k cham. cupr.bg2 gels.bg2 hell.bg2 iod. kali-i. nicc.bg2,k,* op.bg2 phos.bg2
○ **Kiefer**:
○ **Kiefergelenk**: spong.h
– **Lippen**:
○ **Oberlippe**: caust.
• **Unterlippe**: *Graph.* *Mur-ac.*

Sommersprossen ●: alum.bg2 *Am-c.*bg2,k,* *Ant-c.*bg2,k,* ant-t.bg2 bry.bg2 *Calc.*bg2,k,* carb-v.bg2 coch.hr1 con.bg2 dros.bg2 *Dulc.*bg2,k *Graph.*bg2,k,* hyos.bg2 iod.bg2 iris-g.br1 *Kali-c.*bg2,k,* lach.bg2

Sommersprossen: ...
laur.bg2 **Lyc.**bg2,k,* med.c1,hr1 merc.bg2 merc-i-r.hr1 mez.bg2 mur-ac.bg2,k,* *Nat-c.*bg2,k,* *Nit-ac.*bg2,k,* *Nux-m.*hr1,k **Phos.**bg2,k,* *Puls.*bg2,k,* *Sep.*hr1,k sil.hr1,k stann.bg2 **Sulph.**bg2,k,* tab.br1,st thuj.bg2,k,*
– **Sommer** agg.; im: phos.dgt sulph.dgt

Sonnenbrand: *Thuj.*bg1,vh,*

Sordes an den Lippen: **Ars.** chlol.hr1 *Colch.* *Hyos.* *Phos.* rhus-t.k2 **Stram.**

Spannung der Haut: acon.bg2,k,* *Alum.*h,k,* am-c.h,k,* ambr.h,k,* ang.bg2,hr1 ant-t.a1,k arn.bg2 *Asaf.*bg2,k,* *Aur.*bg2 bamb-a.stb2 *Bar-c.*h,k,* bar-m.h,k,* benz-ac.a1,k berb.a1,k bov.a1,k brom.a1 bry.bg2 calc.bg1,bg2 cann-i.a1,k canth.bg2,k,* carbn-s.k2 **Caust.**bg2 chel.bg2 choc.srj3 colch.bg2,k,* *Coloc.*bg2 *Euph.*h,k,* *Gels.*hr1,k,* graph.hr1,k *Grat.*a1,k hep.bg2,k hyper.hr1,k,* kali-bi.a1,bg2 kali-c. kali-chl.a1,k kali-m.k2 kali-n.bg2,k,* kali-p. *Lach.*bg2,k,* laur.bg2,k,* *Led.*bg2 lyc.bg2,k *Mag-c.*h,k,* mag-m.bg2,k,* *Merc.*bg2,k merc-c.bg2 merl.a1,k *Mez.*hr1,k mosch.bg2,k,* nat-c.bg2 *Nat-m.* nit-ac.h,k2,* nux-v.bg2,h,* olnd.bg2 par.bg2 petr.bg2 *Ph-ac.*h,k,* phel.a1,k *Phos.*h,k,* plat.bg2 *Puls.*h,k,* rheum *Rhus-t.*h,k,* sabad.h,k,* samb.h,k,* sep.bg2,h,* spong.bg2 squil.h,k,* stann.h,kl staph.h,kl sul-ac.k2 teucr.bg2 verat.h,k,* verb.bg3 viol-o.bg2,k,* viol-t.h,k,*
☞ ❑ *Nase - Spannung*
– **eine** Seite: benz-ac. coloc.h mag-c.h phos.
• **gezogen**; als wären die Muskeln zu einer Seite: cist.
☞ *Spinnwebe - Spannung*
– **rechts**: am-c.h,kl verat.h,kl
– **morgens**: nit-ac.a1,h,*
• **Erwachen**, beim: am-c.h,k,*
– **abends**: alum.h,k,*
– **nachts**: apis
• **1** - 4 h: apis
– **Eiweiß**, Eiklar auf dem Gesicht eingetrocknet; als wäre: *Alum.* alum-p.k2 *Bar-c.* calad. graph. *Lec.* *Mag-c.* nat-m.bg1 ol-an.bg3,c1 petr.ptk1 ph-ac. sul-ac. sulph.
☞ *Spinnwebe - Gefühl*
– **glasiert**, mit Lack überzogen; wie: *Lec.*
– **Prosopalgie**, vor: ign.hr1
○ **Augen**, unter den: nux-v.h,k,* viol-o.hr1,k,*
– **Kaumuskeln**: ang.c1 bamb-a.stb2 kali-bi.a1 *Nux-v.*hr1,k sars.h,hr1,* verb.h
– **Kiefer**: meny.bg2,h,*
• **morgens**: lyc.
○ **Kiefergelenk**: alum.h,kl colch.a1,k *Merc.*h,k,* nat-m.a1,k sars.h,kl spig.h,k2,*
• **Kauen**, beim: alum.h,kl am-m.h,kl
• **Öffnen** des Mundes; beim: alum.h,kl am-m.h,kl
• **Unterkiefer**: alum.h,k,* ang.bg2 aur.hr1,k bar-c.a1,k *Bell.*h,k,* bry.bg2 carbn-s. **Caust.**h,k,* choc.srj3 ign.bg1,bg2 kali-bi.bg2 lach. lyc. merc.h,k,* nux-v.bg2 op. petr.h,kl *Phos.*hr1,k sars.h,k,* seneg.bg2,k staph.bg2 stram.hr1,k *Stry.* sulph. verb.bg2
▽ **erstreckt** sich zum Ohr: bell.

– **Kinn**:
○ **am**: *Alum.*$_{h,k,*}$ cann-i.$_{a1}$ caust.$_{a1,h}$ plat.$_{h,k,*}$ staph.$_{a1}$ *Verb.*$_{h,k,*}$
• **unter** dem Kinn: staph.$_{h,kl}$
– **Lippen**: am-c.$_{a1,h}$ apis choc.$_{srj3}$ crot-t.$_{a1}$ hep.$_{c1}$ lachn.$_{hr1,k}$ plan.$_{a1}$ spig.$_{h,k,*}$ sulph.$_{h,kl}$
○ **Oberlippe**: apis **Bell.** *Hep.*$_{h,k,*}$ mag-c.$_{a1,k}$ mur-ac.$_{h,k,*}$ rhus-t. sabad.$_{h,k,*}$ spig.$_{h,k,*}$ thuj.
• **Unterlippe**: ph-ac. plan.$_{a1,k}$ puls.$_{h,k,*}$ sep.$_{h,k,*}$
– **Mund** und Nase; um: nux-v.$_{h,k,*}$
– **Parotis**:
• **Bücken**, beim: phos.$_{h}$
• **Drehen** des Kopfes; beim: sep.$_{h}$
– **Stirn**: am-c. bell.$_{hr1}$ cann-i.$_{a1}$ *Nit-ac.*$_{h,k,*}$ *Viol-o.*$_{a1,hr1}$ viol-t.$_{h,hr1,*}$
– **Wange**; wie durch Schwellung der: ambr.$_{a1,k1}$
– **Wangenknochen**: aur.$_{h,k,*}$ bar-act.$_{h}$ lec. lyc.$_{h,kl}$ mag-m.$_{h,kl}$ *Phos.*$_{hr1,k}$ plat.$_{h,kl}$ verb.$_{h}$

Spasmen
☞ *Konvulsionen / Verzerrung*

Spinnwebe:
– **Gefühl** einer: alum. alumn.$_{kr1}$ arg-n.$_{bg2}$ bar-act.$_{br1}$ *Bar-c.*$_{k,wd}$ bor-ac.$_{rb2}$ borx. *Brom.* bry. calad. calc. carbn-s. carl. chin.$_{bg}$ con. **Graph.** lath.$_{bro1,wd}$ laur. *Mag-c.* mez. morph. ph-ac. phos.$_{bg}$ plb. *Ran-s.* rat.$_{bg2,ptk2}$ *Sangin-n.*$_{bg1,vh,*}$ *Sul-ac.* sulph. sumb.
☞ *Haar - Gefühl / Spannung - Eiweiß*
• **rechte** Seite: borx.$_{br1,c1}$
• **abends**: ran-s.
• **22** h im Bett: sumb.
– **Spannung** wie durch: *Bar-c.*
☞ *Spannung - eine Seite - gezogen*

Spitz, hager: **Ars.**$_{bg2}$ **Chin.**$_{bg2}$ *Nux-v.*$_{bg2}$ *Ph-ac.*$_{bg2}$ *Rhus-t.*$_{bg2}$ **Staph.**$_{bg2}$ **Verat.**$_{bg2}$
☞ *Ausdruck - hager*

Spürt das Gesicht vor dem Anfall: bufo$_{c1}$

Steifheit:
○ **Kaumuskeln**: sars.$_{h,kl}$ thuj.$_{h,kl}$
– **Kiefer**:
○ **Unterkiefer**: acet-ac. acon. anthraci. apis$_{c1}$ ars-met. ~~ars-n.$_{kl,xxx}$~~ bad. bell. calc. cann-i. carbn-s. carc.$_{tp1}$ **Caust.** chim. cic.$_{bg1}$ cocc. crot-h. daph. dios. euphr. form. *Gels.* glon. graph. hydrog.$_{srj2}$ hyos. *Ign.*$_{bg1,vh,*}$ *Kali-i.* *Lach.* lyss. med. *Merc.* *Merc-c.* *Merc-i-f.* *Mez.* nat-ar. nat-s. nux-m. **Nux-v.** op. petr. phos.$_{k2}$ *Phyt.*$_{bg1,vh,*}$ **Rhus-t.** sang. sars. sep. **Stry.** sulph. sumb. *Ther.* thuj. *Verat.*
• **morgens**: *Ther.*
• **Aufstehen**; nach dem: nat-s.
• **Kauen**; beim: euphr.$_{h}$
• **Schlucken**; beim: *Arum-t.*
• **Sprechen**; beim: euphr.$_{h}$
– **Lippen**: *Aml-ns.* **Apis** crot-h. *Euphr.*$_{c2,k}$ kalm.$_{a1,k}$ *Lach.*
○ **Oberlippe**: *Euphr.*
– **Muskeln**: agar. anac.$_{bg2,k}$ arn.$_{bg2,k}$ ars.$_{bg2}$ bry.$_{bg2,k}$ euphr.$_{bg2}$ ham.$_{bg2,k}$ ip.$_{bg2,k}$ kali-bi.$_{bg2}$ lach.$_{bg2}$ med.$_{k2}$ *Nux-v.*$_{bg2,k}$ phos.$_{k2}$ plan.$_{bg2,k}$ *Rhus-t.*$_{bg2}$

Steifheit - Muskeln: ...
sang.$_{bg2,k}$ sars.$_{bg2}$ staph. stry. thuj.$_{bg2}$ *Verat.*$_{bg2,k}$
• **Husten**, beim: **Ip.**
• **Schmerzen**; bei den: nit-ac.$_{bg1}$
• **Hinterkopf**, im: staph.

Stirnrunzeln
☞ *Gerunzelt - Stirn*

Tic, Muskelzucken: lyc.$_{h}$
☞ *Zucken*

Tic douloureux
☞ *Schmerz - neuralgisch*

Trismus
☞ *Kiefersperre*

Trockenheit: abrot.$_{br1}$ **Ars.** bamb-a.$_{stb2}$ choc.$_{srj3}$ cimic. eup-per. hydr-ac. hydrog.$_{srj2}$ *Iod.* jug-c. kali-c. limest-b.$_{es1}$ merc-c. sul-i.$_{k2}$ sulph.
☞ ❑ *Haut - Trocken*
○ **Lippen**: *Acon.*$_{bg2,k,*}$ aesc. agar.$_{bg2,k,*}$ all-s. aloe alum.$_{bg2,k,*}$ alum-p.$_{k2}$ *Am-c.*$_{bg2,k}$ *Am-m.*$_{bg2,k}$ *Aml-ns.* anac.$_{bg2,k}$ anan. androc.$_{srj1}$ ang.$_{bg2,k}$ anis.$_{c1}$ **Ant-c.**$_{a1,k}$ *Ant-t.*$_{bg2,k,*}$ *Apis* apoc. *Arg-n.*$_{a1,k}$ *Ars.*$_{bg2,k}$ ars-met. ars-s-f.$_{k2}$ asar. bamb-a.$_{stb2}$ *Bar-c.*$_{bg2,k,*}$ bar-m. bar-s.$_{k2}$ *Bell.*$_{bg2,k,*}$ berb.$_{a1,k}$ brach. **Bry.**$_{bg2,k,*}$ calad.$_{bg2,k}$ *Calc.* *Calc-act.* *Calc-ar.* calc-sil.$_{k2}$ cann-i.$_{a1,k}$ cann-s.$_{bg2,k,*}$ *Canth.*$_{bg2,k}$ carb-ac.$_{c1}$ carb-an.$_{h,kl}$ carb-v.$_{h,kl}$ *Carbn-s.* card-m. caust.$_{h,kl}$ cench.$_{k2}$ chel.$_{a1,k}$ *Chin.*$_{bg2,k,*}$ choc.$_{srj3}$ chr-ac.$_{a1,k}$ cimic.$_{a1,k}$ cocc. con.$_{bg2,k}$ cop. *Crot-t.*$_{a1,k}$ cub. cycl.$_{bg2,k,*}$ *Dig.*$_{bg2,k}$ digin.$_{a1}$ dios. dros.$_{bg2,k,*}$ *Ferr.*$_{a1,k}$ ferr-ar. ferr-p.$_{a1,k}$ *Gels.*$_{a1,k}$ *Graph.*$_{bg2,k,*}$ ham.$_{a1,k}$ *Hell.*$_{bg2,k}$ *Helon.* *Hydr.* hydrog.$_{srj2}$ **Hyos.**$_{bg2,k}$ hyper.$_{a1,k}$ *Ign.*$_{bg2,k}$ iodof. iris jal. kali-ar. *Kali-bi.*$_{bg2,k,*}$ *Kali-c.* kali-i.$_{a1,k}$ kali-m.$_{k2}$ kali-p. kali-sil.$_{k2}$ *Kalm.* *Kreos.* *Lac-c.* *Lach.*$_{bg2,k,*}$ luna$_{kg1}$ *Lyc.*$_{bg2,k,*}$ mag-s.$_{a1,k}$ mang.$_{bg2,k,*}$ meny.$_{h,kl}$ *Merc.*$_{bg2,k,*}$ *Merc-c.*$_{bg2,k}$ *Merc-cy.* merc-i-f.$_{a1,k}$ mez.$_{bg2,k,*}$ *Mur-ac.*$_{bg2,k}$ nat-c.$_{h,kl}$ *Nat-m.*$_{bg2,k,*}$ nat-s. *Nit-ac.* **Nux-m.**$_{bg2,k,*}$ *Nux-v.*$_{bg2,k,*}$ olnd.$_{bg2,k,*}$ ph-ac. *Phos.*$_{bg2,k,*}$ phyt.$_{a1,k}$ plat.$_{bg2,k,*}$ *Psor.* ptel. **Puls.**$_{bg2,k,*}$ *Rhod.*$_{bg2,k,*}$ **Rhus-t.**$_{bg2,k,*}$ ruta sabad.$_{a1,k}$ sang.$_{a1,k}$ senec. *Sep.*$_{bg2,k,*}$ *Sil.* spig. *Stram.*$_{bg2,k,*}$ **Sulph.**$_{bg2,k,*}$ sumb.$_{a1}$ tab.$_{a1,k}$ thuj.$_{h,kl}$ tub.$_{a1,c1}$ tub-m.$_{vn,zs,*}$ v-a-b.$_{jl}$ *Verat.*$_{bg2,k,*}$ **Verat-v.**$_{a1,k}$ vib. vinc.$_{a1,k}$ zinc.$_{bg2,k,*}$ zinc-p.$_{k2}$
• **morgens**: carb-an.$_{h,kl}$ mag-c.$_{h,kl}$ mang.$_{h,kl}$ rein.$_{a1}$
• **abends**: cench.$_{k2}$ crot-t.$_{a1}$ mag-s.$_{a1,k}$
• **nachts**: ant-c. calad.$_{a1,k}$ cham.$_{a1,k}$
• **Erwachen**, beim: ambr.$_{a1,k}$ calad. coca
• **Freien**, im: mang.
• **Hitze**; während: cench.$_{k2}$
• **leckt** sie häufig: puls.$_{br1}$
– **Nase**: carb-an. *Caust.*
○ **Nasenmuscheln**: cop.$_{br1}$
• **Nasenspitze**: carb-an.$_{h}$
• **vorderer** Teil: spig.$_{h}$
– **Wangen**: euph.$_{h,kl}$

Tumor, zystischer:
○ **Lippen**: *Con.* kreos. sep.
○ **Unterlippe**: phos.

– **Parotis**, rechte: calc.
– **Wange**: graph.

Umgestülpte Lippen; nach außen: **Apis** *Bell.*$_{bg2}$ camph.$_{hr1,k}$ merc.$_{bg2}$ phyt.$_{hr1,k}$
– **geschwollen**: **Merc-c.**$_{hr1,k}$

Unwillkürliches Öffnen des Mundes: *Ther.*$_{a1,k}$
☞ ❑ *Gemüt - Gesten - Tics*

Venen, erweiterte: bapt. **Chin.**$_{bg2,k}$ cupr.$_{bg1,bg2}$ *Ferr.*$_{bg2,k}$ *Gels.*$_{bg2}$ *Glon.*$_{bg2,k}$ **Lach.** *Op.*$_{bg2,k}$ sang.$_{bg2,k}$ sars. sulph.$_{bg2}$ syph.$_{k2}$ tab.$_{bg1,bg2}$ thuj.$_{bg2,k}$
☞ ❑ *Nase - Krampfadern*
– **netzförmig**, wie marmoriert: *Calc.* caps.$_{k2}$ *Carb-v.* *Crot-h.* **Lach.** lyc. thuj.
○ **Kinn**: *Plat.*
– **Lippen**: *Crot-h.* *Dig.*
– **Schläfen**: abrot.$_{vh1}$ ars.$_{bg1}$ calc.$_{hr1}$ chin.$_{hr1}$ ferr.$_{hr1}$ glon.$_{bg1}$ psor.$_{al2,hr1}$ sang.$_{bg1}$ sulph.$_{a1}$ thuj.$_{bg2}$ til.$_{a1}$
– **Stirn**: abrot.$_{bg1}$ calad.$_{bg1}$ camph.$_{bg1}$ chin.$_{bg1}$ cub.$_{bg1}$ *Sulph.*$_{bg1,bg3,*}$

Vergrößert:
☞ *Schwellung*
– **Gefühl**, als wäre das Gesicht größer: **Acon.** alum. arg-met. glon.
☞ *Breit / Schwellung - Gefühl*
• **Mittagessen**; nach dem: alum.
○ **Kiefer**: hecla *Phos.*
– **Parotis**
☞ *Schwellung - Parotis*
– **Unterkieferdrüsen**
☞ *Schwellung - Unterkieferdrüsen*

Verhärtungen: am-c.$_{h,hr1,*}$ ars.$_{hr1,k}$ *Bell.*$_{bg2}$ bry.$_{hr1,k}$ clem.$_{hr1,k}$ cob.$_{hr1,k}$ *Con.*$_{bg2}$ *Graph.*$_{hr1,k}$ led. mag-c. *Merc-c.*$_{hr1}$ olnd. puls. rhus-t.$_{hr1,k}$ sep.$_{hr1,k}$ **Sil.**$_{bg2,k,*}$ sulph.$_{hr1,k}$ viol-t.$_{hr1}$ zinc.$_{hr1}$
– **rote**, harte Knoten: cob.$_{hr1,k}$
○ **Kiefer**:
○ **Unterkiefers**; Periost des: aur-m-n. graph. staph.
– **Lippen**: aur-m.$_{hr1,k}$ bell.$_{bg2,k,*}$ calc-p.$_{hr1,k,*}$ chin.$_{hr1,k}$ cic.$_{k2}$ *Con.*$_{bg2,k,*}$ hydrog.$_{srj2}$ sep.$_{k2}$ sil.
• **Gefühl** von: cycl.$_{bg2,k}$
○ **Oberlippe**: calc-p.$_{hr1,k,*}$
– **Mundwinkel**: am-c.$_{h,hr1,*}$ aur-m. nat-ar. sil.
– **Nase**, unter der: thuj.$_{h,kl}$
– **Parotis**: *Am-c.* arum-t.$_{k2}$ bar-c.$_{k2}$ *Bar-m.* brom.$_{a1,k}$ *Calc.* *Carb-an.* cist.$_{k2}$ *Clem.* *Con.* *Cupr.* ign. *Kali-c.* kali-sil.$_{k2}$ merc.$_{a1,k}$ *Merc-i-f.* nat-c.$_{k2}$ *Nat-m.*$_{a1,k}$ petr.$_{k2}$ *Phyt.* psor.$_{k2}$ **Rhus-t.**$_{a1,k}$ **Sil.** sul-i.$_{k2}$
• **rechts**: ign. kali-c.
◆ **begleitet** von:
• **Ohres**; Beschwerden des
☞ ❑ *Ohr - Beschwerden - begleitet von - Parotis*
– **Schläfen**: thuj.
– **Stirn**: cic. con. led. olnd.
– **Sublingualdrüsen**: brom.$_{k2}$ con.$_{k2}$
– **Submentaldrüse**: *Staph.*
– **Unterkieferdrüsen**: arum-t.$_{k2}$ **Bar-c.** **Bar-m.** brom.$_{k2}$ *Carb-v.* *Cocc.* *Con.* *Cupr.* graph.$_{a1,k}$

Verhärtungen - Unterkieferdrüsen: ...
kali-n.$_{a1,k}$ *Merc-i-f.* nat-c.$_{k2}$ nat-m.$_{a1,k}$ petr.$_{k2}$ *Psor.* *Rhus-t.*$_{a1,k}$ sul-i.$_{k2}$
– **Wangen**: am-c.$_{h,hr1,*}$ *Cham.*$_{hr1,k}$ merc.

Verkürzt; der Unterkiefer scheint: alum.$_{h,k,*}$

Verrenkung des Kiefers:
– **Gefühl** von: gran.$_{a1}$ *Ign.*$_{hr1}$ petr.$_{a1,k}$ ph-ac.$_{c1}$ rhus-t.$_{hr1,k,*}$ *Rob.*$_{hr1}$ spong.$_{hr1}$
– **leicht**, schnell: caust.$_{st,vh}$ ign.$_{bro1}$ mez.$_{h}$ petr.$_{bg2,h,*}$ phos.$_{bg2}$ rheum$_{h}$ *Rhus-t.*$_{bro1}$ staph.$_{h,k,*}$

Verstopfung:
○ **Nasennebenhöhlen**:
◆ **begleitet** von:
• **Neuralgie**
☞ *Schmerz - neuralgisch - begleitet von - Nasennebenhöhlen*

Verwachsen; als sei die Haut mit der Stirn: sabin.$_{h,k,*}$

Verzerrung: absin.$_{a1,k}$ acon.$_{bg2,k,*}$ am-caust.$_{a1}$ am-m.$_{a1,k}$ ambr.$_{bg2}$ *Ang.*$_{bg2}$ ant-t.$_{bg2,k}$ apis *Ars.*$_{bg2,k,*}$ bar-m.$_{k,k2}$ *Bell.*$_{bg2,k,*}$ bism.$_{bg2,k}$ bry.$_{bg2}$ *Bufo* calc.$_{bg2}$ *Camph.*$_{bg2,k,*}$ cann-i.$_{bg2,k,*}$ canth.$_{bg2}$ carb-v.$_{bg2}$ caust.$_{bg2,k}$ *Cham.*$_{bg2,k}$ **Chin.**$_{bg2}$ choc.$_{srj3}$ *Cic.*$_{bg2,k,*}$ cic-m.$_{a1}$ cina cocc.$_{bg2,k}$ *Colch.*$_{bg2}$ *Coloc.* crot-c. *Crot-h.*$_{c2,k}$ cupr.$_{bg2,k}$ dig.$_{bg2}$ dulc.$_{bg2,k,*}$ gels.$_{bg2}$ *Graph.*$_{bg2,k}$ guaj.$_{bg2}$ *Hell.*$_{bg2,k,*}$ hep.$_{bg2}$ *Hydr-ac.*$_{a1,k}$ **Hyos.**$_{bg2,k}$ **Ign.**$_{bg2,k}$ iod.$_{bg2}$ ip.$_{bg2,k}$ kali-c.$_{bg2}$ kali-i.$_{a1,k}$ kali-s.$_{a1,k}$ *Lach.*$_{bg2,k,*}$ lact.$_{a1,k}$ *Laur.*$_{bg2,k,*}$ lol.$_{a1}$ lyc.$_{bg2,k}$ lyss. *Merc.*$_{bg2}$ *Merc-c.*$_{a1,k}$ mill. mosch.$_{bg2}$ nat-c.$_{bg2}$ *Nux-m.*$_{bg2,k}$ **Nux-v.**$_{bg2,k,*}$ olnd.$_{bg2}$ **Op.**$_{bg2,k,*}$ petr.$_{a1,k}$ ph-ac.$_{bg2}$ phos.$_{bg2,k,*}$ phyt. plat.$_{bg2,k}$ plb.$_{bg2,k,*}$ puls.$_{bg2}$ ran-b.$_{bg2}$ rhus-t.$_{bg2,k}$ samb.$_{bg2}$ *Sec.*$_{bg2,k}$ sep.$_{bg2,h,*}$ *Sil.*$_{bg2,k}$ sol-ni. **Spig.**$_{bg2}$ spong.$_{bg2}$ squil.$_{bg2,k}$ staph.$_{bg2}$ **Stram.**$_{bg2,k,*}$ **Stry.**$_{a1,k}$ sul-ac.$_{a1,k}$ sulph.$_{bg2}$ tab.$_{bg2,k}$ tarent.$_{a1,k}$ tell.$_{br1}$ verat.$_{bg2,k}$ vip.$_{a1,k}$ zinc.$_{bg2}$
☞ *Zusammenziehung*
– **eine** Seite: tell.$_{bg1}$
– **morgens**: *Mygal.* olnd.$_{a1,k}$ *Spig.*$_{a1,k}$
– **Abendessen**, nach dem: lyc.$_{h,kl}$
– **Erbrechen**, beim: *Verat.*$_{a1,k}$
– **Frost**; während: cann-s.$_{a1,k}$
– **Gemütsbewegung**; bei jeder: lyc.$_{k2}$
– **Raserei**, Tobsuchtsanfall; bei: ars. *Bell.* lach. nux-v. sec. **Stram.** *Verat.*
– **Schlaf**:
• **im**: til.$_{a1,k}$
• **nach**: cic.
– **Schlucken**, beim: **Nit-ac.**
– **Schmerz**:
• **Abdomen**; durch Schmerzen im: coloc.$_{h}$
• **mit**: phos.$_{h}$
– **Sprechen**, beim: caust.$_{c1}$ *Ign.*
– **Zahnschmerzen**, bei: staph.$_{h}$ tarent.
○ **Mund**: agar. art-v.$_{bro1}$ *Bell.*$_{a1,k}$ bry. cadm-s.$_{br1,bro1}$ camph.$_{a1,k}$ cic.$_{bro1}$ *Cocc.* *Con.* *Cupr.*$_{a1,k}$ cupr-act.$_{bro1}$ cur. *Dulc.* *Graph.* hydr-ac.$_{a1}$ ign.$_{a1,k}$ kali-n.$_{a1,k}$ lach. *Laur.* *Lyc.* merc.$_{a1,k}$ nux-m.$_{c1}$ **Nux-v.** op.$_{a1,k}$ ph-ac. plat. **Plb.** puls. sec.$_{a1,k}$ stram.

○ **Mund**: ...
stry.a1,k sulph. tarent.a1,k
• **rechter** Mundwinkel nach außen: bell.h
• **eine** Seite: *Dulc.*hr1,k graph.
• **abwechselnde** Seiten: cham. lyc.h nit-ac.
• **links** gezogen; nach: phos.ptk1 verat-v.ptk1
• **oben** gezogen; spitz nach: conin.c1
• **Schlaf**, im: bry. cupr.a1,k
• **Sprechen**, beim: caust. tell.br1

Vorstehen:
○ **Oberkiefer**: calc-f.c1
– **Unterkiefer**
☞ *Prognathie*

Völle: aeth.a1,k apis arn.br1 cub.hr1,k,* ferr.a1,k glon.a1,k kreos.a1,k lac-ac.a1 lac-c. merc-c.a1,k nat-m.a1,k ox-ac.bg2,k,* phos.a1,k plan.a1,k puls.k2 sang.a1,k sulph.k2 syph.hr1 tanac.a1 ziz.a1,hr1
– **geistiger** Anstrengung, nach: phos.a1,k

Wächsern: *Acet-ac.* **Apis Ars.** *Aspar. Calc.* calc-p.k2 carb-v. colch.k2 con. dulc.k2 *Ferr-ar.* graph.k2 hydr.k2 kali-ar.k2 mag-c.k2 mang.k2 **Med.** mez.k2 nat-m. nit-ac. ph-ac. *Phos.* senec. *Sep. Sil.* stann.k2 thuj.k2 zinc.
☞ *Glänzend*

Warzen: *Calc.*hr1,k **Caust.**bg2,k,* **Dulc.**bg2,k,* *Kali-c.*bg2,k,* lyc. *Nit-ac.*hr1,k *Sep.*bg2,k,* sulph.hr1,k *Thuj.*hr1,k
○ **Kinn** ●: *Lyc.*hr1,k *Sep.*hr1 **Thuj.**hr1,k
– **Lippen**: *Caust.*hr1,k kali-s. **Nit-ac.**hr1,k thuj.hr1,k
– **Mund**, um den: cund.hr1,k *Psor. Sep.*hr1
– **Stirn**: castor-eq.c1

Waschen; Verlangen, sich mit kaltem Wasser zu: *Apis Asar.* bamb-a.stb2 *Fl-ac.*a1,k mez. sabad.

Zittern: *Ambr.*a1,k merc.a1,k *Op.*a1,k plb.a1,k sabad. sec.a1,k
– **rechts** dann links: *Plb.*bg1,vh,*
– **krampfhaft**: ambr.a1,k sec.a1,k
– **Sprechen**, beim: merc.a1,k
○ **Kiefer**: aeth.bg2 agar.bg2,k *Ant-t.*bg2 cadm-s. carb-v.bg2,k *Cocc.*bg2,k *Gels.*bg1,bg2,* ign.bg1,bg2 nat-c.bg2 nux-v.bg2 op.bg2,k phos.bg2,k stry.bg2,k
○ **Unterkiefer**: ant-t.br1
• **Gähnen**; beim: olnd.c1
– **Kinn**:
◆ **begleitet** von:
• **Zunge**; Zittern der
☞ *❑ Mund - Zittern - begleitet von - Kinns*
– **Lippen**: absin.a1 *Agar.* agar-ph.a1 aloe *Arg-n.* arn. *Bell.* benz-ac.a1,k cann-i.a1,k cit-v.a1 crot-h.a1,k *Gels.*bg1,vh,* iod.a1,k lach. lact.a1,k *Nux-v.*bg1,vh,* op.a1,k ran-s.a1,k *Stram.*a1,k *Sulph.*a1,k *Ter.*bg1,vh,* *Zinc.*bg1
○ **Oberlippe**: ars.a1,k bell. hep.a1,k ox-ac.a1,k
• **Unterlippe**: ant-t.bg1 arn.a1,k bry.a1,k con.a1,k *Gels.*bg1,vh,* plb.a1,k *Ran-s.*bg1,bg2,* sulph.

Zucken: acon.bg2,k **Agar.**bg2,k am-m. *Ambr.* ant-c. *Ant-t.* arn.bg2,k *Ars. Ars-i.* ars-s-f.k2 atro. aur-m. bamb-a.stb2 bar-c. bar-s.k2 bell.bg2,k brom. bry.bg2

Zucken: ...
bufo calc. calc-i.k2 camph. cann-s. canth.bg2 carb-ac. carb-v. carc.fb,tp1 *Caust. Cham.* chel. chin.bg2 chlol. cic. *Cina* cocc. colch.bg2,k *Con.*bg2,k crot-c. cupr-ar. dros.h,k1 euph.bg2 gels.bg,bg3,* glon. graph. *Hell. Hyos. Ign.*bg2,k,* *Iod. Ip.* kali-ar. kali-c. *Kali-chl.* kali-i. kali-m.k2 kali-n. kali-s. *Laur.* **Lyc.** lyss. mag-c.h,k1 mag-p.k2 mang.bg2 meny. *Mez.*bg2,k *Mygal.* nat-ar. nat-c.h,h2,* *Nat-m.* nit-ac. nux-v. *Oena.* ol-an.bg2 olnd. **Op.** ox-ac. *Phos.* plb. puls. ran-s. rhod.bg2 rhus-t.bg2 sabin.bg2 sang. santin. sec. **Sel.**c1,k sep. spig.bg2,k stann.bg2 stram. *Stront-c.* stry. *Sul-ac.* sul-i.k2 sulph. syph. tell.br1 thuj. tub.c1 valer.bg2,k verat. verat-v. **Zinc.**k,vh/dg zinc-p.k2 ziz.a1
☞ *Tic, Muskelzucken / ❑ Gemüt - Gesten - Tics / ❑ Nase - Zucken*
– **links**: agar. *Calc.*vh tell.br1
– **rechts**: *Caust.* choc.srj3 puls.
– **morgens**: *Nux-v.* sulph.
– **abends**:
• **Hinlegen**:
• **nach**: ambr. *Nux-v.*
– **nachts**:
• **Schlaf**:
• **im**: nat-c.
– **Asthma**:
• **vor**: bov.ptk1
– **Bewegung** des Kopfes; bei: sul-ac.h,k1
– **Blähungen**, durch: nat-c.bg1,h
– **Druck** amel.: am-c. am-m.h,k1 nux-m.
– **Husten**, beim: **Ant-t.**
– **Quecksilber**; nach Mißbrauch von: *Kali-chl. Nit-ac.*
– **Reiben** amel.: phos.h,k1
– **Ruhe**, in der: meny.
– **Schlaf**, im: bry. nat-c. rheumh
– **Schwangerschaft**; während der: *Hyos.*
– **Sprechen**, beim: plb. sep. sil. til.
○ **Augen**:
○ **unter** den: choc.srj3 nit-ac.h
• **rechts**: rat.c1 ther.c1
• **links**: aml-ns.a1 cupr-ar.c1
– **Jochbein**: kali-n.h,k1 phos.h,k1 spig.h,k1 sulph.h,k1
• **zum**: thuj.h
– **Kiefer**:
○ **Unterkiefer**: alum. bell. carb-v. chin. con. kali-chl. lach. mang. merc-i-r. mill. nat-c.a1 ol-an. phos.h *Sulph.*
• **links**: sulph.h
• **rechts**: nit-ac.h
• **abends**: lyc.
• **nachts**: sil.
• **Einschlafen**; beim: sulph.
• **Gehen**; beim: sabin.
– **Kinn**: mag-m.a1 plat.h,k1 sulph.h,k1
– **Lippen**: bell. *Carb-v. Cham.* dulc.a1,k ign.br1 ip. lact.a1,k lact-v.hr1 ran-b. sep.h,k1 sil.h squil. *Sulph.*a1,k **Thuj.**
• **morgens**:
• **Bett**, im: plat.h
• **Schlaf**, im: ol-an.

– **Lippen**: ...
  • **Einschlafen**, beim: **Ars.**
  • **kalter** Luft, in: dulc.
  • **Schlaf**, im: anac.
 ○ **Oberlippe**: *Agar.* *Ars.* **Carb-v.** *Graph.* hep.$_{h,kl}$ nat-c.$_{h,h2,*}$ nicc. plat.$_{h,kl}$ *Thuj.* *Zinc.*
  • **linke** Seite: gink-b.$_{sbd1}$
  ▽ **erstreckt** sich zum linken Auge: ptel.$_{c1}$
  • **unter** den: choc.$_{srj3}$
  • **Unterlippe**: cann-i.$_{a1}$ hipp. ind.$_{bg1}$ *Puls.*$_{bg1,vh,*}$ *Thuj.*$_{bg1,vh,*}$
– **Mund**: cub.$_{c1}$
  • **Schlaf**, im: anac.
 ○ **Mundwinkel**: anac. ant-c. borx. *Bry.* *Chel.* *Ign.* mag-p. olnd. *Op.* rheum zinc.
   • **linker** Mundwinkel:
    • **nachts**:
     • **4** h: coch.$_{c1}$
  • **um** den: bry. *Chel.* guare. *Ign.* mag-p. mosch. **Op.** phys. plat. *Rheum*

Zupfen: chin.$_{bg2}$ lach.
○ **Kinns**; zupft an der Spitze des: arund.$_{c1}$
– **Lippen**; an den: apis *Arn.*$_{bg1,vh,*}$ *Ars.*$_{bg2,ptk1}$ **Arum-t.**$_{bg2,k}$ **Bry.** cham.$_{ptk1}$ cina cob. con. hell.$_{bg2,k}$ kali-br.$_{ptk1}$ *Lach.*$_{bg1,vh,*}$ *Nit-ac.* *Nux-v.* ph-ac. rheum *Stram.*$_{bg1,bg2,*}$ tarent.$_{ptk1}$ thuj.$_{ptk1}$ zinc.
  ☞ ❑ *Gemüt - Delirium - Zupfen*
  • **bluten**; zupft bis sie: *Arum-t.*$_{bro1,c1}$ hell.$_{bro1}$ zinc-m.$_{bro1}$
 ○ **Oberlippe**: acon. kali-bi. sanic.$_{pc}$

Zusammengebissen; Kiefer fest: acet-ac.$_{a1,k}$ acon.$_{a1,k}$ agar.$_{a1,k}$ am-caust.$_{a1}$ ars.$_{a1,k}$ bamb-a.$_{stb2}$ **Bell.**$_{a1,k}$ camph.$_{a1,k}$ carb-ac.$_{c1}$ carbn-h.$_{k1}$ carl.$_{c1}$ cic.$_{a1,k}$ colch.$_{a1,k}$ ~~erot-h.$_{kl,xxx}$~~ cupr.$_{a1,k}$ dig. digin.$_{a1}$ dios.$_{a1,k}$ *Glon.* hydr-ac.$_{a1,k}$ *Hyos.*$_{a1,k}$ ign.$_{a1,k}$ laur.$_{a1,k}$ *Merc.*$_{a1,k}$ morph.$_{c2}$ nux-v.$_{a1,k}$ *Oena.*$_{a1,k}$ *Op.*$_{a1,k}$ ox-ac.$_{a1,k}$ phos.$_{a1,k}$ ~~sil.$_{kl,xxx}$~~ staph.$_{a1,k}$ *Stram.*$_{a1,k}$ sulph.$_{a1,k}$ tarent.$_{a1,k}$ *Verat.*$_{a1,k}$ vip.$_{a1,k}$
  ☞ *Kiefersperre*
– **Kindern**; bei:
  • **Neugeborenen**; bei: ambr.$_{ptk1}$
– **Sonnenstich**; durch: glon.$_{ptk1}$
– **Zähneknirschen**; mit: canth.$_{ptk1}$ cic.$_{ptk1}$

Zusammengefallen: aeth.$_{br1}$

Zusammenziehung: acon. ars. asar.$_{h}$ *Bell.* cann-s. *Cham.* choc.$_{srj3}$ con. gels. kali-i. laur. lyc. *Merc.* morph. nit-ac.$_{h}$ phos. phys. phyt. plb. rhus-t. sars. sec. tab. zinc. zinc-s.
  ☞ *Verzerrung*
– **rechts**: eup-per.$_{hr1,k}$ sars.$_{h,kl}$ stann.$_{h,kl}$
○ **Haut**; der: cann-i.$_{c1}$
– **Lippen**: am-m.$_{a1,h,*}$ calc.$_{h,kl}$ cocc.$_{h,kl}$ sec.$_{h,kl}$
– **Mund**; um den: gels.$_{bg,psa,*}$
– **Parotis**: mang.$_{h}$
– **Speicheldrüsen**
  ☞ ❑ *Mund - Zusammenziehung - Speicheldrüsen*
– **Stirn**
  ☞ ❑ *Kopf - Zusammenziehung - Stirn*
– **Unterkieferdrüsen**: lyc.$_{a1}$ sil.$_{a1,k}$
– **Wangenknochen**: coloc.$_{a1}$ nit-ac.$_{a1,h,*}$

Abgelöst; Zahnfleisch ist von den Zähnen ●: alumn.k2 *Am-c.* *Ant-c.* arg-met. *Arg-n.*bg2,k,* *Aur-m-n.* *Bapt.* bar-c. bar-i.k2 bar-s.k2 bov. brom. bufo *Calc.* *Camph.* caps. **Carb-v.** *Carbn-s.* caust. *Cist.* colch. cupr. *Dulc.* gink-b.sbd1 gran. *Graph.* hep.vh *Iod.* *Kali-c.* *Kali-i.* **Kali-p.** *Kreos.* lac-c. lach. **Merc.** *Merc-c.* mez. nat-c. *Nat-s.* nit-ac. *Par.*bg1,vh,* *Ph-ac.* *Phos.* plb. psor. rhus-t. sep. **Sil.**vh *Staph.* sul-i.k2 *Sulph.* ter. *Zinc.*
☞ *Herausstrecken - Zunge - begleitet von / Hervorstehend - Zahnfleisch / Skorbut*

– **blutet** leicht; und ●: ant-c. **Carb-v.** *Phos.*

Abschilferung der Haut:
○ **Gaumen**; Gefühl von Abschilferung am: phos.h
– **Wange**, Innenseite: sulph.h

Absonderung:
– **braune**, stinkende Jauche bei einem Einschnitt nahe dem zweiten Backenzahn: anthraci.
– **faulig**: **Carb-ac.**hr1

Abszeß:
☞ *Eiterung*
○ **Zahnfleisches**; des: alum. am-c. aur. *Bufo* caust.h cham.k2 euph. *Hecla* *Hep.* jug-r. lach. merc. petr. phos. plb. *Sil.* sul-ac.h
☞ *Eiterung - Zahnfleisch / Fisteln - Zahnfleisch / Furunkel / Geschwüre - Zahnfleisch / Pusteln - Zahnfleisch*
• **Gefühl** eines Abszesses: am-c.
• **schmerzhaft**: borx.br1
• **wiederkehrend**; häufig: *Bar-c.* calc. **Caust.** *Hep.* *Lyc.* *Nux-v.* *Sil.* *Sulph.*
– **Zunge**: calc.hr1,kr1,*
◆ **begleitet** von:
• **stechender** Schmerz: merc.kr1,vk1
• **sublingualer** Abszeß, der sich nach außen öffnet: hippoz.kr1,vk1
○ **Zungenspitze**: am-c.bg2,vk1 dros.bg2,vk1

Abtrennung des Zahnfleisches
☞ *Abgelöst*

Adstringierendes, zusammenziehendes Gefühl: chin.h,k1

Ameisenlaufen
☞ *Kribbeln*

Ankyglossie: syph.vk1

Aphthen: acet-ac. achy-a.vk1 *Aeth.*hr1,k,* agar.bg2,k,* all-s. alum. alum-sil.k2 anac-oc.hr1 anan.hr1,k *Anis.*vk1 ant-c.br1 ant-t.bg2,vk1 apis arg-met. arg-n.br1 **Ars.**bg2,k,* *Ars-i.* ars-s-f.k2 *Arum-t.*bg2,k,* asim.hr1,k astac.kr1 aur.bg2,k,* aur-ar.k2 aur-i.k2 aur-m.hr1,k,* aur-s. **Bapt.**bg2,k,* *Berb.*hr1,k **Borx.** brom.hr1,k bry.bg2,k,* *Calc.*hr1,k calc-i.k2 calc-sil.k2 *Camph.*hr1 canth.bg2,k,* caps.bg2,k,* *Carb-ac.*hr1,k *Carb-an.*hr1,k *Carb-v.*bg2,k,* carbn-s. caul.hr1,k cean. cham.bg2,k chin.bg2,k,* *Chin-b.*c1 chinin-ar. chlor. cic. clem.a1,k cocc.a1,k corn. cub.hr1,k der.a1 *Dig.*hr1,k dulc.bg2,k eucal.a1 *Eup-a.*vk1 *Ferr.* ferr-s.hr1 ferul.a1 gamb.hr1,k gink-b.sbd1 *Hell.*bg2,k,* *Hep.*bg2,k,* hippoz. hydr.bg2,k,* *Iod.*bg2,k,* *Ip.*bg2,st1 *Jug-c.*hr1,k *Kali-ar.* *Kali-bi.* *Kali-br.*hr1,k *Kali-c.*hr1,k **Kali-chl.**bg2,k,*

Aphthen: ...
kali-i.a1,k *Kali-m.*vk1 kali-s. kali-sil.k2 *Kreos.*hr1,k *Lac-ac.* lac-c. lac-d. *Lach.*bg2,k,* *Lyc.*hr1,k *Mag-c.*hr1,k med.c1,k2 **Merc.**bg2,k,* **Merc-c.**bg2,k,* *Merc-cy.*hr1,vk1 *Merc-d.*hr1 **Mur-ac.**bg2,k,* *Myric.*hr1,k *Nat-ar.* nat-c. nat-hchls. *Nat-m.*bg2,k,* *Nit-ac.*bg2,k,* nux-m.bg2,k,* **Nux-v.**bg2,k,* ox-ac.hr1,k oxyg.c2 petr.k2 *Phos.*k,st1 phyt.hr1,k plan.hr1,k *Plb.*bg2,k,* psil.ft,ft1 psor.k2 ran-s.hr1,k *Rhus-g.*vk1 rhus-t.bg2 sal-ac.hr1,k sanic. *Sars.*k,st1 sec.hr1,k *Semp.*bro1,c1,* sil.bg2,k,* *Staph.*bg2,k,* **Sul-ac.**bg2,k,* sul-i.k2 **Sulph.**bg2,k,* tarent.vk1 ter.hr1,k thuj.bg2,k,* tub.c1 vinc.hr1,k,*
☞ *Schwämmchen / ❑ Allgemeines - Aphthen*
◆ **begleitet** von:
• **Speichelfluß**: *Hell.*kr1,st1,* **Merc.**kr1,st1,* **Merc-c.**kr1,st1,* *Nat-m.*kr1,st1,*
• **Zunge**; rissige
☞ *Rissig - Zunge - begleitet von - Aphthen*
– **Blasenausschlag**; mit: corn.br1
– **bläulich**: **Ars.**hr1,k
– **blutend**:
• **Jauche**; blutige, übelriechende: *Sul-ac.*
• **leicht**: **Borx.** *Lac-c.* psil.ft,ft1
– **brennend**: chinin-ar. *Kali-c.*hr1 *Nat-m.*hr1,k psil.ft,ft1 sulph.
– **gangränös**: *Ars.* carb-ac. cocc.a1,k lach. merc-d. plb.
☞ *Stomatitis ulcerosa - gangränös*
– **gelblicher** Basis; mit: *Staph.*hr1,k
– **Influenza**: *Ant-t.*st1
– **Kindern**, bei: ars.lmj *Asim.*hr1,st1 *Bapt.*k2,st1,* **Borx.** bry.hr1,lmj **Calc.**vh casc. hep.lmj hydr.k2 *Kali-br.*st1 *Kali-chl.*hr1,k kali-m.c1,k2 med.c1 **Merc.**bg2,k,* *Mur-ac.*hr1,k nat-m.lmj *Nux-m.*hr1,k *Nux-v.*bg2,k oxal-s.bta1 *Plan.*k,st1 psor.lmj sacch. sil.lmj *Staph.*hr1 **Sul-ac.**bg2,k sulph.bg2,k viol-o.hr1 viol-t.st1
• **Kleinkindern**, bei: *Bry.*st1
• **Säuglingen**, bei: corn.br1 sul-ac.k2
• **Blasenausschlag**; mit:
• **Gesicht**, im: corn.br1
– **Kleinkindern**, bei
☞ *Kindern - Kleinkindern*
– **Säuglingen**, bei
☞ *Kindern - Säuglingen*
– **Schwangerschaft**; während der: helon.ptk2 kreos.ptk1
– **schwarz**: bapt.k2
– **stillenden** Müttern; bei: bapt.k2 hydr.k2 kali-m.c1,k2 sul-ac.k2
– **übelriechend**: bapt.k2
– **weiß**: *Ars.*a1,k *Borx.* *Sul-ac.*a1,k
– **erstrecken** sich durch den Darmkanal: *Ter.*hr1,k
○ **Gaumen**: agar. agav-a.bro1 *Calc.* carb-v.bg2 *Hep.* *Nux-m.*hr1,k *Phos.*k,st1 sars.h,k,* semp.st1 sul-ac.st1
• **mercurialisch**: agar. aur. sars.a1 sulph.
– **Zahnfleisch**: colch. cub.c1,hr1 *Hep.*hr1,k **Nat-m.**hr1,k *Sul-ac.*hr1,k
– **Zunge**: aeth.hr1,k,* agar.bg2,k,* *Anis.*k,vk1 aran-ix.vk1 ars.k,vk1 ars-s-f.k2 arum-d.k,vk1 arum-t.k2 aur.hr1,k,* aur-s.k2 **Borx.**k,vk1 camph.hr1,k,* carbn-s.k2 caul.kr1,vk1 caust.vk1 cham.bg2,vk1 gink-b.sbd1

– **Zunge**: ...
graph.$_{k2}$ hell.$_{bg2,vk1}$ hydr.$_{a1,k,*}$ iod.$_{k2}$ *Jug-c.*$_{hr1,k,*}$ *Lac-ac.*$_{vk1}$ *Lach.*$_{hr1,k,*}$ mand.$_{vk1}$ med.$_{c1}$ *Merc.*$_{bg2,k,*}$ *Merc-cy.*$_{hr1,k,*}$ *Mur-ac.*$_{hr1,k,*}$ *Nat-m.*$_{hr1,k,*}$ nux-v.$_{hr1,k,*}$ ox-ac.$_{a1,k,*}$ *Phos.*$_{hr1,k,*}$ plb.$_{hr1,k,*}$ raja-s.$_{vk1}$ sars.$_{h,k,*}$ *Sul-ac.*$_{hr1,k,*}$ *Sulph.*$_{bg2,k,*}$ tarent.$_{a1,k,*}$ thuj.$_{k,vk1}$ tub.$_{c1}$
◆ **begleitet** von:
• **Diphtherie**
☞ *❑ Innerer Hals - Diphtherie - begleitet von - Zunge - Aphthen*
• **Fleckfieber**; epidemisches
☞ *❑ Fieber - Fleckfieber - begleitet von - Zunge - Aphthen*
• **Schorfe**:
• **dick**: merc-cy.$_{kr1,vk1}$
• **weiß**:
• **gelblichweiß**: merc-cy.$_{kr1,vk1}$
• **Sprache**; beeinträchtigte, behinderte
☞ *Sprache - schwierig - begleitet von - Zunge - Aphthen*
• **Stomatitis** ulcerosa
☞ *Stomatitis ulcerosa - begleitet von - Zunge - Aphthen*
• **Tuberkulose**; beginnende
☞ *❑ Brust - Tuberkulose - beginnende - begleitet von - Zunge*
• **blutend**: **Borx.** raja-s.$_{vk1}$
• **brennend**: *Nat-m.*$_{kr1,vk1}$
• **empfindlich**: **Borx.**
• **Flecken**; in
☞ *Stellen*
• **Geschwüren**; werden zu: merc-cy.$_{kr1,vk1}$
• **große** Aphthen: *Jug-c.*$_{kr1,vk1}$
• **kleine** Aphthen:
• **schmutziggelb**: agar.$_{kr1,vk1}$ iod.$_{vk1}$ sulph.$_{vk1}$
• **Quecksilber**; nach Mißbrauch von: *Agar.*$_{kr1,vk1}$ *Sars.*$_{kr1,vk1}$
• **schmerzhaft**: merc-cy.$_{kr1,vk1}$
• **saugen**; hindert den Säugling, an der Brust zu: **Borx.**$_{kr1,vk1}$ cean.$_{vk1}$ merc.$_{vk1}$ nux-v.$_{vk1}$ sul-ac.$_{vk1}$ sulph.$_{vk1}$
• **Schorfen**; mit
☞ *begleitet von - Schorfe - dick*
• **Stellen**; an einzelnen: *Phos.*$_{kr1,vk1}$ *Sul-ac.*$_{hr1,k,*}$
• **wunde** Punkte: *Thuj.*$_{kr1,vk1}$
○ **Ränder**: anis.$_{kr1,vk1}$ bov.$_{hr1,kr1,*}$
• **unter** der Zunge: gink-b.$_{sbd1}$ med.$_{c1}$
• **Zungenspitze**: agar.$_{hr1,k,*}$ *Bry.*$_{hr1,k,*}$ graph.$_{k2}$ *Ham.*$_{hr1,k,*}$ *Lach.*$_{hr1,k,*}$ med.$_{c1}$ raja-s.$_{vk1}$

Atem
☞ *Geruch*

Atrophie:
○ **Zahnfleisch**: kali-c.$_{a1,k}$ *Merc.*$_{a1,k}$ plb.$_{a1,k}$
– **Zunge**
☞ *Krebs - Zunge - begleitet von - Zunge*

Ausgedorrte Zunge
☞ *Trockenheit - Zunge*

Bedecken:
– **Hand**; bedeckt den Mund mit der: ip.$_{bg1}$ kali-bi.$_{bg1}$ *Lach.*$_{bg1,vh,*}$ **Rumx.**$_{bg1,vh,*}$

Befeuchtet die Lippen ständig: *Culx.*$_{vh}$

Beißendes Gefühl: acon. am-m. ambr. asar. aur-m. cham.$_{h}$ cupr-s.

Beißt:
– **Glas**, wenn es gefüttert wird; Kind beißt ins: ars.$_{bg1}$ bell.$_{bg1}$ cham.$_{bg1}$ *Cina*$_{bg1,vh,*}$ *Cupr.*$_{bg1,vh,*}$ *Puls.*$_{bg1,vh,*}$ *Verat.*$_{bg1,vh,*}$
– **Nägel**, auf die; Nägelkauen
☞ *❑ Gemüt - Beißen - Nägel*
○ **Lippen**; beißt sich auf die:
• **kaut** an den Lippen: choc.$_{srj3}$
○ **Unterlippe**: benz-ac.
• **Essen**; beim: benz-ac.$_{ptk1}$
☞ *Wange - Sprechen*
– **Wange**; beißt sich in die:
• **Sprechen** oder Kauen; beim ●: bufo$_{ptk1}$ carb-an. *Caust.*$_{k,kl2}$● *Cic.*$_{ptk1}$ hyos.$_{ptk1}$ **Ign.**$_{k,kl2}$● **Nit-ac.** ol-an.$_{br1,c1,*}$
☞ *Lippen - Unterlippe - Essen / Zunge - Kauen*
– **Zunge**; beißt sich auf die: absin.$_{a1,k,*}$ acet-ac.$_{a1,k,*}$ acon.$_{bg2,vk1}$ agar.$_{k,vk1}$ alum.$_{k,vk1}$ anis.$_{bro1,vk1}$ *Arn.*$_{bg2,vk1}$ ars.$_{bg2,vk1}$ *Asar.*$_{bg2,vk1}$ **Bell.**$_{bg2,vk1}$ **Bufo**$_{bg2,k,*}$ carb-ac.$_{a1,k,*}$ *Caust.*$_{k,vk1}$ *Cham.*$_{bg2,vk1}$ *Chin.*$_{bg2,vk1}$ *Cic.*$_{bg2,k,*}$ colch.$_{a1,k,*}$ *Coloc.*$_{bg2,vk1}$ *Croc.*$_{bg2,vk1}$ dig.$_{a1,k,*}$ dios.$_{k,kr1,*}$ *Dros.*$_{bg2,vk1}$ gink-b.$_{sbd1}$ glon.$_{a1,k,*}$ *Hydr.*$_{bro1,vk1}$ *Hyos.*$_{k,vk1}$ **Ign.**$_{k,kl2}$●$_{,*}$ iod.$_{a1}$ ip.$_{bg2,vk1}$ jal.$_{kr1,vk1}$ lach.$_{bg2,k,*}$ merl.$_{a1,k,*}$ mez.$_{a1,k,*}$ nat-c.$_{a1,bg2,*}$ *Nat-m.*$_{k,vk1}$ *Nit-ac.*$_{bg2,k,*}$ oena.$_{bg2,vk1}$ *Ol-an.*$_{bg2,vk1}$ *Op.*$_{bg2,vk1}$ petr.$_{k,vk1}$ *Ph-ac.*$_{bg2,k,*}$ plb.$_{bg2,vk1}$ *Puls.*$_{k,vk1}$ ran-s.$_{bg2,vk1}$ sec.$_{bg2,k,*}$ sep.$_{bg2,vk1}$ stram.$_{k2}$ sulph.$_{a1,k,*}$ teucr.$_{vk1}$ ther.$_{bg2,vk1}$ thuj.$_{bg2,k,*}$ verat.$_{a1,k,*}$ vip.$_{bg2,vk1}$ zinc.$_{bg2,vk1}$
• **morgens**: art-v.$_{k,vk1}$
• **nachts**:
• **Schlaf**; im: alum.$_{k,vk1}$ apis$_{k,vk1}$ *Cic.*$_{hr1,k,*}$ med.$_{k,vk1}$ mez.$_{k,vk1}$ *Mygal.*$_{vh}$ *Ph-ac.*$_{k,vk1}$ phos.$_{ptk1,ptk2}$ ther.$_{k,vk1}$ zinc.$_{k,vk1}$
◆ **begleitet** von:
• **Gehirnerschütterung**
☞ *❑ Kopf - Gehirnerschütterung - begleitet von - Zunge*
• **Typhus** abdominalis
☞ *❑ Fieber - Typhus - begleitet von - Zunge - beißt - Schlaf*
• **Essen**:
• **nicht** ißt; während er: dios.$_{kr1,ptk2,*}$
• **gefolgt** von:
• **Bewußtlosigkeit**: *Oena.*$_{kr1,vk1}$
• **Gefühl** wie gebissen
☞ *Schmerz - gebissen - Zunge*
• **Kauen**; beim: **Ign.**$_{kr1,vk1}$ *Nit-ac.*$_{kr1,vk1}$
☞ *Wange - Sprechen*
• **Konvulsionen**; während: absin.$_{c1}$ *Art-v.*$_{k,kr1,*}$ *Bufo*$_{k,kr1,*}$ camph.$_{k,vk1}$ *Caust.*$_{k,vk1}$ *Cic.*$_{vk1}$ cocc.$_{k,vk1}$ *Cupr.*$_{k,vk1}$ lach.$_{vh}$ nit-ac.$_{h}$ *Oena.*$_{k,kr1,*}$ *Op.* sec.$_{k,vk1}$ stram.$_{k2}$ tanac.$_{c1}$ tarent.$_{k,vk1}$

– **Zunge**; auf die - **Konvulsionen**; während: ... valer.$_{k,kr1,*}$
 • **epileptischen** Konvulsionen; während: absin.$_{kr1,vk1}$ art-v.$_{kr1,vk1}$ caust.$_{kr1,vk1}$ op.$_{kr1,vk1}$ sil.$_{vk1}$ tarent.$_{kr1,vk1}$
 • **hysterischen** Konvulsionen; während: *Cic.*$_{kr1,vk1}$
• **Krämpfen** in der Zunge; mit
 ☞ *Konvulsionen*
• **leicht**, oft; beißt sich
 ☞ *Zunge*
• **Schock**, Erschütterung im Kopf; verursacht durch: agar.$_{kr1,vk1}$
• **Sprechen**; beim: *Hyos.*$_{kr1,vk1}$ **Ign.**$_{kr1,vk1}$
• **Trinken**:
 • **nicht** trinkt; während er: dios.$_{kr1,ptk2,*}$
• **Seiten**; auf die:
 • **nachts**:
  • **Schlaf**; im: *Ph-ac.*$_{vk1}$
○ **Zungenspitze**; auf die: bell.$_{bg2,vk1}$ *Puls.*$_{kr1,vk1}$
 • **Schlaf**; im: med.$_{kr1,vk1}$ ther.$_{kr1,ptk1,*}$

Belag:
– **Pseudomembran**: **Arum-t.** bry. hippoz. *Iod. Lac-c. Lach. Merc-cy. Mur-ac.* **Nit-ac.** *Sul-ac.*
– **silbrig** weiß über den ganzen Mund: *Kali-chl. Lac-c.* sul-ac.
– **übelriechend**, fadenziehend: cadm-s.$_{br1}$
– **weißer** Belag; wie ein: sul-ac.
– **weißlichgelb**: **Nit-ac.** *Sul-ac.*
○ **Gaumen** von einer Pseudomembran bedeckt: iod. ip. *Lac-c. Lach. Merc.* merc-cy. merc-i-f. *Mur-ac. Nit-ac. Sang.* sulph.
 • **abends**: **Nat-p.**
 • **cremig**, sahneartig: nat-p.
 • **gelblichgrau**: nit-ac.
 • **weiß**: zinc-m.
○ **Gaumensegel**: apis *Iod. Lach. Lyc.* merc-cy. merc-i-f. *Mur-ac. Sang.* seneg.
– **Zunge**:
 • **dicker** schmutziger Belag: conv.$_{br1}$
 • **zäh** und gelb: *Nit-ac.*$_{k,vk1}$

Belegt
 ☞ *Belag / Farbe*

Bewegung:
– **Lippen** bewegen sich, als würde er sprechen
 ☞ *❑ Gemüt - Delirium - Lippen*
– **Zunge**:
 ☞ *Herausstrecken - Zunge*
 • **anhaltend**: acon.$_{k,vk1}$ clem.$_{k,vk1}$ op.$_{k,vk1}$ stram.$_{k,vk1}$
 ◆ **begleitet** von:
  • **Chorea**
   ☞ *❑ Allgemeines - Chorea - begleitet von - Zunge - Bewegung*
 • **Draht**; wie ein: colch.$_{vk1}$
 • **Heraushängen** der Zunge: acon.$_{bg2,vk1}$ **Bell.**$_{bg2,vk1}$ crot-h.$_{bg2,vk1}$ *Lach.*$_{k,vk1}$ merc.$_{bg2,vk1}$ plb.$_{bg2,vk1}$ sil.$_{k,vk1}$
 • **Lecken**, Schlecken: *Bufo*$_{k,vk1}$ lyc.$_{bg2,vk1}$

Bewegung - Zunge - Lecken, Schlecken: ...
  • **hin** und her: *Cupr.*$_{k,vk1}$ *Hyos.*$_{k,vk1}$ *Lach.*$_{k,vk1}$ *Sulph.*$_{k,vk1}$
 • **Schmerz** agg.: aloe$_{k,vk1}$ ant-t.$_{k,vk1}$ berb.$_{k,vk1}$ chin.$_{k,vk1}$ spig.$_{k,vk1}$ *Sulph.*$_{k,vk1}$
 • **schwierig**: *Aesc.*$_{k,vk1}$ anac.$_{k,vk1}$ *Ars.*$_{k,vk1}$ *Bell.*$_{k,vk1}$ bufo$_{k,vk1}$ cadm-s.$_{k,vk1}$ calc.$_{k,vk1}$ *Carb-an.*$_{bg2,vk1}$ carb-v.$_{k,vk1}$ *Caust.*$_{bg2,bro1,*}$ *Cic.*$_{k,vk1}$ *Colch.*$_{k,vk1}$ con.$_{k,vk1}$ crot-h.$_{bro1}$ dulc.$_{bg2,vk1}$ *Gels.*$_{bro1}$ glon.$_{bg2,vk1}$ *Gua.*$_{bro1}$ **Hyos.**$_{k,vk1}$ *Kali-br.*$_{k,vk1}$ **Lach.**$_{k,vk1}$ *Lyc.*$_{k,vk1}$ *Merc.*$_{k,vk1}$ *Mur-ac.*$_{k,vk1}$ *Mygal.*$_{k,vk1}$ *Nat-c.*$_{k,vk1}$ nat-m.$_{bg2,bro1,*}$ op.$_{k,vk1}$ **Phos.**$_{k,vk1}$ phys.$_{k,vk1}$ plb.$_{bg2,vk1}$ *Puls.*$_{k,vk1}$ pyrog.$_{bro1}$ sec.$_{bg2,vk1}$ *Stram.*$_{k,vk1}$ ter.$_{bro1}$ verat.$_{bg2,vk1}$
  ☞ *Herausstrecken - Zunge - agg. / Herausstrecken - Zunge - schwierig / Schwere - Bewegen*
  • **krustigem** Belag; aufgrund von: myric.$_{k,vk1}$
 • **Seite** zur anderen; von einer: *Hell.*$_{k,vk1}$ lach.$_{k,vk1}$ *Lyc.*$_{k,vk1}$
 • **Sprungfeder**; wie eine: colch.$_{vk1}$
  • **Zurückziehen** der Zunge; beim: zinc-ar.$_{vk1}$
 • **Wellen**; in
  ☞ *Zittern - wellenartig*
 • **unbeweglich**, fehlende Bewegung: ars-s-f.$_{k,vk1}$ *Aur.*$_{k,vk1}$ *Carb-v.*$_{k,vk1}$ cic.$_{k,vk1}$ con.$_{k,vk1}$ op.$_{k,vk1}$ *Phos.*$_{k,vk1}$ *Stram.*$_{k,vk1}$
 • **unkoordiniert**: merc.$_{k2}$

Bläschen
 ☞ *Hautausschläge - Bläschen*

Bluten: *Acon.*$_{bg2,k,*}$ ail.$_{bg2}$ alum-p.$_{k2}$ alumn.$_{hr1}$ am-c. am-caust.$_{a1}$ *Arn.*$_{bg2,k,*}$ *Ars.*$_{a1,k}$ ars-h.$_{a1}$ ars-i. *Arum-t.* bapt.$_{k2}$ bar-m. *Bell.*$_{bg2,k,*}$ bry.$_{bg2,k2}$ canth.$_{bg2,k,*}$ *Carb-v. Carbn-s. Chel.* **Chin.**$_{bg2,k,*}$ chinin-ar. cina cop.$_{bg2}$ *Cor-r.*$_{hr1,k}$ **Crot-h.**$_{hr1,k,*}$ cupr. dros.$_{bg2,k,*}$ eug.$_{hr1}$ *Ferr.*$_{bg2,k,*}$ ferr-ar. ferr-p. gamb.$_{a1}$ ham. **Hep.**$_{hr1,k}$ *Hyos.*$_{bg2}$ *Ip.*$_{bg2,k,*}$ *Kreos.*$_{hr1,k}$ *Lach.*$_{a1,k}$ led.$_{bg2,k,*}$ lyc.$_{hr1,k}$ mag-m.$_{bg2}$ manc.$_{a1,k}$ *Merc.*$_{bg2,k,*}$ *Merc-c.*$_{a1,k}$ nat-m.$_{bg2}$ *Nit-ac.*$_{bg2}$ nux-m.$_{a1,k}$ *Nux-v.*$_{bg2,k,*}$ **Phos.**$_{bg2,k,*}$ phyt.$_{c1}$ plb.$_{bg2}$ rhus-g.$_{a1}$ *Rhus-t.*$_{hr1,k}$ *Sec.*$_{bg2,k,*}$ stram.$_{bg2,k2}$ *Sul-ac.*$_{bg2,k,*}$ sulph.$_{bg2}$ ter.$_{hr1,k}$ tril-p. vario.
– **vormittags**: chel.
– **anhaltend**, gerinnt nicht: anthraci. crot-h.
– **Blut**, schwarzes: *Carb-v. Crot-h.*$_{hr1,k}$ *Lach.*$_{hr1,k}$
– **geronnen**: canth. *Caust.*$_{hr1,k}$ coch.$_{hr1,k}$ vac.$_{hr1}$
– **Heraussickern** von Blut: ail.$_{a1,k}$ anthraci. ars-h.$_{a1}$ *Chel.*$_{hr1,k}$ crot-h. lach.$_{k,k2}$ merc-c.$_{a1,k}$ *Phos.*$_{hr1,k}$ rhus-t.$_{hr1,k}$ stram.$_{k2}$ *Sul-ac.* ter.$_{hr1,k}$
– **Keuchhusten**, bei: *Cor-r.*$_{hr1,k}$ dros.$_{hr1,k}$ ip.$_{hr1,k}$ *Merc.*$_{hr1}$ nux-v.$_{hr1,k}$
– **Konvulsionen**; während: bufo$_{k2}$
– **leicht**: **Hep.**$_{hr1,k}$ lach. **Phos.**$_{hr1,k}$
– **Scharlach**, bei: **Arum-t.**$_{hr1,k}$
○ **Gaumen**:
 • **nässende** Purpura: *Crot-h. Lach. Phos.* ter.
– **Wange**:
 ○ **Stelle** an der Innenseite; an einer: mag-c.$_{h}$

– **Zahnfleisch**: *Agar.*bg2,k,* ail.a1,k *Alum.*bg2,k,* alum-p.k2 alum-sil.k2 alumn.hr1,k2 *Am-c.*bg2,k,* ambr.bg2,k,* anac.bg2,k,* *Ant-c.*bg2,k,* ant-t.a1,k apis arg-met. *Arg-n.*bg2,k,* arn.bg2,hr1 ars.bg2,k,* ars-h.a1 ars-s-f.k2 arum-m.hr1,k,* arum-t. arund.hr1,k,* asc-t.a1,hr1,* aur.bg2,k,* aur-i.k2 aur-s.a1,c1 bapt.bg2,k,* **Bar-c.**bg2,k,* bar-i.k2 bar-m.k2 bar-s.k2 *Bell.*bg2,k,* berb.hr1,k,* borx. **Bov.**bg2,k,* bufo **Calc.**bg2,k,* calc-sil.k2 carb-an.bg2,k,* **Carb-v.**bg2,k,* carbn-s. carl.a1 cary.a1 *Caust.*bg2,k,* cedr.hr1,k *Chel.*hr1,k chinin-s. cist.bg2,k,* colch. con.bg2,k,* crot-c. **Crot-h.**bg2,k,* crot-t.a1,k der.a1 erig.hr1,k euphr.bg2,k,* fago.a1 ferr. ferr-ar. ferr-i.hr1,k ferr-ma.a1,k ferr-p.bg2,k *Graph.*bg2,k,* *Ham.*hr1,k,* *Hep.*hr1,k,* hippoz.hr1,k hyos.k2 *Iod.*bg2,k,* kali-ar. kali-bi.a1,k kali-br.hr1 kali-c.bg2,k,* kali-chl.bg2,k,* kali-i.bg2 kali-m.k2 kali-n.bg2,k,* *Kali-p.*hr1,k kali-s. kali-sil.k2 kreos.bg2,k,* lac-c.hr1,k **Lach.**bg2,k,* lob-s.a1 lyc.bg2,k,* mag-c. *Mag-m.*bg2,k,* **Merc.**bg2,k,* **Merc-c.**bg2,k,* *Merc-i-f.*bg2 merc-n.a1 mez.a1,k mim-h.a1 mur-ac.bg2,k *Myric.*hr1,k nat-ar. nat-c.bg2,k,* **Nat-m.**bg2,k,* nat-p. **Nit-ac.**bg2,k,* *Nux-m.*bg2,k,* *Nux-v.*bg2,k ox-ac.hr1,k,* petr.hr1,k *Ph-ac.*bg2,k,* **Phos.**bg2,k,* plan.hr1,k,* plb.a1,k psil.ft1 *Psor.*k,k2,* ran-s.bg2,k,* rat.hr1,k,* rhus-t.k2 rob.hr1,k ruta *Sang.*hr1,k *Sec.*hr1,k **Sep.**bg2,k,* *Sil.*bg2,k,* sin-n.hr1,k sphing.a1,k,* spig.h *Staph.*bg2,k,* *Sul-ac.*bg2,k,* sul-i.k2 *Sulph.*bg2,k,* tab.bg2 tarax. tarent.hr1 tell.bg2,k,* tep.a1 *Ter.*hr1,k thuj. tril-p. tub-r.j1 *Zinc.*bg2,k,* zinc-p.k2

- **morgens**: sep.h,k1
- **nachmittags**: chel.a1 plan.a1
  - **15** h: ferr-i.
- **nachts**: calc.h graph.
- **Berührung**, bei: carb-v.k2 *Hep.* lyc. **Merc.**a1,k *Nat-c.*a1,k ph-ac.a1,k **Phos.** plb.a1,k *Sep.*hr1,k sol-t-ae.a1 sul-ac.a1,k zinc.a1,k
- **Blut**, schwarzes: graph.h,k1
  - **sickert** heraus: bov. kreos.
  - **Zähne** gezogen werden; wenn: *Ars.*
- **Drücken** mit dem Finger heraus; große Mengen sickern beim: bapt. graph.
- **gerinnt** schnell; Blut: kreos.
- **leicht**: alum.hr1,k *Am-c.*hr1,k ambr.bro1 *Anac.* *Ant-c.*hr1,k apis arg-met.c1 *Arg-n.*hr1,k,* *Arn.*bro1 ars. ars-h.a1 ars-i.k2 arum-m.hr1,k asc-t.hr1,k aur.hr1,k aur-ar.k2 bapt.bro1 benz-ac.bro1 berb.hr1,k borx.bro1 *Bov.*hr1,k calc.bro1 calc-i.k2 *Carb-an.*hr1,k **Carb-v.** **Caust.**hr1 *Cist.*hr1,k con.hr1,k **Crot-h.** echi.bro1 gran. *Ham.*hr1,k **Hep.**hr1,k hippoz.hr1 hydrog.srj2 *Iod.*hr1,k kali-bi.bg2 *Kali-chl.*hr1,k *Kali-p.*hr1,k **Kreos.**hr1,k **Lach.**hr1,k lunakg1 lyc. *Mag-m.*hr1,k *Merc.*bg2,k,* **Merc-c.**bg2,k,* *Merc-i-f.*hr1 nat-c.bg2 **Nat-m.**hr1,k nit-ac.bro1,k2 *Ph-ac.*bg2,k,* **Phos.**bg2,k,* plan.bro1,hr1 plb.bg2 rob.hr1,k ruta scroph-n.c1 *Sep.*hr1,k sil.bro1 staph.bro1 *Sul-ac.*bg2,k,* sulph.bro1 tell.hr1,k tub.xxb *Zinc.*bg2,k,*
- **Menses**:
  - **während**: *Cedr.*hr1,k
  - **unterdrückt**: *Calc.*hr1,k
- ○ **um** faule Zähne: bell.

Bluten - Zahnfleisch: ...
- **Putzen** des Zahnfleisches; beim ●: am-c. *Anac.* calc-s.hr1,k,* *Carb-v.*hr1,k *Graph.* kali-chl. *Lyc.*k,kl2●,* ox-ac. ph-ac. ruta sep.k,kl2● *Staph.*hr1,k,* *Ter.*hr1,k
- **reichlich**: ambr.a1,k1,*
- **Saugen** daran, beim: *Am-c.* *Bov.* **Carb-v.** kali-bi. *Nit-ac.* *Rat.* zinc.
- **Schmerzen**, mit: agar.
- **Skorbut**, bei: ant-t.hr1,k **Ars.**hr1,k *Carb-an.*hr1,k *Mur-ac.*hr1,k *Nat-m.*hr1,k *Nux-v.*hr1,k *Sulph.*hr1,k
  ☞ *Skorbut*
- **Zahnextraktion**; reichlich nach: alumn. **Arn.** ars.bro1 bov.bro1 *Ham.* *Kreos.* **Lach.** mill.k2 **Phos.** tril-p.br1,bro1,*

– **Zunge**: anan.hr1,k,* arg-met.k,vk1 ars.bg2,k,* **Arum-t.**hr1,k,* bapt.k2 bell.bg2,vk1 **Borx.**k,vk1 bry.bg2,k,* bufobg2,vk1 cadm-s.k,vk1 calc.k,vk1 caps.k,vk1 cham.k,vk1 chin.bg2,vk1 chlol.k,vk1 clem.k,vk1 cocc.bg2,vk1 colch.bg2,vk1 *Crot-h.*bg2,vk1 cupr.bg2,vk1 cur.hr1,k,* dig.bg2,vk1 guare.hr1,k,* hyos.k2 kali-bi.bg2,k,* kali-chl.k,vk1 kali-p.k2 lac-ac.k,vk1 *Lach.*bg2,k,* *Lept.*bg2,vk1 lyc.k,vk1 med.k,vk1 *Merc.*bg2,k,* mur-ac.bg2,vk1 nat-m.k,vk1 nat-p.k,vk1 nit-ac.bg2,k,* nux-v.bg2,k,* *Op.*bg2,vk1 phos.bg2,k,* plb.bg2,vk1 *Podo.*hr1,k,* rhus-t.bg2,k2,* sabad.bg2,vk1 sars.k,vk1 sec.bg2,k,* sep.k,vk1 spig.k,vk1 spong.bg2,vk1 stram.bg2,vk1 sulph.bg2,vk1 ter.hr1,k,* **Verat.**bg2,vk1

◆ **begleitet** von:
- **Dysenterie**
  ☞ ❑ *Rektum - Dysenterie - begleitet von - Zunge - Bluten*
- **Krebs** der Zunge
  ☞ *Krebs - Zunge - begleitet von - Blutung*

○ **unter** der Zunge: ter.kr1,vk1
- **Zungenspitze**: lach.k,vk1 phos.k,vk1
  ◆ **begleitet** von:
  - **rissige** Zunge
    ☞ *Rissig - Zunge - begleitet von - blutende - Zungenspitze*

Breit; die Zunge scheint zu: bell.bg2 cas-s.br1 conv.br1 *Kali-bi.*k,vk1 **Nat-m.**k,kl2●,* par.k,vk1 plb.k,vk1 *Podo.*k,vk1 **Puls.**bg2,k,* vib.k,vk1 ziz.k,vk1
☞ *Vergrößert - Zunge - Gefühl*

◆ **begleitet** von:
- **Zunge**; Farbe der:
  - **Mitte**; ein teigiger Belag in der: podo.vk1

Chorea der Zunge: cinah

Dick; Gefühl wie: lachn.c1 sul-i.c2

○ **Zunge** dick; als wäre die: ars. *Bapt.* *Bell.* *Camph.* conv.br1 **Gels.** *Glon.* *Hyos.* *Lach.* laur. lyc. merc-c. merl. *Mur-ac.* *Op.* *Phyt.* *Plat.* rhus-t. *Stram.* syph.
☞ *Schwellung - Zunge*

Drüsenschwellung
☞ *Schwellung - Drüsen*

Eingedellt:
○ **Zahnfleisch**: *Carb-v.*hr1,k

– **Zunge** (= Zahneindrücke): ant-t.hr1,k,* **Ars.**bg2,k,* ars-i.vk1 ars-met.k,vk1 atro.a1,k,* bapt.bg1,bg2,* *Calc.*bg1,vh,* *Carb-v.*a1,k,* card-m.bg2,vk1 **Chel.**bg2,k,* cic.a1 *Crot-t.*bg1,bg2,* *Dulc.*hr1,k,* get.a1 glon.bg2,k,* guat.vk1 *Hydr.*bg2,k,* ign.hr1,k,* *Iod.*bg2,k,* kali-bi.bg2,vk1 kali-i.hr1,k,* lac-f.a1,c mag-m.bg2,vk1 **Merc.**h,k,* **Merc-d.**vk1 merc-i-f.bg2,vk1 **Merc-sul.**vk1 morph.a1 *Nat-p.*vk1 penic.vk1 phyt.vk1 *Pip-m.*bg1,bg2,* pip-n.bg2,vk1 plb.bg2,k,* *Podo.*bg2,k,* *Puls.*bg1,bg2,* **Rhus-t.**k,kl2●,* sanic.vk1 *Sep.*k,kl2●,* stram.bg2,k,* sumb.a1,k,* *Syph.*hr1,k,* tell.bg2,k,* vib.hr1,k,* yuc.a1,sf1,*
- ◆ **begleitet** von:
  - **Epitheliom**
    ☞ *❑ Allgemeines - Krebsleiden - Epitheliom - begleitet von - Zunge - Zahneindrücke*
  - **Stomatitis**
    ☞ *Stomatitis ulcerosa - begleitet von - Zunge - Zahneindrücke*
  - **vergrößerte** Zunge
    ☞ *Vergrößert - Zunge - begleitet von - Zahneindrücke*

Eingeschlafen, wie
☞ *Prickeln*

Eiterung:
☞ *Abszeß*

○ **Zahnfleisch**: am-c. canth. carb-an. carb-v. caust. *Hep.* kali-c.k2 lach. *Merc.* mez. nat-s. petr. *Phos.* puls. **Sil.**
☞ *Abszeß - Zahnfleisches*

– **Zunge**: canth.bg2,k,* carb-ac.k,vk1 lach.k,vk1 *Merc.*bg2,k,* merc-c.k,vk1

Ekchymose, dunkelrot, blutig: anthraci. *Ter.*
○ **Zunge**: *Phos.*k,vk1 plb.k,vk1

Empfindlichkeit: agar.bg2 *Apis* bell.bg2 bism.bg2 borx.br1 *Cic.*bg2 *Coc-c.*bg2,k,* graph.bg2 iod.bg2 ip.bg2,k,* lac-c.k2 lyc.bg2,k,* merc.bg2 naja nit-ac.bg2 phos.bg2 **Phyt.**bg2,k sin-n. sul-ac.bg2,k,*
– **Berührung**, gegen: coc-c.k2 **Hep.** *Nat-s.*
– **Luft**, gegen: agar.a1,k
– **Speisen** und Getränke sind unerträglich: sin-n.
○ **Zahnfleisch**
☞ *Schmerz - wund schmerzend - Zahnfleisch*
– **Zunge**: am-caust.a1 *Carb-v.*a1,k croc.bg1,bg2 *Crot-t.* *Fl-ac.* gamb. graph.bg2,k,* kali-i.a1,k *Merc.*bg2,k merc-c.a1,k merc-i-r.a1,k *Nat-m.* *Nit-ac.*a1,k osm. *Ox-ac.*a1,k petr.a1,k *Phyt.*bg2,k,* **Tarax.**a1,k ziz.a1
- • **weiche** Speisen; selbst gegen: *Nit-ac.* osm.
- ○ **Zungenspitze**: *Crot-t.* phyt.

Entzündung: *Acon.* aloe *Alum.* am-c. apis apoc.k2 arn. ars. aur-m. *Bell.* bism. brom. bufo *Calc.* calc-s. canth. *Caps.* *Carb-ac.* carb-v.k2 *Cinnb.* *Colch.* crot-t. dig. guaj. hippoz. *Hydr.* *Ign.* ip. *Iris* kali-chl.c2 *Kali-p.* lac-f.c2 lach. manc. **Merc.** *Merc-c.* *Merc-cy.* mez. *Mur-ac.* nat-ar. *Nat-c.* *Nat-m.*c2 *Nit-ac.* *Nux-v.* oena. ox-ac. **Petr.** psor. ran-s. rhus-t. sacch. sal-ac. sin-a.c2 *Staph.* sul-ac. sulph. *Ter.* verat. *Vesp.*
– **follikulär**, geschwürig: **Kali-chl.** myric.
– **geschwürig**
☞ *Stomatitis ulcerosa*

Entzündung: ...
– **stillenden** Frauen, bei: *Bapt.* caul. *Helon.* *Hydr.*
○ **Gaumen**: *Acon.*hr1,k anan.a1 *Apis* arum-t.k2 *Bell.* *Calc.* canth. cham. cimic. *Coc-c.* *Colch.* *Gels.* *Lach.* merc. nit-ac.k2 *Nux-v.* *Ran-b.* seneg. zinc.
- • **eiternde** Stellen: sars.
- ○ **Gaumenbogen**: bell. berb. kali-n.
- • **Gaumensegel**: *Acon.* apis *Bell.* *Calc.* *Coff.* kali-c. kali-n.h,k1 lac-c. *Lach.* *Lyss.*

– **Wangen**; wunde Stellen an der Innenseite der: aloe
– **Zahnfleisch**: acon. *Alumn.* am-c.h,k,* anan.a1 arg-n. ars. ars-i. aur-m. bamb-a.stb2 bell. borx. bufo *Calc-f.*bro1 calc-s.bro1 calic.mld2 *Caps.* *Cham.* chinin-s. coff.k2 com. eug. ferr-p. *Hecla*bro1 *Hep.*bro1,k *Iod.* kali-c. *Kali-chl.* kali-m.k2 kali-n. kali-p.k2 **Kreos.**hr1,k,* lach. lyss. mag-c.h,k1 *Merc.* *Merc-c.* *Mur-ac.* naja **Nat-m.** *Nux-v.* **Phos.** *Phyt.* plb. rhus-t.bro1 sarr.a1 **Sil.** sulph. thuj. tub.c1
- • **links** oben: *Kreos.*a1,k
- ○ **unteren** Schneidezähnen, an den: petr.h,k1

– **Zunge**: *Acon.*c2,k,* am-c.k,vk1 anan.a1,k,* ang.k,vk1 **Apis**c2,k,* apoc.k2 *Arg-n.*k,vk1 *Arn.*k,vk1 *Ars.*a1,k,* ars-s-f.k2 arum-t.k,vk1 aur-m.k,vk1 bell.hr1,k,* *Benz-ac.*hr1,k,* brom.a1,k,* calc.hr1,k,* *Calc-s.*k,vk1 *Canth.*a1,k,* carb-v.k,vk1 caust.k,vk1 cham.bg2,vk1 chloram.vk1 chlorpr.vk1 cocc.k,vk1 con.k,vk1 **Crot-c.**k,vk1 **Crot-h.**a1,k,* *Cupr.*hr1,k,* *Cupr-act.*vk1 ferr-p.k,vk1 hep.k,vk1 kali-ar.k,vk1 kali-chl.hr1,k,* kali-m.k2,vk1 kreos.c2 **Lach.**hr1,k,* lyc.k,vk1 m-arct.bg1 *Mag-m.*vh mand.vk1 mang.k,vk1 *Merc.*a1,k,* *Merc-c.*a1,k,* merc-d.a1,kr1,* mez.a1,k,* **Mur-ac.**bro1,vk1 nat-ar.k2 *Nat-m.*k,vk1 *Nit-ac.*hr1,vk1 nux-v.hr1,k,* ox-ac.a1,k,* petr.k,vk1 *Ph-ac.*bg1,vh,* *Phyt.*c2,k,* *Plb.*a1,k,* *Prun.*bg1,vh,* *Ran-b.*bg2,vk1 ran-s.a1,k,* sep.k,vk1 *Sil.*k,vk1 *Staph.*k,vk1 *Sul-ac.*hr1,k,* *Sulph.*k,vk1 **Vip.**bro1,vk1
- • **linke** Seite: ars.vk1 ars-s-r.hr1,k,* rutavk1 sulph.vk1
- • **eine** Seite: nux-v.k,vk1
- • **chronisch**: *Cupr.*hr1,k,*
- • **gichtig**: *Benz-ac.*k,vk1 *Merc.*k,vk1
- • **Quecksilber**; nach Mißbrauch von: *Calc.*hr1,k,* *Cupr.*vk1 *Hep.*k,vk1 *Nit-ac.*hr1,k,* phyt.k,vk1 staph.k,vk1 *Sulph.*k,vk1
- • **Verhärtung**, mit: ars.k,vk1 *Aur-m.*k,vk1 carb-v.k,vk1 con.k,vk1 *Cupr.*k,vk1 lyc.k,vk1 *Merc.*k,vk1 mez.k,vk1 sil.k,vk1
- ○ **Mitte**: gels.k,vk1
- • **Papillen**: bell.hr1,k,*
- • **Zungenwurzel**: arum-t.k2 *Lach.*kr1,vk1

– **Uvula**
☞ *❑ Innerer Hals - Entzündung - Uvula*

Epulis: calc.c2,k lac-c.c1,c2,* *Nat-m.* plb.bro1,c1,* plb-act.c1 *Thuj.*c2,k
– **weich** und schmerzlos: calc.

Erdbeerzunge
☞ *Papillen - aufgerichtet - Erdbeerzunge*

Erosion der Zunge
☞ *Schleimhaut - Exkoriation - Zunge*

Erweichung des Zahnfleisches: arg-met. cupr. iod. **Kreos. Merc.** ph-ac. phos. plb. *Ter.*

Exfoliation
☞ *Schleimhaut - Exkoriation - abblätternd*

Exkoriation
☞ *Schleimhaut - Exkoriation / Skorbut*

Exostosen am Gaumen: asaf.

Exsudation
☞ *Schleimhaut - Blut*

Faden
☞ *Haares*

Farbe (= Verfärbung):
– **blaß**: acet-ac. carb-v.k2 *Chinin-s.* eup-per. ferr. kali-c.k2 mang. merc. *Nat-m.*
◆ **begleitet** von:
• **blaue** Flecken; kleine
☞ *blau - begleitet von - blasse*
– **blau**: *Gymno.*br1 merc. plb.
◆ **begleitet** von:
• **blasse** Flecken; kleine: ars.hr1,k
• **braune** Krusten auf den Lippen
☞ ❑ *Gesicht - Hautausschläge - Krusten - Lippen - braune - begleitet von - blaue*
– **braun**: bry.k2
• **blaß**: choc.srj3
– **gelbe** Flecken: *Nit-ac.*
• **Flecken**: lac-c. lach. lyc.
– **purpurne**, blaurote Flecken: merc.k2 plb. sars.k2
– **rot**: am-c. *Apis* ars. aur-s.c1 bell. *Borx.* calad. *Canth.* chlol. *Cupr-act. Cycl.* ferr-i. *Hydr. Hyos.* ign. ip.k2 kali-ar.k2 *Kali-bi. Kali-chl.* kreos. *Merc.* merc-c. merc-cy. merc-i-r. merc-sul. nat-ar. *Nat-c. Nit-ac.* psor.k2 rhus-v. sal-ac.
• **Flecken**: plb.
• **Wange**; Innenseite der: nat-hchls.vk1
– **rötlichblau**: ars.
• **Flecken**: berb. sars.
– **schwarz**: ars.k2
– **weiß**: dios.br1 *Lac-c.* med.k2 mur-ac.k2 *Sul-ac.* tub.j1
• **Flecken**: merc.k2 phos.k2 sal-ac. sulph.k2
☞ *Leukoplakie*
○ **Gaumen**:
• **bläulich**: merc-sul.hr1,k,* *Phyt.*hr1,k
• **bläulichrot**: phos.hr1,k sulph.hr1,k
• **Flecken** im vorderen Teil, als würden sich Geschwüre bilden: kali-bi.
• **gelb**, sahneartig: **Nat-p.**
• **gräulich**: lac-c. rhus-t.
• **kupferfarben**: *Kali-bi.*hr1,k *Merc.*hr1,k,*
• **purpurn**, blaurot: phyt.hr1,k,*
• **rot**: **Acon.**bg2,k,* aeth.hr1,k agn.bg2 ant-t.hr1,k,* **Apis** arg-n.bg2,k *Bapt.*bg2,k,* bell.bg2,k,* berb.bg2,k,* canth.bg2 *Caps.*hr1,k *Caust.*a1,k **Cham.**hr1,k cimic.a1,k coc-c.hr1,k,* *Colch.*hr1,k,* cop. *Cupr.*hr1 *Daph. Dulc.*hr1 fago.a1 *Fl-ac.*hr1,k gent-c.a1 *Graph.*hr1,k *Kali-bi.*bg2,k,* *Kali-i.*a1,k lac-c.hr1

Farbe - Gaumen - rot: ...
*Lach.*hr1,k *Merc.*bg2,k,* **Merc-c.**hr1 *Merc-cy.*hr1 merl.a1,k morph.a1,k *Mur-ac.*hr1,k,* *Nit-ac.*a1,k nux-m.bg2 op. ox-ac.a1 phos.hr1 phys.a1 *Phyt.*hr1,k puls. sul-ac. ziz.a1,k
○ **Gaumensegel**: aeth.hr1,k,* agn.a1,k *Alum.*hr1,k am-caust.a1 *Apis Arg-n.*a1,k *Bell. Calc. Cedr.*hr1,k *Cham.*a1,k chen-a. cop. cupr-act. der.a1 hydrc.a1 kali-bi. *Merc. Mur-ac.*a1,k nux-m.a1,k *Petr.*hr1,k *Puls.*hr1,k
• **weiß**: am-caust.a1,k bond.a1 cycl.hr1 *Ferr.*hr1,k lac-c. *Merc.*bg2,k,* **Nat-p.**hr1,k rhus-t. sil. tarent.a1
– **Wange**, rötlichblauer Fleck: mag-c.h,k1
– **Zahnfleisch**:
• **blaß**: ars-h.a1 asc-t.hr1,k,* aur.bg2 camph.hr1 carb-an.bg2,h,* *Chel.*hr1,k clem.a1 *Cycl.*hr1,k **Ferr.**hr1,k iod.a1 med.hr1,k **Merc.**bg2 **Merc-c.**hr1,k,* nit-ac.bg2,k nux-v. olnd.bg2 phos. **Plb.**bg2,k,* rat.hr1 sabin.bg2 senec.hr1,k,* *Staph.*bg2,k,* tab.a1 zinc.bg2
• **blaue** Linie am Rand: merc.k2 **Plb.**hr1,k,*
• **bläulich**: acon-l.a1 aur-m.hr1,k **Kreos.**hr1 *Lach.*hr1,k lyc.a1,k merc.a1,k merc-sul.hr1 olnd.hr1,k *Plb.*hr1,k,* psor. sabad.hr1,k,*
• **bläulichrot**: con.hr1,k **Kreos.** lach.
• **bläulichweiß**: olnd.hr1,k
• **braun**: chel. *Colch. Phos.*a1,k *Plb.*hr1,k,*
• **gelb**: asc-t.hr1,k *Carb-v.*hr1,k *Merc.*a1,k
• **grau**, schmutziggrau: *Alum.* alumn.k2
• **grünliche** Färbung entlang des freien Randes: cupr-s.hr1,k
• **purpurn**, blaurot: *Bapt.*hr1,k cupr.bg2 *Lach.*bg2,k,* **Merc-c.**bg2,k,* **Plb.**hr1,k
• **dünner** Rand direkt an den Zähnen: **Plb.**
• **rot**: am-c. ant-t. *Apis* arund. *Aur.* aur-i.k2 *Bell.* berb. calad. calc. canth. *Carb-an. Cham.* crot-h. *Dol. Dulc.* eup-per. ferr-p. hydr. *Iod.* irisa1 kali-ar. kali-c. kali-chl. kali-n.h kali-p. **Kreos.** *Lach.* mag-c. **Merc.** *Merc-c.* merc-i-r. mur-ac. *Nat-s. Nit-ac.* nux-v. phel. ran-s. *Sep.*
• **dunkel**: *Aur.* **Bapt.** *Borx.* hydr. sep.
• **schmutzig**: berb.
○ **Ränder**:
• **blaß**: bar-c. kali-chl.
• **hellrot**: *Crot-h. Merc.*
• **rußig**: hippoz.
• **schmutzig**: *Alum. Alumn.*hr1 merc.
• **schwarz**: agar-ph.a1 carb-v.k2 cary.a1 *Merc.*a1,k merc-sul.hr1 plb.a1,k
• **violetter** Rand: merc-cy.hr1,k,*
• **weiß**: acet-ac.hr1,k ars.a1,k aur-m.hr1,k *Crot-h.*hr1,k,* *Ferr.*hr1,k *Kali-bi.*hr1,k kali-s.a1 **Merc.**bg2,k,* *Nit-ac.*hr1,k,* nux-v.hr1,k *Ph-ac.*hr1,k spong.hr1,k *Staph.*bg2,k,* zinc.hr1,k,*
– **Zunge**:
• **blaß**: agar.vk1 *Ail.*hr1,k,* ant-t.hr1,k,* *Ars.*hr1,k,* boerh-d.bnj1 caesal-b.vk1 *Chel.*hr1,k,* *Cupr.*hr1 emb-r.bnj1 *Ferr.*hr1,k,* hydr.k,vk1 *Ip.*hr1,k,* kali-br.k,vk1 *Kali-c.*hr1,k,* kreos.vk1 *Lyss.*hr1,k,* **Merc.**hr1,k,* nat-c.a1,k,* *Nat-m.*hr1,k,* ph-ac.hr1,k2,* phos.hr1,k,* raph.hr1,k,* rhus-t.hr1 sec.hr1,vk1 *Sep.*hr1,k,* stram.hr1 *Verat.*hr1,k,* xan.hr1,k,*

- **blaß**: ...
  - ◆ **begleitet** von:
    - **Anasarka**
      ☞ ❑ *Allgemeines - Wassersucht - äußere - begleitet von - Zunge - blasse*
    - **Chlorose**
      ☞ ❑ *Allgemeines - Chlorose - begleitet von - Zunge - blasse*
    - **Cholera**
      ☞ ❑ *Rektum - Cholera - begleitet von - Zunge - blasse*
    - **Diarrhoe**:
      - **chronisch**
        ☞ ❑ *Rektum - Diarrhoe - chronisch - begleitet von - Zunge - blasse*
    - **Riß** auf der Zunge; ein tiefer, roter
      ☞ *Rissig - Zunge - ein - begleitet von - Zunge - blasse*
    - **Scharlach**
      ☞ ❑ *Haut - Hautausschläge - Scharlach - begleitet von - Zunge - blasse*
    - **schlaffe** Zunge: acet-ac.$_{k,vk1}$
    - **Sodbrennen**
      ☞ ❑ *Magen - Sodbrennen - begleitet von - Zunge - blasse*
    - **Tuberkulose**
      ☞ ❑ *Brust - Tuberkulose - begleitet von - Zunge - blasse*
    - **Verdauungsstörung**
      ☞ ❑ *Magen - Verdauungsstörung - begleitet von - Zunge - blasse*
  - ○ **Ränder**: chinin-s.$_{k,vk1}$
  - **Zungenspitze**:
    - ◆ **begleitet** von:
      - **Ränder**; livide: *Ail.*$_{kr1,vk1}$
  - **Zungenwurzel**:
    - ◆ **begleitet** von:
      - **gelbe** Zunge
        ☞ *gelb - begleitet von - Zungenwurzel - blaß*
- **blau**: *Agar.*$_{hr1,k,*}$ ambr.$_{bg1}$ **Ant-t.**$_{hr1,k,*}$ arg-met.$_{vk1}$ arg-n.$_{a1,bg2}$ **Ars.**$_{bg2,k,*}$ benz-ac.$_{bg2,k,*}$ bufo$_{k,vk1}$ *Carb-v.*$_{hr1,k,*}$ colch.$_{bg2,k,*}$ cupr-s.$_{hr1,k,*}$ **Dig.**$_{bg2,k,*}$ gymno.$_{bg1,bg2,*}$ *Iris*$_{k,vk1}$ *Merc-cy.*$_{vk1}$ **Morph.**$_{vk1}$ *Mur-ac.*$_{bg2,k,*}$ op.$_{bg2,k,*}$ *Plat.*$_{hr1,k,*}$ *Podo.*$_{bg2,k,*}$ *Sabad.*$_{bg2,vk1}$ *Sec.*$_{vk1}$ spig.$_{k,vk1}$ tab.$_{bg2,k,*}$ thuj.$_{hr1,k,*}$ **Verat.**$_{vk1}$ *Vip.*$_{vk1}$
  - ◆ **begleitet** von:
    - **Cholera**
      ☞ ❑ *Rektum - Cholera - begleitet von - Zunge - blaue*
    - **Dysenterie**
      ☞ ❑ *Rektum - Dysenterie - begleitet von - Zunge - blaue*
    - **Krebs** der Zunge
      ☞ *Krebs - Zunge - begleitet von - blaue*
    - **Zyanose**
      ☞ ❑ *Allgemeines - Zyanose - begleitet von - Zunge - blaue Farbe der Zunge*
  - **bleifarben**: *Ars.*$_{kr1,vk1}$ *Carb-v.*$_{kr1,vk1}$
  - **rötlichblau**: ars.$_{k,vk1}$ raph.$_{k,vk1}$
  - **Stellen**, an kleinen: arg-n.$_{k,vk1}$ sars.$_{k,vk1}$
- **bläulich**: ars.$_{bro1,vk1}$ cupr-s.$_{bro1,vk1}$ **Dig.**$_{bro1,vk1}$ **Gymno.**$_{bro1,vk1}$ merc-cy.$_{bro1,vk1}$ **Morph.**$_{bro1,vk1}$ mur-ac.$_{bro1,vk1}$ op.$_{bro1,vk1}$ **Sec.**$_{bro1,vk1}$ ~~vario.$_{bro1,xxx}$~~ **Verat.**$_{bro1,vk1}$ vip.$_{bro1,vk1}$
- **bläulichschwarz**
  ☞ *schwarz - bläulichschwarz*
- **bläulichweiß**
  ☞ *weiß - bläulichweiß*
- **blutleer**
  ☞ *blaß*
- **braun**: *Acon.*$_{bg2,vk1}$ aesc.$_{k,vk1}$ **Ail.**$_{hr1,k,*}$ *Am-c.*$_{bro1,vk1}$ ant-t.$_{hr1,k,*}$ *Anthraci.*$_{k,vk1}$ *Apis*$_{k,vk1}$ arg-n.$_{a1}$ *Arn.*$_{hr1,k,*}$ **Ars.**$_{bg2,k,*}$ ars-i.$_{k,vk1}$ ars-s-f.$_{k2}$ atro.$_{a1,k,*}$ aur.$_{hr1,k,*}$ aur-ar.$_{k2}$ aur-i.$_{k2}$ **Bapt.**$_{bg2,k,*}$ *Bell.*$_{bg2,k,*}$ **Bry.**$_{bg2,k,*}$ cact.$_{hr1}$ *Cadm-s.*$_{k,vk1}$ *Carb-ac.*$_{hr1,k,*}$ *Carb-v.*$_{bg2,k,*}$ *Chel.*$_{hr1,k,*}$ *Chin.*$_{k,vk1}$ **Chinin-ar.**$_{k,vk1}$ *Chlor.*$_{hr1}$ coc-c.$_{k,vk1}$ cocc.$_{hr1}$ *Colch.*$_{bg2,k,*}$ *Crot-h.*$_{bg2,k,*}$ *Cupr.*$_{hr1,k,*}$ *Cupr-ar.*$_{bro1,vk1}$ *Dig.*$_{hr1,k,*}$ dios.$_{hr1,k,*}$ dor.$_{hr1,k,*}$ *Echi.*$_{bro1,vk1}$ elat.$_{hr1,k,*}$ *Eup-pur.*$_{hr1}$ gels.$_{hr1,k,*}$ glon.$_{bg2,k2,*}$ guaj.$_{hr1,k,*}$ *Ham.*$_{hr1}$ *Hep.*$_{hr1,k,*}$ **Hyos.**$_{bg2,k,*}$ iod.$_{hr1,k,*}$ *Ip.*$_{hr1}$ joan.$_{vk1}$ *Kali-bi.*$_{bg2,k,*}$ kali-br.$_{k,vk1}$ **Kali-p.**$_{hr1,k,*}$ kali-t.$_{a1}$ *Lac-c.*$_{hr1,k,*}$ **Lach.**$_{hr1,k,*}$ *Lyc.*$_{hr1,k,*}$ mag-p.$_{bg2}$ med.$_{hr1,k,*}$ *Merc.*$_{hr1,k,*}$ merc-cy.$_{bro1,vk1}$ *Merc-i-f.*$_{hr1,k,*}$ morph.$_{bro1,vk1}$ mur-ac.$_{bro1,vk1}$ mygal.$_{hr1}$ myric.$_{bg2,vk1}$ nat-s.$_{bro1,vk1}$ *Nux-v.*$_{bg2,k,*}$ *Op.*$_{a1,k,*}$ ox-ac.$_{a1,k,*}$ par.$_{bg2}$ ph-ac.$_{k,vk1}$ **Phos.**$_{bg2,k,*}$ phyt.$_{hr1,k,*}$ **Plb.**$_{bg2,k,*}$ podo.$_{hr1}$ ptel.$_{hr1,k,*}$ *Pyrog.*$_{k,k2,*}$ **Rhus-t.**$_{hr1,k,*}$ rumx.$_{k,vk1}$ sabad.$_{kr1,vk1}$ sabin.$_{bg2,k,*}$ **Sec.**$_{bg2,k,*}$ *Sep.*$_{hr1,k,*}$ *Sil.*$_{bg2,k,*}$ spig.$_{bg2,vk1}$ *Spong.*$_{hr1,k,*}$ sul-ac.$_{k2}$ *Sulph.*$_{bg2,k,*}$ tarax.$_{bg2}$ tarent.$_{hr1,k,*}$ *Tart-ac.*$_{a1}$ tax.$_{a1}$ ter.$_{hr1,k,*}$ verat.$_{vk1}$ verb.$_{h,k,*}$ vib.$_{hr1}$ vip.$_{bro1,vk1}$ *Zinc.*$_{hr1}$
  - **morgens**: *Bapt.*$_{hr1,k,*}$ dios.$_{a1}$ **Rhus-t.**$_{hr1,k,*}$ sumb.$_{a1}$ tarax.$_{a1,h,*}$
  - ◆ **begleitet** von:
    - **Chorea**
      ☞ ❑ *Allgemeines - Chorea - begleitet von - Zunge - braune*
    - **Delirium**
      ☞ ❑ *Gemüt - Delirium - Zunge - braune*
    - **Diarrhoe**
      ☞ ❑ *Rektum - Diarrhoe - begleitet von - Zunge - braune*
    - **Diphtherie**
      ☞ ❑ *Innerer Hals - Diphtherie - begleitet von - Zunge - braune*
    - **Dysenterie**
      ☞ ❑ *Rektum - Dysenterie - begleitet von - Zunge - braune*
    - **Erbrechen**; chronisches
      ☞ ❑ *Magen - Erbrechen - chronisch - begleitet von - Zunge - braune*
    - **Fleckfieber**; epidemisches
      ☞ ❑ *Fieber - Fleckfieber - begleitet von - Zunge - braune*
    - **Gelbfieber**
      ☞ ❑ *Fieber - Gelbfieber - begleitet von - Zunge - braune*

- **braun - begleitet** von: ...
  - **Hals**; innerer:
    - **Geschwüre**
      ☞ ❑ *Innerer Hals - Geschwüre - begleitet von - Zunge - bräunliche*
  - **Harnröhre**:
    - **Striktur** der
      ☞ ❑ *Harnröhre - Striktur - begleitet von - Zunge - braune*
  - **Influenza**
    ☞ ❑ *Allgemeines - Influenza - begleitet von - Zunge - braune*
  - **Konvulsionen**:
    - **Wochenbett**; im
      ☞ ❑ *Allgemeines - Konvulsionen - Wochenbett - begleitet von - Zunge - braune*
  - **Pneumonie**
    ☞ ❑ *Brust - Entzündung - Lungen - begleitet von - Zunge - braune*
  - **Prostata**; Verhärtung der
    ☞ ❑ *Prostata - Verhärtung - begleitet von - Zunge - braune*
  - **Ränder**:
    - **rot**: *Lyc.* rhus-t. *Sep.*kr1,vk1
    - **Zungenspitze**; und rote
      ☞ *Zungenspitze - rot*
  - **Scharlach**
    ☞ ❑ *Haut - Hautausschläge - Scharlach - begleitet von - Zunge - braune*
  - **Schwindsucht**
    ☞ ❑ *Brust - Tuberkulose - begleitet von - Zunge - braune*
  - **Trockenheit**
    ☞ *Trockenheit - Zunge - begleitet von - braune*
  - **Tuberkulose**
    ☞ ❑ *Brust - Tuberkulose - begleitet von - Zunge - braune*
  - **Typhus** abdominalis
    ☞ ❑ *Fieber - Typhus - begleitet von - Zunge - braune*
  - **Wasser** in den Mund; Hochsteigen von
    ☞ ❑ *Magen - Aufstoßens - Wasser in - begleitet von - Zunge - braune*
  - **Zungenspitze** und Ränder:
    - **rot**: *Lyc.*hr1,k,* rhus-t.k,vk1
  - **Zungenwurzel**:
    - **grün**: *Nat-s.*kr1,vk1
- **dicker** Belag: auran.kr1,vk1 *Bapt.*kr1,vk1 *Colch.*kr1,vk1 *Gels.*kr1,vk1 med.br1,kr1,* podo.kr1,vk1
  ◆ **begleitet** von:
  - **Blase**; Katarrh der
    ☞ ❑ *Blase - Katarrh - begleitet von - Zunge - braune - dicker*
  - **Magens**; Beschwerden des
    ☞ ❑ *Magen - Beschwerden - begleitet von - Zunge - braune - dicker*
- **dunkelbraun**: *Bry.*kr1,vk1 carb-ac.kr1,vk1 *Crot-h.*kr1,vk1 dor.kr1,vk1
  ○ **Mitte**: nat-p.kr1,vk1
- **braun - dunkelbraun**: ...
  - **Zungenwurzel**:
    ◆ **begleitet** von:
    - **Masern**
      ☞ ❑ *Haut - Hautausschläge - Masern - begleitet von - Zungenwurzel - dunkelbraune*
- **Erde**; braun wie: *Ip.*kr1,vk1
- **gelblichbraun**: ant-t.hr1,k bapt.hr1,k,* brom. *Carb-v.*hr1,k choc.srj3 cina crot-h.hr1,k dios.hr1,k merc-i-f.hr1,k nat-s.bg2 phos.a1 rumx. *Verat.*hr1 verb.h,k,*
  ◆ **begleitet** von:
  - **Diphtherie**
    ☞ ❑ *Innerer Hals - Diphtherie - begleitet von - Zunge - braune - gelblichbraune*
  - **Erbrechen** während der Schwangerschaft
    ☞ ❑ *Magen - Erbrechen - Schwangerschaft - begleitet von - Zunge - braune - gelblichbraun*
  - **Fleckfieber**; epidemisches
    ☞ ❑ *Fieber - Fleckfieber - begleitet von - Zunge - braune - gelblichbraun*
  - **Pneumonie**
    ☞ ❑ *Brust - Entzündung - Lungen - begleitet von - Zunge - braune - gelblichbraun*
  - **Ränder**; glatte: bapt.k,vk1
  - **remittierendes** Fieber
    ☞ ❑ *Fieber - Remittierend - begleitet von - Zunge - braune - gelblichbraun*
  - **Trockenheit** der Zunge
    ☞ *Trockenheit - Zunge - begleitet von - braune - gelblichbraun*
  - **Typhus** abdominalis
    ☞ ❑ *Fieber - Typhus - begleitet von - Zunge - braune - gelblichbraune*
  ○ **Zungenwurzel**: *Kali-bi.*kr1,vk1
- **grünlichbraun**: nat-s.k,vk1
- **rötlichbraun**: ox-ac.a1 rhus-t.a1 rumx.k,vk1 sul-ac.a1,k,* *Zinc.*hr1,k,*
  ◆ **begleitet** von:
  - **Typhus** abdominalis
    ☞ ❑ *Fieber - Typhus - begleitet von - Zunge - braune - rötlichbraune*
- **rote** Zungenspitze und Ränder
  ☞ *begleitet von - Zungenspitze - rot*
○ **Basis**, an der: lyss.vh pyrog.bg1 tor.bg1
- **Mitte**: ail.hr1 *Arn.*hr1,k,* ars.k,vk1 bapt.bro1,k2,* *Bry.*k,vk1 canth.a1,k,* *Colch.*a1,k,* *Crot-h.*hr1,k,* *Eup-pur.*hr1,k,* hyos.k,vk1 hyosin.a1 iod.hr1,k,* *Lac-c.*k,vk1 nat-p.hr1,k,* *Phos.*a1,k,* *Plb.*hr1,k,* pyrog.k,vk1 vib.hr1,k,* wies.a1
  - **morgens** beim Aufstehen: rhus-t.k,vk1
  ◆ **begleitet** von:
  - **Ränder**:
    - **weiß**: iod.kr1,vk1
  - **Seiten**:
    - **feucht**: *Apis*k,kr1,*
    - **weiß**: arn.k,vk1 nat-p.k,vk1
  - **Typhus** abdominalis
    ☞ ❑ *Fieber - Typhus - begleitet von - Zunge - braune - Mitte*

- **braun**: ...
  - **Seiten**: *Kali-bi.*k,vk1 phyt.alj
  - ◆ **begleitet** von:
    - **Mitte**:
      - **rote** Farbe: *Kali-bi.*kr1,vk1
  - **Zungenspitze**: sec.a1 term-c.vk1
  - ◆ **begleitet** von:
    - **Papillen**; roten, aufgerichteten
      ☞ *Papillen - gerötet - aufgerichtet - begleitet von - Zungenspitze - braune*
    - **Scharlach**
      ☞ *❑ Haut - Hautausschläge - Scharlach - begleitet von - Zunge - braune - Zungenspitze*
  - **Zungenwurzel**: pyrog.bg2 verb.c1
- **dunkel**: arn.k2 ars.k2 bapt.k2 bell.bg2,vk1 bry.k2 carb-v.k2 kali-bi.k2 lach.k2 mur-ac.bg2,k2,* nit-ac.k2 ph-ac.k2 phos.bg2,k2,* rhus-t.k2 sec.k2 sul-ac.bg2,vk1 verat-v.bg2,vk1
  ☞ *schwarz*
  - ◆ **begleitet** von:
    - **Husten**
      ☞ *❑ Husten - Husten im - begleitet von - Zunge - dunkel*
  - **Streifen**:
  - ○ **Ränder**:
    - ◆ **begleitet** von:
      - **Mitte**; weiße
        ☞ *weiß - begleitet von - Ränder - dunkle*
  - ○ **Mitte**: arn.bg2,vk1 bapt.bg2,vk1
    - **Streifen** in der Mitte; dunkler: *Arn.*bro1,vk1 *Bapt.*bro1,vk1 *Mur-ac.*bro1,vk1
- **Erdbeerzunge**
  ☞ *Papillen - aufgerichtet - Erdbeerzunge*
- **feucht**:
  - ○ **Seiten**:
    - ◆ **begleitet** von:
      - **Mitte**; braune
        ☞ *braun - Mitte - begleitet von - Seiten - feucht*
- **gelb**: **Acon.**bg2,vk1 *Adon.*bg2,vk1 *Aesc.*hr1,k,* agar.a1,bg2,* aloek,vk1 alum.bg2,vk1 anan.hr1,kr1,* anders.bnj1 **Ant-c.**hr1,k,* ant-t.hr1,k,* *Apis*k,vk1 arg-n.bg2,vk1 *Arn.*bg2,k,* ars.bg2,k,* ars-h.hr1,k,* ars-s-f.k2 asc-t.hr1,k,* *Aur-m.*hr1,k,* *Bapt.*bg2,k,* bell.bg2,k,* *Bol-la.*k,vk1 bond.a1 bov.bg2,k,* bry.bg2,k,* *Camph.*hr1,k,* cann-s.bg2,k,* *Carb-v.*bg2,k,* carl.a1 *Cham.*bg2,k,* **Chel.**hr1,k,* *Chin.*bg2,k,* chinin-ar.k,vk1 chinin-s.k,vk1 *Cocc.*bg2,k,* *Colch.*bg2,k,* coll.hr1,k,* *Coloc.*bg2,k,* com.hr1,k,* corn.hr1,k,* *Crot-h.*hr1,k,* cupr.hr1,k,* dios.hr1,k,* *Eup-per.*hr1,k,* ferr-i.hr1,k,* *Gels.*hr1,k,* *Hell.*hr1,k *Hep.*hr1,k,* hydr.hr1,k2,* hyos.a1 *Hyper.*hr1,k,* *Ip.*bg2,k,* *Kali-bi.*bg2,k,* *Kali-p.*bg2,vk1 *Kali-s.*bg2,k,* lac-ac.hr1,k,* lac-c.hr1 *Lach.*bg2,k,* *Lept.*hr1,k,* *Lob.*hr1 lyc.a1,k,* *Mag-c.*hr1 *Mag-m.*hr1,k,* **Merc.**bg2,k,* merc-act.bg2,vk1 *Merc-c.*bg2,k,* *Merc-i-f.*hr1,k,* *Merc-i-r.*hr1,k,* *Mez.*bg2,k,* myric.hr1,k,* *Nat-ar.*k,vk1 nat-m.bg2,k,* *Nat-p.*bg2,k,* nat-s.bg2,vk1 *Nit-ac.*bg2,k,* **Nux-m.**hr1,k,* *Nux-v.*bg2,k,* oci-sa.vk1 ol-j.a1 op.a1,hr1 ox-ac.a1 petr.bg2,vk1 *Phos.*hr1,k,* *Phyt.*hr1,k,* *Plb.*bg2,k,* *Podo.*bg2,k,* *Psor.*hr1,k,* ptel.hr1,k,* *Puls.*bg2,k,* pyrog.k,vk1 **Rhus-t.**bg2,k,* rumx.k,vk1 sabad.bg2,k,* sabin.bg2,k,* *Sang.*bro1,vk1 sanic.k,vk1
- **gelb**: ...
  sec.k,vk1 seneg.bg2 *Sep.*hr1,k,* **Spig.**hr1,k,* *Stann.*bg2,k,* *Sulph.*hr1,k,* thuj.a1,k,* v-a-b.vk1 vac.hr1,vk1 *Verat.*bg2,k,* *Verat-v.*hr1,k,* verb.bg2,k,* vip.a1,k,* xan.hr1,k,* zinc.bg2,vk1 zinc-m.a1 ziz.hr1,kr1,*
  - ◆ **begleitet** von:
    - **Mitte**:
      - **grünlich**: merc-sul.k,vk1
      - **rot**: aur.vk1
    - **Ränder**:
      - **grau**: *Merc.*kr1,vk1
      - **rot**: chel.kr1,vk1 *Hell.*kr1,vk1
    - **Typhus** abdominalis
      ☞ *❑ Fieber - Typhus - begleitet von - Zunge - gelbe*
    - **Zungenspitze**:
      - **rot**: aur.vk1
    - **Zungenwurzel**:
      - **blaß**: *Merc-c.*kr1,vk1
- **dicker** Belag: *Carb-ac.*kr1,vk1 *Colch.*kr1,vk1 ferr-i.kr1,vk1 nyct.vk1 sabad.kr1,vk1
- **Flecken**: petr.a1,h,*
- **goldgelb**: *Nat-p.*k,vk1
  - **Lehm** aus; sieht wie halb trockener: calc-s.k,vk1
  - ○ **Basis**: *Nat-p.*ptk
- **graugelb**: *Ambr.*k,vk1 phyt.k,vk1
  - ○ **Mitte**:
    - ◆ **begleitet** von:
      - **Mitte**:
        - **roter** Streifen in der Mitte: *Tub.*vk1
      - **Seiten**:
        - **schwarz**: tub.vk1
- **grünlichgelb**: *Calc-caust.*k,vk1 guare.k,vk1 kali-p.k,vk1 merc-sul.k,vk1 mosch.vk1
  - **Schizophrenie**; bei
    ☞ *❑ Gemüt - Schizophrenie - Zunge - gelbe - grünlichgelb*
- **hellgelb**: merc-i-f.k,vk1
  - **glänzend**: **Apis**k,vk1
  - ○ **Basis**: merc-i-f.ptk
- **schmutzig**: **Aesc.**bro1,vk1 *Ars.*hr1,k,* **Bapt.**bro1,vk1 *Bry.*bro1,vk1 *Carb-v.*bro1,vk1 *Cham.*bro1,vk1 **Chel.**bro1,vk1 **Chin.**vk1 *Chion.*bro1,vk1 com.hr1,k,* *Ferr.*bro1,vk1 guat.vk1 **Hydr.**bro1,vk1 *Indol.*bro1,vk1 **Kali-bi.**bro1,vk1 *Kali-chl.*hr1,k,* *Kali-s.*bro1,vk1 *Lach.*hr1,k,* *Lept.*bro1,vk1 lyc.bro1,vk1 *Mag-c.*hr1,k,* **Merc.**hr1,k,* **Merc-c.**k,vk1 **Merc-d.**bro1,vk1 **Merc-i-f.**k,vk1 *Myric.*hr1,k,* *Nat-p.*bro1,vk1 **Nat-s.**bro1,vk1 *Nux-v.*bro1,vk1 *Op.*hr1,k,* **Ost.**bro1,vk1 phos.a1 *Podo.*bro1,vk1 **Puls.**bro1,vk1 *Sang.*bro1,vk1 *Sep.*hr1,k,* *Sulph.*bro1,vk1 vac.hr1 verat-v.hr1,k,* **Yuc.**bro1,vk1
  - ◆ **begleitet** von:
    - **Aszites**
      ☞ *❑ Abdomen - Wassersucht - Aszites - begleitet von - Zunge - gelb - schmutziggelb*
    - **Diphtherie**
      ☞ *❑ Innerer Hals - Diphtherie - begleitet von - Zunge - gelbe - schmutziggelbe*

- **gelb schmutzig - begleitet** von: ...
  - **Stomakaze**
    ☞ *Stomatitis ulcerosa - begleitet von - Zunge - gelbe - schmutzig*
  - **Stomatitis**
    ☞ *Stomatitis ulcerosa - begleitet von - Zunge - gelbe - schmutzig*
  - **Verdauungsstörung**
    ☞ *❑ Magen - Verdauungsstörung - begleitet von - Zunge - gelbe - schmutziggelb*
- **Streifen**: *Hydr.*hr1 nit-ac.a1
  - **zwei** gelbe Streifen: kali-c.vk1
- **weiß**: aloek,vk1 alum.k,vk1 *Arg-n.*k,vk1 *Ars.*hr1,k,* ars-s-f.a1 bell.k,vk1 choc.srj3 *Cocc.*bg2,k,* *Cupr.*k,vk1 cycl.a1,k,* dios.k,vk1 *Gels.*k,vk1 *Hydr.*k,vk1 *Kali-bi.*a1,k,* lac-c.hr1,k,* lyss.hr1,k,* merc-c.k,vk1 mez.h,k1 nit-ac.h,k1 paro-i.vk1 **Rhus-t.**k,vk1 sabad.a1 sec.hr1,k,* seneg.k,vk1 zinc.k,vk1
  - **dick**: acon.k,vk1 *Ars.*k,vk1 ars-s-f.k,vk1 bapt.k,vk1 carbn-s.k,vk1 gels.k,vk1
  - ○ **Basis**
    ☞ *Zungenwurzel*
  - **Zungenwurzel**: ferr.a1 **Rhus-t.**k,vk1 zinc.h
- ○ **Basis**
  ☞ *Zungenwurzel*
- **Mitte**: ant-t.hr1 **Bapt.**bro1,vk1 bry.hr1,k,* carb-an.k,vk1 chinin-s.k,vk1 coll.hr1 dulc.vk1 fl-ac.k,vk1 hell.hr1,k,* *Hep.*hr1 *Lept.*hr1,k,* merc-cy.hr1 *Phyt.*bro1,vk1 puls.k,vk1 stram.hr1,k,* verat-v.k,vk1
  - ◆ **begleitet** von:
    - **Mitte**:
      - **roter** Streifen: tub.vk1
    - **Ränder**:
      - **rot**: hell.k,vk1 merc-i-f.k,vk1
  - **grünlich**
    ☞ *begleitet von - Mitte - grünlich*
  - **Streifen** in der Mitte; gelber: puls.vk1
  - ○ **Ränder** rot
    ☞ *begleitet von - Ränder - rot*
- **Ränder**: ange-s.vk1 *Mag-m.*hr1 plb.bg2
  - **links**: tamrnd.vk1
  - ◆ **begleitet** von:
    - **Mitte**:
      - **grau**: phos.k,vk1
- **Zungenwurzel**: agar. ange-s.vk1 arg-n.a1 ars. bol-la. calc-s. chin. chinin-s. gink-b.vk1 kali-bi. kali-s. *Merc.* merc-cy. **Merc-i-f.** merc-sul. **Nat-p.** *Nux-v. Sanic. Sin-n.* sul-i.k2 tamrnd.vk1 ter.
  - ◆ **begleitet** von:
    - **Zunge**; schwarze Farbe der
      ☞ *schwarz - begleitet von - Zungenwurzel - gelb*
    - **Lehm** aus; sieht wie halbtrockener: calc-s.
    - **Streifen** entlang der Mittellinie zur Zungenspitze; mit einem schmalen, gelben: stict.c1
- **gelblichbraun**
  ☞ *braun - gelblichbraun*
- **gelblichrot**
  ☞ *rot - gelblichrot*

- **grau**: *Ambr.*bg2,k,* anan.hr1,k,* ant-t.bg2,k,* *Arg-n.*bg2,vk1 ars.a1,bg2,* ars-h.hr1,k,* *Bell.*bg2,vk1 bry.hr1,k,* *Chel.*bg2,k,* *Cupr.*bg2,vk1 cupr-act.k,vk1 ery-a.a1 ferr.bg2,vk1 hyper.a1 *Kali-c.*hr1,k,* lac-c.hr1,k,* *Merc-cy.*hr1,k,* ox-ac.a1 ph-ac.hr1,k,* *Phos.*bg2,k,* phyt.hr1,k,* puls.bg2,k,* tub.xxb
  - ◆ **begleitet** von:
    - **Diphtherie**
      ☞ *❑ Innerer Hals - Diphtherie - begleitet von - Zunge - graue*
    - **Dyspepsie**
      ☞ *❑ Magen - Verdauungsstörung - begleitet von - Zunge - graue*
    - **gräulichblasser** Farbe des Gesichtes
      ☞ *❑ Gesicht - Farbe - gräulich - begleitet von - Zunge*
    - **Kopf**; Schmerz im
      ☞ *❑ Kopf - Schmerz - begleitet von - Zunge - graue*
    - **Migräne**
      ☞ *❑ Kopf - Schmerz - begleitet von - Übelkeit - begleitet von - Zunge - graue*
    - **Zungenwurzel**:
      - **grün**: **Nat-s.**kr1,vk1
  - **grünlichgrau**: **Nat-s.**k,vk1
  - ○ **Mitte**: phos.a1,k,*
    - ◆ **begleitet** von:
      - **Ränder**; gelbe
        ☞ *gelb - Ränder - begleitet von - Mitte - grau*
  - **Ränder**:
    - ◆ **begleitet** von:
      - **gelbe** Farbe der Zunge
        ☞ *gelb - begleitet von - Ränder - grau*
- **graugelb**
  ☞ *gelb - graugelb*
- **grün**: ars.bg2 ars-met.k,vk1 calc-caust.k,vk1 caps.bg1 chion.bg1 cupr.bg2,k,* guare.kr1,vk1 iod.bg1 **Mag-c.**bg2,vk1 mag-m.bg2,vk1 **Nat-s.**bg2,k,* *Nit-ac.*hr1,k,* *Plb.*bg2,k,* plb-act.bro1,vk1 *Rhod.*bg2,k,*
  - ◆ **begleitet** von:
    - **Malaria**
      ☞ *❑ Allgemeines - Malaria - begleitet von - Zunge - grüne*
    - **Speichelfluß**
      ☞ *Speichelfluß - begleitet von - Zunge - grüne*
  - ○ **Zungenwurzel**: cop.bg2
    - ◆ **begleitet** von:
      - **braune** Farbe der Zunge
        ☞ *braun - begleitet von - Zungenwurzel - grün*
      - **graue** Farbe der Zunge
        ☞ *grau - begleitet von - Zungenwurzel - grün*
- **grünlichbraun**
  ☞ *braun - grünlichbraun*
- **grünlichgelb**
  ☞ *gelb - grünlichgelb*
- **grünlichgrau**
  ☞ *grau - grünlichgrau*
- **Leder** aus; sieht wie verbranntes: hyos.a1,k,*
- **orange**: choc.srj3
- **purpurn**, blaurot: *Cact.*hr1,k,* hydr.a1,k,* *Kali-chl.*hr1,k,* *Lach.*hr1,k,* *Op.*a1,k,* *Petr.*hr1,k,* raph.hr1,k,* stry.a1,k,*

- **purpurn**, blaurot: ...
  - ◆ **begleitet** von:
    - **Diphtherie**
      ☞ ❑ *Innerer Hals - Diphtherie - begleitet von - Zunge - purpurn*
    - **Epitheliom**
      ☞ ❑ *Allgemeines - Krebsleiden - Epitheliom - begleitet von - Zunge - purpurne*
    - **Hypertrophie** der Zunge
      ☞ *Vergrößert - Zunge - begleitet von - purpurne*
    - **Riß** auf der Zunge; ein tiefer, roter
      ☞ *Rissig - Zunge - ein - begleitet von - Zunge - purpurn*
    - **vergrößerte** Zunge
      ☞ *Vergrößert - Zunge - begleitet von - purpurne*
  - **Flecken**; kleine: sars.k2
  - **schwarz**: op.k,vk1
- **rötlichblau**
  ☞ *blau - rötlichblau*
- **rötlichbraun**
  ☞ *braun - rötlichbraun*
- **rot**: acet-ac.hr1,k,* *Acon.*hr1,k,* aloek,vk1 ant-c.hr1,k,* ant-t.bg2,k,* **Apis**k,vk1 arg-n.a1,k,* **Ars.**bg2,k,* ars-s-f.k2 arum-t.bg2,k,* aur.hr1,k,* aur-ar.k2 *Aur-m.*hr1,k,* *Bapt.*hr1,k,* **Bell.**bg2,k,* *Bism.*hr1,k,* borx.vk1 bry.bg2,k,* cain.k,vk1 *Calc.*hr1,k,* *Calc-s.*hr1,k,* calen.hr1,k,* *Camph.*hr1,k,* *Canth.*bg2,k,* carb-ac.hr1,k,* *Carb-v.*hr1,k,* *Cham.*bg2,k,* *Colch.*hr1,k,* coloc.a1,k,* *Crot-c.*a1,k,* *Crot-h.*hr1,k,* crot-t.hr1,k,* *Cupr.*hr1,k,* *Cupr-act.*vk1 cur.hr1,k,* *Diph.*bro1,vk1 elapsk,vk1 *Ferr-p.*hr1,k,* fl-ac.hr1,k,* *Gels.*hr1,k,* glon.bg2,k,* *Hydr.*hr1,k,* *Hyos.*bg2,k,* ictod.k,vk1 *Kali-bi.*bg2,k,* *Kali-c.*hr1,k,* kali-m.k2 kali-n.br1 lac-ac.hr1,k,* lac-c.hr1,k,* *Lach.*bg2,k,* *Lyc.*bg2,k,* *Mag-m.*hr1,k,* **Merc.**hr1,k,* *Merc-c.*hr1,k,* merc-sul.vk1 *Mez.*bro1,vk1 mur-ac.a1,k,* nat-ar.k,vk1 nat-m.a1,k,* *Nat-s.*hr1,k,* **Nit-ac.**hr1,k,* *Nux-v.*bg2,k,* oci-sa.vk1 ox-ac.hr1,k,* paeon.a1 pall.hr1,k,* ped.a1 **Phos.**bg2,k,* *Plb.*hr1,k,* podo.hr1,k,* psil.ft1 *Pyrog.*bg2,k,* ran-s.bg2,k,* **Rhus-t.**bg2,k,* rhus-v.hr1,k,* sang.hr1,k,* sars.hr1,k,* spong.hr1,k,* stann.bg2,k,* stram.bg2,k,* *Sulph.*bg2,k,* syph.hr1,k,* tarent.hr1,k,* *Ter.*bg2,k,* *Tub.*hr1,k,* tub-m.vn *Verat.*bg2,k,* verb.h,k,* vesp.a1,hr1
  - ◆ **begleitet** von:
    - **Abszeß**
      ☞ ❑ *Allgemeines - Abszesse - begleitet von - Zunge - rote*
    - **Diphtherie**
      ☞ ❑ *Innerer Hals - Diphtherie - begleitet von - Zunge - rote*
    - **Trockenheit** der Zunge
      ☞ *Trockenheit - Zunge - begleitet von - rote*
  - **angestrichen**; rein wie: *Calc.*kr1,vk1
  - **Erdbeerzunge**
    ☞ *Papillen - aufgerichtet - Erdbeerzunge*
  - **feuerrot**: **Apis**k,vk1 *Bell.*k,vk1 calc-s.k,vk1 *Canth.*k,vk1
    - ◆ **begleitet** von:
      - **Gesicht**; Erysipel im
        ☞ ❑ *Gesicht - Erysipel - begleitet von - Zunge - rote - feuerrote*
- **rot - feuerrot - begleitet** von: ...
  - **Sodbrennen**
    ☞ ❑ *Magen - Sodbrennen - begleitet von - Zunge - rote - feuerrot*
  - ○ **Zungenspitze**: fl-ac.k,vk1 *Phyt.*k,vk1
  - **Flecken**: apisk,vk1 choc.srj3 manc.k,vk1 *Merc.*k,vk1 ox-ac.a1 *Ran-s.*bro1,vk1 raph.k,vk1 syph.k2 *Tarax.*bro1,vk1 ter.k,vk1 verat.k,vk1
    - **Seiten**:
      - **rechts**: sulfonam.vk1
  - **gelblichrot**:
    - **unter** der Zunge: *Kali-bi.*kr1,vk1
  - **glänzend**: apisk,vk1 com.k,vk1 crot-t.k,vk1 glon.k,vk1 **Kali-bi.**k,vk1 *Lach.*k,vk1 *Phos.*k,vk1 rhus-t.hr1,kr1 *Ter.*k,vk1
    ☞ *Glatte*
  - **hellrot**: *Bell.*kr1,vk1 *Colch.*kr1,vk1 ter.kr1,vk1
    - ◆ **begleitet** von:
      - **Diabetes**
        ☞ ❑ *Allgemeines - Diabetes - begleitet von - Zunge - rote - hellrot*
      - **Scharlach**
        ☞ ❑ *Fieber - Scharlach - begleitet von - Zunge - rote - hellrot*
      - **Wassersucht**
        ☞ ❑ *Allgemeines - Wassersucht - äußere - begleitet von - Zunge - rote - hellrot*
  - **kirschrot**: kali-c.kr1,vk1
  - **Streifen**: ant-t.k,vk1 arg-met.k,vk1
    - **hinten**; Streifen die Mitte nach ●: ant-t.k,vk1 arg-met.k,vk1 *Arg-n.*k,vk1 arn.bg1 *Ars.*k,vk1 bapt.bg1,bg2 *Bell.*k,vk1 **Caust.**k,vk1 *Cham.*k,vk1 colch.bg1 *Crot-t.*bro1,vk1 irisbg1 *Kali-bi.*k,vk1 lach.bg1 merc-c.k,vk1 osm.k,vk1 pall.k,vk1 *Ph-ac.*k,vk1 *Phos.*k,vk1 *Plb.*bg1,vh,* *Pyrog.*bg1,vh,* *Rhus-t.*bg1,bg2,* *Rhus-v.*kr1,vk1 *Sang.*k,vk1 *Tub.*k,vk1 verat.k,vk1 **Verat-v.**k,vk1
      - ◆ **begleitet** von:
        - **graugelbe** Mitte der Zunge
          ☞ *gelb - graugelb - Mitte - begleitet von - Mitte - roter*
        - **weiße** Zunge
          ☞ *weiß - begleitet von - Mitte - rot - Streifen*
    - **wund**: osm.k,vk1
  - **Ziegelmehlbelag**: anan.kr1,vk1
  - ○ **Mitte**: *Ant-t.*bro1,vk1 *Ars.*bro1,vk1 *Bapt.*bg2,vk1 cham.hr1,k,* kali-bi.k,vk1 *Phos.*bg2,k,* *Rhus-t.*bg2,k,* *Rhus-v.*hr1 sulph.hr1,k,* **Verat-v.**bro1,vk1
    - ◆ **begleitet** von:
      - **Seiten**:
        - **braune** Farbe
          ☞ *braun - Seiten - begleitet von - Mitte - rote*
    - **Flecken**: raph.kr1,vk1
  - **Ränder**: acon.k,vk1 amgd-p.bro1,vk1 ant-c.bg2,k,* ant-t.bg2,k,* **Ars.**hr1,k,* *Bapt.*bg2,k,* bar-c.k,vk1 bell.bg2,k,* bell-p.vk1 bry.bg2,k,* *Canth.*hr1,k,* carb-an.k,vk1 card-m.bg2,k,* **Chel.**hr1,k,* colch.k,vk1 conv.k,vk1 cop.k,vk1 *Crot-h.*hr1,k,* cupr.k,vk1 *Fl-ac.*hr1,k,* *Gels.*hr1,k,* helon.hr1,k,* hydr.bg2,vk1 ictod.k,vk1 *Iris*k,vk1 *Kali-bi.*bg2,k,* kali-p.k,vk1 lac-c.hr1,k,* *Lach.*hr1,k,* lyc.bg

- **rot - Ränder**: ...
lyss.hr1,k,* **Merc.**k,vk1 merc-c.k,vk1 merc-cy.k,vk1 *Merc-i-f.*bg2,k,* mur-ac.a1,k,* *Nit-ac.*k,vk1 nux-v.bg2,k,* oci-sa.vk1 op.a1,k,* ox-ac.a1,k,* *Phos.*hr1,k,* *Plb.*hr1,k,* podo.bro1,vk1 raph.k,vk1 *Rhus-t.*k,vk1 rhus-v.k,vk1 rutak,vk1 sec.hr1,k,* sep.k,vk1 stram.hr1,k,* sul-ac.k,vk1 **Sulph.**bg2,k,* verat-v.k,vk1 vip.k,vk1
  - ◆ **begleitet** von:
    - **braune** Farbe
      ☞ *braun - begleitet von - Ränder - rot*
    - **feuchte** Ränder:
      - ◆ **begleitet** von:
        - **Zunge**; weiße
          ☞ *weiß - begleitet von - Ränder - feucht*
    - **gelbe** Zunge
      ☞ *gelb - begleitet von - Ränder - rot*
    - **Mitte**:
      - **gelb**
        ☞ *gelb - Mitte - begleitet von - Ränder - rot*
      - **schwarz**
        ☞ *schwarz - Mitte - Streifen - begleitet von - Ränder - rot*
      - **weiß**: bell.bro1,vk1 *Gels.*kr1,vk1 *Ip.*kr1,vk1 rhus-t.bro1,vk1
    - **Schleim** auf der Zunge; gelber
      ☞ *Schleim, Schleimabsonderung - Zunge - gelb - begleitet von - Zunge - Ränder - rote*
    - **schwarze** Zunge
      ☞ *schwarz - begleitet von - Ränder - rot*
    - **Typhus** abdominalis
      ☞ *❑ Fieber - Typhus - begleitet von - Zunge - rote - Ränder*
    - **Zungenspitze**; und rote:
      - ◆ **begleitet** von:
        - **braune** Farbe der Zunge
          ☞ *braun - begleitet von - Zungenspitze - rot*
        - **weiße** Farbe der Zunge
          ☞ *weiß - begleitet von - Zungenspitze - rot - Ränder*
- **vordere** Hälfte: lach.k,vk1
- **Zungenspitze**: amgd-p.bro1,vk1 ant-t.bg2,vk1 *Apis*k,vk1 **Arg-n.**bg2,k,* **Ars.**bg2,k,* bell.bg2,vk1 bell-p.vk1 card-m.k,vk1 chel.hr1,k,* chinin-ar.k,vk1 com.k,vk1 conv.k,vk1 crot-h.k,vk1 cycl.bg2,k,* eupi.k,vk1 ferr.bg2,k,* *Fl-ac.*hr1,k,* helon.hr1,k,* hipp.k,vk1 hyos.bg1 ictod.k,vk1 *Lach.*hr1,k,* *Lyc.*k,vk1 merc-c.bg2,vk1 merc-i-f.k,vk1 mez.k,vk1 morph.k,vk1 *Nit-ac.*bg2,k,* oena.k,vk1 op.bg2,vk1 ox-ac.a1,k,* **Phyt.**bg2,k,* plb.bg2,k,* **Rhus-t.**bg2,k,* **Rhus-v.**hr1,k,* rob.k,vk1 sars.hr1,k,* sec.bg2,k,* stram.bg2,k,* sul-ac.bg2,k,* sul-i.k,vk1 **Sulph.**bg2,k,* thuj.kr1,vk1 verat-v.hr1,k,* vip.bg2,k,*
  - ◆ **begleitet** von:
    - **Albuminurie**
      ☞ *❑ Urin - Eiweißhaltig - begleitet von - Zunge - rote - Zungenspitze*
    - **Diphtherie**
      ☞ *❑ Innerer Hals - Diphtherie - begleitet von - Zunge - rote - Zungenspitze*
    - **reine** Ränder: mangi.vk1
    - **reine** Zunge: sec.kr1,vk1
- **rot - Zungenspitze**: ...
  - **dreieckig** ●: **Rhus-t.**hr1,k,*
  - **schmerzhaft**: arg-n.a1,k,* cycl.a1,k,*
  - **und** Ränder:
    - ◆ **begleitet** von:
      - **Zunge**; braune
        ☞ *braun - begleitet von - Zungenspitze - rot*
  - **Zungenwurzel**: *Nux-v.*kr1,vk1
- **Sahne**; wie: mez.vk1
  - ◆ **begleitet** von:
    - **reine** Ränder: mez.vk1
    - **Speichelfluß**
      ☞ *Speichelfluß - begleitet von - Zunge - sahneartige*
  - ○ **vordere** Hälfte:
    - **eine** Seite: tub.vk1
  - **Zungenwurzel**: tub.vk1
- **schmutzig**: **Acon.**bg2,vk1 all-c.hr1,k,* **Ant-c.**bg2,vk1 anthraco.k,vk1 arg-n.k,vk1 arn.bg2,vk1 bry.bg2,vk1 calc.hr1,k,* *Camph.*hr1,k,* carb-v.k,vk1 cean.bg2,vk1 **Chin.**hr1,k,* conv.br1 croc.hr1,k,* cub.c1 hyper.bg2,vk1 *Kali-chl.*hr1,k,* lac-c.hr1,k,* lyc.bg2,vk1 *Mag-m.*hr1 merc-i-f.bg2,vk1 **Nat-s.**bg2,k,* olnd.bg2,vk1 syph.hr1,k,* valer.hr1 zinc.hr1,k,*
  - ◆ **begleitet** von:
    - **Angina**
      ☞ *❑ Innerer Hals - Entzündung - begleitet von - Zunge - schmutzige*
    - **Fleckfieber**; epidemisches
      ☞ *❑ Fieber - Fleckfieber - begleitet von - Zunge - schmutzige*
    - **Leber**; Beschwerden der
      ☞ *❑ Abdomen - Leber - begleitet von - Zunge - schmutzige*
    - **Metrorrhagie**
      ☞ *❑ Weibliche Genitalien - Metrorrhagie - begleitet von - Zunge - schmutzige*
    - **Pneumonie**
      ☞ *❑ Brust - Entzündung - Lungen - begleitet von - Zunge - schmutzige*
    - **Typhus** abdominalis
      ☞ *❑ Fieber - Typhus - begleitet von - Zunge - schmutzige*
    - **Urin**:
      - **Harnverhaltung**
        ☞ *❑ Blase - Harnverhaltung - begleitet von - Zunge - schmutzige*
  - **dicker** Belag: **Chin.**kr1,vk1 conv.br1 valer.kr1,vk1
    - ○ **Zungenwurzel**: **Nat-s.**kr1,vk1
  - ○ **Mitte**: *Lac-c.*kr1,vk1
  - **Zungenwurzel**: *Lac-c.*kr1,vk1 **Nat-s.**kr1,vk1
- **schwarz**: aeth.hr1,k,* *Arg-n.*hr1,k,* *Ars.*bg2,k,* ars-h.hr1,kr1,* *Bapt.*bro1,vk1 bar-c.hr1,k,* bell.bg2 bry.bg2,vk1 bufok,vk1 cadm-s.k,vk1 camph.bro1,vk1 *Carb-ac.*hr1,k,* **Carb-v.**hr1,k,* **Chin.**bg2,k,* *Chinin-ar.*k,vk1 chlol.hr1,k,* *Chlor.*hr1,k,* chloram.vk1 choc.srj3 cocc.bg2 colch.bg2 crot-h.bg2 cupr.bg2,k,* dig.bg2 elapsk,vk1 hippoz.hr1,k,* hyos.hr1,k,* kali-bi.bg2 *Kali-c.*hr1,k,* *Lach.*bg2,k,* *Lept.*kr1,vk1 lol.a1 *Lyc.*hr1,k,* **Merc.**bg2,k,* *Merc-c.*bg2,k,* *Merc-cy.*hr1,k,* merc-d.a1,hr1,* merc-sul.hr1,k,* mur-ac.bg2 nit-ac.bg2 *Nux-v.*bg2,k,* *Op.*h,k,* **Phos.**bg2,k,* plb.bg2,k,* *Rhus-t.*bro1,vk1

- **schwarz**: ...
sabad.bg2 *Sec.*bg2,k,* sin-n.hr1,k,* spong.bg2 stram.bg2,k,* sul-ac.k2 sulph.bg2 vario.hr1,kr1,* *Verat.*bg2,k,* vip.a1,k,*
☞ *dunkel*
◆ **begleitet** von:
  - **Abdomen**; krampfartiger Schmerz im
    ☞ *☐ Abdomen - Schmerz - krampfartig - begleitet von - Zunge - schwarze*
  - **Diphtherie**
    ☞ *☐ Innerer Hals - Diphtherie - begleitet von - Zunge - schwarze*
  - **Dysenterie**
    ☞ *☐ Rektum - Dysenterie - begleitet von - Zunge - schwarze*
  - **Fleckfieber**; epidemisches
    ☞ *☐ Fieber - Fleckfieber - begleitet von - Zunge - schwarze*
  - **Gelbfieber**
    ☞ *☐ Fieber - Gelbfieber - begleitet von - Zunge - schwarze*
  - **Obstipation**
    ☞ *☐ Rektum - Obstipation - begleitet von - Zunge - schwarze*
  - **Ränder**:
    - **rot**: **Merc.**k,kr1,* nux-v.k,vk1
  - **rissige** Zunge
    ☞ *Rissig - Zunge - begleitet von - schwarze*
  - **Scharlach**
    ☞ *☐ Fieber - Scharlach - begleitet von - Zunge - schwarze*
  - **Scharlach**; Hautausschläge bei
    ☞ *☐ Haut - Hautausschläge - Scharlach - begleitet von - Zunge - schwarze*
  - **Trockenheit**
    ☞ *Trockenheit - Zunge - begleitet von - schwarze*
  - **Typhus** abdominalis
    ☞ *☐ Fieber - Typhus - begleitet von - Zunge - schwarze*
  - **Zungenwurzel**:
    - **gelb**: ars.vk1
- **bläulichschwarz**: *Alum.*vk1 bufok,vk1 *Lach.*vk1 *Lyc.*vk1 *Merc.*vk1 *Phos.*vk1
- **Krusten**: *Phos.*k,vk1
- **roten** Rändern; mit
  ☞ *begleitet von - Ränder - rot*
- **rußschwarz**: *Chlor.*kr1,vk1 hippoz.kr1,vk1
- **purpurn** schwarz: *Op.*hr1,k,*
- **Mitte**: chlol.hr1,k,* lept.hr1,k,* *Merc.*k,vk1 **Phos.**hr1,k,* sec.a1,k,*
  - **Streifen** wie Tinte: chlol.hr1,k,* lept.hr1,k raja-s.vk1
  ◆ **begleitet** von:
    - **Ränder**:
      - **rot**: raja-s.jl3,vk1
- **Mittellinie**; entlang der: chlol.vk1 *Phos.*vk1
- **Seiten**:
  ◆ **begleitet** von:
    - **gräulichgelbe** Mitte der Zunge
      ☞ *gelb - graugelb - Mitte - begleitet von - Seiten - schwarz*
- **Zungenwurzel**: *Verat.*k,vk1

- **weiß**: *Acon.*bg2,k,* *Aesc.*hr1,k,* aeth.c1 agar.bg2,k,* *Agn.*hr1,k,* ail.hr1,k,* alco.a1 all-s.hr1,k,* alum.bg2,k,* alum-p.k2 alum-sil.k2 am-c.bg2,k,* am-m.hr1,k,* ambr.bg2,k,* anac.bg2,k,* androg-p.vk1 ang.bg2,k,* **Ant-c.**bg2,k,* *Ant-i.*c1 *Ant-t.*bg2,k,* anth.c1 *Apis*k,vk1 apoc.kr1,vk1 aran-ix.vk1 *Arg-n.*bg2,k,* *Arn.*bg2,k,* **Ars.**bg2,k,* ars-h.hr1,kr1,* *Ars-i.*k,vk1 *Ars-met.*k,kr1,* ars-s-f.k2,kr1,* asaf.hr1,k,* asar.bg2,k,* asc-c.k,vk1 atro.k,vk1 *Atro-s.*kr1,vk1 aur-m-n.hr1,k,* *Bapt.*bg2,k,* bar-c.bg2,k,* bar-m.k,vk1 bar-s.k2 **Bell.**bg2,k,* berb.hr1,k,* *Bism.*bg2,k,* boerh-d.bnj1 bol-la.k,vk1 borx.bg2,k,* bov.bg2,k,* **Bry.**bg2,k,* cact.k,vk1 caesal-b.bnj1,vk1 cain.k,vk1 caj.a1 **Calc.**bg2,k,* calc-p.a1,k,* calc-sil.k2 cann-i.a1,bg2 cann-s.bg2,k,* *Canth.*bro1,vk1 caps.kr1,vk1 *Carb-ac.*hr1,k,* *Carb-v.*bg2,k,* carbn-s.k,vk1 **Card-m.**bro1,vk1 caul.hr1,k,* caust.bg2,k,* *Cham.*bg2,k,* *Chel.*bg2,k,* *Chin.*bg2,k,* chinin-ar.bro1,k,* chinin-s.bg2,k,* chlol.a1 cic.hr1,k,* *Cimx.*hr1,k,* *Cina*bg2,k,* cinnb.hr1,k,* clem.a1,k,* clerod-i.bnj1 cob.hr1,k,* coc-c.a1,k,* *Coca*bro1,vk1 *Cocc.*bg2,k,* coch.hr1,k,* *Colch.*bg2,k,* coll.hr1,k,* *Coloc.*bg2,k,* cop.hr1,k,* cor-r.hr1,k,* corn.hr1,kr1,* croc.bg2,k,* crot-t.hr1,k,* cub.hr1,kr1,* cupr.bg2,k,* cupr-ar.hr1,k,* cupr-s.hr1,kr1,* cycl.bg2,k,* der.a1 *Dig.*bg2,k,* dios.hr1,k,* dirc.c1 dulc.a1,bg2,* echi.k,vk1 elapsk,vk1 *Elat.*hr1 equis-h.c2 *Eup-per.*hr1,k,* euph.bg2,k,* *Ferr.*hr1,k,* ferr-ar.k,vk1 ferr-p.bro1,k,* *Fl-ac.*hr1,k,* *Gels.*hr1,k,* gins.a1 *Glon.*hr1,k,* gnaph.hr1,k,* *Graph.*h,k,* guaj.hr1,k,* ham.hr1,k,* *Hedeo.*bro1,vk1 hell.bg2,k,* hep.bg2,vk1 hydr.hr1,k,* hydr-ac.hr1,k,* hydrog.srj2 **Hyos.**bg2,k,* *Hyper.*hr1,k,* hypoth.vk1 ign.bg2,k,* iod.bg2,k,* ip.bg2,k,* irisk,vk1 jug-r.a1,k,* just.vk1 *Kali-ar.*a1,k,* **Kali-bi.**bg2,k,* kali-br.hr1,k,* kali-c.bg2,k,* *Kali-chl.*bg2,k,* *Kali-i.*hr1,k,* *Kali-m.*k2,kr1,* *Kali-n.*bg2,k,* *Kali-p.*k,vk1 kali-s.a1 kali-sil.k2 *Kalm.*hr1,k,* *Kreos.*bg2,k,* kurch.bnj1 lac-ac.hr1,k,* lac-c.hr1,k,* *Lac-d.*a1 *Lach.*bg2,k,* lact.hr1,k,* lact-v.hr1 lat-m.vk1 laur.bg2,k,* lec.k,vk1 lol.a1 *Lyc.*hr1,k,* lyss.kr1,vk1 mag-c.bg2,k,* mag-m.bg2,k,* manc.hr1,k,* mang.bg2,k,* mangi.vk1 **Merc.**bg2,k,* *Merc-c.*hr1,k,* merc-d.a1 *Merc-i-f.*hr1,k,* merc-sul.hr1,k,* merl.a1 *Mez.*bg2,k,* mill.kr1,vk1 *Mur-ac.*bg2,k,* *Myric.*bro1,vk1 myris.a1 najak,vk1 *Nat-ar.*k,kr1,* *Nat-c.*bg2,k,* *Nat-m.*bg2,k,* nat-n.a1,bg2 *Nat-s.*hr1,k,* **Nit-ac.**bg2,k,* nuph.k,vk1 *Nux-m.*bg2,k,* *Nux-v.*bg2,k,* nyct.br1 olnd.bg2,k,* *Op.*bg2,k,* osm.kr1,vk1 ox-ac.hr1,k,* par.bg2,k,* *Petr.*bg2,k,* *Ph-ac.*bg2,k,* *Phos.*h,k,* phys.a1 phyt.hr1,k,* plan.a1 *Plb.*bg2,k,* *Podo.*bg2,k,* prun.bg2 *Psor.*hr1,k,* ptel.hr1,k,* **Puls.**bg2,k,* ran-b.bg2,k,* ran-s.bg2,k,* raph.a1,k,* rheumbg2,vk1 *Rhus-t.*bg2,k,* rhus-v.a1 rob.kr1,vk1 *Rumx.*bro1,k,* rutabg2,vk1 *Sabad.*bg2,k,* sabin.h,k,* sang.bg2,k,* sars.bg2,k,* sec.bg2,vk1 sel.bg2,k,* senec.kr1,vk1 *Seneg.*bg2,k,* *Sep.*bg2,k,* *Sil.*bg2,k,* skat.br1 **Spig.**bg2,k,* *Stann.*bg2,k,* staph.a1,bg2,* still.hr1,kr1,* stram.bg2,kr1,* *Stront-c.*bg2,vk1 sul-ac.a1,k,* **Sulph.**h,k,* sumb.a1 *Syph.*hr1,k,* tab.a1 tanac.a1 **Tarax.**h,k,* tarent.bg2,kr1,* tell.hr1,k,* thuj.a1,bg2,* trios.vk1 vac.kr1,vk1 valer.k2 verat.bg2,k,* verat-v.hr1,k,* verb.bg2,k,* vib.hr1,kr1,* viol-t.bg2,k,*

- **weiß**: ...
zinc.$_{bg2,k,*}$ zinc-m.$_{a1}$ zinc-p.$_{k2}$ ziz.$_{hr1,kr1,*}$
  - **morgens**: agar.$_{hr1,k,*}$ *All-c.*$_{kr1,vk1}$ benz-ac.$_{hr1,k,*}$ calc-p.$_{a1,k,*}$ cann-i.$_{a1}$ carbn.$_{a1}$ **Chin.**$_{hr1,k,*}$ cinnb.$_{hr1,k,*}$ dig.$_{k,vk1}$ echi.$_{k,vk1}$ elaps$_{k,vk1}$ *Hell.*$_{hr1,k,*}$ hyper.$_{hr1}$ kali-c.$_{h,kl}$ *Mag-m.*$_{hr1,k,*}$ mang.$_{a1}$ mur-ac.$_{h,kl}$ nat-c.$_{h,kl}$ nat-p.$_{kr1,vk1}$ *Nit-ac.*$_{hr1,k,*}$ phos.$_{h,kl}$ plan.$_{a1}$ **Puls.**$_{hr1,k,*}$ ran-s.$_{k,vk1}$ sel.$_{k,vk1}$ seneg.$_{hr1,k,*}$ sil.$_{a1}$ still.$_{kr1,vk1}$ sulph.$_{h,kr1,*}$ sumb.$_{a1}$ zinc.$_{a1}$
  - **nachmittags**: bism.$_{kr1,vk1}$
  - **abends**: bism.$_{hr1,k,*}$
  - ◆ **begleitet** von:
    - **Cholera**
☞ *☐ Rektum - Cholera - begleitet von - Zunge - weiße*
    - **Cholera** infantum
☞ *☐ Rektum - Cholera - infantum - begleitet von - Zunge - Zungenwurzel*
    - **Cholera** morbus
☞ *☐ Rektum - Cholera - morbus - begleitet von - Zunge - weiße*
    - **Cholerine**
☞ *☐ Rektum - Cholera - Cholerine - begleitet von - Zunge - weiße*
    - **Chorea**
☞ *☐ Allgemeines - Chorea - begleitet von - Zunge - weiße*
    - **Delirium** tremens
☞ *☐ Gemüt - Delirium tremens - Zunge - weißer*
    - **Diabetes**
☞ *☐ Allgemeines - Diabetes - begleitet von - Zunge - weiße*
    - **Diarrhoe**
☞ *☐ Rektum - Diarrhoe - begleitet von - Zunge - weiße*
    - **Diphtherie**
☞ *☐ Innerer Hals - Diphtherie - begleitet von - Zunge - weiße*
    - **Drüsenschwellung**
☞ *☐ Allgemeines - Schwellung - Drüsen - begleitet von - Zunge - weiße*
    - **Dysenterie**
☞ *☐ Rektum - Dysenterie - begleitet von - Zunge - weiße*
    - **Dyspepsie**
☞ *☐ Magen - Verdauungsstörung - begleitet von - Zunge - weiße*
    - **Endokarditis**
☞ *☐ Brust - Entzündung - Herz - Endokard - begleitet von - Zunge - weiße*
    - **Erysipel**
☞ *☐ Haut - Erysipel - begleitet von - Zunge - weiße*
    - **fettiges** Gefühl der Zunge: *Iris*$_{kr1,vk1}$
    - **Flatulenz**
☞ *☐ Abdomen - Flatulenz - begleitet von - Zunge - weiße*
    - **Fleckfieber**; epidemisches
☞ *☐ Fieber - Fleckfieber - begleitet von - Zunge - weiße*

- **weiß - begleitet** von: ...
    - **gastrische** Beschwerden
☞ *☐ Magen - Beschwerden - begleitet von - Zunge - weiße*
    - **Geisteskrankheit**
☞ *☐ Gemüt - Geisteskrankheit - Zunge - weißer*
    - **Gelbsucht**
☞ *☐ Haut - Farbe - gelb - begleitet von - Zunge - weiße*
    - **Hämorrhoiden**
☞ *☐ Rektum - Hämorrhoiden - begleitet von - Zunge - weiße*
    - **Hysterie**
☞ *☐ Gemüt - Hysterie - Zunge - weißer*
    - **Influenza**
☞ *☐ Allgemeines - Influenza - begleitet von - Zunge - weiße*
    - **Intussuszeption**
☞ *☐ Abdomen - Intussuszeption - begleitet von - Zunge*
    - **Kälte** der Zunge
☞ *Kälte - Zunge - begleitet von - Zunge - weiße*
    - **Kolik**
☞ *☐ Abdomen - Schmerz - krampfartig - begleitet von - Zunge - weiße*
    - **Kopfschmerzen**
☞ *☐ Kopf - Schmerz - begleitet von - Zunge - weiße*
    - **Leber**; Beschwerden der
☞ *☐ Abdomen - Leber - begleitet von - Zunge - weiße*
    - **Magens**; Beschwerden des
☞ *☐ Magen - Beschwerden - begleitet von - Zunge - weiße*
    - **Manie**
☞ *☐ Gemüt - Manie - Zunge - weißer*
      - **akut**
☞ *☐ Gemüt - Manie - akut - Zunge - weißer*
    - **Metrorrhagie**
☞ *☐ Weibliche Genitalien - Metrorrhagie - begleitet von - Zunge - weiße*
    - **Migräne** *Kopf - Schmerz - begleitet von - Übelkeit - begleitet von - Zunge - weiße):*
    - **Mitte**:
      - **braun**: ail.$_{a1,hr1}$ oci-sa.$_{vk1}$
        - **dunkelbraun**: ail.$_{hr1,k,*}$ nat-p.$_{hr1,k,*}$
      - **rein**: diph.$_{bg2,vk1}$ rham-cal.$_{bg2,br1,*}$
      - **rot**: sulph.$_{vk1}$
        - **Streifen** die Mitte nach hinten; roter: caust.$_{k,vk1}$ cham.$_{k,vk1}$ *Verat-v.*$_{k,vk1}$
    - **Obstipation**
☞ *☐ Rektum - Obstipation - begleitet von - Zunge - weiße*
    - **Papillen**; rote: ant-t.$_{al1,hr1,*}$ ars.$_{a1}$ *Bapt.*$_{al1,hr1,*}$ bond.$_{a1}$ *Med.*$_{hr1,k2,*}$ merc-sul.$_{a1}$ mez.$_{a1}$ **Nux-m.**$_{hr1}$ ptel.$_{fr2}$ stram.$_{hr1}$ sulph.$_{a1}$ verat.$_{hr1}$
    - **Pneumonie**
☞ *☐ Brust - Entzündung - Lungen - begleitet von - Zunge - weiße*
    - **Ränder**:
      - **rein**: arg-n.$_{vk1}$ **Mag-m.**$_{kr1,vk1}$
        - **Zungenspitze**; und reine
☞ *Zungenspitze - reine*

- **weiß - begleitet** von - **Ränder**: ...
  - **dunkle** Streifen entlang den Rändern: petr.k,vk1
  - **feucht** und rot: vip.k,vk1
  - **Zungenspitze**; und rote
    ☞ *Zungenspitze - rot - Ränder*
  - **schlechter** Geschmack
    ☞ *Geschmack - schlecht - begleitet von - Zunge - weiße*
    - **morgens**
      ☞ *Geschmack - schlecht - morgens - begleitet von - Zunge - weiße*
  - **Schluckauf**
    ☞ *❑ Magen - Schluckauf - begleitet von - Zunge - weiße*
  - **Schnupfen**
    ☞ *❑ Nase - Schnupfen - begleitet von - Zunge - weiße*
  - **Schwindel**
    ☞ *❑ Schwindel - begleitet von - Zunge - weiße*
  - **Sodbrennen**
    ☞ *❑ Magen - Sodbrennen - begleitet von - Zunge - weiße - Zungenwurzel*
  - **Sonnenstich**
    ☞ *❑ Kopf - Sonnenstich - begleitet von - Zunge - weiße*
  - **Syphilis**
    ☞ *❑ Allgemeines - Syphilis - begleitet von - Zunge - weiße*
  - **Trockenheit**:
    - **Endokarditis**; mit
      ☞ *❑ Brust - Entzündung - Herz - Endokard - begleitet von - Zunge - trockene*
  - **Tuberkulose**
    ☞ *❑ Brust - Tuberkulose - begleitet von - Zunge - weiße*
  - **Typhus** abdominalis
    ☞ *❑ Fieber - Typhus - begleitet von - Zunge - weiße*
  - **Verdauungsstörung**
    ☞ *❑ Magen - Verdauungsstörung - begleitet von - Zunge - weiße*
  - **Verdauungsstörung** mit Flatulenz
    ☞ *❑ Abdomen - Flatulenz - begleitet von - Zunge - weiße / ❑ Magen - Verdauungsstörung - begleitet von - Zunge - weiße*
  - **Würmer**
    ☞ *❑ Rektum - Würmer - begleitet von - Zunge*
  - **Zungenspitze**:
    - **reine** Zungenspitze und reine Ränder: **Mag-m.**kr1,vk1
    - **rot**: hipp.kr1,vk1 mangi.vk1 sulph.vk1
      - **Ränder**; und rote: rumx.kr1,vk1 *Sulph.*kr1,vk1 *Verat.*kr1,vk1
- **angestrichen**, wie: **Ars.**hr1,k,*
- **Apyrexie**; während der: *Ip.*kr1,vk1
- **blaß**: acon.k,vk1 aloek,vk1 ambr.k,vk1 anac.k,vk1 ang.k,vk1 ars.k,vk1 berb.k,vk1 kreos.k,vk1 olnd.k,vk1 phos.k,vk1
- **bläulichweiß**: ars-h.k,vk1 gymno.k,vk1
- **bräunlichweiß**: sarr.kr1,vk1

- **weiß**: ...
  - **Diarrhoe**; nach: *Kali-m.*kr1,vk1
  - **dicker** Belag: asc-t.kr1,vk1 **Bry.**kr1,vk1 *Canth.*kr1,vk1 chlol.kr1,vk1 cupr-ar.kr1,vk1 dios.kr1,vk1 ferr-m.kr1,vk1 *Gels.*kr1,vk1 *Guaj.*kr1,vk1 *Hydr.*kr1,vk1 iod.kr1,vk1 joan.vk1 lac-ac.kr1,vk1 lyss.kr1,vk1 **Merc.**kr1,vk1 merc-sul.kr1,vk1 mez.kr1,vk1 *Nat-c.*kr1,vk1 nux-v.kr1,vk1 nyct.vk1 *Phos.*kr1,vk1 **Puls.**kr1,vk1 **Rhus-t.**hr1,vk1 still.kr1,vk1 valer.kr1,vk1
    ☞ *Pelz*
    - ◆ **begleitet** von:
      - **Angina**
        ☞ *❑ Innerer Hals - Entzündung - begleitet von - Zunge - weiße - dicker*
      - **Diarrhoe**
        ☞ *❑ Rektum - Diarrhoe - begleitet von - Zunge - weiße - dicker*
      - **Diphtherie**
        ☞ *❑ Innerer Hals - Diphtherie - begleitet von - Zunge - weiße - dicker*
      - **Fleckfieber**; epidemisches
        ☞ *❑ Fieber - Fleckfieber - begleitet von - Zunge - weiße - dicker*
      - **Gehirns**; Beschwerden des
        ☞ *❑ Kopf - Beschwerden - begleitet von - Zunge - weiße - dicker*
      - **Husten**
        ☞ *❑ Husten - Husten im - begleitet von - Zunge - weiß*
      - **Leber**; Erkrankung der
        ☞ *❑ Abdomen - Leber - begleitet von - Zunge - weiße - dicker*
      - **Magens**; Katarrh des
        ☞ *❑ Magen - Katarrh - begleitet von - Zunge - dicker*
      - **Mitte**:
        - **schwarzer** Streifen die Mitte nach hinten: *Lept.*kr1,vk1
        - ◆ **begleitet** von:
          - **Leber**; Erkrankung der
            ☞ *❑ Abdomen - Leber - begleitet von - Zunge - weiße - dicker - begleitet von - Mitte - schwarzer*
      - **Mundes**; Wundheit des
        ☞ *Schmerz - wund schmerzend - begleitet von - Zunge - weiße - dicker*
      - **Rachens**; Wundheit des
        ☞ *❑ Innerer Hals - Schmerz - Rachen - begleitet von - Zunge - weiße - dicker*
  - **Tee** agg.: sel.kr1,vk1
  - ○ **Zungenwurzel**: cupr-ar.kr1,vk1 *Glon.*kr1,vk1 *Phyt.*kr1,vk1
    - **Diphtherie**
      ☞ *❑ Innerer Hals - Diphtherie - begleitet von - Zunge - weiße - dicker - Zungenwurzel*
    - **Gehirns**; Beschwerden des
      ☞ *❑ Kopf - Beschwerden - begleitet von - Zunge - weiße - dicker - Zungenwurzel*
  - **feucht**: arg-n.k,vk1

- **weiß - feucht**: ...
  - ◆ **begleitet** von:
    - **Pneumonie**
      - ☞ ❑ *Brust - Entzündung - Lungen - begleitet von - Zunge - weiße - feucht*
  - **Fieber**; während: *Acon.*kr1,vk1 *Guare.*kr1,vk1
  - **Flecken**: cham.k,vk1 stict.c1 **Tarax.**k,vk1
    - **linke** Ober- und Unterseite der Zunge: hydrc.a1,c1,*
    - **rot**:
      - **dunkelrote** Flecken, sehr empfindlich gegen Berührung: tarax.c1
      - **Inseln**; mit kleinen, roten: **Nat-m.**k,vk1
  - **Flecken**; kleine: hydrog.srj2
    - **reine** Flecken: am-m.k,vk1 choc.srj3 manc.k,vk1 **Tarax.**k,vk1
  - **flockig** und zäh: ant-t.kr1,vk1
  - **gelblichweiß**: aloekr1,vk1 *Arg-n.*kr1,vk1 *Ars.*kr1,vk1 ars-s-f.kr1,vk1 *Cycl.*kr1,vk1 *Gels.*kr1,vk1 *Hydr.*kr1,vk1 *Kali-bi.*kr1,vk1 mand.vk1
    - ◆ **begleitet** von:
      - **Diphtherie**
        - ☞ ❑ *Innerer Hals - Diphtherie - begleitet von - Zunge - weiße - gelblichweiße*
      - **Dyspepsie**
        - ☞ ❑ *Magen - Verdauungsstörung - begleitet von - Zunge - weiße - gelblichweiß*
      - **Fleckfieber**; epidemisches
        - ☞ ❑ *Fieber - Fleckfieber - begleitet von - Zunge - weiße - gelblichweiß*
      - **Meningitis**
        - ☞ ❑ *Kopf - Entzündung - Hirnhaut - begleitet von - Zunge - weiße - gelblichweiß*
    - **Mitte**:
      - **Stelle**; an einer: ars-i.vk1
    - **Zungenwurzel**: *Rhus-t.*kr1,vk1
  - **gering** belegt
    - ☞ *weiß*
  - **grauweißlich**: levo.vk1
  - **käsig**: lac-c.k,vk1 merc-i-f.k,vk1 zinc.bg2,h,*
  - **Katarrh**; nach: puls.kr1,vk1
  - **kräftig** belegt
    - ☞ *dicker*
  - **Kreide**; wie eine Schicht aus: **Ars.**kr1,vk1 *Merc.*k2,kr1,* phos.bg2,vk1
  - **Melancholie**; nach
    - ☞ ❑ *Gemüt - Traurigkeit - Zunge - weißer*
  - **milchig**: **Ant-c.**hr1,k,* *Bell.*k,vk1 *Glon.*hr1,k,* kali-i.k,vk1 merc-cy.k,vk1 sul-ac.a1
  - **milchweiß**, ohne Belag: *Glon.*k,vk1
  - **Mittagessen**, nach dem: nit-ac.h,kl
  - **Pelz**; wie ein: *Phos.*kr1,vk1
    - ☞ *dicker*
    - **morgens**: **Merc.**kr1,vk1
  - **Quartana**; bei
    - ☞ ❑ *Frost - Quartana - Zunge - weiße*
  - **Sahne**; weiß wie: merc-c.kr1,vk1
    - **Zungenwurzel**:
      - **morgens**: *Nat-p.*kr1,vk1
  - **schmutzig**: cain.k,kr1,* chin.hr1,k,* dig.hr1,k,* dirc.a1,c1 *Gels.*hr1 laur.a1 myric.a1 nat-p.hr1,k,* olnd.hr1,k,* podo.hr1,k,* rhus-t.hr1,k,*

- **weiß - schmutzig**: ...
  - ◆ **begleitet** von:
    - **Scharlach**
      - ☞ ❑ *Haut - Hautausschläge - Scharlach - begleitet von - Zunge - weiße - schmutzige*
    - **aufgerichteten** Papillen; mit: olnd.k,vk1
  - ○ **Mitte**: sin-n.kr1,vk1
  - **silbrig**, an der ganzen Zunge: arg-n.k,vk1 **Ars.**k,vk1 carb-ac.k,vk1 glon.k,vk1 kali-ar.a1 lac-c.k,vk1
  - **Streifen**: bell.hr1,k,* phel.k,vk1
    - **zwei** weiße Streifen am Rand: phos.vk1
  - ○ **hinten**
    - ☞ *Zungenwurzel*
  - **Mitte**: arg-n.k,vk1 ars.a1 bell.k,vk1 *Bry.*hr1,k,* canth.k,vk1 card-m.hr1,k,* chin.vk1 chinin-s. *Croc.*kr1,vk1 cupr.a1 gels.k,vk1 helon.k,vk1 *Ip.*vk1 *Kali-chl.*hr1,k,* *Kali-m.*vk1 *Merc-cy.*hr1 nat-ar.k,vk1 op.a1 *Petr.*hr1,k,* *Phos.*k,kr1,* rhus-v.hr1,k,* sabad.hr1,k,* sin-n.hr1,k,* stram.a1 sulph.k,vk1 tub.xxb verat-v.a1
    - ◆ **begleitet** von:
      - **breite** Zunge
        - ☞ *Breit - begleitet von - Zunge - Mitte / Dick - Zunge*
      - **hinten**; die Mitte nach:
        - **roter** Streifen
          - ☞ *begleitet von - Mitte - rot - Streifen*
      - **Metrorrhagie**
        - ☞ ❑ *Weibliche Genitalien - Metrorrhagie - begleitet von - Zunge - weiße - Mitte*
      - **Ränder**:
        - **dunkle** Streifen entlang der Seiten
          - ☞ *begleitet von - Ränder - dunkle*
        - **rot**
          - ☞ *rot - Ränder - begleitet von - Mitte - weiß*
      - **Seiten**:
        - **rot**: ziz.kr1,vk1
      - **Zungenspitze**:
        - **rot**: ziz.kr1,vk1
    - **dunkelbraun**
      - ☞ *begleitet von - Mitte - braun - dunkelbraun*
    - **dunkle** Streifen entlang der Ränder
      - ☞ *begleitet von - Ränder - dunkle*
    - **roter** Streifen die Mitte nach hinten
      - ☞ *begleitet von - Mitte - rot - Streifen*
  - **Ränder**: ange-s.jl3,vk1 **Mur-ac.**hr1,kr1,*
    - ◆ **begleitet** von:
      - **Mitte**:
        - **braun**
          - ☞ *braun - Mitte - begleitet von - Ränder - weiß*
      - **Neuropathie**
        - ☞ ❑ *Allgemeines - Neuropathie - begleitet von - Zunge - weiße - Ränder*
      - **Typhus** abdominalis
        - ☞ ❑ *Fieber - Typhus - begleitet von - Zunge - weiße - Rändern*
    - **Flecken**; weiße: sang.k,vk1
  - **Rand** feucht und rot
    - ☞ *begleitet von - Ränder - feucht*
  - **Seiten**: **Caust.**hr1,k,* *Cham.*hr1,k,* hydrc.a1 iod.k,vk1 *Iris*vk1 *Kali-s.*hr1,k,* *Lac-c.*hr1

• **weiß - Seiten**: ...
• **eine** Seite: calc.$_{bg2}$ *Daph.*$_{bg1,kr1,*}$ irid-met.$_{bg1}$ laur.$_{bg2}$ lob.$_{bro1,h,*}$ mez.$_{bg2,h,*}$ **Rhus-t.**$_{k,kl2}$●,$_{*}$ sil.$_{bg2}$ thuj.$_{bg2}$
• **rechts**: *Lob.*$_{c1,k,*}$
◆ **begleitet** von:
• **Mitte**:
• **braun**
☞ *braun - Mitte - begleitet von - Seiten - weiß*
• **roter** Streifen in der Mitte: ars.$_{vk1}$ *Iris*$_{kr1,vk1}$
◆ **begleitet** von:
• **Gallenkolik**
☞ ❑ *Abdomen - Schmerz - Leber - Gallenkolik - begleitet von - Zunge - weiße - begleitet von - roter*
○ **Zungenspitze**; und rote: ars.$_{kr1,vk1}$
• **Flecken**; weiße: sang.$_{k,vk1}$
• **Zungenspitze**: arg-n.$_{a1}$ canth.$_{k,vk1}$ verat-v.$_{a1}$
• **Zungenwurzel**: ange-s.$_{vk1}$ bell.$_{bg2,vk1}$ chim.$_{kr1,vk1}$ med.$_{k,k2,*}$ *Nat-p.*$_{hr1}$ rhus-v.$_{a1,hr1}$ sabad.$_{a1}$ sep.$_{k,vk1}$ tub.$_{a1,c1,*}$
• **morgens** agg.: *Calc-p.*$_{kr1,vk1}$
◆ **begleitet** von:
• **Cholera** infantum
☞ ❑ *Rektum - Cholera - infantum - begleitet von - Zunge - Zungenwurzel*
• **Gehirns**; Beschwerden des
☞ ❑ *Kopf - Gehirns - begleitet von - Zunge - Zungenwurzel - weiße*
• **reine** Zunge: *Nux-v.*$_{bro1,vk1}$
• **Sodbrennen**
☞ ❑ *Magen - Sodbrennen - begleitet von - Zunge - weiße - Zungenwurzel*
• **dickem** Belag; mit: *Nux-v.*$_{kr1,vk1}$
• **Knaben**; bei schwächlichen, entkräfteten: aur.$_{kr1,vk1}$
○ **Seite**; eine: nux-v.$_{vk1}$
• **zyanotisch**
☞ *blau*

Fauliges Zahnfleisch: am-c. cist. *Nat-m.* nux-v.
☞ *Skorbut*

Faust in den Mund; Kinder stecken die: ip.$_{hr1,j,*}$
☞ *Finger*

Fettiges Gefühl: ol-an.
○ **Gaumen**: card-m.$_{bg1,bg2}$ kali-p.$_{bg1}$ ol-an.$_{hr1,k,*}$
– **Zahnfleisch**: iris tril-p.$_{c1}$
– **Zunge**: *Iris* tril-p.$_{c1}$ yuc.$_{a1}$
◆ **begleitet** von:
• **Zunge**; weiße
☞ *Farbe - Zunge - weiß - begleitet von - fettiges*

Feuchte Zunge:
○ **Seiten**:
◆ **begleitet** von:
• **Mitte**:
• **braun**
☞ *Farbe - Zunge - braun - Mitte - begleitet von - Seiten - feucht*

Finger in den Mund; Kinder stecken ●: *Calc.* calc-p.$_{wt}$ *Cham.* **Ip.** lyc.$_{gl1}$ nat-m.$_{wt}$ sil.$_{st,wt}$ tarent.$_{hr1,st}$
☞ *Faust* / ❑ *Gemüt - Gesten - Tics*

Fissuren
☞ *Rissig*

Fisteln:
○ **Gaumen**:
▽ **erstreckt** sich zum Antrum: merc.$_{k2}$
– **Zahnfleisch**: *Aur. Aur-m. Bar-c. Calc.* calc-f.$_{bro1}$ canth. **Caust.**$_{c2,k}$ coch. **Fl-ac.** gink-b.$_{sbd1}$ *Kali-chl. Lyc.* mag-c. *Nat-m.* nit-ac. petr. phos. **Sil.** *Staph.*$_{c2,k}$ *Sulph.*$_{c2,k}$
☞ *Abszeß - Zahnfleisches*
○ **Eckzähne**:
• **oben** rechts; nahe dem Eckzahn: fl-ac.
• **Schneidezähne**:
• **oben**: canth.

Flach:
○ **Zunge**:
◆ **begleitet** von:
• **Rändern**; aufgeworfenen, erhabenen: *Kali-bi.*$_{hr1,kr1,*}$

Flecken; entzündete:
○ **Gaumen**: *Elaps Fl-ac.*$_{hr1,k}$ *Syph.* zinc.
– **Zunge**:
○ **unter** der Zunge; wie Wucherungen: ambr.$_{k,vk1}$

Furunkel am Zahnfleisch: agn. anan. arn. aur. carb-an. *Carb-v.* caust. chel. euph. jug-r. *Kali-chl. Kali-i.* lac-c. *Lyc. Merc.*$_{c2,k}$ mill. *Nat-m.* nat-p. nat-s. *Nux-v. Petr.* ph-ac. *Phos.* plan. plb. sanic.$_{c2}$ **Sil.** staph. sulph.$_{fs}$
☞ *Abszeß - Zahnfleisches*
– **klein**, nahe dem linken oberen Eckzahn, bei Berührung schmerzhaft: *Agn.*$_{hr1,k}$

Gangränös: ars.$_{bg2}$ *Crot-h.* ferr-ar. hydr. **Lach.** merc-c. merc-d. sil. sul-ac.$_{bg2,k}$ sulph.
– **Kindern**, bei: **Ars.** casc.
○ **Zahnfleisch**: *Lach.* **Merc-c.** *Sec.*
• **Schorfe**: chin. sulph.
– **Zunge**: *Ars.*$_{k,vk1}$ kali-c.$_{k,vk1}$ lach.$_{k,vk1}$ merc.$_{k,vk1}$ *Sec.*$_{k,vk1}$

Gefaltet; Zunge ist an den Rändern wie in kleine Taschen: anis.$_{c1,k}$
– **Bleikolik**; bei: alumn.$_{hr1,k,*}$

Gefühllosigkeit, Taubheit: *Acon.* ambr.$_{h,k,*}$ bar-c. *Bov.* carbn-s. colch. indg. jatr-c. *Kali-br.* kali-c.$_{h,k,*}$ kali-i.$_{a1,k}$ lyc. mag-c. mag-m.$_{bg1}$ mag-s. nat-p. nat-s. nit-ac. stram.$_{bg1}$ ther.
– **eine** Seite: nat-m.
◆ **begleitet** von:
• **Zunge**:
• **Lähmung** der Zunge
☞ *Lähmung - Zunge - begleitet von - Gefühllosigkeit*
– **morgens**: ambr.$_{a1,h,*}$ bar-c. bov. kali-c.$_{a1}$ kali-i.$_{a1,k}$ mag-m.$_{h,k1}$ stront-c.

– **morgens**: ...
• **Erwachen**, beim: ambr.$_{bg1,c1}$ kali-i. mag-c.
– **Kopfschmerzen**, mit: nit-ac.$_{h,kl}$
– **Menses**, während: mag-m.
○ **Gaumen**: bapt. bar-c.$_{h,kl}$ verat.
• **morgens**, beim Erwachen: mag-c.
– **Oberlippe**, Innenseite: bar-c.$_{h}$
– **Wange**; an einer Stelle an der Innenseite der: mag-c.$_{h}$
– **Zahnfleisch**: *Acon. Apis* ign.
– **Zunge**: *Acon.* agar. ambr. *Apis Ars.* bapt. bell. borx. bov. brach. *Calc-p.* camph. carbn-s. *Colch.*$_{c2,k}$ crot-h. eup-pur. ferr. ferr-ar. *Fl-ac.* **Gels.** *Glon. Hell. Hyos.* ictod. *Ign.* jatr-c. kali-ar. lath.$_{br1}$ *Laur.* lith-m.$_{c2}$ lyc. mand.$_{vk1}$ mang. meph. merc. merc-c. merl. nat-ar. nat-c. *Nat-m.*$_{k,kl2}$● nat-p. **Nux-m.** puls. *Rheum*$_{c2,k}$ sep. sil. sul-ac. ther. vip. zinc.
• **eine** Seite: gels.$_{c1,h}$ *Nat-m.*$_{k,kl2}$● nux-v.
• **nachts**: gels.$_{kr1}$
• **morgens**, beim Erwachen: am-c. bov. kali-c.$_{h,kl}$ mag-c.
○ **hinten**: **Bov.**$_{bg1,vh,*}$
• **Zungenspitze**: hydrog.$_{srj2}$

Geruch:
☞ *Schleim, Schleimabsonderung*
– **aashaft**: **Ars.** caps. *Hyos.* **Nit-ac.** phos. pyrog.$_{k2}$
• **morgens** und abends agg.: *Hyos.*
– **alkalisch**: *Kali-c.*
– **erdig**, morgens: mang.
– **Essen**, nach dem: arn. aur. carb-v. cham. merc. nux-v. sil. *Sulph.* zinc.
– **faulig**: act-sp. ail.$_{k2}$ alum. alum-p.$_{k2}$ ambr. *Anac. Apis Arg-met. Arg-n.* **Arn. Ars. Ars-i.** *Arum-t. Aur.* aur-ar.$_{k2}$ aur-i.$_{k2}$ *Aur-m-n.* aur-s.$_{k2}$ *Bapt.* bar-c. *Bar-m.* bar-s.$_{k2}$ borx.$_{br1}$ bov. brom. bry. bufo cadm-s.$_{c1}$ calc. calc-sil.$_{k2}$ camph. *Caps.* **Carb-ac.** carb-an. *Carb-v.* carbn-s. cedr. **Cham.** chinin-ar. chlol. *Chlor.* cina cist. coca *Crot-h.* daph.$_{br1}$ dig. *Dulc.* gels. gink-b.$_{sbd1}$ *Graph. Hell. Ign.* iod. *Kali-bi.* kali-br. *Kali-chl.* kali-m.$_{k2}$ **Kali-p. Kreos.** *Lac-c. Lach. Lyc. Mang.* **Merc.** *Merc-c. Mur-ac.* **Nat-m. Nit-ac.** *Nux-v.* ol-j. petr. *Ph-ac.* phos.$_{k2}$ **Phyt.** plan. **Plb. Psor.**$_{al2,k2}$ *Puls.* pulx.$_{br1}$ pyrog. *Rhus-t.* ruta sabin. sang. sec. seneg. **Spig.** stann. staph. stram. sul-i.$_{k2}$ sulph. syph.$_{k2}$ **Tub.**
• **morgens**: ambr. arg-n. camph. castm. crot-h. grat. kali-p. lyc. med. puls.
• **nachts**; und: aur. puls.
◆ **begleitet** von:
• **Herzklopfen**
☞ ❑ *Brust - Herzklopfen - begleitet von - Mund*
• **Speichelfluß**
☞ *Speichelfluß - begleitet von - Geruch*
• **Essen**:
• **beim**: chr-ac.
• **nach**: cham. nux-v.
• **Herzklopfen**; mit
☞ ❑ *Brust - Herzklopfen - begleitet von - Mund*
• **Menses**, während: *Cedr.*
• **Zorn**, nach: arn.

Geruch: ...
– **Fischlake**; wie:
• **Asthmaanfall**:
• **vor**: **Sanic.**$_{vh}$
– **käsig**: *Aur. Hep. Kali-c.* kali-p. mez.
– **Knoblauch**, wie: kalag.$_{br1}$ petr. sin-n. *Tell.*
– **Kresse**, wie: par.
– **Meerrettich**, wie: agar.
– **Menses**:
• **während**: ovi-p.$_{bg1}$
– **metallisch**: berb. *Merc-i-f.* mez.
– **modrig**: *Alum. Crot-h.* eup-per. nat-c. rhus-t.
– **Pech**, wie: canth.
– **Pfeffer**, wie: asc-t.$_{c1}$
– **Pubertät**; bei Mädchen in der: aur-m.$_{bro1}$
– **Quecksilber**, wie: ant-c. bar-m. merc.$_{k2}$ sil.
– **sauer**: agar. cham. coc-c. crot-h. *Eup-per. Graph.* mag-c. nicc. *Nux-v.* sep. *Sulph.* verat.
– **scharf**: agar.
– **schlecht**: *Arn.*$_{bg3}$ ars.$_{bg3}$ aur.$_{bg3}$ bapt.$_{bg3}$ *Carb-v.*$_{bg3}$ cham.$_{bg3}$ lach.$_{bg3}$ *Merc.*$_{bg3}$ nit-ac.$_{bg3}$ *Nux-v.*$_{bg3}$ puls.$_{bg3}$ sulph.$_{bg3}$ verat-v.$_{bg3}$
– **stinkend**
☞ *faulig*
– **Stuhl**, wie: bell.$_{h}$
– **süßlich**: carb-an. *Merc.* nit-ac. uran-met.
– **Übelkeit** erregend: agar. aloe *Arn.* ars.$_{a1}$ ars-h. berb. canth. carbn-h. chlol. *Croc.* gins. kali-br.$_{a1,k}$ merc. nat-c. *Nit-ac.*
– **übelriechend**: abies-n.$_{br1}$ acet-ac. acon. *Agar. All-c.* aloe alum. alum-p.$_{k2}$ alum-sil.$_{k2}$ am-c. *Ambr. Anac.* anan. *Anthraci.* apis arg-met. *Arg-n.*$_{hr1,k}$ **Arn. Ars. Ars-i.** ars-s-f.$_{k2}$ *Aur.* aur-ar.$_{k2}$ aur-s.$_{k2}$ bamb-a.$_{stb2}$ *Bapt. Bar-c.* bar-m. bar-s.$_{k2}$ *Bell.* berb. bov. *Bry.* bufo cact. *Calc.* calc-i.$_{k2}$ calc-s. calc-sil.$_{k2}$ *Caps.* **Carb-ac.** carb-an. **Carb-v.** *Carbn-s. Carl.* cas-s.$_{br1}$ castm. *Caust.* **Cham. Chel.** *Chin.* chinin-ar. chinin-m.$_{c1}$ *Cimic.* cina cist. *Clem.* coc-c. coch. cop. *Croc.* cupr-ar. daph. dig.$_{h}$ dros. *Dulc. Fl-ac. Gels.* gink-b.$_{sbd1}$ *Graph. Hep. Hyos. Iod.* ip. kali-ar. *Kali-bi. Kali-c. Kali-i.* kali-m.$_{k2}$ kali-n. **Kali-p.** kali-s. kali-sil.$_{k2}$ **Kreos.** *Lac-c. Lac-d.* **Lach.** led. *Lyc. Manc.* mang. med.$_{k2}$ **Merc. Merc-c.** *Merc-i-f.* mez. *Mur-ac.* **Nat-m.** *Nat-s.* nat-tel.$_{bro1}$ nicc. **Nit-ac.** *Nux-m. Nux-v. Petr. Ph-ac.* phos. *Phyt.* plan. **Plb.** podo. *Puls.* quer-r.$_{c1}$ rhus-t. sabin. sal-ac. sanic. sars. seneg. *Sep.* sil. spig. *Stann.* staph. stront-c. *Sul-ac.* sul-i.$_{k2}$ **Sulph.** syph.$_{xxb}$ teucr. thea **Tub.** verb. zinc.
☞ ❑ *Zähne - Geruch*
• **morgens**: acet-ac. agar. am-c. ambr. apis *Arg-n.* arn. *Aur.* bapt. bell. cact. *Camph.* castm. chin. cimic. cop. fago. grat. hyos. lyc. mang. *Nux-v.*$_{k,kl2}$● phys. **Puls.** rheum$_{h}$ sang. sars. *Sil.* sulph. thea verb.$_{h}$
• **abends**: aur.$_{h}$ sulph.$_{h}$
• **oder** nachts: puls.$_{bro1}$ sulph.$_{bro1}$
• **nachts**: aur.$_{h}$ *Podo.*
• **Essen**, nach dem: sulph.$_{h}$
• **Husten**, beim: all-s. ambr. arn. **Caps.** dros. graph. lach. mag-c. merc. mez. sang. sep. stann. sulph.

– **übelriechend**: ...
  • **Menses**:
    • **vor**: caul. *Sep.*
    • **während**: bar-m. *Cedr.* *Merc.* ovi-p.bg1
– **Urin**, wie: *Graph.*
– **verbrannt**, beim Husten; wie: dros.h
– **Zwiebeln**, wie: kali-i. lyc.bg1 petr. sin-n. tell.

Gerunzelt:
○ **Gaumen**: **Borx.** phos.
– **Zunge**: calc-p.k,vk1 nat-ar.k,vk1 phos.k,vk1 sul-ac.k,vk1
  • **morgens**: calc-p.k,vk1

Geschmack:
☞ *Schleim, Schleimabsonderung*
– **adstringierend**: acon.bg2,k,* acon-l.a1 agar.bg2,k,* *Alum.*h,k,* *Alumn.*hr1,k am-m.vh arg-n.bg2,k,* ars.bg2,k,* *Arum-dru.*a1,c1 aur.bg1,bg2 bar-c.hr1,k brom.bg2,k,* calc-i.a1,k caps.bg1 card-m.bg1,bg2 chion.bg1 clem.bg1 coc-c.bg1,bg2 coloc.bg1,bg2,* euph.bg2 gal-ac.a1 gels.bg2 gent-c.a1 graph.bg1,h,* iod.bg2,k,* kali-bi.bg2,k,* kali-cy.a1,bg1 kali-i.a1,k lach.bg2,k manc.bg2 *Merc-c.*bg2,k merc-d.bg1 mur-ac.bg2,k,* musaa1 nat-m.bg2 ox-ac.a1,k *Phos.*bg2,k plb.bg2,k,* sal-p.a1 sang.bg1
– **alkalisch**: am-c.a1,k calc-ar.hr1,k calc-sil.k13,k2 cere-b.a1 kali-chl.a1,k *Kalm.*bg2,k,* mez.a1,k rhus-g.a1 zinc-m.a1,k
– **anders**; der Geschmack von allem ist
☞ *verändert*
– **aromatisch**: bell.a1 cham.a1 coc-c.a1,bg2 glon.hr1,k,* pip-m.a1
– **beißend**: nat-c.h
– **bitter**: **Acon.**bg2,k,* aesc.a1,k aeth.hr1,k agar.h,k,* agn.hr1,k ail.hr1,k alco.a1 aloe *Alum.*h,k,* alum-p.k2 alumn.hr1,k,* *Am-c.*h,k,* *Am-m.*bg2,k,* ambr.bg2 amyg. anac.bg2,k,* anan.hr1,k,* anders.bnj1 *Ang.*bg2,k,* *Ant-c.*bg2,k,* ant-t.bg2,k,* *Apis* apoc.a1,k aran. *Arg-n.*bg2,k,* arist-m.a1 *Arn.*bg2,k,* **Ars.**bg2,k,* ars-h.hr1,k ars-i. ars-s-f.hr1,k asaf.bg2,k asar.bg2,k,* atro.a1 *Aur.*bg2,k,* aur-ar.k2 aur-m-n. aur-s.k2 bapt.bg2,k,* *Bar-c.*bg2,k,* bar-i.k2 bar-m. bar-s.k2 *Bell.*bg2,k,* benz-ac.hr1,k,* berb.hr1,k,* bism.a1,bg2 *Bol-la.* *Borx.* *Bov.*bg2,k,* brom.hr1,k **Bry.**bg2,k,* bufo cain. *Calc.*bg2,k,* calc-p.bg2 calc-s.hr1,k camph.bg2,k,* cann-s.bg2 *Canth.*bg2,k,* *Carb-an.*bg2,k,* **Carb-v.**bg2,k,* **Carbn-s.** *Card-m.*hr1,k,* casc.a1,k castm. *Caust.*bg2,k,* cench.k2 cetr.hr1 *Cham.*bg2,k,* **Chel.**bg2,k,* **Chin.**h,k,* *Chinin-ar.* chinin-s. cimic.a1,bg2 cinnb. clem.a1 *Coc-c.* *Cocc.*bg2,k,* coff.bg2 *Colch.*bg2,k coll.hr1,k **Coloc.**bg2,k,* *Con.*bg2,k,* *Corn.*hr1,k croc.bg2,k *Crot-h.*hr1,k crot-t.a1,k cupr.bg2,k,* cupr-ar.hr1,k cupr-s.hr1,k cur.a1 cycl.hr1,k,* *Dig.*bg2,k,* digox.a1 dios.hr1,k,* dros.bg2,k,* *Dulc.*bg2,k,* *Elaps* elat.hr1,k *Eup-per.*hr1,k eup-pur. *Euph.*bg2,k,* euphr.bg2 fago.a1 ferr.bg2,k,* ferr-ar. ferr-i.hr1,k gamb.hr1,k gast.a1 gels.a1,k gent-ch.bnj1 gent-l.a1 gink-b.sbd1 glon.a1,k *Graph.*bg2,k,* *Grat.*bg2,k,* *Hell.*bg2,k,* helon.a1,hr1 *Hep.*bg2,k,* hipp.hr1,k,* hydr.hr1,k hydr-ac.a1 hydrog.srj2 hygroph-s.bnj1 hyos.a1,bg2 *Ign.*bg2,k,* iod.h,k,* iodof.a1 ip.bg2,k,* iris *Jab.*hr1,k,* jug-r.a1 *Kali-ar.* kali-bi.bg2,k,*

Geschmack - bitter: ...
*Kali-c.*bg2,k,* kali-chl.a1 kali-i.bg2,k,* kali-m.k2 kali-p. kali-sil.k2 kalm.hr1,k,* kreos.bg2,k,* *Lach.*bg2,k,* lact.a1,k laur.bg2 led.bg2,k,* *Lept.*hr1,k lil-s.a1 lob.hr1,k *Lyc.*h,k,* *Mag-c.*bg2,k,* *Mag-m.*bg2,k,* *Mag-p.* *Mag-s.*a1,k,* *Manc.*hr1,k mang.bg2,k,* meny.bg2 **Merc.**bg2,k,* *Merc-c.*bg2,k,* *Merc-i-r.*a1,k merl.a1,k *Mez.*bg2,k,* morph.a1 mosch.hr1,k,* *Mur-ac.*bg2,k,* *Myric.*hr1,k,* myris.a1 naja narcot.a1 nat-ar. *Nat-c.*bg2,k,* **Nat-m.**bg2,k,* nat-p. **Nat-s.**bg2,k,* nicc. *Nit-ac.*bg2,k,* *Nux-m.*bg2,k,* **Nux-v.**bg2,k,* olnd.a1,bg2 onos. op.bg2,k,* ost.a1 *Par.*bg2,k,* paull.a1 *Petr.*bg2,k,* ph-ac.bg2 *Phos.*bg2,k,* phyt.bg2,k,* pic-ac.hr1,k pimp.a1 pip-m.a1 *Plb.*bg2,k,* *Podo.*hr1,k polyg-h. *Prun.*bg2,k *Psor.*bg2,k *Ptel.*hr1,k,* **Puls.**bg2,k,* ran-b.bg2,k,* *Raph.*hr1,k,* *Rheum* rhod.a1,bg2 *Rhus-t.*h,k,* sabad.bg2,k,* *Sabin.*bg2,k *Sal-ac.*hr1,k sarr.a1 *Sars.*h,k,* sec.bg2 *Sep.*bg2,k,* *Sil.*bg2,k,* sphing.a1,kk3 *Spong.*bg2,k,* squil.a1,bg2 stann.bg2,k,* staph.bg2,k,* *Stram.*bg2,k,* stry.a1,k sul-ac.bg2 sul-i.a1,k2 **Sulph.**bg2,k,* tab.a1,k *Tarax.*bg2,k,* tarent.a1 tep.a1 term-a.bnj1 tet.a1 teucr.bg2 thuj.bg2,k,* til.a1 tub.xxb ust. v-a-b.jl valer.bg2,k,* *Verat.*bg2,k,* verat-v.a1 verb.bg2 vichy-g.a1 viol-o. viol-t.bg2,hr1 vip.a1 vip-l-f.a1 zinc.h,k,* zinc-p.k2 ziz.a1
  • **morgens** ●: alum.a1,h,* am-c.h,k,* *Am-m.*bg2,k,* arn.bg2,k,* ars. *Bar-c.*bg2,k *Bry.*bg2,k,* calc.a1,k *Calc-p.* calc-sil.k2 *Carb-an.*bg2,k *Carb-v.* carbn-s. castm. **Cham.** chin.h,k,* cinnb. dios.a1,k,* dros.a1,k euphr.a1,k *Hep.*a1,k hyos.a1,k ip.bg2,k kali-bi. kali-c.a1,k kali-i. kali-p. kali-sil.k2 kreos.a1,k lach. *Lyc.*h,k,* lyss. *Mag-c.*bg2,k,* mag-m. mag-s.a1,k mang.h,k1 merc.bg2,k mur-ac.h,k1 nat-ar. nat-c.a1,k nat-m.a1,k nicc. *Nux-v.* petr.h,k1 ph-ac.h,k1 *Phos.*a1,k **Puls.**bg2,k,* rhus-t.h,k,* rumx. *Sars.*h,k,* sec.a1,k *Sep.* *Sil.*bg2,k,* still.a1 stront-c. *Sulph.*bg2,k,* tab.a1,k thuj.a1,k zinc.h,k,*
    • **Aufstehen** amel.; nach dem: carb-an. nat-c.h
    • **Erwachen**, beim ●: am-c. ambr. ars-s-r. arund. cench.k2 chin-b.c1 dios. *Helon.* *Kali-i.* lyss. mang.h merc-i-r.bg1 nat-c.a1,h *Sulph.* zinc.
  • **vormittags**: *Bry.*a1 coc-c.a1 grat.a1 kali-bi.a1 nit-ac.h,k1 stram.a1
  • **mittags**: bell.h,k1 coloc.a1
  • **nachmittags**: iod.a1,h nat-c.a1,h,* nit-ac.a1,h,*
  • **abends**: alum.h,k,* *Am-c.*bg2,k arn.bg2,k bell.h,k1 bry.a1,k dios.a1 kreos.a1,k lyc. petr.h,k1 phos.a1,k **Puls.**bg2,k,* rhus-t.a1,k stann.a1,k vichy-g.a1
  • **nachts** ●: *Ant-t.* lach. **Lyc.**h,k,* rhus-t.a1,k
◆ **begleitet** von:
  • **Traurigkeit**
    ☞ *❑ Gemüt - Traurigkeit - Geschmack - bitterem*
  • **Zunge**:
    • **reine** Zunge:
      • **Frauen**; bei alten
        ☞ *Reine - begleitet von - bitterer - Frauen*
  • **Abendessen**, nach dem: zinc.h,k1
  • **alles** schmeckt bitter:
    • **außer**:
      • **Speichel**: chin.kr1
      • **Wasser**: **Acon.** **Stann.**
    • **selbst** Speichel: borx. kreos.

- **Äpfel** schmecken: bell.$_{h,vh1}$
  - **Essen**, nach dem: alum.$_{h}$
- **Apyrexie**, während der: *Arn.* bol-la.
- **Ärger**, Verdruß; nach: petr.
- **Bier**:
  - **nach** Trinken von Bier: coloc.$_{h}$ euph.$_{h}$ mez. *Puls.*
  - **schmeckt** bitter: alum.$_{h}$ ars.$_{h}$ chin.$_{h}$ stann.$_{h}$
- **Brot** schmeckt: anac.$_{bg2,h,*}$ ars.$_{bg2}$ asar.$_{h,k,*}$ bell.$_{bg1,h,*}$ *Calc-p.*$_{hr1,k,*}$ camph.$_{bg2,k}$ *Chin.*$_{h,k,*}$ *Chinin-s.* cina dig.$_{bg2,k,*}$ dros.$_{bg2,k}$ ferr.$_{bg2,k}$ merc.$_{bg2,k,*}$ merl. nux-v.$_{bg2,k}$ ph-ac.$_{bg2,k,*}$ phos.$_{a1,k}$ puls.$_{bg2,k,*}$ *Rhus-t.*$_{h,k,*}$ sars.$_{bg2,h,*}$ squil.$_{hr1,k}$ sul-ac.$_{bg2,h,*}$ sulph. thuj.$_{bg2,k,*}$
- **Butter** schmeckt: chin.$_{h,k,*}$ puls.$_{h,k,*}$
- **Essen**:
  ☞ *Speisen / Speisen*
  - **vor**: *Carb-v. Tarax.*
  - **beim**: acon. ang. ars. asar. borx. *Bry. Camph.* cham. *Chin.* chinin-ar. coloc. dig. dros. ferr. hell. hep. *Ign.* kreos. lyc. merc. *Nat-m.* nit-ac. nux-v. ph-ac. phos. **Puls.** ran-b. rheum *Rhus-t. Sabin.* sars. sep.$_{h,kl}$ stann. staph. *Stram.* sulph. teucr. valer.
  - **nach**: am-c.$_{bg2,k}$ ang.$_{bg2,k}$ **Ars.**$_{bg2,k,*}$ berb.$_{a1,k}$ *Bry.*$_{bg2,k}$ *Carb-v.* dros. hell.$_{bg2,k,*}$ hep.$_{a1,k}$ kreos. lyc.$_{h,k,*}$ mang. merc.$_{bg2,k,*}$ *Nat-m.*$_{a1,k}$ nit-ac.$_{bg2,k}$ *Phos.* **Puls.**$_{bg2,k,*}$ ran-b.$_{bg2,k,*}$ stann.$_{a1,k}$ staph.$_{a1,k}$ *Sulph.*$_{a1,k}$ teucr. valer.$_{bg2,k,*}$
    - **amel.**: am-m.$_{a1}$ nat-c.$_{a1,h,*}$ psor.$_{a1}$ rhus-t.$_{a1,h}$ sep.$_{h,kl}$ sulph.$_{a1,h,*}$
- **Fleisch** schmeckt: camph.$_{bg2,k}$ puls.$_{bg2,k,*}$
- **Frauen**; bei alten:
- ◆ **begleitet** von:
  - **Zunge**; reine
    ☞ *Reine - begleitet von - bitterer - Frauen*
- **Freien**; im: psor.$_{alj}$
- **Frost**:
  - **vor**: cina *Hep.*
  - **während**: ars.$_{sda}$ *Spong.*$_{hr1,k}$
  - **nach**: *Hep.*$_{hr1,k}$
- **Frühstück**:
  - **nach**: kali-chl.$_{a1}$ lyc.$_{a1}$ petr.$_{a1,h,*}$ phos.$_{a1}$ sulph.$_{a1}$
    - **amel.**: *Kali-i.* lyc.$_{a1}$ mag-m.$_{a1,h,*}$ mag-s.$_{a1}$
  - **schmeckt** bitter: phos.$_{h}$
- **Kaffee**:
  - **nach**: *Cham.* puls.
  - **schmeckt**: benz-ac.$_{bg2}$ chin.$_{h,k,*}$ merc.$_{bg2,k,*}$ puls.$_{bg2,k,*}$ sabin.$_{bg2,k}$ spong.$_{bg2,k,*}$
- **Kauen**, beim: dros. *Puls.*
- **Kränkung**, nach: puls.
- **Menses**; zu Beginn der: *Calc-p.*$_{a1,k}$ *Caul.*
- **Milch** schmeckt: benz-ac.$_{bg2}$ puls.$_{bg2}$ sabin.$_{bg2,k,*}$
- **periodisch**:
  - **Tag**:
    - **zweiten** Tag; jeden: ars.$_{h}$
- **Pflaumen** schmecken: iod.
- **Rauchen** (von Tabak):
  - **beim**: agar.$_{a1}$ asar.$_{h,k,*}$ casc.$_{a1,k}$ chin.$_{h,k,*}$ **Cocc. Puls.**

– **bitter - Rauchen** (von Tabak): ...
  - **nach**: anac. ang. cocc.$_{a1,k}$ euphr. **Puls.**$_{a1,k}$
    - **amel.**: aran.
- **Räuspern**, beim: sep.$_{h}$
  - **Schleim** amel.: sulph.$_{h}$
- **Saures** schmeckt: bry.$_{k2}$ rhus-t.$_{a1,h,*}$
- **Schlaf**, nach: manc.
- **Speisen** schmecken: acon.$_{k2}$ camph. **Chin.** con. *Ferr.*$_{hr1}$ graph. hep. hydrog.$_{srj2}$ ign. lach. lyc.$_{h}$ *Nat-c. Nat-m.* puls. rheum$_{h}$ rhus-t. sabin. sars. sep.$_{bg1,h}$ *Sil.* squil. stann.$_{h}$ staph.$_{h}$ stram.$_{h}$ sulph.$_{h}$
  ☞ *Essen*
  - **morgens**: mang.$_{h,kl}$
  - **außer** Roggenbrot: anis.$_{c1}$
  - **Schlucken**:
    - **nach**: ars. **Puls.** *Sil.* sulph.
    - **nur** beim Schlucken: chin. kreos. rheum
  - **Wechselfieber**, bei: *Ant-c. Ars. Ferr. Nat-m.*
- **Suppe** schmeckt: iod.$_{a1,k}$
- **Süßes** schmeckt: rheum sang.
  - **Pflaumen**
    ☞ *Pflaumen*
- **Tabak**:
  - **amel.**: calc-i.$_{c1}$
  - **schmeckt**: anac. *Camph.* **Chin.** *Cocc. Euphr.* nat-m. *Spong.*
- **Trinken**, nach dem: acon. *Ars. Bry. Chin. Gins.* ign. **Kreos.** mang. *Puls.*
  - **amel.**: **Bry.** *Psor.*
- **Wasser** schmeckt: ars. calc-p. chinin-ar. sil.$_{h}$
  - **außer** Wasser; alles: stann.$_{h}$
- **Wein** schmeckt: iod.$_{a1,k}$ puls.$_{bg2,k}$
- **Zucker** schmeckt: sang.
- ○ **Hals**, im inneren: nux-v.$_{bg1}$
  - **nicht** im Mund: ars.$_{h}$ calc.$_{h}$ dros.$_{h}$ phos.$_{h}$ podo.$_{bg1}$ ptel.$_{bg1}$ sep.$_{h}$ sil.$_{h}$ spong.
  - **und** im Mund: con.$_{h}$ nat-c.$_{h}$ sep.$_{h}$ sulph.$_{h}$
- **Zungenwurzel**:
  - **metallischem** Geschmack; mit: arum-dru.$_{a1}$

– **bitterfaulig**: carb-an.$_{h,kl}$ euph.$_{h,kl}$

– **bittersalzig**; Brot schmeckt: chin.$_{h}$

– **bittersauer**: aloe bism.$_{h,kl}$ carb-an. caust.$_{h,kl}$ chin.$_{bg1}$ con.$_{h,kl}$ kali-c. kali-chl. lyc.$_{h,kl}$ petr. ran-b. rhus-t. sabad. sep. stann.$_{h,kl}$ sulph.
  - **Milch** schmeckt: bell.$_{h}$

– **bittersüß**: aesc.$_{bg1}$ arg-n. aspar. chim. chinin-s.$_{bg1}$ crot-t. dulc.$_{bg1}$ kali-i. mag-c. mag-s. meny.

– **blutig**: acon.$_{bg2,k,*}$ alum.$_{h,k,*}$ alum-sil.$_{k2}$ *Am-c.*$_{h,k,*}$ anan.$_{hr1,k,*}$ *Ars.*$_{bg2,k,*}$ ars-s-f.$_{k2}$ asc-t.$_{a1,k}$ *Bell.*$_{bg2,k,*}$ benz-ac.$_{bg2,k,*}$ berb.$_{bg2,k,*}$ bism.$_{h,k,*}$ bov.$_{bg2,k,*}$ bufo caes.$_{wd1}$ canth.$_{bg2,k,*}$ carb-v.$_{bg2,k,*}$ chel.$_{bg2,k,*}$ chin-b.$_{kr1}$ dios.$_{a1}$ dol. elaps *Ferr.*$_{bg2,k,*}$ ham.$_{bg2,k}$ hyper.$_{bg2,k,*}$ *Ip.*$_{bg2,k}$ jatr-c. kali-bi.$_{bg2}$ kali-c.$_{bg2,k,*}$ kali-sil.$_{k2}$ kalm. *Lil-t.*$_{bg2,k,*}$ linu-c.$_{a1}$ manc.$_{bg2,k,*}$ marb-w.$_{es1}$ *Nat-c.*$_{bg2,k,*}$ nit-ac.$_{bg2}$ osm.$_{bg2,k,*}$ phos. *Puls.*$_{k,k1,*}$ rhus-t.$_{h,k,*}$ sabin.$_{bg2,k,*}$ sil.$_{bg2,k,*}$ sulph.$_{bg2,k,*}$ thuj.$_{bg2,k,*}$ zinc.$_{bg2,k,*}$
  - **morgens**: berb.$_{a1}$ bism.$_{h,kl}$ kali-bi.$_{a1}$ *Sil.*$_{a1,k}$
  - **abends**: kali-bi.$_{a1}$ zinc.
  - **Ausatmen**: nat-c.$_{a1,h,*}$

• **Husten**:
  • **vor**: elaps
  • **beim**: **Bell.**h,k,* dol. elaps ham.ptk2 *Kali-bi.* nit-ac.a1,k **Rhus-t.**h,k,*
• **Koitus**, beim: hura
• **Schlaf** agg.; nach: *Manc.*
• **Schwangerschaft**; während der: *Zinc.*

– **Brei**, wie: abrot.st1 acon.st1 agar.st1 ail.st1 aloest1 *Alum.*st1 am-m. ambr.st1 ammc.st1 **ANAC.**st1 anan.st1 ang.st1 ant-c.br1,st1 *Ant-t.*st1 *Arg-n.*k,st1 *Arn.*st1 ars.st1 ars-h.st arund.st asaf.st asar.st astac. atro. *Aur.*st aur-m.st *Bapt.*st bell. benz-ac.st berb.st bol-la.st borx.st bruc. *Bry.*st bufost cain.st calad.st calc. calc-ar.st calc-p.st *Caps.*st1 carb-an.st carbn-s. caust.st *Cham.*st *Chel.*k,st chim.st *Chin.*st chinin-ar.st chinin-s.st *Cocc.*k,st *Colch.*st cor-r.st corn.st crot-t.st cycl.st dig.st dios.k,st dulc.st elapsst eup-per.st eup-pur. euphr.st *Ferr.*st ferr-ar.st ferr-i.st ferr-m.st ferr-p.st gels.st *Gnaph.*st graph. grat.st *Guaj.*st *Ham.*st hell.st *Hep.*h,st hydr.st ign.st *Ip.*st irisst jac-c.st kali-ar.st kali-bi.st *Kali-c.*st kali-p.st kali-s. laur. mag-c.h mag-m. **MERC.**st *Nat-m.* nux-m. pall.st par.st *Petr.*k,st ph-ac.st phel.st *Phos.*st plan.st plat.st prun.st psor.st *Puls.* raph. *Sanic.* sul-ac.h **SULPH.**k,st **VALER.**st verat.st verb.st visc.st zinc.st zing.st
  ☞ *fade*
  • **vormittags**: mag-c.h,kl

– **brennend**: all-c.a1,k am-c.a1 crot-t.a1 kali-chl.a1,k mez.bg2,k,* osm. ox-ac.a1 pimp.a1 sabad.a1,bg2
  • **Mahlzeit**, nach jeder: mez.

– **Dung**, wie: *Calc.*bg2,k carb-an. hell-f.a1 *Merc.*bg2,k *Plb.*bg2,k *Sep.*h,k,* verat.bg2,k

– **Eier**; wie faule: acon.bg2,k,* ant-t. **Arn.**bg2,k,* bar-m.bg2 *Bell.*bg2 bov.bg2 *Bry.*bg2 carb-v.bg2 caust.bg2 cham.bg2 con.bg2 cupr.bg2 *Ferr.*bg2,k,* fl-ac.bg2 gast.a1 goss. graph.bg2,k2 hep.bg2,k,* kali-bi. lyc.bg2 **Merc.**bg2,k,* **Mur-ac.**bg2,k,* *Nat-m.*bg2 **Nux-v.**bg2 *Petr.*bg2 ph-ac.bg2 phos.bg2 **Puls.**bg2 *Rhus-t.*bg2 sep.bg2 *Sil.*bg2,k,* spig.bg2 sul-ac.bg2 **Sulph.**bg2 thuj.bg2,k *Verat.*bg2 yuc.a1
  • **morgens**: acon. am-c. ant-t. **Arn.** goss. **Graph.**a1,k *Hep.* ph-ac. *Phos.* sil.a1,k thuj.
  • **Husten**, mit: *Sep.*

– **eitrig**: bamb-a.stb2 carl.a1 dros.bg2,k merc.bg2,h,* ~~nat-c.kl,xxx~~ *Puls.*bg2,k,* tub.c1
  • **Husten**, beim: hep.a1j pyrog.a1j tub.a1j
  • **Hals**, im inneren: merc.h,k,* *Nat-c.*h,k,*

– **empfindlicher** Geschmackssinn
  ☞ *geschärfter*

– **empyreumatisch**
  ☞ *verbrannt*

– **Erbsen**, wie rohe: zinc.a1,k

– **erdig**: aloe arg-n.bg2 cann-s.bg2,k caps.a1,bg2 chin.bg2 chinin-ar. *Ferr.*bg2,k,* hep.bg2,k,* ign.bg2 *Ip.*bg2,k merc.a1,bg2 *Nux-m.*bg2,k phos.bg2,k pimp.a1 puls.bg2,k,* stann.bg2 stront-c. tell.a1,k

– **fade**: acon.bg2,k,* aesc.a1 aeth.a1 agar.h,k,* ail. *Alum.*h,k,* alum-p.k2 am-m.bg2 ambr.bg2,k ammc. **Anac.**bg2,k,* anan.hr1,k,* anders.bnj1 ang.bg2,k ant-c.bg2,k,* *Ant-t.*bg2,k arg-n.bg2 arn.bg2 ars.bg2,k ars-s-f.k2 arund.a1,k asaf.bg2,k,* asar.h,k,* aspar.a1,k

– **fade**: ...
*Aur.*bg2,k,* aur-m. *Bapt.*bg2,k,* bar-c.bg2 bell.bg2,k,* benz-ac. berb. bol-la. borx. *Bry.*bg2,k,* bufo cain. calad. calc.a1,k calc-ar. calc-p. cann-s.bg2 canth.a1 *Caps.*bg2,k,* carb-an.bg2 carb-v.h,k2,* card-m.bg2,k2 carl.a1 caust.a1,k cere-b.a1 cham.bg2 chel.bg2,k *Chin.*h,k,* chin-b.kr1 chinin-ar. clem.a1 cob. *Cocc.*bg2,k *Colch.*bg2,k coloc.bg2 con.h,kl cor-r. corn. crot-t.a1,k cupr.bg2 cycl.bg2,k,* dig.bg2,k dios.a1,k dulc.bg2,k,* elaps ery-a.a1 eup-per.a1,k euph.bg2,k euphr.bg2,k,* *Ferr.* ferr-ar. ferr-i.a1,k ferr-m. ferr-p. gnaph. gran.a1 *Guaj.*bg2,k,* ham.a1,k hell.bg2 hep.bg2 hydr. hydrc.a1 hyper. ign.bg2,k,* ind.a1 *Ip.*bg2,k iris jac-c.hr1,k,* kali-ar. kali-bi.a1,k *Kali-c.*bg2,k,* kali-p. kali-s. kalm. kiss.a1 kreos.bg2,k lac-d.k2 lact.a1 laur.a1,k lob.a1 lyc.bg2,k lyss. mag-c.bg2 mag-m.bg2,k mang.bg2,k,* **Merc.**bg2,k merc-sul.a1,k mez.bg2,h,* mosch.a1 mur-ac. naja narcot.a1 *Nat-c.*bg2,k,* *Nat-m.*bg2,k nit-ac.a1,k nux-m.bg2,k nux-v.bg2 ol-an.a1,k olnd.bg2,k,* op.bg2,k,* par.bg2,k *Petr.*bg2,k ph-ac.bg2,k,* *Phos.*bg2,k plat.bg2 *Psor.*a1,k **Puls.**bg2,k,* ran-b.bg2,k rat. *Rheum* rhod.a1,bg2 rhus-g.a1 rhus-t.h,k,* ruta sabad.a1,bg2 sabin.bg2,k *Sanic.* sapin.a1 sars.bg2,h,* sec.bg2 sel.a1,k seneg.bg2,k,* sep.bg2,k,* spig.bg2,k,* *Stann.*bg2,k *Staph.*bg2,k,* stram.bg2 sul-ac.bg2,k *Sulph.*bg2,k,* sumb.a1 tab. tanac.a1 tep.a1 *Thuj.*bg2,k,* valer.bg2,k verat.bg2,k,* verb.bg2,k,* vinc.a1,k zinc.a1,k zinc-m.a1
  ☞ *Brei*
• **morgens**: alum.a1,h,* cob.a1 ign.a1 nat-c.a1,h,* nat-m.a1,h,* phos.h,kl puls. rat. *Sanic.* sul-ac.h,kl **Sulph.**a1,k til.a1 valer. verat.a1 verb.a1,k
  • **Aufstehen** amel.: nat-c.h,kl sul-ac.h,kl
  • **Frühstück**, nach dem: euph.a1,h,*
• **abends**: *Alum.*h,k,* nat-m.h,kl olnd.a1,k thuj.
• **nachts**: nat-c.a1,h,*
• **Bier**:
  • **nach**: chin. nat-c.h,kl
  • **schmeckt**: anac.a1,k ars.a1,k ign.a1 ip.bg2,h,* nat-m.h,kl nux-v. stann.h,kl sumb.a1
• **bitter**: gymne.c1
• **Butter** schmeckt: caps.h
• **Essen**:
  • **nach**: mang.h petr.h thuj. verb.h
    • **amel**.: nat-c.h phos.h
• **Menses**, während: mag-c.a1,h,*
• **Speisen** schmecken: alum.h,k,* am-c. anac.bg2,k ars.bg2 arund. calc.bg2,k chin.bg2,k colch. cupr.bg2,h,* *Cycl.*bg2,k,* ferr. ferr-m. jac-c. olnd.bg2,k ruta stram.bg2,k thuj.bg2 vinc.
• **Suppe** schmeckt fade, obwohl sie wie gewohnt gesalzen ist: card-m. *Cocc.* lyss. *Thuj.*kl
• **süß**: gymne.c1
• **Trinken**, nach dem: chin.a1,h,* coloc.a1,h,* mang.h,kl
• **Wasser**; nach Trinken von: ail. benz-ac. vario.
• **Zucker** schmeckt: gymne.c1

– **faulig**: *Acon.*bg2,k agar.h,k,* am-c. **Anac.**bg2,k ang.bg2,k ant-t.bg2,k *Arn.*bg2,k,* *Ars.*bg2,k,* *Ars-i.* ars-s-f.k2 asar.bg2 asc-t.a1,k *Aur.*bg2,k aur-ar.k2 aur-i.k2 aur-s.k2 bamb-a.stb2 bapt. bar-m. bell.bg2,k,* berb.k2 bov.bg2,k *Bry.*bg2,k *Calc.*bg2,k calc-p.

– **faulig**: ... calc-sil.k2 **Caps.**bg2,k carb-an.bg2 **Carb-v.**bg2,k carbn-s. carc.tp1 *Caust.*bg2,k *Cham.*bg2,k chin.bg2 *Cinnb.* *Cocc.*bg2,k coff.bg2 coloc.bg2 con.bg2,k *Crot-c.*a1,k cupr.bg2,k,* cycl.bg2,k *Dros.*bg2,k euph.bg2,k eupi.a1 *Ferr.*bg2,k,* *Ferr-ar.* ferr-i. ferr-p. fl-ac.bg2 gels. glon. graph.bg2,k ham.a1,bg2 *Hep.*bg2,k hydr-ac. *Hyos.* *Ign.*bg2,k *Iod.* iris kali-ar. *Kali-bi.* *Kali-c.*bg2,k *Kali-i.* kali-m.k2 kali-p. kali-s. kreos.bg2 lac-ac. *Lac-c.* laur. lil-t. lob-s.a1 lyc.bg2 mag-c.bg2 mag-m.bg2 *Merc.*bg2,k,* merc-c. mosch.bg2,k *Mur-ac.*bg2,k *Nat-m.*bg2,k nux-m.a1,bg2 **Nux-v.**bg2,k,* olnd.bg2 *Petr.*bg2,k *Ph-ac.*bg2,k *Phos.*bg2,k plan.a1,k *Podo.*bg2,k **Psor.** **Puls.**bg2,k pulx.br1 *Pyrog.* rhod. *Rhus-t.*bg2,k *Sep.*bg2,k,* sil.a1,k skat.br1 spig.bg2,k stann.bg2 *Staph.*bg2 stict. *Sul-ac.*bg2,k sul-i.k2 *Sulph.*bg2,k teucr.bg2 thuj.bg2 tub.xxb valer.bg2,k *Verat.*bg2,k zinc.bg2,k
- **morgens**: **Ars.**a1,k *Chin.* fl-ac.a1 iod. lem-m.br1 mag-m.h,h2,* *Merc-c.* nat-m.h,k1 nux-v. rhod.a1 *Rhus-t.* sil.h,k1 *Sulph.*
- **nachmittags**: ferr.a1,k
- **nachts**: *Cham.*
- **Bier** schmeckt: *Ign.*
  - **nach** dem Trinken: euph.k1 ~~euphr.k1,xxx~~ sep.h
- **epileptischem** Anfall; vor einem: syph.
- **Essen**:
  - **beim**: bell. con.h,k1
  - **nach**: bell.a1,h,* rhus-t.
- **Fleisch**:
  - **schmeckt**: fl-ac.bg2 **Puls.**bg2,k
  - **verdorbenes** Fleisch, wie: ars.h petr.h
- **Husten**, nach dem: caps.k2
- **Koitus**, nach: *Dig.*
- **Menses**, während: *Kali-c.*
- **Rachen**, beim Hochräuspern von Schleim; tief unten im: nux-v.
- **Räuspern**, beim: **Nux-v.**
- **Schlaf**, nach: rheumh
- **Schlucken**, beim: con.h,k1
- **Speisen** schmecken: anac. bar-m.bg2,k cop.br1 fl-ac.bg2 ign.bg2,k mosch.bg2,k podo. rhus-t.
- **Süßigkeiten** agg.: lac-c.br1
- **Wasser** schmeckt: aur. bell. fl-ac.bg2 nat-m.bg2,k
- **Wechselfieber**, bei: **Arn.** *Ars.* *Puls.*

○ **Hals**, Geschmack im: coloc.h

– **fehlend**
☞ *Geschmacklosigkeit / Geschmacksverlust*

– **fettig**: aesc. agar. alum. *Asaf.* cain. *Caust.* *Cham.* cycl. euph. glon. ip. irisbg1 *Kali-i.* *Lyc.* lyss.c1 mang. *Mur-ac.* ol-an. petr. phos. *Psor.* *Puls.* rhus-t. sabin. sang. sarr.a1 *Sil.* sulph.h thuj. valer. verat.
☞ *ranzig*
- **überzogen**; wie mit Fett oder Öl: sabalc1

– **Fisch**, wie: acon.h,k,* astac.hr1,k graph.bg1 lach.bg1,bg2,* sars.a1,bg2

– **flau**
☞ *fade / schal*

– **geändert**
☞ *verändert*

– **geschärfter** Geschmackssinn: anth.a1 *Bell.*bg2,k,* calc.a1,k *Camph.*bg2,k,* caps.k2 **Chin.**h,k,* cinak2 **Coff.**bg2,k,* glon.a1,k gran.a1 kali-bi.a1,k *Lyc.*hr1,k lyss.hr1,k merl.a1 nat-c.a1,k staph.k2
☞ ❑ *Gemüt - Sinne - scharf*

– **Geschmacklosigkeit** der Speisen: *Alum.* alum-sil.k2 ant-t. apis arg-n. ars. aster. aur. aur-m. bell. boerh-d.bnj1 borx. bry. *Cact.* *Calc.* camph. carb-v.h *Colch.* *Cor-r.* cycl. dros. eup-per. ferr-m. **Hell.** hydrog.srj2 *Ign.* kali-bi. kali-i. merc. **Nat-m.** nux-v. ph-ac.h plan. ptel. **Puls.** rhod. ruta sal-ac. sars. seneg. sep.h sil. squil. staph. stict. *Stram.* *Verat.* viol-t.
- **Bier**: puls.
- **Brot**: alum.
- **Butter**: puls.
- **Dinge**, die früher einen kräftigen Geschmack hatten: acon.
- **Fleisch**: alum. nux-v. puls. squil.h
- **Husten**, mit: anac.gsy1
- **Kaffee**: nux-v.
- **Milch**: alum. mosch.h nux-v. puls.
- **Orangensaft**: choc.srj3
- **Salz**: *Calc.* canth.
- **Schnupfen**, beim ●: alum. *Ant-t.* *Calc.* cycl. *Hep.* mag-m. *Nat-c.* **Nat-m.**k,k12● nux-v. *Psor.*k2 **Puls.** *Rhod.* *Sep.* *Sil.* *Sul-ac.* *Sulph.*
- **Tabak**: anac. ant-t. chin. puls. squil.h
- **Tee**: choc.srj3

– **Geschmackssinn**; empfindlicher
☞ *geschärfter*

– **Geschmacksverlust**: acon.bg2,hr1,* aeth. all-c.hr1,k alum.bg2,k,* alum-p.k2 alum-sil.k2 am-m.bg2,k,* amgd-p.c2 *Anac.*bg2,k,* *Ant-c.*bg2,k *Ant-t.*bg2,k,* *Apis* arg-n.hr1 ars.bg2,k,* aster.a1,hr1 atro.a1 *Aur.*bg2,k aur-ar.k2 aur-m.hr1,k bar-c.bg2,h,* **Bell.**bg2,k,* berb.a1 *Borx.* *Bry.*bg2,k,* cact.hr1,k *Calc.*bg2,k,* calc-ar. calc-sil.k2 cann-s.hr1,k,* *Canth.*bg2,k,* carb-an.bg2 carb-v.bg2 card-m.k2 caust.bg2 chin.h,k,* chlf.c2 chlor.a1 cocc.bg2,k,* coff.hr1,k *Crot-h.*hr1,k cupr.a1,k *Cycl.*bg2,k dros. formal.br1 gins.a1 hell.bg2 helon.a1 *Hep.*bg2,k,* *Hyos.*hr1,k,* hyper.hr1 ip.bg2,k,* *Kali-bi.* kali-br.hr1,k kali-c.bg2 kali-chl.a1 kali-i.a1 kali-n.bg2 kali-s.hr1,k kalm.hr1 kreos.bg2,k,* lyc.bg2,k,* mag-c.bg2,k,* *Mag-m.*bg2,k,* *Merc.*bg2,k,* merl. mez.a1 myris.a1 nat-c.bg2,k2 **Nat-m.**bg2,k,* nat-s.bg2,k *Nux-m.*hr1,k *Nux-v.*bg2,k,* op.bg2,k,* ox-ac.hr1,k,* *Par.*bg2,k ph-ac.bg2,h,* **Phos.**bg2,k,* plan.hr1,k plb.bg2 podo.hr1,k,* *Psor.* ptel.hr1,k **Puls.**bg2,k,* ran-s.a1 rheum rhod.bg2,k,* rhus-t.bg2 rhus-v.a1 sabad.bg2,k,* sang.bg2,k,* sars.bg2 sec.bg2,k,* seneg.bg2 *Sep.*bg2,k,* **Sil.**bg2,k,* spig.bg2 staph.a1,bg2 stram.bg2,k,* *Sul-ac.*bg2,k,* *Sulph.*bg2,k,* syph. *Ther.*a1,k thuj.bg2,k,* tub.xxb *Verat.*bg2,k,* zinc.h,k1
- **morgens**: coca kali-c.a1,k *Nat-s.*hr1,k,*

◆ **begleitet** von:
- **Zunge**:
  - **Schleim**; weißer: ox-ac.kr1,vk1

– **gestört**
☞ *verändert*

– **Halluzinationen**: cinak2 podo.c2 *Sulph.*c2

– **harzig**: coc-c.bg1,bg2
– **Heringslake**, wie: anac.bg2,k,*
– **Holz**, wie: ars.a1,h,* thuj.a1,hr1
• **fauliges** Holz, wie: sulph.h
– **Honig**; alles schmeckt nach: apoc-a.br1,vh
– **Karotten**; wie die grünen Blätter von: nux-v.h,k,*
– **käsig**: aeth.a1,k chin.bg2,h,* kali-c.k13 *Lyc.*h,k,* par.a1,rb2 phel.a1,k phos.h,k,* sep.ptk1 zinc.a1,k
– **katarrhalisch**: mez.bg2,h,* puls.bg2 sabin.bg2 sulph.bg2
– **Kiefernholz**, nach: glon.bg1
– **klebrig** feucht: bell.a1,bg2 berb. calad.bg2 chinin-s. crot-t. gels.bg2,k,* grat. lyc.a1,bg2 *Nat-m.*bg2,k nux-m. *Phos.*bg2,k plan. prun. **Puls.**bg2,k,* sil.a1,bg2 sulph.a1,bg2 sumb.a1,bg2 zinc.bg2,k,*
• **morgens**: nicc.
• **Schweiß**, beim: gels.
– **klebriger** Nachgeschmack: ars-h. *Psor.* **Puls.**
– **Klebstoff**; wie: marb-w.es1
– **Knoblauch**, wie: asaf.bg2,k calc-ar. merl.
– **kratzig**: ars.h nat-c.h staph.h
– **kräuterartig**: calad.bg2,k,* nat-m.bg2,h,* nux-v.bg2,k,* ph-ac.bg2,k,* ptel.a1 puls.bg2,k,* *Sars.*h,k,* stann.bg2,k,* verat.bg2,k,*
• **Bier** schmeckt: nux-v.bg2,k,* stann.a1,bg2
– **Kreide**, wie: arg-n.a1 ign.bg2,k *Nux-m.*bg2,k,*
• **Chinin** schmeckt nach Kreide: gymne.c1
– **Kupfer**, nach: conv.br1
☞ *metallisch*
• **Gold** schmeckt nach Kupfer: canth.hr1,k
– **Leber**; wie gebratene: podo.c1
– **Lehm**; wie: agar. aloe arg-n.a1 caps. *Chin.* euphr. *Hep.* ign. phos. **Puls.** stann.
• **Speisen** schmecken wie Lehm: chin. sil.
– **Mandeln**:
• **Bittermandeln**, wie: laur.
• **Rauchen**, nach: dig.
• **süße** Mandeln, wie: coff. crot-t. dig.
– **Mangel** an Geschmack
☞ *Geschmacklosigkeit*
– **Mehl**, morgens; wie: lach. nicc.
• **Brot**, besonders: zing.
– **mehlig**: bry.a1 grat.a1 lach.a1 nicc.a1,k
– **metallisch**: *Aesc.*a1,k aeth.a1,k agar.a1,k *Agn.*bg2,k,* aloe alum.h,k,* alum-p.k2 alum-sil.k2 *Am-c.*h,k,* androc.srj1 ant-t.a1 *Arg-n.*bg2,k,* *Ars.*bg2,k,* arum-d.a1 *Arum-dru.*a,c1 aspar.a1,k aur. aur-ar.k2 aur-m. aur-m-n.a1 aur-s.k2 bamb-a.stb2 bell.a1,bg2 bism.bg2,k,* bol-la. brom.bg2 bufo cadm-s. *Calc.*bg2,k calc-i.a1 calc-s. calc-sil.k2 cann-i.a1,k *Canth.* carb-ac. carb-an.a1 carbn-s. card-m.bg2,k carl.a1 cedr.bg2,k,* cench.k2 cere-b.a1 cerv.a1 chel.a1,k chin.a1 chin-b.kr1 chinin-ar. chr-ac.hr1,k cimic. cimx. *Cinnb.*a1,k *Coc-c.*a1,k **Cocc.**bg2,k,* coch. *Coloc.*bg2,k,* colocin.a1 conv. *Cupr.*bg2,k,* *Cupr-ar.*a1,k *Cupr-s.*a1,k echi. ferr-i. ham. hep.bg2,k,* hydrog.srj2 hyos.a1,k indg.a1,k iodof.a1,k ip.bg2 jatr-c. jug-c.a1 kali-bi.bg2,k,* kali-chl. kali-i.a1,k kali-m.k2 kali-n. keroso.a1 lac-ac.a1,k *Lach.*bg2,k,* linu-c.a1 lith-s.stj2 *Lyc.*a1,k manc.bg2,k,* med. meph.bg2,k,* **Merc.**bg2,k,* *Merc-c.*bg2,k,* merc-i-r.a1,k merc-n.a1 merc-sul. myris.a1 naja *Nat-ar.* **Nat-c.**bg2,k,* nat-hchls.

– **metallisch**: ...
nat-m.a1,bg2 nat-n.a1,k nat-p.a1,k nit-m-ac.a1,br1 *Nux-v.*bg2,k,* ost.a1 phos.bg2,k,* *Phyt.*bg2,k,* plat-m.a1 *Plb.*bg2,k,* psil.ft1 psor.bg2,k,* puls. ran-b.bg2,k rauw.vk1 **Rhus-t.**h,k,* sars.h,k,* sec.bg2 **Seneg.**bg2,k,* *Sep.* sil.a1,k stram.a1 *Sulph.*bg2,k,* tell. *Tub.* ust.a1 *Zinc.*bg2,k,* zinc-m.a1 zinc-p.k2
☞ *Kupfer / Speichel - metallisch*
• **morgens**: alum.h,k,* calc.a1,h,* med.c1 sulph.a1,k ust.a1
• **nachmittags**: nat-c.a1,h,*
◆ **begleitet** von:
• **bitterer** Geschmack:
• **Zungenwurzel**
☞ *bitter - Zungenwurzel - metallischem*
• **Husten** agg.: merc.alj
• **Mittagessen**, vor dem: chr-ac.
• **Schwangerschaft**; während der: zinc.
• **Speisen** schmecken: **Am-c.**bg2,k,*
• **Stuhlgang**, vor: kali-bi.
• **Tabak** schmeckt: kali-bi.bg2 kali-c.bg1
• **Wasser** schmeckt: hydrog.srj2
– **milchig**: *Aur.*bg2,k,*
• **verbrannte** Milch, wie: tab.
– **Moder**; wie: ~~rhus-t.h,xxx~~
– **modrig**: bry.bg2 kali-bi.bg2,k,* *Led.*bg2,k *Lyc.*h,k,* ph-ac.a1,bg2 pimp.a1 rhus-t.bg2,h,* tab.bg2 teucr.a1,bg2
• **Hochräuspern** von Schleim; nach: *Teucr.*
• **Tabak** schmeckt: thuj.h
○ **Hals**, im inneren: borx. *Teucr.*bg1,vh,*
– **ohne**
☞ *fade / Geschmacklosigkeit / Geschmacksverlust / schal*
– **ölig**
☞ *fettig*
– **pechartig**: *Cadm-s.* canth.
– **pervertiert**: guaj.k2 merc.k2 podo.c2 zinc-m.c2
– **Pfeffer**, wie: acon.bg1,bg2,* cann-s.bg2 chin.bg1 coca.br1 euph.bg1 hydr.bg2,k,* hydrog.srj2 kali-br.bg2 lach.bg1,bg2 lyss.bg1 manc.bg1,bg2 mez.bg2,k,* ol-an.bg1 plat.bg1 raph.a1 sulph.bg1,bg2 tarax. verat.bg2 xan.bg2,k,*
– **Pfefferminze**, wie: ferr-i.a1,k *Verat.*bg2,k,*
– **ranzig**: agar.bg2,k,* alum.bg2,k,* ambr.bg2,k asaf.bg2,k,* bry.bg2,k,* caust.h,k1 *Cham.*bg2,k euph.bg2,k,* hell.a1 ip.bg2,k kali-bi.a1,k *Kali-i.*a1,k lach. *Mur-ac.*bg2,k petr.bg2,k phos.bg2 puls.k2 rhod.bg2 tab.a1 tub.xxb *Valer.*bg2,k
☞ *fettig*
• **morgens**: puls.k2
• **Aufstoßen** schmeckt ranzig; auch das: alum.bg3 carb-v.bg3 thuj.bg3 *Valer.*bg3
• **Schlucken**, beim: ip.
• **Speisen** oder Getränken; nach: *Kali-i.*
○ **Hals**, im inneren: alum.bg2 ip.bg2 nat-c.a1 petr.a1 phos.h,k1 sulph.a1,h,*
– **rauchig**: bry.h ph-ac.
• **Brot** schmeckt: benz-ac.bg2,k,* nux-v.bg2,k,*
– **rauh**, Brot schmeckt: rhus-t.h
– **rußig**: ars.a1,k
– **Sägemehl**; Speisen schmecken wie: cor-r. hydrog.srj2 nux-m.

– **salzig**:
- **genug**; Speisen schmecken nicht salzig: ars. *Calc.* canth. card-m. cocc. lyss. *Thuj.*kl
- **nur** salzige Speisen haben einen natürlichen Geschmack: **Lac-c.**

– **salzig**, etwas: agar.a1,k alco.a1 alum.h,k,* alum-p.k2 am-c.bg2,k,* ambr.bg2 anac.bg2 ant-c.bg2,k ant-t.bg2,k arn.bg2 *Ars.*bg2,k *Ars-i.* ars-s-f.k2 atro.a1 bar-c.bg2,k,* bell.bg2,k,* benz-ac.a1,k bov.bg2 brom.a1,k bry.a1,k bufo cadm-s.br1 caj.a1 *Calc.*bg2,k,* cann-s.bg2 *Carb-v.*bg2,k *Carbn-s.* *Carl.*a1,k caust.bg2 chin.h,k,* chin-b.kr1 chinin-ar. coff.bg2,k,* con.h croc.bg2,k,* crot-c. cupr.bg2,k,* *Cycl.* dig.bg2 dros.bg2 elaps euph.a1,bg2 fl-ac.a1,k *Graph.*bg2,k,* hydr. *Hyos.*bg2,k iod.bg2,k,* kali-bi.bg2,k,* kali-br. kali-c.bg2 *Kali-chl.*a1,k kali-i.bg2 kali-m.k2 lac-ac.kr1 lach.bg2,k,* lith-m.a1 lyc.bg2,k mag-m.bg2,k,* mang.a1,k **Merc.**bg2,k,* **Merc-c.**bg2,k,* merl. mez.bg2 nat-ar. nat-c.bg2,k nat-f.vk1 **Nat-m.**a1,k nat-p. nit-ac.a1,k nit-s-d.br1 *Nux-m.*bg2,k,* *Nux-v.*bg2,k,* op.a1,k *Ph-ac.* *Phos.*bg2,k *Puls.*bg2,k *Rheum* rhod.bg2,k,* rhus-t.h,k,* rhus-v.a1,k *Sep.*bg2,k,* sphing.a1,k,* stann.bg2 stram.bg2 sul-ac.bg2 *Sulph.*bg2,k *Tarax.*bg2,k ther.bg2,k tub.c1 verat.bg2,k,* verb.bg2 *Zinc.*bg2,k,* zinc-p.k2

☞ *Speichel - salzig*

- **vormittags**: brom.bg1 cupr.bg1 fl-ac.bg1 *Puls.*bg1,vh,*
- **nachmittags**: bar-c.a1,bg1 kali-bi.a1,bg1
- **Blut** schmeckt salzig: nat-m.hr1,k
- **Essen** amel.: sulph.h,kl
- **Speisen** schmecken: *Ars.*bg2,k,* bell.bg2,k,* benz-ac.bg2,k cadm-s. *Calc.* *Carb-v.*bg2,k **Chin.**h,k,* cocc. cop.a1 **Cycl.**a1,k merc.bg2,k puls.bg2,k *Sep.*bg2,k *Sulph.*bg2,k,* tarax.bg2 tarent.a1,k thuj.
  - **außer** Roggenbrot: anis.c1
- **Wasser** schmeckt: ail.a1 brom.bg2,k,* merc. nit-ac.

– **salzigsauer**: alum.a1,h,* bell.h,kl cupr. lach. sulph.h,kl
- **Butter** schmeckt: tarax.h,kl

– **salzigsüß**: croc. mez.h,kl phos.

– **sauer**: abrot.hr1,k acet-ac. acon.a1 aloe *Alum.*h,k,* alum-sil.k2 *Alumn.*hr1,k,* am-c.h,k,* am-m.bg2,k,* ambr.bg2 anan.a1 *Ant-c.* ant-t.bg2 **Arg-n.**bg2,k *Ars.*bg2,k,* *Ars-i.* ars-s-f.k2 asar.bg2,k atro.a1 aur.bg2,k,* aur-ar.k2 aur-i.k2 aur-s.k2 bamb-a.stb2 *Bar-c.*bg2,k,* bar-i.k2 bar-m. bar-s.k2 bell.bg2,k,* berb.a1,k bism.bg2,k brom.a1,k bry.bg2 bufo **Calc.**bg2,k calc-ar. calc-i.k2 *Calc-s.* calc-sil.k2 cann-s.bg2 canth.bg2,k,* *Caps.*bg2,k *Carb-an.*bg2,k,* carb-v.bg2 *Carbn-s.* card-b.a1 *Caust.*bg2,k cedr.a1 *Cham.*bg2,k,* *Chel.*a1,k *Chin.*h,k,* chin-b.kr1 *Chinin-ar.* clem.a1,k *Cocc.*bg2,k,* con.bg2,k,* cot.a1 *Croc.*bg2,k,* *Crot-h.* crot-t.a1,k cupr.bg2,k,* cycl.bg2 daph. dig.a1,bg2 dirc.a1,c1 dros.bg2 ferr.bg2,k,* ferr-i. fl-ac.a1,k *Graph.*bg2,k,* hell.a1,k *Hep.*bg2,k,* **Ign.**bg2,k,* iod.bg2,k,* ip.bg2 jac-c.hr1,k kali-ar. kali-bi.bg2,k,* kali-c.bg2,k,* *Kali-chl.*a1,k kali-i.a1 kali-m.k2 kali-n.bg2,k,* kali-p. kali-s. kali-sil.k2 *Kalm.*a1,k kreos.bg2,k,* lac-ac.a1,k lac-d.k2 *Lach.*bg2,k laur.bg2 lec. **Lyc.**h,k,* **Mag-c.**bg2,k,* *Mag-m.*bg2,k,*

– **sauer**: ... *Mang.*bg2,k,* *Merc.*bg2,k,* merc-c.a1 merl.a1,k mez.bg2,k,* *Mur-ac.*bg2,k naja **Nat-ar.** **Nat-c.**bg2,k,* *Nat-m.*bg2,k,* *Nat-p.*bg2,k *Nit-ac.*bg2,k,* *Nux-m.*a1,k **Nux-v.**bg2,k,* ol-an.a1,k olnd.bg2 op.bg2,k,* opl.a1 *Ox-ac.*bg2,k,* pall.a1,k par.bg2 *Petr.*bg2,k,* *Ph-ac.*bg2,k,* **Phos.**bg2,k,* pic-ac.a1,k plb.a1,bg2 podo.bg2,k,* *Puls.*bg2,k,* ran-b.bg2,c1 ran-s.bg2 rheum rhod.bg2,k,* rhus-t.h,k,* rob.bg2 sabad.bg2 sabin.bg2 *Sars.*h,k,* sec.bg2 *Sep.*bg2,k,* *Sil.*bg2,k,* sin-a.a1 spig.a1,bg2 spira.a1 spong.bg2 squil.a1,bg2 *Stann.*bg2,k,* staph.bg2 stram.bg2 sul-ac.bg2,k sul-i.k2 *Sulph.*bg2,k,* tab.a1,k *Tarax.*bg2,k,* tep.a1 thuj.bg2,k,* upa.a1 verat.bg2,k,* zinc.bg2

☞ *Schleim, Schleimabsonderung - sauer / Speichel - sauer*

- **morgens**: alco.a1 am-m. bamb-a.stb2 bar-c.a1,h,* berb. carb-an.h,kl croc.a1 fago.a1 ferr.a1,k kali-n.c1,h,* *Lyc.*h,k,* mag-m.a1 mang.a1,k merc.a1,bg1 nat-c.a1,k nat-m.a1,k nit-ac.h,kl **Nux-v.** ol-an. ox-ac.a1 petr.a1 phos.bg1,h,* ptel.a1,k *Puls.*a1,k sars.a1,h,* *Sep.*a1,k *Sulph.*a1,k tarent.a1 zinc-val.bg1
  - **Frühstück**:
    - **nach**: con.h sars.
    - **amel.**: mang.h
- **nachmittags**: cupr.a1 mag-m.h
- **abends**: alum.a1 anac.a1 bar-c.a1,h,* nat-m.a1 nit-ac.a1,k stann.a1 sulph.a1,h,*
- **nachts**: kali-c.a1,h,* mag-m.h,kl
- **Bier** schmeckt: merc.bg2,k,* puls.bg2,k,* stann.h,kl
- **Brot** schmeckt: ang.bg2,k,* *Bell.*bg2,k,* cham.bg2,k,* chin.h,k,* cocc.bg2,k merl.a1,k nit-ac.bg2,k,* nux-v.bg2,k,* puls.bg2,k,* staph.h,k,*
- **Butter** schmeckt: puls.bg2,k tarax.bg2,k
- **Essen**:
  - **vor**: bar-c. *Nat-m.*
  - **nach**: am-m.bg1 berb.a1,k bry.a1,k *Carb-v.*a1,k chlor. cocc.a1,k con.a1,bg1 eupi.a1 graph.a1,k lyc.h,k mag-m.bg1,h2 *Nat-m.* nit-ac.bg1 *Nux-v.* *Phos.* puls.a1,k sabin. sec. *Sep.*a1,k *Sil.*
    - **amel.**: phos.h
- **Fleisch** schmeckt: caps.h,k,* lappabg1 puls.bg2,k tarax.bg2,k,*
- **Fleischbrühe** schmeckt: caps.h
- **Husten**, beim: cocc.a1,k
- **Kaffee** schmeckt: chin.h,k,* vac.
- **Milch**:
  - **nach** Trinken von: am-c.h,k,* ambr.bg2,k,* calad. carb-v. lyc.h,k,* *Phos.*bg2,k,* puls.bg2 rhus-t.h,k,* *Sulph.*
  - **schmeckt**: bell.a1 calad.a1,k calc.h,kl nux-v.bg2,k,*
- **Schwangerschaft**; während der: *Lac-ac.* *Mag-c.* ox-ac.
- **Speisen** schmecken: **Am-c.**bg2,k,* arn.bg2 ars.bg2,k,* *Bell.*bg2 *Calc.*bg2,k *Caps.*bg2,k cham.bg2 chin.h,k,* irisc1 jac-c. lyc.h,k,* nux-v.bg2,k,* podo. puls.bg2,k squil.bg2,h,* tab. tarax.bg2 tarent.a1,k
- **Süßigkeiten**:
  - **nach** dem Essen von Süßigkeiten: *Lach.*vh
  - **schmecken** sauer; Süßigkeiten: aesc.vh chin.vh dulc.vh sulph.vh

• **Tabak**: staph.
• **Trinken**, nach dem: berb. chin.$_{bg2,k}$ graph.$_{h,k1}$ lyc.$_{h,k1}$ **Nux-v.** phos. sulph.
○ **Hals**, im inneren: alum.$_{bg1}$
– **säuerlichbitter**: **Asar.** *Kali-chl.* mang.$_{h,k1}$ samb. *Sep.*
– **schal**: bry. chinin-s. petr. puls. staph. thuj.
– **scharf**: agar.$_{bg2}$ all-c.$_{hr1,k}$ alum.$_{h,k,*}$ anthraco. apoc. asaf.$_{bg2}$ aur.$_{bg2}$ berb. brom.$_{bg2,k,*}$ bry.$_{a1,bg2}$ cact.$_{hr1,k}$ calc-s. caps. choc.$_{srj3}$ crot-t.$_{a1,k}$ fl-ac.$_{bg2,k,*}$ glon.$_{a1,bg2}$ hydr-ac.$_{hr1,k}$ iod.$_{a1,bg2}$ kali-chl.$_{hr1,k}$ lac-ac.$_{hr1,k,*}$ laur.$_{bg2,k}$ *Lob.*$_{hr1,k}$ mur-ac. nat-c.$_{h,h2,*}$ osm.$_{hr1,k}$ pimp.$_{a1}$ plan.$_{a1,k}$ plat. plb.$_{bg2,k,*}$ rhus-t.$_{h,k,*}$ sapin.$_{a1}$ seneg.$_{bg2,k,*}$ thuj.$_{a1,bg2}$ til.$_{a1}$ verat.$_{bg2,k,*}$
• **Speichel** schmeckt: agar.
• **Tabak** schmeckt: chin.$_{bg2}$ spong.$_{hr1}$ stann.$_{h,k1}$
• **Zahnwurzeln**, von den: fl-ac.
– **scharfer** Geschmackssinn
☞ *geschärfter*
– **schlecht**: acon.$_{a1,k}$ agar.$_{bg2,k,*}$ *All-c.*$_{hr1,k}$ all-s.$_{hr1,k}$ alumn.$_{hr1,k}$ *Ang.*$_{hr1,k}$ ant-t.$_{hr1,k,*}$ anthraci. anthraco. arn.$_{bg3}$ *Ars.*$_{bg2,k,*}$ ars-i. ars-s-f.$_{k2}$ asaf.$_{bg2,k,*}$ atro.$_{hr1,k}$ aur-ar.$_{k2}$ aur-m.$_{hr1,k}$ bad.$_{a1,k}$ bamb-a.$_{stb2}$ *Bapt.*$_{a1,k}$ bar-c.$_{hr1,k}$ bar-i.$_{k2}$ bar-m.$_{a1,k}$ bar-s.$_{k2}$ bell.$_{bg2,hr1}$ bov.$_{a1,k}$ brom.$_{a1,k}$ *Bry.*$_{bg2,k,*}$ **Calc.**$_{bg2,k,*}$ calc-i.$_{k2}$ *Calc-p.*$_{hr1,k}$ *Calc-s.* calc-sil.$_{k2}$ camph.$_{hr1,k,*}$ *Cann-s.*$_{hr1,k}$ carb-ac.$_{br1}$ carbn-s. caust.$_{bg2,k,*}$ cedr.$_{a1,k}$ chel.$_{hr1,k}$ chin.$_{bg2,k,*}$ chinin-ar. cimic.$_{hr1,k,*}$ cinnb.$_{a1,k}$ cob.$_{hr1,k}$ *Coc-c.*$_{hr1,k}$ con.$_{a1,k}$ corn.$_{a1,hr1}$ *Crot-t.*$_{hr1,k,*}$ dios.$_{a1,hr1}$ echi. erig.$_{a1}$ ferr-i.$_{a1,k}$ fl-ac.$_{a1,k}$ *Gels.*$_{hr1,k,*}$ gnaph.$_{hr1}$ *Graph.*$_{a1,k}$ ham.$_{a1,k}$ *Hydr.*$_{hr1,k,*}$ hyper.$_{a1,k}$ ign.$_{bg2,k,*}$ ind.$_{a1}$ iod.$_{bg2,k}$ iris *Kali-ar.* *Kali-bi.*$_{bg2,k,*}$ *Kali-c.*$_{bg2,k,*}$ kali-chl.$_{hr1,k}$ kali-m.$_{k2}$ kali-n.$_{a1,h,*}$ kali-p. kali-sil.$_{k2}$ kalm.$_{hr1}$ kreos.$_{a1,k}$ lac-ac. led.$_{bg2,k,*}$ lob-c.$_{a1}$ lyc.$_{a1,k}$ lyss.$_{c1}$ mag-m.$_{br1}$ med.$_{hr1,k}$ **Merc.**$_{bg2,k,*}$ *Merc-i-f.*$_{hr1,k}$ *Merc-i-r.*$_{hr1,k,*}$ mez.$_{h,k1}$ myric.$_{hr1,k,*}$ naja **Nat-c.**$_{h2,k,*}$ nat-m.$_{bg2,k,*}$ nat-p.$_{hr1,k}$ **Nat-s.**$_{a1,hr1}$ nux-m.$_{hr1,k}$ **Nux-v.**$_{bg2,k,*}$ op.$_{hr1,k,*}$ petr.$_{bg2,k,*}$ phos.$_{a1,k}$ phys.$_{a1}$ *Phyt.*$_{hr1,k}$ pic-ac.$_{a1,k}$ podo.$_{a1,k}$ psor.$_{a1,k}$ **Puls.**$_{bg2,k,*}$ raph.$_{a1,k}$ *Rheum*$_{c2}$ rhus-t.$_{bg3,h,*}$ sabad.$_{hr1,k}$ sang.$_{a1,k}$ sarr.$_{a1}$ *Sars.*$_{bg2,k}$ sel.$_{a1,k}$ seneg.$_{a1,k}$ sep.$_{bg2,k,*}$ sil.$_{a1,k}$ sin-n.$_{a1,k}$ squil.$_{a1,k}$ stann.$_{bg2,k,*}$ staph.$_{bg3}$ stry.$_{a1,k}$ *Sul-ac.*$_{bg2,k,*}$ sul-i.$_{k2}$ **Sulph.**$_{hr1,k,*}$ tab.$_{a1,k}$ tarent.$_{hr1,k,*}$ thuj.$_{a1,k}$ trif-p.$_{a1}$ vib.$_{hr1,k}$ zinc.$_{bg2,k}$ zinc-p.$_{k2}$
• **morgens**: am-c.$_{h,k,*}$ arum-d.$_{hr1,k,*}$ *Bar-c.* bry.$_{a1,k}$ *Calc.* *Calc-p.*$_{hr1,k}$ *Camph.*$_{hr1,k}$ cann-i.$_{a1,k}$ carb-an.$_{h,k1}$ cob.$_{a1}$ echi. fago.$_{a1}$ ferr-i.$_{a1,k}$ hydr.$_{a1,k}$ jac-c.$_{a1}$ jac-g. lyc.$_{a1,k}$ mag-m.$_{a1,k}$ med.$_{hr1,k}$ *Merc.*$_{hr1,k,*}$ narz.$_{a1}$ **Nat-c.**$_{h2,k,*}$ *Nat-m.*$_{hr1,k,*}$ **Nat-s.** nux-m.$_{hr1}$ **Nux-v.**$_{hr1,k,*}$ phos.$_{a1,h,*}$ **Puls.**$_{hr1,k}$ rhus-t.$_{h,k,*}$ sang.$_{a1,k}$ *Sep.*$_{hr1,k,*}$ sulph.$_{a1,k}$ tab.$_{a1,k}$ wies.$_{a1}$ zing.$_{a1,k}$
◆ **begleitet** von:
• **Zunge**:
• **weiße** Farbe der Zunge: med.$_{kr1,vk1}$
• **Erwachen**, beim: *Calc-p.* guaj. *Merc.* *Merc-i-f.* merc-i-r.$_{bg1}$ nat-c. nat-p. nicc. sang. sul-ac. **Valer.**
• **amel.**: ars-s-f.$_{k2}$
• **abends**: bad.$_{hr1,k,*}$ bry.$_{a1}$ vinc.$_{a1}$

– **schlecht**: ...
• **nachts**: gal-ac.$_{a1}$
◆ **begleitet** von:
• **Zunge**:
• **weiße** Farbe der Zunge: *All-s.*$_{kr1,vk1}$ *Kali-c.*$_{kr1,vk1}$ *Podo.*$_{kr1,vk1}$
• **Äpfeln**; nach Essen von: bell.$_{bg1}$
• **amel.**: ~~bell.$_{h1,xxx}$~~
• **Brot** schmeckt schlecht: bell.$_{vh}$ phos.$_{h}$
• **Durst**; mit: choc.$_{srj3}$
• **epileptischer** Anfall:
• **vor**: syph.$_{xxb}$
• **Essen**:
• **amel.**: sil.$_{h,k1}$
• **nach**: agar.$_{hr1,k}$ ars.$_{a1,k}$ cann-i. cann-s.$_{hr1,k}$ con.$_{a1,k}$ ign.$_{a1,k}$ *Lyc.*$_{hr1,k,*}$ rhus-t.$_{h,k,*}$ sil.$_{h,k1}$
• **Überessen**, zu viel Essen: sulph.$_{h}$
• **Fleisch**, nach: puls. zinc.
• **Husten**: caps.$_{h,k1}$
• **Menses**, während: kali-c.$_{a1,h,*}$
• **Milch**, nach: aran.
• **Schneuzen** der Nase; nach: bamb-a.$_{stb2}$
• **Wasser** schmeckt: *Acon.*$_{bg1}$ alum-sil.$_{k2}$ apis$_{bg3}$ ars.$_{bg1}$ arund. chinin-ar.$_{bg1}$ colch.$_{bg1}$ *Ferr.* *Kali-bi.*$_{bg1,bg2}$ *Nat-m.* puls.$_{bg1}$ *Sil.* sumb.$_{bg1}$ thlas.$_{bg3}$
• **Zähne**, durch hohle: mez.$_{h}$
○ **Zunge**:
○ **Zungenwurzel**: agar.
– **schleimig**: abrot.$_{bg2,k,*}$ acon. aesc.$_{a1}$ aeth.$_{a1}$ alum.$_{bg2,h,*}$ *Arn.*$_{bg2,k,*}$ ars.$_{bg2}$ ars-h. asaf.$_{a1}$ atro.$_{a1}$ bar-c.$_{bg2}$ bell.$_{bg2,k,*}$ bov.$_{bg2}$ cact.$_{a1}$ carb-an. *Carl.*$_{a1}$ cedr.$_{a1}$ *Cham.*$_{bg2,k,*}$ *Chel.* chim. *Chin.*$_{h,k,*}$ cob.$_{a1}$ cocc.$_{a1,bg2}$ cupr.$_{br1}$ dig.$_{bg2,k,*}$ ferr.$_{a1}$ gels.$_{a1}$ hell.$_{bg2,k,*}$ hep.$_{bg2,k,*}$ kali-bi.$_{bg3}$ kali-c. laur.$_{a1,k}$ lyc.$_{bg2,k,*}$ mag-c.$_{a1,bg2}$ mag-m.$_{bg2,h2,*}$ **Merc.**$_{bg2,k,*}$ *Merc-c.* merc-i-r.$_{a1,k}$ nat-c.$_{bg2,k,*}$ nat-m.$_{a1,bg2}$ *Nat-s.*$_{bg2,k,*}$ *Nux-m.* *Nux-v.*$_{bg2,k}$ ost.$_{a1}$ pall. par.$_{bg2,k,*}$ *Petr.*$_{bg2,k,*}$ ph-ac.$_{bg2}$ phel.$_{a1,k}$ *Phos.*$_{bg2,k,*}$ plat.$_{bg2,k}$ polyp-p.$_{a1}$ prun.$_{bg2,k,*}$ **Puls.**$_{bg2,k,*}$ *Rheum* rhus-t.$_{h,k,*}$ sabin.$_{bg2,k}$ sang.$_{bg2,k,*}$ sars.$_{h,k,*}$ seneg.$_{bg2,k,*}$ *Sep.*$_{bg2,k}$ sil.$_{bg2,k}$ sulph.$_{a1,bg2}$ tab.$_{a1,k}$ thuj.$_{bg2}$ til.$_{a1}$ ust.$_{a1,k}$ **Valer.**$_{bg2,k,*}$ zing.$_{a1,k}$
• **morgens**: hep.$_{a1,h,*}$ jug-r.$_{a1}$ lyc. mag-c.$_{a1}$ merc-i-r. nat-c.$_{a1}$ puls.$_{bg1}$ sars.$_{a1,h}$ seneg.$_{a1,k}$ sil.$_{bg1}$ tab.$_{a1}$ **Valer.**$_{a1,k}$ zing.$_{a1,k}$
• **Erwachen**, beim: bov.$_{a1}$ merc-i-r.$_{a1,k}$ **Valer.** zinc.$_{h,k,*}$
• **Bier** schmeckt: asaf.
• **Essen**, nach dem: thuj.$_{h,k1}$
• **Trinken**, nach dem: chin.
– **Schnupfen**, wie alter: sep.$_{h,k1}$
– **Schwefel**, wie: *Cocc.*$_{bg2,k}$ *Ham.*$_{bg2,k}$ nux-v.$_{bg2,k}$ plb.$_{bg2}$
– **seifig**: arg-n.$_{a1,bg1}$ benz-ac.$_{a1,bg2}$ cact.$_{a1,k}$ calc-s.$_{a1,k}$ chlor.$_{a1,bg1}$ dulc.$_{bg2,k,*}$ iod.$_{bg2,k}$ kali-i.$_{bg2}$ merc.$_{bg1,h,*}$ merl.$_{a1,k1,*}$ nat-f.$_{vk1}$ *Rhus-t.*$_{bg1,h,*}$ sil.$_{bg2,k,*}$
☞ *Speichel - seifig*
• **Trinken**, nach dem: benz-ac.$_{a1,k}$
– **Speisen**, von: agar. am-c. **Anac.** benz-ac. tell.
• **gegessener** Speisen:
• **einige** Stunden zuvor: am-br.

• **gegessener** Speisen: ...
  • **lange** Zeit zuvor: caust.h nat-m.h nit-ac.h ph-ac.h phos.h sil.h sulph.h
– **stechend**: acon-c.a1 agar.a1 am-c.a1 asaf.bg2 carb-ac.a1 chel.a1 chim. chlor.a1 cimic.bg2 coc-c.a1 cocc.a1 corn.a1,k cupr-act. euph.a1 euphr.a1 ferr.a1 glon.a1 hydr. laur.bg2 lob.a1 merc-c.a1 nat-c.h,kl ph-ac.a1,h,* pip-m.a1 puls. rhus-t.bg2 sabad.a1 stann.a1 tarent.a1 thuj.a1 verat.bg2,k
– **Stroh**, wie: arg-n.a1,bg2 chin. cor-r.a1,k kali-i.hr1,k,* kreos.bg2,k,* rhod.bg2,k,* rhus-t.h,k,* *Stram.*h,k,* *Sulph.*a1,k
  • **Mehlspeisen**: cor-r.a1,k
  • **Tabak** schmeckt: mez.a1,h,*
– **süßlich**: *Acon.*bg2,k aesc.a1,k aeth.a1,k agar.a1,k *All-c.*a1,k *Alum.*bg2,k,* alum-p.k2 *Alumn.*hr1,k am-c.h,k,* anac.bg2 anan.hr1,k,* ant-t.a1 arg-n.bg2,k,* *Ars.*bg2,k ars-i. ars-s-f.k2 arund. asar.h,k,* aspar.a1,k astac.a1,k atro.a1 aur.bg2,k aur-ar.k2 aur-i.k2 aur-m-n.a1 aur-s.k2 bar-c.bg2,k bar-m. *Bell.*bg2,k bism.bg2,k bol-la. bov.bg2 brom.a1,k *Bry.*bg2,k,* caj.a1 calc.bg2,k,* calc-i.k2 calc-p.a1,k calc-s. canth.bg2 carb-ac.bg2 carb-v.bg2 carbn-s. chel. *Chin.*h,k,* chinin-ar. chlf. cob.a1,k *Coc-c.* *Coff.*bg2,k colch.bg2,k croc.bg2,k crot-t.a1 **Cupr.**bg2,k cupr-s. dig.bg2,k,* dios.a1,k **Dulc.** ferr.bg2,k,* ferr-ar. ferr-i. ferr-p. fl-ac. gamb. glon.bg2,k,* gnaph. gran.a1 guare.a1 hep.bg2 hydr-ac.a1,k hyos.bg2 iod.h,k,* ip.bg2,k irisbg1,bg2,* kali-ar. kali-bi.bg2,k *Kali-c.*bg2,k,* *Kali-i.* kali-m.k2 kali-n.a1 kali-s. kiss.a1 kreos.bg2 lach.a1,k laur.bg2,k limest-b.es1 linu-c.a1 *Lyc.*h,k,* mag-c.bg2,k,* **Merc.**bg2,k,* mez.bg2,k,* *Mur-ac.*bg2,k,* nat-ar. nat-c.bg2,k,* nit-ac.bg2,k nuph.a1,k nux-v.bg2,k op.a1,k osm. phel. *Phos.*bg2,k pip-m.a1 plan.a1 *Plat.*bg2,k *Plb.*bg2,k *Podo.*bg2,k,* polyp-p.a1 **Puls.**bg2,k,* *Pyrog.* ran-b.bg2,k,* ran-s.bg2 rhus-t.bg2,k *Sabad.*bg2,k,* sabin.bg2 samb.bg2 sapin.a1 *Sars.*h,k,* sel.bg2,br1 seneg.bg2,k,* sep.bg2,k,* spira.a1 *Spong.*bg2,k,* *Squil.*bg2,k *Stann.*bg2,k sul-ac.bg2,k **Sulph.**bg2,k,* sumb. *Thuj.*bg2,k,* til.a1 verat.bg2 verat-v.bl,bl1 *Zinc.*bg2,k,* zinc-p.k2
  ☞ *Speichel - süß*
  • **morgens**: aeth.a1,k alum.a1,k *Ars.* bufo lyc.h,kl nit-ac.a1,k polyp-p.a1 ran-s.a1,k sulph.a1,k til.a1
    • **Erwachen**, beim: aeth. cupr-s. kali-c. sulph.
    • **Frühstück**, nach dem: agar. sulph.
  • **abends**: thuj.
  • **nachts**: fl-ac.a1,bg1 sulph.a1
  • **Bier**:
    • **nach** Trinken von: nat-c.h,kl
    • **schmeckt** süßlich; Bier: cor-r. *Mur-ac.* *Puls.*
  • **Brot** schmeckt: **Merc.**bg2,k,* *Puls.*bg2 sang.bg2 squil.bg2,h,*
  • **Butter** schmeckt: *Puls.*bg2,k ran-b.bg2,k,* sang.bg2,k,* squil.bg2,h,*
  • **Essen**:
    • **nach**: thuj.a1,k
    • **beim** Essen, danach bitter: phos.
  • **Fleisch** schmeckt: *Puls.*bg2,k sang.bg2 squil.bg2,k
  • **Fleischbrühe** schmeckt: indg.
  • **gefolgt** von einem bitteren und brennenden Geschmack: cadm-s.c1

– **süßlich**: ...
  • **Husten**, nach dem: aeth.a1,k astac.a1,k chinin-ar.
  • **Milch** schmeckt: *Puls.*bg2,k sang.bg2
  • **Rauchen** (von Tabak):
    • **beim**: agar.a1,k chin.a1,h,* kali-bi.a1 sars.a1,h,*
    • **nach**: sel.
  • **sauer**: chin.bg1
  • **Speisen** schmecken: mur-ac.bg2,k puls.bg2,k squil.bg2,k thuj.
  • **Suppe** schmeckt: squil.bg2,k
  • **Süßigkeiten** schmecken zu süß: ars-h.
  • **Tabak** schmeckt: chin.bg2,h,* kali-bi.bg2 sang.bg2 sars.bg2 sel.bg2,k
  • **Trinken**, nach dem: lyc. phel. vario.
  • **Wasser** schmeckt: lyc.h
  ○ **Hals**, im inneren: phos.h sulph.h zinc.h
  • **hinterer** Teil: lil-t.bg1 thuj.bg1
  • **Zunge**:
    ○ **unter**: zinc.h,kl
    • **Zungenspitze**: acon-s.a1 iod.a1 merc.a1 plat.a1,h,* ran-b.a1 zinc.a1
– **süßsauer**: bism. chin.bg1 crot-t. kali-i. mag-s. meny.
– **Tabaksaft**, wie durch: gink-b.sbd1 nat-c.h
– **Talg**, wie: nat-m.a1 *Valer.*bg2,k,*
– **Tannin**; nach: visc.vk1
– **Teer**, wie: con.
– **Teig**; Brot schmeckt nach: phos.h
– **teigig**: bry.a1,k clem.a1 crot-t.a1 *Cycl.*a1,k ferr.a1,br1 kali-bi.bg1 lec. mag-m.a1 merc. nux-m.a1,bg1 *Raph.*a1,k *Sulph.*bg2,k verat.bg2,k,*
  ☞ *Teigig*
  • **Tabak** schmeckt: staph.
– **Tinte**, wie: aloe arg-n.bg2,k,* *Calc.*bg2,k,* ferr-i.a1 fl-ac.bg2,k nat-m.bg2 phos.bg2
– **trocken**: ox-ac.a1
  • **Brot** schmeckt: ferr. ph-ac.bg2,k puls.a1 rhus-t.a1,h rhus-v. thuj.
  • **Speisen** schmecken: ars.bg2,k,* bry.a1,bg2 calad.ptk chin.ptk ferr.bg2,k,* hell.a1,bg2 hydrog.srj2 ign.ptk kali-i.ptk ox-ac.ptk raph.ptk rhus-t.bg2,h,* ruta stront-c. thuj.bg2
  • **Tabak** schmeckt: stann.h
– **Übelkeit** erregend: acon.a1,k acon-s.a1 agar.a1,k *All-c.*a1,k anthraco. aran.a1,k bapt.k,k2 bism.a1,k bol-la. bov.a1,k bry.bg2,k,* canth.a1,k *Carb-an.*a1,k carbn-s. chel.bg2 chin.a1,h coc-c. cocc. crot-t.a1,k cycl.a1 gels.a1 gins.a1 gnaph. graph.k2 guare.a1 hyos.a1,k iod.a1 *Ip.*a1,k kali-bi.a1 kali-n.a1,h,* lach.a1,k linu-c.a1 lyc.a1,k merc-br.a1 merl.a1,k *Myric.*a1,k nux-v.bg2 pip-m.a1 psor.bg2 **Puls.**bg2,k,* rheum sabad. sapin.a1 sars.a1,h sec.a1,k sel. seneg.a1,k *Sulph.* thuj.a1,k verb.a1,k wies.a1 zinc.a1,k
  • **morgens**: *Bry.* chin.a1,h cob.a1 dios.a1 graph.k2 kali-bi.a1 **Puls.**a1,k
  • **Essen** agg.; nach dem: psor.
  • **Rauchen** (von Tabak):
    • **beim**: ip.h
    • **durch**: **Puls.**a1,k
  • **Speisen** und Fleisch schmecken: chinin-s. olnd.a1,k squil.
    • **fade**, abends: olnd.

• **Stuhlgang**, beim: *Crot-t.*
– **übelriechend**: acet-ac.a1 agar.bg2,k,* alco.a1 am-c.h,k,* am-m.bg2 **Anac.**bg2,k,* ang.a1 ant-t.bg2 **Ars.**bg2 asaf.bg2 asar. bamb-a.stb2 bapt.a1 bar-c.a1,k bell.bg2,k bism.a1,bg2 brom.a1 *Bry.*bg2 *Calc.*bg2 calc-p.a1,bg2 cann-s.bg2 canth.bg2,k,* caps.bg2 carb-ac.bg2 carb-an.bg2 carb-v.a1 caust.bg2 cham.bg2,k,* chel.a1,bg2 chin.bg2 coc-c.a1,k cocc.bg2,k *Coloc.* croc.bg2 cupr.bg2 cycl.bg2,k,* dig.bg2 dor.a1 dros.bg2 euph.bg2 ferr-i.a1,k form.a1,k guaj.bg2 hydr-ac. ign.bg2 *Iod.*bg2 kali-bi.a1 kali-c.bg2,k2,* lach.bg2 laur.a1 led.bg2 linu-c.a1 lol.bg2 mang.bg2 **Merc.**bg2 merl.a1 mez.bg2 myric.a1 nat-c.bg2,h2 nat-m.bg2 nux-m.a1 nux-v.a1,bg2 par.bg2 petr.a1,bg2 ph-ac.bg2 phos.bg2 plan.a1 plb.a1,bg2 puls.bg2,k,* rhus-t.bg2 *Sabad.*bg2 sabin.bg2 sars.bg2 sec.a1,bg2 sel.bg2 seneg.bg2 *Sep.*a1,k sil.bg2 spig.bg2,k squil.bg2 **Stann.**bg2,k staph.bg2 stram.bg2 sul-ac.bg2 sul-i.a1 sulph.a1,bg2 tab.bg2 teucr.bg2 thuj.bg2 *Valer.*bg2,k verat.a1,bg2 verb.bg2 *Zinc.*bg2
• **morgens**: arn.a1 *Calc.*a1 dios.a1 plan.a1 sulph.a1
• **Aufstehen**; beim: marb-w.es1 tril-p.c1
• **Frühstück**, nach dem: agar.a1,k
• **Milch**, nach: aran.
• **Speisen** und Getränke: *Coloc.*
• **Tabak** schmeckt: camph.a1,k
– **ungesalzen**; Speisen schmecken
☞ *salzig - genug*
– **verändert**: *Aesc.*c2 alum.c2 *Ant-t.*c2 *Arg-n.*c2 *Arn.*c2 *Bell.*c2 *Borx.*c2 cadm-s.k2 *Calc.*c2 *Camph.*c2 cerv.c2 *Chel.*c2 *Chin.*c2 fago.c2 gymne.br1,c1,* hydr.c2 *Mag-c.*c2 *Mag-m.*c2 *Merc.*c2 *Merc-c.*c2 *Nat-m.*c2 *Nit-ac.*c2 *Nux-v.*c2
• **Zigarette**; seiner gewohnten: visc.vk1
– **verbrannt**; wie: berb. bry. calad. chinin-s. cycl. kali-chl. nat-c.h2 *Nux-v.* ph-ac. **Puls.** ran-b. sal-ac. sars. squil. *Sulph.*
• **morgens**: berb.
• **Essen**; beim: squil.
• **Mahlzeiten**; während
☞ *Essen*
• **trockenen** Speisen; nach: ran-b.
– **verdorben**: bell.a1,bg2 sec.a1,bg2
• **Fleisch**: bell.h,k1 bry.a1,h puls.h,hr1,* rhus-t.a1,h
• **Speisen**: stram.h,k1
• **Wildbret**: *Aur.*hr1,k,*
– **verdorbenen** Magen; wie durch: asaf.bg2,hr1 asar.bg2,h,* caust.h,k1 *Ign.*bg2,h,* nux-v.bg2,h,* olnd.bg2,h,* petr.a1 puls.bg2,h,* rhus-t.bg2,h,*
– **vermindert**: acon-c.a1 cic.h,k1 gink-b.sbd1
– **Wasser**, wie fauliges: caps.a1,h,* phos.h,k1
– **Wein**:
• **Wasser** schmeckt wie: tab.
• **wie**: seneg.
– **Wildbret**, wie verdorbenes
☞ *verdorben - Wildbret*
– **Zigarette** hat sich verändert; der gewohnte Geschmack der
☞ *verändert - Zigarette*
– **Zwiebeln**, wie: aeth.a1,k all-c.a1 crot-c.a1,k meph. merl.a1 mosch.a1 par.a1 sin-n.a1
○ **Hals**, nicht im Mund; im: podo.vh ptel.vh

Geschnitten an den Rändern der Zunge; Gefühl wie
☞ *Schmerz - schneidend - Zunge - Ränder*

Geschwüre: *Agn.*c2,k *Alum.* alumn.k2 *Anac.* anan. **Ars.** ars-s-f.k2 arum-t. *Bapt.* *Borx.* cadm-s.c1 calc.hr1,k calc-i.k2 calc-s. calc-sil.k2 *Canth.* *Caps.*hr1,k,* carb-ac.c1 carb-an. carb-v.k2 carbn-s. carc.mg1,sp,* caust. chlor. choc.srj3 *Cic.* cinnb.k2 cop. corn. cory.br1 *Crot-c.* crot-h. cupr-s. *Dulc.* *Fl-ac.* gamb. gran. *Graph.* hell. hep. hippoz. *Hydr.* *Hydrin-m.*c2 hydrog.srj2 **Iod.** *Iris* jatr-c.c2,k kali-ar. *Kali-bi.*hr1,k kali-c.k2 *Kali-chl.* **Kali-i.**hr1,k kali-m.k2 kreos.k2 **Lach.** *Luna*kg1 med.k2 *Merc.* *Merc-c.* *Merc-cy.* *Merc-d.* mez. **Mur-ac.**hr1,k,* nat-ar. *Nat-c.* *Nat-m.* **Nit-ac.** *Nux-m.* nux-v. op. ox-ac. petr. *Phos.* *Phyt.*hr1,k,* pic-ac. plb. *Psor.* rhus-g.c2 rumx.c2,k sanic. sin-a.c2 sin-n. *Staph.* *Sul-ac.* sul-i.k2 syph.c2,k2 tab. ter. thuj. uran-met. zinc.
– **rechts**: androc.srj1
– **ausbreitend**, sich: *Alum.* calc-sil.k2 *Lach.* merc. merc-pr-r. sul-ac.k2
– **Basis** (der Geschwüre):
• **geschwollen**: hell.
• **milchig**: **Kali-i.**
• **schwammig**: ars.
• **schwarz**: mur-ac.hr1,k
• **speckig**: ant-t.hr1,k calc-sil.k2 caps.hr1,k *Hep.* **Merc.**hr1,k **Nit-ac.** phos. syph.
– **beißend**: nat-m.hr1,k
– **bilden** sich schnell: *Borx.*
– **bläulich**: ars.hr1,k aur. *Mur-ac.*
– **blutend**: carb-v.k2 kreos. merc. sul-ac. syph.k2
• **Berührung**; bei: borx.br1
• **Essen**; beim: borx.br1
– **bösartig**: **Ars.** *Lach.* *Phos.*
• **Menses**:
• **während**: chin.a1
– **brennend**: alum.hr1,k alum-p.k2 *Ars.* *Caps.*hr1,k *Carb-v.*hr1,k caust. chin. cic. *Hydr.* kali-ar. kali-i. *Kreos.* *Merc.* *Nat-c.* nat-m.hr1,k ph-ac. sep. sin-n.hr1,k sulph.k2
– **entzündet**: calc-sil.k2
– **flach**: *Caps.* merc. mez. *Nat-c.* nat-m. sul-ac.
– **gangränös**: *Ars.* *Bapt.* *Borx.* **Lach.** *Sul-ac.* syph.
– **gelb**: aloe calc. hell. *Plb.* *Sul-ac.* zinc.
○ **Mündung** der Speicheldrüsen; an der: acon. bell. **Merc.**
– **gräulich**: carb-v. hell. merc-c.
– **herpetisch**: ars-s-f.
– **juckend**: chin.
– **kaltes** Wasser amel.: dulc.
– **klein**: *Alum.* *Caps.* chlor. hydrog.srj2 *Merc.* zinc. zinc-p.k2
– **mercurialisch**: borx. hep. *Iod.* kali-i. *Nit-ac.*
– **Müttern**, bei: bapt.k2
– **perforierend**: *Kali-chl.*
– **phagedänisch**: ars. ars-s-f. *Caps.*hr1,k hydr.k2 merc.k2 *Merc-c.* **Nit-ac.** *Sul-ac.* sulph.k2
– **purpurn**, blaurot: carb-v. *Plb.*
– **Ränder** (der Geschwüre):
• **erhaben**: hell.

– **Ränder** (der Geschwüre): ...
- **gezackt**: ars. merc.
- **grau**: hell.
- **hart**: *Kali-bi.* phos.
- **unregelmäßig**: ars. **Kali-i.** merc.

– **schmerzhaft**: *Ars.* calc-sil.k2 dulc.al *Fl-ac.* kali-bi. *Merc.* mur-ac. nat-m.hrl,k **Nit-ac.** petr.
- **morgens**: zinc.h,kl
- **Berührung**; bei: calc-sil.k2 cic. hydrog.srj2 *Nat-c.*hrl,k *Nat-m.*hrl,k
- **Splitter**, wie ein: calc-sil.k2 *Nit-ac.*
- **stechend**, Stiche: calc-sil.k2 *Nit-ac.*
- **wund**, beißend: ars-met. bov. nat-ar.
- **Zusammenbeißen** der Zähne; beim: petr.

– **schmerzlos**: bapt. hell. phos.
- **Hautausschlag** im Gesicht; nach unterdrücktem, braunem, herpetischem: phos.

○ **Lippen**:
○ **Unterlippe**:
○ **Innenseite**: phos.

– **schmutzig** aussehend: **Nit-ac.** *Plb.*
– **stinkend**: *Bapt.* *Merc.* nit-ac. nux-v. plb.
– **syphilitisch**: *Aur.* aur-ar.k2 *Aur-m.* *Fl-ac.* **Hep.** hydr. **Kali-bi.** **Kali-i.** kali-m.k2 *Lach.* **Merc.** *Merc-i-r.* nit-ac.k2 *Phyt.* **Syph.**
– **tief**: *Carb-v.* gamb. kali-bi.k2 merc-d. *Mur-ac.* sul-ac.
– **weiß**: androc.srj1 cic. nit-ac.k2 *Sul-ac.*
- **belegt**; wie mit Milch: *Kali-i.*

○ **Unterlippe**, Innenseite links: ars-met.

▽ **erstreckt** sich vom Hals zum Gaumen: ars.

○ **Gaumen**: am-c. *Apis* **Aur.** *Aur-m.*hrl,k calc.k2 *Cinnb.*hrl,k dulc. hep.k2 *Kali-bi.*hrl,k kali-i.k2 *Lach.*hrl,k *Lyc.*hrl,k **Merc.**hrl,k *Merc-c.*hrl,k merc-cy.dgt *Merl.*hrl *Nat-m.* *Nit-ac.*hrl,k nux-v. op.al *Ph-ac.*hrl,k *Phos.*hrl,k *Phyt.*hrl,k plect.al *Sang.*hrl,k sanic. sil.hrl,k,* *Sul-ac.*al syph.k2
- **ausgestanzt**, wie: *Kali-bi.*al,k
- **perforierend**: *Kali-bi.* mez. *Sil.*hrl,k
- **phagedänisch**: *Kali-bi.*hrl,k *Lach.* *Merc-c.*al,k *Nit-ac.* *Phos.* *Sulph.* *Syph.*
- **Ränder** hart: kali-bi.
- **syphilitisch**: **Aur.** **Aur-m.**hrl,k *Hep.* kali-bi.k2 *Kali-i.*hrl,k *Lach.*hrl *Merc.*hrl *Nit-ac.*hrl *Syph.*hrl,k

○ **Gaumensegel**, am: dros. hippoz. *Kali-i.* *Merc.* *Merc-cy.* *Nit-ac.* *Ph-ac.* *Phyt.* syph.

– **Wangen**:
- **perforierend**: merc.k2

○ **Innenseite**: merc.k2

– **Zahnfleisch**: acon.al *Agn.*c1,c2 aloe alum.hrl,k alum-sil.k2 anan. ang. ars.al,k aur.al,k aur-ar.k2 aur-i.k2 aur-m.hrl,k aur-s.k2 bell.hrl berb.hrl,k bond.al borx.c1 bufo *Calc.*hrl,k,* caps. *Carb-v.*hrl,k caust.hrl,k corn.hrl,k *Crot-c.* *Cupr.*hrl,k gink-b.sbd1 *Hep.*hrl,k,* hippoz.hrl,k hydr.k2 hydrog.srj2 *Iod.*hrl,k *Kali-bi.*hrl,k kali-c.al,h,* kali-chl.hrl,k *Kali-i.*hrl,k **Kreos.**hrl,k lac-c. *Lach.*hrl,k *Lyc.*hrl,k **Merc.**hrl,k,* *Merc-c.*hrl,k,* merc-sul.al,hrl mill.hrl,k mur-ac.hrl,k **Nat-m.**hrl,k,* nat-p. nat-s.k2 nicc.hrl,k *Nux-v.*hrl,k ox-ac.hrl,k *Ph-ac.*hrl,k **Phos.**hrl,k,* phyt.hrl,k plan.al **Psor.**hrl,k,* raph.al sabin.c1 sang.hrl,k *Sep.*hrl,k,* *Sil.*hrl,k stann.al,k *Staph.*hrl,k *Sul-ac.*hrl,k,* sul-i.k2 zinc.

– **Zahnfleisch**: ...
zinc-p.k2
☞ *Abszeß - Zahnfleisches*
- **Basis** (der Geschwüre) speckig: *Hep.*hrl,k
- **Blut** absondernd; bei Druck: bov.al,k
- **Gefühl** von, an der Zungenwurzel: am-c.hrl,k
- **gelblich**: hell.hrl,k sulph.hrl,k
- **phagedänisch**: *Merc.* *Merc-c.*al merc-i-r.kl ~~merc-pr-r.kl,xxx~~ op.al,k staph.al,k
- **salzig** schmeckendes Blut absondernd: alum.
- **skorbutisch**: acet-ac. mur-ac.hrl,k

– **Zunge**: agar.bg2,k,* aloek,vkl am-c.vkl ant-c.vkl ant-t.hrl,k *Apis*c2,k,* *Arg-n.*c2,vkl *Ars.*bg2,k,* ars-h.hrl,k,* ars-s-f.k2 arum-d.al,hrl arum-t.k,vkl *Aur.*hrl,k,* aur-ar.k2 aur-m.hrl,k,* aur-s.k2 **Bapt.**hrl,k,* *Bar-c.*hrl,k,* *Bar-m.*k,vkl bell-p.vkl benz-ac.bg2,k,* bov.bg2,k,* *Calc.*hrl,k,* calc-s.k2 canth.vkl *Caps.*bg2,k,* carb-v.vkl *Chin.*bg2,k,* chlol.hrl,k,* cic.bg2,k,* cinavkl cinnb.hrl,k,* clem.hrl,k,* corn.hrl,k,* *Dig.*bg2,k,* dros.bg2,k,* *Fl-ac.*bg2,k,* flor-p.vkl graph.bg2,k,* hell.vkl hir.vkl hydr.bg2,k,* *Kali-bi.*bg2,k,* *Kali-chl.*hrl,k,* **Kali-i.**hrl,k,* kali-m.k2,vkl *Kreos.*k,vkl lac-v.c2 *Lach.*bg2,k,* *Lyc.*bg2,k,* med.k2 **Merc.**bg2,k,* *Merc-i-r.*k,vkl merl.k,vkl mez.vkl *Mur-ac.*bg2,k,* *Nat-m.*bg2,k,* *Nit-ac.*bg2,k,* **Nit-m-ac.**vkl nux-v.vkl oena.c2 op.bg2,k,* *Phyt.*bg2,k,* *Plb.*bg2,k,* **Psor.**hrl,k,* sang.vkl sangin-n.vkl semp.vkl sil.bg2,k,* *Sin-n.*hrl,k,* *Staph.*hrl,k,* sul-ac.hrl,k,* *Sulph.*hrl,k,* syph.bg2,k2,* tarent.hrl,k,* thuj.c2,vkl tub.vkl verat.bg2,k,*
- **linke** Seite: apisbg2,vkl
  - **gefolgt** von der rechten Seite: *Thuj.*k,vkl
- **rechte** Seite: bov.k,vkl cinnb.k,vkl sil.k,vkl

◆ **begleitet** von:
- **Amöbiasis**
  ☞ ❑ *Allgemeines - Amöbiasis - begleitet von - Zunge*
- **Fleckfieber**; epidemisches
  ☞ ❑ *Fieber - Fleckfieber - begleitet von - Zunge - Geschwüre*
- **blau**: *Ars.*hrl,k,* mur-ac.k,vkl
- **blutend**: merc.k,vkl nat-hchls.vkl raja-s.vkl
- **brennend**: hydr.k2
- **gelb**: aloek,vkl cupr.k,vkl *Hell.*hrl,k,* plb.hrl,k,*
- **Kindern**; bei: oci-sa.vkl
- **phagedänisch**: *Agar.*hrl,k,* benz-ac.hrl,k,* *Caps.*hrl,k,* *Fl-ac.*k,vkl hydr.k2 sil.hrl,k,*
- **Rändern**; mit unterminierten: mur-ac.h
- **schmerzhaft**: agar.k,vkl bov.hrl,k,* *Calc.*hrl,k,* caps.k2 *Kali-chl.*hrl
  - **Berührung**; bei: bov.k,vkl *Cic.*k,vkl thuj.k,vkl
- **schwarzer** Basis, mit: mur-ac.h
- **speckiger** Basis, mit: caps.k2
- **symmetrisch**: kali-chl.al
- **syphilitisch**: aur.brol,vkl cinnb.brol,vkl fl-ac.hrl,k,* *Kali-bi.*hrl,k,* *Kali-i.*hrl,k,* lach.brol,vkl **Merc.**hrl,k,* mez.brol,vkl **Nit-ac.**hrl,k,* *Phyt.*hrl,k,*
- **tief**: ars-h.hrl bov.hrl kali-bi.k2 *Kali-chl.*hrl mur-ac.h,k,* *Nit-ac.*hrl phyt.hrl
- **verhärtet**: merc.k,vkl *Merc-i-r.*k,vkl thuj.al,k,*
- **weiß**: graph.h,kl

○ **Frenulum**: agar.k,vkl *Kali-c.*k,vkl najak,vkl nat-c.bg2,vkl nit-ac.bg2,vkl sep.k,vkl
- **Mitte**: cupr-s.k,vkl *Fl-ac.*k,vkl

– **Zunge - Mitte**: ...
◆ **begleitet** von:
• **rissige** Zunge mit Rissen in alle Richtungen
☞ *Rissig - Zunge - Richtungen - begleitet von - Geschwür*
• **Ränder**: agar.k,vkl ars.a1,k,* bov.bg2,k,* *Calc.*k,vkl caust.bg2,k,* *Cic.*hr1,k,* cupr.k,vkl *Kali-bi.*hr1,k,* kali-chl.a1,k,* *Lach.*hr1,k,* *Merc.*bg2,k,* merc-cy.a1,k,* **Nit-ac.**bg2,k,* oena.a1 *Thuj.*bg2,k,*
• **unter** der: *Fl-ac.*hr1,k,* *Graph.*a1,k,* **Lyc.**bg2,k,* plb.a1,k,* **Sanic.**k,vkl thuj.k,vkl
• **Zungenspitze**: am-c.a1,k,* beryl.vk1 cinnb.hr1,k,* cupr.k,vkl dros.hr1,k,* lyc.a1,k,* merc.a1,k,* plb.hr1,k,* raja-s.vk1 *Sal-ac.*kr1,vk1 thuj.bg1,bg2
• **links**: thuj.bg2,vk1

Glänzende Zunge
☞ *Glatte*

Glasiert, wie:
○ **Gaumen**: atro. *Hyos.* lac-c.
○ **Gaumensegel**: *Carb-ac.*
– **Zunge**
☞ *Glatte*

Glatte Zunge (= glänzend, glasiert): *Apis*k,vk1 *Arg-n.*k,vk1 arn.k2 *Ars.*k,vk1 ars-s-f.k2 arum-t.k2 atro.k,vk1 carb-ac.k,vk1 carb-an.kr1,vk1 colch.bg2,vk1 *Crot-h.*k,vk1 crot-t.k,vk1 cupr.k,vk1 dig.bg2,vk1 eucal.k,vk1 gamb.k,vk1 *Glon.*k,vk1 ip.k,vk1 jal.br1 **Kali-bi.**k,vk1 kali-br.k,vk1 **Lach.**k,vk1 mur-ac.k,vk1 *Nat-m.*k,vk1 *Nux-v.*k,vk1 *Phos.*k,vk1 pic-ac.kr1,vk1 *Plb.*k,vk1 *Pyrog.*k,vk1 rhus-t.hr1,kr1 rob.k,vk1 *Sec.*k,vk1 stram.k,vk1 *Sul-ac.*k,vk1 sumb.k,vk1 *Ter.*k,vk1
☞ *Farbe - Zunge - rot - glänzend / Reine*
◆ **begleitet** von:
• **Gesicht**; Erysipel im
☞ *❑ Gesicht - Erysipel - begleitet von - Zunge - glatte*
• **reine** Zunge: *Nat-m.*kr1,vk1
• **Typhus** abdominalis
☞ *❑ Fieber - Typhus - begleitet von - Zunge - glatte*
– **Lack** überzogen aus; Zunge sieht wie mit: apis *Canth.*bro1,vk1 ~~jab.bro1,xxx~~ jal.bro1,vk1 *Nit-ac.*bro1,vk1 *Pyrog.*bro1,vk1 rhus-t.bro1,vk1
○ **Ränder**: bapt.k,vk1
◆ **begleitet** von:
• **braun**:
• **gelblichbraune** Farbe der Zunge
☞ *Farbe - Zunge - braun - gelblichbraun - begleitet von - Ränder*
– **Zungenspitze**: hydrog.srj2

Greift sich an den Mund: dulc.a1,bg2 sil.
☞ *❑ Gemüt - Gesten - Tics*

Groß; Zunge scheint zu
☞ *Breit*

Haares; Gefühl eines: ther.
○ **Gaumen**, am: *Kali-bi.*
– **Zunge**: all-s. *Kali-bi. Nat-m.* nat-p. **Sil.**
▽ **erstreckt** sich zur Trachea: sil.
○ **hinterer** Teil: kali-bi.ptk2
• **vorderer** Teil: **Sil.**

Haares; Gefühl eines: ...
• **Zungenspitze**: nat-p. sil.

Haarige Zunge: chloram.vk1
☞ *Rauheit - Zunge*

Hämorrhagie
☞ *Bluten*

Hängt am Gaumen fest; Zunge
☞ *Klebt*

Hart:
– **Flecken**, ein harter: caust.
– **Körpers** am Gaumen; Gefühl eines harten: mang.h
○ **Gaumen**: bell.bg3 borx.c1 calc.hr1,k hyos. *Nit-ac.*bg3 nux-v.bg3 *Phos.*bg3
– **Zunge**: hyos.hr1 hyosin.a1 *Kali-m.*kr1,vk1
○ **Ränder**:
◆ **begleitet** von:
• **rissige** Zunge:
• **Seiten**
☞ *Rissig - Zunge - Ränder - begleitet von - harte - Ränder*

Hautausschläge:
– **Bläschen**: agar. am-c. am-m. ambr. *Anac.* ant-t. **Ars.** ars-s-f.k2 aur. aur-ar.k2 aur-s.k2 *Bar-c.* borx.bg1,bg2,* *Calc.* calc-s. *Canth.* caps. *Carb-an.* cham. *Chel.* chim. cinnb. crot-t. cupr. gamb. hell. iod.h *Kali-ar.* kali-c. kali-m.k2 lac-c. *Mag-c.* manc. med.br1 *Merc.* mez. nat-ar. *Nat-c.* *Nat-m.* nat-p. nat-s. nit-ac. nux-v. oena. ox-ac. phos. rhod. rhus-t. spig. spong. *Staph.* *Sul-ac.* sulph. ter. *Thuj.*
• **Baden** im Meer; durch: zinc.ptk2
• **beißend**: nat-m. rhod.
• **Blutblasen**: agar. led. nat-m. sec.
• **brennend**: am-c. *Am-m.* ambr. apis arg-met. ars. bar-c. bar-s.k2 bry. *Caps.* *Carb-an.* cycl. gamb. *Kali-c.* kali-chl. **Kali-i.** kali-n. *Mag-c.* mang. merl. mez. mur-ac. nat-ar.k,k2 nat-c. *Nat-m.* nat-s. phel. psor. seneg. spong. sulph. thuj.
• **eiternd**: mag-c.h phos.
• **gangränös**: sec.
• **gelb**: agar. cycl. zinc.
• **Geschwüren**; werden zu: calc.h *Carb-an.* clem. *Merc.*
• **Kaltes** amel.: *Nat-s.*
• **Menses**; vor den: mag-c.
• **schmerzhaft**: *Anac.* apis berb. caust. gink-b.sbd1 kali-c. *Nat-c.*hr1 nux-v. phos.h
• **schneidend**: mag-s.
• **stechend**, mit Stichen: **Apis** cham. hell. kali-chl. nat-m. spong.
• **weißlich**: berb. canth. mez.h phos. *Thuj.*
• **wund**, beißend: apis arg-met. lyc. sulph.
○ **Gaumen**: carb-v.h iod. *Mag-c.* manc. nat-s. nit-ac. phos. rhus-t. sulph.h
• **Wange**; Innenseite der: calc.h gink-b.sbd1 mag-c.h
• **Zahnfleisch**: bell. canth. daph. gink-b.sbd1 *Iod.* kali-c. *Mag-c.* *Merc.* mez. nat-s. petr. rhus-v. sep. **Sil.** staph.h zing.

– **Bläschen - Zahnfleisch**: ...

• **brennend**: bell. mag-c. mez. sep.$_{h}$

• **schwarz**: petr.$_{h}$

• **Zunge**: acon.$_{k,vkl}$ **Am-c.**$_{k,vkl}$ *Am-m.*$_{k,vkl}$ ant-c.$_{k,vkl}$ **Apis**$_{k,vkl}$ *Arg-met.*$_{k,vkl}$ **Ars.**$_{k,vkl}$ *Bar-c.*$_{k,vkl}$ *Bell.*$_{k,vkl}$ berb.$_{k,vkl}$ *Borx.*$_{k,vkl}$ brom.$_{k,vkl}$ bry.$_{k,vkl}$ *Calc.*$_{k,vkl}$ calc-p.$_{bg2,vkl}$ *Canth.*$_{k,vkl}$ *Caps.*$_{k,vkl}$ *Carb-an.*$_{k,vkl}$ carb-v.$_{k,vkl}$ *Caust.*$_{k,vkl}$ cham.$_{k,vkl}$ chim.$_{k,vkl}$ chin.$_{k,vkl}$ chinin-ar.$_{k,vkl}$ chlol.$_{k,vkl}$ chlor.$_{kr1,vkl}$ clem.$_{k,vkl}$ croc.$_{bg2,vkl}$ cupr.$_{k,vkl}$ *Graph.*$_{k,vkl}$ *Ham.*$_{k,vkl}$ *Hell.*$_{k,vkl}$ indg.$_{k,vkl}$ *Iod.*$_{bg2,vkl}$ kali-ar.$_{k,vkl}$ *Kali-c.*$_{k,vkl}$ kali-chl.$_{k,vkl}$ kali-i.$_{k,vkl}$ kali-n.$_{bg2,vkl}$ *Lac-ac.*$_{k,vkl}$ *Lacer.*$_{bro1,vkl}$ *Lach.*$_{k,vkl}$ **Lyc.**$_{k,vkl}$ *Mag-c.*$_{k,vkl}$ mag-m.$_{k,vkl}$ manc.$_{k,vkl}$ mang.$_{k,vkl}$ med.$_{k,vkl}$ *Merc.*$_{k,vkl}$ merl.$_{bro1,k,*}$ mez.$_{k,vkl}$ *Mur-ac.*$_{k,vkl}$ *Nat-ar.*$_{k,vkl}$ nat-c.$_{k,vkl}$ **Nat-m.**$_{c2,k,*}$ nat-p.$_{k,vkl}$ nat-s.$_{k,vkl}$ **Nit-ac.**$_{k,vkl}$ *Nux-v.*$_{k,vkl}$ phel.$_{k,vkl}$ phos.$_{k,vkl}$ phyt.$_{k,vkl}$ plb.$_{bg2,vkl}$ puls.$_{k,vkl}$ ran-s.$_{bg2,vkl}$ rhod.$_{k,vkl}$ **Rhus-t.**$_{k,vkl}$ rhus-v.$_{k,vkl}$ sal-ac.$_{k,vkl}$ sars.$_{k,vkl}$ *Sep.*$_{k,vkl}$ spig.$_{k,vkl}$ spong.$_{k,vkl}$ squil.$_{k,vkl}$ *Staph.*$_{k,vkl}$ stram.$_{k,vkl}$ *Sul-ac.*$_{bro1,vkl}$ **Sulph.**$_{bro1,vkl}$ *Thuj.*$_{k,vkl}$ verat.$_{k,vkl}$ vip.$_{k,vkl}$ zinc.$_{k,vkl}$ zinc-p.$_{k2}$ zing.$_{k,vkl}$

• **bluten** bei der geringsten Berührung: *Mag-c.*$_{k,vkl}$

• **brennend**: *Acon.*$_{k,vkl}$ am-c.$_{k,vkl}$ **Apis**$_{k,vkl}$ arg-met.$_{k,vkl}$ ars.$_{k,vkl}$ bar-c.$_{k,vkl}$ bar-s.$_{k2}$ bry.$_{k,vkl}$ *Calc.*$_{k,vkl}$ calc-p.$_{k,vkl}$ *Caps.*$_{k,vkl}$ *Carb-an.*$_{k,vkl}$ *Graph.*$_{k,vkl}$ kali-chl.$_{k,vkl}$ **Lyc.**$_{k,vkl}$ *Mag-c.*$_{k,vkl}$ mang.$_{k,vkl}$ mez.$_{k,vkl}$ *Mur-ac.*$_{k,vkl}$ nat-s.$_{k,vkl}$ *Nit-ac.*$_{k,vkl}$ sal-ac.$_{kr1,vkl}$ sep.$_{k,vkl}$ **Spig.**$_{k,vkl}$ spong.$_{k,vkl}$ *Sul-ac.*$_{k,vkl}$ *Sulph.*$_{k,vkl}$ *Thuj.*$_{k,vkl}$

• **Feuer** am rechten Rand; wie: *Phel.*$_{k,vkl}$

• **eiternd**: mag-c.$_{k,vkl}$

• **Essen**; nach dem: phos.$_{h}$

• **Geschwüren**; werden zu: *Calc.* clem. *Lach.*

• **roh**, exkoriiert: lyc.$_{k,vkl}$

• **rot**: borx.$_{k,vkl}$

• **schmerzhaft**: *Ars.*$_{k,vkl}$ canth.$_{k,vkl}$ **Caust.**$_{k,vkl}$ graph.$_{k,vkl}$ kali-c.$_{k,vkl}$ mag-c.$_{k,vkl}$ nux-v.$_{h}$ sal-ac.$_{k,vkl}$ sep.$_{h}$ zinc.$_{k,vkl}$

• **stechend**: *Cham.*$_{k,vkl}$ kali-chl.$_{k,vkl}$ kali-m.$_{kr1,vkl}$

• **verbrüht**; wie: lyc.$_{k,vkl}$

○ **Frenulum**: plb.

• **Ränder**: am-c.$_{bg2,k,*}$ *Apis*$_{bg2}$ arg-n.$_{bg2}$ berb-a.$_{vkl}$ *Calc.*$_{k,vkl}$ canth.$_{bg2}$ *Carb-an.*$_{bg2,k,*}$ carb-v.$_{bg2}$ caust.$_{bg2,h}$ ham.$_{bg2}$ lach.$_{bg2}$ mag-c.$_{bg2,h}$ mang.$_{k,vkl}$ merc-cy.$_{k,vkl}$ nat-c.$_{h2}$ *Nat-m.*$_{bg2}$ nit-ac.$_{bg2,h}$ *Phos.*$_{bg2}$ *Phyt.*$_{bg2,k,*}$ sep.$_{k,vkl}$ *Spong.*$_{k,vkl}$ sulph.$_{k,vkl}$ *Thuj.*$_{k,vkl}$

• **Geschwüren**; werden zu: *Calc.*

• **unter** der Zunge: am-c.$_{k,vkl}$ bar-c.$_{k,vkl}$ bell.$_{k,vkl}$ *Cham.*$_{k,vkl}$ chin.$_{k,vkl}$ graph.$_{k,vkl}$ *Ham.*$_{k,vkl}$ lacer.$_{c2}$ *Lach.*$_{k,vkl}$ rhod.$_{k,vkl}$ rhus-v.

• **brennend**: nit-ac.$_{h}$

• **Zungenspitze**: agar.$_{bg2,vkl}$ am-c.$_{k,vkl}$ *Am-m.*$_{k,vkl}$ aphis$_{k,vkl}$ *Apis*$_{k,vkl}$ *Bar-c.*$_{k,vkl}$ *Bell.*$_{k,vkl}$ berb.$_{k,vkl}$ *Calc-p.*$_{k,vkl}$ caps.$_{bg2,vkl}$ carb-an.$_{k,vkl}$ **Caust.**$_{k,vkl}$ cycl.$_{k,vkl}$ **Graph.**$_{k,vkl}$ *Hydr.*$_{k,vkl}$ indg.$_{k,vkl}$ *Kali-i.*$_{k,vkl}$ kali-n.$_{k,vkl}$

Hautausschläge - Bläschen - Zunge - Zungenspitze: ...

Lach.$_{k,vkl}$ **Lyc.**$_{k,vkl}$ merc-i-r.$_{k,vkl}$ mur-ac.$_{bg2,vkl}$ **Nat-m.**$_{k,vkl}$ *Nat-p.*$_{k,vkl}$ nat-s.$_{k,vkl}$ phos.$_{bg2,vkl}$ *Puls.*$_{k,vkl}$ sal-ac.$_{k,vkl}$ sep.$_{h}$ thuj.$_{bg2,vkl}$

• **brennend**: am-c.$_{kr1,vkl}$ bar-c.$_{kr1,vkl}$ *Carb-an.*$_{kr1,vkl}$ kali-n.$_{h}$ mur-ac.$_{h}$ phos.$_{h}$

• **Gefühl**, als wäre dort ein Bläschen: bell.$_{h,k,*}$ sin-n.$_{hr1,k,*}$

– **Herpes**:

○ **Zunge**; auf der: *Nat-m.*$_{k,vkl}$ *Zinc.*$_{k,vkl}$

○ **Zungenwurzel**: zinc.$_{kr1,vkl}$

– **Pemphigus**: phos.$_{vkl}$

☞ ❑ *Haut - Hautausschläge - Pemphigus*

– **Pickel**: dulc.

• **Gaumen**: bapt. dulc. mur-ac.$_{h}$ nux-v. psil.$_{ft1}$ rumx.

○ **Wangen**; Innenseite der: caps.$_{h}$

• **und** Lippen: berb.

• **rot** und schmerzhaft: berb.

• **Zahnfleisch**: berb.

• **Zunge**: bell.$_{k,vkl}$ berb.$_{k,vkl}$ brom.$_{k,vkl}$ *Calc-p.*$_{k,vkl}$ caps.$_{bg2,vkl}$ hell.$_{bg2,vkl}$ lyc.$_{k,vkl}$ manc.$_{k,vkl}$ *Nux-v.*$_{k,vkl}$ plb.$_{k,vkl}$ tarax.$_{k,vkl}$

• **schmerzhaft**: arg-n.$_{k,vkl}$ bell.$_{k,vkl}$ graph.$_{k,vkl}$ mang.$_{a1}$ **Nit-ac.**$_{k,vkl}$ nux-v.$_{k,vkl}$ sulph.$_{k,vkl}$

• **blutend**: graph.$_{k,vkl}$

○ **Ränder**: apis$_{k,vkl}$ arg-n.$_{k,vkl}$ hura$_{k,vkl}$ nat-c.$_{k,vkl}$ **Nit-ac.**$_{k,vkl}$ osm.$_{k,vkl}$ sulph.$_{k,vkl}$

• **unter** der Zunge: nat-c.$_{h2}$

• **Zungenspitze**: *Bell.*$_{k,vkl}$ caps.$_{k,vkl}$ *Hell.*$_{k,vkl}$ *Kali-c.*$_{k,vkl}$ lyc.$_{bg1}$ *Nat-c.*$_{k,vkl}$ sep.$_{h}$

– **Schorfe**:

○ **Lippen**:

○ **Oberlippe**: borx.$_{c1}$

– **Tinea**: ran-s.$_{bg3}$ sanic.$_{bg3,c1}$ tarax.$_{bg3}$

○ **Zunge**: sanic.$_{c2}$

• **rechte** Seite: *Nat-m.*$_{k,vkl}$ sanic.$_{c1}$

Herausschnellen:

– **Zunge**; der

☞ *Herausstrecken - Zunge - schnellt*

Herausstrecken, Vorstrecken:

– **Zunge**, der: absin.$_{k,vkl}$ acet-ac.$_{k,vkl}$ acon.$_{k,vkl}$ *Apis*$_{k,vkl}$ bell.$_{k,vkl}$ cina$_{k,vkl}$ cocc.$_{k,vkl}$ **Crot-h.**$_{k,vkl}$ cupr.$_{ptk1}$ ferr-m.$_{k,vkl}$ *Hell.*$_{k,vkl}$ hydr-ac.$_{k,vkl}$ hyos.$_{k,vkl}$ kara$_{c1}$ *Lach.*$_{k,vkl}$ *Lyc.*$_{k,vkl}$ *Merc-c.*$_{k,vkl}$ nux-v.$_{k,vkl}$ oena.$_{k,vkl}$ op.$_{k,vkl}$ **Phyt.**$_{k,vkl}$ plb.$_{k,vkl}$ sec.$_{k,vkl}$ stram.$_{k,vkl}$ stry.$_{k,vkl}$ sumb.$_{k,vkl}$ syph.$_{k,vkl}$ tab.$_{k,vkl}$ vip.$_{k,vkl}$

☞ *Bewegung - Zunge*

• **agg.**: cist.$_{ptk1}$ cocc.$_{ptk1}$ *Kali-bi.*$_{ptk1}$ *Phyt.*$_{ptk1}$ syph.$_{ptk1}$

• **amel.**: med.$_{ptk1}$

◆ **begleitet** von:

• **Aphasie**

☞ ❑ *Gemüt - Aphasie - Zunge - Herausstrecken*

• **Chorea**

☞ ❑ *Allgemeines - Chorea - begleitet von - Zunge - Hervorstrecken*

– **Zunge**, der - **begleitet** von: ...
 • **Diphtherie**
  ☞ ❑ *Innerer Hals - Diphtherie - begleitet von - Zunge - Herausstrecken*
 • **Meningitis**
  ☞ ❑ *Kopf - Entzündung - Hirnhaut - begleitet von - Zunge - Herausstrecken*
• **Erstickungsgefühl**; mit: ars.h
• **Gehirns**; bei Erkrankungen des: apisptk1 hydr-ac.ptk1
• **Husten**:
 • **beim**: bell.dgt
 • **nach**: lyc.ptk1
• **Kopfschmerzen**; bei: lach.hr1,kr1,*
• **krampfhaft**: cinak,vk1 cocc.k,vk1 sec.k,vk1
• **oszilliert**, bewegt sich hin und her; die Zunge: *Hell.*k,kr1,* lach.k,vk1 *Lyc.*k,vk1
• **Schlaf**; im: vario.k,vk1
• **schnellt** heraus und hinein wie bei einer Schlange, züngelt; die Zunge: absin.bro1,vk1 crot-h.bro1,vk1 *Cupr.*bro1,k,* cupr-act.br1 elapspd *Lach.*bro1,k,* lyc.bro1,vk1 *Merc.*bro1,vk1 sanic.bro1,vk1 *Vip.*bro1,vk1
• **schwierig**; ist: *Anac.*bro1,vk1 apisbro1,ptk1,* *Ars.*bro1,vk1 *Bapt.*bg2,vk1 *Calc.*bro1,vk1 caust.bro1,ptk1,* colch.k,vk1 *Crot-h.*bro1,vk1 *Dulc.*bro1,vk1 gels.bro1,ptk1,* **Guaj.**bro1,vk1 *Hyos.*k,vk1 **Lach.**k,vk1 *Lyc.*k,vk1 *Merc.*bro1,vk1 *Mur-ac.*bro1,vk1 mygal.bro1,vk1,* *Nat-m.*bro1,vk1 phos.ptk1 *Plb.*bro1,vk1 *Pyrog.*bro1,vk1 *Stram.*bro1,vk1 *Sulfon.*bro1 *Ter.*bro1,vk1
 ☞ *Bewegung - Zunge - schwierig*
 ◆ **begleitet** von:
  • **Chorea**
   ☞ ❑ *Allgemeines - Chorea - begleitet von - Zunge - Hervorstrecken - schwierig*
 • **einziehen**; kann sie kaum: hyos.k,vk1 vario.k,vk1
 • **verfängt** sich an den Zähnen: *Apis*k,kr1,* *Hyos.*k,vk1 **Lach.**k,kr1,* lyc.k,vk1
• **unmöglich**, kann nicht vorgestreckt werden; ist: *Apis*k,vk1 *Bapt.*vk1 brom.k,vk1 carb-ac.k,vk1 colch.vk1 dulc.k,vk1 gels.vk1 hyos.k,vk1 *Lach.*vk1 *Lyc.*k,vk1 *Merc-c.*k,vk1 mur-ac.vk1 *Nux-v.*k,vk1 *Plb.*k,vk1 sabad.k,vk1 vesp.k,vk1
• **zittert**, wenn sie herausgestreckt wird; die Zunge
 ☞ *Zittern - Herausstrecken*

Herpes an der Zunge
 ☞ *Hautausschläge - Herpes - Zunge*

Hervorstehend:
– **Zahnfleisch**: kreos. lach.
 ☞ *Abgelöst / Skorbut*

Hitze: *Acon.*hr1,k,* aconin.a1 aeth.hr1,k,* agro.a1 aloek2 alum.a1,h,* anan.hr1,k,* ant-t.hr1 arg-n.a1 *Ars.*hr1,k,* ars-h.hr1,k,* aur.a1,k aur-s.k2 *Bad.*hr1,k **Bell.**hr1,k,* bond.a1 **Borx.** bov.a1,k brach.hr1,k,* brom.hr1,k,* *Calc.*a1,k *Calc-s.* *Camph.*hr1,k,* canth.a1 *Carb-v.*hr1,k,* caul.hr1 **Cham.**hr1,k chel.a1,k chin. chinin-ar. *Cimic.*hr1,k cinch.a1 cinnb.a1,k clem.hr1,k *Colch.*hr1,k,* croc.hr1,k,* crot-t.a1,k cupr-s.hr1,k,*

Hitze: ...
dor.hr1,k ferul.a1 fl-ac.a1,k hyos.a1 *Hyper.*hr1,k,* jab.a1 *Jatr-c.* *Kali-chl.*hr1,k *Kali-i.*hr1,k,* kali-m.k2 kali-s.a1,k lac-ac.a1 lyc.a1,k mag-c.a1,k mag-m.a1,k manc.a1,k merc.h,k,* merl.a1,k mez.a1,k mosch.hr1,k2 naja nat-m. nat-s.a1,k psor.a1,k rhus-t.a1,k *Sal-ac.*hr1,k *Senec.*hr1,k sep.hr1,k sil.a1,k *Stront-c.* *Sulph.*hr1,k,* verat.a1,k
– **morgens**: abrot.a1,k nat-c.a1,k
– **nachmittags**, 17 h: hyper.
– **nachts**: am-c.a1,k cinnb.a1,k phos.a1,k *Sulph.*a1,k
– **Schnupfen**, beim: mag-m.h,k1
○ **Gaumen**: bol-la. *Camph.*hr1,k canth.a1,k dulc.hr1,k led.a1,k *Mez.*hr1,k
– **Zahnfleisch**: *Acon.*hr1,k,* anan.hr1 *Bell.*hr1,k,* *Caps.*hr1,k carb-v.a1,h,* *Cham.*hr1,k *Dulc.*hr1,k eup-pur.a1,k ferr-p.k2 *Kreos.*hr1,k lyc.a1,h,* mez.a1
 • **Kälte** in den Zähnen; mit Gefühl von: anan.
– **Zunge**: acon.a1,k am-c.a1,k *Apis* ars.a1,k aur-ar.k2 **Bell.**hr1,k caps. caust. cimic.hr1,k crot-t.a1,k manc.a1,k merc-c.a1,k *Mez.*a1,k pana.a1 *Phyt.*hr1,k,* plb. puls.a1,k sec. stram. stry.a1,k sulph.a1,k sumb.a1 tax.a1,k tere-ch.vk1
 ○ **Ränder** und Zungenspitze: sin-n.hr1,k
 • **Zungenspitze**: arg-n.a1 carb-v.a1,h,* mez.a1

Hohl; Gefühl wie:
○ **zwischen** Zunge und hartem Gaumen: choc.srj3

Holz, wie
 ☞ *Gefühllosigkeit*

Hypertrophie:
○ **Zunge**
 ☞ *Vergrößert - Zunge*

Jucken: am-c. ambr.c1 anac. apis aur-m. hep. *Merc.* merc-i-f. psor.
– **Scharlach**, bei: **Arum-t.**
○ **Gaumen**: anan.a1 apis arund.a1,k canth. crot-h. ferr-ma. gels.br1 *Glon.* *Kali-c.* *Lac-c.* lyss. *Merc.* *Phos.* *Polyg-h.*vh,vh/dg puls. *Ran-b.* sabad.bg3 sil. upa. *Wye.*
 • **nachts**:
  • **Hinlegen**; beim: pert.a12,c1
 • **brennend**: arund.a1,k
 • **Liegen**:
  • **nach**: carbn-s.
– **Oberlippe**, Innenseite: thuj.h
– **Wange**, Innenseite: mag-c.h,k1
– **Zahnfleisch**: am-c.h,k,* bell. calc. camph. caust.h,k,* cimx.hr1,k,* graph. kali-c.bg1,h,* *Merc.* *Nit-ac.* phos. rhod.c2,k zinc.
 • **blutet** beim Kratzen: am-c.h,k,*
 • **Schmerz** nach Kratzen; mit: cimx.
 ○ **zwischen** den Zähnen: caust.h,k,*
– **Zunge**: alum. apis cedr.a1,k crot-c.a1,k dulc. lepi.a1 mez.a1 ph-ac.a1,h,* rhus-v.a1 sulph.
 ○ **Zungenspitze**: alum.a1,h,* dulc.a1,k ph-ac.h,k1 rat.a1 stann.a1
 • **Zungenwurzel**: nux-v.h,k1

Kälte:
– **Atem**; kalter
 ☞ ❑ *Atmung - Kalter*

– **Gefühl** von Kälte: acon. *Ars.* bol-la. *Camph.* carb-an. *Carb-v.* chlf. clem. eupi. kali-n. *Lac-c.*bg1,vh,* *Lach.*bg1,vh,* lyss. plat. rhus-t. tell. *Verat.*
 • **eisige** Kälte: cocc-s.
 • **kochendheißer** Tee scheint kalt: camph.
 • **Konvulsionen**; nach: eupi.
 • **Pfefferminze**; wie durch: *Camph. Lyss.* rhus-t. tell. verat.
 ▽ **erstreckt** sich zum Magen: kali-n.
 ○ **Gaumen**: caust.h
 • **Zahnfleisch**: cocc-s.bro1 phos.bg1
  ○ **oben**: sil.
 • **Zunge**: acon. anag. ant-t. ars-h. bell. **Camph.** **Carb-v.** carbn-s.k2 cist. guare. helo. hydr-ac. irisbg1 kali-chl. laur. *Verat.* zinc.
  • **links**: aloebg1,bg2
  • **rechts**: *Gels.*
  • **Luft**; Gefühl von kalter: *Acon.*
  • **Pfefferminze**; wie durch: lyss.
  ○ **Frenulum**; nahe dem: anag.
  • **Zungenspitze**: bell. cupr.
– **Zunge**: acet-ac. acon. am-c. *Ars.* bar-c. bell. calc. **Camph.** *Carb-v.* carbn-s. *Colch.* cupr-ar. *Cupr-s.* helo.c1 helo-s.c1 *Iris* kali-br. *Laur.* merc. naja *Nat-m.* op. *Ox-ac.* *Ph-ac.* sec. **Verat.** zinc.
 • **morgens**: zinc.
 ◆ **begleitet** von:
  • **Zunge**:
   • **weiße** Farbe der Zunge: *Calc.*kr1,vk1
 • **eisige** Kälte: ars. cocc-s.hr1 zinc.

Karies:
○ **Gaumen**: **Aur.**hr1,k guare. hippoz.hr1,k *Merc.* *Nit-ac.*hr1,k syph.k2
– **Zahnfleisch**: calc.

Kaubewegung
 ☞ ❑ *Gesicht - Kaubewegungen*

Klebrig feucht: bufo *Dios.*hr1,k gamb.hr1,k gels. glon. jac-c.hr1,k lac-d.hr1,k *Lach.*hr1,k merc-sul.hr1,k naja nat-s. *Onos.* plb. sang.
– **Erwachen**, beim: cycl. *Puls.*

Klebrig
 ☞ *Schleim, Schleimabsonderung - fadenziehend / Speichel - Klebstoff*

Klebrig, zäh: bell.h *Berb.* calad. kali-c.h mur-ac.h *Nat-m.* phos.h plat.h ruta squil. *Verat.*
 ☞ *Schleim, Schleimabsonderung / Speichel*
– **morgens**: *Berb.* *Crot-h.* graph.h phos.h plat.h *Sabad.* sulph.h
– **Essen** amel.: berb.
– **fiebriges** Gefühl: *Gels.*
○ **Zunge**: *Acon.*bg2,vk1 agar.bg2,vk1 *Am-m.*k,vk1 ang.bg2,vk1 ant-c.bg2,vk1 ars.k,vk1 bell.k,vk1 berb.k,vk1 *Bry.*k,vk1 canth.bg2,vk1 *Carb-v.*k,vk1 cham.bg2,vk1 *Chin.*bg2,vk1 clem.bg2,vk1 *Colch.*bg2,vk1 *Con.*k,vk1 cycl.bg2,vk1 *Dros.*bg2,vk1 ferr.bg2,vk1 hell.bg2,vk1 hoit.vk1 ign.bg2,vk1 *Lac-ac.*k,vk1 led.bg2,vk1 mag-m.bg2,vk1 meny.bg2,vk1 merc.bg2,vk1 merc-i-f.kr1,vk1 *Merc-i-r.*k,vk1 mez.bg2,vk1 nat-m.k,vk1

Klebrig, zäh - **Zunge**: ...
*Nit-ac.*bg2,vk1 **Nux-m.**k,vk1 nux-v.bg2,vk1 *Olnd.*bg2,vk1 *Ph-ac.*k,vk1 *Phos.*bg2,vk1 *Prun.*bg2,vk1 puls.k,vk1 *Ran-s.*bg2,vk1 *Sabad.*bg2,vk1 sabin.bg2,vk1 sin-n.k,vk1 *Spig.*bg2,vk1 spong.bg2,vk1 *Staph.*bg2,vk1 tarax.bg2,vk1 thuj.bg2,vk1 *Verat.*k,vk1 zinc.bg2,vk1
 ☞ *Klebt / Schleim - Zunge / Schleim, Schleimabsonderung - Zunge*
○ **hinten**: laur.bg1
• **Zungenspitze**: acon.bg2,vk1 aesc.bg2,vk1 agar.bg2,vk1 ang.bg2,vk1 asaf.bg2,vk1 aur.bg2,vk1 brom.bg2,vk1 canth.bg2,vk1 chel.bg2,vk1 chin.bg2,vk1 con.bg2,vk1 dios.bg2,vk1 dros.bg2,vk1 eup-per.bg2,vk1 glon.bg2,vk1 hell.bg2,vk1 ign.bg2,vk1 iod.bg2,vk1 led.bg2,vk1 merc.bg2,vk1 nat-s.bg2,vk1 **Nux-v.**bg2,vk1 ph-ac.bg2,vk1 phos.bg2,vk1 sabad.bg2,vk1 staph.bg2,vk1 verat.bg2,vk1 zinc.bg2,vk1

Klebt am Gaumen; die Zunge: alum.k,vk1 arg-met.k,vk1 bell.k,vk1 *Bry.*k,vk1 caust.k,vk1 hydrog.srj2 kali-p.kr1 laur.bg2 nit-ac.k,vk1 **Nux-m.**k,vk1 sanic.k,vk1 sulph.h
 ☞ *Klebrig, zäh - Zunge / Trockenheit - Zunge*

Kleine Zunge:
– **unvollständige** Entwicklung; durch: cupr-s.vk1

Knistern des Zahnfleisches bei Druck: daph.hr1,k,*

Knoten
 ☞ *Knotige*

Knotige Schwellungen: iod. lyss.bg1 mag-c. merc-i-r. phos. stront-c. sulph.k2 syph.k2
– **bluten** und brennen bei Berührung: mag-c.a1,h,*
○ **Gaumen**: *Asaf.* carc.tp1 mang. mang-act.br1
– **Zahnfleisch**, am: berb. caust. nat-s. ph-ac. plb. *Staph.*
– **Zunge**: ambr.h,k,* *Ars-h.*bro1,vk1 aur.c2,k,* *Aur-m-n.*bro1,vk1 **Carb-an.**k,vk1 *Castor-eq.*bro1,vk1 dros.bg2,h,* eupi.k,vk1 **Gal-ac.**bro1,vk1 graph.bg2,vk1 iod.k,vk1 kali-i.k,vk1 lyc.k,vk1 mag-c.bg2,vk1 mang.k,vk1 mur-ac.k,vk1 *Nit-ac.*bro1,vk1 phos.bg2,vk1 *Sil.*k,vk1 sulph.k2 **Thuj.**bro1,vk1
 • **rechte** Seite:
  • **laufen** auf einen Punkt zu: ars-h.k,vk1
  • **unter** der rechten Seite: ambr.k,vk1
 ○ **unter** der: ambr.h,hr1,* sulph.k2
 • **Zungenspitze**; ein hartes Bläschen bildet sich auf der:
  • **unreinen** Geschwür mit harten Rändern; führt zu einem: ph-ac.k,vk1

Kondylome:
○ **Gaumen**: arg-n.
– **Zunge**: aur. *Aur-m.* aur-m-n. lyc. mang. staph.

Kongestion des Zahnfleisches: graph.h

Konvulsionen
 ☞ *Krämpfe*

Krampfadern auf der Zunge: ambr.bro1,vk1 calc.h *Dig.*k,vk1 *Fl-ac.*k,vk1 *Ham.*bro1,k,* *Puls.*k,vk1 *Thuj.*bro1,k,*

Krämpfe: najagm1 sep.h,kl
○ **Zunge**: acon.bg1,bg2,* agar.bg2,k2,* *Arg-n*.hr1,k,* bell.bro1,vk1 borx.k,vk1 carb-v.bg1,vk1 carbn.c2 cham.bg2,vk1 cic.vk1 cinabg2,vk1 *Cocc*.hr1,k,* *Con*.hr1,k,* crot-t.bg2,vk1 glon.hr1,k,* ip.bg2,vk1 laur.bg2,vk1 *Lyc*.bg2,k,* *Merc-c*.kr1,vk1 nux-v.bg2,vk1 rutac2,k,* sec.bg2,k,* syph.hr1,k,*

Kratzen; schabendes, scharriges: alum.a1 am-c.a1 *Bell*.a1 caust.a1 cedr.a1 colch.a1 croc.a1 kali-i.a1 lyc.h,k1 phos.a1 sal-ac.a1
○ **Gaumen**: aphisc1 cact.hr1,k,* *Camph*.hr1,k chin.a1,k coc-c.a1,k coloc.a1,k dig.a1,k *Dros*.hr1,k fago.a1,k *Hell*.a1 hyos.a1,k lyss.hr1,k meph.a1,k *Mez*.hr1,k,* par.a1 phos.a1,k ran-b.hr1,k sabad.a1 staph.a1,k

Kratzen, scharfes: alum.h caust.h nit-ac.h phos.h
○ **Gaumen**: ambr.h ant-c.h ars.h bell.h camph.h coloc.h dig.h hell.h squil.h staph.h
– **Zahnfleisch**: bell.h
– **Zunge**: caust.h thuj.h

Krebs:
○ **Gaumen**: aur. hydr.
 ○ **harter** Gaumen: scolo-v.gm1
– **Zunge**: *Alumn*.hr1,k *Apis*gm1,k,* arg-cy.gm1 *Ars*.hr1,k,* *Aur*.k,vk1 *Aur-m*.hr1,k,* aur-m-n.bro1,gm1,* benz-ac.hr1,k,* calc.hr1,k,* *Carb-an*.hr1,k,* caust.hr1,k,* chr-ac.br1 *Con*.hr1,k,* crot-h.hr1,k,* cund.hr1,k,* gali.bro1,c1,* *Hydr*.hr1,k,* kali-chl.hr1,k,* kali-cy.c2,k,* *Kali-i*.hr1,k,* *Lach*.hr1,k,* *Mur-ac*.hr1,k,* *Nit-ac*.hr1,k,* *Phos*.k,vk1 *Phyt*.hr1,k,* rad-br.gm1 semp.bro1,gm1,* sep.hr1,k,* *Sil*.hr1,k,* *Strych-g*.bro1,vk1 sulph.hr1,k,* thuj.hr1,k,* *Vib-p*.bro1,c2,*
 • **links**: *Mur-ac*.vk1
 ◆ **begleitet** von:
  • **blaue** Farbe der Zunge: *Mur-ac*.kr1,vk1
  • **Blutung**; Neigung zur: crot-h.kr1,vk1
  • **Zunge**; Atrophie der: merc.vk1 *Mur-ac*.bro1,k,*
   • **Stimme**; und spricht mit belegter, heiserer Stimme: *Mur-ac*.kr1,vk1
 • **Epitheliom**: *Ars*.bro1,vk1 carb-ac.bro1,vk1 chr-ac.bro1,vk1 **Hydr.**bro1,vk1 *Kali-cy*.bro1 mur-ac.bro1 *Thuj*.bro1
 • **harte**, indurierte, geschwürige, warzige Wucherungen: *Mur-ac*.kr1,vk1
 • **schmerzhaft**: cit-l.kr1,vk1
 • **Szirrhus**: alum.kr1,vk1

Kribbeln: acon. alum.a1,k bamb-a.stb2 merl.a1,k nux-m. *Zinc*.a1,k
○ **Gaumen**: acon. carb-v.a1,k caust.a1,h,* grat. sabad.
– **Wange**, Innenseite: zinc.h,k1
– **Zahnfleisch**: arn. graph. kali-c. **Sec.**
– **Zunge**: bamb-a.stb2 dulc.h1 kali-n.h *Plat*.

Krusten:
– **geschwürig**: arg-n.
– **trocken**, schuppig: *Myric*. phos.k2
○ **Gaumen**:
 • **trocken**, schuppig: myric. plb. sec. sul-ac.
 • **weiß**: ox-ac.
 ○ **Uvula**; hinter der Basis der: *Bar-c*.
– **Zunge**: bry.k2

Lack überzogen aus; Zunge sieht wie mit
 ☞ *Glatte - Lack*

Lahme Zunge: calc.k,vk1 *Dulc*.hr1,k,* euphr.hr1,k,* hydr-ac.hr1,k,*
– **Schreck**, nach: hydr.k,vk1 hyos.k,vk1
– **wie** lahm: aesc-g.hr1,k,* *Mur-ac*.k,vk1

Lähmung:
○ **Gaumen**: *Gels*. *Lach*. *Plb*. *Sil*.
 • **links**, Gefühl von: meny.h
– **Zunge**: absin.a1,k,* *Acon*.bg2,k,* *Acon-c*.bro1,c2,* aesc-g.a1 agar.bg2,vk1 anac.bg2,k,* *Apis*k,vk1 *Arn*.k,vk1 ars.k,vk1 aster.c2 bapt.k,vk1 *Bar-c*.bg2,k,* bar-m.k,vk1 *Bell*.bg2,k,* **Both.**bro1,c2,* brom.k,vk1 bufok,vk1 *Cadm-s*.k,vk1 cann-i.bro1,vk1 caps.c2,k,* carbn-s.k,vk1 **Caust.**bg2,k,* *Cocc*.bg2,k,* colch.bg2,vk1 *Con*.bg2,k,* conin.c2 *Crot-c*.k,vk1 *Cupr*.k,vk1 cupr-s.a1 **Cur.**bro1,vk1 *Dulc*.bg2,k,* **Euph.**bg2,vk1 **Gels.**bg2,k,* glon.bg2,vk1 graph.bg2,k,* *Gua*.bro1,c2,* guare.k,vk1 *Hell*.k,vk1 hydr.bg2,vk1 *Hydr-ac*.k,vk1 *Hyos*.bg2,k,* ip.bg2,k,* lac-c.k,vk1 *Lach*.bg2,k,* **Laur.**bg2,vk1 linu-u.c2 *Lob-p*.bro1,c2,* **Lyc.**k,vk1 meph.k,vk1 merc-c.k,vk1 merl.c2 **Mez.**vk1 *Mur-ac*.k,vk1 *Naja*k,vk1 nat-m.c2 *Nux-m*.k,vk1 nux-v.k,vk1 olnd.bro1,vk1 **Op.**k,vk1 **Plb.**k,vk1 plb-xyz.c2 pyrusc2 *Rheum*k,vk1 *Rhus-t*.k,vk1 rutabg2,vk1 sec.k,vk1 sil.bg2,vk1 *Stram*.k,vk1 syph.k,vk1 tep.c2 verat.k,vk1 vesp.k,vk1 zinc-s.bro1,c2,*
 ◆ **begleitet** von:
  • **Aphasie**
   ☞ *❑ Gemüt - Aphasie - Zunge - Lähmung*
  • **Gefühllosigkeit**, Taubheit einer Seite: *Nat-m*.kr1,vk1
  • **Meningitis**
   ☞ *❑ Kopf - Entzündung - Hirnhaut - begleitet von - Zunge - Lähmung*
  • **Scharlach**
   ☞ *❑ Haut - Hautausschläge - Scharlach - begleitet von - Zunge - Lähmung*
  • **Typhus** abdominalis
   ☞ *❑ Fieber - Typhus - begleitet von - Zunge - Lähmung*
 • **alten** Menschen, bei: *Bar-c*.k,kr1,*
 • **Gefühl** von: *Coc-c*. *Cocc*. ip. merl. phys.gt1,h,* syph.c1
  • **Menses**, während: *Cedr*.
 • **gezogen** nach:
  • **links**: *Bell*.k,vk1 *Glon*.k,vk1 *Op*.k,vk1 *Plb*.k,vk1
  • **rechts**: *Cur*.k,vk1 *Nux-m*.k,vk1 **Op.**k,vk1
 • **Wetter**, bei naßkaltem: *Dulc*.k,vk1

Landkartenzunge ●: agar.bg2,vk1 alum.bg2,vk1 am-m.bg2,vk1 ant-c.k,vk1 ant-t.bg2,vk1 *Ars*.bg2,k,* borx.bg2,vk1 calc.bg2,vk1 carb-v.bg2,vk1 cham.k,vk1 colch.bg2,vk1 crot-h.vk1 cupr.bg2,vk1 dulc.bg3,ptk1 *Graph*.bg2,vk1 hydr.bg2,ptk1,* *Kali-bi*.bg2,k,* kali-chl.bg3 kali-i.bg2,vk1 kali-m.bg3,k2,* lac-c.bg2,vk1 *Lach*.bg2,k,* lil-t.bg1,bg2,* lyc.bg2,k,* manc.bg2,vk1 med.bg2,vk1 merc.bg2,k,* *Merc-c*.bg2,ptk1,* mur-ac.bg2,vk1 *Nat-m*.bg2,k,* nit-ac.bg2,k,* ox-ac.bro1,vk1 *Phos*.bg2,vk1 phyt.bro1,vk1 *Ran-s*.bg2,k,* *Rhus-t*.bg2,k,* sep.bg3,ptk1,* sul-ac.bg2,k,* sulph.bg2,vk1 syph.ptk1 tab.bg2,vk1 **Tarax.**bg2,k,* *Ter*.k,vk1 thuj.bg2,k,*

Landkartenzunge: ...
tub.$_{ptk1,st}$
◆ **begleitet** von:
• **Amenorrhoe**
☞ ❑ *Weibliche Genitalien - Menses - fehlend - begleitet von - Zunge - Landkartenzunge*
• **Diphtherie**
☞ ❑ *Innerer Hals - Diphtherie - begleitet von - Zunge - Landkartenzunge*
• **Erregung**
☞ ❑ *Gemüt - Erregung - Zunge - Landkartenzunge*

Lang; Gefühl, als sei die Zunge zu: acon. aeth. *Mur-ac.* sumb.

Lazerierte Zunge: anan.$_{hr1,k,*}$ art-v.$_{hr1,k,*}$ hyper.$_{hr1,k,*}$

Leckt sich die Lippen: agar.$_{zr}$
☞ ❑ *Gesicht - Leckt*

Leder:
○ **Gaumen** fühlt sich wie Leder; der weiche: stict.$_{st}$
– **Zunge**:
• **fühlt** sich wie Leder: acon.$_{k,vk1}$
• **sieht** wie verbranntes Leder aus: hyos.$_{k,vk1}$

Leukoplakie: borx.$_{vk1}$ ign.$_{vk1}$
☞ *Farbe - weiß - Flecken*

Livide Zunge
☞ *Farbe - Zunge - blau*

Luft gefüllt; wie mit: acon.

Mundfäule
☞ *Stomatitis ulcerosa / Stomatitis ulcerosa - gangränös*

Mundgeruch
☞ *Geruch - faulig*

Noma
☞ *Krebs / Stomatitis ulcerosa - gangränös*

Offen: ail.$_{bg1}$ ant-t. apis ars.$_{bg3}$ arum-t. bapt.$_{k2}$ **Bar-c.**$_{bg1,bg2,*}$ bell.$_{bg2,k}$ bufo$_{k2}$ *Calad.* camph.$_{bg2,k}$ carb-an.$_{h,k1}$ caust.$_{bg2,k}$ colch. cupr.$_{bg2,k}$ gels.$_{bg2,k}$ *Hell.* hydr-ac. *Hyos.*$_{bg2,k}$ **Lach.**$_{bg2,k}$ *Laur.* **Lyc.**$_{bg2,k}$ mag-m.$_{br1}$ merc.$_{bg2,k}$ mez.$_{bg2,k}$ *Morph.* *Mur-ac.*$_{bg2,k}$ naja nat-c.$_{bg1}$ *Nux-v.*$_{bg2,k}$ **Op.**$_{bg2,k}$ ox-ac. ph-ac.$_{bg2,k}$ *Phos.*$_{bg2,k}$ puls.$_{bg2,k}$ samb.$_{bg2,k}$ sil.$_{h,k1}$ squil.$_{bg2,k}$ *Stram.*$_{bg2,k}$ stry. **Sulph.**
☞ ❑ *Gesicht - Herabfallen*
◆ **begleitet** von:
• **Husten**
☞ ❑ *Husten*
– **Bewußtlosigkeit**:
• **während** der: bapt.$_{k2}$
– **Gähnen** offen; bleibt nach dem: *Ant-t.*
– **Konvulsionen**; vor epileptischen: *Bufo*
– **Schlaf**, im ●: brom. **Calc.**$_{gl1,h,*}$ caust. cham. chim.$_{hr1,k}$ dulc. elaps hep.$_{gl1,h,*}$ ign. *Lyc.* merc. nat-c.$_{k2}$ *Nux-v.* **Op.** plan. *Rhus-t.*$_{hr1,k}$ samb.$_{hr1,k}$ sul-i. vario. zinc.$_{h,k1}$
– **Schnupfen**, beim: mag-c.$_{h}$ mag-m.$_{h}$ nat-c.$_{h}$ zinc.$_{h}$
– **schwierig**; den Mund zu öffnen ist
☞ *Öffnen - schwierig*

Offen: ...
– **Spannung** im vorderen Hals; durch: sil.$_{h,k1}$
– **unwillkürlich** offen; steht: ther.$_{c1,st}$

Öffnen des Mundes:
– **plötzlich**; Mund öffnet sich: carb-an.$_{bg1}$ ign.$_{bg1}$ m-arct.$_{bg1}$ *Rhus-t.*$_{bg1}$
– **schwierig**; ist: ant-t. anthraci. ars. *Caust.* chinin-s. cocc. colch. dig. kali-c.$_{h}$ **Lach.** *Merc-c.* mosch. nat-s.$_{c1}$ nicc.$_{c1}$ nit-ac. nux-v. *Phos.* psor. stry. sul-ac. upa.

Oszillieren der Zunge
☞ *Herausstrecken - Zunge - oszilliert*

Papillen:
– **aufgerichtet**: agar.$_{k,vk1}$ apis$_{k,vk1}$ **Arg-n.**$_{k,vk1}$ *Ars.*$_{k,vk1}$ arum-m.$_{k,vk1}$ *Arum-t.*$_{k,vk1}$ aza.$_{vk1}$ **Bell.**$_{k,vk1}$ bry.$_{kr1,vk1}$ caust.$_{k,vk1}$ chel.$_{k,vk1}$ croc.$_{k,vk1}$ cupr.$_{k,vk1}$ ham.$_{k,vk1}$ *Hydr.*$_{k,vk1}$ ictod.$_{k,kr1,*}$ *Ign.*$_{kr1,vk1}$ kali-bi.$_{k,vk1}$ *Lach.*$_{k,vk1}$ lyc.$_{k,vk1}$ *Merc.*$_{k,vk1}$ *Merc-c.*$_{k,vk1}$ merc-i-f.$_{k,vk1}$ merc-sul.$_{k,vk1}$ mez.$_{k,vk1}$ *Nux-m.*$_{k,vk1}$ olnd.$_{k,vk1}$ *Phos.*$_{k,vk1}$ plb.$_{k,vk1}$ podo.$_{k,vk1}$ psil.$_{ft1}$ ptel.$_{k,vk1}$ *Rhus-t.*$_{k,vk1}$ sapin.$_{a1}$ ~~sapo.$_{a1,xxx}$~~ sep.$_{k,vk1}$ stram.$_{k,vk1}$ stry.$_{k,vk1}$ *Tab.*$_{k,vk1}$ *Tarent.*$_{k,vk1}$ ter.$_{k,vk1}$ tere-ch.$_{vk1}$ zinc.$_{k,vk1}$ zinc-p.$_{k2}$
◆ **begleitet** von:
• **Rauheit** der Zunge: *Podo.*$_{kr1,vk1}$
• **Erdbeerzunge**: ant-t.$_{bg2,vk1}$ arg-n.$_{bg2,vk1}$ arum-t.$_{bg2,k2,*}$ bac.$_{a1,c1}$ *Bell.*$_{bg2,k2,*}$ *Frag.*$_{br1,c1}$ kali-bi.$_{k2}$ lach.$_{bg2,vk1}$ merc-c.$_{c1}$ phos.$_{bg2,vk1}$ ptel.$_{bg2,vk1}$ sapin.$_{a1,c1}$ ter.$_{bg2,vk1}$ *Tub.*$_{a1,hr1,*}$ verat-v.$_{c1}$
○ **Zungenspitze**: sapin.$_{a1}$
• **Zungenwurzel**: agar.$_{k,vk1}$ *Kali-bi.*$_{k,k2,*}$ nat-ar.$_{k,vk1}$
– **erhaben**
☞ *aufgerichtet*
– **fehlen**: penic.$_{vk1}$
○ **Ränder**: penic.$_{jl3,vk1}$
• **Zungenspitze**; an der: carc.$_{svb,xxb}$
– **gerötet**: ant-t.$_{bro1,k,*}$ **Arg-n.**$_{bro1,vk1}$ ars.$_{bro1,k,*}$ **Bell.**$_{bro1,k,*}$ ign.$_{k,vk1}$ *Kali-bi.*$_{bro1,vk1}$ *Lyc.*$_{bro1,vk1}$ mez.$_{bro1,k,*}$ *Nux-m.*$_{bro1,k,*}$ *Ptel.*$_{bro1,k,*}$ **Ter.**$_{bro1,vk1}$
◆ **begleitet** von:
• **weiße** Farbe der Zunge
☞ *Farbe - Zunge - weiß - begleitet von - Papillen*
• **aufgerichtet**; und:
◆ **begleitet** von:
• **Zungenspitze**:
• **braune** Farbe: *Merc.*$_{kr1,vk1}$
– **hervorstehend**
☞ *aufgerichtet*
– **hypertrophiert**
☞ *vergrößert*
– **vergrößert**: *Agar.*$_{k,vk1}$ aza.$_{vk1}$ *Bell.*$_{k,vk1}$ cupr.$_{k,vk1}$ *Ign.*$_{k,vk1}$ *Kali-bi.*$_{k,vk1}$ lat-m.$_{vk1}$ phos.$_{k,vk1}$ ptel.$_{c1}$ tub.$_{k,vk1}$
○ **Zungenspitze**, an der: **Ars.**$_{k,vk1}$ sulph.$_{k,vk1}$
• **Zungenwurzel**, an der: ham.$_{k,vk1}$
– **wund**: *Arg-n.*$_{k,vk1}$

Pelzig:
○ **Zahnfleisch**: sul-ac.$_{h}$

– **Zunge**: oci-sa.$_{vk1}$ phos.$_{h}$ ven-m.$_{vk1}$
• **vordere** Hälfte: anh.$_{vk1}$
• **Zungenwurzel**: guat.$_{vk1}$

Pickel
☞ *Hautausschläge - Pickel*

Plaques
☞ *Schleimhautpapel*

Prickeln, Kribbeln: anac. cedr. colch.$_{a1,k}$ fl-ac.$_{a1,k}$ manc. nat-p. nit-ac. psor. seneg.$_{a1,k}$ spig. *Zinc.*
○ **Gaumen**: arg-n.$_{a1,k}$ carbn-s.$_{k2}$ caust.$_{h,k1}$ mez.$_{a1}$ sang.$_{a1,k}$
• **Liegen** agg.: carbn-s.$_{k2}$
– **Zahnfleisch**: arn. lyc.$_{a1,h,*}$
– **Zunge**: **Acon.**$_{bg2,k}$ acon-c.$_{a1}$ agar.$_{a1,k}$ *Alum.* apis ars-h. arum-m.$_{hr1,k,*}$ arum-t.$_{k2}$ bamb-a.$_{stb2}$ bell.$_{bg2,k}$ borx. brach. bry. cact. carb-ac. cedr. chr-ac. dros. dulc.$_{bg2,k}$ echi. elaps eup-pur.$_{a1,k}$ *Fl-ac.*$_{bg2,k,*}$ *Glon.*$_{bg2,k,*}$ hell.$_{bg2,k,*}$ *Kali-bi.*$_{bg2,k}$ kali-n. lach.$_{bg2,k,*}$ lath.$_{br1}$ lina.$_{c2}$ *Lyss.* manc.$_{bg2,k,*}$ *Merc.* merl. nat-m.$_{bg2,k}$ nat-p. nux-m. phos.$_{bg2,k}$ plat.$_{bg2,k}$ ptel.$_{a1,k}$ puls. rhod.$_{bg2,k,*}$ rhus-t.$_{bg2}$ sang.$_{bg2,k,*}$ sec.$_{bg2,k,*}$ spig. thuj.$_{a1,k}$ *Ust.*$_{a1,k}$ verat.
• **Menses**, während: *Cedr.*
○ **Frenulum**: phos.$_{h}$
• **unter** der: *Lyss.*
• **Zungenspitze**: ars-h. cact. crot-c.$_{a1,k}$ crot-t. dulc.$_{bg2,k}$ elaps eup-pur. nat-m.$_{bg2,k}$ phys. sang.$_{a1,k}$ sec.$_{br1}$
• **Nadeln**, wie tausend: arum-m. carb-ac. nux-v.

Ptyalismus
☞ *Speichelfluß*

Pulsieren:
○ **Gaumen**: glon. rhus-t.
– **Zahnfleisch**: ambr. *Arn.* bell. *Calc.* daph. kali-n.$_{h}$ mag-m.$_{h}$ merc. nit-ac.$_{k2}$ phos. puls. *Sep.* staph. *Sulph.* thuj.
• **Menses**, während: **Sep.**
– **Zunge**: vesp.$_{k,vk1}$

Purpura: *Crot-h. Lach. Phos. Psor.* ter.

Pusteln: ant-t.$_{a1,k}$ ars-s-f. berb. caps. crot-t.$_{a1,k}$ hep.$_{a1,k}$ hydr.$_{a1,k}$
○ **Gaumen**: ambr. ant-t. coc-c.$_{a1,k}$ phos.
• **links**: psil.$_{ft1}$
– **Zahnfleisch**: aur.$_{a1,k}$ calc. *Carb-an. Carb-v.*$_{a1,k}$ nat-s. petr. puls.
☞ *Abszeß - Zahnfleisches*
○ **nahe** dem befallenen Backenzahn: aloe
– **Zunge**: ant-t.$_{a1,k,*}$ cund.$_{a1,k,*}$ **Hep.**$_{a1,k,*}$ med.$_{k,vk1}$ mur-ac.$_{bg2,k,*}$ sep.$_{a1,k,*}$ vario.$_{k,vk1}$
• **brennend** und stechend: am-c.$_{a1,k,*}$
○ **Seiten**:
• **rechts**: cund.$_{kr1,vk1}$
• **unter** der: am-c.$_{a1,k,*}$ med.$_{k,vk1}$ nat-c.$_{k,vk1}$
• **Zungenspitze**: cund.$_{k,vk1}$ med.$_{k,vk1}$ thuj.$_{k,vk1}$

Quecksilber angegriffenes Zahnfleisch; durch: *Carb-v.* chin. *Hep.* hydr. *Merc. Nit-ac.* phyt. staph.

Ranula, Froschgeschwulst: am-be.$_{c2}$ **Ambr.**$_{bg2,k,*}$ ars-i.$_{vk1}$ bell.$_{hr1,kr1,*}$ **Calc.**$_{bg2,k,*}$ *Canth.*$_{hr1,k,*}$ cham.$_{k,vk1}$ chr-o.$_{c2}$ ferr-p.$_{bro1,vk1}$ fl-ac.$_{hr1,k,*}$ hippoz.$_{hr1,k,*}$ lac-c.$_{c2,k,*}$ *Lach.*$_{k,vk1}$ *Merc.*$_{bg2,k,*}$ *Mez.*$_{bg2,k,*}$ *Nat-m.*$_{bg2,k,*}$ *Nit-ac.*$_{bg2,k,*}$ *Plb.*$_{hr1,k,*}$ psor.$_{hr1,k,*}$ sacch.$_{c2,k,*}$ *Staph.*$_{bg2,k,*}$ syph.$_{bg1}$ thlas.$_{c2}$ *Thuj.*$_{bg2,k,*}$ verat.$_{hr1,k,*}$
– **gallertartig**: mez.$_{k,vk1}$ nit-ac.$_{k,vk1}$ staph.$_{k,vk1}$
• **bläulichrot**: *Thuj.*$_{hr1,k,*}$
– **periodisch**: chr-ac.$_{hr1,k,*}$ lyss.$_{hr1,k,*}$

Rasseln: bell.$_{vk1}$ lac-c.$_{hr1,k,*}$

Rauheit: am-c.$_{bg2,k,*}$ berb. bov.$_{hr1,k}$ calc.$_{hr1,k}$ carb-an.$_{bg2,k}$ carb-v.$_{bg2,k}$ caust.$_{bg2,k,*}$ cina clem.$_{a1}$ cycl.$_{bg2,k,*}$ dig.$_{bg2,k,*}$ ip.$_{bg2,h,*}$ lyc.$_{bg2,k,*}$ musa$_{a1}$ *Nat-s.*$_{hr1,k,*}$ phos.$_{bg2,k}$ sep.$_{bg2,k,*}$ still.$_{a1}$ sulph.$_{bg2,k,*}$
○ **Gaumen**: ang.$_{hr1,k}$ ant-c.$_{bg2,k,*}$ apis ars.$_{bg2,h,*}$ *Calc.*$_{hr1,k}$ **Card-m.**$_{hr1,k}$ cina dig.$_{h,k1}$ *Dros.*$_{bg2,k,*}$ guare.$_{hr1,k,*}$ hyos.$_{h,k1}$ iris mag-c. mez.$_{a1,k}$ naja phos.$_{h,k1}$ sep.$_{a1,k}$ squil.$_{bg2,h,*}$ staph.$_{bg2,h,*}$ stram.$_{bg2,k,*}$ thuj.$_{bg2,k,*}$
• **vormittags**: phos.$_{h,k1}$
– **Lippen**:
○ **Oberlippe**:
○ **Innenseite**: mag-m.$_{h}$
– **Zahnfleisch**: ammc.$_{a1}$ nat-c.$_{h,h2,*}$
– **Zunge**: acon.$_{bg2,vk1}$ alum.$_{bg2,k,*}$ alumn.$_{a1,k,*}$ anac.$_{bg2,k,*}$ ang.$_{bg2,k,*}$ *Apis*$_{bro1,vk1}$ *Arg-n.*$_{bg2,k,*}$ **Ars.**$_{bro1,vk1}$ **Arum-t.**$_{br1,kr1,*}$ bar-c.$_{bg2,k,*}$ bell.$_{bg2,k,*}$ *Bry.*$_{bg2,k,*}$ caj.$_{a1}$ calc.$_{bg2,k,*}$ **Canth.**$_{bro1,vk1}$ carb-v.$_{bg2,k,*}$ casc.$_{a1,k,*}$ cere-b.$_{a1}$ chel.$_{a1}$ coc-c.$_{k,vk1}$ cocc.$_{bg2,k,*}$ coloc.$_{bg2,k,*}$ croc.$_{bg2,vk1}$ cupr.$_{hr1,k,*}$ cupr-s.$_{bg2,hr1,*}$ dulc.$_{bg2,k,*}$ graph.$_{bg2,k,*}$ *Grat.*$_{hr1,k,*}$ hyos.$_{bg2,h,*}$ *Kali-bi.*$_{hr1,k,*}$ laur.$_{bg2,k,*}$ lina.$_{c2}$ merc.$_{a1,bg2,*}$ mez.$_{bg2,vk1}$ musa$_{a1}$ **Nit-ac.**$_{bro1,vk1}$ olnd.$_{bg2,k,*}$ op.$_{a1}$ ox-ac.$_{a1}$ par.$_{bg2,k,*}$ phos.$_{bg2,k,*}$ phys.$_{a1}$ *Phyt.*$_{hr1,k,*}$ *Podo.*$_{hr1,k,*}$ ptel.$_{hr1,k,*}$ **Ran-s.**$_{bro1,vk1}$ rhus-v.$_{hr1,kr1,*}$ sars.$_{bg2,k,*}$ sep.$_{bg2,k,*}$ still.$_{a1}$ stram.$_{a1,bg2,*}$ sul-ac.$_{a1,k,*}$ *Sulph.*$_{bg2,k,*}$ sumb.$_{a1}$ tanac.$_{a1}$ *Tarax.*$_{bro1,vk1}$ thuj.$_{bg2,h,*}$
☞ *Haarige*
• **morgens**: alum.$_{a1}$ bar-c.$_{h,k1}$ cocc.$_{a1,h,*}$ lyc.$_{a1}$ sars.$_{hr1,k,*}$ sep.$_{hr1,k,*}$
◆ **begleitet** von:
• **Chorea**
☞ *☐ Allgemeines - Chorea - begleitet von - Zunge - Rauheit*
• **Papillen**:
• **aufgerichtet**
☞ *Papillen - aufgerichtet - begleitet von - Rauheit*
• **Trockenheit** der Zunge
☞ *Trockenheit - Zunge - begleitet von - Rauheit*
• **Essen**:
• **nach**: graph.$_{kr1,vk1}$
• **Streifen**, in: *Calc.*$_{hr1,k,*}$
○ **Mitte**; Streifen in der: *Calc.*$_{kr1,vk1}$
• **Ränder**: osm.$_{hr1,k,*}$
• **Zungenspitze**: ammc.$_{a1}$ carb-v.$_{h,k1}$ mez.$_{h,k1}$ phos.$_{h,k1}$

Reine Zunge: abrom-a.$_{bnj1,vk1}$ *Aeth.*$_{bg2,vk1}$ **Ars.**$_{bro1,vk1}$ **Asar.**$_{bro1,vk1}$ bism.$_{bg2,vk1}$ *Chin.*$_{bro1,vk1}$ **Cina**$_{bro1,vk1}$ cocc.$_{kr1,vk1}$ **Cory.**$_{bro1,vk1}$ *Dig.*$_{bro1,vk1}$ elaps$_{kr1,vk1}$ *Hyos.*$_{bg2,vk1}$ ign.$_{bg2,vk1}$ **Ip.**$_{bro1,vk1}$ *Mag-p.*$_{bro1,vk1}$ nat-m.$_{bg2,vk1}$ *Nit-ac.*$_{bro1,vk1}$ oena.$_{kr1,vk1}$ **Pyrog.**$_{bro1,vk1}$ **Rhus-t.**$_{bro1,vk1}$ sec.$_{bg2,vk1}$ *Sep.*$_{bro1,vk1}$ sulph.$_{bg2,vk1}$ zinc.$_{bg2,vk1}$
☞ *Glatte*

◆ **begleitet** von:
- **bitterer** Geschmack: chinin-s.$_{kr1,vk1}$
  - **Frauen**; bei alten: *Carb-v.*$_{kr1,vk1}$
- **Cholera**
  ☞ *☐ Rektum - Cholera - begleitet von - Zunge - reine*
- **Gehirns**; Beschwerden des
  ☞ *☐ Kopf - Gehirns - begleitet von - Zunge - reine*
- **glatte** Zunge
  ☞ *Glatte - begleitet von - reine*
- **Kopfschmerzen**
  ☞ *☐ Kopf - Schmerz - begleitet von - Zunge - reine*
- **Lepra**
  ☞ *☐ Allgemeines - Lepra - begleitet von - reine*
- **Magen**; Schmerz im
  ☞ *☐ Magen - Schmerz - begleitet von - Zunge - reine*
- **Nephritis**; akute: apis$_{kr1,vk1}$
- **Obstipation**
  ☞ *☐ Rektum - Obstipation - begleitet von - Zunge - reine*
- **Trockenheit** der Zunge:
  - **Zungenspitze**: sec.$_{kr1,vk1}$
- **Typhus** abdominalis
  ☞ *☐ Fieber - Typhus - begleitet von - Zunge - reine*
- **Übelkeit**
  ☞ *☐ Magen - Übelkeit - begleitet von - Zunge - reine*
- **Zungenspitze**:
  - **rote** Farbe
    ☞ *Farbe - Zunge - rot - Zungenspitze - begleitet von - reine Zunge*
- **Zungenwurzel**:
  - **belegt**
    ☞ *Farbe - Zunge - weiß - Zungenwurzel - begleitet von - reine*
  - **schleimiger** Belag
    ☞ *Schleim, Schleimabsonderung - Zunge - Zungenwurzel - begleitet von - reine*

– **Menses**; während: *Sep.*$_{vk1}$

○ **Mitte**:
◆ **begleitet** von:
- **weiße** Farbe der Zunge
  ☞ *Farbe - Zunge - weiß - begleitet von - Mitte - rein*

– **Ränder**: mangi.$_{vk1}$
◆ **begleitet** von:
- **Leber**; Härte der
  ☞ *☐ Abdomen - Hart - Leber - begleitet von - Zunge - reine - Zungenspitze*
- **Verdauungsstörung**
  ☞ *☐ Magen - Verdauungsstörung - begleitet von - Zunge - Ränder*
- **Zunge**; Farbe der:
  - **rote** Zungenspitze
    ☞ *Farbe - Zunge - rot - Zungenspitze - begleitet von - reine Ränder*

Reine Zunge - **Ränder** - **begleitet** von - **Zunge**; Farbe der: ...
- **weiß**
  ☞ *Farbe - Zunge - weiß - begleitet von - Ränder - rein*

– **Seiten**:
◆ **begleitet** von:
- **Zunge**; Farbe der:
  - **Sahne**; wie
    ☞ *Farbe - Zunge - Sahne - begleitet von - reine*

– **Zungenspitze**:
◆ **begleitet** von:
- **Leber**; Härte der
  ☞ *☐ Abdomen - Hart - Leber - begleitet von - Zunge - reine - Zungenspitze*
- **Zunge**; Farbe der:
  - **weiß**
    ☞ *Farbe - Zunge - weiß - begleitet von - Zungenspitze - reine*

Rissig (= aufgesprungen): ambr. arum-t.$_{bg3}$ bell.$_{bg3}$ bism. bry.$_{k2}$ bufo *Cocc.* cund.$_{c2}$ eup-per.$_{c2}$ hydr.$_{k2}$ kali-bi.$_{bg3}$ lach.$_{a1,k}$ merc.$_{k2}$ *Ph-ac.* *Phos.*

○ Mundwinkel
☞ *☐ Gesicht - Rissig - Mundwinkel*

– **Zahnfleisch**: plat.

– **Zunge**: **Ail.**$_{hr1,k,*}$ alco.$_{a1}$ anan.$_{hr1,k,*}$ *Apis*$_{k,vk1}$ **Ars.**$_{bg2,k,*}$ **Ars-i.**$_{k,vk1}$ ars-s-f.$_{k2}$ **Arum-t.**$_{hr1,k,*}$ arund.$_{br1,bro1,*}$ atro.$_{hr1,k,*}$ aur.$_{k,vk1}$ aur-ar.$_{k2}$ aur-s.$_{k2}$ *Bapt.*$_{hr1,k,*}$ bar-c.$_{bg2,k,*}$ bar-i.$_{k2}$ bar-m.$_{k,vk1}$ bar-s.$_{k2}$ *Bell.*$_{bg2,k,*}$ *Benz-ac.*$_{hr1,k,*}$ bor-ac.$_{bro1,vk1}$ *Borx.*$_{k,vk1}$ *Bry.*$_{bg2,k,*}$ bufo$_{k,vk1}$ calad.$_{bg2,vk1}$ *Calc.*$_{bg2,k,*}$ calc-f.$_{br1}$ calc-i.$_{k2}$ calc-p.$_{k,vk1}$ calc-s.$_{k,vk1}$ *Camph.*$_{bg2,k,*}$ carb-ac.$_{hr1,k,*}$ *Carb-v.*$_{bg2,k,*}$ carbn-s.$_{k,vk1}$ *Cham.*$_{bg2,k,*}$ chel.$_{hr1,k,*}$ *Chin.*$_{bg2,k,*}$ chinin-ar.$_{k,vk1}$ chlorpr.$_{vk1}$ cic.$_{bg2,k,*}$ clem.$_{bg2,k,*}$ cob.$_{hr1,k,*}$ *Crot-h.*$_{hr1,k,*}$ cupr.$_{bg2,k,*}$ cur.$_{hr1,k,*}$ der.$_{a1}$ fago.$_{a1}$ **Fl-ac.**$_{bg2,k,*}$ hell.$_{bg2,vk1}$ **Hyos.**$_{hr1,k,*}$ iod.$_{hr1,k,*}$ *Kali-bi.*$_{bg2,k,*}$ kali-c.$_{k2}$ kali-i.$_{bg1,bg2,*}$ *Lach.*$_{bg2,k,*}$ *Leon.*$_{bro1,vk1}$ *Lyc.*$_{bg2,k,*}$ *Mag-m.*$_{bg2,k,*}$ *Merc.*$_{bg2,k,*}$ mez.$_{k,vk1}$ *Mur-ac.*$_{hr1,k,*}$ myris.$_{a1}$ *Nat-ar.*$_{k,vk1}$ nat-m.$_{bro1,vk1}$ **Nit-ac.**$_{bg2,k,*}$ nux-v.$_{bg2,k,*}$ ph-ac.$_{bg2,k,*}$ **Phos.**$_{bg2,k,*}$ *Phyt.*$_{bg2,bro1,*}$ pic-ac.$_{hr1}$ plat.$_{k,vk1}$ *Plb.*$_{bg2,k,*}$ plb-act.$_{bro1,vk1}$ *Podo.*$_{hr1,k,*}$ puls.$_{bg2,k,*}$ *Pyrog.*$_{k,vk1}$ raja-s.$_{vk1}$ ran-s.$_{bg2,k,*}$ raph.$_{k,vk1}$ **Rhus-t.**$_{bg2,k,*}$ rhus-v.$_{hr1,k,*}$ sacch.$_{k,vk1}$ sec.$_{bg2,br1,*}$ semp.$_{bro1,vk1}$ *Sin-n.*$_{bg2,vk1}$ sol-t-ae.$_{c2}$ **Spig.**$_{bg2,k,*}$ stram.$_{hr1,k,*}$ sul-i.$_{k2}$ *Sulph.*$_{bg2,k,*}$ syph.$_{c1,k2,*}$ *Tub.*$_{k,vk1}$ *Verat.*$_{bg2,k,*}$ *Zinc.*$_{hr1,k,*}$ zinc-p.$_{k2}$ zinc-s.$_{a1}$
◆ **begleitet** von:
- **Aphthen**: **Borx.**$_{kr1,vk1}$
- **blutende** Zunge:
  - **Zungenspitze**: lach.$_{kr1,vk1}$
- **brennender** Schmerz
  ☞ *Schmerz - brennend - Zunge - begleitet von - Zunge*
- **Dysenterie**
  ☞ *☐ Rektum - Dysenterie - begleitet von - Zunge - rissige*
- **Fleckfieber**; epidemisches
  ☞ *☐ Fieber - Fleckfieber - begleitet von - Zunge - rissige*

– **Zunge - begleitet** von: ...
• **Gelbfieber**
☞ ❑ *Fieber - Gelbfieber - begleitet von - Zunge - rissige*
• **Influenza**
☞ ❑ *Allgemeines - Influenza - begleitet von - Zunge - rissige*
• **Pneumonie**
☞ ❑ *Brust - Entzündung - Lungen - begleitet von - Zunge - rissige*
• **Rheumatismus**
☞ ❑ *Extremitäten - Schmerz - rheumatisch - begleitet von - Zunge - rissige*
• **Scharlach**
☞ ❑ *Haut - Hautausschläge - Scharlach - begleitet von - Zunge - rissige*
• **schwarze** Zunge: *Lyc.*kr1,vk1
• **Tabakvergiftung**
☞ ❑ *Allgemeines - Tabak - agg. - Nikotinvergiftung - begleitet von - Zunge*
• **Typhus** abdominalis
☞ ❑ *Fieber - Typhus - begleitet von - Zunge - rissige*
• **Verbrennungen**: calen.kr1,vk1
• **angefeuchtet** wird; als würde sie aufspringen, wenn sie nicht: pic-ac.kr1,vk1
• **ein** tiefer, roter Riß:
◆ **begleitet** von:
• **Zunge**:
• **blasse** Zunge: raph.kr1,vk1
• **purpurn**, blaurot: raph.kr1,vk1
• **hinten**; die Mittellinien nach: sin-n.kr1,vk1
• **zwei** tiefe Risse verlaufen parallel zur Mittellinie: syph.kr1,vk1
• **Länge** nach; der: merc.bg2,vk1 pip-m.bg2,vk1
• **oberer** Teil: *Merc.*bro1,vk1
• **quer** verlaufend: acet-ac.bg3 asar.bg3 cob. kali-p.bg3
• **Richtungen**; Risse in alle: **Fl-ac.**k,vk1 mag-m.k2 **Nit-ac.**k,vk1
◆ **begleitet** von:
• **Geschwür** in der Mitte: *Fl-ac.*kr1,vk1
• **tiefe** Risse: benz-ac.kr1,vk1 fl-ac.bg2,vk1 kali-i.bg2,vk1
• **Typhus** abdominalis; nach: *Merc.*kr1,vk1
○ **Mitte**: bapt.hr1,k,* bufok,vk1 *Cob.*hr1,k,* cub.a1,k,* lept.k,vk1 *Mez.*hr1,k,* *Nit-ac.*k,vk1 raph.a1,k,* rhus-t.vk1 *Rhus-v.*hr1,k,* sin-n.hr1,k,*
• **quer** verlaufend: cob.hr1,k,* lach.bg1 merc.bg1
• **Ränder**: anan.hr1,k,* clem.a1,k,* fago.a1 ferr-p.bg2,vk1 *Lach.*hr1,k,* *Nux-v.*hr1,k,* *Thuj.*bg2,vk1
• **links**: *Bar-c.*hr1,k,*
◆ **begleitet** von:
• **harte** Zunge:
• **Ränder**: clem.vk1
• **Typhus** abdominalis
☞ ❑ *Fieber - Typhus - begleitet von - Zunge - rissige - Ränder*
• **stillenden** Müttern; bei: lach.vk1
• **schmerzhaft** mit harten Rändern: clem.
• **vorderer** Teil: nat-ar.kr1,vk1
• **Zungenspitze**: bar-c.h,k1 lach.k,vk1

Rohe Stellen (ohne Epidermis):
○ **Zunge**; auf der: ran-s.k,vk1

Runzelige Zunge: nat-ar.k,vk1

Runzelig, faltig:
○ **Gaumen**: ant-t.bg2 arn.a1,h,* borx. cycl. phos.a1,bg2
– **Zahnfleisch**: carb-v. merc. par. sul-ac.a1
– **Zunge**: ars.k,vk1 mur-ac.bg2,k,* nat-hchls.c2 phos.a1 sul-ac.a1,k,* verat.bg2,vk1 zinc.k2

Samt überzogen; Gefühl wie mit: coc-c. dig. nux-m.

Schaum vor dem Mund: absin. acet-ac. acon. aeth. agar. alet. am-m. aphis *Ars.* ars-s-f.k2 art-v. asaf. *Bell.* brom. *Camph.* cann-i. canth. *Carb-ac.* carb-v. *Caust. Cedr. Cham. Cic. Cina* cocc. *Colch.* con. *Crot-c. Crot-h.* **Cupr.** *Glon.* hydr-ac. **Hyos.** *Ign.* kreos. *Lac-c. Lac-d. Lach.* lact. *Laur. Lyc.* lyss. *Mag-m.* mosch. naja nux-m. *Oena.* olnd. *Op.* par. ph-ac. phos. plb. rhus-t. *Sec. Sil.* stann. *Stram.* stry. sul-ac. *Tab.* tart-ac. teucr. ther. *Verat.*
☞ *Speichel - seifig*
– **blutig**: absin. bell.h canth. *Crot-c. Ign.* merc-c. oena. sec. *Stram.*
• **morgens**: crot-c.
– **Eier**; riecht wie faule: bell.
– **gelbgrün**: *Sec.*
– **Konvulsionen**:
• **während**: aeth.bro1,c1 agar. ars. *Art-v. Aster.*kr1 bell. *Bufo* camph. canth. *Caust. Cham. Cic.*kr1 *Cina* cocc. colch. *Cupr.* gels. *Glon. Hyos.* ign.kr1 *Ind.*kr1 *Lach.*kr1 laur.kr1 lyc.h,kr1 lyss. med.c1,kr1 *Oena. Op.* plb.kr1 *Sil.*kr1 staph. *Stry.* sulph. tax.
• **nach**: sil.h
– **milchweiß**: aeth.gsy1
– **rötlich**: bell. canth. hyos. *Lach.* sec. stram.
– **Schlaf**, im: sil. stram.
– **Schüttelfrost**, bei: ther.
– **Sprechen**, beim: *Lac-d.* plb.

Schlaffe Zunge: ant-t.bg3 **Camph.**hr1,k,* cas-s.br1 chinin-s.k,vk1 cimic.k,vk1 *Cub.*hr1,k,* *Hydr.*bg2,k,* ign.hr1,k,* kreos.bg2,k,* *Lycps-v.*k,vk1 *Lyss.*hr1,k,* *Mag-m.*bg2,k,* **Merc.**bg2,k,* mur-ac.bg2,vk1 nat-ar.k,vk1 nit-ac.bg2,vk1 nux-v.vk1 *Ph-ac.*hr1,k,* rhus-t.k,vk1 sanic.k,vk1 *Sep.*hr1,k,* stram.k,vk1 ter.hr1,k,* term-c.vk1 verat.bg2,vk1 xan.hr1,k,*
◆ **begleitet** von:
• **blasse** Zunge
☞ *Farbe - Zunge - blaß - begleitet von - schlaffe*
• **Diarrhoe**
☞ ❑ *Rektum - Diarrhoe - begleitet von - Zunge - schlaffe*
• **Dysenterie**
☞ ❑ *Rektum - Dysenterie - begleitet von - Zunge - schlaffe*
• **Leber**; Verhärtung der
☞ ❑ *Abdomen - Hart - Leber - begleitet von - Zunge - schlaffe*
• **Stomatitis**
☞ *Stomatitis ulcerosa - begleitet von - Zunge - schlaffe*
• **weiche** Zunge: ars-h.kr1,vk1

Schleim, Schleimabsonderung: aloe alum. alum-sil.k2 am-c. ang. ant-c.brl ant-t.k2 aphis apoc. arg-n.al,k arn. ars. ars-i. asar. aur. aur-ar.k2 *Bar-c.* *Bar-m.* bar-s.k2 *Bell.* borx.h brom. bry. *Calc.* calc-s. calc-sil.k2 caps. *Caust.* cedr. **Chel.** *Chin.* chlor. cist.k2 *Crot-h.* cupr. cycl.h echi. euph. *Fl-ac.* graph. hep. hydr. hyos.h *Ign.* iod. *Ip.* *Kali-ar.* *Kali-c.* kali-chl. kali-p. kali-s. kali-sil.k2 kreos. *Lac-c.* *Lach.* laur. lyc. mag-c. mag-m. manc. *Merc.* *Merc-c.* nat-c.al,h **Nat-m.** nat-s.k2 **Nux-m.** *Nux-v.* oena. op. ox-ac. *Petr.* *Ph-ac.* phos. plat.h plb. *Psor.* *Puls.* *Rheum*c2 *Rhus-t.* sel. sep. *Sil.* spig. squil. staph. stram. sul-ac. sul-i.k2 *Sulph.* tab.bg1 teucr. ther. verat. xan.brl
☞ *Geruch / Geschmack / Klebrig, zäh / Speichel / Teigig*

– **morgens**: agar. alum.h,kl arg-n.al ars-i. **Bell.** calc. calc-s. carb-an.h,kl chin.h,kl cupr. dios. *Fl-ac.* *Graph.* ign. *Iod.* kali-n.h,kl lyc. mag-c. mag-m. manc. merc. mur-ac. nicc. *Nux-v.* ph-ac. plat.h,kl plb. *Podo.* **Puls.** rheum sars. *Sep.* sil. spig. *Stront-c.* *Sulph.* thuj. til. zinc.h,kl zing.

– **abends**: alum. am-c. ang. calc.

– **nachts**: sulph.h,kl

– **Anstrengung**, bei: chin.h,kl

– **blutig**: bism.h,kl

– **brennend**: graph.h,kl

– **dick**: *Aesc.* aloe ant-t.k2 apis arg-n.brl atro. bar-c. bell. bufo ery-a. ip. myric. nat-s.k2 *Nux-m.* verat. verat-v.

– **Essen**, nach dem: hyper. *Lac-c.* plat. verat.

– **fadenziehend**: aesc. ail. ant-t.k2 chel. ferr-m. hydr.k2 **Kali-bi.** kali-br. *Lyc.* med. *Phyt.* sul-ac.
☞ *Speichel - fadenziehend / Speichel - zäh*

• **epileptischen** Konvulsionen, bei: kali-bi.

– **faulig**: bar-i.k2

– **fliegt** beim Husten aus dem Mund: bad.hrl,k,* *Chel.*

– **gelblich**: *Aesc.* aq-mar.vkl hydr.k2 hyos. plb. spig. tab.

– **grünlich**, wird beim Niesen ausgeworfen: colch.al,k

– **Kugeln**, in: mag-p.bg1

– **salzig**: graph.h,kl

– **sauer**: benz-ac.
☞ *Geschmack - sauer*

– **schaumig**
☞ *Schaum*

– **übelriechend**: bar-i.k2 bry. zinc.h

– **Watte**, wie: **Puls.**

– **weiß**:

• **milchig**: kali-m.k2

– **zäh**: **Aesc.** agn. ail. ang. apis arg-n. *Arum-t.* *Bar-c.* *Bar-m.* bell. *Bry.* **Caps.** carb-ac. *Carb-v.* chel. cinnb. cop. *Crot-h.* cycl. ery-a. ferr-m. hell. *Hydr.* **Kali-bi.** kali-br. *Lach.*bg1,bg2 lyc. lyss. mag-c. manc. med. *Mur-ac.* myric. *Nat-s.*k,k2 nit-ac. pall. ph-ac. *Phyt.* plat. podo.c1 psor. puls. **Rhus-t.** rhus-v. ruta sel. squil. stann. stram. sul-ac. sumb. tab. verat.

○ **Gaumen**, zäh: puls.h

– **Zunge**; Schleimansammlung auf der: agar.bg2,vkl all-c.k,vkl alum.k,vkl *Alumn.*k,vkl arg-n.k,vkl arn.bg2,vkl ars-h.k,vkl ars-met.k,vkl arum-d.k,vkl *Bar-c.*k,vkl bar-m.k,vkl *Bell.*k,vkl berb.k,vkl bov.krl,vkl calc.k,vkl canth.k,vkl carb-ac.k,vkl carb-an.k,vkl chel.k,vkl chinin-ar.k,vkl *Cocc.*k,vkl colch.k,vkl cupr.k,vkl cupr-act.krl,vkl cycl.bg2,vkl dulc.k,vkl fl-ac.k,vkl grat.k,vkl *Hydr.*k,vkl jug-r.k,vkl kali-bi.bg2,vkl kali-n.k,vkl kali-p.k,vkl kali-s.k,vkl kreos.k,vkl *Lach.*k,vkl lact.k,vkl mag-c.h mag-m.h *Merc.*k,vkl merc-c.k,vkl **Nat-m.**k,vkl *Nat-s.*k,vkl nux-m.k,vkl *Petr.*k,vkl ph-ac.k,vkl *Phos.*k,vkl phyt.k,vkl **Puls.**k,vkl rhus-t.k,vkl sec.k,vkl **Sep.**k,vkl *Sulph.*k,vkl *Verb.*k,vkl viol-t.k,vkl zinc.k,vkl
☞ *Klebrig, zäh - Zunge*

• **morgens**: agar.k,vkl mag-m.h sang.k,vkl sulph.h verb.k,vkl

• **abends**: ars-h.krl,vkl arum-d.krl,vkl

◆ **begleitet** von:

• **Dysmenorrhoe**
☞ *❑ Weibliche Genitalien - Menses - schmerzhaft - begleitet von - Zunge - Schleim*

• **Hämorrhoiden**
☞ *❑ Rektum - Hämorrhoiden - begleitet von - Zunge - Schleim*

• **Halses**; Entzündung des
☞ *❑ Innerer Hals - Entzündung - begleitet von - Zunge - Schleim*

• **Trockenheit** der Zunge: *Calc.*krl,vkl

• **Uterus**; Verhärtung des
☞ *❑ Weibliche Genitalien - Verhärtung - Uterus - begleitet von - Zunge - Schleim*

• **braun**: **Rhus-t.**krl,vkl *Sil.*krl,vkl

◆ **begleitet** von:

• **Darmes**; Beschwerden des
☞ *❑ Abdomen - Darms - begleitet von - Zunge - Schleim*

• **Typhus** abdominalis
☞ *❑ Fieber - Typhus - begleitet von - Zunge - Schleim - braun*

• **Senf**; wie abgestandener, flüssiger: kali-p.krl,vkl

• **Ränder**:

• **außer** an den Rändern:

• **morgens** beim Aufstehen: *Rhus-t.*hrl,krl,*

• **Essen**, nach dem: sep.h verb.k,vkl

• **Fäden** abgezogen werden; kann in: bell.k,vkl

• **Gefühl** von Schleim: chin.h

• **gelb**: chinin-ar.krl,vkl

◆ **begleitet** von:

• **Zunge**:

• **Ränder**:

• **rote** Farbe der Ränder: oci-sa.vkl

• **salzig**: sulph.h

• **weiß**: aq-mar.vkl cain.krl,vkl viol-t.krl,vkl zinc.krl,vkl

• **morgens**: benz-ac.krl,vkl

◆ **begleitet** von:

• **Angina**
☞ *❑ Innerer Hals - Entzündung - begleitet von - Zunge - Schleim - Ansammlung - weißer*

– **Zunge**; auf der **- weiß - begleitet** von: ...
- **Cholera**
  ☞ ❑ *Rektum - Cholera - begleitet von - Zunge - Schleim*
- **Durst**
  ☞ ❑ *Magen - Durst - begleitet von - Zunge - Schleim*
- **Gastritis**
  ☞ ❑ *Magen - Entzündung - begleitet von - Zunge - Schleim - weißer*
- **Gelbsucht**
  ☞ ❑ *Haut - Farbe - gelb - begleitet von - Zunge - Schleim*
- **Geschmacks**; Verlust des
  ☞ *Geschmack - Geschmacksverlust - begleitet von - Zunge - Schleim*
- **Magens**; Entzündung des
  ☞ ❑ *Magen - Entzündung - begleitet von - Zunge - Schleim - weißer*
- **Oophoritis**
  ☞ ❑ *Weibliche Genitalien - Entzündung - Ovarien - begleitet von - Zunge - Schleim*
- **Ovarien**; Entzündung der
  ☞ ❑ *Weibliche Genitalien - Entzündung - Ovarien - begleitet von - Zunge - Schleim*
- **Typhus** abdominalis
  ☞ ❑ *Fieber - Typhus - begleitet von - Zunge - Schleim*
- **Übelkeit**
  ☞ ❑ *Magen - Übelkeit - begleitet von - Zunge - Schleim*

• **gelblichweiß**: *Bell.*kr1,vk1
• **zäh**: bell.k,vk1 cupr.k,vk1 dulc.k,vk1 lach.k,vk1 merc.k,vk1 nux-v.k,vk1 ph-ac.k,vk1 puls.k,vk1 sulph.k,vk1 verb.h
• **Zungenwurzel**:
◆ **begleitet** von:
• **reine** Zunge: alum.kr1,vk1

Schleimhaut:
– **blaß**: acet-ac. chinin-s. *Eup-per. Ferr.* mang. *Merc. Nat-m.*
– **Blut** sickert heraus: ars-h. carb-v.k2
– **entzündet**: canth. colch. *Dulc.*hr1,k ign. merc-i-r.
– **Exkoriation**: ail. am-caust. am-m.k2 ambr.h,k,* ant-c. apisk2 ars. ars-s-f.k2 **Arum-t.** arund. bamb-a.stb2 bapt.k2 bell. berb. bufo calc.k2 *Canth. Carb-an.* carb-v.bg1 chlor. cina coc-c. dig. *Dulc.*hr1 fl-ac. hell. hydr.k2 ip.k,k2 kali-ar. kali-c. kreos.k2 lac-ac. *Lach.* mag-m.k2 med. merc. merc-sul. mez. mur-ac. nat-m.h,k1 nit-ac. nux-v.bg1 ph-ac. *Phos.* sang. sep. spong. stram. sul-ac. sulph. *Tub.*
• **abblätternd**: spig.bg1
• **Menses** agg.: *Kreos.*bg1,vh,*
• **sauren** Speisen; nach: bamb-a.stb2
• **Stellen**, an einzelnen: am-caust. bell. *Lach.* phos.
○ **Gaumen**: am-c. *Canth.* euph. graph.h par. phyt.
• **Gefühl** wie exkoriiert: calc-caust.c1 lach. par. puls.rb2
• **runzelig**, wie verbrannt: borx.
• **Stelle**; an einer einzelnen: mur-ac.h

Schleimhaut - Exkoriation: ...
• **Zahnfleisch**: sil.h
• **Zunge**; exkoriierte: agar.bg1,bg2 apisk2 ars.bg2,k ars-s-f.k2 arum-t.k2 *Aur.* aur-m.k2 bapt.k2 *Calc. Canth.*bg2,k *Carb-ac.* carb-v.bg1,h,* cic.bg2 *Cist.* dig.bg2,c1 kali-ar. kali-c.bg2 *Lach.*bg1,bg2,* lyc.bg2,h **Merc.**bg2,k *Merc-c.* mez.bg2 *Mur-ac.*bg2,k nat-c.bg2 nat-m.bg2 *Nit-ac.*bg2,k *Nux-v.*bg1,bg2,* op.bg2 ox-ac. ph-ac.bg2 *Phos.*bg1,bg2,* *Ran-s.* rhus-t.k2 **Sep.**bg2,k *Sil.*bg1,h,* sul-ac.bg2,k sulph. syph.k2 tarax.
◆ **begleitet** von:
• **Dysenterie**
  ☞ ❑ *Rektum - Dysenterie - begleitet von - Zunge - Exkoriation*
○ **Frenulum**: kali-c.h
• **Mitte**: am-c.k,vk1
• **Ränder**: raja-s.jl3,vk1
• **Zungenspitze**: kali-c.h

– **gelblichgrau**: **Nit-ac.**
– **gerunzelt**: carb-ac.
– **milchig**: kali-i. lac-c.k2
– **purpurn**, blaurot: *Lach.*
– **schwammig**: camph.
– **verbrüht**, wie: ham.
  ☞ *Schmerz - verbrannt*
– **verdickt**: sul-ac.

Schleimhautpapel bei sekundärer Syphilis (= Plaques muqueuses): arg-n.bg3,cd hydrc. *Kali-i.* lach.bg3,cd *Merc.*c2,k *Merc-c.* merc-i-f.bg3,cd merc-i-r. merc-n.c2 merc-pr-r.c2 *Nit-ac.*c2,k phyt.bg3,cd puls.bg3,cd sang. syph.k2 *Thuj.*c2

Schmerz: acon. ail. alum. alumn. caust. coloc. cop. ferr-i. fl-ac. ip. kali-p. merc. mez. mur-ac. myric. *Nat-m. Nit-ac.* par. sul-ac. verat.
– **Kindern**; bei: merc.k2
• **Säuglingen**; bei: mur-ac.k2
– **Speichelfluß**; amel. nach: arum-m.kr1,vk1
– **stillenden** Müttern; bei: merc.k2
▽ **erstreckt** sich durch den Kopf und nach unten in den Hals: lyss.c1
○ **Gaumen**: alum. alum-p.k2 arum-t. aur. bufo canth. **Carb-v.** carc.jl2 cham. chel. chinin-s. coc-c. coff. eupi. hydr. hydrog.srj2 *Kali-bi.* kali-c. merc. mez. morph. nat-m.h *Nit-ac. Phos.* psil.ft1 ran-b.k2 ran-s. rutah sars. ther. thuj. zinc.
• **morgens**: carc.sst
• **abends**: carc.sst
• **Gähnen**, beim: zinc.h
• **Getränke**:
• **kalte** Getränke:
• **agg.**: carc.sst
• **amel.**: carc.xxb
• **warme** Getränke agg.: carc.jl2
• **kalte** Luft:
• **agg.**: hydrog.srj2
• **Kauen**, beim: borx.bro1,h zinc.
• **Niesen**, beim: ictod.
• **Säuglingen**, wenn sie gestillt werden; bei: borx.bro1
• **Schlucken**, beim: caps. coc-c.
• **Sprechen**, beim: coc-c.

▽ **erstreckt** sich zu:
• **Augen**: phos.$_{bg1}$
• **Nasenwurzel**: phos.$_{bg1}$
○ **Gaumensegel**: zinc.$_{h}$
– **Sublingualdrüsen**
☞ ❑ *Gesicht - Schmerz - Sublingualdrüsen*
– **Zahnfleisch**: *Agar.*$_{a1,k}$ alum.$_{a1,k}$ alum-p.$_{k2}$ alum-sil.$_{k2}$ ambr.$_{a1,k}$ apis arg-met.$_{h}$ arg-n.$_{a1,k}$ *Arn.* **Ars.**$_{a1,k}$ *Ars-i.* arum-t.$_{k2}$ aur. bamb-a.$_{stb2}$ *Bell.* bism.$_{a1,k}$ *Bov.*$_{a1,k}$ bry. *Calc.* calc-i.$_{k2}$ canth.$_{a1,k}$ *Carb-an.*$_{a1,k}$ *Carb-v.* carc.$_{tl,tp1}$ carl.$_{a1}$ *Caust.*$_{a1,k}$ *Cham.* chel.$_{a1,k}$ crot-c. *Crot-h.* *Dol.*$_{a1,k}$ eupi.$_{a1}$ graph.$_{a1,k}$ *Ham.* *Hep.* hyos.$_{a1,k}$ iod.$_{a1,k}$ kali-br.$_{a1,k}$ kali-i.$_{a1,k}$ kali-n.$_{a1,h,*}$ *Lach.*$_{a1,k}$ lyc.$_{a1,k}$ *Lyss.*$_{a1,k}$ **Merc.**$_{a1,k}$ merc-c.$_{a1,k}$ phos.$_{k,k2,*}$ plb. ran-s.$_{a1}$ raph.$_{a1}$ ruta sep. *Sil.* sol-t-ae.$_{a1}$ spong. **Staph.** wies.$_{a1}$ zinc.$_{a1,k}$ zinc-p.$_{k2}$
• **morgens**: brom.$_{a1,k}$
• **Berührung**; bei: arg-met.$_{k1}$ arg-n.$_{a1,k1,*}$ ars.$_{h,k1}$ ars-met. *Bar-c.* bell. castm. **Hell.** **Hep.** iod. **Merc.** nat-m.$_{h,k1}$ ph-ac. sil. *Staph.* *Ter.*
• **Druck**, bei: carc.$_{sp,tp1}$
• **gekratzt** wird, wenn: cimx.
• **kalt**:
• **Getränke**; kalte:
• **agg.**: sars. staph. sulph.
• **amel.**: bov. cham.$_{k2}$ laur.
• **Luft** agg.; kalte: alum-sil.$_{k2}$ hyos. *Mez.* phos. *Sil.*
• **Kauen**:
• **beim**: alum-sil.$_{k2}$ arn. bamb-a.$_{stb2}$ lach. spong.$_{a1,k}$ zinc.$_{h,k1}$
• **unmöglich**; ist: zinc.$_{h,k1}$
• **pulsierend**: arn. bell. calc. daph. sep. thuj.$_{h,k1}$
• **salzige** Speisen, durch: carb-v.$_{h,k1}$
• **Schlaf**; verhindert den: dol.$_{br1,c1}$
• **Stellen**; an einzelnen: aur-m. ox-ac.
• **Tabakrauchen**, beim: sars.$_{h}$
• **Zahnextraktion**, nach: arn.$_{bro1}$ canth. fl-ac. *Hecla* hyos. *Hyper.* **Nux-v.** sep.$_{bro1}$
– **Zunge**: abrom-a.$_{bnj1}$ all-c. alumn.$_{a1,k}$ am-caust.$_{a1,k}$ ambr. *Apis* arg-met. arg-n.$_{a1}$ ars.$_{a1,k}$ *Arum-t.*$_{a1,k}$ astac.$_{a1,k}$ bell. brach. *Calc.* carb-an.$_{a1,k}$ cerv.$_{c2}$ *Con.*$_{a1,k}$ crot-c. cund. der.$_{a1}$ eupi.$_{a1,k}$ gink-b.$_{sbd1}$ *Ham.* hura hydrog.$_{srj2}$ iod. jatr-c. kali-bi.$_{a1,k}$ *Kali-c.* lyc.$_{a1,k}$ *Merc.*$_{a1,k}$ mur-ac.$_{a1,k}$ nat-p.$_{k2}$ nit-ac. ox-ac.$_{a1,k}$ ped.$_{a1}$ phos.$_{a1,k}$ plb.$_{a1,k}$ ran-s.$_{a1,k}$ sabad. sang. sulph. ust. *Vesp.*$_{a1,k}$ *Vip.*$_{a1,k}$ zinc-s.$_{a1}$
• **rechte** Seite: sep.$_{h,k1}$
• **Bewegung** agg.: aloe ant-t. berb. chin. hydrog.$_{srj2}$ kalm. spig. sulph.
• **Drücken** mit den Zähnen; beim: arum-m. croc.
• **Erkältung**; nach:
• **agg.**: osm.$_{bg1}$
• **Kauen**, beim: calc.$_{h,k1}$ lyc.$_{a1}$ sep.$_{h,k1}$ spig.$_{a1}$
• **neuralgisch**: kali-ar.$_{c2}$ kali-i.$_{c2}$
• **Schlucken**, beim: abrom-a.$_{bnj1}$ calc. *Calc-p.* sulph.$_{k2}$
• **Sprechen**, beim: acet-ac. *Fl-ac.* *Kalm.* lyc. sep.$_{h,k1}$ sulph.$_{k2}$
• **Spucken**, beim: calc.$_{h,k1}$
• **Tuberkel** unter der Zunge; wunde: ambr.

– **Zunge**: ...
• **Wärme**:
• **agg.**: osm.$_{bg1}$
• **amel.**: *Sil.*
▽ **erstreckt** sich zu:
• **Abdomen**: crot-c.
• **Frenulum**: phos.$_{h}$
• **Gaumen**: all-c.
○ **Seiten**: *Calc.*$_{bg1,h,*}$
• **Zungenspitze**: **Arg-n.**$_{a1,k}$ gink-b.$_{sbd1}$ hep. *Psor.*$_{a1,k}$ rhus-t.$_{bg3}$ sil.$_{a1,k}$ stront-c. sulph.$_{bg3}$
• **Berührung**; bei: thuj.$_{h,k1}$
• **Zungenwurzel**: acet-ac.$_{br1}$ anan. *Crot-c.* kali-bi.$_{bg3,k2}$ **Kali-i.**$_{a1,k}$ lach.$_{bg3}$ lyss.$_{a1,k}$ *Phyt.*$_{a1,bg3}$ ptel.$_{a1}$ rhus-v. sel.
• **nachts**:
• **Zubettgehen**:
• **vor** dem: **Kali-i.**
• **Gähnen**, beim: lach.
• **Herausstrecken** der Zunge; beim: cocc. kali-bi.$_{k2}$ *Phyt.*
• **quer** verlaufend: acet-ac.$_{br1}$
• **rheumatisch**: ambr.$_{h,k1}$
• **Schlucken**, beim: ars. bapt.$_{a1,k}$ *Calc-p.* cinnb.$_{a1,k}$ cocc.$_{h,k1}$ colch.$_{a1,k}$ gels.$_{a1,k}$ kali-bi.$_{bg1}$ *Phyt.*$_{a1,k}$
○ **unter** der Zungenwurzel: sel.$_{c1}$
– **abgeschnitten**; als sei die Zunge: anan. hydrog.$_{srj2}$
– **beißend**:
○ **Gaumen**: canth. carb-v. *Kali-c.* mez. ran-s. sep.$_{h}$ *Zinc.*
• **Tabak**, durch: chin.$_{h}$
• **Wange**, Innenseite: coloc.$_{h}$ dros.$_{h}$
• **Zahnfleisch**: asar. carb-v. *Zinc.*
• **Zunge**: absin. arn. asar. bell.$_{h}$ carb-ac. *Cham.* chin.$_{h}$ coch. dios. dros.$_{h}$ ign. jal. mez. ol-an. sulph.$_{h}$ teucr.
• **Pfeffer**, wie: indg. sep.$_{h}$ teucr.
• **Tabak**, durch: anac.$_{h}$ cocc-s.$_{kr1}$ nep.$_{vk1}$
○ **Ränder**: coloc.$_{h}$ ip.$_{h}$
• **unter** der: zinc.$_{h}$
• **vorderer** Teil: ars. sep.$_{h}$
• **Zungenspitze**: ars.$_{h}$ dros.$_{h}$ ip.$_{h}$ nat-c.$_{a1,h}$ puls.
• **Zungenwurzel**: mez.$_{h}$
– **bohrend**:
○ **Gaumen**: *Aur.*
• **Zahnfleisch**: *Calc.* merc.$_{bg3}$
• **Zunge**: clem. spig.$_{h}$
• **nachts**: con.
○ **rechter** Rand: ars.
– **brennend** (= roh und beißend): acet-ac. *Acon.* *Aesc.* aeth. agar. ail. aloe$_{k2}$ alum. alum-p.$_{k2}$ alumn.$_{k2}$ am-c. am-m.$_{k2}$ ant-t. *Apis* arn. **Ars.** ars-s-f.$_{k2}$ **Arum-t.** arund. asaf. asar. aur. aur-m. bad. bamb-a.$_{stb2}$ *Bar-m.* **Bell.** berb. bov. *Brom.* bufo calad. calc. camph. canth. *Caps.* carb-ac. carb-an. *Carb-v.* *Carbn-s.* *Caust.* cedr. *Cham.* chel. chlol. clem. cob. coc-c. cocc. colch. coloc. corn.$_{br1}$ crot-t. cupr. cupr-s. *Dig.* dios. ferr-i. fl-ac. gels. glon. gymno. hell. *Hydr.* hyper. *Ign.* *Ip.* **Iris** iris-fl. jatr-c. kali-ar. kali-bi. kali-c. kali-chl. kali-i.

– **brennend** (= roh und beißend):
kali-m.k2 kali-p. kreos. lach. lyc. *Mag-m.* manc. mang. *Merc.* *Merc-c.* merc-i-r. merc-sul. merl. **Mez.** mur-ac. *Nat-ar.* nat-c. nat-f.vk1 *Nat-m.* *Nat-s.* *Nit-ac.* nux-m. nux-v. oena. op. ox-ac. petr. ph-ac. *Phos.* plat. plb. *Psor.* *Ran-b.* rhus-t. rhus-v. sabad. sal-ac. **Sang.** sec. seneg. *Sep.* spig. *Spong.* squil. stict. stram. *Sul-ac.* *Sulph.* tab. tarax. ter. *Verat.* vesp. xan. zing.

• **morgens**: am-br.hr1 **Arum-t.**a1,k cupr-s.hr1,k,* kali-c.a1,k sulph.a1,k
• **nachmittags**: *Mez.*hr1,k,* rhus-v.a1
• **nachts**: merc.h,k,* nit-ac.a1,k sulph.a1,k
◆ **begleitet** von:
 • **Zunge**; Trockenheit der
  ☞ *Trockenheit - Zunge - begleitet von - brennender*
 • **Aufstoßen**:
 • **nach**: kali-c.k2
 • **Berührung**; bei: nat-c.a1,k
 • **Einatmen**, beim: mez. *Phos.*a1,k
 • **Essen**:
  • **beim** Essen; ungewöhnlich heißer Geschmack: helia.c1
  • **nach**: mez.
 • **kaltes** Wasser:
  • **agg.**: *Ars.* *Bufo*
  • **amel.**: acon-f.a1 berb. cham.k2 dros. dulc. merc-c.a1,k
 • **Kauen**, beim: ph-ac.
 • **Pfeffer**, wie durch: coca dros.hr1,k mez.hr1,k,* *Nat-s.*hr1,k sulph.h,k1 verat.h,k1
 • **schluckt**; wenn er nicht: ph-ac.
▽ **erstreckt** sich zu:
 • **Anus**: *Iris*
 • **Bronchien**: ip.a1,k
 • **Magen**: aesc.a1,k am-c. am-caust.a1 brom.a1,k chel.a1,k gels.a1,k gink-b.sbd1 iris iris-fl. *Merc-c.*hr1,k,* *Mez.*h,k,* nit-ac. sin-n.hr1,k,* sul-ac.a1,k
○ **Gaumen**: *Aesc.*hr1,k,* *All-c.* ambr.a1,k ant-c.h,k,* arn.a1,k *Arum-t.*a1,k arund.hr1,k *Bell.*a1,k benz-ac.a1,k *Borx.* calc. *Camph.*hr1,k,* *Canth.*a1,k carb-v.a1,k *Caust.*a1,k *Cimx.*hr1,k cina cinnb.a1,k coc-c.a1,k *Cocc.*h,k,* coloc.a1,k crot-t. dulc. *Euph.*a1,k glon.a1,k *Grat.*a1,k gymno. hura-c.a1 hydrog.srj2 ign. iris lach.a1,k laur.a1,k *Mag-c.*hr1,k,* manc.hr1,k,* merc. merc-c. *Mez.*h,k,* mur-ac.a1,k naja *Nat-s.*a1,k *Nit-ac.*a1,k nux-m.a1,k *Nux-v.* *Par.*a1,k ph-ac.a1,k *Phos.*a1,k plect.a1 podo.hr1,k *Ran-b.*hr1,k,* rein.a1 rheum sabad.a1,k *Sang.*hr1,k,* sanic. seneg.a1,k sep.a1,k spig.h,k,* *Squil.*hr1,k,* staph.a1,k ther.hr1,k,* thuj.a1,k zinc.
 • **morgens**: **Arum-t.**a1,k coca lyc.a1,k
 • **abends** und nachts: mur-ac.h,k1
 • **exkoriiert**, wund; wie: mag-c.h,k1
 • **Husten**: dig.
 • **Menses**, während: *Nat-s.*hr1,k,*
 • **Pfeffer**, wie durch: coca crot-t. *Mez.*hr1,k,*
 • **Stellen**, an kleinen: mur-ac.a1,k
 • **warme** Getränke agg.: sanic.
○ **Gaumensegel**: *Ambr.*a1,k arg-n.a1,k *Calc.* *Crot-c.* *Lach.* nux-m.a1,k ph-ac. ran-b.a1,k

• **Lippen**:
○ **Innenseite**: calc-s.
 • **Unterlippe**:
 ○ **Innenseite**: anis.c1
• **Zahnfleisch**: act-sp.bg1 *Alum.* antip.bro1 *Ars.*a1,k asar. bell. bufo *Caps.*hr1,k castm. *Cham.*hr1,k con.a1,k *Graph.* mag-c.h,k1 **Merc.**hr1,k,* *Merc-c.*a1,k mez.a1,k mur-ac.a1,k *Nat-s.*hr1,k,* nux-v. petr. ph-ac. phos.a1,k *Puls.*a1,k rhus-t.a1,k *Sep.*a1,k sil.a1,k stront-c. sulph.k2 *Ter.*hr1,k ther.hr1,k,* **Thuj.**
 • **Berührung** der Zunge; bei: mag-c.h
 • **Essen**, beim: mag-c.h,k1 **Nat-m.**hr1,k
 • **warmes** Wasser, durch: sil.h,k1
• **Zunge**: acet-ac. achy-a.vk1 **Acon.**bg2,k,* aesc.hr1,k all-c.hr1,k,* alum.a1,k alumn. am-caust.a1,k *Am-m.*hr1,k ang.hr1,k,* *Apis* arg-n.a1 arn.a1,k **Ars.**a1,k *Ars-i.* ars-s-f.k2 *Arum-m.*hr1 **Arum-t.**hr1,k asar.bg2,k,* *Aur.*a1,k aur-ar.k2 aur-i.k2 bad.hr1,k,* *Bapt.*hr1,k,* *Bar-c.*a1,k bar-i.k2 bar-s.k2 *Bell.*bg2,k,* bell-p.vk1 benz-ac.a1,k berb.a1,k *Bov.*hr1,k *Calc.*bg2,k,* calc-i.k2 *Calc-s.* *Canth.*a1,k carb-ac.hr1,k,* *Carb-an.*a1,k *Carb-v.*a1,k *Carbn-s.* castm. *Caust.*bg2,k cedr.a1,k *Cham.*hr1,k chel.a1,k chim. **Chin.**hr1,k chinin-ar. chlor.hr1,k *Cimx.*hr1,k coc-c.a1 cocc. coch.hr1,k coff.bg2,k,* *Colch.*hr1,k,* *Coloc.*hr1,k,* con. crot-t.a1,k cupr.a1,k dios.hr1 *Dros.* *Echi.* ferr.hr1,k ferr-ar. ferr-i.hr1,k,* ferr-p. gamb.hr1,k,* gels.a1,k glon.a1,k graph.a1,k ham.hr1,k *Hydr.*hr1,k,* hyos.bg2,k,* indg.a1,k iod.bg2,k,* *Ip.* **Iris** jac-c.a1,k jatr-c. *Kali-ar.* kali-bi. kali-c.hr1,k,* kali-chl.a1,k kali-m.k2 kali-p. kali-s. lac-ac.a1,k lac-f.c1 *Lach.*bg2,k,* *Laur.*hr1,k,* led.a1,k *Lyc.*hr1,k,* *Mag-m.*a1,k manc.hr1,k,* mand.sp,vk1 *Mang.*hr1,k *Merc.*a1,k *Merc-c.*a1,k merc-sul. *Merl.*hr1,k,* *Mez.*hr1,k,* mur-ac.a1,k naja nat-s.a1,k nit-s-d.hr1 ol-an. op.a1,k *Ox-ac.*hr1,k pall. petr.a1,k ph-ac.bg2,k,* phel. *Phos.*a1,k *Phys.*a1,hr1 *Phyt.*hr1,k,* *Plat.*hr1,k,* plb.a1,k *Podo.*hr1,k,* prun.bg2,k,* *Psor.* ptel.a1 *Ran-s.*bg2,k,* raph.a1,k rat. rhod. rhus-t.a1,k rhus-v.a1 rumx. *Sang.*hr1,k sanic.c2,k sars. sec.hr1,k,* seneg.bg2,k,* *Sep.*hr1,k,* sin-n.hr1,k,* spig. *Sul-ac.*hr1,k,* sul-i.k2 *Sulph.*hr1,k,* tarax.h,k,* *Ter.*hr1 ther.hr1 thuj.a1,k verat.a1,k **Verat-v.**hr1,k,* vesp.hr1,k,* xan.hr1,k,* zinc. zinc-p.k2
 • **eine** Seite: *Calc.*bg1,vh,*
 • **linke** Seite: iris.c1 jac-c.a1,k tarax.a1,h
 • **morgens**: am-br.hr1 *Mag-m.*a1,k stann.a1,k sulph.a1,k
 • **nachmittags**: mag-m.h,k1 mag-s.a1
 • **abends**: alum.hr1,k cycl. kali-n.h,k1
 • **nachts**: nat-m.a1,k ph-ac.hr1 *Phos.*a1,k
 ◆ **begleitet** von:
  • **Zunge**; rissige: *Mag-m.*kr1,vk1
 • **Essen**:
  • **agg.**: bell-p.vk1
  • **beim**: *Ign.*hr1,k *Nat-m.*h,k,*
  • **nach**: graph.a1,k laur.a1
 • **Fissuren** darin: mag-m.
 • **Pfeffer**, wie durch: ang.bg2,h,* cann-i.a1 chin.k2 lach.bg2,k,* merl.a1,k *Mez.*bg2,k,* op.bg2,k,* sanic. sep.bg2,k teucr.
 • **quer** verlaufend: asar.bg1 gink-b.sbd1

• **Zunge**: ...
• **salzige** Speisen, durch: *Nat-m.*$_{hr1}$ petr.$_{h,kl}$
• **Saurem**, nach: petr.$_{h,kl}$
• **Sprechen**:
• **agg.**: bell-p.$_{vk1}$
• **Stellen**; an einzelnen: act-sp.$_{bg1}$ *Ars.*$_{bg1}$ indg.$_{a1}$ kali-i.$_{bg1}$ ph-ac.$_{bg1,h,*}$ ran-s.
• **streckt** sie heraus, um sie abzukühlen: sanic.
▽ **erstreckt** sich zu:
• **Gaumen**: phos.$_{hr1,k}$
• **Magen**: apis ars. brom.$_{a1,k}$ gels.$_{a1,k}$ *Mez.*$_{hr1,k,*}$ puls.$_{hr1,k}$
• **Mund**: tub.$_{xxb}$
○ **Mitte**: bar-c.$_{h,kl}$ bry. ferr.$_{hr1}$ *Puls.*$_{hr1}$ ter.$_{hr1}$
• **Fleck** zur Zungenspitze hin: kali-ar.
• **Ränder**: acon.$_{a1,k}$ agar.$_{a1,k}$ apis *Camph.*$_{hr1,k,*}$ cycl.$_{a1,k}$ kali-i.$_{bg2,k,*}$ mur-ac.$_{a1,k}$ nat-s.$_{a1,k}$ plat.$_{a1,k}$
• **links**: *Lach.*$_{bg1,vh,*}$ nat-s.$_{bg1}$ ox-ac.$_{bg1}$
• **rechts**: phos.$_{bg1}$
• **unter** der Oberfläche: aur-m-n.$_{a1}$ brom.$_{hr1,k,*}$
• **vordere** Hälfte: *Coloc.*$_{hr1}$ gamb.$_{hr1,k}$
• **Zungenspitze**: *Acon.*$_{hr1,k,*}$ agar.$_{bg2,k,*}$ am-c.$_{a1,k}$ am-m. arg-met. arg-n.$_{a1,k}$ aur.$_{a1,k}$ bamb-a.$_{stb2}$ *Bar-c.*$_{hr1,k,*}$ bell. bov.$_{hr1,k}$ *Calc.*$_{bg2,k,*}$ calc-ar.$_{hr1,k}$ **Calc-p.**$_{hr1,k,*}$ *Camph.*$_{hr1,k}$ caps.$_{bro1,ptk2}$ carb-ac.$_{hr1,k,*}$ *Carb-an.*$_{bg2,k,*}$ carb-v. castor-eq. caust.$_{a1,k}$ chin-b.$_{hr1}$ *Coloc.*$_{bg2,k,*}$ croc. crot-c.$_{a1,k}$ cycl.$_{hr1,k,*}$ *Dros.* gamb.$_{hr1,k,*}$ ger.$_{br1}$ glon.$_{a1,k}$ hep.$_{a1,k}$ hydr-ac.$_{hr1}$ indg. iod. *Kali-c.*$_{bg2,k,*}$ *Kali-i.*$_{hr1,k,*}$ kali-n.$_{a1,k}$ lact.$_{hr1}$ lath.$_{br1,bro1}$ led.$_{a1,k}$ merc. merc-sul.$_{hr1,k}$ mez.$_{a1,k}$ *Nat-c.*$_{hr1,k,*}$ *Nat-m.*$_{bg2,k,*}$ **Nat-s.**$_{bg2,k,*}$ ox-ac. *Phos.*$_{a1,k}$ *Phys.*$_{a1,hr1}$ *Phyt.*$_{hr1,k,*}$ plb.$_{a1,k}$ psor. rat.$_{bg2,k,*}$ *Sabad.*$_{bg2,k,*}$ sang.$_{hr1,k}$ sel.$_{a1,k}$ seneg.$_{a1,k}$ sul-ac. sulph.$_{a1,k}$ ter.$_{bg2,k,*}$ *Thuj.*$_{hr1,k}$ tub.$_{xxb}$
• **tagsüber**: bamb-a.$_{stb2}$
• **nachts**: hep.$_{bg1}$
• **Berührung** agg.: am-c.$_{a1,k}$ bar-c. bell. nit-ac.
• **Erwachen**, beim: nat-m.$_{h,kl}$
• **Pfeffer**, wie durch: agar.$_{bg2,k,*}$ ang.$_{bg2,k}$ *Camph.*$_{hr1,k}$ caps.$_{c1}$ **Chin.**$_{bg2,k,*}$ con.$_{bg2,k,*}$ mez.$_{bg2,k}$ *Nat-s.*$_{bg2,k,*}$ teucr.$_{bg2,k}$
• **Zungenwurzel**: am-caust.$_{a1,k}$ **Arum-t.**$_{a1,k}$ bapt.$_{hr1,k}$ benz-ac.$_{a1,k}$ *Calc-p.*$_{hr1}$ *Crot-c.* manc.$_{a1,k}$
• **rechts**: phos.$_{h,kl}$
– **drückend**:
○ **Gaumen**: arum-t. aur. caps.$_{h}$ **Carb-v.** cham. iod.$_{h}$ meny.$_{h}$ ruta$_{h}$ sars. staph.$_{h}$ thuj.
• **Schlucken**, beim: caps.
• **Stoffknäuel**; wie durch ein: psil.$_{ft1}$
○ **Gaumensegel**: ~~ruta$_{kl,xxx}$~~ thuj.$_{h}$
• **Zahnfleisch**: arn. aur. hep. nit-ac.$_{h}$ rhus-t.$_{h}$ *Sil.*
• **Bleikugel** am unteren Zahnfleisch; wie eine: arn.
• **Zunge**: astac. chin.$_{h}$ *Ham.* *Merc.* ust.
○ **unter** der Zunge: mag-m.$_{h}$
• **Zungenwurzel**: carb-v.$_{h}$
– **exkoriiert**, wund; wie: aesc. ambr. asim. bism. oena.
○ **Zunge**: arum-m.$_{hr1,k}$ aur-m.
○ **Ränder**: ant-c.$_{c1}$
• **Zungenspitze**: bar-c.$_{hr1,k}$
– **gebissen**; wie:
○ **Zunge**: caust.$_{bg2,k,*}$ chin-b. plb.$_{bg2,k,*}$
– **geschabt**; wie: ambr. asar.
• **Essen** von festen Speisen; beim: ph-ac.
○ **Gaumen**: aphis carb-v. mez. mur-ac. ran-s.
– **geschwürig**:
○ **Gaumen**: am-c. caust. *Rhus-t.*
• **Zahnfleisch**: acon. bell. carb-an.$_{h,kl}$ graph.$_{a1,k}$ *Hep.* nat-c.$_{h,h2,*}$ *Sil.*
• **Drücken** des Zahnfleisches; beim: phel.
• **Zunge**: arg-n.
○ **Zungenspitze**: aesc. calc.
– **Gräte** an der Zungenwurzel, beim Schlucken; Gefühl einer: ars.
– **kratzend**, Gaumen: ambr. ant-c. aphis hell. mez.
– **nagend**, im Zahnfleisch: bar-c.$_{a1,h,*}$ *Euph.*$_{a1,k}$ graph.$_{a1}$ *Puls.* raph.$_{a1}$
– **reißend**: *Bell.* calc.$_{a1,k}$ carb-v. lyc.
○ **Gaumen**: ambr.$_{a1,k}$ lach.$_{a1,k}$
▽ **erstreckt** sich zum linken Ohr: ambr.$_{a1,k}$
• **Zahnfleisch**: aeth.$_{a1,k}$ alum.$_{a1,k}$ *Ars.* berb. calc.$_{a1,k}$ canth.$_{a1,k}$ *Colch.*$_{a1,k}$ gamb.$_{a1,k}$ *Hyos.*$_{a1,k}$ kali-c.$_{a1,k}$ laur.$_{a1,k}$ lyc.$_{a1,k}$ *Merc.*$_{a1,k}$ sabin. **Sars.**$_{a1,k}$ staph.$_{h,kl}$ sulph.$_{a1,k}$ *Teucr.*$_{a1,k}$
• **Zunge**: bar-c.$_{a1}$ carb-v.$_{a1,h,*}$ cimx.$_{a1}$ colch. guare.$_{a1,k}$ puls.$_{a1,k}$ *Rhus-v.* sep.
○ **Zungenwurzel**: carb-v.$_{h,kl}$
– **Roheit**
☞ *verbrannt*
– **ruckend**:
○ **Zahnfleisch**: ars. hep. lyc. thuj.$_{h}$
• **Zunge**: aster. castm.
– **schabend**, kratzig: arn. dig. gymno.
○ **Gaumen**: camph.$_{hr1,k}$ hell.$_{a1,k}$ meph.$_{a1}$ sep.$_{h}$
• **Zunge**: bapt.$_{hr1,k}$ camph.$_{hr1,k}$ caust.$_{a1,k}$ graph.$_{hr1,k}$
– **scharfes** Klopfen oder Hacken im Zahnfleisch; wie: thuj.$_{h,kl}$
– **schießend**
☞ *stechend*
– **schneidend**:
○ **Gaumen**, beim Schlucken: hell.
• **Zahnfleisch**: iod.$_{h}$ mag-c.$_{h}$ nit-ac.
• **Zunge**: *Bov.* euon. guare. hydrog.$_{srj2}$ thuj.
• **Asthmaanfall**, vor einem: borx.$_{ptk1}$
○ **Ränder**: mag-s.
• **geschnitten**; als hätte man sich die Ränder: anan.
– **Splitter**, wie ein: calc-sil.$_{k2}$ *Nit-ac.*
○ **Zunge**: staph.
– **stechend**:
○ **Gaumen**: *Aesc.*$_{a1,k}$ bar-c.$_{a1,k}$ *Calc.*$_{a1,k}$ *Camph.*$_{a1,k}$ caust.$_{a1,k}$ clem.$_{a1}$ cob. coc-c.$_{a1,k}$ ign. kali-c. lach.$_{a1,k}$ mag-m.$_{a1,k}$ merc.$_{a1}$ nit-ac. ph-ac.$_{a1,k}$ ran-s.$_{a1,k}$ sabad.$_{a1,k}$ *Staph.*$_{a1,k}$ stram.$_{a1,k}$ zinc.
• **Mittagessen**, nach dem: phos.$_{h,kl}$
• **Schlucken**, beim: meny.$_{a1,k}$

• **Gaumen**: ...
▽ **erstreckt** sich zu:
• **Gehirn**: staph.a1,k
• **hinten**, nach: dig.h
• **Kinn**: bov.a1,k
• **Ohr**: agar.a1 cob. *Ign.*a1,k
• **Parotis**, zur rechten: agar.
○ **Gaumensegel**, im: coloc. sil.h,k1
• **Zahnfleisch**: aeth.a1,k ang.h,k1 ars.a1,k asar. *Calc.* camph. con. graph.h,k1 kali-c.h,k1 lyc. merc.k2 nit-ac. petr.h,k1 *Puls.* sars. sep.h,k1 stront-c. thuj.k1
• **links** unten: am-m.h,k,*
• **rechts** oben: am-c.
• **morgens**: ars.a1,k
• **Berührung**; bei: petr.h,k1
▽ **erstreckt** sich zur linken Schläfe: am-m.h,k,*
• **Zunge**: *Acon.*a1,k aloe alum. alumn. androc.srj1 ant-c. *Apis* aran. arg-n.a1 *Arum-m.*a1,k *Arum-t.* asar. aspar. aster. bell. berb.a1,k brach.a1,k brom.a1,k calc.a1,k carb-v.h,k1 cham.a1,k *Chin.*a1,k clem.a1,k colch. cycl.a1,k dros.a1,k elaps eup-pur.a1,k ferr.a1 gamb. *Glon.*a1,k guare. ip. jal. *Kali-bi.*a1,k *Kali-c.* kali-chl. *Kalm.*a1,k **Lach.**a1,k led.a1,k mag-m.a1,h,* mang. meny.h,k1 merc.a1,bg3 merc-sul.hr1,k merl.a1,k mez.h,k1 murx.a1,k nit-ac.a1,k ph-ac.a1,k phos.h,k1 phys. prun. ran-s. sabad.a1,k sars.a1,k sep. **Spig.** staph.a1,k *Sulph.* tarax.h,k1
• **rechte** Seite: dros. spig.
• **morgens**: cedr.a1,k
• **nachts**: ph-ac.
• **Bewegung**, bei: *Sulph.*
• **amel.**: meny.h
• **brennend**: androc.srj1 *Chin.*
○ **Frenulum**: ign.
• **Ränder**: ant-c.h nux-v.h ph-ac.h
• **Druck**; bei: staph.h
• **unter** der Zunge: thuj.h
• **Zungenspitze**: acon.bg1,bg2 agar.a1,k aloebg1 alumn. ang.a1,k arg-n.bg1 *Asaf.*bg1,bg2,* aur.bg1,bg2 brom.a1,k canth.bg1,bg2 chin.h *Con.*bg1,bg2,* cycl. dios.bg1,bg2 *Dros.*a1,k eup-pur.a1,k form. glon.bg1,bg2 *Hell.*bg1,bg2,* ign.a1,k led.bg1,bg2 *Merc.*bg1,bg2,* merc-sul.hr1,k nat-p.a1,k *Nat-s.*bg1,bg2,* nux-v.a1,k ph-ac.a1,k phos.a1,k ran-b. sabad.a1,k sabin. staph.a1,k verat.bg1,bg2 zinc.bg1,h,*
• **Zungenwurzel**: arn. ars.a1,k clem.a1,h,* ferr-i.a1,k *Nat-s.*a1,k *Nit-ac.*a1,k
• **Drehen** des Kopfes, beim: ars.h,k1
• **Schlucken**, beim: ars.a1,k

– **stechend**; fein: androc.srj1 calc-sil.k2

– **stechend**, wie mit einer Nadel:
○ **Gaumen**: arg-n. calc. caust. cob.
• **Zunge**:
◆ **begleitet** von:
• **Abszeß** auf der Zunge
☞ *Abszeß - Zunge - begleitet von - stechender*

– **verbrannt**, wie: all-c.hr1,k alum.a1,k *Am-br.*hr1,k,* *Apis* arg-n.bg1 ars.bg1 bad.hr1,k bamb-a.stb2 **Bell.**hr1,k,* berb.a1,k bov.a1,k calad.a1,k camph. caust. chin. chinin-ar. *Cimx.*bg2,k,* coc-c. dios.a1,k

– **verbrannt**, wie: ...
ferr-m.a1 glon.a1,k *Hydr.*hr1,k hyos. **Iris** jac-c. jatr-c. *Laur.*hr1,k lyc.hr1,k,* *Mag-m.*hr1,k,* mand.vk1 med.hr1,k *Merc-c.*hr1,k merc-i-r.a1 plat.hr1,k psor. *Puls.*bg1,vh,* rhus-v.hr1,k,* rumx. sabad. sal-ac. sang.bg1 seneg. *Sep.*bg1,k,* stict.hr1,k syph.bg1 *Tarent.* *Thuj.*hr1,k *Verat-v.*hr1,k zinc.
☞ *Schleimhaut - verbrüht*
• **morgens**: *Am-br.*a1,k dios.a1,k mag-m.h,k1 mez.a1,k
• **Erwachen**, beim: bov.a1,k nat-c.h,k1
• **Menses**, während: mag-m.a1,k
• **Mittagessen**, nach dem: alum.a1,k
○ **Gaumen**: bar-c.h,k1 *Calc.* cimx.hr1,k,* ferr-m.a1 hydrog.srj2 lac-ac. mez.a1 podo.hr1 sang.bg3,cd sep. tarent.
• **nachts**: *Calc.*
• **Oberlippe**, Innenseite: bar-c.h
• **Zahnfleisch**: ars-met. *Cimx.*hr1,k ign. *Sep.*hr1,k
• **Zunge**: aesc.hr1,k all-c.hr1,k alum. am-br.hr1 apis *Arg-n.*bg2,k,* **Ars.**h,k,* bad.hr1,k bamb-a.stb2 bapt.bg2,k,* *Bell.*hr1 cact.br1 carb-v. *Caust.*bg2,k chin.bg2,k chlor.hr1,k,* *Cimx.*hr1,k *Coloc.*bg2,k,* conv.br1 cupr-s. daph. dios.a1,k ferr.bg2,k,* glon.a1,k *Ham.*hr1,k hydr.bg2,k,* hyos.bg2,k ign.bg2,k *Iris* kreos.a1,k lac-ac. *Laur.*hr1,k,* *Lyc.*hr1,k *Mag-m.*bg2,k,* *Merc.*bg2,k merc-i-r.a1 *Mez.*bg2,k,* *Phos.*bg2,k phys.a1 *Phyt.*bg2,k,* *Plat.*bg2,k,* podo.hr1,k,* prun.hr1,k psor.hr1,k ptel.c1 *Puls.*bg2,k,* *Rhus-v.* *Rumx.* sabad.bg2,k *Sang.*hr1,k,* sep.bg2,k,* sin-n.bg2,k,* sul-ac.bg2,k,* term-c.vk1 ther.hr1,k,* tub.xxb **Verat-v.**bg2,k,*
• **morgens**: bamb-a.stb2 mez.a1,k nat-c.a1
• **Essen**, beim: ign.
• **oder** während er nicht trinkt: ferr.
• **Rauchen**, beim: sep.h,k1
• **Stellen**, an kleinen: aloe *Ars.*
○ **Mitte**: chin.h,k1 hyos. plat. psor. puls. sabad. sep. ter.
• **Ränder**: apis caust. dios.a1 puls.
• **Zungenspitze**: am-br.a1 calc-p.a1,k caust. chin-b.kr1 ign.a1,bg2 lact.a1,k merc-sul. mez.a1,k *Phos.*bg2,k,* phys.a1 *Psor.*hr1,k sang.hr1,k *Sep.* vip.a1,k

– **verbrüht**, wie
☞ *verbrannt*

– **Wehtun** (= unbestimmt, drückend):
○ **Gaumen**: alum. bufo chel. chinin-s. eupi. hydr. *Kali-bi.* merc. morph. *Nit-ac.* *Phos.* sars. ther.
• **Gähnen**: zinc.
• **Kauen** von Speisen; beim: aloe
• **Schlucken** amel.: ruta
• **Zahnfleisch**: androc.srj1 crot-c.a1,k nit-ac.a1,k
• **rechts**: androc.srj1
• **morgens**: brom.
• **Zahnung**; während der: bry.
• **Zunge**: all-c. astac.a1 *Sang.* sulph. vesp.
• **abends**: sulph.

– **wund** schmerzend (= empfindlich): abrot.a1,k agar.a1,k ail.a1,k aloe alum.a1,k am-c.a1,k am-caust.a1 androc.srj1 apis *Ars.*a1,k ars-met. **Arum-t.**a1,k,* asaf. bell.a1,k bism. borx.k2 *Calc.* carb-ac.a1,k caust. chin.

– **wund** schmerzend (= empfindlich): ... chlor.$_{al,k}$ cinnb.$_{al,k}$ coc-c. con.$_{al,k}$ *Crot-h.* cupr.$_{al,k}$ dig.$_{al,k}$ dios.$_{al,k}$ ferr-ar.$_{k2}$ glon.$_{al,k}$ *Helon. Hep.*$_{al,k,*}$ hydr.$_{c2}$ hyos. *Ign.*$_{al,k}$ ip. kali-ar. kali-c.$_{al,k}$ kali-m.$_{k2}$ kali-p. *Lac-ac. Lach.*$_{al,k,*}$ lachn. lyc.$_{al,k}$ lyss.$_{al,k}$ mag-c. mag-s.$_{al,k}$ *Manc.*$_{bg1}$ mang. med. **Merc.**$_{h,k,*}$ **Merc-c.**$_{al,k}$ merc-i-r.$_{al,k}$ *Merc-sul.*$_{al,k}$ naja nat-ar. nat-c. **Nat-m.**$_{al,k}$ *Nit-ac.*$_{al,k,*}$ nit-m-ac.$_{c2}$ nit-s-d.$_{c2}$ nux-v.$_{al,k}$ ox-ac.$_{al,k}$ petr. ph-ac.$_{al,h,*}$ **Phos.**$_{al,k}$ plan.$_{al}$ plb.$_{al,k}$ podo. psor.$_{k2}$ rhus-v. *Sabad.*$_{al,k}$ samb.$_{al,k}$ sanic.$_{c2}$ sec.$_{al,k}$ sin-n. stram.$_{al,k}$ sul-ac.$_{k2}$ verat.$_{al,k}$
- **morgens**: arum-t.$_{al,k}$ dios.$_{al,k}$ mang.

◆ **begleitet** von:
- **Zunge**:
  - **weiße** Farbe der Zunge:
    - **dicker** Belag: phos.$_{kr1,vk1}$
- **Essen**, beim: alum. nat-c.$_{h2}$
- **Kauen**, beim: nat-c.$_{h}$
- **Kindern**; bei:
  - **Säuglingen**; bei: borx.$_{k2}$ mur-ac.$_{k2}$ sul-ac.$_{k2}$ sulph.$_{k2}$
- **Stellen**; an einzelnen: phos.
- **stillenden** Müttern; bei: borx.$_{k2}$ sul-ac.$_{k2}$ sulph.$_{k2}$

○ **Gaumen**: agar.$_{al,k}$ all-c. alum.$_{al,k}$ alum-p.$_{k2}$ alum-sil.$_{k2}$ androc.$_{srj1}$ apis *Arum-t.*$_{al,k}$ bell.$_{bg3}$ benz-ac.$_{al,k}$ brom.$_{al,k}$ calc-s. caps.$_{al,k}$ carc.$_{mg1,sp,*}$ *Caust.*$_{al,k}$ choc.$_{srj3}$ cinnb. eupi.$_{al,k}$ ferr-s. gamb.$_{al,k}$ glon. graph.$_{al,k}$ ign.$_{al,k}$ iris kali-bi. *Lac-c.*$_{bg1,vh/dg,*}$ lach. laur.$_{bg1}$ *Mang.*$_{al,k}$ merc.$_{bg3,h,*}$ *Mez.*$_{al,k}$ mur-ac.$_{al,k}$ nat-m.$_{al,k}$ nat-s. **Nit-ac.**$_{al,k}$ *Nux-v.*$_{al,k}$ par. phos.$_{al,k}$ *Phyt.* plb.$_{bg1}$ sang. sapin.$_{al}$ sil.$_{al,k}$ thuj.$_{al,k}$
  - **morgens**: mang.$_{h,kl}$
  - **Berührung**; bei: choc.$_{srj3}$ iris merc.$_{h,k,*}$ nat-s.
  - **Essen** von Brot amel.: mang.$_{h,kl}$
  - **Gehen**, beim: kali-bi.
  - **Menses**, während: nat-s.
  - **Schlucken** von Speichel; beim: thuj.$_{h,kl}$
  - **Stellen**, an kleinen: *Caust.* mur-ac.$_{al,k}$

  ▽ **erstreckt** sich zu:
  - **Ohr**: thuj.$_{h}$

  ○ **Gaumensegel**: ph-ac. rhus-t. ruta$_{h}$
- **Unterlippe**, Innenseite: **Nux-v.**$_{h}$
- **Wange**:
  - **rechte** Seite:
    - **Stellen**, an kleinen: calc-p.$_{h}$

  ○ **innen**: bell. carb-ac. nat-c.$_{h2}$
- **Zahnfleisch**: agar.$_{al,k}$ alum.$_{al,k}$ alum-p.$_{k2}$ alum-sil.$_{k2}$ am-c.$_{al,k,*}$ ambr. arg-met. *Arg-n.*$_{al,k}$ *Arn.* **Ars.**$_{al,k}$ ars-met. arund.$_{al,k}$ asaf.$_{al,k}$ *Aur.* aur-m. bapt.$_{al,k}$ bar-c. bar-i.$_{k2}$ bar-m. bell.$_{al,k}$ berb. bism.$_{al,k}$ brom. bry.$_{al,k}$ calc.$_{al,k}$ calc-s. *Caps.* carb-an. **Carb-v.**$_{al,k}$ *Caust.*$_{al,k}$ *Cham.* *Chinin-ar.* clem.$_{al,k}$ cob. cocc.$_{al}$ cupr-ar.$_{al,k}$ dig.$_{al,k}$ dios.$_{al,k}$ *Dol.* gamb.$_{al,k}$ gels. *Glon. Graph.* *Ham.*$_{al,k}$ *Hep.*$_{al,k}$ *Iod.*$_{al,k}$ kali-ar.$_{al}$ *Kali-bi.*$_{al,k}$ kali-chl. kali-i.$_{al,k}$ kiss.$_{al}$ lach. mag-c.$_{h,kl}$ marb-w.$_{es1}$ **Merc.**$_{al,k}$ *Merc-c.*$_{al,k}$ merc-sul.$_{al}$ mur-ac.$_{al,k}$ *Myric.* naja *Nat-ar.* *Nat-m.*$_{al,k}$ *Nit-ac.*$_{al,k,*}$ nux-v.$_{al,k}$ petr.$_{al,k}$ ph-ac.$_{al,k}$ *Phos.*$_{al,k}$

– **wund** schmerzend - **Zahnfleisch**: ... plan.$_{al}$ plb.$_{al,k}$ plect.$_{al}$ polyg-h. ptel.$_{al,k}$ *Puls.*$_{al,k}$ raph.$_{al}$ rhod. rhus-t.$_{al,k}$ ruta sang.$_{al}$ sars. *Sep.*$_{al,k}$ **Sil.**$_{al,k}$ sin-n.$_{al,k}$ *Staph.*$_{al,k}$ ter. ther.$_{al}$ thuj.$_{al,k}$ wies.$_{al}$ *Zinc.*$_{al,k}$ zinc-p.$_{k2}$
  - **morgens**: caust.$_{al,h,*}$
  - **Berührung**; bei: aur.$_{h,kl}$ graph.$_{h,kl}$ ph-ac.$_{h,kl}$
  - **Essen**, beim: aur. caust.$_{al}$ *Clem.* mag-c.$_{h,kl}$ *Phos.* spong. wies.$_{al}$ zinc.
  - **kalt**:
    - **Luft** agg.; kalte: cob.
    - **Wasser** agg.; kaltes: sil.
  - **Kälte**:
    - **agg.**; Kälte und Wärme: **Nat-m.**
  - **Kauen**, beim: **Carb-v.**$_{al,k}$ clem.$_{al}$ *Nit-ac.* petr.$_{al,h,*}$ sil.$_{al,h,*}$ teucr.$_{al}$
  - **Zahnextraktion**, nach: arn.$_{br1}$
  - **Zahnung**; während der: berb. dol.$_{c1}$

  ○ **innere** Seite des Zahnfleisches: graph.$_{h}$
  - **zwischen** Zahnfleisch und Wange: hyos.$_{h,kl}$ rhod.
- **Zunge**: abrot.$_{al,k}$ acet-ac. *Agar.*$_{al,k}$ aloe alum.$_{al,k}$ alum-sil.$_{k2}$ androc.$_{srj1}$ ant-c.$_{al,k}$ *Apis* arn. ars. ars-i. *Arum-t.* aur-ar.$_{k2}$ *Bapt.*$_{al,k}$ bar-c. bell.$_{al,k}$ benz-ac.$_{al,k,*}$ berb. brach.$_{al,k}$ *Calc.*$_{al,k}$ calc-sil.$_{k2}$ canth. *Carb-v.*$_{al,k}$ caust.$_{al,k}$ chel. chim. chinin-ar. cic. *Cist.*$_{al,k}$ conv.$_{br1}$ cop. *Crot-h.*$_{al,k}$ cupr-ar.$_{al,k}$ *Dig.*$_{al,k}$ eupi.$_{al}$ fl-ac.$_{al,k}$ gamb. gels. *Glon.* graph.$_{al,k}$ ictod. ip. kali-c. kali-m.$_{k2}$ kali-p. kali-s. kali-sil.$_{k2}$ lac-ac.$_{al}$ *Lach.*$_{al,k}$ laur.$_{al,k}$ lob-c.$_{al}$ *Lyc.*$_{al,k}$ merc. *Merc-c.*$_{al,k}$ *Mur-ac.*$_{al,k}$ nat-m.$_{al,k}$ **Nit-ac.**$_{al,k}$ nux-v. oena.$_{al}$ osm.$_{al,k,*}$ ox-ac.$_{al,k}$ phel.$_{c2}$ phys.$_{al}$ rhus-t. rumx. *Sabad.*$_{al,k}$ sang. *Sep.*$_{al,k}$ sil.$_{al,k}$ sin-n.$_{al,k}$ staph. stry.$_{al}$ syph.$_{k2}$ term-c.$_{vk1}$ *Thuj.*$_{al,k}$ *Tub.* zinc.$_{al,k}$
  - **abends**: dios.$_{al}$ kali-n.$_{h,kl}$
  - **Rißwunden**, durch: hyper.
  - **salzige** Speisen, durch: petr.$_{h,kl}$
  - **Saurem**, nach: petr.$_{h,kl}$
  - **Schlucken** agg.: benz-ac.$_{al,k}$
  - **Stellen**, an kleinen: agar.$_{bg1}$ aloe ant-c.$_{bg1}$ bar-c.$_{bg1}$ cinnb.$_{bg1}$ ind.$_{bg1}$ iod.$_{bg1}$ nit-ac. nux-v. ran-s.$_{bg1}$ sil.$_{bg1}$ tarax.$_{bg1}$

  ○ **Frenulum**: all-c. kali-c.
  - **hinten**: benz-ac. form. lyc. *Nux-v.*
  - **Mitte**: chin.$_{h,kl}$ samb.
  - **Seiten**: am-br.$_{al}$ ant-c.$_{al,k}$ calc.$_{bg1}$ carb-v.$_{al,k}$ dios.$_{al,k}$ ictod. *Lach.*$_{al,k}$ laur.$_{al,k}$ *Puls.* rumx. sep.
    - **links**: graph.$_{al,k}$ *Kalm. Lach.*$_{al,k}$ phys.
      - **Herausstrecken** der Zunge; beim: *Graph.*
    - **rechts**: carb-v.$_{bg1}$ merc.$_{bg1}$ phos.$_{bg1}$ plat.$_{bg1}$ sabad.$_{bg1}$

  ○ **nahe** der Zungenspitze: arum-t. *Calc-p.* chin. dios. *Hep. Kali-c.* sep.
  - **Zungenspitze**: aesc.$_{al,k}$ agar.$_{al,k}$ am-br.$_{al}$ am-c. arum-t. calc. calc-p.$_{al,k}$ carb-an. cinnb.$_{al}$ dios.$_{al,k}$ hep.$_{al,k}$ ictod. kali-c.$_{al,k}$ kali-n.$_{h,kl}$ merc-sul.$_{hr1,k,*}$ mez.$_{al}$ nat-c.$_{h2}$ ox-ac.$_{al}$ phys.$_{al,k}$ **Rhus-t.**$_{al,k}$ sabad.$_{al,k}$ sang. *Sel. Sep. Sil.* sin-n. *Ter.* **Thuj.**$_{al,k}$ zinc.

– **wund** schmerzend - **Zunge - Zungenspitze**: ...
 • **Berührung**; bei: nat-c.h,kl
– **wundfressend**, Zahnfleisch: kali-c.h,kl zinc.h,kl
 • **gezogen** wurde; wo ein Zahn: graph.h
– **ziehend**: gymno. nux-v.a1,k
 ○ **Gaumen**: hydr. sars. ther.
  • **konvulsivisch**, erstreckt sich zu den Fauces: cham.h,k,* merc.a1,k
  ○ **Gaumenbogen** beim Schlucken: coc-c.a1,k
 • **Zahnfleisch**: alum.h,kl anac.h,kl ang.h,kl caps.h,kl carb-an.h,kl carb-v.h,kl caust.h,kl con. iod.h,kl lyss. nat-m.h,kl rutah sep.h,kl staph.h,kl
  • **nachts**: lyc.h,kl
 • **Zunge**: aster.a1,k castm.
  • **Schnur** zum Zungenbein; wie mit einer: castm.
– **zusammenschnürend**; tief unten in der Gegend des Zungenbeins, die Zunge: *All-c.*
– **zusammenziehend**: aesc. asar.a1,k nit-ac.
 • **krampfhaft**: calc.
 ○ **Gaumen**: arn. cinnb. glon.
 • **Zahnfleisch**: caust.h,kl staph.h,kl
 • **Zunge**: arum-t. borx.
  ○ **vordere** Hälfte, rechts: ars-h.
  • **Zungenwurzel**: acon. bell. carb-v. hydrc. lach.
– **zwickend**:
 ○ **Gaumen**: ant-c.a1,k caps.h,kl
  • **Schlucken**, beim: caps.h
   • **agg.**: ant-c.a1,k
 • **Zunge**: nux-v.
  ○ **Zungenspitze**: ang.h,kl

Schmutzige Zunge
 ☞ *Farbe - Zunge - schmutzig*

Schnalzen mit der Zunge: bell.h,kr1,* lyc.a1,h,*

Schorfe:
○ **Lippen**
 ☞ *Hautausschläge - Schorfe - Lippen*
– **Zahnfleisch**; gangränöse Schorfe am
 ☞ *Gangränös - Zahnfleisch - Schorfe*

Schwämmchen: *Aeth.*bro1,vk1 *Ant-t.*bro1,vk1 *Ars.*bro1,vk1 *Bapt.*bro1,vk1 **Borx.**bro1,vk1 *Bry.*bro1,vk1 *Carb-v.*bro1,vk1 caust.vk1 *Eup-a.*bro1,vk1 *Hydr.*bro1,vk1 **Kali-chl.**bro1,st,* *Kali-m.*bro1,vk1 **Merc.**bro1,st,* **Merc-c.**bro1,vk1 **Mur-ac.**bro1,vk1 *Nat-m.*bro1,vk1 *Nit-ac.*bro1,vk1 nux-v.vk1 *Rhus-g.*bro1,vk1 **Sars.**bro1,vk1 **Semp.**bro1,vk1 **Sul-ac.**bro1,st,* **Sulph.**bro1,vk1
 ☞ *Aphthen*

Schwammig:
○ **Zahnfleisch**: *Alumn.*hr1,k ant-t.hr1,k ars.bg2,k,* brass.a1 bry.bg2,k,* *Canth.*bg2,k,* *Caps.*bg2,k,* *Carb-v.*bg2,k,* chlol.hr1,k,* cupr.a1,k *Dulc.*bg2,k,* graph.bg2,k *Ham.*hr1,k kali-br.hr1,k *Kali-chl.*hr1,k **Kali-p.**hr1,k **Kreos.**bg2,k,* **Lach.**bg2,k,* **Merc.**bg2,k,* **Merc-c.**bg2,k,* merc-d.a1 myric.hr1,k plb.bg2,k,* psor.k2 *Rob.*hr1,k *Sang.*hr1,k sol-t-ae.a1 *Staph.*bg2,k,* *Ter.* zinc.bg2,k zinc-m.a1
– **Zunge**: benz-ac.hr1,k,* camph.a1 hydr.k2 stram.a1 syph.k2

Schwellung: *Acon.* *Am-c.* ant-t. *Anthraci.* asaf.k2 *Bell.* bism. calad. calc. calc-s. camph. canth. carb-ac. carb-an. carb-v. *Caust.* cop. dulc. glon. *Hydr.* hydrog.srj2 ign. **Kali-chl.** kali-p. lach. lyc. **Merc.** *Merc-c.* **Nit-ac.** nux-v. op. par. sep. sil. sul-ac. verat. vesp. vip.
– **morgens**, beim Erwachen: nit-ac.h,kl
– **erysipelatös**, nach Zahnextraktion: sil.
– **Gefühl** von: am-c. *Camph.* chin.h limest-b.es1 samb.
○ **Drüsen**: iod.
– **Gaumen**: aloe *Apis* *Arg-n.* ars. arum-t. aur-m-n.c1 bapt.k2 *Bar-c.* bar-m. bell. *Calc.* *Carb-an.* chin. cimic. coff. crot-t. kali-p.k2 **Lach.** *Merc.* nat-s. *Nux-v.* par. *Phyt.* psor. rumx. seneg. *Sil.* staph. *Sul-ac.* **Sulph.** syph.k2 *Zinc.*
 • **Eiterung**, mit: *Bar-c.* merc. nux-v. sil. sulph.
 • **fest**, fast schmerzlos, taubeneigroß: par.
 • **Gefühl** von: androc.srj1 arg-n. *Arum-t.*a1,k *Camph.* cycl. glon. ign. nux-v. puls. sulph.h,kl til.c1
 ○ **Gaumenbogen**: bell. berb. *Caust.* chin. merc. *Nit-ac.* seneg.
 • **Gaumensegel**: acon. *Aeth.* bell. *Calc.* carb-v. cimic. coff. *Merc.* **Merc-c.** *Spong.* *Verat.*
– **Speicheldrüsen**: kali-n.h
– **Wangen**, Innenseite der: am-c. androc.srj1 calc. caust. nat-hchls.vk1
– **Zahnfleisch**: *Agar.* all-s. *Alum.* alum-p.k2 alum-sil.k2 am-c. am-m. ambr. anac. anan. *Apis* *Arg-n.* arn. **Ars.** **Ars-i.** arund. aur. aur-ar.k2 aur-i.k2 aur-s.c1,k2 *Bar-c.* bar-i.k2 bar-m. bar-s.k2 bell. bism. **Borx.** brom. bry. **Calc.** calc-i.k2 *Calc-s.* calc-sil.k2 *Camph.* canth. *Caps.* *Carb-an.* *Carb-v.* **Carbn-s.** castm. **Caust.** cham. **Chin.** *Chinin-ar.* *Cist.* cob. cocc.c1 cocc-s.kr1 con. *Crot-h.* crot-t. daph. *Dol.* ferr. ferr-ar. ferr-p. fuch.br1 *Gels.* gink-b.sbd1 *Glon.* **Graph.** *Ham.* *Hep.* hydr. *Iod.* jug-r. kali-ar. *Kali-bi.* kali-br. *Kali-c.* *Kali-i.* kali-m.k2 kali-n. kali-p. kali-sil.k2 kalm. kreos.k2 lac-c. **Lach.** *Lyc.* lyss. *Mag-c.* *Mag-m.* **Merc.** **Merc-c.** *Merc-cy.* *Merc-i-f.* *Merc-i-r.* *Mur-ac.* naja *Nat-c.*h2,hr1 **Nat-m.** nicc. **Nit-ac.** nux-v. osm. *Petr.* *Ph-ac.* phel. *Phos.* **Plb.** puls. rhod. sabad. sabin. sal-ac. sars. **Sep.** *Sil.* sin-n. spig.h,kl spong. *Staph.* *Stront-c.* *Sul-ac.* sul-i.k2 **Sulph.** thuj. tub.c1,xxb verat.h,kl zinc. zinc-p.k2
 • **links**:
  • **nach** rechts: nat-m.hr1,k
 • **rechts**: aur. bell.hr1,k castm. *Merc.*
 • **morgens**: merc.a1 nat-m.h,kl
 • **bläulichrot**: con.h,k
  • **schwammige** Schwellung: nat-m.hr1,k
 • **blaßrot**: *Bar-c.*
 • **faulen** Zahn, um den: anag. bar-c. calc.h,kl calc-s. carb-v.h,kl cocc.h,kl nat-m.h,kl phos.h,kl sabin.
  • **Gefühl** von: am-c. *Cham.* chin.h,kl lyss.vh puls. pyrog.vh spong.h,kl tor.vh
 • **hart**, schmerzhaft, im Fach eines Zahnes, der vor Jahren gezogen wurde: med.
 • **Konvulsionen**, mit: kreos. stann.

– **Zahnfleisch**: ...

• **Menses**:

• **vor**: bar-c. kali-c.$_{k,kl,*}$ phos.$_{a1,h,*}$

• **während**: *Nit-ac.*$_{a1,k}$

• **nach**: phos.$_{a1,h,*}$

• **anstatt**: kali-c.$_{h,kl}$

• **schmerzhaft**: agar. ambr.$_{c1,h,*}$ aur.$_{a1,h,*}$ bar-c.$_{h,kl}$ bell. borx. *Bry.* calc.$_{a1,k}$ carb-an. crot-t. dol.$_{st}$ graph.$_{a1,k}$ kali-c. kali-chl. kali-i. lyss. *Mag-m.* *Merc.*$_{a1}$ nat-m.$_{a1,h,*}$ nux-v. par. petr. phel. phos.$_{h,kl}$ ran-s. rhod. sabin. sars. sep.$_{h}$ sil. staph.$_{h,k,*}$ *Sulph.* thuj. zinc.

• **Berührung**; bei: ph-ac.$_{h,kl}$

• **Kauen**, beim: ph-ac.$_{h,kl}$ phos. spong.

• **Schlucken**, beim: staph.$_{h,kl}$

• **Wärme** amel.: *Kali-i.*

• **weiß**: crot-h. nit-ac. nux-v. sabin.

• **schmutzig**: kali-n.

• **Zahnextraktion**, nach: sil.

○ **Innenseite**: ambr. hep.$_{h}$ sep.$_{h}$

○ **oben**: dios.

• **Schneidezähne**: nat-m.$_{h}$

• **oberhalb** der Schneidezähne: lyc.$_{h,kl}$ nit-ac.$_{h,kl}$

• **Seite**:

○ **unten** links, mit Stichen nach oben zur linken Schläfe: am-m.$_{h,k,*}$

• **zwischen** den unteren Schneidezähnen: nat-m.$_{hr1,k}$

• **zwischen** Zahnfleisch und:

○ **Wangen**: rhod.

• **Zähnen**: nit-ac.

– **Zunge**: acet-ac.$_{k,vk1}$ **Acon.**$_{bg2,k,*}$ *Am-m.*$_{k,vk1}$ anac.$_{bg2,k,*}$ anan.$_{k,vk1}$ ant-t.$_{k,vk1}$ **Apis**$_{k,vk1}$ arg-n.$_{bg2,k,*}$ *Ars.*$_{bg2,k,*}$ ars-h.$_{kr1,vk1}$ *Ars-i.*$_{k,vk1}$ *Ars-s-f.*$_{k,vk1}$ arum-m.$_{k,vk1}$ asaf.$_{k,k2,*}$ aster.$_{c2,k,*}$ *Aur.*$_{k,vk1}$ aur-ar.$_{k2}$ *Bapt.*$_{k,vk1}$ **Bell.**$_{bg2,k,*}$ benz-ac.$_{k2}$ berb.$_{k,vk1}$ *Bism.*$_{bro1,vk1}$ **Bry.**$_{bg2,vk1}$ *Caj.*$_{bro1,c2,*}$ calad.$_{bg2,k,*}$ calc.$_{k,vk1}$ calc-i.$_{k2}$ *Calc-p.*$_{k,vk1}$ calc-s.$_{bg2,k2,*}$ calc-sil.$_{k2}$ *Camph.*$_{k,vk1}$ *Canth.*$_{bg2,k,*}$ castm.$_{k,vk1}$ *Chin.*$_{bg2,k,*}$ *Chinin-ar.*$_{k,vk1}$ chlorpr.$_{vk1}$ cic.$_{bg2,k,*}$ *Cimic.*$_{k,vk1}$ coc-c.$_{k,vk1}$ cocc.$_{h1,k}$ con.$_{bg2,k,*}$ cory.$_{br1}$ **Crot-h.**$_{bg2,k,*}$ cupr-s.$_{kr1,vk1}$ *Dig.*$_{bg2,k,*}$ *Diph.*$_{bro1,vk1}$ dros.$_{bg2,k,*}$ *Dulc.*$_{bg2,k,*}$ elaps$_{k,vk1}$ ferr-m.$_{k,vk1}$ ferr-p.$_{bg2,k,*}$ *Fl-ac.*$_{k,vk1}$ *Frag.*$_{bro1,c2,*}$ glon.$_{bg2,k,*}$ guare.$_{k,vk1}$ *Hell.*$_{bg2,k,*}$ *Helo.*$_{k,vk1}$ *Helon.* hippoz.$_{k,vk1}$ hoit.$_{vk1}$ *Hydr.*$_{bg2,k,*}$ *Iod.*$_{k,vk1}$ kali-ar.$_{k,vk1}$ kali-bi.$_{bg2,vk1}$ kali-br.$_{kr1,vk1}$ kali-c.$_{bg2,k,*}$ kali-chl.$_{k,vk1}$ kali-i.$_{k,vk1}$ kali-m.$_{k2}$ kali-p.$_{k,vk1}$ kali-sil.$_{k2}$ *Kali-tel.*$_{bro1,c2,*}$ *Lach.*$_{bg2,k,*}$ laur.$_{k2}$ *Lyc.*$_{bg2,k,*}$ *Lyss.*$_{k,vk1}$ mag-m.$_{bg2,vk1}$ *Mag-p.*$_{bro1,vk1}$ menis.$_{c2}$ **Merc.**$_{bg2,k,*}$ *Merc-c.*$_{bg2,k,*}$ *Merc-cy.*$_{k,vk1}$ merc-sul.$_{k,vk1}$ mez.$_{bg2,k,*}$ mill.$_{k,vk1}$ **Mur-ac.**$_{bro1,vk1}$ *Naja*$_{k,vk1}$ nat-ar.$_{kr1,vk1}$ *Nat-hchls.*$_{c2,k,*}$ *Nat-m.*$_{bg2,k,*}$ nep.$_{vk1}$ oena.$_{c2,k,*}$ *Op.*$_{k,vk1}$ ox-ac.$_{k,vk1}$ ph-ac.$_{bg2,k,*}$ *Phos.*$_{k,vk1}$ phyt.$_{bg2,k,*}$ *Plb.*$_{bg2,k,*}$ *Podo.*$_{bg2,k,*}$ ptel.$_{k,vk1}$ puls.$_{k,vk1}$ *Ruta*$_{bro1,c2,*}$ sabad.$_{bg2,vk1}$ sec.$_{bg2,k,*}$ sil.$_{bg2,k,*}$ stram.$_{bg2,k,*}$ tell.$_{c1,kr1,*}$ ter.$_{k,vk1}$ thuj.$_{bg2,k,*}$ verat.$_{bg2,k,*}$ vesp.$_{k,vk1}$ vesp-xyz.$_{c2}$ **Vip.**$_{bro1,c2,*}$

☞ *Dick - Zunge / Vergrößert - Zunge*

– **Zunge**: ...

• **eine** Seite: apis$_{k,vk1}$ bism.$_{k,vk1}$ calc.$_{k,vk1}$ lach.$_{bg2,vk1}$ laur.$_{bg2,vk1}$ merc.$_{bg1}$ *Sil.*$_{k,vk1}$ thuj.$_{bg2,vk1}$

• **links**: lach.$_{bg1}$ laur.$_{k,vk1}$ zinc.$_{k,vk1}$

• **rechts**: am-be.$_{k,vk1}$ apis$_{k,vk1}$ calc.$_{bg1}$ mez.$_{k,vk1}$ thuj.$_{k,vk1}$

• **nachts**: merc.$_{k2}$

◇ **abwechselnd** mit Zusammenziehung: xan.$_{bg1}$

◆ **begleitet** von:

• **Chorea**

☞ ❑ *Allgemeines - Chorea - begleitet von - Zunge - Schwellung*

• **Diphtherie**

☞ ❑ *Innerer Hals - Diphtherie - begleitet von - Zunge - Schwellung*

• **epileptische** Konvulsionen

☞ ❑ *Allgemeines - Konvulsionen - epileptisch - begleitet von - Zunge*

• **Leber**; Verhärtung der

☞ ❑ *Abdomen - Hart - Leber - begleitet von - Zunge - Schwellung*

• **Meningitis**

☞ ❑ *Kopf - Entzündung - Hirnhaut - begleitet von - Zunge - Schwellung*

• **Scharlach**

☞ ❑ *Haut - Hautausschläge - Scharlach - begleitet von - Zunge - Schwellung*

• **Speichelfluß**

☞ *Speichelfluß - begleitet von - Zunge - Schwellung*

• **Syphilis**

☞ ❑ *Allgemeines - Syphilis - begleitet von - Zunge - Schwellung*

• **füllt** den ganzen Mund: apis$_{k2}$ arum-m.$_{k,vk1}$ calad.$_{k,vk1}$ cory.$_{br1}$ crot-h.$_{k,vk1}$ *Kali-chl.*$_{k,vk1}$ stram.$_{k2}$

• **Gefühl** von: anac.$_{bg2,k}$ androc.$_{srj1}$ apis$_{bg2}$ *Bapt.*$_{bg2,k}$ *Camph.*$_{bg2,k}$ *Cimx.* cocc. crot-h. gels.$_{bg2,k}$ glon.$_{bg2,k}$ kali-ar. lach.$_{bg2}$ lyc.$_{bg2}$ merl. *Mur-ac.* *Nux-v.*$_{bg2,k}$ par.$_{bg2,k}$ petr. puls.$_{bg2,k}$ tab.$_{bg2}$

• **Zungenwurzel**: spig.$_{h}$

• **Glossitis**, nach: sul-i.$_{c1}$

• **Insektenstich**, nach: *Acon.*$_{k,kr1,*}$ arn.$_{k,kr1,*}$ bell.$_{k,kr1,*}$ *Carb-ac.*$_{k,vk1}$ crot-h.$_{k,kr1,*}$ merc.$_{k,kr1,*}$ nat-m.$_{k,kr1,*}$

• **Zungenwurzel**, an der: spig.$_{h}$

• **Krämpfe**:

• **vor**: plb.$_{bg1}$

• **Quecksilber**, nach: *Kali-i.*$_{k,vk1}$

• **schmerzhaft**: bell-p.$_{vk1}$

• **Berührung**; bei: con.$_{k,vk1}$ ph-ac.$_{k,vk1}$ thuj.$_{k,vk1}$

• **Sprechen**; beim: *Ph-ac.*$_{k,vk1}$

• **schmerzlos**: mez.$_{k,vk1}$

○ **Basis** der Zunge, äußerlich und innerlich: **Ars.**$_{k,vk1}$

• **Mitte**: *Phos.*$_{k,vk1}$

• **kleine**, runde Schwellung: *Dros.*$_{k,vk1}$

• **unter** der: **Ambr.**$_{bg2,vk1}$ bapt.$_{bg2,vk1}$ **Calc.**$_{bg2,vk1}$ *Merc.*$_{bg2,vk1}$ mez.$_{bg2,vk1}$ mosch.$_{bg2,vk1}$ *Nat-m.*$_{bg2,k,*}$ **Nit-ac.**$_{bg2,vk1}$ staph.$_{bg2,vk1}$ **Thuj.**$_{bg2,vk1}$

• **stechendem** Schmerz, mit: *Nat-m.*$_{k,vk1}$

• **Zungenspitze**: *Nat-m.*$_{k,vk1}$ phos.$_{k,vk1}$ thuj.$_{bg2,vk1}$

– **Zunge**: ...
• **Zungenwurzel**: bapt.$_{k,vk1}$ chin.$_{bg2,vk1}$ cimic.$_{k,vk1}$ cocc.$_{bg2,k,*}$ ferr-i. limest-b.$_{es1}$ merc-c.$_{k,vk1}$ phos.$_{bg2,k,*}$ spig.$_{bg2,vk1}$
• **Seite** der: chin.$_{h}$

Schwere der Zunge: *Anac.* ars. *Bell. Carb-v. Colch.* guare. hyos. *Lyc.* merl. *Mur-ac. Nat-c.* **Nat-m.**$_{c2,k}$ *Nux-m. Nux-v.* pip-n.$_{c2}$ *Plb.* sec. stram. *Verat.*
– **Bewegen** der Zunge ist schwierig: aesc. *Ars.* calc. *Carb-v.* cic. con. **Lach.** *Lyc.* merc. op. *Stram.*
☞ *Bewegung - Zunge - schwierig*

Skorbut des Zahnfleisches: all-s. alum. *Alumn. Am-c. Anan. Ant-c.* ant-t. **Ars.** *Ars-i.* ars-s-f.$_{k2}$ **Astac.** *Aur-m-n. Bov. Brom. Calc. Camph.* canth. *Carb-an.* **Carb-v.** *Carbn-s.* chinin-s. chr-ac. *Cist.* coch. *Dulc. Hep. Iod. Kali-c.* **Kali-chl.** *Kali-i. Kali-m.*$_{hr1,k}$ **Kali-p. Kreos.** lac-ac. lach. *Lyc.* **Merc. Mur-ac.** *Nat-m. Nit-ac. Nux-m. Nux-v. Ph-ac. Phos.* phyt. *Psor.* sacch. sep. *Staph.* sul-ac. *Sulph. Ter. Zinc.* zinc-p.$_{k2}$
☞ *Abgelöst / Bluten - Zahnfleisch - Skorbut / Fauliges / Hervorstehend - Zahnfleisch*
– **Salz**; bei großem Konsum von: coch.

Sordes:
– **sauer**: kali-c.$_{h}$ lyc.$_{h}$
○ **Wange**, unter der linken: carb-ac.

Spannung:
○ **Gaumen**:
○ **Gaumenbögen**: coc-c.
• **weicher** Gaumen: clem.$_{a1}$

Spasmen
☞ *Krämpfe*

Speichel:
☞ *Klebrig, zäh / Schleim, Schleimabsonderung / Teigig*
– **adstringierend**: caps.$_{bg1,bg2}$ merc-c.$_{bg1,bg2}$ par.$_{bg2,k}$ sabad.$_{bg1,bg2}$
– **alkalisch**: jab.$_{a1,k}$ plb.$_{a1,k}$ sin-n.$_{hr1,k}$
– **aromatisch**: coca
– **bitter**: arg-n.$_{bg2}$ arn.$_{bg2}$ *Ars.*$_{bg2,k,*}$ bapt.$_{bg2,k,*}$ bry.$_{bg2}$ **Chel.**$_{bg2,k,*}$ coca guat.$_{vk1}$ kali-bi.$_{bg2,k,*}$ kalm. lyc.$_{bg2,k,*}$ mang.$_{bg2,k,*}$ merc.$_{bg2}$ phos.$_{bg2,k,*}$ sulph.$_{bg2,k,*}$ thuj.$_{bg2,k}$ ust.$_{hr1,k,*}$
– **bläulich**: plb.$_{bg2,k,*}$
• **weiß**: carb-ac.$_{hr1,k,*}$
– **blutig**: acon.$_{bg2,k,*}$ am-c.$_{a1,k,*}$ antip.$_{vk1}$ arg-met.$_{k,vk1}$ arn.$_{bg2,k,*}$ ars.$_{bg2,k,*}$ aspar.$_{hr1,k,*}$ bad.$_{k,vk1}$ *Bell.*$_{bg2,k,*}$ bry.$_{a1,k,*}$ **Bufo**$_{k,vk1}$ calad.$_{a1,k,*}$ camph.$_{a1,k,*}$ canth.$_{bg2,k,*}$ *Carb-v.*$_{hr1,k,*}$ carbn-s.$_{k,vk1}$ chin.$_{bg2}$ cic.$_{a1,k,*}$ clem.$_{bg2,k,*}$ **Crot-c.**$_{k,vk1}$ *Crot-h.*$_{hr1,k,*}$ *Dros.*$_{bg2,k,*}$ eug.$_{k,vk1}$ gels.$_{k,vk1}$ *Hyos.*$_{bg2,k,*}$ indg.$_{k,vk1}$ jatr-c.$_{k,vk1}$ *Kali-i.*$_{bg2,k,*}$ **Mag-c.**$_{bg2,k,*}$ *Merc.*$_{bg2,k,*}$ *Merc-c.*$_{bg2,k,*}$ *Nat-m.*$_{hr1,k,*}$ **Nit-ac.**$_{bg2,k,*}$ *Nux-v.*$_{bg2,k,*}$ op.$_{a1,k,*}$ **Phos.**$_{bg2,k,*}$ *Rhus-t.*$_{bg2,k,*}$ sabin.$_{bg2}$ *Sec.*$_{bg2,k,*}$ staph.$_{bg2,k,*}$ stram.$_{bg2,k,*}$ sul-ac.$_{k2}$ *Sulph.*$_{bg2,k,*}$ thuj.$_{bg2,k,*}$ vip.$_{a1,k,*}$ zinc.$_{bg2,k,*}$ zinc-p.$_{k2}$
• **morgens**: nit-ac.$_{h}$
• **nachts**: nat-m.$_{a1}$ *Nux-v.*$_{hr1,kr1,*}$

Speichel - blutig: ...
◆ **begleitet** von:
• **Diphtherie**
☞ ☐ *Innerer Hals - Diphtherie - begleitet von - Speichel - blutig*
• **Konvulsionen**
☞ ☐ *Allgemeines - Konvulsionen - begleitet von - Speichel - blutig*
• **Menses**, vor den: *Nat-m.*$_{hr1,k,*}$
• **süßlich**: *Kali-i.*$_{kr1,vk1}$
– **bräunlich**: bell.$_{hr1,k,*}$ bism.$_{bg2,k,*}$ crot-c.$_{k,vk1}$ plan.$_{a1,k,*}$ raja-s.$_{vk1}$
– **brennend**: manc.
– **dick**: abel.$_{vk1}$ anan. *Ars.* bapt.$_{k2}$ bell. bism. cain. calad. cann-i. carb-ac. cedr. cimic. cocc. crot-c. formal.$_{br1}$ guat.$_{vk1}$ hoit.$_{vk1}$ kali-p. *Nux-m.* op. paro-i.$_{vk1}$ phyt. rhus-t. rhus-v. tax.
☞ *zäh*
• **morgens**: glon.$_{a1,k}$
– **dünn**: jatr-c.$_{k,vk1}$ lyss.$_{k,vk1}$ manc.$_{k,vk1}$
☞ *wäßrig*
– **eitrig**: kali-c.$_{k2}$
– **eiweißartig**: am-caust.$_{a1,k,*}$ calad.$_{hr1,k,*}$ *Stram.*$_{k,vk1}$
– **fadenziehend**: cuc-c.$_{vk1}$ ferr. iris **Kali-bi.** lach.$_{k,k2}$ lyss. phyt. sanic. tamrnd.$_{vk1}$
☞ *zäh / Schleim, Schleimabsonderung - fadenziehend*
– **fauliges** Wasser, wie: phos.$_{h,k1}$
– **gallertartig**: sabad.$_{k,vk1}$
– **gelb**: cycl.$_{bg2,k,*}$ *Gels.*$_{bg2,k,*}$ kali-bi.$_{bg2}$ lyc.$_{bg2,k,*}$ lyss.$_{hr1,k,*}$ *Manc.*$_{hr1,k,*}$ *Merc-c.*$_{bg2,k,*}$ paro-i.$_{vk1}$ *Phyt.*$_{bg2,k,*}$ rhus-t.$_{bg2,k,*}$ sec.$_{bg2,k,*}$ *Spig.*$_{bg1,bg2,*}$
• **Blut**, wie durch: *Gels.*$_{k,vk1}$
– **grün**: carb-v.$_{bg2}$ gins.$_{a1,k,*}$ graph.$_{bg2,k,*}$ nat-c.$_{bg2}$ nat-m.$_{bg2}$ sec.$_{bg2,k,*}$ zinc.$_{bg2}$
– **heiß**: asar.$_{bg2,k,*}$ daph.$_{bg2,k,*}$ manc.$_{bg2,k,*}$ mosch.$_{hr1,k,*}$ sabad.$_{bg2,k,*}$ tax.$_{a1,k}$
• **Übelkeit**, bei: sabad. tax.
– **klebrig**: arg-met. bell. berb. camph. cann-s. eug. lob.$_{hr1,k,*}$
– **Klebstoff**; wie: bad.$_{a1,k,*}$ bell.$_{hr1,k,*}$ boerh-d.$_{bnj1}$ cimic.$_{k,vk1}$ cinnb.$_{k,vk1}$ nat-c.$_{a1}$ nux-m.$_{a1,k,*}$ raja-s.$_{vk1}$
– **kühl**: asar.$_{bg2,k,*}$ bar-c.$_{bg2}$ bor-ac.$_{bg2}$ borx. chen-v.$_{bg2,k,*}$ cist.$_{bg2,k,*}$ merc-c.$_{bg2,k,*}$ phos.$_{bg2}$ phyt.$_{bg2,k,*}$
– **Kupfer**, schmeckt nach: merc.$_{hr1,k,*}$ ran-b.$_{bg2,k,*}$
– **Messing**, wie: kali-chl.$_{hr1,k}$
– **metallisch** schmeckend: bism.$_{bg2,k,*}$ cedr.$_{a1,k}$ *Cham.*$_{hr1,k,*}$ cimic. cimx.$_{hr1,k}$ *Coc-c.* jatr-c. kali-bi.$_{a1,k}$ kali-chl.$_{hr1,k}$ lyc.$_{a1,k}$ merc.$_{hr1,k}$ *Phyt.*$_{bg2,k,*}$ ran-b.$_{bg2,k,*}$ thuj.$_{a1,k}$ zinc.$_{bg2,k,*}$
☞ *Geschmack - metallisch*
– **modrig**: kali-bi.$_{a1,k}$ led.$_{h,k,*}$
– **ölig**: aesc.$_{a1,k,*}$ cub.$_{k,vk1}$
– **reichlich**
☞ *Speichelfluß - reichlich*
– **rötlich**: sabin.$_{bg2,k,*}$ sec.$_{bg2}$ stram.$_{bg2}$ sul-ac.$_{a1,k}$
– **salzig**, etwas: am-c. ang. *Ant-c. Carb-an.* colch. **Cycl.** dig. elaps *Euph. Hyos.* kali-bi. *Kali-i.* kali-p. lac-ac. *Lyc.* mag-m. *Merc. Merc-c.* mez. nat-c. *Nat-m. Phos.* rhus-t. sanic.$_{bg1}$ *Sep.* sin-a. stram. *Sulph.* tax. ther.$_{c1}$ verat. verb.

– **salzig**, etwas: ...
☞ *Geschmack - salzig, etwas*
• **links**: euph.$_{h}$
• **morgens**: rhus-t. sul-ac.$_{a1,k}$ sulph.$_{a1,k}$
– **sauer**: agar. alum. ang. atro. *Calc.* *Calc-p.* carbn-s. crot-t. **Ign.** kali-bi. *Kali-chl.* lact. laur. lyc. manc. merc. nat-c.$_{h2,k,*}$ nat-m. par.$_{c2,k}$ petr. ph-ac. phos. podo. sec. stann. staph.$_{h}$ *Sulph.* tarax. tax. upa. uran-met.
☞ *Geschmack - sauer*
– **scharf**, wundfressend: agar.$_{bg2,k,*}$ am-c.$_{bg2,k}$ arum-t.$_{hr1,k}$ asaf.$_{hr1,k}$ atro.$_{hr1}$ hydr.$_{bg1}$ ign. kali-chl.$_{bg1}$ kalm. kreos.$_{bg1,k2,*}$ lac-c. *Lach.*$_{hr1}$ lact.$_{hr1,k}$ *Merc.*$_{bg2,k,*}$ merc-c.$_{bg3,hr1}$ *Merc-i-f.*$_{hr1,k}$ *Nit-ac.*$_{bg2,k,*}$ ph-ac.$_{bg1}$ plb.$_{bg1}$ sec.$_{bg1}$ stann.$_{bg1}$ staph.$_{bg1}$ sulph.$_{bg1,k2}$ tarax.$_{bg1}$ verat.$_{bg2,k}$ zinc.$_{bg1}$
– **scharfer** Geschmack: ph-ac.$_{h}$
– **schaumig**: acon.$_{bg2,k,*}$ am-m.$_{bg2}$ ant-c.$_{bg2}$ *Apis*$_{k,vk1}$ ars.$_{bg2}$ asaf.$_{k2}$ bart.$_{a1}$ bell.$_{bg3}$ berb.$_{bg2,k,*}$ brom.$_{bg2,k,*}$ *Bry.*$_{bg2,k,*}$ *Bufo*$_{k,vk1}$ camph.$_{bg2}$ cann-i.$_{hr1,k,*}$ canth.$_{bg2,k,*}$ carb-ac.$_{bg2,hr1,*}$ carb-an.$_{a1,k,*}$ caul.$_{bg3}$ cham.$_{bg2,k,*}$ chlf.$_{a1}$ cic.$_{bg2}$ cina$_{k,vk1}$ cinnb.$_{k,vk1}$ clem.$_{bg2}$ cocc.$_{bg2,k,*}$ colch.$_{bg2}$ *Crot-h.*$_{hr1,k,*}$ cub.$_{a1,c1}$ *Cupr.*$_{bg2,k,*}$ *Dig.*$_{hr1,k,*}$ dulc.$_{bg2,bg3}$ eug.$_{hr1,k,*}$ gaul.$_{bg1}$ gels.$_{bg2}$ *Hyos.*$_{bg2,k,*}$ ign.$_{h,k,*}$ *Ip.*$_{bg1,h,*}$ kali-bi.$_{bg2,k,*}$ *Kreos.*$_{hr1,k,*}$ lac-c.$_{k,vk1}$ lach.$_{bg3}$ lyc.$_{bg2,h,*}$ lyss.$_{bg2,k,*}$ merc.$_{bg2}$ morph.$_{a1,k,*}$ nat-c.$_{a1,bg2}$ *Nat-m.*$_{bg2}$ *Nux-m.*$_{bg3}$ ol-an.$_{bg3}$ op.$_{bg2}$ ph-ac.$_{bg2,k,*}$ phel.$_{bg2,k,*}$ phos.$_{bg2,h,*}$ phys.$_{a1,k,*}$ pic-ac.$_{hr1,k,*}$ plb.$_{bg2,k,*}$ puls.$_{k,vk1}$ ran-s.$_{bg2,k,*}$ sabin.$_{h,k,*}$ sec.$_{bg2}$ sil.$_{bg2}$ sin-a.$_{a1}$ spig.$_{bg2,k,*}$ stram.$_{bg2,k,*}$ stry.$_{a1}$ sulph.$_{bg2,k,*}$ sumb.$_{a1}$ ther.$_{k2}$ verat.$_{bg2}$
☞ *seifig*
◆ **begleitet** von:
• **Husten**
☞ ❑ *Husten - Husten im - begleitet von - Speichel - schaumig*
• **Trockenheit** des Mundes
☞ *Trockenheit - begleitet von - Speichel - schaumig*
• **Typhus** abdominalis
☞ ❑ *Fieber - Typhus - begleitet von - Speichel - schaumig*
• **Sprechen**, beim: eug.$_{kr1,vk1}$ nat-c.$_{k,vk1}$ sabin.$_{k,vk1}$
– **schleimig**: bell. *Camph.* glon. lach. *Merc.* petr. plb. rhus-t. sars.
– **Schlucken**:
• **muß** ständig Speichel schlucken
☞ ❑ *Innerer Hals - Schlucken; ständige Neigung - Speichel*
• **unmöglich**
☞ ❑ *Innerer Hals - Schlucken - unmöglich - Speichel*
– **schneeweiß**
☞ *weiß - schneeweiß*
– **seifig**: berb.$_{k,vk1}$ bry.$_{k,vk1}$ *Dulc.*$_{hr1,k,*}$ *Merc.*$_{k,vk1}$ ph-ac.$_{h}$ phos.$_{k,vk1}$
☞ *schaumig | Geschmack - seifig | Schaum*
• **morgens**: apis$_{k,vk1}$
– **spärlich**: arn.$_{hr1,k,*}$ ars.$_{hr1,k,*}$ asaf.$_{hr1,k,*}$ aspar.$_{hr1,k,*}$ bell.$_{bg3}$ berb.$_{a1,k,*}$ calad.$_{hr1,k,*}$ coca$_{k,vk1}$ cycl.$_{a1,k,*}$ hyos.$_{a1,k,*}$ jab.$_{a1,k,*}$ kali-bi.$_{bg3}$ *Merc-c.*$_{a1,k,*}$

– **spärlich**: ...
merl.$_{hr1,kr1,*}$ *Nux-m.*$_{hr1,k,*}$ nux-v.$_{bg3}$ op.$_{hr1,k,*}$ petr.$_{hr1,k,*}$ phos.$_{bg3}$ plb.$_{a1,k,*}$ spong.$_{hr1,k,*}$ stram.$_{bg3}$ sulph.$_{bg3}$ tax.$_{a1,k,*}$ thea$_{k,vk1}$ verat.$_{hr1,k,*}$
– **stinkend**: alumn.$_{vk1}$ ars.$_{hr1,k,*}$ bry.$_{bg2,vk1}$ caps.$_{bg1,vk1}$ *Dig.*$_{bg2,k,*}$ *Dulc.*$_{hr1,vk1}$ *Iod.*$_{hr1,k,*}$ kali-i.$_{bg2}$ *Lach.*$_{hr1,vk1}$ *Manc.*$_{bg2,k,*}$ **Merc.**$_{bg2,k,*}$ *Merc-c.*$_{vk1}$ *Merc-cy.*$_{hr1}$ *Merc-d.*$_{hr1}$ *Merc-i-f.*$_{hr1,k,*}$ *Merc-i-r.*$_{vk1}$ **Nit-ac.**$_{hr1,k,*}$ *Petr.*$_{hr1,k,*}$ phos.$_{bg1,bg2}$ plb.$_{vk1}$ sulph.$_{bg2}$ valer.$_{vk1}$ zinc.$_{bg1,bg2}$
• **morgens**: glon.$_{vk1}$ petr.$_{vk1}$
• **nachts**: merc.$_{vk1}$
– **süß**: *All-s.* alum. alumn. aspar. aur. *Canth.* *Carb-an.* **Cham.** chin. cop. *Cupr.* *Dig.*$_{br1,k}$ hyos. iris$_{bg3}$ kali-bi.$_{dgt}$ *Kali-i.* lob. nicc. nit-ac. *Phos.* pic-ac. *Plb.* **Puls.** *Sabad.* sep. sul-ac. syph. thuj.
☞ *Geschmack - süßlich*
• **nachts**: *All-s.*$_{a1}$ *Sulph.*
– **teigig**
☞ *Klebstoff*
– **trocknet** am Gaumen und den Lippen, wird zäh: lyc.$_{hr1,k}$
– **übelriechend**: alumn.$_{hr1,k}$ ars.$_{hr1,k}$ atro. bapt.$_{bg2,k2}$ bry. *Caps.*$_{hr1,k}$ carb-v.$_{k2}$ crot-h.$_{bg2}$ *Dig.*$_{bg2,k}$ *Dulc.* *Iod.* kali-c.$_{bg1}$ *Lach.*$_{bg2,k,*}$ *Manc.*$_{hr1,k,*}$ **Merc.**$_{bg2,k,*}$ *Merc-c.*$_{hr1,k}$ *Merc-cy.*$_{hr1}$ *Merc-d.*$_{hr1}$ *Merc-i-r.* **Nit-ac.**$_{hr1,k}$ *Petr.*$_{bg2,k,*}$ phos.$_{bg2}$ plb.$_{a1,k}$ rhus-t.$_{bg2}$ valer.$_{a1,k}$
• **morgens**: glon.$_{a1,k}$ petr.
• **nachts**: merc.$_{a1,k}$
– **unterdrückt**: bell.$_{a1,k}$ cain. cann-s.$_{a1,k}$ merc-c.$_{a1,k}$ op.$_{a1,k}$ phyt.$_{a1,k}$ stram.$_{a1,k}$
• **zahnenden** Kindern, bei: kali-br.
– **verdorbener** Geschmack: bell.$_{h}$
– **vermindert**
☞ *spärlich*
– **wäßrig**: am-c.$_{bg2,h,*}$ asar.$_{bg2,k,*}$ aur-m.$_{k,vk1}$ bell.$_{bg2}$ calc.$_{hr1,k,*}$ calc-ar.$_{k,vk1}$ camph.$_{bg2,k,*}$ carb-an.$_{k,vk1}$ cob.$_{k,vk1}$ *Colch.*$_{bg2,hr1,*}$ coloc.$_{bg2,h,*}$ *Cycl.*$_{k,vk1}$ dig.$_{bg2,h,*}$ dros.$_{bg2,k,*}$ hell.$_{bg2,h,*}$ iod.$_{bg2,h,*}$ ip.$_{bg2,h,*}$ jatr-c.$_{k,vk1}$ kreos.$_{bg2,k,*}$ lach.$_{bg2}$ laur.$_{bg2}$ led.$_{k,vk1}$ lob.$_{k,vk1}$ lyss.$_{k,vk1}$ mag-m.$_{bg2,k,*}$ manc.$_{bg2,k,*}$ mur-ac.$_{bg2}$ nat-m.$_{hr1,k,*}$ nux-v.$_{bg2}$ ox-ac.$_{hr1,k,*}$ par.$_{bg2}$ phos.$_{bg2,k,*}$ plb.$_{bg2}$ puls.$_{bg2,k,*}$ staph.$_{bg2}$ *Sul-ac.*$_{bg2,k,*}$ thea$_{k,vk1}$ thymol.$_{vk1}$
☞ *dünn*
– **Watte**, wie: bell.$_{bg2}$ *Berb.*$_{bg2,k,*}$ *Nux-m.*$_{bg2,k,*}$ **Puls.**$_{hr1,k}$
– **weiß**: ars.$_{hr1,k,*}$ bell.$_{bg2,k,*}$ calad.$_{k,vk1}$ cann-i.$_{hr1,k,*}$ crot-c.$_{a1}$ ign.$_{a1,bg2}$ ip.$_{bg2,h,*}$ ol-an.$_{bg2,k,*}$ ran-b.$_{bg2,k,*}$ sabin.$_{h,k,*}$ spig.$_{bg2,k,*}$
• **bläulich**: carb-ac.$_{a1,k,*}$
• **schneeweiß**: ol-an.$_{bg1,bg3}$
– **zäh**: acet-ac.$_{k,vk1}$ acon.$_{k,vk1}$ agn.$_{bg2,k,*}$ am-br.$_{k,vk1}$ anag.$_{hr1,k,*}$ anan.$_{hr1,k,*}$ ang.$_{c1}$ apis$_{k,vk1}$ arg-met.$_{k,vk1}$ arg-n.$_{bg2}$ *Ars.*$_{bg2,k,*}$ asar.$_{bg2,h,*}$ bapt.$_{bg2,k,*}$ bell.$_{bg2,k,*}$ *Berb.*$_{hr1,k,*}$ bism.$_{hr1,vk1}$ cain.$_{kr1,vk1}$ calad.$_{vk1}$ calc.$_{bg2,k,*}$ camph.$_{bg2,k,*}$ cann-i.$_{vk1}$ cann-s.$_{bg2,k,*}$ caps.$_{hr1,k,*}$ carb-v.$_{hr1,k,*}$ carbn-s.$_{k,vk1}$ cedr.$_{vk1}$ **Chel.**$_{hr1,k,*}$ cimic.$_{bg2,k,*}$ cinnb.$_{hr1,k,*}$ cocc.$_{vk1}$ con.$_{hr1,k,*}$ *Crot-c.*$_{a1,k,*}$ cub.$_{c1}$ *Cupr.*$_{hr1,k,*}$ cycl.$_{k,vk1}$ *Dulc.*$_{hr1,k,*}$ elaps$_{k,vk1}$ eug.$_{hr1,k,*}$ ferr.$_{vk1}$ fl-ac.$_{bg2,k,*}$

– **zäh**: ...
hippoz.hr1 ign.k,vk1 irisk,vk1 jab.br1 jatr-c.k,vk1 **Kali-bi.**bg2,k,* kali-c.h,k1 kali-chl.hr1 kali-i.k,k13,* kali-p.vk1 lac-c.hr1,k,* **Lach.**hr1,k,* lachn.hr1,k,* lob.a1,k,* **Lyss.**hr1,k,* mag-p.bg2 med.k,vk1 **Merc.**bg2,k,* **Merc-c.**hr1,k,* merl.a1,k,* nat-ar.k,vk1 nat-c.k,vk1 *Nat-m.*hr1 nit-ac.bg2,k,* *Nux-m.*k,vk1 op.vk1 ph-ac.bg2,k,* phos.bg2,k,* *Phyt.*bg2,k,* pic-ac.k,vk1 plat.bg2 plb.bg2 *Puls.*bg2,k,* ran-b.bg2 rhus-t.vk1 rhus-v.vk1 sanic.vk1 sel.bg2 seneg.bg2,k,* sep.h,k1 spig.k,vk1 *Stram.*bg2,k,* sul-ac.a1,k,* syph.k2 tarax.hr1,k,* tax.vk1 uran-n.kr1,vk1 verat.bg2,k,*
☞ *dick / fadenziehend / Schleim, Schleimabsonderung - fadenziehend*
• **nachts**: merc.a1,k,*
◆ **begleitet** von:
• **Diphtherie**
☞ *❑ Innerer Hals - Diphtherie - begleitet von - Speichel - zäh*
• **Scharlach**
☞ *❑ Haut - Hautausschläge - Scharlach - begleitet von - Speichel - zäher*
• **Verdauungsstörung**
☞ *❑ Magen - Verdauungsstörung - begleitet von - Speichel - zäh*
• **Fäden**; zieht sich in: agn.k,vk1
• **Schlummer**, nach einem: euph.h,k1
• **Schwangerschaft**; während der: *Kali-i.*kr1,vk1
• **Trinken** von Bier, Limonade, Orangensaft; nach: **Sil.**vh
– **Zwiebeln**, riecht nach: kali-i.hr1,k

Speichelfluß: acet-ac.k,vk1 acon.k,vk1 acon-c.c2 act-sp.k,vk1 adon.bg2,vk1 aesc.k,vk1 aeth.k,vk1 agar.k,vk1 alet.k,vk1 all-s.c2,k,* allox.vk1 aloek,vk1 *Alum.*k,vk1 alum-p.k2 alum-sil.k2 alumn.k,vk1 **Am-c.**k,vk1 am-m.bg2,h,* ambr.k,vk1 *Anac.*k,vk1 anag.k,vk1 anan.k,vk1 androc.srj1 ang.k,vk1 ant-c.k,vk1 ant-t.k,vk1 anthraci.k,vk1 aphisk,vk1 apisk,vk1 apoc.k,vk1 arec.c1,c2 arg-met.k,vk1 arg-n.k,vk1 arn.k,vk1 ars.k,vk1 ars-h.k,vk1 *Ars-i.*k,vk1 ars-met.k,vk1 arum-m.k,vk1 **Arum-t.**k,vk1 arund.k,vk1 asaf.k,vk1 *Asar.*k,vk1 aspar.k,vk1 aster.c2,k,* *Aur.*bro1,vh,* aur-i.k2 *Aur-m.*k,vk1 bamb-a.stb2 bapt.k,vk1 **Bar-c.**k,vk1 bar-i.k2 *Bar-m.*k,vk1 bar-s.k2 *Bell.*k,vk1 bism.k,vk1 **Borx.**k,vk1 bov.k,vk1 *Brom.*k,vk1 bry.k,vk1 bufok,vk1 cadm-s.k,vk1 cain.k,vk1 calad.k,vk1 *Calc.*k,vk1 *Calc-act.*vh calc-ar.kr1,st,* calc-i.k2 *Calc-p.*k,vk1 calc-s.k,vk1 *Camph.*k,vk1 *Canth.*k,vk1 *Caps.*k,vk1 carb-ac.k,vk1 carb-an.k,vk1 *Carb-v.*k,vk1 carbn-s.k,vk1 card-m.k,vk1 *Caust.*k,vk1 *Cham.*k,vk1 *Chel.*k,vk1 *Chin.*k,vk1 chinin-ar.k,vk1 chinin-s.bg2,vk1 chion.bg2,vk1 chlor.k,vk1 choc.srj3 *Cic.*k,vk1 cimic.k,vk1 cinak,vk1 *Cinnb.*k,vk1 cinnm.k,vk1 *Clem.*k,vk1 cob.k,vk1 *Coc-c.*k,vk1 cocc.bg2,vk1 coch.vk1 coff.vk1 *Colch.*bro1,k,* coloc.h con.k,vk1 cop.k,vk1 croc.k,vk1 *Crot-c.*k,vk1 crot-h.bg2,vk1 crot-t.k,vk1 cuc-c.vk1 *Cupr.*k,vk1 cupr-ar.k,vk1 cycl.k,vk1 daph.k,vk1 dig.br1,k,* *Dros.*k,vk1 *Dulc.*k,vk1 epil.c2 **Epiph.**bro1,c2,* esin.c2 eucal.kr1,st,* eug.k,vk1 eup-pur.k,vk1 euph.k,vk1 ferr.k,vk1 ferr-ar.k,vk1 ferr-i.k,vk1 *Ferr-ma.*k,vk1 *Ferr-p.*k,vk1 **Fl-ac.**k,vk1 galv.c2 *Gamb.*k,vk1 *Glon.*k,vk1 *Gran.*k,vk1 *Graph.*k,vk1 grat.k,vk1 guaj.bg2,vk1

Speichelfluß: ...
*Hell.*k,vk1 hell-o.c2 helon.k,vk1 hemidsm.bnj1 *Hep.*k,vk1 hipp.st,vk1 hippoz.k,vk1 hydr-ac.k,vk1 hyos.k,vk1 *Ign.*k,vk1 **Iod.**c2,k,* **Ip.**c2,k,* *Iris*c2,k,* jab.c2,k,* jatr-c.k,vk1 kali-ar.k,vk1 kali-bi.k,vk1 kali-br.k,vk1 **Kali-c.**k,vk1 *Kali-chl.*k,vk1 *Kali-i.*k,vk1 kali-m.k2 kali-n.bg2,h,* kali-p.k,vk1 *Kali-perm.*bro1,hr1,* kali-s.k,vk1 kali-sil.k2 kali-tel.c2 kalm.k,vk1 *Kreos.*k,vk1 lac-ac.k,vk1 *Lac-c.*k,vk1 *Lach.*k,vk1 lachn.k,vk1 *Lact.*k,vk1 laur.k,vk1 led.k,vk1 lil-t.k,vk1 lob.k,vk1 *Lyc.*k,vk1 **Lyss.**c2,k,* m-arct.c2 mag-m.k,vk1 mag-s.vk1 *Manc.*k,vk1 mand.sp1 mang.k,vk1 med.k,vk1 meny.bg2,h,* *Merc.*c1,c2,* **Merc-c.**k,vk1 *Merc-cy.*k,vk1 *Merc-d.*k,vk1 **Merc-i-r.**k,vk1 merc-sul.bro1,vk1 mez.k,vk1 *Mur-ac.*k,vk1 *Muscin.*bro1,vk1 *Naja*k,vk1 nat-ar.k,vk1 *Nat-c.*k,vk1 nat-f.vk1 **Nat-m.**k,vk1 nat-p.k,vk1 *Nat-s.*k,vk1 nicc.k,vk1 **Nit-ac.**c2,k,* **Nit-m-ac.**bro1,vk1 nit-s-d.kr1,st,* *Nux-m.*k,vk1 **Nux-v.**k,vk1 oena.k,vk1 *Ol-an.*k,vk1 op.k,vk1 *Ox-ac.*k,vk1 par.k,vk1 parth.c2 *Petr.*k,vk1 ph-ac.bg2,vk1 phel.k,vk1 *Phos.*k,vk1 phys.st,vh *Phyt.*c2,k,* **Pilo.**bro1,c2,* pitu-p.vk1 plan.k,vk1 plat.bg2,h,* plat-m-n.c1,c2 *Plb.*k,vk1 *Podo.*k,vk1 polyg-h.k,vk1 ptel.k,vk1 *Puls.*k,vk1 ran-b.k,vk1 ran-s.k,vk1 rat.k,vk1 rheumbg2,c2,* rhod.k,vk1 rhus-t.k,vk1 rutak,vk1 sabad.k,vk1 sabin.bg2,vk1 samb.bg2,vk1 sang.k,vk1 sars.bro1,h,* sec.k,vk1 sel.bg2,vk1 *Seneg.*k,vk1 *Sep.*k,vk1 *Sil.*k,vk1 sin-a.c2 sin-n.k,vk1 sphing.kk3 spig.k,kk3,* spong.k,vk1 squil.h,kr1,* stann.k,vk1 staph.k,vk1 *Stram.*k,vk1 stront-c.bg2,vk1 *Sul-ac.*k,vk1 sul-i.k2 *Sulph.*k,vk1 **Syph.**bro1,k2,* *Tab.*k,vk1 tarax.k,vk1 tell.k,vk1 ter.st teucr.k,vk1 theak,vk1 thuj.k,vk1 *Trif-p.*bro1,vk1 trif-r.c2 tril-p.c1 uran-met.k,vk1 ust.kr1,vh,* valer.k2 verat.bg2,k,* verat-v.kr1,vk1 verb.k,vk1 vichy-g.c2 vinc.kr1,st,* viol-t.k,vk1 wye.c2 xan.kr1,vk1 xanth.st *Zinc.*k,vk1 zinc-p.k2
– **rechts**: hep.bg1
– **morgens**: alum.k,vk1 aur.k,vk1 **Graph.**hr1,k,* iod.k,vk1 lac-ac.hr1,k,* *Lyc.*k,vk1 mag-c.a1,k,* mag-m.k,vk1 merc-i-f.a1,k,* plat.h,k1 rhus-t.k,vk1 sars.k,vk1 stann.k,vk1 *Sulph.*k,vk1 verat.hr1,k,*
• **Aufstehen**; beim: verat.kr1,vk1
• **Bett**, im: rhus-t.k,vk1
• **Bücken**; beim: graph.kr1,vk1
• **Erwachen**, beim: stann.k,vk1
• **Schlaf**, im: bar-c.k,vk1 cench.k2
– **vormittags**: calc.h,k1
– **nachmittags**: alum.k,vk1 am-c.a1 grat.k,vk1 mag-c.k,vk1 mag-m.k,vk1 phos.k,vk1
• **Schlaf**, im: rhus-t.h1
– **abends**: am-c.a1 bry.k,vk1 lyc.a1,k,* ox-ac.k,vk1 sep.h,k1 sulph.k,vk1
• **Bett**, im: alum.k,vk1 nat-m.k,vk1
– **nachts**: all-s.bro1 *Arg-n.*hr1,k,* bar-c.k,vk1 canth.k,vk1 cench.k,vk1 cham.bro1,c1,* crot-h.k,vk1 culx.st dig.k,vk1 gran.c,c1 graph.k2,ptk2 hydrog.srj2 ign.bg2,bg3,* lac-ac.bro1 menth-pu.c2 **Merc.**bg2,k,* *Merc-c.*hr1,kr1,* *Nat-m.*a1,k,* nit-m-ac.br1 nux-v.bg2,k,* phos.bg2,bg3,* ptel.hr1,k,* puls.k,vk1 rheumbr1 *Rhus-t.*bg2,k,* rutak,vk1 sulph.k,vk1 verat.bg1

– **nachts**: ...
• **Mitternacht**:
• **nach**:
• **1** h: *Merc.*k,vk1
• **Liegen** agg.: bell.k,vk1
• **Seite**; auf der rechten: mim-p.vk1
◇ **abwechselnd** mit trockenem Mund: calc.k,vk1 carb-v.a1,k,* cent.a1 con.k,vk1 gins.a1 ign.k,vk1 *Kali-bi.*hr1 phos.h,kl verat.k,vk1
◆ **begleitet** von:
• **Angina**
☞ ❑ *Innerer Hals - Entzündung - begleitet von - Speichelfluß*
• **Aphthen**
☞ *Aphthen - begleitet von - Speichelfluß*
• **Apoplexie**
☞ ❑ *Allgemeines - Apoplexie - begleitet von - Speichelfluß*
• **Asthma**
☞ ❑ *Atmung - Asthma - begleitet von - Speichelfluß*
• **Atem**; stinkender
☞ *Geruch*
• **Aufstoßen**: calc-ar.kr1,vk1
• **Bandwürmer**
☞ ❑ *Rektum - Würmer - Beschwerden - Bandwürmer - begleitet von - Speichelfluß*
• **brennender** Schmerz: nat-f.vk1
• **Diarrhoe**
☞ ❑ *Rektum - Diarrhoe - begleitet von - Speichelfluß*
• **Fleckfieber**; epidemisches
☞ ❑ *Fieber - Fleckfieber - begleitet von - Speichelfluß*
• **Geruch**; fauliger: *Kali-br.*st
• **Gesicht**; Schmerz im
☞ ❑ *Gesicht - Schmerz - begleitet von - Speichelfluß*
• **Gonorrhoe**
☞ ❑ *Harnröhre - Absonderung - gonorrhoisch - begleitet von - Speichelfluß*
• **Hals**; innerer:
• **Entzündung** des Halses
☞ ❑ *Innerer Hals - Entzündung - begleitet von - Speichelfluß*
• **Schwellung** des Halses
☞ ❑ *Innerer Hals - Schwellung - begleitet von - Speichelfluß*
• **Trockenheit**
☞ ❑ *Innerer Hals - Trockenheit - begleitet von - Speichelfluß*
• **Heiserkeit**
☞ ❑ *Kehlkopf - Stimme - heiser - begleitet von - Speichelfluß*
• **Husten**
☞ ❑ *Husten - begleitet von - Speichelfluß*
• **Hysterie**
☞ ❑ *Gemüt - Hysterie - Speichelfluß*
• **Keuchhusten**
☞ ❑ *Husten - Keuchhusten - begleitet von - Speichelfluß*
• **Kolik**
☞ ❑ *Abdomen - Schmerz - krampfartig - begleitet von - Speichelfluß*

– **begleitet** von: ...
• **Kopfschmerzen**
☞ ❑ *Kopf - Schmerz - begleitet von - Speichelfluß*
• **nachts**
☞ ❑ *Kopf - Schmerz - nachts - begleitet von - Speichelfluß*
• **Magens**; Beschwerden des
☞ ❑ *Magen - Beschwerden - begleitet von - Speichelfluß*
• **Masern**
☞ ❑ *Haut - Hautausschläge - Masern - begleitet von - Speichelfluß*
• **Mumps**
☞ ❑ *Gesicht - Entzündung - Parotis - Mumps - begleitet von - Speichelfluß*
• **Prosopalgie**
☞ ❑ *Gesicht - Schmerz - begleitet von - Speichelfluß*
• **rheumatischer** Schmerz
☞ ❑ *Extremitäten - Schmerz - rheumatisch - begleitet von - Speichelfluß*
• **Rücken**:
• **Schmerz** im Rücken
☞ ❑ *Rücken - Schmerz - begleitet von - Speichelfluß*
• **Scharlach**
☞ ❑ *Fieber - Scharlach - begleitet von - Speichelfluß*
• **Scharlach**; bösartiger
☞ ❑ *Fieber - Scharlach - bösartig - begleitet von - Speichelfluß*
• **Scharlach**; Hautausschlag bei
☞ ❑ *Haut - Hautausschläge - Scharlach - begleitet von - Speichelfluß*
• **Schmerz**
☞ ❑ *Allgemeines - Schmerz - begleitet von - Speichelfluß*
• **Schnupfen**
☞ ❑ *Nase - Schnupfen - begleitet von - Speichelfluß*
• **Schwindel**
☞ ❑ *Schwindel - begleitet von - Speichelfluß*
• **Sodbrennen**
☞ ❑ *Magen - Sodbrennen - begleitet von - Speichelfluß*
• **Syphilis**
☞ ❑ *Allgemeines - Syphilis - begleitet von - Speichelfluß*
• **Tonsillen**; Entzündung der
☞ ❑ *Innerer Hals - Entzündung - Tonsillen - begleitet von - Speichelfluß*
• **Übelkeit**: ars.h calc.h *Camph.*h,kr1,* carb-v.sf1 carbn-s.c1,kr1,* *Card-m.*vk1 *Cham.*vk1 *Chin.*kr1,st1,* cocc.h crot-t.k,vk1 cycl.h euph.h,vk1 goss.vk1 gran.al2 hep.h **Ip.**k,kr1,* *Lach.*kr1,st1,* **Lob.** lyc.h mag-c.h mag-m.h mang.h meny.h mez.h nat-c.h *Nux-v.* *Petr.* ph-ac.h puls.k,vk1 *Sang.* sep.h spong.h staph.h *Sulph.*h,kr1,* thymol.vk1 verat.kr1,st1,* zinc.h,vk1
• **Verdauungsstörung**
☞ ❑ *Magen - Verdauungsstörung - begleitet von - Speichelfluß*
• **Zunge**:
• **grüne** Farbe der Zunge: *Nit-ac.*kr1,vk1
• **sahneartige** Farbe der Zunge: mez.vk1
• **Schwellung**: bism.kr1,vk1
– **Apoplexie**, bei: *Anac.*st1 ant-c.hr1 **Nux-v.**st1
– **Apyrexie**; während der: ip.kr1,vk1

– **Auswurf**, häufiger: am-c.$_{k,vk1}$ cadm-s.$_{k,vk1}$ dig.$_{h,kl}$ graph.$_{k,vk1}$ *Lyss.*$_{k,vk1}$ *Puls.*$_{k,vk1}$ rhus-t.$_{k,vk1}$ sabad.$_{k,vk1}$ spig.$_{k,vk1}$
– **Bücken**, beim: **Graph.**$_{hr1,k,*}$ nux-v.$_{k,vk1}$
– **Diphtherie**; bei
☞ *❑ Innerer Hals*
– **Durst**; mit: androc.$_{srj1}$
– **Essen**:
• **amel.**: thymol.$_{vk1}$
• **beim**:
• **Beginn** des Essens; zu: sulph.$_{h}$
• **nach**: *All-s.*$_{k,vk1}$ castor-eq.$_{k,vk1}$ *Caust.*$_{k,vk1}$ cham.$_{bg1}$ kali-p.$_{bg1}$ lyc.$_{h}$ mag-c.$_{k,vk1}$ *Nat-s.*$_{k,vk1}$ *Nux-v.*$_{k,vk1}$ petr.$_{bg1,h}$ *Rhus-t.*$_{bg1,h,*}$ staph.$_{bg1,h}$ sulph.$_{k,vk1}$
– **Fieber**; während: *Sulph.*$_{kr1,vk1}$
– **Frost**:
• **vor**: ip.$_{k,vk1}$ rhus-t.$_{k,vk1}$
• **während**: asaf.$_{a1,k,*}$ *Caps.*$_{hr1,k,*}$ cham.$_{h,kl}$ *Stram.*$_{hr1}$
– **Gefühl** von Speichelfluß: bamb-a.$_{stb2}$
– **Gehen**, beim: bry.$_{sys}$ caust.$_{k,vk1}$ petr.$_{k,vk1}$
– **geistiger** Arbeit, bei: merc.$_{k,vk1}$ *Merc-c.*$_{k,vk1}$ nit-ac.$_{k,vk1}$
– **heftig**
☞ *reichlich*
– **Hitze**; während: acon.$_{bg2}$ alum.$_{bg2}$ arund.$_{a1,k,*}$ bell.$_{bg2}$ brom.$_{bg2}$ carb-v.$_{bg2}$ cic.$_{bg2}$ *Dros.*$_{bg2,k,*}$ hell.$_{k,vk1}$ hep.$_{bg2,k,*}$ ign.$_{bg2}$ ip.$_{bg2}$ lach.$_{k2}$ lyc.$_{bg2}$ merc.$_{bg2}$ nat-m.$_{bg2}$ *Nit-ac.*$_{bg2,k,*}$ *Nux-v.*$_{bg2}$ op.$_{bg2}$ *Puls.*$_{bg2}$ *Rhus-t.*$_{bg2}$ seneg.$_{bg2}$ sep.$_{bg2}$ sil.$_{bg2}$ *Stram.*$_{bg2,k,*}$ *Sulph.*$_{bg2,k,*}$ verat.$_{bg2}$
– **Husten**, beim: *Am-m.*$_{hr1,k,*}$ ambr.$_{hr1,k,*}$ ars.$_{k,vk1}$ bell.$_{bg1,h,*}$ carb-v.$_{k,vk1}$ cycl.$_{k,vk1}$ lach.$_{k,vk1}$ merc.$_{hr1,k,*}$ mez.$_{k,vk1}$ nat-m.$_{bg1}$ spig.$_{k,vk1}$ staph.$_{k,vk1}$ thuj.$_{ptk1}$ verat.$_{bg1,h,*}$
– **intermittierend**: nit-m-ac.$_{c2}$
– **Kindern**; bei: *Camph.*$_{st1}$
– **Konvulsionen**, mit: bar-m.$_{k,vk1}$ caust.$_{h,kl}$ kali-bi.$_{k2}$ *Oena.*$_{k,vk1}$
– **Kopfschmerz**:
• **vor**: *Fl-ac.*$_{k,vk1}$
• **während**
☞ *❑ Kopf - Schmerz - begleitet von - Speichelfluß*
– **Kribbeln** im Hals; durch: am-m.$_{h,kl}$ carb-v.$_{h,kl}$
– **Liegen**, beim: bell.$_{kr1,vk1}$ choc.$_{srj3}$ ip.$_{k,vk1}$ ptel.$_{a1,k,*}$ rhus-t.$_{k,vk1}$
– **Magen**; Schmerz im:
• **während**: gran.$_{bg1}$ lyc.$_{hr1}$
– **Masern**; bei
☞ *❑ Haut - Hautausschläge - Masern - begleitet von - Speichelfluß*
– **Menses**:
• **vor**: cinnb.$_{a1}$ *Puls.*$_{k,vk1}$
• **während**: agar.$_{hr1,k,*}$ cinnb.$_{a1}$ eupi.$_{a1,k,*}$ kali-n.$_{h,kl}$ mag-c.$_{k,vk1}$ *Merc.*$_{hr1,k,*}$ *Nux-m.*$_{hr1,k,*}$ phyt.$_{bg3,cd,*}$ *Puls.*$_{k,vk1}$ pulx.$_{br1,ptk2}$
• **nach**: *Cedr.*$_{k,vk1}$
– **Mittagsschlaf**, nach dem: zinc.$_{h,kl}$
– **Mumps**; bei
☞ *❑ Gesicht - Entzündung - Parotis - Mumps - begleitet von - Speichelfluß*

– **Niesen** agg.: *Fl-ac.*$_{kr1,vk1}$
– **periodisch**: *Culx.*$_{vh}$
– **plötzlichen** Anfällen; in: carb-v.$_{bg1}$ dig.$_{h,kl}$ ign.$_{hr1,k,*}$ nat-m.$_{bg1}$
– **Prosopalgie**; mit
☞ *❑ Gesicht - Schmerz - begleitet von - Speichelfluß*
– **Quecksilber**, durch: alumn.$_{k,vk1}$ anan.$_{k,vk1}$ asaf.$_{hr1,k,*}$ bell.$_{bg2,k,*}$ **Chin.**$_{bg2,k,*}$ *Cupr.*$_{hr1,k,*}$ dig.$_{k,vk1}$ dulc.$_{bg2,k,*}$ *Hep.*$_{bg2,k,*}$ *Hydr.*$_{hr1,st1,*}$ **Iod.**$_{bg2,k,*}$ *Kali-chl.*$_{vk1}$ lach.$_{bg2,k,*}$ *Nat-m.*$_{hr1,k,*}$ *Nit-ac.*$_{bg2,k,*}$ op.$_{bg2,vk1}$ *Phyt.*$_{hr1,k,*}$ plb.$_{hr1}$ *Sulph.*$_{bg2,k,*}$
– **Raserei**, Tobsuchtsanfall; bei: canth.
– **Rauchen**, beim: bry.$_{a1,k,*}$ kali-bi.$_{a1,k,*}$ merc.$_{a1,k,*}$ rhus-t.$_{a1,k,*}$ sep.$_{k,vk1}$
– **reichlich**: abel.$_{vk1}$ ars-s-f.$_{k2}$ but-ac.$_{vk1}$ buth-a.$_{vk1}$ calc-sil.$_{k2}$ carbn-s.$_{k2}$ cench.$_{k2}$ cyn-d.$_{vk1}$ ferr-ar.$_{k2}$ formal.$_{br1}$ halo.$_{vk1}$ lat-m.$_{vk1}$ mand.$_{vk1}$ merc.$_{k2}$ phos.$_{k2}$ pitu-p.$_{vk1}$ scor.$_{a1,c1}$
– **Schaudern**, mit: arg-met.$_{k,vk1}$ arg-n.$_{k,vk1}$ euph.$_{bg2,k,*}$
– **Schlaf**, im ●: aeth.$_{vh}$ *Arn.*$_{vh}$ *Aur.*$_{vh}$ bar-c.$_{hr1,k,*}$ carb-an.$_{a1,k,*}$ cench.$_{k2}$ chin.$_{c1}$ chin-b.$_{hr1,kr1,*}$ cocc-s.$_{bro1}$ *Culx.*$_{vh}$ cupr.$_{ptk1}$ dios.$_{hr1,kr1,*}$ guat.$_{vk1}$ ign.$_{a1,ptk1}$ *Ip.*$_{hr1,st}$ kali-c.$_{hr1,k,*}$ *Lac-c.*$_{hr1,k,*}$ lach.$_{bg3,h,*}$ lyc.$_{h,kl2}$● **Merc.**$_{hr1,k,*}$ nit-ac.$_{ptk1}$ *Phos.*$_{h,ptk1}$ plb.$_{c1}$ ptel.$_{a1}$ puls.$_{k,kl2}$●,* rhus-t.$_{k,kl2}$●,* *Staph.*$_{gl1}$ stram.$_{a1}$ sul-ac.$_{h,kl}$ *Sulph.*$_{vh}$ *Syph.*$_{bro1,vh,*}$
• **verhindert** den Schlaf: *Ign.*$_{st}$
– **Schmerzen**, bei den: epiph.$_{bg3}$ gran.$_{bg3}$ helo.$_{bg3}$ kali-c.$_{h}$ merc.$_{bg3}$ *Phos.*$_{bg3}$ plan.$_{bg3}$ sulph.$_{bg3}$
– **Schnupfen**, beim: **Arund.**$_{vh}$ *Calc-p.*$_{st1}$ cupr-ar.$_{st1}$ hep.$_{bg2}$ kali-i.$_{ptk1}$
– **Schwangerschaft**; während der: acet-ac.$_{hr1,k,*}$ ant-t.$_{hr1,k,*}$ ars.$_{bro1}$ *Coff.*$_{hr1,k,*}$ **Goss.**$_{c1,st1}$ **Gran.**$_{bro1,vk1}$ *Helon.*$_{hr1,k,*}$ *Iod.*$_{bro1,vk1}$ ip.$_{st}$ iris$_{tl1}$ jab.$_{bro1,c2,*}$ *Kali-i.*$_{k,vk1}$ **Kreos.**$_{hr1,k,*}$ *Lac-ac.*$_{hr1,k,*}$ *Merc.*$_{bro1,vk1}$ *Muscin.*$_{bro1,vk1}$ *Nat-m.*$_{bro1,hr1,*}$ *Nit-ac.*$_{bro1,vk1}$ pilo.$_{bro1,c1,*}$ *Sep.*$_{bro1,vk1}$ sulph.$_{bro1}$
– **Sprechen**, beim: bamb-a.$_{stb2}$ graph.$_{k,st1,*}$ *Iris*$_{k,vk1}$ *Lach.*$_{k,st1,*}$ mang.$_{bg1}$ nat-c.$_{k,vk1}$ sabin.$_{k,vk1}$
– **spucken**; mit ständigem Verlangen zu: cadm-s.$_{st1}$ coc-c.$_{st1}$ graph.$_{st1}$ grat.$_{st1}$ lac-c.$_{st1}$ *Lyss.*$_{st1}$ puls.$_{st1}$
– **Stuhlgang**:
• **vor**: *Fl-ac.*$_{bg2,k,*}$
• **während**: colch.$_{hr1,k,*}$ *Rheum*$_{k,vk1}$ vip.$_{fe}$
• **nach**: mag-m.$_{bg2,k,*}$
– **Trockenheit**:
• **Gefühl** von, mit: alum. aral.$_{bg1}$ asaf.$_{bg1}$ calc.$_{bg1}$ chion.$_{bg1}$ colch. ind.$_{bg1}$ kali-c. *Kali-m.*$_{st1}$ laur.$_{bg1}$ lyc.$_{bg1}$ mag-m. *Merc.*$_{bg1}$ nux-v.$_{bg1}$ plb. psil.$_{ft,ft1}$ rhod. sep.$_{bg1}$ spig.$_{bg1}$
– **tropft** heraus; Speichel: stram.$_{st1}$
– **übermäßig**
☞ *reichlich*
– **Verdauungsstörung**; mit
☞ *❑ Magen*
– **Zahnschmerzen**; bei: bar-c.$_{h}$ calc.$_{h}$ caust.$_{h}$ **Cham.**$_{st1}$ daph.$_{st1}$ graph.$_{h}$ kali-m.$_{st1}$ mag-c.$_{h}$ nat-m.$_{st1}$ plan.$_{c1}$ rheum$_{h}$ sep.$_{h}$

– **Zahnung**; während der: *Hell.*kr1,st1,* helon.ptk2 *Merc.*kr1,st1,* *Nat-m.*kr1,st1,* **Sil.**kr1,st1,*
○ **vorderer** Teil: lyc.bg1 mez.h,kl plb.bg1

Speisen kommen beim Kauen aus dem Mund: *Arg-n.*

Spitze Zunge: bond.a1 calc.k,vk1 *Chel.*k,vk1 cimic.k,vk1 eup-per.k2 *Lach.*k,vk1 *Petr.*k,vk1 plb.a1,k,* podo.k,vk1 spig-m.a1,k,* stram.k2
◆ **begleitet** von:
• **Diphtherie**
☞ ❏ *Innerer Hals - Diphtherie - begleitet von - Zunge - spitze*
• **Dyspepsie**
☞ ❏ *Magen - Verdauungsstörung - begleitet von - Zunge - spitze*
• **Verdauungsstörung**
☞ ❏ *Magen - Verdauungsstörung - begleitet von - Zunge - spitze*
– **Abort**; nach: podo.kr1,vk1

Sprache:
☞ ❏ *Gemüt - Sprache*
– **Anstoßen** mit der Zunge: nit-ac.j5 sulph.h
– **behindert**
☞ *schwierig*
– **belegt**, undeutlich: adam.srj5 aesc-g.hr1,k,* agar.ptk1 bapt.ptk1 bell.k2 caust.ptk1 **Crot-c.** dulc.ptk1 **Gels.**hr1,k *Glon.* **Lach.** lith-br.c2 *Mag-p.* merc.a1 *Nat-c.* *Nat-m.* **Nux-v.**hr1,k *Plat.* syph.hr1,k tub.hr1,k *Verat-v.*hr1,k vip.a1
• **betrunken**; wie: adam.srj5 gels.kr1
– **formen**; kann die Wörter nicht richtig
☞ *schwierig - unartikulierte*
– **gebrochen**: camph.
– **gedämpft** und schnell: tab.
– **gestört**
☞ *schwierig*
– **hoch**: lach.
– **lispelnd**: *Acon.*hr1,k *Ars.*hr1,k carbn-s.c1 con. *Lach.* nat-c.bg2,k,* nit-ac.a1 *Nux-v.*hr1,k,* *Verat.*hr1,k
– **schleppend**: carb-an.hr1,k tab.
– **schmerzhaft**: bell.k2
– **schreiend**, wie ein Kind; heiser: cupr.
– **schwach**
☞ ❏ *Kehlkopf - Stimme - schwach*
– **schwierig**: abel.vk1 acet-ac.a1 acon.a1,k aesc. *Agar.*hr1,k,* am-c.hr1,k,* am-m.a1,hr1 *Anac.*hr1,k,* anan.hr1,k ant-t.hr1,k,* arg-n.a1,k ars.hr1,k ars-i. ars-s-f.k2 asim.a1 aster.hr1,k atro.a1,hr1 aur.h,k aur-ar.k2 aur-m.a1,hr1 aur-s.k2 *Bapt.*hr1,k bar-c.hr1,k,* bar-m. bar-s.k2 **Bell.**a1,k bufo cact. cadm-s. *Calc.*hr1,k,* calc-s. calc-sil.k2 *Camph.*hr1,k,* cann-s.hr1,k,* carb-an. *Carb-v.*hr1,k *Carbn-s.* *Caust.*hr1,k cedr.hr1,k *Cench.* chel.hr1,k,* chin. chlf.a1 chlor.hr1,k,* *Cic.*hr1,k cimic. *Cocc.*hr1,k colch. *Con.*hr1,k,* cop.hr1,k **Crot-c.**a1,k *Crot-h.*hr1,k crot-t. *Cupr.*hr1,k cupr-ar.a1 cycl. *Dig.*hr1,k **Dros.**a1 *Dulc.*hr1,k *Euphr.* *Ferr.*a1 **Gels.** *Glon.*a1,k *Graph.*hr1,k helia.a1 hep.hr1,k hippoz.hr1,k *Hyos.*hr1,k,* jab.a1 *Kali-br.*hr1,k,* kiss.a1 lac-c. **Lach.**hr1,k *Laur.*a1,k lol.a1,ptk1 *Lyc.*hr1,k,* lyss.hr1,k *Mag-p.*hr1,k medus.a1,c1

Sprache - schwierig: ...
*Merc.*hr1,k,* merc-c.a1 merl.a1 *Mez.*a1,k morph.hr1,k,* mosch. *Mur-ac.*hr1,k narcot.a1 *Nat-c.*hr1,k,* **Nat-m.**hr1,k,* nat-p. nicc.hr1,k,* nit-ac.a1 nitro-o.a1 *Nux-m.*hr1,k,* nux-v.hr1,k,* olnd.a1 **Op.**hr1,k,* ox-ac.a1 ph-ac.hr1,k,* *Phos.*hr1,k,* pip-n.c2 *Plb.*a1,k ruta sec.hr1,k,* sel. seneg.a1,k sep.hr1,k sil. *Spong.*hr1,k,* **Stann.**a1,k **Stram.**hr1,k,* stry.a1,k sul-ac.hr1,k,* sulph.hr1,k,* tab.hr1,k,* tep.a1,c2 vip.a1
◆ **begleitet** von:
• **Zunge**:
• **Aphthen**: *Nat-m.*vk1
• **artikulieren**; kann nicht:
• **Erwachen**; einige Zeit lang beim: cot.br1
• **Chorea**, durch: *Agar.*hr1,k art-v.hr1,k asaf.hr1,k *Bufo* **Caust.**hr1,k cic.hr1,k *Cupr.*hr1,k *Cupr-act.* *Mag-p.*hr1,k *Morph.*hr1,k mygal. sep.hr1,k *Stram.*hr1,k tarent.hr1,k
• **Essen**, nach dem: am-c.h,kl
• **Gehen**, beim: petr.h,kl
• **Krampf**, durch:
• **Halses**; des inneren: *Arg-n.*hr1 cupr.hr1,k lyss. stry.
• **Zunge**, der: *Agar.* *Arg-n.*hr1,k cupr. lyc. *Ruta* sec.hr1,k *Stram.*
• **Luft**; aus Mangel an: mez.h
• **Menses**, während: *Cedr.*hr1,k raph.a1
• **Namen** nicht aussprechen; kann: chinin-s.
• **schmerzhaft**: am-c.h,k,*
• **Schwäche**, aus
• **Brust**, der: *Stann.*
• **Halses**; des inneren: **Stann.**
• **Sprachorgane**, der: *Glon.* *Nat-m.*
☞ ❏ *Kehlkopf - Stimme - schwach*
• **Schwellung** der Zunge; durch: anan. ant-t. bapt. calc-s.k2 **Dulc.** gels. lyc.h,kl mez.h,kl morph. phos.k2
• **Schwere** der Zunge; durch: *Anac.*hr1,k,* *Ars.* *Carb-v.*hr1,k **Crot-c.** **Gels.** *Glon.* *Lach.* *Mag-p.* mur-ac.h,kl *Nat-c.* nicc.hr1,k sol-t.a1
• **Speichel**:
• **Mangel** an Speichel; durch: mez.h
• **zähen** Speichel, durch: arg-met.h,k
• **Steifheit** der Zunge; durch: calc-s.k2
• **Typhus** abdominalis; bei: agar. *Ars.* *Lach.*
• **unartikulierte** Laute: aesc.ptk1 anac. bell.hr1,k *Dulc.* hyos. tab.a1 vip.a1
☞ ❏ *Gemüt - Sprache - undeutlich*
• **vergrößerte** Tonsillen
☞ ❏ *Innerer Hals - Schwellung - Tonsillen*
• **Worte**:
• **bestimmte** Worte: *Lach.*
• **einzelne** Worte unter großer Anstrengung ausstoßen; kann nur: art-v. cocc. *Stram.*
• **Würgen**, durch: naja.k2
• **zähen** Speichel, durch
☞ *Speichel - zähen*
– **stotternd** ●: *Acon.*hr1,k,* agar.ptk1 agar-ph.a1 alco.a1 amyg.a1 anac.hr1 anan.hr1,k *Arg-n.*hr1,k ars.hr1,k,* ars-i. atro.a1,c2 **Bell.**hr1,k,* ben-n. *Bov.*hr1,k,* *Bufo*c2,k *Cann-i.*hr1,k,* cann-s.hr1,k,* carb-an.a1 *Carbn-s.* carc.fb **Caust.**hr1,k,* cham.a1,k cic.c1,c2

– **stotternd**: ...
cocc.ptk1 con. *Cupr.*hr1,k,* dig.hr1,k dulc.a1,k,* *Euphr.*hr1,k,* gels.bg2 *Glon.* hell.a1,k hyos.c2,k iod.a1,k *Kali-br.*hr1,k,* lac-c.hr1,k *Lach.*hr1,k lyc.c2 *Mag-c.*hr1,k *Mag-p.*hr1,k **Merc.**hr1,k,* morph.a1 nat-ar. *Nat-c.*hr1,k,* nat-sal.c2 nitro-o.a1 nux-m.c2 *Nux-v.*k,vh/dg op.hr1,k,* ped.c2 *Phos.*hr1,k,* phos-h.c2 *Plat.*hr1,k plb.hr1,k,* rutac2 *Sec.*hr1,k,* *Sel.*hr1,k,* sep.hr1,k sol-ni.c2 sol-t.c2 sphing.c2 *Spig.*hr1,k,* **Stram.**hr1,k,* sul-i.k2 *Sulph.*hr1,k,* tab.a1 thuj.a1 verat.hr1,k,* vip.bg1,bg2,*
• **Ärger**, Verdruß; durch: *Caust.*
• **Erregung**, bei: *Agar.*vh *Caust.* dig.st
• **erschöpft**, lange bevor er ein einziges Wort ausstoßen kann; ist: **Stram.**
• **Fremden** spricht; wenn er zu
☞ ❑ *Gemüt - Erregung - stammelt*
• **Kindern**; bei: bov.ptk1
• **Koitus**, nach: *Cedr.*hr1,k
• **laut** aus; spricht jedes Wort: hyos.ptk1
• **letzten** Wörter eines Satzes; die: lyc.a1,k
• **plötzlich**: mag-c.ptk1
• **schnell** spricht; wenn er: lac-c.ptk1
• **schnell** und: *Merc.*
• **Singen**, beim: euphr.bnt
• **Typhus** abdominalis: *Arg-n. Lyc. Verat.*
• **Zahnung**; während der: stram.hr1,k
– **unartikulierte** Laute
☞ *schwierig - unartikulierte*
– **undeutlich**: agar.k2 apis bar-c. bry. calc. caust.h,k,* *Cocc.*hr1,k gels.bg2 *Glon. Lach.*k2 *Lyc.*hr1,k merc.a1 morph.a1 nit-ac.hr1,k phos.k2 sec.hr1,k,* sul-ac.hr1 verat.hr1,k
• **morgens**: *Lyc.*
• **Erregung**; durch: laur.ptk1
• **Trockenheit**, bei:
  • **Halses**, des: bry. seneg.
  • **Mundes**, des: lyc.h
– **unklar**: acon.a1 amyg.a1 ars.hr1,k,* art-v.hr1,k asaf.hr1,k *Bell.*hr1,k,* bufo calc.a1 chel.hr1,k euph.a1 *Fl-ac. Hyos.*hr1,k,* lach.k2 lyc.a1,k merc.k2 naja nux-v.a1 *Ph-ac.*hr1,k plb.a1 rhus-t.hr1,k *Sec.*a1 sil.h **Stram.**hr1,k,* tab.a1,hr1 thuj. verat.hr1,k zinc.hr1,k
– **unsicher**: *Camph.*hr1,k
– **unwillkürlich**
☞ ❑ *Gemüt - Sprechen - sich selbst; mit*
– **Verlust** der Sprache: acon.a1 agar-ph.a1 alum. am-caust.a1 ant-t.hr1,k,* *Apis Arg-n.*hr1,k *Arn.*a1 *Ars.*hr1,k,* arum-m.a1,hr1 astac.a1 *Bar-c.*hr1,k **Bell.**hr1,k,* *Both.*a1 *Calc.* camph.a1 cann-i.a1 carb-ac.a1 *Caust.*hr1,k chin.a1,k chlf.a1 chlor.a1 *Cic.*a1,k cimic.hr1,k cod.a1 colch.hr1,k *Con.*hr1,k,* *Crot-c.*a1,k *Crot-h.*hr1,k,* cupr.hr1,k,* dulc.a1 ferr-m.a1 gels.a1 *Glon.*hr1,k hep.a1,k hydr-ac.hr1,k,* *Hyos.*hr1,k,* ip.a1 *Kali-br.*hr1,k,* *Kali-chl.*hr1,k kali-cy.a1 kali-m.k2 kali-n.a1,h,* kali-p.hr1,k *Lach.*hr1,k *Laur.*hr1,k,* linu-c.a1 lol.a1 lyc.a1,hr1 *Mag-c.*hr1,k manc.a1 *Merc.*hr1,k,* merc-c.a1 merc-d.a1 mosch.hr1,k nat-p.a1 **Nit-ac.**hr1,k *Nux-m.*hr1,k *Nux-v.*hr1,k,* oena.hr1,k,* olnd.hr1,k,* op.hr1,k,* past.a1 *Phos.*a1 *Plb.*hr1,k,* sabad.a1 sol-t.a1 *Stram.*hr1,k,* stry.a1,k sulph.a1 syph.hr1,k2 tab.a1,hr1 tarent.a1 tart-ac.a1 tep.a1 thuj. *Verat.*a1,k verat-v.a1 vesp.a1 vip.a1 visc.a1 zinc.hr1,k

Sprache - Verlust der Sprache: ...
☞ ❑ *Gemüt - Schweigsam*
• **Apoplexie**, nach: *Ars.*hr1 *Bar-c.*hr1,k crot-c. *Crot-h.*hr1,k *Ip.*hr1,k *Laur.*hr1,k **Nux-v.**hr1,k oena.hr1
• **Erwachen**; beim: ptel.c1
• **Fleckfieber**; bei epidemischem: agar. *Apis Ars. Op.* **Stront-c.**
• **Lähmung** der Sprachorgane; durch: *Anac.*hr1,k *Cadm-s.* canth. **Caust.**hr1,k *Crot-c.* crot-h. *Gels.*hr1,k *Glon. Mur-ac.* staph.
• **Schreck**, nach: hyos.
• **Schwere** des ganzen Körpers; mit: thuj.a1
• **Silbe** sprechen; kann trotz Anstrengung keine: calc.h,k1 cimic.
• **Spasmen** im Hals; durch: cupr.hr1,k
• **Uterusverlagerung**, bei: *Nit-ac.*hr1,k
• **Wundheit** der lazerierten Zunge; durch: hyper.
– **verschluckt** Worte: *Cic.* staph. thuj.ptk1
– **zittrig**
☞ ❑ *Kehlkopf - Stimme - zittrig*

Spucken
☞ ❑ *Gemüt - Spucken*

Steckt alles in den Mund (Kind): *Sulph.*st

Steife Zunge: aloek,vk1 am-c.k,vk1 anac.bg2,vk1 ant-t.bg2,vk1 apisc1 *Ars.*bg2,k,* ars-s-f.hr1,k,* arum-t.hr1,k,* aur-m.hr1,k,* bapt.k2 **Bell.**bg2,k,* *Berb.*bg2,k,* borx.k,vk1 *Calc-p.*hr1,k,* *Carb-v.*bg2,k,* chim-m.c2 chin.bg2,vk1 cinnb.bg2,vk1 coc-c.k,vk1 *Colch.*bg2,k,* *Con.*bg2,k,* *Crot-c.*k,vk1 *Crot-h.*hr1,k,* cupr-s.hr1,kr1,* dulc.bg2,k,* euphr.bg2,k,* fl-ac.k,vk1 gels.bg2,vk1 *Hell.*bg2,k,* hydr-ac.hr1,k,* hyos.bg2,k,* kali-p.k,vk1 lac-c.bro1,vk1 *Lach.*bg2,k,* *Laur.*bg2,k,* *Lyc.*bg2,k,* med.hr1,k,* *Merc.*bg2,vk1 *Merc-c.*hr1,k,* merc-i-r.bro1,vk1 merl.k,vk1 mur-ac.k2 *Nat-c.*bg2,k,* *Nat-m.*bg2,bg3,* nat-s.bg2,vk1 nicc.hr1,k,* nit-ac.bg2,k,* nux-m.bg2,k,* ox-ac.bg2,vk1 phys.hr1,k,* rutabg2,vk1 sec.bg2,k,* sep.hr1,k,* *Stram.*bg2,k,* vario.hr1,k,*
– **morgens**:
• **Erwachen**; beim: nit-ac.h
◆ **begleitet** von:
• **Hysterie**
☞ ❑ *Gemüt - Hysterie - Zunge - Steifheit*
• **Kopfschmerzen**
☞ ❑ *Kopf - Schmerz - begleitet von - Zunge - steife*
– **krampfartig**: borx.c1

Stomakaze
☞ *Stomatitis ulcerosa*

Stomatitis aphthosa
☞ *Aphthen*

Stomatitis ulcerosa, Stomakaze (= Mundfäule): agav-a.c2 *Alum. Ars. Arund.*c2,k *Asar.* **Astac.** *Bapt.*c2,k berb-a.c2 bism.c2 borx. *Calc. Canth. Caps.*bg2,k,* carb-ac. *Carb-v.*bg2,k,* chin. *Chlol. Crot-h.* dig. *Dulc. Ferr.* hell. hep. hyos.bg2 iod. iris-t.c2 *Kali-bi. Kali-chl.*c2,k **Kali-i.** lac-ac. *Lach.* manc.c2 *Merc.*bg2,k,* *Merc-c.* mill. mur-ac. myric. nat-hchls.vk1 *Nat-m.*c2,k nit-ac. **Nux-v.**bg2,k oena.c2 ph-ac. *Podo.*c2,k ran-s.c2 sal-ac.c2

Stomatitis ulcerosa: ...
*Sep. Sil. Staph.*bg2,k *Sul-ac.*c2,k *Sulo-ac.*c2 **Sulph.**c2,k tril-p. uran-n.c2

◆ **begleitet** von:
• **Zunge**:
• **Aphthen** auf der: sulph.kr1,vk1
• **gelbe** Farbe der Zunge:
• **schmutzig**: *Kali-m.*kr1,vk1
• **schlaffe** Zunge: *Hydr.*kr1,vk1
• **Zahneindrücke**: *Hydr.*kr1,vk1

– **Erkältung**, nach einer: dulc.
– **gangränös**: alum. alumn.c2,k *Ars.*c2,k bapt.bro1 calc. *Carb-v. Con.* elat. *Guare.*kr1 hydr.bro1 *Kali-chl.*bro1,c2 *Kali-p.*c2,k *Kreos.*bro1 *Lach.*bro1 merc.c2,k *Merc-c.*bro1,c2 sul-ac.c2 sulph. tarent.bg3,hr1,* ~~tarent-c.all,xxx~~
☞ *Aphthen - gangränös*
– **Kaugummi**, durch: merc.ptk1
– **stillenden** Müttern, bei: bapt.ptk1 hydr.ptk1

Stottern
☞ *Sprache - stotternd*

Teigig: bamb-a.stb2 nuph.
☞ *Geschmack - teigig / Schleim, Schleimabsonderung / Speichel*
○ **Zunge**: am-m.k,vk1 bufok,vk1 nux-m.a1,k,* paro-i.vk1
○ **Zungenspitze**: lyc.bg

Tinea
☞ *Hautausschläge - Tinea*

Trockenheit: **Acon.** aesc. aeth. agar. agn. all-c. aloe *Alum.* alum-p.k2 alum-sil.k2 alumn. *Am-c.* ambr. anac. androc.srj1 ang. *Ant-c. Ant-t.* anthraco. aphis *Apis Arg-met.* arg-n. *Arn.* **Ars.** *Ars-h. Ars-i. Ars-met.* **Ars-s-f.** *Arum-t.* asaf. asar.h,kl *Atro.* aur-m. bamb-a.stb2 bapt. **Bar-c. Bar-m.** bar-s.k2 **Bell.** berb. **Borx.** bov. brom. **Bry.** cadm-s.k2 *Calc.* calc-p. calc-s. calc-sil.k2 *Camph.* **Cann-i.** *Cann-s. Canth.* **Caps.** carb-an. **Carb-v.** *Carbn-s.* caul. *Caust.* cedr. *Cench.* **Cham.** *Chel.* **Chin.** chinin-ar. chlor. chloram.vk1 cic.h,kl cimic. cina *Cinnb.* cist. cob-p.stj2 coc-c. *Cocc.* coff. colch. *Coloc.* com. con. cop. cor-r. **Crot-c.** *Crot-h. Cupr.* cur. dios. dub.c2 *Dulc.* echi. euph. euphr. *Ferr. Ferr-ar.* ferr-i. ferr-p. *Gamb. Gels.* ger.br1 glon. *Graph.* haliae-lc.srj5 ham. hell. helon. hipp. hippoz. *Hydrog.*srj2 **Hyos.** *Hyper.* **Ign.** ind. iod. ip.h,kl jab.br1 jac-c. jatr-c. *Kali-ar.* **Kali-bi.** *Kali-c. Kali-chl. Kali-i. Kali-n. Kali-p.* kali-s. kali-sil.k2 lac-ac. lac-c. lac-d. **Lach.** lact. **Laur.** lec. led. *Lil-t.* lob. lunakg1 **Lyc.** lyss. *Mag-c. Mag-m.* mag-s. manc. mang. med. **Merc.** merc-c. merc-i-f. merl. *Mez.* mill. mosch. **Mur-ac.** musaa1 *Myric.* **Naja Nat-act. Nat-ar. Nat-c.**a1,h,* **Nat-m.** nat-p. **Nat-s.** nicc. *Nit-ac.* **Nux-m. Nux-v.** oena. ol-an. olnd. onos. *Op.* ox-ac. par. *Petr.* **Ph-ac.** phel. **Phos.** *Phyt.* pic-ac. plat. *Plb. Psor.* ptel. *Puls.* ran-s. rat. *Rhod.* **Rhus-t.** rumx. ruta sabad. sabin. sal-ac. samb. sang. sanic. sarr. *Sars.* sec. senec. *Seneg.* **Sep. Sil.** sin-n. sol-ni. *Squil.* staph.h,kl *Stram. Stront-c.* sul-ac.h,kl **Sulph.** tab. *Tarent.* tell. term-a.bnj1 thea ther. thuj. tub-m.vn,zs **Verat. Verat-v.** wye.k2 zinc.

Trockenheit: ...
zinc-p.k2
☞ *Klebt*
– **rechts**: hydrog.srj2
– **morgens** ●: am-c. ambr. arg-n. arn. **Bar-c.** bar-i.k2 bar-m. bar-s.k2 berb. bry. cann-s. caps. carb-an. carb-v. *Carbn-s. Cham.* chin.h,kl cimic. coff. cop. *Dios.*br1,k *Ferr. Graph.* hydrog.srj2 jac-c. kali-c.h,kl kali-n.h,kl kali-p.k2 *Lyc. Mag-c.* mag-m.h,kl manc. mang.h,kl mur-ac. nat-c.a1,h,* nat-s. *Nit-ac. Nux-v.* ol-an. op. par. petr. ph-ac.h,kl plb. podo. **Puls.** *Rhus-t. Sabad.* sang. sars. senec.bg1 seneg. *Sep.* spig. **Sulph.** thuj. verat. zing.
• **Erwachen**, beim ●: alum. am-c.h,kl ambr.a1,c1,* ammc. apoc. calc. carb-v. clem. cob. coca graph. irisc1 kali-c. **Lac-c.** *Lyc.* mag-c. mang. naja ol-an. *Par. Phos. Podo. Rhus-t.* sep. spig. stram. stront-c. tarax. tub.xxb
• **durstlos**: ambr.a1,k13
– **vormittags**: caust. sars. seneg.
– **nachmittags**: laur.br1 mag-c.h,kl ph-ac.h,kl
– **abends**: aloe am-c. bov. bry. cann-s. cench.k2 choc.srj3 cycl. lyc. merc-c. mez.h,kl naja nux-m. phos.h,kl plat.h,kl *Senec.* verat.
– **nachts** ●: acon. am-c. *Ant-c.* ars-i.k2 *Arum-t.* bell.h,kl bry. calc. *Carbn-s. Caust. Cench. Cinnb. Cocc.* coff. eupi. gal-ac.a1 glon. graph. hydrog.srj2 jatr-c. kali-c.h,kl *Lyc.*k,kl2● *Mag-c.* mag-m. *Nux-m. Nux-v.*k,kl2● phel. phos.k,kl2● *Pic-ac. Rhus-t.* rumx. sel. senec. sep.h,kl2● sil. *Sulph.*vh tarent. tub.xxb
• **Erwachen**, beim: ambr.a1 ars-i. *Carbn-s.* graph.k2 *Rat. Rhus-t.*k,kl2●
• **durstlos**: ambr.a1
• **gefolgt** von:
• **Schweiß**: rein.a1
◆ **abwechselnd** mit Speichelfluß
☞ *Speichelfluß - abwechselnd mit*
◆ **begleitet** von:
• **Speichel**:
• **schaumig**: cocc.kr1,vk1
– **Anfeuchten** der Speisen ist unmöglich: ars. merl.
– **Aufstehen**; beim: hydrog.srj2
– **Durst**; mit: acon. aloe alum.h,kl am-c.h,kl aphisc1 arg-n. arn. ars. *Bar-c.* berb. **Bry.** *Camph.* cann-i.a1 canth. *Carbn-s.* caust.h,kl cench.k2 cham. chel. *Chin.* cinnb. coc-c. cocc.h,kl colch.br1 cycl. dig. graph.k2 hydrog.srj2 kali-bi. kali-i. kali-sil.k2 kreos. *Lach.* laur. *Lec.* lyc.h,kl lyss. mag-m.h,kl *Merc-c.* mez.h,kl mill. *Nat-c.* **Nat-m.** nat-s. nit-ac. *Nux-m.* op. petr. *Phos.* plat.h,kl *Rhus-t.* sars. sec. *Stram.* sulph. tab. thuj.h,kl verat.
– **Durstlosigkeit**; mit: acon. all-c. aloek1 alumn. *Ambr.* ang. apis arn.bg1 ars.h,kl asaf. *Bell.* **BRY.**k,vh,* *Camph.* cann-i. cann-s. carb-an.h,kl carb-v. caust.h,kl *Cocc.* dios.br1,k dulc. euph. euphr. gels.k2 glon.k2 guare. hydr.bro1 ign.bg1 jatr-c. kali-bi.bg1 kali-c. kali-n.h,kl lac-c. *Lyc.* mag-c.h,kl *Mag-m.*hr1,k mez.h,kl nat-m.fs,vh nit-ac. **NUX-M.**k,vh,* *Nux-v.* onos. op. *Par.* ph-ac. phos.h,kl **Puls.** rheumh sabad. sabin. samb. sanic. sars. *Sep.*bg1,h,* *Sil.* spig.h,kl

– **Durstlosigkeit**; mit: ...
Stram. thuj.h,kl tub.xxb verat.bg1
– **Eintreten** ins Haus amel.: nux-m.ptk2
– **Essen**, nach dem: sulph.
– **Fieber**; während: zinc.h,kl
– **Frost**; während: mur-ac.h,kl petr.h,kl
– **Gefühl** von: acon.hr1,k arg-met.h ars.h,kl asaf. aur.h,kl bamb-a.stb2 bell. caul. chin.h,kl cic.h,kl cina *Colch.* dios. dros. kali-c. lyc. nat-c.hr1 **Nux-m.** rhus-t.h,kl stram.h,kl stront-c. sul-ac. viol-o. viol-t.
• **morgens**: asaf. stront-c.
• **feuchtem** Mund; bei: acon. hydrog.srj2 nux-m.k2 sulph. viol-t.
• **Schleim** belegt; mit: acon. bell. dios. kali-c.
– **Gehen** im Freien; beim: sil.
– **Kauen** von Speisen agg.: ferr.bg1
– **Menses**, während: *Cedr.* **Nux-m.**
– **Mittagessen**:
• **vor**: kali-n.h,kl
• **nach**: kali-n.h,kl
– **Sand** darin, wie: bov.
– **Schlaf**, verhindert den: kali-c.h,kl
– **Schlucken**, beim: bell. lyc.
• **leerem** Schlucken; bei: cortiso.sp1
– **Schnupfen**, beim: alum.h,kl
– **Speichel** amel.: acon.bg
○ **Gaumen**: acon.hr1,k aesc. agar. *All-c.* ang. *Apis* arg-met. arg-n. arn. asar.h,kl atro. *Bell.* *Bry.* bufo *Calc.* *Camph.* cann-s. *Carb-an.* card-m. chel. chin. chlor. cina *Cist.* coc-c. cocc. coloc. cop. cycl. *Dros.* *Fl-ac.* glon. grat. hell. *Hyos.* lac-ac. lach. led. mag-c. mang. meny. *Merc.* merc-sul. merl. mez. myric. *Nat-m.* nit-ac.h,kl **Nux-m.** olnd. op. par. ph-ac. **Phos.** phyt. puls. samb. *Seneg.* sep. staph. *Stict.* *Stram.* **Sulph.** thuj. **Verat.** viol-o. zing.
• **eine** Seite: *Fl-ac.*
• **morgens**: cann-s. phyt.
  • **Erwachen**, beim: mez. *Puls.* *Sulph.*
• **vormittags**: phos.
• **abends**: chlor. *Cycl.* fl-ac. staph.h,kl
• **nachts**: *Calc.* *Nux-m.*
• **Essen**, nach dem: bry.
• **Freien** agg.; im: mang.
• **Sprechen**, durch: graph.h,kl
• **Übelkeit**, mit: dig.
○ **weicher** Gaumen, wie Leder: *Dros.*vh *Stict.*hr1,k
– **hinterer** Teil; nur: mez. thuj.bg1,h,*
– **Lippen**:
○ **Unterlippe**:
  ○ **Innenseite**: asar.h
– **vorderer** Teil: *Ars.*bg1,h,* bry.bg1,bg2 nux-v.bg1
– **Zahnfleisch**: bar-c.h,kl ther.c1
– **Zunge**: abrom-a.bnj1,vk1 acet-ac.k,vk1 achy-a.vk1 **Acon.**k,vk1 aeth.k,vk1 **Agar.**k,vk1 **Ail.**k,kr1,* aloek,vk1 alumn.k,vk1 ambr.k,vk1 anders.bnj1 *Ant-t.*k,vk1 **Apis**k,vk1 apoc.k,vk1 arg-met.k,vk1 *Arg-n.*k,vk1 *Arn.*k,vk1 **Ars.**k,vk1 *Ars-h.*k,vk1 *Ars-i.*k,vk1 *Ars-s-f.*k,vk1 art-v.k,vk1 *Arum-t.*k,vk1 atro.k,vk1 atro-s.kr1,vk1 aur.k,vk1 aur-ar.k2 aur-i.k2 aur-m.k,vk1 *Bapt.*k,vk1 bar-c.k,vk1 bar-i.k2 *Bar-m.*k,vk1 bar-s.k2 **Bell.**k,kr1,* boerh-d.bnj1 **Bry.**k,vk1 bufok,vk1 cact.k,vk1 caesal-b.bnj1 cain.k,vk1 **Calc.**k,vk1 calc-ar.k,vk1

– **Zunge**: ...
calc-i.k2 *Calc-p.*k,vk1 calc-s.k,vk1 **Camph.**k,vk1 canth.bg2,vk1 carb-ac.c1,kr1,* *Carb-an.*k,vk1 *Carb-v.*k,kr1,* *Carbn-s.*k,vk1 **Caust.**k,vk1 cench.k2 cephd-i.bnj1 **Cham.**k,vk1 *Chel.*k,vk1 **Chin.**k,vk1 chinin-ar.k,vk1 chinin-s.bg2,vk1 chlor.k,vk1 chlorpr.vk1 *Cic.*k,vk1 *Cist.*k,vk1 clem.bg2,vk1 coc-c.k,vk1 **Cocc.**k,vk1 coff.bg2,vk1 *Colch.*bro1,vk1 com.k,vk1 con.k,vk1 cory.br1 croc.k,vk1 *Crot-h.*bg2,vk1 *Crot-t.*k,vk1 **Cupr.**k,vk1 cyt-l.vk1 daph.k,vk1 dios.k,vk1 *Dulc.*k,vk1 elapsbg2,vk1 emb-r.vk1 ery-a.kr1,vk1 eup-per.bg2,k2,* ferr-m.k,vk1 *Fl-ac.*k,vk1 gels.k,vk1 glon.bg2,k2,* graph.k,vk1 guare.k,vk1 **Hell.**k,vk1 helon.k,vk1 hippoz.kr1,vk1 *Hydr.*k,kr1,* **Hyos.**k,kr1,* *Iod.*k,vk1 *Ip.*k,vk1 *Kali-ar.*k,vk1 *Kali-bi.*k,vk1 kali-br.k,vk1 kali-c.k,vk1 *Kali-i.*k,vk1 kali-p.vk1 *Kalm.*k,vk1 *Kreos.*k,vk1 kurch.bnj1 *Lac-ac.*k,vk1 **Lach.**k,vk1 laur.k,vk1 *Leon.*bro1,vk1 luf-op.vk1 *Lyc.*k,vk1 lyss.kr1,vk1 *Mag-m.*k,vk1 mag-s.vk1 manc.k,vk1 mand.vk1 **Merc.**k,vk1 *Merc-c.*k,vk1 merc-i-f.k,vk1 *Merc-i-r.*k,vk1 merc-sul.k,vk1 merl.k,vk1 mez.k,vk1 moni.jl2 **Morph.**bro1,vk1 **Mur-ac.**k,vk1 musaa1 mygal.kr1,vk1 najabg2,vk1 *Nat-ar.*k,vk1 *Nat-c.*k,vk1 *Nat-m.*k,vk1 nat-p.k2 nep.vk1 *Nit-ac.*k,vk1 **Nux-m.**k,vk1 *Nux-v.*k,vk1 olnd.bg2,vk1 op.k,vk1 ox-ac.k,vk1 pall.c1,kr1,* par.k,vk1 petr.bg2,h,* *Ph-ac.*k,vk1 *Phos.*k,kr1,* *Phyt.*k,vk1 *Pic-ac.*k,vk1 plan-mi.mfm *Plb.*k,vk1 *Podo.*k,vk1 psil.ft1 **Psor.**k,vk1 ptel.k,vk1 **Puls.**k,kr1,* *Pyrog.*bro1,vk1 rauw.vk1 **Rhus-t.**k,vk1 rumx.k,vk1 sarr.k,vk1 *Sec.*k,vk1 seneg.bg2,vk1 *Sep.*k,vk1 sin-n.k,vk1 *Spong.*k,vk1 staph.k,vk1 stram.k,kr1,* *Stront-c.*k,vk1 *Sul-ac.*k,vk1 sul-i.k2 **Sulph.**k,kr1,* tab.k,vk1 tarax.bg2,vk1 tarent.k,vk1 **Ter.**k,vk1 *Tub.*k,vk1 vac.k,vk1 *Verat.*k,vk1 **Verat-v.**k,vk1 vib.k,vk1 *Vip.*bro1,vk1 visc.vk1 zinc.h,k2,*
☞ *Klebt*
• **morgens**: ambr.bg2,vk1 arg-n.k,vk1 *Bapt.*k,vk1 *Bar-c.*k,vk1 bar-s.k2 calc.k,vk1 canth.k,vk1 carbn-s.k2 *Cist.*k,vk1 clem.k,vk1 graph.k,vk1 hell.bg2,h,* kali-c.k,vk1 kali-p.k,vk1 najak,vk1 *Nit-ac.*k,vk1 **Op.**k,vk1 plb.bg2,vk1 *Puls.*k,vk1 sep.k,vk1 *Sulph.*k,vk1
  • **Erwachen**, beim: arg-n.k,vk1 *Calc.*k,kr1,* *Clem.*k,vk1 coc-c.k,vk1 *Mez.*k,vk1 *Nux-m.*kr1,vk1 ol-an.k,vk1 **Op.**k,vk1 *Par.*k,vk1 *Phos.*k,vk1 *Podo.*k,vk1 **Puls.**k,vk1 **Rhus-t.**k,vk1 sanic.k,vk1 sep.k,vk1 **Sulph.**k,vk1 tarax.h
• **abends**: aloek,vk1 arg-n.k,vk1 iod.k,vk1 **Nux-m.**k,vk1 petr.h,kl senec.k,vk1 tarent.k,vk1
• **nachts**: all-s.k,vk1 ang.k,vk1 ars-i.k2 *Calc.*k,vk1 *Carbn-s.*k,vk1 mez.h,kl nat-c.h2 **Nux-m.**k,vk1 nux-v.k,vk1 *Pic-ac.*k,vk1 rumx.k,vk1 tarent.k,vk1
◆ **begleitet** von:
• **braune** Farbe der Zunge: **Ail.**bro1,vk1 **Ant-t.**bro1,vk1 *Ars.*bro1,kr1,* bapt.bro1,vk1 bell.vk1 *Bry.*bro1,kr1,* cact.vk1 cocc.vk1 *Hyos.*vk1 kali-p.bro1,vk1 **Lach.**bro1,vk1 *Plb.*vk1 **Rhus-t.**bro1,vk1 *Spong.*bro1,kr1,* sulph.vk1 *Tart-ac.*bro1,vk1 *Vip.*bro1,vk1
  • **gelblichbraun**: *Lachn.*kr1,vk1
• **brennender** Schmerz: cyt-l.vk1
• **Durst**
☞ ❑ *Magen - Durst - begleitet von - Zunge - Trockenheit*

– **Zunge - begleitet** von: ...
- **Durstlosigkeit**
  ☞ ❑ *Magen - Durstlos - begleitet von - Zunge*
- **Endokarditis**
  ☞ ❑ *Brust - Entzündung - Herz - Endokard - begleitet von - Zunge - trockene*
- **Peritonitis**
  ☞ ❑ *Abdomen - Entzündung - Peritoneum - begleitet von - Zunge - Trockenheit*
- **Pleuritis**
  ☞ ❑ *Brust - Entzündung - Rippenfell - begleitet von - Zunge - Trockenheit*
- **Pneumonie**
  ☞ ❑ *Brust - Entzündung - Lungen - begleitet von - Zunge - Trockenheit*
- **Rauheit** der Zunge: calc.kr1,vk1 *Laur.*kr1,vk1
- **Rheumatismus**
  ☞ ❑ *Extremitäten - Schmerz - rheumatisch - begleitet von - Zunge - Trockenheit*
- **rote** Farbe der Zunge: ant-t.kr1,vk1 *Merc-c.*vk1
- **Scharlach**
  ☞ ❑ *Haut - Hautausschläge - Scharlach - begleitet von - Zunge - Trockenheit*
- **Schleim**
  ☞ *Schleim, Schleimabsonderung - Zunge - begleitet von - Trockenheit*
- **schwarze** Farbe der Zunge: *Ars.*kr1,vk1 *Lach.*kr1,vk1 **Lyc.**kr1,vk1 merc.kr1,vk1 merc-sul.kr1,vk1 *Verat.*kr1,vk1
- **Typhus** abdominalis
  ☞ ❑ *Fieber - Typhus - begleitet von - Zunge - Trokkenheit*
- **wunder** Schmerz: rauw.vk1

• **Erwachen**; beim
  ☞ *morgens - Erwachen*

• **Gefühl** von: arg-met. arn. *Ars.* ars-i.k2 bell. brom. *Calc.* cimic. *Cocc.* colch. mang.bg1,h,* **Nat-m. Nux-m.** ph-ac.h,kl puls.

• **Menses**, während: *Cedr.*k,vk1 sul-ac.k,vk1

• **Pulver** zerfallen; als würde die Zunge zu: **Nux-m.**kr1,vk1

○ **Mitte**: *Acon.*k,vk1 ant-c.k,vk1 ant-t.k,vk1 arg-met.k,vk1 *Arum-t.*k,vk1 *Bapt.*k,vk1 *Colch.*k,vk1 *Crot-h.*k,vk1 hyos.k,vk1 *Lach.*k,vk1 **Phos.**k,vk1 phyt.alj seneg.k,vk1 *Stram.*k,vk1 sul-ac.k,vk1 verat.k,vk1
- **Seiten** feucht: *Apis*k,vk1

• **Seite**: cocc.bg1 sang.bg1

• **vorderer** Teil: *Rumx.*bg1,vh,*

• **Zungenspitze**: apisbg1 arn.k,vk1 bell.bg2,h,* bry.bg2,vk1 *Carb-v.*k,vk1 cod.bg1 *Ind.*bg1,vh,* merc-c.bg2,vk1 mez.h,kl *Nux-m.*kr1,vk1 *Nux-v.*k,vk1 ox-ac.bg2,vk1 phos.bg2,h,* *Phyt.*bg1,vh,* psor.k,vk1 puls.k,vk1 *Rhus-t.*k,vk1 *Rumx.*vh *Sec.*bg1,vh,* term-c.vk1 valer.bg1,bg2,*

◆ **begleitet** von:
- **Zunge**; reine
  ☞ *Reine - begleitet von - Trockenheit - Zungenspitze*
- **feucht**: bry.k,vk1
- **Gefühl** von: caps.h,kl

• **Zungenwurzel**: all-c.k,kr1,* camph.k,vk1

Tuberkel:

○ **Zahnfleisch**, schmerzhaft: ph-ac. **Plb.**

– **Zunge**: *Graph.*k,vk1 lyc.k,vk1 mang.k,vk1

Tumoren: benz-ac. calc. *Lyc. Nit-ac.*

– **links** hinter dem letzten Backenzahn: benz-ac.

– **bösartig**: calc.

– **geschwürig**: benz-ac.

– **klein**: lyc.

– **schmerzlos**: calc. *Nit-ac.*

– **schwammig**: calc.

○ **Gaumen**, hart: canth. hydr.

– **Lippen**, Innenseite rechts: calc.

– **Zahnfleisch**:
- **entzündet**: canth.
- **schmerzlos**, verschieblich, Zahnfleisch unten: nat-s.
- **Walnuß**; von der Größe einer: *Nit-ac.* staph.
  ○ **Stelle** zweier Prämolaren; an der: **Sil.**

– **Zunge**:

○ **Mitte**, empfindlich gegen Berührung; runde, erbsengroße Erhebung in der:
- **ziehendem** Gefühl; mit:
  - **Faden** die Mitte der Zunge zum Zungenbein ziehen; als würde ein: castm.k,vk1

Ungeschickt, unbeholfen:

○ **Zunge**: merc.k2
  ☞ *Vergrößert - Zunge*

Unreine Zunge
  ☞ *Farbe - Zunge - schmutzig*

Verbrennungen:
  ☞ ❑ *Allgemeines - Verbrennungen*

○ **Zunge**:
- **Gefühl**, als hätte man sich die Zunge verbrannt
  ☞ *Schmerz - verbrannt - Zunge*

○ **Lippen**; und: ham.hr1,k,*

Vergrößert:

– **Gefühl** wie: bell.bg2,k

○ **Zunge**: acon.bg2,k,* ars.k,vk1 ars-h.k,vk1 ars-i.k,vk1 aza.vk1 colch.k,vk1 crot-h.k,vk1 cupr.k,vk1 dig.k,vk1 glon.bg2,k,* graph.k,vk1 hydr.k,vk1 iod.k,vk1 kali-bi.k,vk1 kali-br.k,vk1 kali-i.k,vk1 *Kali-m.*kr1,vk1 lac-c.k,vk1 lyss.k,vk1 merc-c.bg2,k,* nat-ar.k,vk1 nat-m.k,vk1 *Nit-ac.*k,vk1 nux-v.vk1 ox-ac.k,vk1 par.k,vk1 petr.k,vk1 phos.k,vk1 plb.k,vk1 sep.k,vk1
  ☞ *Schwellung - Zunge / Ungeschickt - Zunge*

◆ **begleitet** von:
- **purpurne**, blaurote Farbe der Zunge: *Kali-m.*kr1,vk1
- **Zahneindrücke**: *Kali-m.*kr1,vk1

• **Gefühl** wie: *Absin.*bg1,br1 acon.bg2,k alum.bg1 ars. caj.bg1 card-m.bg1 colch.bg2,k crot-t.bg2,k cupr. dig. gels.psa glon.bg2,k hydr. kali-bi. kali-i. lac-ac. merc-c.bg2,k nat-ar. ox-ac. par. petr. phos.bg2,k phys.bg1 plb. puls.bg2,k rat.bg1 sep.bg2,k spig.bg1 xan.bg1
  ☞ *Breit*

○ **Basis**: bapt.bg1 calc-chln.bg1 spig.bg1

Verhärtung:
○ **Gaumen**: calc.$_{hr1,k}$ *Mez.*$_{hr1,k}$ *Phyt.*$_{hr1,k}$
– **Wange**, Innenseite der: *Caust.*
– **Zahnfleisch**: brom.$_{hr1,k}$
– **Zunge**: *Alum.*$_{bro1,vk1}$ *Arg-n.*$_{hr1,k,*}$ ars.$_{k,vk1}$ *Atro.*$_{hr1,k,*}$ *Aur.*$_{hr1,k,*}$ *Aur-m.*$_{hr1,k,*}$ *Bar-c.*$_{bg2,k,*}$ calc-f.$_{br1,vk1}$ carb-an.$_{hr1,k,*}$ *Carb-v.*$_{hr1,k,*}$ con.$_{k,vk1}$ cupr.$_{k,vk1}$ gamb.$_{hr1,k,*}$ **Hyos.**$_{hr1,k,*}$ kali-i.$_{a1,k,*}$ lyc.$_{k,vk1}$ *Merc.*$_{bg2,k,*}$ mez.$_{k,vk1}$ mur-ac.$_{k,vk1}$ **Nux-m.**$_{hr1,k,*}$ *Semp.*$_{bro1,c2,*}$ **Sil.**$_{bro1,vk1}$ sul-i.$_{a1,k,*}$
◆ **begleitet** von:
• **Fleckfieber**; epidemisches
☞ *❑ Fieber - Fleckfieber - begleitet von - Zunge - Verhärtung*
• **Glossitis**, nach: aur-m.$_{br1,hr1,*}$ calc-f.$_{br1}$ *Carb-v.*$_{kr1,vk1}$
• **Stellen**; an bestimmten: kali-chl.$_{k,vk1}$ *Sulph.*$_{k,vk1}$
○ **Mitte**: bar-c.$_{hr1,k,*}$ bry.$_{k,vk1}$

Verlängerungsgefühl:
○ **Zahnfleisches**, des: *Nit-ac.*
– **Zunge**, der: mur-ac.$_{h}$

Verletzungen:
○ **Zunge**: anan.$_{kr1,vk1}$
• **Insektenstichen**; Schwellung nach
☞ *Schwellung - Zunge - Insektenstich*
• **Konvulsionen**; nach epileptischen
☞ *❑ Allgemeines - Konvulsionen - epileptisch - nach - Verletzung*
• **Rißwunde**: **Calen.**$_{kr1,vk1}$ *Hyper.*$_{kr1,vk1}$
• **Zähne**; durch scharfe Kanten der: aloe$_{kr1,vk1}$

Verschleimte Zunge
☞ *Geschmack - schleimig / Schleim, Schleimabsonderung - Zunge*

Verschlossen: amyg. ant-t. *Cic.* *Stram.*$_{a1,k}$ sulph.$_{h,kl}$

Wärmegefühl
☞ *Hitze*

Wäßrig aus; Zahnfleisch sieht: **Apis**

Warzen: ph-ac.
○ **Gaumen**: arg-n.
– **Zunge**: aur.$_{k,vk1}$ *Aur-m.*$_{k,vk1}$ aur-m-n.$_{gm1,k,*}$ kali-s.$_{dh}$ lyc.$_{bg2,k,*}$ mang.$_{k,vk1}$ mang-act.$_{bro1,vk1}$ staph.$_{k,vk1}$

Weich:
○ **Gaumen**: ptel.$_{c1}$
– **Zunge**: merc.$_{k,vk1}$ rhus-t.$_{k,vk1}$ stram.$_{k,vk1}$ syph.$_{k2}$
◆ **begleitet** von:
• **schlaffe** Zunge
☞ *Schlaffe - begleitet von - weiche*
• **Gefühl** wie weich: daph. mez.$_{h}$

Welke, verdorrte Zunge: kreos.$_{bg2,k,*}$ verat.$_{bg2,k,*}$

Wildes Fleisch am Zahnfleisch: alumn.

Wucherungen:
– **schmerzhaft**: staph.
○ **Zahnfleisch**: *Staph.*

Wucherungen:
– **Zunge**:
○ **unter** der: *Ambr.*$_{bg2,vk1}$ dros.$_{bg2,vk1}$ staph.$_{bg2,vk1}$

Zahneindrücke auf der Zunge
☞ *Eingedellt - Zunge*

Zahnfistel
☞ *Fisteln - Zahnfleisch*

Zahnfleischfistel
☞ *Fisteln - Zahnfleisch*

Zittern der Zunge: absin.$_{k,vk1}$ *Agar.*$_{k,vk1}$ **Agarin.**$_{bro1,vk1}$ aloe$_{bg2,vk1}$ *Apis*$_{k,vk1}$ arn.$_{k,vk1}$ ars.$_{k,vk1}$ *Aur.*$_{k,vk1}$ *Bell.*$_{k,vk1}$ bry.$_{k,vk1}$ **Camph.**$_{k,vk1}$ *Canth.*$_{k,vk1}$ caps.$_{bg2,vk1}$ carb-ac.$_{k,vk1}$ caust.$_{vk1}$ cham.$_{bro1,vk1}$ cimic.$_{k,vk1}$ colch.$_{k,vk1}$ *Crot-h.*$_{k,vk1}$ cupr.$_{k,vk1}$ cupr-ar.$_{k,vk1}$ *Gels.*$_{k,vk1}$ *Hell.*$_{k,vk1}$ hyos.$_{k,vk1}$ *Ign.*$_{k,vk1}$ **Lach.**$_{k,vk1}$ lat-m.$_{vk1}$ *Lyc.*$_{k,vk1}$ med.$_{k,vk1}$ **Merc.**$_{k,kr1,*}$ mur-ac.$_{k,vk1}$ nat-m.$_{bg2,vk1}$ oena.$_{k,vk1}$ *Op.*$_{k,vk1}$ *Ph-ac.*$_{k,vk1}$ phos.$_{k,vk1}$ pip-n.$_{bg2,vk1}$ *Plb.*$_{k,vk1}$ rhus-t.$_{k,vk1}$ sec.$_{k,vk1}$ sil.$_{k,vk1}$ stram.$_{k,vk1}$ sulph.$_{bg2,vk1}$ tab.$_{k,vk1}$ *Tarax.*$_{k,vk1}$ vip.$_{k,vk1}$ zinc.$_{k,vk1}$
◆ **begleitet** von:
• **Arm**; Abszeß am linken
☞ *❑ Extremitäten - Abszeß - Arme - links - begleitet von - Zittern*
• **Chorea**
☞ *❑ Allgemeines - Chorea - begleitet von - Zunge - Zittern*
• **Erysipel**
☞ *❑ Haut - Erysipel - begleitet von - Zunge - Zittern*
• **Fleckfieber**; epidemisches
☞ *❑ Fieber - Fleckfieber - begleitet von - Zunge - Zittern*
• **Gehirns**; Beschwerden des
☞ *❑ Kopf - Gehirns - begleitet von - Zunge - Zittern*
• **Kinns**; Zittern des: nux-v.$_{vk1}$
– **Entbindung**; nach der: *Crot-h.*$_{kr1,vk1}$
– **Herausstrecken**, beim: apis$_{k,vk1}$ bapt.$_{k2}$ *Bell.*$_{k,vk1}$ crot-h.$_{k,vk1}$ ferr.$_{k,vk1}$ *Gels.*$_{k,vk1}$ *Hell.*$_{k,vk1}$ *Hyos.*$_{k,vk1}$ ign.$_{k,vk1}$ **Lach.**$_{k,vk1}$ merc.$_{k,vk1}$ *Plb.*$_{k,vk1}$ stram.$_{k,vk1}$ *Thuj.*$_{vh}$
• **Beginn**; nur zu: sep.$_{vk1}$
• **lange** Zeit herausgestreckt wird; wenn sie: ph-ac.$_{vk1}$
– **wellenartig**: syph.$_{vk1}$ tub.$_{vk1}$
○ **Mitte** der Zunge: sep.$_{vk1}$
– **Zungenspitze**: *Nat-m.*$_{bg1,vh,*}$ sil.$_{vk1}$

Zucken:
○ **Zahnfleisch**: hep.$_{h,kl}$ nux-v.$_{h,kl}$ sabad.$_{h,kl}$ valer.$_{h,kl}$
– **Zunge**: agar.$_{k2}$ **Castm.**$_{vk1}$ glon.$_{bg2,k,*}$ sec.$_{bg2,k,*}$ sulph.$_{bg2,k,*}$ vip.$_{bg2,vk1}$

Zugeklebt, Gefühl wie: mur-ac.$_{hr1,k}$

Zupfen:
○ **Lippen**; an den
☞ *❑ Gesicht - Zupfen - Lippen*

Zurückgezogenes Zahnfleisch
☞ *Abgelöst*

Zurücktretendes Zahnfleisch
☞ *Abgelöst*

Zusammenbeißen des Mundes
☞ *Beißt | ❑ Allgemeines - Beißen - Zusammenbeißen | ❑ Zähne - Zusammenbeißen*

Zusammengezogen; Gefühl wie von Herbem: op.$_{al}$ par.$_{al}$
○ **Gaumen**: arn.$_{al,k}$
– **Zunge**: ars.

Zusammenschnürung: lach.$_{al,k}$ lob-s.$_{al,k}$ nit-ac.$_{al,k}$ phos.$_{al,k}$ plb.$_{al,k}$ sulph.$_{al,k}$

Zusammenziehung:
– **Gefühl** von: aesc. alum.$_{al,k}$ asar.$_{al,k}$ fl-ac.$_{al,k}$ gast.$_{al}$ seneg.$_{al,k}$
– **krampfhaft**: acon. *Ars.* asar.$_{h,kl}$ *Bell.* bufo calc. cupr. hyos. mosch. sep.
○ **Speicheldrüsen**: ambr.$_{h}$ chin.$_{h}$
– **Zunge**: *Carb-v. Merc-c.*
• **zylindrisch**: cina$_{k,vk1}$
• **krampfhaft** zwischen den Lippen herausgepreßt; die Zunge wird: cina$_{hr1}$

Abbrechen von Zähnen: euph. fl-ac.$_{k2}$ lach. nat-hchls. plb. sul-ac.

Ablagerungen, Inkrustationen: plb.$_{a1,k}$

Absonderung aus kariösen Zähnen: sulph.$_{h,kl}$

Abszeß der Zahnwurzeln ●: am-c. *Bar-c.* calc. canth. caust. euph. *Hecla* **Hep.** lach. *Lyc.* *Merc.* merc-i-f.$_{bg1,bg2}$ petr. phos. plb. *Pyrog.*$_{st}$ **Sil.** sulph. zinc.$_{h,kl}$

Ameisenlaufen: bar-c. graph.$_{a1}$ nat-c.$_{h2}$ rhus-t.$_{a1}$ tarent.$_{a1}$
– **abends**: bar-c. *Rhus-t.*$_{a1}$
– **schmerzhaft**: bar-c.

Ausfallen
☞ *Lockerheit - Ausfallen*

Beißen:
– **Glas**; beißt ins
☞ *❑ Gemüt - Beißen - Glas*
– **Hände**; in die
☞ *❑ Gemüt - Beißen - Hände*
– **Hartes** zu beißen, was die Schmerzen amel.; Verlangen, auf etwas:
• **Zahnung**; während der: **Phyt.**
– **Nägel**
☞ *❑ Gemüt - Beißen - Nägel*
– **Zusammenbeißen** der Zähne
☞ *Zusammenbeißen*

Belegt
☞ *Schleim / Sordes*

Bewegt; als hätten sich die Zähne zu einer anderen Stelle: bamb-a.$_{stb2}$

Bluten:
– **hohler** Zähne: ph-ac.$_{h}$ tarax.$_{h}$
○ Zahnfleisch
☞ *❑ Mund - Bluten - Zahnfleisch*

Bröckelig: anan. arg-n.$_{bg1,bg2}$ aur.$_{bg2}$ bell.$_{bg2}$ borx.$_{bg1,k,*}$ *Calc.* *Calc-f.* *Calc-p.*$_{bg2,k}$ crot-h.$_{bg1,bg2}$ epig.$_{vh}$ *Euph.*$_{bg2,k}$ *Fl-ac.* *Kreos.*$_{bg1,vh,*}$ *Lach.*$_{bg2,k}$ med. phos-h.$_{c2}$ **Plb.** *Sabad.*$_{bg1,bg2}$ sec.$_{bg2}$ spig.$_{bg1,bg2}$ *Staph.*$_{bg2,k}$ sul-ac.$_{bg2,k,*}$ *Thuj.*$_{bg2,k}$

Dunkle Flecken
☞ *Farbe - dunkel - Flecken*

Eingedellt, bei Kindern: syph.

Eingekerbt
☞ *Gezackt*

Empfindlichkeit: agar. alum.$_{a1,k}$ alum-sil.$_{k2}$ *Am-c.* *Ant-c.* arg-n. aur-m. bar-c. bell.$_{k2}$ bol-la. *Bry.*$_{a1,k}$ carb-an.$_{a1,k}$ card-m. caust.$_{a1,k}$ cham. coc-c.$_{a1,k}$ *Colch.*$_{a1,k}$ ferr. *Fl-ac.*$_{a1,k}$ gad.$_{a1}$ gymno. kali-bi.$_{a1,k}$ kali-c.$_{h,kl}$ *Kalm.* **Lach.** lipp.$_{a1}$ *Lyc.*$_{a1}$ lyss.$_{a1,k}$ *Mag-c.*$_{a1,k}$ *Mag-p.* manc. mang. *Merc.* merc-c.$_{a1,k}$ merc-i-r.$_{a1,k}$ mez.$_{a1,k}$ *Nat-c.*$_{a1,k}$ *Nat-m.*$_{a1,k}$ opun-v.$_{a1}$ ox-ac.$_{bg1,bg2}$ pall. ran-s.$_{a1}$ sabin.$_{c1}$ sars. sedi.$_{a1}$ senec.$_{a1,k}$ seneg. *Sil.* staph. sul-ac.$_{k2}$ *Sulph.* zinc.
– **morgens**: caust.$_{a1,h,*}$ coc-c.$_{a1}$
– **abends**: agar.

Empfindlichkeit: ...
– **Berührung**, gegen: agar. aloe berb. carb-an.$_{h,kl}$ coc-c. **Lach.** *Lyc.* mag-c. **Nat-m.** staph.
– **Druck**, gegen: agar. ars. *Hecla* *Kali-bi.* sulph.$_{h,kl}$
– **Geräusche** hallen schmerzhaft darin wider ●: *Ther.*$_{a1,k}$
– **hohler** Zahn: aloe caps. carb-an.$_{a1}$ card-m. *Cham.* *Staph.*
– **Kaltes**; gegen:
• **geringste** Kälte; gegen die: *Carb-an.* coc-c.
• **Luft**; kalte: cina$_{k2}$
• **gefüllten**, plombierten Zähnen; in: sin-n.$_{hr1,k,*}$
• **Wasser**; kaltes: acon. *Arg-n.* *Ars.* brom. *Bry.* **Calc.** calc-s. cina gymno. hell. **Lach.** merc. nat-m. *Nux-v.* sep. *Sil.* *Staph.* sulph. *Ther.*
– **Kauen**, beim: *Agar.* aur.$_{h,kl}$ *Calc-p.*$_{a1,k}$ *Carb-an.* clem.$_{a1,k}$ olnd.$_{a1,k}$ sars.$_{h,kl}$ sil.$_{a1,k}$
– **Luft**, gegen: *Acon.* aran. *Bell.* berb. bry. **Calc.** calc-p. calc-s. cina mag-p. **Nat-m.** ox-ac. sin-n. sulph.$_{h}$ tub.$_{bg}$
– **Wärme**, gegen: **Lach.** *Nat-m.*
– **Zahnbehandlung** ist unerträglich ●: **Ant-c.** *Fl-ac.* *Ign.*$_{kl}$ *Mag-c.* *Staph.*
– **Zähneputzen**, Zähnebürsten; gegen: nat-m.$_{a1,k}$
○ **Backenzähne**:
• **Essen** agg.: aloe
• **faulig**: aeth. aloe
○ **oben**: manc. zinc.$_{a1,h}$
• **unten**: aeth.
– **Schneidezähne**: agar.$_{a1,k}$ aur.$_{h,kl}$ aur-m. coloc.$_{a1}$ *Mag-m.* pall. sars. thuj.$_{a1}$
– **Spitzen** der Zähne: sulph.

Entblößen der Zähne
☞ *Lockerheit / Verlängerungsgefühl*

Entzündung des Dentins: **Merc.**

Farbe (= Verfärbung):
– **braun**, rußig: chlor.
– **dunkel**: *Chin.* **Fl-ac.** sabin.
• **Flecken**: kreos.
– **gefleckt**: syph.$_{k2}$
– **gelb**: *All-c.* ars. asc-t. *Iod.* kali-c.$_{k2}$ *Lyc.* med. *Merc.* nit-ac. ph-ac. plb. *Sil.* *Thuj.*
– **grau**: **Merc.** phos. plb.
– **schwarz**: *Arg-n.* calc.$_{k2}$ **Chin.** *Chlor.* *Con.* ign. kreos. **Merc.** merl. *Nit-ac.* phos. plb. puls. sep. *Squil.* **Staph.** syph. *Thuj.*
• **Streifen**, in: staph.
• **Zahnschmerz**, nach: sep.

Faul
☞ *Karies*

Fistula dentalis
☞ *❑ Mund - Fisteln - Zahnfleisch*

Gefühllosigkeit, Taubheit: ars. asaf. aur-s.$_{a1,k}$ bell. *Chin.* *Dulc.* ign. lith-c. nat-m.$_{a1,k}$ petr.$_{a1,k}$ phos. plat. *Rhus-t.* ruta thuj.
– **morgens** nach dem Aufstehen: plat.

Gelähmt; Gefühl, wie: sulph.$_{h}$

Gelb
☞ *Farbe - gelb*

Geruch aus den Zähnen; übler: calc. carb-v. *Caust.* graph. kali-c. **Kreos.** merc. mez.
☞ ❑ *Mund - Geruch - übelriechend*

Geschwüre der Zahnwurzeln: alum.$_{a1,k}$ fl-ac.$_{k2}$

Gezackt: lach. med.$_{hr1,k,*}$ plb. syph.$_{hr1,k,*}$ tub.

Glatt, fühlen sich: carb-v.$_{bg1,bg2}$ phos.$_{bg1,h,*}$

Groß und geschwollen; Gefühl wie: borx. calc. calc-caust.$_{c1}$ caust. cinnb. nux-m. sil. spong. vip.

Hitze
☞ *Schmerz - Ofenhitze*

Hohl
☞ *Karies*

Jucken: alum. anac. bamb-a.$_{stb2}$ cham. clem. *Kali-c.*$_{a1,k}$ kali-n. mur-ac.$_{a1,k}$ puls. spong.
– **Abendessen**, nach dem: kali-c.$_{a1,k}$
– **Freien**, im: mag-c.$_{h}$
• **agg.**: anac.

Kälte: acon. alum.$_{h,k,*}$ alumn. anag. anan. aran. asar.$_{bg2,k}$ astac. *Carb-v.*$_{a1,k}$ cocc. cocc-s.$_{hr1,k,*}$ colch.$_{a1,k}$ cop.$_{a1,k}$ dros.$_{bg2,k}$ *Gamb.* grat.$_{bg2,k}$ iris-foe. kali-chl. led. *Mez.*$_{a1,k}$ narcot.$_{a1}$ nat-c.$_{bg2}$ *Nit-ac.*$_{bg2,k,*}$ ol-an. ox-ac.$_{bg1,bg2}$ par. petr.$_{bg2,k}$ *Ph-ac.*$_{bg2,k}$ rat. rheum sel.$_{a1,k}$ sep.$_{bg2,k}$ *Spig.*$_{bg2,k}$ spira.$_{a1}$
– **nachmittags**: mez.$_{a1,k}$
○ **oben**: spig.$_{bg2,h,*}$
– **Zahnwurzeln**: ph-ac.$_{h}$
• **morgens**: ph-ac.$_{h}$
• **Kauen**, beim: ph-ac.$_{h}$

Kanten fühlen sich scharf an und verletzen das Zahnfleisch: aloe

Karies, faule, hohle Zähne: abrot. acon. aloe alum. alumn.$_{k2}$ *Am-c.* *Ambr.* anac. anan. ang. **Ant-c.** ars. asar. aur. aur-ar.$_{k2}$ aur-s.$_{k2}$ bac.$_{c2}$ *Bar-c.* **Bell.** **Borx.** *Bov.* bry. *Calc.*$_{c2,k}$ *Calc-p.* *Calc-s.* calc-sil.$_{k2}$ carb-an. *Carb-v.* carbn-s. carc.$_{xxb}$ caust. *Cham.* *Chin.* clem. cocc. coff. con. euph. **Fl-ac.**$_{c2,k}$ *Glon.* graph. *Hecla*$_{c2,k}$ *Hep.* *Hyos.* ip. *Kali-bi.* *Kali-c.* *Kali-i.* kali-n. kali-p. *Kreos.*$_{c2,k}$ *Lach.* *Lyc.* *Mag-c.* mag-m. mang. med. meph. **Merc.** **Mez.** **Nat-c.** nat-m. nat-p. nat-s. *Nit-ac.* *Nux-v.* ox-ac. par. petr. *Ph-ac.* *Phos.* pip-n.$_{c2}$ plat. **Plb.** *Puls.* rheum *Rhod.* *Rhus-t.* ruta sabad. sabin. sang. sel. **Sep.** *Sil.*$_{c2,k}$ spig. **Staph.**$_{c2,k}$ sul-ac. *Sulph.* syph.$_{c2,k2}$ tab. *Tarax.* thuj.$_{c2,k}$ tub.$_{xxb}$ verat. zinc.
– **erscheinen**, sobald sie: *Kreos.* staph.
– **Gefühl** von: asar.
– **innerlich**: sel.
– **Kindern**; verfrüht bei: *Calc.* *Calc-f.* *Calc-p.* carc.$_{zzh}$ cocc.$_{bro1}$ coff. *Fl-ac.* hecla$_{bro1}$ **Kreos.** merc.$_{bro1,k2}$ *Mez.*$_{bro1}$ phos.$_{bro1}$ *Plan.*$_{bro1}$ sil.$_{bro1}$ **Staph.** tub.$_{bro1}$
– **schnell**: ars. bar-c. *Calc.* *Calc-p.* *Carb-v.* **Fl-ac.** med. mez. phos. plan. **Sep.** syph.$_{k2}$
○ **Seiten** der Zähne: mez. staph. thuj.

Karies: ...
– **Zahnfleischrand**, am: calc. gink-b.$_{sbd1}$ sil.$_{k2}$ syph. *Thuj.*
– **Zahnwurzeln**, an den: am-c. fl-ac.$_{bg1}$ merc.$_{bro1}$ mez. sil.$_{bro1}$ syph.$_{bro1}$ **Thuj.**

Keilförmig: *Kreos.*$_{hr1,k}$
– **Gefühl** wie: lach.$_{kr1}$

Kleben zusammen, wie verleimt: arg-met. eupi.$_{c,c1}$ *Psor.* syph.$_{bg3}$ zinc. zinc-o. zinc-ox.

Klebrig: arg-met. iod. sang. syph.$_{bg1,bg2}$

Knacken beim Reiben: sel.$_{a1,k}$

Kribbeln: acon.$_{bg2}$ arn.$_{bg2}$ bar-c.$_{bg2,k}$ borx. castm. *Cham.*$_{bg2,k}$ graph.$_{a1,h,*}$ indg.$_{bg2}$ kali-i. lach.$_{bg2}$ mag-m.$_{bg2,k}$ merc-i-f.$_{bg2}$ mur-ac.$_{bg2,k}$ nat-c.$_{bg2,h,*}$ ol-an. rhus-t.$_{bg2,k}$ stront-c.
– **kalt**: nat-c.$_{a1,h,*}$
○ **Zahnwurzel**, an der: sars.$_{bg2,h,*}$

Krusten, schwarze
☞ *Schleim - schwarz - Krusten*

Lang, fühlen sich zu
☞ *Verlängerungsgefühl*

Lebendigem, Gefühl von etwas: syph.$_{rb2}$

Lockerheit der Zähne, lose Zähne: acon.$_{a1}$ *Alumn.* *Am-c.* arn. *Ars.*$_{a1,k}$ *Aur.*$_{a1,k}$ aur-ar.$_{k2}$ aur-m. *Aur-m-n.* aur-s.$_{k2}$ bar-c. bar-i.$_{k2}$ bar-m.$_{a1,k}$ *Bry.*$_{a1,k}$ *Bufo* calc. *Calc-f.*$_{bro1}$ calc-sil.$_{k2}$ camph.$_{a1,k}$ **Carb-an.** **Carb-v.**$_{a1,k}$ *Carbn-s.* **Caust.**$_{a1,k}$ cham. chel. *Chin.*$_{a1,k}$ cist.$_{k2}$ cocc. colch.$_{k2}$ com. *Con.*$_{a1,k}$ cop.$_{a1}$ crot-h. dros.$_{a1,k}$ elaps eupi.$_{a1}$ gels. gran. *Hep.*$_{a1,k}$ **Hyos.**$_{a1,k}$ ign.$_{a1,k}$ iod. *Kali-bi.* *Kali-c.*$_{a1,k}$ kali-m.$_{k2}$ kali-n. kali-p. lac-c. lach. *Lyc.*$_{a1,k}$ *Mag-c.*$_{a1,k}$ mag-s. **Merc.**$_{a1,k}$ **Merc-c.**$_{a1,k}$ merc-d.$_{a1}$ merl.$_{a1}$ *Mur-ac.* naja nat-ar. nat-c.$_{a1,k}$ nat-hchls. *Nat-m.*$_{a1,k}$ nat-p. nat-s. **Nit-ac.**$_{a1,k}$ *Nux-m.* *Nux-v.*$_{a1,k}$ olnd.$_{a1,k}$ op.$_{a1,k}$ *Ph-ac.* *Phos.*$_{a1,k}$ phyt. plan. *Plb.*$_{a1,k}$ *Psor.* puls.$_{a1,k}$ rheum$_{h}$ *Rhod.* *Rhus-t.*$_{a1,k}$ sang.$_{a1,k}$ *Sec.*$_{a1,k}$ *Sep.*$_{a1,k}$ **Sil.**$_{a1,k}$ spong. stann.$_{a1,k}$ *Staph.*$_{a1,k}$ *Sulph.*$_{a1,k}$ tep.$_{a1}$ thuj.$_{a1,k}$ tub.$_{a1}$ ust.$_{a1}$ verat.$_{a1,k}$ **Zinc.** zinc-p.$_{k2}$
– **morgens**: ars.$_{a1,k}$ naja puls.$_{a1,k}$ thuj.$_{a1,k}$
– **Ausfallen** der Zähne: *Am-c.*$_{bg2,k}$ ars.$_{bg2,k}$ bry.$_{bg2}$ bufo cupr. *Merc.*$_{bg2,k}$ nat-s.$_{k2}$ nux-v.$_{bg2,k}$ *Plb.*$_{bg2,k}$ *Sec.*$_{bg2,k}$ thuj.$_{bg2}$
• **Gefühl**, als würden sie ausfallen: acon. caust.$_{bg2}$ *Con.* eupi.$_{bg2}$ hyos.$_{bg1,bg2}$ mag-c.$_{bg2}$ *Nit-ac.* stram.$_{bg2,k}$
– **Bett**; im: lachn.$_{c1}$
– **Gefühl** von: acon. *Alum.* *Am-c.* arn. *Ars.* bism.$_{bro1}$ bry. calc-f.$_{bro1}$ carb-v.$_{bro1}$ com. *Con.* graph.$_{bg1,h,*}$ *Hyos.*$_{h,k,*}$ ign. kali-c.$_{bg1,bg2}$ lachn. lith-c. *Lyc.* mag-c.$_{bg2}$ *Merc.* *Merc-c.*$_{bro1}$ nat-m. nicc. *Nit-ac.*$_{bro1}$ *Nux-m.* *Nux-v.* olnd. *Plan.*$_{bro1}$ *Rhus-t.* sil.$_{bro1}$ spig. spong. stann. *Sulph.* syph. tarent.$_{bg1,bg2}$ tub.$_{c1}$ *Zinc.*$_{bro1}$
• **abends**: sulph.$_{h,k1}$
• **Kauen**, beim: alum. *Con.* hyos. spong.
• **Zusammenbeißen** der Zähne; beim: calc.$_{h,k1}$
– **gesunde** Zähne: *Am-c.* bar-c. **Merc.** nux-v.

– **plötzliche** Anfälle: aur.$_{h,k,*}$

– **schmerzhaft**: *Ars.* aur.$_{h,kl}$ bar-c. camph. **Caust.** coloc.$_{h,kl}$ con.$_{h,kl}$ gels. mag-c.$_{h,kl}$ merc. plat.$_{h,kl}$ *Puls.*

○ **Backenzähne**: con.$_{h,kl}$ kali-n.$_{h,kl}$ nat-c.$_{h,kl}$

– **Schneidezähne**: lyc.$_{h,kl}$ nat-m.$_{h,kl}$ rhus-t.$_{h,kl}$

○ **unten**: graph.$_{h,kl}$ phos.$_{h,kl}$ rhus-t.$_{h,kl}$ sep.$_{h,kl}$

Luft:

– **darauf** blasen würde; als ob kalte Luft: coc-c.

– **herausströmen** würde; als ob Luft: nat-c.$_{h2,k,*}$ ~~nat-s.$_{h2,xxx}$~~ rat.$_{ptk2}$

– **hineingepreßt** würde; als ob Luft: ambr. cocc.

Öl bedeckt; wie mit: aesc.

Pelzig; wie: calc-caust.$_{bg1,c1}$ hyper.$_{bg1}$

Periostitis: agar. *Phos. Sil.*

Prickeln, Kribbeln: zinc.$_{a1,h,*}$

Pulsieren:

– **schmerzhaft**

☞ *Schmerz - pulsierend*

– **schmerzlos**: alum. ars. sanic.

Rauheit, Gefühl von: fl-ac.

– **Zahnstein**, durch: *Mez.*

Rucke: caust.$_{h,kl}$ mang.$_{h,kl}$ petr.$_{h,kl}$

Scharf und verletzen die Zunge; Kanten scheinen: aloe

Schläge, elektrische: aeth. tab.$_{a1}$ thuj.$_{a1,k}$

Schleim auf den Zähnen: ail. alum. ant-t. arg-met. arn. bov. cham. cimic. hyos. iod. mag-c. mag-m.$_{h}$ mez. plb. podo.$_{c1}$ psor. sel. senec.$_{bg1}$ sulph. *Syph. Ther.*$_{bg1,vh,*}$ tub.$_{c1}$

☞ *Sordes*

– **morgens**: iod. mag-c.

– **braun**: apis ars. *Chel.* chlol. *Colch. Fl-ac. Hyos. Kali-p.* nat-p.$_{bg1}$ sulph.

– **dick**: alum. cain. cimic. *Dulc.* vario.

– **gelb**: *Apis* asc-t. hyos. iod. *Plb. Sul-ac.*

– **klebrig**: *Phos.* verat.

– **schwarz**: apis *Ars. Chin.* con.

• **Krusten**: con.

– **übelriechend**: alum. *Dulc.*$_{hr1}$ mez.

Schmerz: *Acet-ac.* **Acon.**$_{c2,k}$ act-sp.$_{c2}$ *Agar.*$_{c2,k}$ agn.$_{c2}$ *Ail.* all-c. alum. am-c.$_{c2,k}$ am-m. *Ambr.* amph.$_{c2}$ anac. anag. ang.$_{c2,k}$ *Ant-c.* ant-t. antip.$_{c2}$ ap-g.$_{c2}$ aphis$_{c2}$ apis *Aran.*$_{c2,k}$ arg-met. *Arg-n.* arn. *Ars.* ars-h. *Ars-i.* asar. asc-t. *Aspar.* astac.$_{c2}$ aur. aur-ar.$_{k2}$ aur-m. aur-s.$_{k2}$ bamb-a.$_{stb2}$ *Bar-c.* bar-m. **Bell.** *Benz-ac.* berb. bism.$_{c2,k}$ *Borx.* bov. **Bry.**$_{c2,k}$ *Bufo* caj.$_{c2}$ calad. *Calc.*$_{c2,k}$ calc-caust.$_{c2}$ calc-f. calc-i.$_{k2}$ calc-p. calo-l.$_{gsb1}$ canth. *Carb-ac.*$_{c2,k}$ carb-an. *Carb-v. Carbn-s.* carc.$_{tp1}$ *Caust.* cedr.$_{c2}$ **Cham.**$_{c2,k}$ *Chel.* chen-a. chim.$_{c2}$ chim-m.$_{c2}$ **Chin.** chinin-ar. chr-o.$_{c2}$ cissa-t.$_{bta1}$ clem.$_{c2,k}$ coc-c.$_{k2}$ cocc. cocc-s.$_{c2}$ coch.$_{c2,k}$ **Coff.**$_{c2,k}$ colch. coloc.$_{c2,k}$ com.$_{c2}$ con. cor-r. croc. cycl. daph.$_{c2}$ dig.$_{c2}$ dios.$_{c2,k}$ dros. dulc. *Echi. Euph.*$_{c2,k}$ eupi.$_{c2}$ *Ferr.*$_{c2,k}$ ferr-i. ferr-p. ferr-s.$_{c2}$ *Fl-ac.*$_{c2,k}$ galv.$_{c2}$ gels.$_{c2}$ **Glon.**$_{c2,k}$

Schmerz: ...

gran.$_{c2}$ *Graph.* grat. guaj.$_{c2,k}$ guare. gymno.$_{c2}$ hecla$_{c2}$ *Hell.* **Hep.** *Hydrog.*$_{srj2}$ *Hyos.*$_{c2,k}$ hyper. hypt-p.$_{dbx1}$ ign.$_{c2,k}$ indg.$_{c2}$ inul.$_{c2}$ *Iod.* ip.$_{c2,k}$ itu$_{c2}$ *Kali-c.*$_{c2,k}$ *Kali-i.* kali-m.$_{k2}$ kali-n. *Kali-p.* kali-s. *Kalm. Kreos.*$_{c2,k}$ **Lach.** laur. led. lob. *Lyc.* m-ambo.$_{c1,c2}$ m-arct.$_{c2,k}$ m-aust. *Mag-c.*$_{c2,k}$ *Mag-m.* mag-p.$_{c2,k}$ *Mag-s.*$_{c2,k}$ mang. mang-act.$_{br1}$ mang-s.$_{c1,c2}$ **Merc.**$_{c2,k}$ *Merc-c.* merc-i-f.$_{c2}$ merl. *Mez.* mur-ac. *Nat-ar.* **Nat-c.**$_{c2,k}$ nat-hchls.$_{c2}$ *Nat-m. Nat-p. Nat-s.* nicc.$_{c2,k}$ *Nit-ac. Nux-m.*$_{c2,k}$ *Nux-v.* olnd. onis.$_{c2}$ par. parth.$_{c2}$ *Petr.*$_{c2,k}$ ph-ac. *Phos. Phyt.*$_{c2,k}$ pip-m.$_{c2}$ pip-n.$_{c2}$ *Plan.*$_{c2,k}$ plat. plb. plect.$_{c2}$ prun.$_{c2,k}$ ptel.$_{c1}$ *Puls.*$_{c2,k}$ ran-s. raph.$_{c2,k}$ rat. rheum **Rhod.**$_{c2,k}$ *Rhus-t.* ruta sabad.$_{c2,k}$ sabin.$_{c2}$ sanic.$_{c2}$ *Sars.* sass.$_{mfm}$ sel. seneg. **Sep.**$_{c2,k}$ sil. sol-cp.$_{bta1}$ sphing.$_{kk3}$ spig.$_{c2,k,*}$ spong. squil.$_{c2,k}$ **Staph.**$_{c2,k}$ stram.$_{h}$ stront-c. stry. sul-ac. *Sulph.*$_{c2,k}$ tab.$_{c2,k}$ tarax. *Tarent.* tep.$_{c2}$ teucr. ther.$_{c2,k}$ thuj.$_{c2,k}$ til.$_{c2}$ tong.$_{c2}$ trom.$_{c2}$ *Valer.*$_{c2,k}$ verat.$_{c2,k}$ verb. vinc. xan.$_{c1,c2}$ **Zinc.** zinc-act.$_{c2}$ zinc-p.$_{k2}$

– **eine** Seite: acon.$_{bg1}$

– **abwechselnde** Seiten: ambr.$_{c1}$ chel. clem. coloc. *Dulc.* lac-c.

– **links**: *Acon.* agar. *Apis* arg-n. *Arn.* arum-t. *Aur.* bar-c. brom. carb-v. castm. **Caust. Cham.** chel. *Chin.* **Clem.** *Form. Guaj.* hyos. *Kali-c.* laur. merc. **Mez.** *Nux-m. Olnd. Phos.* rhus-t. **Sep.** *Sil.* **Sulph.** syph. **Thuj.** *Zinc.*

• **nach** rechts: all-c. gamb.

– **rechts**: aphis$_{c1}$ astac. bamb-a.$_{stb2}$ **Bell.** brach. *Bry. Calc.* cann-s.$_{a1,k}$ *Carb-ac. Caust.* chr-ac. cinnb. coff. com. *Cycl.* dios. dol. **Fl-ac.** lach. lyss. *Mag-c.* nat-m. nit-ac. *Nux-v. Petr.* phos. *Psor.* spig. **Staph.** verb.

• **nach** links: **Acon.** lyc.

– **tagsüber**: bar-c. bell. calc. carb-an. caust.$_{a1,h}$ clem.$_{a1}$ *Cocc-s.*$_{hr1,k}$ graph.$_{a1}$ mag-c.$_{a1,h}$ mez.$_{a1,h}$ nux-v. tarent.$_{a1}$ ust.

– **morgens**: ant-t.$_{a1,k}$ arg-n. ars. bar-c. bry. calad.$_{a1,k}$ camph.$_{a1,k}$ carb-v. caust.$_{h,k,*}$ cham.$_{a1}$ chin. clem.$_{a1,k}$ *Ferr. Hyos.*$_{a1,k}$ kreos. lach. mag-c.$_{a1,h,*}$ merc. mez.$_{a1}$ nat-m. nux-v.$_{h,k,*}$ ph-ac. phos. plat. *Puls.* rhod. *Rhus-t.* sulph.$_{a1,k}$ tarent.$_{a1}$

• **Aufstehen**, nach dem: bar-c.$_{h,kl}$ gran.$_{a1}$ mag-c.$_{h,k,*}$ plat. sep.$_{a1,k}$

• **amel.**: sil.$_{h,kl}$

• **Waschen**; beim: arg-n.

• **Bett**, im: kali-c.$_{a1,k}$ kreos. lach. mang. mez. nux-v. ran-b. *Staph.*

• **Erwachen**, beim: bell. carb-v. cham.$_{a1}$ coc-c.$_{a1,k}$ hydrog.$_{srj2}$ *Ign.* kali-c.$_{a1,k}$ *Lach.* mag-c.$_{a1,h,*}$ *Nux-v.*$_{h,k,*}$ sil.$_{h,k,*}$

• **weckt** ihn auf: calad.$_{a1,k}$ coc-c.$_{a1}$ nat-c.$_{h,h2,*}$

☞ *erwacht*

– **vormittags**: all-s. carb-v. caust.$_{h,k,*}$ cham.$_{a1,k}$ coc-c.$_{a1}$ hyper.$_{a1}$ kali-c.$_{a1,h,*}$ kali-p. mag-s.$_{a1}$ mang.$_{a1,h,*}$ nat-c.$_{a1,h}$ nat-m. nux-v. puls. staph. sulph.$_{a1,k}$

– **mittags**: cocc. kali-c.$_{a1}$ rhus-t.

– **nachmittags**: agar. amph.$_{a1}$ anan. calc. caust.$_{h,k,*}$ cham.$_{a1}$ *Form.* hyper.$_{a1}$ ip. mag-c. merc. merc-i-r.$_{a1}$ mez.$_{a1}$ nat-c.$_{a1,h}$ *Nux-v.* phos. sulph.$_{a1,k}$ ther. thuj.
• **Mittagessen**, nach dem: berb. lach. *Nux-v.* puls.
– **abends**: ail. *Alum.* alum-p.$_{k2}$ **Am-c.** ambr. amph.$_{a1}$ anac. *Ant-c.* apis arum-t. bar-c. *Bell.*$_{a1,k}$ bov. bry. bufo calad.$_{a1,k}$ calc-s.$_{a1}$ *Carbn-s.* caust. cham.$_{a1,k}$ chel.$_{a1,k}$ clem.$_{a1}$ ferr.$_{a1,k}$ graph.$_{h,k,*}$ hep. *Hyos.* ign. kali-c.$_{h,k,*}$ *Kali-i.* kali-n.$_{h,kl}$ kali-p. kali-s. *Kalm.* *Lyc.*$_{a1,k}$ mag-c.$_{h}$ *Mag-s.*$_{a1,k}$ mang. meph.$_{a1,k}$ *Merc.* mez.$_{a1,k}$ nat-c.$_{a1,h}$ nicc. nit-ac. nux-m. *Nux-v.*$_{h,k,*}$ *Phos.* ptel.$_{a1}$ **Puls.** *Rat.* *Rhus-t.* sabin.$_{a1,k}$ sars.$_{a1,h,*}$ *Staph.* stry.$_{a1}$ *Sul-ac.* *Sulph.*$_{a1,k}$ tab. tarent.$_{a1}$ ther. thuj.$_{a1,k}$
• **18** h, dauert bis 1 oder 2 h: sep.
• **21** h: **Merc.**
• **Bett**, im: alum. **Am-c.** ang.$_{h}$ **Ant-c.** aran. bar-c. bell. bov. *Bry.* *Calc.* carb-an. *Cham.* chr-ac. graph. *Ign.* *Kali-c.* kali-n.$_{h}$ led. **Mag-c.** mag-m. *Merc.* nat-c. nit-ac. phos. *Puls.* sel. *Sul-ac.* **Sulph.** zinc.
• **amel.**: alum. mag-s.$_{c1}$
• **Rauchen** amel.: spig.
– **nachts**: alum.$_{h,kl}$ *Am-c.*$_{a1,k}$ ambr. anac.$_{a1,k}$ *Ant-c.* aran.$_{a1,k}$ *Ars.* *Aur.* aur-ar.$_{k2}$ bamb-a.$_{stb2}$ bar-c. *Bell.* berb. bov. bry. bufo calc. calc-p. calc-sil.$_{k2}$ carb-an. *Carb-v.* **Carbn-s.** caust.$_{a1,h,*}$ *Cedr.* **Cham.** *Chel.*$_{a1,k}$ chin. chinin-ar. *Clem.*$_{a1,k}$ coff. *Colch.* crot-c. *Cycl.* der.$_{a1}$ *Glon.* **Graph.**$_{h,k,*}$ grat. hell. *Hep.* hydrog.$_{srj2}$ hyper.$_{a1,k}$ ip. kali-c.$_{a1,h,*}$ kali-i. kali-n. *Kali-p.* **Lyc.**$_{a1,k}$ **Mag-c.**$_{h,k,*}$ mag-m. mag-p.$_{bro1}$ **Merc.**$_{a1,k}$ *Merc-c.*$_{a1,k}$ *Mez.* naja nat-ar. nat-c.$_{h,k,*}$ nat-hchls. *Nat-m.*$_{h,k,*}$ nat-p. *Nat-s.* nicc. *Nit-ac.* nux-m. *Nux-v.*$_{h,k,*}$ *Olnd.* par. petr. *Ph-ac.* *Phos.*$_{a1,k}$ *Psor.* *Puls.* rat.$_{ptk1}$ *Rhod.* *Rhus-t.* rob. sabad. sabin.$_{a1,k}$ *Sep.*$_{h,k,*}$ *Sil.*$_{h,k,*}$ *Spig.*$_{h,k,*}$ spira.$_{a1}$ *Staph.* stry.$_{a1}$ sul-ac.$_{h,kl}$ **Sulph.**$_{a1,k}$ syph.$_{xxb}$ tarent.$_{a1}$
• **Mitternacht**:
• **vor**: alum. am-c. bov. bry. *Cham.* chin. graph. *Nat-m.* petr. puls. rhus-t. sep. stry. sul-ac. sulph. thuj. zinc.
• **22** h: rhus-t.
• **22** - 0 h: mang.$_{h}$
• **nach**: alum. am-c. *Ars.* bar-m. bell. bry. carb-v. cham.$_{a1,k}$ chin. hyper.$_{a1}$ *Merc.* nat-m.$_{h,k,*}$ puls.$_{a1,k}$ rhus-t. *Staph.* sulph.$_{h,k,*}$
• **2** h: calc-caust.$_{c1}$
• **3** h: bry. cham. kali-n.$_{h}$
• **Frösteln**, wenn die Zahnschmerzen verschwinden: merc.
• **Liegen**, beim: *Aran.* ars.$_{bg1,bg2}$ graph. phos.
◇ **abwechselnd** mit:
• **Jucken** im Ohr: agar.
• **Katarrh**: all-c.
• **Kopfschmerzen**
☞ ❑ *Kopf - Schmerz - abwechselnd - Zähnen*
• **Reißen** in den Gliedern: merc.
• **Schwindel**: cocc-s.$_{kr1}$ merc.
• **Schwindeligkeit**: merc.
• **stechender** Schmerz in der linken Mamma: *Kali-c.*

– **Ablenkung** amel.: bar-c. pip-m. thuj.
– **anfallsweise**: all-s. anac. borx. calc. *Cham.* gels. glon. hyper. ip. lac-c. lyc. merc. *Nux-m.* petr. *Plat.* rumx. sep. sulph.$_{h}$
☞ *intermittierend*
– **Angst**, mit: acon. *Coff.* *Merc-c.*
☞ ❑ *Gemüt - Angst*
– **Anlehnen** an ein Kissen; beim: nit-ac.$_{a1,h,*}$
– **Anstrengung** agg.: chim.$_{hr1,k}$
– **Ärger**, Verdruß; nach: *Acon.* *Cham.* rhus-t. *Staph.*
– **Atmen**: carb-v.
• **tiefes** Atmen agg.: *Nux-v.*
– **Aufstehen**:
• **amel.**: alum. nux-v. olnd. phos. sabin. spig.
• **nach** dem: ign. plat. sep.
– **Aufstehen** aus dem Bett amel.: clem. mag-c.$_{h,kl}$ olnd. *Phos.*$_{a1,k}$ sabin.
– **Aufstoßen**, beim: sulph.$_{h,kl}$
– **Beißen**, beim: calc.$_{a1,bg2}$ *Carb-v.*$_{bg2}$ *Cham.*$_{bg2}$ cocc.$_{bg2}$ con.$_{bg2}$ kali-c.$_{bg2}$ phel. phos.$_{bg2}$ *Puls.*$_{bg2}$ rhod.$_{a1,bg2}$ *Staph.*$_{bg2}$ sul-ac.$_{bg2}$ *Thuj.*$_{bg2}$ zinc.$_{h,kl}$
• **Elastisches**; auf etwas:
• **amel.**: mang.
• **Etwas**; auf:
• **amel.**: marb-w.$_{es1}$
• **Zusammenbeißen** der Zähne; beim: aesc. *Alum.* alum-sil.$_{k2}$ **Am-c.** amph.$_{a1}$ ars. *Aur.* bell. borx. *Bry.* calc. carb-an. caust. chin. chinin-ar. coc-c. colch.$_{k,k2}$ fl-ac. graph. *Guaj.* hell. *Hep.* hyos. *Ip.* lach. lith-c. lyc. mag-c.$_{k2}$ mag-m. mang. *Merc.* **Mez.** nux-v. petr. ph-ac. phos. *Puls.* *Rhus-t.* **Sep.** *Sil.* spong. *Staph.* *Sul-ac.* *Sulph.* tab. *Verb.* zinc-o.
• **amel.**: ars. bell. brom. bry. *Chin.*$_{bro1}$ cocc. coff. euph. gink-b.$_{sbd1}$ ign. mag-m. mur-ac.$_{bg1}$ nat-m. ol-an.$_{bg1,bro1}$ phos. **Phyt.** puls. rhus-t. sanic. staph.$_{bro1}$ syph.$_{c1}$
• **Furcht** davor, aus Angst, sie würden ausfallen: nit-ac.
• **Menses**, während den: am-c.
• **Verlangen**, sie zusammenzubeißen: merc-i-f.
– **Berührung**, bei: alum. alum-p.$_{k2}$ am-c. anac. anag. ant-c. *Arn.* ars. aur. aur-ar.$_{k2}$ aur-s.$_{k2}$ bar-c. *Bell.* borx. *Bry.* *Calc.* calc-f.$_{bro1}$ calc-p.$_{k2}$ camph. carb-an. *Carb-v.* carbn-s. castm. caust. chel.$_{h,k,*}$ **Chin.** chinin-ar. clem. coc-c. coff. daph. *Euph.* *Graph.* *Hep.* ign. kali-c.$_{bro1}$ kali-n. *Lyc.* mag-c. mag-m. mag-s. *Mang.* merc. *Merc-c.* *Mez.* *Nat-m.* *Nux-m.* *Nux-v.* *Ph-ac.* *Phos.* plan. psor. *Puls.* rat. rhod. rhus-t. sabin. **Sep.**$_{h,k,*}$ *Staph.* *Sulph.* thuj.
• **amel.**: bry. nat-m.$_{h,k,*}$ nux-v. sep.
• **Speisen**; durch Kontakt mit den: bell. calc-f.$_{bro1}$ camph. kali-c. *Mag-m.*$_{hr1,k}$ mag-s. nit-ac. rob. sang.
• **Wange**, der: mag-m.$_{bg1}$
• **agg.**: nat-c.$_{h}$
• **Zunge**, der: am-c. anac. **Ant-c.** borx.$_{h}$ bry. calc.$_{h}$ carb-v. castm. chin. ign. mag-c.$_{bg1}$ *Mag-p.*$_{bg2}$ *Merc.* *Mez.* nat-c. nat-m.$_{h}$ phos. rhus-t. sep. thuj.

– **Bett**:
• **Einschlafen**, beim: carb-an. kali-c.
• **im**: **Ant-c.** *Aphis* *Bar-c.* bell. *Bov.* bry. *Carb-an.* *Cham.* *Clem.* com. *Graph.* *Kali-c.* lachn.$_{a1}$ **Mag-c.**$_{a1,k}$ *Mag-p.* **Merc.** nux-v. olnd. *Petr.* ph-ac. *Phos.* *Puls.* rhus-t. sabin. *Sul-ac.* **Sulph.**
• **treibt** aus dem Bett: mag-c.$_{h}$ petr.$_{h}$ spig.$_{h}$
– **Beugen**:
• **hinten**; durch Beugen nach: calc.$_{h,k,*}$
• **Seite**; durch Beugen auf eine: calc.
• **vorne** mit der Stirn auf dem Tisch; durch Beugen nach:
• **agg.**: nit-ac.
• **amel.**: mang.$_{h,k,*}$
– **Bewegung**:
• **agg.**: *Bry.* chel.$_{a1,k}$ *Chin.* clem. coff.$_{k2}$ daph. hyper. kali-c.$_{h,kl}$ merc. *Mez.*$_{a1,k}$ *Nux-v.* sabin. spig. staph.$_{a1,k}$
• **amel.**: *Mag-c.*$_{h,k,*}$ phos. *Puls.* *Rhus-t.*
– **Bier**: nux-v. rhus-t. sulph. zinc.
• **amel.**: camph.$_{hr1,k,*}$
– **Binden** amel.; festes: kali-c.$_{a1,h,*}$ sep.$_{a1,h,*}$
– **Birnen**; nach dem Essen von: nat-c.
– **Brot**; durch Essen von: carb-an.
– **Brotkrümel**, durch: clem. nux-v. *Staph.*
– **Bücken**:
• **agg.**: sep. spig.
• **amel.**: arn.
– **Chinin**; nach Mißbrauch von: *Hep.* *Nit-ac.* **Puls.**
– **chronisch**: *Caust.*
– **Denken**, beim:
• **anderes**, an
☞ *Ablenkung*
• **daran**: bar-c. *Nux-v.* *Spig.* thuj.
– **Druck**: calc-p.$_{k2}$ carb-an. **Cham.** hyos. kali-bi. mag-m. nat-c. nat-m. phos. sep. spig. sul-ac. sulph. zinc. zinc-p.$_{k2}$
• **amel.**: ail. *Alum.* am-c. am-m. ars. bell. *Brom.*$_{a1,k}$ bry.$_{a1,k}$ cann-i.$_{a1}$ chin. clem. cocc. coloc. com. euph. grat. ign. indg. *Kali-c.* kali-n.$_{h,kl}$ laur. *Mag-m.* *Mag-p.* merc-i-f. mur-ac. nat-c. nat-m.$_{h,k,*}$ nat-p. ol-an. *Phos.* puls. rhus-t. sep. *Staph.* tab.
• **kalten** Hand amel.; der: rhus-t.
– **Einatmen**, beim: carb-v.$_{h,kl}$ *Nux-v.*
– **Einhüllen**
☞ *Wärme - äußerliche*
– **Einziehen** von Luft
☞ *Luft - eingezogene*
– **Entblößen** des Körpers amel.: puls.
– **Erhitzung**, bei: phos.$_{a1,k}$ zinc.$_{h,kl}$
– **Erkältung**: *Acon.* *Bar-c.* bell. camph. carb-v. *Caust.* *Cham.* chin. colch. dulc. *Gels.* glon. grat. *Hyos.* ign. kali-c. kali-p. *Merc.* mez. nat-c.$_{h}$ nit-ac. nux-m. *Nux-v.* phos.$_{h}$ *Puls.* rhus-t. staph. sul-ac. zinc.
• **Frühling**; im: puls.
– **Erregung** des Gemütes:
• **agg.**: *Acon.* bell. *Cham.* *Coff.*$_{k,k2}$ *Gels.* hyos.
• **amel.**: thuj.

– **erscheinend**:
☞ *zunehmend*
• **allmählich** erscheinend und plötzlich verschwindend: sul-ac.
• **plötzlich** erscheinend und allmählich verschwindend: *Bell.* sanic.
– **Erschütterung** agg.: acon.$_{dx}$ **Arn.** *Nux-m.*$_{bg1,k,*}$
– **erwacht** durch den Schmerz: ars. bell.$_{h}$ calc.$_{h}$ *Carb-an.* chel. lach. mag-c. mez.$_{h}$ spig.$_{h}$ sulph.$_{h}$ zinc.$_{h}$
☞ *morgens - Bett - weckt*
– **Essen**:
• **beim**: *Am-c.* anan. ant-c. aur. bar-c.$_{h,kl}$ *Bry.* *Calc.* calc-sil.$_{k2}$ canth. carb-an. carb-v. carbn-s. *Castm.* *Caust.*$_{h,k,*}$ cench.$_{k2}$ *Cham.*$_{a1}$ cocc. *Con.* crot-h. crot-t. euph. graph. hep. hydrog.$_{srj2}$ ign. **Kali-c.**$_{h,k,*}$ *Lyc.* *Mag-c.* *Mag-m.* mag-s. **Merc.** *Nat-c.*$_{h,k,*}$ nux-m. phos. psor. puls. sabin. sep.$_{h,k,*}$ *Sil.*$_{h,k,*}$ *Staph.* sulph.$_{h,k,*}$ thuj. trom. verat.
• **amel.**: am-c. bell. *Cham.* chin. coff. ign.$_{bro1}$ ip. ph-ac. plan.$_{bro1}$ sel. sil. *Spig.*
• **nur**: calc. kali-c.
• **nach**: *Alum.* alum-sil.$_{k2}$ am-c. **Ant-c.**$_{a1,k}$ ars-i. bar-c.$_{a1,k}$ bar-s.$_{k2}$ *Bell.* borx. *Bry.* *Carb-v.* carbn-s. carl.$_{a1}$ *Cham.*$_{h,k,*}$ chel.$_{a1,k}$ *Chim.* chin. coff. euphr.$_{a1}$ ferr-p. *Graph.*$_{h,k,*}$ *Hep.*$_{a1,k}$ *Ign.* indg.$_{a1}$ iod.$_{a1,k}$ *Kali-c.*$_{h,k,*}$ *Lach.* *Lyc.*$_{a1,k}$ *Mag-c.*$_{h,k,*}$ mag-s.$_{a1,k}$ *Merc.*$_{a1,k}$ merc-i-r.$_{a1}$ *Nat-c.* *Nat-m.*$_{h,k,*}$ *Nux-m.*$_{a1,k}$ *Nux-v.*$_{h,k,*}$ phos.$_{k2}$ plan.$_{a1}$ puls.$_{a1,k}$ rhus-t. *Sabin.* sep.$_{a1}$ *Sil.* spig. stann. **Staph.**$_{a1,k}$ sul-i.$_{k2}$ *Sulph.* zinc.
• **amel.**: am-c. ambr. arn. calc. carb-v. ip. ph-ac. **Rhod.** rhus-t. sil.
• **vor** dem Mittagessen: nux-v. sulph.
– **Essig** amel.: puls.$_{h,kl}$ tong.$_{bg1,bg2}$
– **etwas** darin; als sei: nat-m.$_{h,kl}$
– **Fahren** im Wagen; beim: calc.$_{h,k,*}$ *Mag-c.*$_{h,k,*}$
– **faulen**, kariösen Zähnen; in: ant-c.$_{bro1}$ cham.$_{bro1}$ kreos.$_{bro1}$ mag-c.$_{bro1}$ merc.$_{bro1}$ mez.$_{bro1}$ nux-v.$_{bro1}$ spig.$_{kr1}$ staph.$_{bro1}$ thuj.$_{bro1}$
– **feuchten** Orten; durch Arbeiten an: *Ars.* **Calc.** *Dulc.* **Rhus-t.**
– **Freude**; durch übermäßige: coff.$_{k2}$
– **Frost**:
• **während**: agar. *Carb-v.* *Graph.* hell. kali-c. nat-m.$_{h}$ **Rhus-t.** sep. staph.
• **nach**: nux-m.$_{c1}$
– **Frösteln**, mit: daph. euph. hell. lach. puls. rhod. rhus-t.
– **Frühling**, im: acon. aur. *Bell.* *Bry.* *Calc.* carb-v. *Dulc.* **Lach.** lyc. *Nat-m.* nux-v. *Puls.* rhod. *Rhus-t.* sep. sil. sulph. verat.
– **Frühstück**, nach dem: petr.$_{h}$
– **Füllung**, nach einer ●: **Arn.** merc. *Merc-i-f.* **Nux-v.** sep.
– **gefüllten** Zahn, in einem: cic. dios. merc-i-f.
– **Gehen**:
• **amel.**: *Mag-c.* *Puls.* rat. *Rhus-t.* spig.
• **beim**: camph. guare. nat-c.$_{a1,h}$ nux-v.$_{a1,k}$ *Phos.*$_{a1,k}$

– **Gehen**: ...
• **Freien**, im: agn. cham. con. dros. graph. kali-c. kali-n. mag-s. *Nat-c.* nux-v. phos. sabad. sabin. staph.
• **amel**.: **Ant-c.** bov. bry. clem. hep. *Kali-s.* lyc. m-arct. mag-m. *Nux-v.* par. **Puls.** rhus-t. sep.
• **Wind**, im: graph.
– **geistige** Anstrengung, durch: bell. *Ign.* *Nux-v.*h,k,*
– **Geräusch**:
• **agg**. ●: calc. *Coff.* tarent. *Ther.*
• **schrille** Geräusche, durch: ther.bro1
– **gesunden** Zähnen, in: **Acon.** alum. am-c. arg-n.br1 arn. ars. bell. bry. carb-v. caust. *Cham.* *Coff.* con. ham. hyos. kali-c.k2 *Mag-c.* nux-v. plan. rhod. rhus-t. staph.bro1 sulph. zinc.
– **Getränke**:
• **kalte** Getränke:
• **agg**.: agar. anan. androc.srj1 **Ant-c.** arg-n. *Ars.* bar-c. bar-s.k2 borx.h bry. *Calc.* carb-an. *Carb-v.* carbn-s. castm. caust. cench. *Cham.* chinin-ar. cina coc-c. *Fl-ac.* graph. gymno. **Hep.** kali-ar. **Kali-c.** kali-p. **Lach.** mag-p. *Mang.* *Merc.* *Mur-ac.* **Nat-m.** *Nux-m.* *Nux-v.* *Phos.* *Plan.* puls. rhod. **Rhus-t.** rumx. sabad. *Sars.* sel. sil. spig. **Staph.** *Sulph.* *Ther.* thuj. til.
• **amel**.: *Bism.*bro1 *Bry.*bro1 chim.bro1 *Coff.*bro1 ferr-m.bro1 ferr-p.bro1 nat-s.bro1 *Puls.*bro1
• **warme** Getränke: aesc. agn. *All-c.* am-c. am-m. bism. *Bry.* *Carb-v.* carbn-s.k2 cench.k2 **Cham.** **Coff.** *Dros.* *Ferr-p.* fl-ac. **Lach.** *Merc.* mill. *Nat-s.* *Nit-ac.* ph-ac. **Puls.** rhus-t. sabad. **Sep.** sil. syph. trom.
• **amel**.: *Ars.* bry. castm. *Lyc.* *Mag-p.* nux-m. *Nux-v.* puls. *Rhus-t.* sang. sil. staph. sul-ac. sulph. trom.
– **Gewitter**:
• **vor**: **Rhod.**
• **während**: rhod.bro1
– **Gicht**; nach unterdrückter: sabin.c1
– **Herbst**, im: aur. bry. chin. colch. merc. nux-m. nux-v. rhod. rhus-t. verat.
– **hohlen**, kariösen Zähnen, nur wenn sie sich mit Speiseresten füllen; in: ph-ac.c1
– **Husten** agg.: bry. lyc.a1,k sep.
– **intermittierend**: **Ant-t.** ars-i. astac. *Bell.* *Borx.* bry. calc. *Cham.* *Chin.* *Coff.* merc. nux-v. *Puls.* rhod. rhus-t. sabad. sil. *Staph.* *Sulph.*
☞ *anfallsweise*
– **Kaffee**, durch: anan. *Bell.*a1,k *Camph.*a1,k carb-v. **Cham.**h,k,* cocc. *Ign.* lachn.a1,k merc. *Nux-v.* *Puls.* rhus-t. sil.
– **kalt**:
• **Abkühlung**, Kaltwerden; bei:
• **Kopf**; am: kali-c.h
• **Überhitzung**; nach: *Cham.* *Glon.* kali-c. *Rhus-t.*
• **Baden**, bei kaltem: ant-c.br1
• **Hand** amel.; Berühren mit der: ang.j5,k,* kali-p.k2 rhus-t.

– **kalt**: ...
• **Kaltes**: agar. anan. androc.srj1 ant-c. arg-n. *Ars.* *Bar-c.* bar-s.k2 bov. *Calc.* calc-p. calc-sil.k2 *Carb-v.* carbn-s. castm. coc-c. *Colch.*a1,k *Con.* grat. hell. **Kali-c.**h,k,* kali-i. kali-n. kali-p. *Lyc.* *Mag-c.*h,k,* mag-m. *Mag-p.* mag-s.c1 mang. mang-act.br1 *Merc.* **Nat-m.** *Nit-ac.* nux-m. par. ph-ac. *Phos.* *Plan.* plb. psor. puls. **Rhus-t.** rob. **Sep.** sil. *Spig.* *Staph.* *Sul-ac.* sulph. syph. thuj.
• **amel**.: *Ambr.* bell. bism.bg1,bg2 bry. calc. caust.bg1,bg2 cham. chin. *Coff.* *Ferr-p.* *Glon.* mag-c.h,k1 mag-m.h,k1 merc. nat-s.bg1,bg2 nux-v. phos. *Puls.* sep.bg1,bg2 staph. sulph.
• **Warmes** agg.; oder: carb-v.bg1 carl.c1 lach.bg1
• **Luft**, kalte: *Agar.* all-c. *Alum.* alum-sil.k2 *Anan.* androc.srj1 ant-c. *Bell.* borx. bry. bufo **Calc.** calc-sil.k2 camph. carbn-s.k2 **Caust.** **Cham.** chin. cina fl-ac. *Hep.* hyos. *Mag-c.* *Mag-p.* **Merc.** nat-m. *Nux-m.* *Nux-v.* *Phos.* plan. plat. *Puls.* *Rhus-t.* sabad. *Sars.* sel.c1 seneg. *Sep.* *Sil.* *Spig.* *Staph.* *Sul-ac.* **Sulph.** *Ther.* thuj. trom. tub.c
• **amel**.: bry.k2 chel. *Clem.* kali-s.k,k2 mag-m. mez. *Nat-s.* *Nux-v.* **Puls.** sars. *Sel.* thuj.
• **Gefühl** wie durch: cedr. coc-c. par.
• **herausströmen** würde; als ob Luft: nat-c.
• **hineinströmen** würde, und: kali-n.h
• **hineingepreßt** würde; als ob Luft: ambr. cocc-s.
• **Wasser**; kaltes:
• **agg**.: mag-c.h,k1
• **amel**.: *Aesc.* *All-c.* *Ambr.* ap-g. bell. *Bism.* **Bry.** camph.a1,k *Caust.* *Cham.*k,k2 chel.a1,k *Chim.*c1 *Chin.* chinin-m.c1 *Clem.*h,k,* **Coff.** *Ferr.* *Ferr-p.* fl-ac. hydrog.srj2 kali-c.a1,h *Lac-c.* laur. *Mag-c.* mag-m. merc. *Nat-s.* nux-v. phos. **Puls.** rhus-t. sel. sep. sulph. thuj.
• **Halten** von kaltem Wasser im Mund amel.: cham.k2 clem.k2
– **Kamille**:
• **durch**: alum.c1,k *Puls.*
• **amel**.: carl.c1 gink-b.sbd1
– **Katarrh** sich bessert, werden die Zahnschmerzen schlechter und umgekehrt; wenn der: all-c.
– **Kauen**, durch: *Alum.* alum-p.k2 *Am-c.* anan. ant-c. arg-met. arg-n. *Arn.* ars. aur. aur-ar.k2 bamb-a.stb2 bell. *Bry.* calc. *Calc-p.* carb-an. *Carb-v.* *Carbn-s.* *Caust.* **Cham.** chel. *Chin.* chinin-m.c1 *Cocc.* *Coff.* con. crot-t. *Euph.* ferr-ma. *Graph.* hura *Hyos.* *Ign.* kali-ar. *Kali-c.* kali-p. *Lach.* *Lyc.* mag-c. *Mag-m.* med.k2 *Merc.* **Nat-m.** **Nit-ac.** *Nux-m.* *Nux-v.* olnd. *Ph-ac.* *Phos.* *Puls.* rhus-t. sabin. *Sang.* *Sil.* spig. spong. *Staph.* *Sul-ac.* sulph. syph. *Thuj.* verat. zinc. zinc-p.k2
• **amel**. durch: bry. rhod. seneg.
• **nach**: nat-m. sabin. staph.
• **nur** beim Kauen: calc. lyc. olnd. sabin.c1
• **Speisen**, nicht beim bloßen Kauen; nur beim Kauen von: cocc.
– **Kindern**, bei: acon. *Ant-c.* *Bell.* *Calc.* **Cham.** **Coff.** ign. *Merc.* nux-m. nux-v. *Puls.* rheum
– **Koitus**:
• **agg**.: daph.

• **amel**.: camph.
– **Legen** der Stirn auf den Tisch amel.: mang.h
– **Lesen**, beim: calc. ign. *Nux-v.* thuj.
– **Liegen**:
• **amel**.: alum. am-m. *Bry.* lyc. nat-c. *Nux-v.* spig.
• **beim**: aran. ars. bell. bry.al,k *Cham. Clem. Graph. Hyos.* ign. merc. nux-v. olnd. *Petr. Phos.* puls. *Rhus-t.* sep. staph. *Sul-ac.* sulph. trom.
• **Kopf**:
• **hoch** gelagertem Kopf agg.; mit: spig.
• **tief** gelagertem Kopf agg.; mit: puls.
• **rechten** Seite, auf der: spig.
• **schmerzhaften** Seite; auf der:
• **agg**.: ars. guare. ign. nux-v. puls.
• **amel**.: **Bry.** chinin-s. hyper. ign. kali-n.h,kl mag-c. puls.
• **schmerzlosen** Seite; auf der:
• **agg**.: **Bry.** *Cham.* ign. puls.
• **amel**.: nux-v.
• **unmittelbar** nach dem Hinlegen: *Aran.* bell. canth. hell. ign. puls. rat. sanic.
– **lockeren** Zähnen, in: der.
– **Luft**:
• **eingezogene** Luft; durch: acon. alum. *Am-c.* ant-c. arn. *Aur. Bell.* berb. *Bry.* **Calc.** *Calc-p.* **Caust.** chin. cic. cina cob. fl-ac. grat. kali-c.h kali-n. **Merc.** *Mez. Nat-m.* nux-m. *Nux-v. Petr. Rhod.* rhus-t. sabin. sel. *Sil.* spig. **Staph.**k,vh,* *Sulph.* thuj.
• **amel**.: *Clem.* mez. nat-s. nux-v. *Puls.* sars. sel.
• **Freien**, im: *Acon.* alum. alum-p.k2 *Am-c.* ambr. anac. ant-c. bell. carb-an. carb-v. castm. caust.h,k,* *Cham. Chin.* con. hyos. kali-n.h,kl mez. nat-c.h,k,* nat-m. nux-m. *Nux-v.*h,k,* petr. *Phos.* rhus-t. sep. spig. **Staph.**k,vh,* **Sulph.**h,k,*
• **amel**.: all-c. ant-c.al,k bov.al,k bry. hep. mag-m. *Puls.* sep. stann. *Sulph.* thuj.
• **Luftzug**, durch: *Bell.* **Calc.** calc-p. *Cham. Chin.* echi.ptk2 gymno. *Mag-c.* nat-m.bg1 sars. sep. **Sulph.**
– **Menses**:
• **vor**: agar. am-c. *Ant-c.* ars. bar-c. mag-c.k2 *Nat-m.* phos. *Puls. Sulph.*h,k,* thuj. zinc.h,kl
• **während**: agar.k2 *Am-c.*al,k *Ars.* bar-c. *Bov. Calc.*al,k carb-v. castm. *Cedr. Cham.* chim.al *Coff. Graph.* kali-ar. *Kali-c.*al,k kiss.al *Lach.* laur.al,k mag-c. *Nat-m.*h,k,* *Nit-ac.*h,k,* phos.al,k *Puls.* **Sep.**h,k,* **Staph.** sul-ac.
• **Menorrhagie**: *Ferr-s.*
• **nachläßt**; wenn der Ausfluß: **Lach.**
• **nach**: am-c. *Calc.* cham. mag-c.h,k,* mag-p. phos. thuj.
• **Beginn** der Menses; zu: *Nat-m. Puls.*
• **Ende**, und am: *Puls.*
– **Musik** agg.: ph-ac.
– **naß**:
• **Finger** amel.; Berührung mit dem nassen: cham.brol
• **Naßwerden**, durch: bell. *Calc.* **Lach.** rhus-t.
– **nervösen** Personen; bei: *Acon. Ars. Bell.* **Cham. Coff.** *Gels. Mag-p. Puls.* staph.

– **Neuralgie** der Lider; reflektorische: plan.brol
– **Niesen** agg.: androc.srj1 thuj.
– **Obst**, nach Essen von: nat-c. nat-s.
– **Ofenhitze**:
☞ *Wärme - äußerliche*
• **agg**.: graph.
• **amel**.: **Ars.**
– **Öffnen** des Mundes; durch: bry. caust. hep. nux-v. petr.h phos. puls. sabin.
– **Operation** der Zähne, nach
☞ *Füllung / Zahnbehandlung*
– **periodisch**: aran. ars. bry.al cham. chel.al chinin-ar.k,k2 cocc-s.hr1 coloc.hr1,k lach.bg1,bg2
• **Tag**:
• **sieben** Tage, alle: ars. calc-ar. phos. sulph.
• **zweiten**, jeden: *Cham.* nat-m.
– **pulsierend**, pochend: *Acon.*al,k agar. agn. *All-c.* aloe am-c.al,k ang. apis arn. *Ars.* bar-c. bar-m. **Bell.** brom. *Calc.* cann-i. carb-an.al,k *Carb-v.*al,k *Carbn-s.*k,k2 **Caust.**h,k,* **Cham. Chin.**al,k *Chinin-ar.*k,k2 coc-c. cocc-s.hr1,k,* *Coff. Coloc.*h,k,* daph. elae.al *Euph.* euphr.al,h,* *Glon.*al,k hep. *Hyos.* kali-ar. *Kali-c.*al,k kali-n.al,k kali-p. **Lach.** *Lyc.*al,k *Mag-c.*al,k mag-s. *Merc.* mur-ac. nat-ar.k,k2 nat-c.h,k,* *Nat-m.*al,k nat-p.k,k2 *Nat-s. Nit-ac.*al,k nux-m. par.al,k phos. plat. psor.al,k *Puls.* rat. *Rhus-t.*al,k sabad.al,k sabin. **Sep.**al,k *Sil. Spig. Staph.* stram.al,k **Sulph.**al,k *Tarent.*al,k thuj.al,k *Verat.* zinc. zinc-p.k2
• **abends**: carbn-s.k2
• **nachts**: carbn-s.k2
• **kalte** Getränke:
• **agg**.: kali-n.c1
• **kalte** Speisen:
• **agg**.: kali-n.c1
• **synchron** mit dem Puls: clem.al,h,*
○ **Zahnwurzel**: mag-m.h,kl merc.k2 sep.h,kl
– **Quecksilber**, durch: carb-v.k2 colch. *Hep. Nit-ac. Staph.*
– **Rauchen** agg.
☞ *Tabak - Rauchen*
– **Reiben** der Wange amel.: **Merc.** *Phos.*
– **Reisen**, beim ●: ars. *Bry. Cham.* puls. rhus-t. staph. sulph.
– **rheumatisch**: acon. **Ant-t.** bell. calc-p. *Cham. Cimic.* coch. *Colch.* indg. lach.al *Mag-c. Mag-p. Merc.* mill. nux-v. *Phyt.* rhod. sep.h,kl sil. staph. wies.al
– **Salz** amel.: mag-c.
– **salzige** Speisen:
• **amel**.: *Carb-an.*
• **durch**: carb-v.
– **Saugen**:
• **Luft**; Einsaugen, Einziehen von:
• **amel**.: mez.ptk1
• **Zähnen**; an den:
• **agg**.: bell. *Bov. Carb-v.* castm. chin.ptk1 kali-c. mang. *Nux-m.* nux-v. sil. zinc.
• **amel**.: all-c. bov. caust. *Clem.* mang. sep.
– **Saures**, durch: arg-n. cimic.bg1 cupr.bg1 dulc.bg1
• **amel**.: puls.

– **Schlaf**:
  • **nach**: bar-m. bell. bry. calc. calc-sil.k2 carb-v. *Caust.* con. graph. *Kali-c.* kali-p. *Lach.* nux-v. *Phos.* sabin. sil. spig. sulph. zinc.
    • **amel.**: merc. nux-v. puls. sanic.
  • **Einschlafen**, beim: ant-t. ars. *Merc.* sulph. zinc-p.k2
– **Schlucken** agg.: alum. chinin-s. phos.a1,k staph.
– **Schneuzen** der Nase; beim: culx.bro1 phos. thuj.
  • **amel.**: acon.bg1
– **Schnupfen**, mit: am-m.h,k1 sep.a1
– **Schwangerschaft**; während der: *Acon.* alum.c2,k apis *Bell.* bry. *Calc.* *Calc-f.*bro1 *Cham.* chin.k2 coff.bro1 *Hyos.* *Kreos.*bro1 **Lyss.**a1,k,* *Mag-c.*c2,k *Merc.* *Nux-m.* nux-v. *Puls.* raph.c2 *Rat.* rhus-t. **Sep.** *Staph.* *Tab.*c2,k
– **Schweiß**:
  • **amel.**: all-c. aphis carb-ac. carb-an. cham.bro1 chen-g.bro1
  • **während**: **Chin.** hyos.a1,k
  • **Fußschweiß**, nach unterdrücktem: **Sil.**
  • **Tendenz** zum Schwitzen: daph.
  • **unterdrückten**, durch: cham.
– **Schwellung**, mit:
  • **Unterkieferdrüsen**; der: clem.h
  • **Wangen**, der: am-c.h arn. ars. aur.h **Bell.** borx.bro1,h **Bry.** *Calc.* caps.h caust.h cham.bro1 *Hecla*bro1 hep.bro1 **Lach.** *Lyc.* mag-c.h **Merc.** nat-c.h *Nat-m.* nit-ac.h nux-v. petr. ph-ac. phos. *Puls.* sep.h *Sil.*bro1 staph. sulph.
– **Sitzen**:
  • **agg.**: am-c. am-m. ant-c. cocc-s.hr1,k,* graph. merc. *Puls.* rhus-t.
  • **aufrechtes** Sitzen agg.: mang.h,k,*
  • **Aufsetzen** im Bett amel.: alum. *Ars.* bar-m. merc. petr. rhus-t.
  • **Stillsitzen** amel.: spig.
– **Sommer**, im: ant-c. bell. bry. calc. carb-v. cham. lach. lyc. nat-c. *Nat-m.* nux-v. puls. sel.
– **Speichelfluß**, mit unwillkürlichem: bell. borx.bro1 *Cham.*h,k,* daph.hr1,k,* *Dulc.*hr1,k hydrog.srj2 **Merc.** merc-i-r.hr1 nat-m.hr1,k plan.hr1
– **Speisen**:
  • **heiße**, durch: *Carb-v.* **Coff.** **Kali-c.** ph-ac. sabad. sep.
  • **kalte**, durch: agar. androc.srj1 bov. bry. *Calc.* carb-v. *Con.* *Glon.* hell. merc. nux-v. par. plb. rhus-t. rob. sabad. sulph.
  • **warme**, durch: agn. *Ambr.* *Bar-c.* bell. *Bism.*bro1 *Bry.* *Calc.* carb-v. *Carbn-s.* *Caust.*bro1 **Cham.** *Clem.*bro1 *Coff.*bro1,k2 *Graph.* guare. *Hell.* **Kali-c.** m-arct. m-aust. mag-s. merc.bro1 *Nat-m.* *Nux-v.* par. ph-ac. *Phos.* **Puls.** rhod. sabad. sep. *Sil.*
– **Sprechen**, durch: am-c.bg1,bg2 ars. bry. *Cham.* chel. nux-m.bg1,bg2 *Nux-v.* phos.k2 sep. trom.
  • **anderer** Personen agg.; das Sprechen: ars. bry.
– **Spülen** der Zähne; nach: ant-c. bry. *Calc.* cham. *Merc.* *Nux-m.* nux-v. phos. *Rhus-t.* sil. staph. **Sulph.**
  • **kaltem** Wasser, mit: calc. cham. graph. kali-c. merc. nux-m. nux-v. puls. sep. *Spig.* staph.

– **Spülen** der Zähne **- kaltem** Wasser, mit: ... **Sulph.**
  • **amel.**: *All-c.* asar. bell. bry. cham. clem. kali-c. laur. *Puls.*
– **stillenden** Müttern; bei: acon. ars. bell. *Calc.* dulc. merc. nux-v. phos. staph. sulph.
  • **Stillen** des Kindes; beim: *Chin.*
– **Stimulanzien** agg.: acon.
– **Stochern** in den Zähnen:
  • **amel.** durch: *All-c.* am-c.h,k1 bell. ph-ac. sanic.
  • **erregt** durch: kali-c. *Puls.* *Sang.*a1,k
– **Suppe**:
  • **warme**, durch: eupi.c1
– **Süßigkeiten**, nach: am-c. bamb-a.stb2 merc-i-f.ptk1 mur-ac.ptk1 *Nat-c.*h,k,* phos.a1,k sep.k,k12●
– **Tabak**:
  • **Kauen**, beim: *Bry.*
  • **Rauchen** (von Tabak); beim: *Bry.* *Caust.* *Cham.* chin. clem. *Ign.* *Merc.* *Nux-v.* plan.bro1 sabin. sars. **Spig.** thuj.
    • **amel.**: aran. borx. camph.a1,h,* *Merc.* *Nat-c.*h,k,* *Nat-s.* sel. spig.
– **Teetrinken**, beim: chin. coff. ferr. ign. lach. *Sel.* *Sep.* thuj.hr1,k
– **Tränenfluß**
☞ ❑ *Gemüt - Weinen - Schmerzen - während - Zähnen*
– **Trinken**, durch: bar-c. *Caust.* *Cham.* con. *Mag-p.* sabin. sil.
  • **amel.**: sel. spig.
– **wandernd**: ambr. graph.h,k1 hyos. mag-p. mang. nux-v. puls. thuj. til.
– **warm**:
  • **Bett**, im warmen:
    • **agg.**: ant-c. bell. bry. **Cham.** chel. clem. graph. jug-r. led. *Mag-c.* **Merc.** *Ph-ac.* phos. **Puls.** rhod. sabin. sulph.
    • **amel.**: *Lyc.* mag-s. *Nux-v.* *Sil.* spig. vinc.
  • **Einwickeln** des Kopfes amel.: **Nux-v.** phos. **Sil.**
  • **Warmes**, durch: agn. am-c. *Ambr.* anac. *Bar-c.* bar-s.k2 *Bry.* **Calc.** calc-p. *Carb-v.* carbn-s. **Cham.** chel.a1,k clem. **Coff.** colch. *Ferr-p.* glon. *Graph.* hell. **Kali-c.** lach. lachn. mag-m. mag-s. *Merc.* mill.k2 nat-m. nat-s.c1,k2 *Nit-ac.* par. ph-ac. *Phos.* *Plan.* prun. **Puls.** *Sep.* *Sil.* spig.h,k1 staph. *Sulph.*
    • **amel.**: bov. calc. calc-sil.k2 *Com.* kali-i. *Lyc.* *Mag-p.* mur-ac. nit-ac.h,k1 *Nux-m.* *Nux-v.* psor. *Rhod.* *Rhus-t.* *Sil.* sul-ac.
  • **Zimmer**, im warmen:
    • **agg.**: *All-c.* ant-c. apis bry. *Cham.* ham. *Hep.* *Iris* *Kali-s.* *Mag-c.* merc. nicc. nux-v. ph-ac. **Puls.** rhod. sep. spig. sulph. thuj.
    • **amel.**: *Ars.* nux-v. phel. *Phos.* sulph.
– **Wärme**, durch:
  • **äußerliche**: all-c. *Ambr.* arn. *Bry.* carb-v.bg1 carbn-s. cham.k2 chel. **Coff.** *Cor-r.* *Ferr.* *Ferr-p.* graph. hell. helon.c1 hep. lach.bg1 mag-c. mag-s. nux-m. ph-ac. *Phos.* **Puls.** sabin. *Sulph.* syph.xxb
☞ *Ofenhitze*

– **Wärme**, durch - **äußerliche**: ...
• **amel.**: am-c. androc.$_{srj1}$ arg-n. *Ars. Ars-h.* bov. *Calc.* calc-sil.$_{k2}$ *Castm. Chin. Com. Kali-ar. Kali-c.* lach. *Lyc.* mag-m. **Mag-p. Merc.** *Mur-ac.* nat-ar. *Nat-c.* nat-p. **Nux-m. Nux-v.** phos. *Psor. Puls.* **Rhod. Rhus-t.** sabad. *Sil.* staph. *Sul-ac.*
– **Waschfrauen**, bei: *Phos.*
– **Wasser**:
• **eiskaltes** Wasser amel.: ferr.$_{br1}$
• **Füßen** im Wasser; durch Stehen mit den: nat-n.$_{bg1}$
• **Halten** von Wasser im Mund agg.: camph. kali-c.$_{h}$
• **Hände** in warmes oder kaltes Wasser; durch Stecken der: *Phos.*
– **Wein** agg.: *Acon.* anan. *Camph.* ign. nux-v.
– **Wetter**:
• **kaltem** Wetter, bei: ars. coff.$_{k2}$ kali-c.$_{k2}$ nux-m. *Phos.*
• **nassem** Wetter, bei: acon. all-c. am-c. aran. *Borx. Calc. Dulc.* **Merc.** nat-c. *Nat-s. Nux-m. Phos. Rhod.* **Rhus-t.** seneg. *Sil.*
• **trockenem** Wetter, bei: *Caust.*
• **Wetterwechsel**, bei: am-c.$_{k2}$ anan. aran.$_{bro1}$ mag-c. merc.$_{bro1}$ *Rhod.*
• **windigem** Wetter, bei: rhod.$_{bro1}$
– **Wind**:
• **amel.**: calc.
• **kaltem**, trockenem, in: **Acon.** *Caust.*
• **rauhem** Wind, in: **Acon.** all-c. *Graph.* kali-c.$_{k2}$ phos.$_{k2}$ *Puls. Rhod.* rhus-t. sil.
– **Winter**, im: *Acon.* **Ars.** bell. bry. calc. carb-v. caust. cham. dulc. **Hep.** hyos. ign. **Merc.** *Nux-m.* **Nux-v.** *Ph-ac. Phos.* puls. **Rhus-t. Sil.** sulph.
– **Zahnbehandlung**, nach: acon.$_{bg1,bg2}$ arn.$_{bg1,bg2}$ hecla$_{bg1}$ hep.$_{bg1,bg2}$ merc-i-f.$_{bg2,vh}$ staph.$_{bg1,bg2}$
– **Zähneputzen**, Zähnebürsten agg.: *Bry.* carb-v. **Lach.** lyc. *Staph.*
– **Zahnextraktion**: staph.$_{h}$
• **nach**: arn.$_{bro1}$ staph.$_{bro1}$
• **lange** nach Zahnextraktion: gink-b.$_{sbd1}$
– **Zahnfleischbluten** amel.: bell. caust. sanic. sars. sel.
– **Zorn**, nach: cham. nux-v.
– **zunehmend**:
☞ *erscheinend*
• **allmählich** zunehmend:
• **abnehmend**:
• **allmählich** abnehmend: bell. stann.
• **plötzlich** abnehmend: sul-ac.$_{k2}$
– **zusammenzubeißen**; Verlangen, die Zähne: lyc.$_{h}$
▽ **erstreckt** sich zu:
• **anderen**; von einem Zahn zum: bry. *Mang.* nux-m. prun. puls.$_{bg1}$ rhod. til.$_{bg1}$
• **andere** Teile: **Mang.**
• **Arme**: mang. sep.
• **links**: coloc.
• **Augen**: bar-c. bell. calc. *Calc-p.* **Caust.** cham. chel. chim. clem.$_{h}$ con. hydrog.$_{srj2}$ hyos. kali-c. kreos. lach. *Mag-c.* merc. nat-m. nicc. nux-v.

– **erstreckt** sich zu - **Augen**: ...
puls. rob. sel. spig.$_{bg1,bg2}$ staph. sulph. tarax.
• **kalte** Luft; beim Gehen in die: camph.
• **Augenbrauen**: tarax.$_{c1}$
• **außen**, nach: chin.$_{bg1}$
• **Beine**: kali-c.$_{bg1}$
• **Brust**: kali-c.
• **Finger**: coff.$_{bg1}$ sep.
• **Gesicht**: alum. am-c. *Bry.* caust. cham. cocc. ferr-p.$_{k2}$ gels. glon. *Hyos.* kali-c. kali-p.$_{k2}$ kreos. lyss. mag-c. **Merc.** nux-v. phos. puls. rhus-t. sabad. *Sil.* staph. sulph. tarax.
• **linke** Seite: clem.$_{a1}$ plan.
• **rechte** Seite: kali-p.$_{k2}$
• **Menses**, während: sep.
• **Hals**; zum äußeren: *Alum. Bry.* chinin-m.$_{c1}$ *Mang.* spig. thuj. zinc.
• **Hals**; zum inneren: **Mang.** *Nat-m.*
• **Hinterkopf**: cocc-s.
• **Jochbein**: **Caust.** chinin-s. mang.$_{a1}$ phos.
• **Kehlkopf**: *Alum.* com. *Mang.* nit-ac.
• **Kieferknochen**: calc. cupr-ar. gels. sel.
• **Unterkiefers**, des: hyos.
• **Kopf**: alum. alum-sil.$_{k2}$ **Ant-c.** apis *Ars.* bar-c. borx. *Bry.* calc. caust. *Cham.* chinin-m.$_{c1}$ clem. cupr. glon. grat. *Hyos.* kali-ar. kali-c. *Kreos. Mag-c.* merc. mez. nux-m. nux-v. *Ph-ac.* phos. psor. puls. rhus-t. *Sang.* staph. sulph.
• **Nase**: bar-c. calc. **Caust.** cham. hyos. rhus-t.
• **oben**, nach: caps.$_{bg1}$ caust. clem.$_{bg1}$ nat-c.$_{bg1}$ nit-ac.$_{bg1}$ ol-an.$_{bg1}$ syph.$_{bg1}$ thuj.$_{bg1}$
• **Ohr**: alum. am-c. *Ammc.* anac. aphis *Arn.* ars. bar-c. bell. borx. brach. bry. *Calc.* calc-ar. *Caust. Cham.* chel. chin. *Chr-ac.* clem. cocc-s. coloc. con. gink-b.$_{sbd1}$ hep. indg. kali-ar. kali-c. **Kreos.** *Lach.* lyss. mag-c. **Mang.** meph. **Merc.** mez. *Nat-m.* nicc. nux-m. nux-v. ol-an. petr. *Plan.* puls. ran-s. rat. **Rhod.** rhus-t. sabad. sang. **Sep. Staph. Sulph.** thuj. tub.$_{c1}$ viol-o.
• **rechts**: glon. hydrog.$_{srj2}$ *Mang.*$_{hr1}$ nicc. spig.
• **Ösophagus**: nat-m.
• **Scheitel**: clem.$_{h}$
• **Schläfen**: act-sp. alum. aphis$_{c1}$ ars. bar-c. calc. cham. chel. clem.$_{h}$ con. cupr. daph. gels. glon. iod. kali-ar. kali-c. **Kreos.** mag-c. mez. nat-m. nux-m. phos. puls. rhus-t. rob. sel. sil. spig. zinc.
• **Schultern**: *Alum.* rhus-t.
• **Seite**; zur gesamten linken: sep.
• **Stirn**: chr-ac. cocc-s.$_{kr1}$ *Hyos.* kali-c. phos. rhus-t. sil. zinc.
• **unten**, nach: ant-c. calad. carb-v.$_{bg1}$ caust. coff.$_{bg1}$ crot-h.$_{bg1}$
• **Wangen**: bry. cham.
• **Wangenknochen**: alum. aphis$_{c1,k}$ caust. con. ham. hydrog.$_{srj2}$ hyos. kali-c. mag-c. mag-m. *Mang.* mez. nux-v. phos. rob. *Sil.*
• **Zunge**: cic.
○ **Backenzähne**: aesc. agar.$_{a1,k}$ all-c. alum. *Am-c.* ambr. anac. ang. ant-t. arg-n. arn. asar. asc-t. aur. bar-c. bell. bism. borx. bov. **Bry.** calad. calc. camph. canth. carb-an. *Carb-v.* castm. *Caust.*$_{a1,k}$ cham.$_{a1}$ chel. **Chin.** clem. cocc. coff. colch.$_{a1,k}$

– **Backenzähne**: ... coloc.$_{h,k,*}$ croc. cycl. dios. euph. graph. guaj. hell. hyos. ign. iod. kali-c. kali-n. **Kreos.** laur.$_{a1,k}$ lyc. m-arct. mag-c. *Mag-m.* mang. merc. mez. mur-ac. *Nat-c.* *Nit-ac.* nux-m. nux-v. olnd. par. petr.$_{a1,k}$ ph-ac. *Phos.* plat. plb. puls. ran-s. rheum *Rhod.* rhus-t. sabad. sabin. sars.$_{a1,k}$ seneg. **Sep.**$_{a1,k}$ sil. spig.$_{a1,k}$ spong. *Staph.* stront-c. sul-ac. sulph. teucr. thuj. verat. verb. **Zinc.** zing.
• **links**: arg-n. castm. chel. nat-m.$_{h,k1}$ rheum$_{h}$
• **rechts**: ang.$_{c1}$ cann-i.$_{a1}$ cinnb.$_{a1,k}$

– **Eckzähne**: am-c. anac. calc. calc-p.$_{a1,k}$ *Carb-an.* choc.$_{srj3}$ laur. mag-m. mur-ac. nat-c. petr. *Rhus-t.*$_{a1,k}$ sep. sphing.$_{kk3}$ staph. stront-c. sul-ac. zinc.

– **oben**: *Agar.* *Alum.* alum-sil.$_{k2}$ **Am-c.** am-m. ambr. ang. arn. asar. *Aur.* bamb-a.$_{stb2}$ *Bell.* borx. bov. *Calc.* cann-i.$_{a1}$ canth. carb-ac.$_{a1,k}$ carb-an. **Carb-v.** *Caust.* *Cham.* chel.$_{a1,k}$ **Chin.** clem. cocc. coff. colch.$_{a1,k}$ con. cycl. dios. euph. graph. guaj. hell. hydrog.$_{srj2}$ hyos.$_{a1,k}$ *Kali-c.*$_{k2}$ kali-n. **Kreos.** lyc.$_{a1,k}$ m-arct. m-aust. mag-c. *Mag-m.* mang. merc. *Mez.* mur-ac. *Nat-c.* *Nat-m.* *Nit-ac.* nux-m.$_{a1,k}$ nux-v. ph-ac. *Phos.*$_{a1,k}$ plat. puls. ran-s. rheum rhod. rhus-t. sabad. sars. seneg. sep. sil. *Spig.* *Spong.* staph. stry.$_{a1,k}$ *Sul-ac.* sulph. teucr. *Thuj.* verat. verb. **Zinc.**
• **links**: arn. chel.$_{h,k1}$ rheum$_{h}$ stry.
○ **Prämolar**; zweiter: olnd.
• **rechts**: cench.$_{k2}$
○ **Backenzahn**: dios.
• **Prämolar**: cinnb.
• **Schneidezahn**: choc.$_{srj3}$

– **Prämolaren**: bamb-a.$_{stb2}$
• **rechts**: bamb-a.$_{stb2}$

– **Schneidezähne**: *Agar.*$_{a1,k}$ alum.$_{a1,k}$ am-c.$_{a1,k}$ am-m. ambr. ang. arg-met. asaf. asar. aur. aur-m.$_{a1}$ bell.$_{a1,k}$ borx. bov. calc. canth. carb-v.$_{a1,k}$ carl.$_{a1}$ caust. cham.$_{a1,k}$ chel. chin.$_{h,k,*}$ cocc. coff. *Colch.*$_{a1,k}$ dig.$_{a1,h,*}$ dios.$_{a1}$ dros. gran.$_{a1}$ hydrog.$_{srj2}$ ign.$_{a1,k}$ iod. kali-ar.$_{k2}$ *Kali-c.* kalm.$_{a1}$ kreos.$_{a1,k}$ lyc. m-arct. mag-c. *Mag-m.* *Merc.*$_{a1,k}$ mez.$_{a1,k}$ mur-ac. nat-c. *Nat-m.* nit-ac. *Nux-m.*$_{a1,k}$ *Nux-v.* petr. ph-ac. phos. plat. psor.$_{a1}$ ran-s. rat.$_{a1}$ rhod. *Rhus-t.*$_{a1,k}$ sang.$_{a1}$ sars. seneg. **Sep.** sil. sphing.$_{a1,k,*}$ spig.$_{h}$ spong. staph. *Stront-c.* sul-ac. *Sulph.*$_{a1,k}$ tarax.$_{a1,k}$ tarent. thuj. tub.$_{a1}$ *Zinc.*
○ **unten**: chin.$_{a1,h,*}$ nat-m.$_{h,k1}$

– **unten**: aesc. *Agar.* alum. am-c. am-m. ambr. anac. ang. *Arn.* arum-t. asaf. asar. asc-t. astac. *Aur.* bar-c. **Bell.** borx. bov. *Bry.* calc. camph. cann-i.$_{a1}$ **Canth.** carb-an. *Carb-v.* **Caust.** **Cham.**$_{a1,k}$ chel. *Chin.* cic.$_{h,k1}$ clem. cocc. coff. colch.$_{a1,k}$ coloc.$_{h,k,*}$ con. dros. euph. graph. guaj. hell. hep. hydrog.$_{srj2}$ hyos. ign. kali-c. kali-n. kreos.$_{a1,k}$ *Lach.* **Laur.** lyc. m-arct. mag-c.$_{a1,k}$ mag-m.$_{a1,k}$ *Mang.* meph.$_{a1}$ merc.$_{a1,k}$ mez. mur-ac. **Nat-c.** nat-m. nit-ac. nux-m. nux-v. olnd. par. petr. ph-ac. *Phos.*$_{a1,k}$ plat. *Plb.* puls. ran-s. rheum rhod. *Rhus-t.*$_{a1,k}$ ruta sabad. *Sabin.* *Sars.* sel. seneg. **Sep.** *Sil.* spig. spong.$_{a1,k}$ squil. **Staph.** stront-c. sul-ac. sulph. teucr. thuj. *Verat.* verb. **Zinc.**

– **unten**: ...
○ **Backenzahn**, zweiter: aesc.
• **Prämolar**, erster: ars.
• **Schneidezahn**, ein: anac.

– **Weisheitszähne**: ph-ac.$_{a1,h,*}$

– **Zahnwurzeln**, in den: am-c.$_{k1,k13}$ mang.$_{a1}$

– **abbrechen** würden; als ob sie: bell. ign.$_{bg2}$ kali-i.$_{a1,bg2}$ nat-m.$_{bg2}$

– **abgebrochen**; als seien sie: sulph.$_{bg2,h,*}$

– **beißend**: calc. cocc. phel. rhod. zinc.$_{h}$

– **bersten**, zerspringen würden; als ob sie: bar-c.$_{bg1,bg2}$ chin.$_{bg1,bg2}$ ph-ac.$_{bg1,bg2}$ sabin.$_{bg2,k}$ thuj.$_{bg2,k}$

– **bohrend**: alum.$_{h,k,*}$ alum-p.$_{k2}$ *Bar-c.* bar-s.$_{k2}$ *Bell.*$_{bg2,k}$ borx. *Bov.*$_{bg2,k}$ bufo calad.$_{a1,k}$ calc.$_{bg2,k,*}$ *Calc-p.* calc-sil.$_{k2}$ camph.$_{bg2,k}$ cann-i. castm. *Caust.*$_{a1,k}$ cham.$_{a1,bg2}$ chel.$_{a1,k}$ chin.$_{bg2,k}$ clem.$_{a1}$ con.$_{bg2,k}$ *Cycl.*$_{bg2,k}$ daph. euph. grat. *Ign.*$_{bg2,k,*}$ indg. kali-bi.$_{bg2,k,*}$ *Kali-c.*$_{bg2,k,*}$ kali-i.$_{bg2}$ kali-n.$_{bg2,k,*}$ *Lach.*$_{bg2,k}$ *Laur.*$_{bg1,bg2,*}$ lyc.$_{bg2,k,*}$ mag-c.$_{bg2,k}$ mag-m.$_{bg2,k}$ merc.$_{bg2}$ *Mez.*$_{bg2,k,*}$ mur-ac.$_{bg1,bg2}$ *Nat-c.*$_{h,k,*}$ *Nat-m.*$_{bg2,k,*}$ *Nat-p.* nicc.$_{bg1,bg2}$ *Nit-ac.* *Nux-v.*$_{bg2,k,*}$ petr.$_{a1,k}$ ph-ac.$_{bg2,k}$ *Phos.*$_{bg2,k,*}$ plan.$_{bg2,k,*}$ rhod. sang.$_{bg2}$ sel.$_{bg2,k}$ *Sil.*$_{bg2,k}$ *Sulph.*$_{bg2,k,*}$ verat.
• **morgens**, beim Liegen: phos.$_{h}$
• **mittags**: kali-n.$_{h,k1}$
• **abends**: alum.$_{a1,h}$ clem.$_{a1}$ nat-c.$_{h,k1}$
• **Liegen**, beim: phos.$_{a1,k}$
• **Reißen** und Graben; mit: alum.
• **nachts**: phos.$_{a1,h,*}$
• **Freien** amel.; im: mag-m.$_{h}$
• **gesunde** Zähne: alum. plan.
• **Kälte** amel.: mag-m.$_{h,k1}$
• **kalte** Speisen und Getränke amel.: mag-m.$_{h}$
• **Mittagessen**, nach dem: kali-c.
○ **Backenzähne**: calc.$_{bg2}$ mag-m.$_{bg2}$ sel.$_{c1}$
• **Zahnwurzeln**, in den: *Cham.* mur-ac.$_{h}$

– **brennend**: ars.$_{bg2}$ bar-c.$_{bg2,k}$ *Caust.*$_{bg2,k,*}$ cham. chel.$_{bg2}$ clem.$_{bg2}$ coc-c.$_{bg2}$ *Coloc.*$_{bg2,k}$ dig.$_{bg2}$ dulc. fl-ac.$_{bg2}$ gels.$_{bg2}$ graph.$_{bg2,k}$ kali-c.$_{bg2,k,*}$ kali-i.$_{bg2}$ *Mag-c.*$_{bg2,k,*}$ merc.$_{bg2,k}$ mez.$_{bg2,k}$ *Nat-m.*$_{bg2,k}$ nit-ac.$_{a1,k}$ *Nux-v.*$_{bg2,k}$ *Ph-ac.*$_{bg2,k,*}$ phel. phos.$_{a1,k}$ puls. raph.$_{a1}$ rhus-t. rob. sil.$_{bg2,k}$ spig. spong.$_{bg2,k}$ sulph.$_{bg2,k,*}$ ther.$_{a1,k}$ urt-u. zinc.$_{bg2,k,*}$ zinc-p.$_{k2}$

– **drückend**: acon. *All-c.*$_{a1,k}$ am-c. anac. aran. *Arn.*$_{a1,k}$ ars.$_{a1,h,*}$ bism.$_{a1,k}$ borx. bov. bry. *Calc.*$_{a1,k}$ calc-sil.$_{k2}$ carb-v. caust.$_{a1,k}$ cham.$_{a1,k}$ chel.$_{a1,k}$ chin. *Coloc.*$_{hr1,k}$ con.$_{h,k1}$ cor-r. euph. *Graph.*$_{a1,k}$ guaj. guare. hydrog.$_{srj2}$ hyos. ign. iod. *Kali-c.* kali-p. *Kalm.*$_{a1,k}$ led. lob. **Merc.** mez.$_{h,k1}$ *Nat-c.*$_{a1,k}$ *Nat-m.*$_{a1,k}$ nat-p. nux-m.$_{a1,k}$ nux-v. olnd. petr.$_{a1,k}$ phos.$_{a1,k}$ *Puls.*$_{a1}$ *Rhod.* *Rhus-t.*$_{a1,k}$ sabin.$_{a1}$ sep.$_{a1,h,*}$ *Sil.*$_{a1,k}$ spig.$_{a1,k}$ *Staph.* *Sulph.*$_{a1,k}$ tarax. verat.
• **auseinanderdrückend**: anan. kalm. mur-ac.$_{a1,k}$ nat-m.$_{h,k1}$ ph-ac. ran-b. sabin. spig. spong. thuj.
• **außen**, nach: arn. bell. berb. coc-c.$_{rb2}$ *Phos.* *Puls.* spig.$_{a1,k}$ zinc.
• **Blut** hineingepreßt; als würde: arn. calc.$_{h}$ chin.
• **eingezwängt**, wie: anan. *Caust.* *Cor-r.* *Lach.* ptel.$_{bg1}$ *Rhus-t.*$_{bg1,bg2,*}$ spong.

• **eng** zusammenstehen würden; als ob sie: acon. arn. bell. calc. cham. chin. *Coff.* hep. hyos. *Nux-v.* puls.
• **Fleisch** zwischen den Zähnen; als wäre: *Caust. Cor-r. Lach.* ptel.$_{bg1}$
• **Füllung**, der: chlol.
• **gedrückt**; wie in die Zahnfächer: alum. am-c.
  • **Zahnstümpfe**, alte: alum.
• **gepackt**; wie mit einer Zange: nux-m. *Sil.*
• **innen**, nach: rhus-t. staph. sul-ac.$_{a1}$
• **Mittagessen**, nach dem: *Kali-c.*
• **Rucken** in den oberen Backenzähnen und im Kiefer, rechts, nachmittags; vorübergehendes: all-s.
• **Schlucken**, beim: alum.
• **warmes** Zimmer; beim Eintreten in ein: all-c.$_{a1,k}$
○ **Backenzähne**: mez.$_{h,kl}$ petr.$_{h,kl}$ sep.$_{h,kl}$ zinc.$_{h,kl}$
• **oben**: acon. aran. calc. nat-m.$_{h,kl}$
• **Schneidezahn**, in einem: alum. sul-ac.$_{a1,h,*}$
• **Zahnwurzeln**, in den: alum. caust. *Kali-c.* staph. zing.

– **dumpf**: am-c.$_{bg2}$ ars.$_{bg2}$ aur.$_{bg2,k,*}$ berb.$_{bg2}$ bov.$_{bg2}$ caps.$_{bg2}$ caust.$_{bg2}$ chel.$_{bg2}$ chin.$_{hr1,k}$ clem.$_{bg2,k,*}$ cocc-s.$_{hr1,k,*}$ cycl.$_{bg2}$ daph. dol.$_{hr1,k}$ **Dulc.**$_{bg2}$ euph.$_{bg2}$ fl-ac.$_{bg2}$ hyos.$_{a1,k}$ iod.$_{bg2}$ kali-c.$_{bg2}$ kali-i. kalm.$_{a1,k}$ lach.$_{bg2}$ lob.$_{hr1,k,*}$ lyc.$_{bg2,k,*}$ lyss. **Merc.**$_{bg2}$ merc-c.$_{bg2}$ *Mez.*$_{bg2}$ nat-c.$_{bg2}$ nat-m.$_{bg2}$ nit-ac.$_{bg2}$ nux-m.$_{bg2}$ *Nux-v.*$_{bg2}$ ox-ac.$_{a1}$ **Ph-ac.**$_{bg2}$ phos.$_{bg2}$ *Puls.*$_{bg2}$ ran-s.$_{bg2}$ rob.$_{bg2}$ sep.$_{bg2,h,*}$ sil.$_{bg2,h,*}$ spong.$_{bg2}$ staph.$_{bg2}$ *Sul-ac.*$_{bg2}$ **Sulph.**$_{bg2}$ tarax.$_{bg2}$ thuj.$_{bg2}$ zinc.$_{bg2,k}$
  ☞ *murrend*
• **kneifend**: borx.
• **weich** und würde sich beim Kauen verbiegen; als sei der Zahn: coch.
○ **obere** Backenzähne:
  • **Kauen**, beim: aur.
  • **reißendem** Schmerz im Wangenknochen; mit: anag.
  • **Zittern** des Herzens; mit: anag.

– **durchdringend** stechend: acon. ant-c. bell. *Bry.* calc. calc-sil.$_{k2}$ caust. *Cham.* chin. *Lach. Merc.* nux-m. nux-v. ph-ac. *Puls.* rhus-t. sil. staph.

– **eingezwängt**, wie
  ☞ *drückend - eingezwängt*

– **geschwürig**: am-c. bell. carb-v.$_{h,kl}$ caust. coc-c. kali-i.$_{a1,k}$ kali-n. lyc.$_{h,kl}$ mag-c. mang. petr.$_{h,kl}$ phos. *Sil.*
○ **Zahnwurzeln**: alum. am-c. merc. *Sil.*
  • **Berührung**, durch: mang. sil.$_{h}$
  • **Kauen**, beim: alum. *Sil.*

– **gezogen**; Gefühl, als würden sie: anan. arn. astac. bell. berb. bov.$_{bg1,bg2}$ bufo *Calc.*$_{bg1,bg2,*}$ caust. chim.$_{br1}$ coc-c. cocc-s. com. con.$_{bg1}$ ip. m-arct.$_{bg1}$ *Mag-c.*$_{bg1,vh,*}$ mang. *Mez.* mur-ac.$_{h}$ nat-c. nux-m. nux-v. ph-ac. prun. puls. *Rhus-t.* sabin.$_{c1}$ sel. stront-c. sulph. zinc.
• **belassen**; und dann in den Zahnfächern: sanic.

– **glucksend**, blubbernd: bell.$_{bg2}$ berb.$_{a1,k}$ carb-v. lyc.$_{bg2,k,*}$ nit-ac.$_{bg2,k,*}$ spig.$_{bg2,k}$

– **grabend**, wühlend: ambr.$_{h,k,*}$ anan. ant-c.$_{bg2,k}$ arg-n.$_{bg2,k,*}$ bell.$_{bg2,k,*}$ berb. borx. *Bov.*$_{bg2,k}$ bry. bufo calc.$_{bg2,k}$ calc-sil.$_{k2}$ castm. *Caust.*$_{a1,k}$ *Cham.*$_{bg2,k,*}$ chin.$_{a1,k}$ clem.$_{a1}$ fl-ac. *Glon.* ign.$_{a1,k}$ kali-c.$_{bg2,k}$ kali-i.$_{a1}$ lyc.$_{h,kl}$ mag-m.$_{bg2,k}$ mela.$_{a1}$ *Nat-c.*$_{h,k,*}$ nux-v.$_{bg2,k}$ plan.$_{bg2,k,*}$ plat.$_{bg2,k}$ *Puls.*$_{bg2,k,*}$ rat. rheum rhus-t.$_{bg2}$ ruta seneg.$_{bg2,k}$ sep.$_{h,kl}$ sil.$_{bg2,k}$ spig.$_{bg2,k}$ sul-ac.$_{bg2,k}$ sulph.$_{bg2,h,*}$
• **abends**: alum.$_{h,k,*}$ clem.$_{a1}$ ign.$_{a1}$ nat-c.$_{a1,h,*}$
  • **Gehen**, beim: nat-c.$_{a1,h,*}$
• **Druck**, als sei der Schmerz links unterhalb des linken, unteren Backenzahns; mit: ambr.

– **greifend**, krallend: am-c.$_{bg2}$ ign.$_{bg2}$ stront-c.

– **hackend**: aur.$_{h,kl}$ cocc-s.$_{a1}$

– **herausdrückend**
  ☞ *drückend*

– **herausgerissen**, wie
  ☞ *ruckend - ausgerissen - Zähne*

– **klopfend**: ars. carb-an. kali-c.

– **kneifend**: am-c.$_{bg2}$ ant-c.$_{bg2}$ carb-an.$_{bg2,h,*}$ carb-v.$_{bg2}$ ign.$_{bg2}$ kali-c.$_{bg2,h,*}$ kali-i.$_{a1,bg2}$

– **krampfartig**
  ☞ *ruckend*

– **kribbelnd**: alum. borx. calc. carb-v. castm. indg. lach. mur-ac. *Rhus-t.* sulph.$_{a1,k}$
• **Abendessen**; nach dem: borx.$_{c1}$
• **Frühstück**; nach dem: borx.$_{c1}$
• **Tabakrauchen**:
  • **amel.**: borx.$_{c1}$
○ **Spitzen** der Kronen, abends; in den: bar-c.

– **kriechend**: syph.$_{k2}$

– **lanzinierend**
  ☞ *reißend*

– **murrend**, brummend: alum.$_{h}$ aur. bar-c. cann-s. carb-an. cham. kali-i. kali-n. lil-t. mag-s. meny. nit-ac. nux-m.$_{bg1,bg2}$ ph-ac. **Rhod.** sep. teucr.$_{bg1}$
  ☞ *dumpf*
• **links** oben: agar.
• **rechts** unten, ein Backenzahn, mit Gefühl, als kämen die Kopfschmerzen von dieser Seite: aeth.$_{a1,k}$
• **Essen**, nach dem: lyc.$_{h,kl}$
○ **Backenzähne**, nachts: sep.$_{h,kl}$
• **unten**, links: arg-n.

– **nagend**: agar.$_{a1,k}$ **Ant-c.** bar-c. berb.$_{a1,k}$ **Calc.** camph.$_{a1,k}$ canth. carb-v.$_{a1,k}$ castm. *Cham. Con.*$_{a1,k}$ daph.$_{a1,k}$ euph. indg.$_{a1,k}$ kali-bi.$_{a1,k}$ *Kali-i.*$_{a1,k}$ lac-c. laur.$_{a1}$ mag-c.$_{h,kl}$ naja nicc.$_{a1,k}$ *Nux-v.* op.$_{a1,k}$ phos.$_{a1,k}$ **Puls.**$_{a1,k}$ raph.$_{a1}$ rhus-t. sec. **Staph.** sul-ac.$_{a1,k}$ *Thuj.*
• **morgens** im Bett: phos.$_{a1,k}$
• **abends**: *Calc.*$_{a1,k}$ phos.$_{a1,k}$ **Puls.**$_{a1,k}$
  • **21** h: alum.
• **nachts**: *Cham.* coff. mag-c.$_{h,kl}$
• **Aufsetzen** im Bett amel.: alum.$_{h,k,*}$
• **Essen**:
  • **nach**: **Ant-c.** staph.$_{h}$
  • **Beginn** des Essens; zu: euph.$_{h}$
• **hohler** Zahn: bell.$_{h,kl}$
• **kalter** Luft; beim Einziehen: *Rhus-t.*
  • **amel.**: *Nux-v.*
• **warmem** Zimmer, im: *Nux-v.*$_{a1,k}$

○ **Backenzähne**: camph.$_{al}$ indg.$_{al}$ sep.$_{al,h,*}$ sul-ac.$_{al}$
• **links**: phos.$_{h}$
• **rechts**: castm. *Nicc.*
◇ **abwechselnd** mit:
• **Jucken** im Ohr: agar.
• **Reißen**, mit heftigem:
• **Ohr**, im rechten: nicc.
• **hinter** dem Ohr: alum.
○ **oben**: agar.$_{al,k}$ *Calc.*$_{hr1,k}$ sang.$_{al}$
• **unten**: alum.$_{al}$ berb.$_{al}$ castm. indg.$_{al}$ *Nicc.*$_{hr1,k,*}$
– **Nerv** bloßgelegt; als sei ein: *Kalm.*$_{bg1,vh,*}$
– **neuralgisch**: **Bell.** borx. *Carbn-s. Cham. Chel.* chlol. cimic. **Coff.** *Coloc.*$_{h,k,*}$ gels. *Iris Kali-p.* kalm.$_{al}$ **Mag-p.** *Nux-m. Phyt. Plan.* rhod. *Sil.*
– **pochend**
☞ *pulsierend*
– **reißend**: abrot.$_{hr1,k}$ **Acon.** act-sp. aesc. *Agar.*$_{al,k}$ agn. ail.$_{al,k}$ alum.$_{al,k}$ alum-p.$_{k2}$ alum-sil.$_{k2}$ **Am-c.**$_{al,k}$ am-m.$_{al,k}$ ambr. anac.$_{al,k}$ anag. anan. ang. ant-t.$_{al,k}$ aphis apis arg-n.$_{al,k}$ arn. *Ars.*$_{al,k}$ ars-i. arum-t.$_{al,k}$ *Aur.* aur-ar.$_{k2}$ aur-i.$_{k2}$ aur-s.$_{al,k2}$ bamb-a.$_{stb2}$ bar-c. bar-i.$_{k2}$ bar-m. bar-s.$_{k2}$ *Bell.*$_{al,k}$ benz-ac. berb.$_{al,k}$ borx. *Bry.*$_{al,k}$ bufo calc.$_{al,k}$ calc-p. calc-sil.$_{k2}$ camph. canth.$_{al,k}$ *Carb-an.*$_{al,k}$ **Carb-v.**$_{al,k}$ *Carbn-s.* castm. **Caust.**$_{h,k,*}$ *Cham.*$_{al,k}$ chel.$_{al,k}$ *Chin.* chinin-ar. clem. *Coc-c.* cocc-s.$_{al,hr1}$ *Coff.*$_{al,k}$ *Colch.*$_{al,k}$ *Coloc.*$_{hr1,k,*}$ con.$_{al,k}$ *Cupr.* cupr-ar. *Cycl.*$_{al,k}$ daph. euon.$_{al}$ gamb. gels. *Graph.*$_{al,k}$ grat.$_{al,k}$ *Guaj.* haem.$_{al}$ hell.$_{al,k}$ *Hyos.*$_{al,k}$ hyper.$_{al,k}$ indg.$_{al,k}$ iod. ip.$_{al,k}$ kali-ar. kali-bi.$_{al,k}$ *Kali-c.*$_{al,k}$ kali-i.$_{al,k}$ kali-n.$_{al,h,*}$ *Kali-p.* kreos.$_{al,k}$ *Lach.* laur.$_{al,k}$ *Lyc.*$_{al,k}$ *Mag-c.*$_{al,k}$ *Mag-m.*$_{al,k}$ mang.$_{al,k}$ meph.$_{al,k}$ **Merc.**$_{al,k}$ merl.$_{al,k}$ *Mez.*$_{al,k}$ nat-ar. *Nat-c.*$_{al,k}$ *Nat-m.*$_{al,k}$ nat-s.$_{al,k}$ *Nicc.*$_{al,k}$ *Nit-ac.*$_{al,k}$ *Nux-m. Nux-v.* ol-an. olnd.$_{al,k}$ petr.$_{al,k}$ *Ph-ac.* phel.$_{al,k}$ *Phos.*$_{al,k}$ plb.$_{al,k}$ prun. *Psor.*$_{al,k}$ *Puls.*$_{al,k}$ ran-b. *Rat.*$_{al,k}$ *Rhod.*$_{al,k}$ *Rhus-t.*$_{al,k}$ sabin. *Samb.*$_{al,k}$ **Sars. Sep.**$_{al,k}$ *Sil.*$_{al,k}$ *Spig.* **Staph.**$_{al,k}$ stront-c. sul-ac.$_{al,k}$ sul-i.$_{k2}$ *Sulph.*$_{al,k}$ tab.$_{al,k}$ tarent.$_{al,k}$ tep.$_{al}$ teucr. *Thuj.*$_{al,k}$ til.$_{al}$ verb.$_{al,k}$ vinc.$_{al,k}$ viol-o.$_{al,k}$ wies.$_{al}$ zinc.$_{al,k}$ zinc-p.$_{k2}$
• **links**: agar.$_{al}$ am-m.$_{al}$ arum-t.$_{al}$ bry.$_{al}$ kali-bi.$_{al}$ kali-i.$_{al}$ samb.$_{al,h,*}$ sul-ac.$_{al,h,*}$
• **morgens**: arg-n.$_{al,k}$ caust.$_{h,k,*}$ hyos.$_{h,kl}$ hyper.$_{h,k}$ kali-n.$_{h,kl}$ mang.$_{al,k}$
• **Gehen**, nach dem: mag-c.$_{h}$ *Mez.*
• **Waschen**; nach: arg-n.
• **vormittags**: kali-n.$_{h,kl}$
• **nachmittags**: agar.$_{h,kl}$ carbn-s. caust.$_{al,h}$ sep.$_{h,kl}$ thuj.$_{al}$ zinc.$_{h,kl}$
• **abends**: ail.$_{al,k}$ alum. am-m.$_{al,k}$ bamb-a.$_{stb2}$ bell. cain. carb-an.$_{al,h,*}$ kali-n.$_{h,kl}$ mag-c.$_{h,kl}$ mag-s.$_{al,k}$ nat-c.$_{h,kl}$ sep.$_{al,k}$ tab. zinc.$_{al,k}$
• **Bett** amel.; im: am-m.$_{h}$
• **nachts**: alum.$_{al,k}$ *Ars.*$_{al,k}$ *Calc.* calc-p. carb-an. hell.$_{h,kl}$ mag-c.$_{al,k}$ *Merc.*$_{al,k}$ nat-c.$_{al,k}$ nat-m. nicc.$_{al,k}$ nux-m. sep. sil. sul-ac.$_{al,h,*}$ sulph.$_{al,h,*}$
• **Liegen** auf der schmerzhaften Seite agg.: ars.

– **reißend**: ...
• **Mitternacht**:
• **vor**: am-c. merc. petr.$_{h}$ sul-ac.$_{h}$
• **nach**: alum.$_{h}$ *Bell. Sulph.*
• **anfallsweise**: anac. calc.$_{h,kl}$
• **Aufstehen** aus dem Bett amel.: alum.
• **Berührung**, bei: aur.$_{h,kl}$ borx.$_{h}$
• **Bewegung** amel.: am-c.
• **Druck** amel.: mag-m.$_{al,h,*}$
• **Essen**:
• **beim**: aur.$_{h}$ bry. carb-an. euph.$_{h}$ kali-c.$_{h}$ *Sep.* sil. *Staph.*
• **nach**: sep.$_{al,h,*}$
• **glühend** reißend: sulph.$_{h}$
• **kalt**:
• **Luft**, durch kalte: bufo carbn-s.
• **Wasser**, durch kaltes: agar. arg-n. borx.$_{h}$ mag-c.$_{h,kl}$ *Nux-m.* phos. *Sars.* staph.$_{al,k}$ sulph.$_{al,h,*}$
• **Kälte**:
• **amel.**: mag-m.$_{h}$
• **Liegen**, beim:
• **Seite**, auf der:
• **gesunden** Seite; auf der: puls.
• **schmerzhaften** Seite; auf der: **Ars.**
• **Luft**:
• **Freien**, im:
• **agg.**: caust.$_{h}$ kali-n.$_{h}$ phos.$_{h}$
• **amel.**: mag-m.$_{h}$
• **Luftzug**; wie durch einen: ambr.
• **Menses**:
• **vor**: *Ars.*
• **während**: ars.$_{al,k}$ mag-c.$_{al,k}$ nat-m.$_{h,k,*}$ sul-ac.$_{al,h,*}$
• **Mittagessen**, nach dem: mag-c.$_{h}$ nat-c.$_{h}$
• **Öffnen** des Mundes; beim: caust. indg.
• **pulsierend**: agar.$_{h,kl}$ agn. bell.
• **ruckend** reißend: nat-c.$_{h}$ ph-ac.$_{h}$ zinc.$_{h}$
• **Salz**; durch: carb-v.$_{k2}$
• **Schwangerschaft**; während der: nux-m. sep.$_{h,kl}$
• **Speisen**:
• **kalte** Speisen: carb-v.$_{k2}$
• **warme** Speisen: carb-v.$_{k2}$
• **wandernd**: mag-c.
• **warm**:
• **Anwendungen** amel.; warme: **Ars.**
• **Bett**, im warmen: graph. *Ph-ac.*
• **Zubettgehen**, nach dem: **Acon.**
• **Zusammenbeißen**, beim: **Am-c.** hell.$_{h}$
• **amel.**: mag-m.
▽ **erstreckt** sich zu:
• **Augen**: caust.$_{h}$ samb.$_{h}$
• **Jochbein**: caust. mag-m. phos.
• **Kopf**: caust.$_{h}$ ph-ac.$_{h}$
• **Seite** des Kopfes; zur: borx.$_{h}$
• **Ohren**: am-c. anac. aphis lach. nat-m. nicc.$_{c1}$ nux-m.$_{c1}$ sep.$_{h}$ sil.$_{h}$
• **linke** Ohr nach außen; durch das: sep.
• **Schläfe**: alum. calc. cupr.$_{h}$ indg. mag-c.$_{h}$ mez. nux-m.$_{c1}$ zinc.$_{h}$
• **Wangenknochen**: alum.

○ **Backenzähne**: alum.a1,h,* am-c.a1,k anag. apis bar-c.a1,k benz-ac. *Carb-v.*a1,k cycl.a1,h,* *Gamb.*a1,k grat. hell.a1,h,* indg.a1 kali-c.a1,h,* mag-c.a1,h,* mag-m.a1,h,* phos.a1,h,* raph.a1 rhod.a1,k zinc.a1,k
• **links**:
◇ **abwechselnd** mit:
• **Jucken** im linken Ohr: agar.
• **rechts**: am-m.
• **rechts**: hell.h,kl
• **Mittagessen**, beim: mag-m.h
• **Naßwerden**, nach: acon.h
○ **oben**: mur-ac.a1,h,*
• **links**: agar.a1,h,* am-c.a1,k arn.a1,k berb.a1,k caust.h,kl chin.a1,h,* cupr-ar. guaj.a1,k nat-c.a1 zinc.a1,k
• **rechts**: aur.a1,k chin.a1,h,* kali-i.a1 lyc.a1 mez.h,kl mur-ac.a1 ol-an.a1 ph-ac.a1,k phos.a1,h,*
▽ **erstreckt** sich zur Schläfe: mez.h,kl
• **unten**: aesc. agar.a1,k alum. bell. mag-c.a1,h,* mag-m.a1,h,* staph.h,kl zinc.a1,k
• **links**: colch.a1,k kali-bi.a1 laur.a1 lyc.h,kl thuj.h,kl zinc.h,kl
• **rechts**: canth.a1,k mag-c.h,kl verb.a1,k
• **Prämolaren**: bamb-a.stb2
• **rechts**: bamb-a.stb2
○ **oben**: bamb-a.stb2
• **Schneidezähne**: carb-an. carb-v. colch.a1 stront-c.
• **morgens**: carb-v.a1,h,*
○ **oben**: am-m.a1 form.a1 kali-n.a1,h,* mag-m.a1,h,* nit-s-d.a1 phos.a1,h,* sul-ac.h,kl
• **unten**: alum.a1,k clem.a1 *Lyc.*h sulph.a1 *Teucr.* zinc.a1,k
• **Zahnwurzeln**: am-m.h,k,* ant-t.hr1,k camph. caust.h,kl colch.a1,k graph.a1,k lach. mag-c.h,kl meph. *Merc.*a1,k ol-an. sabin. staph.a1,k stront-c. *Teucr.* tong.a1 zinc.
• **links** hinten: ant-t.hr1,k cycl.
• **Druck** mit dem Finger amel.: am-m.h,k,*
• **Essen**:
• **beim**: sep.h,k
• **nach**: ant-t.hr1,k sep.h,k
• **herausgerissen**, wie: *Calc.*
• **Mittagessen**:
• **beim**: arn.h,k
• **nach**, amel.: arn.

– **ruckend**: all-c. all-s. alum. *Am-c.* anac. *Ant-c.* apis ars. aur-m. *Bar-c.* bar-m. *Bell.*a1,k benz-ac. berb. borx.c1 bov. *Bry.* **Calc.**a1,k calc-sil.k2 *Carb-an.* carb-v. carbn-s. *Caust.*a1,k **Cham.** *Chin.* chinin-ar. *Clem.* *Coc-c.* cocc-s.hr1,k,* *Coff.* *Con.*a1,k cycl.a1,k **Euph.** hep. *Hyos.* hyper. indg. kali-c.a1,k kali-i.a1,k kali-n. kali-p. kreos. *Lach.* laur.a1,k *Lyc.*bg2,k mag-c. mag-m.h,k,* mag-s. mang.bg1,bg2 meph. *Merc.* mez. nat-ar.k2 nat-c.a1,k nat-s.bg1,bg2 nit-ac. nux-m.a1,k *Nux-v.*h,k,* ox-ac. par. *Phos.*a1,k plat. plb. prun. *Puls.* *Ran-s.*a1,k rat. *Rhus-t.*a1,k *Sep.*a1,k sil. spig.bg2,k,* stann. stront-c. *Sulph.*a1,k syph. tarax.h,kl zinc.a1,k zinc-p.k2
• **morgens**: *Ran-s.*a1 sulph.h,kl
• **Aufstehen**, nach dem: mag-c.h,kl

– **ruckend**: ...
• **vormittags**:
• **9 h**: carbn-s.
• **nachmittags**: sep.a1,h,*
• **abends**: mag-m.a1,h,* petr.a1 sep.h,kl
• **Bett**, im: ant-c.c1 *Bry.*a1,k zinc.
○ **oberen** Backenzähnen, mal in den in den unteren; mal in den:
• **Drücken** mit den Fingerspitzen; beim: *Bry.*
• **nachts**: cycl. mag-c.h,kl **Merc.** rhus-t. sep.h,kl
• **Mitternacht**, nach: alum. sulph.h
• **angespannt** und wieder losgelassen; als würden die Nerven: **Puls.**hr1,k
• **Aufsetzen** im Bett amel.: *Ars.*h,k,*
• **Aufstehen** aus dem Bett amel.; nach dem: alum.
• **ausgerissen**, wie:
• **Nerven** in den Zähnen: ant-c.rb2 coloc.rb2
• **Zähne** ausgerissen; als würden die: astac.kr1 berb. bov.rb2 calc.rb2 cocc. cocc-s.rb2 cycl.rb2 *Euph.*rb2 ind. ip. prun.rb2 rhus-t.rb2
• **Essen**, nach dem: ant-c.c1 *Bry.*a1 kali-c.h,kl nat-c.a1 stann. sulph.h,kl
• **Menses**, während: graph.h,kl
• **Rauchen** (von Tabak):
• **amel.**: spig.
• **beim**: bry.a1,k
• **Streichen** über den Kopf amel.: *Ars.*hr1,k
• **Wasser**; beim Trinken von kaltem: agar.a1,k
▽ **erstreckt** sich zu:
• **Kopf**: rhus-t.
• **Ohr**: anac.c1
• **Schläfen**: ars. hyos.h,kl
○ **Backenzähne**: crot-h. sil.h,kl zinc.h,kl
○ **oben**, rechts: all-s. lyc.h,kl
• **Schneidezähne**, obere: carb-an.
• **Zahnwurzel**, in der: bell. lach. meph.a1

– **schabend**: berb. cham.
○ **Zahnwurzeln** mit einem Messer schaben; als würde man an den: arn.a1,k

– **schießend**
☞ *stechend, fein*

– **Schlägen**, Gefühl von: calc. chin.h nux-v. tarax.

– **schneidend**: acon.k2 alum.h,k,* arn. *Aur.* aur-s.a1 bell.bg2,k benz-ac.bg2,k,* calc.bg2,k,* *Camph.*bg2,k,* daph. graph. ham.bg2,k hydrog.srj2 iod.bg2 kali-c. *Lach.* *Mez.*bg2,k olnd.bg2,k,* petr.bg2,k,* plan.a1,bg2 ran-b. *Rhod.*bg2,k rhus-t.bg2,h,* rob. sep.bg2,k,* sulph.bg2,h,* zinc.bg2
• **abends**, beim Liegen im Bett: alum.h,k,*
• **Freien**, im: alum.
• **Gewitter**, vor: *Rhod.*
• **Liegen**, beim: alum.h,k,*
• **Luftzug**; wie durch einen kalten: sulph.h
• **schießt** durch das Zahnfleisch zu den Zahnwurzeln der Schneidezähne und Eckzähne: camph.hr1,k
• **Unterkieferdrüse** herzukommen; scheint von der geschwollenen: camph.hr1,k
○ **Zahnwurzeln**, in den: camph. iod.h,kl

– **schraubend**: *Bry.*a1,k **Euph.** mag-c.h,kl
• **kaltes** Wasser amel. vorübergehend: bry.

– **stechend**, fein stechend: acon. aesc. *Agar.* all-c. alum. alum-p.k2 alum-sil.k2 *Am-c.* am-m. ambr. ant-c. *Apis* *Asaf.* aur. aur-s. *Bar-c.* bar-m. bar-s.k2 bell. benz-ac. berb. borx. *Bov.* **Bry.** bufo *Calc.* calc-p. calc-sil.k2 *Carb-an.* carb-v. *Carbn-s.* **Caust.** *Cham.* chin. cist. *Clem.* coff. colch. con. crot-h. cub. *Cycl.* daph. *Dros.* echi. *Euph.* euphr. gels. **Graph.** grat. guaj. haem. hell. hep. iod.h *Iris* kali-bi. *Kali-c.* kali-chl. kali-m.k2 kali-n. kali-p. kalm. **Lach.** laur. led.h **Lyc.** lyss. mag-c. *Mag-p.* mang. *Merc.* *Mez.* nat-c. *Nat-m.* *Nit-ac.* nux-m. *Nux-v.* ol-an. *Petr.* ph-ac.h phel. *Phos.* prun. psor. *Puls.* ran-s. raph. rat. rhod. *Rhus-t.* *Sabad.* sabin. *Samb.* sars. **Sep.** *Sil.* spig.h spong. squil. *Staph.* *Stront-c.* *Stry.* *Sulph.* tab. valer. zinc. zinc-p.k2

- **links**: ail. anac. bell. iod. phos. samb. sul-ac. *Sulph.* zinc.h
  - **oben** und unten, Liegen agg.:
    - **gehen**, äußerlicher Druck amel.; muß: ail.
- **rechts**: aesc. bar-c. *Caust.* cycl. echi. gamb. teucr. zinc.
  - **oben**: arn.
- **morgens**: *Camph.* *Dros.* sulph.h
  - **Erwachen**, beim: bell. kali-c.h
- **vormittags**: nat-m.h
- **abends**: bell. borx.h bufo kali-c.h zinc.
  - **Schlaf**, verhindert den: lyc.h
- **nachts**: bufo clem. hell.h kali-c.h nit-ac.h petr.h phos.h *Sil.*
  - **Mitternacht**, nach: alum. bar-m. sulph.h
    - **Aufstehen** amel.; nach dem: alum.
  - **Erwachen**, beim: sulph.h

◆ **begleitet** von:

- **Kopf**; Schmerz im
  ☞ ❑ *Kopf - Schmerz - begleitet - Zähnen*
- **außen**, nach: **Asaf.**
- **Beißen**, beim: am-c. caust. mang.a1 sulph.h
- **Essen**: bry.k2 carb-an.h con. psor. sil.h
  - **amel.**: calc.
  - **nach**: mag-c.h
- **Essig** amel.: puls.h
- **Frost**; während: graph.h
- **intermittierend**: *Asaf.* borx.h
- **kalt**:
  - **Berührung** von Kaltem; bei: *Nit-ac.* *Sulph.*
  - **Luft**; beim Einziehen von kalter: camph.h
- **kitzelnd**: carb-v.h staph.h
- **Luft**; beim Einziehen von: am-c. ant-c. clem.h
- **Menses**:
  - **vor**: sulph.h
  - **während**: graph.h
  - **unterdrückte**, durch: **Puls.**
- **Mittagessen**, nach dem: ambr. calc. nat-c.a1,h
- **raspelnd**: sang.
- **Trinken**, beim: con. *Sulph.*
- **warmen** Speisen; bei Berührung von: bar-c. nit-ac.
- **warmes** Bett amel.: *Lyc.*
- **Wind**, im: camph.h sil.h

▽ **erstreckt** sich zu:

- **Augen**: bov. calc. camph.h nat-m. samb.h sulph.

– **stechend - erstreckt** sich: ...

- **Gesichtes**; zur Seite des: clem.h
- **Jochbein**: gels.
- **Kopfes**; rechte Seite des: *Agar.*
- **Nase**: calc.h
- **Ohr**: borx. bry. calc. gels. lil-t. mang. *Nat-m.* rhod. **Sep.** *Sulph.* **Thuj.**

○ **Backenzähne**: am-c. calc. carb-an.h *Kali-c.* zinc.h

- ○ **oben**: bell. cycl. mez.h nit-ac.h
  - **links**: alum.
  - **rechts**: chin.h hell.h lyc.h phos.h
- **unten**: aesc. *Caust.* coloc.h zinc.h
  - **rechts**, später nur: aesc.
  - ○ **Zahnwurzeln**: sars.
- **Eckzähne**: sep.h zinc.h
- **Schneidezähne**: ambr.h *Kali-c.* lach. nat-m. petr.h rhod. sep. thuj.
  - ○ **oben**: am-m. phos.h spong.h zinc.h
  - **unten**: agar.h mez.h
  - **Zahnwurzeln**: mez.h
- **unten**: aesc. *Carb-an.* euphr.
  - **rechts**: *Agar.*
- **Zahnwurzeln**: mag-c.h sep.h zinc.h

– **stechend**, wie mit einer Nadel: am-c.hr1,k ant-c. bar-m. calc. caust. hell. mag-s. nux-m. phos. prun.

- **nachts**, weckt ihn: calc.
- **Berührung** eines faulen Zahns; bei: am-c.hr1,k
- **Kauen** agg.: am-c.

○ **Backenzähne**; besonders: am-c.hr1,k

– **summend**: hyos.bg2,k meny.bg2 nux-v.bg2 sep.bg2,h,* sulph.bg2,h,* teucr.bg2

– **verstaucht**; wie: *Arn.*a1,k

– **Wehtun** (= unbestimmt, drückend): carc.jl2,mg1,* limest-b.es1 marb-w.es1

– **windend**: nux-v.bg2,k prun.

– **wund** schmerzend (= wie zerschlagen, empfindlich etc.): alum. apis *Arn.* ars. aur. bapt. bar-c. bell. *Bry.* *Calc.* carb-an. carb-v. caul. caust. cham. cina cinnb. colch. crot-h. crot-t. graph. *Ign.* kali-ar. kali-c. kali-p. *Lyc.* mang. med. **Merc.** mez.h *Nat-m.* *Nux-v.* *Phos.* phyt. *Plan.* psor. ptel.c1 *Puls.* rhod. *Rhus-t.* sep. *Staph.* tab. thuj. *Zinc.* zinc-p.k2

- **Druck** amel.: alum.
- **Essen** amel.: *Ign.*
- **Getränke**; durch kalte: *Ars.* bry.
- **Kauen**, beim: ars. *Aur.* calc-sil.k2
- **Luft**; durch Einziehen von: bell.
- **Mahlzeiten**, zwischen den: ign.

○ **Backenzähne**:

- **rechts** oben: alum.
- **links** oben; Backenzahn: limest-b.es1
- **Eckzähne**; besonders: med.c1
- **Zahnwurzeln**, in den: iod.h

– **wundfressend**: calc. carb-v. cham. con. kali-c. merc.bg1,bg2 nicc. phos. puls. spig.h,k1 staph. sul-ac. thuj.

– **zerquetscht**, wie: lyc.bg2,k

○ **Backenzähne**: *Ign.*bg2,k

– **zerschlagen**, wie
☞ *wund schmerzend*

– **zersplittert**, wie: sabin.

– **zerspringen**; als würden sie beim Zusammenbeißen: cinnb.

– **ziehend**: abrot.hr1,k agar.bg2,k,* all-c. all-s. alum.h,k,* alum-p.k2 *Am-c.*bg2,k,* *Ambr.*bg2,k,* *Anac.*h,k,* anan.a1,k ang.bg2,k ant-c. arg-n. ars.h,kl asaf. astac.a1,k aur. aur-i.k2 aur-s.a1,k bad. bar-c.bg2,k,* bar-i.k2 bar-s.k2 *Bell.*bg2,k,* berb. bism.bg2,k borx. *Bov.*bg2,k,* *Bry.*bg2,k,* calad.bg2,k *Calc.*bg2,k,* calc-p.a1,k calc-sil.k2 camph. cann-s.bg2,k canth.bg2,k,* caps.bg2,k,* carb-an.bg2,k,* **Carb-v.**bg2,k,* *Carbn-s.* card-b.a1 *Caust.*bg2,k,* **Cham.**bg2,k,* *Chel.*a1,k chim.hr1,k chin.bg2,k,* *Clem.*bg2,k,* *Coc-c.*a1,k *Cocc.*hr1,k cocc-s.a1,hr1 *Coff.*bg2 colch.bg2,k,* *Coloc.*a1,hr1 *Con.*bg2,k,* crot-t. *Cupr.*bg2 cycl.bg2,k daph. fl-ac. *Glon.*a1,k **Graph.**bg2,k,* guaj. hep.h,k,* hyos.bg2,k,* hyper. iod.bg2,k,* kali-bi.bg2,k,* kali-c.bg2,k,* kali-i.a1 kali-n.bg2,k kalm.a1,k kreos.bg2,k *Lach.*bg2,k,* led. lyc.bg2,k,* lyss. *Mag-c.*bg2,k,* mag-m.a1,k mang.bg2 meph.bg2,k,* **Merc.**bg2,k,* *Merc-c.*a1,k merc-i-f. mez.bg2,k,* mosch.bg2 naja nat-c.bg2,h,* *Nat-m.*bg2,k,* nat-s.bg2,k nit-ac.bg2,k,* nux-m.bg2,k,* *Nux-v.*h,k,* ol-an. olnd.bg2,k par.bg2,k,* petr.bg2,k,* ph-ac.bg2,k,* phos.bg2,k,* *Plat.*bg2,k,* *Puls.*h,k,* ran-b. *Ran-s.*bg2,k,* *Rhod.*bg2,k,* rhus-t.bg2,k sabad.bg2,k,* sabin.bg2,k sars.bg2,k *Sep.*bg2,k,* sil.bg2,k spig.bg2,h,* *Staph.*bg2,k,* *Sulph.*h,k,* tab. tarax.bg2,k ter. teucr.bg2 thuj.bg2,k valer.bg2 verat.bg2,k,* zinc.bg2,k,* zinc-p.k2

- **morgens**: chel.a1 chin.a1 mang.h,kl phos.h,kl *Ran-s.*a1,k staph.a1,k sulph.a1,k
  - **10** h: anac.
- **Mittag** hin, zum: aphis zinc.h
- **nachmittags**: canth.a1,k carb-an.h,k,* cocc.h coloc.a1,k
  - **17** h: zing.
- **abends**: alum.a1,k bov.a1,k bry.a1,k canth.a1 hep.h,k,* *Kali-c.*a1,h puls.hr1,k sulph.a1
  - **Bett**, im: *Kali-c.*
  - **Legen** auf die rechte Seite; verschwindet nach dem: alum.
  - **Schlaf**, verhindert den: lyc.h
- **nachts**: am-c.a1,k ambr.a1,k bell.a1,k calc.h,kl carb-an.a1,k *Cham.*a1 clem.k2 *Hep.*hr1 mag-c.a1,k nat-c.a1,k nat-m.h,k,* nit-ac.a1,k sep.h,kl sulph.a1,h,*
  - **Hinlegen**, beim: canth. olnd.
- **anfallsweise**: cocc-s.a1 kali-c.h,kl
- **angespannt**; als seien die Nerven: anac. coloc.h,k,* **Puls.**
- **Beißen**, nur beim: am-c.a1,k
- **beißend**: carb-v.h
- **Berührung**:
  - **agg.**: coc-c.k2
  - **Zunge**; bei Berührung mit der: borx.c1
- **Bett** agg.; im: aphis *Kali-c.*
- **drückend**: ars.
- **Essen**:
  - **amel.**: am-c.a1,k ambr.h,k,* *Cham.*h,k,*
  - **beim**: am-c.a1,k bry.a1,k carb-an.h,kl cocc-s.a1,hr1 con.a1,k hep.c1 sabin.c1 sep. verat.
  - **nach**: bry.a1,k *Cham.*h,k,* *Hep.*hr1,k kali-c.h,kl nat-m.a1,h,* staph.h,kl
  - **kalte** Speisen: *Con.*a1,k

– **ziehend**: ...

- **Freien**, im: chin.a1,k *Nux-v.*a1,k sabin.c1 sep.a1,k *Sulph.*h,k,*
  - **amel.**: chin. hep.h,kl puls.hr1,k
- **Gehen**:
  - **beim**: camph.
  - **Freien**, im: *Con.*
- **geistiger** Anstrengung, bei: *Nux-v.*
- **Gewitter**, vor: rhod.a1,k
- **glucksend**: berb.
- **intermittierend**: calc.a1,h,* sil.a1,h,*
- **kalt**:
  - **Anwendungen**; kalte: borx.c1
  - **Finger** amel.; kalter: ang.
- **Kälte**:
  - **amel.** oder vorübergehend beseitigt durch Kälte: ambr.hr1
  - **durch**: coc-c.k2 *Nux-v.* **Sep.**
    - **amel.**: ambr.
- **lanzinierend**, als würde ein Luftstrom einströmen: ambr.
- **Lesen**, beim: all-s.hr1,k
- **Menses**, während: **Am-c.**h,k,* sep.hr1,k,*
- **Musik**, durch: ph-ac.
- **plötzlich**: carb-an.h,kl coc-c.a1,k
- **pulsierend**: cocc-s.a1,hr1 hyos.hr1,k sep. sulph.a1,h zinc.h,kl
- **reißend**: abrot. am-c.h
- **ruckend**: puls.a1,h zinc.h,kl
- **Schweiß** amel.: aphis
- **wandernd**: ambr.a1,k hyos.h,k,*
- **warm**:
  - **Anwendungen** agg.; warme: ambr.
  - **Flüssigkeiten**, durch warme: am-c. nux-v.a1,k **Sep.**a1,k
  - **Zimmer**, im warmen: hep.h,hr1,* **Puls.**hr1,k
- **zuckend**: plat.h,kl

▽ **erstreckt** sich zu:
- **anderen** Teilen, zu: alum.
- **Augen**: chel. kali-c.h nat-m.
- **Hals**; zum äußeren: *Alum.*
- **Hals**; zum inneren: nat-m.
- **Kehlkopf**: alum. nit-ac.
- **Kopf**: borx.c1
  - **Seite** des Kopfes: alum. apis
- **Ohr**: alum. am-c. *Ammc.* anac. aphis bar-c. cocc-s. iod.h kali-c.h **Kreos.** *Nat-m.* sep.h
- **Orbitalbogen**: tarax.h
- **rechten** Seite; andere Zähne auf der: aphis
- **Schläfe**: alum.h con.h
  - **rechts**: bar-c. kreos.
- **Schultern**: alum.
- **Wange**: am-c. sep.
- **Wangenknochen**: alum. aphis con.h
  - **und** zur Schläfe; von den unteren Schneidezähnen zum Wangenknochen: alum.

○ **Backenzähne**: acon.a1 anac.bg2 arg-n.a1 asar.bg2,h,* bism.bg2,h,* bry.bg2,k,* calad.bg2 carb-an.a1,h,* carb-v.bg2,h,* chel.a1 chin.bg2 coc-c.a1 coff.bg2 croc.bg2 graph.bg2,h,* kali-c.a1 nux-v.bg2 olnd.bg2,k par.bg2 petr.h,kl plat.bg2 ran-s.bg2 rhod.bg2 sep.h,kl staph.bg2 sulph.bg2,h,* teucr.bg2 zinc.bg2

• **Backenzähne**: ...
• **links**: calad. carb-an. carb-v.$_{bg2}$ con.$_{h,kl}$ croc.$_{bg2}$ kali-bi.$_{bg2}$ kali-c.$_{bg2}$ kreos. olnd.$_{bg2}$ rhod.$_{bg2}$
• **rechts**: ambr. bell. carb-v.$_{bg2}$ caust.$_{bg2,h,*}$ mang.$_{bg2,h,*}$
▽ **erstreckt** sich zu:
• **Schläfe**: caust.$_{a1,h,*}$
• **Stirn**: sep.$_{a1,h,*}$
○ **oben**: ambr.$_{bg2,k,*}$ ang.$_{bg2,k,*}$ bell.$_{bg2,k,*}$ canth.$_{bg2}$ kali-n.$_{bg2}$ mez.$_{bg2,h,*}$ plat.$_{bg2}$ *Ran-s.*$_{bg2}$ **Sep.**$_{bg2,k,*}$ teucr.$_{bg2}$ zinc.$_{bg2,h,*}$
• **unten**: anac.$_{bg2,k}$ camph. mag-c.$_{bg2,h,*}$ phos.$_{bg2,h,*}$ plat.$_{bg2}$ sep.$_{bg2,h,*}$ zinc.$_{bg2,h,*}$
• **oben**: ang.$_{h,k,*}$ bell.$_{bg2,k}$ chin.$_{bg2}$
• **rechts**, die ganze Nacht: bell.
• **kalter** Finger amel.: ang.
• **Schneidezähne**: ambr.$_{bg2}$ calc.$_{bg2}$ chin.$_{bg2}$ colch.$_{a1,bg2}$ iod.$_{bg2}$ kali-c.$_{bg2}$ merc.$_{bg2}$ nux-v.$_{bg2}$ petr.$_{bg2}$ phos.$_{bg2,h,*}$ plat.$_{bg2}$ *Staph.*$_{bg2}$ sulph.$_{bg2}$ zinc.$_{bg2,h,*}$
• **einzelner** Schneidezahn: ambr.$_{h,k,*}$
○ **oben**: agar.$_{a1,k}$ ang.$_{bg2,k,*}$ camph. canth.$_{bg2}$ carb-v.$_{bg2,h,*}$ chel.$_{a1}$ grat.$_{a1,k}$ kreos.$_{a1,k}$ mez.$_{a1}$ petr.$_{a1,h,*}$ sep.$_{h,kl}$ zinc.$_{a1,h,*}$
• **unten**: agar.$_{bg2,k,*}$ alum.$_{a1,k}$ arg-n.$_{a1}$ asaf.$_{a1,k}$ aur-m-n.$_{a1}$ carb-v.$_{h,kl}$ cham.$_{bg2}$ coc-c.$_{a1}$ colch.$_{a1}$ coloc.$_{a1}$ kreos.$_{a1,k}$ led.$_{a1}$ nat-s.$_{a1}$ sil.$_{bg2,h,*}$ sulph.$_{a1}$ thuj.$_{a1}$ *Zinc.*$_{bg2,k,*}$
• **unten**: arg-n.$_{a1}$ fl-ac.
○ **Schneidezahn**: crot-t.
• **Zahnwurzeln**, in den: anac. caust.$_{h,kl}$ iod.$_{h,kl}$ staph.$_{a1,k}$
• **gesunden** Zähne, der: ther.$_{a1}$
– **zuckend**: all-c. ant-c. apis ars. aur.$_{h,kl}$ aur-m. bell.$_{a1,k}$ bry. calc.$_{a1,k}$ caust.$_{a1,k}$ chel. cist. *Clem.* coff. coloc.$_{hr1,k,*}$ cupr-ar. hep. hyos. *Lach. Merc. Mez.* mur-ac.$_{a1}$ nit-ac.$_{h,kl}$ *Nux-v. Phos. Puls.* sulph.$_{h}$ thuj.$_{h,kl}$
• **links**: calc.$_{a1,k}$ zinc.$_{a1}$
• **rechts**: spig.
• **Bettwärme** amel.: spig.
▽ **erstreckt** sich zum Ohr: hep.$_{h,kl}$
• **und** Auge: clem.$_{h,kl}$
– **zupfend**: chin.$_{a1,h,*}$ kali-c.$_{a1,h,*}$ zinc.$_{h,hr1,*}$
– **zusammenziehend**: borx. cann-s. carb-an. carb-v.$_{bg2,k}$ nit-ac. petr.$_{bg2,h,*}$ stann.$_{a1,h,*}$
– **zwickend**: am-c. *Aran.* carb-v.$_{a1,h,*}$ iod.$_{a1,h,*}$ kali-c.$_{h,kl}$ lyc.$_{a1,h,*}$ mag-c.$_{h,kl}$
• **kalte** Getränke, durch: carb-an.

Schmutzig aussehend: *All-c.* aur-m-n. caps.

Schwächegefühl in den Zähnen: am-c.$_{h}$ merl.$_{h}$

Schwammig, fühlen sich: nit-ac.$_{a1,k}$

Schwellung; Gefühl von: spong.$_{h,kl}$

Schweregefühl: cocc. fl-ac.$_{bg1,bg2,*}$ sabin. sep. verat.$_{h,kl}$

Sordes: **Ail.** alum. *Apis* arn.$_{k2}$ **Ars. Bapt.** *Bry. Cact.* cadm-s. cal-ren.$_{c2}$ *Camph. Carb-ac. Carb-v.* **Chin.** *Dig. Gels.* **Hyos.** *Iris Kali-p.* lac-c.$_{k2}$ lach.$_{k2}$ *Merc. Merc-c. Mur-ac.* ox-ac. *Petr.* **Ph-ac. Phos.**

Sordes: ...
Plb. Pyrog. **Rhus-t.** sec. sil-mar.$_{c2}$ *Stram. Sul-ac.* sulph. tab. tub.$_{a1,c1,*}$
☞ *Schleim*
– **blutig**: plan.$_{a1,k}$ sec.$_{a1,k}$
– **braun**: *Apis Cact. Colch. Kali-p. Vario.*
– **dunkel**: *Chin.* **Fl-ac.** tab.$_{a1,k}$
– **schwarz**: **Chin.** *Con.* lach.$_{k2}$

Spannung: anac. coloc.$_{hr1,k}$ hyper.$_{a1,k}$ merc-i-f.$_{bg1,bg2}$ nat-m. phos.$_{a1}$ **Puls.** sil.$_{a1,h,*}$ ther.$_{a1,k}$
– **rechts**: bar-c.$_{a1,k}$

Stellung der Zähne verändert; als hätte sich die
☞ *Bewegt*

Stumpf, wie: acon. agar.$_{h}$ **Am-c.** amph.$_{a1}$ ars. asaf. *Aur.* bell. berb. brom. cain. caps. carbn-s. caust. cench.$_{k2}$ chin. colch. cop. cor-r. daph. *Dulc.* ferr-ma. fl-ac. *Iod.* iris$_{bg3}$ kali-c.$_{h}$ kali-chl. kali-m.$_{k2}$ **Lach.** lith-c. lyss. merc. **Mez.** *Nat-m.* ox-ac. parth.$_{gm1}$ ph-ac. phos. ran-s. *Rob.*$_{bg1,bg2}$ *Sep.* sil. spong. staph.$_{h}$ stront-c. *Sul-ac. Sulph. Tarax. Zinc.*
– **links**: cor-r.
– **nachts**: mez.$_{h}$
– **Aufstoßen**, bei saurem: petr.$_{h}$
– **bedeckt**; wie mit Kalk: nux-m.
– **Erbrechen**, bei saurem: sacch.
– **Kauen**, beim: spong.$_{h}$ tarax.$_{h}$
– **Menses**, während: *Merc.*
– **schmerzhaft**: lyc.$_{h}$

Taubheitsgefühl: chin. petr.

Trocken, wie: asaf.$_{bg2}$ chin.$_{bg2}$ ign.$_{bg2}$ merc-i-f.$_{bg1,bg2,*}$ rhus-t.$_{bg2}$

Unregelmäßige Bildung der unteren Zähne bei einem skrofulösen Kind mit Erkrankung des Mesenteriums: phos.$_{hr1,k}$

Unterentwickelt, verkümmert, klein: *Syph.*$_{a1,k}$

Verdreht, Gefühl wie: lact.

Verformt, deformiert:
– **verdreht**: syph.$_{k2}$

Verklebt
☞ *Kleben*

Verlängerungsgefühl: agar.$_{bg2,k,*}$ all-c.$_{a1,k}$ *Alum.*$_{bg2,k,*}$ *Am-c.*$_{bg2,k}$ amph.$_{a1}$ anac.$_{a1,k}$ **Ant-t.** arg-n.$_{bg2,k}$ arn.$_{bg2,k,*}$ *Ars.*$_{bg2,k}$ ars-i. *Aur.*$_{bg2,k,*}$ aur-ar.$_{k2}$ aur-i.$_{k2}$ aur-s.$_{k2}$ bell.$_{bg2,k,*}$ berb.$_{a1,k}$ *Borx.* bov.$_{bg2}$ brom. *Bry.*$_{bg2,k,*}$ bufo calad. *Calc.*$_{bg2,k,*}$ calc-sil.$_{k2}$ *Camph.*$_{bg2,k,*}$ caps.$_{bg2,k,*}$ carb-an.$_{bg2,k,*}$ *Carb-v.*$_{bg2,k}$ caul. **Caust.**$_{bg2,k}$ **Cham.**$_{bg2,k}$ chel. chinin-s. chr-ac.$_{a1,k}$ cinnb. clem.$_{bg2,k,*}$ cob. cocc.$_{bg2,k}$ *Colch.*$_{bg2,k,*}$ com. crot-h. daph. ferr.$_{a1}$ form.$_{a1,k}$ gamb.$_{a1,k}$ *Glon.* gran.$_{a1,k}$ hell.$_{bg2,k}$ *Hep.* hyos.$_{h,k,*}$ iod. iris kali-c.$_{bg2,h,*}$ *Kali-i.*$_{a1,k}$ kreos.$_{bg2,k,*}$ **Lach.**$_{bg2,k,*}$ lachn. laur.$_{bg2,k,*}$ lil-t.$_{a1}$ *Lyc.*$_{a1,k}$ **Mag-c.**$_{bg2,k,*}$ mag-m.$_{bg2,k,*}$ *Merc.*$_{bg2,k}$ *Merc-c. Merc-i-f.* **Mez.**$_{bg2,k,*}$ mur-ac. *Nat-m.*$_{bg2,k,*}$ nat-s.$_{a1,k}$ nicc.$_{bg2,k}$ *Nit-ac.*$_{bg2,k}$ nux-m. *Nux-v.* pall.

Verlängerungsgefühl: ...
parth.br1,bro1,* petr.bg2,k,* *Phyt.*bg2,k,* *Plan.*a1,k ptel.a1,k rat.a1,k *Rhus-t.*bg2,k,* sanic. *Sep.*bg2,k,* *Sil.*bg2,k,* spig. spira.a1 spong. stann.bg2,k *Staph.*bg2,k *Sulph.*bg2,k,* vip. wies.a1 *Zinc.*bg2,k
– **morgens**: ars.h,k1 petr.a1,h,* plan.a1
– **nachts**:
• **Bett**; im: anac. mag-c.h
– **Bett**; im: lachn.c1
– **faule** Zähne: bov.a1,bg2 brom.a1 carb-an.a1,h,* *Clem.*hr1 *Cob.*a1 cocc.a1 *Hep.*a1,k hyos.bg2,h,* lach.bg2 *Plb.* rheumh rhus-t.bg2,h,* sep.bg2
– **Freien** agg.; im: alum. cob.
– **Kauen**, beim: alum. brom. chel. hyos.h,k,*
○ **Eckzähne**: petr.bg2,h,*
– **Schneidezähne**: agar.bg2,k,* bell.bg2,k,* gamb.a1,k *Lyc.*a1 mag-m.bg2,k pall. rat. sep.bg2,h,* sulph.a1,h,* tep.a1

Verschleimte Zähne
☞ *Schleim*

Warm; Gefühl, als wären die Zähne: chel.bg1
○ **oben**:
• **links**: *Fl-ac.*

Wasser kommt heraus; saures, sinkendes: nicc.

Weich, fühlen sich: *Caust.* cinnb. coch. lepi.a1,k med. merc. *Nit-ac.*a1,k nux-m.a1,k sul-i.a1 zinc.

Weisheitszähne; Beschwerden durch das Heraustreten der: *Calc.* cham.st,k12● chap.c,c1 cheir.h ferr-pic.st *Fl-ac. Mag-c. Sil.*

Wildem Fleisch; umgeben von: alumn.hr1,k

Wurmes; Gefühl eines: syph.c1

Zähneklappern: *Agar.*hr1 alum.gsy1 bar-c.a1,k calc.a1,k calc-caust.c1 carb-v.a1,h,* cinch.a1 cocc. gels.hr1 ip. kali-p. lach.ptk1 nat-m.k2 nat-s.c1 nux-v.ptk1 phos.h,k,* rad-br.br1 sphing.kk3
– **morgens**, beim Erwachen: phos.a1,h,*
– **Frost**:
• **während**: am-c.h camph.h caps.h cupr.h hep.h ip.h kali-n.h phos.h plat.h sars.h stann.h sulph.h
• **ohne**: gels.hr1
– **Furcht**; aus: elapsptk1
– **Getränke**:
• **kalte** Getränke:
• **nach**: elapsa2
– **nervös**: gels.hr1 kali-p.hr1,ptk1
– **Schlaf**:
• **im**: puls.ptk1
– **Schmerz** im Gesicht; mit: sul-ac.ptk1
– **Zittern**, mit innerlichem: ant-t.

Zähneknirschen: *Acon.*a1,k alco.a1 ant-c.a1,k **Apis** *Arn. Ars.*a1,k *Art-v.* asaf.k,k2 atro. aur. bar-c. **Bell.**a1,k *Bry. Calc.* camph.a1,k *Canth.*a1,k *Carb-ac.* cass.a1 *Caust.*a1,k *Cham. Cic.*a1,k cic-m.a1 *Cina* coff. colch.a1,k con.a1,k *Crot-h. Cupr. Glon.*bg1,vh,* *Grat. Hell.* **Hyos.**a1,k ign. kali-c.a1,h *Laur. Lyc.*a1,k lyss.hr1,k *Merc.* morph.a1,k nux-v.a1,k op. phos. *Phys.*bro1 *Plb.*a1,k *Podo.* sec.a1,k *Sep.* spig.bro1 *Stram.*a1,k *Sulph.* syph. tab.a1,k thuj. *Tub.*k2,vh,*

Zähneknirschen: ...
Verat. Zinc.
☞ *□ Gesicht - Kaubewegungen*
– **morgens**, sobald er aufwacht: ant-c. conv.
– **Epilepsie**: *Bufo* coff.ptk1 hyos.ptk1 sulph. tarent.
– **Frost**; während: ant-c. apis ars. *Calc.* cham. lyc. phos. stram.
– **Gehirns**; bei Beschwerden des: grat.k2
– **konvulsivisch**: ars. *Bell. Caust. Coff.*h,k,* ferr. ferr-m.a1 lyc. phos. *Zinc.*
– **Menses**; gegen Ende der: verat.h,k,*
– **Raserei**, Tobsuchtsanfall; bei: acon. ars. *Bell. Hyos.* lyc. phos. sec. *Stram.*
– **Schlaf**, im: *Acon.* agar.a1,k *Ant-c.* **Ars.**a1,k asaf. aur-ar.k2 aur-s.k2 **Bell.**a1,k *Bry.* calc. *Cann-i.*k,vh/dg carl.a1,c1 caust. **Cina** clerod-i.bnj1 *Coff.* colch.a1,k con. *Crot-h.* emb-r.bnj1 gran.a1 *Hell. Hyos. Ign. Kali-br. Kali-c.* kali-p. lac-d. *Merc.*a1,k *Mygal.* nat-p.k,k2 plan.a1,k *Plb. Podo.* psor. *Santin.* sep. *Stram.* sulph.fs thuj. **TUB.**k,vh/dg *Verat. Zinc.* zinc-m.a1
– **sexueller** Erregung; bei: agn.a1
– **Sitzen**, im: ant-c. ars.
– **Zorn**, durch: kali-c.a1,h,*

Zähneputzen, Reinigen der Zähne:
– **agg.**
☞ *□ Allgemeines - Zähneputzen - agg.*

Zahnfistel
☞ *□ Mund - Fisteln - Zahnfleisch*

Zahnfleischfistel
☞ *□ Mund - Fisteln - Zahnfleisch*

Zahnnerven; Verletzungen der: hyper.

Zahnschmelz; zu wenig: *Calc-f.* merc.a1 sil. tab.a1

Zahnung:
– **Beschwerden** während der
☞ *schwierig*
– **langsam**: aster.ggd,j1 **Calc.**hr1,k calc-f.sf,sf1 **Calc-p.**hr1,k,* cham.pd *Ferr.*hr1 *Fl-ac.*hr1,k mag-c.hr1,k *Mag-m.*hr1,k merc.sf,sf1 nep.j1 phos.sf,sf1 *Phyt.*hr1 **Sil.** sulfa.j1 sulph.sf1 tarent.ggd thuj.sf,sf1 **Tub.**bg3,k1,* *Zinc.*hr1
– **schwierig**: **Acon.**bg2,hr1,* *Aeth.*hr1,kr1,* agar.zr am-c.bg2 *Ant-c.*hr1,kr1 *Ant-t.*hr1,kr1 *Apis*kr1 *Arn.*hr1,kr1 **Ars.**bg2,hr1,* arund.c,c1 *Bell.*bg2,hr1,* *Bism.*hr1,kr1 **Borx.**bg2,kr1,* *Bry.*bg2,hr1,* **Calc.**bg2,k,* calc-f.bg2,mg1,* **Calc-p.**bg2,k,* *Canth.*hr1,kr1 *Caust.*hr1,kr1,* **Cham.**bg2,k,* cheir.bro1 chlol.hr1,kr1 chlor.c,c1 cic.bg2,k cimic.c,c1 *Cina*bg2,kr1,* *Coff.*bg2,k2,* *Colch.*bg2,hr1,* *Coloc.*hr1,kr1 cupr.bg2,k cypr.br1 dol.c1,kr1,* *Dulc.*hr1,kr1 *Ferr.*bg2,hr1,* *Ferr-p.*hr1,kr1,* *Gels.*hr1,kr1,* *Graph.*hr1,kr1 *Hecla*c1,c2 *Hell.*hr1,kr1 hep.bg2,k hyos.bg2,k *Ign.*bg2,k *Ip.*bg2,hr1,* *Kali-br.*bro1,hr1 *Kreos.*bg2,k *Lyc.*hr1,kr1 *Mag-c.*bg2,hr1,* **Mag-m.**bg2,hr1,* mag-p.br1,kr1,* *Meli.*hr1,kr1 *Merc.*bg2,j5,* *Merc-c.*bg2 mill.c,c1 nat-m.c,c1 nit-ac.bg2 *Nux-m.*bg2,hr1,* **Nux-v.**bg2,hr1,* op.bg2 passi.c,c1 phos.bg2 *Phys.*hr1,kr1,* *Phyt.*hr1,k,* plat.c,c1 plect.c,c1 *Podo.*bg2,k *Psor.*hr1,kr1 puls.bg2 *Rheum*c1,k,*

– **schwierig**: ...
*Rhus-t.*bg2,hr1,* scut.c,c1 sec.bg2,k,* sep. **Sil.**bg2,k,* sol-ni.bro1 stann.bg2,k,* **Staph.**bg2,j5,* stram.bg2,hr1,* sul-ac.hr1,kr1 **Sulph.**bg2,j5,* syph.c,c1 *Ter.*c,c1 thuj.bg2 til.c,c1 tub.bg2,c tub-k.c,c1 *Verat.*hr1,kr1 *Zinc.*bg2,hr1,* zinc-br.c,c1
☞ ❑ *Allgemeines - Konvulsionen - Zahnung* / ❑ *A~ Schwäche - Zahnung*
• **Diarrhoe**; mit
☞ ❑ *Rektum - Diarrhoe - Zahnung*
• **Fieber**; mit
☞ ❑ *Fieber - Zahnung*
• **Speichelfluß**; mit
☞ ❑ *Mund - Speichelfluß - Zahnung*
• **Würmer** bei Kindern; Beschwerden durch
☞ ❑ *Rektum - Würmer - Beschwerden - Zahnung*
• **Weisheitszähne**: *Calc.* cheir. ferr-pic.st *Fl-ac.* *Mag-c.* **Sil.**k1,st

Zucken in den Zähnen: kali-c.h kali-n.h mur-ac.h nat-c.h
○ **Backenzähne** oben: am-m.bg1 *Glon.*bg1,vh,* phos.bg1
– **Spitzen**, in den: sulph.h

Zupfen: zinc.h

Zusammenbeißen der Zähne:
– **agg.**
☞ ❑ *Allgemeines - Beißen - Zusammenbeißen - agg.*
– **amel.**
☞ ❑ *Allgemeines - Beißen - Zusammenbeißen - amel.*
– **Angst** davor, die Zähne zusammen zu beißen
☞ ❑ *Gemüt - Furcht - beißen*
– **plötzlich** unwillkürlich: apis
– **Schlaf**; im: marb-w.es1
– **unmöglich**:
• **nachts**: chim.
– **Verlangen**, die Zähne zusammenzubeißen; ständiges: acet-ac. acon. agar. ambr. anan. bufo camph. cann-i. caust. cob. cocc. cupr. *Hyos.* iod. lach.bg1,bg2 laur. *Lyc.* mang. merc-i-f. nux-v. **Phyt.** *Podo.* scut.c1 stry. tarent.
☞ *Beißen*
• **fest** zusammengebissen: alum. *Bell.* camph. cic. *Hyos.* merc. podo. stram. sulph.h
• **nachts**: *Hydr-ac.*vh sep.k1 *Ther.*vh
• **Mitternacht**; nach: chinin-s.
○ **Backenzähne**: sep.h

Zusammenpressen der Zähne jagt einen Schock durch Kopf, Ohren und Nase: am-c.hr1,k

Ablagerung auf den Tonsillen; käsige ●: *Chen-a.*hr1,k *Kali-chl.* *Kali-m.* vip.

Abszeß
☞ *Eiterung*

Adstringierendes, zusammenziehendes Gefühl: ail.a1,k kali-cy.a1 naja phyt.a1,k

Ameisenlaufen
☞ *Kribbeln*

Anästhesie: *Acon.* *All-c.* arg-met. *Gels.* *Kali-br.* kali-c. mag-s. olnd. verat-v.
☞ *Gefühllosigkeit*

Angina
☞ *Entzündung*

Angst und Befürchtungen im Hals: cann-s.a1,vh
☞ ❑ *Gemüt - Furcht - Halses*

– **Beklemmung** in den Tonsillen; mit: am-m.vh

Apfelbutzen steckengeblieben; als wäre ein
☞ *Fremdkörpers - Apfelbutzen*

Aphthen: *Aeth.*a1,k ars.a1,k arum-t. *Bell.*a1,k borx.k2 *Bry.*hr1,k *Canth.*hr1,k carb-v.k2 eucal.bro1 *Gels.* *Hydrin-m.*bro1 **Ign.** *Kali-chl.* lach.k2 med.c1 nit-ac.bro1 plb.a1,k sul-ac.a1,k2 sulph.
☞ ❑ *Allgemeines - Aphthen*

○ **Tonsillen**, an den: *Bell.* calc. *Gels.* *Myric.*hr1

Auftreibung; Gefühl von: mag-c.h sulph.h upa.bg1

○ **Ösophagus**: aur.h hyper. op. phyt.hr1 upa.bg1,vh verat.

Auseinander gezogen; als würde der Hals: mag-c.h

Beißendes Gefühl im hinteren Teil der Fauces zwischen den Schluckakten: ambr.a1,k1

Belag (= Exsudat, Diphtherie): *Acet-ac.* ail. *Am-c.* ant-t. **Apis** arg-n. **Ars.** ars-i. *Arum-t.* *Bapt.* bar-c. bar-i.k2 bar-s.k2 bell. **Brom.** bry. calc-p. canth. *Caps.* *Carb-ac.* chinin-ar.k2 chr-ac.br1 *Con.* *Crot-c.* *Crot-h.* cupr-act. diph.ptk1 *Echi.* *Elaps* hep. ign. *Iod.* **Kali-bi.** **Kali-chl.** kali-i.bg3,k2 kali-m.k2 kali-p. kali-perm. *Kreos.* **Lac-c.** **Lach.** *Lachn.* **Lyc.** manc.ptk2 *Merc.* *Merc-c.* *Merc-cy.* *Merc-i-f.* *Merc-i-r.* *Mur-ac.* naja *Nat-ar.* *Nat-m.* *Nit-ac.* **Phos.** **Phyt.**c2,k **Rhus-t.** sabad. sal-ac. *Sang.* *Sec.* *Sul-ac.* sul-i.k2 *Sulph.* tarent.k2 *Thuj.* tub.c1
☞ *Diphtherie*

– **links**: bell. brom. crot-h. lac-c. **Lach.** *Manc.* *Merc-i-r.*
  • **abwechselnde** Seiten: **Lac-c.**
  ▽ **erstreckt** sich zu:
    • **rechts**: lac-c. **Lach.** naja petr. sabad.bro1 xan.bg1

– **rechts**: *Apis* ign. lac-c. **Lyc.** *Merc.* *Merc-i-f.* phyt. rhus-t.
  ▽ **erstreckt** sich nach links: lac-c. **Lyc.** *Sulph.*

◆ **begleitet** von:
  • **Nase**; Verstopfung der: am-c. hydr. *Kali-m.* *Lyc.* *Merc-cy.*

Belag - begleitet von: ...
  • **Schnupfen**: am-c. *Ars.* **Arum-t.** *Carb-ac.* chlor. crot-h. *Ign.* **Kali-bi.** kali-perm. *Lac-c.* *Lach.* *Lyc.* *Merc-c.* *Merc-cy.* *Merc-i-f.* *Mur-ac.* **Nit-ac.**

– **bläulich**: carb-ac. chinin-ar. lach. merc-cy. merc-i-r.

– **blutgestreift**: kali-bi.

– **bräunlich**: iod.

– **dick**: ars. iod. ip.hr1 merc-cy.k2 sul-ac.

– **dunkel**: bapt. chinin-ar.k2 phyt.

– **dünn**: lac-c. merc-cy.

– **durchsichtig**: merc-i-f. merc-i-r.

– **elastisch**: kali-bi.

– **faulig**: bapt. carb-ac. merc-cy.

– **Flecken**: canth. *Kali-chl.*hr1 kali-m.k2 merc-i-r. *Mur-ac.*hr1
  • **isoliert**: kali-bi.
  • **kleine** Flecken: ail. apis *Ars.*bg1 canth. iod. kali-bi. lac-c. lach.bg1 merc-i-r.
  • **weiß**: lach.bg1

– **Gefühl** eines Belags: hydrog.srj2

– **gelb**: apish kali-bi. lac-c.hr1,k lach. merc. *Merc-cy.* *Merc-i-f.* **Nat-p.** nit-ac. rhus-t. *Sul-ac.* *Sulph.*hr1,k zinc.

– **gerunzelt**: **Ars.**

– **glasiert**, glänzend, wie mit Lack überzogen: *Lac-c.*

– **grau**: ant-t.hr1 apis ars.k2 carb-ac. *Con.* *Iod.* kali-bi.hr1,k kali-m.k2 lac-c.hr1,k lach. lyc. merc. merc-cy. merc-i-f. *Mur-ac.* najak2 nat-ar. nit-ac. **Phyt.** sanic. sul-ac. sul-i.k2

– **grünlich**: elaps *Kali-bi.* *Merc-cy.*

– **knotig**: kali-i.k2

– **ledern**: kali-n.h,k1 merc-cy.

– **lose**, locker: lac-c. merc-i-f. merc-i-r.

– **perlfarben**: kali-bi. **Lac-c.** *Sang.*

– **Prophylaxe**: apisptk1 diph.ptk1 merc-cy.ptk1

– **Putzleder**: bapt. **Phyt.**

– **quarkig**: lac-c.

– **reichlich**: carb-ac. lach. lyc. merc-c. sul-ac.

– **schmerzlos**: apisptk1 carb-ac.ptk1 *Diph.*bro1,ptk1

– **schmutzig** aussehend: apis lac-c. *Merc-c.*hr1

– **spärlich**: apisk2 lach.k2 merc-i-f. merc-i-r.

– **tiefsitzend**: ail. apis kali-bi. nit-ac.

– **trocken** und schrumpelig: *Ars.*

– **unregelmäßig**: lac-c. merc-i-f.

– **wandernd**: *Lac-c.*

– **weiß**: am-caust. *Apis* *Ars.* iod. ip.hr1 kali-bi.hr1,k **Kali-chl.**hr1,k kali-m.k2 kali-p.k2 kreos. **Lac-c.** *Lach.* lyc. *Merc.* *Merc-c.* *Merc-cy.* merc-i-f. *Mur-ac.*hr1,k nat-ar. **Nit-ac.** nux-m. ox-ac. **Phyt.** stram. *Sul-ac.* zinc.

▽ **erstreckt** sich zu:
  • **Bronchien**: brom.k2
  • **Kehlkopf**: brom. **Kali-bi.**
  • **Nase**: brom.bro1 kali-bi. lyc. merc. *Merc-c.* merc-cy. *Nit-ac.* sulph.

○ **Fauces**: caps. merc-cy.

– **Hals**; der gesamte: am-c. ars. kali-perm. merc-cy.

– **Rachen**, an der hinteren Wand: am-caust. canth. *Kali-bi.*hr1 *Lac-c.*hr1 merc-i-f. mur-ac. *Sulph.*hr1,k
– **Tonsillen**: ail. am-caust. *Apis* carb-ac.vh cupr-act. ign. iod. *Kali-bi. Kali-i.* kali-p. *Lac-c.* **Lach. Lyc.** merc. merc-i-f. **Nit-ac. Phyt.**
• **links**: lac-c. **Lach.** merc-i-r.
• **rechts**: ign. lac-c. *Lyc.* merc-i-f. rhus-t.
– **Uvula**: *Apis* carb-ac. *Kali-bi.* lac-c. merc-c. merc-i-f. *Nit-ac.* **Phyt.**

Belegt: ars.a1,k hydrog.srj2 lil-t.a1,k lipp.a1 petr.a1,k sep.a1,k
○ **Tonsillen**: merc-c.a1,k

Blasen auf der Schleimhaut: canth.a1,k

Blässe: *Ail. Arum-t. Bar-c.* crot-h. ox-ac.a1,k plb.a1,k *Sulph.*

Blattes; Gefühl eines:
○ **Rachen**, als würde ein Blatt vor den Choanen liegen, morgens nach dem Erwachen; im: *Bar-c.*

Blubbern im Ösophagus: chel.

Blut:
– **räuspert** dunkles, geronnenes Blut hoch: zinc.h
– **sickert** heraus: **Acon.**hr1,k am-c.k2 *Arn.*hr1,k ars. bapt.k2 *Bell.* calc-sil.k2 *Canth.*hr1,k *Carb-v. Chin.*hr1,k *Crot-h.* cur. dros.k2 *Ferr.*hr1,k *Ferr-p.*hr1,k *Ham.*hr1,k *Ip.*hr1,k kreos.k2 *Lach.* merc-c.a1,k merc-cy. *Mill.*hr1,k *Phos.*hr1,k *Sang.*hr1,k *Sec.* sep.a1,k sul-ac.k2 ter.hr1
• **Gefühl**, als würde Blut heraussickern: zinc.h,kl
○ **Tonsillen**: *Crot-h. Lach. Phos.* sec. ter.
• **Uvula**: lac-c.

Brotkrümeln, Gefühl von: *Coc-c.*a1,k dros.hr1,k **Lach.**hr1,k,* **Nit-ac.** pall.a1,k *Sabad.* sanic.
☞ ❑ *Husten - Krümels*
– **Räuspern** amel.: **Lach.**hr1,k,*

Dampf, Rauch im Hals aufsteigen würde; als ob: apisbg1 ars.bg1 asaf.bg1 brom.bg1 bry.bg1 carb-v.bg1 chin.bg1 colch.bg1 ferr.bg1 hep.bg1 ign.bg1 ip.bg1 kali-chl.bg1 lach.bg1 lyc.bg1 merc.bg1 mosch.bg1 nux-v.bg1 ol-an.bg1 op.bg1 par.bg1 puls.bg1 rhus-t.bg1 sabad.bg1 sars.bg1 thuj.bg1 zinc.bg1
– **heißer** Dampf: hydrog.srj2

Dick; Gefühl wie: ail.a1,k sep.a1,k

Diphtherie:
☞ *Belag*
◆ **begleitet** von:
• **Speichel**:
• **blutig**: *Merc-c.*kr1,vk1
• **zäh**: *Kali-bi.*kr1,vk1 kali-m.kr1,vk1
• **Speichelfluß**: lac-c.ptk1
• **Zunge**:
• **Aphthen**: merc-cy.vk1
• **braune** Farbe der Zunge: *Chinin-ar.*kr1,vk1
• **gelblichbraune**: bapt.kr1,vk1
• **gelbe** Farbe der Zunge:
• **schmutziggelbe**: *Lach.*kr1,vk1
• **graue** Farbe der Zunge: *Merc.*kr1,vk1

Diphtherie - begleitet von **- Zunge**:
• **Herausstrecken** der Zunge: **Phyt.**kr1,vk1
• **Landkartenzunge**: *Nat-m.*kr1,vk1
• **purpurn**, blaurote Farbe der Zunge: *Lach.*kr1,vk1
• **rote** Farbe der Zunge: *Merc-cy.*kr1,vk1
• **Zungenspitze**: *Merc-cy.*kr1,vk1
• **schwarze** Farbe der Zunge: merc-cy.kr1,vk1
• **Schwellung** der Zunge: *Merc-i-r.*kr1,vk1
• **spitze** Zunge: *Lach.*kr1,vk1
• **weiße** Farbe der Zunge: *Bapt.*kr1,vk1 **Phyt.**kr1,vk1
• **dicker** Belag: *Chinin-ar.*kr1,vk1 lac-c.kr1,vk1 *Merc-i-r.*kr1,vk1
• **Zungenwurzel**: *Merc-i-f.*kr1,vk1
• **gelblichweiße**: lac-c.kr1,vk1

Eiterung der Tonsillen: aesc. *Alumn.* am-m. *Anac.* anan. *Apis* aur. aur-s.k2 bamb-a.stb2 *Bar-c.* **Bar-m.** bar-s.k2 *Bell.* calc. *Calc-s. Canth. Cham.* cub. cupr. cur. daph. gink-b.sbd1 *Guaj.* **Hep.** ign. *Kali-bi. Lac-c. Lach. Lyc. Manc.* **Merc.** merc-c. *Merc-i-f. Merc-i-r.* phyt. *Plb. Sabad. Sang. Sep.* **Sil.** *Sulph.* tub.c1
– **links**: *Lach.* sep.bg1,h
– **rechts**: bar-c. *Lyc.*

Empfindlichkeit: alum.k2 am-caust.a1,k ant-t.k2 *Apis Coc-c.*hr1,k cocc.a1,k cor-r.br1 crot-h. fl-ac.a1,k hep.k2 kali-i.hr1 *Lach.*a1,k merc-c.a1,k naja sul-ac.a1,k zinc. zinc-s.a1
☞ ❑ *Magen - Würgen - Berührung*
– **kalt**:
• **Luft**; gegen kalte: *Fl-ac.*
– **Luft**, gegen: ail. cor-r.br1 crot-h.
○ **Ösophagus**: alum.k2 kali-c.
– **Uvula**: clem.a1,k sulph.a1,k

Engegefühl: acon.a1,k *Alum.*a1,k alumn.h,k arum-m.a1 arum-t.a1,hr1 **Bell.**a1,k bry.a1,k *Calc.*hr1,k,* *Caust.*hr1,k,* chin.a1,k merc. *Mez.* nat-m. *Nux-v.* phos. rhus-t.a1,k sabad.hr1 sin-a.a1 sulph.hr1,k,*
☞ *Würgen*
– **nachts**: phos.h,kl
– **Husten**, beim: coc-c.a1,k
– **Schlucken**, beim: **Bell.**a1,k *Calc.*a1,k lyc.h,kl puls.h,kl

Entzündung: **Acon.**hr1,k aesc.a1,k *Ail.* all-c.k2 all-s.a1,k aloe *Alum.* alum-p.k2 alum-sil.k2 *Am-c.*a1,k *Am-m.* anan. ant-c. *Apis Arg-met.* **Arg-n.** *Ars.*hr1,k,* ars-s-f.k2 arum-d.c2 *Arum-t. Aur.* aur-ar.k2 *Aur-m.* aur-s.k2 bad.a1,k bamb-a.stb2 *Bapt.* **Bar-c.**hr1,k,* *Bar-m.*hr1,k **Bell.**hr1,k,* benz-ac.k2 berb.hr1,k,* bism.hr1,k,* brom. *Bry. Bufo* cain. *Calc. Calc-p.*a1,k *Calc-s.*a1,k calc-sil.k2 canth.a1,k **Caps.**hr1,k carb-v.a1,k carbn.c2 carbn-s. caust. *Cham.*hr1,k chim-m.c2 chinin-ar. chlor.c2 cimic. *Cinnb. Cist.*hr1,k,* coc-c.a1,k *Coff. Colch.*hr1,k,* com.a1,k con.a1,k cop.a1,k *Crot-c. Crot-h.* crot-t.a1,k *Cupr.*hr1,k cupr-p.stj2 dol.c2 *Dulc.* elae.c2 elaps euph-pe.c2 fago.a1,k **Ferr-p.**hr1,k fl-ac.hr1,k *Gels.*hr1,k get.a1 *Graph.* ham. hell-v.c2 **Hep.** hippoz.hr1,k hura-c.c2 ign.hr1,k ind.c2 *Iod.*hr1,k ip.a1,k kali-ar. *Kali-bi.*a1,k

Entzündung: ...
*Kali-c.*hr1,k *Kali-i.*hr1,k,* kali-m.k2 kali-n. kali-p. *Kali-perm.* kali-s. *Lac-c.*hr1,k **Lach.**hr1,k,* lachn.c2 lob-c.hr1,k,* **Lyc.**hr1,k,* *Lyss.*hr1,k,* mag-c. manc.c2 mang. med.hr1 **Merc.**hr1,k *Merc-c.*hr1,k,* *Merc-cy.* **Merc-d.**hr1 *Merc-i-f.*hr1,k,* *Merc-i-r.*a1,k *Mez.*a1,k *Mur-ac.* *Naja* nat-ar. nat-c.a1,k *Nat-m.*hr1,k nat-p. *Nat-s.*k,k2 nicc.a1,k **Nit-ac.** nux-m. *Nux-v.* oena.a1,k ol-an.a1,k ox-ac.a1 pall. paull.a1 **Petr.**hr1,k,* ph-ac.a1,k *Phos.*a1,k *Phyt.*hr1,k plb. plumbg.a1 psor. ptel.hr1,k *Puls.*hr1,k ran-b. *Rhus-t.* sabad. *Sang.*hr1,k seneg. sep.h,hr1,* sol-t-ae.a1,k still. stront-c. sul-ac.a1,k *Sulph.* syph.k2 tarent. tell. *Thuj.*a1,k vip. xan.br1 *Zinc.* zinc-m.a1 zinc-p.k2 zinc-s.a1 ziz.hr1
- **abwechselnde** Seiten: lac-c.k2
- **links**: *Crot-h.* *Elaps* form. *Lac-ac.* **Lach.** *Merc-i-r.* *Naja* nicc. psil.ft1 sabad.bro1 sec. *Sep.* thuj.
  - **nach** rechts: lac-c.bro1 lach.bro1,k2 sabad.bro1,k2
- 698 **rechts**: ars-met. bamb-a.stb2 bar-c.bro1 **Bell.** gels.hr1 guaj.bro1 ham. *Lac-c.* **Lyc.** lyss. mag-p.bro1 *Merc.* *Merc-i-f.* nicc.bro1 phyt. podo.bro1 *Sang.*bro1 sars. stront-c. sulph.bro1 tarent. xan.
  - **nach** links: petr.c1
- **vormittags**: jab.a1,k
- **nachmittags**: lach.bro1
- **nachts**: *Cinnb.* **Merc.**

◆ **abwechselnd** mit:
- **Augen**; wunden: par.

◆ **begleitet** von:
- **Ohr**; Schmerz im linken
  ☞ ❑ *Ohr - Schmerz - links - begleitet von - Halsentzündung*
- **Speichelfluß**: *Bar-m.*st1,vk1
- **Zunge**:
  - **Schleim** auf der Zunge:
    - **Ansammlung** von Schleim: phyt.kr1,vk1
      - **weißer** Schleim: *Ign.*kr1,vk1
  - **schmutzige** Farbe der Zunge: *Kali-m.*kr1,vk1
  - **weiße** Farbe der Zunge:
    - **dicker** Belag: *Merc.*kr1,vk1

- **Bettwärme** agg.: apis coc-c.
- **bösartig**: chinin-ar.c2
- **brennend**, drückend, dunkel: **Caps.**vh
- **chronisch**: agar.k2 *Alum.* *Arg-n.* *Bar-c.* bar-s.k2 *Calc.* *Carb-v.* *Carbn-s.* *Cob.* *Fl-ac.* graph.k2 *Ham.* *Hep.* *Jug-c.*hr1,k kali-chl. *Kali-i.* kali-m.k2 *Lach.* *Lyc.* mang. *Merc.* *Nat-m.* *Nit-ac.* ol-j. ox-ac.k2 *Phos.* *Phyt.* seneg. *Sep.* *Sil.* *Sulph.* *Thuj.*
- **Erkältung**, nach: *Bar-c.*a1,k *Bell.* calc.k2 *Cham.* *Dulc.* kali-c.k2 petr.a1,h,*
- **Erwachen**, beim: kali-bi. *Lach.*
- **erysipelatös**: **Apis** bapt. *Bell.* *Crot-c.* *Lach.* lyc. *Merc.* phyt. *Rhus-t.*
- **follikulär**: aesc. *Ail.* **Bell.** cop. guaj. **Hep.** *Hydr.*hr1,k **Ign.** **Iod.** *Kali-bi.* *Kali-chl.*hr1,k *Kali-i.* *Lac-c.* *Merc.* *Merc-cy.* *Merc-i-r.* *Mur-ac.* **Nat-m.** *Nit-ac.* *Phyt.*hr1,k *Sec.*hr1,k sul-ac.k2
- **Kindern**, bei: cham.
- **Menses**:
  - **vor**: lac-c.c1 *Mag-c.* senec.br1
  - **während**: *Lac-c.*
- **phlegmonös**: *Acon.* *Alumn.* bar-c. *Bell.* calc. *Hep.* *Lach.* *Merc.* *Nux-v.* *Sulph.* thuj.
- **Quecksilber**, nach: *Arg-met.* **Hep.** *Nit-ac.*
- **Scharlach**; bei: chinin-ar.k2
- **schmerzlos**: **Bapt.**
- **Wetter**:
  - **kaltes**, nasses Wetter: kali-bi.k2
- **Winter**; im: kali-bi.k2

▽ **erstreckt** sich zu:
- **Kehlkopf**: kali-bi.k2
- **Nase**: kali-bi.k2 *Nit-ac.*vh
- **oben**, nach: merc.k2
  - **und** nach unten: *Merc.*vh
- **unten**; nach: merc.k2

○ **Nasenrachenraum** (= Nasopharyngitis):
- **akut**: kali-chl.c1 sang.c1,hr1
- **chronisch**: am-br.br1 elaps.c2 nat-i.c1

- **Ösophagus**: acon.c1,c2 am-caust.c2 arn. **Ars.** asaf. bell. bufo *Carb-v.*c2,k cocc. euph. *Gels.* *Iod.* kali-sula.c2 laur. merc. mez. *Nit-ac.* oena.c2,k *Phos.* **Rhus-t.** rumx-act.c2 sabad. sec.c2,k sul-ac.c2 *Verat-v.* vesp.
- **Rachen** (= Pharyngitis):
  - **akut**: syph.xxb
  - **chronisch**: alum.k2 bar-m. *Calc.* calc-sil.k2 *Fl-ac.* kali-i. *Lac-c.* lach. naja *Nat-m.* *Petr.* *Phyt.* *Sep.* **Sil.** sulph.
  - **zirrhotisch**: sabal.c2
  - ○ **Nasenrachenraum**
    ☞ *Nasenrachenraum*
- **Tonsillen** (= Mandelentzündung, Tonsillitis): *Acon.*hr1,k,* aesc.a1,k *Ail.*a1,k alum.k2,sf1 alum-sil.k2 **Alumn.**k,k2 aml-ns. anan. ant-t. anthraci. *Apis* *Ars.*a1,k ars-s-f.k2 arum-t.k2 aur-s.k2 bad. bamb-a.stb2 *Bapt.* **Bar-c.**c2,k bar-i.k2,sf1,* *Bar-m.*c2,k bar-s.k2 **Bell.** benz-ac. berb.a1,k *Brom.*bg2,mg1,* bry.a1 bufo calc.mg1,sf1 calc-i.mg1,sf1 calc-p.st calc-s.c2,k2 calc-sil.k2 *Canth.*a1,k *Caps.* cedr. cent.a1 *Cham.* chel. *Chen-a.*c2,k *Colch.* con.sf1 *Crot-h.* *Cupr.* cupr-ar.a1 cur. *Dulc.*c2,k ferr-m.c2 ferr-p. *Fl-ac.* fuc.sf1 *Gels.* gink-b.sbd1 **Guaj.**c2,k,* ham.a1,k *Hep.*c2,k *Ign.*k,kr1,* *Iod.*k,sf1,* *Kali-bi.*k,sf1 *Kali-chl.* *Kali-i.*bg2,sf1 kali-m.k2 kali-p. **Lac-c.** lach.c2,k lyc.c2,k mag-f.jl,mg1 **Merc.**a1,k *Merc-cy.* **Merc-d.** *Merc-i-f.*c2,k merc-i-r.c2,k naja *Nat-m.*bg2,sf1 *Nat-s.*a1,k **Nit-ac.**k,kr1,* nux-v.gk phos.k2 *Phyt.* *Plb.*a1,k **Psor.**k,k1,* puls. ran-s.c2 raph.c2 *Sabad.* *Sang.*c2,k sangin-n.c2 sep.c2,k **Sil.** *Staph.*k,kr1,* still.a1,k *Sul-i.*bg2,sf1,* *Sulph.*c2,k syph.k2 tarent.c2,k teucr.sf1 *Thuj.*bg2,sf1,* **Tub.**sf1,st ust.c2,k v-a-b.jl verat.a1,k vesp.a1,k vesp-xyz.c2 zinc. zinc-m.a1
  - **abwechselnde** Seiten: lac-c.k2
  - ◆ **begleitet** von:
    - **Speichelfluß**: **Bar-c.**kr1,st1,*
  - **akut**: arn.br1
  - **chronisch**: carc.fb
  - **follikulär**: ign.br1
  - **schmerzlos**: **Bapt.**
  - **Schnupfen**, nach: sabad.kr1
  - **Wetter**; bei jeder Periode von kaltem: bar-c.k2 *Dulc.* hep.

– **Tonsillen** (= Mandelentzündung, Tonsillitis): ...
• **wiederkehrend**: *Alumn.* **Bar-c.** *Bar-m.* calc-p.st carc.cd,fb guaj.st *Hep.* lach. lyc. *Psor.* *Sang.* sep. *Sil.* sulph. syph.xxb thymul.ttm **Tub.**st,xxb
• **Herbst**; im: merc.hrl
– **Uvula**: *Alum.* alumn.k2 **Apis** ars. berb. brom. calc. *Carb-v.* chinin-s. cimic. colch. cupr-act. *Gels.* kali-bi. kali-n. *Lac-c.* *Merc-i-f.* *Nat-s.* nit-ac.k2 nux-v. *Phyt.* plb. ptel.c1 puls. *Seneg.* sulph.

Erosion: *Aesc.* *Apis* ars.a1,k brom. mez.k2 sumb.a1,k
– **Flecken**, in: brom.

Erschlaffung; Gefühl von: *Alum.* spong.a1,h,*
○ **Uvula**: alumn.c1,c2 calc-f.br1 canth.a1,k ham.a1,k *Kali-bi.*a1,k
• **Kehlkopf** gefühlt; Kitzeln wird im: calc-f.br1

Erstickungsgefühl: act-sp.br1 anan. *Apis* calc-f.a1,k caust.a1,k hydrog.srj2 **Lach.**a1,k lact.a1,k lyss.a1,k nux-v.hr1,k,* phyt.a1,k sang.bg1 stry.a1,k verat.bg1
– **nachts**: calc-f.a1,k
– **Getränke**:
• **kalte** Getränke: calc-f.
• **warme** Getränke:
• **amel.**: calc-f.
– **Membran**; durch Gefühl einer: hydrog.srj2

Exkoriation: *Aesc.* ant-c. ars. canth. carb-v.k2 dig.h fago. hell. mur-ac. *Nit-ac.* phos.k2 phyt. sang.k2 sul-ac.
☞ *Schmerz - Roheit*

Exsudat
☞ *Belag*

Faden darin hängen würde; als ob ein: coc-c.a1,k pulx.br1,ptk2 *Valer.*
☞ *Haares*

Farbe (= Verfärbung):
– **blaß**: bar-c. lac-d.k2 *Nat-m.*hr1 phyt.hr1
– **bläuliche** Tonsillen: am-c.gsy1
– **dunkel**: *Aesc.*a1,k arag.br1 *Bapt.* **Phyt.**a1,k
– **gelbe** Flecken: lac-c. lach. lyc. *Nit-ac.*
– **kupferfarben**: *Kali-bi.*hr1,k,* **Merc.**hr1,k,*
– **livid**: alum.h,kl
– **marmoriert**: ail.bg1 bapt. caps.k2 kali-perm.bg1 *Lach.*
– **purpurn**, blaurot: aesc.k2 **Ail.** am-c. *Bapt.* bell.k2 caps.k2 dros.k2 fl-ac. *Kali-bi.* kali-chl. lac-c.hr1 **Lach.**hr1,k *Merc.* *Nat-ar.* nit-ac. *Nux-v.*hr1,k ox-ac. *Puls.*hr1,k *Sanic.*vh sulph. tarent. vario.hr1
• **Flecken**: sars.k2
○ **Tonsillen**: hep.k2 *Lach.* *Phyt.*
– **rot**: absin. **Acon.**hr1,k,* *Aesc.*hr1,k aeth.a1,k *Ail.*a1,k alco.a1 *Alum.*a1,k am-br.hr1,k am-caust.a1 ant-t.hr1,k,* *Apis* **Arg-n.**hr1,k *Ars.*hr1,k,* ars-s-f.k2 asim.hr1 atro.a1,k aur-m.hr1,k bamb-a.stb2 bapt.hr1,k *Bar-m.*hr1 **Bell.**hr1,k,* berb.hr1,k,* brom.hr1,k bry.a1,k calc. *Calc-p.*hr1,k,* *Calc-s.*hr1,k,* calc-sil.k2 canth. **Caps.**hr1,k **Carb-ac.**hr1,k carb-an.a1,k carb-v. carbn-s.k2 caust.hr1,k chel.hr1 chlol.hr1,k *Cist.* clem.a1,k coc-c.hr1,k,* colch.hr1,k cop.a1,k crot-t. cupr. cycl. dirc.c1 dulc.k2 ery-a.a1 ferr-i.a1,hr1 ferr-p.hr1,k

Farbe (= Verfärbung): ...
Fl-ac. *Gels.* gent-c.a1,k gink-b.sbd1 gins.a1,k *Graph.*hr1 *Guaj.* hippoz.hr1,k *Hyos.* ign.hr1,k ind.a1,k iod.k2 iris *Kali-bi.*hr1,k,* *Kali-chl.*hr1,k kali-i.hr1,k,* kali-m.k2 kali-n.a1,k lac-ac. lac-c.k2 *Lach.*hr1,k **Lyc.**hr1,k lyss.c1 mang.k2 *Merc.*hr1,k,* *Merc-c.*hr1,k,* *Merc-i-f.*hr1,k,* mez.k2 mill.k2 *Mur-ac.*a1,k *Nat-ar.* *Nat-c.*hr1,k,* nat-m.k2 *Nit-ac.*hr1,k,* nux-m. *Nux-v.*a1,k op. ox-ac.a1,k *Petr.* phos.a1,k **Phyt.**hr1,k,* pic-ac.a1,k psil.ft1 puls.hr1 ran-b.k2 rhus-t.hr1,k rhus-v. sal-ac.a1,hr1 sang.hr1 sec.a1,k sep.a1,k sil. **Stram.**a1,k stry.a1 sul-ac.hr1,k,* *Sulph.*hr1,k tab. tarent.hr1,k,* thuj.hr1 verat.
• **rechts**: cench.k2
• **Flecken**; große: calc.k2
• **dunkelrot**: acon.a1,k *Aesc.*hr1,k *Ail.* am-br.hr1 **Arg-n.**hr1,k **Bapt.**hr1,k brom.hr1 caps. **Cham.** choc.srj3 *Crot-h.*hr1,k dros.k2 ham.k2 *Kali-bi.*hr1,k *Kali-br.*hr1 *Kali-i.*hr1,k kali-p.k2 kali-s. *Lach.* merc.bg1 merc-c.bg2,hr1 *Merc-cy.*hr1,k merc-i-f.hr1 *Merc-i-r.*hr1,k *Mez.*hr1,k mur-ac.k2 *Naja* nat-ar. phos.h,kl *Phyt.*hr1,k *Puls.*hr1,k *Rhus-t.*hr1,k sal-ac.hr1 sang.hr1 tarent.hr1
• **Netzwerk**: brom.hr1,k
• **Stellen**, an kleinen: kali-chl. merc.k2
○ **Rachen**: *Acon.*a1,k alumn. ant-t.hr1,k,* **Apis** ars.a1,k bamb-a.stb2 bell.a1,k bry.a1,k calc-p.a1,k calc-s.a1,k chlor.a1 coc-c.a1,k cop. gent-c. *Ham.*hr1 iod.hr1,k kali-n.a1,k lyss.hr1 *Merc.*a1,k *Merc-c.*a1,k *Merc-i-f.*hr1,k,* merl.a1,k *Mez.*hr1 nat-ar. *Nat-m.*hr1,k ox-ac.a1,k phos.a1,k stram.a1,k sul-ac.a1,k ust.a1,k verat.a1,k yuc.a1
• **dunkelrot**: ip.hr1 lyss.hr1 *Nat-m.*hr1 phyt.hr1 sep.hr1 vario.hr1 zinc-c.bro1
• **hinten** im: am-caust.a1 gins.a1 *Hep.*hr1,k *Kali-bi.*hr1,k,* *Merc-i-f.*hr1,k,* nit-ac.hr1,k,* plect.a1
• **Tonsillen**: *Acon.*a1,k aegle-f.bnj1 *Apis* *Aur.* *Bapt.* **Bell.** cop. *Ferr-p.* fl-ac. gels.hr1 gymno. iris.a1 *Kali-bi.*a1,k *Lach.* *Merc.* *Merc-i-f.* *Phyt.* *Puls.* *Sulph.*
• **dunkelrot**: **Carb-ac.**vh
• **Uvula**: **Acon.**hr1,k,* *Apis* **Arg-n.** ars.a1,k **Bapt.** **Bar-m.** **Bell.** calc. *Calc-p.*a1,k caust. cimic.a1,k colch.a1,k *Crot-t.*a1,k cupr. der.a1 *Fl-ac.* gent-c.a1,k gins.a1 iris.a1 *Kali-bi.*a1,k kali-br. *Lach.* merc. *Merc-i-f.*a1,k nat-m.a1,k petr. sulph.a1,k
• **dunkelrot**: *Arg-n.*a1,k **Bapt.** *Calc.*a1,k caust.a1,k cupr-act. *Lach.* yuc.a1
– **schwarz**: merc-sul.
☞ *Gangrän*
• **Flecken**: carb-v.k2 psor.a1
– **weiß**: ars.a1 carb-an.a1 kreos.a1 sul-ac.a1
• **Flecken**: bry.k2 iod.k2 kali-p.k2 *Mur-ac.*a1,k nit-ac.a1,k
○ **Uvula**: carb-ac.c1

Flecken:
○ **Rachen**; im: *Bufo* *Fl-ac.* *Mur-ac.* phys.bg1

Flüssigkeiten kommen beim Schlucken in die Nase: anan. **Arum-t.** aur. *Bar-c.* bar-s.k2 bell. bism. canth. *Carb-ac.* caust. cupr. *Cur.* gels.k2,vh hyos.k2,vh ign. kali-bi. *Kali-perm.* **Lac-c.**k,vh,*

Flüssigkeiten kommen in die Nase: ...
Lach. **Lyc.** *Lyss.* *Merc.* *Merc-c.* *Merc-cy.* *Nat-m.* op.k2 petr. phos.bg1 *Phyt.* *Plb.* puls. sil. *Sul-ac.* verat.h
☞ *Speisen - kommen*

Freimachen des Halses
☞ *Räuspern*

Fremdkörpers; Gefühl eines: *Abies-n.*vh aesc. agar. ail. am-c. ambr. *Ant-c.* *Apis* aral.br1 arg-n. arn. bar-c.h **Bell.**bg2,vh,* brom. bry. bufo calc. carb-v. chel. chinin-s. cic. coloc. *Con.* **Crot-c.** *Crot-t.* gels.c1 graph. kreos. **Lach.** led. mag-c. *Merc.* mez. myric. nat-s.hr1,k *Nux-m.* ol-an. phos. plan. plb. psil.ft1 sabad. sabin. *Sep.* sol-t-ae. sulph. zinc.
☞ *Klumpens / Sand*
– **morgens**: am-c. cob.
– **nachmittags**: phos.
– **abends**: am-c.
– **Apfelbutzen**: hep.c1 nit-ac.c1 phyt.
– **Brotkrümel**
☞ *Brotkrümeln*
– **Gehen**, bei schnellem: nat-c.h
– **Haut** lose im Hals herunterhängen und er müsse darüber hinwegschlucken; als würde: acon. agn. *Alum.*k2,rb2,* ant-c. ant-t.wd bar-c.rb2 ferr.rb2 kreos. *Lach.* mang.rb2 ol-an. phos. plat. *Sabad.* spong.rb2
– **Knochen**
☞ *Knochens*
– **Niesen**, beim: bar-c.h
– **Rauchen**, beim: plb. sep.
– **Schlucken**, beim: graph. ust.
• **nicht** amel. durch: agar. ant-c. *Crot-c.* *Kali-bi.* **Lach.** *Sep.*
– **Schnur**, wie eine: sabad. valer.
– **Stein**, wie ein: bufo
○ **Nasenrachenraum**; als hinge etwas im: **Yuc.**vh
– **Ösophagus**: anac. bell. *Gels.* *Lyc.* nit-ac. phos. verat-v.

Gangrän: **Ail.**hr1,k *Am-c.*k,k2,* *Anth.* arn. **Ars.**hr1,k **Arum-t.**hr1,k bapt. bell. canth. carb-ac.hr1,k *Carb-v.*hr1,k *Carbn-s.* *Chin.*hr1,k chinin-ar. con. **Crot-h.**hr1,k euph. *Kali-p.*hr1,k *Kreos.*hr1,k *Lach.*hr1,k merc. *Merc-c.* merc-cy.hr1,k *Mur-ac.*hr1,k *Nit-ac.*hr1,k *Phyt.*hr1,k *Sang.* *Sec.* *Sil.* sul-ac.a1,k *Sulph.*hr1,k tarent.
☞ *Farbe - schwarz*
○ **Uvula**: chinin-ar. lac-c.hr1,k *Lach.*hr1,k

Gefühllosigkeit, Taubheit: acon. all-c. arg-met. bapt.k2 bov.bg1,bg2 gels. *Kali-br.* kali-c. kali-cy.gm1 mag-s. nit-ac.bg1,bg2 olnd. sep.bg1,bg2 verat-v.
☞ *Anästhesie*
○ **Tonsille**; rechte: sep.h

Geschwüre: acet-ac. aesc.k2 all-s. alum. alum-sil.k2 *Alumn.* am-c.k2 anan. **Apis** arg-n.a1,k **Ars.**a1,k ars-i. *Arum-t.*hr1,k asaf.k2 *Aur.* aur-i.k2 *Aur-m.* aur-s.k2 *Bapt.*hr1,k bell. borx. cain. *Calc.* calc-f.k2 *Calc-s.* calc-sil.k2 *Caps.*hr1,k carb-v. carbn-s. chel. chlor.a1,k *Cinnb.* clem.a1,k dros.

Geschwüre: ...
*Elaps*c2,k ery-a.a1 *Fl-ac.* graph.k2 **Hep.** *Hippoz.*hr1,k *Hydr.* ign. ind.c2 *Iod.*hr1,k kali-ar. *Kali-bi.*hr1,k,* *Kali-chl.* *Kali-i.*hr1,k,* kali-m.k2 kali-perm. kreos. *Lac-c.*hr1,k *Lach.* *Lyc.* *Manc.* **Merc.**a1,k **Merc-c.**hr1,k,* *Merc-cy.* *Merc-d.*a1,k *Merc-i-f.*a1,k *Merc-i-r.*hr1,k,* mez.hr1,k mill. *Mur-ac.*a1,k nat-m. **Nit-ac.**hr1,k,* nux-v. petr.a1,k *Phyt.*hr1,k *Psor.*hr1,k,* ptel.a1,k rhus-t.bg3 rumx.c2 sal-ac.a1,k *Sang.* sanic. sars. *Sil.* stann.a1 sul-ac.bg3 *Sulph.*hr1,k syph.c2,k2 thuj. vinc.a1,k viol-t.hr1,k,* zinc.hr1,k,*
– **links**: elaps *Lach.*
– **rechts**: lyc. *Psor.*a1 ptel.
◆ **begleitet** von:
• **Zunge**:
• **bräunliche** Farbe der Zunge: lyc.kr1,vk1
– **ausbreitend**, sich: apis *Ars.* bapt.k2 *Kali-bi.* lach. merc.k2 **Merc-c.** nit-ac.k2 sul-ac.k2
– **bläulich**: carb-v.k2
– **blutend**: bell.k2 carb-v.k2
– **brennend**: *Caps.* carb-v.k2 *Manc.* merc-c.k2
– **flach**: merc.k2
– **fressend**: merc.k2
– **Kälte** agg.: anan.
– **Menses**, vor den: *Mag-c.*
– **perforierend**: kali-i.k2
– **phagedänisch**: ars-s-f.k2 kali-i.k2
– **Quecksilber**, nach: aur. *Iod.* *Kali-i.* lyc. *Nit-ac.*
– **Scharlach** nicht herauskommt; wenn: apis
– **schmerzlos**: bapt.k2
– **schmutzig**: nit-ac.k2
– **Stechen** darin, mit: kali-bi. *Lac-c.* *Merc.* *Nit-ac.*
– **syphilitisch**: ars-s-f.k2 lach.k2
– **tief**: *Apis* *Kali-bi.* *Kali-i.* lach.
– **übelriechend**: alum.
– **weiß**: nit-ac.k2
○ **Fauces**: *Ail.*a1,k alum.k2 arum-t.hr1,k **Bapt.**hr1,k *Borx.* *Canth.*hr1,k caps.hr1,k *Carb-v.* chlor.a1,k cory.br1 *Fl-ac.* hippoz.hr1 **Kali-bi.**hr1,k **Kali-i.**hr1,k lac-c.hr1 **Lach.**hr1,k,* **Merc.**a1,k **Merc-c.**hr1,k *Merc-i-r.*hr1,k *Myric.*hr1 *Nat-s.*hr1,k **Nit-ac.**hr1,k,* *Phyt.*hr1,k psor.hr1 sars.a1,k sol-t-ae.a1,k
• **Brennen**, mit: *Caps.*
• **chronisch**: alum.bg
– **Ösophagus**: *Iod.*
– **Rachen**: ars-s-f.k2 *Kali-bi.*hr1,k *Merc-c.*hr1,k merc-cy.k2 *Merc-i-r.*hr1 *Merl.*hr1 *Mez.*hr1,k *Nit-ac.*hr1,k *Sulph.*hr1,k zinc.hr1,k,*
– **Schleimhaut**:
○ **Ränder** der: lach.k2
– **Tonsillen**: **Ail.**a1,k *Am-c.* *Apis* *Aur.* *Aur-m.* aur-s.k2 bar-c. bell. *Calc.*a1,k *Fl-ac.* *Hep.* hippoz. ign. *Kali-bi.*a1,k kali-i.k2 *Lac-c.* *Lyc.*a1,k *Manc.* *Merc.* *Merc-c.* *Merc-i-f.* *Merc-i-r.* nat-s. **Nit-ac.** *Phyt.* sep. zinc.a1,k
• **gelb**: calc.a1,k zinc.a1,k
– **Uvula**: *Aur.* aur-s.k2 bism. *Fl-ac.* hep.k2 ind.c2,k *Kali-bi.*a1,k kali-i.k2 *Merc.* *Merc-c.*a1,k *Nit-ac.* phos. phyt. sulph.
• **ausbreitend**, sich: bism. *Kali-bi.* **Merc-c.**
• **syphilitisch**: *Aur.* aur-s.k2 *Fl-ac.* *Kali-bi.* *Merc.* *Merc-c.* *Nit-ac.* phyt.

Gesprenkelt: merc-i-f.kr1

Glasiert aus; sieht wie: **Apis** arag.br1 bell.bg1,bg2 *Carb-ac.*hr1,k cist. *Hydr.*bg1,bg2,* *Hyos.*hr1 *Kali-bi.* **Lac-c.**hr1,k *Nat-ar.* *Nat-m.* petr. *Phos.* phyt.hr1,k

Globus hystericus
☞ *Klumpens*

Gluckern im Ösophagus:
– **Husten**, nach dem: **Cina** mur-ac.h
– **Konvulsionen**, während den: **Cina** *Oena.*
– **Schlaf**, im: lyc.
– **Trinken**, beim: arn. **Ars.** *Cina* *Cupr.* cupr-act.bro1 *Elaps* *Hell.* **Hydr-ac.** **Laur.**k2,vh sil. thuj.

Glucksendes Geräusch im Ösophagus: *Cina*

Granuliert: alum.k2 bar-c. calc-f.k2 hom.c2 *Hydr.* *Kali-bi.*hr1,k mez.k2 *Phyt.*c2,k yuc.c2

Gräte
☞ *Schmerz - Splitter*

Haares; Gefühl eines: aesc-g.bro1 all-s.bro1 ambr.bro1 aq-mar.c1 *Arg-n.*bg1,br1 ars. carbn-s. caust.bro1 coc-c. dros.bro1 hepat.bro1 hydrog.srj2 *Kali-bi.*bro1,k,* lach.bro1 nat-m.bro1 nit-ac.bro1 nux-v.bro1 pulx.bro1 *Sabad.*bro1 sang.bro1 scor.bg1 *Sil.* *Sulph.*bro1,k thuj. uran-n.bg1 valer.bro1,k yuc.bro1
☞ *Faden*
– **rechts**:
▽ **erstreckt** sich zu:
• **Auge**; durch die Knochen des Gesichtes zum: hydrog.srj2
– **nachmittags**: *Sulph.*

Halsweh
☞ *Entzündung / Schmerz*

Hart, wie: *Cupr.*bg1,vh,*

Haut hängt in den Hals
☞ *Fremdkörpers - Haut*

Hautausschläge:
– **Bläschen**: ant-t. apis ars. *Rhus-t.* sep.
○ **Rachen**: ant-t. canth.
• **Tonsillen**: aur-m-n. iris nit-ac.
• **Uvula**: calc.h

Häutchen
☞ *Belag*

Herabhängen; Gefühl, als würde Schleim: *Carb-an.*vh lach.vh *Merc-c.*vh phos.vh thuj.vh
– **Faden**: coc-c.vh *Valer.*vh

Herumdrehen im: lach.hr1,k,*

Hitze: *Acon.*a1,k aesc.a1,k aeth. agar-ph.a1 alco.a1 aloe.k2 alumn.a1,k am-caust.a1 ant-c.a1,h,* apoc.hr1 arg-n.a1,k *Ars.*a1,k ars-s-f.k2 aster.a1,k bapt.hr1 *Bell.*hr1,k,* benz-ac.a1,k bol-la. brom. cain. camph.a1,k canth.a1,k *Caps.*hr1,k carb-an.a1,k carb-v.a1,k carl.a1 cerv.a1 *Cham.*hr1,k chin. chinin-ar. cinch.a1 *Cist.*a1,k clem. cob.a1,k coca cocc.a1,k colch.hr1,k,* cop. crot-t.a1,k dulc.a1,k *Euph.*a1,k *Ferr.*hr1,k ferr-ar. ferr-p.a1,k fl-ac.a1,k *Gels.* *Glon.*a1,k hell.a1,k hep.a1,k hura hydr-ac.a1,k hyos. hyper.a1,k iber.a1 iris iris-fl. jatr-c. kali-ar. kali-c.a1,k kali-chl.a1,k kali-m.k2 kali-n.a1,k kali-s.a1,k laur.a1,k led. lyc.a1,k lyss.a1,k manc.hr1,k,* *Merc.*a1,k merc-c.a1,k merc-sul.a1,k merl.a1 **Mez.**hr1,k,* mosch.a1,k nat-m.a1,k nat-s. *Nit-ac.*a1,k **Nux-v.** oena.a1,k ox-ac.a1,k paeon.a1,k phos.a1,k *Phyt.*a1,hr1 pic-ac.a1,k plb.a1,k ptel.c1 raph. *Rhus-t.* samb.a1,k *Sang.* *Senec.*hr1,k sep.a1,k spirae.a1 squil.a1,k stry.a1,k sul-ac.a1,k *Sulph.*a1,k sumb.a1,k tab.a1,k tarent.a1,k ter.hr1,k,* teucr.a1,k ust. verat.a1,k verat-v.a1,k vesp.a1,k vip.a1,k zinc.a1,k
– **morgens**: fl-ac. sulph.a1,k
– **vormittags**: carb-v.a1,k
– **nachmittags**: linu-c.a1 sep.a1,k
• **14** h: nat-c.
– **abends**: nux-m.a1,k ox-ac.a1,k sumb.a1,k
• **18** - 19 h: sang.
– **nachts**: cinnb. nit-ac.h,k1
– **Atmen**, beim: conv.br1 mang.
– **Freien**; im: ant-c.c1
– **Gehen** im Freien; beim: led.
– **Husten**, nach: aur-m.a1,k
– **kalte** Luft amel.: *Sang.*
– **Schlucken**, beim: ferr. tab.a1,k
– **Schnupfen**, beim: mag-m.h,k1
▽ **erstreckt** sich zu:
• **Magen**: all-c. crot-t. iod.bg1 manc. merc.bg1 naja tab.
○ **Ösophagus**: aesc. aeth. aml-ns. arg-n. ars. bell. benz-ac. brom. *Camph.* canth. carb-ac. *Colch.* crot-t. guare. hydr-ac. iod. kali-chl. merc-c. nat-s. phos. plb. ptel. rhus-t. sul-ac. wye.
• **heißes** Aufsteigen nach einem Schreck oder mit ängstlichem Gefühl: hyper.c1

Hohles Gefühl
☞ *Leeregefühl*

Hunger darin; Gefühl von: mang.h

Jucken: aeth. agar. am-m. ambr. anac.bg1 ant-t.a1 *Apis* arg-met. cain. calc-s.a1,k caust.bg3 *Cist.*hr1,k colch. con. cop. *Glon.* kali-c. kali-i. nux-v.bg3,k2 petr.k2 *Plan.*bg1,vh,* samb. *Spong.* *Wye.*
– **Husten**, beim: ambr.
☞ ❑ *Husten - Jucken - Hals*
– **Lachen**; durch: mang.k2
– **periodisch**: *Cist.*
– **Schlucken**:
• **agg.**: nux-v.bg1
– **Sprechen**; durch: mang.k2
○ **Fauces**: phyt.bg3 rhus-t.bg3
– **Ösophagus**: aeth. cain.
– **Rachen**: cain. colch.hr1 spig.a1,k
• **Schlucken**, beim: lachn.a1,k stront-c.

Kalkablagerung: *Calc.*hr1,k

Kälte; empfindlich gegen
☞ *Empfindlichkeit - kalt - Luft*

Kälte; Gefühl von: agar. *All-c.*hr1,k all-s. bamb-a.stb2 caj.a1,k carb-v.a1,k caust. chel.bg1 *Cist.*a1,k cor-r. cur. form.a1 kali-bi.a1,k kali-chl.hr1,k,* lact.a1,k lyc.a1,k

Kälte; Gefühl von: ...
lyss. meny.bg1 mez.bg1 ol-an.bg1 plan.a1,k raph.a1,k *Rhus-t.*bg1,vh,* sanic. sep.a1,k spirae.a1 sulph.bg1 tell.hr1 ter.a1,k verat.a1,k
– **links**, Gefühl kalten Windes: olnd.
– **rechts**: bamb-a.stb2
– **abends**: sep.a1,k spirae.a1
– **Ausatmen**, beim: rhus-t.a1,k
– **Einatmen**, beim: chlf.a1 *Cist.* sulph.a1,k
– **eisige** Kälte: coc-c. cur.
– **Freien**; agg. im: bamb-a.stb2
– **Frösteln** beginnt im Hals: sep.
– **kalt**:
 • **Luft**; wie durch kalte: *Aesc.* coca cor-r. ol-an.
 • **Wasser** herabtropfen würde; als ob kaltes: tarent.
– **Pfefferminze**, wie durch: agar.bg1 form.a1,k mez.a1,k tell.a1,k *Verat.*a1,k
– **Schlucken**, beim: nat-m.a1,k
– **warme** Getränke erscheinen kalt: nat-m.
– **Wind**:
 • **kaltem** Wind; bei: lyc. mez.c1
○ **Ösophagus**: acon. agar. anan. cain. lact. lyss. *Meny.*
 • **eisig**: anan.

Käsig:
– **Flecken**; käsig aussehende ◆: *Bell.* bry. *Kali-bi. Psor.*
– **Klumpen**, Tuberkel herauf; räuspert käsige
 ☞ *Räuspert käsige*

Katarrh: alum.h,k2,* alumn.h,hr1 am-m.k2 androc.srj1 arg-n.k2 ars.k2 aur-m. *Bad.*hr1,k bar-c.k2 *Bar-m.*hr1,k brom. *Calc.* carb-v.k2 carbn-s. cub.br1 *Fl-ac. Graph.*hr1,k,* hep.k2 *Hippoz.*hr1,k *Hydr.*hr1,k kali-bi.hr1,k *Kali-chl.*hr1,k kali-i. lac-f.c2 linu-c.a1 med.k2 *Merc.*hr1,k *Merc-i-r.*hr1 myric.hr1 **Nat-m.** *Nux-v.*hr1,k petr.a1 *Phyt.*hr1,k *Puls.*hr1,k *Rumx.* sabad.k2 *Sang.* sil.k2 *Sulph.*hr1,k sumb.c2
– **Erwachen**; beim: hydrog.srj2
– **Rauchern**, bei: arg-n.br1
○ **Ösophagus**: seneg.c2

Kitzeln: granit-m.es1 lobin.a1
 ☞ *❑ Kehlkopf - Kitzeln*
– **Haar** im Hals; wie durch ein
 ☞ *Haares*
– **Husten**; verursacht: pert.a12,c1
▽ **erstreckt** sich beim Schlucken zum Ohr: petr.h

Klebrig: sep.h,k1

Kloß im Hals; wie ein
 ☞ *Klumpens*

Klumpens; Gefühl eines (= Kloß, Globus hystericus etc.): adam.srj5 aesc. agar. ail. *All-c. Alum.* alum-p.k2 alum-sil.k2 am-c. *Ambr.* anan. androc.srj1 *Ant-c.* apis *Arg-n.* arn. ars. ars-s-f.k2 **Asaf.**c2,k aur. aur-ar.k2 aur-m. aur-s.k2 bamb-a.stb2 *Bar-c.* bar-s.k2 bell. benz-ac. berb. *Brom.*k,vh/dg,* bry. bufo cact.k2 *Calc.* calc-s. calc-sil.k2 carb-v. *Carbn-s.* carc.mg1,sp,* *Caust.* cham. chel. chinin-s. choc.srj3 cic. *Cina* cit-v.c2 *Coc-c.* cocc. *Con.* croc. *Crot-c.*

Klumpens; Gefühl eines: ...
Crot-h. crot-t. cur. *Ferr.* ferr-ar. *Ferr-p.*k,vh,* *Gels.* gink-b.sbd1 *Graph. Hep.* hipp.c1 hydrog.srj2 *Hyos.*k,vh/dg,* **Ign.**c2,k kali-ar. *Kali-bi. Kali-c.* kali-n. kali-p. kali-s. kali-sil.k2 kalm.c2 kreos. lac-ac. *Lac-c.* lac-d.k2 lac-v.c1 **Lach.**c2,k lact-v.c1,c2 laur. *Led. Lil-t.*bg1,vh,* *Lob.* lyc.bg3,c2 mag-c. med. merc. *Merc-i-f. Merc-i-r.*k,vh/dg,* mez. *Mosch.*k2 myric. nat-ar. nat-c. nat-hchls.c2 **Nat-m.** nat-p. *Nit-ac.*k,vh/dg,* *Nux-m. Nux-v.* ol-an. par. ph-ac. phos.bg1,bg2 *Phyt.* plan. *Plb.* psil.ft1 **Psor.** *Puls.*bg1,bg2,* raph.c2 rumx. ruta *Sabad.* sabin. scut.c1 *Sep. Sil.* sol-t-ae. still. stry. succ.c2 sul-ac. *Sulph.*c2,k tab. *Thuj.* tub.c1,dp ust.bg1 *Valer.*bro1,k2 verat-v.bg1 zinc. zinc-p.k2
 ☞ *Fremdkörpers*
– **linke** Seite: bar-c.bg1 calc.bg1 kali-c.bg1,h sil.h
– **rechte** Seite: sil.bg1 vario.br1
– **morgens**: am-c. bamb-a.stb2 cob. hep.h
– **vormittags**: phos. phyt.
 • **Fahren** oder Reiten, beim: phyt.
– **nachmittags**: *Bar-c.*
– **abends**: am-c. *Asaf.* sep.
 • **Schlucken**, beim: sep.
– **nachts**: graph. mag-m.bg1 nat-m.
– **aufsteigendes** Gefühl: *Ars.* **Asaf.** cact. cann-i. cham. *Chel.* cit-v.c2 *Coloc. Con. Gels.* **Ign.** kali-ar. kali-p.c1 *Kalm. Lac-d.* lach. *Lec. Lob.* **Lyc.** mag-c. *Mag-m.* **Mosch.** mur-ac.h **Nat-m.** nit-ac.h *Nux-m.* **Nux-v.** phys. *Plat. Plb. Puls. Senec. Sep.* spong.bg1 *Stram.* sul-ac.h *Sulph.* tarent. *Valer.* verat-v. zinc.bg1
– **Aufstoßen** amel.: kali-ar. *Mag-m.*
– **bitterer** Klumpen: sul-ac.h
– **Essen**: sulph.h
 • **nach**: ambr.c1
– **harter** Klumpen: sul-ac.h
– **Husten** amel.: kali-c.
– **Rauchen**, beim: plb. sep.
– **Schlaf**, im: *Crot-c.* **Lach. Nux-v.** *Sep.* valer.
– **Schlucken**, beim: *Bar-c.* calc. *Gels. Graph. Lach. Merc. Nat-m.* nat-s. *Nux-v.* pic-ac. puls. *Sep.* sil. ust. xan.c1
 • **links** nach rechts; ein Klumpen von: xan.c1
 • **leerem**, bei: caust.h *Ferr.* nit-ac.h *Nux-v.* ruta sabad. *Sulph.*
 • **nicht** amel. durch Schlucken: agar. androc.srj1 ant-c. bamb-a.stb2 crot-c. gels.c1 *Kali-bi.* lac-ac.c1 **Lach.** *Nat-m.* rumx.k2 *Sep.*
 • **nicht** schluckt; wenn er: ferr. *Ign. Nat-m.* sulph.
 • **unmöglich**: ign.br1
 • **wiederkehrend**; nach dem Schlucken: calc.bg1 ign. *Lac-c.* **Lach.** *Rumx.*
– **schmerzhaft**: gels.hr1 **Lach.**
– **Stein**: bufo
○ Halsgrube
 ☞ *❑ Äußerer Hals - Klumpen*
– **Mitte**: chin.br1 puls.br1
– **oberer** Hals: lac-ac.br1
– **Ösophagus**: *All-c.* anac. arg-met.c1 ars. bamb-a.stb2 bar-c. bell. calc. *Caust.* chel. *Chin. Coc-c. Con. Croc.* der. dig. fago.rb2 *Gels.* lac-ac.

– **Ösophagus**: ...
Lob. lob-s.rb2 lyc. *Merc-c.* naja.rb2 nit-ac. phos. *Plb.* *Puls.* raph.rb2 rumx. sabin. tab. verat. verat-v.
• **Essen**, nach dem: ammc.bro1 elaps *Lac-ac.*
• **periodisch**: tab.
• **Schlucken** amel.: phos.
○ **Kardia**: abies-n.br1 ~~tus-fa.el,xxx~~ tus-fr.c1
• **mittlerer** Ösophagus: bamb-a.stb2 *Chin.*bro1 *Puls.*bro1
• **oberer** Ösophagus: coc-c.rb2 lob-s.rb2 ust.rb2
• **unterer** Ösophagus
☞ *Kardia*
– **Tonsillen**:
• **rechts**: lycpr.rb2

Knacken im Hals: caust.h

Knochens darin; Gefühl eines: *Calc.* calc-caust.c1 **Hep.** ign. lach. *Nit-ac.* phys.
☞ *Schmerz - Splitter*

Kondylom: *Arg-n. Merc-c. Nit-ac. Thuj.*

Konkremente in den Tonsillen
☞ *Räuspert*

Konvulsionen
☞ *Spasmen*

Krampf: acon.a1,k ars.a1,k bar-c.k2 chel.a1,k *Gels.*a1,k *Graph.*a1,k kali-c.h,kl kali-i.a1,k nat-m.h,kl phos. *Sars.* sep. sul-ac.a1,k
– **nachts**: sars.h,kl
– **Aufstoßen**, durch: coloc.h,kl
– **Schlucken** von Speisen, muß würgen; beim: graph.
○ **Ösophagus**: arg-n.a1 zinc.h
• **Schlucken**, beim: op.

Kratzen; schabendes, scharrendes: abrot.hr1,k,* acon.a1,k *Aesc.*a1,k aloe *Alum.*a1,k *Am-c.* *Ambr.* ammc.a1,k **Anac.**a1,k **Anag.**a1,k ant-c. aq-pet.a1 arg-met. *Arg-n.*a1,k arn.hr1 *Ars.*hr1,k ars-i. ars-s-f.k2 asar.a1,k aur.a1,k aur-ar.k2 aur-m. aur-s.k2 bamb-a.stb2 bapt.hr1,k,* bart.a1 bell.a1,k berb.a1,k bol-la. bol-s.a1 bov.a1,k brach.a1,k *Brom.*a1,k bry. calad.a1 *Calc.* calc-p.a1,k calc-s. calc-sil.k2 camph.a1,k cann-i.a1 canth.a1 *Carb-an.* *Carb-v.*a1,k carbn-s.k2 carc.tp1 carl.a1 *Caust.*a1,k cench.k2 cer-s.a1 chel.a1,k **Chin.** chinin-ar.k2 chinin-s. cic.a1,k cimic.a1,k *Coc-c.*a1,k cocc. colch. *Coloc.*a1,k con. *Croc.*a1,k crot-h.hr1,k,* crot-t.a1,hr1 cycl.hr1,k dig.h,k,* dros. dulc.a1 elat.a1 euph.a1,k ferr-i.k2 franz.a1 gent-c. *Graph.*a1,k hell.a1,k *Hep.*a1,k,* hura hydr-ac.a1,k hyos.a1,k hyper.hr1 iod.a1,k kali-ar. kali-bi.a1,k *Kali-c.*a1,k kali-chl.a1,k kali-m.k2 kali-n. kali-p. *Kalm.*a1,k kreos.a1,k *Lach.* lact.a1,k laur.a1,k lil-s.a1 lipp.a1 lob.a1,k lyc.a1,k mag-c.a1,k mang.a1,k merc.a1,k merc-br.a1 **Mez.**hr1,k,* mur-ac.a1 naja nat-ar. nat-c.hr1,k,* nat-m.a1 nat-p. nit-ac. nux-m.a1,k **Nux-v.**a1,k ol-an.a1,k op. ox-ac.a1,k *Par.*a1,k paull.a1 ped.a1 petr.a1,k ph-ac. *Phos.*hr1,k,* phyt.a1,k pic-ac.a1,k plat.a1,k podo. *Psor.*a1,k *Puls.*hr1,k,* ran-b. ran-s. raph.a1,k rat.a1,k *Rhod.*hr1,k,* rhus-t. *Rumx.* *Sabad.*a1,k sal-ac.a1 sapin.a1 sars. seneg.a1,k sep.hr1,k,* sil.a1,k sin-n.a1 spira.a1 squil. stann.a1,k staph.a1,k stict.c1 stront-c. stry.a1 sul-i.k2 **Sulph.**a1,k sumb.a1,k *Tab.*a1,k ter.a1 *Teucr.*hr1,k thuj.a1,k til.a1 tub.c1 valer. **Verat.**a1,k zinc. zinc-p.k2
– **morgens**: *Ail.*a1,k berb.a1,k bov.a1,k calc-sil.k2 *Caust.*a1,k cer-s.a1 chinin-s. kali-n.h,kl lyc. mur-ac.a1,k petr. sars. stann.a1,k tong.a1
– **vormittags**: sep.a1,k sil.
– **nachmittags**: bol-la. gins.a1 phos.a1,k tab.a1,k
– **abends**: **Alum.** bol-la. brom. *Carb-an.* carb-v.a1 caust.h,kl dig.h kali-n.h,kl led.a1 mez.a1 nat-c.a1,k nat-m.a1 phos.a1,h,* plan.a1 sep.a1 sil. stann.a1,k sulph.a1,h,* zinc.
• **Bett**, im: plat.a1,h,* sulph.h,kl
– **nachts**: bamb-a.stb2 calc.a1,k *Carb-an.* naja nat-m.a1,k phyt.a1,k sil.a1,k
• **Liegen** auf der Seite; beim: sil.a1,k
– **Bier**, nach: merc-c.a1,k staph.a1,k
– **Brot**, nach: *Lach.*a1,k ph-ac.a1,k rhus-t.a1,k
– **Eis**, nach: thuj.a1,k
– **Husten**, beim: alum.a1 bell.h,kl bov.a1 calc-s.a1 croc.a1 kreos.a1 mag-c.a1 nat-c.a1 syph.hr1
– **Lesen**, nach lautem: nit-ac.a1,k
– **Liegen** amel.: nat-c.a1
– **Schlaf**, nach langem: hep.a1,k
– **Schlucken**, nach: bar-c. *Carb-an.* caust.h fago. hep. hydr. jab. lach. laur. nux-m. pic-ac. stram.
• **leerem**, nach: *Ars.*
– **sprechen** kann; bevor er: bamb-a.stb2 carc.tp1
– **Tabak**, durch: osm.a1,k
– **Trockenheit**, aus: **Alum.**

Kratzen, scharfes: acon.a1 agar.a1,k agn.a1,k alum.a1,k ambr.c1,h,* *Arg-met.* *Arg-n.* arn.a1,k arum-t.a1,k aur-m.a1,k bamb-a.stb2 *Bar-c.* bell.h,kl benz-ac.a1,k berb. bol-s.a1 borx. bov.hr1 calad.a1,k calc-p.a1,k cann-s.a1,k carb-v.a1,k carbn-s. chel.a1,k *Cist.* con.h,kl ferul.a1 graph.a1,k *Hep.* hyos.h,kl *Kali-bi.* *Kali-c.*a1,k *Kreos.* *Lyc.* *Mag-c.* mang.h,kl *Nit-ac.* *Nux-m.*a1,k **Nux-v.**hr1,k,* par.a1 petr.a1,k *Phos.*a1,k *Plat.* puls.a1,k *Rhod.*a1,k rob.a1,k *Seneg.* *Sep.* sil.a1 *Spong.* *Sul-ac.* *Sulph.* sumb.a1 tab.a1,k tell.a1,k ter.hr1,k
– **morgens**: cob.a1,k nux-v.hr1
– **abends**: dig.h,kl led.a1,k par.a1 sin-a.a1 tell.a1,c1
– **nachts**: con.h,kl
– **Brotkrümel**, wie: dros. *Lach.* pall.
– **Husten**, beim: bell.h
– **Mittagessen**, nach dem: dig.h,kl
– **Sand**, wie durch: *Cist.*a1,k

Krebs: *Carb-an.* led. tarent.
○ **Ösophagus**: phos.gm1 plat-m.gm1

Kribbeln: acon.h,k,* aesc.hr1,k am-m. bry.a1,k *Carb-v.*a1,k cedr. cist.hr1 colch.a1,k *Crot-c.*a1,k dros. glon. grat. hyper.a1,k ign. **Kali-c.** *Lach.*a1,k lob. lyc.a1,h,* merc.a1,k mez.a1,k pall. paull.a1 petr.a1,k phos. plb. prun.a1,k puls.a1,k sabad.a1,k sabin. samb.a1,k sec.a1,k sep.a1,k spong.a1,k stann.a1,k sul-i.a1,k tab.a1,k thuj.
☞ *Prickeln*
– **morgens**: lach.a1,k
• **Bett**, im: iod. lach.

– **abends**: nux-v.a1,k
– **Essen**, durch: hepat.c1
– **Husten**, verursacht: am-m.h bry. *Carb-v.* euph. *Kali-c. Lach.* mag-m.a1 prun. stann.
– **Menses**, während: nux-v.a1,k
– **Schlucken**, beim: tab.a1,k
– **Übelkeit**, bei: lyc.a1,k
– **Wurm** darin winden; als würde sich ein: hyper. merc. *Puls.*
○ **Ösophagus**, im: anan. kali-c.h plb. zinc.

Krümel
☞ *Brotkrümeln*

Kugel; Gefühl einer
☞ *Klumpens*

Lähmung: *Apis* **Ars.** arum-t.k2 bapt. bell.a1,k cadm-s.k2 caps.hr1,k *Caust. Cocc.*a1,k cur. *Gels.*a1,k hyos.k2 *Lac-c.* **Lach.** lact. *Lyc.* merc.k2 *Nat-m. Nux-m. Op.* phos.bg1,bg2 *Phyt. Plb.*a1,k pop-c.c2 *Rhus-t.* **Sec.** *Sil.* **Stram.**a1,k
– **postdiphtherisch**: *Apis* **Ars.** *Caust. Cocc. Gels.* **Lac-c. Lach. Naja** *Nat-m. Plb.* **Sec.** sil.
○ **Ösophagus**: *Alum. Alumn.* **Ars.** arum-t.k2 *Bapt.* bell. calc. caps. *Caust.* chlol. cocc.k2 con.k2 crot-c. *Gels. Hydr-ac.* hyos.k2 *Kali-c.* lach. *Nux-m. Op.* petr. *Plb. Stram.* tab. *Verat.*
• **Gefühl** von: **Ars.** cocc. ip. kali-c. *Lach.* lact. puls. *Sil.*
– **Rachen**: *Apis* **Ars.**hr1,k,* caps.hr1,k *Caust. Cocc.*hr1,k hyos.k2 **Lach.** morph.a1,k nat-c.k2 nux-m.a1,k *Rhus-t.*a1,k *Sil. Stram.*hr1,k,*

Leeregefühl: calc-p.hr1,k,* chin.bg1,bg2,* elat.bg1 fl-ac.bg1 irisbg1 lob.bg1 lyc.a1,k nat-ar. ptel.bg1,c1 sanic.bg1 xan.bg1
– **Rachen** verschwunden wäre; hohles Gefühl, als ob der: lach.bro1 phyt.bro1 x-rayrb2
– **Schlucken**, beim: lyc.

Mandelentzündung
☞ *Entzündung - Tonsillen*

Metastasierung:
– **Gicht**: benz-ac.k2 merc.k2

Nasopharyngitis
☞ *Entzündung - Nasenrachenraum*

Papeln
☞ *Schleimhautpapel*

Pflockes; Gefühl eines
☞ *Klumpens*

Pharyngitis
☞ *Entzündung - Rachen*

Pickel auf der Uvula: *Bapt.*hr1 kali-bi.hr1,k rumx.

Prickeln: acon. arum-t.k2 carb-ac. choc.srj3 echi.
☞ *Kribbeln*
○ **Ösophagus**: *Acon.*

Prickelndes Stechen: acon.a1,k alumn. calc-f.a1,k cedr.a1,k lach.a1,k manc.a1,k sulph.bg1 tell. verat.a1,k

Prickelndes Stechen: ...
– **Schlucken**:
• **leerem**; bei:
• **nur**: cench.k2
▽ **erstreckt** sich den Ösophagus nach unten: cedr.

Pulsieren: *Am-m.*a1,k arg-n.a1,k *Bell.* bufo cham.a1,h,* chel.a1,k coc-c.a1,k euphr.a1,k *Glon.* **Hep.** hydrog.srj2 ind. kalm.a1,k *Lach.* nit-ac.a1,k ph-ac.a1,k rhus-t. tarent.a1,k xan.
– **rechts**: hydrog.srj2
– **Husten**, nach: coc-c.
– **Liegen**:
• **linken** Seite agg.; auf der: choc.srj3
○ **Tonsillen**: *Am-m.*a1,k kalm.a1,k nit-ac.a1,k
• **links**: nat-p.

Pulvers; Gefühl eines: crot-c.
☞ *Staub*

Pusteln: *Aeth.*a1,k ant-t.hr1,k psor. sep.a1,k vario.hr1
○ **Tonsillen**, auf den: *Sep.*a1,k

Rachenmandelwucherung
☞ ❑ *Nase - Rachenmandelwucherung*

Rauheit: *Aesc.*a1,k agar.a1,k ail.a1,k *Aloe Alum.*h,k,* *Am-c.*a1,k am-m.a1,k *Ambr.* ammc.a1,k anac.h,k,* androc.srj1 ang.a1,h,* ant-c.a1,k *Apis* **Arg-met.** *Arg-n.*a1,k ars.a1,k aspar.a1,k *Bamb-a.*stb2 bapt.a1 *Bar-c.* bar-s.k2 *Bell.*a1,k borx. cain. *Calc.*hr1,k calc-ar. calc-p.a1,k cann-i.a1,k canth.a1,k caps. carb-an.h,k1 *Carb-v.*a1,k carbn-s. *Caust.*h,k chel.a1,k chen-a.hr1 **Chin.** cimic.a1,k *Cist.* clem. cob. coc-c.a1,k cocc.a1,k *Coloc.*a1,k com.a1,k *Croc.* cub.br1 dig. **Dros.**bg2,k,* erig.a1 eup-per.a1,k euph.h,k1 ferr.c1 glon.a1,k *Graph.*a1,k grat. *Hep.*hr1,k,* hydrog.srj2 hyos.a1,k hyper.hr1 iod.hr1 *Ip.*hr1,k iris kali-ar.k2 kali-bi.a1,k *Kali-c.*a1,k kali-n.h,k,* kreos. lac-ac.a1,k lach.a1,k laur.a1,k lipp.a1 *Lyc.*a1,k lyss.a1,k *Mag-c.*h,k,* *Mag-m.* mang.a1,k meny.a1,k *Merc.*hr1,k merc-c.a1,k mez.a1,k nat-ar. *Nat-c. Nat-s.* **Nux-v.**a1,k ph-ac.h,k1 *Phos.*a1,k *Phyt.*hr1,k,* *Plat.* plb.a1,k podo.c1 ptel.c1,hr1 ran-b.a1,k rat.a1,k *Rhod.*a1,k rhus-t.a1,k rob.a1,k *Sabad.*a1,k sapin.a1 sars.a1,k *Seneg.*a1,k *Sep.*hr1,k,* sil.a1,h,* spong. squil. stann. staph.a1,k stront-c. *Sul-ac. Sulph.*a1,k sumb.a1,k tab. tanac.a1 tell.a1,k *Thuj.*a1,k ust. verat.a1,k verb. zinc.h,k
– **tagsüber**: mez.a1,k
– **morgens**: agar.a1,k *Ail.*a1,k alum.h,k,* ant-c.a1,k ars.a1,k borx. caust.h,k1 erig.a1 kali-n.h,k1 mang.a1,k rhod.a1,k sars.a1,k seneg.a1,k sep.a1,k sulph. thuj.a1,k zinc.h,k1
• **Aufstehen**, beim: mang.a1,k sulph.a1,k
• **Erwachen**, beim: alum.a1,k sars.a1,k seneg.a1,k sulph.a1,k
– **vormittags**: jug-c.a1 mag-c.h,k1 seneg.a1
– **abends**: *Alum.*a1,k kali-n.h,k1 mang.h,k1 nat-c.h,k1 *Phos.*hr1 *Seneg.*a1,k stann. sulph.h
– **nachts**: alum.h,k1 arg-n.a1,k sil.a1,k
– **Ausatmen**, beim: arg-met.h ph-ac.h,k1
– **Entblößen**, durch: kali-c.h,k1
– **Erkältung**; wie durch: bamb-a.stb2

– **Essen**:
- • **amel.**: am-m.$_{a1,k}$ nat-c.$_{h,h2,*}$
- • **nach**: anac.$_{a1,h,*}$

– **Husten**, durch: anac.$_{h,kl}$ arn.$_{a1,k}$ carb-v. caust. cob. cop. dig. **Dros.**$_{vh}$ gels. hep. kali-c.$_{a1,k}$ kali-n. kreos. laur.$_{a1,k}$ merc-c. nat-s.$_{a1,k}$ nicc. phos. rhod. rhus-t.$_{a1}$ sars.$_{a1,k}$ seneg. sep. spong. *Sulph.*$_{a1}$
– **Mittagessen** amel.: am-m.$_{a1}$ mag-c.$_{h,kl}$
– **Räuspern**, durch: sep. thuj.$_{h,kl}$
– **Schluckauf**, durch: borx.$_{h}$
– **Schlucken**, beim: ang.$_{hr1}$ *Arg-met.* *Arg-n.* calc-p.$_{a1,k}$ cocc.$_{a1,k}$ *Hep.* lyc.$_{a1,k}$ petr.$_{h,kl}$ pic-ac.$_{a1,k}$ *Staph.*$_{a1,k}$ sulph.$_{a1,k}$
– **Sprechen**:
- • **durch**: bamb-a.$_{stb2}$ graph.$_{h,kl}$ sil.$_{h,kl}$ *Staph.*$_{a1,k}$
- • **verhindert**: ph-ac.$_{h,kl}$

– **Wetter**; bei nassem: phos.$_{h}$
○ **Ösophagus**: calc.$_{h}$ hydrc. iod. *Nat-c.* podo.$_{c1}$ sulph.
– **Uvula**: sulph.$_{a1,k}$

Räuspern; Neigung sich zu: aesc. aeth. *Ail.* all-c. *Alum.* alum-p.$_{k2}$ alum-sil.$_{k2}$ am-m. ambr. anac. *Arg-met.* **Arg-n.** *Arum-t.* *Bar-c.* bar-s.$_{k2}$ *Bell.* berb. borx. *Bry.* bufo cain. calad. calc.$_{h}$ calc-ar. calc-f. calc-p. carb-ac. *Carb-an.* *Carb-v.* *Carbn-s.* *Caust.* cench.$_{k2}$ chel. chinin-ar. cimic. *Cimx.* *Cist.* *Coc-c.* colch. con.$_{h}$ **Cor-r.** *Crot-t.* cycl. *Dulc.* eug. ferr-i. ferr-ma. *Fl-ac.* *Gels.* gent-c. gink-b.$_{sbd1}$ *Graph.* grat. *Guaj.* gymno. **Hep.** *Hydr.* *Kali-bi.* **Kali-c.** *Kali-chl.* kali-n.$_{h}$ kali-p. kali-perm. kali-s. lac-ac. **Lach.** laur. *Lil-t.* lob. **Lyc.** mag-c. *Mag-m.* *Manc.* mang.$_{h}$ meph.$_{a1}$ merc. *Merc-i-f.* *Merc-i-r.* *Mez.* naja *Nat-ar.* **Nat-c.** **Nat-m.** nat-p. *Nat-s.* *Nit-ac.* **Nux-v.** onos. ox-ac.$_{k2}$ paeon. pall. par. petr. ph-ac. **Phos.** *Phyt.* plat. plb. *Psor.* ptel. rhus-t. *Rumx.* *Sabad.* sang.$_{k2}$ sars. *Sel.* senec. *Seneg.* **Sep.** *Sil.* spig. *Stann.* *Stram.* *Sulph.* teucr. *Thuj.* tub.$_{bg}$ viol-t. wye. xan. *Zinc.* zinc-p.$_{k2}$
– **morgens**: *Ail.* am-m. ambr. arg-n.$_{a1}$ borx. *Calc.* **Caust.** cench.$_{k2}$ *Cist.* cob. fl-ac. grat. **Kali-bi.** kali-n.$_{h}$ mag-m.$_{h2}$ nat-c.$_{h}$ *Nat-m.* *Petr.* *Phos.* phyt. rhus-t. sars. *Sep.*
- • **Schleim** im Nasenrachenraum; durch dicken: **Caps.**$_{vh}$

– **vormittags**: arg-n.
- • **11** h: *Viol-t.*

– **abends**: *Alum.* caust.$_{h}$ hep.$_{h}$ kali-n.$_{h}$ stann.
– **nachts**: aur. sulph.$_{h}$
– **Atmen**; bei tiefem: sulph.$_{h}$
– **aufsetzen**; muß sich: nat-p.$_{k2}$
– **Essen**:
- • **nach**: hep.$_{bg1}$ ol-an.$_{bg1}$

– **Freien**; im: *Carb-ac.* nat-ar.
– **Frühstück**; nach dem: calc-p.
– **Gehen** im Freien; beim: ant-c. carb-ac.
– **Kitzeln**; durch: sulph.$_{h}$
– **Rauheit**; durch: *Alum.*
– **Schlaf**:
- • **im**: calc-p.
- • **nach**: *Lach.*

Räuspern; Neigung sich zu: ...
– **Schleim** in Mund und Hals; durch dicken: arg-n.$_{br1}$
– **Sprechen**; beim: calc-p.
– **Trockenheit**; durch: alum.$_{h}$
– **vergeblich**: **Caust.** cench.$_{k2}$ mag-c.$_{h}$ *Mez.* phos. thuj.

Räuspert käsige Klumpen herauf ●: *Agar.* arg-n.$_{bg1}$ bry.$_{bg1}$ *Chen-a.* coc-c.$_{bg1}$ ign.$_{bg1}$ *Kali-bi.* **Kali-chl.** **Kali-m.** kali-p. lyc.$_{bg1}$ *Mag-c.*$_{k,st}$ merc-i-r.$_{bg1}$ mez.$_{k2}$ nit-ac.$_{bg1}$ *Phos.*$_{k,k12}$● *Psor.*$_{c2,k}$ sec. sil. tub.$_{bg1}$

Reizung: *Ail.*$_{a1,k}$ am-br.$_{a1}$ aster.$_{a1,k}$ atro.$_{a1}$ **Bell.**$_{a1,k}$ bov. carb-ac.$_{a1,k}$ *Carb-v.* chinin-s. cimic.$_{a1,k}$ **Con.** *Crot-t.*$_{hr1,k}$ ferr-p.$_{a1}$ gels.$_{hr1,k}$ *Glon.*$_{a1,k}$ *Hep.*$_{hr1,k}$ hura iod.$_{a1,k}$ ip.$_{a1,k}$ kali-br.$_{a1,k}$ *Kali-i.*$_{a1,k}$ *Lach.*$_{hr1,k,*}$ morph.$_{a1,k}$ nat-ar. nat-p.$_{a1}$ *Nux-v.* puls. rham-f.$_{a1}$ rhus-t. rhus-v.$_{a1,k}$ sang.$_{a1,k}$ sars.$_{a1,k}$ sec.$_{a1,k}$ sil.$_{a1,k}$ sul-ac.$_{a1,k}$ tab.$_{a1,k}$ thev.$_{a1}$ trif-p.$_{a1}$ ust.$_{a1,k}$
– **rechts**: choc.$_{srj3}$
– **morgens**: chel.$_{a1,k}$ dios.$_{a1}$ nat-c.$_{a1,k}$ *Sulph.*$_{a1,k}$
– **abends**: chel.$_{a1,k}$ dios.$_{a1}$
– **nachts**: tab.$_{a1,k}$
▽ **erstreckt** sich zu:
- • **Eustachische** Röhre: phyt.

○ **Fauces** verursacht Husten; Reizung tief im: **Dros.**$_{vh}$
– **Ösophagus**: *Coc-c.*$_{a1,k}$ crot-t. phos.$_{h}$
– **Rachen**: aesc.$_{a1,k}$ bov.$_{a1,k}$ coch.$_{hr1}$ crot-t.$_{a1}$ *Merc-i-f.*$_{a1,hr1}$ olnd.$_{a1,k}$ osm.$_{a1}$ phyt.$_{hr1}$ ran-s.$_{a1}$ trif-p.$_{a1}$ verat.$_{a1,k}$

Rissig (= aufgesprungen):
○ **Rachen**: bar-c. elaps kali-bi.$_{bg1,bg2}$ ph-ac. phos.
- • **linke** Seite: kali-bi.$_{c1}$

Roh
☞ *Erosion*

Rucken: nat-m. plat.
▽ **erstreckt** sich zur Magengrube: sep.

Runzelige, schrumpelige Uvula: carb-ac.$_{a1,k}$

Sand im Hals; Gefühl von: berb.$_{rb2}$ cist.$_{rb2}$

Scharfes Kratzen
☞ *Kratzen, scharfes*

Scharrendes Gefühl
☞ *Kratzen; schabendes*

Schläge, Schocks beim Erwachen: manc.

Schleim: acon.$_{a1,k}$ aesc.$_{a1,k}$ agar. ail. *All-c.*$_{hr1,k}$ *Alum.*$_{a1,k}$ alum-sil.$_{k2}$ *Alumn.*$_{a1,k}$ am-m. *Ambr.*$_{hr1,k,*}$ *Anac.*$_{hr1,k,*}$ ant-c. *Ant-t.*$_{hr1,k,*}$ aphis apoc.$_{hr1,k2}$ **Arg-met.** **Arg-n.** arn. ars. *Ars-i.* ars-s-f.$_{k2}$ arum-d.$_{a1,k}$ *Arum-t.*$_{a1,k}$ asar. aur.$_{a1,k}$ aur-ar.$_{k2}$ aur-i.$_{k2}$ aur-s.$_{k2}$ *Bamb-a.*$_{stb2}$ bapt.$_{hr1,k,*}$ bar-c.$_{hr1,k,*}$ bar-m. bell.$_{a1,k}$ benz-ac.$_{a1,k}$ *Berb.*$_{hr1,k}$ bism. borx. bov.$_{a1,k}$ bry.$_{hr1,k,*}$ bufo cact.$_{a1,k}$ *Calc.*$_{hr1,k}$ calc-ar. calc-i.$_{k2}$ calc-p.$_{a1,k}$ *Calc-s.*$_{a1,k}$ calo.$_{a1,k}$ caps.$_{k2}$ carb-ac.$_{hr1,k,*}$ *Carb-an.*$_{a1,k}$ *Carb-v.* carbn-s. **Caust.**$_{hr1,k}$ cench.$_{k2}$ *Cer-s.*$_{a1}$ *Cere-b.*$_{k,kl}$ chel.$_{a1,k}$ cimic.$_{a1,k}$ *Cinnb.* *Cist.* coc-c.$_{k2}$ colch. con. croc.$_{a1,k}$

Schleim: ...
Crot-h. crot-t. cupr. cur. cycl. dros. dulc.$_{hr1,k}$ echi. *Elaps* ery-a.$_{a1,k}$ eupi.$_{a1,k}$ ferr-i.$_{a1,k}$ ferr-p.$_{a1}$ *Fl-ac.*$_{hr1,k}$ glon. *Graph.*$_{a1,k}$ grat.$_{a1,k}$ guaj. gymno. hep.$_{a1,k}$ hydr.$_{a1,k}$ *Hydrog.*$_{srj2}$ hyos.$_{h,k1}$ ind.$_{a1,k}$ *Iod.*$_{a1,k}$ jug-r.$_{a1,k}$ kali-ar.$_{a1,k}$ **Kali-bi.**$_{a1,k}$ **Kali-c.**$_{hr1,k,*}$ kali-i.$_{a1,k}$ kali-m.$_{k2}$ *Kali-p.* **Kali-s.** kali-sil.$_{k2}$ kalm.$_{a1,k}$ kiss.$_{a1,k}$ kreos.$_{a1,k}$ lac-ac. **Lach.**$_{hr1,k,*}$ lact. laur.$_{a1,k}$ lob.$_{hr1,k}$ lob-s.$_{a1,k}$ *Lyc.* lyss.$_{a1,k}$ mag-c.$_{a1,k}$ mag-m. mag-s.$_{a1,k}$ mang.$_{k2}$ med.$_{c1}$ *Merc.*$_{hr1,k}$ *Merc-c.*$_{a1,k}$ *Merc-i-f.*$_{a1,k}$ *Merc-i-r.* *Mez.*$_{a1,k}$ *Mur-ac.*$_{hr1,k,*}$ myric.$_{hr1,k,*}$ **Nat-ar.** **Nat-c.**$_{a1,k,*}$ **Nat-m.**$_{a1,k}$ *Nat-p.*$_{a1,k}$ *Nat-s.* *Nit-ac.*$_{a1,k}$ nit-s-d.$_{a1}$ **Nux-v.** ol-an. op.$_{a1,k}$ osm. ox-ac.$_{a1,k}$ par.$_{hr1,k}$ petr.$_{hr1,k}$ ph-ac.$_{hr1,k}$ phel.$_{a1,k}$ *Phos.*$_{a1,k,*}$ phys.$_{a1,k}$ *Phyt.*$_{hr1,k}$ plan.$_{a1,k}$ *Plat.*$_{a1,k}$ *Plb.*$_{hr1,k}$ podo. *Psor.*$_{c2,k}$ ptel.$_{hr1,k}$ *Puls.* *Ran-b.*$_{a1,k}$ raph.$_{a1,k}$ *Rhus-t.*$_{a1,k}$ *Rumx.* sabad. samb. sang.$_{k2}$ sars.$_{a1,k}$ *Sel.* *Seneg.*$_{hr1,k,*}$ **Sep.**$_{a1,k}$ *Sil.*$_{hr1,k,*}$ sol-t-ae.$_{a1,k}$ *Spig.* stann.$_{a1,k}$ stram.$_{a1,k}$ sul-ac.$_{a1,k}$ *Sulph.*$_{a1,k,*}$ sumb.$_{a1,k}$ tab.$_{a1,k}$ tarax. teucr. *Thuj.* til.$_{a1,k}$ trif-p.$_{c2}$ verat.$_{a1,k}$ viol-t. wildb. xan.$_{br1}$ *Zinc.*$_{a1,k}$ zinc-p.$_{k2}$ zing.$_{a1,k}$

– **morgens**: all-s.$_{a1,k}$ *Alum.* am-m. ambr. androc.$_{srj1}$ apis **Arg-met.** arg-n.$_{a1}$ ars.$_{h,k1}$ bad. *Bar-c.* borx. bov.$_{a1,k}$ *Calc.* carbn-s. *Caust.* cench.$_{k2}$ cer-s.$_{a1}$ cimx.$_{a1,k}$ cina$_{h}$ *Cist.* cob.$_{a1,k}$ cupr. eupi.$_{a1,k}$ fl-ac. gal-ac.$_{br1}$ *Graph.* hep. **Kali-bi.** *Kali-c.* kali-p.$_{k2}$ kali-s. kreos. lach.$_{k2}$ lact. laur. lyc.$_{a1,k}$ mag-c. mag-m.$_{a1,k}$ *Merc-i-f.* *Nat-c.* *Nat-m.*$_{a1,k}$ nat-s. nux-v. *Petr.* phos. plat. **Puls.** rhus-t.$_{a1,k}$ sabad. sars. *Sel.* seneg. *Sep.* *Sil.* spig. stram.$_{a1,k}$ sulph.$_{a1,k}$ sumb. tarax. teucr. *Thuj.*
 • **11** h: *Viol-t.*
 • **Erwachen**, beim: *Alum.* carb-an. cench.$_{k2}$ nat-c.$_{h}$ psil.$_{ft1}$

– **abends**: *Alum.*$_{a1,k}$ androc.$_{srj1}$ ang. bry.$_{a1,k}$ calc-p.$_{a1,k}$ cer-s.$_{a1}$ hep.$_{h,k1}$ merl.$_{a1,k}$ stann.
 • **16** h: nat-c.
 • **18** h: phys.

– **nachts**: alum. dulc.$_{k2}$ nat-c.$_{h,hr1,*}$ nat-p. *Nat-s.* puls. sep.$_{a1,k}$
 • **Mitternacht**: arum-t.$_{a1,k}$
 • **Erwachen**, beim: alum.

– **abzulösen**, schwer: *Alum.* am-m. *Ambr.* bamb-a.$_{stb2}$ cench.$_{k2}$ cer-s.$_{a1}$ limest-b.$_{es1}$ *Merc-i-f.*

– **Atmung**; behindert die: aur.$_{h}$

– **auszuwerfen**, leicht: *Arg-met.* bamb-a.$_{stb2}$ borx.$_{h}$ *Carb-v.* nat-c.$_{h,k1}$

– **Bett**, im: iod.$_{a1,k}$

– **bitter**: arn.$_{a1,k}$ ars. *Cist.* cupr.$_{a1,h,*}$ ferr-ma.$_{a1,k}$ grat. merc. nat-m.$_{bg1}$ tarax.

– **blutig**: alco.$_{a1}$ alum. am-br.$_{a1,k}$ bad. bapt.$_{k2}$ bism. borx. cact.$_{k2}$ carb-v.$_{k2}$ cench.$_{k2}$ chel.$_{a1,k}$ fl-ac. *Gels.* hep. *Kali-ar.*$_{a1,k}$ *Kali-perm.* *Lyc.* mag-c. mag-m.$_{a1,k}$ sars.$_{a1,k}$ sel.$_{c1}$ sep. *Stann.*$_{a1,k}$ thuj.
 • **Atmen**, behindert das: aur.$_{h}$
 • **Frühstück**, vor dem: sabad.

– **blutrot**: thuj.

– **dick**: aesc. aloe alum.$_{a1,k}$ am-br.$_{a1}$ *Anac.* androc.$_{srj1}$ ant-c. apis apoc.$_{k2}$ *Arg-met.* **Arg-n.**$_{a1,k}$ bar-s.$_{k2}$ *Bell.*$_{a1,k}$ berb. bry. calc.$_{bg1,k2}$ calc-s.$_{k2}$ caps. carb-ac. **Caust.** cench.$_{k2}$ cimic. *Cist.* cur. dulc.$_{k2}$ ery-a.$_{a1}$

– **dick**: ...
fago.$_{a1}$ *Glon.*$_{a1,k}$ grat. hydr.$_{k2}$ hydrog.$_{srj2}$ ind.$_{hr1}$ **Kali-bi.** kali-i. kali-m.$_{k2}$ lac-ac.$_{hr1}$ *Mag-c.* mag-m.$_{a1,k}$ merc. *Nat-ar.* **Nat-c.** nat-m. nat-p. nicc.$_{a1,k}$ nux-m. petr.$_{h,k2,*}$ *Phyt.*$_{a1,k}$ plb. psor. ran-s.$_{a1,k}$ *Sil.* stann. sumb.$_{a1,k}$
 • **morgens**: apoc.$_{a1}$ mag-m.$_{a1,k}$ petr.$_{h,k1}$ *Sil.*

– **eiweißartig**: all-c.$_{bg1}$ am-m. borx. *Caust.* cench.$_{k2}$ merc-c. **Nat-m.** *Nat-s.* sel. spig.$_{bg1}$ sulph.

– **Essen**:
 • **beim**: caust. nux-v.$_{k2}$ thuj. verat.
 • **nach**: tub.$_{a1,bg,*}$

– **fadenziehend**
☞ *zäh*

– **faulig**: bapt.$_{k2}$ *Carb-ac.* cham.$_{bg1}$ kali-p.$_{k2}$

– **flauem**, üblem Gefühl; bei: *Graph.*

– **Freien**, im: carb-ac.

– **gallertartig**: *Arg-met.* berb. *Caust.* cench.$_{k2}$ coc-c.$_{k2}$ **Kali-bi.** *Nat-ar.* nat-m.$_{k2}$ verat.$_{a1}$

– **Gefühl** von: cot.$_{c1}$ eupi.$_{c1}$ grat. hydrog.$_{srj2}$ mez. pen.$_{bg1}$ psil.$_{ft1}$ **Rhod.** tub.$_{c1}$

– **gelb**: aesc. alum.$_{k2}$ androc.$_{srj1}$ ant-c. apoc.$_{a1,k}$ berb. *Calc.* *Calc-s.* castm. cench.$_{k2}$ *Cist.* cop. dros. eug. hydr. ind.$_{hr1}$ **Kali-bi.** lac-ac.$_{hr1}$ lach.$_{a1,k}$ *Nat-ar.* nat-p. nux-v. ol-j. rumx. *Sil.* spig. sul-i.$_{k2}$ sumb.$_{a1,k}$ verat.$_{a1}$
 • **morgens**: spig.
 • **vormittags**: lyc.
 • **unterer** Teil: alum. graph. zinc.
 ○ **Uvula**: sep.$_{h}$

– **gezogen**; wird aus den Choanen: *Alum.* *Alumn.* anac. ant-c. *Arg-n.* bamb-a.$_{stb2}$ bell.$_{k2}$ bry. *Calc.* calc-s. canth. carb-ac. *Carb-v.* *Caust.* cench.$_{k2}$ chin. cinnb. **Cor-r.** cub.$_{br1}$ *Elaps* euph. euphr. ferr-i.$_{k2}$ gran. graph.$_{k2}$ *Hep.* hydr. *Hydrog.*$_{srj2}$ kali-bi. kali-c.$_{k2}$ *Kali-chl.* med.$_{k2}$ merc. merc-c. merc-i-f. merc-i-r. mez. *Nat-ar.* **Nat-c.** **Nat-m.** nat-p. *Nit-ac.* onos. osm. paeon. ph-ac. phyt. *Plb.* *Psor.* rhus-t. rumx. sin-n. **Spig.** *Stict.* sulph. tell. thuj. zinc.$_{a1,k}$ zing.
☞ *☐ Nase - Absonderung - Choanen / ☐ N~ Katarrh - Choanen*

– **gräulich**: *Ambr.*$_{a1,k}$ **Arg-met.** ars. *Nat-ar.* nat-s. phos. seneg. stann. sulph.$_{bg1}$

– **grünlich**: ail. androc.$_{srj1}$ ars. borx. cere-b.$_{a1}$ *Colch.*$_{a1,k}$ dros. *Lyc.* nat-m.$_{h,k1}$ *Sil.* *Stann.*$_{a1,k}$ sumb.$_{a1,k}$ zinc.

– **hängt** herab: *Carb-an.*$_{hr1,k}$ lach. med.$_{c1}$ *Merc-c.* phos. thuj.

– **Käse**; schmeckt wie alter: psor.

– **klebrig**: bad. *Caust.*

– **Klumpen**: *Agar.* androc.$_{srj1}$ merc-i-f.$_{bg1}$ seneg. *Zinc.*$_{bg1,vh,*}$
 • **Gefühl** von: ars.$_{h}$ bamb-a.$_{stb2}$

– **kühl**: phos.$_{bg1}$

– **metallischer** Geschmack: calc.$_{a1,k}$

– **Mittagessen**, nach dem: caust.$_{h,k1}$

– **Pseudomembran**, wie eine: bell. *Caust.* puls.

– **rasselnd** (= Schleimrasseln): podo.$_{c1}$

– **reichlich**: cor-r.$_{br1}$

– **salzig**, leicht: alum.$_{a1,k}$ am-m. anac.$_{bg1}$ ars. *Calc.* *Carbn-s.* kali-p. *Lach.*$_{bg1,vh,*}$ merc. *Nat-m.* *Nat-s.* nux-v.$_{bg1}$ phos. sil. sulph. tell.$_{bg1,c1}$ ther.
– **sauer**: crot-t. laur. mag-m.$_{h,h2,*}$ mag-s. phos. plb.$_{bg1}$ tarax.$_{bg1}$ teucr.
– **schaumig**: am-caust.$_{bg1}$ aphis brom. bry. kali-bi.$_{bg1}$ plat. *Sil.*$_{bg1,vh,*}$ urt-u.$_{bg1}$
– **Schlucken**:
 • **muß** geschluckt werden: **Caust.** mag-c.$_{h}$ mur-ac.$_{h}$ zinc.$_{h}$
 • **weder** geschluckt noch hochgeräuspert werden; kann: am-m.$_{h}$ bamb-a.$_{stb2}$ kali-c.$_{h}$ mag-s.
– **schwarz**: elaps$_{bg1}$ sulph.$_{bg1}$
– **süßlich**: aesc.$_{a1,k}$ all-c. cop. lach. limest-b.$_{es1}$ sabad. sumb.$_{a1,k}$
– **übelriechend**: am-c.$_{gsy1}$ bry.$_{a1,bg1}$ *Carb-v.* mag-c.$_{bg1}$ mur-ac.$_{bg1}$ psor. *Sil.* thuj.
– **verdorben**, faulig: alum.$_{k2}$ *Carb-v.* *Phyt.*
– **wäßrig**: aesc.$_{a1,k}$ chel.$_{a1,k}$ laur.$_{a1,k}$ thuj.
 • **morgens**: spig. thuj.
– **weiß**: am-br.$_{hr1,k,*}$ am-m. *Bell.*$_{a1,k}$ berb. *Borx.* carb-ac. **Caust.** cob.$_{a1,k}$ hydrog.$_{srj2}$ kali-chl. lach.$_{a1,k}$ mag-c. merc-c. *Merc-i-r.* nat-ar. **Nat-m.** nat-p. *Nat-s.* nux-v. raph. sel. seneg.$_{a1,k}$ spig. sul-i.$_{k2}$ sulph.
 • **morgens**: chr-ac.$_{a1}$ spig.
 • **milchig** weiß: kali-chl. kali-m.$_{k2}$
– **Wetter**:
 • **nasses** Wetter: mang.$_{k2}$
– **zäh**: aesc.$_{a1,k}$ agn.$_{a1,k}$ alco.$_{a1}$ *All-c.*$_{hr1,k}$ *Alum.*$_{a1,k}$ alum-p.$_{k2}$ alum-sil.$_{k2}$ am-br.$_{a1,k}$ am-m.$_{a1,k}$ ambr.$_{a1,k}$ *Anac.*$_{hr1,k,*}$ ant-c.$_{a1,k}$ ant-t.$_{a1}$ *Apis* aq-pet.$_{a1}$ **Arg-met.** **Arg-n.**$_{a1,k}$ arn. arum-t.$_{a1,k}$ asar.$_{a1,k}$ bamb-a.$_{stb2}$ **Bar-c.**$_{hr1,k}$ bar-m.$_{k2}$ *Bell.* berb.$_{hr1,k}$ *Borx.* bry.$_{hr1,k,*}$ bufo *Calc.* calc-ar. calc-sil.$_{k2}$ canth.$_{a1,k}$ caps. carb-ac. *Carb-v.* carbn-s. **Caust.** cench.$_{k2}$ cer-s.$_{a1}$ chinin-s. chr-ac.$_{a1}$ cimic. cimx. *Cinnb.* *Cist.* clem. coc-c.$_{k2}$ cop.$_{a1,k}$ cycl. dulc. ferr-i. ferr-m. graph.$_{a1,k}$ grat. hydr.$_{bg1,k2}$ ind.$_{hr1,k,*}$ iod.$_{a1,k}$ **Kali-bi.**$_{a1,k}$ *Kali-c.*$_{a1,k}$ kali-m.$_{k2}$ *Lach.*$_{a1,k}$ lact.$_{a1,k}$ laur.$_{a1,k}$ lil-s.$_{a1}$ lith-c. lob.$_{hr1,k}$ lob-s.$_{a1}$ lyc. lyss.$_{a1,k}$ *Mag-c.*$_{a1,k}$ *Mag-m.*$_{a1,k}$ *Mag-s.* med.$_{k2}$ merc. merc-c.$_{a1,k}$ *Merc-i-f.* merc-i-r. mez. *Mur-ac.* *Myric.*$_{hr1,k,*}$ naja nat-ar. nat-c.$_{a1,k}$ nat-p. **Nat-s.** *Nux-v.* ol-an.$_{a1,k}$ onos. ox-ac. paeon.$_{a1,k}$ pall. *Ph-ac.*$_{hr1,k}$ phos. **Phyt.**$_{a1,k}$ plan.$_{a1,k}$ *Plb.*$_{hr1,k,*}$ *Psor.* *Puls.*$_{a1,k}$ ran-b.$_{a1,k}$ raph. *Rhus-t.*$_{a1,k}$ *Rumx.* *Sabad.* sars.$_{a1,k}$ *Seneg.*$_{hr1,k,*}$ sep. **Sil.**$_{hr1,k}$ *Stann.*$_{a1,k}$ sul-ac.$_{a1,k}$ sumb.$_{a1,k}$ tab.$_{a1,k}$ *Thuj.* verat.$_{a1,k}$ xan.$_{c1}$ zinc.
 • **morgens**: *Alum.* *Apis* *Arg-met.* bar-c.$_{hr1,k}$ berb.$_{hr1}$ cupr.$_{a1,k}$ **Kali-bi.**$_{a1,k}$ kali-c.$_{h,k1}$ lact.$_{a1,k}$ mag-m.$_{a1,k}$ **Puls.**$_{a1,k}$ sars.$_{a1,k}$ seneg. sumb.$_{a1,k}$
 • **abends**: alum.$_{a1,k}$ ran-b.$_{a1,k}$
 • **nachts**: dulc.$_{k2}$ **Puls.**
○ **vorderer** Teil: merc.$_{bg1}$

Schleimhautpapel: ars-i. *Fl-ac.* kali-chl. *Merc.* *Mur-ac.* *Nit-ac.* phyt. syph.
○ **vorderer** Teil des Halses: merc.$_{vh}$

Schlucken:
– **behindert**, erschwert: alum. **Am-c.** ambr. ang. ant-c.$_{a1,k}$ *Arn.* *Ars.*$_{a1,k}$ *Bapt.* bell.$_{a1,k}$ bufo cact. cadm-s. caj.$_{vh}$ *Canth.* *Carb-v.*$_{a1,k}$ *Chel.* chlor.$_{a1,k}$ cic. *Cina* con. crot-h.$_{a1,k}$ cupr. elaps hep. **Hyos.**$_{a1,k}$ iod.$_{hr1,k,*}$ kali-bi.$_{a1,k}$ kali-c.$_{a1,k}$ kali-n.$_{a1,k}$ lach.$_{a1,k}$ *Laur.* lob. lyc. meny.$_{a1,k}$ naja *Nat-s.* *Nux-v.*$_{a1,k}$ *Op.* *Plb.* *Sabad.* *Stram.*$_{hr1,k,*}$ sulph. vesp.$_{a1,k}$
 • **nachts**: alum.$_{a1,k}$
 • **Druck** auf den Kehlkopf; durch: *Chel.*
 • **feste** Speisen: *Alum.* *Apis* *Bry.* cur. dros. *Graph.* *Ign.* *Lyc.* lyss.$_{c1}$ nit-ac. rhus-t. zinc.
 • **Flüssigkeiten** schlucken, die geringste Menge an Festem führt zum Würgen; kann nur: *Bapt.* bar-c. *Crot-c.* *Crot-h.* *Plb.* *Sil.*
  • **feste** Speisen gelangen bis zu einer bestimmten Stelle und werden gewaltsam ausgeworfen: **Nat-m.**
 • **Liegen**, beim: cham.
 • **Speisen**
  ☞ *feste*
 • **trinken**, um die Speisen hinunter zu spülen; muß bei jedem Bissen: *Bell.* *Cact.* cur. elaps kali-c. *Nat-c.* nat-m.
  ☞ *schwierig - trinken*
○ **Kardia**; an der: con.$_{k2}$
– **Schlaf**, im: *Calc.*$_{hr1,k,*}$ cina$_{bg3}$
– **schwierig**: acet-ac. *Acon.*$_{hr1,k,*}$ aegle-f.$_{bnj1}$ *Aesc.*$_{hr1,k,*}$ aeth. agar.$_{hr1,k}$ *Alum.* alum-p.$_{k2}$ alum-sil.$_{k2}$ *Alumn.* **Am-c.**$_{hr1,k,*}$ am-caust.$_{a1}$ ambr. amph.$_{a1}$ ant-c.$_{a1,k}$ ant-t.$_{hr1,k,*}$ anthraci. *Apis* *Arg-met.* *Arg-n.*$_{hr1,k}$ *Ars.*$_{hr1,k,*}$ ars-i. ars-s-f.$_{k2}$ arum-m.$_{a1}$ arum-t.$_{a1,k}$ asar.$_{a1,k}$ aspar.$_{hr1}$ *Aur.*$_{hr1,k}$ aur-ar.$_{k2}$ aur-i.$_{k2}$ aur-m.$_{hr1}$ aur-s.$_{a1,k}$ bamb-a.$_{stb2}$ *Bapt.* **Bar-c.**$_{hr1,k}$ bar-i.$_{k2}$ bar-m.$_{hr1,k,*}$ bar-s.$_{k2}$ *Bell.*$_{hr1,k,*}$ benz-ac.$_{hr1,k,*}$ bism.$_{hr1,k,*}$ *Brom.*$_{a1,k}$ bry.$_{hr1,k}$ bufo *Cact.* cadm-s.$_{br1,k2,*}$ caj.$_{a1,hr1,*}$ calad.$_{a1}$ *Calc.*$_{hr1,k}$ calc-p.$_{a1,k}$ calc-s. calc-sil.$_{k2}$ camph.$_{a1,k}$ cann-s.$_{a1,k}$ *Canth.*$_{hr1,k,*}$ *Caps.*$_{hr1,k}$ *Carb-v.*$_{hr1,k}$ carbn-s. card-b.$_{a1}$ card-m.$_{hr1,k}$ *Caust.*$_{hr1,k}$ cedr.$_{a1,k}$ cham.$_{hr1,k,*}$ *Chel.*$_{hr1,k}$ **Chin.**$_{a1,k}$ chinin-ar. chlol.$_{hr1,k}$ chlor.$_{a1,k}$ choc.$_{srj3}$ *Cic.*$_{hr1,k}$ cimic.$_{a1,k}$ cimx. cina *Coc-c.*$_{a1,k}$ *Cocc.*$_{a1,k}$ coch.$_{hr1}$ *Colch.*$_{hr1,k}$ coloc.$_{a1,k}$ con.$_{hr1,k}$ conin.$_{a1}$ cop. cot.$_{a1}$ *Crot-c.*$_{a1,k}$ crot-t. *Cupr.*$_{hr1,k}$ cur. dig. dios.$_{a1,k}$ dros.$_{hr1,k}$ *Dulc.*$_{hr1,k}$ *Elaps* fago.$_{a1,k}$ ferr.$_{a1,k}$ ferr-ar. fl-ac.$_{a1,k}$ form. gamb.$_{hr1}$ *Gels.*$_{a1,k}$ gent-c. glon.$_{a1,k}$ graph. grat.$_{a1,k}$ guare.$_{a1}$ haem.$_{a1}$ *Hell.*$_{hr1,k,*}$ helo.$_{c1}$ helo-s.$_{c1}$ *Hep.*$_{hr1,k,*}$ **Hyos.**$_{hr1,k}$ *Ign.*$_{hr1,k,*}$ ind.$_{hr1,k,*}$ inul.$_{hr1}$ *Iod.*$_{hr1,k,*}$ *Ip.*$_{hr1,k,*}$ iris jac-c.$_{hr1,k,*}$ kali-ar. kali-bi.$_{hr1,k,*}$ **Kali-c.**$_{hr1,k,*}$ kali-chl.$_{a1,k}$ kali-m.$_{k2}$ *Kali-n.*$_{a1,k}$ kali-perm. kali-s. kali-sil.$_{k2}$ *Kalm.*$_{hr1,k,*}$ *Lac-ac.* **Lac-c.**$_{hr1}$ **Lach.**$_{hr1,k,*}$ lact.$_{a1,k}$ *Lyc.*$_{hr1,k,*}$ **Lyss.**$_{hr1,k,*}$ manc.$_{a1,k}$ meli. meny.$_{hr1,k}$ *Merc.*$_{hr1,k}$ *Merc-c.*$_{hr1,k,*}$ merc-cy.$_{hr1,k,*}$ merc-d.$_{hr1}$ merc-i-f.$_{hr1,k,*}$ *Merc-i-r.*$_{hr1,k}$ merl.$_{a1}$ mez.$_{a1,k}$ mit.$_{a1}$ morph.$_{a1}$ mur-ac.$_{hr1,k,*}$ myric.$_{a1,k}$ *Naja* nat-ar. nat-c.$_{a1,k}$ nat-m.$_{a1,k}$ nat-s.$_{hr1}$ nicc.$_{a1,k}$ **Nit-ac.**$_{hr1,k,*}$ nitro-o.$_{a1}$ nux-m. **Nux-v.**$_{hr1,k}$ ol-an.$_{a1}$ *Op.*$_{hr1,k,*}$ ox-ac.$_{hr1,k,*}$ paeon.$_{a1,k}$ peti.$_{a1}$ ph-ac.$_{h,hr1,*}$ phos.$_{hr1,k,*}$ *Phyt.*$_{hr1,k}$ pic-ac.$_{a1,k}$ *Plb.*$_{hr1,k,*}$ *Psor.*$_{hr1,k}$ puls.$_{hr1,k,*}$ raph.$_{a1,k}$ **Rhus-t.**$_{hr1,k,*}$ rhus-v.$_{hr1,k,*}$

– **schwierig**: ...
rumx. *Sabad.*hrl,k sal-ac.al sapin.al *Sep.*hrl,k *Sil.*hrl,k,* spong.k2 stann.hrl **Stram.**hrl,k,* **Stry.**al,k *Sul-ac.*hrl,k,* sulph.hrl,k,* sumb.al,k *Tab.*hrl,k tarax.al,k tarent. tep.al teucr.hrl ther.cl,hrl thuj. trif-p.al tub.c ust.hrl,k,* vesp.hrl,k,* vinc.al,hrl vip.al,k *Wye.*al,k zinc. zinc-m.al zinc-p.k2
• **morgens**: am-c.al,k arum-t.al,k canth.al,k cham.al,k mit.al
• **vormittags**: fl-ac.al,k
• **mittags**: ferr-i.al,k phos.al,k
• **abends**: am-c. coc-c.al,k fl-ac.al,k lyc.al,k
• **nachts**: *Alum.* naja
• **Beugen** nach vorne:
  • **amel.**: nit-ac.bg1
• **Chorea**, durch: *Agar.*hrl,k *Art-v.*hrl *Verat-v.*hrl
• **Erwachen**, beim: *Alum.* sul-ac.al sulph. zing.al,k
• **feste** Speisen: *Alum.*hrl,k *Alumn.* ambr.cl *Apis* *Arg-n.*hrl,k atro.hrl,k,* **Bapt.** **Bar-c.** bar-s.k2 *Bell.*hrl,k bry. *Carb-v.*al,k *Cham.*hrl,k *Crot-c.* *Crot-h.* *Dros.* hep. *Kali-c.* lac-ac.al,k *Lac-c.* *Lach.*al,k lyc.al,k *Nat-m.* nat-p. nit-ac.k2 *Nux-v.*hrl,k *Plb.* *Rhus-t.*hrl,k *Sil.* stram.al,k zinc-p.k2
  • **morgens**: stram.al,k
• **Flüssigkeiten**: alumn. anan. anth.al,k bell.hrl,k bism. both.brol bry.brol cact.brol *Canth.*hrl,k caust.cl *Cic.* cina coc-c.al,k con. *Crot-c.* crot-h.bg1 *Cupr.*hrl,k gels.brol grat.brl *Hydr.*hrl *Hydr-ac.*bg2 *Hyos.* *Ign.*hrl,k *Iod.*hrl,k,* *Kali-br.* **Lach.**hrl,k,* *Lyc.*al,k **Lyss.**al,k mag-p. *Merc.*hrl,k merc-c. mez.hrl,k *Mur-ac.*hrl nat-m.hrl,k *Nit-ac.* nux-v.al,k *Phos.*h,hrl,* psil.ft,ft1 sil.brol,hrl **Stram.**hrl,k,* sul-ac.al,k sul-i.k2 *Upa.*al,k zinc.hrl,k zinc-p.k2
  • **amel.**: kali-c.bg1
  • **kommen** wieder aus der Nase heraus
    ☞ *Flüssigkeiten*
  • **schwieriger** als feste Speisen: brom. coc-c. cocc.h,kl hyos. ign. *Lach.* sanic.cl stram.bg1
• **Flüssigkeiten** schlucken, feste Speisen rufen jedoch Würgen hervor; kann nur: *Bapt.* bar-c. calad.vh cench.k2 cham.brol *Crot-c.* *Crot-h.* nat-m.brol *Plb.* *Sil.*
• **Frühstück**: merc-c.
• **Getränke**:
  • **kalte** Getränke; durch: sabad.k2
• **Kaltes**; durch
  ☞ *Getränke - kalte / Speisen - kalte*
• **Lähmung**, durch
  ☞ *Flüssigkeiten / Lähmung*
• **Menses**, während: calc.
• **Nervosität**, bei: gels.bg1 nux-v.bg1 phys.bg1
• **scharfe** Speisen: **Lach.**hrl,k
• **Speichel**: haem.al,k **Lach.**hrl,k meny.al,k myris.al,k spig.al,k
• **Speisen**:
  • **kalte** Speisen; durch: sabad.k2
  • **warme** Speisen: gels.brl
• **Süßigkeiten**: **Lach.**hrl,k
• **Tabletten**; von großen: **Lyss.**vh
• **trinken**, um schlucken zu können; muß: bar-c.bg1 *Bell.* *Cact.* calad.bg1,bg3 cur. elaps kali-c.

Schlucken - schwierig - muß trinken: ...
Nat-c. nat-m.
☞ *behindert - trinken*

– **ständig**; schluckt
☞ *Schlucken; ständige*

– **unmöglich**: acet-ac.al,k acon.hrl,k,* aeth.hrl,k,* *Alum.* *Alumn.* amph.al amyg.hrl ant-c.cl *Ant-t.*hrl,k,* *Apis* *Arum-m.*al *Arum-t.*hrl,k atro.hrl *Bapt.*hrl,k bar-c.hrl,k *Bell.*hrl,k,* bism.al,k *Camph.*hrl,k cann-i.al,k carb-ac.al,k *Carb-v.* cham. chlor.hrl,k,* *Cic.*al,k *Cina* cocc.k2 *Crot-c.* *Crot-h.* cupr. cur.hrl,k dulc. *Gels.*hrl,k,* *Graph.* hydr-ac.hrl,k,* **Hyos.**hrl,k,* *Ign.*al,k ip.al,k iris kali-bi.hrl,k,* kreos.al,k **Lac-c.**hrl,k *Lach.*hrl,k laur.al,k linu-c.al *Lyc.*al,k lyss.hrl,k,* manc.hrl,k merc-c.hrl,k,* morph.al mur-ac.al,k naja **Nit-ac.**hrl,k,* *Nux-v.*hrl,k,* oena.al,k *Op.*hrl,k,* *Phos.* phys.al,k *Plb.* psor.al,k *Sabad.* sabin.hrl spong.hrl,k **Stram.**al,k stry.al sul-ac.al,hrl *Sulph.* *Tab.*al,k tanac.al ter.al thuj. *Verat.*al,k visc.al zinc-m.al
• **feste** Speisen: tub.dp
• **Fleckfieber**; bei epidemischem: bapt. *Camph.*
• **Flüssigkeiten**; alles, nur keine: bapt. bar-c. *Cina* crot-c. *Crot-h.* *Kali-c.*
  • **Teelöffel** voll; nicht einmal einen: *Lyc.* **Nit-ac.**
• **Kaltes**: kali-c. lach.k2
• **Lähmung**, durch: *Alum.* *Alumn.* *Apis* ars. arum-t.k2 bapt.hrl,k caust. *Cocc.*hrl,k cur.hrl,k *Gels.*hrl,k lac-ac. lac-c. lach.hrl,k lact. lyc. *Nat-m.* *Nux-m.*hrl,k *Nux-v.*hrl,k op.hrl,k,* phos.k2 phyt. plb.k2 sec.hrl **Stram.** *Tab.*
• **Liegen**, beim: cham. sec.al,k
• **Menses**, während: petr.
• **Schleim** ausgeräuspert wird; bis: *Thuj.*
• **Schwellung** der Zunge: apis
• **Speichel**: amph.al spig.h,kl
• **warme** Suppe: lyc.h,kl
• **Würgen**, durch: *Hyos.* *Iod.* *Kali-c.* manc.hrl,k mur-ac.
• **Zusammenschnürung** des Ösophagus: *Alum.* *Alumn.* *Bapt.* **Bar-c.** cact. *Cic.* dros.k2 *Hyos.* *Kali-c.* **Phos.**
  • **nachts**: alum.h
  ○ **Kardia**: **Phos.**

– **unvollständig**: benz-ac.hrl,k,*
– **unwillkürlich**: *Cina* con. merc.al,k **Sep.** *Staph.*
  • **Gehen** im Wind; beim: con.hrl,k

Schlucken; ständige Neigung zu: acon.hrl aesc.brol aeth. agar.al androc.srj1 apis arum-t.hrl,k *Asaf.*hrl,k bamb-a.stb2 bapt.hrl,k *Bell.*hrl,k *Bry.*hrl,k cact.k,k2 *Calc.*hrl,k caps.hrl carb-ac.hrl,k carbn-s. **Caust.**hrl,k *Cedr.*hrl,k cench.k2 cham.hrl chin.hrl cimic. *Cina* *Cinnb.* cist. cob.hrl,k *Coc-c.* *Con.*hrl,k cop. crot-h. cub.cl culx. cur. dios.hrl euph. ferr. fl-ac. *Gels.* glon. **Graph.** grat. haem. hell. *Hep.* hydrog.srj2 ip. lac-ac. lac-c.brol *Lach.*hrl,k lil-s.al *Lyc.*hrl,k *Lyss.*hrl,k,* *Merc.*al,k **Merc-c.** merc-i-f.hrl,k mur-ac.k2 myric.brol *Nat-m.* nat-s. *Nux-m.* ped.al phyt. plb. *Sabad.*hrl,k seneg.hrl,k **Sep.**hrl,k *Staph.*hrl,k stram. sul-i. sulph.hrl,k sumb.al,k thuj. til. verat. *Verat-v.*hrl,k wye.brol,k2 zinc.h,kl

– **abends**: *Asaf.*
– **nachts**: cimic. glon. naja
– **bitterem** Geschmack; auf Grund von: chin.$_{h,kl}$
– **Erregung** agg.: androc.$_{srj1}$ *Staph.*
– **Essen** amel.: *Caust.*$_{hr1,k}$ **Merc-c.**
– **Gehen** im Wind; beim: *Con.*$_{hr1,k}$
– **Klumpen** im Hals; durch einen ●: aesc. agar. androc.$_{srj1}$ *Asaf.* calc.$_{h,kl}$ calc-f. *Coc-c.* coff.$_{hr1,k}$ *Con.* ign. lac-ac. **Lac-c.**$_{hr1}$ **Lach.**$_{hr1,k}$ *Lyss.*$_{hr1,k}$ *Nat-m.* psil.$_{ft1}$ *Sabad.*$_{hr1,k}$ *Sep.* sulph.$_{hr1,k}$
– **Schleim**, durch dicken ●: *Alum.* **Caust.** choc.$_{srj3}$ sep.
– **Schmerz** im Kehlkopf; durch: fl-ac.
– **Spasmen** im Hals; durch ●: **Graph. Merc-c.**
– **Speichel**; durch: *Ip.*$_{st1}$ seneg.$_{st1}$
– **Sprechen**, beim ●: *Staph.*$_{hr1,k}$
– **Völle** im Hals; durch: *Cinnb.* lac-ac. **Lach.**
– **Würgen**, durch ●: cina **Graph.** *Lyc.* **Merc-c.** *Sep.*
– **Zusammenziehung** im Kehlkopf; durch: coloc.$_{hr1,k}$ **Graph.** plat.
○ **tief** im Hals: calc.$_{bg1}$

Schmerz: acon.$_{hr1,k,*}$ *Aesc.*$_{a1,k}$ agar. all-c.$_{a1,hr1}$ aloe *Alum.* *Alumn.* am-c. am-m. *Anan.* ant-c.$_{a1,k}$ anthraci. *Apis* arag.$_{br1}$ arg-met. **Arg-n.**$_{a1,k}$ ars.$_{a1,k}$ ars-i. ars-s-f.$_{k2}$ **Arum-t.** asaf. aur-m.$_{a1,k}$ *Bamb-a.*$_{stb2}$ **Bapt.**$_{hr1,k}$ bar-m.$_{k,k2}$ **Bell.**$_{a1,k}$ *Benz-ac.* berb.$_{a1,k}$ bov.$_{a1,k}$ brom.$_{a1,k}$ bry.$_{a1,k}$ *Calc.*$_{a1,k}$ calc-f.$_{k2}$ calc-p.$_{a1,k}$ *Calc-s.* cann-s.$_{a1,k}$ canth.$_{a1,k}$ **Caps.**$_{a1,k}$ carb-ac. carb-an. carb-v.$_{a1,k}$ carbn-s. caul. *Caust.* cench.$_{k2}$ cham.$_{hr1,k,*}$ chel. chinin-s. cinnb. coc-c.$_{a1,k}$ cocc.$_{k2}$ *Coff.* colch.$_{a1,k}$ coloc. *Con.* cop. *Crot-c.* *Crot-h.* crot-t. *Cupr.* cycl.$_{a1,k}$ dol.$_{br1,c1}$ *Dulc.*$_{a1,k}$ fago.$_{a1,k}$ ferr.$_{hr1,k,*}$ ferr-i. gala.$_{br1}$ graph.$_{a1,k}$ grat.$_{a1}$ ham.$_{a1,k}$ *Hep.* hura-c.$_{c1}$ *Hydrog.*$_{srj2}$ *Ign.* iod.$_{a1,k}$ iris-fl. jatr-c. kali-ar. *Kali-bi.*$_{a1,k}$ *Kali-c.* *Kali-chl.*$_{a1,k}$ *Kali-i.* kali-m.$_{k2}$ kali-n.$_{a1,k}$ kali-p. kali-perm. *Kali-s.* kalm. kreos.$_{k,k2,*}$ lac-ac. *Lac-c.* lac-d.$_{k2}$ **Lach.**$_{a1,k}$ laur.$_{a1,k}$ lipp.$_{a1}$ *Lyc.*$_{a1,k}$ lyss.$_{a1,k}$ mag-s.$_{a1,k}$ *Merc.*$_{a1,k}$ *Merc-c.* merc-i-f.$_{a1,k}$ merc-i-r.$_{a1,k}$ merc-sul.$_{a1}$ merl.$_{a1,k}$ mez.$_{a1,k}$ mur-ac.$_{h,kl}$ naja nat-ar. *Nat-m.*$_{a1,k}$ nicc.$_{a1,k}$ *Nit-ac.*$_{a1,k}$ nux-v. ox-ac.$_{a1,k}$ pall. par. peti.$_{a1}$ ph-ac.$_{a1,k}$ *Phos.*$_{a1,k}$ *Phos-pchl.*$_{c1}$ *Phyt.*$_{hr1,k,*}$ plan.$_{a1}$ plat.$_{a1,k}$ plumbg.$_{a1}$ psor.$_{a1,k}$ ran-b.$_{k2}$ **Rhus-t.**$_{a1,k}$ rhus-v. rumx. ruta *Sabad.* sabin. seneg. *Sep.*$_{a1,k}$ **Sil.**$_{hr1,k,*}$ stann.$_{h,hr1,*}$ stram.$_{k2}$ stry.$_{a1}$ sul-ac.$_{a1,k}$ *Sulph.*$_{a1,k}$ tarent.$_{a1,k}$ tell. tep.$_{a1}$ teucr.$_{a1,k}$ thymu.$_{br1}$ verat.$_{a1,k}$ vip.$_{a1,k}$ *Zinc.*$_{a1,k}$ zinc-m.$_{a1}$
– **abwechselnde** Seiten: lac-c.$_{k2}$
– **links**: bamb-a.$_{stb2}$ brom.$_{a1,k}$ *Crot-h.* gink-b.$_{sbd1}$ hydrog.$_{srj2}$ **Lach.**$_{a1,k}$ merc-i-r.$_{k2,st}$ naja ph-ac.$_{h,kl}$ sep.$_{a1,k}$ sul-ac.$_{h,kl}$ teucr.$_{a1,k}$ tub.$_{dp}$ verat.$_{h,kl}$
  ▽ **erstreckt** sich zu:
  • **rechts**: acon.$_{bg1}$ calc.$_{ptk1}$ lac-c.$_{bro1}$ **Lach.**$_{k2,ptk1}$ merc-i-r.$_{ptk1}$ **Rhus-t.**$_{ptk1}$ sabad.$_{bro1,k2}$ stann.$_{ptk1}$ xan.$_{bg1}$
– **rechts**: am-c. *Arg-n.* *Bar-m.* carb-v.$_{a1,k}$ cench.$_{k2}$ dol.$_{br1}$ guaj.$_{sf,sf1}$ hydrog.$_{srj2}$ iod.$_{a1,k}$ jug-c.$_{hr1}$ kali-p. **Lyc.** meph.$_{a1,k}$ *Merc-i-f.* nat-p.$_{k2}$ nicc.$_{bg1}$ phyt.$_{a1,k}$ plat. v-a-b.$_{j1}$ xan.$_{c1}$

Schmerz - rechts: ...
  ▽ **erstreckt** sich zu:
  • **links**: all-c.$_{bg1}$ apis$_{ptk1}$ **Bell.**$_{ptk1}$ calc.$_{ptk1}$ caust.$_{ptk1}$ **Lyc.**$_{ptk1}$ **Merc-i-f.**$_{k2,ptk1}$ petr.$_{c1}$ phos.$_{ptk1}$ sang.$_{ptk1}$ sul-ac.$_{ptk1}$ syph.$_{ptk1,xxb}$
– **tagsüber**: lyss.$_{a1,k}$
– **morgens** ●: alum. alum-p.$_{k2}$ am-c. ambr.$_{k2}$ bamb-a.$_{stb2}$ berb. calc-p. caust. chinin-s. cist. gink-b.$_{sbd1}$ graph. kali-bi.$_{a1,k}$ *Lach.* lyc.$_{a1,k}$ naja nat-m.$_{h,kl}$ nicc. ox-ac. phos.$_{a1,k}$ *Rhus-t.* sul-i.$_{k2}$
  • **Erwachen**, beim ●: androc.$_{srj1}$ caust. hydrog.$_{srj2}$ kali-bi. *Lach.* rhus-t.
– **mittags**: phos.$_{a1,k}$
– **nachmittags**: canth.$_{kr1}$ chinin-s. fago.$_{a1}$ lach.$_{bro1}$ naja
– **abends**: *Alum.* am-c.$_{h,kl}$ ars.$_{a1,k}$ ars-s-f.$_{k2}$ carc.$_{mg1,tp1,*}$ caust.$_{h,kl}$ *Hep.* hipp.$_{a1}$ hydrog.$_{srj2}$ kali-i. lact. mag-m. nat-m.$_{h,kl}$ nicc.$_{a1,k}$ nit-ac. puls. raph.$_{a1,k}$ sul-ac. viol-t.
  • **amel.**: chinin-s.$_{a}$
– **nachts** ●: *Alum.* am-m. arg-n.$_{a1,k}$ bamb-a.$_{stb2}$ calc-f.$_{k2}$ camph. canth. cimic.$_{h,hr1}$ *Cinnb.* cycl.$_{hr1,k}$ gink-b.$_{sbd1}$ graph. kali-n. lac-c.$_{kr1}$ mag-m. mag-s. *Merc.* phyt. sulph.
  • **trinken** muß; weshalb er oft: cinnb.$_{hr1}$
◇ **abwechselnd** mit:
  • **Anus**; Schmerz im: sin-a.$_{bg1}$
◆ **begleitet** von:
  • **Schnupfen**: bamb-a.$_{stb2}$
– **anfallsweise**: phos.$_{a1,k}$ sep.$_{a1,k}$
– **Anstrengung**, bei: caust.$_{bg1}$ lac-c.$_{bg1}$
– **Apfelbutzen**; wie durch einen: *Merc.*$_{a1,k}$ phyt.$_{a1,k}$
– **Aufstehen**, beim: calc.$_{a1,k}$
– **Aufstoßen**, nach: sulph.$_{h,kl}$
– **Ausatmen**, beim: *Arg-met.*
– **Auswurf** agg.: bell.$_{a1,k}$
– **Berührung**, bei: apis bar-c.$_{bg1}$ bell. brom. bry. chinin-s. cic. gamb. hep.$_{k2}$ ign.$_{a1,k}$ lac-c. **Lach.** mez. nicc. phyt. psil.$_{ft,ft1}$ spong. teucr. zinc.
– **Bett**, im: *Merc.*$_{bro1}$ merc-i-f.$_{bro1}$
– **Beugen** des Kopfes nach vorne; beim: brom.$_{a1,k}$ *Lach.*$_{a1}$ phyt.
– **Bewegung**, bei: *Bell.* merc. merl. psor.
  • **Halses**, des: cham.$_{h}$
  • **Kopfes**, des: phos.$_{h}$
  • **Zunge**, der: alum. ambr.
– **Bücken**, beim: **Caust.** nat-c.
– **chronisch**: calc.$_{k2}$ granit-m.$_{es1}$
– **Drehen** des Kopfes; beim: *Bell.* brom.$_{a1,k}$ bry. chinin-s.$_{a,c1}$ hep. *Lach.*$_{a1,k}$
– **Druck**, durch: lach.$_{bro1}$ merc-c.$_{bro1}$
– **Einatmen**, beim: ail. apis arg-n. arum-t. hep. hura hydrog.$_{srj2}$ mez.
– **Erwachen**, beim: cimic.$_{hr1}$ *Kali-bi.* *Lach.* myric. plan. raph.
– **Essen**:
  • **amel.**: acon. apis benz-ac. carb-an. ferr.$_{a1}$ gink-b.$_{sbd1}$ hydrog.$_{srj2}$ *Lach.*$_{a1,k}$ onos. pic-ac. tell.
  • **beim**: aloe$_{gsy1}$ carb-v. ferr. phos.
  • **nach**: ambr.$_{k2}$

– **Freimachen** des Halses; beim
 ☞ *Räuspern*
– **Fremdkörper**; wie durch einen: mag-c.h,kl
– **Frost**:
 • **vor**: eup-pur.
 • **während**: hipp.a1 thuj.
– **Gähnen**:
 • **amel.**: manc.
 • **beim**: aloegsy am-m.bg1 *Arg-met.* *Arg-n.*a1,k bry.sys calc-p. hep.bg1 mag-c. *Nat-c.*a1,k nat-m.bg1 nicc.a1,k phos.h,kl rhus-t.bg1 tarent. zinc.bg1,ptk2
– **geistiger** Anstrengung, bei: caust.
– **geschwollene** Drüsen; wie durch: nat-m.h,kl
– **geschwürig**: *Arg-n.*a1,k bamb-a.stb2 *Caps.*a1 carb-an.a1,k *Graph.*a1,k *Hep.* ph-ac.h,kl
– **Getränke**:
 • **kalte** Getränke ●: arg-n. ars. calc-f.k2 canth. gink-b.sbd1 lac-c. *Lyc.* merc-c. *Sabad.* *Sulph.*st **Syph.**al2,xxb
  • **amel.**: *Apis* arg-n.k2 carc.mg1,sp,* coc-c. ind. lac-c. *Lach.* *Lyc.* merc-i-f. onos. *Phyt.*
  • **Durst** auf; mit: sulph.bl1
 • **warme** Getränke ●: ambr.k2 *Apis* canth. carc.mg1,sp,* coc-c.k2 gels.psa guaj.k2 **Lach.** *Lyc.* merc-i-f. **Phyt.** spong.
  • **amel.** ●: *Alum.* androc.srj1 **Ars.** calc-f. calc-p. cench.k2 *Cham.* gink-b.sbd1 guare. **Hep.** hydrog.srj2 kali-bi.c1 lac-c.k2,kr1 **Lyc.** morph.bro1 nux-v. *Rhus-t.* sabad. *Sulph.*
– **Heben**:
 • **beim**: ~~calc.kl,xxx~~ caust.bg1 *Sil.*bg3
 • **durch**: calc.kl
– **Herausstrecken** der Zunge; beim: cocc. *Kali-bi.* sabad.
– **Herunterdrücken** der Zunge; beim: merc-c.
– **Hitze**; während: ph-ac. phos. sep.
– **Husten**:
 • **beim**: acon. ambr. **Arg-met.** *Arum-t.*a1,k bamb-a.stb2 calc. calc-sil.k2 camph. **Caps.**a1,k carb-an. *Carb-v.* carbn-s. chin. chinin-s. cist. coc-c.a1,k cycl. fl-ac. hep. hydrog.srj2 iod. kali-bi. kali-n.a1,h,* kalm. *Lach.* lyc. mag-s. nat-m.a1,k *Nux-v.* *Phos.* psil.ft,ft1 psor. ran-s. sep. sil.a1,k spong. sul-i.k2 sulph. *Tarent.*
 • **nach**: coc-c. naja
– **Hustenstoß**, bei einem: gink-b.sbd1 kali-n.h
– **kalt**:
 • **Abkühlung**, bei ●: *Ars.* *Calc.* *Calc-p.* calc-sil.k2 *Dulc.* **Hep.** **Kali-c.** *Lyc.* *Merc.* *Nit-ac.* *Phos.* *Phyt.* **Sil.**
 • **Erkältung**, durch eine: acon. all-c.a1 alum.a1 bar-c.a1,k bell. cham. *Dulc.* lach.bg1
 • **Kaltes**, durch: *Ars.*vh **Hep.**vh **Lyc.**vh sabad.vh *Sulph.*vh
 • **Luft**, kalte: bell. calc.k2 chin. cist. crot-h. *Fl-ac.* *Hep.* lyc.bro1 *Merc.* mez. nux-v.
  • **amel.**: all-c. *Coff.* ign.br1 kali-bi. sang.
– **Lachen**, beim: nat-m.bg1
– **Liegen**:
 • **beim**: bell. *Lach.*
 • **amel.**: calc.bg1,h,* canth. lach.bg1

– **Luft**:
 • **Zugluft**: *Ambr.* calc.k2 chin. *Hep.*
– **Menses**:
 • **vor**: lac-c. *Mag-c.* nat-s.bg1
 • **während**: arn. bar-c. *Calc.* gels.ptk1 *Lac-c.*k,k2 mag-c.ptk1 nat-s.bg1 nux-v.bg1 *Sulph.*
– **Milch**:
 • **nach**: ambr.k2
– **Mittagessen**, nach dem: sulph.a1,k
– **nervöse** Angina: mag-p.ptk2
– **Niesen**, beim: hyper. ictod. mag-c.h,kl **Phos.**a1,k
 • **amel.**: am-br.bg1
– **Öffnen** des Mundes; beim: *Kali-c.*bg1,vh,*
– **periodisch**:
 • **Tag**; an jedem zweiten: lach.bg1
– **pulsierend**: tarent.
– **Rauchen**, nach: coc-c.a1,k psil.ft,ft1
– **Räuspern**, beim: arg-n.bg3 *Bell.* canth. caust.bg3 cench.k2 cob. con.bg3 *Kali-bi.*bg3 kali-c.bg3 **Lach.** lyc.bg3 *Nat-c.*bg3 nat-m.bg3 *Phos.*bg3 puls.bg3 rhus-t.bg3 sep. thuj.
 • **amel.**: androc.srj1 gink-b.sbd1
– **rheumatisch**: ambr.h,kl *Caust.* gran.a1,k mez.a1,k
– **Scharfes**; wie durch etwas: glon.a1,k rhus-t.a1,k
– **Schlaf**, nach: kali-bi. lac-c. lach. lyc.bro1 merc-i-r.
– **Schlucken**: acon. aesc. *Ail.* **Alum.** alum-p.k2 alum-sil.k2 **Am-c.** am-m. ambr. *Anan.* androc.srj1 ant-c. ant-t. *Apis* **Arg-met.** arg-n. **Ars.** ars-s-f.k2 **Arum-t.** asaf.k2 **Aur.** aur-ar.k2 aur-s.k2 *Bad.* bamb-a.stb2 *Bar-c.* bar-m. **Bell.** borx.h brom. *Bry.* bufo *Calc.* calc-i.k2 *Calc-p.* calc-s. calc-sil.k2 camph. *Canth.* caps. carb-ac. *Carb-an.* *Carb-v.* carbn-s. castm. caust. *Cham.* chel. **Chin.** *Chinin-ar.* chinin-s.c1 cimic. cinnb. **Coff.** colch. con. cor-r. cupr-act. cycl. dig. dios. dirc. dol.br1 dros. *Elaps* ferr. ferr-ar. ferr-p. *Fl-ac.* form. gels. gins. glon. *Graph.* grat. ham. hell. **Hep.** hydr-ac. hydrog.srj2 ign. ind. inul. ip. jug-c. kali-ar. *Kali-bi.* *Kali-c.* *Kali-chl.* **Kali-i.** kali-m.k2 kali-n. kali-p. kali-s. kali-sil.k2 kreos. **Lac-c.** lac-d. *Lach.* laur. led. limest-b.es1 **Lyc.** lyss. mag-c. mag-s. mang. **Merc.** *Merc-c.* merc-cy. *Merc-i-f.* *Merc-i-r.* merl. *Mez.* mill. mur-ac. myric. *Nat-ar.* *Nat-c.* nat-m. *Nat-p.* *Nat-s.* nicc. **Nit-ac.** *Nux-v.* oena. *Onos.* op. ox-ac. par. *Petr.* *Ph-ac.* *Phos.* *Phyt.* pic-ac. podo. puls. *Rhus-t.* rumx. ruta *Sabad.* sabin.c1 *Sang.* *Sars.* sep. *Sil.* *Staph.* stict. stram.k2 *Stront-c.* *Sul-ac.* sul-i.k2 *Sulph.* tab. *Tarent.* tell.c1 *Thuj.* v-a-b.jl verat. verb.c1 zinc. zinc-p.k2
 • **nach**: ambr. bry. *Calc.* *Nux-v.* phos. puls. rhus-t. sulph. zinc.
  • **amel.**: bapt. bell. caps. cist. gels.bro1 *Ign.* kali-bi. lac-c. *Lach.* merc. sulph.
 • **nachts**: bamb-a.stb2
 • **festen** Speisen; von:
  • **agg.**: bapt.bro1 merc.bro1 morph.bro1
  • **amel.**: *Ign.*bg3,bro1 lach.bro1
 • **Flüssigkeiten**: **Bell.** bry.bro1 canth. dirc.c1 ign. **Lach.**hr1,k lyc. **Merc-c.** sul-ac.
 • **leerem** Schlucken, bei: agar. *Ail.* alum. ambr. androc.srj1 arg-n. *Ars.* **Bar-c.**hr1,k bar-i.k2 *Bell.*hr1,k berb.hr1,k bry.hr1,k calc.h,kl calc-p. carb-ac.

• **leerem** Schlucken, bei: ...
carbn-s. carc.mgl,sp,* *Cench.* *Cinnb.*hrl,k cob. *Cocc.*hrl,k *Crot-h.* ferr. gink-b.sbdl glon. graph.hrl,k *Grat.* ham.hrl,k hep.hrl,k hydr.al hydrog.srj2 kali-bi. **Kali-c.** *Lac-c.* **Lach.**hrl,k lyc.h,kl mag-c. mang. *Merc.*hrl,k merc-c. *Merc-i-f.* merc-i-r.hrl,k nat-ar. nux-v.hrl,k phel. plat. psor. *Puls.*hrl,k rat. *Rhus-t.*hrl,k ruta sep.hrl,k sulph.hrl,k tell.hrl,k thuj. thymu.brl vario.hrl,k vesp.hrl,k zinc.hrl,k
• **nicht** schluckt; wenn er: aeth. alum. ambr.k2 *Apis* arn. **Caps.** carc.tpl cina grat. **Ign.** iod. lac-c. lach. laur. led. mag-s. mang. *Mez.* nux-v. phel. plat. puls. sabin. sulph. thuj. *Zinc.*
• **Speisen**; von: bad.hrl,k bar-c.hrl,k bry.hrl,k cham.hrl dirc.cl dros. hep.hrl,k *Kali-bi.*hrl *Kali-c.* *Lac-c.*hrl,k lach. nat-s.k2 nit-ac.hrl,k nux-v. petr. ph-ac. phos.hrl,k rhus-t.hrl,k sep.hrl,k *Sulph.*hrl,k
☞ *festen*
• **Zungenbein** sind; wenn Speisen hinter dem: **Calc.**
– **Schneuzen** der Nase; beim: *Carb-v.* merc.h,kl
– **Sitzen** amel.: spong.
– **Speichelfluß**; amel. nach: arum-m.krl,vkl
– **Speisen**:
☞ *Schlucken - festen / Schlucken - Speisen*
• **kalte** Speisen:
• **agg.**: *Ars.*vh **Hep.**vh **Lyc.**vh sabad.vh *Sulph.*vh
– **Sprechen**: ambr.vh androc.srjl *Fl-ac.* hep.h **Kali-i.** merl. nicc. par. ph-ac.h psil.ftl staph. tarent.
• **amel.**: calc.h,kl
– **spricht**, wenn er: acon. bell. berb. calc.h,k,* dros. **Kali-i.** mag-c. merc. nicc.al,k rhus-t. staph.
– **Störendes**; wie durch etwas
☞ *Fremdkörper*
– **Sturm** aus Nordost; bei oder nach: lac-c.krl
– **Süßes**:
• **agg.**: lach.bgl sang. **Spong.**
• **amel.**: ars.
– **syphilitisch**: lach.k2
– **Trinken**: s. Schlucken, Flüss.
• **agg.**: canth.
• **amel.**: bry.al,k gink-b.sbdl hydrog.srj2 ign. tell.
– **Wärme** im allgemeinen ●: carc.fb *Coc-c.* guaj.sfl iod.brol **Lach.**k,kl2● merc. phyt.
• **amel.**: alum. *Ars.* bamb-a.stb2 *Cham.* *Hep.*k,kl2● *Rhus-t.* sabad.k2
– **warm**:
• **Bett**, im warmen: *Coc-c.* mag-c. *Merc.*
• **Zimmer**, im warmen: *Apis* *Bry.*al,k
• **amel.**: mag-c.
– **Waschen**, Baden agg.: lach.bgl
– **Wetter**:
• **nassem** Wetter; bei ●: **Calc.** *Dulc.* *Hep.* lach.bgl *Rhus-t.*
• **Wetterwechsel**, bei: **Calc.**
– **Winter** agg.: mez.ptkl
▽ **erstreckt** sich zu:
• **Augen**: merc-c.bgl tarent.bgl
• **Brust**: sang.ptkl
• **Halsdrüsen**: sep.
• **Kehlkopf**: fl-ac. *Lach.*al,k naja k2

– **erstreckt** sich zu: ...
• **Kopf**: hep.bgl merc-c.bgl plat.bgl,h,*
• **Magen**: crot-c. cund.al,hrl lach. sul-ac.al,k
• **Nasenlöcher**: phos.bgl
• **Ohr**: all-c. alum.al,k *Ambr.* androc.srjl apis bgl bamb-a.stb2 *Bell.* bry. *Calc.*h,k,* calc-p.al carb-ac. carb-an. cham. elaps gels.brl,cl gink-b.sbdl *Hep.* hydrog.srj2 ign. iris kali-bi.bgl,bg2 kali-m.bg3 kali-n.al,k kali-p.cl kali-perm. *Lac-c.* *Lach.*al,k *Lith-c.* *Lyc.* mag-m.bgl mang.k2 merc. *Merc-cy.* merc-d.bg3 nat-m. *Nit-ac.* nux-v. par. phys.al,cl *Phyt.* *Podo.* sang.ptkl sars.al,k sec. staph.bgl,bg2 sul-ac. sulph.bgl,bg2 tarent. tell. tub.cl
• **Husten**; beim: bry.sys
• **Schlucken**, beim ●: ail. aq-mar.cl brom. *Elaps* *Gels.* hydrog.srj2 kali-bi. kali-c. kali-n.al,k kali-perm. *Lac-c.* lach. merc. **Nit-ac.** **Nux-v.** par. ph-ac.h,kl *Phyt.* psor.brl tarent. tub.dp
• **Ösophagus**: bapt.k2 phos.k2
• **Unterkieferdrüsen**: *Merc.*
○ **Ösophagus**: *Alum.* alumn. ant-t. caj. caust. colch. crot-c. crot-t. hydr-ac. kali-bi. kali-chl. merc. mur-ac. nit-ac. phos.c2,k raph. sul-ac.
• **Druck** auf den Kehlkopf agg.: iod.h
• **Schlucken**, beim: *Alum.* *Bar-c.* *Nat-m.* *Nit-ac.* ox-ac. sang.k2 verat.
• **feste** Speisen: caj.
▽ **erstreckt** sich zum Magen: ars. *Crot-c.* merc-c. mur-ac. sul-ac.
• **Niesen**, beim: ictod.
– **Rachen**: alumn.al,k apis ars.al,k astac.al canth.al,k cop.al,k cupr-act. euph.al kali-chl.al,k kali-n.al,k merc-c.al,k mez.al mur-ac.al,k ox-ac.al,k ph-ac. ran-s.al,k
◆ **begleitet** von:
• **Zunge**:
• **weiße** Farbe der Zunge:
• **dicker** Belag: phos.krl,vkl
• **Drehen** des Kopfes; beim: *Bell.*al,k
• **Husten**, beim: mag-m.al,k
• **Niesen**, beim: ant-t.al,k
• **Schlucken**
☞ *Schlucken*
▽ **erstreckt** sich zu den Ohren: tub.cl
○ **unterer** Teil: caj.al iod. kreos. mur-ac.al
– **Tonsillen**: aesc.al alum. am-c. bar-c.bg3 bell.bg3 *Benz-ac.* calc-p. *Caust.* chin-b.krl cocc.al crot-t. graph. guaj.bg3 *Hep.* iris cl kali-bi. kali-c.k2 kali-p. lach.k,k2 merc.bg3 *Merc-i-f.* *Merc-i-r.*bg3 naja nit-ac.h,kl nux-m.al phyt.bg3,k2 raph. sec.al sil.k2 tarent.al,k
• **links**: psil.ftl
▽ **erstreckt** sich zu:
• **Ohren**: *Calc.*vh cench.k2
• **rechts**: kali-p.k2 *Merc-i-f.* tarent.k2
• **morgens**: bry.
• **8 h**: naja
• **Erwachen**, beim: bry.
• **Freien**; im: kali-c.k2
• **Gähnen**, beim: calc-p.

- **warm**:
  - **Zimmer**; warmes:
    - **amel.**: kali-c.k2
- **Uvula**: *Apis* colch. *Kali-bi.* merc.bg3 *Merc-c.*bg3 phyt.bg3 trif-p.c2
- **abwärtsdrängend**: lil-t.k2
- **beißend**: ambr.a1,h,* colch.a1,hr1 dros.h,kl hyos.h,kl mez.h,kl nat-m.h,kl ph-ac.a1 plat.a1 sep.h,kl tab.a1 verat.a1,h,*
  - ○ **Tonsillen**: iod.a1,h,* ox-ac.a1
- **bohrend**: arg-met.h
- **brennend**: absin. acal.br1 **Acon.**hr1,k,* acon-f.a1 *Aesc.*hr1,k,* *Aeth.*hr1,k,* agar.a1,k alco.a1 aloek2 *Alum.*h,k,* alum-p.k2 alum-sil.k2 alumn.a1,k *Am-c.*a1,k am-m.a1,k ammc.hr1,k,* anan.hr1,k ant-c.a1,k ant-t.a1,k *Apis* arg-met. *Arg-n.*hr1,k,* *Arn.*a1,k **Ars.**hr1,k,* ars-h.hr1,k,* ars-i. ars-s-f.k2 arum-m.hr1 *Arum-t.*hr1,k,* *Asaf.*hr1,k asc-c.a1 aspar.hr1 aster.a1 atro.a1 aur. aur-ar.k2 aur-i.k2 aur-s.k2 bamb-a.stb2 bapt.hr1,k,* bar-c. bar-i.k2 bar-m. bar-s.k2 *Bell.*a1,k berb.a1,k bism.a1,k bol-s.a1 borx. *Bov.*a1,k brom.a1,k cain. *Calad.*a1,k *Calc.*a1,k calc-p.a1,k calc-s. calc-sil.k2 *Camph.*a1,k cann-i.a1,k **Canth.**a1,k **Caps.** *Carb-ac.*a1,k *Carb-an.*a1,k *Carb-v.*a1,k *Carbn-s.* castm. **Caust.**a1,k cedr.a1,k cham. chel.a1,k chin. chin-b.c1 chinin-ar. chinin-s. chlf.a1 chlol.a1 *Cimic.* cinch.a1 cist. clem.a1,k *Coc-c.*a1,k cocc. colch.a1,k coloc.a1,k con.hr1,k cop. corn.br1 *Crot-c.* *Crot-t.*a1,k cub.a1,c1 cupr. cupr-act. cupr-ar. cupr-s.a1 cur. cycl. delphin.a1 dig.h,k,* digox.a1 dios.hr1,k,* dros.a1,k echi. erio.a1 eucal.a1,hr1 eup-per.a1,k **Euph.**a1,k ferr.a1,k ferr-ar. ferr-i. ferr-m. ferr-p. fl-ac. *Gels.*a1,k gink-b.sbd1 glon.a1,k granit-m.es1 *Graph.* *Guaj.* helio.a1 hell.a1,k *Hep.*a1,k *Hura* hura-c.a1,c1 hydr.k2 *Hydrog.*srj2 *Hyos.* iod.a1,k ip.a1,k,* irisbg3,k jatr-c. jug-c.a1,k kali-ar. *Kali-bi.*hr1,k,* *Kali-c.* kali-chl. kali-i.a1,k kali-m.k2 kali-n.a1,k kali-ox.a1 kali-p. kali-perm. kali-s.a1,k kali-sil.k2 kreos.a1,k lac-ac.a1,k **Lac-c.** *Lach.*a1,k *Laur.*a1,k lepi.a1,br1 lil-s.a1 lob.a1,k lob-c.a1 lol.a1 **Lyc.**hr1,k,* lyss.a1,k mag-c. manc.a1,k mang. *Merc.* merc-br.a1 **Merc-c.**a1,k *Merc-i-f.*a1,k *Merc-i-r.* merl.a1,k **Mez.**h,k,* *Mur-ac.*hr1,k,* myric. myris.a1 nat-ar. nat-c. **Nat-m.**a1,k nat-p. *Nit-ac.*a1,k nit-m-ac.a1 nux-v.a1,k olnd.a1,k op.a1,k *Ox-ac.*a1,k paeon. *Par.*a1,k *Petr.*a1,k ph-ac. *Phos.*a1,k *Phyt.*hr1,k,* plb.a1,k podo.a1,k pop-c.c2 *Psor.*a1,k puls. ran-b. ran-s.a1,k raph.a1,k *Rhod.*a1,k *Rhus-t.*a1,k rhus-v.a1,k ric.a1 *Sabad.*a1,k sal-ac.hr1,k,* **Sang.**hr1,k,* *Sec.*a1,k *Seneg.*a1,k *Sep.*hr1,k,* sil.a1,k spira.a1 *Spong.*a1,k *Squil.*a1,k still.hr1,k,* *Stram.*a1,k sul-ac.a1,k sul-i.k2 **Sulph.**hr1,k,* *Syph.* *Tab.*a1,k tarax.hr1,k,* tarent.a1,k tart-ac.a1 tep.a1,k ter. thuj.a1,k til.a1 tub.c1 upa.a1,k urt-u.a1,k *Verat.*a1,k verat-v.a1,k vesp.a1,k vip.a1,k zinc.a1,k zinc-m.a1 zinc-p.k2 zinc-s.a1
  - **tagsüber**: lyss.a1,k
  - **morgens**: *Arum-t.*a1,k *Carb-an.*a1,k coc-c.a1,k gink-b.sbd1 *Kali-bi.* lyc.a1,k mur-ac. sulph.a1,k
  - **vormittags**: cic.a1,k rhod. spong.h,k
  - **mittags**: rhus-t.a1,k
  - **nachmittags**, 17 h: caust.h
  - **abends**: alum.a1,k carb-an.h,kl dig.h,kl ox-ac.a1,k rhus-t.a1,k sulph.a1,k

- **brennend**: ...
  - **nachts**: bamb-a.stb2 **Bar-c.** carb-an.h,kl gink-b.sbd1 mur-ac.h,kl nux-v.a1,k spira.a1
    - **Mitternacht**: *Arum-t.*a1,k kali-bi.a1,k
    - **Getränke**; durch kalte: calc-f.
  - **Abendessen**, nach dem: nit-ac.a1,k
  - **Aufstehen**; vor dem: ptel.c1
  - **Aufstoßen**, nach: alum.h,k,* kali-c.k2 lac-ac.c1 *Sulph.*
  - **Ausatmen**, beim: crot-t.a1,k iris mez.a1,k
  - **Brot**, nach: rhod.a1,k
  - **Dampf**; wie durch heißen: merc.ptk1
  - **Druck**, bei: **Merc-c.**a1,k
  - **Einatmen**, beim: cann-i. mez. ran-b.
    - **amel.**: crot-t. iris mez. *Sang.*
  - **Erbrechen**, nach: agar. agar-ph.a1 phos.a1,k puls.a1,k ric.a1 sul-ac.a1,k
  - **Erwachen**, beim: puls-n.
  - **Essen**, nach dem: am-c.h ant-t. *Calc.* con. *Lyc.* *Nit-ac.* par. sep.h
    - **amel.**: carb-an.h mez.
  - **Getränke**:
    - **kalte** Getränke:
      - **amel.**: *Apis* irisc1
      - **nach**: *Ars.* calc-f. canth. gink-b.sbd1 hep. *Merc-c.*
        - **amel.**: bamb-a.stb2 coc-c.k2
    - **warme** Getränke:
      - **agg.**: coc-c.k2 gels.psa
      - **amel.**: alum. *Ars.* calc-f. hep.
  - **Hinlegen**, beim: puls.
  - **Husten**, nach: atro.a1 castm. coc-c.a1,k hep. mag-m.a1,k *Mur-ac.*a1,k ph-ac. phos. sulph.a1,k
  - **juckend**, beißend: bar-c. carb-v. cist. kali-bi. merc. mez. mur-ac. ph-ac. phos. puls. teucr. zinc.
    - **Menses**, während: mez.h
  - **kalt**:
    - **Luft** amel.; kalte: sang.ptk1
  - **Meer**, am: iod.
  - **Menses**:
    - **vor**: sulph.h,kl
    - **während**: calc.a1,k sulph.a1,k
  - **Mittagessen**, nach dem: dig.h,kl dros.a1,k lyc.a1,k
  - **Pfeffer**, wie: coloc.bg1 crot-t. euph.h,kl hydrog.srj2 *Mez.*a1,k ol-an.bg1 plat.bg1 sal-ac.a1
  - **Rauchen** (von Tabak); beim: bell.a1 coc-c.a1,k ran-b.a1 tarax.a1,k
  - **Räuspern**:
    - **beim**: lyc. sep.
    - **muß** sich räuspern: gink-b.sbd1
  - **Schlaf** amel.: crot-t.
  - **Schlucken**:
    - **beim**: aesc.a1,k arn.a1,k *Ars.* aur.a1,k **Bar-c.** calc-sil.k2 canth.a1,k carbn-s. caust.h,kl *Hep.* kali-bi.a1,k kali-c.a1,k lyc.a1,k mag-c.a1,k mez.a1,k plect.a1 sil.a1,k sulph.h,kl
    - **leerem**; bei: **Bar-c.** merc-i-f. merc-i-r.
    - **muß** schlucken: gink-b.sbd1
  - **Speisen**:
    - **warme** Speisen; durch: kali-c.h
  - **Süßigkeiten**, nach: sang.a1,k

- **Trinken**: canth.$_{al,k}$ par.
  - **amel**.: carb-an.$_{al}$ kali-n.$_{h,kl}$
- **Trockenheit**; mit: cub.$_{cl}$
- **warm**:
  - **Bett**, Bettwärme; warmes:
    - **agg**.: coc-c.$_{k2}$
- **Wasser**:
  - **durch**: calc-caust.$_{cl}$
  - **Trinken** von; beim: mez.$_{bgl}$

▽ **erstreckt** sich zu:
  - **Abdomen**: iod.$_{al,k}$
  - **Brust**: agar.$_{al,k}$ *Mez.*$_{hrl}$ sang.$_{al,k}$ tarent.$_{k2}$
  - **Lippen**: mez.$_{al,k}$
  - **Magen**: *Acon.* anan. ant-c.$_{al,k}$ *Apis* *Arn.*$_{al,k}$ ars.$_{al,k}$ carb-ac.$_{al,k}$ *Carbn-s.* dor.$_{al,k}$ euph.$_{al,k}$ *Kali-bi.*$_{hrl,k}$ mag-s.$_{al,k}$ mez.$_{al}$ ol-an.$_{al}$ psor.$_{al,k}$ sec.$_{al,k}$ still.$_{al,k}$ sul-ac.$_{al,k}$
  - **Mund**: ph-ac.$_{al,h,*}$
  - **Nasenloch**, linkes: *Gels.*
  - **Ösophagus**: acal.$_{brl}$ *Acon.* agar. *Am-c.* anan. carbn-s. dor.$_{krl}$ kali-perm.

○ **Ösophagus**: *Acon.* aesc. aeth. agar. *Alumn.* *Am-c.* ammc. ant-t. *Arn.* *Ars.* arund. *Asaf.* *Aster.* bell. bov. brom. cain. camph. cann-i. canth. *Carb-ac.* carbn-s. cedr. chel. chinin-s. coc-c. *Cocc.* con. cupr-ar. *Cycl.* dig. *Euph.* gels. gymno. *Hep.* hydrc. iod. kali-i. kreos. lac-ac. laur. lyc. manc. merc. **Merc-c.** *Mez.* mur-ac. nat-m. *Nit-ac.* nux-v. *Ol-an.* ox-ac. petr. *Phos.* *Phyt.* *Plb.* ran-s. raph. sabad. **Sang.** sars. seneg. stry. *Sul-ac.* sul-i.$_{k2}$ *Tarent.* ust. verat. verat-v. xan.$_{cl}$ zinc.
  - **morgens**: cupr-s.
  - **vormittags**: carbn-s.
  - **mittags**: rhus-t.
  - **nachmittags**: nux-m.
  - **abends**: sin-a.
  - **Aufstoßen**, durch: aeth. calc-ar. lac-ac.$_{cl}$ ol-an.
  - **Druck**, bei: **Merc-c.**
  - **Essen**:
    - **nach**: con. tarent.
    - **Stunden** nach dem Essen; einige: *Plb.*
  - **Prickeln**, Kribbeln: hydrc.
  - **Schlucken**, beim: **Ars.** carbn-s. ox-ac.
    - **Wasser**, von: calc-caust. mez.
  - **Trinken**, beim: calc-caust. canth. mez.
    - **Wasser**; von
      ☞ *Schlucken - Wasser*
  - ▽ **erstreckt** sich zu:
    - **Magen**: acon. ars. euph.$_{h}$ *Gels.* iris kali-bi. lyc. nit-ac. sul-ac.
    - **oben**, nach: *Cocc.* crot-t. mez.
- **Tonsillen**: ars.$_{k2}$ *Bell.* dios.$_{al,k}$ iris merc. phys. raph.$_{al,k}$ sang.$_{k2}$
  - **kalte** Luft amel.: iris
- **Uvula**: *Apis* caust.$_{h,kl}$ colch. lact. mez. *Sang.* tus-p.$_{c2}$

– **drückend**: acon.$_{al,k}$ agar. *Alum.*$_{al,k}$ alum-p.$_{k2}$ alumn. am-c.$_{al,k}$ am-m. ant-t.$_{al,k}$ asaf. astac.$_{hrl}$ bamb-a.$_{stb2}$ bar-c. *Bell.*$_{al,k}$ berb.$_{al,k}$ brom.$_{al,k}$ bry. calc.$_{al,k}$ calc-i.$_{k2}$ calc-s. canth. **Caps.** *Carb-an.*$_{al,k}$ carb-v.$_{al,k}$ caust.$_{al,k}$ cham.$_{al,k}$ cinnb. clem.

– **drückend**: ...
coc-c.$_{al,k}$ cop.$_{al,k}$ crot-t.$_{al,k}$ dulc.$_{al,k}$ ferr. ferr-i. ferr-ma. gent-c. *Graph.*$_{bgl,vh,*}$ grat. ham.$_{al}$ hell. hep.$_{cl}$ hera.$_{al}$ hyos. ign.$_{al,k}$ iod.$_{hrl,k}$ kali-ar. kali-bi.$_{al,k}$ kali-c.$_{al,k}$ kali-chl.$_{al,k}$ kali-i.$_{al,k}$ kali-m.$_{k2}$ kali-n.$_{al,k}$ kali-p. *Kalm.*$_{al,k}$ kreos.$_{al,k}$ lac-ac. *Lach.*$_{al,k}$ lob.$_{al}$ lyc.$_{al,k}$ mang.$_{al,k}$ *Merc.*$_{al,k}$ *Merc-c.*$_{al,k}$ merc-i-r.$_{al,k}$ merl.$_{al,k}$ *Mez.* naja nat-c.$_{h,kl}$ *Nat-m.* nit-ac.$_{al,k}$ *Nux-v.*$_{al,k}$ par.$_{al,k}$ phel.$_{al,k}$ phos.$_{al,k}$ plat. rat. rhus-t. ruta sabad.$_{al,k}$ sabin. seneg. sep.$_{al,k}$ sin-a.$_{al}$ spirae.$_{al}$ sul-i.$_{k2}$ sulph.$_{al,k}$ tab.$_{al,k}$ tarax.$_{hrl,k}$ teucr. thuj. verat.$_{al,k}$ zinc.$_{hrl,k,*}$ zinc-p.$_{k2}$
- **tagsüber**: nit-ac.$_{al,k}$
- **morgens**: aloe am-c.$_{al,k}$ bamb-a.$_{stb2}$ caust.$_{al,k}$ graph.$_{al,k}$ lach. naja phos.$_{al,k}$
  - **8 - 9 h**: aloe
  - **Aufstehen**, beim: graph.$_{al,k}$
  - **Erwachen**, beim: caust.$_{al,k}$
- **abends**: alum.$_{h,kl}$ *Hep.*$_{al,k}$ nit-ac.$_{al,k}$
- **nachts**: arg-n.$_{al,k}$ kali-n.$_{cl}$ sars.$_{h,kl}$ sulph.$_{al,k}$
  - **Bett**, im: arg-n.
- **auseinanderdrückend**: anac.$_{h,kl}$ kali-ar.
- **Erbrechen**, beim: anac.$_{h,kl}$
- **Husten**, beim: caps.$_{h,kl}$
- **Niesen**, beim: led.$_{al,h,*}$
- **Schlucken**, beim: alum.$_{h,kl}$ am-m. *Bar-c.* *Calc.*$_{hrl,k,*}$ *Carb-an.*$_{h,k,*}$ ferr.$_{cl}$ hell.$_{h,kl}$ **Kali-i.** mez.$_{h,kl}$ **Nit-ac.**$_{al,k}$ nux-v.$_{al,k}$ par.$_{al,k}$ ph-ac.$_{h,kl}$ puls.$_{h,kl}$ rhus-t.$_{h,kl}$ sabad.$_{al,k}$ sep.$_{al,k}$ sil.$_{h,kl}$ sulph.$_{al,h,*}$ thuj.$_{al,h,*}$
- **Sprechen**, beim: **Kali-i.**

▽ **erstreckt** sich zu:
  - **Abdomen**: zinc.$_{hrl,k,*}$
  - **Magen**: carb-an.$_{h,kl}$ *Nux-v.* phos.$_{al,h,*}$
  - **Ohr**: alum. bamb-a.$_{stb2}$ bry.$_{al,k}$ carb-an.$_{al,k}$ nat-m.
  - **Rücken**: sep.$_{h,kl}$

○ **Ösophagus**: alum. bar-c.$_{bgl}$ brom.$_{bgl}$ cain. calc.$_{bgl}$ caust.$_{bgl}$ cimx. con.$_{k2}$ ferr-ma. graph.$_{bgl}$ kali-c. lach.$_{bgl}$ lob. merc. nat-c. *Nux-v.* ol-an. phos.$_{bgl}$ tab. verat.
  - **Atem**; nimmt den: ther.$_{cl}$
  - **Essen**:
    - **beim**: ars.
    - **nach**: alum.$_{h}$ ars.$_{h}$
  - **Kehlkopf** auf den Ösophagus gedrückt; als wäre der: chel.$_{hrl,k}$
    ☞ ❏ *Kehlkopf - Schmerz - drückend - Kehlkopf*
  - **Kugel**; wie durch eine: anac. con.$_{k2}$
  - **Schlucken**, beim: *Alum.*
- **Tonsillen**: alum. bell. cann-i. cham. *Cocc.* merl. nux-v. par. sep.$_{h,kl}$ tell. zinc.
  - **abends** und nachts: zinc.$_{h,kl}$
  - **Gähnen**, beim: zinc.$_{h,kl}$
  - **Schlucken**, beim: zinc.$_{h,kl}$

– **grabend**: arg-met.$_{h}$ paull.$_{al}$
– **krallend**: alum.$_{h,kl}$ grat.$_{al}$
– **krampfartig**: zinc.$_{h,kl}$
– **kratzig**, scharrig: tub.$_{c}$
- **Gerstengranne**; wie eine: berb.$_{bgl}$ kali-bi.$_{bgl}$ kali-p.$_{bg2}$ mag-c.$_{bgl,bg2}$ ph-ac.$_{bgl,bg2}$ sars.$_{bgl,bg2}$

• **Schlucken**, beim: mez.h sep.h stram.h
– **lanzinierend**: am-caust.a1,k ars.a1,k aur-s.a1,k bufo ferul.a1 manc.a1,k sabin.c1 ust.a1,k
○ **Tonsillen**: ust.
– **nagend**: ambr.c1
– **Pflock** beim Schlucken; wie durch einen: cham.h
– **reißend**: acon.k2 act-sp.a1,k *Aeth.* agar.hr1,k,* am-c. ambr.a1,k ars.a1,k bamb-a.stb2 *Bism. Camph. Carb-v.* caust.a1,k cham.a1,k cist.a1,k *Colch.*a1,k crot-h. hura iod.h,kl kali-c.h,kl lyc.a1,h,* med.hr1 nat-s.a1,k sol-t-ae.a1,k staph. teucr.hr1,k,* *Zinc.*hr1,k,*
• **links**: zinc.h,kl
• **morgens**: phos.
• **Einatmen**, beim: hura
• **kalter** Luft, von: act-sp.a1,k crot-h.
• **geistiger** Anstrengung, bei: caust.
• **Heben**, beim: caust.a1,k
• **Husten**, beim: chinin-s. *Cist.*a1,k
• **Niesen**, beim: phos.h,kl
• **oben**, nach: lyc.h,kl
• **ruckend**: zinc.h,hr1,*
• **Schlucken**, beim:
• **Speichel**, von: agar.
• **Trinken**, nach dem: nit-ac.h,kl
○ **Ösophagus**: kali-c.
• **gewaltsames** Reißen durch aufsteigenden Flatus; Gefühl wie: coca.c1
• **Tonsillen**: **Bell.**
• **Schlucken**, beim: **Bell.**
– **Roheit**: acon.a1,k *Aesc.*a1,k all-c.k,k2,* aloe *Alum.* alum-p.k2 alum-sil.k2 alumn. am-c. am-m.a1,k *Ambr. Anac.*a1,k anth.a1 apis **Arg-met. Arg-n.** ars. arum-d.a1 *Arum-t.*hr1,k astac.a1 atro.a1 bapt.hr1,k,* **Bell.** berb. bol-la. bov.a1,k brach.a1 *Brom.*a1,k *Bry.*a1,k bufo cain. *Calc.*a1,k calc-s. canth. *Carb-an. Carb-v.*a1,k *Carbn-s.* **Caust.**a1,k cench.k2 chel. **Chin.**a1,k chinin-ar. chlol.hr1 choc.srj3 cimic.a1,k cist. cob. *Coc-c.*hr1,k,* cod. *Coloc.* crot-h.a1,k dig.a1,k dirc.c1 dor.a1,k dros.a1,k dulc.hr1,k euph.a1,k ferr.a1,k ferr-ar. gamb.hr1,k gent-c.a1,k gent-l.a1 get.a1 granit-m.es1 *Graph.*a1,k grat.a1,k *Hep.*hr1,k hera.a1 hydr.hr1,k,* hydrog.srj2 ign.a1,k ip.a1,k iris *Kali-bi.*a1,k kali-c. kali-chl.a1,k kali-i.a1,k kali-m.k2 kali-n.a1,k kali-p. kali-perm. kali-s. kali-sil.k2 kalm.a1,k kreos. lac-ac.hr1,k *Lac-c. Lach.*a1,k laur.a1,k **Lyc.**a1,k *Mag-c.*a1,k *Mag-m.*a1,k mang.k2 med. *Merc.*hr1,k merc-br.a1 **Merc-c.**a1,k merl.a1,k *Mez.*hr1,k,* *Mur-ac.*hr1,k,* *Naja* nat-ar. nat-c. *Nat-m.*a1,k nicc.a1,k **Nit-ac.** nux-m. **Nux-v.**hr1,k ol-an.a1,k onos. op. ox-ac. pen.br1 petr.a1,k ph-ac.a1,k phel.a1,k *Phos.*hr1,k,* *Phyt.* plan.a1,k *Plat.* plb. prin.a1 *Puls.*a1,k *Sang.* sapin.a1 sars. *Seneg.*a1,k sep.a1,k sil.a1,k sol-ni. *Spong.*a1,k *Stann.*a1,k stict.c1 **Still.**hr1,k stront-c. *Sul-ac.*a1,k *Sulph.*hr1,k,* sumb.a1,k syph.hr1 tab.a1,k tarax.hr1 *Thuj.*a1,k til.a1 trif-p.a1 *Zinc.*hr1,k,* zinc-p.k2
☞ *Exkoriation*
• **morgens**: all-c. aloe alum. am-m.a1,k ambr.k2 arum-d.a1 bov.a1,k *Carb-an.* caust.a1,k fl-ac. mez.a1,k mur-ac.a1,k puls.a1,k sars. stann.a1,k stront-c. tong.a1 zinc.a1,k
• **vormittags**: bol-la. mag-c.a1,k

– **Roheit**: ...
• **abends**: alum. bol-la. bov.a1,k brach.a1,k chlor.a1 ham.a1,k kali-bi.a1,k mag-m.h,kl mang.a1,k nat-c.a1,k *Phos.*hr1,k sulph.a1,k zinc.hr1,k,*
• **nachts**: *Anac.*a1,k **Bar-c.**a1,k mur-ac.h,kl sumb.a1,k
• **Ausatmen**, beim: *Arg-met.* ph-ac.a1,k
• **Erwachen**, beim: plan.a1,k
• **Essen**:
• **nach**: *Anac.*a1,k
• **amel.**: onos.
• **Freimachen** des Halses; beim
☞ *Räuspern*
• **Gehen**:
• **beim**: lyc.a1,k
• **Freien**, im: stann.
• **Husten**, beim: *Ambr.*a1,k anac. **Arg-met.** carb-v. caust. chin. cob. nat-m. phos.a1,k rumx. sep. sil.a1,k **Spong.**a1,k stront-c.
• **kalter** Luft; beim Einziehen: *Bufo* **Nux-v.**
• **Mittagessen**, nach dem: dros.a1,k
• **Rauchen**, beim: nat-m.
• **Räuspern**, beim: choc.srj3 cob.a1,k *Mang.*a1,k
• **Schlaf**, nach: *Lach.*
• **Schlucken**, beim: anth.a1 **Arg-met. Bar-c.**a1,k bry.a1,k der.a1 fago.a1,k hep.a1,k hydr.a1 nat-c.a1,k nux-v. petr.a1,k **Stann.**a1,k sumb. zinc.a1,k
• **Sprechen**; durch: arum-t.k2
• **Wetter**; bei nassem: phos.
▽ **erstreckt** sich zu:
• **Brust**: all-c.k2
• **Kehlkopf**: arg-met.k2
• **Magen**: calc. *Carb-an.* petr.h
• **Nase**: choc.srj3
○ **Epiglottis**: bell.h,kl
• **Ösophagus**: am-c. *Calc. Carb-an.* merc. **Merc-c.**
• **Rückseite** des Halses:
• **Einatmen**, beim: conv.br1
• **Tonsillen**: phyt.
• **Uvula**: ambr. calc.h,kl
– **schießend**
☞ *stechend*
– **schneidend**: bufo chinin-s. kali-n.a1,k mang. *Merc-c.* merc-cy.bg1,bg2 plan.a1,k plb.a1,k puls.a1,k rob.bg1 sep.a1,k stann.bg1,bg2 staph.a1,k sul-ac.a1,k sulph.a1,k thuj.bg1 uran-n.bg1 ust.bg1
• **Getränke**:
• **kalte** Getränke; durch: manc.ptk1
• **Husten**, beim: calc. lyc.a1,k sulph.a1,k
• **Räuspern**, beim: sep.a1,k
• **Schlucken**, beim: anth.a1 stann.a1,k sul-ac.a1,k
▽ **erstreckt** sich zum Magen: plb.a1,k
– **Splitter**; wie durch einen: *Alum.* alum-sil.k2,rb2 *Apis* aq-mar.c1 **Arg-n.** berb. *Calc.*k,vh,* calc-sil.k2 caust.vh *Chel.* cic.a1 **Dol. Hep.** hydrog.srj2 ign. **Kali-c.** lac-c. *Lach.* mag-c. merc. *Nat-m. Nit-ac.* phys.c2,k *Sil.* sol-ni. zinc-i.rb2
☞ *Knochens*
• **Abkühlung**, Kaltwerden; durch: *Kali-c.*
• **Atmen**, beim: arg-n.h
• **Bewegung** des Halses; bei: arg-n.h,kr1,*

• **Gerstengrannen** im Rachen; wie durch: berb. mag-c.
• **Schlucken**, beim: alum.h *Apis* *Arg-n.*a1,k calc-sil.k2 **Hep.** nat-m.k2 nit-ac.k2 petr.h
▽ **erstreckt** sich zum Ohr:
• **Drehen** des Kopfes; beim: **Hep.**
• **Gähnen**, beim: **Hep.**
○ **Ösophagus**: ars. nat-m.k2
– **stechend**: **Acon.**hrl,k,* *Aesc.* *Aeth.* agar.a1,hrl *Alum.*a1,k am-c.a1,k *Am-m.* anan. apis arg-n.bg1 arn.a1,k ars.a1,k ars-s-f.k2 arum-m.a1 *Asar.*a1,k asc-t.c1 aur. aur-ar.k2 aur-s.k2 bamb-a.stb2 bapt.a1,hrl *Bar-c.*a1,k **Bell.**hrl,k,* berb.a1,k bond.a1 *Bov.* brom.a1,k *Bry.*a1,k calad.a1 *Calc.*hrl,k calc-s. *Camph.*hrl canth.a1,k caps. carb-ac. carb-an. *Carb-v.*a1,k carbn-s. carl.a1,k caust.a1,k cham.a1,k chel.a1,k *Chin.* chinin-ar. cinch.a1 *Cist.*a1,k coloc.h,kl cupr. *Dig.*h,k,* dros.k2 euph.a1 ferr-i.a1 ferr-ma.a1,k gamb.a1,k gins.a1 glon. *Graph.*h,k,* gymno. hell.a1,k **Hep.** hydrc.a1 *Hyos.*a1,k *Ign.*a1,k iod.bg1,h,* *Ip.*a1,k kali-ar. kali-bi.a1,k **Kali-c.**hrl,k,* kali-i.a1,k *Kali-n.* kali-p. kali-s. *Lach.* laur. *Led.*a1,k lil-s.a1 *Lyc.*hrl,k,* mag-c.a1,k mag-m.a1 mag-s.a1,k manc. mang. meny.a1,k *Merc.*a1,k merc-c. *Merc-i-r.*a1,k mez. mill.a1 nat-ar. *Nat-c.*a1,k *Nat-m.*a1,k nat-p.a1,k nicc.a1,k **Nit-ac.**hrl,k,* nux-m.a1,k *Nux-v.*a1,k par.a1,k *Petr.* *Ph-ac.* phel.a1,k phos.h,kl podo. psor. **Puls.** ran-s. raph.a1 rat.a1,k *Rhus-t.* *Sabad.* sabin. *Sars.* seneg. *Sep.* *Sil.* spig. *Spong.* *Stann.* staph. stram. *Sul-ac.*a1,k *Sulph.*a1,k tarax.a1,k tarent. teucr. *Thuj.*a1,k tub.xxb verat.a1,k zinc.a1
• **links**: arum-t.a1,k bell.bg1 cupr.bg1 gink-b.sbd1 glon.bg1 grat.bg1 kali-bi.a1,k kali-i.a1 kali-n.bg1,h,* mag-c.a1,k mag-m.bg1,h,* nat-c.a1,k nat-m.bg1,h,* psor.bg1 sil.bg1 sul-ac.bg1,h,* tub.xxb
• **rechts**: am-c.a1,k cench.k2 ferr-ma.a1 *Gamb.*a1,k sars.h,kl stann.h,kl tarent.bg1
• **morgens**: alum.h alumn. gink-b.sbd1 hep.a1,k kali-n.a1,k nat-c.a1,k nicc.a1,k ph-ac.h,kl ptel.a1,k sars.a1
• **Aufstehen**, beim: graph.h kali-n. ptel.
• **vormittags**: led.h,kl
• **nachmittags**: kali-p.k2 nat-c.a1,k nux-v.a1
• **abends**: alum. bar-c. *Carb-an.*a1,k chin.a1,k mag-c.h,kl mag-m.a1,h,* mill.a1 nat-c.a1,h,* sil.a1,k sul-ac.a1,k sulph.
• **nachts**: mag-m.a1,h,* mag-s.a1,k manc. nat-c.h,kl nat-m.a1,k
• **Abkühlung**, bei: **Kali-c.**
• **Anstrengung**, bei: manc.a1,k
• **Asthmaanfall**, vor einem: *Bov.*
• **Atmen**, beim: bell.h,kl chin.h,kl
• **Atmen**; beim tiefen: hep.
• **Berührung**; bei äußerlicher: agar.a1,k bell.h,kl
• **Bewegung**, bei:
• **Halses**, des: graph.h
• **Zunge**, der: ambr.
• **bohrend** stechend: stann.h
• **Bücken** und Aufstehen; beim: graph.h,kl
• **Drehen** des Kopfes; beim: hep.c1
• **Drücken** auf den Kehlkopf; beim: kali-n.h,kl
• **Einatmen**, beim: hep.a1,k mag-m.h,h2,*

– **stechend**: ...
• **Essen**: kali-n.h sulph.
• **amel.**: gamb.a1 phel.a1 spong.h,kl
• **nach**: kali-n.h,kl
• **Gähnen**, beim: am-m.a1,k mag-c.a1,k nat-c.h,kl rhus-t.a1,k sil.a1,k
• **Gehen**, bei schnellem: bry.
• **geistiger** Erregung, nach: *Cist.*
• **Husten**, beim: borx. bry. hep. kali-c. lach. lyc. nit-ac. nux-v. phos. sil.
• **amel.**: stann.h
• **Niesen**, beim: lyc. mag-c.a1,k
• **Räuspern**, beim: plat.a1,k
• **Ruhe**, in der: sabin.
• **Schlucken**, beim: aeth. alum. alum-p.k2 alum-sil.k2 *Alumn.* am-m. **Apis** aur. *Bar-c.* bar-s.k2 *Bell.* bov. **Bry. Calc.** calc-sil.k2 carbn-s. caust. cham. chel. chin. chinin-ar. clem.a1 coff. gamb. graph. **Hep.** ind. iod.h kali-bi. kali-c. kali-n. kali-p. kali-sil.k2 *Lach.* led. lob. lyc. mag-c.h mag-m.a1 mag-s. mang. meny.h **Merc.** mez. nat-m. **Nit-ac.** petr. ph-ac. rhus-t. *Sabad.* sars.h *Sep.* **Sil.** spig. staph. stram. sul-ac. **Sulph.** thuj. tub.xxb
• **amel.**: *Kali-bi.* rhus-t.h stann.h
• **Drücken** auf geschwollene Drüsen amel.: spig.h
• **leerem** Schlucken, bei: alum. con. mag-c. mang.h2 *Sep.* *Sulph.*
• **nicht** schluckt; wenn er: aeth. graph. **Ign.** *Puls.* *Zinc.*
• **Sprechen**:
• **beim**: am-c. graph.h,kl kali-n.h,kl mag-c. mag-m.h,h2,* nit-ac.a1,k
• **nach**: kali-bi.
• **Treppensteigen**, beim: nux-v.
▽ **erstreckt** sich zu:
• **Halsgegend**: stann.h,kl
• **Ohr**: agar.br1 ambr. berb.a1,k bry.a1,k calc.a1,k **Hep.**a1,k hydrog.srj2 ign. ip.a1,k iris *Kali-bi.*a1,k kali-p. mag-m.h,k,* mang.h,k2 merc. *Merc-cy.* nux-v.a1,k sars.a1,k sol-ni. thuj. tub.c1
• **Drehen** des Kopfes; beim: hep.h
• **Gähnen**, beim: hep. nat-m.h
• **Husten**, beim: mag-m.h
• **Schlucken**, beim ●: calc.h con. *Gels.* guaj.c1,ptk2 *Ign.* lyc.h mag-m.a1,h *Merc.* **Nux-v.** petr. *Phyt.* staph.br1,c1 *Sulph.*
• **linken** Ohr; besonders im: staph.br1
• **Sprechen**, beim: calc.h
• **Zungenwurzel**: *Phyt.*
○ **Ösophagus**: calc.h carbn-s. kali-c. merc-c.
• **Knochen** darin feststecken würde; als ob: carbn-s.
• **Tonsillen**: alum. *Bell.* kali-bi. *Merc.* naja nit-ac.h,kl *Ran-s.* raph. sulph. tarent.
• **links**: cupr.h,kl grat. kali-bi.a1,k kali-p.k2 lach.
• **rechts**: lyc.
• **Uvula**: caust.h,kl nat-m. rhod. seneg. sep.
– **stechend**; fein: *Acon.*hrl,k aesc.hrl,k **Apis** *Arum-t.* asar. *Bell.* granit-m.es1 *Ip.*hrl jal.hrl led. lyss. *Mag-c.* *Merc.*hrl nat-c.h2 *Nit-ac.* par. *Spong.* still.hrl,k

- **stechend**; fein: ...
stram.$_{bg1,k2}$
  - **Gähnen**, beim: am-m. nat-c.$_{h2}$
  - **Menses**, vor den: *Mag-c.*
  - **Schlucken**, beim: *Alum.* am-m. *Apis* arum-t. *Aur.* *Dros.* *Kali-c.* **Kali-i.** *Lyss.* *Mag-c.* *Merc.* *Puls.* stram.$_{k2}$ thuj.
    - **nicht** schluckt; wenn er: aeth. **Apis** arn. dig. *Ign.* *Led.*
  - **Sprechen**, beim: **Kali-i.** mag-c.
  - ○ **Ösophagus**, im: ars. xan.$_{c1}$
    - **Übelkeit**; mit: xan.$_{c1}$
- **Wehtun** (= unbestimmt, drückend):
  - **Frösteln**, mit: cadm-s.$_{br1}$
  - ○ **Tonsillen**: aesc.$_{bg1}$
- **wund** schmerzend (= wie zerschlagen, empfindlich): acon. *Aesc.*$_{a1,k}$ *Ail.* *All-c.* *Alum.*$_{h,k,*}$ alum-p.$_{k2}$ alum-sil.$_{k2}$ *Am-br.*$_{a1,k}$ *Am-c.*$_{a1,k}$ am-caust.$_{a1}$ am-m.$_{a1,k}$ ambr.$_{gsy1}$ anac.$_{a1,k}$ *Androc.*$_{srj1}$ *Ant-c.*$_{a1,k}$ antip.$_{c2}$ *Apis*$_{c2,k}$ aq-mar.$_{a1}$ arag.$_{br1}$ **Arg-met.** **Arg-n.**$_{a1,k}$ *Ars.*$_{hr1,k,*}$ ars-s-f.$_{k2}$ *Arum-t.* *Asaf.*$_{hr1,k}$ asim.$_{a1,c2}$ atro.$_{a1}$ bamb-a.$_{stb2}$ **Bapt.**$_{hr1,k,*}$ *Bar-c.*$_{c2}$ **Bell.**$_{a1,k,*}$ *Benz-ac.*$_{c2,k}$ brach.$_{a1}$ brom.$_{hr1,k,*}$ *Bufo* cadm-s.$_{br1}$ caj.$_{a1,k}$ **Calc.**$_{hr1,k,*}$ *Calc-p.*$_{a1,k,*}$ *Calc-s.*$_{hr1,k,*}$ cann-s.$_{a1,k}$ *Canth.*$_{c2}$ *Caps.*$_{hr1,k,*}$ *Carb-ac.* carb-an.$_{a1,k}$ *Carb-v.*$_{a1,k}$ carbn-s. carl.$_{a1}$ *Caust.*$_{hr1,k,*}$ celt.$_{a1}$ cench.$_{k2}$ ceph.$_{a1}$ *Cham.*$_{a1,k}$ chlor.$_{hr1,k,*}$ choc.$_{srj3}$ chr-o.$_{c2}$ cimic.$_{a1,k}$ *Cist.*$_{a1,k}$ coc-c.$_{a1,k}$ coff.$_{a1,k}$ con.$_{a1,k}$ cop.$_{a1,k}$ **Crot-c.** crot-h.$_{a1,k}$ crot-t.$_{a1,k}$ cund.$_{a1}$ cupr.$_{a1,k}$ cupr-ar.$_{a1,k}$ cycl.$_{a1,k}$ dig.$_{h}$ dios.$_{hr1,k,*}$ dor.$_{a1,k}$ echi. epil.$_{c2}$ eug.$_{c2}$ eup-per.$_{hr1,k,*}$ eup-pur.$_{c2}$ euph-a.$_{c2}$ fago.$_{a1,k,*}$ ferr.$_{a1,k}$ ferr-ar. ferr-p. *Fl-ac.*$_{a1,k}$ form.$_{a1,k,*}$ gamb.$_{c2}$ *Gels.*$_{hr1,k}$ gent-c.$_{c2}$ ger.$_{c2}$ glon.$_{a1,k}$ granit-m.$_{es1}$ *Guaj.* gymno.$_{c2}$ haem.$_{a1,k,*}$ ham.$_{a1,k}$ helia.$_{c2}$ hell.$_{a1,k}$ *Hep.*$_{c2}$ hepat.$_{c2}$ hipp.$_{a1}$ hom.$_{c2}$ hydr.$_{a1,k,*}$ hydr-ac.$_{a1,k}$ *Hydrog.*$_{srj2}$ hyosin.$_{c2}$ **Ign.**$_{a1,k,*}$ ind.$_{a1,k}$ *Ip.*$_{a1,k}$ iris$_{c1}$ jab.$_{a1,k}$ jac-c. jac-g.$_{c2}$ jatr-c. jug-c.$_{hr1,k,*}$ kali-ar.$_{a1,k}$ *Kali-bi.*$_{c2}$ kali-c.$_{a1,k,*}$ kali-chl. kali-i.$_{a1,k}$ kali-m.$_{k2}$ kali-n.$_{br1}$ kali-p. kali-perm.$_{c2,k}$ kali-s. kali-sil.$_{k2}$ lac-ac.$_{a1,k,*}$ lac-c.$_{c2}$ lac-d.$_{k2}$ lac-v-f.$_{c2}$ **Lach.**$_{a1,k,*}$ lachn.$_{a1,k}$ *Led.*$_{a1,k}$ lil-s.$_{a1}$ limest-b.$_{es1}$ lipp.$_{a1}$ lob.$_{a1,k}$ lob-c.$_{a1}$ lob-s.$_{c2}$ *Luna*$_{kg1}$ **Lyc.**$_{a1,k,*}$ lycpr.$_{c2}$ *Lyss.*$_{a1,k}$ mag-c.$_{a1,k}$ mag-s.$_{a1,k}$ med.$_{hr1}$ menth.$_{c2}$ **Merc.**$_{hr1,k,*}$ merc-act.$_{c2}$ *Merc-c.*$_{hr1,k,*}$ *Merc-cy.*$_{c2,k}$ merc-d.$_{c2}$ *Merc-i-f.*$_{a1,k,*}$ *Merc-i-r.* merc-n.$_{a1}$ *Mez.*$_{a1,k}$ myric.$_{a1,k,*}$ naja$_{c2,k}$ *Nat-ar.* nat-c.$_{h2}$ nat-m.$_{a1,k}$ nat-p.$_{a1,k}$ nat-s.$_{a1,k}$ nicc.$_{a1,k,*}$ **Nit-ac.**$_{hr1,k,*}$ *Nux-m.* *Nux-v.*$_{a1,k}$ nymph.$_{c2}$ oena.$_{a1,k}$ onos.$_{c2}$ ovi-p.$_{c2}$ *Ox-ac.*$_{a1,k}$ petr.$_{a1,k}$ ph-ac.$_{a1,k}$ phel.$_{a1}$ phos.$_{hr1,k,*}$ phys.$_{a1,k,*}$ *Phyt.*$_{hr1,k,*}$ pic-ac.$_{a1,k}$ plan.$_{a1,k}$ plect.$_{c2}$ polyp-p.$_{a1}$ prun-p.$_{a1}$ *Psor.*$_{a1,k}$ ptel.$_{hr1,k,*}$ puls.$_{a1,k}$ ran-b.$_{k2}$ ran-s.$_{a1,k}$ *Rhus-t.*$_{a1,k}$ rhus-v.$_{a1,k}$ rumx.$_{c2}$ rumx-act.$_{c2}$ sabad.$_{c2}$ sabal$_{c2}$ sal-ac.$_{c2}$ samb.$_{a1,k}$ sang.$_{hr1,k}$ sangin-n.$_{c2}$ sanic.$_{c2}$ sapin.$_{a1}$ seneg.$_{a1,k,*}$ *Sep.*$_{a1,k}$ *Sil.*$_{a1,k}$ stann.$_{a1,k}$ stict.$_{c1}$ still.$_{a1}$ stry.$_{a1}$ *Sul-ac.*$_{a1,k}$ *Sulph.*$_{a1,k}$ tarent. tell.$_{c1}$ tep.$_{a1,k}$ ther.$_{c1}$ trif-p.$_{a1,c2}$ tus-p.$_{a1,c2}$ upa.$_{a1,k}$ urt-u.$_{c2}$ verat.$_{a1,k,*}$ vesp.$_{a1,k}$ vinc.$_{a1,k,*}$ visc.$_{c2}$ wye.$_{c2}$ xan.$_{a1,k}$ zinc.$_{a1,k,*}$ zinc-m.$_{a1}$ zinc-p.$_{k2}$ zinc-s.$_{a1}$ zing.$_{a1,k}$ ziz.$_{a1}$
  - **abwechselnde** Seiten: **Lac-c.**

- **wund** schmerzend: ...
  - **links**: choc.$_{srj3}$ *Crot-h.* echi. *Form.* hydrog.$_{srj2}$ kali-bi. *Lac-c.* **Lach.** manc. merc-i-r. *Naja* ph-ac.$_{a1,k}$ rumx. sabad. *Sec.* *Sul-ac.*
    - ▽ **erstreckt** sich zu:
      - **Ohr**, in das: *Sec.*
      - **rechts**: hydrog.$_{srj2}$ **Lach.** plb. *Sabad.*
  - **rechts**: ars. *Bell.* calc-p. carb-ac. ham. ind.$_{a1,k}$ *Lac-c.* lith-c. **Lyc.** lyss. mag-c.$_{a1,k}$ mag-p.$_{br1}$ *Merc.* merc-i-f. nat-p.$_{a1,k}$ nicc.$_{a1,k}$ phyt. plat.$_{h,k1}$ ptel. sars. tarent. ter. xan.$_{a1,k}$
    - ▽ **erstreckt** sich nach links: *Arum-t.* bar-c. **Lyc.** merc-i-f.$_{ptk2}$ *Podo.* *Sulph.*
  - **tagsüber**: **Lach.**$_{a1,k}$ lyss.$_{a1,k}$ ped.$_{a1}$
  - **morgens**: alum.$_{a1,k}$ arg-n.$_{a1,k}$ bov.$_{a1,k}$ bry.$_{a1,k}$ *Calc-p.*$_{a1,k}$ carb-an. carb-v. carc.$_{mg1,sp,*}$ chel.$_{a1,k}$ cinnb. *Cist.*$_{a1,k}$ cob.$_{a1,k}$ dios.$_{a1,k}$ *Form.*$_{a1,k}$ luna$_{kg1}$ lyc.$_{h,k1}$ myric. nat-m.$_{a1,k}$ ph-ac.$_{a1,k}$ phos.$_{a1,k}$ phyt.$_{a1,k}$ puls.$_{a1,k}$ sil.$_{a1,k}$ sul-i.$_{a1,k}$ ust.$_{a1,k}$
    - **7** h: bamb-a.$_{stb2}$ sep.
    - **Erwachen**, beim: arg-n.$_{a1,k}$ aster.$_{a1,k}$ bov.$_{a1,k}$ calc-p.$_{a1,k}$ chel.$_{a1,k}$ hydr.$_{a1,k}$ hydrog.$_{srj2}$
    - **schluckt**; wenn er nicht: puls.$_{a1,k}$
  - **vormittags**: aesc.$_{a1,k}$ jug-c.$_{a1,k}$
    - **10** h: lyss.
  - **nachmittags**: canth. dios.$_{a1,k}$ op.$_{a1,k}$ phys.$_{a1,k}$ ptel.$_{a1,k}$
    - **16** h: *Arum-t.*
    - **17** h: caust.
  - **abends**: am-c.$_{a1,k}$ androc.$_{srj1}$ bov.$_{a1,k}$ brach.$_{a1,k}$ calc-p.$_{a1,k}$ carb-an.$_{h,k1}$ *Carb-v.*$_{a1,k}$ carc.$_{sp}$ choc.$_{srj3}$ dios.$_{a1,k}$ ham.$_{a1,k}$ ind.$_{a1,k}$ kali-p. lith-c. luna$_{kg1}$ mez.$_{a1,k}$ nat-m.$_{a1,k}$ ped.$_{a1}$ podo.$_{a1,k}$ stann.$_{a1,k}$ *Sul-ac.*$_{a1,k}$ tell.$_{a1,k}$ viol-t.$_{a1,k}$ zinc.
  - **nachts**: bamb-a.$_{stb2}$ camph.$_{a1,k}$ canth. carb-an.$_{h,k1}$ carc.$_{tp1}$ crot-h.$_{a1,k}$ erig.$_{a1,k}$ *Merc.* nat-m.$_{a1,k}$ zinc.$_{a1,h,*}$
  - ◈ **abwechselnd** mit:
    - **Auges**; Entzündung des
      ☞ ❑ *Auge - Entzündung - abwechselnd mit - Halsentzündung*
  - ◆ **begleitet** von:
    - **Trockenheit**: luna$_{kg1}$
  - **Ausatmen**, beim: *Arg-met.*
  - **Auswurf**; nach: arund.$_{c1}$
  - **Belastung**, Anstrengung des Halses; nach: **Rhus-t.**
  - **Bücken**, nach: nat-c.$_{a1,k}$
  - **Einatmen**, beim: mez.$_{a1,h,*}$
  - **Erkältung**:
    - **durch** jede Erkältung; durch: alumn.$_{br1}$ lach.$_{bg1}$
  - **Erwachen**, beim: arg-n.$_{a1,k}$ aster.$_{a1,k}$ bov.$_{a1,k}$ calc-p.$_{a1,k}$ chel.$_{a1,k}$ *Crot-h.* hydr.$_{a1,k}$ kali-bi.$_{a1,k}$ *Lach.* luna$_{kg1}$ merc-i-r. myric.$_{a1,k}$ plan.$_{a1,k}$ raph.$_{a1,k}$
  - **Essen**:
    - **amel.**: apis carb-an.$_{a1,k}$ ferr.$_{a1}$ hydrog.$_{srj2}$ pic-ac.$_{a1,k}$
    - **beim**: carb-v.$_{a1,k}$ ferr.$_{a1,k}$ phos.$_{a1,k}$ psil.$_{ft1}$
    - **nach**: sep.$_{a1,h,*}$

• **Freimachen** des Halses durch Räuspern; beim: alum.$_{a1,k}$
• **Gähnen**; beim:
▽ **erstreckt** sich zu:
• **Ohr**: hydrog.$_{srj2}$
• **Husten**, beim: ambr.$_{a1,k}$ ant-s-aur.$_{bg1}$ **Arg-met.** bamb-a.$_{stb2}$ carb-v. fl-ac.$_{a1,k}$ *Lach.*$_{a1,k}$ lachn.$_{c1}$ lyc.$_{a1,k}$ phos.$_{a1,k}$ ran-s.$_{a1,k}$ sep.$_{a1,k}$ spong. tarent.$_{a1,k}$
• **kalt**:
• **Luft**; durch kalte: act-sp.$_{c1}$ **Bell.** bufo *Cist.* *Coff.* *Fl-ac.* *Hep.* hydrog.$_{srj2}$ mez. sabad.$_{br1}$
• **Kindern**; bei:
• **Säuglingen**; bei: bapt.$_{k2}$
• **Klumpen**: arg-met.$_{c1}$ calc.$_{a1,k}$ caust.$_{a1,k}$ cham.$_{a1,k}$ ign.$_{a1,k}$ laur.$_{a1,k}$ nux-v. *Sil.*$_{a1,k}$
• **Luft**:
• **Freien**, im: mez.
• **amel.**: kali-bi.$_{a1,k}$
• **Zugluft**, bei: *Ambr.*$_{a1,k}$ *Hep.*
• **Menses**:
• **vor**: canth.$_{bro1}$ *Lac-c.* *Mag-c.*$_{a1,k}$
• **während**: arn. *Calc.*$_{a1,k}$ gels.$_{br1,ptk1}$ **Lac-c.** sul-ac.$_{bg1}$ *Sulph.*
• **Niesen**, beim: hydrog.$_{srj2}$ hyper.$_{a1,k}$ mag-c.$_{a1}$
• **Öffnen** des Mundes; mit schwierigem: kali-c.
• **Druck**, bei: *Lach.*
• **Operation**, nach: ferr-p.$_{ptk2}$
• **Räuspern**:
• **nach**: cob. thuj.
• **Sängern**, bei
☞ ☐ *Kehlkopf - Schmerz - wund - Kehlkopf - Sängern*
• **Schlucken**
☞ *Schlucken*
• **Schnupfen**, beim: coc-c.$_{a1}$ mag-m.$_{h,k1}$ merc.$_{ptk1}$ nit-ac.$_{ptk1}$ nux-v.$_{ptk1}$ phos.$_{ptk1}$ sep.$_{a1}$
• **Sprechen**:
• **beim**: alumn.$_{kr1}$ mag-c.$_{a1}$ nicc.$_{a1}$ tarent.
• **durch**: act-sp.$_{a1,k}$ atro.$_{a1}$ dros.$_{bt}$
• **Stelle**; an einer trockenen: apis$_{bg3}$ *Cimic.*$_{bg1}$ cist.$_{bg1}$ con.$_{bg1}$ crot-h.$_{bg3}$ hep.$_{bg1}$ *Hyos.*$_{bg3}$ lac-c.$_{bg3}$ lach.$_{bg1}$ lith-c.$_{bg3}$ merc-cy.$_{bg3}$ *Nat-m.*$_{bg1,bg3}$ nit-ac.$_{bg3}$ *Phos.*$_{bg3}$ phyt.$_{bg1}$ sil.$_{bg1}$
• **Süßigkeiten**, nach: sang. **Spong.**
• **Trinken**, nach dem: nit-ac.$_{h}$
• **Wetter**:
• **nassem** Wetter, bei: *Calc.* *Dulc.* *Hep.* *Rhus-t.*
• **Wetterwechsel**, bei: **Calc.**
▽ **erstreckt** sich zu:
• **Brust**: lac-c.$_{c1}$ nat-c.$_{a1,k}$ **Stann.**$_{a1,k}$
• **Kehlkopf**: arg-met.$_{k2}$ fl-ac.$_{a1,k}$
• **Magen**: alco.$_{a1}$ lach.$_{a1,k}$
• **Nacken**: *Lach.*$_{a1,k}$
• **Ohren**: bell.$_{a1,k}$ carbn-o. form. hydrog.$_{srj2}$ lith-c. ph-ac.$_{a1,k}$ *Podo.*$_{a1,k}$
• **links**: psil.$_{ft1}$
○ **Ösophagus**: alum. ars. caj. calc. dig. kali-n. nit-ac. sul-ac.
• **schlucken** würde; als ob er über eine wunde Stelle: *Bar-c.* caj. *Nat-m.*
• **spürt** die Speisen entlang dem ganzen Ösophagus: *Alum.*

Schmerz - wund schmerzend: ...
• **Uvula**: caust.$_{h,k1}$
– **ziehend**: alum.$_{a1,k}$ apis arg-met.$_{k2}$ *Arg-n.*$_{a1,k}$ aur.$_{a1,k}$ aur-s.$_{a1}$ calc-p.$_{a1,k}$ caps.$_{a1,k}$ croc.$_{a1,k}$ cupr. kali-bi.$_{a1,k}$ laur.$_{a1,k}$ lepi.$_{a1}$ merc-c.$_{a1,k}$ mez.$_{a1,h,*}$ nat-m.$_{a1,k}$ plat. plb. sabad.$_{a1,k}$ sabin.$_{c1}$ stann. staph.$_{h,k1}$ *Stram.*$_{a1,k}$ sulph. teucr.$_{a1,k}$ verat.$_{a1,k}$ zinc.$_{a1,k}$
• **nachts**: alum.$_{a1,k}$
• **Aufsetzen** amel.: spong.
• **Berührung** agg.: staph.$_{h,k1}$
• **Bewegen** der Zunge; beim: alum.
• **Schlucken**: alum.$_{h}$
• **nicht** schluckt; wenn er: *Caps.*
▽ **erstreckt** sich zum Ohr: all-c. alum. bry.
○ **Tonsillen**: con.$_{a1,k}$ gymno. nat-m.$_{a1,k}$
– **zwickend**: colch.$_{a1}$ graph.$_{a1,h,*}$ iod.$_{h,k1}$ lach.$_{a1}$ nit-ac.$_{h,k1}$ sep.$_{h,k1}$

Schorf an der hinteren Wand; grünlicher: elaps

Schwäche, agg. durch Anstrengung: lac-c.$_{bg1}$

Schwammiges Gefühl: *Cist.* merc.$_{k2}$

Schwarz
☞ *Farbe - schwarz*

Schwefeldampf im Hals; Gefühl von:
– **Einatmen**, beim: croc. lyc.
– **Husten**, beim: *Brom.* lyc. *Puls.*

Schwellung: acon.$_{a1,k}$ aesc.$_{a1,k}$ **Ail.** alum.$_{k2}$ am-c. am-caust.$_{a1}$ am-m.$_{a1,k}$ anan. ant-t.$_{hr1,k,*}$ *Apis* arag.$_{br1}$ arg-met.$_{h}$ arn.$_{a1,k}$ *Ars.*$_{hr1,k,*}$ ars-i. arum-m.$_{a1}$ asim.$_{hr1}$ atro.$_{a1}$ aur.$_{a1,k}$ aur-ar.$_{k2}$ aur-i.$_{k2}$ aur-s.$_{k2}$ bapt.$_{k2}$ **Bell.**$_{hr1,k,*}$ benz-ac.$_{a1,k}$ berb.$_{a1,hr1}$ *Brom.*$_{hr1,k}$ bufo *Calc.*$_{hr1,k}$ calc-p.$_{a1,k}$ *Calc-s.*$_{hr1,k}$ *Canth.*$_{a1,k}$ caps.$_{k2}$ carb-ac.$_{hr1}$ carb-v.$_{a1,k}$ carbn-s. carl.$_{a1}$ caust.$_{a1,k}$ chinin-ar. chlor.$_{a1,k}$ cic.$_{hr1,k,*}$ coc-c.$_{a1,k}$ crot-h.$_{hr1,k}$ crot-t.$_{a1,k}$ cupr-act. dios.$_{a1,k}$ dros.$_{hr1}$ ery-a.$_{a1}$ ferr.$_{a1}$ gamb.$_{a1,k}$ gink-b.$_{sbd1}$ glon.$_{hr1,k,*}$ *Graph.*$_{a1,k}$ hell.$_{a1}$ **Hep.**$_{hr1,k}$ hippoz.$_{hr1}$ iod.$_{a1,k}$ jug-c.$_{a1,k}$ kali-ar. *Kali-bi.*$_{hr1}$ kali-c.$_{a1,k}$ kali-m.$_{k2}$ kali-n. kali-p. kali-perm. kali-s. kali-sil.$_{k2}$ kalm.$_{a1,k}$ **Lach.**$_{hr1,k,*}$ lachn.$_{a1}$ led.$_{a1,k}$ *Lyc.*$_{hr1,k,*}$ **Merc.**$_{hr1,k,*}$ **Merc-c.**$_{a1,k}$ *Merc-cy.*$_{hr1,k}$ merc-d.$_{a1}$ merc-sul.$_{hr1}$ *Mur-ac.*$_{hr1,k,*}$ nat-ar. *Nat-m.* *Nit-ac.*$_{a1,k}$ *Nux-v.* op. ox-ac.$_{a1,k}$ petr.$_{a1,k}$ *Phos.*$_{a1,k}$ **Phyt.**$_{hr1,k,*}$ plan.$_{a1}$ *Plb.*$_{a1,k}$ psor. puls.$_{hr1,k,*}$ *Rhus-t.*$_{hr1,k,*}$ rhus-v.$_{a1,k}$ rumx. sabad.$_{a1,k}$ samb.$_{a1,k}$ sars.$_{a1,k}$ sec. *Seneg.* *Sep.*$_{a1,k}$ sil.$_{a1,k}$ spig. **Spong.**$_{hr1,k}$ *Stann.*$_{a1,k}$ stram. stry.$_{a1,k}$ sul-ac.$_{a1,k}$ sul-i.$_{a1,k}$ *Sulph.*$_{a1,k}$ *Thuj.*$_{a1,k}$ verat.$_{a1,k}$ vesp.$_{hr1,k,*}$ vip.$_{a1}$ *Wye.*$_{a1,k}$ xan.$_{a1,k}$ zinc.$_{a1,k}$ zinc-m.$_{a1}$ zinc-p.$_{k2}$ zinc-s.$_{a1}$
– **links**: spig.$_{h,k1}$
• **Druck** agg.: choc.$_{srj3}$
– **rechts**: cench.$_{k2}$
– **morgens**: bry.$_{a1,k}$ myric.$_{a1}$
– **abends**: aesc.$_{a1,k}$ mez.$_{a1,k}$ stry.$_{a1}$
– **nachts**: inul.$_{a1}$ merc. **Spong.**$_{hr1}$
◆ **begleitet** von:
• **Speichelfluß**: *Anthraci.*$_{st1}$

– **Gefühl** von: acon. aloe *Arg-n.* ars. ars-s-f.k2 bamb-a.stb2 bapt. bar-c.h bell. benz-ac. *Bry.* calc. carb-v. casc. *Caust.* chin. coff. colch. dig.h *Glon. Hep.* hydrog.srj2 ign. ip. kalm. lac-c. **Lach.** lachn.c1 led. lyc.h merc. nit-ac. nux-v. *Plb.* puls. *Rhus-t.* sabad. *Sabin. Sang.* stann. *Sulph.* tarax. thuj.h tub.a1 verat. *Wye.* xan.rb2
 • **rechte** Seite: tub.rb2
 ○ **Uvula**
 ☞ *Uvula - Gefühl*
– **Husten**, beim: ars.bg1
– **ödematös**: *Ail.* anthraci. *Apis* bapt.k2 crot-t. kali-bi. *Lac-c. Nat-ar. Nit-ac.* phos. rhus-t. sul-ac.
– **Gaumen**; weicher: arn.br1
– **Rachenmandelwucherung**
 ☞ ❑ *Nase - Rachenmandelwucherung*
○ **Tonsillen**: acon. aegle-f.bnj1 agra.br1 ail.k2 alum. alum-p.k2 alum-sil.k2 *Alumn. Am-c.*k,k2 am-m.c2 amph.a1 ant-t. *Apis* arum-t. *Aur.* aur-s.k2 **Bapt. Bar-c.**c2,k bar-i.k,k2 **Bar-m.** bar-s.k2 **Bell.** benz-ac.c2,k2 berb. brom.c2,k bufo **Calc.** calc-f.k2 *Calc-i. Calc-p.*c2,k *Calc-s.* calc-sil.k2 canth. caps.k2 *Carb-ac.* carbn-s. carc.sst *Cedr.* **Cham.** *Chel. Chen-a.* chin. cist.br coc-c. *Colch.* cop. *Crot-t. Dulc.* fago. *Ferr.* ferr-p. *Fl-ac. Gels.*k,k2 *Graph. Guaj.* guare.c2,k ham. **Hep.** hippoz. ign. *Iod. Kali-bi. Kali-c. Kali-chl. Kali-i.*k,k2 kali-m.k2 kali-p. kali-s. kali-sil.k2 **Lac-c. Lach.** led. **Lyc.** *Manc.* med.br1 *Merc. Merc-c. Merc-cy. Merc-i-f. Merc-i-r. Mur-ac.* nat-ar. nat-c.k2 *Nat-m.* nat-s. nicc. **Nit-ac.** nux-v. petr. **Phos. Phyt.** plat. *Plb.* plb-i.c2 polyp-p.c2 psor.k2 puls. *Ran-s.* raph. *Sabad. Sep.* **Sil.** sol-ni. spong.k2 stann. *Staph.* sul-ac.k2 sul-i.k2 **Sulph.** *Syph.*c1,k tarent. tep. thuj. **Tub.**bg2,bg3,* tub-m.ih verat. vesp. zinc. zinc-p.k2
 • **links**: aesc.bg1 apis bar-c. cist.vh iod. kali-c.h,kl kali-p.bg1 lac-c. **Lach.** lycpr.c1 merc-i-r. nux-m.bg1 phos.h,kl sep.h,kl sulph. ust.bg1
 • **rechts**: am-c.bg1 apisbg1,hr1 ars-s-f.k2 bar-c.bg1 *Bell.* gels.bg1 ham.bg1 hep.bg1 lac-c. *Lyc.* merc.bg1 merc-d.bg1 *Merc-i-f.* najabg1 nat-c.h,h2,* nicc.bg1 phos.bg1 phyt. plat. sabad. spong. tarent. thuj.bg1
 • **Diarrhoe**; mit: asim.br1
 • **Husten**:
  • **vor**: bar-c.ptk1 lach.ptk1
 • **Kindern**; bei:
  • **blassen**, skrofulösen Kindern; bei: chen-a.hr1
 • **Rachenmandelwucherung**
 ☞ ❑ *Nase - Rachenmandelwucherung*
– **Uvula**: acon.hr1,k,* *Alumn.* amyg.a1 **Apis** arg-n.h,kl arn.br1 bar-m. bell. berb.a1 calad.a1,k *Calc.*a1,k *Calc-p.*a1,k calc-sil.k2 *Carb-v.*a1,k *Caust.*a1 chel. chin.a1,k *Coff.* cop.a1 crot-t. der.a1 *Fl-ac. Hep.* hydr.a1 ind.a1,k *Iod.*a1,k *Kali-bi.*a1,k kali-br.a1 **Kali-i.**k,k2 kali-m.k2 kali-perm.c2 lac-c. *Lach.* lyc.a1,k *Merc.*a1,k **Merc-c.**a1,k *Mur-ac.*a1,k nat-ar. nat-s.a1,k *Nit-ac.*a1,k *Nux-v.*a1,k par. **Phos.**a1,k *Phyt.* puls.h,kl raph.a1 rhus-t. rumx. sabad.a1,k seneg.a1 **Sil.**a1,k spong. sul-ac.a1,k sul-i.a1,k2 *Sulph.* tab.a1 tep.a1 zinc. zinc-p.k2
 • **Gefühl** von Schwellung: arg-n.a1 puls.h

Schwellung - Uvula: ...
 • **ödematös**: **Apis** crot-t. **Kali-bi.** kali-br. *Kali-i.* kali-m.k2 kali-perm. lach. merc-c.bg3 *Mur-ac.* nat-ar.k2 *Nit-ac.* phos. phyt.bg3 rhus-t.bg3 *Sul-ac.* tab.

Singen agg.: dros.h

Spannung: acon.a1,k alum.a1,h,* *Arg-met.* asaf. bov.a1,k brom.a1,k *Caust.*a1,k chel. chin.a1,k cimx.a1 dig.a1,k *Glon.*a1,k hydrog.srj2 iod.a1,h,* kali-n. lyc. meph.a1 **Merc.**a1,k merc-c.a1,k mez.a1,k naja nat-m.a1,k nux-m.a1,k nux-v. ph-ac.a1,k phos.a1,k puls. sabad.a1,k sec.a1,k sep. stann. tab.a1,k *Verb.*a1,k
– **rechte** Seite: alum.a1,h,* **Arg-met.** meph.a1
– **nachmittags**: tab.
– **Gähnen**, beim: *Arg-met.*
– **Menses**, vor den: *Iod.*a1,k
– **Schlucken**, beim: *Asaf.* coc-c.a1 *Lyc.* mez.h,kl nat-m.a1,k *Puls.*
○ **Halsgrube**
 ☞ ❑ *Äußerer Hals - Spannung - Halsgrube*
– **Ösophagus**: cham. cycl.

Spasmen (= spasmodische Zusammenschnürung, Konvulsionen etc.): acon. *Ant-c. Arg-n.* ars. bar-c.k2 *Bell.* brom. cact.k2 cadm-s.k2 *Calc.* **Cham.** chel. chlol. *Cic. Cocc.* coff. *Con. Cupr.* dros.k2 ferr.a1 ferr-p.k2 *Gels. Graph. Hyos.* **Ign.** *Iris* kali-ar. *Kali-i.* kali-s.k2 *Lach.* **Laur.** *Lyss.* naja nicc. *Nux-v.* op. sang.k2 sars. **Stram. Stry.** sul-ac. *Sulph.* sumb.c2 tarent.k2 *Zinc.*
 ☞ *Zusammenschnürung*
– **Husten**; beim: bell.k2
– **Kopfschmerzen**; bei: cadm-s.c1
– **Schlucken**, beim: bell.k2 hyos.k2 *Iris Mur-ac.* nicc. **Stram.**a1,k stry.a1,k *Sulph.* tarent.k2
 • **zwingt** zum Würgen: **Graph. Merc-c.**
– **Wasser**; beim Anblick von oder Gedanken an: anan. hyos.k2 *Lyss.*
– **Zorn**, nach: *Cham.*
○ **Ösophagus**: aconin.c2 *Alum. Alumn.* arg-cy.c2 *Arg-n. Ars. Asaf.* **Bapt. Bar-c.**c2,k **Bell.** cact.k2 *Calc. Carb-ac.* carb-v. carbn-s. cham. cic. *Cimx.* coc-c. *Cocc.* coloc. *Con. Crot-c. Crot-h. Cupr. Elaps Gels.* graph. hydr-ac. *Hyos. Ign.* iris kali-ar. kali-bi. kali-c. **Lach. Laur.** *Lyss. Manc.* **Merc-c.** mur-ac.k2 *Naja Nat-c.*hr1 nat-m. nicc. nit-ac. *Nux-v.* ox-ac. *Phos. Plat. Plb.* ran-b. rat. sars. *Stram.*c2,k *Sulph.* verat. *Verat-v.*c2,k zinc.c2,k
 • **abends**: *Ars. Asaf.* cham.
 • **nachts**: *Lach. Nux-v.*
 • **alte** Menschen können nur Flüssigkeiten schlucken: *Bar-c.*
 • **Aufstoßen**, beim: coloc.
 • **Essen**; beim: cadm-s.br1,c1
 • **periodisch**: *Lyss.*
 • **Schlucken**; beim ●: **Bapt. Bar-c.** bar-s.k4 *Hyos.* **Merc-c.** *Phos. Sulph.* zinc. zinc-p.k2
  • **Flüssigkeiten**; von: *Bell.* coc-c. elaps *Graph. Manc. Merc-c.*
 • **schlucken**; kann nur Flüssigkeiten: **Bapt.** *Bar-c. Plb.*

– **Ösophagus**: ...
 • **Verletzung** durch eine Gräte; durch: cic.ptk1

Speisen:
– **Gefühl** von: ambr.h arg-n. arn. *Calc.* ferr-i. zinc.h
○ **Epiglottis**; in der Nähe des: hepat.br1,c1
– **kommen** in die Choanen: lyc. nit-ac. petr. *Sil.*
 ☞ *Flüssigkeiten*
○ **Ösophagus**:
 • **drehen** sich wie ein Korkenzieher beim Schlucken: elaps
  • **gehen** über rohe Stellen hinweg: bar-c.
 • **Gefühl**, als seien Speisen darin steckengeblieben: abies-c.rb2 am-m.gsy1 *Ars.* *Bar-c.* *Calc.* *Caust.* cham.h *Chin.* dig. *Gels.* *Kali-c.* lac-ac.c1 *Puls.*
 • **gespürt**, bis sie in den Magen kommen; Speisen werden: alum. ambr. bry. phos.
 ○ **Kardia**: ign.h
– **stecken**; bleiben im Hals: acet-ac. bry. *Caust.* chin. croc. crot-h. ferr-i.k2 ign. iris kali-c. **Lach.** lyc. **Nit-ac.** petr. sep. sil. sulph. *Zinc.*
 • **Brotkrümel**: graph.h
 • **Essen**; bei schnellem: lach.hr1

Starre, Rigidität: chel. lach.

Staub darin, wie: coc-c.bg1,bg2
 ☞ *Pulvers*

Steckt sich die Finger in den Hals: bell.h,k1

Steifheit: aesc. *Bell.* berb. *Caust.* *Hydr.* lac-c.bg1 *Lach.* *Lyss.* mag-c. mag-p.br1 med.hr1 meny. nit-ac.bg1 *Nux-m.* **Rhus-t.** *Spong.* stry.

Stein
 ☞ *Fremdkörpers - Stein*

Stelle; wund an einer trockenen
 ☞ *Schmerz - wund - Stelle*

Stranguliert, wie
 ☞ *Würgen - Gefühl*

Striktur des Ösophagus: acon. alumn.c2 **Ars.** **Bapt.**c2,k **Bar-c.** *Bell.* *Cact.* caj.c2 *Calc.* caps.c2 card-b.c2 cic.c2 cund.bg3 gels.c2,k *Kali-c.* *Lyss.*c2,k manc.c2 *Merc-c.*c2 merc-s-cy.c2 *Naja* **Nat-m.** *Nux-v.* oena.c2 *Ox-ac.* *Phos.* plat-m.c2 plb-xyz.c2 sabad.c2 seneg.c2 silphu.c2 spirae.c2 tab.c2 verat.c2 *Verat-v.* verin.c2 zinc-s.c2

Syphilitische Erkrankungen: *Ars-i.* *Asaf.* *Aur.* **Aur-m.** *Fl-ac.* **Hep.** *Kali-bi.* **Kali-i.** *Kalm.* *Lach.* *Lyc.* **Merc.** **Mez.** **Nit-ac.** *Phyt.* syph.

Tonsillitis
 ☞ *Entzündung - Tonsillen*

Trockenheit: acet-ac.a1 *Acon.*a1,k adox.a1 **Aesc.**hr1,k,* aeth.a1,k *Agar.*hr1,k,* ail.a1,k *All-c.*a1,k aloe *Alum.*a1,k alum-p.k2 alum-sil.k2 alumn.a1,k am-c.a1,k am-m.a1,k ambr. *Ammc.* *Anac.*a1,k **Anag.**a1,k *Androc.*srj1 ant-c.a1,k ant-t.a1,hr1 *Apis* *Arg-n.*hr1,k,* arn.a1 *Ars.*hr1,k,* ars-i. ars-s-f.a1,k2 *Asaf.*hr1,k,* asar. *Atro.*hr1,k,* aur-m.k2 aur-m-n.a1,k bamb-a.stb2 bapt.a1,k *Bar-c.*a1,k bar-m. bar-s.k2 bart.a1 **Bell.**hr1,k,*

Trockenheit: ...
berb.hr1,k,* bol-s.a1 bond.a1 borx.h both. *Bov.* brach.a1 brom.a1,k **Bry.**hr1,k,* *Bufo* cadm-s. cain. **Calad.**hr1,k,* **Calc.**a1,k calc-i.k2 calc-p.a1,k calc-s. calc-sil.k2 **Cann-i.**a1,k cann-s.a1,k **Canth.**a1,k carb-ac.hr1,k *Carb-v.*a1,k *Carbn-s.* **Caust.**a1,k cent.a1 cephd-i.bnj1 cham. *Chel.*a1,k chin.a1,k chinin-ar. chinin-s. chlol.a1 chlor.hr1,k,* *Cic.* cimic.hr1,k,* *Cimx.* *Cinnb.*a1,k **Cist.**hr1,k,* clem. cob.a1,k **Coc-c.**a1,k coca *Cocc.*hr1,k,* *Colch.*a1,k *Coloc.* *Con.*hr1,k,* cop. *Cor-r.*hr1,k,* *Crot-h.*hr1,k crot-t.a1,k cub.c1 cupr. cycl.hr1,k der.c1 dig.h,k,* dios.hr1,k,* *Dros.*hr1,k dub.a1,c2 dulc. erig.hr1 erio.a1 ery-m.a1 eug.a1,k eup-per.a1,k eupi.a1,k fago.a1,k ferr.a1 ferr-i.k2 franz.a1 gala.br1 gast.a1 *Gels.*hr1,k,* gent-l.a1 gins.a1 glon.a1,k graph. ham.hr1,k,* hell.a1,k *Helon.*hr1 *Hep.* hydr.a1,k hydrobr-ac.br1 *Hydrog.*srj2 *Hyos.*hr1,k,* iber.a1 *Ign.* *Iod.*a1,k *Ip.*hr1,k,* *Iris* jac-c.a1,k jatr-c. jug-c.a1,hr1 *Kali-ar.* **Kali-bi.**a1,k kali-br. *Kali-c.*a1,k *Kali-chl.*hr1,k,* *Kali-i.*hr1,k kali-m.k2 kali-p. kali-perm. kali-pic.a1 *Kali-s.* kali-sil.k2 *Kalm.*a1,k kreos.a1,k lac-ac.hr1,k,* **Lac-c.**hr1,k *Lach.*a1,k *Lachn.*a1,k laur.a1,k lem-m.br1 lil-s.a1 limest-b.es1 lob.hr1,k,* lob-c.a1,k lobin.a1 *Luna*kg1 **Lyc.**a1,k **Mag-c.**hr1,k,* *Mag-m.*a1,k mag-s.a1,k *Manc.*a1,k mang.a1,k med. meny.a1,k **Merc.**a1,k *Merc-c.*hr1,k,* merc-i-f.a1,k merc-n.a1 merc-sul.hr1,k,* **Mez.**hr1,k,* mill.a1 morph.a1,k mosch.a1,k *Mur-ac.*a1,k myric.hr1,k,* *Naja* narc-ps.a1 narcot.a1 narz.a1 *Nat-ar.* *Nat-c.*hr1,k,* **Nat-m.**a1,k *Nat-p.* *Nat-s.*a1,k nicot.a1 *Nit-ac.*a1,k nit-s-d.a1 **Nux-m.**a1,k *Nux-v.* ol-an.a1,k olnd. onos.c2 *Op.*a1,k ox-ac.a1,k pall.a1,hr1 par.hr1,k,* petr.a1,k ph-ac. phel.a1,k **Phos.**a1,k *Phyt.*hr1,k,* plan.a1,k *Plat.*a1,k plb.a1,k *Podo.*hr1,k polyp-p.a1 psil.ft1 *Psor.*a1,k ptel. **Puls.**hr1,k,* raph.a1,k ● **Rhus-t.**a1,k rhus-v.a1,k rumx. **Sabad.**hr1,k,* *Sabin.*hr1,k sal-ac.a1,hr1 samb. **Sang.** sanic. *Sars.*a1,k sec.hr1,k sel.a1,k *Senec.*hr1,k **Seneg.**a1,k **Sep.**hr1,k,* **Sil.**hr1,k sol-ni. *Spong.* squil.a1,k *Stann.*a1,k staph. **Stict.**hr1,k still.hr1,k,* **Stram.**hr1,k,* stry.a1,k sul-ac.a1,k sul-i.k2 **Sulph.**hr1,k,* sumb.a1,k tab.a1,k tarax.a1,k tell.hr1,k,* *Thuj.*a1,k tub.c,xxb upa.a1 ust.hr1,k,* valer.a1,k **Verat.**hr1,k,* **Verat-v.**a1,k verb. voes.a1 wye.a1,k xan.c1 *Zinc.*hr1,k,* zinc-p.k2 zing.a1,k
– **rechts**: stann.h,k1
– **tagsüber**: mez.a1,k
– **morgens**: *Ail.*a1,k all-c.a1,k alum. am-c.a1,k ambr. *Ammc.* ant-c.a1,k ant-t.a1 arg-n.a1,k berb.a1,k bufo calc.a1,k cann-s.a1,k caust.a1,k fago.a1 hep.h,k1 hyos.a1,k lach. lyc.a1,k mag-c.a1,k mag-m.a1,k mag-s.a1,k mang. meny.a1 mez.a1,k nat-ar. ol-an.a1,k petr.a1,k phyt.a1,k plan.a1,k plb.a1,k polyp-p.a1 **Puls.**a1,k ran-s.a1,k sars.a1,k stann.a1,k stram.a1,k stront-c. sulph.a1,k tell.a1,k ust.a1,k zinc.a1,k
 • **Erwachen**, beim: *Alum.*k1,vh alum-sil.k2 am-c.k1 *Ambr.*k1,kr1,* borx.vh *Bov.*k1 carb-ac. choc.srj3 coc-c. kali-i. mag-c. ol-an. phos. **Puls.** sars. *Seneg.* sep. zinc.
 • **Gehen**, beim: zinc.a1,k
– **vormittags**: anac.a1,k genist.a1 jab.a1
– **mittags**: mag-m.a1,k

– **nachmittags**: am-c.$_{al,k}$ bart.$_{al}$ canth.$_{al,k}$ *Cist.* mang.$_{h,kl}$ phyt.$_{al,k}$ sang. sep.$_{al,k}$ sulph.$_{al,k}$
  • **17** h: phyt. sulph. tell.
  • **Erwachen**, beim: sel.$_{al,k}$
– **abends**: **Alum.**$_{al,k}$ alum-p.$_{k2}$ am-c. *Bar-c.*$_{al,k}$ brom.$_{al,k}$ chlor.$_{al}$ cist. dirc.$_{al}$ dulc.$_{al,k}$ fago.$_{al}$ kali-p. lyc.$_{al,k}$ ox-ac.$_{al,k}$ phos.$_{al,k}$ polyp-p.$_{al}$ sel. senec.$_{al,k}$ sep.$_{al,k}$ stram.$_{al,k}$ tell.$_{al,k}$ *Zinc.*$_{al,k}$
  • **18** h: mang.
  • **Schlaf**, vor dem: sep.$_{al,k}$ staph.$_{al,k}$
– **nachts**: acon.$_{al,k}$ alumn.$_{al,k}$ arg-n.$_{al,k}$ ars.$_{al,k}$ *Calc.* calc-p.$_{al,k}$ caust.$_{al,k}$ cimic.$_{al}$ *Cinnb.*$_{al,k}$ *Cist.*$_{al,k}$ coc-c.$_{al,k}$ gal-ac.$_{al,br1}$ glon.$_{al,k}$ graph.$_{al,k}$ hydrog.$_{srj2}$ kali-c. **Lach.**$_{al,k}$ lyc.$_{h,kl}$ mag-m.$_{al,k}$ menis.$_{al}$ nat-c.$_{al,h,*}$ nit-ac.$_{h,kl}$ phel. phos.$_{al,h,*}$ plat.$_{h,kl}$ *Puls.*$_{al,k}$ rhus-t. *Senec.*$_{al,k}$ *Seneg.* sep.$_{al,k}$ sil. *Sulph.*$_{al,k}$ *Ust.*
  • **Erwachen**; beim: lachn.$_{c1}$
– **Mitternacht**: *Arum-t.* *Kali-bi.* puls. sul-ac.
  • **nach**: puls. sul-ac.$_{h}$
    • **2** - 3 h: kali-c.$_{k2}$
◆ **begleitet** von:
  • **Speichelfluß**: *Colch.*$_{kr1,vk1}$ rhod.$_{kr1,vk1}$
– **Aufstehen**, beim: cob.$_{al,k}$ ham.$_{al,k}$
– **Bett**, im: phyt.$_{al,k}$ rhus-t.$_{al,k}$
– **Durst**, ohne: androc.$_{srj1}$ *Apis* asaf. *Calad.* calc.$_{h,kl}$ carb-an.$_{h,kl}$ caust.$_{al,k}$ colch.$_{h}$ eupi.$_{c1}$ kali-c.$_{bg1}$ *Lach.* lyc.$_{bg1,h,*}$ mag-m.$_{h,kl}$ mang.$_{h,kl}$ meny. nat-c. nux-m. pall. par. ph-ac. psor. samb. sep.$_{bg1}$
– **Einatmen**, beim: eupi.$_{al}$ ham.$_{al,k}$ ind.$_{al}$ nat-ar.
– **Erkältung**; nach: nat-ar.$_{k2}$
– **Erwachen**, beim: *Alum.* alum-p.$_{k2}$ alum-sil.$_{k2}$ *Ambr.* bov. *Cinnb.* *Cist.* coc-c. *Lac-c.* **Lach.** *Lachn.* lyc. mag-c. *Manc.* morph. naja nat-ar. **Nux-m.** ol-an. par. phos. sars. sel. sep. sil. sulph. zing.
– **Essen**:
  • **amel.**: anac.$_{h,kl}$ *Cist.*$_{al,k}$ phos.$_{h,kl}$ tell.$_{al}$
  • **nach**: aesc.$_{al,k}$ nat-m.$_{al,k}$
– **Freien**, im: ammc. gins. mang.
– **Frost**; während: phos.$_{h,kl}$ thuj.$_{al,k}$
– **Gehen** im Freien; beim: nat-c.$_{h2}$ tell.
– **Hitze**; während: asar.$_{al,k}$ nit-ac.$_{h,kl}$ olnd.$_{al,k}$ op.$_{al,k}$ sep.$_{h,kl}$ sulph.$_{al,k}$
– **Husten**:
  • **amel.**: stann.$_{h,kl}$
  • **durch**: eug.$_{al}$ **Puls.**$_{al}$ rhus-t.$_{al,h,*}$ squil.$_{al,h,*}$ *Sulph.*$_{al}$
– **juckend**: mang.$_{h,kl}$
– **Liegen**, beim: caust. lyc.
– **Mittagessen**, nach dem: zinc.$_{al,k}$
– **Rauheit**: ang.$_{vh}$ **Dros.**$_{vh}$
– **Räuspern** agg.: *Spong.*
– **Ruhe**, in der: con.$_{al,k}$
– **Schlaf**; im: seneg.$_{k2}$
– **Schlucken**, beim: carb-v.$_{h}$ caust.$_{h}$ lyc. mag-c.$_{h}$
  • **amel.**: stann.$_{h}$
  • **Speichel** amel.; von: *Cist.*
– **schmerzhaft**: anac.$_{h,kl}$ hydrog.$_{srj2}$ *Lach.* tell.$_{c1}$
– **Sprechen**, durch: alumn. graph. merc-act.$_{bg1}$ sil.$_{h}$
– **Sprechen** ist sehr schwierig: bry. merc. seneg. xan.$_{c1}$

Trockenheit: ...
– **Trinken** bessert nicht: hydrog.$_{srj2}$ psil.$_{ft,ft1}$ sang.$_{hr1,k}$ sarr.$_{c1}$ sep.$_{h,kl}$ stram.$_{k2}$ verat.$_{h,kl}$
– **Urinieren**, nach dem: nit-ac.$_{h,kl}$
○ **Fauces**: xan.$_{c1}$
– **hinten** im Hals: caust.$_{bg1}$ cimic. **Dros.**$_{vh}$ *Hydrog.*$_{srj2}$ kali-c. merc.$_{bg1}$ mez. rhus-t.$_{bg1}$
– **Nasenrachenraum**: lem-m.$_{br1}$
– **Ösophagus**: acon. ars. bell. bufo *Cocc.* kali-br. *Lach.* merc-i-f. *Mez.* nat-m. op. ptel. schin.$_{c2}$ *Sep.* *Sulph.* sumb.
– **weicher** Gaumen
  ☞ ☐ *Mund - Trockenheit - Gaumen - weicher*

Übelkeit im Hals
  ☞ ☐ *Magen - Übelkeit - Hals*

Umgekehrte Peristaltik des Ösophagus: *Asaf.* ferr-i.$_{k2}$

Varizen: aesc.$_{k2}$ *Alumn.* *Bar-m.*$_{c2,k}$ brom. cench.$_{k2}$ *Fl-ac.* **Ham.**$_{c2,k}$ *Puls.* thuj.
○ **Ösophagus**: **Ham.**$_{hr1,vh,*}$
– **Rachen**: **Aesc.** aloe$_{br1}$ *Carb-v.* cench.$_{k2}$ *Fl-ac.* **Ham.** *Kali-bi.* *Lach.* *Lyc.* *Mang.* nat-ar.$_{bg1}$ phyt.$_{bg1}$ *Puls.* vesp.
– **Tonsillen**: *Bar-c.* *Bar-m.* cench.$_{k2}$ *Ham.* *Lach.*

Vergrößerung:
○ **Ösophagus**:
  ○ **oberen** Teils; Gefühl von Vergrößerung des: elat.$_{c1}$
– **Tonsillen**
  ☞ *Schwellung - Tonsillen*

Verhärtung: mez.$_{k2}$
○ **Drüsen**; der: carc.$_{hbh}$
– **Tonsillen**; der: *Agar.* alumn.$_{k2}$ arg-n.$_{hr1}$ **Bar-c.** **Bar-m.** calc-f.$_{k2}$ *Cham.*$_{bg1,vh,*}$ con. cupr.$_{bg1}$ *Graph.*$_{bg1,vh,*}$ *Ign.* *Nit-ac.* petr. *Plb.* sabad. *Staph.*

Verlängerung der Uvula: acon.$_{hr1,k,*}$ *Alumn.*$_{hr1,k}$ *Apis* aur.$_{hr1,k}$ aur-s.$_{k2}$ bapt.$_{hr1,k}$ **Bar-m.**$_{hr1,k}$ brom.$_{hr1,k}$ calc.$_{hr1,k}$ *Caps.*$_{bg2,k,*}$ carl.$_{al}$ chel.$_{bg2}$ clem.$_{al}$ *Coff.*$_{hr1,k}$ *Croc.*$_{bg2,k,*}$ **Crot-t.**$_{hr1,k,*}$ fago.$_{al}$ get.$_{al}$ *Hep.*$_{hr1,k}$ hydr.$_{hr1,k}$ **Hyos.**$_{hr1,k,*}$ ind.$_{hr1,k}$ *Iod.*$_{bg2,k,*}$ kali-bi.$_{bg2,hr1,*}$ *Kali-c.*$_{h,k,*}$ **Kali-i.**$_{hr1,k}$ lac-ac.$_{hr1,k,*}$ *Lac-c.*$_{hr1,k}$ **Lach.**$_{hr1,k}$ lyc.$_{bg2,k,*}$ lyss.$_{hr1,k}$ *Manc.*$_{hr1,k}$ med.$_{hr1}$ *Merc.*$_{h,k,*}$ merc-c.$_{bg2,k,*}$ merc-i-f.$_{hr1,k}$ merc-i-r.$_{hr1,k}$ mill.$_{hr1,k}$ nat-ar. *Nat-m.*$_{h,k,*}$ nux-v.$_{hr1,k}$ **Phos.**$_{hr1,k}$ phys.$_{al}$ phyt.$_{c2}$ plat.$_{bg2}$ psor. rumx-act.$_{c2}$ sabad.$_{bg2,c2}$ sil.$_{bg2,k,*}$ sul-i.$_{br1}$ **Sulph.**$_{bg2,k,*}$ thuj.
– **Gefühl** von: acon.$_{rb2}$ calc.$_{kr1}$ coc-c.$_{rb2}$ cocc-s.$_{rb2}$ croc.$_{rb2}$ crot-h.$_{rb2}$ dulc.$_{h}$ plat.$_{h,rb2}$ sulph.$_{h}$

Verschluß, Verlegung: anan. androc.$_{srj1}$ calc.$_{al,k}$ *Con.*$_{al,k}$ iod.$_{h,kl}$ kali-bi. kali-i.$_{al}$ merc-c.$_{al,k}$ mur-ac. puls.$_{al,k}$ pyrus stict.$_{c1}$ sumb.$_{al,k}$
– **morgens**: mag-c.$_{al,k}$
– **Erwachen**, beim: led.$_{al,k}$
– **Schlucken**, beim: arund.$_{al,k}$ *Calc.*$_{al,k}$ elaps nat-s.$_{al,k}$

Verwachsen; klebrig wie: caust.$_{bg1}$ kali-n.$_{bg1}$

Völle: aesc.$_{hr1,k,*}$ ail.$_{a1,k}$ aloe am-m.$_{a1,k}$ ammc.$_{a1,br1}$ anan. *Apis* arag.$_{br1}$ arum-d.$_{a1}$ atro.$_{a1}$ bapt.$_{a1,k}$ *Bell.*$_{a1,k}$ brom.$_{a1,k}$ carb-an.$_{a1,k}$ carb-v.$_{a1,k}$ carbn-s. caul.$_{hr1}$ caust. cench.$_{k2}$ chinin-s. cimic.$_{hr1,k,*}$ *Cinnb.* *Con.*$_{a1,k}$ cot.$_{br1}$ *Eucal.*$_{bg1,vh,*}$ eup-pur.$_{a1,k}$ glon.$_{a1,k}$ *Iber.*$_{bg1,vh,*}$ iod.$_{a1,k}$ kali-p. lac-ac.$_{hr1,k,*}$ lac-c. *Lach.* phos.$_{a1,h,*}$ phys.$_{a1,k}$ *Phyt.*$_{a1,k}$ puls.$_{a1,k}$ raph. *Sang.* *Sil.* sulph.$_{a1,k}$ syph. *Thuj.* zinc.$_{h,k1}$
– **nachmittags**: bapt.$_{a1,k}$
– **Drehen** des Kopfes nach links; beim: phyt.$_{a1,k}$
– **Liegen**: apis
– **Schlucken**, beim: eucal.$_{a1}$ *Sang.*
 • **amel.**: cench.$_{k2}$
– **Schreiben**: phyt.$_{a1,k}$

Warzenartige Wucherungen
☞ *Kondylom*

Wasser:
– **scheint** außen entlang zu laufen und nicht in den Ösophagus hinein: verat.$_{ptk2}$
– **voller**: hep.$_{bg1}$

Weichheit: cist.$_{bg1}$

Würgen, Zusammenziehen: abies-n.$_{br1}$ absin. *Acon.*$_{bg2,k}$ *Aesc.* aeth. agar. aloe *Alum.* alum-p.$_{k2}$ am-c. am-m. ambr. anac.$_{bg2}$ anan. *Apis* **Arg-met.**$_{bg2}$ *Arg-n.* *Ars.* ars-h. ars-i. ars-s-f.$_{k2}$ arum-t.$_{hr1,k}$ asaf. asar. asc-t. *Bapt.* *Bar-c.* **Bell.**$_{bg2,k}$ benz-ac. *Brom.* bry. *Bufo* **Cact.** *Calc.*$_{bg2,k}$ *Calc-s.* cann-s.$_{bg2}$ *Canth.* *Caps.* carb-ac. carb-an. *Carb-v.* *Carbn-s.* castm. **Caust.** cedr. **Cham.** chel. chin. chin-b.$_{c1}$ chinin-ar. chinin-s. chlor. cic. cimic. *Cimx.* cinnb. *Coc-c.* *Cocc.*$_{bg2,k}$ colch. con. cop. cot.$_{br1}$ *Crot-c.* *Crot-h.* *Crot-t.* *Cupr.* cur. cycl. dig. dios. dros. elaps eup-per. *Ferr.* ferr-ar. ferr-p. *Fl-ac.* gamb. *Gels.*$_{bg2,k}$ gent-c. *Glon.* *Graph.* *Hell.* *Hep.* hura hydrog.$_{srj2}$ **Hyos.**$_{bg2,k}$ **Ign.**$_{bg2,k}$ indg. *Iod.* *Ip.* iris$_{c1}$ jac-c. kali-ar. kali-bi. *Kali-c.*$_{bg2,k}$ kali-chl. kali-i. kali-m.$_{k2}$ *Kali-n.*$_{bg2,k}$ kali-p. *Kali-s.* kreos. lac-ac. **Lac-c.** **Lach.**$_{bg2,k}$ **Laur.** **Lyc.** lyss. *Mag-p.* *Manc.* meph.$_{bg2}$ merc. merc-c. merc-sul.$_{c1}$ merl. *Mez.* *Mosch.* myric. **Naja** nat-ar. *Nat-m.*$_{bg2,k}$ nat-s. nicc. nit-ac.$_{k2}$ nux-m.$_{bg2}$ *Nux-v.* oena. op.$_{bg2,k}$ ox-ac. petr. ph-ac. phos. phys. *Phyt.* *Plat.*$_{bg2,k}$ **Plb.** ptel. *Puls.* ran-s. raph. rat.$_{c2,k}$ rheum$_{h}$ *Rhod.* rhus-t.$_{bg2,k}$ sabad. sabin. sars. seneg. *Sep.* *Sil.*$_{bg1,h,*}$ **Spong.** still. *Stram.* *Stry.* sul-ac.$_{bg2,k}$ **Sulph.** sumb. syph.$_{bg1}$ *Tab.* ter.$_{bg1}$ *Thuj.* tub.$_{c1,xxb}$ vario.$_{j1}$ *Verat.*$_{bg2,k}$ vip. vip-l-f.$_{a1}$ *Zinc.* zinc-p.$_{k2}$
☞ *Engegefühl* / ❑ *Kehlkopf - Zusammenschnürung*
– **tagsüber**: nat-s.$_{a1,k}$
– **morgens**: agar.$_{a1,k}$ aster.$_{a1,k}$ cham.$_{a1,k}$ *Fl-ac.* naja ol-an.$_{a1,k}$ stry.$_{a1,k}$
 • **Erwachen**, beim: agar.$_{a1,k}$ aster.$_{a1}$
– **vormittags**: fl-ac.$_{a1,k}$
– **nachmittags**: nat-ar. nicc.$_{a1,k}$ sang.$_{a1,k}$ stry.$_{a1,k}$
 • **15** h: lyss.
– **abends**: alum.$_{a1,k}$ chinin-s. **Ign.** mag-c.$_{bg1,h,*}$ ol-an.$_{bg1}$ phys.$_{a1,k}$
– **nachts**: arg-n.$_{a1,k}$ arum-t.$_{a1,k}$ cop. *Gad.*$_{bg1,vh,*}$ glon.$_{a1,k}$ kali-n.$_{h,k1}$ nit-ac. phos.$_{h,k1}$ ran-s.$_{a1,k}$ spig. sul-ac.$_{h,k1}$ *Tab.*

Würgen, Zusammenziehen - **nachts**: ...
 • **4** h: sumb.
 • **5** h: raph.
– **anfallsweise**: cocc.$_{a1}$ verat.$_{a1,k}$
– **Angina** pectoris: tab.$_{hr1}$
– **aufgetrieben**; als sei der Hals: mag-c.$_{h,k1}$
– **aufsteigendes** Gefühl: bell.$_{h}$ carb-an.$_{h}$
– **Ausräuspern** von Schleim; beim:
 • **morgens**: ambr.$_{a1}$
– **Auswurf**, mit: ambr.$_{br1}$
– **Beugen**, beim:
 • **Halses**; des: ph-ac.$_{a1,k}$
 • **Kopfes** nach vorne; des: con.$_{a1,k}$
  • **amel.**: cench.$_{k2}$
– **Einschlafen**, beim: **Bell.** *Cench.* *Crot-h.* kali-c. *Lac-c.* **Lach.** *Naja* **Nux-v.** sep. teucr. valer.
☞ ❑ *Kehlkopf - Zusammenschnürung - Kehlkopf - Schlaf - Einschlafen*
– **Essen** ●: acon.$_{h}$ anac.$_{br1}$ kali-bi. *Kali-c.* kali-n.$_{h}$ lach.$_{k,k12}$● *Meph.* *Merc-c.* nit-ac.
 • **beim**: hydrog.$_{srj2}$
 • **nach**: agar.$_{h,k1}$ sil.$_{h,k1}$ stram.$_{a1,hr1}$ sulph.$_{h,k1}$
 • **Brot**; von: ran-s.
– **Gefühl** von: arg-n.$_{br1}$ cit-v.$_{c2}$ vip-l-f.$_{a1}$
– **Gehen**:
 • **beim**: nat-s.$_{a1,k}$
 • **amel.**: dros.$_{a1,k}$
 • **Wind**; wie durch Gehen im: plat.$_{h}$
– **Getränke**:
 • **warme** Getränke: lach.$_{k2}$
– **Heben** des Armes; beim: plb.
– **Herzklopfen**, durch: iber.$_{br1}$ lec.
– **Herzen**; mit Schmerz im: arg-n.$_{hr1}$ *Cact.*$_{hr1}$
– **Husten**, beim: ars. coc-c. cocc.$_{h1,k}$ lach.
– **hysterisch**: cact.$_{k2}$
– **Kleidung** agg.: agar. ambr. *Apis* *Bell.* *Cact.* cench.$_{k2}$ chel. elaps glon.$_{k2}$ kali-bi. kali-c. **Lach.** *Sep.* vip-l-f.$_{a1}$
– **konvulsivisch**: acon.$_{a1,k}$ ars.$_{a1,k}$ *Bell.*$_{a1,k}$ *Calc.* *Caps.*$_{a1,k}$ *Carb-v.*$_{a1,k}$ *Cic.* *Con.* **Hyos.** *Mag-p.* sars.$_{a1,k}$
– **Kopfschmerzen**, mit: *Glon.*
– **Liegen**, beim:
 • **Hinlegen**, beim: apis *Kali-bi.* ol-j.
 • **Rücken** amel.; auf dem: *Spong.*
– **Menses**, vor den: puls.
– **Mittagessen**:
 • **beim**: *Bar-c.*$_{a1,k}$
 • **nach**: bar-c.$_{h,k1}$ *Carl.*$_{a1}$
– **Rauchen** (von Tabak); beim: sep.$_{a1,k}$
– **Räuspern**: beim: *Ambr.* *Anac.* **Arg-n.** borx. *Bry.* *Calc-p.* cench.$_{k2}$ *Coc-c.* *Ip.* *Kali-c.* **Nux-v.** osm. *Stann.*
☞ *Räuspern* / ❑ *Magen - Würgen*
– **Schaum**; durch: lyss.$_{c1}$
– **Schleim**, durch:
 • **Choanen**, in den: spig.$_{h}$
 • **Mund**, im: sul-ac.$_{h}$
– **Schlucken**, beim: acon. ambr.$_{c1}$ ars. *Bar-c.* bell. *Bry.* calc.$_{kr1}$ cann-s.$_{br1,bro1}$ chen-a.$_{c1}$ *Cic.* *Cupr.* gent-c. *Graph.* *Hyos.* kali-c. lach.$_{k2}$ *Laur.* **Lyc.** mag-p. manc. meph. *Merc.* mur-ac. nat-c.$_{h2}$ *Nat-m.*

– **Schlucken**, beim: ...
nit-ac.k2 onos. par. *Plb.* **Puls.** rhus-t. stry. tarent. verat. zinc.
☞ ❑ *Magen - Würgen - Schlucken*
• **feste** Speisen: *Carb-v.* lach. **Puls.**
• **Flüssigkeiten**: **Hyos.** lyss. *Mag-p.* nat-s. rhus-t.
• **muß** schlucken: borx. cact. *Lach. Sep.*
– **Schreiben**, beim: *Bar-c.*
– **Sprechen**, beim: acon.a1 dros.h,k1 *Manc.* meph.
– **Trinken**, beim ●: acon.h cimx. **Hyos.** iod. kali-n.h manc. meph. **Nat-m.**k,k12● phos.bg1 rhus-t.
• **angeblickt** wird; wenn er: *Ph-ac.*
– **Trockenheit** im Kehlkopf; durch: ars-s-f.k2
– **warm**:
• **Zimmer**; warmes: lach.k2
– **Wasser**:
• **Anblick** von oder Gedanken an; beim: anan. *Lyss.*
• **Trinken** von: stram.k2
○ **Ösophagus**: acon. *Aesc.* agar. *Alum. Alumn.* anac. *Arg-met. Ars.* ars-s-f.k2 bar-c.k2 *Bell.* **Cact.** cadm-s. *Calc.* canth. *Carb-ac.* cham. chel. chin. *Cic. Cimx.* coc-c.a1,k *Colch.* crot-c. *Cupr.* dig. dros. graph.k2 *Hyos.* **Ign.** iod. **Kali-c.** kali-chl. lob. lyc. lyss. **Merc-c.** naja *Nat-ar. Nat-m.* nit-ac. ox-ac. *Phos. Plb. Sabad.* stram. sul-ac. sul-i.k2 zinc. zinc-p.k2
• **morgens**, beim Erwachen: alum.
• **nachts**: alum.
• **Druck** im Kehlkopf; durch: chel.h
• **Einatmen**, beim: zinc.
• **Schlucken**, beim: *Alum.* bar-c.k2 zinc.
  • **Festem**, von: caj.
  • **Flüssigkeiten**, von: hyos. *Manc.*
• **unten** nach oben; von: *Lob. Plb.*
– **Zungenbeins**; in der Gegend des: *All-c.*

Zucken: *Arg-n.*a1,k chel.a1,k crot-t.a1,k cycl.a1,k sep.a1,k
▽ **erstreckt** sich zur Magengrube: sep.a1,k

Zusammenschnürung: gent-l.c2 lac-ac.c2 med.a12 sep.a12 smilcin.hs1
☞ *Spasmen*
○ **Ösophagus**: nat-ar.c2 rheumc2 sulph.c2
– **Seiten**:
• **rechts**: nat-m.h

Zusammenziehung
☞ *Striktur / Würgen*

Abszeß: *Cham.* **Hep.** kali-c. *Kali-i.* *Lach.* *Lyc.* **Merc.** *Nit-ac.* phos. psor. sep. *Sil.* sul-ac. sulph.

Ameisenlaufen: rhus-v. spong.$_{h}$
○ **Halsgrube**:
• **Husten**; verursacht: *Sang.*
– **Schilddrüse**: ambr.$_{bg1}$

Auftreibung der linken Seite: caust.$_{h}$

Berühren agg.: apis$_{vh}$ brom.$_{vh}$ bry.$_{vh}$ lac-c.$_{vh}$ **Lach.**$_{vh}$ **Phyt.**$_{vh}$

Blutandrang: kali-c.$_{h}$
– **faßt** sich mit der Hand ans Herz: am-c.$_{h}$

Empfindlich gegen die geringste Berührung: bell.$_{bg,kr1}$ *Lac-c.* **Lach.** *Nicc.*
○ **Kieferwinkeln**; an den: thyr.$_{bg1}$

Enges um Hals und Taille vertragen; kann nichts: **Lach.**$_{vh}$ *Sep.*$_{vh}$

Entblößen des Halses agg.: alum. berb. **Hep.** *Kali-ar.* **Kali-c.** *Merc.*$_{st}$ *Nat-m.*$_{st}$ *Nat-s.* **Nux-v.** *Phos.* **Rhus-t.** *Rumx.* **Sil.** *Spong.* **Squil.** *Thuj.* **Zinc.**

Entzündung:
– **Erysipel**: rhus-t.$_{k2}$

Exkoriation durch Reibung der Kleider: olnd.$_{h}$ squil.$_{h}$

Farbe (= Verfärbung): kali-bi. kali-s. podo. rhus-v.
– **blau**: *Lach.*
– **braun**: kali-s.
• **Flecken**, in: kali-bi. *Sep.*
– **gelb**: ars.$_{bg1}$ chel. hydr.$_{bg1}$
• **Flecken**: *Iod.*
– **juckende** Verfärbung: kali-n.$_{h}$
– **livide**: *Ars.*
– **purpurn**, blaurot: tarent.
– **rot**: am-caust. apis$_{bg1}$ graph.$_{bg1}$ rhus-v.
• **Flecken**, in ●: am-c.$_{bg1,h,*}$ **Bell.**$_{k,kl2}$● carb-v. iod. kali-n.$_{h}$ *Sep.*$_{k,k1,kl2}$● stann. tarent.
• **Streifen**, in: mang.$_{h}$
– **weiße** Flecken: nat-c.$_{h}$
○ **Halsdrüsen**:
• **purpurn**, blaurot: carb-an.$_{k2}$

Fisteln: *Phos.* *Sil.*

Flecken: ars. bell. bry. carb-v. cinnb. cocc. iod. lach. lyc. *Sep.* stann. vip.

Gefühllosigkeit, Taubheit: *Carb-an.*$_{k,vh,*}$ chel. olnd. sep. *Spong.*

Gepackt, wie
☞ *Zusammenschnürung*

Geschwüre: ars. lyc. *Sil.*

Glucksen in den Muskeln: rheum$_{h}$

Graves disease
☞ *Kropf - Basedow*

Hautausschläge: *Anac.* *Ars.* bamb-a.$_{stb2}$ berb. bov. bry. calc.$_{h}$ canth. caust. clem. dig.$_{h}$ *Hep.* kali-n. lyc. merc. ph-ac. raph. sars. sep. squil.$_{h}$ thuj.

Hautausschläge: ...
– **Bläschen**: clem. mag-c. ph-ac. sep. vip.
○ **Seite**, an der: alum.
• **Absonderung** aus dem Ohr; durch: **Tell.**
– **brennend**: kali-n.$_{h}$
– **Exanthem**, flüchtiges: am-c. chin.$_{h}$
– **feucht**: *Caust.*
– **Flecken**: graph. nat-m. sars. sep. spong.
– **Furunkel** an den Seiten des Halses: caust. coloc. graph. **Kali-i.**$_{k,vh,*}$ mag-c. nat-m. nit-ac. phyt. rhus-v. sep.
– **Herpes**: lac-d. lyc.$_{h}$ **Psor.** sars. sep.
• **symmetrisch**: lac-d.$_{hr1}$
– **juckend**: bamb-a.$_{stb2}$ gink-b.$_{sbd1}$ lyc.$_{h}$ mag-c.$_{h}$
– **Kratzen**, nach: mag-c.$_{h}$
– **Krusten**: anac.
– **Pickel**: agar. alum.$_{h}$ ant-c. berb. borx.$_{h}$ bov. canth. *Cinnb.* clem. *Hep.* hydrog.$_{srj2}$ *Jug-r.* kali-n. lyc. mag-c.$_{h}$ mez. mur-ac. nat-m. ph-ac. *Puls.* raph. spig.$_{h}$ spong. stann.$_{h}$ staph.$_{h}$ sulph. *Thuj.* zinc.
• **Reihe**, in einer: thuj.$_{h}$
– **Pusteln**: ant-c.$_{h}$ aur.$_{h}$ chel. *Psor.*
– **rot**: chin.$_{h}$ lyc.$_{h}$ mez.$_{h}$ ph-ac.$_{h}$ sep.$_{h}$ spig.$_{h}$ thuj.$_{h}$
– **schmerzhaft**: lyc.$_{h}$
– **stechend**: phos.$_{h}$
– **Tuberkel**: am-c. lach. lyc. mur-ac. nicc. ph-ac. phos. sec.
– **Urtikaria**: bamb-a.$_{stb2}$ bry. kali-i.

Hitze: cycl.$_{h}$ lach.$_{hr1}$ sars.$_{h}$ sulph.$_{h}$

Jucken: **Alum.** am-m. ambr. anac. ant-c.$_{h}$ apis ars.$_{h}$ aur. bov. *Calc.* canth. carb-v. caust. chel. *Cist.* con. fl-ac. form. *Glon.* kali-i. kali-n. lyc.$_{h}$ mag-c. mez. *Nat-c.* nit-ac.$_{h}$ plan. rhus-v. samb. sep. stront-c. sulph.$_{h}$ tarent. thuj.
– **morgens**: mag-c.
• **Ankleiden**; beim: mag-c.
– **abends**: mez.
• **Einschlafen**, vor dem: mag-c.
– **nachts**: kalm.
– **Gehen** im Freien; beim: nit-ac.$_{h}$
– **Kratzen** amel.: mag-c. squil.$_{h}$
– **Menses**, während: mag-c.$_{h}$
– **Schlucken** agg.: aur. con.
– **stechend**: carb-v.$_{h}$ sars.$_{h}$
▽ **erstreckt** sich zu:
• **Brust**: fl-ac.
• **Eustachische** Röhre: caust.
• **Kehlkopf**: sil.$_{h}$ zinc.$_{h}$
○ **Schilddrüse**: ambr.$_{c1}$

Kälte: alum. berb. nat-s. phos. *Spong.*
– **abends**: *Spong.*
– **nachts**: lyc.$_{h}$
○ **Schilddrüse**; in der Gegend der: nat-ar.

Kitzeln:
○ **Halsdrüsen**: kali-c.$_{h}$
– **Kropf**: plat.$_{h}$

Kleidung agg. ●: *Agar.* ambr. aml-ns. androc.$_{srj1}$ *Apis* arg-n. bamb-a.$_{stb2}$ *Bell.*$_{k,kl2}$● *Cact.* calc.$_{gb}$ carb-an.$_{h}$ caust. **Cench.** chel. **Crot-c.** **Crot-h.**

Kleidung agg.: ...
Elaps glon. ign.$_{gb}$ kali-bi. *Kali-c.* **Lach.**$_{k,kl2}$● lact.$_{c1}$ naja nat-m.$_{gb}$ puls.$_{gb}$ sars. *Sep.*$_{k,kl2}$● *Tarent.* tub.$_{c1}$

Klumpen in der Halsgrube: *Lob.*

Knistern in den Halsmuskeln: limest-b.$_{es1}$ rheum$_{h}$

Krampf in der Seite: bar-c. cic.$_{h}$ graph.$_{h}$ mang.$_{h}$ plat.$_{h}$ sep.$_{h}$ spong.$_{h}$

Kribbeln in den Halsdrüsen: con.

Kropf (= Struma): adren.$_{st}$ *Ail.* aloe am-c. *Ambr. Apis Aur. Aur-i.*$_{k,k2}$ aur-s.$_{c1,c2}$ *Bad.* bell.$_{c2,k}$ brass-o.$_{vs}$ *Brom.*$_{c2,k}$ **Calc.**$_{c2,k}$ *Calc-f. Calc-i. Calc-s.* calc-sil.$_{k2}$ *Carb-an. Carbn-s.*$_{c2,k}$ *Caust.*$_{c2,k}$ *Cist.* con. crot-c.$_{c2,k}$ *Ferr.*$_{c2}$ *Ferr-i. Fl-ac.*$_{c2,k}$ form. fuc.$_{br1,c1,*}$ *Glon.*$_{c2}$ *Graph.*$_{bg1,vh,*}$ hall$_{c2}$ *Hep.* **Iod.**$_{c2,k}$ iris$_{br1}$ jab.$_{br1}$ kali-c. *Kali-i. Lach.* lap-a.$_{c2,k}$ *Lyc.*$_{c2,k}$ *Lycps-v.* mag-c. mag-p.$_{br1}$ mang.$_{bg1}$ marb-w.$_{es1}$ merc.$_{k2}$ *Merc-i-f.*$_{c2,k,*}$ *Merc-i-r. Nat-c.*$_{c2,k}$ **Nat-m.**$_{c2,kl2}$●$_{,*}$ *Nat-p.*$_{c2,k}$ *Nat-s.* nux-v.$_{st}$ ol-j.$_{c2}$ *Phos.* plat. podo.$_{c2,k}$ scut.$_{bro1}$ sec.$_{c2}$ *Sep.*$_{k,vh/dg,*}$ *Sil.* **Spong.**$_{c2,k}$ staph.$_{bg2}$ stram. sul-i.$_{k2}$ tab. *Tarent. Thyr.*$_{bro1,c2}$ *Thyroiod.*$_{c1,c2}$ *Tub.* urt-u. vip.$_{c2}$
- **links**: chel.$_{bg1}$ *Lach.*$_{k,kl2}$●
- **rechts**: aur-i.$_{k2}$ caust.$_{st}$ hep.$_{bg1}$ iod. *Lyc.* mag-c.$_{bg1}$ merc-i-f. nat-c. *Phos.* sep. sil. spong.
- **Basedow** (= Graves disease, Struma basedowificata) ●: acon.$_{mfj}$ adren.$_{mg1,st}$ **Aml-ns.**$_{mfj,mg1,*}$ anh.$_{jl,mg1}$ antip.$_{c2,mg1}$ aq-mar.$_{jl,mg1}$ aran-ix.$_{jl,mg1}$ ars.$_{bro1,mg1,*}$ ars-i.$_{bro1,mg1}$ atra-r.$_{jl,mg1}$ *Aur.*$_{bro1,k,*}$ *Aur-i.* bad.$_{bro1,k,*}$ bar-c.$_{bro1,mg1}$ *Bell.*$_{bro1,mg1,*}$ brom.$_{bro1,mg1}$ bry.$_{mfj}$ *Cact.*$_{bro1,k,*}$ cadm-i.$_{gm1}$ *Calc.*$_{bro1,k,*}$ calc-f.$_{jl,mg1}$ calc-i.$_{k2,mfj}$ cann-i.$_{br1,bro1,*}$ chin.$_{mg1}$ chinin-ar.$_{mg1}$ chr-s.$_{bro1,mg1}$ cimic.$_{jl,mg1}$ colch.$_{bro1,mg1}$ con.$_{bro1,k,*}$ crot-h. cupr.$_{mg1}$ cupr-act.$_{mg1}$ cyt-l.$_{jl,mg1}$ echi.$_{bro1,mg1}$ elaps$_{mg1}$ ephe.$_{bro1,mg1,*}$ *Ferr.*$_{hr1,k,*}$ *Ferr-i.*$_{bro1,k,*}$ *Ferr-m.*$_{bro1}$ ferr-p.$_{bg1,bro1,*}$ ferr-s.$_{mg1}$ *Fl-ac.*$_{bro1,mg1}$ flor-p.$_{mg1}$ fuc.$_{bro1,mg1}$ *Glon.*$_{bro1,mg1}$ hall$_{c2}$ hed.$_{jl,mg1}$ **Iod.**$_{bro1,k,*}$ jab.$_{bro1,mg1}$ kali-c.$_{mg1,sf1}$ lach.$_{mg1}$ **Lycps-eu.**$_{mfj}$ *Lycps-v.*$_{k,mg1,*}$ mag-c.$_{mg1}$ mag-f.$_{mg1}$ meph.$_{ptk2}$ *Nat-m.*$_{k,kl2}$●$_{,*}$ nux-v.$_{mg1,st}$ op.$_{mg1}$ *Phos.*$_{k,kl2}$●$_{,*}$ *Pilo.*$_{bro1,mg1}$ *Rauw.*$_{jl,mg1}$ saroth.$_{jl,mg1}$ scut.$_{mg1,st}$ sec.$_{k,mg1}$ sel.$_{jl,mg1}$ sil.$_{mfj}$ spig.$_{c2}$ *Spong.*$_{bro1,k,*}$ stram.$_{bro1,mg1}$ stroph-h.$_{br1}$ sulph.$_{mfj}$ thal.$_{jl,mg1}$ thala.$_{jl,mg1}$ thym-gl.$_{bwa3}$ *Thyr.*$_{bro1,mg1,*}$ thyreotr.$_{jl,mg1}$ tub.$_{c2,mg1}$ verat.$_{c1,kh,*}$ verat-v.$_{mfj}$
  - ◆ **begleitet** von:
    - • **Herzens**; Beschwerden des: cadm-i.$_{gm1}$
    - • **Darmkrebs**
      ☞ *❑ Abdomen - Krebs - Darm - begleitet von - Basedow*
    - • **Menses**, durch unterdrückte: **Ferr.**$_{hr1,ptk2}$
    - • **Tuberkulose** in der Familiengeschichte; mit: dros.$_{tl}$
- **Druck** im Kropf; mit: nat-c.$_{h}$
- **empfindlich**: kali-i.
- **Gefäßkropf**: *Apis Calc.*
- **Husten**, durch: *Psor.*$_{vh}$
- **kitzelnd**: plat.$_{h}$

Kropf (= Struma): ...
- **Menses**, agg. vor den: cimic.$_{bg3}$
- **Myxödem**: *Ars.*$_{bro1,kr1,*}$ dor.$_{c1}$ prim-o.$_{bro1}$ *Thyr.*$_{bro1,c1,*}$
- **Pubertät**, in der: calc-i.$_{br1}$
- **pulsierend**
  ☞ *Pulsieren - Kropf*
- **schmerzhaft**: **Iod.** *Plat.* spong.
  - • **Menses**, während: iod.
  - • **Schlucken**, beim: spong.
- **toxische** Struma
  ☞ *Basedow*
- **verhärtet**: brom.$_{k2}$ iod. *Spong.*
- **zuckend**: lyc.$_{h}$
- **Zusammenschnürung**: *Calc-s.* **Crot-c.** *Iod.*$_{bg2,vh,*}$ *Lyc. Spong.*

Lähmung: gels. spig.
- **Diphtherie**, nach: *Lac-c.*
- ○ **Sternocleidomastoideus** (= Kopfnicker): plb.

Lebendigem im Kropf; Gefühl von etwas: spong.$_{h}$

Luft:
- **bläst** beim Atmen durch die Halsdrüsen und die Schilddrüse: spong.$_{h}$
- **empfindlich** gegen: ail. *Caust.* crot-t. *Fl-ac. Hep. Merc. Sil.* tub.
- **kalte** Luft; empfindlich gegen: hydrog.$_{srj2}$

Preßt den Hals mit beiden Händen: bell.$_{h}$

Prickeln, Kribbeln: calc.$_{h}$

Pulsieren:
- ○ **Halsdrüsen**: *Am-m.* bell. lach.
- **Karotiden**: arg-met.$_{a1,k}$ arg-n.$_{a1}$ *Aur.* aur-m.$_{k2}$ *Bad.* **Bell.** *Bry. Cact. Calc.* calc-p. cench.$_{k2}$ chin. cocc. colch. cupr. dirc.$_{a1,c1}$ elaps *Gels. Glon. Hep.* hyos. hyper. lac-ac. meli. olnd.$_{h}$ *Op.* phos. phys. pyrog.$_{k2}$ rumx. sep. sol-ni. spig. spong. stram. *Tarent.* thuj. verat-v.
  - • **links**: sulph.$_{h}$
  - • **Erregung**, durch: *Bad.*
  - • **Gehen** nach dem Mittagessen; bei schnellem: carb-ac.$_{c1}$
  - • **Kopfschmerzen**; bei: gels.$_{c1}$
  - • **Nasenbluten** amel.: tarent.$_{ptk2}$
  - • **Schwangerschaft**; während der: gels.$_{c1}$
- **Kropf**: iod.$_{h}$ lyc.$_{h}$
- **Seiten**: cycl. *Gent-c.* hura lac-ac. nat-m. sars. sulph. sumb. *Tarent.*
  - • **abends**: cycl.

Rucke, links: mez.$_{h}$

Schal tragen; muß einen
☞ *Entblößen*

Schmerz: *Bar-c.* bar-s.$_{k2}$ caps. fago. kreos. *Merc. Nat-m.* op. phos. *Puls.* sul-ac.
- **morgens**: phos.
- **Berührung**, bei: phos.$_{h}$
- **Bewegung**, bei: phos.$_{h}$

○ **Halsdrüsen**: arn. aur-i.$_{k2}$ **Bell.** borx.$_{h}$ *Calc.* calc-s.$_{k2}$ calc-sil.$_{k2}$ *Caps.* *Carb-v.* caust. *Dulc.*$_{hr1}$ hell. hura hydrog.$_{srj2}$ kali-c. lach.$_{k2}$ *Merc.* *Nat-m.* psor. puls.$_{h}$ **Sil.** sul-i.$_{k2}$ thuj. tub.$_{c}$
• **nachts**: merc. thuj.
• **Berührung** agg.: lach.$_{k2}$
• **Drehen** des Kopfes; beim: kali-c.$_{h}$
• **Freien**; im: kali-c.$_{k2}$
• **Husten**, beim: nat-m.
• **warm**:
• **Zimmer**; im warmen:
• **amel**.: kali-c.$_{k2}$
– **Halsgrube**: *Caust.* iod. *Lach.* spong.
• **Räuspern** von Schleim; beim: **Caust.**
• **Trinken**, beim: nit-ac.
– **Schilddrüse**: am-c. carb-v. cupr. spig.
• **Bewegen** des Kopfes; beim: iod.
– **Seiten**: abrot. alum. arg-met. *Bell.* calc-p. *Chel.* chinin-s. cinnb. coloc. crot-c. jac-c. kali-c. kali-i. kali-n. kalm. lyss. merc-i-f. nat-s. *Par.* phys. psor. sars. sel. tarent. verat-v. vesp.
• **links**: hydrog.$_{srj2}$ sel.
• **rechts**: ph-ac.$_{h}$ sars.$_{h}$
• **morgens**: sars. tarent. zinc.
• **vormittags**: fl-ac.
• **nachmittags**: chel. iris-fl.
• **nachts**: vesp.
• **anfallsweise**: *Sel.*
• **Berührung**, bei: bar-c.$_{h}$ nat-m.$_{h}$ sars.$_{h}$ sil.$_{h}$ sul-ac.$_{h}$
• **Beugen** des Kopfes nach rechts; beim: sulph.
• **Bewegung**, bei: *Chel.* *Colch.* ham. kali-c.$_{h}$ phys.
• **Halses**; des: tarax.$_{h}$
• **Kiefer**; der: tarax.$_{h}$
• **Kopfes**, des: com.
• **krampfartig**: cimic.
• **Drehen** des Kopfes; beim: abel. arg-met. cinnb. hydrog.$_{srj2}$ nat-m.$_{h}$ *Tarent.* tub.$_{c}$
• **rechts**, nach: arg-met. chinin-s. psor. *Tarent.*
• **schmerzhafte** Seite; auf die: vesp.
• **Erwachen**, beim: phys.
• **Gähnen**, beim: plat.$_{h}$
• **pulsierend**: manc.
• **rheumatisch**: calc-s. *Chel.* cycl.$_{h}$ iod.$_{h}$ phys. rhus-t. staph.$_{h}$
• **Schneuzen** der Nase; beim: merc.
▽ **erstreckt** sich zu:
• **Auge**: sel.
• **Brustmuskeln**: ars.
• **Handgelenk**: chel.
• **Ohr**, hinter das: rhod.
• **Schulter**: *Chel.* par. zinc.
– **Sternocleidomastoideus** (= Kopfnicker):
• **links**: elat.$_{hr1}$
○ **oberer** Teil: gels.$_{c1}$
– **brennend**:
• **links**: berb. coloc. form. nat-s.
• **rechts**: alum. caust. merc-i-f. vesp.
• **Bewegung**, bei: stront-c.
• **Mittagessen**, nach dem: grat.
○ **Halsdrüsen**: bell. carb-an.$_{k2}$ **Merc.** nit-ac.

– **brennend**: ...
• **Halsgrube**: calc-p. chel. elaps lach.
• **morgens**: elaps
• **Seiten**: alumn. bamb-a.$_{stb2}$ berb. calc.$_{h}$ caust. coloc. form. grat. ign. merc-i-f. nat-s. stram. stront-c.$_{vh}$ sulph.$_{h}$ tab. vesp.
– **drückend**: granit-m.$_{es1}$
○ **Halsdrüsen**: alum.$_{h}$
• **Halsgrube**: aesc. anac. **Brom.** *Caust.* cic. graph. **Lach.** lob. phos. sars.$_{a1,k}$
• **Einatmen**, beim: caust.
• **Fremdkörper**; wie durch einen: *Caust.*
• **Schlucken** agg.: staph.
• **Zorn**, nach: *Staph.*
• **Schilddrüse**: *Bar-c.*
• **Seiten**: anac.$_{h}$ ant-c.$_{h}$ arg-n. asaf. aur.$_{h}$ bell.$_{h}$ bism. cocc. *Coloc.*$_{k,vh,*}$ crot-t. dig.$_{h}$ form. kalm. lach. led. lyc. mag-c.$_{h}$ *Merc.* nat-s. nit-ac.$_{h}$ *Ph-ac.* phos. psil.$_{ft,ft1}$ sabin. *Sars.* spong.$_{h}$ squil.$_{h}$ staph. tarax.$_{h}$ zinc. zinc-p.$_{k2}$
• **links**: sil.$_{h}$ sul-ac.$_{h}$ verat.$_{h}$
• **rechts**: anac.$_{h}$ carb-v.$_{h}$ cocc.$_{h}$ kali-c.$_{h}$ thuj.$_{h}$ zinc.$_{h}$
• **Berührung** agg.: sars.$_{h}$
• **Bewegung**:
• **agg**.: sars.$_{h}$
• **amel**.: led.
• **Drehen** des Kopfes; beim: *Coloc.*
• **Gehen**, beim:
• **Freien**, im: arg-met.
• **schnelles** Gehen im Freien amel.: caust.
• **intermittierend**: spong.
• **oben**, nach: thuj.$_{h}$
• **Schlucken**, behindert das: anac.$_{h}$
• **Sprechen**, beim: zinc.
▽ **erstreckt** sich zu:
• **Ohr**, hinter das: nat-s.
• **Schulter**: sul-ac.$_{h}$
• **Sublingualdrüsen**: iod.$_{h}$
– **reißend**: aeth. am-m.$_{h}$ bov. *Carb-v.* par. tep. thuj.
• **intermittierend**: cupr.$_{h}$
○ **Blutgefäße**: phos.$_{h}$
• **Seiten**: aeth. am-m.$_{h}$ anac. *Aur.* berb. **Bry.** calc. *Caps.* *Carb-v.* grat. indg. iod. kali-bi. nat-s.$_{a1,k}$ petr.$_{h}$ phos. rat. sabin. *Sel.*$_{st}$ staph.$_{h}$ tarax. teucr. zinc.$_{h}$
• **links**: lyc.$_{h}$ mez.$_{h}$ phos.$_{h}$ *Sel.* sulph.
• **rechts**: aeth. kali-c.$_{h}$ mag-c.$_{h}$ nat-c.$_{h}$
• **morgens**: zinc.
• **abends**: mag-c.$_{h}$ olnd.
• **nachts**: olnd.
• **anfallsweise**: *Sel.*
• **Bewegung**, bei: *Carb-v.* sulph. verat.
• **Kopfes**, des: am-m.$_{h}$
• **Druck** amel.: zinc.
• **Gehen**, beim: canth.
• **rheumatisch**: berb.
▽ **erstreckt** sich zu:
• **Achselhöhle**: phos.$_{h}$
• **Hinterkopf**: berb.
• **Ohr**: mez. zinc.
– **ruckend**: arg-met.$_{h}$ caps.$_{h}$

– **schießend**
  ☞ *stechend*
– **Schlag**; wie durch einen:
  ○ **oben**, an der Seite: ruta$_{h}$
– **schneidend**: ruta$_{h}$
  • **links**: thuj.
  ○ **Seiten**: thuj.
– **stechend**: alum. am-m.$_{h}$ *Anac.* ant-c. chin. colch. hep.$_{h}$ kalm. nat-m.$_{h}$ rhus-v. sars.$_{h}$ tep. *Thuj.*
  • **Drehen** des Kopfes; beim: hep.$_{h}$
  • **intermittierend**: cupr.$_{h}$
  ▽ **erstreckt** sich zu:
    • **Fuß**: lyc.$_{h}$
    • **Ohr**: alum. hep.$_{h}$ hydrog.$_{srj2}$ phos. tep.
  ○ **Halsdrüsen**: alum.$_{h}$ bell.$_{h}$ borx.$_{h}$ carb-an.$_{h}$ hep.$_{k2}$ kali-c.$_{h}$ lyc.$_{h}$ sil.$_{h}$
  • **Halsgrube**: bell.$_{h}$ ran-s. *Spong.* thuj.
    • **Einatmen**, beim: thuj.
  • **Schilddrüse**: am-c. iod. nat-c. *Spong.* sulph.
    • **Schlucken**, beim: spong.$_{h}$
  • **Seiten**: alum. aur. berb. borx. chin.$_{h}$ clem. form. *Graph.* guaj. hydrog.$_{srj2}$ kali-bi. kalm. meny.$_{h}$ nat-c.$_{h}$ phos. rat. *Sars.* spig. spong. staph. stront-c.$_{vh}$ stry. sul-ac. tarax.$_{h}$ *Thuj.* zinc.
    • **links**: kali-c.$_{h}$ phos.$_{h}$
    • **rechts**: ang.$_{h}$ carb-ac. nat-c.$_{h}$ sars.$_{h}$ spig.$_{h}$
    • **morgens**: thuj.
    • **nachmittags**: canth.
    • **abends**: clem.
    • **nachts**: kalm.
    • **Berührung** agg.: sars.$_{h}$
    • **Bewegung**, bei:
      • **Halses**, des: dig.$_{h}$
      • **Kopfes**, des: am-m.$_{h}$ graph.$_{h}$ sars.$_{h}$
    • **bohrend**: tarax.$_{h}$
    • **Drehen** des Kopfes; beim: coc-c. dig.$_{h}$
    • **Schlucken** amel.: spong.
    ▽ **erstreckt** sich zu den Armen: *Berb.*
  • **Sublingualdrüsen**: iod.$_{h}$
  • **Unterkieferdrüsen**: mez.$_{h}$
– **Verstauchung** in der Seite; wie durch eine: petr.$_{h}$
  • **links**: *Con.* sars.$_{h}$
– **wund** schmerzend, wie wund: *Bar-c.* *Bell.* *Calc.* chel. *Chinin-s.* clem. cob. cycl.$_{h}$ granit-m.$_{es1}$ *Hep.* jug-c.$_{br1}$ kali-bi. **Lach.** med. merc-i-f. *Nicc.* sul-ac. tarent. verat.$_{h}$
  • **vormittags**: iod.
  • **Berührung**, bei: cic.$_{h}$
  • **Bewegung**, bei: bry. cic.$_{h}$
  • **Drehen** des Kopfes; beim: calc.
  ○ **Halsdrüsen**: aesc. ail. **Bell.** canth. choc.$_{srj3}$ clem. *Hep.* kali-bi. merc. mur-ac. nat-m. *Phyt.* *Psor.* rhus-t. sul-i.$_{k2}$ vesp.
  • **Schilddrüse**: ail. *Kali-i.* nicc.
  • **Seite**, linke: ang.$_{h}$
  • **tief** im Hals: cycl.$_{h}$
– **zerquetscht**, wie: sep.
– **ziehend**: nat-m.$_{h}$
  ○ **Halsdrüsen**: alum.$_{h}$

Schmerz - ziehend: ...
  • **Seiten**: alumn. ant-c.$_{h}$ asaf. bell.$_{h}$ *Bry.* caul. chel. chin.$_{h}$ cic. clem. cocc.$_{h}$ coloc. *Crot-c.* cycl.$_{h}$ dulc. grat. hell. indg. kali-c. lyc. med. nat-s. nit-ac.$_{h}$ *Nux-v.* petr.$_{h}$ ph-ac. sars.$_{h}$ *Seneg.* sep. spong. squil.$_{h}$ staph. sulph. teucr. zinc. zinc-p.$_{k2}$
    • **links**: caul. chel. cic. coloc. cycl.$_{h}$ lyc.$_{h}$ nat-s. spong.$_{h}$ sulph. verat.$_{h}$
    • **rechts**: *Caust.* *Chel.* con.$_{h}$ dulc.$_{h}$ grat. indg. kali-c. mag-c.$_{h}$ mag-m.$_{a1,h}$ nux-v. plat. sars.$_{h}$ sil.$_{h}$ spong. staph. sul-ac.$_{h}$ thuj. zinc.
      ▽ **erstreckt** sich zu:
        • **Unterkiefer**: indg.
    • **morgens**: thuj.
      • **Erwachen**, beim: thuj.
    • **nachmittags**: *Chel.* fl-ac. kalm.
    • **abends**: ant-c.$_{h}$ cycl.$_{h}$ mag-c.$_{h}$
    • **Aufrechthalten** des Kopfes; beim: zinc.
    • **Beugen** des Kopfes; beim:
      • **hinten**, nach: cycl.
      • **vorne**, nach: staph.
    • **Bewegung**, bei: asaf. *Chel.* coloc. cycl. nux-v. sulph.
    • **Drehen** des Kopfes; beim: clem. *Crot-c.* ph-ac.$_{h}$
    • **Gehen** im Freien; beim: camph.
    • **Kauen**, beim: zinc.$_{h}$
    • **lanzinierend**: *Indg.*
    • **oben**, nach: thuj.$_{h}$
    • **ruckend**:
      • **Seite**: spong.$_{h}$
        • **links**: indg.
    • **Sitzen**, im: ant-c.$_{h}$ *Chel.*
    • **unten**, nach: sil.$_{h}$ zinc.$_{h}$
    • **zuckend**: plat.
    ▽ **erstreckt** sich zu:
      • **Auge**: ph-ac.$_{h}$
      • **Ellbogen**: lyc.$_{h}$
      • **Glieder**, in die: stram.
      • **oben**, nach: lyc. thuj.
      • **Ohr**, hinter dem: rhod.
      • **Schulter**: *Chel.* con.$_{h}$ led. lyc.$_{h}$ rhod.
      • **Unterkiefer**: indg.
– **zwickend**: ph-ac.$_{h}$ phos.$_{h}$
  ○ **Seite**: hep.$_{h}$ iod.$_{h}$ lyc.$_{h}$ zinc.$_{h}$

Schraubstock; Gefühl wie in einem: xan.$_{c1}$

Schweiß: alum. bell. cann-s. cham. clem. coff. euph. ip. kali-c. lach.$_{bg1,bg2}$ **Mang.** nux-v. par. petr. **Rhus-t.**$_{k,kl2}$● samb. spig. **Stann.** sulph.
– **abends**: chel.
  • **18** - 21 h: chel.
– **nachts**: nit-ac.$_{h}$
  • **Mitternacht**: rhus-t.$_{k,kl2}$●
– **einseitig**: nit-ac.$_{h}$
– **Erwachen**, beim: mang. nit-ac.

Schwellung: aesc. *Ail.* *Am-c.* am-m. anan. *Apis* ars.$_{h}$ *Bell.* calc-i.$_{k2}$ calc-s.$_{k2}$ cann-s. caust. chel. cic.$_{h}$ *Crot-c.* ferr. glon.$_{k2}$ hyper. *Iod.* kali-i. kali-n.$_{h}$ **Lyc.** *Merc.* op. **Rhus-t.** rhus-v. sars.$_{h}$ *Spong.* sulph. **Tarent.** zinc.

– **Gefühl** von: mang.h xan.bgl
– **Husten**, beim: ars.h
– **Krampf**, nach einem: graph.h
– **Menses**, vor den: iod.h
– **Sprechen**; bei lautem: iod.
○ **Halsdrüsen**: aesc. aeth.hrl *Agar. Alum.* alum-sil.k2 *Alumn. Am-c. Am-m.* ant-c. ant-t. *Apis* arn. **Arum-t.** astac.brl bamb-a.stb2 **Bar-c.** bar-i.k2 **Bar-m.** bar-s.k2 **Bell.** bov. brom.k2 **Calc.** calc-i.k2 calc-p.k2 calc-s. calc-sil.k2 camph. canth. *Carb-an. Carb-v.* carbn-s. *Cham.* cinnb. **Cist.** *Con.* cupr. dros.tl1 *Dulc.* ferr. ferr-i. glon.k2 **Graph.** *Hell. Hep.* hydrog.srj2 ign. *Iod.* kali-bi. **Kali-c.** *Kali-i.* kali-sil.k2 kreos. *Lach. Lap-a.* led. *Lith-c.* lunakgl **Lyc.** *Mag-m.* marb-w.es1 **Merc.** *Merc-c.* mur-ac. *Nat-c. Nat-m. Nat-s. Nit-ac. Phos. Phyt. Psor. Puls.* **Rhus-t.**k,k2 sel.k2 *Sep.* **Sil.** *Spig. Spong.* **Staph.** stict.c1 sul-ac. sul-i.k2 **Sulph.** syph.k2 tarent. tep. *Thuj. Tub.* v-a-b.jl vesp. zinc.
  • **abends** agg.: *Kali-c.*
  • **eitrig**: **Calc.** *Cist. Hep. Lith-c.* **Merc.** *Nit-ac.* **Sil.** *Sulph. Tub.* v-a-b.jl
  • **hart**: *Bar-m. Calc.* **Con.** hydrog.srj2 *Iod.* lyc. merc. *Sars.* sel.k2 **Sil.**
  • **klopfend**, pochend: cist.st
  • **Perlschnur** um den Hals herum; wie eine: aeth.c1
  • **schmerzhaft** bei Berührung: cupr.h granit-m.es1
  ▽ **erstreckt** sich zur Schulter: *Graph.*
– **Karotis**, links:
  • **Bücken**, beim: ars.h
– **Schilddrüse**: ail. ars. aur-i.k2 aur-s.k,k2 bamb-a.stb2 *Carb-an.* carbn-s.k2 caust. clem. con.bgl jab.brol *Kali-i.* marb-w.es1 nat-c. nit-ac. ol-j. spong.k2 thuj.
  • **rechts**: bamb-a.stb2 merc.
    • **Gefühl** von: mag-c. spong.rb2
– **Seiten**: *Ail.* alum. *Am-c. Apis* **Bell.** calc. chel. *Glon.* hydrog.srj2 hyos.h kali-perm. *Lach. Lyc.* merc. merc-c. nat-c. nit-ac. **Rhus-t.** *Sars.* sil. spig. stry. thuj. vesp.
  • **rechts**: hydrog.srj2 sars.h sil.h
  • **eitrig**: hyos.h
  • **Gefühl** von: alum.h mang.h sep.h
  • **Streifen**, in: mang.h
– **Venen**: hyos. nat-m. op. stry. thuj.
  • **Druck** auf der linken Seite, als wären die Venen geschwollen: sil.h

Spannung: agar.vh bar-s.k2 caust. cic.h limest-b.es1 mag-c. *Nux-m.* sep. verb.h
– **Menses**, vor den: iod.h
▽ **erstreckt** sich zu:
  • **Kopf**: granit-m.es1
○ **Halsdrüsen**: ambr.h
– **Halsgrube**; in der: cham.bgl puls.bgl sulph.bgl
– **Schilddrüse**: agar.bgl
– **Seiten**: agar. arg-met. bar-c. bell. berb. bov. *Calc. Caust. Chel. Dig.* iod. kali-bi. kreos. laur. mag-m. *Med.* meph. nat-m. ph-ac. plb. *Rhod.* sars. sep.h *Spong. Sulph. Zinc.*

Spannung - Seiten: ...
  • **links**: cic.h sulph. zinc.h
  • **rechts**: ang.h **Caust.** mag-m.h sars.h spong.
  • **morgens**: coc-c.
  • **abends**: rat.
    • **Stehen**, im: rat.
  • **nachts**: staph.
  • **Beugen** des Kopfes nach hinten; beim: cic.h
  • **Bewegen** des Kopfes; beim: bov. graph. sars. verat.
  • **Erwachen**, beim: coc-c.
  • **Gehen**, nach dem: nat-m.
  • **konvulsivisch**: agar. raph.
  • **Liegen** auf der Seite; beim: thuj.
  • **rheumatisch**: iod.
  • **Schlucken**, beim: colch.
  • **schmerzhaft**: sulph.

Spasmen in den Seiten des Halses: *Carb-ac. Med.*

Steifheit der Seiten ●: aesc. alum.h anac. asc-t. *Bell.* benz-ac. **Bry.** calc. camph.h *Caust.* cham.h *Chel.* coloc. *Dig.* granit-m.es1 *Guaj.* hura kreos. *Lachn.* laur. led. *Lyc. Mang.* merc-i-f. *Mez.* nat-ar. nat-m. nat-s. *Nux-v.* petr. ph-ac. phys. phyt. *Puls.* rhus-t.k2 sec. *Sil. Spong.* squil. staph.h *Stront-c.*vh *Stry.* thuj. zinc. zing.
– **links**: asc-t.c1 *Bell.* carb-an.h chel. coloc. hura kreos. laur. lyc.h ph-ac.h *Puls.* spong. *Stry.* thuj.
– **rechts**: **Caust.** *Chel.* lyss. mez.h nat-m. nit-ac.h petr.
– **morgens**: *Chel.* zinc.

Strecken: sep.h

Struma
  ☞ *Kropf*

Torticollis ●: aesc-g.c2 ang.c1 ars. asar. atro.c2 bell.hrl *Calc.* caul. *Caust.* chin.h chin-b.c2 cina *Colch. Cupr.* dulc. eup-pur. *Graph.* guaj.c2 hura *Hyos.* ign.vh lac-ac. lach.hrl **Lachn.**c2,k **Lyc.** mag-m.h merc.k2 mez.h *Nux-v.* **Phos.** plan.c1 *Ran-b.*st1,vh *Rhus-t.* sulph.
– **links** gezogen; nach: asar. caul. chel.c1 **Lyc.** *Nux-v.* **Phos.**
– **rechts** gezogen; nach: ang.c1 caust. *Cupr. Lachn. Lyc.*
  • **dann** Torticollis mit nach links gezogenem Hals: ang.c1
– **Brustbein** gezogen; Kinn ist zum: cann-i.c1 *Cann-s.* med.c1
– **Erwachen**, beim: asc-t.a1

Tumoren:
– **eine** Seite: *Brom.*
– **fettig**: *Bar-c.*
– **Fibrome**, wiederkehrende: *Sil.*
– **zystisch**: *Brom.*

Überanstrengung der Muskeln: sep.h

Verfärbung
  ☞ *Farbe*

Vergrößert; Gefühl wie: hydrog.srj2

Verhärtung der Halsdrüsen: *Alumn.* am-c. ant-c. *Arg-n.*hr1 bar-c. *Bar-i.* **Bar-m.** bar-s.k2 **Bell.** brom.k2 **Calc.** calc-f. **Calc-i.** *Calc-p.* calc-sil.k2 **Carb-an.** *Carb-v.* carbn-s. *Cist.* **Con.** *Cupr.* *Dulc.* *Graph.* *Hecla* *Hep.* hydrog.srj2 **Iod.** *Kali-i.* lap-a.br1 *Lyc.* *Merc.* *Nat-c.* nat-m. *Nit-ac.* puls. *Rhus-t.* *Sars.* scir.bn,hbh sep. **Sil.** *Spong.* staph. sul-i.k2 **Sulph.** syph.k2 **Tub.**

– **perlschnurartig**: aeth.bg1 bar-c.k2 **Bar-i.** **Bar-m.** berb.bg1 *Calc.* **Calc-i.** *Cist.*k,k2 *Dulc.* hecla hep. *Iod.* lyc. *Merc.* nit-ac.bg1 *Psor.* rhus-t. *Sil.* *Sul-i.*k2 *Sulph.* **Tub.**

Verstaucht; Gefühl wie: carb-an.h

Verzerrt: ars.h

Völle:

○ **Halsgrube**: cham. con. *Lach.*

– **Jugularvene**, in der: *Crot-c.*

Warzen: nit-ac. psil.ft,ft1 sil. thuj.

○ **Seite**:

• **links**: carc.az1

Zittern: graph.h

Zucken: *Agar.* arg-met.h asaf. bism. carb-ac. crot-c. graph.h mez. phos.h spong.h

○ **Seiten**: ang.h kali-c.h tarax.h

• **links**: mez.h sars.h

• **äußeren** Halses zur linken Seite des inneren; von der linken Seite des: agar.

• **rechts**: lyc.h

Zusammenschnürung: acon. arg-cy.st ars. asar. coff.st fl-ac. *Glon.* iod. **Lach.** naja puls. rat. *Sep.* **Stram.** *Stry.* tab.st xan.bg1

– **Liegen**, beim: glon.

– **Schlaf**, im: lach.

○ **Halsgrube**: apis ign. rhus-t. valer. zinc.

• **Einschlafen**, beim: valer.

• **Essen** amel.: rhus-t.

– **Schilddrüse**: *Calc-s.* **Crot-c.** elaps *Iod.* nat-ar. spong.

• **Finger**; wie mit einem: nat-ar.st

○ **Gegend** der Schilddrüse: nat-ar.k2

Abneigung gegen Lebensmittel
☞ ❑ *Allgemeines - Speisen*

Ameisen; wie voller: gink-b.sbd1

Ameisenlaufen: aloe ant-t.a1,k apis colch.a1,k hydr-ac.a1 kali-c.a1,k laur.a1,k morph.a1 plat.a1,k rhus-t.a1,k sulph.a1,k verat.a1,k
– **Staub**, wie durch: plat.h

Angst: abrot.vh *Acon.* agar.bg2 agar-em.a1 am-m. anac.j5 androc.srj1 ant-t. arg-met. *Arg-n.* **Ars.**hr1,k,* ars-s-f.k2 *Bar-m.*bg2 bry. *Calc.* calc-ar. *Calc-p.* calc-sil.k2 *Cann-s.* **Canth.**a1,bg2,* *Carb-v.* *Caust.* *Cham.* *Chel.*hr1,k,* chin.h,j5 cic.h,k,* cocc.hr1,k coff.hr1,k *Colch.*hr1,k coloc.ptk1 con.j5 crot-t.a1,k *Cupr.* *Dig.* dros.h *Ferr.* ferr-ar. germ-met.srj5 gran.a1,k granit-m.es1 *Grat.* guaj. haem.a1,k hydr. hydr-ac.bg1 hydrc.c1 hydrog.srj2 **Ign.**j5,ptk1 *Ip.*hr1 *Jatr-c.* *Kali-ar.* kali-bi. kali-br.a1,k *Kali-c.* kali-m.k2 kali-s. kali-sil.k2 lact. laur. limest-b.es1 *Lyc.* merc.c1,j5,* merc-c. mez.h,k2 mosch. mur-ac. nat-m. nit-ac.bro1,g11 *Nux-v.* *Op.*h,k,* osm.bg2 *Paeon.* petr.bg2 phos.bro1 plb. *Puls.* rhus-t. sang. *Sec.* sep. serp.a1 *Sil.* squil. *Stann.* *Stram.* sul-ac. sulph.a1,k sumb. tab. **Tarent.**a1,k ter. teucr. thuj. tub.k2 *Verat.* vesp.
☞ *Besorgnis / Furcht / Gemütsbewegungen /* ❑ *Gemüt - Angst*
– **morgens**:
  • **Erwachen**; beim: adam.srj5
    • **Alkoholikern**; bei: **Asar.**
– **nachts**:
  • **Aufstehen**; beim: **Ars.**k1
– **Ärger**, Verdruß; nach: **Lyc.**
– **Asthma**, bei: *Ferr.*k2,vh
– **Aufstehen**, beim: ars. cupr.bg2 *Nat-m.*bg2
– **Diarrhoe**, vor: mez.
– **Erregung**, nach: dig.vh *Kali-c.*vh mez.k2,vh phos.
– **Erwachen**, beim: **Asar.**hr1,k ferr.
– **Essen**, nach dem: chin. osm.a1,k petr.a1,k
  • **kleinen** Menge, einer: osm. petr.a1
– **Gehen** amel.: calc.h
– **Menschen**; beim Näherkommen von: lyc.
– **Menses** agg.; während: sil.
– **Sitzen**, im: calc.h calc-act.h chin.h
– **Stehen**, beim: teucr.
  • **amel.**: calc.h
– **Stuhlgang**, vor
☞ ❑ *Gemüt - Angst - Stuhlgang - vor*
▽ **erstreckt** sich zum Kopf: asar.dgt nat-m.ptk1 thuj.h

Appetit:
– **anhaltend**: bamb-a.stb2 bov.hr1,k fl-ac. gran.a1,k *Kali-bi.* kali-p. *Merc.* myric.a1,k *Nat-c.*a1,k *Nat-m.* psil.ft1 rat. tab.
– **Durst**:
  • **mit**: **Arg-n.**vh graph.vh *Kali-bi.*a1
  • **ohne**: **Arg-n.**vh
– **essen**; mit Unfähigkeit zu
☞ *vermehrt - Essen - unmöglich*
– **Essen**; selbst nach dem: cic.c1
– **fehlend** (= Appetitlosigkeit): abrot. absin. acet-ac. *Acon.* aegle-f.bnj1 aesc. aeth. *Agar.* ail. *All-c.* aloe *Alum.* alum-p.k2 am-c. am-m. ambr.

Appetit - fehlend: ...
Anac. androc.srj1 ang.c1 *Ant-c.* *Ant-i.*c1 ant-t. *Anthraci.* apis apoc.k2 arg-met. *Arg-n.* *Arn.* **Ars.** ars-h. ars-i. arum-t. **Asar.** asc-t.c1 aster. aur. aur-m. *Bapt.* *Bar-c.* bar-i. *Bar-m.* bar-s.k2 bell. ben. *Berb.* *Bol-la.* *Borx.* *Bov.* brach. *Bry.* *Cact.* calad. **Calc.** *Calc-ar.* calc-i.k2 calc-p. calc-s. calc-sil.k2 camph. canth. caps. *Carb-ac.* *Carb-an.* *Carb-v.* carbn-s. carc.cd *Card-m.* *Caust.* cench.k2 cephd-i.bnj1 **Cham.** **Chel.** **Chin.** chinin-ar. chinin-s. *Chlor.* *Cic.* cimic. *Cina* cinnb. clem.a1 **Cocc.** *Coff.* *Colch.* coloc. *Con.* cop. cor-r. crot-t. cupr. cupr-ar. **Cycl.** daph. dros. dulc. echi. elat. eup-per. **Ferr.** *Ferr-ar.* *Ferr-i.* ferr-p. *Fl-ac.* gels. glon. gran. *Granit-m.*es1 graph. *Guaj.* gymno. haliae-lc.srj5 *Hep.* *Hydr.* hydrc. *Hydrog.*srj2 hyos. hyper. *Ign.* ind. indg. *Iod.* *Ip.* *Iris* jatr-c. jug-c. jug-r. kali-ar. **Kali-bi.** *Kali-br.* kali-c. kali-chl. *Kali-i.* kali-m.k2 *Kali-n.* kali-p. *Kali-s.* kali-sil.k2 kreos. lac-d.c1,k2 lac-f.c1 lach. lact. laur. *Lec.* led. lil-t. limest-b.es1 lob. **Lyc.** lyss. *Mag-c.* mag-m. mag-s. manc. *Mang.* med. *Meph.* *Merc.* *Merc-c.* *Mez.* *Mur-ac.* murx. myric. naja nat-ar. nat-c. **Nat-m.** nat-p. nat-s. nicc. nit-ac. *Nux-m.* **Nux-v.** olnd. op. osm. ox-ac. *Petr.* *Ph-ac.* **Phos.** phyt. pic-ac. pip-m. plat. *Plb.* *Podo.* *Psor.* ptel. **Puls.** raph. rat. **Rhus-t.** sabad. *Sabin.* *Sang.* *Sarr.* sars.h sec. senec. *Seneg.* **Sep.** **Sil.** sol-t-ae. *Spig.* spong.h squil. stann. stram. stront-c. *Sul-ac.* sul-i.k2 **Sulph.** sumb. *Syph.* tab. tarent. tep. *Ter.* term-a.bnj1 *Thuj.* trom. tub-a.ih,vs tub-m.ih,vn,* upa. urt-u. v-a-b.jl verat. vip. xan. zinc. zing.
  • **morgens**: abies-n.hr1,k absin.a1 agar.hr1,k,* ail.a1,k am-c.h ant-t.a1,k arg-met.h arg-n.a1,k asc-t.c1 bell.a1,k benz-ac.hr1,k,* bov. carb-v.a1,k *Casc.*hr1 cass.a1 *Caust.*hr1,k chin. chinin-ar. chr-ac.a1,hr1 cic.h,k,* coc-c.a1,k con.hr1,k,* cycl.a1,k dig.h dios.a1,k dor.a1 ery-m.a1 euph-a.a1 euphr.a1,k fago.a1 ferr.c1 *Ferr-m.* gymno. ham.a1 hydr.a1,k hydrog.srj2 ign. ind.a1,k lach. lec. meph. myric.a1,k narcot.a1 nit-ac.a1,k ost.a1 phos.a1,k ptel.a1,k sars.a1,k sel. *Seneg.*a1,k *Sep.* stram.a1,k sulph.a1,k tab.a1,k tub. zinc.h
    • **außer** auf Frühstück: tarent-c.br1
  • **mittags**: agar.a1,k anac.a1,k ang.a1,k ant-t.hr1 arg-n.a1,k borx.h carb-v.h chel.a1,k chin.a1,k chlor.a1 cic.h,k,* cimic.hr1 clem.a1,k cycl.a1,k ferr-p.a1 grat.a1,k mang.a1,k merc-sul.a1 murx.a1,k narcot.a1 nat-c.a1,k nit-ac.a1 ol-j.a1 ost.a1 ox-ac.a1,k phos.a1,k pic-ac.a1,k rhus-t.a1,k ruta sars.h sulph.a1,k sumb.a1,k zinc.a1,k zinc-p.k2
  • **abends**: aeth.a1,k am-m.a1,k arn.a1,k ars.h ars-s-f.k2 borx. calc-ar.hr1 carb-v.h cinnb.a1,k clem.a1,k coc-c.a1,k coloc.a1,k cupr.a1,k cycl. dig.h ferr-p.a1 graph.a1,k hyper.a1,k lyss.c1 mag-m.h2 merc.a1,k murx. narcot.a1 nat-c.h2 nat-m.a1,k ox-ac.a1,k pip-m.a1 ran-s.a1,k senec.a1,k sil.h sulph.a1,k zinc.h
  • **Anstrengung**, nach: *Calc.*
  • **Ärger**, Verdruß; nach: nat-m. petr. phos. sulph.dgt
  • **Durst**:
    • **mit** ●: am-c. ant-t. ars. borx. *Calc.* *Colch.*

- **Durst - mit**: ...
  coloc. *Ferr.*hrl granit-m.esl *Kali-n.* kreos. lyc.h mag-c.h nux-v. ox-ac. *Phos. Psor.* rhus-t. seneg. sep. sil. *Spig.* **Sulph.**k,kl2● zinc. zinc-p.k2
  - **ohne**: *Arg-n.*k2
- **Essen**:
  ☞ *Speisen*
  - **nach** dem Essen kehrt der Appetit wieder zurück: cham.h
    - **Bissen**; nach einem: anac. *Calc.* **Chin.** mag-c. *Sabad.*
  - **Versuch** zu essen; beim: *Sil.*
- **Heulen**, Weinen; nach: cocc.gl1
- **Hunger**, mit: act-sp.hrl,k *Agar.*hrl,k *Alum. Ars.* bamb-a.stb2 *Bar-c.*hrl,k bell.h bry. carb-v.h,st carbn-s.hrl *Chin.*hrl,k *Chinin-s.* **Cocc.** *Dulc.*hrl,k euphr.h granit-m.esl *Hell.* hydrog.srj2 *Kali-n.* **Lach.**st **Nat-m.** nicc. **Nux-v.** olnd. op. *Phos.* psor. *Rhus-t.* sabad. *Sil. Sul-ac. Sulph.* tax. *Tub.* verb.
- **Koitus**, nach: *Agar.*hrl,k
- **kommt** wieder:
  - **Denken** an Speisen; nach
    ☞ *Speisen - Gedanken - wieder*
  - **Essen**, nach dem
    ☞ *Essen - nach*
- **Menses**:
  - **vor**: am-c.hrl,k bell. calc-p.hrl,k ign.
  - **während**: am-c.hrl ammc.a1,k brom.a1,k calc-p.hrl,k,* cupr. cycl. goss. *Ign.* lyc. mag-c. puls.
- **Rauchen**, durch: bell.h
- **Speisen**:
  ☞ *Essen*
  - **Anblick** von; beim: alum. caust. *Colch. Crot-c.* kali-p. merc-i-f. nux-v.h *Phos.* **Sulph.**
  - **Gedanken** an Speisen:
    - **wieder**; Appetit kehrt nach dem Denken an Speisen: calc-p.
  - **Geruch** von; durch: carb-an. caust. **Colch.**hrl,k nux-v.h
- **Traurigkeit**, durch: plat.
- **Trockenheit** im Mund; nach einem Gefühl von: cic.c1
- **Völlegefühl**, durch: *Chin.* lyc.k2 phos. rhus-t. squil.h
- **Weinen**; durch: hydrog.srj2
- **Wetter**; bei nebligem: **Chin.**

– **Genuß**, ohne: *Agar.* alum. alum-p.k2 alum-sil.k2 ang.st ant-c. ars. *Bar-c.* bar-i. bell. borx. *Bry.* calad. calc. carb-v. carbn-s. caust. cham. *Chin.* chinin-ar. cic. clem. cocc. coff. colch. cycl. dig. *Dulc.* euphr. *Ferr.* ferr-ar. ferr-i. ferr-p. hell. hep. ign. iod. kali-n. *Kali-s.*bg1,vh,* lach. lyc. mag-c. *Mag-m.* merc. mez. nat-c. **Nat-m.** nicc. nux-v. **Olnd. Op.** phos. plat. *Puls.* **Rheum** rhod. **Rhus-t.** ruta sabad. *Sil.* staph. *Sul-ac.* sul-i.k2 sulph. sumb. thuj. valer. verat. verb.
☞ ❑ *Allgemeines - Speisen*
- **bis** er zu essen anfängt: chin. **Lyc.** sabad.

– **Heißhunger** (= übermäßiger Appetit): abies-c. abrot. *Agar. All-c. Alum.* alum-p.k2 alum-sil.k2 **Am-c.** *Anac.* anan. **Arg-met.** arn. **Ars. Ars-i.**

– **Heißhunger**: ...
ars-s-f.k2 asaf. *Aur.* aur-ar.k2 aur-i.k2 aur-s.k2 bamb-a.stb2 bar-c. *Bar-i.* bar-m. bar-s.k2 bell. *Berb.* bov. *Bry.* calad. **Calc.** calc-i.k2 **Calc-p. Calc-s.** calc-sil.k2 camph. **Cann-i.** caps. carb-ac. *Carb-an.* carb-v. **Carbn-s.** card-m. caul. *Caust.* **Chin.** *Chinin-ar.* **Cina** clem.a1 clerod-i.bnj1 *Coc-c. Cocc. Coff. Colch. Coloc. Con.* cop. crot-c. cupr. dros. *Elaps* equis-h. *Eup-per.* **Ferr.** *Ferr-ar. Ferr-i.* ferr-p. *Fl-ac.* gamb. gels. gran. **Graph.** *Guaj.* guare. hell. hep. hura hydrog.srj2 *Hyos. Ign.* ind. **Iod.** jug-c. kali-ar. kali-bi. kali-c. kali-chl. kali-m.k2 *Kali-n.* kali-p. kali-s. kali-sil.k2 kreos. *Lac-ac.* lac-c. lach. lap-a. laur. lil-t. **Lyc.** lyss. mag-c. mag-m. mag-p. marb-w.esl meny.a1,st *Merc. Merc-c. Mez. Mur-ac.* myric. *Nat-ar. Nat-c.* **Nat-m.** *Nat-p. Nat-s. Nit-ac. Nux-m.* **Nux-v.** *Ol-j.* **Olnd.** *Op.* ox-ac. **Petr.** *Ph-ac.* **Phos.** phys. pime.a1 *Plat. Podo.* psil.ft1 **Psor.** ptel. **Puls.** *Rat. Rhus-t.* ruta **Sabad.** *Sec.* seneg. *Sep.* **Sil.** sphing.kk3 spig. *Spong.* squil. *Stann. Staph.* stront-c. sul-ac. sul-i.k2 **Sulph.** tab. tarent. tep. ter. ther.k2 *Thuj.* ust. valer. **Verat.** zinc. zinc-p.k2
☞ ❑ *Gemüt - Sinnlich*
- **morgens**: acon-s.a1 ant-c. *Arg-met.* bry.a1,k *Calc.*hrl,k,* hyper.a1,k myric.a1,k nat-c.a1,k plat.h sabad. sang.a1,k sil.a1,k
- **vormittags**: aloe kali-n.a1,k *Nat-c.*a1,k sulph.
  - **10** h: iod. kali-n. *Nat-m.*
  - **11** h: ign. *Iod.* **Sulph.** *Zinc.*
- **mittags**: abies-n.a1,k acon.a1,k coloc.a1,k lyc.a1,k *Mez.*a1,k *Nat-m.*a1,k *Nux-m. Zinc.*
- **nachmittags**: *Guaj.* lyc.a1,k nat-c.a1,k nux-v.a1,k
  - **14** h: clem.
  - **16** h: *Calc-p.*
  - **17** h: myric.
- **abends**: aconin.a1 agar.hrl,k aloe calc. calen.a1 cann-s.a1,k cham. chinin-s. crot-c.a1,k fl-ac. gent-l.a1,k *Guaj.* guare. iod.a1,k lyc.a1,k mag-c. *Mez. Nat-m.* sabad.a1,k sil.a1,k teucr. zinc.
  - **18** h: sumb.
  - **20** h: pip-m.
- **nachts** ●: abies-n.a1,k anan. bamb-a.stb2 bry. **Chin.** *Ign. Lyc.* petr. *Ph-ac.*a1,k **Phos.**a1,k *Psor.* sel. sep. sil.a1,k sulph. tarent.a1,k tub.tl
  - **Mitternacht**:
    - **vor**:
      - **23** h: *Nat-c.*k2,vh,*
    - **nach**:
      - **5** h: *Nat-c.*brl,vh
  - **Schwangerschaft**; während der: *Par.*vh,vh/dg psor.st
- ◆ **begleitet** von:
  - **Kopfschmerzen**
    ☞ ❑ *Kopf - Schmerz - begletet von - Heißhunger*
  - **Übelkeit**: valer.k2
    ☞ *vermehrt - begletet von - Übelkeit*
  - **Wein**; Verlangen nach
    ☞ ❑ *Allgemeines - Speisen - Wein - Verlangen - begletet von - Heißhunger*
- **Abmagerung**, mit: *Abrot.*hrl,k acet-ac.brol bar-c.sf bar-i.k2 **Calc.**hrl,k chin.hrl,sf con.bg1

- **Abmagerung**, mit: ...
  Iod.bg2,k ip.bg1 *Kali-i.*vh luf-op.jl3 lyc.bg1 **Nat-m.**bg2,k,* **Petr.**hr1,k *Phos.* psor. sanic.sf,vh,* sec.bg1 sel.bg1 sil.sf sul-i.dp,k2 *Sulph.*bg2,k thyr.bro1 *Tub.* uran-met.st uran-n.bg1,bg2
  ☞ *Marasmus*
- **anämischen** Säuglingen; bei: lap-a.br1
- **Apyrexie**, während der: **Staph.**
- **Diarrhoe**:
  - **vor**: psor.
  - **mit**: aloe *Asaf. Calc.* coch. *Fl-ac. Iod. Lyc. Olnd.* **Petr.** *Stram.* sul-i.k2 *Sulph. Verat.* zinc.
- **Dysenterie**, bei: **Nux-v.**
- **Epilepsie**:
  - **vor**: *Calc.* **Hyos.**
  - **nach**: calc.hp
- **Essen**:
  - **nach** dem Essen; bald: acon. agar. *Arg-met.* asc-c. bov. *Calc.* **Chinin-s.** *Cic.* **Cina** coc-c. corn. fago. fl-ac.k2 grat. **Iod.** kali-m.k2 kali-p. lach. **Lyc.** *Med. Merc.* myric. **Phos.** phyt. plb. *Psor.* sarr. *Staph.* stront-c. *Sulph.* zinc. zinc-p.k2
    - **vermehrt** den Hunger; Essen: **Lyc.**
  - **hastig**
    ☞ ❏ *Gemüt - Hast - Essen*
  - **zwei** Stunden nach dem Essen: calc-hp.ptk1 tax.
  - **drei** Stunden nach dem Essen: calc-caust.c1 **Iod.**
- **Gehen**, beim: ant-t.hr1,k,* hell.a1,k lyc.a1,k phos.
- **Konvulsionen**, nach den: coc-c.a1,k
- **Kopfschmerzen**; mit
  ☞ ❏ *Kopf - Schmerz - begletet von - Heißhunger*
- **Liegen** amel.: sil.h
- **Magenschmerzen**, bei: *Lyc. Sil.*
- **Malaria**, nach: eup-per. *Staph.*
- **Marasmus**, mit ●: *Abrot.*hr1,k ars-i. *Bar-c.* bar-i. **Calc.**hr1,k *Calc-p. Caust. Chin.*hr1,k **Cina Iod.**bg2,k *Kali-i.*bg1,vh,* *Lyc.*bg2,k *Mag-c.* **Nat-m.**bg2,k,* *Nux-v.* petr.hr1,k *Sil.* sul-i.k2 *Sulph.*bg2,k
  ☞ *Abmagerung*
- **Menopause**; während der: sulph.vh
- **Neuralgie**, mit: *Dulc.*
- **Sättigung**; schnelle: ars-s-f.k2
- **Schlaf**, verhindert den
  ☞ ❏ *Schlaf - Schlaflosigkeit - Hunger*
- **Schweiß**, mit: agar.h
- **Stuhlgang**:
  - **nach**: petr.h
- **Trinken** von Wasser amel., dann Appetitverlust: kali-chl.c1
- **Übelkeit**:
  - **vor**: mag-m.h
  - **nach**: bry.
  - **mit**
    ☞ *begleitet von - Übelkeit*
- **Verachtung**, Geringschätzung; bei: plat.st

– **kein** Appetit
  ☞ *fehlend*

– **launischer** Appetit: ail. alum-sil.k2 ang.kr1 ars. aster. bell. **Bry.** bufo calc.bg3 *Carb-an.*c2 carbn-s. cham.bg2 **Chin.**c2,k choc.srj3 *Cimic.*c2 **Cina**bg2,k *Coc-c.*bg3 coca fago. ferr.bg2 gran.bg3 *Hep.*c2,k **Ign.**c2,k *Iod.*bg3,c2 *Ip.* kali-bi. kreos.bg2,k *Lach.* mag-c. *Mag-m.* merc.bg2 merc-i-f. nat-m.bg3 nux-m.c1 petr. *Phos.* phys.bg2 **Puls.** rheumbg2 rhus-t.k2 *Sang.* sil.h,k staph.bg2 sumb. symph.st syph.bg3 tep. *Ther. Tub.* zinc. zinc-p.k2
  ☞ ❏ *Gemüt - Launenhaftigkeit* / ❏ *G~ Stimmung - veränderlich*

– **Leeregefühl**, mit
  ☞ *Leeregefühl*

– **nagend**: abies-c.br1 abrot.hr1,k,* arg-met. arn.a1 chim.a1 chim-m.hr1 chin. colch.hr1,k,* iod.h kreos.a1,k sep.k2 sil.a1,k

– **schnelle** Sättigung: acon-l.a1 agar.hr1,k *Am-c.*hr1,k androc.srj1 ant-t. arg-met. arg-n. arn. ars.hr1,k bar-c.hr1,k bar-s.k2 bry. calad.hr1,k carb-an.h carb-v.h *Carbn-s. Caust. Cetr.*hr1 **Chin.**h,k,* *Cic.*h,k,* cinch.a1 *Clem.*hr1,k coc-c.hr1,k *Colch.* con. croc. *Cycl.*a1,k *Dig.*a1,k dulc.a1,k *Ferr. Ferr-i.* fl-ac.a1,k *Gels.* gink-b.sbd1 guare. hydr. *Ign.* kali-bi.a1,k kali-i. kali-s. led. **Lyc.** mag-c. mag-m.a1,k mag-s. mang. marb-w.es1 meny.h merc. mez.a1,k nat-c.h2 *Nat-m.* nit-ac.a1,k *Nux-m. Nux-v.*a1,k olnd.a1,k *Op.*a1,k petr. petros. ph-ac.h *Phos.*a1,k plan.a1,k **Plat.**a1,k *Podo.* prun.a1,k psor. ptel. *Rheum Rhod.*a1,k rhus-t.a1,k ruta *Sep.* serp. *Sil.* spong. *Sulph.* tarent. thea *Thuj.* tub.xxb vinc.
  - **morgens**: cycl.a1,k
  - **abends**: phos.a1,k
  - **Traurigkeit**, durch: plat.h

– **übermäßig**
  ☞ *Heißhunger*

– **unbestimmtes** Verlangen
  ☞ *launischer Appetit*

– **unstillbar**: androc.srj1 ang.c1 ant-c. *Arg-met.* arg-n.a1,k arum-t. asc-t.hr1,k,* aur.a1,k bamb-a.stb2 bar-c.a1,k *Cic.*hr1 *Ferr.*a1,k *Ferr-i.* hydrog.srj2 **Iod.** limest-b.es1 **Lyc.** marb-w.es1 petr.a1,k puls. puls-n. *Sec. Sep. Spong.*a1,k squil.a1,k stann. staph. tub.a1 v-a-b.jl *Zinc.*a1,k
  - **morgens**: arg-n.a1,k
  - **mittags**: asc-t.a1,k petr.h zinc.a1,k
  - **abends**: arg-n.a1,k zinc.
  - **nachts**: phos.h

– **veränderlich**: alum.hr1,k am-m.a1,bg1 *Anac. Ars.*hr1 bar-s.k2 berb. cimic.hr1 **Cina** coc-c.a1 ~~cocc.a1,xxx~~ coloc.hr1 *Cur.* cycl.a1,bg1 fl-ac.k2 gels.a1,bg1 ~~gran.a1,xxx~~ grat.a1 iod.a1,bg1 lach. *Mag-m.* meph.a1 merc.a1,bg1 nat-m.a1,bg1 *Nit-ac.* op.a1,bg1 phos. podo. syph.xxb

– **Verlangen** nach Getränken, die aber zurückgewiesen werden, wenn man sie ihm anbietet: bell.h

– **vermehrt** (= Hunger im allgemeinen): **Abies-c.** abrot. acal. *Acon. Agar.* agn.a1 ail. alf.br1 *All-c.* aloe *Alum.* alum-p.k2 alum-sil.k2 *Alumn.* **Am-c.** anac. anan. androc.srj1 ang. ant-c. ant-t. **Arg-met.** arn. **Ars.** *Ars-i.* asaf. *Aur.* aur-i.k2 *Bapt-c.*c1 *Bar-c. Bar-i. Bar-m. Bell. Berb.* bov. bry. calad. **Calc.**bg2,k calc-i.k2 *Calc-p.* **Calc-s.**k,vh,* calc-sil.k2 camph. **Cann-i.** canth. caps. carb-ac. *Carb-an.* carb-v.

– **vermehrt**: ...
carbn-s. caul. *Caust.* **Chin.** *Chinin-s.* choc.$_{srj3}$ cic.$_{h}$ **Cina** **Cinnb.** clem.$_{a1}$ coc-c. *Cocc.* coff. colch. coloc. *Con.* cop. cortiso.$_{gse}$ crot-c. cub. cupr. cycl. dig. dios. dros. dulc. *Elaps* equis-h. eug. euph.$_{h}$ *Ferr.* *Ferr-ar.* *Ferr-i.* *Fl-ac.* gamb. *Gels.* gent-c. gran. **Graph.** grat. *Guaj.* *Guare.* hell. hep. hura hydr. hydr-ac. hydrog.$_{srj2}$ hyos. *Ign.* ind. **Iod.** jug-c. jug-r. kali-ar. kali-bi. kali-c. kali-chl. kali-i. kali-m.$_{k2}$ kali-n. kali-p. *Kali-s.* kreos. *Lac-ac.* *Lac-c.* *Lach.* lact. laur. led. lept. lil-t. limest-b.$_{es1}$ **Lyc.** lyss. mag-c. *Mag-m.* mag-p. marb-w.$_{es1}$ *Merc.* *Merc-c.* mez. *Mur-ac.* *Myric.* *Nat-ar.* *Nat-c.* **Nat-m.** *Nat-p.* *Nat-s.* *Nit-ac.* *Nux-m.* **Nux-v.** **Olnd.** onos. *Op.* ox-ac. **Petr.** *Ph-ac.* **Phos.** phys. *Pic-ac.* plat. plb. podo. **Psor.** ptel.$_{c1}$ **Puls.** ran-b. raph. *Rat.* rein.$_{a1}$ rheum rhus-t. ruta **Sabad.** sars. sec. sel. seneg. *Sep.* *Sil.* skat.$_{br1}$ spig. spong. squil. *Stann.* *Staph.* stram. stront-c. sul-ac. sul-i.$_{k2}$ **Sulph.** sumb. tab. tarent. tep. ter. *Teucr.* ther. thuj. ust. valer. **Verat.** xan.$_{c1}$ zinc. zinc-p.$_{k2}$

- **tagsüber**: murx.$_{a1,k}$ nat-m.$_{a1,k}$ *Stann.*
- **morgens**: act-sp.$_{hr1}$ agar. ant-c. *Arg-met.* asar.$_{hr1,k,*}$ aur.$_{a1,k}$ borx. bry. calad.$_{a1,k}$ *Calc.*$_{hr1,k}$ carb-an. chel.$_{a1,k}$ chin. cycl.$_{h}$ hyper.$_{a1,k}$ lyc. lyss.$_{a1,k}$ mur-ac. murx.$_{a1,k}$ myric.$_{a1,k}$ nat-c.$_{a1,k}$ nat-m.$_{a1,k}$ psor.$_{a1,k}$ ran-b. rhus-t. sabad.$_{a1,k}$ sang. *Sel.* sep.$_{a1,k}$ sil. tet.$_{a1}$ teucr. zinc.
  - **7** h: aloe
  - **8** h: chin.
  - **Frühstück**, nach dem: aloe bart.$_{a1}$ tax.$_{a1,k}$
  - **Stuhlgang**, nach: aloe
- **vormittags**: alf.$_{br1}$ aloe arg-met. hell.$_{a1,k}$ hep.$_{a1,k}$ ind.$_{a1,k}$ kali-n. *Nat-c.*$_{hr1,k}$ nat-m. nux-m.$_{a1,k}$ sulph.$_{a1,k}$
  - **10** h: iod. kali-n. lyc. nat-c.$_{kr1}$ *Nat-m.* thuj.
  - **11** h: euphr. hura hydr.$_{bg3}$ ign. *Iod.* lach. *Nat-m.* phos.$_{bg3}$ **Sulph.** *Zinc.*
- **mittags**: abies-n.$_{hr1,k}$ acon. am-c. clem. coc-c. colch.$_{a1,k}$ coloc. dig. hyper.$_{a1,k}$ lact. lyc. mag-c.$_{a1,k}$ *Mez.*$_{a1,k}$ nat-c.$_{a1,k}$ *Nat-m.*$_{a1,k}$ *Nux-m.*$_{a1,k}$ pip-m.$_{a1}$ stront-c. sulph.$_{a1,k}$
- **nachmittags**: arg-met. bov.$_{a1}$ chin.$_{a1,k}$ colch.$_{a1,k}$ guaj.$_{a1,k}$ lyc. nat-c.$_{a1,k}$ nux-v. psor.$_{a1,k}$ zinc.$_{a1,k}$
  - **14** h: chinin-s. clem.
  - **16** h: calc-p.
  - **17** h: myric.
  - **Trinken**, nach dem: nat-m.
- **abends**: agar. aloe arn. benz-ac.$_{a1}$ borx.$_{h}$ bov.$_{a1,k}$ calad.$_{hr1,k,*}$ calc. camph. cann-s. carb-an. cham.$_{hr1,k}$ chin.$_{hr1,k,*}$ chinin-s. colch.$_{a1,k}$ cop.$_{a1,k}$ crot-c. cycl.$_{a1,k}$ fl-ac.$_{a1,k}$ *Guaj.* haliae-lc.$_{srj5}$ iod. *Kali-n.* lyc. mag-m.$_{h}$ mez. nat-c.$_{h2}$ *Nat-m.* phos.$_{bg1}$ *Pic-ac.* psil.$_{ft1}$ *Psor.*$_{a1,k}$ puls.$_{a1,k}$ sabad. *Sep.*$_{a1,k}$ sil. teucr. thuj.$_{a1,k}$ zinc.
  - **18** h: sumb.
  - **21** h: form.
  - **Essen**; nach dem: carc.$_{zzh}$
- **nachts** ●: abies-n.$_{hr1,k,*}$ anan.$_{hr1,k}$ bry.$_{a1,k}$ canth.$_{a1,k}$ **Chin.**$_{hr1,k}$ *Chinin-s.* *Ign.* **Lyc.**$_{a1,k}$ petr.$_{st}$ ph-ac. **Phos.** **Psor.** puls. sel.$_{a1,k}$ sulph. tarent. tell.$_{hr1,k}$ tub.$_{st1}$

- **nachts**: ...
  - **Mitternacht**:
    - **vor**:
      - **23** h: nat-c.$_{k2}$ ox-ac.
    - **um**: *Med.*$_{vh}$
    - **nach**:
      - **5** h: nat-c.$_{br1,k2}$

◇ **abwechselnd** mit Appetitverlust: am-m.$_{hr1,k}$ anac.$_{ptk1}$ ars.$_{pd}$ *Berb.*$_{hr1,k}$ *Calc.*$_{hr1,k}$ caps.$_{c1}$ chin.$_{pd}$ cina$_{ptk1}$ cupre-au.$_{c1}$ dros.$_{c1}$ **Ferr.** *Iod.*$_{a1,k}$ nat-m.$_{pd}$ *Phos.* puls.$_{pd}$ sil.$_{pd}$ sulph.$_{pd}$ *Thuj.*

◆ **begleitet** von:
- **Abneigung** gegen Speisen
  ☞ *❑ Allgemeines - Speisen - Essen - Abneigung - begletet von - Hunger*
- **Appetitlosigkeit**
  ☞ *fehlend - Hunger*
- **Übelkeit**: arg-met.$_{gsy1}$ caust.$_{h}$ chin.$_{h}$ cycl.$_{h}$ rhus-t.$_{h}$
  ☞ *Heißhunger - begletet von - Übelkeit*
- **Abneigung** gegen Speisen; mit
  ☞ *❑ Allgemeines - Speisen - Essen - Abneigung - begletet von - Hunger*
- **Bier**, nach: nux-v.
- **Dämmerung**; in der: choc.$_{srj3}$
- **Diarrhoe**, mit: verat.$_{h}$
- **Erbrechen**:
  - **nach**: aeth.$_{br1,c1}$ cina *Colch.* olnd. podo. tab.$_{a1,k}$
  - **mit**: asc-c.$_{c1}$ chin. hell. verat.
- **Erwachen**, beim: arn.$_{bg1}$ bell.$_{h}$ chin. choc.$_{srj3}$ dig. digin.$_{a1}$ ptel.$_{a1,k}$
- **Essen**:
  - **nach**: acon.$_{hr1,k}$ agar.$_{hr1,k}$ all-c.$_{bg1}$ alum. alum-p.$_{k2}$ alumn.$_{hr1}$ androc.$_{srj1}$ *Arg-met.* asc-c.$_{hr1,k}$ aur.$_{hr1,k}$ bov.$_{hr1,k}$ *Calc.*$_{hr1,k}$ castor-eq. *Chinin-s.* *Cic.*$_{h,k,*}$ cina coc-c.$_{hr1,k}$ corn. dig.$_{a1,k}$ fago.$_{a1,k}$ gran.$_{a1,k}$ grat. hura kali-chl. lac-c. lach. lepi.$_{a1}$ **Lyc.**$_{a1,k}$ marb-w.$_{es1}$ med.$_{br1}$ *Merc.* myric. nat-m.$_{a1,k}$ par. **Phos.**$_{a1,k}$ phyt.$_{a1,k}$ plat. plb. *Psor.* ran-s.$_{a1,k}$ raph.$_{a1,k}$ staph. stront-c. syph.$_{xxb}$ zinc.
    - **nur** beim Essen wieder; Appetit kehrt: anac. calc. carb-an.$_{h}$ **Chin.** mag-c. nat-m.$_{h}$ phos.$_{h}$
  - **nicht** amel. durch
    ☞ *Leeregefühl*
  - **unmöglich**; ist: chin. elaps *Sulph.* tab.
  - **vergeht** beim Essen
    ☞ *fehlend - Essen - Versuch*
  - **vermehrt** den Hunger
    ☞ *nach*
- **Fieber**:
  - **während**: *Chin.*$_{hr1,k}$ *Cina* cur. eup-pur. hell.$_{k,k2}$ **Phos.**$_{k,kl2}$● podo.$_{c1}$
  - **nach**: *Chin.*$_{hr1}$ *Cimx.*$_{hr1,k}$ *Cina* dulc. eup-per. ign. staph.
- **Freien** amel., im: ant-t.
- **Frost**:
  ☞ *Wechselfieber*
  - **vor**: *Chin.*$_{hr1,k}$ **Cina** *Eup-per.* **Staph.**
  - **während**: ail.$_{hr1,k,*}$ **Ars.** *Chinin-s.* *Eup-per.* *Lec.* nux-v. *Phos.* **Sil.** staph.
  - **nach**: *Ars.*

- **Konvulsionen**, nach den: hyos.$_{gk2}$
- **Kopfschmerz**:
  - **vor**: *Calc.*$_{vh}$ dulc.$_{h}$ epiph.$_{ptk1}$ *Phos.* **Psor.** sep.$_{bg1}$
  - **nach**: iod.$_{a1,k}$
  - **mit**: ars. asc-c.$_{c1}$ bry.$_{bg3,ptk1}$ crot-h. elaps *Kali-c.* kali-p. kali-s.$_{ptk1}$ lac-d. lyc. **Phos. Psor.** ptel. sang. sel.$_{bg3,ptk1}$ *Sep.* sil. sulph. syph.$_{xxb}$ thuj.
- **Krankheit**; vor Anfällen einer: bry.$_{bg3,ptk1}$ calc.$_{ptk1}$ hyos.$_{ptk1}$ nux-v.$_{bg3,ptk1}$ *Phos.*$_{bg3,ptk1}$ *Psor.*$_{bg3,ptk1}$ sep.$_{bg3,ptk1}$
- **Menses**:
  - **vor**: mag-c. spong.
  - **während**: iod.$_{a1}$ kali-p. spong.$_{ptk1}$
- **Mittagsschlaf**, nach dem: onos.
- **quälend**: arg-met. bell. crot-h. *Iod. Olnd.* seneg.
- **Schmerzen** im Magen; mit: **Lach.** *Lyc.* puls. *Sil.*
- **Schnupfen** und Husten, bei: sul-ac.$_{h}$
- **Schwäche**, mit: lach. merc. *Phos.* **Sulph.** zinc.$_{ptk1}$
- **Schwangerschaft**; während der: psor.$_{k2}$
- **Schweiß**, beim: cimx.$_{hr1,k}$ *Cina* sanic.
- **Sitzen**, nach dem: rhus-t.$_{a1,k}$
- **Stuhlgang**:
  - **nach**: aloe fl-ac. kali-p.$_{bg3}$ **Petr.**
- **Übelkeit**; mit
  ☞ *begleitet von - Übelkeit*
- **ungewöhnlicher** Zeit, zu: carl.$_{a1}$ chin.$_{a1,k}$ **Cina** coc-c.$_{a1,k}$ gins.$_{a1,k}$
- **vergeht**:
  - **Anblick** von Speisen; beim
    ☞ *fehlend - Speisen - Anblick*
  - **Versuch** zu essen; beim
    ☞ *fehlend - Essen - Versuch*
- **Wechselfieber**, bei: *Phos. Staph.*
  ☞ *Frost*
- **Wein**, nach: nat-m.$_{a1,k}$
- **weist** angebotene Speisen zurück
  ☞ *launischer*
- **weiß** aber nicht worauf
  ☞ *launischer*

– **vermindert**: acet-ac.$_{a1,k}$ agar.$_{a1,k}$ agn.$_{hr1,k}$ all-c.$_{hr1,k,*}$ aloe **Alum.** alumn.$_{a1,k}$ androc.$_{srj1}$ ant-c.$_{hr1}$ ant-t.$_{hr1,k,*}$ aran. *Arg-n.*$_{hr1,k,*}$ *Arn.*$_{hr1}$ ars. asc-c.$_{a1}$ *Aur.*$_{hr1,k}$ aur-m. bad.$_{hr1,k,*}$ bar-c. bar-i.$_{k,k2}$ *Bar-m.*$_{hr1,k}$ bar-s.$_{k2}$ bell.$_{a1,k}$ berb.$_{hr1,k}$ borx. brom.$_{a1,k}$ bruc.$_{a1}$ but-ac.$_{br1}$ *Cact.* calc.$_{h}$ calen.$_{hr1}$ canth.$_{hr1,k}$ carb-v.$_{a1,k}$ carbn-s. card-b.$_{a1}$ *Caust.* cedr.$_{a1,k}$ chel. chin.$_{hr1,k,*}$ chinin-ar. choc.$_{srj3}$ *Cina* clem.$_{a1}$ *Coc-c.*$_{hr1}$ *Coff.*$_{a1,k}$ *Coloc.*$_{hr1,k}$ *Con.*$_{hr1,k}$ cop.$_{a1,k}$ crot-t.$_{a1,k}$ cupr.$_{a1,k}$ *Cycl.* delphin.$_{a1}$ *Dig.* digin.$_{a1}$ dirc.$_{a1,k}$ echi. ery-a.$_{a1}$ ery-m.$_{a1}$ fago.$_{a1,k}$ *Ferr.* ferr-i. ferr-p. ferul.$_{a1}$ fl-ac.$_{a1,k}$ gal-ac.$_{a1}$ gamb. gast.$_{a1}$ *Gels.* gent-l.$_{a1}$ gink-b.$_{sbd1}$ granit-m.$_{es1}$ grat.$_{a1,k}$ guare.$_{a1}$ hell.$_{a1,k}$ hura *Hydr.*$_{a1,k}$ hydr-ac.$_{a1}$ hydrog.$_{srj2}$ hyos.$_{a1,k}$ iber.$_{a1}$ ign.$_{a1,k}$ iod.$_{a1,k}$ kali-bi.$_{a1,k}$ kali-c.$_{a1,k}$ kali-chl.$_{a1,k}$ kali-m.$_{k2}$ kali-n.$_{a1,k}$ kali-s. kiss.$_{a1}$ kreos.$_{a1,k}$ lac-ac.$_{a1,k}$ *Lac-d.* *Lach.*$_{a1,k}$ laur.$_{a1}$ linu-c.$_{a1}$ *Lyc.* mag-s.$_{a1,k}$ merc.$_{a1,k}$ merc-c.$_{a1,k}$ merc-i-f.$_{a1,k}$ mez.$_{a1,k}$ mit.$_{a1}$ morph.$_{a1}$ muru.$_{a1}$ *Murx.* myric.$_{a1,k}$ nabal.$_{a1}$ naja nat-c.$_{a1,k}$

Appetit - vermindert: ...
nat-m.$_{a1,k}$ nat-p.$_{a1,k}$ nux-v.$_{a1,k}$ ol-an.$_{a1,k}$ onos. op.$_{a1,k}$ opun-v.$_{a1}$ ost.$_{a1}$ petr.$_{a1,k}$ phos.$_{a1,k}$ **Pic-ac.**$_{a1,k}$ pin-s.$_{a1,k}$ pip-m.$_{a1,k}$ plan. plb.$_{a1,k}$ psil.$_{ft1}$ *Psor.* puls. rham-f.$_{a1}$ rheum rhus-t.$_{a1,k}$ rumx. ruta *Sabad.*$_{a1,k}$ sabin. sang.$_{a1,k}$ santin. sars. seneg.$_{a1,k}$ sep.$_{a1,k}$ sil.$_{a1,k}$ spong. stram.$_{a1,k}$ sulph.$_{a1,k}$ tab.$_{a1,k}$ tell.$_{a1,k}$ ter.$_{a1,k}$ thuj. til.$_{a1,k}$ tub.$_{k2}$ ust.$_{a1,k}$ verat. vichy-g.$_{a1}$ zinc.$_{a1,k}$ zinc-p.$_{k2}$ ziz.$_{a1}$

- **tagsüber**: granit-m.$_{es1}$
- **morgens**: aloe asc-t.$_{hr1,k}$ calc-p.$_{a1,k}$ cinnb.$_{a1,k}$ granit-m.$_{es1}$ hydrog.$_{srj2}$ lyss. mag-m.$_{h}$ mit.$_{a1}$ myric.$_{a1,k}$ narcot.$_{a1,k}$ sel.$_{a1,k}$ sulph.
- **mittags**: ant-t.$_{a1,k}$ calc.$_{a1,k}$ clem.$_{a1,k}$ coloc.$_{a1,k}$ indg.$_{a1,k}$ mez.$_{a1,k}$ nat-m.$_{a1,k}$ ox-ac.$_{a1,k}$ sulph.$_{a1,k}$
- **abends**: borx. chlor.$_{a1,k}$ dig. digin.$_{a1}$ gink-b.$_{sbd1}$ nux-m.$_{a1,k}$

◆ **begleitet** von:
- **Fettleibigkeit**
  ☞ ❑ *Allgemeines - Fettleibigkeit - begletet von - Appetit*
- **Essenszeit**, zur: *Chin.*$_{a1,k}$ ign.$_{a1,k}$
- **Menses**, während: mag-c.$_{a1,k}$
- **Schweiß**, nach: bell.$_{h}$

– **weiß** nicht worauf
☞ *launischer Appetit*

Atonie

☞ *Herabhängen*

Aufschwulken

☞ *Aufstoßens; Art des - Wasser in*

Aufstoßen: abies-c.$_{a1,k}$ abies-n.$_{br1,c2}$ abrot.$_{a1}$ absin.$_{a1,k}$ acet-ac.$_{hr1,k,*}$ **Acon.**$_{a1,k}$ acon-a.$_{a1}$ acon-c.$_{a1}$ acon-f.$_{a1}$ *Aesc.*$_{a1,k}$ aeth.$_{a1,k}$ *Agar.*$_{hr1,k,*}$ agar-em.$_{a1}$ agn.$_{a1,k}$ *All-c.*$_{hr1,k,*}$ aloe alum.$_{a1,k}$ alumn.$_{a1}$ am-c.$_{hr1,k,*}$ am-caust.$_{a1}$ am-m.$_{k2}$ **Ambr.**$_{hr1,k,*}$ ammc.$_{a1}$ anac.$_{a1,k}$ ang.$_{a1,h}$ *Ant-c.*$_{hr1,k}$ *Ant-t.*$_{hr1,k,*}$ ap-g.$_{a1}$ apis apoc.$_{a1,k}$ apom.$_{a1}$ **Arg-n.**$_{hr1,k,*}$ arist-m.$_{br1}$ **Arn.**$_{hr1,k,*}$ *Ars.*$_{hr1,k,*}$ ars-h.$_{a1,k}$ ars-i. arum-d.$_{a1}$ **Asaf.**$_{hr1,k,*}$ **Asar.**$_{hr1,k,*}$ asc-t.$_{a1,k}$ aspar.$_{a1,hr1}$ astac.$_{a1}$ aur.$_{a1,k}$ aur-i.$_{k2}$ aur-s.$_{a1}$ bapt.$_{a1,k}$ *Bar-c.*$_{hr1,k,*}$ bar-i. bar-m. bar-s.$_{k2}$ bart.$_{a1}$ **Bell.**$_{hr1,k,*}$ benz-ac.$_{hr1,k,*}$ berb.$_{hr1,k,*}$ berbin.$_{a1}$ *Bism.*$_{hr1,k,*}$ bov.$_{hr1,k,*}$ brach.$_{a1,k}$ brom.$_{a1,k}$ **Bry.**$_{hr1,k,*}$ bufo cain. calad.$_{k2}$ *Calc.*$_{hr1,k,*}$ calc-p.$_{k2}$ calc-s.$_{a1,k}$ *Camph.*$_{hr1,k,*}$ canch.$_{a1}$ cann-i.$_{a1,k}$ cann-s.$_{hr1,k,*}$ *Canth.*$_{hr1,k,*}$ caps.$_{hr1,k,*}$ *Carb-ac.*$_{hr1,k,*}$ *Carb-an.*$_{hr1,k,*}$ **Carb-v.**$_{hr1,k,*}$ **Carbn-s.** carc.$_{az1,bro1}$ carl.$_{a1,k}$ casc.$_{a1}$ *Caust.*$_{hr1,k,*}$ *Cham.*$_{hr1,k,*}$ *Chel.*$_{a1,k}$ chen-a.$_{a1}$ **Chin.**$_{hr1,k,*}$ chin-b.$_{hr1}$ chinin-ar. chlf.$_{a1}$ *Cimic.*$_{hr1,k,*}$ cimx.$_{a1,k}$ cina cinch.$_{a1}$ *Cinnb.*$_{a1,k}$ cinnm.$_{hr1}$ cist.$_{hr1,k,*}$ clem.$_{a1,k}$ coc-c.$_{hr1,k,*}$ **Cocc.**$_{hr1,k,*}$ cod.$_{a1,hr1}$ coff.$_{hr1,k,*}$ *Colch.*$_{hr1,k,*}$ colchin.$_{a1}$ coloc.$_{hr1,k,*}$ com.$_{hr1,k,*}$ **Con.**$_{hr1,k,*}$ cop.$_{hr1,k,*}$ corn.$_{a1,hr1}$ *Croc.*$_{a1,k}$ crot-c.$_{h,k}$ crot-t.$_{a1,k}$ **Cupr.**$_{hr1,k,*}$ cupr-ar.$_{hr1,k,*}$ *Cycl.*$_{hr1,k,*}$ cyt-l.$_{a1}$ del.$_{a1}$ delphin.$_{a1}$ dig.$_{a1,k}$ digin.$_{a1}$ *Dios.*$_{hr1,k,*}$ dros.$_{hr1}$ *Dulc.*$_{hr1,k,*}$ elat.$_{a1,hr1}$ erio.$_{a1}$ eucal.$_{a1}$ *Eup-per.*$_{a1,k}$ eup-pur.$_{a1,k}$ euph.$_{a1,h}$ eupi.$_{a1,k}$ fago.$_{a1,k}$ fagu.$_{a1}$ *Ferr.*$_{a1,k}$ ferr-ar. *Ferr-i.*$_{a1,k}$ ferr-ma.$_{a1}$ ferr-p.$_{a1,k}$ *Fl-ac.*$_{a1,k}$ gast.$_{a1}$ *Gels.*$_{hr1,k,*}$ gent-c.$_{a1,k}$ gent-l.$_{a1}$

Aufstoßen: ...
gink-b.sbd1 gins.a1,k glon.hr1,k,* gran.a1,k *Graph.*h,k,* grat.a1,k **Guaj.**a1,k gymno. ham.a1,k hell.hr1,k,* hell-o.a1 hell-v.a1 *Helon.*hr1,k,* *Hep.*hr1,k,* *Hydr.*a1,k hydr-ac.a1 hydrc.a1,k hydrog.srj2 hyos.a1,k hyper.a1,k *Ign.*hr1,k,* indg.a1,k **Iod.**hr1,k,* *Ip.*hr1,k,* **Iris** jab.a1,hr1 jatr-c. *Jug-r.*a1,k kali-ar.hr1,k **Kali-bi.**a1,k kali-br.a1 **Kali-c.**hr1,k,* kali-chl.a1,k kali-i.hr1,k,* kali-m.k2 kali-n.a1,k *Kali-p.*h,k kali-pic.a1,c1,* *Kali-s.* kali-sil.k2 *Kalm.*hr1,k,* kiss.a1 kreos.a1,k,* *Lac-ac.* *Lac-d.* lacer.a1 *Lach.* lact.a1,k *Laur.*hr1,k,* *Lec.* led.a1,k lepi.a1 lil-t.a1,k lina.a1 linu-c.a1 lipp.a1 lith-c. lob.a1,k lol.a1 lup.a1 **Lyc.**hr1,k,* lyss.hr1,k **Mag-c.**hr1,k,* *Mag-m.*hr1,k,* mang.a1,k mang-m.c2 **Med.** meph.a1,k **Merc.**hr1,k,* merc-br.a1 merc-c.a1,k merc-i-r.a1,k merc-n.a1 merl.a1,k methyl.a1 *Mez.*hr1,k,* mill.a1 mit.a1 morph.a1 mosch.hr1,k,* *Mur-ac.*hr1,k,* narz.a1 **Nat-ar.** nat-c.h,k2 **Nat-m.**hr1,k,* nat-n.a1 *Nat-p.*a1,k *Nat-s.*a1,k nicc.a1,k nicot.a1 *Nit-ac.*hr1,k,* nit-s-d.a1,hr1 nux-m.a1,k,* **Nux-v.**hr1,k,* oena.a1 ol-an.a1,k olnd.hr1,k,* oreo.br1 osm.a1,k *Ox-ac.* pall.hr1,k,* par.a1,k *Petr.*hr1,k,* *Ph-ac.*hr1,k,* **Phos.**hr1,k,* phys.a1,k phyt.a1 pic-ac.a1,k picro.a1 pimp.a1 plat.hr1,k,* *Plb.*hr1,k,* plect.a1 psil.ft1 **Psor.**a1,k **Puls.**hr1,k,* *Ran-b.*hr1,k,* *Ran-s.*hr1,k,* raph.a1,k rat.a1,k rham-f.a1 rheum rhod.a1,k rhus-r.a1 **Rhus-t.**h,k,* rhus-v.a1,k rob.hr1,k,* rumx. *Ruta* *Sabad.*hr1,k,* sabin.hr1,k,* sang.a1,k *Sars.*hr1,k,* sec.a1,k sel.a1,k *Seneg.*a1,k **Sep.**hr1,k,* serp.a1 *Sil.*hr1,k,* sin-a.a1 sin-n.a1 *Skat.*br1 sol-t-ae.a1,k solin.a1 spig.hr1,k,* spira.a1 spirae.a1 spong.hr1,k,* *Squil.*hr1,k,* *Stann.*hr1,k,* *Staph.*hr1,k,* stram.a1,k *Sul-ac.*hr1,k,* **Sulph.**hr1,k,* sumb.a1,k *Syph.*hr1 tab.a1,k *Tarax.*a1,k **Tarent.**a1,k tart-ac.a1 tep.a1,k ter.a1,k *Thuj.*hr1,k,* til.a1 trom.a1 tus-p.a1 upa.a1 ust.a1 *Valer.*hr1,k,* **Verat.**hr1,k,* *Verb.*hr1,k,* vesp.hr1,k,* vichy-g.a1 vinc.a1 viol-t.a1 wies.a1 xan.a1 *Zinc.*hr1,k,* zing.hr1,k,*

– **agg.**: agar. cann-s. **Cham.** **Chin.** *Cocc.* *Kali-c.*bg1,bg2,* *Lach.* nux-v.ptk1 phos. *Rhus-t.* sep. stann. *Sulph.* zinc.

– **amel.**: acet-ac. *Acon.* aesc. agar. all-c. aloe alum. alum-p.k2 alum-sil.k2 am-m. ambr. **Ant-t.** **Arg-n.** ars.h asaf.bro1 *Aur.* aur-i.k2 aur-s.k2 *Bar-c.* bar-i. berb. *Bry.* calc-p.bro1 cann-s. *Canth.* **Carb-v.** **Carbn-s.** cench.k2 *Chel.* coc-c. cocc. colch. coloc. cop. *Dig.* *Dios.* *Fl-ac.* **Graph.** *Hydr.* **Ign.** iod. **Kali-bi.** **Kali-c.** *Kali-i.* kali-n.h *Kali-s.* kali-sil.k2 *Lac-ac.* *Lach.* **Lyc.** mag-c. mag-m. marb-w.es1 meph.a1 mosch. *Nat-c.* nat-m. *Nit-ac.* nux-m.bro1 *Nux-v.* ol-an.bro1 op. ox-ac.bro1 par. petr. ph-ac. phos. *Pic-ac.* *Plat.* puls.bro1 rumx. **Sang.** *Seneg.*st *Sep.* *Sil.* sul-ac. sul-i.k2 *Sulph.* *Tarent.* ter. zinc. zinc-p.k2

– **tagsüber**: bry. **Iod.**a1,k mag-s.a1 petr.a1,k

– **morgens**: all-c. anac.a1,k arg-n.a1,k arn. aster.hr1,k,* bar-c.a1,k bry.a1,k calc.a1,k calc-s.a1,k calc-sil.k2 cob.hr1,k,* coloc.a1,k *Con.* croc.a1,k dulc.a1,k hep.a1,k hyper. *Kali-c.*hr1,k *Kalm.*hr1,k lyc. mag-c.a1,k mang.a1,k nat-m.a1,k nit-ac.h nux-v. **Petr.** plat.hr1,k,* *Puls.* sars. sil. stann.a1,k sul-ac.a1,k *Sulph.*a1,k tab. thuj. valer. verat.hr1,k
  • **Aufstehen**, beim: cedr.a1,k nicc.hr1,k ruta sep.

– **morgens - Aufstehen**, beim: ...
sin-a.a1,k verat.hr1,k
  • **nach**: led.h
  • **Erwachen**, beim: bar-c.a1,kl calc.a1,kl
  • **Frühstück**, vor dem: *Bov.*a1,k *Ran-s.*
  • **Stuhlgang**, nach: cob.hr1,k

– **vormittags**: agar. am-m. calc-p.hr1,k,* carl. colch.a1,k hep.a1,k ign.a1,k lyss.hr1 mag-c.a1,k mag-m.a1,k myric.a1,k naja nat-c.a1,k nicc. par.a1,k sars.a1,k sulph.a1,k zinc.a1,k
  • **10** - 11.30 h: lycps-v.c1

– **mittags**: indg.a1,k ox-ac.a1,k ran-b.a1,k
  • **Essen**, beim: olnd.a1,k

– **nachmittags**: aeth. agar.a1,k am-m. ars. ars-i.hr1,k bar-c.a1,k calc. *Carb-v.*hr1,k,* *Caust.* chel.a1,k chinin-s. *Cic.*h,k,* con.a1,k crot-t. cupr.a1,k fago.a1,k fl-ac. hydr. *Lyc.* mag-c.h mag-m. merc. nat-ar.k2 *Nat-c.*hr1,k op. ox-ac.a1,k sang.a1,k thuj.a1,k
  • **16** h: coff. nat-m. valer.
  • **nachts**; bis: bar-c.h
  • **Essen**, nach dem: nat-ar.k2 petr.

– **abends**: abrot. *Alum.*hr1,k alum-p.k2 am-c. *Ambr.*a1,k bell. calc. carb-v. *Caust.* choc.srj3 coc-c. con.a1,k crot-h. cupr.a1,k cycl.a1,k dros. eucal.a1 eupi.a1,k fl-ac.a1,k gels.a1,k grat.a1,k ham.a1,k hyper. kali-bi.a1,k macro.a1 mag-c.a1,k mez.a1,k nat-c.hr1 phos. **Puls.** ran-s. rhus-t.a1,k rumx. sars. sep.a1,k sil.a1,k sin-n.a1,k sol-t-ae.a1,k stram.a1,k sulph. verat. zinc. zing.hr1,k,*
  • **Essen**, beim: cham.h

– **nachts**: ant-t. calc.a1,k calc-s. canth. *Carb-v.* chel. *Crot-h.* ham.a1,k *Kali-c.* lyc. mang. *Merc.* mur-ac.a1,k *Nux-v.* ox-ac. phos. pip-m.a1,k **Puls.** sulph. tanac. ther.
  • **Mitternacht** beim Erwachen; um: ferr.a1,k
  • **21** h bis Mitternacht: phos.
  • **23** h: gels. sumb.
  • **erste** Hälfte der Nacht: nit-ac.a1,k
  • **Erwachen**, beim: calc.a1,k mur-ac.a1,k sil.h
  • **Liegen**, beim: calc.a1,k
  • **Schlaf**, im: sulph.h

◇ **abwechselnd** mit:
  • **Gähnen**: berb.a1,k lyc.h,k,*
  • **Schluckauf**: agar. sep.a1,k wye.a1,k

◆ **begleitet** von:
  • **Speichelfluß**
    ☞ ❑ *Mund - Speichelfluß - begletet von - Aufstoßen*

– **Abendessen**, nach dem: alum. *Carb-v.*a1,k chinin-s. cot.a1 ferr.a1,k ham.a1,k lyc. sars. sep. sil.a1,k zinc.

– **Alkoholikern**; bei: *Ran-b.* *Sul-ac.*hr1,k

– **anfallsweise**: *Arg-n.* bell. coff. lyss. mez.a1 *Nat-m.*vh petr. **Phos.** sang. sep. sulph.a1,k

– **anhaltend**: ars.h carb-v.k2 *Chel.* *Con.* cupr. euph.h graph.h mur-ac.h nat-c.h nit-ac. sars. sulph.

– **Apyrexie**, während der: am-c. ant-c. sabad.hr1

– **Ärger**, Verdruß; nach: petr.h

– **Asthma**, mit: ambr.br1

– **Aufstehen**:
  • **beim**: arg-n. coloc.
  • **Liegen**; beim Aufstehen vom: rhus-t.

– **Austern**, nach: bry.

– **Bewegung**; bei: cann-i.$_{a1,k}$ kreos.$_{hr1,k}$
– **Bier**, nach: aur.$_{h}$ ferr. sulph.$_{h}$
– **Brot**, nach: bry. chin. crot-h. merc. nat-m.
• **Milch**; nach Brot und: zinc.
– **Bücken**, beim: cic. ip.$_{a1,k}$ phos.
– **Butter**; nach Essen von: **Carb-v.** **Puls.**
– **chronisch**: alum.$_{h}$
– **Drücken**, durch:
• **Magen**, auf den: *Sulph.*
• **schmerzhafte** Teile; beim Drücken auf: *Borx.*
– **Entbindung**, bei der: borx.$_{br1,bro1}$
– **Erbrechen**:
• **vor**: sulph.$_{bg1}$
• **beim**: cimic.$_{ptk1}$ con.$_{a1}$ phos.$_{a1,bg1}$ phyt.
• **nach**: arg-n.$_{bg1}$ ars.$_{bg1}$ caust.$_{a1,bg1}$ con.$_{a1,bg1}$
– **Erregung**, bei: arg-n.
– **Erwachen**, beim: bar-c. calc. con. ferr. mur-ac. puls.$_{h}$ rumx. sil.$_{a1,k}$
– **Essen**:
• **vor**: carb-v.$_{bg1,bg2,*}$ croc.$_{bg1}$ nit-ac.$_{bg1,bg2,*}$ nux-v.$_{a1,bg1}$ plat.$_{a1,bg1}$ ran-b.$_{bg1,bg2,*}$ ran-s.$_{a1,bg1}$ sel.$_{a1,bg1}$ sulph.$_{bg1}$
• **beim**: alum.$_{h}$ dulc.$_{a1,k}$ grat.$_{a1,k}$ merc.$_{a1,k}$ nat-c.$_{a1,k}$ nit-ac. olnd. phos. *Sars.*
• **nach**: acon. aesc.$_{hr1,k}$ agar.$_{hr1,k}$ all-s.$_{hr1,k}$ alum-sil.$_{k2}$ am-m. ambr.$_{h}$ *Anac.* ang.$_{c1,h}$ apis **Arg-n.**$_{hr1,k}$ ars.$_{k,k2}$ asaf. bamb-a.$_{stb2}$ *Bar-c.*$_{hr1,k}$ bar-m. bar-s.$_{k2}$ bell. berb.$_{hr1,k}$ *Bry.*$_{hr1,k,*}$ bufo calc.$_{a1,k}$ calc-ar.$_{k2}$ calc-s. calc-sil.$_{k2}$ *Camph.*$_{hr1,k}$ carb-an. **Carb-v.**$_{hr1,k,*}$ **Carbn-s.** card-m. *Caust.*$_{hr1,k}$ cham. *Chin.*$_{a1,k}$ chinin-ar. cic. cina *Colch.* coloc.$_{hr1,k,*}$ com.$_{hr1,k}$ con. cop.$_{a1,k}$ cycl.$_{hr1,k,*}$ daph. dig. dulc.$_{hr1,k}$ echi. **Ferr.**$_{a1,k}$ ferr-ar. ferr-i. ferr-p. grat.$_{a1,k}$ gymno. ham.$_{hr1,k,*}$ *Hep.*$_{hr1,k,*}$ hydr. kali-ar. kali-bi.$_{hr1,k,*}$ *Kali-c.* kali-m.$_{k2}$ kali-p. kali-s. kali-sil.$_{k2}$ *Kreos.*$_{hr1,k}$ *Lach.*$_{hr1,k,*}$ lec. *Lyc.*$_{h,k,*}$ marb-w.$_{es1}$ merc.$_{a1,k}$ mur-ac.$_{a1,k}$ nat-ar. *Nat-c.*$_{hr1,k}$ **Nat-m.**$_{a1,k}$ nat-p.$_{a1,k}$ *Nat-s.*$_{hr1,k}$ *Nit-ac.*$_{hr1,k,*}$ *Nux-m.*$_{hr1,k}$ *Nux-v.*$_{hr1,k,*}$ onos. *Ox-ac.*$_{hr1,k}$ petr.$_{hr1,k}$ ph-ac. *Phos.*$_{hr1,k}$ *Pic-ac.* plat. *Podo.* psil.$_{ft1}$ **Puls.**$_{a1,k}$ *Ran-s.*$_{hr1,k}$ rat. rhus-t.$_{a1,k}$ ruta sang. *Sars.* *Sep.*$_{hr1,k,*}$ *Sil.*$_{a1,k}$ *Spig.* spirae.$_{a1}$ *Stann.* staph. **Sulph.** tarax. thuj.$_{hr1,k}$ *Verat.* *Zinc.*$_{hr1,k}$ zinc-p.$_{k2}$
• **amel.**: am-m.$_{bg1,bg2}$ sulph.$_{bg1}$
– **fetten** Speisen, nach: *Caust.* *Ferr.* ferr-m. gran.$_{a1}$ nat-m.$_{h}$ **Puls.** **Sep.** thuj.
☞ *gehaltvollen*
– **Fieber**; während: ant-c.$_{br1}$ cub. lach.$_{a1,k}$ ran-b.$_{a1,k}$
– **Fleisch**, nach: bamb-a.$_{stb2}$ carb-an.$_{h}$ rumx.$_{ptk1}$ ruta
– **Freien**, im: kiss.$_{a1}$ nat-m.
– **Frost**:
• **während**: nux-v.$_{a1,k}$
• **nach**: zinc.$_{a1,k}$
– **Frösteln**, mit: *Sil.*
– **Frühstück**:
• **vor**: *Bov.*$_{a1,k}$ *Ran-s.*
• **beim**: ox-ac. zinc.$_{a1,k}$
• **nach**: ars. calc-p.$_{hr1,k,*}$ carb-ac.$_{a1,k}$ carb-v.$_{h}$ cham.$_{a1,k}$ con.$_{a1,k}$ cycl.$_{a1,k}$ grat. hell. hyper.$_{hr1,k,*}$ kali-bi.$_{a1,k}$ kali-br.$_{a1}$ phos. pic-ac. *Plat.* sars. sep.

– **Frühstück - nach**: ...
sulph.$_{a1,k}$ verat.$_{a1,k}$
– **Gallensteinen**, bei: dios.$_{ptk1}$ lyc.$_{ptk1}$
– **gehaltvollen**, fetten Speisen; nach: *Bry.* **Carb-v.** ferr. nat-m. *Puls.* *Sep.* staph. thuj.
☞ *fetten*
– **Gehen**; beim: caps. carbn-s. *Graph.* lyc. lycps-v. *Mag-m.* sulph.
• **amel.**: lyc.$_{a1,k}$
• **Freien**, im: grat. phos. stann. sul-ac. sulph.
– **geistiger** Anstrengung, bei: hep.
– **heftig**: **Arg-n.**$_{bg2,vh,*}$ *Kali-pic.*$_{a1,c1}$ lycps-v.$_{c1}$ *Mosch.*$_{ptk1}$
– **Husten**:
• **beim**: ambr. kali-bi. lob.$_{ptk1}$ *Sang.* sul-ac. verat.
• **nach**: **Ambr.** ang.$_{c1}$ arn.$_{bg3,ptk1}$ carb-v.$_{bg3,ptk1}$ chin.$_{bg3,ptk1}$ kali-bi.$_{ptk1}$ lob.$_{bg3,ptk1}$ rumx.$_{bg1}$ **Sang.** *Sul-ac.* verat.
– **Kaffee**, nach: *Caust.* *Coca* cycl.$_{a1,k}$ *Puls.*
– **Kartoffeln**, nach: *Alum.*$_{h,k,*}$ gran.$_{a1,k}$
– **Kohl**, nach: **Mag-c.**
– **Kolik**, mit: hyos.$_{ptk1}$
– **Konvulsionen**:
• **vor**: *Arg-n.*$_{bro1}$ **Lach.**$_{ptk1}$ nux-v.$_{bro1}$ psor.$_{bro1}$ sulph.$_{bro1}$
• **nach**: kali-c.$_{ptk1}$
– **konvulsivisch**: ars-h.$_{a1,k}$ asaf.$_{k2}$ coc-c.$_{a1,k}$ ham.$_{a1,k}$ kali-bi.$_{a1,k}$ nux-v. phos. sang.$_{a1,k}$ til.$_{a1,k}$
– **Kopfschmerz**, bei: apis arg-n.$_{bg1,bg2,*}$ asc-t.$_{bro1}$ *Calc.* camph. cimic.$_{ptk1}$ *Iod.*$_{bg1,bg2}$ **Mag-m.** nat-c.$_{a1}$ phos.$_{h}$ sil.$_{h}$
– **Liegen**:
• **agg.**: verat.$_{bg1,bg2}$
• **amel.**: aeth. rhus-t.
– **Linderung**, ohne: carb-v.$_{ptk1}$ *Chin.*$_{ptk1}$ lyc.$_{ptk1}$
– **Mehlspeisen**, Teigwaren; nach: nat-c. sulph.
– **Menses**:
• **vor**: bry. chin. *Kali-c.* kreos. lach. mag-c.$_{a1,k}$ mang.$_{a1,k}$ *Nat-m.* *Nux-m.* phos. *Puls.*$_{hr1,k}$
• **während**: ant-t. ars. carb-an.$_{h}$ *Graph.*$_{h,k,*}$ kali-c. kali-i. **Lach.**$_{hr1,k}$ lyc. *Nit-ac.*$_{hr1,k}$ vib.$_{bg3}$
– **Milch**, nach: alum. alum-p.$_{k2}$ am-c. ant-t. *Calc.* carb-ac. *Carb-v.* carbn-s. *Chin.* *Cupr.* iris lac-d.$_{k2}$ lyc. *Mag-c.* *Nat-m.* nat-s. petr. phos. *Sulph.* *Zinc.*
– **Mittagessen**:
• **vor**: ran-b.$_{a1,k}$
• **beim**: grat.$_{a1,k}$ mag-m.$_{a1,k}$ ol-an.$_{a1,k}$ sars.
• **nach**: agar.$_{hr1,k,*}$ aloe am-c. ang.$_{hr1,k,*}$ apis ars. bar-c. carb-v.$_{h}$ carl. coca cycl. dig.$_{a1,k}$ fl-ac. ham.$_{a1,k}$ kreos.$_{hr1,k}$ lach.$_{a1,k}$ lyc.$_{a1,k}$ mag-m.$_{a1,k}$ merc.$_{a1,k}$ nat-m. nicc. nit-ac.$_{h}$ petr. rat. sars.$_{a1,k}$ sul-ac. *Sulph.*$_{a1,k}$ zinc.$_{hr1,k}$
• **Aufrichten** vom Bücken; beim: castm.
• **Gehen**, beim: mag-m.
• **amel.**: mang.$_{h}$
– **Nase**; durch die: lyc.$_{a1,k}$ merc-c.$_{a1,k}$ phos.$_{a1,k}$
– **Niesen**, mit: ham.$_{bg1}$ lob.$_{a1,bg1}$ mag-c.$_{a1,bg1}$ phos.$_{a1,bg1}$
– **nüchtern**, wenn: acon.$_{a1,k}$ bov. cina croc. *Nit-ac.*$_{a1,k}$ *Nux-v.* plat. valer.
– **Ohnmacht**, verursacht: *Arg-n.* **Carb-v.**$_{hr1,vh,*}$ nux-v.$_{bg2,hr1,*}$

– **periodisch**: aesc.$_{al,k}$ ip.$_{al,k}$
– **Pfirsichen**, nach: psor.
– **plötzlich**: *Carb-an.*
– **Rauchen**: agar.$_{h}$ *Lac-ac.* sel.$_{brol}$ thuj.
 • **nach**: sel.$_{brl}$
– **Sardinen**, nach: eupi.$_{al,k}$
– **Säuren**, nach: ph-ac. staph.
– **Schauder**, mit: dulc.$_{ptkl}$ oreo.$_{brl}$
 • **schießendem** Schmerz, mit: bry.
– **Schlaf**:
 • **nach**: hep.$_{al,k}$
 • **amel.**: chel.$_{al,k}$ chin.$_{al,k}$
– **Schluckauf**, nach: ars.$_{h}$
– **Schlucken**: agar.
 • **Luft**; nach Schlucken von: spig.$_{h}$
 • **schwierigem** Schlucken, mit: ox-ac.$_{ptkl}$
– **Schweinefleisch**, nach: ham.$_{al}$ psor.
– **schwierig**; ist: aeth.$_{al}$ **Arg-n.**$_{hrl,k}$ asaf.$_{brol,krl}$ calc-p.$_{ptkl}$ cent.$_{al}$ cocc.$_{ptkl}$ *Con.* *Graph.*$_{h,k,*}$ *Nux-v.*$_{hrl,k}$ spira.$_{al}$
– **Sitzen**:
 • **beim**: gels. phos.$_{al,k}$
 • **gebückt**, wenn: rob. sabin.
– **Stuhlgang**:
 • **vor**: sumb.$_{al,k}$
 • **während**: cham. con.$_{al,k}$ dulc. *Kali-c.*$_{hrl,k}$ *Merc.*$_{hrl,k}$ *Puls.*$_{hrl,k}$ ruta
 • **nach**: aesc. anac.$_{al,k}$ *Ars.*$_{hrl,k}$ bar-c.$_{hrl,k}$ *Calc-s.*$_{al,k}$ cob. *Coloc.*$_{al,k}$ merc. sil.$_{hrl,k}$
– **Suppe**, nach der: alum.$_{al,k}$ anac. carb-v. mag-c.
– **Süßigkeiten**, nach: *Arg-n.* *Caust.* raph. zinc.
– **Tabak**, durch: *Sel.*
– **Trinken**, nach dem: aeth. aloe anac. apis arg-n. ars. bism. canth. *Carb-v.* coloc. crot-t. hyper. *Kali-c.* lyc. merc. mez. *Nat-m.* nux-v. rhus-t. *Sep.* tarax. zinc.
 • **Wasser**, von: aur-s.$_{k2}$ bar-m.$_{k2}$ bar-s.$_{k2}$
  • **kaltes** Wasser: mez.$_{h}$ phos.
   • **amel.**: carl.
– **Truthahn**; nach: bamb-a.$_{stb2}$
– **unterdrückt**: **Am-c.**$_{al,k}$ ang.$_{al}$ *Calc.*$_{hrl,k}$ *Con.*$_{hrl,k}$ hell.$_{al}$
 • **gefolgt** von Schmerzen im Magen: *Con.*$_{hrl,k}$
– **Urinieren**, beim: rhus-t.$_{al,k}$
– **vergeblich** und unvollständig: acon.$_{al,k}$ agar.$_{al,k}$ alum.$_{al,k}$ am-c.$_{hrl,k}$ ambr. anac.$_{h}$ ang.$_{cl,h}$ *Arg-n.*$_{al,k}$ arn. *Ars.*$_{al,k}$ arund.$_{al,k}$ asar.$_{h}$ bar-c.$_{h}$ *Bell.*$_{al,k}$ calad.$_{al,k}$ canth.$_{al,k}$ carb-ac. carb-an. carbn-s.$_{k,k2}$ *Carl.*$_{al,k}$ *Caust.*$_{al,k}$ chel.$_{al,k}$ **Chin.**$_{al,k}$ *Cocc.*$_{al,k}$ con.$_{al,k}$ cycl.$_{al,k}$ ferr. ferr-ar. ferr-m. ferr-ma.$_{al}$ **Graph.**$_{h,k,*}$ grat.$_{al,k}$ hyos.$_{al,k}$ indg.$_{al,k}$ kali-c.$_{al,k}$ kali-m.$_{k2}$ kali-p. *Lach.* laur.$_{al,k}$ *Lyc.*$_{al,k}$ mag-c.$_{h}$ *Manc.*$_{al,k}$ **Med.** mez.$_{al,k}$ mur-ac.$_{al,k}$ **Nat-m.**$_{al,k}$ nux-v. petr.$_{al,k}$ ph-ac.$_{al,k}$ phel.$_{al,k}$ *Phos.*$_{al,k}$ *Phyt.* pic-ac.$_{al,k}$ plat. plb.$_{al,k}$ *Puls.* rhus-t. sabad. sars.$_{al,k}$ spig.$_{al,k}$ sul-ac.$_{al,k}$ sulph.$_{al,k}$ zinc.$_{al,k}$ zinc-p.$_{k2}$ zing.$_{al,k}$
 • **morgens**: ol-an.$_{al,k}$
  • **Frühstück**, nach dem: con.$_{al,k}$
 • **vormittags**: sil.$_{al,k}$
 • **abends**: dios.$_{al,k}$
 • **nachts**: caust.$_{al,k}$ sulph.

Aufstoßen - vergeblich - nachts: ...
  • **Menses**, vor den: mang.
  • **Zubettgehen**, beim: sulph.
– **Verlangen** aufzustoßen: mang.$_{h}$
– **Wein**, nach: lyc.$_{al,k}$
– **Würgen**, nach: op.$_{al,k}$
– **zwei** Stößen; in: mez.$_{al,h}$

Aufstoßens; Art des:
– **Äpfel**; schmeckt wie: agar.
– **Aufschwulken**
 ☞ *Wasser in*
– **beklemmende** Gase gehen nach oben und unten ab: arn.$_{brl}$
– **bitter**: aesc. *Aloe* *Alum.* alum-p.$_{k2}$ alum-sil.$_{k2}$ *Am-c.* *Am-m.* *Ambr.* ant-c. ant-t. *Apis* arg-met. **Arn.** ars. ars-s-f.$_{k2}$ aur. aur-ar.$_{k2}$ aur-s.$_{k2}$ bar-c. bar-m. bar-s.$_{k2}$ bell. *Berb.* bism. *Bry.* *Calc.* *Calc-s.* *Cann-s.* *Carb-v.* carbn-s. *Carl.* caul. *Chel.*$_{k,k2}$ **Chin.** *Chinin-ar.* chinin-s. *Chion.* cob. *Cocc.* coloc. corn. crot-t. cupr. *Dios.* dros. eup-per. ferr. ferr-ar. ferr-i. *Ferr-m.* ferr-p. graph. *Grat.* hell. hep. hyos. hyper. *Ign.* indg. kali-ar. kali-c. kali-i. kali-m.$_{k2}$ kali-n. kali-p. kali-s. kali-sil.$_{k2}$ laur. *Lyc.* mag-m. mag-s. *Merc.* *Merc-i-r.* mur-ac. nat-c. **Nat-s.** nicc. **Nux-v.** op. petr. *Ph-ac.* phos. phys. *Pic-ac.* plb. **Podo.** ptel. **Puls.** raph. rhod. sabad. sang.$_{k2}$ *Sars.* *Sep.* sil. spong. squil. *Stann.* staph. stict.$_{cl}$ stry. *Sul-ac.* sulph. tarax. tarent. teucr. thuj. upa. verat. verat-v. verb. zinc. zinc-p.$_{k2}$
 • **morgens**: am-m.$_{h}$ calc-s. hyper. lyc. sars. sil.
  • **Aufstehen**, beim: cedr. sep.
  • **Frühstück**, nach dem: pic-ac. *Sep.*
  • **Husten**, nach dem: sul-ac.
 • **vormittags**: am-m. ign. nat-c. nicc.
 • **nachmittags**: am-m. kali-n.$_{h}$
 • **abends**: bell. castm. dios. kali-n.$_{h}$ *Puls.* sars.
  • **Kartoffeln**, nach: *Alum.*
  • **Milchsuppe**, nach: alum.
 • **nachts**: calc-s. castm. chel. *Merc.* *Nux-v.* ox-ac. **Puls.**
 • **Abendessen**, nach dem: zinc.
 • **Bücken**, beim: castm.
 • **Butterbrot**, nach: chin.
 • **Essen**:
  • **nach**: ars.$_{h}$ bell. *Bry.* *Chin.* cina kali-p. kreos. lach. led.$_{h}$ **Lyc.** *Nat-m.* *Nat-s.* *Sars.* *Sep.* *Stann.* thuj. verat.
  • **amel.**: am-m.
 • **fetten** Speisen, nach: *Ferr.* *Ferr-m.*
 • **gehaltvollen**, fetten Speisen; nach: ferr. *Ferr-m.*
 • **Gehen** im Freien; beim: grat.
 • **gelb** beim Bücken; bitter und: cic.$_{cl}$
 • **Husten**, nach: sul-ac.$_{h}$
 • **Hysterie**, bei: tarent.$_{ptkl}$
 • **Kartoffeln**, nach: *Alum.*
 • **Menses**, während: *Sep.* sulph.
 • **Milch**, nach: chin.$_{ptkl}$ sulph.$_{h}$
 • **Mittagessen**:
  • **vor**: sars.$_{h}$
  • **beim**: sars.

• **Mittagessen**: ...
  • **nach**: bar-c. fl-ac. sars.$_{h}$ sul-ac.
    • **amel.**: ferr.
• **nüchtern**, wenn: *Nux-v.*
• **sauren** Speisen, nach: ph-ac.
• **Speisen** kommen nach oben: **Lyc.** *Nat-s.*
• **Stuhlgang**, beim: cham.
• **Suppe**, nach der: sars.$_{h}$
• **Trinken**, nach dem: sars.$_{h}$
  • **Wasser**, von: aloe chin.$_{bg1}$
• **Zorn**, nach: arn.
– **bittersauer**: **Chin.**$_{h}$ kali-c.$_{h}$ mag-m.$_{bg1,h,*}$ **Nux-v.**$_{bg2}$ sars.$_{bg2,h}$ **Sul-ac.**$_{bg2,h}$ **Sulph.**$_{bg2}$
– **bittersüß**: plat.$_{h}$
– **Blei**; schmeckt wie: sulph.$_{h}$
– **blutig**: merc-c. nux-v. phos. raph. *Sep.*
– **brennend**: *Caust.* coff. crot-t. ferr. *Iod.* *Lyc.*
  ☞ *sauer / Sodbrennen*
– **Eier**; wie faule: acon. *Agar.* ant-t. **Arn.** brom. bufo cham.$_{k2,ptk1}$ coff. dios. elaps kali-c. *Lyc.*$_{vh}$ *Mag-m.*$_{hr1,k}$ mag-s. med.$_{br1}$ petr. phos. plan.$_{bg1}$ podo. *Psor.* ptel. rhus-t. *Sep.* stann. *Sulph.* *Valer.*
• **morgens**: stann.$_{h}$
  • **Aufstehen**, beim: **Arn.** graph. mag-c. *Mag-s.* petr. sulph. valer.
  • **Erwachen**, beim: valer.
• **abends**: carl.
• **nachts**: *Ant-t.* mag-c.$_{h}$ phos.
• **riecht** wie: *Cham.* elaps elat. ferr. *Podo.* psor. rhus-t. sulph.
  • **nachts**: mag-c.
• **Schwangerschaft**; während der: mag-c.
– **Eigelb**; schmeckt wie: apis
– **ekelerregend**
  ☞ *faulig*
– **faulig**: acet-ac. anan. ant-c. *Ant-t.* **Arn.** ars. ars-s-f.$_{k2}$ **Asaf.** asar. aur-m. *Berb.* *Bism.* bufo calc. calc-ar. calc-s. carb-an. *Carb-v.* carbn-s. caust. cina *Cocc.* con. cop. cub. *Dig.* *Ferr.* ferr-ar. ferr-p. *Fl-ac.* *Graph.* *Hep.* hydr. *Kali-bi.* lact. merc. mosch. mur-ac. naja nat-m. nat-s. nit-ac. nux-v. olnd. phos. *Plb.* *Psor.* *Puls.* raph. sang. sec. *Sep.* *Sul-ac.* *Sulph.* thuj. valer.
• **morgens**: *Nux-v.*
• **vormittags**: cocc.
• **abends**: nat-s. phos. stram. thuj.$_{h}$
• **nachts**: merc.
• **Alkoholikern**; bei: sul-ac.
• **fetten** oder gehaltvollen Speisen; nach: **Asaf.** *Caust.* nat-m. *Puls.*
• **Gebäck** oder Schweinefleisch; nach: *Puls.*
• **Milch**, nach: nat-m.
• **Pfirsichen**, nach: psor.
– **fettig**: aesc. alum.$_{bg1}$ asaf.$_{ptk1}$ carb-v. caust.$_{ptk1}$ *Cycl.* ferr-i. iris$_{ptk1}$ lyc. **Mag-c.** *Puls.* thuj.$_{ptk1}$ valer.$_{ptk1}$ zinc.$_{h}$
– **Fisch**; wie: carb-an.$_{h}$
– **Fleisch**:
• **gebratenes**; wie: nicot.$_{c1}$
• **schmeckt** wie: mez. zinc.
• **verdorbenes**; wie: alum-sil.$_{k2}$ **Puls.**

– **Flüssigkeit**; von: abies-n. agar. all-c. alum. anac. ant-c. ant-t. ars. aur-s. *Calc.* cann-s. carbn-s. carl. caul. cham. chlol. coc-c. crot-h. cycl. dig. fago. form. gent-c. gran. graph. gymno. ham. hell. kali-c.$_{k2}$ *Lac-ac.* lyc. mag-s.$_{c1}$ mez. mosch. nicc. nux-v. *Plat.* plb. ptel. **Puls.** raph. rhod. rob. sang.$_{k2}$ sul-ac.$_{k2}$ *Sulph.* ust. verat. verb.
• **morgens**: all-c. verat. verb.
  • **Frühstück**, nach dem: phos.
• **vormittags**: *Carl.*
• **nachmittags**: valer.
  • **16** h: *Valer.*
• **nachts**: nux-v.
  • **Weißbrot**, nach: *Crot-h.*
• **Beben** im Magen; mit vorangehendem: mag-s.$_{c1}$
• **Essen**, nach dem: cina staph.
• **gelb**: cic. sang.$_{k2}$
• **grünlich**: ars. graph. sang.$_{k2}$
• **Kaffee**, nach: puls.
• **Milch**
  ☞ *Milch; wie*
• **Mittagessen**, nach dem: castm.
– **gallig**: berb.$_{k2}$ calc.$_{h}$ coloc.$_{h}$ kali-p.$_{k2}$ nat-m.$_{h}$ nit-ac.$_{h}$
• **nachmittags**: lyc.$_{h}$
• **Menses**; während den: kali-c.$_{h}$
– **Gas**; große Mengen von: **Arg-n.** asaf. bapt. *Carb-v.* dios.$_{a1}$ *Hep.* *Lyc.* *Phos.*
– **geschmacklos**
  ☞ *leer*
– **gewaltsam**: bar-c.$_{h}$
– **grünlich**: ars.$_{h}$
– **häufig**: ambr.$_{c1}$ nat-c.$_{h2}$
– **heiß**: acet-ac. apis$_{bg1}$ ars. aur. canth. carb-v.$_{bg1}$ *Caust.* cob. cop. *Hep.* kali-bi.$_{bg1,bg2}$ *Lac-ac.* naja *Petr.* *Phos.* phys. *Podo.* puls. sang.$_{k2}$ sil. sin-a. zinc.
• **morgens**: tab.
• **bitter**; und: fago.$_{pd}$ gymno.$_{pd}$ podo.$_{pd}$
• **Essen**; nach dem: hep.$_{h}$ *Podo.*
– **hörbar**
  ☞ *laut*
– **Kalkwasser**; schmeckt wie: kali-c.
– **kalt**: cist.$_{bg1,bg2,*}$ mag-c.$_{h}$
– **Knoblauch**; wie: aesc. **Asaf.** *Mag-m.* mosch. sul-ac. sulph.
• **Krampf**; nach einem: mag-m.
– **kratzig**: sulph.$_{h}$
– **Kugel** auf und ab bewegen; als würde sich eine: bar-c.$_{ptk1}$
– **lange** anhaltend: glon. sul-ac.$_{h}$
– **laut**, geräuschvoll: acon. ambr. ant-c. **Arg-n.** arn. **Asaf.** *Bism.* borx. calc-p. *Carb-v.* carbn-s. caust. *Chin.* *Coca* *Coloc.* com. con. ferr-i. gran. iris jug-r. kali-bi.$_{ptk1}$ kali-c.$_{h}$ kali-n. lach. lact. manc. merc. *Merc-i-r.* mosch. petr. *Phos.* **Plat.** plb. *Puls.* *Sil.* sin-n. sulph. sumb. tab. thuj.$_{ptk1}$ til. verat. verb. vib.$_{ptk1}$ zinc.
• **nachmittags**: carbn-s.
• **Bücken**, beim: manc.
• **Essen**, nach dem: calc. plat.$_{h}$ tab.

• **Milch**, nach: sulph.
• **nüchtern**, wenn: **Plat.**
• **unkontrollierbar**: *Sil.*
• **unwillkürlich**: asaf.

– **leer** (= Aufstoßen von Luft): abies-n. acon. *Aesc.* *Aeth.* **Agar.** all-c. aloe alum. alum-p.$_{k2}$ alum-sil.$_{k2}$ am-br. **Am-c.** am-m. *Ambr.* anac. anan. androc.$_{srj1}$ **Ant-c.** ant-t. **Arg-n.** **Arn.** **Ars.** **Ars-i.** ars-s-f.$_{k2}$ arund. *Asaf.* *Asar.* bapt. *Bar-c.* *Bar-i.* bar-s.$_{k2}$ bell. *Berb.* **Bism.** bov. brom. *Bry.* cain. *Calad.* *Calc.* calc-i.$_{k2}$ calc-s. calc-sil.$_{k2}$ camph. cann-i. **Cann-s.** canth. **Carb-ac.** *Carb-an.* **Carb-v.** **Carbn-s.** card-m. carl. *Casc.* castm. caul. **Caust.** *Cham.* *Chel.* *Chin.* chinin-ar. chinin-s. chlol. cimx. cinnb. cist. clem. cob. coc-c. *Cocc.* coff. *Colch.* *Coloc.* **Con.** cop. corn. *Croc.* crot-t.$_{a1,k}$ *Daph.* *Dios.* dirc.$_{c1}$ dulc. elat. erig. eup-per. euph.$_{h}$ eupi. fago. *Ferr.* ferr-ar. ferr-i. ferr-p. fl-ac. gamb. gent-c. gins. *Glon.* gran. graph.$_{ptk1}$ grat. *Guaj.* gymno. ham. hell. helon. hep. *Hydr.* hyos. hyper. ign. indg. **Iod.** **Ip.** *Iris* jatr-c. *Kali-ar.* **Kali-bi.** kali-c. kali-chl. **Kali-i.** kali-m.$_{k2}$ kali-p. kali-s. kali-sil.$_{k2}$ *Kalm.* *Kreos.* *Lac-c.* lac-d.$_{k2,vh}$ *Lach.* lact. laur. *Lec.* led. lob. **Lyc.** mag-c. mag-m. mag-s. manc. mang. med. *Meny.* merc. merc-i-f. *Mez.* mill. mosch. myric. *Nat-ar.* *Nat-c.* nat-m. nat-p. *Nat-s.* nicc. *Nit-ac.* nux-m. ol-an. olnd. ox-ac. pall. petr. ph-ac. *Phos.* phys. phyt. **Pic-ac.** plan. *Plb.* podo. ptel. **Puls.** ran-b. ran-s. raph. rhod. rhus-t. rumx. ruta sabad. sabin. sang. sars. sec. senec. *Seneg.* sep. sil. sin-a. sol-ni. spig. spong. squil. stann. staph. stront-c. stry. sul-ac. sul-i.$_{k2}$ **Sulph.** sumb. tab. tarax. **Tarent.** thuj. til. *Valer.* *Verat.* verat-v. verb. vinc. viol-t. xan.$_{c1,k}$ zinc. zinc-p.$_{k2}$ zing.
  • **morgens**: alum.$_{h}$ anac. bar-c. bov. bry. calc. cedr. cina cob. coloc. con. croc. dios. kali-c.$_{h}$ mag-c. nat-m. *Pic-ac.* *Plat.* stann.$_{h}$ sul-ac. *Sulph.*
    • **7** h: dios.
    • **Aufstehen**:
      • **nach**: nat-m.
      • **beim**: cedr.
    • **Erwachen**, beim: bar-c. calc.
    • **Nüchternheit**, nach: bov. cina croc. nit-ac.$_{h}$ *Plat.*
  • **vormittags**: castor-eq. colch. com. *Con.* hydr. ign. kali-c.$_{h}$ myric. naja par. *Pic-ac.* sars. zinc.
    • **9** h: com.$_{a1,k}$
    • **10** h: castor-eq. ign.
    • **11** h: hydr.
  • **mittags**: olnd. ox-ac.
    • **Essen**, beim: olnd.
  • **nachmittags**: aeth. ambr.$_{h}$ ars. bar-c.$_{h}$ *Carb-v.* crot-t. dios. hydr. hyper. iris lyc. mag-m. nat-m. op. ox-ac.
    • **17** h: dios. hyper. ox-ac.
    • **Kaffee**, nach: nat-m.
    • **Magen**; bei leerem: op.
  • **abends**: abrot. am-c. coc-c. dios. hyper. rumx. sars. sulph. verat. zinc.
    • **18** h: iris
    • **19** h: dios. phys.
    • **21** h bis Mitternacht: phos.

– **leer - abends - 21** h bis Mitternacht: ..
      • **Gehen** im Freien; beim: phos.
    • **21**.30 h: dirc.
    • **Liegen**, beim: verat.
    • **Schluckauf**, beim: sulph.
  • **nachts**: dios. dirc. kali-c.$_{h}$ mang. mur-ac. phos phys. sumb. tanac.
    • **23** h: sumb.
    • **Menses**, vor den: mang.
  ◆ **abwechselnd** mit Schluckauf: agar.
  • **Abendessen**, nach dem: alum. lyc. sep.
  • **Aufstehen**, beim: coloc.
  • **Bier**, nach: vinc.
  • **Erwachen**, beim: bar-c. calc. rumx.
  • **Essen**, nach dem: *Acon.* ars. bry. calc. *Camph.* carb-an. card-m. cench.$_{k2}$ coloc. cycl. grat. *Hydr.* nat-c. *Nat-m.* *Ox-ac.* ph-ac. *Phos.* *Plat.* *Ran-s.* rhus-t. *Sep.* spig. **Sulph.** **Verat.**
  • **Freien**, im: nat-m.
  • **Frühstück**:
    • **vor**: *Bov.* *Ran-s.*
    • **nach**: ars. grat. hell. sulph.
  • **geistiger** Anstrengung, bei: *Hep.*
  • **heiß**: apis$_{vh}$ carb-v.$_{vh}$ kali-bi.$_{vh}$
  • **Husten**, nach: **Ambr.** ang.$_{c1}$ **Sang.** sul-ac verat.
  • **Hysterie**, bei: mang.
  • **Kälte**, bei: gamb.
  • **Kopfschmerzen**, bei: apis *Calc.*
  • **Menses**:
    • **vor**: mang.
    • **Dysmenorrhoe**, bei: mang.
  • **Mittagessen**, nach dem: alum.$_{h}$ am-c. ars. cact. cycl. lyc. mag-m. *Sulph.* zinc.$_{h}$
  • **nüchtern**, wenn: plat. valer.
  • **salzig**: mag-m.$_{vh}$ sil.$_{vh}$
  • **schleimig**: coca$_{a1}$ graph.$_{a1}$ hyper.$_{a1}$ staph.$_{a1}$ sulph.$_{a1}$
  • **Stuhlgang**, nach: bar-c.
  • **Suppe**, nach der: carb-v. mag-c.
  • **Trinken**, nach dem: bism. carb-v. coloc. nat-m. rhus-t.$_{h}$ tarax. vinc. zinc.$_{h}$
    • **kaltem** Wasser, von: phos.
  • **Übelkeit**, bei: arn. coc-c.
  • **Zucker**, durch: raph.

– **Luft**; von
  ☞ *leer*

– **Mandeln**; schmeckt nach: *Caust.* *Laur.*

– **milchig**: ant-t. calc. carb-ac. carb-v. cina$_{k2}$ lyc. merc.$_{k2}$ sep.$_{k2}$ sulph. zinc.
  • **nachmittags**: zinc.
  • **Gehen**; beim: mag-m.

– **modrig**: ign.

– **Moschus**; schmeckt wie: *Caust.* sumb.

– **Olivenöl**; riecht nach: phos.$_{h}$

– **Orangen**; wie: phos.$_{h}$

– **ranzig**: aeth. alum. **Asaf.** bar-c. cadm-s.$_{k,k2}$ *Calc.* *Carb-v.* carbn-s. *Chin.*$_{ptk1}$ *Croc.* *Cycl.* ferr-i. *Graph.* grat. kali-bi. laur. lyc.$_{ptk1}$ merc. mez. nux-m. phos. *Psor.* *Puls.* ran-s. rhod. sabad. sanic. sep.$_{k2,ptk1}$ sulph. tell.$_{ptk1}$ ter. thuj. *Valer.*
  • **morgens**, nach Suppe: alum.

- **nachmittags**: crot-h
- **abends**: ran-s.
  - **16** h: *Valer.*
  - **Essen**, nach dem: mez.
- **nachts**: *Merc.*
- **Essen**, beim: *Graph.*
- **gehaltvollen**, fetten Speisen; nach: thuj.
- **Mittagessen**, beim: alum.

– **Rettich**; schmeckt wie: osm.ptk1

– **salzig**: agar. ant-t. arn. cadm-s. *Carb-an.* caust. cham. *Kali-c.* lyc. mag-m.bg1 nux-v. sep. sil.bg1 staph. sul-ac.
- **Erbrechen**; vor dem: sul-ac.h

– **sauer**: abrot. *Acet-ac.* aesc. agar. ail. *All-c.* aloe *Alum.* alum-p.k2 alum-sil.k2 am-c. am-m. *Ambr.* ant-t. aran-sc. *Arg-n.*hr1,k *Ars.* ars-i.k2 ars-s-f.k2 asar. *Bar-c. Bar-i.*k,k2 bar-s.k2 bell. *Bry.* bufo cact. *Cadm-s.* **Calc.** calc-i.k2 *Calc-p. Calc-s.* calc-sil.k2 cann-s.k,k2 *Canth. Carb-ac. Carb-an.* **Carb-v.** *Carbn-s.* caul. *Caust. Cham. Chel.* **Chin.** *Chinin-ar. Chion.* chlol. *Cimx.* cina cob. *Cocc.* coff. coloc. com. *Con.* cop. crot-h. cub. cupr-act. *Cycl. Dig. Dios.*br1,k dros. echi. elaps *Ferr. Ferr-ar. Ferr-i. Ferr-m. Ferr-p.* fl-ac. form. *Gels.* gent-c. gins. *Graph.* guare. gymno. *Hep. Hydr.* hydrc. hyos. **Ign.** indg. *Iod.* **Iris** kali-ar. **Kali-bi.** *Kali-c.* kali-chl. kali-m.k,k2,* kali-p. **Kali-s.** kali-sil.k2 *Kreos.* lac-ac. *Lac-d. Lach.* laur. lept. **Lith-c.** *Lob.* **Lyc. Mag-c.** mang. mez. **Nat-ar. Nat-c. Nat-m. Nat-p. Nat-s.** nicc. *Nit-ac.* **Nux-v.** *Op.* ox-ac. pall. *Petr. Ph-ac.* **Phos.** phyt. pic-ac. pip-m. plb. *Podo. Psor.* ptel. *Puls.* ran-s. **Rob.** sabad. sabin. sang.k2 sanic. sars.h sec. senec. *Sep. Sil.* sol-t-ae. spig. spong. squil. stann. staph. stict.c1 stram. **Sul-ac.** sul-i.k2 **Sulph.** tab. thuj. ust. verat. verat-v. *Zinc* zinc-p.k2 zing.

☞ *brennend / Sodbrennen / Übersäuerung*

- **tagsüber**: *Nux-v.* **Sulph.**
- **morgens**: calc. kali-c.h *Puls.* sil. tab. tarent.
  - **Aufstehen**, nach dem: mag-m.a1,h
  - **Gehen**, nach dem: nux-v.
- **vormittags**: agar. alum. nicc.
- **nachmittags**: am-m.h ammc. carbn-s. fl-ac. kali-c.h lyss. *Nat-c.* podo. sars.h
  - **Mittagessen**, nach dem: nat-m.
- **abends**: calc. chinin-s. con. dios. nat-m.h ox-ac. phos. ran-s. sars. sil.h
  - **Bett**, im: *Alum.*
  - **Essen**, nach dem: stann.
  - **flüssig**: nat-m.h
  - **Freien**, im: carb-v.
- **nachts**: calc-s. *Con.* kali-c.h lyc. *Nux-v.* tanac.
- **Abendessen**, nach dem: sep.
- **Alkoholikern**; bei: *Sul-ac.*
- **bitter**: nux-v.ptk1
- **Brot**, nach: crot-h. *Hydr.* merc. zinc.
- **Erbrechen**, nach saurem: caust.ptk1
- **Erwachen**, beim: rumx.
- **Essen**:
  - **vor**; eine Stunde: pip-m.c1
  - **nach**: bar-c. *Bry.* caps. carb-v. cham. chin. cina *Con.* dig. dios. *Ferr.* ferr-m. *Hydr.* iber.c1

– **sauer - Essen - nach**: ... kali-c. kali-s. kreos. lyc. *Nat-ar.* **Nat-m.** *Nit-ac.* petr. ph-ac. *Phos.* podo. puls-n. sabin. sars. *Sil.* sulph. zinc. zinc-p.k2
  - **eine** bis drei Stunden nach: *Puls.*
  - **zwei** Stunden nach: com.
- **fetten** Speisen, nach: *Caust. Nit-ac. Rob.*
- **Frühstück**:
  - **beim**: ox-ac.
  - **nach**: petr.h sars.
- **gehaltvollen**, fetten Speisen; nach: chin. sulph. zinc.
- **Gehen**:
  - **beim**: carb-v.
  - **Freien**, im: stann. sul-ac. sulph.
- **Husten**, nach: raph. sul-ac.
- **Kaffee**, nach: *Cycl. Puls.*
- **Kohl**, nach: **Mag-c.**
- **Kopfschmerzen**, mit: pic-ac.bg1
- **Liegen** auf dem Rücken; beim: carb-v.
- **Mehlspeisen**, Teigwaren; nach: *Caust. Nux-v.*
- **Menses**:
  - **vor**: *Kali-c.*
  - **während**: *Mag-c.*
- **Milch**, nach: am-c. *Calc. Carb-v. Chin.* iris *Lyc. Mag-c.* merc. *Nux-v.* phos. *Sulph.* zinc. zinc-p.k2
- **Mittagessen**, nach dem: ars. fl-ac. lyc. mag-m. petr. rumx. *Sulph.* sumb. *Zinc.*
- **Obst**, nach: **Chin.**
- **Schwangerschaft**; während der: nux-v. sul-ac.k2
- **Schwindel**, bei: sars.
- **Sitzen**, bei gebeugtem: *Rob.* sabin.
- **Trinken**:
  - **nach**: canth. zinc.
  - **Wasser**, nach: psor.
- **Übelkeit**, bei: gamb.
- **Wechselfieber**, bei: *Lyc.*
- **Zucker**, nach: *Caust.* sulph.vh

– **scharf**: aloe alum. *Ambr. Apis* arg-met. ars. ars-s-f.k2 asaf. bell. bufo cact. *Calc. Calc-s. Cann-s.* caps. *Carb-an.* carb-v.bg1,h carbn-s. *Caust.* cham. cop. crot-h. crot-t. cupr. *Dig.* dios. dor. echi. fago. ferr.a1 *Fl-ac. Graph.* kali-c.k2 *Lac-ac. Lach.* lact. lob. **Lyc.** mang. *Merc.* mez. *Nit-ac. Nuph.* nux-m.c1 *Nux-v.* ol-an. ox-ac. petr. phos. *Phyt.* raph. *Rhus-t. Sang. Sep. Sul-ac.* ter. ther. thuj. verat. zinc. zinc-p.k2
- **nachmittags**: *Caust.* chin.
- **abends**: alum. *Ambr. Caust.*
- **nachts**: merc.
- **Alkoholikern**; bei: *Sul-ac.*
- **Brot**, nach: crot-h.
- **Essen**, nach dem: all-s. anac. carbn-s. nux-m.c1 spig.
- **Fieber**; während: cub.
- **Mittagessen**, nach dem: aloe petr.h
- **Süßigkeiten**, nach: raph. zinc.

– **schaumig**: alet. all-c. *Canth* cimx.bg1 kreos. *Lach.* lyc. *Mag-m.*
- **morgens**: all-c.
- **weiß**: mag-m.h

– **schlecht** schmeckend: arg-met.$_{h}$
– **Schleim**; von: aesc. alum. *Arn.* ars.$_{h}$ bry. calc.$_{bg1}$ *Canth.* carb-v.$_{bg1,h}$ cupr. graph.$_{bg1}$ hyper.$_{bg1}$ *Kali-c. Lach.* lyc. mag-s. nat-s.$_{k2}$ phos. puls.$_{bg1}$ raph. sabad. staph.$_{bg1}$ sul-ac. sulph.$_{bg1}$ verat.$_{bg1}$
• **morgens**: all-c. bry. graph. hyper.
• **Husten**, nach dem: sul-ac.
• **abends**: bry. hyper.
• **Hals**, aus dem: staph.$_{h}$
• **Mund** füllenden Mengen; in den: carb-v.$_{h}$
• **wie** Schleim: sulph.$_{h}$
– **schluchzend**: ant-t. bell. chin. coloc. cycl. meph. staph.
– **Schluckauf**; wie: ant-t. bell.$_{h}$ calc. *Cycl.* mez. plat. sars. sulph.
• **Mittagessen**; nach dem: carb-an. plat.
– **schmerzhaft**: acon.$_{a1,bg1}$ anan. ant-c.$_{bg1}$ *Bry. Carb-an.* caust. **Cham.** cocc.$_{a1}$ con. lob.$_{bg1}$ nat-c. nicc.$_{a1,bg1}$ nux-v. ox-ac. *Par.* petr.$_{bg1,bg2,*}$ phos. plb. sabad. sep.$_{h}$
• **gewaltsam**, als würde es den Ösophagus zerreißen: coca$_{ptk1}$
– **Schwefelwasserstoff**; wie
☞ *Eier*
– **Speisen**; schmeckt nach: aesc. aeth. agar. aloe am-c. am-m. ambr. anan. **Ant-c.** *Apis* arg-n. arn. ars. aur-s. bell. **Bry.** *Calc.* calc-sil.$_{k2}$ camph. **Carb-an.** carb-v. carl. castm. **Caust.** cham. chel. **Chin.** cic. cocc. colch. *Con.* cop. croc. crot-h. cycl. echi. euphr. **Ferr.** *Ferr-ar. Graph. Grat.* ham. hep. ign. *Ip.* kali-bi. kali-c. kali-i. lac-ac. lach. laur. lyc. mag-m. mang. nat-ar. nat-c. **Nat-m.** nux-v. olnd. phel. *Phos.* phyt. plb. psil.$_{ft1}$ **Puls.** *Ran-s.* rat. rhus-t. *Rumx.* ruta sars. sep. *Sil.* sin-a. spig. squil.$_{h}$ staph. still. *Sulph.* sumb. tab. tell. *Thuj.* til. trom. verat. zinc. zinc-p.$_{k2}$
• **morgens**: agar. mag-c.$_{h}$
• **nachmittags**: coff. euphr. petr.$_{h}$
• **13** h: chel.
• **Mittagessen**; nach dem: canth. cina sars. squil.
• **Rauchen**; beim: thuj.
• **Wasser** agg.; Trinken von: **Apis**
– **Speisen**; von (= Aufsteigen, Hochkommen von Speisen): *Aesc.* aeth. alum-sil.$_{k2}$ am-m. *Arg-n.* ars. ars-s-f.$_{k2}$ *Arum-t.* asaf. *Bell. Bry.* bufo *Calc. Calc-s.*$_{k,k2}$ camph.$_{h}$ canth. carb-an.$_{h}$ *Carb-v.* carbn-s. *Caust. Cham.* **Chin.** chinin-ar. coff. *Con. Cop.* cycl. *Dig.* echi. **Ferr.** ferr-ar.$_{k2}$ ferr-i. **Ferr-p.** glon. graph. *Hep.* hydr.$_{k2}$ ign. iris kali-ar. *Kali-bi.* kali-c. kali-m.$_{k2}$ kali-p. kali-s. kalm. *Lach.* lob. *Lyc.* mag-c.$_{k2}$ mag-m. *Mag-p.* mang. *Merc. Mez. Mur-ac. Nat-m.* nit-ac. *Nux-v.* **Ph-ac. Phos.** pic-ac. plat. plb. *Podo.* **Puls.** ran-b. *Rhus-t.* rob. sars. senec. spig. sul-ac. *Sulph.* tab. tell.$_{c1}$ teucr. thuj. ust. valer. verat.
• **morgens**: *Sulph.*
• **mittags**: *Ferr.*
• **nachmittags**: euphr. ferr. lyc. nat-p. sulph.
• **abends**: sulph.
• **nachts**: *Canth. Phos.* zinc.
• **Mitternacht**; nach: sil.
– **Speisen**; von - **nachts**: ...
• **Speisen**, die mittags gegessen wurden; durch: kali-c.$_{h}$ *Zinc.*
• **Suppe**, die mittags gegessen wurde: graph.$_{h}$
• **Abendessen**; nach dem: phos.
• **Ärger**, Verdruß; nach: ferr-p.
• **bitter** schmeckend: **Lyc.** *Nat-c.* ph-ac. sulph.$_{h}$
• **Bücken**; beim: cic. ip. *Phos.*
• **Essen**:
• **beim**: cupr-s. grat. mag-p. merc. phos. sars.
• **nach**: aesc. bry. **Ferr.** mag-m.$_{h}$ mag-p. med. *Nat-m.* phos. podo.
• **unmittelbar** nach dem Essen: ferr. *Mag-p. Phos.*
• **eine** Stunde nach: aesc. aeth. sulph.$_{h}$
• **zwei** Stunden nach: ferr. lyc. sulph.
• **fünf** Stunden nach: *Caust.*
• **Übelkeit** erregender Geschmack: calc.$_{h}$
• **Gehen**; beim: *Mag-m.*
• **Husten**; nach: *Raph.* sul-ac.
• **Mittagessen**; nach dem: lyc. nat-p. sars. sulph.
• **Gehen**; beim: mag-m.
• **Mund** füllen; in Portionen, die den ●: aesc. arg-n. ars. *Dig. Ferr. Hydr. Hyos.* lach. lyc. **Phos.** sul-ac. sulph.
• **ranzig**: puls.
• **sauer**: graph.$_{h}$ mag-m.$_{h}$ zinc.$_{h}$
– **stechend** scharf: sabad.
• **Husten**; beim: caps.
– **süßlich**: acon. alum. bar-c.$_{h}$ carb-v. dulc.$_{bg1}$ grat. ind. lachn. merc. plat. *Plb. Sul-ac.* sulph. zinc.
• **morgens**: alum. sul-ac. sulph.
• **flüssig**: *Acon.* bar-c.$_{h}$ *Iris* lachn. *Plb.*
• **Menses**, vor den: *Nat-m.*
• **Schwangerschaft**; während der: nat-m. *Zinc.*
• **Wasser**: ars.$_{vh}$ nat-c.$_{h2}$ *Plb.*
– **Talg**; schmeckt wie ranziger: **Puls.**
– **Tee**; schmeckt wie: lycps-v.$_{ptk1}$
– **Übelkeit** erregend: am-m. ant-t. asaf.$_{bg3}$ calc. *Carb-v.* carbn-s. chin. fl-ac. *Graph.* grat. helon. kali-br. nat-m. ol-an. onos. oreo.$_{br1}$ par. ptel. **Puls.** *Sep.* sulph.$_{bg3}$ verat. verb. zinc. zing.
• **gehaltvollen**, fetten Speisen; nach: nat-m. sep.
– **übelriechend**
☞ *faulig*
– **Urin**; wie: agn.$_{bg1,bg2,*}$ ol-an.$_{a1,ptk1}$ phos.$_{h}$
• **riecht** wie abgestandener: agn.$_{a1}$
– **verbrannt**; wie: cycl.$_{h}$
– **verdorben**, faulig: *Acet-ac. Arn.* asaf.$_{k2}$ asar. aur-m. bell. bism.$_{ptk1}$ cocc. ferr.$_{a1}$ graph. hydr.$_{k2}$ kreos.$_{ptk1}$ mag-s. merc. mur-ac. nux-v. olnd. plb.$_{ptk1}$ *Psor.* puls. sep. sulph. tab. thuj. til.$_{c1}$ *Valer.*
– **Wasser** in den Mund; Hochsteigen von (= Aufschwulken): acet-ac. acon. aesc. alum. alum-p.$_{k2}$ alum-sil.$_{k2}$ *Alumn. Am-c. Am-m.* ambr. anac. ant-c. *Ant-t. Apis* arn. **Ars.** ars-i. asar. **Bar-c.** *Bar-i.* bar-m. bar-s.$_{k2}$ bell. *Bism.* bov. **Bry.**$_{c2,k}$ **Calc.** calc-ar.$_{k2}$ calc-i.$_{k2}$ *Calc-p. Calc-s.* calc-sil.$_{k2}$ cann-s. canth. *Caps. Carb-an.* **Carb-v.** carbn-s. *Caust.* chel. *Chin.* chinin-ar. *Cic. Cina* cob. *Cocc.* colch. con. croc. cupr. cur. cycl. *Daph.* dig. *Dros.*

– **Wasser** in den Mund; Hochsteigen von: ... dulc. euph. ferr. ferr-ar. ferr-i. ferr-p. *Graph.* grat. hell. *Hep. Ign.* iod. *Ip.* kali-ar. *Kali-bi. Kali-c.* kali-m.k2 kali-p. kali-s. kali-sil.k2 *Lac-ac.* lach. laur. *Led.* lil-t. *Lob.* **Lyc.**c2,k mag-c. *Mag-m.*c2,k mang. meny. *Merc.* **Mez.** mosch. mur-ac. *Nat-ar. Nat-c. Nat-m.* nat-p. *Nat-s. Nit-ac.* nux-m. **Nux-v.**c2,k olnd. **Par. Petr.** ph-ac. *Phos.* phys. pic-ac. plat. plb. podo. psil.ft1 psor. **Puls.** *Ran-b.* ran-s. rat. *Rhod. Rhus-t.* **Sabad.** sabin. **Sang.** *Sars.* sec. seneg. *Sep.* **Sil.** spig. spong. squil. stann. **Staph.** *Sul-ac.* sul-i.k2 **Sulph.** tab. tarax. ter. thea thuj. tub-r.jl valer. **Verat.**c2,k verb. zinc. zinc-p.k2
- **morgens**: mag-m.h sulph.
  - **Ausspülen** des Mundes; beim: sulph.h
- **mittags**, nach dem Essen: sulph.
- **nachmittags**: sep.h
  - **16** h: ars.h
  - **Gehen**, beim: nat-s.
- **abends**: anac. caust.h cycl. nat-s. podo. still. sulph.h ter.
- **nachts**: carb-an.h *Carb-v.* genist. graph.
  - **Mitternacht**, nach: kali-c.h
  - **Menses**, während: *Puls.*

◆ **begleitet** von:
- **Zunge**:
  - **braune** Farbe der Zunge: sil.kr1,vk1
- **Abendessen**, nach dem: am-m.
- **Aufstehen**; beim: lac-d.c1
- **bitter**: am-m.bg1 arg-met.bg1 bar-c.bg1 calc.bg1 *Chel.*bg1,bg2 cic.bg1 coloc.bg1 graph.bg1,bg2 grat.bg1 ign.bg1 lach.bg1 lyc.bg1 mang.bg1,bg2 merc.bg1,bg2 nat-c.bg1,bg2 nux-m.bg2 *Nux-v.*bg1 phos.bg1 rhod.bg1,bg2 sul-ac.bg1 sulph.bg1,bg2 valer.bg1,bg2 zinc.bg1
- **Essen**, nach dem: am-c. am-m. *Bry. Calc.* chin. con. croc. ferr. *Kali-c.* lyc.h merc. nat-m. *Nux-v.* phos. sang. *Sep. Sil. Sulph.*
  - **amel.**: sep.h sulph.h
- **Fahren** im Wagen; beim: *Nux-m.*
- **Fleisch**; durch frisches: *Caust.*
- **Frühstück**, nach dem: petr.h
- **Husten**, beim: am-m.h ars.h
- **hustet** nach dem Sodbrennen: abies-n.br1
- **kräftigen** Speisen, nach: *Mag-c.* psil.ft1
- **kühles** Wasser: caust.
- **Liegen**, beim: caust.h *Psor.*
- **Menses**, vor den: *Nux-m. Puls.*
- **Milch**, nach: *Calc. Cupr.* phos.
- **Mittagessen**:
  - **vor**: sulph.
  - **nach**: am-m.
- **Nüchternheit** agg.: grat.
- **periodisch**:
  - **Stunde**; zur selben: hep.bg1
  - **Tag**, jeden zweiten: lyc.
- **Räuspern**, beim: sulph.h
- **Säuren**, nach: phos.
- **sauren** Speisen, nach: phos.h
- **Schnupfen**, mit: nit-ac.h
- **Schwangerschaft**; während der: acet-ac. dios. *Lac-ac.* lob. *Nat-m. Nux-m. Tab.*

Aufstoßens; Art des - **Wasser** in den Mund; Hochsteigen von: ...
- **Stuhlgang**, nach: caust.
- **süßlich**: ant-c.br1
- **Trinken**, nach dem: nit-ac. sep.

– **Wasser**; von: acon. ant-c. ant-t. arn. aur-s.k2 bar-c. bar-m.k2 bar-s.k2 bry. cann-i. carl. castm. caust. cob. *Colch.* crot-t. *Graph.* grat. kali-n. *Mag-m.* mag-s. *Merc. Merc-c. Mez.* nat-c.h2 nat-s. ol-an. phos. plat. *Plb.* sil. stann. sul-ac. *Sulph.* verat.
- **morgens**: graph.
  - **Aufstehen**, nach dem: carb-an. mag-m.h
  - **Übelkeit**, bei: *Mag-m.* mag-s.
- **vormittags**: nicc.
- **nachmittags**: am-m. kali-n.h
- **abends**: kali-n.h sars.
- **nachts**: mang. **Merc.**vh
  - **Menses**, vor den: mang.
- **Bewegung**, bei: mez.
- **Essen**, nach dem: graph.h
- **grün**: graph.h
- **Kartoffeln**, nach: mag-s.
- **Sitzen**, im: phos.
- **Trinken**, nach dem: graph.h
- **Übelkeit**, bei: gamb. kali-n.h **Merc.**vh
- **Urin**, wie: agn.vh

– **Zwiebeln**; wie: mag-m.h2,ptk1

Auftreibung: abies-c.br1 abrot. acet-ac.k2 acon. aesc. aloe alum. alumn. ant-c. ant-t. apis apoc.k2 **Arg-n.** ars.h ars-i. *Asaf.* aur. aur-ar.k2 aur-i.k2 aur-s.k2 bapt.k2 bar-m. *Bell.* berb. *Borx. Bry.* bufo but-ac.br1 calad. **Calc.** *Calc-ar. Calc-s.* cann-i.br1 caps. carb-ac.br1 carb-an. **Carb-v.** carl. cedr. *Cham.* chel. **Chin.** *Chinin-s.* **Cic.** cimic. clem. coc-c. *Cocc.* coff. *Colch. Con. Croc.* cupr. cycl. daph. *Dig.* dios. *Dulc.* echi. elaps eup-pur. ferr. ferr-ar. ferr-i. ferr-m. ferr-p. *Gels.* gent-l. gins. gran. *Graph.* grat. *Hell. Hep. Hydr.* hydr-ac. hydrc. hyos.k2 *Ign.* indg.br1 iod. kali-ar. kali-bi. **Kali-c.** kali-p. kali-s. *Lac-d. Lach.* laur. lec. led. lil-t. **Lyc.** mag-c. *Manc.* mang.h **Med.**st *Merc. Merc-c.* merl. mez. mosch. nat-ar. nat-c. *Nat-m. Nat-p.*k2,vh,* *Nat-s.* **Nux-m.** *Nux-v.* ol-an. op. petr. *Phos.* phys. phyt. plat.h plb. *Prun.* psor. *Puls.* raph. **Rat.**c2,k rob. sabad. sabin. sang. sanic.vh sec. sep. stann.h *Stram.* sul-ac. sul-i.k2 **Sulph.** tarent. thuj. zinc.h

– **morgens**: nux-v. *Phos.*

– **vormittags**: myric.

– **nachmittags**: nat-m. petr. sulph.

– **abends**: calc.vh dios. eupi. hydrog.srj2 *Kali-bi.* osm.
- **21** h bis Mitternacht: phos.
- **Bett**, im: bell.h
- **Essen**; vor dem: hydrog.srj2

– **nachts**:
- **Mitternacht**, nach: ambr.br1
- **Erwachen**, beim: asaf. carb-an.h

◆ **begleitet** von:
- **Kopfschmerzen**
  ☞ ❑ *Kopf - Schmerz - begletet - Magen - Auftreibung*

– **Abendessen**, nach dem: zinc.
– **Anstrengung**, bei: arg-n.st
– **Asthma**; während: lac-d.c1
– **Aufstehen**, nach dem: coc-c.
– **Aufstoßen**:
• **amel.** ●: *Arg-n.* **Carb-v.**k,kl2● mag-c. *Nat-s.*
• **nicht** amel. durch: **Chin.**k,kl2● echi. *Lyc.*k,kl2● phos.h
– **Austern**, nach: *Bry. Lyc.*
– **Bewegung** amel.: cedr. chin.bro1
– **Erregung**, nach: *Arg-n.* nux-m.
– **Essen**:
• **amel.**: cedr. rat.
• **beim**: con.
• **nach**: agar. alum. alum-p.k2 *Ambr. Anac.* androc.srj1 *Apoc. Arg-n.* aur-m. bar-c. **Borx.** *Bry.* calad. *Calc.* calc-s. cann-i. carb-an. **Carb-v.** carbn-s. *Caust.* cham. **Chin.** cimic. coc-c. **Colch.** *Cop.* dig. dios. dulc. ferr. ferr-p. graph. *Grat. Hep.* kali-c.k2 lac-f.c1 *Lach.* **Lyc.** mag-c.k2 nat-m.h **Nat-s.** *Nux-m.* **Nux-v.** op. *Phos. Puls.* rumx. *Sanic.* sars. sin-a. *Stann.* sul-ac. sulph. tab.
• **unmöglich**; ist: puls.k2
• **wenig** Essen; nach: apoc.k2
– **Fisch**, nach gepökeltem: arg-n.vh calad.
– **Flatus** amel.; Abgang von: rat.
– **Frost**; während: *Cocc.*
– **Gehen** amel.: calad. cedr.
– **geistige** Anstrengung:
• **bei**: hep.
– **Konvulsionen**, während den: *Cic.*
– **Kummer**, nach: calc.vh
– **Liegen** auf dem Abdomen amel.: con.
– **Menses**:
• **vor**: zinc.
• **unterdrückt**: cham.h
– **Milch**, nach: *Con.*
– **Mittagessen**:
• **vor**: rat.
• **nach**: alum.h ant-c. dig. kalm. zinc.
– **Obst**; durch: verat.k2
– **Stuhlgang**:
• **vor**: ars.h
• **während**:
• **amel.**: corn.
– **Trinken**, nach dem: apoc.k2 calc.h manc. nat-m.h tab.
– **Widerspruch**, nach: *Nux-m.*
○ **Magengrube**, schmerzhaft: arg-n.br1

Aura epileptica wird am Solar plexus gespürt
☞ *Epileptische Aura*

Balanciert; als würde Magen auf und ab: ph-ac.

Balken:
– **quer** über dem Magen liegen; als würde ein Balken: *Haem.*vh *Ric.*vh

Beben
☞ *Zittern*

Beklemmung: mur-ac.h nat-c.h nat-m.h phos.h plat.h zinc.h
☞ *Schweregefühl*
– **Lehnen** nach hinten; beim: con.h
– **Menses**, während: plat.h

Beschwerden des Magens: ast-a.bta1 bid-p.bta1 bop-sc.bta1 certhec-t.bta1 eucl-l.bta1 ipom-p.bta1 luf-s.bta1 mom-in.bta1 moscho-r.bta1 osteos-n.bta1 othon-n.bta1 plect-v.bta1 roye-v.bta1 strych-h.bta1 trichil-e.bta1 trimer-a.bta1 tur-o.bta1 vern-w.bta1 wede-n.bta1 zanthox-c.bta1
◆ **begleitet** von:
• **Schluckauf**: *Kali-bi.*st1
• **Speichelfluß**: *Kali-bi.*kr1,vk1
• **Zunge**:
• **braune** Farbe der Zunge:
• **dicker** Belag: verat.kr1,vk1
• **weiße** Farbe der Zunge: *Ang.*kr1,vk1 *Colch.*kr1,vk1 *Nat-s.*kr1,vk1

Besorgnis, Bangigkeit im Magen: asaf. *Aur.* bry. calc. *Cann-s.* canth. *Dig.* hydrog.srj2 *Kali-c. Lyc.* **Mez.** *Phos.* thuj.
☞ *Angst / Furcht / Gemütsbewegungen / ❑ Gemüt - Erregung / ❑ G~ Furcht - geschehen / ❑ G~ Furcht - Magen - aufsteigend / ❑ G~ Hellsehen*
– **steigt** zum Kopf auf und wieder zurück: thuj.

Bewegung im; Gefühl von: androc.srj1 arn. chel. *Cocc.*hr1,k colch. coloc. **Croc.**hr1,k iod.h kali-n. laur. *Lyss.*hr1,k nat-m. nicc. ol-an. phos. sul-ac. tarent.

Blubberndes, glucksendes Gefühl: caust.a1,k lyss.a1,k phos.h rheumh

Blutung
☞ *Erbrochenen; Art des - Blut*

Brechreiz, Würgen: agar. benz-ac. borx.k2 bry. cadm-s.br1 calc-p. *Carb-v. Chin.* chinin-s. colch.k2 cop. *Kali-c.* kali-chl. *Lyc.* nux-v.k2 par. *Podo.*c2,k stann.k2
☞ *Würgen / Übelkeit*
– **morgens**: carb-v.a1 *Corn.*hr1,k kali-c.hr1,k kreos.bg2
– **nachts**: *Arg-n.*hr1,k
– **anhaltend**: ip.k2
– **Auswurf**, beim: *Arg-n. Coc-c.* par.
– **Berührung**:
• **Halses**; des: nux-v.k2
• **Mundes**; des:
• **Innenseite** des: coc-c.k2
– **Essen**, nach dem: agar.hr1,k *Ambr.*hr1,k *Kali-c.*hr1,k *Lach.*hr1,k
– **Frühstück**, nach dem: calc-p.hr1,k
– **Husten**, durch: *Agar.* ambr.k2 ant-t.k2 *Arg-n.* arn.k2 bell.k2 bry. bufok2 calc. carb-v. caust. cench. cimx. **Cina**k,k2 coc-c. cupr. dirc.bg1 ferr. hell. hep.k2 ip.k2 kali-c. *Lach. Lyss.* merc-c. nux-v.k2 sang.k2 sanic. sep. sil.k2 squil.k2 stann.k2 tarent.k2
– **Schleim** in den Fauces; durch: anac.hr1,k *Arg-n. Carb-v.*hr1,k ip. *Lyc.*hr1,k
– **Trinken**, beim: *Cimic. Cimx.*hr1

Drängen zum Stuhl wird im Magen gespürt
☞ *Stuhldrang*

Drehen, Winden im Magen: aeth.$_{a1,k}$ am-m.$_{a1,k}$ hydr.$_{a1,k}$ kali-n.$_{a1,k}$ nat-c.$_{h2}$ nat-m.$_{a1,k}$ ol-an.$_{a1,k}$ plb.$_{a1,k}$ sabad.$_{rb2}$ sulph.$_{a1,k}$
– **morgens** nach dem Aufstehen: kali-n.$_{a1,k}$
– **Bewegung**, bei: bell.
– **herumzudrehen**; der Magen scheint sich:
 • **Herumdrehen** im Bett; beim: orni.$_{rb2}$
 • **Husten**, beim: kali-c.$_{rb2}$ *Puls.* ruta tab.
– **Liegen** auf dem Magen; beim: hydr.
– **Schlucken** von Flüssigkeiten, nach: plb.$_{a1,k}$

Drücken; als würde der Magen gegen die Wirbelsäule: arn.$_{br1}$

Durst: absin.$_{a1}$ **Acet-ac.**$_{hr1,k,*}$ **Acon.**$_{a1,k,*}$ acon-l.$_{a1}$ adam.$_{srj5}$ aesc.$_{a1,k}$ aeth.$_{a1,k}$ agar.$_{a1,k}$ agar-ph.$_{a1}$ agn.$_{a1,k}$ ail. alco.$_{a1}$ alf.$_{bro1}$ *All-c.*$_{a1,k}$ all-s. aloe alum. alum-sil.$_{k2}$ *Alumn.*$_{k,k1}$ am-c. am-caust.$_{c2}$ *Am-m.*$_{a1,k}$ *Anac.*$_{a1,k}$ anan. anders.$_{bnj1}$ *Androc.*$_{srj1}$ ang.$_{a1,h}$ *Ant-c.* ant-t.$_{a1,k,*}$ anth.$_{a1}$ anthraci. apis *Apoc.* aran.$_{a1}$ **Arg-n.**$_{a1,k}$ *Arn.*$_{a1,k,*}$ **Ars.**$_{a1,k,*}$ ars-h.$_{a1,k}$ *Ars-i.* ars-s-f.$_{a1}$ ars-s-r.$_{a1}$ aspar.$_{a1}$ atro.$_{a1}$ aur.$_{a1,k}$ aur-i.$_{k2}$ aur-m.$_{a1,k}$ aur-s.$_{c1,k2}$ *Bapt.*$_{a1,k}$ *Bar-c.*$_{a1,k}$ bar-i. *Bar-m.*$_{a1,k}$ *Bell.*$_{a1,k,*}$ benz-ac.$_{a1}$ *Berb.* bism.$_{a1,k}$ *Bol-la.* bol-s.$_{a1}$ *Borx.* bov.$_{a1,k}$ brom.$_{a1,k}$ **Bry.**$_{a1,k,*}$ cact.$_{a1,k}$ cadm-s. caesal-b.$_{bnj1}$ cain. caj.$_{a1,k}$ **Calc.** *Calc-ar.* **Calc-s.**$_{a1,k}$ *Camph.*$_{a1,k}$ cann-i.$_{a1,k}$ *Canth.*$_{a1,k,*}$ **Caps.** *Carb-ac.* carb-an.$_{a1,k}$ *Carb-v.*$_{a1,k}$ carbn-s. carl.$_{a1,k}$ castm. caul.$_{hr1,k,*}$ **Caust.**$_{a1,k}$ cedr.$_{a1,k}$ cent.$_{a1}$ **Cham.**$_{a1,k}$ *Chel.*$_{a1,k}$ chim.$_{hr1}$ **Chin.**$_{hr1,k,*}$ *Chinin-ar.* *Chinin-s.* chlol.$_{a1,hr1}$ *Cic.*$_{hr1,k}$ *Cimic.*$_{a1,k}$ *Cimx.*$_{hr1}$ *Cina* cinnb.$_{a1,k}$ clem.$_{a1,k}$ *Coc-c.*$_{hr1,k,*}$ *Cocc.*$_{hr1,k,*}$ cod.$_{a1,hr1}$ *Colch.*$_{hr1,k,*}$ *Coloc.*$_{hr1,k,*}$ *Con.*$_{hr1,k,*}$ conin.$_{a1}$ cop.$_{a1,k}$ cor-r.$_{a1,k}$ *Croc.* *Crot-c.* *Crot-h.*$_{a1,k,*}$ cub.$_{a1}$ *Cupr.* cycl.$_{a1,k}$ daph.$_{a1,k}$ **Dig.**$_{a1,k}$ dor.$_{a1,k}$ *Dros.*$_{a1,k}$ *Dulc.*$_{a1,k,*}$ elaps eucal.$_{a1}$ eug.$_{a1,k}$ **Eup-per.**$_{c2,k}$ euph.$_{a1,k}$ eupi.$_{a1,k}$ fago.$_{a1,k}$ fagu.$_{a1}$ ferr-ar. ferr-i.$_{a1,k}$ *Ferr-p.* ferul.$_{a1}$ *Fl-ac.*$_{a1,k}$ form.$_{a1,k}$ gamb.$_{a1,k}$ gast.$_{a1}$ gent-c.$_{a1,k}$ germ-met.$_{srj5}$ get.$_{a1}$ gink-b.$_{sbd1}$ gins.$_{a1,k}$ glon.$_{a1,k}$ granit-m.$_{es1}$ graph.$_{h,k,*}$ grat.$_{a1,k}$ guaj.$_{a1,k}$ ham.$_{a1,k}$ helia.$_{a1}$ **Hell.**$_{a1,k}$ *Hep.*$_{a1,k}$ hera.$_{a1}$ hipp.$_{a1}$ hydr-ac.$_{a1,k}$ *Hydrog.*$_{srj2}$ *Hyos.*$_{a1,k}$ ind.$_{a1,k}$ **Iod.**$_{a1,k}$ ip.$_{a1,k}$ jug-r.$_{a1,k}$ kali-ar.$_{a1,k}$ *Kali-bi.*$_{a1,k}$ *Kali-c.*$_{a1,k}$ kali-chl.$_{a1,k}$ *Kali-i.*$_{a1,k}$ kali-n.$_{a1,k}$ kali-ox.$_{a1}$ *Kali-p.*$_{hr1,k}$ *Kali-s.*$_{a1,k}$ kali-t.$_{a1}$ *Kalm.*$_{a1,k}$ kiss.$_{a1}$ kreos.$_{a1,k}$ *Lach.*$_{a1,k}$ lachn.$_{a1,k}$ lact.$_{a1,k}$ *Laur.*$_{a1,k}$ lec.$_{br1}$ *Led.*$_{a1,k}$ lepi.$_{a1}$ lil-t.$_{a1,k}$ limest-b.$_{es1}$ *Luna*$_{kg1}$ lyc.$_{a1,k}$ *Mag-c.*$_{a1,k}$ mag-m. mag-s. manc.$_{a1,k}$ mang.$_{a1,k}$ menis.$_{a1}$ **Merc.**$_{a1,k}$ *Merc-c.*$_{a1,k}$ merc-cy.$_{a1}$ merc-d.$_{a1}$ *Merc-i-f.*$_{a1,k}$ merl.$_{a1,k}$ *Mez.*$_{a1,k}$ mill.$_{a1,k}$ morph.$_{a1}$ mosch.$_{a1}$ mur-ac.$_{a1,k}$ myris.$_{a1}$ naja narz.$_{a1}$ *Nat-ar.* nat-br.$_{a1}$ *Nat-c.*$_{a1,k}$ **Nat-m.**$_{a1,k,*}$ *Nat-p.* nat-s.$_{a1,k}$ nicc.$_{a1,k}$ *Nit-ac.*$_{a1,k}$ nux-m.$_{a1,k}$ *Nux-v.*$_{a1,k}$ oena.$_{a1}$ ol-j.$_{a1,k}$ olnd.$_{a1,k}$ onis.$_{a1}$ **Op.**$_{a1,k}$ ox-ac.$_{a1,k}$ paeon.$_{a1,k}$ petr.$_{a1,k}$ ph-ac.$_{a1,k}$ **Phos.**$_{a1,k}$ phys.$_{a1,k}$ phyt.$_{a1}$ pic-ac.$_{a1,k}$ pin-s.$_{a1}$ plan.$_{a1,k}$ plat.$_{a1,k}$ *Plb.*$_{a1,k}$ plect.$_{a1}$ *Podo.*$_{a1,k}$ psor.$_{a1,k}$ ptel.$_{a1,k}$ puls.$_{a1,k}$ *Ran-b.* *Raph.*$_{a1,k}$ *Rat.*$_{a1,k}$ rham-f.$_{a1}$ rhod.$_{a1,k}$ rhus-g.$_{a1}$ **Rhus-t.**$_{hr1,k,*}$ ric.$_{a1}$ rob.$_{a1,k}$ ruta sabad.$_{a1,k}$ samb.$_{a1,k}$ sang.$_{a1,k}$ santin. sapin.$_{a1}$ sars.$_{a1,k}$ **Sec.**$_{a1,k}$ sel.$_{a1,k}$ seneg.$_{a1,k}$ sep.$_{a1,k}$ **Sil.**$_{a1,k}$ sin-a.$_{a1}$ sol-a.$_{a1}$ sol-ni. sol-t-ae.$_{a1,k}$ spig.$_{a1,k}$ spira.$_{a1}$ stann.$_{a1,k}$ staph.$_{a1,k}$

Durst: ...
Stram.$_{a1,k,*}$ stront-c. stry.$_{a1}$ sul-ac.$_{a1,k}$ sul-i.$_{a1,k2}$ **Sulph.**$_{a1,k,*}$ syph.$_{k2}$ tab.$_{a1,k}$ tanac.$_{a1}$ **Tarent.**$_{a1,k}$ tax.$_{a1,k}$ tep.$_{a1,k}$ ter.$_{a1,k}$ term-a.$_{bnj1}$ thea *Ther.*$_{a1,k}$ *Thuj.*$_{a1,k}$ til.$_{a1}$ tong.$_{a1}$ trach.$_{a1}$ trif-p.$_{a1}$ upa.$_{a1,k}$ ust.$_{a1,k}$ vac.$_{a1}$ **Verat.**$_{a1,k}$ *Verat-v.*$_{a1,k}$ verb.$_{a1,k}$ vinc.$_{a1}$ vip.$_{a1}$ voes.$_{a1}$ wies.$_{a1}$ *Zinc.*$_{a1,k}$ zinc-m.$_{a1}$ zinc-s.$_{a1}$ zing.$_{a1,k}$ ziz.$_{a1}$
– **tagsüber**: chin-b.$_{hr1}$ con.$_{a1}$ hep. kali-n.$_{h}$ ol-an.$_{a1}$ petr.$_{a1}$ sulph.$_{a1,h}$
– **morgens**: am-c.$_{a1,k}$ am-m.$_{h}$ ant-c.$_{h}$ apoc. ars.$_{a1,k}$ ars-s-f.$_{k2}$ arund.$_{a1,k}$ bell.$_{h}$ borx. bry.$_{a1,k}$ calc. carb-an.$_{a1,k}$ carb-v.$_{a1}$ carbn-s. caust.$_{h}$ chin.$_{h}$ chin-b.$_{hr1}$ chinin-s. coc-c.$_{a1,k}$ dros. eug.$_{a1,k}$ fago.$_{a1,k}$ glon.$_{a1,k}$ *Graph.*$_{h,k,*}$ grat.$_{a1,k}$ hyper.$_{a1,k}$ jab.$_{a1,k}$ kali-c.$_{h}$ kreos.$_{a1,k}$ mag-m.$_{a1,k}$ mag-s.$_{a1,k}$ nat-ar. nat-c.$_{a1,k}$ nat-m.$_{a1,k}$ nat-s.$_{a1,k}$ **Nit-ac.**$_{a1,k}$ nux-m.$_{a1,k}$ *Nux-v.*$_{a1,k}$ ox-ac.$_{a1,k}$ ph-ac.$_{a1,k}$ phel.$_{a1}$ phos. phyt.$_{a1,k}$ plb. psil.$_{ft1}$ puls. rhus-t. sabad. sars.$_{a1,k}$ sep.$_{a1,k}$ spong.$_{a1,k}$ *Stram.*$_{a1,k}$ sulph.$_{a1,k}$ tab.$_{a1,k}$ thuj.$_{a1,k}$ *Verat.*$_{a1}$ *Verat-v.* vip.$_{a1,k}$
 • **Erwachen**, beim: am-c.$_{a1,k}$ arund.$_{a1,k}$ chlol.$_{a1}$ der.$_{a1}$ hyper.$_{a1,k}$ jab.$_{a1,k}$ mag-s.$_{a1,k}$ nit-ac.$_{a1,k}$ sel. sep.$_{a1,h}$ thuj.$_{a1,k}$
  • **nach**: sep.$_{h}$
 • **Milch**, nach: nat-m.$_{a1,k}$
– **vormittags**: agar.$_{a1,k}$ ang.$_{a1,h}$ apis calc-s.$_{a1,k}$ chin.$_{h}$ elaps hipp.$_{a1}$ kali-c.$_{a1,k}$ kali-n.$_{a1,k}$ mag-c.$_{a1,k}$ mag-m.$_{a1,k}$ mag-s.$_{a1,k}$ nat-c.$_{a1,k}$ nat-s.$_{a1,k}$ phel.$_{a1}$ zinc.$_{a1,k}$
 • **10** h: nat-ar. *Nat-m.*
– **mittags**: bell.$_{h}$ **Lyc.** mag-c.$_{a1,k}$ mag-m.$_{a1,k}$ nat-c.$_{a1,k}$ phos.$_{a1,k}$
– **nachmittags**: aloe am-c.$_{a1,k}$ am-m.$_{a1,k}$ berb.$_{a1,k}$ borx.$_{h}$ bov.$_{a1,k}$ brom.$_{a1,k}$ *Calc.*$_{a1,k}$ calc-sil.$_{k2}$ calen.$_{a1}$ carl.$_{a1,k}$ chin.$_{h,k}$ choc.$_{srj3}$ cinch.$_{a1}$ clem.$_{a1,k}$ colch.$_{a1,k}$ con.$_{a1,k}$ ham.$_{a1,k}$ ign.$_{a1,k}$ kali-n.$_{a1,k}$ mag-c.$_{a1,k}$ mag-m.$_{a1,k}$ mag-s.$_{a1,k}$ *Nat-c.*$_{a1,k}$ nat-m.$_{a1,k}$ nat-s.$_{a1,k}$ nicc.$_{a1,k}$ nux-v.$_{a1,k}$ petr.$_{a1,k}$ ph-ac.$_{a1,k}$ phos. phys.$_{a1,k}$ *Ran-b.*$_{a1,k}$ rhus-t.$_{a1,k}$ ruta sars.$_{h}$ senec.$_{a1,k}$ sil.$_{a1,k}$ sulph.$_{h}$ verat.$_{a1,k}$ *Zinc.*$_{a1,k}$ zinc-p.$_{k2}$
 • **13** - 18 h: *Phos.*$_{vh}$
 • **14** h: **Puls.**$_{k,kl2}$●
 • **15** h: cench.$_{k2}$ ferr. lyc. nicc. staph.
 • **16** h: chel. *Lyc.* sulph.
  • **Frost**; während: sulph.
 • **Schlaf**, nach: **Staph.**$_{vh}$ ther.$_{c1}$
– **abends**: acon.$_{a1,k}$ *All-c.*$_{a1,k}$ am-c. am-m.$_{a1,k}$ anac.$_{a1,k}$ ang.$_{a1}$ *Ant-c.* arg-met. ars.$_{a1,k}$ ars-i. ars-s-f.$_{k2}$ bar-c.$_{a1,k}$ bar-s.$_{k2}$ bell.$_{a1,k}$ benz-ac.$_{a1,k}$ bism. borx. bov.$_{a1,k}$ bry.$_{a1,k}$ carl.$_{a1,k}$ cench.$_{k2}$ cham.$_{a1,k}$ chin.$_{hr1,k,*}$ chinin-ar. chinin-s. clem.$_{a1,k}$ coc-c. *Croc.*$_{a1,k}$ cur. **Cycl.**$_{a1,k}$ elaps euphr.$_{a1,k}$ fago.$_{a1,k}$ ferr.$_{a1,k}$ ferr-i. *Gamb.*$_{a1,k}$ gran.$_{a1,k}$ graph.$_{h}$ grat.$_{a1,k}$ ham.$_{a1,k}$ *Iod.*$_{a1,k}$ jatr-c. kali-bi.$_{a1,k}$ kali-c.$_{a1,k}$ kreos. laur.$_{a1,k}$ lyc.$_{a1,k}$ *Mag-c.*$_{a1,k}$ *Mag-m.*$_{a1,k}$ mag-s. merc-i-f.$_{a1,k}$ mez.$_{a1,k}$ nat-ar. nat-c.$_{a1,k}$ *Nat-m.*$_{a1,k}$ *Nat-s.*$_{a1,k}$ *Nicc.*$_{a1,k}$ ol-an.$_{a1,k}$ ped.$_{a1}$ phos.$_{a1,k}$ phys.$_{a1,k}$ plb.$_{a1,k}$ podo.$_{a1,k}$ ran-b.$_{c1}$ rat.$_{a1,k}$ rumx. sel.$_{a1,k}$ seneg.$_{a1,k}$ sep.$_{a1,k}$ sin-a.$_{a1,k}$ spig.$_{a1,k}$ spong.$_{h}$ squil.$_{a1,k}$ sul-i.$_{k2}$ sulph.$_{a1,k}$ tab.$_{a1,k}$ *Thuj.* vichy-g.$_{a1}$ *Zinc.*$_{a1,k}$ zinc-p.$_{k2}$ zing.$_{a1,k}$

• **18** h: bar-c. ham. tab.
• **20** h: phos.bg1
– **nachts**: *Acon.*a1,k acon-l.a1 aloe ambr.h *Ant-c.*a1,k ant-t.a1,k aphis.c1 apis arn.a1,k *Ars.*a1,k ars-s-f.k2 bamb-a.stb2 bell.h borx.h bry.a1,k cadm-s. *Calc.* calc-sil.k2 canth.a1,k carb-an.a1,k carb-v.h cedr.a1,k cham.a1,k chinin-s. cinch.a1 cinnb. *Coff.*hr1,k,* cur. *Cycl.*a1,k dros.h elaps eug.a1 *Eup-per.* fago.a1,k fl-ac.a1,k gamb.a1,k gink-b.sbd1 glon.a1,k graph.h *Hep.*a1,k *Kali-c.*h *Lach.* led.h *Lyc.*a1,k *Mag-c.*a1,k mag-m.a1,k mang.a1,k *Merc.* mez.h mur-ac.a1,k nat-ar. nat-c.a1,k nat-m.a1,k nat-s.a1,k nicc.a1,k nit-ac.a1,k nux-v.a1,k op.a1,k orig.a1 *Phos.*a1,k plan.a1,k psil.ft1 puls. *Rhus-t.*a1,k sep.h **Sil.**a1,k *Spong.* *Sulph.*a1,k tab. *Thuj.* tub.c1 wies.a1 zing.a1,k
• **Mitternacht**: cann-i.a1,k mag-m.a1,k merc.a1,k plat.a1,k puls.h sul-ac.a1,k sulph.a1,k
• **nach**: bell.h mag-m.h mang.h
• **3** h: mag-m.
• **Erwachen**, beim: aloe *Apoc.* berb. calad. carb-an. *Coff.* *Nat-s.* *Stram.*
◇ **abwechselnd** mit:
• **Abneigung** gegen Trinken: berb. hell. stram.bg3
• **Durstlosigkeit**: colch.k2
◆ **begleitet** von:
• **Völlegefühl**: gink-b.sbd1
• **Zunge**:
• **Schleim**; weißer: ox-ac.kr1,vk1
• **Trockenheit** der Zunge: **Bry.**kr1,vk1 cham.kr1,vk1 *Dulc.*kr1,vk1
– **Abendessen**, nach dem: aloe carb-an.h phos.a1,k plat.a1,k
– **Abscheu** vor Flüssigkeiten; mit
☞ ❑ *Gemüt - Furcht - Flüssigkeiten - Durst*
– **ängstlich**: bell.h
– **anhaltend**
☞ *unstillbar*
– **Apoplexie**; nach: xan.c1
– **Appetitverlust**; mit
☞ *Appetit - fehlend - Durst - mit*
– **Apyrexie**, während der: *Cimx.*hr1,k *Ip.*
– **Bier** agg.; nach: bry.
– **brennend**, heftig: **Acet-ac.** *Acon.* aeth. *Agar.* *Anac.* anan. apis *Ars.* ars-s-f.k2 *Aur.* aur-i.k2 aur-s.k2 *Bell.* **Bry.** bufo *Calc.* calc-sil.k2 *Camph.* **Cann-i.**vh canth. *Carb-v.* carbn-s. *Castm.* caust. cham. chin. colch. *Coloc.* *Crot-c.* *Crot-h.* cub. cupr. elaps ferr. graph. hep. hyos. iod. jatr-c. kali-bi. *Kali-n.* kali-s. *Laur.* lyc. *Lycps-v.* mag-m. **Merc.** merc-c. merc-i-f. mur-ac. nat-ar. nat-c. nicc. nit-ac. nux-v.bg3 op. ph-ac. **Phos.** *Plb.* puls. raph. *Rhus-t.* sabad.bg3 *Sec.* *Sil.* spong. squil. stann. *Stram.* sul-ac. sul-i.k2 *Sulph.* **Tarent.** thuj. verat. verb. vip. zinc.
• **ohne** Verlangen zu trinken: *Ars.*
– **Diarrhoe**, mit: acet-ac.a1
– **Entbindung**, bei der: *Caul.*hr1
– **Erbrechen**:
• **vor**: **Eup-per.**a1,k
• **nach**: olnd.a1,k *Sul-ac.*
• **mit**: ars.h
– **Erwachen**, beim: *Acon.* apoc.k2 camph.a1,k dros.a1,k ferr.a1,k hyper.a1,k mag-c.a1,k *Mag-m.* nat-m.a1,k rat.a1,k stram.a1,k
– **Essen**:
• **beim**: ail.a1,k aloe *Am-c.* ars-i.k2 bufo coc-c.a1,k *Cocc.*hr1,k *Lach.* *Nat-c.* nit-ac.h psor. puls.vh
• **nach**: aloe anac.a1,k bell.a1,k *Bry.*a1,k calad. caust.a1,k cent.a1 coc-c. cocc.a1,k cycl.a1,k elaps graph.h,k,* guare.a1,k lyc.a1,k nat-c.a1,k nit-ac.a1,k phel.a1,k phos.a1,k podo.a1,c1 sil.a1,k
– **extrem**: abrom-a.bnj1 **Acet-ac.**hr1,k **Acon.** *Aesc.* aeth. agar.a1,k *All-c.* all-s. alum. alum-p.k2 alumn.k2 *Am-m.* anac. anan. androc.srj1 *Ant-c.* *Ant-t.*a1,k anthraci.vh *Apis* apoc.k2 **Arg-n.** *Arn.* **Ars.** *Ars-h.* ars-i. ars-s-f.k2 asar. aspar. aur. aur-ar.k2 aur-i.k2 aur-m. aur-s.k2 bar-c. bar-i. bar-m. *Bell.* berb.k2 bism. *Borx.* *Bov.* **Bry.** bufo *Cadm-s.* calad. **Calc.** calc-i.k2 **Calc-s.** calc-sil.k2 *Camph.* cann-s. canth. caps. *Carb-ac.* carb-an. *Carb-v.* carbn-s. **Caust.** *Cedr.* cench.k2 **Cham.** *Chel.* **Chin.** chlor. cic.hr1,k cina coc-c. cocc. coff. *Colch.*hr1,k *Coloc.*hr1,k con. *Cop.* *Croc.* *Crot-c.* *Crot-h.* *Crot-t.*a1,k cub. *Cupr.* *Cupr-ar.* cur. *Cycl.* **Dig.** dros. *Dulc.*a1,k *Elaps* eucal.a1 **Eup-per.** *Eup-pur.* *Ferr.* ferr-ar. ferr-i. ferr-m. gamb. *Graph.* grat. guaj. ham. **Hell.** helo.c1 helo-s.c1 helon. *Hep.* hydr-ac. hydrog.srj2 hyos.a1,k hyper. ign. *Iod.*a1,k *Ip.* jab.a1,k jatr-c. kali-ar. kali-bi.a1,k *Kali-br.* *Kali-c.* kali-chl. *Kali-i.* kali-m.k2 kali-n. kali-ox.a1 *Kali-p.* kali-sil.k2 *Kalm.* *Kreos.* *Lac-ac.* lac-d. lach. lachn. *Laur.* *Led.* lil-t. *Lyc.*a1,k *Lycps-v.* *Lyss.* *Mag-c.*a1,k *Mag-m.*a1,k manc.a1,k marb-w.es1 *Med.* **Merc.** **Merc-c.** merc-cy.a1 merc-d.a1 merc-i-f. mez.a1,k mill. mosch.a1,k mur-ac. mygal.a1,k nat-ar. *Nat-c.*a1,k **Nat-m.**a1,k *Nat-p.* *Nat-s.* *Nit-ac.* nux-m.a1,k *Nux-v.*a1,k *Olnd.* *Op.*a1,k ox-ac. par. *Petr.*a1,k *Ph-ac.* **Phos.**a1,k *Phyt.* plan. plat.a1,k plb. *Podo.* psil.ft1 ptel. puls. **Pyrog.** ran-b. ran-s. *Raph.* rheum rhod. *Rhus-t.* **Rob.** ruta sabad. samb. *Sang.* sec. sel. seneg. *Sep.* **Sil.** spig. *Spong.*a1,k squil. stann. staph. **Stram.**a1,k stront-c. stry. *Sul-ac.* sul-i.k2 **Sulph.** syph. tarax. tarent. *Tart-ac.*a1 tell. *Ter.* **Ther.**k,vh/dg,* thuj. tub.a1,c1 uran-met. valer. **Verat.** verb. xan.c1 *Zinc.* zinc-p.k2
• **Fieber**, mit: alumn.k1 *Phos.*k1
• **mehr** als sie sollte; trinkt: ars.h
– **Fieber**:
• **mit**: alumn.st **Phos.**st
• **Stadien** des Fiebers; in allen: acon.k1 bry.k1 eup-per.k1 nat-m.k1
– **Frost**:
• **vor**: am-c. am-m.a1,k arn. **Ars.** borx.h *Caps.* **Chin.**hr1,k chinin-s.bro1 *Cimx.*hr1 **Eup-per.**a1,k *Eup-pur.* gels.bro1 *Hep.* lach.a1,k mag-c.h mang.bro1 nat-m. *Nux-v.* nyct.br1 ol-an.a1 ol-j.a1,k **Puls.**a1,k sep. sulph.
• **während**: *Acon.* alum. am-m. ant-c.h **Apis** aran. **Arn.** ars. asar.a1,k bar-c. bar-m. borx.h bov.a1,k *Bry.* calad. *Calc.* camph.a1,k cann-s.a1,k canth.a1,k **Caps.**a1,k *Carb-v.*a1,k carbn-s. cham.a1,k chin.hr1 *Chinin-s.* cimx. **Cina** conv.br1 croc.a1,k **Eup-per.**a1,k *Eup-pur.* eupi.a1,k *Ferr.* gamb.a1,k

• **während**: ...
gels.hr1 hep.c1,h **Ign.**a1,k kali-ar. *Kali-c.*a1,k kali-i.a1,k kali-m.k2 kali-sil.k2 *Lach.*a1,k *Lec. Led.* mag-m.a1,k mag-s.c1 med. mez.h mur-ac.a1,k nat-c.a1,k **Nat-m.**a1,k nat-s.a1,k **Nux-v.** nyct.br1 ol-j.a1,k *Op.*a1,k psor.a1,k **Pyrog.** ran-s.a1,k *Rhus-t.*a1,k rutah sabad.a1,k sanic.c1 *Sec.* **Sep.**a1,k **Sil.**a1,k spong.h squil.h staph.h *Sulph.*a1,k tarent. thuj.a1,k **Tub. Verat.**a1,k
• **nach**: all-c.a1,k **Ars.**a1,k ars-s-f.k2 canth.a1,k **Chin.**hr1,k,* *Cimx.*hr1,k **Dros.**a1,k ferr.a1,k hep. kali-bi. kreos.a1,k mag-s.a1,k mang.h *Nat-m.*a1,k nat-s.a1,k psor.a1,k **Puls.** *Sabad.*a1,k sars.a1,k *Sep.*a1,k sulph.a1,k thuj.a1,k
• **kann** jedoch nicht trinken, da es die Kopfschmerzen unerträglich macht: cimx.
– **Frühstück**, nach dem: mag-s.vh
– **Furcht** vor dem Trinken; mit
☞ ❑ *Gemüt - Furcht - Trinken - Durst*
– **Gehen**, nach dem: *Ferr-m.*a1,k nat-c.a1,k nat-m.a1,k
– **Getränke**:
• **kalte**
☞ ❑ *Allgemeines - Speisen - kalte Getränke*
– **große** Mengen, auf ●: acet-ac.a1,hr1,* *Acon.* **Ars.** bad. bamb-a.stb2 bell.k2 bism.vh **Bry.** calen.kr1 camph. carbn-s. *Chin.* coc-c.k,k2 *Cocc.* cop. cortiso.gse *Eup-per. Ferr-p.* ham. jatr-c.kr1 kali-i.k2 lac-c.bg1 *Lac-d.* lil-t.bg1 lycpr.c1 *Lycps-v. Merc-c.* **Nat-m. Phos.** pic-ac. *Podo.*kr1 sol-ni. *Stram.* **Sulph.** *Thyr.*vh tub.c1,k2 **Verat.** vip.sf1 xan.c1
• **großen** Abständen; in: **Bry.** hell.bro1 podo.bro1 *Sulph.*bro1 verat.bro1
• **oft**, und ●: *Acon.*kr1 arn.kr1 ars.h *Bell.*kr1 **Bry.** cop. *Eup-per.*kr1 lac-c. *Lac-d.*kr1 lil-t.bg1,kr1 *Nat-m.* rutah samb.kr1 syph.kr1 *Tarent.*kr1 *Thyr.*vh
☞ *häufig*
– **häufig**; trinkt: granit-m.es1
☞ *große - oft / kleine - oft*
– **Hitze**:
• **vor** der: nyct.br1
• **während**: **Acon.** *All-c.*a1,k *Aloe* alumn.hr1 am-m. *Anac. Ang.* ant-c.a1,k anthraci. aran.c1 arn.a1,k **Ars.**a1,k ars-s-f.k2 arum-t. **Bell.** berb. **Bry.** cact. calad.a1,k *Calc.*a1,k *Canth. Caps.* carb-an.h carb-v.h carbn-s. *Cedr. Cham. Chin.*hr1,k chinin-ar. *Chinin-s. Cina* cist.hr1,k,* clem.a1,k *Cocc. Coff.* colch.a1,k *Coloc. Con.*a1,k cop.a1,k cor-r. *Croc.*a1,k crot-h. cur. dros.h dulc.h *Elat.* **Eup-per.**a1,k ferr.a1,k ferr-p.k2 *Gels.* graph.a1,k hell.k2 *Hep. Hyos.*a1,k ign.a1,k *Ip. Kali-ar. Kali-c.* kali-p. kali-sil.k2 *Lach.*a1,k lyc. mag-c. mag-m.a1,k mang-m.h med. **Nat-m.** nat-s.k2 nit-ac.h **Nux-v.** nyct.br1 op.a1,k petr.h ph-ac.h *Phos. Podo. Psor.*a1,k *Puls.*a1,k *Pyrog. Ran-s.*a1,k rhod.a1,k *Rhus-t.*hr1,k,* sars.h *Sec.* sep.a1,k *Sil.* spig.h spong.a1,k stann.a1,k staph. *Stram. Sulph.*a1,k tax.a1,k *Thuj.*a1,k **Tub.** valer. verat.
• **nach**: am-m. anac. ars.pd cact. *Chin.*hr1,k coff.hr1,k cycl. dros.pd malar. nux-v. op. puls. pyrog. sep. stann. stram. tub.

– **kalt**:
• **Wasser** amel.; kaltes: alumn.a1,k13
– **kleine** Mengen, auf ●: anac.bg1 ant-t. apis **Ars.**a1,k arum-t.a1,k bell. bry.bg1 cact.a1,k calc.bg1 caps.bg1 carb-v.bg1 cench.kr1 *Chin.* chinin-ar.k2 choc.srj3 cimic.st cupr. cupr-ar.a1,k gast.a1 *Hell.*a1,k hep.bg1 hyos. lac-c. *Lach.* laur.bg1 **Lyc.**a1,k merc-i-r.a1,k nat-m.bg1 nux-v.bg1 phos.a1,k *Rhus-t.*hr1,k sanic.st squil. *Sulph.* tab.a1,k tub.a1,c1
• **oft**; und: acon. ant-t. apis **Ars.** arum-t. *Bell.* cact. *Chin. Coloc. Corn.* eup-per. hyos. kali-n.sf1 lac-c. lyc. *Nat-ar.* puls. rhus-t. sanic.st *Sulph.* verat.
☞ *häufig*
– **Koitus**, nach: eug.a1,k
– **Konvulsionen**:
• **während**: cic.
• **nach**: bell.gt1 ign.gt1
– **Kopfschmerz**:
• **nach**: nat-s.c1
• **mit**: aeth. agar.h cadm-s.c1 camph. chinin-s. *Lac-d.* **Mag-m.** *Nat-m.* plat.h pulx.bro1 stram. *Ter. Verat.* zing.
– **launisch** (= ohne zu wissen worauf): arn.ptk1,ptk2
– **Menses**:
• **vor**: kali-c. mag-c.a1,k manc.vh mang. nat-m. sil.h sulph.vh
• **während**: am-c.a1,k ant-t.a1 *Bell.*a1,k castm. *Cedr. Cham. Coc-c.* dig. kali-n.a1,h mag-s. nat-m.vh sep.a1,k sul-ac.a1,k **Sulph.**vh verat.h,k,* wies.a1 *Zinc.*a1,k
– **Mittagessen**, nach dem: aloe anac.a1,k canth.a1,k *Castm.* cycl.a1,k ferr.a1,k gamb.a1,k mag-c.a1,k mag-m.a1,k *Nat-c.*a1,k nat-m.a1,k plb.a1,k psor.a1,k thuj.a1,k zinc.a1,k
– **ohne** Verlangen zu trinken
☞ ❑ *Allgemeines - Speisen - Getränke - Abneigung - begletet von - Durst*
– **Rauchen**, nach: spong.h
– **Schlaf**, nach: ambr.a1,k apoc. bell.a1,k borx. ther.a1,k
– **Schmerz**:
• **während** der Schmerzen: acon. aran. **Cham.** *Nat-c.*
○ **Abdomen**; bei den Schmerzen im: chin.h
– **Schnupfen**, beim: mag-m.h nat-c.h
– **Schwangerschaft**; während der: graph.dgt *Verat.*hr1,vh
– **Schweiß**:
• **während**: *Acon.* anac. **Arn.** ars.k2 ars-i. *Bry.* cact. calc. cedr. **Chin.**hr1,k,* *Chinin-ar. Chinin-s.* cinch.a1 *Coff.*hr1,k,* gels.a1,k *Iod. Ip.* kali-n.a1,k mag-m.a1,k nat-c.h **Nat-m.** op.a1,k *Ph-ac.* puls.a1,k *Rhus-t.* sec. *Sep.* **Stram.** tarax. *Thuj.*a1,k **Verat.**a1,k
• **nach**: *Ant-c. Ant-t.* bell.a1,k borx.c1,h bov.a1,k **Lyc.**a1,k *Nux-v.* pilo.a1 sabad.
– **Stuhlgang**:
• **vor**: *Ars.* bry. cham. chin. dulc. hell. mag-c. podo. sulph.
• **während**: ars. bry. cham. chin. dig.c1 dulc. hell.a1,k lil-t. mag-c. sulph.

• **nach**: acet-ac.brol alum. ant-t. **Caps.**al,k chin. dulc. lyc.al,k ox-ac. sulph.al,k trom.
– **Symptomen**; vor heftigen, schlimmen: lil-t.brl
– **trinken**; ohne Verlangen zu
☞ *❑ Allgemeines - Speisen - Getränke - Abneigung - begletet von - Durst*
– **Unfähigkeit** zu schlucken; mit: bell. cic.hrl,k hyos. ign. lyss.
– **unstillbar**: *Acet-ac.*hrl,k *Acon.* aeth. agar.al,k aloe am-c. anac.h anan. androc.srj1 *Apis* **Ars.** ars-i. ars-s-f.k2 *Bar-c.* bar-i. bar-s.k2 *Bell.*al,k *Bry.* *Calc.* calc-i.k2 *Camph.* *Carbn-s.* cent.al cham.al,k *Crot-h.* cupr-act. cycl.al,k dig.al,k *Dulc.*al,k **Eup-per.** *Ferr.* *Hyos.*al,k iod.al,k kali-n. *Kali-p.* *Lach.*al,k med.k2 *Merc.* merc-c. merc-i-r.al,k nat-ar. nat-c. *Nat-m.*al,k nicc. *Op.*al,k petr.al,k ph-ac. **Phos.**al,k psil.ft1 *Rhus-t.* ruta sec. sol-ni. stram.al,k sul-i.k2 *Sulph.* *Tarent.* *Verat.* zing.
• **kaltem** Wasser amel.; Trinken von
☞ *kalt - Wasser*
• **Widerwillen** gegen Getränke; mit: *Lach.*
– **warm**:
• **Zimmer** agg.; im warmen: hydrog.srj2
– **Wasser**; Trinken von:
• **kaltes** Wasser: acon.brol ant-t.brol ars.brol hyos.brol onos.brol pyrog.pd sanic.brol
– **Wassersucht**, mit: acet-ac.al
– **Wein**, nach: sil.h
– **weiß** aber nicht worauf
☞ *launisch*
– **Wetter**:
• **regnerisches** Wetter: carc.dgt
– **würgendem** Gefühl beim Trinken; mit: squil.
– **Zorn**, nach: bry. nux-v.

Durstlos: acet-ac.al,hrl *Aesc.* aeth.brol,ptk1 agar.al,k *Agn.*al,k all-c. am-c.al,k *Am-m.*al,k ambr. *Ant-c.* **Ant-t.**al,k **Apis** *Arg-n.* arn.k2 *Ars.*al,k *Asaf.* asc-t.al *Bell.*al,k berb.brol *Bov.*al,k brom. bry.al,k bufo caj.al calad. *Calen.*vh *Camph.*al,k canth.al,k caps.al,k caust. cere-b.al chel. chim-m.hrl **Chin.**al,k chlor.hrl cimic. cocc.hrl,k coff.brol **Colch.**hrl,k *Con.* cor-r. crot-t. *Cycl.*al,k digin.al *Dios.*brl,k dirc.cl euph. *Ferr.*al,k ferr-ar. ferr-m. gamb.al,k **Gels.**al,k gins.al gran.al ham.al,k **Hell.**al,k hep.al,k hydr.k2 *Hydr-ac.* hydrog.srj2 hyos.bg2,ptk1 ign.al,k indg.al,k *Ip.*al,k iris kali-ar. *Kali-c.* kali-n.h kali-p. lact.al led. *Lyc.*al,k lyss.al mag-c.h *Mang.*al,k marb-w.es1 **Meny.** merc-c.al,k mez.al,k mur-ac. narcot.al nat-ar. nat-c. nat-m.al,k nat-s.al,k nit-ac.al,k **Nux-m.**al,k nux-v.al,k *Olnd.* onos. *Op.*al,k ox-ac.al,k petr.al,k **Ph-ac.**al,k phos.al,k plat.al,k plb.al ptel.al,k **Puls.**al,k rhod.bg2 **Sabad.** *Samb.* sars.al,k sel.ptk1 *Sep.*al,k spig. *Staph.* *Stram.*bg2,k,* sulph. tab.al,k *Tarent.*vh thuj. tub.cl valer. verat. vichy-g.al
◆ **begleitet** von:
• **Zunge**; Trockenheit der: calc.h caps.k,vk1 nat-c.h2 *Nat-m.*k,vk1 pall.cl par.k,vk1 ph-ac.h phos.h **Puls.**k,vk1
– **Frost**; während: gels.hrl
– **Hitze**; während ●: acet-ac.al,hrl,* aesc.krl *Aeth.* agar. **Agn.**bg2,hrl all-c.bg2 *Alum.* alum-p.k2

Durstlos - Hitze; während: ...
alum-sil.k2 am-m.bg2,sfl anac.bg2 ang.bg2 *Ant-c.* *Ant-t.* **Apis** arg-met. arg-n.al arn.bg2 *Ars.*bg2,h ars-h. asaf. bar-c. bell.bg2,h bov. brom.bg2 bry.bg2,k2 *Calad.*krl *Calc.* calc-p.bg2 camph. canth.bg2 *Caps.* carb-an. *Carb-v.* *Caust.* cham.bg2,h,* **Chel.**bg2 chim-m.hrl chin. chinin-m.krl *Chinin-s.*sfl *Cimx.*hrl,k **Cina** cocc. *Coff.*bg2,sfl coloc.bg2 *Con.*bg2,h corh.brl cycl. dig. *Dros.* **Dulc.**bg2,sfl eup-per.brol euph.bg2,h eupi.al *Ferr.*al,k **Gels.**k,kl2● gran.al graph.bg2 guaj.bg2,h hell. hep.bg2,h hydr-ac.krl hyos.krl *Ign.* *Ip.* *Kali-c.* kali-n.bg2,h kreos.bg2 *Lach.*bg2 laur.bg2 lec. *Led.* lyc. mag-c.bg2 mang.bg2 med. meny. *Merc.*bg2,sfl *Mur-ac.* nat-c.bg2,h2 nat-m.bg2 *Nit-ac.* *Nux-m.* *Olnd.*bg2 op.al,k *Ph-ac.* *Phos.*bg2,h plb.bg2 *Puls.*k,kl2● *Rheum*bg2,h *Rhod.*al,bg2 rhus-t. **Ruta**bg2,h **Sabad.** sabin.bg2 *Samb.* sanic.cl **Sep.**k,kl2● sil.h spig. spong.bg2,h squil.bg2,h stann.h staph.bg2,h stram.bg2,h,* *Sulph.* *Tarax.*bg2,h,* thuj.bg2 valer.bg2 vario.al2 verat.bg2,h *Viol-t.*bg2
– **Kopfschmerzen**; während: hydrog.srj2
– **Urin**; mit reichlichem
☞ *❑ Urin - Reichlich - begletet von - Durstlosigkeit*
– **Verlangen** zu trinken; mit
☞ *❑ Allgemeines - Speisen - Getränke - Verlangen - begletet von - Durstlosigkeit*

Dyspepsie
☞ *Verdauungsstörung*

Eingezogen: nat-c.h verat-v.rb2
– **Gähnen**, gefolgt von: tell.ptk1
– **Gefühl** wie: calad. dig. *Dulc.* hell. *Kali-i.* lach. lact. mur-ac. nat-c.h2 *Op.*

Ekel vor Speisen: absin. acon. act-sp. *Alet.* alum. alum-sil.k2 alumn. am-c. anac. **Ant-c.** *Ant-t.* arg-met. *Arg-n.* *Arn.* **Ars.** *Ars-i.* ars-s-f.k2 asaf. asar. bar-c. bar-i. bar-m. bar-s.k2 **Bell.** benz-ac.k2 borx. *Bry.* calc. calc-sil.k2 *Canth.* *Carb-v.* carbn-s. caust. *Cham.* chel. **Chin.** *Chinin-s.* **Cocc.** **Colch.** con. crot-t. cupr. cycl. dig. dios. *Dulc.* euph. *Ferr.* ferr-i. *Gamb.* *Grat.* *Guaj.* hell. *Hydr.* hyos. ign. iod. **Ip.** **Kali-ar.** kali-bi. *Kali-br.* **Kali-c.** kali-i. kali-m.k2 kali-p. kali-s. kali-sil.k2 *Kreos.* lach. *Laur.* lyc. *Mag-c.* mag-m. mag-s. mang. meny. *Merc.* merc-i-f. mosch. *Mur-ac.* nat-ar. nat-c. nat-m. *Nux-v.* *Ol-an.* op. petr. phel. *Phos.* *Plat.* plb. *Prun.* psor. *Puls.* rat. rheum rhod. rhus-t. ruta *Sabad.* sars. *Sec.* seneg. **Sep.** *Sil.* spig. stann. stram. *Sul-ac.* *Sulph.* sumb. tarent. thuj. valer.
☞ *Übelkeit*
– **morgens**, beim Erwachen: phyt.
– **mittags**: pic-ac.
– **abends**: alumn. *Hep.* raph.
– **nachts**: rat.
◇ **abwechselnd** mit Hunger: berb.
– **Bier**, nach: mur-ac. nux-v.
– **essen**; beim Versuch zu: ant-t.k13,k2 petros.st *Sil.*
– **Essen**, nach dem: alum. ant-t.hrl cycl. *Ip.* kali-c. ol-an. sars.
• **Kleinigkeit**, einer: sul-ac.h
– **Gedanken** an Speisen; beim: carb-v.bg2

– **Gemütsbewegungen**, nach: *Kali-c.*
– **Kopfschmerzen**; während: cench.k2
– **plötzlich** beim Essen: *Bar-c.*
– **Schmerzen**; bei den: aloe
– **Schwangerschaft**; während der: ant-t.hr1 *Laur.*
– **Überladung**, bei: arn.br1
– **Wechselfieber**, bei: *Kali-c.*

Empfindlichkeit: acet-ac.br1 carb-v.h kali-c.h kali-n.h sul-ac.h
– **Auftreten**, gegen hartes: bar-c.h
– **Berührung**, gegen: carb-v.gt1 dig.k2 *Nat-c.*hr1
– **Druck**, gegen: alum.h kali-n.h mag-c.h nat-c.h
– **Menses**, während: kali-n.h
– **schlechte** Nachrichten, durch: *Dig.* mez.k2
☞ ❑ *Gemüt - Beschwerden durch - schlechte*
– **Sprechen**, gegen: caust. chel.k2 hell. kali-c. *Nat-c.*hr1,pd
– **Tabak**, gegen: asc-t.br1,c1
○ **Magengrube**: phos.k2

Empfindungslosigkeit: sars.h

Eng; der Pylorus fühlt sich zu ●: calc. cann-i.bro1 chin. hep.bro1 *Lyc.*k,kl2● nux-v. orni.bro1 phos. sulph.
☞ *Verschluß*

Enge Kleidung stört
☞ *Kleidung - stört*

Entzündung: acon. *Aeth.* agar-em.c2 agar-ph.c2 agro.c2 all-c. alum. alumn. *Ant-c.* **Ant-t.** *Apis* apoc.k2 *Arg-n.* **Ars.**c2,k ars-i.c2,k ars-s-r.c2 asar. aur. aur-m. bar-c. bar-i. *Bar-m.* **Bell.** benz-ac.k2 *Bism.*c2,k brom. **Bry.** *Cact.* cadm-s.k2 calam.lsr4 *Camph.* *Canth.*c2,k carb-ac. carb-an. chel. chinin-m.c2 chlor.c2 cic. *Cocc.* colch. cop.c2 cory.br1 cund. cupr. *Dig.* **Euph.** euph-c.c2 euph-ip.c2 ferr-p.c2,k ferr-s.c2 gaul.c2 gels.k2 *Graph.* hell. *Hydr.* hydr-ac. **Hyos.** indg. iod. *Ip.* kali-ar. kali-i. kali-m.k2 kali-n.c2,k kali-perm.c2 kali-s.c2,k *Lac-d.*k2,vh lach. laur. **Lyc.** mang-s.c1,c2 mez. **Nux-v.** ox-ac. **Phos.**c2,k *Plb.* puls. ran-b. ran-s. rumx-act.c2 sabad. sal-ac.c2 *Sang.* sanic.c2 *Sec.*c2,k sin-a.c2 squil. stram. tart-ac.c2 *Ter.* **Verat.** *Verat-v.* zinc-act.c2
◆ **begleitet** von:
• **Zunge**:
• **Schleim** auf der Zunge; Ansammlung von:
• **weißer** Schleim: *Cocc.*kr1,vk1
Alkoholikern; bei: anis.kr1 arg-n.br1
– **gichtig**: benz-ac.k2
– **kalt**:
• **Kaltes**:
• **nach** Kaltem: **Acon.**
• **Überhitzung**; bei: *Acon.* bry.k2 *Kali-c.*
– **Erkälten**, nach: bell.k2 *Bry.* *Coloc.*
– **Vergiftung**, durch: *Hyos.*kr1
○ **Pylorus**: iod.h

Epileptische Aura: art-v. bell. bism.bg,bg2,* bufo *Calc.*hr1,k calc-ar.bg,bg2 *Caust.*st **Cic.**h,k,* cupr. **Hyos.**h *Indg.*hr1,k **Nux-v.**hr1,k *Sil.*hr1,k **Sulph.**
– **steigt** vom Magen zum Kopf: **Calc.**

Erbrechen: abrot.k2 absin.a1,k acet-ac.hr1,k,* **Acon.**a1,k acon-c.a1,c2 acon-f.a1 aconin.c2 act-sp.a1 *Aesc.*a1,k **Aeth.**a1,k,* aether c2 *Agar.*a1,k agar-em.a1 agar-ph.c2 ail.a1,k2 alco.a1 alet.a1,k all-c.a1,k alum-sil.k2 alumn.a1,k am-c. am-caust.a1,c2 *Am-m.* ambr. anac. androc.srj1 **Ant-c.**a1,k **Ant-t.**a1,k,* anth.a1 *Anthraci.* **Apis** *Apoc.*a1,k,* apoc-a.c2 **Apom.**a1,k aran.a1,k arg-cy. **Arg-n.**a1,k *Arn.*a1,k **Ars.**a1,k,* ars-h.a1,k ars-i. ars-s-f.a1,k2 ars-s-r.a1 arum-m.a1,k *Asar.* asc-c.a1 asc-t. aur. aur-m.a1,k bamb-a.stb2 bapt.a1,k *Bar-c.*a1,k bar-i. *Bar-m.*a1,k *Bell.*a1,k benz-ac.a1 *Bism.*a1,k,* bol-s.a1 bor-ac.c2 *Borx.* *Both.*a1,k **Bry.**a1,k bufo *Cact.* **Cadm-s.** cain. *Calc.* calc-m.c2 *Calc-p.* *Calc-s.* *Camph.*a1,k cann-i.a1,k cann-s.a1,k *Canth.*a1,k caps.a1 carb-ac.a1,k,* carbn-s. carc.fb,st1 caust.a1,k cer-ox.c2 **Cham.**a1,k *Chel.*a1,k **Chin.**a1,k chinin-ar. *Chinin-s.* chlf.a1 chlol.a1,k chlor.a1 chr-ac.a1 chrys-ac.a1 cic.hr1,k,* cic-m.a1 *Cimic.*a1,k *Cina* cinnb.k2 cit-v.a1 *Coc-c.* *Cocc.*a1,k,* cod.a1 coff.a1,k coffin.a1 **Colch.**a1,k coll. coloc.a1,k *Con.* conin.a1 cop.a1,k cori-r.a1,c2 *Crot-c.* crot-h.a1,k crot-t.a1,k *Cub.*a1,k cuc-p.c2 **Cupr.**a1,k *Cupr-ar.*a1,k,* cupr-m.a1 *Cupr-s.*a1,k cycl.a1,k cyt-l.a1 der.a1 *Dig.*a1,k digin.a1 digox.c2 *Dor.*a1,k *Dros.*c2,k *Dulc.*a1,k echi.a1 elaps elat.a1,c2 emetin.a1 euon.a1 *Eup-per.*a1,k eup-pur.c2 *Euph.*a1,k euph-ip.a1,c2 euph-l.a1 **Ferr.**a1,k *Ferr-ar.* *Ferr-i.*a1,k *Ferr-m.*c2 ferr-p.c2,k ferr-s.a1 *Form.* **Gamb.**a1,k gaul.a1 gels.a1,k gent-c.a1 glon.a1,k *Gran.*a1,k *Graph.*h,k,* *Grat.*a1,k guaj.c2 helia.a1,c2 *Hell.*a1,k hell-f.a1 helon.a1 *Hep.*a1,k hipp.a1 home.c2 hura-c.a1,c1,* hydr.h,k hydr-ac.a1 *Hyos.*a1,k *Ign.* indg.a1,k *Iod.*a1,k,* **Ip.**a1,k,* **Iris**c2,k iris-t.c2 jab.a1,br1 jal.a1 jatr-c.c2 jug-r.a1 kali-ar.a1,k *Kali-bi.*a1,k *Kali-br.*a1,k kali-c.a1,k kali-chl.a1 kali-chr.a1 kali-cy.a1 *Kali-i.*a1,k kali-n.a1 kali-ox.a1,c2 kali-p. kali-s.a1,k kali-t.a1 kalm.a1,k,* **Kreos.**a1,k,* lac-ac.c2 *Lac-d.* *Lach.*a1,k lact.a1 *Laur.*a1,k lim.a1 lina.a1 **Lob.**a1,k lobin.a1 *Lol.*a1 lon-x.a1 lup.a1 *Lyc.*a1,k mag-m.k2 manc.a1 *Mang.*h,k med.c1,k2 *Merc.*a1,k,* merc-br.a1 *Merc-c.*a1,k merc-cy.a1 *Merc-d.*a1,k merc-n.a1 merc-sul.a1 *Mez.*a1,k mill.a1 morph.a1 *Morph-s.*hr1 mosch.a1,k mur-ac.a1,k naja nat-ar.k2 *Nat-m.* nat-p. nicc-c.dp2 *Nit-ac.*a1,k *Nux-m.*a1,k **Nux-v.**a1,k olnd.a1,k op.a1,k *Ox-ac.* paeon.a1,k *Petr.*a1,k,* ph-ac. phal.c2 **Phos.**a1,k phyt.a1,k pic-ac.k2 **Plb.**a1,k plut-n.stj2 podo.a1,k *Psor.*a1,k ptel.a1,k **Puls.** pulx.br1 rat. rham-f.c2 rhod.a1,k rhus-t.a1,k ruta sabin.a1,k sal-ac.a1,k *Samb.*a1,k *Sang.*a1,k,* santin.c2 sars.k2 schin.c2 *Sec.*a1,k sel. seneg.a1,k *Sep.* **Sil.**a1,k sin-a.c2 sol-ni. squil.a1,k stann.k2 stroph-h.bg3 *Stry.*a1,k sul-ac.a1,k **Sulph.**a1,k syph.k2 **Tab.**a1,k tang.c2 *Tarent.*a1,k tep.a1,k *Ter.*a1,k *Ther.*a1,k thev.c2 thuj.a1,k *Tub.* uran-met. *Valer.*a1,k **Verat.**a1,k **Verat-v.**a1,k wye.a1,k *Zinc.*a1,k zinc-fcy.a1
– **agg.** der Symptome nach Erbrechen: cupr. dros.hr1,k olnd.
– **morgens**: absin. ambr. ant-t. ars. bar-c. bar-m.a1,k bry.a1,k calc.a1,k calc-sil.k2 camph.a1,k **Caps.** carbn-s. carc.vh *Cocc.* colch. *Con.* *Cycl.* *Dig.*a1,k *Dros.* dulc. *Ferr.*a1,k ferr-ar. *Ferr-p.* form. graph.a1,k *Guaj.* **Hep.**h,k,* *Ign.* kali-ar. kali-bi. *Kali-br.* *Kali-c.*a1,k kali-p. kali-sil.k2 kreos. *Lyc.*

– **morgens**: ...
merc-c. mosch.$_{a1,k}$ *Nat-m.* nux-v. *Petr.* phos.$_{a1,k}$ phyt.$_{a1,k}$ plb. psor. sec. sep. *Sil.* *Sul-ac.* *Sulph.* tab. *Tarent.* thuj. *Verat.* zinc. zinc-p.$_{k2}$
• **Alkohol**; nach: ars.$_{k2}$ caps.$_{k2}$ nux-v.$_{k2}$
• **Aufstehen**, beim: *Cocc.* ferr-p.$_{k2}$ mosch.$_{a1,k}$ verat. verat-v.$_{a1,k}$
– **vormittags**: chin. elat. nat-s. nux-v. op. psor. sang.$_{a1,k}$
• **7** h: elat.
• **9** h, bei Kopfschmerzen: form.
• **10** h: cur.$_{vh}$ psor.
• **11** h: chin. cur.$_{vh}$
– **mittags**: *Mag-c.*$_{a1,k}$ mag-s. phos.$_{a1,k}$ *Verat.*
– **nachmittags**: bell. chinin-s. con. graph.$_{a1,k}$ hep.$_{h,k,*}$ kali-chl. mag-s. phyt. *Sulph.*$_{a1,k}$
• **14** - 15 h: chinin-ar.$_{k2}$ plb.
• **16** h: sulph.
– **abends**: agar. anac.$_{a1,k}$ bamb-a.$_{stb2}$ bell.$_{a1,k}$ bry. *Carb-v.*$_{a1,k}$ dig. digox.$_{a1}$ elaps eug.$_{a1,k}$ kali-chl.$_{a1,k}$ kali-n.$_{a1}$ merc.$_{a1,k}$ merc-c. morph.$_{a1,k}$ nat-s. nux-v. phos.$_{a1,k}$ phyt. psor. *Puls.*$_{a1,k}$ sec.$_{a1,k}$ stram. *Sulph.*$_{a1,k}$ verat.
– **nachts**: agar. *Ant-t.*$_{a1,k}$ *Arg-n.*$_{a1,k}$ *Ars.*$_{a1,k}$ ars-s-f.$_{k2}$ bar-c.$_{h}$ bell. bry. **Calc.** calc-s. calc-sil.$_{k2}$ *Chin.* chinin-ar. *Cocc.* *Con.* crot-t. cupr-act. cupr-ar. dig.$_{a1,k}$ dros.$_{a1,k}$ elat.$_{a1,k}$ **Ferr.**$_{a1,k}$ *Ferr-ar.* hell. hep.$_{h,k,*}$ *Ign.* kali-ar. kali-c. kali-sil.$_{k2}$ *Lach.*$_{a1,k}$ *Lyc.* *Lyss.*$_{a1,k}$ *Merc.*$_{a1,k}$ merc-c.$_{a1,k}$ mur-ac. nat-m. nicc. nit-ac.$_{a1,k}$ *Nux-v.* ox-ac. ph-ac.$_{a1,k}$ phos.$_{a1,k}$ *Plb.* *Podo.* puls.$_{a1,k}$ rat. rhus-t.$_{k2}$ sec. seneg.$_{a1,k}$ sep.$_{a1,k}$ *Sil.*$_{a1,k}$ *Stram.*$_{a1,k}$ *Sulph.* tab.$_{a1,k}$ thea ther.$_{a1,k}$ valer.$_{a1,k}$ *Verat.*
• **Mitternacht**: acet-ac.$_{hr1,k}$ agar. *Arg-n.* choc.$_{srj3}$ lyc.$_{a1,k}$ phos.$_{a1,k}$
  • **nach**: **Ferr.**$_{c1,k}$ nat-m.
    • **1** h, beim Erwachen: *Rat.*
    • **3** h:
      • **3** - 4 h: iris$_{c1}$
◇ **abwechselnd** mit:
• **Kälte** und Hitze
☞ Hitze
• **Gicht**: ant-c.$_{k2}$
• **Hitze** und Kälte: cadm-met.$_{gm1}$
• **Konvulsionen**: *Cic.*
◆ **begleitet** von:
• **Kopfschmerzen**
☞ ❑ Kopf - Schmerz - begletet von - Erbrechen
• **Schwäche**
☞ ❑ Allgemeines - Schwäche - begleitet von - Erbrechen
• **Schweiß**: aeth.$_{br1}$ sulph.$_{h}$
☞ Schweiß - während
  • **Gesicht**; im: cadm-s.$_{c1}$
• **Schwindel**
☞ ❑ Schwindel - Begleitet von - Erbrechen
– **Abendessen**, nach dem: caul. gast.$_{a1}$ gaul.$_{a1}$ ip.$_{k2}$ jab.$_{a1,k}$ rob.$_{a1,k}$
– **Abkühlung**, bei: cocc.
– **anfallsweise**: **Ars.** bry. **Lob.** *Nux-m.* osm. *Phos.* *Plb.* *Uran-met.*
– **Alkoholikern**; bei: *Alumn.* **Ars.** *Cadm-s.* calc. *Caps.* *Carb-ac.* *Crot-h.* **Kali-bi.** *Kali-br.* *Lach.* *Nux-v.* op. *Sang.* *Sul-ac.* sulph. zing.
– **Anstrengung**, bei: colch. crot-h.$_{a1,k}$ ferr. stram. tab. ther. verat. zinc.
– **Apyrexie**, während der: ant-c. *Ip.*
– **Ärger**, Verdruß; nach ●: acon. *Cham.* ign. *Ip.* lyc. nat-s. *Verat.*
– **Asthmaanfälle**; während der: *Ip.*$_{vh,vh/dg}$
– **Aufrichten**, beim: colch.$_{a1,k}$
– **Aufschrecken** aus dem Schlaf; nach: petr.$_{h}$
– **Aufsetzen**; beim:
• **Bett**; im: *Acon.* ail.$_{c1}$ ars. *Colch.* nat-m.$_{h}$ *Stram.*
– **Aufstehen**:
• **nach**: ambr.$_{a1,k}$ ars.
• **Bett**; vom: *Lac-d.* sang. verat-v.
– **Aufstehen** vom Sitzen; beim: colch.
– **Ausspülen** des Mundes; beim: *Coc-c.*
☞ Zähneputzen
– **Auswurf**, beim: *Coc-c.* dig. kali-c. lach. *Sil.*
☞ Husten / Räuspern
– **Berührung** der Innenseite des Mundes; bei: coc-c.$_{k2}$
– **Bewegung**, bei: *Ant-t.* **Ars.** **Bry.** bufo **Cadm-s.** *Colch.*$_{a1,k}$ *Cupr.* dig.$_{br1}$ *Ferr.* iod.$_{a1,k}$ kali-bi. kalm. *Lac-d.* *Lach.* *Lob.* *Nux-v.* *Petr.* stram. **Tab.**$_{a1,k}$ ther.$_{a1,k}$ *Verat.* zinc.$_{a1,k}$
– **Bewußtlosigkeit**, während der: ars.$_{a1,k}$ ben-n.
– **Bier**, nach: ferr.$_{a1,k}$ kali-bi.$_{k2}$ kali-n.$_{a1}$ *Mez.* sulph.
• **nicht** nach Wasser; aber: mez.
– **Blut**, beim Anblick von: ph-ac.$_{h}$
– **Blutandrang** zum Kopf; mit
☞ Kopf; mit
– **Brot**, nach: bry. nit-ac.
• **Schwarzbrot**, nach: nit-ac. ph-ac.
– **Bücken**, nach: *Cic.*$_{hr1,k}$ **Ip.**
– **Chloroform**, durch: iod.$_{bnt}$ *Phos.*
– **chronisch**:
◆ **begleitet** von:
• **Zunge**:
  • **braune** Farbe der Zunge: *Ip.*$_{kr1,vk1}$
– **Dentitio**
☞ Zahnung
– **Diarrhoe**:
• **vor**: ars. colch. crot-t. dig.$_{h}$ lach. phos. phyt.
• **während**: *Aeth.* ant-c. *Apis* arg-met. **Arg-n.** **Ars.** ars-i.$_{k2}$ asar. asc-c.$_{c1}$ bell. bism. *Carb-ac.* chin. *Colch.* coloc. crot-t. *Cupr.* cupr-ar. cycl. dios. *Dulc.* elaps **Gamb.** *Gnaph.* gran. *Graph.* *Grat.* *Hell.* indg. *Iod.* *Ip.* *Jatr-c.* kali-m.$_{k2}$ kali-n. kali-p.$_{k2}$ *Kreos.* lach. merc. merc-c. phos. *Phyt.* plb. *Podo.* *Puls.* rob. sang. seneg. sep. stann. stram. sul-i.$_{k2}$ sulph. tab. tub.$_{c1}$ **Verat.**
• **mit**: ars.$_{h}$ ing.$_{br1,vs1}$ nit-ac.$_{h}$ res.$_{bro1}$
  • **Menses**; während: verat.$_{zr}$
– **Drehen** des Körpers von der rechten Seite weg, auf der er liegt; beim: ant-t.$_{hr1,k,*}$
– **Druck** auf das Abdomen; durch: zinc.$_{h}$
– **Eier**:
• **nach**: **Ferr.** *Ferr-m.* sulph.
• **Geruch** von: *Colch.*
– **Eiscreme**, nach: **Ars.** *Calc-p.* *Ip.* *Puls.*

– **Empfindlichkeit**, mit: cadm-s.brl
– **Entblößen** des Abdomens amel.: *Tab.*hrl,k
– **Entkräftung** mit Erbrechen
 ☞ ❑ *Allgemeines - Schwäche - begletet von - Erbrechen*
– **Erkrankungen** begleitend, andere: apom.c1
– **Erregung**, nach: ferr. kali-br. kali-c.
– **Erwachen**, beim: acon.a1,k aeth. ant-t. apis apoc. bry. form. graph. lach. nit-ac. rat. sil. thuj.
– **Essen**:
 • **beim** Essen, plötzlich: am-c. *Ars.* dig. **Ferr.** iod. puls. rhus-t. sep. sil. stann. verat.
 • **nach**: acet-ac.hrl,k,* alum-sil.k2 alumn. *Am-c.* anac.a1,k *Ant-c.* *Ant-t.*a1,k apoc.k2 **Ars.**a1,k ars-i.k2 ars-s-f.k2 aur-s. bell.a1,k brom.k2 **Bry.** bufo *Calc.* calc-ar.k2 calc-i.k2 calc-s. calc-sil.k2 carb-an. *Carb-v.* *Carbn-s.* cham. *Chel.* **Chin.** **Chinin-ar.** chinin-s. *Cina* coloc. crot-h. crot-t. cuc-c.c1 *Cupr.* dig. *Dros.* *Ferr.* *Ferr-ar.* ferr-i. ferr-m. *Ferr-p.* *Gamb.* *Graph.* *Hydr.* *Hyos.* *Ign.* *Iod.*a1,k **Ip.** *Iris* kali-ar. *Kali-bi.* *Kali-br.* kali-c.a1,k kali-p. kali-s. kali-sil.k2 *Kreos.* lach. lob. *Lyc.*a1,k mag-c. **Meph.** merc. nat-ar. *Nat-m.* *Nat-s.* *Nit-ac.* *Nux-v.* olnd.a1,k *Op.*a1,k *Ph-ac.* **Phos.**a1,k plb.a1,k psor.a1,k *Puls.*a1,k ruta *Sanic.* sec. **Sep.** **Sil.**a1,k *Stann.* stram. sul-ac.a1,k sul-i.k2 **Sulph.**a1,k tab.a1,k **Tarent.**a1,k **Verat.** *Verat-v.* *Zinc.* zinc-p.k2
 • **amel.**: ferr.
 • **nur** nach: *Ferr.*
– **Fahren** im Wagen; beim ●: androc.srj1 arn.bro1 *Ars.* bell. **Carb-ac.** **Cocc.** *Colch.* *Ferr.* ferr-p. glon.a1,k *Hyos.* ip.bro1 kreos.bro1 nux-m. nux-v.bro1 **Petr.** phos.a1,k sanic.bro1 sec. *Sil.* staph. sulph. **Tab.**
– **fetten** Speisen, nach: *Puls.* sin-n.
– **Fisch**:
 • **gebratenem** Fisch, nach: kali-c.
 • **Geruch** von: *Colch.*
– **Fleisch**, durch frisches: caust.
– **Fleisch**, nach: kreos.
– **fortgesetzt**
 ☞ *unablässig*
– **Fötus**; durch Bewegungen des: arn.vh psor.ptk1
– **Frost**:
 • **vor**: apis arn. *Ars.* chin. *Cina* *Eup-per.* *Ferr.* lyc. nat-m. puls. sec.
 • **während**: ail.a1,k alum. arn. asar. borx. *Caps.* *Cina* *Dros.* **Eup-per.** ferr. gamb. *Ign.* *Ip.* lach. lyc. *Nat-m.* nux-v. *Puls.* rhus-t. sep. thuj.a1,k *Verat.*
 • **nach**: ant-t. *Aran.* *Bry.* *Carb-v.* **Eup-per.** *Ip.* kali-c. *Lyc.* **Nat-m.** rhus-t.
– **Frühstück**:
 • **vor**: eupi. *Kreos.* *Nux-v.* psor. sel. **Tab.**
 • **nach**: agar.a1,k *Borx.* *Carb-v.* colch.a1,k cycl.a1,k daph.a1,k *Ferr.* kali-c.h sars.a1,k trom.a1,k
– **gehaltvollen**, fetten Speisen; nach: aeth. *Ip.* *Puls.* samb. spong. sulph.
– **Gehen**, beim: am-c. crot-h. prin.a1
 • **Freien**, im: am-m.
– **Gehirntumor**; durch
 ☞ *Hirntumor*
– **geistige** Anstrengung, durch: ferr. nat-m. tab.
– **Gerüche**; durch schlechte, üble: kreos.h
– **Geschoß**, wie ein: acon.bg3
– **gewaltsam**: ars.h *Con.*a1,k cupr.a1 glon.a1,k iod.a1,k jatr-c. manc.a1,k merc-c.a1,k mez.a1,k mosch.a1,k *Nux-v.*a1,k *Petr.*a1,k *Sanic.* stry.a1,k **Verat.**a1,k
 • **kurz** nach dem Essen: *Sanic.*
– **Harnverhaltung**, nach: hydr.bro1
– **hartnäckig**: cadm-s.brl
– **häufig**: **Ars.** bar-c. canth. **Chin.** colch. *Con.* cupr.h hyos. lyc. mez. ph-ac. phos.
– **Hautausschläge**:
 • **unterdrückte**, durch: ip.k2
 • **zurücktretende**, zurückgehende; durch: *Cupr.*
– **Hautausschläge**; durch unterdrückte: *Ip.*k2
– **Heben** des Kopfes; beim: *Ars.*a1,k *Bry.* colch. *Stram.*
– **Heben** einer Last; nach: sil.
– **heftig**: aeth. androc.srj1 ant-t. apoc. arg-n.a1 **Ars.** ars-i. asc-c.c1 bell. bism. boerh-d.bnj1 canth.bg3 *Cic.*hrl,k *Cina* **Colch.** con.h **Crot-t.** *Cupr.* cyt-l.a1 dig.h *Ferr.* ferr-p. geo.a1 hura-c.a1 *Iod.* *Ip.* *Jatr-c.* kali-bi.bg3 kali-n.a1,h kali-t.a1 lach. lob. med.c1 merc. merc-sul.a1 mez. mosch. nux-v. **Phos.** phyt.bg3 *Plb.* raph. stann.bg3 **Tab.** **Verat.**
– **heißes** Wasser amel.: *Chel.* mag-p.pd sul-ac.bg1
– **helles** Licht, durch: stram.
– **Herausziehen**, Ausräuspern von Schleimpfropfen aus den Choanen; beim ●: *Sep.*
– **Herzklopfen**, mit: ars. *Crot-h.* **Lach.** **Nux-v.**
– **Hirntumor**; bei: apom.c1,c2 coc-c.ptk1 cocc.ptk1
– **Hitze**:
 • **während**: acon. aeth. all-s.a1,k *Ant-c.* **Ant-t.** aran.c1 *Ars.*a1,k bapt.pd bell. borx.h *Bry.* cact. *Cham.* *Cina* *Cocc.* con. crot-h. dor. *Elat.* **Eup-per.** eup-pur. ferr. ferr-ar.k2 ferr-p. gink-b.sbd1 hep. ign. *Ip.* kali-c. lach. *Lyc.* **Nat-m.** nat-p.k2 nux-v. puls. *Stram.* ther.c1 thuj. tub. *Verat.*
 • **nach**: calc. *Eup-per.*
– **Husten**: agar. **Alum.** alum-p.k2 ambr.k2 *Anac.* **Ant-t.** *Arg-n.* *Arn.* *Ars.* *Ars-i.* ars-s-f.k2 bell. **Bry.**k,kl2● bufo calc. calc-i.k2 calc-sil.k2 cann-s. caps. *Carb-v.* carbn-s. *Cham.* chin. chinin-ar. *Cimx.* *Coc-c.* con. cor-r.ptk1 *Cupr.* cur. *Daph.* *Dig.* **Dros.** *Ferr.* ferr-ar. ferr-i. ferr-p. *Form.* gels. **Hep.** *Hyos.* indg. iod. **Ip.**k,kl2● *Kali-ar.* kali-bi. **Kali-c.** *Kali-p.* kali-s. kali-sil.k2 *Lach.* laur. lob. *Meph.* merc. merc-c. mez. mill. myos-a. nat-ar. nat-c. *Nat-m.* nat-p. *Nit-ac.* *Nux-v.* *Ph-ac.* phos. plb. *Puls.* rhod. rhus-t. *Sabad.* sang. sarr. seneg. *Sep.* *Sil.* stann.k2 sul-ac. sul-i.k2 *Sulph.* syph. *Tarent.* thuj. verat. zinc.h
 ☞ *Auswurf / Räuspern*
 • **nach**: pert.a12,c1
 • **morgens**: limest-b.es1
 • **vor**: sul-ac.ptk1
– **Influenza**, bei: sarcol-ac.pd
– **Jucken** mit Übelkeit, muß kratzen, bis er sich übergibt: *Ip.*
– **Kaffee**, nach: camph.a1,k cann-s.a1,k *Cham.* glon. verat.
– **Kälte**, mit eisiger: valer.pd

– **Kehlkopfes**, durch Reizung des: tab.$_{a1,k}$
– **Keuchhusten**, bei: carb-v.$_{st}$ cupr.$_{st}$ ferr-p.$_{st}$ **Ip.**$_{kl}$ kali-br.$_{st}$
– **Kindern**, bei: aeth.$_{k2}$ calc-p.$_{k2}$ ing.$_{br1,bro1,*}$
• **Säuglingen**; bei: aeth.$_{c1}$
– **Koitus**, nach: mosch.$_{a1,k}$ sabad.$_{ptk1}$ sil.$_{ptk1}$
– **Konvulsionen**:
• **vor**: *Cupr.* op.$_{a1,k}$
• **während**: *Hyos.* op.$_{h,k,*}$
• **nach**: acon.$_{a1,k}$ *Ars.*$_{a1,k}$ bell.$_{bro1}$ *Calc.*$_{hr1}$ colch.$_{a1,k}$ *Cupr.* glon.$_{a1,k}$ tanac.$_{a1}$
– **konvulsivisch**
☞ *krampfhaft*
– **Kopf**; mit Blutandrang zum: cic.$_{c1}$
– **Kopfschmerzen**:
• **vor**: iris$_{c1}$
• **während**
☞ ❑ *Kopf - Schmerz - begletet von - Erbrechen*
– **krampfhaft**: ant-t.$_{k2}$ **Bism.** caul.$_{c1}$ *Cupr.* dig.$_{h}$ hep. lach. merc-c. sul-ac. tab. vip.
☞ *Schmerz - krampfartig - Erbrechen - während*
◆ **begleitet** von:
• **Schwindel**
☞ ❑ *Schwindel - Begleitet von - Erbrechen*
– **leicht**: agar.$_{a1,k}$ alum. alumn.$_{a1}$ ant-t.$_{a1,k}$ **Ars.**$_{a1,k}$ *Calc-p.*$_{a1,k}$ **Cham.** chel.$_{a1,k}$ colch. dig. *Ferr.* graph.$_{h}$ *Ign.* jatr-c. *Kali-bi.*$_{a1,k}$ mez.$_{a1,k}$ *Nux-v.* *Phos.* *Phyt.*$_{a1,k}$ *Ran-s.*$_{a1,k}$ sec.$_{a1,k}$ *Tab.*$_{a1,k}$ zinc. zinc-m.$_{a1,k}$
– **Licht** agg.: sang.$_{bg1}$
– **Liegen**:
• **nach**: olnd. puls.$_{a1,k}$
• **Abdomen**; auf dem:
• **Schwangerschaft**; während der: podo.$_{c1}$
• **Rücken**, auf dem: crot-h. merc-c. nux-v. rhus-t.
• **amel.**: sym-r.$_{bro1,c1}$
• **Seite**, auf der:
• **agg.**: ferr.
• **linken**, auf der: ant-t. sep. sul-ac.$_{bg3}$ verat-v.
• **rechten**, auf der:
• **amel.**: ant-t. colch.
• **Leber**; bei Beschwerden der: bry.$_{bg1}$ crot-h.
– **Linderung**, ohne: ant-c.$_{bg3}$
– **Magenkrebs**; bei: cadm-s.$_{br1}$
– **Masern**, bei: **Ant-c.**
– **Menses**:
• **vor** ●: *Calc.* caul. cham. chin. *Cupr.* gels. *Kreos.* *Nux-v.* *Puls.* sulph.$_{h}$ verat.
• **während** ●: *Am-c.* *Am-m.* ant-c. **Apoc.** *Calc.* *Carb-v.* carbn-s. cham. cocc. coff. con. *Cupr.* gels. *Graph.* ign. *Kali-c.* kali-i. kali-p. kali-s. *Lach.* *Lyc.* nux-v. *Phos.* *Puls.* sars. sep. *Sulph.* tarent. *Verat.* *Vib.*
• **nach**: borx. canth. gels. kreos. nux-v. puls.
• **unterdrückten**; bei: ars. bell. bry. cupr. *Ip.* nicc.$_{c1}$ nux-v. plb. puls. verat.
– **Milch**, nach: **Aeth.** *Ant-c.* ant-t. *Ars.* ars-i. ars-s-f.$_{k2}$ atro. bar-c. bell. *Calc.* calc-sil.$_{k2}$ carb-v. *Iod.* *Iris* kali-bi. lac-d.$_{k2}$ lach. mag-c. merc-c. merc-d. morph. *Ph-ac.* phos. *Podo.* samb. *Sanic.* *Sep.* **Sil.** spong. sul-i.$_{k2}$ sulph. **Valer.** vip.
• **geronnene** Milch: *Agar.*$_{zr}$
– **Milch**: ...
• **Muttermilch**, nach: acet-ac. *Ant-c.* calc. ip.$_{pt}$ *Nat-c.* *Ph-ac.* *Sanic.* **Sil.** *Valer.*
• **Zorn** der Mutter; durch: coch.$_{kr1}$ valer.$_{k2}$
– **Mittagessen**:
• **amel.**: chinin-m.$_{c1}$
• **vor**: dros.$_{a1,k}$ sulph.
• **beim**: mag-c.$_{h}$
• **nach**: acon. agar. anac. ant-t. graph. *Lach* nit-ac.$_{h}$ ol-an.$_{a1,k}$ *Sel.* tub.$_{c1}$
– **Nüssen**; nach: bamb-a.$_{stb2}$
– **Ohnmacht**, nach: ars.$_{a1,k}$
– **Operation**; nach einer: all-c.$_{c2}$ bism.$_{c2}$
– **Opium**, nach: **Cham.**
– **periodisch**: ars. carc.$_{fb}$ *Chel.* *Cupr.* *Iris* *Lept* *Nat-s.* nux-v. plb.$_{ptk1}$ sang. sulph.
• **Nacht**, jede zweite: lach.$_{bg1}$
– **Pflaumen**, nach: ham.$_{a1,k}$
– **plötzlich**: acon.$_{bg1,bg2,*}$ aeth. agar. am-c.$_{bg2}$ ant-t.$_{ptk1}$ *Ars.*$_{a1,k}$ bell.$_{bg1,bg2,*}$ crot-h.$_{a1,k}$ crot-t.$_{a1,k}$ *Cupr.*$_{a1,k}$ elaps$_{bg2}$ ferr. jab.$_{a1}$ kali-bi.$_{bg1,bg2}$ kali-chl.$_{ptk1}$ kali-m.$_{k2}$ *Op.*$_{bg1,bg2}$ podo.$_{bg2}$ rhus-t.$_{bg2,k2}$ sec.$_{a1,k}$ sep.$_{bg2}$ sil.$_{bg2}$ stann.$_{bg2}$ verat.$_{bg2}$ verat-v.$_{bg2}$
– **Rauchen**, durch: agar. bufo calad. clem.$_{a1,k}$ cocc.$_{a1,k}$ *Ip.*$_{a1,k}$ nat-s. tab.
– **Rausch**, im: crot-h.$_{a1,k}$ **Nux-v.**
– **Räuspern**, beim ●: *Ambr.* *Anac.* borx. bry *Calc-p.*$_{a1,k}$ *Coc-c.*$_{a1,k}$ euphr.$_{bg1}$ kali-c. lach. **Nux-v.** *Sep.* *Sil.* *Stann.*$_{a1,k}$
☞ *Auswurf / Husten*
– **Reis**, nach: tell.$_{a1,k}$
– **Säuren**, nach: ferr.$_{a1,k}$ guare.$_{bg1}$
– **Schlaf**; gefolgt von: aeth.$_{bg1,bg2}$ ant-t.$_{bg1}$ stram.$_{kr}$
– **Schließen** der Augen:
• **amel.**: tab.
• **beim**: *Ther.*$_{a1,k}$
– **Schluckauf**, nach: cupr.$_{bg1,st}$
– **Schlucken**, beim:
• **Speichel**, von: colch.
• **Versuch** zu schlucken; beim: *Merc-c.*
– **Schmerzen**; durch: coloc.$_{k2}$ spig.$_{k2}$
– **schmerzhaft**: ant-t. arn. *Ars.* cupr-s. dig. kali-i. kali-n.$_{a1,k}$ merc-br.$_{a1}$ ox-ac. phos. phyt.$_{a1,bg1}$ ruta sarr.$_{bro1}$ sul-ac. verat.$_{bg1,bg2,*}$ verat-v.
– **schmerzlos**: sec.$_{bg1,bg2}$
– **Schwangerschaft**; während der: acet-ac.$_{hr1,k}$ acon. alet.$_{c2,k}$ alst.$_{c2}$ anac.$_{c2,k}$ *Ant-c.* *Apis* apom.$_{c1,c2}$ *Ars.* **Asar.** *Bry.*$_{c2,k}$ *Cadm-s.* *Calc.* calc-p.$_{k2}$ *Canth.* *Caps.* *Carb-ac.* card-m. castm.$_{c2,k}$ cer-ox.$_{c2,st}$ **Chel.** *Cic.*$_{hr1,k}$ *Cimic.*$_{c2}$ cinnm.$_{hr1,k}$ cocc.$_{bg1}$ cod.$_{hr1,k,*}$ *Colch.*$_{hr1,k}$ *Con.* conv.$_{c2}$ cuc-p.$_{br1,c1,*}$ cupr-ar. cycl.$_{c2}$ dios. *Ferr.* ferr-ar. *Ferr-p.* gins.$_{st}$ goss.$_{c2,vh,*}$ hep.$_{c2}$ ing.$_{br1,bro1,*}$ *Ip.* *Iris* **Jatr-c.** *Kali-bi.* *Kali-br.*$_{c1,k,*}$ kali-c. kali-p. **Kreos.**$_{c2,k}$ **Lac-ac.**$_{c2,k}$ lac-c. lac-d.$_{k2}$ *Lach.* *Lil-t.* lob.$_{c2,k}$ *Lyc.* *Mag-m.* med.$_{br1}$ merc-i-f.$_{c2,k}$ *Nat-m.* nat-p. **Nat-s.** **Nux-m.** **Nux-v.** onos.$_{c2}$ *Op.* *Ox-ac.*$_{c2,k}$ *Petr.*$_{c2,k}$ *Ph-ac.* *Phos.*$_{c2,k}$ plat. plb. *Podo.* *Psor.* *Puls.*$_{c2,k}$ sanic.$_{c2}$ **Sep.**$_{c2,k}$ *Sil.* *Sul-ac.*$_{c2,k}$ *Sulph.* sym-r.$_{k,k2,*}$ symph. **Tab.**$_{c2,k}$ tarent. ther.$_{c2}$ *Verat.* *Verat-v.* zinc. zinc-p.$_{k2}$

◆ **begleitet** von:
  • **Zunge**:
    • **braune** Farbe der Zunge:
      • **gelblichbraun**: *Merc-i-f.*kr1,vk1
– **Schweiß**:
  • **während**: **Ars.** camph. chin. cina dros. *Eup-per.* ip. merc.al,k sulph.
    ☞ *begleitet von - Schweiß*
  • **nach**
    ☞ *❑ Schweiß - Gefolgt - Erbrechen*
  • **nicht** ausbricht; wenn der Schweiß: *Cact.*
– **schwierig**: androc.srj1 **Ant-t.**al,k *Ars.*al,k asar.al,k borx.h bry.al,k cic.al,k clem.al,k coff. coff-t.al cupr.al,k elat.al,k gent-c.al grat.al,k kali-n.al lol.al plb.al,k raph.al,k stram.al sul-h.al
– **Schwindel**, bei
  ☞ *❑ Schwindel - Begleitet von - Erbrechen*
– **Sitzen**; bei aufrechtem: zinc.h
– **Speichel**, der im Sitzen den Hals hinabläuft; durch: am-m.al,k
– **Speichelfluß**, durch: anac.gsy1
– **Speisen**: acon.al aeth. agar. agar-ph.al ail.al alum. *Am-c.*al anac.al anan. *Ant-c. Ant-t.*al *Arn.* **Ars.**al ars-i. *Bell.*al berb. bism. **Bry.**al *Cact. Calc.*al calc-p.al calc-s. canth.al caps. *Carb-v.* caust. *Cham.*al *Chel.* **Chin.** *Cic.*hr1 *Cocc.*al coff. *Colch.*al coloc.al con. *Crot-h.*al crot-t.al *Cund. Cupr.*al *Cycl.*al dig.al *Dros.*al **Eup-per.**al **Ferr.**al **Ferr-ar.** *Ferr-i. Ferr-p. Graph.*al,h grat.al *Hydr.* hydr-ac. *Hyos.* **Ign.** indg. iod. *Ip.*al jug-r.al kali-ar.al *Kali-bi. Kali-c.*al *Kali-p.* kali-s. **Kreos.** *Lac-d. Lach.*al *Laur.* led. lob. **Lyc.**al lyss. mag-c.al mag-s.al manc.al merc.al merc-c.al mill. mosch.al mur-ac.al *Nat-m.*al nit-ac.al **Nux-v.** olnd. *Op. Ph-ac.*al phel. **Phos.**al phyt. *Plb.*al podo. psor.al **Puls.**al raph. rat.al rhus-t.al sabin. samb. **Sang.** *Sec.*al *Sep.*al *Sil.*al squil. *Stann.*al sul-ac.al *Sulph.*al tab.al tell. ter. thuj.al **Verat.**al *Verat-v.*al zinc. *Zinc-m.*al
  • **Gedanken** an; beim: colch.k2
  • **Geruch** von; durch den: colch.k2 stann.
– **Speisen** und Getränke:
  • **warme** agg.: phos.k2
– **Sprechen**, durch lautes: *Coc-c.*al,k
– **Spucken**, Ausspucken; nach: dig.
– **ständig**
  ☞ *unablässig*
– **Stecken** der Hände in warmes Wasser ●
  ☞ *Übelkeit - warm - Wasser*
– **Stuhlgang**:
  • **vor**: ars. dig. glon.al,k ip. ox-ac. podo. verat.
  • **während**: apis arg-met.c1,h *Arg-n.*al,k *Ars.*al,k bry. *Cocc.* colch. crot-t. *Cupr.* dulc. elat. *Ip. Merc.* ox-ac. stram. *Verat.*
  • **nach**: eug.bg1 phos.h
  • **Pressen** zum Stuhl; nach: ther.al,k
  • **Stuhldrang**, nach: bell.h
  • **vergeblichem** Stuhlgang, nach: sang.al,k
– **Stupor**, bei: hep.al,k
– **Suppe**, nach der: ars.al,k *Mag-c.*al,k
– **Trinken**:
  • **amel.**: nit-ac.h
– **Trinken**: ...
  • **nach**: *Acon.*al,k alum. alum-p.k2 anac.h **Ant-c.** *Ant-t.* apoc. *Arn.* **Ars.**al,k ars-i. ars-s-f.k2 bar-c. bell.al,k *Bism. Borx.* **Bry.** bufo *Cadm-s.* calc. calc-sil.k2 camph. canth. cham. chel. chin. *Chinin-ar. Cina* cocc. colch. con. crot-t. *Cupr.* dig.al,k dros. *Dulc. Eup-per.*al,k ferr. ferr-ar. ferr-i. ferr-p. hep.al,k *Hyos.* iod.al,k *Ip.* jatr-c.bro1 kali-ar. kali-c. *Kreos. Lyc.* merc. merc-c.al,k merc-cy.al,k mez. nat-m. nit-ac.al,k *Nux-v.* olnd. *Op.*al,k **Phos.** plb.al,k puls. rhod.al,k rhus-t. sang.k2 sars. *Sec.* sel. *Sil. Sul-ac.*al,k sul-i.k2 sulph.al,k **Tab. Verat.** *Verat-v.* xan.c1 zinc.al,k zinc-p.k2
  • **heißes** Wasser amel.: *Chel.*vh
  • **kaltem** Wasser, nach: anac. apoc. arn. ars. *Bry.* bufo chel. cina cocc. crot-t. *Cupr. Dulc. Eup-per.* ferr. gels. ip. *Jatr-c.*c1,kr1 kali-ar. *Kali-c.* kali-sil.k2 lach.k2 *Lyc.* mez. nux-v. podo. rhod. sanic.c1 *Sil. Sul-ac. Verat.* **Verat-v.**
    • **amel.**: *Cupr.* phos. puls.
  • **kleinste** Mengen ●: ant-t.gsy1 **Ars.** ars-h. **Bism. Bry. Cadm-s.** ip.k2 **Phos.** plb.
    • **nicht** nach dem Essen: sil.
  • **sofort** nach ●: apoc. **Ars. Bism. Bry. Cadm-s.** crot-t. *Eup-per.* jatr-c.c1 *Nux-v.* sanic.st sep. *Zinc.*
  • **warm** wird; sobald das Wasser im Magen ●: *Chlf.* kali-bi.bg1 **Phos.** *Pyrog.*
– **Übelkeit**:
  • **mit**: bamb-a.stb2
  • **ohne**: ant-c.bg3 apom-m.nh3 chel.bg3 ferr.k2 lyc.bg1 med.k2 sabin.c1
– **Überhitzung**, nach: *Ant-c.*
– **übermäßig**: verat.k2
– **unablässig**: acon. ant-c. ant-t. *Arg-n. Ars.* ars-h. ars-i. bar-m. borx.k2 *Cadm-s.* carb-v. colch. crot-t. cupr. dig. grat. *Iod. Ip.* kali-bi. kali-m.k2 lac-d. mag-p. meph. *Merc-c.* mez. *Nit-ac.* op. *Phos. Plb.* ruta sabin. sec. squil. sym-r.k2 verat.
– **unmöglich**: bell.h lac-d.c1
  ☞ *Würgen - vergeblich / Übelkeit - Unmöglichkeit*
– **Urtikaria**:
  • **während**: *Apis* cina
  • **Unterdrückung** von; durch: *Urt-u.*
– **warmen** Zimmer; im: phos.k2 vesp.k2
– **Wasser**: *Acon.*al *Aeth.* agar.al all-c.al alum. anac. ant-t.al *Arn.*al **Ars.**al ars-i. asar.al aur-m.al bar-c.al bar-i. bar-m.al *Bell.*al *Bism.* **Bry.** calc. *Camph.*al *Cann-s.*al carb-ac.al card-m.al carl.al **Caust.** *Chin.* clem.al *Coc-c. Cocc.*al colch.al *Coloc.*al *Con.* crot-h.al crot-t.al *Cupr.*al *Cupr-ar.*al cupr-s.al cycl.al cyt-l.al dig.al dulc.al elat.al euph.al fl-ac.al graph.al *Grat.*al *Guaj.* hell.al hep.al hydr-ac.al hyos.al iod.al *Ip.* kali-ar. *Kali-bi.*al kali-i.al kali-n.al *Kreos.*al lyc. mag-c. manc.al merc. merc-c.al mez. mur-ac.al *Nat-m.*al nat-s.al nit-ac.al *Nux-v.* olnd.al op.al osm.al ox-ac.al petr.al phos.al phys.al *Phyt.* plb.al raph. rat.al rhus-t.al **Rob.**al sabad.al sang.al *Sec.*al sel.al seneg.al *Sil.* sin-a.al *Stann. Stram.*al stry.al *Sul-ac.*al *Sulph.*al *Tab.*al ther.al *Thuj.*al **Verat.** verat-v.al vinc.al vip.al zinc.al
  • **Anblick** von; durch den: *Phos.*

- **warmes** Wasser:
  - **Hände** in warmem Wasser; durch Waschen der: phos.$_{k2}$
- – **Wechselfieber**, bei: **Ant-c. Ant-t. Cina** *Elat. Ferr. Lyc.*
- – **Wein**: *Ant-c.*
  - **amel.**: kalm.
  - **sauren** Wein, durch: **Ant-c.**$_{k,st}$
- – **Zähneputzen**, Zähnebürsten; beim: *Coc-c.*$_{a1,k}$
  ☞ *Ausspülen*
- – **Zahnung**; während der: bism. calc. hyos. phyt.$_{hr1}$ thyr.$_{c1}$
- – **Zorn**, nach ●: **Cham. Coloc. Nux-v.** *Valer.*
- – **Zubettgehen**, nach dem: **Tarent.**$_{a1,k}$

Erbrochenen; Art des:

- – **alles**; erbricht: acet-ac.$_{k2}$ ant-t.$_{k2}$ apoc.$_{st}$ **Ars.** ars-h. bar-m. benz-ac.$_{k2}$ cadm-s.$_{k2}$ *Crot-h. Eup-per. Ip.* merc-c. merc-cy.$_{bg1}$ op. sec. sul-ac.
- – **bitter**: *Acon.* agar. ant-c. ant-t. apis arn. *Ars.* benz-ac. bol-la. borx. **Bry.** bufo cadm-s. calc. calc-s. calc-sil.$_{k2}$ cann-s. *Carbn-s.* castm. *Cham.* clem. coc-c. *Cocc.* colch. *Coloc.* con. *Crot-c. Crot-h.* crot-t. cupr. *Eup-per.* form. gent-c. *Grat.* hydr. iris *Kali-bi.* kali-c.$_{h}$ lac-d.$_{k2}$ lyc. mag-c. manc. med. *Merc.* merc-c. mez. *Nat-ar. Nat-c. Nat-m.* nat-p. *Nat-s.* nit-ac. **Nux-v.** olnd. op. *Petr.* **Phos.** phyt. *Plb.* ptel. *Puls.* raph. rhod. samb. **Sang.** *Sars. Sep.* sil. *Stann. Sulph.* tab. thuj. *Verat.* vinc. vip. zinc. zinc-p.$_{k2}$
  - **morgens**: borx.$_{h}$ *Bry.* cham. colch. form. tab. thuj.
    - **Erwachen**, beim: form. sil. thuj.
    - **Husten**, beim: thuj.
  - **mittags**, beim Essen von Suppe: mag-c.
  - **nachmittags**: sulph.
  - **abends**: hell. verat.
    - **Husten** im Bett; beim: *Sep.*
  - **nachts**: crot-t. hell. phyt. sil.$_{h}$
  - **Erwachen**, beim: sil.
  - **Essen**, nach dem: mag-c. nit-ac. stann.
  - **Frost**; während: *Cham.*
    - **Ende** von; zu: *Eup-per.*
  - **Frühstück**, vor dem: tab.
  - **Hitze**; während: *Eup-per.* thuj.
  - **Husten**, beim: *Sep.* verat.
  - **Kaffee**, nach: *Cham.* verat.
  - **Kopfschmerzen**, bei: form. nit-ac. *Sang.* sulph. thuj.$_{h}$
  - **Kränkung**, nach: puls.
  - **Menses**:
    - **vor**: *Caul.*
    - **während**: *Sars.*
  - **Stehen**, im: colch.
  - **Suppe**, durch: *Mag-c.* stann.$_{h}$
  - **Trinken**, nach dem: borx. bufo
    - **kaltem** Wasser, von: podo.
- – **bläulich**: ars.$_{h}$ kali-c.$_{h}$
- – **blau**: ars.$_{bg1,bg2}$
- – **Blut**: acet-ac. *Acon.* aeth. agar. aloe alum. alum-p.$_{k2}$ alumn. *Am-c.* anan. ant-c. ant-t. arg-n. **Arn.**$_{c2,k}$ *Ars.* ars-h. ars-i. aur-m. bar-m. bell. brom.

Erbrochenen; Art des - **Blut**: ...

Bry. bufo **Cact.** cadm-s.$_{br1,k2}$ *Calc.* calc-i.$_{k2}$ calc-s. camph. cann-s. *Canth.* carb-ac. **Carb-v.** carbn-s. card-m.$_{c2,k}$ *Caust.* cham. **Chin.** *Chinin-ar. Cic.*$_{c1,k}$ clem.$_{a1}$ colch. coloc. con. **Crot-h.** *Cupr.*$_{c2,k}$ *Cycl.* dig. dros. *Erig.* **Ferr.** *Ferr-ar.* ferr-i. *Ferr-p.*$_{c2,k}$ ger.$_{bro1}$ guaj. **Ham.**$_{c2,k}$ hep. *Hyos.* ign. iod. **Ip.**$_{c2,k}$ kali-bi. kali-chl. kali-i. kali-m.$_{k2}$ kali-n. kali-p. *Kreos. Lach.* lath.$_{c1}$ led. lob. lyc. merc. *Merc-c.* mez. *Mill.*$_{c2,k}$ mosch.$_{k2}$ *Nat-ar.* nat-m. nat-s. *Nit-ac. Nux-v.* olnd. op. opun-f.$_{bnj1}$ ox-ac. *Petr.* **Phos.** *Phyt. Plb. Podo.* psor.$_{k2}$ *Puls.* pyrog. rat. rhus-t. ruta **Sabin.** samb. *Sang. Sec. Sep. Sil. Stann.*$_{c2,k}$ stram. sul-ac. sul-i.$_{k2}$ *Sulph.* tab. *Ter.* tril-p.$_{c1}$ uran-met. ust. *Verat. Verat-v.* vip. *Zinc.* zinc-m.$_{c2}$

- **morgens**: dros.
- **abends**: guaj. merc-c.
  - **Sommer**, im: guaj.
- **nachts**: *Caust.* phyt. podo.
- ◆ **begleitet** von:
  - **Magenkrebs**: calen.$_{gm1}$
- **Alkoholikern**; bei: alumn. ant-t.$_{gm1}$ *Ars.*
- **Anstrengung**, nach: *Phos.*
- **Bewegung**, bei: *Erig.*
- **blau**: ars.$_{vh}$
- **dunkel**: merc-cy.$_{vh}$
- **dünn**: *Erig.*
- **Essen**, nach dem: stram.
- **geronnen**: arn. ars. caust. ham. ip.$_{k2}$ lyc. *Merc-c.* nux-v. phyt. sec.
- **Hämorrhoidalblutung**; nach unterdrückter: acon. *Carb-v.* **Nux-v.** *Phos. Sulph.*
- **Husten**, mit: anan.
- **Liegen**, beim:
  - **agg.**: *Stann.*
  - **Rücken**, auf dem: merc-c.
- **Menses**:
  - **während**: sulph.
  - **anstatt** der Menses, bei Mädchen: *Ham.*
  - **Beginn** der; zu: sulph.$_{h}$
  - **unterdrückten**, bei: bell. *Bry. Ham.* nat-m. *Phos.* puls. sulph.
- **Schwangerschaft**; während der: *Sep.*
- **schwarz**: alum-sil.$_{k2}$ ars.$_{k2}$ calc-sil.$_{k2}$ card-m. *Ham.*$_{k,k2}$ plb.$_{k2}$
- **Trinken**, nach dem: merc-c.

- – **bräunlich**: arg-n. *Ars.* bar-c. bism. colch. cupr. kali-bi. *Nat-s.* nit-ac. op. ox-ac. phos. phyt. *Plb.* sec. sul-ac. sulph. tab. zinc. zinc-p.$_{k2}$
  - **abends**:
    - **Kaffee**; nach: verat.
    - **Milch**; nach: mur-ac.
- – **dick**: acet-ac. ars.$_{h}$ colch. merc-c. ox-ac. podo. verat-v.
  - **morgens**: colch.
  - **Ausspülen** des Mundes; beim: *Coc-c.*
  - **Stuhlgang**; beim: aloe
  - **Wasser**; nach einem Glas: aloe
- – **dunkel**: am-caust. ant-t. *Ars.* cadm-s. cupr. dor. merc-c. nit-ac. op. ox-ac. *Phos.* raph. sec. stann. sul-ac.

• **Trinken**; nach: mur-ac.
– **durchsichtig**, wie Eiweiß, Eiklar: alumn. *Arg-n.* *Ars.* canth. carbn-s. crot-t. cupr-act. dig. *Iris* *Jatr-c.* *Kali-bi.* kali-n. mur-ac. phos. *Sil.* sul-ac. *Verat-v.*
– **eiweißartig**: ars. ip. *Jatr-c.* *Merc-c.* *Plb.* *Verat.*
– **fadenziehend**: alum. *Arg-n.* ars. bar-m. *Chel.* colch.$_{bg1}$ **Cor-r.** *Dros.* dulc. *Iris* *Kali-bi.* *Kreos.* lac-ac. med.$_{c1}$ *Merc-c.* *Nat-m.* *Nit-ac.* plb. *Sil.* verat.
– **fäkal**, Erbrechen von Fäzes ●: ars. *Bell.* bry. cain. *Colch.* cupr. *Nux-v.*$_{k,kl2}$● **Op.**$_{k,kl2}$● *Plb.*$_{k,kl2}$● raph. rhus-t.$_{bg3}$ sulph. thuj.
– **faserig**: iod. ox-ac. *Phos.* sul-ac.
– **feste** Speisen; nur: arn.$_{bg1}$ bry. cupr. ferr.$_{bg1,bg2,*}$ sep.$_{bg1}$ verat.
– **fettig**: ars. *Iod.* manc. *Mez.* *Nux-v.* sabad. thuj.
– **Flüssigkeiten**: abrot.$_{br1}$ *Acon.* ant-t. aran. arn. ars. *Bism.* bry. cham. chin. dulc. ip. kreos. nux-v. phos. sil. spong. sul-ac.
• **Trinken**; beim:
• **gefolgt** von ohnmachtsartiger Schwäche: lyss.$_{c1}$
• **warm** werden; sobald sie im Magen: chlf. **Phos.**
– **Galle**: *Acon.* alum. alum-p.$_{k2}$ alum-sil.$_{k2}$ amyg. anan. androc.$_{srj1}$ *Ant-c.* ant-t. anthraci. *Apis* apoc. *Arg-n.* arn. **Ars.** ars-h. ars-i. ars-s-f.$_{k2}$ asar. asc-t. aspar. aur. aur-ar.$_{k2}$ aur-i.$_{k2}$ aur-s.$_{k2}$ bar-c. bar-i. bar-m. bar-s.$_{k2}$ *Bell.* *Bism.* boerh-d.$_{bnj1}$ borx.$_{h}$ **Bry.** bufo cadm-met.$_{gm1}$ *Cadm-s.* cain. *Calc.* calc-i.$_{k2}$ calc-s. calc-sil.$_{k2}$ camph. cann-s. canth. carb-v. carbn-s. card-m.$_{k2}$ castm. **Cham.** **Chel.** *Chin.* *Chinin-ar.* *Chion.* *Cic.* cina cocc. coch. *Coff.* **Colch.** *Coloc.* con. *Crot-c.* *Crot-h.*$_{c2,k}$ crot-t. *Cupr.* cupr-ar. cur. cycl. *Dig.* dros. dulc. elaps elat.$_{c1}$ **Eup-per.** fago. *Ferr-p.* fl-ac. gels.$_{k2}$ *Grat.* hep. hyos. *Ign.* *Iod.* **Ip.** *Iris* jab. jatr-c. *Kali-ar.* *Kali-bi.* kali-c. kali-i. kali-m.$_{k2}$ kali-p. kali-s. kali-sil.$_{k2}$ *Lac-d.* *Lach.* *Lept.* *Lyc.* lyss. mag-c. med. **Merc.** **Merc-c.** **Merc-cy.** meth-bchl.$_{a1}$ mez. *Morph.* mur-ac. *Nat-ar.* *Nat-c.* *Nat-m.* nat-p. **Nat-s.** nit-ac. **Nux-v.** olnd. **Op.** ox-ac. *Petr.* **Phos.** phyt. *Plb.* *Podo.* **Puls.** *Pyrog.* raph. rhus-t. sabad. *Sabin.* **Sang.** sars. *Sec.* **Sep.** sil. stann. stram. sul-ac. sul-i.$_{k2}$ *Sulph.* sumb. tarent. tax. *Ter.* ther.$_{c1,k2}$ thuj. *Tub.* valer. **Verat.** *Verat-v.* zinc. zinc-m. zinc-p.$_{k2}$
• **morgens**: aspar. dros. hep. merc-c. **Sep.**$_{k,kl2}$● tarent. ther. zinc.
• **Erwachen**, beim: stann.
• **vormittags**:
• **10** - 11 h: cur.$_{vh}$
• **nachmittags**: phyt.
• **abends**: phos. stram.
• **nachts**: chin. cur. lyc. *Merc.* phos. *Podo.*
• **Mitternacht**:
• **vor**:
• **21** h: tax.
• **nach**:
• **3** h: mur-ac.$_{h}$
• **Ärger**, Verdruß; nach: *Nat-s.*
• **Alkoholikern**; bei: ant-t.$_{gm1}$
• **Anstrengung**, nach: stram.

– **Galle**: ...
• **Aufsetzen** im Bett; beim: *Stram.*
• **Aufstehen**, beim: ars.
• **Bewegung**; bei der geringsten: *Crot-h.* *Stram.*
• **Essen**, nach dem: ant-c. bry.$_{k2}$ *Crot-h.* merc. stann.
• **Fieber**; während: *Ars.* bry. *Cham.* *Chin.* *Cina* crot-h. cupr. dros. **Eup-per.** gink-b.$_{sbd1}$ ign. ip. iris merc. *Nat-m.* *Nux-v.* op. phos. psor. *Puls.* sec. sep. sulph. thuj. verat.
• **Frost**:
• **vor**: cina *Eup-per.*
• **während**: *Ant-c.* arn. *Ars.* *Cham.* chin. *Cina* *Dros.* **Eup-per.** ign. ip. lyc. *Nux-v.* *Puls.* verat.
• **nach**: **Eup-per.** kali-c. **Nat-m.**
• **gefolgt** von Blut: agar. carb-v. verat.
• **geistiger** Anstrengung, nach: nat-m.
• **Husten**, beim: anan. cadm-s. carb-v. cham. **Chin.** *Puls.* sabad. sars. sep. stram. sulph.
• **kaltem** Wasser, nach: *Eup-per.* *Rhus-t.*
• **Kolik**, mit: *Chin.* coloc. *Iod.* *Nux-v.*
• **Kopfschmerzen**, mit: arg-n. aur. *Bry.* cadm-s. *Calc.* carc.$_{zzh}$ card-m.$_{k2}$ **Chel.** crot-h. eup-per. **Ip.** **Iris** kali-c.$_{h}$ *Lac-d.* *Lept.* *Lob.* nat-m. *Nat-s.* nicc. petr. *Plb.* podo.$_{c1}$ *Puls.* rhus-t. **Sang.** spig. sulph. verat. zinc.
• **Süßigkeiten**; nach Essen von: *Iris*
• **Liegen** auf der rechten Seite oder auf dem Rücken; beim: *Crot-h.*
• **Schweiß**, beim: ant-c. *Ars.* bry. **Cham.** **Chin.** ign. ip. iris merc. *Nux-v.* puls. sep. verat.
• **Speisen**, dann: bry.
• **Suppe**, nach der: stann.$_{h}$
• **Tee**, nach: sel.
• **Zittern** und große Übelkeit; verursacht Kraftlosigkeit: *Eup-per.*
• **Zorn**, nach: cham. nux-v.
– **gelb**: acet-ac. aeth. androc.$_{srj1}$ apis arn. *Ars.* ars-i. bry. bufo$_{k2}$ cadm-s. camph. cina *Colch.* *Coloc.* *Con.* crot-t. *Dulc.* form. *Grat.* *Iod.* ip. kali-bi. kali-i. lil-t. merc. merc-c. merc-sul.$_{c1}$ nat-p.$_{k2}$ olnd. osm. ox-ac. **Phos.** phyt. plb. sin-a. *Ter.* **Verat.** vip. zinc. zinc-p.$_{k2}$
• **tagsüber**: merc-c.
• **morgens**: form.
• **nachts**: ox-ac.
• **Gehen** im Freien; beim: kali-bi.
• **Kopfschmerzen**, mit: form. glon. verat.
– **geronnene** Milch
☞ *Milch - geronnene*
– **grün**: *Acon.* *Aeth.* ant-t. aqui.$_{vh}$ *Arg-n.* arn. **Ars.** asar. aur-m.$_{k2}$ bry. bufo cadm-s. *Cann-s.* *Canth.* carb-ac. carbn-s. *Card-m.* **Chel.** cimic. *Cocc.* colch. *Coloc.* *Crot-c.* *Crot-h.* cupr. cupr-ar. cur. cycl. dig. *Dulc.* elaps elat. ferr-p. grat.$_{k2}$ guare. *Hell.* *Hep.* **Ip.** jatr-c. kali-bi. kali-m.$_{k2}$ *Lach.* *Lyc.* manc. *Merc.* *Merc-c.* mez. morph. nat-p.$_{k2}$ *Nat-s.* *Nux-v.* olnd. *Op.* ox-ac. *Petr.* *Phos.* phyt. *Plb.* podo.$_{k2}$ *Puls.* raph. rhod. rhus-t. sabad. *Sabin.* sec. *Stram.* *Teucr.* **Verat.** vip. zinc. zinc-p.$_{k2}$
• **abends**: stram.
• **nachts**: ars. *Cur.*

• **dunkel**: carb-ac.$_{br1}$ *Crot-h.* op. *Sec.* stann. verat.
• **flüssig**: *Acon.* asar. *Aur-m. Card-m. Coloc. Cupr. Cycl. Hep. Lach. Nat-s.* olnd. *Stram.*
• **gelblich**: *Ars.* cadm-s.$_{k2}$ colch. crot-h. *Cupr. Iris* nat-p. *Nat-s.* olnd. phos. plb. sabin. verat.
• **geronnene** Flocken: ip.$_{k2}$
• **Gras**, wie: ars.$_{bg1}$
• **Kopfschmerzen**; mit: carc.$_{zzh}$
• **schwärzlich**: cupr. dulc. hell.$_{h}$ osm. petr. phos. plb. sol-ni. verat.$_{h}$
  • **Kolik**, mit: hell.$_{pd}$
– **Kaffeesatz**; wie: *Arg-n.* ars. ars-h. brom. **Cadm-s.** colch. *Con. Cupr.* echi.$_{gsy1,ptk1}$ *Iris* lac-d.$_{c1,k2}$ lyc. lyss. med.$_{c1}$ *Merc-c.* mur-ac. *Nat-m.* nat-p. **Phos.** plb. pyrog. stry. sul-ac.
• **Magenkrebs**; bei: phos.$_{k2}$
– **Kalkwasser**; wie: nat-c.$_{h}$
– **klar**: colch. crot-t. elat. ferr. fl-ac. petr. phyt. sabad. sul-ac. sulph.
– **Membranen**, Schleimhäute: canth. merc-c. nat-s. nit-ac. ox-ac. phos. sec. sul-ac.
– **Milch**: **Aeth.** arn.$_{bg1,bg2}$ *Ars.* borx.$_{bg1}$ bry.$_{bg1}$ *Calc. Calc-p.*$_{bg1,vh,*}$ carb-v. *Cham.*$_{bg1,vh,*}$ *Cina*$_{bg1,vh,*}$ *Iod.* ip.$_{bg1}$ *Iris* kali-bi. lach. lyc.$_{bg1}$ merc-c. *Merc-d.* nux-v.$_{bg1}$ phyt. *Podo.* rheum$_{bg1}$ samb. sanic.$_{c2}$ sep. sil. spong. sulph. vario.$_{al2}$
• **geronnene**: **Aeth.** *Ant-c.* ant-t. **Calc.** ip.$_{bro1,k2}$ mag-c.$_{bro1}$ mag-m.$_{bro1}$ merc-c. merc-d.$_{bro1}$ *Nat-m.* nat-p. podo.$_{bro1}$ sabin. sanic.$_{bro1}$ **Sil.** sul-ac. *Sulph.* **Valer.**$_{k,k2}$
– **milchig**: aeth. arn. ars. kali-m.$_{k2}$ ox-ac. **Sep.**
• **Schwangerschaft**; während der: sep.$_{k,kl2}$●
– **Molke**; wie: cupr.$_{bg1,bg2}$
– **Olivenöl**; schmeckt wie: phos.$_{h}$
– **orange**: androc.$_{srj1}$
– **Reiswasser**; wie: colch. *Cupr. Kali-bi. Verat.*
– **sagoartige** Massen: phos.$_{h}$
– **salzig**: benz-ac. *Iod.* mag-c. *Nat-s.* puls. sil. sulph.
– **sauer**: acet-ac. act-sp. aesc. am-c. *Ant-t.* arg-n. *Ars.* ars-s-f.$_{k2}$ asar. bar-c. bar-s.$_{k2}$ *Bell.* bol-la. *Borx.* brom. bry. cact. cadm-met.$_{gm1}$ cadm-s. calad. **Calc.** calc-s. *Camph.* caps. *Carb-v.* carbn-s. *Card-m.* **Caust.** *Cham. Chel.* **Chin.** *Chinin-ar. Cimic.* cimx. cocc. con. crot-t. *Daph. Ferr. Ferr-ar. Ferr-p.* gels. gent-c. *Graph. Grat. Hep.* hydr. ign. *Ip.* **Iris** kali-ar. *Kali-bi. Kali-c.* kali-p. kali-s. kreos. lac-ac. *Lac-d.* **Lyc. Mag-c.** *Manc.* med.$_{k2}$ *Merc-d. Mez.* mur-ac.$_{k2}$ *Nat-ar.* nat-c. *Nat-m.* **Nat-p.** *Nat-s.* nit-ac. **Nux-v.** olnd. *Op.* osm. petr. *Ph-ac.* **Phos.** plb. podo. **Psor. Puls. Rob.** sabin. sang. sars. sec. sel. sep. sil.$_{k2}$ stann. stram. **Sul-ac.** sul-i.$_{k2}$ **Sulph. Tab.** thuj. *Tub.* **Verat.** zinc. zinc-p.$_{k2}$
• **morgens**: camph. graph. kali-bi. nux-v. tab.
  • **Frühstück**, vor dem: psor.
  • **Stuhlgang**, nach: phos.
• **vormittags**: nux-v.
• **nachmittags**: hep. sulph.
  • **16** h: sulph.
• **abends**: nux-v. phos.$_{h}$ puls.
• **nachts**: *Calc.* chin. crot-t. kali-c.$_{h}$
• **Bewegung**, bei: kali-bi.

– **sauer**: ...
• **bitter**: ant-t. bism.$_{bg1}$ castm.$_{bg1}$ chelo.$_{bg1}$ cic.$_{bg1}$ cina$_{bg1}$ dros.$_{bg1}$ grat. ip. mag-m.$_{bg1}$ nux-v.$_{bg1,vh,*}$ plat.$_{bg1}$ puls. sars.$_{bg1,vh,*}$ sul-ac.$_{bg1,vh,*}$ sulph.$_{bg1,vh,*}$
• **epileptischem** Anfall, nach: *Calc.*
• **Essen**, nach dem: *Iris* nat-s. nit-ac. sel. *Sul-ac.*
• **Fieber**; während: hep. **Lyc.** rob.
• **flüssig**: card-m. *Caust. Ip.* nat-c.$_{h2}$ *Nat-m.* nat-p. *Nux-v.* phos. thuj.$_{h}$
• **Frost**; während: **Lyc.** rob.
• **Frost**, nach: lyc.$_{h}$
• **Frühstück**:
  • **vor**: psor.
  • **nach**: borx. sel.
• **Husten**, beim: cimx. nat-c. phos. thuj.
• **Kaffee**, nach: cann-s.
• **Kopfschmerzen**, bei: apis kali-c.$_{h}$ *Nat-p.* nux-v. op. sars.
• **Menses**:
  • **vor**: *Calc.* nux-v. *Puls.* sulph.
  • **während**: am-c. *Calc.* lyc. *Nux-v. Phos. Puls.* tarent.
• **nüchtern** am Morgen; wenn: borx.$_{c1}$
• **Rauchen**, nach: calad.
• **Stuhlgang**, nach: phos.$_{h}$
• **Trinken**, nach dem: bufo
– **scharf**: arg-met. *Ars.* bufo calad. colch. coloc. con. crot-t. dor. ferr. gent-c. *Hep.* ip. *Iris* **Kreos.** phys. phyt. **Sang.** sulph.$_{k2}$ ther. thuj. zinc.$_{a1}$
• **morgens**, beim Husten: thuj.
• **nachts**: ther.
– **schaumig**: acet-ac. acon. *Aeth.* all-c. ant-t. *Apis* arg-n.$_{bg3}$ ars. arund. cadm-s. *Canth.* cic.$_{bg1}$ coc-c. *Con.* crot-t. cupr-act. ferr. glon. *Ip.* kali-br. kali-s. **Kreos.** *Lyc.* mag-m.$_{bg1}$ med.$_{c1}$ *Merc-c.* mur-ac. nat-c.$_{h}$ nat-p. *Nux-v.* phos.$_{bg1}$ *Podo. Puls. Tub.* urt-u. **Verat.** verat-v. zinc.
– **Schleim**; von: *Acon.* aeth. agar. alum. alum-p.$_{k2}$ alum-sil.$_{k2}$ alumn. *Ant-c.* ant-t. anthraci. *Apis* **Arg-n.** arn.$_{k2}$ *Ars.* ars-s-f.$_{k2}$ bar-c. bar-m. bar-s.$_{k2}$ *Bell.* borx. bov. brom. bry. cact. cadm-s. calad. calc. calc-s. calc-sil.$_{k2}$ cann-s. canth. *Carb-v.* carbn-s. card-m.$_{k2}$ carl. castm. cench.$_{k2}$ *Cham. Chel. Chin.* chinin-ar. *Chinin-s. Cina* cinnb. *Coc-c. Cocc. Coff.* colch. *Con. Cop.* cor-r. crot-t. *Cupr.* cupr-act.$_{hr1}$ cupr-ar. cupr-s. *Cycl. Dig.* **Dros.** *Dulc.* elaps elat. form. glon. grat. *Guaj.* hell. hep. hydr-ac. *Hyos. Ign.* indg. *Ip. Iris Jatr-c.* kali-ar. **Kali-bi.** *Kali-c.* kali-chl. kali-m.$_{k2}$ kali-n. kali-p. kali-s. kali-sil.$_{k2}$ kreos. lac-d.$_{k2}$ *Lach.* lil-t. *Lyc. Mag-c.* mag-s. med.$_{c1,k2}$ *Merc. Merc-c. Mez.* mosch. mur-ac. nat-ar. nat-c. *Nat-m.* nat-p. *Nat-s. Nit-ac.* **Nux-v.** olnd. *Op.* osm. ox-ac. **Phos.** *Phyt.* plb. *Podo.* psor. **Puls.** raph. rat. rhus-t. sabad. sang.$_{k2}$ *Sec.* sel. seneg. *Sil.* sin-a. sol-ni. stann. stram. sul-ac. *Sulph.* tab. tax. *Ter.* ther. thuj. *Tub.* valer. **Verat.** verat-v. vip. zinc. zinc-p.$_{k2}$
• **morgens**: ars. camph. *Dulc.*$_{hr1,k}$ *Guaj.* kali-bi. sec. sulph. tab. thuj.
  • **Erwachen**, beim: form. thuj.
  • **Kaffee**, nach: *Cham.*

• **vormittags**: nux-v. psor.
  • **10** h: psor.
• **nachmittags**: bell. con. mag-s.
  • **Mittagsschlaf**, nach dem: lyc.$_{h}$
• **abends**: bry. elaps nat-s. psor. stram.
  • **18** h: nat-s.
  • **Kaffee**, nach: verat.
• **nachts**: phos. sil.$_{h}$ stram. ther. verat.
• **Alkoholikern**; bei: ant-t.$_{gm1}$
• **Ausspülen** des Mundes; beim: *Coc-c.*
• **Blut**, mit: acon. ant-t.$_{k2}$ ars.$_{h}$ brom. dros. hep. hyos. *Kali-bi.* kali-n. lach. *Nit-ac.* phos. zinc.
• **Diarrhoe**, bei: **Arg-n.**
• **dick**: ars.$_{h}$
• **Erwachen**, beim: sil.
• **Essen**, nach dem: crot-t. ferr. sul-ac.
• **Fäden**; in: ant-t.$_{k2}$ kali-bi.$_{k2}$
• **fadenziehend**: colch.$_{vh}$
• **Frost**, vor: *Puls.* verat.$_{h}$
• **gallertartig**: indg. *Ip.* jatr-c. *Kali-bi.*
• **Hitze**; während: thuj.
• **Husten**, durch ●: ant-t. coc-c.$_{k2}$ con. *Dros. Ip. Nit-ac. Puls. Sil.* thuj. *Verat.*
• **Kaffee**, nach: cann-i. *Cham.* verat.
• **Klumpen** von: canth.$_{bg1}$
• **Kopfschmerzen**, bei: con.$_{h}$ kali-c.$_{h}$
• **plötzlich**: kali-bi.$_{vh}$
• **sauer**: kali-bi.$_{bg1}$
• **Schwangerschaft**; während der: sul-ac.
• **Stuhlgang**, beim: aloe
• **süßlich**: calc. *Iris* psor.
• **Trinken**, nach dem: aloe
• **weiß**: ars.$_{h}$ dig.$_{h}$
• **zäh**: ant-t.$_{k2}$

– **schokoladenfarben**: bry. *Con.* mez.$_{h}$ sec.

– **schwarz**: acon. alum. ant-t. *Arg-n.* arn.$_{k2}$ **Ars.** ars-s-f.$_{k2}$ **Cadm-s.** *Calc.* camph. carb-ac. card-m. *Chin. Chinin-ar. Con. Crot-h.* cur. dor. hell. hydr-ac. *Hyos. Ip.* kali-i. kali-n. kali-ox. *Lach.* lat-m. laur. *Lyc.* manc. med. merc-c. *Nat-s.* nit-ac. **Nux-v.** op. ox-ac. *Petr.* **Phos.** phyt. pix$_{c2}$ *Plb.* puls. raph. *Sec.* sil. sul-ac. *Sulph.* **Verat.** zinc. zinc-p.$_{k2}$
  • **Menses**; beim Erscheinen der: sulph.
  • **Schmerz** im Magen; mit: pix$_{bro1}$

– **Speisen**: acet-ac.$_{br1}$ acon. aeth. agar. ail. alum. alum-p.$_{k2}$ alum-sil.$_{k2}$ *Am-c.* anac. anan. *Ant-c. Ant-t.* apis arg-n.$_{k2}$ *Arn.* **Ars.** ars-i. ars-s-f.$_{k2}$ *Bell.* berb. bism. borx. **Bry.**$_{h,k}$ bufo *Cact. Cadm-s. Calc.* calc-i.$_{k2}$ calc-p. calc-s. calc-sil.$_{k2}$ canth. caps. *Carb-v. Carbn-s.* caust. *Cham. Chel.* **Chin.** chinin-ar. *Cina Cocc.* coff. *Colch.* coloc. con. *Crot-h.* crot-t. *Cund. Cupr. Cycl.* dig. *Dros.* elaps **Eup-per. Ferr. Ferr-ar.** *Ferr-i. Ferr-p. Graph.* grat. *Hydr.* hydr-ac. *Hyos.* **Ign.** indg. iod. *Ip. Iris* jatr-c. kali-ar. *Kali-bi. Kali-c.* kali-m.$_{k2}$ *Kali-p.* kali-s. kali-sil.$_{k2}$ **Kreos.** *Lac-d. Lach. Laur.* led. lob. **Lyc.** lyss. mag-c. mag-s. manc. merc. merc-c. mill. mosch. mur-ac. *Nat-m.* nit-ac. **Nux-v.** olnd. *Op. Ph-ac.* phal.$_{a1,k}$ **Phos.** phyt. *Plb.* podo. psor. **Puls.** raph. rat. rhus-t. ruta sabin. samb. **Sang.** sars.$_{k2}$ *Sec. Sep. Sil.* squil. *Stann.* sul-ac. sul-i.$_{k2}$ *Sulph.* tab. tarent.$_{k2}$ tell. ter. thuj. **Verat.** *Verat-v.*

– **Speisen**: ...
zinc. zinc-p.$_{k2}$
• **morgens**: crot-h. *Plb.* **Sep.** sil. *Sulph.*
  • **Erwachen**, beim: aspar.
• **nachmittags**: calc.$_{h}$ mag-s.
• **abends**: carb-v. kreos. phos. *Puls. Sulph.*
  • **Sonnenuntergang**; nach: stram.
• **nachts**: crot-t. kali-c.$_{h}$ lyc.$_{h}$ phyt. rat. sil.
  • **Mitternacht**: agar. **Ferr.** nat-m.
  • **1** h, beim Erwachen: rat.
• **Abendessen**; nach dem: cupr-s.
• **Ärger**, Verdruß; nach: acon. cham. ign. ip. lyc. verat.
• **Blut**; dann: nux-v.
• **dunkles** Erbrechen der Speisen: mag-c.$_{h}$
• **Erwachen**; beim: jug-r.
• **Essen**:
  • **beim**: am-c. ars. ferr.$_{c1}$ iod. rhus-t. sep. sil. stann. verat.
  • **nach**: aeth.$_{hr1,vh}$ mag-c.$_{h}$
    • **ein** Tag danach ●: cimx. sabin.
    • **fünf** oder sechs Stunden danach ●: atro. puls.$_{k,kl2}$●
    • **sieben** Stunden danach ●: sulph.$_{h}$
    • **sofort** nach ●: ant-c. ant-t. *Apis Ars.* ars-h. *Bry.* carb-an. carb-v. cupr. dig. *Ferr. Ferr-p. Graph. Kali-bi.* mosch. olnd. plb. ruta sanic. sil. sulph. verat. zinc.
    • **Stunden** danach, einige: meph. puls.$_{k,kl2}$●
    • **Tage** nachdem die Speisen den Magen gefüllt haben; einige ●: **Bism.**
    • **unverdaute** Speisen zwei oder drei Stunden danach: aeth.$_{bg3,bro1}$ **Kreos.** sulph.
• **feste** Speisen; nur: bry. cupr. verat.
• **Frost**:
  • **vor**: *Ars. Cina* eup-per. **Ferr.**
  • **während**: ail. ign. phos.
  • **nach**: phos.
• **Frühstück**; nach dem: *Ferr.* sel. *Sil.*
• **Galle**; dann: ant-t. bell. *Bry. Colch.* dig. *Nat-m.* samb.
• **Getränke**; nicht der: *Bry.*
• **heißen** Speisen; nach: lob.
• **Hitze**; während der: cina *Eup-per.* ferr. ferr-p.$_{k2}$ ign. nux-v. thuj.
• **Husten**; durch ●: anac. anan. *Ant-t.* **Bry.** *Coc-c.* dig. *Dros. Ferr.* **Ip.** *Kali-c.* laur. *Mez. Nat-m. Nit-ac. Ph-ac. Puls.* rhus-t.$_{h}$ sep.
• **leer** ist; den Mund füllende Portionen, bis der Magen: arg-n.$_{k13}$ *Ferr.* **Phos.**$_{k13}$
• **Liegen**; beim: olnd.
  • **Rücken**, auf dem: rhus-t.
• **Mittagessen**; nach dem: anac. calc.$_{h}$ graph.$_{h}$ sel.
• **sauer**: calc. ferr-ar.$_{k2}$ hep. *Kali-bi.* nat-m.$_{h}$ *Nat-s.* podo. sars.$_{k2}$ sulph. thuj.$_{h}$
• **Schleim**; dann: dros. mag-c. nux-v. puls. sil.
• **tierischen** Speisen; alle: phos.
• **unverdaut**: aeth. ant-c. apoc.$_{k2}$ bell. calc. calc-f.$_{c1}$ cench.$_{k2}$ chin.$_{bro1}$ *Ferr.* gels.$_{sys}$ *Ip. Kali-bi.* **Kreos.** *Lac-d.* lyc.$_{k,kl2}$● merc.$_{k2}$ nat-m. nux-v. phos. *Puls.* sabin. sep.$_{k2}$ stann.$_{h}$

• **unverdaut**: ...
• **gegessen** wurde; was am Vortag: sabin.
• **Kindern**, bei: calc-f.$_{pd}$
• **Milch**, unverdaute: mag-c.$_{pd}$
• **warm**: lob. phos.$_{k2}$
• **Wasser**; dann: puls.
• **Wechselfieber**; bei: *Ferr. Ferr-p. Nat-m.*
– **Suppe**; von: mag-c.
– **süßlich**: cupr. *Iris* kali-bi. **Kreos.** *Plb.* psor. *Tub.*
– **übelriechend**: abrot.$_{br1}$ acon.$_{bg1}$ *Ant-t.* arn. **Ars.** bar-m. bell. bism. *Bry.* calc. *Canth. Cocc.* coff. crot-t. *Cupr.* guaj. *Ip. Led.* merc. nat-c. **Nux-v.** *Op.* ph-ac. *Phos. Plb.* podo. pyrog.$_{k2}$ sec. **Sep.** *Stann. Sulph.* thuj. valer. verat.
• **morgens**: bry.
• **eitrig**: kali-bi.$_{hr1}$ kali-c. kali-s.$_{a1}$ merc-c. *Nit-ac.*
– **Wasser**, dann Speisen; das getrunkene
☞ *Wasser - Speisen*
– **Wasser**: *Acon. Aeth.* agar. all-c. alum. alum-p.$_{k2}$ alum-sil.$_{k2}$ anac. ant-t. apis apoc.$_{k2}$ arg-met. *Arn.* **Ars.** ars-i. ars-s-f.$_{k2}$ asar. aur-m. bar-c. bar-i. bar-m. bar-s.$_{k2}$ *Bell. Bism.* borx. **Bry.** calc. calc-sil.$_{k2}$ *Camph. Cann-s.* carb-ac. *Carbn-s.* card-m. carl. **Caust.** *Chin.* chinin-ar. cina clem. *Coc-c. Cocc.* colch. *Coloc. Con.* crot-h. crot-t. *Cupr. Cupr-ar.* cupr-s. cycl. dig. dulc. elat. euph. fl-ac. graph. *Grat. Guaj.* hell. hep. hydr-ac. hyos. iod. *Ip. Iris Jatr-c.* kali-ar. *Kali-bi.* kali-c.$_{h}$ kali-i. kali-n. kali-sil.$_{k2}$ *Kreos.* lyc. mag-c. manc. med.$_{c1}$ merc. merc-c. mez. mur-ac. nat-ar. *Nat-m.* nat-s. nit-ac. *Nux-v.* olnd. op. osm. ox-ac. petr. phos. phys. *Phyt.* plb. podo.$_{k2}$ raph. rat. rhus-t. **Rob.** sabad. sang. *Sec.* sel. seneg. *Sil.* sin-a. sol-ni. *Stann. Stram.* stry. *Sul-ac.* sul-i.$_{k2}$ *Sulph. Tab.* ther. *Thuj.* **Verat.** verat-v. vinc. vip. zinc. zinc-p.$_{k2}$
• **morgens**: ars. bry. elaps *Guaj.* sil.$_{h}$ *Sulph.* thuj.
• **vormittags**: nat-s.
• **Erwachen**, beim: eupi. thuj.
• **nachmittags**, 16 h: sulph.
• **abends**: merc-c.
• **nachts**: **Calc.** crot-t. ox-ac. sul-ac. ther.
• **Mitternacht**:
• **vor**:
• **21** - 5 h: phyt.
• **Essen**:
• **beim**: ferr. nat-ar.
• **nach**: crot-t. ferr.
• **Frühstück**, vor dem: tab.
• **Gehen** im Freien; beim: kali-bi.
• **Hitze**; während: hep.
• **Husten**, beim: dros. nat-c.
• **kaltes** Wasser, nur: sil.
• **Liegen** auf dem Rücken, beim: merc-c.
• **Menses**; während: am-c. sulph.
• **Mittagessen**; vor dem: sulph.
• **Schwangerschaft**; während der: sep.
• **Speisen**; dann: *Iod.* ip. nux-v. sep. sil. sul-ac. sulph.
• **Stehen**; im: colch.
• **Suppe**; nach der: *Mag-c.*
– **weiß**: aeth.$_{br1,c1}$ ars. bell. carb-ac. castm. cench.$_{k2}$ colch. crot-t. cupr-ar. dig. fl-ac. kali-bi. kali-m.$_{k2}$

Erbrochenen; Art des - **weiß**: ...
kali-s. *Merc-c.* nat-s. ox-ac. stram. sul-ac. tab. verat. verat-v.
• **morgens**: ars. colch.
• **mittags**: *Verat.*
• **nachts**: verat.
– **Würmer**: *Acon.* anac. ars. bar-m. calc.$_{k2}$ *Cina* coff. *Ferr.* hyos. merc. nat-m. *Phyt. Sabad.* **Sang.** sec. sil. spig. verat.
• **Gefühl** von: cocc. *Lach.*
• **Spulwürmer**: acon. *Cina* sabad. sec.
– **zäh**: alumn. ant-t. arg-n. ars. borx. canth. chel. colch. cupr. dulc. hep. hyos. *Kali-bi.* kali-c. lach. *Merc-c.* nit-ac. osm. phos. rhus-t. sec. verat.

Erschlaffung des Pylorus: *Ferr-p. Phos.*

Essen:
– **Abneigung** gegen Essen
☞ *Appetit - fehlend / Appetit - vermindert / ❑ Allgemeines - Speisen - Essen - Abneigung*
– **hastiges** Essen
☞ *❑ Gemüt - Hast - Essen*
– **Verlangen** zu essen
☞ *Appetit - Heißhunger / Appetit - vermehrt*
– **vermehrt** den Hunger
☞ *Appetit - vermehrt - Essen - nach*

Essig getrunken; Gefühl, als habe sie viel: acet-ac.$_{br1}$

Farbe (= Verfärbung):
– **rot**:
• **Flecken**: nat-m.$_{pd}$

Flattern
☞ *Zittern*

Flatulenz des Magens
☞ *Aufstoßen*

Flaues Gefühl: abrot. *Acon.* aesc. agar. ail. alum. alum-p.$_{k2}$ alum-sil.$_{k2}$ alumn. ant-t. apoc. arund-d. *Bapt.* bar-c.$_{bg1}$ brom. bufo cact. calad. calc.$_{vh}$ calc-sil.$_{k2}$ cann-i. carb-ac. chlol. *Cimic. Cina* clem. *Cocc.* colch. conv.$_{bg1}$ cop. croc. *Crot-h. Crot-t.* cupr. **Dig.**$_{br1,k}$ dios. elaps *Glon.* **Hell.** hep. *Hydr. Hydr-ac.* ign. jatr-c. jug-c. kali-ar. *Kali-bi.* kali-chl. *Kali-fcy.* kali-i. lach.$_{bg1}$ laur. *Lept. Lob. Lyc.* mag-c. *Med. Merc.* merc-i-r. mosch. **Murx.** myric. naja nat-ar. *Nat-m.* **Nux-v.** olnd. op. *Petr.* phos. phys. pic-ac. plan. podo.$_{c1}$ ptel. puls. rhod. sabad. sang.$_{k2}$ sec. **Sep.** sil. *Stann. Staph. Sulph.* **Tab.** tell. teucr. thea til. tril-p.$_{c1}$ uran-met. *Verat.* zinc. zinc-p.$_{k2}$
☞ *Leeregefühl*
– **morgens**: apoc.$_{a1,k}$ cimic. dios. hydr. *Kali-bi.*
• **Erwachen**, beim: apoc.$_{a1,k}$
• **Frühstück**:
• **vor**: *Kali-bi.*
• **nach**: colch.
– **vormittags**: jatr-c. nat-m.
• **11** h: phos.$_{k2}$ sulph.$_{k2}$
• **Säuren**, nach: zinc.
– **abends**: colch.
– **nachts**: dios. *Lyc.* tarent.

– **anfallsweise**: glon.al,k
– **Atmen** amel.; tiefes: ign.brl
– **Bewegung**, durch: dig.brl
– **Blutungen**; durch: ip.k2 tril-p.c1
– **Druck**, durch: **Merc.**
– **Einatmen** agg.: calad.
– **Erwachen**, beim: apoc.hrl,k,*
– **Essen**:
• **amel.**: alumn.hrl,k,* *Bar-c.*
• **vor**: alumn. *Sulph.*
• **nach**: ars. calc. cina dig. *Iod.* lyc. *Petr.* plan. senn.c1 sil. staph. urt-u.
– **Gehen** amel.: acon.
– **Geruch** von Speisen, Essensgeruch; durch: dig.k2
– **Herzens**; bei Beschwerden des: lepi.brl
– **Klimakterium**, im: hydr-ac.hrl
– **schlechte** Nachrichten, durch: *Dig.*
– **Sitzen**, im: acon.
– **Sterben**, tödlich, wie zum: dig.k2
– **Stuhlgang**, nach: ambr. dios. *Ph-ac.* **Podo.**
– **tödlich**
☞ *Sterben*
– **Treffen** eines Freundes; beim: *Cimic.*
▽ **erstreckt** sich zum Herzen: **Lob.**

Fremdkörper: cupr.al,k grat.al,k hep.h nat-m.al,k phos.h raph.al,k

Furcht:
– **Gefühl** von: carc.fb,jl2
☞ *Angst / Besorgnis / Gemütsbewegungen*
– **Magengrube**: phos.k2

Gangrän: ars. euph. phos.al sec.al,k

Gären: acet-ac.hrl,k apoc.al,k *Caust.* *Chin.* croc.hrl,k,* graph.h,k,* *Plat.*hrl,k,*
– **Obst**, nach: **Chin.**

Gefühllosigkeit, Taubheit: acon.bgl bry.bgl castm.bgl plat.bgl sars.bgl

Gemütsbewegungen werden darin empfunden: calc.bgl,bg2 cham.bgl coloc.bgl dig.bgl kali-c.bgl,bg2 mez.bgl,bg2 nux-v.bgl phos.bgl,bg2 tub.bg2
☞ *Angst / Besorgnis / Furcht*

Geschwüre: acet-ac.k2,pd aesc.k2 alum.k2 alumn.k2 anac.rs ant-t.k2 *Arg-n.*c2,k *Ars.*c2,k atis-r.bnjl *Atro.*c2 brom.k2 cadm-met.stc cadm-s.gml calc. *Calc-ar.*c2,k calc-p.stc carb-v.k2,rs,* carc.fb caust. con.k2 *Cur.* *Dys.*vh euph.gml ger.brol graph.bg3 grat.vh *Ham.*c2 **Hydr.** iod.h *Ip.*c2,k2 **Kali-bi.**c2,k *Kali-c.* kali-p.c2 *Kreos.* **Lyc.** med.rs *Merc-c.* *Mez.* nat-c.rs nat-m.rs nat-p. nat-s.rs *Nit-ac.* *Nux-v.* orni.c2,rs petr.c2,rs ph-ac.rs **Phos.** **Psor.**k2,vh puls.rs rat.c2 ruta.stc **Sep.**kl,stc,* sil. sin-a.c2 sul-ac. sulph.rs syph. thuj.rs *Uran-met.* *Uran-n.*c2 vario.stc verat.stc
– **Alkoholikern**, bei: alum.krl
– **schmerzhaft**:
• **ausstrahlenden** Schmerzen, mit: arg-n.brl
• **unerträglichen** Schmerzen, mit: euph.stc kali-cy.stc
– **schmerzlos**: carb-ac.stc

Geschwüre: ...
– **stillenden** Frauen, bei: lac-c.c1
– **Strahlentherapie** gegen Akne; nach: phos.gml

Gewicht
☞ *Schweregefühl*

Gicht, Metastasierung von: **Ant-c.** benz-ac. *Nux-m.* sang.

Gluckern; Gurgeln: agar.al,k am-c.al,k anac.hrl,k *Arn.* *Ars.* bov.al,k carb-an.al,k chel.al,k cina *Colch.* croc. crot-t. **Cupr.** fl-ac. hydr.al *Hydr-ac.*hrl,k kali-c.al,k kali-i.hrl,k,* lact.al,k *Laur.* limest-b.esl lob. lyss.hrl meny.hrl,k nux-v.hrl phos.k2 sacch. teucr.hrl,k thuj.hrl,k verb. zinc.al,k
– **morgens**: bov.al,k
• **Erwachen**; beim: carb-an.h2,k,*
• **Gehen**, beim: carb-an.al,h2,*
– **Essen**, beim: bov.al,k
– **Gähnen**, beim: zinc.h
– **Trinken**:
• **beim**: arn. *Ars.* cina **Cupr.** elaps **Hydr-ac.**hrl,k laur. thuj.hrl,k
• **nach**: **Phos.**
– **Übelkeit**, mit: aeth.al,k

Glucksen: am-c.h anac.h carb-an.h mag-m.h phos.h rheum.h
– **Essen**, nach dem: zinc.h

Hacken im Magen; Gefühl von: sulph.h

Härte: alco.al anil.al ars.al,k *Bar-c.*hrl,k *Bar-m.* carb-v.al,k chim.al,k cob.al,k lept.al,k merc-i-f.al,k puls.hrl,k,*
– **Aufstoßen** amel.: carb-v.al,k
○ **Pylorus**: sep.hrl
• **Gefühl** von Härte darin: kreos.

Hartem über dem Magen; Gefühl von etwas: *Cupr.*h mag-m.h

Herabhängen würde; als ob der Magen schlaff: abrot. aesc. agar. alum. arg-n. *Bar-c.* *Bism.* *Calc.* *Calc-p.* *Carb-v.* crot-t. echi. *Euph.* ferr-i.k2 *Hep.* **Ign.** **Ip.** lob. *Lyc.* mag-c. merc.bgl,bg2 mez. petr. raph. rhus-t. spong. *Staph.* *Sul-ac.* *Tab.*
☞ *Schlaffheit*
– **morgens**: *Sulph.*
– **Gehen**, beim: hep.
– **Stuhlgang**, nach: bar-c. *Sep.*
– **Wasser**, in: abrot.c1

Herausfallen würde; als ob der Magen: hell.bgl mag-c.bgl,h,*

Hitzewallungen: abrot. acet-ac. *Acon.* aesc. aeth. agar. aloe alum. *Alumn.* am-c. *Anth.* anthraci. *Apis* *Arg-n.* **Ars.** ars-h. ars-i. aur-s. bapt. bar-c. bar-i. bar-s.k2 bell. benz-ac. brom. **Bry.** *Calc.* calc-i.k2 *Camph.* cann-i. *Canth.* carb-ac. carb-an. carbn-s. caust. cedr. cham. chel. chinin-s. chlf. *Cic.* cimic. cina cinnb. coc-c. coca cocc. cod. colch. coloc. con. corn-f. crot-t. cub.c1 cupr. cupre-au.c1 dig. eup-per. euph.h fago. ferr. *Ferr-ar.* ferr-i. ferr-p. fl-ac. gels. *Glon.* grat. gymno. hell. helon. hydr-ac.

Hitzewallungen: ...
Hydrc. hyos. iod. ip. iris jatr-c. kali-ar. kali-bi. kali-c. kali-chl. kali-m.$_{k2}$ kali-n. kali-s. kalm. *Lac-ac. Lac-c.* lach. laur. led. *Lob.* mag-m. *Manc.* mang. meny. merc. mez. mur-ac.$_{h}$ myric. nat-ar. nat-c. *Nat-m.* nat-p. nat-s. *Nit-ac. Nux-m.* **Nux-v.** ol-j. olnd. op. ox-ac. par. petr. *Phos.* phyt. plat. plb. *Podo.* ptel. puls. raph. rat. *Rob.* ruta sabin. sang. *Sars.* sec. seneg. sep. squil. stry. sul-ac. sulph.$_{h}$ sumb. tab. tarent. *Ter. Thuj.* tril-p.$_{c1}$ valer. verat. verat-v. vesp. zinc-m.
– **morgens**: am-m. apis lith-m. mang.$_{h}$
– **vormittags**: alum.$_{h}$
– **mittags**: fago.
– **nachmittags**: fago.
– **abends**: coloc. ferr-i. hyper.
– **nachts**, im Bett: cinnb.
– **Aufstoßen**:
  • **nach**: sumb.
  • **amel.**: fago.
– **Brot**, nach: sars.
– **Erwachen**, beim: acon-f.
– **Essen**:
  • **vor**: fl-ac.
  • **nach**: con. *Ferr. Sep.*
    • **amel.**: arg-n. ferr.
– **kaltem** Wasser, nach: alum.
  • **amel.**: alumn. hyper.
– **leerem** Magen, bei: naja
– **Mittagessen**, beim: hyper.
– **Sitzen**, beim: phos.$_{h}$
▽ **erstreckt** sich zu:
  • **Abdomen**: am-c. carl. chin. chinin-s.$_{c1}$ verat.
  • **Arme** und Finger: con.$_{h}$
  • **Augen**: stram.
  • **Brust**, über der: bar-m. chin. chinin-s.$_{c1}$ nat-m. ol-an. verat.
  • **Fauces**: caps.
  • **Hals**: cinnb. nit-ac. sumb. tarent.
    • **Halsgrube**: plat.$_{h}$
  • **Kopf**: alum. bar-m. *Calc.* chin. cinnb. *Glon.* hell. indg.$_{br1}$ *Lyc.* mag-m. mang. sumb.
  • **Körper**, über den: ars. *Camph.* imp.$_{c1}$ op.
  • **Nase**: merl.$_{c1}$
  • **oben**, nach: ars. asaf. *Calc.* carb-ac. cinnb. *Ferr. Glon.* iris kali-bi. laur. *Manc.* mang.$_{h}$ phos.$_{h}$ tril-p.$_{br1}$ *Valer.*
○ **Magengrube**:
  • **Fieber**; während: cub.$_{c1}$

Hochsteigen von Speisen
☞ *Aufstoßens; Art des - Speisen; von*

Hochsteigen von Wasser
☞ *Aufstoßens; Art des - Wasser in den Mund*

Hunger
☞ *Appetit - vermehrt / Leeregefühl*

Hüpfendes Gefühl: croc. *Kali-bi.*$_{kr1}$

Hyperchlorhydrie: acet-ac.$_{br1}$ rob.$_{c2}$

Jucken im Epigastrium: con.$_{h}$ kali-c.$_{h}$ plat.$_{h}$

Kalk gelöscht würde; Gefühl, als ob: *Caust.*$_{hr1,k}$

Kälte: abrot. absin.$_{a1,k}$ acon. agar.$_{a1,k}$ alum.$_{a1,k}$ alum-p.$_{k2}$ *Am-br.*$_{a1,k}$ am-c.$_{a1,k}$ *Ambr.*$_{h}$ amph.$_{a1}$ arg-n.$_{a1,k}$ **Ars.**$_{a1,k}$ ars-s-f.$_{k2}$ arund.$_{a1,k}$ bar-c.$_{a1,k}$ bar-s.$_{k2}$ *Bell.*$_{a1,k}$ berb.$_{a1,k}$ bol-la. bov.$_{a1,k}$ cadm-s. cain. *Calc.* calc-sil.$_{k2}$ **Camph.**$_{a1,k}$ cann-i.$_{a1}$ cann-s.$_{h,k}$ **Caps.**$_{a1,k}$ *Carb-an. Carb-v.* carbn-s. *Castm.* cham.$_{a1,k}$ chel.$_{a1,k}$ **Chin.**$_{a1,k}$ chinin-ar. chinin-s.$_{vh}$ *Cist.*$_{a1,k}$ clem.$_{a1,k}$ coc-c.$_{a1,k}$ *Colch.*$_{hr1,k,*}$ coloc.$_{a1,k}$ con.$_{a1,k}$ crot-c.$_{a1,k}$ crot-h. elaps germ-met.$_{srj5}$ graph.$_{a1,k}$ grat.$_{a1,k}$ helon.$_{a1,k}$ *Hipp.*$_{a1,k}$ ign.$_{a1,k}$ kali-ar. *Kali-bi.*$_{a1,k}$ kali-c.$_{a1,k}$ kali-i.$_{a1,k}$ kali-n.$_{a1,k}$ kali-p. kali-s. kali-sil.$_{k2}$ *Kreos. Lach.*$_{a1,k}$ *Lact.*$_{a1,k}$ laur. lepi.$_{a1}$ lyss. mag-c.$_{a1,k}$ mag-m.$_{h}$ mag-s.$_{a1,k}$ *Nat-m.*$_{a1,k}$ nit-ac.$_{a1,k}$ ol-an.$_{a1,k}$ op.$_{a1,k}$ *Petr.* ph-ac.$_{a1,k}$ *Phos.*$_{a1,k}$ phyt.$_{a1,k}$ rhus-t. sabad.$_{a1,k}$ sec.$_{a1,k}$ sep.$_{a1,k}$ *Sil.* spig.$_{a1,k}$ spong.$_{a1,k}$ *Sul-ac.*$_{a1,k}$ sulph.$_{a1,k}$ tab.$_{a1,k}$ *Tarax.* verat. verin.$_{a1}$ vesp.$_{a1,k}$
– **morgens** im Bett: bov. con.$_{a1,k}$ mag-s.$_{a1,k}$
– **vormittags**: nat-m.$_{a1,k}$
  • **Aufstoßen**; während und nach: alum.$_{a1,k}$
  • **Fahren** oder Reiten; beim: puls.
– **mittags**: zinc.$_{a1,k}$
– **abends**: alum.$_{a1,k}$ nat-m.$_{a1,k}$
  • **Bett** amel.; im: kali-n.$_{h}$
– **Diarrhoe**, bei: nat-m. ptel.
– **Eis**, mit Schmerz; wie: *Bov.*$_{a1}$ caust.$_{bg1}$ *Colch.* ol-an.$_{bg1}$
  • **Getränken**, nach kalten: **Elaps**
– **Eiscreme**, nach: chinin-s.
– **eisige** Kälte: **Caps.** *Colch. Hipp.* kreos.$_{br1}$ lachn.$_{bg1}$ lact. *Phos.*
– **Essen**:
  • **vor**: *Cist.*$_{a1,k}$
  • **nach**: *Carb-an. Cist.*$_{a1,k}$ *Crot-c.*$_{a1,k}$ graph.$_{bg1}$ nit-ac.$_{a1,k}$
– **Frösteln** in der Magengrube: **Ars.** bell. calc. cinch.$_{rb2}$ cist. hipp.
– **Getränken**, nach kalten: *Ars.* caps.$_{k2}$ **Chin. Elaps** *Rhus-t. Sul-ac.*
– **Hitze**, nach: grat.$_{a1,k}$
◇ **abwechselnd** mit Hitze: phos.$_{h}$
– **Lockern** der Kleidung amel.: chinin-s.
– **Menses**, nach den: kali-c.$_{h}$
– **Obst**, nach: *Ars.* elaps
– **Speisen** amel.; heiße: germ-met.$_{srj5}$
– **Stein**; wie durch einen kalten: acon.$_{bg1}$
▽ **erstreckt** sich zu:
  • **Körper**: sec.
  • **Ösophagus**: meny.$_{br1}$

Katarrh: alum.$_{k2}$ carb-v.$_{k2}$ grat.$_{k2}$ kali-bi.$_{k2}$ nit-ac.$_{k2}$ petr.$_{k2}$ plb.$_{k2}$ rumx.$_{k2}$ sang.$_{k2}$ verat.$_{k2}$
◆ **begleitet** von:
  • **Zunge**; weiße Farbe der:
    • **dicker** Belag: *Dulc.*$_{kr1,vk1}$

Kitzeln im Magen: anac. bry. crot-t.$_{a1,k}$ nat-m. sang.$_{a1,k}$ tarent.$_{a1,k}$ thea

Kleidung:
– **amel.**; enge Kleidung: fl-ac.$_{ptk2}$
– **stört**: am-c. **Bov.** *Bry. Calc.* carb-v. caust. *Chin.* coff. *Crot-c. Crot-h.* cupr. gins. *Graph. Hep.*

– **stört**: ...
Kali-bi. kreos. **Lach.**$_{k,vh}$ lith-c. **Lyc.** lyss.$_{c1}$ *Nat-s.* **Nux-v.** *Petr.* *Ph-ac.* *Puls.* rumx.$_{k2}$ *Sep.*$_{vh,vh/dg}$ spong. sulph.

Klumpens; Gefühl eines: acon.$_{pd}$ *Agar.* anan. *Ant-c.* bamb-a.$_{stb2}$ bar-c. *Bry.* calc.$_{h}$ chel.$_{pd}$ con.$_{pd}$ cupr.$_{pd}$ dirc. *Graph.* *Hep.* *Hydr.* hydr-ac. *Kali-bi.* *Kali-c.* *Lach.*$_{pd}$ *Lec.* lil-t. *Lob.* manc. med. naja nat-c. nat-m. *Nux-m.* *Nux-v.* plb. *Puls.* *Rhus-t.* rumx. **Sanic.** *Sep.* sil. spig. sulph.
☞ *Steines*
– **Mitternacht**, nach: *Arg-n.*
– **Abendessen**, nach dem: calc.$_{h}$
– **Aufstoßen** amel.: bar-c.
– **blähenden** Speisen, nach: sil.$_{h}$
– **Essen**, nach dem: *Abies-n.* *Ars.* med. nat-c.$_{h}$ nat-m. *Nux-v.* *Ph-ac.* puls. rumx.
• **Gehen** amel.: puls.$_{k2}$
– **fallen** würde; als ob ein Klumpen beim Aufstehen vom Sitzen zum Rücken: laur.
– **Getränken**, nach kalten: acet-ac. *Ars.*
– **Liegen** auf dem Rücken, beim: *Sulph.*
– **pulsierend**: *Graph.*
○ **Kardia**; in der: *Abies-n.*$_{vh}$
– **über** dem Epigastrium: nat-c.$_{ptk1}$ nat-m.$_{ptk1}$ phos.$_{ptk1}$ puls.$_{ptk1}$

Kolik
☞ *Schmerz - krampfartig*

Krallen
☞ *Schmerz - krallend*

Krebs (= Magenkrebs): *Acet-ac.*$_{hr1,k,*}$ act-sp.$_{c2,gm1}$ am-m.$_{br1}$ ant-s-aur.$_{gm1}$ **Ars.** *Ars-i.* ars-s-f.$_{gm1}$ ars-s-r.$_{gm1}$ aur.$_{ks}$ bar-c. bell. **Bism.**$_{c2,k}$ cadm-act.$_{gm1}$ cadm-ar.$_{gm1}$ cadm-br.$_{gm1}$ cadm-chl.$_{gm1}$ cadm-f.$_{gm1}$ cadm-gl.$_{gm1}$ cadm-i.$_{gm1}$ cadm-m.$_{gm1}$ cadm-met.$_{gm1}$ cadm-n.$_{gm1}$ cadm-o.$_{gm1}$ cadm-p.$_{gm1}$ *Cadm-s.*$_{c2,k,*}$ cadm-sel.$_{gm1}$ calen.$_{gm1}$ *Caps.* **Carb-ac.** **Carb-an.** *Carb-v.* chel.$_{gm1}$ **Con.** *Crot-h.* **Cund.** dulc.$_{k2}$ *Hydr.* *Iris* kali-bi.$_{k2}$ kali-s.$_{k2}$ *Kreos.* *Lach.* **Lyc.** mag-p.$_{c2,ptk2}$ *Merc-c.*$_{gm1,k}$ *Mez.* nux-v. **Phos.** plat. plat-m.$_{c2}$ sec.$_{c1,c2}$ *Sep.* *Sil.* *Staph.* *Sulph.*
◆ **begleitet** von:
• **Erbrechen** von Blut
☞ *Erbrochenen; Art des - Blut - begleitet von - Magenkrebs*
• **Schluckauf**: *Carb-an.*$_{st1}$
– **Aluminiumvergiftung**; durch: **Cadm-met.**$_{gm1}$
☞ *❏ Allgemeines - Aluminiumvergiftung*
○ **Pylorus**: graph.$_{br1}$ iris$_{c1}$

Kribbeln: ant-t. colch. indg. nat-c.$_{h2}$ *Puls.* *Rhus-t.*

Kriechen im Magen: agar.$_{a1,k}$ alum.$_{a1,k}$ *Ars.* *Bry.*$_{a1,k}$ caust.$_{bg1,h,*}$ *Cocc.* colch. hyper.$_{bg1,bg2}$ kali-c.$_{bg1,bg2}$ lact. lyc.$_{a1,k}$ nat-c. nux-m.$_{bg1,bg2}$ nux-v.$_{a1,k}$ *Puls.* raph.$_{bg1,bg2}$ rhod.$_{bg1,bg2}$ rhus-t.$_{bg1,bg2,*}$
☞ *Wurmes*
▽ **erstreckt** sich von der Magengrube zum Hals: nux-m.$_{c1}$

Kriechen - erstreckt sich: ...
• **Wurm** nach oben kriechen; als würde ein
☞ *Wurmes - oben*

Kugel; Gefühl einer: androc.$_{srj1}$ *Bell.* coc-c. lach. marb-w.$_{es1}$ senec.
– **nachts**:
• **Liegen** agg.: marb-w.$_{es1}$
– **brennenden** Kugel; Gefühl einer: *Bell.*
– **rollt** im: arn.$_{a1,bg1}$
– **steigt** in den Hals auf: asaf.$_{rb2}$ caust.$_{br1}$ kali-ar.$_{rb2}$ *Lach.* lyc.$_{c1}$ lyss.$_{rb2}$ *Mag-m.*$_{hr1,rb2}$ *Senec.*
• **nachmittags**: senec.$_{c1}$

Langsame Verdauung
☞ *Verdauung - langsam*

Lebendigem darin; Gefühl von etwas: anan.$_{wd2}$ chel.$_{hr1,k}$ chion.$_{a1,wd}$ coloc. **Croc.** manc.$_{rb2}$ sabad.$_{rb2}$ sabin.$_{rb2}$ sang.$_{bg1,bg2,*}$ sep.$_{rb2}$ tarent.$_{a1,k}$ thuj.$_{rb2}$

Leeregefühl (= Schwächegefühl, Ohnmachtsgefühl, vergehendes Gefühl, Hungergefühl): abies-c.$_{br1,c1}$ abrot. acon. adon.$_{bro1}$ *Aesc.* *Agar.* ail. *All-c.* all-s. aloe alum. alum-sil.$_{k2}$ alumn. am-c. am-m. *Ambr.* anac. ang. **Ant-c.** ant-t. apoc. *Aran.* *Arg-met.* *Arg-n.* arn. *Ars.* *Ars-i.* ars-s-f.$_{k2}$ *Asaf.* aster. atro. aur. aur-ar.$_{k2}$ aur-i.$_{k2}$ aur-m. aur-s.$_{k2}$ bamb-a.$_{stb2}$ *Bapt.* *Bar-c.* bar-i. bar-m. bar-s.$_{k2}$ bell. beryl-m.$_{stj2}$ *Brom.* bry. *Bufo* cact. *Calad.* *Calc.* *Calc-p.* calc-s. calc-sil.$_{k2}$ *Camph.* cann-s. canth. *Caps.* carb-ac. *Carb-an.* carb-v. carbn-s. card-m. *Carl.* castm. *Caust.* chel. *Chin.* chinin-ar. chinin-s. chlol. choc.$_{srj3}$ *Cimic.* *Cina* cinnb. clem. coc-c. coca **Cocc.** coff. colch. *Coloc.* con. cop. corn. *Croc.* *Crot-h.* *Crot-t.* cupr. cupr-ar. **Dig.**$_{br1,k}$ dios.$_{br1,k}$ *Elaps* ery-a. euphr. fago. ferr. *Fl-ac.* *Gamb.* *Gels.* gent-l. *Glon.* *Graph.* *Grat.* **Hell.** hep. *Hipp.* **Hydr.** *Hydr-ac.* *Hyos.* **Ign.** ind. indg. *Iod.* ip. jatr-c. *Kali-ar.* kali-bi. *Kali-c.* *Kali-chl.* *Kali-fcy.* kali-i. kali-m.$_{k2}$ kali-n. *Kali-p.* *Kali-s.* kalm. lac-ac. **Lac-c.** *Lach.* lat-m.$_{pd}$ *Laur.* lil-t. *Lob.* *Lyc.* lyss. *Mag-c.* manc. marb-w.$_{es1}$ med.$_{k2}$ meph. **Merc.** merc-i-f. merc-i-r. merl. mez. *Mosch.*$_{k,vh/dg,*}$ *Mur-ac.* **Murx.** myric. naja nat-ar. *Nat-c.* *Nat-m.* *Nat-p.* *Nat-s.* nicc. nit-ac. **Nux-v.** *Olnd.* *Op.* ox-ac. *Petr.* phel. **Phos.** phys. phyt. plan. plat.$_{h}$ plb. **Podo.** psil.$_{ft1}$ ptel. **Puls.** raph. rheum$_{h}$ *Rhus-t.* rumx. ruta sabad. *Sang.* sarr. sars. sec. seneg. **Sep.** sil. spig.$_{h}$ squil. **Stann.** staph. stram. *Sul-i.* **Sulph.** sumb. **Tab.** *Tarent.* tell. *Teucr.* thea thuj. til. tril-p. *Tub.* ust. valer. **Verat.** verb. vinc. xan.$_{c1}$ **Zinc.** zinc-p.$_{k2}$
☞ *Flaues* / *❏ Abdomen - Leeregefühl*
– **tagsüber**: nat-p.$_{a1,k}$ stann.
– **morgens**: *Aesc.*$_{a1,k}$ agar. anac. ant-c.$_{c1}$ apoc. arg-met. bufo carb-v.$_{h}$ castm. cimic. coloc.$_{a1,k}$ dios.$_{a1,k}$ hell. hydr. kali-bi.$_{a1,k}$ lac-c. lyc.$_{a1,k}$ mag-c.$_{a1,k}$ mag-m. mez.$_{a1,k}$ mill.$_{k2}$ nat-m.$_{a1,k}$ nat-p.$_{a1,k}$ nicc.$_{a1,k}$ op. phos.$_{h}$ plat.$_{h}$ sang.$_{a1,k}$ sep. tarent.
• **2** h: podo. tell.
• **4** h: raph.$_{c1}$
• **5** h: nat-c.

– **morgens**: ...
- • **Angst**, mit: lyc. nat-m.
- • **Aufstehen**, beim: nat-p.$_{a1,k}$ phos.$_{a1,k}$
  - • **nach**: phos.$_{h}$
- • **Erwachen**, beim: alum.$_{h}$ ant-c. apoc. *Lac-c.* mill.
- • **Frühstück**, vor dem: aesc. alumn. apoc. arg-met. calc-p. carb-v. cimic. *Kali-bi.* lac-c. murx. sulph.
- • **Menses**, während: castm.

– **vormittags**: caust.$_{h}$ jatr-c. mag-c.$_{a1,k}$ *Nat-c.*$_{a1,k}$ nat-m.$_{a1,k}$ nicc. puls. sulph.$_{h}$
- • **9** - 10 h: hep.$_{ptk1}$
- • **10** h bis abends: mur-ac. *Nat-c.*
- • **11** h: alumn. *Asaf.* coloc.$_{vh}$ hydr. ign.$_{bg,bg3}$ ind. lach. *Nat-c.* nat-m. nat-p. op. petr.$_{bg3,ptk1}$ *Phos.* sep. **Sulph.** *Zinc.*
  - • **amel.**: dig.$_{ptk1}$
  - • **dumpfem** Schmerz, mit: hydr.

– **mittags**: fago.$_{a1,k}$ nat-c.$_{h,k}$ nat-m.$_{a1}$

– **nachmittags**: ambr.$_{a1,k}$ borx.$_{h}$ calc.$_{h}$ caust.$_{h}$ fago.$_{a1,k}$ lach.$_{a1,k}$ puls. sulph.$_{a1,k}$
- • **13** h: fago.
- • **14** h: *Grat.*
- • **15** h: phys.

– **abends**: am-br.$_{a1,k}$ ambr. calc-p. lac-c. olnd.
- • **20** h: kali-c. kalm.
- • **Abendessen**, vor dem: graph.$_{h}$
- • **Essen**; amel. nach: **Sep.**
- • **Schlaf**, vor dem: dig.

– **nachts**: dios.$_{a1,k}$ lyc. petr. tarent.$_{a1,k}$
- • **Mitternacht**: mag-c.$_{a1,k}$ rhus-t.
  - • **vor**:
    - • **23** h: nat-c.$_{k2}$
  - • **nach**: mag-c.$_{h}$

◆ **begleitet** von:
- • **Abneigung** gegen Speisen
  - ☞ ❑ *Allgemeines - Speisen - Essen - Abneigung - begletet von - Magen*

– **Abneigung** gegen Speisen; mit
- ☞ ❑ *Allgemeines - Speisen - Essen - Abneigung - begletet von - Magen*

– **anfallsweise**: arg-met. glon.

– **Aufstehen**, nach dem: coca

– **Aufstoßen**:
- • **nach**: ambr.
- • **amel.**: *Sep.*

– **Bewegung**, durch: dig.$_{br1}$

– **Denken** an Speisen; beim: **Sep.**

– **Diarrhoe**, mit: *Fl-ac. Lyc. Petr. Stram. Sulph.*

– **Druck**:
- • **amel.**: psil.$_{ft1}$
- • **durch**: **Merc.**

– **Einatmen** agg.: calad.

– **epileptischem** Anfall, vor: **Hyos.**

– **Erbrechen**, nach: ther.$_{a1,k}$

– **Essen**:
- • **amel.**: iod.$_{h}$ mag-c.$_{h}$ verat.$_{h}$
  - • **nicht** amel.: agar. alum. alum-p.$_{k2}$ alum-sil.$_{k2}$ *Ant-c. Arg-met. Ars.* asc-t. aur. calc. calc-p. calc-sil.$_{k2}$ cann-i. *Carb-an.* castor-eq. cic. **Cina** coc-c. coloc.$_{h}$ dig. *Hydr.* **Ign.** kali-bi. kali-c.$_{k2}$

– **Essen - amel. - nicht** amel.: ...
kali-i. kali-m.$_{k2}$ **Lac-c.**$_{k,vh,*}$ **Lach. Lyc.** mag-m. med.$_{k2}$ *Merc.* **Mur-ac.** nat-m. *Nux-m.* olnd. op.$_{k2}$ par. **Phos.** phyt. sang. sars. **Sep.**$_{k,k2}$ sil. *Staph.* stront-c. *Teucr.* **Verat.**
- • **vor**: alumn. bamb-a.$_{stb2}$ crot-t.$_{a1,k}$ *Sulph.*
- • **beim**: crot-t. verat.$_{h}$ zinc.
- • **nach**: agar. alum. arn.$_{a1,k}$ bov. calad. calc.$_{c1}$ carb-v. chin.$_{c1}$ chlol.$_{a1,k}$ **Cina** coloc.$_{h}$ *Dig. Grat. Hydr.* kali-p. lach. *Laur. Lyc. Myric.* nat-p.$_{a1,k}$ olnd.$_{hr1,k}$ op.$_{a1,k}$ phos.$_{h}$ plan. ptel. puls. raph.$_{a1,k}$ sang.$_{a1,k}$ sars. sil.$_{a1,k}$ *Stann.* sul-ac.$_{h}$ thuj.$_{a1,k}$ **Verat.**$_{a1,k}$ zinc.
- • **muß** essen: graph.$_{k2}$ lach.$_{k2}$ petr.$_{k2}$

– **Fieber**; während: zinc.$_{a1,k}$

– **Freien** amel., im: bapt.

– **Frost**; während: ail. *Ars.*

– **Frühstück**, nach dem: am-m. coca colch.$_{a1,k}$ *Dig.* lyc.$_{a1,k}$ mez.$_{h}$ puls. thuj.$_{a1}$
- • **amel.**: mag-m.$_{h}$

– **Gehen**:
- • **beim**: chel.$_{a1,k}$ chinin-s. rat.$_{a1,k}$ sep.$_{bg1}$
- • **nach**: coca ferr.$_{bg1}$
- • **Herumgehen** im Zimmer agg.: lyc.$_{a1,k}$

– **Herzen**; mit schwachem oder erweitertem: chlol.$_{ptk1}$

– **Herzklopfen**, bei: cimic.$_{bro1}$

– **Hunger**, ohne: act-sp. *Agar. Alum.* alum-p.$_{k2}$ am-m. ars. *Bar-c.* berb. bry. carb-an.$_{h}$ chin. chinin-s. cocc. dulc. grat.$_{k2}$ hell. hydrog.$_{srj2}$ kali-n. **Lach.** *Mur-ac.* nat-c.$_{a1}$ *Nat-m.* nicc. *Olnd.* op. phos. psil.$_{ft1}$ psor. raph.$_{c1}$ *Rhus-t. Sil. Sul-ac. Sulph.* tax.

– **Husten**, mit: croc. ign. mur-ac. stann.

– **intermittierend**: mur-ac.$_{h}$

– **Klimakterium**, im: *Crot-h. Lach. Tab.*

– **Kopfschmerzen**, bei
- ☞ ❑ *Kopf - Schmerz - begletet von - Magen - Leeregefühl*

– **Liegen** amel.: ambr. ign.

– **Menses**:
- • **vor**: *Ign.* sep. sulph.
- • **während**: kali-n.$_{h}$ kali-p. spong. tab.

– **Milch** amel.; kleine Schlückchen: diph.$_{ptk1}$

– **Mittagessen**:
- • **amel.**: mag-c.$_{h}$
- • **vor**: lyc.$_{a1,k}$ mag-c. nux-v.$_{a1,k}$ phos. **Sulph.**
- • **nach**: ail.$_{a1}$ eucal.$_{a1}$ graph.$_{h}$ lyc. ptel.$_{a1,k}$ thea zinc.$_{a1,k}$

– **Mittagsschlaf**, nach dem: ang.

– **Obst**, nach: nat-c.$_{h}$

– **Pochen**, Klopfen; mit: ant-t. *Asaf.* calad. hydr. *Kali-c.* mag-m. nat-c. nat-m. sep. sulph.

– **Rumoren** unterhalb der linken Rippen amel.: verb.$_{c1}$

– **Schlaf**:
- • **vor**: dig.$_{a1,k}$
- • **im**: lyc. ph-ac.

– **Schläfrigkeit**, bei: corn.$_{a1,k}$

– **Schmerzen**, durch: ars.$_{h}$

– **Schwindel** mit: adon.$_{pd}$

– **Seufzen**; mit: **Ign.**

– **Sitzen**, im: acon. alumn.
– **Sprechen** agg.: *Rumx.*
– **Stillen**, nach dem: *Carb-an.*hrl,k olnd.hrl,k
– **Stuhlgang**, nach: *Aloe* ambr. dios.al,k fl-ac. **Petr.** *Ph-ac.* puls. *Sep.* sul-ac.ptk1 sulph.
– **Treffen** eines Freundes; beim: cimic.
– **Trinken** von Wasser amel.: kali-m.pd
– **Übelkeit**, bei: agar. androc.srj1 *Arg-met.* arg-n. asaf. bry. calc-p. caust. chel. cimic. cocc. *Cycl.* gink-b.sbd1 *Hell.* hep.h hydr. *Ign.* kali-bi. kali-c. kali-p. lac-c.pd lach. lyc. mag-m. meph. mosch. nat-c.a1 olnd. phel. **Phos.** rheum *Rhus-t.* *Sep.* *Sil.* spig. tab. *Valer.* verat. zinc.h
– **Urinieren**, nach dem: apoc.ptk1
– **Zittern**, mit: am-c. cimic. lyc. zinc.
▽ **erstreckt** sich zum Herzen: **Lob.**
○ **Nabel** gespürt; wird im: valer.pd

Luft:
– **durch** den Magen drängen würde; als ob: bar-c. cob.bg1 crot-c.bg1,c1
– **Freien** amel.; Beschwerden des Magens sind im: adon.bro1
○ **Brustbein**; unter dem: bell.h

Nüchternheitsgefühl
☞ *Leeregefühl*

Offen; Gefühl, als sei der Magen: spong.

Ohnmachtsgefühl
☞ *Flaues / Leeregefühl*

Prickeln, Kribbeln: nat-m.h

Pulsieren: **Acon.** agar. alumn.a1,k *Ant-c.* **Ant-t.** *Arg-n.*a1,k ars. ars-i. ars-s-f.k2 *Asaf.* asar.gm1 *Bell.*a1,k bov. bry.pd *Cact.*a1,k calad. **Calc.** calc-i.k2 calc-s. calc-sil.k2 cann-s. carb-v. carbn-s. cench.k2 chel. **Chin.** chinin-ar. **Cic.** coloc. cop. *Corn.*a1,k croc. crot-h. cupr. *Dig.* dros. **Ferr.** ferr-ar. *Ferr-i.* gamb.a1,k gins.a1,k **Glon.** *Graph.*h,k,* *Ham.*a1,k hura *Hydr.* hydr-ac. hyos. *Iod.* ip. jac-c. kali-ar. **Kali-c.** kali-i.a1,k kali-n. kali-s. *Lac-c.* lach. lachn. laur. lyc. *Mag-m.*a1,k med. *Meny.* mez.h mosch. mur-ac.h naja nat-ar. nat-c. *Nat-m.* nat-s. *Nit-ac.* **Nux-v.** olnd. op.a1,k **Phos.** plat. plb. **Puls.**a1,k rheum *Rhus-t.* sel. **Sep.**a1,k **Sil.** *Stann.* sul-i.k2 *Sulph.* tab. thuj.
– **morgens**: asaf. kali-c. kali-n. *Sep.*
– **mittags**: sulph.
– **abends**: alumn.
  • **Liegen** auf dem Rücken; beim: alumn.
– **nachts**: eup-per. *Puls.*
– **Abendessen**, nach dem: nux-v.
– **Anlehnen** an etwas; beim: gamb.a1,k
– **Aufrichten**, beim: lycps-v.
– **Aufstehen** amel.: op.a1,k
– **Aufstoßen** amel.: *Sep.*a1,k
– **Auftreibung**, wie eine Faust; mit: cic.pd
– **Essen**:
  • **beim**: nat-m. *Sep.*
  • **nach**: alumn.a1,k *Asaf.* cact. cop. kali-c. kali-sil.k2 lyc. mez.h *Nat-m.* phos. **Sel.** *Sep.*
– **Frühstück**; nach dem: nat-s.k2
– **Freien** amel.; im: naja

Pulsieren: ...
– **Gehen**:
  • **amel.**: op.a1,k
  • **nach**: calad.
– **Husten**, durch: ip.hr1
– **Husten**, mit: acon. asaf. bell. cact. carb-v. cic. coloc. dros. ferr. graph. iod. kali-c. lyc. nat-m. puls. sulph.
– **Kopfschmerzen**, mit: *Kali-c.*
– **leerem** Magen; bei: kali-c.k2
– **Liegen** auf dem Rücken, beim: alumn. *Dios.* op.a1,k
– **Magens** und des Abdomens; bei Beschwerden des: *Asar.*
– **Menses**, nach den: ferr.a1,k
– **Mittagessen**, nach dem: cact.
– **Nachdenken**, beim: raph.a1,k
– **Ohnmacht**, mit: sulph.h
– **sichtbares** Pulsieren
  ☞ *Magengrube*
– **Sitzen**, beim: sulph.h
– **Übelkeit**, mit: nat-c.
– **Zittern**, mit: arg-n. calc. kali-c.
▽ **erstreckt** sich zum ganzen Abdomen: bruc.hr1,k2
○ **Magengrube**; sichtbares Pulsieren in der: asaf.k1

Pyrose
☞ *Sodbrennen*

Quaken wie Frösche: nat-m.a1,k
– **Herumdrehen** im Bett; beim: nat-m.

Rauheit, Gefühl von: hell.h mang.h

Reizung: *Acon.* all-c. amgd-p.c2 ant-t.hr1,k *Arg-n.*hr1,k *Ars.*hr1,k aur-m. **Bism.**hr1,k bry.k2 cadm-s.k2 carb-ac.hr1,k cob. *Ip.*hr1,k kali-ar. kali-n. *Merc.* merc-c. ox-ac. *Phos.* plb. *Podo.* sang.k2 sec. stram. verat-v.
– **Krankheit**; nach langer: cadm-s.k2
– **Meningitis**: cadm-s.k2

Rucken: calc.h fago.bg1 mez.h nat-c. *Nat-m.* nux-v. phos.h plat.hr1,k sang.hr1,k *Stry.*
– **Öffnen** des Mundes; beim: stry.
▽ **erstreckt** sich zu:
  • **Hals**: phos.h
  • **Rektum**: ars.h
    • **Epigastrium** zum Rektum; vom: ars.h
– **Zwerchfell**: asaf.k2

Ruhelosigkeit: hep.h kali-c.h sil.h

Rülpsen
☞ *Aufstoßen*

Rumoren: mag-c.h musaa1 ph-ac.h sep.h
– **Aufstoßen**, vor: ph-ac.h

Sättigung; schnelle
☞ *Appetit - schnelle*

Sand im Magen; wie: ptel.bg1,bg2,*

Schärfe: calc.h carb-v.h hep.h

Schießen im Epigastrium
☞ *Schmerz - stechend*

Schlaff
☞ *Herabhängen*

Schlaffheit: euph. **Ign.** ip. merc. spong. tab. thea
☞ *Herabhängen*

Schläge, Stöße im Magen: **Cic.** dig.$_{pd}$ kali-c.$_{h}$ nat-c. nux-v. plat. tab.
– **Essen**, beim: teucr.
– **Konvulsionen**, vor: **Cic.**
– **Liegen** auf der Seite; beim: camph.
– **Schlaf**, im: tab.
– **stechend**: plat.$_{h}$

Schlägen in der Magengrube; Gefühl von: *Cic.*$_{h,hr1,*}$ crot-c. nat-c. nux-v. plat.

Schluckauf: acet-ac.$_{hr1,k,*}$ acon.$_{a1,k}$ acon-l.$_{a1}$ aegle-f.$_{bnj1}$ aeth.$_{c2,k}$ aether$_{c2}$ *Agar.*$_{a1,k}$ agar-ph.$_{a1}$ agn.$_{a1,k}$ alco.$_{a1}$ all-c.$_{a1,k}$ *Alum.*$_{a1,k}$ alum-p.$_{k2}$ alum-sil.$_{k2}$ am-c.$_{hr1,k,*}$ **Am-m.**$_{a1,k}$ ambr.$_{bg2}$ aml-ns.$_{st1}$ amyg.$_{hr1}$ anac.$_{a1,k}$ ang.$_{a1,k}$ ant-c.$_{a1,k}$ ant-t.$_{a1,k}$ apom.$_{a1}$ *Arg-n.*$_{hr1}$ *Arn.* **Ars.**$_{a1,k}$ ars-h.$_{c2,vh}$ **Ars-i.** arund.$_{a1,k}$ asaf.$_{k2}$ asar.$_{a1,k}$ aur.$_{a1,k}$ aur-ar.$_{k2}$ aur-i.$_{k2}$ aur-s.$_{a1,k2,*}$ *Bar-c.*$_{a1,k}$ *Bar-i.* bar-m. bar-s.$_{k2}$ *Bell.*$_{a1,k}$ benz-ac.$_{a1,k}$ berb.$_{a1,k}$ bism.$_{a1,k}$ bond.$_{a1}$ borx. bov.$_{a1,k}$ brom.$_{a1,k}$ *Bry.*$_{a1,k,*}$ bufo caj.$_{c2}$ calad.$_{a1}$ *Calc.*$_{a1,k}$ calc-f.$_{a1,k}$ calc-i. calc-sil.$_{k2}$ canth.$_{a1,k}$ carb-an.$_{a1,k}$ carb-v.$_{a1,k}$ carbn-s. card-b.$_{a1}$ carl.$_{a1,k}$ castm. caust.$_{a1,k}$ *Cham.*$_{a1,k}$ chel.$_{a1,k}$ *Chin.* chinin-ar. *Chinin-s.* *Chlf.*$_{hr1,k,*}$ **Cic.**$_{hr1,k,*}$ cimx.$_{hr1,k,*}$ cina cinch.$_{a1}$ cinnm.$_{hr1}$ cob.$_{a1,k}$ *Cocc.*$_{hr1,k,*}$ *Coff.*$_{hr1,k,*}$ colch.$_{a1,k}$ coloc.$_{a1,k}$ con.$_{a1,k}$ crot-t.$_{a1,k}$ cupr.$_{a1,k}$ *Cupr-s.*$_{vh}$ cur.$_{c2,k}$ **Cycl.**$_{a1,k,*}$ der.$_{a1}$ dig.$_{a1,k}$ *Dios.*$_{a1,k,*}$ *Dros.*$_{a1,k}$ dulc.$_{a1,k}$ eug.$_{c2}$ eup-per.$_{c2}$ *Euph.*$_{a1,k}$ euphr.$_{a1,k}$ ferr-p.$_{a1,k}$ *Gels.*$_{a1,k}$ *Gins.*$_{bro1,c2}$ gnaph.$_{a1}$ graph.$_{h,k,*}$ grat.$_{a1,k}$ ham.$_{a1,k}$ hell.$_{a1,k}$ hell-o.$_{a1}$ hep. hydr.$_{vh}$ *Hydr-ac.*$_{c2,st1}$ **Hyos.**$_{a1,k,*}$ **Ign.**$_{c2,k}$ indg.$_{a1,k}$ **Iod.**$_{c2,k}$ *Ip.*$_{a1,k}$ jab.$_{a1,k}$ *Jatr-c.* jug-r.$_{a1,k}$ kali-ar. kali-bi.$_{a1,k}$ *Kali-br.*$_{vh}$ kali-c.$_{a1,k}$ kali-i. kali-m.$_{k2}$ kali-n. kali-s.$_{a1,k,*}$ kali-sil.$_{k2}$ *Kreos.* *Lach.*$_{a1,k}$ *Laur.*$_{a1,k}$ led.$_{a1,k}$ lob.$_{a1,k}$ lob-s.$_{a1}$ **Lyc.**$_{a1,k}$ lyss.$_{st1}$ mag-c.$_{a1,k}$ *Mag-m.* **Mag-p.** *Marr.*$_{bg3}$ *Med.*$_{c1,vh,*}$ meny.$_{a1,k}$ **Merc.**$_{a1,k}$ merc-c.$_{a1,k}$ merc-cy.$_{a1}$ merc-n.$_{a1}$ mez.$_{a1,k}$ mill.$_{a1,k}$ mit.$_{a1}$ morph.$_{a1}$ *Mosch.*$_{c2,k}$ mur-ac.$_{a1,k}$ narc-ps.$_{a1}$ narcot.$_{a1}$ **Nat-ar.** **Nat-c.**$_{a1,k}$ **Nat-m.**$_{a1,k,*}$ nat-s. **Nicc.**$_{c2,k}$ nit-ac.$_{a1,k}$ **Nux-m.**$_{c2,k}$ **Nux-v.**$_{a1,k}$ oena.$_{a1}$ ol-suc.$_{bro1}$ *Op.*$_{a1,k}$ orig.$_{a1}$ ox-ac.$_{a1,k}$ papin.$_{a1}$ *Par.*$_{a1,k,*}$ *Phos.*$_{a1,k}$ phys.$_{a1,k,*}$ phyt.$_{a1,k}$ plb.$_{a1,k}$ plect.$_{a1}$ *Psor.*$_{a1,k}$ *Puls.*$_{a1,k}$ *Ran-b.*$_{c2,k}$ rat.$_{a1,k,*}$ *Ruta* sabad.$_{a1,k}$ sabin.$_{a1,k}$ samb.$_{a1,k}$ sars.$_{c2,k}$ scut.$_{c2}$ **Sec.**$_{a1,k,*}$ sel.$_{a1,k,*}$ *Sep.* sil. sin-n.$_{a1,hr1,*}$ *Spong.*$_{a1,k}$ *Stann.*$_{a1,k}$ *Staph.*$_{bg2,k}$ **Stram.**$_{a1,k,*}$ *Stront-c.*$_{bg2,k,*}$ succ.$_{c2}$ *Sul-ac.*$_{a1,k,*}$ sul-i.$_{k2}$ sulph. sumb.$_{a1,k}$ tab.$_{a1,k,*}$ *Tarax.*$_{bg2,k,*}$ tarent.$_{a1,k,*}$ **Teucr.**$_{c2,k}$ trif-p.$_{a1}$ *Verat.*$_{a1,k}$ *Verat-v.*$_{a1,k,*}$ *Verb.*$_{a1,k}$ wye.$_{c2}$ zinc.$_{a1,k,*}$ zinc-m.$_{a1,c2}$ zinc-o.$_{c2}$
– **tagsüber**: nit-ac.$_{a1,k}$ petr.$_{a1,k}$ phos.$_{a1,k}$
– **morgens**: all-c.$_{a1,k}$ apoc.$_{a1,k}$ cann-s.$_{a1,k}$ kali-n.$_{a1,k}$ verat.$_{a1,k}$

Schluckauf - morgens: ...
• **Aufstehen**, nach dem: gamb.$_{a1,k}$ graph.$_{h,k,*}$ mag-c.$_{a1,k}$
• **nüchtern**, wenn: kali-n. sulph.$_{h}$
– **vormittags**:
• **11** h: ox-ac.
• **Essen**, nach dem: bar-c. nat-s.
– **mittags**: kali-c.$_{a1,k}$ sil.$_{a1,k}$ sulph.$_{a1,k}$
– **nachmittags**: agar.$_{a1,k}$ canth.$_{a1,k}$ *Ign.*
• **13** h: bov. *Verat-v.*
• **14** h: tarent. *Verat-v.*
• **15** h: ptel.$_{c1}$
– **abends**: aeth.$_{a1,k}$ gels.$_{br1}$ graph.$_{h,k,*}$ kali-bi. *Kali-i.*$_{a1,k}$ *Lob.* mag-c.$_{h}$ nat-c.$_{a1,k}$ nat-s.$_{a1,k}$ **Nicc.**$_{a1,k}$ petr.$_{a1,k}$ rhus-t.$_{a1,k}$ sars.$_{h}$ sil. sulph.$_{h}$ *Zinc.*$_{a1,k}$
• **17** - 20 h: phys.
• **18** h: ham. nat-c. sars.
• **18**.30 h: mag-c.
• **Bett**, im: nat-m.$_{a1,k}$ nicc.$_{a1,k}$ sil.$_{a1,k}$ sulph.$_{h}$
• **nüchtern**, wenn: sulph.$_{a1,k}$
• **Schläfrigkeit**, gefolgt von: lob.$_{hr1}$
– **nachts**: apoc.$_{a1,k}$ ars.$_{a1,k}$ bell.$_{a1,k}$ **Hyos.**$_{a1,k}$ merc.$_{a1,k}$ merc-c.$_{a1,k}$ puls.$_{a1,k}$ sul-ac.$_{a1,k}$
• **Mitternacht**: bell.$_{a1,k}$ hyos.$_{a1,h}$
  • **vor**: kali-c.$_{h}$
◆ **begleitet** von:
• **Ruhelosigkeit**
  ☞ ❑ *Gemüt - Ruhelosigkeit - nachts - Schluckauf*
• **Schlaf**, im: puls.$_{a1,k}$
• **Urinieren**, mit unwillkürlichem: hyos.$_{st}$
◇ **abwechselnd** mit:
• **Aufstoßen**: wye.$_{a1}$
◆ **begleitet** von:
• **Cholera**
  ☞ ❑ *Rektum - Cholera - begletet von - Schluckauf*
• **Diarrhoe**
  ☞ ❑ *Rektum - Diarrhoe - begletet von - Schluckauf*
• **Gallenkolik** in der Leber
  ☞ ❑ *Abdomen - Schmerz - Leber - Gallenkolik - begletet von - Schluckauf*
• **Gastralgie**
  ☞ *Schmerz - begletet von - Schluckauf*
• **Gehirnerschütterung**
  ☞ ❑ *Kopf - Gehirnerschütterung - begletet von - Schluckauf*
• **Hepatitis**
  ☞ ❑ *Abdomen - Entzündung - Leber - begletet von - Schluckauf*
• **Konvulsionen**: bell. **Cic.** *Cupr.*$_{k,st1}$ **Hyos.** *Ran-b.* *Stram.*$_{h,st1}$
  ☞ ❑ *Extremitäten - Konvulsionen - Schluckauf*
• **Kopf**; Schmerz im
  ☞ ❑ *Kopf - Schmerz - begletet von - Schluckauf*
• **Magen**; Schmerz im
  ☞ *Schmerz - begletet von - Schluckauf*
• **Magenkrebs**
  ☞ *Krebs - begletet von - Schluckauf*
• **Magens**; Beschwerden des
  ☞ *Beschwerden - begletet von - Schluckauf*
• **Meningitis**
  ☞ ❑ *Kopf - Entzündung - Hirnhaut - begletet von - Schluckauf*

◆ **begleitet** von: ...
• **Peritonitis**
☞ ❑ *Abdomen - Entzündung - Peritoneum - begletet von - Schluckauf*
• **Speichel**; reichlicher: *Lob.*stl
• **Wirbelsäule**; Beschwerden der: *Stram.*stl
• **Zunge**:
• **weiße** Farbe der Zunge: *Nicc.*krl,vkl
– **Abendessen**:
• **nach**: alum. cob. cocastl con. lyc. sep. staph.
• **Beginn** des Abendessens; zu: con.h
– **Alkoholikern**; bei: *Ran-b.* sul-ac.k2
– **alkoholischen** Getränken, nach: **Ran-b.** sul-ac.ptkl
– **anhaltend**:
• **Jahren** fast ununterbrochen, 18 bis 20mal pro Minute; seit zwei: *Nicc.*vkl
– **Aufsetzen**; beim: *Kreos.*stl
– **Aufstoßen**, nach: alum.h bry.al,k carb-an.h cycl.al,k ox-ac.hrl til.al,k
– **Bauchoperationen**, nach: *Hyos.*hrl,vh
– **Bett**, im: lachn.al,k nat-m.al,k nicc.al,k sil.al,k *Sulph.*al,k
– **Bewegung**, bei: carb-v.al,k merc-c.al,k
– **Bewußtlosigkeit**, bei: cupr.
– **Butterbrot**, nach: nat-s.
– **Chinin**, nach: *Nat-m.*
– **Denken** daran, beim: ox-ac.al,k
– **Einatmen**, beim: ang.h
– **Erbrechen**:
• **vor**: cupr.hrl jab.hrl jatr-c.ptkl mag-m.pd
• **beim**: bell.j5,ptkl *Bry.*j5 cupr. jatr-c.brol lach.ptkl mag-p.brol merc.brol merc-c.al,k *Nux-v.*brol rutaj5,ptkl **Verat.**stl
• **nach**: bism.h bry.al,k jatr-c.ptkl narcot.al **Verat.** verat-v.ptkl
• **endet** in Erbrechen: jab.stl
☞ *gefolgt - Erbrechen*
• **Fieber**, mit: lach.st
– **Erkältung**, nach: phos.
– **Essen**:
• **vor**: bov. *Phos.* sil.al,k
• **beim**: *Cycl.*al,k eug.al,k mag-m. merc.al,k samb.h teucr.
• **nach**: acon.al,k *Alum.*al,k alum-p.k2 ars.al,k ars-s-f.k2 bar-c.h bell.al,k borx. bov. *Bry.*al,k *Carb-an.* carb-v.al,k carl.al,k cob. con.h cop.al,k *Cycl.*al,k fil.al,stl *Graph.*h,k,* ham.stl hep.al,k hura **Hyos.** *Ign.*al,k lyc.al,k mag-m. merc.al,k nat-ar. nat-c.al,k nat-m.al,k nat-s. *Nux-v. Par.*k,stl phos.al,k psor.al,k rat.al,k samb.al,k *Sep.*al,k sil.al,k stann.al,k staph.al,k sulph.al,k *Teucr.*al,k thuj.al,k verat. zinc. zinc-p.k2
– **Fieber**:
• **während**: crot-h.al,k *Mag-p.*
• **Typhus** abdominalis; bei: mag-p.stl phos.k,ptkl
• **nach**: ars.st
• **Gelbfieber**; bei
☞ *Gelbfieber*
• **Stunde**, in der das Fieber erscheinen sollte; zu der: **Ars.**
– **Frost**, nach: am-c.hrl,k ars.h
– **Frühstück**, nach dem: carl.al tarent.al,k zinc.al,k
– **Gähnen**:
• **vor**: caust.h
• **beim**: mag-c.h
– **gefolgt** von:
• **Asthma**: cupr.stl
• **Erbrechen**: jab.stl
☞ *Erbrechen - endet*
• **Intussuszeption**: plb.stl
• **Konvulsionen**
☞ ❑ *Extremitäten - Konvulsionen - Schluckauf*
• **Magen**; Schmerz im: papin.al
– **Gehirnerschütterung**; bei
☞ ❑ *Kopf - Gehirnerschütterung - begletet von - Schluckauf*
– **Gelbfieber**; bei: ars-h.stl
– **Gemütsbewegungen**, Emotionen; nach: *Ign.*stl
– **getragen** wird; wenn er: *Kreos.*stl
– **Getränke**:
• **kalten** Getränken, nach: ars.h puls.h
• **warme** Getränke: stram.h *Verat.*
• **amel**.: mag-p.pd
– **heftig**: *Am-m.* calc-f. chinin-s. *Cic. Cycl.* hyos.h lob. *Lyc.* mag-m.al *Mag-p. Merc-c.* nat-c.h2 **Nat-m. Nicc.** *Nux-v.* ran-b.k2 rat. **Stram.** stront-c. sul-ac.k2 teucr. verat. verat-v.ptkl zinc.h
– **Husten**:
• **während**: tab.al,k
• **nach**: ang.cl,h **Tab.**
– **hysterisch**: mosch.k2
– **intermittierend**: caust.
– **Kindern**; bei: borx.stl *Ign.*stl *Ip.*stl
– **Konvulsionen**, mit
☞ *begleitet von - Konvulsionen*
– **konvulsivisch**: aeth. ars.al,k bell.al,k **Gels.** *Mag-p.* nux-v. *Ran-b.* stram. tab.al,k wies.al
– **Kopfschmerzen**; während
☞ ❑ *Kopf - Schmerz - begletet von - Schluckauf*
– **Körperübungen**, nach: calc.al carb-v.
– **Lachen** agg.: calc.bgl
– **laut**: cic.hrl,k
– **Lesen**, beim laut: cycl.al,k
– **Mittagessen**:
• **vor**: mag-m. *Mur-ac.*k,stl nux-v.al,k
• **beim**: cycl. grat.al,k *Mag-m.*al,k nat-c.al,k
• **nach**: alum.al,k am-m.al,k arn.al,k bov.al,k carb-ac.al,k carb-v.al,k cob.al,k graph.h,k,* grat.al,k hyos.al,k indg.al,k *Mag-m.*al,k *Mur-ac.* nat-c.h2 *Phos.*k,stl sars.al,k *Teucr.* tong.al
– **Obst**; nach kaltem: ars.stl *Puls.*stl
– **Rauchen** (von Tabak):
• **beim**: ambr. ant-c.al,k arg-met. calad. calen.ptkl *Ign.*k,stl lach. psor.al,k *Puls.*al,k ruta *Sang.*k,stl scut.stl sel.al,k sep.al,k stann.al,k *Staph.*al,k sul-ac.al,k verat.
• **nach**: ant-c. calc.al,k calen.h *Ign.*al,k ip.h sel.brl,brol
• **Essen**, vor dem: sel.
– **Rücken**; mit Schmerzen im: teucr.hrl
– **Schlaf**, im: cina ign.ptkl *Merc-c.*

– **schmerzhaft**: *Acon.* carb-v.h *Cimx.* mag-m. mag-p.st1 nat-c.h2 *Nicc.* *Phos.* *Rat.* *Sul-ac.* tab. teucr. *Verat-v.*a1,k
 • **Weinen**; mit
 ☞ ❑ *Gemüt - Weinen - Schluckauf*
– **Schwangerschaft**; während der: *Cycl.* *Op.*
– **Schweinefleisch**, nach: ham.a1,k
– **Schweiß**, nach: ars.h
– **Spasmus**:
 • **vor**: cupr.
 • **gefolgt** von: cupr.bg2
 • **Ösophagus**, des: verat-v.bg2
– **Stillen**; nach dem: teucr.st1
– **Suppe**, nach der: alum.h
– **Trinken**, nach dem: *Ign.* lach. merc-c. *Nux-v.* *Puls.*k,st1 sul-ac. thuj.bg1
– **Typhus** abdominalis; während
 ☞ *Fieber - während - Typhus*
– **unvollständig**: caust.h dig.h mag-c.h
– **Wasser**; beim Trinken von:
 • **kaltem**, von: thuj.
– **Wechselfieber**:
 • **nach**: *Hyos.*
– **Winter**; im: nit-ac.st1
– **Würgen**, mit: mag-p.br1

Schmerz: abies-n. *Abrot.*hr1,k *Acet-ac.*hr1,k *Acon.* *Aesc.* *Aeth.* agar. ail. all-c. aloe alum. alum-sil.k2 alumn. am-c. ambr. *Aml-ns.* amph.a1 anac. anan. androc.srj1 *Ant-c.* *Ant-t.* *Apis* *Arg-met.* **Arg-n.** *Arn.* **Ars.** ars-h. ars-i. arund. *Asaf.* asar. asc-c.a1 asc-t. aur. aur-ar.k2 aur-i.k2 aur-m-n. aur-s.k2 bamb-a.stb2 bapt. *Bar-c.* *Bar-i.* *Bar-m.* bar-s.k2 **Bell.** benz-ac.a1,k **Bism.** bol-la. borx. brach. *Brom.* **Bry.** *Cact.* cadm-s. calad. *Calc.* *Calc-p.* *Calc-s.* calc-sil.k2 *Camph.* cann-s. *Canth.* *Caps.* *Carb-ac.* *Carb-an.* **Carb-v.** **Carbn-s.** **Card-m.** carl. caul. **Caust.** *Cham.* **Chel.** chim-m.hr1 **Chin.** chinin-ar. *Chinin-s.* cic. cimic. *Cina* cinnb.k2 cit-v.a1 clem. cob. coc-c. **Cocc.** coff. **Colch.** **Coloc.** *Con.* cop. cor-r. *Corn.* croc. *Crot-c.* *Crot-h.* crot-t. **Cupr.** *Cupr-ar.* cur. cycl. *Dig.* *Dios.*br1,k dulc. echi. *Ferr.* *Ferr-ar.* ferr-i. ferr-p. geb-k.bta1 *Gels.* glon. *Gran.*a1,k **Graph.**h,k,• *Grat.* ham. hell. hep. hura *Hydr.* *Hydr-ac.* *Hyos.* *Ign.* *Iod.* *Ip.* *Iris* *Kali-ar.* *Kali-bi.* *Kali-c.* kali-chl. kali-i. kali-m.k2 *Kali-n.* kali-p. kali-pic.a1 *Kali-s.* *Kalm.* *Kreos.* lac-d.c1,k2 *Lach.* *Laur.* led. *Lept.* *Lob.* **Lyc.** *Mag-c.* *Mag-m.* *Mag-p.* mag-s. manc. mang. *Med.* *Merc.* merc-i-f. mez. mosch. mur-ac. naja **Nat-ar.** *Nat-c.* *Nat-m.* *Nat-p.* *Nat-s.* nicc. *Nit-ac.* *Nux-m.* **Nux-v.** ol-an. olnd. *Op.* ox-ac. *Petr.* **Phos.** phys. *Phyt.* plan. **Plb.** podo. prun. psil.ft1 *Ptel.* **Puls.** ran-b. ran-s. rhod. rhus-t. rob. rumx. ruta sabin. *Sang.* *Sec.* senec. seneg. *Sep.* **Sil.** sol-t-ae. *Spig.* squil. **Stann.** *Staph.* *Stram.* stront-c. *Stry.* *Sul-ac.* **Sulph.** sumb. **Tab.** *Tarent.* *Ter.* teucr. thal-met.stj2 ther.k2 thuj. *Uran-met.* ust. valer. **Verat.** *Verat-v.* *Zinc.* zinc-p.k2 zing.
– **morgens**: aesc. anac. ant-c. asar. carb-an. carbn-s. *Caust.* *Chin.* *Cina* colch. cupr. cupr-s. dig. dios. graph. hyper. iod.h *Kali-bi.* *Kali-c.* *Lach.* lyc.

Schmerz - morgens: ...
mag-c. mag-s. nat-c. *Nat-m.* nat-s. **Nux-v.** petr. *Phos.* plat. puls. ran-s. sep. staph. *Sulph.* tarent. zinc. zinc-p.k2
 • **13** h, bis: sep.
 • **Aufstehen**, beim: caust. *Cina* nat-s. zinc.
 • **Bett**, im: con. phos. plb. staph.
 • **Erwachen**, beim: agar. caust. con.h cycl. *Lach.* lyc. nat-m. nicc. nit-ac. phyt. psil.ft1 staph.
 • **Essen**:
  • **amel.**: mag-c.h nat-s.
  • **nach**: nux-v. tarent.
 • **Gehen**, beim: agar. carb-an. cycl. nit-ac. phos. phyt.
 • **nüchtern**, wenn: caust. petr.
 • **Stuhlgang**, nach: con.
– **vormittags**: bapt. *Graph.* helon. lyc. mag-m. nat-m. nicc. podo. sep. spong. stann. thuj. ust.
 • **8** - 9 h: cocc.
 • **Stuhlgang**, nach: calc. sulph.
– **mittags**: agar. alumn. *Aur.* mez. seneg. zinc.
– **nachmittags**: alum. alumn. am-m. arg-n. ars. bry. *Calc.* calc-s. canth. ferr. *Iris* **Lyc.** merc-c. nicc. nux-v. par. petr. *Puls.* sang. *Sep.* spong. sulph. tarent. ust.
– **abends**: agar. alum. alum-p.k2 alum-sil.k2 alumn. ars. calc. calc-s. calc-sil.k2 carb-an. *Carb-v.* castor-eq. chel. coloc. dig. dios. dulc. euphr. kali-bi. kali-n. lob. lyc. mag-m. merc. nat-c. nat-m. phos. plan. **Puls.** *Rhus-t.* sang. sep. sil. *Sul-ac.* tarent. thuj. zinc. zinc-p.k2
 • **17** - 19 h: *Staph.*vh
 • **20** h, beim Gehen im Freien: alumn.
 • **Bett**, im: alum. bell.h carb-an. *Carb-v.* *Lyc.* phos.
  • **amel.**: kali-n.h
 • **Frost**; während: sulph.
 • **Menses**, vor den: mag-c.
 • **Singen**, beim: sars.
– **nachts**: *Abrot.*hr1,k agar. alum. alum-p.k2 alum-sil.k2 *Am-c.* *Arg-n.* ars. bapt. *Bell.* *Calc.* calc-sil.k2 camph. *Carb-v.* *Carbn-s.* cham. cina *Coloc.* con. *Graph.* ign. kali-ar. *Kali-c.* kali-sil.k2 lach. merc-sul. nat-m. nit-ac. nux-v. *Orni.*c1 phos. podo. puls. rhod. rhus-t. seneg. sep. sil. *Sulph.* tarent. thuj.
 • **Mitternacht**: ambr. *Chin.* lyc.
  • **vor**:
   • **21** h bis Mitternacht: phos.
  • **nach**: mag-c.h puls. *Sulph.*
   • **1** h: mag-m.
   • **2** h: *Ars.* *Kali-c.* lyc. **Med.**
   • **3** h: ox-ac.bro1,vh
 • **Bett**, im: cocc. nat-s. ptel.
 • **Erwachen**, beim: caust. hyper.
  • **amel.**: nit-ac.
 • **Liegen** auf dem Rücken; beim: lyc.
 • **Schlaf**, im: nit-ac.
◇ **abwechselnd** mit:
 • **Gesicht**; Schmerz im: bism.bro1
 • **Gliedern**; Schmerz in: *Kali-bi.*
◆ **begleitet** von:
 • **Schluckauf**: *Sil.*st1

• **Zunge**:
• **reine** Zunge: *Mag-p.*$_{kr1,vk1}$
– **Abendessen**:
• **beim**: am-c.$_{h}$
• **nach**: asc-t.$_{c1}$ bry. *Calc.* lyc. ptel. puls. rhod. seneg. *Sep.*
• **amel.**: am-c. sep.
– **Alkoholikern**; bei: *Calc.* *Carb-v.* carbn-s.$_{vh}$ graph.$_{vh}$ *Lach.* *Nux-v.* sul-ac. sulph.
– **anfallsweise**: arg-n. ars. *Bell.* *Carb-v.* carl. caul.$_{hr1,k}$ *Coloc.* *Cupr.* *Guaj.* *Ign.* ip. mez. *Nit-ac.* *Nux-v.* *Phos.* *Pic-ac.* *Plb.* ruta
– **Anziehen** der Beine amel.: *Bry.*$_{a1,k}$ chel.$_{a1,k}$
– **Äpfel**:
• **agg.**:
• **saure** Äpfel agg.: merc-c.
• **amel.**: guaj.$_{pd}$
– **Apyrexie**, während der: ant-c.
– **Ärger**, Verdruß; nach: acon. ars. cham. ign. kali-bi.$_{kr1}$ phos. **Staph.**
– **Atmen**, beim: *Anac.* *Ars.* bar-c.$_{h}$ caps. coc-c. *Lyc.* mang. *Puls.*
• **kalter** Luft; von: rumx.$_{k2}$
• **tiefem**; bei: bry.$_{k2}$ **Caust.** kali-n.$_{h}$ merc.$_{h}$
– **aufgetriebenem** Abdomen, mit: corn.$_{br1}$
– **Aufrichten** agg.: nit-ac.$_{h}$
– **Aufstehen**:
• **amel.**: gels. phys. phyt.
• **nach**: caust. graph. sulph. zinc.
• **Bett**, vom: *Cina* *Graph.*
– **Aufstoßen**:
• **agg.**: ant-c.$_{h}$ *Cham.* cocc. phos.
• **amel.**: aloe alum-sil.$_{k2}$ *Bar-c.* *Bry.* *Calc.* *Calc-p.* **Carb-v.** *Chel.* chin. chinin-s. cimic. coloc. dig. *Dios.* glon. *Graph.* hep. iod.$_{h}$ kali-c.$_{h}$ *Lyc.* *Mang.*$_{hr1}$ nicc. nit-ac.$_{h}$ paeon. par. plb. sep. sul-i.$_{k2}$ *Tarent.*
• **unterdrücktem**; nach: bar-c. con.
– **Auftreten**, bei hartem: bar-c.$_{h}$ mag-m.$_{h}$
– **ausstrahlend**: arg-n.$_{kr1,pd}$ dios. *Kali-c.* *Plb.*
– **Austern**, nach: brom.
– **Berührung**: am-c.$_{h}$ ant-c.$_{c1}$ apis$_{k2}$ ars.$_{k2}$ bar-c.$_{h}$ calc.$_{bro1,h,*}$ chel.$_{k2}$ euph.$_{h}$ hyos.$_{h}$ ign. kali-bi.$_{bg1,bg2}$ kali-c.$_{h}$ kali-n.$_{h}$ lyc.$_{h}$ merc.$_{h}$ **Nat-c.** nat-m.$_{h}$ petr.$_{h}$ phos.$_{bg1,h,*}$ puls.$_{k2}$ ran-b.$_{k2}$ sulph.$_{h,k2}$ thuj.$_{h}$
– **Bettdecke**, durch die: sulph.
– **Beugen**:
• **Beine**; der: med.$_{k2}$
• **hinten** amel.; nach: *Bell.* bism. caust. *Chel.*$_{bg2}$ kali-c. mand.$_{sp1}$
• **muß** sich beugen: mag-m.$_{h}$
• **Zusammenkrümmen**: kalm. lyc.
• **amel.**: alumn. bell.$_{k2}$ calc-s.$_{kr1}$ carb-v. cham. *Chel.* choc.$_{srj3}$ colch. **Coloc.** lach. lyc. mang.$_{k2}$ nux-v. psor. ptel. *Sil.*$_{bg1,h,*}$ sulph.$_{h}$ *Verat-v.*
– **Bewegung**, bei: aloe **Bell.** **Bry.** *Calc.* calc-p. *Caust.* cham. *Chel.* *Colch.* *Ip.* kali-bi. kalm. mang. nat-c. nux-v. ph-ac. rhus-t. rumx. thuj. zinc.
• **amel.**: **Chin.** cycl. dios. kali-c.$_{bg1,bg2,*}$ nat-c.
• **Arme**, der: arg-n.$_{bg1}$ nux-v.$_{bg1}$
– **Bier**, nach: bamb-a.$_{stb2}$ carbn-s. lyc.$_{k2}$ *Nux-v.*
– **Binden** des Abdomens amel.: cupr. nat-m.
– **Birnen**, nach: borx.
– **blähenden** Speisen, nach: *Carb-v.*
– **Blähungen**, wie durch: ars.$_{h}$
– **Brot**, nach: acon. *Ant-c.* *Bar-c.* **Bry.** **Caust.** coff. kali-c. merc. *Phos.* puls. rhus-t. ruta sars. staph. sul-ac. zinc. zing.
• **amel.**: nat-c.
• **Roggenbrot**: merc-c.
– **Bücken**: alum. aur-m. bar-c. dios. dros.$_{h}$ glon. *Kali-c.* kalm. nat-c. rhod. rhus-t.
• **amel.**: anac.$_{h}$
– **Diarrhoe** agg.: ars.$_{h}$
– **Drehen**, beim:
• **Bett**, im: alum. bapt.
• **Körpers**, des: anac.$_{h}$
– **Druck**: agar. alum.$_{h}$ alum-sil.$_{k2}$ am-c.$_{gsy1,pd}$ ant-c.$_{h}$ arn. ars. bar-c.$_{h}$ bism.$_{vh}$ borx.$_{h}$ brom. bry. *Calc.* calc-s.$_{k2}$ canth. caps. *Chel.* chinin-s. dig. dulc.$_{h1}$ guaj. iod. kali-bi. kali-n.$_{h}$ led. mag-m. mang. merc-c. mez. nat-m.$_{h}$ nit-ac. *Op.* ox-ac. phos. phys.$_{br1}$ ran-s. sep.$_{h}$ sil.$_{h}$ sul-ac.$_{h}$ sulph.$_{c1,h}$ syc.$_{h}$ tarent. vip.
• **amel.**: alumn. bry.$_{bro1}$ *Coloc.* dios. fl-ac.$_{bro1}$ mag-p. mang. *Plb.* puls.$_{bg2,vh/dg,*}$ *Stann.*
• **Brustwirbel**; auf die:
• **amel.**: coch.$_{bro1}$
• **Wirbelsäule**; durch Druck auf die: *Bell.* lach.$_{bg1}$
– **Einatmen**, beim tiefen: **Arg-n.** asar. bry. carb-an. *Caust.* cor-r. dros. ign. kali-n. nat-m. op. phyt. *Puls.* zinc.
– **Eiscreme**:
• **amel.**: *Phos.*
• **nach**: *Arg-n.* **Ars.** calc-p. *Ip.* rhus-t.$_{k2}$
– **Entbindung**; während der: borx.$_{c1}$
– **Enttäuschung**, nach: carb-v.
– **Erbrechen**:
• **agg.**: ars.$_{h}$ cadm-s.$_{br1}$
• **amel.**: sep.$_{hr1,k2}$
– **Erregung**, nach ●: **Cham.** **Coloc.** mill.$_{c1}$ *Nux-v.* *Staph.* zinc.
– **erscheint**:
• **allmählich**:
• **verschwindet**; und:
• **allmählich**: *Stann.*
• **plötzlich**: *Arg-met.*
– **Erschütterung** beim Gehen agg.: aloe alumn. anac. **Bell.** hell. kali-s. mang-m. *Sep.*
– **Erschütterungen** in einem Wagen; durch: **Bell.** lob-s.
– **Erwachen**, beim: agar. ambr. caust. cycl. hyper. nat-m. nicc. nit-ac. phyt. rumx. sil. staph.
• **amel.**: nit-ac.
– **Essen**:
• **beim**: acon. alum-sil.$_{k2}$ ant-t. arn. *Ars.* bry. *Calc-p.* cic. coff. con. corn. crot-c. led. mang. merc. op. phos. plb. puls. sep. thuj. verat.
• **nach**: *Abies-n.* acon. aesc. *Agar.* alum. alum-p.$_{k2}$ *Am-c.* *Anac.* *Ant-c.* ant-t. *Apis* **Arg-n.** arn. **Ars.** *Ars-i.* ars-s-f.$_{k2}$ *Asaf.* aur-m. **Bar-c.** *Bar-i.* bar-s.$_{k2}$ *Bell.* berb. *Bism.* *Bry.* cact. *Calc.* calc-i.$_{k2}$ **Calc-p.** calc-s. calc-sil.$_{k2}$ *Caps.* carb-ac. carb-an.

- **nach**: ...
Carb-v. carbn-s. *Caust. Cham.* **Chin.** *Chinin-ar. Chinin-s. Cic. Cina Cist. Cob.* coc-c. *Cocc.* colch. *Coloc.* con. *Cur.* cycl. daph. dig. dios. *Eup-per. Ferr.* ferr-ar. *Ferr-i.* ferr-ma. ferr-p. fl-ac. glon. graph. grat. gymno. ham. *Hep.* hura *Hydr. Iod.* iris *Kali-ar. Kali-bi. Kali-c.* kali-n.c1 kali-p. kali-s. kali-sil.k2 *Lac-c.* **Lach.** *Led.* lob. **Lyc.** mag-c.k2 mag-m.k2 mang. *Merc.* merc-c. mez. mosch. **Nat-ar.** *Nat-c. Nat-m.* nat-p. *Nat-s.* nit-ac. *Nux-m.* **Nux-v.** osm. ox-ac. *Petr. Ph-ac.* **Phos.** phys.br1 *Plat. Plb. Ptel.* **Puls.** rhod. rhus-t. *Rob.* rumx. *Sang.* **Sep.** *Sil.* staph. *Stront-c.* sul-ac. sul-i.k2 **Sulph.** tab. *Tarent.* ter. thuj. verat. zinc. zinc-p.k2
  - **amel.**: aesc. agar. anac. arg-n.bg2 aur. bov.bg2 *Brom. Calc-p.*bg2,vh,* cann-i.a1,bg1 cham. *Chel.* chinin-ar. *Cina* con.pd dios. fago. gamb. **Graph.** *Hep. Ign. Iod.* iris *Kali-bi. Kalm. Lach. Lith-c. Mag-m.* mang. *Med.* mez. *Nat-c.* nat-s. nicc. ox-ac.k,k2 *Petr. Phos.* raph.k,vh/dg,* verat. zinc.bg2
  - **bald** nach dem Essen: phys.bro1 rob.k2
  - **eine** Stunde nach: *Carb-v. Mag-m.* phos.h *Puls.*
  - **zwei** bis drei Stunden nach: anac. *Con.* kreos.k2 mag-m. nat-p. nux-v. phos. puls.
  - **Kleinigkeit**; einer: gink-b.sbd1
- **Fahren** im Wagen: gels.a1 lyc. puls.
  - **nach**: phos.
- **Fehltritt**, durch einen: aloe bar-c. *Bry.* puls. rhus-t.
- **Festziehen** der Kleidung amel.: fl-ac.c1
- **fette** Speisen:
  - **amel.**: nit-ac.gm1
  - **nach**: ars. caust. **Puls.**
- **Flatus** amel.; Abgang von: agar. carb-an.h chel. dig. gels.a1 *Hep.* kali-c.h lact. *Tarent.*
- **Fleisch**:
  - **nach**: calc. ferr. *Kali-bi.* ptel.
  - **gekochtem** Fleisch, nach: *Graph.*
- **Flüssigkeiten**, nach: ars. merc.
- **Freien**, im: lyc. nux-v. ol-an. phos.
  - **amel.**: naja
- **Frost**; während: *Ars. Bry.* **Cocc.** *Eup-per.* lob. lyc. merl. *Nux-v.* **Puls.** rhus-t. sil. sulph.
- **Frühstück**:
  - **vor**: arg-n. bufo *Iris*
  - **nach**: agar. all-c. aloe anac. ars. calc-s. carbn-s. caust. crot-h. cycl. kali-bi. myric. *Nat-c.* puls. sulph.
- **Gähnen**:
  - **agg.**: **Ars.** chel.c1
  - **amel.**: lyc. nat-m.
- **gehaltvolle**, fette Speisen:
  - **nach**: ars. *Ip. Ptel.* **Puls.**
- **Gehen**, beim: acon. alumn. am-c. anac. ars. **Bell. Bry.** calc. carb-v. cocc. hell. hep. kali-n. mag-m. myric. nux-v. *Phos. Phyt.* rumx.k2 sep. verat.
  - **amel.**: all-c. borx. bov. dios.br1,k elaps lyc. nat-c. op. *Stann.*
  - **Freien**, im: anac. bell. bry. calc-sil.k2 nit-ac. sil.
- **Gehen**, beim - **Freien**, im: ...
  - **amel.**: ambr.
  - **20 h**: alumn.
  - **gebeugt** amel.: verat.vh
- **geistiger** Anstrengung, bei: anac. *Arg-n.*
- **Getränke**:
  - **kalte** Getränke:
    - **nach**: **Acon.** aloe am-br. ant-c. apoc.k2 arg-n. **Ars.** bamb-a.stb2 bry. calad. calc. *Calc-ar. Calc-p.* calc-sil.k2 carb-v.bg1 carbn-s. *Caust.* elaps.bg1 ferr. *Ferr-ar. Graph. Iris* kali-ar. kali-c. lyc. *Manc.* nat-c. nit-ac. nux-v. ol-an. orni.c1 *Phos.*bg1,bg2,* rhod. **Rhus-t.** sil. *Sul-ac.* tarent. tep.
    - **amel.**: alumn. arg-n. *Calc-s. Caust.* **Phos.** *Puls.* tep.
    - **Überhitzung**, bei: acon. **Kali-c.** nat-c.
  - **warme** Getränke:
    - **agg.**: brom.k2 lach.k2
      - **heiße**: brom. chel.vh *Graph.* kali-c.
    - **amel.**: alum. alum-p.k2 arg-n.hr1 *Ars.* bry. *Graph.* kali-c.bg1,bg2 lyc.k2 mang. nux-m. **Nux-v.** *Ph-ac.* rhus-t. *Spong.* sulph. verat.
- **Heben**:
  - **nach**: *Borx.* lyc. *Rhus-t.*
  - **wie** durch: plat.h
- **Heben** des Armes weit nach oben; beim: anac.bg1,h arg-n.
- **heftig**: *Acon.* androc.srj1 anthraci. arg-n. *Arn. Ars.* aur. aur-ar.k2 *Bell.* **Bism.** camph. cocc. coloc. *Cupr. Cupr-ar.* hell. hydr-ac. hyos. *Iod. Ip. Iris Lac-d.* lach. **Med.** merc. *Nux-v.* phos. *Plb. Podo.* ran-b. ran-s. sec. squil.h stann. sul-ac.k2 *Verat.*
  - **erstreckt** sich zum Rücken: bad. cupr.
- **Heißes**
  - *Getränke - warme - agg. - heiße / Speisen - warme - agg. - heiße*
- **Hitze**:
  - **amel.**: **Ars.** bry. caust. *Cham.*bg1,vh,* *Chel. Lyc.* mag-p. *Nux-v. Sil.*
  - **während**: abies-n.br1 ant-c.c1 **Ars.** bell. **Bry.** carb-v. *Cham. Cocc. Eup-per. Nat-m.* **Nux-v.** *Puls. Sep.*
- **Honig** agg.: nat-c.vh **Sulph.**vh
- **Hunger**:
  - **während**: hura *Petr. Psor.*
  - **Heißhunger**, nach: mag-c.h
- **Hustenanfall**, vor einem: ant-t. arn. bell. cham.
- **Husten**, durch: am-c. apoc. *Arn. Ars.* arund. bell. **Bry.** cadm-s. calc. calc-sil.k2 *Camph.* carc.tp1 *Chin.* chinin-ar. chlor. cor-r. *Dros. Hell.* hyos. *Ip.* kali-bi. *Lach.* lob. **Lyc.** mang. nit-ac. *Nux-v. Phos.* puls. *Rhus-t.* rumx. ruta *Sabad. Sep.* sil. squil. **Stann.** tab.hr1 tub.pd
- **Impfung**, nach: **Thuj.**
- **Kaffee**:
  - **nach**: **Cham.** cocc. dig. ign. lyc.k2 *Nux-v.*
  - **amel.**: brom.bg1 coloc.bg1,bg2 ol-an.c1
- **Kalbfleisch**; nach: kali-n.c1
- **kalt**:
  - **Erkältung**: acon.k2
    - **nach**: lyc.h sep.h

• **Luft**, die auf das Abdomen weht; durch kalte: caust.
– **Kartoffeln**, nach: *Alum. Coloc.*
– **Käse**, durch: ptel.$_{a1,k}$
– **Kleidung**, durch: *Am-c.* calc. kali-bi. lyc. nat-m. sep.
– **Knie**-Ellbogen-Lage amel.: con. med.$_{vh}$
– **Koitus**, nach: *Ph-ac.*
– **Konvulsionen**, durch: agar.
– **Körperübungen**, bei: ang. bry. calc.$_{bg1}$ cann-s. caust. cupr.
– **Kränkung**, nach: nux-v.
– **Lachen**, beim: lyc.$_{bg1}$ mang.$_{hr1}$
– **Laktation**; durch: *Carb-v.* chin.$_{bro1}$
– **Liegen**; beim: bell-p.$_{bg1,bg2}$ *Carb-an.* *Carb-v.*$_{bg1,k,*}$ chel. coc-c.$_{bg1}$ lach. puls. rhus-t. stann. sulph.
• **Abdomen**, auf dem:
• **agg.**: ambr.
• **amel.**: acet-ac.$_{k2}$ bell.$_{gk1}$ brom.$_{dgt}$ *Elaps* m-aust.$_{bg1}$ mag-m.$_{gk1}$
• **amel.**: am-c. bell. *Caust.* chin. *Graph.* kali-i. lach. *Lyc.* sil. stann.
• **Beinen**; amel. mit angezogenen: carb-ac. sil.$_{h}$
• **Rücken**: alumn. *Lyc.*
• **amel.**: *Calc.* laur.
• **Seite**; auf der: bry. carb-ac.$_{bg1}$ cupr. laur. puls.$_{bg1}$
• **amel.**: *Lyc.*
• **Beinen**; amel. mit angezogenen: *Carb-ac.*$_{k13}$ *Chel.*
• **linken**; auf der: com. kali-br.
• **amel.**: squil.$_{ptk1}$
• **rechten**; auf der: *Arg-n.* merc.$_{k2}$
– **Menses**:
• **vor**: aur-s. bamb-a.$_{stb2}$ *Bell.* borx. cupr. lach. mag-c. *Nux-m.* *Puls.* sep. sulph. tarent.
• **während**: am-c. ars. *Borx.* caps. *Carbn-s.* caul.$_{hr1,k}$ *Caust.* *Cham.* *Cocc.* *Cupr.* *Graph.* ign.$_{br1}$ kali-c. kali-i. kali-p. lac-c. nux-m. *Nux-v.* phos. *Puls.* *Sars.* **Sulph.** thuj. zinc. zinc-p.$_{k2}$
• **nach**: *Bell.* borx. kali-c. lach. sulph.
• **anstatt**: *Lach.*
• **Beginn** der, zu: arg-n.$_{br1}$
– **Milch**:
• **agg.**: alum. *Ars.* *Ferr.* hyper. *Mag-c.* **Mag-m.** nat-c. petr. samb. *Sulph.*
• **amel.**: graph.$_{k2}$
• **süße** Milch: ars. merc.$_{bg}$ mez.$_{bg3}$
• **warme** Milch: *Chel.* *Graph.*
– **Mittagessen**:
• **vor**: graph. lyc. nat-m. phos.
• **beim**: corn. thuj.
• **amel.**: **Anac.**$_{vh}$
• **nach**: acon. agar. alum. am-c. arg-n. ars. **Calc-p.** castor-eq. chin. clem. cob. coc-c. coloc. crot-h. dig. elaps graph.$_{h}$ hyper. laur. mag-c. *Mez.* myric. *Nat-c.* *Nux-m.* petr. phos. rhod. sep. sulph. trom. verat. zinc.$_{h}$
• **amel.**: caust.$_{h}$ **Chel.** graph. mang.
– **neuralgisch**:
• **Essen**; ohne Zusammenhang mit dem: dig.$_{br1}$
– **nüchtern**, wenn: anac.$_{bro1}$ *Bar-c.* *Calc.* caust. cina$_{bro1}$ *Cocc.* fago. **Graph.** hura hydr-ac.$_{bro1}$ *Ign.* *Lach.* lob. nit-ac. *Petr.* psor. puls.$_{k2}$ rhod. seneg. sep.
– **Nüssen**; nach: **Sil.**$_{vh}$
– **Obstipation**, mit: bry.$_{bro1}$ graph.$_{bro1}$ nux-v.$_{bro1}$ *Phys.*$_{bro1}$ *Plb.*$_{bro1}$
– **Obst**, nach: borx. calc-p.$_{k2}$ *Lyc.*
– **Ohnmacht**, mit: *Ars.*$_{kr1,st}$ **Bism.** cupr-s.$_{kr1}$ dios.$_{kr1}$ *Nux-v.* ran-s. sulph.$_{kr1}$
– **periodisch**: *Arg-n.* bell.$_{h}$ bism.$_{vh}$ calc. cupr. *Graph.* hyos. ign. *Iod.* lyc.
• **dritten** Tag, jeden: iod.
– **plötzlich**: cic. *Cupr.* elaps
– **Räuspern** von Schleim; beim: **Caust.**$_{k2}$
– **Reiben**:
• **amel.**: *Lyc.*
• **Rücken** amel.: bism.$_{vh}$
– **rohe** Speisen:
• **nach**: ruta$_{bg1,bg2,*}$
– **Säfteverlust**: *Carb-v.* **Chin.**
– **Sand**; durch Abgang von: thuj.$_{bg1}$
– **Säuren**, nach: *Ant-c.* kreos. sulph.
– **Schlucken**, beim: bar-c. *Calc-p.* cor-r. nit-ac. sep.
○ **Kardia**; in der: alum. bry. *Nit-ac.* *Phos.* sep.
– **Schneuzen** der Nase; beim: **Hep.** kali-n.
– **Schreck**, durch: carb-v. *Ign.*
– **Schwangerschaft**; während der: con. dios. ip.
– **Schwindel**, bei: cic.$_{bro1}$
– **Sitzen**:
• **beim**: acon. ambr. *Ars.* asaf. caust. dros.$_{h}$ elaps gels.$_{a1}$ hep. nat-c. nat-s. phos. puls. sulph.
• **aufrechtes** Sitzen: gels.
• **amel.**: dios. kalm.$_{bg1}$
• **gebeugtes** Sitzen: agn. bar-c.$_{h}$ caps. *Kalm.* **Lyc.**$_{k,k2}$● sin-n.
• **amel.**: bry. *Coloc.* kalm.$_{vh}$ ox-ac. staph. sulph.
– **Speisen**:
• **kalte**:
• **nach**: carb-v. caust. kali-c.$_{h}$ kreos. *Lyc.* *Mang.* *Sul-ac.*
• **amel.**: *Phos.*
• **warme**:
• **agg.**: brom. chin. *Fl-ac.* ign. **Phos.** **Puls.**
• **heiße** Speisen: chel.$_{vh}$
• **amel.**: chel.$_{k2}$ orni.$_{c1}$
– **Sprechen** agg.: mang.$_{hr1}$ rumx.$_{bg1,k2,*}$
– **Sprechen**, durch: caps. hell. kalm. mag-m. nat-c. *Rumx.*
– **Stehen**:
• **amel.**: dios.$_{br1}$ kalm.$_{bg1}$
• **beim**: acon. agar. carb-v. merc. rhod. **Sulph.**
• **Stillstehen** amel.: alumn. kalm.$_{bg2}$
– **steigt** allmählich:
• **hört** plötzlich auf: sul-ac.$_{k2}$
– **Stelle**; an einer kleinen: arg-n.$_{kr1}$ bism.$_{vh}$ kreos.$_{pd}$
– **Stillen**, durch: aeth.$_{bro1}$ carb-v.$_{pd}$
– **Stimme**; mit Verlust der: laur.$_{br1}$
– **Strecken** amel.: dios. mand.$_{sp1}$ nat-c.
– **Stuhlgang**:
• **vor**: alum. ars. *Coloc.* nat-c. rhus-t.

• **während**: bell. con. dios. kali-c. *Lyc.* mag-m. psil.$_{ft1}$ puls. ran-b. rhod. sars.
• **nach**: calc. calc-s. con. ferr. *Puls.* sulph.
• **amel.**: carb-an.$_{h}$ *Chel.*
• **Stuhldrang**: nux-v.$_{k2}$
– **Suppe**, nach der: ars. indg.
– **Treppensteigen**, beim: chinin-s. ph-ac.
– **Trinken**:
• **amel.**: graph.$_{h}$
• **nach**: acon. aloe *Apis* **Apoc.** arn. bell. canth. chel. *Chin.* *Coloc.* daph. ferr. iris kali-c. kali-s. lac-ac. *Lac-c.* *Manc.* merc-c. nat-c. *Nat-m.* nit-ac. nux-v. ol-an. plb. rhod. rhus-t. sec. sil. sul-ac. sulph.
• **schnelles** Trinken agg.: sil.
– **Trinkern**; bei
☞ *Alkoholikern*
– **Übelkeit**, bei: *Glon.*
– **Überlastung**, durch: arn. bry. rhus-t.
– **Urinieren**, beim: *Ip.* laur.
• **amel.**: carb-an.$_{h}$
– **Uterus**; durch Beschwerden des: borx.$_{br1}$
– **Verletzung**; durch: nux-v.$_{ptk1}$
– **warm**:
• **Anwendungen**; warme:
• **agg.**: phos.$_{k2}$
• **amel.**: bry.$_{k2}$ chel. kali-ar.$_{k2}$ **Mag-p.** nux-m. *Nux-v.* *Sil.*
• **Bettwärme**:
• **amel.**: carb-v. graph. lyc. **Nux-v.**
– **Wehen**; während der
☞ *Entbindung*
– **Wein**, nach: bry.
– **Wetter**:
• **nassem** Wetter, bei: *Kali-c.* mang. *Sulph.*$_{vh}$
• **warmem** Wetter; bei: acon.$_{k2}$
– **Widerspruch**, durch: carb-v.
– **Wirbelsäule**; bei Druck auf die
☞ *Druck*
– **Zorn**, nach: **Coloc.** staph.
– **Zucker**, nach: ox-ac.
▽ **erstreckt** sich zu:
• **Abdomen**:
• **Seite** des Abdomens; zur:
• **links**: colch.
• **über** das Abdomen: arg-n.$_{br1}$ **Arn.**$_{bg1,vh,*}$ borx.$_{k2}$ calc. caust.$_{bg1}$ cocc.$_{bg1}$ colch. cupr. *Mang.*$_{hr1}$ nux-v.$_{bg1}$ phos.$_{h}$ puls.
• **alle** Richtungen; in: arg-n.$_{hr1}$
• **Arme**: con.$_{bg1}$ indg. *Kali-c.*$_{bg1,vh,*}$
• **rechts**: gels.$_{a1}$
• **Blase** und Hoden: *Kali-c.*
• **Brust**, in die: aloe alum. arg-n.$_{bg1,bg2}$ bar-c.$_{bg1}$ dulc. grat. hyos. ign.$_{bg1}$ *Kali-c.* lach. mag-c. merl. nat-m. par. phos. phys.$_{br1}$ plb. raph. rumx.$_{bg1,k2,*}$ sep.$_{bg1,bg2}$
• **Husten**: raph. rhus-t.$_{bg1}$
• **Mittagessen**, nach dem: nat-m.
• **Brustbein**: nat-m. rheum
• **Brustwarze**: am-c.$_{bg1}$
• **Glieder**: **Plb.**

▽ **erstreckt** sich zu: ...
• **Hals**; innerer: aloe alum. chion.$_{bg1}$ con. cupr-act. grat. mag-m. nat-m.
• **Herz**: *Arg-n.*$_{vh}$ lach. orni.$_{c1}$ sol-ni. stry.
• **Hypochondrien**: *Aesc.* nat-c.$_{a1}$ phos. verat.
• **Kopf**: carb-v.$_{bg1}$ plb.$_{bg1}$
• **Leber**: arg-n.$_{vh}$ asaf.$_{bg1}$ hyper.$_{bg1}$ mill.$_{bg1}$ nat-m.$_{bg1}$ rhus-t.$_{bg1}$
• **Leisten**: **Plb.**
• **Milz**: borx.$_{k2}$
• **Nabel**: brom. lyc.$_{bg1}$ nit-ac.$_{bg1}$
• **Nieren**: grat.$_{k2}$
• **oben**, nach: ferr.$_{bg1}$ phos.$_{bg1}$
• **Ösophagus**: *Aeth.* brom.
• **quer** über den Magen: arn. **Chel.** *Cina* ip.
• **Rücken**: absin. aloe am-c.$_{h}$ bad.$_{c1,kr1}$ berb.$_{ptk1}$ borx. chel.$_{bg2,k}$ coch.$_{bro1}$ *Con.* cupr.$_{bg1,bg2}$ cycl. *Ferr.* grat.$_{k2}$ hep. ign. indg. kali-c.$_{bg1,bg2,*}$ mag-m. nat-m. orni.$_{vh}$ ph-ac. phos. puls. rumx.$_{k2}$ sabin.$_{pd}$ *Sulph.* ter.
• **Lumbalregion**: am-c.$_{bg1,bg2}$ carb-v.$_{bg1,bg2}$
• **Schultern**; zwischen den: **Bell.**
• **Schlüsselbein**, linkes: agar.
• **Schulterblatt**:
• **links**: *Arg-n.*$_{hr1,k}$
• **rechts**: bad.$_{c1}$
• **Schultern**: cot.$_{c1}$ kali-bi.$_{bg1}$ kali-c.$_{bg1}$ nicc.$_{bro1}$ orni.$_{c1}$ phos.$_{bg1}$ sang.$_{pd}$
• **links**: sol-ni.
• **unten**, nach: phos.$_{bg1,bg2}$ *Sep.* zinc-s.$_{bg1}$
○ **Kardia**: cann-i.$_{br1,c1}$ kali-n.$_{c1}$
• **Schlucken**; beim: nit-ac.$_{h}$ sep.$_{h}$
– **abwärtsdrängend**: lil-t.$_{k2}$
– **ausdehnend**: calc.$_{h}$ mang.$_{a1}$
– **beißend**: stram.$_{h}$ sulph.$_{h}$
– **berstend**: bry.$_{k2}$ kali-c.$_{h}$
– **bohrend**
☞ *nagend*
– **brennend**: abies-c. abrot.$_{hr1,k}$ acal.$_{br1}$ acet-ac.$_{k,k2,*}$ acon. *Aesc.* aeth. agar. ail. all-s. alum. alum-sil.$_{k2}$ alumn. am-c. am-m. ambr. ant-c. ant-t. *Anthraci.* *Apis* apoc. arg-met. arg-n. arn. **Ars.** *Ars-h.* *Ars-i.* ars-s-f.$_{k2}$ asaf. asc-t. aur. aur-ar.$_{k2}$ aur-i.$_{k2}$ aur-m. aur-s.$_{k2}$ bamb-a.$_{stb2}$ bapt. bar-m.$_{k2}$ *Bell.* *Benz-ac.*$_{a1,k}$ *Berb.* *Bism.* bol-la. brom. *Bry.* bufo cact. *Cadm-s.* *Calad.* calc. calc-ar.$_{k2}$ calc-i.$_{k2}$ *Calc-p.* calc-s. calc-sil.$_{k2}$ *Camph.* cann-i. **Canth.** **Caps.** *Carb-ac.* *Carb-an.* **Carb-v.** carbn-s. *Card-m.* casc.$_{a1}$ caul.$_{hr1,k}$ caust. cedr. *Cham.* chel. chin. chinin-ar. chinin-s. chlf. chr-ac. **Cic.** cimic. coc-c. cocc. coff. **Colch.** *Coloc.* *Con.* cop. *Corn.* croc. crot-h. *Crot-t.* cub. cund. *Cupr.* *Cupr-ar.* daph.$_{br1}$ *Dig.* *Dios.*$_{br1,k}$ *Dulc.* elaps *Erig.* *Euph.* ferr. ferr-ar. ferr-i. ferr-p. fl-ac. *Form.* gal-s.$_{stj2}$ gels. gent-c. gink-b.$_{sbd1}$ gran.$_{a1,k}$ *Graph.*$_{h,k,*}$ grat. guaj. gymno. ham. hell. helon. *Hep.* hura *Hydr.* hyos. *Ign.* indg. iod. *Iris* jab. *Jatr-c.* jug-c. jug-r. *Kali-ar.* kali-bi. kali-br. *Kali-c.* *Kali-i.* kali-m.$_{k2}$ *Kali-n.* kali-p. kali-s. kali-sil.$_{k2}$ *Kreos.* lac-ac. *Lac-c.* lach. lact. lap-a.$_{br1}$ *Laur.* lec. *Lept.* limest-b.$_{es1}$ *Lob.* *Lyc.* manc. mang. med. *Merc.* *Merc-c.* merc-i-f. *Mez.* *Mill.* mosch. mur-ac.

– **brennend**: ...
myric. *Nat-ar.* nat-c.$_{h2}$ *Nat-m.* nat-s. nicc. *Nit-ac.* *Nux-m.* *Nux-v.* nyct.$_{brl,cl}$ ol-an. *Ox-ac.* paeon. par. petr. ph-ac. **Phos.** phyt. plat. plb. podo.$_{cl}$ *Ptel.* puls. *Ran-b.* *Ran-s.* raph. rhus-t. rob. rumx. ruta *Sabad.* *Sabin.* *Sang.* sars. **Sec.** seneg. *Sep.* *Sil.* sin-n. sol-ni. *Stram.* *Stry.* *Sul-ac.* sul-i.$_{k2}$ **Sulph.** tab. *Tarent.*$_{k,vh,*}$ *Ter.* thuj. til. tril-p.$_{brl}$ *Uran-met.*$_{vh}$ ust. valer. verat. verat-v. *Zinc.* zinc-p.$_{k2}$
☞ *wundfressend*
• **morgens**: *Dios.* hyper. *Kali-bi.* merc.$_{bgl}$ nat-s. *Sulph.* zinc.
• **vormittags**: carbn-s. kali-c.$_{h}$
• **mittags**: nicc.
• **nachmittags**: alum. am-m. bamb-a.$_{stb2}$ bar-c. iris kali-bi. lyc.
  • **Stuhlgang**, nach: fago.
• **abends**: abrot. calad. dios. ferr-i. iris sang. sulph. verat. zinc.
  • **20** h: calc-p.
  • **21** h: lyc.
  • **Fisch**; beim Essen von: thuj.
• **nachts**: *Abrot.*$_{hrl,k}$ *Ars.* *Ars-s-r.* kali-c.$_{h}$ paeon. podo. sulph.
  • **Mitternacht**, nach: sil.
  • **Erwachen**, beim: hyper.
• **Abendessen**, nach dem: *Carl.*
• **Alkoholikern**, bei: *Sul-ac.*
• **alkoholische** Getränke agg.: carb-v.$_{gml}$
• **anfallsweise**: *Bry.* mez.$_{h}$ *Nat-m.* plb.
• **Atmen** agg.; tiefes: calad.$_{ptk1}$
• **Aufstehen** amel.: sulph.
• **Aufstoßen**:
  • **nach**: *Calc-p.* kali-c. sep. sol-ni.
  • **amel.**: *Ambr.* carb-v.$_{k2}$ ferr. limest-b.$_{esl}$
• **Beugen** nach vorne; beim: bry. mill.$_{cl,k2}$
• **Bewegung**, bei: *Bry.* kali-bi. thuj.
  • **Fötus**, des: ars.
• **Brot**, nach: sars.
• **Druck** agg.: kali-c. kali-n. mez.$_{h}$ phos. zinc.
• **Einatmen**, beim: bry.
• **Erbrechen**: bar-m. jatr-c. sang.$_{k2}$ sul-ac.
  • **amel.**: ars. tarent.
• **Erkältung**, durch eine: sep.$_{h}$
• **Erwachen**, nach dem: hyper. sabad. sulph.
• **Essen**:
  • **amel.**: aesc. *Graph.*$_{h,k,*}$ *Mez.* nat-s.
  • **nach**: arg-n.$_{bgl}$ ars. bufo *Calc.* calc-s.$_{k2}$ *Caps.* *Carb-an.* *Carb-v.* *Daph.* dios. euph. graph.$_{h,k,*}$ kali-ar. kali-bi.$_{al,bgl}$ *Kali-c.* kali-i. kreos. *Lach.* mez.$_{bgl}$ nit-ac.$_{k2}$ tarent.
    • **Stunden**, einige: agar. *Nat-m.* phos. *Plb.*
• **Frösteln**, beim: sang.
• **Frühstück**:
  • **amel.**: *Kali-bi.* *Nat-s.* zinc.
  • **beim**: apoc.
  • **nach**: agar. caps. dig. lyc. podo. sabad. sol-ni.
• **Gehen**, beim: aesc. bell. sulph.
• **Getränke**:
  • **kalte** Getränke:
    • **amel.**: alumn.$_{cl}$ apis phos.$_{k2}$
• **Getränke - kalte**: ...
    • **nach**: *Ars.* ars-s-f.$_{k2}$ *Ars-s-r.* carb-v.$_{k2}$ lept. *Plb.* *Rhus-t.*
  • **warme** Getränke:
    • **agg.**: nat-ar. phos.$_{k2}$
    • **amel.**: *Ars.*
• **Hitze**; während: *Ars.* *Lach.* nux-v. sep.
• **Husten**:
  • **beim**: hep.
  • **nach**: arund.$_{cl}$
• **Kopfschmerzen**, bei: *Sang.*
• **Lesen**, beim: arg-met.
• **Liegen**:
  • **Abdomen** amel.; auf dem: acet-ac.$_{k2,vh}$
  • **Hinlegen**; beim: puls. sang.$_{bgl}$
• **Menses**, während: tarent.
• **Mittagessen**:
  • **amel.**: aesc.
  • **nach**: lyc. podo. zinc.
• **nüchtern**, wenn: graph.$_{h,k,*}$ zinc.
• **periodisch**: graph. sulph.
• **plötzlich**: nit-ac. sul-ac.
• **Schreck**, nach: *Acon.*
• **Sitzen**; beim: bry.$_{k2}$ calc.
• **Speisen**:
  • **warme**:
    • **agg.**: nat-ar. phos.$_{k2}$
• **Stehen**, im: arg-met. *Sulph.*
• **Stelle**, an einer einzelnen: gymno.$_{hrl}$
• **Stuhlgang**:
  • **amel.**: crot-h. sulph.
  • **vor**: fl-ac.
  • **nach**: *Calc-p.* *Carbn-s.* sol-ni.
• **Tee**, nach: calad.
• **Trinken**, nach dem: kali-c. *Lach.* *Led.* lept. merc-c. rhus-t.
• **umschrieben**: gymno.
• **Verdauung**, bei der: kali-i.
• **Warmes**
☞ *Getränke - warme - agg. / Speisen - warme - agg.*
• **Wein** agg.: carb-v.$_{gml}$
▽ **erstreckt** sich zu:
  • **Achselhöhle**, rechte: am-m.$_{h}$
  • **Brust**: aeth. arg-met. mang. mill. ol-an. *Phos.*
  • **Gaumen**: mang.$_{h}$
  • **Hals**: am-m. anac. ars. berb. cadm-s.$_{k2}$ *Carb-v.* cupr. hep. kali-bi. *Kali-c.* *Lac-ac.* *Lyc.* *Nat-m.* phos. sang. tep.
    • **Essen**, nach dem: *Calc.* *Kali-c.*
    • **Halsgrube**: sabad.$_{bgl}$
  • **Kehlkopf**: kali-c.
  • **links**: ph-ac.$_{h}$
  • **Mund**: *Acon.* cadm-s.$_{k2}$ *Caps.*$_{h}$ cupr-ar. *Gels.* kali-bi. kali-c.
  • **oben**, nach: alum-sil.$_{k2}$ arg-n. *Calc.* dig. hell. mang. nux-m. nux-v. ox-ac. sabad.$_{bgl}$ *Sec.* sep. sol-ni. sulph. tril-p. verat. zinc.
  • **Oberarm**; zum rechten: am-m.$_{h}$
    • **Schwangerschaft**; während der: hell.$_{pd}$
  • **Ösophagus** hinauf, den: cadm-s.$_{k2}$ dig.$_{brl,k}$ hell. ox-ac. sabad.$_{bgl}$ tril-p.$_{brl}$ zinc.
  • **Rücken**: *Carb-v.*

▽ **erstreckt** sich zu:
- **unten**, nach: nux-v.bg1

– **drückend**: *Acon.*a1,k acon-c.a1 act-sp. *Aesc.* *Agar.*a1,k alco.a1 all-c.a1,k *All-s.* aloe *Alum.* alum-p.k2 alum-sil.k2 alumn.a1,k *Am-c.*a1,k am-m.a1,k *Ambr.* *Anac.*a1,k anan. ant-c. *Ant-t.*a1,k apis apoc.k2 arg-met. arg-n.a1,k *Arn.*a1,k **Ars.**a1,k ars-h.a1,k ars-i. ars-s-f.k2 *Asaf.* asar. atro.a1 *Aur.*a1,k aur-ar.k2 aur-i.k2 aur-m. aur-m-n. aur-s.k2 bad. bamb-a.stb2 bapt.a1,k **Bar-c.**a1,k bar-i. bar-m.a1,k *Bell.*k,k2,* *Benz-ac.*a1,k berb. *Bism.*a1,k borx. *Bov.*a1,k brom.a1,k *Bry.*a1,k cain. calad. **Calc.**a1,k calc-i.k2 *Calc-p.* calc-s. calc-sil.k2 *Camph.* cann-i.a1,k cann-s. canth.a1,k caps. *Carb-an.*a1,k *Carb-v.*a1,k **Carbn-s.** **Card-m.** carl.a1,k *Casc.*a1,k **Caust.**a1,k **Cham.**a1,k *Chel.*a1,k **Chin.**a1,k **Chinin-ar.** chinin-s. chlf.a1 chr-ac.a1,k *Cic.* *Cina* clem.a1,k coc-c.a1,k coff. *Colch.*a1,k *Coloc.* *Con.* cop. cor-r. crot-h.a1,k crot-t.a1,k cub. **Cupr.** *Cupr-s.* cycl.a1,h *Dig.*a1,k dulc. elat. eucal.a1 euph.h euphr.a1,k *Ferr.*a1,k ferr-ar. ferr-p. *Fl-ac.*a1,k gast.a1 *Gent-c.* *Gent-l.*a1 gins.a1,k glon. *Graph.*h,k,* *Grat.*a1,k guaj.h guare.a1,k haem. hell.a1,k helon.a1,k *Hep.*a1,k hydr-ac.a1,k hyos. hyper. *Ign.*a1,k ind.a1,k indg.a1 *Iod.* ip. jab.br1 jac-c. jatr-c. jug-r.a1,k kali-ar.k2 kali-bi.a1,k *Kali-c.*a1,k kali-chl.a1,k kali-i.a1,k kali-m.k2 *Kali-n.*a1,k kali-p. kali-s. kali-sil.k2 *Kalm.* kreos. lac-ac.a1,k lacer.a1 *Lach.*a1,k *Lact.*a1,k *Laur.*a1,k *Led.* lob.a1,k lol.a1 **Lyc.**a1,k lyss.a1,k mag-c.a1,k mag-m.a1,k mag-s.a1,k mang. mang-m.a1 *Meny.*a1,k meph.a1 *Merc.*a1,k *Merc-br.*a1 merc-c.a1,k merl.a1,k *Mez.*a1,k morph.a1 *Mosch.*a1,k mur-ac.a1,k *Myric.*a1,k narz.a1 *Nat-ar.* *Nat-c.*a1,k **Nat-m.**a1,k *Nat-p.* nat-s. nicc.a1,k *Nit-ac.*a1,k nit-s-d.a1 nux-m.a1,k *Nux-v.* ol-an.a1,k *Op.*a1,k *Osm.* ox-ac.a1,k paeon. par.a1,k *Petr.* *Ph-ac.* phel.a1,k **Phos.**a1,k phys.a1,k *Pic-ac.* picro.a1 pimp.a1 *Plat.* *Plb.* plect.a1 prun. *Ptel.* **Puls.** ran-b. *Ran-s.* *Raph.* rheum *Rhod.* *Rhus-t.* *Rob.* sabin.a1,k *Samb.*a1,k *Sang.*a1,k *Sarr.*a1,k sars.a1,k *Sec.*a1,k sel.c1 *Seneg.*a1,k *Sep.* **Sil.**a1,k sin-a.a1 sol-ni. spig.a1,k *Spong.* *Squil.*a1,k *Stann.*a1,k staph.a1,k stram.a1,k *Stront-c.* *Sul-ac.*a1,k sul-i.k2 *Sulph.*a1,k sumb.a1,k tab.a1,k tarent.a1,k ter.a1,k teucr. *Thuj.*a1,k til.a1 *Valer.*a1,k *Verat.*a1,k verb.a1,k wies.a1 xan. zinc.a1,k ziz.a1
- **morgens**: am-c.h ant-c.a1,k *Carb-an.* caust.a1,k *Chin.* graph.h,k,* hyper.a1,k kali-c.h kiss.a1 lach. led.h nat-c. *Nat-m.* *Nux-v.*a1,k petr.h puls.a1,k ran-s. rutah sep. sulph. zinc.a1,k
  - **Aufstehen**, nach dem: caust.h mang.h
  - **Bett**, im: kali-c.h kali-n.h phos.a1,k staph.
  - **Erwachen**, beim: agar. anac.h *Carb-an.* cycl.a1,k hep.h kali-c.h nicc.a1,k nit-ac.a1,k phyt.a1,k staph.a1,k
- **vormittags**: bamb-a.stb2 calc. *Graph.*h,k,* lyc.a1,k mag-m.a1,k *Nat-c.*hr1 nat-m.a1,k nicc.a1,k sep.h spong. stann.a1,k sulph.a1,k thuj.a1,k
- **mittags**: alum.h *Aur.* mez.a1,k zinc.a1,k
- **nachmittags**: alum.h am-m.a1,k arg-n.a1,k canth. dig. digin.a1 kali-c.h kali-n.h *Lyc.*a1,k nicc.a1,k petr.a1,k spong.
  - **14** h: ferr.
  - **16** - 17 h: bry.

– **drückend**: ...
- **abends**: alum.h calc.a1,k calc-sil.k2 carb-an.a1,k carb-v. chel. dig. euphr.a1,k kali-bi. mez.h nat-m.a1,k phos.a1,k sars. sep.a1,k sil.a1,k spong. sulph.a1,k zinc.a1,k
  - **Bett**, im: carb-an.h carb-v.h kali-c.h **Lyc.**a1,k ter.
- **nachts**: *Am-c.*a1,k *Calc.* caust.h *Cina* graph.h,k,* kali-c.a1,k *Lach.*a1,k nit-ac.a1,k ox-ac. phos.h rutah sep.a1,k sil.h *Sulph.*
  - **Mitternacht**: ambr.h
    - **nach**: sulph.
      - **2** h: *Kali-c.*
  - **Liegen** auf dem Rücken, beim: lyc.a1,k
  - **treibt** aus dem Bett: calc.h lach.

◇ **abwechselnd** mit Kopfschmerzen: chel.
- **Abendessen**, nach dem: am-c.h *Calc.* carl.a1,k lyc. nat-c.h puls.a1,k seneg. zinc.
- **anfallsweise**: kali-c.h mez.h nat-m.h ph-ac. sulph.h
- **Angst**; mit: bar-m.k2
- **Anstrengung**, bei: carl.a1,k
- **Ärger**, Verdruß; nach: cham. ign. phos.
- **Atmen**, bei tiefem: carb-an.h
  - **nach**: nat-m.h
- **Aufstehen** aus dem Bett, beim: caust. graph.h,k,* zinc.
- **Aufstoßen**:
  - **amel.**: aloe alum.h ambr. *Bar-c.* bry. calc-p. *Carb-v.* chel. chinin-s. cycl. euphr. gamb. *Graph.* helon. hep. kali-c.h kali-n. lach. mag-c.h mag-m.h2 nat-c.h,h2 nicc. ol-an. par. phos. sulph. zinc.h
  - **vor**: staph.h
- **Ausatmen** agg.: *Aur.*
- **Berührung** agg.: carb-v.h chel.h cupr.h lyc.h mang.h ph-ac.h plat.h sars.h sep.h
- **Bettwärme** amel.: graph.h,k,*
- **Beugen**:
  - **hinten** amel.; nach: kali-c.
  - **vorne**; nach:
    - **agg.**: bry.
    - **amel.**: bamb-a.stb2
- **Bewegung**:
  - **agg.**: **Bry.** *Calc.* *Calc-p.*a1,k *Chel.* con. ph-ac.a1,k ptel. rhus-t. rumx.k2 zinc.
  - **amel.**: nat-c.
- **Bier**, nach: carb-v. *Nux-v.*
- **Binden** des Abdomens amel.: cupr.
- **Birnen**, nach: borx.
- **blähenden** Speisen, nach: sil.h
- **Brot**, nach: *Bar-c.* *Bry.* **Caust.** *Phos.* sep.h sul-ac.a1,k zinc.h zing.a1,k
- **Bücken** agg.: aur-m.
- **Druck**:
  - **agg.**: agar. brom. *Calc.* caust.h chel. dulc.h indg. mang-m. mez. nit-ac. *Ph-ac.* ran-s.
  - **amel.**: carb-an.h mang.a1 nat-m.h spig.h stann.h sulph.h
- **Einatmen**: asar. con. cor-r. ign. lyc.h nat-m. rumx.k2
  - **tiefes** Einatmen: arg-n.a1
- **Einziehen** des Abdomens; beim: zinc.h

- **Erbrechen** amel.: kali-c.$_{h}$
- **Erwachen**, beim: agar. ambr.$_{h}$ ant-s-aur. caust. cycl.$_{a1,k}$ hyper. *Lach.* nicc.$_{a1,k}$ nit-ac.$_{a1,k}$ phyt.$_{a1,k}$ sil.
- **Essen**:
  - **amel**.: anac. chin.$_{a1,k}$ hep. kali-c.$_{h}$ *Nat-c.*$_{hr1}$ nit-ac.$_{a1,k}$ petr.$_{a1,k}$ ptel. stront-c. verat.
  - **vor**: nit-ac.$_{h}$ ph-ac.$_{h}$
  - **beim**: acon.$_{a1,k}$ *Bry.*$_{a1,k}$ coff. con. led.$_{h}$ mang. rhod. sep.$_{h}$ thuj. verat.
  - **nach**: acon-f.$_{a1}$ agar.$_{a1,k}$ alum.$_{h}$ alum-sil.$_{k2}$ **Am-c.** ambr. **Anac.**$_{a1,k}$ ant-t. ars. ars-s-f.$_{k2}$ *Asaf.* bar-c.$_{a1,k}$ bar-m. bar-s.$_{k2}$ *Bell.*$_{a1,k}$ berb. *Bism.*$_{a1,k}$ borx. bov.$_{a1,k}$ *Bry.* calc.$_{a1,k}$ calc-s. calc-sil.$_{k2}$ *Canth.* caps. carb-ac.$_{h,k}$ carb-an.$_{a1,h}$ *Carb-v.*$_{a1,k}$ carbn-s. *Cham.*$_{a1,k}$ **Chin.**$_{a1,k}$ *Chinin-s.* cic. *Cina* coc-c.$_{a1,k}$ cocc.$_{a1,k}$ colch.$_{a1,k}$ coloc.$_{h}$ con.$_{a1,k}$ dig. equis-h. euph.$_{a1,k}$ *Ferr.*$_{a1,k}$ ferr-ar. ferr-i. ferr-p. fl-ac.$_{a1,k}$ graph.$_{h}$ grat. *Hep.*$_{a1,k}$ hura hyper.$_{a1,k}$ iod.$_{h}$ kali-ar. *Kali-bi.* *Kali-c.*$_{a1,k}$ kali-p. kali-sil.$_{k2}$ **Lach.**$_{a1,k}$ led. *Lob.* **Lyc.**$_{a1,k}$ *Lyss.* merc.$_{a1,k}$ mez.$_{a1,k}$ nat-ar.$_{k2}$ *Nat-c.* *Nat-m.*$_{a1,k}$ *Nat-p.* nit-ac.$_{a1,k}$ **Nux-v.**$_{a1,k}$ op.$_{a1,k}$ *Ph-ac.*$_{a1,k}$ **Phos.**$_{a1,k}$ plat. plb. plect.$_{a1}$ *Ptel.* *Puls.* rhod. rhus-t.$_{h}$ rumx. *Sang.* sec. *Sep.*$_{a1,k}$ *Sil.*$_{a1,k}$ staph. *Stront-c.* *Sulph.*$_{a1,k}$ *Tarent.* ter. thuj.$_{a1,k}$ til.$_{a1,k}$ verat.$_{a1,k}$ voes.$_{a1}$ zinc.$_{h}$
  - **Kleinigkeit**; nach dem Essen einer: cham. **Chin.** *Chinin-s.* *Ferr.* *Hep.* hyper. laur. **Lyc.**
- **Fahren** oder Reiten, beim: lyc.$_{a1,k}$ puls.
- **fetten** Speisen, nach: **Puls.**
- **Flatus**:
  - **amel**.: carb-v.$_{h}$ hep.$_{h}$
  - **wie** durch: mag-m.$_{h}$ plat.$_{h}$
    - **eingeklemmte** Blähungen; wie durch: nux-m.$_{c1}$
- **Fleisch**; nach: ferr.$_{c1}$
- **Frost**; während: ars. ars-h. sulph.$_{a1,k}$
- **frösteln**, läßt ihn: caust.$_{h}$
- **Frühstück**, nach dem: acon-f.$_{a1}$ agar.$_{a1,k}$ aloe anac. ars.$_{a1,k}$ carbn-s. caust.$_{a1,k}$ cycl.$_{a1,k}$ kali-bi.$_{a1,k}$ myric. *Nat-c.* nux-v. puls. sulph.
- **Gären** amel.: sep.$_{h}$
- **Gehen**:
  - **amel**.: ambr. borx. bov. bry.
  - **beim**: bar-c.$_{h}$ bell. *Bry.*$_{a1,k}$ mang. nat-c.$_{a1,k}$ *Nux-v.* stront-c.
  - **Freien**, im: anac. bry. nit-ac. sil.
    - **amel**.: ambr.
- **geistiger** Anstrengung, nach: anac.
- **Geradestrecken**, nach: dig.$_{h,k,*}$
- **Gewicht**; wie durch ein: abies-n. *Acon.* arn. ars. bar-c. brom. *Bry.* cact. *Calc.* calc-sil.$_{k2}$ *Carb-an.* *Cham.* dig.$_{h}$ elaps fl-ac. grat. hep. kali-bi. lob. lyc.$_{bg1,bg2}$ merc. *Nux-v.* *Par.* *Ph-ac.* phos.$_{h}$ *Ptel.* *Puls.* *Rhus-t.* sec. *Sep.* sil. *Spig.* spong. squil. staph. zinc.
- **Hand**; wie durch eine: arn.$_{h}$
- **Heben**:
  - **nach**: *Calc.* lyc. *Rhus-t.*
  - **wie** durch: plat.$_{h}$
- **Herz** zerdrückt würde; als ob das: ars. carb-v. cham. nux-v.
- **Hitze**, nach: grat.$_{a1,k}$
- **Husten**, beim: calc.$_{h}$ cor-r. *Phos.*
- **Kaffee**, nach: *Cham.*
- **kalt**: caust.$_{h}$
  - **Luft** das Abdomen berührt; wenn kalte: caust.
- **Kartoffeln**, nach: alum.
- **Kleidung**, durch: *Am-c.*$_{h,k,*}$ *Ph-ac.*$_{h,k,*}$
  - **agg**.: phos.$_{h}$
- **Koitus**, nach: ph-ac.
- **Kopfschmerz**, vor: sep.$_{h}$
- **Lesen**, beim lauten: caust.
- **Liegen**; beim: carb-an. rumx.$_{k2}$ stann.$_{h}$ sulph.
  - **Abdomen** amel.; auf dem: ambr.$_{h}$
  - **Rücken**, auf dem: caust.
    - **amel**.: *Calc.* chin. lyc.
  - **Seite**, auf der: chin.
    - **linken**, auf der: ter.
- **Luft**:
  - **Freien**, im: ol-an.
- **Menses**:
  - **vor**: bamb-a.$_{stb2}$ *Nux-m.*
  - **während**: am-c.$_{a1,k}$ caps. *Caust.* nat-p. nux-m. puls. **Sulph.** thuj.
  - **nach**: borx. nat-p.
- **Milch**, nach: alum. *Ferr.* hyper.$_{a1,k}$ petr.$_{a1,k}$ samb.
- **Mittagessen**:
  - **vor**: lyc. nat-m.$_{a1,k}$ phos.$_{a1,k}$
  - **nach**: agar. am-c.$_{a1,k}$ ars.$_{a1,k}$ carbn-s. chin.$_{h,k}$ cinch.$_{a1}$ *Clem.*$_{a1,k}$ coc-c.$_{a1,k}$ hyper.$_{a1,k}$ kali-n.$_{h}$ mez.$_{a1,k}$ *Nat-c.*$_{a1,k}$ nat-m.$_{h}$ petr. phos. rhod. rhus-t.$_{h}$ sulph.$_{a1,k}$ verat.$_{a1,k}$
- **nüchtern**, wenn: carb-an. caust.$_{a1,k}$ nit-ac.$_{a1,k}$ *Petr.*$_{a1,k}$ sep.
- **pulsierend**: caust.$_{h}$
- **Rauchen** amel.: kali-bi.$_{a1,k}$
- **Räuspern** amel.: kali-c.$_{h}$
- **Reiben** amel.: lyc.$_{h}$
- **ruckend**: dig.$_{h}$
- **Schlaf**:
  - **nach**: rheum$_{h}$
  - **verhindert**: rhus-t.$_{h}$
- **Schlucken** agg.: cor-r.
- **Schritt**, bei jedem: hell.
- **Singen**, beim: sars.$_{h}$
- **Sitzen**: ambr. borx. caust. chin.$_{h}$ dig. nat-s. phos.
  - **aufrechtes** Sitzen amel.: *Kalm.*
  - **gebeugtes** Sitzen: bar-c.$_{h}$ borx.$_{h}$ *Kalm.*
    - **amel**.: bry. sulph.
- **Speisen**:
  - **kalten** Speisen, nach: *Mang.*
- **Sprechen**, beim: ars.$_{h}$ caust.
- **Stehen**:
  - **amel**.: dig.
  - **beim**: bar-c.$_{h}$ merc.
- **Stein**, wie ein
  ☞ *Steines*
- **Stelle**; Speisen drücken an einer: bism.$_{pd}$
- **Stellen**, an kleinen: phos.$_{h}$

• **stillenden** Müttern, bei: carb-v.$_{h}$
• **Stuhlgang**:
  • **vor**: alum.$_{h}$
  • **während**: sars.
  • **nach**: *Calc.* carbn-s. crot-t. *Pic-ac.* *Puls.* sulph.$_{a1,k}$
    • **amel.**: alum.$_{h}$
• **Suppe**, nach der: alum.$_{h}$ ars.$_{a1,k}$ indg.$_{a1,k}$ stann.$_{h}$
• **Süßem**, nach: zinc.
• **Trinken**:
  • **nach**: ant-t. chel. *Chinin-s.* hyos. ph-ac.
    • **schnellem** Trinken, nach: sil.$_{h}$
  • **kalten** Getränke, von: acet-ac. ol-an. rhod.
• **warme** Speisen amel.: ph-ac.
▽ **erstreckt** sich zu:
  • **Brust**: alum.$_{h}$ dulc.$_{a1}$ kali-c.$_{h}$ mag-c.$_{h}$ mag-m.$_{a1,h}$ nat-m.$_{h}$ staph.$_{h}$
  • **Brustbein**: rheum$_{h}$ rumx.$_{k2}$ verat.
  • **Hals**; zum äußeren: arn. mag-m.$_{h}$
  • **Hals**; zum inneren: con.$_{h}$ mag-m.$_{a1,h}$ tub.$_{c1}$
  • **Rücken**: mag-m.$_{a1,h}$ sul-ac. sulph.
  • **unten**, nach: nat-m.$_{h}$ plat.$_{h}$
○ **Kardia**: ars.$_{h}$ lyc.$_{h}$ phos.$_{h}$

– **geschwürig**: *Acet-ac.*$_{hr1,k}$ alum. anan. *Arg-n.* cann-s. castor-eq. gamb. hell. *Lach.* *Mag-c.* *Mag-m.* merc-c. *Nat-m.* *Rat.* *Rhus-t.* spong. stann.
• **abends**, im Liegen: mag-m.$_{h}$
• **Berührung**, bei: nat-m.$_{h}$
• **Bewegung**, bei: stann.$_{h}$
• **drückend**: bar-c.
• **Essen** amel.: gamb.
• **Herumdrehen** im Bett; beim: alum.
• **Husten**, beim: *Lach.*
• **Mittagessen**, nach dem: *Arg-n.*
○ **Seite** unter den Rippen; linke: arg-n.$_{br1}$

– **grabend**
☞ *nagend*

– **klemmend**
☞ *krampfartig*

– **kneifend**
☞ *krampfartig*

– **krallend**: anan. arn. calc. *Carb-an.* carb-v. **Caust.** *Cocc.* *Graph.* lyc. med.$_{k2}$ *Nat-m.* nit-ac. **Nux-v.** petr. puls. rhod. sil. *Stann.* *Sul-ac.* sulph. tab. zinc-m.
• **morgens**: petr. puls.
  • **Erwachen**, beim: sulph.
  • **Frühstück** amel.: puls.
• **abends**: petr. sul-ac.
• **Aufstehen** vom Bett; beim: puls.
• **Essen**, nach dem: tab.

– **krampfartig** (= kneifend, zusammenschnürend): abrot. acon. act-sp. aesc. aesc-g.$_{c2}$ *Aeth.* agar. agn. *Alum.* alum-p.$_{k2}$ alum-sil.$_{k2}$ alumn. am-c. ambr. anac. anan. ang.$_{c1}$ *Ant-c.* ant-t. apis aran. *Arg-n.* *Arn.* **Ars.** ars-i. arum-m. arum-t. asaf. asar. asc-t. *Aur-m.* bamb-a.$_{stb2}$ bapt. *Bar-c.* bar-i. bar-m. bar-s.$_{k2}$ *Bell.* **Bism.** borx. brom. *Bry.* bufo but-ac.$_{br1}$ *Cadm-s.* calad. **Calc.** calc-i.$_{k2}$ *Calc-p.* calc-s. calc-sil.$_{k2}$ camph. cann-i. cann-s. canth. *Carb-an.* **Carb-v.** carbn-h. **Carbn-s.** card-m. castm. *Caul.* **Caust.** cench.$_{k2}$ *Cham.* **Chel.** *Chin.*

– **krampfartig**: ...
chinin-ar. *Cina* coc-c. **Cocc.** coff. *Colch.* coll. **Coloc.** **Con.** crot-t. **Cupr.** cupr-ar. daph. dig. *Dios.* *Dros.* dulc. eup-pur. *Euph.* *Ferr.* ferr-ar. ferr-i.$_{k2}$ ferr-p. fl-ac. *Gels.* gink-b.$_{sbd1}$ **Graph.**$_{c2,k}$ grat. guaj. ham. hell.$_{h}$ *Helon.* hydr-ac. hydrc. *Hyos.* ign. iod. **Ip.** *Iris* *Jatr-c.* kali-ar. kali-bi. kali-br. *Kali-c.* *Kali-n.* kali-p. kali-s. *Kalm.* *Lac-d.* *Lach.* lact. laur. *Lob.* **Lyc.** *Mag-c.* **Mag-p.** mang. marb-w.$_{es1}$ med. meny. merc. merc-c. merc-i-f. mez.$_{h}$ mill. mur-ac. naja *Nat-ar.* *Nat-c.* **Nat-m.** *Nat-p.* nat-s. nicc. nit-ac. nux-m. **Nux-v.** ol-an. *Op.* ox-ac. *Par.* petr. *Ph-ac.* *Phos.* phyt. *Pic-ac.* plat. *Plb.* **Podo.** psor. *Ptel.* *Puls.* ran-s. *Rat.* rhod. rhus-t. sang. sarr. sars. sec. sel. seneg. *Sep.* **Sil.** **Stann.** staph. *Sul-ac.* sul-i.$_{k2}$ *Sulph.* tab. tarent. teucr. thuj. tub.$_{c1}$ valer. **Verat.** verat-v. zinc. zinc-p.$_{k2}$
• **morgens**: bamb-a.$_{stb2}$ con. dig. digin.$_{a1}$ gran.$_{a1,k}$ hyper.$_{a1,k}$ kali-c.$_{h}$ nat-c.$_{h}$ *Nux-v.* puls. rat.$_{a1,k}$ sep.$_{h}$
  • **Aufstehen**, nach dem: iod.$_{h}$ nat-s.$_{a1,k}$ nit-ac.$_{h}$
  • **Bett**, im: carb-an. con. phys.$_{a1,k}$
  • **Erwachen**, beim: caust.$_{a1,k}$ lyc.$_{a1,k}$ nat-m.$_{h}$ petr.$_{h}$ til.$_{a1}$
• **vormittags**: graph.$_{h,k,*}$ podo.$_{h,k}$ thuj.$_{a1,k}$
• **mittags**: agar.$_{a1,k}$ alumn.
• **nachmittags**: alum.$_{a1,k}$ calc.$_{a1,k}$ calc-s.$_{a1,k}$ par.$_{a1,k}$ puls.$_{a1,k}$
  • **13** - 14 h: con.
  • **16** h: alumn.
  • **17** h: nat-m.
  • **18** h: lach.
• **abends**: agar. ang.$_{h}$ coloc. dulc. form.$_{a1,k}$ led. merc. nat-c.$_{h,k,*}$ petr.$_{h}$ sul-ac.$_{h}$ thuj.$_{a1,k}$ zinc.$_{h}$
  • **Bett**, im: alum. phos.$_{a1,k}$
• **nachts**: abrot.$_{hr1,k}$ but-ac.$_{br1}$ calc.$_{a1,k}$ *Camph.* *Carb-v.* *Coloc.*$_{a1,k}$ *Graph.* kali-c. nat-m.$_{a1,k}$ nit-ac.$_{a1,k}$ phos.$_{a1,k}$ seneg. sil.$_{h}$ sulph.$_{a1,k}$
  • **Mitternacht**: lyc.$_{a1,k}$
    • **nach**:
      • **1** - 2 h: con.$_{h}$
      • **2** h: *Ars.* nat-c.
      • **3** h: podo.
      • **4** h, bis mittags; täglich: borx.
  • **Bett**, im: ptel.
  • **treibt** aus dem Bett: calc.$_{h}$
  • **weckt** ihn: sil.$_{h}$
◆ **begleitet** von:
  • **Uterus**; Reizung des: caul.$_{c1}$
• **Abendessen**:
  • **vor**: phos.$_{h}$
  • **nach**: phos.$_{h}$ rhod.
• **anfallsweise**: *Carb-v.* *Coloc.*$_{a1,k}$ *Kali-c.*$_{h}$ nit-ac.$_{a1,h}$ sil.$_{h}$
• **Anziehen** der Glieder amel.: chel. med.$_{c1}$
• **Atem**; nimmt ihm den: cocc.$_{pd}$
• **Atmen** agg.; tiefes: zinc.$_{h}$
• **Aufrichten** amel.: hell.
• **Aufstoßen**:
  • **amel.**: ambr.$_{h}$ *Bar-c.* *Calc.* calc-p. carb-v.$_{k2}$ cench.$_{k2}$ coloc. kali-c. par. rat.
  • **nach**: sil.$_{h}$
  • **mit**: sep.$_{h}$

- **Berührung**; bei: chel.$_{h}$ merc-c.$_{pd}$
- **Berührung** agg.; die geringste: ign.$_{br1}$
- **Beugen** nach vorne amel.: bell.$_{k2}$ carb-v. *Chel.* coch.$_{c1}$ **Coloc.** *Lyc.* verat-v.$_{a1,k}$
- **Bewegung**:
  - **amel**.: dios.
  - **bei**: bufo *Ip.* *Nux-v.*
- **Bücken**, beim: anac. jatr-c. nat-c.$_{h,k,*}$
- **Druck** amel.: *Am-c.* dios. lac-v.$_{c1}$ mag-p.$_{k2}$
- **Einatmen**, beim: *Caust.* dros.
- **Erbrechen**:
  - **vor**: apis hyos.
  - **während**: podo.$_{c1}$
  - ☞ *Erbrechen - krampfhaft*
- **Erkältung**; durch: dulc. nit-ac. sep.$_{h}$
- **Essen**:
  - **vor**: lyc.$_{a1,k}$
  - **beim**: cocc.$_{br1}$
  - **nach**: aran.$_{bro1}$ bism. bry. *Calc.* calc-s.$_{k2}$ chel. chin. cic. *Cina* *Cocc.*$_{br1,k}$ *Coloc.* *Crot-h.* daph. *Ferr.* ferr-i. graph.$_{h}$ grat. ham.$_{a1,k}$ iod. *Kali-c.* marb-w.$_{es1}$ *Nat-m.* **Nux-v.** phos. plb. puls. sil.$_{h}$ *Sulph.* tab.$_{a1,k}$
    - **amel**.: *Brom.* *Chel.* *Graph.*$_{h,k,*}$ *Ign.* iod.
- **Fahren** amel.: *Gels.*
- **Flatus** amel.: carb-v.$_{k2}$
- **Frühstück**:
  - **nach**: bufo verat.$_{a1,k}$
  - **amel**.: nat-s.$_{a1,k}$
- **Gehen**:
  - **amel**.: *All-c.* hell. kali-c.$_{h}$ nat-c.$_{h,k,*}$
  - **beim**: cocc. nat-c.$_{h,h2,*}$ til.$_{a1}$ verat.
- **Getränke**:
  - **kalten** Getränken, nach: **Ars.** *Calc.* ferr. *Graph.* *Kali-c.* *Rhus-t.*
- **Hitze**; während: bell. carb-v. *Cocc.* nux-v. puls.
- **intermittierend**: kali-c.$_{h}$ phos.$_{h}$
- **Kaffeetrinkern**, bei: *Cham.* *Nux-v.*
- **Kälte**:
  - **wie** durch: nit-ac.$_{h}$ petr.$_{h}$ sul-ac.$_{h}$
- **Käse**, verdorbener: *Ars.*
- **Kleidung**, enge: calc. lyc.
  - **amel**.: cupr.$_{hr1,k}$ *Nat-m.*$_{hr1,k}$
- **Liegen**: *Carb-v.* chel.
  - **amel**.: graph.$_{h,k,*}$ *Lyc.* sil.$_{a1,k}$
  - **Rücken** amel.; auf dem: laur.
  - **Seite**, auf der: laur.
    - **linken** amel.; auf der: *Chel.*
- **Menses**:
  - **vor**: *Bell.* cupr. lach. *Puls.* *Sep.*
  - **während**: ars.$_{h}$ *Cupr.* kali-c. phos.$_{h}$ *Sars.*
  - **nach**: *Bell.* borx. kali-c.$_{h}$
- **Mittagessen**:
  - **vor**: sulph.$_{a1,k}$
  - **beim**: bell.$_{h}$ thuj. zinc.$_{h}$
  - **nach**: graph.$_{h}$ ham.$_{a1,k}$ *Nux-m.* sil.$_{h}$ til.$_{a1}$
- **Neigung** zu krampfartigen Schmerzen: bell. chin. **Cupr.** stann.
- **nüchtern**, wenn: *Calc.* gran.$_{a1,k}$
- **Obst**, nach: *Lyc.*
- **periodisch**: *Arg-n.* ars.$_{h}$ cupr. hyos. phos. rhod.
- **Roggenbrot**, nach: merc-c.

– **krampfartig**: ...
- **Säfteverlust**, nach: *Chin.*
- **Salat**, nach: til.$_{a1,k}$
- **Schluckauf**, durch versagenden, unvollständigen: mag-c.$_{h}$
- **Schwangerschaft**: *Con.*
- **Schweinefleisch**, nach: ham.$_{a1,k}$
- **Schwindel**; während: ptel.$_{hr1}$
- **Sitzen**:
  - **beim**: *All-c.* ang.$_{h}$ hell. nat-c.$_{h,k,*}$
  - **gebeugt** amel.: staph.
  - **gebückt**, wenn: agn. borx.$_{h}$ caps.$_{h}$
- **Speisen**, kalte: kali-c.$_{h}$
- **Sprechen**: ptel.
- **Stehen** amel.; aufrechtes: bry. chinin-s. phys.
- **Sterben**, unter dem Brustbein; Gefühl wie zum: **Cupr.**
- **stillende** Mütter: carb-v.$_{h}$
- **Strecken** amel.: nat-c.$_{h,k,*}$
- **Stuhlgang**:
  - **vor**: *Coloc.* kali-c.$_{a1,k}$
  - **während**: bell.$_{a1,k}$ *Kali-c.*
  - **nach**: ferr.
  - **Stuhldrang**, verursacht: **Nux-v.**
- **Suppe**, nach der: zinc.$_{h}$
- **Treppensteigen**, beim: chinin-s.
- **Trinken**, nach dem: bell. nat-c.$_{a1,k}$ *Nux-v.*
- **Übelkeit**, vor der: tarent.$_{a1,k}$
- **Wärme**:
  - **amel**.: *Mag-p.* *Nux-v.*
  - **Bettwärme** amel.: graph.
- **weckt** ihn: con.$_{h}$ kali-c.$_{h}$
- **Wein**, durch: lyc.
- **Wurm**; wie durch einen: nat-c.$_{h}$
- **Würste**, verdorbene: *Ars.*
- **Zubettgehen**, nach dem: dios.$_{a1,k}$ laur.
- **zusammenkrümmen**; muß sich: kali-c.$_{h}$

▽ **erstreckt** sich zu:
- **Abdomen**: con.$_{h}$
- **Brust**: kali-c.$_{h}$ lyc.$_{bg1,h,*}$ phos.$_{h}$
- **Därme** hinab; die: arn.$_{pd}$
- **Hals**: kali-c. sulph.$_{h}$
- **Hypogastrium**: ars.$_{h}$
- **Lumbalregion**: nat-c.$_{h}$ sars.$_{h}$
- **Rücken**: ferr-i.$_{k2}$
  - **Seiten** um den Rücken herum; durch beide: coch.$_{bro1}$
- **Seite**, linke: nat-c.$_{h}$
- **unten**, nach: sulph.$_{h}$

○ **quer** über den Magen: *Arg-met.*

– **lanzinierend**: all-s.$_{a1,k}$ *Ars.* aur-s.$_{a1,k}$ bad. bol-la. cadm-s. canth.$_{a1,k}$ *Carb-v.* *Gins.* med.$_{k2}$ plb.$_{a1,k}$ psil.$_{ft1}$ sphing.$_{a1,kk3}$ tarent. thal.$_{a1,k}$ thal-s.$_{c1}$
- **morgens**:
  - **8** h: bad.$_{c1}$
- **nachts**: ars.
- **Mitternacht**, nach: *Kali-c.*
- **Einatmen** agg.; tiefes: bad.

▽ **erstreckt** sich zum Rücken: sabin.$_{br1,c1}$

– **nagend**: abies-c. abrot.$_{hr1,k}$ acet-ac.$_{hr1,k,*}$ aesc.$_{a1,k}$ agar. alum. alum-p.$_{k2}$ alum-sil.$_{k2}$ am-c. **Am-m.**$_{a1,k}$ *Anac.*$_{bro1}$ anan. apis apoc.$_{a1,k}$ **Arg-met.** *Arg-n.* arn.

– **nagend**: ...
Ars.$_{a1,k}$ ars-i. ars-s-f.$_{a1,k2}$ asar.$_{bro1}$ aur-m.$_{a1,k}$ bar-c. bar-i. bar-s.$_{k2}$ bell.$_{bg1,bg2}$ calad. *Calc.*$_{a1,k}$ calc-ar.$_{k2}$ calc-p.$_{k2}$ calc-s. cann-i.$_{a1,k}$ caps. carb-an. carb-v.$_{a1,k}$ carbn-s. *Chel.*$_{a1,k}$ chin. *Cimic.* **Cina** cocc.$_{h}$ colch. coloc.$_{ptk1}$ corn.$_{a1}$ *Cupr.*$_{a1,k}$ eup-pur.$_{a1,k}$ *Gamb.*$_{a1,k}$ *Glon.* graph.$_{h,k,*}$ grat. hep.$_{a1,k}$ ign.$_{bro1}$ iod. *Kali-bi.* *Kali-c.*$_{a1,k}$ kali-n. kali-p. kalm. *Kreos.*$_{a1,k}$ *Lach.*$_{a1,k}$ lith-c. *Lyc.*$_{a1,k}$ *Mag-m.* *Merc-c.* mill.$_{a1,k}$ nat-ar. nat-c. nat-p. *Nat-s.* nicc.$_{a1,k}$ *Nit-ac.*$_{a1,k}$ nux-v. op.$_{a1,k}$ ox-ac.$_{a1,k}$ petr.$_{k2}$ ph-ac.$_{h}$ phos.$_{a1,k}$ plb. ptel. *Puls.*$_{a1,k}$ rhus-t.$_{k2}$ *Ruta* sabad. seneg. **Sep.**$_{a1,k}$ sil.$_{a1,k}$ spig.$_{bg1}$ **Stann.** staph. sul-i.$_{k2}$ *Sulph.*$_{a1,k}$ uran-met.$_{bro1}$ verat.$_{h,k2}$ zinc. zinc-m.$_{a1}$ zinc-p.$_{k2}$
• **linke** Seite: arg-n.
• **morgens**: aesc.$_{a1,k}$ carb-v.$_{a1,k}$ nat-c.$_{h}$ plat.$_{a1,k}$ ruta$_{h}$
  • **5** h: kali-p. nat-c.
  • **Aufstehen**, nach dem: nat-s.
  • **Frühstück** amel.; nach dem: am-m.$_{h}$
  • **nüchtern**, wenn: carb-v. nit-ac.
• **vormittags**: *Nat-c.*$_{hr1}$ nicc.$_{a1,k}$
• **mittags**, nach dem Essen: euphr.$_{a1,k}$
• **nachmittags**: kali-c.
• **abends**: nat-m.$_{h}$ seneg.
• **nachts**: abrot.$_{hr1,k}$ ruta$_{h}$
• **Abendessen** amel.: **Sep.**$_{a1,k}$
• **anfallsweise**: nat-m.$_{h}$
• **Beugen** nach vorne; beim: plb.
• **Essen**:
  • **amel.**: anac.$_{ptk1}$ *Chel.* *Graph.* *Hep.* *Ign.* iod. *Kali-bi.* kali-p.$_{ptk1}$ *Lach.* *Lith-c.* lyc. *Mag-m.*$_{hr1,k}$ mez. *Nat-c.* nat-s.
  • **vor**: *Graph.*$_{h,k,*}$ *Mag-m.* rhod. seneg.
  • **nach**: alum. bell.$_{h}$ calc-s.$_{k2}$ cocc. graph.$_{a1,h}$ *Grat.* *Kali-bi.*
• **Frost**; während: *Ars.*
• **Gehen**, beim: bar-c.
• **Getränke**:
  • **heiße** Getränke amel.: lyc.$_{pd}$
• **Liegen** amel.: sil.$_{h,k,*}$
• **Mittagessen**:
  • **vor**: *Graph.*$_{h,k,*}$
  • **nach**: alum. apoc.$_{a1}$ sep.$_{h}$ *Trom.*
    • **amel.**: kali-c.$_{h}$
• **plötzlich**: chinin-s.
• **Schmerzen** im Magen; bei: *Lyc.*
• **Sitzen** agg.; gebeugtes: bar-c.$_{h}$ caps.
• **Stehen**, beim: bar-c.
• **Trinken** agg.: bell.
• **Wurm**; wie durch einen: nat-c.$_{h}$
▽ **erstreckt** sich zum Rücken: sep.$_{h}$
– **pickend**: ars.$_{h}$ cocc.$_{h}$
– **pochend**, klopfend: arg-n.$_{br1}$ cic.$_{br1}$ ptel.$_{c1}$
– **prickelnd**, in warmer Luft: sec.$_{c1}$
– **quetschend**: lyc.$_{h}$
– **reißend**: acon.$_{k2}$ *Aeth.* agar. aloe alum. alumn.$_{a1,k}$ am-c. *Anan.* *Ars.*$_{a1,k}$ bar-c. chin. chinin-ar. *Cocc.* *Colch.*$_{a1,k}$ *Coloc.* con. *Cupr.* *Daph.* dig. dios. graph. haem.$_{a1}$ iod. kalm. lyc.$_{a1,k}$ merc. merc-c.$_{a1,k}$ nux-v.$_{a1,k}$ petr. phos.$_{k2}$ plat.$_{a1,k}$ plb. rhus-t. ruta sep.

– **reißend**: ...
Tarent.$_{a1,k}$ thuj. verat. *Zinc.*
• **morgens**: con.$_{h}$ sep.$_{h}$
• **abends** im Bett: thuj.
• **anfallsweise**: plb. ruta
• **Aufrichten** vom Bücken; beim: carb-an.$_{h}$
• **Aufstoßen**, beim: phos. sep.$_{h}$
  • **Kardia**: phos.$_{h}$
• **Beugen** des Körpers nach rechts; beim: thuj.
  • **amel.**: merc-c.
• **Bewegung** agg.: ang.$_{h}$ kalm.
• **Bücken**, nach: bar-c.
• **Druck** agg.: iod.
• **Einatmen**, beim: mez.$_{h}$
• **Gehen**, beim: ars.
• **glucksend** reißend: lyc.$_{h}$
• **intermittierend**: lyc.$_{h}$
• **Menses**, während: graph.
• **Mittagessen**, nach dem: ang.$_{h}$
• **plötzlich**: cic.
• **Sprechen**, beim: kalm.
• **Trinken**, nach dem: nit-ac.$_{h}$
• **Zorn**, nach: **Coloc.**
▽ **erstreckt** sich zu:
  • **Abdomen**: alum.$_{h}$
    • **Seite** des Abdomens; zur: con.$_{h}$
  • **Brust**: carb-an.$_{h}$
  • **Ösophagus**: *Aeth.*
  • **Rücken**: sep.$_{h}$
○ **quer** über den Magen: ars.$_{h}$
– **schabend**, scharrend: **Ars.** bry.$_{a1,k}$ carl.$_{a1,k}$ *Chel.*$_{bg1,vh,*}$ cic.$_{a1,k}$ crot-t.$_{a1,k}$ hell.$_{a1,k}$ nat-m.$_{a1,k}$ *Nux-v.* plat.$_{a1,k}$ **Puls.**$_{a1,k}$ ter.$_{a1,k}$
• **Stuhlgang**, nach: alum.$_{a1,k}$
– **schießend**
☞ *stechend*
– **Schlagen** wie Pulsschlag: lachn.$_{c1}$
– **schneidend**: *Abrot.*$_{hr1,k}$ aesc.$_{a1,k}$ aloe alum. alum-p.$_{k2}$ alum-sil.$_{k2}$ alumn. am-br.$_{a1,k}$ ambr. anac. ang.$_{c1}$ ant-c. *Arg-n.* *Ars.*$_{a1,k}$ ars-h. ars-i. ars-s-f.$_{k2}$ asaf.$_{k2}$ asar. aur.$_{a1,k}$ aur-ar.$_{k2}$ aur-i.$_{k2}$ aur-m.$_{a1,k}$ aur-s.$_{k2}$ bar-c. *Bell.* bol-la. bry. *Cadm-s.* cain. calad.$_{a1,k}$ *Calc.*$_{a1,k}$ calc-i.$_{k2}$ *Calc-p.*$_{a1,k}$ calc-s.$_{a1,k}$ calc-sil.$_{k2}$ cann-s. canth.$_{a1,k}$ caust.$_{h}$ *Cham.* chel.$_{a1,k}$ chim-m.$_{hr1}$ cimic. colch. coll.$_{a1,k}$ *Coloc.* crot-t.$_{a1,k}$ cupr. cupr-ar.$_{a1,k}$ dig.$_{a1,k}$ **Dios.**$_{a1,k,*}$ ferul.$_{a1}$ gamb. glon.$_{a1,k}$ grat. *Hydr.*$_{a1,k}$ *Ign.* iod. ip.$_{k2}$ jatr-c. *Kali-ar.* kali-bi. *Kali-c.*$_{a1,k}$ kali-chl.$_{a1,k}$ kali-m.$_{k2}$ kali-p. kali-s. kali-sil.$_{k2}$ laur. lepi. lil-s.$_{a1}$ *Lyc.* mag-m. mang. *Merc.* *Nat-ar.* *Nat-c.*$_{a1,k}$ nicc. nit-s-d.$_{a1}$ *Nux-m.* nux-v. *Op.* paeon. petr. *Phos.*$_{a1,k}$ *Phyt.* plb. psor. ptel. puls. raph. rat.$_{a1,k}$ rob.$_{a1,k}$ rumx. seneg. sep. *Sil.* sol-ni. stann. stront-c. sul-ac. sul-i.$_{k2}$ *Sulph.*$_{a1,k}$ sumb.$_{a1,k}$ ter. thuj. ust.$_{a1,k}$ valer. vichy-g.$_{a1}$ zinc. zinc-p.$_{k2}$
• **morgens**: dios.$_{a1,k}$ kali-c.$_{a1,k}$ merc-i-f.$_{a1,k}$
• **vormittags**: nat-c.$_{a1,k}$
• **nachmittags**: alum.$_{h}$ ptel. stront-c. sulph.$_{a1,k}$
  • **13** h, beim Gähnen: chel.
  • **16** h: alumn.
  • **17** h: puls.

- **abends**: bar-c. indg.$_{a1,k}$ kali-c.$_{a1,k}$ mang. nat-m.$_{a1,k}$
- **nachts**: abrot.$_{hr1,k}$ bar-c. lyc.
  - **Mitternacht**, nach: calad.$_{a1,k}$ *Kali-c.*
    - **1** h: mag-m.
    - **2** h: kali-bi.$_{vh}$
  - **treibt** aus dem Bett: lyc.
- **anfallsweise**: ant-c. *Asaf.* kali-c. *Phos.* sul-ac.$_{h}$
- **Atmen** agg.: *Bell.* rat.
- **Aufstoßen** amel.: ambr. mag-m. merl.$_{a1}$ phos.$_{vh}$ rat.$_{pd}$
- **Beugen**:
  - **hinten** amel.; nach: *Bell.*
  - **Zusammenkrümmen** amel.: **Coloc.** sol-ni.
- **Bewegung** agg.: ang.$_{h}$
- **Bücken**, beim: dios.$_{a1,k}$
- **Druck** amel.: cupr. dios. sol-ni.
- **Einatmen**, beim: nit-s-d.$_{a1}$ rat.$_{a1,k}$
- **entblößen**, muß sich: mag-m.$_{h}$
- **Erbrechen**, beim: ars.$_{a1,k}$
- **Essen**:
  - **beim**: cupr-ar.$_{a1,k}$ zinc.$_{h}$
  - **nach**: ang.$_{h}$ bry. caust. chel. cic.$_{c1}$ con.$_{a1,k}$ cupr-ar. hydr. *Kali-c.* nit-s-d.$_{a1}$ rhod.
    - **amel.**: ang.$_{h}$
  - **Beginn** des Essens; zu: ang.$_{c1,h}$
- **Fahren** im Freien; beim: rumx.
- **Flatus** amel.; Abgang von: asar.
- **Frost**, vor: aran.$_{c1}$
- **Frühstück**, nach dem: kali-c.$_{a1,k}$ kali-n.$_{h}$
- **Gähnen**, beim: chel.$_{c1}$
- **Gehen**, beim: nat-c.$_{a1,h}$ sul-ac.
- **Getränken**, nach kalten: *Calc-p.*
- **Husten**, beim: verat.
- **intermittierend**: verb.$_{h}$
- **intermittierendem** Fieber; bei: *Aran.*
- **kalt**:
  - **Erkältung** im Freien; durch: phos.
- **konvulsivisch** vor dem Stuhlgang: calc-s.
- **Liegen** agg.: cupr.
- **Menses**, während: ars. cocc.
- **Mittagessen**, nach dem: ang.$_{h}$ calc-s.$_{k2}$ hydr.$_{a1,k}$
- **plötzlich**: chinin-s. con.$_{a1}$
- **Sitzen**, im: alumn. coll.$_{a1}$ dios.$_{a1,k}$ sul-ac.
- **Stuhlgang**:
  - **vor**: calc-s.
  - **Stuhldrang**, mit: petr.$_{h}$
  - **wie** zum Stuhl: nat-c.$_{h}$
- **Suppe**, nach der: indg.$_{a1,k}$
- **Urinieren** amel.: *Phos.*$_{vh}$
- **warmer** Milch, nach: ang.

▽ **erstreckt** sich zu:
  - **Abdomen** beim Strecken: mag-m.$_{h}$
  - **Brust**: coloc. sep.
  - **Hypogastrium**: ars.$_{h}$
  - **Lumbalregion**: nat-c.$_{h}$
  - **Nabel**: nat-c.$_{a1,h}$ phos.
  - **Rücken**: cupr.
  - **Seite**, linke: nat-c.$_{h}$
  - **Wirbelsäule**: sep.

– **stechend**: abrot.$_{hr1,k}$ *Acon.* aeth. agar.$_{a1,k}$ ail.$_{a1,k}$ alum. alum-p.$_{k2}$ alum-sil.$_{k2}$ am-c. am-m. ambr. *Anac.* anan. ant-t.$_{a1,k}$ arg-n. *Arn.*$_{a1,k}$ **Ars.** ars-i. ars-s-f.$_{k2}$ arund. asaf.$_{k2}$ atro.$_{a1}$ aur. aur-ar.$_{k2}$ aur-i.$_{k2}$ aur-m.$_{a1,k}$ aur-s.$_{k2}$ bar-c. bar-i. bar-m. bar-s.$_{k2}$ *Bell.* *Berb.* *Bism.* borx. bov. *Bry.* bufo-s. cain. calad. calc. calc-ar. calc-i.$_{k2}$ calc-s. calc-sil.$_{k2}$ camph. cann-i.$_{a1,k}$ canth. caps. *Carb-an.*$_{a1,k}$ *Carb-v.* carbn-s. card-m. *Caust.*$_{a1,k}$ *Cham.*$_{a1,k}$ *Chel.* chim-m.$_{hr1}$ chin. chinin-ar. cic. cimic. coc-c.$_{a1}$ cocc. coff. colch. coloc. com. con. croc. crot-h. crot-t. cupr.$_{a1,k}$ cur. cycl.$_{a1,k}$ dig. dros. dulc. eug. euon. euph. *Gamb.*$_{a1,k}$ gran.$_{a1,k}$ graph.$_{h,k,*}$ grat. hydr-ac.$_{a1,k}$ hyper. *Ign.* iod. ip. jac-c. *Kali-ar.* kali-bi.$_{a1,k}$ *Kali-c.*$_{a1,k}$ kali-m.$_{k2}$ *Kali-n.*$_{a1,k}$ kali-p. kali-s. kreos. lac-ac.$_{a1}$ lach. lap-a.$_{br1}$ laur.$_{a1,k}$ lepi. lept. *Lyc.* *Mag-c.* mag-m. med. merc-c.$_{a1,k}$ merl.$_{a1}$ *Mur-ac.* narcot.$_{a1}$ *Nat-ar.* *Nat-c.* nat-m.$_{a1,k}$ nat-p. nicc. *Nit-ac.* ol-an. *Ph-ac.* *Phos.* phys.$_{a1}$ phyt.$_{a1,k}$ *Plat.* podo.$_{a1,k}$ *Psor.* *Puls.* ran-s. raph.$_{a1,k}$ rheum rhod.$_{a1,k}$ *Rhus-t.* *Rumx.* ruta sabin. samb. senec. *Sep.* sil.$_{a1,k}$ sphing.$_{a1}$ spig.$_{a1,k}$ squil.$_{h}$ staph.$_{a1,k}$ stram. *Stront-c.* stry. sul-ac.$_{a1,k}$ sul-i.$_{k2}$ *Sulph.*$_{a1,k}$ *Tab.* thuj. *Zinc.* zinc-p.$_{k2}$
- **tagsüber**: nat-m.
- **morgens**: calad. carb-an.$_{h}$ merc-c. nat-m.
  - **Erwachen**, beim: con.$_{h}$
  - **Stehen**, im: sulph.
- **vormittags**: indg. nicc.
- **nachmittags**: alum.$_{h}$ am-m.$_{a1,k}$ nat-m.$_{h}$ nicc. petr. sep.$_{a1,k}$
  - **13** h: rhus-v.
  - **15** h: nicc. sulph.
  - **Hinlegen**, beim: coc-c.
- **abends**: cocc. con. grat. nux-v. sulph.$_{h}$ zinc.
  - **22** h: phos.$_{h}$
  - **Bett**, im: thuj.
  - **Sitzen**, im: euphr.$_{h}$
- **nachts**: abrot.$_{hr1}$ com. mag-m.$_{h}$
- **Abwärtsbewegung**, bei: carl.
- **anfallsweise**: arg-met. chin.$_{a1,k}$ con. cop.$_{a1}$ manc.$_{a1,k}$ plb.
- **Ärger**, Verdruß; durch: lyc.
- **Atmen**:
  - **beim**: **Anac.** calc. *Caps.* euphr.$_{h}$ lyc.$_{h}$ spig.$_{a1,k}$ *Sulph.*
  - **zwischen** den Atemzügen: caps.
- **Aufrichten** vom Bücken; beim: carb-an.$_{h}$ mang.$_{h}$ plat.$_{h}$
- **Aufsetzen**; beim:
  - **amel.**: coc-c.$_{a1,k}$
- **Aufstoßen**:
  - **amel.**: phos.
  - **beim**: bry.$_{a1,k}$ cocc. sep.
- **Auftreten**, beim: *Bry.* *Puls.*$_{a1,k}$ zinc.
- **Ausatmen**, beim: anac.$_{h}$ spig.$_{h}$
- **Beugen** nach rechts; beim: bry.
- **beugen**; zwingt dazu, den Körper nach vorne zu: *Bell.*
- **Bewegung**:
  - **agg.**: *Bry.* con. *Puls.* sep.$_{h}$
  - **Arme**, der: calc-ar.

- **Bücken**, beim: sep.$_{h}$
- **Druck**, bei: aur.$_{h}$ calc. merc-c.
  - **amel.**: podo.
- **Einatmen**, beim: anac. *Bry.*$_{a1,k}$ card-m. chin. coc-c. con. mag-m.$_{h}$ puls. sep. sulph.$_{h}$
- **Einziehen** des Abdomens; beim: zinc.$_{h}$
- **Entblößen**, beim: coc-c.
- **Erkältung**, bei: phos.$_{a1,k}$
- **Erschütterung**, bei: zinc.
- **Essen**, nach dem: calc.$_{h}$ lepi. phos.
- **Fehltritt**, bei einem: *Bry.* puls.
- **Frühstück**, nach dem: kali-n.$_{h}$
- **Gähnen**, beim: phyt.
- **Gehen**, beim: anac. bry. grat. myric. puls. spig.$_{a1,k}$ til.
- **Heben**, beim: sil.
- **Husten**, beim: am-c. ars.$_{a1,k}$ *Bry.* phos. *Podo.* sep. *Tab.*$_{a1,k}$
- **intermittierend**: verb.$_{h}$
- **Kleidung**, durch enge: aur.$_{h}$
- **Lachen**, beim: mang.$_{h}$
- **Liegen**:
  - **amel.**: spig.$_{a1,k}$
  - **nach**: nux-v. sil.
  - **Seite**, auf der: bry.
    - **linken**; auf der: com.
- **Menses**, während: ars.
- **Mittagessen**, nach dem: calc. dig. *Kali-bi.* mez.$_{a1,k}$ naja
- **periodisch**: paeon.
- **ruckend**: chin.$_{h}$
- **Schlucken** von Speisen; bei schnellem: sep.
- **Sitzen**:
  - **beim**: calad. spig.
  - **gebeugt**: aeth.
- **Sprechen**, beim: caps.
- **Stehen**, im: dig. sulph.
- **Strecken**, beim: mang.$_{h}$
- **Stuhlgang**, nach: calc.
- **Suppe**, nach der: merc-c.
- **warmer** Milch, nach: *Ang.*
- **ziehend**: mang.$_{h}$

▽ **erstreckt** sich zu:
- **Abdomen**: ant-t.
- **Achselhöhle**:
  - **rechts**: am-m.$_{h}$
  - **linke** Achselhöhle und linker Rücken: kali-c.
- **Brust**: alum.$_{h}$ anan. *Calc.* carb-an.$_{h}$ *Lach.* mag-c.$_{h}$ nat-m. *Rumx.*$_{k,k2}$ sep. staph.$_{h}$
- **Brustbein**: chin. nat-m.
- **Flanke**
  ☞ *Seiten - Flanke*
- **Hüftgelenk**: sil.
- **Hypogastrium**: ars.$_{h}$
- **innen**, nach: stram.
- **Knöchel**: kreos.
- **Mammae**: lach.
- **oben**, nach: phys.
- **Oberarm**, rechter: am-m.$_{h}$
- **Ohr**: mang.$_{h}$

– **stechend - erstreckt** sich zu: ...
- **Rücken**: bar-c. **Borx.** carbn-s.$_{k2}$ **Chel.** dig.$_{c1}$ kali-c. laur. nicc. plb. ran-b. sabin. tab.
  - **um** die linke Seite: con.$_{h}$
- **Sakrum**: anac.$_{h}$
- **Seiten**: dig.$_{c1}$
  - **Flanke**: sulph.$_{h}$
- **unten**, nach: calc. nat-m.
- **Wirbelsäule**: tab.

○ **quer** über den Magen: mag-m.$_{h}$ zinc.$_{h}$
- **unter** dem Magen: euphr.$_{h}$

– **Wehtun** (= unbestimmt, drückend):
- **Essen**; nach dem:
  - **Bissens**; des ersten: cic.$_{c1}$

– **wund** schmerzend (= wie zerschlagen, empfindlich etc.): abies-n. acet-ac. *Acon.* aesc. *Agar.* all-s. aloe alum. alum-p.$_{k2}$ alumn. am-br. am-c. am-m. anac. ant-c. ant-t. *Apis* arg-n. **Arn. Ars.** ars-s-f.$_{k2}$ arund. asaf. **Bar-c. Bar-i.** bar-m. bar-s.$_{k2}$ **Bell.** *Bov.* brach. brom. **Bry.** calad. *Calc.* calc-i.$_{k2}$ *Calc-p.* calc-s. calc-sil.$_{k2}$ *Camph.* cann-s. canth. *Caps.* *Carb-ac.* *Carb-an.* **Carb-v.** *Carbn-s.* card-m. carl. *Caust.* cham. *Chel.* **Chin.** *Chinin-ar.* *Chinin-s.* chlor. cina$_{h}$ cinnb. coc-c. *Cocc.* coff. **Colch.** *Coloc.* *Con.* *Cop.* *Crot-c.* *Crot-h.* *Crot-t.* *Cupr.* cupr-act. daph. *Dig.* dios. dulc.$_{a1}$ elat. *Eup-per.* euph. eupi. fago. *Ferr.* *Ferr-ar.* *Ferr-i.* *Ferr-p.* fl-ac. *Gamb.* *Glon.* grat. *Guare.* *Hep.* *Hyos.* ign. ind. *Iod.* *Ip.* **Kali-ar.** *Kali-bi.* **Kali-c.** kali-m.$_{k2}$ kali-n. *Kali-p.* kali-s. *Kalm.* kreos. **Lach. Lyc.** mag-c. **Mag-m.** *Manc.* mang. marb-w.$_{es1}$ *Merc.* **Merc-c.** merc-sul. mosch. mur-ac. myric. *Nat-ar.* **Nat-c.** *Nat-m.* *Nat-p.* *Nat-s.* nit-ac. *Nux-m.* **Nux-v.** ol-an. op. ox-ac. paeon. *Petr.* *Ph-ac.* **Phos.** *Phyt.* plan. plb. podo. ptel. *Puls.* ran-b. *Raph.* *Ruta* *Sabad.* *Sang.* *Sec.* *Sep.* *Sil.* *Spig.* spong. stram. stry. *Sul-ac.* sul-i.$_{k2}$ *Sulph.* tab. tarent. ter. ther. thuj. *Verat.* *Zinc.* zinc-p.$_{k2}$ zing.
- **morgens**: alum. chin. dios.$_{a1,k}$ fago.$_{a1,k}$ **Phos.**$_{a1,k}$ sang.
  - **Aufstehen**, beim: crot-h.
  - **Bett**, im: con.$_{h}$
  - **Herumdrehen** im Bett; beim: con.$_{h}$
- **nachmittags**: alum.
- **abends**: abrot.$_{a1,k}$ alum. dig. dios.$_{a1,k}$ fago. phos. sin-a.$_{a1}$ thuj.
- **nachts**: ost.$_{a1}$ sep.
  - **Bett**, im: mag-c.$_{a1,k}$
- **Atmen**:
  - **kalter** Luft; von: rumx.$_{k2}$
  - **tiefes** Atmen; durch: *Merc.*
- **Aufstoßen**, beim: cocc.
- **Auftreten**, beim: *Aloe* *Bar-c.* *Bell.* hell.$_{a1,k}$ kali-s.
- **Ausatmen**, beim: kali-c.$_{h}$
- **Berührung** agg.: euph.$_{h}$ hell.$_{h}$ mag-c.$_{h}$ nat-m.$_{h}$
- **Beugen**, durch: mag-m.
- **Bewegung**:
  - **agg.**: bry.$_{k2}$
  - **amel.**: fago.
- **Bücken** agg.: glon. meny.$_{h}$

- **Druck**:
  - **agg.**: cadm-s.$_{brl}$
  - **Magengrube**; in der: cadm-s.$_{brl}$
- **Einatmen**, beim: ars. kali-c.
- **Essen**:
  - **amel.**: lec. *Nat-c.*$_{hrl}$ nux-v.
  - **nach**: bar-c. *Calc-p.*$_{al,k}$ cocc. crot-h.$_{al,k}$ marb-w.$_{esl}$ nat-m.$_{h}$ *Sang.*
- **Gehen**: anac. bar-c.$_{h}$ calc. kali-s. phos. rumx.$_{k2}$ *Sep.*
  - **amel.**: fago.
- **Herumdrehen** im Bett; beim: alum.
- **Husten**, beim: agar. agar-em.$_{al}$ alum. am-c. ambr. *Arn. Ars.* arum-t. arund. asc-t.$_{c1,k}$ bell. **Bry.** cob. dios. **Dros.** hell.$_{al,k}$ hyos. ip. lach. mang. **Nux-v.** *Phos.* sep. sil. squil. **Stann.** thuj.
- **Kleidung** agg.: bell. *Bry. Calc. Coloc. Crot-h. Hep.* **Lach. Lyc.** *Nat-m.* **Nux-v.** *Ph-ac.* spong.
- **Mittagessen**:
  - **beim**: mag-m.$_{al,k}$
  - **nach**: calc-p.$_{al,k}$ mosch. phos.
- **Schlaf**, nach: rheum$_{h}$
- **Schlucken** eines Bissens; nach: **Bar-c.**
- **Sprechen**, beim: hell. nat-c. nat-m. rumx.$_{k2}$
- **Stelle**; an einer einzelnen: phos.$_{pd}$
- **Stillsitzen**, beim: fago.
- **Trinken**:
  - **nach**: nit-ac.$_{h}$
- ▽ **erstreckt** sich zu:
  - **Abdomen**: alum.$_{h}$
  - **Gaumen**: mang.$_{h}$
  - **Hals**; zum inneren: mang.$_{h}$
  - **Mund**: kali-bi.
- ○ **Epigastrium**: dig.$_{brl}$

– **wundfressend**: arg-n. cupr.$_{h}$ iod. nux-v.
☞ *brennend*

– **zerbrechen** würde; als ob innen etwas: bism.$_{vh}$

– **ziehend**: acon-f.$_{al}$ agar.$_{al,k}$ all-c.$_{al,k}$ *Alum.*$_{al,k}$ alum-p.$_{k2}$ am-m.$_{al,k}$ *Anac.* apis arg-met. *Arg-n.* aur-m.$_{al,k}$ bar-c. bufo canth.$_{al,k}$ card-m. cham.$_{al,k}$ chel. cit-v.$_{al}$ con. cupr.$_{al,k}$ dig.$_{al,k}$ elaps ferr. ferul.$_{al}$ gins.$_{al,k}$ hell. hep. ign.$_{al,k}$ iod.$_{al,k}$ jatr-c. kali-c. kali-i.$_{al,k}$ lach. lyc.$_{al,k}$ manc. mang.$_{h,k2}$ merc.$_{al,k}$ *Nat-c.*$_{hrl,k}$ nit-ac. ph-ac.$_{h}$ *Phos.*$_{al,k}$ plat.$_{h}$ plb.$_{al,k}$ puls.$_{al,k}$ ran-s. rhod. sem-t.$_{sbh}$ sep.$_{al,k}$ sil.$_{h}$ *Stram.* verat. zinc. zing.

- **morgens**: dig. digin.$_{al}$ kali-c.$_{h}$ puls.$_{al,k}$
  - **Stuhlgang**, nach: con.
- **nachts**: sep.$_{h}$
- **anfallsweise**: aur-m.$_{al,k}$
- **Bewegung** agg.: aloe
- **Bücken** agg.: aur-m.$_{al,k}$
- **Essen**, beim: aur-m.$_{al,k}$ led. merc.$_{al}$
- **Fahren** im Wagen; nach: phos.
- **Frost**, nach: gins.$_{al,k}$
- **Gehen** im Freien; beim: anac.
- **Heben**, wie durch: plat.$_{h}$
- **innen** ziehend, nach: dros. hell. mur-ac.$_{h}$
- **Mittagessen**, nach dem: alum.$_{al,k}$ mur-ac.$_{h}$ sep.$_{al,k}$
- **Sprechen**, beim: kalm.
- **Trinken**, beim: aur-m.$_{al,k}$

Schmerz - ziehend: ...
- ▽ **erstreckt** sich zu:
  - **Brustbein**: aur-m.
  - **Brust**, in die: aur-m. *Phos.*
  - **Hals**: con.
  - **Kreuz**: ph-ac.
  - **Rachen**: alum.
  - **Schlüsselbein**, linkes: agar.

– **zuckend**
☞ *stechend*

– **zusammenschraubend**: alum.$_{h}$ kali-c.$_{h}$ sil.$_{h}$ sulph.$_{h}$ zinc.$_{h}$

Schreckliches Gefühl, morgens beim Erwachen, bei Alkoholikern: **Asar.**$_{hrl,k}$
☞ *Sterben*

Schütteln: anac.$_{h}$ mag-m.$_{h}$ mez.$_{h}$

Schwäche: alumn.$_{h}$ am-c.$_{h}$ bar-c.$_{h}$ *Calc-p.*$_{krl}$ *Calc-s.*$_{krl}$ caust.$_{h}$ choc.$_{srj3}$ *Crot-t.*$_{krl}$ dig.$_{h}$ **Hydr.**$_{krl}$ kali-c.$_{h}$ lyc.$_{h}$ mag-m.$_{h}$ petr.$_{h}$ phos.$_{h}$ *Podo.*$_{krl}$ sul-ac.$_{h}$ tell.$_{c1}$ verat.$_{h}$

– **Essen**, nach dem: sil.$_{h}$

– **Gefühl** von
☞ *Leeregefühl*

– **Schmerzen** im Magen; durch: *Nux-v.*$_{krl}$ *Podo.*

– **Schwindel** hinlegen; muß sich mit
☞ *❑ Schwindel - Begleitet von - Magen - hinlegen*

– **Stuhlgang**, nach: ambr. dig.$_{brl}$

– **Urinieren**, nach dem: ars.$_{h}$

○ **Rücken**; und im: sep.

Schwappen, Plätschern: arn.$_{al,k}$ mez.$_{al,k}$

– **morgens**: mez.

Schweiß:

○ **Magengrube**; in der: bell. borx.$_{bg1,bg3}$ hyos.$_{al,bg1}$ kali-n.$_{bg1}$ nux-v. ol-an.$_{bg1,k2}$ sec.

Schwellung
☞ *Auftreibung*

Schweregefühl (= Gewicht, Beklemmung): abies-n. acon. aesc. aeth. *Agar.* all-s. aloe alum. alum-p.$_{k2}$ alum-sil.$_{k2}$ am-c. am-m. ant-c. *Ant-t. Apis Apoc. Arg-met. Arg-n. Arn. Ars.* asc-t. bapt. *Bar-c.* bar-m. bell. bism.$_{bg1,bg2,*}$ borx. *Brom. Bry. Cact.* calad. calc.$_{bg1,bg2}$ calc-s. cann-i. *Carb-an. Carb-v. Carbn-s. Carl.* castm. cham. chel. **Chin.** chinin-ar. chinin-s. cimic. cit-v. clem. coc-c. coca cocc. *Coff.* colch. com. *Crot-c. Crot-h. Cycl.* dig. dirc.$_{c1}$ fago. ferr-i. *Fl-ac.* form. *Gels.* gent-c. gent-l. grat. hep.$_{c1}$ hura *Hydr.* hyos. ign. iod. *Kali-bi. Kali-c.* kali-chl. kali-i. kali-m.$_{k2}$ kali-n. kali-p. *Kali-s.* kali-sil.$_{k2}$ kreos. lac-ac. lac-c. lach. lath.$_{c1}$ led. lil-t. *Lob.* **Lyc.** *Mag-m.* manc. merc. merc-sul.$_{c1}$ mur-ac. nat-ar. *Nat-c. Nat-m.* nat-p. *Nat-s.* nit-ac. **Nux-v.** *Op.* osm. ox-ac. par. petr. *Ph-ac.* phel. *Phos.* phys. **Pic-ac.** *Plat.* plat-m-n.$_{c1}$ plb. prun. psil.$_{ft1}$ psor. *Ptel.* puls. rat. rhus-t. *Rob.* rumx. sabad. *Sang.* sec. seneg. sep. *Sil.* sol-t-ae. spig.$_{bg1}$ stann. stram. *Stry.* sul-ac. **Sulph.** *Tab. Tarent.* teucr. thea upa. valer. wye. xan. zinc. zinc-p.$_{k2}$ zing.
☞ *Völlegefühl*

– **abwechselnde** Seiten: grat.k2
– **morgens**: am-c. bar-c.h calc-s.a1,k dios.a1,k ery-a.a1 sang. sulph.
  • **Erwachen**, beim: *Carb-an. Puls.*
– **vormittags**: sulph.
– **mittags**: alum. fago. *Lyc.*a1,k mur-ac.
  • **Essen**, nach dem: *Lyc.*a1,k
– **nachmittags**: am-m. fago. **Lyc.**a1,k *Sang.*a1,k stront-c.
  • **Essen**, nach dem: *Lyc.*a1,k
– **abends**: alum. bell. hell.a1,k kali-bi.a1,k rhus-t. sulph.a1,k
– **nachts**: *Aesc.* cass.a1 *Chin.* colch. crot-t. ery-a.a1 kali-m.k2 tarent.a1,k
  • **Erwachen**, beim: sulph.
– **Abendessen**, nach dem: chinin-s. plan.a1,k
– **Atmen** amel.; tiefes: bar-c.h
– **Aufstoßen** amel.: aloe chel. fago. par.hr1,k
– **Bier**, nach: acon.a1,k **Kali-bi.**
– **Brot**, nach: kali-c. merc.a1,k
– **Bücken**, nach: bar-c.a1,k
– **Druck** agg.: gels.hr1 phos.a1,k ptel.a1,k sin-a.a1
– **Erwachen**, beim: carb-an. ptel.a1,k puls. sulph.
– **Essen**:
  • **beim**: cann-i.
  • **nach**: *Abies-n.* absin.a1,k agar. alum.hr1,k alum-p.k2 alum-sil.k2 alumn.a1,k *Am-c. Ant-c.* apis arg-n.hr1,k *Ars.*a1,k ars-i. ars-s-f.k2 bar-c. *Bar-i.* bar-m. bar-s.k2 *Bry.*hr1,k *Cact.*a1,k calc-ar. carb-ac.a1,k cent.a1 cham.a1,k **Chin.** chin-b.c1,hr1 chinin-ar. *Chinin-s.* cimic. cycl. *Elaps* ferr. ferr-i. fl-ac.a1,k *Hep.*hr1,k *Hydr.*hr1,k ign. *Iod.*hr1,k kali-ar.a1,k **Kali-bi.**hr1,k *Kali-c. Kali-p. Lach.*hr1,k lob.a1,k **Lyc.**hr1,k,* merc. nat-ar. *Nit-ac.*hr1,k **Nux-v.** osm. *Ph-ac.*a1,k *Phos.* phys.a1,k plan.hr1,k plb.a1,k *Psor. Ptel.*hr1,k *Puls.*hr1,k rhus-t.hr1,k *Rumx.* sang. *Sil.* sul-i.k2 **Sulph.**hr1,k *Tarent.*a1,k vib.hr1 zinc-p.k2
– **Fleisch**, nach: ferr.c1 *Kali-bi.*hr1,k sulph.k2
– **Frost**; während: sulph.h
– **Frühstück**, nach dem: agar.a1,k crot-h.a1,k fago.a1,k gels. lyc.a1,k petr. ph-ac. ptel.a1 sang.a1,k
  • **amel.**: bar-c.h
– **Gehen**:
  • **Freien** amel.; im: borx. petr.
– **Getränke**:
  • **kalte**:
    • **nach**: acet-ac. *Ars.* podo.
– **Kartoffeln**, nach: *Alum.*
– **leerem** Magen, bei: *Fl-ac.*hr1,k
– **Lehnen** nach hinten; beim: con.h
– **Menses**:
  • **vor**: tarent.a1,k
  • **während**: nat-p. zinc.
– **Mittagessen**, nach dem: grat.a1,k lyc. nat-ar. ptel.a1,k
– **Schlaf**, nach: *Lach.*
– **Stehen**, durch langes: hura
– **Tragen** agg.: bar-c.h
– **Treppensteigen**, beim: nux-m.a1,k
– **Übelkeit**, bei: lyc. vesp.hr1
– **Verdauung**, bei der: hep.h

Schweregefühl: ...
– **Wasser**; nach Trinken von: chel.
  • **amel.**: psil.ft1
– **Wetter**:
  • **nassem** Wetter, bei: kali-c. nat-s. sil.
– **Zittern**, mit: iod.

Sodbrennen: acet-ac.br1 acon.a1 *Aesc.*hr1,k agar.hr1,k,* all-s.hr1,k *Alum.*hr1,k alum-p.k2 alum-sil.k2 alumn. **Am-c.**hr1,k,* **Ambr.**hr1,k,* *Anac.*hr1,k ant-c.a1,k ap-g.a1,c2 *Apis* arg-met. arg-n.hr1,k,* arn.a1,k *Ars.*hr1,k,* *Ars-i.* ars-s-f.k2 asaf. asar.hr1,k bamb-a.stb2 bar-c.hr1,k bar-i. bar-m. bar-s.k2 bell.hr1,k *Berb.*hr1,k,* borx. *Bry.*hr1,k,* cadm-br.c2 cadm-s. caj.c2 **Calc.**hr1,k,* calc-i.k2 calc-p.hr1,k,* *Calc-s.* calc-sil.k2 cann-s.a1 *Canth.*hr1,k,* *Caps.*hr1,k,* *Carb-an.*hr1,k,* **Carb-v.**hr1,k,* carbn-s.c2,k carl.a1 *Caust.*hr1,k,* cham.a1,k *Chel.*hr1,k,* *Chin.*hr1,k chinin-ar. *Chinin-s.* choc.srj3 **Cic.**hr1,k cinch.a1,c2 cit-v.a1 coc-c.hr1,k,* cocc.hr1,k coff. colch.a1,k **Con.**hr1,k,* cop.hr1 corn.hr1,k corn-f.br1 **Croc.**hr1,k crot-h.hr1,k,* crot-t.a1,k cupr.hr1 dig.a1,k dulc.hr1,k,* echi. eke-me.bta1 euph.c2,k euphr.a1 fago.a1,c2 ferr. ferr-ar. ferr-i.c2,k **Ferr-p.** *Fl-ac.*hr1,k gal-ac.br1 *Graph.*h,k,* guaj. hell.hr1,k *Hep.*hr1,k,* hydr-ac.a1,hr1 hyos.a1,k ign.hr1,k *Iod.*hr1,k,* *Iris* kali-ar. *Kali-c.*hr1,k,* *Kali-i.*hr1,k kali-m.k2 kali-n.hr1,k,* kali-p. kali-s. kali-sil.k2 *Lach.*hr1,k,* lact-v.c2 lath.c1 lith-m.a1,c2 *Lob.*hr1,k,* **Lyc.**hr1,k,* **Mag-c.**hr1,k mag-m.c2 mang.hr1,k *Merc.*hr1,k,* merl.a1 mosch.hr1,k mur-ac. myric.a1 narc-ps.a1 nat-ar. *Nat-c.*a1,k *Nat-m.*hr1,k,* nat-p.hr1,k *Nat-s.*hr1,k nit-ac.hr1,k,* nit-s-d.hr1 nux-m.hr1,k **Nux-v.**hr1,k,* op.a1,k ox-ac.hr1,k par. petr.hr1,k,* ph-ac.hr1,k *Phos.*hr1,k,* plat. *Podo.*hr1,k prun-v.c2 **Puls.**hr1,k,* ran-s.a1,k *Rob.*c2,k *Sabad.*hr1,k,* *Sabin.*hr1,k,* sang.c2 schin.a1 sec.a1,k *Sep.*hr1,k,* *Sil.*hr1,k,* sin-a.a1,c2 *Sin-n.*hr1,k,* sol-ni.c2 squil. staph.hr1,k *Sul-ac.*hr1,k,* sul-i.k2 sulo-ac.c2 *Sulph.*hr1,k,* *Syph.* tab.a1,k,* tarax. tell.a1,k tep.a1 ter.hr1,k thuj.a1,k tub-r.jl ust.a1 *Valer.*hr1,k *Verat.*hr1 *Verat-v.*hr1,k vichy-g.a1,c2 *Zinc.*hr1,k zinc-s.a1,c2
☞ *Aufstoßens; Art des - brennend | Aufstoßens; Art des - sauer | Übersäuerung*
– **tagsüber**: crot-h.a1,k
– **morgens**: arg-met.h petr.a1,k phos.a1,k sulph.a1,k
  • **Aufstehen**, beim: mang.h
  • **Frühstück**, vor dem: *Nux-v.*
  • **Rauchen**, beim: lyc.a1,k
– **vormittags**: carb-v.h coc-c.a1,k coloc. colocin.a1 sep.a1,k
– **nachmittags**: bry.a1,k chel.a1,k chin.kr1 choc.srj3 crot-h.a1,k cupr.a1,k dig.h hydr.a1,k nat-m.h phos.a1,k sep.a1,k sol-ni. sulph.a1,k
– **abends**: ambr. bell.a1,k caust. choc.srj3 con.a1,k crot-h. dig.a1,k mang.h *Nat-m.*a1,k *Ox-ac.*hr1,k *Petr.*hr1,k,* sin-n.a1 sulph.a1,k ter.hr1,k
  • **18** - 24 h: marb-w.es1
  • **Rauchen**, nach: lach.a1,k
  • **Wein**, nach: bry.hr1,k,*
  • **Zubettgehen**, nach dem: *Con.*hr1,k sol-ni.
– **nachts**: coc-c.a1,k kali-bi.a1,k *Merc.*hr1,k ptel.a1,k *Rob.*hr1,k

- **nachts**: ...
  - **Mitternacht**: calc.
  - **Hinlegen**, beim: *Rob.*$_{hr1,k}$
  - **Schwangerschaft**; während der: *Merc.*$_{hr1,k}$
- ◆ **begleitet** von:
  - **Speichelfluß**: puls.$_{kr1,st1,*}$
  - **Zunge**:
    - **blasse** Zunge: stram.$_{kr1,vk1}$
    - **rote** Farbe der Zunge:
      - **feuerrot**: mag-m.$_{kr1,vk1}$
    - **weiße** Farbe der Zunge:
      - **Zungenwurzel**: stram.$_{kr1,vk1}$
- **Abendessen**, nach dem: *Alum.*$_{hr1,k,*}$ caust.$_{a1,k}$ crot-h.$_{a1,k}$ kali-c.$_{h}$ puls.
- **Alkoholikern**; bei: *Nux-v.*$_{hr1,k}$ *Sul-ac.*
- **Aufstoßen**, nach: bar-c. *Calc.*$_{hr1,k}$ con.$_{hr1,k}$ mang.$_{hr1,k}$ valer.$_{hr1,k}$
- **Bier**, nach: bamb-a.$_{stb2}$ phos.$_{a1,k}$
- **blähenden** Speisen, nach: kali-c.$_{h}$
- **Bücken**, beim: thuj.$_{a1,k}$
- **Eiern**, nach gekochten: sulph.
- **Erregung**; nach: bamb-a.$_{stb2}$
- **Essen**, nach dem: *Aesc.*$_{hr1,k}$ agar.$_{hr1,k}$ *Am-c.*$_{hr1,k}$ anac.$_{hr1,k}$ *Calc.*$_{hr1,k}$ *Calc-p.*$_{hr1,k,*}$ carl.$_{a1,k}$ *Chin.*$_{hr1,k}$ coc-c.$_{a1,k}$ con. croc. *Graph.*$_{h,k,*}$ *Iod.*$_{hr1,k}$ lyc.$_{a1,k}$ marb-w.$_{es1}$ merc. *Nat-m.*$_{hr1,k}$ *Nit-ac.*$_{a1,k}$ *Nux-v.*$_{hr1,k}$ sep. sil.$_{a1,k}$
- **fetten** Speisen, nach: caust.$_{k2}$ nat-c.$_{a1,k}$ nit-ac.$_{h}$ nux-v.$_{a1,k}$ phos.$_{a1,k}$
- **Fleisch**, nach: agar.$_{a1,k}$ *Ferr-p.*
- **Freien** agg.; im: ambr.$_{c1}$
- **Gänsehaut**, mit: calen.$_{ptk1}$
- **Gebäck**; nach: bamb-a.$_{stb2}$
- **Gehen** im Freien; beim: *Ambr.*$_{a1,k}$
- **harten**, trockenen Speisen; nach: calc.$_{h}$
- **Kaffee**, nach: calc-p.$_{a1,k}$ ferr-p.
- **kratzig**, scharrend: staph.$_{h}$
- **Menses**, vor den: *Sulph.*$_{hr1,k}$
- **Milch**, nach: ambr.$_{hr1,k}$ *Chin.*$_{hr1,k}$
- **Mittagessen**, nach dem: acon.$_{a1,k}$ calc-p.$_{hr1,k,*}$ crot-t.$_{a1,k}$ ham.$_{a1,k}$ kali-bi.$_{a1,k}$ lyc.$_{a1,k}$ mag-m.$_{h}$ merc-i-r.$_{hr1,k,*}$ nat-m.$_{h}$ sol-ni. sulph.$_{a1,k}$
- **quälend**: corn-f.$_{br1}$
- **ranzig**: con.$_{h}$ graph.$_{h}$
- **Rauchen** (von Tabak): bell. choc.$_{srj3}$ lach. lyc. puls.$_{vh}$ staph.
  - **nach**: carbn-s. coc-c.$_{a1}$ lach.$_{a1,k}$ lyc.$_{a1,k}$ phos.$_{a1,k}$
- **Saurem**, nach: ferr-p.
- **Säuren**, nach: nux-v.
- **Schwangerschaft**; während der: acet-ac.$_{a1}$ apis *Caps.*$_{hr1,k}$ con.$_{hr1,k}$ dios.$_{c2}$ lac-ac.$_{c1}$ *Merc.*$_{hr1,k}$ nat-m.$_{hr1,k}$ ox-ac.$_{hr1,k}$ *Puls.*$_{c2}$ tab.$_{hr1}$ zinc.$_{hr1,k}$
- **Sitzen**, bei gebeugtem: sabin.$_{hr1,k}$
- **Stuhlgang**, nach: merc.$_{a1,k}$
- **Suppe**, nach der: anac.$_{hr1,k,*}$
- **Süßigkeiten**; beim Gedanken an: bamb-a.$_{stb2}$
- **Tabak**, durch: chel. staph. tarax.
- **Trinken**, nach dem: *Alum.*$_{a1,k}$
- **Übelkeit**, mit: *Calc.*$_{hr1,k}$ iod.$_{h}$ *Puls.*$_{hr1,k}$ *Sang.*$_{hr1,k}$
- **Wein**, nach: bry. coc-c.$_{a1,k}$ zinc.
- **Zucker**, nach: zinc.$_{hr1,k}$

Sommer, Beschwerden im: *Guaj.*

Spannung: acon.$_{hr1,k,*}$ aesc. agar. ambr.$_{hr1,k}$ anac. ant-c.$_{c1}$ *Ant-t.* arg-n.$_{a1,k}$ *Ars.* ars-i. asaf. bar-c. bar-i. bar-m. bell.$_{hr1,k,*}$ bry.$_{hr1,k,*}$ cain. calc. calc-sil.$_{k2}$ *Caps.* **Carb-v.**$_{hr1,k,*}$ carbn-s. carl.$_{a1,k}$ castm. caust.$_{a1,k}$ cham.$_{a1,k}$ *Chel.* cic. clem. cocc. coff.$_{a1,k}$ coff-t.$_{a1}$ colch. coloc. crot-t. dros. dulc.$_{h}$ ferr.$_{a1,k}$ ferr-i. gent-l.$_{a1,k}$ grat.$_{a1,k}$ guare.$_{a1,k}$ helon.$_{a1,k}$ *Hep.* hura iod.$_{hr1,k,*}$ *Ip.* kali-ar. *Kali-c.*$_{hr1,k,*}$ kali-m.$_{k2}$ kreos.$_{a1,k}$ *Lact.* *Lob.* **Lyc.**$_{hr1,k,*}$ *Mag-m.*$_{a1,k}$ merc. mez.$_{a1,k}$ mur-ac. nat-ar. nat-c.$_{h2}$ nat-m.$_{a1,k}$ nit-ac.$_{a1,k}$ **Nux-v.**$_{hr1,k,*}$ op. ph-ac.$_{h}$ phos.$_{hr1,k,*}$ plat.$_{a1,k}$ *Plb.*$_{hr1,k}$ *Puls.*$_{hr1,k}$ ran-s. **Ruta** sabad. sel. sep. *Sil.* **Stann.**$_{hr1,k}$ *Staph.*$_{hr1,k}$ *Stram.* sul-ac. sulph.$_{h}$ sumb.$_{a1,k}$ tarax. *Ter.* verat. zinc. zinc-m.$_{a1}$

- **morgens**: arn. kali-n.$_{a1,k}$
  - **Bett**, im: arn. staph.$_{h}$
- **vormittags**: puls.
- **mittags**: euphr.
- **abends**: hura mag-m.$_{h}$ sulph.
- **nachts**, 2 h: ars.
- **Atems**; beim Anhalten des: dros.$_{h}$
- **Atmen**, beim: lyc.$_{h}$
- **aufrechte** Position agg.: mag-m.$_{h}$
- **Bewegung**:
  - **agg.**: caps. sep.$_{h}$
  - **amel.**: *Puls.*
- **Bücken**, beim: sep.$_{sf1}$
- **Einatmen** agg.; tiefes: dros.$_{h}$ mez.$_{h}$
- **Essen**:
  - **vor**: mez.$_{a1,k}$
  - **nach**: anac. coff-t.$_{hr1}$ *Iod.*$_{hr1,k}$ phos.$_{h}$ ruta$_{h}$ sul-ac.
- **Fahren** im Wagen; beim: phos.$_{a1,k}$
- **Gehen** agg.: cocc. colch.
- **Kleidung** agg.: *Hep.* *Kreos.*
- **Menses**, während: zinc.
- **Milch** amel.: **Ruta**
- **Mittagessen**, nach dem: nit-ac.$_{a1,k}$ phos. sep.
- **Sitzen** agg.: hep.$_{h}$
- **Stuhlgang**:
  - **vor**: ars.$_{h}$ dros.$_{h}$
  - **nach**: dros.$_{h}$ sep.
- **Trinken** amel.: ruta
- ▽ **erstreckt** sich zum Rücken: sulph.$_{h}$

Steckenbleiben von Speisen an der Kardia: phos.$_{h,k1}$

Steines; Gefühl eines: abies-n. acon. *Aesc.* agar. all-s. alum-sil.$_{k2}$ arn. **Ars.** ars-s-f.$_{k2}$ **Bar-c.** *Brom.* **Bry.** cact. **Calc.** calc-s. calc-sil.$_{k2}$ carb-an. cedr. *Cham.* coc-c. colch. coloc. dig.$_{a1,bg1}$ dios. elaps eup-per.$_{bg1}$ fl-ac. gent-c. *Grat.* ign. kali-ar. *Kali-bi.* kali-c. kali-p. lach.$_{bg1}$ lyc.$_{bg1}$ mang.$_{bg1,h}$ *Merc.* mez. mill.$_{a1,bg1}$ naja nat-ar. *Nat-c.* nat-m. **Nux-v.** olnd.$_{bg1}$ op. osm. ox-ac.$_{a1,bg1}$ par. *Ph-ac.* phos.$_{a1,bg1}$ *Ptel.* puls. ran-b.$_{bg1}$ *Rhus-t.* sec. sep. sil. spong. squil. staph. sul-ac. zing.

☞ *Klumpens*

- **morgens**: par.
  - **Bett**, im: kali-c.
  - **Erwachen**, beim: puls.

– **Abendessen**, nach dem: alum.h *Calc.*
– **aufsteigen** würde; als ob ein Stein: sul-ac.h
– **Aufstoßen** amel.: alum.h *Bar-c.* nat-c.h par.
– **Bewegung** agg.: *Bry. Calc. Nux-v.*
– **Brot**, nach: sep.h
– **Essen**, nach dem: abies-n.k2 *Ars. Bar-c.* **Bry.** naja nat-m. **Nux-v.** ptel.st *Puls.* rhus-t. sil.hr1,k
  • **amel.**: ptel.
– **kalten** Steines; eines:
  • **Erbrechen**:
    • **nach**: *Acon.* sil.bg1
– **Mittagessen**, nach dem: ptel.
– **Räuspern** amel.: kali-c.
– **Speichelfluß** amel.: sul-ac.h

Sterben; Gefühl wie zum: *Ars.* **Cupr.** mez.vh pic-ac.
☞ *Schreckliches Gefühl*

Stuhldrang wird im Magen gespürt: alum.h

Tödliches Gefühl
☞ *Sterben*

Trinken:
– **Abneigung** gegen Trinken
☞ ❑ *Allgemeines - Speisen - Getränke - Abneigung*
– **nicht** trinken; möchte
☞ *Durstlos*
– **Verlangen** zu trinken
☞ *Durst*

Trockenheit im Magen; Gefühl von: calad.bg1,bg2,* chin.bg1 ox-ac.bg1,bg2 raph.bg1 sphing.kk3

Übelkeit: absin.a1,k acet-ac.hr1,k,* *Acon.* acon-l.a1 act-sp. aegle-f.bnj1 *Aesc.*a1,k *Aeth.*a1,k aetherc2 *Agar.*a1,k agn. ail.a1,k alco.a1 *All-s.*a1,k *Alum.*a1,k alum-p.k2 alum-sil.k2 alumn. am-c.hr1,k *Am-m.* am-p.a1 ambr.a1,k *Anac.* anan. *Androc.*srj1 ang.a1,h *Ango.*c1 **Ant-c.** **Ant-t.**a1,k anth.a1 apis apoc.a1,k,* apoc-a.c2 apom.a1,k aq-mar.a1 aral.a1 *Aran.* *Arg-met.* **Arg-n.**a1,k arn.a1,k **Ars.** ars-h.a1,k ars-i. arund.a1,k asaf.a1,k *Asar.*a1,k *Asc-c.*a1 astac.a1 aster.a1,k aur.a1,k aur-i.k2 aur-m-n.a1,k aur-s.a1 bamb-a.stb2 *Bapt.*a1,k *Bar-c.* bar-i. bar-m. bart.a1 **Bell.**a1,k benz-ac.a1,k *Berb.*a1,k *Bism.*a1,k boerh-d.bnj1 *Bol-la.* bol-s.a1 bomb-pr.a1 borx. both.a1,k *Bov.*a1,k brach.a1,k brom.a1,k brucin.a1 *Bry.*a1,k bufo bux.a1 cact.a1,k *Cadm-s.* cain. caj.a1 *Calc.*a1,k *Calc-p.* *Calc-s.*a1,k *Camph.*a1,k cann-s.a1,k canth. *Caps.*a1,k *Carb-ac.* *Carb-an.*a1,k *Carb-v.*a1,k **Carbn-s.** *Card-m.* carl.a1,k castm. catal.a1 caul.hr1,k *Caust.*a1,k cent.a1 **Cham.**a1,k *Chel.* chen-a.a1 chim-m.hr1 **Chin.** chinin-ar. *Chinin-s.* *Chion.* chlf.hr1 *Chr-ac.* chrys-ac.a1 cic-m.a1 *Cimic.*a1,k *Cina* cinch.a1 *Cist.* cit-v.a1 clem.a1,k **Cocc.**a1,k *Cod.* coff. coff-t.a1 **Colch.**a1,k *Coll.*a1,k *Coloc.*a1,k com.a1,k *Con.*a1,k cop. cor-r.a1,k cori-r.a1 *Corn.* *Crot-c.* *Crot-h.*a1,k *Crot-t.* *Cub.*a1,k cund.a1,k **Cupr.**a1,k *Cupr-ar.* *Cupr-s.*a1,k *Cycl.*a1,k daph.a1,k delphin.a1 der.a1 **Dig.**a1,k,* digin.a1 digox.a1 dios.a1,k dros.a1,k,* dub.a1 **Dulc.**a1,k *Echi.* echit.a1 elaps *Elat.*a1,k emetin.a1 erech.a1 erig.a1 erio.a1 eryth.a1 eug.a1,k euon.a1,k *Eup-per.*a1,k

Übelkeit: ...
*Euph.*a1,k euphr.a1,k eupi.a1,k fago.c2 fagu.a1 *Ferr.* *Ferr-ar.* ferr-i. ferr-m.a1 *Ferr-p.* ferr-s.a1 *Fl-ac.*a1,k *Form.*a1,k gal-ac.a1,c1 *Gamb.*a1,k gast.a1 *Gels.*a1,k genist.a1 gent-c. gent-l.a1,k germ-met.srj5 gins.a1 glon.a1,k *Gran.*a1,k *Graph.*h,k,* grat.a1,k *Guaj.*a1,k haem.a1 ham.a1,k **Hell.**a1,k **Hep.**a1,k hera.a1 home.a1 hura hura-c.a1 *Hydr.*a1,k hydr-ac.a1 hydrc.a1,k *Hydrog.*srj2 hyos.a1,k hyper.a1,k iber.a1 *Ign.*a1,k indg.a1,k inul.a1 *Iod.*a1,k **Ip.**a1,k **Iris** **Iris-fl.** jab.a1,br1 jac-c.a1 jal.br1 jatr-c. jug-r.a1,k **Kali-ar.**a1,k *Kali-bi.*a1,k **Kali-c.**a1,k kali-chl.a1,k kali-cy.a1 kali-i.a1,k kali-m.k2 kali-n.a1,k kali-p. *Kali-s.*a1,k kali-tel.a1 kalm.a1,k kiss.a1 kreos.a1,k *Lac-ac.*a1,k *Lac-c.* lac-d.k2 lacer.a1 *Lach.*a1,k lachn.a1,k lact.a1,k *Laur.*a1,k lec. led.a1,k lepi.a1 lil-t.a1,k limest-b.es1 linu-c.a1 lipp.a1 lith-c. **Lob.**a1,k lob-c.a1 lol.a1 luf-op.a1 **Luna**kg1 lup.a1 *Lyc.*a1,k lyss.a1,k mag-c.a1,k *Mag-m.*a1,k *Mag-p.* mag-s.a1,k maland.vh manc.a1,k mang.a1,k med. meny.a1,k meph.a1,k *Merc.*a1,k merc-br.a1 merc-c.a1,k *Merc-i-f.* merc-i-r.a1,k merc-n.a1 merl.a1,k *Mez.*a1,k micr.br1 mit.a1 mom-ch.br1 morph.a1 *Mosch.*a1,k *Mur-ac.*a1,k mygal.a1,k myric.a1 *Naja* narc-po.a1 narcot.a1 *Nat-ar.* *Nat-c.*a1,k **Nat-m.**a1,k *Nat-p.* nat-s.a1,k nicc.a1,k *Nit-ac.*a1,k nit-s-d.a1 nitro-o.a1 nux-m.a1,k **Nux-v.**a1,k nyct.br1 oena.a1 *Ol-an.*a1,k ol-j.a1 olnd.a1,k onis.a1 onos. op. opun-f.bnj1,br1 opun-xyz.c2 ost.a1 *Ox-ac.*a1,k paeon.a1,k pall.c1 pana.a1 par.a1,k paull.a1 pen.a1 **Petr.**a1,k *Ph-ac.*a1,k phel.a1,k *Phos.*a1,k phys.a1,k *Phyt.*a1,k *Pic-ac.*a1,k picro.a1 plan.a1,k *Plat.*a1,k plat-m-n.c1 *Plb.*a1,k plb-tae.dp2 plect.a1 plumbg.a1 *Podo.*a1,k prin.a1 *Prun.*a1,k psil.ft1 *Psor.*a1,k ptel.a1,k **Puls.** pulx.br1 quas.a1 ran-a.a1 *Ran-b.*a1,k *Ran-s.* *Raph.*a1,k rat.a1,k rham-f.a1 *Rheum* *Rhod.*a1,k **Rhus-t.**a1,k *Rhus-v.*a1,k rumx. ruta *Sabad.*a1,k sabin.a1,k *Samb.* **Sang.**a1,k sangin-t.c1 sapin.a1 *Sars.* scol.a1 *Sec.*a1,k sel.a1,k senec.a1,k *Seneg.* senn.a1 **Sep.**a1,k **Sil.**a1,k sin-n.a1 sol-t-ae.a1 sphing.a1,kk3 spig.a1,k spirae.a1 spong.a1,k *Squil.* stach.a1 *Stann.*a1,k staph.a1,k stram.a1,k stront-c. stry. *Sul-ac.*a1,k sul-h.a1 sul-i.k2 sulo-ac.a1 **Sulph.**a1,k sumb.a1,k syph. **Tab.**a1,k *Tarax.*a1,k tarent.a1,k tart-ac.a1 tax.a1,k tep.a1 *Ter.* term-a.bnj1 *Ther.*c2,k *Thuj.*a1,k til.a1 trach.a1 tub.a1,k2,* tus-p.a1 upa.a1,k uran-met. urt-u.a1 ust. **Valer.**a1,k **Verat.**a1,k *Verat-v.*a1,k vesp.a1,k vichy-g.a1 vinc.a1,k viol-t.a1,k vip.a1,k wies.a1 wye.a1,k xan.a1,k **Zinc.**a1,k zinc-fcy.a1 zinc-p.k2 zing.a1,k ziz.a1
☞ *Brechreiz / Ekel / Würgen*
– **tagsüber**: ars.a1,k aur.a1,k mez.a1,k mosch.a1,k *Nit-ac.*a1,k phos.a1,k pic-ac.a1,k sulph.a1,k
– **morgens**: absin. acon. agar.a1,k *Alum.* alum-p.k2 alum-sil.k2 alumn.a1,k am-c.a1,k *Anac.* androc.srj1 ang.c1 ant-t. apoc.a1,k *Arn.*a1,k ars-met. aur-m.k2 bamb-a.stb2 bar-c.a1,k bar-s.k2 benz-ac.a1,k berb. borx. *Bov.*a1,k bry. bufo *Cact.*a1,k calad.a1,k **Calc.**a1,k calc-sil.k2 camph.a1,k caps.h *Carb-ac.* **Carb-v.**a1,k carbn-s. caust. *Cham.*a1,k *Cic.*a1,k cocc. *Con.*a1,k crot-h. cupr-act. *Cur.* cycl.h *Dig.*a1,k digin.a1 dios.a1,k elaps euph.a1,k fago.a1,k form.a1,k gink-b.sbd1 granit-m.es1 *Graph.*h,k,* hep. hyos.h

– **morgens**: ...
hyper.a1,k inul.a1,k *Kali-bi.*a1,k *Kalm.* kreos. *Lac-ac.* *Lac-c.* *Lac-d.* *Lach.*a1,k laur.a1,k led.h lob. lunakg1 lyc.a1,k *Mag-c.*a1,k mag-m. mang. *Med.*vh merc.a1,k *Mez.* mosch.a1,k nat-c.a1,k *Nat-m.*a1,k nat-p. nicc.a1,k **Nux-v.**a1,k onos. ox-ac.a1,k *Petr.*a1,k phos.a1,k plat.a1,k podo.a1,k *Psor.* **Puls.** ran-s.a1,k rhus-t.a1,k rumx. sabad. sars.a1,k senec. **Sep.**a1,k *Sil.*a1,k spig. staph. sul-ac.h *Sulph.*a1,k ter.a1,k ther. thuj.a1,k *Tub.* verat. zinc.a1,k zinc-p.k2 zing.a1,k
- **Aufstehen**:
  - **agg.**: asc-t. bry. calc. carb-an. dios. ferr-p. graph. hydr. iod. lac-ac. *Lac-d.* lyc. mag-c. mag-m. mang. nat-m. nicc. *Nux-v.* phos.h pic-ac. podo. rhus-t. senec. *Sep.* sil.h ther. v-a-b.jl valer. verat-v.
  - **amel.**: sabin.a1,k zinc.a1,h
  - **nach**: mag-m.a1
- **Bett**, im: alum. arg-met. graph.a1,k kali-n.a1,k mag-s.a1,k **Nux-v.**a1,k sabin.a1,k zinc.a1,k
- **Erwachen**, beim: ail. *Alum.*a1,k ambr.h androc.srj1 arg-n.a1 ars.h *Asar.* borx. *Con.* euphr.h hydrog.srj2 *Lac-ac.* nat-m.h *Petr.*a1,k phyt. psil.ft1 sep.h sulph.h
- **Liegen** amel.: rhus-t.h

– **vormittags**: agar.a1,k androc.srj1 arg-n.a1 arn.a1,k ars.h bell.a1,k borx.h bov.a1,k bry.a1,k calc.a1,k canth.a1,k carb-v.a1,k fago.a1,k ferr.a1,k gink-b.sbd1 hep.a1,k ign.a1,k jug-c.a1,k kali-c.a1,k lach.a1,k lyc.a1,k mag-c.a1,k mag-m.a1,k naja nat-c.h nat-m.a1,k nat-s.a1,k nicc.a1,k nux-m.a1,k op.a1,k phos.h plat.a1,k puls. sars.a1,k sep.h sulph.a1,k tong.a1
- **10** h: *Borx.* corn. sep.
- **11** h: **Ars.** calc. clem. hura ign. ind. jug-c. lac-ac. puls-n.

– **mittags**: agar.a1,k arg-n.a1,k ars-s-f.a1 coloc.a1,k ery-a.a1 graph.h,k,* grat.a1,k hyper.a1,k ign.a1,k kali-c.h mang. phos.a1,k pic-ac. stry.a1,k sul-ac.h sulph.a1,k zinc.a1,k zinc-p.k2

– **nachmittags**: aesc. androc.srj1 arg-met. arg-n.a1 borx. calc.a1,k calc-sil.k2 carbn-s. caust.a1,k chin.a1,k **Cocc.** con.a1,k cycl.a1,k dros.a1,k fago.a1,k graph.h,k,* grat.a1,k indg.a1,k kali-c.h kali-n.a1,k lyc.a1,k mag-c.a1,k merl.a1,k mez.a1,k nat-ar. *Phos.*a1,k podo.a1,k *Ran-b.*a1,k rob.a1,k sang.a1,k sars.a1,k *Sil.*a1,k
- **13** h: corn. grat. hura phys.
- **14** h: grat. hura nux-m. phys. sulph.
- **15** h: **Ars.**
  - **15** - 22 h: lyc.h
  - **abends**, bis: borx.h
- **16** h: anac. calc-p. choc.srj3 lachn. phys.
- **17.30** h: lec.
- **Mittagsschlaf**, nach dem: arn.h

– **abends**: *Alum.* alum-p.k2 alum-sil.k2 alumn.a1,k anac.a1,k androc.srj1 arg-n.a1,k asar.a1,k bapt.a1,k bell.h borx.h brach.a1,k bry.a1,k *Calc.* calc-s.a1,k calc-sil.k2 canth.a1,k carb-v.h chel. coloc.a1,k con.a1,k cycl. echi. eug.a1,k fl-ac.a1,k gent-l.a1,k glon.a1,k grat.a1,k hell.a1,k *Hep.*a1,k hydrog.srj2 ind.a1,k kali-bi.a1,k kali-n.a1,k kalm.a1,k kreos. lepi.a1 lyc.h lycps-v. mag-c. merc.a1,k merc-i-r.a1,k naja nat-c. nat-m.a1,k nat-p. nit-ac.h nux-m.a1,k nux-v.a1,k *Pall.*

– **abends**: ...
petr. ph-ac.h phos.a1,k plan.a1,k plb.a1,k *Puls.*a1,k ran-b.a1,k raph. sang.a1,k senec.a1,k sep. sil.a1,k sin-n.a1,k stram.h sulph.a1,k tell.
- **Abendessen**, vor dem: graph.h
- **Bett**, im: graph.a1,h phos.h
- **Essen**:
  - **beim**: caust.a1,k cham.h phos.a1,k
  - **nach**, amel.: tell.
- **Gehen** im Freien: lycps-v. phos.a1,k *Sep.*a1,k
- **Trinken**, nach dem: *Nux-v.*a1,k

– **nachts**: alum. alum-p.k2 alum-sil.k2 alumn.a1,k am-c. apis arg-met. calc. calc-i.k2 calc-sil.k2 *Carb-an.* carb-v.a1,k carbn-s. cham.a1,k chel.a1,k con.a1,k dig.a1,k *Dulc.* elaps eupi.a1,k form.a1,k glon.a1,k graph.a1,k guaj.a1,k haem.a1 hell.a1,k hep.a1,k iod.a1,k jug-c.a1,k kali-bi. kali-c.h kali-n. *Lob.* lyc.a1,k mag-c.h mag-s.a1,k *Merc.* *Merc-c.*a1,k naja nat-ar. nit-ac.a1,k phos.a1,k plat.h puls. rat. rhus-t. *Sep.* sil.a1,k sul-i.k2 sulph.a1,k tarent.a1,k ther. thuj.h
- **Mitternacht**: ambr.a1,k bry.a1,k calc.a1,k crot-t.a1,k eupi.a1,k phel.a1,k ran-s.a1,k sil.a1,k
  - **nach**: ambr.bg1,h mang.h ran-s. squil.h
  - **morgens**, bis: dros.
  - **Aufstehen**, beim: ambr.vh nat-m.a1,k
- **2** h: indg. sep.
- **3** h: ars.h mur-ac.
- **4** h: alum. alumn.
- **5** h: dios. nat-m.
- **Aufstehen**:
  - **amel.**: kali-c.h
  - **Schlafen**, vom
    ☞ *Erwachen*
- **Erwachen**, beim: alum. alumn.a1,k ambr.h hyper.a1,k *Lob.* lyc.a1,k mez.h mur-ac.h op. phyt.a1,k rutah *Sep.*a1,h spong.h sulph.a1,k
- **Hinlegen**, nach dem: chel. con.a1,k dig. ind. kali-c.a1,k naja nat-m. nit-ac.a1,k phos. pic-ac. sang. *Tarent.*
  - **amel.**: phos.h

◈ **abwechselnd** mit:
- **Diarrhoe**
  ☞ ☐ *Rektum - Diarrhoe - abwechselnd - Übelkeit*
- **Hunger**: berb. nit-ac.h

◆ **begleitet** von:
- **Appetit**:
  - **Heißhunger**
    ☞ *Appetit - Heißhunger - begletet von - Übelkeit*
  - **vermehrt**
    ☞ *Appetit - vermehrt - begletet von - Übelkeit*
- **Asthma**
  ☞ ☐ *Atmung - Asthma - begletet von - Übelkeit*
- **Diarrhoe**
  ☞ ☐ *Rektum - Diarrhoe - begletet von - Übelkeit*
- **Herzversagen**
  ☞ ☐ *Brust - Herzversagen - begletet von - Übelkeit*
- **Ischialgie**
  ☞ ☐ *Extremitäten - Schmerz - Beine - Ischialgie - begletet von - Übelkeit*
- **Kopfschmerzen**
  ☞ ☐ *Kopf - Schmerz - begletet von - Übelkeit*

- **Ohnmacht**
  ☞ ❑ *Allgemeines - Ohnmacht - begletet von - Übelkeit*
- **Ohren**; Geräusche in den
  ☞ ❑ *Ohr - Geräusche - begletet von - Übelkeit*
- **Schwäche**
  ☞ ❑ *Allgemeines - Schwäche - begletet von - Übelkeit*
- **Speichelfluß**
  ☞ ❑ *Mund - Speichelfluß - begletet von - Übelkeit*
- **Zunge**:
  - **reine** Zunge: *Dig.*$_{kr1,vk1}$
  - **Schleim**; weißer: ox-ac.$_{kr1,vk1}$

– **Abdomen**:
- **im** Abdomen gespürt; wird: agar. agn. ail. aloe$_{bg2}$ androc.$_{srj1}$ ant-t. apis$_{bg2}$ asar. aur.$_{bg2}$ bell. bry. cadm-s. calc.$_{bg2}$ cic. cimic.$_{bg2}$ coc-c.$_{bg2}$ cocc. colch.$_{bg2}$ croc. crot-t.$_{bg2}$ cupr. cycl. fago. gels. graph. grat.$_{bg1}$ hell. hep. ip. iris lach.$_{bg2}$ lact. mang. merc.$_{bg2}$ mur-ac. nit-ac. nux-m. par. *Phel.* phyt. pic-ac. plan. *Puls.* rheum ruta samb. sep. sil.$_{h}$ spong. stann. staph. sumb. tarax.$_{bg2}$ teucr. thuj. valer. zing.
  - **Nabelgegend**: tarax.$_{bg2}$ valer.$_{bg2}$
  - **oberes** Abdomen: *Puls.*$_{bg2}$ samb.$_{bg2}$
  - **unteres** Abdomen: merc-i-f.$_{bg1,bg2}$ puls.$_{bg1,bg2}$ rhus-t.$_{bg1,bg2}$
- **Schmerz** im Abdomen; durch
  ☞ *Schmerzen - Abdomen*
- **Zusammendrücken** des Abdomens; beim
  ☞ *Zusammendrücken*

– **Abendessen**, nach dem: alum.$_{a1,k}$ am-m.$_{a1,k}$ castm. chr-ac.$_{a1}$ cycl.$_{a1,k}$ ferr-i.$_{a1,k}$ gast.$_{a1}$ graph.$_{a1,k}$ hell-o.$_{a1}$ nat-m.$_{a1,k}$ psor.$_{a1,k}$

– **Abwärtsbewegung** agg.: nat-s.$_{bg1}$

– **Alkoholikern**; bei: *Ars.* *Asar.* cadm-s.$_{c1}$ carbn-s.$_{vh}$ graph.$_{vh}$ **Kali-bi.** nux-v. *Sul-ac.*

– **andauernd**
☞ *chronisch*

– **anfallsweise**: androc.$_{srj1}$ dig.$_{h}$ hep.$_{h}$ iod.$_{h}$ mang.$_{h}$ nat-m.$_{h}$

– **angefächelt** zu werden; Verlangen: tab.$_{k2}$

– **Angst**:
- **nach**: bar-m.$_{k2}$ caust. *Chel.* nux-v.
- **mit**: acon.$_{bg2}$ agar.$_{bg2}$ ant-c.$_{bg2}$ **Ant-t.**$_{bg2}$ **Ars.**$_{bg2,h}$ asar.$_{bg2}$ bar-c.$_{h}$ **Bell.**$_{bg2,h}$ **Bry.**$_{bg2}$ *Calc.*$_{bg2,h}$ caust.$_{bg2,h}$ chin.$_{bg2,h}$ cupr.$_{bg2}$ dulc.$_{bg2}$ graph.$_{h}$ *Ign.*$_{bg2}$ **Kali-c.**$_{bg2,h}$ lach.$_{bg2}$ limest-b.$_{es1}$ lyc.$_{bg2}$ *Nit-ac.*$_{bg2,h}$ **Nux-v.**$_{bg2}$ plat.$_{bg2}$ plb.$_{bg2}$ puls.$_{h}$ *Rhus-t.*$_{bg2}$ sabad.$_{bg2}$ seneg.$_{bg2}$ **Sep.**$_{bg2,h}$ squil.$_{h}$ tarax.$_{bg2}$

– **anhaltend**: *Ant-c.* *Ant-t.* arg-n. ars. cadm-s. carb-v. coloc. *Dig.*$_{a1,k}$ digox.$_{a1}$ graph. hep.$_{a1,k}$ hydrog.$_{srj2}$ *Ip.* iris$_{bg1}$ jatr-c. *Kreos.* *Lac-ac.*$_{a1}$ *Lac-c.*$_{h,k}$ lach.$_{k2}$ lil-t. *Lyc.* mag-m. merc-cy.$_{a1}$ nat-ar. *Nat-c.*$_{hr1,k}$ nat-m.$_{a1,k}$ nat-s.$_{k2}$ **Nux-v.**$_{a1,k}$ petr.$_{a1,k}$ phos. plat. sars.$_{k2}$ **Sil.** stront-c. verat.
- **kalte** Speisen und Getränke; nur amel. durch: phos.$_{k2}$

– **Anlehnen**, Lehnen; beim:
- **Abdomens** gegen etwas; beim Lehnen: samb.$_{h}$
  ☞ *Druck - Abdomen*

– **Anstrengung**, nach: androc.$_{srj1}$ aspar. crot-h.$_{bg1}$ *Iris* lob.$_{bg1}$ *Sil.* spong.$_{a1,k}$
- **Augen**, der: con.$_{a1,k}$ jab.$_{br1}$ sapin.$_{a1}$ *Sars.* *Sep.*$_{a1,k}$ *Ther.*

– **Apyrexie**, während der: *Ant-c.* *Chinin-s.* *Puls.*

– **Ärger**, Verdruß; nach: cham. ign. ip. *Kali-c.* nat-m. petr.$_{h}$ phos.

– **Asthma**; mit
☞ ❑ *Atmung - Asthma - begletet von - Übelkeit*

– **Atem**; durch seinen eigenen: sulph.$_{k2}$

– **Atmen**; tiefes: cadm-s.$_{br1}$
- **amel.**: hydrog.$_{srj2}$

– **Auflegen**:
- **Kopfes** auf den Tisch amel.; des: plat.$_{h}$

– **Aufrichten**, beim: acon.$_{a1,k}$ colch.$_{a1,k}$ eupi.$_{a1,k}$

– **Aufsetzen**; beim:
- **Bett**; im: *Ars.* asar. **Bry.** **Cocc.** *Colch.* cor-r. *Nux-m.* phos. plat. sulph.

– **Aufstehen**:
- **beim**: acon.$_{a1,k}$ acon-c.$_{a1}$ arg-n.$_{a1,k}$ *Arn.* asar. bry.$_{a1,k}$ caj.$_{a1}$ carb-an.$_{a1,k}$ cere-b.$_{a1}$ chel.$_{a1,k}$ cimic.$_{bg1}$ *Cocc.*$_{a1,k}$ coloc.$_{a1,k}$ cor-r. ferr.$_{a1,k}$ glon.$_{a1,k}$ iber.$_{a1}$ ind.$_{a1,k}$ nat-s.$_{a1,k}$ nit-ac.$_{a1,k}$ olnd.$_{a1,k}$ phos.$_{a1,k}$ plat.$_{a1,k}$ ptel.$_{a1}$ puls.$_{bg1,bg2}$ senec. *Verat.* vib.$_{c1}$ zing.$_{a1,k}$
- **nach**: arg-n.$_{a1}$ graph.$_{a1,k}$ mag-m.$_{h2}$ zinc.$_{h,k}$
  - **amel.**: mur-ac.$_{a1}$ sabin.$_{a1,k}$ zinc.$_{a1}$

– **Aufstoßen**, beim: cocc.$_{c1}$ coloc. crot-t. goss.$_{vh}$ grat. *Kali-c.* *Ol-an.*$_{a1}$ ptel.
- **amel.**: agar. all-c. am-m. ant-t. calc-sil.$_{k2}$ camph. carbn-s. *Caust.* chel. cinnb. fago. ferr.$_{bg1}$ glon. grat. kali-p. lac-c. lil-t.$_{bg1}$ lyc. *Mag-m.*$_{hr1,k}$ nicc. ol-an. osm. phos. rhod. rumx. sabad. sul-ac. verat-v.
- **nach**: alum.$_{h}$
- **Schleim** amel.; von: kali-n.$_{h}$

– **Augen**; mit Beschwerden der: calc.$_{bg1}$ *Kalm.*$_{bg1,vh,*}$ laur.$_{bg1}$ merc.$_{bg1}$ nat-m.$_{bg1}$ nat-s.$_{bg1}$ puls.$_{bg1}$ raph.$_{bg1}$

– **Ausspülen** des Mundes; beim: bry.$_{a1,k}$ *Sep.* sul-ac.$_{a1,k}$

– **Auswurf**, nach: ars.$_{h}$

– **Bauchoperationen**, nach: **Bism.** staph.

– **Berührung** der Lippen; bei: *Cadm-s.* nux-m.$_{bg1}$

– **Bett** amel.; im: nat-c.

– **Beugen** nach vorne agg.: hydrog.$_{srj2}$

– **Bewegung**:
- **amel.**: hydrog.$_{srj2}$ mez.$_{h}$ nit-ac.
- **bei**: alum.$_{h}$ androc.$_{srj1}$ anh.$_{c1}$ *Arn.* bov.$_{a1,k}$ *Bry.*$_{a1,k}$ bufo calc-p.$_{a1,k}$ **Cocc.** crot-h.$_{a1,k}$ dig.$_{a1,k}$ *Eup-per.*$_{a1,k}$ euph.$_{a1,k}$ glon.$_{a1,k}$ hep.$_{a1,k}$ *Ip.* *Kali-bi.* **Kali-c.**$_{a1,k}$ kali-s. kalm. *Lac-ac.*$_{a1,k}$ lac-d.$_{k2}$ mag-c.$_{h}$ med.$_{vh}$ narcot.$_{a1}$ nat-s. *Op.*$_{a1,k}$ pic-ac.$_{a1,k}$ ptel. sep.$_{a1,k}$ sin-a.$_{a1,k}$ spong. sulph.$_{a1,k}$ *Tab.* ther.$_{a1,k}$ *Verat.* *Zinc.*$_{a1,k}$
- **Augen** agg.; der: con. graph. jab. puls. *Sep.*

– **Bier**:
- **agg.**: cadm-s.$_{c1}$
- **nach**: bry.$_{a1,k}$ kali-bi.$_{k2}$ lach.$_{a1,k}$ mur-ac.$_{a1,k}$ nux-v.
- **Geruch** von Bier; durch den
  ☞ *Speisen - Geruch - Bier*

– **Blicken**, beim:
- **angestrengtem** Blicken, bei: con. *Sars. Sep. Ther.*
  ☞ *Gebrauch*
- **bewegende** Gegenstände; auf sich: cocc.$_{br1,k2}$ ip.$_{bro1,ptk2}$ *Jab.*
  ☞ ❑ *Schwindel - Übelkeit - Blicken*

– **Blutungen**, mit: **Ip.**$_{k2,vh}$
– **Brot**, nach: **Ant-c.** zinc.
- **Schwarzbrot**: ph-ac.

– **Brust** gespürt; wird in der: acon. anac. arg-met. asaf. bry. cadm-s. calc. *Calen.*$_{vh}$ *Croc.* glon. lach. mang. *Merc.* nux-v. par. ph-ac. *Rhus-t.* sec. staph.
– **Bücken**, beim: bar-c.$_{a1,k}$ calc-p.$_{a1,k}$ carbn-s. digin.$_{a1}$ haem.$_{a1}$ *Ip.* lac-d.$_{c1}$ lach.$_{a1,k}$ mill. olnd.$_{a1,k}$ petr.$_{a1,k}$ rhod.$_{a1,k}$ rhus-t.$_{a1,k}$ ruta sang.$_{a1,k}$ sapin.$_{a1}$ zinc.$_{h}$
- **amel.**: hyos.$_{h}$ petr.$_{ptk1}$

– **chronisch**: granit-m.$_{es1}$
– **Denken** daran; beim:
- **agg.**: arg-met. borx.$_{bg1,bg2}$ calc. dros. graph. lach. mosch. sars. *Sep.*

– **Druck**, durch:
- **Abdomen**, auf das: asar. lac-c. *Tub.* zinc.$_{h}$
  ☞ *Anlehnen - Abdomens*
- **Hals**, auf den: *Lach.*
- **Magen**, auf den: ant-t. ars. bar-c. euph. gamb. grat. hell. hyos. kali-c.$_{h}$ phys. ptel. sulph.
- **Stelle**; auf eine schmerzhafte: nat-m.
- **Wirbelsäule**, auf die: cimic.$_{bg3}$

– **durchbohrendem** Stechen; mit zum Rücken: sphing.$_{kk3}$
– **Eier**:
- **Essen**, nach dem: androc.$_{srj1}$ lyss.
- **Geruch** von; durch den
  ☞ *Speisen - Geruch - Eier*

– **Eintreten** in ein Zimmer; beim: alum.$_{h}$ carbn-s.$_{k2}$
– **Eis**:
- **amel.**: cench.$_{c1,k2,*}$

– **Eiscreme**:
- **nach**: *Ars. Ip.* **Puls.** rhus-t.$_{k2,ptk1}$

– **Entbindung**, bei der: ant-t. caul. cham. *Cocc.* **Ip.** mag-m. *Puls.*
– **Entblößen** amel.: *Tab.*
- **vor**: dig.$_{c1}$

– **epileptischen** Konvulsionen; nach: kali-c.$_{gm1}$
– **Erbrechen**; nicht amel. durch: *Dig.*$_{br1,k}$ sang.
– **Erregung**, nach: **Kali-c.**
– **Erwachen**, beim
  ☞ *Schlaf - nach*
– **Essen**:
- **vor**: anac. ars.$_{a1,k}$ berb. carb-v.$_{a1,k}$ *Caust.*$_{a1,k}$ chin. choc.$_{srj3}$ cinch.$_{a1}$ ferr.$_{a1,k}$ ferr-ar. graph.$_{h,k,*}$ lepi.$_{a1}$ lyc. med.$_{c1}$ *Nat-s.*$_{a1,k}$ nux-v.$_{a1,k}$ *Ph-ac.* sabad. *Sulph.*$_{a1,k}$ tell.$_{a1,k}$
- **beim**: agar. alum-sil.$_{k2}$ am-c. ang.$_{h}$ aur. *Bar-c.* bell. borx. bov.$_{a1,k}$ brom. calc.$_{a1,k}$ calc-sil.$_{k2}$ canth.$_{a1,k}$ carb-v.$_{a1,k}$ *Caust.*$_{a1,k}$ chinin-s. *Cic.*$_{a1,k}$ *Cocc.* coff.$_{a1,k}$ colch. dig. erio.$_{a1}$ *Ferr.* graph.$_{h}$ hell.$_{a1,k}$ *Jac-c.*$_{a1}$ kali-bi.$_{k2}$ kali-c. *Lac-c.* mag-c. merc-i-r.$_{a1,k}$ morph.$_{a1,k}$ nux-v. olnd.$_{a1,k}$ phos. ptel.$_{a1,k}$ *Puls.*$_{a1,k}$ ruta sabad.$_{a1,k}$ sil.$_{a1,k}$ staph.$_{h}$

– **Essen - beim**: ...
  thuj.$_{a1,k}$ verat.$_{a1,k}$
  - **amel.**: anac.$_{gsy1}$ dig.$_{k2}$ limest-b.$_{es1}$ luna$_{kg1}$ rad-br.$_{c1}$
- **nach**: acon.$_{a1,k}$ acon-l.$_{a1}$ adam.$_{srj5}$ aesc. *Agar.*$_{a1,k}$ agn. all-c.$_{a1,k}$ *Alum.* alum-p.$_{k2}$ alum-sil.$_{k2}$ **Am-c.** am-m. ambr. anac. androc.$_{srj1}$ ant-c.$_{c1}$ ant-t. apis aran. *Arg-n.*$_{a1,k}$ ars. ars-i. ars-s-f.$_{k2}$ asar. aur-m.$_{a1,k}$ aur-s.$_{a1,k2}$ *Bism.*$_{a1,k}$ *Borx. Bov.*$_{a1,k}$ *Bry.*$_{a1,k}$ bufo *Calc.* calc-i.$_{k2}$ calc-sil.$_{k2}$ cann-i.$_{a1,k}$ carb-an. carb-v.$_{a1,k}$ carbn-s. castm. *Caust.*$_{a1,k}$ *Cham.*$_{a1,k}$ chin. chinin-ar. *Chinin-s. Cic.* clem.$_{a1,k}$ **Cocc.** *Colch.* coloc.$_{a1,k}$ *Con.*$_{a1,k}$ cuc-p.$_{br1}$ cur. cycl. dig.$_{a1,k}$ dios.$_{a1,k}$ dros.$_{a1,k}$ elaps euphr. *Ferr.*$_{a1,k}$ *Ferr-ar. Ferr-i. Ferr-p.* gent-l.$_{a1,k}$ graph.$_{h,k,*}$ grat.$_{a1,k}$ gymno. ham.$_{a1,k}$ hell.$_{a1,k}$ hep. hera.$_{a1}$ hydrog.$_{srj2}$ hyper.$_{a1,k}$ ign. ind.$_{a1,k}$ iod. ip. jatr-c. *Kali-ar.*$_{a1,k}$ kali-bi.$_{k2}$ *Kali-c.* kali-i. kali-p. kali-s. kali-sil.$_{k2}$ lac-ac. *Lach.* led.$_{h}$ *Lyc.*$_{a1,k}$ mag-c.$_{a1,k}$ *Med.*$_{c1,k2,*}$ merc.$_{a1,k}$ mosch.$_{a1,k}$ nat-ar. *Nat-m.*$_{a1,k}$ nat-s. *Nit-ac.*$_{a1,k}$ **Nux-v.**$_{a1,k}$ ol-an. *Op.* ox-ac.$_{a1,k}$ petr. ph-ac.$_{a1,k}$ *Phos.*$_{a1,k}$ plb.$_{a1,k}$ podo. psil.$_{ft1}$ *Ptel.* **Puls.**$_{a1,k}$ rheum *Rhus-t.*$_{a1,k}$ rumx. *Ruta* sabin.$_{a1,k}$ sang.$_{a1,k}$ sars. **Sep.** *Sil.* spira.$_{a1}$ *Stann.* sul-ac.$_{h}$ sul-i.$_{k2}$ *Sulph.*$_{a1,k}$ *Tarent.*$_{a1,k}$ ter. thea verat.$_{a1,k}$ *Zinc.* zinc-p.$_{k2}$
  - **amel.**: acon. alum. androc.$_{srj1}$ arg-n. aur-m. brom. bry. cham. chel. chin.$_{h}$ chinin-m.$_{c1}$ dig.$_{k2}$ fago. grat. hydrog.$_{srj2}$ iod. *Kali-bi. Lac-ac. Lob.* mag-c. mez. *Nat-c.* phos. phyt. rad-br.$_{c1}$ sabad. sang. **Sep.** sil.$_{h}$ spig. v-a-b.$_{jl}$ verat.$_{h}$ verat-v.
- **kleinen** Menge; nach Essen einer: xan.$_{c1}$

– **Fahren** im Wagen oder mit der Straßenbahn; beim ●: androc.$_{srj1}$ arn.$_{c2}$ borx. *Calc. Calc-p.* carc.$_{tp1}$ **Cocc.** *Cycl. Hep.* hydrog.$_{srj2}$ *Iris* lac-d.$_{bro1}$ *Lyc. Mag-c.* naja *Nux-m. Nux-v.*$_{c2,k}$ **Petr.** phos.$_{h}$ sanic.$_{bro1,c1}$ sel. **Sep.** sulph. tab. *Ther.* thyr.$_{bro1}$ zinc.
  ☞ ❑ *Allgemeines - Fahren - Auto - agg.*
- **amel.**: *Nit-ac.*
- **Frühstück**, vor dem: hura

– **falsche** Zähne, Zahnersatz; durch: cocc.$_{vh}$
– **fetten** Speisen; nach Essen von: ip. kali-m.$_{k2}$ lyss.$_{a1,k}$ nit-ac. puls. sep.$_{h}$ tarax.$_{c1}$
– **Fieber**:
- **während**: ant-c.$_{br1,c1}$ arg-n.$_{a1,k}$ *Ars. Bry. Carb-v.* cham. *Cimx.* cocc. dros.$_{h}$ *Eup-per.* eup-pur. gink-b.$_{sbd1}$ *Guare.*$_{a1,k}$ *Ip.* kali-c. lyc. nat-c.$_{h}$ **Nat-m.** nit-ac. *Nux-v.* op. phos. ptel.$_{a1,k}$ *Sang.*$_{a1,k}$ sel.$_{a1,k}$ sep. thuj. tub.$_{lmj}$ vinc. zinc.$_{a1,k}$
- **nach**: **Ars.** dros. *Fl-ac.*
- **Ende** des Fiebers; zu: *Eup-per.*$_{c1}$

– **Fisch**:
- **nach**: androc.$_{srj1}$ nat-m.$_{a1,k}$
- **Geruch** von; durch den
  ☞ *Speisen - Geruch - Fisch*

– **Flatus**; Abgang von:
- **amel.**: bell.$_{bg1}$

– **Fleisch**:
- **nach**: *Carb-an.*$_{a1,k}$ *Caust.*$_{h,k,*}$ cupr. lyss. merc. sulph.$_{h}$ ter.$_{a1,k}$
- **Geruch** von
  ☞ *Speisen - Geruch - Fleisch*

– **Flüssigkeiten**, durch: merc-c.$_{al,k}$
– **Frösteln**:
• **nach**: *Camph.* corn. *Eup-per.* *Kali-bi.* *Kreos.* *Lach.* *Mag-s.* *Puls.* sabad. sal-ac. verat-v. xan.
• **mit**: alum. am-c.$_{h}$ androc.$_{srj1}$ *Arg-n.*$_{hr1}$ bov.$_{al,k}$ con.$_{al,k}$ dulc.$_{h}$ echi.$_{ptk1}$ hep.$_{h}$ iber.$_{c1}$ *Kreos.* xan.$_{c1}$
– **Frost**:
• **vor**: *Ars.* *Carb-v.* *Chin.* *Eup-per.* *Ip.* lyc. nat-m. puls.
• **während**: alum.$_{h}$ androc.$_{srj1}$ arg-n.$_{al,k}$ *Ars.* bell. bov. bry. calc.$_{al,k}$ *Cham.*$_{al,k}$ chel. cina cob. *Cocc.*$_{al,k}$ con.$_{al,k}$ dros.$_{h}$ **Eup-per.**$_{al,k}$ hyper.$_{al,k}$ ign. *Ip.* *Kali-ar.* kali-c. kali-s. kreos. lach. *Lyc.*$_{al,k}$ mag-c.$_{h}$ *Nat-m.* nit-ac. petr. puls. raph.$_{al,k}$ rhus-t. rumx. sabad. sang.$_{al,k}$ sec.$_{al,k}$ sep.$_{al,k}$ sul-ac. verat. xan.$_{c1}$ zinc.$_{al,k}$
• **Sterben**, tödliche Übelkeit; wie zum: xan.$_{c1}$
• **Ende** des Frostes; zu: *Eup-per.*
• **nach**: cocc.$_{c1}$ *Elat.* *Eup-per.* *Ip.* *Kali-c.*
• **nächsten** Frost anhaltend; bis zum: *Chinin-s.*
– **Frühstück**:
• **vor**: alum. alumn. anac. arg-n.$_{al,k}$ aur-m. bar-c. *Berb.*$_{al,k}$ *Bov.* *Calc.* eupi.$_{al,k}$ fago.$_{al,k}$ goss. *Lyc.*$_{al,k}$ *Nit-ac.*$_{al,k}$ petr. phos.$_{h}$ **Sep.**$_{al,k}$ sin-n.$_{al,k}$ spig. *Tub.*
• **beim**: agar. *Carb-ac.*$_{al,k}$ ind. med.$_{vh}$ naja plan.$_{al,k}$ psil.$_{ft1}$ sang.$_{al,k}$ zinc.
• **nach**: agar.$_{al,k}$ ambr. bell. calc-p.$_{al,k}$ *Cham.* coca dig. dios. gamb. indg.$_{al,k}$ kali-bi. mez. nat-m.$_{h}$ nat-s.$_{k2}$ onos. par.$_{al,k}$ sabin.$_{al,k}$ *Sars.*$_{al,k}$ spig. sulph.$_{h}$ verat.$_{h}$ zinc.$_{al,k}$
• **amel**.: alum.$_{al,k}$ aur-m.$_{al,k2}$ bar-c.$_{h}$ lac-ac.$_{al}$
– **Gähnen**, beim: arn.$_{al,k}$ nat-c.$_{h2}$ nat-m.$_{al,k}$
– **Gaumen**, im: ph-ac.$_{h}$
– **Gebäck**, nach: ant-c.$_{hr1,k}$
– **Gebrauch** der Augen; beim: con.$_{al,k}$ graph. jab. puls.$_{ptk1}$ sep.$_{al,k}$ *Ther.*
☞ *Blicken - angestrengtem*
– **gehaltvolle**, fette Speisen
☞ *Speisen - reichhaltige*
– **Gehen**: acon. am-c.$_{h}$ bar-c. bell. bry. calc. calc-sil.$_{k2}$ chinin-s. con. euph. ferr. ferr-p. gamb. kali-bi. *Kali-c.* kali-n.$_{h}$ led. lyc. mag-m.$_{h}$ merc. mez. nat-s. op. ph-ac. phos. phyt. plat. ptel. rhod. *Sep.* sil. sulph. thuj.
• **amel**.: acon.$_{al,k}$ am-c.$_{al,k}$ grat.$_{al,k}$ hydrog.$_{srj2}$ puls.
• **nach**: alum. calc-s. carb-an.$_{h}$ graph.$_{h,k,*}$ plat.$_{h}$ *Puls.*$_{al,k}$ sep.$_{al,k}$
• **Freien**, im: acon. am-m. ang. bell.$_{h}$ *Gamb.* graph. lach. led.$_{h}$ lycps-v. nat-s. petr.$_{h}$ phos. plat.$_{h}$ sep. sil.$_{h}$
• **amel**.: ars.$_{h}$
• **nach**: alum.$_{h}$ graph.$_{h}$ nit-ac.$_{h}$
– **geistige** Anstrengung, durch: alco.$_{al}$ asar.$_{h}$ *Aur.* *Borx.* cupr-ar. *Lach.*
– **Gelbsucht**; mit: lach.$_{k2}$
– **Geräusche**:
• **durch**: *Cocc.* *Ther.*
– **Gerüche**, durch: bamb-a.$_{stb2}$ cadm-met.$_{gm1}$ chin.$_{k2}$ **Colch.**$_{al,k}$ *Dig.* eup-per.$_{al,k}$ *Ph-ac.* *Sep.* vario.$_{bg3}$
• **Körpergeruch**; durch seinen eigenen: **Sulph.**
– **Getränke**:
• **kalte** Getränke:
• **amel**.: *Bism.* calc.$_{c1}$ *Phos.* *Puls.*
• **nach** kalten Getränken: agar. anac. *Ars.* ars-s-f.$_{k2}$ *Calc.* camph. carb-ac. *Cupr.* *Kali-ar.* *Kali-c.* kali-i. kali-s. lac-d. lach. *Lyc.* *Nat-ar.* *Nat-m.* nux-v. puls. *Rhus-t.* *Sul-ac.* teucr. ther.
• **Erhitzung**, bei: *Kali-c.*
• **nicht** nach warmen: lyc. ther.
• **warme**: *Bism.* *Lach.* **Phos.** **Puls.** ther.$_{k2}$
• **amel**.: ther.
– **Hals** gespürt; wird im inneren: acon. alum.$_{h}$ anac. ant-c. arg-met. arn. *Ars.* asar. aur. *Bell.* cann-s. carb-ac. carb-an. caust.$_{h}$ chin. coc-c. cocc. *Coff.* colch. *Croc.* *Cupr.* **Cycl.** ferr. ferr-p. hydrog.$_{srj2}$ lyc. merc. *Mez.* nit-ac. olnd. **Ph-ac.** *Puls.* *Rhus-t.* sars. sil. spig. *Squil.* **Stann.** staph. sulph. tarax. valer.
• **Kragen**; durch einen enganliegenden: hyos.$_{bg1}$ lach.
• **Spasmen** im Hals; durch: *Graph.*
– **Hammelfleisch**; durch den Geruch von
☞ *Speisen - Geruch - Hammelfleisch*
– **Heben** des Kopfes vom Kissen; beim: *Ars.* *Bry.* colch. *Nux-m.* *Stram.*
– **Herzklopfen**: *Sil.*$_{vh}$
• **nach**: brom. nux-v.$_{al,k}$
• **mit**: alum.$_{gsy1}$ arg-n.$_{gsy1}$ bar-c.$_{h}$ bov.$_{gt1}$ bufo$_{gt1}$ kali-c.$_{h}$ mygal.$_{gt1}$ nit-ac.$_{h}$ nux-v.$_{gt1}$ thuj.$_{gt1}$
• **übel** wird; mit ohnmachtsartiger Übelkeit, die dazu führt, daß ihr: arg-n.$_{k1}$
• **verursacht**: *Arg-n.*$_{hr1,k,*}$ sil.$_{h}$
– **Hunger**
☞ *Leeregefühl*
– **Husten**, beim: ant-t. ars.$_{al,k}$ aspar.$_{al,k}$ bry.$_{al,k}$ caj.$_{al}$ *Calc.* caps.$_{al,k}$ choc.$_{srj3}$ *Coc-c.* coloc.$_{al,k}$ cupr. dros.$_{al,k}$ elaps hep. hydr.$_{al,k}$ *Ign.*$_{al,k}$ **Ip.** kali-ar. *Kali-bi.* *Kali-c.* kali-p. kali-s. lach. *Merc.*$_{al,k}$ nat-ar. nat-c. nat-m. nat-p. nit-ac.$_{al,k}$ *Nux-v.* petr.$_{al,k}$ *Ph-ac.* pic-ac.$_{al}$ psil.$_{ft1}$ **Puls.**$_{al,k}$ ruta sars. *Sep.*$_{al,k}$ squil. thuj.$_{al,k}$ *Verat.*
– **Hyazinthen**; durch den Geruch von: lyc.$_{h,k,*}$
– **Impfung**, nach: **Sil.**
– **intermittierend**: aesc.$_{al,k}$ *Ant-c.* **Ant-t.** atro.$_{al}$ *Cina* *Dros.* elat. eup-per. hep.$_{al,k}$ iod. mosch. plat.$_{h}$ sabad. *Sep.* **Tab.**
– **Jucken** bis er sich übergibt: ip.$_{vh}$
– **Kaffee**:
• **amel**.: alet.$_{ptk1}$ cann-s.$_{al}$
• **nach**: bry.$_{al,k}$ *Calc-p.*$_{al,k}$ *Caps.*$_{al,k}$ *Caust.* *Cham.*$_{al,k}$ cycl.$_{al,k}$ nat-m.$_{al,k}$ rhus-t.$_{al,k}$ vinc.$_{al,k}$
• **Geruch** von
☞ *Speisen - Geruch - Kaffee*
– **kalt** wird; wenn ihm: cadm-s.$_{ptk1}$ **Cocc.** crot-t. *Hep.* kali-c. valer.
– **Kälte** im Magen; mit: kali-n.$_{h}$
– **Kartoffeln**, nach: *Alum.*$_{h,k,*}$
– **Klavierspiel**, durch: sulph.$_{h,k,*}$

– **Knien**; im: ther.$_{k2}$
– **Knoblauch**; durch den Geruch von
☞ *Speisen - Geruch - Knoblauch*
– **Koitus**:
• **während**: sabad.$_{ptk1}$ sil.$_{a1,k}$
• **nach**: kali-c. kali-i.$_{a1}$ mosch.$_{a1,k}$
• **Gedanken** an; beim: sep.$_{ptk1}$
– **Kopf**, im: colch.$_{vh}$
– **Kopfschmerzen**, bei
☞ *❑ Kopf - Schmerz - begletet von - Übelkeit*
– **Körperübungen**, durch: aloe ars. colch. crot-h.$_{bg2}$ lob.$_{bg2}$ spong. tab. ther.
– **Kränkung**, nach: *Puls.*
– **Kratzen** im Kehlkopf; durch: calc-p.$_{k2}$
– **lange** anhaltend: bar-c.
– **Lesen**, beim: *Arg-met.* arn.$_{a1,k}$ con. glon.$_{a1,k}$ jab. lyc.$_{a1,k}$ ph-ac.$_{a1,k}$ plan.$_{a1,k}$ *Sep.*$_{k,k1}$
– **Licht** agg.: lach.$_{bg1}$
– **Liebkosungen**, durch: ant-c. sabad.
– **Liegen**; beim: androc.$_{srj1}$ ars. hep.$_{bg1,bg2}$ *Lac-d.*$_{k,k2,*}$ mag-m.$_{h}$ mill. nat-hchls. nat-m.$_{bg1,bg2}$ phos. phys. ptel. puls. raph. rhus-t. sin-a.
• **amel**.: acon-f.$_{a1}$ *Alum.* alumn.$_{a1,k}$ androc.$_{srj1}$ anh.$_{c1}$ arn.$_{a1,k}$ caust.$_{bg1}$ echi. elat.$_{a1}$ granit-m.$_{es1}$ hep.$_{h}$ mill.$_{c1}$ *Nux-v.* ph-ac. phos.$_{a1,k}$ phys.$_{a1}$ sep.$_{a1,k}$ sil.$_{a1,k}$
• **Abdomen**; auf dem:
• **amel**.: m-aust.$_{bg1}$
• **Rücken**; auf dem: hydrog.$_{srj2}$ merc.
• **Seite**; auf der: bry. ip.
• **amel**.: ant-t. nat-m.
• **linken**; auf der: ant-t. cann-s.$_{bg3}$ crot-t.$_{bg3}$ ferr.$_{bg1,bg2}$ iris$_{bg3}$ kali-br. lach.$_{bg1,bg2}$ puls. sang.$_{h}$ sep. sul-ac.$_{h}$ verat-v.
• **amel**.: cann-s.
• **rechten** Seite; auf der: bry. cann-s.$_{bg3}$ crot-h.$_{bg2,bg3}$ iris$_{bg2,bg3}$ sang.$_{bg2,bg3}$ sul-ac.$_{bg2,bg3}$
• **amel**.: hydrog.$_{srj2}$ nat-m.$_{bg1,h,*}$
• **stilliegen**; muß: cadm-s.$_{c1}$
– **Luft**:
• **Freien**, im: acon. ang. arg-met. ars. bell. carbn-s. crot-t. grat. lyc. puls.$_{h}$ seneg. thuj.
• **amel**.: am-m.$_{h}$ ant-t. anth. bor-ac. carb-v. *Croc.* dig. glon. grat. hell.$_{h}$ kali-bi. **Lyc.** naja phos. *Puls.* **Tab.** tarax.$_{h}$
• **Zugluft**, in der: hipp.$_{a1,bg1,*}$
– **Mehlspeisen**, Teigwaren; nach: nat-s.$_{k2}$
– **Menopause**; während der: *Ferr.*$_{vh}$ *Glon.*$_{vh}$ sars.$_{vh}$
– **Menschenmenge**, in einer: sabin.
– **Menses**:
• **amel**.: eupi.$_{c1}$
• **vor**: am-c. ant-t. aur-s.$_{a1,k}$ bamb-a.$_{stb2}$ berb. bufo caul. cocc. crot-h. cupr. *Hyos. Ip.* kreos. *Lyc.* mag-c.$_{a1,k}$ *Nat-m. Nicc.* nux-v. phos.$_{a1,k}$ *Puls.* sep. verat.$_{c2,k}$ vib.
• **Beginn** der; zu: carc.$_{fb}$
• **während**: am-c.$_{a1,k}$ am-m. ant-c. arn. ars. bell. *Borx. Bry. Calc.*$_{a1,k}$ canth.$_{a1,k}$ *Caps.* carb-v. caul.$_{hr1,k}$ cham. chel. cocc. *Colch.* con. cop.$_{br1}$ cupr. eupi. fago.$_{a1,k}$ gels. *Graph. Hyos.* hyper.$_{a1,k}$ *Ip.* kali-ar. *Kali-bi. Kali-c.* kali-p. lach.$_{k2}$ lob.

– **Menses - während**: ...
Lyc. Mag-c.$_{a1,k}$ mang. mosch. nat-ar. nat-c. nat-m.$_{a1,k}$ **Nux-v.**$_{a1,k}$ phos.$_{a1,k}$ pic-ac. *Puls.*$_{a1,k}$ sep. tarent.$_{a1,k}$ thuj. verat. *Vib.*
• **nach**: chinin-s.
• **unterdrückte**, durch: agn.$_{hr1}$ alum. ars. caust. cocc. croc. cupr. cycl. *Ip.* lob. lyc. nat-m. nit-ac. *Nux-v.* petr. phos. **Puls.** rhus-t. sang. sulph. verat. zinc.
– **Milch**, nach: ant-t.$_{k2}$ **Calc.**$_{a1,k}$ crot-t.$_{a1,k}$ lac-d.$_{k2}$ lach.$_{a1,k}$ nat-m.$_{h}$ **Nit-ac.** *Puls.*$_{a1,k}$
– **Mittagessen**:
• **vor**: ars.$_{h}$ carb-v.$_{a1,k}$ nux-v.$_{a1,k}$ sabad.$_{a1,k}$
• **beim**: am-c.$_{h}$ ang.$_{c1}$ bry.$_{a1,k}$ calc.$_{h}$ colch.$_{a1,k}$ gink-b.$_{sbd1}$ grat.$_{a1,k}$ hyper.$_{a1,k}$ lyc.$_{a1,k}$ mag-m.$_{a1,k}$ merc-i-f.$_{a1,k}$ *Nux-v.*$_{a1,k}$ ol-an.$_{a1,k}$ ox-ac.$_{a1,k}$ thuj.$_{a1,k}$
• **nach**: agar.$_{a1,k}$ am-c.$_{a1,k}$ am-m.$_{h}$ *Ant-t.*$_{a1,k}$ arg-met. *Arg-n.*$_{a1,k}$ ars.$_{a1,k}$ berb.$_{a1,k}$ calc.$_{a1,k}$ caps.$_{h}$ castm. cench.$_{vh}$ colch.$_{a1,k}$ *Coloc.*$_{a1,k}$ con.$_{a1,k}$ *Cycl.* gink-b.$_{sbd1}$ grat.$_{a1,k}$ ham.$_{a1,k}$ kali-ar. *Kali-c.* kali-n.$_{h}$ lach.$_{a1,k}$ lepi.$_{a1}$ med.$_{c1}$ nat-m.$_{a1,k}$ **Nux-v.**$_{a1,k}$ ol-an.$_{a1,k}$ phos.$_{a1,k}$ ptel.$_{a1,k}$ sars.$_{a1,k}$ seneg.$_{a1,k}$ sphing.$_{a1,k,*}$ squil.$_{a1,k}$ verat.$_{a1,k}$ zinc.
• **amel**.: grat.$_{a1}$ mang.$_{h}$
• **verspätetes** Mittagessen: sulph.$_{k2}$
– **Mund** gespürt; wird im: aeth.$_{a1,k}$ agar.$_{a1,k}$ cadm-s. *Cocc.* ip.$_{h}$ *Mag-m.*$_{a1,k}$ nit-s-d.$_{a1}$ olnd.$_{a1,bg1}$ *Puls.*$_{a1,k}$ rhod.$_{a1,k}$ *Stann.* staph.$_{h}$ sul-ac.$_{a1,k}$
– **Musik**, durch: phys. sulph.
– **Nähen**, durch: lac-d. sep.
– **Niesen**: hell. *Lach.*$_{bg3}$ sang.$_{bg1,bg3}$ sulph.$_{bg1,bg3,*}$
• **vor**: sulph.$_{h}$
– **nüchtern**, wenn: alum. aur-m. bar-c. *Calc.*$_{a1,k}$ graph.$_{h,k,*}$ **Lyc.**$_{a1,k}$ mag-m.$_{kr1}$ meph.$_{c1}$ puls.$_{bg1}$ sep. sil.$_{a1,k}$ valer.$_{bro1}$
– **Obstipation**, mit: **Cocc.**$_{vh,vh/dg,*}$ *Hyper.*$_{a1,vh,*}$
– **Obst**, nach: *Ant-t. Ip.* nat-c.$_{a1,k}$
– **Öffnen** der Augen; beim:
• **nach**: ther.$_{a1,c1}$
• **Mittagsschlaf**, nach dem: arn.$_{h}$
– **ohnmachtsartig**: alum. ang.$_{a1,c1}$ *Arg-n.* borx.$_{bg1,h,*}$ calad.$_{vh}$ calc. carb-an.$_{vh}$ carbn-s. caust.$_{vh}$ cham. chel. **Cocc.** coff.$_{bg1,bg2,*}$ fago. *Glon.* graph. hyper.$_{bg1}$ *Ip.*$_{vh}$ *Kali-c.*$_{a1}$ **Lach.** mag-m.$_{bg1,h,*}$ nat-m. **Nux-v.** op. petr.$_{vh}$ phos.$_{bg1,h,*}$ pic-ac.$_{a1}$ plan.$_{vh}$ stict.$_{c1}$ sul-ac. sulph. *Tub.*$_{vh}$ verat. vesp.$_{a1}$
– **Orangen**; durch den Geruch von
☞ *Speisen - Geruch - Orangen*
– **Orgel**; durch den Klang der: phys.$_{a1,k}$
– **periodisch**: hydrog.$_{srj2}$ ign. *Ip.* nat-m. nux-v. phos. raph. *Sang.*
• **Jahr**; jedes: hydrog.$_{srj2}$
– **Pessar**; durch ein: nux-m.$_{c1}$
– **Pflaumen**, nach: mag-c.$_{a1,k}$
– **plötzlich**: agar. bamb-a.$_{stb2}$ bol-s.$_{a1}$ chinin-ar. coloc.$_{a1,k}$ cupr.$_{a1,k}$ ferr-p. ind.$_{a1,k}$ ip.$_{k2}$ *Kali-bi.*$_{a1,k}$ *Lyc.*$_{bg1,vh,*}$ mosch. narcot.$_{a1}$ petr.$_{h}$ sul-ac.$_{a1,k}$ sulph.
• **Essen**, beim: *Bar-c. Ferr. Hell. Ruta*
– **Rauchen** (von Tabak):
• **beim**: bry.$_{a1,k}$ caj.$_{a1,k}$ calad.$_{a1,k}$ *Carb-an.* clem.$_{a1,k}$ cycl. euphr. kali-c. lac-c. *Lyc.*$_{a1,k}$ nat-m.$_{a1,k}$

– **Rauchen - beim**: ...
Nux-v.$_{a1,k}$ phos.$_{a1,k}$ psil.$_{ft1}$ ran-b.$_{a1,k}$ ruta sil.$_{a1,k}$ spong.$_{a1,k}$ tab.
• **nach**: agar. brom.$_{a1,k}$ *Calc.*$_{a1,k}$ *Calc-p.*$_{a1,k}$ *Clem.*$_{a1,k}$ cycl.$_{h}$ euphr.$_{a1,k}$ ign.$_{a1,k}$ **Ip.** *Kali-bi.*$_{a1,k}$ lach.$_{a1,k}$ *Lob.* **Nux-v.**$_{a1,k}$ op.$_{a1,k}$ *Puls.*$_{a1,k}$ sars. sep.$_{a1,k}$ *Tab.* thuj.$_{a1,k}$
• **amel.**: *Eug.*$_{bg1,bro1,*}$ sanic.$_{bg1}$
– **Räuspern**, beim: ambr.$_{a1,k}$ anac. *Caust.* coc-c.$_{bg1}$ *Lac-ac.* manc. osm.$_{a1,k}$ *Stann.* tarent.$_{a1,k}$
– **Rektum** gespürt; wird im: rat.$_{bg2}$ ruta$_{bg1}$
– **Rücken**; bei Schmerz im: coloc.$_{a1,k}$ phys.$_{a1,k}$ zing.$_{a1,k}$
– **Salz**; beim Gedanken an: *Nat-m.*$_{a1,k}$
– **Saures** amel.: arg-n.
– **Schauder**, beim: am-m.$_{h}$ asar.$_{h}$ calc.$_{h}$ dulc.$_{h}$ euph.$_{h}$ hyper.$_{a1,k}$ kali-m.$_{k2}$ mag-c.$_{h}$ mez. nat-c.$_{h}$ nat-m. phos.$_{h}$ stann. zinc.
– **Schaukeln**, durch: *Cocc.* coff. *Petr.*
– **Schlaf**:
• **amel.**: nat-c.$_{h2}$ rhus-t.$_{a1,k}$
• **vor**: apoc.$_{a1,k}$ bry. nat-m.$_{a1,k}$ sol-ni.
• **im**: arg-met. ferr-p. nux-m.$_{bg1}$ puls.$_{a1,k}$ seneg.
• **nach**: alum. androc.$_{srj1}$ apoc.$_{a1,k}$ arund. asar. borx. caust. cupr. cupr-ar. dig.$_{a1,k}$ ham.$_{a1,k}$ hydrog.$_{srj2}$ kali-c.$_{h}$ *Lach.* *Lob.* luna$_{kg1}$ mur-ac. op.$_{a1,k}$ paull.$_{a1}$ spong.$_{a1,k}$ squil. sulph.$_{a1,k}$ tarent.$_{a1,k}$ thuj. **Verat.** zing.$_{a1,k}$
• **Mittagsschlaf**, nach dem: zinc.$_{h}$
• **Schläfrigkeit**; mit: nux-m.$_{c1}$
– **Schleim**, durch:
• **Brust**, in der: sulph.$_{h}$
• **Hals**, im inneren: *Caust.* guaj.$_{h,k2}$
– **Schließen** der Augen; beim: *Lach.* sabad. tab.$_{k2}$ *Ther.*
• **amel.**: con.$_{a1,k}$
– **Schluckauf**, mit: lach.$_{a1,bg1}$
– **Schlucken**, beim:
• **amel.**: cocc.
• **Speichel**, von: ant-t. *Colch.* dig. dios. lach. lyc. rhod. spig. sulph.
– **Schmerzen**; bei den: acon.$_{bg2}$ aloe androc.$_{srj1}$ ant-t.$_{bg2}$ ars. calc.$_{bg2}$ carb-v.$_{bg2}$ **Caust.**$_{bg2}$ *Chel.* chim-m.$_{hr1}$ coloc.$_{k2}$ crot-t.$_{a1,k}$ graph.$_{bg1}$ *Ip.* lyc.$_{bg2}$ naja$_{gm1}$ nat-m. *Nux-v.*$_{bg2}$ sep.$_{a1,k}$ sphing.$_{a1}$ spig.$_{a1,k}$ ther.$_{k2}$
• **Abdomen**, im: ant-t. *Arg-n.* *Arn.* ars. arund. bism. chel. **Coloc.** crot-t. *Gran.* grat. haem. hep.$_{h}$ *Ip.* *Kali-c.* *Kreos.* lyc.$_{h}$ **Nux-v.** *Ox-ac.* *Ph-ac.* plb. sep. staph.$_{h}$ sulph. ter. zinc.$_{h2,k}$
• **Brust**, in der: croc.
• **Halsgegend**, in der: bamb-a.$_{stb2}$ carb-v.$_{h}$
• **Hals**, im inneren: arag.$_{br1}$
• **Herzen**, im: spig.
• **Kreuz**, im: glon.
• **Magen**, im: ars.$_{h}$ kali-n.$_{h}$
• **Ohr**; im: dulc.$_{a1}$
• **Rücken**, im: *Sep.*
• **agg.**: sang.$_{bg1}$
– **Schneuzen** der Nase
• **agg.**: sang.$_{bg1}$
• **beim**: Hell.$_{a1}$ sang.$_{bg3,vh}$ sulph.$_{vh}$

– **Schwäche**; mit
☞ ☐ Allgemeines - Schwäche - begletet von - Übelkeit
– **Schwangerschaft**:
• **während**: acet-ac.$_{br1,bro1}$ acon. ail. alet. anac. *Ant-c.* *Ant-t.* *Ars.* **Asar.** *Bry.* cadm-s.$_{c1}$ carb-ac. *Carb-an.* carb-v.$_{k2}$ castm. cimic. cod. *Colch.* *Con.* *Cupr-ar.* ferr. ferr-ar. ferr-p. *Hell.* hydrog.$_{srj2}$ ing.$_{bro1}$ *Ip.* *Iris* *Jatr-c.* kali-ar. kali-br.$_{k,kr1,*}$ *Kali-c.*$_{hr1,k}$ kali-p. **Kreos.** **Lac-ac.** *Lac-c.* *Lac-d.* lac-v-c.$_{c2}$ *Lach.* laur. *Lil-t.* lob. *Lyc.* *Mag-c.*$_{c2,k}$ *Mag-m.*$_{c2,k}$ merc.$_{k2}$ *Merc-i-f.* *Nat-m.* *Nux-m.* **Nux-v.** *Ox-ac.* *Petr.* ph-ac.$_{c2}$ *Phos.* pilo.$_{c2}$ plat. plb. *Podo.* *Psor.* *Puls.* **Sep.** *Sil.* staph.$_{c2,k}$ *Sul-ac.* sulph. *Sym-r.* **Tab.** tarent. verat.
• **als** wäre sie schwanger: luna$_{kg1}$
– **Schweinefleisch**, nach: ham.$_{a1,k}$ *Ip.* **Puls.**
– **Schweiß**:
• **amel.**: glon.$_{bg1,bg2,*}$
• **während**: *Corn.* *Ferr.* *Graph.* *Lob.* merc. **Nux-v.** *Sep.* sulph. zinc.
– **Schwindel**, beim
☞ ☐ Schwindel - Übelkeit
– **Seekrankheit** ●: aml-ns.$_{c2}$ apom.$_{c2}$ aq-mar.$_{c1,c2}$ arn.$_{c1}$ ars.$_{c2}$ borx.$_{bro1,c2}$ caps.$_{c2}$ *Carb-ac.* cer-ox.$_{c2}$ chlf.$_{hr1}$ **Cocc.**$_{c2,k}$ colch. **Con.** cuc-p.$_{c1,c2}$ **Euph.**$_{st}$ **Euph-c.**$_{c2,st}$ *Glon.*$_{c2,k}$ hyos. ip.$_{bro1}$ *Kali-bi.* *Kreos.*$_{c2,k}$ lac-ac. nat-m. nicot.$_{c2}$ **Nux-v.**$_{c2,k}$ **Petr.**$_{c2,k}$ sanic.$_{c1,c2,*}$ *Sep.* *Staph.*$_{c2,k}$ **Tab.**$_{c2,k}$ ther.$_{br1,k,*}$
☞ ☐ Allgemeines - Fahren - Schiff - agg.
• **Schließen** der Augen: ther.$_{st}$
• **amel.**: cocc.$_{st}$
– **Singen**:
• **agg.**: ptel.$_{bg1,bg2,*}$
– **Sitzen**: acon. alum. ars. bry. calc-ar. carb-an. cor-r. hep. mag-c. mag-m.$_{h}$ phos. rhus-t. rob. tarax.
• **aufrechtes** Sitzen:
• **amel.**: hydrog.$_{srj2}$
• **Aufsetzen**; beim:
• **Bett**; im: androc.$_{srj1}$ *Bry.* chin.$_{c1}$ **Cocc.** cor-r. pic-ac.$_{k2}$ rhus-t.$_{h}$ sulph. zinc.
• **gebeugtes** Sitzen amel.; nach vorne: zinc.
• **Hinsetzen**, beim: calc-ar. hydrog.$_{srj2}$ zinc.$_{h}$
– **Sonnenhitze**, in der: *Carb-v.*
– **Speichelfluß**, mit
☞ ☐ Mund - Speichelfluß - begletet von - Übelkeit
– **Speisen**:
• **Anblick** von; beim: aeth.$_{br1}$ alum-sil.$_{k2}$ ant-t. **Colch.** dig.$_{c1}$ eup-per.$_{k2}$ *Kali-bi.* *Kali-c.* *Lyc.* merc-i-f. mosch. *Ph-ac.* sabad. sil. sphing.$_{k,kk3}$ squil. *Sulph.* tub.$_{a1}$ xan.
• **Gedanken** an; beim: alum-sil.$_{k2}$ androc.$_{srj1}$ ant-c.$_{k2}$ ant-t.$_{k2}$ *Ars.*$_{a1,k}$ bamb-a.$_{stb2}$ borx. bry. carb-v.$_{bg1,h,*}$ *Chin.* **Cocc.** **Colch.** eup-per.$_{k2}$ graph. hydrog.$_{srj2}$ mag-c. mosch. *Sars.* *Sep.*$_{h,k,*}$ sulph. *Thuj.*$_{a1,k}$ zinc.
• **Gegessenes**: arg-met. cann-s.$_{h}$ graph. *Sars.*
• **Suppe**: **Colch.**
• **Genuß** der Speisen; mit: dig.
• **Geruch** von Speisen; durch den: ant-c.$_{k2}$ *Ars.* *Cocc.* **Colch.** *Dig.* eup-per.$_{a1,k}$ hydrog.$_{srj2}$ *Ip.* podo. *Sep.* stann. *Thuj.* tub.$_{a1}$

• **Geruch** von Speisen; durch den: ...
 • **Bier**: phos.
 • **Eier**: **Colch.**
 • **Fisch**: **Colch.**
 • **Fleisch**: *Colch.* eup-per.
 • **Hammelfleisch**: ov.
 • **Kaffee**: arg-n.
 • **Knoblauch**: hydrog.$_{srj2}$
 • **Orangen**: *Cit-v.*
 • **Spirituosen**: psil.$_{ft1}$
 • **Suppe**: **Colch.**
• **reichhaltige**, fette Speisen; durch: ant-c. carb-an. cycl. dros. *Ip.* *Nit-ac.* **Puls.** sep. *Tarax.*
• **warme** Speisen: phos.$_{k2}$
– **Sprechen**, beim: alum.$_{a1,k}$ borx. ptel.$_{a1,k,*}$ ther.$_{c1,k2}$
– **Spucken**, Ausspucken; durch: led.$_{k,ptk2}$
– **Stecken** der Hände in warmes Wasser
 ☞ *warm - Wasser*
– **Stehen**, im: *Agn.* *Alum.* alumn. androc.$_{srj1}$ arg-met.$_{h}$ arn.$_{bg1,bg2}$ colch. crot-h.$_{a1,bg1}$ dict.$_{bg1}$ hep.$_{bg1,h,*}$ *Ign.* mag-m. merc.$_{bg1}$ petr. ph-ac. puls.$_{bg1,bg2}$ tarax.$_{bg1}$
• **amel.**: tarax.
– **Sterben**, tödlich; wie zum: all-c. ant-c.$_{bg3}$ arg-n. *Ars.* *Cadm-s.* *Camph.* cocc.$_{bg3}$ **Crot-h.** *Dig.*$_{k,k2,*}$ erio.$_{a1}$ euph.$_{a1}$ ferr-p.$_{hr1}$ hell.$_{h}$ **Ip.** kali-c.$_{k2}$ lac-d.$_{k2}$ linu-c.$_{a1}$ **Lob.** *Med.*$_{vh}$ podo.$_{k2}$ ptel.$_{a1}$ puls.$_{bg3}$ sep.$_{k2}$ **Tab.**
– **Stuhlgang**:
• **amel.**: con.$_{a1,k}$ ferr.$_{a1,k}$ ip.$_{h}$ mur-ac.$_{a1}$ raph.$_{a1,k}$ sang.$_{a1,k}$ thuj.$_{h}$
• **vor**: acon. ant-t. bry. calc.$_{a1,k}$ chel. cimic.$_{a1,k}$ cycl. dulc. grat. hell. hydr.$_{a1,k}$ ip.$_{a1,k}$ *Merc.* oena. *Podo.* *Rhus-t.* rumx. ruta *Sep.*$_{a1,k}$ staph.$_{a1,k}$ *Verat.*
• **während**: agar. ant-t. apis *Ars.* ars-s-f.$_{k2}$ *Bell.* cham. chel. coll.$_{a1}$ coloc. crot-h. crot-t. ferr.$_{a1,k}$ *Glon.*$_{a1,k}$ gnaph. grat. guaj.$_{a1,k}$ hell.$_{a1,k}$ *Ip.* jatr-c. *Kali-ar.* *Kali-c.* *Merc.*$_{a1,k}$ merc-i-f. *Nit-ac.* *Podo.* *Puls.* *Rhus-t.* sang.$_{a1,k}$ *Sil.* *Sulph.* *Verat.*
• **nach**: acon.$_{bg1}$ ant-t. apoc.$_{a1,k}$ bufo cain. *Caust.*$_{a1,k}$ con.$_{bg1}$ crot-t. hyper.$_{bg1}$ *Kali-bi.* kalm.$_{a1,k}$ lyss.$_{bg1}$ mag-c. mag-m.$_{a1,k}$ merc-c.$_{bg1}$ mur-ac. *Nat-m.* nit-ac.$_{a1,k}$ ox-ac. petr.$_{a1,k}$ *Sil.* ter. thuj.$_{bg1}$ verat. zing.
• **Stuhldrang**, bei: androc.$_{srj1}$ *Dulc.*$_{h,k,*}$
– **Suppe**: acon.$_{a1,k}$ *Carb-v.* chel.$_{a1,k}$ stann.$_{h}$
• **amel.**: castm. kali-bi.$_{a1,k}$ mag-c.$_{a1,k}$ nat-c.$_{a1}$
• **Gedanken** an; beim
 ☞ *Speisen - Gedanken - Suppe*
• **Geruch** von; durch den
 ☞ *Speisen - Geruch - Suppe*
– **Süßigkeiten**, durch: acon.$_{bg1,bg2,*}$ *Arg-n.* cycl.$_{bg1}$ **Graph.** *Ip.* merc.$_{bg1,bg2}$ rhodi.$_{br1}$ tarax.$_{bg1}$
– **Tabak**:
• **Gedanken** an; beim: kali-br.$_{a1,k}$
• **Geruch** von: phos.$_{a1,k}$
• **Rauchen** (von Tabak): *Cocc.*$_{a1}$ granit-m.$_{es1}$ ign.$_{a1}$ *Nux-v.*$_{a1}$ *Op.*$_{a1}$ phos.$_{a1}$ puls.$_{a1}$
– **Tee**, nach: *Aesc.* choc.$_{srj3}$ hydrog.$_{srj2}$
– **tödlich**
 ☞ *Sterben*
– **Träume**, durch: arg-met.$_{ptk1}$ arg-n.$_{a1,k}$
– **Treppensteigen**, schnelles: glon.$_{a1,k}$
– **Trinken**:
• **amel.**: **Bry.**$_{a1,k}$ digox.$_{a1}$ euphr.$_{a1,k}$ *Lob.*$_{a1,k}$ *Med.*$_{vh}$ *Paeon.*$_{a1,k}$ *Phos.*$_{a1,k}$ samb.
• **beim**: bry.
• **nach**: agar.$_{a1,k}$ anac.$_{a1,k}$ ant-t.$_{a1,k}$ arn. *Ars.* bry. calc.$_{c1}$ camph. carb-an.$_{a1,k}$ chin.$_{a1,k}$ *Cimx.* **Cocc.**$_{a1,k}$ crot-t.$_{a1,k}$ cycl. dig. digin.$_{a1}$ *Eup-per.* gamb. hydrog.$_{srj2}$ kali-bi. *Lach.*$_{a1,k}$ lyc. med.$_{c1,k2}$ nat-ar. *Nat-m.*$_{a1,k}$ nit-ac.$_{a1,k}$ *Nux-v.*$_{a1,k}$ *Phos.*$_{a1,k}$ **Puls.**$_{a1,k}$ rhus-t.$_{a1,k}$ sil. teucr. wies.$_{a1}$
• **Wasser**; nach Trinken von:
 • **kaltem** Wasser und danach Hinlegen: lach.$_{k2}$
– **Trinkern**; bei
 ☞ *Alkoholikern*
– **Trockenheit** im Rachen; durch: **Cocc.**
– **Überessen**; nach: nux-v.$_{k2}$
– **Überhitzung**, nach: *Ant-c.*
– **Unmöglichkeit** sich zu übergeben; mit: *Nux-v.* tub.$_{a1}$
– **Urin** zurückhält; wenn er den: cur.
– **Urinieren**:
• **amel.**: nat-p.$_{bg1}$
• **nach**: ant-c. castm. dig.$_{c1}$ merc. pareir.
 • **reichlichem**; nach: dig.$_{h}$
– **warm**:
• **Ofen**, am warmen: *Laur.*
• **Wasser**; beim Stecken der Hände in warmes ●: **Phos.**
• **Zimmer**, im warmen: agar. carb-v. euphr. **Lyc.** *Mez.* **Nat-c.** paeon. *Phos.* *Puls.* sep. **Tab.** verat. vesp. zing.
 • **Eintreten** aus dem Freien in ein warmes Zimmer: *Alum.* *Am-m.* calc-s. *Puls.* sep.
– **Waschen**:
• **beim**: bry. zinc.$_{bg1,h}$
• **Wäsche**; nach dem Waschen der: ther.$_{c1}$
– **Wasser**:
• **Anblick** von Wasser; durch den: phos.
• **Denken** an Wasser; beim: ars-h.
• **Trinken**, nach
 ☞ *Trinken - nach*
– **Wechselfieber**: iod.$_{a1}$ mosch.$_{a1}$ *Sep.*$_{a1}$ **Tab.**$_{a1}$
• **nachts**, vor einem Anfall von: *Eup-per.*$_{hr1,k}$
– **Wein**:
• **amel.**: coc-c.$_{a1,k}$
• **nach**: *Ant-c.* bry.$_{a1,k}$ carb-an.$_{a1,k}$ phos.$_{a1,k}$ **Zinc.**$_{a1,k}$
• **sauren** Wein, durch: **Ant-c.**
– **Weinbrand**, Brandy:
• **amel.**: ars.
– **Wellen**; in: bamb-a.$_{stb2}$
– **Wind**; beim Gehen gegen den: plat.$_{h}$
– **Zähneputzen**, Zähnebürsten; beim: ars-i.$_{k2}$
– **Zittern**; mit: hydrog.$_{srj2}$
– **Zorn**; nach: granit-m.$_{es1}$
– **Zugluft**
 ☞ *Luft - Zugluft*
– **Zusammendrücken** des Abdomens; beim: asar.

Überladen; wie
☞ *Schweregefühl / Völlegefühl*

Übersäuerung: *Arg-n.*c2 *Calc.*c2 calc-ar.c2 *Carb-v.*c2 cham.c2 lob-s.c2 lunac2 par.c2 podo.c2 prun-v.c2 rob.c2 *Sul-ac.*c2
☞ *Aufstoßen; Art des - sauer / Sodbrennen*

Umgekehrte Peristaltik: nux-v.k2

Unangenehmes Gefühl: phos.h
– **Bücken** amel.: nat-m.h

Unbehaglichkeit: aeth.a1,k alumn.a1,k *Ars.* asc-c.a1 atro.a1 bamb-a.stb2 bell.a1,k bor-ac.a1 *Canth.* carb-ac.a1,k cimic.a1,k cinnb.a1,k *Colch.*a1,k crot-t. cycl. dig.a1,k dios.a1,k dirc.a1 erech.a1 fago.a1,k glon.a1,k grat. gymno. hydr-ac.a1 iris kali-bi.a1,k kali-i.a1,k kalm.a1,k lith-c. lob.a1,k lobin.a1 mur-ac. naja osm.a1,k phos.a1,k prin.a1 ptel.a1,k ruta sabad. sec.a1,k sep.a1,k sol-t-ae.a1,k tarent.a1,k verat-v.a1,k zinc.a1,k
– **Alkoholikern**; bei: alumn.k1
– **Bücken** amel.: nat-m.h

Untätigkeit, Trägheit: ail.a1,k aloe bell.a1,k *Carb-v.* *Hydr.*hr1,k manc.a1,k *Op.* ran-s.a1,k *Sil.*a1,k

Verdauung:
– **langsam**: alum.h aur-m.k2,st aur-s.k2 bar-s.k2 berb.st calc.k2 calc-sil.k2 **Chin.**st1 *Corn.*st1 corn-f.st1 cycl.st1 eucal.st ferul.c2 haliae-lc.srj5 *Lyc.*st nit-m-ac.c2 *Nuph.*st1 *Nux-v.*st *Op.*st *Par.*c2,st podo.k2 puls.k2 *Sabin.*st sanic.c2 *Sep.*st **Sil.**st1 **Tarent.**st1
☞ *Verdauungsstörung*

Verdauungsstörung (= einschließlich Beschwerden nach sonst nicht beschriebenen Substanzen): abies-c.c2 abrot. alet.c2,k2 all-c.k2 **Alum.** alum-p.k2 am-be.c2 ambr. ambro.c2 anac. ant-c.br1 ant-s-aur.c2 ant-t.k2 *Ars.*c2,k *Ars-i.* ars-s-f.c2 asc-c.c2 atha.c2 **Bar-c.** *Bar-i.* **Bar-m.** bell-p.c2 berb. **Bism.** borx.h cact.c2 cadm-br.c2 cadm-s.c2,k2 calad. **Calc.** calc-ar.c2,k **Calc-s.** *Carb-ac.* *Carb-an.* **Carb-v.** carc.br1,fb cent-cy.lsr4 **Chel.** **Chin.** chloroc-w.bta1 cinnmd-c.lsr3 *Coff.* *Coll.* corn-f.br1 euonin.c2 eup-per.c2 eup-pur.c2 fab.br1 felc2 ferr.k2 *Ferr-p.* galan.lsr4 *Graph.* haem.c2 hell-o.c2 **Hep.** *Hom.* **Hydr.** ign. iod. **Ip.** kreos.k2 lac-ac.c2 **Lac-d.** *Lach.* lepi.c2 lob-d.c2 lob-e.c2 **Lyc.** mag-c.k2 *Mag-m.* mang.k2 marb-w.es1 *Merc.* mez.h mur-ac.h,k2 nat-ar. **Nat-c.** *Nat-m.* *Nux-m.* **Nux-v.** **Olnd.** *Op.* ox-ac.c2 par. paraf.c2 peps.c1 **Petr.** *Ph-ac.* phos.h plb.k2 psil.ft1 *Ptel.* **Puls.** rumx.c2,k2 sabb.bwa3 *Sang.* sanic.c2 sars.k2 *Sep.* sil.h spong. squil. stann. stry-af-cit.bro1 sul-i.k2 **Sulph.** *Tarent.* valer. vesp-xyz.c2 vichy-g.c2 wies.c2 wildb.c2 wye.c2 zinc.h,k2 zing.
☞ *Verdauung - langsam / Verdorben*
– **morgens**: bufo
– **abends**: ambr. chin.
◆ **begleitet** von:
• **Speichel**:
  • **zäh**: *Nat-m.*kr1,vk1
• **Speichelfluß**:
  choc.srj3 *Nat-c.*kr1,vk1 *Nat-m.*kr1,vk1

Verdauungsstörung - begleitet von: ...
• **Zunge**:
  • **blasse** Zunge: *Kali-c.*kr1,vk1
  • **gelbe** Farbe der Zunge:
    • **schmutziggelb**: arn.kr1,vk1
  • **graue** Farbe der Zunge: *Kali-c.*kr1,vk1
  • **Ränder** der Zunge; reine: arg-n.hr1,kr1,*
  • **spitze** Zunge: chel.kr1,vk1
  • **weiße** Farbe der Zunge: arg-n.kr1,vk1 *Lyc.*vk1
    • **gelblichweiß**: najakr1,vk1
– **alte** Menschen ●: abies-n.br1 *Chinin-s.*
– **Angst**; durch: phos.k2
– **Ärger**, Verdruß; nach ●: **Cham.** **Ip.** tarent.
– **Arzneimitteln**; nach Mißbrauch von ●: **Nux-v.**
– **Baden**; durch kaltes: ant-c.br1
– **Bewußtlosigkeit**; mit: cic.br1
– **Birnen**, nach: borx.
– **Bücken**, durch: merc.h
– **Butter**; nach Essen von: puls.k2
– **Eier**, durch: chinin-ar. colch. ferr. ferr-m.
– **Eiscreme**, durch: *Ars.* *Carb-v.* ip. **Puls.**
– **Erschöpfung**; mit geistiger
☞ *❑ Gemüt - Erschöpfung - Verdauungsstörung*
– **Essen**:
• **ständiges** Essen; durch: aeth.k2
• **Überessen**; durch: iod.k2
  • **etwas** zu viel ißt; wenn er nur: nux-m.c1 .
– **fette** Speisen, durch: kali-m.vh
– **Fisch**, nach: *Chinin-ar.*
– **Fleisch**, durch: *Ferr.*a1,k *Ferr-p.* *Ptel.* sil.h
– **Furcht**, durch: **Phos.**vh
– **Gähnen** amel.: *Castm.*vh
– **geistiger** Anstrengung, nach: arn. calc. cocc. *Lach.* **Nux-v.** *Puls.* *Sulph.* verat.
– **geistiger** Erschöpfung; mit
☞ *❑ Gemüt*
– **gepökeltem** Fleisch, nach: act-sp.
– **Getränke**:
• **warme**:
  • **nach**: ambr. chin.c1,kr1 fl-ac.k2
– **Kaffee**, nach: aeth. *Cham.* cycl. **Nux-v.**hr1,k
– **kalt**:
• **Erkältung**, nach: *Ant-c.* *Bry.* calc.k2 *Camph.*
– **Kartoffeln**, nach: **Alum.**
– **Käse**, nach: ptel.
– **Kummer**, nach: **Ign.** tarent.a1,k
☞ *❑ Gemüt - Beschwerden durch - Kummer*
– **Mehlspeisen**, Teigwaren; durch: *Caust.* *Nat-c.* **Nat-m.** *Nat-s.* *Nux-v.* *Sulph.*
– **Milch**, nach: **Aeth.** ambr. *Ant-c.* *Calc.* **Chin.**a1,k *Iris* *Mag-c.* **Mag-m.** **Nit-ac.** *Nux-v.* **Sulph.**
– **Obst**, nach: act-sp. *Chin.* *Ip.*
• **unreifem**, nach: chinin-ar.c1
– **sauren** Speisen, nach: aloe **Ant-c.** *Nux-v.*
– **Schweinefleisch**, nach: **Cycl.** *Ip.* **Puls.**
– **schwere** Speisen; durch: ars-s-f.k2
– **Speisen**:
• **kalte**:
  • **nach**: alum. *Ph-ac.*
• **warme**:
  • **nach**: am-c. ign.k2
– **Stillstand** der Verdauung: kali-bi.k2

– **Wasser**, nach verdorbenem ●: *All-s. Ars. Podo.*
– **Wetter**:
 • **kaltes** Wetter; durch: *Dulc.*
 • **warmes** Wetter; durch: ant-c.brl
– **Zwiebeln**, nach: **Lyc.** *Puls. Thuj.*

Verdorben: acon.k2 aesc.k2 aeth.c2 agn.a1,k2 alum-sil.k2 **Ant-c.**c2,k ant-t. **Arg-n. Ars.**a1,k **Asaf.** astac.c2 berb.k2 **Bry.** calc.k2 calc-ar.k2 calc-p.k2 *Caps.* **Carb-v.**c2,k *Caust. Cham.* **Chin.** *Chinin-ar.* cinak2 *Coff.* corn-f.brl crat.brl ferr.k2 gent-l.c2 *Graph. Hep.* hydr.k2 iod.k2 **Ip.** kali-ar. **Kali-bi.**a1,k *Kali-c.* kali-i.k2 kali-p. kali-s. lac-c. *Lob.* **Lyc.**a1,k mag-m.c2,k2 **Merc.** *Mez.* mosch.k2 mur-ac.c2 nat-ar. *Nat-c.*a1,k **Nat-m.** *Nat-p.* **Nat-s. Nux-v.** *Petr. Phos.*a1,k podo.k2 psil.ft1 *Psor. Ptel.* **Puls.**a1,k rheumc2 rob. sang.k2 *Sars. Sep. Sul-ac.*a1,k sul-i.k2 sulph.k2 *Tarent.*a1,k *Thuj.*a1,k **Verat.**
 ☞ *Verdauungsstörung*
– **Abend**, jeden: ambr.gsy1
– **nachts**, Gefühl wie verdorben: phos.h
◆ **begleitet** von:
 • **Schnupfen**: carb-v.k2 nux-v.k2
– **Ärger**, Verdruß; nach: **Cham.** *Ip.*
– **Austern**, durch ●: brom.k2 *Bry.* **Lyc.**
– **Bier**, nach: aloe ferr. kali-bi. *Sulph.*
– **Brot**, nach: bry. **Caust.** lyc. *Merc.* nat-m. sars. *Sep.*
– **Eier**, durch: chinin-ar.
– **Eiscreme**, durch: **Ars.** *Calc-p. Carb-v.* **Puls.**
– **Erdbeeren**, durch: ox-ac.vh
– **Erkältung**, nach einer: *Ant-c. Bry.*
– **Erregung** des Gemütes; durch: aeth.k2 *Bry. Cham.* chin. cinak2 coloc. *Nux-v.* ph-ac. staph.
– **Erschöpfung**; bei geistiger: aeth.k2
– **fetten** Speisen, nach ●: *Caust. Kali-m.*vh *Nat-p. Ptel.* **Puls.** *Sep. Sulph.*
– **Fisch**, durch: chin.k2 chinin-ar.
– **Fleisch**, durch frisches: *Caust.*
– **Gebäck**; nach: puls.k2
– **geistige** Anstrengung, durch: arn. calc. cocc. *Lach. Nux-m.* **Nux-v.** *Puls. Sulph.* verat.
– **geistiger** Erschöpfung; bei
 ☞ *Erschöpfung*
– **Getränke**:
 • **kalte** Getränke: calc-p.k2
 • **warme** Getränke:
  • **amel.**: bry.k2
  • **nach**: fl-ac.k2
– **Herzversagen**, mit: crat.brl
– **Käse**, nach schimmligem: *Ars.*
– **Koitus**, nach: *Dig.*
– **Menses**:
 • **während**: cop.brl
 • **unterdrückte** Menses; durch: bry.k2
– **Milch**, nach: alum. ars. ars-s-f.k2 *Bry. Calc.* calc-ar.k2 *Chin. Iris* kali-c. lac-d.k2 *Lyc.* merc.k2 nat-ar. *Nat-c.* nat-p. **Nit-ac.** *Sep.* sul-ac. *Sulph.* zinc.
– **Mittagessen**, nach dem: mag-c.h
– **Obst**, nach: act-sp. **Ars.** *Bry.* calc-p.k2 **Chin.** *Lyc.*
– **Pfirsichen**, nach: *Psor.*

Verdorben: ...
– **Sauerkraut**, nach: *Bry.* petr.h
– **Säuren**, nach: *Ant-c. Caust.* ferr. *Sep.*
– **sauren** Wein; durch
 ☞ *Wein - sauren*
– **Schnupfen**; bei
 ☞ *begleitet von - Schnupfen*
– **Speisen**; kalte:
 • **nach**: calc-ar.k2
– **Süßigkeiten**: merc.k2
 • **durch**: arg-n.k2
– **Urtikaria**, nach: cop.brl
– **Vorwürfen**; nach: cinak2
 ☞ ❑ *Gemüt - Empfindlich - Vorwürfe*
– **warme** Suppe amel.: nat-c.h
– **Wein**; durch: chin.k2
 • **sauren** Wein: ant-c.k2 nat-m.k2
– **Wetter**, bei stürmischem: petr.h

Vergehendes Gefühl
 ☞ *Leeregefühl*

Verhärtung:
○ **Magenwände**, der: *Acet-ac.* **Ars.** bar-c. con. *Kreos. Lyc. Mez. Nux-v.* phos. thuj. verat.
– **Pylorus**: sep.c2 *Sil.*

Verlangen nach Speisen und Getränken
 ☞ ❑ *Allgemeines - Speisen*

Verschlucken von Luft: plat.h

Verschluß des Pylorus; Gefühl von: lach. nux-v. phos.
 ☞ *Eng*

Verwachsung des Zwerchfelles; Gefühl von: mez.h

Völlegefühl: acon. aesc. agar. aloe alum. alum-p.k2 alumn. am-c. am-m. anan. *Ant-c.* ant-t. apis *Arg-n.* arn. ars. ars-i. ars-s-f.k2 asaf. asar. aur-s.k2 bamb-a.stb2 bapt. *Bar-c.* bar-i. bar-m. *Bell. Bov.* brach. brom. *Bry.* but-ac.brl *Calc.* calc-i.k2 *Calc-p.* calc-s. calc-sil.k2 camph. canth. carb-ac. carb-an. **Carb-v. Carbn-s.** casc. *Castor-eq.* **Caust.** cedr. cham. **Chin.** chinin-ar. *Chinin-s.* choc.srj3 cob. coc-c. *Cocc.* coff. *Colch. Coloc. Con.* corn. crot-t. *Cycl.* daph. dig. *Dulc.* eup-per. eup-pur. euphr. *Ferr.* ferr-ar. ferr-i. *Ferr-p. Fl-ac.* gent-c. gink-b.sbd1 *Graph. Grat.* gymno. *Hell. Hydr.* hyos. hyper. *Ign.* ind. iod. ip. iris jac-c. kali-ar. kali-bi. **Kali-c.** kali-m.k2 *Kali-n. Kali-p.* kali-s. kali-sil.k2 *Kreos.* lach. lachn. laur. lec. lith-c. *Lob.* **Lyc.** mag-c. *Manc.* mang. *Merc.* merl. mez. mill. *Mosch.* mur-ac. myric. nat-act.k2 *Nat-c. Nat-m.* nat-p. *Nat-s.* nicc. **Nux-m.** *Nux-v. Ol-an. Op.* par. petr. phel. **Phos.** plat. plb. *Prun. Puls.* ran-s. raph. rat. *Rheum Rhus-t. Rob.* rumx. sabad. *Sabin. Sec.* sil. sphing.kk3 spong. squil. *Stann.* staph. *Sul-ac.* sul-i.k2 **Sulph.** tarent. tell. tep. tril-p. valer. xan.c1 zinc.
 ☞ *Schweregefühl*
– **morgens**: am-m. asaf. nat-c.h phos.h ran-s. rhod. sep.hr1 sulph.
 • **Erwachen**, beim: sulph.

– **morgens**: ...
  • **nüchtern**, wenn: bar-c. plat.
– **mittags**: ox-ac. sep. sulph.
  • **Brot** und Milch, nach: arg-n.
  • **Essen**, nach dem: ox-ac.
– **nachmittags**: am-m. calc. chinin-s. coca *Sulph.*
– **abends**: ars. dios. eupi. hyos.h nat-c. phos.
  • **Bett**, im: *Nat-s.*
  • **Essen**, beim: cham.h
    • **nach**: kali-bi.
– **nachts**: sphing.kk3
  • **Mitternacht**: crot-t.
  • **Zubettgehen**, beim: rumx.
◆ **begleitet** von:
  • **Durst**
    ☞ *Durst - begletet von - Völlegefühl*
– **Abendessen**, nach dem: carb-v. chinin-s.
– **Atembeklemmung**, mit: lac-d.k2 *Nat-s.* nux-m. *Nux-v.* prun.
– **Aufstoßen** amel.: *Carb-v.* euphr. iris mag-c. *Nux-v.* phos. sil.
– **Brot**, nach: **Caust.**k,k1
– **Erbrechen** amel.: kali-c.h
– **Erwachen**, beim: myric. sulph.
– **Essen**:
  • **beim**: cham.h
  • **nach**: aesc. agar. alum. alum-sil.k2 **Am-c.** *Ambr. Anac.* ant-c. *Apoc. Arg-n.* arn. *Ars.* ars-s-f.k2 aspar. aur. aur-m. bamb-a.stb2 *Bar-c.* bar-m.k2 *Bism. Borx. Bry. Calad. Calc.* calc-ar.k2 calc-s. calc-sil.k2 carb-ac. carb-an. **Carb-v.** carbn-s. cham. **Chin.** chinin-ar.k2 *Chinin-s.* cimic. **Colch.** *Cop.* dig.br1,k **Ferr.** *Ferr-i.* ferr-p. *Grat. Hep. Hydr.* kali-ar. kali-bi. *Kali-c.* kali-s. *Lac-ac. Lach.* lil-t. **Lyc.** mez. mosch. myric. nat-ar. nat-c. *Nat-m.* nat-p. *Nat-s.* nicc. *Nit-ac. Nux-m.* **Nux-v.** petr. ph-ac. *Phos. Pic-ac.* plb. *Ptel. Puls.* rheum *Rhus-t.* sep. *Sil. Spong. Stann.* sul-ac. *Sulph.* tab. verat. zinc. zinc-p.k2
    • **amel.**: arg-n. ferr. mang.
    • **wenig**, nach dem kleinsten Bissen; nach noch so: agar. alet. alum. alum-sil.k2 *Apoc.* arg-n.dgt bar-c. bar-s.k2 *Carb-an.* **Chin.** croc. crot-t. cycl. *Dig.*br1,k elaps **Ferr.** *Ferr-i.* gink-b.sbd1 *Kali-c. Kali-s.* **Lyc.** *Manc.* nat-ar. *Nat-m. Nux-v.* petr. *Ptel.* rhod.k2 rhus-t. senec.bg1 sep. *Sil. Sulph.* thuj. verat.
– **Frost**; während: cocc.
– **Frühstück**, nach dem: alum. ars-s-f.k2 phos. ptel. sulph.
  • **Hungergefühl**, mit: am-m.
– **Gehen**, nach dem: colch. ferr.
– **Hunger**, bei: am-m. arg-met. asaf. asar.h
– **Kaffee**, nach: canth.
– **Kleidung** agg.: *Gels.*
– **langsame** Verdauung; durch: puls.k2
– **Menses**, während: am-c. kali-c. *Kali-p.*
– **Mittagessen**, nach dem: agar. alum.h ant-c. castm. *Clem.* dig. grat. kalm. nat-m. petr. zinc.
– **Pizza**; nach: bamb-a.stb2
– **Schlaf** amel.: *Phos.*
– **Schwangerschaft**; während der: **Nux-m.**

Völlegefühl: ...
– **Speisen**; beim Anblick oder durch den Geruch von: dig.br1
– **Suppe**, nach der: prun.
– **Trinken**, nach dem: aloe aspar. *Manc.* nat-m. sin-n. tab.
– **Wasser**, nach: aloe
– **Wein**, nach: rhus-t.
– **Wetter**:
  • **nasses** Wetter agg.: merc.k2
– **Widerspruch**, nach: *Nux-m.*

Wasser, Gefühl von:
– **schwimmen** würde; als ob der Magen in Wasser: abrot.br1
– **voller** Wasser, wie: coc-c.rb2 grat.bg1,bg2 **Kali-c.** laur.bg1,bg2 mag-c.bg1,h,* mill. *Ol-an.* phel.rb2

Wein; vollständige Unverträglichkeit von: ars.

Widerwille
  ☞ *Ekel*

Winden, Drehen, Verdrehen im Magen: agar.a1,k *Alum.*a1,k *Arg-n.*a1,k ars.a1,k *Bar-c.* bry.a1,k calc. chin. cic. *Cocc.*hr1,k crot-c. dios. gran.a1,k grat.a1,k iris kali-bi. kali-c.a1,k kali-chl. *Lyc.* mez. nat-m.a1,k *Nux-m. Nux-v.* ol-an.a1,k ox-ac.a1,k ph-ac.a1,k phos.a1,k plat.a1,k *Plb.* sars.a1,k sep.h stry. sulph.a1,k tub.rb2 zinc-m.a1,k
– **morgens**: *Cocc.*hr1 plat.a1,k sil.h
– **vormittags**: nat-c.
– **nachts**: phos.a1,k sulph.h
– **anfallsweise**: nit-ac.h plb.
– **Essen** agg.: grat.a1,k
– **Frühstück**, nach dem: agar.a1,k sars.h sol-t-ae.a1,k
– **Liegen** darauf, beim: hydr.a1,k
– **Mittagessen**, nach dem: ol-an.a1 sars.a1 sol-t-ae.a1,k
– **plötzlich**: chin.
– **Übelkeit**, vor der: ph-ac.h
▽ **erstreckt** sich zu:
  • **Abdomen**, ins: *Arg-n.*
  • **Brust**: alum.

Wirbeln im Magen: lyc.h

Würgen: absin.br1 acet-ac.hr1,k,* *Acon.* *Aesc.*a1,k *Agar.*hr1,k ail.a1,k alum.a1,k alum-p.k2 alum-sil.k2 alumn. am-c. am-caust.a1 anac.hr1,k androc.srj1 ant-c. *Ant-t.*a1,k apom.a1 arg-met. *Arg-n.*hr1,k,* *Arn.*a1,k *Ars.*a1,k ars-h.a1,k *Asar.* atro.a1,k aur.h aur-m.a1,k bapt. bar-c. bar-i. bar-m.a1,k bar-s.k2 **Bell.**a1,k bism.a1,k borx. brom. *Bry.*hr1,k,* cact.a1,k *Cadm-s.* cain. calad.a1,k camph. cann-i.a1,k canth.a1,k caps. carb-ac.a1,k *Carb-v.*hr1,k carbn-o. card-m.a1,k **Cham.** *Chel. Chin.* chinin-ar. chinin-s. chion. chlor.a1,k chr-ac.a1,k cimic.a1,k cimx. coc-c.a1,k *Cocc.* coch.a1,k coff. coff-t.a1 **Colch.**a1,k *Coloc.* con. conin.a1 crot-h.a1,k crot-t. *Cupr.*a1,k *Dig.*a1,k digin.a1 digox.a1 *Dros.* dulc.a1,k **Eup-per.**a1,k fl-ac.a1,k gels.a1,k glon.a1,k *Graph.*h,k,* *Hep.*a1,k hydrog.srj2 hyos.a1,k hyper.a1,k ign.a1,k indg.a1,k iod.a1,k **Ip.**a1,k iris jab.a1,k kali-bi.a1,k *Kali-c.*st kali-cy.a1 kali-i.a1 kali-n.a1,k kali-p.

Würgen: ...
kali-s.$_{a1,k}$ kalm.$_{a1,k}$ *Kreos.*$_{a1,k}$ lac-ac.$_{a1,k}$ *Lach.*$_{a1,k}$ led.$_{a1,k}$ lil-t. *Lob.* lobin.$_{a1}$ *Lyc.*$_{a1,k}$ mag-c.$_{a1,k}$ mag-m.$_{a1,k}$ med.$_{c1}$ meny.$_{a1,k}$ merc. merc-c.$_{a1}$ merl.$_{a1,k}$ mez.$_{a1,k}$ morph.$_{a1,k}$ mosch.$_{a1,k}$ myric.$_{a1,k}$ naja *Nat-ar.* *Nat-c.*$_{a1,k}$ nat-m.$_{a1,k}$ nat-p.$_{a1,k}$ *Nat-s.*$_{a1,k}$ nit-ac.$_{a1,k}$ nux-m. **Nux-v.**$_{a1,k}$ oena.$_{a1,k}$ olnd.$_{a1,k}$ onis.$_{a1}$ *Op.* ox-ac.$_{a1,k}$ petr.$_{a1,k}$ phos.$_{a1,k}$ phys.$_{a1,k}$ *Phyt.*$_{a1,k}$ plan.$_{a1,k}$ *Plb.*$_{a1}$ *Podo.*$_{hr1,k,*}$ psor.$_{a1,k}$ ptel.$_{a1,k}$ *Puls.* *Raph.*$_{a1,k}$ rhus-t. sabad.$_{a1,k}$ sabin. sang.$_{k2}$ *Sec.*$_{a1,k}$ seneg.$_{a1,k}$ *Sep.* sil. sin-a.$_{a1,k}$ sol-ni. squil.$_{a1,k}$ *Stann.*$_{a1,k}$ stram.$_{a1,k}$ stront-c. **Stry.**$_{a1,k}$ sul-ac.$_{a1,k}$ *Sulph.*$_{a1,k}$ *Tab.*$_{a1,k}$ tarent. tax.$_{a1,k}$ tell.$_{a1,k}$ ter. ther. thuj. *Verat.*$_{a1,k}$ viol-t.$_{a1,k}$ vip.$_{a1,k}$ zinc.$_{a1,k}$ zinc-m.$_{a1}$ zinc-p.$_{k2}$ zinc-s.$_{a1}$
☞ *Brechreiz / Übelkeit / ❑ Innerer Hals - Würgen*

– **tagsüber**: *Stann.*
– **morgens**: alum.$_{a1,k}$ dig. digin.$_{a1}$ graph.$_{h}$ hep.$_{a1,k}$ kali-c. kreos. lipp.$_{a1}$ *Nat-c.*$_{a1,k}$ nat-m.$_{h}$ *Nux-v.* phos.$_{h}$ psil.$_{ft1}$ sulph.$_{a1,k}$
 • **Aufstehen**:
  • **nach**: led.$_{h}$
  • **beim**: mosch.
 • **Ausspülen** des Mundes; beim: sulph.$_{h}$
 • **Gehen**, beim: coc-c.
– **mittags**, nach Suppe: ant-t.$_{a1,k}$ mag-c.$_{a1,k}$
– **nachmittags**: raph.$_{a1,k}$
– **abends**: dig.$_{h,k}$ hyper.$_{a1,k}$ kali-c. nat-m. phos.$_{a1,k}$ stann.$_{a1,k}$ stram.$_{h,k}$
 • **Gehen**, beim: raph.$_{a1,k}$
– **nachts**: arg-n. *Arn.*$_{a1,k}$ gamb.$_{a1,k}$ graph. *Merc.* nat-m.$_{a1,k}$ nux-v. *Puls.*$_{a1,k}$ ran-s. rat.$_{a1,k}$ rhus-t.$_{h}$ sulph.$_{a1,k}$ ther.$_{a1,k}$
 • **Mitternacht**: bell.$_{h}$
 • **1** h, beim Erwachen: rat.
– **Alkoholikern**; bei: *Ars.* asar.$_{gm1}$ *Nux-v.* *Op.*
– **Angst**:
 • **durch**: chel.$_{k2}$
 • **mit**: bar-m.$_{k2}$
– **Atemnot**, durch: am-c.
– **Aufstoßen**, durch: coloc.$_{h}$ sep.$_{h}$
– **Berührung** des inneren Halses; bei: *Coc-c.*
– **Beugen** nach vorne agg.: hydrog.$_{srj2}$
– **Bewegung**:
 • **agg.**: bry.$_{k2}$
 • **amel.**: nat-c.$_{h}$
 • **bei**: ant-t.$_{bg3}$ cadm-s.
– **Diarrhoe**, bei: **Arg-n.** crot-t. *Cupr.*
– **epileptischem** Anfall, vor: *Cupr.*
– **Erbrechen**:
 • **vor**: *Colch.*$_{a1}$
 • **nach**: ant-t. *Apis* *Ars.* **Colch.** *Sep.* stram.
– **Erregung**, durch: kali-c.$_{h}$
– **Erwachen**, nach dem: rat. sil.
– **Essen**:
 • **amel.**: *Ign.*$_{a1,k}$ nat-c.
 • **nach**: agar. am-c. bism. bry. cann-i.$_{a1,k}$ *Cham.* chin. cop.$_{a1,k}$ cycl. graph. kali-c. lac-ac. lyc.$_{a1,k}$ mag-c. nat-s. plb. puls. rhus-t.
– **Flüssigkeiten**, nach: petr.$_{a1,k}$ sul-ac.$_{a1}$ sulph.
– **Freien**, im: graph.$_{h,k,*}$
– **freudiger** Überraschung, bei: kali-bi.$_{k2}$ kali-c.
– **Frost**, vor: ip.$_{hr1}$
– **Gehen** im Freien; beim und nach dem: graph.$_{h}$
– **Gemütsbewegungen**, durch: op.$_{ptk1}$
– **Getränken**, nach kalten: anac. ip. *Nux-v.* puls. rhus-t. teucr.
– **heftig**: ant-t.$_{k2}$ *Ars.* asar. brom. cadm-s. cham.$_{k2}$ dig. med.$_{c1,k2}$ squil.$_{h}$
– **Husten**, mit: agar. *Ambr.* ant-t. *Apis* *Arg-n.* ars. ars-i. ars-s-f.$_{k2}$ aspar.$_{a1,k}$ bell. *Borx.* brom. *Bry.* bufo **Carb-v.**$_{hr1,k}$ carbn-s. caust. cench. cham. *Chin.* chinin-ar. chlor. choc.$_{srj3}$ cimx.$_{a1,k}$ **Cina** *Coc-c.* con.$_{h}$ crot-h. crot-t. cupr. *Daph.* **Dros.** dulc. ferr-m. hell. **Hep.** hydrog.$_{srj2}$ *Hyos.* ign. *Iod.* *Ip.* *Kali-ar.* kali-bi. *Kali-c.* kali-i. *Kali-s.* kali-sil.$_{k2}$ *Kreos.* *Lach.* lob. lyc. mag-m. mag-p. *Merc.* mez. *Nat-m.* **Nit-ac.** *Nux-v.* *Ol-j.* phos.$_{ptk1}$ plan.$_{a1,k}$ psil.$_{ft1}$ **Puls.** ruta sabad.$_{a1,k}$ sang. *Seneg.* *Sep.* *Sil.* *Squil.*$_{a1,k}$ stann. *Sul-ac.* sul-i.$_{k2}$ sulph. *Tab.* tarent.$_{a1,k}$ thuj.$_{a1,k}$ verat.
 • **amel.**: lach.$_{ptk1}$
– **Kaffee**, nach: caps. cham.
– **konvulsivisch**: dig.$_{a1,k}$ mag-c.$_{a1,k}$ merc-c.$_{a1,k}$ vip.$_{a1,k}$
– **Menses**, während: *Puls.*$_{a1,k}$ thuj.
– **Milch**, nach: *Calc.*
– **Mittagessen**, vor dem: carb-v.$_{h}$
– **nüchtern**, wenn: berb. kali-c.$_{a1,k}$
– **Rauchen**, nach: *Ip.* tab.
– **Räuspern** von Schleim aus den Fauces: *Ambr.* *Anac.*$_{hr1,k}$ **Arg-n.** borx. *Bry.* *Calc-p.* *Coc-c.* ip. *Kali-c.* *Merc-i-f.* nat-ar. **Nux-v.**$_{a1,k}$ osm.$_{a1,k}$ *Stann.* sulph.$_{h}$
– **Schlucken**, beim: coc-c.$_{k2}$ *Graph.* *Kali-c.* *Lach.* *Merc-c.* tab.
 ☞ *❑ Innerer Hals - Würgen - Schlucken*
 • **leeres** Schlucken agg.: *Graph.*
– **schmerzhaft**: card-m. *Merc-c.* sec. tab.
– **spasmodisch**: *Merc-c.*$_{a1,k}$ verat.$_{k2}$
– **Speichelfluß**, mit: ant-t. hep.
– **Stuhlgang**:
 • **während**: *Cupr.* *Ip.* *Nux-v.* podo.
 • **nach**: phos.$_{h}$
– **Suppe**, nach der: ars.
– **Trinken**, nach dem: anac.$_{hr1,k,*}$ ars-h. gamb. hep.$_{a1,k}$ nat-m.$_{h}$ plb.
– **vergeblich**: ant-c.$_{k2}$ *Ant-t.*$_{a1,k}$ *Arn.*$_{a1,k}$ *Ars.*$_{a1,k}$ *Asar.*$_{a1,k}$ bar-m.$_{a1,k}$ *Bell.* brom.$_{a1,k}$ *Bry.* chim-m.$_{hr1}$ chin. crot-t. cyt-l.$_{a1}$ dig. dulc.$_{a1}$ grat.$_{a1,k}$ hyos.$_{a1,k}$ ip.$_{a1,k}$ kreos. nat-ar. *Nux-v.* op.$_{a1,k}$ plb. *Podo.*$_{hr1,k}$ puls. sabin. sil.$_{a1,k}$ sul-ac.$_{a1,k}$ sulph. ther.$_{a1,k}$ verat. verat-v.$_{a1,k}$
– **warme** Getränke: *Coc-c.* nat-m.
 • **amel.**: ther.

Wurmes; Gefühl eines: cocc.$_{pd}$
☞ *Kriechen*
– **oben** zum Hals hochklettert; der von der Magengrube nach: zinc.$_{ptk2}$

Zittern, Beben im Magen: aesc.$_{a1,k}$ aeth.$_{a1,k}$ agar.$_{a1,k}$ am-c.$_{a1,k}$ arg-met. *Arg-n.*$_{a1,k}$ *Ars.* ars-i.$_{k,k2}$ brach.$_{a1,k}$ cact. calad.$_{a1,k}$ **Calc.**$_{a1,k}$ caps.$_{h}$ carb-v.$_{a1,k}$ chinin-s. cimic.$_{a1,k}$ *Crot-h.* *Elaps* ferr. graph.$_{k2}$

Zittern, Beben im Magen: ...
Ham. Ign. **Iod.** *Lyc.* mag-m. mag-s.al,k med. nat-m.al,k nat-s.al,k **Nux-v.**al,k *Phos.*al,k phys.al,k *Rhus-t.* sul-i.pd *Sulph.*al,k *Tab.* verat. xan.
– **tagsüber**: calad.
– **morgens**, beim Erwachen: agar.al,k
– **mittags**: *Sulph.*al,k
– **Essen**, beim: elaps
– **friert**, wenn er: phos.al,k
– **Frühstück**, nach dem: cimic.al,k
– **Geräusche**, durch: agar.
– **Gespräche**, durch: mag-m.
– **Hinlegen**, beim: agar.al,k cocc.vh
– **Hitze**; während: caps. ign. **Iod.** lyc.
– **Husten**, beim: aesc. nux-v.
– **Menses**, während: am-c.al,k arg-n. ferr.
– **Übelkeit**, mit: aeth.al,k calad.
– **Urinieren**, nach dem: ars.
▽ **erstreckt** sich über den ganzen Körper: iod.h *Lyc.*

Zorn: hydrog.srj2

Zucken: aesc. aloe alumn.al,k ars.al,k bry. cann-s.al,k chinin-s. coloc. *Hydr. Ign.* kali-c.h lyc. mez.h petros. phos.al,k plat. puls.al,k rat. sil. stry.al,k tab.
– **Essen** amel.: puls.al,k
– **konvulsivisch**: ars.
– **Sitzen**, im: phos.al,k
– **Umhergehen** amel.: alumn.al,k
▽ **erstreckt** sich zu:
• **Hals**; zum inneren: phos.al,k
• **Kehlkopf**: puls.al,k
• **Rektum**
☞ *Rucken - erstreckt sich - Rektum*

Zusammenschnürung: *Aesc. Agar.*al,k alco.al *Alum.*al,k alum-p.k2 am-c.hr1,k anan. *Arg-n. Ars.*al,k ars-i.k2 ars-s-f.k2 bar-s.k2 borx. cact.al,k calc.al,k calc-s.al,k carbn-s. carc.tp1 **Chel.**al,k chinin-s. clem.al,k *Cocc.*al,k colch.al,k *Coloc.*al,k crot-h. crot-t.al,k dig.h dros. elat.al,k *Euph.*al,k *Ferr. Ferr-ar.* gent-l.al,k gins.al **Graph.**h,k,* *Guaj.*al,k **Guare.**al,k hyos.al,k ign. iod-h.hs1 *Kali-bi.*al,k kali-c. kali-m.k2 kali-n.h kali-sil.k2 lach. lact. laur. *Lyc.*al,k *Mag-c.*al,k mag-m. *Manc.* meny.al,k merc.al,k merc-c. merc-i-f.al,k *Mez.*al,k morph.al,k mur-ac.al,k nat-ar. *Nat-c.* nat-m.al,k nux-v. ol-an.al,k olnd.al,k *Op.*al,k petr.al,k phos.al,k pip-m.al,k plat.al,k plb.al,k ran-s.al,k rhod. sang.al,k sars.al,k sec.al,k sep.h sphing.al,k,* spig.h stront-c. *Sul-ac.*al,k sul-i.k2 sulph.al,k tell. thea thuj.al,k tub.xxb zinc. zinc-p.k2
– **morgens**: *Kali-bi.* kali-n.h nat-m.al,k
• **Aufstehen**, nach dem: mang.al,k
– **vormittags**: nicc.al,k osm.al,k
• **Aufstoßen**, vor dem: thuj.al,k
– **nachmittags**: bar-c.al,k
• **16** h: bry.
– **abends**: nat-m.al,kl,* rat.al,k zinc.al,k
• **Bett**, im: nat-m.h
– **nachts**: mag-c.al,k rat.al,k
• **Mitternacht**:
• **vor**: nat-m.

Zusammenschnürung: ...
– **Aufstoßen** amel.: sep.h
– **Druck** mit dem Finger agg.: carb-v.h
– **Einatmen**:
• **beim**: viol-t.al,k
• **tiefes** Einatmen agg.: bry.al,k
– **Essen**:
• **amel.**: rat. *Sep. Thuj.*
• **nach**: tab.al,k
– **Konvulsionen**, vor: *Aesc.*
– **konvulsivisch**: acon-c.al apoc. cham.al,k kali-c.al,k lact.al nat-m.al,k nit-ac.al,k sec.al,k
– **Menses**, vor den: sulph.al,k
– **Mittagessen**, nach dem: gamb.al,k nat-c.al,k
– **nüchtern**, wenn: carl.al,k
– **periodisch**: *Arg-n.*al,k
– **Schnur**; wie durch eine straff gezogene: sphing.kk3
▽ **erstreckt** sich zu:
• **Brust**: alum.al,k kali-c.al sep.h
• **Hals**; zum inneren: alum.al,k coc-c.al jatr-c.c1,kr1 kali-c.al,k *Manc.*br1,rb2 sep.rb2
• **Leber**: dig.h
• **Rachen**: plb.al,k
• **Wirbelsäule**: borx.
○ **Kardia**: euph.h
• **anfallsweise**: nat-m.h
• **Schlucken**, beim: all-c. led. *Phos.*
– **Pylorus**, des: abrot.bl1 bry. cann-i.br1 *Phos.*

Zusammenziehung: *Aeth.*al,k agar. alum.al,k am-c.al,k anac.al,k arg-n.al,k *Arn.*al,k **Ars.**al,k *Ars-i.* atro.al,k bar-c.h borx.h calc.h,k **Carb-v.**al,k caust.al,k chel.al,k coca *Cocc.* coloc.al,k con.al,k **Cupr.**al,k cupr-act. eup-per.al,k euph.al,k gamb.al,k gast.al gran.al,k hydrc.al,k iod.al,k kali-bi.al,k kali-c.al,k kali-i.al,k *Laur.*al,k lyc.h mag-c.h merc-c.al,k mez.al,k nat-ar. nat-c.al,k ol-an.al,k op.al,k osm.al,k ped.al *Phos. Plb.*al,k podo.c1 psor.al,k ptel.al,k rheum sep.al,k *Sul-ac.*al,k sulph.al,k thuj. tril-p. zinc.h
– **morgens**: alum.h carb-v.al ferr.al,k
• **mittags**, bis: borx.h
• **weckt** ihn: con.h
– **abends**: *Ars.*al,k hyper.al,k nat-c.h2 rhus-t.al,k zinc.h
– **nachts**: con.h kali-c.h mag-c.h merc.al,k nat-c.h
– **ängstlich**: aesc-c.rcb1 sul-ac.h
– **Bücken**: nat-c.al,k
• **amel.**: anac.h
– **Drehen** des Körpers agg.: anac.h
– **Erbrechen**, beim: crot-t.al,k dig.al,k
– **Essen**, nach dem: bell.h bry.al,k osm.al,k
– **Gehen**:
• **amel.**: nat-c.al,k
• **beim**: castm. coloc.
– **Heben** des Armes agg.: anac.h
– **Husten**, nach dem: ars.
– **Mittagessen**, nach dem: bar-c.h mag-c.al,k nat-c.h
– **Sitzen**, im: castm. nat-c.al,k
– **spasmodisch**: *Carb-v.*

– **Stimulanzien**, nach: osm.$_{a1,k}$
– **Strecken**, beim: am-c.$_{h}$
– **Stuhlgang**, nach: mag-m.$_{h}$
– **Wurm** nach oben zum Hals kriechen; als würde ein
  ☞ *erstreckt sich - oben*
– **zusammenkrümmen**, muß sich: nat-c.$_{h}$
▽ **erstreckt** sich zu:
  • **Hypochondrien**: nat-c.$_{h}$
  • **oben** zum Hals kriechen; als würde ein Wurm nach: zinc.$_{ptk1}$
  • **Rücken**: mag-m.$_{h}$
  • **Wirbelsäule**: borx.$_{h}$

Abmagerung der Bauchmuskeln: calc.k2 plb.a1,k sulph.k2

Absonderung aus dem Nabel: *Abrot.*hr1,k ambro.c2 *Calc.* *Calc-p.* *Kali-c.* *Lyc.*k,kl2● marb-w.es1 med.alj *Nat-m.* nux-m. stann.
– **blutige** Flüssigkeit: abrot.vh *Calc.* *Calc-p.* *Nux-m.*
• **Kindern**, Säuglingen; bei: abrot.bro1 calc-p.bro1
☞ *Blutung - Nabel - Kindern - Kleinkindern*
– **Urin**, Heraussickern von: hyos.bro1

Abszeß:
○ **Bauchwände**: *Hep.* rhus-t. *Sil.* sulph.
– **Leber**: fl-ac. **Hep.**k,ptk2 *Kali-c.* *Lach.* *Lyc.* med.c2 **Merc-c.** *Nux-v.* raph.c2 rhus-t.c2 **Sil.** ther.c2,k
– **Leistengegend**: **Hep.** *Merc.* sil. syph.
○ **Leistendrüsen**: nit-ac.k2
– **Milz**: *Hippoz.*

Abwärtsdrängen, Gefühl von
☞ *Schmerz - abwärtsdrängend*

Ameisenlaufen: aloe ars.a1,k calad. calc. camph. carb-v. caust. colch.a1,k coloc. crot-t. cycl.a1,k *Dulc.*a1,k mag-m. *Nat-c.*hr1 nux-v.h paeon.a1,k pall.a1,k petr.h pic-ac.a1,k **Plat.**a1,k stann. zinc.a1,k
– **nachts**: ars.h
– **wollüstig**: **Plat.**a1,k
▽ **erstreckt** sich zur Harnröhre: zinc.h
○ **Taille**: *Aesc.*alj

Aneurysma: *Bar-m.* *Sec.*

Angst im Abdomen: acon.bg2 acon-f.a1 agar.bg2,k,* aloe am-m.bg2,k,* androc.srj1 **Ant-t.**bg2 arg-n.bg2,hr1,* **Ars.**bg2,k,* ars-s-f.k2 *Aur.*bg2,ptk1 *Bar-c.*bg2,k bell.bg2 **Bry.**gl1,ptk1 calc.bg2,k,* carb-an.bg2 carb-v.bg2,k,* carl.a1 cham.bg2,k,* *Chin.*gl1 colch.bg2 con.bg2 **Cupr.**bg2,ptk1 euph.bg2,k euphr.bg2 germ-met.srj5 gran.bg2,j5,* *Graph.*gl1 ign.bg2,hr1 inul. *Kali-c.*ptk1 laur.bg2 lyc.bg2 merc.bg2,k,* *Mez.*bg2,ptk1 *Mosch.*bg2,j5 mur-ac.a1,k nat-m.a1,h nat-p.a1,bg2 nit-ac.h,k,* *Nux-v.*bg2,gl1 olnd. phel.bg2 phos.ptk1 plat.bg2,k,* rhus-t.bg2 seneg.bg2 sep.bg2,k,* **Staph.**gl1 stram.bg2,k,* sul-ac.bg2,k,* *Sulph.*bg2,k,* *Tarent.*a1,k tub.k2 *Verat.*gl1,ptk1 vesp.hr1
☞ *Besorgnis* / ❑ *Gemüt - Angst*
– **morgens**: bry.a1 nat-m.bg sul-ac.a1,k
• **Bett**, im: sul-ac.
• **Frühstück**, nach dem: *Ign.*a1,k
– **vormittags**: castor-eq.a1
– **abends**: cham.a1,k tarent.a1,k
– **nachts**: nat-m.a1,h nit-ac.h,k,*
– **Essen**, nach dem: bar-c.h
– **Flatus** amel.: mur-ac.a1,k
– **Stuhlgang**:
• **vor**: calc.a1,k merc.a1,k
• **nach**: *Apoc.* **Ars.** ars-s-f.k2 carb-v. dios. **Hydr.** lept. mur-ac. *Nat-p.* *Petr.* *Ph-ac.* **Phos.** *Pic-ac.* plat. **Podo.** rhod. *Sep.* *Sul-ac.* *Verat.*
• **amel.**: mur-ac.h
▽ **erstreckt** sich zu:
• **Kopf** hinein; in den: laur.
○ **Hypochondrien**: acon.a1,k anac. *Arn.*a1,k cham.a1,k dig.a1,k dros.hr1,k grat.a1,k *Nux-v.*hr1,k

Angst - Hypochondrium: ...
ph-ac. staph.
• **links**: phos.h

Appendizitis
☞ *Entzündung - Appendix*

Aszites
☞ *Wassersucht - Aszites*

Atrophie der Leber, Leberatrophie: arg-n. ars. **Aur.** aur-ar.k2 aur-i.k2 aur-s.k2 *Bry.* **Calc.** *Carb-v.* card-m. *Chel.* *Chin.* *Chion.* *Cupr.* diosm.bro1 *Hydr.* iod. *Lach.* lept. *Lyc.* mag-m. *Merc.* *Mur-ac.* *Nat-m.* nat-s. nit-ac. *Nux-v.* **Phos.**c2,k *Plb.* puls. sep. sul-i.k2 *Sulph.*
– **akute** gelbe Leberatrophie: *Phos.*c2

Aufgetrieben
☞ *Auftreibung*

Auftreibung: abies-c.br1 *Abrot.*hr1,k absin.br1 acal.br1 acet-ac.a1,k **Acon.**a1,k acon-c.a1,k aesc.a1,k *Aeth.* **Agar.**a1,k *All-c.*a1,k **Aloe** *Alum.*a1,k alum-sil.k2 alumn. am-c.a1,k am-m. ambr.a1,k *Anac.* anan. androc.srj1 *Ant-c.*a1,k *Ant-t.*a1,k *Apis* *Apoc.* *Arg-met.* **Arg-n.**a1,k *Arn.*a1,k **Ars.**a1,k ars-i.a1,k ars-s-f.k2 *Asaf.*a1,k asar. aur.a1,k aur-ar.k2 aur-m.a1,k aur-s.k2 *Bapt.*a1,k *Bar-c.*a1,k *Bar-i.* *Bar-m.* bar-s.k2 bell.a1,k *Berb.* bism. borx. *Bov.*a1,k *Brom.*a1,k *Bry.*a1,k bufo cact.a1,k cain. calad.a1,k **Calc.**a1,k calc-ar.k2 calc-i.k2 calc-p.a1,k calc-s. cann-i.k2 *Canth.*a1,k *Caps.*a1,k *Carb-ac.*a1,k *Carb-an.*a1,k **Carb-v.**a1,k **Carbn-s.** card-m.a1,k carl.a1,k castm. *Caust.*a1,k cedr.a1,k *Cham.*a1,k *Chel.*a1,k **Chin.**a1,k *Chinin-ar.* *Chinin-s.* **Cic.**a1,k cimic. *Cina*c2,k cinnb.a1,k *Cist.* clem.a1,k coc-c.a1,k **Cocc.**a1,k coff. coff-t.a1 **Colch.**a1,k coll. **Coloc.**a1,k *Con.*a1,k cop. *Corn.*a1,k *Croc.*a1,k *Crot-h.*a1,k *Crot-t.*a1,k *Cupr.*a1,k *Cycl.*a1,k *Dig.* *Dios.*c2 dol.br1 dulc.a1,k *Eup-per.* euph.h fago.a1,k ferr.a1,k ferr-ar. ferr-i. ferr-p. fil.c2 *Gamb.*a1,k gink-b.sbd1 gins.a1,k gran.a1,k **Graph.**a1,k grat.a1,k *Hell.*a1,k **Hep.**a1,k hydr.k2 *Hyos.*a1,k hyper.a1,k ictod. ign.a1,k,* *Iod.*a1,k ip.a1,k jal.br1 *Jatr-c.* jug-r.a1,k *Kali-ar.*a1,k *Kali-bi.*a1,k **Kali-c.**a1,k kali-chl.a1,k *Kali-i.*a1,k *Kali-n.*a1,k *Kali-p.* *Kali-s.*a1,k *Kreos.*a1,k *Lac-c.* *Lac-d.*k2,vh **Lach.**a1,k lact.a1,k laur.a1,k led.a1,k *Lil-t.*a1,k limest-b.es1 lob.a1,k lunakg1 **Lyc.**a1,k,* **Mag-c.**a1,k *Mag-m.*a1,k mag-p.k2,vh mag-s.a1,k manc.a1,k mang.a1,k *Meny.*a1,k **Merc.**a1,k *Merc-c.*a1,k *Merc-d.* *Mez.*a1,k mill.k2 mosch.a1,k *Mur-ac.*a1,k *Murx.*a1,k nat-ar. **Nat-c.**a1,k **Nat-m.**a1,k **Nat-p.** *Nat-s.* nicc.a1,k *Nit-ac.*a1,k nux-m.a1,k *Nux-v.* ol-an.a1,k *Op.*a1,k ox-ac.a1,k pall. paraf.c2 *Petr.*a1,k **Ph-ac.**a1,k **Phos.**a1,k plan.a1,hr1 *Plat.*a1,k plb.a1,k podo.a1,k prun.a1,k psil.ft1 *Psor.*a1,k ptel.a1,k *Puls.*a1,k pulx.br1 pyrog. **Raph.**a1,k rein.a1 rheum *Rhod.*a1,k *Rhus-t.*a1,k rhus-v.a1,k rob.a1,k sabin.a1,k samb.a1,k sang. sars.a1,k *Sec.*a1,k *Sep.*a1,k *Sil.*a1,k,* sphing.a1,kk3 spig.k,kk3 spong. squil.a1,k *Stann.*a1,k *Staph.* *Stram.*a1,k *Stront-c.* sul-ac.a1,k **Sulph.**a1,k sumb.a1,k tab.a1,k tarent.a1,k **Ter.**a1,k *Thuj.*a1,k,* *Til.*a1,k uran-met. *Valer.*a1,k *Verat.*a1,k verb.a1,k vip.a1,k *Zinc.*a1,k zing.a1,k

– **morgens**: aloe ars.$_{a1,k}$ asaf.$_{a1,k}$ *Cham.* chin.$_{a1,k}$ chinin-ar. grat.$_{a1,k}$ nat-c.$_{hr1}$ nat-s. nit-ac.$_{a1,k}$ *Nux-v.* ol-an.$_{a1,k}$ rhod. *Sulph.*$_{a1,k}$
  • **Erwachen**, beim: bry.$_{k2}$ mur-ac.$_{a1,k}$ nat-c. nit-ac.$_{a1,k}$ plan.$_{a1,k}$ raph.$_{a1,k}$ sulph.$_{h}$
  • **nüchtern**, wenn: dulc.$_{a1,k}$
– **vormittags**: croc.$_{a1,k}$ lil-t.$_{a1,k}$
– **mittags**: sulph.$_{a1,k}$
  • **Gehen**, beim: coloc.$_{a1,k}$
  • **Schlaf**, nach: con.$_{a1,k}$
– **nachmittags**: *Calc.*$_{a1,k}$ calc-s.$_{a1,k}$ *Carb-v.*$_{a1,k}$ *Castm.* caust.$_{a1,k}$ cham.$_{a1,k}$ chinin-s. con.$_{a1,k}$ fago.$_{a1,k}$ grat.$_{k2}$ kali-n.$_{a1,k}$ mag-c.$_{h}$ mag-m.$_{h}$ nat-c.$_{a1,k}$ osm.$_{a1,k}$ petr.$_{a1,k}$ rat.$_{a1,k}$ rein.$_{a1}$ sep.$_{a1,k}$ stann.$_{a1,k}$ stront-c. *Sulph.*$_{a1,k}$
  • **16** h: lyc. sep.$_{bg1}$
    • **16** - **20** h: **Lyc.**$_{vh}$ *Sulph.*$_{vh}$
  • **Essen**, nach dem: bry.$_{a1,k}$
– **abends**: acon.$_{a1,k}$ am-m.$_{h}$ *Ant-c.*$_{a1,k}$ *Bry.*$_{a1,k}$ calc.$_{vh}$ carb-v.$_{a1,k}$ caust.$_{a1,k}$ cedr.$_{a1,k}$ cham.$_{a1,k}$ choc.$_{srj3}$ con.$_{a1,k}$ crot-t.$_{a1,k}$ grat.$_{k2}$ *Hell.*$_{a1,k}$ hyper.$_{a1,k}$ kali-n.$_{h}$ lyc.$_{a1,k}$ lyss. mag-c.$_{a1,k}$ mag-m.$_{h}$ mag-s.$_{a1,k}$ mur-ac.$_{a1,k}$ nat-c.$_{a1,k}$ nat-m. nux-m.$_{a1,k}$ osm.$_{a1,k}$ petr. plat.$_{a1,k}$ psil.$_{ft1}$ rhod. ruta sang.$_{k2}$ *Sep.* stram.$_{a1,k}$ *Sulph.* zinc.$_{a1,k}$
  • **18** h: choc.$_{srj3}$ sulph.
  • **19** h: caust. choc.$_{srj3}$
  • **Liegen**, beim: hyos.$_{a1,k}$
    • **amel.**: mur-ac.$_{h}$
– **nachts**: alum. arg-met.$_{h}$ haem.$_{a1,k}$ hyper.$_{a1,k}$ *Mag-c.*$_{a1,k}$ merc-c.$_{a1,k}$ nat-c.$_{h}$ ptel.$_{a1,k}$ *Sulph.*$_{a1,k}$ valer.$_{a1,k}$
  • **Mitternacht**: bov.$_{a1,k}$ ~~coc-c.~~$_{kl,xxx}$ **Cocc.**$_{h1,kl}$
    • **nach**: ambr.$_{a1,k}$ phos.
      • **Auftreibung** des Abdomens, mit: ambr.$_{k1}$
– **Abendessen**, nach dem: alum.$_{a1,k}$ *Arg-n.*$_{a1,k}$ arn.$_{a1,k}$ borx. calc.$_{h}$ *Chin.*$_{a1,k}$ ol-an.$_{a1}$ sep.$_{a1,k}$
– **Abmagerung** der Gliedmaßen; mit: calc.$_{k2}$ sulph.$_{k2}$
– **Atmen**, behindert das: con.$_{h}$
– **Aufstehen**, beim: sep.$_{a1,k}$
– **Aufstoßen**:
  • **amel.**: cann-i.$_{k2}$ *Carb-v.* sep. thuj.
    • **nicht** amel. durch: phos.$_{h}$
– **Bewegung** amel.: kali-c.$_{h}$ phos.$_{h}$
– **Bier**, nach: *Nat-m.*$_{a1,k}$
– **Diarrhoe**, mit: aloe$_{k2}$ cench.$_{k2}$ mag-c.$_{h}$ sep.$_{h}$ sil.$_{h}$
  • **amel.**: nat-c.$_{h}$
  • **nach**: mag-c.$_{h}$
– **epileptischem** Anfall, vor: cupr. *Lach.*
– **Essen**:
  • **beim**: dulc.$_{a1,k}$ graph.$_{a1,k}$ ign.
  • **nach**: agar. *Agn.*$_{hr1}$ aloe alum. alum-sil.$_{k2}$ ambr.$_{a1,k}$ anac. *Ant-c.* ars.$_{a1,k}$ ars-s-f.$_{k2}$ asaf.$_{a1,k}$ *Borx.* *Bry.*$_{a1,k}$ calc.$_{a1,k}$ calc-s. calc-sil.$_{k2}$ caps.$_{a1,k}$ carb-ac.$_{a1,k}$ *Carb-an.*$_{a1,k}$ **Carb-v.**$_{a1,k}$ carbn-s. caust.$_{a1,k}$ *Cham.*$_{a1,k}$ **Chin.**$_{a1,k}$ chinin-ar. *Colch.* con. cortiso.$_{gse}$ dig.$_{c1}$ dulc.$_{a1,k}$ ferr-i.$_{k2}$ *Graph.* ign.$_{a1,k}$ jug-r.$_{a1,k}$ kali-ar. **Kali-c.** kali-m.$_{k2}$ kali-p. kali-s. kali-sil.$_{k2}$ *Kreos.* *Lil-t.* **Lyc.**$_{a1,k}$ mag-c.$_{a1,k}$ mag-m.$_{h2}$ mag-s. mand.$_{sp1}$ marb-w.$_{es1}$ mur-ac.$_{a1,k}$ nat-ar. *Nat-c.* *Nat-m.*$_{a1,k}$ nat-p. *Nux-m.* **Nux-v.**$_{a1,k}$

– **Essen - nach**: ... petr. phos.$_{a1,k}$ plb.$_{a1,k}$ psor.$_{a1,k}$ *Puls.*$_{a1,k}$ raph.$_{a1,k}$ rheum *Rhus-t.*$_{a1,k}$ *Sep.*$_{a1,k}$ *Sil.* sin-a.$_{a1}$ **Sulph.** tarent. ter.$_{a1,k}$ *Thuj.*$_{a1,k}$ *Zinc.*$_{a1,k}$ zinc-p.$_{k2}$
  • **Flatus**, mit: ambr.$_{k1}$
  • **kleiner** Mengen; nach Essen: cench.$_{k2}$
– **Fahren**, beim: sep.$_{h}$
– **Flatus**, Abgang von:
  • **amel.**: all-c. am-m. ant-t. bov. bry. calc.$_{h,k2}$ *Carb-v.* *Kali-i.* **Lyc.** *Mag-c.* mag-m.$_{h2}$ mang. mur-ac.$_{h}$ nat-c. nat-m. *Ph-ac.* *Sulph.*
    • **nicht** amel. durch: phos.$_{h}$
  • **durch**: petr.$_{h}$ phos.$_{h}$
    • **wie**: con.$_{h}$ graph.$_{h}$ hep.$_{h}$
  • **mit**: ambr.$_{k1}$ *Ango.*$_{c1}$ choc.$_{srj3}$
– **Frauen**; bei: luna$_{kg1}$
– **Frost**; während: ars. ars-h.$_{a1,k}$ cina *Kali-c.* lach. lyc. mez. puls. rhus-t.
– **Frühstück**:
  • **beim**: alum.$_{a1,k}$
  • **nach**: agar.$_{a1,k}$ chinin-ar. nat-m.$_{a1,k}$ sin-a.$_{a1}$
– **Gehen**, beim:
  • **Freien**, im: calc. sep.$_{h}$
  • **Herumgehen** amel.: mag-p.$_{br1}$
– **geistige** Anstrengung, durch: hep. *Nux-m.*
– **hier** und da: carb-an.$_{h}$ mag-m.$_{h}$
– **Hitze**; während: ars. sil.$_{a1,k}$
– **Kaffee** amel.: phos.$_{h}$
– **Kindern**, bei ●: **Bar-c.** **Calc.** **Caust.** *Cina* cupr. sil. staph. **Sulph.**$_{k,kl2}$●
  • **dickbäuchige** Kinder: sanic.$_{c2}$
  ☞ ❑ *Allgemeines - Fettleibigkeit - Kindern*
– **Kränkung**, nach: *Calc.*$_{vh}$ *Coloc.*
– **Kummer**, nach: calc.$_{vh}$ coloc.$_{vh}$
– **Menses**:
  • **vor**: am-m. arn. berb. carb-an. carb-v. chin. cycl. granit-m.$_{es1}$ hep. kreos.$_{a1,k}$ *Lach.* *Lyc.*$_{a1,k}$ mang. *Puls.* *Zinc.*
  • **während**: aloe alum.$_{a1,k}$ berb. brom. carb-an.$_{a1,k}$ *Chin.* **Cocc.** coff. croc. cycl. graph. ham. hep. ign. *Kali-c.* kali-p. kreos. lac-c. lachn. lyc.$_{a1,k}$ mag-c.$_{a1,k}$ *Nat-c.*$_{a1,k}$ *Nicc.*$_{a1,k}$ nit-ac.$_{a1,k}$ nux-v. puls.$_{k2}$ rat. **Sulph.**$_{a1,k}$ zinc.
  • **nach**: cham. kreos. lil-t. mag-c.$_{h}$ rat.
  • **unterdrückten**, bei: cham.$_{h}$ rat.$_{a1,k}$
– **Milch**, nach: carb-v.$_{h}$ **Con.**$_{a1,k}$
– **Mittagessen**:
  • **vor**: all-c.$_{a1,k}$ euphr.$_{h}$ sphing.$_{a1,kk3}$
  • **nach**: alum.$_{a1,k}$ anac.$_{a1,k}$ calc.$_{a1,k}$ carb-an. **Carb-v.**$_{a1,k}$ euphr.$_{a1,k}$ grat.$_{a1,k}$ hep.$_{h}$ iod.$_{h}$ lyc.$_{a1,k}$ mag-c.$_{a1,k}$ mag-m.$_{a1,k}$ *Nat-m.*$_{a1,k}$ nicc.$_{a1,k}$ *Nux-m.* phos.$_{a1,k}$ *Sep.*$_{a1,k}$ sulph.$_{a1,k}$ *Thuj.*$_{a1,k}$ til.$_{a1,k}$
– **Müttern**, bei ●: iod. kali-c.$_{hbh}$ nat-c. *Sep.*$_{k,kl2}$●
– **Obstipation**, bei: alum.$_{h}$ am-c.$_{h}$ bry. ery-a. graph. hyos. iod. *Lach.* mag-m. nit-ac. ph-ac.$_{h}$ phos. sep.$_{h}$ ter.$_{a1,k}$
– **plötzlich**: kali-i. *Nat-m.*
– **Reiben** amel.: choc.$_{srj3}$
– **Schmerz** in der Magengrube; mit: corn.$_{br1}$
– **schmerzhaft**: **Acon.** alum. ant-t. arg-met.$_{h}$ **Ars.** *Bar-c.* bell. *Bry.* calad. canth. **Caust.** cham. chin.$_{h}$ hell. *Hyos.* kali-bi.$_{k2}$ kali-i. kali-p.$_{k2}$ **Lach.**

– **schmerzhaft**: ...
mag-p.k2 **Merc.** merc-c. mez.h nat-c. nat-m. nit-ac.k2 nux-v. **Rhus-t.** sep.h sphing.a1,kk3 stann.h sulph. verat.
• **Berührung**, bei: hyos.h squil.h
– **Sitzen**, im: nat-s.
– **Stellen**, an kleinen: *Mag-m.*a1,k manc.a1,k plat.h til.a1
– **Stuhlgang**:
• **amel.**: alum.a1,k am-m. asaf.a1,k calc-p.a1,k corn.a1,k hyper. nat-c.h nat-m.a1,k sulph.h
• **vor**: ars. *Corn.* fl-ac. phyt. sulph.h
• **während**: stram.a1,k
• **nach**: agar. ars.a1,k asaf.a1,k aur.h *Carb-v.*a1,k caust.h con.h *Graph.*a1,k hep.a1,k **Lyc.**a1,k nat-m.a1,k petr.a1,k sulph.a1,k vinc.a1
– **Suppe**, nach der: mag-c. sep.a1,k
– **Trinken**, nach dem: ambr.a1,k ars.a1,k calc.h *Carb-v.* **Chin.** coloc.hr1 ferr-i.k2 hep.a1,k nat-m.h *Nux-v.*a1,k petr.a1,k
– **tympanitisch**: acet-ac.br1 aeth. agar. ail. alum-p.k2 ambr.c2 anan. ant-c. *Ant-t.* apisk2 **Arg-n.** *Arn.*bg2,k **Ars.** ars-i. ars-s-f.k2 asaf.c2 aur-m.k2 bapt.k2 bell.bg2,k *Brom.*bg2,k *Bry.*bg2,k cadm-s.br1 *Calc.* calc-ar. calc-i.k2 calc-p. calc-sil.k2 *Canth.* **Carb-v.**bg2,k,* carbn-s. **Cham.** **Chin.**bg2,k,* *Chinin-ar.* **Cocc.**c2,k **Colch.**bg2,k *Coloc.*bg2,k crot-h. crot-t. *Cupr.* *Eup-per.* euph. fago. ferr.a1 *Graph.* **Hyos.** iod. ip.k2 kali-ar.k2 *Kali-bi.* *Kali-p.* kali-s. kreos. **Lach.** laur. **Lyc.**bg2,k mang. *Merc.* merc-c.bg2,k mez. *Morph.*c2,k mosch.k2 *Mur-ac.* *Nat-s.* *Op.*bg2,k,* *Ph-ac.* **Phos.** *Podo.* rham-cath.c2 rhus-t.bg2,k sabin.c1 *Sec.* sep. sil. sol-ni.c2 *Stram.* sul-i.k2 sulph.bg2,k *Sumb.* **Ter.** *Thuj.* til. tub.k2 xan.br1,c1
– **Urinieren**, vor dem: chinin-s.
– **warm**:
• **Zimmer**; amel. im warmen: cench.k2
– **Wehen**:
• **während**: kali-c.
• **nach**: *Lyc.* **Sep.**
▽ **erstreckt** sich zu:
• **Leiste**, linke: sphing.kk3
○ **Colon** transversum: bell.bg1 mit.wd
– **Hypochondrien**: aloe asaf.bg2 bell.bg2,k,* calc.bg2,k *Carb-v.* caust.bg2,h,* cham.bg2,k *Chel.*bg2,k,* chin.bg2 ferr.hr1 hep.bg2 ign.bg2,k,* laur.bg2,k,* *Merc.* nux-m. nux-v.bg2,k phos.a1,bg2 sil.bg2 sulph.bg2 ter.bg2
• **links**: caust.h chinin-ar. hep.h *Merc.* mom-b.c1 nat-c. nit-ac. tub.k2
• **rechts**: aloek2 *Chel.*a1,k laur.a1,k lyc.h,k2 *Nat-m.* *Phos.*a1,k podo. *Sep.* sil.h
• **Stuhlgang**:
• **vor**: ars.h
• **nach**: caust.h
– **Hypogastrium**: aloe alum. bell.a1,k brom. cann-s. *Carb-v.* caust. chel. grat. *Hyos.*a1,k *Ign.* **Kali-c.**a1,k kali-i. lact. laur. mur-ac. nat-m. *Nat-s.* nit-ac. phos. plb.a1,k ptel. *Raph.* sil. sul-ac. tarent. thuj.h
• **morgens**: aloe
• **nachts**: alum.h
• **schmerzhaft**: alum.h chin.h

Auftreibung - Hypogastrium: ...
• **Stuhlgang**, vor: ars.
– **Ileozökalregion**: *Colch.* fago. mag-m.
– **Leistengegend**: am-c.a1,k am-m.a1,k kali-c.a1,k nat-s.
• **links**: calc.h
• **Hernie**: nit-ac.h
• **Sitzen**, beim: am-m.a1,k kali-c.a1,k
– **Nabelgegend**: coloc.a1,k ign.a1,k *Kali-i.*a1,k lec. *Merc-i-r.*a1,k nit-ac.a1,k op.a1,k rhus-t.a1,k
○ **über**: sil.h
– **Seiten**: *Caust.* **Nat-m.** zinc.
• **rechts**: arn.h calc.h cycl.h sil.h stann.h

Aura; epileptische
☞ *Epilepsie*

Band um das Abdomen; wie ein: cench.k2 crot-c.a1,k
– **kaltes** Band um den Unterbauch; wie ein: lac-f.c1

Bauchspeicheldrüse; Entzündung der
☞ *Entzündung - Pankreas*

Beben in der rechten Flanke: nat-c.h

Bedecken:
– **agg.**: camph. *Sec.* *Tab.*
– **amel.**
☞ *Kälte im*

Beklemmung: con.h

Beschwerden:
○ **Oberbauch**:
• **geistige** Anstrengung, durch: arg-n.br1

Besorgnis, Bangigkeit im Abdomen; Gefühl von: androc.srj1 *Asaf.*bg2,k merc-c.a1,k rhus-t.a1,k
☞ ❑ *Gemüt - Erregung* / ❑ *G~ Furcht - geschehen* / ❑ *G~ Hellsehen*
○ **Unterbauch**: merc-c.a1,k

Bewegungen im: aesc.a1,k aloe am-c.bg2,k,* am-m.bg2,k,* anac.h arn.a1,k arund.br1 asaf.h,k,* berb.a1,k bov.bg2,k,* *Bry.*bg2,k,* calc.a1,k *Calc-p.*a1,k calc-sil.k2 cann-s.bg2,k,* canth.bg2,k,* caps.bg2,k *Carb-an.*bg2,k,* *Carb-v.*bg2,k,* *Card-m.* castm. caust.bg2,k,* cham.a1,k chel.bg2,k,* cina coff.bg2,k,* colch.bg2,k,* *Coloc.*bg2,k,* **Croc.**bg2,k,* crot-t.a1,k cur.a1,k *Cycl.*a1,k dig.bg2,k,* dulc.a1,k euph.bg2,k,* *Gran.*a1,k grat.a1,k hell.h hyos.h ign. iod.bg2,k,* jatr-c. kali-bi.a1,k kali-c.a1,k kali-chl.a1,k kali-i.a1,k kali-n.bg2,k,* lact. laur.bg2,k,* led.a1,k lob.a1,k *Lyc.*bg2,k,* lyss. *Mag-c.*bg2,k,* mag-m.a1,k mag-s.a1,k mang.bg2,k,* meph.c1 merc. merl.a1 *Nat-c.*bg2,k,* nat-m.a1,k nat-s. nicc.a1,k nit-ac.h *Nux-m.*bg2,k,* ol-an.a1,k op. osm.a1,k par.bg2,k,* phel.a1,k phos.a1,k plb.bg2,k,* podo.hr1 *Puls.*bg2,k *Ran-b.*bg2,k,* rat.a1,k rhus-t.bg2,k *Sabad.*bg2,k sabin. sang. *Sars.*h,k,* seneg.bg2,k,* sep.bg2,k,* sil.a1,k stann.h stram. stront-c. sulph.h,k,* tarax.a1,k ter.a1,k **Thuj.**a1,k til.a1,k *Zinc.*bg2,k,* zinc-p.k2
☞ *Lebendigem*
– **morgens**: nat-c.a1,k nux-v.a1,k rat.a1,k rumx.
• **Bett**, im: nat-c.

– **morgens**: ...
• **Erwachen**, beim: rumx.
– **vormittags**: castm. castor-eq. grat.$_{al,k}$ mag-m. sars.$_{al,k}$
• **Stuhlgang**, vor: mang.
– **nachmittags**: camph.$_{al,k}$ chel.$_{al,k}$ coloc.$_{h}$ grat.$_{al,k}$ laur.$_{al,k}$ mag-c.$_{al,k}$
• **13** h: grat. mag-c.
– **abends**: plb.$_{al,k}$ puls. ran-b.$_{al,k}$ *Zinc.*$_{al,k}$
• **Liegen**, beim: puls. ran-b.
– **nachts**: merc-i-r.$_{al,k}$
– **auf** und ab bewegt; als ob sich etwas: **Lyc.**
– **Essen**:
• **beim**: ferr-ma.$_{al,k}$
• **nach**: nat-m.$_{al,k}$ sil.$_{al,k}$
– **Faust** eines Fötus; wie die: conv.$_{br1,pd}$ *Nat-c.*$_{k,zr}$ sil.$_{zr}$ *Sulph.* **Thuj.**
– **Flatus**:
• **amel.**: mag-m.$_{h}$
• **durch**: calc-p.$_{k2}$ calc-sil.$_{k2}$
– **Fötus**
☞ ☐ *Weibliche Genitalien - Fötus - Bewegungen*
– **Frühstück**, nach dem: cycl.$_{al,k}$
– **Gehen**, beim: castm.
– **Hering**, nach: nat-m.$_{al,k}$
– **Menses**:
• **vor**: calc-p. croc. cycl. ferr. sabin.
• **während**: *Croc.* nicc.$_{al,k}$
– **Mittagessen**, nach dem: coloc.$_{al,k}$
– **Springen**: *Croc.*$_{al,k}$ cycl.
– **Stuhlgang**:
• **vor**: aeth.$_{al,k}$ colch.$_{al,k}$ grat.$_{al,k}$ kali-i.$_{al,k}$ mag-c.$_{al,k}$ mang.$_{al}$ nat-c.$_{al,k}$ nat-s.$_{al,k}$ ol-an.$_{al,k}$ phos.$_{al,k}$ plb.$_{al,k}$ **Puls.**$_{al,k}$ sil.$_{al,k}$ thuj.$_{al,k}$
• **nach**: chel.$_{al,k}$ colch.$_{al,k}$ ol-an.$_{al,k}$
– **Wasser**, wie: hell. ph-ac.
– **Wurm**, wie ein: nat-c.$_{h}$ zinc.$_{h}$
○ **Hypochondrien**: bad.$_{al,k}$
• **links**: nit-ac.$_{h}$ phos.$_{h}$
– **Hypogastrium**: coloc.$_{al,k}$ sabad. thuj.
• **Mittagessen**, nach Stuhlgang; nach dem: coloc.
– **Leistengegend**: kali-i.
– **Nabelgegend**: aloe cham.$_{al,k}$ coloc.$_{al,k}$ crot-t.$_{al,k}$ hyos.$_{al,k}$ kali-i.$_{al}$ plb.$_{al,k}$ sul-ac.$_{al,k}$ zinc.$_{h}$
– **Seiten**: meny.$_{h}$ rat.$_{al,k}$
• **links**: kali-n.$_{h}$ stann.$_{h}$
• **rechts**: stann.$_{h}$

Blähsucht
☞ *Auftreibung - tympanitisch*

Blinddarmentzündung
☞ *Entzündung - Appendix*

Blubberndes, glucksendes Gefühl: ant-c.$_{h}$ cham.$_{h}$ hell. **Lyc.** nat-m. ph-ac. *Puls.* stann. *Sul-ac.* tarax.
☞ *Gluckern / Glucksen / Rumoren*
– **Liegen** auf dem Rücken; beim: *Sul-ac.*
○ **Leber**, in der: laur. lil-t.
– **Leistengegend**: aeth.$_{br1}$ berb.$_{al,k}$ kali-c.$_{h}$ lyc.
– **Nabel**: aeth.$_{gsy1}$ mez.$_{h}$

Bewegungen: ...
– **Seiten**: arg-met. cham.$_{h}$ cupr.$_{h,k,*}$ dios.$_{al}$ nux-v.$_{al,k}$ squil. sul-ac.$_{al,k}$
• **links**: carb-v.$_{h}$ cupr.$_{al,h}$ lyc.$_{h}$ sumb.$_{al,k}$

Blutandrang: aloe$_{c2}$
☞ ☐ *Allgemeines - Plethora*
○ **Hypochondrien**; zu den: hep.$_{h}$

Blutung
☞ ☐ *Stuhl - Blutig*
– **Darmblutung**
☞ ☐ *Stuhl - Blutig*
○ **Nabel**; aus dem:
• **Kindern**; bei:
• **Kleinkindern**; bei: abrot.$_{k2}$
☞ *Absonderung - blutige - Kindern*

Borborygmus
☞ *Rumoren*

Bubo: alum.$_{c2,k}$ ars. ars-i.$_{hr1,k}$ aur.$_{hr1,k}$ aur-m.$_{hr1,k,*}$ aur-m-n.$_{hr1,k}$ aur-s.$_{k2}$ bad.$_{hr1,k,*}$ bar-m.$_{hr1,k}$ bell.$_{hr1,k}$ **Bufo**$_{c2,k}$ calc-s.$_{c2}$ *Calen.*$_{c2}$ *Carb-an.*$_{hr1,k,*}$ chel.$_{hr1,k}$ **Cinnb.**$_{hr1,k,*}$ clem. crot-h. dulc.$_{al}$ **Hep.**$_{hr1,k,*}$ iod.$_{hr1,k}$ kali-chl.$_{hr1,k}$ *Kali-i.*$_{hr1,k,*}$ kali-m.$_{c2}$ lac-c.$_{hr1,k}$ lach.$_{hr1,k,*}$ lith-c.$_{c2}$ lyc. lyss.$_{c2}$ *Merc.*$_{hr1,k,*}$ *Nit-ac.*$_{hr1,k,*}$ oci.$_{c2}$ pest.$_{al2,c1,*}$ phyt.$_{hr1,k}$ *Sil.*$_{hr1,k}$ sulph.$_{hr1,k}$ syph.$_{c2}$ tarent-c. zinc.$_{hr1,k}$
☞ *Schwellung - Leistengegend - Leistendrüsen*
– **Brennen**, mit: *Ars.* ars-i. bell. *Carb-an.*$_{hr1,k}$ dulc.$_{al}$ *Tarent-c.*
– **eiternd**: ars.$_{k2}$ *Aur.* aur-ar.$_{k2}$ bufo *Carb-an.*$_{hr1,k}$ chel.$_{hr1,k}$ **Hep.** *Iod.* kali-chl.$_{hr1,k}$ *Kali-i.*$_{hr1,k}$ **Lach.**$_{hr1,k}$ *Merc.* *Merc-i-r.*$_{hr1,k}$ nit-ac.$_{hr1,k}$ *Sil.* *Sulph.* tarent-c.
• **heilt** nicht; alter Bubo: *Carb-an.* *Sulph.*
– **Gonorrhoe**; nach unterdrückter: *Aur.* aur-m. bar-m. bufo hep. med. merc. zinc.

Cholera
☞ ☐ *Rektum - Cholera*

Darmlähmung ●: apoc.$_{k2}$ **Op.**$_{al,k}$ *Phos.*$_{al,k}$ **Plb.**$_{al,k}$ *Sec.*$_{al,k}$
– **Laparotomie**, nach: *Op.*$_{vh}$

Darms; Beschwerden des:
◆ **begleitet** von:
• **Zunge**:
• **Schleim**; brauner: colch.$_{kr1,vk1}$

Darmverlegung, Obstruktionsileus ●: *Caust.*$_{hr1,k}$ gels.$_{hr1,k}$ lac-d.$_{hr1,k}$ *Lach.*$_{hr1,k}$ **Op.**$_{hr1,k}$ *Plb.*$_{hr1,k}$

Diarrhoe:
◇ **abwechselnd** mit:
• **Übelkeit**
☞ ☐ *Rektum - Diarrhoe - abwechselnd mit - Übelkeit*
◆ **begleitet** von:
• **Übelkeit**
☞ ☐ *Rektum - Diarrhoe - begleitet von - Übelkeit*
– **Aufstoßen** amel.
☞ ☐ *Rektum - Diarrhoe - Aufstoßen*
– **erscheinen**; als würde Diarrhoe
☞ *Gefühl*

– **Flatus**, Abgang von:
• **amel.**: plat.$_{h}$ sep. *Sulph.*
• **nach**: plat.$_{h}$
– **Gefühl** als würde Diarrhoe erscheinen: act-sp. aeth. agar. ail. *Aloe* alum-sil.$_{k2}$ am-c. am-m. ant-c.$_{h}$ apis apoc. *Asaf.* bamb-a.$_{stb2}$ bar-c. *Bell.* bol-la. *Borx.* **Bry.** calc. *Camph.* carb-an. carb-v.$_{h}$ carbn-s. caust. cham. cimic. cob. colch. coloc. *Con.* *Crot-t.* dig. **Dulc.** eupi. ferr. form. graph. hell. helon. **Hydr.** hyos.$_{h}$ kali-bi. *Kali-c.* *Lach.* laur. led. lil-t. lith-c. lob. mag-m. mag-s. meny. meph. merc-i-f. naja *Nat-s.* nit-ac.$_{h}$ **Nux-v.** olnd. onos. ox-ac. petr.$_{h}$ *Ph-ac.* *Phos.* phys. phyt. plan. *Plat.* prun. ptel. *Puls.* **Ran-s.** rhus-t. rumx. sabin. sars.$_{h}$ *Seneg.* *Sep.* *Stry.* sulph. sumb. ter. verat. zinc.
• **Menses**; während: bamb-a.$_{stb2}$
– **nach**; Gefühl wie: ant-c.$_{h}$
– **Stuhlgang**, nach normalem
☞ *❑ Rektum - Diarrhoe - abwechselnd mit - Obstipation - Diarrhoe*
– **Tabakrauchen**, nach: borx.$_{h}$

Dickbäuchige Kinder
☞ *Auftreibung - Kindern - dickbäuchige*

Drängen
☞ *Zerren*

Drehen, Gefühl von: caps.$_{bg2,k}$ ign. lact. mag-c.$_{bg2,k}$ plb.$_{bg2}$ *Sabad.*$_{bg2,k}$ *Sep.*$_{k1}$

Dysenterie
☞ *❑ Rektum - Dysenterie*

Eingesunken
☞ *Eingezogen*

Eingezogen: act-sp.$_{bro1}$ agar.$_{a1,k}$ *Alum.* am-c.$_{a1,k}$ *Apis* ars.$_{a1,k}$ *Bar-c.* bell. *Bry.* camph.$_{a1,k}$ canth.$_{a1,k}$ *Carb-ac.* *Cocc.* colch.$_{a1,k}$ crot-t.$_{a1,k}$ *Cupr.*$_{a1,k}$ dig. *Dros.* elat.$_{a1,k}$ euph.$_{a1,k}$ gamb. **Hydr.**$_{a1,k}$ *Iod.* jatr-c. kali-br. laur.$_{a1,k}$ led.$_{a1,k}$ lob.$_{a1,k}$ lyc.$_{a1,k}$ merc.$_{a1,k}$ merc-c.$_{a1,k}$ mez.$_{a1,k}$ mur-ac.$_{a1,k}$ *Nat-m.* nat-n. op.$_{a1,k}$ paeon.$_{a1,k}$ phos.$_{a1,k}$ plat. **Plb.**$_{a1,k}$ podo. puls. sil.$_{a1,k}$ staph. stram.$_{a1,k}$ sul-ac.$_{a1,k}$ *Tab.*$_{a1,k}$ thal-s.$_{c1}$ thuj. *Verat.* *Zinc.*$_{a1,k}$
– **Druck**, durch: alumn.$_{c1}$
– **Erbrechen**, beim: dros.$_{h}$
– **Gefühl** wie: abrot.$_{a1,k}$ alum-p.$_{k2}$ alumn.$_{k2}$ carb-ac.$_{a1,k}$ hydrog.$_{srj2}$ nux-v.$_{k2}$ phos.$_{a1,k}$ plat.$_{k2}$ sabad. sulph.$_{a1,k}$
– **Schmerzen**, bei alten: chel.$_{bro1}$ plb.$_{bro1}$ podo.$_{bro1}$ tab.$_{bro1}$
– **Stellen**, an einzelnen: plat.$_{h}$
– **Stuhlgang**, beim: agar.$_{h}$
○ **Nabel**: acon.$_{a1,k}$ *Alum.* alumn.$_{k2}$ bar-c. calc-p.$_{a1,k}$ carbn-s. *Chel.* grat.$_{a1,k}$ kali-c.$_{a1,k}$ mosch. nat-c.$_{a1,k}$ **Plb.**$_{a1,k}$ podo. ran-b.$_{a1,k}$ tab.$_{a1,k}$ ter.$_{a1,k}$ zinc-s.$_{a1,k}$
• **morgens**: acon.
• **Bücken**, beim: tab.
• **Kolik**, bei: chel.$_{pd}$ nat-c.$_{ptk1}$
• **Liegen**, beim: ter.$_{a1,k}$
• **Sitzen**, beim: kali-c.$_{a1,k}$
• **Stuhlgang**, vor: crot-t.$_{a1,k}$

Eiterung der Leistendrüsen: ars. aur. bar-m. bufo *Carb-an.* chel. crot-h. **Hep.** **Iod.** *Kali-i.* **Lach.** **Merc.** *Nit-ac.* phos. *Sil.* sul-i.$_{k2}$ sulph. thuj.

Elektrischer Schlag, ein Stromschlag hindurchgehen; als würde ein: coloc.$_{bg1}$

Empfindlichkeit der Haut: aeth.$_{br1,c1}$ bar-c. bell. bov. cain.$_{c1}$ canth. coff. conv.$_{br1}$ crot-c. kali-n.$_{c1}$ lac-c.$_{k2}$ lach.$_{k2}$ **Lyc.** sars. stann.$_{bg1}$
– **Hypogastrium**: mang.$_{h}$
– **Leistengegend**: kali-c.$_{h}$

Enteritis
☞ *Entzündung - Dünndarm*

Entzündung (= Peritonitis, Enteritis): *Acet-ac.* **Acon.** aloe alumn. **Ant-t.** **Apis** arg-n.$_{br1}$ *Arn.* **Ars.** ars-i. asc-c.$_{hr1}$ atro. *Bapt.* **Bell.** **Bry.** bufo *Cact.* *Calc.* calc-sil.$_{k2}$ *Canth.* *Carb-v.* card-m. *Cham.* cocc. coff. **Colch.** *Coloc.* *Crot-c.* *Crot-h.* cupr. *Echi.* *Ferr.* ferr-ar. ferr-p. gamb. *Gels.* **Hyos.** iod. *Ip.* kali-ar.$_{k2}$ *Kali-c.*$_{k,k2}$ *Kali-chl.* kali-i. *Kali-n.* kali-p. **Lach.** **Laur.** **Lyc.** med.$_{c1}$ *Merc.* *Merc-c.* *Mez.* *Nux-v.* *Op.* *Ox-ac.* **Phos.** plb. *Puls.* **Pyrog.** **Rhus-t.** sabin. *Sec.* *Sil.* spong. squil.$_{h}$ *Sulph.* **Ter.** thuj. tub.$_{c1,k}$ *Uran-met.* urt-u. *Verat.* *Verat-v.*
– **chronisch**: alf.$_{bro1}$ iris-t.$_{bro1}$ pyrog.$_{st}$
– **Kindern**, Kleinkindern; bei: calc.$_{gt1}$
– **Tuberkulose**: abrot.$_{br1}$
– **Wetter**:
• **nasses**: gels.$_{c1}$
○ **Appendix** (= Appendizitis, Blinddarmentzündung): ammc.$_{c2}$ **Arn.**$_{k2}$ bapt.$_{c2,k2}$ *Bell.* **Bry.**$_{st}$ cadm-s. calc-caust.$_{c1}$ *Calc-s.* chel. *Chin.* *Cocc.* colch.$_{c2}$ con. *Crot-c.* crot-h.$_{c2}$ dios.$_{c2}$ dulc. *Echi.*$_{c2,k}$ gins.$_{c2}$ graph. *Hep.* *Iris-t.*$_{c2}$ lac-d.$_{c2}$ *Lach.*$_{c1,c2}$ *Lyc.* *Merc.*$_{c2,k}$ **Merc-c.**$_{c2,k}$ nat-s.$_{k2}$ *Nit-ac.* **Phos.** *Plb.* plb-xyz.$_{c2}$ rham-cath.$_{c2}$ rham-f.$_{c2}$ rhus-t.$_{c2}$ sabal$_{c2}$ scroph-xyz.$_{c2}$ **Sil.** ter. tub.$_{c1,c2}$
• **chronisch**: bell-p.$_{jl,sf1}$ but-ac.$_{jl,sf1}$ coloc.$_{sf1}$ iris-t.$_{sf1}$ kali-c.$_{jl,sf1}$ merc-d.$_{sf1}$ plb.$_{sf1}$ pyrog.$_{sf1,st}$ sil.$_{sf1}$ *Sul-i.*$_{mg1,sf1}$ *Sulph.*$_{sf1}$ tub-k.$_{mg1,sf1}$
– **Dünndarm** (= Enteritis): acon.$_{c2}$ santin.$_{c2}$
– **Dünndarm** und Magen
☞ *Gastroenteritis*
– **Gallenblase**: curc.$_{mg1}$
– **Gastroenteritis**: aeth.$_{hr1}$ aloe$_{vh1}$ ant-t.$_{nh1,vh1}$ antip.$_{vh1}$ apis$_{vh1}$ apom.$_{vh1}$ ars.$_{gsd1}$
☞ *❑ Rektum - Cholera - morbus*
– **Ileozökalregion**: lac-d.$_{c1}$
– **Leber** (= Hepatitis): **Acon.**$_{bg2,k,*}$ act-sp.$_{c2}$ adlu.$_{jl}$ anan. ant-c.$_{k2}$ apis *Arn.*$_{k,k2}$ **Ars.**$_{bg2,k}$ ars-i. astac.$_{kr1}$ *Aur.*$_{k2,kr1}$ aur-m.$_{k2}$ bapt.$_{k2}$ **Bell.**$_{bg2,k,*}$ *Bry.*$_{bg2,k}$ cael.$_{jl}$ *Calc.*$_{bg2,k}$ calc-f.$_{jl,mg1}$ *Camph.* *Card-m.* *Cham.*$_{bg2,k}$ **Chel.**$_{bg2,k}$ *Chin.*$_{bg2,k}$ cocc.$_{bg2,k}$ *Corn.* crot-h. cupr. *Diosm.*$_{bro1}$ eup-per.$_{k2}$ flor-p.$_{mg1}$ *Hep.*$_{bg2,k}$ *Hippoz.* ign.$_{bg2,k}$ iod.$_{bg2,k,*}$ kali-ar.$_{k2}$ *Kali-c.*$_{bg2,k,*}$ kali-p. *Lach.*$_{bg2,k}$ **Lyc.**$_{bg2,k}$ *Mag-m.*$_{bg2,k}$ mand.$_{mg1}$ mang. mang-s.$_{c2}$ *Merc.*$_{bg2,k}$ morg.$_{awy1}$ nat-ar. nat-c.$_{bg2,k}$ *Nat-m.*$_{bg2,k}$ **Nat-s.** *Nit-ac.* **Nux-v.**$_{bg2,k}$ *Phos.* phyt.$_{k,kr1}$ *Podo.*$_{k,kr1}$ *Psor.* *Ptel.*$_{k,kr1}$ puls.$_{bg2,k}$ ran-s. scroph-xyz.$_{c2}$ sec.$_{bg2,k}$ sel. sep.$_{k2}$ *Sil.*$_{kr1}$ stann.$_{jl,mg1}$ staph. stel.$_{c2}$ *Sulph.* tab. vip-a.$_{jl}$

– **Leber**: ...

◆ **begleitet** von:

• **Schluckauf**: *Bell.*st1

• **Ärger**, Verdruß; nach: *Cham.*

• **chronisch**: *Arn.* aur.hr1 bell.kr1 carc.fb,jl2 *Card-m.* *Corn.* crot-h. *Lach.* **Lyc.** mag-m. nat-c. *Nat-m.* **Nat-s.** *Nit-ac.* *Nux-v.* *Phos.* phyt.kr1 podo.kr1 *Psor.*c2,k ptel.kr1 ran-s. sel. sil.kr1 *Sulph.*

• **Blasenausschlag**, mit: corn.br1

• **Kränkung**, nach: *Lyc.*

– **Leistendrüsen**: bell. bufo carb-an. clem. dulc. graph. hep.c1 *Merc.* *Merc-i-r.* nit-ac.k2 *Puls.* *Rhus-t.* *Sil.*

– **Milz**: acon.bg2,k *Apis* *Arn.*bg2,k ars.bg2,k ars-i. asaf. bell. *Bry.*bg2,k bufo *Cean.*bg2,k **Chin.**bg2,k chinin-s. cit-l.c2 con. cupr. daph.c2 diosm.bro1 ign.bg2,k iod.bg2,k nat-ar. nat-c. *Nat-m.* *Nit-ac.* *Nux-v.*bg2,k sul-i.k2 sulph.bg2,k

– **Nabel**: kali-n. phys.c2 sacch-l.c2

• **Säuglingen**; Ulzeration des Nabels bei: apispd

– **Pankreas** (= Pankreatitis, Entzündung der Bauchspeicheldrüse): *Atro.*c2 bar-m.c2 *Con.* *Iod.* *Iris* *Kali-i.*c2 *Merc.*c2 **Spong.**

– **Peritoneum** (= Peritonitis): *Acon.*c2 *Apis*c2 *Ars.*c2 *Bell.*c2 *Bry.*c2 *Calc.*c2 *Canth.*c2 cham.c2 *Chin.*c2 *Coloc.*c2 con.c2 crot-h.c2 euph.c2 fl-ac.c2 kali-n.c2 *Lyc.*c2 merc.c2 *Merc-c.*c2 pyrog.c2 ric.c2 sabalc2 sol-ni.c2 *Sulph.*c2 til.c2 verat.c2

◆ **begleitet** von:

• **Schluckauf**: *Hyos.*st1 *Lyc.*st1

• **Zunge**:

• **Trockenheit** der Zunge: *Atro.*kr1,vk1

– **Typhlitis**

☞ *Zökum*

– **Zökum** (= Typhlitis): **Apis** *Ars.* **Bell.** **Bry.** *Calad.* *Card-m.*c2,k *Chin.* *Colch.*c2,k *Crot-h.* gamb.c2 gast.c2 gins. **Lach.** *Lyc.* **Merc.** *Nat-s.* **Op.** *Phos.* *Plb.* plb-xyz.c2 pyrog.c2 rham-cath.c2 **Rhus-t.** *Samb.* *Sep.* *Sil.* *Stram.* sulph. **Thuj.**

Epilepsie beginnt im: bufo

Erschlaffung, Gefühl von: agar.a1,k ail. alum.a1,k *Am-m.* *Carb-v.* *Castn-v.* *Ign.* lob.a1,k lyc.h mag-m. mang. *Merc.*a1,k *Op.* phos.a1,k *Psor.* ptel.a1,k rhus-t. rumx. *Sep.*a1,k *Staph.* sumb.a1,k

– **Gehen**, beim: alum. *Nat-m.* rhus-t.

– **Liegen** auf dem Rücken amel.: castn-v.

– **Stuhlgang**, nach: mag-m. *Phos.* *Sep.*a1,k sulph.

Erysipel: cop.br1 graph.

– **Quetschung**, durch: apisc1

Fallen; Gefühl, als würden die Därme:

– **herabfallen**: abrot.br1 acet-ac.br1 agn.c1,k2 laur. *Nux-v.* plb.

– **herausfallen**: *Alum.* coloc.h ferr. *Kali-br.* nat-m.k,kl2● *Nux-v.* ran-b. *Sep.*k,kl2●

• **Gehen**:

• **beim**: ferr. nat-m.h

• **vorsichtig** gehen; muß deshalb: *Nux-v.*

• **Husten**, durch: carb-an.h

• **Menses**, vor den: alum.h

• **Mittagessen**, nach dem: ran-b.

Fallen - herausfallen: ...

• **Stuhlgang**, beim: kali-br.

– **Seite** zur anderen fallen; Gefühl, als würden die Därme von:

• **Bett**; beim Herumdrehen im: *Bar-c.* *Merc.* *Merc-c.*

Farbe (= Verfärbung):

– **blaue** Flecken: *Ars.*a1,k ars-s-f.k2 mosch.a1,k

– **braune** Flecken: ars. carb-v. *Cob.* hydr-ac. kali-c. *Lach.* **Lyc.** nit-ac. *Phos.* sabad. **Sep.** *Thuj.* wies.a1

– **entzündete** Flecken: ars. bell. canth. *Kali-c.* *Lach.* led. lyc. nat-m. **Phos.** sabad. *Sep.*

– **Flecken**: aloe crot-t.

– **gelb**: phos.

• **braune** Flecken: *Cob.* **Lyc.**

• **Flecken**: ars. berb. canth. carb-v. *Kali-c.*a1,k *Lach.* *Phos.* sabad. sep. *Thuj.*

• **alte** Flecken um den Nabel schälen sich ab: berb.hr1,k1

– **grünlich**: rob.a1,k

– **rot**: anac.a1,k plb. plb-chr.a1 *Rhus-t.*a1,k

• **Flecken**: bell.a1,k caps.h crot-t.a1,k hyos.k2 kali-bi.a1,k *Lach.* led.a1,k manc.a1,k *Merc.* rhus-t.a1,k sabad.a1,k sep.

• **Epigastrium**: lyc.h nat-m.h

• **Streifen** über dem Nabel; gebogener: par.pd

– **schwarz**: vip.

• **bläulichschwarz**: aeth.c1

• **Stellen**; an einzelnen: vip.

Fehlen; als würde der hintere Teil des Abdomens: coloc.a1

Fett, adipös: *Am-m.* calc. **Chel.**

Fettige Degeneration der Leber: chel. kali-s.k2 lac-d.k2 *Lyc.* lyss. mang.k2 *Merc.*k,k2 *Phos.*bg2,k2 vanad.bg2,bro1

Fisteln der Leistendrüsen: hep. *Lach.* *Phos.* *Sil.* sulph.

Flach

☞ *Eingezogen*

Flattern

☞ *Zittern*

Flatulenz: acal.c2 acet-ac.k2 aesc. aeth. *Agar.* *Agn.*hr1,k all-c. **Aloe** alum. alum-p.k2 alumn. am-c. **Am-m.** ambr. ammc. anemps.br1 *Ant-c.* ant-t. *Apis* apoc. **Arg-n.**c2,k arist-m.br1 arn. **Ars.** *Ars-i.* ars-s-f.k2 asaf.c2,k asar. asc-c.hr1 *Aur.* aur-ar.k2 *Bamb-a.*stb2 bapt. bar-c. bar-i. bar-m. bar-s.k2 bell. borx. bov. brom. bufo cain. **Calc.** calc-f.c2,k calc-i.c2,k2 *Calc-p.* **Calc-s.** calc-sil.k2 cann-i.k2 *Caps.* *Carb-ac.*c2,k **Carb-an.** **Carb-v.**c2,k **Carbn-s.** carc.tp1 castm.c2 *Caust.* cephd-i.bnj1 **Cham.**c2,k *Chel.* **Chin.** *Chinin-ar.* *Chinin-s.* choc.srj3 cic. cinnb. clem. *Coca* *Cocc.* coff. **Colch.** coll. *Coloc.* *Con.* *Cop.* *Crot-c.* *Crot-t.* cycl. dig.br1,k *Dios.*br1,k,* dirc.c2,k dulc.a1 *Elaps* eup-per. euph. fago. ferr. ferr-ar. ferr-i. ferr-ma.c2 ferr-p. fl-ac. *Form.* *Gels.* gink-b.sbd1 gins. glon. gran. **Graph.** *Guaj.* hell. helon. hep. hom.c2 **Hydr.** hyper. *Ign.*c2,k indg. *Iod.*

Flatulenz: ...
jug-r.c2,k junc-e.c2 kali-bi. *Kali-c.* kali-chl. kali-i. kali-m.k2 *Kali-n.* kali-p. kali-s. kalm. *Lac-c.* *Lac-d.* *Lach.*c2,k lachn.c1 lact.br1 lil-t. limest-b.es1 lob-e.c1 lob-s.c2 **Lyc.**c2,k **Mag-c.** mag-m. *Mag-p.* mang. marb-w.es1 meny. meph. *Merc.* merl.c2 mez. mom-b.c2 mosch. *Mur-ac.* myric. naja naphtin.c2 *Nat-ar.* *Nat-c.* *Nat-m.* nat-n.c2 nat-p. **Nat-s.** **Nit-ac.** **Nux-m.**c2,k *Nux-v.* **Olnd.** **Op.** orig-d.c2 orni.c2 ox-ac. pall.br1 petr.h *Ph-ac.*c2,k phel. *Phos.*c2,k **Pic-ac.** *Plat.* plat-m-n.c1,c2 plb. *Podo.*c2,k prun. *Psor.* *Puls.* ran-b.k2 *Raph.*c2,k rham-f.c2 rheum rhod. rhus-t. rob.c2 rumx. sabad. sal-ac.c2 sang. sars.h,k2 scor.a1,c1 scut.c2 *Sel.* *Seneg.* senn. *Sep.* serp.c2 **Sil.** sin-a.c2 slagc2 squil. stann. staph. stront-c. sul-i.k2 **Sulph.** *Syph.* tab. **Tarent.** tep.c2 teucr. *Thuj.* til. tril-p.c1 tub.t1 **Verat.** verat-v. vesp. vinc. xan. *Zinc.* *Zing.*c2,k
☞ *Gären / Rumoren / ❑ Rektum - Flatus*

– **tagsüber**: kali-m.k2
– **morgens**: *Arg-n.*hr1,k,* bamb-a.stb2 calc.bg1 cedr.a1,k cist.a1,k con.bg1 euph.a1,k1,* hep. kali-c.bg1 kalm.bg1 *Lach.*bg1,bg2 lyc.a1,k merc.a1,k nit-ac. nux-v.a1,k petr.bg1,bg2 *Plat.*bg1,bg2 *Podo.* *Puls.*bg1,bg2 senec.bg1 *Sulph.*bg1 tarent.a1,k *Verat.*bg1
 • **Aufstehen**, beim: cann-i.c1
 • **Bett**, im: euph.h nux-v.a1,k
 • **Erwachen**, beim: *Arg-n.*a1,k cist.a1,k con. rumx.
– **vormittags**: guaj. hipp.a1,k nat-m.a1,k *Puls.* zinc.
– **mittags**: nat-s.a1,k
– **nachmittags**: aur-m.a1,k *Calc-s.*a1,k carb-v.a1,k kali-m.k2 kali-n. op.a1,k
 • **16** h: *Lyc.*
 • **Essen**, nach dem: fago.a1,k
 • **Stuhlgang**, beim: fago.
– **abends**: aloe alum.a1,k *Am-c.*a1,k apoc.a1,k calc-f. choc.srj3 cist.a1,k glon.a1,k ham.a1,k hyper.a1,k *Lyc.*a1,k merc.a1,k nat-m.a1,k *Nit-ac.* *Nux-v.*a1,k pic-ac.a1,k plan.a1,k *Puls.* sang.a1,k *Sep.*a1,k sol-t-ae.a1,k verat.a1,k zinc.a1,k
 • **Bett**; im: carc.az1
– **nachts**: agar.a1,k ambr. ammc.a1,k arn.a1,k *Aur.*a1,k calc.h calc-s.a1,k *Carb-v.* cist.a1,k cocc. com.a1,k ferr. hyper.a1,k ign. *Kali-ar.* kali-c. kali-m.k2 lyc.a1,k merc. nat-m. *Nat-s.* nux-m. op.a1,k puls. stry.a1,k thuj.a1,k zinc.a1,k
 • **Mitternacht**: aur.h **Cocc.**
  • **nach**, mit Auftreibung des Abdomens: ambr.k1
◆ **begleitet** von:
 • **Schmerz** im Abdomen; reißender
  ☞ *Schmerz - reißend - begleitet von - Flatulenz*
 • **Zunge**:
  • **weiße** Farbe der Zunge: *Lyc.*kr1,vk1
– **Abendessen**, nach dem: coc-c.a1,k hyos.a1,k psor.a1,k zinc.a1,k
– **alten** Menschen, bei: *Carb-ac.* *Phos.*
– **Apfelkuchen**; nach: bamb-a.stb2
– **Aufstoßen** amel.
 ☞ *❑ Magen - Aufstoßen - amel.*
– **Bad**, nach einem: calc-s.a1,k
– **Bett**; nach Aufstehen vom: zinc.

– **Bewegung**:
 • **amel.**: carc.az1
– **eingeklemmte** Blähungen: agar. agn.hr1 all-c.k2 aloe *Alum.* alum-sil.k2 ambr. anac.h ang.h ant-c. ant-t. **Arg-n.** arn. *Ars.* *Ars-i.* asar. **Aur.**a1,k aur-i.k2 aur-m.k2 aur-s.k2 bamb-a.stb2 *Calc.* calc-i.k2 camph.h canth.a1,k caps.h *Carb-an.* carb-v. carbn-s. *Caust.* *Cham.* **Chin.** *Cocc.* coff.a1,k **Colch.**a1,k *Coloc.*a1,k *Con.* dulc.h euph.h *Graph.*a1,k guaj. hep. ign.c2,k *Iod.*a1,k *Kali-ar.* *Kali-c.*a1,k *Kali-n.* *Kali-p.* kali-s. kali-sil.k2 kalm.a1,k *Lach.*a1,k *Lyc.*a1,k mag-m.a1 meny.h mez.h mosch. nat-c.a1,k *Nat-m.*a1,k nat-p. *Nat-s.*a1,k **Nit-ac.**a1,k nux-v. ox-ac. *Ph-ac.* phel.a1,k *Phos.*a1,k *Plat.* plb. prun.a1,k psil.ft1 **Puls.**a1,k **Raph.**c2,k rheum rhod.a1,k rhus-t.h sars.h sep. **Sil.**a1,k spig.h squil. stann. staph.a1,k stry. *Sulph.*a1,k **Tarent.**a1,k teucr. til. **Verat.** *Zinc.*a1,k zinc-p.k2
 • **morgens**: mang.h nit-ac.h sulph.h zinc.h
 • **nachmittags**: kali-n.h
 • **abends**: nit-ac.h
 • **nachts**: nat-m.h sil.h sulph.h
  • **Mitternacht**: coloc.h
 ◆ **begleitet** von:
  • **Rücken**; Schmerz im
   ☞ *❑ Rücken - Schmerz - Lumbalregion - begleitet von - Blähungen*
 • **Erwachen**, beim: sil.h
 • **hartem** Stuhl; mit: caust.
 • **Sitzen**, durch langes: lyc.h
 • **Wärme** amel.: bamb-a.stb2
 ○ **Colon** descendens, mit Obstipation; im: *Aur.* *Iod.* *Lyc.*k,kl2● rhod. *Sulph.*k,kl2●
 • **Hypogastrium**, im: graph.h staph.h
– **Essen**, nach dem: ambr.k2 ant-c.h **Arg-n.** asc-t.br1 aster.a1,k *Aur.* bamb-a.stb2 borx. bufo calc. carb-an.a1,k *Carb-v.* caust.a1,k coc-c.a1,k con.h *Dios.* ferr-m.a1,k graph.k2 kali-n.a1,k **Lyc.**a1,k mag-c.k2 *Mag-m.* nat-p.a1,k **Nux-v.**a1,k puls.a1,k rumx. thuj.a1,k *Zinc.*
 • **Auftreibung** des Abdomens, mit: ambr.k1
– **Fahren** im Wagen; beim: calc-f. ferr.a1,k
– **Fieber**; während: chinin-ar.k2
– **Frühstück**:
 • **vor**: agar.a1,k
 • **nach**: caust.a1,k nat-p.a1,k **Nat-s.**a1,k
– **Gehen**, beim: lyc.a1,k
 • **amel.**: phos.h sil.h
 • **Freien**, im: sep.
– **Gemüse**, nach: caps.hr1
– **Getränke**:
 • **warme** Getränke: fl-ac.k2
– **hier** und da: *Carb-v.* cham.bg1,h chin.bg1 cycl.bg1 **Lyc.** nat-m.bg1 nat-s.bg1 spig.bg1 verat.bg1
– **hysterisch**: valer.bro1
– **Kartoffeln**: alum.k2
– **Kindern**, bei: arg-n.k1 lyc.k1
– **Kopfschmerzen**, bei: asc-t.bro1 calc-p.bro1
– **Liegen**:
 • **Seite**; auf der:
  • **linken** Seite; auf der: puls.sys

– **Menses**:
• **vor**: zinc.
• **während**: kali-c.$_{a1,k}$ kali-p.$_{bg1,bg3}$ nit-ac.$_{k2}$ nux-m.$_{bg3}$ vesp.$_{a1,k}$ vib.$_{bg3}$
• **Dysmenorrhoe**, mit: vib.$_{ptk1}$
– **Milch**, nach: carb-v.$_{a1,k}$ merc. merc-c.$_{a1}$ *Nat-c.* *Nat-s.* sul-ac.$_{a1,k}$
– **Mittagessen**:
• **beim**: ant-c.$_{h}$
• **nach**: agar. calc-s. myric. naja nit-ac. verat.
– **Mittagsschlaf**, nach: cycl.$_{a1,k}$
– **Obst**, durch: **Chin.**
– **Operation**, nach: *Chin.*$_{bro1}$
– **Rücken** gespürt; im: rhod.$_{ptk1}$
– **Rumoren**
☞ *Rumoren*
– **Saurem**, nach: nat-c.$_{bg3}$ *Ph-ac.*
– **Säuren**, nach: ph-ac.
– **Schlaf**:
• **im**: kali-n.
• **verhindert** den Schlaf: kali-m.$_{k2}$
– **schmerzhaft**: asc-t.$_{c1}$ iris$_{br1}$
– **Schwangerschaft**; während der: *Calc-f.*$_{c1}$
– **Sitzen**:
• **beim**: phos.
• **langes** Sitzen, durch: lyc.$_{h}$
– **Stärke**; nach: nat-c.$_{k2}$
– **Stuhlgang**:
• **vor**: apoc.$_{a1,k}$ castm. *Fl-ac.* gels.$_{a1,k}$ hep.$_{a1,k}$ **Lyc.** *Op.*$_{a1,k}$ phel.$_{a1,k}$ sumb.$_{a1,k}$ viol-t.$_{a1,k}$
• **während**: acon.$_{bg1}$ apoc.$_{a1,k}$ arg-n.$_{bg1}$ arum-d.$_{a1,k}$ asaf.$_{bg1,bg2}$ *Crot-t.*$_{a1,k}$ dig. fago.$_{a1,k}$ mang.$_{k2}$ nat-m.$_{a1,k}$ *Nat-s.*$_{bg1}$ petr.$_{bg1}$ phel.$_{a1,k}$ podo.$_{bg1}$ staph.$_{a1,k}$ thuj.$_{bg1}$
• **nach**: calc-s.$_{a1,k}$ **Lyc.** **Pic-ac.**$_{a1,k}$ plb.$_{a1,k}$
– **Süßigkeiten**; durch: arg-n.$_{k2}$ bamb-a.$_{stb2}$
– **Tee**, durch: *Chin.*
– **Trinken**, mit Auftreibung des Abdomens; nach: ambr.$_{k1}$
– **Urinieren**, beim: merc.$_{a1,k}$
○ **Hypochondrien** ●: acon. *Aur.* **Carb-v.** *Cham.*$_{a1,k}$ *Chin.* cist.$_{a1,k}$ *Cycl.* euph.$_{h}$ hyos.$_{a1,k}$ **Lyc.**$_{a1,k}$ *Phos.* podo.$_{a1,k}$ sil. sul-ac. sulph.$_{a1,k}$ tarent.$_{a1,k}$ verat.$_{h}$
• **links**: mez.$_{h}$ nat-m.$_{h}$ sulph.$_{h}$
– **Hypogastrium**: mag-m.$_{h}$ phos.$_{h}$ zinc.$_{h}$
– **Leistenringe**: cham.$_{h}$
– **Seiten**: phos.$_{h}$
• **rechts**: zinc.$_{h}$
– **Zökalregion**: carbn-s. nat-s.

Flaues Gefühl
☞ *Leeregefühl*

Flecken
☞ *Farbe*

Frösteln
☞ *Kälte - empfindlich / Kälte im Abdomen*

Gallenkolik
☞ *Schmerz - Leber - Gallenkolik*

Gallensteine: berb.$_{c2}$ calc.$_{c2}$ card-m.$_{c2}$ chel.$_{c2}$ chlf.$_{c2}$ chol.$_{c2}$ euon.$_{c2}$ euon-a.$_{c2}$ euonin.$_{c2}$ fab.$_{c2}$ fel$_{c2}$ lach.$_{c2}$ lith-c.$_{c2}$ lob.$_{c2}$ mang.$_{c2}$ nit-s-d.$_{c2}$ nux-v.$_{c2}$ podo.$_{c2}$ ptel.$_{c2}$ tarax.$_{c2}$ thlas.$_{c2}$ vichy-g.$_{c2}$
☞ *Schmerz - Leber - Gallenkolik*

Gangrän: **Ars.** cadm-s.$_{k2}$ *Canth.* *Phos.* *Plb.* *Sec.*
○ **Leber**: *Sec.*

Gänsehaut: sec.

Gären: agar. ambr. aran. brom. *Bry.* calc. carb-ac.$_{br1}$ carb-an. carb-v. **Chin.** coff. croc. *Gran.* hell. *Hep.* kali-p.$_{k2}$ **Lyc.** mag-m. merl. mur-ac. *Nat-m.* nat-s. *Phos.* plb. rhus-t. *Sars.* seneg. sep.$_{h}$ stram. sulph.
☞ *Flatulenz / Rumoren*
– **Menses**, während: lachn. **Lyc.** *Phos.*
– **Obst**, nach: **Chin.**$_{a1,k}$

Gefühllosigkeit, Taubheit: *Calc-p.*$_{bg2,k,*}$ dig.$_{h}$ ferr-i. merc. petr. *Podo.* tell.
○ **Darmbeingrube**:
• **rechts**, Liegen auf der Darmbeingrube amel.: *Apis*
– **Hypochondrium**, linkes: dig.$_{h}$
– **Sakrum**:
• **Bein**, und: *Calc-p.*
– **Seite**, linke: sulph.$_{h}$

Gelbsucht
☞ ☐ *Haut - Farbe - gelb*

Geräusche: dig.$_{h}$

Geschwüre: *Arg-n.* **Ars.**$_{a1,k}$ bar-m. *Calc.* calc-p.$_{k2}$ **Carb-v.** carc.$_{az1}$ chin.$_{a1,k}$ *Coloc.* cupr. *Hep.* kali-ar.$_{k2}$ *Kali-bi.*$_{a1,k}$ lach. *Lyc.* merc.$_{a1,k}$ **Nit-ac.** *Phos.* plb. *Sil.* sulph. **Ter.**
– **ausbreitend**; sich: *Ars.*$_{a1,k}$
○ **Hypochondrium**: ars.$_{bg1}$ nat-c.$_{bg1}$ phos.$_{bg1}$
– **Leistengegend**: anan. ars.$_{k2}$ bad. bar-m. *Carb-an.* *Chel.* *Hep.* kali-c.$_{bg1}$ *Kali-i.* *Merc.*$_{a1,k}$ nat-m.$_{bg1}$
– **Nabelgegend**: *Aesc.* apis *Ars.* ars-s-f.$_{k2}$ **Calc.** calc-p.$_{k2}$ lach. lyc. *Nux-m.* petr. *Rhus-t.* sep. sil. sulph. thuj.
• **Kindern**, bei:
• **Kleinkindern**, bei: petr.$_{ptk1}$
• **Neugeborenen**, bei: apis$_{ptk1}$

Gewicht fallen; Gefühl als würde ein:
○ **Hypogastrium** beim Einatmen, im: spig.$_{h}$
– **Leistengegend**:
• **Fahren**:
• **agg.**: cub.$_{c1}$
• **Gehen**:
• **agg.**: cub.$_{c1}$
• **Heben**:
• **agg.**: cub.$_{c1}$

Gicht; Metastasierung von: ant-c.

Gluckern; Gurgeln: acon.$_{a1,k}$ acon-f.$_{a1}$ *Agar.*$_{a1,k}$ **Aloe** am-c.$_{h}$ ang.$_{a1,k}$ ant-t.$_{a1,k}$ arg-n.$_{a1,k}$ *Ars.*$_{a1,k}$ ars-s-f.$_{k2}$ asar.$_{bg1}$ bamb-a.$_{stb2}$ bov.$_{a1,k}$ bry.$_{a1,k}$ canth.$_{a1,k}$ carb-an.$_{a1,k}$ carbn-s. chel.$_{a1,k}$ coc-c.$_{a1,k}$ *Cocc.* coloc.$_{a1,k}$ con.$_{a1,k}$ **Crot-t.**$_{a1,k}$ dig.$_{a1,k}$ dios.$_{a1}$

Gluckern, Gurgeln: ...
dros. eupi.$_{a1,k}$ ferr.$_{a1,k}$ ferr-ar. ferr-p. franz.$_{a1}$ *Gamb.* gent-l.$_{a1}$ graph. *Hell.* hell-v.$_{a1}$ hyos.$_{a1,k}$ ign.$_{a1,k}$ jatr-c.$_{bro1}$ kali-bi.$_{a1,k}$ kali-i.$_{a1,k}$ lach.$_{a1,k}$ laur.$_{k2}$ *Lyc.*$_{a1,k}$ mag-c.$_{a1,k}$ merc.$_{a1,k}$ mur-ac.$_{a1,k}$ nat-ar. nat-c.$_{a1,k}$ *Nat-m.*$_{a1,k}$ nat-p. nat-s.$_{k2}$ *Nux-m.*$_{a1}$ *Nux-v.* **Olnd.** op.$_{a1,k}$ par.$_{a1,k}$ *Ph-ac.* phel.$_{a1}$ *Phos.*$_{a1,k}$ phys.$_{a1,k}$ pimp.$_{a1}$ plat. **Podo.** *Psor.*$_{a1,k}$ **Puls.**$_{a1,k}$ *Raph.* rhod.$_{a1,k}$ rhus-t.$_{a1,k}$ ruta *Sil.*$_{a1,k}$ sin-a.$_{a1}$ spig.$_{a1,k}$ squil.$_{a1,k}$ staph.$_{a1,k}$ stront-c. sul-ac.$_{a1,k}$ **Sulph.**$_{a1,k}$ sumb.$_{a1}$ tab.$_{a1,k}$ ter.$_{a1,k}$ thuj.$_{a1,k}$ til.$_{a1}$ valer.$_{a1,k}$ verb.$_{hr1,k,*}$ vinc.$_{a1}$ zinc.$_{a1,k}$ zinc-p.$_{k2}$
☞ *Blubberndes / Glucksen / Rumoren*
– **morgens**: ferr-i.$_{a1}$ *Nux-v.*$_{a1,k}$ plb.$_{a1,k}$ ter.$_{a1,k}$
– **vormittags**: ferr.$_{h,k}$ mag-c.$_{a1,k}$
– **mittags**: ox-ac.$_{a1,k}$
– **nachmittags**: lyc.$_{a1,k}$ ox-ac.$_{a1,k}$
  • **15** h: bry.
– **abends**: lyc.$_{a1,k}$
– **nachts**: *Raph. Sulph.*$_{a1,k}$
– **Bewegung**:
  • **amel.**: nat-m.
  • **bei**: bar-c.
  • **Atmen**; durch die Bewegung beim: sul-ac.$_{h}$
– **Druck**, bei: plb.$_{a1,k}$
– **Einatmen**, beim: mag-m.$_{a1,k}$ sul-ac. tab.$_{a1,k}$
  • **tief**: conv.$_{br1}$
– **Essen**, beim: nit-ac.
  • **amel.**: sul-ac.
– **Frühstück**, nach dem: agar.$_{a1,k}$
– **Gehen**, beim: *Lyc.*$_{a1,k}$
– **Liegen**, beim: sul-ac.$_{h}$
– **Mittagessen**, nach dem: grat.$_{a1,k}$ *Laur.*
– **Stuhlgang**:
  • **vor**: acon.$_{a1,k}$ **Aloe** coloc.$_{a1,k}$ ferr-i.$_{a1}$ *Gamb.*$_{bg1,bg2}$ jatr-c.$_{pd}$ lach.$_{bg1}$ merc.$_{a1,k}$ **Olnd.**$_{a1,k}$ **Podo.** rat.$_{a1,k}$
  • **während**: calc-act. jatr-c.$_{c1}$ nat-s.$_{k2}$ rham-f.$_{a1}$
  • **nach**: bry.$_{a1,k}$
– **Trinken**, nach dem: laur.$_{k2}$ *Phos.*
– **Wasser**, wie: sul-ac.$_{h}$
○ **Hüfte**, nahe der: sep.
  • **links**: sep.
– **Hypochondrien**: cham.$_{bg2}$ kali-c.$_{bg2,k,*}$ laur.$_{bg2}$ lyc. puls.$_{bg2,k,*}$ pyrog.$_{bg2}$ sabin.$_{bg2}$ sul-ac.$_{bg2}$
  • **links**: *Lyc.* mom-b.$_{c1}$ verb.$_{c1}$
– **Milz**: helo.$_{c1}$ verb.$_{hr1,k,*}$
– **Seiten**: calc.$_{a1,k}$ con.$_{a1,k}$ *Crot-t.*$_{a1,k}$ graph.$_{a1,k}$ kali-c.$_{a1,k}$ *Lyc.*$_{a1,k}$ meny.$_{a1,k}$ nat-m.$_{a1,k}$
  • **links**: *Crot-t.*$_{a1,k}$ jatr-c.$_{c1}$ *Lyc.*$_{a1,k}$ podo.$_{hr1}$
  • **Druck**, bei: kali-c.$_{a1,k}$

Glucksen: bar-c. calc. chin.$_{h}$ dig.$_{h}$ graph.$_{h}$ kali-c.$_{h}$ mag-c.$_{h}$ merc.$_{h}$ plat.$_{h}$ rheum$_{h}$ sars.$_{h,k,*}$ sep.$_{h}$ stann.$_{h}$ sulph.$_{h}$ verb.$_{h}$
☞ *Blubberndes / Gluckern / Rumoren*

Halten; muß das Abdomen: lil-t.$_{bg1}$ merc.$_{bg1}$ sep.$_{bg1}$ staph.$_{bg1}$

Hämmernd
☞ *Pulsieren*

Hämorrhagie
☞ *Blutung*

Hände; hält beim Urinieren das Abdomen mit den: **Lyc.**$_{hr1}$

Hängebauch: bell. croc. lil-t.$_{k2}$ plat. podo. *Sep.*$_{k,kl2}$● zinc.
– **Müttern**, bei: iod. nat-c. *Sep.*

Hart (= Härte, Verhärtung, Induration):
alum.$_{bg2,k,*}$ alum-sil.$_{k2}$ *Anac.*$_{bg2,k}$ arn.$_{bg2,k}$ *Ars.*$_{bg2,k}$ ars-i.$_{a1,k}$ bamb-a.$_{stb2}$ **Bar-c.**$_{bg2,k,*}$ **Bar-m.** bar-s.$_{k2}$ bell.$_{bg2,k,*}$ calad.$_{a1,k}$ **Calc.**$_{bg2,k,*}$ calc-sil.$_{k2}$ caps.$_{bg2,k,*}$ **Carb-v.**$_{bg2}$ *Carbn-s.* caust.$_{bg2,k,*}$ cham.$_{bg2,k,*}$ *Chel.*$_{bg2,k,*}$ chim.$_{a1}$ chin.$_{bg2,k,*}$ *Cina* clem.$_{a1,k}$ coff.$_{a1,k}$ colch.$_{a1,k}$ *Coloc.*$_{bg2}$ con.$_{bg2,k,*}$ cupr.$_{bg2,k,*}$ cupr-ar.$_{a1,k}$ del.$_{a1}$ dig.$_{a1,k}$ dirc.$_{a1,k}$ dulc.$_{a1,k}$ eup-pur.$_{a1,k}$ *Ferr.*$_{bg2,k,*}$ ferr-ar. ferr-p. gels.$_{bg2,k,*}$ *Graph.*$_{bg2,k}$ grat.$_{bg2,k}$ guare.$_{a1}$ hep.$_{bg2,h}$ hipp.$_{a1}$ hyos.$_{bg2}$ hyper.$_{a1,k}$ ign. jug-r.$_{a1,k}$ kali-ar. *Kali-c.*$_{bg2,k}$ kali-p. kali-s. kali-sil.$_{k2}$ kiss.$_{a1}$ lac-c. lach.$_{bg2,k,*}$ laur.$_{bg2,k,*}$ *Mag-m.*$_{bg2,k,*}$ mag-s.$_{a1,k}$ marb-w.$_{es1}$ **Merc.**$_{bg2,k,*}$ merc-c.$_{bg2,k,*}$ merc-i-f.$_{a1,k}$ merc-i-r. *Mez.*$_{bg2,k,*}$ nat-ar. *Nat-c.*$_{bg2,k}$ nat-m. nat-p. *Nit-ac.* nux-m.$_{a1,k}$ nux-v.$_{bg2,k,*}$ oena.$_{a1}$ *Op.*$_{bg2,k,*}$ paeon.$_{a1,k}$ *Petr.*$_{bg2}$ phos.$_{bg2,k,*}$ plb.$_{bg2,k,*}$ plb-chr.$_{a1}$ puls.$_{bg2,k}$ quas.$_{a1}$ *Raph.*$_{a1,k}$ sars. sec.$_{bg2,k,*}$ *Sep.*$_{bg2,k,*}$ **Sil.**$_{bg2,k}$ sol-t-ae.$_{a1,k}$ spig. spira.$_{a1}$ spong. stram.$_{a1,k}$ sulph.$_{bg2,k,*}$ sumb.$_{a1,k}$ tab.$_{bg2,k,*}$ valer.$_{bg2,k,*}$ *Verat.*$_{bg2}$
– **abends**: caust.$_{a1,k}$ cedr.$_{a1,k}$ cham.$_{a1,k}$ con.$_{a1,k}$ hyper.$_{a1,k}$ *Lac-c.* sep.$_{h}$ sulph.$_{h}$
– **nachts**: graph. mez.$_{a1,k}$
– **Essen**, nach dem: calc.$_{h}$ con.$_{a1,k}$ phos.$_{a1,k}$ spira.$_{a1}$
– **Flatus** amel.: lact.$_{br1}$
– **Gefühl** wie: hyos.$_{h}$
– **Kindern**, bei: calc. sil.
– **Menses**:
  • **vor**: granit-m.$_{es1}$ mang.
  • **während**: ign. nat-m. puls. *Sep.*
– **Stuhlgang**, nach: carb-v.$_{h}$
○ **Hypochondrien**: borx. brom.$_{a1,k}$ bry.$_{bg2,k}$ chinin-s. ferr.$_{hr1}$ **Iod.**$_{a1,k}$ mag-c. phos.$_{a1,k}$
  • **links**: *Iod.*
  • **rechts**: *Calc-p.*
  • **Wechselfieber**, bei: *Ars. Iod.*
– **Hypogastrium**: clem. graph. mang.$_{h}$ sep.
– **Leber**: ant-c.$_{k2}$ **Ars.**$_{bg2,k}$ ars-s-f.$_{k2}$ aur.$_{k2}$ aur-ar.$_{k2}$ *Aur-m.* bar-m.$_{k2}$ *Calc.*$_{bg2,k}$ calc-i.$_{k2}$ calc-sil.$_{k2}$ cann-s.$_{bg2,k}$ *Carbn-s. Card-m. Chel.* **Chin.**$_{bg2,k}$ *Chinin-ar.* *Con.*$_{bg2,k}$ **Dig.**$_{k,vh}$ *Fl-ac.*$_{bg2,k,*}$ **Graph.**$_{bg2,k,*}$ *Hydr.* **Iod.**$_{bg2,k}$ *Kali-i.*$_{bg2,k}$ lach.$_{bg1}$ lact. *Laur.*$_{bg2,k}$ *Lyc.*$_{bg2,k}$ *Mag-c.*$_{bg2,k}$ **Mag-m.**$_{bg2,k}$ *Merc.*$_{bg2,k}$ mur-ac.$_{bg1}$ *Nit-ac.*$_{bg2,k}$ *Nux-v.*$_{bg2,k}$ **Phos.**$_{bg2,k}$ podo. **Rat.** *Sil.*$_{bg2,k}$ sul-i.$_{k2}$ *Sulph.*$_{bg2,k}$ zinc.
  • **linker** Leberlappen: *Card-m.*
◆ **begleitet** von:
  • **Zunge**:
    • **reine** Zunge:
      • **Zungenspitze** und Ränder: *Mag-m.*$_{kr1,vk1}$
    • **schlaffe** Zunge: *Mag-m.*$_{kr1,vk1}$

– **Leber - begleitet** von **- Zunge**:
  • **Schwellung**: *Mag-m.*$_{kr1,vk1}$
 • **Gefühl** wie hart und klein: abies-c.$_{c1}$
– **Leistengegend**: ant-c.$_{a1,k}$ dulc. graph.$_{k2}$ *Lith-c.* nat-c.$_{k2}$ sul-i.$_{k2}$
 ○ **Leistendrüsen**: hep.$_{k2}$ tub.$_{k2}$
– **Mesenterialdrüsen**: *Ars.* aur. *Bar-c.* *Bar-m.*$_{k,k2}$ **Calc.**$_{k,k2}$ con. *Lyc.* *Nat-s.*
– **Milz**: *Agn.*$_{bg2,k,*}$ *Ars.*$_{bg2,k}$ brom. caps.$_{bg2,k}$ **Chin.**$_{bg2,k}$ *Ign.*$_{bg2,k}$ iod.$_{bg2,k}$ *Mez.*$_{bg2,k}$ *Psor.*$_{c2,k}$ *Ran-b.* *Sul-ac.* sul-i.$_{k2}$ sulph.$_{bg2,k}$
– **Nabel**: bry.$_{bg2,k}$ plb.$_{bg2,k}$ rhus-t. spig.$_{bg2}$
 • **Gefühl** wie: camph.$_{h}$
 ○ **über** dem: sil.$_{h}$
– **Pankreas**: bar-m. *Carb-an.*$_{c2,k}$
– **Seite**:
 • **links**: cench.$_{k2}$
 • **rechts**: mag-m. sil.$_{h}$

Harten Körpers; Gefühl eines:
 ☞ *Klumpens / Kugel*
– **bewegt**; der sich im Abdomen: borx. *Lyc.*
– **Drehen** auf die rechte Seite; beim: *Lyc.*
○ **Leistengegend**; Gefühl einer Walnuß in der linken: myris.$_{c1}$

Hautausschläge: agar.$_{a1,k}$ anac.$_{a1,k}$ *Apis* ars.$_{a1,k}$ ars-s-f.$_{k2}$ bar-m.$_{a1,k}$ bry.$_{a1,k}$ calc. *Graph.* kali-ar. kali-bi. kali-c. *Merc.*$_{a1,k}$ merc-c. *Nat-c.* nat-m.$_{a1,k}$ phos. rhus-t.$_{a1,k}$ *Sulph.*$_{a1,k}$ tub.$_{c1}$
– **abschilfernd**: merc.$_{a1,k}$ vesp.$_{a1,k}$
– **Bläschen**: arn.$_{a1,k}$ caust. crot-t. kali-bi.$_{a1,k}$ *Merc.*$_{a1,k}$ merc-c.$_{a1,k}$ rhus-t.$_{a1,k}$
 ○ **Leistengegend**: nat-c.$_{a1,k}$
 • **Nabel** herum; um den: marb-w.$_{es1}$
– **Ekzem**:
 ○ **Nabel** herum; um den: scroph-n.$_{c1}$
– **Exanthem** vor den Menses; flüchtiges: *Apis* ars.
 • **feines** über der Lebergegend: sel.$_{c1}$
 • **juckend**, heftig: *Calc.*
 • **rotes**, juckendes, flüchtiges Exanthem über der Lebergegend: *Sel.*
– **feucht**: merc.$_{a1,k}$
 ○ **Leiste**, vor den Menses; rechte: sars.$_{bro1}$
– **Flecken**: crot-t. merc. nat-c.
 ○ **Nabel**; um den: marb-w.$_{es1}$
– **Furunkel**: am-m.$_{h}$ phos.$_{a1,k}$ rhus-t.$_{a1,k}$ sec.$_{a1,k}$ zinc.
 ○ **Leistengegend**: ars.$_{a1,k}$ merc.$_{a1,k}$ *Nit-ac.*$_{a1,k}$ phos.$_{a1,k}$ rhus-t.$_{a1,k}$ stram.$_{a1,k}$
– **Herpes**: *Sep.*
 • **circinatus**
  ☞ *Tinea*
 • **zoster** ●: *Ars.* *Graph.* *Merc.* *Rhus-t.* *Sulph.* *Thuj.*
  • **Bettwärme** agg.: *Merc.*
  ○ **Seite**, rechte: **Iris**
 ○ **Darmbeingegend**: *Tell.*$_{a1,k}$
 • **Leistengegend**: **Graph.**
– **juckend**: agar.$_{a1,k}$ calc. merc.$_{a1,k}$ nat-m.$_{h}$ rhus-t.$_{a1,k}$ *Sulph.*
– **Knoten**: nat-c.$_{h}$
– **krätzeartig**: merc.$_{a1,k}$ *Nat-c.*

Hautausschläge: ...
– **Krusten**: anac. arn.$_{a1,k}$ kali-c.
– **Petechien**: phos.$_{k2}$
– **Pickel**: agar. aloe arn.$_{a1,k}$ ars.$_{a1,k}$ ars-h.$_{a1,k}$ bar-m. bry.$_{a1,k}$ dulc.$_{a1,k}$ fl-ac.$_{a1,k}$ merc.$_{a1,k}$ nat-c.$_{a1,k}$ nat-m.$_{a1,k}$ petr.$_{a1,k}$ rhus-t.$_{a1,k}$ staph.$_{a1,k}$
 • **brennend**; bei Berührung: petr.$_{h}$
 • **juckend**: aloe bry.$_{a1,k}$ dulc.$_{a1,k}$ nat-c.$_{a1,k}$ *Staph.*$_{a1,k}$
– **Pusteln**: crot-c. crot-t.$_{a1,k}$ kali-bi.$_{a1,k}$ merc. nat-m.$_{h}$ puls. squil.$_{a1,k}$
 ○ **Leistengegend**: puls.$_{a1,k}$ sep.$_{a1,k}$
 • **Lenden**: clem.$_{h}$
– **Schuppen**: arn. kali-c.$_{h,k,*}$
 • **gelbe** Flecken: kali-c.$_{h,k,*}$
 ○ **Leistengegend**: merc.
– **Tinea**: nat-m. tell. tub.$_{c1}$
– **Urtikaria**: merc.$_{a1,k}$ nat-c.$_{a1,k}$ tub.$_{c1}$
○ **Leistengegend**: alum. cupr-ar.$_{a1,k}$ *Graph.* *Merc.*$_{a1,k}$ sulph.

Hernie: *Aesc-c.*$_{c2}$ all-c.$_{c2}$ alum.$_{c2}$ amph.$_{c2}$ bry.$_{c2}$ *Calc.*$_{c2}$ calc-p.$_{c2}$ caps.$_{c2}$ carbn-s.$_{c2}$ castm.$_{c2}$ cham.$_{c2}$ cocc.$_{c2}$ coff.$_{c2}$ cub.$_{c2}$ eug.$_{c2}$ gent-c.$_{c2}$ guaj.$_{c2}$ guare.$_{c2}$ hell.$_{c2}$ iris-foe.$_{c2}$ itu$_{c2}$ lach.$_{c2}$ lam.$_{c2}$ lith-c.$_{c2}$ lyc.$_{c2}$ m-arct.$_{c2}$ m-aust.$_{c2}$ mag-c.$_{c2}$ mag-s.$_{c2}$ mez.$_{c2}$ nat-m.$_{c2}$ *Nux-v.*$_{c2}$ osm.$_{c2}$ ox-ac.$_{c2}$ phase-xyz.$_{c2}$ prun.$_{c2}$ psor.$_{c2}$ raph.$_{c2}$ rhus-t.$_{c2}$ sars.$_{c2}$ *Sil.*$_{c2}$ spong.$_{c2}$ symph.$_{c2}$ tab.$_{c2}$ ter.$_{c2}$ thuj.$_{c2}$ verat.$_{c2}$
– **eingeklemmt**, inkarzeriert: plb-xyz.$_{c2}$ ter.$_{c2}$
○ **Leistenhernie**: aesc. *All-c.* *Alum.* am-c. *Apis* *Asar.* *Aur.* berb. *Calc.* calc-ar. caps.$_{h}$ *Carb-an.* *Carb-v.* *Cocc.* coloc.$_{h}$ gran.$_{c2}$ guaj.$_{bg2}$ ip. iris-fa.$_{bro1}$ lach. **Lyc.** *Mag-c.* *Mur-ac.* *Nit-ac.* **Nux-v.** *Op.* petr. phos. prun. psor. *Rhus-t.* sars. *Sil.* *Spig.*$_{c2,k}$ staph. *Sul-ac.*$_{c2,k}$ *Sulph.* ter. thuj. *Verat.* wies.$_{c2}$ *Zinc.*$_{c2,k}$
 • **alten** Menschen, bei: nux-v.$_{pd}$ sul-ac.$_{pd}$
 • **eingeklemmt**, inkarzeriert: acon.$_{k,ptk1}$ *All-c.* alum.$_{k,ptk1}$ ars. aur.$_{ptk1}$ **Bell.**$_{k,ptk1}$ calc.$_{ptk1}$ caps.$_{ptk1}$ *Carb-v.* carbn-s.$_{c1}$ cham.$_{ptk1}$ *Cocc.* *Coff.* coloc.$_{ptk1}$ *Dig.* ip. lach.$_{k,ptk1}$ lyc.$_{ptk1}$ mill. nit-ac.$_{ptk1}$ **Nux-v.**$_{ptk1,st}$ **Op.**$_{ptk1,st}$ *Plb.*$_{k,ptk1}$ rhus-t. sil.$_{ptk1}$ *Sul-ac.*$_{k,ptk1}$ *Sulph.*$_{k,ptk1}$ *Tab.* verat.$_{k,ptk1}$
 • **empfindlich**: *Bell.* **Lach.** *Nux-v.* *Sil.*
 • **entzündet**: acon. bar-c.$_{h}$ iod.$_{h}$ nux-v. op. sulph.
  • **Erbrechen**, mit: acon. ars. bell. lach. *Tab.* verat.
 • **Kindern**, bei: **Aur.** calc.$_{bro1}$ cina$_{gsy1}$ lyc. *Nit-ac.* nux-v. sil.$_{bro1}$ sul-ac.$_{pd}$ sulph.$_{bro1,c1}$
  • **links**: nux-v.
  • **rechts**: aur. lyc.
  • **angeboren**: thuj.$_{ptk1}$
 • **schmerzhaft**: *Alum.* amph.$_{a1}$ aur.$_{h}$ cic. cocc. phos.$_{h}$ *Sil.*
 • **stechend**: sep.$_{h}$
– **Nabelbruch**: amph.$_{a1}$ *Calc.* cocc.$_{bg2}$ gran.$_{c2}$ *Lach.* *Nux-m.* **Nux-v.** *Op.* plb.$_{c1,ptk1}$
– **Schenkelhernie**: cub.$_{c1,ptk1}$ *Lyc.* nux-v. wies.$_{c2}$

Herunterhängen; als würden die Därme: *Agn.* alum.$_{bg2,k,*}$ carb-v.$_{a1,bg2}$ **Ign.** phos.$_{k2}$ *Psor.* **Staph.** **Sulph.**

Hitze: abrot.a1,k *Acon.*a1,k agar.a1,k all-c.a1,k **Aloe** *Am-c.*a1,k ant-t.a1,k *Ars.*a1,k ars-h. ars-i. **Asaf.** aur.a1,k *Bell.*bg2,k,* bov.a1,k brom.a1,k bry.a1,k cact.a1,k *Camph.*bg2,k,* cann-i.a1,k *Canth.*a1,k caps.a1,k carb-an.a1,k caust.a1,k *Chin.*a1,k cic.a1,k cina coc-c.a1,k cocc.a1,k coff.a1,k coloc.a1,k crot-h. crot-t. **Cupr.**a1,k cycl.a1,k dig.a1,k dios.a1,k euph.a1,k ferr.a1,k ferr-ar. ferr-i.a1,k fl-ac.a1,k form.a1,k graph. gymno. hell.a1,k hep.a1,k hydr. hyos.a1,k iod.a1,k iris jatr-c. kali-ar. kali-bi.a1,k **Kali-c.**a1,k kali-i. kali-p. *Kali-s.*k,k2,* kali-sil.k2 lac-c. lach.a1,k lachn. lact.a1,k *Laur.*bg2,k,* lyc.a1,k mag-m.h manc.a1,k mang.bg2,k meny. *Mez.*bg2,k,* nat-m.a1,k nux-v.a1,bg2 ox-ac. par.a1,k phos.bg2,k,* phys.a1,k plb.a1,k *Podo.* ptel.a1,k puls. raph.a1,k rheum ruta sabad.a1,k sang. sars.bg2,k,* *Sec.*a1,k **Sil.**a1,k spig.h spong.a1,k squil.a1,k stann.h stram.a1,k stry.a1,k *Sulph.*bg2 sumb.a1,k *Tab.* tarent.a1,k thuj. zinc.a1,k
- **morgens**: nux-v.a1,k phos.a1,k
- **vormittags**: am-c.a1,k kali-c. phys.a1,k
- **nachmittags**: all-c.a1,k
- **nachts**: *Bry.* fl-ac.a1,k

◆ **abwechselnd** mit Kälte: coff.a1,k
- **Entblößen** amel.: camph. *Sec. Tab.*
- **Essen**, nach dem: **Kali-c.**
- **Fieber**; während: apis cact. calad. canth. chin. *Cic.* cub.c1 ferr. lach. sel. spig. stann.
- **Gehen** im Freien; nach: stann.h
- **Hautausschlag**, vor: nat-m.h
- **Hitzewallungen**: *Cact.* cinnb. *Kali-c.* ptel. sumb.
  - **heißes** Wasser:
    - **hineinfließen**; als würde heißes Wasser: *Sumb.*
    - **hineinströmen**, gefolgt von Diarrhoe; als würde heißes Wasser aus der Brust in das Abdomen: sang.
- **Menses**:
  - **vor**: cycl. graph.a1,k
  - **während**: *Graph.*a1,k
- **Mittagessen**:
  - **beim**: hyper.a1,k
  - **nach**: grat.a1,k
- **Obstipation**, bei: plb.a1,k
- **Rauchen**, beim: spong.a1,k
- **steigt** zur Brust auf: bell.h
- **Suppe**, nach der: ol-an.a1,k
- **Wasser** läuft in das Abdomen; heißes: chin.kr1,rb2

▽ **erstreckt** sich zu:
  - **Brust**: alum. *Bry.* coloc.a1,k ip.a1,k lact.a1,k *Lyc.*a1,k mang.h spong.h stram.
  - **Kopf**: alum. carbn-o. indg. *Kali-c.* lyc.a1,k mag-m. nat-s. plb.a1,k sumb.a1,k
  - **Schultern**: laur.a1,k

○ **Hypochondrien**: aloe aur.a1,k bapt. kali-c.a1,k plb. podo.a1,k sabad.a1,k thuj.a1,k
  - **links**: *Glon.*
  - **rechts**: aur.a1,k cench.k2 *Kali-c.*a1,k
  - **Hitzewallungen** steigen davon auf: cench.k2 glon.
- **Hypogastrium**: aur-m.a1,k bry.a1,k camph.h ferr.a1,k hydrc.a1,k kali-i. lil-t.a1,k mang.h syph.k13

Hitze - Hypogastrium: ...
  - **Menses**; muß es bei den Menses entblößen: kali-i.
- **Leber**; Gefühl von Hitze in der: aloe cench.k2 kali-c. sabad.
- **Leistengegend**: arund.a1,k aur.a1,k calc-p.a1,k sulph.a1,k
- **Milz**: **Asaf.**
- **Nabel**: aur-m.a1,k canth.a1,k chin.h hyos.a1,k mang.a1,k plb.a1,k sul-ac.bg1,h,*

  ▽ **erstreckt** sich zur Brust: mang.a1,k
- **Seiten**:
  - **links**: sulph.h

Hohl

☞ *Leeregefühl*

Ileus: castm.c2 colch.c2 op.c2 samb.c2 sol-t-ae.c2 tann-ac.c2
- **paralytischer** Ileus: ars.bg2 bell.bg2 bry.bg2 cham.bg2 cocc.bg2 coloc.bg2 lyc.bg2 nit-ac.bg2 nux-v.bg2 *Op.*bg2 plb.bg2 *Rhus-t.*bg2 sil.bg2 sulph.bg2 *Thuj.*bg2 verat.bg2 zinc.bg2
- **spastischer** Ileus: kali-chl.a1

Induration

☞ *Hart*

Intussuszeption: *Acon.*hr1,k *Arn.*hr1,k **Ars.**hr1,k **Bell.** *Bry.*hr1,k *Colch. Coloc.*hr1,k *Cupr.*hr1,k kali-bi.hr1,k kreos.hr1,k *Lach.*hr1,k *Lob.*hr1,k *Lyc.*hr1,k *Merc.*hr1,k merc-c.c2 *Nux-v.*hr1,k **Op.**hr1,k *Phos.*c2,k **Plb.**hr1,k plb-xyz.c2 *Rhus-t.*hr1,k *Samb.* sulph.hr1,k tab.hr1,k tarent. thuj.hr1,k,* **Verat.**hr1,k,*

◆ **begleitet** von:
  - **Zunge**; weiße Farbe der: plb.kr1,vk1
- **Schluckauf**; nach

  ☞ *❑ Magen - Schluckauf - gefolgt - Intussuszeption*

Jucken: agar.a1,k ambr.a1,k anac. *Arn.*a1,k *Ars.*a1,k ars-s-f.k2 aur.a1,k aur-ar.k2 bell. *Bov.*a1,k carb-ac. carbn-s. chel.a1,k cist.a1,k coc-c.a1,k com.a1,k con.a1,k ferr-ar. ferr-ma.a1,k form.a1,k *Graph.* jug-r.a1,k kali-ar. kali-bi.a1,k kali-c.a1,k kali-s. lac-ac.a1,k lach. *Merc.*a1,k merc-i-f.a1,k mez.a1,k nat-c.a1,k nat-m. nit-ac.a1,k ol-an. petr.a1,k phos.a1,k puls. rhus-t.a1,k rhus-v. *Sars.*a1,k *Sep.*a1,k *Sulph. Thuj.*a1,k zinc.a1,k
- **tagsüber**: nat-c.a1,k
- **morgens**: rat.a1,k
  - **Ankleiden**; beim: nux-v.a1,k
- **abends**: cact.a1,k merc.a1,k stront-c. thuj.a1,k
  - **Entkleiden**, beim: cact.a1,k *Nux-v.*a1,k
- **nachts**: agar.a1,k crot-t.a1,k *Nux-v.*a1,k phos.a1,k **Sulph.**a1,k *Thuj.*a1,k zinc.h
  - **Zubettgehen**, beim: thuj.
- **Bettwärme**; in der: sulph.k2
- **brennend**: sars.h
- **fressend**: nat-c.h
- **Kratzen** amel.: arn.a1,k ferr-ma.a1,k mez.a1,k sars.a1,k
- **Mittagessen**, nach dem: *Sulph.*a1,k
- **stechend**, fein: alum.h

○ **Darmbeingegend**: choc.srj3 osm.a1,k sulph.a1,k *Tell.*a1,k

– **Darmbeingegend**: ...
• **rechts**: stront-c.
• **abends**: zinc.$_{h}$
– **Hüftgegend**: mag-c.$_{al,k}$
– **Hypochondrien**: agar.$_{al,k}$ tab.$_{al,k}$
• **nachts**: agar.$_{al,k}$
– **Hypogastrium**: agar. anac.$_{al,k}$ *Carb-ac.*$_{al,k}$ elaps indg.$_{al,k}$ kali-c.$_{al,k}$ merc.$_{al,k}$ nat-c.$_{al,k}$ nat-m.$_{al,k}$ ph-ac.$_{al,k}$ rhus-t.$_{al,k}$ rhus-v.$_{al,k}$ zinc.$_{al,k}$
• **nachmittags**: nat-c.$_{h}$
• **Gehen** agg.: elaps
• **Kratzen** amel.: ph-ac.$_{al,k}$
– **Lebergegend**: lyc.$_{h}$ nat-s.$_{k2}$
– **Leistengegend**: agar.$_{al,k}$ agn. ammc.$_{al,k}$ bar-c.$_{bg1,h}$ camph.$_{bg1,h}$ coc-c.$_{bg1}$ cycl.$_{al,k}$ form. laur.$_{al,k}$ lyc.$_{al,k}$ mag-c.$_{al,k}$ mag-m.$_{al,k}$ merc.$_{al,k}$ rhus-t.$_{al,k}$ rumx. sep.$_{bg1}$ spig.$_{al,k}$ spong. ter.$_{al,k}$
• **links**: cycl.$_{al,k}$ pall.$_{al,k}$ spig.$_{al,k}$
• **rechts**: ammc.$_{al,k}$ mag-c.$_{al,k}$ mag-m.$_{al,k}$ rhus-t.$_{al,k}$ ter.$_{al,k}$
• **abends**: pall.$_{al,k}$ sep.$_{al,k}$
• **Bett**, im: sep.$_{al,k}$ verat-v.$_{al,k}$
• **Kitzeln** amel.: sep.$_{h}$
• **Kratzen**, scharfes:
  • **amel.**: laur.$_{al,k}$ mag-c.$_{al,k}$ mag-s.$_{al,k}$
  • **nicht** amel. durch: mag-m.
• **Reiben** agg.: sep.$_{h}$
▽ **erstreckt** sich zum Knie: ars-met.
○ **Leistendrüse**: nit-ac.$_{h}$
– **Nabel**: aloe aur-m.$_{al,k}$ bell.$_{h}$ carb-v.$_{al,k}$ cist.$_{al,k}$ ign.$_{al,k}$ kali-c.$_{al,k}$ marb-w.$_{es1}$ phos.$_{al,k}$ puls.$_{al,k}$ *Sulph.*
• **abends**: aloe
• **Kratzen**, nach: puls.$_{al,k}$
– **Seiten**: alum.$_{al,k}$ berb.$_{al,k}$ coloc.$_{al,k}$ hura led.$_{al,k}$ nat-c.$_{al,k}$ phos.$_{al,k}$ sars.$_{al,k}$ tarax.$_{h}$
• **Kratzen**, scharfes:
  • **nach**: olnd.$_{al,k}$
  • **amel.**: alum.$_{h}$ phos.$_{al,k}$ sars.$_{al,k}$
○ **Flanke**: mag-c.$_{h}$

Kälte:
– **empfindlich** gegen: caust.$_{h}$
– **erkältet** sich leicht am Abdomen: caust.$_{h}$

Kälte im Abdomen: acon. *Aeth.* agar. aloe alum. alum-p.$_{k2}$ **Ambr.** amyg. anth.$_{c1}$ arg-n. *Ars.* asaf. *Asar.* bell. berb. bov. cadm-s.$_{br1,ptk1}$ calad. *Calc.* calc-s. *Camph.* caust. cham. chel. chin. chinin-ar. cic. *Cist.* colch. coloc. crot-h. *Crot-t.* cupr-s. dulc. eug. *Grat.* *Hell.* hydr-ac. jatr-c. kali-ar. *Kali-bi.* *Kali-br.* *Kali-c.* kali-n. kali-p. *Kali-s.* *Kreos.* *Lach.* *Laur.* mang. **Meny.** meph. *Merc.* *Merc-sul.* merl. mez. nat-m. nit-ac. olnd. op. *Par.* *Petr.* ph-ac. phel.$_{c1,k,}$• *Phos.* plan. plb. plect.$_{c1,c2}$ podo. *Puls.* rat. ruta sabad. *Sars.* *Sec.* seneg. *Sep.* staph. sul-ac.$_{ptk1}$ *Sulph.* *Tab.* *Ter.* *Tub.* **Verat.** zinc. zinc-p.$_{k2}$
– **morgens**: meny. plect.
– **nachmittags**: alum. chel. lyc.
• **Trinken** von Wasser; beim: chel.
– **abends**: ars. zinc.
– **nachts**: sulph.
• **Mitternacht**: calad.

Kälte im Abdomen - **nachts**: ...
• **Bett**, im: sulph.
– **alkoholischen** Getränken, nach: phel.
– **äußerlich**: aeth.$_{br1}$ med. merc. **Verat.**
– **bespritzt**; wie mit kaltem Wasser: mez.
– **Brennen**, mit: phos.$_{ptk1}$
– **Druck**: meny.$_{ptk1}$
– **Einatmen**, bei jedem: *Chin.*
– **eisig**: colch.$_{ptk1}$
– **entblößt**, wie: *Lach.* ter.
– **Essen**, nach dem: *Chel.* chin. **Puls.** sulph.
– **Frost**; während: *Aeth.* apis ars. ars-s-f.$_{k2}$ **Calc.** cham. chel. chin. chinin-ar. *Ign.* **Meny.** *Mez.* *Ph-ac.* puls. sec. sep. sulph. verat. zinc.
– **Gefühl** von Kälte während Kolik: calc.$_{ptk1}$ kali-s.$_{ptk1}$
– **Gehen** im Freien amel.: dulc.
– **Getränke**:
• **kalten** Getränken, nach: *Ars.* *Chel.* *Rhus-t.*
– **Hitze**; während: zinc.
– **kaltes** Wasser hindurchlaufen würde; als ob: bufo$_{bg1}$ cann-s. *Kali-c.*
– **Luftzug**, wie durch einen: sulph.
– **Menses**, während: kali-c.
– **Schmerz**; mit: kali-c.$_{k2}$
– **Stuhlgang**:
• **vor**: graph.
• **nach**: graph. phel.
– **Trinken**:
• **nach**: asaf. chel. *Chin.*
– **Tuch** um die Taille gewunden; als habe er ein kaltes, nasses: lath.$_{c1}$
– **Wärme**:
• **amel.**: kali-ar.$_{k2}$
• **Ofenwärme** amel.: meph.
– **Wasser** hindurchlaufen; als würde kaltes
☞ *kaltes*
– **Wind**, im:
• **kaltem**, in: lyc.
▽ **erstreckt** sich zu:
• **Brust**: camph.
• **Füße**: calad.
• **Knie**: anth.$_{c1}$
• **Mund** hinauf; steigt in den: *Carb-an.*
• **quer** über das Abdomen: sep.
• **Rücken**: puls.
○ **Hypochondrien**: cadm-s. nux-v.
– **Hypogastrium**: plb.
– **innen** im Abdomen: anth.$_{vh}$
– **Lebergegend**: bar-c. med.
– **Leistengegend**: plb.
• **brennend**, wird: berb.
– **Nabel**: apis coloc. ran-b. rat.
• **Gehen**, beim: coloc.
○ **Nabelgegend**: coloc. kreos. phos.$_{h}$ rat. ruta ter.
  • **Stuhlgang**, nach: coloc.
– **oberer** Teil: ars.$_{bg1}$ camph.$_{bg1}$ kali-c.$_{bg1}$ mang.$_{bg1}$ olnd.$_{bg1}$ ox-ac.$_{bg1}$ sec.$_{bg1}$ sulph.$_{bg1}$
– **Seite**: all-c. ambr. merl. olnd. sulph.
• **einseitig**, nur: *Ambr.*
• **links**: *Ambr.*

Katarrh: petr.$_{k2}$

Kleidung, empfindlich gegen ●: *Apis* **Arg-n.** bamb-a.$_{stb2}$ benz-ac. **Bov.** brom.$_{pd}$ **Calc.** caps.$_{h}$ *Carb-v.* *Caust.*$_{k,ptk1}$ cench.$_{k2}$ *Chin.* coff. conv.$_{br1}$ **Crot-c.** *Crot-h.* diosm.$_{bro1}$ dol.$_{c1}$ eup-per. *Graph.* helo.$_{c1}$ *Hep.* hydrog.$_{srj2}$ *Kreos.* *Lac-c.* **Lach.** **Lyc.** merc-c. mosch.$_{ptk1}$ *Nat-s.* **Nux-v.** podo.$_{k2}$ puls. raph. rhus-t.$_{k2}$ *Sars.* *Sep.* sil.$_{k2}$ *Spong.* *Stann.* sulph. tell.$_{c1}$

– **entblößen**, will sich: tab.
– **Essen**, nach dem: *Graph.*
– **Übelkeit**; mit: hydrog.$_{srj2}$
○ **Leistengegend**: hydr.$_{pd}$

Klein; Gefühl, als sei die Leber: abies-c.$_{br1}$

Klumpens im Abdomen; Gefühl eines: ant-t. bamb-a.$_{stb2}$ borx.$_{bg1}$ bry. carb-v.$_{k2}$ nit-ac.$_{h}$ nux-m. plb. rhus-t. sep.$_{h}$ sulph. *Thuj.* zinc.$_{ptk2}$
☞ *Harten / Kugel*

– **harten** Klumpens, eines: abrot.$_{br1}$
– **steigt** beim Husten zum Hals auf: kali-c.$_{hr1}$
○ **Leber**: arg-n.$_{bg1}$ arn.$_{bg1}$ bar-c.$_{bg1}$ brom.$_{bg1}$ croc.$_{bg1}$ cupr.$_{bg1}$ cycl.$_{bg1,bg2}$ hep.$_{bg1}$ lach.$_{bg1,bg2}$ mag-c.$_{bg1,bg2}$ nat-c.$_{bg1}$ nat-m.$_{bg1}$ nat-s.$_{bg1}$ nux-m.$_{bg1,bg2}$ op.$_{bg1,bg2}$ plb.$_{bg1}$ tab. thuj.$_{bg1,bg2}$ verat.$_{bg1}$ zinc.$_{ptk2}$
– **Milz**: sulph. verb.$_{j5}$
– **Nabel**: acon.$_{bg1}$ anac.$_{bg1}$ bell.$_{bg1,bg2}$ kali-bi.$_{bg1}$ kreos.$_{bg1,bg2}$ nat-c.$_{bg1,bg2}$ nux-m.$_{bg1}$ ran-s.$_{bg1}$ sep.$_{bg1,bg2}$ *Spig.* verb.$_{bg1}$ zinc.$_{ptk2}$

Knacken und Knistern: caust.$_{h}$ coloc.$_{h}$

Kneifen
☞ *Schmerz - krampfartig*

Knoten
☞ *Klumpens*

Kolik
☞ *Schmerz - Diarrhoe - während / Schmerz - krampfartig*

Krabbelndes Gefühl
☞ *Ameisenlaufen*

Krächzen
☞ *Rumoren*

Krampf
☞ *Schmerz - krampfartig / Spasmen*

Krebs:
– **Aluminiumvergiftung**; durch: cadm-met.$_{gm1}$ **Cadm-o.**$_{gm1}$
☞ ❑ *Allgemeines - Aluminiumvergiftung*
○ **Colon** sigmoideum: spig.$_{c2}$
– **Colon** transversum: cadm-i.$_{gm1}$
– **Darm** (= Darmkrebs): cadm-act.$_{gm1}$ cadm-ar.$_{gm1}$ cadm-br.$_{gm1}$ cadm-chl.$_{gm1}$ cadm-f.$_{gm1}$ cadm-gl.$_{gm1}$ cadm-i.$_{gm1}$ cadm-m.$_{gm1}$ *Cadm-met.*$_{gm1}$ cadm-n.$_{gm1}$ cadm-o.$_{gm1}$ cadm-p.$_{gm1}$ cadm-s.$_{gm1}$ cadm-sel.$_{gm1}$ euph-c.$_{gm1}$ kreos.$_{gm1}$ methyl.$_{gm1}$ phos.$_{gm1}$
◆ **begleitet** von:
• **Basedow**: cadm-met.$_{gm1}$
• **Herzens**; Beschwerden des: cadm-met.$_{gm1}$
– **Gallenblase**: chion.$_{gm1}$

Krebs: ...
– **Leber** (= Leberkrebs): cadm-act.$_{gm1}$ *Cadm-ar.*$_{gm1}$ cadm-br.$_{gm1}$ cadm-chl.$_{gm1}$ cadm-f.$_{gm1}$ cadm-gl.$_{gm1}$ cadm-i.$_{gm1}$ cadm-m.$_{gm1}$ *Cadm-met.*$_{gm1}$ cadm-n.$_{gm1}$ cadm-o.$_{gm1}$ *Cadm-p.*$_{gm1}$ *Cadm-s.*$_{gm1}$ cadm-sel.$_{gm1}$ *Calc-ar.*$_{gm1}$ cean.$_{gm1}$ chion.$_{gm1}$ chol.$_{gm1}$ euph.$_{gm1}$ hydr.$_{gm1}$ phos.$_{gm1}$ ther.$_{gm1}$
• **Metastase**: calen.$_{gm1}$
– **Milz**: cadm-i.$_{gm1}$ cadm-met.$_{gm1}$ cean.$_{gm1}$
– **Pankreas** (= Pankreaskrebs): cadm-i.$_{gm1}$ calc-ar.$_{gm1}$ cean.$_{gm1}$

Kribbeln
☞ *Ameisenlaufen / Schläge - kribbelnd*

Kugel; Gefühl einer:
☞ *Harten / Klumpens*
– **hochsteigt**; die zum Hals: *Arg-n.* raph.
– **rollt**; die im Abdomen: aur-s. jatr-c.$_{c1}$ lach. *Lyc.* sabad. sep.
○ **Hypochondrium**, linkes: brom. calc-caust.$_{c1}$ cupr.
– **Leber**, in der: bar-c.

Kurz; als seien die Muskeln zu: sulph.$_{h}$
○ **Leistengegend**: zinc.$_{h}$

Last; wie eine
☞ *Schwere*

Lebendigem, Gefühl von etwas: arund.$_{br1}$ calc-p. calen.$_{bro1}$ cann-s. cocc.$_{ptk1}$ conv. **Croc.**$_{br1,k}$ cur. *Cycl.* hyos. ign. kali-i. lac-d.$_{bg1}$ lyc. merc. nux-v. phos.$_{h}$ puls.$_{bg1,ptk1}$ sabad. sabin. sang. sep. sil.$_{ptk1}$ spong.$_{h}$ stram. stront-c. sulph. ther.$_{c1,ptk1}$ **Thuj.**
☞ *Bewegungen*
○ **Darmbeingegend**, rechte: **Thuj.**
– **Seiten**:
• **links**; besonders: croc.$_{br1}$

Leber und Lebergegend; Beschwerden der: abies-c. abrot. **Acon.** *Aesc.* *Agar.* all-c. *Aloe* *Alum.* *Am-m.* ant-t. *Apoc.* *Arg-n.* *Arn.* *Ars.* ars-i. asaf. *Aur.* aur-ar.$_{k2}$ aur-i.$_{k2}$ aur-m. *Bapt.* bar-c. **Bell.** benz-ac.$_{k2}$ **Berb.** **Bry.** **Bufo** cadm-s.$_{k2}$ **Calc.** *Calc-f.* **Calc-p.** calc-sil.$_{k2}$ camph. *Carb-v.* **Carbn-s.** **Card-m.** *Cham.* **Chel.** *Chin.* chrystl.$_{jsx1}$ *Cimx.* cinnb. clem. *Cocc.* *Colch.* *Coll.* *Coloc.* combr-r.$_{vs1}$ *Con.* **Corn.** *Croc.* *Crot-c.* *Crot-h.* *Cupr.* dig. dros. dulc. ferr. ferr-ar.$_{k2}$ ferr-p.$_{k2}$ *Fl-ac.* gels. *Graph.* grin. haru-ma.$_{jsx1}$ *Hep.* *Hydr.* hypoes-t.$_{jsx1}$ **Iod.** *Iris* *Kali-bi.* **Kali-c.** kali-i.$_{k2}$ kali-s. lac-d.$_{k2}$ **Lach.** *Laur.* **Lept.** **Lyc.** mag-c. **Mag-m.** mang.$_{k2}$ **Merc.** merc-c. microg-p.$_{jsx1}$ mur-ac. nat-ar. nat-c. *Nat-m.* nat-p.$_{k2}$ **Nat-s.** **Nit-ac.** **Nux-m.** **Nux-v.** oci-su.$_{jsx1}$ petr. *Ph-ac.* **Phos.** plat. *Plb.* **Podo.** *Prun.* *Psor.* puls. ran-b. ran-s. rhus-t. ruta sabad. *Sang.* sel. **Sep.** sil. spig. sul-ac. sul-i.$_{k2}$ **Sulph.** tab. ther.$_{k2}$ verat. *Zinc.*
◆ **begleitet** von:
• **Blasenausschlag**: corn.$_{br1}$
• **Wassersucht**
☞ ❑ *Allgemeines - Wassersucht - Allgemeinen - begleitet von - Leber*

◆ **begleitet** von:
- **Zunge**:
  - **schmutzige** Farbe: *Mag-m.*$_{kr1,vk1}$
  - **weiße** Farbe der Zunge: podo.$_{kr1,vk1}$
  - **dicker** Belag: *Lept.*$_{vk1}$
    - ◆ **begleitet** von:
      - **Mitte**:
        - **schwarzer** Streifen die Mitte nach hinten: *Lept.*$_{kr1,vk1}$

Leberzirrhose
☞ *Zirrhose*

Leeregefühl: *Agar.*$_{bg2,k,*}$ ambr.$_{k2}$ ant-c.$_{bg2,k,*}$ **Arg-n.**$_{bg2,k,*}$ arn.$_{bg2,k}$ arum-m.$_{a1,k}$ *Calc-p.*$_{bg2,k}$ *Carb-v.*$_{bg2,k}$ caust.$_{bg2,k,*}$ *Cham.*$_{bg2,k,*}$ *Cina* cob. **Cocc.**$_{bg2,k,*}$ *Coloc.*$_{bg2,k,*}$ croc.$_{bg2,k,*}$ *Crot-t.*$_{bg2,k,*}$ *Dig.* *Dulc.*$_{bg2,k,*}$ euph.$_{bg2,k,*}$ euphr.$_{a1,k}$ fl-ac.$_{bg2,k}$ *Gamb.*$_{a1,k}$ gels.$_{bg2,k,*}$ guaj.$_{bg2,k}$ hep.$_{bg2,k,*}$ jab.$_{a1,k}$ *Kali-c.*$_{bg2,k}$ kali-m.$_{k2}$ kali-p. *Lach.*$_{bg2,k,*}$ lil-t.$_{a1,k}$ *Merc.*$_{bg2,k}$ mez.$_{bg2,k,*}$ *Mur-ac.*$_{bg2,k,*}$ naja *Nat-p.*$_{a1,k}$ nicc.$_{a1,k}$ **Olnd.**$_{bg2,k,*}$ *Petr.*$_{bg2,k}$ *Ph-ac.* **Phos.**$_{bg2,k,*}$ phys.$_{a1,k}$ plan.$_{hr1,k,*}$ **Podo.**$_{bg2,k}$ *Psor.*$_{bg2,k}$ ptel.$_{a1,k}$ **Puls.**$_{bg2,k,*}$ ruta *Sars.*$_{bg2,k,*}$ seneg. **Sep.**$_{bg2,k,*}$ squil.$_{bg2,k,*}$ **Stann.**$_{bg2,k,*}$ **Sul-ac.**$_{bg2,k,*}$ **Tab.** tril-p.$_{c1}$ tub.$_{k2}$ *Verat.* zinc.$_{bg2,k,*}$
☞ ❑ *Magen - Leeregefühl*
- **morgens**: euph.$_{a1,k}$ mez.$_{a1,k}$ sars.$_{a1,k}$
  - **Aufstehen**, nach dem: mag-c.$_{a1,k}$
  - **Stuhlgang**, nach: mur-ac.$_{a1,k}$
- **mittags**: dios.$_{a1,k}$
  - **Essen**, nach dem: nat-p.$_{a1,k}$ stann.$_{a1,k}$ zinc.$_{a1,k}$
- **nachts**: puls.
- **Aufstoßen** amel.: ambr.$_{k2}$ *Carb-v.* nat-s.$_{k2}$ *Sep.*
- **Brennen** zwischen den Schultern, mit: **Phos.**
- **Druck** amel.: caust.$_{a1,k}$ naja **Puls.**
- **Einhüllen** des Abdomens amel.: puls.
- **Essen**:
  - **amel.**: ant-c.$_{a1,k}$
  - **nach**: arum-m.$_{a1,k}$ kali-bi.$_{k2}$ nat-p.$_{a1,k}$ sars.$_{a1,k}$ *Stann.*$_{a1,k}$ zinc.$_{a1,k}$
- **Flatus**, Abgang von:
  - **amel.**: ambr.$_{k2}$ nat-s.$_{k2}$
  - **nach**: phos.$_{h}$
- **Frühstück**, nach dem: arum-m. arum-t.$_{c1}$ phos.$_{h}$ sars.$_{a1,k}$
- **Gehen** agg.: carb-v.$_{a1,k}$ *Phos.*
- **Liegen** auf dem Abdomen amel.: puls.
- **Menses**, während: *Phos.* sulph.
- **Mittagessen**:
  - **amel.**: dios.$_{a1,k}$
  - **vor**: nux-v.
  - **nach**: nat-p.$_{a1,k}$ zinc.$_{a1,k}$
- **Schnüren** der Kleidung amel.; festes: *Fl-ac.*
- **Stuhlgang**:
  - **amel.**: mur-ac.$_{a1,k}$
  - **vor**: verat.$_{h}$
  - **nach**: *Agar.* ambr.$_{k2}$ apoc.$_{a1,k}$ *Arg-n.* *Carb-v.*$_{a1,k}$ caust. cob. coloc.$_{a1,k}$ con.$_{k2}$ jab.$_{a1,k}$ *Kali-c.* *Kali-s.*$_{k,k2}$ *Lach.* *Mur-ac.* *Nat-p.* *Olnd.* **Petr.** *Ph-ac.* **Phos.** *Pic-ac.* **Podo.**$_{a1,k}$ *Psor.* *Puls.* rhod.$_{a1,k}$ *Sep.*$_{a1,k}$ *Stann.* **Sul-ac.**$_{a1,k}$ sulph. verat.

▽ **erstreckt** sich zur Vulva: puls.

Leeregefühl: ...
○ **Hypogastrium**:
- **Flatus**; Abgang von:
  - **amel.**: kali-s.$_{ptk1,ptk2}$
- **Nabelgegend**: cob.$_{bg1,bg2}$ fl-ac. scir.$_{c1}$
  - **Hunger** in der; Gefühl von: valer.$_{ptk1,ptk2}$
- **Seite**, linke: sep.$_{h}$

Locker, lose sind; als ob die Därme: ail. cann-s.$_{h}$ coloc. cycl.$_{h}$ ictod.$_{c1}$ *Lach.*$_{vh}$ mag-m. mang.$_{h}$ merc.$_{bg1,h}$ mez.$_{bg1}$ nat-m. nat-s.$_{c1}$ nux-v. rhus-t.$_{h}$

Menses erscheinen würden; Gefühl, als ob
☞ *Schmerz - Menses - erscheinen*

Metastase:
- **Gicht**; Metastasierung von:
  ▽ **erstreckt** sich zur Leber: benz-ac.$_{k2}$

Meteorismus
☞ *Auftreibung*

Milz, Erkrankungen der: abies-c. abrot. *Agar.*$_{c2,k}$ *Agn.*$_{hr1}$ alum. *Am-c.* am-m. anac. aran.$_{c2}$ arn. **Ars.** *Ars-i.* **Asaf.** bell-p.$_{c2}$ berb.$_{c2}$ berb-a.$_{c2}$ *Borx.* *Bry.* cadm-s.$_{k2}$ calc-caust.$_{c2}$ calc-p. camph. *Cann-s.* *Canth.* caps. carb-an. carb-v. card-m.$_{c2}$ caust. **Cean.**$_{c2,k}$ cedr. cham. chel. **Chin.**$_{c2,k}$ coc-c. colch. con. cot.$_{c2}$ *Dios.* *Diosm.*$_{bro1}$ *Dulc.* eucal.$_{c2}$ euph-a.$_{c2}$ *Ferr.* *Ferr-m.* gran. helia.$_{bro1,c2}$ **Ign.** *Iod.* jug-r. kali-i.$_{c2}$ kali-n. kali-p.$_{kr1}$ kiss.$_{c2}$ lact-v.$_{c2}$ *Laur.* lith-c.$_{c2}$ lob-s.$_{c2}$ mag-c. mag-m. malar.$_{c2}$ mang. merc. merl.$_{c2}$ mez. *Mur-ac.* *Nat-ar.* nat-c.$_{a1}$ *Nat-m.* nat-s.$_{c2}$ nit-ac. *Nux-v.* parth.$_{c2}$ ph-ac. phos. *Plat.* *Plb.* plb-xyz.$_{c2}$ polyg-xyz.$_{c2}$ polyp-p.$_{c2}$ psor.$_{c2,k}$ ptel.$_{c2}$ quer-r.$_{c2}$ **Ran-b.** rhod. rhus-t. rub-t.$_{c2}$ *Ruta*$_{c2,k}$ sacch.$_{c2}$ sars. sil. slag$_{c2}$ squil.$_{c2,k}$ *Stann.* succ.$_{c2}$ **Sul-ac.**$_{c2,k}$ sulph. thuj. *Urt-u.*$_{c2,k}$ valer. verat. verb. *Zinc.*
- **Wassersucht**
  ☞ ❑ *Allgemeines - Wassersucht - äußere - Milz*

Mißbildung, Fehlbildung:
- **Darmes**; angeborene Mißbildung des: syph.$_{gm1}$

Nüchternheitsgefühl
☞ ❑ *Magen - Leeregefühl*

Ödem
☞ *Wassersucht - Ödem*

Pankreas; Beschwerden des: *Atro.*$_{hr1}$ con. iod. *Iris*$_{c2,k}$ nat-s.$_{pd}$ *Phos.*$_{k,kl2}$● trif-p.$_{c2}$

Pankreatitis
☞ *Entzündung - Pankreas*

Perforation, Gefühl von:
○ **Nabelgegend**: aloe

Peristaltik:
- **umgekehrt**: *Asaf.* cocc.$_{vh}$ elaps ign.$_{pd}$ nux-v.$_{ptk1}$
- **vermehrt**: chin.$_{h}$

Peritonitis
☞ *Entzündung - Peritoneum*

Pfeifen: mur-ac.$_{h}$ sep.$_{h}$

Pflockes; Gefühl eines:
○ **Darm** gepreßt; als würde ein Pflock in den: anac.
– **Nabel**:
○ **hinter** dem: ran-s.
– **Seiten**: sep.$_{h}$

Pfortaderstauung mit Hämorrhoiden und Dysmenorrhoe: **Coll.**$_{vh}$

Plethora
☞ *Blutandrang*

Prickeln, Kribbeln: zinc.$_{h}$

Pulsieren: **Acon.** act-sp.$_{bg1}$ aesc. aeth.$_{a1,k}$ aloe *Alum.*$_{bg2,k,*}$ alum-sil.$_{k2}$ **Ant-t.**$_{bg2,k,*}$ ars.$_{bg2,k,*}$ ars-i. ars-s-f.$_{k2}$ bar-m.$_{k2}$ berb.$_{bg1}$ bruc.$_{c2}$ cact.$_{k,k2}$ cadm-s. cain. calad.$_{bg2,k,*}$ **Calc.**$_{bg2,k,*}$ calc-i.$_{k2}$ calc-s. cann-s.$_{bg2,k}$ caps.$_{bg2,k,*}$ card-m. caust.$_{bg2,k,*}$ cina$_{bg1}$ cinnb.$_{bg1}$ colch.$_{bg2,k,*}$ coloc.$_{bg2,k,*}$ cycl.$_{bg1}$ dig.$_{br1}$ ferr-i.$_{bg1}$ fl-ac.$_{bg2,k,*}$ gels. graph.$_{bg1}$ *Ign.*$_{bg2,k,*}$ *Iod.* kali-ar. *Kali-c.*$_{bg2,k,*}$ kali-s. kreos.$_{bg2,k,*}$ *Lac-c.*$_{bg2,k}$ lach.$_{bg2,k,*}$ *Lyc.*$_{bg2,k,*}$ med. merc.$_{bg2,k}$ naja nat-s. *Nux-v.*$_{bg2,k}$ op.$_{bg2,k,*}$ *Ph-ac.* plb.$_{bg2,k,*}$ ptel.$_{bg2,k,*}$ ran-b.$_{bg1}$ *Sang.*$_{bg2,k,*}$ **Sel.**$_{bg2,k,*}$ **Sep.**$_{bg1,h,*}$ stront-c. sul-ac.$_{bg2,k}$ sul-i.$_{k2}$ sulph.$_{bg1}$ sumb.$_{a1,k}$ tarent.
– **morgens**:
• **5** h: kreos.
– **abends**: ferr-i.$_{a1,k}$ ptel.$_{a1,k}$
– **nachts**: aloe
• **Liegen**, beim: aloe
– **Abendessen**, nach dem: cain.
– **Essen**, nach dem: cain. **Sel.**
– **Hitze**; während: **Kali-c.**
– **Liegen**, beim: aloe *Coloc.* plb.$_{a1,k}$
– **Menses**, während: aesc. kreos.$_{a1,k}$
– **Schlaf**; verhindert den: sel.$_{br1}$
– **Schwangerschaft**; während der: sel.$_{k2,pd}$
– **Stuhlgang**, nach: agar. con.$_{k2}$ *Ph-ac.*
▽ **erstreckt** sich zu:
• **Kopf**: rheum$_{h}$
○ **Darmbeinkamm**: cic.$_{h}$
– **Hypochondrien**: acon. act-sp.$_{a1,k}$ anan. asc-t.$_{a1,k}$ bell.$_{a1,k}$ brach.$_{a1,k}$ brom.$_{a1,k}$ calc.$_{a1,k}$ calc-p.$_{a1,k}$ chel. cimic. cinnb.$_{a1,k}$ graph. kali-i.$_{a1,k}$ laur. lyss.$_{a1,k}$ nux-v.$_{a1,k}$ puls. ran-b.$_{a1,k}$ sars.$_{a1,k}$ sep.$_{a1,k}$ sil. sulph.$_{a1,k}$
• **links**: agar.$_{h}$ asc-t.$_{a1,k}$ calc.$_{a1,k}$ cann-s. cinnb.$_{a1,k}$ gels. ruta$_{h}$ sars.$_{a1,k}$
• **rechts**: act-sp.$_{a1,k}$ bell.$_{a1,k}$ brach.$_{a1,k}$ brom.$_{a1,k}$ *Calc-p.*$_{a1,k}$ cench.$_{k2}$ *Chel.* kali-i.$_{a1,k}$ laur. med. nat-s. nux-v.$_{a1,k}$ ptel. sarr. sep.$_{a1,k}$ sil. sulph.$_{a1,k}$
• **morgens**: stry.$_{a1,k}$
• **abends**: apoc.$_{a1,k}$ brom.$_{a1,k}$
• **nachts**: graph.$_{h}$
• **Aufstoßen**:
• **amel.**: calc-p.
• **Gehen**, beim: nat-s.
– **Hypogastrium**: aesc.$_{k2}$ ang.$_{a1,k}$ cina
• **Frauen**, bei: aesc.$_{hr1,k}$ calc-p.$_{a1,k}$
– **Leber**: act-sp.$_{bro1}$ calc-p.$_{k2}$
– **Leistengegend**: alum. brach.$_{a1,k}$ lyc.$_{a1,k}$ nat-c.$_{h}$ stann. stront-c. sul-ac.

Pulsieren - Leistengegend: ...
• **morgens**: brach.$_{a1,k}$
• **abends**: lyc.$_{a1,k}$
○ **tief** in der: stann.
– **Milz**: anan. crot-t.$_{a1,k}$ grat. lyss. ran-b. ruta
– **Nabel**: acon. aloe ars.$_{a1,k}$ cench.$_{k2}$ dulc. mag-m.$_{c1}$ ptel.$_{a1,k}$ zinc.$_{h}$
– **Seiten**: cadm-s.$_{c1}$ chin.$_{h}$ graph. hura kali-c.$_{a1,k}$ nat-s.$_{a1,k}$ sil.$_{bg1}$
• **rechts**: lyc.$_{h}$
• **nachts** beim Erwachen: graph.
• **Gehen**, beim: cinnb. nat-s.$_{a1,k}$
○ **Flanke**; beim Einatmen in der: seneg.

Rasseln
☞ *Rumoren*

Risse der Haut des Abdomens: *Sil.*$_{hr1,k}$

Rollen
☞ *Kugel - rollt / Rumoren*

Rucken
☞ *Zucken*

Ruhelosigkeit
☞ *Unruhe*

Rumoren, Kollern: acal.$_{br1}$ acet-ac.$_{a1,k}$ *Acon.*$_{a1,k}$ aesc.$_{hr1,k,*}$ **Agar.**$_{hr1,k,*}$ agn.$_{hr1}$ ail.$_{a1,k}$ all-c.$_{hr1,k,*}$ *Aloe* *Alum.*$_{a1,k}$ alum-p.$_{k2}$ alum-sil.$_{k2}$ alumn. am-c.$_{a1,k}$ am-m.$_{a1,k}$ ambr.$_{a1,k}$ ammc.$_{hr1,k,*}$ **Anac.**$_{a1,k}$ anag.$_{hr1}$ androc.$_{srj1}$ ang.$_{h,hr1,*}$ anis.$_{c1}$ ant-c.$_{hr1,k,*}$ *Ant-t.*$_{hr1,k,*}$ apis apoc.$_{a1,k}$ *Arg-met.* *Arg-n.*$_{bg1,k,*}$ *Arn.*$_{a1,k}$ *Ars.*$_{hr1,k,*}$ ars-i. ars-s-f.$_{k2}$ arum-d.$_{a1,hr1}$ arund.$_{hr1,k,*}$ asaf.$_{a1,k}$ asar.$_{hr1,k}$ asc-t.$_{hr1,k,*}$ asim.$_{hr1}$ aur.$_{a1,k}$ aur-ar.$_{k2}$ aur-i.$_{k2}$ aur-m.$_{a1,k}$ aur-s.$_{k2}$ *Bamb-a.*$_{stb2}$ bapt.$_{hr1,k,*}$ bar-c.$_{hr1,k}$ bar-i. bar-m.$_{hr1,k}$ bar-s.$_{k2}$ *Bell.*$_{a1,k}$ berb.$_{hr1,k,*}$ *Bism.*$_{hr1,k,*}$ borx. bov.$_{hr1,k,*}$ brom.$_{a1,k}$ *Bry.*$_{hr1,k,*}$ bufo cact. cain. *Calc.*$_{hr1,k,*}$ calc-i.$_{k2}$ calc-p.$_{a1,k}$ calc-s. calc-sil.$_{k2}$ cann-s.$_{a1,k}$ *Canth.*$_{a1,k}$ caps.$_{a1,k}$ *Carb-ac.*$_{hr1,k,*}$ *Carb-an.*$_{hr1,k,*}$ *Carb-v.*$_{hr1,k,*}$ carbn-s. card-m.$_{hr1,k}$ carl.$_{a1,k}$ casc.$_{a1,hr1}$ castm. *Castn-v.* **Caust.**$_{a1,k}$ cedr. *Cham.*$_{a1,k}$ *Chel.*$_{hr1,k,*}$ **Chin.**$_{hr1,k,*}$ *Chinin-ar.* chinin-s. choc.$_{srj3}$ chr-ac.$_{hr1}$ *Cic.*$_{hr1,k,*}$ cimic.$_{hr1,k}$ *Cina*$_{c2}$ cinnb. clem.$_{a1,k}$ cob.$_{hr1,k,*}$ coc-c.$_{a1,k}$ *Cocc.*$_{hr1,k}$ *Colch.*$_{hr1,k,*}$ coll.$_{hr1,k}$ *Coloc.*$_{hr1,k,*}$ con.$_{hr1,k,*}$ cop.$_{hr1,k,*}$ *Corn.*$_{hr1,k,*}$ croc. *Crot-c.*$_{a1,k}$ *Crot-t.*$_{hr1,k,*}$ cub.$_{c1}$ cupr.$_{hr1}$ cupr-ar.$_{hr1,k,*}$ *Cycl.*$_{hr1,k,*}$ dig.$_{a1,k}$ **Dios.**$_{hr1,k,*}$ *Dirc.*$_{a1,k}$ dor.$_{hr1,k,*}$ *Dulc.*$_{hr1,k,*}$ echi. elaps elat.$_{hr1,k,*}$ erig.$_{a1,k}$ eug.$_{hr1}$ eup-pur.$_{hr1,k,*}$ euph.$_{a1,k}$ euphr. eupi.$_{a1,k}$ *Ferr.*$_{a1,k}$ ferr-ar. ferr-i.$_{a1,k}$ ferr-ma.$_{a1,k}$ ferr-p. fl-ac.$_{hr1,k,*}$ form. **Gamb.**$_{hr1,k,*}$ *Gels.*$_{hr1,k,*}$ *Glon.*$_{hr1,k,*}$ gnaph.$_{hr1,k,*}$ *Graph.*$_{hr1,k,*}$ grat.$_{hr1,k,*}$ guaj.$_{a1,k}$ **Hell.**$_{hr1,k,*}$ **Hep.**$_{hr1,k,*}$ **Hydr.**$_{hr1,k}$ hydr-ac.$_{a1,k}$ hydrc.$_{a1,k}$ hyos.$_{hr1,k,*}$ *Ign.*$_{hr1,k,*}$ ind.$_{a1,k}$ indg.$_{a1,k}$ iod.$_{hr1,k,*}$ iodof.$_{hr1}$ ip.$_{hr1,k,*}$ *Iris* jal.$_{hr1}$ **Jatr-c.**$_{c2,k}$ jug-r.$_{a1,k}$ *Kali-bi.*$_{a1,k}$ kali-br.$_{a1,k}$ kali-c.$_{hr1,k}$ kali-i.$_{a1,k}$ kali-n.$_{a1,k}$ kali-p. kali-s. kali-sil.$_{k2}$ lach.$_{hr1,k,*}$ lachn.$_{hr1,k,*}$ lact.$_{a1,k}$ laur.$_{hr1,k,*}$ led.$_{a1,k}$ *Lept.*$_{a1,hr1}$ lil-t.$_{a1,k}$ lob.$_{hr1,k}$ lob-s.$_{c2}$ **Lyc.**$_{hr1,k,*}$ *Mag-c.*$_{hr1,k,*}$ *Mag-m.*$_{hr1,k,*}$ mag-s.$_{hr1,k,*}$ *Manc.*$_{hr1,k,*}$ mang. mang-m.$_{a1,c2}$ meny.$_{h}$ *Merc.*$_{hr1,k,*}$ merc-c.$_{a1,k}$ merc-i-f.$_{a1,k}$ merc-i-r.$_{a1,k}$ *Mez.*$_{hr1,k,*}$ mur-ac.$_{hr1,k,*}$

Rumoren: ...
musa$_{a1}$ myric.$_{hr1}$ naja nat-ar. *Nat-c.*$_{hr1,k}$ *Nat-m.*$_{bg1,k,*}$ *Nat-p.* **Nat-s.**$_{hr1,k}$ nicc.$_{hr1}$ *Nit-ac.*$_{hr1,k,*}$ nit-s-d.$_{a1,hr1}$ *Nux-m.*$_{hr1,k,*}$ **Nux-v.**$_{h,k,*}$ ol-an.$_{a1,k}$ *Olnd.*$_{hr1,k,*}$ onos. *Op.*$_{hr1,k,*}$ osm.$_{a1,k}$ ox-ac.$_{hr1,k,*}$ paeon.$_{a1,k}$ par.$_{hr1,k}$ *Petr.*$_{hr1,k}$ **Ph-ac.**$_{hr1,k,*}$ phel.$_{a1,k}$ **Phos.**$_{hr1,k,*}$ *Phyt.*$_{a1,k}$ pic-ac.$_{hr1,k,*}$ plan.$_{hr1,k,*}$ plat.$_{a1,k}$ plat-m.$_{a1}$ plat-m-n.$_{c1}$ *Plb.*$_{hr1,k,*}$ *Podo.*$_{hr1,k,*}$ *Psor.*$_{a1,k}$ ptel.$_{hr1,k,*}$ **Puls.**$_{hr1,k,*}$ pyrog.$_{k2}$ *Ran-b.*$_{hr1,k}$ *Ran-s.*$_{a1,k}$ raph.$_{a1,k}$ rheum$_{h}$ rhod.$_{hr1,k,*}$ rhus-t.$_{a1,k}$ rhus-v.$_{a1,k}$ rob.$_{a1,k}$ *Rumx.*$_{c2,k}$ ruta *Sabad.*$_{hr1,k,*}$ samb.$_{a1,k}$ sang.$_{a1,k}$ sangin-n.$_{c2}$ sanic.$_{c2}$ sarr.$_{hr1,k,*}$ *Sars.*$_{hr1,k,*}$ sec.$_{hr1,k,*}$ *Senec.*$_{hr1,k,*}$ *Seneg.*$_{a1}$ *Sep.*$_{hr1,k,*}$ **Sil.**$_{hr1,k,*}$ sin-n.$_{a1,hr1}$ *Spig.*$_{a1,k}$ spong.$_{hr1,k,*}$ *Squil.*$_{a1,k}$ stann.$_{a1,k}$ *Staph.*$_{a1,k}$ stram.$_{a1,k}$ stry.$_{a1,k}$ sul-ac.$_{a1,k}$ sul-i.$_{k2}$ **Sulph.**$_{hr1,k,*}$ sumb.$_{hr1,k,*}$ tab.$_{a1,k}$ tarax.$_{h}$ *Tarent.*$_{a1,k}$ ter.$_{hr1,k,*}$ *Thuj.*$_{hr1,k,*}$ tub.$_{a1}$ valer.$_{a1,k}$ *Verat.*$_{hr1,k,*}$ verb.$_{h}$ vib.$_{hr1}$ vinc.$_{a1,hr1}$ viol-t.$_{a1,k}$ xan.$_{hr1,k,*}$ *Zinc.*$_{hr1,k,*}$ zinc-p.$_{k2}$
☞ *Blubberndes / Flatulenz / Gluckern / Glucksen / Gären*

– **tagsüber**: cench.$_{k2}$ nit-ac.$_{a1,k}$ ptel.

– **morgens**: agar.$_{a1,k}$ all-c.$_{a1,k}$ all-s.$_{a1,k}$ am-m. apis arg-n. ars. bov.$_{a1,k}$ bufo coch.$_{c1,hr1}$ coloc.$_{a1,k}$ dios. graph.$_{a1,k}$ limest-b.$_{es1}$ mag-c.$_{h}$ mag-m.$_{h}$ myric.$_{a1,k}$ nat-m.$_{a1,k}$ *Nux-v.*$_{hr1,k,*}$ plan.$_{a1,k}$ plat.$_{h}$ plb.$_{a1,k}$ *Podo.*$_{hr1}$ samb. stront-c. ter.$_{a1,k}$ *Zinc.*$_{a1,k}$
• **Aufstehen**, nach dem: plb.$_{a1,k}$
• **Erwachen**, beim: all-s.$_{a1,k}$ am-m. arg-n.$_{a1,k}$ ars.$_{a1,k}$ form.$_{a1,k}$
  • **6** h: asc-t. mez.
  • **7** h: dios. nat-m. zing.
• **Kaffee**, nach: nat-m.$_{a1,k}$ ox-ac.$_{a1,k}$
• **Stuhlgang**, vor: ferr-i.$_{a1}$ hell.$_{a1,k}$ nux-v.$_{a1,k}$

– **vormittags**: agar.$_{a1,k}$ all-s.$_{a1}$ am-c.$_{a1,k}$ ant-c.$_{a1,k}$ bry.$_{a1,k}$ coloc.$_{a1,k}$ fl-ac.$_{a1,k}$ nat-m.$_{a1,k}$ stry.$_{a1,k}$ tarent.$_{a1,k}$
• **9** h: coloc. dirc. mag-c.
• **11** h: corn. euphr. nat-m.

– **mittags**: graph.$_{a1,k}$ ox-ac.$_{a1,k}$ phos.$_{a1,k}$
• **Essen**: graph.
  • **nach**: phos.$_{a1,k}$

– **nachmittags**: agar.$_{a1,k}$ am-c.$_{a1,k}$ am-m.$_{a1,k}$ ammc.$_{a1,k}$ bamb-a.$_{stb2}$ carb-v.$_{a1,k}$ grat.$_{a1,k}$ ign.$_{a1,k}$ iris lyc. mag-s.$_{a1,k}$ naja *Nat-s.*$_{a1,k}$ nux-v.$_{a1,k}$ ox-ac.$_{a1,k}$ *Sulph.*$_{a1,k}$ tab.$_{a1,k}$
• **13** h: glon. mag-c. ptel.
• **14** h: ptel.
• **16** h: dirc. iris-foe. phys.
• **16** - 23 h: alum.$_{h}$
• **17** h: fago. iris-foe.
• **Gehen**, beim: tab.$_{a1,k}$

– **abends**: agar.$_{h}$ aran.$_{hr1}$ bamb-a.$_{stb2}$ bov.$_{a1,k}$ chin.$_{a1,k}$ ferr.$_{a1,k}$ ferr-i.$_{a1,k}$ grat.$_{k2}$ kali-n.$_{a1,k}$ lyc.$_{a1,k}$ mag-c.$_{h}$ merc.$_{a1,k}$ mez.$_{a1,k}$ nat-c.$_{h2}$ nat-m.$_{a1,k}$ *Nat-s.* ox-ac.$_{hr1,k,*}$ petr.$_{a1,k}$ plan.$_{a1,k}$ plb.$_{a1,k}$ **Puls.** rumx. sabin.$_{hr1,k,*}$ sars.$_{h}$ sep.$_{a1,k}$ sul-ac. sulph. *Tarent.*$_{a1,k}$ ter.$_{hr1}$ zinc.$_{hr1,k,*}$
• **18** h: nat-c.
• **19** h: dirc. mag-c. nicc. stry.
• **21** h: sanic.$_{c1}$
• **Bett**, im: bry.$_{a1,k}$ grat.$_{a1,k}$
• **Essen**, nach dem: naja phos.$_{a1,k}$

– **abends**: ...
• **Liegen**, beim: ran-b.$_{a1,k}$
• **Stuhlgang**, beim: zinc.$_{a1,k}$

– **nachts**: acon.$_{a1,k}$ ambr.$_{k2}$ arg-met. borx. cann-i.$_{hr1,k,*}$ coc-c.$_{a1,k}$ euphr.$_{a1,k}$ jatr-c. kali-n.$_{h}$ *Lyc.*$_{hr1}$ merc. merc-c.$_{a1}$ *Nuph.*$_{hr1}$ ox-ac.$_{hr1}$ raph. **Sulph.**$_{a1,k}$ tarent.$_{a1,k}$
• **Mitternacht**: alum.$_{a1,k}$
  • **nach**: rhus-t.$_{a1,k}$
    • **1** h: caul. ferr.
    • **3** h: asc-t. carb-v.$_{h}$
    • **4** h: ferr.
    • **5** h: ferr-i. petr. sulph.
• **Stuhlgang**, vor: **Sulph.**$_{a1,k}$

– **Abendessen**, nach dem: *Aloe* ol-an.$_{a1,k}$ phos.$_{a1,k}$

– **Aufstehen**, beim: *Bry.* crot-t. ferr.

– **Aufstoßen** amel.: borx.$_{h}$ sars.$_{h}$

– **Ausatmen**, beim: calc.$_{h}$

– **Bett**, im: bry.$_{a1,k}$ glon.$_{a1,k}$ grat.$_{a1,k}$

– **Bewegung**, bei: lyc.$_{a1,k}$ mag-c.$_{h}$ *Manc.*$_{hr1,k}$ phos.$_{hr1}$ sil.$_{h}$

– **Diarrhoe** erscheinen würde; als ob: apis *Cham.* cob. colch. *Dulc.* ferr. graph. **Hydr.** kali-bi. kali-c.$_{h}$ mag-s. myric. naja nat-ar. phos. ptel. sars.$_{h}$ stann.$_{h}$ *Stry.*

– **Druck** agg.: agar.$_{hr1,k,*}$

– **Einatmen**, beim: calc.$_{h}$ mag-c.$_{h}$ mag-m.$_{a1,k}$ manc.$_{hr1,k}$ tab.$_{a1,k}$

– **Erwachen**, beim: ferr.$_{a1,k}$

– **Essen**:
• **amel.**: graph.$_{a1,k}$ mag-c.$_{h}$ mosch.$_{a1,k}$ squil.$_{h}$ sul-ac.$_{a1,k}$
• **vor**: mag-m.$_{a1,k}$ sel.$_{a1,k}$
• **beim**: calc. ferr-ma.$_{a1,k}$ graph. kali-p.$_{bg2}$
• **nach**: abies-c.$_{a1,k}$ acon.$_{a1,k}$ aloe$_{k2}$ alum.$_{a1,k}$ ant-t.$_{a1,k}$ *Arg-n.*$_{hr1}$ *Ars.*$_{hr1}$ bry.$_{a1,k}$ calc.$_{h}$ *Carb-v.*$_{a1,k}$ caust.$_{a1,k}$ *Chin.*$_{hr1,k,*}$ coc-c.$_{a1,k}$ *Cycl.*$_{hr1,k}$ dulc.$_{a1}$ grat.$_{a1,k}$ ign.$_{a1,k}$ meny.$_{a1,k}$ mez.$_{a1,k}$ mur-ac.$_{a1,k}$ naja nat-m.$_{a1,k}$ nat-s.$_{a1,k}$ nit-ac.$_{a1,k}$ ox-ac.$_{hr1}$ phos.$_{a1,k}$ plan.$_{hr1,k,*}$ *Puls.*$_{a1,k}$ rhod.$_{a1,k}$ sars.$_{a1,k}$ sep.$_{h}$ stann.$_{a1,k}$ *Sulph.*$_{a1,k}$ ter.$_{hr1}$

– **Flatus** amel.; Abgang von: acon. ant-t. ars. borx.$_{h}$ bov. **Carb-v.** caust. coc-c. hell. *Iris* **Lyc.** nat-c.$_{h2}$ **Nat-s.** ol-an.

– **Fröschen**; wie das Quaken von
☞ *Quaken*

– **Frühstück**:
• **beim**: nat-m.$_{a1,k}$ plan.$_{a1,k}$
• **nach**: all-c.$_{hr1,k,*}$ cycl.$_{a1,k}$ grat.$_{a1,k}$ sulph.$_{a1,k}$ thuj.$_{a1,k}$
  • **amel.**: mag-m.$_{h}$

– **Gähnen**, beim: croc.$_{a1,k}$

– **Gehen**, beim: *Lyc.*
• **Freien**, im: am-c. gamb. jab.$_{c1,kr1}$ *Lyc.* ptel.

– **Hefe**; wie voller: stict.$_{c1}$

– **Kolik**, nach: ars.$_{h}$

– **Kolitis** beginnt; einige Tage lang bevor: puls.$_{sys}$

– **Krächzen** darin
☞ *Rumoren*

– **laut**: aloe$_{k2}$

– **Leeregefühl**, mit: sars.$_{pd}$

– **Liegen**: cann-i. choc.$_{srj3}$ coloc. ph-ac. plan. sep. stann.
 • **Abdomen** amel.; auf dem: am-c.
 • **Seite**, auf der:
  • **linken** Seite; auf der: coloc.$_{pd}$ glon.
  • **rechten** Seite; auf der: coc-c.
– **Menses**:
 • **vor**: aloe bell. bry. calc-p.$_{hr1,k,*}$ ferr. kali-c. kali-p.$_{bg2}$ lac-c. lyc. *Ph-ac.*$_{hr1}$ staph.$_{h}$ tarent.$_{a1,k}$ *Zinc.*
 • **während**: aloe kali-c.$_{hr1,k,*}$ kali-p.$_{bg1}$ *Kreos.*$_{hr1,k}$ lyc. puls. sep.$_{a1,k}$
– **Milch**, nach: ang.$_{h}$ carb-an.$_{h}$
– **Mittagessen**:
 • **vor**: kali-c.$_{h}$
 • **nach**: alum. ant-c. borx. coloc. grat. naja nat-m. ox-ac. staph. *Sulph.* ter.
– **nüchtern**, wenn: tax.$_{a1,k}$
– **Quaken** wie Frösche: arg-met.$_{h}$ graph.$_{h}$
– **Schlaf**, im: *Agn.*$_{hr1,k,*}$ cupr.$_{a1,k}$ puls.$_{h}$
– **Schlucken**, nach: am-c.$_{a1,k}$
– **schmerzhaft**: phos.$_{h}$
– **Sitzen**, im: canth.$_{a1,k}$ caust.$_{a1,k}$ mur-ac.$_{a1,k}$
– **Speisen** in den Magenmund kommen; wenn: stann.$_{h}$
– **Stehen**, beim: bism.$_{h}$
– **Strecken**, beim: stann.$_{a1,k}$
– **Stuhlgang**:
 • **vor**: ant-t.$_{bg2,hr1}$ ars.$_{a1,k}$ ars-s-f.$_{k2}$ *Asc-t.*$_{a1,k}$ brom.$_{hr1,k,*}$ bry.$_{bg2}$ cact.$_{a1}$ carbn-s. card-m.$_{a1,k}$ *Castm.*$_{hr1,k,*}$ chel.$_{hr1}$ colch.$_{a1,k}$ *Crot-t.*$_{hr1}$ dulc.$_{a1,k}$ ferr.$_{hr1}$ ferr-i.$_{hr1,k,*}$ form. *Gamb.*$_{bg1}$ gnaph.$_{a1,k}$ grat.$_{a1,k}$ hell.$_{a1,k}$ indg.$_{a1,k}$ *Iris Jatr-c.* kali-ar. kali-c.$_{a1,k}$ kali-m.$_{k2}$ kali-n.$_{bg2,h}$ kali-s. **Mag-c.**$_{hr1,k}$ mag-m.$_{a1,k}$ merc.$_{a1,k}$ *Mur-ac.*$_{hr1,k}$ *Nat-c.*$_{hr1}$ *Nat-m.*$_{hr1,k}$ *Nat-s.*$_{hr1,k}$ nux-v. ol-an.$_{bg2}$ olnd.$_{a1,k}$ ox-ac.$_{a1,k}$ *Ph-ac.*$_{bg2}$ *Phos.*$_{hr1,k}$ ptel.$_{a1}$ puls.$_{bg2}$ rat.$_{a1,k}$ rhod.$_{a1,k}$ sabad.$_{a1,k}$ spig.$_{a1,k}$ spong.$_{hr1,k,*}$ stront-c. *Sulph.*$_{bg2,st}$ tax.$_{a1,k}$ zinc.$_{bg2}$
 • **während**: arn.$_{a1,k}$ calc.$_{h}$ chel. cycl.$_{a1,k}$ elaps form.$_{a1,k}$ gamb.$_{a1,k}$ hep.$_{a1,k}$ *Iris* kali-bi. mez.$_{a1,k}$ ptel.$_{a1,k}$ rat.$_{a1,k}$ seneg.$_{a1,k}$ sul-ac.$_{a1,k}$ thuj.$_{a1,k}$
 • **nach**: agar.$_{a1,k}$ chel.$_{hr1}$ coloc.$_{a1,k}$ *Crot-t.*$_{hr1,k}$ dulc.$_{a1,k}$ ferr-ma.$_{a1,k}$ **Jatr-c.** kali-bi.$_{a1,k}$ *Lyc.*$_{a1,k}$ mag-m.$_{h2}$ mez.$_{a1,k}$ nat-c.$_{a1,k}$ nat-m.$_{a1,k}$ ox-ac. petr.$_{pd}$ plb.$_{a1,k}$ ptel.$_{a1,k}$ sul-ac. sulph.$_{a1,k}$ thuj.
 • **Diarrhoe**:
  • **vor**: ang.$_{c1}$ ant-t. ars.$_{h}$ bry. *Crot-t.* cycl. gamb.$_{bg1,hr1}$ iris kali-n. mag-m. mag-s. nat-m. podo.$_{k2}$ *Sulph.*
  • **während**: ars.$_{h}$ crot-t. glon. hyos. iris kali-c. podo.$_{k2}$
  • **nach**: cain. nat-c.
– **Trinken**:
 • **nach**: cham. graph. kali-p.$_{bg1}$ merc. rhod.
– **Urinieren**:
 • **agg.**: stram.$_{bg1}$
○ **Hypochondrien**:
 • **links**: verb.$_{c1}$
 • **rechts**: asc-t.$_{c1}$
– **Hypogastrium**: aesc. aloe ang.$_{h}$ ant-c.$_{h}$ carb-v.$_{h}$ card-m. carl.$_{a1,k}$ chin.$_{h}$ coloc.$_{a1,k}$ con.$_{h}$ iris mur-ac.$_{h}$

Rumoren - Hypogastrium: ...
rhus-t.$_{h}$ spig.$_{h}$ squil.$_{h}$ stann.$_{h}$ staph.$_{h}$ sulph.$_{h}$ tax.$_{a1,k}$
 • **morgens**: ambr.$_{a1,k}$
 • **nachts**: com.$_{a1,k}$
  • **4** h: iris
 • **Stuhlgang**, nach: cycl.$_{h}$
– **Ileozökalregion**: gins.$_{bro1}$ plb.
– **Leistengegend**: phos.$_{h}$
– **Nabelgegend**: sul-ac.$_{h}$
 • **Schwindel**; während: ptel.$_{hr1}$
○ **unter**: mag-c.$_{h}$ phos.$_{h}$
– **Seiten**:
 • **links**: arg-met.$_{gsy1}$ bell.$_{h}$ cench.$_{k2}$ con.$_{h}$ euph.$_{h}$ lyc.$_{h}$ ph-ac.$_{h}$ sep.$_{h}$ sulph.$_{h}$ tarax.$_{h}$ thuj.$_{h}$ zinc.$_{h}$
  ○ **oben**: staph.$_{h}$
 • **rechts**: bism.$_{h}$ zinc.$_{h}$

Runzeliges oder schrumpeliges Aussehen: *Borx.*

Schaudern im Abdomen: cann-s.$_{a1,k}$ *Coloc.*$_{a1,k}$
▽ **erstreckt** sich zu:
 • **Körper**: *Coloc.*

Schläge: ant-t.$_{a1,bg2}$ arg-n. arn.$_{h}$ aur.$_{h}$ bell.$_{a1,k}$ calc.$_{bg2,k}$ camph. caust. clem.$_{h}$ croc.$_{bg2}$ cur.$_{a1}$ kali-c.$_{a1,k}$ nat-m.$_{bg2,k}$ pip-n. plat.$_{h}$ puls.$_{bg2,k}$ squil.$_{bg2,k}$ tab.$_{a1,k}$ thal.
– **links** nach rechts; von: stann.$_{h}$
– **Bewegung**, bei: pip-n.
– **Druck** auf die rechte Seite agg.: stann.$_{h}$
– **elektrische** Schläge:
 ▽ **erstreckt** sich zu:
  • **Finger**: caust.
  • **Gliedmaßen**: camph.
– **Fötus**; wie durch einen: con.$_{h}$
– **kribbelnd**: mag-m. petr.
– **Lähmung** der Arme; mit: thal.
– **Liegen** auf der Seite; beim: camph.
○ **Flanke**
 ☞ *Seiten - Flanke*
– **Hypogastrium**: arn.$_{h}$ cann-s.$_{a1,k}$
 • **Husten**, beim: nat-m. squil.
– **Nabel**, links vom: anac.$_{h}$
– **Seiten**:
 ○ **Flanke**:
  • **links**: stann.

Schlaffes Abdomen: calc.$_{k2}$

Schmerz: acet-ac. acon. *Aesc. Aeth.*$_{br1,k}$ agar. agn. ail. *All-c. Aloe Alum.* alum-sil.$_{k2}$ alumn. *Am-c. Am-m.* ambr. anac. androc.$_{srj1}$ ant-c. ant-t. anthraci. *Apis* apoc.$_{k2}$ arg-n. arn. **Ars.** ars-i. *Asaf. Asar.* asc-t. aster. aur. aur-i.$_{k2}$ aur-m. aur-s.$_{k2}$ **Bamb-a.**$_{stb2}$ bapt. bar-c. bar-i. bar-m. *Bell.* berb. bism. *Bol-la.* borx. bov. *Brom.* **Bry.** bufo cact. cadm-s.$_{k2}$ calad. *Calc.* calc-i.$_{k2}$ *Calc-p. Calc-s.* calli-al.$_{dbx1}$ camph. cann-s. **Canth.** *Caps.* carb-ac. carb-an. *Carb-v.* caust. cedr. **Cham.** *Chel. Chin.* chinin-ar. chinin-s. chlor. cic. *Cimic. Cina* clem. coc-c. **Cocc.** *Coff.* **Colch. Coloc.** con. *Cop.* crot-t. cub. **Cupr. Cupr-ar.** cycl. dig. *Dios.* dor. dros. **Dulc.** elaps eug. euon. eup-per.$_{k2}$ eup-pur. *Euph.*

Schmerz: ...
euphr. eupi. fago. *Ferr.* ferr-ar. ferr-i. ferr-m. ferr-p. gels. gins. *Gran.* granit-m.$_{es1}$ **Graph.** grat. gymno. hell. hep. *Hydr.* hyos. ign. ind. indg. iod. **Ip.** *Iris* jac-c. jatr-c. jug-r. **Kali-ar.** kali-bi. kali-br. **Kali-c.** kali-chl. kali-i. kali-m.$_{k2}$ *Kali-n.* kali-p. kali-s. kreos. lac-c.$_{k2}$ lac-d.$_{k2}$ lach. *Laur.* *Led.* lept. lil-t. lith-c. lob. luna$_{kg1}$ lyc. lycps-v. lyss. *Mag-m.* mag-p.$_{k2}$ mag-s. manc. mang. *Meph.* merc. *Merc-c.* merc-i-f. merc-i-r. merl. *Mez.* morph. mosch. mur-ac. murx. myric. naja nat-ar. *Nat-c.* *Nat-m.* nat-p. **Nat-s.** nicc. niob-met.$_{stj2}$ nit-ac. *Nux-m.* *Nux-v.* olnd. **Op.** *Ox-ac.* paeon. pall. par. *Petr.* ph-ac. **Phos.** phyt. pic-ac. plan. plat. plb. plect-b.$_{jsx1}$ **Podo.** prun. psil.$_{ft1}$ *Psor.* ptel. **Puls.** pyrog.$_{k2}$ *Ran-b.* ran-s. *Raph.* rat. *Rheum* *Rhus-t.* rhus-v. rob. *Rumx.* ruta sabad. *Sabin.* sang. sars. **Sec.** senec. *Seneg.* *Senn.* **Sep.** *Sil.* spig. spong. squil. *Stann.* *Staph.* stram. *Stry.* sul-ac. *Sulph.* sumb. tab. tarax. *Tarent.* *Ter.* *Thuj.* til. urotrop.$_{bwa3}$ urt-u. ust. valer. **Verat.** verat-v. vit.$_{vs1}$ zinc. zinc-p.$_{k2}$ zing.
☞ ❑ *Weibliche Genitalien - Schmerz - Uterus*

– **tagsüber**: plan.$_{a1,k}$ sulph.$_{a1,k}$
– **morgens**: agar. all-c.$_{a1,k}$ aloe alum. alum-p.$_{k2}$ ambr. androc.$_{srj1}$ apis bar-c. bar-m. bar-s.$_{k2}$ berb.$_{a1,k}$ borx. bov.$_{a1,k}$ *Calc.* calc-s.$_{a1,k}$ calc-sil.$_{k2}$ carbn-s. *Caust.*$_{a1,k}$ cedr.$_{a1,k}$ cham.$_{a1,k}$ cob. coloc. con.$_{a1,k}$ crot-t.$_{a1,k}$ *Dios.*$_{a1,k}$ dor.$_{a1,k}$ ferr.$_{a1,k}$ ferr-p. gels.$_{a1,k}$ glon.$_{a1,k}$ graph.$_{a1,k}$ ham.$_{a1,k}$ hell.$_{a1,k}$ *Hep.*$_{a1,k}$ hydrog.$_{srj2}$ hyos. kali-i. kali-n.$_{a1,k}$ kreos. *Lyc.*$_{a1,k}$ mag-c. *Mag-m.* mur-ac.$_{a1,k}$ naja nat-c.$_{a1,k}$ nat-m. *Nat-s.*$_{a1,k}$ nit-ac. nux-m. **Nux-v.** op.$_{a1,k}$ ox-ac.$_{a1,k}$ petr. *Phos.*$_{a1,k}$ *Plat.*$_{a1,k}$ plb.$_{a1,k}$ *Podo.* *Ptel.*$_{a1,k}$ *Puls.*$_{a1,k}$ ran-b.$_{a1,k}$ ran-s. *Sars.*$_{a1,k}$ **Sep.**$_{a1,k}$ sil. spong.$_{a1,k}$ stann. *Sulph.*$_{a1,k}$ tab.$_{a1,k}$ tarent.$_{a1,k}$ *Verat.*$_{a1,k}$ zinc.$_{a1,k}$ zinc-p.$_{k2}$
  • **6** h: *Coloc.* dirc.$_{a1}$ ox-ac.
  • **7** h: am-c. gnaph.
  • **8** h: dirc.
  • **Aufstehen**:
    • **beim**: calc-s.$_{a1,k}$ caust.$_{a1,k}$ nat-m. *Nat-s.* phos.$_{a1,k}$ plat.$_{h}$ ruta *Sep.*$_{a1,k}$
    • **nach**: crot-t.$_{a1,k}$ ferr.$_{a1,k}$ lyc.$_{h}$ mag-c.$_{h}$ mag-m. mang. nat-m. nit-ac. ox-ac.$_{a1,k}$
  • **Bett**, im: acon. agar. ambr. berb.$_{a1,k}$ cham.$_{a1,k}$ dios.$_{a1,k}$ lyc. mang. mez.$_{h}$ mur-ac.$_{a1,k}$ nat-c. **Nux-v.** pall. phos. plat. psor. ptel.$_{a1,k}$ sep.
  • **Erwachen**, beim: agar. bry. *Calc.* castor-eq. colch. coloc.$_{a1,k}$ corn.$_{a1}$ dios.$_{a1,k}$ dirc.$_{a1}$ hep.$_{a1,k}$ kali-i. lyc.$_{a1,k}$ nat-c.$_{h}$ nat-m. nux-m.$_{a1,k}$ pic-ac.$_{a1,k}$ *Puls.* xan.
    • **nach**: verat.$_{h}$
  • **Essen**, nach dem: con.$_{a1,k}$ grat. nux-m.
  • **Frühstück**, vor dem: *Nat-s.*$_{a1,k}$
  • **nüchtern**, wenn: dulc. gran.$_{a1,k}$ hell.$_{a1,k}$
  • **Sonnenaufgang**, bei: *Cham.*
– **vormittags**: agar.$_{a1,k}$ am-c. am-m. asc-t.$_{a1,k}$ bapt. bry.$_{a1,k}$ coloc. dios.$_{a1,k}$ kali-bi. lach.$_{a1,k}$ lith-c. lyc. mag-c.$_{a1,k}$ mag-m. *Nat-c.* nat-m. nat-s. phos. pic-ac.$_{a1,k}$ ptel.$_{a1,k}$ sars. *Sep.* sulph. thuj.$_{a1,k}$
  • **9** h: dios. pip-m. **Sep.**
– **vormittags**: ...
  • **10** h: ptel.
  • **11** h:
    • **11** - 12 h: crot-h.$_{bg1}$
  • **Frost**; während: bov.
  • **Gehen** im Freien; beim: am-c. sulph. thuj.$_{a1,k}$
  • **Menses**, während: mag-c.$_{a1,k}$ nicc.
– **mittags**: calc-s.$_{a1,k}$ chin.$_{a1,k}$ coloc.$_{a1,k}$ kali-c. lyc.$_{a1,k}$ nat-s. ran-b. sulph. thuj.$_{a1,k}$
  • **Essen**:
    • **vor**: chin.$_{a1,k}$
    • **nach**: coloc.$_{a1,k}$ lyc.$_{a1,k}$
  • **Gehen**, beim: *Coloc.*$_{a1,k}$ nat-s. ran-b. verat.
  • **Stehen**, im: verat.
– **nachmittags**: agar. all-c.$_{a1,k}$ *Alum.* alum-p.$_{k2}$ am-c.$_{a1,k}$ am-m. ammc.$_{a1,k}$ *Ars.*$_{a1,k}$ bism. bov.$_{a1,k}$ canth.$_{a1,k}$ carb-v. carbn-s. castm. caust. cham.$_{a1,k}$ chel. chinin-s. *Coloc.*$_{a1,k}$ dios.$_{a1,k}$ dirc.$_{a1,k}$ fago.$_{a1,k}$ gels.$_{a1,k}$ grat. hura *Iris* *Kali-n.*$_{a1,k}$ laur. **Lyc.**$_{a1,k}$ mag-c. mag-m.$_{a1,k}$ myric.$_{a1,k}$ nat-c.$_{a1,k}$ nat-p. nat-s. nux-v.$_{a1,k}$ petr.$_{h}$ phos.$_{a1,k}$ plb. rat. sang.$_{a1,k}$ sep. sil. sulph.$_{a1,k}$ tell.$_{a1,k}$ verat.
  • **13** h: dios. mag-m. nux-v.
  • **13**.30 h: dirc.
  • **14** h: chinin-s. dirc.
  • **15** h: hura tell.
  • **16** h: caust. coloc. hell. **Lyc.** mag-m. phys.
    • **16** - 18 h: carc.$_{tp1}$
    • **16** - 20 h: carc.$_{tp1}$ nat-s.$_{k2}$
  • **17** h: elaps fago. hura nat-m. spig. sulph.
  • **Essen**, nach dem: puls-n.
  • **Gehen**, beim: lyc.$_{a1,k}$
  • **Schlaf** amel.; kurzer: borx.$_{h}$
– **abends**: acon.$_{a1,k}$ agar. aloe alum. alumn. am-c. ambr. ant-c. aran. bamb-a.$_{stb2}$ bar-c. *Bell.* *Borx.* bry. *Calc.*$_{a1,k}$ calc-p.$_{a1,k}$ carb-v. carbn-s. *Chin.*$_{a1,k}$ cob. coloc.$_{a1,k}$ com.$_{a1,k}$ con. cop. crot-t. dig.$_{a1,k}$ dios.$_{a1,k}$ dirc.$_{a1,k}$ *Dulc.* ferr. ferr-p. fl-ac. gels.$_{a1,k}$ ham.$_{a1,k}$ hep. hura hyper.$_{a1,k}$ ign. *Iris* kalm. lach. led. *Lyc.*$_{a1,k}$ mag-c. *Mag-m.* mang.$_{a1,k}$ meph.$_{a1,k}$ merc.$_{a1,k}$ merc-i-r.$_{a1,k}$ *Mez.* murx. myric.$_{a1,k}$ naja nat-s. nicc. nit-ac. nux-m.$_{a1,k}$ nux-v. ox-ac. par. *Petr.* ph-ac. *Phos.*$_{a1,k}$ phys.$_{a1,k}$ phyt.$_{a1,k}$ plan.$_{a1,k}$ plat. plb.$_{a1,k}$ psor.$_{a1,k}$ ptel. **Puls.**$_{a1,k}$ *Rhus-t.*$_{a1,k}$ rumx. senec.$_{a1,k}$ *Seneg.* *Sep.*$_{a1,k}$ stann.$_{a1,k}$ stram.$_{a1,k}$ *Stront-c.* stry. sul-ac. *Sulph.*$_{a1,k}$ tarent.$_{a1,k}$ ter.$_{a1,k}$ thuj.$_{a1,k}$ *Valer.*$_{a1,k}$ verat.$_{a1,k}$ *Zinc.*$_{a1,k}$ zinc-p.$_{k2}$
  • **19** h: stry.
  • **Bett**, im: alum. ign. par. *Valer.*$_{a1,k}$ zinc.
  • **Bücken**, beim: plan.$_{a1,k}$
  • **Eiscreme**, nach: calc-p.
  • **Essen**, nach dem: alum. ant-t.$_{a1,k}$ coloc.$_{a1,k}$ *Gran.*$_{a1,k}$ phos.
  • **Kaffee**, nach: hyper.$_{a1,k}$
  • **Liegen**:
    • **amel.**: kali-i.
    • **beim**: *Puls.* zinc.$_{a1,k}$
  • **Luft**, in: *Merc.*$_{a1,k}$
  • **Menses**, vor den: calc.$_{a1,k}$
  • **Milch**, nach: mag-s.
  • **Stuhlgang**:
    • **vor**: mag-c. stann.$_{a1,k}$ tab.$_{a1,k}$

• **Stuhlgang**: ...
• **während**: borx. grat. rhus-t.a1,k zinc.
• **Trinken**, nach dem: *Puls.*a1,k
• **Urinieren**, nach dem: fago.
– **nachts**: abrot.a1,k acon. am-c.a1,k am-m. ambr. *Arg-n.*a1,k ars.a1,k ars-s-f.k2 asc-t.a1,k *Aur.* aur-ar.k2 aur-s.k2 bar-c.h *Bell.* borx. bov.a1,k bry. **Calc.**a1,k calc-s. calc-sil.k2 carb-v. carbn-s. cedr. cench.k2 cist. cob.a1,k *Coc-c.* cocc. colch.a1,k coloc.a1,k cub.c1 *Cycl.*a1,k dulc. *Ferr.*a1,k ferr-ar. ferr-p. gnaph.a1,k *Graph.*a1,k hell.a1,k ign. iris kali-ar. kali-c.a1,k kali-m.k2 kali-p. kali-s. kali-sil.k2 kreos. lach.a1,k lyc.a1,k mag-c. *Mag-m.* mag-s.a1,k **Merc.** merc-i-r.a1,k mez. mur-ac.a1,k naja nat-ar. nat-c.a1,k nat-m. nat-p. *Nat-s.* **Nit-ac.** *Nux-m.* ox-ac. *Petr.* phos. plan.a1,k *Plb.*a1,k prun. ptel.a1,k *Puls.*a1,k rhus-t.a1,k sang.a1,k sars.h *Sep.* *Sil.* sol-t-ae.a1,k *Sul-ac.* *Sulph.*a1,k tab. tarent.a1,k thuj.a1,k valer. verat.a1,k zinc.h zing.a1,k
• **Mitternacht**: **Arg-n.** aur. aur-s.k2 *Chin.* **Cocc.** coloc. gels. lyc. lyss. *Nit-ac.* nux-v. phos. rhus-t. sulph.
• **vor**:
• **22** h: dirc. ferr-i.
• **nach**:
• **1** h:
• **entblößt** und zusammengekrümmt liegen; muß: *Mag-m.*
• **2** h: fl-ac. irisc1 rhus-v. sep.
• **2** - 3 h: lyc.
• **3** h: am-c. irisc1 ox-ac. podo.c1
• **4** h: cob. phos. *Podo.*
• **5** h: bov. cob.
• **Bett**, im: bry. *Con.* kali-c.a1,k naja ptel.a1,k rhus-t. sulph.a1,k
• **Entblößen**, beim: bry.
• **Erwachen**, beim: mag-m. nat-c.a1,k zinc.a1,k
• **Menses**; während den: gink-b.sbd1
◇ **abwechselnd** mit:
• **Augen**; Beschwerden der: euphr.
• **Brust**; Schmerz in der
☞ ☐ *Brust - Schmerz - abwechselnd mit - Abdomen*
• **Fingern** oder Zehen; Schmerz in: dios.hr1,kr1
• **Gelenken**; Schmerz in: plb.
• **Gliedern**; Schmerz in: vip.
• **Kopfschmerzen**
☞ ☐ *Kopf - Schmerz - abwechselnd mit - Abdomen; Schmerz*
• **Zähnen**; Schmerz in: agar.bg1
◆ **begleitet** von:
• **Gesicht**; blasses: phos.h
• **Lendengegend**; Schmerz in der: granit-m.es1
– **Abendessen**, nach dem: alum. bry. calc. *Chin.*a1,k coff. ferr. gels. kali-n. *Puls.* zinc.
– **abgeschnitten**; als sei das Abdomen von der Brust: ars.h
– **ablösen**; als würde sich etwas: limest-b.es1
– **Ärger**, Verdruß; nach: **Coloc.** *Staph.*
– **anfallsweise**: *Alum.* androc.srj1 ant-t. ars. asaf.a1,k *Bell.* berb. calad. carb-v. *Cham.* chel. *Cocc.* coff. colch.a1,k **Coloc.** **Cupr.**a1,k *Cupr-ar.* *Cycl.* dig.br1,k *Dios.*a1,k ferr.a1,k ferr-ar. ferr-p. *Gels.* gent-c. graph.

– **anfallsweise**: ...
Ign. ip. kali-ar. kali-c.a1,k kali-p. kalm. lac-c. lyc.a1,k mag-c. mag-m. *Mag-p.* merl. nat-c. nat-p. *Nux-v.*a1,k ol-an. olnd. ox-ac.a1,k ph-ac. plat. *Plb.*a1,k podo.k2 puls. ran-s.a1,k *Raph.* sabalc1 samb. sang.a1,k sars.a1,k sec.a1,k *Stann.*a1,k staph. teucr. thuj.a1,k tril-p.c1 verb. zinc. zinc-p.k2
– **Anstrengung**:
• **nach**: cadm-s.br1 *Calc.* cupr.bg1 pall.
– **Atmen**:
• **beim**: *Anac.* arg-met. ars. *Bell.* berb. *Bry.* cench.k2 *Coloc.* dig. hyos. kreos. lyc. mag-c. mang. mosch. pyrog.k2 ran-b.k2 seneg. *Stann.* sulph. *Thuj.*
• **tiefes** Atmen agg.: bry.k2 calc.h con.h
• **unregelmäßigem** Atmen; mit: rumx.k2
– **Aufstehen**:
• **beim**: bry.a1,k senec.a1,k
• **nach**: chin. coloc. *Lyc.*a1,k
• **Liegen** amel.; vom: arg-met. bar-m.
• **Sitzen** amel.; vom: chin. spong.
– **Aufstoßen** amel.: *Bar-c.*bg2,k carb-v.bg2,k gels.psa jug-r.a1,k kali-n. lach.bg2,k nat-s.k2 sep.bg2,k sil.bg2,k,*
– **Ausatmen**, beim: brom. dig.bg2,k nat-c.h2
– **Ausstrecken**: mag-s. rhus-t.bg2,k
• **amel.**: ant-t.bg2 dios.bg2,k ind.bg2 mez.bg2,k plb.
– **Bandagieren** amel.: cupr.ptk1 fl-ac.ptk1 nat-m.ptk1 nit-ac.ptk1
– **Beleidigung**, nach: coloc.k2 **Staph.**
– **Berührung**:
• **agg.**: ars.k2 carb-an.h cupr.h kali-c.h,k2 mag-m.h nat-c.h phos.k2 puls.k2 stann.h sulph.h
• **Kaltem**; durch Berühren von: merc.
• **Seite** agg.; der: stram.h
– **Bett**, im: alum. cedr. dig. dios. kali-c. lact. mag-c. nat-m. **Nux-v.** psor. rhus-t. valer.
• **Einschlafen**, beim: dios. nat-m.
– **Beugen**:
• **hinten**, nach ●: anac. thuj.
• **amel.**: *Bell.* *Dios.* kali-c.k2 *Lac-c.* nux-v. onos.
• **Zusammenkrümmen** ●: ~~acon-c.kl,xxx~~ am-c. bell. cocc. dios.br1,k dulc.h *Lac-c.* lyc. onos. sulph.
• **amel.** ●: aloe ars-h. ars-i. *Bell.* *Borx.*a1,k carc.mg1,sp,* castm. *Caust.* *Chin.* cimic.hr1 *Colch.* **Coloc.** *Cop.* cupr. dirc.c1 euph. eupi. hydrog.srj2 *Iris* **Kali-c.** kali-p.k2 *Lach.* lyc. mag-c.bg1,h *Mag-p.* *Mang.*h2,k merc-c. nux-v. petr. phos. podo. prun. ptel.c1 **Puls.** *Rheum* sars.h senec. sep.bg1 *Stann.* staph. stram. sulph. tarent. verb. zinc.
• **Liegen** auf der Seite amel.: podo.
• **muß** sich zusammenkrümmen ●: all-c.k2 aloek2 alum.h apisk2 ars. aur-m. bar-c.h bell. berb.k2 borx. bov. *Bry.* calad. calc.bg1,h *Caps.* *Caust.* *Cham.* chel. cimic.hr1 colch.k2 **Coloc.** crot-t. eupi. grat. *Iris* kali-c.k2 kali-p. *Mag-p.* mang.a1 marb-w.es1 merc. nat-m.h nit-ac. nux-v.k2 op.pd petr.h plb. podo.k2 **Puls.** *Rheum* *Rhus-t.* sabad. sep. spong.h sulph. ter. thuj. tril-p.c1 zinc.h
– **Beugen** der Beine amel.: apisk2 *Bell.* *Bry.* chel. **Coloc.**k,k12● grat. nit-ac. ph-ac. *Podo.* puls. rheum

– **Beugen** der Beine amel.: ...
rhus-t.k2 *Sep.*k,kl2● sulph.
– **Bewegung**, bei: alum. ant-t. bar-c. bar-s.k2 **Bell.** brom. **Bry.** carb-an.h carbn-s. caust. chin.k2 *Cocc.* colch. con. dig. eupi. *Gels.* gink-b.sbd1 graph. hyos.k2 **Ip.** iris jug-r. kali-c. kali-s. *Kalm.* kreos. mag-m. mag-p. mang. merc. nat-m. *Nit-ac.* **Nux-v.** ox-ac. puls. ran-b. raph. *Rhus-t.* sep. stann. *Sulph.* thuj. zinc.
• **amel**.: aur-m. bov. cub.c1 cycl. kali-n. *Petr.* phos. ptel. rhus-t. sulph.
• **Band** überdehnt; als würde ein: gink-b.sbd1
• **fortgesetzte** Bewegung amel.: gels.
– **Bier**, nach warmem: sil.h
– **Blei**, durch: **Alum.**bg2,k **Alumn.** *Ars.* **Coloc.** nat-s. **Op.**bg2,k *Plat.*bg2,k *Plb.* podo. *Sul-ac. Zinc.*
– **Bücken**: am-c. sep. stann. stront-c. sulph. verb.
• **amel**.: carc.sst
– **Denken** daran agg.: ox-ac.k2
– **Diarrhoe**:
• **während** (= Kolik): agar. aloe alum. am-c. am-m. ant-t. apoc. aran. *Arg-n. Ars.* asaf. bapt. *Bell.* bov. *Bry.* cact. calc. calc-p. canth. caps. carb-v. carbn-s. cench. **Cham.** *Chin.* chinin-ar. cob. cocc.k2 *Colch.* **Coloc.** com. *Cop.* crot-t. cupr. cycl. **Dios.** dulc. ferr-p. fl-ac. **Gamb.** gels. *Gran.* graph. hell. hep. iod.h *Ip.* kali-ar. *Kali-c.* kali-i. kali-m.k2 kali-n.c1,h kali-p. kali-s. *Lyc.* lycps-v. *Mag-c.* med. merc. mez. mur-ac. *Nat-s.* nit-ac. nux-v. ox-ac. petr. phos. plb. **Podo.** puls. *Rheum* rhus-t. rumx. sanic. sars.h sec. sep. sil.h stram. stront-c. *Sulph.* tab. ter. thuj. *Trom. Verat.* zing.
• **nach**: mag-c.h stann.h
• **einsetzen** würde; als ob Diarrhoe: act-sp. aeth. agar. ail. *Aloe* alum.h alum-sil.k2 am-c. am-m. ang.h ant-c.h apis apoc. arg-met.h ars-s-f.k2 *Asaf. Bar-c. Bell.* bol-la. *Borx.* **Bry.** calc. *Camph.* carb-an. carb-v.h carbn-s. caust. cham. chin.h cimic. cob. colch. coloc. *Con.* crot-t. cycl.h dig. **Dulc.** eupi. ferr. form. graph. hell. helon. **Hydr.** kali-bi. *Kali-c.* kali-m.k2 kali-n.h *Lach.* laur. led. lil-t. lith-c. lob. mag-m. mag-s. meny. meph. merc-i-f. merc-sul.c1 mez.h naja nat-ar.k2 nat-c.a1,h *Nat-s.* **Nux-v.** olnd. onos. ox-ac. *Ph-ac. Phos. Phys.* phyt. plan. *Plat.* prun. ptel. *Puls.* **Ran-s.** rhus-t. rumx. sabin. *Seneg.* squil.h stann.h staph.h *Stry.* sulph. sumb. ter. verat. zinc. zinc-p.k2
• **wie**: arg-met.h
– **Drehen** des Körpers; beim: ambr. dros.h
– **Druck**:
• **agg**.: acon. aloe anac.bg2,k androc.srj1 ant-t. bar-s.k2 **Bell.**bg2,k bry.k2 carb-v. *Carbn-s.* chinin-s. cic. cina *Coff.* con.a1,k cycl. dirc.c1 eup-per. graph.h hyos.k2 jac-c. kali-bi.bg2,k *Lac-c.* lac-d.c1 *Lach. Mez.*bg2,k *Nit-ac.*bg2,k *Nux-v.*bg2,k podo.k2 puls. *Ran-b.*bg2,k rhus-t.k2 samb.bg2,k sars.bg2,k sil.k2 stann.h *Sulph. Zinc.*bg2,k
• **amel**.: agar. alumn. am-c.bg2,k arg-n. asaf.bg2,k *Bell.*bg2,k bov.bg2,k brom.bg2,k carc.mg1,sp,* castm. cina **Coloc.**bg2,k dios. dros.k2 dulc. gamb. graph.bg2,k,* grat. *Hyos.*bg1,bg2 kali-c.bg2,k kali-n. mag-m.h *Mag-p.*bg2,k mang.bg2,k meny.bg2,k nat-c. nat-m. *Nat-s. Plb.*bg2,k,* *Podo.*bg2,k ptel. sec.bg1,bg2 *Stann.*k,kl2● sul-ac.a1,k tarent.a1,k thuj.bg2,k

– **Druck - amel**.: ...
• **Herzschlag** agg.; jeder: hep.h
• **Kleidung**; der:
• **amel**.: fl-ac.bg1 nat-m.bg1
– **Einatmen**:
• **beim**: aesc. agar. am-m.bg2,k *Anac.* bell-p.bg1 brom. *Bry.*bg2,k calc. carbn-s. caust. dor.c1 *Nux-v.* rhus-t.bg2,k rumx. *Sulph.* thuj.
• **tief**:
• **agg**.: conv.br1
• **amel**.: *Card-m.*
– **Einziehen** des Abdomens; beim: valer.a1,k zinc.
– **Einziehung** des Nabels, mit: bar-c.bg2,k chel.pd plb.bg2,k
– **Eiscreme**:
• **nach**: **Ars.** bell-p.bg1 calc-p. *Puls.* sep.
– **Entbindung**; nach der: caul.k2
– **Entblößen**; Schmerz durch: *Bry.* nux-v.bro1 rheumbro1
– **Erbrechen**:
• **beim**: podo.k2
• **nach**: *Ant-t.* lach.
• **amel**.: dig.h nat-c.h2
• **mit**: cadm-s.br1
– **Erregung**, nach: acon. *Cham.* **Ign.** *Staph.*
– **erscheint**
☞ *steigt*
– **Erschütterung**
☞ *wund schmerzend - Erschütterung*
– **Erwachen**, beim: aeth.a1,k alum.bg2,k,* bar-c. coc-c.a1,k colch.bg2,k ferr.bg2,k,* lyc.bg2,k,* merc-i-f.a1,k mez. morph.a1,k nat-ar. nat-c.a1,k nat-m. pic-ac.a1,k ptel.a1,k sil.h sol-t-ae.a1,k stann.bg2,k,* stront-c. zinc.
– **Essen**:
• **amel**.: aur-m. *Bov.*bg2,k *Chel.* iod. mang.bg2,k mez. *Nat-c.*bg2,k plan. *Psor.*bg2,k,*
• **beim**: arg-met.c1 *Calc-p.*a1,k carb-v. colch. dulc. mur-ac.a1,k nux-v. plan.a1,k
• **nach**: aesc.k2 agar. *All-c.*a1,k *Alum.*a1,k alum-p.k2 alum-sil.k2 am-m.h ant-t.a1,k arn.a1,k *Ars.* ars-i. ars-s-f.k2 asc-t. aur. aur-ar.k2 aur-i.k2 aur-s.k2 bamb-a.stb2 bar-c. bar-i. bar-m. bar-s.k2 bell. borx. bry.a1,k bufo *Carb-v.* carbn-s. caust. *Cham. Chin.* chinin-ar. cic.a1,k cob.a1,k coc-c. *Cocc. Colch. Coloc.* con. crot-t.a1,k cupr. dor.a1,k euon. *Ferr.* ferr-ar. ferr-i.a1,k ferr-p. *Gran.* **Graph.**a1,k grat. ign. iod. kali-ar. kali-bi. *Kali-c.* kali-m.k2 *Kali-p.* kali-s. kali-sil.k2 lach. *Lyc.*a1,k *Mag-c.*a1,k merc. merc-c.bg1 mur-ac.a1,k nat-ar. *Nat-c. Nat-m.* nat-p. nit-ac. *Nux-m. Nux-v.* par. petr. *Ph-ac. Phos.* plb.a1,k podo. *Psor.*a1,k *Puls.*a1,k raph. *Rhod. Rhus-t. Sars.* sec. sep. sil.a1,k spong. *Stann.* **Staph.**bg2,k *Stront-c. Sul-ac.* sul-i.k2 *Sulph.*a1,k *Thuj.* **Verat.** *Zinc.* zinc-p.k2
• **zwei** Stunden nach dem Essen: brom.bg1 ox-ac. sil.h
• **Versuch** zu essen; bei jedem: *Calc-p.*

– **Fahren** im Wagen; beim: alum-sil.$_{k2}$ calc-f. *Carb-v.*$_{bg2,k}$ *Cocc.*$_{bg2,k}$ nat-m.$_{bg2,k}$ psor.$_{bg2,k}$ *Sep.*$_{bg2,k}$
– **Flatus**, Abgang von: aur. canth. fl-ac. graph.$_{h}$ nat-ar. squil. zinc.$_{h}$
 • **amel.**: all-c. aloe am-c. arn. *Calc-p.* *Carb-v.* cham. *Cimx.* coloc. *Con.* corn. crot-t. dulc. ferr. *Graph.* grat. *Guaj.* *Iris* jatr-c. kali-n. *Lyc.* mag-c. merc-c. **Nat-ar.** nat-m. *Nat-s.* nux-m. ox-ac.$_{k2}$ phyt. plb. *Psor.* *Rumx.* *Sep.* sil. spong. sulph. *Tarent.* til.$_{c1}$
 • **vor**: calc-p. **Chin.** kali-n.$_{h}$ nat-ar.$_{k2}$ *Nit-ac.* rheum$_{h}$ sil.$_{h}$
 • **wie** durch: kali-n.$_{h}$ mang.$_{h}$ nit-ac.$_{h}$
– **Fluor**:
 • **vor**: con.$_{h}$ mag-c.$_{h}$ nat-m.$_{h}$ zinc.$_{h}$
 • **mit**: con.$_{h}$
– **Frost**:
 • **vor**: ars. elat. eup-per. *Spong.*
 • **während**: aran. ars. *Bov.* bry. calad. calc. **Chin.** chinin-ar. *Cocc.* coff. **Coloc.** eup-per. ign. ip. lach. led. meph. merc. merc-c. nit-ac. nux-v. phos. podo. puls. *Rhus-t.* rumx. *Sep.* sulph.
 • **mit**:
  • **Abdomen**, im: anth.$_{c1}$ cupr-act.$_{pd}$
  • **Menses**, und unterdrückte: *Puls.*
– **Frühstück**:
 • **beim**: alum.$_{h}$ apoc.$_{a1,k}$
 • **nach**: am-c.$_{a1,k}$ calc-s. cycl.$_{bg2,k,*}$ gels. kali-p. nux-v.$_{bg2,k}$ phos.$_{bg2,k}$ raph. thuj.$_{bg2,k,*}$
– **Geburt** des Kindes; nach der
 ☞ *Entbindung*
– **Gehen**:
 • **amel.**: chin.$_{bg2,k,*}$ coloc.$_{bg2,k}$ *Con.* *Cycl.*$_{bg2,k}$ dios.$_{a1,k,*}$ elaps$_{pd}$ fago.$_{a1,k}$ ferr.$_{bg2,k}$ mag-c.$_{bg2,k}$ *Puls.*$_{bg2,k}$ sulph.$_{bg2,k}$
 • **beim**: alum.$_{bg2,k,*}$ alum-p.$_{k2}$ alum-sil.$_{k2}$ alumn. ars-s-f.$_{k2}$ asaf.$_{bg2,k}$ bar-c.$_{a1,k}$ *Bell.*$_{bg2,k}$ bry.$_{bg2,k}$ cadm-s.$_{c1}$ carb-an.$_{h}$ chin.$_{bg2,k,*}$ *Coloc.*$_{bg2,k,*}$ con.$_{bg2,k}$ crot-t.$_{a1,k}$ ferr.$_{bg2,k}$ ferr-p. gent-c. graph.$_{bg2,k}$ grat. hep.$_{h}$ hyos.$_{bg2,k}$ lac-c. lach.$_{bg2,k}$ lob.$_{a1,k}$ lyc.$_{bg2,k}$ *Merc.*$_{bg2,k}$ nat-c.$_{a1,k}$ *Nat-m.*$_{bg2,k}$ *Nux-v.*$_{bg2,k}$ *Ph-ac.*$_{bg2,k}$ phos.$_{bg2,k}$ phyt.$_{a1,k}$ prun. ptel.$_{a1,k}$ puls.$_{bg2,k,*}$ *Ran-b.*$_{bg2,k,*}$ *Sep.*$_{bg1,bg2}$ *Sil.*$_{bg2,k}$ squil.$_{bg2,k}$ stann.$_{bg2,k}$ *Sulph.*$_{bg2,k,*}$ tarent.$_{a1,k}$ *Thuj.*$_{bg2,k}$ verat.$_{bg2,k}$ zinc.$_{bg2,k}$ zinc-p.$_{k2}$
 • **gebeugt** gehen, muß: calc.$_{h}$ *Coloc.* *Nit-ac.* *Rhus-t.*$_{bg2,k}$ sulph.$_{h}$
 • **muß** gehen: mag-p.$_{k2}$
 • **schnellen** Gehen, beim: borx.$_{h}$ *Chin.*
– **Getränke**:
 • **kalte** Getränke (= Eiswasser etc.):
  • **amel.**: elaps
  • **nach**: apoc.$_{k2}$ calc. *Calc-p.* calc-s. dulc. manc. *Nux-m.* *Rhus-t.* trom.
 • **warme**:
  • **amel.**: acon. carc.$_{mg1,sp,*}$ *Chel.* kali-c.$_{k2}$ *Mag-p.* *Spong.*
– **Hämorrhoidalblutung**; nach unterdrückter: **Nux-v.**$_{k,kl2}$●
– **Hämorrhoiden**, durch ●: *Aesc.* carb-v.$_{bg2,k}$ coloc.$_{bg2,k}$ lach.$_{bg2,k}$ *Nux-v.*$_{bg2,k}$ puls.$_{bg2,k}$ *Sulph.*$_{bg2,k}$

– **Hämorrhoiden**, durch: ... valer.
– **Heben** des Armes; beim: carb-v.$_{bg2,k}$
– **Heben** einer Last; durch: arn.$_{bg2,k}$ bry. *Calc.* coloc.$_{bg1,h}$ kali-n.$_{bg1}$ sil.$_{bg1,h}$
– **heftig**: aloe ant-t. *Apis* *Ars.*$_{bg2,k}$ bell.$_{bg2,k}$ cact. canth. castm. cham.$_{bg2,k}$ *Colch.* *Coloc.*$_{bg2,k}$ *Cupr.*$_{bg2,k}$ cycl. dig. euph. *Kali-ar.* kali-c. kali-n.$_{bg2,k}$ *Mag-c.* merc-c. *Nux-v.* *Phos.* **Plb.**$_{bg2,k}$ sil. **Sul-ac.**
– **Hitze**:
 • **während**: **Ant-c.** **Ars.** caps. **Carb-v.** *Cham.* *Cina* elat. ign. nux-v. **Rhus-t.** sulph. valer.
 • **nach**: sil.$_{h}$
– **Hochlangen**, beim: alum.$_{bg2,k}$ *Rhus-t.*
– **Hunger**, bei: merc. stram.
– **Husten**, beim: aloe am-c. am-m. ambr.$_{bg2,k}$ *Anac.*$_{bg2,k}$ apis *Arn.* ars.$_{bg2,k,*}$ ars-s-f.$_{k2}$ *Asc-t.*$_{a1,k}$ aur. aur-ar.$_{k2}$ aur-s.$_{k2}$ **Bell.** **Bry.** calc. camph. canth.$_{bg2,k}$ caps. *Carb-an.*$_{bg2,k}$ cench. cham. *Chel.* clem.$_{a1}$ cocc. *Colch.* coloc.$_{bg2,k}$ con.$_{bg2,k,*}$ croc. crot-t.$_{bg2,k}$ **Dros.**$_{bg2,k}$ eupi. *Ferr.*$_{bg2,k}$ ferr-ar. ferr-p. hell. hep. *Hyos.*$_{bg2,k}$ ip.$_{bg2,k}$ kali-ar. kali-bi.$_{bg2,k}$ kali-c. *Kali-n.*$_{bg2,k}$ kali-p. kali-sil.$_{k2}$ kreos.$_{bg2,k}$ *Lach.* lact. *Lyc.*$_{bg2,k}$ *Nat-m.* nit-ac. **Nux-v.**$_{bg2,k}$ pall. ph-ac.$_{bg2,k,*}$ *Phos.*$_{bg2,k,*}$ plb. psor. *Puls.*$_{bg2,k}$ *Ran-b.* rhus-t. *Sep.*$_{bg2,k}$ sil. **Squil.**$_{bg2,k}$ *Sulph.*$_{bg2,k,*}$ tarent. verat.$_{bg2,k}$
– **intermittierend**
 ☞ *anfallsweise*
– **Kaffee**:
 • **amel.**: **Coloc.**$_{bg2,k,*}$
 • **nach**: canth.$_{bg2,k,*}$ *Cham.*$_{bg2,k}$ ign.$_{bg2,k}$ merc-sul.$_{c1}$ nat-m.$_{bg2,k,*}$ *Nux-v.*$_{bg2,k}$
– **Kalbfleisch**, nach: kali-n.$_{c1}$
– **kalt**:
 • **Abkühlung**, durch: acon.$_{k2}$ alum.$_{h}$ **Ars.** camph. hell. merc. **Nux-v.** *Phos.* *Plb.*
 • **Erkälten**, durch: acon.$_{bro1,k2}$ all-c. aloe$_{k2}$ alum. bell.$_{h}$ *Carb-v.* **Cham.** **Chin.** *Coloc.* **Dulc.** graph.$_{h}$ *Hep.* lyc. *Merc.* nat-c. nit-ac. *Nux-v.* petr.$_{h}$ ruta$_{h}$ samb.$_{h}$ **Verat.**
– **Kartoffeln**, nach: alum.$_{bg2,k,*}$ *Coloc.*$_{bg2,k,*}$ mag-s. merc-c.$_{bg2,k,*}$
– **Kirschen**, nach: mag-m.$_{h}$ merc-c.$_{a1,k}$
– **Kleidung** agg.: arg-n.$_{ptk1}$ *Bell.* bov.$_{ptk1}$ calc.$_{ptk1}$ gink-b.$_{sbd1}$ *Lac-c.*$_{bg2,k}$ **Lach.**$_{bg2,k,*}$ *Lyc.*$_{ptk1}$ *Nux-v.*$_{ptk1}$ rhus-t.$_{k2}$
– **Koitus**:
 • **während**: graph.
 • **nach**: caust.
– **Kolik**
 ☞ *krampfartig*
– **kommt** und geht
 ☞ *steigt*
– **Kopfschmerzen**:
 • **mit**: con.$_{gt1}$ lept.$_{gt1}$
 • **nach**: gels.$_{psa}$
– **Körperübungen**:
 • **amel.**: coloc.
 • **durch**: aloe arn. berb. cocc. cycl. dig. ip. kali-n. kreos. nat-m. nat-n.$_{a1,k}$ nux-v. ol-an. plb. puls.

• **durch**: ...
sep. stram.
– **Kränkung**, nach: cham.k2 *Coloc.*
– **Lachen**, durch: ars.bg2,k cench.k2 con.bg2,k,* nux-v.bg2,k
– **Lehnen** an die Seite; beim: raph.
– **Liegen**:
• **amel.**: am-c.bg2,k bry.bg2,k canth.bg2,k cupr.bg2,k dios.a1,k gink-b.sbd1 gran.a1,k merc.bg2,k nux-v.bg2,k phys.
• **beim**: apis bar-c. *Bell.*a1,k coloc.bg2,k,* dios.a1,k,* *Phos.*bg2,k *Puls.*bg2,k spig.bg2,k
• **Abdomen**, auf dem:
• **amel.**: aloe am-c. ambr.bg1,h ars-h. **Bell.** *Bry.* **Calc.**bg1,bg2 chinin-ar. chion. *Coloc.* cupr.k2 ind. kali-p.bg1 *Phos.* plb. puls.bg1 rhus-t. *Stann.*
• **Rücken**, auf dem: ambr.bg1 *Ars.* dios.bg1 lach.bg1 mag-p. phys. plb.bg1 podo. ptel. sulph.
• **amel.**: coloc. *Kalm.* mez. onos.
• **Seite**, auf der: *Carb-v.* coloc. *Kalm.* par. phos.
• **amel.**: nat-s.
• **linken**, auf der:
• **amel.**: pall. sec.
• **rechten**, auf der: acon. caust. *Merc.* phos.bg1 stann.
• **amel.**: nux-v. phos. phys.
– **Luft**:
• **berührt**; wenn Luft das Abdomen: caust. *Sulph.*
• **Freien**, im:
• **agg.**: ign. *Nux-v.* puls.h
• **amel.**: kali-i.
• **kühle**, amel. durch: lyc.a1,k
• **Luftzug**; durch jeden: kali-bi.bg1,bg2 *Sulph.*
– **Mehlspeisen**, Teigwaren; nach: coloc.st
– **Menopause**, mit Traurigkeit; während der: *Psor.*vh
– **Menses**:
• **vor**: aloe *Alum.* alum-p.k2 alum-sil.k2 *Am-c.*a1,k bar-c. bar-i. *Bell.* brom. *Calc.* **Calc-p.** calc-sil.k2 carb-v. carbn-s. *Caust.* *Cham.* chin. cinnb. *Cocc.* *Coloc.* *Croc.* *Cupr.* cycl.a1,k eupi. graph.a1,k hep. hyper. *Ign.* iod. **Kali-c.** *Kali-p.* kali-s. kali-sil.k2 *Lach.* *Lyc.* *Mag-c.* mag-m. *Mag-p.* manc. merc. mosch. nat-c. nat-m. nux-m. *Nux-v.* petr. ph-ac. *Phos.*a1,k *Plat.* podo.k2 **Puls.** sang. sars.h *Sep.*a1,k *Sil.* *Spong.* sul-ac. sul-i.k2 sulph.a1,k tarent.a1,k thuj.a1,k ust. zinc. zinc-p.k2
• **während**: acon. agar.a1,k alet. aloe alum. alum-sil.k2 *Am-c.*a1,k am-m.a1,k androc.srj1 apis arg-n. ars. *Ars-i.* ars-s-f.k2 aur. aur-ar.k2 aur-i.k2 aur-s.k2 bamb-a.stb2 bapt. *Bar-c.* *Bar-i.* *Bell.*a1,k *Borx.* *Brom.* bry. bufo cact. **Calc.** calc-i.k2 **Calc-p.**a1,k *Canth.*a1,k carb-v.a1,k **Carbn-s.** castm. caul. *Caust.* cench.k2 *Cham.* chel. *Chin.* **Cimic.** cina cinnb. clem. *Cocc.* *Coff.* *Coloc.* *Con.* croc. crot-h.a1,k *Cupr.* *Cycl.* eupi.a1,k fago.a1,k ferr. ferr-ar. ferr-i. ferr-p. form. gink-b.sbd1 granit-m.es1 **Graph.**a1,k hyos. *Ign.* inul.a1,k iod. ip. kali-ar. *Kali-c.*a1,k *Kali-n.*a1,k kali-p. kali-s. kali-sil.k2 kreos. *Lac-c.* *Lach.* lyc. *Mag-c.* mag-m. mag-s. mang. merc.a1,k *Mill.* mosch.

– **Menses - während**: ...
Murx. nat-c. *Nat-m.* *Nat-s.* *Nicc.* *Nit-ac.* *Nux-m.* **Nux-v.** ol-an. pall.c1 petr. *Phos.*a1,k phyt. *Plat.* plb. podo.k2 **Puls.** rat.a1,k **Sabin.**a1,k *Sars.* *Sec.* **Sep.** *Sil.* stann.h staph. *Stram.* sul-ac.a1,k sul-i.k2 **Sulph.**a1,k thuj. ust. verat. **Vib.** xan. zinc. zinc-p.k2
• **nachts** aus dem Schlaf; weckt
☞ *nachts - Erwachen - Menses*
• **Körperübungen** amel.: *Sulph.*
• **nach**: *Am-c.* borx. cham. cocc. con. graph. iod. kali-c. *Kreos.*bg2,k *Lach.* lyc. mag-c. merl. *Nat-m.* *Nit-ac.* plat. *Puls.* ust.
• **Beginn** der; zu: *Calc.* *Caust.* graph. *Kali-c.* lap-a. lyc. mag-c.
▽ **erstreckt** sich zu:
• **Brust**: cupr. graph.
• **Hüfte** zur anderen; von einer: thuj.
• **unten**; nach: bamb-a.stb2
• **erscheinen**; als würden die Menses: act-sp. *Aloe* am-m. ambr. *Apis* *Aur.* bry. carb-an.bg1 cina cocc. *Croc.* ferr. ferr-p. hep.h inul. kali-c. kali-m.k2 kreos. lac-f.c1 laur. *Lil-t.* *Lyc.* *Mag-c.* mag-m.h *Med.* mosch. mur-ac. *Murx.* *Nat-c.* nat-m. onos. phos. *Plat.* *Puls.* raph.c1 rhus-t.rb2 ruta.rb2 sabad.rb2 sang. *Sep.* stann. sul-ac. sulph.rb2 ter.rb2 til. vib. visc.rb2
• **morgens**: ferr. plat.h
• **abends** im Bett amel.: plat.h
• **Mitternacht**: canth.
• **fließen** beginnen; wenn sie frei zu:
• **amel.**: bell. kali-c. kali-p. *Lach.* *Lap-a.* mag-p.pd mosch. sep. sulph.
• **Hitze** amel.: **Ars.** coloc. *Nux-m.* *Nux-v.* pall. pop-c.c1 puls. rhus-t. *Sil.*
• **kräftig**, anhaltend: *Ust.*
• **Reiben** des Rückens amel.: *Mag-m.*
• **Unterdrückung** von; durch: acon. agn. *Cham.* cocc. coloc. graph. *Puls.* *Spong.*
– **Milch**:
• **amel.**:
• **warme**: *Chel.* *Crot-t.* op.
• **nach**: ang. bell.h bry. bufo carb-v. con. lac-d. mag-s. sul-ac.
– **Mittagessen**:
• **beim**: bry.a1,k cedr.a1,k mag-s. seneg.a1,k zinc.
• **nach**: agar.bg2,k alum.bg2,k,* asc-t.a1,k bry.a1,k cob.a1,k cocc.a1,k *Coloc.*bg2,k con. crot-t.bg2,k gent-c. grat.bg2,k kali-bi.bg2,k kali-c. lyc.bg2,k **Mag-c.**bg2,k *Naja* nat-m.bg2,k,* *Nux-v.* phos.bg2,k *Ran-b.* sulph.bg2,k thuj.bg2,k trom. valer. zinc.bg2,k
– **Niesen**, beim: bell.bg2,k canth.bg2,k cham.bg2,k eupi. ind.a1,k kali-p.k2 pall.
– **Obst**, nach: *Calc-p.* *Chin.* **Coloc.** mag-m. *Merc-c.*a1,k *Puls.* **Verat.**
– **Ovulation**; während der: granit-m.es1
– **periodisch**: anis. *Arg-n.*hr1 *Ars.*a1,k cain. *Calc.* **Cham.** *Chin.* *Cimic.*a1,k *Coloc.* **Cupr.** *Cupr-ar.* *Gels.* ign. *Ip.* lac-c. **Nux-v.** sulph.
• **täglich**: aran.a1,k arn. nat-m.
– **Pfirsichen**, nach: psor.
– **Pflaumen**, nach: rheum

– **Rollen** auf dem Boden amel.: coloc.$_{h}$
– **Säuren**, durch: dros.$_{bg2,k,*}$ ph-ac.$_{bg2,k}$
– **Schlaf**:
 • **amel**.: alum.$_{a1,k}$ am-m.$_{bg2,k}$ mag-m.$_{bg2,k}$
 • **im**: cina kali-n.$_{bg2,k}$
 • **unterbricht** den Schlaf: ferr.$_{a1}$ mez.$_{a1,k}$ tab.$_{a1,k}$
 • **vor** dem Schlafengehen: sulph.$_{a1,k}$
– **Schneuzen** der Nase; beim: canth.$_{bg2,k}$ eupi. stront-c.
– **Schreck**, durch: plat.
– **Schritt**, bei jedem: mur-ac.$_{h}$
– **Schwangerschaft**; während der ●: am-m.$_{bro1}$ arn.$_{bg2,k}$ *Ars.* *Bell.*$_{bg2,k}$ *Bry.*$_{bg2,k}$ *Cham.*$_{bg2,k}$ *Coloc.* *Con.* hyos.$_{bg2,k}$ *Ip.* *Kali-c.* lach.$_{bg2,k}$ **Nux-v.**$_{bg2,k}$ plb. puls.$_{bg2,k}$ sep.$_{bg2,k}$ *Verat.*$_{bg2,k}$
– **sexueller** Erregung, bei: graph.
– **Singen** agg.: puls.$_{bg2,k}$
– **Sitzen**:
 • **amel**.: alum.$_{bg2,k}$ apis bar-c. bell.$_{bg2,k}$ ferr.$_{a1,k}$ *Kalm.*
 • **beim**: all-c. asaf.$_{bg2,k}$ bar-c.$_{a1,k}$ *Calc.*$_{bg2,k}$ chin.$_{bg2,k}$ *Con.*$_{bg2,k}$ *Dig.*$_{bg2,k}$ dios.$_{a1,k}$ ferr. gink-b.$_{sbd1}$ kali-c.$_{k2}$ *Nat-m.*$_{bg2,k}$ op.$_{bg2,k}$ *Petr.*$_{bg2,k}$ ph-ac.$_{bg2,k}$ puls.$_{bg2,k}$ rhus-t.$_{bg2,k,*}$ ruta *Sep.*$_{bg2,k}$ spong.$_{bg2,k}$ *Sulph.*$_{bg2,k}$
 • **aufrecht**:
  • **agg**.: ptel.$_{c1}$
  • **amel**.: *Gels.*
 • **gebeugt**: alum.$_{bg2,k}$ ant-t.$_{bg2,k}$ carb-v.$_{bg2,k}$ dulc. gink-b.$_{sbd1}$ *Lyc.*$_{k,kl2}$● sulph.
  • **amel**.: *Bell.*$_{bg2,k}$ *Coloc.*$_{bg2,k}$ merc.$_{bg2,k}$ sars.$_{bg2,k}$ sulph.
  • **muß** gebeugt sitzen: kali-c.$_{h}$
– **Speisen**:
 • **kalt**: mang. sep.
 • **warm**: kali-c. ol-an.
  • **amel**.: mag-c. *Ph-ac.*
– **Sprechen**; beim: bell.$_{k2}$ rumx.$_{k2}$
– **Sprechen**, nach: brom.
– **Stehen**:
 • **amel**.: thuj.$_{bg2,k}$
 • **beim**: aloe *Bell.*$_{bg2,k}$ chinin-s. coloc.$_{k2}$ ptel.$_{a1,k}$ sulph.$_{bg2,k}$ zinc.
– **steigt**:
 • **allmählich**:
  • **sinkt**:
   • **allmählich**: bell.$_{h}$ carc.$_{az1}$ plat. *Stann.*
 • **schnell**:
  • **sinkt**:
   • **schnell**: **Bell.** vib.
– **Stellen**; in kleinen: bry.$_{bro1}$
– **Stuhlgang**:
 • **vor**: aesc. agar. ail.$_{a1,k}$ **Aloe** alum.$_{a1,k}$ **Am-c.** *Am-m.* ant-t.$_{a1,k}$ apoc.$_{a1,k}$ **Arg-n.**$_{a1,k}$ ars. *Bar-c.*$_{a1,k}$ *Bar-m.* bell. *Bry.*$_{a1,k}$ cact.$_{a1,k}$ calc. *Calc-p.* camph. cann-s.$_{a1,k}$ canth.$_{a1,k}$ carb-an.$_{a1,k}$ carb-v.$_{a1,k}$ caust. cham. *Chin.*$_{a1,k}$ chinin-ar. chinin-s. cimx.$_{a1,k}$ cina coc-c.$_{a1,k}$ *Colch.*$_{a1,k}$ *Coll.* *Coloc.*$_{a1,k}$ cop. *Crot-t.*$_{a1,k}$ cupr. cycl.$_{a1,k}$ *Dig.*$_{a1,k}$ dulc. fago.$_{a1,k}$ ferr.$_{a1,k}$ ferr-i.$_{a1,k}$ ferr-p. fl-ac.$_{a1,k}$ form. gamb. gels. glon.$_{a1,k}$ graph.$_{a1,k}$ grat. guaj. hell.$_{a1,k}$ hep.$_{a1,k}$ ign. ind.$_{a1,k}$ jug-r.$_{a1,k}$ kali-bi. *Kali-c.*$_{a1,k}$

– **Stuhlgang - vor**: ...
kali-i.$_{a1,k}$ kali-m.$_{k2}$ *Kali-n.*$_{a1,k}$ kali-p. *Lyc.* **Mag-c.** mag-m.$_{a1,k}$ *Manc.* *Mang.* merc. merc-i-r.$_{a1,k}$ *Mez.* *Mur-ac.* naja nat-ar. *Nat-c.* nat-m. nat-p.$_{a1,k}$ *Nat-s.* nicc. *Nit-ac.*$_{a1,k}$ *Nuph.* *Nux-v.*$_{a1,k}$ *Olnd.*$_{a1,k}$ *Op.*$_{a1,k}$ ox-ac.$_{a1,k}$ petr. *Phos.*$_{a1,k}$ plan.$_{a1,k}$ plb.$_{a1,k}$ **Podo.**$_{a1,k}$ prun.$_{a1,k}$ *Psor.*$_{a1,k}$ **Puls.**$_{a1,k}$ ran-b.$_{a1,k}$ raph.$_{a1,k}$ rat.$_{a1,k}$ *Rheum* rhod. *Rhus-t.* rhus-v.$_{a1,k}$ *Rumx.* sabad. *Sang.* *Sep.*$_{a1,k}$ *Stann.*$_{a1,k}$ stram.$_{a1,k}$ **Sulph.**$_{a1,k}$ tax.$_{a1,k}$ *Thuj.*$_{a1,k}$ *Trom.*$_{a1,k}$ verat.$_{a1,k}$ zinc.$_{h}$ zing.$_{a1,k}$
 • **während**: aeth. *Agar.* alum.$_{h}$ *Aran.*$_{a1,k}$ arn.$_{a1,k}$ ars-i.$_{k2}$ asc-t.$_{a1,k}$ bell.$_{a1,k}$ borx. **Bry.**$_{a1,k}$ bufo *Carb-an.* *Carb-v.* cham. chin.$_{h}$ cob.$_{a1,k}$ *Con.*$_{a1,k}$ crot-t. dios. *Dulc.* ferr. *Graph.* grat.$_{a1,k}$ guare.$_{a1,k}$ hydrog.$_{srj2}$ indg.$_{a1,k}$ iod.$_{a1,k}$ ip. jug-c.$_{a1,k}$ kali-ar. kali-bi.$_{a1,k}$ *Kali-c.*$_{bg2,k,*}$ kali-m.$_{k2}$ kalm.$_{a1,k}$ laur.$_{a1,k}$ *Lil-t.* *Lyc.* *Mag-c.* merc. *Mur-ac.* naja nat-m. nux-v. osm.$_{a1,k}$ petr.$_{bg2,k}$ phos.$_{bg2,k}$ phys.$_{a1,k}$ plb.$_{a1,k}$ *Podo.* ptel.$_{a1,k}$ puls. *Rheum* *Rhus-t.* *Rhus-v.*$_{a1,k}$ sec. senec. *Sep.*$_{bg2,k,*}$ sil. stram.$_{a1,k}$ sul-ac. **Sulph.** *Tab.* tarent.$_{a1,k}$ thuj.$_{a1,k}$ *Zinc.*$_{a1,k}$
 • **nach**: agar. *Aloe* alum.$_{h}$ am-c. am-m. ambr. arg-met. asc-t.$_{a1,c1}$ aur. bar-s.$_{k2}$ bov.$_{a1,k}$ carb-an.$_{a1,k}$ *Carb-v.* *Chin.*$_{a1,k}$ colch.$_{a1,k}$ *Coloc.* cop. crot-t.$_{a1,k}$ cupr. cupr-ar.$_{a1,k}$ dig.$_{a1,k}$ dios. dros.$_{a1,k}$ fago.$_{a1,k}$ graph. grat.$_{a1,k}$ hydrog.$_{srj2}$ ip. kali-bi. kali-c. kali-sil.$_{k2}$ lept. lyc. mag-m.$_{h2}$ *Merc.* merc-c. mez.$_{a1,k}$ nat-ar. *Nat-m.* **Nit-ac.** op.$_{a1,k}$ osm.$_{a1,k}$ ox-ac.$_{k2}$ pall.$_{a1,k}$ phos.$_{a1,k}$ *Pic-ac.* plb. *Podo.* *Puls.*$_{a1,k}$ *Rheum* rhod. sep.$_{h}$ sil.$_{a1,k}$ staph. stront-c. *Sul-ac.* **Sulph.** trom.$_{a1,k}$ *Zinc.*$_{a1,k}$ zinc-p.$_{k2}$
  • **amel**.: agar. aloe alum.$_{h}$ apoc.$_{a1,k}$ ars. bapt. borx.$_{h}$ bov.$_{a1,k}$ bry.$_{a1,k}$ *Calc-p.*$_{a1,k}$ *Carb-v.* chinin-s. cimic.$_{hr1}$ cinnb. coc-c. **Colch.**$_{a1,k}$ **Coloc.**$_{a1,k}$ dig.$_{a1,k}$ dios.$_{a1,k}$ dirc.$_{a1,c1}$ ferr.$_{a1,k}$ **Gamb.** gels. grat. helon. hydrog.$_{srj2}$ mag-c. nat-ar. nat-c.$_{a1,k}$ *Nat-s.* **Nux-v.**$_{bg2,k}$ podo.$_{k2}$ *Rheum* *Rhus-t.*$_{a1,k}$ senec.$_{bg2,k,*}$ sil.$_{a1,k}$ sulph.$_{a1,k}$ tanac.$_{bro1}$ thuj.$_{a1,k}$ trom.$_{a1,k}$ verat.$_{bg1,bg2}$ zinc.$_{h}$
  • **wie** nach Stuhlgang: alum.$_{h}$
 • **Diarrhoe**; während: *Aeth.* *Agar.* aloe alum. *Anac.* ang. *Arg-n.* arn. *Ars.* ars-i. asaf. bapt. bov. canth. caps. carbn-s. *Cham.* cimic. *Cocc.* *Colch.* *Coloc.* cop. *Crot-t.* cupr. cupr-ar. euph. *Gamb.* *Gran.* ham. hep. hura iod. iris jug-r. kali-bi. kali-c. kali-n. lach.$_{a1,k}$ *Med.* *Merc.* *Merc-c.* merc-i-r. *Nux-v.* op. plb. *Podo.* rhus-t. rhus-v. sars. senec. *Sulph.* tab. **Thuj.** zinc-s.
 • **Pressen**, beim: acon. *Aloe* apis$_{k2}$ bell. bry. podo.
 • **Stuhldrang**: inul.$_{k2}$ nux-v.$_{k2}$
  • **amel**.: alum.$_{h}$
  • **während**: apis bar-c.$_{h}$ dulc.$_{h}$ elaps hydr. mag-m. ~~nit-ac.$_{kl,xxx}$~~ *Nux-v.* *Plb.* verb.$_{c1}$
  • **nach**: nit-ac.$_{h}$
– **Suppe**:
 • **amel**.: nat-c.$_{h2}$
  • **warme** Suppe: acon. *Ph-ac.*
 • **nach**: zinc.

– **Tabak**, nach: borx. brom.bg1 ign.
 • **amel.**: coloc.
– **Treppensteigen**, beim: asc-t.bg2,k,* hell.bg2,k
– **Trinken**, nach dem: ars.bg2,k *Bell.* caust.bg2,k cham.bg2,k chin.h **Coloc.**bg2,k con.bg2,k croc.bg2,k dor.a1,k ferr.bg2,k *Manc.* nat-m.bg2,k nit-ac.bg2,k *Nux-m.* nux-v.bg2,k *Podo.* *Puls.*bg2,k,* rhus-t.bg2,k **Staph.**bg2,k sulph.bg2,k teucr.bg2,k
 • **Überhitzung**; bei: ars. **Coloc.** kali-c.
– **Urinieren**:
 • **amel.**: androc.srj1 carb-an.bg2,k merc.bg1
 • **vor**: *Puls.*bg2,k sul-ac.
 • **beim**: bar-c. bry.bg2,k,* *Cham.* chin.bg2,k *Coloc.*bro1 *Merc.*bg2,k nat-m. plb.bg2,k,* til.bg1,bg2
 • **nach**: ars.bg2,k chin.bg2,k clem.bg2,k mag-c.bg2,k ph-ac.
 • **Harndrang**, mit: inul.k2 lach. nit-ac. nux-v.k2 puls.
 • **verhindert**: *Cham.*
– **Verdauung**, bei der: chin.a1,k cupr-act.
– **Verstopfung**:
 • **durch**: ars. bell. carc.tp1 con. cupr. kali-c. merc. op. plb. sil. sul-ac. thuj.
 • **wie** durch: cham.h
– **Verzweiflung** treibend; zur: *Coff.* coloc.k2
– **wandernd**: acon. *Aesc.*bg2,k alum. am-m. arn.a1,k ars.h arund.a1,k bar-c.h *Bell.*bg2 cain. calc-s.a1,k cimic.a1,k colch. cop. dios.bg2 dulc.a1,k fl-ac.a1,k ign.bg2 iris *Manc.* mur-ac. nat-s. phyt.a1,k plb.a1,k podo.a1,k *Puls.*bg2,k sang.
 • **verschieben** sich plötzlich zu entfernten Teilen: **Dios.**
– **warm**:
 • **Zimmer**; amel. im warmen: am-c. sul-ac.
– **Wärme**:
 • **amel.**: *Aeth.*a1,k alum.bg2,k alum-p.k2 alum-sil.k2 am-c.bg2,k **Ars.**bg2,k ars-i. ars-s-f.k2 aur-ar.k2 *Bar-c.*bg2,k bry.k2 canth.bg2,k *Carb-v.* castm. caust.bg2,k **Cham.**bg2,k *Coloc.*bg2,k,* cupr. *Ferr.*hr1 ferr-ar. gink-b.sbd1 kali-ar. kali-c.k2 kali-sil.k2 **Mag-p.**bg2,k mang.bg2,k meph.bg2,k nat-c.h2 **Nux-m.**bg2,k **Nux-v.**bg2,k pall. phos.h plb.a1,k *Podo.*bg2,k,* *Puls.* **Rhus-t.**bg2,k *Sabin.* *Sep.* **Sil.**bg2,k,* stront-c.
 • **feuchte** Wärme amel.: aeth.c1 *Nux-m.*
– **Wehen**, während der: *Sep.*
– **Weinbrand**, Brandy; nach: ign.
– **Wein**, nach: lyc.
– **Wetter**:
 • **kaltes** Wetter:
  • **naßkaltes** Wetter; wie durch: mez.h
 • **nasses** Wetter; durch: ars. *Dulc.* **Mang.** *Nat-s.*
– **Zimmer**; agg. im: kali-i.
– **Zorn**, nach: *Cham.* cocc. *Coloc.* *Nux-v.* *Staph.* *Sulph.*
– **Zucker**, nach: ign. ox-ac. *Sulph.*
– **Zusammenkrümmen**
 ☞ *Beugen - Zusammenkrümmen*
▽ **erstreckt** sich zu:
 • **Achselhöhle**: com.
 • **allen** Körperteilen, zu: **Plb.**
 • **Anus**: aloe *Coloc.* **Crot-t.** hydr. *Ip.* led. mag-m.

– **erstreckt** sich zu - **Anus**: ...
merc.bg1 *Nat-m.* *Nux-v.* ox-ac. rhus-t. sang. *Sulph.*
 • **Arme**: dios.br1
 • **Becken**: carb-v.bg1 coloc.bg1
 • **Beine**: androc.srj1 bar-c. **Carb-v.** kali-i. nux-m.k2 nux-v.k2 *Plb.* sang. *Sep.*
  • **links**: **Carb-v.**
 • **Blase**: brom. carb-v. cham. cic. plb.
 • **Brust**: *Acon.* alum.bg1 caust. cham. chel. coloc.bg1 con. cupr. dios.bg1,br1 ign. kali-c.bg1,k2 *Lach.* mang. nat-p. nat-s.bg1 *Nux-v.* plb. sep.bg1 spig. spong. tarent.
  • **Menses**, während: chinin-s. cupr. mang.
  • **Stuhlgang**, beim: **Acon.**
 • **entfernten** Teilen: *Dios.*
 • **Finger**: dios.br1
 • **Füße**: plb. psil.ft1
 • **Genitalien**: alumn. calc. crot-t. dig. *Lyc.* nux-m.k2 plb. **Puls.** rhus-t. *Sep.* tep. teucr. verat. zinc.bg1
 • **Hals**; zum inneren: caust. kali-bi. kreos. merc.
 • **Harnröhre**; nach vorne in die: zinc.bg1
 • **hinten** nach vorne; von: verat.h
 • **Hoden**: dig. plb. **Puls.** sec. sil. teucr.
  • **abends**; beim Essen: sil.
  • **Husten**, beim: sec.
 • **Hüfte**: kali-c. lyc. sul-ac.k2
 • **Hypochondrien**: stann.h
 • **Knöchel**: kali-n.h
 • **Kopf**: ars. mang.
 • **Leistengegend**: arg-n. bar-c. kali-i. tarent. thuj.
 • **Lenden**: kali-bi. kali-i.
 • **Magen**: *Carb-v.* crot-t. lyc. nux-m. ol-an. podo.k2 stann.h sulph.
 • **Mammae**: ferr-m.
  • **rechts**: coloc.
 • **Nabel**: crot-c.
 • **Niere**: nux-m. *Plb.*
 • **oben**, nach: aloe anac. ars. canth. chel. com. ferr-m. *Gels.* lach.bg1,bg2 merc. naja plb. ruta sep.h spong. sulph.
 • **Oberschenkel**: *Aloe* alum.bg1,bg2 apisbg1,bg2 bar-c. bry.bg1,bg2 cact.bg1,bg2 calc.bg1,bg2 cham. cimic.bg1,bg2 cob.bg1 coloc. con. kali-i. lil-t.bg1,bg2 nat-m. nux-m.bg1 nux-v. plb.bg1,bg2 podo.bg1,bg2 sabalbg3 *Sep.* spig.bg1,bg2 staph.bg1,bg2 stram. ter. thuj.bg1,bg2 ust. vib.bg1,bg2 xan.bg1,bg2
 • **Ösophagus**: plb.
 • **Ovarien**: sabalc1
  • **rechts**: podo.c1
 • **Penis**: alumn. clem.a1 lyc.bg1,bg2 puls.
 • **Perineum**: phos.
 • **quer** über das Abdomen: *Aloe* alum. am-c. arg-met. *Arn.* canth. carb-v. caust. cham. **Chel.** chin. colch. cupr-act. euphr. guaj. ip. kalm. merc.bg2 phos. phys. prun. sep. stann. staph. zinc.
  • **Darmbein** zum anderen; von einem: asar. cimic. hydrog.srj2 lil-t.
 • **Rektum**: *Aloe* ars.bg1 brom. dios.bg1,bg2 eupi. guaj.bg1 ign.bg1 lyc.bg1 mag-m. meny.bg1 nat-m.

• **Rektum**: ...
Nux-v. sang. spong.$_{bg1,bg2}$ tarax.$_{bg1}$
• **Rücken**: calc. canth. caust. coc-c. cocc. dios.$_{br1}$ kali-bi. nat-s.$_{bg1,k2}$ sep.$_{bg1}$ sul-ac.$_{k2}$
  • **Kreuz**: *Aesc.* agar. carb-v. chel. *Coloc.* croc. fago. *Gels.* iod. laur. lyc. mag-m.$_{bg1}$ naja plb. ptel. sil.
• **Samenstrang**: brom. verat.
  • **Husten**, beim: verat.
• **Schamgegend**: arg-met.$_{c1}$ **Coloc.** *Sep.*
  • **Husten**, beim: *Sep.*
• **Schlüsselbein**: laur.
• **Schulter**: lach.
  • **rechts**: kali-c.$_{k2}$
• **Schulterblätter**:
  • **rechts**: chel.$_{k2}$
• **Seiten**; zu den: ars. coca *Ip. Lach. Lyc.* stann.$_{h}$ tarent.
  • **links**: anth.$_{c1}$ ars. coca *Lyc.*
  • **rechts**: *Ip. Lach.*
• **Skrotum**: verat.
• **über** das Abdomen: arn. **Chel.** choc.$_{srj3}$ cina ip.
  ☞ *quer*
• **unten**, nach: aloe alumn. am-c.$_{bg1}$ bamb-a.$_{stb2}$ bar-c. brom. chel.$_{k2}$ chin. crot-h. **Crot-t.** elaps ferr-i. guaj. **Ip.** kali-c. kali-i. nux-v. plat. plb. puls. ran-s. samb. sep. til. verb. zinc-s.$_{bg1}$ zing.
  • **Menses**; zu Beginn der
    ☞ *Menses - Beginn - erstreckt sich - unten*
• **Unterschenkel**: **Carb-v.** ter. thuj.
• **Uterus**: elaps *Ip.*
• **Vagina**: *Ars.* berb. calc-p. *Kreos.* nit-ac.
• **Wirbelsäule**: iod. lept.$_{br1}$ lyc. sil.
• **Zehen**: dios.$_{br1}$
○ **Colon**:
  ○ **Colon** transversum: podo.$_{gk}$
  • **gesamte** Länge des Colons; die: *Ferr-m.*
– **Colon** sigmoideum: scroph-xyz.$_{c2}$
– **Darmbeingegend**: agar.$_{a1,k}$ alum. berb. calc.$_{a1,k}$ *Carb-ac.* *Carb-v.*$_{a1,k}$ cench.$_{k2}$ cimic.$_{a1,k}$ crot-t. cupr.$_{a1,k}$ dios.$_{a1,k}$ dulc. elaps eupi.$_{a1,k}$ gels.$_{a1,k}$ grat. iris kreos.$_{a1,k}$ lil-t.$_{a1,k}$ lith-c. nat-ar. ox-ac.$_{a1,k}$ phos.$_{a1,k}$ plan.$_{a1,k}$ plat. plb.$_{a1,k}$ ptel.$_{a1,k}$ spig. stann. *Ter.* zinc.$_{a1,k}$ zing.$_{a1,k}$
• **links**: *Caust.* cimic.$_{a1,k}$ *Coloc.* crot-h. cupr.$_{a1,k}$ dios. eupi.$_{a1,k}$ gels.$_{a1,k}$ naja nat-ar. ox-ac.$_{a1,k}$ puls-n. **Thuj.**
• **rechts**: bapt.$_{k2}$ *Cocc. Kali-c.* lil-t.$_{k2}$ phos. phys. phyt. *Pic-ac.* ptel.$_{a1,k}$ sumb.
• **morgens**: cench.$_{k2}$ sumb.$_{a1,k}$
  • **Stuhlgang**, vor: sumb.$_{a1,k}$
• **mittags**: thuj.
• **abends**: borx. dios. naja rhus-t.$_{a1,k}$ zinc.$_{a1,k}$
  • **Abendessen**, nach dem: zinc.$_{a1,k}$
• **nachts**: dios. pic-ac.$_{a1,k}$
  • **Mitternacht**:
    • **vor**:
      • **23** h: pic-ac.
• **Abendessen**, nach dem: zinc.
• **anfallsweise**: *Cocc.*
• **Beugen**, beim: puls-n.
• **Bewegung**, bei: ptel.$_{a1,k}$ puls-n.
• **Druck** amel.: dulc.$_{a1}$ phys.
• **Essen** amel.: phys.
• **Frühstück**, nach dem: zinc.$_{a1,k}$
• **Gehen**, beim: con.$_{h}$ eupi.
  • **Freien**, amel. im: phys.
  • **Zimmer**, im: thuj.
• **Heben** des Armes; beim: eupi.$_{a1,k}$
• **Husten**, beim: *Caust.* eupi.$_{a1,k}$
• **Liegen** auf der linken Seite; beim: *Com.*$_{a1,k}$ phys.
• **Mittagessen**, nach dem: phos.$_{a1,k}$
• **Sitzen**, im: agar.$_{a1,k}$
• **Stuhlgang**, vor: sumb.$_{a1,k}$
▽ **erstreckt** sich zu:
  • **Darmbein** zum anderen; von einem: asar. cimic. lil-t.
  • **Knie**: *Kali-c.*
  • **Oberschenkel** nach unten; den: *Thuj.*
– **Darmbeinkamm**: androc.$_{srj1}$ bell. berb. brom.$_{a1,k}$ calc. camph. carb-an. cench.$_{k2}$ cham.$_{a1,k}$ eupi.$_{a1,k}$ form.$_{a1,k}$ ip. *Iris Kali-c.* led. plan.$_{a1,k}$ rhus-t. sabad.$_{a1,k}$ sang.$_{a1,k}$ staph. tell.$_{a1,k}$ *Ter.* zinc.
• **links**: eupi.$_{a1,k}$
• **rechts**: dios.$_{kr1}$
• **morgens**: staph.
• **nachts**: sang.$_{a1,k}$
• **Atmen**: calc.$_{h}$
• **Aufstehen** vom Sitzen; beim: bell.
• **Bewegung**; bei: *Ter.*
• **Druck** amel.: sabad.$_{a1,k}$
• **Gehen**: calc.$_{h}$ eupi.$_{a1,k}$ led.
  • **amel.**: sabad.$_{a1,k}$ staph.
• **Heben** des Armes; beim: eupi.$_{a1,k}$
• **Husten**: eupi.$_{a1,k}$
• **Sitzen**, im: sabad.$_{a1,k}$ zinc.
• **Wärme** amel.: staph.
▽ **erstreckt** sich zu:
  • **Knie**: **Kali-c.**
  • **Oberschenkel**: staph.
    • **Vorderseite** des Oberschenkels, beim Urinieren: berb.$_{bg3,ptk1}$
– **Hüftgegend**: arum-t. calc. chel. con. fl-ac. phos.$_{k,k1,*}$
• **Gehen**, beim: con.
▽ **erstreckt** sich zu:
  • **Hüfte** zur anderen; von einer:
    • **Menses**; vor den: thuj. ust.
– **Hypochondrien**: abrot.$_{a1,k}$ acon. aesc.$_{a1,k}$ aeth. *Agar.*$_{bg2,k,*}$ *Aloe* alum.$_{k2}$ am-c. am-m. ambr. arg-met. *Arg-n.*$_{a1,k}$ arn.$_{bg2,k,*}$ *Ars.*$_{a1,k}$ ars-i. asaf.$_{bg2,k}$ asc-t.$_{a1,k}$ aur. aur-s.$_{k2}$ bapt.$_{a1,k}$ bar-c. bar-i. bar-m. *Bell.*$_{bg2,k}$ berb. borx.$_{c1}$ bov.$_{bg2,k,*}$ brom.$_{a1,k}$ *Bry.*$_{k,k2}$ bufo calc. calc-i.$_{k2}$ *Calc-s.* camph. *Canth.* carb-ac. carb-an.$_{a1,k}$ *Carb-v.*$_{bg2,k,*}$ carbn-s. caul. cench.$_{k2}$ *Chel.*$_{bg2,k,*}$ *Chin.*$_{bg2,k,*}$ cimic.$_{a1,k}$ *Cinnb.*$_{a1,k}$ cist.$_{a1,k}$ clem.$_{a1,k}$ coc-c.$_{a1,k}$ coff. coff-t.$_{a1}$ coloc. *Con.*$_{bg2,k}$ cop.$_{a1,k}$ crot-t. cupr.$_{bg2,k,*}$ *Dig. Dios.*$_{a1,k}$ dros.$_{bg2,k,*}$ elaps ferr. ferr-ar. ferr-i. ferr-p. gels.$_{a1,k}$ glon.$_{a1,k}$ *Graph.*$_{bg2,k}$ grat.$_{a1,k}$ *Hep. Hyos.* ign. indg.$_{a1,k}$ *Iod.*$_{a1,k}$ *Ip. Iris* jatr-c. jug-c.$_{a1,k}$ *Kali-ar.* kali-bi.$_{bg2,k,*}$ *Kali-c.*$_{bg2,k,*}$ kali-i. kali-m.$_{k2}$ kalm.$_{a1,k}$ kreos. lact.$_{a1,k}$ laur.$_{bg2,k,*}$ lil-s.$_{a1}$ lil-t. **Lyc.**$_{a1,k}$

– **Hypochondrien**: ...
lyss.a1,k mag-c. mag-m. manc.a1,k meph.a1,k **Merc.**bg2,k,* merc-i-f.a1,k merc-i-r.a1,k mur-ac.a1,k nat-ar. *Nat-c.*bg2,k *Nat-m.*a1,k nat-p. **Nat-s.** nit-ac. nux-v.bg2,k op.bg2,k,* ox-ac.a1,k petr. phos.a1,k phyt. plan.a1,k plb.bg2,k,* prun. *Ptel.*a1,k *Puls.*bg2,k **Ran-b.**bg2,k,* rhod.bg2,k *Rhus-t.* *Rumx.* sang.a1,k seneg. sep. sil. *Stann.*bg2,k,* stram.a1,k *Sulph.*bg2,k tarent.a1,k thuj. trom.a1,k verat.bg2,k,* *Zinc.*a1,k zinc-p.k2

- **links**: agar.a1,k aur. brom. *Calc.* carbn-s.k2 caust. cean.gk2 chin-b.c1 cimic.a1,k *Coc-c.*a1,k dig.brl gels.a1,k glon.a1,k hydrog.srj2 iod.h mag-c. meph. merc-i-f.a1,k nat-m. ox-ac.k2 pall. phos. psil.ft1 rhod. rhus-t. ruta.h sang. syph.vh tarent.a1,k verb.c1
  - **abends**: mag-c.h
  - **Bewegung** agg.: sulph.vh
  - **Bücken** agg.: phos.h
  - **Druck**, durch: nat-c.h
  - **Essen** amel.: rhod.
  - **Frost**; während: *Chinin-s.*
  - **Husten**, beim: ambr.h *Caust.* chinin-s. grat. sang. sulph. til.
  - **Liegen**:
    - **amel**.: *Sulph.*vh *Tarent.*vh
    - **Seite**; auf der linken: graph.k2
      - **agg**.: coc-c. mag-c. nat-m.
      - **amel**.: sang.
    - **Seite**; auf der rechten: phos.
  - **pulsierend**: sul-ac.h
  - **Schlag**; wie durch einen: kali-n.h
  - ▽ **erstreckt** sich zu:
    - **Leistengegend**: hydrog.srj2
    - **rechts**, nach: alum. ip.k2 kali-p.k2
    - **Rücken**: coc-c. nat-m.
- **rechts**: *Aesc.* agar. *Aloe* *Alum.* am-c. ambr. ant-c.k2 aphis arn.a1,k *Ars.*a1,k aur-ar.k2 aur-i.k2 bapt.a1,k **Bell.** bov.a1,k brom. *Bry.* *Bufo* cain. calc-f. *Calc-p.*vh calc-sil.k2 *Carb-ac.* carb-an.a1,k carb-v.a1,k *Card-m.* cedr. cench.k2 **Chel.**a1,k chen-a.hr1,k chim. chin-b.kr1 *Chinin-s.* cinnb.a1,k clem.a1,k *Colch.* *Con.* *Crot-c.* crot-h. dulc.h1 echi. elat.hr1 fago. hydr. *Iod.*a1,k *Iris* jal.br1 *Kali-bi.*a1,k kali-c. kali-m.k2 kali-sil.k2 kalm.a1,k *Lept.*vh **Lyc.** lyss.a1,k *Mag-m.* meph.a1 *Merc.*a1,k *Nat-c.* *Nat-m.*a1,k **Nat-s.** **Nux-v.** *Ol-j.* *Phos.*a1,k phyt. plan. **Podo.** psil.ft1 ptel.a1,k pyrog.k2 ran-b.k2 rhus-t. *Sang.* sel.k2 sep. sil. stram.a1,k stry.a1,k *Sulph.* tarent. thuj. trom.a1,k
  - **Beugen** nach links agg.: agar.
  - **Bewegung** agg.: sep.h
  - **Druck** agg.: chel.k2
  - **Essen**:
    - **amel**.: *Chel.*
    - **Sättigung**; nach Essen bis zur: **Lyc.**
  - **Husten**, beim: borx. caps. chinin-s. cimx. cocc. kali-bi. lach. psor. sep.bg1 sulph.h
  - **Liegen**:
    - **kann** nur auf dem Abdomen liegen: *Lept.*vh *Phyt.*
    - **schmerzhaften** Seite, auf der:
      - **agg**.: **Bell.** *Lyc.* *Mag-m.* *Nat-m.* phyt.
  - **rechts - Liegen - schmerzhaften** Seite, auf der - **agg**.: ..
    *Ptel.*vh sil.
      - **amel**.: *Ambr.* crot-h. sep.
    - **schmerzlosen** Seite amel.; auf der: calc-f.
  - **Sitzen**, bei langem: **Calc-p.**vh
  - ▽ **erstreckt** sich zu:
    - **Leistengegend** und Hoden: ars.h
    - **links**, nach: brom. *Nux-m.*
    - **Rücken**: *Aesc.* **Chel.** euphr. *Iod.* jug-c. *Kali-c.* **Lyc.** **Mag-m.** *Nat-m.* pyrog.k2 yuc.
      - **Sitzen**; bei langem: calc-p.vh
    - **Schulterblatt**; linkes: *Lept.*vh
- **morgens**: agar. androc.srj1 asar. bov.a1,k dios.a1,k lact.a1,k sars. staph. tarent.a1,k teucr.
- **vormittags**: alum. fago.a1,k ptel.a1,k *Sulph.*
- **mittags**: plan.a1,k
- **nachmittags**: bov. calc-s.a1,k **Lyc.**a1,k
  - **14** h: ptel.
  - **15** h: dios. tarent.
- **abends**: calc-s. *Carb-v.* caust. *Chinin-s.* coloc. dios.a1,k lact. mag-c.a1,k mang. phyt. plan.a1,k ptel. **Ran-b.** sep.
  - **18** h: *Tarent.*vh
- **nachts**: aur. calc. calc-s.a1,k cedr.a1,k coc-c. fago.a1,k kali-c. *Mag-c.*a1,k
  - **Mitternacht**: phyt.a1,k
    - **nach**:
      - **3** h: sulph.
    - **Liegen** auf der linken Seite; beim: phyt.a1,k
  - **Bett**, im: calc-s.a1,k cedr.a1,k cham. *Coc-c.* mag-c.a1,k
  - **Erwachen**, beim: *Coc-c.* ruta.h
- ◇ **abwechselnd** mit Beklemmung der Brust: zinc.
- **anfallsweise**: alum. am-m. androc.srj1 chel. *Kali-bi.* *Mur-ac.* *Ph-ac.* rhod. *Stann.* zinc.
- **Atmen**: asaf. berb.bg1 *Bry.* ign. kali-c. **Lyc.** pyrog.k2 ran-b.k2 ran-s. staph.
  - **tiefes** Atmen: sel.k2
- **Aufstehen**, beim: cedr.a1,k hydr. ptel.a1,k
- **Aufstoßen** amel.: mez.h pall.c1 sep.
- **Ausatmen**, beim: tarax.
- **Band** um; wie ein: *Sep.*vh
- **Berührung**, bei: carb-an.h carb-v.h dros.h iod.h
- **Bett**, im: cedr.a1,k cham. chinin-s. coc-c. dios.a1,k ox-ac.a1,k
- **Beugen**, beim:
  - **Seite**, auf die:
    - **amel**.; auf diese Seite: nat-m.
    - **linke** Seite; auf die: agar.
  - **vorne**; des Körpers nach: cocc.
    - **amel**.: *Aloe* chin.
- **Bewegung**, durch: aur. bar-c. cimic. dios.a1,k *Iris* plan. ptel. pyrog.k2 ran-b. sil.
  - **schnelle**: ptel.a1,k
    - **amel**.: dios.bg1
- **Bücken**, beim: alum. clem. cocc. fago. lyc. rhod.a1,k
- **Drehen** des Körpers; beim: lyc.
- **Druck**:
  - **amel**.: dros.a1,k mag-m.h

- **Druck**: ...
  - **durch**: brom.$_{a1,k}$ bry.$_{k2}$ clem.$_{a1,k}$ mez.$_{h}$ nat-c.$_{a1}$ phos.$_{a1,k}$ ruta$_{h}$ zinc.$_{a1,k}$
  - **Kleidung** agg.: am-c. *Bry.* calc. carb-v. caust. *Chin.* coff. hep. lach.$_{k2}$ nat-s. nux-v. spong. sulph.
- **Einatmen**: *Aesc. Agar. Anac.* bar-c. cimic. con. kali-bi.$_{a1,k}$ **Lyc.** *Rumx.*
- **Erschütterung** agg.: **Bell.** *Calc.* **Lyc.** *Nat-s.* sil.
- **Erwachen**, beim: *Cist.* coc-c.
- **Essen**:
  - **amel.**: *Chel.*
  - **nach**: agar.$_{h}$ anac. aur. cham. *Nux-v.* rhod. trom.$_{vh}$ zinc.$_{a1,k}$
- **Fahren** oder Reiten, durch: borx. *Sep.*
- **Flatus** amel.: aloe$_{bg2}$ arn.$_{bg2}$ asar.$_{bg2}$ nat-m.$_{bg2}$ *Sep.*$_{bg2,vh,*}$
- **Frühstück**, nach dem: graph.$_{a1,k}$
- **Gehen**:
  - **amel.**: brom. calc-f. sars.
  - **beim**: *Aesc.* ars. *Aur.* bapt.$_{a1,k}$ *Calc.* iris *Kali-bi.* lyss.$_{a1,k}$ manc.$_{a1,k}$ nat-m.$_{a1,k}$ phyt.$_{a1,k}$ ran-b.$_{k2}$ *Rumx.* sars. sulph. *Zinc.*
- **Husten**:
  - **agg.**: *Eup-per.*$_{bg3}$ kali-c.$_{bg3}$ nat-s.$_{bg3}$ sep.$_{bg1,bg2}$ valer.$_{bg1,bg2}$
  - **durch**: ambr. *Bell.* borx. *Bry.* caps. cench.$_{k2}$ chinin-s. cimx. *Cocc. Dros.* grat. kali-bi. lach. *Lyc.* nit-ac. psor. sang. spong. sul-ac. sulph. til. zinc.
- **Körperübungen**, bei: sep. zinc.
- **lähmungsartig**: mag-c.$_{h}$
- **Liegen**:
  - **linken** Seite, auf der: arn. coc-c. colch. mag-c. **Mag-m.** *Nat-s. Ptel.*
    - **amel.**: sang.
  - **rechten** Seite, auf der: *Lyc. Mag-m. Merc.* nat-m. sil.
  - **Rücken**, auf dem: caust.
    - **amel.**: mag-m.
  - **schmerzhaften** Seite, auf der:
    - **agg.**: coc-c. dios.$_{bg1}$ mag-c. phos.$_{bg1}$ phyt. sil.
    - **amel.**: bry. pyrog.$_{k2}$ sep. tarent.
- **Menses**:
  - **vor**: sulph. tarent.$_{a1,k}$
  - **während**: nit-ac.
  - **nach**: borx.
- **Reiben** amel.: phos.
- **Rennen**, nach: tab.$_{a1,k}$
- **Schnauben**, beim: sulph.$_{h}$
- **Schreiben**, beim: chim.
- **Sitzen**: carbn-s.$_{k2}$
  - **vorgebeugt**: agar.
    - **bei** vorgebeugtem: agar.$_{a1,k}$ brom. calc-f. mur-ac. ph-ac. rhus-t.
- **Stehen**, im: *Aloe* chin. phos.$_{bg1}$ ran-b.
  - **amel.**: hydr.$_{bg1}$ prun.
- **Strecken**:
  - **amel.**: tarent.$_{bg1}$
- **Stuhlgang**:
  - **vor**: anac. ars.

– **Hypochondrien - Stuhlgang**: ...
  - **nach**: zinc.
    - **amel.**: grat.$_{a1,k}$
- **Tanzen**, nach: anac. aur. cham. **Lyc.** ptel. sulph. zinc.
- **Trinken**, nach dem: aur.
- ▽ **erstreckt** sich zu:
  - **Abdomen**: euphr. petr.
  - **außen**, nach: lyc. sulph.
  - **Brust**: aloe chinin-s.
  - **Darmbein**: alum. lil-t.
  - **Genitalien**: carl.
  - **hinten**, nach: acon.$_{bg3}$ *Aesc.* agar. *Berb. Borx.*$_{bg3}$ calc. *Calc-caust.*$_{bg3}$ camph. carb-v. **Chel.** dios. euphr. graph. *Hydr.*$_{bg3}$ kali-bi.$_{bg3}$ kali-c. lact. laur. **Lyc.** mag-m.$_{bg3}$ merc-i-f.$_{kr1}$ naja nat-m. plb. puls. *Ran-b.* sil.
  - **Hüfte**: alum. cupr.
  - **Lumbalregion**: carb-v. plb.
  - **Magen**: cupr. nat-c.
  - **Nabel**: carl. kali-chl.
  - **oben**, nach: agar. *Apis* mur-ac. *Rhus-t.*
  - **Oberschenkel**: nux-v.
  - **Rücken**; quer über den: sil.
  - **Sakrum**: thuj.
  - **Schulter**: crot-h.$_{bg1}$ cupr. kali-bi.$_{bg1}$ laur. nat-s.$_{bg1,bg2}$ *Nux-v.*
  - **Schulterblatt**: *Aesc.* bov. **Chel.** hydr. *Mag-m.*
    - **linkes** Schulterblatt: *Lept.*$_{vh}$
  - **unten**, nach: ars. bapt. *Chel.* hell. lil-t. nat-m. nux-v.
  - **vorne**, nach: laur.
  - **Wirbelsäule**: sil.

– **Hypogastrium**: acon.$_{a1,k}$ aesc.$_{a1,k}$ *Agar.*$_{a1,k}$ ail.$_{a1,k}$ *All-c.* aloe alumn. am-c.$_{a1,k}$ ammc.$_{a1,k}$ androc.$_{srj1}$ apis arg-met. *Arn.* **Ars.**$_{a1,k}$ ars-i. ars-s-f.$_{k2}$ arund.$_{a1,k}$ aur. bamb-a.$_{stb2}$ bapt.$_{a1,k}$ *Bell.*$_{a1,k}$ bism.$_{bro1}$ *Bry. Cact.* calc.$_{a1,k}$ *Calc-p.*$_{a1,k}$ canth.$_{a1,k}$ carb-an. *Carb-v.*$_{a1,k}$ carbn-s. *Card-m.* caust.$_{a1,k}$ *Chel.*$_{a1,k}$ chin.$_{a1,k}$ chinin-ar. cimic.$_{a1,k}$ clem.$_{a1,k}$ coc-c. *Cocc.* coll.$_{a1,k}$ *Coloc.*$_{a1,k}$ con. cop. *Croc.* crot-t.$_{a1,k}$ cupr-ar.$_{a1,k}$ *Dios.*$_{a1,k}$ dor.$_{a1,k}$ eucal.$_{bro1}$ *Euph.* ferr.$_{a1,k}$ ferr-ar. ferr-i. *Gels. Gins.*$_{a1,k}$ granit-m.$_{es1}$ graph. ham.$_{a1,k}$ hell.$_{a1,k}$ iod.$_{a1,k}$ kali-ar. *Kali-c.*$_{a1,k}$ kali-p. kali-sil.$_{k2}$ *Kreos.* lac-d.$_{k2}$ lec. lept. *Lil-t.* lith-c. *Lyc.* mag-c.$_{bro1}$ mag-m. *Med. Merc.* murx. nat-ar. *Nat-c.* nat-m.$_{a1,k}$ *Nat-p.*$_{a1,k}$ *Nux-v.*$_{a1,k}$ onos. pall.$_{bro1}$ paraf.$_{bro1}$ *Phos.*$_{a1,k}$ **Plat.** plb.$_{a1,k}$ prun. ptel. **Puls.** ran-b.$_{a1,k}$ rhus-t.$_{a1,k}$ rhus-v. ruta sabad. *Sec.*$_{a1,k}$ **Sep.** *Sil.*$_{a1,k}$ sol-t-ae.$_{a1,k}$ squil.$_{a1,k}$ stann. stry. sul-i.$_{k2}$ **Sulph.**$_{a1,k}$ sumb.$_{a1,k}$ tarent.$_{a1,k}$ tell.$_{a1,k}$ ter.$_{a1,k}$ thuj.$_{a1,k}$ trom.$_{bro1}$ valer. **Verat.**$_{a1,k}$ *Zinc.*$_{a1,k}$ zinc-p.$_{k2}$
  - **rechts**: *Carb-an. Gins.* graph.$_{h}$
  - **morgens**: alumn. ambr. *Bell.*$_{a1,k}$ dios.$_{a1,k}$ fago. mag-c. sep.$_{h}$ sol-t-ae.$_{a1,k}$
  - **vormittags**: agar. com.$_{a1,k}$ *Phos.* **Sep.**
  - **nachmittags**: dios.$_{a1,k}$ mag-m.$_{h}$ rhus-t.$_{a1,k}$
    - **14 h**: rhus-t.
  - **abends**: pall. pic-ac. sec. sumb.$_{a1,k}$
    - **amel.**: **Sep.**

- **nachts**: *Aesc.*$_{a1,k}$ bell. carb-an. caust.$_{h}$ chel. lyc. mang. prun. *Sep.* sil.$_{h}$ *Sulph.*
- **Abendessen**; amel. nach dem: **Sep.**
- **anfallsweise**: am-c. bry. camph. carb-v. cham. cocc. con. dig. ferr. hyos. ign. iod. ip. mur-ac. nux-v. **Puls.** stann.
- **Anstrengung**, bei: *Calc.*
- **Atmen**, beim: asaf. **Bell.** spong.
  - **tiefen** Atmen, beim: nat-c.$_{h2}$
- **Auftreten**, beim: am-c.$_{h}$
- **Berührung**, bei: sulph.$_{h}$
  - **Kleidung**, von: lil-t.
- **Bewegung**, bei: **Bell.** bry. **Ferr.** lil-t.
- **Bücken**, beim: am-c. kali-c.
- **Einatmen**, beim: bry. graph.
- **Erschütterung**
  - **agg.**: am-c.$_{h}$ Bell.
  - **wie** durch: calc.$_{h}$
- **Essen**:
  - **agg.**: caust.$_{bg1}$
  - **nach**:
    - **amel.**: mag-c. ran-b. ter.
- **Fahren** im Wagen; beim: agar.
- **Flatus**; wie durch: caps.$_{h}$
- **Gähnen**, beim: nat-c.$_{h2}$
- **Gehen**, beim: acon. calc. graph. nat-m.$_{h}$ *Puls.*
  - **amel.**: sep.
  - **Freien**, im: agar. calc.
- **Gewicht**; wie durch ein: nat-m.$_{h}$
- **Husten**, beim: caps. carb-an. dros. *Ip.* lyc. nux-v. ph-ac. phos. sil. squil. verat.
- **kalten** Getränken, nach: crot-c.$_{a1,k}$
- **Koitus**, nach: *All-c.*
- **Liegen**:
  - **beim**: *Sep. Sulph.*
  - **Abdomen** amel.; auf dem: chel.
  - **Rücken** agg.; auf dem: ambr. bar-c.
  - **Seite** mit angezogenen Gliedern amel.; auf der: *Sep.*
- **Menses**:
  - **vor**: aloe carb-v. cimic. com.$_{a1,k}$ crot-h. **Lach. Lyc.** manc. mang. *Merc.* **Nat-m.**$_{a1,k}$ *Nit-ac. Phos.* plat. raph.$_{a1,k}$ sars. **Sep. Sulph.** tep.$_{a1,k}$ *Vib.* zinc. zinc-p.$_{k2}$
    ▽ **erstreckt** sich zu:
    - **Nabel**: lach. lyc. phos. sep.
    - **Rücken**: carb-v. vib.
  - **während**: *Agar. Am-c. Ars. Bell. Bov.* bry. **Calc.** *Calc-p. Carb-an. Carb-v.* caust. *Cimic. Con.* crot-h. granit-m.$_{es1}$ graph. *Kali-c.* lac-ac. lac-d. *Lach.* lil-t. lyc. *Mag-c.* mag-m. manc. merc. mur-ac. *Murx.* nat-c. *Nat-m.* nit-ac. *Nux-m. Phos. Plat.* **Puls.** *Sars.* **Sec.** senec. **Sep.** sil. *Stront-c.* sul-ac. **Sulph.** verat. *Xan.*
  - **nach**: cham. iod. kreos. mag-c. merc. nat-m. *Plat.* puls.
  - **wie** bei den Menses: lac-ac.$_{c1,kr1}$
- **Metrorrhagie**; mit: mag-c.$_{h}$
- **Mittagessen**, nach dem: cham.$_{a1,k}$
- **Ovulation**; während der: granit-m.$_{es1}$
- **Schnupfen**, beim: calc.$_{h}$

– **Hypogastrium**: ...
- **Sitzen**:
  - **beim**: all-c. card-m. valer.
  - **aufrechten** Sitzen, beim: glon.
- **Stehen**, im: chin.$_{a1,k}$ puls.
- **Stuhlgang**:
  - **vor**: *Coll.* gels. haem.$_{a1,k}$ mag-m.$_{h}$ nat-m. stram. tarent.
  - **während**: ptel. rhus-v.$_{a1,k}$
  - **nach**: agar. ambr. coloc.$_{a1,k}$ iod. *Pic-ac.*
- **Überheben**, durch: carb-v.$_{h}$
- **Urinieren**:
  - **amel.**: dios. *Sep.*
  - **Harndrang** nicht nachgegeben wird; wenn dem: *Lac-ac.* lac-c. phos. prun. puls. ruta sep. sul-ac.
  - **verhindert**: phos.$_{h}$
- **wandernd**: dig.$_{h}$
- **Wärme** amel.: *Ars.* nux-m. *Nux-v.*
- **Zusammenkrümmen**: *Prun.*

▽ **erstreckt** sich zu:
- **Beine**, mit schmerzhaftem Prickeln: *Gins.*
- **Genitalien**: nat-c.$_{bg1}$ nux-m.$_{bg1}$ phos.$_{bg1}$
- **Harnröhre**: nat-c.$_{h2}$
- **Leiste**: *Gins.* mag-s.$_{c1}$ med.$_{c1}$ nat-m.
- **Lenden**: carb-v.
- **Magen**: ars. elaps
- **Nabel**: lach. lyc. phos. sep.
- **Oberschenkel**: con. nux-v. sep.
  - **unten** (bei einer Frau); die Oberschenkel nach: granit-m.$_{es1}$
- **Perineum**: ars.$_{bg1}$ bell.$_{bg1}$ phos.$_{bg1}$
- **rechts** nach links; von: gins.
- **Rücken**: bamb-a.$_{stb2}$ carb-v. *Croc.* sabin. vib.
- **Sakrum**: sep.
- **Samenstrang**:
  - **rechter**: med.$_{c1}$
- **Seiten**: carb-v.
- **Symphyse**: mang.$_{h}$
- **Unterschenkel** hinab; die: con.$_{pd}$
- **Vagina**: ars.
- **Wirbelsäule**: iod.$_{h}$

– **Ileozökalregion**: bell.$_{k2}$ **Bry.** *Carbn-s. Card-m.* chel. **Chin.** *Cocc.* colch. con. cop. *Crot-h.* dulc. *Echi.* gnaph. *Hydr.* iris-t.$_{st}$ *Lach.* **Merc-c.** nat-s.$_{k2}$ *Nit-ac.* **Phos.** *Plb. Ter. Thuj.* verat.
- **Berührung** agg.: bell.$_{k2}$
- **Bewegung** agg.: nit-ac.$_{k2}$
- **Drehen** auf die rechte Seite agg.: ammc.

– **Leber** ●: **Acon.**$_{bg2,k}$ **Aesc.** aeth. agar.$_{a1,k}$ *Aloe* alum.$_{bg2,k}$ alum-p.$_{k2}$ alum-sil.$_{k2}$ am-c. *Ambr.*$_{bg2,k}$ anan. ant-c.$_{k2}$ *Arg-n.* arn. *Ars.*$_{bg2,k,*}$ *Ars-i.* ars-s-f.$_{k2}$ arund.$_{c1}$ asar. bamb-a.$_{stb2}$ *Bapt.*$_{a1,k}$ **Bell.**$_{a1,k}$ *Berb.* brom.$_{a1,k}$ *Bry.*$_{bg2,k}$ bufo *Cact.* cadm-met.$_{gm1}$ cain. *Calc.*$_{a1,k}$ calc-f. calc-i.$_{k2}$ *Calc-p. Calc-s.* calc-sil.$_{k2}$ camph. *Carb-ac. Carb-an.*$_{a1,k}$ carb-v.$_{bg2,k,*}$ *Carbn-s. Card-m. Castm.*$_{a1,k}$ caust. **Chel. Chin.**$_{bg2,k}$ *Chinin-ar. Chinin-s.* cimic. *Cimx.* colch.$_{bg2,k}$ *Con.*$_{bg2,k,*}$ *Crot-c. Crot-h. Crot-t.*$_{bg2}$ dig.$_{br1,k2}$ dios.$_{a1,k,*}$ eup-per.$_{k2}$ euphr. fago. ferr.$_{a1,k}$ ferr-ar. ferr-i.$_{k2}$ *Ferr-p. Form.* graph. grin.$_{c2}$ hell. hom.$_{c2}$ hyos. ign.$_{a1,k}$ *Iod.*$_{bg2,k,*}$ iris *Kali-ar. Kali-bi.*

– **Leber**: ...
Kali-br. *Kali-c.*$_{bg2,k}$ kali-p. *Kali-s.* kali-sil.$_{k2}$ kalm. kreos. **Lach.** lact. *Laur.*$_{bg2,k,*}$ *Lec.* *Led.* **Lept.** *Lith-c.* **Lyc.**$_{bg2,k,*}$ **Mag-m.**$_{bg2,k}$ mang. *Med.* meph.$_{a1}$ **Merc.**$_{bg2,k}$ *Merc-c.* *Merc-i-f.* merl.$_{a1,k}$ mill. mur-ac.$_{k2}$ *Nat-m.*$_{bg2,k,*}$ **Nat-s.** **Nit-ac.** nux-m.$_{a1,k}$ **Nux-v.**$_{bg2,k}$ pall.$_{a1,k}$ parth.$_{c2}$ *Phos.*$_{a1,k}$ phyt. plb.$_{bg2,k,*}$ **Podo.**$_{bg2,k}$ prim-o.$_{c2}$ *Prun.* psor. *Ptel.*$_{bg2,k,*}$ puls-n.$_{c2}$ ran-b.$_{c1,k2,*}$ ran-s.$_{c2,k}$ rhus-t.$_{k2}$ ruta sabad. sabin.$_{c1}$ sang.$_{k2}$ scroph-xyz.$_{c2}$ sec.$_{a1,k}$ sel.$_{bg2,k}$ **Sep.**$_{bg2,k}$ *Sil.* stram. sul-i.$_{k2}$ *Sulph.*$_{bg2,k}$ *Tarax.* tarent. trom.$_{c2}$ trychs.$_{br1}$ tub.$_{c1}$ ust.$_{a1,k}$ valer.$_{k2}$

- **morgens**: agar. bry.
- **abends**: all-c.$_{a1,k}$ caust. *Chel.*$_{a1,k}$ *Chinin-s.* ran-b.$_{k2}$
- **nachts**: bufo calc.$_{a1,k}$ calc-f.$_{k2}$ ind.$_{a1,k}$ ther.$_{k2}$
  - **Mitternacht**:
    - **nach**:
      - **4** - 9 h: chel.

◆ **begleitet** von:
  - **Hämorrhoiden**: dios.$_{br1}$

- **anfallsweise**: **Bell.** *Berb.* *Chel.* ph-ac. zinc.
- **Ärger**, Verdruß; nach: bry. *Cocc.* *Nat-s.*
- **Atmen**, beim: **Bell.** *Bry.* calc.$_{h}$ hep.$_{br1}$ lyc. *Nat-s.* *Sel.*
- **Auftreten**, beim: calc.$_{h}$
- **Berührung**, bei: aeth. agar. agn.$_{hr1}$ bry. calc.$_{h}$ carb-an. carb-v. chel.$_{k2}$ **Chin.** cimx.$_{c1}$ clem. hep.$_{br1}$ **Lyc.** **Mag-m.**$_{hr1,k}$ **Merc.** *Nat-m.* *Nat-s.* *Nux-v.* nyct.$_{c1}$ podo.$_{k2}$ ran-b.$_{c1,k2}$ **Sep.** sulph.$_{h}$ ther.$_{c1,k2}$ valer.
- **Beugen** nach vorne amel.: *Aloe* calc-f. nat-m.
- **Bewegung**, bei: bamb-a.$_{stb2}$ *Bell.* *Bry.* bufo calc-p.$_{k2}$ card-m.$_{k2}$ iris$_{c1}$ *Kali-bi.* phyt. rhus-t.$_{k2}$ sel.$_{k2}$ *Sep.*
  - **amel.**: calc-f.$_{k2}$
- **Bücken**, beim: aloe alum.$_{a1,k}$ calc. clem. cocc. kali-c. lyc.
- **Druck** agg.: bell. berb. brom. bry.$_{k2}$ **Chin.** chinin-s.$_{c1}$ clem. dig.$_{k2}$ merc-i-f.$_{kr1}$ podo.$_{k2}$ psor. ran-b.$_{k2}$ rhus-t.$_{k2}$ sabad. scroph-n.$_{bro1}$ sel. tab.
- **Erschütterung** agg.: **Bell.** *Bry.* chin. *Form.* **Lach.** *Nat-s.* nit-ac. sel. **Sil.**
- **Essen**:
  - **amel.**: *Chel.*
  - **nach**: ambr. calc-p.$_{k2}$ mag-m. *Nat-m.* psil.$_{ft1}$ *Ptel.*
    - **zwei** Stunden nach dem Essen: podo.$_{k2}$
  - **Sättigung**, bis zur: **Lyc.**
- **Fahren** im Wagen; beim: brom. sep.
- **Freien**, im: ars. carb-v.$_{a1,k}$
- **Frost**:
  - **vor**: tarent.
  - **während**: *Ars.* bry. **Chin.** *Nux-v.* **Podo.** *Sep.* verat.
- **Frühstück**, nach dem: graph.$_{h}$
- **Gähnen**, beim: psor.
- **Gallenkolik** ●: ars. bamb-a.$_{stb2}$ *Bapt.* **Bell.** **Berb.**$_{c2,k}$ *Bry.* cal-bil.$_{br1}$ *Calc.* **Card-m.** *Cham.* *Chel.* **Chin.**$_{c2,k}$ *Chion.*$_{c2,k}$ *Chlf.* *Chlol.* cupr. dig. *Dios.*$_{br1,k}$ *Fab.*$_{c1}$ *Ip.*$_{c2,k}$ *Iris* kali-ar. *Kali-bi.*
- **Gallenkolik**: ...
Kali-c. *Lach.* laur. *Lept.* *Lith-c.* **Lyc.**$_{c2,k}$ mang. merc. **Nat-s.** *Nux-v.* podo. puls. rhus-t. *Sep.* sulph.$_{k2}$ tab.$_{hr1}$ ter.$_{c2}$ **Verat.**
☞ *Gallensteine*
◆ **begleitet** von:
  - **Schluckauf**: *Chin.*$_{st1}$
  - **Zunge**:
    - **weiße** Farbe der Zunge:
      ◆ **begleitet** von:
      - **roter** Streifen in der Mitte: *Iris*$_{kr1,vk1}$
  - **Essen**, durch: mag-m.$_{pd}$
- **Gehen**, beim: *Bapt.* con.$_{a1,k}$ hep. kali-c.$_{a1,k}$ lec. **Mag-m.**$_{hr1,k}$ *Nat-s.* psor. *Sep.* thuj.
- **geistiger** Arbeit, nach: mang. *Merc.* **Nat-s.** *Nux-v.* *Sulph.*
- **Geräusche**: ther.$_{k2}$
- **Getränke**:
  - **warme** Getränke amel.: *Graph.*
- **Harndrang**, bei: *Ferr.*
- **Herumdrehen** im Bett; beim: arn.
  - **linke** Seite; auf die: bry.$_{bro1}$ ptel.$_{bro1}$
- **Hitze**; während: *Ars.* *Chin.* elat. nux-v.
- **Husten**, beim: brom. *Bry.* *Chinin-s.* cimx.$_{c1}$ cocc. hep.$_{br1}$ psor.
- **kalt**:
  - **Speisen**; kalte
  ☞ *Speisen - kalten*
- **Kälte**:
  - **agg.**: psil.$_{ft1}$
- **Käse**, nach: ptel.
- **Körperübungen**, bei: agn. ang. iris merc. nit-ac. nux-v.
- **Kränkung**, nach: *Lyc.*
- **Lachen**, beim: psor.
- **Liegen**, beim:
  - **amel.**: mag-m. nat-s.
  - **Rücken**, auf dem: caust.
    - **amel.**: *Mag-m.*$_{hr1}$
  - **Seite**, auf der:
    - **linken** Seite; auf der: arn. bry.$_{bro1}$ *Card-m.* *Mag-m.* *Nat-s.* *Ptel.*
    - **rechten** Seite; auf der ●: **Bell.** calc-f. chel.$_{bro1}$ dios. kali-c.$_{bro1}$ *Lyc.* **Mag-m.**$_{hr1,k}$ *Merc.* nat-s.$_{k2}$ phos.$_{c1,h}$ *Phyt.* psor. rhus-t.$_{k2}$ sep. sil.
      - **amel.**: ambr. **Bry.** **Mag-m.** *Nat-s.* *Ptel.*
    - **schmerzhaften** Seite; auf der: calc-f. *Lyc.* *Phyt.*
      - **amel.**: bry.$_{bro1}$ ptel.$_{bro1}$ sep.$_{bro1}$ sulph.
    - **schmerzlosen** Seite; auf der: calc-f.
- **Magens**; mit Beschwerden des: agar.$_{bro1}$
- **Menses**:
  - **vor**: con. nux-m. podo. puls. tarent.
  - **während**: bufo *Nux-m.* ph-ac.
- **Niesen**, beim: *Psor.*
- **Puls**; mit langsamem: dig.$_{k2}$
- **pulsierend**: anan. bufo$_{c1}$ nux-v.$_{h}$
- **Reiben** amel.: **Podo.**
- **Speisen**:
  - **kalten** Speisen; nach: mang.
  - **warme** Speisen amel.: chel.$_{k2}$

- **Sitzen**, im: calc-f.
- **Stehen**, im: aloe
- **Zorn**, nach: *Cocc.* nat-s.k2

▽ **erstreckt** sich zu:
- **alle** Richtungen; in: berb.k2
- **Arme**: dios.br1
- **Brust**: arg-n.a1 dios.br1,vh,*
- **Brustwarze**, rechte: *Dios*.br1,bro1,*
- **Epigastrium**: bell. berb.pd kali-i. *Lach.* mag-m.pd
- **Nierengegend**: sel.c1
- **rechts** nach links; von: *Merc-i-f.*
- **Rücken** ●: *Aesc.* bamb-a.stb2 **Chel.** dios.pd euphr. *Iod.* jug-c. *Kali-c.* **Lyc. Mag-m.** *Nat-m.* podo.k2 yuc.
  - **Wirbelsäule**: lept.br1
- **Schulter**, rechte: bamb-a.stb2 chel.k2 crot-h. *Kali-bi. Med.* merc-c.
- **unten**, nach: *Chel.* chelo.c1 ptel.bg1
- **Leberlappen**:
  - **rechts**: chel.k2
    - **Liegen** darauf; beim: mag-m.k2
  - **links**: carbn-s.

– **Leistengegend**: aesc. aeth. **Agar. All-c.** aloe alum. am-c. am-m. ant-c.h *Apis* ars. ars-i. asc-c.hr1 aur. aur-ar.k2 aur-i.k2 aur-s.k2 bapt. bar-c. bar-i. bar-s.k2 **Berb.** borx. *Bov.* brach. brom. **Bry.** calc. calc-p. calc-sil.k2 cann-s. canth. carb-v. carbn-s. castm. caul. caust. *Chel.* cimic. *Clem.* cob. coc-c. *Cocc. Coloc. Con.* croc. crot-t. dios. dulc. eupi.c1,c2 ferr-i. fl-ac. *Gamb.* gins. graph. ham. hura hydr. indg. iod. jatr-c. kali-bi. kali-c. kali-i. kali-n. kali-s. kali-sil.k2 kreos. *Lac-c. Lach.* lept. *Lyc.* lycps-v. lyss. *Mag-c.* mag-m. mag-s. manc. *Med. Merc.* mez. murx. naja *Nat-m.* nat-s. nit-ac. *Nux-v.* pall.c1 petr. phos. phys. phyt. pic-ac. *Plat.* psor. raph. rat. sec. sil. spig. spong. stann. sul-ac. sul-i.k2 *Sulph. Tarent. Thuj.* verat-v. zinc. zinc-p.k2 zing.
- **links**: alum. am-m.h arg-met. ars. berb. brach. brom. *Bry.* calc. *Chel.* cob. crot-t. dulc.a1 *Lac-c.* med. nit-ac. phos.h *Pic-ac.* sars. sep. stann. sulph.
  - **rechts**; dann: dios. lach.
  - **morgens**: *Bry.*
  - **Harndrang** nicht nachgegeben wird; wenn dem: *Lac-ac.*
  - **postoperativ**: naja pd
  - **Urinieren**, beim: ars.
  - ▽ **erstreckt** sich zu:
    - **Achselhöhle**: nat-s. *Thuj.*
    - **Eichel**: asar.h
    - **Hoden**; in die: sep.
- **rechts**: aesc. aloe am-m. ars. bar-c. bov. *Carb-an.* carb-v. castm. cop. gent-c. hell. helon. hydrog.srj2 iod. kali-bi. kali-c.h lyss. **Merc.** mez. nat-s. podo.br1 psor. sil. sul-ac. zinc.
  - **dann** links: calc-p. hydr. lyc. phys.
  - **Beugen** des Oberschenkels: *Lyc.*
- **mittags**: thuj.
- **abends**: alum. borx. sil.
  - **Gehen**, beim: hydr.
- **anfallsweise**: aloe *Bell.* caul. chel. dig. ign. nat-m.

– **Leistengegend**: ...
- **Aufstehen** vom Sitzen, beim: *Cocc.* lyc. nat-m. stront-c.
- **Auftreten**, beim: pall.
- **Berührung**, bei: mang.h
- **Bewegung**, bei: berb. ther.
- **Bücken**, beim: ars. kali-n.
- **Druck** agg.: ant-c.h caust. mag-m. ph-ac.h
- **Einatmen**, beim: plat.
- **Einziehen**:
  - **Abdomens**, des: kali-c.h
- **Entbindung**, bei der: cimic.
- **Fieber**; während: borx.a1
- **Flatus**, durch: graph.h
- **Gähnen**, beim: *Borx.*
- **Gehen**, beim: agar. alum. am-m. berb. brom. calc-act. caust. chel. *Clem.* ferr-i. helon. kali-n. *Lyc.* lycps-v. mag-c. *Merc.* nat-m. pic-ac. psor.bg2 sulph. thuj. ust.
  - **amel.**: nit-ac. psor.
- **gehen**; muß gebeugt: am-m. med.k2
- **geschwollen**, wie: con.h kali-c.h
- **Hernie**:
  - **erscheinen**; als würde eine Hernie erscheinen: alum. arn. ars.h aur. aur-s.k2 bar-c. berb. *Calc.* calc-ar. camph.h cann-s. *Carb-an.* caust. cham. chin. *Clem.* **Cocc.** *Coloc. Con.* cupr. dig. gent-c. *Gran.* graph.h hell.h *Ign.* kali-bi. *Lyc.* nit-ac. **Nux-v.** petr. ph-ac. phos. *Phyt.* prun. rhus-t. sil. spong. stann. sul-ac. *Sulph.* ter. verat.h zinc.h
    - **morgens**, beim Erwachen: sul-ac.h
    - **Bücken** amel.: graph.
    - **Gehen**, beim: ph-ac.h rheum.h
    - **Husten**, beim: carb-an. cocc. nat-m. nux-v. petr. sil. squil. sulph. tarent. *Verat.*
    - **Sitzen**, im: aur. *Cocc.*
    - **Stuhlgang**, nach: sul-ac.h
  - **Gehen**:
    - **agg.**: lycps-v.
    - **amel.**: nit-ac.
  - **wie** durch eine: all-c. guaj. kali-c.h lycps-v. nit-ac. spong.h tarent.
- **Hochziehen**:
  - **Knie** amel.; der: *Coloc.* mez. pall.
  - **Unterschenkels**; beim Hochziehen des: ther.
- **Husten**, beim: alumn. borx. brom. *Calc. Nat-m.* petr. tarent.
- **Koitus**, nach: ther.
- **Liegen**, beim: **Clem.**hr1 **Merc.**
  - **Rücken**, mit ausgestreckten Beinen; auf dem: nat-m.
- **Menses**:
  - **vor**: *Ant-t.* bov. calc-p.bg1 *Carb-an.* chin. *Sars.* sul-ac. tab.
  - **während**: am-m. ant-t. apis *Arg-n.* arn. *Borx.* bov. bry.k2 carb-an. castm. caul.hr1 iod. *Kali-c.* kali-i. kali-n. kreos. lyc. mag-s. nat-m. phos. *Plat.* senec. sep.
  - **nach**: *Borx. Plat.*
  - **einsetzen**; als würden die Menses: cocc.

- **Menses - einsetzen**; als würden die: ...
  lyc. plat.
- **Nachwehen**, bei: *Cimic.*
- **pulsierend**: alum.
- **Sitzen**, im: alum.$_{h}$ am-m.$_{h}$ calc-ar. caust. choc.$_{srj3}$ mag-s. petr. spong. sul-ac. thuj. zinc.
- **Stehen**, beim: berb.$_{kl}$ camph.$_{kl}$ euph.$_{kl}$ mag-s.$_{kl}$ mez.$_{kl}$ nat-s.$_{kl}$ thuj.$_{kl}$
  - **wie** durch Stehen: ~~berb.$_{kl,xxx}$ camph.$_{kl,xxx}$ euph.$_{kl,xxx}$ mag-s.$_{kl,xxx}$ mez.$_{kl,xxx}$ nat-s.$_{kl,xxx}$ thuj.$_{kl,xxx}$~~
- **Steigen**, beim: alum.$_{bg1}$ pic-ac.
- **Strecken**, beim: am-c. cocc. merc-c. nat-m.
  - **Beines** nach dem Sitzen; beim Ausstrecken des: euph.$_{h}$
- **Stuhlgang**:
  - **vor**: agn.$_{bg1}$ kali-n.$_{bg1}$ nat-s. phos. *Trom.*
  - **während**: bar-c.$_{bg1}$ nicc.
  - **nach**; amel.: *Lac-c.*
- **Tanzen**, beim: alum.
- **Urinieren**:
  - **beim**: agar. ars. caust. mez.
  - **nach**: lyc.
  - **Harndrang**, bei: *Bell.* carb-an. nat-s. rhod.
- **verrenkt**; wie: agar.$_{h}$ am-m.$_{h}$ euph.$_{h}$ tarax.$_{h}$
- **verstaucht**; wie: calc. euph. hydr. nat-m.
- **Wein**; nach: calc-ar.$_{k2}$

▽ **erstreckt** sich zu:
- **Abdomen**: bry.$_{k2}$
- **Achselhöhle**, linke: nat-s.
- **Becken**: *Chel.*
  - **um** das Becken: coloc.
- **Brustwarze**, rechte: crot-t.
- **Darmbeinkamm**: lac-c.
- **Genitalien**: *Alum. Lach. Plat.*
- **Hoden**: arg-met. *Dios.* ham.$_{bg2,k}$ *Hydr.* kreos.$_{bg1}$ lept. *Nat-m.* ol-an.$_{bg1}$ phys.$_{bg1}$ sep. sulph.$_{bg1}$
- **Hüfte**: am-m. murx.
- **Hypogastrium**; quer über das: *Ferr-i.*
- **Knie**: aloe kali-c. podo.$_{br1}$ thuj.$_{bg1}$
- **Oberschenkel**: aloe arg-met. ars. aur. berb. bry. clem.$_{a1}$ coloc. laur. lil-t. lyc. plat. rhod. sec. sep. thuj.
- **Rücken**: am-m. sep. *Sulph.*
- **Samenstrang**, entlang dem: all-c. *Nat-m.*
- **Schamgegend**: lil-t.
- **Schulterblatt**, rechtes: borx.
- **unten**; das Bein nach: aloe caust. dios. sec.
- **Wade**: sec.

○ **Leistendrüsen**: am-m. *Ars.* berb. bov. *Brom. Calc.* **Clem.** cop. dig. dulc. graph. gymno. hell. hep.$_{h}$ kreos. lyss. mag-m. med.$_{k2}$ *Merc.* merc-c. mez. nit-ac. ran-b. rhus-t. *Sil.* stann. sumb. ter. thuj.
- **Leistenring**, beim Husten: arn. *Bry. Cocc. Nat-m.* nux-v. *Sil.* sulph. verat.
  - ▽ **erstreckt** sich zu:
    - **Hoden** hinein; in die: *Nat-m.*

– **Lymphdrüsen**: calc.$_{k2}$

– **Milz**: aesc.$_{a1,k}$ *Agar.*$_{bg2,k,*}$ am-m.$_{c2,k}$ ambr.$_{c2,k}$ anac. anan. arn. ars. ars-i. ars-s-f.$_{k2}$ asar. bapt. bapt-c.$_{c2}$

– **Milz**: ...
berb. borx. brom.$_{a1,k}$ cadm-met.$_{gm1}$ cain.$_{c2}$ *Carb-v.*$_{a1,k}$ **Cean.**$_{c2,k}$ *Chel.*$_{a1,k}$ chen-v.$_{c2}$ **Chin.** *Chinin-s.* cob.$_{a1,k}$ *Coc-c. Cocc.* colch.$_{a1,k}$ con. cot.$_{c1}$ cupr. dios.$_{c2}$ dor.$_{c2}$ ferr.$_{a1,k}$ ferr-i.$_{k,k2,*}$ *Fl-ac.*$_{a1,k}$ form.$_{a1,k,*}$ grin.$_{a1,bg2,*}$ gymno.$_{c2}$ helon.$_{a1,k}$ hera.$_{c2}$ hom.$_{c2}$ *Hydr. Ign.*$_{bg2,k,*}$ ilx-a.$_{c2}$ iod.$_{bg2,k}$ jug-r.$_{c2}$ kali-bi. kali-p. kreos.$_{a1,k}$ *Lach.*$_{a1,k}$ *Lyss.* mag-c.$_{c2}$ med.$_{br1,k2}$ merc-i-r.$_{a1,k}$ *Merl.*$_{a1,k}$ *Mez.*$_{bg2,k,*}$ *Nat-m.*$_{bg2,k}$ nat-s. nit-ac. pall.$_{a1,k}$ paraf.$_{c2}$ petr. phos.$_{bg2,k,*}$ phyt.$_{a1,k,*}$ plan.$_{c2}$ plb.$_{bg2,k,*}$ prim-o.$_{c2}$ ran-b.$_{c1}$ rhod.$_{c2,k}$ sang.$_{a1,k}$ sapin.$_{c2}$ sep.$_{bg2,k,*}$ *Stann. Stram. Sul-ac.*$_{bg2,k}$ sul-i.$_{k2}$ *Sulph.*$_{c2,k}$ tarent.$_{k2}$ tub.$_{c1}$ visc.$_{c2}$ *Zinc.* zing.$_{c2}$
- **morgens**: am-m. sang.
- **nachmittags**:
  - **14** h: cedr. sep.
- **abends**: agar. mag-s.
- **nachts**: agar.$_{a1,k}$
- **Atmen** agg.: agar. am-m.
- **Berührung**; bei: ran-b.$_{c1}$ sul-ac.$_{k2}$
- **Bewegung**, bei: *Kali-bi.* kali-p.
- **Drehen** auf die rechte Seite amel.: agar.
- **Druck** der Kleidung:
  - **agg.**: calad. fl-ac. kali-bi. nat-m. puls.
  - **amel.**: chinin-s.$_{bg1}$ ruta$_{bg1}$
- **Einatmen** agg.: cob. mez.
- **Essen** amel.: rhod.
- **Fahren** im Wagen; beim: borx. lach.$_{a1,k}$
- **Frost**; während: *Bry.* caps. **Chinin-s.** eup-per. nux-v. **Podo.** rhus-t. *Sep.* sulph.
- **Gehen**:
  - **amel.**: agar.$_{a1,k}$
  - **beim**: *Arn.* hep. ign. lach. rhod. sel.
- **Hitze**; während: ars. borx. **Carb-v.** *Nat-m. Nux-v.*
- **Husten**, beim: *Chinin-s.* sul-ac.
- **Körperübungen**, bei: kali-bi. ran-b.
- **Liegen** auf der linken Seite; beim: agar. cean. *Cocc.* colch.
  - **amel.**: phyt. squil.
- **Menses**, während: apis pall.
- **pulsierend**: *Lyss.*
- **Stuhlgang**, beim: kali-bi.

▽ **erstreckt** sich zu:
- **Leiste**: ars-met.$_{bro1}$

– **Nabel**: *Aesc.*$_{a1,k}$ agar.$_{a1,k}$ *All-c. Aloe Apis Ars.* ars-i. arund.$_{a1,k}$ asaf.$_{a1,k}$ bapt.$_{a1}$ bar-c. bar-i. bol-la. bry. cain. calc. *Calc-p.* carbn-s. caul.$_{a1,k}$ **Chel.**$_{a1,k}$ *Chin.*$_{a1,k}$ cimic. *Cina* coc-c.$_{a1,k}$ *Coloc.* con. crot-t.$_{a1,k}$ *Dios.*$_{a1,k}$ dulc. echi. ferr-i.$_{a1,k}$ fl-ac. gels. ign. indg. iod. *Ip.* kali-bi. kali-n. kalm.$_{a1,k}$ kreos.$_{a1,k}$ lac-d.$_{k2}$ laur. lec. *Lept.* lyc. mag-c. mang.$_{a1,k}$ merc-c.$_{a1,k}$ merl.$_{a1,k}$ mur-ac. nat-m. nit-ac. nux-m. *Ox-ac.*$_{a1,k}$ paraf.$_{c2}$ ph-ac.$_{c2,k}$ phos. phyt. *Plat.* plb.$_{a1,k}$ *Ptel.* rhus-v.$_{a1,k}$ senec. sep. sil. squil. stann. stram. sul-ac. sumb. ter. tub.$_{c1}$ ust.$_{a1,k}$ verb.
- **morgens**: agar. aloe *Apis Dios.*$_{a1,k}$ nat-c. nat-m. verat-v.$_{a1,k}$
- **vormittags**: gymno.
- **nachmittags**: chel.$_{a1,k}$ plb. sil.
- **abends**: nux-m. ptel.$_{a1,k}$

- **Abendessen**, nach dem: zinc.
- **anfallsweise**: bell. calad. ph-ac. verb. zinc.
- **Aufstehen**, nach dem: coloc.$_{al,k}$
- **ausstrahlend**; vom Nabel: *Dios. Plb.* senec.
- **Bewegung**, bei: phyt. ptel.
- **Bücken**, beim: sep. *Verb.*
- **Diarrhoe**:
  - **vor**: rhus-v.
  - **während**: calc-p. rhus-v. tub.$_{c1}$
- **Druck** amel.: cina coloc.$_{k2}$ dios. *Ptel.*$_{al,k}$
- **Einatmen**; beim tiefen: bapt. indg. lyc.
- **Essen**:
  - **nach**: calc-p.$_{al,k}$ cina cob.
    - **zwei** Stunden nach dem Essen: ox-ac.
- **Flatus** amel.; Abgang von: calc-p. caul. coloc.
- **Frühstück**, nach dem: gels.$_{al,k}$ raph.$_{al,k}$
- **Gehen**:
  - **amel.**: *All-c.*
  - **beim**: bry.
- **Husten**, beim: ip.$_{al,k}$ *Lyc.*$_{al,k}$ sep.
- **Kind** deutet auf den Nabel, als dem am stärksten schmerzenden Teil: gran.$_{brol}$ nux-m.$_{brol}$ *Spig.*$_{brol}$
- **Kopfschmerzen**, mit: *Lac-d.*$_{c1,vh,*}$
- **Liegen** auf dem Rücken, beim: *Ars.*
- **Menses**:
  - **vor**: chinin-s. ip. ruta
  - **während**: nux-m.
- **Mittagessen**, beim: calc.
- **nüchtern**, wenn: indg.
- **Schwangerschaft**; während der: plb.$_{al,k}$
- **Sitzen**, im: *All-c.* indg.
- **Stuhlgang**:
  - **vor**: aloe bry. *Ham.* mag-m. nat-c. plb. ust.$_{al,k}$
  - **während**: kali-bi. ox-ac.$_{al,k}$
  - **nach**: puls-n.
- **Zusammenkrümmen** amel.: aloe **Coloc.** echi.

▽ **erstreckt** sich zu:
  - **Abdomen**; quer über das: **Chel.**
  - **Anus**: aloe **Crot-t.** ip. led. nat-m. nux-v.
  - **Blase**: brom.$_{bg1}$ cic.
  - **Brust**: *Ang.* chinin-s.
  - **Brustbein**: *Ang.*
  - **Darmbein**: coc-c.
  - **Hals**; zum inneren: kali-bi. kreos.
  - **Leistengegend**: thuj.
  - **Lumbalregion**: plb.
  - **Magengrube**: carb-v. crot-t. lyc. ol-an. sulph.
  - **Mammaregion**: kreos.
  - **Rektum**: aloe$_{k2}$ brom.$_{bg1}$ nat-m.
  - **Rücken**: lyc. plat. ptel. sil.
  - **Schamgegend**: *Sep.*
    - **Husten**, beim: sep.
  - **unten**, nach: aloe crot-h. **Crot-t.** ferr-i. nux-v. plat. plb. sep.
  - **Uterus**: elaps *Ip.*
  - **Vagina**: calc-p.
  - **Wirbelsäule**: lyc. sil.

○ **Nabelgegend**: *Aesc.*$_{al,k}$ agar.$_{al,k}$ *All-c.*$_{al,k}$ *Aloe* *Am-m.* ant-c. ant-t. apis arg-n.$_{al,k}$ arn. ars.$_{al,k}$ bapt.$_{al,k}$ bar-c. *Bell.* berb. bov. *Bry.*$_{al,k}$ calc. *Calc-p.* *Carb-an.* carb-v.$_{al,k}$ carbn-s.$_{k2}$ cench.$_{k2}$

- **Nabelgegend**: ...
Cham.$_{al,k}$ *Chel.* *Chin.*$_{al,k}$ chinin-ar. cina clem. coc-c. *Cocc.*$_{brol}$ *Colch.* **Coloc.** crot-h.$_{al,k}$ *Crot-t.* cupr. dig.$_{al,k}$ **Dios.**$_{al,k}$ dulc. erig. fl-ac.$_{al,k}$ *Gamb.* gels.$_{al,k}$ *Gran.*$_{brol}$ graph. gymno. hell.$_{al,k}$ hydr.$_{al,k}$ indg.$_{al,k}$ *Iod.* *Ip.*$_{al,k}$ *Iris* jatr-c. jug-c.$_{al,k}$ kali-bi.$_{al,k}$ kali-i. kreos.$_{al,k}$ lac-ac.$_{al,k}$ *Laur.* *Lept.* lyc.$_{al,k}$ mag-c. mang.$_{al,k}$ merc. merc-c.$_{al,k}$ merc-i-f.$_{al,k}$ mez.$_{al,k}$ mur-ac. nat-ar. *Nat-c.* *Nat-m.* **Nat-s.**$_{al,k}$ nit-ac. nux-m.$_{al,k}$ *Nux-v.* onos. op.$_{al,k}$ ox-ac.$_{al,k}$ petr. *Ph-ac.* phel. phos.$_{al,k}$ phys.$_{al,k}$ *Phyt.*$_{al,k}$ *Plat.* **Plb.**$_{al,k}$ *Ptel.*$_{al,k}$ *Raph.* rat. rhod. *Rhus-t.* rhus-v.$_{al,k}$ sabin.$_{al,k}$ sang. sarr. sars. senec.$_{al,k}$ seneg. sphing.$_{al}$ spig.$_{al,k,*}$ stann. stront-c. sul-i.$_{k2}$ *Sulph.*$_{al,k}$ sumb.$_{al,k}$ tab.$_{al,k}$ tarent.$_{al,k}$ teucr.$_{al,k}$ *Thuj.* tub.$_{al}$ *Verat.*$_{al,k}$ verat-v.$_{al,k}$ *Zinc.*$_{al,k}$ zinc-p.$_{k2}$
  - **morgens**: aeth. aloe ant-t.$_{al,k}$ bar-m. bov. bry. dios.$_{al,k}$ lach.$_{al,k}$ lyc. mag-c. mang.$_{al,k}$ *Nat-s.* nux-v.
    - **6** h: bry.
    - **Erwachen**, beim: bov.
  - **vormittags**: agar. lyc. nat-c. verat-v.$_{al,k}$
    - **10** h: verat-v.
  - **mittags**: colch.$_{al,k}$ dios.$_{al,k}$ sulph.
  - **nachmittags**: alum. euphr. nat-c. ox-ac.$_{al,k}$ seneg.$_{al,k}$ spig.$_{al}$ **Sulph.**
    - **14** h: lyc. verat-v.
    - **15** h:
      - **15** - 16 h: chel.
    - **16** h: *Sulph.*
    - **17** h: mag-c. ptel. sang.
      - **17** - 18 h: spig.
  - **abends**: calc-p. coloc. con.$_{h}$ *Ox-ac.* pic-ac. plat. spig.$_{al,k}$ **Sulph.**
  - **nachts**: acon. *Aesc.*$_{al,k}$ arn. bar-c. bry. *Calc.* *Cham.* *Chin.* coc-c. *Coloc.* cycl. graph. hep. mag-m. merc. nux-m. *Ox-ac.* podo. *Puls.* *Rhus-t.* sep. sil. *Sulph.* zing.
    - **Mitternacht**: *Chin.* fl-ac.
      - **nach**: **Ars.**
        - **4** h: tanac.$_{c1}$
      - **Stuhlgang**, beim: fl-ac.
  - **anfallsweise**: nat-m. *Plb.*
  - **Aufstehen**, nach dem: plat.
  - **Berührung**, durch: kali-c.$_{h}$ lyc.$_{h}$ sep.$_{h}$ sil.$_{h}$ til.$_{c1}$
  - **Beugen** nach hinten: lyc.$_{al,k}$
    - **amel.**: onos.
  - **Bewegung** agg.: ox-ac.$_{k2}$ phyt.$_{al,k}$ ptel.$_{al,k}$
  - **Diarrhoe**:
    - **vor**: coloc. plat.
    - **während**: fl-ac. iris lach.
  - **Druck**:
    - **agg.**: mag-c.$_{h}$ mang.
    - **amel.**: plb.
  - **Einatmen**, beim tiefen: bapt.$_{al,k}$
  - **Eiscreme**, nach: calc-p.
  - **Essen**, beim: bov. bry. carb-v. cob. *Coloc.* con.$_{h}$ graph. nux-v. ox-ac. plat. *Sulph.*
  - **Fluor**, bei: am-m.$_{pd}$
  - **Gehen**, beim: all-c. bry. *Coloc.*

- **Nabelgegend**: ...
  - **heftig**: aloe *Bell.* crot-t. *Dios.* ip. jatr-c. *Plb.*
  - **Hernie** hervortreten würde; als ob eine: dulc.$_{h}$
  - **Husten**:
    - **nach**: nit-ac.$_{h}$
    - **beim**: ambr. ip. nit-ac.$_{h}$ sep.
  - **kalt**:
    - **Getränke**, durch kalte: calc-p.
  - **Kopfschmerzen**; nach: gels.$_{psa}$
  - **Menses**:
    - **vor**: *Ip.* kreos.
    - **erscheinen** würden; als ob: sang.
  - **Mittagessen**, nach dem: all-c. bry. carbn-s. **Coloc.**$_{al,k}$ ham.
  - **quer** über der: **Chel.** ip. lach. paeon. *Prun.*
  - **saure** Speisen: asaf.
  - **Sitzen**, im: nat-s.$_{al,k}$ ph-ac. sulph.
  - **Stuhlgang**:
    - **vor**: aloe **Am-m.** caps. crot-t. dulc. fl-ac.$_{al,k}$ gamb. grat. kali-n. nux-v. ox-ac. psor.
    - **während**: cocc. fl-ac.$_{al,k}$ gamb. iod. *Kali-bi.* nat-c. nat-m. phos.
    - **nach**: aesc. plat.$_{h}$
  - **Tumor**; wie durch einen: spig.$_{h}$
  - **warme** Suppe amel.: mag-c.$_{h}$
  - **Wetter**:
    - **kaltem** Wetter; bei:
      - **naßkaltem**; bei: *Dulc.*
  - ▽ **erstreckt** sich zu:
    - **Abdomen**: coloc.$_{h}$
    - **Genitalien**: sep.$_{h}$
    - **Hoden**: gels.$_{psa}$
    - **Oberschenkel**, in die: bar-c.
    - **Rektum**: aloe$_{k2}$ brom.$_{bg1}$ nat-m.
    - **unten**, nach: nat-m. plat. thuj.
    - **Uterus**: *Calc.* elaps ind. **Ip.**
  - ○ **oberhalb** des Nabels, kommt und geht langsam: carc.$_{tp1}$
  - **unterhalb** des Nabels; an einer Stelle: coloc.$_{brol}$ zinc.$_{brol}$

– **Seiten**: acon.$_{al,k}$ agar.$_{al,k}$ all-c.$_{al,k}$ *Aloe* alum.$_{al,k}$ ant-t.$_{al,k}$ ars.$_{al,k}$ asar.$_{h}$ bell. *Borx.* brom.$_{al,k}$ bry. cadm-s.$_{c1}$ calc.$_{al,k}$ carb-an.$_{al,k}$ carb-v.$_{al,k}$ castm. *Cham.* chin. coloc. com.$_{al,k}$ con.$_{al,k}$ cupr. elaps eup-pur. eupi.$_{al,k}$ ferr.$_{al,k}$ ferr-ar. fl-ac.$_{al,k}$ grat.$_{al,k}$ haem.$_{al,k}$ hep.$_{al,k}$ ign. iris kali-n.$_{al,k}$ kalm.$_{al,k}$ lach. laur.$_{al,k}$ lith-c. lyc.$_{al}$ mag-c. manc.$_{al,k}$ med. mur-ac. murx.$_{al,k}$ naja nat-c.$_{al,k}$ nat-m. *Nat-s.*$_{al,k}$ *Nux-v.* par. phos.$_{al,k}$ plb.$_{al,k}$ prun.$_{al,k}$ rhus-t. rhus-v. sars.$_{al,k}$ seneg. sep.$_{al,k}$ sphing.$_{al}$ sul-ac. sulph.$_{al,k}$ tarent.$_{al,k}$ thuj. valer. zinc.

- **links**: asc-c.$_{hr1}$ *Berb.* brom.$_{al,k}$ **Calc.**$_{bg1,bg2}$ *Carb-v.*$_{al,k}$ *Card-m.* castm. *Caust.* dig.$_{br1}$ dros.$_{tl1}$ elat.$_{hr1}$ eup-pur.$_{al,k}$ *Eupi.*$_{al,k}$ ferr.$_{al,k}$ grat.$_{al,k}$ mag-c. *Meny.*$_{vh}$ meph.$_{al}$ naja
  - **Gähnen**, beim: sphing.$_{kk3}$
  - **Husten**, beim: *Caust.*
  - ▽ **erstreckt** sich zu:
    - **rechts**: ip.$_{k2}$ kali-p. nicc.$_{c1}$
    - **Vagina**: borx.
  - ○ **Darmbeinkamm**; über dem: chel.$_{h}$ *Eupi.*

– **Seiten - links**: ...
  - **kurze** Rippen: ther.$_{brol}$
- **rechts**: *Borx.* *Card-m.* kali-n.$_{h}$ lec. lith-c. **Lyc.**$_{hr1,k,*}$ med.$_{c1}$ *Merc.* nat-m. nat-s.$_{k2}$ *Phos.*$_{bg1,bg2}$ sel. sep.$_{al,k}$ sil.$_{h}$ sphing.$_{kk3}$ spig.$_{kk3}$ sulph.$_{h}$ tarent.$_{al,k}$ zinc.$_{bg1,bg2}$
  - **links**, nach: med.$_{vh}$ nux-m.$_{bg1}$
  - **Blähungen**, durch: *Colch.* **Nat-s.**
  - **verstopft**, wie: sphing.$_{kk3}$
  - ○ **Rippen**; unter den: xan.$_{c1}$
- **morgens**: am-c.$_{al,k}$ merc. merc-c.$_{al,k}$ sulph.$_{al,k}$
  - **Erwachen**, beim: sulph.$_{al,k}$
- **mittags**: ptel.$_{al,k}$
- **nachmittags**: nit-ac.$_{al,k}$ ox-ac.$_{al,k}$
- **abends**: chinin-s. fl-ac. kali-c. nicc.$_{al,k}$
- **nachts**: nat-s.$_{al,k}$ prun.$_{al,k}$
  - **Mitternacht**: *Sulph.*$_{al,k}$
- **Abendessen**, nach dem: sulph.$_{al,k}$
- **Anstrengung**, bei: alum.
- **Atmen**, beim: calc. raph.$_{al,k}$
- **Berührung**, bei: sil.$_{h}$
- **Bewegung**, bei: asar. eupi.$_{al,k}$ stront-c.
- **Bücken**, beim: sep.
- **Druck** amel.: bov. **Nat-s.**
- **Einatmen**, beim: con.$_{al,k}$ dulc.$_{al}$ mur-ac. sel. thuj.
- **Essen**, nach dem: alum.$_{al,k}$ kali-n.$_{al,k}$
- **Fahren** oder Reiten, beim: card-m. hep. rumx.
- **Gähnen**, beim: sphing.$_{al,k,*}$
- **Gehen**, beim: calc. con. eupi.$_{al,k}$ mag-c. nat-c.$_{al,k}$ squil.$_{al,k}$ sulph.
- **Geschwür** bilden würde; als ob sich ein: alum.$_{h}$
- **Heben** der Arme; beim: eupi.$_{al,k}$
- **hervortreten**; als würde etwas: petr.$_{h}$
- **Husten**, beim: ambr.$_{h}$ *Borx.* caust. con.$_{al,k}$ eupi.$_{al,k}$ lyc.$_{al,k}$ squil.$_{al,k}$
  - **amel.**: carb-an.$_{h}$
- **Kaffee**, nach: *Cham.*
- **liegt**; Seite, auf der man nicht: *Graph.*
- **Menses**, während: *Nux-v.*
- **Mittagessen**, beim: am-c.$_{al,k}$
- **Sitzen**, im: calc. carb-an. carb-v. sulph.
- **Stehen**, beim: arg-n.
- **Stuhlgang**:
  - **während**: nicc.$_{al,k}$
  - **nach**: rhus-t.
  - **Stuhldrang**, mit: bar-c.$_{h}$
- ▽ **erstreckt** sich zu:
  - **Blase**: plb.
  - **Oberschenkel**: alum.$_{h}$
  - **unten**; nach: med.

– **abwärtsdrängend**, zerrend: acal.$_{br1}$ aesc. agn. alet. *Aloe* ant-c. *Apis* arg-met. *Arg-n.* asaf. **Bell.** *Bry.* calc. calc-s. carb-ac. *Carb-v.* carbn-s. caul. caust. cham. chin. chinin-ar. coc-c. *Con.* corn. *Crot-t.* cycl. dig. dirc.$_{al,c1}$ *Ferr.* ferr-p. *Gels.* gran. *Graph.* *Hedeo.* hyos. iod. ip. *Kali-c.* kali-i. kali-p.$_{k2}$ lac-ac. *Lac-c.* lac-d.$_{c1}$ **Lil-t.** lyc. lyss. mag-c. mag-m. mag-s. mang. *Merc.* merl. mur-ac. *Murx.* *Nat-c.* **Nat-hchls.** *Nat-m.* nat-s. *Nicc.* *Nit-ac.* *Nux-m.* **Nux-v.** *Op.* ox-ac. *Pall.* phos. *Phyt.*

– **abwärtsdrängend**, zerrend: ...
Plat. plb. podo.k2 psor. **Puls.** rhus-t. sabin.br1,k sars. *Sec.* **Sep. Stry. Sulph.** tarent. teucr. thuj. *Tril-p.* ust. vib. xan. zinc. zinc-p.k2
• **morgens**: *Bell.* hyos.h mag-c.
 • **9** - 18 h: **Sep.**
• **vormittags**: sep.
• **nachmittags**: mag-m. **Sep.**
• **abends** im Bett:
 • **21** h: *Sep.*
• **nachts**, im Bett: mag-c. **Sulph.**
• **Abendessen**; amel. nach dem: *Sep.*
• **Auftreten**, beim: calc.h
• **Bewegung** agg.: *Kreos.* ph-ac.
• **Brust**; mit Schmerz in der: *Clem.*hr1
• **Essen**:
 • **amel.**: sep.
 • **nach**: carb-v.h thuj.
• **Fahren** im Wagen; beim: asaf.
• **Fieber**, bei schleichendem: *Cact.*
• **Flatus**; amel. nach: zinc.
• **Gehen**:
 • **agg.**: calc. *Chin. Con.* kali-i. *Nux-v.* puls.k2 rhus-t. **Sep. Tril-p.**
 • **amel.**: *Sep.*
• **Harndrang**, mit: *Clem.*hr1 nux-v. *Pall.*
• **Kopfschmerzen** amel.; Schmerz im Abdomen amel., wenn: dirc.a1,c1
• **Liegen**: spig.bg1
 • **linken** Seite agg.; auf der: kali-p.k2
• **Menses**:
 • **vor**: alum. *Apis* **Bell.** *Chin. Cina Con.* eupi. *Gels.* iod. lac-c. mag-c.h mosch. *Phos. Plat.* sabad. sec. *Sep.* sulph. tarent. ust. *Vib.* zinc.
  • **Gefühl**, als sollten die Menses einsetzen: nat-c.h plat.h
 • **während**: am-c. androc.srj1 **Bell.** borx. *Calc-p.* carc.jl2 *Cham. Chin. Con. Ferr.* graph. *Kali-c.* kali-i. **Lil-t.** *Mag-c.* mag-m. med. *Murx. Nat-c. Nat-m. Nit-ac.* nux-m. *Nux-v.* **Plat.** *Podo.* **Puls. Sec. Sep.** *Sulph. Vib.* zinc.
 • **nach**: kreos.
• **Mittagessen**, nach dem: sulph.
• **Schwangerschaft**; während der: *Kali-c.*
• **Sitzen** amel.: kali-p.k2
• **Stehen**, beim: *Con.*st graph.h lil-t.k2 *Murx.* nat-m. pall. puls.k2 rheum rhus-t. **Sep.** sulph.k2
• **Stuhlgang**:
 • **vor**: mag-m.h nat-c. nit-ac.
 • **während**: arg-n. *Bell.* iod. *Lil-t. Podo.* sars.k2 *Stann.*
 • **nach**: *Carb-v. Graph.*
  • **schwierigem** und spärlichem Stuhl, amel. nach Flatus; nach: zinc.
 • **Stuhldrang**, mit: *Con. Corn.* **Nux-v.** plat.
• **Trinken**: kali-p.k2
• **Übereinanderlegen** der Glieder amel.: **Lil-t.** *Murx.* **Sep.** zinc.
• **Wärme** amel.: nat-c.h
▽ **erstreckt** sich zu:
 • **Anus**, zum: con.h crot-t. lyc.h mag-m.a1 *Sulph.*
 • **Genitalien**: graph.h

– **abwärtsdrängend - erstreckt** sich zu: ...
 • **Hoden**: dig.h
 • **Lumbalregion**: mag-m.h
 • **Oberschenkel**: nit-ac. nux-v. sabin.k2 vib.
 • **Rektum**: lyc.bg1
 • **Sakrum**: con.h
 • **Samenstränge**, durch die: **Puls.**
○ **Hypochondrium**:
 • **rechts**: calc. cham. coc-c. podo. ptel.
  • **Liegen** auf der linken Seite; beim: arn.k2 *Card-m. Mag-m. Nat-s. Ptel.*
   • **Druck** amel.: plat.
• **Leber**: card-m.k2 podo.k2
• **Leistengegend**: am-m. *Apis* brom. bry. calc. canth. carb-an. caust.bg1 *Cham. Chel.* clem. coc-c. *Con.* cub.c1 ferr. gent-c. gran. ham. helon. kali-c. kali-i. kali-n. lac-d. *Lach. Lil-t.* mag-c. mag-m. mag-s. med. murx. *Nat-c.* phos. *Plat.* rat. *Sep.* sul-ac.bg1 ter. teucr.
 • **abwechselnde** Seiten: ter.
 • **nachmittags**: mag-c. mag-m.
 • **abends**: teucr.
 • **nachts**: mag-c.
 ◇ **abwechselnd** mit Druck in den Genitalien: plat.h
 • **Gehen**, beim: *Lil-t.* med.
 • **Kolik**, bei: phos.h
 • **Liegen** amel.: gent-c.
 • **Menses**:
  • **vor**: phos. plat.
  • **während**: borx. mag-c. mag-m. plat.h
 • **Sitzen**, im: caust.
  • **amel.**: gent-c.
 • **Stehen**, im: **Lil-t.**
 • **Stuhlgang**:
  • **vor**: carb-an.h
  • **während**: kali-c. rat.
 • **Urinieren**, nach dem: sul-ac.
 ▽ **erstreckt** sich zu:
  • **außen**, nach: con. kali-c.
  • **Hoden**: hydr. teucr.
  • **vorne**, nach: caust.
• **Seiten**: dig.h phos.
 • **links**: dig.h
– **ausstrahlend**: dios.bg2,br1,● *Ip.* **Mag-p.** *Plb.*bg2,k
 • **Körperteilen**; zu allen: **Plb.**
 • **Rücken** und Brust; zu: *Caust.*
– **beißend**: nat-c.h
– **berstend**: aloek2 alum.h bar-c.h bry.k2 caust.a1,k coff.a1,k coloc.h con.h dulc.h hyos.a1,k kali-c.k2 lac-c. led.h lyc.a1,k nit-ac.h phos.a1,k puls.a1,k sulph.a1,k
 • **Essen**, nach dem: carb-v.a1,k dulc.a1,k kali-c.k2
 • **Husten**, beim: anac.a1,k caust.h
 • **Rigor**, bei: sulph.a1,k
 • **Stuhlgang**, vor: spig.
 • **Trinken**, nach dem: carb-v.a1,k
○ **Leber**: calc.bg1,bg2 chlf.bg1 nat-s.bg1,bg2
– **bohrend**:
○ **Darmbeingegend**, linke: coloc.h
 • **Därme**: ars.h
 • **Hypochondrien**: sep.h stann.h
  • **links**: nat-m.h

- **Hypochondrien**: ...
  - **rechts**: nat-m.h
- **Hypogastrium**: arg-met.h
- **Leber**: sulph.h
- **Nabel**: sep.h tarax.h
- **Seite**:
  - **links**: dig.h
  - **rechts**: carb-an.h

– **brennend**: acal.brl acet-ac.k,k2,* **Acon.**bg2,k,* agar.a1,k ail.a1,k aloe alum.a1,k alum-p.k2 alum-sil.k2 alumn. am-c.bg2,k am-m. anac.a1,k anan. ant-t. *Apis* arn.a1,k **Ars.**a1,k *Ars-i.* ars-s-f.k2 asaf.a1,k asc-t.a1,k bar-m.a1,k *Bell.*bg2,k,* berb. *Bov.* bry.bg2,k cact. calad. *Calc.*a1,k calc-i.k2 *Calc-p.*a1,k calc-s. calc-sil.k2 *Camph.*a1,k cann-s.a1,k *Canth.*a1,k **Caps.**a1,k carb-an. **Carb-v.**a1,k carbn-s. card-m.k2 *Caust.* cham. chel. chinin-ar. cocc.a1,k colch.a1,k coloc. *Con.* cop. crot-h.a1,k crot-t.a1,k cub.a1,k cupr. *Cupr-ar.*a1,k cur. dios.a1,k dirc.c1 dor.a1,k dulc. *Euph.* euphr.a1,k gamb.a1,k gels.a1,k glon.a1,k *Graph.*a1,k grat.a1,k guaj.k2 ham.k2 hydr-ac. ign.a1,k iod.a1,k *Iris* jatr-c. jug-r.a1,k *Kali-ar.* kali-bi.a1,k kali-c.bg2,k,* kali-i.a1,k kali-n.a1,k kali-p. kali-s. kali-sil.k2 *Kreos.* *Lac-c.* lach.a1,k *Laur.*bg2,k,* *Lil-t.*a1,k lyc.a1,k lyss.a1,k mag-s. *Manc.*a1,k merc.bg2,k,* *Merc-c.*a1,k merc-sul. merl.a1,k *Mez.*a1,k *Nat-ar.* nat-c. *Nat-m.*a1,k nat-p. *Nat-s.*a1,k *Nux-v.* ol-an. *Ox-ac.*a1,k ph-ac. phel.a1,k **Phos.**a1,k phyt.a1,k plat. plb.a1,k *Ran-b.* raph. rat.a1,k rhus-t.a1,k rumx. ruta *Sabad.*a1,k sang.k2 *Sars.*a1,k **Sec.** sel. seneg.a1,k *Sep.* sil.a1,k spig.a1,k *Stann.*a1,k stram.a1,k stront-c. sulph.bg2,k,* tab.a1,k tarent.a1,k **Ter.** thuj.a1,k **Verat.** vip.a1,k

- **morgens**: canth.a1,k rat.a1,k
- **mittags**: ars.a1,k
- **nachmittags**: alum.a1,k ars.a1,k
- **abends**: dirc.a1,k rhus-t.
- **anfallsweise**: plb.a1,k
- **ausstrahlend**: *Graph.*
- **Bewegung** agg.: caps.h kali-n.
- **Bücken**, beim: caps.h
- **Eiscreme**, nach: **Ars.**
- **Essen**:
  - **beim**: phos.a1,k
  - **nach**: *Hydr-ac.*
- **Felsbrocken** im Abdomen; wie: limest-b.es1
- **Frösteln**, beim: nat-c.a1,k
- **Frühstück**, nach dem: agar.a1,k
- **Gehen**, beim: caps.h carb-an. caust.h sulph.
  - **Freien**, im: agar. sep.
- **Husten**, beim: canth.
- **Krebs**, bei: calc-ar.pd
- **Liegen**:
  - **amel.**: *Podo.*
  - **Abdomen** amel.; auf dem: *Acet-ac.*k2,vh
  - **Boden** und entblößt sich; liegt auf dem: jatr-c.c1,kr1
- **Menses**, während: *Ars.* bry. canth. carb-v. caust. merc. nux-v. ph-ac. phos. rhus-t. sep. sulph. tarent.a1,k
- **Niesen**, beim: canth. carb-v.
- **Schneuzen** der Nase; beim: canth.
- **Sitzen**, im: calc. sep.

– **brennend - Sitzen**, im: ...
  - **gebeugt**: kali-n.
- **Stehen**, im: *Sulph.*a1,k
- **Stellen**; in kleinen: ox-ac.brol
- **Stuhlgang**:
  - **vor**: aloe
  - **während**: asc-t.c1 eug.a1,k sul-ac.a1,k
  - **nach**: cupr-ar.a1,k jug-c.a1,k kali-bi.a1,k nat-ar. sabad.a1,k sep.h xan.c1
    - **amel.**: ars.h

▽ **erstreckt** sich zu:
- **Bein** nach unten; das: **Lil-t.**
- **Brust**: calc-p.k2 mill.k2
- **Lumbalregion**: kali-n.h

○ **Hypochondrien**: acon.bg2,k aeth.a1,k aloebg3 *Apis* aur.a1,k aur-m. bell.bg2,k,* borx. bov.a1,k *Bry.*bg2,k,* bufo cann-s. carbn-s. caust.a1,k **Chel.**a1,k euphr. gamb.a1,k *Graph.*h,k,* grat.a1,k ign. kali-c.bg2,k,* kali-i.a1,k kali-n. *Lach.*a1,k laur.bg2,k,* lept.a1,k merc.bg2,k *Mur-ac.*a1,k myrt-c.bg3 nat-c.a1,h nat-m.a1,k ox-ac.a1,k plat. seneg. spig. stann.a1,k *Staph.* sul-ac.bg2,k,* tab.a1,k *Ter.*bg2,k,* thuj.a1,k zinc.a1,k
- **links**: am-c. am-caust.a1 borx. caust.a1,k chel.a1,k *Coc-c.* *Graph.*h,k,* grat.a1,k kali-i.a1,k lac-c. plat. ruta sep. sulph.h tab.a1,k verat.
  - **Atmen**; beim tiefen: borx.
  - **Liegen** auf der schmerzhaften Seite agg.: *Coc-c.* *Graph.*
- **rechts**: am-m. *Ars.* aur.a1,k *Aur-m.* aur-s.k2 bamb-a.stb2 *Bry.*a1,k chel. *Crot-c.* *Gamb.*a1,k **Kali-c.**a1,k kali-m.k2 *Lac-c.* *Lach.*a1,k laur.a1,k mag-c.h mag-m. *Med.* mur-ac.a1,k *Nit-ac.* ph-ac.a1,k phos. plb. sang.a1,k stann.a1,k sulph.a1,k ter.a1,k *Ther.* thuj.a1,k zinc.h
  - ▽ **erstreckt** sich zu:
    - **Schulterblatt**; rechtes: bamb-a.stb2 mag-m.
- **morgens**: dios.a1,k sang.a1,k
- **vormittags**: tell.a1,k
- **nachmittags**: alum.a1,k am-m. kali-c.h
  - **13** h: sars.
- **abends**: mur-ac.h nat-m.a1,k
- **Berührung**, bei: ther.
- **Bewegung** amel.: *Graph.*h,k,*
- **Druck** amel.: mur-ac.h
- **Essen**, nach dem: stann.
- **Gehen**:
  - **amel.**: grat.
  - **beim**: am-m. nat-c.a1
- **Liegen** amel.: *Lac-c.*
- **Reiben** amel.: phos.h
- **Sitzen**, im: graph.h,k,* sul-ac.a1,k tell.a1,k
- **Stehen**, beim: *Lac-c.*

- **Hypogastrium**: agar. all-c. alum.a1 alumn. arund.a1,k bar-c.a1,k *Calad.* *Camph.* card-m. crot-h.a1,k grat.a1,k helon. hep.h kali-n. *Kreos.* lac-c. *Lach.* *Lil-t.* ph-ac. stann. stram. sulph.h tarax.h tarent.a1,k
  - **abends**: kali-n.
  - **nachts**: crot-h.a1,k phos.h

- **Hypogastrium**: ...
  - **Bewegung**:
    - **agg.**: kali-n.h
    - **amel.**: bar-c. kali-n.
  - **Husten**, nach: arund.al,k
  - **Menses**, während: nat-m.
  - **Mittagessen**, nach dem: kali-n.h
- ○ **quer** über das: *Lil-t.*
  - **Seite**, linke: am-c. graph. lac-c. plat. ruta sep.
- **Ileozökalregion**: *Calad.* camph.h
- **Leber**: *Acon.*bg2,k *Agar.* aloe am-c.bg2,k am-m.bg2 anan. aur-i.k2 aur-m.k2 bell.k2 berb.k2 bry.bg2,k carb-v. carbn-s. card-m.k2 crot-c. dulc.h gamb. *Kali-c.*bg2,k *Lach.*bg2 **Lept.**bg2,k med. merc.bg2 myric.bg1 *Nit-ac.* plb. stann.bg2,k *Ther.*
  - **Stuhlgang**, nach: lept. *Stann.*
- **Leistengegend**: alum. *Arn.* ars. aur. bar-c. *Berb.* bov. bry. canth. clem.al fl-ac. graph. grat. kali-c. kali-i. lil-t. lyc. mag-c. mang. mur-ac. phos. rutah sep. stront-c. sulph.
  - **links**: mag-m.h pall.
  - **rechts**: am-m.h *Berb.* bry. fl-ac. kali-c. kali-n. mang. stront-c.
  - **vormittags**: alum.
  - **Aufstehen** vom Sitzen; beim: kali-c.h
  - **Ausstrecken** agg.: graph.h
  - **Bücken** amel.: graph.
  - **Menses**, während: kali-n. nat-m.
  - **Sitzen**, im: am-m.h bar-c.
    - **gebeugt**, wenn vornüber: kali-n.
  - **Urinieren**, beim: merc. *Nat-m.*
- ▽ **erstreckt** sich zu den Hoden: staph.h
- ○ **Leistendrüsen**: *Ars.* ars-i. bell. *Carb-an.* tarent-c.
- **Milz**: anan. bell.bg2,k carb-an. *Coc-c.* ign.bg2,k,* sec.bg2,k
- **Nabel**: aesc. carb-v.al,k kali-i.al,k lach.al,k nux-m.al,k sul-i.k2
  - **Schlaf** amel.: nux-m.al,k
- ○ **Nabelgegend**: **Acon.**al,k ars. berb. bov. calc.al,k calc-p.al,k camph. canth. carb-v.al,k cham. chel.al,k clem.al,k cocc.al,k crot-h. cub.al,k dios.al,k dirc.cl dor.al,k dulc.al fl-ac.al,k *Ham.* iod.al,k kali-c.al,k kali-i. lach. lyc.al,k mag-s.al,k merc.al,k merc-i-f. nat-ar. nat-c.al,k nat-m.al,k ox-ac. ph-ac.al,k *Phyt.* plat.al,k plb.al,k raph. sabad.al,k sang.al,k sep.h sul-ac. til.al,k
    - **nachmittags**: calc.h
    - **abends**: fl-ac.al,k
    - **Gehen**, beim: ph-ac.al,k
    - **Mittagessen**:
      - **beim**: kali-c.h
      - **nach**: lyc.
    - **Stuhlgang**, vor: ars.
    - **Urinieren**, beim: til.al,k
  - **über** dem: kali-n.h
- **Pankreas**: *Iris*
- **Seiten**: all-c.al,k am-c.al,k ars.al,k carb-v.al,k graph.al,k grat.al,k olnd.al,k petr.al,k plat.h rat. ruta sep.al,k
  - **links**: hep.h iod.h *Lac-c. Plat.*h
  - **rechts**: caust.h petr.h plat.h sep.h stann.h

– **brennend - Seiten**: ...
- **nachmittags**: am-m.al,k
- **Gehen**, beim: sep.al,k
- **Husten**, beim: sul-ac.al,k
- **Mittagessen**, nach dem: bov.al,k
- **Sitzen**, im: am-m.al,k
- **Stellen**, an kleinen: graph.al,k hyos.al,k ox-ac. plat.al,k
- ○ **Flanke**, in der: mag-c.h plat. seneg. stann.
  - **Niesen**, beim: carb-v.

– **drückend**: acon.al,k aloe alum.al,k am-c. am-m. *Ambr.*al,k *Anac.*al,k ant-c.al,k *Ant-t.*al,k apis arg-met. *Arg-n.*al,k arn.al,k ars.h ars-i.k2 asar.al,k *Aur.*al,k aur-s.k2 bamb-a.stb2 bar-c. *Bell.*al,k *Bism.* bry. bufo **Calc.** calc-i.k2 calc-p.al,k calc-s. calc-sil.k2 camph.h *Caps.*al,k carb-an.al,k carb-v.al,k carbn-s. *Carl.*al,k casc.al castm. *Caust.*al,k *Chel.*al,k chin.al,k cimic.al,k coff. colch.al,k *Coloc.*al,k *Con.*al,k croc.al,k crot-t. *Cupr.* dig. elaps *Euph.* euphr. ferr.al,k ferr-p. graph.h *Grat.*al,k hep.h hyper.al,k ign. iod.h kali-c. kali-i.al,k kali-n. *Kali-s.* kali-sil.k2 lac-c. *Lach.* **Lyc.**al,k lyss. *Mag-c.* mang.al,k meny.al,k meph.al,k *Merc.*al,k *Mez.*al,k mur-ac.h nat-c.al *Nat-m.*al,k *Nat-n.* nit-ac.h nux-m.al,k **Nux-v.**al,k *Op.*al,k paeon.al,k *Par. Petr.*al,k phos.h *Plat.* plb.al,k prun. *Puls.* rhus-t. ruta sabin. samb.al,k sars.h sec.al,k **Sep.**al,k *Sil.*al,k *Spig.* stann.al,k staph.al,k stram.h **Sulph.**al,k tab. tarax. tarent.al,k tell.cl *Ter.*al,k thuj.al,k verat. *Zinc.*al,k
- **morgens**: ambr.k2 bell.h camph.h caust.h mag-c. nat-m. sil.al,k
  - **9 h**: **Sep.**
  - **Bett**, im: chin.h
- **vormittags**: bamb-a.stb2 cupr.h lyc.al,k phos.
- **nachmittags**: caust.al,k chel.al,k spig.h
  - **17 h**: sulph.
- **abends**: bar-c. bell.h caust.h chin.h coloc.al,k ferr.al,k kali-c.h mez.h phos.al,k zinc.al,k
  - **Bett**, im: nat-m.h
  - **Essen**, nach dem: chin.h phos.
  - **Gehen**, beim: verat.h
  - **Stuhlgang**, beim: *Zinc.*al,k
- **nachts**: ambr.h ign.al,k kali-c.h mez.al,k petr.h phos.al,k sep. sulph.
- **Anstrengung**, bei: *Calc. Pall.*
- **Atmen**, beim: lyc.h
  - **tiefen**: caust.h
- **Aufstoßen** amel.: mez.h
- **außen**, nach: nit-ac.h zinc.h
- **Berührung** agg.: cupr.h lyc.h
- **Beugen** nach vorne; beim: coloc.h sep.
- **Bewegung**, bei: bar-c. kali-c.h zinc.h
- **Einziehen** des Abdomens, beim: lyc.h
- **Erektionen**, mit: zinc.h
- **Erkältung**, wie durch: petr.h sars.h
- **Essen**: mang.h
  - **nach**: agar. alum. ambr.k2 ars. caps.h caust.h coloc. dig.cl *Ferr.* kali-c.h lyc. *Mag-c.* mez.h *Nux-v.* phos. sep. sil. thuj. zinc.
    - **amel.**: mang.h
- **Kalte**, durch alles: mang.h sep.

- **Flatulenz**:
  - **amel**.: hep.$_{h}$ meny.$_{h}$ phos.$_{h}$ spig.$_{h}$
  - **während**: nat-m.$_{h}$
  - **wie** durch: ars.$_{h}$ camph.$_{h}$ iod.$_{h}$ lyc.$_{h}$ phos.$_{h}$ sep.$_{h}$ zinc.$_{h}$
- **Freien**, im: mang.$_{h}$
- **Frühstück**, nach dem: calc-s.$_{a1,k}$ kali-c.$_{h}$
- **Gehen**: bar-c. chin.$_{h}$ cupr.$_{h}$ mez.$_{h}$ ph-ac.$_{h}$ zinc.$_{h}$
  - **amel**.: chin.$_{h}$
  - **nach**: grat.
- **Getränke**:
  - **warme** Getränke agg.: elaps
- **hervortreten**; als würde etwas: nit-ac.$_{h}$
- **Lehnen** des Abdomens gegen etwas: samb.$_{c1}$
- **Liegen**: bar-c. bell.$_{h}$
  - **amel**.: bar-c.$_{h}$ petr.$_{hr1}$ rhus-t.
  - **linken** Seite, auf der:
    - **amel**.: *Pall.*
  - **Rücken**, auf dem:
    - **amel**.: mez.
- **Menses**:
  - ☞ ☐ *Weibliche Genitalien - Schmerz - abwärtsdrängend - Menses*
  - **vor**: graph.$_{h}$ nux-m. sep.$_{a1,k}$
  - **während**: am-m.$_{h}$ calc. graph.$_{h}$ nit-ac. nux-m.$_{c1}$ plat. **Puls. Sep.** sulph.
  - **nach**: nat-m.
- **Mittagessen**:
  - **vor**: lyc.$_{a1,k}$
  - **nach**: castn-v. grat.$_{a1,k}$ iod.$_{h}$ sulph.$_{a1,k}$
- **Pfirsichen**, nach: psor.
- **Pflock**; wie durch einen: anac.$_{br1,c1}$
- **Sitzen**:
  - **amel**.: bar-c.
  - **beim**: chin.$_{h}$ coloc.$_{h}$ hell. iod. op. rhus-t. stront-c.
- **Stehen**, beim: graph.$_{h}$
  - **amel**.: chin.$_{h}$
- **Stein**; wie durch einen: bell. *Cupr. Merc.* op. **Puls.**$_{bg1,bg2}$ thuj.$_{h}$
- **Stuhlgang**:
  - **amel**.: dig.$_{h}$ meny.$_{h}$ sep.$_{h}$ *Spig.*
  - **vor**: dig.$_{h}$ dulc.$_{a1,h}$ grat.$_{a1,k}$ zinc.
  - **während**: arn. ars. brom. hep. nat-m. *Zinc.*$_{a1,k}$
  - **nach**: ambr.$_{c1,k2}$ dulc.$_{a1,h}$ grat.$_{a1,k}$ *Iod.* kali-c. ol-an.$_{a1,k}$ *Pic-ac.* xan.$_{c1}$ zinc.
    - **normalem** Stuhlgang: ambr.$_{k2}$ *Iod.*
- **Trinken**, nach dem: ars.$_{a1,k}$ ferr.$_{a1,k}$
- **Urinieren**:
  - **beim**: chin.$_{a1,k}$ nat-m.
  - **nach**: chin.$_{a1,k}$ ph-ac.
  - **Ende** des Urinierens; Drücken zu den Genitalien hin zu: ph-ac.

▽ **erstreckt** sich zu:
  - **Anus**: crot-t. *Sulph.*
  - **Brust**: nat-m.$_{h}$
  - **Genitalien**: graph.$_{h}$ tep.
  - **Hals**: caust. kali-c.$_{h}$
  - **Magen**: hep.$_{h}$
  - **Magengrube**: nux-m.
  - **Nabel**: crot-c.
  - **oben**, nach: ars.$_{h}$ chel.$_{k2}$ con.$_{h}$

- **erstreckt** sich zu: ...
  - **Rektum**: mag-m. nat-m.
  - **Sakrum**: phos.$_{h}$
  - **unten**; nach: chel.$_{k2}$

○ **Gallenblase**: bamb-a.$_{stb2}$
- **Darmbein**: alum.$_{h}$ chel.$_{a1,k}$
  - ○ **Darmbeinkamm**: carb-an.$_{h}$ led.$_{h}$
- **Darmbeingegend**: hep.$_{h}$ iod.$_{h}$ led.$_{h}$ thuj.$_{h}$
- **Hypochondrien**: *Acon.*$_{a1,k}$ aeth.$_{a1,k}$ *Agar.*$_{a1,k}$ *Aloe* alum. am-c. *Ambr.* anac.$_{a1,k}$ ant-t. arg-n.$_{a1,k}$ arn.$_{a1,k}$ ars. aur.$_{a1,k}$ *Aur-m.* aur-s.$_{k2}$ bar-c. *Berb.* *Borx.* bov.$_{a1,k}$ brom.$_{a1,k}$ *Bry.*$_{a1,k}$ cain. calc.$_{a1,k}$ calc-p. camph. caps.$_{h}$ carb-v.$_{h}$ carl. *Cham.*$_{a1,k}$ *Chel.*$_{a1,k}$ *Chin.*$_{a1,k}$ cocc. *Con.* *Crot-t.* dig.$_{a1,k}$ dios.$_{a1,k}$ elaps ferr.$_{a1,k}$ graph.$_{a1,k}$ hep.$_{a1,k}$ ign.$_{a1,k}$ iod.$_{a1,k}$ kali-chl.$_{a1,k}$ kali-m.$_{k2}$ lil-t.$_{a1,k}$ *Lyc.*$_{a1,k}$ lyss.$_{a1,k}$ *Mang.*$_{a1,k}$ meny.$_{h}$ merc.$_{a1,k}$ *Mur-ac.* nat-c.$_{a1,k}$ nat-m.$_{a1,k}$ nit-ac.$_{a1,k}$ petr.$_{a1,k}$ ph-ac.$_{a1,k}$ plb.$_{a1,k}$ *Podo.* rhod. rhus-t.$_{a1,k}$ *Sep.* *Sil.*$_{a1,k}$ spong. stann.$_{h}$ staph.$_{h}$ sulph.$_{a1,k}$ verat. *Zinc.*$_{a1,k}$
  - **links**: aeth.$_{a1,k}$ agar.$_{h}$ alum-sil.$_{k2}$ arg-n.$_{a1,k}$ *Aur.* *Berb.* borx. bov.$_{a1,k}$ carb-an.$_{h}$ carb-v.$_{h}$ con.$_{h}$ crot-t. dig.$_{a1,k}$ iod.$_{h}$ kali-c.$_{h}$ nat-c.$_{a1,k}$ nat-m. nit-ac.$_{h}$ phyt. *Plat.* sep.$_{h}$ stann.$_{h}$ sulph.$_{h}$ tarax.$_{h}$ thuj.$_{h}$ *Zinc.*$_{a1,k}$
    - **Atmen**; beim tiefen: borx.$_{h}$
    - **Tanzen**; beim: borx.$_{h}$
  - **rechts**: acon.$_{a1,k}$ agar.$_{a1,k}$ all-c. aloe anac.$_{a1,k}$ arn.$_{a1,k}$ aur-i.$_{k2}$ bar-c. bell.$_{h}$ brom.$_{a1,k}$ *Calc.*$_{a1,k}$ *Calc-p.* carb-v.$_{h}$ *Card-m.* *Chel.*$_{a1,k}$ *Chin.*$_{a1,k}$ *Cocc.* *Con.* elaps ferr.$_{a1,k}$ hep.$_{a1,k}$ iod.$_{a1,k}$ kali-m.$_{k2}$ *Laur.* lil-t.$_{a1,k}$ **Lyc.**$_{a1,k}$ *Lyss.* **Mag-m.** merc. mez.$_{h}$ *Nat-m.*$_{a1,k}$ nit-ac.$_{a1,k}$ ph-ac.$_{h}$ plb.$_{a1,k}$ rhus-t.$_{a1,k}$ sars.$_{a1,k}$ sep. *Sil.*$_{a1,k}$ staph.$_{h}$ sul-ac.$_{h}$ sulph.$_{a1,k}$ *Tarent.* thuj. zinc.$_{h}$
    - **Liegen** auf der schmerzhaften Seite: *Mag-m.*
  - **morgens**: agar. sars.$_{a1,k}$
    - **Frühstück**, nach dem: carb-v.$_{h}$
  - **vormittags**: alum.$_{a1,k}$
  - **nachmittags**: borx.$_{k1}$ bov.$_{a1,k1,*}$
  - **abends**: all-c. kali-c.$_{h}$ lact.$_{a1,k}$ mang.$_{a1,k}$ sep.$_{a1,k}$
  - **nachts**: calc.
    - **3 h**: sulph.
  - **Anstrengung** amel.: nat-m.$_{h}$
  - **Atmen**, beim: **Lyc.** *Lyss.*
  - **Ausatmen**, beim: tarax.$_{a1,k}$
  - **Berührung** agg.: bar-c.$_{h}$ mang.$_{h}$
  - **Beugen** des Körpers; beim:
    - **amel**.: *Chin.*
    - **links**, nach: agar.
    - **Seite**; zur: lyc.$_{h}$
    - **vorne** agg., nach: *Cocc.*
  - **Bewegung**, durch: aur. bar-c. mang.$_{h}$
  - **Bücken**, beim: cocc.$_{c1}$ thuj.
  - **Druck** amel.: stann.$_{h}$
  - **Einatmen**, beim: bar-c.$_{h}$ cocc.$_{h}$
  - **Essen**:
    - **amel**.: nat-m.$_{h}$
    - **nach**: anac. aur. cham. *Mag-m.* *Nux-v.* **Zinc.**
  - **Fahren** oder Reiten; beim: borx.

- **Hypochondrien**: ...
  - **Flatus**:
    - **amel.**: kali-m.$_{k2}$ nat-m.$_{h}$
    - **wie** durch: kali-c.$_{h}$ zinc.$_{h}$
  - **Gehen**: *Aur. Calc. Mag-m.* nat-m. *Zinc.*
    - **amel.**: sars.$_{al,k}$
    - **nach**: ph-ac.$_{h}$
    - **Freien**; im: ars.
  - **Husten**, beim: *Cocc.*
  - **Liegen** amel.: sep.$_{h}$
  - **Menses**:
    - **während**: graph.$_{hrl}$ nit-ac.$_{al,k}$
    - **nach**: borx.
  - **Mittagessen**, nach dem: sulph.$_{al,k}$
  - **Schritt**, bei jedem: *Calc.*
  - **Sitzen**, im: calc.$_{h}$ ph-ac. phyt. rhus-t.
  - **Sprechen** amel.: nat-m.$_{h}$
  - **Stehen**:
    - **amel.**: prun.$_{al,k}$
    - **beim**: *Chin.* ph-ac.$_{h}$
  - **Stuhlgang** amel.; nach: zinc.
  - **Trinken**, nach dem: aur.
  - ▽ **erstreckt** sich zu:
    - **Abdomen**: graph.$_{h}$ petr.
      - **linke** Seite: con.$_{h}$
    - **außen**, nach: castm. lyc.
      - **Liegen** auf dieser rechten Seite; beim: calc-f.
    - **Milz**: merl.
    - **Nabel**: ph-ac.$_{h}$
    - **oben**, nach: agar.
    - **Schulterblatt**: borx.$_{h}$ bov.
- **Hypogastrium**: agar. agn. alum.$_{h}$ am-c.$_{al,k}$ am-m. ambr.$_{al,k}$ ant-t.$_{al,k}$ *Apis* aran. arg-met. ars-i. asaf. *Aur.* aur-s.$_{k2}$ bar-c.$_{al,k}$ bar-i. **Bell.**$_{al,k}$ bism.$_{h}$ bry.$_{al,k}$ *Calc.*$_{al,k}$ calc-i.$_{k2}$ calc-p.$_{al,k}$ canth. carb-v.$_{al,k}$ carbn-s. caust.$_{al,k}$ cham. chel.$_{al,k}$ chin.$_{al,k}$ cina cocc. *Colch.* coloc.$_{al,k}$ con.$_{al,k}$ croc. cupr.$_{h}$ dig.$_{h}$ elaps gins.$_{al,k}$ *Helon.* ign.$_{al,k}$ iod.$_{al,k}$ kali-c.$_{al,k}$ kali-i.$_{al,k}$ kali-s. kreos. **Lil-t.**$_{al,k}$ **Lyc.** *Mag-m.* med. merc.$_{al,k}$ merc-i-f.$_{al,k}$ *Mez.* *Nat-c.*$_{al,k}$ *Nat-m.*$_{al,k}$ nat-p. nit-ac.$_{h}$ **Nux-v.**$_{al,k}$ pall. *Ph-ac.*$_{al,k}$ *Phos.*$_{al,k}$ **Plat.**$_{al,k}$ **Puls.**$_{al,k}$ ruta *Sec.*$_{al,k}$ seneg.$_{al,k}$ **Sep.**$_{al,k}$ spig.$_{al,k}$ squil. *Stann.*$_{al,k}$ sul-i.$_{k2}$ *Sulph.*$_{al,k}$ *Tab.* tarax. tarent. *Thuj.*$_{al,k}$ til. valer.$_{al,k}$ verb. *Zinc.*$_{al,k}$ zinc-p.$_{k2}$
  - **links**: lyc.$_{h}$ nat-m.$_{h}$ sulph.$_{h}$
  - **rechts**: lyc.$_{h}$ sep.$_{h}$ sulph.$_{h}$ zinc.$_{h}$
  - **morgens**: bar-c.$_{al,k}$ *Bell.* nat-m.$_{h}$ *Plat.* sep.$_{h}$
    - **9 - 18** h: **Sep.**
    - **Bett**, im: mag-c.$_{h}$ phos.$_{h}$
    - **Gehen**, beim: phos.$_{h}$
    - **Liegen**, beim:
      - **Rücken**, auf dem: bar-c.
  - **vormittags**: *Phos.*$_{al,k}$
  - **mittags**: merc-i-f.$_{al,k}$
  - **abends**: euphr.$_{h}$ kali-c.$_{h}$ phos.$_{h}$ sec.$_{al,k}$ spig.$_{h}$
  - **nachts**: phos.$_{h}$ ruta$_{h}$ sep.$_{h}$ *Sulph.*$_{al,k}$
    - **21** h: **Sep.**
  - **Abendessen**; amel. nach: *Sep.*
  - **anfallsweise**: iod.$_{h}$ kali-c.$_{h}$ *Tab.*$_{k,kl}$
  - **Anstrengung**, bei: *Calc.*$_{al,k}$
- **Hypogastrium**: ...
  - **auseinanderdrückend**: spig.$_{h}$
  - **außen**, nach: ang.$_{h}$ **Bell.** *Carb-an. Kali-c.*$_{al,k}$ **Lil-t.** lyc.$_{h}$ *Nat-c. Nat-m. Plat.* **Puls. Sep.**
  - **Berührung**
    - **agg.**: cupr.$_{h}$
    - **bei**: cycl.$_{h}$ nat-c.$_{h}$ nit-ac.$_{h}$ thuj.$_{al,k}$
  - **Bewegung**: sep.$_{h}$
    - **amel.**: am-c.
  - **Blutung**, bei: sec.$_{hrl}$
  - **Bücken**, beim: kali-c.$_{h}$ lyc.$_{h}$ sep.$_{h}$
  - **Drehen** auf die Seite im Bett; beim: sulph.$_{h}$
  - **Druck** agg.: stann.$_{h}$
  - **Essen**: arg-met.$_{h}$
    - **amel.**: mag-c.$_{h}$
    - **nach**: alum.$_{h}$ arn.$_{h}$ phos.$_{h}$ sep.$_{h}$ sulph.$_{h}$
  - **Flatus** amel.: kali-c.$_{h}$
  - **Frost**; während: chin.$_{h}$
  - **Gehen**: kali-i. *Lil-t.* merc. nat-c.$_{h}$
    - **amel.**: am-c.
    - **Freien**, im: kali-c.$_{h}$ meny.$_{h}$ *Nux-v.*
      - **amel.**: lil-t.$_{brl}$
    - **gebeugt** gehen, muß: *Lyc.* sulph.$_{h}$
    - **Wind**, gegen den: sulph.$_{h}$
  - **Genitalien**, zu den: **Bell.** caust. coloc.$_{h}$ dig. **Lil-t.** *Nat-c.* nit-ac. **Nux-v.** *Plat.* **Puls. Sep.** sulph.
  - **hinlegen**, muß sich: lyc.$_{h}$
  - **innen**, nach: cycl.$_{h}$
  - **Kolik**, bei: *Thuj.*$_{al,k}$
  - **krampfartig**: sulph.$_{h}$
  - **Leiste**, zur: mag-s.$_{cl}$ *Plat. Sars.* teucr.
  - **Liegen**: *Sulph.*
    - **Rücken**, auf dem: bar-c.
  - **Menses**:
    - **vor**: *Plat.*$_{al,k}$ *Sep.*
    - **während**: calc.$_{h}$ calc-p.$_{al,k}$ carb-an. con. *Kali-c.* kali-i. *Mag-c.* mag-m. *Murx. Nat-c. Nat-m. Plat.*$_{al,k}$ **Puls. Sec. Sep.**
    - **spärlich**: asc-c.$_{cl}$
    - **einsetzen**; als würden die Menses: am-m. ambr. *Apis Aur.* bry. cina cocc. *Croc.* kali-c. kreos. *Lil-t. Lyc. Nat-c.* nat-m. phos. **Plat. Puls.** ruta$_{h}$ **Sep.** stann. til.
  - **Mittagessen**, beim: am-c.$_{al,k}$
  - **Sitzen**, beim: am-c. ang.$_{h}$ iod.$_{h}$
    - **gebeugtem**, bei: *Bell.*
  - **sitzen**; muß gebeugt: kali-c.$_{h}$
  - **Stehen**: arn.$_{h}$ sulph.$_{h}$
    - **agg.**: lil-t.$_{brl}$
  - **Strecken** amel.: iod.$_{h}$
  - **Stuhlgang**:
    - **vor**: nat-m.$_{al,k}$ spig.$_{h}$ thuj.$_{h}$
    - **während**: arg-met.$_{h}$ calc. **Lil-t.** *Nat-m.* nux-m. *Podo.*
    - **nach**: ambr.$_{al,k}$ arg-met.$_{h}$ iod.$_{al,k}$ zinc.$_{h}$
      - **amel.**: zinc.$_{h}$
  - **unten**, nach: aloe$_{gsy1}$ *Con.* cupr.$_{h}$ lil-t.$_{al,k}$ merc.$_{al,k}$ *Pall. Psor.*$_{al,k}$ **Puls.** *Sars.* **Sep.** sulph.
  - **Urinieren**:
    - **beim**: *Lil-t. Nux-v.*
    - **nach**: ph-ac.

- **Ileozökalregion**, durch eingeklemmten Flatus: verat.$_{h}$
- **Leber**: *Acon.* aesc. agar.$_{a1,k}$ all-c. *Aloe* alum-sil.$_{k2}$ am-c. *Ambr.* anac. arg-n. arn. *Ars.*$_{a1,k}$ ars-i.$_{k2}$ *Asaf.* berb. *Bry.* cain. *Calc. Calc-p.* calc-s. *Carb-an.*$_{a1,k}$ carb-v. carbn-s. *Card-m.* **Chel.**$_{a1,k}$ *Chin. Cocc. Con.* dig. *Graph.* kali-ar. *Kali-c.* kali-s. kali-sil.$_{k2}$ kreos. lact. *Laur.* lith-c. *Lyc.* **Mag-m.** *Merc.* mur-ac.$_{k2}$ nat-c.$_{h}$ *Nat-m.* **Nat-s.** *Nux-m.*$_{a1,k}$ **Nux-v.** ol-an. petr. ph-ac. *Phos.* plb. *Prun.* ran-s. raph. *Ruta* sabad. sabin. **Sep.**$_{a1,k}$ *Sil. Stann.* sul-i.$_{k2}$ *Sulph.*$_{a1,k}$ tab. ter. thuj. *Zinc.* zinc-p.$_{k2}$
  - **Gehen**, beim: sep.$_{h}$
  - **unter** der:
    - **Gehen**, beim: thuj.$_{h}$
- **Leistengegend**: agar.$_{a1,k}$ *Alum.*$_{a1,k}$ am-c.$_{a1,k}$ arg-n.$_{a1,k}$ ars.$_{a1,k}$ *Aur.* bell.$_{a1,k}$ berb.$_{a1,k}$ borx. *Calc.* cann-s. euph. graph.$_{a1,k}$ hell.$_{a1,k}$ iod.$_{a1,k}$ kali-bi.$_{a1,k}$ kali-c.$_{h}$ *Kali-i.* lyc.$_{a1,k}$ merc. mez. nat-s. petr. *Plat.*$_{a1,k}$ ruta$_{h}$ sul-ac.$_{a1,k}$ sul-i.$_{k2}$ sulph.$_{a1,k}$ *Thuj.*$_{a1,k}$ zinc.$_{a1,k}$
  - **links**: *All-c.*$_{a1,k}$ berb.$_{a1,k}$ calc. sulph.$_{a1,k}$ zinc.$_{a1,k}$
  - **rechts**: aur. carb-v.$_{h}$ clem.$_{h}$ hell.$_{a1,k}$ iod.$_{a1,k}$ lyc.$_{a1,k}$ mez. nat-s. sep.$_{h}$
  - **morgens**: sul-ac.$_{a1,k}$
  - **nachmittags**: all-c.$_{a1,k}$
    - **Kaffee**, nach: all-c.$_{a1,k}$
  - **abends**: alum.$_{a1,k}$
  - **Ausatmen** agg.: mez.$_{h}$
  - **außen**, nach: *Alum.* anac.$_{h}$ aur.$_{h,k,*}$ bar-c.$_{h}$ **Bell.** camph.$_{a1,k}$ caust.$_{h}$ *Cocc.* con.$_{h}$ euph.$_{h}$ gran. graph.$_{h}$ ign. kali-c. lyc.$_{a1,k}$ nux-m.$_{a1,k}$ ph-ac.$_{a1,k}$ rhus-t.$_{a1,k}$ sep.$_{h}$ sul-ac.$_{a1,k}$ ter. teucr.$_{a1,k}$ thuj.
  - **Ausstrecken**, beim: am-c. aur.$_{h,k,*}$ graph.$_{h}$ mez.
  - **Berührung** agg.: arg-n.$_{a1,k}$
  - **Beugen** agg.: mez.$_{h}$
  - **Bewegung**, bei: bar-c.$_{h}$ sep.$_{h}$
  - **Bücken**, beim: meny.$_{h}$ sep.$_{h}$
    - **amel.**: graph.$_{h}$
  - **Druck** agg.: ph-ac.$_{h}$
  - **Flatus** amel.: kali-c.$_{h}$
  - **Gehen**, beim: dig.$_{h}$ ph-ac.$_{h}$ sep.$_{h}$
  - **Hochziehen** des Beines:
    - **amel.**: mez.
  - **Lachen**, beim: sep.$_{h}$
  - **Menses**:
    - **während**: *Borx. Carb-an.*$_{a1,k}$ castm. kali-c. *Plat.*$_{a1,k}$ sep.
    - **nach**: plat.
  - **Sitzen**, beim: aur. caust.$_{h}$ chin.$_{h}$ petr.$_{h}$ spong.$_{h}$
    - **gebeugtem**, bei: *Bell.*
  - **Stehen**: camph. nat-s.
    - **amel.**: aur.$_{h,k,*}$
  - **Stuhlgang**:
    - **vor**: *Trom.*
    - **während**: bar-c.$_{h}$
  - **unten**, nach: *Plat.*$_{a1,k}$
  - **Urinieren**: mez.
    - **nach**: euph.$_{h}$ lyc.$_{h}$
  - **wellenartig**: sep.$_{h}$
- **Leistengegend**: ...
  - **ziehend**: sulph.$_{h}$
  - ▽ **erstreckt** sich zu:
    - **Genitalien**: *Alum. Plat.*
    - **Oberschenkel**: sep.$_{h}$
  - ○ **Leistendrüsen**: dulc.$_{h}$ meny.$_{h}$ stann.$_{h}$
- **Milz**: agar.$_{a1,k}$ *Ars.* borx. *Carb-v.* chin. chinin-s. crot-t.$_{a1,k}$ *Fl-ac.* graph. *Ign.*$_{a1,k}$ *Kreos.* lyss. *Merl.*$_{a1,k}$ nat-c.$_{h}$ *Nat-m. Nit-ac.* ol-an. polyg-h. rheum$_{h}$ stann. sulph. zinc.$_{h}$
  - **Aufstoßen**, vor: sulph.$_{h}$
  - **Druck** agg.: zinc.$_{h}$
  - **Liegen** auf der linken Seite: agar.$_{a1,k}$
- **Mons** veneris: meny.$_{h}$
- **Nabelgegend**: acon.$_{a1,k}$ alum.$_{h,k,*}$ am-c.$_{a1,k}$ ambr.$_{a1,k}$ **Anac.**$_{a1,k}$ arn. bell.$_{h}$ bry.$_{a1,k}$ camph.$_{a1,k}$ carb-v.$_{h}$ chel.$_{a1,k}$ *Chin.*$_{a1,k}$ chinin-s. cina cocc. colch. *Coloc.*$_{a1,k}$ crot-h. crot-t.$_{a1,k}$ cupr. dig.$_{h}$ *Dios.* dulc. grat. hell.$_{a1,k}$ hyos.$_{h}$ ign.$_{a1,k}$ *Lach.* lact. lyc.$_{a1,k}$ mang.$_{h}$ meny. *Nat-m.* nit-ac.$_{a1,k}$ olnd.$_{a1,k}$ petr.$_{h}$ *Ph-ac. Ran-s.* raph. rheum samb.$_{a1,k}$ seneg.$_{a1,k}$ sep.$_{a1,k}$ *Spig.* stann.$_{h}$ staph.$_{h}$ sul-ac.$_{h}$ *Sulph.*$_{a1,k}$ tab.$_{a1,k}$ teucr. *Verb.*$_{a1,k}$ zinc.$_{a1,k}$
  - **morgens**: mang.$_{h}$
  - **nachmittags**: alum.$_{h,k,*}$
    - **16** h: *Sulph.*
    - **Stehen**, im: alum.$_{h,k,*}$
  - **abends**: nat-m.$_{h}$
    - **Bett**, im: chin. valer.
  - **nachts**: carb-v.$_{h}$ sep.$_{h}$ sulph.$_{h}$
  - **anfallsweise**: nat-m.$_{a1,k}$ sep.$_{h}$
  - **Atmen**; beim: anac.$_{c1}$
  - **Aufstoßen** amel.: ambr.$_{h,k,*}$
  - **Bücken**, beim: *Verb.*$_{a1,k}$
  - **Druck** agg.: anac.$_{h}$ zinc.$_{h}$
  - **Einatmen** agg.: anac.$_{h}$ coloc.$_{h}$
  - **Einziehen** des Abdomens agg.: zinc.$_{h}$
  - **Essen**, nach dem: anac.$_{h}$ chin.$_{h}$ *Coloc.*
  - **Flatus**; wie durch: coloc.$_{h}$ zinc.$_{h}$
  - **Gehen**, beim: anac.$_{h}$ zinc.$_{h}$
    - **Luft**:
      - **Freien**, im: bry.
    - **schnellem** Gehen, bei: chin.$_{h}$
  - **Hernie** hervortreten würde; als ob eine: dulc.
  - **Husten**, beim: ambr.$_{a1,k}$
  - **Knopf**; wie durch einen: am-c.$_{a1,k}$ *Anac.*
  - **periodisch**: *Chel.* ph-ac.$_{h}$
  - **Pflock**, wie ein: *Anac. Verb.*
  - **Stehen**, beim: alum.
  - **Stuhlgang**:
    - **während**: anac.$_{h}$
    - **nach**: anac.$_{h}$
  - ▽ **erstreckt** sich zu:
    - **Anus**: ox-ac.$_{a1,k}$
    - **Brust**, linke: chel.
    - **Epigastrium**: crot-t.$_{a1,k}$
  - ○ **über** dem Nabel: kali-c.$_{h}$ mang.$_{a1}$
  - **unter** dem Nabel:
    - **morgens**: calc.$_{h}$
- **Seiten**: alum. am-c. am-m.$_{a1,k}$ anac.$_{a1,k}$ ars.$_{a1,k}$ *Asaf.*$_{a1,k}$ asar.$_{a1,k}$ *Aur.* berb. carb-v. chin.$_{a1,k}$

• **Seiten**: ...
dios.$_{al,k}$ ign.$_{al,k}$ kali-c.$_{al,k}$ kalm.$_{al,k}$ lyc.$_{al,k}$ mag-m.$_{al,k}$ merc.$_{al,k}$ mur-ac. nat-c.$_{h}$ *Nat-m.*$_{al,k}$ **Nat-s.** *Nit-ac.*$_{al,k}$ *Nux-v.*$_{al,k}$ ph-ac. *Phos.* *Sep.*$_{al,k}$ staph. tarax. *Thuj.*$_{al,k}$ zinc.$_{al,k}$
• **links**: am-c. anac.$_{al,k}$ berb. camph. carb-an.$_{h}$ carb-v.$_{h}$ kali-c. kali-n. led.$_{h}$ lyc.$_{h}$ mag-m.$_{al,k}$ *Nat-c.* nat-m. *Nit-ac.*$_{al,k}$ sars.$_{h}$ sul-ac.$_{h}$ sulph. tarax.
• **rechts**: ang.$_{h}$ ars.$_{al,k}$ bar-c.$_{h}$ cain. calc.$_{h}$ *Card-m.* con.$_{h}$ lyc.$_{al,k}$ *Merc.*$_{al,k}$ **Nat-s.** prun. sep.$_{h}$ stann.$_{h}$ thuj.$_{al,k}$ zinc.$_{al,k}$
• **Liegen** auf der rechten Seite; beim: prun.
• **morgens**: bar-c.$_{h}$ merc.$_{al,k}$
• **Bett**, im: bell.$_{h}$
• **abends**: fl-ac.$_{al,k}$
• **Mitternacht**, nach: thuj.$_{h}$
• **außen**, nach: calc.$_{h}$ coloc.$_{al,k}$ lyc.$_{h}$ *Nux-v.* sul-ac.
• **Berührung**, bei: nat-c.$_{h}$
• **Bewegung**, bei: asar.
• **Bücken**, beim: kali-c.
• **Drücken** des Magens; beim: bell.$_{h}$
• **Einatmen**, beim tiefen: con.$_{h}$ sars.$_{h}$ thuj.$_{al,k}$
• **Einziehen** der Bauchmuskeln; beim: *Asaf.*
• **Essen**, nach dem: sep.$_{h}$
• **Fahren** oder Reiten, beim: *Card-m.* hep.$_{al,k}$
• **Gehen**, beim: castm. kali-n. led.$_{h}$ nat-c.$_{h}$ zinc.$_{h}$
• **Herumdrehen** amel.: bell.$_{h}$
• **Husten**, beim: spong.
• **Kneten** amel.: **Nat-s.**
• **Menses**, während: *Nux-v.*$_{al,k}$
• **periodisch**: ph-ac.
• **Seite**, auf der man liegt: bell.$_{h}$
• **Sitzen**, im: am-c. calc.$_{al,k}$
• **ziehend**: laur.$_{al,k}$ nat-m. sulph.$_{al,k}$
▽ **erstreckt** sich zu:
• **Nabel**: aloe
○ **Flanke**, in der: ambr. coff. colch. sabad. sars. squil.$_{h}$
• **Flatus** und beim Stuhlgang; durch: spong.$_{h}$
• **Symphyse**: hell.$_{h}$
– **durchdringend**
☞ *stechend*
– **gepackt**; wie mit den Fingernägeln: bell.$_{bg2,k}$ ip.$_{bg2,k}$
– **geschwollen**, wie: stram.$_{h}$
– **geschwürig**: hep.$_{c1}$
○ **Hypogastrium**: nit-ac.
• **Leistengegend**: am-m. cic. con.
• **Nabel**:
○ **Nabelgegend**: mag-c.$_{h}$
• **Seiten**: petr.$_{h}$
– **glucksend**: sul-ac.$_{h}$
– **grabend**: alum.$_{h}$ am-m.$_{h}$ carc.$_{az1}$ mag-c.$_{h}$ mag-m.$_{h}$ nat-c.$_{h}$ sep.$_{h}$ stann.$_{h}$ sul-ac.$_{h}$
○ **Nabelgegend**: dig.$_{h}$ mag-c.$_{h}$ *Scir.*$_{c1}$ stann.$_{h}$
– **greifend**
☞ *krallend*
– **herausgerissen** oder lose; wie: nat-m.$_{bg1,bg2}$
○ **Därme**: mag-c.$_{h}$
• **Nabel**: ip.$_{h}$ stram.$_{h}$

– **hindurchgepreßt**, wie: bar-c.$_{bg1}$ carb-an.$_{bg1}$
– **kneifend**
☞ *krampfartig*
– **kneifend**, stechend, zuckend: *Bov.*$_{al,k}$ *Carb-an.* castm. crot-t.$_{al,k}$ grat.$_{al,k}$ mag-c. *Mag-m.* merl. mur-ac. nat-c.$_{h}$ nit-ac.$_{h}$ sil. sul-ac. zinc.$_{h}$
• **Essen**, nach dem: sil.$_{h}$
• **Flatus**, vor: zinc.$_{h}$
○ **Hypochondrien**: laur.$_{al,k}$ nux-v.$_{al,k}$
• **links**: laur.$_{al,k}$
• **rechts**: nux-v.$_{al,k}$
• **Leber**: berb.$_{k2}$
• **Leistengegend**: castm. indg.$_{al,k}$ lyc.$_{al,k}$
▽ **erstreckt** sich zu:
• **Brust**: indg.
– **krallend**: alum. ars. *Bell.*$_{al,k}$ carb-an. coloc. hep. *Ip.* lyc. mosch. nux-v.$_{al}$ petr.$_{al}$ sep. zinc.
• **Menses**, vor den: *Bell.*
○ **Hypochondrium**: **Bell.** nat-m.$_{bg2,k,*}$ rhod.$_{al,k}$
• **rechts**: **Bell.** *Nat-s.*
▽ **erstreckt** sich zu:
• **Rücken**: nat-m.
• **Hypogastrium**: **Bell.** lyc. puls.
• **Leber**: med.$_{c1,k2}$
• **Leistengegend**: hep.$_{c1}$ kali-i.
• **Milz**: med.$_{c1,k2}$
• **Nabelgegend**: acon.$_{al,k}$ *Bell.*$_{al,k}$ *Hep.* kreos.$_{al,k}$ petr.$_{al,k}$ stann.
• **anfallsweise**: petr.$_{al,k}$
• **Menses**, vor den: kreos.$_{al,k}$
• **Seiten**: hep.$_{h}$ petr.$_{al,k}$
– **krampfartig**, kneifend (= Kolik): *Abrot.*$_{hr1,k}$ acal.$_{br1}$ acet-ac.$_{al,k}$ *Acon.*$_{al,k}$ aesc.$_{al,k}$ aeth. **Agar.**$_{al,k}$ ail.$_{al,k}$ all-c. **Aloe** *Alum.*$_{al,k}$ alum-p.$_{k2}$ alum-sil.$_{k2}$ *Alumn.* *Am-c.*$_{al,k}$ **Am-m.**$_{al,k}$ ambr.$_{al,k}$ ammc.$_{al}$ *Anac.*$_{al,k}$ anan. ang.$_{c1,h}$ *Ango.*$_{c1}$ *Ant-c.* *Ant-t.*$_{al,k}$ *Apis* aran. arg-met. *Arg-n.* arn. *Ars.*$_{al,k}$ ars-i. ars-s-f.$_{al,k2}$ ars-s-r.$_{al}$ *Asaf.*$_{k,k2,*}$ *Asar.* *Aur.*$_{al,k}$ aur-ar.$_{k2}$ aur-i.$_{k2}$ aur-m. aur-s.$_{k2}$ bamb-a.$_{stb2}$ bar-c.$_{al,k}$ bar-i. *Bar-m.* bar-s.$_{k2}$ **Bell.**$_{al,k}$ *Berb.*$_{al,k}$ *Bism.*$_{al,k}$ *Borx.* *Bov.* brom.$_{al,k}$ *Bry.*$_{al,k}$ bufo cact. calad. **Calc.**$_{al,k}$ calc-i.$_{k2}$ *Calc-p.*$_{al,k}$ calc-s. calc-sil.$_{k2}$ camph.$_{al,k}$ cann-s.$_{al,k}$ canth.$_{al,k}$ caps. *Carb-ac.* *Carb-an.*$_{al,k}$ **Carb-v.**$_{al,k}$ **Carbn-s.** carc.$_{az1}$ card-b.$_{al}$ card-m.$_{hr1,k}$ carl.$_{al,k}$ caul. *Caust.*$_{al,k}$ cedr. cere-b.$_{al}$ **Cham.**$_{al,k}$ **Chel.**$_{al,k}$ chen-v.$_{al}$ *Chin.*$_{al,k}$ chinin-ar. *Cic.* *Cina* cinch.$_{al}$ cinnb.$_{al,k}$ clem.$_{al,k}$ cob. coc-c.$_{al,k}$ **Cocc.**$_{al,k}$ *Coff.*$_{al,k}$ *Colch.*$_{al,k}$ **Coloc.**$_{al,k}$ colocin.$_{al}$ *Con.*$_{al,k}$ conv.$_{br1}$ *Cop.*$_{al,k}$ corn.$_{al,k}$ croc.$_{al,k}$ *Crot-t.*$_{al,k}$ cub.$_{al,k}$ **Cupr.**$_{al,k}$ *Cupr-ar.*$_{al,k}$ *Cycl.*$_{al,k}$ *Dig.*$_{al,k,*}$ **Dios.**$_{al,k,*}$ dros.$_{al,k}$ **Dulc.**$_{al,k}$ echi. echit.$_{al}$ elaps *Elat.*$_{al,k}$ erech.$_{al}$ erig. eryt-j.$_{al}$ *Eup-per.*$_{hr1,k}$ eup-pur.$_{al}$ *Euph.* *Euphr.*$_{al,k}$ eupi. *Ferr.*$_{al,k}$ ferr-ar. ferr-p. gamb.$_{al,k}$ *Gels.* gent-c. gink-b.$_{sbd1}$ glon.$_{al,k}$ gnaph.$_{al,k}$ *Gran.*$_{al,k}$ granit-m.$_{es1}$ **Graph.**$_{al,k}$ *Grat.*$_{al,k}$ guaj.$_{al,k}$ *Ham.* *Hell.*$_{al,k}$ *Hep.*$_{al,k}$ *Hydr.*$_{al,k}$ hydrc. *Hyos.*$_{al,k}$ hyper.$_{al,k}$ **Ign.**$_{al,k}$ iod.$_{al,k}$ **Ip.**$_{al,k}$ *Iris* jab.$_{al,k}$ *Jal.*$_{bro1}$ jatr-c. jug-r.$_{al,k}$ kali-ar. *Kali-bi.*$_{al,k}$ *Kali-br.* *Kali-c.*$_{al,k}$ kali-i.$_{al,k}$ kali-m.$_{k2}$ kali-n.$_{al,k}$ kali-p. *Kali-pic.*$_{al,c1}$ *Kali-s.*$_{al,k}$ kali-sil.$_{k2}$ *Kreos.*$_{al,k}$ *Lac-c.* *Lach.*$_{al,k}$ lact.$_{al,k}$ *Laur.*$_{al,k}$ lec.

- **krampfartig**: ...
  Led. liat.$_{brl}$ *Lil-t.* lob. **Lyc.**$_{al,k}$ lycps-v. lyss. *Mag-c.*$_{al,k}$ **Mag-m.**$_{al,k}$ **Mag-p.** mag-s. manc.$_{al,k}$ mang.$_{al,k}$ meny. *Merc.*$_{al,k}$ merc-c.$_{al,k}$ merl.$_{al,k}$ *Mez.*$_{al,k}$ *Mosch.*$_{al,k}$ *Mur-ac.*$_{al,k}$ naja *Nat-ar.* *Nat-c.*$_{al,k}$ *Nat-m.*$_{al,k}$ nat-p.$_{al,k}$ *Nat-s.*$_{al,k}$ *Nit-ac.*$_{al,k}$ *Nux-m.*$_{al,k}$ **Nux-v.**$_{al,k}$ ol-j. olnd.$_{al,k}$ onos. **Op.**$_{al,k}$ ox-ac.$_{al,k}$ paeon. pall. *Par.* *Petr.*$_{al,k}$ **Ph-ac.**$_{al,k}$ phel.$_{al,k}$ phos.$_{al,k}$ *Phyt.*$_{al,k}$ *Pic-ac.*$_{al,k}$ plan.$_{hrl,k,*}$ *Plat.* **Plb.**$_{al,k}$ **Podo.**$_{al,k}$ prun.$_{al,k}$ psor.$_{al,k}$ ptel.$_{al,k}$ **Puls.**$_{al,k}$ pyrog.$_{k2}$ *Ran-b.* ran-s.$_{al,k}$ *Raph.*$_{al,k}$ rat.$_{al,k}$ *Rheum* rhod.$_{al,k}$ *Rhus-t.*$_{al,k}$ rhus-v.$_{al,k}$ *Rumx.* ruta sabad.$_{al,k}$ sabin. samb.$_{al,k}$ sars.$_{al,k}$ *Sec.* senec.$_{al,k}$ seneg.$_{al,k}$ **Senn.**$_{al,k}$ *Sep.*$_{al,k}$ **Sil.**$_{al,k}$ *Spig.*$_{al,k}$ **Spong.**$_{al,k}$ squil.$_{al,k}$ **Stann.**$_{al,k}$ *Staph.*$_{al,k}$ *Stram.*$_{al,k}$ *Stront-c.* **Stry.**$_{al,k}$ *Sul-ac.*$_{al,k}$ **Sulph.**$_{al,k}$ sumb.$_{al,k}$ tab.$_{al,k}$ tarax.$_{al,k}$ *Tarent.*$_{al,k}$ tell. *Ter.*$_{al,k}$ teucr.$_{al,k}$ *Thuj.*$_{al,k}$ trom.$_{al,k}$ tub.$_{cl}$ v-a-b.$_{jl}$ *Valer.* **Verat.**$_{al,k}$ verb.$_{al,k}$ vib. viol-t.$_{al,k}$ vip.$_{al,k}$ *Zinc.*$_{al,k}$ zinc-fcy.$_{al}$ zinc-p.$_{k2}$ **Zing.**
  - **eine** oder beide Seiten: ign.$_{brl}$
  - **morgens**: agar. am-c. calc.$_{al,k}$ carbn-s. **Caust.** coc-c.$_{al,k}$ colch.$_{al,k}$ coloc.$_{al,k}$ con. cupr.$_{al,k}$ **Dios.**$_{al,k}$ dulc.$_{al,k}$ euphr. graph. hep.$_{al,k}$ kali-bi.$_{al,k}$ kali-c. kali-n.$_{h}$ lact.$_{al,k}$ lob.$_{al,k}$ *Lyc.*$_{al,k}$ mag-m.$_{al,k}$ mang.$_{al,k}$ nat-c.$_{al,k}$ nat-m.$_{al,k}$ nat-s.$_{k2}$ nit-ac.$_{al,k}$ **Nux-v.**$_{al,k}$ phos.$_{al,k}$ plan.$_{al,k}$ psor.$_{al,k}$ *Puls.* rat.$_{al,k}$ ruta sabin.$_{al,k}$ sars.$_{h}$ sep.$_{al,k}$ staph. sulph.$_{al,k}$ tarent.$_{al,k}$ xan.$_{al,k}$ zinc.$_{al,k}$ zinc-p.$_{k2}$
    - **6** h: choc.$_{srj3}$ *Coloc.*
    - **Aufstehen**: nat-m. ruta
      - **nach**: am-m.$_{h}$ ars.$_{h}$ mag-m.$_{al,h}$ nit-ac.$_{h}$
        - **amel.**: nat-m.$_{h}$
    - **Bett**, im: agar. euph.$_{h}$ kali-c.$_{h}$ lact.$_{al,k}$ mag-c.$_{h}$ mang.$_{al}$ nat-m.$_{al,k}$ **Nux-v.**$_{al,k}$ psor.$_{al,k}$ *Puls.* sabin.$_{al,k}$
    - **Entblößen**, beim: rheum$_{h}$
    - **Erwachen**, beim: agar. cob. coc-c.$_{al}$ colch.$_{al,k}$ lyc.$_{al,k}$ mang.$_{h}$ nat-m.$_{al,k}$ rheum$_{h}$ xan.$_{al,k}$
    - **nüchtern**, wenn: dulc.$_{al,k}$
  - **vormittags**: agar.$_{al,k}$ am-c.$_{al,k}$ am-m. coloc.$_{al,k}$ **Dios.** kali-bi.$_{al,k}$ kali-n.$_{h}$ lyc.$_{al,k}$ mag-c.$_{al,k}$ *Nat-c.* paeon.$_{al,k}$ sars.$_{al,k}$ sulph.$_{al,k}$ tell. xan.
    - **9** h: mag-c.
    - **10** h: carbn-s.
    - **11** h: corn.
  - **mittags**: alumn. carb-v.$_{h}$ kali-c. mag-c.$_{h}$ sulph.$_{al,k}$
  - **nachmittags**: agar.$_{al,k}$ alum.$_{h}$ bamb-a.$_{stb2}$ bism. bry.$_{al,k}$ carb-v.$_{al,k}$ carbn-s. coloc.$_{al,k}$ corn. grat.$_{al,k}$ kali-n.$_{al,k}$ laur. lyc.$_{al,k}$ mag-c.$_{al,k}$ nat-c.$_{al,k}$ nat-m.$_{al,k}$ nat-s.$_{al,k}$ nicc. op.$_{al,k}$ pall.$_{cl}$ par.$_{al,k}$ phyt.$_{al,k}$ senec.$_{al,k}$ sil.$_{al,k}$ spig.$_{h}$ sulph.$_{al,k}$ *Verat.*
    - **13** h: mag-m.
    - **15** h:
      - **15** - 22 h: lyc.$_{h}$
    - **16** h: caust. coloc. hell. **Lyc.** puls.$_{sys}$
      - **16** - 21 h: *Coloc.*
    - **17** h: aran. tell.
  - **abends**: alum.$_{al,k}$ am-c. bism.$_{al,k}$ calad. **Calc.** carb-v.$_{al,k}$ castm. chin.$_{al,k}$ cycl. dulc.$_{al}$ grat.$_{al,k}$
  - **abends**: ...
    Iris kali-n.$_{h}$ led. lyc.$_{pd}$ mag-c.$_{h}$ mag-m. mag-s.$_{al,k}$ meph.$_{al}$ merc.$_{al,k}$ nat-m.$_{h}$ petr.$_{al,k}$ ph-ac.$_{al,k}$ plan.$_{al,k}$ plb.$_{al,k}$ *Puls.* sars. senec.$_{al,k}$ stann.$_{h}$ sul-ac.$_{h}$ sulph.$_{al,k}$ tarent. thuj.$_{al,k}$ *Valer.* zinc.$_{al,k}$
    - **Bett**, im: alum.$_{al,k}$ ars.$_{h}$ hyos.$_{h}$ *Valer.*
  - **nachts**: alum.$_{h}$ arg-n. bry.$_{al,k}$ **Calc.** calc-s. carbn-s. cent.$_{al}$ *Chin.* cupr. *Cycl.*$_{al,k}$ dig.$_{al,k}$ euphr.$_{al,k}$ ferr.$_{cl}$ graph. grat.$_{brol}$ *Ign.*$_{st}$ *Iris* kali-c.$_{al,k}$ kali-s. mez.$_{al,k}$ myric.$_{al,k}$ nat-c.$_{al,h2}$ *Nat-s.* *Nit-ac.*$_{al,k}$ osm.$_{al,k}$ ox-ac.$_{k2}$ *Podo.*$_{al,k}$ *Rhus-t.* senec.$_{al,k}$ sep.$_{h}$ stront-c. sul-ac.$_{al,k}$ *Sulph.*$_{al,k}$ *Valer.*$_{al,k}$
    - **Mitternacht**: alum.$_{h}$ chin.$_{k2}$ **Cocc.** coloc.$_{h}$ lyc. **Nit-ac.** petr.$_{h}$ rhus-t. *Zinc.*
      - **nach**: am-m.$_{gsy1}$ aur. sulph.$_{h}$
        - **1** h: *Mag-m.*
        - **2** h: nat-s. phos.$_{h}$
        - **3** h: carb-v.$_{h}$
        - **5** h: cob.
          - **bis**: nat-s.$_{cl}$
    - **Bett**, im: cub.$_{cl}$ dig.$_{al,k}$ rhus-t.
    - **Entblößen**, beim: bry.$_{al,k}$
  - ◇ **abwechselnd** mit:
    - **Brust**; Schmerz in der: *Ran-b.*
    - **Delirium**
      ☞ ❑ *Gemüt - Delirium - abwechselnd mit - Abdomen*
    - **Schwindel**
      ☞ ❑ *Schwindel - Abwechselnd mit - Kolik*
  - ◆ **begleitet** von:
    - **Speichelfluß**: led.$_{krl,vkl}$ rheum$_{krl,vkl}$
    - **Zunge**:
      - **schwarze** Farbe der Zunge: *Alum.*$_{krl,vkl}$
      - **weiße** Farbe der Zunge: *Mag-p.*$_{krl,vkl}$ op.$_{krl,vkl}$
  - **Abendessen**, nach dem: alum. calc. coff.$_{al,k}$ gels.$_{al,k}$ grat. ol-an.$_{al,k}$ *Zinc.*
  - **Ärger**, Verdruß; nach: **Coloc.** scroph-n.$_{cl}$ *Staph.*
  - **Aufstehen** vom Sitzen, beim: kali-c.
    - **amel.**: chin.$_{al,k}$ spong.
  - **Aufstoßen**:
    - **agg.**: pall.$_{cl}$
    - **amel.** durch: carb-v. kali-c.$_{h}$ sep. *Sulph.*
    - **nicht** amel. durch: mag-p.$_{cl}$
  - **Auftreibung** durch Blähungen; mit: arg-n.$_{brl}$
  - **Ausatmen**: dig.$_{cl}$
  - **Babies**, Kolik bei: aeth.$_{brol}$ all-c.$_{brol}$ *Anis.*$_{brol}$ **Arg-n.**$_{brol}$ asaf.$_{brol}$ bell.$_{brol}$ calc-p.$_{brol}$ catar.$_{brol}$ *Cham.*$_{brol}$ *Cina*$_{brol}$ coloc.$_{brol}$ jal.$_{brol}$ kali-br.$_{brol}$ **Lyc.**$_{brol}$ *Mag-p.*$_{brol}$ menth.$_{brol}$ nepet.$_{brol}$ nux-v.$_{brol,pd}$ rheum$_{brol}$ senn.$_{brol}$ staph.$_{brol}$
  - **Beleidigung**, nach: **Staph.**
  - **Bett**, im: alum.$_{al,k}$ dig.$_{al,k}$ dios. kali-c.$_{al,k}$ lact.$_{al,k}$ nat-m.$_{al,k}$ **Nux-v.**$_{al,k}$ psor. rhus-t. sabin.$_{al,k}$ valer.
  - **Beugen**:
    - **hinten** amel.; nach: bell. dios. nux-v. onos. plb.$_{brol}$
    - **vorne** amel.; nach: *Acon.* am-c. bell.$_{k2}$ carb-v.$_{pd}$ *Caust.* *Chin.* coff. *Colch.* **Coloc.** *Kali-c.* *Lach.* *Mag-p.* petr.$_{cl}$ phos. *Plb.* prun. *Rhus-t.* sars.$_{h}$ senec. *Stann.* stram. zinc.

- **Beugen**: ...
  - **Zusammenkrümmen**:
    - **amel**.: granit-m.$_{es1}$
    - **muß** sich zusammenkrümmen: granit-m.$_{es1}$ podo.$_{k2}$
- **Bewegung**, bei: alum.$_{h}$ brom. **Cocc.** corn-f. dig.$_{c1}$ **Ip.** mag-p. *Mur-ac. Nit-ac. Nux-v.* ox-ac.$_{k2}$ phys. ran-b. raph. rhus-t. *Zinc.*
  - **amel**.: bov. cub.$_{c1}$ *Gels.* rhus-t.
- **Bleivergiftung**; durch: plat.$_{k2}$
- **Bücken** agg.: am-c. dulc. nux-v. *Sulph.*$_{a1,k}$
- **Diarrhoe**:
  - **vor**: ars.$_{h}$ kali-n.$_{h}$ mag-c.$_{h}$ mag-m.$_{h}$ phos.$_{h}$ sulph.$_{h}$
  - **mit**: ars.$_{h}$ bamb-a.$_{stb2}$ petr.$_{h}$ phos.$_{h}$ sep.$_{h}$ zinc.$_{h}$
- **Druck** amel.: am-c. brom.$_{a1,k}$ chinin-ar.$_{c1}$ **Coloc.**$_{a1,k}$ *Mag-p.* mang.$_{a1,k}$ *Podo.*$_{a1,k}$ *Stann.*
- **Einatmen**, beim: aesc. am-m.$_{a1,k}$ brom.$_{a1,k}$ guaj.$_{h}$ *Sulph.*$_{a1,k}$
- **Eiscreme**, nach: **Ars.** *Calc-p. Ip. Puls.*
- **Erbrechen**; vor dem: aeth.$_{br1}$
- **Erkältung**, nach einer: *All-c.* alum.$_{h}$ alumn. *Dulc.* nat-c.$_{h}$ nit-ac.$_{h}$ phos.$_{h}$ rhus-t.$_{h}$
  - **wie** nach: hep.$_{h}$ petr.$_{h}$ stann.$_{h}$
- **Erwachen**, beim: alum.$_{a1,k}$ coc-c.$_{a1,k}$ colch. colocin.$_{a1}$ euphr. ferr.$_{a1,k}$ lyc.$_{a1,k}$ mez. nat-m. stann.$_{a1,k}$ *Stront-c.* xan. *Zinc.*
- **Essen**:
  - **beim**: carb-v.$_{a1,k}$ caust.$_{h}$ dulc.$_{a1,k}$ kali-p. *Nux-v.*
  - **nach**: *All-c.* aloe$_{k2}$ *Ant-t.*$_{a1,k}$ aur-i.$_{k2}$ bell. caps.$_{h}$ carb-v.$_{a1,k}$ caust. chin. cic. coc-c.$_{a1,k}$ cocc.$_{h}$ *Colch. Coloc.* con. cupr. gamb.$_{a1,k}$ *Graph.* grat.$_{a1,k}$ hell.$_{h}$ kali-c.$_{h}$ kali-p. lyc.$_{a1,k}$ marb-w.$_{es1}$ *Nat-c.*$_{a1,k}$ nux-m. *Puls. Rhus-t.* sars.$_{a1,k}$ *Sulph. Verat.* zinc.
    - **amel**.: *Bov.* plan.$_{hr1}$ psor.
    - **zwei** Stunden nach dem Essen: sil.$_{h}$
  - **Speisen**; kalte: mang.$_{k2}$
- **Fahren** oder Reiten, beim: caj.$_{a1}$ carb-v.$_{ptk1}$ psor.$_{a1,k}$
- **Fieber**; während: caps. carb-v. elat. rhus-t. rob.
- **Flatus**, Abgang von: absin.$_{br1}$ asc-t.$_{c1}$ aur. canth. cham.$_{c2}$ *Chin.* euph.$_{h}$ ferr.$_{c1}$ ferr-ar.$_{k2}$ gink-b.$_{sbd1}$ graph.$_{h}$ kali-c.$_{h}$ mag-p.$_{c1}$ mang.$_{h}$ mill.$_{pd}$ mur-ac.$_{h}$ nit-ac.$_{h}$ phos.$_{h}$ polyg-xyz.$_{c2}$ spig.$_{h}$ *Squil.* staph.$_{h}$ sulph.$_{h}$
  - **amel**.: *Acon. Am-c.* carb-v.$_{h,k2,*}$ caust.$_{h}$ cimx. *Coloc. Con.* dulc.$_{a1}$ *Echi.* euph.$_{h}$ *Graph.* grat.$_{k2}$ *Hydr.* kali-c.$_{h}$ lyc. mag-c. mag-m.$_{h}$ meny.$_{h}$ merc-c. nat-ar. nat-c.$_{h}$ *Nat-m.* nux-m. ol-an. plat.$_{h}$ psor. rumx. sil. spig.$_{h}$ spong. squil. sulph.
    - **nicht** amel. durch: mang.$_{a1}$
  - **vor**: ars.$_{h}$ graph.$_{h}$ guaj.$_{h}$ mez.$_{h}$ mur-ac.$_{h}$ rheum$_{h}$ sil.$_{h}$ spig.$_{h}$ tarax.$_{h}$
  - **nachts**: ferr.$_{c1}$
- **Fluor**:
  - **vor**: con.$_{h}$ mag-c.$_{h}$ mag-m.$_{h}$
  - **gefolgt** von: mag-m.$_{pd}$
  - **mit**: zinc.$_{h}$
- **Frösteln**, beim: cop.$_{br1}$ rhus-t.$_{h}$ sep.$_{a1,k}$
- **Frost**:
  - **vor**: ars.$_{fla}$ *Spong.*
- **Frost**: ...
  - **während**: **Cocc.** led.
- **Frühstück**:
  - **vor**: nat-s.$_{k2}$
  - **nach**: agar. eupi. grat. ham. kali-bi. lyc.$_{h}$ nux-m. stront-c. **Zinc.**
- **Gähnen**, beim: zinc.$_{a1,k}$
- **Gehen**, beim: alumn.$_{c1}$ ang.$_{h}$ astac.$_{c1,kr1}$ bell. chin. *Coloc.* cupr. gent-c. graph.$_{h}$ kali-bi. mur-ac.$_{h}$ nat-p. ph-ac. phos.$_{h}$ prun. *Ran-b.* stann.$_{h}$ *Zinc.*
  - **amel**.: chin.$_{h}$ cub.$_{c1}$ cycl. dig. elaps ferr. par. puls. *Sulph.*
  - **Freien**, im: agar. am-c. bry. jatr-c.$_{c1,kr1}$ ph-ac.$_{h}$ rhus-t. sil. sulph.
- **Gemüse**, nach: cupr.$_{h}$
- **Halten** des Abdomens amel.: mang.$_{h}$
- **Hämorrhoidalblutung**; nach unterdrückter: **Nux-v.**
- **heiße** Milch amel.: *Crot-t.*
- **Herumdrehen** amel.: euph.$_{h}$ mag-c.$_{h}$
- **Husten**, beim: chel. pall.$_{c1}$ plb. tarent.$_{a1,k}$
- **hysterisch**: ars. bell. bry. *Cocc. Ip. Mag-m. Mosch.* nux-v. *Stann. Stram. Valer.*
- **Kaffee**, durch: *Cham.* ign. nat-m. *Nux-v.*
- **Kartoffeln**; durch: coloc.$_{k2}$
- **Kneten** des Abdomens amel.: *Nat-s.*
- **Koitus**, beim: graph.
- **Konvulsionen**, mit: *Cic.*
- **Kopfschmerzen**, bei: aloe$_{bro1}$ cocc.$_{bro1}$
- **Kränkung**, durch: cham.$_{k2}$ *Coloc.*
- **Lehnen** gegen eine scharfe Kante: ran-b.$_{c1}$ samb.$_{h}$
- **Liegen**:
  - **amel**.: cupr.$_{a1,k}$ ferr.
  - **beim**: *Phos. Spig.*$_{a1,k}$
  - **Abdomen** amel.; auf dem: am-c. chion. *Coloc.* der. phos.$_{h}$
  - **Rücken**, auf dem:
    - **amel**.: puls.$_{sys}$
    - **Beinen**; amel. mit hochgezogenen: *Rhus-t.*
    - **durch**: phys.
  - **Seite**, auf der: coloc. ign.
    - **rechts** amel.: phys.
    - **amel**.: gink-b.$_{sbd1}$ nat-s.
- **Luft**:
  - **Freien**, im: ign.
    - **amel**.: nat-c.
  - **kalter** Luft, in: *Am-c.* lyc.
- **Melonen**, durch: **Zing.**
- **Menses**:
  - **vor**: aloe alum. *Am-c.*$_{a1,k}$ bar-c. *Bell.* brom. *Calc-p.*$_{a1,k}$ carb-v. *Caust. Cham.* chin. chinin-s. *Cinnb. Cocc. Coloc. Croc. Cupr.* cycl. hyper.$_{a1,k}$ *Ign.*$_{a1,k}$ **Kali-c.** *Lach.* mag-c. *Mag-p.* manc.$_{a1,k}$ nux-v. ph-ac. *Plat.* podo.$_{k2}$ *Puls. Sep.* spong.
  - **während**: acon. alum.$_{a1,k}$ *Am-c.* anac.$_{gsy1}$ ars.$_{h}$ aur-i.$_{k2}$ bar-c.$_{a1,k}$ *Bell. Borx.* brom. calc.$_{a1,k}$ *Caul. Caust. Cham.* chel. *Chin.* choc.$_{srj3}$ *Cimic. Cinnb.* clem. **Cocc.** *Coff. Coloc. Con. Cupr.*

- **Menses - während**: ...
form. gran.$_{a1,k}$ granit-m.$_{es1}$ *Graph.* ign. *Kali-c.* kali-n.$_{a1,k}$ kali-s. lac-d.$_{kr1}$ mag-m. *Mag-p.* mill.$_{k2}$ mosch. nat-c. *Nat-m.* nat-s. nicc. *Nit-ac.* *Nux-v.* *Plat.*$_{a1,k}$ podo.$_{k2}$ *Puls.* sabin. sars.$_{a1,k}$ *Sep.* stront-c. **Sulph.** vib. zinc.
  - **nach**: *Am-c.* cocc. kreos. merl. puls.
- ▽ **erstreckt** sich zu:
  - **Hüfte** zur anderen; von einer: thuj.
- **Milch**, nach: bufo$_{c1}$ cupr. *Lac-d.* mag-s. raph.
- **Mittagessen**:
  - **beim**: am-c.$_{h}$ kali-c.$_{h}$ mag-s.$_{a1,k}$ zinc.
  - **nach**: agar.$_{a1,k}$ alum.$_{h}$ alumn. coc-c.$_{a1}$ cocc. crot-t.$_{a1,k}$ gent-c. kali-c. **Mag-c.**$_{a1,k}$ naja nat-c.$_{a1}$ phos.$_{a1,k}$ *Ran-b.* thuj.$_{a1,k}$ trom.$_{a1,k}$ valer. **Zinc.**
- **Naßwerden** der Füße; durch: *All-c.* dol.$_{br1,bro1}$
- **Obst**, nach: calc-p.$_{a1,k}$ *Chin.* *Coloc.* *Puls.*
- **Obstipation**, bei: merc.$_{a1,k}$ *Op.* *Plb.*$_{a1,k}$ *Podo.* sil.$_{h}$
- **periodisch**
  ☞ *periodisch*
- **plötzlich**: bamb-a.$_{stb2}$ sabal$_{c1}$
- **Pressen** der Füße gegen einen Halt amel.: med.$_{pd}$
- **quer** über das Abdomen: guaj.$_{h}$ staph.$_{h}$
- **Rauchen**, nach: brom.$_{a1,k}$ bufo$_{c1}$
- **Reiben**, durch: sulph.$_{h}$
- **Rücken**:
  - **beginnt** im: mom-b.$_{c1}$
  - **Schmerz** im Rücken; mit: *Coch.*$_{c1}$ sars.$_{ptk1}$
- **ruckend**: graph.$_{h}$ mur-ac.$_{h}$ plat.$_{h}$
- **Schaukeln**:
  - **amel.**: marb-w.$_{es1}$
- **Schlaf**:
  - **im**: kali-n.$_{a1,k}$
  - **amel.**: alum.$_{h}$ mag-m. nat-c.$_{h2}$
- **Schulterblättern**; mit Schmerz zwischen den: am-c.$_{pd}$
- **Schwäche** der Beine; mit: lat-m.$_{br1}$
- **Schwangerschaft**; während der: gels.$_{c1}$
- **Sitzen**, im: all-c.$_{k2}$ chin. dig. elaps ferr. gink-b.$_{sbd1}$ par. rhus-t.$_{h}$ spong.
  - **amel.**: astac.$_{c1,kr1}$ bell. mur-ac.$_{h}$
  - **gebeugt**: carb-v. dulc.
  - **Kopf** auf den Knien; amel. mit: euph.$_{h}$
- **Speisen**:
  - **Mehlspeisen**, Teigwaren; durch: coloc.$_{k2}$
  - **sauren**; nach: dros.$_{k2}$
- **Stehen**, im: bell. gent-c. mur-ac.$_{h}$ zinc.
  - **amel.**: chin.$_{h}$
  - **gebeugt** amel.: spong.$_{h}$
- **Stuhlgang**:
  - **vor**: aesc. *Agar.*$_{a1,k}$ **Aloe** alum.$_{h,k}$ **Am-c.** *Am-m.* ang.$_{h}$ **Arg-n.** *Ars.*$_{a1,k}$ ars-s-f.$_{k2}$ arum-i.$_{a1,k}$ aur. bamb-a.$_{stb2}$ bell. *Bry.*$_{a1,k}$ calc. *Calc-p.* camph.$_{a1,k}$ cann-s. canth.$_{a1,k}$ carb-an.$_{a1,k}$ carbn-s. **Chin.** *Chinin-s.* cina coc-c.$_{a1,k}$ *Colch.*$_{a1,k}$ *Coll.* **Coloc.**$_{a1,k}$ *Crot-t.* cupr. cupr-s.$_{a1,k}$ cycl.$_{a1,k}$ dig. dulc.$_{h1}$ ferr.$_{a1,k}$ ferr-ar. ferr-i. *Gamb.*$_{a1,k}$ gels. glon.$_{a1,k}$ gran.$_{a1,k}$ grat.$_{a1,k}$ guaj.$_{a1,k}$ hep.$_{a1,k}$ hyper.$_{a1,k}$ ign. *Jatr-c.* kali-ar. kali-bi. kali-c.$_{a1,k}$ kali-n.$_{a1,k}$ kali-s. lact.$_{a1,k}$ *Lil-t.*

- **Stuhlgang - vor**: ...
lycps-v. **Mag-c.**$_{a1,k}$ mag-m.$_{a1,k}$ *Mag-p.* mang.$_{a1,k}$ meny.$_{a1,k}$ *Merc.*$_{a1,k}$ merc-i-r.$_{a1,k}$ *Mez.* mur-ac. nat-ar. nat-c.$_{a1,k}$ nat-m. nat-p. nat-s.$_{k2}$ nit-ac.$_{a1,k}$ *Nux-v.* **Op.**$_{a1,k}$ petr. phel.$_{a1,k}$ *Phos.*$_{a1,k}$ phys.$_{a1,k}$ **Podo.** puls.$_{a1,k}$ rat.$_{a1,k}$ rhod.$_{a1,k}$ rhus-t.$_{a1,k}$ rhus-v.$_{a1,k}$ sep.$_{a1,k}$ spig.$_{a1,k}$ stram. **Sulph.**$_{a1,k}$ *Thuj.* *Trom.*$_{a1,k}$ *Verat.* zinc.
  - **hartem** Stuhl; vor: meny.$_{h}$ *Op.*
  - **schleimigem** Stuhl mit Frösteln: cop.$_{br1}$
  - **während**: *Agar.*$_{a1,k}$ *Aloe* *Am-c.* anac.$_{a1,k}$ *Apis* asc-c.$_{a1,k}$ asc-t.$_{c1}$ aur. bamb-a.$_{stb2}$ bapt. *Borx.* canth.$_{a1,k}$ caust.$_{h}$ coc-c.$_{a1,k}$ colch.$_{a1,k}$ con. corn. crot-t.$_{a1,k}$ cupr-ar. cycl.$_{a1,k}$ dig. digin.$_{a1}$ dulc.$_{a1,k}$ ferr.$_{a1,k}$ grat.$_{a1,k}$ hep. hydr.$_{a1,k}$ iris kali-bi.$_{a1,k}$ kali-c.$_{a1,k}$ *Lil-t.*$_{a1,k}$ *Mag-c.* mang.$_{h}$ *Merc.*$_{a1,k}$ *Nux-v.*$_{a1,k}$ op.$_{a1,k}$ phel.$_{a1,k}$ phos. plan.$_{a1,k}$ podo.$_{a1,k}$ puls.$_{a1,k}$ *Rheum* rhus-t.$_{a1,k}$ sec.$_{a1,k}$ senn.$_{a1,k}$ sep.$_{a1,k}$ sul-ac. **Sulph.**$_{a1,k}$ zinc.$_{a1,k}$
  - **nach**: agar. *Aloe* **Am-c.** *Ars.*$_{a1,k}$ ars-s-f.$_{k2}$ carb-an.$_{a1,k}$ *Carb-v.*$_{a1,k}$ carbn-s. *Coloc.*$_{a1,k}$ con. cupr. eup-per. glon.$_{a1,k}$ graph.$_{a1,k}$ grat.$_{a1,k}$ kali-bi.$_{a1,k}$ kali-c. lil-t.$_{a1,k}$ lyc. mag-m.$_{a1,h}$ nat-c.$_{h}$ *Nat-m.* nit-ac. *Op.*$_{a1,k}$ plb.$_{a1,k}$ rheum$_{h}$ rhod.$_{a1,k}$ sul-ac. **Sulph.**$_{a1,k}$
    - **amel.**: agar.$_{a1,k}$ aloe$_{gsy1}$ carbn-s. cinnb.$_{a1,k}$ coc-c.$_{a1,k}$ **Coloc.**$_{a1,k}$ ferr.$_{a1,k}$ *Gamb.*$_{a1,k}$ *Gels.* indg.$_{a1,k}$ *Mag-c.* mang.$_{a1}$ naja nat-ar. nat-c.$_{a1}$ **Nat-s.** **Nux-v.** puls.$_{a1,k}$ seneg.$_{a1,k}$ sulph.$_{a1,k}$ *Verat.*
    - **nicht** amel. nach: nat-c.$_{a1}$
  - **Stuhldrang**: inul.$_{k2}$ nux-v.$_{k2}$
- **Suppe**, nach der: zinc.
- **Tee**, nach: hyper.$_{a1,k}$
- **Treppensteigen**, beim: asc-t.$_{c1}$ hell.
- **Urinieren**, beim: bar-c. *Cham.* *Merc.* pall.$_{c1}$ sul-ac.
  - **amel.**: tarent.
- **wandernd**: mur-ac.$_{h}$ spig.$_{h}$ staph.$_{h}$
- **Wärme**:
  - **amel.**: alum. am-c. cupr-s. gink-b.$_{sbd1}$ mag-p.$_{k2}$
- **Wasser**; Trinken von:
  - **nach**: aloe$_{k2}$ cham. **Coloc.** *Crot-c.* *Manc.* nat-m. nit-ac. nux-m.$_{c1}$ *Nux-v.* *Puls.* raph. *Rhus-t.*
- **warm**:
  - **Milch** amel.; warme: *Crot-t.* op.$_{a1,k}$
  - **Zimmer** amel.; im warmen: am-c.
- **Wein**, nach: lyc.$_{a1,k}$
- **Wetter**; bei nassem: mang.$_{k2}$
- **Zähneklappern** und Zittern; mit: bov.$_{ptk1}$ meph.$_{ptk1}$
- **Zucker**; nach: ox-ac.$_{k2}$
- **Zusammenkrümmen**
  ☞ *Beugen - Zusammenkrümmen*
- ▽ **erstreckt** sich zu:
  - **Brust**, linke: kali-n.$_{h}$
  - **Lumbalregion**: alum.$_{h}$ guaj.$_{h}$ kali-n.$_{h}$ nat-m.$_{h}$
  - **Magen**: kali-n.$_{h}$
  - **oben**, nach: mag-m.$_{h}$
- ○ **Bauchmuskeln**, nachts: lyc.$_{h}$

- **Darmbeingegend**: aur.$_{h}$ euph.$_{h}$
  - **rechts**: graph.$_{h}$ xan.$_{c1}$
- **Darmbeinkamm**: ang.$_{h}$ calc-act.$_{h}$ plat.$_{h}$
  - **links**: stann.$_{h}$
- ○ **über**: sulph.$_{h}$
- **Hypochondrien**: aesc.$_{a1,k}$ aloe am-m.$_{a1,k}$ androc.$_{srj1}$ arg-met. aur-s.$_{k2}$ bar-c.$_{h}$ bell.$_{bg2,k}$ bry.$_{a1,k}$ bufo calc.$_{bg2,k,*}$ *Calc-s.*$_{a1,k}$ camph. caust.$_{h}$ choc.$_{srj3}$ cupr. dios.$_{a1,k}$ hep.$_{bg1}$ ign.$_{bg2,k,*}$ iod. *Ip.*$_{bg2,k,*}$ kali-bi.$_{bg2,k}$ *Kali-c.*$_{bg2,k}$ kali-i.$_{a1,k}$ *Lact.*$_{a1,k}$ *Lyc.*$_{bg2,k,*}$ mag-c.$_{h}$ *Mur-ac.*$_{bg2,k}$ nat-c.$_{h2}$ nat-m.$_{bg2,k,*}$ nit-ac.$_{h}$ nux-v.$_{bg1,bg2}$ ph-ac.$_{bg2,h}$ phos.$_{bg2,k,*}$ plan.$_{hr1}$ plat.$_{h}$ rhod.$_{bg2}$ sep.$_{a1,k}$ sil.$_{a1,k}$ stann.$_{bg2,k,*}$ sulph. *Zinc.*$_{bg2,k,*}$
  - **links**: plat.$_{h}$ zinc.$_{h}$
  - ▽ **erstreckt** sich zum Magen: phos.$_{h}$
  - **rechts**: aur-i.$_{k2}$ carb-an.$_{h}$ iod.$_{h}$ kali-c.$_{h}$ mag-c.$_{h}$ nat-m.$_{h}$ ph-ac.$_{h}$ phos.$_{h}$ rhus-t.$_{h}$ samb.$_{h}$ staph.$_{h}$ sulph.$_{h}$ verb.$_{h}$ zinc.$_{h}$
  - **morgens**: teucr.$_{a1,k}$
  - **abends**: calc-s.$_{a1,k}$ dios.$_{a1,k}$
  - **nachts**: calc-s.$_{a1,k}$
  - ◇ **abwechselnd** mit Beklemmung der Brust: zinc.$_{a1,k}$
  - **anfallsweise**: nit-ac.$_{h}$ sep.$_{h}$ sil.$_{h}$
  - **Atmen**; beim tiefen: croc.$_{a1,k}$
  - **Aufstoßen** amel.: sep.$_{a1,k}$
  - **Auftreten**, beim: caust.$_{h}$
  - **Beugen** nach vorne agg.: dig.$_{h}$
  - **Bewegung** agg.: zinc.$_{h}$
  - **Bücken**, beim: lyc.$_{a1,k}$
  - **Drehen** des Körpers; beim: lyc.$_{a1,k}$
  - **Flatus** amel.: mur-ac.$_{h}$ sep.$_{h}$
  - **Gehen**:
    - **beim**: sulph.
    - **nach**: ph-ac.$_{h}$
  - **Husten**, beim: lyc.$_{a1,k}$
  - **intermittierend**: mag-c.$_{h}$
  - **Menses**, vor den: sulph.$_{a1,k}$
  - **periodisch**: ph-ac.$_{h}$
  - **Reiben** amel.: phos.$_{a1,k}$
  - **Sitzen**, beim: carb-an.$_{h}$ rhus-t.$_{h}$
  - **Stuhlgang**:
    - **während**: sul-ac.$_{h}$
    - **nach**: caust.$_{h}$
  - ▽ **erstreckt** sich zu:
    - **Hüfte**: sil.$_{h}$
    - **Lendenwirbel**: camph.$_{h}$
    - **Nabel**: ph-ac.$_{h}$
    - **oben**, nach: mag-c.$_{h}$
    - **Rücken**; quer über den: **Sil.**
    - **unten**, nach: hell.
- **Hypogastrium**: *Acon.* *Agar.* aloe am-c. am-m.$_{h}$ *Ars.* aur. aur-s.$_{k2}$ *Bell.*$_{a1,k}$ bism.$_{h}$ *Bry.*$_{a1,k}$ but-ac.$_{br1}$ calc.$_{a1,k}$ carb-an.$_{h}$ *Carb-v.*$_{a1,k}$ carbn-s. *Chel.*$_{a1,k}$ chin.$_{h}$ cimic. *Cocc.* *Coll.* coloc.$_{a1,k}$ *Con.*$_{a1,k}$ *Cupr-ar.* cycl.$_{h}$ dig.$_{h}$ *Dios.*$_{a1,k}$ *Gels.* granit-m.$_{es1}$ guaj.$_{h}$ helon. kali-c.$_{h}$ kali-p.$_{k2}$ kreos. lil-t.$_{a1,k}$ lyc.$_{h}$ mag-c.$_{h}$ mag-m.$_{a1}$ meny.$_{h}$ mez.$_{h}$ *Nat-c.*$_{a1,k}$ nat-m.$_{h}$ nit-ac.$_{h}$ *Nux-v.*$_{a1,k}$ *Prun.* psor.$_{a1,k}$ ran-b.$_{a1,k}$ rhus-t.$_{h}$ ruta sep.$_{h}$ *Sil.*$_{a1,k}$ spig.$_{h}$ spong.$_{h}$ squil.$_{h}$ stann. *Stry.*$_{a1,k}$ sul-ac.$_{h}$ **Sulph.**$_{a1,k}$ zinc.
- **Hypogastrium**: ...
  - **links**: lyc.$_{h}$
  - **rechts**: ambr.$_{h}$
  - **tagsüber**: stram.$_{a1,k}$
  - **morgens**: ambr.$_{a1,k}$ ars.$_{h}$ dios.$_{a1,k}$ fago. hyos.$_{h}$
  - **vormittags**: agar.
  - **abends**: dulc.$_{h}$ lyc.$_{h}$
  - **nachts**: chel.$_{a1,k}$
    - **Mitternacht**:
      - **nach**:
        - **1 h**: mang.$_{h}$
    - **Menses**, vor den: mang.$_{a1,k}$
  - ◆ **begleitet** von:
    - **Lumbalregion**; Schmerz in der: granit-m.$_{es1}$
  - **Abendessen**, nach dem: ran-b.$_{a1,k}$
  - **anfallsweise**: chin.$_{h}$ sep.$_{h}$
  - **Auftreten**, beim: calc.$_{h}$
  - **Berührung**, bei: cycl.$_{h}$
  - **Bücken**, beim: am-c.
  - **Diarrhoe**, mit: ars.$_{h}$
  - **Druck** amel.: fago.$_{a1,k}$
  - **Einziehen** des Abdomens agg.: bell.$_{h}$ kali-c.$_{h}$
  - **Essen**, nach dem: astac.$_{kr1}$ con.$_{h}$ ran-b.$_{a1,k}$
  - **Flatus** amel.: kali-c.$_{h}$ mez.$_{h}$ squil.$_{h}$
  - **Fluor**, vor: sulph.$_{h}$
  - **Gehen**, beim: sulph.$_{h}$ zinc.
    - **Freien**, im: agar. calc.
  - **Liegen**:
    - **agg.**: sulph.$_{h}$
    - **Rücken**, auf dem: ambr.
  - **Menses**:
    - **vor**: cimic. *Cocc.* **Kali-c.** *Mag-p.* manc. *Nat-m.* *Nit-ac.*$_{a1,k}$ sars. **Sulph.**$_{a1,k}$ *Vib.* zinc.
    - **während**: *Agar.* **Am-c.** *Ars.* **Cocc.** *Con.* granit-m.$_{es1}$ **Graph.** *Mag-p.* med.$_{pd}$ nat-m.$_{h}$ sulph.$_{h}$
      - **Pressen** der Füße gegen einen Halt: med.$_{pd}$
    - **nach**: kreos.
  - **Metrorrhagie** mit: mag-c.$_{h}$
  - **Sitzen**, beim: chin.$_{h}$
    - **aufrechtes** Sitzen amel.: sulph.$_{h}$
  - **sitzen**; muß aufrecht: sulph.$_{h}$
  - **Stehen**, beim: chin.$_{h}$
  - **Stuhlgang**:
    - **vor**: *Ars.*$_{a1,k}$ *Coll.* *Gels.* stram.$_{a1,k}$
    - **während**: agar.$_{h}$ anac.$_{h}$ *Ars.* meny.$_{h}$
    - **nach**: agar. ars.$_{bg2}$ lyc.$_{h}$
  - **Urinieren**:
    - **vor**: *Chel.* sul-ac.$_{h}$
    - **beim**: bar-c.$_{h}$ sul-ac.$_{h}$
    - **nach**: sul-ac.$_{h}$
  - **wandernd**: chin.$_{h}$
  - **Wärme** amel.: *Ars.*
  - **Zusammenkrümmen**:
    - **linke** Seite agg.; auf die: bell.$_{h}$
    - **muß** sich zusammenkrümmen: astac.$_{kr1}$ *Prun.*
- **Leber**: bell.$_{k2}$

- **Leistengegend**: *Aloe* am-c. am-m. aur-i.$_{k2}$ bov.$_{al,k}$ *Bry.* calc. carb-v.$_{al,k}$ *Chel.*$_{al,k}$ cimic.$_{al,k}$ *Gamb.*$_{al,k}$ indg.$_{al,k}$ kali-c.$_{al,k}$ kali-i.$_{al,k}$ *Kreos.* mag-c.$_{al,k}$ nat-s.$_{al,k}$ petr.$_{al,k}$ phos.$_{h}$ rat.$_{al,k}$ stann.$_{al,k}$ sul-ac.$_{al,k}$ sulph.$_{al,k}$ zinc.$_{al,k}$
  - **links**: chel.$_{al,k}$ kali-n. sars.$_{al,k}$ stann.$_{al,k}$ xan.$_{c1}$
  - **rechts**: aloe bov.$_{al,k}$ carb-v.$_{al,k}$ dig.$_{h}$ gamb.$_{al,k}$ indg.$_{al,k}$ mag-c.$_{al,k}$ nat-c.$_{h}$ sul-ac.$_{al,k}$ zinc.$_{al,k}$
  - **morgens**: rat.$_{al,k}$
  - **vormittags**:
    - **11** h: mag-c.
  - **nachmittags**:
    - **15** h: mag-c.
    - **16** h: nicc.
  - **anfallsweise**: nat-m.$_{al,k}$
  - **Aufstehen** vom Sitzen; beim: zinc.$_{h}$
  - **Bücken**, beim: sulph.$_{h}$
  - **Einatmen**, beim: sulph.$_{h}$
  - **Erröten** des Gesichtes; verursacht: cimic.$_{h,k}$
  - **Gehen**, beim: kali-c.$_{h}$ kali-n. mag-c.$_{al,k}$ *Sulph.*$_{al,k}$
  - **intermittierend**: nat-c.$_{h}$
  - **Menses**:
    - **während**: kali-c.
    - **nach**: borx. kreos. plan.
  - **Mittagessen**, nach dem: nat-c.$_{h}$
  - **Reiben**, beim: *Sulph.*
    - **amel.**: mag-c.
  - **Sitzen**, im: kali-c.$_{h}$ petr.$_{al,k}$ spong.$_{al,k}$
  - **Sprechen**, beim: calc.$_{h}$
  - **Strecken**, beim: am-c.$_{al,k}$
  - **Stuhlgang**, beim: nicc.$_{al,k}$
  - **Treppensteigen**, beim: alum.$_{al,k}$
  - ▽ **erstreckt** sich zu:
    - **Knie**: aloe
    - **Magen**: phos.$_{h}$
- **Milz**: ferr.$_{c1}$
- **Nabel**: chion.$_{ptk1}$ clem.$_{a1}$ coloc.$_{ptk1}$ dios.$_{ptk1}$ ip.$_{ptk1}$ mag-m.$_{a1}$ nat-s.$_{ptk1}$ rhod.$_{ptk1}$ senec.$_{ptk1}$ stront-c.$_{ptk1}$
  - ○ **Nabelgegend**: acon. agar. all-c.$_{k2}$ *Aloe* alum.$_{h}$ am-m. anac.$_{h}$ ant-c. ant-t. arg-n.$_{a1}$ arn. aspar. astac.$_{kr1}$ bar-c. *Bell.* berb. *Bry.* calc. *Camph.* *Carb-an.* carbn-s. caul. caust. cham.$_{h}$ *Chel.* *Chin.* cimic. coc-c. *Cocc.* **Coloc.** *Crot-t.* cycl. **Dios.** dulc. euphr. fl-ac. *Gamb.* gent-c. gran. graph. grat. guaj.$_{h}$ ham. hyos. ign. *Iod.* **Ip.** jug-c. kali-bi. kali-i. kali-n. kreos. *Laur.* lec. led. lyc. mag-c. mag-m.$_{h}$ mang. meny.$_{h}$ merc-c. *Mez.* *Mur-ac.* myric. naja *Nat-c.* nat-m. nicc. nit-ac. nux-m. *Nux-v.* ox-ac. petr.$_{h}$ *Ph-ac.* phos. *Phyt.* *Plat.* *Plb.* *Podo.* *Ptel.* *Raph.* rheum rhus-t. sabad. samb. sang. senec. sil. spig.$_{h}$ squil. stann. staph.$_{h}$ stront-c. sul-i.$_{k2}$ *Sulph.* tab. tarent. thuj. *Verat.* verb. *Zinc.* zinc-p.$_{k2}$
    - **morgens**: aeth. borx.$_{h}$ bov. lyc. mag-c. mang.$_{a1}$ nat-m.
      - **Aufstehen**, nach dem: aeth.
      - **Bett**, im: caust.$_{h}$ lyc.
      - **Erwachen**, beim: bov.
    - **vormittags**: agar. lyc. nat-c.
    - **mittags**: mag-m.$_{h}$ *Sulph.*

- **Nabel - Nabelgegend**: ...
  - **nachmittags**: euphr. nat-c. plb. **Sulph.**
    - **16** h: sulph.
    - **17** h: mag-c. sang.
  - **abends**: alum.$_{h}$ caust. chin.$_{h}$ phos.$_{h}$ plat. **Sulph.**
    - **Bett**, im: nux-m.
    - **Stuhlgang**, beim: inul.
  - **nachts**: bry. cycl. lyc.$_{h}$ nux-m. *Podo.*
    - **Bett**, im: nux-m.
    - **Erwachen**, beim: cycl.
  - **Abendessen**, nach dem: gels.
  - **Ärger**, unter dem Nabel; nach geringem: scroph-n.$_{c1}$
  - **Aufrichten**; beim:
    - **Bücken**; vom: chin.$_{h}$
  - **Aufstehen**: ham.$_{bg1}$
  - **Auftreibung**, mit: astac.$_{kr1}$
  - **Beugen** des Körpers; beim: nit-ac.
    - **vorne**, nach: con.$_{h}$ dulc.$_{h1}$
      - **amel.**: *Aloe* **Coloc.** senec.
  - **beugen**; muß den Rumpf: lyc.$_{h}$
  - **Bewegung**: bar-c.$_{h}$ nit-ac.
  - **Bücken**: am-m. phos.$_{h}$
  - **Diarrhoe**:
    - **vor**: coloc. mag-c.$_{h}$ plat.
    - **mit**: kali-n.$_{h}$
  - **Einatmen**, beim: anac.$_{h}$
  - **Erkältung**, nach einer: *Bry.*
    - **wie** nach: stann.$_{h}$
  - **Essen**, nach dem: bell. carb-v. graph. kali-n. mag-m.$_{h}$ *Nux-v.* plat. sulph.
  - **Flatus**:
    - **amel.**: bar-c.$_{h}$ carb-v.$_{h}$ mag-m.$_{h}$ mez.$_{h}$ sulph.$_{h}$
    - **vor**: clem.$_{a1}$
    - **Gefühl** wie durch Flatus: plat.$_{h}$ zinc.$_{h}$
  - **Fluor**:
    - **vor**: sil.$_{h}$
    - **mit**: mag-c.$_{h}$
  - **Frühstück**:
    - **beim**: alum.$_{h}$
    - **nach**: agar. kali-bi.
  - **Gähnen**, beim: calc.$_{bg1}$
  - **Gehen**, beim: *All-c.* gent-c. zinc.$_{h}$
    - **amel.**: bar-c.$_{h}$
  - **Menses**:
    - **vor**: *Kreos.*
    - **während**: *Chinin-s.*$_{hr1}$ clem.$_{a1}$
  - **Mittagessen**, nach dem: ant-t. bry. calc. **Coloc.** ham.
  - **Obst**, nach: **Coloc.**
  - **periodisch**: ph-ac.$_{h}$
  - **sauren** Speisen, nach: asaf.
  - **Sitzen**:
    - **beim**: *All-c.* chin.$_{h}$ ph-ac. sulph.$_{h}$
    - **gebeugten** Sitzen, beim: ant-t. dulc.$_{h}$
  - **Stehen**, beim: bry. gent-c.
  - **Stuhlgang**:
    - **amel.**: meny.$_{h}$ senec.$_{ptk1}$
    - **vor**: clem.$_{a1}$ *Coloc.* graph.$_{h}$ *Ham.* kali-n. lec. mag-m. mur-ac.$_{h}$ phos.$_{h}$ plb. psor.

• **Nabel - Nabelgegend - Stuhlgang**: ...
• **während**: cocc. *Corn.* *Dulc.*$_{hr1}$ indg. iod. lept.$_{ptk1}$ phos.
• **Suppe**, nach der: kali-n.
• **Urinieren**, nach dem: mag-c.$_{h}$
▽ **erstreckt** sich zu:
• **Abdomen**: calc.
• **alle** Richtungen; in:
• **Stuhlgang** amel.: senec.$_{ptk1}$
• **Anus**: nat-m.
• **Brust**: kali-n.$_{h}$
• **Hals**: kreos.
• **Hüfte**: mag-c.$_{h}$
• **Leiste**: thuj.
• **Magen**: carb-v. mag-c.$_{h}$ sulph.
• **Rücken**: plat.$_{h}$
• **Sakrum**: mag-c.$_{h}$
• **unten**, nach: plat.
• **unter** dem Nabel: kali-c.$_{h}$ kali-n.$_{h}$ mag-c.$_{h}$ mag-m.$_{h}$ nat-c.$_{h}$ nat-m.$_{h}$ phos.$_{h}$ zinc.$_{h}$
• **Abendessen**, nach dem: calc.$_{h}$
• **Seiten**: acon.$_{a1,k}$ alum.$_{a1,k}$ ant-c.$_{h}$ bell.$_{a1,k}$ bry.$_{a1,k}$ calc-p.$_{a1,k}$ canth.$_{a1,k}$ carb-v.$_{a1,k}$ caust.$_{a1,k}$ chin. cinch.$_{a1}$ coloc.$_{a1,k}$ cupr.$_{a1,k}$ *Ign.*$_{a1,k}$ kali-n. lach.$_{a1,k}$ laur.$_{a1,k}$ *Led.* *Lyc.* mag-c.$_{a1,k}$ manc.$_{a1,k}$ mur-ac. naja nat-c.$_{a1,k}$ nat-m.$_{a1,k}$ *Nat-s.*$_{a1,k}$ *Nux-v.*$_{a1,k}$ petr.$_{h}$ *Phos.*$_{a1,k}$ plat.$_{h}$ puls.$_{h}$ rat.$_{a1,k}$ rhod.$_{a1,k}$ ruta sars.$_{a1,k}$ seneg.$_{a1,k}$ sul-ac.$_{a1,k}$ sulph.$_{a1,k}$ thuj.$_{a1,k}$ zinc.$_{a1,k}$ zinc-p.$_{k2}$
• **links**: ant-c.$_{h}$ bry.$_{a1,k}$ calc-p.$_{a1,k}$ canth.$_{a1,k}$ chin. cinch.$_{a1}$ coloc.$_{a1,k}$ cupr.$_{a1,k}$ naja nat-m.$_{h}$ nux-v.$_{a1,k}$ puls.$_{h}$ sars.$_{a1,k}$ seneg.$_{a1,k}$ staph.$_{h}$ sul-ac.$_{a1,k}$ sulph.$_{a1,k}$ thuj.$_{a1,k}$
• **rechts**, nach: asar. carb-v.
• **rechts**: acon.$_{a1,k}$ ant-c.$_{h}$ bell.$_{a1,k}$ carb-v.$_{a1,k}$ caust.$_{a1,k}$ hell.$_{h}$ ign.$_{bg1}$ lach.$_{a1,k}$ **Lyc.** mag-c.$_{a1,k}$ manc.$_{a1,k}$ mez.$_{h}$ nat-m.$_{a1,k}$ *Nat-s.* phos.$_{h}$ rhus-t.$_{h}$ sep.$_{h}$ zinc.$_{a1,k}$
• **Liegen** auf der linken: nat-m.
▽ **erstreckt** sich zum Rücken: phos.$_{h}$
• **nachmittags**: ant-c.$_{h}$
• **abends**: ant-c.$_{h}$ nicc.$_{a1,k}$
• **nachts**: sulph.$_{h}$
• **Ausatmen**, beim: mur-ac.$_{h}$
• **Bewegung** agg.: ant-c.$_{h}$ zinc.$_{h}$
• **binden**; muß das Abdomen: puls.$_{h}$
• **Bücken**, beim: stram.
• **Einatmen**:
• **agg.**: mur-ac.
• **tiefes** Einatmen agg.: sars.$_{h}$
• **Essen**, nach dem: mez.$_{h}$
• **Flatus** amel.: plat.$_{h}$
• **Gehen**, beim: bell.$_{h}$ nat-m.$_{h}$
• **Liegen**, beim: nat-m.$_{h}$
• **Menses**, während: ars.$_{h}$
• **Sitzen**, im: carb-an.
• **gebeugt**: carb-v.
• **Stehen** agg.: kali-n.
• **Stuhlgang**:
• **vor**: mag-c.$_{a1,k}$ mang.$_{h}$
• **während**: mang.$_{h}$ nicc.$_{a1,k}$
• **synchron** mit dem Puls: ant-c.$_{h}$

– **krampfartig - Seiten**: ...
○ **Flanke**: ambr. ang.$_{h}$ bell. carb-v. carbn-s. cocc. coff. dulc.$_{h}$ mag-c. mur-ac. ph-ac. sars. stann.
• **Symphyse**: kali-c.$_{h}$
• **Zwerchfell**: lyc.$_{bg2}$ nat-m.$_{bg2}$ nux-v.$_{bg2}$ stann.$_{bg2}$ verat.$_{bg2}$ verat-v.$_{bg2}$ zinc.$_{bg2}$
– **kratzend**, kratzig; scharf: ruta$_{h}$
○ **Leber**: nat-m.$_{h}$
– **lanzinierend**: anan. ars.$_{a1,k}$ aur-s. bufo cadm-s. *Carb-an.* *Carb-v.* clem. con. cur. dirc.$_{c1}$ elaps gels.$_{a1,k}$ kali-i.$_{a1,k}$ manc.$_{a1,k}$ murx.$_{a1,k}$ plat. plb.$_{a1,k}$ raph. tril-p.$_{c1}$ *Zinc.*
• **rechts**: *Gins.*$_{a1,k}$
• **Atmen**, beim: clem.
• **Urinieren**, beim: clem.
○ **Hypochondrien**: aeth. bad.$_{a1,k}$ bufo *Cadm-s.* calc-f.$_{a1,k}$ chel.$_{k2}$ coloc. lach. manc.$_{a1,k}$ phys.$_{a1,k}$ stann. sulph. tab.$_{a1,k}$ tarent.$_{a1,k}$
• **links**: *Cadm-s.* dirc.$_{c1}$
• **rechts**: aeth. aur-s.$_{a1,k}$ bufo calc-f.$_{a1}$ calc-i. caust.
• **Bewegung** agg.: bufo
• **Gehen** amel.: calc-f.
• **Liegen**:
• **schmerzhaften** Seite; auf der:
• **agg.**: calc-f.
• **schmerzlosen** Seite; auf der:
• **amel.**: calc-f.
• **Sitzen** agg.: calc-f.$_{a1,k}$
• **Zusammenkrümmen** amel.: calc-f.$_{a1,k}$
▽ **erstreckt** sich zu:
• **Darmbein**: lil-t.$_{a1,k}$
• **rechte** Seite: stann.
• **Rücken**: chel.$_{k2}$
• **Hypogastrium**: aur-s.$_{a1,k}$ elaps plb.$_{a1,k}$
• **Leber**: berb.$_{k2}$
• **Leistengegend**: ars.$_{h}$ aur. elaps *Mag-c.* manc.$_{a1,k}$ spong.
• **Menses**:
• **während**: *Borx.*
• **nach**: *Borx.*
▽ **erstreckt** sich zu:
• **Perineum**: ars.$_{h}$
• **Samenstrang**: ars.$_{h}$
• **Milz**: anan. bufo cain. nat-m.
• **Nabel**: amph.$_{a1}$ elaps plb.$_{a1,k}$
▽ **erstreckt** sich zu:
• **Uterus**: elaps
• **Seiten**: ign.
• **rechts**: cain.
– **mahlend**: fl-ac.$_{bg1}$
– **nagend**: am-c.$_{a1,k}$ am-m.$_{k2}$ ars.$_{a1,k}$ aur-m. calc. canth. colch.$_{a1,k}$ *Coloc.*$_{a1,k}$ cupr. cycl.$_{a1,k}$ dig. dulc.$_{a1,k}$ elat. gal-ac.$_{a1}$ *Gels.* olnd. plat. plb.$_{a1,k}$ ruta seneg. sulph.$_{a1,k}$ thuj.$_{bg1}$
• **beugen**; muß sich nach vorne: **Coloc.**$_{a1,k}$
• **Mittagessen** agg.; nach: *Coloc.*
○ **Colon** transversum: gels.$_{a1,k}$
• **Hypochondrien**: bufo kreos.$_{bg2}$ lach.$_{bg2}$ *Ruta*
• **Hypogastrium**: gamb. kali-c.$_{h}$ seneg. sumb.$_{a1,k}$
• **rechts**: *Sumb.*$_{a1,kr1,*}$
• **Ileozökalregion**: x-ray$_{rb2}$

- **Leber**: bufo laur. ruta sil.
- **Nabelgegend**: nat-m.h ruta

– **pickend**: rutah

– **reißend**: all-c.k2 aloe alum.al,k alum-sil.k2 alumn.k2 *Am-c.* am-m.k2 anan. ant-t.al,k **Ars.**al,k bamb-a.stb2 bar-c.al,k bar-s.k2 benz-ac.al,k berb.al,k *Bry.*al,k bufo *Cact.* calc.al,k calc-sil.k2 canth.al,k carb-an.al,k carbn-s. **Cham.**al,k chel.k2 chin. chinin-s. cic.al,k cocc.al,k *Colch.* **Coloc.**al,k con.h *Cop.*al,k crot-t.al,k cupr.al,k cupr-ar. *Cycl. Dig.*al,k dulc. *Graph.* hell.h *Kali-c.* kali-i.al,k kali-n.al,k kali-sil.k2 *Lach.*al,k *Lyc.*al,k lyss. *Mag-m.*al,k med. *Merc.*al,k *Mez.*al,k naja nat-m.al,k nux-m. *Nux-v.*al,k op. *Phos.* plb.al,k *Puls. Rhus-t.*al,k sec. sil.al,k squil. stram.al,k sulph. tab.al,k tarent.al,k verb. *Zinc.* zinc-p.k2

- **links** nach rechts; von: lyss.
- **morgens**: alum.al,k con.h dig.al,k naja
- **vormittags**: mag-m.al,k
- **nachmittags**: nux-v.al,k sep.h
- **abends**: alum.al,k bry.al,k dig.h mag-m.al,k
  - **Liegen**, beim: samb.h
- **nachts**: mag-m.al,k merc.al,k tab.al,k
- ◆ **begleitet** von:
  - **Flatulenz**: bamb-a.stb2
- **Aufstehen** vom Sitzen, beim: dig.al,k
- **außen**, nach: sep.h
- **Bewegung**, bei: *Bry.* rhus-t.al,k samb.h
- **Druck**: cic.al,k
  - **amel.**: plb.al,k
- **Einatmen**, beim: *Calc.*
- **Essen**, beim: crot-t.al,k
- **Flatulenz**; mit
  - ☞ *begleitet von - Flatulenz*
- **Hitze** amel.: alum.al,k
- **Hunger**, bei: stram.al,k
- **krampfartig**: samb.h
- **Menses**:
  - **vor**: *Cinnb.* nat-m. tep.al,k
  - **während**: agar.al,k am-c. bov.al,k *Caust.*al,k *Chinin-s.* cinnb. **Graph. Lach.** *Merc.* sec. tep.al,k
- **Schlaf** amel.: mag-m.al,k
- **Schluckauf**, beim: plb.al,k
- **Schritt**, bei jedem: all-s.al,k
- **Stuhlgang**:
  - **vor**: dig.h hep.al,k stram.al,k
  - **während**: aloe cop.al,k
  - **nach**: mag-m.al,k
  - **treibt** zum Stuhl: *Nux-v.*
- **Wärme** amel.: alum.h
- ▽ **erstreckt** sich zu:
  - **Genitalien**: calc.
  - **Lenden**: kali-i.
  - **Mamma**, rechte: coloc.
  - **oben**, nach: *Chinin-s.* mag-m.h
  - **Rücken**: chel.k2
  - **unten**, nach: kali-i. verb.
- ○ **Darmbeingegend**: crot-t.al,k dig.h
- **Darmbeinkamm**: alum.h *Berb.*al,k calc.h zinc.
  - **Sitzen**, im: zinc.

– **reißend - Darmbeinkamm**: ...
- ▽ **erstreckt** sich zu:
  - **Gesäßmuskeln**: *Berb.*
  - **Leistengegend** und Oberschenkel: sep.h
  - **oben**, nach: berb.
- **Hypochondrien**: alum.h,k,* canth.al,k carb-v. colch.al,k *Con.*al,k cupr-s.al,k kali-bi.al,k kali-c.al,k lyss.al,k nux-v. plb.al,k teucr. thuj.al,k *Zinc.*al,k
  - **links**: ars.h canth. colch. kali-c.h lyss. plb. sil.h
  - **rechts**: alum.h,k,* chel.k2 *Con.*al,k kali-c.h mez.h *Nux-m.* zinc.al,k
  - **vormittags**: alum.h,k,*
  - **abends**: ars.h caust.
  - **Einatmen**, beim: cupr.h cupr-s.al,k
  - **Husten**, beim: ambr.
  - **Sitzen**, beim: ars.h
  - ▽ **erstreckt** sich zu:
    - **Hüfte**: alum.
    - **Rücken**: chel.k2
- **Hypogastrium**: anac.h canth.al,k carb-v.h chin.al,k *Colch.* con.al,k iod.al,k kali-n.h lach. nat-c.h spig.h verb.h zinc.
  - **Bewegung** amel.: kali-n.h
  - **Menses**, während: *Agar. Am-c.* lach. *Manc.*
  - ▽ **erstreckt** sich zu:
    - **Harnröhre**: nat-c.h2
    - **Leistengegend**: zinc.h
- **Leber**: acon.k2 alum.al,k berb.k2 carb-v.h caust.al,k clem. *Con. Dios.* kreos. nat-m.k2 zinc.
  - **Kolik**:
    - **Gallenkolik**: sulph.k2
  - **abends**: caust.al,k
  - **Abendessen**, nach dem: zinc.
- **Leistengegend**: am-m.al,k *Ars. Berb.* calc. chin.al,k crot-t.al,k cycl. euph.al,k *Lach. Lyc.* mez.al,k pall.c1 *Plat.*al,k sep.al,k sil.al,k stront-c. sul-ac.al,k tarent.al,k thuj.al,k
  - **links**: sul-ac.h
  - **rechts**: kali-c.h mez.h thuj.h
  - **abends**: kali-c.h sil.al,k
  - **Aufstehen** vom Sitzen, beim: stront-c.
  - **Beugen** nach hinten amel.: chin.al,k
  - **Einatmen** agg.: plat.
  - **Gehen**, beim: am-m.al,k calc. sep.h
  - **Husten** agg.: tarent.al,k
  - **ruckend**: thuj.h
  - **Sitzen**, im: calc. spong.h sul-ac.al,k
  - **Stehen**, im: euph.al,k
  - ▽ **erstreckt** sich zu:
    - **Brustwarze**, rechte: crot-t.
    - **oben**, nach: thuj.h
    - **Oberschenkel**: *Ars.* lyc.h plat.al,k sep.
  - ○ **Leistendrüsen**: calc.h sulph.h
- **Milz**: ambr. con.
- **Nabel**: amph.al chin.al,k crot-t. cycl. laur.al,k nux-v. plb.al,k stram.
  - **14 h**: laur.
  - ○ **Nabelgegend**: agar.al,k arn. carbn-s.k2 *Cham.*al,k chin.h coloc.h con.h crot-t.al,k cupr.al,k dig. dios. grat.al,k ip.h jatr-c. mag-c.h *Nat-s.*al,k *Plb.*al,k psor.al,k stram.al,k tep.al ter. verb. zinc.h
    - **morgens**: dig.al,k

• **Nabel - Nabelgegend**: ...
• **anfallsweise**: *Plb.*al,k
• **Ausatmen** agg.: coloc.h
• **Druck**, bei: plb.al,k
• **Frühstück**, vor dem: **Nat-s.**al,k
• **Lachen** agg.; lautes: coloc.h
• **Mittagessen**, nach dem: crot-t.al,k
▽ **erstreckt** sich zur Blase: carbn-s.k2
• **Seiten**: alum.al,k aur.al,k bry.al,k calc.al,k crot-t.al,k kali-c.al,k *Lach.*al,k lyc. mag-c.al,k plb.al,k
• **links**: bry.al,k iod.h mag-c.al,k samb.h sulph.h
• **rechts**: aur.al,k *Lach.*al,k mez.h
• **abends**: kali-c.al,k
• **Anstrengung**, bei: alum.al,k
• **Gehen**, beim: mag-c.al,k
• **ruckend**: calc.h
• **zusammenkrümmen**, muß sich: aur.h
▽ **erstreckt** sich zu:
• **Blase**: plb.
○ **Flanke**, in der: crot-t. samb.

– **rheumatisch**: caust.h
– **ruckend**: bell.h carbn-s. rutah
○ Flanke
☞ *Seiten - Flanke*
• **Hypochondrium**, rechtes: con.h
• **Seiten**:
○ **Flanke**: chin.h

– **schießend**
☞ *stechend*

– **schneidend**: **Acon.** aeth.al,k *Agar.*al,k agn. all-c.k2 **Aloe** *Alum.*al,k alum-p.k2 alum-sil.k2 am-c.al,k am-m. *Ambr.*al,k anac.al,k *Ant-c.*al,k *Ant-t.*al,k *Apis* arg-met. *Arg-n.*al,k arn.al,k **Ars.**al,k *Ars-i.*al,k ars-s-f.k2 arum-t.al,k asaf.al,k asar.h asc-t.c1 aur.al,k aur-ar.k2 aur-s.k2 bapt. *Bar-c.* bar-i. *Bar-m.* bar-s.k2 bell.al,k berb.al,k *Bol-la. Borx. Bov.*al,k *Bry.*al,k bufo cact. cadm-s.c1 cain. calad. *Calc.* calc-i.k2 calc-p.al,k calc-s. calc-sil.k2 camph. cann-s.al,k **Canth.**al,k *Caps. Carb-an.*al,k carb-v.al,k carbn-s. card-m.al,k *Carl.*al,k castm. caust.al,k *Cham.*al,k *Chel.*al,k **Chin.**al,k chinin-ar. chinin-s. chion. cic. cimic. *Cina* clem.al,k coc-c.al,k *Cocc. Colch.*al,k **Coloc.**al,k *Con.*al,k crot-t.al,k cub. *Cupr.*al,k cupr-ar.al,k cycl. *Dig.*al,k **Dios.**al,k dros.al,k *Dulc.*al,k echi. elaps *Elat.*al,k euon.al,k eupi.al,k glon. graph.al,k grat.al,k hell.al,k *Hep.*al,k hydr.al,k hydrog.srj2 **Hyos.**al,k hyper. *Ign.*al,k indg.al,k *Iod.*al,k **Ip.** *Iris* jatr-c. *Kali-ar. Kali-bi.*al,k **Kali-c.**al,k kali-i. kali-m.k2 *Kali-n.*al,k kali-p. **Kali-s.** kali-sil.k2 kreos. *Lach.*al,k lact.al,k *Laur.*al,k *Led.*al,k lept.al,k lil-t.al,k lob. *Lyc.*al,k **Mag-c.**al,k *Mag-m.*al,k *Manc.* mang. *Merc. Merc-c.*al,k merc-i-f.al,k merc-pr-r. mez.al,k *Mur-ac.*al,k murx. naja *Nat-ar. Nat-c.*al,k *Nat-m.*al,k nat-p. **Nat-s.** nicc.al,k **Nit-ac.**al,k nux-m.al,k **Nux-v.**al,k *Ol-an.*al,k **Op.**al,k *Ox-ac.*al,k paeon.al,k par.al,k *Petr.*al,k ph-ac.al,k phel.al,k *Phos.*al,k phyt.al,k plat. plb.al,k psor.al,k ptel. **Puls.**al,k pyrog.k2 ran-s. *Rheum Rhus-t.*al,k rob.al,k rumx. ruta *Sabad.* sabin.al,k *Sars.*al,k *Sec.*al,k *Sel. Seneg. Sep.*al,k *Sil.*al,k **Spig.**al,k squil. stann. *Staph.*al,k *Stront-c.* **Stry.**al,k *Sul-ac.* **Sulph.**al,k sumb.al,k ter.

– **schneidend**: ...
thuj. valer.al,k **Verat.**al,k verat-v. verb. *Viol-t.*al,k vip.al,k zinc.
• **tagsüber**: nat-m.al,k
• **morgens**: alum.h ambr.al,k bov. calc.al,k caust.al,k con.al,k *Dios.*al,k dulc.al,k graph.al,k kali-n.al,k lyc. mag-m. nat-c.al,k nat-m.al,k nicc.al,k **Nit-ac.**al,k nux-v. ox-ac.al,k *Petr.*al,k puls.al,k sep.al,k spong.al,k stry.al,k zinc.h
• **Aufstehen**, nach dem: ars.h nat-m.al,k
• **Bett**, im: nat-m.h **Nit-ac.**al,k spig.h sulph.h
• **Erwachen**, beim: calc.al,k petr.h
• **Stuhlgang**, beim: ambr.al,k
• **vormittags**: agar. carb-an.al,k lyc. nat-c.h nat-m.al,k *Rhus-t.*al,k
• **mittags**: mag-c.al,k sang.al,k
• **Suppe**, nach der: ambr. mag-c.al,k
• **nachmittags**: agar. berb.al,k calc-s.al,k chel.al,k coloc.al,k grat. kali-n.h laur.al,k mag-m. nat-c.al,k nat-m.al,k sars.h sep. stront-c.
• **13** h: grat.
• **14** - 16 h: laur.
• **16** - 23 h: alum.h
• **17** h: sars.
• **abends**: agar.al,k aloe ambr.al,k ant-t.al,k bar-c.al,k bell.al,k calc. carb-v.al,k dig.h *Dios.*al,k fago.al,k hep.al,k kali-n.al,k led.al,k mag-c.al,k mang.al,k merc. mez.al,k nat-m.al,k nicc.al,k ox-ac.al,k *Petr.*al,k ph-ac.h phos.al,k puls.al,k rat.al,k rhus-t.al,k sel.al,k staph.al,k stront-c. sulph.al,k thuj.
• **17** h, die ganze Nacht anhaltend: canth.
• **19** h: elaps sulph.
• **Bett**, im: ars.h
• **Stillsitzen** agg.: *Puls.*
• **nachts**: ambr.al,k bar-c.al,k calc. camph.al,k canth.al,k fago. kali-c.h kali-n.h lyc.al,k mag-c.h mag-m.al,k merc.al,k nat-c.al,k nat-m.al,k nit-ac.al,k ph-ac.al,k ran-s.al,k sars.al,k sep.al,k sil.h sul-ac.al,k sulph.al,k zinc.al,k
• **Mitternacht**: ambr. bar-c. lyc. nat-m. sep. sulph.
• **nach**: ambr. elaps sars.h sep.h sulph.h
• **1** h: phos.
• **2** h: am-m. mag-m. sep.h
• **3** h: phos.
• **4** h: **Petr.** sulph. verat.h
• **5** h: nat-m. ox-ac.
• **Bett**, im: fago. zinc.
• **Erwachen**, beim: coloc.h sulph.h
• **Pressen** zum Urinieren; beim: graph.al,k
◇ **abwechselnd** mit Schnupfen: calc.c1
• **Abendessen**, nach dem: calc.h coloc.al,k ox-ac. *Puls.* sep.h
• **anfallsweise**: calc.h coloc.h grat. lyc.al,k ph-ac.al,k sep.al,k sil.al,k stann.
• **Aufstehen**, nach dem: dig.h nit-ac.al,k
• **Aufstoßen** amel.: rat.
• **Beugen**, beim:
• **hinten**, nach: kali-c.k2 sulph.
• **Zusammenkrümmen** amel.: **Coloc. Kali-c.** petr. rheumh rhus-t.h staph.al,k

- **beugen**; muß sich nach hinten: kali-c.h
- **Bewegung**, bei: aloe *Bry.* caps. *Cocc.* merc-c. puls. rhus-t. stann. staph.h
  - **amel.**: nicc. *Puls.* sep.h
- **Bleikolik**: **Coloc.**
- **Bücken** amel.: puls.
- **Diarrhoe**:
  - **amel.**: agar.h
  - **vor**: ars.h kali-n.h petr.h phos.h sars.h sulph.h
  - **während**: ambr.c1 ars.h kali-c.h kali-n.h mag-c.h mag-m.h nit-ac.h petr.h sep.h sulph.h
  - **nach**: mag-c.h mag-m.h
- **Druck** amel.: ars-s-f.k2 kali-c.h
- **Einatmen**, beim: cocc. guaj.h *Lyc.*a1,k
- **Einziehen**; beim:
  - **Abdomens**; des: valer.
- **elektrischer** Schlag, der durch den Anus zuckt; wie ein: **Coloc.**
- **Entbindung**, bei der: phos. puls.
- **Erkältung**:
  - **durch** eine: camph.a1,k
  - **wie** durch eine: mur-ac.h petr.h
- **Essen**:
  - **amel.**: bov. calc.h
  - **beim**: aloe caust.h grat. zinc.
  - **nach**: ant-t.a1,k ars.a1,k cain. calc-p.a1,k *Chel.*a1,k **Coloc.**a1,k ign.a1,k *Kali-bi.* nat-m.a1,k olnd. *Petr.* spong. *Staph.*a1,k sul-ac.h *Zinc.*
- **Essig**, nach: aloe
- **falsche** Wehen, wie: kali-c.
- **Flatus**:
  - **vor**: chin.h con.h lyc.h
  - **Abgang** von Flatus:
    - **amel.**: anac. ars-i. asar.h bapt. bov. bry. calc-p. caust.h **Con.** eupi. gamb. *Hydr.* kali-n.h laur. mag-m.h2 plb. psor. sel. sulph. viol-t.
    - **mit**: iod.h kali-c.h petr.h spig.h
  - **durch**: coloc.h kali-c.h
  - **wie** durch: hydrog.srj2 sep.h
- **Fluor**, vor: nat-c.h sulph.h zinc.h
- **Freien**, im: mang.h merc-c.
  - **amel.**: *Aloe* kali-i.
- **Frost**:
  - **vor**: ars.
  - **während**: ars.h
  - **nach**: ars.h con.h
- **Frühstück**, nach dem: borx.h cain. hydr.a1,k mag-m.a1,k spong.a1,k thuj.a1,k **Zinc.**
- **Gehen**, beim: asaf.a1,k coloc. *Dios.*a1,k kali-c.h laur. lyc. mur-ac.a1,k naja ph-ac.a1,k phos.
  - **Freien**, im: graph.
- **Heben**, nach: sil.h
- **Hitze**:
  - **amel.**: *Sulph.*
  - **während**: rhus-t.
- **Hochziehen**:
  - **Beine** amel.; der: *Coloc.*
- **Honig**, nach: calc-p.std
- **Husten**, beim: *Arn.* cham. chin. valer. **Verat.**a1,k
- **Körperübungen**, durch: sep.h
- **Kränkung**, nach: puls.
- **Liegen**, beim: nat-m.
- **Menses**:
  - **vor**: alum.a1,k *Cham.*a1,k lach. *Lil-t.* mag-c. nat-c. nat-m. ol-an.a1,k staph.h
    - **Hüfte** zur anderen; von einer: thuj. ust.
  - **während**: alum.h am-c. ars.h bar-c.a1,k *Calc.* carb-v. *Caust.* **Cocc.** *Eupi.*a1,k ferr.a1,k graph. iod. ip. **Kali-c.**a1,k *Kreos.* **Lach.** *Lyc.* mag-c.a1,k nicc. *Ol-an.* *Phos.* *Senec.* *Sulph.* zinc.a1,k
  - **nach**: graph.a1,k kali-c.
  - **Erscheinen** der; beim: *Caust.* eupi.c1 gels. graph. lyc. **Plat.** staph.h
  - **erscheinen** würden; als ob: laur.
- **Milch**, nach: ang.c1 zinc.a1,k
  - **warm**: *Ang.*
- **Mittagessen**:
  - **vor**: hydr.a1,k lyc.a1,k
  - **beim**: lact.a1,k zinc.a1,k
  - **nach**: cain. cham. coloc.a1,k grat.a1,k hydr.a1,k lact.a1,k lyc. mag-m.a1,k nat-m.a1,k rheum sil. sulph.a1,k **Zinc.**a1,k
- **nüchtern**, wenn: dulc.a1,k
- **Obstipation**, mit: am-m.h
- **Ovulation**; während der: granit-m.es1
- **quer** über das Abdomen: guaj.h ph-ac.h sep.h zinc.h
- **Schnupfen**, nach: calc.h
- **Schritt**, bei jedem: *Arn.* *Sil.*
- **Schweinefleisch**, nach: acon. acon-l.a1,k
- **Sitzen**:
  - **amel.**: mur-ac.
  - **beim**: alum. asaf.a1,k dros. mur-ac.a1,k nat-c.h nicc. *Puls.* spig. staph.h
  - **gebückt**, wenn: alum.h
- **Stehen**, im: *Bry.* mur-ac.a1,k
- **Steigen**, beim: merc.a1,k
- **Strecken**, beim: aloe
- **Stuhlgang**:
  - **vor**: acon. aesc. aeth. agar.a1,k **Aloe** am-c.a1,k am-m. ang.c1 ant-c. **Ant-t.** *Ars.*a1,k ars-s-f.k2 *Asar.*a1,k bar-c. bar-s.k2 borx. brom.a1,k *Bry.*a1,k cain. *Calc-p.* calc-s. caps. carb-v. carbn-s. chel. cina cob.a1,k **Coloc.**a1,k con.a1,k crot-t.a1,k dig. **Dulc.** gamb.a1,k gels. graph. grat. hell.a1,k hep.a1,k hydr.a1,k ign.a1,k kali-m.k2 kali-n.a1,k kalm.a1,k lact.a1,k laur. lyc.a1,k *Mag-c.*a1,k manc.a1,k *Merc.* *Merc-c.* merc-i-f.a1,k nat-ar. nat-c.a1,k *Nat-m.*a1,k nicc. *Nit-ac.* nux-m. nux-v. petr. *Puls.* rheum *Rhus-t.* rumx. sang.a1,k sec. sep. *Staph.* sulph.a1,k *Thuj.* valer.a1,k verat. viol-t.a1,k zinc.a1,k
  - **während**: acon. agar.a1,k **Aloe** alum.a1,k am-c. ambr. ant-c.a1,k *Arn.*a1,k ars. *Ars-i.* *Asar.*a1,k calc-s.a1,k *Canth.*a1,k caps. caust. cham. chel. cob.a1,k coloc. dig.h dulc.a1,k ferr.a1,k iod. iris kali-c.h kali-n. kalm.a1,k laur. mag-m.a1,k merc. *Merc-c.* nit-ac.a1,k plb.a1,k rheum rhus-t. sars.a1,k sec. staph.h sul-i.k2 **Sulph.** verat.
  - **nach**: *Am-c.*a1,k ars. *Canth.*a1,k carb-v.h **Coloc.** gels. kali-n. lept. *Merc.* *Merc-c.* ox-ac. *Podo.* rheum staph. *Sulph.*a1,k
    - **amel.**: am-c. am-m. bry.a1,k *Calc-p.* caust.a1,k

- **Stuhlgang - nach - amel.**: ... dig.$_{a1,k}$ hell.$_{a1,h}$ mag-m.$_{a1,h}$ mur-ac.$_{a1,k}$ nat-c.$_{h}$ nat-m.$_{a1,k}$ **Nux-v.** plb.$_{a1,k}$ *Rhus-t.* sil.$_{h}$ sulph.$_{a1,k}$
  - **Diarrhoe**; während: bov. *Crot-t.* ferr. gamb. jug-c. kali-n.$_{h}$ mag-m. *Merc.* **Sulph.**
  - **Stuhldrang**, verursacht: *Calc-p.* dig. *Lept. Nux-v.* staph.$_{h}$ *Sulph.*
- **Trinken**, nach dem: ars.$_{a1,k}$ *Calc-p.*$_{a1,k}$ *Nat-m.*$_{a1,k}$ staph.$_{a1,k}$
- **Urinieren**:
  - **vor**: mag-c. sul-ac. sulph.$_{a1,k}$
  - **beim**: chin.$_{a1,k}$ eupi. lyc.$_{hr1}$ mag-c. merc.$_{a1,k}$ til.$_{bg1}$
  - **nach**: chin.$_{a1,k}$ stann. staph.$_{h}$
- **wandernd**: bell. card-m. dulc. led. stront-c.
- **warm**:
  - **Bett** amel.; im warmen: *Ars.* coloc. staph. symph.
  - **Umschläge** amel.; warme: sulph.$_{h}$
- **Wasser**; beim Trinken von:
  - **kaltem** Wasser, von: calc-p.
    - **amel.**: calc.$_{h}$ cann-s.
- ▽ **erstreckt** sich zu:
  - **Anus**: *Coloc.* nux-v.$_{k2}$
  - **Brust**: phos.
  - **Genitalien**: lyc.$_{bg1}$
  - **hinten** und oben bei den Wehen; nach: *Gels.*
  - **Kreuzbein**: am-m.$_{h}$
  - **Leiste**: am-m.
  - **links** nach rechts; von: *Ip.*
  - **Lumbalregion**: mag-m.$_{a1,h}$
  - **Oberschenkel**: *Coloc.* ter.
  - **rechts** nach links; von: **Lyc.**
  - **vorne** nach hinten: cupr.$_{k2}$
- ○ **Darmbein**:
  - **morgens**: cina
  - ▽ **erstreckt** sich zu:
    - **Oberschenkel**: nat-m.$_{a1,k}$
    - **Schulterblatt**: nat-m.$_{a1,k}$
  - ○ **Spina** iliaca anterior superior: sulph.
- **Darmbeingrube**:
  - **rechts** nach links; von: sang.
  - ▽ **erstreckt** sich zum Rektum: sang.
- **Darmbeingegend**: *Agn.* nat-p. thuj.
  - ▽ **erstreckt** sich zu den Hoden: hydr.
- **Hypochondrien**: acon.$_{bg2}$ arg-met. arg-n. ars.$_{bg2,k,*}$ ars-i. asar.$_{bg2}$ *Aur.*$_{a1,k}$ aur-s.$_{k2}$ bar-c.$_{h}$ *Bell.*$_{bg2,k}$ borx. brom.$_{a1,k}$ *Bry.* calc.$_{bg2}$ calc-f. canth.$_{bg2}$ caust.$_{bg2}$ chel. coc-c.$_{a1,k}$ colch.$_{a1,k}$ coloc.$_{a1,k}$ crot-h. dios.$_{a1,k,*}$ *Dulc. Graph.* hydr.$_{bg2,k,*}$ iod.$_{a1,k}$ kali-ar. *Kali-bi. Kali-c.*$_{a1,k}$ kali-m.$_{k2}$ lyc.$_{a1,k}$ mag-c. meny.$_{a1,k}$ merc-i-r.$_{a1,k}$ nat-m. nat-p.$_{a1,k}$ nicc. *Nux-m.*$_{bg2}$ phos.$_{bg2,k}$ ptel. puls. *Ran-b.* stann.$_{a1,k}$ stry.$_{a1,k}$ sulph.$_{bg2,k}$ trom.
  - **links**: alum-sil.$_{k2}$ arg-met. *Arg-n.* bar-c.$_{h}$ borx. cench.$_{k2}$ dulc. kali-c.$_{h}$ mag-m.$_{h}$ sul-ac.$_{h}$ sulph.$_{h}$ ter.
    - **Gehen**, beim schnellen: borx.$_{h}$
  - **rechts**: ang.$_{h}$ *Aur.*$_{a1,k}$ aur-ar.$_{k2}$ bry. *Carb-ac.* chel.$_{k2}$ crot-c. dulc. iod.$_{h}$ kali-c.$_{a1,k}$ nat-c.$_{h2}$ ptel.

- **Hypochondrien - rechts**: ... stann.$_{a1,k}$ stry.
  - **Frühstück**, nach dem: borx.
  - **morgens**: castm. mag-m.$_{h}$
  - **nachmittags**: chinin-s.
  - **nachts**: stry.$_{a1,k}$
  - **Berührung** agg.: ars.$_{h}$
  - **Bewegung**, bei: ang.$_{h}$ ter.
  - **Bücken**, beim: arg-met.$_{h}$
  - **Frühstück**: cench.$_{k2}$
    - **nach**: borx.$_{h}$
  - **Gehen**, beim: phos.$_{h}$
    - **schnellem**, bei: borx.
  - **Husten**, beim: bry.
  - **Sitzen**, im: ter. viol-t.
    - **gebeugt**: stann.
  - **Strecken** agg.: lyc.$_{a1,k}$
  - ▽ **erstreckt** sich zu:
    - **Nabel**: borx.
    - **oben**, nach: bar-c.$_{h}$
    - **Rücken**: chel.$_{k2}$ ran-b. sul-ac.$_{h}$
    - **unten**, nach: borx. cench.$_{k2}$
- **Hypogastrium**: aeth.$_{a1,k}$ agar.$_{h}$ *All-c.*$_{a1,k}$ am-c.$_{a1,k}$ ang.$_{a1,k}$ *Ars.*$_{a1,k}$ asar.$_{h}$ aur-s.$_{h}$ *Bar-c.* **Bell.**$_{a1,k}$ bry.$_{a1,k}$ cact. calc.$_{h}$ carb-an.$_{h}$ carbn-s. *Cimic.*$_{a1,k}$ coc-c.$_{a1,k}$ *Coll.*$_{a1,k}$ *Coloc.*$_{a1,k}$ *Croc.* cycl.$_{h}$ elaps euon. granit-m.$_{es1}$ *Hydr.*$_{a1,k}$ **Hyos.**$_{a1,k}$ iris *Kali-bi.* kali-c.$_{h}$ laur. *Lept. Lil-t. Mag-m.*$_{a1,k}$ mag-s. mang. med. *Merc.*$_{a1,k}$ mur-ac.$_{h}$ nat-ar.$_{k2}$ nat-c.$_{a1,k}$ nicc.$_{a1,k}$ nux-v.$_{a1,k}$ ol-an.$_{a1,k}$ **Puls.**$_{a1,k}$ senec.$_{k2}$ sep.$_{a1,k}$ *Sil.*$_{a1,k}$ spig.$_{h}$ squil.$_{h}$ stann.$_{h}$ sulph.$_{h}$ ter.$_{a1,k}$ *Thuj.*$_{a1,k}$ *Verat.* verat-v.$_{a1}$ zinc.$_{h}$
  - **links**: zinc.$_{h}$
  - **morgens**: sars.$_{h}$
    - **Bett**, im: mag-m.$_{h}$
  - **nachmittags**: sep.$_{h}$
  - **abends**: agar.$_{h}$ spong.$_{h}$
  - **nachts**: lyc.$_{h}$
  - **Beugen**, beim:
    - **hinten**, nach: sulph.$_{h}$
    - **Zusammenkrümmen** amel.: puls.$_{h}$
  - **Bewegung** amel.: nicc.$_{a1,k}$
  - **Diarrhoe**, mit: ars.$_{h}$
  - **Druck** agg.: sulph.$_{h}$
  - **Einziehen** des Abdomens agg.: kali-c.$_{h}$
  - **Essen**, nach dem: cic.$_{h}$ spong.$_{h}$ *Verat.*$_{a1,k}$
  - **Flatus**:
    - **amel.**: kali-c.$_{h}$ mag-m.$_{h2}$
    - **nach**: zinc.$_{h}$
  - **Fluor**, vor: lyc.$_{h}$
  - **Gehen**, beim: coloc.$_{h}$ mang. mur-ac.$_{h}$ *Sil.*
  - **Husten**, beim: bry. chin. verat.
  - **Liegen** amel.: nux-v.
  - **Menses**:
    - **vor**: *Caust.* nat-c.$_{h,h2}$ senec. sulph.$_{h}$
    - **während**: arg-n. calc.$_{h}$ carb-v.$_{h}$ *Caust.* **Kali-c.** nat-m. *Senec.* sulph.$_{a1,k}$
    - **nach**: kali-c. plat. puls.
    - **wieder** erscheinen; als würden die Menses: *Kreos. Lyc.* plat. *Puls.*
  - **Milch**, nach: ang.$_{h}$
  - **Mittagessen**, nach dem: lyc.$_{h}$ zinc.$_{h}$

- **Hypogastrium**: ...
  - **Pressen** zum Stuhl agg.: sulph.$_{h}$
  - **quer** über das: stann.$_{h}$
  - **Schritt**, bei jedem: nux-v. *Sil.*
  - **Sitzen**, beim: mur-ac.$_{h}$ nicc.$_{a1,k}$ spig.$_{h}$
  - **sitzen**; muß gebeugt: mag-m.$_{h}$
  - **Stehen**, beim: mang. mur-ac.$_{h}$
  - **Stuhlgang** amel.; nach: pall.
  - **Urinieren**, vor dem: sulph.$_{h}$
  - ▽ **erstreckt** sich zu:
    - **Brust**, linke: spong.$_{h}$
    - **Rücken**: *Croc.*
    - **Samenstrang**: med.
- **Leber**: alum-sil.$_{k2}$ ang.$_{bg2,k}$ arg-n.$_{a1,bg2}$ ars-i.$_{k2}$ aur. *Berb.* bufo calc.$_{bg2}$ calc-f. *Carb-an.*$_{bg2,k}$ colch.$_{bg2,k}$ con.$_{bg2}$ crot-c. *Dios.*$_{bg2,k,*}$ dulc.$_{bg2}$ hydr.$_{bg2}$ iod.$_{bg2}$ *Iris* kali-ar.$_{k2}$ kali-bi.$_{bg2}$ kali-c.$_{bg2}$ *Lach.* merc-c.$_{bg2}$ merc-i-r. nat-c. nat-m.$_{bg2}$ nux-m.$_{st}$ ph-ac.$_{bg2}$ ptel. stann.$_{bg2}$
  - **Bewegung** amel.: calc-f.$_{k2}$
- **Leistengegend**: aesc.$_{a1,k}$ all-c. alum. am-m. arg-met. *Arg-n.*$_{a1,k}$ aur.$_{a1,k}$ bamb-a.$_{stb2}$ berb. borx.$_{k2}$ *Bry.* calc. calc-p.$_{a1,k}$ *Canth.*$_{a1,k}$ carb-an. caust. *Coloc.* cycl. gamb. iod.$_{a1,k}$ kali-bi. lyc.$_{a1,k}$ mag-c. merc. nat-m. ph-ac.$_{a1,k}$ spig. tell.$_{a1,k}$ ter.$_{a1,k}$ thuj. valer.
  - **links**: aesc. hydrog.$_{srj2}$ tell.
  - **rechts**: *Bry.* hydrog.$_{srj2}$ podo.$_{c1}$ ter.
    - ▽ **erstreckt** sich nach links: lyc.
  - **vormittags**: alum.
  - **abends**: am-m.$_{h}$ dios.$_{a1,k}$ lyc.$_{a1,k}$
  - **nachts**: mag-c.
  - **anziehen**; muß die Beine: aur.$_{h}$
  - **Atmen** amel.; tiefes: carb-an.$_{h}$
  - **Bewegung**, bei: caust.$_{h}$
  - **Einatmen**, beim: *Bry.*
  - **einziehen**; muß das Abdomen: aur.$_{h}$
  - **Gehen**, beim: canth.$_{a1,k}$ caust.$_{h}$ par.$_{a1,k}$
    - **amel.**: carb-an.$_{h}$
  - **Menses**:
    - **vor**: borx.$_{k2}$
    - **während**: *Arg-n.* borx.$_{k2}$ *Nat-m. Senec.*
  - **Schwangerschaft**; während der: podo.$_{c1}$
  - **Sitzen** agg.: carb-an.$_{h}$
  - **Urinieren**, beim: nat-m.
  - ▽ **erstreckt** sich zu:
    - **Harnröhre** zur Eichel; durch die: asar. lyc.
    - **Hoden**: calc.
    - **Rücken**: am-m.
- **Milz**: ars.$_{bg2}$ bell.$_{bg2}$ cain. calc-p.$_{k2}$ carb-v.$_{bg2}$ *Cean.* chin.$_{bg2,k}$ coloc.$_{bg2}$ crot-h. dulc.$_{bg2}$ grin.$_{bg2}$ kali-c.$_{bg2}$ lyc.$_{bg2}$ nat-m.$_{bg2}$ ptel. sulph.$_{bg2}$ tarent. verb. viol-t.$_{bg2}$
  - ▽ **erstreckt** sich zur Hüfte: grin.$_{pd}$
- **Nabel**: ant-t. bol-la. bov. cact.$_{a1,k}$ calad. castm. *Chinin-s.* cimic.$_{a1,k}$ coc-c.$_{a1,k}$ crot-t.$_{a1,k}$ dios.$_{a1,k}$ indg.$_{a1,k}$ *Ip.* laur. *Nux-m.*$_{a1,k}$ plb.$_{a1,k}$ puls-n. rhus-t.$_{a1,k}$ rhus-v.$_{a1,k}$ sil.$_{a1,k}$ ter.$_{a1,k}$ verat-v.$_{bg1,bg2}$
  - **vormittags**: *Rhus-t.*$_{a1,k}$ sil.$_{a1,k}$
  - **nachmittags**: cimic.$_{a1,k}$
  - **abends**: nux-m.$_{a1,k}$
  - **nachts**: nux-m.$_{a1,k}$
- **Nabel**: ...
  - **Beugen** nach vorne amel.: bov. calad. *Rhus-t.*
  - ▽ **erstreckt** sich zu:
    - **Magen**: crot-t.$_{a1,k}$
    - **Rücken**: sil.$_{a1,k}$
  - ○ **Nabelgegend**: aesc.$_{a1,k}$ agar.$_{a1,k}$ aloe ~~am-c.$_{kl,xxx}$~~ am-m.$_{a1,k}$ ammc.$_{k,kl}$ ant-t. arn. bell. bov. brom.$_{a1,k}$ cact.$_{a1,k}$ calad.$_{a1,k}$ calc-p.$_{a1,k}$ camph.$_{a1,k}$ canth.$_{a1,k}$ caps.$_{h}$ castm. cham.$_{a1,k}$ chin.$_{a1,k}$ cocc. **Coloc.**$_{a1,k}$ con.$_{a1,k}$ crot-t.$_{a1,k}$ *Cupr.*$_{a1,k}$ **Dios.**$_{a1,k}$ *Dulc.* graph.$_{h}$ grat.$_{a1,k}$ hell. hyos.$_{a1,k}$ hyper. ign.$_{a1,k}$ iod.$_{a1,k}$ **Ip.**$_{a1,k}$ kali-bi. *Kali-c.*$_{a1,k}$ *Kali-i.*$_{a1,k}$ kali-m.$_{k2}$ *Kali-n.*$_{a1,k}$ kreos.$_{a1,k}$ led.$_{a1,k}$ lyc. *Mag-c.*$_{a1,k}$ mag-m.$_{h}$ *Mang.*$_{h,k,*}$ *Merc-c.*$_{a1,k}$ merl.$_{a1,k}$ mur-ac.$_{a1,k}$ naja *Nat-m.*$_{a1,k}$ **Nux-v.** ol-an.$_{a1,k}$ *Op.*$_{a1,k}$ paeon. petr.$_{a1,k}$ plan.$_{a1,k}$ plat.$_{a1,k}$ psor.$_{a1,k}$ ptel.$_{a1,k}$ puls.$_{a1,k}$ raph. *Rheum* rhus-v.$_{a1,k}$ *Sars.*$_{a1,k}$ senec.$_{a1,k}$ *Sil.* sol-ni. spig. *Stann.*$_{a1,k}$ staph.$_{a1,k}$ *Sul-ac.*$_{a1,k}$ sulph.$_{h}$ tab.$_{a1,k}$ ust.$_{a1,k}$ valer.$_{a1,k}$ verat.$_{a1,k}$ verat-v.$_{a1,k}$ verb. zinc.$_{a1,k}$ zinc-p.$_{k2}$ zing.$_{a1,k}$
    - **tagsüber**: stann.$_{a1,k}$
    - **morgens**: hell.$_{a1,k}$ mang. petr.$_{h}$ sars.$_{a1,k}$ sulph.$_{a1,k}$
      - **7 h**: scroph-n.$_{c1}$
    - **vormittags**: nat-c.$_{a1}$ sars.$_{a1,k}$
      - **10 h**: verat-v.
      - **Menses**, während: mag-c.$_{a1,k}$
    - **mittags**: mag-m.$_{h}$
    - **nachmittags**: lyc.$_{a1,k}$ naja ptel.$_{a1,k}$ spig.$_{h}$
      - **16 h**: lyc.
    - **abends**: bar-c.$_{a1,k}$ bry. nat-m.$_{a1,k}$ staph.$_{a1,k}$
    - **nachts**: sil.$_{h}$
      - **Mitternacht**: sulph.
    - **anfallsweise**: mag-m.$_{h}$
    - **Aufstehen**, nach dem: sulph.$_{a1,k}$
    - **Ausatmen**, beim: rhus-t.$_{a1,k}$
    - **Berührung** agg.: ip.$_{h}$
    - **Bewegung**, bei: caps.$_{a1,k}$
    - **Bücken** agg.: caps.$_{h}$ sulph.$_{a1,k}$
    - **Diarrhoe**, nach: cupr. nat-m.
    - **Druck**:
      - **agg.**: chel.$_{a1,k}$ ip.$_{h}$
      - **amel.**: nat-m.$_{a1,k}$ *Stann.*
    - **Einatmen**, beim: arn.$_{a1,k}$ coloc.$_{h}$ *Mang.*$_{h,k,*}$
    - **Eiscreme**, nach: calc-p.
    - **Entbindung**, bei der: **Ip. Nux-v.**
    - **Erwachen**, beim: sulph.
    - **Essen**, nach dem: *Coloc.*$_{a1,k}$
    - **Flatus**, Abgang von:
      - **amel.**: *Mag-c.* sars.$_{h}$
      - **wie** durch: coloc.$_{h}$ plat.$_{h}$
    - **Fluor**, mit: am-m.$_{ptk1}$ sil.$_{h,ptk1}$
    - **Gähnen**, beim: sars.$_{a1,k}$
    - **Gehen**, beim: arn. caps.$_{h}$ dios.$_{a1,k}$ sul-ac.$_{a1,k}$
    - **kalten** Getränken, nach: calc-p.
    - **Liegen** amel.; gekrümmt: hell.
    - **Menses**:
      - **während**: mag-c.$_{a1,k}$
      - **erscheinen** würden; als ob: ip.

• **Nabel - Nabelgegend**: ...
 • **Mittagessen**:
  • **vor**: mang.$_{h}$
  • **nach**: cham.
 • **Schritt**, bei jedem: arn.
 • **Sitzen**, im: nat-c.$_{a1}$ rhus-t.
 • **Stuhlgang**:
  • **vor**: *Gamb.*$_{a1,k}$ graph.$_{h}$ grat. nat-c.$_{h}$ **Nux-v.**
  • **nach**: *Aloe* cact. **Coloc.**$_{a1,k}$
 • **Wetter**; bei kaltem: *Dulc.*
 • **Zubettgehen**, beim: nat-m.$_{a1,k}$
 ▽ **erstreckt** sich zu:
  • **Lumbalregion**: bell.$_{h}$
  • **Rektum**: aloe$_{k2}$
 ○ **unterhalb** der Nabelgegend: mez.$_{h}$
  • **Stuhlgang**, nach: nat-c.$_{h}$
• **Seiten**: arn. ars.$_{a1,k}$ calc.$_{a1,k}$ carb-an.$_{a1,k}$ caust. clem.$_{a1,k}$ con.$_{a1,k}$ crot-t. dulc.$_{a1,k}$ ign.$_{a1,k}$ kali-bi.$_{a1,k}$ *Lach.*$_{a1,k}$ laur. mag-c.$_{a1,k}$ mur-ac. par. ruta sars.$_{a1,k}$ *Stront-c.* thuj.$_{a1,k}$ zinc. *Zinc-s.*$_{a1}$
 • **links**: calc.$_{a1,k}$ **Kali-c.** mag-c.$_{a1,k}$ phos.$_{h}$ sars.$_{a1,k}$ thuj.$_{a1,k}$
  • **rechts**, nach: *Ip.* lachn.$_{hr1}$
 • **rechts**: aur-i.$_{k2}$ clem.$_{h}$ colch.$_{bg1}$ con.$_{a1,k}$ *Lach.* nit-ac.$_{h}$ rhus-t.$_{bg1}$ stront-c.
 • **morgens** im Bett: bell.$_{h}$
 • **abends**: lyc.$_{h}$ nicc.$_{a1,k}$
 • **nachts**: sulph.
 • **anfallsweise**: kali-bi.$_{a1,k}$
 • **Berührung** agg.: ars.$_{h}$
 • **Einatmen**, beim: phos.$_{h}$
 • **Flatus** amel.; Abgang von: laur.
 • **Gehen**: clem.$_{h}$ phos.$_{h}$
  • **amel.**: carb-an.
 • **Herumdrehen** amel.: bell.$_{h}$
 • **Liegen** auf dem Rücken; beim: sulph.
 • **Menses**, während: ars.$_{a1,k}$
 • **Mittagessen**, nach dem: phos.$_{h}$
 • **Seite**, auf der man liegt: bell.$_{h}$
 • **Sitzen**, im: carb-an.$_{a1,k}$
 • **Stuhlgang** amel.: calc.$_{a1,k}$
 ○ **Flanke**, in der: ang.$_{h}$ sulph.
– **stechend**; fein: **Apis** asaf. bry. *Canth.* chel. chin. ign. kali-c. *Lyc. Phos. Puls.* sep. spig. verb.
 ○ **Milz**; über der: ther.$_{br1}$
– **stechend** (= scharf, schießend etc.): *Acon.*$_{k,k2}$ aeth. *Agar.* all-c.$_{k2}$ aloe *Alum.* alum-p.$_{k2}$ alum-sil.$_{k2}$ am-c. am-m.$_{k2}$ anac. ang.$_{c1,h}$ ant-t. apis arg-met. *Arg-n. Arn. Ars.* asaf. bamb-a.$_{stb2}$ bapt. *Bell.* berb. *Bov.* **Bry.** *Calc.* calc-p.$_{k2}$ *Calc-s.* calc-sil.$_{k2}$ canth. caps.$_{h}$ carb-an. carb-v. *Carbn-s. Card-m. Caust.* cedr. *Cham.* chel. chin. chinin-ar. cic. *Cimic.* cocc. *Colch. Coloc.* con. *Croc.* cupr. *Cycl. Dig.*$_{br1,k}$ ferr.$_{h1}$ ferr-i. fl-ac. graph.$_{h}$ *Grat.* hell. hep. **Ip.** kali-ar. kali-bi. *Kali-c.* kali-n. *Kali-p. Kali-s.* kali-sil.$_{k2}$ kreos. lac-c. lach. lang.$_{a4}$ laur. led. lyc. lyss. mag-m. *Mag-s.* med. merc. mez. naja nat-ar. nat-c. nat-m. nat-n. nat-p. nit-ac. *Nux-v.* op. ox-ac.$_{k2}$ pall. *Ph-ac. Phos.* phys. pic-ac. *Plb.* psor. *Puls.* ran-b.$_{k2}$ rhod. ruta samb. sel. sep. *Sil. Spig.* stann. stram. **Sulph.** sumb. *Tarax.* tarent. *Ter.* thuj. trom. verat. *Verb.* viol-t. zinc. zinc-p.$_{k2}$

– **stechend**: ...
• **morgens**: agar. dig.$_{a1,k}$ kali-n.$_{h}$ plat.$_{a1,k}$ *Ran-b.*$_{a1,k}$ sulph.$_{a1,k}$
 • **Bett**, im: chin.$_{h}$
 • **Gehen**, beim: ran-b.$_{a1,k}$
• **vormittags**: mag-s.$_{a1,k}$
• **mittags**: lyc.$_{a1,k}$ phos.$_{a1,k}$ rhus-t.
• **nachmittags**: sep.$_{a1,k}$
• **abends**: *Caust.*$_{a1,k}$ kali-n.$_{h}$ *Plb.*$_{a1,k}$ tarent.
 • **18** h: mag-s.
• **nachts**: kali-c.$_{h}$ *Sulph.*$_{a1,k}$
 • **Mitternacht**: sulph.$_{a1,k}$
  • **vor**: cham.$_{h}$
  • **Erwachen**, beim: coloc.$_{h}$ sulph.
 • **Erwachen**, beim: coloc.$_{h}$
◆ **abwechselnd** mit:
 • **Brust**; Schmerz in der: ran-b.$_{c1}$
• **anfallsweise**: *Ip.* til.$_{c1}$
• **Atmen**; behindert das: til.$_{c1}$
• **Aufrichten** im Sitzen; beim: ph-ac.$_{h}$
• **Ausatmen**, beim: coff.
• **Berührung**, bei: nit-ac.$_{h}$
• **Bett**, im: nat-m.$_{a1,k}$
• **Beugen** der Oberschenkel amel.: podo.$_{a1,k}$
• **Beugen** nach vorne; beim: verb.
• **Bewegung**, bei: arg-n.$_{a1,hr1}$ bry.$_{k2}$ calc-p.$_{k2}$ caps.$_{h}$ cycl. kali-bi.$_{k2}$ kali-c.$_{h}$
• **brennend**: lyc. spig.$_{h}$ zinc.$_{a1,k}$
• **Bücken**, beim: am-c. bov.$_{a1,k}$ calc. caps.$_{h}$ cocc.$_{a1,k}$
• **Druck**: aur. nit-ac.
 • **amel.**: *Card-m.*
• **Einatmen**, beim: agar. *Bry.* calc.$_{a1,k}$ calc-p.$_{k2}$ chin.$_{h}$ clem.$_{h}$ tab.
• **elektrische** Schläge, wie: arg-n.
• **Erwachen**, beim: agar. nat-m.$_{a1,k}$ podo.$_{a1,k}$
• **Essen**, nach dem: alum.$_{a1,k}$ marb-w.$_{es1}$ thuj.$_{a1,k}$
• **fein** stechend: *Apis Ign. Lach. Sep. Thuj.*
• **Flatus**:
 • **amel.**: zinc.$_{h}$
 • **vor**: spig.$_{h}$ sulph.$_{h}$
 • **durch**: coloc.$_{h}$ nat-m.$_{h}$
• **Gehen**: arg-n. caps.$_{h}$ cham. mur-ac. olnd. ran-b. sel. thuj. zinc.
 • **Essen**, nach dem: zinc.
 • **hindert** am: am-c.$_{h}$
• **Husten**, beim: acon. am-m. ars. *Bell.* bry. chin. lach. lyc. nit-ac. phos. sabad. samb. sep. staph. sul-ac. sulph.
• **innen**, nach: phos.$_{h}$
• **Kartoffeln**, nach: mag-s.
• **Liegen**: caust.
 • **Abdomen**, auf dem:
  • **amel.**: phos.$_{h}$
 • **krumm**, gekrümmt:
  • **amel.**: brom.
• **Menses**:
 • **vor**: brom.$_{a1,k}$ con. *Kali-c.* puls.$_{hr1}$
 • **während**: ars.$_{h}$ borx. brom. calc.$_{a1,k}$ kali-c. mosch. **Nux-v.** sul-ac.$_{a1,k}$
• **Milch**, nach warmer: *Ang.*
• **Mittagessen**, nach dem: sars.$_{a1,k}$

- **Niesen**, beim: carb-v.h
- **periodisch**: caust.
- **Schreck**, bei jedem: cham.h
- **Schritt**, bei jedem: *Mur-ac.*
- **Sitzen**, im: bry. caust. chin.h cina nat-s. **Nux-v.** phos.a1,k ruta *Thuj.*
- **Stuhlgang**:
  - **vor**: aloe calc-s.a1,k kali-n.a1,k mang.
  - **nach**: bamb-a.stb2 zinc.a1,k
  - **Stuhldrang**, mit: spig.h
  - **treibt** zum Stuhl: *Nux-v.*
- **Urinieren**, beim: clem. nit-ac.

▽ **erstreckt** sich zu:
  - **Anus**: rhus-t. sulph.
  - **Becken**: alumn. puls. til.c1
  - **Beine**: sang. ter.
  - **Blase**: brom. cic.
  - **Brust**: *Cham.* clem. *Con.* ign. kali-c.bg1
  - **Hoden** beim Husten: sec.
  - **Hypochondrien**, Gegend der: coc-c.
  - **Körper**, in den:
    - **Schritt**, bei jedem: mur-ac.
  - **Lumbalregion**: kali-n.h
  - **oben**, nach: aloe ars.st *Bry.* naja ph-ac.h ruta spong.
  - **Penis**, in den: alumn.
  - **Perineum**: phos.
  - **quer** über das Abdomen: cupr.
  - **rechts**:
    - **nach**: fl-ac.
    - **nach** links; von rechts: nux-m.
  - **Rektum**: brom.
  - **Rücken**: calc. canth. coc-c. cocc. kali-bi.
  - **Samenstrang**:
    - **entlang**: brom.
    - **Husten**, beim: verat.
  - **Schlüsselbein**, rechtes: laur.
  - **Schultern**: lach.
  - **über** das Abdomen: *Arn.* calc.h cham. colch. ip. phos. sep.
    ☞ *quer*
  - **unten**, nach: alumn. aphis brom. cench.k2 chin. **Ip.** kali-c. puls. ran-s. samb. til. verb.
  - **Vagina**: *Ars. Kreos.*

○ **Darmbeingegend**: agar. alum.a1,k anac. *Berb.*a1,k brom. cham.a1,k kali-chl.a1,k kali-n. laur.a1,k led.a1,k lyc.a1,k merc.a1,k mez.a1,k sil.a1,k spig.a1,k spong.h thuj.a1,k
  - **links**: *Con.* pall.c1 spong.h
  - **rechts**: zinc.h
  - **morgens**: berb.a1,k
  - **abends**: lyc.h
  - **Ausatmen**, beim: spong.h
  - **Bücken**, beim: spong.h zinc.h
  - **Menses**, während: *Con.*
  - **pochend**, klopfend: thuj.h
  - **Sitzen**, im: kali-n.
  - **Stellen**; in kleinen: caps.vh

  ▽ **erstreckt** sich zu:
    - **Bein** hinab; das: kreos.
    - **Darmbein** zum anderen; von einem: lil-t. sep.h
- **Darmbeinkamm**: ang.h berb.a1,k brom.a1,k eupi. kali-n.a1,k kreos.a1,k manc.a1,k merc.a1,k naja nat-m.a1,k olnd.a1,k plan. spig.a1,k stront-c. thuj.a1,k
  - **Einatmen**, beim: mill.a1,k
  - **Gehen**, beim: eupi.

  ▽ **erstreckt** sich zu:
    - **Brust**: lach.
    - **Gesäßmuskeln**: *Berb.*
    - **Kreuz**: mag-m.
    - **Leistengegend** und Oberschenkel: sep.h
    - **unten**, nach: zinc.
- **Hüftgegend**: *Agar.* ambr.a1,k bry.a1,k calc.a1,k kali-c.a1,k *Lyc.* mag-c.a1,k *Mez.* nat-c.a1,k samb.a1,k sep.a1,k sulph.a1,k

  ▽ **erstreckt** sich beim Husten zum Kreuz: sulph.a1,k
- **Hypochondrien**: *Acon.*a1,k aesc.a1,k *Aeth.*a1,k *Agar.*a1,k aloe *Alum.*a1,k am-c. am-m.a1,k ammc. anac.a1,k androc.srj1 arg-met.h arg-n. arn. ars. ars-i. asaf. aur.a1,k aur-ar.k2 aur-m.a1,k bar-c. bar-i. bar-m. *Berb.*a1,k brom.a1,k *Bry.*a1,k calc.a1,k calc-p.a1,k cann-s. caps. *Carb-v.*a1,k *Carbn-s.* caust. cedr. cham.a1,k *Chel.*a1,k chin.a1,k *Chinin-s.* cist.a1,k clem.a1,k colch. coloc.h *Con.*a1,k cop.a1,k cupr. dig.a1,k dulc.h euphr.a1,k fago. ferr. ferr-i.k2 form.a1,k *Glon.* goss.a1,k *Graph.*a1,k guaj.a1,k hep. hyos.a1,k hyper.a1,k ign.bg3 iod.a1,k ip.a1,k kali-ar. *Kali-bi.*a1,k *Kali-c.*a1,k kali-i.a1,k kali-n. kreos.a1,k *Lach.*a1,k lact.a1,k laur.a1,k lob-c.a1,k *Lyc.*a1,k mag-c.a1,k mag-m.a1,k mag-s.a1,k mang.a1,k merc. merc-c.a1,k mosch.a1,k mur-ac. naja nat-ar. *Nat-c.*a1,k *Nat-m.*a1,k nat-s.a1,k nicc. *Nit-ac.* nux-v.a1,k ol-an.a1,k ox-ac.a1,k par.a1,k petr.a1,k ph-ac.a1,k phos.a1,k plan.a1,k plb.a1,k podo.a1,k psor.a1,k ptel.a1,k puls.a1,k *Ran-b. Ran-s.*a1,k raph.a1,k rat.a1,k rhod. rhus-t. rumx. sabad.a1,k senec.a1,k *Sep.*a1,k **Sil.**a1,k sul-ac. sulph.a1,k sumb. tab.a1,k tarent. tep. thuj.a1,k zinc.
  - **abwechselnde** Seiten: thuj.
  - **links**: aeth.a1,k alum. alum-sil.k2 am-c. am-m.h arg-met.h arn. ars. *Asaf.* aur.a1,k bell.h *Cann-s.* carb-an.h carb-v.h caust.h cench.k2 chel.a1,k chin.h cic.h colch. con.h dig.a1,k ferr. gels.psa gran. *Guaj.*a1,k hep.h iod.h ip.a1,k kali-bi.a1,k kali-c.h kalm.a1,k lil-t. mag-c.a1,k *Mag-m.* mag-s.a1,k mang.h mez. *Nat-c.* nat-m.h nat-s.a1,k ph-ac.h phos.h puls.a1,k rat.a1,k rheum.h *Sars.* sep.a1,k sil.h spig.h stann.h *Sul-ac.*a1,k sulph. tarax.h verb.h zinc.a1,k

    ▽ **erstreckt** sich zu:
      - **Brust**:
        - **Räuspern**, beim: ars.
      - **Epigastrium**: nat-c.h
      - **rechts**, nach: alum.
  - **rechts**: acon. *Aesc. Agar.*a1,k alum.a1,k am-m. anac.h bamb-a.stb2 brom. *Bry.*a1,k **Calc.**a1,k *Calc-p.* carb-an.h carb-v.a1,k *Card-m.* **Caust.** cham.a1,k **Chel.** chin.a1,k choc.srj3 *Cob. Cocc. Coloc.*a1,k **Con.**a1,k *Crot-h.* dulc.h1 euphr.a1,k fago. form.a1,k hyper.a1,k iod.h *Kali-bi.*a1,k *Kali-c.*a1,k *Kreos.*a1,k lact. *Laur.* lyc.a1,k mag-c.h mag-m.a1,h *Merc. Merc-c.*a1,k mez.h mur-ac.h

• **Hypochondrien - rechts**: ... naja *Nat-c.*$_{a1,k}$ nat-m.$_{a1,k}$ *Nat-s.* *Nit-ac.* nux-v.$_{a1,k}$ ol-j. ph-ac. phos. podo.$_{a1,k}$ psil.$_{ft1}$ psor.$_{a1,k}$ *Ptel.*$_{a1,k}$ **Ran-b.** *Ran-s.*$_{a1,k}$ rhus-t. sars.$_{h}$ scroph-n.$_{c1}$ *Sep.*$_{a1,k}$ spig.$_{h}$ spong.$_{h}$ staph.$_{h}$ sul-ac.$_{h}$ *Sulph.*$_{a1,k}$ sumb. tab.$_{a1,k}$ tarent. tep. verb.$_{h}$ *Zinc.*$_{a1,k}$ zinc-p.$_{k2}$
  • **Beugen** nach links; beim: agar.
 ▽ **erstreckt** sich zu:
  • **Brust**: mag-c.$_{h}$
  • **Herz**: zinc.$_{h}$
  • **links**, nach: brom.
  • **Oberschenkel**: cob.
  • **Rücken**: bamb-a.$_{stb2}$ **Chel.** euphr.
• **morgens**: agar.$_{a1,k}$ am-m.$_{h}$ ammc. con.$_{a1,k}$ graph.$_{a1,k}$ hep.$_{a1,k}$ kali-c.$_{h}$ nat-m. nat-s. stry. tarent.
  • **8** h: kalm.
  • **Bett**, im: carb-v.$_{h}$ con.$_{a1,k}$
  • **Frühstück**; beim: cench.$_{k2}$
• **vormittags**: bamb-a.$_{stb2}$ calc.$_{a1,k}$ nat-s.$_{a1,k}$ sars.$_{a1,k}$ thuj.$_{a1,k}$
• **nachmittags**: aeth.$_{a1,k}$ alum.$_{a1,k}$ am-m. aur.$_{h}$ caust.$_{a1,k}$ kali-c.$_{h}$ laur.$_{a1,k}$ mag-c.$_{a1,k}$ mag-m.$_{a1,k}$ nat-m.$_{a1,k}$ plb.$_{a1,k}$ sil.$_{a1,k}$ valer.$_{a1,k}$
  • **14** h: mag-c. valer.
  • **15** h: lyc.
• **abends**: alum.$_{h}$ am-c. calc.$_{h}$ kali-bi.$_{a1,k}$ lyc. mag-c.$_{h}$ mag-m. mag-s.$_{a1,k}$ mur-ac.$_{h}$ rat.$_{a1,k}$ rhod.$_{a1,k}$ sep.$_{a1,k}$ spig.$_{h}$ sumb. thuj.$_{a1,k}$ zinc.
  • **Bett**, im: ars.$_{h}$
• **nachts**: coloc.$_{a1,k}$ con.$_{a1,k}$ *Kali-c.* zing.$_{a1,k}$
• **Abendessen**, nach dem: zinc.$_{a1,k}$
• **Anstrengung**, bei: petr.$_{a1,k}$
• **Atmen** amel.; tiefes: spig.$_{h}$
• **Aufrichten** vom Bücken; beim: alum.$_{a1,k}$ mang.$_{h}$
• **Aufstoßen**:
  • **amel.**: sep.$_{h}$
  • **während**: caps.$_{h}$ zinc.$_{h}$
• **Ausatmen**, beim: chin.$_{a1,k}$ cic.$_{h}$
• **Berührung**, bei: nat-c.$_{h}$
• **Beugen**, beim:
  • **links**, nach: agar.
  • **rechts**, nach: sars. sul-ac.$_{h}$
  • **vorne**, nach: agar.$_{h}$ *Lyc.*
• **Bewegung**, bei: alum. graph.$_{a1,k}$ *Nit-ac.*$_{a1,k}$ *Nux-v.* ran-b.$_{k2}$ sep.$_{h}$
• **brennend**: mag-c.$_{h}$
• **Bücken**: arg-met.$_{h}$ mag-c.$_{h}$ mur-ac. sep.$_{h}$
  • **nach**: **Calc.**$_{a1,k}$
• **Druck**:
  • **agg.**: bamb-a.$_{stb2}$ *Berb.*$_{a1,k}$ carb-v.$_{h}$ *Crot-h.* *Nux-v.*
  • **amel.**: mag-m.$_{a1,h}$ mag-s.$_{a1,k}$ meny.$_{h}$ sul-ac.$_{a1,k}$
• **Einatmen**, beim: acon. agar. anac. *Bell.* calc. calc-p. cann-i. carb-v. cic.$_{h}$ con. kali-c.$_{h}$ lyc.$_{h}$ mag-m.$_{h}$ mang. *Merc.* mosch. nat-m.$_{h}$ *Nat-s.* ph-ac.$_{h}$ **Ran-b.** ran-s. sul-ac.$_{h}$ tab. tarax.$_{h}$ zinc.$_{h}$
  • **tief**: aur.$_{h}$ *Bell.* *Calc-p.* form. nat-s. sil.$_{h}$
• **Essen**: *Podo.*

• **Hypochondrien - Essen**: ...
  • **nach**: brom. lact.
• **Fahren** im Wagen; beim: caust.$_{a1,k}$
• **Flatus**, durch: sulph.$_{h}$
  • **eingeklemmten** Flatus; wie durch: iod.$_{h}$
• **Freien**, im: ol-an.$_{a1,k}$ staph.$_{h}$ sulph.$_{a1,k}$
• **Gähnen**, beim: aur.$_{h}$
• **Gehen**, beim: am-m. arg-n. bamb-a.$_{stb2}$ cham. hep. mag-m. nat-c.$_{h2}$ nat-m.$_{h}$ *Nat-s.* ran-b.$_{k2}$ sep. spig. stann.$_{h}$ staph.$_{h}$ sulph.$_{h}$ sumb. thuj. zinc.
  • **amel.**: carb-an.$_{h}$ mag-c. plb.$_{a1,k}$
• **Getränken**, nach kalten: *Nat-c.*
• **Heben**, nach: kali-n.$_{h}$
• **Hinlegen**:
  • **nach** dem:
   • **amel.**: mag-s.
• **Husten**, beim: acon. am-m.$_{h}$ ars.$_{h}$ aur.$_{h}$ *Bell.* *Bry.* cann-s. caps. chin. nat-s. puls. rhus-t. rumx. sep.
• **juckend**: mag-c.$_{h}$
• **Kleidung**; durch: bamb-a.$_{stb2}$
• **Lachen**, beim: acon. aesc.
• **Lehnen** nach rechts; beim: sul-ac.$_{a1,k}$
• **Liegen**; beim:
  • **Rücken**, auf dem:
   • **amel.**: mag-s.
  • **Seite**, auf der: ars.$_{h}$ *Bell.*
• **Menses**:
  • **vor**: puls.
  • **während**: mag-m. sul-ac.$_{h}$
• **Mittagessen**, nach dem: coloc.$_{a1,k}$ grat.$_{a1,k}$ kali-bi. kali-c.$_{h}$ lact.$_{a1,k}$ mag-c.$_{a1,k}$ nat-m.$_{a1,k}$ sars.$_{h}$ thuj.$_{a1,k}$ zinc.$_{h}$
• **Nadeln**, wie brennend heiße: anac.$_{h}$
• **Niesen**, beim: grat.$_{a1,k}$
• **pulsierend**: dulc.$_{h}$ spig.$_{h}$
• **quer** über die: sep.$_{h}$
• **Reiben** amel.: arg-met.$_{h}$
• **reißend**: ars.$_{h}$
• **rhythmisch**: kali-n.$_{h}$
• **Sitzen**, beim: bry. carb-an.$_{h}$ con. dulc.$_{a1,h}$ mag-s. meny.$_{h}$ nat-c.$_{h2}$ phos.$_{h}$ thuj.
  • **amel.**: alum.$_{h,k,*}$ mag-m.
  • **gebücktem**, bei: agar.$_{h}$ bov.$_{a1,k}$ *Sulph.*$_{a1,k}$
• **Spinnen**, beim: am-m.$_{a1,k}$
• **Springen**, beim: spig.$_{a1,k}$
• **Stehen**, im: alum.$_{h,k,*}$ arn.$_{vh}$ cham. glon. zinc.
• **Strecken**, beim: mang.$_{h}$
• **Stuhlgang**:
  • **während**: *Calc.*
  • **nach**: mag-m.$_{h}$
 ▽ **erstreckt** sich zu:
  • **Abdomen**: carb-v.$_{h}$ euphr.
  • **außen**, nach: calc.$_{h}$ sulph.
  • **Brust**: aloe carb-v.$_{h}$ chinin-s.
  • **Hüfte**: sil.$_{h}$
  • **Magen**: cupr. nat-c.
  • **Rücken**: agar. *Berb.* calc. camph. chel.$_{k2}$ euphr. graph. lact. laur. naja plb. ran-b.
  • **Sakrum**: thuj.
  • **Schulter**, rechte: rhus-t.

- **Hypochondrien - erstreckt** sich zu: ...
  - **unten**, nach: ptel.
  - **Vorderseite**: fago.
  - **vorne**, nach: laur.
- **Hypogastrium**: acon.$_{a1,k}$ all-c. aloe am-c.$_{h,k,*}$ ambr.$_{a1,k}$ ammc.$_{a1,k}$ *Anac.* ang.$_{h}$ ant-t.$_{a1,k}$ arg-met. *Ars.* arund.$_{a1,k}$ aur.$_{a1,k}$ aur-ar.$_{k2}$ *Bell.* *Bry.* calc.$_{h}$ cann-i.$_{a1,k}$ carb-v.$_{h}$ carbn-s. *Caust.* cham.$_{a1,k}$ chel. chin. cimic. coloc.$_{a1,k}$ elaps graph.$_{h}$ jug-r.$_{a1,k}$ *Kali-c.* kali-n. *Kali-p.* lyc.$_{a1,k}$ mang. mez. mur-ac.$_{h}$ nat-m.$_{a1,k}$ nit-ac.$_{a1,k}$ *Nux-v.* pall.$_{c1}$ *Ph-ac.*$_{a1,k}$ phos.$_{a1,k}$ plb.$_{a1,k}$ podo.$_{a1,k}$ ptel. ran-b.$_{a1,k}$ sabad.$_{a1,k}$ samb. sep.$_{a1,k}$ spig.$_{a1,k}$ stann.$_{h}$ sul-ac. sulph.$_{h}$ tarax.$_{a1,k}$ tarent.$_{a1,k}$ thuj.$_{a1,k}$ verb.$_{a1,k}$ viol-t. zinc.$_{h}$
  - **links**: zinc.$_{h}$
  - **morgens**: phos.$_{a1,k}$ sep.$_{a1,k}$
  - **vormittags**: thuj.$_{a1,k}$
  - **nachmittags**: lyc.$_{a1,k}$ plb.$_{a1,k}$
  - **abends**: lyc.$_{h}$ sabad.$_{a1,k}$
  - **Berührung**, bei: lyc.$_{h}$ nit-ac.$_{h}$
  - **Beugen** nach vorne; beim: calc-caust.$_{c1}$
  - **Bewegung**, bei: jug-r.$_{a1,k}$ kali-n. ph-ac. sul-ac.
  - **Druck**, bei: ambr.$_{a1,k}$
  - **Einziehen** des Abdomens; beim: ambr.$_{a1,k}$ kali-c.$_{h}$
  - **Essen**, nach dem: verat.$_{h}$
  - **Flatus**:
    - **amel.**: kali-c.$_{h}$
    - **nach**: zinc.$_{h}$
  - **Husten**, beim: ars. sep. verat.
  - **krampfartig**: graph.$_{h}$
  - **Lage**; bei Veränderung der: ph-ac.$_{a1,k}$
  - **Menses**:
    - **während**: borx.
    - **nach**: ars.
  - **Mittagessen**, nach dem: kali-n.
  - **quer** über das: kali-p.
  - **Sitzen**, beim: viol-t.
  - **Stehen**, im: am-c.$_{h,k,*}$
  - **Stuhlgang**:
    - **vor**: mang.$_{h}$
    - **nach**: carb-v.$_{h}$ pall.$_{c1}$
  - **über** das: am-c.$_{h,k,*}$
    ☞ *quer*
  - **Urinieren**:
    - **beim**: nit-ac.$_{a1,k}$
      - **amel.**: carb-an.
  - ▽ **erstreckt** sich zu:
    - **Darmbein**: mez.$_{a1,k}$
    - **Epigastrium**: elaps
    - **Harnröhre**: lyc.$_{h}$
    - **Hypochondrium**: ran-b.$_{a1,k}$
    - **Leiste**: nat-m.$_{a1,k}$
    - **Nabel**: carb-v.$_{h}$
    - **Perineum**: bell.$_{h}$ phos.$_{h}$
    - **Samenstrang**: verat.$_{h}$
    - **Vagina**: *Ars.*
- **Ileozökalregion**: agar. ammc. camph.$_{h}$ carbn-s. *Card-m.* hura lyc.$_{h}$
- **Ileozökalregion**: ...
  - **abends**:
    - **und** nachts: lyc.$_{h}$
  - **Atmen**, beim: lyc.$_{h}$
  - **Drehen** des Körpers, beim: lyc.$_{h}$
  - **Gehen**, beim: hura
  - **Stuhlgang**, nach: carbn-s.
- **Leber**: *Acon.*$_{a1,k}$ *Aesc.* *Agar.*$_{a1,k}$ aloe *Alum.* alum-p.$_{k2}$ alum-sil.$_{k2}$ am-c.$_{h}$ am-m. androc.$_{srj1}$ arg-n.$_{a1,k}$ *Asaf.* asar. bamb-a.$_{stb2}$ *Bell.* **Berb.** *Bov.* **Bry.**$_{a1,k}$ bufo *Cact.* **Calc.** calc-f. *Calc-p.* *Calc-s.* calc-sil.$_{k2}$ camph. canth. *Carb-v.* carbn-s. *Card-m.* *Caust.* cedr.$_{a1,k}$ *Cham.* **Chel.**$_{a1,k}$ *Chin.* choc.$_{srj3}$ clem.$_{a1,k}$ *Cocc.* colch. *Coloc.* **Con.** *Crot-h.* cupr. cycl. fago. form. graph. *Hep.* hyos.$_{h}$ kali-ar.$_{k2}$ *Kali-bi.* *Kali-c.* kali-p. kali-s. kali-sil.$_{k2}$ kreos. *Lach.* lact. *Laur.*$_{a1,k}$ **Lept.** lyc.$_{a1,k}$ mag-c. **Mag-m.** **Merc.** merc-c.$_{a1,k}$ merc-i-f. mosch. *Nat-c.* *Nat-m.* *Nat-p.* *Nat-s.* *Nit-ac.* nux-m. **Nux-v.** nyct.$_{c1}$ ol-an. *Ox-ac.* ph-ac. phos. plb. *Podo.* psor. *Ptel.* *Puls.* **Ran-b.** *Ran-s.* rhus-t.$_{k2}$ sabad. *Sel.* **Sep.**$_{a1,k}$ *Sil.* *Spig.* stann. *Sul-ac.* sul-i.$_{k2}$ *Sulph.* *Tab.* tub.$_{c1}$ v-a-b.$_{j1}$ valer.$_{k2}$ *Zinc.* zinc-p.$_{k2}$
  - **morgens**:
    - **8** h: calc-f.
  - **nachmittags**, im Sitzen: nat-m.$_{h}$
  - **abends**: sep.$_{h}$
    - **Sitzen**, beim: am-c.$_{h}$
  - **Abendessen**, nach dem: zinc.
  - **Atmen**, beim: *Acon.* agar.$_{a1,k}$ aloe *Berb.* **Bry.** *Calc-p.* con. *Crot-h.* *Merc.* *Nat-s.* ox-ac.$_{k2}$ **Ran-b.**
  - **Aufrichten** vom Bücken; beim: alum.
  - **Aufstoßen**; beim: merc.
  - **Ausatmen**, beim: chin.$_{h}$
  - **außen**, nach: chin.$_{h}$
  - **Bewegung**, bei: androc.$_{srj1}$ clem. kali-c. sel.
  - **Bücken**:
    - **beim**: calc.$_{c1,h}$
    - **nach**: calc.$_{c1,h}$
  - **Druck**, durch: merc-i-f.$_{bro1}$ sel.$_{c1,k2}$
  - **Fahren** im Wagen; beim: caust.$_{h}$
  - **Gehen**, beim: androc.$_{srj1}$ hep. kali-bi. *Nat-s.* *Puls.*
    - **amel.**: calc-f.
  - **Husten**, durch: **Bry.** carb-v. eup-per. kali-c. merc. *Nat-m.*
  - **Laufen**, beim: spig.$_{h}$
  - **Liegen**:
    - **Leber**, auf der:
      - **amel.**: card-m. kali-c.
    - **Seite**, auf der:
      - **linken** Seite; auf der: *Card-m.*
      - **rechten** Seite; auf der: merc.
  - **Menses**, vor den: con.
  - **Sitzen**, beim: calc-f. nat-m.$_{h}$
  - ▽ **erstreckt** sich zu:
    - **Brust**: calc.$_{h}$
      - **Arm**, und: *Dios.*$_{vh}$
        - **Brustwarze**, und: *Dios.*$_{vh}$
      - **Atmung**; mit schwieriger: aloe$_{bro1}$

- **Leber - erstreckt** sich zu - **Brust**: ...
  - **Gehen**; beim: arg-n.hr1
  - **links** nach rechts; von: card-m.
  - **oben**, nach: *Ran-b.*
  - **Oberschenkel**: cob.
  - **Rücken**: **Chel.**
  - **Schulter**, rechte: **Sep.**
- **Leistengegend**: agn. *Alum.* am-m. ammc. arg-met.h *Ars.* arund. bar-c. bar-m. bar-s.k2 *Bell. Berb. Borx. Bov. Bry.* calc. calc-s. *Canth.* carb-ac. **Carb-an.** carbn-s. castor-eq. caust. cham. chinin-s. clem.a1 coc-c. cocc. con. *Cycl.* dros. euphr. ferr-i.k2 gamb. graph. grat. hell. indg. kali-ar. *Kali-c.* kali-i. kali-n. kali-s. laur. lil-t. lyc. *Mag-m.* mang. *Merc.* merl. *Mez. Mur-ac.* nat-ar. *Nat-c.* nat-m. *Nat-s.* nicc. pall. prun. psor. rat. sabad. senec. sep. spig. *Stann.* staph. *Stront-c.* stry. sul-ac. *Sulph.* tarent. tell. *Thuj. Vib.* viol-t. zinc.
  - **links**: bell. calc-s. castor-eq. coc-c. *Cycl.* euphr. graph. kali-n.h mag-m. merc. nat-s. nicc. plb. sep.bg1 tarent. tell.
  - ▽ **erstreckt** sich zu:
    - **Achselhöhle**: nat-s.
  - **rechts**: am-m. ammc. *Ars.* bar-c. bov. **Bry.** cham. cocc. dros. ferr-i. hell. kali-c.h kali-i. kali-n. laur. lyc. mang. mez. **Murx.** nat-c. nat-m. prun. sabad. sulph. thuj.
  - ▽ **erstreckt** sich zu:
    - **Mamma**, linke: **Murx.**
    - **Oberschenkel**: podo.
  - **morgens**: zinc.h
  - **vormittags**: calc. thuj.
  - **nachmittags**: chin. laur. rat.
    - **16** h: sulph.
    - **Freien**; beim Gehen im: nat-s.
  - **abends**: am-m.h castm. kali-n.h
  - **nachts**: carb-an.
  - **anfallsweise**: berb. sabad.
  - **Aufstehen**:
    - **amel.**: stann.
    - **beim**: con. euphr.
  - **Ausatmen** agg.: nat-c.h
  - **Ausstrecken**, beim: am-c. kali-c.
  - **Beugen** auf die schmerzhafte Seite; beim: ptel.
  - **Bewegung**, bei: *Ars.* kali-c.
  - **brennend**: sulph.h
  - **Bücken**, beim: am-m.h laur. plb. stann.
  - **Druck** amel.: caust. prun.
  - **drückend**: nat-c.h
  - **Einatmen**, beim: **Bry.** merc.
  - **Ejakulation**, nach: petr.
  - **Essen**, nach dem: kali-bi.
  - **Gehen**, beim: chin.h con. dig.h ferr-i.k2 kali-n. merl. sep.h spig.h
    - **amel.**: mag-s. thuj.
    - **Freien**, im: *Merc.* nat-s. thuj.
  - **Hernie**, in der: *Lyc.* nit-ac.h
  - **Husten**, beim: lach. thuj.
  - **Menses**:
    - **während**: *Borx.* brom. goss.
- **Leistengegend - Menses**: ...
  - **nach**: ars. borx. brom.
  - **Mittagessen**, beim: mur-ac.
  - **pulsierend**: berb. sabad.
  - **Räuspern** nach dem Aufstehen vom Sitzen; bei: nat-c.h
  - **Sitzen**, beim: am-m. chinin-s. mag-s.
    - **gebeugtem**, bei: *Ars.*
    - **Hinsetzen**, beim: thuj.h
  - **Stehen** amel.: thuj.
  - **Stuhlgang**:
    - **vor**: kali-n.
    - **während**: calc-s. carb-an.h kali-c. nicc. sep.h
    - **nach**: gamb.
  - **Treppensteigen**, beim: alum.
  - ▽ **erstreckt** sich zu:
    - **Abdomen**: bar-c.
    - **Achselhöhle**, linke: nat-s.
    - **außen**; durch das Darmbein nach: kali-n.
    - **Hoden**: euphr. phys. staph.h
    - **Hüfte**, hinter die: am-m.
    - **Kreuz**: am-m.
    - **Mamma**, linke: **Murx.**
    - **oben**, nach: sep.h
    - **Oberschenkel**: *Ars.* laur. lyc. sep.h thuj.
    - **unten**, nach: berb. caust.
    - **Vagina**: ars.
  - ○ **Leistendrüsen**: bell.h dulc.h hep.k2 nit-ac.h psor. rheumh *Thuj.*
- **Milz**: acon.a1,k agar.a1,k aloe alum. am-c.bg1,bg2 am-m. anac.a1,k arg-n.a1,k arn. **Ars.** bell. berb. bry. cain. calad.a1,k camph. carb-an. *Carb-v. Card-m.* **Cean.** cedr.a1,k chel. *Chin.*a1,k clem.a1,k cob. *Coc-c.*a1,k *Cocc.*a1,k *Con.* euphr.a1,k grin.bg1,bg2 hep. *Kali-bi.* kali-n. kali-p. *Lach.* lec. led.a1,k lith-c. lyc.a1,k mag-c.h *Mag-s.* nat-ar. *Nat-c.*a1,k *Nat-m.* nat-s. nit-ac.a1,k *Nux-m.*a1,k ol-an.a1,k ph-ac.a1,k phos.a1,k *Psor.*a1,k puls. ran-s.a1,k rhod.a1,k ruta sang.a1,k sars. sel. sep. sil. spig. squil. stann. *Sul-ac. Sulph.*a1,k tab. tarax.bg1,bg2 tub.c1 verat.a1,k verb. vib.bg1 *Zinc.*
  - **morgens**: psor.
  - **abends**: arg-n.a1,k colch.a1,k crot-t.a1,k *Sulph.*
  - **Atmen**, beim tiefen: bry. *Card-m.* chin. cob. mosch. nat-c. *Ran-s.* sabad. *Sulph.*
  - **Bewegung**, bei: kali-bi. kali-p. nit-ac.a1,k
  - **Bücken**, beim: card-m.
  - **Druck** agg.: kali-bi. zinc.h
  - **Essen**: thuj.
    - **nach**: verat.h
  - **Gehen**, beim: acon. arn. chin. hep.a1,k *Lach.* *Nat-c.*a1,k nat-m. psor.a1,k rhod. sel. verat.a1,k
    - **langsamem**, bei: chin.c1
  - **Husten**, beim: bell. carb-v. con. sulph. zinc.
  - **Liegen**, beim: *Sulph.*
  - **Menses**, während: bufo
  - **Meteorismus**; mit Gefühl von: diosm.bro1
  - **Niesen**, beim: hera.c1
  - **Sitzen**, beim: am-m.a1,k
  - **Stehen**, beim: mag-c.h
  - **Wasser**; beim Trinken von:
    - **kaltem** Wasser, von: nat-c.c1

• **Nabel**: acon. **Agar.**al,k aloe alum. ammc.al,k *Anac.*al,k ant-t.al,k asaf.al,k *Bell.*al,k cic.al,k cocc. colch. coloc. *Cycl. Dig.*al,k dulc. grat.al,k gymno. hyos. **Ip.** kreos.al,k laur.al,k mag-s.al,k merc-i-f.al,k nux-v. pall. pic-ac. *Plat.*al,k **Plb.** raph. rhus-t. sep.al,k sil.al,k sulph. verb.
• **linke** Seite des Nabels: jac-c.
• **morgens**: agar.
• **nachmittags**: alum.
• **ausstrahlend** vom Nabel: *Plb.*
• **Bewegung**, bei: cycl.h mag-s.al,k
• **Bücken**, beim: verb.
• **Einatmen**, beim tiefen: *Hyos.* sil. verb.
• **Erwachen**, beim: agar.
• **Gehen**, beim: sulph.h
  • **schnellen**, beim: chin.h
• **Niesen**, beim: aloe
• **Stehen**, im: alum.
• **synchron** mit dem Puls: rhus-t.h
▽ **erstreckt** sich zu:
  • **Abdomen**: sul-ac.h
  • **Becken**: pall.
  • **Blase**: cic.al,k
  • **Herz**: rhus-t.h
  • **Mammae**: *Pall.*vh
    • **Gegend** der: kreos.
  • **Rücken**: ptel.al,k
  • **Schamgegend** beim Husten: sep.al,k
  • **Uterus**: **Ip.**
○ **Nabelgegend**: aesc.al,k am-m.h ambr.al,k anac.al,k androc.srj1 arn.al,k asaf.al,k bamb-a.stb2 bell.h bov.al,k bry.al,k chin.h *Coloc.*al,k cycl.al,k dig.h dulc.al,k eupi.al,k gels.al,k grat.al,k lyc. merc-c.al,k mur-ac.al,k nat-m.al,k *Nux-v.*al,k olnd. ph-ac.al,k plb.al,k rutah sep.al,k spig.h spong.al,k staph.al,k sulph.h verb.h zinc.al,k
  • **abends**:
    • **Bett**, im: staph.h
  • **Berührung** agg.: zinc.h
  • **Bewegung** agg.: zinc.h
  • **brennend**: sulph.h
  • **Drehen** des Körpers nach links agg.: bamb-a.stb2
  • **Einatmen**, beim: spig.h
  • **Essen**: dig.h
    • **nach**: bov. bry.vh sulph.vh
  • **Gehen**, beim: spig.h
  • **pulsierend**: staph.h
  • **Stuhlgang**; nach: bamb-a.stb2
  ▽ **erstreckt** sich zu:
    • **oben**, nach: con.h
    • **Uterus**: **Ip.**
• **Seiten**: crot-t.al,k dulc.al,k grat.al,k kali-c.al,k kali-i.al,k lyc.al,k psil.ft1 psor.al,k raph.al,k spig.al,k
  • **links**: am-m.k2 anac.h cinah con.h crot-t.al,k dulc.al,k kali-i.al,k sul-ac.h
  • **rechts**: bamb-a.stb2 dulc.al,k grat.al,k kali-c.al,k lyc.al,k nat-m.al,k
• **über** dem Nabel: aur.al,k bell.al,k chel.al,k dig.al,k grat.al,k kali-c.al,k nat-m.h rhus-t.h

• **Nabel**: ...
  • **unter** dem Nabel: bar-c.al,k calc.h chel.al,k chin. coloc. hyos.h kali-bi.al,k mag-c.h olnd.al,k plb.al,k rutah
  ▽ **erstreckt** sich zu:
    • **Schamgegend**: rutah
• **Rippen**:
○ **falschen** Rippen; unter den: arn.brl
• **Seiten**: abrot.bg3 acon.bg3 *Agar.*al,k *All-c.*al,k aloe alum.al,k alum-p.k2 am-c. am-m.al,k arg-n.al,k *Asaf.*al,k asar. bar-c.al,k bar-i. bar-s.k2 *Bell.* berb.al,k bov.al,k bry.al,k calc.al,k calc-p.al,k calc-sil.k2 carb-an.al,k carb-v.al,k carbn-s. **Caust.**al,k cham.al,k cocc.al,k coloc.al,k con.al,k crot-t. dig.h dulc.h ferr-i. graph.al,k grat.al,k hyos.al,k ign.al,k iod.al,k ip.al,k kali-c.al,k kali-n.al,k kali-s. laur.al,k lyss. meny.h mez.al,k naja nat-c.al,k nux-m.al,k nux-v.al,k op.al,k petr.al,k ph-ac.al,k phos.al,k phys.al,k plat.al,k plb.al,k psor.al,k puls.al,k *Ran-b.*al,k rhus-t.al,k sabad.al,k sang.bg3 *Sars.*al,k seneg. sep.al,k sil.al,k spig.al,k spong.al,k *Stann.*al,k stram. stront-c. sul-ac.al,k *Sulph.*al,k tab.al,k *Tarax.* tarent. thuj.al,k zinc.al,k zinc-p.k2
  • **links**: aloe alum.h am-c. am-m.al,k ang.h *Arg-n.*hr1 ars.h *Asaf.* bell. bry.al,k calc. caust.al,k chin. coloc.al,k dulc.h1 *Graph.*al,k hep. hyos.al,k kali-n.h lach. laur. meny.h mez. nicc.al,k op.al,k ph-ac.h plb.al,k ran-b. samb. *Sars.*al,k *Sep.*al,k sil.h staph. sul-ac.h *Sulph.*al,k *Tarax.*al,k thuj.al,k zinc.h
    • **unten**: meny.h
  ▽ **erstreckt** sich nach rechts: **Ip.**k,st stann.h *Ter.*
  • **rechts**: agar.al,k bar-c.al,k bell. berb.al,k bov.al,k camph.h *Caust.* cham.al,k chel.bg3 cycl.h dros.h **Kali-c.**al,k lyss. mez.h nat-c.h nat-s.bg3 nux-m.al,k petr.al,k ph-ac.h plat.h rhus-t.h spig.al,k spong.al,k stann.al,k zinc.h
    • **nach** links: dros.h plat.h sep.h
    • **dann** links: mag-m.bg1
  • **tagsüber**: sulph.al,k
  • **morgens**: sars.al,k
  • **vormittags**: nat-s.al,k *Ran-b.*
  • **abends**: am-c.h *Caust.* sil.al,k *Sulph.*al,k
    • **Bett**, im: ars.h
    • **Liegen**, beim: sul-ac.h
  • **nachts**: kali-c.h zinc.h
  • **Abendessen**, nach dem: *Ran-b.*al,k
  • **Atmen**, beim: alum.h bar-c. caps.h,k carb-v. nux-v. stann.h,k *Sulph.* zinc.h
  • **Ausatmen**, beim: dig.h
  • **Ausstrecken**, beim: kali-c.al,k
  • **Berührung** amel.: meny.h
  • **Beugen** des Körpers; beim:
    • **links**, nach: nat-c.h
    • **Zusammenkrümmen** amel.: kali-n.h
  • **Bewegung**, bei: bry. *Kali-c.* nat-s.al,k nux-v.al,k sul-ac.h
    • **amel.**: ars.h
  • **bohrend**: dros.h
  • **brennend**: sulph.h

• **Seiten**: ...
• **Bücken**, beim: alum.gsyl am-c. am-m.h calc.al,k
• **amel.**: mag-c.h
• **Drehen** des Körpers, beim: bar-c.al,k calc.al,k
• **Druck**:
• **agg.**: dulc.h mez.h zinc.h
• **amel.**: *Asaf.* mag-c.h thuj.
• **Einatmen**, beim: carb-v.al,k dulc.al mez. ph-ac.h **Ran-b.** stann.h stront-c. sul-ac. sulph.al,k
• **Essen**, nach dem: asaf.
• **Flatus** amel.: kali-c.h
• **Gähnen**, beim: bar-c.al,k
• **Gehen**, beim: *Asaf.* cham. cinnb. dros.h ferr-i. meny.h mez.h *Nat-s.* ran-b. sil. spig. sulph.h
• **amel.**: sars.al,k
• **Freien**, im: *Nat-s.* sulph. thuj.
• **Heben** der Arme; beim: ferr-i.
• **Husten**, beim: alum.h arn. ars.al,k bell. borx. carb-an.al,k sep.al,k stann.al,k *Sulph.*
• **Lachen**, beim: kali-c.h
• **Liegen**: caust.h
• **Seite**, auf der: sul-ac.
• **linken**, auf der:
• **agg.**: plat.h
• **amel.**: nicc.
• **rechten**, auf der: *Thuj.*
• **Menses**, während: ars.h
• **reißend**: ars.h
• **Schluckauf**, beim: bar-c.al,k
• **Schneuzen** der Nase; beim: stront-c.
• **Sitzen**, beim: am-m. asaf. carb-an. dros. dulc.h1 grat. laur. meny.h nat-c.h nicc. phos. sabad. sars.
• **amel.**: cinnb.
• **Stehen**, im: alum.h meny.h nicc.al,k
• **Stuhlgang**, beim: nicc.al,k *Zinc-s.*al,k
• **Wein** agg.: borx.
▽ **erstreckt** sich zu:
• **außen**, nach: asaf. cann-s. lach.
• **Brust**: alum.gsyl
• **Kreuz**: calc.
• **Leiste**: naja
• **Nabel**, beim Liegen auf der rechten Seite: plat.h
• **oben**, nach: bell.
• **Sakrum**: caust.
• **Samenstränge**: lac-ac.
• **unten**, nach: plat.
○ **Flanke**, in der: acon. ambr. *Arg-met.* ars.h bar-c. caps. carb-v. carbn-s. caust.h cham. chin. coc-c. cocc. **Coloc.** croc. mag-m.h mez.h nat-c. *Nat-s.* sabad. spong.h squil. stann. stram. sulph.
• **rechts**: alum.h
▽ **erstreckt** sich zu:
• **Mamma**, linke: alum.h
• **Symphyse**: stann.h
– **stechend**, wie mit einer Nadel:
○ **Milz**: arund.c1
– **Stecken**, Stöckchen; wie harte: borx.h
– **Steine**; wie scharfe gegeneinander reibende: apis *Cocc.*k,kl2● *Coloc.*k,kl2● staph.
– **Stöße** durch das Abdomen; scharfe: arn.brl
– **Tenesmus**
☞ ❑ *Rektum - Schmerz - Tenesmus*
– **Übelkeit** erregender Schmerz am Nabel nach Stuhlgang: *Ph-ac.*
– **verstaucht**; wie: am-m.gsyl ambr.h carb-v.h hyos.h thuj.h
○ **Darmbein**, linkes:
• **Bücken**, beim: stann.h
• **Leber**; beim Bücken in der: kali-c.h
• **Leistengegend**: agar.h am-m.gsyl euph.h nat-m.h tarax.h
• **Bücken**: ars.h
• **Schamgegend**: staph.h
– **wehenartig**
☞ ❑ *Weibliche Genitalien - Schmerz - wehenartig*
– **Wehtun**
☞ *Schmerz*
– **wellenartig**: mez.h
– **windend**, drehend: *Agar.* alum.h anac.al,k anan. ant-t.al,k ars.al,k aur.al,k bov.al,k **Bry.**bg1,bg2 cact. calad.al,k calc.al,k calc-sil.k2 *Caps.*al,k caust.al,k chinin-s. **Cina**bg1,bg2 dig.al,k *Dios.*al,k dros.al,k elaps eup-pur.al,k eupi.al,k grat.al,k hura lyc.al,k mag-s.al,k merc.al,k *Mez.*al,k nux-m.bg1,bg2 pall. *Plat.* plb.al,k prun.al,k rhus-t.al,k **Sabad.**bg1,bg2 sep.h sil.al,k *Staph.*al,k stram.al,k sul-ac.al,k sumb.al,k **Verat.**al,k
• **abends**: calad.al,k
• **Stuhlgang**, vor dem: ars.h caust.h mez.h
○ **Hypochondrien**: dios.al,k nat-m.al,k podo.al,k
• **links**: dios.al,k
• **rechts**: podo.al,k
• **abends**: dios.al,k
• **Stuhlgang**, beim: nat-m.al,k
• **Nabelgegend**: all-s.al,k aloe berb.al,k bry.al,k calc.al,k caps.al,k *Cina* **Coloc.**bg1,k,* con.h crot-t.al,k dulc.al,k hell.al,k mez.al,k naja nat-c.al,k nux-m.al,k ox-ac.al,k plat. *Plb.*al,k ran-b. ruta
• **morgens**: hell.al,k
• **nachts**: ruta
• **Flatus** amel.: mez.h
• **Fluor**, vor: nat-c.h
▽ **erstreckt** sich zu:
• **unten**, nach: nux-m.
– **wühlend**, grabend: agar.al,k calad.al calc.h dig. digin.al dulc.h,k,* graph.al,k hell.al,k mag-m.al,k olnd.al spig.al,k sulph.al,k
• **Beugen** nach vorne amel.: grat.al,k
• **Ruhe** amel.: grat.al,k
○ **Darmbeingegend**: dulc.h,k,*
• **Hypogastrium**: coc-c.al,k nit-ac.h sep.h spig.h
• **Leber**: carb-an.bg1 nat-m.bg1 sabad.bg2 sulph.bg1
• **Nabelgegend**: dulc.al,h grat.al,k
• **Leistengegend**: cimic.bg1 coc-c.al,k spig.h spong.h
• **Seite**:
• **links**: con.h spong.h
• **rechts**: ars.h
– **Wunde**; wie von einer:
○ **Muskeln**, in: ambr.c1

– **wund** schmerzend (= wie zerschlagen, empfindlich etc.): acet-ac. **Acon.** *Aesc.* aeth. agn.$_{cl}$ aloe alum. *Alumn.* am-c. am-m. ambr. androc.$_{srj1}$ ang.$_{cl}$ ant-t. **Apis** apoc.$_{k2}$ *Arg-met. Arg-n.* **Arn. Ars.** ars-i.$_{k2}$ ars-s-f.$_{k2}$ arund. asaf. atro. aur. aur-ar.$_{k2}$ aur-m. bamb-a.$_{stb2}$ **Bapt.** bar-c. **Bell.** bell-p.$_{bg1}$ bism. bol-la. bov. **Bry.** bufo cact. cadm-s. cain. calad. *Calc.* calc-s. cann-s. *Canth. Carb-ac. Carb-an.* carb-v.$_{a1,h}$ carbn-s. caust. **Cham.** *Chel.* chin. *Chinin-ar.* cimic. *Cina* cinnb. *Cocc.* **Colch.** *Coloc. Con.* **Crot-c.** *Crot-h.* crot-t. **Cupr.** cupr-ar. *Cycl. Dios.* eup-pur. euph. fago. *Ferr. Ferr-ar.* ferr-p. *Gels.* gnaph. gran. *Graph.* grat. gymno. *Ham.* hell. *Hep. Hydr. Hyos.* ign. *Ip.* iris jatr-c. *Kali-ar.* kali-bi. kali-c. *Kali-chl.* kali-i. kali-m.$_{k2}$ kali-n. *Kali-p.* kali-s. *Kreos. Lac-d.* **Lach.** *Lec.* led. *Lil-t.* lob. luna$_{kg1}$ **Lyc.** lyss.$_{c1}$ *Mag-m. Manc.* marb-w.$_{es1}$ meny. **Merc. Merc-c.** merc-i-r. *Mez.* murx. nat-ar. nat-c. nat-m. nat-p. nat-s. **Nit-ac.** *Nux-m.* **Nux-v.** onos. *Op.* ox-ac. paeon. *Pall.* petr. ph-ac.$_{k2}$ **Phos.** phys. phyt. plb. *Podo.* ptel. *Puls. Pyrog. Ran-b. Raph.* **Rhus-t.** rhus-v. ruta sabad. sabin. samb. *Sang. Sars.* sec. **Sep.** sol-t-ae. spong.$_{k2}$ squil. *Stann.* staph. stram. stry. sul-ac. **Sulph.** tab. tarent. **Ter.** til. *Ust.* valer. *Verat.* xan. zinc.

- **morgens**: apis *Asaf.* dios.$_{a1,k}$ *Hep.* lil-t.$_{a1,k}$ lyc.$_{a1,k}$ **Nux-v.** raph.$_{a1,k}$ **Sep.** trom.$_{a1,k}$
  - **Bett**, im: ign. nat-m.$_{h}$ **Nux-v.**
- **vormittags**: nat-m.$_{a1,k}$ sulph.
  - **Schritt**, bei jedem: *Sulph.*
- **nachmittags**: coloc.$_{a1,k}$ fago.$_{a1,k}$ lyc.$_{a1,k}$ osm.$_{a1,k}$
  - **13** h: nux-v.
- **abends**: castm. fago. ferr.$_{a1,k}$ ham.$_{a1,k}$ mang.$_{h}$ sabin. sep.$_{a1,k}$
  - **Menses**, während: castm.
- **nachts**: mang. *Nat-m.*$_{a1,k}$ sep. tab.$_{a1,k}$
- **Berührung**, bei: ferr.$_{c1}$ phos.$_{h}$ stann.$_{h}$ sulph.$_{h}$
- **Bewegung**, bei: **Bell.** bov. **Bry.** nux-v. **Phos.** podo. rob.$_{a1,k}$ stram.$_{h}$
- **Druck**:
  - **agg.**: podo.$_{k2}$ rhus-t.$_{k2}$ xan.$_{c1}$
- **Erschütterung**, bei: **Bell.**$_{k,k2}$ **Bry.** colch. ferr. kali-s. *Lach. Lil-t.* **Nux-v. Phos.** phyt. prun. raph.$_{a1,k}$
- **Essen**, nach dem: *Sang.*
- **Fahren**; beim:
  - **Wagen**, im:
    - **agg.**: *Arg-met.*
- **Gähnen**, beim: ruta$_{h}$
- **Gehen**, beim: *Bell. Carb-ac.*$_{a1,k}$ coloc. *Ferr.* hep. kali-s. phos. phyt.$_{a1,k}$ puls. ran-b.$_{a1}$ sulph.
- **Husten**, durch: ars. *Bry. Carb-an. Caust.* cench.$_{k2}$ crot-t.$_{a1}$ *Ferr.*$_{a1,k}$ hyos. *Nux-v. Pic-ac.* plb. *Puls. Stann.*
- **Kleidung** agg.: apis *Ars.* benz-ac. **Calc.** *Carb-v.* coff. *Graph. Kreos. Lac-c.* **Lach.** *Lyc.* merc-c. *Nux-v.* puls. raph. rhus-t.$_{k2}$ *Spong.* zinc.
- **Liegen**:
  - **Abdomen**, auf dem:
    - **amel.**: phos.

– **wund** schmerzend - **Liegen**: ...
  - **Seite**; auf der rechten:
    - **agg.**: *Merc.*
- **Menses**:
  - **vor**: *Bell. Bry.* lac-c. lach. mang. *Sep.*
  - **während**: *Bell.* brom. bry. castm. *Cocc. Ham.* lac-d. nat-m.$_{a1,k}$ *Nux-v.* pic-ac. *Puls.* sulph.
    - **Drücken** amel.: castm.
  - **nach**: cham. *Cycl. Lil-t. Pall.*
  - **erscheinen** würden; als ob die Menses: nat-c.$_{h}$
- **Reiten**:
  - **beim**: nat-c.
- **Schwangerschaft**; während der: arn.$_{k2}$ con.$_{k2}$ *Nux-m.* sep.
- **Steinpflaster**; beim Gehen auf: con.$_{h}$
- **Stellen**, an kleinen: ant-t.$_{bg1}$
  - **Obstipation**, mit: *Aur-m-n.*$_{vh}$
- **Stuhlgang**:
  - **vor**: nat-m. *Sulph.*$_{a1,k}$ tab.$_{a1,k}$
  - **während**: *Arn.* carl. *Sulph.*
  - **nach**: am-m.$_{a1,k}$ crot-t. nat-m.$_{a1,k}$ ol-an.$_{bg1}$ puls. sul-ac.$_{h}$ *Sulph.* tab.$_{a1,k}$
    - **amel.**: *Podo.*
  - **Pressen** zum Stuhl; durch: **Sil.**
- **Wärme** amel.: nat-c.$_{h}$
- **Zusammenkrümmen** amel.: mag-c.

○ **Beckengegend**:
  - **Gehen** ist unmöglich; aufrechtes: arn.$_{br1}$
- **Darmbein**: nat-c. plat.$_{h}$ sulph.$_{a1,k}$
  ○ **Darmbeinkamm**: carb-an.$_{h}$
- **Darmbeingegend**: aur.$_{h,k,*}$ carb-an. cic. kreos. staph.$_{h}$
  - **Anziehen** des Oberschenkels amel.: aur.$_{h,k,*}$
  - **Berührung** agg.: staph.$_{h}$
  - **Druck**, bei: phos.$_{h}$
  - **Sitzen**, im: aur.$_{h,k,*}$
  - **Stehen** amel.: aur.$_{h,k,*}$
- **Hüfte**:
  ○ **oberhalb** der: phos.$_{h}$
- **Hypochondrien**: act-sp.$_{a1,k}$ aesc.$_{a1,k}$ *Agar.* ail. alum. am-c. am-caust.$_{a1}$ *Ambr.*$_{a1,k}$ ant-t. **Apis** *Arn. Ars.*$_{a1,k}$ ars-i. bapt.$_{a1,k}$ **Bell.** brom. **Bry.**$_{a1,k}$ bufo **Calc.**$_{a1,k}$ *Calc-p.* cann-s.$_{a1,k}$ carb-ac. carb-an.$_{a1,k}$ *Carb-v.*$_{a1,k}$ carbn-s. *Chel.* chin.$_{bg1}$ clem. *Cocc. Corn.* cupr. cupr-s.$_{a1,k}$ dros.$_{a1,k}$ *Eup-per.*$_{a1,k}$ ferr-i. iod.$_{a1,k}$ kali-ar. kali-bi.$_{a1,k}$ *Kali-c.*$_{a1,k}$ kali-n. kreos. *Lach.* lact.$_{a1,k}$ **Lyc.** lycps-v. mag-c.$_{h}$ mang.$_{h}$ **Merc.** mur-ac. nat-ar. nat-m. *Nat-s.*$_{a1,k}$ ol-j.$_{a1,k}$ ox-ac.$_{a1,k}$ *Phos.*$_{a1,k}$ phyt.$_{a1,k}$ plb. ptel. **Ran-b.**$_{a1,k}$ **Rhus-t.** sang.$_{bg2}$ sec.$_{a1,k}$ stront-c. *Sulph.*$_{a1,k}$ tab.$_{a1,k}$ tarent.$_{a1,k}$ vip.$_{a1,k}$ zinc.$_{a1,k}$ zinc-p.$_{k2}$
  - **links**: *Apis* bamb-a.$_{stb2}$ *Brom. Calc.* cupr. *Iod.* lycps-v. nat-c.$_{a1,k}$ nat-m. sars.$_{h}$ stann.$_{h}$ zinc.$_{a1,k}$
    - **Kränkung**, nach: ign.
  - **rechts**: act-sp.$_{a1,k}$ *Aesc. Ambr.*$_{a1,k}$ arn. ars.$_{a1,k}$ bapt.$_{a1,k}$ **Bry.**$_{a1,k}$ *Calc-p.* carb-ac. carb-v.$_{a1,k}$ *Card-m. Chel. Chin.* chion. *Clem. Con.* **Dig.** eup-per. fago. *Fl-ac. Iod.*$_{a1,k}$ *Kali-i.* kali-m.$_{k2}$ *Kreos.* lact.$_{a1,k}$ **Lyc.** *Mag-m. Mur-ac.* **Nat-s.**$_{a1,k}$

- **Hypochondrien - rechts**: ...
  Nux-v. *Ol-j.*$_{a1,k}$ *Phos.*$_{a1,k}$ *Phyt.* **Ran-b.** sang.$_{bg1}$ sec.$_{a1,k}$ *Sep.*$_{a1,k}$ *Sil.* sulph.$_{a1,k}$ tarent.$_{a1,k}$
  - **Anstrengung**, nach: *Kali-i.*
  - **Liegen** auf der rechten Seite; beim: *Mag-m. Merc. Sil.*
  - **morgens**: cist. dios.$_{a1,k}$ lact. sulph.$_{a1,k}$
    - **10** h: fago.
  - **nachmittags**: phyt.$_{a1,k}$
  - **abends**: **Ran-b.**
  - **nachts**: mag-c.$_{h}$
    - **Liegen** auf der schmerzhaften Seite; beim: fago.
  - **Atmen**, beim: sulph.$_{h}$
  - **Berührung**, bei: mag-c.$_{h}$ mang.$_{h}$ ran-b.$_{c1}$
  - **Bewegung**:
    - **agg.**: *Bry.* carb-ac. mang.$_{h}$ *Ran-b. Sil.* sulph.$_{h}$
    - **amel.**: phys.
  - **Bücken**, beim: alum.
  - **Diarrhoe**, bei: **Arg-n.**
  - **Druck** amel.: bry.
  - **Erschütterung**, bei: **Bell. Bry.** colch. hep. *Lach. Nat-s.* **Nux-v.** sil.
  - **Essen**, nach dem: agar.
  - **Frost**; während: phos.
  - **Gehen**, beim: **Nat-s.** *Sil.*
  - **Husten**, beim: *Bry.* carb-v. cimx. lach. nux-v.
  - **Liegen**:
    - **linken** Seite, auf der: ptel.
    - **schmerzhaften** Seite, auf der:
      - **agg.**: fago. phos.
  - **pulsierend**: zinc.$_{h}$
  - **Schritt**, bei jedem: *Bell. Hep.*
  - **Seite** auf der er liegt; agg. auf der: **Rhus-t.**
  - **Sitzen**, beim: mur-ac.$_{h}$
  - **Stellen**, an kleinen: kali-c.$_{a1,k}$
  - ▽ **erstreckt** sich zu:
    - **Magen**: nat-c.
    - **Schulter**: laur. *Nux-v.*
- **Hypogastrium**: *Acon. Arg-n. Ars.* asc-t.$_{a1,k}$ aur.$_{a1,k}$ aur-ar.$_{k2}$ calad. **Calc.** canth.$_{a1,k}$ carb-v.$_{h}$ caust. cycl. euph.$_{h}$ fago.$_{a1,k}$ ferr-ar. ferr-m.$_{hr1,k,*}$ *Hyos.*$_{a1,k}$ jac-c. kali-n.$_{a1,k}$ **Lach.** *Lyss.* mag-m. mang.$_{a1,k}$ merc. *Nat-m.* nit-ac.$_{h}$ onos. *Op.*$_{a1,k}$ *Pall. Phos.*$_{a1,k}$ phys.$_{a1,k}$ pic-ac.$_{a1,k}$ prun. psor. puls. *Rhus-t.* sabin. *Sars.* sep. stann. *Sulph.* **Ter.** *Valer.* **Verat.** verb.
  - **rechts**: zinc.$_{h}$
  - **nachts**: sep.$_{h}$
  - **Anziehen** der Beine amel.: aur.$_{h}$
  - **Aufstehen** vom Sitzen amel.: aur.$_{h}$
  - **Berührung**, bei: lyc.$_{h}$
  - **Flatus**, vor: nat-m.$_{h}$
  - **Gehen**, beim: *Prun.*
  - **Husten**, durch: carb-an.$_{h}$
  - **Sitzen** agg.; gebeugtes: coloc.$_{h}$
  - **Stuhlgang**, vor: nat-m.$_{h}$
- **Ileozökalregion**: **Apis** *Ars. Bapt.* **Bell. Bry.** *Calad. Carb-ac. Cocc. Colch.* cop. *Gamb. Kali-bi.* kali-c. *Lach. Lyc. Merc. Merc-c. Nit-ac. Phos.* plb. ter.

– **wund** schmerzend: ...
- **Leber**, in der: acon. aesc. am-c.$_{a1,k}$ ant-t.$_{a1,k}$ *Apis Arg-n.* arn. ars-i.$_{k2}$ **Bell.** bry.$_{k2}$ cadm-s.$_{br1}$ *Calc. Calc-p. Calc-s.* carb-an. **Carb-v.** *Carbn-s. Card-m. Chel. Chin. Chion.* clem.$_{bg2,k}$ *Con.* **Dig.**$_{br1,k}$ *Eup-per.*$_{c2,k}$ *Ferr. Ferr-ar.* fl-ac. graph.$_{k2}$ *Iod.* jug-c.$_{bro1}$ kali-ar.$_{k2}$ kali-c.$_{h,h2,k,*}$ **Kali-i.** *Kali-p.* kali-s. *Kreos.* **Lach. Lept. Lyc.**$_{a1,k}$ *Mag-m.* merc. mur-ac.$_{k2}$ **Nat-s. Nux-v.** nyct.$_{br1,c1}$ *Ol-j.* pall.$_{a1,k}$ *Phos.*$_{a1,k}$ *Podo.* ptel.$_{a1,k}$ ran-b.$_{k2}$ raph. rhus-t.$_{k2}$ sanic.$_{c2}$ sel. *Sep. Sil.* sul-i.$_{k2}$ *Sulph.* tab. *Tarent.* zinc.
  - **linker** Leberlappen: *Card-m.* chelo.$_{c1}$
  - **Berührung**, bei: kali-c.$_{h}$
  - **Gehen**; beim: nat-s.$_{k2}$
- **Leistengegend**: alum. am-c. *Apis Arg-met.* **Arn.** bar-m. calc. calc-ar. calc-p. carl. caust. chin. *Clem.* coc-c. cocc. dig. dios. elaps ferr-i. *Graph.* iod. kali-c. kali-m.$_{k2}$ mag-m. mag-s. mez. mur-ac. nicc. nit-ac.$_{h}$ *Pall.* ran-b. rhus-t. sars. spig. ther. *Valer.* zing.
  - **links**: dios. elaps *Lach.*
  - **rechts**: *Apis* calc-p. iod. sars. *Sulph.*
  - **nachmittags**: mag-s.
  - **abends**: dios.
  - **Ausatmen** agg.: mez.$_{h}$
  - **Berührung**, bei: am-m.$_{h}$
  - **Bett**, im: dios.
  - **Beugen** agg.: mez.$_{h}$
  - **Gehen**, beim: arg-met. calc. caust. ferr-i.
    - **amel.**: nit-ac.$_{h}$
  - **Gehen**, muß gebeugt: **Arn.**
  - **Hernie**, in der: sulph.$_{h}$
  - **Menses**, während: kali-i. sars.
  - **Reiten**, nach: spig.$_{h}$
  - ○ **Leistendrüsen**: caps. *Clem.* gels. hep. lyc.$_{h}$ merc. *Sil.* sumb. thuj.
- **Milz**: *Agn.*$_{hr1,k}$ arn. *Ars.* ars-i.$_{k2}$ asar. calc. *Caps.* **Chin.** *Ferr.* ferr-m. kali-i. kreos. lec. *Phos.*$_{a1,k}$ *Ptel.* **Rhus-t.** sars.$_{bg2,k}$ stann.$_{bg2,k}$
  - ▽ **erstreckt** sich zu:
    - **Hüfte**: grin.$_{pd}$
- **Nabel**: aesc.$_{a1,k}$ aeth. *Aloe* anac.$_{a1,k}$ calc.$_{a1,k}$ *Calc-p.* chin. cina cinnb. con. crot-t.$_{a1,k}$ dulc. fago.$_{a1,k}$ form. kali-c. nat-m.$_{a1,k}$ phys.$_{a1,k}$ plan. *Rhus-t.* stront-c. thuj. verat.
  - ○ **Nabelgegend**: agar. *Carb-v.*$_{a1,k}$ caust.$_{a1,k}$ cina cinnb.$_{a1,k}$ *Coloc.*$_{a1,k}$ con.$_{h}$ gent-c.$_{a1,k}$ gent-l.$_{a1}$ hep.$_{h}$ *Hydr.* **Ip.** jatr-c. kali-bi.$_{a1,k}$ *Kali-c.*$_{a1,k}$ lyc.$_{a1,k}$ mag-c. *Merc. Merc-i-f.*$_{a1,k}$ *Nux-v.* ox-ac.$_{a1,k}$ plat.$_{h}$ *Plb.*$_{a1,k}$ psil.$_{ft1}$ *Puls.* stann.$_{h}$
- **Seiten**: arg-met. arn.$_{a1,k}$ bad.$_{a1,k}$ camph. caust. chim.$_{a1}$ chin. colch.$_{a1,k}$ eup-pur.$_{a1,k}$ ferr. lil-t.$_{a1,k}$ nux-v. ran-b.$_{a1,k}$ stront-c. zing.$_{a1,k}$
  - **links**: *Arg-met.* colch.$_{a1,k}$
  - **rechts**: ang.$_{h}$ camph. zing.$_{a1,k}$
  - ○ **Flanke**, in der: ang.$_{h}$ calc. caust. *Sil.* staph.$_{h}$
  - **kurze** Rippen:
    - ○ **unter** den: mang.$_{h2}$ *Sil.*

– **zerreißend**
☞ *reißend*

– **zerrend**
☞ *abwärtsdrängend*
– **zerrissen**; wie: dig.$_{h}$
– **zerschlagen**
☞ *wund schmerzend*
– **zerschmetternd**: kreos.$_{bg1,bg2}$
– **zerschmettert**; Gefühl wie: carb-an. kreos. squil.
– **ziehend**: abrot. acet-ac. acon. agar. agn. alum.$_{a1,k}$ alumn. am-c. am-m. *Anac.*$_{a1,k}$ ang.$_{h}$ ant-t.$_{a1,k}$ arg-n.$_{a1,k}$ ars.$_{a1,k}$ ars-i. asaf. aur.$_{a1,k}$ aur-i.$_{k2}$ aur-m.$_{a1,k}$ bar-c. bar-i. *Bell.*$_{a1,k}$ berb. borx.$_{h}$ *Calad.*$_{a1,k}$ *Calc.*$_{a1,k}$ calc-s. **Caps.**$_{a1,k}$ *Carb-v.*$_{a1,k}$ carbn-s. *Card-m.* caust.$_{a1,k}$ cham.$_{a1,k}$ chel.$_{a1,k}$ chin.$_{a1,k}$ clem.$_{a1,k}$ cocc.$_{a1,k}$ colch.$_{a1,k}$ *Coloc.* con.$_{a1,k}$ *Cupr.* cupr-act. dig. dros. gels. gink-b.$_{sbd1}$ *Gran.* hell.$_{a1,k}$ *Hep.*$_{a1,k}$ hyos.$_{a1,k}$ *Ign.*$_{a1,k}$ iod. jug-r.$_{a1,k}$ kali-ar. kali-c.$_{a1,k}$ kali-n.$_{a1,k}$ kreos.$_{a1,k}$ lach. *Laur.* led. *Lyc.*$_{a1,k}$ lyss.$_{a1,k}$ mag-c. *Mag-m.*$_{a1,k}$ mag-s.$_{a1,k}$ mang. merc. mez.$_{a1,k}$ mosch. murx. nat-ar. *Nat-c.* nat-m. nat-s. *Nit-ac.*$_{a1,k}$ *Nux-v.* op.$_{a1,k}$ par. petr.$_{h}$ phos. *Plat.*$_{k,k2,*}$ *Podo.* ptel.$_{a1,k}$ rhus-t.$_{a1,k}$ sabin.$_{a1,k}$ sars.$_{a1,k}$ sec.$_{a1,k}$ seneg. **Sep.**$_{a1,k}$ spig. squil.$_{a1,k}$ stann.$_{h}$ staph.$_{a1,k}$ stram.$_{a1,k}$ sulph.$_{a1,k}$ sumb.$_{a1,k}$ tarax. thuj. valer. verat.$_{a1,k}$ verat-v.$_{a1,k}$ zing.$_{a1,k}$
• **morgens**: calc.$_{a1,k}$
• **nachmittags**: grat.$_{a1,k}$
• **abends**: ambr.$_{c1}$ borx.$_{h}$ bry.$_{a1,k}$ kali-n.$_{h}$ mag-m.$_{h}$
  • **Gehen**, beim: verat.$_{h}$
• **nachts**: graph.$_{a1,k}$ *Mag-m.*$_{a1,k}$ zing.$_{a1,k}$
• **Abendessen**, nach dem: kali-n.$_{a1,k}$
• **Bewegung**:
  • **amel.**: aur-m.
  • **bei**: bry.$_{a1,k}$ jug-r.$_{a1,k}$ mag-m.$_{a1,k}$
• **Einatmen**, beim: rhus-t.$_{a1,k}$
• **Erkältung**, wie durch eine: sars.$_{h}$
• **Essen**: mang.$_{h}$
  • **amel.**: aur-m. mang.$_{h}$
  • **nach**: caust.$_{a1,k}$
• **Flatus**:
  • **vor**: nit-ac.$_{h}$
  • **wie** durch: ars.$_{h}$ staph.$_{h}$
• **Frost**; während: bov.$_{a1,k}$
• **Gehen**:
  • **amel.**: phos.
  • **beim**: con.$_{a1,k}$ squil.$_{a1,k}$
• **Liegen** amel.: phos.
• **Menses**:
  • **vor**: carb-v. *Ign.*$_{a1,k}$
  • **während**: calc.$_{a1,k}$ carb-v. croc. kreos. mosch. *Plat.*$_{a1,k}$ plb. sep.$_{h}$ staph. *Stram.*$_{a1,k}$ *Sulph.*$_{a1,k}$
  • **nach**: puls.
  • **Beginn** der; zu: *Mag-c.*
• **Mittagessen**, nach dem: con.
• **Sitzen**:
  • **beim**: asaf. chin.$_{h}$ con.$_{h}$ phos.
  • **nach**: con.
• **Stuhlgang**:
  • **amel.**: aur-m.
  • **vor**: cact.$_{a1,k}$ *Nit-ac.*$_{a1,k}$ zing.
  • **während**: *Arg-n.*$_{a1,k}$ chin.$_{h}$

– **ziehend**: ...
• **Trinken**:
  • **amel.**: aur-m.
  • **nach**: caust.$_{a1,k}$ con.$_{a1,k}$
• **Wärme** amel.: **Mag-p.**
▽ **erstreckt** sich zu:
  • **Arme**: con.$_{h}$
  • **Harnröhre**: zinc.$_{h}$
  • **Hypogastrium**: con.$_{h}$
  • **Leistengegend**: plat.$_{h}$
  • **oben**, nach: mag-m.$_{h}$
  • **Oberschenkel**: sul-ac.$_{h}$
  • **Waden**: lyc.$_{h}$
○ **Darmbeinkamm**: cic.$_{h}$ lyc.$_{a1,k}$ ruta thuj.$_{a1,k}$
  ▽ **erstreckt** sich zum Oberschenkel: ruta thuj. xanth.$_{c1}$
• **Hypochondrien**: agar.$_{a1,k}$ all-c.$_{bg2,k}$ aur.$_{a1,k}$ bapt.$_{a1,k}$ *Berb.* *Calc.*$_{bg2,k,*}$ camph.$_{bg2}$ *Carb-v.*$_{bg2,k}$ caul.$_{a1,k}$ cham.$_{a1,k}$ chin.$_{bg2}$ *Coc-c.*$_{a1,k}$ coloc.$_{a1,k}$ *Con.*$_{bg2,k}$ gels.$_{a1,k}$ ign.$_{bg2}$ lact.$_{a1,k}$ mag-m.$_{bg2,k,*}$ merc-i-r.$_{a1,k}$ nat-ar. nat-m.$_{bg2,k,*}$ petr.$_{a1,k}$ *Puls.*$_{bg2,k}$ rhod.$_{bg2}$ rhus-t.$_{bg2,k,*}$ sil.$_{a1,k}$ squil. sulph.$_{bg2,k,*}$ teucr.$_{bg2,k}$ zinc.$_{bg2,k,*}$
  • **links**: *Ars.* coc-c.$_{a1,k}$ coloc.$_{a1,k}$ **Cupr.**$_{bg2,k}$ gels.$_{a1,k}$ plat.$_{bg2,k}$
    ▽ **erstreckt** sich zu:
      • **Brust**, beim Räuspern: ars.$_{h}$
      • **Hüfte**: **Cupr.**
  • **rechts**: agar.$_{a1,k}$ alum.$_{h}$ aur.$_{a1,k}$ bry.$_{bg2,k}$ calc.$_{a1,k}$ carb-v.$_{k2}$ caul.$_{hr1}$ cham.$_{a1,k}$ con.$_{h}$ mag-m.$_{bg2,k}$ nat-m.$_{bg2,k,*}$ sep.$_{h}$ sulph.$_{bg2,k,*}$ zinc.$_{a1,k}$
  • **morgens**: merc-i-r.$_{a1,k}$
  • **vormittags**: sulph.$_{a1,k}$
  • **abends**: ars.$_{h}$ *Carb-v.*
  • **nachts**: *Coc-c.*$_{a1,k}$
  • **Bett**, im: cham.
  • **Gehen**, beim: alum.$_{h}$ bapt.$_{a1,k}$ phos.$_{h}$
  • **Sitzen**, beim: alum.$_{h}$ ars.$_{h}$
  ▽ **erstreckt** sich zu:
    • **Beine**: *Carb-v.*
    • **Hüfte**: **Cupr. Sil.**$_{h}$
    • **Kreuz**: carb-v. plb.
    • **oben**, nach: *Rhus-t.*
    • **Oberschenkel**: nux-v.
    • **Symphyse**: calc.$_{h}$
    • **unten**, nach: nat-m.
    • **Wirbelsäule**: sil.
• **Hypogastrium**: **Agar.** aur.$_{h}$ bell.$_{a1,k}$ canth.$_{a1,k}$ carb-v. *Card-m.* chin. coc-c.$_{a1,k}$ coloc.$_{a1,k}$ con.$_{h}$ lyc.$_{h}$ mang.$_{a1}$ meny.$_{h}$ nit-ac.$_{h}$ plb.$_{a1,k}$ sabad.$_{a1,k}$ spig.$_{h}$ stann.$_{h}$ thuj.$_{a1,k}$ valer.$_{a1,k}$
  • **nachts**: ph-ac.$_{h}$
  • **Fluor**, mit: sep.$_{h}$
  ▽ **erstreckt** sich zu:
    • **Oberschenkel**: nat-m.$_{h}$
    • **Sakrum** vor den Menses: carb-v.$_{h}$
• **Ileozökalregion**: x-ray$_{rb2}$
• **Leber**: kali-c.$_{h}$ mag-m.$_{h}$
• **Leistengegend**: aeth.$_{a1,k}$ agar.$_{a1,k}$ aloe alum. ammc.$_{a1,k}$ aspar. aur.$_{a1,k}$ bapt.$_{a1,k}$ bov. bry.$_{a1,k}$ cact. calc.$_{a1,k}$ calc-p.$_{a1,k}$ *Chel.*$_{a1,k}$ *Clem.*$_{a1,k}$ coc-c.$_{a1,k}$ cocc.$_{a1,k}$ gamb. gran.$_{a1,k}$ kali-c.$_{a1,k}$

• **Leistengegend**: ...
kali-i.$_{al,k}$ lil-t.$_{al,k}$ *Lyc.*$_{al,k}$ *Lyss.* *Merc.*$_{al,k}$ mez. nat-m.$_{al,k}$ *Plat.*$_{al,k}$ rat. *Rhod.*$_{al,k}$ sil. stann.$_{al,k}$ ter.$_{al,k}$ thuj.$_{al,k}$ valer. zinc.$_{al,k}$
• **links**: aeth.$_{al,k}$ alum. ammc. gamb. lyc.$_{al,k}$ stann.$_{al,k}$
  • **Urinieren**, beim: ars.
• **rechts**: agar. aloe bapt.$_{al,k}$ bar-c.$_{h}$ bov. card-m. gran.$_{al,k}$ sil. thuj.$_{al,k}$
• **mittags**: thuj.$_{al,k}$
• **abends**: borx.
• **nachts**: zinc.$_{h}$
◇ **abwechselnd** mit Prickeln: zinc.$_{al,k}$
• **Einatmen** agg.: plat.$_{h}$
• **Gehen**, beim: alum. chel. thuj.$_{al,k}$
• **konvulsivisch**: chel.$_{al,k}$
• **Menses** einsetzen; als würden die Menses: cocc.$_{al,k}$ lyc.$_{al,k}$ *Plat.*$_{al,k}$
• **periodisch**: aloe
• **Sitzen**, im: caust. chin.$_{h}$ thuj.$_{al,k}$ zinc.$_{al,k}$
○ **Leistenring**: rhod.$_{c1}$
• **spasmodisch**: agar. *Chel.*
• **Stehen**, beim: thuj.$_{al,k}$
• **Strecken**: coc-c. merc-c. nat-m.
  • **amel.**: bov.
• **Tanzen**, beim: alum.
• **Urinieren**, beim: agar.$_{al,k}$ ars. card-m. caust.
▽ **erstreckt** sich zu:
  • **Becken** herum; um das: coloc. plat.$_{h}$
  • **Hoden**: arg-met. ham. nat-m. staph.$_{h}$
  • **Knie**: thuj.$_{h}$
  • **Oberschenkel**: aur. plat.$_{h}$ rhod.
  • **Schamgegend**: lil-t.
○ **Leistendrüsen**: mez.$_{h}$ thuj.$_{h}$
• **Nabel**: acon. aloe anac.$_{h}$ ars.$_{bg1,h}$ bar-c. bell. calc-p.$_{al,k}$ calen.$_{bg1}$ carbn-s. *Chel.*$_{al,k}$ clem.$_{al,k}$ con.$_{al,k}$ eupi. gamb. gent-c. grat. ign. kali-c. mang.$_{h}$ mez.$_{al,k}$ mosch. nat-c.$_{al,k}$ nit-ac.$_{al,k}$ nux-m. nux-v. phos. *Plb.* ran-b.$_{bg1}$ rat.$_{al,k}$ rhus-t.$_{h}$ ruta sep.$_{al,k}$ sulph.$_{al,k}$ tab. zinc.$_{al,k}$
• **morgens**: con.$_{h}$ mang.$_{h}$ nat-c.$_{al,k}$
• **anfallsweise**: sep.$_{h}$
• **Aufstehen**, nach dem: con.$_{h}$
• **Beugen** des Körpers; beim: nit-ac.$_{h}$
• **Bewegung**, bei: nit-ac.$_{h}$
• **Essen**, nach dem: con.$_{h}$
• **Gehen**, beim: anac.$_{h}$
  • **amel.**: kali-c.
• **Menses**, während: nux-m.
• **Sitzen**, beim: kali-c.
• **Stuhlgang**, vor: nat-c.$_{al,k}$
▽ **erstreckt** sich zu:
  • **Anus**: nat-m.$_{h}$
  • **Oberschenkel**: nat-m.$_{h}$
  • **Schamgegend**: rhus-t.$_{h}$
  • **Unterschenkel**: nux-m.$_{c1}$
  • **Vagina**: calc-p.
• **Seiten**: am-m.$_{al,k}$ ant-t.$_{al,k}$ camph.$_{h}$ cupr.$_{al}$ cur. lyc.$_{al,k}$ nat-c.$_{al,k}$ phos.$_{al,k}$ ran-b.$_{al,k}$ sep.$_{al,k}$ staph.$_{al,k}$
  • **links**: zinc.$_{h}$
  • **rechts**: camph.$_{h}$ cupr.$_{h}$ med. nat-c.$_{h}$ plat.$_{h}$

Schmerz - ziehend - Seiten: ...
  • **morgens**: phos.$_{al,k}$
  • **nachts**: lyc.$_{h}$
  • **Druck** agg.: zinc.$_{h}$
  • **Gehen**, beim: chin.$_{al,k}$ zinc.$_{h}$
  • **Menses**, wie vor: staph.$_{h}$
  • **Mittagessen**, nach dem: zinc.$_{h}$
  • **Sitzen** amel.: zinc.$_{h}$
  • **Stehen**, beim: arg-n.$_{al,k}$
  • **zusammenziehend**: zinc.$_{h}$
○ **Flanke**, in der: alum. ambr. ang.$_{h}$ calc. carb-v. card-m. caust. chin. cocc. coff. colch. crot-t. kali-c. plat. puls. sabad. sabin. samb. sars. seneg. stann. staph. sulph.
  • **Stuhlgang**, nach: mag-m.$_{h}$
– **zuckend**:
○ **Leber**: calc.$_{h}$
– **zusammengedrückt** zwischen zwei Steinen; wie: *Coloc.*
– **zusammenschnürend**: cact.$_{k2}$ carc.$_{sp}$ sabin.$_{br1,c1}$
○ **Rippen**, erstreckt sich zum Abdomen; unterhalb der kurzen: *Camph.*
– **zusammenschraubend**:
○ **Hypochondrium**:
  • **rechts**: nat-c.$_{h}$ sulph.$_{h}$
  • **Leistengegend**: zinc.$_{h}$
– **zusammenziehend**: calc.$_{h}$ zinc.$_{h}$
  • **morgens**:
    • **Stuhlgang**, nach: arg-met.$_{h}$
  • **abends**: nat-m.$_{h}$
  • **nachts**:
    • **Mitternacht**:
      • **nach**: zinc.$_{h}$
  • **Aufstehen** aus dem Bett agg.: zinc.$_{h}$
  • **Gehen** amel.: nat-m.$_{h}$
  • **Menses**, während: am-m.$_{h}$
▽ **erstreckt** sich zu:
  • **Rücken** und Kreuz: calc.$_{h}$
○ **Anus**
☞ ❑ *Rektum - Zusammenschnürung - Anus - Schmerz*
  • **Leistendrüse**: nit-ac.$_{h}$
  • **Nabel**: nit-ac.$_{h}$
  • **Oberbauch**, muß gebeugt gehen: calc.$_{h}$
  • **Seiten**: mang.$_{h}$

Schnur, die Anus und Nabel verbindet; Gefühl einer:
– **schneidendem** Schmerz beim Aufrichten aus vorgebeugter Haltung; mit: *Ferr-i.*

Schütteln: **Crot-t.** mang.$_{h,k,*}$ merc.$_{bg2,k}$ sil.$_{al,k}$ staph.
– **morgens**: mez.
– **Gehen**, beim: mang.$_{al,h}$ merc. mez. nux-v.$_{h,k,*}$ rhus-t.$_{h,k,*}$
– **Husten**, durch: *Carb-an.*$_{al,k}$ kali-c.$_{h}$ lact.$_{al,k}$ *Sil.*$_{al,k}$ squil.$_{h}$

Schwächegefühl: abrot.$_{hr1}$ acon.$_{bg2}$ *Aloe* alum.$_{al,k}$ alum-p.$_{k2}$ alumn. ambr.$_{k2}$ apoc.$_{bg2,k,*}$ **Arg-n.** ars.$_{bg2}$ bell.$_{bg2}$ borx. cadm-s.$_{br1}$ *Calc-p.*$_{bg2,k,*}$ *Carb-an.*$_{bg2}$ chlor.$_{bg2}$ colch.$_{bg2,k,*}$

Schwächegefühl: ...
dig.k2 ferr.bg2 ferr-p.bg2 gels.a1,k **Ign.**bg2,k *Ip.*bg2 kali-c.a1,k led.bg2,k,* lil-t.hr1,k,* mag-m.bg2,k,* myric.a1,hr1 *Nat-m.*hr1,k olnd.bg2,k,* ox-ac.a1,k *Petr.*hr1,k **Phos.**bg2,k,* phyt.bg2,k,* *Plat.*bg2,k,* *Podo.* *Psor.*hr1,k ptel.a1 rhod.bg2,k,* sapin.a1 *Sep.*bg2,k spong.a1,k stann.bg2 *Staph.*bg2,k,* **Sul-ac.**hr1,k,* sulph.bg2 *Verat.*bg2,k,* zinc.bg2,k,*
– **morgens**: chel.a1,k dios.a1 hell.a1,k
– **abends**: anac.a1,k carb-an.h
– **Aufstoßen**:
 • **amel.**: *Kali-m.*
 • **nach**: ambr.k2
– **Diarrhoe** erscheinen würde; als ob: **Aloe**
– **Flatus** amel.; Abgang von: ambr.k2
– **Gehen**, nach dem: *Phos.*
– **herunterfallen**, als würde es: **Staph.**hr1,k
– **lähmungsartige** Schwäche der Därme: nux-m.br1
– **Menses**:
 • **vor**: phos.hr1,k
 • **einsetzen**; als würden die Menses: **Sul-ac.**
– **Stuhlgang**:
 • **vor**: verat-v.bg1
 • **während**: form.a1,k ip.a1,k
 • **nach**: ambr.k2 *Arg-n.* carbn-s. chin. dios. *Iod.* lept.a1,k mag-m.h *Nat-m.* *Nat-p.* **Petr.**hr1,k *Phos.* *Pic-ac.* plat.hr1,k **Podo.**hr1,k *Sep.*a1,k stann.bg1 **Sul-ac.** sulph. **Verat.**hr1,k
 • **hart**: *Plat.* *Sep.*
○ **Hypochondrien**: carb-an.h
– **Hypogastrium**: am-c.bg1 chion.bg1
– **Leistengegend**: aloe aur.a1,k calc.a1,k **Nux-v.** raph.a1,k tab.a1,k
– **Muskeln**: ars.h cocc.br1 con.h sulph.h
– **Oberbauch**, nach Urinieren: ars.h

Schwammes, Gefühl eines:
○ **Hypochondrien**:
 • **abwechselnde** Seiten: lac-c.

Schwappen, Plätschern: acon.a1,k *Aloe* arn.kr1 bar-c.h **Crot-t.**a1,k kali-c.a1,k merc. mez. *Nat-m.*a1,k nux-v.h **Ph-ac.** rhus-t.bg3 sul-ac.bg1 tub.a1
– **Berührung**, bei: ph-ac.h
– **Beugen** nach vorne und nach hinten; beim: ph-ac.h
– **Gehen**, beim: mang.h

Schweiß: **Ambr.** **Anac.** **Arg-met.**hr1,k1 *Arg-n.* *Caust.*a1,k **Cic.**a1,k **Cocc.**k1 *Dros.* merc.a1,k **Phos.**k,k1 plb.a1,k rhus-t. **Sel.**k,k1 staph. sulph.k2 thuj.
– **vormittags**: arg-met.
– **nachts**: anac.a1,k cic.h dros.h staph.h sulph.a1,k
– **Gehen**, nach dem: caust.a1,k
– **Hitze**; während: arg-met.h
– **kalt**: *Dros.*
– **Koitus**, nach: agar.a1,k
– **Körperübungen**, bei: *Ambr.*
○ **Brust** und Abdomen; an: **Arg-met.**k1 **Cocc.**k1 **Phos.**k1 **Sel.**a1,k1
– **Hypochondrien**: caust.bg1,hr1 conv.bg1 ign.bg1 iris verat.bg1

Schweiß: ...
– **Hypogastrium**, im Sitzen: *Sel.*
– **Leistengegend**: ambr. canth.a1,k iris sel. sep. thuj.
– **Nabel** aus; breitet sich vom: rhus-t.

Schwellung:
○ **Abdomens**, des
 ☞ *Auftreibung*
– **Hüfte**:
 • **Gefühl** von:
  • **rechten** Hüfte; oberhalb der: phos.h
  • **linken** Hüfte; oberhalb der: chel.h
– **Leber**: acon.bg2,k *Aesc.* ant-t. *Ars.*bg2,k aur.bg2,k *Bar-m.*bg2,k *Bell.*bg2,k,* bry.bg2,k bufo calc.bg2,k cann-s.bg2,k *Card-m.*bg2,k *Chel.*bg2,k **Chin.**bg2,k,* chinin-s. *Con.*bg2,k cupr.a1,k cur. dol.br1 *Ferr.*bg2,k ferr-ar. graph.k2 *Iod.*bg2,k,* *Lach.*bg2,k lact.a1,k *Laur.* **Lyc.**bg2,k **Merc.**bg2,k nat-m.bg2,k **Nat-s.**bg2,k nux-m. **Nux-v.**bg2,k *Phos.*bg2,k,* *Podo.*bg1,bg2 *Ptel.*bg2,k rhus-t.k2 *Sep.*bg1,bg2 sil.bg2,k *Sulph.*bg2,k,* tarent.
 • **linker** Leberlappen: *Card-m.*
 • **Chininmißbrauch**, nach: nux-v.
 • **geistige** Anstrengung; durch: nat-s.
– **Leistengegend**: am-c. am-m.h ant-c. *Apis* ars. aur-ar.k2 *Clem.* con.k,k2 gran. *Graph.* hep.c1 jac-c. kali-c. *Lyc.* *Puls.* rhus-t. sil. *Ther.* thuj.
 • **links**: am-c. sil.
 • **rechts**: *Apis* ars. **Clem.** con. lyss. pall.c1
 • **nachmittags**:
  • **14** h: lyss.
 • **abends**:
  • **20** h: phys.
 • **elastisch**: am-c.
 • **hart**: clem. dulc. puls.
 • **schmerzhaft**: clem. puls.
○ **Leistendrüsen**; der: alum. am-c. anan. ant-c. *Apis* ars. *Aur.* aur-m.k2 aur-s.k2 **Bad.** bapt. *Bar-c.* *Bar-m.* *Bell.* brom. *Bufo* **Calc.** calc-ar. *Calc-p.* *Carb-an.* carb-v. caust. *Chel.* **Clem.** cocc. cop. crot-h. *Cupr.* **Dulc.** elaps eupi. *Ferr.* gels. *Graph.* **Hep.** *Hippoz.* *Iod.* *Kali-c.* *Kali-i.* lac-c. **Lach.** lyc. *Lyss.* med.k2 **Merc.** **Merc-c.** *Merc-i-f.* *Merc-i-r.* nat-ar. *Nat-c.* nat-m. **Nit-ac.** ph-ac. phos. *Phyt.* *Puls.* *Rhus-t.* sep. *Sil.* sin-n. spong. stann. *Staph.* stram. sul-i.k2 **Sulph.** sumb. *Syph.* tarent. tep. *Thuj.* *Tub.* zinc.
 ☞ *Bubo*
– **Mesenterialdrüsen**: *Ars.* *Aur.* aur-ar.k2 bar-c. bar-m. *Calc.* calc-p.k2 cist. *Con.* *Grat.* *Hep.* *Iod.* kreos. lyc. merc. nat-s. rhus-t.k2 sul-i.k2 sulph.
– **Milz**: agn.hr1,k,* anan. aran.bg1 ars.a1,k ars-s-f.k2 brom. *Bry.* caps. *Cean.*bg1,bg2 **Chin.** chinin-s. cocc. *Ferr.* *Ferr-ar.* grin.bg1 ign. *Iod.* kali-i.c1 mag-m. nat-m.bg1 nit-ac.a1,k nux-v. phos.a1,k plb.a1,k *Ran-s.* ruta sul-ac.bg1 verat.c2
 • **Chinin**, nach: *Aran.*
 • **Hitze**; während: *Carb-v.* *Nat-m.*
– **Nabel**: bry.a1,k caust.a1,k plb.a1,k prun. ptel.a1,k puls. sang.c1 sep.a1,k
○ **um** den Nabel herum, wie ein Ring: puls.h

– **Seiten**: tub.k2
 • **links**: led.bg,bg3
 • **Laufen**; nach: tub.k2

Schweres auf der linken Seite liegen; als würde etwas: **Lyc.**

Sinkendes, flaues Gefühl: phos.k2

Schwere (= wie eine Last, ein Gewicht): agar. *Agn.* **Aloe** alum. alum-p.k2 alum-sil.k2 am-c. am-m. *Ambr.* apis arg-n.a1 ars. ars-s-f.k2 *Asaf.* aur. aur-s.k2 bell. bov. bry. *Calc.* calc-s. carb-an.h *Carb-v.* *Carbn-s.* carl. *Cham.* chel. chin. chinin-ar. *Cimic.* cop. croc. crot-t. cupr-s. dios. dor. ferr. ferr-ar. ferr-p. gels. **Graph.** *Hell.* ip.h kali-ar. kali-bi. *Kali-c.* kali-p. kali-s. kali-sil.k2 lac-d.k2,kr1 *Lach.* lact. lept.bg1,bg2 lil-t. **Lyc.** *Mag-c. Mag-m.* mag-s. mang.k2 *Mez. Murx.* myric.bg1,bg2 nat-ar. nat-c. *Nat-m. Nux-m.*bg1,bg2,• nux-v. *Op.* phos. plb. *Podo.* ptel. rein.a1 *Rhod.* rhus-t. ruta sabin. **Sep.** sil. **Staph.** *Sulph.* sumb. tab. tep. ter. til. trom. zinc. zinc-p.k2
 ☞ *Völlegefühl*

– **morgens**: ambr.a1,k dios.a1,k **Sep.**a1,k
– **vormittags**: trom.a1,k
– **nachmittags**: alum. carl.a1,k dios.a1,k
– **abends**: bry.a1,k
– **nachts**: mag-m.a1,k nat-m.a1,k zing.a1,k
– **Abendessen**, nach dem: *Arg-n.*a1,k coloc.a1,k
– **Aufstehen**, beim: **Sep.**a1,k
– **Bewegung**:
 • **bei**: *Nat-m.* **Sep.**
 • **amel.**: rein.a1
– **Einatmen**, beim: spig.a1,k
– **Essen**, nach dem: kali-c.h lyc.h
– **Flatus** amel.: carb-an.h
– **Frühstück**, nach dem: agar.a1,k kali-c.h
– **Gehen**, beim: *Alum.* bell. ferr. kali-c.a1,k nat-m.a1,k
– **gehen**, muß gebeugt: carb-v.h
– **Liegen** auf der linken Seite amel.: *Pall.*
– **Menses**:
 • **vor**: **Puls.**
 • **während**: apis graph.a1,k nat-m.a1,k *Puls.*
– **Mittagessen**, nach dem: agar.a1,k alum.h chinin-ar.k2
– **Ovulation**; während der: granit-m.es1
– **Sitzen**, im: bry.a1,k rhus-t.a1,k
– **steigt** nach oben in den Hals: calc.kr1
– **Stein**; wie durch einen: lac-d.c1 op. *Puls.* verb.c1
– **Stuhlgang**, nach: agar. *Mur-ac. Sep.*a1,k
– **Trinken**, nach dem: *Asaf.*a1,k
– **Zusammenkrümmen** agg.: verb.c1
○ **Hypochondrien**: acon.bg2,k bell.bg2,k,• *Coc-c.* kali-c. lact.a1,k merc-i-r.a1,k nux-m. ph-ac. podo.a1,k ptel.a1,k sulph. *Zinc.*bg2,k,• zinc-p.k2
 • **links**: verb.c1
 • **rechts**: nat-s.k2
 • **nachts**: *Kali-c.*
 • **Gehen**, beim: ptel.a1,k
– **Hypogastrium**: agar.a1,k all-s.a1,k aloe am-m. *Ammc.*a1,k apis.bg1 aran. ars.a1,k bar-c.a1,k coloc.a1,k

Schwere - Hypogastrium: ...
crot-c.a1,k crot-t. ferr.c1 graph.h kali-c.h lil-t.a1,k *Pall. Podo.* **Sec.** sep.bg1 sulph.a1,k
 • **Essen**, nach dem: all-s.a1,k
 • **Gehen** agg.: ferr.c1 kali-c.h
 • **Liegen** auf der linken Seite amel.: pall.
 • **Menses**, während: bar-c.a1,k
 • **Stehen**, beim: pall.
 • **Stuhlgang**, nach: agar.a1,k
– **Leber**, in der: ars. bell.bg2 berb.bg2 *Bol-la.* bry.bg2 camph.bg2 *Carb-v.* gels.bg2 graph.k2 hep.bg2 kali-c.bg2,k,• *Lach.* lact. lept.bg2 *Mag-m.*bg2,k nat-m.bg2 nat-s.k2 nux-m.bg2,c1 nux-v.bg2,k ph-ac.bg2,k,• plb. podo.bg2 *Ptel.*bg2,k,• sulph.bg2 tab.
– **Leistengegend**: borx. calc.a1,k carb-an. *Croc.*a1,k dios.a1,k
– **Milz**: acon.bg2 ferr.a1,bg2 kali-i.bg2,k,• merc-i-r.a1,bg2 podo.bg2 ptel.bg2 sulph.bg2,k
– **Nabel**: agar.bg1,k2,• camph.bg1,h,• canth.bg1,bg2,• carb-v.bg1,bg2,• graph.a1,bg1 nit-ac.bg1,bg2,• op.bg1,bg2,• ptel.a1,bg1
– **Seiten**: asaf. lil-t. **Lyc.** nat-s. rhus-t.
 • **links**: **Lyc.**
 • **rechts**: calc.h camph.h

Spannung: acon.bg2,k,• *Agar.* aloe alum.bg2,k alum-sil.k2 am-c.h ambr.bg2,k,• ant-t.bg2,k,• *Apis*bg1 arg-met. *Arg-n.*a1,k *Ars.*bg2,k,• **Bar-c.**bg2,k,• *Bar-i.* bar-m. bar-s.k2 bell.bg2,k *Bov.*bg2,k bry.a1,k **Calc.**bg2,k,• calc-s. calc-sil.k2 canth.a1,k caps.bg2,k,• carb-ac. carb-an. **Carb-v.**bg2,k,• *Carbn-s.* caust.bg2,k,• *Cham.*bg2,k,• chel.bg2,k,• chin.bg2,k *Chinin-ar.* clem.a1,k *Cocc.* **Colch.**bg2,k,• coloc.bg2,k,• com.a1,k con.h crot-h.a1,k crot-t.a1,k **Cupr.**a1,k cycl.h dig.a1,k ferr.a1,k ferr-ar. ferr-p. *Gamb.*a1,k gins. *Graph.*bg2,k,• **Hep.**a1,k hyos.bg2,k hyper.a1,k iod.bg2,k jatr-c. jug-r.a1,k *Kali-ar.* kali-bi.bg2,k,• *Kali-c.*bg2,k,• kali-m.k2 kali-n.a1,k kali-p. kreos.bg2,k *Lac-c.* lach.bg2,k,• lact. laur. **Lyc.**bg2,k,• mag-c. mag-m.bg2,k mag-s.a1,k manc.a1,k mang.h meny.bg2,k,• merc.bg2,k,• merl.a1,k *Mez.*bg2,k,• mosch.bg2,k,• *Mur-ac.*a1,k naja nat-ar. nat-c.bg2,k,• *Nat-m.*a1,k nat-p. nat-s. nit-ac.bg2,k,• *Nux-v.*bg2,k,• *Op.*bg2,k,• par.a1,k petr.bg2,k,• ph-ac.bg2,k,• *Phos.*bg2,k,• *Plat.*bg2,k *Plb.*bg2,k ptel.a1,k puls.bg2,k,• *Rheum* rhod.bg2,k sabin. samb.a1,k sec.bg2,k,• **Sep.**bg2,k,• **Sil.**bg2,k,• spong.bg2,k,• squil.bg2,k,• stann.h *Staph.*bg2,k,• stram.bg2,k,• stront-c. sul-ac.a1,k **Sulph.**bg2,k,• tep.a1,k *Ter. Thuj.*bg2,k,• verat.bg2,k,• vip.a1,k zinc.bg2,k zinc-p.k2
– **morgens**: cinnb.a1,k sep.a1,k *Sulph.*a1,k
– **vormittags**: nat-m.a1,k
– **nachmittags**: bry. calc.a1,k carb-v.h mag-c.h petr.a1,k stront-c. sulph.a1,k
 • **15** h, bis abends: mag-c.
 • **Essen**, nach dem: bry.a1,k
– **abends**: arg-n.a1,k hyos.a1,k lyc.a1,k mag-c.a1,k
– **nachts**: chin. nat-c.a1,k
– **Anstrengung**, bei: calc.a1,k
– **Atmen**, bei tiefem: *Cocc.* con.
– **Aufrichten**, beim: dig.h
– **Aufstoßen** amel.: nat-m.h

– **Bewegung**, bei: clem. phos.
– **Bücken** agg.: nat-c.h spong.h stann.h
– **Diarrhoe**, mit: mag-c.h
– **Druck** amel.: coloc.h
– **Erwachen**, beim: ferr.al,k
– **Essen**: phos.
 • **nach**: ambr.al,k ant-c.cl asaf.al,k bry.al,k *Carb-v.* ign.al,k lyc.al,k
 • **Lammbraten**, nach: lyc.
– **Fieber**; während: sil.h
– **Flatus** amel.; Abgang von: ant-t. calc.h mang.h mez.
– **Gehen**, beim: arg-met. nat-c.h spong.
 • **amel.**: bry.al,k ferr.al,k *Kali-c.* *Lyc.*al,k nat-c.
– **Hochlangen**, durch: alum.
– **Kindern**, bei: sil.h
– **Menses**:
 • **vor**: granit-m.esl
 • **während**: *Cocc.* *Graph.* nicc. **Nux-m.**
– **Mittagessen**, nach dem: cycl.al,k nit-ac.al,k plat.al,k sulph.al,k
– **Samenabgang**, nach: sep.al,k
– **Sitzen**, im: calc.al,k crot-t.al,k kali-c. spong.
– **Stuhlgang**:
 • **während**: apis grat.al,k plat.h
 • **nach**:
  • **amel.**: gent-c. sulph.
– **Trinken**, nach dem: ambr.al,k *Cocc.*
▽ **erstreckt** sich zu:
 • **Brust**: caps.h
 • **Sakrum**: stann.h
○ **Darmbeingegend**: arg-met. chel. grat.al,k
 • **links**: arg-met. grat.al,k
– **Hypochondrien**: *Acon.*al,k agar.h *Aloe* ant-c.al,k ant-t.al,k ars.hrl,k,* bell. borx.h *Bry.*al,k *Calc.*al,k *Carb-v.*al,k caust. cham. *Chinin-s.* cimx. clem.al,k coc-c.al,k coff.al,k colch.al,k con. dig.al,k eup-per.al,k *Graph.*al,k hyper.al,k lact.al,k *Lyc.*al,k mang. mang-m. mosch.al,k mur-ac.al,k murx.al,k nat-ar. nat-c.al,k *Nat-m.*al,k *Nat-s.* nit-ac.al,k *Nux-v.* puls. sep. staph. stry.al,k *Sulph.*al,k verat.al,k vip.al,k
 • **links**: *Ars.*hrl,k con.h eup-per.al,k lyc.h nat-m.h nit-ac.h plat.h rhod.al,k
 • **rechts**: aloe ant-t.al,k bry.al,k calc.al,k *Carb-v.*al,k card-m. chel.k2 *Ferr.* hyper.al,k lact.al,k *Lyc.* mag-m.h mur-ac.al,k nat-m.al,k *Nat-s.* nit-ac.al,k sulph.al,k
  • **Liegen** auf der linken Seite: *Card-m.* mag-m. nat-s. ptel.
 • **morgens** im Bett: staph.h
 • **vormittags**: nat-m.al,k
 • **nachmittags**: ars. nat-m.al,k
  • **14** h: ars.
 • **abends**: murx.al,k
 • **Atmen**, durch: led.al,k
 • **Beugen** nach hinten; beim: calc.h
 • **Bewegung**, bei: sep.h
 • **Bücken**, beim: nat-c. rhod.al,k sep.h
 • **Erwachen**, beim: *Carb-v.*al,k
 • **Flatus** amel.: mur-ac.h
 • **Gehen**, beim: sep.h
  • **Freien**, im: nat-c. *Nat-s.*

– **Hypochondrien**: ...
 • **Hitze**; während: *Ars.*al,k
 • **Liegen**, beim:
  • **Rücken**, auf dem: *Caust.*
  • **Seite** agg.; auf der: ars.h
 • **Obst**, nach: nat-c.al,k
 • **Samenabgang**, nach: agar.
 • **Sitzen**, im: mur-ac.al,k
 • **Stuhlgang**:
  • **vor**: ars.h
  • **nach**: plat.
 ▽ **erstreckt** sich zu:
  • **linken** Seite des Abdomens; zur: con.h
  • **oben**, nach: mur-ac.
  • **Rücken**: nat-m.
– **Hypogastrium**: agar.al,k ars.al,k *Aur.* *Bell.*al,k calc.h chin. coc-c.al,k gins.al,k kali-c.h merc.al,k nat-c.h2 *Nat-m.* *Op.*al,k phos. **Sep.** *Stront-c.* sumb.al,k thuj.h
 • **morgens**: *Bell.*al,k
 • **Aufstehen**, beim: dulc.al,k
 • **Beugen** nach hinten; beim: calc.h
 • **Einatmen** agg.; tiefes: sumb. thuj.
 • **Essen**, nach dem: phel.al,k
 • **Fluor**, mit: am-m.h
 • **Koitus**, nach: sep.h
 • **Sitzen**, beim: rutah
 • **Stehen**, beim aufrechten: calc.h
 • **Stuhlgang**, vor: haem.al,k
 ▽ **erstreckt** sich zu:
  • **Rektum**: spong.h
  • **Samenstrang**: sep.h
– **Leistengegend**: **Agar.** am-c. am-m.al,k *Apis* *Arg-met.* benz-ac.al,k berb. calc. canth. carb-an.al,k *Clem.*al,k coc-c.al,k *Coloc.*al,k crot-t.al,k cycl.al,k dig. *Dulc.* gamb.al,k graph. jatr-c. kali-i.al,k kreos. *Lac-c.* mag-s.al,k mang.h merc.al,k nat-m.al,k nat-s.al,k nit-ac. sars.al,k spig.al,k stront-c.
 • **links**: arg-met. calc. lac-c. merc.al,k merc-c.al,k nat-m.al,k
 • **rechts**: am-m.al,k sars.al,k stront-c.
 • **morgens**: coloc. colocin.al
  • **5** h: merc-c.
 • **nachmittags**: cycl.al,k
  • **Schlaf**, nach: cycl.al,k
 • **abends**: nat-m.al,k
 • **Anziehen** des Gliedes amel.: agar. *Lac-c.*
 • **Aufstehen** vom Sitzen, beim: dulc.
 • **Ausstrecken** der Beine, beim: agar. carb-an.al,k
 • **Berührung**, bei: spig.al,k
 • **Beugen** nach vorne; beim: coloc. colocin.al
 • **Bewegung**, bei: nat-m.al,k
 • **Druck**, durch: coloc.al,k
 • **Gehen**, beim: am-m. *Clem.* graph. kreos. lac-c. nat-m.
  • **amel.**: agar.
 • **Heben** der Arme; beim: *Apis*
 • **Sehne**; wie durch eine geschwollene: mang.h
 • **Sitzen**, im: agar. calc.
 • **Stehen**, im: gamb. lac-c.
 • **Stuhlgang** amel.: nat-m.al,k

– **Leistengegend**: ...
 • **Treppensteigen**; beim: coloc. colocin.$_{al}$
○ **Leistendrüsen**: calc.$_{h}$ nat-m.$_{h}$
– **Leber**: aur-m.$_{k2}$
– **Milz**: *Ars.*$_{hr1}$ nit-ac. rhod. sulph.
– **Nabel**: anac.$_{a1,k}$ crot-t.$_{a1,k}$ nat-m.$_{a1,k}$ verat.
○ **Nabelgegend**: cham.$_{a1,k}$ crot-t.$_{a1,k}$ mang.$_{a1,k}$ nat-c.$_{h}$ **Sulph.**$_{a1,k}$ thuj.$_{a1,k}$ zinc.$_{a1,k}$
 • **Mitternacht**: sulph.$_{a1,k}$
 • **Liegen**, beim: crot-t.
 • **unter** dem Nabel: nat-c.$_{h}$
– **Seiten**: acon. agar. *Aur.* camph.$_{h}$ caust.$_{a1,k}$ crot-t. cycl.$_{a1,k}$ *Lach.*$_{a1,k}$ merc. nat-m.$_{a1,k}$ rhus-t.$_{a1,k}$ zinc.$_{a1,k}$
 • **links** unten: phos.$_{h}$ rheum$_{h}$
 • **rechts**: con.$_{h}$
 • **nachts**: kali-c.$_{h}$ nit-ac.$_{h}$
 • **Atmen**; beim tiefen: con.$_{h}$
 • **Aufstoßen** amel.: zinc.$_{a1,k}$

Spasmen der Bauchmuskeln: **Cupr.** *Kali-br. Kreos.* mosch.$_{h}$ *Plb.* sabad. *Tab.*
– **hysterischen** Frauen, bei: *Bry.* cocc. *Mosch.*

Spinnwebe, Gefühl einer: rhus-t.$_{h}$

Sprungfeder im linken Hypochondrium entrollt; Gefühl als würde eine: sol-t-ae.

Starre, Rigidität der Muskeln: lyss.$_{c1}$

Steifheit: lil-t.$_{bg1}$ rhus-t.$_{bg1}$
○ **Leber**, Gefühl von: nat-m.$_{h}$
– **Leistengegend**: aur.$_{h}$
– **Seiten**:
 • **Gefühl**, als seien die Seiten des Körpers steif: sep.$_{h}$

Steines; Gefühl eines: aloe ant-t. *Cocc.* **Puls.**
– **Liegen** auf dem Abdomen; beim: aloe
– **voller** Steine; scheint: *Ant-t.* **Calc.** *Cocc.*
 • **Sitzen**, nach langem: ant-t.
○ **Hypochondrien**; in der Gegend der: cocc.$_{rb2}$
– **Nabel**:
 • **Nabelgegend**: *Cocc.* verb.$_{c1,rb2}$
 • **unterhalb** des Nabels; direkt: nux-v.$_{rb2}$

Stockung in der Milzgegend: nat-c.$_{h}$

Stöße
 ☞ *Schläge*

Striktur der Därme: con.$_{h}$

Tabes mesenterica: arg-met.$_{k2}$ *Ars.*$_{bg2,k}$ ars-i. *Aur.* aur-i.$_{k2}$ aur-m. bapt.$_{c2}$ *Bar-c.*$_{bg2,k}$ *Bar-i. Bar-m.* **Calc.**$_{bg2,k,*}$ calc-i.$_{k2}$ *Calc-p. Calc-s. Carb-an. Carbn-s.* caust.$_{bg2,k}$ cist.$_{k2}$ *Con. Hep.*$_{bg2,k}$ *Iod.*$_{bg2,k,*}$ *Kreos. Lyc.*$_{bg2,k}$ mang.$_{k2}$ merc.$_{bg2,k}$ *Merc-c.*$_{c2}$ merc-i-f. *Nat-s.* ol-j. petr.$_{c2}$ *Plb-xyz.*$_{c2}$ pyrog.$_{c2}$ rhus-t.$_{k2}$ sacch.$_{c2}$ sulph.$_{bg2,k}$ *Tub.*

Tuberkulose
 ☞ *Tabes mesenterica*

Tumoren: calc-ar.$_{c1}$ *Con.*
○ **Seiten**:
 • **rechts**, Gefühl von: med.$_{c1}$

Tympanie
 ☞ *Auftreibung - tympanitisch*

Typhlitis
 ☞ *Entzündung - Zökum*

Übelkeit im Abdomen
 ☞ ❑ *Magen - Übelkeit - Abdomen - im*

Unbehaglichkeit
 ☞ *Unruhe*

Unruhe, Ruhelosigkeit, Unbehagen etc.: agar. agn.$_{a1}$ alum.$_{h}$ am-c.$_{h}$ *Ant-t.* apis apoc. *Arg-n.* **Ars.** *Ars-i. Asaf.* asc-t. aur. *Bell.* bry. **Calc.** carb-an. cinnb. cist. colch. com. corn. crot-t. cycl. dirc. *Dulc.* euph. fago. ferr-ar. ferr-ma. gran. grat. gymno. hell. iod. **Ip.** jatr-c. kali-ar. *Kali-c.* merc-i-r. mez. *Mur-ac.* nat-ar. nat-c. *Nat-m. Nat-s. Nit-ac.* par. **Phos.** plan. plat.$_{h}$ *Podo. Puls.* **Sep.** vesp. *Zinc.* zinc-p.$_{k2}$
– **morgens**: calc. nit-ac. sep.
 • **Erwachen**, beim: calc.
– **vormittags**: cimic.
– **nachmittags**: grat.
– **abends**: am-br.
– **nachts**: bamb-a.$_{stb2}$ caust. kali-i. nit-ac.$_{h}$ plat.$_{h}$
– **ängstlich**: alum.$_{h}$
– **Erkältung**, wie durch: plat.$_{h}$
– **Essen**, nach dem: aur.$_{h}$ caust. kali-c.$_{h}$ sul-ac.
– **Frühstück**:
 • **beim**: plan.
 • **nach**: grat.
– **Rauchen**, wie nach: mang.$_{h}$
– **Ruhe**, in der: ars.
– **Schlaf**, nach: sulph.
– **Stuhlgang**:
 • **vor**: ind.
 • **während**: ind. kali-c.
 • **nach**: ars. graph.
– **Trinken**, nach dem: caust. sul-ac.
▽ **erstreckt** sich zu:
 • **Kopf**: mang.$_{h}$
○ **Hypochondrien**: aloe chin. equis-h. manc.
 • **Stuhlgang**, vor: aloe
– **Hypogastrium**: cycl.$_{h}$

Venen, erweiterte: berb. calc.$_{bg1}$ sep.
– **Krampfadern**: *Ham. Sulph.*
○ **Leistengegend**: *Berb.*

Vergehendes Gefühl
 ☞ *Leeregefühl*

Vergrößert: *Bar-c.*$_{bg2,k}$ *Bar-i.* bar-s.$_{k2}$ *Calc.*$_{c2,k}$ calc-i.$_{k2}$ calc-p.$_{k2}$ caust.$_{bg2,k}$ chel. *Coloc.*$_{bg2,k}$ ferr-i.$_{k2}$ *Iod. Iris Lyc.* ol-j. podo. *Psor.* **Sanic.** sec. **Sep.**$_{bg2,k}$ sul-i.$_{k2}$ **Sulph.** *Thuj.*$_{bg2,k}$ tril-p.$_{c1}$
– **fett**: *Am-m. Calc.*$_{bg2,k}$
– **Kindern**, bei ●: **Bar-c.**$_{bg2,k,*}$ **Calc.**$_{bg2,k,*}$ caust.$_{h,ptk2,*}$ cupr. mag-m. *Psor. Sanic. Sars.* **Sil.** *Sulph.*$_{bg2,k,*}$
 • **Marasmus**: bar-c.$_{k2}$ **Calc.** *Sanic. Sars.*
– **Müttern**, bei ●: coloc.$_{bg2}$ *Iod.* nat-c. **Sep.**$_{k,kl2}$●

○ **Leber**: aconin.c2 agar. anis.c1 ant-t. *Ars.* ars-i. aur. aur-ar.k2 aur-i.k2 *Aur-m.* aur-s.k2 bar-m. boerh-d.bnj1 *Bry.* bufo *Calc.* *Calc-ar.* calc-sil.k2 *Carb-v.* carc.fb card-m. *Chel.* **Chin.**a1,k chinin-ar. *Chion.* *Cocc.* *Con.*c2,k *Dig.*br1,k eup-per.k2 *Ferr.* ferr-ar.c2 ferr-i.c2,k ferr-p. *Fl-ac.* *Hep.* *Hippoz.*c2,k hydr.a1,k *Iod.* *Kali-c.* kali-s. lach. lact. *Laur.* luf-b.gsb1 **Lyc.** **Mag-m.** *Merc.* merc-i-r. mur-ac.k2 *Nat-m.* **Nat-s.**c2,k *Nit-ac.* *Nux-m.* **Nux-v.** *Phos.*a1,k pin-s.c2 plb.a1,k *Podo.* pop-c.c2 ptel. sec.c2,k sel. sep.k2 sil. sul-i.k2 *Sulph.* tab.a1,k thuj.a1,bg2 *Tub.* urt-u. vip.c2 *Zinc.*a1,k zinc-p.k2

• **linker** Leberlappen: *Mag-c.* *Mag-m.*

• **Herzens**; bei Erkrankung des: mag-m.br1

• **Kindern**, bei: calc-ar. *Nux-m.*

• **Zorn**, nach: *Cocc.*

– **Leistengegend**:

○ **Leistendrüsen**: ars-i.k2 sul-i.k2

– **Mesenterium**: *Ars.* *Ars-i.* *Aur.* *Bar-c.* *Bar-i.* bar-m. bar-s.k2 **Calc.** calc-i.k2 *Carb-an.* *Con.* *Form.* *Hep.* *Iod.* nat-c.k2 nat-s. *Ol-j.* sul-i.k2 sulph.

– **Milz**: aconin.c2 agn. *Anthraci.* *Aran.* *Ars.* *Ars-i.* ars-s-f.k2 *Aur-m.*c2,k *Calc.* calc-i.k2 *Caps.* carb-v. **Cean.** **Chin.** chinin-ar. *Chinin-s.*c2,k *Cit-v.* *Cocc.* *Con.* dros.t1 *Ferr.* ferr-ar.c2,k ferr-i.c2,k *Ferr-m.*c2,k ferr-p. grin.ptk2 *Hippoz.* hydr. *Ign.* **Iod.** kali-m.k2 *Lach.* laur. mag-m.c2,k merc-i-r.c2,k *Nat-m.*c2,k *Nit-ac.* nux-m. *Nux-v.* *Op.* *Ph-ac.* *Phos.*c2,k plb. plb-i.c2 *Ran-s.* ruta *Sul-ac.* sul-i.k2 *Sulph.* tab. *Urt-u.* xanrhi.br1

Verhärtung

☞ *Hart*

Verkürzung der Därme; Gefühl von: anac.h

Verschluß, Verlegung:

○ **Gallengang**, am Duodenum: astac.ptk1

Verstopfungsgefühl: bism. bry. cham. chel. *Chin.* guaj. meny. nat-c. *Nux-m.* **Op.** phos. puls. rhus-t. sep. spig. spong. verb.

Verwachsung, Gefühl von: dig.c1 mez.h *Sep.*k,kl2● verb.

Völlegefühl: agar.bg2,k all-c. **Aloe** alum.bg2,k,* alum-p.k2 alum-sil.k2 alumn.a1,k am-c. am-m.bg2,k,* ambr. *Anac.*bg2,k ant-c.bg2,k ant-t.bg2,k *Apis* arg-n.a1 arn.bg2,k,* ars.bg2,k,* ars-s-f.k2 arum-t. asaf.bg2,k,* asar.bg2,k *Aur.*bg2,k,* aur-ar.k2 aur-s.k2 bamb-a.stb2 bapt. bar-c.bg2,k,* bar-m. bar-s.k2 bell.bg2,k,* bry.k2 cain. calad. calc.bg2,k,* calc-s. calc-sil.k2 camph.bg2,k cann-s.bg2,k,* canth.bg2,k,* caps. carb-ac.a1,k **Carb-v.**bg2,k **Carbn-s.** carl.a1,k castm. caust.bg2,k chel.bg2,k,* **Chin.**bg2,k,* chinin-ar. cimic.a1,k cinnb. clem.bg2,k,* coc-c.a1,k cocc. coff.bg2,k colch.bg2,k,* coloc.bg2,k,* com.a1,k con.bg2,k corn.a1,k croc.bg2,k,* *Crot-t.*bg2,k,* *Cycl.*bg2,k,* **Dig.**bg2,k,* dor.a1,k dulc. echi. eup-per.hr1,k eup-pur.a1,hr1 fago.a1,k ferr.bg2,k,* ferr-ar. ferr-i. ferr-p. *Gels.*bg2,k glon.bg2,k,* **Graph.**bg2,k,* grat.bg2,k,* haem. hell.bg2,k,* hep.a1,k hyos.h hyper. indg.a1,k jug-r.a1,k kali-ar. **Kali-c.**bg2,k,* kali-i. kali-m.k2 kali-n.bg2,k,* kali-s. kali-sil.k2 *Lach.*bg2,k,*

Völlegefühl: ...

lact. laur.bg2,k,* lec. led.bg2,k lil-t.a1,k **Lyc.**bg2,k,* mag-c.bg2,k,* mag-m.bg2,k mag-s.a1,k *Meny.*bg2,k,* merc-c. mez.bg2,k *Mur-ac.*bg2,k,* myric.a1,k naja nat-ar. nat-c.bg2,k,* nat-m.bg2,k,* nat-p. *Nat-s.*bg2,k,* nux-m.bg2,k,* **Nux-v.**bg2,k ol-an.a1,k olnd.bg2,k,* onos. op.bg2,k,* petr. **Ph-ac.**bg2,k,* **Phos.**bg2,k,* phys.a1,k phyt. pic-ac.a1,k plan.hr1,k plb.bg2,k puls.bg2,k raph. rein.a1 rhod.bg2,k,* rhus-t.bg2,k,* rumx. sarr.a1,k sars.bg2,k *Sep.*bg2,k sil.bg2,k,* spig.bg2,k stann.bg2,k stram. stront-c. **Sulph.**bg2,k,* sumb.a1,k tab. ter. valer.bg2,k,* verb.bg2,k zinc.bg2,k

☞ *Schwere*

– **tagsüber**: nux-m.a1,k

– **morgens**: dios.a1,k phos.a1,k plat.a1,k sulph.

• **Erwachen**, beim: con.h sulph.

– **vormittags**: sulph.a1,k

• **11 h**:

• **Stuhlgang**, nach: gels.

– **mittags**: dig.h

– **nachmittags**: clem.a1,k con.a1,k mag-c.h phyt. plb.a1,k

• **Gehen** im Freien; beim: plan.

– **abends**: bry.a1,k calc.a1,k caust.a1,k dios.a1,k graph.a1,k hyper.a1,k mur-ac.h

• **Suppe**, nach der: castm.

– **nachts**: graph.a1,k nat-m.a1,k phos.a1,k

– **Abendessen**:

• **nach** dem: agar. *Arg-n.* coff. colch. coloc. tell.

– **Angst**, als würde es platzen; bei: mur-ac.a1

– **Diarrhoe**:

• **während**: nat-s.

– **Erwachen**, beim: ferr.a1,k myric.a1,k sulph.a1,k

– **Essen**:

• **amel.**: rhus-t.a1,k

• **beim**: cham.h *Chin.*

• **nach**: agar.a1,k alum.h ant-c.c1 arn. bamb-a.stb2 calc.a1,k calc-s. *Carb-v.* caust.a1,k cham.h chin.a1,k *Cob.* *Cocc.* colch.a1,k graph.h hep.a1,k ign. kali-bi.a1,k **Kali-c.** kali-m.k2 kali-p. kali-s. lach.a1,k *Lyc.*a1,k mag-m.a1,k mag-s. *Mur-ac.*a1,k myric.a1,k nat-ar. nat-hchls. *Nit-ac.* **Nux-v.**a1,k par.a1,k ph-ac.a1,k *Phos.*a1,k *Puls.*a1,k rhod.a1,k sars.a1,k *Sep.* sil.a1,k spig.a1,k spong.a1,k stann.a1,k *Sulph.*a1,k *Zinc.*a1,k zinc-p.k2

• **Anblick** von; beim: **Sulph.**

– **Flatus** amel.; Abgang von: alum.h grat. hell. rhod. sulph.

– **Frühstück**:

• **beim**: alum.h

• **nach**: *Carb-v.* carbn-s. *Sulph.*

– **Gehen**:

• **amel.**: mag-c.a1,k

– **Hunger**:

• **bei**: asar.

– **Kaffee**:

• **nach**: canth.

– **Liegen**, beim: rumx. sphing.a1,k,*

– **Mittagessen**:

• **beim**: ant-c.h

• **nach**: alum. cob. petr.h thuj.

– **Obstipation**:
• **während**: bry. dios. ery-a. graph. hyos. iod. lach. nit-ac. nux-v. phos. ter.
– **Rauchen**, durch: **Meny.**
– **Sitzen**:
• **amel.**: plan.
– **Stuhl**; reichlicher:
• **amel.**: rein.al
– **Trinken**:
• **nach**: *Carb-v.* caust. nux-v. sars.
– **Urinieren**:
• **nach**: nat-m.bg1
○ **Hypochondrien**: acon. aesc.al,k ant-c. aran. arg-n. ars-s-f.k2 aur. bell.h brom.al,k *Carb-v.* card-m.al,k *Cham.* chel. coc-c.al,k colch. con. eup-per.al,k ferr.al,k glon. grat.al,k ign. mag-c.bg2 *Merc.* merc-i-f. merc-i-r. phos.h *Podo.*al,k **Sep.**al,k sulph. tell.al,k
• **links**: stict.al,k
• **rechts**: aesc.al,k aloe *Chel.* eup-per. kali-c. nat-m. *Podo.*al,k sang. thuj.
• **morgens**: con.al,k
• **Essen**, nach dem: nat-m.
• **Stuhlgang** amel.: ferr.al,k
– **Hypogastrium**: *Aesc.* bar-c.al,k *Bell.*al,k carb-v. mag-c.bg1 sep.bg1 sulph.al,k
• **vormittags**:
• • **10** h:
• **abends**, bis: sulph.
• **abends**: bell.al,k
• **Essen**, nach dem: hep.h
– **Leber**: aesc.k2 aloek2 arg-n.al bell.k2 chel.k2 *Ferr.* kali-c.k2 kreos. *Lach.* mang.k2 nat-m. *Nux-v.* phos.k2 *Podo.* sang.k2 *Sep.* sulph. thuj.
○ **Gallenblase**: myric.bg1
– **Leistengegend**: am-c.h *Cocc.*al,k nat-s.al,k sep.al,k
– **Milz**: kali-i.al,k lec.
– **Nabel**:
• **herumbewegen**; als würde sich eine große Luftblase darin: bamb-a.stb2
– **Seiten**: am-c.
• **rechte** Seite: bry.k2

Vorwölbung:
– **linken** Seite; Gefühl von Vorwölbung der: dig.h
– **hier** und da, als würde sich eine Hernie bilden: carb-an.al,k ign. nat-c.h *Thuj.*
○ **Nabel**: amph.al calc. con.al,k lyc. nat-m.al,k sul-ac.al,k sulph.
• **Schwangerschaft**; während der:
• **nachts**, im Liegen: sulph.h

Walnuß; Gefühl einer
☞ *Harten - Leistengegend*

Warzen:
– **braun**: thuj.k2

Wasser, wie voller: casc. cench.k2 crot-t.bg2,k hell.bg2,k *Kali-c.*h,vh ol-an.vh ph-ac.bg2,k sul-ac.h

Wassersucht:
☞ ❑ *Allgemeines - Wassersucht - innere*
– **Aszites**: acet-ac. acon.bg2,k *Agn.*bg2,k,* alco.al all-c.c2 *Ambr.*bg2 **Apis Apoc.**c2,k *Arg-n.*bg2,k,* **Ars.**bg2,k ars-s-f.k2 asaf.bg2,k *Aur. Aur-m.* aur-m-n.c2,k aur-s.k2 *Bry.*bg2,k,* cain.br1 *Calc.* calc-sil.k2 camph.al,h cann-s.bg2,k,* *Canth.*bg2,k carbn-s. *Card-m.* caust. *Chel. Chim. Chin.*bg2,k,* *Chinin-ar. Chinin-s.* cinnm.c2 *Colch.*bg2,k coloc. crot-h. cur. *Dig. Dulc.*bg2,k euph.bg2 ferr.bg2 ferr-ar. *Fl-ac. Graph. Hell.*bg2,k helon. hep. iod.bg2,h iris kali-ar. kali-br. *Kali-c.*bg2,k *Kali-chl.* kali-m.k2 kali-p. kali-s. kalm. lact. lact-v.c1,c2 *Led.*bg2,k,* lept.c2 **Lyc.**bg2,k,* *Mag-m.*hr1,k med. *Merc.*bg2,k mill. mur-ac.ptk1 nat-m.k2 nux-v.bg2,k *Phos.* plb.al,bg2 *Prun.*c2,k ptel.c1 puls.bg2,k sabin. sacch.c2 senec.c2,k seneg.c2 sep.bg2,k sil. sol-t-ae.al spong.bg2,k squil. *Sulph.*bg2,k **Ter.**
◆ **begleitet** von:
• **Diarrhoe**; chronische: *Apoc.* oena. sil.ptk1
• **Leber**; Verhärtung der: aur. lact.
• **Milz**; durch Erkrankung der: agn.c2 cean.bro1 **Lach.**kr1 liat.bro1 querc.bro1,c1 squil.bro1,c1 verat.c2
• **Zunge**:
• **gelb**:
• **schmutziggelb**: *Ars.*kr1,vk1
• **Atemnot** beim Liegen auf der linken Seite: *Apis*
• **Chinin**; nach Mißbrauch von: cann-s.
• **Menses**, durch unterdrückte: senec.ptk1
– **Ödem**: anan. *Apis Ars. Graph.* tarent. thuj.

Wildes Fleisch:
– **Nabel**: **Calc.**k,ptk1 kali-c.ptk1 nat-m.ptk1

Wirbelndes Gefühl: hep.h

Wucherungen am Nabel; feuchte: *Calc.*

Wundheit in der Leistengegend: ambr.c1 *Ars.* arum-t. *Bov.* bry.h *Graph.* med.c1 nux-v.bg1,h ph-ac.h
– **Menses**, während: bov. sars.h

Zerren: alum.h caust.h

Zirrhose der Leber, Leberzirrhose: boerh-d.bnj1 calc-ar.c2 *Card-m.*vh,vh/dg,* cas-s.br1 chin.c2 *Cupr.*k,ptk2,* diosm.bro1 dulc.k2 *Hep.*k,ptk1 *Hydr.*k,ptk1 *Mur-ac.*k,ptk1 *Phos.*k,ptk1 plb. *Sulph.*k,ptk1 ureac2
– **Hämorrhoiden**, mit: card-m.vh

Zittern: ant-t.bg2,k,* arg-n.bg2,k,* bov.bg2,k,* chel.bg2,k,* colch.bg2,k,* *Con.*bg2,k,* *Croc.* grat. *Hydr.*bg2,k,* iod.bg2,k kali-c. *Kali-s.* kali-sil.k2 lil-t.bg2,k,* mosch.bg2,k,* **Nux-v.**bg2,k,* phos.al,k raph.al,k staph.h **Sul-ac.**
– **morgens**: colch.al,k
– **Essen**, nach dem: arg-n.al,k
• **Liegen** auf dem Rücken; beim: *Sul-ac.*
– **Menses**, während: arg-n.
– **Stuhlgang**, nach: carbn-s.
○ **Hypochondrium**, rechtes: sulph.h
– **Hypogastrium**: calc-p. *Lil-t.*

- **Leistengegend**: agar. *Chel.*al,k guaj. merc.al,k nat-c.
– **Seite**:
• **links**: agar.

Zona, rechts: *Thuj.*vh

Zucken und Rucken: **Agar.**bg2,k alum. alumn. ambr. anac.h ars.bg2,k,* *Bry.* cann-s.al,k caust.bg2,k,* chel.al,k con.bg2,k,* cupr. dros.al,k graph.bg2,k,* guaj. hyos. kali-ar. kali-c.bg2,k,* lyc.bg2,k,* manc.bg2,k,* merc.al,k murx. nat-m.bg2,k,* *Nux-v.* op. phos.bg2,k plat. ran-s.bg2,k rheumh rhus-t.bg2,k,* sul-ac.bg2,k verat.
– **abends** im Bett: agar.
– **nachts**: caust.al,k
– **Flatus**, durch: rhus-t.h
– **pulsierend**: con.h
– **Stuhlgang**, beim: calc.
○ **Darmbeingegend**: aur.h
– **Darmbeinkamm**: *Cina* guaj.h
– **Hypochondrien**: acon.al,k berb. carbn-s. croc. lact. mag-c.al,k merc.al,k nat-c.al,k nux-v. puls.al,k stann. thuj.al,k valer.al,k
• **links**: thuj.al,k
• **rechts**: acon.al,k mag-c.al,k merc.al,k nat-c.al,k sep. valer.al,k
• **Husten**; beim: lyc.h
• **abends**: nat-c.al,k
– **Hypogastrium**: arn. nat-c.h phos.h sul-ac.al,k
– **Leistengegend**: abrot. alum.bg1 ammc.al,k aur.bg1 calc.al,k cann-s. clem. cycl. ign.bg1 ph-ac.al,k psor.al,k sulph.al,k zinc.al,k
▽ **erstreckt** sich zu:
• **Penis**: zinc.al,k
• **Rücken**: abrot.
• **Schamgegend**: rhus-t.h
○ **Leistendrüsen**; der: clem.h
– **Seiten**: alum. chin.al,k fl-ac.al,k graph.al,k meny.h nat-c.al,k nicc.al,k sul-ac.al,k
• **links**: aur.h caust.h stann.h
• **rechts**: kali-c.h sep.h
• **Gehen**, beim: sul-ac.al,k

Zusammenschnürung: aesc.al,k *Alum.*bg2,k alum-p.k2 alum-sil.k2 *Alumin.* alumn.hr1,k ambr.c1 *Arg-n.*hr1,k *Arn.*bg2,k,* ars.bg2,k,* ars-s-f.k2 aur-m.hr1,k,* bell.bg2,k,* berb.al,k *Cact.*hr1,k *Calc.*hr1,k,* camph. carb-an.bg2,k,* carb-v.bg2,k,* carc.mg1,tp1 *Carl.* cench. chel. chin.bg2,k,* clem.hr1,k,* coc-c.hr1,k cocc.hr1,k,* **Coloc.**bg2,k,* crot-c. cupr. dig.al,k dros.k2 euph.bg2,k ferr-ar. ferr-m.hr1,k gent-c.al hydrc.al,k kali-bi.bg2,k,* kali-c.al kali-n.h,hr1,* kali-sil.k2 laur.al,k *Lim.*al lipp.al *Lyc.*bg2,k,* merl.al,k mez.bg2,k,* mosch.hr1,k nat-m.bg2,k,* nat-s.bg2,k,* nit-ac.al,k nux-m.bg2,k,* *Nux-v.*bg2,k,* petr.al,k phos.al,k *Plat.*bg2,k,* *Plb.*bg2,k,* sabin.al sars.al,k *Sec.*bg2,k *Sep.* sil.bg2,k,* sul-ac.al,k sulph.al,k thuj.bg2,k,* tub.c zinc.h
– **morgens**: ambr.c1 calc.al,k
– **vormittags**: kali-n.h
– **nachts**: phos. sulph.al,k

Zusammenschnürung - nachts: ...
• **Mitternacht**:
• **nach**:
• **4** h: nat-m.
– **Atmen**, beim: caust.h
– **Aufstehen** agg.: zinc.al,k
– **Essen**, vor dem: hep.h
– **Flatus** amel.; Abgang von: sars.h sil.
– **Gefühl** von: nat-m.al
– **Gehen**, beim: nat-m.al,k
• **Freien**, im: nux-v.
– **Husten**, beim: lach.
– **Liegen**, beim: zinc.al,k
– **Menses**, während: cact. cocc. croc. *Sulph.*
– **nüchtern**, wenn: carb-an.al,k hep.al
– **rhythmisch**: caust.al,k
– **Schnur**; wie mit einer: caust. cench.k2 **Chel.**
○ **Därme**; als seien die: elaps verat.
– **Stuhlgang**:
• **während**: sulph.al,k
• **durchfälligem** Stuhl, vor: laur.
• **Stuhldrang**, bei: ars.hr1,k nat-m.al,k nat-s.
▽ **erstreckt** sich zu:
• **Blase**: **Puls.**
• **Brust**: *Calc.*al,k mang.al sulph.al
• **Stuhlgang**, vor: nat-s.
○ **Hypochondrien**: *Acon.*bg2,k,* *Arg-n.*hr1,k asaf.bg2 asar.bg2 **Cact.** *Calc.*hr1,k *Chel.*hr1,k *Con.*bg2,k **Crot-c.** dig.bg2,k,* *Dros.*bg2,k,* euph.bg2 *Ign.*al,bg2 kreos.hr1,k lil-s.al **Lyc.**bg2,k,* nat-m.bg2 nux-m.bg2 *Nux-v.*bg2,k,* puls.hr1,k,* sep. staph.hr1,k,* sulph.al,k tarent.al,k
• **rechts**: *Lach.*
• **morgens**: ign.al,k
• **Binde**; wie von einer: alum. *Cact.* *Calc.* chel. *Cocc.*k,kl2● **Con.**k,kl2● graph. *Lyc.*k,kl2● *Sec.*
• **Abendessen**, nach dem: *Sep.*
• **geschnürt**, wie: *Calc.*hr1,k
• **Husten**, beim: *Dros.*hr1,k,*
▽ **erstreckt** sich zum Nabel: mag-c.al,k
– **Hypogastrium**: bar-c. *Bell.*al,k carb-an.h *Chel.*al,k clem.hr1,k coloc.al,k euon. *Hydr.*hr1,k sars.al,k thuj.hr1,k,* verb.
• **vormittags**: sars.al,k
• **abends**: sars.al,k
– **Leistengegend**: bov.al,k cact.al,k gamb.al,k kali-n.h,k,* mag-c.al,h,* rat.al,k
• **rechts**: mag-c.h
• **Ausstrecken** amel.: bov.al,k
▽ **erstreckt** sich um das Becken: *Cact.*al,k
– **Nabel**: bell.bg2,k,* **Coloc.**hr1,k,* mang.pd plb.al,k puls.bg2,k sil.al,k verb.bg2,k
○ **Nabelgegend**: cench.k2 coloc.hr1,k,* mag-m.al,k nat-m.al,k nit-ac.al,k petr.al,k *Plat.*al,k plb.al,k thuj.al,k verb.al,k
– **Seiten**: dros.k2
○ **unterhalb** der kurzen Rippen, erstreckt sich zum Abdomen
☞ *Schmerz - zusammenschnürend - Rippen*

Zusammenziehung: acon.hr1,k,* am-c.bg2,k,* ant-t. apis arg-met. ars.bg2,k,* *Aur.*h *Bell.*bg2,k,* carb-v.h caust.bg2,k,* *Cham.*hr1,k chel.bg2,k,*

Zusammenziehung: ...
colch.bg2,k,* con.bg2,k,* *Cupr.*bg2,k,* dig.bg2,k,* dros.bg2,k ferr.bg2,k,* hep.bg2,k,* hydrc.a1,k ign.bg2,k kali-c.h kali-i.a1,k lach.bg2,k,* laur.bg2,k,* *Lyc.*bg2,k,* *Mag-m.*bg2,k merc.bg2,k merc-c.bg2,k,* mur-ac.bg2,k,* naja nit-ac.bg2,k *Nux-v.*bg2,k,* *Olnd.*bg2,k ph-ac.bg2,k,* phos.bg2,k,* *Plb.*bg2,k,* rhus-t.bg2,k,* sabad.bg2,k *Sars.*bg2,k,* sep.bg2,k,* sil.bg2,k,* sul-ac.bg2,k,* sulph.bg2,k,* tab.bg2,k,* tarent.
– **morgens**: ph-ac.a1,k
• **Aufstehen**, nach dem: mag-c.h
• **Bett**, im: nat-m.h
• **Erwachen**, beim: colch.a1,k
– **vormittags**: am-c.a1,k
• **Gehen** im Freien; beim: am-c.a1,k
– **abends** im Bett: dros.h
– **nachts**: sil.a1,k
– **Ausatmen**, beim: dros.h
– **Diarrhoe**, vor: mag-c.h
– **Druck** amel.: am-c.h
– **Gehen**:
• **beim**: apis arg-met.
• **Freien** herumgehen; muß im: con.
– **Husten**, beim: *Chel.*hr1,k,* dros. squil.a1,k
– **Liegen**:
• **amel.**: am-c.kl
• **Abdomen** amel.; auf dem: ~~am-c.kl,xxx~~
– **Menses**:
• **vor**: am-c.a1,k eupi.a1,k *Nat-m.*hr1,k
• **nach**: con. nat-m.
– **rhythmisch**, mit Herzklopfen: caust.
– **Sitzen**, im: dig.h
– **Stuhlgang**:
• **während**: ph-ac.a1,k
• **nach**: arg-met. sulph.a1,k
– **Zubettgehen**, beim: naja
– **zuckend**: nat-c.h nat-m.h
▽ **erstreckt** sich zu:
• **Brust**: con.h mang.h
○ **Hypochondrien**: ip.h mag-c.h mang.h
• **links**: bar-c.h
• **rechts**: sulph.h
• **Menses**, während: bufo
– **Hypogastrium**: bar-c.h con.h sep.h
• **nachts**: phos.h sil.h
• **Menses**, während: sulph.h
▽ **erstreckt** sich zu:
• **Genitalien**: nit-ac.h
– **Leistengegend**: arg-n.a1,k carb-an.a1,k laur.a1,k rat. rhus-t.a1,k
• **abends**: kali-n.h
• **Ausstrecken** des Beines; beim: carb-an.a1,k
• **Gehen**, beim: kali-n.a1,k
• **Menses**, während: arg-n.a1,k
• **Mittagessen**, nach dem: laur.a1,k
• **Stuhlgang** amel.: kali-n.h
• **Urinieren**, beim: ars.hr1,k,*
▽ **erstreckt** sich nach unten: laur.a1,k
– **Muskeln**: arg-met. ferr. hyos.h nat-m. nat-n.a1,k sabad. squil.a1,k
• **Anstrengung**; bei: ferr.c1
• **Bücken**; beim: ferr.c1

Zusammenziehung - Muskeln: ...
• **Gehen**, beim: arg-met.
– **Nabel**: anac.h *Bell.* *Chel.*hr1,k cocc. **Coloc.**hr1,k,* gamb.a1,k graph.h kreos.a1,k mag-m.h *Mang.* *Nat-c.*hr1,k *Ph-ac.* phos. *Plat.* plb.a1,k sulph.a1,k thuj.
• **Einatmen**, beim: anac.h
• **harten**, zusammengedrehten Knäuel; wie von einem: kreos.
• **Schlaf**, im: *Plat.*
○ **unter** dem Nabel: graph.h phos.h
– **Seite**:
• **links**: dulc.h phos.h
• **Liegen** auf der rechten Seite; beim: spong.h
• **Sitzen**; im: spong.h
• **rechts**: sep.h

Absonderung
☞ *Feuchtigkeit*

Abszeß: alum-p.$_{k2}$ arg-n.$_{bg2}$ ars.$_{bg2}$ ars-i.$_{bg2}$ bar-m.$_{c2}$ berb.$_{bg2}$ *Calc.*$_{hr1,k}$ calc-p.$_{k2}$ *Calc-s.*$_{hr1,k}$ carc.$_{cd}$ *Hep.*$_{hr1,k}$ hydr.$_{bg2}$ *Merc.*$_{hr1,k}$ nit-ac.$_{bg2}$ sang.$_{bg2}$ *Sil.*$_{hr1,k}$ syph. thuj.
– **schmerzlos**: calc-s.$_{k2}$
○ **Perineum**: ant-c.$_{bg2}$ ant-t.$_{bg2}$ *Caust.*$_{bg2}$ crot-h.$_{bg2}$ *Hep. Merc.* paeon.$_{bg2}$ *Sil.*
– **um** den Anus: calc-s.$_{c2}$
– **unter** dem Steißbein; direkt: *Paeon.*

Abwärtszerren, Schwere, Gewicht: acon. **Aesc.** agar. **Aloe** ang. ant-c. arn. bar-c. bell. berb. bry. *Cact.* calc. cann-s. *Carb-v.* caust. chel. coll. con. *Crot-t.* cycl. euphr. graph. hep. hyos. inul. kali-bi. kali-c. kali-n. kali-p. kreos. lach. lact. laur. led. lil-t. lob. lyc. mag-m. manc. merc. *Nit-ac.* nux-m. *Nux-v.* phos. plan. plat.$_{bg1}$ plb. puls. rhus-t. sacch. sep.$_{bg1,k}$ staph. sulph. sumb. ther. thuj. verat. *Zinc.*
☞ *Gewichtes / Völlegefühl*
– **morgens**: lyc.
  • **Stuhlgang**, nach: lyc.
– **nachmittags**: cycl.
  • **Mittagessen**, nach dem: cycl.
  • **Schlaf**, nach: cycl.
– **abends**, bei durchfälligem Stuhl: op.
– **Flatus** amel.: zinc.$_{h}$
– **Menses**:
  • **vor**: phos.
  • **während**: *Aloe*
– **Stehen**, im: *Zinc.*
– **Stuhlgang**:
  • **amel**. nach: kreos.
  • **vor**: hell. merc.
  • **während**: mez. *Nit-ac.* op.
  • **nach**: hell. kali-bi. nat-m. rhus-t. ruta zinc.
○ **Perineum**: cann-s. graph. nat-ar. puls. ther.
  • **Auftreten**, beim: ther.$_{ptk1}$

Ameisenlaufen im Anus: *Aesc.* agar. ail. all-c. aloe alum. alum-p.$_{k2}$ alum-sil.$_{k2}$ ambr. ant-c. ant-t. arg-met. arg-n. *Bar-c.* bar-s.$_{k2}$ benz-ac. *Berb.* bov. **Calc.** calc-caust.$_{c1}$ **Calc-s.** calc-sil.$_{k2}$ canth. *Carb-v.* carbn-s. caust. chel. chin. *Cinnb.* coc-c. colch. *Croc.* elaps fago. ferr-i. ferr-ma. gran. grat. hep. *Ign.* **Kali-c.** kali-m.$_{k2}$ kali-p. kali-sil.$_{k2}$ kreos. mez. mosch. *Mur-ac. Nat-c. Nux-v.* ol-an. phos. *Plat.* plb. rhod. rhus-t. *Sabad. Sep.* sil. spig. spong. **Sulph.** ter. *Teucr.* verat-v. *Zinc.*
– **abends**: euphr. kali-c.$_{h}$ plat. spong. *Sulph.* teucr. zinc-p.$_{k2}$
  • **Bett**, im: plat. *Teucr.*
– **nachts**: *Nux-v.*
– **Gehen**: phos.$_{h}$
  • **nach**: phos.$_{h}$
– **Sitzen**, im: **Sulph.**
– **Stuhlgang**:
  • **vor**: kali-c.$_{h}$ mez.$_{c1}$ phos.
  • **nach**: aloe berb. chin.$_{h}$ mez. teucr.
○ **Perineum**: acon. chel. petros. rhod.

Aphthen am Anus: *Bapt. Borx.* bry. *Kali-chl. Merc. Merc-c. Mur-ac. Nit-ac.* **Sul-ac.** *Sulph.*
☞ ❑ *Allgemeines - Aphthen*

Auftreibung: agar.$_{bg1,k,*}$ linu-c.$_{a1}$ merc.$_{bg1}$ op.$_{a1,k}$ staph.$_{bg1}$ sulph.$_{bg1}$

Blumenkohlartige Wucherungen: *Thuj.*$_{hr1,k}$

Blutandrang: neg.$_{br1}$ sep.$_{h,hr1,*}$ sul-ac.$_{h,k1}$

Blutung aus dem Anus: acal.$_{br1}$ acet-ac. **Acon.** *Aesc.* agar. all-c.$_{k2}$ *Aloe* alum. alum-p.$_{k2}$ alum-sil.$_{k2}$ *Alumn. Am-c.* am-m. ambr. anac. *Ant-c. Apis* arn.$_{k2}$ **Ars.** asar. aur. aur-ar.$_{k2}$ aur-m. aur-s.$_{k2}$ bapt. **Bar-c.** bar-m. bar-s.$_{k2}$ *Bell.* berb. *Bism. Borx.* bufo **Cact.** cadm-met.$_{gm1}$ **Calc.** calc-f.$_{k2}$ *Calc-p. Calc-s.* calc-sil.$_{k2}$ camph. *Canth. Caps.* carb-an. *Carb-v. Carbn-s.* carc.$_{az1}$ card-m. carl. **Casc.**$_{c2,k}$ caust.$_{h}$ *Cham. Chin.* chinin-ar. chinin-s. chlor. cob. *Cocc.* colch.$_{k2}$ **Coll.** coloc. crat.$_{br1}$ **Crot-h.** cupr.$_{h}$ *Cycl.* dios. elaps *Erig. Eug. Ferr.* ferr-ar. ferr-m. ferr-p. *Fl-ac. Graph.* **Ham.** *Hep. Hir.*$_{c2}$ hydr. *Hyos. Ign. Ip. Kali-ar. Kali-bi. Kali-c. Kali-chl.* kali-i. kali-m.$_{k2}$ kali-n. kali-p. *Kali-s.* kali-sil.$_{k2}$ kreos.$_{bg1,k2}$ **Lach.** led. *Lept.* lob. **Lyc.** lyss. manc. med. *Merc. Merc-c. Mill. Mur-ac.* musa$_{a1,c1}$ **Nat-m.** *Nat-s.* **Nit-ac.** *Nux-m.* **Nux-v.** paeon. ph-ac. **Phos.** *Phyt.* plat. *Podo.* **Psor.** *Puls.* pyrog. *Rat.* rhus-t. rhus-v. *Ruta* sabin. scroph-n.$_{k2}$ sec.$_{k2}$ *Sep.* sil. stram. sul-ac.$_{k2}$ **Sulph.** syph.$_{k2}$ thuj. tub.$_{hr}$ valer. verat. zinc. zinc-p.$_{k2}$
☞ *Hämorrhoiden - blutend* / ❑ *Stuhl - Blutig*
– **amel.**
☞ ❑ *Allgemeines - Blutung - amel. - Hämorrhoiden*
– **morgens**: acal.$_{br1}$ con.$_{h}$ mur-ac.$_{h}$ plan.
  • **Stuhlgang**, nach: puls.
– **nachmittags**: sulph.
– **abends**: alum.$_{h}$ sulph.$_{h}$
  • **Stuhlgang**, beim: calc.
– **nachts**: **Nit-ac.**
– **alten** Menschen, bei:
  • **Frauen**, bei: psor.$_{ptk1}$
– **Anstrengung**:
  • **agg.**: bry.$_{sys}$
  • **nach**: berb. mill.$_{k2}$
– **Blutandrang** zum Kopf; mit: calc.$_{h}$
– **dunkel**: alum.$_{h}$
– **Erschöpfung**, durch geringe: hydr.$_{ptk1}$
– **Flatus**; beim Abgang von: *Phos.*
– **Fleischfetzen**, wie: am-m.$_{gsy1}$
– **Gehen**, beim: alum. crot-h.$_{ptk1}$ sep.
– **geronnen**: am-m.$_{gsy1}$ nat-m.$_{h}$ stram.$_{h}$
– **hellrot**: caust.$_{h}$
– **Herzens**; mit Beschwerden des: cact.$_{br1}$
– **Kindern**; bei:
  • **Kleinkindern**; bei: all-c.$_{k2}$
– **Malariafieber**, bei: cact.$_{br1}$
– **Menopause**; während der: **Lach.**$_{vh}$
– **Menses**:
  • **vor**: am-c.
  • **während**: am-c.$_{bro1,gsy1}$ *Am-m.* ars-met. *Graph.* **Lach.** lyss.
  • **nach**: graph.$_{h}$

– **Menses**:
• **spärlichen** Menses, bei: lach.
• **unterdrückt**: acet-ac.bg1 graph. ham. zinc.
– **periodisch**: merc.k2 *Mur-ac.* *Nit-ac.*
– **Reiben**, beim: aesc.
– **Schnupfen**, beim: *Calc.*h,vh/dg
– **schwarz**: alumn. am-c.k2 ant-c. ars.k2 colch. crot-h. *Ham.* merc-c. rhus-t.k2 *Sec.*
• **flüssig**: elaps
– **Stehen** agg.: crot-h.ptk1
– **Stuhlgang**:
• **während**: *Alum.* alumn. **Am-c.** am-m. *Ambr.* asar.st aur. aur-m. bufo *Calc-p.* calc-sil.k2 *Carb-an.* *Carb-v.* caust.h con.h gink-b.sbd1 **Ham.** *Hep.* ign. *Kali-c.* lyc. mur-ac.h *Nat-c.*hr1 **Nat-m.** *Nit-ac.* nux-v. **Phos.** plan. *Puls.* rheum ruta.h sep.h sulph.k2 tarent.k2 *Tub.*
• **nach**: *Agar.* *Aloe* *Alum.* **Am-c.** borx.h cact.bg1 *Calc-p.* *Carb-v.* carbn-s. chel. cycl. echi.ptk1 fl-ac. grat. *Ign.* *Kali-c.* kali-n. *Lach.* lob.bg1 merc. mez. nat-m. nit-ac.bg1 *Phos.* rhus-v. sabin.bg1 sel. sep. spong. sulph.
• **harten** Stuhl, durch: *Fl-ac.* *Kali-c.* kali-n.h **Nat-m.** prun. sabin.c1 *Tub.*
• **schwierigen** Stuhl, durch: petr.h
– **Urinieren**, beim: kali-c.h merc.h
• **Stuhlgang**; nicht durch den: cob.bro1
– **Verletzungen**; durch: mill.k2

Brummen, Rumoren: mang.a1,k

Cholera: acon.hr1,k,* agar-ph.c2 ampe-qu.c2 anil.c2 ant-t.c2 *Ars.*hr1,k,* aven.c1,c2 bism.c2 calc-ar.c2 **Camph.**hr1,k carb-ac.c2 *Carb-v.*hr1,k,* chinin-s.c2 cic.hr1,k colch.hr1,k,* crot-t.c2 **Cupr.**hr1,k,* *Cupr-ar.*hr1,k,* dulc.c2 elat.c2 euon.c2 euonin.c2 euph-c.c2 euph-l.c2 gnaph.c2 *Grat.*hr1,k,* gua.c2 hell.c2 hell-f.c2 *Hydr-ac.*hr1,k ip.c2 iris jatr-c.c2,k *Laur.*hr1,k,* lim.c2 mur-ac.hr1,k nux-m. *Op.*hr1,k ph-ac.hr1,k,* *Phos.*hr1,k phyt.c2 plect.c2 *Podo.*hr1,k *Psor.*hr1,k ric.c2 *Salol.*c1 *Sec.*hr1,k,* sulph.hr1,k *Tab.*hr1,k,* thuj. **Verat.**hr1,k xan.c1 zinc.c2
◆ **begleitet** von:
• **Schluckauf**: *Aeth.*st1 *Arg-n.*st1 *Cic.*st1 *Cupr.*st1 *Mag-p.*st1 *Ph-ac.*st1 verat.st1
• **Zunge**:
• **blasse**: ant-t.kr1,vk1 *Cupr.*kr1,vk1 *Verat.*kr1,vk1
• **blaue** Farbe der Zunge: *Iris*kr1,vk1
• **reine** Zunge: *Phos.*kr1,vk1
• **Schleim**; weißer: ant-t.kr1,vk1
• **weiße** Farbe der Zunge: *Iris*kr1,vk1 *Ph-ac.*kr1,vk1
– **alten** Menschen; bei: aeth.br1,c1
– **Cholerine** (= leichter bzw. atypischer Verlauf): sec.a12
◆ **begleitet** von:
• **Zunge**:
• **weiße** Farbe der Zunge: *Asar.*kr1,vk1
– **infantum**: acon.hr1,k,* **Aeth.**hr1,k,* ant-c.hr1,k ant-t.hr1,k *Ars.*hr1,k *Bell.*hr1,k *Bism.*hr1,k cadm-s.c1,k2,* *Calc.*hr1,k calc-p.c2 camph.hr1,k camph-br.c2 carb-v.hr1,k cham.c1 colch.hr1,k coloc.hr1,k colos. corn.hr1,k *Crot-t.*hr1,k cuph.c2 dros.tl1 *Dulc.*hr1,k

Cholera - infantum: ...
elat.hr1,k euph-c.c2 *Ferr.* grat.hr1,k **Guaj.**hr1,k,* *Ip.*hr1,k *Iris* jatr-c. kali-bi. kali-br.hr1,k,* *Kreos.*hr1,k,* *Laur.*hr1,k,* *Mag-c.*hr1,k manc.c2 *Med.*hr1,k nat-m.hr1,k oeno.c2 *Op.*hr1,k ox-ac.c2 passi.c2 *Phos.*hr1,k podo.hr1,k,* *Psor.*hr1,k,* *Puls.*hr1,k raph. *Rhus-t.*hr1,k ric.c2 sars. *Sec.*hr1,k,* *Sil.*hr1,k *Stram.*hr1,k sulph.hr1,k *Tab.*hr1,k,* thuj.hr1,k tub.hr *Verat.*hr1,k
◆ **begleitet** von:
• **Zunge**; weiße Farbe der Zunge:
• **Zungenwurzel**: verat.kr1,vk1
– **morbus**; Cholera: ant-c. ant-t.c2,k arg-n.k2 *Ars.* camph. caul.c2 *Colch.* coloc. *Crot-t.* *Cupr.* *Cupr-ar.* elat. euon-a.c2 *Ferr.* *Grat.* **Guaj.** *Ip.* *Iris* *Jatr-c.* kali-bi. mag-p.k2 ph-ac. *Phos.* **Podo.** *Psor.* raph. *Sec.* *Tab.* thuj. **Verat.**
☞ ❑ *Abdomen - Entzündung - Gastroenteritis*
◆ **begleitet** von:
• **Zunge**:
• **weiße** Farbe der Zunge: puls.kr1,vk1

Diarrhoe: acal.c2 *Acet-ac.* *Acon.*c2,k acon-l.c2 *Aesc.* aeth.c2,k **Agar.** agar-ph.c2 agra.c2 alet. all-c.c2 all-s.c2,k **Aloe**c2,k alst.c2 *Alum.* alum-sil.k2 alumn.c2 am-m.c2,k ammc. anan. ang.c2,k *Ango.*c1 *Anis.* ant-ar. **Ant-c.**c2,k ant-met.stj2 ant-s-aur.c2 **Ant-t.** anthraci. aphisc2 **Apis**c2,k apoc.c2,k apoc-a.c2 aral.c2 *Aran.* arg-met. *Arg-n.* *Arn.*c2,k **Ars.**c2,k ars-i. ars-met.c2 ars-s-f.c2,k2 ars-s-r.c2 arum-m. arum-t.k2 arund.c2 asaf.c2,k *Asar.*c2,k asc-t. asim.c2 astac.c2,k aster. aur. aur-m. aur-s.k2 aza.c2 **Bamb-a.**stb2 **Bapt.** **Bar-c.** bar-i.k2 bar-m. bar-s.k2 *Bell.*c2,k *Benz-ac.*c2,k berb. bism.c2,k bol-la.c2 *Borx.*c2,k *Bov.*c2,k brach. *Brom.* **Bry.**c2,k bufo cact. **Calc.**c2,k *Calc-ar.* calc-f.k2 calc-i.k2 *Calc-p.* calc-s. calc-sil.k2 **Canth.** *Caps.*c2,k carb-ac.c2,k **Carb-v.**c2,k *Carbn-s.* carc.jl2 card-b.c2 cardios-h.bta1 caru.a1 *Casc.*c2,k castm. castn-v.c2 *Caust.* cean.c2,k cench.c2 cent.c2 cerev-lg.sna1 cetr.c2 **Cham.**c2,k chap.c2 chel.c2,k chim. chim-m.c2 **Chin.**c2,k *Chinin-ar.*c2,k chinin-s.c2,k choc.srj3 chr-o.c2 cic. cimic.k2 *Cina*c2,k cinch.c2 cinnm.c2,k *Cist.*c2,k cit-l.c2 clem. cob. *Cocc.* *Coff.*c2,k *Colch.*c2,k colchin.c2 *Coll.*c2,k *Coloc.*c2,k colocin.c2 colos.c2 *Con.* conv.c2 convo-a.c2 *Cop.* **Corn.**c2,k *Coto*c1,c2 crass-r.bta1 *Crot-h.* **Crot-t.**c2,k cub.c2,k cucum-m.fr1 *Cupr.* cupr-act.c2 cupr-ar.c2,k cupr-s.c2 cycl. der.c2 *Dig.* digin.c2 dios.c2,k dirc.a1,c1,* diss-i.bta1 dor.c2 dros.h **Dulc.**c2,k *Echi.* elae.c2 elaeo-v.bta1 elat.c2 eleph-b.bta1 enteroc.jl2 epiph.c2 erech.c2 ery-a.c2 eucal.c2 eug.c2 euon.c2 euonin.c2 eup-per.c2,k2 euph.h euph-a.c2 euph-c.c2 euph-hi.jsx1 euph-l.c2 fago.c2 felc2 **Ferr.**c2,k **Ferr-ar.** **Ferr-i.** *Ferr-m.*c2 ferr-ma.c2 *Ferr-p.*c2,k *Ferr-pern.*c1,c2 *Ferr-s.*c2,k ferul.c2 **Fl-ac.** foen-an.a1 form.c2 franz.c2 galv.c2 **Gamb.**c2,k gast.c2 gels.c2,k genist.c2 gent-c.c2 gent-l.c2 ger.c2 gnaph.c2 *Gran.* *Granit-m.*es1 *Graph.* *Grat.*c2,k gua.c2 guaj.c2,k guar.c2 haem.c2 ham. haru-ma.jsx1 **Hell.**c2,k hell-o.c2 hell-v.c2 **Hep.**c2,k heuch.bwa3 hura-c.c1,c2 *Hydr.* hydrog.srj2 hymen-ac.jsx1 *Hyos.*c2,k hyper.c2 *Ign.* ilx-a.c2 ind. indg.c2 **Iod.**c2,k **Ip.**c2,k **Iris**c2,k iris-fl.c2 iris-g.c2 jab.c2,k jac-g.c2 jal.br1,c2 *Jatr-c.*c2,k jug-c.

Diarrhoe: ...
kali-act.c2 *Kali-ar.*c2,k **Kali-bi.** *Kali-c.* kali-chl. *Kali-i.* kali-m.c2,k2 kali-n. kali-p. *Kali-pic.*a1,c1 *Kali-s.* kiss.c2 kreos.c2,k lac-ac. *Lac-c.* *Lac-d.* *Lach.* lact-v.c1,c2 lath.c1 laur.c2,k lec. led. *Lept.*c2,k liat.br1,c2 *Lil-t.*c2,k lim.c2 limest-b.es1 lina.c2 linu-c.c2 lipp.c2 lith-c. lob.c2 luf-am.gsb1 lunakg1 **Lyc.** lycpr.c2 lyss.c2,k *Mag-c.*c2,k *Mag-m.*c2,k *Mag-p.* mag-s.c2 maland.vh malar.c2 manc. mang.k2 mang-o.c2 manz.bro1 med. mela.c2 meli. meph.a1 **Merc.**c2,k **Merc-c.**c2,k merc-d.c2 merc-sul. mez. mill.c2 morph. morph-s.hr1 mur-ac. naja naphtin.c2 narc-ps.c2 *Nat-ar.* *Nat-c.* **Nat-m.** *Nat-p.* **Nat-s.** nat-sulo.c2 nicc. **Nit-ac.** nit-s-d.c2 *Nuph.*c2,k *Nux-m.* *Nux-v.*c2,k nymph.c2 oci.c2 oeno.c2 ol-an. *Ol-j.*c2,k *Olnd.* onos.c2 op. opun-f.br1 opun-xyz.c2 ox-ac. pall.c1 pancr.c1,c2 par. paull.c2 ped.c2 pen.c2 *Petr.*c2,k **Ph-ac.**c2,k phel. **Phos.**c2,k phos-h.c2 phys.c2 phyt.c2,k pic-ac. pilios-t.jsx1 pin-s.c2 pixc2 plan.c2,k *Plb.* plb-chr.c2 plect.c2 **Podo.**c2,k polyg-xyz.c2 pot-t.hta prin.c1,c2 prun. psid.jsx1 *Psor.*c2,k *Ptel.* *Puls.*c2,k puls-n.c2 pyrog.c2 quer-r.c1,c2 ran-b.c2,k2 raph.c2,k rat. rham-cath.c2 rham-f.c2 **Rheum**c2,k rhod.c2,k rhus-g.c2 rhus-t.c2,k rhus-v.c2 ric.c2 rubu-r.bta1 rumx.c2,k sabad. sal-ac.c2 sal-n.c2 sal-p.c2 *Salol.*c1,c2 samb. *Sang.* *Sanic.*c2,k santin.c2 sap-o.bta1 sapin.c2 sarr.c2 sars. scam.c2 schin.c2 schot-b.bta1 **Sec.**c2,k sel. seneg. *Sep.* **Sil.** *Sima.*c1 sin-n.c2 slagc2 spong.h squil. *Stann.* staph. stict.c2 stram. stront-c.c2 stry. *Sul-ac.*c2,k sul-ac-ar.bwa3 **Sulph.**c2,k sumb.c2,k tab.c2,k tarax. *Tarent.* *Ter.* thev.c2 thom-h.jsx1 **Thuj.**c2,k thyr.c2 titan-s.stj2 trom.c2,k tub.a1,c,* typh.br1 uran-met. *Vacc-m.*c1 *Valer.* vang-l.bta1 **Verat.**c2,k verin.c2 wede-n.bta1 wies.c2 wye.c2 xan.br1,k xyma-m.jsx1 yuc.c2 *Zinc.* zinc-act.c2 zinc-fcy.a1 zinc-p.k2 zinc-val.c2 *Zing.*c2,k

– **amel**. alle Symptome: abrot.k2,vh bry.st merc-sul.c1 nat-s.k2,vh ph-ac.k2,st podo.k2 *Zinc.*

– **tagsüber**:
- **nur** tagsüber: am-m. ang. arg-n. bapt. *Bry.* canth. chin.bg2 cina *Cocc.* *Con.* crot-t. *Elaps* fl-ac. *Form.* *Gamb.* glon. *Hep.* jab. *Kali-c.* kali-n. mag-c. nat-ar. **Nat-m.** nat-s. *Nux-v.* **Petr.** phyt.ptk1 squil. sul-ac.h *Thuj.* *Trom.*vh
- **und** Nacht; Tag: calc-p. coloc.h hyos.h kali-c. merc-c. sil.

– **morgens**: acet-ac. aeth. *Agar.* all-c. *Aloe* alum. alum-p.k2 am-c. am-m. ang. ant-c. ant-t. *Apis* *Arg-n.* *Ars.* *Ars-i.* aur. aur-ar.k2 aur-i.k2 aur-s.k2 bamb-a.stb2 *Borx.* **Bov.** brom. **Bry.** *Cact.* calc-p.k2 calc-s. carb-an. carbn-s. caust.h chin. chinin-ar. chlor. cimic. cist. *Coloc.* *Cop.* **Corn.** *Dig.* *Dios.*br1,k *Dulc.* eup-per. *Ferr.* *Ferr-ar.* ferr-i. ferr-p. fl-ac. *Gamb.* granit-m.es1 *Grat.* *Guaj.* hep. hura *Hydr.* *Iod.* iris kali-ar. **Kali-bi.** *Kali-c.* kali-i. kali-m.k2 kali-n. kali-p. kali-s. kali-sil.k2 kalm. lach. *Lil-t.* *Lith-c.* *Lyc.* lyss. **Mag-c.** mag-m. mag-s. manc. *Merc.* *Mur-ac.* nat-ar. nat-c. nat-m. nat-p. **Nat-s.** nicc. nit-ac. nux-m. *Nux-v.* ol-j. olnd. onos.ptk1 osm. ox-ac. *Petr.* *Ph-ac.* **Phos.** phyt. plan. **Podo.** psil.ft1 psor. *Puls.* rhod. rhus-t. **Rumx.** sang. sarr. senec. sil. squil. staph. sul-i.k2 **Sulph.** sumb. *Tab.*

– **morgens**: ...
Thuj. trom. *Tub.* valer. *Verat.* *Zinc.* zing.
- **4** h: mang. petr.
- **5** h: alum-sil.k2 carbn-s.k2 *Phos.* rumx.k2 **Sulph.** syph.c1 tub.a1,k13
- **6** h: aloe arg-n. kali-p. lach. ox-ac. petr. *Sulph.*
  - **6** - 10 h: chinin-ar.
  - **6** - 12 h: *Rumx.*vh
- **7** h: xan.
- **8** h: ars-s-f.k2 *Ferr.*
  - **8** - 10 h: plan.
- **bis** nachmittags: borx.h *Nat-m.*
- **Aufstehen**, nach dem: aeth. agar. aloe ars. ars-s-f.k2 *Bry.* cain. calc. *Cocc.* fl-ac. lept. lil-t.ptk1 lyc. mag-s. nat-c. *Nat-m.* **Nat-s.** *Nux-v.* ox-ac. *Phos.* plan. *Psor.* rumx.ptk1 *Sulph.* verat.
  - **Herumgehen**, und: ars-i. **Bry.** lept. *Nat-m.* **Nat-s.**
- **Bett**; treibt ihn aus dem ●: *Aloe* alum-sil.k2 bell. bov. bry. cench.k2 chin. cic. dios. hep. hydr. hyper. *Kali-bi.* *Lil-t.* med.c1 merc-sul.bro1 nat-ar. nat-s. nuph. petr. *Phos.* phyt. *Podo.* psil.ft1 *Psor.* rhus-t.k2 *Rumx.* *Sil.* **Sulph.** syph. *Tub.* *Zinc.*
- **erwacht** mit Stuhldrang ●: *Cench.* form. graph. kali-bi. kali-i. lyc. petr. phos. **Sulph.** tub.a1,k13 zinc.
- **Harndrang**; mit: cic.br1

– **vormittags**: *Aloe* apis *Cact.* carb-an. *Gamb.* kali-c. lil-t. mag-c. mur-ac. *Nat-m.* *Nat-s.* plan. **Podo.** sabad. stann. *Sulph.* *Thuj.* *Tub.*
- **9** h: *Nat-s.*
- **10** h: *Nat-m.*vh
  - **10** - 22 h: aloe

– **mittags**: alum. ant-c. borx. carbn-s. crot-t. jab. mag-m. sulph.

– **nachmittags**: aloe alum. alum-p.k2 am-c. *Ars.* ars-s-f.k2 *Bell.* *Borx.* calc. carb-an. **Chin.** *Chinin-ar.* dulc. *Ferr.* ferr-ar. ferr-p. gent-l. gink-b.sbd1 hell. kali-ar. kali-c. laur. lec. lept. lyc. mag-c. mag-s. *Manc.* merc-c. mur-ac. petr.h phos. phyt. *Psor.* stann. sul-ac. sulph. ter. zinc. zinc-p.k2
- **16** h: puls.sys
  - **16** - 18 h: carb-v. rhus-t.
  - **16** - 20 h: hell. *Lyc.*
- **17** h:
  - **17** - 18 h: dig.
  - **17** - 19 h: *Benz-ac.*vh
- **periodisch**: *Ferr.*

– **abends**: *Aloe* alum. borx. *Bov.* bry. *Calc.* calc-i.k2 calc-p. calc-s. canth. carb-an. caust. choc.srj3 colch. cycl. dig. dulc. gels. ign. iod. ip. *Kali-c.* kali-m.k2 kali-n. kali-p. kali-s. *Lach.* lept. lil-t. mag-m. mang. merc. mez. mur-ac. nat-ar. nat-m. nat-s. nuph. *Ph-ac.* phel. *Phos.* pic-ac. puls. rhus-t.h *Sang.* *Sars.* senec. stann. sul-i.k2 sulph. ter. thuj. valer. verat. zinc. zinc-p.k2
- **kalter** Luft, in: colch. **Merc.** nat-s.

– **nachts**: abrot. acon. aeth. aloe anac.h ang. ant-c. ant-t. **Arg-n.** *Arn.* **Ars.** ars-s-f.k2 arum-t. asaf. asc-t. *Aur.* aur-ar.k2 aur-m. aur-s.k2 bamb-a.stb2 bar-c. bar-s.k2 borx.h bov. brom. *Bry.* caj.c2 canth. *Caps.* carb-v.h *Carbn-s.* *Caust.* cench.k2 *Cham.*

– **nachts**: ...
Chel. **Chin.** **Chinin-ar.** *Chinin-s.* chlol.$_{gml}$ *Cinnb.* cist. colch. *Con.* *Crot-t.* cub. **Dulc.** *Ferr.* **Ferr-ar.** ferr-p. fl-ac. *Gamb.* *Graph.* *Grat.* hep. *Hyos.* ign. ip. **Iris** jal. **Kali-ar.** *Kali-bi.* *Kali-c.* kali-p. kali-s. kali-sil.$_{k2}$ kreos. **Lach.** lith-c. lyss. *Mag-c.* mag-m. manc. **Merc.** merc-c. *Mosch.* **Nat-ar.** *Nat-c.* nat-m. *Nat-p.* **Nux-m.** petr.$_{h}$ ph-ac. *Phos.* **Podo.** **Psor.** **Puls.** *Rhus-t.* sel. senec. *Sil.* stront-c. *Stry.* **Sulph.** *Tab.* ther. *Tub.* verat. zinc.$_{h}$
- **Mitternacht**:
  - **vor**: mag-c. nux-m. puls. rhus-t.
  - **nach**: aloe *Arg-n.*$_{hr1,k}$ **Ars.** ars-s-f.$_{k2}$ arum-t. asc-t. bry. *Chin.* *Chinin-ar.* cic. cist. dros. ferr.$_{a1}$ **Ferr-ar.** ferr-p. fl-ac. gamb. iris **Kali-ar.** kali-c. kali-s. lyc. manc. merc-c. nat-ar. nat-m. *Nux-v.* rhus-t.$_{c1}$ sec. squil. staph. stront-c. **Sulph.**
  - **1** h:
    - **1** - 3 h: asc-t.$_{c1}$
    - **1** - 4 h: *Psor.*
  - **2** h: aran. *Ars.* cic. phos. rhus-v. tab.
    - **2** - 3 h: *Iris* phos.
  - **3** h: cimic. mag-c. nat-c.$_{h}$ petr. phos. podo.$_{k2}$
    - **3** - 4 h: aeth. *Kali-c.* lyc.
    - **3** - 11 h: nat-m.
  - **4** h: bamb-a.$_{stb2}$ fl-ac. form. mang.$_{h}$ *Petr.* phos. **Podo.** *Rhus-t.* sec.
    - **4** - 6 h: *All-c.* phos.
    - **4** - 7 h: nuph.
  - **5** h: podo.$_{k2}$ tub.$_{a1,k13}$
    - **5** - 6 h: *Nuph.*
  - **12** h; bis: ars. cist.
- **Erwachen**; beim: gink-b.$_{sbd1}$
- **Liegen**:
  - **agg.**: *Lach.*
- **nur** nachts: chin.$_{bg1}$

◇ **abwechselnd** mit:
- **Gehirns**; Beschwerden des: mag-p.$_{pd}$
- **Gicht**: ant-c.$_{k2}$
- **Hautausschläge**: calc-p. crot-t.
- **Katarrh** der Brust; mit: seneg.
- **Kopfschmerzen**
  ☞ ☐ *Kopf - Schmerz - abwechselnd mit - Diarrhoe*
- **körperliche** Beschwerden: cimic.$_{k2}$
- **Obstipation**: *Abrot.* acet-ac. agar. ail. aloe am-m. **Ant-c.** ant-t. *Arg-n.* *Ars.* ars-i. ars-s-f.$_{k2}$ *Aur.* aur-ar.$_{k2}$ aur-i.$_{k2}$ aur-m-n. aur-s.$_{k2}$ berb. *Bry.* but-ac.$_{br1}$ *Carb-ac.* carbn-s. *Card-m.* *Casc.* **Chel.** chlor.$_{bro1}$ choc.$_{srj3}$ *Cimic.* cina *Cob.* coff. *Coll.* *Con.* cop. cor-r.$_{bg1}$ crot-h. *Cupr.* *Dig.* dios. ferr-cy.$_{bro1}$ *Ferr-i.* gamb. gink-b.$_{sbd1}$ gnaph. grat. *Hep.* hom. *Hydr.* *Ign.* *Iod.* kali-ar. kali-bi. *Kali-c.* kali-s. *Lac-d.* *Lach.* *Lact.* *Lec.* lil-t. *Lyc.* mag-s. *Manc.* *Mang.* merc. mez. nat-ar. nat-c. *Nat-m.* nat-p. *Nat-s.* **Nit-ac.** *Nux-m.* **Nux-v.** **Op.** *Phos.* *Plb.* **Podo.** polyg-h. *Ptel.* *Puls.* rhus-t. *Ruta* sang. sars. sep. stram. sul-i.$_{k2}$ *Sulph.* sumb. *Tab.* *Tub.* verat.$_{bro1}$ zinc. zinc-p.$_{k2}$
  - **alten** Menschen; bei: alum.$_{bg1,bg2}$ **Ant-c.** bry. cycl.$_{bg1}$ nux-v. op. *Phos.*

– **abwechselnd** mit - **Obstipation**: ...
  - **Diarrhoe** nach einem normalen Stuhl: *Iod.* *Kali-s.* ph-ac. *Sep.* *Sulph.*$_{a1,k}$
- **Rheumatismus**
  ☞ ☐ *Extremitäten - Schmerz - rheumatisch - abwechselnd mit - Diarrhoe*
- **Spasmen**: mag-p.$_{pd}$
- **Übelkeit**: squil.$_{h}$
- **Wassersucht**: apoc.$_{k2}$

◆ **begleitet** von:
- **Hüfte**; Schmerz in der
  ☞ ☐ *Extremitäten - Schmerz - Hüfte - begleitet von - Diarrhoe*
- **Schluckauf**: cinnm.$_{st1}$ *Verat.*$_{st1}$
- **Schnupfen**
  ☞ ☐ *Nase - Schnupfen - begleitet von - Diarrhoe*
- **Speichelfluß**: *Ant-c.*$_{kr1,vk1}$ rheum$_{kr1,vk1}$
- **Übelkeit**: luna$_{kg1}$
- **Zunge**:
  - **braune** Farbe der Zunge: *Bry.*$_{kr1,vk1}$
  - **schlaffe** Zunge: lyss.$_{kr1,vk1}$
  - **weiße** Farbe der Zunge: *Apis*$_{kr1,vk1}$
    - **dicker** Belag: *Dulc.*$_{kr1,vk1}$

– **Abendessen**, nach dem: hyper. iris kali-p. trom.
– **Abführmitteln**, nach: carb-v. *Chin.* *Hep.* nit-ac. **Nux-v.**
– **abgemagerten** Menschen, bei: acet-ac.$_{ptk1}$ *Calc.* *Calc-p.* iod. nat-m. phos. *Rheum* **Sil.** *Sul-ac.* sul-i.$_{k2}$ sulph. tub.$_{ptk1}$
– **Abstillen**, nach dem: arg-n. **Chin.**
– **akut**: andr.$_{bro1}$ epil-a.$_{bro1}$
– **akuten** Erkrankungen, nach: *Carb-v.* *Chin.* *Psor.* *Sulph.*
– **Alkoholikern**; bei alten: ant-t. *Apis* *Ars.* chin. **Lach.** nux-v. *Phos.*
– **alkoholischen** Getränken, nach: ant-t. ars. lach. **Nux-v.** sulph.
– **allein**, wenn: stram.
– **Aloe**; nach Mißbrauch von: mur-ac. *Sulph.*
– **alten** Menschen; bei: **Ant-c.** **Ars.** ars-i. bov.$_{bro1,ptk1}$ *Carb-v.* coff. con. *Fl-ac.* **Gamb.** iod. kreos. nat-s. **Nit-ac.** nux-v. op. phos. sec. sul-i.$_{k2}$ sulph.
- **Frauen**; bei alten: kreos. nat-s.
- **frühzeitig** gealterten Menschen mit syphilitisch-mercurialer Dyskrasie; bei: *Fl-ac.*
- **schmerzhaft**: carb-v.$_{ptk1}$

– **Angst**, nach: *Ars.* camph. phos.$_{k2}$ sil. tab.
  ☞ ☐ *Gemüt - Angst*
– **Anstrengung**:
- **während**: *Rheum*$_{vh}$
- **nach**: ars. *Calc.* ferr. nat-s. podo.$_{k2}$ *Puls.* *Rhus-t.*

– **Apyrexie**, während der: *Iod.*
– **Ärger**, Verdruß; durch: aloe *Calc-p.* cham. *Coloc.* *Petr.* *Staph.* sulph.
– **Asthma**, dann: kali-c.$_{ptk1}$
– **aufregende** Nachrichten; durch: **Gels.**
  ☞ ☐ *Gemüt - Beschwerden durch - Freude* / ☐ *G~ Beschwerden durch - Überraschungen - angenehme*
– **Aufstehen**:
- **agg.**: acon. *Bry.* cocc. op. trom.
- **Bett** amel.; aus dem: cub. dios. mez.

– **Aufstoßen** amel.: *Arg-n.* carb-v. grat. hep. lyc. sep. *Sulph.*
– **Ausdünstungen** (z.B. in Malariagebieten), durch schädliche: *Crot-h. Pyrog.*
– **Ausschweifung**, nach: ant-c. **Nux-v.**
– **Austern**, nach: *Aloe Brom. Lyc. Podo. Sul-ac.*
– **Baden**:
• **nach**: calc. *Podo.* rhus-t. sars.
• **heißes** Baden:
• **amel.**: sec.$_{ptk1}$
• **kaltem** Baden, nach: *Ant-c.*
– **Bewegung**, bei:
• **agg.**: aloe **Apis** arn. ars. *Bell.* **Bry.** cadm-s. calc. chin.$_{bro1}$ *Colch.* coloc. *Crot-t.* **Ferr.** *Ferr-ar.* hura ip. merc-c. mur-ac. *Nat-m.* nat-s. *Nux-v.* ox-ac. phos. *Podo.* puls. rheum rumx. tab. *Tub.* **Verat.**
• **amel.**: coloc. cub. cycl. *Dios.* nit-ac. plan. puls.$_{k2}$ rhod. *Rhus-t.* zinc.
• **unten**, nach: borx.$_{bro1,k2}$ cham.$_{bro1}$ sanic.$_{bro1}$
– **Bier**:
• **nach**: *Aloe Chin.* chinin-m.$_{c1}$ *Gamb.* ind. ip.$_{bro1}$ *Kali-bi. Lyc.*$_{k,kl2}$● *Mur-ac.* **Sulph.**$_{k,kl2}$●
• **amel.**: phos.$_{hr1}$
• **Aufhören** mit dem Biertrinken; nach: aloe$_{k2}$
– **Birnen**, nach: borx. bry. *Verat.*
– **Brust**; nach Schmerzen in der: sang.
– **Buttermilch** agg.: podo.$_{ptk1}$
– **Chinin**; nach Mißbrauch von: ferr. hep. lach. nat-m. pall. **Puls.**
– **Cholera**:
• **Anfall** von; nach einem: sec.
• **epidemischer** Cholera, bei: camph. cupr. **Ip.** *Phos.* puls. verat.$_{k13}$
– **chronisch**: acet-ac.$_{k2}$ **Ars.**$_{bg1,bg2}$ **Calc.**$_{bg1,bg2}$ carbn-s.$_{k2}$ chin.$_{k2}$ cist.$_{k2}$ *Coto*$_{c1}$ *Ferr.*$_{bg1,bg2}$ hydr.$_{k2}$ kali-c.$_{k2}$ lac-d.$_{k2}$ nat-m.$_{bg2,k2,*}$ nat-s.$_{k2}$ parat-b.$_{gmm1}$ petr.$_{bg2,k2,*}$ ph-ac.$_{bg2,k2}$ **Phos.**$_{bg1,bg2}$ psor.$_{bg2,k2,*}$ puls.$_{bg2}$ rhus-a.$_{c2}$ **Rhus-t.**$_{bg2}$ sec.$_{k2}$ sep.$_{bg2}$ sil.$_{bg2,ptk1}$ sul-ac.$_{k2}$ *Sulph.*$_{bg2,k2,*}$ *Tub.*$_{bg2,k2,*}$
◆ **begleitet** von:
• **Zunge**:
• **blasse** Zunge: *Lyss.*$_{kr1,vk1}$
– **Cidre**, Apfelwein; nach: *Ant-c. Calc-p. Podo.*
– **Demütigung**; nach
☞ *Kränkung*
– **Denken** daran, beim: ox-ac.
– **Dentitio**
☞ *Zahnung*
– **Diät**:
• **Diätfehlern**; nach kleinen
☞ *Unregelmäßigkeiten*
• **Veränderung** der Diät; durch die geringste: all-s. nux-v.
– **dunkel**, gallig, übelriechend:
• **bleichem** Gesicht, mit: corn.$_{br1}$
– **Dunkelheit** agg.: *Stram.*
– **Eiern**, nach: chinin-ar.
– **Einbildung**; durch erregte, übermäßige: *Arg-n.*
– **Einhüllen** amel.; warmes: **Sil.**
– **Eiscreme**:
• **amel.**: *Phos.*

– **Eiscreme**: ...
• **nach**: arg-n. **Ars.** bry. calc-p. *Carb-v.* dulc. nat-s.$_{k2}$ *Puls.* pyrog.$_{h}$
– **Entbindung**:
• **während**: *Cham.*$_{bro1}$ *Hyos.*$_{bro1}$ psor.$_{bro1}$ *Sec.*$_{bro1}$ stram.$_{bro1}$
• **nach**: colch.$_{ptk1}$ hyos.$_{ptk1}$ rheum$_{ptk1}$
– **Entrüstung**, durch: *Coloc. Gels.*$_{vh}$ *Ip. Staph.*
– **Erbrechen**, mit
☞ ❑ *Magen - Erbrechen - Diarrhoe - während*
– **Erregung** des Gemütes; bei: *Acon.*$_{bg1,vh,*}$ *Aloe*$_{vh}$ ant-c.$_{bg1}$ **Arg-n.**$_{br1,k,*}$ *Arn.*$_{vh}$ bamb-a.$_{stb2}$ *Bry.*$_{vh}$ *Calc-p.*$_{vh}$ *Cham.*$_{vh}$ chin.$_{bg1}$ cina coch.$_{hr1}$ *Coloc.*$_{bg1,vh,*}$ *Gels.*$_{k,vh}$ hyos. ign.$_{bg1}$ ip.$_{hr1}$ *Kali-p.*$_{k,vh/dg}$ lyc.$_{hr1}$ mag-m.$_{dgt}$ **Op.**$_{bg1,vh,*}$ petr. ph-ac.$_{k,vh/dg}$ phos.$_{bg1}$ podo.$_{k2}$ puls.$_{bg1}$ sep.$_{hr1}$ *Staph.*$_{vh}$ *Thuj.* verat.$_{bg1}$
☞ ❑ *Gemüt - Beschwerden durch - Freude - übermäßige* / ❑ *G~ Beschwerden durch - Überraschungen - angenehme*
• **Furcht**, mit: acon.$_{k1}$
• **Theaterbesuch**; wie z.B. vor einem: **Arg-n.**
– **erscheinend**:
• **allmählich**: chin.$_{k2}$
• **plötzlich**:
• **verschwindend**; und:
• **plötzlich**: bamb-a.$_{stb2}$
– **Erwartungsspannung**, nach: *Arg-n. Gels.*$_{k,kl2}$● hydrog.$_{srj2}$ *Ph-ac.*
☞ ❑ *Gemüt - Beschwerden durch - Erwartungsspannung*
– **Essen**:
• **amel.**: arg-n. *Brom. Chel.* dios. grat. *Hep.* iod. jab. *Lith-c. Lyc.* nat-c. nicc. nit-ac. *Petr.* plan. sang. sul-i.$_{k2}$
• **beim**: ars. chin. *Crot-t.* **Ferr.** *Kali-p.* podo. puls. rad-br.$_{bg1}$ trom.
• **nach**: aesc. aeth. *Agar.* **Aloe** alum. alum-p.$_{k2}$ am-m. ant-c. *Apis Arg-n.* **Ars.** ars-i. ars-s-f.$_{k2}$ *Asaf.* asar. aur-m. aur-m-n. bamb-a.$_{stb2}$ borx. *Brom. Bry. Calc.* calc-i.$_{k2}$ calc-s. caps. *Carb-v.* carbn-s. caust. cedr. *Cham.* **Chin. Chinin-ar.** *Cina* cist. **Coloc.** con. *Corn.* **Crot-t.** cub. *Dulc. Ferr. Ferr-ar. Ferr-i.* ferr-ma. ferr-p. *Fl-ac. Form. Gamb.* hep. hydrog.$_{srj2}$ hyper. ign. *Iod. Kali-ar.* kali-n. *Kali-p. Lach.* laur. **Lyc.** marb-w.$_{es1}$ mur-ac. **Nat-ar.** *Nat-c.* nat-p. *Nat-s.* nit-ac. nux-m. *Nux-v. Petr. Ph-ac. Phos.* **Podo. Puls.** raph. *Rheum* rhod. rhus-t. sanic. sars. sec. *Staph. Sul-ac.* sulph. tab. *Thuj.* **Trom.** verat. zinc.
☞ *Stuhldrang - Essen - nach*
• **unmittelbar**: arg-n.$_{br1}$
– **Essig**, nach: *Ant-c.*$_{c1,k}$
– **Exanthem**
☞ *Hautausschläge*
– **Fahren**:
• **amel.**: *Nit-ac.*
• **durch**: **Cocc.** nux-m. *Petr.* psor.
• **Zug**, im: med.
– **Fett**; nach: kali-m.$_{k2}$
– **fetten**, schlaffen Menschen; bei: caps.

– **Fieber**:
• **während**: ars.$_{bg1}$ chin.$_{bg1}$ nux-m.$_{bg1}$ phos.$_{bg1}$ puls.$_{bg1}$
• **nach**: phos.$_{h}$
• **bösartigem**, bei: camph. cupr. pyrog.
• **hektischem** Fieber, bei: aesc.
• **Kindbettfieber**: carb-ac. *Pyrog.* sulph.
 • **mit**: ars.$_{bg2}$ chin.$_{bg2}$ nux-m.$_{bg2}$ phos.$_{bg2}$ puls.$_{bg2}$
• **Typhus** abdominalis: *Agar.* *Apis* arg-n. *Ars.* *Bapt.* *Bry.* *Calc.* **Hyos.** *Lach.* lyss. *Mur-ac.* *Nit-ac.* *Op.* *Ph-ac.* **Phos.** *Rhus-t.* sec. *Stram.* *Sul-ac.* ter. verat.
• **Wechselfieber**, bei: ant-c.$_{br1,c1}$ ars. chinin-ar. **Cina** cocc. con. gels. puls. *Rhus-t.* thuj. tub.$_{lmj}$

– **Fisch**, nach: chinin-ar.
– **Flatus**, nach: granit-m.$_{es1}$ nat-m.$_{h}$
– **Fleisch**:
• **durch**: *Caust.* ferr. lept. sep.
• **geräuchertes** Fleisch, durch: calc.
• **Kalbfleisch**
 ☞ *Kalbfleisch*

– **Freude**, durch plötzliche: *Coff.* **Op.**
– **Frost**:
• **vor**: verat.$_{vh}$
• **während**: ars. cina elat. nux-v. **Phos.** puls. rhus-t. **Verat.**
• **nach**: nux-m.$_{c1}$ sec.

– **Frühling**, im: *Bry.* iris *Lach.* sars.
– **Frühstück**:
• **amel.**: bov. nat-s. trom.
• **nach**: aeth. agar. aloe alum. alum-p.$_{k2}$ *Arg-n.* borx. calc. carbn-s. cycl. iris kali-p. kalm. led. lyc. mag-p. mez.$_{h}$ nat-m. **Nat-s.** nuph. nux-v. ox-ac. phos. psor. *Rhod.* **Thuj.**

– **Furcht**, mit: acon.$_{bg2}$ aeth.$_{bg2,gl1,*}$ *Crot-t.*$_{bg2,kr1}$ *Puls.*$_{bg2,kr1}$
– **Furunkel** abzuheilen beginnen; sobald: rhus-v.
– **gallig**: agar. apis *Asc-t.* *Bry.* cact. cham. colch. *Con.* eup-pur. *Fl-ac.* *Ip.* *Iris* jugin.$_{br1}$ med. *Merc.* *Merc-c.* *Mur-ac.* **Nat-s.** *Nit-ac.* *Ph-ac.* **Podo.** *Psor.* *Ptel.* ter.
– **Gebäck**, nach: arg-n. *Ip.* *Kali-chl.* kali-m.$_{hr1}$ *Lyc.* *Nat-s.*$_{hr1,k}$ *Ph-ac.* phos.$_{a1,k}$ **Puls.**
– **Gefühl** wie vor Diarrhoe: agar. androc.$_{srj1}$ apoc. carl. colch. crot-t. dig. dros. **Dulc.** eupi. form. gels. glon. grat. ind. iris kali-n. lyc. merc-i-f. mez. nat-m. *Nit-ac.* nux-v.$_{ptk1}$ phos. pip-m. plan. plb. puls.$_{ptk1}$ sulph.
• **Gehen**; beim: nat-m.
• **Rauchen**; beim: borx.

– **Gehen**:
• **agg.**: *Aloe* alum. *Calc.* *Gels.* merc.
• **nur** beim: rheum$_{ptk1}$

– **Gehirnsymptomen**; nach plötzlichem Aufhören von: zinc.$_{bro1}$
– **geistige** Anstrengung:
• **amel.**: kali-p.
• **nach**: *Arg-n.* *Nux-v.* *Pic-ac.* sabad.

– **Gelbsucht**, bei: *Chion.* *Dig.* *Lycps-v.* *Merc.* *Nat-s.* *Nux-v.* puls.$_{ptk1}$ rheum$_{ptk1}$ sep. *Sulph.*
– **Gemüse**, nach: ars. bry. cist. cupr. hell. lept. *Lyc.* nat-ar. nat-c. *Nat-m.* *Nat-s.* petr. podo. verat.
– **Geräusche**, durch: colch. *Nit-ac.* *Nux-v.*
• **plötzliche** Geräusche, durch: bell. *Borx.*

– **Gewitter**:
• **vor**: rhod.
• **während**: nat-c. phos. rhod.

– **Gewürze**, durch: phos.
– **gichtigen** Personen, bei: benz-ac. calc-f.$_{k2}$ iod.
– **glänzende** Gegenstände agg.: *Stram.*
– **glitzernde** Gegenstände; beim Blicken auf: *Stram.*
– **Gonorrhoe**; nach unterdrückter: **Med.**
– **Gurken**, nach: verat.
– **Haareschneiden**, nach: *Bell.*
– **häusliche** Sorgen, durch: *Coff.*
– **Hautausschläge**:
• **während**: ant-t. ars. chin. squil.
• **unterdrückten**, nach: ant-t.$_{gsy1}$ *Bry.* dulc. graph.$_{bg1}$ *Hep.* *Lyc.* merc. mez. petr.$_{c1}$ *Psor.*$_{bg1,k}$ **Sulph.** *Urt-u.*

– **Herbst**, im: *Ars.* asc-t. bapt. **Colch.** ip. **Iris** merc. *Merc-c.* *Nux-m.* *Verat.*
– **Hitze**:
• **äußerliche** Hitze amel.: *Ars.* *Hep.*
• **feuchte** äußere Hitze amel.: *Nux-m.*
• **Sonnenhitze**, durch: agar. camph. carb-v.
• **trockene** Hitze amel.: sulph.

– **Husten**; mit: sang.$_{k2}$
– **Hydrozephalus**, bei akutem: *Apis* bell. *Calc.* *Carb-ac.* *Hell.* *Zinc.*
– **Impfung**, nach: ant-t. sil. *Thuj.*
– **Ingwer**, nach: *Nux-v.*
– **Kaffee**:
• **amel.**: brom. *Coloc.* corn. phos.
• **nach**: canth. caust. *Cist.* coloc. corn. *Cycl.* fl-ac. hyper. ign. lyc.$_{k2}$ nat-m. osm. ox-ac. phos. *Thuj.*
• **Geruch** von; nach dem: sul-ac.

– **Kalbfleisch**, nach: *Kali-n.*$_{k,st}$
– **kalt**:
• **Nächten**, in kalten: acon. *Dulc.*
• **Abkühlung**, bei: arg-n. *Cocc.* *Dulc.* nat-ar. *Ph-ac.*
• **Anwendungen** amel.; kalte: cycl. lyc. *Puls.*
• **Erkältung**, nach: acon. agra.$_{bro1}$ *Aloe* ant-t. ars. bar-c. bar-s.$_{k2}$ *Bell.* *Bry.* *Calc.* camph. *Caust.* *Cham.* chin. chinin-ar. coff. con. cop. **Dulc.** elat. gamb. graph. *Ip.* *Jatr-c.* lil-t.$_{k2}$ merc. *Nat-ar.* *Nat-c.* nat-s. nit-ac. **Nux-m.** *Nux-v.* op. *Ph-ac.* podo.$_{k2}$ puls. *Rhus-t.* rumx.$_{ptk1}$ sang. sel. sep. *Sulph.* tub.$_{ptk1}$ verat. zing.
 • **Sommer**, im: aloe ant-t. bry. *Dulc.* **Ph-ac.**
• **Getränke**, kalte:
• **amel.**: *Phos.*
• **nach** ●: ant-c. **Ars.** bell. *Bry.* calc-ar. calc-p.$_{k2}$ *Caps.* *Carb-v.* caust.$_{ptk1}$ chin. chinin-ar. cocc. *Dulc.* *Ferr.* *Ferr-ar.* *Hep.* kali-ar. lept. *Lyc.* manc. nat-ar. nat-c. *Nat-s.* nit-ac. *Nux-m.* *Ph-ac.* *Puls.* *Rhus-t.* sep. *Sil.* *Staph.* *Sul-ac.* trom. verat.
 • **Sommer**, im: *Carb-v.* *Nat-s.* **Nux-m.** verat.
• **Luft**, durch kalte: nat-s. *Sil.*
 • **Abdomen**, auf dem: *Caust.*
• **Ort** amel.; Aufenthalt an einem kalten: *Puls.*

– **kalt**: ...
- **Speisen**, kalte
  ☞ *Speisen - kalte - agg.*

– **Kamille**; nach Mißbrauch von: *Coff.* valer.
– **Kartoffeln**:
- **nach**: *Alum.* coloc. lyc.bro1 sep. verat.
- **Süßkartoffeln**, nach: *Calc-ar.*

– **Katarrh** oder Schnupfen; nach: *Sang.*
– **Keuchhusten**, bei: castn-v.st
– **Kindern**, bei: *Acon.* aegle-m.bnj1 **Aeth.** *Agar. Agn.*hr1,k apis *Arg-n.*k,k2 *Ars.* arund.c1 bar-c. *Benz-ac. Borx.* **Calc.** *Calc-p.* **Calc-s. Cham.** *Cina Crot-t. Dulc.* elat.c1 *Ferr. Form.* gamb. hell. ing.br1,vs1 iod.k2 **Ip.** *Iris* jal.bg1,hr1 kreos. *Mag-c.* **Mag-m.** med.k2,vh **Merc.** *Mez. Nat-m.* nux-m. olnd. ph-ac.k2 **Phos.**k,vh/dg,* **Podo. Psor.** *Puls.* **Rheum** rubu.bwa3 sabad. samb. senn.bg1 sep. **Sil.** stann. *Staph.* **Stram.** sul-ac. **Sulph.** *Valer.* zinc.
- **Muttermilch**; nach: arg-n.k2 nat-c.k2 sil.k2
- **Schulmädchen**, bei: calc-p.ptk1 ph-ac.ptk1
- **Stillen**, beim: arund.br1,c1 calc-p.br1 cham.br1 phos.br1
- **Zahnung**; während der: arund.c1

– **Klimakterium**, im: apisvh **Lach.**k,vh,* lil-t.br1 sulph. tab.vh
- **morgens**: rumx.vh

– **Kohl**, nach: bry. petr. podo.
– **Kopfschmerzen**:
- **bei**: aloebro1 cham.bro1 podo.bro1 verat.bro1
- **nach**: hydrog.srj2

– **Kränkung**; nach: aloe bry. cham. coloc. *Staph.*
– **Krebs** des Rektums; aufgrund von: card-m.bro1
– **Kropf**, mit: cist.ptk1
– **Kummer**, nach: calc-p. *Coloc. Gels. Ign.* merc. op. *Ph-ac.*
  ☞ ❑ *Gemüt - Beschwerden durch - Kummer*

– **Lachs**, nach: *Fl-ac.*
– **laut**, lärmend: lem-m.br1
– **Lendenschmerz**, mit: bar-c.ptk1
– **Licht**, durch helles: *Bell.* colch. *Stram.*
– **Liegen**:
- **agg.**: *Dios.* ox-ac. raph.
- **amel.**: *Bry.* merc. podo. sabad.
- **Abdomen** amel.; auf dem: aloe alum. calc. coloc. phos. rhus-t.
- **Rücken**, auf dem:
  - **agg.**: phos. podo.
  - **amel.**: *Bry.*
- **Seite**, auf der:
  - **agg.**: *Bry.*bla1,k nit-ac.bla1,k
  - **amel.**: podo.bla1,k
  - **rechten**, auf der:
    - **agg.**: ph-ac.bla1,k
    - **amel.**: phos.bla1,k
  - **linken**, auf der:
    - **agg.**: *Arg-n.*k,vh,* arn.bla1,k *Phos.*bla1,k

– **Limonade**, nach: ant-c.k2 *Cit-ac. Phyt.*
– **Luft**:
- **abends**: **Merc.**
- **Freien**, im: agar. am-m. coff. cycl. grat.
  - **amel.**: dios. iod. lyc. nat-s. **Puls.**

– **Luft**: ...
- **Seeluft**
  ☞ *Meer; beim*
- **Zugluft**, durch: *Acon.* bry.bg1 **Caps. Nux-v.** *Sil.*

– **Magnesium**, nach: bry. *Nux-v.* puls. rheum
– **Masern**:
- **während**: ars.bro1 chin.bro1 ip.bro1 merc.bro1 puls.bro1 squil. verat.bro1
- **nach**: *Carb-v.* chin. elat.hr1 merc. *Puls.* squil.

– **Meer**; beim Aufenthalt am: *Ars.* bry. syph.c1,ptk1
– **Meer**; durch Baden im: sep.
– **Melonen**, durch: *Zing.*
– **Menses**:
- **vor** ●: aloe alum. *Am-c.* apis **Bov.** *Cinnb.* cocc. hyper. **Lach.** *Nat-s. Sil.* tub. *Verat.*c2,k
- **während** ●: alum. alum-p.k2 am-c. *Am-m.* ant-c. ars. ars-s-f.k2 bamb-a.stb2 **Bov.** bry. calc-p. *Caust.* cham. chel. cinnb. clem. coloc.ptk1 glon. graph. kali-c. kali-i. kali-p. kali-s. kali-sil.k2 *Kreos.* lac-c. lach.bg1 mag-c. nat-ar. nat-c. *Nat-p.* nat-s. nicc. nux-v. ph-ac.ptk1 *Phos.* plat. podo. *Puls. Sars.* sec.ptk1 sil.dgt,k stront-c. sul-ac. sulph.ptk1 *Tab.* tub. **Verat.** *Vib.* zinc.
- **nach**: *Ars.*st bov. graph. *Lach.* mag-m. nat-m. puls.bro1 *Tub.*
- **Beginn** der; zu: **Am-c.**vh
- **unterdrückte**, durch: glon.ptk1

– **Milch**:
- **nach**: aeth. ars. bry. **Calc.** chin.bg1,bro1 con. iod.bg1 *Kali-ar. Kali-c.* lac-d.k2,vh *Lyc. Mag-c.* **Mag-m. Nat-ar. Nat-c.** *Nicc.* nit-ac. *Nux-m.* podo. **Sep.** *Sil. Sulph.* valer.bro1
- **gekochter** Milch; nach: *Nux-m. Sep.*ptk1,vh
- **heiße** Milch amel.: chel. crot-t.
- **saurer** Milch; nach: *Podo.*

– **Mittagessen**, nach dem: alum. am-m. caps. carbn-s. chin. coloc. corn.br1 **Grat.** *Lil-t.* **Mag-c.** nat-m. nit-ac. nux-v. trom. verat.
– **Nässe**:
- **Boden**; nach Stehen auf nassem: **Dulc.** elat. *Rhus-t.*
- **Naßwerden**:
  - **nach**: *Acon. Calc.* **Rhus-t.**
  - **Füße**; der: acon. nux-m. **Rhus-t.**

– **nervös**, Gemütsbewegungen agg.: acon.bg3,ptk1 **Arg-n.**bg3,ptk1 *Cham.*bg3,ptk1 coch.c1 *Coff.*bg3,ptk1 ferr.ptk1 **Gels.**bg3,ptk1 hyos.bg3,ptk1 ign.bg3,ptk1 mag-m.pd nat-s.pd *Op.*bg3,ptk1 phos.bg3,ptk1 podo.bg3,ptk1 *Puls.*bg3,ptk1 *Verat.*bg3,ptk1 zinc.c2,pd
– **Obst**:
- **nach**: acon. *Aloe* alum-sil.k2 ant-t. **Ars.** ars-s-f.k2 *Borx.* **Bry.** calc. *Calc-p. Carb-v.* **Chin.** *Chinin-ar. Cist.* **Coloc.** *Crot-t. Ferr. Ip. Iris* lach. lith-c. *Lyc.* mag-c. *Mur-ac.* **Nat-s.** *Olnd. Ph-ac. Podo.* **Puls.** rheum *Rhod.* sul-ac. trom. **Verat.** zing.bro1
- **eingekochtem** Obst, nach: bry.
- **saures**:
  - **nach**: *Ant-c. Cist. Ip. Lach. Ph-ac.*
  - **Milch**; nach saurem Obst mit: *Podo.*
- **unreifem** Obst, nach: aloe *Ip.* ph-ac.ptk1 rheum *Sul-ac.*

– **Opium**, nach: *Mur-ac. Nat-m.* nux-v. **Puls.**
– **Orangen**, nach: *Ph-ac.*
– **periodisch**: stront-c.$_{ptk1}$
• **nachts**:
• **jede** Nacht: iris$_{br1}$
• **Stunde**:
• **selben**, zur: apis sabad. sel. thuj.
• **später**; jeden Tag eine Stunde: fl-ac.
• **Tag**:
• **zweiten**, jeden: *Alum. Carb-ac.* **Chin.** dig. fl-ac. *Iris* nit-ac.
• **vierten**, jeden: sabad.
• **Woche**:
• **drei** Wochen, alle: mag-c.
• **Sommer**, im: *Kali-bi.*
– **Pizza**; nach: bamb-a.$_{stb2}$
– **plötzlich**: gink-b.$_{sbd1}$
– **Pneumonie**, bei: ant-t.$_{gsy1}$
– **Pocken**, bei: ant-t. *Ars.* **Chin.** thuj.
– **Quecksilber**; nach Mißbrauch von: asaf. *Hep. Kali-i.* lach. *Nit-ac.* sars. staph. *Sulph.*
– **Rauchen** agg.: borx. brom. cham.
– **Reiben** amel.: dios. lyc.
– **Rhabarber**, nach: *Cham. Coloc.* merc. nux-v. puls.
– **Rheumatismus**:
• **während**: stront-c.$_{ptk1}$
• **nach**: kali-bi.$_{ptk1}$
• **gefolgt** von Rheumatismus: cimic.$_{ptk1}$ dulc.$_{ptk1}$ kali-bi.$_{ptk1}$
– **Rizinusöl**; nach: bry.
– **Säfteverlust**, nach: *Carb-v. Chin.* ph-ac.
– **Sauerkraut**, nach: *Bry. Petr.*
– **Säuglingen**, bei: aeth.$_{bg2}$ calc-act.$_{bg2}$ cham.$_{bg2}$ chin.$_{bg2}$ cupr-ar.$_{bg2}$ rheum$_{bg2}$ *Verat.*$_{bg2}$
– **Säuren**, nach: *Aloe Ant-c.* apis ars. *Brom.*$_{k,ptk1}$ bry. cist. coloc. lach.$_{k,ptk1}$ nux-v. *Ph-ac. Sulph.*
• **amel.**: arg-n.$_{ptk1}$
– **Schalentiere**, durch: carb-v.
– **Schlacht**; beim Ziehen in eine: **Gels.**$_{k,kl2}$●
– **Schlaf**:
• **amel.**: alum. crot-t. *Phos.*
• **im**: bry. *Sulph. Tub.*
• **nach**: bell. **Lach.** pic-ac. *Sulph.* zing.
– **schlechte** Drainage: *Carb-ac. Pyrog.*
– **schlechte** Nachrichten, durch: *Gels.*
☞ ❑ *Gemüt - Beschwerden durch - schlechte*
– **Schmerz**; durch: coloc.$_{k2}$
– **schmerzlos**: *Aloe* anthraci. *Apis* arg-n. arn. *Ars.* ars-i. ars-s-f.$_{k2}$ arum-t. **Bapt.** bar-m. bell. **Bism. Borx.** bry. *Calc.* calc-s. calc-sil.$_{k2}$ *Camph.* cann-i.$_{c1}$ carb-an. carbn-s. cench.$_{k2}$ *Cham. Chel. Chin.* cinnb. clem. *Cocc. Coff.* colch. coloc. con. *Crot-t. Dulc.* **Ferr.** *Ferr-ar. Ferr-p.* gamb. *Gels.* graph. *Grat.* hell. **Hep. Hyos.** *Ign.*$_{st}$ ip. iris jab. *Jatr-c. Kali-ar.* kali-bi. *Kali-c.* kali-n. kali-p. kali-s. *Lach.* laur. *Lyc. Mag-c.* merc. nat-ar.$_{k2}$ **Nat-m.** *Nat-p. Nat-s.* nit-ac. *Nuph.* nux-m. nux-v. *Olnd.* op. petr. *Ph-ac.* **Phos.** plat. **Podo.** *Psor.* puls. *Pyrog.* ran-b. rhod. *Rhus-t.* rumx. sec. sep. *Sil.* **Squil.** stann. stram. *Sul-ac.* **Sulph.** syph.$_{c1}$ tab. thuj. tril-p.$_{c1}$ **Tub.** *Verat.* zinc. zinc-p.$_{k2}$

– **schmerzlos**: ...
• **nachts**: ars. borx. bry. canth. cham. *Chin.* dulc. merc. puls. rhus-t. sulph. verat.
• **nur** nach Essen am Tage: **Chin.**
– **Schnupfen**:
• **während**
☞ ❑ *Nase - Schnupfen - begleitet von - Diarrhoe*
• **nach**: *Sang. Sel.* tub.$_{ptk1}$
• **unterdrückten**, nach: agra.$_{pd}$
– **Schokolade**, nach: borx. *Lith-c.*
– **Schreck**, nach: acon. *Arg-n.* **Gels.** ign. *Kali-p. Op.* ph-ac. phos. *Puls.* verat.
– **Schulmädchen**, bei
☞ *Kindern - Schulmädchen*
– **Schwäche**, ohne: apis$_{bro1}$ calc.$_{bro1}$ graph.$_{bro1}$ **Ph-ac.** puls. rhod.$_{pd}$ *Sulph. Tub.*
– **Schwangerschaft**; während der: alum. am-m. *Ant-c.* apis cham. *Chel. Chin.* dulc. ferr. hell. hyos. *Lyc.* merc.$_{ptk1}$ *Nux-m.* nux-v. petr. *Ph-ac.*$_{c2}$ **Phos.** podo.$_{gk}$ *Puls.*$_{c2,k}$ rheum$_{ptk1}$ *Sep. Sulph.* thuj.$_{ptk1}$
– **Schweinefleisch**, nach: acon-l.$_{c1}$ ant-c. bamb-a.$_{stb2}$ cycl. nux-m. *Puls.*
– **Schweiß**, unterdrückter: acon. cham.$_{bro1}$ ferr-p.$_{bro1}$
– **Schwindsucht**, Abzehrung; bei: arn.$_{br1}$
– **Schwindsucht**, Lungentuberkulose; bei: acet-ac.$_{c1,pd}$ *Ars.*$_{ptk1}$ bry.$_{ptk1}$ carb-v.$_{ptk1}$ chin.$_{ptk1}$ ferr.$_{ptk1}$ *Ferr-pern.*$_{c1}$ hep.$_{ptk1}$ kali-bi.$_{k2}$ nit-ac.$_{ptk1}$ phos.$_{ptk1}$ puls.$_{c2,ptk1}$ rumx.$_{ptk1}$ sulph.$_{ptk1}$
• **frühen** Stadium der Schwindsucht; im: kali-i.$_{ptk1}$
– **Sepsis**, durch: **Ars.** *Carb-ac. Carb-v. Crot-h. Lach. Pyrog. Sulph.*
– **Sitzen**:
• **agg.**: crot-t. dios.
• **amel.**: cocc.
• **aufrechtes** Sitzen agg.: *Bry.*
– **Sommer**, im
☞ *periodisch - Sommer / warm - Tagen / Wetter - warmes*
– **Speisen**:
• **Abneigung** gegen, mit: ars.$_{bg1}$ chin.$_{bg1}$ nux-m.$_{bg1}$ phos.$_{bg1}$ puls.$_{bg1}$
• **festen** Speisen, nach: bapt. *Olnd.* **Ph-ac.** *Podo.*
• **fetten** Speisen, nach: ant-c. carb-v. cycl. *Kali-chl. Puls.* thuj.
• **gekochten** Speisen; nach: podo.$_{k2}$
• **kalte** Speisen:
• **agg.**: ant-c. **Ars.** bry.$_{bg1}$ *Carb-v.* cocc. coloc. **Dulc.** hep. *Lyc. Nat-s. Nit-ac.* nux-m. *Nux-v. Ph-ac. Puls. Rhus-t.* sep. sul-ac.
• **amel.**: **Phos.**
• **künstlichen** Speisen, nach: alum. calc. mag-c. sulph.
• **Mehlspeisen**, stärkehaltigen Speisen; nach: lyc. nat-c. **Nat-m.**$_{hr1,k}$ **Nat-s.**$_{hr1,k}$
• **ranzigen** Speisen, nach: *Ars.* carb-v.
• **reichhaltigen**, fetten Speisen; nach: arg-n. *Ip.* kali-chl. *Nat-s.* phos. podo.$_{k2}$ **Puls.**
• **saure** Speisen:
• **agg.**: lach.$_{bg1}$
• **amel.**: arg-n. lach.$_{bg2}$

– **Speisen**: ...
 • **schweren**, schwerverdaulichen Speisen; nach: cham.$_{bro1}$
 • **Veränderung** der Ernährung; nach: all-s. nux-v.
– **Spirituosen**
 ☞ *alkoholischen*
– **Stehen**:
 • **agg.**: *Aloe* ars. bry. *Cocc.* ign. lil-t. rheum **Sulph.**
 • **amel.**: merc.
– **Stillen**, nach dem: ant-c. *Crot-t.* nat-c. *Nux-v.*
 • **Frauen**, bei stillenden: *Chin. Rheum*
– **Suppe**, durch: mag-c.
– **Tabak**, durch: brom. cham. ign. puls. tab.$_{bro1}$
– **Trinken**:
 • **Flüssigkeiten** laufen nach dem Trinken direkt durch ihn hindurch: **Arg-n.**$_{br1,hr1}$
– **Tuberkulose**, bei: arg-n.$_{bg1}$ ars.$_{bg1}$ *Chin.*$_{bg1,bg2}$ *Coto*$_{c1}$ *Ferr.*$_{bg2}$ **Phos.**$_{bg2}$
– **Überanstrengung**, nach: *Rhus-t.*
– **Überhitzung**, nach: acon. aloe **Ant-c.** elat. **Puls.**
– **Unregelmäßigkeiten** beim Essen; nach den geringsten: aesc. *Aloe Ant-c.* arg-met. *Ars. Asaf.* brach. *Bry.* calc-p.$_{k2}$ *Carb-v. Chin.* cimic. *Colch.* fl-ac. *Gamb.* graph.$_{h,k2,*}$ *Iod. Ip.* kali-chl. naja nat-m. *Nux-v. Petr. Ph-ac.* **Phos.** *Podo. Psor.* ptel. **Puls.** sul-ac.$_{k2,ptk1}$ *Sulph.* zing.
– **unterbrochen**, aussetzend: cench.$_{k2}$
– **unwillkürlich**: arn.$_{k2}$ ars.$_{k2}$ bapt.$_{k2}$ bry.$_{k2}$ carb-v.$_{k2}$ colch.$_{k2}$ crot-h.$_{k2}$ gels.$_{k2}$ hell.$_{k2}$ hyos.$_{k2}$ lach.$_{k2}$ laur.$_{k2}$ mur-ac.$_{k2}$ op.$_{k2}$ ph-ac.$_{k2}$ phos.$_{k2}$ rhus-t.$_{k2}$ sec.$_{k2}$ sul-ac.$_{k2}$ verat.$_{k2}$
 • **Urinieren**, mit gleichzeitigem: arn.$_{k2}$ ars.$_{k2}$ carb-v.$_{k2}$ colch.$_{k2}$ hyos.$_{k2}$ laur.$_{k2}$ mur-ac.$_{k2}$ ph-ac.$_{k2}$ phos.$_{k2}$ rhus-t.$_{k2}$ sec.$_{k2}$ stram.$_{k2}$
– **Urinieren** agg.: *Aloe* **Alum.** apis$_{bro1}$ canth. *Hyos.* squil.
– **Verbrennungen**, nach: ars. calc.$_{hr1,ptk1}$
– **Vergiftung** durch Arzneimittel; nach: *Nux-v.*
– **Verletzungen**, nach: *Arn.*
– **Vorwürfen**; nach: staph.$_{k2}$
– **warm**:
 • **Anwendungen**; warme:
  • **amel.**: alum. *Nux-m.* podo. rhus-t.
 • **Bett** amel.; warmes: coloc. *Nux-v.* **Sil.**
 • **Getränke** agg.; warme: *Fl-ac.*
 • **Speisen** agg.; warme: *Phos.*
 • **Tagen** und in kalten Nächten; an warmen: acon.$_{bg3}$ dulc.$_{bg3}$ merc-c.$_{bg3}$
 • **Zimmer** agg.; im warmen: apis *Iod.* nat-s. **Puls.**
– **Wärme**:
 • **agg.**: *Puls.* sec.
– **Waschen** des Kopfes; nach: podo. tarent.
– **Wasser**:
 • **Hören** von fließendem Wasser agg.: **Lyss.**
 • **Trinken** von Wasser; durch: *Aloe* ant-c. ant-t. *Apis* **Arg-n.** **Ars.** ars-s-f.$_{k2}$ *Asaf.* bry. calc-ar. caps. *Cina* coloc. *Crot-t.* cub. *Elat.* **Ferr.** **Ferr-ar.** fl-ac. gamb. *Grat.* kali-ar. kali-n. lach. laur. manc. nux-m. **Nux-v.** *Podo.* rhod. sec. sep.$_{h}$ staph. *Sul-ac.* sulph. *Trom.* verat.
  • **sofort** nach: **Arg-n.**$_{hr1,k}$ cina *Crot-t. Podo.*

– **Wein**:
 • **amel.**: chel. dios.
 • **durch**: lach. lyc. *Zinc.*
 • **sauren**, durch: **Ant-c.**
– **Wetter**:
 • **kaltes** Wetter:
  • **durch**: asc-t. *Calc.* **Dulc.** ip.$_{k2}$ merc. nat-s. *Nit-ac. Nux-v. Polyg-h.* rhod. *Rhus-t.*
  • **naßkaltes** Wetter: asc-t. *Calc.* **Dulc.** *Merc.* nux-m. rhod. rhus-t. zing.
 • **nasses** Wetter: agar. aloe ars. *Calc.* cist. colch.$_{k2}$ *Dulc.*$_{hr1}$ lach. *Lept. Nat-s.* puls. *Rhod.* rhus-t. sulph.
  • **amel.**: alum. asar.
  • **Keuchhusten**, agg. bei nassem Wetter; bei: nat-s.$_{kr1}$
 • **stürmisches** Wetter: petr.$_{h}$
 • **trockenes** Wetter: alum. asar.
 • **warmes** Wetter: *Acon. Aeth. Aloe* ambro.$_{bro1}$ *Ant-c. Ars.* bapt. *Bell.* benz-ac.$_{k2}$ borx.$_{k2}$ **Bry.** calc. **Camph.** caps.$_{bro1}$ *Carb-v.* **Chin.** chinin-ar. cina$_{k2}$ coff. colch. *Crot-h.* **Crot-t.** *Cuph.*$_{bro1}$ *Cupr. Cupr-ar. Ferr.* ferr-p.$_{bro1}$ **Gamb.** *Hyper. Iod. Ip.* iris *Jatr-c. Kali-bi.* kreos.$_{k2,ptk1}$ lach. mag-c. mag-s.$_{vh}$ merc. *Mez.* mur-ac. *Nat-m.* nat-p. **Nux-m. Olnd.** *Ph-ac. Phos.* **Podo.** *Psor.* rheum *Sec.* sil.$_{bro1}$ *Sul-ac.* verat. verb.$_{c1}$
 • **Wetterwechsel**, bei: calc. calc-s. *Dulc.* nit-ac.$_{k2}$ *Ph-ac. Psor.*
– **Wildbret**; nach lange gelagertem (in Fäulnis begriffenem): **Ars.** *Carb-v. Crot-h. Lach.* pyrog.$_{bro1}$
– **Wind**:
 • **nach** Einwirkung von kaltem: *Acon. Dulc.*
 • **Ostwind**, durch: psor.
– **Winter**, im: asc-t. nat-s. *Nit-ac.*
– **Zahnung**; während der ●: acet-ac.$_{bro1}$ *Acon. Aeth. Apis* apoc.$_{bro1,sf1,*}$ *Arg-n. Ars.* arund.$_{bro1,c1}$ *Bell.* benz-ac. *Borx.* **Calc.** calc-act.$_{bro1}$ *Calc-p.* canth. carb-v. **Cham.** chin. *Cina Coff.* colch. *Coloc.* corn. cund.$_{bro1,c1}$ cupr. **Dulc. Ferr.** ferr-ar. *Gels.* graph. hell. *Hep.* ign. *Ip.* jal.$_{bro1}$ *Kreos. Mag-c. Mag-p.*$_{kr1}$ med.$_{c1}$ *Merc.* nux-m. olnd.$_{bro1}$ ph-ac. *Phyt.*$_{bro1,kr1}$ *Podo. Psor.* **Rheum** *Sep.* **Sil.** sul-ac. *Sulph.* zinc.
– **Zelten**, Campen; durch: *Alst.*$_{bro1}$ podo.$_{c2}$ septi.$_{c2}$
– **Zerrüttung**, durch: ars.$_{bro1}$
– **Zorn**, nach: acon. *Aloe* ars. bar-c. bry. *Calc-p. Cham.* **Coloc.** ip. *Nux-v. Staph.*
 ☞ ❑ *Gemüt - Zorn*
– **Zucker**:
 • **nach**: **Arg-n.** calc. crot-t. gamb.$_{bro1}$ *Merc.* ox-ac. *Sulph.* trom.
 • **Ahornzucker**, durch: calc-s.
– **Zugluft**, nach
 ☞ *Luft - Zugluft*
– **zweiten** Tag; jeden
 ☞ *periodisch - Tag - zweiten*
– **Zwiebeln**, nach: lyc. nux-v. *Puls. Thuj.*

Dysenterie: *Acon.*$_{bg2,k,*}$ *Aeth.*$_{hr1,k}$ agar.$_{bg2}$ **Aloe**$_{c2,k}$ alst.$_{c2}$ alum.$_{c2}$ alumn.$_{hr1,k,*}$ anac.$_{hr1}$ ango.$_{c1,c2}$ ant-t.$_{hr1,k}$ *Apis* *Arg-n.*$_{bg2,k,*}$ *Arn.*$_{bg2,k,*}$ **Ars.**$_{bg2,k,*}$ ars-i.$_{hr1,k}$ ars-s-f.$_{k2}$ asc-t.$_{c2}$ *Bapt.*$_{hr1,k,*}$ bar-m.$_{hr1,k}$ *Bell.*$_{bg2,k,*}$ ben.$_{c2}$ bol-la.$_{c2}$ bol-s.$_{c2}$ *Bry.*$_{bg2,k}$ **Bufo** calc-s.$_{c2}$ calc-sil.$_{k2}$ **Canth.**$_{bg2,k,*}$ **Caps.**$_{bg2,k,*}$ *Carb-ac.*$_{c2,k}$ **Carb-v.**$_{bg2,k,*}$ **Carbn-s.** caust. cean.$_{hr1}$ *Cham.*$_{bg2,k,*}$ chap.$_{c2}$ *Chin.*$_{bg2,k}$ chinin-ar. *Cinnb.*$_{c2,k}$ cist. cit-l.$_{c2,hr1}$ clem.$_{hr1,k}$ **Colch.**$_{bg2,k,*}$ **Coll.**$_{c2,k}$ **Coloc.**$_{bg2,k,*}$ *Con.*$_{hr1,k}$ cop.$_{hr1,k,*}$ *Corn.*$_{c2,k}$ crass-r.$_{bta1}$ *Crot-c.* *Crot-h.* crot-t. cub.$_{hr1,k,*}$ cuph.$_{c2}$ cupr.$_{hr1,k}$ cupr-s.$_{c2}$ der.$_{c2}$ dig.$_{bg2,c1}$ dios.$_{c2}$ *Dirc.* diss-i.$_{bta1}$ dor.$_{c2}$ *Dulc.*$_{bg2,k,*}$ elat.$_{hr1,k,*}$ erig.$_{hr1}$ eucal.$_{c2}$ euonin.$_{c2}$ euph.$_{bg2}$ euph-a.$_{c2}$ euph-l.$_{c2}$ ferr-m.$_{c2}$ ferr-p.$_{c2}$ gamb.$_{hr1,k}$ **Gels.**$_{c2,k}$ ger.$_{c2}$ guare.$_{hr1}$ **Ham.**$_{hr1,k}$ *Hep.*$_{bg2,k,*}$ herna-p.$_{dbx1}$ *Hipp.*$_{hr1}$ *Ign.*$_{hr1,k}$ *Iod.*$_{bg2,k,*}$ **Ip.**$_{bg2,k,*}$ *Iris*$_{c2,k}$ *Kali-bi.*$_{bg2,k,*}$ *Kali-chl.*$_{hr1,k,*}$ kali-m.$_{c2,k2}$ kali-n.$_{c2}$ kali-p.$_{hr1,k,*}$ kali-sil.$_{k2}$ kreos.$_{bg2}$ kurch.$_{bnj1}$ *Lach.*$_{bg2,k,*}$ leon.$_{c2}$ lept.$_{c2,vh}$ *Lil-t.*$_{hr1,k,*}$ *Lyc.*$_{c2,k}$ **Lyss.**$_{hr1,k,*}$ **Mag-c.**$_{hr1,k}$ mag-m. *Mag-p.* mag-s.$_{c2}$ manc. **Merc.**$_{bg2,k,*}$ **Merc-c.**$_{bg2,k,*}$ *Merc-cy.*$_{c2,k}$ *Merc-d.*$_{hr1,k}$ *Mill.*$_{hr1,k}$ mons.$_{bwa3}$ mur-ac. *Nit-ac.*$_{bg2,k,*}$ *Nux-m.*$_{bg2,k,*}$ **Nux-v.**$_{bg2,k,*}$ *Op.*$_{bg2,k,*}$ *Ox-ac.*$_{hr1,k}$ pelarg.$_{c1,c2}$ *Petr.*$_{bg2,k,*}$ **Phos.**$_{bg2,k,*}$ physal-p.$_{dbx1}$ *Phyt.*$_{hr1,k,*}$ plan.$_{c2,hr1}$ plb.$_{bg2,k}$ podo.$_{c2}$ polyg-xyz.$_{c2}$ *Psor.*$_{hr1,k}$ ptel.$_{c2}$ *Puls.*$_{bg2,k,*}$ pyre-p.$_{c2}$ pyrog.$_{c2}$ ran-b.$_{k2}$ raph.$_{hr1,k}$ rat.$_{c2}$ rheum$_{c2}$ rhod. rhus-g.$_{c2}$ **Rhus-t.**$_{bg2,k,*}$ ric.$_{c2}$ *Salol.*$_{c1,c2}$ septi.$_{c1,c2}$ *Sima.*$_{c1}$ staph.$_{bg2,k,*}$ *Sul-ac.*$_{hr1,k}$ sul-i.$_{k2}$ **Sulph.**$_{bg2,k,*}$ tab.$_{bg2,hr1}$ *Ter.*$_{hr1,k,*}$ thalic-r.$_{jsx1}$ thlas.$_{c2}$ tril-p.$_{br1,c1,*}$ *Trom.*$_{hr1,k,*}$ urt-u.$_{c2}$ *Vacc-m.*$_{c1}$ vang-l.$_{bta1}$ vario.$_{hr1}$ verat.$_{bg2,k,*}$ verin.$_{c2}$ wede-n.$_{bta1}$ xan.$_{br1}$ zinc.$_{hr1,k,*}$ zinc-m.$_{c2}$ zinc-s.$_{c2}$ *Zing.*

– **nachts**: *Merc.* sulph.$_{hr1,k}$ trom.

◆ **begleitet** von:

• **Zunge**:

• **blaue** Farbe der Zunge: **Ars.**$_{kr1,vk1}$

• **Bluten** der Zunge: lach.$_{kr1,vk1}$

• **braune** Farbe der Zunge: *Ars.*$_{kr1,vk1}$ *Ham.*$_{kr1,vk1}$

• **Exkoriation** der Zunge: **Canth.**$_{vk1}$

• **rissige** Zunge: **Phos.**$_{kr1,vk1}$

• **schlaffe** Zunge: cub.$_{kr1,vk1}$

• **schwarze** Farbe der Zunge: *Lach.*$_{kr1,vk1}$

• **weiße** Farbe der Zunge: *Merc.*$_{kr1,vk1}$ *Trom.*$_{kr1,vk1}$

– **abgemagerten**, zu kleinen Kindern; bei: *Bar-m.*

– **Durst**, mit großem: acon.$_{k1,k13}$

– **Herbst**, im: asc-t.$_{c1}$

– **kalte** Füße bei Dysenterie, bis zu den Knien hinauf: aloe$_{k1}$

– **Muskelschmerzen**, mit: arn.$_{br1}$

– **septischen** Ursprungs: crot-h.$_{st}$

Einzuziehen; Verlangen, den Anus: agar.

Empfindlichkeit: *Aloe* *Bell.* berb.$_{hr1,k}$ calc. *Caust.*$_{hr1,k}$ cupr.$_{bg2}$ *Graph.*$_{hr1,k}$ *Hep.* *Lach.* lil-t. *Lyc.* **Mag-m.**$_{bg2,k}$ **Mur-ac.**$_{bg2,k,*}$ **Nit-ac.**$_{hr1,k}$ nux-v. *Podo.*$_{hr1,k}$ rat.$_{hr1,k}$ *Sep.* sil. sul-ac. syph. thuj.$_{hr1,k}$

☞ *Schmerz - wund schmerzend*

– **Stuhlgang**, nach: mag-m.$_{h,k1}$ phos.$_{h,k1}$

Empfindungslosigkeit: aloe phos.

☞ *Unbemerkter*

Entleert; wie nicht vollständig

☞ *Obstipation - ungenügend*

Entzündung: aloe alum.$_{a1,k}$ ant-c.$_{k2}$ bop-sc.$_{bta1}$ calc-p.$_{bg2}$ canth.$_{k2}$ cupr.$_{bg2}$ ferr-p. gels.$_{k2}$ *Hep.* hydr. ip.$_{k2}$ kali-bi.$_{bg1}$ kali-i.$_{a1,k}$ lip-as.$_{bta1}$ *Merc.*$_{bg2,k}$ ochn-a.$_{bta1}$ *Op.* sabin.$_{k2}$ sclero-c.$_{bta1}$ spermc-n.$_{bta1}$ *Sulph.* zing.

– **gangränös**: lip-as.$_{bta1}$ ochn-a.$_{bta1}$ sclero-c.$_{bta1}$ spermc-n.$_{bta1}$

Erschlaffter Anus: **Aloe** **Apis** apoc. ars.$_{k2}$ *Carb-v.* chin. hydr.$_{k2}$ kali-c. kali-p. mur-ac.$_{k2}$ *Petr.* **Phos.** puls. rhod. *Sec.* zing.

☞ *Offener*

– **Gefühl** von Erschlaffung des Anus nach Stuhlgang: lept. podo.

Exkoriation: *Aesc.* *Agar.* agn.$_{bg2,k,*}$ all-c. aloe$_{k2}$ alum.$_{bg2,k,*}$ am-c. am-m.$_{k2}$ ant-c.$_{bg2}$ *Apis* arg-met. *Ars.*$_{bg2,k}$ ars-s-f.$_{k2}$ asc-c. aur-m. *Bar-c.* bell.$_{bg2}$ *Berb.*$_{bg2,k}$ *Calc.* calc-s. **Caps.**$_{bg2}$ carb-an. **Carb-v.**$_{bg2,k}$ **Carbn-s.** **Caust.**$_{bg2,k}$ *Cham.* coloc.$_{bg2,k}$ dirc.$_{a1,c1}$ ferr. *Gamb.* gels.$_{bg2}$ **Graph.**$_{bg2,k}$ grat. hep. *Hydr.* *Ign.* kali-ar. kali-bi.$_{bg2}$ kali-c.$_{bg2,k}$ kali-s.$_{k2}$ lach. **Lyc.** mag-c.$_{bg2}$ *Merc.*$_{bg2,k}$ *Merc-c.* mur-ac. nat-ar. *Nat-m.*$_{bg2,k}$ *Nat-p.* *Nit-ac.*$_{bg2,k}$ nux-v.$_{bg2,k}$ *Petr.* phos.$_{bg2,k}$ *Plan.* *Podo.*$_{bg2,k}$ *Puls.* rat.$_{bg2}$ rhus-t.$_{bg2}$ *Sanic.* *Sep.*$_{bg2,k}$ **Sulph.**$_{bg2,k}$ sumb. *Syph.* *Thuj.*$_{bg2,k}$ *Tub.* urt-u. zinc.

– **Fahren**, beim:

• **Reiten**, beim: carb-an

• **Wagen**, in einem: psor.

– **reiben**, bis er roh ist; muß den Anus: *Agar.* alum. am-c. *Arg-n.* *Bar-c.* *Calc.* **Carb-v.** *Carbn-s.* **Caust.** **Graph.** kali-c. **Lyc.** *Merc.* **Petr.** phos. *Puls.* *Sep.* **Sulph.**

– **scharfe** Feuchtigkeit, durch: carb-v. *Merc-c.* *Thuj.* zinc.

– **Stuhl**, durch den: **Aloe** **Apis** *Ars.* arum-t.$_{k2}$ asc-c.$_{c1}$ *Bapt.* coloc. dirc.$_{c1}$ *Kreos.* mag-m.$_{h2}$ *Merc.* mur-ac. **Nit-ac.** nux-m. *Nux-v.* rheum sang. *Sulph.* *Tub.*

○ **Perineums**, des: alum. arum-t. aur-m. *Calc.* carb-an. *Carb-v.* *Caust.* *Cham.* **Graph.** *Hep.* ign. **Lyc.** med.$_{c1}$ *Merc.* *Petr.* puls. rhod. *Sep.* *Sulph.* thuj.

– **Rima** ani: arg-met. arum-t. *Berb.* calc. carb-v. *Carbn-s.* *Graph.* *Kreos.* nat-m. *Nit-ac.* puls. sang.$_{k2}$ *Sep.* *Sulph.*

• **Gehen**, durch: arg-met. **Caust.** graph.$_{k2}$ nat-m. *Nit-ac.*

Fäzes darin zurückbleiben würden; als ob die ●: carb-an.$_{h,k1}$ *Graph.* *Lyc.*$_{k,k12}$● nat-c.$_{a1,h.}$ **Nat-m.**$_{k,k12}$● *Nit-ac.*$_{a1,k}$ **Sep.**$_{k,k12}$● stann.$_{h,k1}$ *Verat.*

Feuchtigkeit: acon. *Aesc.*$_{a1,k}$ agar. *Aloe* *Alum.* alum-p.$_{k2}$ alum-sil.$_{k2}$ am-c. anac. **Ant-c.** apis ars. aur. aur-ar.$_{k2}$ aur-m.$_{k2}$ aur-s.$_{k2}$ bapt. *Bar-c.* *Bar-m.* bars.$_{k2}$ bell.$_{a1,k}$ *Borx.* bry. *Calc.*$_{a1,k}$ calc-p. *Calc-s.*

Feuchtigkeit: ...
calc-sil.k2 *Canth.* *Caps.* *Carb-an.*a1,k **Carb-v.**a1,k **Carbn-s.** carl. **Caust.**a1,k chel. chin. chinin-ar. clem. coc-c. coff. *Colch.* coloc.a1,k cor-r. *Dios.*a1,k dulc. ferr. ferr-ar. ferr-p. gink-b.sbd1 **Graph.** *Hell.* **Hep.**a1,k ign. kali-p.k2 *Lach.* led. lyc. med. meli. *Merc.* *Merc-c.* mill. *Mur-ac.* *Nat-m.*a1,k **Nit-ac.**a1,k *Nux-v.* *Paeon.* *Petr.* *Phos.* *Phyt.* podo. *Puls.* ran-s.a1,k *Rat.*a1,k rhus-t. **Sep.** **Sil.**a1,k spig. stann. sul-ac. **Sulph.**a1,k syph. *Thuj.*a1,k zinc. zinc-p.k2
☞ *Katarrh*
- **abends**: carb-an.a1,k dios.
- **nachts**: *Carb-v.* nat-m. sulph.h,kl
- **aashafter** Geruch: sil.h,kl
- **blutig**: alum. apisptk1 *Carl.* sabad. *Sil.* thuj.
- **brennend**: sulph.k2
- **farbig**:
  • **orange**: kali-p.k2
- **Fisch**; riecht nach: hydrog.srj2
- **Flatus**, durch: all-c. *Ant-c.* *Carb-v.* sulph.k2 zinc.
- **Heringslake**, riecht wie: *Calc.*a1,k *Med.*
- **jauchig**: *Ferr.*vh
- **klebrig**: carb-an.h,kl *Carb-v.*a1,k **Graph.** kali-bi.bg1
- **kratzend**, scharf: *Alum.* **Carb-v.** *Caust.*vh dulc. **Graph.** *Lyc.* *Merc.* *Nat-m.* *Nit-ac.* *Petr.* rhus-t. *Sep.* sil. sul-ac. **Sulph.** *Thuj.*
- **Menses**, während: **Lach.**
  • **orange**: kali-p.pd
- **modriger** Geruch: *Carb-v.*
- **scharf**: ars-s-f.k2 *Carb-v.*a1,k lach.bg1 *Merc-c.* *Nit-ac.* *Thuj.* zinc.a1,k
- **stinkend**: *Calc.*vh kali-p.k2 med.br1 paeon.vh sep.vh
- **Stuhlgang**:
  • **vor**: kali-c.
  • **nach**: bar-c.h,kl borx. *Graph.* hep.a1,h,* *Sep.*h,k stann. sumb. zinc.
- **Wein**:
  • **sauren**; durch: ant-c.k2
- **Perineum**: arg-n.bg2 carb-an. *Carb-v.*
  • **nachts**: *Carb-v.*

Fissur: acon-l.a1 aesc.hr1,k *Agn.*bg2,k,* *All-c.*hr1,k,* aloegsy1 alum.bg2,k anac.c1,gsy1 androc.srj1 ant-c. arg-met. *Ars.*hr1,k ars-s-f.k2 arum-t. berb.hr1,k calc. calc-f. *Calc-p.*bg2,k,* caps.hr1 carb-an. carc.fb,sst *Caust.*bg2,k,* **Cham.**bg2,k,* *Cund.*hr1,k cur. *Fl-ac.*hr1,k **Graph.**bg2,k,* grat.hr1,k *Hydr.*hr1,k *Ign.*hr1,k irisc2 kali-c.hr1,k *Lach.*hr1,k led.br1 med. *Merc.* merc-i-r. mez.hr1,k mur-ac. *Nat-m.*bg2,k,* **Nit-ac.**bg2,k,* *Nux-v.*hr1,k *Paeon.*bg2,k,* *Petr.*hr1,k,* *Phos.*hr1,k,* *Phyt.*hr1,k,* pip-n.c2 plat.hr1,k *Plb.*bg2,k,* *Podo.*hr1 **Rat.**hr1,k,* rhus-t.hr1,k,* **Sep.**hr1,k,* *Sil.*bg2,k,* *Sulph.*hr1,k syph.hr1,k,* **Thuj.**bg2,k,* v-a-b.jl
- **Gefühl** von Hämmern darin: *Lach.*vh
○ **Perineum**: am-c.bg1

Fistel: *Aloe* *Alum.*hr1,k alum-p.k2 ant-c. aur. **Aur-m.**hr1,k,* aur-s.k2 bar-m.bro1 bell. **Berb.**hr1,k bry. cact.hr1,k **Calc.**bg2,k,* **Calc-p.**hr1,k calc-s. calc-sil.k2 *Calen.*hr1 **Carb-v.** carbn-s. carc.sst **Caust.**bg2,k,* *Fl-ac.*hr1,k *Graph.*hr1,k *Hep.* *Hydr.*hr1,k ign.hr1,k **Kali-c.**hr1,k kali-sil.k2 *Kreos.*hr1,k *Lach.*hr1,k *Lyc.* *Merc.*hr1,k myris.bro1 **Nit-ac.**hr1,k nux-v.bro1

Fistel: ...
paeon.bro1,c2 *Petr.*bg2,k *Phos.*hr1,k puls.bg2,k rat.bro1 *Sep.*hr1,k **Sil.**bg2,k,* *Staph.*hr1,k *Sulph.*bg2,k,* *Syph.* *Thuj.*hr1,k,*
◇ **abwechselnd** mit Beschwerden der Brust: berb.bro1 calc-p.bro1 sil.bro1,k13
- **Herzklopfen**, mit: cact.ptk1
- **pulsierend**: *Caust.*hr1,k lach.k2

Flatus: *Aesc.* **Agar.**bg2,k,* **All-c.**a1,k **Aloe** *Alum.*a1,k am-c.h,kl *Am-m.*a1,k ant-c. *Ant-t.* *Apoc.* **Arg-n.** **Arn.** *Ars.* *Ars-i.* *Asaf.* asar.h,kl *Aur.*a1,k aur-i.k2 aur-m. aur-s.k2 *Bamb-a.*stb2 *Bar-c.*bg2,k bar-i.k2 bar-m. bart.a1 *Bell.*a1,k *Bism.*a1,k borx. brom.a1,k *Bry.*a1,k calad. calc.bg2,k camph.a1,k carb-ac. carb-an.bg2,k **Carb-v.**a1,k **Carbn-s.** card-m. casc.a1,k *Caust.* **Cham.** *Chel.*a1,k **Chin.** *Chinin-ar.* chlor.a1,k cic.a1,k *Coc-c.*a1,k **Cocc.** *Colch.* **Coloc.**a1,k *Con.*h,k,* cop. **Corn.** *Crot-h.* *Crot-t.*a1,k cund.a1 cycl.a1,k dict.a1 dig.h,kl **Dios.**a1,k *Dulc.*a1,k elat.a1,k euph.h,kl fago.a1,k *Ferr.*a1,k *Ferr-ar.* ferr-i. *Ferr-p.* fl-ac.bg2,k,* *Gels.*a1,k get.a1 gins.a1 gnaph. **Graph.**a1,k ham.a1,k *Hep.*bg2,k,* hydrog.srj2 hyos.a1,k **Ign.**bg2,k,* *Indg.*a1,k iod.a1,k jal.br1 *Kali-ar.* kali-bi.a1,k *Kali-c.* kali-i.a1,k kali-n.a1,k *Kali-p.* *Kali-s.* kreos.bg2 *Lach.*bg2,k lact.a1 led.a1,k *Lil-t.* **Lyc.**a1,k mag-c.a1,k *Mag-m.*a1,k *Mang.*hr1,k meny.h,kl **Merc.**a1,k merl.a1 mez.a1,k mur-ac.a1,k musaa1 *Nat-ar.* *Nat-c.*bg2,k *Nat-m.*a1,k *Nat-p.* **Nat-s.**a1,k nit-m-ac.a1 **Nux-v.**bg2,k,* **Olnd.**a1,k **Op.**a1,k ox-ac.a1,k pall.a1,k **Ph-ac.** **Phos.**a1,k phys.a1,k **Pic-ac.**a1,k pimp.a1 plat.a1,k **Plb.**a1,k *Podo.* psil.ft1 *Psor.*a1,k **Puls.**a1,k **Raph.** *Rhod.*bg2,k rhodi.a1 rhus-t.a1,k ruta sabad.a1,k samb.h,kl *Sang.* sars.h,kl *Sec.* *Sel.* *Sep.* **Sil.**bg2,k spig.a1,k **Staph.**a1,k stram. sul-ac.a1,k **Sulph.**a1,k tell.c1 tep.a1,k ter.a1 **Teucr.** *Thuj.*a1,k **Verat.** viol-t.a1 wies.a1 yuc.a1 *Zinc.*bg2,k,* zinc-p.k2
☞ *❑ Abdomen - Flatulenz*
- **agg.**: chin.ptk1 cocc.bg *Fl-ac.*bg
- **amel.**: acon. all-c. aloe ambr. anac. ant-t. *Arg-n.* arn. asaf. asar. aur. aur-s.k2 bism. borx. bry. calc-p. canth. caps. **Carb-v.** *Carbn-s.* carc.h *Cham.* chel. *Chin.* cic. *Cocc.* coff. *Colch.* *Coloc.* con. crot-t. eup-per. *Graph.* guaj. hep. hyos. *Ign.* kali-c. kali-p.k2 kali-s. kali-sil.k2 lach. laur. **Lyc.** marb-w.es1 meny. mez. nat-m. **Nat-s.** nit-ac. nux-m. **Nux-v.** ox-ac.k2 *Ph-ac.* *Phos.* plat. *Plb.* **Puls.** rheum *Rhod.* rhus-t. rumx.k2 ruta sabin. **Sang.** scop.ptk1 sel.h,vh sep.h,vh sil.h,vh *Spig.*h,vh spong.h,vh squil.h,vh **Staph.**h,vh stram. **Sulph.** teucr. thuj. *Verat.* verb. zinc. zinc-p.k2
  • **nicht** amel. durch: *Camph.*h,vh **Cham.**hr1,vh **Chin.**hr1,k graph.h,kl mang.h,kl
- **tagsüber**: aloe nat-m.a1,k ox-ac.a1,k plat.a1,k **Sulph.**a1,k
- **morgens**: **All-c.**a1,k aloe bov. bufo caust.h,kl cedr. fl-ac. hell.h,kl hep.a1,k lyc. mag-m.h,kl mag-s.a1,k **Nat-s.** nit-ac.a1,k plb.a1,k *Puls.*a1,k
  • **Erwachen**, beim: *Carb-v.*a1,k cund.a1 merc-i-f.a1 rheumh
  • **Stuhlgang**, beim: chel.a1,k

– **vormittags**: calc-p.al,k carb-an. nat-m.al,k
 • **10** h: fl-ac.
 • **Stuhlgang**, vor: fl-ac.al,k
– **mittags**: ox-ac.al,k sulph.al,k
– **nachmittags**: am-c.al,k aur-m. benz-ac.al,k carb-v.h,kl castm. cham.al,k dig.al,k fl-ac.al,k iod. mag-c.h,kl myric.al,k nat-c. nat-s.al,k nicc.al,k osm.al,k phos. plb.al,k stront-c. vichy-g.al zinc.h,kl
– **abends**: aesc.hr1,k aloe alum.h,kl am-c.h,kl carb-an.al,k castm. chel.al,k chinin-s. choc.srj3 *Colch.* crot-t.al,k fago.al,k *Gamb.*hr1,k,* kali-n.h,kl lyc.al,k nat-m.al,k nat-p.al nat-s. nicc.al,k *Ph-ac.* phos.al,k sarr. sol-t-ae.al,k stront-c. **Sulph.**hr1,k,* thuj.al,k zinc.
 • **Stuhlgang**, beim: gels.al,k
– **nachts**: all-c.al,k alum.h,kl am-c.h,kl arg-met. bry.al,k castm. coloc.al,k hep.al,k hom.c1,st ign.al,k kali-c. lyc. mag-c.h,kl ox-ac.al,k psil.ft1 sol-t-ae.al,k **Sulph.**hr1,k,* verat.al,k
 • **Herumdrehen** im Bett; beim: ammc.sys
 • **Menses**, vor den: mang.al,k
 • **Stuhlgang**, beim: psor.al,k
– **Berührung** des Abdomens; bei: squil.h,kl
– **brennend**: asc-t.al mag-m.h
– **Diarrhoe**, bei: *Agar.* **Aloe** alum-sil.k2 am-m. *Arg-n.*al,k ars.k2 asaf. borx.h bov. *Bry.* calc-i.k2 *Calc-p.* **Carb-v.** *Chin.* choc.srj3 *Colch.* *Coloc.* cub. cupr. *Dios.* **Ferr.**hr1 *Kali-c.* kali-m.k2 kali-n.h *Lach.* *Lyc.* mag-m. *Manc.* *Mur-ac.* nat-p. **Nat-s.** *Nicc.* nit-ac. nux-v. **Olnd.** *Phos.* plan. plat. podo.k2,oss psil.ft1 rhus-t.h sabin. sang. sars. sep. sil. squil. tab. zing.h
 • **Flatus**, beim ersten: kali-ar.pd
– **drückt** gegen das Steißbein: zinc.h,kl
– **Einatmen**, beim: caust.al,k
– **Essen**, nach dem: *Aloe* ant-c.al,k con.h,kl ferr-m.al gink-b.sbd1 ign.al,k op.al,k plat.al,k ran-s.al sep.al,k tab.al,k
– **feucht**: *All-c.*al,k *Ant-c.* *Carb-v.*al,k sulph.k2 *Zinc.*
– **Gehen**, beim: camph.al carbn-s.k2 coloc.al com.al crot-t.al mag-c.al,h,* sep.al,h,* thuj.al
– **geruchlos**: **Agar.** ambr.h,kl arg-n. *Bell.* carb-v. lyc. mang.h,kl nicc. *Phos.* *Plat.* **Sulph.** *Thuj.* yuc.c2 zinc.h,kl
– **heftig**: graph.h,kl
– **heiß**: acon.bg2,k,* *Agar.* **Aloe** ant-t.bg2,k,* asc-t.al bapt. *Carb-v.*bg2,k cham.bg2,k cocc.bg2,k,* dios. ferr-p.bg2 mag-m.bg2,h nux-v.bg2 ol-an.bg2 phos.bg2,k plb.bg2,k,* *Psor.* *Puls.*bg2,k *Staph.*bg2,k,* *Sulph.*bg2,k sumb.al,k *Teucr.*bg2,k,* vichy-g.al *Zinc.*bg2,k,*
– **herauskommen**, aber es kommt Stuhl; als würde Flatus: mag-m.h
– **Husten**, beim: graph.hr1 *Nux-v.*st,vh sang.bg3,ptk1 *Sulph.*hr1
– **kalt**: *Con.*h,k,*
– **kurz**: mez.h,kl plat.h,kl sabad.al squil.h,kl sul-ac.h,kl
– **laut**: acal.br1 agn.k2 **Aloe** alum. am-m.al,k **Arg-n.**al,k berb.vh calad.al,k carb-v.h,kl **Caust.**al,k coloc.al,h,* con.h,kl ferr.al fl-ac.al,k hydr.vh kali-n.al,k kali-p.k2 *Lach.* lipp.al mag-c.al,h,* marb-w.es1 merc.bg2,vh,* *Mez.*al,k **Nat-s.**al,k ox-ac. phos.al,k plan.al,k sin-a.al squil. *Teucr.* verat.h,kl *Zinc.*al,k
– **laut**: ...
 • **nachts**: **Arg-n.**vh
 • **Pneumonie**, bei: sulph.hr1
 • **Stuhlgang**:
  • **während**: *Aloe* alum-sil.k2 mur-ac.k2 **Nat-s.** *Ph-ac.* thuj.
   • **spritzendem** Stuhl, bei: **Aloe** choc.srj3 eug. **Nat-s.** *Thuj.*
  • **nach**: cench.k2 dios.br1 ox-ac.al
   • **spritzendem** Stuhl, nach: aloe ox-ac.
 • **Zucker**, nach: **Arg-n.**al,k
– **Menses**, während: clem.al,k kali-c.h,kl mag-c.al,k nicc.h,hr1,*
– **Mittagessen**, nach dem: alum.h,kl ant-c.al,k *Arg-n.*al,k *Cycl.*al,k grat.al,k hell.h,kl nat-m.al,k nit-ac.h,kl sulph.al,k verat.h,kl
– **nur** Flatus ab; beim Pressen zum Stuhl geht
 ☞ *Stuhlgang - Stuhldrang*
– **reichlich**: ars-s-f.k2 carbn-s.k2 nat-ar.k2 zinc-p.k2
– **Rücken** gespürt; im: rhod.ptk1
– **Rumoren** im Rektum: hep.bg1 sep.bg1
– **Säuglingen**; bei: arg-n.k2
– **Säuren**, nach: *Ph-ac.*
– **schwierig**: all-c.al,k anac.h,kl calc-p.al,k camph.h,kl cocc.al,k coff.al,k hep.h,kl hyos.al,k kali-c.h,kl lyss.al,k mez.al,h,* nat-s.al,k op.al,k ox-ac.al,k phos.al,k plat.al,k sil.h,kl sul-ac.al,k
– **Stuhlgang**:
 • **vor**: aesc. aloe am-m. *Apis* arg-n. asaf. bism.al calad. camph.al cocc. colch. *Crot-t.* dig. digin.al ferr. ferr-m.al fl-ac.al,k gels. hell.al hydr.al mag-c. mez.al,k nat-c.al nat-m.al,k petr.h,kl phos.h,kl phys.al plan. plat. sabad. sang.al,k sulph.al,h,*
 • **während**: *Agar.* **Aloe** alum-sil.k2 am-m.gsy1 *Arg-n.* arn.al arum-i.al asaf.al,k bamb-a.stb2 *Bry.* carb-v.al caust.h,kl *Chin.* coc-c.al cocc.al,k **Coll.** *Coloc.*al,k *Con.* *Corn.*al,k **Crot-t.** cub. erig.al eug. **Ferr.** *Ferr-m.*al fl-ac.al,k gamb.al,k gels. gink-b.sbd1 glon.al hell.al hipp. *Hydr.*al,vh,* *Ind.*vh *Indg.*al,st *Ip.*k,vh,* *Iris* mag-m.al mang. merc-i-f.al mur-ac.h,k2,* **Nat-s.** *Nit-ac.* **Olnd.** osm. pall.al *Ph-ac.* plat.h,kl **Podo.** *Psor.* ruta sabin.c1 sang.al,k **Sec.** squil.h,kl *Staph.*al,k sul-ac. *Sulph.*al tab.al **Thuj.**al,k vichy-g.al zinc. zing.
 • **nach**: aloe am-m.gsy1 cench.k2 colch.al,k *Coloc.*al con.bg1,bg2 gamb.al hep.h,kl ox-ac.
 • **Stuhldrang**, aber es geht nur Flatus ab: all-c.al *Aloe* ant-c. cain. calc-f.c1 *Carb-an.* *Carb-v.* caust.bg1,h,* chin.h,kl *Colch.* kali-n.h,kl *Lac-c.* laur. mag-c. mag-m.al,k mez.bg1 myric. nat-c.pd **Nat-s.** osm. pall.hr1 phos.pd ruta *Sang.* sep.
– **übelriechend**: *Aesc.*al,k agar.al,k *All-c.*al,k **Aloe** alum.al,k alum-p.k2 alum-sil.k2 am-m.h,kl ammc.al,k ang.al,h,* ant-c.al,k **Arn.** **Ars.**al,k ars-i. ars-s-f.k2 **Asaf.**al,k asc-t.al *Aur.* aur-ar.k2 aur-s.k2 bamb-a.stb2 bar-c.al,k bar-m. bar-s.k2 *Borx.* *Bov.*al,k **Bry.**al,k calad.al *Calc.* *Calc-p.* calc-sil.k2 camph.al,k carb-ac. *Carb-an.*al,k **Carb-v.** **Carbn-s.** **Caust.**al,k cedr.al,k cer-s.al *Chin.* chinin-ar. choc.srj3 *Cocc.* *Coff.* *Colch.*al,k *Coloc.*al,k con. cop.al,k *Corn.*al,k crot-t.al,k *Dios.*al,k dirc.al,k *Dulc.* ferr-ma. form.al,k

– **übelriechend**: ...
gent-l.a1 glon.a1,k *Graph.*a1,k hell.a1,k hipp.a1,k *Hydr.* hydrog.srj2 *Ign.*a1,k iris.c1 kali-c.h,h2,k,* kali-n.a1,k *Kali-p.* kali-s. **Lach.** lact.a1,k lec. limest-b.es1 lipp.a1 lith-c. lyc.a1,k mag-c.a1,k marb-w.es1 merc.a1,k *Mez.*a1,k mill.a1 mur-ac.a1,k nat-ar.k2 *Nat-c.*a1,k **Nat-m.**a1,k **Nat-s.**a1,k nicc.a1,k **Nit-ac.** nux-m.a1,k *Nux-v.*a1,k *Olnd.*a1,k op.a1,k petr.a1,k *Ph-ac. Phos.*a1,k phys.a1 *Plb.*a1,k *Podo. Psor.*a1,k **Puls.** ran-b.c1 rhod.a1,k rumx.a1 ruta sang.a1,k *Sanic.* sarr.a1,k sars.h,k1 sep.h,k,* **Sil.**a1,k squil.a1,k stann.a1,k *Staph.*a1,k *Stram.* **Sulph.**a1,k sumb. tell.a1,k *Teucr.*a1,k til.a1 *Valer.*a1,k wies.a1 *Zinc.*a1,k zinc-p.k2
- **morgens**:
  - **Aufstehen**; nach dem: ferr.a1
- **nachts**: kali-c.a1 lyc.a1 op.a1 sep.a1,h,*
- **ammoniakalischer** Geruch: agn.
- **Eier**; wie faule: ant-t. **Arn.** bamb-a.stb2 *Cham.* coff. fl-ac. gink-b.sbd1 *Hep.* hydrog.srj2 nat-c.h2 nat-m. olnd. *Psor.* spig.h *Staph.* **Sulph.** *Tell.*
- **Essen**, nach dem: puls.h,k1
- **faule** Eier; wie
  ☞ *Eier*
- **Fleisch**; wie faules: bamb-a.stb2
- **Käse**, wie: *Sanic.*
- **Knoblauchgeruch**: agar.bg2,h,* agn.bg2 asaf.bg2,hr1 mosch.bg2,hr1,* ph-ac.a1,bg2,* phos.bg2,hr1
- **saurer** Geruch: ammc.a1 choc.srj3 nat-c.a1,h,* nat-m.a1,h,*
- **Schreiben**, beim: ant-c.ptk1
- **Urin**, wie: agn.a1,ptk1

– **unwillkürlich**: asaf.a1 phos.
- **fast**: graph.a1,h,*

– **Zucker**, nach: **Arg-n.**a1,k

Fremdkörpers; Gefühl eines: lil-t. nat-m. rumx. sep. sulph.
☞ *Klumpens*

– **Hartes**, etwas: caust.h

Frösteln:
– **Obstipation**; bei: lac-d.c1
○ **Anus** nach dem Stuhlgang; im: kali-c.h
– **Rektum** vor dem Stuhlgang; im: *Lyc.*

Furunkel:
○ **Anus**:
- **im**: calc-p. carb-an. caust. nit-ac.k2 petr.
- **nahe** dem: caust.

Geschwüre: *Aesc.*bg2 alum.k2 **Alumn.**k,k1 aur-m.k2 bapt.k2 *Calc.* canth.bg2 caust.bg2,k **Cham.** cimx.bro1 cub. ham.k2 *Hep. Hydr.* kali-bi.bg2 kali-c. *Kali-i.* mag-c.bg2 merc-c.bg2 *Nat-s. Paeon.*bg2,k *Petr.* phos. *Phyt.* puls. ruta.k2 sars.bg2,k,* **Sil.**bg2,k staph. syph.

Gewichtes, Gefühl eines:
☞ *Abwärtszerren / Klumpens / Völlegefühl*

– **Pflock** zwischen Schamgegend und Steißbein eingekeilt; und Gefühl, als sei ein: *Aloe Cact.* caust. hep. **Sep.** sil. thuj.
○ **Perineum**: cact. **Con.** cop. graph.a1,k hydrc. puls.

Gluckern, Glucksen im Rektum: calc.bg2,k,* carb-an.a1,k hep.h,k1 laur.bg2,k,* stry.a1,k *Sulph.*a1,k

Hämorrhagie
☞ *Blutung*

Hämorrhoiden: abrot. acet-ac. acon.c2,k **Aesc.**c2,k aesc-g.c2 aeth. **Agar.** agn. alet.c2 **Aloe**c2,k alum. alum-p.k2 alumn. am-br.a1,k *Am-c.*c2,k am-m.c2,k ambro.c2 anac.c2,k anag.c2 anan. androc.srj1 ang. *Ant-c.*c2,k ant-t. *Apis* apoc. aral.c2 arg-n. arn. **Ars.** *Ars-i.* ars-met.c2 arum-t. arund.c1 aur.c2,k aur-m. aur-m-n.c2 bad.c2 bapt. *Bar-c.*c2,k bar-s.k2 *Bell.*c2,k berb. borx. bov. *Brom.* bry. *Bufo Cact. Calc.* calc-caust.c1 calc-f.c1,k2 calc-i.k2 *Calc-p. Calc-s.* cann-s. canth. *Caps.*c2,k carb-ac. **Carb-an.**c2,k **Carb-v.**c2,k carbn-s. *Card-m.*c2,k carl. cas-s.br1 casc. **Caust.**c2,k cham. *Chel.*c2,k chim. chin.c2,k chinin-ar. chr-ac. chr-o.c2 cic. cimic. *Cimx.*c2,k clem. cnic-ar.vs1 *Coca*c2,k cocc.c2,k *Coff.* colch. **Coll.**c2,k *Coloc.* con. cop.br1,c2 croc. crot-h. cycl. *Dios.*c2,k dol.br1 dulc.c2 elaps *Erig.*c2,k ery-a.c2 *Eug.* euph-a.c2 euphr. *Ferr. Ferr-ar.* ferr-m. ferr-p. ferul.c2 *Fl-ac.*c2,k galv.c2 gast.c2 gels. **Graph.**c2,k grat.c2,k **Ham.**c2,k helia.c2 *Hell. Hep.*c2,k *Hydr.*c2,k *Hyos.*st hyper.bro1,c1,* *Ign.*c2,k *Iod.*c2,k *Ip.*c2,k kali-act.c2 **Kali-ar.** *Kali-bi.* kali-br.c2 **Kali-c.**c2,k kali-chl.c2 kali-m.c2,k2 kali-n. kali-p. **Kali-s.** kiss.c2 kreos. **Lach.**c2,k lact. lam.c2 laps.c1,c2 *Lept.* lil-t. lim.c2 lina.c2 linu-c.c2 lipp.c2 lob. **Lyc.**c2,k mag-c.h *Mag-m.*c2,k mag-p.k2 manc. med. *Merc.* **Merc-i-r.**c2,k mez. mill. mosch. muc-u.c1,c2 **Mur-ac.**c2,k musa.c2 *Nat-m. Nat-s.* **Nit-ac.** **Nux-v.**c2,k **Paeon.**c2,k pen.c2 *Petr.*c2,k ph-ac. **Phos.** phys.c2,k *Phyt.*c2,k pin-s.c2 pip-n.c2 plan.c2,k plat.c2,k plb. plb-xyz.c2 *Podo.*c2,k polyg-xyz.c2 polyp-p.c2 *Psor.*c2,k **Puls.**c2,k ran-fi.c1,c2 ran-s.c2 *Rat.*c2,k rein.a1 rhodi-o-n.c2 *Rhus-t.*c2,k rhus-v.c2,k rumx. rusc-a.vs1 *Ruta Sabin. Sang.* sars.k2 saxon.br1 *Scroph-n.*bro1 sec. **Sep.** *Sil.* sin-n.c2 slag.c2 stann. *Staph.* still.c2 stront-c.c2,k *Sul-ac.* sul-i.k2 **Sulph.**c2,k sumb. syph. tep.c2 *Ter.*c2,k ther. *Thuj.*c2,k *Tub.* ulm-c.c2 verat. verat-v. verb.c1,c2 wies.c2 wye.c2 zinc. zinc-val.c2 *Zing.*

– **morgens**:
- **agg.**: aloe **Dios.** mur-ac. sabin. sulph. sumb. thuj.
- **amel.**: alum. coll.
- **Bett** agg.; im: graph. rumx.
- **wecken** ihn: aloe kali-bi. petr. sulph.

– **nachts** agg.: aesc. aloe alum. am-c. ant-c. ars. ars-s-f.k2 carb-an. carb-v. coll. euphr. ferr. graph. *Merc.* phys. *Puls.* rhus-t. **Sulph.**

◇ **abwechselnd** mit:
- **Herzklopfen**: **Coll.**
- **Lumbago**: *Aloe*
- **Rheumatismus**: abrot.ptk1 ~~calli-h.~~ptk1,xxx coll.ptk1,ptk2 sabin.ptk1

◆ **begleitet** von:
- **Schmerz**, der sich zur Leber erstreckt; stechender
  ☞ *Schmerz - stechend - erstreckt - Leber - begleitet von - Hämorrhoiden*

– **begleitet** von: ...
 • **Zunge**:
  • **Schleim** auf der Zunge; Ansammlung von: *Berb.*$_{kr1,vk1}$
  • **weiße** Farbe der Zunge: *Aesc.*$_{kr1,vk1}$
– **Abführmitteln**; nach: aloe *Nux-v.*
– **abgeschnürt**: acon.$_{c1,c2}$ *Aesc.* **Aloe** ars. *Bell. Ign.* **Lach.** *Nux-v.* **Paeon.** *Sil. Sulph.*
– **Alkoholikern**; bei: *Ars. Carb-v. Lach.*$_{vh}$ **Nux-v.** *Sul-ac.*
– **Anstrengung** agg.: bry.$_{sys}$
– **Baden**:
 • **kaltes** Baden agg.: ant-c.$_{k2}$
– **Berührung** agg.: abrot. **Bell.** berb. calc. calc-sil.$_{k2}$ carb-an. *Carbn-s.* **Caust.** graph. *Hep. Kali-c.* lil-t. lyc. merc. **Mur-ac.** nit-ac. nux-v. paeon.$_{k2}$ phos. **Rat.** sep. sil. stann.$_{h}$ sul-ac. **Sulph.** syph. **Thuj.**
 ☞ *Wischen*
 • **Gesäßbacken** auseinanderhalten; muß die: bell.$_{k2}$ paeon.$_{k2}$
– **Bewegung** agg.: apis carb-an. euphr. merc. *Mur-ac.* nat-m. puls.
– **Bier** agg.: *Aloe* bry. ferr. nux-v. rhus-t. **Sulph.**
– **Blähungen**, durch: caust.$_{h}$ zinc.$_{h}$
– **bläulich**: **Aesc.** aeth. ars. **Carb-v.** carbn-s.$_{k2}$ dios. *Ham.* **Lach.** *Lyc.* manc. **Mur-ac.** phys. *Sulph.* verat-v.
– **blind**: **Aesc.** anac.$_{gsy1}$ ant-c. *Arg-n.*$_{hr1}$ ars. asc-t.$_{a1}$ brom. *Calc-p.* caps. cham. *Coll.* coloc.$_{h}$ ferr. grat. *Ign.* nit-ac. *Nux-v.* podo. *Puls. Rhus-t. Sulph.* verat.
– **blutend**
 ☞ *Blutung*
◇ **abwechselnd** mit Rheumatismus
 ☞ ☐ *Extremitäten - Schmerz - rheumatisch - abwechselnd mit - Hämorrhoiden*
– **Bündel**, wie ein
 ☞ *Trauben*
– **chronisch**: **Aesc.** *Aloe* am-c. calc. carb-v. *Carbn-s.* caust. **Coll.** dios. graph. *Lach. Lyc.* **Merc-i-r.** *Nit-ac.* **Nux-v.** petr. *Phos.* phyt. *Podo.* **Sulph.** *Tub.*
– **Denken** daran agg.: *Caust.*
– **Diarrhoe**:
 • **unterdrückte**; durch: abrot.$_{k2}$
– **Druck** des Gesäßes agg.: kali-c.$_{k2}$ mur-ac.$_{k2}$
– **eiternd**: anan. *Carb-v. Hep. Ign. Merc.* **Sil.**
– **Entbindung** agg.: aloe$_{bro1}$ apis$_{bro1}$ ham.$_{bro1}$ *Ign.* **Kali-c.** *Lil-t. Mur-ac. Podo. Puls.* sep. *Sulph.*
– **entzündet**
 ☞ *geschwollen / Blutandrang*
– **Erregung**, bei: arg-n. gels. hyos. nat-c. nux-v. sumb.
– **Fahren** amel.: *Kali-c.*
– **Flatus** heraus tretend; beim Abgang von: *Bar-c. Mur-ac.*$_{ptk1}$ *Phos.*
– **Gehen**:
 • **agg.**: **Aesc.**$_{k,ptk1}$ agn. alum. alum-p.$_{k2}$ androc.$_{srj1}$ ars. ars-s-f.$_{k2}$ **Brom.**$_{k,ptk1}$ calc. calc-sil.$_{k2}$ **Carb-an.**$_{k,ptk1}$ **Caust.**$_{k,ptk1}$ cycl. kali-ar. kali-c. kali-m.$_{k2}$ **Mur-ac.**$_{k,ptk1}$ nit-ac. phos. phys. rumx. sep. sil. **Sulph.**$_{k,ptk1}$ sumb. ther. thuj. zinc.$_{ptk1}$

– **Gehen**: ...
 • **amel.**: **Ign.**
– **geistiger** Anstrengung, bei: *Caust.* nat-c.
– **geschwollen**: *Acon.* agar. *Aloe* alum. androc.$_{srj1}$ ant-c.$_{k2}$ apoc. arg-n. ars. *Bell.* carb-v. *Carbn-s.* *Caust. Cham.* graph.$_{vh}$ ham.$_{k2}$ *Hep.* **Kali-c.** kali-m.$_{k2}$ kali-n. kali-p.$_{k2}$ *Merc. Mur-ac.* **Nux-v.** **Paeon.** podo. *Puls. Rhus-t.* sil. *Sulph.* verat-v. zing.
– **geschwürig**: aesc.$_{k2}$ alumn.$_{k2}$ *Cham. Hep.* **Ign.**$_{st}$ kali-c. kali-sil.$_{k2}$ *Lach.* nit-ac. *Paeon.* phos. **Sil.** staph. syph. zinc.$_{ptk2}$
– **gestielt**: nit-ac.
– **groß**: **Aesc.** agar. **Aloe** alum. ang. arn. ars. ars-s-f.$_{k2}$ bry. *Cact. Calc.* caps. **Carb-an.** *Carb-v. Carbn-s.* **Caust.** clem. *Coloc.* cycl. *Dios.* euphr. *Ferr.* ferr-ar. gal-ac. *Graph.* **Ham.** kali-ar. **Kali-c.** kali-m.$_{k2}$ kali-n. kali-s. *Lach.* lyc. manc. *Merc. Mur-ac.* nat-m. **Nit-ac.** **Nux-v.** *Podo. Puls.* sep sul-ac. **Sulph.** thuj. *Tub.*
– **hart**: ail. alum. am-br.$_{a1,k}$ androc.$_{srj1}$ **Caust.** *Lach. Lyc.* phys. *Sep.*
– **Husten** agg.: caust.$_{ptk1}$ ign.$_{ptk1}$ *Kali-c.*$_{ptk1}$ lach.$_{ptk1}$
– **juckend**
 ☞ *Jucken - Hämorrhoiden*
– **kalte** Anwendungen:
 • **amel.**: aloe$_{k,ptk1}$ brom.$_{k,ptk1}$ kali-c.$_{ptk1}$ nux-v.$_{ptk1}$ rat.$_{ptk1}$
– **Kindern**, bei: *Mur-ac.*
– **Klimakterium**, im: **Lach.**$_{vh}$
– **Menses**:
 • **vor**: cocc. phos. puls.
 • **während**; agg.: *Aloe* am-c. calc. *Carb-v. Carbn-s.* cocc. *Coll. Graph. Ign. Lach* lyss. phos. *Puls. Sulph.*
 • **nach**; agg.: cocc.
 • **unterdrückten**; bei: phos. *Sulph*
– **Milch** agg.: *Sep.*
– **Pneumonie**, mit: hyper.$_{c1}$
 • **Tendenz** zu Pneumonie; mit: hyper.$_{c1}$
– **pulsierend**, pochend: ham.$_{k2}$ lach.$_{k2}$
– **Quecksilber**; nach Mißbrauch von: *Hep. Sul-ac.*
– **Rheumatismus** nachläßt; nachdem der: abrot.
– **schmerzhaft**: dios.$_{br1}$ mag-m.$_{br1}$ mur-ac. nit-ac. paeon. staph.
– **Schwangerschaft**; während der: *Aesc. Am-m.* ant-c. ars.$_{j5}$ *Caps.* carb-v.$_{j5}$ *Coll.* ham.$_{k2}$ *Lach. Lyc.* mur-ac.$_{h,ptk1}$ *Nat-m. Nux-v.* puls.$_{j5}$ sep.$_{k,ptk1}$ *Sulph.*
– **Sitzen**:
 • **amel.**: ars.$_{bg1}$ calc.$_{bg1}$ ign.$_{bg1}$ lach.$_{bg1}$
– **Stehen** agg.: *Aesc. Am-c. Caust. Sulph.*
– **Stuhlgang**:
 • **verhindert**: *Aesc. Caust. Lach. Paeon.* sul-ac. *Thuj.*
– **Trauben**, in: aloe$_{ptk1,vh}$ calc.$_{ptk1}$ dios.$_{ptk1,vh}$ mur-ac.$_{ptk1}$
– **treten** hervor:
 ☞ *äußerlich*
 • **Stuhlgang**:
  • **während**: aesc.$_{vh}$ alum-p.$_{k2}$ alumn. *Am-c.* ang.$_{c1,h}$ ars.$_{k2}$ *Bar-c.* brom.$_{k2}$ *Calc.* **Calc-p.** calc-sil.$_{k2}$ fl-ac. *Kali-bi. Kali-c. Lach.* lil-t.$_{k2}$

– **treten** hervor - **Stuhlgang - während**: ...
*Lyc.*bg2 *Mur-ac. Nit-ac.* ph-ac. phos. plat. **Rat.** *Rhus-t.* sep.h *Sil.*
• **nach**: dios.brl fl-ac.k2
• **Urinieren**:
• **beim**: aloe **Bar-c.** *Bar-m.* canth. *Kali-c.* merc. *Mur-ac.* nit-ac.
• **nach**: merc.
– **übelriechend** (= stinkend): carb-v. manc. med.
– **unterdrückt**: aloest am-m.st apisst ars. *Calc. Caps.*k,k1,* carb-v. *Coll.*krl,sfl,* cupr. euphr. *Ign.*krl lycps-v.cl *Mill.*krl,st **Nat-m.**krl,st **Nux-v. Op.**krl,st phos. puls. ran-b.st **Sulph.**
– **Wärme** amel.; äußerliche: *Ars. Mur-ac. Sep.*vh
– **Wein**:
• **saurer** Wein agg.: ant-c.k2
– **Wetter**:
• **warmem** Wetter, bei: nit-ac.
• **amel.**: *Aesc.*
– **Wischen** nach dem Stuhlgang agg.: **Aesc. Graph. Mur-ac. Paeon.** puls. *Sulph.*
☞ *Berührung*
– **Zirrhose**, mit
☞ *□ Abdomen - Zirrhose - Hämorrhoiden*
○ **äußerlich**: abrot. **Aesc.** all-c. **Aloe** alum. alum-sil.k2 *Am-c.* anac. *Ang.* ant-c. apis apoc. arn. ars. ars-i. ars-s-f.k2 aur. aur-ar.k2 aur-i.k2 aur-s.k2 *Bar-c.* bar-i.k2 *Bar-m.* bar-s.k2 berb. *Brom.* bry. cact. *Calc. Calc-p.* calc-s. caps. carb-ac. carb-an. carb-v. *Carbn-s. Caust. Coll.* coloc. dios.brl,k *Ferr. Ferr-ar.* ferr-i. ferr-p. fl-ac. *Gran. Graph.* grat. **Ham.** *Hep.* hyper.bgl,pd *Iod.* kali-ar. kali-c. kali-m.k2 kali-n. kali-p. kali-s. kali-sil.k2 **Lach.** *Lyc.* med. *Merc.* **Mur-ac.** nat-m. *Nit-ac.* nux-v. *Paeon.* ph-ac. *Phos.* phys. *Plat. Podo. Puls.* **Rat.** *Rhus-t.* rumx. scroph-n.brol *Sep. Sil.* sul-ac. **Sulph.** *Ter.* thuj. *Tub.* verat. zinc. zinc-p.k2
☞ *treten hervor*
– **innerlich**: *Aesc. Alum.* ant-c. arn. **Ars.** borx. **Brom.** *Calc. Caps.* caust. **Cham.** cimic. **Coloc.** hep. **Ign.** kali-ar. kali-c. kali-p. kali-s. *Lach.* lyc. nit-ac.k2 **Nux-v.** *Petr. Ph-ac. Phos. Plan.* **Podo. Puls.** *Rhus-t.* sep. stront-c. **Sulph.** *Ter.* verat.

Hautausschläge:

○ **Anus**; um den: *Agar.* am-c. am-m. ant-c. ars. berb. *Calc.* carb-an. carb-v. carbn-s. *Caust. Graph. Hep.* ign. kali-c. lyc. med. merc. **Nat-m.** *Nat-s.* **Nit-ac. Petr.** psor.k2 sep. *Staph. Sulph.* thuj. tub.tl
• **Bettwärme** agg.: *Petr.*
• **Blasenausschlag**: androc.srjl brom. carb-an.h carb-v. nat-m.k2
• **Blut** oder Eiter; mit Absonderung von: calc-p.k2
• **brennend**: ars. calc. petr.h
• **Ekzem**: berb.ptkl
• **Exanthem**; flüchtiges:
• **Kindern**; bei:
• **Neugeborenen**; bei: **Med.**brol,cl,*
• **Flecken**: carb-v. stann. *Staph. Thuj.*
• **Furunkel**: ant-c.cl calc-p.k2
• **geschwürig**: kali-c.

Hautausschläge - Anus: ...
• **herpetisch**: *Berb. Graph.* lyc. *Nat-m.* **Petr.**
• **juckend**: ars. cinnb. lyc. **Petr.** staph. sulph.
• **Kindern**; bei:
• **Neugeborenen**; bei: med.cl
• **Krusten**, Schorfe: berb.
• **Pickel**: *Agar.* brom. carb-v. *Cinnb.* kali-c. kali-i. nit-ac. staph.
• **Pusteln**: am-m. calc. caust.
• **schuppig**: *Petr.*
• **stechend**, fein: kali-c.h nit-ac.
– **Perineum**: brom. graph. *Petr.* sars. *Sulph.* tell. tep.
• **Furunkel**: alum.gsyl ant-c.
• **Herpes**: kali-c. **Petr.** tell.
• **Kindern**; bei:
• **Neugeborenen**; bei: med.cl
• **Pickel**: nit-ac. sep. sul-ac. sulph.
• **trocken**: *Petr.*

Hitze: **Aesc.**bg2,k,* agar. all-s.al **Aloe** apis ars. aster.al bamb-a.stb2 berb. bry. calc-p. clem.al,k colch. *Con.*bg2,k cycl.al,k *Eup-per.* glon. iod.al,k jac-c.al kurch.bnjl *Lach.* lil-t.al,k *Merc. Merc-c.* naja nat-m.al,k nit-ac.bg2,k,* phyt.al,k podo.cl *Rat. Rumx.* sep. sul-i.k2 sulph.
– **morgens**: glon.
• **Aufstehen**, beim: glon.
– **mittags**: agar.
– **nachmittags**: cycl.al,k
– **Stuhlgang**:
• **während**: *Aloe* ant-t. form. *Glon.* **Podo.**
• **nach**: calc.h,kl calc-s. caps. euphr. sol-t-ae. zinc.
– **Urinieren**, nach dem: rhus-t.al,k
○ **Perineum**: alum. aur.al,k

Inkontinenz
☞ *Unbemerkter / Unwillkürlicher*

Jucken: acon.bg2,k,* acon-l.al **Aesc.**al,k **Agar.**bg2,k,* agn. *All-c.* **Aloe** *Alum.*h,k,* alum-p.k2 alum-sil.k2 alumn.al,k **Am-c.**bg2,k,* *Am-m. Ambr.*bg2,k,* anac.h,k,* anag.al anan. androc.srjl ang.bg2,h,* *Ant-c.*bg2,k,* apis apoc.al,k arg-met. *Arg-n.*bg2,k,* *Ars.*bg2,k,* *Ars-i.* ars-s-f.k2 aur.bg2 aur-s.al,k bar-c.bg2,k bar-i.k2 bar-m. bar-s.k2 *Bell.*bg2,k,* *Berb.*al,k borx. bov.al,k brom. bry.bg2,k,* bufo cact.al,k cadm-i.brol cain. **Calc.**bg2,k,* *Calc-ar.* calc-f.k2 *Calc-i.*k2 *Calc-p.*al,k **Calc-s.** calc-sil.k2 cann-s.al *Caps.*bg2,k,* carb-ac.al,k **Carb-v.**bg2,k,* **Carbn-s.** card-m. *Carl.*al,k **Caust.**bg2,k,* cench.k2 cham.bg2,k,* *Chel.*bg2,k,* chin.bg2,k,* chinin-ar. chinin-s. *Cic.*bg2,k *Cina* cinnb. cist. *Clem.*al,k coc-c.al,k cocc.bg2,k,* coff. *Colch.*bg2,k,* *Coll.* coloc.bg2,k,* con.bg2,k,* cop.brl *Croc.*bg2,k crot-t.al,k cub.cl cupr.bg2,h,* del.al dict.al dios.al,k *Dulc.* elaps elat.hrl *Euph.*bg2,k,* eupi.al ferr.bg2,k,* ferr-ar. ferr-i.k2 ferr-m.hrl,k ferr-ma.al,k ferr-p. ferul.al **Fl-ac.**bg2,k,* gink-b.sbdl *Gran.*bg2,k,* **Graph.**bg2,k,* grat.bg2,k,* *Ham.*al,k hep. hydrc.al,k *Ign.*bg2,k,* *Iod.*bg2,k,* *Ip.* jac-c.al,k jug-r.al,k *Kali-ar.* kali-bi.bg2,k **Kali-c.**bg2,k,* kali-m.k2 kali-n.al,k kali-p. **Kali-s.** *Lach.*al,k laur.al,bg2 led. lil-t. lipp.al

Jucken: ...
lith-c. **Lyc.**bg2,k,* mag-c. *Mag-m.* med. meny.bg2,h,* *Merc.*bg2,k,* merc-c.a1,bg2 merl.a1 *Mez.*bg2,k,* *Mill.* morph.a1,k *Mur-ac.*bg2,k,* naja *Nat-ar.* **Nat-c.**bg2,k,* *Nat-m.*bg2,k,* *Nat-p.*a1,k nat-s.a1,k **Nit-ac.**bg2,k,* **Nux-v.**bg2,k,* op.bg2,k,* ox-ac.a1,k *Paeon.* *Petr.*bg2,k ph-ac.bg2,k phel.a1,k phos.c2,k pin-s.a1 *Plat.*bg2,k,* plb.bg2,k prun.a1,k psor.bg2,k,* **Puls.**bg2,k ran-s.bg2,k,* *Rat.* rhodi.a1 rhus-t.bg2,k,* *Rhus-v.*a1,k *Rumx.* *Ruta* *Sabad.*bg2,k,* sabin. sapin.a1 *Sars.*bg2,k sec.a1,k seneg.bg2 *Sep.*bg2,k,* serp.a1,k *Sil.*bg2,k,* sin-a.a1,k *Spig.*bg2,k,* spira.a1 *Spong.*bg2,k squil.bg2,k,* *Stann.*bg2,k,* *Staph.*bg2,k,* *Sul-ac.*bg2,k *Sul-i.*k,k2,* **Sulph.**bg2,k,* syph. tab.bg2,k,* tell.a1 *Teucr.*bg2,k *Thuj.*bg2,k,* *Tub.* uran-n.c2 urt-u.a1,k valer.bg2 verb.c1 wye.a1,k *Zinc.*bg2,k,* zing.

– **tagsüber**: **Sulph.**a1,k
– **morgens**: agar. carb-v. carbn-s. cench. jac-c.a1,k lach.a1,k laur.a1 nat-m.a1,k *Sulph.*a1,k
  • **Bett**, im: carb-v.a1,k
– **vormittags**: dios.a1,k paeon.
– **abends**: alumn.a1,k borx. *Calc-p.*a1,k cham. croc.a1,k *Iod.* kali-bi.a1,k kali-c.h,kl lyc.a1,k nux-v.a1,k phos.a1,k *Plat.*a1,k *Puls.* ran-s.a1,k sil.a1,k sin-a.a1 *Sulph.*a1,k thuj.a1,k zinc.a1,k zinc-p.k2
  • **Bett**, im: ant-c. cain. calc-p.a1,k cinnb. *Ign.*a1,k *Lyc.* *Nat-m.* petr. plat. sin-a.a1 *Sulph.* *Teucr.*
– **nachts**: agar.a1,k aloe alum. alumn. ant-c.a1,k calc-f.a1,k carbn-s. coff.bro1 con.h,kl *Ferr.*a1,k fl-ac. *Ign.* indg.c1 kali-i.a1 mosch.bg1 *Nat-p.* petr. phos. rhus-v.a1,k sapin.a1 *Sulph.*a1,k
  • **Mitternacht**, vor: thuj.a1,k
◇ **abwechselnd** mit Jucken im Ohr: sabad.
– **Abendessen**, nach dem: kali-c.h,kl
– **Absonderung** von Feuchtigkeit; nach: *Sulph.*a1,k
– **Askariden**, durch: anth.c1 *Calc.* calc-f. chin. *Ferr.*hr1,k graph.h,kl ign. indg.c1 laur.c1 mez.c1 *Nat-p.* nit-ac.h,kl *Sabad.* sin-a. sulph.h,kl *Teucr.* *Urt-u.*
– **brennend**: *Agar.* aloek2 *Alum.* ant-c. ars.k2 *Berb.* bufo calc. carbn-s. chin.a1,k cocc.a1,k cop.a1 *Dulc.*hr1 euph.h,kl gink-b.sbd1 gran.a1 *Iod.* jug-r.a1,k kali-c. limest-b.es1 lyc.a1,k merl.a1 mur-ac. nat-c.a1,h,* *Olnd.* paeon. rhus-v. sars.a1,k **Sulph.**a1,k *Thuj.*
  • **Reibung**; nach: cic.c1
– **Bücken**, beim: arg-met.
– **Fahren** oder Reiten, beim: bov.a1,k
– **Fluor**, durch: cop.br1
– **Gehen**, beim: aesc. kali-bi. nat-m. nit-ac. nux-v. phos.
  • **Freien**, im: arg-met. bell.h nit-ac.
– **Hämorrhoiden**, durch: cop.br1
– **heftig**: aloek2
– **kaltes** Bad amel.: aloe caust. fl-ac.
– **Kindern**, bei: ferr.bro1
– **Koitus**, nach: anac.h,k,*
– **Kratzen** agg.: *Agar.* *Alum.*h,k,* alum-sil.k2 arg-met. ars. bar-c. calc. *Caps.* carb-v. *Caust.* chel. con. merc. *Mez.* mur-ac. nat-c. petr. ph-ac. phos. **Puls.**k,st rhus-t. rhus-v. sep. *Sil.* stann. *Staph.* **Sulph.**

– **Menses**:
  • **vor**: graph.ptk1
  • **während**: carb-v. phos.h
– **Mittagessen**, nach dem: caust.h,k,*
– **Reiben** agg.: *Alum.* petr.
– **Schlaf**:
  • **nach**: carb-v.h,kl *Lach.*
  • **Einschlafen**, beim: petr.
  • **verhindert**: merc.pd
– **Schmerz**, endet in: *Zinc.*
– **schmerzhaft**: bell.h,kl
– **schrecklich**: slagc1
– **Sitzen**, im: jac-c.a1,k *Staph.*a1,k sulph.h,kl
– **Stuhlgang**:
  • **vor**: euph.h,k,* sin-a.a1 *Spong.*
  • **während**: kali-c. merc. mur-ac. nat-m.a1,k phos. pic-ac.a1,k sil. spira.a1 *Sulph.*a1,k teucr. zinc.ptk2
  • **nach**: agar.a1,k aloe alum. berb. bov. cain. calc. carb-v. carbn-s. clem.a1,k *Euph.* eupi.a1,k glech.bg1 *Kali-c.* kali-m.k2,ptk1 kali-sil.k2 lyc. mag-m.a1,k *Merc.* *Mur-ac.* *Nat-m.*a1,k nicc.a1,k nit-ac.a1,k pic-ac.a1,k plat. ptel.a1,k sec.a1,k *Sil.*a1,k sin-a.a1 spira.a1 *Staph.* sulph. tell.a1,k,* ter. *Teucr.* thuj.a1,k zinc.a1,k,*
    • **amel.**: clem.
  • **Stuhldrang**, bei: euph.h
– **warmen** Bett, im: *Alum.* cain. calc-p. carb-v. *Ign.* *Lyc.* *Nat-p.* *Petr.* *Sulph.* *Teucr.*
– **wollüstig**: *Agar.* *Alum.* ambr. arg-met. *Carb-v.* cina merc. mur-ac. petr. plat. *Puls.* sep. *Sil.* spig. **Sulph.**
▽ **erstreckt** sich beim Stuhlgang in die Harnröhre: thuj.a1,k
○ **Anus**; um den: agn. bamb-a.stb2 *Berb.* bry. bufo-s. calc-act.c2 cop.c2 cortiso.gse euph.h *Fl-ac.* lyc. *Mez.* nat-s. *Nux-v.* op. pen.bro1 **Petr.** phos.c2 pin-s.c2 psor.c2 ran-s.c2 rham-f.c2 rhodi-o-n.c2 serp. sin-a.c2 slagc2 staph.c2 **Sulph.** tarax. *Teucr.*c2 uran-n.c2 *Verb.*c2
  • **nachts**; weckt ihn: indg.br1
  • **warmen** Bett; im: *Petr.*
  • **wollüstig**: bamb-a.stb2
– **Perineum**: agar.a1 agn.a1 *Alum.*a1,k ang. ars. bell.a1,k cann-s.a1,k canth.a1,k carb-v.a1,k *Chel.* cina con.a1,k *Fl-ac.*a1,k gran.a1,k ign.a1,k kali-c.a1,k mur-ac.a1,k nat-c.a1,k *Nat-s.*a1,k nux-v.a1,k **Petr.** plb.a1,k *Sars.*a1,k seneg. **Sulph.**a1,k tarax.a1,h,* tep.a1,k thuj.a1,k
  • **vormittags**: thuj.a1,k
  • **nachts**: *Carb-v.*a1,k con.h,kl kali-c.a1,k petr.
  • **Berührung**, bei: *Carb-v.*a1,k
  • **Gehen**, beim: ign.a1,k
  • **Kratzen**:
    • **agg.**: alum.h,k,*
    • **nach** dem Kratzen; Schmerz: alum.h,k,* tarax.h,kl
  • **Stuhlgang**:
    • **während**: *Sulph.*
    • **nach**: tell.bg1

Kälte im Anus: all-c. androc.$_{srj1}$ kali-bi.$_{a1,k}$ nat-m.$_{a1,k}$ sil.$_{a1,k}$ sulph.$_{a1,k}$
– **nachmittags**: kali-bi.$_{a1,k}$
– **Erwachen**, nach dem: nat-m.$_{a1,k}$ sulph.$_{a1,k}$
– **Flatus** und beim Stuhlgang; bei Abgang von: *Con.*
– **Gehen** im Freien, nach: sil.$_{a1,k}$
– **Tropfen**, kalte: cann-s.

Katarrh des Rektums: acon.$_{k2}$ aloe$_{k2}$ alum.$_{k2}$ *Arg-n.* aur. kali-ar.$_{k2}$ kali-m.$_{k2}$ *Nit-ac.* petr.$_{k2}$
☞ *Feuchtigkeit*

Kitzeln
☞ *Jucken*

Klumpens; Gefühl eines: aloe anac. apoc. bamb-a.$_{stb2}$ bry. cann-i.$_{a1,k}$ *Caust.* chin.$_{bg1,bg2}$ crot-h.$_{bg1,bg2}$ *Crot-t.* gamb.$_{bg1,bg2}$ hell.$_{bg1,bg2}$ hydrog.$_{srj2}$ *Kali-bi.* *Lach.* lil-t. med. nat-c.$_{bg1,bg2}$ *Nat-m.* phos.$_{bg1,bg2}$ plat.$_{bg1,bg2}$ rumx. sacch. sang. sarr. **Sep.** *Sil.* sul-ac.$_{bg1}$ sulph. ther. thuj.$_{bg1,bg2}$
☞ *Fremdkörpers / Gewichtes*
– **Menses**, während: *Sil.*
– **Sitzen** agg.: cann-i. kali-bi. lach. nat-m.
– **Stehen** agg.: *Lil-t.*
– **Stuhlgang**:
• **vor**: *Lach.*
• **nicht** amel. durch: **Sep.**
○ **Perineum**: arg-n.$_{bg1}$ **Chim.**$_{hr1,kl,*}$ ~~chin.$_{kl,xxx}$~~ *Ther.*$_{pd}$
• **Sitzen**, im: chim.$_{ptk2}$
– **Schließmuskels**; hintere Seite des: med.$_{br1}$

Kondylome: *Arg-n.* aur.$_{hr1,k}$ *Aur-m.* aur-s.$_{k2}$ benz-ac.$_{hr1,k}$ *Caust.* **Cinnb.** *Euphr.*$_{hr1,k}$ jac-c.$_{hr1,k}$ kali-br.$_{bro1}$ *Lyc.*$_{hr1,k}$ merc. *Merc-d.* *Mill.*$_{hr1,k}$ *Nat-s.* **Nit-ac.**$_{bg2,k,*}$ petr.$_{hr1,k}$ phos. sabin.$_{bg2,k}$ sep.$_{hr1,k}$ staph.$_{bg2,k,*}$ sulph.$_{hr1,k}$ syph.$_{k2}$ **Thuj.**$_{bg2,k,*}$
– **blumenkohlartig**: sabin.$_{k2}$
– **blutend**; reichlich: *Mill.*
– **empfindlich**; extrem: **Staph.**
– **flach**: *Euphr.*$_{hr1,k}$ sulph.$_{hr1,k}$ **Thuj.**$_{hr1,k}$
– **juckend**: euphr.$_{h,kl}$
– **stechend**: euphr.$_{h,kl}$ thuj.$_{h,kl}$
• **Berührung**, bei: euphr.$_{h}$
– **wund**: benz-ac. *Thuj.*

Kotstauung (= Koprostase): sel.$_{k2}$

Krampf
☞ *Zusammenschnürung*

Krebs: agn.$_{bro1}$ *Alum.*$_{hr1,k}$ alumn.$_{bro1,gm1,*}$ carb-v.$_{vh}$ graph.$_{vh}$ *Kali-c.*$_{vh}$ laur.$_{c1,ptk1}$ lyc.$_{vh}$ mur-ac.$_{vh}$ *Nit-ac.*$_{hr1,k}$ paeon.$_{gm1}$ phyt.$_{c2,gm1,*}$ rat.$_{gm1}$ ruta sang.$_{bro1}$ sep.$_{c2,ks}$ sol-t-ae.$_{gm1}$ spig.$_{bro1,c2,*}$ thiosin.$_{gm1}$ toxi.$_{gm1}$

Kribbeln: ambr.$_{c1}$ *Carb-v.* *Colch.* ferr-ma. plat. rhus-t.$_{c1}$ sabin.$_{c1}$ ter.
– **abends**: plat.
– **Stuhlgang**, beim: *Carb-v.*

Kugel im Rektum; Gefühl einer
☞ *Klumpens*

Lähmung: acon. aeth. agar. aloe *Alum.* alum-p.$_{k2}$ alum-sil.$_{k2}$ alumn.$_{k2}$ arn. ars. ars-i. ars-s-f.$_{k2}$ atro. *Bar-m.* *Bell.* bry. *Calc.* caust. chin. chinin-ar. cocc.$_{k2}$ coll. coloc. con.$_{k2}$ cupr. ferr. ferr-ar.$_{k2}$ *Gels.* *Graph.* hydr.$_{k2}$ *Hyos.* kali-ar. kali-c. kali-m.$_{k2}$ kali-p. lac-d.$_{k2}$ *Laur.* mag-c.$_{k2}$ manc. **Mur-ac.** nat-c.$_{k2}$ nat-m. nux-v.$_{k2}$ ph-ac. **Phos.**$_{k,k2}$ **Plb.** puls. rhus-t. **Sec.** sel. **Sil.** stann.$_{k2}$ sulph. syph.$_{k2}$ *Tab.*$_{c2,k}$ tarent. thuj. verat.
☞ *Untätigkeit*
– **Gefühl** von: **Aloe** calc-sil.$_{k2}$ graph. kali-c. petr. ph-ac. rhod.$_{bg1}$ sabad.$_{a1,k}$

Langsame Tätigkeit des Rektums
☞ *Untätigkeit*

Leere:
– **Gefühl** von Leere: podo.$_{c1}$

Lienterie
☞ *❑ Stuhl - Unverdaut*

Nase; mit Beschwerden der: calc.$_{bg1}$

Obstipation (= Verstopfung): abies-n.$_{br1,k}$ *Abrot.* acet-ac.$_{k2}$ **Aesc.** *Aeth.* *Agar.* *Agn.* alet. *Aloe* **Alum.** alum-p.$_{k2}$ alum-sil.$_{k2}$ **Alumn.** *Am-c.* *Am-m.* *Ambr.* ammc. amph.$_{a1}$ *Anac.* anan. anders.$_{bnj1}$ androc.$_{srj1}$ *Ang.* ant-c. **Apis** *Arg-met.* *Arg-n.* arn. **Ars.** *Ars-i.* arund. asaf. asc-c. asc-t. aster. *Aur.* aur-ar.$_{k2}$ aur-i.$_{k2}$ aur-m. aur-s.$_{k2}$ bad. *Bar-c.* bar-i.$_{k2}$ *Bar-m.* bar-s.$_{k2}$ bell.$_{h}$ *Berb.* bol-la. borx. bov. brach. **Bry.** *Cact.* calad. **Calc.** calc-f.$_{gm1,k2}$ calc-i.$_{k2}$ *Calc-p.* *Calc-s.* calc-sil.$_{k2}$ camph. cann-s. caps.$_{h}$ *Carb-ac.* *Carb-an.* *Carb-v.* **Carbn-s.** carc.$_{jl2,tp1,*}$ *Card-m.* cas-s.$_{br1,c1}$ casc. caul. **Caust.** *Chel.* *Chim.* *Chin.* chinin-ar. chinin-s. chr-ac. cic.$_{c1}$ cimx. cina **Clem.** *Coca* **Cocc.** **Coff.** colch. **Coll.** *Coloc.* **Con.** *Cop.* cor-r. cortiso.$_{gse}$ *Croc.* *Crot-c.* *Crot-h.* crot-t. cub. cupr. cycl. *Daph.* *Dig.* *Dios.* dol.$_{br1,bro1}$ *Dulc.* *Elaps* ery-a. euon. eup-per.$_{k2}$ euph.$_{h}$ *Ferr.* *Ferr-ar.* *Ferr-i.* ferr-p. *Fl-ac.* *Form.* gal-ac.$_{c1}$ *Gamb.* granit-m.$_{es1}$ **Graph.** *Guaj.* ham.$_{k2}$ *Hell.* hep. hippoz. *Hydr.* *Hydrc.* hydrog.$_{srj2}$ hyos. *Hyper.* *Ign.* *Iod.* *Iris* jab. jac-c. *Jatr-c.* *Kali-ar.* *Kali-bi.* *Kali-br.* *Kali-c.* *Kali-chl.* *Kali-i.* kali-m.$_{k2}$ kali-n.$_{h}$ kali-p. *Kali-s.* kali-sil.$_{k2}$ *Kreos.* **Lac-d.** **Lach.** lact-v.$_{c1}$ *Laur.* led. *Lept.* *Lil-t.* limest-b.$_{es1}$ luna$_{kg1}$ **Lyc.** lycps-v. *Mag-c.* **Mag-m.** mag-s. *Manc.* mang. marb-w.$_{es1}$ med. meli. *Meny.* *Merc.* merc-c. *Merc-i-f.* **Mez.** mom-f.$_{jsx1}$ *Mosch.* *Mur-ac.* murx. musa$_{a1,c1}$ myric. naja *Nat-ar.* *Nat-c.* **Nat-m.** nat-p. nat-s. nicc. **Nit-ac.** *Nux-m.* **Nux-v.** nyct.$_{br1}$ **Oena.** olnd. **Op.** osm. *Ox-ac.* paeon. pall. petr. ph-ac. **Phos.** *Phyt.* **Plat.** **Plb.** *Podo.* *Psor.* *Ptel.* *Puls.* *Pyrog.* quer-r.$_{c1}$ ran-b.$_{c1}$ *Raph.* *Rat.* rhus-t. rob. **Ruta** *Sabad.* *Sabin.* sang. **Sanic.** *Sars.* *Sec.* secret.$_{bwa3}$ *Sel.* *Seneg.* **Sep.** **Sil.** sol$_{c1}$ spig.$_{h}$ *Spong.* squil. *Stann.* **Staph.** **Stram.** **Stry.** *Sul-ac.* sul-i.$_{k2}$ **Sulph.** sumb. syph.$_{c1,k2}$ *Tab.* *Tarent.* tell. *Ter.* thal-s.$_{c1}$ *Ther.* **Thuj.** tril-p. *Tub.*$_{k2}$ tub-m.$_{vn,zs,*}$ urt-u. ust. v-a-b.$_{jl}$ vario. **Verat.** *Verb.* vesp. *Vib.* viol-o. **Zinc.** zinc-fcy.$_{a1}$ zinc-p.$_{k2}$
☞ *Untätigkeit*

– **morgens**: xan.$_{c1}$
– **abends**: granit-m.$_{es1}$
◇ **abwechselnd** mit:
• **Diarrhoe**
☞ *Diarrhoe - abwechselnd mit - Obstipation*
◆ **begleitet** von:
• **Anämie**
☞ ❑ *Allgemeines - Anämie - begleitet von - Obstipation*
• **Lähmung**; einseitige
☞ ❑ *Allgemeines - Lähmung - eine - begleitet von - Obstipation*
• **Neuralgie**
☞ ❑ *Allgemeines - Schmerz - neuralgisch - begleitet von - Obstipation*
• **Würmer** bei Kindern; Beschwerden durch
☞ *Würmer - Beschwerden - begleitet von - Obstipation - Kindern*
• **Zunge**:
• **reine** Zunge: *Nat-m.*$_{kr1,vk1}$
• **schwarze**: *Lach.*$_{kr1,vk1}$
• **weiße**: *Kali-s.*$_{kr1,vk1}$
– **Abführmitteln** herbeigeführt werden kann; agg. nach Stuhlgang, der nur mit: **Coll.**$_{vh}$
– **Abmagerung**, mit: kreos.$_{vh}$
– **alten** Menschen, bei: aloe alum. alumn. ambr.$_{bg2,k2}$ *Ant-c.*$_{hr1,k}$ arn.$_{bg2}$ *Bar-c.*$_{bg2,k,*}$ *Bry.*$_{hr1,k}$ *Calc-p.*$_{hr1,k}$ *Con.*$_{bg2,k}$ hydr.$_{bro1}$ *Lach.*$_{hr1,k}$ lyc.$_{bro1}$ *Nux-v.* *Op.*$_{hr1,k}$ *Phos.*$_{bg2,k,*}$ *Phyt.*$_{hr1,k}$ rhus-t.$_{hr1,k}$ ruta sel.$_{bro1}$ *Sulph.*
– **Anwesenheit** anderer, wie der Krankenschwester auszuscheiden; unfähig, Stuhl in: **Ambr.** bry.$_{bg1,bg3}$ graph.$_{bg1}$ hydr.$_{pd}$ mag-m.$_{bg1}$ op.$_{bg1}$
☞ ❑ *Gemüt - Gesellschaft - agg.*
– **Ärger**, Verdruß; nach: bry. nux-v. staph.
– **Arzneimitteln**; nach Mißbrauch von: agar.$_{hr1,k}$ ant-c.$_{hr1,k}$ *Bry.*$_{hr1,k}$ chin.$_{hr1,k}$ **Coloc.**$_{hr1,k}$ *Hydr.*$_{hr1,k}$ lach.$_{hr1,k}$ **Nux-v.**$_{hr1,k}$ *Op.*$_{hr1,k}$ ruta sulph.$_{hr1,k}$
– **Atem**; mit übelriechendem: carb-ac.$_{br1,c1}$
– **Babies**
☞ *Kindern - Kleinkindern*
– **beschäftigt** sich ständig mit seinen Därmen und deren Zustand: *Mag-m.*$_{vh}$
– **chronisch**: cadm-met.$_{gm1}$ verat.$_{bg2,vh/dg.*}$
– **Diarrhoe**, nach: asc-t.$_{c1}$
– **Ejakulation**, nach: sep.$_{h}$ thuj.$_{h}$
– **Entbindung**, nach der: mez.$_{h}$
– **entfernt** werden; Stuhl muß mechanisch: aloe$_{st}$ calc.$_{st}$ lyc.$_{st}$ med.$_{st}$ nat-m.$_{st}$ plat.$_{bg3}$ sanic.$_{st}$ sel.$_{st}$ sep.$_{st}$ sil.$_{st}$
☞ *mechanisch*
– **Frauen**, bei: sep.$_{bg1}$
– **Gehirn**; Blutandrang zum: apis$_{k2}$
– **Gesellschaft**, in
☞ *Anwesenheit*
– **gichtigen** Personen, bei: grat.$_{bro1}$
– **harten** Stuhl; durch
☞ *Stuhl - bleibt* / ❑ *Stuhl - Hart*
– **hartnäckig**, mit Flatulenz und Hämorrhoiden: **Coll.**$_{vh}$
– **Hause** ist; wenn er fern zu: *Lyc.*
– **Herzschwäche**, bei: phyt.$_{hr1}$
– **Jucken**; mit heftigem: dol.$_{br1}$
– **Kaffee**, nach: *Mosch.*$_{a1,k}$ **Nux-v.**$_{hr1}$
– **Kindern**, bei: acon.$_{hr1,kr1,*}$ alum.$_{kr1,vh}$ ant-c.$_{kr1,vh}$ bry.$_{kr1,vh}$ **Calc.**$_{kr1,vh}$ *Cham.*$_{kr1,vh}$ *Graph.*$_{kr1,vh}$ *Hep.*$_{kr1,vh}$ *Hydr.*$_{kr1,vh}$ **Lyc.**$_{kr1,vh,*}$ mag-m.$_{kr1,vh}$ nat-m.$_{kr1,vh}$ nit-ac.$_{kr1,vh}$ **Nux-v.**$_{kr1,vh,*}$ *Nyct.*$_{br1,c1}$ **Op.**$_{kr1,vh}$ *Plat.*$_{kr1,vh}$ *Plb.*$_{kr1,vh}$ *Podo.*$_{kr1,vh}$ psor.$_{kr1,vh}$ *Sep.*$_{kr1,vh}$ *Sil.*$_{kr1,vh}$ sulph.$_{kr1,vh}$ verat.$_{hr1,kr1,*}$
• **Kleinkindern**, bei: alum.$_{h,k2}$
• **Neugeborenen**, bei: med.$_{c1}$ **Nux-v.**$_{vh}$ **Op.**$_{vh}$ *Sulph.*$_{vh}$ *Zinc.*$_{c1,hr1,*}$
– **Kleinkinder**
☞ *Kindern - Kleinkindern*
– **Kopfschmerzen**; bei: lac-d.$_{c1}$
– **Krebs** des Rektums, Uterus; bei: alumn.$_{pd}$
– **mechanisch** entfernt werden; Stuhl muß: aloe$_{bg1,st}$ bry.$_{bg1}$ calc.$_{bg1,st}$ con.$_{bg1}$ lyc.$_{ptk1}$ med.$_{st}$ nat-m.$_{bg1}$ op.$_{k2}$ plat.$_{bg1}$ sanic.$_{bg1,bg2,*}$ sel.$_{bg1,k2,*}$ *Sep.*$_{bg1,k2,*}$ sil.$_{bg1,k2,*}$ sulph.$_{bg1}$
☞ *entfernt*
– **Meer**, am: aq-mar.$_{bg1}$ bry.$_{bg1}$ lyc.$_{bro1}$ mag-m. nat-m.$_{c1}$
– **Menses**:
• **vor**: am-c. ant-c.$_{vld}$ bry. *Graph.* **Kali-c.**$_{hr1,k}$ lac-c. *Lach.* mag-c. nat-s. nux-v. **Sil.**$_{hr1,k,*}$ sulph. vesp.$_{hr1,k,*}$
• **während**: alum. *Am-c.*$_{hr1,k}$ am-m.$_{a1,k}$ ant-c. **Apis** *Aur.*$_{hr1,k}$ aur-s.$_{k2}$ bov.$_{a1,k}$ bry. chel. cycl.$_{hr1,k}$ **Graph.**$_{hr1,k}$ **Kali-c.** kali-s. kali-sil.$_{k2}$ kreos. **Nat-m.**$_{hr1,k}$ *Nat-s.*$_{hr1,k}$ *Nux-v.* phos. **Plat.** plb. **Sep.** **Sil.**$_{a1,k}$ sulph.$_{a1,k}$ thuj. wies.$_{a1}$
• **nach**: dirc.$_{a1,k}$ graph.$_{hr1,k}$ kali-c.$_{ptk1}$ lac-c.
• **anstatt**: *Graph.*$_{hr1,k}$
• **unterdrückten**, bei: *Cycl.*$_{hr1}$ *Graph.*$_{hr1,k}$ *Ham.*$_{hr1,k}$
– **Milch**:
• **agg.**: iod.$_{bg2}$
• **amel.**: iod.$_{bg1}$
– **Neugeborenen**; bei
☞ *Kindern - Neugeborenen*
– **Operation**, nach: op.$_{sf1}$
– **periodisch**: *Kali-bi.*
• **montags**: stann.$_{hr1}$
• **Tag** agg.; jeden zweiten: alum. calc.$_{bg3}$ con.$_{bg3}$ kali-c.$_{bg3}$ lyc.$_{bg3,ptk1}$ *Nat-m.*
• **Wochen**, alle drei: *Kali-bi.*
– **Pfortaderstauung**, durch: **Aesc.** *Aloe* *Croc.*$_{hr1}$ **Nux-v.**$_{hr1,k}$ **Sulph.**$_{hr1,k}$
• **Fahren** agg.: ign.$_{bg2}$
– **Reisen**, beim: *Alum.*$_{hr1,k,*}$ *Ign.*$_{hr1}$ lyc.$_{ptk1}$ *Nux-v.*$_{k,ptk1}$ *Op.*$_{hr1,k,*}$ *Plat.*$_{hr1,k,*}$
☞ *Hause*
– **schmerzhaft**: alet.$_{k2}$ nat-m.$_{a1,k}$ nat-p.$_{k2}$ **Nit-ac.**$_{a1,k}$ *Tub.*
– **Schock**; nach seelischem: mag-c.$_{br1}$
– **Schwangerschaft**; während der: *Agar.*$_{hr1,k}$ *Alum.*$_{hr1,k,*}$ *Ambr.* *Ant-c.*$_{h,k}$ *Ant-t.*$_{hr1}$ *Apis* *Bry.*$_{bg2,k,*}$ *Coll.*$_{bg2,k,*}$ coloc. *Con.* **Dol.**$_{hr1,k}$ graph.$_{bg2}$ ham.$_{bg2}$ *Hydr.*$_{hr1,k}$ lach.$_{bg2,ptk1}$ *Lyc.*$_{hr1,k}$ nat-m.$_{bg2}$ **Nat-s.** *Nux-m.*$_{hr1}$ **Nux-v.**$_{bg2,k,*}$ *Op.*$_{bg2,k,*}$ **Plat.**$_{bg2,k,*}$ **Plb.**$_{bg2,k,*}$ *Podo.*$_{hr1,k}$ *Puls.*$_{bg2,k,*}$ **Sep.**$_{bg2,k,*}$ stann.$_{hr1}$ *Sulph.*$_{hr1,k}$

– **schwieriger** Stuhlgang: *Aesc.* agar. alet.k2 *All-c.* aloe **Alum.** alum-p.k2 alum-sil.k2 **Alumn.** *Am-c.* **Am-m.** *Anac.* androc.srj1 **Ant-c.** *Apis* ars-s-f.k2 *Aur.* aur-i.k2 *Aur-m.* aur-s.k2 bamb-a.stb2 bapt. *Bar-c.* bar-i.k2 **Bar-m.** bar-s.k2 *Berb.* bov. **Bry.** *Cact.* *Calc.* calc-i.k2 calc-p. *Calc-s.* calc-sil.k2 *Camph.* canth. carb-an.h *Carb-v.* **Carbn-s. Caust.** cham. chel. chin. cimx. *Clem. Cocc.* colch. coll. coloc. **Con.** cop. crot-t. dulc. *Ferr.* ferr-i. ferr-p. gels. **Graph.** grat. *Hell.* **Hep.** hydrog.srj2 *Ign. Ind.* iod. *Kali-bi. Kali-c.* kali-m.k2 kali-n.c1,h *Kali-p.* **Kali-s.** kali-sil.k2 kalm. kreos. *Lac-c.* **Lac-d. Lach.** lact. laur. *Lyc.* lyss. mag-c. **Mag-m.** mag-s. mang. meli. *Merc.* merc-c. *Mez. Mur-ac.* naja *Nat-c.* **Nat-m.** nat-p. nat-s. **Nit-ac. Nux-m. Nux-v.** *Oena.* ol-an. olnd. **Op.** ox-ac.k2 ph-ac. *Phos.* **Plat. Plb.** *Podo.* psil.ft1 *Psor. Puls. Rat. Rhod.* **Ruta** *Sabin.* **Sanic.** *Sars.* **Sel.** senec. **Sep. Sil.** *Stann.* staph. *Stram.* stront-c. sul-ac.h **Sulph.** sumb. *Tarent.* **Thuj.** valer. *Verb. Vib.* **Zinc.** zinc-p.k2

☞ *Untätigkeit*

• **natürlicher** Stuhl: graph. **Psor. Sil.**

• **schlüpft** zurück; der Stuhl: agn. eug. gink-b.sbd1 kali-s. *Lac-d.* lac-f.c1 *Mag-m.* med.bg1 *Mur-ac. Nat-m.* **Op.** *Sanic.* **Sil.** sulph. *Thuj.*

• **schmerzhafter** Stuhlgang: cop.br1

• **Urinieren** ab; Stuhl geht nur beim: aloe alum.

• **weicher** Stuhl: agn. **Alum.** alum-sil.k2 *Anac.* bamb-a.stb2 calad. *Calc-p. Carb-v.* chel.bro1 *Chin.* chion.bro1 colch. dulc. gels. graph. *Hell.* **Hep.** *Ign.* ind.bg1 *Kali-c. Kali-s.* kali-sil.k2 *Lac-c.* lach. lob. lyc. mag-c.h mag-m. med.bg1 *Nat-c. Nat-m. Nat-s.* nicc. nit-ac. **Nux-m.** petr. ph-ac. phos. *Plat.*bro1,h podo.k2 *Psor. Puls.* rat.bro1 *Rhod. Ruta* **Sep.** *Sil.* spig.h *Stann.* staph. sulph. tarax. ther.k2 verb. zinc.

– **sitzende** Lebensweise, durch: aloe *Ambr. Bry.*hr1,k hydr.hr1 *Lyc.*hr1,k **Nux-v.**hr1,k *Op.*hr1,k **Plat.**hr1,k *Podo.*hr1,k *Sep. Sulph.*hr1,k

– **Stehen** ab; der Stuhl geht leichter im: *Alum.*c1 **Caust.**k,k12●,*

– **Stuhl**:

• **bleibt** lange im Rektum, ohne Stuhldrang: aloek2 am-c. bry. carb-an. choc.srj3 cocc. **Graph.** *Lach.* nux-v.k2 **Op.** sep.

☞ *Untätigkeit*

• **amel.**; mit allgemeiner: psor.

• **Angst**; mit schrecklicher: **Tarent.**

• **intermittiert**: cench.k2

– **Stuhldrang**, ständiger: aloe anac. coloc. *Con.*hr1,k ger.bro1 *Mag-c. Mag-m.* nat-p. **Nux-v.** *Plb. Puls.* ruta *Sil. Sulph.*

– **Stuhlverhaltung**: cocc.bg3 lach.bg2 sel.bg2 sil.bg2,bg3 *Stram.*bg3

• **Entbindung**, nach der: mez.bro1,c1

– **Trinken**:

• **amel.**: caps.bg1 mosch.bg1

– **Trockenheit** des Rektums; durch: *Alum.*hr1,k

– **Überlastung**, Belastung der Nerven; nach: mag-c.bro1

– **ungenügend** (= unvollständiger, unbefriedigender Stuhl): **Aloe** *Alum.* alum-sil.k2 *Alumn. Anac.* ang. apis *Arn.* ars.h *Bar-c.* bar-i.k2 bar-s.k2 bell. *Benz-ac. Bry.* calc. calc-s. *Carb-ac.* carb-an.h carb-v. carbn-s. **Card-m.** *Cham.* colch. coloc. euphr. *Gamb.* gels. glon. graph. hep. hyos. *Ign. Iod.* **Kali-c.** *Kali-s.* kali-sil.k2 lact. *Lyc. Mag-m.* mang.h mez. naja **Nat-c. Nat-m. Nit-ac.** *Nux-m.* **Nux-v.** *Oena.* **Op.** par. petr. plat.h *Plb.* psil.ft1 *Pyrog.* rhod. sabad. *Sars.* **Sel.** seneg. *Sep. Sil.* spong. squil. stann. *Staph.* sul-i.k2 **Sulph.** *Thuj. Zinc.* zinc-p.k2

– **Urtikaria**, mit: cop.br1

– **vergeblicher** Stuhldrang und vergebliches Pressen: acon.bg2,k,* *Aesc.*hr1,k,* agar.bg2,k,* *All-c.*hr1,k,* aloe *Alum.*hr1,k alum-p.k2 alum-sil.k2 alumn.k2 am-m.bg2 **Ambr.**bg2,k,* **Anac.**bg2,k androc.srj1 ant-c.a1,k ant-t.hr1,k,* arg-met. *Arn.*bg2,k,* *Ars.*bg2,k,* ars-i.bg2,k asaf.bg2,k,* aster.hr1,k,* bamb-a.stb2 *Bar-c.*hr1,k bar-s.k2 *Bell.*bg2,k,* benz-ac.hr1,k,* berb.hr1,k bism.bg2,k,* bov.bg2,k,* brach.hr1,k,* *Bry.*bg2,k,* *Cact.* cain. *Calc.*bg2,k,* calc-i.k2 *Calc-s.* calc-sil.k2 cann-i.a1,k *Cann-s.*hr1,k canth.bg2,k,* *Caps.*bg2,k carb-ac.hr1,k *Carb-an.*bg2,k,* *Carb-v.*bg2,k,* carbn-s. carc.ib *Card-m.*hr1 carl.a1,k cass.a1 **Caust.**bg2,k,* cedr.a1,k cench.k2 cere-b.a1 chel.a1,k *Chim.*hr1,k chin. chinin-ar. chinin-s. cic-m.a1 cimx.a1,k clem.a1,k coc-c.hr1,k,* *Cocc.*bg2,k,* colch.bg2,k,* **Coll.** *Coloc.*a1,k **Con.**h,k,* corn.hr1,k,* *Crot-h.*hr1 crot-t.a1,k cupr.a1,k cycl.a1,k dios.a1,k dirc.a1,k dros.h,k,* dulc.a1,k elat.a1,k eucal.a1 eup-pur.a1,k euph.bg2 eupi.a1,k fago.a1,k *Ferr.*hr1,k,* ferr-ar. ferr-i.a1,k *Ferr-ma.*a1 ferr-p. fil.hr1 fl-ac.a1,k form. franz.a1 ger.c2 glon. gran.a1,k *Graph.*bg2,k grat.bg2,k,* ham.hr1,k,* hell.bg2,k,* hep.bg2,k hura **Hydr.** hydrog.srj2 hyper.a1,k *Ign.*bg2,k,* *Iod.*hr1,k ip.bg2 kali-ar. *Kali-bi.*bg2,k,* *Kali-c.*bg2,k,* kali-n.bg2,k,* kali-p. *Kali-s.* kali-sil.k2 *Kalm.* kiss.a1 kreos.bg2,k,* *Lac-c. Lac-d.*hr1,k **Lach.**bg2,k,* lachn.c1 laur.bg2,k,* **Lil-t.**hr1,k lipp.a1 lob-s.a1,k **Lyc.**bg2,k,* *Mag-c.*bg2,k,* **Mag-m.**bg2,k,* mag-s.a1,k **Merc.**bg2,k,* merc-c.bg2,k,* mez.bg2 mosch.a1,k murx.bg2 myric.a1,k nat-ar. *Nat-c.*bg2,k,* **Nat-m.**bg2,k,* *Nat-p.* nicc.hr1,k,* **Nit-ac.**hr1,k,* **Nux-v.**hr1,k,* *Oena.* ol-an.a1,k olnd.h,hr1,* *Op.*a1,k ox-ac.hr1,k,* par.hr1,k,* petr.a1,k ph-ac.a1,k phel.a1,k *Phos.*hr1,k,* phys.a1,k phyt. pic-ac.hr1 **Plat.**hr1,k,* plb.a1,k podo.a1,k psor.a1,k ptel.hr1,k,* **Puls.**bg2,k,* ran-b.bg2 *Rat.*hr1,k,* rheum rhod.a1,k rhodi.a1 rhus-t.bg2,k,* rob.hr1,k,* *Ruta* sabad.bg2,k,* *Sang.*bg2,k,* *Sanic.* **Sars.**bg2,k sec.a1,k **Sel. Sep.**bg2,k,* **Sil.**bg2,k,* sin-n.a1 sol-ni. spig.bg2,k,* spira.a1 spong.bg2 *Stann.*bg2,k,* *Staph.*bg2,k,* stict.c1 stram.bg2,k,* sul-ac.bg2,k,* sul-i.k2 **Sulph.**bg2,k,* sumb.a1,k tab.a1,k tarax.hr1 **Tarent.**a1,k ter.hr1,k,* **Thuj.**bg2,k,* til.a1,k *Verat.*bg2,k,* vichy-g.a1 viol-o.bg2,k,* wies.a1 *Zinc.*bg2,k,* zinc-p.k2

• **abends**: *Sil.*hr1,k

• **Menses**, während: calc. puls.

• **unwillkürlicher** Stuhl; dann: agar.bg1 arg-n.bg1

• **verstopft**, verschlossen; wie: anac.br1

– **Verletzungen**, nach: arn.c1

– **Wein**, nach: *Zinc.*a1,k

– **wirkungslosem** Stuhldrang; mit
☞ *vergeblicher*
– **Zahnung**; während der: dol.$_{c1}$ *Mag-m.*$_{br1,hr1}$
– **zurücklehnen**, damit Stuhl abgeht; muß sich weit: *Med.*

Offener Anus: aesc. ail.$_{ptk1}$ **Aloe**$_{ptk1}$ alum.$_{ptk1}$ *Apis*$_{ptk1}$ ign.$_{ptk1}$ kali-c.$_{ptk1}$ op.$_{ptk1}$ *Phos.*$_{k,kl2}$● *Sec.*$_{c2,k}$ sol-t-ae.
☞ *Erschlaffter*
– **Gefühl** wie offen: ail.$_{bg1}$ aloe *Apis* apoc.$_{bg2,k}$ *Phos.*$_{k,kl2}$● puls. sec.$_{bro1}$ sumb.$_{bg2,k}$ trom.$_{bro1}$
• **Stuhlgang**, nach: apoc. sumb.

Pflockes; Gefühl eines:
– **eingekeilt** zwischen Schamgegend und Steißbein: aloe
– **herausdrückend**: anac.$_{br1}$ bry. *Crot-t.* kali-bi. *Lach.* lil-t. *Sep. Sil.*

Polypen: am-m. calc. *Calc-p.*$_{hr1,k}$ kali-br.$_{hr1,k,*}$ *Nit-ac.*$_{hr1,k}$ nux-v. **Phos.**$_{hr1,k}$ ruta sang. teucr.

Pressen:
☞ *Schmerz - Tenesmus*
– **unmöglich**: bell.$_{h,kl}$

Prickeln, Kribbeln: agar.$_{bg2,k,*}$ ars.$_{bg2}$ bapt.$_{bg2}$ bry.$_{bg2,k,*}$ cact.$_{a1,k}$ calc-p.$_{bg2}$ colch.$_{bg2,k,*}$ grat.$_{bg2,k,*}$ lact.$_{a1,k}$ lith-m.$_{a1}$ *Mag-m.*$_{bg2}$ **Nit-ac.**$_{bg2,k}$ spirae.$_{a1}$ *Ter.*
☞ *Ameisenlaufen / Jucken / Kribbeln*
– **Stuhlgang**:
• **während**: cact.$_{a1,k}$
• **nach**: grat.$_{a1,k}$ sin-a.$_{a1}$ spira.$_{a1}$ spirae.$_{a1}$

Prolaps: *Aesc.*$_{hr1,k,*}$ all-c. all-s.$_{hr1}$ alumn.$_{hr1,k}$ ant-c.$_{bg2,k,*}$ **Apis** apoc.$_{bg2,k}$ aral.$_{c2}$ arg-n.$_{bg1}$ arn.$_{bg2,k,*}$ *Ars.*$_{bg2,k,*}$ ars-s-f.$_{k2}$ arum-m.$_{c2,hr1}$ arund.$_{c1}$ *Asar.*$_{bg2,k,*}$ aur.$_{hr1,k}$ aur-ar.$_{k2}$ aur-s.$_{k2}$ *Bell.*$_{bg2,k,*}$ bry.$_{bg2}$ bufo **Calc.**$_{bg2,k,*}$ *Calc-s.*$_{hr1,k}$ canth.$_{bg2,k}$ *Carbn-s.* carc.$_{mg1,sp1}$ caust.$_{hr1,k}$ chinin-s.$_{c2}$ cic.$_{bg2,k,*}$ cocc. *Colch.*$_{bg2,k,*}$ *Coll.*$_{hr1,k}$ *Crot-c.* crot-t.$_{bg2,k,*}$ *Dig.* dios. *Dulc.*$_{bg2,k,*}$ elaps ery-a.$_{c2,hr1}$ euph-a.$_{c2}$ euphr.$_{c2}$ *Ferr.*$_{bg2,k,*}$ ferr-ar. *Ferr-i.* ferr-p.$_{hr1,k,*}$ fl-ac. *Gamb.*$_{bg2,k,*}$ *Gels.* gran. *Graph.*$_{bg2,k,*}$ ham.$_{hr1}$ *Hep.*$_{hr1,k}$ *Hydr.*$_{bg2,k,*}$ **Ign.**$_{bg2,k,*}$ indg.$_{br1,c2}$ *Iris* *Kali-bi.*$_{bg2,k,*}$ kali-n.$_{bg2,k}$ *Lach.*$_{bg2,k,*}$ lept.$_{br1}$ *Lyc.*$_{bg2,k,*}$ m-ambo.$_{c2}$ *Mag-m.*$_{bg2,k}$ mag-p.$_{c2}$ *Mang.* med. **Merc.**$_{bg2,k,*}$ *Merc-c.*$_{hr1,k}$ mez.$_{bg2,k,*}$ **Mur-ac.**$_{bg2,k,*}$ *Nat-m.*$_{bg2,k,*}$ *Nat-s.* *Nit-ac.*$_{bg2,k,*}$ nux-m.$_{bg2,k}$ **Nux-v.**$_{bg2,k,*}$ *Phos.*$_{bg2,k,*}$ phyt.$_{hr1,k}$ pip-m.$_{c2}$ *Plb.*$_{bg2,k,*}$ plb-xyz.$_{c2}$ **Podo.**$_{bg2,k,*}$ polyp-p.$_{a1,c2}$ psor. rhus-t.$_{bg2,k,*}$ *Ruta*$_{c2,k}$ sec.$_{bg2}$ **Sep.**$_{bg2,k,*}$ *Sil.*$_{hr1,k}$ sol-t-ae.$_{a1,k,*}$ *Sulph.*$_{bg2,k,*}$ sumb. syph.$_{hr1,k}$ tab.$_{hr1,k,*}$ ther.$_{bg2,k,*}$ thuj.$_{hr1,k}$ trom.$_{c2}$ valer.$_{bg2,k,*}$ zinc. zinc-p.$_{k2}$
– **morgens**: podo.$_{hr1,k}$
– **vormittags**: rhus-t.$_{a1,k}$
– **abends**: **Ign.**
– **nachts**: *Aesc.*
– **Blutung** des Rektums; nach: *Ars.*
– **Brennen**, mit: *Alum.*$_{vh}$
– **Bücken**, beim: ruta
– **Diarrhoe**, bei: *Calc.* **Dulc.** gamb. mang-m. **Merc.**

Prolaps - Diarrhoe, bei: ...
Mur-ac. **Podo.**
– **Entbindung**, nach: *Podo.*$_{hr1,k}$ *Ruta*
– **Erbrechen**, beim: *Mur-ac.* *Podo.*$_{hr1,k}$
– **Erregung**, durch: podo.$_{c1,k}$
– **Flatus**; beim Abgang von: valer.
– **Gefühl** von: *Aesc.*$_{a1,k}$ asc-t.$_{hr1}$ chel. dios.$_{a1,k}$ iris til.$_{c1}$
– **Hämorrhoiden**, mit: lept.$_{br1}$
– **Hocken**, im: ruta$_{h}$
– **Husten**, beim: caust.$_{h,kl}$
– **Kindern**, bei: bell.$_{bro1}$ carc.$_{fb}$ chinin-s.$_{c1}$ *Ferr.*$_{hr1,k}$ ferr-p.$_{bro1}$ *Hydr.* ign.$_{h,hr1,*}$ ind.$_{hr1}$ mur-ac.$_{bro1}$ *Nux-v.*$_{hr1,k}$ **Podo.**$_{hr1,k}$
• **Kleinkindern**; bei: podo.$_{c1}$
– **Knien**, im: ail.
– **konvulsivisch**: *Ars.*
– **Menses**, während: aur.$_{hr1,k}$ podo.
– **Niesen**, nach: podo.
– **Rauchen** agg.: *Sep.*$_{hr1,k}$
– **schmerzhaft**: *Ars.* *Nit-ac.*$_{hr1}$ ther.
– **Schwangerschaft**; während der: podo.$_{br1}$
– **Sitzen** agg.: ther.
– **Stehen**, im: *Ferr-i.*
– **Stuhlgang**:
• **vor**: *Podo.*$_{hr1,k}$ *Ruta*
• **während**: aesc.$_{k2}$ ail. *Ant-c.*$_{hr1,k}$ asar. bell.$_{a1,k}$ bry.$_{hr1,k}$ *Calc.* *Canth.*$_{hr1}$ *Cinnb.*$_{hr1,k}$ colch. crot-t.$_{hr1,k}$ dulc. ferr. ferr-ar. ferr-p. *Fl-ac.*$_{hr1,k}$ *Gamb.*$_{hr1,k}$ **Ign.** kali-c.$_{bro1}$ kali-n. **Lyc.** mag-m. mez.$_{hr1,k}$ mur-ac.$_{hr1,k}$ *Nux-v.*$_{hr1,k}$ plan.$_{hr1,k}$ **Podo.**$_{hr1,k}$ *Rhus-t.*$_{a1,k}$ *Ruta* **Sep.**$_{hr1,k}$ *Sulph.*$_{hr1,k}$ *Trom.*$_{a1,k}$
• **nach**: *Aesc.* ant-c. apoc. ars. asar. canth. carb-v.$_{hr1,k}$ *Cocc.*$_{hr1,k}$ crot-t. euph.$_{hr1,k}$ *Hep.* *Ign.*$_{hr1,k}$ *Indg.*$_{hr1,k}$ iris kali-bi. *Lach.* *Merc.*$_{hr1,k}$ mez.$_{hr1,k}$ mur-ac. *Nat-m.*$_{hr1,k}$ *Nit-ac.*$_{hr1,k}$ *Phos.* pip-m.$_{a1}$ plat. **Podo.** rat.$_{hr1}$ *Sep.*$_{hr1,k}$ sol-t-ae. *Sulph.*$_{hr1,k}$ *Trom.*$_{hr1,k,*}$
• **Pressen** zum Stuhl:
• **durch**: cench.$_{k2}$ *Podo.*$_{vh}$
• **ohne**: *Graph.* *Ruta*$_{ptk1}$
– **Urinieren**:
• **beim**: **Mur-ac.** *Valer.*
• **schwierig**: *Sep.*

Pulsieren: aloe alum.$_{bg2,k,*}$ alumn.$_{hr1,k,*}$ am-m.$_{bg2,k,*}$ apis ben. berb.$_{bg2,k,*}$ bry.$_{bg2}$ calc-p.$_{bg2,k,*}$ caps. caust. cench.$_{k2}$ crot-t.$_{bg2,k,*}$ cycl. grat.$_{bg2,k,*}$ *Ham.*$_{bg2,k}$ **Lach.**$_{bg2,k,*}$ lyss.$_{hr1,k}$ manc.$_{bg2,k,*}$ meli.$_{bg2,k}$ *Nat-m.*$_{bg2,k,*}$ rhod.$_{bg2,k,*}$ sel.$_{bg2}$ seneg.$_{bg2,k,*}$ sil.$_{bg1}$ *Sulph.*$_{bg2,k,*}$
– **abends**: am-m.$_{a1,k}$ *Lach.*$_{hr1}$
• **Sitzen**, amel. im Bett; im: am-m.$_{a1,k}$
– **Essen**, nach dem: aloe$_{gsy1}$
– **Menses**, während: lach. *Lyss.*$_{hr1,k}$
– **Sitzen**, im: *Aloe* am-m.$_{a1,k}$
• **Hämmer**, wie kleine: **Lach.**
– **Stuhlgang**:
• **während**: nat-m.$_{hr1,k}$
• **nach**: aloe alumn.$_{hr1,k,*}$ apis berb.$_{hr1,k}$ caps. *Lach.*$_{hr1,k}$ manc.$_{hr1,k,*}$ sang. seneg.$_{a1,k}$ *Sulph.*$_{hr1,k}$

○ **Anus**, beim Gehen: cench.$_{vh}$
– **Perineum**: bov. *Caust.*$_{a1,k}$ polyg-h.

Reizung: *Ambr.*$_{c2}$ *Ant-c.*$_{c2}$ arist-m.$_{br1}$ *Cina*$_{c2}$

Risse
☞ *Fissur*

Rote Farbe des Anus: aloe ars.$_{hr1,k}$ cham. nat-m. *Petr.* **Sulph.**$_{hr1,k,*}$ valer. *Zing.*$_{hr1,k,*}$

Rumoren
☞ *Brummen*

Schlag; wie ein elektrischer: apis stry.
– **Stuhlgang**, vor: apis

Schlüpft zurück; Stuhl
☞ *Obstipation - schwieriger - schlüpft*

Schmerz: acon.$_{a1,k}$ **Aesc.**$_{hr1,k,*}$ agar.$_{a1,k}$ alet.$_{k2}$ all-c. *Aloe* *Alum.* alum-p.$_{k2}$ *Alumn.* **Am-c.** am-m. ambr.$_{a1}$ anac. androc.$_{srj1}$ ant-c. arn.$_{a1,k}$ *Ars.*$_{a1,k}$ ars-i.$_{a1,k}$ aur-ar.$_{k2}$ bamb-a.$_{stb2}$ bar-c. bar-i.$_{k2}$ bar-m. bell. berb.$_{a1,k}$ **Brom.** bry.$_{a1,k}$ *Bufo* cact. calad. calc.$_{hr1,k}$ calc-f.$_{k2}$ calc-p. calc-s. camph.$_{a1,k}$ canth.$_{a1,k}$ *Caps.* *Carb-an.* *Carb-v.*$_{a1,k}$ *Carbn-s.* carl. **Caust.** cham. chel.$_{a1,k}$ chin. chinin-ar. chr-ac. cimic. cocc. colch.$_{a1,k}$ **Coll.** *Coloc.*$_{a1,k}$ con.$_{a1,k}$ *Croc.* cupr.$_{a1,k}$ cycl. dios.$_{a1,k}$ dor.$_{a1}$ dulc. euphr.$_{a1,k}$ eupi.$_{a1}$ ferr. ferr-ar. ferr-i.$_{k2}$ ferr-p. **Graph.** grat. ham. hell.$_{a1,k}$ hydr.$_{a1}$ **Ign.**$_{a1,k}$ inul.$_{c2}$ iod. iris *Kali-ar.* kali-bi. **Kali-c.** kali-chl.$_{a1,k}$ kali-m.$_{k2}$ *Kali-n.*$_{a1,st}$ kali-p. kali-s. kali-sil.$_{k2}$ kurch.$_{bnj1}$ lac-ac.$_{a1,k}$ lach.$_{a1,k}$ led.$_{br1}$ lil-s.$_{a1}$ *Lil-t.*$_{a1,k}$ **Lyc.**$_{a1,k}$ mag-c.$_{a1,k}$ mag-p.$_{k2}$ med. *Merc.* merc-c.$_{a1}$ merc-cy.$_{a1}$ mez.$_{a1,k}$ mill. *Mur-ac.* nat-ar.$_{k2}$ nat-c. nat-m.$_{a1,k}$ nat-p. *Nit-ac.* *Nux-v.*$_{a1,k}$ **Paeon.** ph-ac.$_{a1,k}$ phel.$_{a1,k}$ *Phos.*$_{a1,k}$ phys.$_{a1,k}$ phyt.$_{a1,k}$ plat.$_{k2}$ plb. *Podo.* prun-p.$_{c2}$ *Psor.* **Puls.** *Rat.* rhus-t.$_{a1,k}$ rhus-v.$_{a1,k}$ rumx. *Ruta* sabad.$_{a1,k}$ sars.$_{a1,k}$ sec.$_{a1,k}$ seneg. *Sep.* sil. sol-t-ae.$_{a1}$ stann.$_{a1,k}$ stict.$_{c2}$ still.$_{a1}$ stront-c. stry.$_{a1}$ sul-ac. **Sulph.**$_{a1,k}$ sumb. syph.$_{k,k2}$ tarent.$_{a1,k}$ ther.$_{a1,k}$ **Thuj.** valer. vip.$_{a1}$ zinc. zinc-p.$_{k2}$ zing.
– **morgens**: calc-p.$_{a1,k}$ corn.$_{a1}$ dios.$_{a1,k}$ *Kali-bi.* nat-m.$_{a1}$ podo.
  • **7** h: nat-m.
  • **Stuhlgang**:
    • **während**: but-ac.$_{br1}$ *Podo.*
    • **nach**: *Kali-bi.*
– **vormittags**: kali-bi. nat-m. thuj.$_{a1,k}$
  • **10** h, im Sitzen: **Sep.**
– **nachmittags**: chel. *Cocc.* cycl.
– **abends**: carb-v.$_{a1,k}$ dios.$_{a1,k}$ *Lach.*$_{a1,k}$ mez. nux-v.$_{a1,k}$ *Sulph.*
  • **Liegen**, beim: *Ign.*$_{a1,k}$
– **nachts**: mosch.$_{a1,k}$ nat-m.$_{h,k1}$ ox-ac.$_{a1,k}$ *Puls.*
  • **Mitternacht**: nux-v.$_{a1,k}$
    • **nach**:
      • **4** h: *Mag-c.*
– **anhaltend**: am-c. am-m. calc. ferr-p.$_{k2}$ graph. ign. kali-c. lyc. *Nit-ac.* nux-v. sep. stront-c.
– **Baden**:
  • **warmen** Baden, beim:
    • **agg.**: brom.

Schmerz - Baden - warmen Baden, beim: ..
    • **amel.**: androc.$_{srj1}$ *Ars.* calc-p.$_{k2}$ *Lach.* *Mur-ac.* phos.$_{h}$ *Rat.*
– **Berührung**; durch: calc-p.$_{k2}$
– **Bewegung**:
  • **agg.**: *Nux-v.* *Thuj.*
  • **amel.**: *Puls.*$_{k2,vh}$
  • **vorsichtige** Bewegung:
    • **amel.**: androc.$_{srj1}$
– **Blase** zur gleichen Zeit; und der: ambr.$_{br1}$
– **Diarrhoe**:
  • **mit**: ars.$_{h}$ mag-m.$_{h}$ sul-ac.$_{h}$
  • **wie** nach langer: rheum$_{h}$
– **Druck**:
  • **amel.**: carc.$_{mg1,sp}$
  • **Magen**; auf den: ferr-p.$_{k2}$
  • **Nabel**; auf den: **Crot-t.**
– **Einziehen** des Anus; beim: sulph.$_{h,k1}$
– **Erbrechen**, nach: kali-c.$_{h,k1}$
– **Essen**, nach dem: aesc.$_{k2}$ lyc. mang.$_{hr1}$ nux-v.$_{a1,k}$
– **Fahren** agg.: hep.$_{bg1}$
– **Fieber**; während: ferr-p.$_{k2}$
– **Flatus**; beim Abgang von: camph. *Carb-v.* nat-c.$_{h}$
– **Gehen**, beim: calc-p.$_{k2}$ **Caust.** coloc.$_{h,k1}$ cycl.$_{a1,k}$ *Ign.* kali-c.$_{h,k1}$ *Mez.* nat-p.$_{k2}$ ran-s. sep. sulph. sumb.$_{a1,k}$
– **geistiger** Anstrengung, nach: *Caust.* nux-v.$_{a1,k}$
– **Getränke**:
  • **warme** Getränke amel.: carc.$_{mg1,sp}$
– **Hämorrhoiden**, durch: led.$_{br1}$
– **Harnverhaltung** und Schmerz in der Blase; mit: cop.$_{br1}$
– **Husten**, durch: ign.$_{bg1}$ *Kali-c.* *Lach.* nit-ac.$_{bg1}$ puls.$_{hr1}$ tub.$_{a1}$
– **Knien** amel.: *Aesc.*
– **Koitus**, nach: caust.
– **konvulsivisch**: *Lach.*$_{a1,k}$ lyc.$_{a1,k}$ psor.$_{a1,k}$ sang.$_{a1,k}$
– **Krebs**, aufgrund von: laur.$_{c1}$
– **Liegen**, beim:
  • **agg.**: aesc. chel.$_{bg1}$ crot-t. ign.$_{bg1,bg2}$ phos. ptel.$_{bg1}$ *Puls.* sep.$_{bg1,bg2}$ sulph.$_{bg1,bg2}$ zinc.$_{h,k1}$
  • **Abdomen**, auf dem:
    • **amel.**: nux-v.
  • **Rücken**, auf dem: chel.
    • **amel.**: alumn. *Am-c.* mang. puls.$_{h}$
  • **Seite** agg.; auf der: puls.$_{h}$
– **Menses**:
  • **vor**: ign. petr.$_{a1,k}$
  • **während**: *Aloe* ars. berb. phos.
– **periodisch**, jeden Tag: *Ign.*
– **pulsierend**: lach.$_{k2}$ *Sulph.*
– **Schlaf**, im: kali-c.
– **Sitzen**:
  • **amel.**: ars. *Ign.* lach.
  • **beim**: *Aesc.* *Aloe* am-m. ammc. ars. bar-c.$_{h,k1}$ berb. calc. cann-s. caust. chel. cocc. coloc.$_{h,k1}$ cycl.$_{a1,k}$ euphr. hydrog.$_{srj2}$ **Lyc.** *Mang.* merc-cy.$_{a1}$ *Mur-ac.* *Ph-ac.* phos. **Rat.** *Ruta* sars.$_{a1,k}$ **Sep.**$_{a1,k}$ staph.$_{a1,k}$ sulph.$_{a1,k}$ ther.$_{a1,k}$ thuj.
  • **langem**; nach:
    • **agg.**: calc.$_{bg1}$ nit-ac.$_{bg1}$ ruta$_{bg1}$

– **Stehen** agg.: *Aesc.* arn. calc-p.k2 ferr. *Ign.*
– **Stuhlgang**:
• **vor**: am-c. *Berb.* *Carb-an.* cench.k2 iod. *Kali-c.* lach.a1,k lec. lil-t. *Lyc.* merc. nat-m. nat-s. nit-ac. *Nux-v.*a1,k podo. ruta sulph.
• **während**: aeth. aloe *Alum.* alum-sil.k2 alumn.a1,k am-c. am-m. ambr. anac. androc.srj1 *Ant-c.*a1,k **Ars.** ars-s-f.k2 asaf. aur. aur-ar.k2 aur-s.k2 bar-c. bar-m. bar-s.k2 bell. *Berb.* brach.a1 brom. *Bry.* **Calc.** calc-p. calc-s. calc-sil.k2 canth.a1,k caps. carb-an. *Carb-v.* *Carbn-s.* carl.a1 casc. cham. *Chel.*a1,k chin. chinin-ar. cimx. **Colch.**a1,k **Coll.** coloc. con. cop.br1 crot-t. *Cupr.* dros. ferr.a1,k ferr-ar. ferr-p. *Fl-ac.* **Graph.** grat. hep. hyos.a1,k *Ign.* *Kali-ar.* *Kali-bi.* kali-c. kali-m.k2 kali-p. kali-s. kali-sil.k2 kreos. *Lac-c.* *Lach.* lil-s.a1 *Lil-t.* **Lyc.**a1,k lyss. mag-m.a1,h,* manc.a1,k med. *Merc.*a1,k merc-i-r. mez. mur-ac. nat-c.h,k1 nat-m. nat-s.k2 **Nit-ac.** nux-v. *Ox-ac.* *Paeon.* ph-ac.a1,k phos. plan. plat.a1,k *Plb.* **Podo.**a1,k puls. **Rat.** rhus-t. sabin.a1,k *Sanic.* *Sep.*a1,k **Sil.** stann.a1,k sul-ac.a1,k **Sulph.** sumb.a1,k *Syph.* tarent.a1,k *Thuj.*a1,k *Tub.* *Zinc.* zinc-p.k2
• **nach**: **Aesc.** agar.k2 **Aloe** *Alumn.* *Am-c.* *Am-m.* androc.srj1 apoc. *Ars.* ars-s-f.k2 asaf.a1,k bar-c. bar-s.k2 bell. *Berb.* bov. *Brom.* cact. calc. calc-p.a1,k calc-s. calc-sil.k2 canth. *Carb-v.* carbn-s. carl. casc. caust. cic. cob.a1 cocc. *Colch.* crot-t. dios. elaps *Graph.* grat. hydr. **Ign.**a1,k ind.a1 *Kali-ar.* kali-bi. kali-c. kali-m.k2 kali-p. kali-s. *Kalm.* *Lach.* lil-t. lob. *Lyc.* mag-m.h,k1 manc.a1,k **Merc.** merc-c. merc-i-r. mez. **Mur-ac.** *Nat-c.*a1,k nat-m. nat-p. **Nit-ac.** paeon.k2 phos.a1,k2 *Podo.* *Psor.* ptel.c1 puls. **Rat.** rhus-t. rhus-v. *Ruta* sabad.a1,k seneg. *Sep.* sil. staph.a1,k stront-c. *Sul-ac.*a1,k **Sulph.**a1,k sumb. tarent.a1,k thuj.a1,k verat-v.a1,k
• **amel.**: acon. aesc. aloe alum. ant-t. arn. ars. asaf. bapt. bry. cain. calc-p. canth. cham. colch. *Coloc.* corn. dulc. *Gamb.* hell. lept. nat-s. nuph. **Nux-v.** pall.a1 **Rhus-t.** sanic.
• **Pressen** zum Stuhl; nach: *Aesc.* ars-s-f.k2 bamb-a.stb2 lach. med. nux-v. phos.h,k1 plb. ruta *Sil.* *Thuj.*
• **zurückgehaltenen** Stuhl; wie durch zu lange: pall.c1
– **Urinieren**, beim: ars-s-f.k2 rhus-t.a1,k
– **Wetter**; bei kaltem: calc-p.k2
– **Wischen** des Anus, beim: aloe pd *Graph.*bg2,ptk1 lach.bg2,pd mur-ac.bg2,pd
– **Zusammenkrümmen**:
• **amel.**: androc.srj1 carc.sp
▽ **erstreckt** sich zu:
• **Abdomen**: aloe *Mez.* phos.h zinc.
• **Fersen**: fago.bg1
• **Genitalien**: carb-an. chin.bg1 phyt.bg1 rhod. *Sep.* sil.bg1 zinc.bg1
• **Stuhlgang**, vor: carb-an.
• **Harnröhre**, durch die: bry.bg1 hipp. thuj.bg1
• **Nabel**: ign.k2 *Lach.*
• **oben**, nach: aral.bro1 nux-v.k2

– **erstreckt** sich zu:
• **Oberschenkel**: alum.bg1 gran.bg1 plb.bg1 rhus-t.bg1 sabin.bg1
• **unten**; die Oberschenkel nach: alum.bg2
• **Penis**: zinc.bg1
• **Vulva**: ars.
○ **Perineum**: agn.bg3 alum.a1,k ant-c.a1,k aur.a1,k *Berb.*a1,k bov. calc-p. *Canth.*a1,k carb-an. carb-v.bg3 *Carl.*a1 **Caust.**a1,k chel.a1,k cupr-ar.a1,k *Cycl.*a1,k kali-bi. *Lyc.* mela.a1,c2 nux-v.a1,k phos.a1,k plb.a1,k *Puls.* sel. sulph. thuj.
• **Aufstehen** vom Sitzen; beim: alum.h
• **Gehen**, beim: am-m.c1
• **Harndrang**, mit: ant-t. aran. cop.
• **Koitus**:
• **während**: alum.bro1,c1
• **nach**: alum.bro1
• **Sitzen**, beim: alum.a1,h,* lyc.h,k1
• **Stehen**, beim: alum.a1,h,*
• **Stuhlgang**, nach: lyc.h,k1
• **Urinieren**, beim: phos.h,k1
– **beißend**: agar.hr1,k all-c.a1,hr1 alum. ambr.a1,k bar-c.a1,k canth. caps.hr1,k carb-v.a1,k caust. chin.hr1,k chin-b.c1 dulc.hr1,k hell. kali-c. lach. led. lyc.hr1,k,* merl. mez.hr1,k nat-c.a1,k nux-v. ph-ac.a1,k phos.hr1,k,* rhod.a1,k sabin. sep. sin-a.a1 spong.hr1 *Sulph.*hr1,k,*
• **Flatus**, bei: agar.h
• **Stuhlgang**:
• **während**: agar.h,k1 kali-c.a1 phos.h,k1 sumb.a1 thuj.a1
• **nach**: agar.h,hr1,* alum.h,k1 canth.a1 caust.a1,h,* colch.hr1 hell.a1 lach.a1 mez.a1,h,* nat-c.a1,h,* nat-m.a1 ph-ac.a1,h,* phos.h,k1 sep.h,k1 sil.a1,h,* sin-a.a1
• **Würmer**, wie durch: chin-b.vh
– **berstend**: kali-c.h,k1 staph.h,k1
– **bohrend**: zinc.h
– **brennend**: abies-c.a1,k **Aesc.**hr1,k aeth. **Agar.**hr1,k,* agn.k2 **Aloe** *Alum.*hr1,k alum-sil.k2 am-c. *Am-m.*hr1,k ambr.a1,k anan.hr1 androc.srj1 ant-c. *Apis* apoc.a1,k arg-n.a1,k arist-m.br1 arn.a1,k *Ars.*a1,k *Ars-i.* arum-d.hr1 arum-t.a1,k aspar.a1,k aur.hr1,k,* aur-ar.k2 aur-i.k2 aur-m.a1,k bamb-a.stb2 bapt. *Bar-c.*a1,k bar-m. bell.a1,k **Berb.**a1,k borx. *Bov.*a1,k brom.k2 *Bry.*a1,k cain. **Calc.**hr1,k,* calc-p.a1,k calc-s. canth. **Caps.**hr1,k,* carb-ac.hr1 **Carb-an.**hr1,k,* **Carb-v.**hr1,k,* **Carbn-s.** *Card-m.*hr1,k carl.a1,k *Castm.* caust.hr1,k cham. *Chel.*hr1,k,* chin.a1,k chinin-ar. clem.a1,k coc-c.a1,k cocc.hr1,k *Coch.* coff. colch.a1,k coll. *Coloc.*a1,k con.a1,k *Cop.* corn.br1 *Crot-t.*a1,k cub.hr1,k,* cupr. cycl.a1,k der.a1,k dig.a1,k dol.br1 dor.hr1,k,* *Dulc.*hr1,k erig.hr1,k *Eup-per.*a1,k *Euph.*hr1,k ferr.a1,k ferr-ar. ferr-i. ferr-p. ferul.a1 *Gamb.* gels. **Graph.**a1,k grat.a1,k ham. hell. *Hep.*hr1,k,* hydrc.a1,k hyos.a1,k ign.a1,k *Iod.*a1,k ip.a1,k **Iris**c2,k jug-r.a1,k **Kali-ar.** *Kali-bi.*a1,k **Kali-c.**hr1,k,* kali-n.a1,k kali-p. **Kali-s.** *Lach.*a1,k lact.a1,k laur.a1,k *Lil-t.*hr1,k,* lipp.a1 *Lyc.*hr1,k,* lyss.a1,k mag-c.h,k1 *Mag-m.*a1,k mag-s.a1,k *Manc.* med. **Merc.**a1,k *Merc-c.*hr1,k,* merc-d.a1 merc-i-f.a1,k merc-sul. merl.a1,k *Mez.*hr1,k *Mur-ac.*a1,k naja **Nat-ar.** *Nat-c.*

– **brennend**: ...
Nat-m.al,k nat-p. nat-s. nicc. **Nit-ac.**hrl,k,* nuph. **Nux-v.**hrl,k,* ol-an.hrl,k,* *Olnd.*al,k onis.al *Op.* *Paeon.* pen.brol *Petr.*al,k petros. ph-ac. *Phos.*hrl,k,* pin-s.al pip-m.al plat.al,k plb.hrl,k *Prun.* *Psor.*hrl,k ptel. **Puls.**al,k *Rat.* rheum rhus-t.al,k rhus-v.al,k sabad.al,k sabin. sang.k2 sars. **Sep.**hrl,k,* **Sil.**al,k sin-a.al,k spira.al *Spong.* stann.al,k staph. *Stront-c.* *Sul-ac.* **Sulph.**hrl,k,* sumb. syph.k2 tarent.hrl,k,* tep.al,k *Ter.*al,k **Thuj.**al,k urt-u.al,k verat.al,k verat-v.al,k wies.al *Zinc.*al,k zinc-p.k2
- **tagsüber**, beim Gehen: nat-m.
- **morgens**: *Calc.*al carb-ac.al,k colch.al,k dios.al dor.al hyper.al,k mag-m.al,k **Mur-ac.**al,k nicc.al,k **Nit-ac.**hrl,k,* *Sulph.*al,k thuj.al,k
  - **Bett**, im: colch.al,k
- **mittags**: dios.al,k
- **nachmittags**: coloc.al,k euphr.al,k fago.al *Sulph.*al,k
  - **14** h: dios.
  - **Schlaf**, nach: chin.al,k
- **abends**: bar-c.al,k *Carb-an.*al,k *Iod.*al,k kali-c.al,k *Mur-ac.*al,k nit-ac.al,k *Sulph.*al,k thuj. zinc.
  - **Bett**, im: ant-c.h,kl sin-a.al
- **nachts**: am-c.al,k ant-c.al,k *Ars.* *Iod.* kali-c.h,kl nat-m.al,k *Nit-ac.*hrl,k,* ox-ac.al,k puls. **Sulph.**
  - **Bett**; im: kali-c.k2
- **Mitternacht**, vor: thuj.
  - **Stuhlgang**, nach: op.
- **anfallsweise**: colch. *Puls.*
- **anhaltend**: ars. *Kali-c.* nat-m.
- **Ärger**, Verdruß agg.: *Cham.* nat-m.
- **Baden**:
  - **kaltes** Baden agg.: mur-ac.k2
- **Bewegung**, nach: crot-t.al,k kali-n.al,k
- **Diarrhoe**:
  - **während**: **Aloe** alum. *Ars.* *Aur.* aur-ar.k2 aur-m. aur-s.k2 bamb-a.stb2 bov. bry. canth. **Caps.** carb-an. caust. chin. chinin-ar. *Dulc.* *Gamb.* glon. graph. grat. ip.h **Iris** jug-c. *Kali-ar.* *Kali-c.* kali-s. *Lach.* mag-m.al,h *Manc.* **Merc.** *Mur-ac.* nat-c.h *Nuph.* op. *Rat.* **Sulph.**
  - **nach**: *Canth.* *Dulc.* grat. kali-c.h laur. mag-c.h mag-m.al,h mur-ac.h nicc. op. phos.h *Rat.* sil.h sulph.h
- **Druck** amel.: kali-c.
- **Dysenterie**, bei: aloe *Ars.*hrl,k **Caps.**hrl,k *Carb-v.*hrl,k *Coloc.* *Lach.* *Urt-u.*
- **Fissur**, in einer: **Graph.**
- **Flatus**:
  - **nach**: *Agar.* **Aloe** ant-t. bapt. *Carb-v.* cham. cocc. dios. mag-m.al phos. plb. psor. *Puls.* *Staph.* *Sulph.* sumb. *Teucr.* *Zinc.*
  - **Abgang** von; beim: sulph.k2
- **Gehen**, beim: *Carb-an.* *Mez.*al,k nat-m. sulph.al,k *Thuj.* zinc.h,kl
- **heißes** Wasser amel.: rat.pd
- **Hitze**:
  - **agg.**: *Iod.*
  - **amel.**: *Ars.*
- **kalte** Anwendungen:
  - **amel.**: *Aloe* apis euphr. *Kali-c.* *Ter.*

– **brennend**: ...
- **kitzelnd**: petr.al *Ran-s.*al,k
- **Körperübungen**, nach: sulph.al,k
- **Liegen**, beim: *Puls.*
- **Menses**:
  - **während**: berb. carb-v. zinc.
  - **nach**: graph.al,k
- **Mittagessen**, nach dem: kali-n.h,kl nat-m.al
- **prolabierten**, im: *Apis*
- **Reiben**; nach: carb-v.al,k cic.h,kl phel.al,k *Sabad.*al,k
- **Rhagaden**: **Graph.**
- **Schlaf**, verhindert den: kali-c.h,kl
- **Schwangerschaft**; während der: *Caps.*
- **Sitzen**, im: ip.al,k **Sulph.**al,k thuj.al,k
- **Stehen**, im: *Lach.* ter.al,k
- **Stuhlgang**:
  - **vor**: *Berb.* dios. iod.al,k jug-c.al,k *Nat-m.*hrl,k *Olnd.* *Rat.*al,k rhus-t.al,h sabad.al,k *Sulph.*al,k verat.al,k
  - **während**: agar. *Aloe* **Alum.**al,k alum-p.k2 alum-sil.k2 am-c. am-caust.al am-m.hrl,k,* ang.cl,h,* **Ars.**hrl,k,* ars-s-f.k2 arum-d.al arum-i.al asc-t.al *Bar-c.*hrl,k,* bar-m. *Berb.* *Borx.* *Bry.*al,k *Calc.*hrl,k,* calc-s.al,k calc-sil.k2 cann-s. *Canth.* caps. carb-an.al,k carb-v.al,k *Carbn-s.* castm. caust.al,k cham. chin. chinin-ar. chion. clem.al,k cob. cocc.hrl,k coloc.al,k **Con.**hrl,k,* corn.al,k crot-t.al,k cycl.al,k dios.hrl,k ferr. ferr-ar. ferr-p. ferul.al *Fl-ac.* gamb.al,k *Graph.*hrl,k,* grat.hrl,k,* hell.al hep. *Hydr.*hrl,k **Iris** kali-ar. kali-bi. kali-c. kali-m.k2 kali-p. kali-s. kali-sil.k2 *Lach.*al,k lil-t. lipp.al *Lyc.*hrl,k,* mag-m.al,k *Merc.* *Merc-c.*al,k merc-d.brol *Merc-sul.* morph.al *Mur-ac.*al,k nat-ar. nat-c.hrl,k,* *Nat-m.*hrl,k,* nat-p. *Nat-s.*al,k nicc.hrl,k,* nit-ac.k2 **Op.**al,k osm.al,k *Phos.*al,k phys.al,k pic-ac.al,k *Plat.*hrl,k,* plb.al,k podo.brol prun.brol *Puls.*hrl,k,* *Rat.*al,k rheum rhus-t. sabad.al,k sep.al,k *Sil.*hrl,k,* sin-a.al,k spira.al *Staph.* still.al stram. *Stront-c.* *Sul-ac.*hrl,k,* **Sulph.**al,k tab.al,k tep. ter.hrl,k,* trom.brol *Verat.*al,k vinc.al,k *Zinc.*al,k zinc-p.k2
  - **nach**: **Aesc.**al,k agar.al,k **Aloe** alum.h,kl alumn.al,h am-c.al,k *Am-m.*hrl,k,* ant-t.al,k *Apis* **Ars.**hrl,k,* *Ars-i.* ars-s-f.k2 arund.al,k asc-t.al,k aster.al,k aur-ar.k2 bar-c. bar-i.k2 bar-m. *Berb.* bov.al,k **Bry.**al,k *Calc.*al,k calc-i.k2 calc-s.al calc-sil.k2 cann-s.al,k *Canth.*al,k caps. *Carb-v.*al,k *Carbn-s.* *Carl.*al,k *Castm.* **Caust.**al,k cic. clem.al,k cob.al,k coc-c.al,k colch.bgl *Coloc.*al,k cop. *Corn.*al,k crot-t. dirc.al,k dulc. euphr.al,k fago.al ferr. ferr-ar. ferr-i. ferr-p. **Gamb.**al,k *Graph.*al,k grat.hrl,k,* hell.al,k hep. *Hydr.*hrl,k ign.hrl,k ind.al,k iod.al,k *Iris* jug-c.al,k jug-r.al,k *Kali-ar.* *Kali-bi.*al,k *Kali-c.*al,k kali-m.k2 kali-n.al,k kali-p. kali-s. kali-sil.k2 kalm.al,k *Lach.*al,k laur.al,k *Lil-t.*al,k *Lyc.*hrl,k *Mag-c.*hrl,k,* *Mag-m.*al,k *Merc.*al,k *Merc-c.*al,k mill.al *Mur-ac.*al,k *Nat-ar.* *Nat-c.*al,k *Nat-m.*hrl,k,* nat-p. *Nat-s.*al,k nicc.al,k **Nit-ac.**hrl,k,* nuph.al,k nux-m. *Nux-v.*al,k *Olnd.*

• **Stuhlgang - nach**: ...
osm.a1,k paeon.a1,k *Petr.* phel.a1,k *Phos.*a1,k *Pic-ac.*a1,k ptel.a1,k *Puls.* **Rat.**a1,k rheum rhod.a1,k rhodi.a1 rhus-t. sabad.hr1 sapin.a1 sars.a1,k sec.a1,k sep.a1,k **Sil.**a1,k sin-a.a1,k sin-n.a1 sol-t-ae.a1,k spirae.a1 stann.a1,k *Staph.* *Stront-c.* sul-i.k2 **Sulph.**a1,k sumb.a1 tab.a1 tarent.a1,k ter.a1,k *Thuj.*a1,k *Trom.*a1,k urt-u.a1,k *Zinc.*a1,k zinc-p.k2
  • **amel.**: clem.
  • **Diarrhoe**: ferr.c1
  • **harter** Stuhl: aesc. agar. *Aloe* alumn. am-m. *Ars.* coc-c. *Kali-bi.* kali-c. kali-sil.k2 lil-t. lyc. mag-c.h mag-m. nat-c. *Nat-m.* nit-ac.h phos. **Rat.** sabad. sec. **Sil.** *Sulph.* ter. *Thuj.* til.
    • **amel.**: ars.h
• **Urinieren**, nach dem: *Nit-ac.*hr1,k,*
• **Wischen** des Anus; beim: graph.pd
○ **Anus**
☞ *Schmerz - brennend*
• **Perineum**: ant-c.a1,k aur.k2 mur-ac. nit-ac.hr1,k plb.a1,k *Rhod.* sil.a1,k thuj.a1,k
  • **Koitus**, nach: sil.

– **drückend** (= Druck): acon. **Aesc.** *Aloe* alum. alum-p.k2 alum-sil.k2 ang. ant-c. apoc. arg-met. *Arn.* *Ars.* asaf. *Bar-c.* bar-m. bar-s.k2 *Bell.* *Berb.* bry. cact. cain. calc. *Calc-s.* calc-sil.k2 carb-an.h carb-v. carbn-s. carl. **Caust.** chel. *Chin.* chinin-ar. cob. coll. coloc. con. cop. *Crot-t.* *Cycl.* dulc. eug. eup-pur. ferr-i. form. gran. *Graph.* hell. hydr. **Ign.** iod. *Iris* kali-ar. *Kali-bi.* kali-c. kali-m.k2 *Kali-n.* kali-p. kali-s. kali-sil.k2 kreos. *Lach.* lact. laur. **Lil-t.** *Lyc.* mag-c. *Mag-m.* *Merc.* merc-i-f. merl. mez. mur-ac. *Murx.* nat-c. nat-m. **Nit-ac.** **Nux-v.** op. ox-ac. **Petr.** phel. *Phos.* plat. ptel. *Puls.* rhus-t. *Sars.* seneg. *Sep.* sil. spig. *Stann.* staph. stry. **Sulph.** tub.c1 *Valer.* verat. verb. zinc. zinc-p.k2
• **morgens**: *Kali-bi.*a1,k
• **vormittags**: kali-bi.a1,k
• **mittags**: agar.a1,k kali-bi.a1,k
• **nachmittags**: chel.a1,k cycl.a1,k sep.h,kl sulph.a1,k
  • **Schlaf**, im: cycl.
• **abends**: calc.a1,h chinin-s. ran-s.a1,k
  • **Bett**, im: iod.a1,k
• **nachts**: *Lyc.*a1,k mosch.a1 ptel.bg1
◇ **abwechselnd** mit Zusammenziehung: bell.a1,h,*
• **Aufstehen** vom Sitzen; beim: phos.h
• **Bewegung** agg.: *Nux-v.*
• **Diarrhoe**:
  • **einsetzen** würde; als ob Diarrhoe: calc.h *Crot-t.* mag-c.
  • **wie** bei: calc. nat-m.
• **Fäzes** im Rektum steckengeblieben wäre; als ob: *Caust.*
• **Flatus**:
  • **amel.**: ant-c.h,kl mag-c.a1
  • **vor**: kali-c.h,kl
  • **während**: *Carb-v.*
  • **durch**: zinc.h,kl
• **Gehen**, beim: *Cycl.* *Ran-s.*a1,k sulph.a1,k
• **geistiger** Anstrengung, bei: caust.

– **drückend**: ...
• **Liegen**, beim: crot-t.a1,k nux-v.bg1 ptel.bg1
• **Menses**:
  • **vor**: ign.a1,k petr.
  • **während**: *Aloe*
• **Mittagessen**, nach dem: sep.h,kl
• **Sitzen**, im: ammc.a1,k calc.a1,k *Cann-s.*a1,k *Cycl.* euphr.a1,k staph.h,kl sulph.a1,k thuj.
• **Stehen**, im: arn.a1,k *Ferr.*
• **Stuhlgang**:
  • **vor**: ant-c.a1,k cob.a1,k hell.a1 *Nat-m.* *Nit-ac.* *Nux-v.*a1,k phos.a1,h,* **Plat.**a1,k sul-ac. til.a1,k
  • **während**: alum.a1,k ant-c.c1,h,* asaf. corn.a1,k dulc.a1 *Kali-bi.*a1,k kali-n.a1 *Lil-t.*a1,k **Lyc.** nat-m. ox-ac.a1,k phos.a1,h,* *Podo.* sin-a.a1,k staph.h,kl sul-ac.h,kl **Sulph.**a1,k sumb.a1 *Zinc.*a1,k
  • **nach**: apoc.a1,k bar-c.h,kl *Calc.*a1,k caust.a1,k *Ign.* jug-r.a1 *Kali-bi.*a1,k *Kalm.*a1,k lipp.a1 mag-m.a1 *Merc.* nit-ac. ph-ac.a1,k phos.a1,k plat.a1,k *Podo.* *Puls.*a1,k seneg.a1,k sil.a1,k stann.h,kl sul-ac. *Sulph.*a1,k
  • **nicht** beim: *Dros.* kali-n.a1 **Lach.**a1,k mez.a1,k
• **unten**, außen etc.; nach: agar. *Aloe* bell.h berb. bry. calc-p. cann-s. *Carb-v.* carbn-s.k2 cimic. cob. *Corn.* **Crot-t.** dios. dros. inul.br1 *Ip.* kali-n. *Lach.* lil-t. lyc. mag-c. *Nit-ac.* *Nux-m.* nux-v. ox-ac. pic-ac. **Podo.** *Puls.* sep.h **Sulph.** til.c1 verat.
  • **scharfes** Instrument; wie durch ein: ign.br1
▽ **erstreckt** sich zu:
  • **Abdomen**: zinc.h
○ **Perineum**: *Alum.* *Asaf.* cycl.h *Lyc.* mez.h sulph. thuj.

– **durchbohrend**: acon.bg3 **Aesc.** aloe ant-c. *Ars.* cact. calc. *Carb-v.* **Caust.** chel. *Coll.* *Coloc.* ferr-i. **Graph.** grat. **Iris** jac-c. kali-c. kali-n. kali-sil.k2 lact. lyc. nat-ar. *Nit-ac.* **Nux-v.** phos. prun-p.a1 puls. *Rat.* rumx. *Sil.* sin-a.a1 **Sulph.** sumb. *Teucr.* *Thuj.*
• **Stuhlgang**:
  • **während**: ferr-i. **Nit-ac.**
  • **nach**: **Nux-v.** **Rat.**
○ **Perineum**: alum. bell. bov. carb-v. mag-m. merc. sep. thuj.

– **geschwürig**: mag-c.h,kl mez.h,kl sulph.h,kl

– **kneifend**: *Calc.* carb-v. *Cocc.* **Ign.** kali-c.a1,k mur-ac.a1,k nat-c.a1 nat-m.a1,k nit-ac.a1,k ox-ac.a1,k thuj.a1,k verb.c1
• **vormittags**: *Calc.*
• **nachmittags**: *Cocc.*
• **abends**: mez.a1,k
• **Fahren**, beim: glon.a1,k
• **Sitzen**, beim: *Calc.* *Cocc.*
• **Stuhlgang**:
  • **amel.**: *Nat-ar.*
  • **außerhalb** des Stuhlganges: carb-v.
▽ **erstreckt** sich zum Abdomen: mez. mur-ac.a1

– **Knoten**, wie durch harte: nat-c.h,kl

– **krallend**, quetschend, wie durch eine Kralle im Anus: *Ferr.* lach. nat-c. phel.
• **Mittagessen**, nach dem: phos.h
• **Stuhlgang**, beim: aeth. calc-caust.c1 *Thuj.* zinc.

– **krampfartig**
☞ *Zusammenschnürung*
– **kratzend**, scharf: ars.$_{h}$ kali-n.$_{h}$ sep.$_{h}$
– **lanzinierend**
☞ *schneidend*
– **nagend**: *Carb-v.*$_{h,k,*}$ elaps ferr. merc. phos. stann.
– **raspelnd**: ant-c. grat. nat-m. verat.
– **reißend**: acon-l.$_{al}$ aesc.$_{k2}$ *All-c.* alumn. ant-t.$_{al}$ aur. aur-s.$_{al}$ *Berb.*$_{al,k}$ calc.$_{al,k}$ calc-sil.$_{k2}$ carb-v.$_{al,k}$ carbn-s. carl.$_{al}$ chin. *Colch.*$_{al,k}$ erig.$_{al,k}$ eupi.$_{al,k}$ ferr.$_{al,k}$ grat. ign. *Kali-c.*$_{al,k}$ kreos.$_{al,k}$ lach.$_{al,k}$ laur.$_{al,k}$ led.$_{al,k}$ *Lyc.*$_{h,k,*}$ *Mez.*$_{al,k}$ nat-m. **Nit-ac.**$_{al,k}$ **Nux-v.** ph-ac.$_{al,k}$ phos.$_{al,k}$ *Ruta* sars.$_{al,k}$ sep.$_{al,k}$ sul-ac.$_{al,k}$ sulph.$_{al,k}$ thuj.$_{al,k}$ zinc.$_{al,k}$ zinc-p.$_{k2}$
• **morgens**: ph-ac.$_{al,k}$
• **abends**: ph-ac.$_{al,k}$
• **Bett**, im: chin.$_{al,k}$
• **Beugen** nach vorne amel.: alumn.
• **Bewegung**, bei: valer.$_{al,k}$
• **Husten**, beim: lach.$_{al,k}$ tub.$_{bg,dp}$
• **Liegen** au dem Rücken amel.: alumn.
• **Mittagessen**, nach dem: ant-t.$_{al}$ mang.$_{al,k}$
• **ruckend**: thuj.$_{h}$
• **Sitzen**, im: *Ruta*
• **Stuhlgang**:
  • **während**: agar. arn.$_{brl}$ arum-i.$_{al}$ *Calc.*$_{al,k}$ colch. ferr.$_{al,k}$ *Lach.* nat-ar. **Nat-m.**$_{al,k}$ *Nit-ac.* *Sars.* *Sel.* *Sep.* *Sul-ac.*$_{al,k}$
  • **nach**: aesc.$_{al,k}$ alumn. *Kali-c.* lyc. *Nat-m.* **Nit-ac.**
    • **harter** Stuhl: lyc.
• **Urinieren**, beim: *Ruta*
• **zuckend**: carl.$_{al}$ thuj.$_{h,k,*}$
▽ **erstreckt** sich zu:
  • **Abdomen**, ins: mag-c.
    • **Stuhlgang**, beim: mag-c.
  • **Beine** nach unten; die Rückseite der: rhus-t.$_{c1}$
  • **Harnröhre**, durch die: mez.$_{h}$
  • **oben**, nach: *Lach.* sep.
○ **Perineum**: am-m.$_{al,k}$ mez.$_{al,k}$
– **scharrend**, kratzig: agar.$_{al}$ am-c.$_{h,kl}$ ant-c. calc-p.$_{al,k}$ carb-an.$_{h,kl}$ crot-t.$_{al,k}$ grat. kali-n.$_{h,kl}$ lob.$_{al}$ nat-m.$_{al,k}$ puls. sep.$_{al,h}$ verat.
• **Stuhlgang**, nach: nit-ac.$_{h}$ phos.$_{h}$
– **schießend**
☞ *stechend*
– **schneidend**: aesc.$_{al,k}$ aloe **Alum.**$_{al,k}$ alum-sil.$_{k2}$ ant-t.$_{bgl}$ *Ars.* aur-s.$_{al}$ calad. calc. calc-p. canth. carb-v. carbn-s.$_{k2}$ *Caust.* *Chel.* coll.$_{bgl}$ con. *Graph.*$_{al,k}$ *Ign.* indg. ip.$_{h,kl}$ *Kali-ar.* *Kali-c.*$_{al,k}$ kali-n.$_{c1}$ kali-s. kali-sil.$_{k2}$ laur. *Lyc.*$_{h,k}$ mag-c.$_{al,k}$ mag-p.$_{k2}$ mang. meli. *Merc.* mur-ac. nat-ar. nat-c. nat-hchls. *Nit-ac.* **Nux-v.**$_{al,k}$ *Phos.*$_{al,k}$ plan. plat. *Rat.* rhus-t.$_{bgl}$ sabad.$_{bgl}$ sars. sec. sep. **Sil.** sin-n.$_{al}$ spig.$_{bgl}$ spong.$_{bgl}$ stann. staph. *Sulph.* sumb.$_{al,k}$ syph.$_{k2}$ thuj. zinc.$_{h,k,*}$ zinc-p.$_{k2}$
• **morgens**: graph.$_{al,k}$ lyc.$_{al,h,*}$ mang.
  • **Aufstehen**, nach dem: mang.
  • **Bett**, im: *Graph.*$_{al,k}$
• **vormittags**, beim Gehen: *Sulph.*
• **nachmittags**: sep. sulph.$_{al,k}$

– **schneidend**: ...
• **abends**: nat-hchls. phos.
• **nachts**: sep.$_{al,k}$
  • **22** h: aloe
• **Diarrhoe**, bei: **Ars.**
• **Dysenterie**, bei: *Merc-c.*
• **Gehen**, beim: mag-c. meli. *Sulph.*$_{al,k}$
• **ruckend**: zinc.$_{h,kl}$
• **Sitzen**, beim: **Rat.**
• **Stehen** agg.: *Lach.*
• **Stuhlgang**:
  • **vor**: *Asar.* grat.$_{k2}$ mag-c.$_{h,kl}$ mur-ac.$_{h,kl}$ nat-ar.$_{k2}$ nit-ac.$_{k2}$ sep. sulph. verat-v.
  • **während**: agar. all-c. alum.$_{al,k}$ alum-p.$_{k2}$ am-c. ant-t. ars. ars-s-f.$_{k2}$ asar.$_{h,kl}$ canth. carb-an.$_{h,kl}$ carb-v.$_{al,k}$ caust.$_{h,kl}$ dios. hell.$_{h,kl}$ mag-c.$_{h,kl}$ mang.$_{h,kl}$ *Mur-ac.*$_{k,k2,*}$ nat-ar. nat-c.$_{al,k}$ *Nat-m.* nat-p. **Nit-ac.**$_{al,k}$ *Phos.*$_{al,k}$ *Pic-ac.*$_{al,k}$ *Plat.* plb.$_{al,k}$ *Puls.* *Sars.* sep. stann. staph.$_{h,kl}$ **Sulph.** sumb.$_{al,k}$ vib.
  • **nach**: *Aesc.* agar. *Aloe* calc.$_{al,k}$ chel.$_{al,k}$ hell.$_{h,kl}$ **Nit-ac.** **Nux-v.**$_{al,k}$ pic-ac.$_{al,k}$ *Puls.* **Rat.** sin-a. sin-n.$_{al}$ staph. sumb.$_{al,k}$
• **warm**:
  • **Anwendungen** amel.; warme: mur-ac.$_{k2}$
▽ **erstreckt** sich zu:
  • **Rektum** nach oben; das: hell. mur-ac.$_{h}$ *Sep.* *Sulph.*
  • **Steißbein**, durch das: carb-an.$_{h}$
○ **Perineum**: am-m. aur. bov. lyc. nux-v.$_{al,k}$ thuj.$_{al,k}$
  • **morgens**: lyc.$_{al,k}$
  • **abends**: am-m.
– **Splitter**, wie ein: *Aesc.* agar. *Alum.* *Arg-n.* *Bar-c.* *Carb-v.* coll. hell.$_{bg2}$ nat-p.$_{al}$ **Nit-ac.** **Rat.**$_{bg2,k}$ sanic.$_{bg2}$ *Sil.* sulph. thuj.$_{bg2}$
– **stechend**: *Acon.*$_{al,k}$ **Aesc.** agar.$_{al,k}$ *All-c.*$_{al,k}$ *Aloe* alum.$_{al,k}$ alum-p.$_{k2}$ alum-sil.$_{k2}$ alumn. am-m.$_{al,k}$ ambr.$_{al,h}$ ang.$_{al,k}$ ant-t.$_{al,k}$ *Apis* arg-n.$_{al,k}$ arn.$_{al,k}$ **Ars.**$_{al,k}$ ars-s-f.$_{k2}$ arund.$_{al,k}$ aur.$_{al,k}$ aur-ar.$_{k2}$ aur-s. bamb-a.$_{stb2}$ *Bar-c.* *Bar-m.* bar-s.$_{k2}$ bell. *Benz-ac.*$_{al,k}$ *Berb.*$_{al,k}$ bond.$_{al}$ borx. bov. brom.$_{al,k}$ bry.$_{al,k}$ cact.$_{al,k}$ calad.$_{al,k}$ *Calc.*$_{al,k}$ *Calc-p.*$_{al,k}$ calc-s. calc-sil.$_{k2}$ cann-i.$_{al,k}$ cann-s.$_{al,k}$ canth. *Caps.*$_{al,k}$ **Carb-an.**$_{al,k}$ *Carb-v.*$_{al,k}$ *Carbn-s.* carl. **Caust.**$_{al,k}$ cham.$_{al,k}$ chel.$_{al,k}$ chin.$_{al,k}$ chinin-ar. coc-c.$_{al,k}$ colch. coloc.$_{al,k}$ **Con.**$_{al,k}$ *Cop.*$_{al,k}$ *Croc.*$_{al,k}$ crot-t.$_{al,k}$ cupr.$_{h,kl}$ cycl.$_{al,k}$ dirc.$_{al,c1}$ euphr. ferr-ar. ferr-i. ferr-ma.$_{al,k}$ ferul.$_{al}$ gins.$_{al,k}$ *Graph.*$_{al,k}$ grat.$_{al,k}$ **Ign.**$_{al,k}$ indg.$_{al,k}$ ip.$_{al,k}$ jac-c. jatr-c. jug-r.$_{al}$ *Kali-ar.* kali-bi.$_{al,k}$ **Kali-c.**$_{al,k}$ kali-n.$_{al,k}$ kali-p. **Kali-s.** kali-sil.$_{k2}$ kiss.$_{al}$ kreos.$_{al,k}$ **Lach.**$_{al,k}$ lachn.$_{c1}$ led.$_{al,k}$ **Lyc.**$_{al,k}$ lyss.$_{al,k}$ mag-c.$_{al,k}$ *Mag-m.*$_{al,k}$ *Mag-p.* *Med.* meli. **Merc.**$_{al,k}$ merc-c.$_{al,k}$ merc-i-f.$_{al,k}$ *Mez.*$_{al,k}$ mosch.$_{al,k}$ *Mur-ac.*$_{al,k}$ nat-ar.$_{k2}$ *Nat-c.*$_{al,k}$ *Nat-m.*$_{al,k}$ nicc.$_{al,k}$ **Nit-ac.** nuph.$_{al,k}$ nux-m.$_{al,k}$ nux-v.$_{al,k}$ ol-an.$_{al,k}$ paeon.$_{gm1}$ petr.$_{al,k}$ *Ph-ac.* phel.$_{al,k}$ *Phos.*$_{al,k}$ *Phyt.* plat.$_{al,k}$ plb.$_{al,k}$ prun-p.$_{al}$ *Puls.*$_{al,k}$ ran-b.$_{al,k}$ ran-s.$_{al,k}$ *Rat.* *Rhus-t.* *Ruta* *Sabad.*$_{al,k}$ **Sep.**$_{al,k}$ **Sil.**$_{al,k}$ sin-a.$_{al}$ sin-n.$_{al}$ spirae.$_{al}$ spong. stann. stram. stry. *Sul-ac.*$_{al,k}$ **Sulph.**$_{al,k}$ tarent.$_{al,k}$

– **stechend**: ...
teucr.$_{a1,k}$ *Thuj.*$_{a1,k}$ til.$_{a1,k}$ vichy-g.$_{a1}$ zinc.$_{a1,k}$ zinc-p.$_{k2}$
• **morgens**: lyc.$_{a1,k}$ mag-c.$_{a1,k}$ thuj.$_{a1}$ vichy-g.$_{a1}$ zinc.$_{a1,k}$
 • **Erwachen**, nach dem: mag-c.$_{a1,k}$
• **vormittags**: calc.$_{h,kl}$ lach.$_{a1,k}$ sep.$_{h,kl}$
• **nachmittags**: agar. bamb-a.$_{stb2}$ chinin-s. lyc.$_{a1,k}$ nat-m.$_{a1,k}$ sulph.$_{a1,k}$
• **abends**: bamb-a.$_{stb2}$ benz-ac.$_{a1,k}$ borx. calc-p.$_{a1,k}$ carb-v.$_{a1,k}$ carbn-s. gran.$_{a1,k}$ iris kali-c.$_{h,kl}$ merc-c.$_{a1,k}$ nat-m.$_{a1,k}$ nit-ac. **Sulph.**$_{a1,k}$ teucr.$_{a1}$ thuj.$_{a1,k}$ zinc.$_{a1,k}$
 • **Bett**, im: *Nat-m.*
• **nachts**: sep.$_{a1,k}$ stry. thuj.
 • **Mitternacht**: thuj.
◇ **abwechselnd** mit:
 • **Eichel**; Jucken in der: thuj.
 • **Vorhaut**; Brennen in der: thuj.
• **anfallsweise**
 ☞ *plötzlich*
• **aufrechtem** Körper, bei: **Petr.**$_{a1,k}$
• **Aufstehen** vom Sitzen; beim: phos.$_{h}$
• **Bewegung**, bei: bell.$_{h,kl}$ kali-n.$_{h,kl}$
• **Druck**, bei: sep.$_{a1,h}$
• **Einziehen** des Anus; beim: sep.$_{h}$ sulph.$_{h}$
• **Essen**:
 • **vor**: *Caust.*$_{a1,k}$
 • **nach**: **Nux-v.**$_{a1,k}$
• **Flatus**:
 • **amel.**: coloc.$_{a1,k}$ *Mag-c.*$_{a1,k}$ vichy-g.$_{a1}$
 • **Abgang** von, beim: bry. phos.
• **Gehen**, beim: *Ars.* coc-c. crot-t. kali-c.$_{h}$ meli. nat-p. petr. phos.$_{h}$ *Sil.* squil. sulph. zinc.
 • **nach**: mag-c.$_{h,kl}$ thuj.$_{a1,k}$
 • **Freien** amel.; im: thuj.
• **geistiger** Anstrengung, nach: **Nux-v.**$_{a1,k}$
• **Husten**, beim: *Ign.* **Lach.** nit-ac.$_{a1,k}$
• **juckend**: alum. bry.$_{a1,k}$ coloc.$_{a1,k}$ nat-m.$_{h,kl}$ ph-ac.$_{h,kl}$ puls.$_{vh}$ stann.$_{a1,k}$ sulph.$_{a1,k}$
• **Koitus**, beim: calc.$_{a1,k}$
• **Liegen**, beim: nat-c.$_{a1,k}$ **Sulph.**$_{a1,k}$
• **Menses**, während: aloe *Ars.*$_{a1,k}$ phos.
• **Mittagessen**, nach dem: kali-n.$_{h,kl}$ phos.$_{a1,k}$ sulph.$_{a1}$
• **Niesen**, beim: *Lach.*
• **periodisch**: agar. *Ign.*
• **plötzlich**: bamb-a.$_{stb2}$
• **reißend**: graph.$_{h,kl}$ nat-m.$_{h,kl}$
• **Schwangerschaft**; während der: *Kali-c.*
• **Sitzen**, im: *Ars.*$_{a1,k}$ *Calc.* gran.$_{a1,k}$ iod.$_{h,kl}$ kali-c.$_{a1,k}$ nat-c.$_{a1,k}$ *Ruta* sin-a.$_{a1}$ **Sulph.**$_{a1,k}$ *Thuj.*$_{a1,k}$
• **Stehen**, im: *Sulph.*$_{a1,k}$ valer.$_{a1,k}$
• **Stuhlgang**:
 • **vor**: asar.$_{a1,k}$ *Berb.*$_{a1,k}$ *Con.*$_{a1,k}$ gamb.$_{a1,k}$ *Kali-c.* kali-n.$_{h,kl}$ pall.$_{c1}$ phos.$_{a1,k}$ *Plat.* spira.$_{a1}$ spong.$_{a1,k}$ sul-ac.$_{a1,k}$
 • **während**: am-c.$_{a1,k}$ am-m. *Berb.*$_{a1,k}$ calc-s.$_{a1,k}$ carb-an.$_{a1,k}$ *Carb-v.*$_{a1,k}$ carbn-s. caust.$_{a1,k}$ chin.$_{a1,k}$ coc-c.$_{a1,k}$ ferr-i.$_{a1,k}$ **Graph.**$_{a1,k}$ *Ign.* ip.$_{a1,k}$ laur.$_{a1,k}$ lipp.$_{a1}$ lyc.$_{a1}$ *Mag-m.*$_{hr1,k}$

– **stechend - Stuhlgang - während**: ...
mur-ac.$_{h,kl}$ *Nat-c.*$_{a1,k}$ nat-m. **Nit-ac.**$_{a1,k}$ nux-m.$_{a1,k}$ *Nux-v.*$_{a1,k}$ pic-ac.$_{a1,k}$ *Sep.* sil.$_{h,kl}$ sin-a.$_{a1}$ *Staph.* sul-ac.$_{a1,k}$ sulph.$_{h,kl}$
 • **nach**: *Aloe* am-m.$_{a1,k}$ *Berb.*$_{a1,k}$ calad.$_{a1,k}$ *Calc.*$_{vh}$ canth.$_{a1,k}$ cham.$_{a1,k}$ chin.$_{h,kl}$ hell.$_{h,kl}$ kali-n.$_{a1,k}$ laur.$_{a1,k}$ *Lyc.* mag-m.$_{a1,k}$ *Mez.* nat-m.$_{a1,k}$ nicc. **Nit-ac.**$_{a1,k}$ pic-ac.$_{a1,k}$ *Plat. Rat.* sep.$_{a1,k}$ stann.$_{a1,k}$ *Thuj.*$_{a1,k}$
 • **hartem** Stuhl, bei: bar-c. bell. ferr-i.$_{k2}$ hell.$_{h}$ prun. sul-ac.$_{h}$ sulph.
 • **schwierigem** Stuhl, nach: alum. *Plat. Rat.*
 • **Stuhldrang**, bei: mag-c.$_{h}$
• **Urinieren**, beim: carbn-s. sulph.$_{a1,k}$
• **Wellen**; in: bamb-a.$_{stb2}$
• **zuckend**: zinc.$_{h,kl}$
▽ **erstreckt** sich zu:
 • **Abdomen**: aloe mag-m. *Sep.*
 • **außen**, nach: *Carb-v.* lith-c.
 • **Blase**: mosch. thuj.
 • **Darmbein** und Eichel: petr. *Thuj.*
 • **Genitalien** beim Gehen; zu den: sil.
 • **Harnröhre**: carbn-s. cocc. thuj.
 • **innen**, nach: zinc.$_{h}$
 • **Leber**: *Dios.*$_{br1,vh,*}$
 ◆ **begleitet** von:
  • **Hämorrhoiden**: dios.$_{br1,hr1}$
 • **Leistengegend**, links: croc. kreos.
 • **Lenden**: aloe
 • **oben**, nach: aesc. androc.$_{srj1}$ *Graph.* hell.$_{h}$ **Ign.**$_{k,k2}$ *Lach.* mag-c. *Mez. Rhus-t. Sep.* thuj.
  • **Stuhlgang**, nach: alumn. *Mez.* sulph.
 • **Oberschenkels**; zur Innenseite des: alumn.
 • **Penis**: carl.
 • **Peniswurzel**: zinc.
 • **Rücken**: carl.
 • **Schamgegend**:
  • **Menses**, während: aloe ars.$_{h}$
  • **Stuhlgang**, nach: castm.
 • **unten** und außen; nach: asar.$_{h}$ *Carb-v.* ~~carbn-s.$_{kl,xxx}$~~ lith-c.
○ **Perineum**: alum. am-m. aur. berb.$_{a1,k}$ bov.$_{a1,k}$ *Calc-p.* carb-v.$_{a1,k}$ chel.$_{a1,k}$ chin.$_{a1,k}$ mag-m.$_{a1,k}$ merc.$_{a1,k}$ nat-c.$_{h,h2,*}$ nit-ac.$_{a1,k}$ sep.$_{a1,k}$ spig.$_{a1,k}$ sulph. thuj.$_{a1,k}$
 • **abends**: am-m. sep.$_{a1,k}$
 ▽ **erstreckt** sich zu:
  • **Anus**: nit-ac.$_{a1,k}$
  • **Penis**: *Calc-p.* phyt.$_{bro1}$
  • **Uterus**: berb.$_{a1,k}$

– **stechend**; fein: acon. **Aesc.** *Am-m.* ambr.$_{c1}$ *Apis Ars. Caps.* carb-an. *Caust.* coch. grat.$_{k2}$ lyc. mag-m. *Nat-m.* nit-ac.$_{bg1}$ **Nux-v.** *Phos. Puls.*$_{k,st}$ sil. *Staph.* sulph.
• **nachts**, im Liegen: **Ars.** *Puls.*
• **Gehen**, beim: carb-an.
• **Menses**, während: phos.
• **Stuhlgang**:
 • **während**: berb. caps. caust. coc-c. ip. *Lyc.* mag-m. nat-c. nat-m. nicc. **Nit-ac.** *Sil.* sulph.
 • **nach**: aloe berb. *Canth.* kali-n. **Nit-ac.** *Puls. Sulph.*

○ **Perineum**: aur.k2

– **Tenesmus**: acal.brl acon.hrl,k,* **Aesc.** aeth.al,hrl agar.hrl,k,* agar-ph.al agro.c2 **Aloe**c2,k alum.al,k alum-p.k2 alum-sil.k2 am-c. ambr.hrl,k,* *Anac.*al,k ang.c1 *Ango.*c1 ant-c.al,k aphis.c2 **Apis** apoc.al,k *Arg-met.* **Arg-n.**hrl *Arn.*hrl,k,* *Ars.*hrl,k,* ars-i.hrl,k,* ars-s-f.k2 arum-t.hrl,k asaf.hrl,k,* asc-t.hrl atro.al,k aur-m.al,k bamb-a.stb2 bar-c. bar-i.k2 bar-m. bar-s.k2 *Bell.*hrl,k,* ben. berb. *Bov.*al,k brom.al,k bry.al,k cact. *Calc.*hrl,k calc-s.al,k calc-sil.k2 cann-i.al,k cann-s.al,k *Canth.*al,k **Caps.**hrl,k,* carb-ac.brl carb-an. *Carb-v.*hrl,k,* carbn-s. *Caust.*hrl,k cedr.hrl cham. chinin-s. chlf.hrl choc.srj3 cinnb.hrl,k2 cob.hrl,k cocc.hrl,k **Colch.**hrl,k,* *Coll.*hrl,k *Coloc.*hrl,k,* colocin.al con.hrl,k *Corn.*hrl,k,* cortiso.gse *Crot-h.*hrl *Crot-t.*hrl,k,* cupr.al,k cupr-ar.hrl,k *Cycl.*hrl,k cyt-l.al der.al,k dig.al,k dios.al,k dirc.al,k ery-a.al,hrl eug.hrl eup-per.hrl,k,* *Euph.*hrl,k eupi.al,k fago.al,k ferr.al,k ferr-ar. ferr-i.hrl,k ferr-m.al,k ferr-p. gamb.hrl,k gels. gent-l.al graph.hrl,k grat.al,k *Ham.* hep.hrl,k,* hyos.hrl,k,* ign.hrl,k,* iod. *Ip.*hrl,k *Iris* *Jug-c.*hrl kali-ar. *Kali-bi.*hrl,k *Kali-br.*al,hrl kali-c.hrl,k,* *Kali-i.*hrl,k,* kali-m.k2 *Kali-n.*al,k kali-sil.k2 kreos. lac-ac.al lac-c. *Lach.*hrl,k lact.hrl,k laur.al,k lepi.al *Lept.*hrl liat.brl **Lil-t.**hrl,k,* linu-c.al *Lyc.*al,k lycps-v. *Lyss.*hrl,k mag-c.brl mag-s.hrl,k,* manc.hrl,k mang.hrl mela.al menis.al **Merc.**hrl,k,* merc-br.al **Merc-c.**hrl,k,* merc-cy.al,k merc-d.al merc-n.al *Mez.*hrl,k,* mill.hrl,k mit.al morph.hrl morph-s.hrl mur-ac.al,k *Nat-ar.* *Nat-c.*hrl,k,* *Nat-m.*hrl,k,* nat-p. nicc.hrl,k,* **Nit-ac.**hrl,k,* nux-m.al,k *Nux-v.*hrl,k,* oena.hrl,k ol-an.al,k onis.al op.hrl,k ost.al ox-ac.hrl,k,* petr.al,k ph-ac. phel.al,k phos.k,k2,* phys.al,k *Phyt.*hrl,k,* pic-ac.al,k *Plat.*hrl,k,* plb.hrl,k,* plb-chr.c2 podo.hrl,k,* psor.al,k ptel.hrl,k,* puls. pyrog.k2 rat. rham-f.al rheum rhod.al,k *Rhus-t.*hrl,k *Rob.*hrl rumx. ruta sang. sarr.hrl sel.al,k senec.al,k *Sep.*hrl,k,* *Sil.*hrl,k,* sol-ni. sol-t.al sol-t-ae.c2,k spig.hrl,k spong.hrl,k squil.al,k stann.al,k **Staph.**hrl,k,* still.al *Stront-c.* sul-i.k2 **Sulph.**hrl,k,* sumb. tab.hrl,k,* *Tarent.*al,k tax.al ter. thuj.al,k til.al tong.al trom.hrl,k,* tub.al,c1 valer.k2 verat.al,k verat-v.hrl,k,* vib.hrl vip.al,k voes.al xan.brl,hrl,* zinc.al,k zinc-p.k2 zinc-s.al

☞ *Pressen / Stuhldrang*

- **morgens**: aeth.hrl,k agar.al nicc.hrl,k ost.al
  - **Aufstehen**, nach dem: aeth.hrl,k
- **abends**: ferr. ost.al plat.hrl,k
- **nachts**: acon-l.al bov.al,k coch.hrl *Merc.* zinc.al,k
- **Blase** und Rektum; Tenesmus von: alum. **Caps.** lil-t. *Merc-c.* **Nux-v.**
- **Diarrhoe**:
  - **vor**: hydr.
  - **während**: *Alum.* **Ars.** carb-v. carbn-s. cench.k2 cimic. *Coloc.* cop. corn. crot-t. *Dulc.*hrl form. *Gamb.* hydr. kali-p.k2 mag-m. mag-s. *Merc.* **Merc-c.** mur-ac.h *Nit-ac.* op. phys. phyt. plb. podo.c1 ptel. sarr. sel. *Sulph.* tab. verat.h
  - **nach**: bell.h caps.h carb-an.h *Dulc.* hydr. kali-c.h kali-n.h laur. *Lil-t.* mag-c. mag-m.h mez.h phel. phos. rhus-t. stront-c. sulph.h tab. zinc.h

– **Tenesmus**: ...

- **Dysenterie**, bei: acon. **Apis** arn.hrl,k ars-i.hrl,k ars-s-f.k2 **Caps.**hrl,k *Carb-ac.*hrl **Colch.**hrl,k **Coll.**hrl con.hrl,k cop.hrl,k dios.hrl,k erig.hrl ip. *Kali-bi.*hrl *Merc.*hrl,k **Merc-c.**hrl,k,* *Nit-ac.* rheum sulph.hrl,k ter.hrl,k tub.c1 xan.hrl,k
- **Essen**, beim: *Coloc.*al,k crot-t.al,k
- **Flatus** zu unterdrücken; beim Versuch: acon.
- **Frühstück**; nach dem: kali-p.k2
- **Gehen**, beim: bamb-a.stb2 *Sulph.*
- **Kaffee**, nach: *Nat-m.*al,k
- **Liegen** amel.: mang.k2
- **Menses**:
  - **vor**: thuj.hrl,k
  - **während**: *Am-c.*hrl,k nat-s.al,k
- **Milch**, nach: nicc.hrl,k,*
- **Mittagessen**, nach dem: alum.al,k nat-m.al,k
- **Obstipation**, bei: asaf.al,k *Con.* *Nux-v.* plb.al,k vib.
- **ruckend**: sep.h,kl
- **Sitzen**, im: crot-t. mang.k2 staph.h *Sulph.*
- **Stuhlgang**:
  - **vor**: acon.al,k aeth.hrl,k **Agar.**hrl,k alum.al,k arn.al,k berb.hrl,k cham.hrl,k coll.hrl *Coloc.*al,k crot-c.al,k dirc. fago.al,k grat. mag-m. *Merc.*hrl,k **Merc-c.**hrl,k,* *Nux-v.*hrl,k ost.al phys.al,k plat.hrl,k,* plb.hrl,k sep.al,k **Sulph.**al,k tarent.al,k verat.hrl,k
  - **während**: **Acon.** aesc. *Aeth.*hrl,k **Agar.**hrl,k **Aloe** alum.hrl,k am-c.al,k am-m. ang.al,k ant-t.hrl,k apis apoc.al,k arg-n. *Arn.*hrl,k *Ars.* arum-t.al,k asc-t. aster.al,k bapt.hrl,k *Bell.* *Calc.*hrl,k calc-s. canth.hrl,k *Caps.*hrl,k carb-ac. carbn-s. *Caust.*hrl,k *Cedr.*al,k cob.hrl,k,* coff-t.al,k *Colch.*hrl,k,* colchin.al *Coll.*hrl,k,* *Coloc.*hrl,k,* colocin.al con.hrl,k cop.hrl,k *Corn.*al,k crot-t.hrl,k,* cub.hrl *Cupr.*al,k cupr-s.al cycl.hrl dios.hrl,k ery-a.al,hrl fago.al,k ferr. ferr-ar. ferr-m.al,k fl-ac.al,k form.al,k gamb.hrl,k,* gran.al,k graph.hrl,k,* grat.al,k hell.hrl,k,* hell-v.al hep.hrl,k,* hipp.al,k hydr.al,k hyper.hrl,k,* **Ip.**hrl,k iris kali-ar. *Kali-bi.*hrl,k,* kali-chl.hrl,k kali-i.hrl,k,* kali-n.hrl,k,* kalm.al,k *Lac-c.* lach.hrl,k laur. lil-s.al *Lil-t.*al,k lob-s.al,k lyc.hrl,k,* lyss.hrl,k *Mag-c.*hrl,k mag-m. mang.hrl,k,* **Merc.**hrl,k **Merc-c.**hrl,k,* *Morph.*al,k myric.hrl,k,* *Nat-ar.* *Nat-c.*hrl,k,* *Nat-m.*hrl,k,* *Nat-s.*hrl,k nicc.hrl,k *Nit-ac.*hrl,k **Nux-v.**hrl,k **Op.**hrl,k ost.al ox-ac.al,k petr.hrl,k phel.al phos.al,hrl phys.al,k phyt. pic-ac.al,k plan.hrl,k plat. plb.al,k *Podo.*hrl,k,* psil.ft1 ptel.hrl,k,* pyre-p.al *Rhus-t.*hrl,k rob.al,k senec.hrl,k,* sep.hrl,k,* *Spong.*hrl,k staph.hrl,k still.al *Sulph.*hrl,k,* tab.hrl,k,* ther.al,k thuj.al,k *Trom.*hrl,k,* urt-u.hrl verat.al,k xan.hrl zinc.hrl,k
  - **nach**: *Aeth.*hrl,k,* **Agar.**hrl,k,* am-m.al,k ambr.al,k ant-t.hrl,k *Apis* apoc.al,k ars.al,k ars-s-f.k2 aster.al,k bamb-a.stb2 bapt.hrl,k *Bell.*hrl,k berb.hrl bov. calc-i.k2 calc-p.al,k calc-s.al,k *Canth.* *Caps.*hrl,k cob.hrl,k,* *Cocc.*hrl,k *Colch.*al,k coll.hrl corn.al,k *Cub.*hrl cupr-act. dios. dros. dulc. erig.al,k fago.al,k fl-ac.hrl,k

• **Stuhlgang - nach**: ...
gamb.al,k gins.al,k grat.hrl,k,* hell.al,k *Ign.*hrl,k ind.al,k indg.al,k ip.hrl,k jug-c.hrl,k,* kali-ar. *Kali-bi.*hrl,k,* kali-c.al,k kali-n.hrl,k,* kali-p. *Kali-s.* lach.hrl,k laur.al,k lil-t.hrl,k,* lim.al lyc.al,k lyss.hrl,k *Mag-c.*hrl,k *Mag-m.*al,k mag-s.al,k manc.hrl,k **Merc.**hrl,k **Merc-c.**hrl,k,* merc-i-r.hrl,k,* *Mez.*hrl,k nat-c.al *Nat-m.*hrl,k,* nicc.hrl,k,* ph-ac.al,k phel.al,k phos.h,hrl,* phys.al,k plat.hrl,k,* plb. *Podo.*hrl,k,* ptel.al,k **Puls.** *Rheum* *Rhus-t.*hrl,k,* sars.al,k **Sulph.**hrl,k,* tab.al,k *Trom.*hrl,k yuc.al zinc.hrl,k zinc-p.k2
• **amel.**: acon. aesc. aloe alum.al,k ant-t. arn.al,k ars. asaf. bapt. bov. bry. cain. calc-p. canth. cham. colch. *Coloc.* corn. dulc. **Gamb.** hell. lept. nat-ar.k2 nat-s. nuph. **Nux-v.** **Rhus-t.** sanic. tarent.
• **hartem** Stuhl; mit: *Con.*
• **Urinieren**:
• **beim**: carb-v.al,k carbn-s.k2 ferr. med.hrl,k merc-c.k2 *Prun.*hrl,k,*
• **nach**: coloc. colocin.al mur-ac.al,k phos.hrl *Prun.*hrl
• **Wärme** amel.: coloc. sulph.
• **Wasser**; beim Hören von fließendem: **Lyss.**
▽ **erstreckt** sich zu:
• **Blase**: canth. *Caps.* *Med.* merc-c. *Nux-v.*
• **Harnröhre**: mez.hrl,k
• **Perineum**: mez.hrl,k
– **Wehtun** (= unbestimmt, drückend):
○ **Perineum**:
• **Menses**; während: lunakgl
– **windend**: caust.h,k,* kali-c.al,k lact.al,k lyc.al,k mag-c.al,k nat-c.al,k stry.al zinc.al,k
• **Flatus** amel.: kali-bi.al,k
• **Körperübungen**, nach: coc-c.al,k
• **Stuhlgang**:
• **während**: carl.al franz.al spong.al,k
• **nach**: canth.al,k franz.al grat.al,k
– **windender** Schmerz im Anus: *Croc.*hrl,k
– **wühlend**, grabend, Perineum: carb-an.h
– **wund** beißend
☞ *brennend*
– **wund** schmerzend (= wie zerschlagen, empfindlich): **Aesc.**al,k *Agar.* agn. **Aloe** alum.al,k alum-sil.k2 am-br.al,k am-c.al,k am-m. ambr. ant-c.al,k ant-s-aur. **Apis** arn. *Ars.*al,k ars-s-f.k2 aspar.al,k aur. aur-ar.k2 aur-s.k2 bamb-a.stb2 *Bar-c.* **Bar-m.** bar-s.k2 **Bell.** **Berb.**al,k *Bry.*al,k *Calc.*al,k *Calc-p.*al,k calc-s. calc-sil.k2 *Caps.* *Carb-an.*al,k *Carb-v.*al,k *Carbn-s.* **Caust.**al,k cench.k2 coloc. crot-t. *Cycl.* dios. dirc.al elaps elat.al gal-ac. **Gamb.** **Graph.**al,k **Ham.** hep.al,k **Ign.**al,k **Iris** jal.al **Kali-ar.** kali-bi.al,k **Kali-c.**al,k kali-m.k2 *Kali-p.* **Kali-s.** kali-sil.k2 **Lach.**al,k lact. lil-t. lim.al **Lyc.**al,k **Merc.**al,k *Merc-c.*al,k merc-cy.al merc-i-f.al,k merc-sul.al,k **Mur-ac.**al,k nat-ar. nat-c.al,k *Nat-m.*al,k nat-p.al,k nat-s. **Nit-ac.**al,k nux-m.al,k *Nux-v.*al,k **Paeon.** petr.al,k ph-ac. phos.h,k,* phys.al,k *Podo.* prun. psor. **Puls.**al,k **Rat.** *Rhus-t.*al,k sars. *Sep.*al,k **Sil.** sol-t-ae.al,k spong. stann. staph. sul-ac. **Sulph.**al,k syph. tab. thuj.al,k verat. vib. *Zinc.*al,k

– **wund** schmerzend: ...
zinc-p.k2 zing.
☞ *Empfindlichkeit*
• **morgens**: *Calc-p.* thuj.al,k
• **abends**: bar-c.al,k *Carb-an.*al,k choc.srj3 kali-bi.al,k *Sulph.* zinc.al,k
• **nachts**: ant-c.h,kl phel.al,k sars.al,k
• **Berührung**, bei: ars.h,kl
• **Bewegen**, nach: bamb-a.stb2 crot-t.al,k *Puls.*al,k
• **Denken** daran agg.: caust.h,kl
• **Druck** auf das Abdomen agg.: carb-v.k2
• **Gehen**, beim: arg-met. **Caust.** cycl. *Kali-bi.* mag-c.al,h,* *Mez.*al,k *Nit-ac.*al,k
• **Liegen** auf dem Rücken, beim: chel.
• **beim**: sulph.h
• **Menses**, während: *Berb.*k,st carb-v.
• **ruckend**: sep.h,kl
• **Sitzen**, im: *Am-m.* *Berb.* **Caust.** chel.al,k *Cycl.* mag-c.al,k *Mur-ac.* **Rat.** *Sulph.*al,k
• **Stuhlgang**:
• **während**: *Aesc.* *Agar.* **Aloe** **Alum.** alum-p.k2 *Ant-c.*al,k brach.al,k caust.al,k coloc.al,k *Graph.* *Grat.*al,k hydrog.srj2 lob-s.al nat-c.al,k *Nat-m.* phos.h,kl spirae.al spong.h,kl still.al *Sulph.*
• **nach**: *Aesc.* **Aloe** *Alum.*al,k ant-c. **Apis** apoc.al,k calc-s.al,k *Carbn-s.* *Cham.* chel.al,k colch.al,k crot-t.al,k gamb. **Graph.** hep. hydrog.srj2 **Ign.**al,k iod. kali-bi.al,k kali-c.al,k kali-m.k2 mag-m.al,k *Merc.* mez.al,k *Mur-ac.* *Nat-m.* **Nit-ac.** nux-m. nux-v.al,k phos.al,k *Podo.* puls.al,k **Rat.** spirae.al stann.al,k staph.al,k *Sulph.*al,k
• **durchfälligem** Stuhl, nach: nat-m. phel. **Sulph.** tab.
• **hartem** Stuhl, bei: *Nat-m.*al,k *Sulph.*al,k
• **Wischen** des Anus; beim: graph.pd
○ **Perineum**: alum. echi.
– **ziehend**: ant-c.al,k aur-s.al,k calc.al,k cann-s. carb-v.al,k chel.al,k chin.al,k *Cycl.*al,k eupi.al,k kreos.al,k lach.al,k lact.al,k mang. mez.al,k phos.al,k rhod. zinc.
• **Gehen**, beim: *Cycl.*al,k
• **Koitus**, nach: caust.al,k
• **Sitzen**, im: chin. *Cycl.*al,k
• **Stuhlgang**; vor: nit-ac.k2
• **unten**, nach: phos.
▽ **erstreckt** sich zu:
• **Abdomen**: aloe zinc.
• **Genitalien**, durch die: carb-an. rhod.
• **Stuhlgang**, vor: carb-an.
• **Harnröhre**, durch die: hipp. mez.h
• **Nabel**: *Lach.*
• **oben**, nach: mez. plb. thuj.
• **Steißbein**, durch das: carb-an.h
○ **Perineum**: berb. *Cycl.* *Kali-bi.* mez. sulph.
• **Gehen**, beim: cycl.al,k
• **Sitzen**, im: *Cycl.*al,k
▽ **erstreckt** sich zu:
• **Anus**: mela.cl
• **Harnröhre**: kali-bi.
– **zwickend**: calc.h,kl eug.al,k kali-c.h,kl lyc.h,kl mag-c.h,kl merc. nat-m. *Nit-ac.*al,k sep.h,kl

○ **Perineum**, im: carb-an.$_{h}$ lyc.$_{h}$ *Puls.*

Schnur, die sich vom Anus zum Nabel erstreckt; Gefühl, einer: ferr-i.

Schwäche, Schwächegefühl: *Agar.* agn.$_{k2}$ *Aloe* alum. alumn.$_{k2}$ apis$_{bg1}$ apoc. bry. *Calc.* coloc.$_{h}$ kali-c. *Petr. Phos. Sep.* sulph.$_{bg1}$ tab.
– **Stuhlgang**:
• **vor**: nat-p.
• **nach**: lept. *Podo.*
– **Urinieren**, beim: inul.

Schwarz: merc-c.

Schweiß an Anus und Perineum: agar.$_{a1,k}$ *Alum.*$_{a1,k}$ bell.$_{a1,k}$ bond.$_{a1}$ brass-n-o.$_{srj5}$ carb-an.$_{a1,k}$ chin-b.$_{c1}$ coloc.$_{a1}$ con.$_{a1,k}$ *Hep.*$_{a1,k}$ kali-c.$_{a1,k}$ psor.$_{a1,k}$ rhus-t.$_{a1,k}$ thuj.$_{hr1,k,*}$
– **morgens**: *Thuj.*$_{a1,k}$
– **nachts**: kali-c.$_{a1,k}$
– **scharf**: arum-t.$_{k2}$
– **Stuhlgang**; vor und bei: sep.$_{h,kl}$

Schwellung des Anus: *Aesc. Apis* aur. bell. borx. bufo *Coll.* crot-t. cur. *Graph. Hep.* ign. kali-i. kali-p.$_{k2}$ lach. med. mur-ac. nux-v. *Paeon.* phys. *Podo.* sarr. sep. *Sulph.* teucr.
– **Gefühl** von: *Aesc.* cact. graph. hep. nat-m. nux-m. sulph.
– **Menses**, während: sep.
– **schwarz**: *Carb-v. Mur-ac.*
○ **Naht** des Perineums: thuj.

Schwere
☞ *Abwärtszerren*

Schwieriger Stuhl
☞ *Obstipation - schwieriger*

Spannung: *Calc.* chin.$_{a1,k}$ euphr. graph. *Ign.*$_{bg2,k,*}$ *Lyc.*$_{bg2,k,*}$ *Nux-v.*$_{a1,k}$ rhus-t.$_{bg2,k,*}$ *Sep.*$_{bg2,k,*}$ **Sil.**$_{bg2,k,*}$ spong.$_{bg2}$
– **konvulsivisch**: ign.$_{a1,k}$
– **Stuhlgang**, nach: berb.$_{a1,k}$ sep.$_{a1,k}$
○ **Perineum**: echi.

Spasmen: *Caust.*$_{bg2,k,*}$ *Colch.*$_{bg2,k,*}$ euph-a.$_{c2}$ *Ferr.*$_{bg2,k,*}$ nux-v.$_{k2}$ *Tab.*
– **Gehen**: caust.$_{hr1,k}$
– **Harndrang**, mit: *Caust.*
– **Koitus**, beim: merc-c.

Stehen ab; Stuhl geht leichter im
☞ *Obstipation - Stehen*

Striktur: aesc. agar.$_{a1,k}$ *Aloe* alum. alum-p.$_{k2}$ ang. *Bar-m.* bell. *Borx.* calc. *Calc-sil. Camph.*$_{bg2,k}$ *Cann-s.*$_{hr1}$ colch. con.$_{bg2,k}$ crot-t. elaps fl-ac. hep. ign.$_{bg2,k}$ *Kali-br.*$_{hr1}$ kreos. *Lach.*$_{bg2,k}$ *Lyc.*$_{a1,k}$ med. mez. *Nat-m.*$_{bg2,k}$ nit-ac. nux-v.$_{bg2}$ op.$_{bg2}$ phos.$_{hr1,k}$ plb.$_{bg2,k,*}$ *Ruta* sec. tab.$_{c2}$ *Thiosin.*$_{brol,c1,*}$ thuj.

Stuhldrang: abrot. acon. **Aesc.** aeth. **Agar.** all-c. *Aloe Alum.* alum-sil.$_{k2}$ alumn. ambr.$_{h}$ *Anac.* androc.$_{srj1}$ ang.$_{h}$ *Apis* arg-met. *Arg-n. Arn. Ars.* ars-h. ars-i. arum-t. *Asar.* asc-t. atro. aur. aur-ar.$_{k2}$ aur-m. aur-s.$_{k2}$ *Bamb-a.*$_{stb2}$ bar-c. *Bell.* benz-ac.

Stuhldrang: ...
Berb. Bism. borx.$_{h}$ bov. *Bry.* bufo cadm-s. cain. calad. calc. calc-p. calc-sil.$_{k2}$ camph. cann-s. canth. caps. carb-an. carb-v. carbn-s. castm. castn-v. castor-eq. caust. cench.$_{k2}$ cham. *Chel.* chin. chinin-s. cic. cimic. *Cimx.* cist. clem. cob. coc-c. cocc. coff. *Colch. Coloc.* com. *Con.* cop.$_{br1}$ *Corn.* croc. crot-c. crot-t. cupr. cycl. dig. dios.$_{br1,k}$ *Dulc.* elaps eug. fago. ferr. ferr-ar. ferr-i. ferr-ma. ferr-p.$_{k2}$ gamb. gent-l. glon. gran. *Graph.* grat. ham. *Hep.* hydr. hyos. hyper. **Ign.** indg. iod. ip.$_{k2}$ iris kali-ar.$_{k2}$ kali-bi. *Kali-c.* kali-chl. kali-m.$_{k2}$ *Kali-n.* kali-s.$_{k2}$ kalm. kreos. lach. lact. lept.$_{br1}$ **Lil-t.** lyc. mag-c. *Mag-m.* mag-s. manc. meny.$_{h}$ **Merc.** *Merc-c.* merc-i-f. merc-i-r. mez. naja *Nat-ar. Nat-c.* nat-m. nat-p. nat-s. nit-ac.$_{h,k2}$ nux-m. **Nux-v.** oena. *Op.* osm. ox-ac. pall. petr. phel. *Phos.* phys. **Pip-m.** plan. *Plat.* **Plb.** *Podo.* prun. psil.$_{ft1}$ ptel. *Puls. Ran-s.* rat. *Rheum Rhod.* rhus-t. *Ruta* sabad. sabin. sars. sec. senec. *Sep.* serp. **Sil.** sol-t-ae. spig.$_{h}$ spong. squil.$_{h}$ stann. *Staph.* stram.$_{h}$ stront-c. sul-ac. **Sulph.** sumb. *Tab.* tarent. tell. ther. *Thuj.* trom. ust. verat. verb. vib. vinc. zinc.
☞ *Schmerz - Tenesmus*
– **morgens**:
• **8** oder 10 h: carbn-s.$_{k2}$
• **früh** am Morgen: lil-t.$_{br1}$
– **abends**: bism.$_{h,kl}$ carb-v.$_{h,kl}$ lyc.$_{h,kl}$ sep.$_{h,kl}$ stann.$_{h,kl}$ sulph.$_{h,kl}$
• **Schlaf**; im: phyt.
– **nachts**: *Aloe* am-c.$_{h,kl}$ carl.$_{a1,k}$ coloc.$_{a1,k}$ graph.$_{a1,k}$ kali-c.$_{h,kl}$ lyc.$_{a1,k}$ mag-c.$_{h,kl}$ merc-i-r.$_{a1,k}$ nat-c.$_{h2}$ nat-m.$_{a1,k}$ phys.$_{a1,k}$ sil.$_{h,kl}$ sul-ac.$_{h,kl}$ **Sulph.** thuj.$_{a1,k}$ zinc.
• **Erwachen**: *Aloe*$_{kl}$ ferr-i.$_{kl}$
• **beim**: ~~aloe$_{kl,xxx}$ ferr-i.$_{kl,xxx}$~~ gink-b.$_{sbd1}$
• **Mitternacht**: dios.$_{a1,k}$ lach.$_{a1,k}$
• **vor**:
• **23** h: carc.$_{az1}$ gels. mag-c. merc-i-r. pip-m.
• **Menses**, vor den: mang.$_{a1,k}$
– **Abendessen**, nach dem: calc-p. ox-ac.$_{a1,k}$ podo.$_{a1,k}$
– **Abkühlung**, Kaltwerden; durch: dulc.$_{k2}$
– **Abort**, bei: calc.$_{st}$ *Nux-v.*
– **abwesend** in Gesellschaft
☞ *Obstipation - Anwesenheit*
– **anfallsweise**, zu schmerzhaft: kali-c.$_{bg1}$ plb.$_{bg1}$ sulph.$_{bg1}$
– **ängstlich**: acon. *Merc.*$_{a1,k}$ *Nux-v.*$_{a1,k}$ ol-an.$_{a1,k}$ sulph.$_{h,kl}$
– **anhaltend**: aesc.$_{hr1,k,*}$ anac.$_{h,kl}$ androc.$_{srj1}$ ant-s-aur. arn.$_{a1,k}$ ars.$_{a1,k}$ asaf.$_{a1,k}$ bar-c. bar-s.$_{k2}$ bell.$_{h,kl}$ *Berb.*$_{hr1,k,*}$ bry.$_{a1,k}$ calc.$_{a1,k}$ cob.$_{a1,k}$ con.$_{hr1,k}$ cop.$_{a1,k}$ **Crot-t.**$_{hr1,k,*}$ ger.$_{vh}$ ham.$_{a1,k}$ hyos.$_{a1,k}$ *Ign.* ip.$_{k2}$ kali-act. kali-ar.$_{a1}$ kali-m.$_{k2}$ *Lil-t.*$_{hr1,k,*}$ mag-c.$_{a1,k}$ *Mag-m.*$_{a1,k}$ **Merc.**$_{a1,k}$ **Merc-c.**$_{hr1,k,*}$ *Merc-d.*$_{hr1,k}$ nat-ar. nat-c.$_{a1}$ nat-m.$_{a1,k}$ *Nat-s.*$_{hr1,k,*}$ *Nux-v.*$_{hr1,k}$ phyt.$_{a1,k}$ *Pip-m.*$_{a1,k}$ plat.$_{h,kl}$ ptel.$_{a1,k}$ ruta sep.$_{h,kl}$ sin-a. sin-n. *Sulph.*$_{hr1,k,*}$ sumb.$_{a1,k}$ wies.$_{a1}$ yuc.$_{a1}$ zinc-s.$_{a1,k}$
– **aufgeschreckt** wird; wenn er: *Gels.*

– **aufregenden** Nachrichten, nach: gels.$_{a1,k}$
– **Aufstehen**:
• **beim**: *Aloe*
– **Aufstoßen**, bei jedem: aesc.$_{a1,k}$
– **Bewegung**, bei: ars-i.$_{a1,k}$ astac.$_{a1}$ *Bry. Crot-t. Mur-ac. Rheum*
– **Denken** daran, beim: iris *Ox-ac.*
– **Diarrhoe**, mit: gink-b.$_{sbd1}$ mag-c.$_{h}$ nit-ac.$_{h}$
– **Druck** auf den Nabel; bei: *Crot-t.*$_{ptk1}$
– **Erektion**, mit: thuj.$_{pd}$
– **Erwachen**, beim: alum.$_{h,kl}$
– **Essen**:
• **beim**: sanic.$_{c1}$
• **nach**: **Aloe** alum.$_{h}$ *Anac.* ant-c.$_{h}$ apoc. aur.$_{h}$ bar-c. cham. clem. **Coloc.** ferr-ma. fl-ac. phos. *Rheum* rhus-t. sulph. zinc.
☞ *Diarrhoe - Essen - nach*
– **Flatus**:
• **Abgang** von: **Aloe** nat-s.$_{k2}$ ruta spig.
• **amel.**: acon.$_{bg1}$ caps. carb-v.$_{h}$ *Colch.* kali-c.$_{h}$ kali-n.$_{h}$ mag-c. mez. nat-ar. ruta
• **statt**: alum.$_{h,kl}$ carb-an.$_{h,kl}$ caust.$_{h,kl}$ kali-c.$_{h,kl}$ mag-c.$_{h,kl}$ mag-m.$_{h,kl}$ meny.$_{h,kl}$ mez.$_{h,kl}$ osm.$_{hr1}$ phos.$_{h,kl}$ sep.$_{h,kl}$
– **Frösteln** an Händen und Oberschenkeln; mit: **Bar-c.**$_{vh}$
– **Frühstück**:
• **beim**: dios.$_{a1,k}$
• **nach**: carbn-s. grat.$_{a1,k}$ mag-c.$_{h,kl}$ mag-m.$_{h,kl}$ spong.$_{h,kl}$
– **Gehen**, beim: cob.$_{a1,k}$ coloc.$_{a1,k}$ laur.$_{a1,k}$ pall. rheum
– **Hängenlassen** der Füße; beim: rhus-t.
– **häufig**: abrot.$_{hr1,k,*}$ aloe$_{k2}$ *Ambr. Apis Arg-met.* arn. asaf.$_{a1,k}$ bamb-a.$_{stb2}$ **Bar-c.**$_{a1,k}$ bar-s.$_{k2}$ bell. berb. borx. brom.$_{a1,k}$ cain. calc-p.$_{a1,k}$ carb-an.$_{a1,k}$ *Caust. Coloc.* **Con. Corn.**$_{a1,k}$ dios.$_{a1,k}$ dulc.$_{h1}$ ham.$_{a1,k}$ *Hep.* hura *Hyos.*$_{a1,k}$ *Ign.* kreos.$_{a1,k}$ lac-c. lac-d. **Lil-t.** marb-w.$_{es1}$ **Merc.**$_{a1,k}$ **Merc-c.**$_{a1,k}$ *Nat-m.*$_{a1,k}$ nat-s.$_{a1,k}$ nit-ac.$_{a1,k}$ **Nux-v.** ox-ac.$_{a1,k}$ petr.$_{a1,k}$ *Ph-ac.*$_{a1,k}$ phos.$_{a1,k}$ **Plat.** *Puls. Rheum* ruta sapin.$_{a1}$ sars.$_{a1,k}$ serp.$_{a1}$ stann.$_{a1,k}$ staph.$_{h,kl}$ stram. sulph. tab.$_{a1,k}$
– **Kaffee**, nach: nat-m.
– **Kleidung**; bei festem Zuziehen: bry.$_{a1,k}$
– **Koitus**, nach: nat-p.$_{a1,k}$
– **Kolik**, bei: alum-sil.$_{k2}$ anac.$_{c1}$ coloc.$_{a1,k}$ ind. indg.$_{a1}$ kali-n.$_{c1}$ nat-c.$_{a1}$ nat-p.$_{gk2}$ **Nux-v.**
– **Konvulsionen**, vor: calc-ar.$_{st}$
– **Kugel**; durch Gefühl einer
☞ *Klumpens*
– **Liegen**:
• **beim**
☞ *Diarrhoe - Liegen - agg.*
• **Rücken**; auf dem:
• **amel.**: puls.$_{sys}$
• **Seite**; auf der:
• **linken**; auf der: puls.$_{sys}$
• **zusammengekrümmt** Liegen amel.: staph.$_{h}$
– **Magen** gespürt; Stuhldrang wird im
☞ ❑ *Magen - Stuhldrang*
– **Menses**:
• **vor**: eupi.$_{a1,k}$
• **während**: calc.$_{a1,k}$ mang.$_{a1,k}$ puls.$_{h,kl}$ sep.$_{h,kl}$
– **Mittagessen**:
• **beim**: dios.$_{a1,k}$
• **nach**: ant-c.$_{a1,k}$ cann-s.$_{a1,k}$ caps.$_{vh}$ caust.$_{a1,k}$ colch.$_{a1,k}$ coloc.$_{a1,k}$ *Ferr-ma.*$_{a1,k}$ kali-bi. mag-m.$_{a1,k}$ nat-m.$_{a1,k}$ par. phel.$_{a1,k}$ ran-s.$_{a1,k}$ sulph.$_{a1,k}$
– **Neuralgie**, mit: iris$_{pd}$
– **plötzlich**: aesc.$_{hr1,k}$ agar. *Aloe* ant-s-aur. bamb-a.$_{stb2}$ bar-c. bry. carb-v.$_{a1,k}$ cic.$_{hr1,k,*}$ cocc. **Crot-t.** cycl. dig. dirc. *Ferr.* ferr-ma.$_{a1}$ gent-l.$_{a1,k}$ gink-b.$_{sbd1}$ graph. hydrog.$_{srj2}$ ign. jug-r.$_{a1}$ kali-bi. kali-c.$_{h}$ kali-n. lac-ac. *Lach.* lil-t. mag-m.$_{hr1,k,*}$ manc.$_{a1,k}$ naja *Nat-c.*$_{hr1,k}$ *Nat-p.*$_{a1,k}$ *Nat-s.*$_{hr1,k}$ onis.$_{a1}$ plat. *Podo. Psor.* ptel.$_{hr1,k,*}$ rhus-t. rob. sep.$_{a1,k}$ **Sulph.**$_{hr1,k}$ sumb. tab. til.$_{c1}$ verat.$_{a1,k}$ zinc.
• **morgens**: arg-n.$_{hr1}$ dios.$_{a1}$ gink-b.$_{sbd1}$ hydrog.$_{srj2}$ manc.$_{a1,k}$ **Sulph.**$_{hr1,k}$
• **nachmittags**: gink-b.$_{sbd1}$
• **abends**: gent-l.$_{a1,k}$
• **nachts**: nux-v.
• **Erwachen**; beim: gink-b.$_{sbd1}$
• **Essen**; nach: bamb-a.$_{stb2}$
• **schmerzhaft**: gink-b.$_{sbd1}$
– **Pressen**; der große Stuhldrang verschwindet beim: **Anac.**
– **Qualen** im Magen und im Abdomen; mit: lept.$_{br1}$
– **qualvoll**, aber nicht zum Stuhl: *Lach.*$_{hr1,k}$
– **Rauchen**, beim: calad.$_{a1,k}$ thuj.$_{a1,k}$
– **Schreck**, durch: *Caust.*
☞ ❑ *Gemüt - Beschwerden durch - Schreck*
– **Schwindel**, bei: merc-c.$_{k2}$ spig.$_{a1,k}$ zinc.$_{h,kl}$
– **Sitzen**, im: crot-t.
– **Stehen**, im: aloe bry. cob.$_{c1}$ lil-t.$_{a1,k}$
– **Stuhlgang**:
• **vor**: agar.$_{k2}$ all-s.$_{a1,k}$ *Aloe* alum.$_{h,kl}$ bell.$_{h,kl}$ berb.$_{a1,k}$ calc-f.$_{a1,k}$ euphr.$_{a1,k}$ ferr-i.$_{a1,k}$ fl-ac.$_{a1,k}$ gent-c.$_{a1}$ grat.$_{a1,k}$ hell.$_{a1,k}$ kali-n.$_{a1,k}$ lact.$_{a1,k}$ mez.$_{a1,k}$ nat-c.$_{h,kl}$ nat-m.$_{h,kl}$ osm.$_{a1,k}$ phos.$_{h,kl}$ *Podo. Rheum Rhus-t.* rumx.$_{k2}$ stront-c. **Sulph.**$_{a1,k}$
• **während**: abrot.$_{a1,k}$ *Aesc.*$_{a1,k}$ aeth.$_{a1,k}$ agar.$_{h,kl}$ am-m.$_{a1,k}$ anac.$_{a1,k}$ *Ant-c.*$_{a1,k}$ arg-met. ars-i.$_{a1,k}$ astac.$_{a1}$ bar-c.$_{h,kl}$ bell.$_{h,kl}$ bov.$_{a1,k}$ bry.$_{a1,k}$ calad.$_{a1,k}$ calc. calc-s.$_{a1}$ calc-sil.$_{k2}$ carbn-s. carl.$_{a1,k}$ coca *Coll.*$_{a1,k}$ con.$_{a1,k}$ cycl.$_{a1,k}$ dios.$_{a1,k}$ dirc.$_{a1,k}$ dros.$_{a1,k}$ dulc.$_{a1,k}$ eupi.$_{a1,k}$ ferr.$_{a1,k}$ form.$_{a1,k}$ franz.$_{a1}$ gamb.$_{a1,k}$ graph.$_{a1,k}$ grat.$_{a1,k}$ hep.$_{a1,k}$ inul.$_{a1,k}$ iris lycps-v. mag-m.$_{h,kl}$ merl.$_{hr1,k,*}$ mez.$_{a1,k}$ nat-c.$_{a1,k}$ nat-p.$_{a1,k}$ nicc.$_{a1,k}$ nit-ac.$_{a1,k}$ ox-ac.$_{a1,k}$ phys.$_{a1,k}$ phyt.$_{a1,k}$ pic-ac.$_{a1,k}$ pip-m.$_{a1,k}$ plan.$_{a1,k}$ plat.$_{a1,k}$ ptel.$_{a1,k}$ ran-s.$_{a1,k}$ rat.$_{a1,k}$ rhus-t.$_{a1,k}$ sars.$_{a1,k}$ sep.$_{a1,k}$ sil.$_{a1,k}$ spong.$_{h,kl}$ stann.$_{a1,k}$ stram.$_{a1,k}$ sul-ac. **Sulph.**$_{a1,k}$ sumb.$_{a1}$ tab.$_{a1,k}$ tarent.$_{a1,k}$ verb.$_{a1,k}$
• **gelb**: mag-c.$_{h,kl}$
• **hart**: mag-c.$_{h,kl}$
• **nach**: aesc. *Aeth.*$_{a1,k}$ agar.$_{h,k2,*}$ **Aloe** ambr.$_{h,kl}$ ars.$_{a1,k}$ ars-i. bar-c. bell.$_{h,kl}$ berb.$_{a1,k}$ bry.$_{a1,k}$ calc-p.$_{a1,k}$ camph.$_{a1,k}$ chin.$_{h,kl}$ cic. cocc.$_{a1,k}$ colch. crot-t. cycl. dig.$_{a1,k}$ dios.$_{a1,k}$ dros.$_{a1,k}$ ferr.$_{a1,k}$ ferr-ar. ferr-i. form. franz.$_{a1}$ grat.$_{a1,k}$ ign.$_{a1,k}$ iod.

– **Stuhlgang - nach**: ... iris kali-c.h,kl kali-p. *Lach.* lyc.a1,k mag-c.h,kl *Mag-m.*a1,k **Merc. Merc-c.** merc-i-r.a1,k mez.h,kl naja nat-ar. nat-c.a1,k nat-m.h,kl *Nat-p.* nicc. *Nit-ac.*a1,k nux-v. petr.a1,k psor.k2 **Rheum** ruta samb.a1,k sol-t-ae.a1,k spig.a1,k stann.a1,k **Sulph.**a1,k tab.a1,k tarax.h,kl til.a1,k verat.h,kl
  • **amel.**: acon. aesc. aloe alum. ant-t. ars. asaf. bapt. bry. calc-p. canth. cham. colch. *Coloc.* corn. dulc. **Gamb.** gels. hell. lept. nat-s. nuph. **Nux-v. Rhus-t.** sanic. tarent.
    • **kleinen** Menge Stuhl; nach einer: nux-v.k2
  • **Aufstehen** nach dem Stuhlgang: rheum rumx.
  • **nicht** zum Stuhl; aber: **Lach.**
  • **schwierigem** Stuhl und Schmerzen; mit: cop.br1
– **Trinken**, nach dem: aloek2 caps.vh
– **Urin** geht ab; aber nur: lil-t.
– **Urinieren**:
  • **beim**: **Aloe** alum. aphis cann-s. *Canth.*a1,k carb-v.h,kl caust. crot-h. cycl. dig. merc. *Mur-ac.* **Nux-v.** prun. *Puls.* squil. staph. sumb. thuj. wies.a1
    • **amel.**: lil-t.pd nat-m.
  • **nach**: alum.h,kl *Cann-s.*
  • **Harndrang**; mit: merc-c.k2
– **vergeblich**
  ☞ *Obstipation - vergeblicher*
– **vergeht**, bevor er die Toilette erreichen kann: cench.k2
– **Wasser**; beim Hören von fließendem: **Lyss.**
– **Wehe**, bei jeder: nux-v. plat.

Taubheit, Gefühllosigkeit des Anus: acon.a1,k aloek2 carb-ac. phos.

Tenesmus
☞ *Schmerz - Tenesmus*

Trockenheit: **Aesc.**bg2,k,* aeth.a1,k agar.bg2,k,* alum.h *Alumn.* bry.k2 calc.bg2,k,* carb-v.bg2,k,* coll.bg2 *Graph.* hyper.a1,hr1 *Kali-chl.* kiss.a1 *Nat-m.*bg2,k,* sulph.bg2,k,* sumb.a1,k
– **Gefühl** von: agar.bg2,k,* aloek2 bry.bg2 calc.bg2,k,* carb-v.bg2,k,*

Tröpfeln; Gefühl etwas würde aus dem Rektum: ferr-i.bg1 sulph.bg1

Tropfen; Gefühl, etwas Kaltes würde aus dem Anus: cann-s.h

Tuberkel am Perineum: *Thuj.*a1,k

Übelkeit: rutatl1

Umgekehrte Peristaltik: nux-v.k2

Unbemerkter Abgang von Stuhl: acon.a1,k *Aloe* *Arg-n.*hr1 ars.bg2,k,* carl.a1,k colch.bg2,k,* coloc. cur. ferr-ma. grat.a1,k *Hyos.* lach.bg2 *Mur-ac.*a1,k ph-ac.bg2,k *Plb.*a1,k *Staph.*bg2,k,* sulph.bg2 tab.a1,k verat.bg2,k,*
☞ *Empfindungslosigkeit*
– **dünn**, wäßrig, geht beim Urinieren ab: *Mur-ac.*
– **harter** Stuhl: **Aloe** *Coloc.*

Untätigkeit des Rektums: aeth. agar.bg2 agn. *Aloe*bg3 **Alum.**bg2,k,* alum-sil.k2 **Alumn.** am-c. am-m. **Anac.**bg2,k ant-c. ant-t. apisbg3 arg-n. *Arn.*bg2,k asaf. asim.a1 aur. aur-i.k2 aur-s.k2 bamb-a.stb2 *Bar-c.*bg2,k bar-i.k2 bar-m. bar-s.k2 bell. bov.bg2,k **Bry.**bg2,k caj.a1 *Calc.* calc-i.k2 *Calc-s.* calc-sil.k2 *Camph.*bg2,k canth.bg2,k *Carb-an.* *Carb-v.*bg2,k **Carbn-s.** carc.jl2,mg1,* caust.bg2,k **Cham.**bg2,k,* *Chin.*bg2,k choc.srj3 *Coca* *Cocc.*bg2,k coff.bg2,k colch.bg2,k,* *Coll.* crot-t. dulc. euphr. ferr.c1 fl-ac. *Gels.* **Graph.**bg2,k,* hell. **Hep.**bg2,k,* **Hydr.** hydrog.srj2 hyos. *Ign.*bg2,k,* iod. *Kali-br.* **Kali-c.**bg2,k kali-m.k2 kali-n. *Kali-p.* kali-s. kali-sil.k2 kreos. lac-d. *Lach.*bg2,k *Lap-a.* linu-c.a1 lipp.a1 *Lyc.*bg2,k,* mag-c. *Mag-m.*bg2,k mang. med.k2 meli.bg1 merc.bg2,k mez. mosch. mur-ac.bg2,k,* *Nat-c.*bg2,k **Nat-m.**bg2,k *Nat-p.* nit-ac.bg2,k,* **Nux-m.**bg2,k **Nux-v.**bg2,k **Oena.** olnd.bg2,k **Op.**bg2,k par. *Petr.*bg2,k *Ph-ac.* **Phos.**bg2,k,* *Phyt.* *Plat.*bg2,k **Plb.**bg2,k podo. *Psor.*bg2,k ptel.a1,k *Puls.*bg2,k *Pyrog.* *Rat.* rheum rhod.bg2 rhus-t. **Ruta** sabad.bg2,k **Sanic.** sars.bg2,k sec.bg3 **Sel.**bg2,k seneg. *Sep.*bg2,k **Sil.**bg2,k,* spig.bg2,k squil. stann. *Staph.*h,k,* stram. stront-c. sul-ac. *Sulph.*bg2,k sumb. *Tab.*a1,k tarax.bg2,k **Tarent.** *Thuj.*bg2,k,* til. tub-m.vn,zs,* valer. *Verat.*bg2,k verb. vib.bg2,k zinc.bg2,k zinc-p.k2
☞ *Lähmung / Obstipation / Obstipation - Diarrhoe / Obstipation - schwieriger / Obstipation - Stuhl - bleibt*
– **morgens**: staph.h,kl

Unwillkürlicher Stuhl: acon.a1,bg2 agar.bg2 agar-ph.a1 alco.a1 all-s.a1 **Aloe** alum.h,kl am-c.hr1,k am-caust.a1 amyg.a1 ant-c.bg2 ant-t.bg2,k,* *Apis* apoc.bro1,k2 arg-n.hr1,k **Arn.**bg2,k,* *Ars.*bg2,k,* arum-t.k2 atro.a1 *Bapt.*hr1,k bar-c.hr1,k bar-m. bar-s.k2 **Bell.**bg2,k,* borx.h *Bry.*bg2,k,* bufo *Calc.*bg2,k,* calc-p.bg2 calc-s. *Camph.*hr1,k *Carb-ac.*hr1,k,* *Carb-v.*bg2,k,* *Caust.*bg2,k,* *Cedr.*hr1,k cench.k2 *Chel.*hr1,k *Chin.*bg2,k,* chinin-ar. chinin-s. chlf.a1,hr1 *Cina* cocc.bg2 *Colch.*bg2,k,* *Coll.*hr1 *Coloc.*bg2,k,* con.bg2,k,* *Cop.*hr1,k,* *Crot-h.*bg2,k,* crot-t.bg2,k,* *Cub.*hr1,k *Cupr.*bg2,k cupr-ar.a1 cycl.hr1,k,* cyt-l.a1 *Dig.*bg2,k,* *Dulc.*hr1,k euon.a1 ferr.hr1,k ferr-ar. ferr-p. gamb.hr1,k gels.bg2,k,* glon.a1,k grat.hr1,k *Hell.*bg2,k,* hippoz.hr1,k hydr-ac.bg2,k,* **Hyos.**bg2,k,* ign.bg2,k,* ind.hr1 iris kali-ar. kali-bi.bg2,k,* *Kali-c.*hr1,k kali-cy.a1 kali-m.k2 kali-p.bg2,k kali-s. *Lach.*bg2,k,* *Laur.*bg2,k,* lyss.hr1,k manc.bg2,k,* med.hr1,k merc.bg2,k,* merc-c.bg2,k,* mosch.bg2,k,* *Mur-ac.*bg2,k,* **Nat-m.**bg2,k,* **Nat-p.** nat-s.k2 *Nux-v.*bg2,k,* oena.hr1,k,* **Olnd.**bg2,k,* **Op.**bg2,k,* *Ox-ac.*bg2,k,* petr.bg2,k,* **Ph-ac.**bg2,k,* **Phos.**bg2,k,* phyt.bg2 *Plb.*bg2,k,* *Podo.*bg2 *Psor.*hr1,k *Puls.*bg2,k,* *Pyrog.*bg2,k **Rhus-t.**bg2,k,* rob.hr1,k ruta *Sanic.* sapin.a1 **Sec.**bg2,k,* sep.bg2,k,* spong.bg2 squil.bg2,k2 staph.bg2,k stram.hr1,k,* sul-ac.a1,k **Sulph.**bg2,k,* tab.bg2,k,* tarent.hr1,k trom.hr1,k **Verat.**bg2,k,* vip.a1,bg2 zinc.hr1,k,* zinc-p.k2
– **morgens**: spong.hr1 *Zinc.*hr1,k
– **nachts**: arn.bg2,k bry. carb-ac.hr1 carb-an. *Chin.*hr1,k colch.a1 con. der.a1 hyos. mosch.bg2,k nat-m.a1 psor.hr1,k,* puls.bg2,k *Rhus-t.*bg2,k,*

– **nachts**: ...
  • **Bett**, im: carb-ac.$_{hr1,k}$ *Plb.*$_{a1,k}$ *Sulph.*$_{a1,k}$ zinc.$_{k2}$
    • **harter** Stuhl: **Aloe Bell.**
  • **tagsüber** nach dem Essen; und: chin.
– **Beugen** nach vorne; beim: *Ruta*
– **Bewegung**: apis bry. *Ph-ac. Phos.*
  • **Beginn** der Bewegung; zu: *Rhus-t.*$_{vh}$
  • **Fötus**; bei Bewegung des: ph-ac.$_{c1}$
– **Bücken**, beim: *Ruta*
– **Entbindung**, nach: hyos.
– **Erbrechen**, beim: amyg.$_{a1}$ arg-n. ars.$_{a1,k}$ tab.$_{hr1}$
– **Erregung**, durch: *Hyos.*
– **Essen**:
  • **beim**: ferr.
  • **nach**: *Aloe* chin.
– **fest**, obwohl: aloe$_{bg1}$ caust.$_{bg1,bg2}$ coloc.$_{bg1,bg2}$ hyos.$_{bg1,bg2}$
– **Fieber**; mit: gels.$_{k2}$
– **Flatus**, Abgang von: acon. **Aloe** *Apoc.* bell. calc.$_{bro1}$ *Carb-v. Caust.* cench. ferr-ma. ign. iod.$_{bro1}$ jatr-c. kali-c. kali-m.$_{k2}$ mur-ac. *Nat-c. Nat-m.* **Nat-p.** *Nat-s.* nux-v. **Olnd. Ph-ac. Podo.** pyrog. *Rhus-t.*$_{vh}$ sanic. staph. sulph. *Tub.* **Verat.**
  • **wie** durch: ars.$_{h}$ sulph.$_{h}$
– **geformter** Stuhl: *Aloe Bell. Coloc.*
– **Gehen**, beim: aloe
– **Gehirns**; bei Beschwerden des: zinc-p.$_{k2}$
– **harter** Stuhl: ars.$_{bg2}$ bell. caust.$_{bg2,k}$ coloc.$_{bg2,k}$ hyos.$_{bg2}$
– **Husten** oder Niesen; beim: bell. merc.$_{hr1,k}$ ph-ac. *Phos.*$_{hr1,k}$ rumx. spong.$_{hr1,k}$ *Squil.*$_{hr1,k}$ *Sulph.*$_{a1,k}$ verat.
  ☞ *Niesen*
– **Klumpen** von: *Aloe Coloc.*
– **Koitus**, nach: cedr.$_{hr1}$
– **Konvulsionen**, während den: *Oena.* stry.$_{a1,k}$ tarent.$_{a1}$
– **Kummer**, durch: op.
– **Lachen**, beim: *Sulph.*$_{a1,k}$
– **Lähmung**, durch: *Alum.* bell. *Gels.*$_{hr1}$ hyos. laur. *Nux-v.* op. **Sec.**$_{hr1}$
– **Niesen**, beim: *Sulph.*
  ☞ *Husten*
– **Schlaf**, im: *Arn.*$_{bg2,k,*}$ *Ars.* arum-t.$_{hr1,k}$ bell.$_{hr1,k}$ *Bry.*$_{hr1,k,*}$ cench. chin. colch. *Con.*$_{hr1,k,*}$ *Hyos.*$_{hr1,k}$ lach. laur. lyss.$_{k2}$ merc. mosch.$_{bg2,k,*}$ *Mur-ac.* nat-m. nat-s.$_{hr1,k}$ *Ph-ac. Phos.* **Podo.**$_{hr1,k}$ **Psor.**$_{hr1,k}$ *Puls.*$_{bg2,k,*}$ *Rhus-t.*$_{bg2,k,*}$ *Sulph.* thuj.$_{hr1,k}$ *Tub.* verat. zinc.
– **Schleim** beim Abgang von Flatus: spig.$_{h}$
– **Schließmuskel** konzentrieren, achten; muß sich auf den: aloe$_{k2}$
– **Schreck**, nach: gels.$_{k2}$ **Op.**$_{hr1,k}$ *Phos.*$_{hr1,k}$ *Verat.*$_{hr1,k}$
– **Stehen**, im: aloe ars.$_{a1,k}$ *Coloc.*$_{hr1,k}$
– **Urinieren**:
  • **beim**: ail.$_{hr1,k}$ *Aloe* alum.$_{bro1}$ apis$_{bro1}$ bell. *Carb-ac.* carbn-s. cic.$_{bro1}$ *Hyos.*$_{hr1,k}$ ind.$_{a1,k}$ *Mur-ac.*$_{hr1,k}$ nat-s.$_{hr1,k}$ phos. squil.$_{hr1,k}$ *Sulph.* verat. wies.$_{a1}$
  • **mit** Stuhlgang: acon. apis *Arg-n. Arn. Ars.* atro. aur. bar-c. bell. bry. calc. camph. carb-v.

Unwillkürlicher Stuhl - Urinieren - mit Stuhlgang: ...
Chin.$_{hr1,k}$ chinin-ar. cina colch. con. dig. *Hyos. Laur.* mosch. **Mur-ac.** nat-m. *Olnd. Ph-ac. Phos.* puls. pyrog. rhus-t. sec. stram. sulph. verat. zinc.
  • **Pressen** unmöglich; willkürlicher Stuhl ist ohne: agar.$_{k1}$ arg-n.

Vergeblicher Stuhldrang
☞ *Obstipation - vergeblicher*

Verstopfung
☞ *Obstipation*

Völlegefühl: acon. **Aesc.** agar. **Aloe** alum. apis ars. bell. berb.$_{bg2,k}$ bry. carb-v.$_{bg2,k}$ caust. colch.$_{bg2}$ crot-t.$_{bg2}$ cycl. ferr. **Ham.** hydrog.$_{srj2}$ kali-bi. *Lach.* lil-t.$_{bg2,k}$ lyc.$_{bg1}$ mag-p.$_{bg2}$ manc.$_{a1,k}$ med. meli.$_{a1,k}$ **Nit-ac.** phos. plan. podo.$_{bg2}$ sabin. sep.$_{bg2}$ stram.$_{a1,k}$ **Sulph.**$_{bg2,k,*}$ thuj.
☞ *Abwärtszerren / Gewichtes*
◆ **abwechselnd** mit Leeregefühl: thuj.
– **Gehen**, nach dem: aesc.
– **Stuhlgang**, nach: **Aesc.** alum. alumn.$_{k,k2}$ *Lyc.*$_{a1,k}$ *Sep.*
○ **Perineum**: alum. berb. bry. *Chin.* cycl. musa$_{a1}$ nux-v.

Warzen
☞ *Kondylome*

Wassersucht:
☞ *❑ Allgemeines - Wassersucht - innere*
○ **Perineum**: apoc.$_{k2}$

Würmer:
◆ **begleitet** von:
  • **Zunge**; weiße: fil.$_{kr1,vk1}$
– **Beschwerden** durch Würmer (= Wurmleiden): acon. ager-c.$_{jsx1}$ all-c. all-s.$_{c2,vh}$ am-c.$_{st}$ ambro.$_{c2}$ apoc.$_{vh}$ apoc-a.$_{c2}$ arg-n.$_{vh}$ *Ars.*$_{c2,k}$ art-v.$_{c2}$ *Bapt.*$_{c2}$ bar-m.$_{k2}$ calad.$_{c2,sf1}$ **Calc.**$_{c2,k,*}$ cara-p.$_{jsx1}$ carb-v. carbn-s.$_{k2}$ cassia-o.$_{jsx1}$ celo-t.$_{jsx1}$ chelo.$_{c2}$ chim. *Cic.*$_{c2,k}$ *Cina*$_{c1,k,*}$ claus-an.$_{jsx1}$ cuc-m.$_{jsx1}$ cupr-o.$_{sf1}$ diph-t-tpt.$_{jsx1}$ dol. dryop-i.$_{jsx1}$ dryop-p.$_{jsx1}$ emb-sc.$_{jsx1}$ erlan-c.$_{jsx1}$ eucal.$_{c2}$ *Ferr.* ferr-i.$_{k2}$ *Ferr-m.*$_{c2}$ ferr-s.$_{c2}$ fil. graph.$_{c2,k}$ haru-ma.$_{jsx1}$ helm.$_{sf1}$ ign. indg.$_{c2}$ iod.$_{c2}$ jab.$_{c2}$ jatr-c.$_{c2}$ lipp.$_{c2}$ luna$_{c2}$ *Lyc.*$_{c2}$ mag-m.$_{k2}$ med.$_{vh}$ *Merc.*$_{k,vh/dg,*}$ naphtin.$_{br1,c2}$ *Nat-m.*$_{c2,k}$ *Nat-p.*$_{c2,k}$ *Nux-m.*$_{c2,k}$ nux-v.$_{c2,k}$ peti-a.$_{lsr3}$ petr. ph-ac.$_{c2}$ physal-an.$_{jsx1}$ plan.$_{c2,kr1}$ podo.$_{c2,vh}$ ptel.$_{c2}$ puls.$_{vh}$ quas.$_{c2,sf1}$ rat.$_{c2}$ ruta sabad.$_{c1,k,*}$ santin.$_{c2,sf1}$ *Scir.*$_{c1,c2}$ sec. *Sil.*$_{c2,k}$ sin-a.$_{c2}$ *Sin-n.* **Spig.**$_{c2,k}$ spong.$_{c2,k}$ squil.$_{c2}$ *Stann.*$_{c2,k}$ **Sulph.**$_{c2,k}$ sumb.$_{c2}$ tell.$_{c2}$ teph-v.$_{jsx1}$ **Ter.**$_{k,vh,*}$ teucr.$_{c2,k,*}$ thom-h.$_{jsx1}$ trem-or.$_{jsx1}$ urt-u.$_{c2}$ *Valer.*$_{k2,vh}$ verat. vern-am.$_{jsx1}$ *Viol-t.*$_{vh}$ zinc.$_{c2}$
  ◆ **begleitet** von:
    • **Augen**; Beschwerden der
      ☞ *❑ Auge - Beschwerden - begleitet von - Würmer*
    • **Beißen**
      ☞ *❑ Gemüt - Beißen - Würmer*
    • **Konvulsionen**
      ☞ *❑ Allgemeines - Konvulsionen - Würmer*

– **Beschwerden** durch - **begleitet** von: ...
  • **Nerven**; Beschwerden der
    ☞ *❑ Allgemeines - Nerven - begleitet von - Würmer*
  • **Obstipation**:
  • **Kindern**; bei: **Dol.**vh
  • **Zahnung** bei Kindern; schwierige
    ☞ *Zahnung*
• **Bandwürmer** (= Taeniae, = alte Rubrik Taeniae): agri.btal *Ail.* arec.c1,c2 arg-met.brol *Arg-n.*hr1,k **Calc.**c2,k calc-caust.c2 callil-l.btal *Carb-an. Carb-v.* carbn-s. carli-a.lsr4 chin. cinnb.c2 claus-in.btal clerod-g.btal cuc-c.brol cuc-p.br1,c1,* cupr. cupr-act.brol,c2 cupr-o.brol emb-k.btal *Fil.*c2,k *Form.* frag.c2,k geb-k.btal gran.brol,c2 *Graph.* grat. kali-c. kali-i.brol kam.brol,c2 kou.c2 *Mag-m.*hr1,k merc. *Nat-c.* nat-s.hr1 nux-v. othon-n.btal pann.br1 pellin.brol petr. phos. *Plat.*c2,k *Puls.*c2,k *Sabad.*c2,k sabin.brol sal-ac.c2 santin.brol *Sep. Sil. Stann.*c2,k stry.gm1 strych-h.btal sulph. ter. thuj. valer.brol
  ◆ **begleitet** von:
  • **Speichelfluß**: sabad.kr1,vk1
• **Hakenwürmer** (= Necator americanus; Ankylostoma americanum; Uncinaria americana): carbn-tm.br1
• **Kindern**; bei: cic.vh **Cina**vh *Gaert.*vh *Ign.*vh *Nux-m.*vh *Ruta*vh **Spig.**vh
• **Madenwürmer** (= Oxyuris, Enterobius vermicularis; alte Rubrik Askariden): abrot. acet-ac. acon. aesc.brol agn. ant-c.brol ant-t. aq-calc.br1 *Ars.* asar. asc-t.c1 *Bapt.*c2 **Bar-c.** bar-m. bar-s.k2 *Calc.* carb-v.h carbn-s. chel.brol chin. cinac2,k clerod-g.btal crot-t. cupr. dig.h dol.st *Ferr.* ferr-m. *Gran.*brol graph. grat. helm.brol hyos.h *Ign.* indg. kali-chl.brol lyc.brol mag-c. *Mag-s.* merc. merc-d.brol mill.c1 napht.brol **Nat-m.** *Nat-p.*c2,k nux-v. petr.h phos. pin-s.brol plat. *Ptel.*vh *Rat.* **Sabad.** santin.brol *Scir.*c2,vh *Sep.* sil. sin-a.c2 *Sin-n. Spig.*c2,k *Spong.* squil. stann.brol *Sulph.* tell. **Ter.** *Teucr.* thuj. urt-u. *Valer.* vern-a.gsb1
• **Spulwürmer** (= Rundwürmer, Ascaris lumbricoides; alte Rubrik Lumbricoides): acon. *Agn.*hr1 all-s. anac. arg-n.a1 *Ars.* asar. bapt.brol bar-c. bell. borx.h calc. carbn-s. cham. *Chel. Chen-a.*c2 chin.c1 cic. **Cina**c2,k clerod-g.btal *Ferr-s. Gran.* graph. hyos. ign.brol indg.brol kali-c. lyc. mag-c. merc. merc-d.brol merc-sul.brol nat-m. nat-p.brol nux-v. petr.h pin-s.c2 plect.c2 rat.brol rhus-t. ruta *Sabad.* santin.brol,c2 sec. *Sil.* sin-n.brol **Spig.** stann. staph.c1 **Sulph.** ter. teucr.brol valer.brol
• **Zahnung**; während der: **Sil.**vh
– **Gefühl** von Würmern
  ☞ *Ameisenlaufen / Jucken*

Zittern im Anus: con.

Zucken: agn. ars.a1,k bry.a1,k calc.bg2,k,* carb-ac.a1,k colch.bg2,k,* *Coloc.*bg2,k,* iod.bg2,k,* lach.bg2 meny.h,kl *Merc.* nat-m.bg2,k,* nux-v.bg2 *Sil.*bg2,k,* *Staph.*
– **nachmittags**: coloc.a1,k franz.a1
– **Bett**; im: chin.h,k,*

Zurückgezogen: agar. bapt. bry.a1,k *Kali-bi.*a1,k nat-p.bg1 *Op.* plb.bg2,k,* tell.
– **schmerzhaft**: *Kali-bi.*
– **Stuhlgang**, nach: *Kali-bi.*

Zurück; Stuhl schlüpft wieder
  ☞ *Obstipation - schwieriger - schlüpft*

Zusammenschnürung (= Zusammenziehung, Verschluß etc.): acon. *Aesc.* aeth. *Agar.* alum. alum-p.k2 alum-sil.k2 am-c. ang.h arg-n. ars. *Bell.* benz-ac. berb. borx. *Cact. Calc.* calc-s. calc-sil.k2 *Camph. Cann-s.* carb-an. carb-v. carc.tp1 **Caust.** *Chel.* chin. cic. cimx. *Cocc.* coff. *Colch.* coloc. cop. crot-t. der. ferr. ferr-ar. ferr-i. ferr-p. *Fl-ac. Form.* gal-ac.br1,c1 gink-b.sbd1 graph. grat. guare. hipp. hura *Hyos.* **Ign.** kali-ar. *Kali-bi. Kali-br.* kali-c. kali-sil.k2 **Lach.** laur. **Lyc.** mang. meli. mez. nat-c. *Nat-m.* nat-p. **Nit-ac.** nit-m-ac.brol,c2 **Nux-v.** *Op. Phos.* **Plb.** pyrusc2 rat. *Rhus-t.* sanic.c2 sars. sec. *Sep.* sil. sol-t-ae. staph. stront-c. *Sulph.* sumb. syph. *Tab.* ther. thuj. tub.c1 verb.
– **morgens**: nux-v.a1,k
  • **Aufstehen**, nach dem: nux-v.a1,k
  • **Bett**, im: phos.h,kl
– **vormittags**: *Calc.*
– **nachmittags**: *Cocc.*a1,k coloc. franz.a1
– **abends**: chin.a1,h,* ign.a1,k
  • **Gehen**, beim: ign.a1,k
– **nachts**: sec.
◈ **abwechselnd** mit:
  • **Druck**: bell.a1,h,*
  • **Jucken**: *Chel.*a1,k
– **Beugen**, beim: carc.sp1
  • **amel.**: carc.mg1
– **Bewegung**:
  • **agg.**: caust.bg1
  • **amel.**: coloc.
– **Bücken**, beim: caust.bg3,h,*
– **Flatus**, Abgang von: fl-ac.a1,k
– **Frühstück**, nach dem: calc-s.a1,k
– **Gehen**, beim: *Caust.*hr1,k crot-t.a1,k
– **geistiger** Anstrengung, nach: nux-v.a1,k
– **Koitus**:
  • **während**: merc-c.
  • **nach**: caust.h,kl
– **Liegen** amel.: *Mang.*
– **Menses**, während: *Cocc.*hr1,k thuj.
– **prolabierten** Anus; um den: *Lach.*hr1,k *Mez.*hr1,k,*
– **schmerzhaft**: bell.h,kl brach. *Calc. Caust.*k,kl2● *Cocc.* coloc. hydrog.srj2 **Ign. Lach.** *Lyc. Mang. Mez.* **Nux-v. Plb.** sars.h,kl *Sep. Sil. Thuj.* tub.c1
  • **Sitzen**; beim: hydrog.srj2
– **Sitzen**:
  • **amel.**: *Ign.*
  • **beim**: chin.h,kl *Cocc.*a1,k *Mang.*a1,k
  • **Aufstehen** vom Sitzen; beim: thuj.
– **spasmodisch**: carl.a1 chel.a1,k coff. grat.a1,k *Ham.*a1,k *Hipp. Lach.*a1,k *Lyc.* merc-c. nat-m.a1,k **Nit-ac.**a1,k **Nux-v. Op.**a1,k *Phos.* **Plb. Sil.**bg1,bg2 ther.c1 verb.a1,k

– **Stehen**:
- **agg**.: *Ign.*
- **amel**.: sanic.$_{vh}$

– **Stuhlgang**:
- **vor**: *Ham.* lach.$_{hr1,k,*}$ *Nat-m.*$_{hr1,k}$ *Nux-v.* phos.$_{a1,k}$ plb. sep.$_{a1,k}$
- **während**: *Alum.*$_{a1,k}$ alum-p.$_{k2}$ alum-sil.$_{k2}$ *Ars.*$_{hr1,k}$ brach.$_{a1}$ *Chel.*$_{a1,k}$ chinin-s. coloc.$_{hr1,k}$ ferr. ferr-i.$_{a1}$ glon.$_{a1,k}$ hell.$_{h,kl}$ *Kreos.*$_{hr1,k}$ mang.$_{a1,k}$ mur-ac.$_{h,kl}$ **Nat-m.**$_{a1,k}$ **Nit-ac.** nux-m.$_{hr1,k,*}$ *Nux-v.*$_{a1,k}$ phos.$_{hr1,k,*}$ **Plb.** sep.$_{a1,k}$ **Sil.**$_{a1,k}$ *Thuj.*$_{a1,k}$
- **nach**: aesc.$_{a1,k}$ chel.$_{a1,k}$ colch. elaps *Ferr.* form.$_{a1,k}$ grat.$_{a1,k}$ hell.$_{h,kl}$ **Ign.**$_{a1,k}$ kali-bi. **Lach.** mag-art.$_{br1}$ *Mez.* **Nit-ac.** nux-m.$_{hr1,k}$ *Phos.*$_{hr1,k,*}$ plat. *Sep.* spirae.$_{a1}$ stront-c. *Sulph.*$_{a1,k}$ thuj.$_{a1,k}$
  - **amel**.: nat-ar.$_{k2}$
- **Stuhldrang**, beim: caust.$_{a1,k}$
- **verhindert**: all-c. *Berb.*$_{hr1,k}$ *Chel.* *Lach.* **Lyc.** *Nat-m.* *Nit-ac.* *Nux-v.*

– **Urinieren**, beim: carbn-s. nat-m.
- **Ende** des Urinierens; zu: *Cann-s.*

▽ **erstreckt** sich zu:
- **Eichel**: chin.$_{h}$
- **Hoden**: chin. sil.
- **oben**, nach: laur. mur-ac.$_{h}$ sep.$_{h}$ sil.
- **Perineum**: sep.$_{h}$
- **Rektum**, ins: sil.
- **Vagina**: sep.

○ **Anus**:
- **Schmerz** im Abdomen; durch: verb.$_{c1}$

– **Perineum**: lyc.$_{h,kl}$ sil.$_{h,kl}$ sulph.$_{h,k,*}$ thuj.

Abends (18 - 22 h): *Dig.*hrl *Nuph.*hrl sep.h,kl sulph.h,kl zinc.h,kl

Abschabsel:
– **Därme**; wie Schleimhaut der: asc-t. brom. *Bry.* **Canth.** *Carb-ac.* **Colch.** **Coloc.** *Ferr.* *Merc.* nux-v. petr. phos. phyt.
– **Fleischfetzen**; wie: am-m.

Aschfarben
☞ *Grau*

Bläulich: bapt. colch.hrl,k kali-bi.bg2 merc-c.bg2 phos.bg2,k,*
– **grün**; wird beim Stehenlassen: calc-p.brol phos.
– **Lehm**; wie: indg.
☞ *Lehm; wie*

Blutig: abrot.al,brl acet-ac.al,k2 *Acon.*bg2,k,* aesc. aeth.hrl,k agar.al,k agar-ph.al ail.bg2,k alco.al all-c.al *Aloe* **Alum.**bg2,k,* alum-p.k2 alum-sil.k2 *Alumn.*hrl,k,* am-c.al,bg2 am-caust.al *Am-m.*bg2,k,* ambr.al,bg2 anac.bg2,k,* anan.hrl,k ant-c.al,bg2 ant-t.bg2,k,* *Apis* apoc.al **Arg-n.**hrl,k *Arn.*bg2,k,* **Ars.**bg2,k,* ars-h.al ars-i. ars-s-f.k2 arund.hrl,k,* asar.bg2,k,* *Bapt.*bg2,k,* bar-c.bg2 *Bar-m.*hrl,k bart.al *Bell.*bg2,k,* benz-ac.hrl,k,* bol-la. bol-s.al *Bry.*bg2,k,* *Bufo* cadm-s.brl calad.hrl,k,* *Calc.*bg2,k,* calc-i.k2 calc-p.al,bg2 calc-s. calc-sil.k2 **Canth.**bg2,k,* **Caps.**bg2,k,* *Carb-ac.*hrl,k carb-an.bg2,k,* carb-v.bg2,k,* carbn-s. *Casc.*al *Caust.*bg2,k,* *Cham.*bg2,k,* chel.al,k chim.hrl *Chin.*bg2,k,* chinin-ar. chlf.al,hrl cina cinnb. cinnm.al clem.al *Cob.*hrl coff-t.al **Colch.**bg2,k,* *Coll.*hrl,k,* **Coloc.**bg2,k,* *Con.*bg2,k,* cop.hrl,k,* croc.bg2,hrl,* *Crot-c.* *Crot-h.*bg2,k,* cub.hrl,k cupr.bg2,k,* cupr-ar.al cupr-s.al cycl.al der.al dor.al,hrl dros.bg2,k,* *Dulc.*bg2,k,* elaps elat.hrl,k erig.hrl eucal.al,hrl euon.al euph-a.al euph-l.al eupi.al ferr.bg2,k,* ferr-ar. ferr-i.al,k ferr-m.al,hrl *Ferr-p.*hrl,k *Gamb.*hrl gast.al genist.al gink-b.sbdl *Graph.*bg2,k,* **Ham.**bg2,k,* hep.bg2,k,* hipp.hrl,k *Hydr.*hrl,k,* hyos.bg2,k2 ign.bg2,k,* ind.al iod.bg2,k,* *Ip.*bg2,k,* iris jal.hrl,k jug-c.al *Kali-ar.* *Kali-bi.*bg2,k,* kali-br.hrl,k *Kali-c.*bg2,k,* *Kali-chl.*hrl,k,* kali-chr.al kali-i.hrl,k,* kali-m.k2 kali-n.bg2,k,* *Kali-p.* kali-s. kali-sil.k2 kiss.al *Kreos.*bg2,k,* *Lac-d.*hrl,k lach.bg2,k,* laur.al led.bg2,k,* *Lept.* lil-t.hrl,k2,* lipp.al lob.al lon-x.al *Lyc.*bg2,k,* lyss.hrl,k mag-c.hrl,k *Mag-m.*bg2,k,* *Manc.*hrl,k,* *Med.*hrl,k merc.bg3,k2 **Merc-c.**bg2,k,* merc-cy.al **Merc-d.**al,hrl *Merc-i-f.* merc-i-r.hrl,k merc-n.al merc-sul.al mez.al,bg2 mill.hrl,k *Mur-ac.*bg2,k,* *Nat-ar.* *Nat-c.*bg2,k,* nat-m.bg2,k,* nat-p. nat-s.hrl,k,* *Nit-ac.*bg2,k,* *Nux-m.*bg2,k,* **Nux-v.**bg2,k,* olnd.al osm.al ox-ac.hrl,k,* petr.bg2,k,* ph-ac.bg2 **Phos.**bg2,k,* *Phyt.*bg2,k,* pic-ac.hrl,k plan.al plat.bg2,h,* *Plb.*bg2,k,* *Podo.*hrl,k psor.hrl,k *Puls.*bg2,k,* pyre-p.al pyrog.k2 raph.hrl,k rat.hrl,k,* rein.al *Rhus-t.*bg2,k,* ric.al *Ruta* sabad.bg2,k,* sabin.bg2,k,* sarr.al,k *Sars.*bg2,k,* sec.bg2,k,* sel.bg2 senec.hrl,k,* *Sep.*bg2,k,* *Sil.*bg2,k,* sin-a.al,hrl squil.al,bg2 stann.al,bg2 staph.hrl,k stram.al,bg2 *Sul-ac.*bg2,k,* *Sulph.*bg2,k,* tab.al,bg2 tarax.bg2 tarent.hrl,k,* tell.al tep.al **Ter.**hrl,k thal.al *Thuj.*bg2,k,* tril-p.cl trom.hrl,k

Blutig: ...
urt-u.hrl,k valer.bg2,k,* vario.hrl *Verat.*bg2,k,* *Verat-v.*hrl vip.al wies.al zinc.bg2,k,* zinc-p.k2 *Zinc-s.*al
☞ *Rötlich* / ❑ *Rektum - Blutung*
– **Klumpen**, schwarz, übelriechend: cadm-s.brl
– **Menses**, während: am-m. ars-met.
– **Punkte**, blutige: nat-c.al,h,*
– **reinem** Blut; Stuhl aus: aloegsyl
– **Schaudern**; gefolgt von: med.cl
– **schaumig**: zinc.h,kl
– **Streifen**, in: am-c.h,kl ant-t.bg2 arn. arund.hrl bry. calc.bg2,k canth.bg2 carb-an.h,kl cina colch.hrl,k *Coloc.*hrl,k con.hrl,k cupr.bg2 cycl.bg2 *Elat.*hrl erig.hrl *Kali-bi.*hrl,k kali-c.bg2 led. mag-m.bg2,k **Merc.**bg2,k,* mez.bg2 nat-c.bg2 nat-m.bg2 *Nat-s.*hrl,k **Nit-ac.**bg2,k,* **Nux-v.**bg2,k,* ox-ac.bg2 phos.bg2 plb.bg2 **Podo.**bg2,k,* puls. rhus-t.bg2 sel.bg2 squil. sul-ac.bg2,h,* *Sulph.*bg2,k,* thuj.bg2,k *Trom.*hrl,k
– **verkohltes** Stroh, wie: *Lach.*bg2,k,*

Braun: acon. adel.al *Aesc.*hrl,k,* aloe ambr.bg2,hrl,* ammc.al anac.hrl,k ant-t.bg2,k,* *Apis* apoc.al **Arg-n.**bg2,k,* *Arn.*bg2,k,* *Ars.*bg2,k,* ars-i. arum-t.al,hrl asaf.bg2,k,* asc-c.al,hrl asc-t. astac.al aster.al,hrl bapt.hrl,k bell.bg2,k,* borx. brom.bg2,hrl,* *Bry.*bg2,k,* calc.hrl,k *Camph.*bg2,k,* canth.hrl,k,* carb-ac.al carb-v. carbn-s. card-m.al carl.al casc.al *Chel.*bg2,k,* *Chin.*bg2,k,* *Chion.* coloc.hrl,k,* cop. *Crot-h.*hrl *Crot-t.*bg2,hrl,* cupr.bg2 dulc.bg2,k,* ery-a.al euph-a.al fago.al *Ferr.*hrl,k *Ferr-ar.* ferr-i.al,k ferr-p.hrl,k fl-ac.hrl,k,* franz.al gamb.hrl,k gran.al *Graph.*hrl,k grat.hrl,k,* helon.al hep.al hydr.hrl,k ind.al inul.al iod.hrl,k,* *Iris* jab.al jug-c.al kali-ar. kali-bi.bg2,k,* kali-c.hrl,k,* kali-p. kreos.bg2,k,* *Lach.*hrl,k *Lept.*bg2,hrl *Lil-t.*hrl,k lim.al lipp.al **Lyc.**bg2,k,* *Mag-c.*bg2,k,* mag-m.al,bg2 **Merc.**bg2,k,* merc-c.bg2,k,* merc-i-f.al,hrl merc-i-r.al,hrl merc-sul.hrl,k,* *Mez.*bg2,k,* *Mur-ac.*hrl,k nat-m.hrl,k,* nat-p.al *Nat-s.* nit-ac.hrl,k nux-v.hrl,k ol-an.al *Op.*bg2,k,* ox-ac.hrl,k,* petr.hrl,k,* *Phos.*hrl,k,* phys.al phyt.bg2,k,* *Plan.*hrl,k,* podo.hrl psil.ftl *Psor.*bg2,k,* ptel.hrl *Pyrog.* ran-b.al raph.bgl,hrl,* *Rheum* *Rhod.*hrl,k,* rhus-t.bg2,hrl,* rhus-v.al *Rumx.* *Sabad.*bg2,k,* **Sec.**bg2,k,* sep.hrl,k,* sin-a.al,hrl squil.bg2,k,* stram.al,bg2 sul-i.k2 sulph.bg2,k,* sumb.al tarent.hrl ter.hrl,k,* thuj.hrl,k,* trom.hrl,k,* tub.brl,brol upa.al urt-u.hrl vario.hrl,k **Verat.**bg2,k,* wies.al xan.hrl yuc.al zinc.bg2,k,* zinc-p.k2 zing.al,k
– **morgens**: granit-m.esl
– **semiliquid**, mit Stuhlpartikeln: aesc. aloe ant-t.hrl,k asaf. bapt. borx. *Bry.*hrl,k coloc.hrl,k dulc. *Ferr.* fl-ac.hrl,k graph. kali-c.hrl,k lil-t. lyc.hrl,k mez.hrl,k ox-ac.hrl,k petr. rheum rhod.hrl,k rumx. sulph. trom.hrl,k

Breiig, weich: aesc. agar.hrl,k anac.hrl,k ant-t.hrl,k anth.vh ars-s-f.k2 ars-s-r.hrl *Bapt.*hrl,k *Berb.*hrl,k **Bry.** cact. calad.k2 calc-p.hrl,k carb-v.hrl,k cinnb.hrl colch.bg2 *Cur.*hrl erig.hrl,k *Hydr.* *Hyos.* iris *Kalm.*hrl,k lac-ac.hrl,k lac-c. lept.hrl,k myric.bgl,k,* *Pic-ac.* podo.hrl,k **Rhus-t.** sars.hrl,k seneg.hrl,k *Sep.*hrl,k *Sil.*hrl,k *Spig.*hrl,k ter.hrl,k verat-v.hrl

– **braun**: aesc.
– **gelb**: ant-t. ars-s-f.[k2] *Arum-t. Bapt. Berb.* **Bry.** carb-v. *Hydr. Hyos.* iris lept. ph-ac.[k2] *Pic-ac. Podo.* rhus-t.
– **grau**: myric.[bg1]
– **schwarz**: cadm-met.[gm1]
– **weiß**: *Calc-p.*[hr1,k] podo. *Rhus-t.* sep. spig.

Bröckelig: agar.[bg2,k,*] aloe alum.[h,kl] **Am-m.**[bg2,k,*] astac.[a1] bapt.[hr1,k] bell.[bg2] bry.[bg2,k,*] calc.[bg2,k,*] cann-s.[bg2,k,*] carb-an.[bg2,k,*] carb-v.[hr1] caust.[bg2,k,*] chel.[bg2] chinin-s. coll.[bg2] crot-t.[bg2,k,*] cycl.[bg2,k,*] *Guaj.*[bg2,k,*] hipp.[a1] ign.[br1] kali-c.[bg2] lach.[hr1,k] lyc.[bg2,k,*] *Mag-c.*[bg2,k,*] **Mag-m.**[bg2,k,*] **Merc.**[hr1,k] nat-c.[bg2,k,*] **Nat-m.**[bg2,k,*] nat-p. *Nit-ac.* nux-v.[bg2] olnd.[bg2,k,*] *Op.*[bg2,k,*] ph-ac.[bg2,k,*] phos.[bg2,k,*] *Plat.* plb.[bg2] *Podo.*[hr1,k] ruta sel.[bg2] sin-a.[a1,hr1] spirae.[a1] *Sulph.*[bg2,k,*] *Tell.*[a1,k] verb.[bg2] *Zinc.*[bg2,k,*] zinc-m.[a1]

Cremefarben: aloe arg-met. arg-n. calc. *Gels. Ph-ac.*

Därme, wie: ant-c.[a1,h,*]

Dunkel: acon-f.[a1] *Aesc.*[hr1,k] agar.[bg2,k,*] aloe **Alum.**[hr1,k] alum-sil.[k2] anis. anth.[a1] arg-n.[bg2,k,*] *Arn.*[bg2,k,*] *Ars.*[a1,k] ars-i.[a1,hr1] arum-i.[a1] asaf.[a1,bg2] astac.[a1] *Bapt.*[bg2,k,*] bell.[a1,bg2] *Berb.*[hr1,k] bol-la. *Bry.*[bg2,k,*] calc-s.[a1] carb-v. carl.[a1] caul.[a1] cench.[k2] cham.[a1,bg2] chel.[a1,bg2] chinin-s. *Chion.*[a1,k] cimic.[hr1,k] colch. coloc.[a1] *Corn.*[hr1,k,*] crot-h.[a1] cupr.[a1,bg2] cyt-l.[a1] dios.[a1] dirc.[a1] elat.[a1] erig.[a1] fago.[a1] *Ferr.*[a1,k] ferr-i.[a1] ferr-m.[a1,hr1] *Glon.*[hr1] gnaph.[a1,hr1] gran.[a1] **Graph.**[bg2,k,*] grat.[a1,bg2] ham.[hr1,k,*] hipp. ind.[a1] iod.[a1,h,*] jab.[a1] jug-c.[a1] kali-ar. kali-bi.[a1,bg2] kali-c.[bg2,k,*] kali-i.[a1] kali-p. *Lach.* lil-t.[hr1,k,*] lipp.[a1] lyc.[a1,bg2] lyss.[hr1,k] mag-p.[bg2] maland.[vh] merc-c.[a1,bg2] merc-cy.[a1] mez.[a1,bg2] mur-ac.[hr1,k] *Nat-ar.* nat-c.[k2] *Nat-s.*[hr1,k] nit-ac.[a1] *Nux-v.*[bg2,k,*] op.[bg2,k,*] ost.[a1] peti.[a1] phos.[bg2,hr1,*] phys.[a1] phyt.[a1] pip-m.[a1] *Plb.*[hr1,k,*] polyp-p.[a1] **Psor.**[bg2] ptel.[hr1,k,*] puls.[bg2] *Rhus-t.*[hr1,k] rhus-v.[a1,hr1] sarr.[a1,hr1] *Sec.*[hr1,k,*] senec.[a1] sol-t-ae.[a1] squil.[k2] sulph.[a1] tab.[a1] tarent.[hr1,k] tub.[br1,bro1] verat. *Verat-v.*[hr1] wies.[a1] wye.[a1] zinc.[bg2]
– **semiliquid**, mit Stuhlpartikeln: *Bapt.*[hr1,k] carb-v.[hr1,k] chin. *Ferr.* hipp.[hr1,k] mur-ac. nux-v.[hr1,k] podo. ptel. tarent.

Dünn, flüssig: acet-ac. *Aeth.* agar. *Aloe* **Alum.** alum-p.[k2] alum-sil.[k2] ammc. anan. ang. **Ant-c.** ant-t. **Apoc.** *Aran.* arg-n.[a1] *Arn. Ars.* ars-s-f.[k2] arum-t.[k2] **Asaf.** asc-t. aster. aur. aur-ar.[k2] aur-s.[k2] bamb-a.[stb2] bapt. bar-m. *Bell.* **Benz-ac.** bism. borx. *Bov. Bry.* cain. calad. **Calc.** calc-sil.[k2] camph. *Carb-ac.* carb-an.[h] *Carb-v.* carbn-o. **Carbn-s.** castor-eq. *Caust. Cedr. Cham. Chel. Chin. Chinin-ar. Cic.* cist. *Clem.*[h,hr1] *Cocc. Coff.* **Colch.** *Coloc. Con.* cop. corn. **Crot-t.** dig.[h] dios. dros. dulc. euph.[h] ferr. ferr-p. **Gamb. Graph.** *Grat.* guaj.[h] *Hep. Hydr.* hydrog.[srj2] ign. ind. ip.[h] jal.[br1] **Jatr-c.**[st] *Kali-bi.* kali-c.[h] kali-n. kali-s.[k2] *Lac-ac. Lach.* lept. limest-b.[es1] **Lyc.** *Mag-c.* mag-m.[a1,h] mang-s.[a1] med. meph. *Merc.* merc-i-f. *Mur-ac.*

Dünn: ...
nat-ar. nat-c. *Nat-p.* **Nat-s.** nicc. nit-ac.[h] *Nuph. Nux-m. Nux-v.* **Olnd.** *Op.* osm. **Ph-ac. Phos.** phyt. **Pic-ac.** plat.[h] **Podo.** *Psor.* ptel. pyrog.[k2] rat. rhod. *Rhus-t.* rhus-v. rumx. sabad. sang. sec. sel. senec. *Sep. Sil.* sphing.[kk3] *Spig.*[k,kk3] *Spong. Squil.* stann.[h] staph.[h] **Sulph.** *Tarent.* **Thuj.** trom. vario. **Verat.** zinc.[h]
– **braun**: *Apoc.* arg-n. arn. *Ars.* asaf. aster.[a1,k] *Bry.* **Graph.**[hr1,k] mag-c. mag-m.[h,kl] *Nat-s.* nux-v. *Phos. Psor. Raph. Squil.*
– **dunkel**: *Ars. Crot-h. Nat-s.* op. squil.
– **gefolgt** von hartem Stuhl: *Agar.* alum. am-c. bar-c. calc. carb-an. euph. graph.[h] *Lyc.* mag-c. mag-m. mur-ac. nat-c. ph-ac. plat.[h] plb.[bg1,bg2] psil.[ft1] sars. sep. sul-ac. sulph. zinc.
– **geformt**; dann dünn: agar. aloe **Bov. Calc.** calc-f. lact. **Lyc.** nat-s. *Ph-ac.* phos.[h,kl] *Stann.*
– **gelb**: aeth. agar.[h,kl] *Aloe* arg-n.[hr1] *Bapt. Bov.* bufo *Cocc.* coloc. cop. *Crot-t.* **Dulc. Gamb.** *Hydr.* iris lyc. merc. nat-c. **Nat-s.** nit-ac. nux-m. **Olnd. Pic-ac. Podo.** raph. rhus-t.
– **grün**: aeth. agar. ant-c. *Apis Chin.* crot-h. crot-t. **Grat.** *Podo.* raph.
– **Harnverhaltung**; halb flüssig mit: cadm-s.[br1]
– **herausströmend**: *Apis Arn.* ars. *Benz-ac. Calc-p.* canth. **Crot-t. Gamb.** *Grat.* iod. lach. lyc. merc. **Nat-s. Olnd. Ph-ac. Podo.** puls. **Sec.** sil. **Sulph.**
– **klumpig** und flüssig: aloe **Ant-c.** apis *Ars.*[hr1,k] calc. *Con.* graph. ip. kali-bi. **Lyc.** *Nat-s. Pic-ac.* sil. sul-ac. sulph. trom.
– **leberfarben**: mag-c.
– **rot**: kali-i. rhus-t.
– **schwarz**: acon. *Apis* **Ars.** asc-t. brom. *Carb-ac. Carb-v. Cocc. Crot-h. Kali-s. Lept. Squil. Stram.*
– **semiliquid**, mit Stuhlpartikeln: *Aloe* alum.[hr1,k] ant-c.[hr1,k] ant-t.[hr1,k] arg-n. *Arn. Ars. Bapt.*[hr1,k] bar-c.[hr1,k] borx. *Bov. Bry.*[hr1,k] carb-v.[hr1,k] *Caust. Cedr.*[hr1,k] *Chel.* cist.[hr1,k] *Colch. Coloc.* con.[hr1,k] dios.[hr1,k] *Dulc.* **Gamb.**[hr1,k] *Hep.*[hr1,k] *Hydr.* ign. *Iris* kali-n.[hr1,k] *Lept.*[hr1,k] *Lil-t.*[hr1,k] lyc.[hr1,k] **Nat-s.**[hr1,k] nicc.[hr1,k] *Nux-v.*[hr1,k] **Olnd.**[hr1,k] osm. phos.[h,kl] **Pic-ac. Podo.** psor.[hr1] ptel. *Rheum* rhod.[hr1,k] *Rhus-t. Rumx.* sang.[hr1,k] sars.[h,kl] *Sel.* **Sulph.**[hr1,k] sumb. trom.[hr1,k] *Verat.* zinc.

Durchfällig
☞ *Dünn*

Durchsichtig
☞ *Schleimig - durchsichtig*

Eier; wie geschlagene
☞ *Gehackt - Eier / Schleimig - gehackte*

Eitrig: *Apis* **Arn.**[bg2,k,*] *Ars.*[bg2,k,*] bell.[bg2] calc.[bg2,k] *Calc-p.*[bg2,k] *Calc-s.* cann-s.[bg2] canth.[bg2,k] carb-v. chin.[bg2,k] clem.[bg2] cocc.[bg2,k] con.[bg2] dulc. *Hep.*[hr1,k] ign.[bg2] *Iod.*[bg2,k,*] ip.[hr1,k] kali-ar. kali-c.[bg2,k,*] *Kali-p.*[hr1,k] kali-s.[hr1,k] kali-sil.[k2] *Lach.*[bg2,k,*] *Lyc.*[bg2,k] **Merc.**[bg2,k,*] merc-c.[bg2] merc-cy.[a1] nit-ac.[bg1] nux-v.[bg2] petr.[bg2] *Phos.*[hr1,k] **Puls.**[bg2,k,*] sabin.[bg2] *Sec.* sep.[bg2,k] *Sil.*[bg2,k,*] sul-i.[k2] *Sulph.*[bg2,k,*]

Eitrig: ...
trom.hr1,k

Eiweißartig: asc-t. **Borx.** carb-an. *Dios.* merc. merc-c. *Nat-m.*
– **geronnen**: carb-an.a1,k merc-c.a1,k

Fäden im Stuhl, wie Haare: *Sel.*

Fadenziehend: *Asar.*bg2,k,* *Carb-v.*bg2,k,* colch.bg1 ferr-i.hr1 *Graph.*bg2 **Grat.**a1,k ox-ac.a1,k sel.bg2,k,* **Sul-ac.**h,k,* verat.bg2 verat-v.a1,k wies.a1

Fällt heraus: *Aloe*

Farblos
☞ *Weiß*

Fest, zäh: agar.a1,k *Am-m.*a1,k arn.a1,k asar.a1,k bar-c.a1,k brom.hr1,k,* *Canth.*a1,k *Caps.*a1,k *Caust.*hr1,k merc-i-f.hr1,k,* **Sulph.**a1,k

Fettig: aloebg1,bg2 ars. bamb-a.stb2 caps.bg1 *Caust.*k,kl2● *Iod.* **Iris**bg1,bg2 kalm.bg1 lil-t.bg1 onos.bg1 *Phos.*k,kl2● pic-ac. sulph. tarent.bg1 thuj.
– **ölig** aussehend, sedimentierend: bol-la. *Iod.* pic-ac. thuj.

Flach: aesc.vh arg-n.bg1 arn.bg1,bg2 asar.bg2 carb-ac.bg2 chel.bg1,bg2 dig.bg1 lach.bg2 mag-p.bg2 *Merc.*bg2,k,* phos.bg2 **Puls.**k,kl2● sep.bg1,bg2 sulph.hr1,k verat.bg2,k,*

Flatus, mit: agar. aloe arg-n.br1 crot-t. ferr. *Ign.* *Nat-s.*

Flocken, weiche: cop. dulc. sec.

Flockig: amyg.a1 *Arg-n.*hr1,k,* asc-t.a1,hr1 bell.a1,bg2 calc-p.bg2,k,* *Chel.*hr1,k colch.bg2,k,* crot-t.a1,bg2 cupr.hr1,k *Dulc.*hr1,k ferr. guaj. guar. iod.a1,bg2 *Ip.*hr1,k lac-c.bg1 merc.bg2 merc-cy.a1 merc-d.hr1 *Nit-ac.*hr1,k *Phos.*hr1,k sec.hr1,k squil.bg2 sulph.bg2,k,* **Verat.**hr1,k

Flüssig
☞ *Dünn*

Froschlaich, wie
☞ *Grün - Schaum / Schleimig - gallertartig - Froschlaich*

Früher, jeden Tag: acon.bg2 am-c.bg2 croc.bg2 hyos.h,k1 tarax.bg2

Gallertartig
☞ *Schleimig - gallertartig*

Gallig: acon. aeth.hr1,k *Agar.* agar-ph.a1 alco.a1 *Aloe* ant-t.bg2,k,* apoc.hr1,k,* apoc-a.a1 *Ars.*bg2,k,* ars-h.hr1,k ars-s-f.k2 ars-s-r.a1,hr1 arum-d.a1,hr1 aspar.a1,hr1 bism.bg2,k,* *Bry.*bg2,k,* cact.hr1,k,* calc-p.bg2,k,* carb-ac.hr1,k carl.a1 *Cham.*bg2,k,* *Chin.*bg2,k,* chinin-ar. cina *Colch.*bg2,k,* coll.hr1,k,* *Coloc.*bg2,k,* *Corn.*hr1,k,* cot.a1 **Crot-h.**hr1,k,* crot-t.bg2,k,* cub.hr1,k cupr.bg2 cupr-ar.a1 dig.bg2,k,* dios.hr1,k,* *Dulc.*bg2,k elaps elat.a1,hr1,* *Fl-ac.*hr1,k gast.a1 gels.bg2,k,* gent-l.a1 grat.a1 hyper.a1,hr1 ille.c1 *Ip.*bg2,k,* *Iris* jug-c.a1,hr1 kali-i.a1,k kiss.a1 lept.hr1,k *Lil-t.*hr1,k,* linu-c.a1 med.hr1,k **Merc.**bg2,k,* *Merc-c.*bg2,k,* **Merc-d.**bg2,hr1,* mez.bg2,k,* naja narz.a1 **Nat-s.**hr1,k *Nux-v.*bg2 nyct.br1 olnd.bg2 op.a1,k osm.bg2,k,* ost.a1 *Phos.*bg2,k,* phys.a1 phyt.bg2,k,*

Gallig: ...
pin-s.a1 **Podo.**hr1,k polyp-p.a1 pop.a1 psor.bg2,k,* **Puls.**bg2,k,* *Sang.*bg2,k,* sangin-t.c1,c2 sec.bg2,k,* sel.bg2 sep.bg2,k,* serp.a1 still.a1 *Sulph.*bg2,k,* **Verat.**bg2,k,* vip.a1 wies.a1 zinc.bg2,k,* zinc-s.a1
– **tagsüber** und agg. durch warme Getränke: fl-ac.

Gegoren: ant-t.bg2,hr1,* *Arn.*h,k,* borx. *Calc.*hr1 dirc.a1 euph.h *Gels.*hr1 *Ip.*k,kl2● lac-c.bg2 *Merc.*hr1 mez.bg2,k,* nat-sulo.c1 plan.hr1,k,* rheum rhod.bg2,k,* sabad. sul-ac.a1,bg2

Gehackt: *Acon.*bg2,k,* arg-n. ars.bg2,k,* bar-m.hr1,k,* *Cham.*bg2,k,* chin.bg2 ferr.bg2 *Ferr-p.*hr1 *Ip.*hr1 *Kreos.*hr1 med.hr1 *Merc.*bg2 *Merc-d.*hr1 *Nux-m.*bg2 *Puls.*bg2 rhus-t.bg2,k,* sul-ac.h,k,* *Sulph.*bg2 viol-t.bg2,k,*
– **Eier**, wie gehackte: *Cham.*bg2,k,* cur.bg2 lach.bg2 **Merc.**bg2,k,* *Merc-d.*hr1,k *Nux-m.*bg2,k,* **Puls.**bg2,k,* *Rhus-t.*bg2 *Sul-ac.*bg2 *Sulph.*bg2,k,* viol-t.bg2
– **Runkelrüben**, wie gehackte: *Apis*
– **Spinat**, wie gehackter: **Acon.**hr1,k,* *Arg-n.*hr1,k *Cham.* *Merc.*

Gelatine, wie
☞ *Schleimig - gallertartig*

Gelb: aesc.hr1,k *Aeth.*hr1,k,* agar.bg2,k,* *Aloe* alum-sil.k2 *Alumn.*hr1,k,* am-m.bg2,k,* ambr. ang.bg2,k,* ant-c.hr1,k ant-t.bg2,k,* anth.a1 *Apis* *Apoc.*a1,k aral.a1 *Arg-n.*hr1,k,* arn.hr1,k *Ars.*bg2,k,* *Ars-i.* ars-s-r.hr1 arum-i.a1 arum-t.hr1,k,* asaf.bg2,k *Asar.*bg2,k,* asc-c.a1,hr1,* asc-t.hr1,k,* asim.a1,hr1 astac.a1 aur.bg2 aur-m.hr1 bapt. bar-c.hr1,k,* bar-i.k2 bar-m.hr1,k bar-s.k2 bell.bg2,k,* *Berb.*a1,k bol-la. bond.a1 borx. bov.hr1,k,* brom.bg2,k,* *Bry.*a1,k bufo caj.a1 calad.hr1,k2,* *Calc.*bg2,k,* calc-i.k2 calc-s. cann-i.a1,hr1,* cann-s.a1,bg2 canth.bg2,k,* carb-v. carbn-s. cedr.a1 cham.bg2,k,* **Chel.**bg2,k,* *Chin.*bg2,k,* chlol.a1 cist.hr1,k cocc.bg2,k,* *Colch.*bg2,k,* coll.hr1,k,* *Coloc.*bg2,k,* colos. cop. crot-c.a1,k crot-h.hr1,k,* *Crot-t.*bg2,k,* cub.hr1,k cupr-ar.a1 *Cupr-s.*a1 cycl.bg2,k,* der.a1 dig.bg2,k,* dios.hr1,k,* dirc.a1,c1 **Dulc.**bg2,k,* *Echi.* elaps erech.a1 eucal.a1 euph.bg2,h,* ferr.a1 ferr-i.a1 ferr-p.a1,hr1 fl-ac.hr1,k **Gamb.**bg2,k,* *Gels.*bg2,k,* gink-b.sbd1 **Grat.**bg2,k,* helon.a1,k *Hep.*hr1,k hydr.a1,k2 hydrog.srj2 hyos.hr1,k hyper.a1,hr1 ign.bg2,k ind.a1 inul.a1 iod. ip.bg2,k,* *Iris* jab.a1,k jug-c.a1 *Kali-ar.* *Kali-bi.*hr1,k *Kali-c.*hr1,k *Kali-i.*hr1,k,* kali-n.a1 kali-p. kali-s.hr1,k kiss.a1 *Lach.*hr1,k,* laur. lept.a1,k lil-s.a1 lil-t.a1 limest-b.es1 linu-c.a1 lipp.a1 lith-c. **Lyc.**bg2,k,* mag-c.h,k,* mag-m.bg2,k mang.bg2,k,* **Merc.**bg2,k,* **Merc-c.**bg2,k,* merc-cy.a1 *Merc-sul.*hr1,k,* myric.a1,hr1 *Nat-ar.* *Nat-c.*bg2,k,* nat-m. nat-p. *Nat-s.*hr1,k nicc.hr1,k,* nit-ac.bg2 nit-m-ac.a1 nuph.hr1,k,* *Nux-m.*hr1,k,* nux-v.bg2,k,* olnd.bg2,k,* osm.a1 ox-ac.a1 *Petr.*bg2,k,* **Ph-ac.**bg2,k,* *Phos.*bg2,k,* phys.a1,k phyt.a1 **Pic-ac.**hr1,k,* *Plb.*bg2,k,* **Podo.**bg2,k,* puls.bg2,k,* raph.a1,k rat.a1,hr1 rheum rhod.a1,bg2 **Rhus-t.**bg2,k,* rob.hr1,k sabad.bg2 sal-ac.hr1 samb. *Sang.*hr1,k,* sanic. **Sec.**hr1,k senn.a1 sep.a1 skat.br1 staph.hr1,k,* stront-c. *Sul-ac.*bg2,k,* sul-i.k2 sulph.hr1,k,* tab.hr1,k ter.a1,k

Gelb: ...
Thuj.bg2,k,* trom.hr1 urt-u.hr1,k,* verat.bg2 yuc.a1 zinc.bg2 zinc-s.a1
– **vormittags**: mag-c.h,k1
– **blaß**: anth.a1 apoc.a1 asaf.a1 chlol.a1 crot-t.a1 cycl.a1 ferr-i.a1 ferul.a1 gent-l.a1 *Kali-chl.*hr1 kali-n.a1 lipp.a1 mang.a1,h tet.a1 zinc.h,k1
– **bräunlich**: anan.hr1,k *Ant-t.*hr1 apis asar. coloc.h,hr1,* cycl.a1,hr1 ferr.a1 fl-ac. ind.hr1 *Lach.*hr1 merc-i-r. nat-p. petr.a1,hr1 raph.hr1 **Rhus-t.**hr1 stann.a1 verat.a1
– **grün**; wird beim Stehenlassen: arg-n. rheum
– **grünlich**: aloe apis cadm-s. coloc.hr1,k,* crot-t.a1,k cupr-s.hr1 *Dulc.*hr1,k *Gamb.*hr1 **Grat.**hr1,k jug-c.a1,k kali-bi.a1,k kali-p. lac-ac.hr1,k *Mag-c.*hr1 med. merc. *Merc-c.*hr1 nat-p.k2 nat-s. **Podo.**hr1 puls.hr1,k sec. **Sulph.** tab. ter.a1,k verat. zinc-s.a1
– **hart**: agar.
– **hellgelb**: aeth.bg2,bg3 aloebg3 *Arg-n.*hr1 asar.bg2 borx.bg2 brom.bg2,hr1 *Calc.*hr1 **Chel.**bg2,bg3 colch.bg2,bg3,* coloc.bg2 dios.bg2 fl-ac.hr1,k gels.bg3 grat.hr1 *Hep.*hr1 ip.bg2,hr1 kali-c.bg2 *Kali-chl.*hr1 kali-p.bg3 lach.bg2 merc.bg2 myric.hr1 nat-m.bg2 *Nuph.*hr1 nux-m.bg1 *Nux-v.*bg3 *Petr.*hr1 **Ph-ac.**bg2,k *Phos.*bg3 podo.bg3 sabad.bg2 **Sang.**bg2 sul-ac.hr1,k thuj.hr1
– **körnig**: bell.h,k1 mang.
– **lachsfarben**: lac-d.a1,k
– **ockergelb**: *Sima.*c1
– **orange**: aeth.bg1 apis bamb-a.stb2 chel.bg1 cocc. *Colch.*hr1,k,* coloc.a1,k dios.bg1 gels.bg1 ip.bg1 kali-bi.bg1 *Lach.*hr1 merc.a1,k nat-m.a1,k nuph.bg1 osm.a1,k phos.bg1 **Sul-ac.** syph.
• **Fruchtfleisch** einer Orange; wie das: *Nat-c.*
– **Safran**, wie: coloc.bg2,k,* croc.bg2,k merc. merc-c.bg2 **Sul-ac.**h,k,*
– **semiliquid**, mit Stuhlpartikeln: *Agar.*hr1,k *Aloe Alumn.* am-m.hr1,k ant-t.hr1,k *Apis* arum-t. asaf. bapt. bol-la. borx. bov. *Calc.*hr1,k **Chel.** cist.hr1,k cocc.hr1,k colch. coloc.hr1,k crot-t. cub.hr1,k dig.hr1,k dios.hr1,k fl-ac.hr1,k **Gamb.**hr1,k gels.hr1,k *Hep.*hr1,k iris kali-c.hr1,k lach.hr1,k laur. lith-c. myric. nat-c.hr1,k *Nat-p. Nat-s.* **Olnd.**hr1,k *Ph-ac.*hr1,k **Pic-ac.** plb. **Podo. Rhus-t.**hr1,k samb. *Sulph.*
• **schmerzlos** unmittelbar nach dem Essen: calc.
– **weißlich**: acon.a1,k aur.a1,k cham.hr1 *Chel.*hr1 cocc.a1,k dig.hr1,k ign.hr1,k,* lyc. nit-ac.h,hr1,* **Ph-ac.** phos.a1,k puls. rhus-t.hr1,k,* sul-ac.h,k,* *Sulph.*

Geronnen: ars.bg2,k,* bell.bg2,k bufo *Calc.*hr1,k cham. mag-c. med.hr1,k merc. murx.a1,k nat-m.bg2 nat-p. *Nit-ac.*hr1,k nux-m. phos.bg2 puls. *Rheum* sanic. *Stann.*hr1,k sul-ac. sulph. **Valer.**bg2,k,* viol-t.
– **Milch**, geht mit Gewalt ab; wie geronnene: aeth. *Gamb.*

Geruch:
– **aashaft**: ant-t.bg2,k,* apis **Ars.**hr1,k bapt.k2 bell.bg2 *Bism.*bg2,k,* borx. **Carb-v.**hr1,k *Chin.*bg2,k,* fago.a1 **Kali-p.** kreos. **Lach.**hr1,k *Ptel.*hr1,k,* *Rhus-t.*bg2,k,* *Sil.*hr1,k stram.bg2,k,*
– **durchdringend**: bapt.k2

Geruch: ...
– **Eier**; wie faule: arg-n. *Ars.*hr1,k asc-t.bg1,k,* *Calc.*bg2,k,* *Carb-ac.*hr1,k carl.a1,k **Cham.**bg2,k,* fago.a1 graph.bg1 hep.bg2,k,* med.hr1,k olnd.bg2 phos.bg1 **Psor.**hr1,k squil.bg2 *Staph.*hr1,k sul-ac.bg2,k,* sulph.bg2,k,* wies.a1
– **faulig**: acet-ac. agar. alum-sil.k2 *Alumn.*hr1 *Apis* arn.br1 **Ars.**bg2,k,* **Asaf.** bamb-a.stb2 **Bapt. Benz-ac.**a1,k bism.bg2 *Borx.* brom.bg2 *Bry.*hr1,k calc. calc-sil.k2 *Carb-ac.* **Carb-v.**bg2,k,* cham. *Chin.*hr1,k cic.t11 cocc.bg2,k,* colch.bg2 *Coloc.*hr1,k crot-h.k2 elat. graph.k2 ip.hr1,k **Kali-p.**hr1,k *Lach.*bg2,k,* *Mag-c. Merc-c.*bg2,k,* merc-cy.a1 mur-ac.k2 *Nat-s.* nit-ac.hr1,k nux-m.hr1,k **Olnd.** par.bg2,k,* **Podo.**hr1,k **Psor.**hr1,k ptel. puls. pulx. *Pyrog.* rhus-t. rhus-v.a1 sanic. sep.bg2,k,* **Sil.**bg2,k,* *Stram.*bg2,k,* *Sulph.*pc tarent.k2 **Tub.**
– **Fisch**; nach: hydrog.srj2
– **Fleisch**, wie verbranntes: carb-an.
– **Johannisbeeren**; wie schwarze: bamb-a.stb2
– **Kampfer**, wie: petr.bg2,h,*
– **Käse**; wie verdorbener: **Bry. Hep.** *Sanic.* tub.pc
– **Kupfer**; nach: *Iris*
– **Messing**; nach: apis
– **modrig**: cinabg1 *Coloc.*bg2,k,* op.a1,bg2 phos.a1 sarr.
– **Packpapier**; wie brennendes: *Coloc.*
– **sauer**: aeth.bg2,k,* arg-n.hr1,k *Arn.*bg2,k,* bamb-a.stb2 bell.bg2,k,* **Calc.**bg2,k,* calc-sil.k2 camph.bg2,k,* carbn-s. cham.bg2,k,* colch.bg2,k,* *Coloc.*bg2,k,* *Colos.* con.hr1,k cop.a1,k del.a1 *Dulc.*bg2,k,* *Graph.*bg2,k,* **Hep.**bg2,k,* iris *Jal.*hr1,k,* lyc. *Mag-c.*bg2,k,* **Merc.**bg2,k,* mez.bg2,k,* *Nat-c.*bg2,k,* *Nat-p.*bg2,k,* *Nit-ac.*hr1,k *Nuph.*hr1 olnd.hr1,k petr.bg2 *Phos.*bg2,k,* phys.a1 podo.hr1,k **Rheum** rob.hr1,k sal-ac.hr1 sep.bg2,k,* sil. sin-a.a1 spirae.a1 **Sulph.**bg2,k,* ter.hr1 verat.
– **süßlich**: ars.hr1 limest-b.es1 mosch.bg2,hr1 petr.bg2 pic-ac.a1,bg2,*
– **übelriechend**: acet-ac. acon.a1,k *Agar.*hr1,k,* agar-ph.a1 ail.hr1,k *Aloe* alum-sil.k2 alumn. am-caust.a1 anan.hr1 androc.srj1 ant-c.hr1,k ant-t.bg2,k,* *Apis* apoc.a1,k arg-met. **Arg-n.**bg2,k,* arn.bg2,k,* **Ars.**bg2,k,* ars-h.hr1 *Ars-i.* ars-s-f.hr1,k2 **Asaf.**bg2,k,* asar.bg2 asc-t.hr1,k,* astac.a1 *Aur.*bg2,k,* aur-ar.k2 aur-i.k2 bamb-a.stb2 **Bapt.**bg2,k,* *Bar-m.*hr1,k **Benz-ac.**bg2,k,* *Bism.*bg2,k borx.br1 bov.bg2 brom.bg2 **Bry.**bg2,k,* cadm-s.br1 *Calc.*bg2,k,* *Calc-p.*bg2,k,* calc-sil.k2 *Carb-ac.*hr1,k carb-an.bg2 **Carb-v.**bg2,k,* **Carbn-s.** casc.a1,k cham.bg2,k,* chin.bg2,k,* chinin-ar. chlol.hr1,k,* choc.srj3 cic.a1,k cimic.hr1,k coca cocc.bg2,k,* coff.hr1,k *Colch.*hr1,k,* coloc.bg2,k,* con.hr1,k,* cop. *Corn.*hr1,k,* **Crot-h.**hr1,k crot-t.bg2,k,* cupr.a1,k cupr-ar.a1,k dig.a1,k dios.a1,k dros.hr1,k,* dulc.bg2,k eug.a1,k euph-a.a1 fago.a1,k fl-ac.hr1,k,* **Gamb.**hr1,k gink-b.sbd1 gnaph.a1,k **Graph.**bg2,k,* grat.hr1,k,* *Guaj.*bg2,k,* hell.bg2 hep.bg2,k,* hipp.hr1 *Hura* hyos. ind.hr1,k,* iod.bg2,k,* *Ip.*bg2,k,* iris **Kali-ar.** kali-c.bg2,k,* kali-m.k2 **Kali-p.**hr1,k kali-s.hr1,k kali-sil.k2 kreos.bg2,k,* **Lach.**bg2,k,* *Lept.*hr1,k,* lil-t.hr1,k,* lith-c. lob.a1,k lob-c. lyc.bg2,k,* lycps-v. manc.hr1,k,* med.hr1 *Meph.*hr1 merc.bg2,k,* **Merc-c.**bg2,k,* merc-cy.a1,k merc-i-f.a1,k mez.hr1,k,*

– **übelriechend**: ...
mur-ac.hr1,k nat-c.bg2 nat-m.a1,k _Nat-p._ **Nat-s.**hr1,k nat-sal.a1 _Nit-ac._bg2,k,* **Nux-m.**bg2,k,* _Nux-v._bg2,k,* olnd.bg2 **Op.**bg2,k,* ost.a1 par.bg2,k,* petr.hr1,k _Ph-ac._bg2,k,* _Phos._hr1,k,* phys.a1,k picro.a1 plb.bg2,k,* **Podo.**bg2,k,* psil.ft1 **Psor.**bg2,k,* ptel.hr1,k,* _Puls._bg2,k,* pulx.br1,k _Pyrog._ ran-s.bg2,k,* rat.hr1 rheum rhod.bg2,k,* rhus-t.bg2,k,* rumx. sal-ac.hr1 santin. sarr.hr1,k,* sars.bg2 sec.bg2,k,* sep.bg2,k,* serp.a1,k **Sil.**bg2,k,* sin-n.a1,k _Skat._br1 sol-t-ae.a1,k **Squil.**bg2,k,* stann. staph.bg2,k,* stram.bg2 _Sul-ac._h,k,* sul-i.k2 **Sulph.**bg2,k,* sumb.a1,k tab.a1,k _Tarent._hr1,k _Ter._hr1,k teucr.bg2,k,* thuj.bg2,k,* til.a1,k tril-p. **Tub.** valer.bg2 vario.hr1,k verat.a1,k vip.bg2,k,* zinc.hr1,k,* zinc-m.a1 zinc-p.k2 zinc-s.bg2
• **nachts**, nur: _Psor._ _Sulph._vh
• **kleben**; bleibt am Patienten: podo.bg1 psor.bg1 sulph.bg1 zinc-s.bg1
– **Urin**, wie: benz-ac.hr1,k

Geruchlos: aeth.bg2,k ars.a1,bg2 _Asar._bg2,k,* camph.bg2 _Cur._ cycl.hr1,k,* ferr.bg2,k,* ferr-s.hr1,k fl-ac.a1,bg2 gamb. guar.hr1,k _Ham._hr1 _Hell._ _Hyos._bg2,k,* jatr-c. _Kali-bi._bg2,k,* lyc.bg2 merc. op.bg2 ph-ac. phos.bg2,k plumbg.a1 _Rhus-t._bg2,k,* **Verat.**bg2,k,* xan.bg2,k,*

Gewaltsam, plötzlich, in einem Schwall: acon.bg2 ail.hr1,k,* aloebg2,vh/dg,* am-c.h,k1 androc.srj1 ant-c.h _Apis_ _Apoc._bg2,k,* aran.hr1,k _Arg-n._bg2,k,* arn. _Ars._bg2,k,* aster.a1,hr1 aur-fu.a1 bar-c.bg2,k,* **Bry.**bg1,k2,* calc-p. canth. cench. cic.hr1,k cist.hr1,k,* cob.hr1,k,* _Colch._bg2,k,* coloc.bg2 _Crot-h._ **Crot-t.**bg2,k,* _Cupr._ cycl.bg2,k,* dios.a1 dirc.c1 _Dulc._hr1,k **Elat.**hr1,k fago.a1 _Ferr._hr1,k _Gamb._bg2,k,* **Grat.**bg2,k,* hydrog.srj2 _Ign._bg2 _Iod._k,vh/dg,* ip.bg2 _Iris_ jal.hr1,k,* **Jatr-c.** _Kali-bi._bg2,k,* lac-c. lach. lyc.bg2,k,* lycps-v. mag-c.bg2 _Mag-m._bg2,k,* mag-p.hr1 _Merc._k,vh/dg,* naja **Nat-c.**bg2,k,* **Nat-m.**bg2,k,* _Nat-s._bg2,k,* nicc.hr1,k,* _Ox-ac._hr1,k _Petr._bg2,k,* _Phos._bg2,k,* pic-ac.bg2 plat.a1,k **Podo.**bg2,k,* psor.bg2,k2 puls. _Ran-b._hr1,k _Raph._hr1,k,* rhod.bg2,hr1 rhus-t.bg2,k rhus-v.a1 rumx.k2 sang.bg3,k2 sars.bg2 **Sec.**bg2,k,* seneg.bg2,k _Sep._hr1,k sil. _Sulph._hr1,k tab.bg2,k,* _Thuj._bg2,k,* trom.hr1,k tub.br1,hr1 **Verat.**bg2,k,* verb.c1 zinc.bg2
☞ _Herausschießend_
– **explosionsartig**: hydrog.srj2

Glänzend
☞ _Fettig_

Grau: acon.bg2 alco.a1 aloe am-m.bg2 arn.bg2 **Ars.**bg2,k,* asar.bg2,k,* _Aur._bg2,k,* aur-m.k2 aur-s.k2 bapt. bell.bg2 benz-ac.bg2 _Calc._bg2,k,* _Carb-v._bg2,k,* caust.bg2 cench. cham.bg2 _Chel._bg2,k,* chim. chim-m.hr1 chin.bg2 cist.hr1,k cocc.bg2 colch.bg2 crot-t.bg2,k,* cupr.bg2,k,* _Dig._bg2,hr1,* dros.bg2 dulc.bg2,h,* hep.bg2 _Hydr._hr1,k ign.bg2 iod.bg2 kali-bi.bg2 _Kali-c._bg2,k,* kreos.hr1,k _Lach._bg2,k,* lycps-v. mag-m.hr1,k **Merc.**bg2,k,* merc-sul.a1 mez.bg2 myric. _Nat-m._bg2,k,* nat-s.hr1,k nux-m.bg2 nux-v.bg2 **Op.**bg2,k,* **Ph-ac.**bg2,k **Phos.**bg2,k,* pic-ac. plb.bg2,k,* psor. ptel.hr1 puls.bg2 rheum rhus-t.bg2

Grau: ...
sec.bg2,k,* sep.bg2,k,* spig.bg2 _Spong._bg2 still.bg2 sul-ac.bg2 sulph.bg2,k,* thuj.hr1 verat.bg2 wies.a1
– **weißlich**; teilweise: nat-m. **Phos.** plb.

Groß: _Aesc._bg2,k,* _Agn._ alet.k2 all-c.a1 _Alum._ alum-p.k2 alum-sil.k2 **Alumn.**hr1,k _Ant-c._bg2,k,* _Apis_ apoc.a1 _Arg-n._ ars.a1,k ars-i.hr1,k,* _Asaf._hr1,k,* aster.a1 _Aur._bg2,k,* aur-ar.k2 aur-s.k2 _Bapt._hr1 bart.a1 berb.hr1,k,* **Bry.**bg2,k,* **Calc.**bg2,k,* calc-s.a1,k calc-sil.k2 chel.a1,k cinnb.a1 _Cob._hr1,k,* coch.hr1 _Coloc._ cop. corn.a1 cot.a1 crot-t. cupr. dios.a1 dirc.a1 _Dulc._bg2,k,* **Elat.** euphr.a1,k fago.a1 fl-ac.a1,k gamb. gels.a1,hr1 gnaph.a1 **Graph.**bg2,k,* grat. ham.a1 hell.a1,bg2 hipp.a1 hydr. hyos.a1 iber.a1,hr1 _Ign._bg2,k,* inul.a1 _Iod._hr1 jab.a1 jal.a1 jug-c.a1 jug-r.a1 kali-ar. _Kali-bi._hr1,k **Kali-c.**bg2,k,* kali-m.k2 kali-p. **Kali-s.** kali-sil.k2 _Kalm._hr1,k lac-c.bg2 **Lac-d.**hr1,k lach.bg2,k,* **Lept.** lyc.bg3 macro.a1 mag-c.k2 **Mag-m.**bg2,k,* merc.bg2,k,* merc-d.a1 merc-i-r.a1 **Mez.**a1,k naja _Nat-m._bg2,k,* nat-n.a1 nat-p.a1 _Nux-m._ **Nux-v.**bg2,k,* _Oena._ op.hr1,k ox-ac.a1,k _Petr._ _Phos._ phys.a1 pip-m.a1 _Podo._hr1,k puls.hr1,k pyrog.pc ran-b.bg2 _Raph._ _Rhus-t._a1,k _Rhus-v._a1,k ruta sabad.hr1 _Sanic._ sarr.a1,k **Sel.**hr1,k,* seneg.bg2,k,* **Sep.**hr1,k,* serp.a1 **Sil.** sin-n.a1,hr1 sol-t-ae.a1 stann.bg2,k,* sul-ac.h,k,* **Sulph.** sumb.a1,k _Thuj._bg2,k,* tong.a1 tub. **Verat.**bg2,k,* _Vib._hr1,k _Zinc._bg2,k,* zinc-p.k2
– **Gefühl**, als wäre kleiner Stuhl groß: hydrog.srj2

Grün: _Acon._bg2,k,* aesc. _Aeth._hr1,k _Agar._hr1,k,* aloe alum. alum-p.k2 _Am-m._bg2,k,* ant-t.bg2,k,* _Apis_ **Arg-n.**bg2,k,* _Ars._bg2,k,* ars-s-f.hr1 arund.hr1,k,* _Asaf._hr1,k asc-t.hr1,k,* aur.bg2,k,* aur-ar.k2 bar-m.hr1,k,* _Bell._bg2,k,* bond.a1 _Borx._ brom.bg2,k,* bry.bg2,k,* _Calc._hr1,k **Calc-p.**hr1,k _Canth._bg2,k,* _Caps._hr1,k carb-an.bg2,k,* carb-v. cass.a1 **Cham.**bg2,k,* chel.bg2,k,* _Chin._hr1,k _Chion._ cinnb.k2 colch.hr1,k **Coloc.**bg2,k,* _Con._hr1,k _Cop._hr1,k _Corn._hr1,k **Crot-t.**bg2,k,* _Cupr._bg2,k,* cyt-l.a1 dig.a1 _Dulc._bg2,k,* _Elat._hr1,k _Eup-per._hr1,k ferr.a1,bg2 **Gamb.**hr1,k,* gast.a1 gels.hr1,k glon.a1,k **Grat.**bg2,k,* guar. _Hep._bg2,k,* _Hydr._hr1,k,* **Ip.**bg2,k,* _Iris_ _Kali-ar._ kali-bi.a1,hr1 _Kali-br._hr1,k kali-chl.a1 kali-i.hr1 kali-m.k2 kreos.bg2,k,* lac-ac. lac-c.bg1 _Laur._bg2,k,* _Lept._hr1,k _Lyc._bg2,k,* **Mag-c.**bg2,k,* _Mag-m._bg2,k,* manc.hr1,k,* **Merc.**bg2,k,* **Merc-c.**bg2,k,* merc-cy.a1 _Merc-d._hr1,k,* merc-i-f.a1,k _Mur-ac._hr1,k naja **Nat-m.**hr1,k _Nat-p._hr1,k **Nat-s.**hr1,k _Nit-ac._bg2,k,* _Nux-v._bg2,k,* ox-ac.a1 petr.hr1,k _Ph-ac._bg2,k,* **Phos.**bg2,k,* phyt.a1 **Plb.**bg2,k,* **Podo.**bg2,k,* _Psor._bg2,k,* **Puls.**bg2,k,* _Raph._hr1 rheum _Rhus-t._hr1,k rob.hr1,k sal-ac.hr1 _Sanic._ **Sec.**bg2,k,* _Sep._bg2,k,* sin-a.hr1 _Stann._bg2,k,* _Sul-ac._bg2,k,* **Sulph.**bg2,k,* tab.bg2,k,* _Ter._hr1,k valer.bg2,k,* **Verat.**bg2,k,* wies.a1 zinc.hr1,k zinc-m.a1 zinc-p.k2
– **bräunlich**: ars. calc. crot-t. dulc. iris.c1 mag-c. mag-m. merc.hr1,k sin-a.a1 sulph. verat.
– **Farbe**; wie grüne: ars.bg1
– **gelblich**: cadm-s.br1 **Grat.**a1 lil-s.a1 sin-a.a1 **Sulph.**a1 tab.a1 verat.a1
– **hart**: _Agar._ _Chin._ cupr.bg1 kreos.bg1 _Stann._
– **olivgrün**: _Apis_ ars.a1,k _Elat._hr1,k,* **Sec.**hr1,k,*

– **Schaum** auf einem Froschteich; wie: hell. *Mag-c.* merc. phos.bro1 *Sanic.*
☞ *Schleimig - gallertartig - Froschlaich*
– **Schleim**
☞ *Schleimig - grün*
– **schwärzlich**: ars. kiss.a1 merc. op. phos. sin-a.a1 sul-ac. verat.
– **semiliquid**, mit Stuhlpartikeln: ars. mag-m. podo. valer.
– **Spinat** in Flocken; wie: acon.bro1 **Arg-n.** cham.bro1

Haar
☞ *Fäden*

Hart: abies-n. acon.a1,bg2 *Aesc.*hr1,k aesc-g.a1,hr1 aeth.a1,k *Agar.*hr1,k,* *Agn.*bg2,k,* alco.a1 alet.k2 **Alum.**bg2,k,* alum-sil.k2 **Alumn.**hr1,k **Am-c.**bg2,k,* am-caust.a1 **Am-m.**bg2,k,* ammc.a1 anac.a1 anan.hr1,k androc.srj1 ang.hr1,k,* *Ango.*c1 anis. **Ant-c.**bg2,k,* ant-t.a1 *Apis* arg-met. *Arg-n.*a1,k arn.a1,k *Ars.*bg2,k,* ars-i. ars-s-f.k2 arund.hr1,k,* asaf.bg2,k,* asar. aspar.a1 *Aur.*bg2,k,* aur-ar.k2 aur-i.k2 *Aur-m-n.*hr1,k aur-s.k2 bamb-a.stb2 *Bar-c.*bg2,k,* bar-i.k2 *Bar-m.* bar-s.k2 bart.a1 *Bell.*bg2,k,* berb.a1,k bond.a1 borx.h *Bov.*bg2,k,* brach.a1 brom.bg2,k,* **Bry.**bg2,k,* bufo cact.a1,k **Calc.**bg2,k,* calc-i.k2 *Calc-p.*a1,k *Calc-s.*a1,k calc-sil.k2 camph.bg2,h,* cann-s.a1,bg2 canth.a1,bg2 *Carb-an.*bg2,k,* *Carb-v.*bg2,k,* **Carbn-s.** carc.sp **Card-m.**hr1,k,* carl.a1 caul.a1 *Caust.*bg2,k,* cere-b.a1 *Chel.*bg2,k,* chin.bg2,k,* chinin-ar. chinin-s. choc.srj3 cimic.a1 *Cimx.*hr1,k *Cina* cinnb.a1 *Clem.*hr1,k,* cob.a1 coc-c.a1,k *Cocc.*bg2,k,* coff.a1 colch.a1,k **Coll.**hr1,k *Coloc.*hr1,k,* *Con.*bg2,k,* cop. corn.hr1,k,* cortiso.gse crot-h.a1,k crot-t.a1 *Cycl.*bg2,k,* daph.bg2 digin.a1 dios.a1,k dros.a1 dulc.bg2,k,* erig.a1 ery-a.a1 eug.hr1,k,* euph.bg2,h,* euph-a.a1 euph-m.a1 euphr.a1,k eupi.a1,k *Ferr.*a1,k ferr-ar. *Ferr-i.*a1,k ferr-p. fl-ac.a1,k form.a1,k *Gamb.*a1,k gast.a1 gent-l.a1 gins.a1 glon.a1 granit-m.es1 **Graph.**bg2,k,* *Grat.*bg2,k,* *Guaj.*bg2,k,* *Ham.*hr1,k,* hell.h,k2,* *Hep.*bg2,k,* hipp.a1,k *Hydr.*hr1,k hydrog.srj2 hyos.a1,h hyper.a1 *Ign.*bg2,k,* ind.a1 indg.a1 inul.a1 *Iod.*bg2,k,* jab.a1 jug-c.a1 jug-r.a1 *Kali-ar.* *Kali-bi.*bg2,k,* **Kali-br.**hr1,k,* *Kali-c.*bg2,k,* kali-chl.a1 *Kali-i.*hr1,k,* kali-m.k2 *Kali-n.*bg2,k,* kali-p. *Kali-s.* kali-sil.k2 *Kalm.*hr1,k,* kreos.bg2,k,* *Lac-ac.* **Lac-d.**hr1,k **Lach.**bg2,k,* lact.a1,k lam.br1 *Laur.*bg2,k,* led.a1,bg2 lil-t.a1,k lim.a1 linu-c.a1 *Lipp.*a1 **Lyc.**bg2,k,* lycps-v. *Mag-c.*bg2,k,* **Mag-m.**bg2,k,* mag-p.bg2 mag-s.a1,k med.c1,k2 meny.bg2,h,* *Merc.*bg2,k,* merc-c.a1,k merc-cy.a1 merc-i-f.hr1,k,* merc-sul.hr1,k,* **Mez.**a1,k mill.a1 mit.a1 mosch.a1 mur-ac.a1,k nabal.a1 naja nat-ar. nat-c.bg2,k,* **Nat-m.**bg2,k,* nat-p. *Nat-s.*hr1,k,* nicc.hr1,k,* **Nit-ac.**bg2,k,* nux-m.a1 **Nux-v.**bg2,k,* *Oena.* ol-an.a1 olnd.bg2,k,* **Op.**bg2,k,* ox-ac.a1,k pall.c1 par.a1 ped.a1 peti.a1 *Petr.*bg2,k,* *Ph-ac.*bg2,k,* phel.a1 **Phos.**bg2,k,* phys.a1 phyt.hr1,k,* pic-ac. pip-m.a1 *Plat.*bg2,k,* **Plb.**bg2,k,* plumbg.a1 *Podo.*hr1,k,* polyp-p.a1 prun.bg2,k,* ptel.c1 *Puls.*hr1,k,* pyrog. ran-b.bg2,c1 raph.a1 *Rat.*a1,k rhod.a1 rhus-g.a1 rhus-t.bg2,k,* rhus-v.a1,k rumx. *Ruta* sabad.a1,bg2 *Sabin.*bg2,k,*

Hart: ...
sal-ac.hr1,k sang.a1,k *Sanic.*bg2,k sapin.a1 sarr.hr1,k,* sars.bg2,k,* **Sel.**bg2,k,* *Seneg.*bg2,k,* **Sep.**bg2,k,* serp.a1 **Sil.**bg2,k,* sin-a.a1,hr1 sol-ni. sol-t-ae.a1 spig.bg2,k,* spirae.a1 spong.bg2,k,* squil.bg2,h,* *Stann.*bg2,k,* staph.bg2,k,* stram.a1 *Stront-c.* sul-ac.h,k,* sul-i.bg2,k2 **Sulph.**bg2,k,* sumb.a1,k tab.a1,k *Tarent.*a1,k tax.a1 tep.a1 ter.hr1,k,* thuj.bg2,k,* tong.a1 tril-p. *Tub.* tub-m.vn,zs **Verat.**bg2,k,* **Verb.**bg2,k,* vib.hr1,k viol-t.a1,bg2 wies.a1 **Zinc.**bg2,k,* zinc-p.k2 zinc-s.a1
◇ **abwechselnd** hart und weich: ant-t.a1,bg2 ars.bg2,k borx. gamb.a1 iod. lach. mag-s.a1,k nit-ac.bg2,k phos.
– **Blut**, mit: lam.br1
– **gefolgt** von:
• **dünner** Stuhl: stann.h
• **flüssiger** Stuhl: agar. aloe arund.c1 bar-act.h bar-c.h borx.h **Bov.** **Calc.** calc-f. calc-p. carbn-s. lact. **Lyc.** mag-c.bg1,h,* nat-c. *Nat-m.* nat-s. ph-ac.bg2 rheum.h spig.h stann.bg2 staph.h *Sul-ac.* sulph.h tarent.
• **teigiger** Stuhl: pall. *Ph-ac.* stann.h
• **weicher** Stuhl: aeth. alumn. am-m.h berb. carb-an. carb-v.h caust. chin-b.kr1 graph.h kali-c.h mag-c.h mag-m.a1,h mez.h mur-ac.h nat-c.h2 ph-ac.h sars.h sep.h spong.h staph.h sul-ac.h zinc.h
– **Menses**, während: *Am-c.*a1,k **Apis** kali-c. kreos. *Nat-m.*a1,k nat-s. sil. sul-ac.h,k1 sulph.
• **gelber** Feuchtigkeit, mit: hep.h
– **verbrannt**, wie: **Bry.** *Plat.*a1,k plb. sul-ac.a1,h,* **Sulph.**a1,k
– **zäh** und fettig: alum-p.k2 *Caust.*

Haselnüsse, wie: cob.c1

Häufig: acet-ac. acon.bg2,k,* agar.a1,k ail.hr1,k,* aloe alum.h,k1 alumn.a1,k *Am-m.*bg2,k,* ambr.bg2 anac.bg2 ang.bg2,c1 ant-c.h,k1 *Ant-t.*bg2,k,* apis arg-n.bg2,k,* *Arn.*bg2,k,* **Ars.**bg2,k,* ars-h.hr1 ars-i.hr1,k asar.bg2,k,* asc-t.hr1 aur.bg2,h,* aur-m.hr1,k2 bapt.hr1,k bar-c.hr1 bar-m.hr1,k *Bell.*bg2,k,* bism.bg2 *Borx.* bov.a1,k *Bry.*bg2,k,* cact.hr1,k,* cadm-s. calad.bg2 *Calc.*bg2,k,* calc-p.a1,k *Canth.*bg2,k,* **Caps.**bg2,k,* carb-ac.a1,k carb-an.bg2,h,* *Carb-v.*bg2,k,* carbn-s. *Caust.* cench.k2 **Cham.**bg2,k,* chel.bg2,k,* *Chin.*bg2,k,* *Chinin-ar.* choc.srj3 cic.bg2,k,* *Cimic.*hr1 *Cina* *Clem.*hr1 coc-c.a1,k *Cocc.*bg2,k,* coch.hr1 coff.bg2,k,* *Colch.*bg2,k,* *Coll.*hr1 *Coloc.*bg2,k,* *Con.*bg2,k,* corn.hr1,k croc.bg2 *Crot-t.*bg2,k,* cub.hr1 *Cupr.*bg2,k,* cycl.bg2 dig.bg2,h,* dros.bg2,k,* *Dulc.*bg2,k,* **Elat.**hr1,k *Euph.*hr1 *Ferr.*bg2,k,* ferr-ar. ferr-i.k2 ferr-p.hr1,k *Fl-ac.*hr1 *Gamb.*hr1,k,* granit-m.es1 *Graph.*bg2,k,* grat.hr1,k,* *Ham.*hr1 hell.bg2,k,* hep.bg2,k,* *Hydr.*hr1 hydrog.srj2 hyos.bg2,k,* ign.bg2,k,* iod.a1,k *Ip.*bg2,k,* iris kali-ar.a1,k *Kali-bi.*hr1,k,* kali-br.hr1,k *Kali-c.*hr1,k *Kali-chl.*hr1 kali-p.k2 kali-s.k2 kali-sil.k2 kreos.bg2,k,* *Lach.*bg2,k,* *Lept.*hr1 lob. *Lyc.* *Mag-c.*hr1 *Manc.*hr1 mang.bg2 **Merc.**bg2,k,* **Merc-c.**bg2,k,* *Merc-d.*hr1 mez.bg2,k,* nat-ae-s.a1 nat-ar. nat-c.a1,k *Nat-m.*bg2,k,* nat-p.hr1,k nat-s.hr1,k,* *Nit-ac.*bg2,k,* *Nuph.*hr1 **Nux-v.**bg2,k,* olnd.hr1,k op.bg2 pall.hr1 par.bg2,hr1 *Petr.*bg2,k *Ph-ac.*bg2,k,* **Phos.**bg2,k,* plan.hr1 plb.bg2 **Podo.**bg2,k,* *Psor.*hr1,k puls.bg2,k,* *Ran-b.*bg2,k,*

Häufig: ...
*Ran-s.*bg2 rhod.bg2 rhus-t.bg2,k,* rob.hr1,k sabad.bg2 sabin.bg2 samb.hr1,k sang.bg2 sec.hr1,k seneg.bg2 *Sep.*bg2,k,* *Sil.*bg2,k,* spig.bg2 stann.bg2 sul-ac.bg2,k,* sul-i.k2 *Sulph.*bg2,k,* tab.bg2,hr1 tarax.bg2 tarent.hr1 *Ter.*hr1,k,* *Thuj.*bg2,k,* trom.hr1,k valer.bg2 **Verat.**bg2,k,* verb.hr1 zinc.bg2,k,* zinc-p.k2 zing.hr1

Hefe:
– **braune** Hefe, wie: arn.br1,h

Heiß: all-s.a1 *Aloe* androc.srj1 **Ars.**bg3 asc-t.a1,k bell.bg3 *Calc-p.*bg2,k,* caps.bg3 **Cham.**bg2,k,* cist.hr1,k,* clem.a1 dios.bg2,k,* ferr.bro1 gamb.bg1 **Iris**bg3 lec. med.hr1,k *Merc.* **Merc-c.**bg2,k,* merc-sul.hr1,k nux-v.a1,k phos.hr1,k,* pic-ac.bg3 podo.bg2,bro1 puls. rat.bg1 *Staph.*hr1,k *Sulph.*

Hell: *Aesc.* alum. ambr.c1 anac. apis **Ars.** ars-i. *Aur-m-n.* bamb-a.stb2 *Bar-c.* benz-ac.k2 *Berb.* **Borx. Calc.** calc-sil.k2 carb-an.h *Carb-v.* carbn-s. **Card-m.** caust.h cham.h **Chel. Chin.** *Chinin-ar. Chion.* choc.srj3 *Coll.* **Dig.** eup-per. *Gels.* gnaph. *Hep. Hydr. Hydrog.*srj2 *Iod.* iris kali-ar. *Kali-bi. Kali-c.* kali-m.k2 *Kali-p. Kali-s.* kali-sil.k2 **Lyc.** lycps-v. mag-m.k2 **Merc.** merc-c. *Myric.* naja nat-p. *Nat-s. Nit-ac.* petr. **Ph-ac.** *Phos.* pic-ac. plb. *Podo.* psil.ft1 rhus-v. **Sanic.** sep. **Sil.** skat.br1 sul-i.k2 sulph. **Tab.** *Tub.* ust. zinc.h zinc-p.k2
☞ *Lehm; wie / Lehmfarben*

Herausschießend: acon.a1,k aloe *Apis* arn. ars. aster.a1,k *Bamb-a.*stb2 bell. calc-p. canth. cist.a1,k cob.a1,k **Crot-t.**a1,k cycl.a1,k eug.a1,k **Gamb. Grat.** iod. jab.a1,k **Jatr-c.** kali-bi.a1,k lach. lept. lyc.a1,k mag-m.a1,k merc. naja *Nat-c.*a1,k nat-p.a1,k *Nat-s.* phys.a1,k **Podo.** psor.a1,k puls. rhod.a1,k sars.a1,k *Sec.* seneg. sil. sulph. thuj.
☞ *Gewaltsam*
– **alles** auf einmal, mit etwas längerer Anstrengung: **Gamb.**
– **Strom**, in einem: bamb-a.stb2 *Nat-c.*

Herausspritzend: *Aloe* arg-n.bg2,bg3 cench.k2 coloc.bg3 eug.a1,k ferr.bg3 gamb.bg3 **Nat-s.**bg2,k plat.h,k1 podo.k2 stroph-h.bg3 thuj.bg3 thyr.bg3 tub.bg,bg3
☞ *Laut*

Hundekot, wie: *Cimx.*hr1,k **Phos.**hr1,k prun.a1,hr1 staph.hr1,k

Kaffeesatz, wie: ant-t. camph. cench. *Crot-h.*hr1,k *Dig.*hr1,k ferr-m. kali-t.a1 lach.bro1 phos.hr1,k podo.bro1 tart-ac.bro1 zinc-m.a1

Kalkbrocken; wie: ars-s-f.k2 bell. **Calc.** dig. hep. lach. med.k2 **Podo.**k,k2 **Sanic.** spong.
☞ *Weiß*

Kalt: cub.bg3 lyc.

Klein: acon. aloe **Alum.** am-c. *Ant-c. Arg-met.* arg-n. *Arn.* **Ars.** asaf. asar. *Bapt.* **Bell.** calc-p. canth. **Caps.** carb-v. carbn-s. *Cham.* cocc. *Colch. Coloc. Con.* corn. *Crot-t. Dig.* dulc. erig. eug. ferr-p. fl-ac. form. granit-m.es1 *Hydrog.*srj2 hyos.

Klein: ...
ign. ind. kali-ar. kali-c. kali-s. *Lyc.* **Mag-m.** marb-w.es1 **Merc. Merc-c.** merc-i-f. mez. mur-ac.h naja nat-c. nat-m. nit-ac. **Nux-v.** olnd. op. osm. phos. podo. puls. rhus-t. *Sars.* sec. sil. stann. sulph. tab. trom. urt-u. vib. zinc.
☞ *Lang*

Klumpig:
☞ *Knotig*
– **flüssig**; und: aloe **Ant-c.** apis *Ars.* calc. *Con.* graph. ip. kali-bi. **Lyc.** mag-c.k2 nat-ar. nux-v. *Pic-ac.* sec. sil. sul-ac. sulph. trom.
– **weich**; und: euph.h

Knotig, klumpig: *Aesc.* agar. aloek2 **Alum.** alum-p.k2 alum-sil.k2 **Alumn.** am-c. am-m. anag. anan. ang. *Ant-c.* apis arn. ars. ars-i. *Aur.* aur-ar.k2 aur-i.k2 aur-s.k2 bapt. *Bar-c.* bar-i.k2 bar-s.k2 berb. brach. *Calc.* calc-p. *Calc-s.* calc-sil.k2 carb-an. **Carbn-s.** card-m. *Caust.* **Chel.** chin. chinin-ar. chlol. coc-c. *Coll. Con. Cycl.* dios. euph. euphr. *Glon.* **Graph.** grat. *Hydr.* hydrog.srj2 *Iod.* ip. kali-ar. *Kali-bi. Kali-c.* kali-p. *Kali-s.* kali-sil.k2 kalm. *Lach. Lept. Lil-t.* **Lyc. Mag-m.** mang. *Merc.* merc-c. mez. nat-c.h2 nat-m. *Nat-s. Nux-v.* op. petr. *Ph-ac.* phos. *Plat.* **Plb.** prun. ptel. rhus-v. sang. senec. *Sep.* **Sil.** spig. *Stann.* stront-c. sul-ac. sul-i.k2 **Sulph.** sumb. *Thuj.* ust. verat. verb. *Zinc.*
☞ *Klumpig*
– **erst** knotig, dann weich: *Lyc.*
– **flüssig**, und
☞ *Klumpig - flüssig*
– **grün**: *Chin. Stann.*
– **Schleim** bedeckt, mit: *Alum.* caust. *Graph. Mag-m.* nux-v. *Plb.* sep. *Spig.*
– **verbunden**; durch Schleimfäden miteinander: cham.h **Graph.**k,k12●

Körnig: arg-n.bg2 bar-c.bg2,h,* bell.bg2,h,* eug.hr1 *Lac-c.*bg2,hr1 lyc.bg2 mang.bg1,h,* *Mez.*bg2,hr1,* nat-m.bg2 *Phos.*bg2 plb.bg2 **Podo.**bg1,bg2 *Zinc.*bg1,bg2,*

Kreide, wie
☞ *Weiß - Kreide*

Kugeln, wie: aesc. **Alum. Alumn.** am-c.gsy1 brach. calc. *Calc-p.* cob. cop. euphr. form. hipp. hydr. **Mag-m.** marb-w.es1 *Med.* **Merc.** *Mez.* **Nat-m. Nit-ac.** *Nux-v.* **Op.** phos. **Plb.** psor. ptel. *Sil.*bg2,vh,* sul-ac.k2 **Sulph.** thuj. verat. vib.
☞ *Schafskot*
– **braun**: *Nux-v.* thuj.h,k1
– **hell** gefärbt: coll.a1,k
– **schwarz**: **Alumn. Op.**hr1,k *Plat.* **Plb.** *Pyrog. Verat.*hr1,k vib.hr1

Lang, schmal: *Alum.* alum-p.k2 bamb-a.stb2 *Borx.* calc-sil.k1 *Caust. Graph.* hydrog.srj2 hyos. merc. *Mur-ac.* nat-c. **Phos.**k,k12● psil.ft1 puls. pyrog.k2 sep.k,k12● skat.br1 staph. sul-ac.h
☞ *Klein*

Laut, geräuschvoll: arg-n.br1 **Nat-s.** plat.h thuj.bg3
☞ *Herausspritzend*

Lehmfarben: aur-m-n. bell. *Berb.* **Card-m.** *Chel.* chinin-ar. *Chion.* cop. *Dig.* *Gels.* *Hep.* hydrog.$_{srj2}$ *Iod.* *Kali-bi.* kali-m.$_{k2}$ kali-p. *Lach.* lept. mag-c.$_{k2}$ *Merc.* myric. **Nat-s.** *Nit-ac.* petros. *Ph-ac.* *Podo.* sep. tab.
☞ *Hell*

Lehmartig
☞ *Lehm; wie*

Lehm; wie: **Calc.** dig. *Lac-c.* lycps-v. mag-c. med. *Podo.* *Sil.*
☞ *Bläulich - Lehm | Hell | Wäßrig - lehmfarben*
– **zusammenhängend**, zäh: plat.$_{h}$

Lienterie
☞ *Unverdaut*

Mehligem Sediment; mit: bry. chinin-ar. ph-ac. **Podo.**

Membranös: *Arg-n.* ars.$_{bg2}$ *Brom.* bry.$_{bg2}$ calc.$_{bg2}$ **Canth.**$_{bg2,k,*}$ *Carb-ac.*$_{hr1,k}$ **Colch.**$_{bg2,k,*}$ **Coloc.**$_{bg2,k,*}$ cupr.$_{bg2}$ *Ferr.*$_{hr1,k}$ ferr-m.$_{hr1,k,*}$ iod. kali-bi.$_{k2}$ kali-c.$_{bg2}$ kali-n.$_{bg2,br1}$ *Lach.* *Lept.*$_{hr1,k}$ merc.$_{bg2,k,*}$ merc-c.$_{a1,k}$ *Nit-ac.*$_{bg2,k,*}$ petr.$_{hr1,k}$ phos.$_{bg2,k,*}$ phyt.$_{hr1,k}$ sec.$_{bg2}$ sil.$_{bg2,k,*}$ zinc.$_{bg2}$

Moos, wie: asc-t.$_{a1,c1}$

Ockergelb
☞ *Gelb - ockergelb*

Oliven, wie: aster.$_{bro1}$

Pech, wie: sars.$_{h}$

Plötzlich
☞ *Gewaltsam* | ❑ *Rektum - Stuhldrang - plötzlich*

Reichlich: acet-ac. acon.$_{a1}$ aeth. agar.$_{a1}$ agar-ph.$_{a1}$ all-c.$_{a1}$ *Aloe* alum-sil.$_{k2}$ alumn.$_{a1,k}$ am-c.$_{k2}$ am-caust.$_{a1}$ am-m. ambr.$_{a1}$ ammc.$_{a1}$ amyg.$_{a1}$ ang.$_{bg2,k,*}$ ant-c.$_{hr1,k}$ *Ant-t.*$_{hr1,k,*}$ *Apis* *Apoc.*$_{a1,k}$ apoc-a.$_{a1}$ arg-n.$_{bg2,k,*}$ arn.$_{bg2,k,*}$ **Ars.**$_{bg2,k,*}$ ars-h.$_{hr1,k}$ ars-i.$_{hr1,k}$ arum-d.$_{a1,hr1}$ *Asaf.*$_{bg2,k,*}$ asc-c.$_{a1,hr1,*}$ asc-t.$_{hr1}$ aur.$_{bg2,k,*}$ aur-ar.$_{k2}$ aur-i.$_{k2}$ **Bapt.** *Benz-ac.*$_{hr1,k}$ berb.$_{hr1,k,*}$ bov.$_{bg2}$ bry.$_{bg2,k,*}$ cact.$_{hr1,k}$ cain. *Calc.*$_{hr1,k}$ calc-i.$_{k2}$ *Calc-p.*$_{hr1,k,*}$ calc-sil.$_{k2}$ **Camph.**$_{a1,k}$ canth.$_{bg2,k,*}$ **Carb-v.** caul.$_{c1}$ *Cench.* chel.$_{bg2,k,*}$ **Chin.**$_{hr1,k}$ chinin-ar. cimic.$_{a1,k}$ cob.$_{hr1,k,*}$ coc-c.$_{hr1,k,*}$ coch.$_{hr1}$ *Coff.* coff-t.$_{hr1}$ *Colch.*$_{bg2,k,*}$ coll.$_{hr1,k,*}$ coloc.$_{bg2,k,*}$ colos. con. cop.$_{hr1,k,*}$ *Cor-r.*$_{hr1}$ corn.$_{hr1,k,*}$ **Crot-t.**$_{bg2,k,*}$ cub.$_{hr1,k,*}$ cupr.$_{bg2,k,*}$ cupr-s.$_{hr1}$ cycl.$_{a1,k}$ dios.$_{hr1,k,*}$ dor.$_{hr1}$ *Dulc.* **Elat.**$_{hr1,k,*}$ eup-per.$_{hr1}$ euph.$_{bg2,h,*}$ *Ferr.*$_{bg2,k,*}$ *Ferr-ar.* gal-ac.$_{br1}$ **Gamb.**$_{hr1,k,*}$ glon.$_{bg2,k,*}$ gnaph.$_{a1,k}$ *Gran.*$_{a1,k}$ *Grat.*$_{a1,k}$ guar.$_{hr1,k}$ hep. hydr.$_{a1,k}$ hyos.$_{bg2}$ *Ign.*$_{bg2,k,*}$ *Iod.*$_{bg2,k,*}$ *Ip.*$_{hr1,k}$ **Iris** jal.$_{hr1,k}$ *Jatr-c.* kali-ar. kali-bi.$_{hr1,k,*}$ kali-c.$_{a1,k}$ *Kali-chl.*$_{a1,k}$ kali-m.$_{k2}$ *Kali-p.* *Kreos.*$_{a1,k}$ *Lach.*$_{bg2,k,*}$ *Lept.*$_{hr1,k,*}$ lil-t.$_{a1,k}$ *Lyc.*$_{hr1,k,*}$ *Lyss.*$_{hr1,k}$ mag-c.$_{hr1,k}$ *Mag-s.*$_{c1}$ manc.$_{hr1}$ med. *Merc.* merc-c.$_{bg2,k,*}$ *Merc-d.*$_{hr1}$ merc-i-f.$_{hr1,k,*}$ merc-i-r.$_{hr1,k}$ *Mez.*$_{bg2,k,*}$ mosch.$_{hr1,k,*}$ *Mur-ac.*$_{hr1,k}$ nat-ar. nat-m.$_{hr1,k,*}$ **Nat-s.** *Nux-m.*$_{hr1,k}$ nyct.$_{br1}$ **Olnd.** op.$_{bg2}$ *Ox-ac.*$_{hr1,k,*}$ petr.$_{hr1,k,*}$ **Ph-ac.**$_{bg2,k,*}$ **Phos.**$_{bg2,k,*}$ phys.$_{a1}$ phyt.$_{bg2,k,*}$ pic-ac.$_{a1,k}$ pip-m.$_{a1}$ plat.$_{bg2}$ plb.$_{bg2,k,*}$

Reichlich: ...
Podo.$_{bg2,k,*}$ prun.$_{a1}$ *Psor.*$_{hr1,k}$ ptel.$_{a1}$ pyrog.$_{k2}$ ran-a.$_{a1}$ *Ran-b.*$_{bg2,k}$ raph.$_{hr1,k,*}$ rhod.$_{bg2}$ rhus-t.$_{hr1,k}$ *Rumx.* sabad.$_{bg2}$ sapin.$_{a1}$ sarr.$_{a1}$ sars.$_{a1,h}$ **Sec.**$_{hr1,k,*}$ senec.$_{hr1,k,*}$ seneg.$_{a1}$ *Sep.* *Sil.*$_{bg2,k,*}$ sin-a.$_{a1,hr1}$ sol-t-ae.$_{a1}$ staph.$_{a1,h}$ still.$_{a1}$ stram.$_{bg2,k2}$ stry.$_{a1,k}$ *Sul-ac.* *Sulph.*$_{bg2,k,*}$ sumb.$_{a1}$ tab.$_{bg2,k,*}$ tarax. *Tarent.*$_{hr1,k,*}$ tax.$_{a1}$ tell.$_{a1,hr1}$ *Ter.*$_{hr1,k}$ teucr.$_{bg2}$ *Thuj.*$_{hr1,k,*}$ trich.$_{bwa3}$ **Verat.**$_{bg2,k,*}$ *Verat-v.*$_{hr1,k,*}$ verin.$_{a1}$ *Vib.* vichy-g.$_{a1}$ vip.$_{a1}$ wies.$_{a1}$ yuc.$_{a1}$ zinc.$_{bg2,k,*}$ zinc-p.$_{k2}$
– **abends**: aur.$_{h,k1}$
– **nachts**: chel.$_{a1,k}$ chin. **Crot-t.** graph. *Ign.* mosch.$_{k2}$ ox-ac.$_{a1,k}$ plb.$_{a1,k}$ sol-t-ae.$_{a1}$ stry.$_{a1}$ sulph.$_{a1,k}$ verat-v.
– **erschöpft** nicht: **Ph-ac.**
– **periodisch**, jeden zweiten Tag: chin.$_{kr1}$

Reiskörner; wie: cub.$_{bg3}$

Rötlich: androc.$_{srj1}$ apis$_{k2}$ *Canth.* choc.$_{srj3}$ cina colch. **Merc.** nat-s. rhus-t.$_{bg1,k}$ *Sil.* sulph.$_{bg1,bg2}$
☞ *Blutig*

Sand oder Grieß im Stuhl: cina$_{bg1}$ hydr.$_{bg1}$ lyc.$_{bg1}$ mang.$_{a1}$ rhus-t.$_{bg1}$ urt-u.$_{bg1}$

Schafskot, wie: **Alum.** **Alumn.** am-m. anth. bapt. *Bar-c.* *Berb.* borx. brom. *Carb-an.* carbn-s. *Caust.* **Chel.** chinin-s. cob. *Coll.* cop. *Graph.* hydr. *Kali-c.* kali-n. *Kali-s.* *Lach.* **Mag-m.** **Merc.** nat-c. **Nat-m.** *Nat-s.* **Nit-ac.** *Nux-v.* **Op.** plat. **Plb.** ruta *Sep.* *Sil.*$_{bg2,vh,*}$ *Spig.* stront-c. *Sul-ac.* **Sulph.** tab. *Verat.* *Verb.*
☞ *Kugeln*

Scharf, wundfressend: acon. *Aloe* alum. am-c. *Ant-c.* *Arn.* **Ars.** ars-i. ars-s-f.$_{k2}$ arum-t.$_{k2}$ *Bapt.* bar-c. bry. calc. canth. carb-an. carb-v. carbn-s. *Cham.* *Chin.* choc.$_{srj3}$ colch. *Coloc.* colos. *Dulc.* *Ferr.* ferr-ar. ferr-p. *Gamb.* *Graph.* *Hep.* *Hydr.* ign.$_{bg3,k}$ **Iris** kali-ar. kali-c. kali-m.$_{k2}$ kali-p. kali-s. kreos. *Lach.* lept. mag-s.$_{c1}$ **Merc.** *Merc-c.* *Mur-ac.* **Nat-m.** *Nit-ac.* *Nux-v.* *Phos.* plan. podo. psil.$_{ft1}$ **Puls.** rheum sabin. sang.$_{k2}$ sars. sep.$_{h}$ *Staph.* sul-ac.$_{k2}$ *Sulph.* syph. *Tub.* **Verat.**

Schaumig: *Acon.* ant-t.$_{bg2}$ apoc.$_{a1}$ *Arn.*$_{bg2,k,*}$ ars.$_{bg2}$ arum-i.$_{a1}$ asc-t.$_{bg2,hr1}$ bamb-a.$_{stb2}$ *Benz-ac.*$_{hr1,k,*}$ bol-la. *Borx.* *Calc.*$_{bg2,k,*}$ canth.$_{bg2,k,*}$ *Caps.*$_{hr1,k}$ carbn-s. cedr.$_{hr1,k}$ cench. cham.$_{bg2}$ chin.$_{bg2,k,*}$ chion. cimic. colch.$_{bg2,k,*}$ *Coloc.*$_{bg2,k,*}$ crot-t. der.$_{a1}$ elaps elat.$_{bg2,k,*}$ euph.$_{bg2}$ ferr.$_{a1,k}$ fl-ac. form.$_{bg1}$ glon.$_{a1,bg2}$ *Graph.* *Grat.*$_{bg2,k,*}$ hell.$_{bg2,k,*}$ *Hep.*$_{hr1}$ *Iod.*$_{bg2,k,*}$ ip.$_{bg2,k,*}$ jug-c.$_{a1}$ *Kali-ar.*$_{a1,k}$ **Kali-bi.**$_{bg2,k,*}$ *Lach.*$_{bg2,k,*}$ **Mag-c.**$_{bg2,k,*}$ mag-m. **Merc.**$_{bg2,k,*}$ merc-c.$_{bg2}$ merc-i-f.$_{hr1,k,*}$ mez.$_{bg2}$ *Nat-m.*$_{hr1,k}$ nat-s.$_{bg2,k}$ *Op.*$_{bg2,k,*}$ *Plan.*$_{bg2,k,*}$ **Podo.**$_{bg2,k,*}$ polyp-p.$_{a1}$ ran-b.$_{hr1,k}$ *Raph.*$_{hr1,k,*}$ *Rheum* rhod.$_{bg2}$ *Rhus-t.*$_{bg2,k,*}$ ruta sabad.$_{bg2}$ *Sil.*$_{bg2,k,*}$ *Squil.*$_{hr1,k}$ stict.$_{br1,c1}$ still.$_{a1,k}$ stram.$_{a1}$ sul-ac.$_{bg2,k,*}$ sul-i.$_{k2}$ **Sulph.**$_{bg2,k,*}$ tep.$_{a1}$ verat.$_{hr1,k}$ zinc.$_{bg2,k,*}$
– **schleimig**: dirc.$_{c1}$

Schieferfarben: *Bapt.*bg1,k ferr-p.bg1 phos. rad-br.bg1

Schleimig: acon. aesc. *Aeth.* agar. aloe alum.h am-c.h *Am-m.* ang. ant-c.br1,c1 ant-t. *Apis* **Arg-n.** *Arn.* *Ars.* ars-i. *Asar.* asc-t.a1 *Bapt.* *Bell.* *Berb.* *Borx.* *Brom.* *Bry.* cact. cadm-s.br1,c1 calc.h *Calc-p.* *Canth.* **Caps.** *Carb-ac.* carb-an. *Carb-v.* carbn-s. *Caust.* *Cham.* *Chel.* cic. cimic. cina cinnb.k2 *Cocc.* **Colch.** **Coll.** *Coloc.* *Corn.* cortiso.gse *Crot-c.* *Crot-t.* dig. dios. dirc.a1 dros. *Dulc.* elat. ferr. ferr-ar. ferr-i. ferr-p. gal-ac.br1 **Gamb.** geo.a1 **Graph.** guaj.h ham.k2 **Hell.** *Hep.* hydr.k2 hydrog.srj2 *Hyos.* ign. *Iod.* *Ip.* *Kali-bi.* *Kali-c.* *Kali-chl.* kali-i. kali-m.bg3,k2 kali-n.h **Kali-s.** kali-sil.k2 lach. led.h lil-t.br1,k2 lyc.h *Mag-c.* mag-m.a1,h **Merc.** **Merc-c.** *Mur-ac.* naja nat-ar. nat-c. nat-m.h nat-p.k2 *Nat-s.* nicc. *Nit-ac.* nux-m. **Nux-v.** ox-ac. petr. *Ph-ac.* **Phos.** *Phyt.* *Plb.* *Podo.* *Psor.* **Puls.** raph. *Rheum* *Rhus-t.* *Ruta* sabad. *Sec.* sel.c1 sep. *Sil.* *Squil.* *Stann.* staph. stict. *Sul-ac.* **Sulph.** tab. ter. trom. tub.c1 urt-u. vario. **Verat.**

◇ **abwechselnd** mit Obstipation: acon.vh

– **bedeckt** von Schleim: *Alum.* *Am-m.*bg2,k,* ars.bg2 bar-m.hr1,k bell.bg2 calc-p.bg2 calen.a1 caps.bg2 *Carb-v.*bg2,k,* caust.bg2,k cham.bg2,h,* coc-c.bg2 con.bg2 cop.br1 *Crot-t.*hr1 cycl.hr1 dig.bg2 **Graph.**bg1,bg2 *Ham.*bg2,k,* *Hydr.*bg1,bg2,* hyos.bg2 ip.bg2,h,* kali-c.bg2 kali-n.bg2,h,* led.bg2 mag-c.bg2 *Mag-m.*bg2,k,* merc.bg2 merc-i-r.hr1 nit-ac.bg2,h,* nux-v.bg2,k petr.bg2 phos.bg2,h,* *Plb.*hr1,k podo.bg2 ptel.c1 puls.bg2 rhus-t.bg2 sarr.hr1 sep.bg2,k,* sil.hr1 *Spig.*bg2,k,* sulph.bg2 tell.bg1 thuj.bg2 verat.bg2

– **blutig**: *Acon.*hr1,k *Aeth.*hr1,k ail. *Aloe* alum.h,k1 *Anan.* apis arg-n.bg2,k,* arn.bg2,k *Ars.*bg2,k ars-i. ars-s-f.k2 asar.bg2,k,* bapt.bg2,k,* bar-c.bg2,k *Bar-m.* bell.hr1,k bol-la. *Bry.* calad.hr1 calc.bg2,h,* *Canth.*bg2,k,* *Caps.*bg2,k,* *Carb-ac.* *Carb-v.*bg2,k,* carbn-s.k2 caust.bg2 cham. chim.hr1,k *Cinnb.* **Colch.**bg2,k,* coll. *Coloc.*hr1,k cub.hr1,k cupr.bg2 daph.bg2 dros.bg2,k *Dulc.*bg2,k,* elaps elat.hr1,k erig. ferr.c1 ferr-p.hr1,k *Gamb.*hr1,k graph.bg2 ham.hr1,k hep.bg2,k,* ign.bg2,k,* *Iod.*bg2,k,* *Ip.*bg2,k iris kali-bi.bg2 *Kali-chl.*hr1,k kali-i. kali-m.k2 kali-p.k2 *Lach.*bg2,k,* led.bg2,k,* lept. lil-t.hr1,k lyss.hr1,k mag-c.br1 *Mag-m.*bg2,k,* mag-p.bg2 **Merc.**bg2,k,* **Merc-c.**bg2,k,* *Merc-d.*hr1 mez.bg2 **Nat-c.**bg2,k,* nit-ac.hr1,k **Nux-v.**bg2,k,* ox-ac.hr1,k petr.bg2,k,* phyt. plb. **Podo.**hr1,k *Psor.*hr1,k *Puls.*bg2,k,* rhus-t.bg2,k sabad.bg2,k sabin.bg2,k sars.hr1,k sep.bg2 sil.bg2,h,* sul-ac.bg2,k sul-i.k2 *Sulph.*bg2,k,* tril-p.c1 trom.hr1,k *Urt-u.*hr1

– **braun**: **Ars.** bapt. borx.h *Carb-v.* *Dulc.* grat.bg2,k *Nux-v.* rheum spig. zing.

– **cremefarben**: aloe

– **dick**: mag-m.h,k1 nat-c.h,k1 spig.h,k1

– **dunkel**: arg-n.hr1,k *Ars.* bol-la. colch.k2 ip.hr1,k lil-t. mur-ac. tarent.
  • **Molasse**; wie schaumige: ip.

– **durchsichtig**: aloe am-m.bg2,h,* asc-t. **Borx.** carb-an. **Colch.**bg2,k,* *Crot-t.*bg2 cub.hr1,k dios. **Hell.**bg2,k merc. merc-c.bg2,k *Nat-m.* phos.bg2

Schleimig - durchsichtig: ... *Podo.*hr1 *Rhus-t.*hr1,k
  ☞ *farblos*

– **farblos**: **Hell.**
  ☞ *durchsichtig*

– **Fetzen**; in: arg-n.br1 colch.a1,k

– **flüssig**: alum.h,k1 borx.h carb-v.hr1 laur.hr1,k ter.hr1,k

– **gallertartig**: *Aloe* *Apis* *Arn.* **Asar.** asc-t. *Bar-m.* *Cadm-s.* calc. caust. *Chel.* **Colch.** *Coloc.* dios. dulc. graph.k2 *Hell.* *Jatr-c.* *Kali-bi.* mur-ac. nat-p. *Plat.* podo. *Rhus-t.* sep.
  • **Froschlaich**, wie: hell.
  ☞ *Grün - Schaum*

– **gehackte** Eier und gehackter Spinat; wie: cham.

– **gekochte** Stärke, wie: arg-n. borx.

– **gelb**: agar.hr1,k aloek2 ant-c.c1 *Apis* **Asar.**hr1,k bell.bg2,k,* *Borx.* brom.hr1,k *Carb-v.*bg2,k,* *Cham.*hr1,k chin.hr1,k *Colch.* *Cub.*hr1,k *Dulc.* ign. kali-p.k2 **Kali-s.** lept.bg2 mag-c.hr1,k mag-m.h,k1 nicc.hr1,k osm.a1,h podo.bg2,k,* puls.bg2,k,* *Rhus-t.*hr1,k spig.bg2,h,* staph. *Sul-ac.*bg2,k,* sulph.bg2,k

– **grau**: thuj.bg1

– **gräulich**: rheumh

– **grün**: **Acon.** aesc. *Aeth.*hr1,k agar. am-m.hr1,k *Ant-t.* *Apis* **Arg-n.**bg2,k,* **Ars.**hr1,k aur. aur-ar.k2 aur-s.k2 *Bell.*hr1,k *Borx.* *Bry.* *Calc-p.* *Canth.*hr1,k caps. carb-v. *Castm.* **Cham.**bg2,k,* *Chel.*hr1,k cina *Cinnb.* colch. *Coloc.*hr1,k corn.hr1,k *Dulc.*hr1,k elat.hr1,k eup-per. ferr-p. **Gamb.**bg2,k,* guar. hep. *Ip.*hr1,k kreos. **Laur.**hr1,k lyc. **Mag-c.**hr1,k med. **Merc.**hr1,k **Merc-c.** merc-d.bg2 mur-ac. naja nit-ac.hr1,k *Nux-v.*hr1,k petr. ph-ac.hr1,k *Phos.*hr1,k podo. psor.hr1,k **Puls.**hr1,k *Rheum* rhus-t. sanic. sep.hr1,k stann. sul-ac. *Sulph.*hr1,k tab. urt-u.

– **käsig**: phos.

– **klumpiger** Schleim: aloebg3 carb-an. cop.bg1 merc-c. phos. *Rhus-t.*hr1 spig.bg3
  • **erbsenartige** Klumpen: nat-c.h,k1

– **Kolik** und Frösteln; mit: cop.br1

– **körnig**: bell.hr1,k *Phos.*hr1,k

– **rot**: arg-n. bell.bg2 borx.h canth.hr1,k *Cina* colch. graph.hr1,k **Lyc.**hr1,k merc.hr1,k *Rhus-t.*hr1,k sil. sulph.hr1,k

– **scharf**: phos.h,k1

– **schwarz**: ars.bg2,k cocc. cortiso.gse elat.

– **stinkend**: arg-n.a1 colch.k2 con.h,k1 lach. merc-c. sul-ac. sulph.

– **Stuhlgang**, nach: sep.h

– **wäßrig**: arg-n.hr1,k cham.hr1 coloc.h,k1 *Ferr.*hr1 *Iod.*hr1,k lept.hr1,k *Merc.*hr1 merc-c.bg2 ter.hr1,k

– **weiß**: *Ars.* asc-t. bell.hr1,k **Borx.** canth.hr1,k carb-an. caust.hr1,k *Cham.*hr1,k cina cocc.hr1,k colch. dios. *Dulc.*hr1,k elat.hr1,k *Graph.*hr1,k *Hell.*hr1,k *Iod.*hr1,k ip.hr1,k kali-c.h,k1 **Kali-chl.** kali-m.k2 mag-m.a1,h,* merc. merc-c. **Nat-m.** *Ph-ac.*hr1,k *Phos.* podo.hr1,k puls.hr1,k rheum *Sulph.*
  • **Massen**, weiße: cop.
  • **milchig** weiß: **Kali-chl.**
  • **Popcorn**; wie kleine Stücke: **Cina**

– **Wurm**, wie ein: stann.h,k1

– **zäh**: **Asar.**hr1,k,* borx.h **Canth.**hr1,k *Caps.*bg2,k,* *Crot-t.*hr1,k **Hell.**hr1,k hydr.k2 *Kali-bi.*bg2,k,* spig.h,k1
– **zerklüftete**, zerteilte Massen: arg-n. *Asar.*hr1,k,* caps. lyc.hr1,k

Schmal
☞ *Lang*

Schmierig
☞ *Fettig*

Schwall; in einem
☞ *Gewaltsam*

Schwarz: acet-ac. acon.bg2,k,* aesc.hr1,k,* aeth. agar. agar-ph.a1 alco.a1 aloe alum.bg2,k alum-p.k2 *Alumn.*bg2,k,* ant-t. apis *Arg-n.*hr1,k arn. **Ars.**bg2,k,* *Ars-i.*hr1,k,* ars-s-f.k2 asaf.bg2 asc-t.hr1,k bapt.k2 *Berb.*hr1,k bol-la. *Brom.*bg2,k,* *Bry.*bg2,k,* cact.hr1,k,* cadm-met.gm1 cadm-s.br1 *Calc.*bg2,k,* calc-s.a1,k camph.bg2,k,* canth.bg2,k,* *Caps.*hr1,k carb-ac.hr1,k,* carb-v. carbn-s. *Card-m.* caust.bg2,k,* cench.k2 chin.bg2,k,* *Chinin-ar.* chinin-s. *Chion.*a1,k cic.bg2,k,* *Cina* *Cocc.*hr1,k colch.bg2,k,* **Coll.**hr1,k coloc.bg2 *Crot-h.*hr1,k cub.hr1,k *Cupr.*bg2,k,* dios.hr1,k,* dulc. elae.a1 elaps elat. fago.bg2 *Ferr.*bg2,k,* ferr-i.a1 ferr-m.a1 ferr-p.bg2 glon.bg2,k,* graph.bg2,k,* ham.hr1,k hell.a1 *Hep.*bg2,k,* iod.bg2,k,* ip.bg2,k iris jac-c. kali-ar. kali-bi.bg2,k,* *Kali-s.*hr1,k kiss.a1 *Lac-ac.* *Lac-c.* *Lach.*bg2,k,* lat-m. **Lept.**bg2,k,* lipp.a1 manc.bg2,k,* med.hr1,k **Merc.**bg2,k,* **Merc-c.**bg2,k,* merc-cy.a1 *Merc-d.*hr1,k,* merc-i-f.hr1,k,* mez.bg2 *Nat-m.*hr1,k *Nit-ac.*bg2,k,* nux-m.bg2,k,* *Nux-v.*bg2,k,* **Op.**bg2,k,* osm.a1 ost.a1 ph-ac.hr1,k *Phos.*bg2,k,* phys.a1 *Plat.* **Plb.**bg2,k,* *Podo.*hr1,k psor.hr1,k ptel.a1 *Pyrog.* rhod.bg2,k,* rhus-t. rhus-v.a1,k rob.hr1,k *Rumx.* sec.bg2,k,* sep. sin-a.a1 sol-t-ae.a1 squil.bg2,k,* stann. *Stram.*bg2,k,* sul-ac.h,k,* sul-i.k2 sulph.bg2,k,* tab.bg2,k,* tell. ter.hr1 ust.hr1,k,* **Verat.**bg2,k,* vip.a1 wies.a1 zinc.bg2,k
– **Klumpen**, in: cadm-s.br1
– **semiliquid**, mit Stuhlpartikeln: ant-t. **Brom.** camph. cub. *Ferr.* hipp. iris *Lept.* sulph. tab.

Schwierig
☞ ☐ *Rektum - Obstipation*

Sehnige Anteile: ars.h

Spärlich: acon.a1,k aesc.a1 aeth. agar.a1,k aloe *Alum.*hr1,k,* alum-sil.k2 alumn.a1,k **Am-m.**hr1,k,* ambr.a1,k ammc.a1,k apis *Apoc.*hr1,k,* aral.a1 arg-met. arg-n.a1,k arn.hr1,k,* *Ars.*a1,k ars-i.hr1,k,* ars-s-f.k2 arum-d.a1 arum-i.a1 *Asar.*hr1,k,* asc-t.a1,k asim.a1 aspar.a1 astac.a1 bar-c. *Bell.*hr1,k,* benz-ac.a1,k berb.hr1,k,* bor-ac.a1 borx. *Bry.*hr1,k,* cain. *Calad.*hr1,k,* calc.hr1,k,* calc-p.a1,k calc-s.a1,k calc-sil.k2 camph.a1,k cann-s.a1,k canth.a1,k carb-ac.a1,k *Carb-an.*hr1,k,* *Carb-v.*hr1,k,* *Carbn-s.* *Card-m.*a1,k carl.a1,k cere-b.a1 chel.a1,k chin. chin-b.hr1 chinin-s. chr-ac.hr1 cimic.a1,k cimx.a1 coc-c.a1,k *Cocc.*hr1 *Colch.*hr1,k,* *Coloc.*a1,k con.a1,k cop.a1,k corn.hr1,k,* *Crot-h.*hr1 crot-t.a1,k cupr.a1,k dig.a1,k digin.a1 dirc.a1,k dros.a1,k *Dulc.*hr1,k,* eug.hr1,k,* euph.a1,h euph-a.a1 euphr.a1,k ferr.a1,k

Spärlich: ...
ferr-i. *Ferr-p.*hr1 fl-ac.a1,k franz.a1 *Gamb.*a1,k gels.a1,k genist.a1 gent-c.a1 *Glon.*hr1,k,* gran.a1 graph.hr1 grat.a1,k hell.a1,h hep.a1,k hura hydr.hr1,k,* hyos.a1,k hyper.a1,k *Ign.*hr1,k,* indg.a1,k inul.a1 iod.a1,k *Ip.* jug-r.a1,k kali-ar. *Kali-bi.*hr1,k,* *Kali-c.*hr1,k,* *Kali-i.*hr1 kali-n.a1,k kali-s. kali-sil.k2 kalm.a1,k lach.hr1,k,* lact.a1,k led.a1,k lim.a1 linu-c.a1 lipp.a1 lyc.hr1,k,* lycps-v. mag-c.a1,k *Mag-m.*hr1,k,* mag-s.a1,k mang.a1,k marb-w.es1 **Merc.**hr1,k,* *Merc-c.*hr1,k,* merc-cy.a1 merc-d.a1 merc-i-f.hr1,k,* merc-sul.hr1,k,* mez.a1,k mit.a1 morph.a1 *Nat-ar.* *Nat-c.*a1,k *Nat-m.*a1,k nat-p.a1,hr1 nat-s.hr1,k *Nit-ac.*hr1,k,* nux-m.a1 **Nux-v.**hr1,k ol-an.a1 olnd.a1,k *Op.*a1,k ox-ac.a1,k par.a1,k petr.a1,k phos.hr1,k,* pic-ac.a1,k *Plat.*hr1,k,* **Plb.**hr1,k,* podo.k2 psil.ft1 puls.hr1,k ran-b.a1,k rat.a1,k rhod.a1,k rhus-t.hr1,k,* rumx. ruta sang.a1,k sapin.a1 sars.a1,k seneg.hr1,k,* sep.a1,k serp.a1 **Sil.**hr1,k,* sin-n.a1,hr1 sol-t-ae.a1 spirae.a1 spong.h,k1 squil.a1,k *Stann.*a1,k staph.a1,k stront-c. sul-i.k2 **Sulph.**a1,k sumb.a1,k tab.a1,k tarent.a1,k tax.a1 ter.hr1,k,* tet.a1 ther.a1,k thuj.a1,k til.a1,k trom.hr1,k tus-p.a1 verat.a1,k verb.hr1,k,* wies.a1 *Zinc.*a1,k

Später, jeden Tag: carb-v.h,k1 fl-ac.hr1 hyos.h,k1 kali-c.h,k1 lach.a1 rutah sul-ac.h,k1

Spritzt heraus
☞ *Herausspritzend*

Ständiger Abgang von Stuhl: *Apis* ip.k2 ox-ac. *Phos.* sep. *Trom.*

Stärke:
– **gekochte**; wie: arg-n.k2 borx.k2

Talg, wie: ars.h,hr1,* mag-c.bg2 *Phos.*bg2,hr1

Teer aussehend; wie: canth.bg2,k,* *Chion.*a1,k *Lept.*bg2,k,* nit-ac. phys.bg1 plat.bg1 verat.bg2 vero-o.bg2

Teigig, breiig: acon.a1,k aesc.a1,k *Agar.*bg2,k,* *Aloe* alumn. ammc.hr1,k,* anag.hr1,k ant-c.bg2,k,* ant-t.bg2,k,* anthraci. *Apis* apoc.a1,k arg-met. arg-n.a1,k *Arn.*bg2,k,* ars.bg2,k,* ars-i.a1,k *Asaf.*bg2,k,* asim.a1,hr1 astac.a1 *Bapt.*bg2,k,* bar-c. bart.a1 bell.bg2,h,* *Berb.*bg2,k,* bism.hr1,k bor-ac.a1 borx. brom.bg2,k,* **Bry.**bg2,k,* cact.a1,k calad.bg2,k,* *Calc.*bg2,k,* calc-p.a1,k calc-sil.k2 cann-s.a1,k canth.a1,k carb-v.bg2 carbn-s. *Card-m.*hr1,k,* *Carl.*a1 cedr.hr1,k **Chel.**bg2,k,* chin.bg2,k,* chinin-s. cimic.a1,k cist.a1,k clem.a1,k coc-c.hr1,k,* colch.a1,k coll.hr1,k,* **Coloc.**bg2,k,* con.a1,k cop.a1,k cor-r.hr1,k,* crot-h.hr1,k,* **Crot-t.**bg2,k,* cund.a1 cupr.bg2 *Cupr-s.*a1 cycl.bg2,k,* dig.bg2,k,* digin.a1 dios.a1,k dirc.a1,k dros.bg2,k,* erig.a1,hr1 eug.hr1,k,* *Euph.*bg2,k,* euphr.a1 fago.a1,k ferr.a1 fil.hr1 fl-ac.hr1,k,* form.a1,k gamb.a1,k gels.bg2,k,* gent-c.a1,k *Graph.*hr1,k,* grat.a1,k hell.a1,k helon.a1 *Hep.*hr1,k hydr.a1,k hyos.bg2,k,* iber.a1 ign.hr1,k,* ind.hr1,k,* inul.a1 iod.bg2,k,* ip.a1,k iris jab.a1 kali-bi.bg2,k,* *Kali-n.*bg2,k,* kalm.a1,k kiss.a1 kreos.hr1,k,* lac-ac.a1 *Lach.*bg2,k,* lact.a1,k laur.a1,k led.bg2,k,* *Lept.*hr1,k,* lil-s.a1 lim.a1 lipp.a1 lob.a1,k lyc.hr1,k,* lycps-v. macro.a1 mag-c.k2 *Mag-m.*hr1,k,*

Teigig, breiig: ...
mang.bg2,k,* **Merc.**bg2,k,* merc-br.a1 **Merc-c.**bg2,k,* merc-cy.a1 *Mez.*bg2,k,* myric.a1,k nat-ar. nat-c.bg2,k,* *Nat-m.*bg2,k,* nat-p.a1,k nit-ac.hr1,k,* nit-m-ac.a1 nux-m.bg2,k,* nux-v.hr1,k ol-an.a1 *Op.*bg2,k,* osm.a1,k ost.a1 ox-ac.a1,k paeon.hr1,k,* par.bg2,k,* petr.hr1,k,* *Ph-ac.*bg2,k,* phos.bg2,k,* phyt.a1,k *Plan.*hr1 *Plat.*bg2,k,* **Podo.**hr1,k polyp-p.a1 *Psor.*bg2,k,* *Ptel.*a1,k **Puls.**bg2 **Rheum** rhod.bg2,k,* rhus-t. rhus-v.hr1,k,* sabad.bg2,k sabin.a1,bg2 sec. sel.bg2,k,* seneg.bg2,k,* sep.bg2,k,* sil.bg2,k,* sin-a.a1,hr1 spig.bg2 squil.bg2,k,* stann.a1,k still.a1,hr1 stram.a1,k *Sul-ac.*bg2,k,* **Sulph.**bg2,k,* sumb.a1,k tab.bg2,k,* tanac.a1 tarax.bg2,k,* tax.a1 ter.a1,k tet.a1 teucr.bg2 ther.bg2,k,* thuj.a1,k til.a1,k trom.hr1,k,* ust.a1,k valer.bg2,k,* verat.bg2,k,* verat-v.bg2,k,* vichy-g.a1 wies.a1 zinc.bg2,k,* zinc-m.a1

Trocken: aesc.bg2,k alum.bg2,k,* alum-p.k2 alum-sil.k2 alumn.k2 *Am-c.*bg2,k,* am-m.bg2 androc.srj1 *Ango.*c1 *Ant-c.*hr1,k *Arg-met.* *Arg-n.*bg2,k,* ars.a1,k asaf.bg2 asar.bg2 aur.bg2 bapt.hr1,k bell.a1 brach.hr1,k,* **Bry.**bg2,k,* cact.a1,k *Calc.*hr1,k calc-s.a1,k calc-sil.k2 carb-an.bg2 carc.sp caust.bg2 cham.a1 chel.bg2 cimic.a1 *Cimx.*hr1,k cob.a1,k coc-c.hr1,k,* coll.bg2 *Coloc.*hr1,k,* *Con.*hr1,k cop.a1 corn.hr1,k,* cund.a1 *Cupr.*hr1,k dig.a1 dios.hr1,k,* dirc.a1 dulc.bg2,k,* ery-a.a1 euphr.a1 eupi.a1,k ferr.a1 *Graph.*bg2 *Guaj.* *Ham.*hr1,k hell.a1,k2 *Hep.*bg2,k,* hyos.bg2 hyper.a1 iris kali-ar. *Kali-bi.*bg2,k,* kali-br.hr1,k *Kali-c.*hr1,k,* kali-chl.hr1,k,* kali-m.k2 *Kali-s.* kali-sil.k2 kreos.a1,k **Lac-d.**hr1,k lact.hr1,k,* laur.a1 linu-c.a1 **Lyc.**hr1,k,* lycps-v. mag-c.k2 mag-m.hr1,k mang.hr1,k,* med.c1 merc-c.a1 **Nat-m.**hr1,k,* nat-p.a1 **Nit-ac.**hr1,k **Nux-v.**hr1,k,* ol-an.a1 **Op.**hr1,k osm.hr1,k,* ost.a1 **Phos.**hr1,k,* *Plat.*hr1,k,* *Plb.*hr1,k,* *Podo.*hr1,k polyp-p.a1 *Prun.*hr1,k puls.hr1,k pyrog.k2 rhus-g.a1 rhus-v.a1,hr1 sal-ac.hr1 *Sanic.* sel.k2 seneg.hr1,k,* **Sil.**hr1,k,* sol-t-ae.a1 *Stann.*hr1,k,* staph.hr1,k stram.a1 stry.a1 *Sulph.*hr1,k ter.hr1,k,* tril-p. tub.c1 tub-m.vn,zs ust.hr1,k verat.hr1,k,* vib.hr1,k **Zinc.**hr1,k,* zinc-m.a1 zinc-p.k2
– **Sand**, wie: *Arg-met.* mang.a1

Ungenügend
☞ *Rektum - Obstipation - ungenügend*

Unterdrückt: bell.h

Unverdaut (= Lienterie): abrot. acet-ac. aesc. *Aeth.* aloe alum-sil.k2 am-m. *Ant-c.* *Apoc.* arg-met.k,k2 *Arg-n.* *Arn.* **Ars.** ars-s-f.k2 asar. bamb-a.stb2 bar-c. borx. **Bry.** cain. **Calc.** *Calc-p.* calc-s. calc-sil.k2 *Carbn-s.* cham. **Chin.** **Chinin-ar.** *Cina* *Coloc.* *Con.* cop. crot-t. dulc. *Elaps* **Ferr.** **Ferr-ar.** *Ferr-p.* *Ferr-pern.*c1 *Gamb.* **Graph.** *Hep.* ind. iod. ip. *Iris* jab. kali-c.h kali-p. kreos. lach. laur. *Lept.* *Lyc.* lyss. *Mag-c.* **Mag-m.** mag-p.dgt *Merc.* merc-c. mez. nat-c.k2 nat-s.k2 *Nit-ac.* *Nux-m.* ol-j. **Olnd.** ox-ac. *Petr.* **Ph-ac.** **Phos.** phys. phyt. *Plat.* **Podo.** *Psor.* *Raph.* rheum *Rhod.* *Rhus-t.* rhus-v. *Sang.* *Sec.* *Sil.* squil. stann. staph. stram. sul-ac. *Sulph.* thuj. *Tub.* verat.
– **morgens**: *Chin.* olnd.

Unverdaut: ...
– **nachts**: *Aeth.* am-m. borx. bry. **Chin.** coloc. **Ferr.** verat.
– **hart**: *Calc.*
– **Milch**, nach: *Mag-c.* **Mag-m.**
– **Obst**, nach: alum-sil.k2 **Chin.**
– **Speisen** des Vortages: *Olnd.*

Veränderlich: aesc.bg1 am-m.hr1,k berb.hr1,k cham.hr1,k colch.bg2,k,* *Dulc.*bg2,k,* euon.bg1 mur-ac.h,k1 *Podo.*bg2,k,* **Puls.**bg2,k,* sanic.bg2,k *Sulph.*bg2,k,* tab.hr1

Voluminös
☞ *Reichlich*

Wäßrig: acet-ac.a1,k *Acon.*bg2,k,* acon-f.a1 adel.a1 aesc.hr1,k,* *Aeth.*bg2,k,* **Agar.**bg2,k,* agar-cps.a1 agar-ph.a1 ail.hr1,k,* *Aloe* alum.a1,k alum-sil.k2 am-c.a1 am-caust.a1 am-m.hr1,k,* ammc.a1 amyg.a1 anac.bg2,k,* anag.hr1,k **Ant-c.**bg2,k,* ant-t.bg2,k,* **Apis** **Apoc.**bg2,k,* *Aran.*a1 **Arg-n.**bg2,k,* arn.bg2,k,* *Ars.*bg2,k,* *Ars-i.*hr1,k ars-s-f.a1,hr1 arum-d.a1 arum-i.a1 *Arum-t.*hr1,k,* **Asaf.**bg2,k,* asar.hr1,k asc-c.a1 atro.a1 aur-m.hr1,k,* *Bamb-a.*stb2 bapt.hr1,k bar-c.a1,k bar-i.k2 *Bar-m.*hr1,k,* bar-s.k2 bart.a1 bell.bg2,k,* **Benz-ac.**hr1,k berb.hr1,k *Bism.*bg2,k,* bol-s.a1 bond.a1 *Borx.* bov.bg2 *Bufo* *Cact.*hr1,k,* cain. caj.a1 calad.bg2,hr1,* **Calc.**bg2,k,* calc-i.k2 *Calc-p.*bg2,k,* calc-sil.k2 camph. cann-i.a1 canth.bg2,k,* *Caps.*bg2 carb-ac.hr1,k,* *Carb-v.*hr1,k **Carbn-s.** carl.a1 castm. castor-eq. caul.a1,hr1,* caust.a1,k cench. **Cham.**bg2,k,* *Chel.*bg2,k,* *Chin.*bg2,k,* *Chinin-ar.* chinin-s. chlol.a1 *Chr-ac.*hr1,k,* *Cina* cist. cob.hr1,k,* coc-c.a1 *Cocc.*bg2,k,* *Coff.*hr1,k,* **Colch.**bg2,k,* *Coll.*hr1,k,* *Coloc.*bg2,k,* **Con.**bg2,k,* cop.hr1,k,* *Corn.*hr1,k,* cot.a1 croc.a1 crot-h. *Crot-t.*bg2,k,* cupr.bg2,k,* cupr-ar.a1 cur.hr1,k cycl.hr1,k,* cyt-l.a1 *Dig.*bg2,k,* dios.hr1,k dirc.a1,c1 **Dulc.**bg2,k,* elaps **Elat.**hr1,k,* eup-per.a1 euph.bg2,h,* euph-a.a1 fago.a1 *Ferr.*bg2,k,* ferr-ar. ferr-i. ferr-ma.a1 ferr-p.hr1,k ferul.a1 fl-ac.hr1,k franz.a1 **Gamb.**hr1,k,* gent-c.a1 gnaph.hr1,k,* gran.a1 *Graph.*hr1,k,* **Grat.**bg2,k,* guaj.k2 *Hell.*bg2,k,* *Hep.*hr1,k hipp.hr1,k *Hydr.* *Hyos.*bg2,k,* indg.a1 *Iod.*bg2,k,* ip.bg2,k,* **Iris** jab.a1,hr1 *Jal.*hr1,k,* **Jatr-c.** jug-r.a1 *Kali-ar.*a1,k **Kali-bi.**bg2,k,* kali-br.bg2,k,* kali-c. kali-chl.a1 *Kali-i.*hr1,k,* kali-m.k2 kali-n.bg2,k,* kali-p.hr1,k *Kali-s.*hr1,k kali-sil.k2 kreos.hr1,k *Lac-c.* *Lach.*bg2,k,* laur.a1 *Lec.*h,k *Led.*hr1 *Lept.*hr1,k,* linu-c.a1 lipp.a1 *Lob.*a1,k lob-s.a1 lyss.hr1,k **Mag-c.**bg2,k,* mag-m.a1,k *Mag-p.*hr1 mag-s.a1,k manc.hr1,k,* med.hr1 **Merc.**hr1,k,* merc-br.a1 merc-c.a1,hr1 merc-cy.a1 *Merc-d.*hr1,k,* merc-i-r.hr1,k *Merc-sul.*hr1,k *Mez.*hr1,k morph.a1 mosch.hr1,k *Mur-ac.*bg2,k,* nat-ar. *Nat-c.*hr1,k **Nat-m.**bg2,k,* *Nat-p.*a1,k **Nat-s.**bg2,k,* *Nit-ac.*h,k,* nux-m.hr1,k,* **Nux-v.**bg2,k,* ol-an.a1 **Olnd.**bg2,k,* **Op.**bg2,k,* osm.a1,k ox-ac.hr1,k,* petr.bg2,k,* *Ph-ac.*bg2,k,* phel.a1 **Phos.**bg2,k,* phys.a1 **Pic-ac.** plan.hr1,k,* plb.bg2,k,* **Podo.**bg2,k,* polyp-p.a1 psil.ft1 **Psor.**hr1,k,* **Puls.**bg2,k,* pyrog.k2 ran-a.a1 ran-b.hr1,k ran-s.bg2,k,* *Raph.*a1,k rat.a1,k rhus-t.bg2,k,* *Rhus-v.*hr1,k,* *Ric.*a1 rob.a1,hr1 *Rumx.* sabin.a1 sal-ac.hr1 samb.hr1,k

Wäßrig: ...
sang.hrl,k,* sapin.al sars.al,k **Sec.**bg2,k,* sel.al,k senec.hrl,k,* seneg.hrl,k,* *Senn.*al sep.bg2,k,* serp.al *Sil.*bg2,k,* sol-t-ae.al spig.bg2,h,* squil.bg2,k,* stram.bg2,k,* stront-c. stry.al,k sul-ac.bg2,k,* sul-i.k2 **Sulph.**bg2,k,* sumb.al,k tab.bg2,k,* ter.hrl,k **Thuj.**bg2,k,* til.al tril-p.cl valer.bg2,k,* **Verat.**bg2,k,* **Verat-v.**hrl,k,* vib.hrl,k wies.al zinc.al zinc-m.al zinc-p.k2 zing.hrl,k

– **morgens**: acet-ac.brol agar. ant-c. ant-t. cact. caust.al,k cop.hrl,k der.al dios.al,k eucal.al *Fl-ac.*hrl,k,* glon.al,k gnaph.al hep. iod. kali-bi.hrl,k kali-c.hrl,k,* kali-n. mag-c.al,k mur-ac. nat-m.al,k **Nat-s.**al,k nux-m. nux-v.hrl,k,* olnd. ox-ac. pen.al petr.al,k phos.hrl,k,* **Podo.** *Rumx.* squil.al,k **Sulph.**hrl,k,* tab.al,k thuj.k2

– **nachmittags**: ferr.hrl,k

– **nachts**: acet-ac. agar.al,k ant-t.al,k **Arg-n.**al,k ars. castm. chel.al,k *Chin.*hrl,k gnaph.al,k merc-c. merc-cy.al mosch. nat-m.al,k psor.hrl puls.hrl,k senec.al,k sulph.

– **blaß** beim Stehenlassen; wird: sanic.cl

– **blutig**: aloe am-m. apis ars.h,kl *Canth.* *Carb-v.* ferr-p. lach. petr. *Phos.* **Rhus-t.** sabad. sec.k2

• **Fleischwasser**, wie: canth. merc-d.hrl *Phos.*hrl,k *Podo.*hrl **Rhus-t.**hrl,k

– **braun**: ant-t. apis *Apoc.* **Ars.**hrl,k arum-t. *Bapt.* camph. canth.hrl,k carb-v. cench.k2 *Chel.*hrl,k chin. choc.srj3 dulc.hrl,k ferr.hrl,k ferr-ar. *Gamb.*hrl,k gels.hrl,k **Graph.** *Kali-bi.*hrl,k kreos. mag-c.hrl,k petr. *Phos.* plan. *Rumx.* sulph.hrl,k *Verat.*hrl,k

– **Flocken**, mit: cupr.hrl,k paull. *Verat.*hrl,k

– **gallertartig** beim Stehenlassen: podo.

– **gelb**: aesc. am-m. *Apis* *Apoc.* ars.hrl,k ars-i.k2 *Bapt.* borx. cain. *Calc.* canth.hrl,k cham. *Chel.*hrl,k *Chin.*hrl,k *Cocc.* *Colch.* colos. cop. crot-h. *Crot-t.*hrl,k cycl. **Dulc.**hrl,k elaps *Eucal.*hrl ferr-p.hrl,k **Gamb.** **Grat.** *Hydr.* *Hyos.*hrl,k ip. *Iris* jab. kali-c. kali-i. lach. *Lec.* merc-sul. nat-ar. *Nat-c.* *Nat-s.* nuph. **Olnd.** *Ph-ac.* phos.hrl,k pic-ac. plb. **Podo.** puls. *Rhus-t.* sanic. sec. *Stront-c.* **Thuj.**hrl,k trom.

• **hellgelb**: nux-m.bg

– **grün**: acon. aeth. am-m. ars. bell. bry. **Cham.**hrl,k *Chion.* colos. cupr. dulc.hrl,k *Elat.* eup-per. ferr-p. gamb.hrl,k *Gels.*hrl **Grat.**hrl,k hep. ip.hrl,k iris kali-br. kali-i. kreos. *Laur.* lept. *Mag-c.*hrl,k med. *Merc-d.* nat-m. nat-s. *Nit-ac.* *Phos.*hrl,k *Podo.*hrl,k *Puls.*hrl,k rob. sanic. sec. sul-ac.hrl,k sulph. ter. *Verat.*hrl,k

• **Schaum**, mit: **Mag-c.**hrl,k *Merc.*

– **klar**: alum-sil.k2 apis *Benz-ac.* coloc. *Merc.* sec. tab.

– **lehmfarben**: *Kali-bi.* kali-p.
☞ Lehm; wie

– **Pflaumensaft**, wie: ars. ter.

– **Reiswasser**, wie: ant-t.bg2,k apis *Ars.* **Camph.**bg2,k carb-ac. cham. chel. colch.bg2,k,* coloc.bg2 **Cupr.** *Ferr.* iris *Jatr-c.*brol,cl kali-br.hrl,k kali-i. *Kali-p.* merc-sul.bg2,k *Nat-m.* **Ph-ac.** *Phos.* ran-b. ric.brol *Sec.* **Verat.**bg2,k

– **schaumig**: benz-ac. *Elat.*hrl,k *Graph.* *Grat.*hrl *Kali-ar.* kali-bi.hrl,k *Mag-c.*hrl,k ran-b.

Wäßrig: ...

– **schmutzig**: *Ars.*bg2,hrl bry.hrl *Cact.* podo.hrl,k

– **schwarz**: *Apis* arn. **Ars.** asc-t. bapt. camph. carb-ac. *Chin.* chinin-s. *Crot-h.* *Cupr.* *Iod.* *Kali-bi.*hrl,k *Lept.* nat-s. *Psor.* rumx. sec. stann. *Stram.* *Verat.*hrl,k

– **Schweiß**, nach: bell.h,kl

– **weiß**: ang. ars-i.k2 **Benz-ac.**hrl,k *Calc.* *Camph.* *Castm.* *Caust.* *Chel.*hrl *Cina* *Cop.* dulc.hrl,k kali-ar. *Kali-bi.* kreos. merc.hrl,k nat-m. **Ph-ac.**hrl,k *Phos.*hrl,k ran-b. sec.hrl,k

Weich: abrot.al acon.bg2,k,* aesc.al,k aeth.al,k agar.al,k *Agn.*bg2,k ail.al,k all-c.al,k all-s.al,k *Aloe* **Alum.**bg2,k,* alum-p.k2 alum-sil.k2 am-c.bg2,h,* **Am-m.**bg2,k,* ambr.bg2,k,* ammc.al,k *Anac.*bg2,k,* anag.hrl ang.al,k ant-c.bg2 ant-t.al,k anth.al *Apis* apoc.al,k aral.al *Arg-met.* arg-n.al,k arist-m.al arn.al,k *Ars.*hrl,k ars-i.hrl,k,* arum-i.al arum-t.hrl,k,* asaf.bg2 asar.al,k asc-c.hrl,k,* asc-t.hrl,k,* asim.al astac.al aster.hrl,k,* aur.al,k bamb-a.stb2 *Bapt.*hrl,k,* *Bar-c.*bg2,k,* bar-m. bart.al bell.al,k ben. berb.hrl,k,* bism. borx. bov.al,k brach.al brom.al,k bry.bg2,k,* bufo cact.al,k cain. *Calad.*hrl,k,* *Calc.*bg2,k,* *Calc-p.*hrl,k,* calc-s. calc-sil.k2 camph.bg2 canth.al,k caps.al,k carb-an.bg2,k,* *Carb-v.*bg2,k,* carl.al,k *Castn-v.* caul.hrl,k,* caust.bg2,k,* chel.al,k chen-v.hrl *Chin.*bg2,k,* *Chinin-ar.* chlol.hrl,k,* choc.srj3 chr-ac.hrl cic.al,k cimx.al,k cinch.al cinnb.hrl,k,* cob.hrl,k,* coc-c.hrl,k,* coca *Cocc.*bg2,k,* coff.bg2,k,* colch.al,k *Coloc.*hrl,k,* con.al,k cop.al,k crot-t.al,k cupr.al,k cycl.al,k delphin.al dema.al *Dig.*bg2,k,* digin.al dios.hrl,k,* dros.bg2,k,* dulc.al,k erig.al,k *Euph.*bg2,k,* euphr.al fago.al,k ferr-i.al,k ferr-ma.al,k ferr-p.al,k fl-ac.hrl,k,* form.al,k gad.al gamb.al,k gels.al,k genist.al gent-l.al,k gink-b.sbd1 gins.al,k glon.al,k gran.al,k *Graph.*bg2,k,* grat.al,k *Guaj.*bg2,k,* haem.al ham.al,k helia.al hell.al,k **Hep.**bg2,k,* hipp.hrl,k,* hydr.hrl,k hydrog.srj2 hyos.bg2,k,* hyper.al,k iber.al ictod. *Ign.*bg2,k,* indg.al,k inul.al iod.bg2,k,* ip.al,k iris jac-c.al jatr-c. jug-c.al,k jug-r.al kali-bi.al,k kali-br.al,k kali-c.bg2,k,* kali-chl.al,k kali-i.al,k *Kali-n.*hrl,k,* kali-s. kalm.al,k kreos.al,k lac-ac.al,k *Lac-c.* *Lac-d.* *Lach.*bg2,k,* lact. laur.bg2,k,* lept.al,k lim.al linu-c.al lipp.al lith-c. lob.hrl,k,* lup.al lyc.bg2,k,* lyss.al,k mag-c.al,k mag-m.bg2,k,* mag-s.hrl,k,* mang.al,k **Merc.**bg2,k,* *Merc-c.*al,k merc-cy.al merc-i-f.al,k merc-i-r.al merc-sul.al,k merl.al,k *Mez.*bg2,k,* mill.al,k morph.al,k mosch.hrl,k,* mur-ac.bg2,k,* muru.al myric.al nat-ar. nat-c.bg2,k,* nat-m.bg2,k,* *Nat-s.*hrl,k,* nicc.al,k **Nit-ac.**bg2,k,* nuph.hrl,k,* *Nux-m.*hrl,k,* nux-v.al,k ol-an.al *Olnd.*bg2,k,* op.al,k opun-v.al osm.al,k ost.al paeon.al,k pall.hrl,k,* par.hrl,k ped.al petr.al,k *Ph-ac.*bg2,k,* phel.al,k **Phos.**bg2,k,* phys.al,k phyt.al,k pic-ac.al,k pip-m.al *Plat.*bg2,k *Psor.*hrl,k,* ptel.al,k *Puls.*bg2,k,* *Ran-s.*bg2,k,* raph.al,k *Rat.*al,k *Rheum* *Rhod.*bg2,k rhus-v.hrl,k,* ruta sabin.al,k sang.al,k sapin.al sars.al,k sel.al,k *Sep.*bg2,k,* serp.al sil.al,k sin-a.al spong.al,k stann.al,k staph.bg2,k,* stront-c. **Sul-ac.**bg2,k,* **Sulph.**bg2,k,* sumb.al,k tab.al,k tanac.al tarent.al,k tax.al tell.al tet.al *Thuj.*bg2,k,* til. tong.al

Weich: ...
trom.$_{hr1,k,*}$ tus-p.$_{a1}$ upa.$_{a1,k}$ ust.$_{a1,k}$ verat.$_{bg2,k,*}$ verat-v.$_{a1,k}$ verb.$_{hr1,k,*}$ verin.$_{a1}$ vichy-g.$_{a1}$ *Viol-t.*$_{bg2,k,*}$ wye.$_{a1,k}$ zinc.$_{h,k,*}$ zing.$_{hr1,k,*}$
– **morgens**: gink-b.$_{sbd1}$ hydrog.$_{srj2}$
– **nachts**: caust.$_{a1}$ tab.$_{a1}$ zinc.$_{a1,h,*}$
– **dann** hart: anac.$_{h}$ ant-c.$_{h}$ sabin.$_{c1}$
– **Mittagessen**, nach dem: coloc.$_{a1}$ kali-n.$_{a1}$ nat-m.$_{a1}$ zinc.$_{h,hr1,*}$

Weiß: acon.$_{bg2,k,*}$ acon-l.$_{a1}$ aesc.$_{a1,k}$ *Agar-ph.*$_{a1}$ am-m.$_{hr1,k}$ anan.$_{hr1}$ ang.$_{hr1,k}$ *Ant-c.*$_{bg2,k,*}$ anth.$_{a1,vh}$ anthraci. *Apis* *Arg-n.*$_{hr1,k}$ arn.$_{a1,bg2}$ ars.$_{bg2,k,*}$ *Ars-i.* asar.$_{bg2}$ asc-t.$_{c1}$ astac.$_{a1}$ aur.$_{bg2}$ aur-m.$_{hr1,k}$ *Aur-m-n.* bar-m.$_{hr1,k}$ *Bell.*$_{bg2,k,*}$ **Benz-ac.**$_{hr1,k}$ berb.$_{k2}$ *Borx.* bufo *Calc.*$_{bg2,k,*}$ calc-i.$_{k2}$ calc-p.$_{hr1,k}$ calc-s. **Canth.**$_{bg2,k,*}$ carbn-s. *Castm.* caul.$_{hr1,k,*}$ *Caust.*$_{bg2,k,*}$ cedr.$_{hr1,k,*}$ *Cham.*$_{bg2,k,*}$ *Chel.*$_{bg2,k,*}$ chin.$_{bg2,k,*}$ *Cimx.*$_{hr1}$ *Cina* cocc. *Colch.*$_{bg2,k,*}$ coloc.$_{hr1}$ *Cop.*$_{hr1,k,*}$ *Crot-h.*$_{hr1,k}$ *Cub.*$_{hr1}$ der.$_{a1}$ *Dig.*$_{bg2,k,*}$ dios.$_{hr1,k,*}$ dol.$_{br1}$ dros.$_{bg2,k,*}$ *Dulc.*$_{bg2,k,*}$ elat. eup-per.$_{k2}$ *Ferr-i.*$_{hr1}$ *Ferr-p.*$_{hr1}$ *Form.*$_{hr1,k}$ gels. *Graph.*$_{bg2,k,*}$ *Hell.*$_{bg2,k,*}$ *Hep.*$_{bg2,k,*}$ hydr.$_{hr1,k}$ iber.$_{hr1,k}$ ign.$_{bg2,k,*}$ *Iod.*$_{bg2,k,*}$ ip.$_{hr1}$ *Kali-ar.*$_{a1,k}$ *Kali-bi.*$_{hr1,st}$ *Kali-c.* *Kali-chl.*$_{hr1,k}$ kreos.$_{hr1,k}$ lac-c.$_{hr1,k}$ lach.$_{bg2,k}$ lob.$_{a1}$ lyc. mag-c.$_{h,k2,*}$ mag-m.$_{a1,k2}$ manc. mand.$_{a1}$ mang. med.$_{hr1,k}$ merc.$_{bg2,k,*}$ naja nat-m.$_{hr1,k}$ nat-p.$_{hr1}$ nat-s. nicc.$_{a1}$ **Nux-m.**$_{hr1,k}$ *Nux-v.*$_{bg2,k,*}$ op.$_{bg2,k,*}$ pall.$_{bg2,k,*}$ petr.$_{bg2,k}$ petros.$_{hr1}$ **Ph-ac.**$_{bg2,k,*}$ *Phos.*$_{bg2,k,*}$ plb.$_{bg2,k,*}$ podo.$_{bg2,k,*}$ **Puls.** ran-b. *Rheum* *Rhus-t.*$_{bg2,k,*}$ rhus-v.$_{hr1,k,*}$ rob.$_{hr1,k}$ *Sang.*$_{hr1}$ *Sanic.* sapin.$_{a1}$ sec.$_{hr1,k}$ *Sep.*$_{bg2,k,*}$ spig.$_{bg2,k,*}$ *Spong.*$_{bg2,k,*}$ still.$_{a1,hr1}$ sul-ac.$_{bg2}$ sul-i.$_{k2}$ sulph.$_{bg2,k,*}$ tab.$_{hr1}$ thuj.$_{hr1,k,*}$ urt-u.$_{hr1,k,*}$ verat.$_{bg2,k,*}$ wies.$_{a1}$
☞ *Kalkbrocken*
– **gallertartig**: *Hell.*
– **grauweiß**: ars.$_{bg3}$ asar.$_{h}$ aur-m-n. calc.$_{bg3}$ chel.$_{bg3}$ dig.$_{bg3}$ kali-c.$_{bg3}$ lach.$_{bg3}$ *Merc.*$_{bg3}$ op.$_{bg3}$ **Ph-ac.** *Phos.*$_{bg3,k}$
  • **blutgestreift**: *Calc.*
– **grünlichweiß**: *Ph-ac.*$_{hr1,k}$
– **hart**: bar-m. berb. *Chel.* eup-per. *Hydr.* iod. *Mag-c.* *Mag-m.* sulph.
– **Körner** oder Teilchen: *Cina* cub. dulc. mez.$_{h}$ *Phos.*$_{bg2,k}$
– **Kreide**, wie: ant-c. aur-m-n. bell.$_{bg2,k,*}$ **Calc.**$_{bg2,k,*}$ *Chel.* cimx. *Dig.*$_{bg2,k,*}$ granit-m.$_{es1}$ hep. lach. mez.$_{bg2}$ **Podo.**$_{bg2,k,*}$ rhus-t. **Sanic.** *Sil.* spong.
– **milchig**, wie Darmlymphe: *Aesc.* arg-n. arn. bell. berb. bufo **Calc.** carb-ac. carb-v. *Card-m.* **Chel.** **Chin.** coloc. cop. **Dig.** dulc. gels. hell. *Hep.* *Kali-bi.* lept. *Mag-c.* **Merc.** myric. nux-v. petr. **Podo.** rheum **Sanic.** stront-c. sulph. valer.
– **semiliquid**, mit Stuhlpartikeln: aesc. aur-m-n. bar-m. **Calc.** *Calc-p.* *Chel.* cop. *Crot-h.* *Dig.*$_{hr1,k}$ *Hep.* kali-bi. *Lyc.*$_{hr1,k}$ *Pall.* **Podo.**$_{hr1,k}$ rhus-t.$_{hr1,k}$ sanic. *Sil.*
  ◇ **abwechselnd** mit schwarzem Stuhl: aur-m-n.
– **talgartige** Massen: dulc. *Mag-c.* phos.
– **Zahnung**; während der: *Calc.*$_{vh}$
– **zerfetzte** Partikel: **Colch.**$_{a1,k}$

Zäh: agar.$_{bg2}$ am-m.$_{bg2}$ arn.$_{bg2}$ ars.$_{bg2,k,*}$ asar.$_{bg2}$ bamb-a.$_{stb2}$ bar-c.$_{bg2}$ bart.$_{a1}$ borx. brom.$_{bg2}$ calc.$_{bg2}$ canth.$_{bg2}$ caps.$_{bg2}$ carb-v.$_{bg2,k,*}$ caust.$_{bg2}$ coloc.$_{a1,k}$ crot-t.$_{bg2,k,*}$ **Hell.**$_{bg2,k,*}$ hep.$_{bg2}$ ign.$_{bg2,k,*}$ inul.$_{a1,k}$ kali-c.$_{bg2,k,*}$ kiss.$_{a1}$ *Lac-c.* **Lach.**$_{bg2}$ lipp.$_{a1}$ mag-s.$_{a1,k}$ mang.$_{hr1,k,*}$ med. *Merc.*$_{bg2,k,*}$ *Merc-c.*$_{bg2,k,*}$ mez.$_{bg2,k,*}$ nat-c.$_{bg2,k,*}$ nat-m.$_{a1,k}$ nux-v.$_{bg2}$ op.$_{bg2,k,*}$ ox-ac.$_{a1,k}$ **Plat.**$_{a1,k}$ plb.$_{bg2,k,*}$ sars.$_{bg2,k,*}$ serp.$_{a1}$ sin-a.$_{a1}$ spig.$_{a1,k}$ *Sulph.*$_{bg2}$ verat.$_{bg2,k,*}$ *Zinc.*$_{bg2,k,*}$

Auftreibung, Gefühl von: conv.$_{brl}$ stict.$_{c1}$

Band
☞ *Zusammenschnürung*

Befürchtungen, Besorgnis in der Blasengegend: merc-c.$_{bg2,k}$
☞ ❑ *Gemüt - Erregung* / ❑ *G~ Furcht* / ❑ *G~ Furcht - geschehen* / ❑ *G~ Hellsehen*

Bettnässen
☞ *Urinieren - unwillkürlich - nachts*

Bewegung in der Blase: alum. bell. lach. ruta sep.
– **auf** und ab
☞ *Schmerz - Bewegung - auf*

Bewegungen führen zu Beschwerden der Harnwege: berb.$_{hr1}$

Blasensteine: ant-c. arg-n. **Benz-ac. Berb.** cact. cal-ren.$_{c2}$ **Calc. Canth.** card-m. *Chin. Coc-c.* colch. epig.$_{c2}$ *Eup-per.* hydrang.$_{c2}$ *Lach.* lipp.$_{c2}$ *Lith-c.* **Lyc.** mez. *Mill.* naja nat-m. nat-s. *Nit-ac. Nux-m. Nux-v. Pareir. Petr. Phos. Puls. Raph. Ruta* **Sars. Sep.** *Sil.* tarent. thuj. zinc.
– **Harngrieß**
☞ ❑ *Urin - Sediment - Sand - Harngrieß*
– **Operation** aufgrund von Blasensteinen; nach: *Arn. Calen.* cham. chin. cupr. mill.$_{c1}$ nux-v. **Staph.** verat.

Blutung: am-c.$_{k2}$ ars.$_{k2}$ bell.$_{k2}$ cact.$_{brl}$ carb-v.$_{k2}$ crot-h. *Erig. Ferr-p. Ham.* lyc. mill.$_{k2}$ *Phos.* rhus-a.$_{c2}$ sabin.$_{k2}$ *Sec.* senec.$_{k2}$
☞ ❑ *Urin - Blutig*
– **Menses**, während: nat-m.$_{h}$

Calculi
☞ *Blasensteine*

Drang; krankhafter
☞ *Harndrang*

Druck auf der Blase; Gefühl von
☞ *Schweregefühl*

Eiterung: *Canth.* sars. ter.
☞ ❑ *Urin - Sediment - eitrig*

Empfindungslosigkeit: ham.$_{h,k}$ mag-m.$_{k2}$ plb.$_{k2}$ stann.$_{bg2,hr1}$

Entzündung (= Zystitis, Blasenentzündung): **Acon.**$_{c2,k}$ all-c. alth.$_{vs}$ am-c. *Ant-t.* **Apis** *Arg-n. Arn. Ars.* ars-s-f.$_{k2}$ aspar. *Bar-m.* **Bell.** *Berb.* bism.$_{c2}$ cact. *Calad. Calc.* camph. *Cann-i.* cann-s.$_{c2,k}$ **Canth.** *Caps.* carb-ac. *Caust. Chim.*$_{c2,k}$ *Chinin-s.* cinnb.$_{c2}$ colch. coloc. *Con.*$_{c2,k}$ *Cop.*$_{c2,k}$ *Cub. Dig. Dulc.* **Equis-h.**$_{c2,k}$ *Ery-a. Eup-pur.*$_{c2,k}$ *Fab.*$_{brl,c1,*}$ ferr-p.$_{c2,k}$ *Gels. Hell.*$_{c2,k}$ *Hydr. Hyos.* kali-ar. kali-bi. kali-c. kali-chl.$_{c2,k}$ kali-m.$_{c2}$ **Lach.** lil-t. lith-c. **Lyc.**$_{c2,k}$ *Med. Merc. Merc-c.* methyl.$_{c2}$ musa$_{c1,c2}$ mut.$_{awy1}$ *Nit-ac. Nux-v.* pareir. petr. petros.$_{c2}$ ph-ac. pip-m.$_{c2}$ plb-xyz.$_{c2}$ polyg-h.$_{ptk1}$ pop. prun.$_{c2,k}$ **Puls.** *Rhus-t.* sabal$_{c2,pd}$ *Sabin.*$_{c2,k}$ **Sars.** saur.$_{brol}$ senec. seneg. **Sep.**$_{c2,k}$ solid.$_{ptk1}$ squil. stram. *Sulph.* tarent.$_{c2,k}$ tax.$_{c2}$ **Ter.**$_{c2,k}$ thuj.

Entzündung: ...
tritic.$_{brl}$ uva$_{c2}$ verat-v. vesi.$_{c2}$ xanrhoe.$_{brl}$
☞ *Katarrh* / ❑ *Urin - Sediment - eitrig*
◆ **abwechselnd** mit:
• **Bronchitis**: cop.$_{bg2}$
– **chronische** Zystitis: ars.$_{bg1}$ eup-pur.$_{bg1}$ *Fab.*$_{c1}$ *Kali-m.*$_{vh}$ santin.$_{c2}$ sep.$_{brol}$ *Sulph.*$_{bg1}$ tub.$_{brl,brol}$
– **eiterartiger** Absonderung nach Steinoperation; mit: mill.
– **Entbindung**, während der: staph.$_{brol}$
– **Erkältung**, durch: bamb-a.$_{stb2}$ **Dulc.** *Sulph.*
– **Hämorrhoiden**:
• **Unterdrückung** von; nach: *Nux-v.*
– **Kopfschmerzen**; mit: rhus-t.$_{k2}$
– **Menses**:
• **vor**: senec.$_{brol}$
• **Unterdrückung** der Menses; nach: *Nux-v.*
– **Pochen**, Klopfen am ganzen Körper; mit: sabin.$_{brl}$
– **Scharlach**, nach: *Canth.*
– **Schmerz** und fast klarem Blut; mit heftigem: *Nit-ac.*
– **Schwangerschaft**; während der: eup-pur.$_{pd}$
– **Verletzungen**, nach: *Arn. Staph.*
– **wiederkehrend**: lyc.$_{h}$ puls.$_{h}$ sep.$_{h}$
○ **Blasenhals**: *Apis* aspar. *Caps. Chim. Clem. Cop. Dig.* elat. hyos. *Merc-c. Merc-i-r. Nux-v. Petros. Puls. Sars. Senec.*

Enuresis
☞ *Urinieren - unwillkürlich*

Enuresis nocturna
☞ *Urinieren - unwillkürlich - nachts*

Erschütterung, empfindlich gegen: *Bell.*$_{hr1,k}$

Fallen; als würde die Blase:
– **Seite**, auf die er liegt; auf die: puls. *Sep.*
– **vorne**; nach: nux-m.$_{bg1}$

Fröste breiten sich nach dem Urinieren vom Blasenhals aus: *Sars.*$_{hr1,k}$

Gangrän: canth.$_{bg2,k,*}$

Gas kommt aus der Blase: sars.$_{k,kl2}$●

Gefühllosigkeit
☞ *Empfindungslosigkeit / Harndrang - abwesend / Völlegefühl - Empfindung*

Geschwüre: all-s.$_{hr1,k}$ arg-n.$_{k2}$ canth.$_{bg2,k,*}$ *Eup-pur.*$_{hr1,k}$ hep.$_{k2}$ *Merc-c.* merc-i-r.$_{hr1,k,*}$ petr.$_{bg2}$ puls.$_{bg2}$ ran-b.$_{bg2,k,*}$ sep.$_{bg2}$ sulph.$_{bg2}$
– **Nierensteine**, durch: all-s.$_{hr1,k}$
– **Symptome** von Ulzeration: *Hydr.*

Hämorrhoiden: acon. ant-c. borx. *Canth.* carb-v. euph. *Ham. Nux-v. Puls.* staph.$_{bg1}$ sulph. thuj.$_{bg1}$
– **blutend**: ars. **Calc.** carb-v. ferr. *Ham.* lyc. merc. *Nit-ac.* nux-v. thuj.$_{bg2}$

Harndrang (= krankhafter Drang): *Acon.* aesc. agar. aloe alum. *Alumn. Am-c.* am-m. anac. androc.$_{srj1}$ ant-c. *Ant-t.* **Apis** arg-met. **Arg-n.** *Arn.* ars. ars-i. ars-s-f.$_{k2}$ aspar. *Aur-m. Bar-c.* bar-m. bar-s.$_{k2}$ **Bell.** *Benz-ac.* **Berb.** borx. bov. **Bry.** *Cact.*

Harndrang: ...
Calc. calc-p.k2 calc-sil.k2 **Camph.** **Cann-i.** **Cann-s.** **Canth.** *Caps.* carb-an. carb-v. carbn-s. *Card-m.* *Carl.*c2 castm. **Caust.** *Cham.* chel. **Chim.** *Chin.* chinin-ar. chinin-s. cimic. cina *Clem.* *Coc-c.* coch. coff. *Colch.* *Coloc.* *Con.* *Cop.* cortiso.gse croc. crot-t. *Cub.* cupr. cycl. *Dig.* *Dros.* *Dulc.* equis-h. ery-a. *Eup-pur.* euph. *Ferr.* ferr-p. *Graph.* *Guaj.* ham. *Hell.* hep. hydr. *Hyos.* *Ign.* iod. *Ip.* kali-ar. *Kali-bi.* **Kali-c.** *Kali-chl.* kali-i. kali-m.k2 *Kali-n.* kali-p. kali-s. kali-sil.k2 *Kreos.* lac-c.k2 lach. laur. led. **Lil-t.** *Lyc.* *Lyss.* mag-c. mag-m. mang. meny. meph. *Merc.* **Merc-c.** mez. mit.c2,k morph. *Mur-ac.* nat-c. **Nat-m.** nat-p. nat-s. *Nit-ac.* **Nux-v.** olnd. par. petr. **Ph-ac.** *Phos.* *Plan.* plb. *Podo.* prun. **Puls.** *Rhus-t.* ruta sabad. **Sabin.** samb. sarr. **Sars.** *Sec.* sel. *Senec.* *Seneg.* **Sep.** sil. *Spig.* spong. **Squil.** stann. **Staph.** stram. stront-c. **Sulph.** tarax. **Thuj.** valer. verat. verb. *Vesp.* vib. *Viol-t.* *Zinc.* zinc-p.k2

– **Tag** und Nacht: *Apis* arg-met. cact. *Carb-v.* castm. kali-c. kali-i. mag-c. mag-m. merc. nat-c. nat-m. *Rhus-t.* sars. sil. sulph. thuj.

– **tagsüber**: ferr-p.hr1,k kali-bi. led. mag-m.h,kl *Mang.* phos.h,kl

– **morgens**: *Alum.* am-m. ambr.bg2,k berb. coc-c.a1,k coff. graph. lil-t. ruta senec.a1,k *Sep.* **Sulph.** thuj.bg1

• **8** h: puls.

• **8** - 9 h: ferr.

• **Aufstehen**, beim: berb. mez. plan.a1,k **Sulph.** thuj.bg2

• **Erwachen**, beim: apoc.a1,k bamb-a.stb2 chinin-s. hep.a1,k merc. mez. *Sars.*

• **früh** morgens: carb-v.h,kl

– **vormittags**: aloe mez.a1,k

• **10** h: am-m. *Equis-h.*

– **nachmittags**: bell.bg2,k chinin-s. cic.a1,k equis-h. ferr.a1,k hyper.a1,k indg.a1,k lil-t. merc. merc-sul.a1 *Nux-v.*a1,k petr. sabad. *Sulph.*

– **abends**: aloe alum. am-c.bg2,k *Bell.*bg2,k *Coloc.* guar. guare.a1 kreos. *Lyc.*a1,k nat-m.a1,k nux-m. pall.a1 *Puls.* *Sabad.*bg2,k,* *Sep.* *Sulph.*a1,k thuj. *Zinc.*h,k

• **21** h, beim Erwachen: mag-c.h

• **Liegen**, beim: lyc.a1,k zinc.h,kl

– **nachts**: agar.a1,k *Alum.*bg2,k alum-sil.k2 am-c.bg2,k am-m.bg2 anac.bg2,k androc.srj1 ant-c.h,kl ant-t.bg2,k apis arg-n.a1,bg2 *Arn.*bg2,k *Ars.*bg2,k *Ars-i.* ars-s-f.k2 *Aur-m.*hr1,k bar-c.bg2 *Bell.*bg2,k *Borx.* bov.bg2 bry.bg2,k *Calc.*bg2,k calc-i.k2 calc-p.bg2 calc-sil.k2 carb-an.bg2 carb-v.bg2,k,* carbn-s. caust.bg2,k,* cench.k2 chim. cina clem.a1,k coff.bg2 *Con.*bg2,k croc.a1,k cupr.bg2,k daph.bg2 **Dig.**bg2,k,* dros.bg2 equis-h. *Ery-a.* euphr.a1,k gink-b.sbd1 *Graph.*bg2,k hep.bg2,k,* hyper.a1,k iod.bg2,k,* kali-ar. *Kali-bi.* kali-c. kali-m.k2 kali-p. kali-s. kali-sil.k2 *Kreos.*bg2,k lac-c.bg2 *Lach.*bg2,k,* **Lyc.** mag-c.bg2,k,* *Mag-m.*bg2,k,* med. meph.bg2,k *Merc.*bg2,k,* mez. mur-ac.a1,k nat-ar. nat-c.bg2,k *Nat-m.*bg2,k,* nat-p.a1,k nicc.a1,k *Nit-ac.*a1,k nux-m. *Nux-v.*bg2,k op.bg2 petr.bg2,k,* ph-ac.bg2,k *Phos.* puls.bg2,k *Rhus-t.*bg2,k sabin.bg2,k *Samb.*bg2,k sang.bg2 sars.bg2 sec.a1,k sep.bg2,k,* **Sil.**bg2,k,* spig.bg2,k squil.bg2,k stram.bg2,k,* stry.a1 sul-ac.bg2,k sul-i.k2 **Sulph.**bg2,k,* syph. tab. *Thuj.*bg2,k wies.a1 zinc. zinc-p.k2

• **Mitternacht**: ant-t.a1,k hydrog.srj2 nat-c.a1,k sulph.a1,k

• **um**:

• **0** - 3 h: acon.

• **nach**:

• **2** h: anth. con. hyper. puls. uran-met.

• **3** h: *Dig.* sarr.

• **3.30** h: canth.

• **4** h: mag-c.h merc.

• **Erwachen**, beim: ant-c.h ant-t. caust. dig. euph. hep. lunakg1 mag-m. murx. sil. staph.

• **Koitus**, nach: *Nat-p.*a1,k

– **Abdomens**; bei Berührung des: acon.a1,k

– **Abwärtsdrängen** im Becken; mit: lac-c. *Lil-t.* **Sep.**

– **abwesend**: **Ars.** bell. calad. **Caust.** ferr. hell. *Hyos.* *Lac-c.* mag-m.k2 op. *Ox-ac.* pall. *Phos.* *Plb.* stann. verat.

• **Ausdehnung** der Blase; mit: **Ars.** *Calad.* **Caust.** fl-ac. hell. *Hyos.* op. pall. *Phos.* *Plb.* stann. verat.

• **Urin** geht reichlich ab: phos.

– **alten** Frauen, bei: cop.

– **ängstlich**: **Acon.**h,k,* agn.bg2 *Ars.* **Carb-v.**bg2,k,* *Cham.*bg2,k cur. **Dig.** graph.bg2,k,* ph-ac. phyt. sep.bg2,k til.

☞ ❑ *Gemüt - Angst*

• **Urinierens**; zu Beginn des: **Acon.**

– **anhaltend**: absin.a1,hr1,* *Acon.*hr1,k agar.hr1,k all-s. am-c. am-m. anac.hr1,k ant-c. **Apis** apoc.a1,k aran. *Arn.* ars. ars-i. ars-s-f.k2 asar.hr1,k aur. aur-ar.k2 *Aur-m.* aur-s.k2 bar-c. bar-i.k2 bar-m. bar-s.k2 *Bell.*a1,k *Berb.* brach.hr1,k brom.hr1,k *Cact.*hr1,k cain. calc.a1,k cann-i. cann-s.k2 **Canth.** carbn-s. *Caust.* chel.a1,k *Chim.* clem.k2 coc-c.a1,k *Colch.*a1,k **Con.**hr1,k,* *Cop.*hr1,k,* crot-t. *Cycl.* **Dig.**hr1,k,* *Dios.*hr1,k *Dulc.*hr1,k **Equis-h.** **Ery-a.** eup-pur.hr1,k,* *Ferr.*hr1,k,* ferr-ar. ferr-p. gali.c2 graph. *Guaj.*a1,k ham.a1,k *Hell.*hr1,k hep. ign. indg.a1,hr1 iod.hr1,k kali-ar. *Kali-bi.*hr1,k *Kali-c.*hr1,k kali-m.k2 kali-p. kali-s. kali-sil.k2 **Lac-c.**hr1,k **Lil-t.**hr1,k *Lyc.*a1,k lyss. **Merc.**hr1,k,* **Merc-c.** merc-i-r. mill.hr1,k morph. mur-ac. nat-ar. nat-c.a1,k nat-m.a1,k nat-p. *Nux-m.* *Nux-v.* onos.c2 oxyt.c2 **Pareir.** petr.hr1,k *Petros.*hr1 ph-ac.hr1,k phos.a1,k phys.a1 *Prun.* *Puls.* pyrusc2 rumx. ruta sabad.a1,k sabin.k2 sang. sec. *Seneg.*c2 *Sep.*c2,k *Sil.*hr1,k,* *Squil.* *Staph.* **Stry.**a1,k sul-ac.a1,k **Sulph.**hr1,k,* sumb.hr1,k,* tab.a1,k tarent.a1,k *Ter.*c2 *Thuj.* tritic.c2 valer.a1,k verat.a1,k viol-t. zinc.

• **tagsüber**: kali-bi.hr1,k

• **abends**, im Liegen: lyc.a1,k

• **nachts**: *Apis* **Dig.**a1,k *Ery-a.* *Lil-t.* *Merc.*hr1,k *Sabal*bro1 thuj.

• **Erektionen**, mit: mosch.hr1,k *Rhus-t.*hr1,k

• **jede** zweite Nacht: bar-c.

• **Abkühlung**, Kaltwerden; durch: *Dulc.* lyc.

• **aufgetriebene** Blase mit Abgang nur weniger Tropfen: all-s.

• **Entbindung**, nach: op.$_{bro1}$ *Staph.*$_{bro1}$
• **fließendem** Wasser; beim Anblick von: lyss.
• **Prolaps** des Uterus; bei: **Lil-t.**$_{hr1,k}$ **Sep.**$_{k,kl2}$● uva
• **Schmerz** in Leber, Brust und Nieren; mit: *Ferr.*
• **Sitzen**, im: caps. chim.
– **Äpfeln**, nach: mang.$_{h,kl}$
– **Apyrexie**, während der: ant-t. dros. hell. hyos. lyc. ph-ac. phos. thuj.
– **Atemnot**; bei: sul-ac.$_{dgt}$
– **Bewegung**, durch: berb. bry. calc-sil.$_{k2}$
– **Denken** daran; beim: hell. *Ox-ac.* oxyt.$_{c1,pd}$ sanic.$_{rb2}$
– **Druck** im Rektum; mit: nat-m.$_{h2,k,*}$ nat-n.
– **Durst**, mit: ant-t.$_{bg2,k}$ castm. caust.$_{bg2,k}$ ph-ac.$_{bg2,k}$ verat.$_{bg2,k}$
– **Erektionen**:
• **vor**: pyrog.$_{pd}$
• **mit**: hep. kali-p. mosch. nat-c.$_{h}$ *Rhus-t.* sil.
– **Essen**:
• **beim**: mang.$_{h}$
• **nach**: bar-c.$_{h,kl}$ lyc.$_{h,kl}$ nat-p.$_{k2}$
– **Fieber**; während: acon. *Ant-t.* **Apis** *Bell.* bry. canth. caust. dulc. graph. hell. hyos. kali-c. lyc. nux-v. ph-ac.$_{bg2,k}$ *Puls.* rhus-t. sabin. sars. squil. staph. sulph.
– **Frost**; während: *Ant-t.* bry. chin. dulc. lyc. meph. nux-v. ph-ac. phos. puls. sulph.
– **Gehen**, beim: *Alum.* apis$_{bg1}$ bry.$_{a1,k}$ calc.$_{a1,k}$ *Canth.*$_{hr1,k}$ caust.$_{a1,k}$ ferr.$_{a1,k}$ lith-c. nat-m. nat-s. *Phos.* puls. ruta *Sep.* zinc.
– **geistiger** Anstrengung, bei: calc. kali-c.
– **häufig**: *Acon.* act-sp. *Aesc.* aeth. agar. *Aloe Alum.* alum-sil.$_{k2}$ alumn. am-c. am-m. anac. ang. ant-c. *Ant-t.* **Apis** aran. **Arg-met.** *Arg-n.* **Arn.** ars. *Ars-i.* *Aspar. Aur-m.* **Bar-c.** bar-i.$_{k2}$ **Bar-m.** bar-s.$_{k2}$ **Bell.** *Benz-ac. Berb. Borx. Bov. Bry. Cact. Calc.* calc-i.$_{k2}$ *Calc-p.*$_{k,k2}$ camph.$_{hr1}$ *Cann-s.* **Canth.** *Caps. Carb-an. Carb-v.* carbn-s. **Caust.** cedr. *Cham. Chel.* **Chim.** *Chin.* chinin-ar. chinin-s. *Chlol.* cic. *Cimic. Cina Clem.* cob. **Coc-c.** *Cocc.* coff. **Coloc.** *Con.* conv. *Cop.* corn. *Cub. Cupr.* cur. *Cycl.* daph. **Dig.**$_{br1,k}$ *Dios. Dros.* dulc. echi. *Equis-h.* erig. *Ery-a. Eup-pur.* euph. euphr. ferr-p. *Fl-ac. Gels. Guaj. Guare.* ham. **Hell.** *Hep.* hydrog.$_{srj2}$ *Hyos. Ign. Indg.* inul.$_{br1}$ iod. ip.$_{h}$ kali-ar. kali-bi. *Kali-c. Kali-i.* kali-m.$_{k2}$ **Kali-n.** *Kali-p.* kali-s. kali-sil.$_{k2}$ kalm. **Kreos. Lac-ac. Lac-c.** lac-d. *Lach. Led.* **Lil-t.** *Lith-c.* **Lyc.** *Mag-m. Mang.* med.$_{br1}$ *Meny.* meph. **Merc. Merc-c.** *Merc-i-r.* mez. morph. *Mur-ac.* murx. nat-ar. *Nat-c.* **Nat-m.** nat-p. *Nit-ac.* nux-m. **Nux-v.** ol-an. *Olnd.* ox-ac. pall. par. *Pareir. Petr. Petros. Ph-ac. Phos.* plb. podo. prun. *Psor.* **Puls.** ran-b.$_{c1}$ raph. rat. rhod. *Rhus-r.* **Rhus-t.** *Rumx.* ruta *Sabad. Sabin. Samb. Sars. Sel. Sep.* sil. *Spig. Spong.* **Squil.** *Stann.* **Staph.** stram. sul-ac. sul-i.$_{k2}$ **Sulph.** sumb. syph. tab. *Tarax. Ter.* **Thuj.** *Tril-p. Uva* verat. verb. *Vesp.* viol-t. zinc. zing.
☞ *Urinieren - häufig*
• **nachmittags**: aloe *Chel.*$_{a1}$ equis-h.
• **abends**: guare.$_{hr1,k,*}$ kreos. *Lyc.* sabad. sep.

– **häufig - abends**: ...
Sulph.$_{a1,k}$ *Thuj.* zinc.
• **nachts**: lina.$_{st}$ mag-s.$_{a1}$ nat-c.$_{a1,h}$ nat-m.$_{a1,h}$ wies.$_{a1}$
• **Tag** und Nacht: aloe apis *Aur-m.* carb-v.$_{h,kl}$ chim. *Ery-a. Lyc.* mag-m. nit-ac. *Rhus-t.*$_{hr1,k}$ senec.$_{hr1,k}$
• **Bewegung** agg.; die geringste: *Berb.*
• **Erkältung**, durch: *Dulc. Eup-pur. Ip. Lyc.*$_{hr1,k}$ puls.
• **Luft**; in trockener, kalter: acon.$_{k1}$
• **Flatus**:
• **Abgang** von; beim: *Puls.*
• **oben** und unten; mit Abgang von Gas nach: cycl.
• **Kinder** und Säuglinge schreien bevor der Urin abgeht: *Borx.* lach. *Lyc.* nux-v. *Sars.*
• **Klimakterium**, im: sars.$_{vh}$
• **Menses**:
• **vor**: *Alum.* apis asar. aur-m.$_{bg2}$ kali-c. **Kali-i.**$_{hr1,k}$ nux-v. phos. *Puls. Sars. Sulph.*
• **während**: calc. nux-m.
• **nach**: cham. puls. sars.$_{h,kl}$
• **unterdrückten**; bei: *Canth.* cham. *Dig.*$_{hr1,k}$ dros. *Gels.* ign. nat-m. **Puls.** sulph.
• **ohne** Abgang von Urin, dann im Sitzen unwillkürlicher Abgang: *Caust.*
• **Prolaps**, mit: alum. aur. lac-c. **Lil-t. Sep.**$_{k,kl2}$● uva$_{vh}$
• **schneidender** Schmerz von der Nabelgegend zur Ovarialregion: coloc.
• **Sitzen** amel.: phos.$_{h,kl}$
• **sofort** uriniert; wenn er nicht:
• **unwillkürlich** abgehen; hat er das Gefühl, der Urin würde: bry.
• **Stehen**, beim: phos.$_{h,kl}$
• **steigt** mit verminderter Menge des Urins an; Harndrang: *Equis-h.* scut.$_{c1}$
• **Tonus** des Schließmuskels; durch Verlust des: apoc. jug-r.
– **Heben** einer Last; nach: *Bry.*$_{bg2,k}$
– **heftig**: *Acon.* ant-c. arg-n. *Arn.* bar-m. berb. borx. *Canth.*$_{hr1,k}$ **Dig.** kreos. led. merc. merc-c.$_{k2}$ *Nat-m.*$_{hr1,k}$ *Petros.* phos. phyt. *Sabin.* sep. *Squil.* sulph. zinc.$_{h,kl}$
• **nachts**: borx. *Sulph.*
• **Menses**, während: ant-t. chin. kali-i. nux-v. rat. sars. *Sep.*
• **Urinieren**, nach dem: berb.$_{hr1,k}$
– **Husten**, beim: ip.$_{h}$
– **hysterisch**: gels.$_{ptk}$
– **Kaffee**, nach: cain. cob.$_{bg2,k,*}$ ign.$_{bg2,k}$ olnd.$_{bg2}$
– **Koitus**, nach: *Nat-p.*$_{k2,vh}$ staph.$_{bro1}$
– **Liegen**, beim: androc.$_{srj1}$ calc-sil.$_{k2}$ ham. lyc. nux-v.
• **Rücken**, auf dem: prun. *Puls.*
• **amel.**: dig.
• **Seite**; auf der rechten: phos. prun.
– **Menses**:
• **vor**: alum. apis asar. aur.$_{bg1}$ canth. kali-c. **Kali-i.** lac-c. nux-v. phos. *Puls.*$_{hr1,k}$ pulx.$_{br1}$ sars.$_{hr1,k}$ *Sulph.*

• **während**: alum. ant-t. apis calc. cham. chin. kali-i. nux-m.$_{a1,k}$ nux-v. phos. puls. rat. *Sars.*$_{a1,k}$ sep.

• **nach**: cham. puls.

– **plötzlich**: agar. *Aloe* ambr.$_{bg2,k}$ androc.$_{srj1}$ ant-t.$_{bg2}$ *Arg-n.*$_{a1,k}$ ars-s-f.$_{k2}$ *Bar-c.*$_{bg2,k}$ bar-s.$_{k2}$ bell.$_{k2}$ *Borx.* bov.$_{a1,k}$ *Bry.*$_{bg2,k,*}$ *Calc.*$_{bg2,k}$ calc-sil.$_{k2}$ *Cann-s.* canth.$_{bg2,k}$ carb-an.$_{bg2,k,*}$ carbn-s. caust. chel.$_{a1,k}$ *Chin.*$_{bg2}$ coc-c.$_{a1,k}$ con.$_{bg2}$ dig.$_{bg2}$ *Ferr.* *Ferr-p.* graph.$_{a1,k}$ *Ign.*$_{bg2,k,*}$ kali-br.$_{hr1,k}$ **Kreos.**$_{bg2,k,*}$ *Lil-t.* mag-c.$_{bg2}$ med.$_{bg1}$ *Merc.*$_{bg2,k}$ nat-c.$_{bg2,k,*}$ *Nat-m.*$_{bg2,k}$ *Nit-ac.*$_{bg2,k}$ ox-ac. pareir.$_{bg2}$ petr. **Petros.**$_{bg2,k,*}$ **Ph-ac.**$_{bg2,k,*}$ *Phos.*$_{bg2,k,*}$ *Prun.*$_{bg2,k}$ *Puls.*$_{bg2,k}$ *Rhus-t.*$_{bg2,k}$ *Rumx.* *Ruta* sabin.$_{bg2}$ **Sep.** spong.$_{bg2,k}$ *Squil.*$_{bg2,k,*}$ **Sulph.**$_{bg2,k,*}$ *Thuj.*$_{bg2,k,*}$ zinc-p.$_{k2}$

• **morgens**: phos.$_{a1,k}$

• **Erwachen**, beim: hep. sulph.

• **nachts**: caust. *Sulph.*

• **Kind** erwacht, kann aber nicht schnell genug aus dem Bett kommen; das: kreos.$_{hr1,k,*}$

• **beeilen** um zu urinieren, sonst geht Urin ab; muß sich: *Agar.* aloe ant-c. *Arg-n.* **Arn.** ars. ars-s-f.$_{k2}$ bar-c. bar-s.$_{k2}$ bell. borx. brom. *Bry.* *Camph.* **Canth.** cic. **Clem.** *Coc-c.* *Colch.*$_{vh}$ cortiso.$_{gse}$ dulc. *Ferr-p.* *Hyos.* kali-br. kali-c.$_{bg1}$ **Kreos.** lath.$_{bg1}$ *Merc.* **Nux-v.** *Petros.* *Phos.* plan. plb. **Puls.** pulx.$_{br1}$ **Sep.** *Squil.* staph. *Stram.* **Sulph.** *Thuj.* verat. zinc. zinc-p.$_{k2}$

☞ *Urinieren - unwillkürlich - Harndrang nicht*

• **beschäftigt** ist, muß sie loslaufen und gibt dann ein paar Tropfen Urin ab; wenn sie eifrig: *Calc.* *Kali-c.*

• **Drüsen** hineinlaufen; als würde Urin in:

• **zurückkommen** und Schmerz in der Harnröhre verursachen würde; und dann: *Prun.*

• **fließendem** Wasser; beim Anblick von: *Canth.* kreos. **Lyss.** sulph.

• **Menses**, während: borx. nat-m.

• **nachgegeben** wird; wenn dem Harndrang nicht:

• **abgegangen**, was aber nicht so ist; Gefühl, als wäre Urin: *Bry.*

• **Stechen** nach vorne in der Harnröhre; mit: nat-c.

– **Prolaps**, mit: uva$_{vh}$

– **Reiten** amel.: lyc.

– **Samenabgang**, nach: borx.$_{h}$ sulph.$_{h}$

– **Schaudern**, mit: hyper.

– **Schmerzen** im Hypogastrium; bei: spig.$_{h}$

– **schmerzhaft**: **Acon.**$_{bg2,k,*}$ *Agar.* alumn. ant-t.$_{hr1,k}$ anth. *Apis* arn.$_{bg2}$ berb. bov. *Cann-s.*$_{bg2,k}$ **Canth.**$_{bg2,k,*}$ *Carb-an.* carbn-s. *Chim.* cocc.$_{bg2}$ con. *Dig.* *Eup-pur.* graph.$_{a1,k}$ hell. ip.$_{h,k1}$ kali-i.$_{hr1,k,*}$ *Lac-c.* laur. *Lil-t.* *Lyc.*$_{hr1,k}$ **Nux-v.**$_{hr1,k}$ **Pareir.** *Phyt.*$_{hr1,k}$ plb.$_{bg2}$ *Prun.*$_{a1,k}$ *Puls.*$_{bg2,k}$ raph.$_{a1,k}$ *Rhus-a.* rhus-r. sabin.$_{bg2}$ sec.$_{bg2,k}$ spig.$_{bg2}$ *Sulph.* thuj. *Uva* verat.

• **Kinder**:

• **greifen** sich an die Genitalien und schreien auf: **Acon.** merc.

– **schmerzhaft - Kinder**: ...

• **springen** vor Schmerzen auf und ab, wenn sie dem Harndrang nicht Folge leisten können: *Petros.*

• **weinen**: apis$_{k2}$ **Borx.** lach. **Lyc.** *Nux-v.* **Sars.**

• **Urinieren**, vor dem

☞ ❑ *Gemüt - Weinen - Urinieren - vor - Kindern*

• **Menses** einsetzen; verschwindet, wenn die: *Kali-i.*

• **Stuhldrang**, mit: aloe *Alum.* *Aphis* canth. caps.$_{pd}$ cic. cub. cupr-ar. cycl. *Dig.* erig.$_{pd}$ ferr.$_{bg2}$ kreos. merc-c.$_{pd}$ nat-m. **Nux-v.** *Prun.* *Rhus-t.* *Staph.* sumb.

– **Schwangerschaft**; während der: acon. *Puls.*$_{k,k12}$●,* sulph. thuj.$_{hr1}$

– **Schweiß**, beim: *Ant-t.* apis arn. **Bry.** canth. *Caust.* dulc. graph. hell. hyos. lyc. **Merc.** mur-ac. *Nux-v.* *Ph-ac.* phos. puls. rhus-t. squil. staph. sulph. **Thuj.**

– **Sitzen**:

• **amel.**: bar-c.$_{h,k1}$ canth.$_{hr1,k}$

• **beim**: caps. caust. chim. clem.$_{bg1}$ phos.

– **Stehen**: canth.$_{hr1,k,*}$ cop. ferr-p.$_{bg1,k2}$ phos.$_{bg2,k,*}$ sars.$_{bg2}$

• **amel.**: sep.$_{bg1}$

– **Stuhlgang**:

• **nach**: abrot. carb-an. *Cic.* fl-ac.$_{dgt}$ phos.$_{h}$

• **amel.**: alum.$_{h}$ am-m.$_{h}$

• **Stuhldrang**; mit: ferr.$_{bg1}$

– **Trinken**, nach dem: bamb-a.$_{stb2}$ podo.

– **Tropfen** gehen bis zum nächsten Stuhlgang ab, dann fließt der Urin reichlich; nur wenige: all-s. am-m.

– **unwiderstehlich**

☞ *plötzlich*

– **Urinieren**, nach dem: am-m. anac. ang.$_{bg2,k}$ apis arn.$_{bg2}$ aur. bar-c.$_{bg2,k,*}$ bell.$_{k2}$ *Berb.* *Bov.*$_{bg2,k}$ bry.$_{bg2,k}$ cact. *Calc.*$_{bg2,k}$ *Cann-i.*$_{bg2,k}$ canth.$_{k2}$ caps.$_{bg2}$ carb-an. caust. *Chim.* con.$_{bg2,k}$ cop. crot-t. dig.$_{bg2,k}$ *Equis-h.* graph. *Guaj.*$_{bg2,k,*}$ *Hep.* iod. kali-c.$_{h,k1}$ kali-sil.$_{k2}$ lac-c. lach.$_{bg2,k}$ laur.$_{bg2,k,*}$ merc.$_{bg2,k}$ **Merc-c.**$_{bg2}$ mur-ac.$_{bg2,h}$ nat-c.$_{bg2,k}$ *Nux-v.*$_{bg2}$ pareir. phos. plb.$_{bg2}$ prun.$_{bg2}$ *Puls.*$_{bg2,k}$ *Ruta* sabad.$_{bg2,k}$ sabin. sars.$_{bg2}$ *Seneg.* sil.$_{bg2}$ *Stann.* *Staph.*$_{bg2,k}$ sulph.$_{h,k1}$ sumb. thuj. verat. viol-t.$_{bg2,k}$ zinc.$_{bg2,k,*}$ zinc-p.$_{k2}$

– **vergeblich**: *Acon.*$_{bg2,k,*}$ agar.$_{bg2}$ alum.$_{bg2,k}$ alum-sil.$_{k2}$ am-c.$_{bg2}$ am-m. anac.$_{bg2}$ ang.$_{bg2}$ ant-c.$_{bg2}$ ant-t.$_{bg2}$ *Apis* **Apoc.**$_{k,k2}$ aran. arg-n.$_{a1,k}$ **Arn.**$_{bg2,k}$ **Ars.**$_{bg2,k,*}$ ars-s-f.$_{k2}$ atro. aur.$_{bg2,k}$ aur-ar.$_{k2}$ aur-m.$_{bg2}$ aur-s.$_{k2}$ bar-m. *Bell.*$_{bg2,k,*}$ *Borx.* brom.$_{bg2}$ bry.$_{bg2}$ *Cact.*$_{bg2,k,*}$ *Calc.*$_{bg2,k,*}$ calc-sil.$_{k2}$ *Camph.*$_{bg2,k}$ *Cann-i.*$_{bg2,k,*}$ **Canth.**$_{bg2,k,*}$ *Caps.*$_{bg2,k}$ carb-ac.$_{bg2,k,*}$ *Carb-an.* *Carb-v.*$_{bg2}$ carbn-s. **Caust.**$_{bg2,k,*}$ cedr.$_{hr1,k}$ *Cham.*$_{bg2,k}$ chel.$_{bg2,k,*}$ **Chim.** *Chin.*$_{bg2,k}$ chinin-ar. cic.$_{bg2}$ *Cimx.* *Clem.*$_{bg2,k}$ coc-c.$_{bg2,k,*}$ coff.$_{bg2,k}$ coff-t.$_{a1}$ colch.$_{bg2,k}$ *Coloc.*$_{a1,k}$ *Con.*$_{h,k,*}$ *Cop.*$_{bg2,k,*}$ crot-h.$_{bg2}$ *Cupr.*$_{bg2,k}$ *Cycl.* der.$_{a1}$ **Dig.**$_{bg2,k,*}$ dol. dros.$_{bg2}$ dulc. **Eup-pur.** euph.$_{bg2}$ ferr-i.$_{a1,k}$ fl-ac.$_{bg2}$ gels. graph.$_{bg2,k}$ *Guaj.* **Hell.**$_{bg2,k}$ hep.$_{bg2,k}$ **Hyos.**$_{bg2,k}$ iod.$_{bg2}$ *Ip.* *Kali-ar.* *Kali-c.*$_{bg2,k}$ kali-chl.$_{bg2}$ kali-m.$_{k2}$ *Kali-p.* kali-s.

– **vergeblich**: ...
kali-sil.$_{k2}$ kreos.$_{hr1,k,*}$ *Lach.*$_{bg2,k,*}$ *Laur.*$_{bg2,k}$ led.$_{bg2}$ *Lyc.*$_{bg2,k,*}$ mag-m.$_{bg2}$ meny.$_{bg2}$ merc.$_{bg2,k,*}$ merc-c. morph.$_{a1,k}$ mur-ac.$_{bg2,k}$ myric. nat-m.$_{a1,k}$ **Nit-ac.**$_{bg2,k}$ nux-m.$_{bg2}$ **Nux-v.**$_{bg2,k,*}$ **Op.**$_{bg2,k}$ *Pareir.*$_{bg2,k}$ paull.$_{a1}$ petr.$_{bg2,k}$ *Petros.* **Ph-ac.**$_{bg2,k,*}$ phel. **Phos.**$_{bg2,k}$ *Plb.*$_{bg2,k,*}$ podo. prun.$_{bg2,k}$ **Puls.**$_{bg2,k}$ rhus-t.$_{bg2,k}$ ruta sabad.$_{bg2}$ sabin.$_{bg2,k}$ *Samb.* **Sars.**$_{bg2,k,*}$ scut.$_{c1}$ sec.$_{bg2,k,*}$ senec. *Sep.*$_{bg2,k,*}$ sil.$_{bg2,k}$ spong.$_{bg2}$ squil.$_{a1,k}$ staph.$_{bg2,k}$ **Stram.**$_{bg2,k}$ sulph.$_{bg2,k}$ sumb. tarent.$_{a1,k}$ ter.$_{bg2}$ thuj.$_{bg2,k}$ verat.$_{bg2,k,*}$ verb.$_{bg2}$ viol-t.$_{bg2}$ vip.$_{a1}$ zinc. zinc-p.$_{k2}$
• **nachts**: alum-p.$_{k2}$ coc-c.$_{a1,k}$ nat-m. *Sep.*
• **Diarrhoe**, mit: cupr.
• **Fieber**; während: ars. canth. dig. hyos. nux-v. *Puls.* rat. sars. sulph.
• **Frost**; während: arn. ars. canth. nux-v. phos. puls. sulph.
• **Kindern**, bei: **Acon.** *Apis* camph. eup-pur. *Lyc.*
• **Kopfschmerzen**, mit: **Con.**
• **Krämpfen** im Rektum; mit: *Caust.*
• **Menses** agg.; während den: *Aur.*
• **pressen** aufhört, geht unwillkürlich Stuhl und Urin ab; wenn er zu: *Arg-n.*
• **Schwangerschaft**; während der: *Lyc.*$_{hr1}$
• **Schweiß**, beim: **Ars.** camph. *Canth.* caust. dig. dulc. hyos. *Nux-v.* *Puls.* sulph.
• **Stehen**, im: *Caust.*$_{h}$ phos.$_{h,kl}$
  • **Sitzen** geht der Urin dann unwillkürlich ab; beim: *Caust.*
• **Stuhldrang**, mit: alum. *Canth.* *Dig.* nat-m. *Nux-v.* sumb.
– **verheirateten** Frauen; bei frisch: **Staph.**
– **Wasser**:
• **Ausgießen** einer Flüssigkeit; beim: ham.$_{a1,k}$
• **Hören** von laufendem Wasser oder beim Hineinstecken der Hände in; beim: asim. canth. kreos. **Lyss.** sulph.$_{k,kl2}$●

Harntröpfeln

☞ *Urinieren - tröpfelnd*

Harnverhaltung

Harnverhaltung: **Acon.**$_{c2,k}$ aesc. agar. agar-ph.$_{c2}$ all-c. alum. alum-p.$_{k2}$ alum-sil.$_{k2}$ **Am-c.** anis.$_{c1}$ ant-t. anthraco.$_{c1}$ ap-g.$_{c2,k}$ **Apis** *Apoc.* arg-met. **Arn.** **Ars.** *Ars-i.* ars-s-f.$_{k2}$ aspar. atro. aur. aur-ar.$_{k2}$ aur-i.$_{k2}$ aur-s.$_{k2}$ *Bar-c.* bar-i.$_{k2}$ bar-m. bar-s.$_{k2}$ **Bell.** bism. *Borx.* bufo *Cact.* *Calc.* calc-i.$_{k2}$ calc-s. calc-sil.$_{k2}$ *Camph.*$_{c2,k}$ *Cann-i.* *Cann-s.* **Canth.** *Caps.* carbn-s. card-m. **Caust.** chel. *Chim.* chin. chinin-ar. *Cic.* cimic. cinnb. *Clem.* coc-c. coch. *Colch.* *Coloc.* **Con.** cop. *Crot-h.* *Cupr.* *Dig.*$_{br1,k}$ dios. *Dulc.* elaps ephin-m.$_{rwp1}$ equis-h.$_{c2}$ eup-pur.$_{c2}$ *Euph.* **Gels.** graph. *Hell.* helon. *Hep.* *Hyos.*$_{c2,k}$ hyper. ign. *Iod.* *Ip.* iris kali-ar. kali-bi.$_{bg3}$ *Kali-chl.* kali-i. kali-m.$_{k2}$ kreos. *Laur.* led. **Lyc.** mag-m.$_{k2}$ *Mag-p.* mag-s. medus.$_{c2}$ merc. merc-c. merc-cy. mez. morph. mur-ac. *Nit-ac.* nux-m. **Nux-v.** **Op.**$_{c2,k}$ ox-ac. **Pareir.** petr. ph-ac. phos. *Phyt.* *Plb.* *Polyg-h.* *Prun.* *Puls.* ran-s. *Rhus-t.* ruta *Sabin.* *Sars.* *Sec.* sep. sil. solid.$_{c2}$ stann. *Staph.* stigm.$_{c2}$ *Stram.* sul-ac. sul-i.$_{k2}$ *Sulph.* **Tarent.** **Ter.**$_{c2,k}$ *Thuj.*

Harnverhaltung: ...
tub. urt-u. *Verat.* *Zinc.* zinc-p.$_{k2}$ zing.$_{c2}$
☞ *Urinieren - verzögert*
– **abends**: borx.
– **nachts**:
• **Mitternacht**:
  • **nach**, 3 - 6 h: pareir.
◆ **begleitet** von:
• **Zunge**:
  • **schmutzige** Farbe der Zunge: *Camph.*$_{kr1,vk1}$
– **Absonderungen**; durch unterdrückte:
• **Hautausschläge**; oder: camph.$_{bro1}$
– **alten** Männern, bei: *Caust.*$_{st}$ *Con.*$_{st}$ lyc.$_{st}$ op.$_{st}$ pareir.$_{st}$ plb.$_{st}$ *Puls.*$_{st}$ sars.$_{st}$ sep.$_{st}$ sil.$_{st}$ *Solid.* staph.$_{st}$ sulph.$_{st}$ *Ter.*$_{st}$ *Zinc.*$_{st}$
– **Anstrengung**, nach: **Arn.**$_{hr1,k}$ **Caps.** **Rhus-t.**
– **Anwesenheit** anderer nicht urinieren; kann in: *Ambr.*$_{bro1}$ hep.$_{bro1}$ mur-ac.$_{bro1}$ **Nat-m.** tarent.$_{pd}$
– **Ataxie**; bei lokomotorischer: *Arg-n.*
– **Bier**, nach: *Nux-v.*
– **Blutandrang** zum Gehirn: bell.$_{k2}$
– **Blutgerinnsel**, durch:
• **Blase**, in der: cact. caust.
• **Vagina**, in der: cact.$_{k2}$ coc-c.
– **chirurgische** Eingriffe; durch: caust.$_{bro1}$
– **Cholera**, bei: *Camph.* *Canth.* lach. op. **Verat.**$_{hr1,k}$
– **chronisch**: *Calc.* *Iod.*
– **Dysenterie**, bei: **Arn.** merc.
– **Entbindung**, nach der: acon.$_{bg2}$ *Arn.*$_{bg2,k}$ **Ars.**$_{hr1,k}$ *Bell.*$_{bg2,k,*}$ canth. **Caust.** *Equis-h.* *Hyos.* ign.$_{bg2,k}$ lyc. *Nux-v.* *Op.*$_{hr1,k}$ *Puls.*$_{hr1,k}$ rhus-t. sec. sep. stann. *Staph.* stram.
– **Erkältung**:
• **durch**: *Acon.* *Caust.* *Cop.* *Dulc.* *Puls.* sulph.
– **Erschütterung**: arn.$_{k2}$
– **Fieber**; während: ferr-p.$_{ptk1}$ op.$_{ptk1}$
– **Frost**, bei: apis arn. canth. hyos. lyc. op. puls. stram.
– **Gefühl** von Harnverhaltung:
• **Husten**; mit Harndrang beim: ip.$_{h}$
• **Zusammenziehung** des Schließmuskels; durch: sulph.
– **Hysterie**, bei: **Zinc.**$_{c2,k}$
– **kalt**:
• **Luft**; durch Einwirkung kalter: *Caust.*
• **Stehen** auf kaltem Pflaster: *Calc.*
– **Kindern**, bei: *Acon.* **Apis** *Art-v.* bell. *Benz-ac.* calc. *Caust.* *Cop.* *Dulc.* eup-pur. ferr-p. *Gels.* ip. *Op.*
• **erkältet**; jedesmal, wenn sich das Kind: **Acon.** cop. *Dulc.* puls. sulph.
• **Neugeborenen**, bei: **Acon.**$_{k,k2}$ *Apis* *Ars.* benz-ac. *Camph.* *Canth.* *Caust.* erig. hyos. *Lyc.* nux-v.$_{j5}$ puls.
  • **leidenschaftlichem** Ausbruch der Stillenden; nach: *Op.*
• **weint** die ganze Nacht wegen Harnverhaltung; das Kind: acon.$_{hr1,k1}$
– **Kolik**, bei: arn. *Coloc.* **Plb.**$_{a1,k}$ thuj.$_{a1,k}$
– **Kopfschmerzen**, bei: con.$_{hr1}$
– **Menses**, während: ham. kali-bi.

– **Nässe**:
 • **Füße**; nach Naßwerden der: *All-c. Rhus-t.*
– **Neugeborenen**, bei
 ☞ *Kindern - Neugeborenen*
– **Operation**, nach: **Caust.**bro1
– **Prostata**, durch vergrößerte: *Apis* bell. benz-ac. *Cact.* canth. *Chim.*hr1,k *Chin.* con. **Dig.** ferr. hyos. kali-i. merc-d. morph.bro1 pareir.hr1,k *Puls.* sep. **Staph.** stram. zinc.bro1
– **schmerzhaft**: acon.bg2,k *Arn.*bg2,k ars. *Aur.*bg2,k,* bell. borx. calc-p. **Canth.**bg2,k,* caps. **Caust.** cop. crot-h. cupr.a1,k *Dulc.*a1,k *Lyc. Nit-ac.* **Nux-v.** *Op. Pareir. Puls.*bg2,k sabin. *Sars.* sul-ac. *Ter.*
 • **Abdomen**; bei Schmerz im: cham.h
 • **Harndrang** beim Liegen auf dem Rücken; mit: *Puls.*
 • **Rektum** und Anus; mit Schmerz in: cop.br1
– **Schreck**, nach: acon. bell.k2 **Op.**hr1,k
– **Schwangerschaft**; während der: hep.h,k1
– **Schweiß**:
 • **unterdrückten**; durch: colch.k2
– **Sitzen** amel.; nach hinten gebeugtes: *Zinc.*
– **Tröpfeln**, mit
 ☞ *Urinieren - tröpfelnd*
– **tropfenweiser** Abgang von Urin
 ☞ *Urinieren - tröpfelnd*
– **Überdehnung**, nach
 ☞ *Lähmung - Überdehnung*
– **Verletzung**; durch: arn.k2

Harnwege; Beschwerden der:
◆ **begleitet** von:
 • **Atmung**; schwierige
 ☞ ❑ *Atmung - Atemnot - begleitet von - Harnwege*

Hitze in der Blase: **Acon.**hr1 *All-c.*hr1,k canth.a1,k dig.br1 elat.hr1 *Puls.*hr1,k *Senec.*a1,k sulph.k2

Inkontinenz
 ☞ *Urinieren - unwillkürlich*

Jucken:
○ **Blasengegend** mit Harndrang, agg. nachts; in der: *Sep.*
– **Blasenhals**: ign.a1,bg1 plb.a1
 • **morgens**:
 • **Bett**; im: *Nux-v.*

Kälte darin; Gefühl von: lach.bg1 lyss.hr1,k,* sabalptk1 syzyg.bg1
◇ **abwechselnd** mit Hitze: coc-c.a1,k
▽ **erstreckt** sich zu den Genitalien: sabalptk1

Katarrh mit Eiter und Schleim: alum.k2 alumn. *Ant-c. Apis* arg-met.k2 aspar. **Benz-ac.** berb.k2 *Calc.* calc-p.k2 calc-s. calc-sil.k2 cann-s. *Canth.* carb-ac. *Carb-v. Carbn-s. Caust. Chim.* chinin-s. coff. coll. **Coloc.** *Con. Cop.* cub.c1,k **Dulc.** *Equis-h.* erig. eucal. *Eup-pur. Ferr. Gels.* ham. hep.k2 *Hydr.* hydrang.c2 indg. kali-c. *Kali-chl.* kali-p. kali-s. kali-sil.k2 *Lach.* **Lyc.** med. mill. nat-m. **Nux-v.** pareir.c2,k *Petr. Ph-ac. Phos.* plb. pop.c2,k **Puls.**c2,k rhod. rhus-t. sabin.k2 *Sars. Senec. Seneg.*c2,k *Sil.* silphu.c2 **Sulph.** *Ter.* thuj.k2 tril-p.c1,c2 **Uva**

Katarrh mit Eiter und Schleim: ... vichy-g.c2
 ☞ ❑ *Urin - Sediment - eitrig*
◆ **begleitet** von:
 • **Zunge**:
 • **braune** Farbe der Zunge:
 • **dicker** Belag: uvakr1,vk1
– **alten** Menschen, bei: *Alumn. Carb-v.* kali-p.k2 sulph. *Ter.*
– **Gonorrhoe**, durch unterdrückte: benz-ac. cub. *Med. Puls.* sil. *Thuj.*
– **Hämorrhoiden**; bei Personen mit: coll.

Knorpelige Verhärtung: pareir.hr1,k

Krampf: *Berb.*hr1,k *Caps. Carb-v.*hr1,k carbn-s. chin-b.hr1 coc-c.a1,k mag-p. *Nux-v.*hr1,k *Op.*a1,hr1 ph-ac. plb.hr1,k prun.hr1,k,* puls.ptk1 ruta *Sars.*hr1,k sep. zinc.hr1,k,*
– **nachts**: prun.a1,k
– **Operation**, nach: coloc.ptk1 hyper.ptk1
– **Urinieren**:
 • **beim**: carbn-s.
 • **nach**: caust. *Nat-m.*
– **zusammenkrümmen**, muß sich: prun.

Krampfartige Tätigkeit der: calc-p. tarent. zinc-p.k2

Krebs: blatta-o.gm1 chim.gm1 congo-r.gm1 crot-h.hr1 equis-h.gm1 sabalgm1 staph.gm1

Kribbeln nach dem Urinieren: *Lyc.*

Kugel darin; Gefühl einer: anac.bro1 crot-h. kreos.pd *Lach.* naja santa.bro1
– **hervorgepreßt**; als würde eine Kugel von hinter dem Blasenhals: kali-br.

Lähmung: acon.h,k,* agar. *Alum.* alum-p.k2 alum-sil.k2 arg-n. *Arn.* **Ars.** ars-s-f.k2 aur. *Bell.*bg2,k,* *Cact.*c2,k *Camph.* *Cann-s.*bg2,k,* *Canth.*bg2,k *Carb-an.* carb-v. carbn-s. **Caust.**bg2,k *Cic.*bg2,k,* *Cupr.* **Dulc.**bg2,k *Ferr-p.*c2 form. **Gels.**a1,k hell.bg2,k helon. hep.k2 *Hyos.*bg2,k,* kali-p. *Lach.*bg2,k *Laur.*bg2,k,* mag-m. *Merc.* mur-ac. narcot.c2 nat-p. **Nux-v. Op.**bg2,k,* phos. *Plb.*a1,k psor. *Puls. Rhus-t. Sec.*bg2,k,* *Sil.* staph. *Stram.*a1,k *Stry.* stry-xyz.c2 *Sulph.* tab.bg2,k,* thuj.bg2,k **Zinc.** zinc-p.k2
– **tagsüber**: thuj.
– **alten** Menschen, bei: **Ars.** bell.st camph.st *Cann-s.* canth.st *Caust.*st *Cic.* con. *Equis-h. Gels.* kali-p. lach.st lyc.st mur-ac.st nat-m.st op.st phos.st *Sec.* sil.st *Sulph.*st thuj.
– **Entbindung**; kein Harndrang nach der ●: **Ars.** canth. **Caust.**k,kl2● ferr. *Hyos.* kreos. nux-v. phos. zinc.
– **hysterischen** Personen, bei: ign.bro1 **Zinc.**
– **Laparotomie**, nach: op.ptk1
– **Überdehnung**, nach: ars. *Canth.* **Caust.** hell. hyos. *Nux-v. Rhus-t. Ruta* stry. *Sulph.*
– **Zurückhalten** des Urins scheint die Blase zu lähmen; gewaltsames: *Ars. Canth.* **Caust.** *Gels.* hell. hyos. *Rhus-t. Ruta*

Lähmungsartige Schwäche: cod.$_{a1,k}$ *Morph.*$_{a1,k}$ op. **Sulph.**
☞ *Schwäche*
– **Gefühl** von Schwäche, abends, so daß er fürchtet, er werde das Bett einnässen: alum.
○ **Blasenhals**: agar. atro. bar-c. cadm-s. canth. cub. op. stram.
– **Schließmuskel**: agar. apoc. *Bell.* canth. chlf.$_{c2,hr1}$ *Gels.* jug-r. *Phos.* plan. puls. *Tab.*

Leeregefühl: colch. dig.$_{bg2,k,*}$ *Stram.*$_{bg2,k,*}$ sumb.$_{a1,k}$
– **aufgetrieben**, wenn: lycps-v.$_{ptk1}$
– **Schmerzen**, mit: calc-p.$_{ptk1}$
– **Urinieren**, nach unwillkürlichem: helon.$_{ptk1}$

Luft kommt aus der
☞ *Gas*

Nervöse Blase
☞ *Harndrang - vergeblich*

Polypen: ant-c. **Calc.**$_{bg2,k}$ con.$_{bg2,k}$ graph. lyc. merc.$_{bg2,k}$ phos. puls.$_{bg2,k}$ sil.$_{bg2,k}$ staph.$_{bg2}$ **Teucr.** thuj.$_{bg2,k}$

Pulsieren: berb. canth.$_{bg2,k}$ *Dig.*$_{hr1,k}$ dulc.$_{bg2}$ sabin.$_{k2}$
– **Urinieren**, vor dem: *Dig.*$_{hr1,k}$
○ **Blasenhals**: epig.$_{bg1}$

Qualvolle Dysurie: acon.$_{bg3}$

Reizblase
☞ *Harndrang - anhaltend*

Rheumatische Erkrankungen: clem.$_{hr1,k}$ dulc. merl.$_{hr1,k}$

Schläge erstrecken sich zum rechten Oberschenkel; elektrische: fl-ac.

Schmerz: acon.$_{h,k,*}$ aeth.$_{a1,k}$ agn.$_{hr1,k}$ all-c.$_{bg2,k,*}$ alumn.$_{a1,k}$ ambr.$_{bg2,k,*}$ ant-t.$_{hr1,k,*}$ aphis *Apis* arn.$_{hr1,k}$ ars.$_{a1,k}$ ars-s-f.$_{k2}$ **Bell.**$_{bg2,k,*}$ benz-ac.$_{hr1,k}$ *Berb.*$_{bg2,k,*}$ brach.$_{a1,k}$ brom.$_{a1,k}$ *Cact.*$_{hr1,k}$ calad.$_{bg2,k,*}$ calc.$_{bg2,k,*}$ calc-f. *Calc-p.*$_{hr1,k,*}$ cann-i.$_{hr1,k}$ cann-s.$_{bg2,k,*}$ **Canth.**$_{bg2,k,*}$ *Caps.* carb-an. *Carb-v.*$_{hr1,k}$ *Carbn-s.* caul. *Caust.*$_{bg2,k,*}$ *Chel.*$_{hr1,k}$ *Clem.* coc-c.$_{a1,k}$ *Con.*$_{h,k,*}$ cop.$_{hr1,k}$ der.$_{a1,k}$ dirc.$_{a1,k}$ elat.$_{hr1}$ **Equis-h.** *Eup-pur.* *Ferr.*$_{hr1,k,*}$ ferr-ar. ferr-p.$_{hr1,k}$ fil.$_{a1}$ *Fl-ac.*$_{a1,k}$ gal-ac.$_{br1}$ indg.$_{hr1,k,*}$ ip.$_{bg2,k,*}$ jal.$_{hr1}$ kali-bi. kali-br.$_{a1,k}$ lil-t.$_{a1,k}$ *Lith-c.* *Lyc.* merc. merc-c.$_{a1}$ morph.$_{a1,k}$ *Musa*$_{c1}$ nat-ar. nux-m.$_{a1,k}$ nux-v.$_{bg2,k,*}$ ox-ac.$_{k2}$ pall.$_{hr1,k,*}$ pareir.$_{hr1,k}$ ph-ac.$_{a1,k}$ phos. phyt.$_{hr1,k}$ pic-ac.$_{a1,k}$ *Plb.*$_{a1,k}$ polyg-h. prun.$_{hr1,k,*}$ ptel.$_{hr1,k,*}$ *Puls.*$_{bg2,k,*}$ rhod. rhus-t. ruta sabin. sang.$_{a1,k}$ *Sars.*$_{hr1,k}$ sep. squil.$_{bg2}$ stict.$_{c1}$ sul-ac.$_{bg2,k,*}$ sul-i. sulph. tarent.$_{hr1,k,*}$ ter. thuj.$_{hr1,k}$ verat. *Zinc.*$_{a1,k}$
– **morgens**: alumn.$_{a1,k}$ cop. morph. sin-n.$_{a1,k}$
– **nachmittags**: bamb-a.$_{stb2}$
– **abends**: ip.$_{hr1,k}$ morph.$_{a1,k}$ pall.$_{hr1,k}$ pic-ac.$_{a1,k}$ uva
• **Urinieren**, nach dem: sep.
– **nachts**: bell. carb-an. lyc. prun.
◈ **abwechselnd** mit Schmerz am Nabel: ter.$_{pd}$
– **anfallsweise**: *Caul.* chel. *Cop.* **Puls.**

Schmerz: ...
– **Ausdehnung**, wie durch: anth.
– **Bewegung**; bei: **Berb.**
• **auf** und ab bei jedem Schritt nach dem Urinieren: ruta$_{h,k}$
– **Druck** agg.: bell.$_{k2}$
– **Erkältung**, durch: *Dulc.* *Eup-pur.* *Sars.*$_{hr1}$ sulph.$_{ptk1}$
– **Erschütterung**, bei: **Bell.**$_{hr1,k}$
– **Fahren** im Wagen; beim: agar.
– **Flatus**, durch: kali-c.$_{h,k1}$
– **Gehen**, beim: acon.$_{h,k,*}$ con.$_{bro1,ptk1}$ ign.$_{bro1}$ phos.$_{a1}$ prun.$_{bro1,ptk1}$ *Puls.*$_{hr1,k}$
• **Freien**, im: ter.$_{ptk1}$
– **Harndrang** nicht nachgegeben wird; wenn dem: *Lac-ac.* *Lac-c.* phos. prun. *Puls.* ruta sep. *Sul-ac.* tub.
– **Herumdrehen** im Bett auf die Seite fallen, auf der er liegt; als würde die Blase beim: puls.$_{hr1,k}$
– **Husten**, beim: caps. ip.$_{ptk1}$
– **Koitus**, nach: *All-c.*$_{hr1,k}$
– **Liegen** auf dem Abdomen amel.: chel.
– **Menses**, während: **Sep.**
– **Pressen**; beim: phos.$_{k2}$
– **pulsierend**: *Dig.*
– **Rektum**; mit Schmerzen im: ambr.$_{k1,k13,*}$
– **Ruhe** amel.: con.$_{bro1}$
– **Sitzen**: con.$_{pd}$
• **beim**: card-m.
– **Stehen**:
• **agg.**: ferr-p.$_{bg1}$ puls.
– **Steinoperation**, nach: **Staph.**
– **Tenesmus**:
• **Urinieren**; beim: med.$_{br1}$
– **Trinken** agg.: *Canth.*$_{hr1,k}$
– **Urinieren**:
• **vor**: berb. *Fl-ac.* *Lith-c.* manc. *Nux-v.* pall. *Phyt.* prun.
• **Beginn** des Urinierens; zu: acon. *Apis* *Ars.* cann-s. **Canth.** *Caust.* **Clem.** cop. manc. **Merc.**
• **amel.** des Zustandes, wenn der Urin zu fließen beginnt: prun.
• **beim**: agn.$_{hr1}$ alum-sil.$_{k2}$ ant-t. brach. calc. calc-f.$_{k2}$ calc-p. carb-v. *Clem.*$_{hr1}$ dig. fl-ac. indg. lil-t. *Manc.* med.$_{a1}$ *Phyt.* *Puls.* rhus-a.
• **Menses**; während: erig.$_{zr}$
• **wenige** Tropfen abgehen; nachdem: berb. calc-p. **Canth.** *Caust.* fl-ac. lith-c.
• **Ende** des Urinierens; zu: cann-s.$_{k2}$
• **nach**: *Brach.* lith-c. sep. uva$_{vh}$
• **leerer** Blase; bei: calc-p.$_{k2}$
• **Harndrang**, bei: berb. calc-p. eup-pur. hell. *Nux-v.* *Phyt.* puls. rhod. rhus-t. ruta sul-ac. zinc.
– **verzögert** das Urinieren: phos.
– **Wellen**; in: bamb-a.$_{stb2}$
▽ **erstreckt** sich zu:
• **Harnröhre**: berb.$_{bg1}$ canth.$_{bg1}$
• **Niere**: *Aesc.* apis *Canth.*
• **Oberschenkel**: fl-ac.$_{bg1}$ *Puls.* stry.$_{a1}$
• **Penis**: bamb-a.$_{stb2}$
• **Rektum**: bamb-a.$_{stb2}$
• **Steißbein**: bamb-a.$_{stb2}$

• **Samenstränge**: anth.$_{a1,k}$ lith-c.
• **Uterus**: merl. tarent.$_{a1,k}$
• **Vulva**: bamb-a.$_{stb2}$
○ **Blasenhals**: acon.$_{h,k,*}$ alum. ant-o. apis arn. **Bell.** *Berb.*$_{hr1,k}$ brach.$_{a1,k}$ cact. *Calc-p.*$_{hr1,k,*}$ *Cann-s.*$_{hr1,k}$ *Canth.* cham. con.$_{h,k,*}$ *Cop.*$_{hr1,k}$ *Dig.* *Ferr-p.*$_{hr1,k}$ guaj. hyos. lith-c. lyc. lyss.$_{hr1,k}$ mez. *Nux-v.*$_{hr1,k}$ op. pic-ac.$_{a1,k}$ puls. ruta sars.$_{hr1,k}$ sep. spong.$_{a1,k}$ sulph. ter. *Zinc.*
◆ **begleitet** von:
• **Dysurie**: *Agar.*
• **abends**: lyss.$_{hr1,k}$
• **Gehen**, beim: ign.
• **Rektum**; mit Schmerzen im: ambr.$_{a1}$
• **Urinieren**:
• **amel.**: ferr-p.$_{k2}$
• **vor**: calc-p.$_{k2}$ canth. *Lith-c.* *Nux-v.*$_{hr1,k}$
• **nach**: *Apis* apoc. cann-s. con.$_{h,k,*}$ fl-ac. nux-v. petr. *Puls.* ruta sars.$_{hr1,k}$ sep. stann.
• **letzten** Tropfen ausgeschieden wurden; wenn: med. sars.
• **Beginn** des Urinierens; zu: *Clem.*
• **Ende** des Urinierens; zu: *Cann-s.* caust. con. dig. med. *Puls.* ruta **Sars.**$_{st}$
• **Harndrang**, bei: anth. bell. berb. *Calc-p.* canth. dig. ferr-p. guaj.$_{k2}$ sep. spong.
• **Versuch** zu urinieren; beim: *Cop.*
– **beißend**: apis berb.$_{bg2,k,*}$ *Canth.* eup-pur.$_{bg2,k,*}$ phos.$_{bg2,k,*}$
• **Gehen**, beim: phos.$_{a1,k}$
• **Stehen** agg.: *Eup-pur.*$_{hr1,k,*}$
▽ **erstreckt** sich zur Harnröhrenmündung: *Chim.*$_{hr1,k}$
– **berstend**: zinc.$_{bg1}$
– **bohrend**, in der Blasengegend: thuj.$_{bg2,k,*}$
– **brennend**: *Acon.*$_{h,k,*}$ *All-c.*$_{a1,k}$ androc.$_{srj1}$ *Apis* *Ars.*$_{hr1,k}$ bell.$_{a1,k}$ **Berb.**$_{hr1,k,*}$ camph. cann-i. **Canth.**$_{hr1,k,*}$ **Caps.**$_{hr1,k}$ card-m. cham.$_{hr1,k}$ chel. chim. chin. clem. coff. coff-t.$_{a1}$ colch.$_{bg2,k}$ coloc. cop.$_{hr1,k}$ *Eup-pur.*$_{hr1,k,*}$ fl-ac.$_{a1,k}$ hep.$_{k2}$ hydrang. indg.$_{hr1,k}$ lach.$_{bg2,k}$ lyc.$_{hr1,k}$ lyss.$_{hr1,k,*}$ merc-c.$_{k2}$ nit-ac. nux-v.$_{hr1,k,*}$ petr.$_{hr1,k}$ phos.$_{a1,k}$ pip-n. *Prun.*$_{hr1,k,*}$ *Puls.*$_{hr1,k,*}$ rheum rhus-t. sabin.$_{a1,k}$ *Sep.*$_{bg2,k,*}$ sil.$_{a1,k}$ staph. **Ter.**$_{hr1,k,*}$ thuj.$_{hr1,k}$ uva
• **morgens**: berb.$_{hr1,k}$ *Nux-v.*$_{hr1,k,*}$
• **10** h: all-c.
• **abends**: lyss.$_{hr1,k}$ nux-v. puls.$_{a1,k}$
• **nachts**: bell.$_{a1,k}$
• **Gehen** im Freien amel.: **Ter.**$_{hr1,k}$
• **Liegen**, beim: fl-ac.$_{a1,k}$
• **Menses**, während: sep.$_{hr1,k}$
• **Stehen** agg.: *Eup-pur.*$_{hr1,k}$
• **Urinieren**:
• **vor**: *Apis* *Berb.*$_{hr1,k}$ borx. bry. calc. cann-i. *Canth.*$_{a1,k}$ *Caps.* chel. clem. colch. *Fl-ac.* lach. nat-c. rheum rhod. seneg. thuj. zinc.
• **beim**: aloe *Canth.* caps. cham.$_{bg2,k,*}$ dig.$_{br1}$ eup-pur. kali-bi. kali-c.$_{k2}$ lyc. nux-m.$_{c1}$ nux-v.$_{bg2,k,*}$ phos.$_{a1,k}$ prun. rheum staph.$_{bg2}$ *Ter.* verb.$_{br1}$
• **nach**: alum. apis bell.$_{bg2}$ *Berb.*$_{hr1,k}$ calc-p. canth. fab.$_{br1}$ *Fl-ac.* *Lyc.*$_{hr1,k}$ **Nat-c.**$_{bg2}$ sep.

– **brennend - Urinieren - nach**: ... sil.$_{a1,k}$ sulph.$_{k2}$ thuj.
• **nicht** uriniert; wenn er: graph.$_{k2}$
○ **Blasenhals**: acon.$_{h,k,*}$ *Berb.* calc-i.$_{k2}$ **Canth.**$_{a1,k}$ *Cham.*$_{hr1,k}$ con.$_{a1,k}$ *Cop.*$_{hr1,k}$ *Elat.* graph.$_{k2}$ ign. mit.$_{a1,k}$ *Nux-v.*$_{hr1,k,*}$ op.$_{a1,k}$ petr.$_{hr1,k}$ ph-ac.$_{a1,k}$ plb.$_{a1,k}$ *Prun.*$_{a1,k}$ *Puls.*$_{hr1,k}$ ran-b.$_{k2}$ *Staph.*$_{h,k,*}$
• **Liegen** mit angezogenen Beinen amel.: staph.$_{h,k,*}$
• **Urinieren**:
• **beim**: acon.$_{hr1,k}$ *Aloe* *Apis* berb. **Canth.** *Cham.*$_{hr1,k,*}$ chin.$_{bg2}$ *Cop.* **Nux-v.**$_{bg2,k,*}$ petr.$_{bg2,k,*}$ ph-ac. prun. puls. *Ran-b.*$_{hr1,k}$ staph.$_{h,k1}$ sul-ac. thuj.$_{bg2,k,*}$
• **nach**: *Apis* canth. merc. *Puls.* *Sars.*
• **uriniert**; wenn er nicht: acon.$_{h,k,*}$ berb. canth.
▽ **erstreckt** sich durch die Harnröhre: **Canth.**$_{hr1,k}$
– **drückend**, Druck in: **Acon.** all-c. alum. alum-p.$_{k2}$ am-c. am-m. ant-t. aphis **Apis** arn. *Aur.* aur-s.$_{k2}$ bell. berb. borx. brach. *Calc.* *Calc-p.* calc-sil.$_{k2}$ *Camph.* cann-s. *Canth.* caps. carb-an. *Carb-v.* carbn-s. *Card-m.* chel. *Chim.* chinin-ar. coc-c. coff. colch. *Coloc.* *Con.* cop. cub. cycl. dig. *Dulc.* *Equis-h.* *Eup-pur.* fl-ac. graph. hep. hyos. ign. *Kali-c.* kali-p. kali-s. kali-sil.$_{k2}$ kreos. lach. lachn. lact. laur. **Lil-t.** **Lyc.** med. merc-i-r. mosch. nat-c. *Nat-m.* nat-p. **Nux-v.** ol-an. pall. petr. *Ph-ac.* pop. *Puls.* pulx.$_{br1}$ raph. rhus-t. *Ruta* *Sars.* **Sep.** sil. spig. squil. *Staph.* *Sulph.* tarent. thuj. til. verat. zinc. zinc-p.$_{k2}$
• **morgens**: puls. *Sep.*
• **10** h: all-c.
• **abends**: puls. *Sep.*
• **nachts**: *Bell.* carb-an. fl-ac. kreos. *Lyc.* phos.$_{h}$ sulph.
• **Bewegung** agg.: nux-v.
• **Essen**, nach dem: arn.$_{h}$
• **Gehen**, beim: bry. con. ign. phos. puls.
• **Harndrang**, bei:
• **nicht** nachgegeben wird; wenn dem Harndrang: sep.$_{h}$
• **Harnverhaltung**, mit: aur. *Borx.* *Hyos.* *Sars.*
• **Husten**, beim: caps. colch. ip. kreos.
• **krampfartig**: con.$_{h}$
• **Liegen**, beim: *Lyc.*
• **Reiten** amel.: lyc.
• **Sitzen**:
• **amel.**: bry. con. ign.
• **Übereinanderlegen** der Beine amel. (muß sie übereinanderlegen): sep. zinc.
• **Stehen**, beim: arn.$_{h}$
• **Stuhlgang**:
• **vor**: *Carb-v.* *Nat-m.* sulph.$_{h}$
• **Stuhldrang**:
• **mit** vergeblichem Stuhldrang: aphis
• **nach** Stuhldrang: chin.$_{h}$
• **Urinieren**:
• **vor**: ang. arn. calc-p. chim. *Chin.* con. graph. *Kali-s.* nat-p. *Nux-v.* petr. phyt. *Puls.* ruta *Sep.* spig.
• **beim**: asar. berb. calc-p. *Camph.* *Chim.* dig.

• **Urinieren - beim**: ...
dulc. *Hep.* hyos. *Lach.* lachn. lact. nat-c. *Nat-m.* **Nux-v.** op. ph-ac. *Sil.* verat.
• **nach**: asar. berb. brach. *Calc-p. Camph.* canth. chin. *Dig.* dulc. **Equis-h.** lac-c. lith-c. merc. nat-m. ruta sep. sulph. *Uva*$_{vh}$
• **amel.**: spig.$_{h}$
○ **tief** in der linken Seite: calc-p.
• **Zystitis**, bei: **Lyc.**$_{hrl}$
○ **Blasenhals**: alum. apis brach. *Canth.* carl. coc-c. jatr-c. *Nux-v.* sul-ac. ter. thuj.
• **Gehen** im Freien; beim: con. ign. nux-v. puls.
• **Koitus** amel.: sul-ac.$_{h}$
• **Oberschenkel** zusammenpressen; muß die: sul-ac.$_{h}$
• **Sitzen** agg.: ter.
• **Stichen**, Gehen agg., Sitzen amel.; mit: con. ign.
• **Urinieren**:
• **vor**: apis arn. calc-p. chim. *Nux-v. Phyt. Puls.*
• **beim**: ign. rhus-a. stann. thuj.
• **nach**: con. nat-m. ruta stann.$_{h}$ uva$_{vh}$
• **zurückzuhalten**; beim Versuch, den Urin: lac-ac.

– **durchbohrend** stechend in der Blasengegend: *Chel.*
– **konvulsivisch**
☞ *spasmodisch*
– **krallend**: led. mez. valer.
– **krampfartig**, morgens: alum.$_{h,kl}$
– **lanzinierend**
☞ *stechend*
– **reißend**: acon.$_{k2}$ berb.$_{a1,k}$ bry. *Kali-c.*$_{bg2,k,*}$ kali-cy.$_{a1}$ nux-v.$_{a1,bg2}$
○ **Blasenhals**: canth.$_{a1,k}$ *Kali-c.*$_{a1,k}$ *Nux-v.*$_{hrl,k,*}$
• **Pressen** beim Urinieren; beim: *Kali-c.*$_{a1,k}$
• **Urinieren**; beim: kali-c.$_{a1,k}$ *Nux-v.*$_{hrl,k}$
– **schießend**
☞ *stechend*
– **schneidend**: acon.$_{k2}$ *Aeth.*$_{hrl,k}$ am-c.$_{bg2,k,*}$ *Berb.*$_{hrl,k,*}$ calc-p.$_{bg2}$ *Canth.*$_{bg2,k}$ caps.$_{bg2,k,*}$ coc-c.$_{hrl,k}$ *Coloc.*$_{hrl,k}$ con.$_{bg2,k2}$ dig.$_{h,kl}$ eup-pur.$_{hrl,k,*}$ *Kali-c.*$_{bg2,k,*}$ lach.$_{bg2,k}$ *Lyc.*$_{bg2,k}$ mang.$_{bg2,k,*}$ mez.$_{bg2}$ nat-c.$_{bg2}$ nux-m.$_{a1,bg2}$ nux-v.$_{bg2,k,*}$ op.$_{bg2}$ pall.$_{ptk1}$ petr.$_{bg2}$ phos.$_{bg2}$ *Puls.*$_{bg2,k}$ **Ter.**$_{bg2,k,*}$ thuj.$_{bg2,k,*}$
• **Gehen**, beim:
• **agg.**: mang. thuj.$_{a1,k}$
• **Freien** amel., Ruhe agg.; im: **Ter.**
• **Sitzen**, im: mang.$_{h,kl}$
• **Stehen**, beim: mang.
• **Stuhlgang** amel.: pall.$_{ptk1}$
• **Urinieren**:
• **vor**: bry. calc-p.$_{hrl,k}$ dig. mag-p. *Manc.* ph-ac. phyt. sulph.$_{hrl,k}$ thuj.$_{bg2,k,*}$
• **beim**: androc.$_{srj1}$ calc. canth. dig.$_{bg2,h}$ eup-pur. kali-c. *Nat-c.* polyg-h. sec. *Ter.* thuj.$_{bg2,k}$
◆ **begleitet** von:
• **Lumbalregion**; Schwellung der
☞ ❑ *Rücken - Schwellung - Lumbalregion - begleitet von - Blase*
• **Ende** des Urinierens; zu: nat-c.$_{bg2,k}$ petr.$_{bg2,k}$

– **schneidend - Urinieren - Ende**: ...
sars. thuj.
• **nach**: calc-p.$_{a1,k}$ *Canth.* cub. nat-c.$_{a1,k}$ petr. phos.$_{a1,k}$ polyg-h.
▽ **erstreckt** sich zur Harnröhre: *Berb.*$_{hrl,k,*}$
○ **Blasenhals**: berb.$_{hrl,k}$ **Canth.**$_{hrl,k,*}$ caps.$_{a1,k}$ *Con.* dig.$_{brl}$ *Kali-c.*$_{hrl,k}$ lach. lyc. mez.$_{a1,k}$ nux-v.$_{a1,k}$ op.$_{a1,k}$ petr.$_{a1,k}$ polyg-h. puls. ter.
• **morgens** im Bett: caps.$_{a1,k}$
• **Gehen** im Freien; beim: mez.$_{a1,k}$ thuj.
• **Urinieren**:
• **vor**: *Canth.* ph-ac.
• **Beginn** des Urinierens; zu: manc. petr.
• **beim**: canth.$_{a1,k}$ kali-c. polyg-h.
• **Ende** des Urinierens; zu: petr. sars. sulph. thuj.$_{c,c1}$
▽ **erstreckt** sich durch die Harnröhre: **Canth.**$_{hrl,k}$
– **spasmodisch**: alum. bamb-a.$_{stb2}$ *Berb.* *Canth.*$_{hrl,k}$ caps. *Caul.*$_{hrl,k}$ *Chel.* coc-c. cop.$_{hrl,k}$ ph-ac. prun. ter.
• **morgens**: *Cop.*$_{hrl,k}$
• **nachts**: prun.
▽ **erstreckt** sich zu:
• **Brust**: alum. caul.$_{bg1}$
• **Rücken**: caul.$_{bg1}$
○ **Blasenhals**: jatr-c. phos.$_{a1,k}$
• **Verschluß** des Blasenhalses: cann-s.$_{hrl,k}$ caust. con. dig. med. *Puls.* ruta *Sars.*
▽ **erstreckt** sich nach dem Urinieren zu den Oberschenkeln: *Puls.*$_{hrl,k}$
– **stechend**, fein stechend: acon. ant-t. aur. *Berb.* calad. canth. carbn-s. *Chel. Clem.* coc-c. coloc. *Con. Kali-c.* kali-p. kali-s. *Lith-c. Lyc. Nat-m.* pall. rhus-t. sabad. *Sulph.* thuj.
• **abwechselnd** zwischen Blase und Rektum: coloc.
• **Atmen**, beim: aur.
• **Gehen**, beim: con. nat-m.
• **Husten**, beim: *Caps.*
• **Liegen**, beim: am-m.
• **Mittagessen**, nach dem: nux-v.
• **Sitzen** amel.: con.
• **Stuhlgang**:
• **während**: gamb.
• **Urinieren**:
• **vor**: apis *Lith-c. Manc.* puls. sep.
• **Beginn** des Urinierens; zu: *Manc.*
• **beim**: carbn-s. *Nat-m.* sep.
• **nach**: bufo
• **Ende** des Urinierens; zu: bamb-a.$_{stb2}$
• **Harndrang**: canth. rhus-t.
• **vergeblicher**: *Guaj.*
▽ **erstreckt** sich zu:
• **Harnröhre**: am-m.$_{h}$ berb. carbn-s. cycl. dig. phos. thuj.
• **Niere** zur Blase; von der
☞ ❑ *Nieren - Schmerz - stechend - erstreckt sich- Blase*
• **Nieren**: coc-c. oci.
○ **Blasenhals**: acon. ant-t. *Bell.* berb. *Calc-p.* *Canth.* caps. *Carbn-s. Cham.* chel. con. dig.$_{brl,k}$

• **Blasenhals**: ...
Guaj. jatr-c. *Lith-c.* *Lyc.* *Op.* *Puls.* *Stry.* sulph. *Thuj.*
• **morgens**: sulph.
• **nachmittags**: sulph.
• **abends**: phos.
• **Anus**; und: lyc.
• **Gehen** agg.: con.$_{h}$
• **Harndrang** nicht nachgegeben wird; wenn dem: prun.
• **Husten**, beim: *Caps.*
• **Liegen** auf dem Gesicht amel.: chel.
• **Sitzen** amel.: *Con.*
• **Urinieren**:
• **vor**: apis *Canth.* dig.
• **beim**: carbn-s. sulph.
• **nach**: con. dig. guaj.
• **uriniert**; wenn er nicht: *Cham.*
• **vergeblichem** Harndrang, nach: *Guaj.*
▽ **erstreckt** sich zur Spitze des Penis: dig. phos.$_{h}$ stry.
– **Wehtun** (= unbestimmt, drückend): *All-c.*$_{a1,k}$ arn. bamb-a.$_{stb2}$ bell.$_{a1,k}$ *Berb.*$_{bg2,k,*}$ calc-p.$_{a1,k}$ **Caps.** carb-v. *Carbn-s.* chel.$_{a1,k}$ conv.$_{br1}$ cop.$_{a1,k}$ crot-t.$_{a1,k}$ *Equis-h.* erig.$_{hr1,k}$ *Eup-pur.*$_{hr1,k,*}$ *Fl-ac.*$_{hr1,k,*}$ *Hell.*$_{hr1,k}$ lach. lyc.$_{a1,k}$ *Nux-v.*$_{hr1,k}$ pall.$_{bg2,k,*}$ phos. pop. *Puls.* sabin. *Sep.*$_{hr1,k}$ sulph.$_{a1,k}$
• **Koitus**, nach: all-c.$_{a1,k}$
• **Liegen**, beim: *Nux-v.*$_{hr1,k}$
• **Menses**, während: sep.$_{hr1,k}$
• **Urinieren**:
• **vor**: berb. *Fl-ac.*$_{hr1,k}$ *Nux-v.* pall.
• **beim**: carb-v. fl-ac.
• **nach**: berb. calc-p. **Canth.** conv. *Fl-ac.*$_{hr1,k}$ lith-c.
○ **Blasenhals**: acon. calc-p.$_{a1,k}$ con.$_{a1,k}$ cop. ign.$_{bg1}$ puls. sep.$_{a1,k}$ sulph.$_{a1,k}$
• **vormittags**:
• **11** h: sulph.
• **nachmittags**:
• **15** h: sulph.
• **Urinieren**, nach dem: apoc. fl-ac. *Sep.*$_{a1,k}$ stann.
– **windend**, drehend am Blasenhals: coc-c.$_{a1,k}$
– **wund** schmerzend, empfindlich: acon. *All-c.* arn. *Ars.* *Bell.* *Benz-ac.* berb. brach. *Calad.* *Calc-p.* cann-s. **Canth.** *Carb-v.* *Chim.* coff. dirc. **Equis-h.** eup-pur. lac-ac. lac-d.$_{bg1}$ *Lith-c.* lycps-v. *Merc.* nat-ar. ox-ac.$_{k2}$ *Puls.* *Sars.* *Sec.* *Sep.* squil. sulph. **Ter.** thuj. uran-met.
• **Bewegung** agg.: *Bell.* berb. *Canth.*
• **Urinieren**:
• **beim** Urinieren; agg.: kali-c.$_{k2}$ nat-ar. puls.
• **nach**, amel.: nat-ar.
• **reichlichem** Urinieren, mit: stict.$_{ptk1}$
○ **Blasenhals**: *Atro.* brach. *Calc-p.* *Carb-v.* *Nux-v.* *Puls.*
• **Urinieren**, nach dem: calc-p.
– **zerrend**: bamb-a.$_{stb2}$ calc.$_{bg2}$ *Canth.* *Chel.*$_{bg2,k,*}$ cop.$_{a1,k}$ cycl.$_{a1,bg2}$ dig.$_{bg2,k,*}$ fl-ac.$_{bg2,k,*}$ hyos.$_{a1,bg2}$ lact.$_{hr1,k}$ *Lyc.*$_{hr1,k}$ mosch.$_{bg2,k,*}$ nat-c.$_{h,k1}$ psor. sep. sulph.$_{a1,bg2}$

Schmerz - zerrend: ..
• **morgens**: sep. sulph.$_{a1,k}$
• **nachts**, beim Hinlegen: *Lyc.*
• **Liegen**, Reiten amel.; beim: *Lyc.*
• **Mittagsschlaf**, nach dem: cycl.$_{a1,k}$
• **Urinieren**:
• **beim**: arg-n. cycl. op. rheum ruta
• **nach**: arund. bry. ruta sulph.
• **Urins**; mit Unterdrückung des: hyos.
• **zurückzuhalten**; beim Versuch, den Urin: calc-p. lac-c.
– **ziehend**: alum.$_{bg2}$ aphis *Berb.*$_{hr1,k}$ calad.$_{bg2,k,*}$ calc-p.$_{a1,bg2}$ card-m.$_{hr1,k}$ coc-c.$_{hr1,k}$ dig.$_{bg2,k,*}$ rhod.$_{bg2,k,*}$ sil.$_{bg2}$
• **Fahren** im Wagen; beim: agar.
• **oben**, nach: calc-p.$_{hr1,k}$ *Phyt.*
• **Sitzen**, im: card-m.$_{hr1,k}$
• **Urinieren**, beim: calc-p.$_{hr1,k,*}$ dig. phyt. rhus-a.
○ **Blasenhals**: alum. berb. cop.$_{hr1,k}$ jatr-c. mez.$_{a1,k}$ rhod.
– **zuckend**: agar.$_{a1,k}$ lith-c. op.$_{bg1,bg2}$
– **zusammenschnürend**: *Berb.*$_{hr1,k}$ calad. calc-p. coc-c. con. lach. *Led.* lyc. *Mez.* nit-ac. ph-ac.$_{hr1,k}$ plb. prun. *Sars.*$_{hr1,k}$ valer. zinc.
○ **Blasenhals**: ant-c. carbn-s. coc-c. *Lyc.* *Mez.* op. petr.
• **Beginn** des Urinierens; zu: kali-i.
• **Urinieren**, nach dem: sulph.
– **zwängend**, zwickend: lact.$_{a1}$ ter.$_{a1,k}$
– **zwickend**: am-m.$_{a1,k}$ *Berb.* lyc. mez.$_{a1,h}$ sep.$_{a1,k}$
• **Liegen**, mit Stechen; beim: am-m.

Schwäche: *All-c.*$_{hr1,k}$ *Alum.*$_{bg2,k,*}$ alum-p.$_{k2}$ alum-sil.$_{k2}$ *Alumn.* *Ars.*$_{hr1,k}$ aur. aur-m. *Bell.*$_{c2}$ cact.$_{k2}$ calc-p.$_{k2}$ *Camph.*$_{bg2,k,*}$ *Canth.*$_{hr1,k}$ carl. **Caust.**$_{bg2,k}$ *Cham.*$_{bg2,k,*}$ con.$_{k2}$ *Equis-h.* eucal.$_{hr1}$ gels. hell.$_{bg2,k}$ **Hep.**$_{bg2,k,*}$ *Hyos.*$_{hr1,k}$ ipom-p. kali-c. kreos.$_{k2}$ laur. **Mag-m.**$_{bg2,k,*}$ mill. **Mur-ac.**$_{bg2,k,*}$ nat-p.$_{hr1,k}$ **Op.**$_{bg2,k}$ pall.$_{hr1,k}$ *Ph-ac.*$_{hr1,k}$ phyt. pic-ac.$_{k2}$ plb. rheum *Rhus-t.*$_{hr1,k}$ sel. *Sil.* *Stann.*$_{hr1,k}$ stram. ter.$_{hr1,k}$ thuj. vib. zinc. zinc-p.$_{k2}$
☞ *Lähmungsartige Schwäche*
– **abends**: *Alum.*$_{hr1,k}$ con.$_{k2}$
– **alten** Menschen, bei: *Ars.*$_{k,vh,*}$ *Gels.*$_{k,vh,*}$
– **Entbindung**; nach der: **Ars.**
– **lähmungsartig**: con.$_{k2}$
– **pressen**, um ihn vollständig auszuscheiden; muß: rheum$_{h}$
○ **Schließmuskel**: agar. alumn. apoc. bell. *Caust.* jug-r. pall. sil. squil. zinc.

Schwammartige Auswüchse: *Calc.*$_{hr1,k}$

Schwellung: apoc.$_{a1,k}$ atro.$_{a1,k}$ bell.$_{a1,k}$ chlor.$_{a1,k}$ dig.$_{a1,k}$ gad.$_{a1}$ kali-bi.$_{a1,k}$ *Kali-i.*$_{a1,k}$ merc-c.$_{a1,k}$ op.$_{a1,k}$ ox-ac.$_{a1,k}$ petr.$_{a1,k}$ plb.$_{a1,k}$ tarent.$_{a1,k}$
○ **Blasenhalses**; Gegend des: *Puls.*$_{bg2,k}$

Schweregefühl: astac.$_{hr1}$ bell.$_{bg1,bg2}$ cann-s.$_{a1,k}$ *Canth.*$_{hr1,k}$ coc-c.$_{a1,k}$ dig. kali-i.$_{a1,k}$ lepi.$_{a1}$ *Lyc.*$_{hr1,k}$ *Nat-m.*$_{h,k,*}$ plect.$_{a1}$ puls.$_{ptk1}$ *Sep.*

Spannung: **Acon.**$_{hr1,k}$ ant-t.$_{bg2,k,*}$ coc-c.$_{a1,k}$ eup-pur.$_{a1,k}$ nux-v.$_{hr1,k}$ phos.$_{h,k1}$

Spasmus: *Ant-t.*hr1,k asaf.bg2,k,* *Bell.*bg2,k,* berb.bg2,k calad.bg2,k *Calc.*hr1,k *Camph.*bg2 *Canth.*bg2,k,* *Caps.*bg2,k,* caul.hr1,k chim. chin. clem.bg2 *Coc-c.* con.bg2 *Cop.* dig. eup-pur. *Gels.*hr1,k guar.hr1,k,* hell.hr1,k hydr. hyos.bg2 *Ip.*hr1,k merc.bg2 *Nux-v.*bg2,k,* op.bg2,k petr.bg2 *Ph-ac.*bg2,k phos.bg1 phys.bg2 *Prun.*hr1,k *Puls.*bg2,k,* *Sars.*bg2,k *Sep.*bg2,k tarent. ter. uva *Vib.*hr1,k zinc.bg2,k

– **Urinieren**:
- **vor**: manc. uva
- **beim**: *Asaf.*hr1,k cann-s. carbn-s. colch. op.
- **nach**: asaf.hr1,k *Prun.* puls.

○ **Blasenhals**: arg-n. **Arn.**hr1,k bell.bg2,k2 cact. cann-s. *Colch.*hr1,k cop. hyos.hr1,k kali-br.hr1,k mag-p.hr1,k *Prun.*hr1,k puls. ruta
- **nachts**: prun.hr1,k
- **Angst**; durch: bell.k2
- **Schock**; durch: bell.k2
- **sexuellen** Exzessen, nach: *Nux-v.*hr1,k
- **Striktur**, spasmodische: mag-p. ruta
- **Urinierens**; zu Ende des: cann-s.k2

Steine:

– **Gefühl** eines Steines: puls. **Sep.**vh

Strangurie

☞ *Urinieren - Dysurie - schmerzhaft*

Tenesmus: *Acon.*h,k,* **Agar.** *Alum.*hr1,k,* alum-p.k2 alum-sil.k2 am-c.a1,k am-m.hr1,k,* anac. *Ang.*a1,k anil.a1 *Ant-c.*hr1,k *Apis* *Arn.*bg2,k,* **Ars.**hr1,k aur-m.hr1,k,* *Bell.*hr1,k,* calc.hr1,k calc-sil.k2 *Camph.*hr1,k,* *Cann-s.*hr1,k **Canth.**bg2,k,* *Caps.*hr1,k,* carbn-s. caust. *Chim.*hr1,k *Clem.*hr1,k *Coc-c.*hr1,k colch.hr1,k *Coloc.*hr1,k,* cop.hr1,k crot-h.hr1,k cub. *Cupr.* cupr-ar.hr1 **Dig.**hr1,k dulc.ptk1 elaps equis-h.ptk1 eug.hr1,k fab.br1 ferr.a1,k ferr-ar. ferr-i.hr1,k,* ferr-p. fil.a1 *Gels.*hr1,k hyos.hr1,k hyper.hr1 *Ip.* *Lach.*hr1,k **Lil-t.**hr1,k *Lith-c.* *Lyc.*hr1,k *Med.*hr1,k *Merc.*hr1,k **Merc-c.**hr1,k *Mez.*hr1,k morph.a1,k *Mur-ac.*hr1,k,* nat-c. *Nit-ac.* *Nux-m.*hr1,k **Nux-v.**hr1,k ol-an. *Onis.*a1 op.hr1,k,* **Pareir.**hr1,k phos. phys.a1,k plan.a1,k **Plb.**hr1,k,* *Podo.*hr1,k polyg-h. pop. **Prun.**hr1,k,* psor.a1,k **Puls.**hr1,k,* pyrog.k2 rheum *Rhus-t.*hr1,k sabad. sabin.hr1,k sarr.a1,hr1 *Sars.*hr1,k,* *Senec.*hr1,k,* sep.hr1,k *Sil.*hr1,k squil. sul-ac.hr1 sulph.ptk1 tarent.hr1,k tax.a1,k **Ter.** teucr.hr1 **Thuj.**hr1,k ust. uva verat.hr1,k,* viol-t.a1,k

– **morgens**: par.a1,k *Senec.*a1,k
- **4** h: am-m.

– **vormittags**: agar. phos.

– **abends**, beim Gehen im Freien: *Lith-c.*

– **nachts**: ant-c.hr1,k,* lith-c. *Merc.*hr1,k
- **Hinlegen** agg.: lyc.

– **eiskalten** Füßen, mit: *Elaps*

– **Erbrechen**, Purgieren und Miktion: **Crot-h.**hr1,k

– **Menses**, während: **Tarent.**

– **Sitzen**, im: ter.hr1,k

– **Stuhlgang**:
- **während**: *Alum.* **Caps.** lil-t. *Merc.* *Merc-c.*bg2,k,* **Nux-v.** *Rhus-t.* *Staph.*hr1,k
- **nach**: canth.a1,k

Tenesmus: ...

– **Stuhlgang**:
- **Stuhldrang**; mit

  ☞ *Harndrang - schmerzhaft - Stuhldrang*

– **Urinieren**:
- **beim**: ang.a1 arn.a1 chin-b.hr1 *Clem.*hr1 coc-c.hr1 colch.hr1 med.br1 op.a1 phys.a1
- **nach**: alum.a1,h ang.c1,h,* colch.bg2,hr1 cub.hr1 ferr. squil.bg2,k,* trif-p.a1
- **schmerzhaftem** Urinieren, mit: arn.br1

▽ **erstreckt** sich zu:
- **Rektum**: caps.k2

Tropfen aus der Blase kommen, Ruhe agg.; Gefühl, als würden: sep.

Tumoren: *Calc.*hr1,k crot-h.ptk1 tarax.k13

Untätigkeit: *Ars.* **Caust.** med.k2 *Op.* plb.a1,k

Unwillkürliches Urinieren

☞ *Urinieren - unwillkürlich*

Urinieren:

– **anfallsweise**: chel. cycl. merc-i-f. nux-v.

– **aussetzend**

☞ *unterbrochen*

– **Drücken**, mit: hyos.h,k1 lyc.h,k1

– **dünner** Strahl: agar. apis bell.a1,k *Camph.*hr1,k,* *Canth.*hr1,k chim.hr1,k chin. **Clem.**hr1,k,* **Cop.** eup-pur. gins.a1,k *Graph.*hr1,k,* gymno. hedy.a1 hell. *Merc.*hr1,k *Nit-ac.*hr1,k,* *Petr.* prun.a1,k *Puls.*a1,k samb.a1,k *Sars.*hr1,k,* *Spong.*hr1,k *Staph.*a1,k stram. *Sulph.*hr1,k,* tax. *Thuj.*a1,k *Zinc.*hr1,k,*

– **Dysurie**: **Acon.**h,k,* aesc.a1,k aeth.a1,k *Agar.*hr1,k,* alet.c2 *All-c.*hr1,k,* all-s. aloe *Alum.*hr1,k ang. ant-c. ant-t. anth.a1 *Apis* *Apoc.*hr1,k,* **Arg-n.**hr1,k,* *Arn.*hr1,k,* **Ars.**bg2,k,* ars-s-f.k2 atro.a1,k aur.a1,k aur-ar.k2 aur-m.hr1,k bar-c.a1,k bar-m.bg2,k,* bar-s.k2 **Bell.**bg2,k,* *Berb.*hr1,k cact.hr1,k calc.bg2,k,* *Calc-p.* *Camph.*bg2,k,* **Cann-s.**bg2,k,* **Canth.**bg2,k,* *Caps.*a1,k carbn-s. caul.hr1,k chel.a1,k *Chim.*hr1,k cic. *Clem.*bg2,k,* *Coc-c.*hr1,k coff.a1,k colch.bg2,k,* *Coloc.*bg2,k,* *Con.*bg2,k,* **Cop.**hr1,k,* corn.hr1,k cub. *Cupr.*a1,k **Dig.**hr1,k,* *Dor.*hr1,k,* dros. *Dulc.*bg2,k,* epig.c2 equis-h. erig.c2 eucal.c2 *Eup-pur.*hr1,k euph.h,k1 *Fab.*br1,c1 *Gamb.*gt1 *Gels.*hr1,k *Hell.*hr1,k *Hep.*bg2,k,* *Hydr.*hr1,k *Hyos.*hr1,k,* ind.a1,k jatr-c. *Kali-ar.*a1,k *Kali-c.*hr1,k kali-chl. kali-n.a1,k kali-p. kali-s. *Kreos.*a1,k *Lac-c.*hr1,k *Laur.*hr1,k **Lil-t.**hr1,k *Lith-c.* lup.c2 **Lyc.**bg2,k,* mag-m.hr1,k meph.hr1,k *Merc.*bg2,k,* merc-act.c2 **Merc-c.**a1,k merc-sul.c2 mit.hr1,k,* morph.a1,k nat-ar. nat-c. *Nat-m.*bg2,k,* nat-p.a1,k *Nit-ac.*bg2,k,* nux-m.bg2,k,* **Nux-v.**bg2,k,* **Op.**bg2,k,* **Pareir.**hr1,k,* petr.a1,k **Petros.**c2,k ph-ac.bg2,k,* phos.bg2,k,* pin-s.a1,c2 pip-m.c2 pip-n.c2 plat. plat-m.a1 **Plb.**bg2,k,* plb-xyz.c2 podo.a1,k *Polyg-h.* polyg-xyz.c2 prun.c2 psor.a1,k **Puls.**bg2,k,* ran-b.bg2,k *Rheum* *Rhus-a.* *Rhus-t.*hr1,k ros-ca.c1,c2 ruta.c2 sabal.c2 *Sabin.* sang.a1,k santin.c2 sars.bg2,k,* sec.a1,k sel. *Senec.*hr1,k,* *Sep.*bg2,k,* skat.br1 solid.c2 spig. stann.bg2,k staph.bg2,k,* stram.a1,k **Sulph.**bg2,k,* sumb.hr1,k tab.a1,k *Tarent.*hr1,k,* tax.c2 **Ter.**hr1,k,* thlas.c2 *Thuj.*bg2,k *Tritic.*br1,c1,* *Uva*c2,k *Verat.*bg2,k,*

– **Dysurie**: ...
verin.c2 zinc.bg2,k,* zinc-p.k2
• **morgens**: corn.hr1,k *Sep.*hr1,k
  • **alten** Männern, bei: *Benz-ac.* *Corn.*hr1,k
• **nachmittags**:
  • **Gehen** amel.: lith-c.
• **nachts**: *Cic.* *Merc.* spig.gt1,kl,*
  • **Mitternacht**:
    • **nach**:
      • **3** - 5 h: pareir.
◆ **abwechselnd** mit:
  • **Enuresis**: *Gels.*
◆ **begleitet** von:
  • **Ferse**; Kälte in der linken: *Agar.*
  • **Ischiasnerv**; linker:
    • **Hyperästhesie** der Haut den Verlauf des linken Ischiasnervs nach unten
      ☞ ❑ *Extremitäten - Empfindlichkeit - Beine - Ischiasnervs - links - begleitet von - Dysurie*
    • **Kälte** entlang des Verlaufes des Nervs: *Agar.*
    • **Kniekehle**; Schmerz in der linken
      ☞ ❑ *Extremitäten - Schmerz - Knie - Kniekehle - links - begleitet von - Dysurie*
    • **Schmerz** entlang des linken Ischiasnervs
      ☞ ❑ *Extremitäten - Schmerz - Beine - Ischialgie - links - begleitet von - Dysurie*
• **Apyrexie**, während der: caps. caust. dig. staph.
• **Drücken** im Rücken; mit: vesp.
• **Dysenterie**, bei: arn.ptk1
• **Dysmenorrhoe**, bei: nux-m.ptk1 senec.
• **Entbindung**; nach der: apisptk1 equis-h.ptk1 rheumc2
• **erster** Teil des Urins: chim.gt1
• **Fieber**; während: ant-c. cann-s. canth. *Cham.* colch. dulc. nit-ac. nux-v. staph. sulph.
• **Frost**; während: canth. *Cham.* lyc. merc. nux-v. ph-ac. puls. sulph. thuj.
• **Kindern**, bei: apisgt1 bell.fb
• **Knie**-Ellbogen-Lage abgeben; kann ihn nur in: *Med.*vh *Par.*vh
• **letzter** Teil des Urins: arg-n.gt1
• **Menses** und ziehenden Schmerzen im Abdomen; mit unterdrückten: *Puls.*
• **Schlaf**, nach: op.
• **Schließmuskel** der Blase; mit Schmerz im
  ☞ *Schmerz - Blasenhals - begleitet von - Dysurie*
• **schmerzhaft** (= Strangurie): acon-l.c2 *Bell.*c2 *Camph.*c2 *Canth.*c2 coch.c2 epig.c2 eup-pur.c2 juni-v.c2 lach.c2 nux-m.c2 onis.c2 polyg-xyz.c2 prun.c2 sabalc2 sabin.c2 santin.c2 sars.c2 sil.c2 tax.c2 thlas.c2
  • **Denken** daran agg.: *Hell.* nux-v.
  • **Ende** des Urinierens; zu: sars.
  • **herumspringt**; so daß er vor Qual im Zimmer: **Apis** *Cann-s.* **Canth.** *Petros.*
  • **Kälte**, Taubheit und Zucken das linke Bein hinab; mit: agar.
  • **Mittagessen** und Abendessen; nach: nux-m.
  • **Pressen** zum Urinieren agg.: plb.

– **Dysurie - schmerzhaft**: ...
  • **spasmodischer** Verschluß des Schließmuskels beim Beenden des Urinierens: *Cann-s.*
  • **Spasmus** der Blase; durch: colch.
  • **Urinieren** agg.; nach: **Equis-h.**
  • **weinen** bevor der Urin zu fließen beginnt; Kinder: **Borx.** lach. *Lyc.* *Nux-v.* sanic.bg3 **Sars.**
• **Schwangerschaft**; während der: equis-h.bro1 eup-pur.bro1,ptk1 ph-ac.bro1,ptk1 plb.bro1,ptk1 staph.bro1,ptk1
• **Schweiß**, beim: **Canth.** **Cham.** hep. lyc. *Merc.* nit-ac. puls. sulph. *Thuj.*
• **schwierig**
  ☞ *Dysurie*
• **Stuhldrang**, mit
  ☞ *Harndrang - schmerzhaft - Stuhldrang*
• **Tenesmus** des Rektums; abends mit: ferr.
  • **Spasmus** der Harnröhre; und: *Prun.*
• **verheirateten** Frauen; bei frisch: cann-s. cry-a. **Staph.**
• **Zahnung**; während der: erig.ptk1
– **Flatus**, mit: sars.k2
– **gegabelter** Strahl: anag.bro1,hr1 arg-n.bg2,k,* *Cann-s.*h,k,* *Canth.* *Caust.* chim.hr1,k chin-b.hr1,kr1 clem.hr1,k *Merc.*hr1,k **Merc-c.** petr.bg2,k,* prun.bg2,k,* *Rhus-t.*h,k,* **Thuj.**bg2,k,*
– **hastig**
  ☞ *Harndrang - plötzlich*
– **häufig**: abies-n. acon.bg2,k,* *Aesc.* aeth.hr1,k agar. agn.a1 *All-c.*hr1,k *Alum.*hr1,k *Alumn.*hr1,k **Am-c.** am-m.hr1,k anac.bg2,k,* androc.srj1 ang.hr1,k *Ant-c.*bg2,k,* ant-t. **Apis** **Arg-met.** **Arg-n.**a1,k arn.bg2,k,* ars.bg2,k,* ars-i. arum-t.hr1,k asc-t.hr1,k aspar.hr1,k,* aster.hr1 aur.bg2,k,* aur-i.k2 aur-m.k2 aur-s.k2 bapt.hr1 **Bar-c.**bg2,k,* *Bar-m.*hr1,k *Bell.*bg2,k,* benz-ac.a1,k *Bism.*bg2,k,* *Borx.* bov.bg2,k brom.hr1,k *Bry.*bg2,k,* bufo *Cact.* cadm-met.gm1 cain.c2 **Calc.**bg2,k,* **Calc-ar.**hr1,k calc-p.bg2 calen.hr1 *Camph.*hr1,k *Cann-i.*hr1,k,* *Cann-s.*bg2,k **Canth.**hr1,k,* *Caps.*hr1,k *Carb-ac.*hr1,k carb-an. *Carb-v.*hr1,k carbn-s. casc. **Castm.** **Caust.**bg2,k,* cedr. chel.bg2,k,* *Chim.*hr1,k chin.hr1,k,* chin-b.hr1 chlol.hr1,k *Cic.*hr1,k cimic.hr1,k *Cina* cinnb.hr1,k *Clem.*bg2,k,* cob.hr1,k coc-c.hr1,k cocc.bg2,k,* coch.hr1 *Coff.*bg2,k,* *Colch.*hr1,k *Coloc.*hr1,k,* con.h,k,* conv.br1 cop.hr1,k,* cortiso.gse crot-c. crot-h. crot-t. *Cupr.*bg2,k,* cur.hr1,k *Cycl.* *Daph.*bg2,k,* *Dig.*bg2,k,* dros.hr1,k dulc.hr1,k equis-h. *Ery-a.*hr1,k *Eup-pur.*hr1,k **Euphr.**bg2,k,* *Ferr.*a1,k ferr-i.hr1,k *Ferr-p.* *Fl-ac.*hr1,k **Gels.**hr1,k,* glon.hr1,k granit-m.es1 **Graph.**hr1,k,* grat.a1,k gua.bg3 guaj.bg2,k,* ham.a1,k hell.bg2,k,* hipp.hr1 hydr. *Hydrog.*srj2 *Hyos.*hr1,k **Ign.**bg2,k,* indg.a1,k *Iod.*hr1,k *Ip.*hr1,k iris jatr-c. *Kali-bi.*bg2,k,* *Kali-c.*bg2,k,* kali-chl.a1,k kali-i. kali-m.k2 kali-n.bg3 kali-p. kali-s. *Kalm.*hr1,k kreos.bg2,k,* **Lac-ac.**hr1,k,* lac-c.hr1,k *Lac-d.*hr1,k **Lach.**bg2,k,* lact.hr1,k lath.br1 laur.a1,k *Led.*bg2,k,* *Lil-t.*hr1,k,* *Lith-c.* **Lyc.**bg2,k,* lyss.a1,k *Mag-c.*a1,k mag-m. *Mag-p.*hr1,k mang.h,k1 med.hr1,k meli.a1,k meph.hr1,k **Merc.**bg2,k,* **Merc-c.**bg2,k,* *Mez.*hr1,k,* *Mur-ac.*bg2,k,* *Murx.* nat-ar. *Nat-c.*bg2,k,* *Nat-m.*bg2,k,* nat-p.hr1,k *Nat-s.*a1,k nicc.a1,k nit-ac.

– **häufig**: ...
Nux-v.bg2,k,* ol-an.c2 *Olnd.*bg2,k,* *Op.*hr1,k ox-ac.hr1,k pall.hr1,k,* par.hr1,k pareir.hr1,k *Petr.*bg2,k,* *Ph-ac.*bg2,k,* phos.bg2,k,* *Plan.*hr1,k,* plat.bg2,k,* plat-m-n.c2 plb.bg2,k,* *Podo.*hr1,k,* *Psor.*hr1,k **Puls.**bg2,k,* pulx.bro1 rheumh **Rhus-r.** *Rhus-t.*bg2,k,* ruta sabad.hr1 sabalgm1 *Sabin.*hr1,k,* samb.h,kl *Sang.*bg2,k,* santin.c2 *Sars.*bg2,k,* *Sec.*bg2,k *Sel.*bg2,k *Seneg.*bg2,k,* *Sep.*hr1,k sil.bg2,k sin-n.hr1 skat.br1 *Spig.*bg2,k,* spong.hr1,k **Squil.**bg2,k,* *Stann.*bg2,k **Staph.**bg2,k,* stict.c1 sul-ac.a1,k sul-i. **Sulph.**bg2,k,* tab.a1,k tarax.bg2 *Ter.*hr1,k *Thuj.*bg2,k,* tritic.br1 tub.c1 *Uva Valer.*bg2,k,* verat.bg2,k,* verb.bg2,k,* vesp.hr1,k vib.hr1,k *Viol-t.*bg2,k,* zinc.bg2,k,* zinc-p.k2
☞ *Harndrang - häufig*
• **tagsüber**: ham. *Mag-m.*a1,k nat-m.a1,k *Psor.*hr1,k **Rhus-t.** staph.a1,k uran-met.
  • **und** nachts: *Alum.*hr1,k apis aur-m.k2 cain. *Calc. Canth. Caust. Colch.* hyos.h,kl jug-r. kali-c.h,kl lac-ac.hr1,k mag-m. **Merc.**hr1,k nat-ar. *Nat-m.* phos.h,kl *Plan.*hr1,k *Rhus-t.* sars.
• **morgens**: am-m.a1,k ambr.hr1,k anac.h,kl bar-act. bell.a1,k calc-p. caust. coca con. hydrog.srj2 kreos. *Mez.*hr1,k *Phos.*a1,k pic-ac.a1,k sil.a1,k *Sul-i.*
  • **Aufstehen**, nach dem: ambr. phos.a1,k
• **vormittags**: ant-t.a1,k arg-n.a1,k *Kreos.* lyc.a1,k *Mez.*hr1 nat-m.a1,k sulph.
• **nachmittags**: alum.h,kl alumn.a1,k bov.a1,k chlol. coc-c.a1,k hydrog.srj2 ol-an.a1 petr.a1,k sars.h,kl sep. sulph.a1,k
• **abends**: *All-c.*hr1 alum. am-c.h,kl calc-p.a1,k cann-i.hr1,k cic.a1,k euphr.a1,k ferr-i.a1,k grat.a1,k kreos. lyc.a1,k ox-ac. sabad. sep. sulph. zinc.
• **nachts**: agn. ail. aloe *Alum.*bg2,k alum-p.k2 alum-sil.k2 *Alumn. Am-c.*bg2,k,* *Am-m.*bg2,k ambr.hr1,k *Anac.*bg2,k androc.srj1 ant-c. ant-t.bg2 anth. *Apis Arg-met.* arg-n. arn.bg2,k ars.bg2,k,* ars-i. atro.hr1,k aur-m.k2 **Bar-c.**bg2,k bar-i.k2 *Bar-m.* bar-s.k2 **Bell.**bg2,k **Borx.** bov.bg2 bry.bg2,k,* bufo *Cact.* **Calc.**bg2,k,* *Calc-f.* calc-i.k2 calc-p.bg2 calc-sil.k2 calen.hr1 cann-i. *Canth. Carb-ac.* **Carb-an.**bg2,k,* carb-v.bg2,k *Carbn-s. Caust.*bg2,k chin. chlol. cinnb. clem.bg2,k,* cob. coca coff.bg2,k coloc.bg2,k,* *Con.*h,k,* cop.bg2,k,* *Cupr.*bg2,k *Cycl.* daph.bg2,k dig.bg2,k dros.bg2,k *Equis-h. Eug.*a1,k fl-ac. gink-b.sbd1 *Glon. Graph.*bg2,k,* hell. hep.bg2,k *Hyos.* hyper.a1,bg2 iod.bg2,k kali-ar. *Kali-bi. Kali-c.* kali-m.k2 kali-p. kali-s. kali-sil.k2 **Kreos.**bg2,k,* *Lac-c. Lach.*bg2,k lil-t.bg2,k,* *Lith-c.* **Lyc.**bg2,k,* mag-c.bg2,k mag-m.bg2,k mag-p. **Med.**hr1,k *Meph.*bg2,k,* **Merc.**bg2,k,* mur-ac. **Murx.** nat-ar. *Nat-c.*bg2,k *Nat-m.*bg2,k *Nat-p. Nat-s.*bg2,k,* nicc.bg2,k,* *Nit-ac.*bg2,k,* *Nux-v.*bg2,k op.bg2,k petr.bg2,k,* *Ph-ac.*bg2,k phos.bg2,k,* plan. plb. *Podo.* prun.bg2,k,* psor. *Puls.*bg2,k ran-b.bg2,k,* *Rhus-t.*bg2,k,* *Rumx.* ruta sabin.bg2 *Sang. Sars.*bg2,k sel. *Senec.*bg2,k,* **Sep.**bg2,k,* *Sil.*bg2,k spig.bg2,k,* *Squil.*bg2,k stann. staph.h,kl stict.c1 *Stram.*bg2,k sul-ac.bg2 sul-i.k2 **Sulph.**bg2,k,* tab.bg2,k,* **Ter.**bg2,k ther. *Thuj.*bg2,k tub.c *Uran-met.* vinc.bg2 zinc.h,k,* zinc-p.k2
  • **Mitternacht**, nach: zinc.h,kl

– **häufig - nachts**: ...
  • **Schwangerschaft**; während der: podo.
  • **selten** tagsüber: *Borx. Ther.*
  • **weint**, bevor der Urin abgeht: *Borx.*
• **alten** Menschen, bei: *Bar-c.*
• **Angst**; durch: hydrog.srj2
• **Anstrengung**, nach: aeth.
• **beschäftigt** ist, muß sie loslaufen und gibt dann ein paar Tropfen Urin ab; wenn sie eifrig: calc. calc-i.k2 kali-c.
• **Entbindung**, bei der: cham.hr1
• **Fahren** im Wagen; beim: phos.h
• **Fieber**:
  • **während**: arg-met. bell. *Kreos.* lyc. merc. ph-ac. pyrog.k2 rhus-t. staph. stram.
  • **Trinken**, nach dem: cimx. eup-pur.
• **Frost**; während: **Ars.** canth. hyper. lec. meph.hr1,k **Merc.**hr1,k petros. ph-ac. phos. sulph.
• **geistiger** Anstrengung; nach: cench.k2
• **Kaffee**, nach: cain. cob.hr1,k ign. olnd.
• **Kälte** und Nässe; durch Einwirkung von: alum. *Calc.* calc-p. cop. **Puls. Sars.** sulph.
• **Kopfschmerzen**, mit: *Bell.*hr1,k **Gels.** *Lac-d.*hr1,k scut.bro1 sel.c1 *Verat.*hr1,k vib.hr1,k
• **Menses**:
  • **vor**: *Alum. Apis* asar. canth. dig. kali-c. kali-i. nux-v. phos. puls. *Sars.*h2,k *Sulph.*
  • **während**: alum. alumn.a1,k apis aur. canth. caust. *Kali-i.* nux-v. plat. puls. *Sars.* sulph. vib.
• **Mittagessen**, nach dem: cycl.a1,k nat-m.a1,k
• **nervösen** Ursprungs: cimic.ptk1 cub.br1 *Ign.*ptk1 vib.ptk1
• **periodisch**:
  • **Tag**; jeden zweiten: bar-c.
• **Reisen**; beim: cain.br1,c1
• **Schmerzen**, mit: rhod.c1 thuj.k13
  • **Gesicht**, im: *Calc.*
• **Schweiß**, beim: ant-c. bar-c. bar-m. **Calc.** *Caust.* ign. kali-c. lach. **Lyc.** *Merc.* mur-ac. nat-c. nat-n. nat-p. *Ph-ac. Phos.* **Rhus-t.** *Sel.* squil. staph. **Sulph.** thuj.
• **Trinken**; nach: podo.c1
• **Wasser** in geringer Menge; Abgang von Urin wie: *Dig.*
• **Wetter**:
  • **Wetterwechsel**; bei: tub.c1

– **intermittierend**
☞ *unterbrochen*

– **kleiner** Strahl
☞ *dünner*

– **kräftiger** Strahl: agn.bg2,k,* ant-c. carb-an.a1,k chel. *Cic.*bg2,k,* coc-c. cycl.a1,k *Nux-v.* op.a1,k prun.a1,k spig. staph. sulph.bg2,k,* verat-v.

– **langsam**
☞ *dünner / schwacher / verzögert*

– **nervös**
☞ *häufig - nervösen*

– **pressen**; muß lange
☞ *verzögert - pressen*

– **schwacher** Strahl (= langsam): agar. **Alum.** alum-p.k2 alum-sil.k2 alumn. am-m. *Apis* apoc. **Arg-n. Arn.** atro. *Bell. Berb. Calc-p. Camph.*

– **schwacher** Strahl: ...
cann-i. carb-v. carbn-s. *Caust.* cham. chim. chin. chinin-s. **Clem.** coc-c. cop. *Dig.* dulc.$_{h1}$ *Gels.* graph. **Hell.** **Hep.** hipp. hura iris$_{a1,c1}$ *Kali-bi.* *Kali-c.* kali-m.$_{k2}$ kali-n. *Kali-p.* kali-sil.$_{k2}$ kreos. lath.$_{mg}$ *Laur.* lyc. *Med.* **Merc.** **Merc-c.** **Mur-ac.** nat-m. *Nit-ac.* olnd. **Op.** *Petr.* *Ph-ac.* phos.$_{h}$ plat. plb. *Prun.* psor. puls. raph. *Rhus-t.* **Sars.** sec. sel. *Sep.* sil. spong. staph. *Stram.* **Sulph.** syph. thuj. zinc. zinc-p.$_{k2}$

• **morgens**, beim Erwachen: **Alum.** arn. hep. *Sep.*

• **nachts**: kali-c. *Sulph.*$_{a1,k}$

• **Atmung** und Beschwerden des Herzens; mit schwieriger: **Laur.**

• **Aufstehen**, nach dem: merc-act. mez. sal-ac. *Sulph.*

• **Harnverhaltung**, durch lange: calc-p. *Caust.* rhus-t. ruta sulph.

• **Schlaf**, nach: op.

• **Schmerz** in der Blase; mit heftigem: calc-p.

• **Tröpfeln** nach dem Stuhlgang; nur langsames: sel.

– **schwierig**
☞ *Dysurie*

– **selten**: acon.$_{bg2,k}$ agar.$_{bg2,k,*}$ aloe alum.$_{h,kl}$ alumn.$_{a1,k}$ *Arg-n.*$_{a1,k}$ *Arn.*$_{bg2,k,*}$ ars.$_{bg2,k}$ *Aur.*$_{bg2,k}$ aur-ar.$_{k2}$ bar-c.$_{a1,k}$ bell.$_{bg2,k}$ bry.$_{bg2,k,*}$ camph.$_{bg2,k}$ **Canth.**$_{bg2,k}$ carb-v.$_{bg2,k}$ castm. chel.$_{a1,k}$ chin.$_{bg2}$ cic.$_{bg2}$ coc-c.$_{a1,k}$ *Colch.*$_{bg2}$ cupr.$_{bg2,k}$ *Cycl.*$_{hr1,k}$ dig.$_{bg2,k,*}$ fl-ac.$_{bg2}$ grat.$_{a1,k}$ *Hep.*$_{bg2,k}$ hyos.$_{bg2,k}$ iris kali-c.$_{a1,k}$ lac-c.$_{hr1,k}$ *Laur.*$_{bg2,k}$ led.$_{h,kl}$ *Lyc.*$_{hr1,k,*}$ mag-m.$_{a1,k}$ **Merc.**$_{bg2}$ merc-c.$_{a1,k}$ mez.$_{a1,k}$ nat-s. nicc.$_{a1,k}$ nit-ac. *Nux-v.*$_{bg2,k,*}$ *Op.*$_{bg2,k,*}$ *Plb.*$_{bg2,k,*}$ prun.$_{bg2,k}$ psor.$_{hr1,k}$ *Puls.*$_{bg2,k}$ *Ruta* sars.$_{a1,k}$ sec.$_{bg2,k,*}$ stann.$_{bg2,k,*}$ staph.$_{a1,k}$ *Stram.*$_{bg2,k}$ sul-ac.$_{bg2,k,*}$ sulph.$_{bg2}$ *Syph.*$_{hr1,k}$ thuj.$_{a1,k}$ verat.$_{bg2}$ zinc.$_{hr1,k}$

• **tagsüber**: *Lyc.*$_{hr1,k}$

– **spritzender** Strahl: calc-p.$_{a1,k}$ canth.$_{bg2}$ cic.$_{a1,k}$ helon.$_{a1,k}$ kreos.$_{bg1,bg2}$ puls.$_{hr1,k}$ rhus-t.$_{bg2}$ spig.$_{h,k,*}$ tub.$_{ptk1}$

• **Husten**, beim: kreos.$_{a1,k}$ *Squil.*$_{st,vh}$ staph.$_{a1,k}$

• **Urinieren**, nach dem: helon.

– **Strangurie**
☞ *Dysurie - schmerzhaft*

– **tröpfelnd** (= tropfenweise, Harntröpfeln):
abel.$_{dg}$ *Agar.* *All-c.* all-s. alum.$_{k2}$ am-m. anan. androc.$_{srj1}$ ang. ant-c. ant-t. apis *Arg-n.* *Arn.* ars. ars-i. ars-s-f.$_{k2}$ atro. aur. aur-ar.$_{k2}$ aur-i.$_{k2}$ aur-m.$_{k2}$ aur-s.$_{k2}$ *Bell.* bov. brom. bry. *Cact.* calc.$_{bg1}$ *Camph.* cann-i.$_{br1,c1}$ *Cann-s.* **Canth.** caps. carbn-s. *Caust.* chel. chim. cic. **Clem.** coff. colch. *Con.* *Cop.* *Dig.*$_{br1,k}$ *Dros.* *Dulc.* equis-h. *Ery-a.* euph. gamb. *Gels.* graph. ham. hell. hep.$_{k2}$ *Hyos.* inul.$_{br1}$ iod. kali-ar. kali-c. *Kali-chl.* kali-m.$_{k2}$ kali-p. kali-s. kali-sil.$_{k2}$ *Lac-d.* lach. **Lil-t.** *Lyc.* *Mag-m.* mag-s. **Merc.** **Merc-c.** nat-m. *Nux-m.* **Nux-v.** ox-ac. *Pareir.* petr. ph-ac. phos. pic-ac. **Plb.** polyg-h. prun. psor.$_{k2}$ **Puls.** *Rhus-t.* *Sabin.* *Sars.* sec. sil. spig. *Staph.* *Stram.* sul-i.$_{k2}$ **Sulph.** tab. tarent. **Ter.**

– **tröpfelnd** (= tropfenweise, Harntröpfeln): ...
thuj. tril-p.$_{c1}$ *Verb.* vip. zinc. zinc-p.$_{k2}$
☞ *❑ Harnröhre - Tröpfeln*

• **morgens**: coff.

• **nachmittags**:

 • **16** h: **Lyc.**

 • **Aufstehen** vom Sitzen; beim: spig.

• **abends**: lyc. zinc.

 • **Liegen**, beim: lyc.

• **nachts**: caust. lyc. ox-ac.

 • **färben** das Hemd rot; Tropfen fließen aus der Harnröhre und: lachn.

• **Aufstehen** vom Sitzen, beim: spig.

• **Entbindung**, nach der: *Arn.* tril-p.$_{br1}$

• **Freien**, im: lycpr.$_{br1}$

• **Gehen**, beim
☞ *unwillkürlich / unwillkürlich - Gehen*

• **Harnverhaltung**, mit: acon. alum.$_{k2}$ *Arg-n.*$_{hr1,k}$ arn. bell. canth. **Caust.** chim. ery-a. *Gels.* **Nux-v.** op. *Pareir.* sabin. sep. staph. sulph.

• **Kopfschmerzen**, mit: jug-r.$_{bg2}$

• **Obst**, durch: sep.$_{bg2}$

• **Prostata**, mit vergrößerter: *Aloe* arn. bar-c. bell. cop. *Dig.* mur-ac. *Nux-v.* pareir. petr. *Puls.* sabal sel. sep. *Staph.*

• **Schmerzen**, mit: spig.$_{bg2}$

• **senkrecht** herunter; der Urin tropft: alumn.$_{h,k2}$ **Hep.**

• **Sitzen**, im: *Puls.* *Sars.*

 • **amel.**: caust.$_{bg3}$

 • **Stehen** geht der Urin ungehindert ab; beim: *Sars.*

• **Stechen** in der Eichel; mit: pareir. thuj.

• **Stuhlgang**, nach: caust. kali-br. laur. nat-m. petr. *Sel.* stram. sumb.

 • **Druck** im Rektum; mit: nat-m.$_{a1,k}$

• **unwillkürlich**: *Agar.* *All-c.* alum.$_{k2}$ *Arg-n.* **Arn.** *Ars.* ars-i. *Bell.* brom. bry. *Camph.* **Canth.** **Caust.** chinin-ar. **Clem.** coc-c. *Dig.* *Dulc.* *Gels.* *Hyos.* iod. jug-r. *Mur-ac.* *Nux-v.* *Petr.* plat. *Puls.* *Rhus-t.* santin. *Sel.* *Spig.* *Staph.* *Stram.* *Sulph.* *Tab.* thuj. *Verb.* zinc.

 • **Tag** und Nacht: *Arg-n.* ars. gels. iod. *Nux-v.* petr. *Verb.*

 • **Anstrengung** fließt kein Tropfen; die Blase ist aufgetrieben und ohne Schmerzen, aber bei größter: gels.

 • **Entbindung**, nach der: *Arn.*

 • **Knaben**, bei: *Rhus-t.*

 • **Menses**, während: cact. *Canth.*

 • **Stuhlgang**, nach: chinin-ar.

 • **verzögert**, wenn: plan.

• **Urinieren**:

 • **Beginn** des Urinierens; zu: clem.$_{h}$ euph.$_{h}$ kali-n. sulph.

  • **dann** reichlich beim Stuhlgang: all-s. am-m.

 • **nach**: agar. ant-c. apoc. arg-n. bar-c. brom. bry. calc. calc-p.$_{hr1}$ **Cann-i.** cann-s. *Caust.* *Chinin-s.* **Clem.** *Con.* dig. *Graph.* *Helon.* **Hep.** *Kali-c.* kali-p. lac-d.$_{k2}$ *Lach.* lyc. nat-c. *Nat-m.* *Petr.* *Petros.* phos. pic-ac. psor. ran-s. rhod. *Sel.*

• **Urinieren - nach**: ...
Sep. sil. *Staph.* stram. *Thuj.* verb. zing.
☞ *unwillkürlich - Urinieren - nach*

– **unbefriedigend**: *Alum.* alum-p.$_{k2}$ alum-sil.$_{k2}$ androc.$_{srj1}$ *Arg-n.* arn. **Ars.** ars-s-f.$_{k2}$ aspar. aur. aur-ar.$_{k2}$ aur-s.$_{k2}$ bell. *Berb.* brach. bry. cact. *Calc.* calc-sil.$_{k2}$ camph. canth. **Caust.** *Cic.* *Clem.* cocc. colch. con. *Cub.* *Gels.* gins. **Hep.** hydrog.$_{srj2}$ *Hyos.* kali-ar. *Kali-c.* kali-p. lach. *Laur.* lyc. *Mag-m.* merc. nat-ar. nat-c. nat-p. *Nux-v.* op. petr. *Ph-ac.* phos. plb. psor.$_{k2}$ puls. rhod. rhus-t. ruta *Sars.* sec. *Sel.* sil. stann. *Staph.* stram. *Sulph.* *Thuj.* verat.
☞ *unvollständig / Völlegefühl - Urinieren*

• **geleert**, mit Harntröpfeln; als wäre die Blase nicht: *Staph.*

• **zurückgeblieben** wäre; als ob Urin in der Harnröhre: agar. all-c. alum. ambr. *Arg-n.* aspar. cedr. clem. dig. ery-a. *Kali-bi.* petr. rhus-t. *Sel.* *Sep.* *Thuj.*

– **unbewußt**, Harnröhre ist gefühllos: ail. alum.$_{pd}$ *Apis* apoc. **Arg-n.** **Caust.** cedr. chlol. *Cupr.* grat. hell. kali-br. **Mag-m.** mag-s. merc. nux-v. *Sars.*

• **Manie**, bei: **Cupr.**

• **Urin** und Stuhl: arn. bell. *Mur-ac.* psor. *Rhus-t.* sulph.

– **unterbrochen** (= intermittierend, aussetzend): *Agar.* aloe ammc. ant-c. ant-t. arg-n. bell. bov. cann-i. cann-s. caps. *Carb-an.* *Caust.* chinin-s. **Clem.** **Con.** *Dulc.* gamb. *Gels.* *Graph.* hydrog.$_{srj2}$ *Iod.* *Kali-c.* kali-p. *Led.* *Lyc.* mag-s. med. meph. *Op.* pareir. *Ph-ac.* phos. *Puls.* rhus-t. sars. *Sulph.* *Thuj.* vesp. zinc. zinc-p.$_{k2}$

• **abends**: *Caust.*$_{hr1,k}$

• **Brennen** in der Harnröhre; durch: ph-ac.$_{h}$

• **dick**, mit käsigen Massen wie geronnene Milch; Urin sehr: **Ph-ac.**

• **Erektionen**, mit schmerzhaften: *Ant-c.*

• **Koitus**, nach: *Ph-ac.*$_{hr1,k}$

• **Reisen**, beim: cain.$_{br1}$

• **Schmerz**; gefolgt von: pulx.$_{br1}$

• **spritzt** stoßweise heraus und dabei jedesmal schneidender Schmerz in der geschwollenen Prostata: **Puls.**

• **Stehen**; der Urin fließt besser im: *Con.*

• **Strahl**, wonach der Urin tropfenweise abgeht: mag-s. rheum

• **Zusammenziehung** in der Blasengegend; durch heftige: petr.

– **unterdrückt**
☞ *Harnverhaltung*

– **unvollständig**: alumn.$_{k2}$ am-m. androc.$_{srj1}$ *Berb.* bry. *Calc.* cann-i. carl. *Caust.* **Clem.** cub. *Gels.* *Helon.* **Hep.** hydrog.$_{srj2}$ *Kali-c.* kali-chl. kali-sil.$_{k2}$ lac-c. **Lach.** *Lyc.* **Mag-m.** marb-w.$_{es1}$ *Nat-c.* *Nat-p.* nux-v. petr. phos. **Sel.** sil. *Staph.* stram. *Thuj.*
☞ *unbefriedigend / Völlegefühl - Urinieren*

• **muß** fünf- oder sechsmal urinieren, bevor die Blase leer ist: *Thuj.*

• **volle** Blase und Harndrang, aber spärlicher Urin: abrot.$_{hr1,k}$ hydrog.$_{srj2}$

– **unwillkürlich**: acet-ac.$_{a1,k}$ *Acon.*$_{bg2,k,*}$ **Ail.** alco.$_{a1}$ *Alum.*$_{hr1,k}$ alum-sil.$_{k2}$ alumn.$_{a1,k}$ am-c.$_{bg2,k,*}$ am-m.$_{hr1}$ anac.$_{hr1,k}$ anan.$_{hr1,k}$ ant-c.$_{hr1,k}$ ant-t.$_{bg2}$ antip.$_{c2}$ **Apis** apoc.$_{c2,k2}$ arbin.$_{hsa1}$ **Arg-n.**$_{hr1,k}$ *Arn.*$_{bg2,k,*}$ **Ars.**$_{bg2,k,*}$ **Ars-i.** atro.$_{hr1,k,*}$ aur-m. aur-s.$_{c2}$ bamb-a.$_{stb2}$ bapt.$_{k2}$ *Bar-act.* *Bar-c.*$_{hr1,k}$ bar-i.$_{k2}$ bar-m.$_{bg2,k,*}$ **Bell.**$_{bg2,k,*}$ benz-ac.$_{c2}$ brach.$_{c2}$ *Bry.*$_{bg2,k,*}$ *Bufo* cact.$_{hr1,k}$ calc.$_{bg2,k}$ calc-i.$_{k2}$ *Calc-p.*$_{c2,k}$ calc-sil.$_{k2}$ *Camph.*$_{hr1,k}$ cann-i. cann-s.$_{hr1,k2}$ *Canth.*$_{bg2,k,*}$ carb-an.$_{bg2,k,*}$ *Carb-v.*$_{bg2,k,*}$ carbn-s. carc.$_{zzh}$ casc.$_{hr1}$ **Caust.**$_{bg2,k,*}$ *Cedr.* cere-s.$_{c2}$ cham.$_{bg2,k}$ chen-a.$_{c1}$ chen-v.$_{c2}$ *Chin.*$_{bg2,k,*}$ chinin-ar. chlol.$_{c2,k}$ *Cic.*$_{bg2,k,*}$ *Cimx.*$_{hr1,k}$ *Cina* cocc.$_{bg2}$ *Colch.*$_{a1,k}$ *Con.*$_{h,k,*}$ crot-h. cub.$_{c2}$ cupr. dam.$_{c2}$ daph.$_{a1}$ der.$_{a1}$ *Dig.*$_{bg2,k,*}$ dros. **Dulc.**$_{bg2,k,*}$ *Echi.* *Equis-h.*$_{c2,k}$ ery-a.$_{c2}$ eucal.$_{hr1}$ *Eup-pur.*$_{hr1,k,*}$ ferr.$_{bg2,k,*}$ ferr-ar. ferr-i. *Ferr-p.*$_{bg2,k,*}$ *Fl-ac.* *Gels.*$_{hr1,k}$ graph.$_{bg2,k,*}$ grat.$_{k2}$ *Guare.*$_{hr1,k,*}$ *Hell.*$_{hr1,k}$ *Hep.*$_{bg2,k,*}$ *Hydr.*$_{hr1,k,*}$ *Hydr-ac.*$_{a1,k}$ hydrang.$_{c2}$ *Hyos.*$_{bg2,k,*}$ *Ign.*$_{bg2,k,*}$ *Iod.*$_{hr1,k,*}$ kali-ar. kali-br.$_{hr1,k,*}$ kali-cy.$_{a1}$ kali-m.$_{k2}$ kali-n.$_{c2}$ *Kali-p.*$_{hr1,k,*}$ *Kreos.*$_{bg2,k,*}$ lac-d.$_{hr1,k}$ *Lach.*$_{bg2,k,*}$ lath.$_{c2}$ *Laur.*$_{bg2,k,*}$ led.$_{hr1,k}$ lina.$_{c2}$ **Lyc.**$_{bg2,k,*}$ mag-c.$_{bg2,k,*}$ mag-m.$_{hr1,k}$ mag-s.$_{c2}$ *Merc.*$_{bg2,k,*}$ merc-c.$_{a1,k}$ mill.$_{hr1,k,*}$ *Mosch.*$_{hr1,k}$ *Mur-ac.*$_{bg2,k,*}$ *Nat-ar.* *Nat-c.*$_{a1,k}$ **Nat-m.**$_{bg2,k,*}$ nat-p.$_{hr1,k}$ nat-s.$_{c2}$ *Nit-ac.*$_{bg2,k,*}$ nitro-o.$_{c2}$ **Nux-m.**$_{hr1,k}$ *Nux-v.*$_{bg2,k,*}$ oena.$_{hr1}$ ol-j.$_{hr1,k}$ *Olnd.*$_{hr1,k}$ *Op.*$_{hr1,k,*}$ ox-ac.$_{a1,k,*}$ *Petr.*$_{bg2,k,*}$ *Ph-ac.*$_{bg2,k,*}$ **Phos.**$_{bg2,k,*}$ phys. pic-ac.$_{hr1,k,*}$ pix$_{c2}$ *Plan.*$_{c2,k}$ plb.$_{hr1,k,*}$ *Podo.*$_{hr1,k}$ **Psor.**$_{c2,k}$ **Puls.**$_{bg2,k,*}$ pyrog.$_{k2}$ rat.$_{hr1,k}$ rhus-a.$_{c2}$ **Rhus-t.**$_{bg2,k,*}$ rumx. russ.$_{c2}$ *Ruta*$_{c2,k}$ sabal$_{c2}$ sang.$_{hr1,k}$ *Sanic.*$_{c2,k}$ santin.$_{c2}$ sars.$_{c2}$ scroph-xyz.$_{c2}$ *Sec.*$_{hr1,k,*}$ *Sel.*$_{c2,k}$ senec-j.$_{c2}$ seneg.$_{bg2,k,*}$ **Sep.**$_{bg2,k,*}$ sil.$_{bg2,k,*}$ *Spig.*$_{bg2,k,*}$ *Spong.* *Squil.*$_{bg2,k,*}$ **Staph.**$_{hr1,k}$ still.$_{hr1}$ *Stram.*$_{bg2,k,*}$ stront-c.$_{c2}$ stry.$_{a1}$ stry-xyz.$_{c2}$ sul-i.$_{k2}$ *Sulph.*$_{bg2,k,*}$ tab.$_{hr1,k,*}$ *Tarax.*$_{bg2}$ tarent. *Ter.*$_{a1,k}$ *Thuj.*$_{hr1,k,*}$ thyr.$_{c2}$ til.$_{c2}$ tritic.$_{c2}$ tub.$_{c2}$ uran-n.$_{c2}$ ust. *Verat.*$_{bg2,k,*}$ *Verb.*$_{c2,k}$ vesp.$_{hr1,k,*}$ vesp-xyz.$_{c2}$ vib.$_{hr1,k}$ viol-t.$_{c2}$ zinc.$_{bg2,k,*}$ zinc-p.$_{k2}$

• **tagsüber**: apis$_{bg1}$ *Arg-n.* *Bell.*$_{a1,k}$ *Ferr.*$_{bg2,k,*}$ *Ferr-p.* **Fl-ac.** thuj.

• **Gehen**, beim: ferr. thuj.

• **Schlaf**, im: *Bell.*$_{hr1,k}$

• **nachts**; und: **Arg-n.**$_{hr1,k}$ **Ars.** bell. **Caust.**$_{bg2,k}$ *Gels.* *Hyos.* iod. *Nux-v.* petr. *Rhus-a.* ruta *Verb.*

• **morgens**: am-c.$_{a1,k}$ cina phos.$_{a1,k}$ phys. til.$_{a1,k}$

• **gegen** Morgen: am-c. chlol.

• **vormittags**: phys.$_{a1,k}$

• **nachts** (= Bettnässen, Incontinentia urinae): acon. *Aeth.* alet.$_{k2}$ *Am-c.* anac. anan. **Apis** *Apoc.* *Arg-met.*$_{c2,k}$ **Arg-n.** **Arn.** **Ars.** ars-s-f.$_{k2}$ *Aur.* aur-ar.$_{k2}$ aur-m. aur-s. bar-c. bar-m. bar-s.$_{k2}$ **Bell.** **Benz-ac.** bry. cact. *Calc.* calc-sil.$_{k2}$ canth. *Carb-v.* *Carbn-s.* **Caust.** *Cham.* chin. chinin-ar.$_{k2}$ *Chlol.* cimx. *Cina* coca con. *Crot-c.* cub. cupr. dulc. **Equis-h.** *Eup-pur.* **Ferr.** *Ferr-ar.* ferr-i. ferr-p. *Fl-ac.* **Graph.** *Hep.* hyos. ign. kali-c. kali-m.$_{k2}$ *Kali-p.* kali-sil.$_{k2}$ **Kreos.** **Lac-c.** lac-d. lyc. mag-c. *Mag-m.* **Mag-p.** mag-s. *Med.* *Merc.* mur-ac. *Nat-ar.* *Nat-c.* **Nat-m.** *Nat-p.* **Nit-ac.**

- **nachts** (= Bettnässen): ...
  nux-v. *Op.* ox-ac. *Petr.* ph-ac. *Phos.* *Plan.* *Podo.* *Psor.* **Puls.** **Rhus-t.** *Ruta* *Sanic.* *Sars.* sel.$_{c1}$ *Seneg.* **Sep.** **Sil.** sil-met.$_{stj2}$ spig. squil. staph. *Stram.* **Sulph.** *Syc.*$_{vh}$ tab. ter. *Thuj.* *Thyr.*$_{vh}$ tritic.$_{br1}$ *Tub.* *Uran-met.* uran-n.$_{c2}$ verat. *Verb.* *Viol-t.* zinc. zinc-p.$_{k2}$
  - **Morgen**, gegen: am-c. cact. chlol. cina$_{bg1}$ zinc.
  - **Mitternacht**:
    - **nach**:
      - **5** h: cact.
    - **morgens**, bis: plan.
  - **alten** Menschen, bei: sec.$_{vh}$
  - **ersten** Schlaf, im ●: benz-ac. **Caust.**$_{k,kl2}$● cina *Kreos.* *Ph-ac.* phos.$_{k2}$ puls.$_{k2}$ **Sep.**$_{k,kl2}$●
  - **Erwachsenen**, bei: *Lac-c.*$_{vh}$
  - **Frauen**, bei: *Sil.*$_{vh}$
  - **Gewohnheit** keine Ursache aufzufinden ist; wenn außer der: **Equis-h.**
  - **Kindern**, bei: aesc.$_{k1,k13,*}$
  - **schwächlichen** Kindern, bei: *Chin.*
  - **spasmodisches** Bettnässen: **Arg-met.** bell.$_{bg2,k}$ canth.$_{bg2,k}$ caps.$_{bg2,k}$ castm. caust.$_{bg2}$ cina coloc.$_{bg2,k}$ *Gels.* hyos. ign.$_{bg2,k}$ lach.$_{bg2,k}$ lyc.$_{bg2,k}$ *Nux-v.*$_{bg2,k}$ op.$_{bg2,k}$ puls.$_{bg2,k}$ rhus-t.$_{bg2,k}$ verat.$_{bg2,k}$
  - **Träumen** vom Urinieren; beim ●: equis-h.$_{bro1}$ *Kreos.*$_{hr1,k}$ lac-c. lyc. merc-i-f. *Ph-ac.* *Seneg.* *Sep.*$_{k,kl2}$● sulph.$_{k,kl2}$●
  - **Wecken** des Kindes ist schwierig: *Bell.* caust.$_{bro1}$ **Kreos.** sep.$_{bro1}$
- **Abkühlung**, bei: *Alet.*$_{k2,vh}$ bell. *Calc.*$_{vh}$ **Caust.** *Dulc.* orig.$_{vh}$ *Rhus-t.*
- **alten** Menschen, bei: *All-c.* aloe apis *Ars.* *Aur-m.* cann-s. carb-ac.$_{ptk1}$ *Cic.* gels. *Iod.* kali-p. phos. *Sec.* *Thuj.*
  - **Prostata**, bei vergrößerter: *All-s.* *Aloe* apoc.$_{bg3}$ *Cic.* dig. *Iod.* kali-p. nux-v. *Pareir.* *Sec.* *Thuj.*
- **Anstrengung**, bei: *Bry.* caust. *Nux-v.* ph-ac. rhus-t. sabal$_{pd}$ tarent.
- **Aufstehen** vom Sitzen, beim: *Mag-c.* petr.$_{bg3,ptk1}$ spig.
- **Aufstoßen**, beim: hydr.$_{bg1}$
- **Bewegung**:
  - **amel.**: *Rhus-t.*
  - **bei**: *Bell.* *Bry.* calc. ferr.$_{k2}$ *Ph-ac.*$_{hr1,k}$ *Phos.* ruta staph. tarent.
  - **plötzliche** Bewegung, durch: ferr.$_{k2,ptk1}$
- **Durst** und Furcht; mit: **Acon.**$_{hr1,k}$
- **Eile** ist; wenn er in: lac-d.$_{ptk1}$
- **Ejakulation**; mit: verb.$_{c1}$
- **Entbindung**, nach: *Arn.* **Ars.**
- **Erbrechen**:
  - **beim**: ars.$_{bg1}$ *Canth.*$_{vh}$ crot-h.$_{vh}$ merc-sul.$_{vh}$ *Par.*$_{vh}$
- **Erregung**:
  - **durch** ●: *Gels.*
  - **Gemütes**; durch Erregung des: puls.$_{k2}$
- **Erschöpfung**; bei nervöser: kali-p.$_{k2}$
- **Erschütterung**, Stoß; durch: caust.$_{h}$
- **Fahren** oder Reiten, beim: lac-d.$_{k2,ptk1}$ thuj.$_{hr1,k}$
  - **amel.**: lyc.$_{ptk1}$
- **Fieber**; während: gels.$_{k2}$
- **Flatus**; beim Abgang von: mur-ac.$_{ptk1}$ *Puls.* sulph.
- **Freien**, im: lycpr.$_{bro1}$
- **Frost**:
  - **vor**: *Gels.*
  - **während**: caust. dulc. puls. rhus-t. sulph.
- **Gedanken** dabei bleiben; sie muß mit ihren: puls.$_{k2}$ sep.$_{k2}$
- **Gehen**:
  - **amel.**: *Rhus-t.*
  - **beim**: alet. alum-sil. anan. *Arg-n.* arn. bell. *Bry.* *Calc.* *Caust.* **Ferr.** ferr-p. kali-s. *Lac-d.* *Mag-c.* mag-m. **Nat-m.** *Ph-ac.* phos. **Puls.** ruta sapin.$_{c2}$ *Sel.* sep. stram. tarent. thuj. vib.$_{ptk1}$ *Zinc.*
  - **schnell**: alet.$_{ptk1}$
  - **Stillstehen** geht jedoch nichts ab; beim Versuch zu Urinieren beim: mag-m.
- **Geräusch**, bei plötzlichem: caust. puls. sep.
- **Harndrang**, mit: chin.$_{h,k1}$
- **Harndrang** nicht nachgegeben wird; wenn dem ●: calc. dig.$_{h}$ kreos.$_{k2}$ merc. nat-m. *Puls.*$_{k,kl2}$● sep.$_{k,kl2}$● squil. *Sulph.*$_{k,kl2}$● *Thuj.*
  ☞ *Harndrang - plötzlich - beeilen*
- **Husten**, beim ●: *Alet.*$_{k2,vh}$ *Alum.* alum-p.$_{k2}$ anan. *Ant-c.* **Apis** *Bell.* *Bry.* *Calc.*$_{vh}$ *Caps.* carb-an. **Caust.**$_{k,kl2}$● *Cench.* *Colch.* dulc. ferr. *Ferr-p.* gink-b.$_{sbd1}$ hydrog.$_{srj2}$ hyos. ign. kali-c.$_{ptk1}$ *Kreos.* lach. laur. *Lyc.* mag-c. mur-ac.$_{ptk1}$ murx. **Nat-m.**$_{k,kl2}$● nit-ac. *Nux-v.*$_{k,kl2}$● *Ph-ac.* **Phos.** psor. **Puls.**$_{k,kl2}$● rhod. rhus-t. *Rumx.* seneg. *Sep.*$_{k,kl2}$● *Spong.* **Squil.** staph. sulph. tarent. tarent-c.$_{bro1}$ *Thuj.* *Verat.* verb.$_{ptk1}$ vib. *Zinc.* zinc-p.$_{k2}$
- **Katheters**; nach Einsatz des: mag-p.$_{bro1}$
- **Kindern**; bei: arg-met.$_{k2}$ kali-p.$_{k2}$ lyc.$_{k2}$
  - **nervösen**; bei: gels.$_{c1}$
  - **schwächlichen**; bei: *Chin.*
- **Knaben**, bei: *Rhus-t.* sil.$_{k2}$
- **Koitus**:
  - **nach**: cedr.$_{hr1}$
- **Konvulsionen**, bei den: art-v.$_{hr1,k}$ **Bufo** *Caust.*$_{hr1,k}$ cocc.$_{hr1,k}$ cupr.$_{hr1,k}$ **Hyos.**$_{hr1,k}$ lach.$_{hr1,kr1}$ lyc.$_{k2}$ nat-m.$_{hr1,kr1}$ nux-v.$_{hr1,k}$ *Oena.* *Plb.* stry.$_{a1,k}$ *Zinc.*$_{hr1,k}$
- **Lachen**, beim: **Caust.**$_{k,kl2}$● *Nat-m.*$_{k,kl2}$● *Nux-v.*$_{k,kl2}$● *Puls.*$_{k,kl2}$● sabal$_{pd}$ **Sep.**$_{k,kl2}$● tarent.$_{hr1,k}$
- **Laufen**, beim: *Arn.*$_{hr1,k}$ *Bry.* *Lac-d.*
- **leer** zu sein scheint; wenn die Blase: helo.$_{ptk1}$
- **Liegen**:
  - **amel.**: ferr-p.$_{k2}$
  - **beim**: kreos.$_{bg1,k}$ *Puls.*$_{bg1}$ uva$_{ptk1}$
- **Manie**, bei: *Cupr.*
- **Masturbation**; bei häufiger: sep.$_{hr1}$
- **Menses**, während: cact. calc.$_{a1,k}$ *Canth.* hell. *Hyos.*$_{hr1,k}$
- **Niesen**, beim: alet.$_{bg2,k}$ bamb-a.$_{stb2}$ **Caust.**$_{bg2,k,*}$ colch.$_{bg2,k}$ *Lac-c.* *Nat-m.*$_{bg2,k,*}$ *Nux-v.*$_{hr1,k}$ orig.$_{vh}$ petr. *Ph-ac.*$_{hr1,k}$ phos.$_{bg2,k}$ *Puls.*$_{bg2,k}$ sep. zinc.$_{bg2,k}$

- **Obstipation**, mit: tarent.$_{ptk1}$
- **Pressen**; kein Urin fließt beim: *Gels.*
- **Schneuzen** der Nase; beim: **Caust.**$_{bg2,k,*}$ nat-m. puls. zinc.$_{bg2,k,*}$
- **Schreck**, bei: lyc.$_{pd}$ op.$_{ptk1}$ sep.$_{ptk1}$
- **Schwangerschaft**; während der: **Ars.** bell. canth. caust. clem. kreos. *Nat-m.* podo. **Puls.** *Sep. Syph.*
  - **Husten**, beim: cocc.$_{pd}$
- **Sitzen**, im: *Caust.*$_{bg2,k,*}$ *Nat-m.*$_{hr1,k}$ **Puls.**$_{bg2,k}$ *Rhus-t. Sars.* sil.$_{h,k1}$ spig.$_{bg1}$ stram.$_{hr1,k}$
  - **Harnverhaltung** im Stehen: *Caust.*
  - **schwingen**, sonst geht der Urin ab; sie muß den Fuß ständig: zinc.
- **Stecken** der Hände in kaltes Wasser; beim: *Kreos.*
- **Stehen**, im: bell.$_{bg2,k,*}$ caust. ferr.$_{a1,k}$ lyc. *Nat-m. Puls. Rhus-t.* sep.$_{hr1,k}$
- **Stuhlgang**:
  - **nach**: acon. apis *Arg-n. Ars.* atro. aur. bar-c. bell. bry. calc. camph. carb-v. caust. chin. chinin-ar. cina colch. con. dig. *Hyos.* kali-br. *Laur.* mosch. **Mur-ac.** nat-m. petr. *Ph-ac. Phos.* puls. rhus-t. sec. *Sel.* stram. sulph. verat. *Zinc.* zinc-p.$_{k2}$
  - **Bewußtsein**, hält es für Flatus; bei vollem: *Ars.*
  - **dysenterischen** Stuhl; bei jedem: alum.
  - **Pressen** zum Stuhl:
    - **beim**: *Alum. Lil-t.*
    - **ohne** Pressen ist willkürlicher Stuhlgang unmöglich: arg-n.
- **Typhus**, bei: *Arg-n.* arn. *Ars. Colch. Hell.* **Hyos.** kali-p.$_{k2}$ *Lach. Lyc. Mosch. Mur-ac.* op. *Ph-ac. Phos.* psor. *Rhus-t. Stram.* sulph. *Verat. Verat-v.*
- **Überraschung** agg.; angenehme: puls.$_{ptk1}$
- **Unaufmerksamkeit**, aus: sep.$_{ptk1}$
- **Urinieren**:
  - **nach**: agar. cann-i. clem. helon. sel. sil. staph.
    ☞ *tröpfelnd - Urinieren - nach*
- **verzögert**, wenn: *Lach.* phos.$_{a1,k}$ plan. *Sep.* squil. sulph. thuj.
- **Vollmond**, bei: cina$_{bg3}$ *Psor.*$_{bro1,c1,*}$
- **Wasser**, das aus einem Hahn läuft; beim Anblick von: *Lyss.* sulph.
- **Zug**; beim Laufen zum: lac-d.$_{ptk1}$
- **zurückzuhalten**; große Schmerzen beim Versuch, den Urin: uran-met.

– **verzögert**, muß warten, bis der Urin zu fließen beginnt: agar. *Alum.* alum-p.$_{k2}$ alum-sil.$_{k2}$ alumn. am-m. *Apis* aran. arg-n. **Arn.** ars-s-f.$_{k2}$ aur-s.$_{k2}$ *Bell. Cact.* cadm-s.$_{c1}$ calc.$_{h}$ *Cann-i.* canth. **Caust.** chel. *Clem.* coc-c. **Cop.** *Dig.* eucal. **Hep.** hydr-ac. ip. kali-br. *Kali-c.* kali-m.$_{k2}$ *Kali-n.* kali-sil.$_{k2}$ kali-sula.$_{gm1}$ lath.$_{mg}$ laur. **Lyc.** med. *Mur-ac.* nat-ar.$_{k2}$ nat-c. *Nat-m.* nat-p. *Nit-ac.* nux-v. *Op.* par. *Pareir. Petr.* plan.$_{c2}$ *Prun.* puls. *Raph.* **Rhus-t.** *Sars.* sec. *Sel.* **Sep.** *Sil.* staph. *Stram.* sulph. tax. ter. *Thuj. Zinc.*
  ☞ *Harnverhaltung*

– **verzögert**, muß warten: ...
- **allein**; kann nur urinieren, wenn: *Ambr.*$_{bg3}$ hep.$_{bg3,bro1}$ *Lyc.*$_{vh}$ mur-ac.$_{bg3,bro1}$ *Nat-m.* tarent.$_{bg3,pd}$
- **Bücken** amel.: prun.$_{ptk1}$
- **Harndrang**; mit:
  - **keinen** Urin abgeben; kann aber:
    - **Blut** aus der Vagina abgegangen ist; bis ein enormer Klumpen aus schwarzem: *Coc-c.*
- **kniet** und den Kopf auf den Boden preßt; kann nur urinieren, wenn er: pareir.
- **lange** warten und dann geht nur wenig Urin ab; muß: caust.
  - **andere** in der Nähe sind; besonders wenn: *Nat-m.*
- **letzten** Tropfen; die: caust.$_{h}$
- **Liegen** urinieren; kann nur im: kreos.$_{hr1}$
- **Musik** hört; kann nur urinieren, wenn er: *Tarent.*
- **pfeift**; kann nur urinieren, wenn er: cycl. tarent.
- **pressen**, bevor er damit beginnen kann; muß lange: abies-n. agar. aloe$_{pd}$ **Alum.** alum-p.$_{k2}$ *Apis Arn. Bell. Cact.* **Caust.** cench.$_{k2}$ *Coc-c.* **Hep.** *Kali-c.* kali-m.$_{k2}$ *Laur.* lil-t.$_{pd}$ **Mag-m.**$_{c2,k}$ **Mur-ac.** nat-c. nat-p. *Nit-ac.* nux-v.$_{k2}$ **Op.** plb. *Prun.* raph. rheum *Rhus-t.* sars. sec. stram. tax. thuj. tub.$_{pd}$
  - **morgens**: **Alum.** *Arn.* **Hep. Op.** *Sep.*
  - **Bauchmuskeln**; mit den: *Mag-m.*$_{h,hr1,*}$ ~~mag-p.$_{br1,xxx}$~~
  - **Druck**, desto geringer der Abgang; je stärker der: *Kali-c.*
  - **häufiges** Pressen um zu urinieren, mit geringem Abgang: thuj.
  - **heraustritt**; muß so fest pressen, damit der Urin zu fließen beginnt, daß der Anus: **Mur-ac.**
  - **langem** Pressen geht der Urin tropfenweise ab; nach: bell. plb.
  - **schmerzhaftes** und häufiges Urinieren:
    - **sitzen** und zu pressen, wonach wenige Tropfen abgehen; mit Tendenz lange zu: abies-n.
  - **ständig** pressen, muß:
    - **atmen** aufhört hört der Urin zu fließen auf, bis er wieder preßt; wenn er zu: nat-p. *Stram.*
    - **letzten** Rest abzugeben; um den: rheum
  - **stehen** und lange Zeit pressen, bevor der Urin zu fließen beginnt; muß: nit-ac.
- **Tropfen** Urin ab; nach starkem Pressen gehen wenige:
  - **gefolgt** von kräftigem Strahl unter Schmerzen:
    - **tröpfelnder** Urin; danach manchmal: clem.
- **Schmerz** im Fundus der Blase; durch: phos.
- **Schneiden** mit vergeblichem Pressen, daß den Abgang des Urins unterbindet: ph-ac.

- **Sitzen**:
  - **agg.**: sars.$_{ptk1}$
  - **nur** im Sitzen urinieren; kann: caust.$_{ptk1}$ **Zinc.**
    - **hinten** gebeugt, nach: zinc.
    - **vorne** gebeugt, nach: pareir. sulph.
- **Spasmus** des Schließmuskels; aufgrund von: **Op.** sars.$_{k2}$
- **sprühender** Strahl: kreos.$_{bg2}$
- **Stehen**, im:
  - **besser** im Stehen; fließt: con.
  - **kaltem** Steinpflaster; auf: carb-v.$_{ptk1}$
  - **leer** ist; während die Blase: *Puls.*$_{bg2}$
  - **nicht** abgehen; im Stehen kann der Urin:
    - **Gehen**; aber unwillkürlicher Abgang beim: mag-m.
    - **Sitzen**; unwillkürlicher Abgang im: *Caust.*
  - **nur** im Stehen urinieren; kann: alum.$_{bg1}$ caust.$_{ptk1}$ con.$_{k13,ptk1}$ hyper. **Sars.** syph.$_{ptk1}$
    - **Beine** weit gespreizt sind und der Körper nach vorne geneigt ist; wenn die: *Chim.*
- **Stuhl** urinieren; kann nur beim Pressen zum: aloe *Alum.* am-m. apis$_{ptk1}$ laur. mur-ac.$_{ptk1}$ nat-p. sel. stram.
- **Wasser** fließen hört; kann nur Urin abgeben, wenn er: lyss. tarent. zinc.

– **zurückbleibender** Urin
  ☞ *tröpfelnd - Urinieren - nach*

Verdickung der Wände der Blase: dulc.$_{bg2,k}$ pareir.

Verhärtung:

– **knorpelig**
  ☞ *Knorpelige*

Verletzungen; Operationen nach: arn.$_{ptk1}$ calen.$_{ptk1}$ staph.$_{ptk1}$

Verstopfung des Blasenhalses, beim Urinieren; Gefühl von: sulph.

Völlegefühl: abrot.$_{hr1,k}$ all-c.$_{a1,k}$ *Apis Arg-n. Arn. Ars.* ars-s-f.$_{k2}$ bell.$_{bg2,k,*}$ *Calad.*$_{bg2,k,*}$ *Chim.* coc-c.$_{bg2,k,*}$ conv. cub. **Dig.**$_{bg2,k}$ **Equis-h.** eup-pur.$_{hr1,k,*}$ gels. gnaph.$_{bg2}$ guaj.$_{a1,k}$ *Hell.* hep. hydrog.$_{srj2}$ *Kali-i.* lac-ac. limest-b.$_{es1}$ lyc. lycps-v. med. mel-c-s.$_{br1}$ merc. merc-c.$_{bg2,k,*}$ *Nux-v. Op.* ox-ac.$_{a1,k}$ pall. petr. phys.$_{bg2,k,*}$ plb. plect.$_{a1}$ *Puls.*$_{bg2,k}$ *Ruta Sep.*$_{bg2,k,*}$ stann.$_{h,k1}$ *Staph.*$_{bg2,k}$ *Stram. Sulph.*$_{bg2,k}$ tarent.$_{a1}$ ter.$_{bg2}$ thuj.$_{bg2,k,*}$ *Zinc.*

– **Bewegung** nach oben und unten; mit: ruta$_{ptk1}$

– **Empfindung**, ohne: lac-d.$_{ptk1}$

– **Harndrang**, ohne: **Ars.** calad. **Caust.** fl-ac. hell. lac-d.$_{k2}$ *Op.* pall. *Phos.* plb.$_{k2}$ stann. *Stram.* verat.

– **Urinieren**, nach dem: alumn. calc. con. conv. **Dig.**$_{bg2,k,*}$ *Eup-pur.* gnaph. **Hep.**$_{bg2}$ kali-sil.$_{k2}$ lac-c. *Lycps-v.* merc. nat-m.$_{k2}$ *Ruta* sars. staph. sulph.
  ☞ *Urinieren - unbefriedigend / Urinieren - unvollständig*

Winden, Verdrehen; Gefühl von: agar. bell.$_{bg2,k,*}$

Wurmes darin; Gefühl eines: bell. sep.

Zucken im Blasenhals beim Urinieren: op.

Zusammenschnürung: alum. *Berb.*$_{hr1,k,*}$ bry.$_{bg2}$ *Cact.*$_{hr1,k}$ canth.$_{bg2}$ caps.$_{bg2,k}$ caust. chel.$_{hr1,k,*}$ cic.$_{bg2}$ cocc. cub. dig. hydrc.$_{a1,k}$ lyc. merc-c.$_{bg2}$ petr.$_{bg2,k,*}$ ph-ac.$_{bg2,k,*}$ *Puls.*$_{bg2,k,*}$ *Sars.*$_{bg2,k,*}$ thuj.$_{a1,k}$ verat.$_{a1,k}$

– **nachmittags**: *Chel.*$_{a1,k}$

– **Urinieren**:
  - **vor**: *Chel.*$_{hr1,k,*}$
  - **beim**: berb. bry.$_{a1,k}$ dig.$_{hr1,k,*}$ petr. thuj.$_{a1,k}$
  - **nach**: cub. *Nat-m.*

○ **Blasenhals**: ant-c.$_{a1,k}$ *Cact.*$_{bg2,k,*}$ canth.$_{bg2,k}$ caps.$_{bg2,k,*}$ colch.$_{hr1,k,*}$ con. elaps kali-i.$_{a1,k}$ mag-p. *Op.* paeon.$_{a1,k}$ petr.$_{a1,k}$ phos. plb.$_{bg2,k,*}$ puls.$_{bg2}$ *Ruta* sulph.
  - **morgens**: caps.$_{a1,k}$
  - **Urinieren**:
    - **beim**: colch.$_{hr1,k,*}$ kali-i. petr. polyg-h.
    - **nach**: bry. *Cann-s.* cub. sulph.

Zusammenziehung, Gefühl von: ant-c. *Berb.* carbn-s. coc-c. hyos.$_{a1,k}$ kali-i. *Lyc. Mez.* op. petr. pyrog.$_{k2}$ ruta verat.$_{a1,k}$

Zystitis
  ☞ *Entzündung*

Abszeß: arn.brol *Ars.*hrl,k bell.brol cetr.hrl *Hep.*hrl,k hippoz.hrl,k *Merc.*hrl,k sil.hrl,k ter.hrl verat-v.brol

Addison Syndrom: adren.brol,c2 ant-c.hrl,k arg-n.hrl,k,* *Ars.*hrl,k *Ars-i.* bac.c1,c2 *Bell.*hrl,k **Calc.**hrl,k calc-ar. calc-i.k2 calc-p.ptk1 carb-v.hrl,k caust.hrl,k chin.hrl,k cupr. *Ferr.*hrl,k *Ferr-i.*hrl,k **Iod.**hrl,k kali-ar. *Kali-c.*hrl,k kreos. lyc. mang.hrl,k med.hrl,k **Nat-m.**hrl,k,* nat-s. *Nit-ac.*hrl,k ol-j.hrl,k,* petr.c2 **Phos.**hrl,k pic-ac.hrl,k psor. sec.hrl,k *Sep.*hrl,k **Sil.**hrl,k *Spig.*hrl,k *Sulph.*hrl,k ther. vanad.c1,c2,*

Ameisenlaufen: brach.bg1,bg2 hydrc.a1,k med.bg1,bg2
– **rechte** Niere:
• **Insekten**; wie durch eiskalte: med.hrl,rb2
○ **Nierengegend**: coc-c.rm dirc.a1,k kiss.a1

Beschwerden der Nieren:
◆ **begleitet** von:
• **Haut**; Beschwerden der: cub.c1

Blubberndes Gefühl in der Nierengegend: *Berb.*a1,k lyc. *Med.*hrl,k thuj.a1,bg2

Calculi
☞ *Nierensteine* / ❑ *Urin - Sediment*

Eiterung
☞ *Entzündung*

Entzündung (= Nephritis): *Acon.*c2,k *All-c.* alum. alum-p.k2 am-c. am-caust.c2 **Apis** *Arg-n.* **Arn.** ars. ars-s-f.k2 arund. *Asc-c.* *Aur.* **Bell.** **Benz-ac.** *Berb.* *Bry.*c2,k cact. calad. calc-ar.brol calc-s. camph. cann-i.k2 *Cann-s.*c2,k **Canth.** *Caps.* *Carb-ac.* carc.sp1 caust. *Chel.*c2,k *Chim.*c2,k chinin-fcit.hsa1 coc-c.c2,k *Colch.* coll. cop. crot-c. crot-h. cub. dig. *Ery-a.* *Eup-pur.* *Gels.* *Hell.* *Helon.* *Hep.* ilx-v.brl indg. *Kali-ar.* *Kali-c.* **Kali-chl.**c2,k kali-cit.c1 *Kali-i.* kali-m.k2 kali-p. kali-s. kalm.k2 lil-t. lith-c. **Lyc.** lycps-v. med.k2 *Merc.* *Merc-c.*c2,k merc-cy. nat-hchls.c2 nat-s. *Nux-v.* **Oci.** pareir. ph-ac. *Phos.* *Phyt.* pic-ac. plb. plb-xyz.c2 *Polyg-h.* polyg-xyz.c2 prun. *Puls.* pyrog.k2 ren.bwa3 *Rhus-t.* *Sabin.*c2,k samb. *Sars.* sec. *Senec.*c2,k sep. spartin-s.hsa1 *Stront-c.*vh sul-ac. **Sulph.** tarent. **Ter.** *Thuj.* tub.c1,c2 uran-met. vac.c2 zinc.
◆ **begleitet** von:
• **Lunge**; Entzündung der
☞ ❑ *Brust - Entzündung - Lungen - begleitet - Nieren*
– **akute** Glomerulonephritis: **Apis** *Canth.* carb-ac. coc-c.k2 *Colch.* *Con.* *Glon.* helon. *Kali-chl.* kali-s. med.k2 **Nat-s.** *Stram.* **Ter.** tub.c1 uran-met.
– **blutigem**, eiweißhaltigem Urin wie Tinte; mit: **Colch.**
– **eitrig**: *Ars.*bg2,k **Canth.**bg2 chin.bg2,brol *Hep.*bg2,k hippoz. kali-bi.bg2 kali-n.brl *Lyc.*bg2 *Merc.*bg2,k merc-c.bg2 **Puls.**bg2 *Sil.*bg2,k *Sulph.*bg2
– **Herz** und Leber; mit Erkrankung von: *Aur.* *Calc-ar.*
– **Influenza**, durch: eucal.brol
– **Kälte**, durch: ser-ang.brol
– **Sepsis**, bei: *Crot-h.*
○ **Harnleiter**: arn. *Canth.* ter.

Fettige Degeneration: phos.k2

Flatterndes Gefühl in der Nierengegend: chim.a1,k

Gefühllosigkeit, Taubheit in der Nierengegend: alum.bg2 **Berb.**a1,k cann-s.bg2 cocc.bg2 colch.bg2 nux-v.bg2 plb.bg2

Harnsperre: **Acon.**hrl,k *Aeth.*hrl,k *Ail.*hrl,k am-caust. *Anthraci.* **Apis** apoc.hrl,k aran.hrl,k **Arn.** **Ars.**hrl,k *Ars-h.*hrl,k *Ars-i.* ars-s-f.k2 *Arum-t.*hrl,k asc-c.c1,hrl aur.hrl,k aur-ar.k2 aur-m-n.hrl aur-s.k2 *Bell.*hrl,k bism.hrl,k bufo *Cact.*hrl,k calc. calc-i.k2 calen.hrl *Camph.*hrl,k **Canth.**hrl,k *Carb-ac.* **Carb-v.**hrl,k carbn-s. caust. *Cic.*hrl,k *Colch.*hrl,k con.h,k,* *Crot-h.*hrl,k *Cupr.*hrl,k cupr-s.hrl,k *Dig.*hrl,k dulc.hrl,k elaps *Elat.*hrl,k *Erig.*hrl,k eucal.hrl *Eup-pur.*hrl,k *Hell.*hrl,k hep. *Hydr.*hrl,k *Hyos.*hrl,k *Ign.*hrl iod. *Kali-bi.*hrl,k kali-br.hrl kali-chl. kali-m.k2 *Lac-c.*hrl,k **Lach.**hrl,k **Laur.**hrl,k liat.brl lil-t. **Lyc.**hrl,k merc. *Merc-c.*hrl,k merc-cy.hrl,k *Morph.* nit-ac. nux-v. *Op.*hrl,k osm.hrl,k petr. *Phos.*hrl,k phyt.hrl,k *Plb.*hrl,k *Podo.*hrl,k puls.hrl,k pyrog. *Rob.*hrl,k **Sec.**hrl,k sep.bg3 *Sil.*hrl,k **Stram.**hrl,k *Stront-c.*vh sul-ac. *Sulph.*hrl,k tab. tarax.hrl,k *Tarent.*hrl,k *Ter.*hrl,k *Urt-u.*hrl,k **Verat.**hrl,k vip. zinc. zinc-p.k2
◈ **abwechselnd** mit häufigem Harndrang: sep.h,kl
◆ **begleitet** von:
• **neuralgischem** Schmerz der ganzen rechten Seite: elat.hrl
– **Cholera**; bei: **Ars.**hrl,k camph. *Carb-v.*hrl,k crot-h.hrl *Cupr.*hrl,k kali-br.hrl *Laur.*hrl sec. verat.
– **Erschütterung** des Rückenmarks; durch: *Arn.* rhus-t. *Tarent.*
– **Fieber**, mit: *Arn.* *Ars.* *Bell.* *Cact.*hrl,k *Canth.*hrl,k colch. crot-h. *Hyos.* *Op.* *Plb.* *Sec.* *Stram.*
– **Gonorrhoe**, durch unterdrückte: **Camph.** **Canth.**
– **heftig**: cic. *Cupr.* cycl. sulph.
– **Konvulsionen** mit: **Cupr.** dig. hyos. *Stram.*
– **Menses**, während: kali-bi.
– **Schweiß**, mit: acon. *Apis* arn. ars. bell.h,kl camph. *Canth.* dulc. hyos. *Lyc.* **Op.** puls. stram. sulph.
– **Stupor**, mit: dig. plb.
– **Wassersucht**, und: aral-h.k1,k13

Hitze: ars-h.hrl kali-i.bg2,k,* lach.bg2,k,* mit.a1 *Nux-v.*hrl,k spira.a1 zing.bg2,k,*
▽ **erstreckt** sich zur Blase: aur.bg2,k,*
○ **Nierengegend**: berb.bg2,k,* bond.a1 cimic.bg2,k,* *Helon.*bg2,k,* *Nat-m.*bg2,k,* *Phos.* phyt.bg2,k,* plb.bg2,k,* ter.bg2,k,*
• **Sitzen**, im: nat-m.a1,k

Kälte; Gefühl von: med.rb1 spira.a1,k
○ **Nierengegend**: cham.a1,k coc-c.rm

Katarrh: alum.k2 canth. coll. dulc.k2 kali-c.k2 petr.a1,k sars.k2 sil. sulph.

Krebs: sars.gm1

Lahmheit in der Nierengegend; Gefühl von: cimic.a1,k phys.a1,k *Solid.*vh

– **links**, mit Krampf, erstreckt sich in die Oberschenkel: agar.hr1,k
– **Erwachen**, beim: ptel.a1,k

Nephritis
☞ *Entzündung*

Nierensteine ●: bell. **Benz-ac.** *Berb.* cal-ren.c2,mld2,* **Calc.** *Canth.* coc-c. coloc. equis-h. hydrang. **Lith-c.** **Lyc.** mill. nux-v.c2,k2 oci.c2,k **Pareir.** *Phos.* **Sars.** *Sil.* thlas.c2
☞ *❑ Urin - Sediment*
– **Phosphat**; aus: cal-ren-p.mld2
– **Urat**; aus: cal-ren-u.mld2

Pulsieren: act-sp.bg2,k,* *Berb.*bg2,k,* bufo canth.bg2,k,* chel.bg2,k,* kali-i.bg2,k,* med. nat-m.bg2 pic-ac.bg2,k,* sabin. sulph.bg2,k,*
– **empfindlich**, in der Nierengegend: *Solid.*vh
– **ruheloses** Gefühl: puls-n.
▽ **erstreckt** sich ins Abdomen: kali-i.a1,k

Schmerz: acon.bg2,k *Aesc.* aeth.hr1,k *Agn.* *All-c.*bg2,k,* aloe *Alum.*bg2,k,* alum-p.k2 am-br.c2 ambr.bg2,k aphis *Apis* apoc.bg2 *Arg-n.*hr1,k,* *Arn.*bg2,k,* ars.bg2,k,* arund.hr1,k aur-m.hr1,k bad.hr1,k *Bell.*bg2,k,* *Benz-ac.*hr1,k **Berb.**bg2,k,* *Bry.*hr1,k cain.c2,k *Calc.*bg2,k,* *Calc-p.*bg2,k,* *Cann-i.*hr1,k,* *Cann-s.*bg2,k,* **Canth.**bg2,k,* *Caps.*hr1,k cean.bg2 cedr.hr1,k,* cere-b.a1 *Chel.*bg2,k,* *Chen-a.*hr1 *Chim.*hr1,k cimic. *Cinnb.*a1,k cit-v.hr1 *Clem.*bg2,k,* coc-c.hr1,k,* cod.hr1 **Colch.**bg2,k,* *Crot-c.* cupr.bg2 *Dios.*hr1,k *Dulc.*hr1,k equis-h.c1 erig.hr1 *Eup-pur.* *Ferr.*bg2,k,* ferr-ar. ferr-i.hr1,k ferr-p. gad.a1 gal-ac.br1 gamb. gnaph.hr1 *Granit-m.*es1 guare.a1 ham.bg2,k,* hell. *Helon.*bg2,k,* *Hep.*hr1,k hydr.bg2,k hyper. iod.bg2 *Ip.*bg2,k,* *Ipom-p.* iris kali-ar. *Kali-bi.*bg2,k,* kali-br. *Kali-c.*bg2,k *Kali-chl.*hr1,k kali-i.a1,k kali-m.k2 kali-n.bg2,k,* kali-p. lac-ac.c1 lach. lapa.c2 lec. lept. *Lith-c.* lob.a1,k lob-s.a1,c2 *Lyc.*bg2,k,* lycps-v. lyss.a1,k manc. *Med.*hr1,k meph. merc-c. mez.bg2,k,* *Mill.*hr1,k mit.c2 nabal.a1 nat-ar. *Nat-m.*bg2,k,* nat-s. *Nit-ac.*bg2,k,* nux-m. *Nux-v.*hr1,k ox-ac.bg2,k,* *Pareir.* *Ph-ac.*bg2,k,* *Phos.*bg2,k,* *Phyt.*bg2,k pin-s.c2 *Plb.*bg2,k,* plumbg.c2 podo.bg2 ptel.a1,k *Puls.*bg2,k,* ran-s. rat.a1,k sabin.bg2 sang.bg2 **Sars.**bg2,k *Sel.* *Senec.*hr1,k *Sep.*bg2,k,* sil.a1,bg2 solid.bg1 spira.a1,c2 still.a1,k sul-i.c2 *Sulph.*bg2,hr1 tab.bg2,k *Tarent.*hr1,k,* *Ter.*bg2,k,* *Thuj.* *Zinc.*bg2,k,* zinc-p.k2 zing.bg2,k
– **links**: all-c.hr1 chin-b.hr1 chlf.hr1 ferr-i.k2 *Lyc.*hr1 mill.bg2
– **rechts**: *Colch.*hr1 equis-h.c1 iris.c1 lyss. sel.hr1 *Senec.*hr1,k
– **morgens**: alum.a1,k bell.a1,k *Cain.* ham.a1,k kali-c. tarent.a1,k
 • **Erwachen**, beim: ox-ac.a1,k plan.a1
– **nachmittags**: bad.a1,k chinin-s. sang.
 • **16** - 20 h: **Lyc.**
 • **16** - 21 h: *Chel.*
– **abends**: canth. ox-ac.a1,k sil.a1,k tarent.a1,k
– **nachts**: ars-h.hr1,k calc. cann-i. chel.a1,k cinnb.a1,k spira.a1 tarent.a1,k upa.a1
 • **Entkleiden**, beim: helon.a1,k

Schmerz: ...
◇ **abwechselnd** mit:
 • **Rheumatismus**: benz-ac.k2
 • **Schwindel**: alum.
◆ **begleitet** von:
 • **blutiger** Urin: ip.k2
– **anfallsweise**: aran. *Bell.* *Chel.*hr1,k *Coc-c.* sulph.
– **Apyrexie**, während der: bell. chin. hep. lyc. staph.
– **Atmen**; bei tiefem: aeth.hr1,k arg-n.hr1 astac. *Benz-ac.* sel.
– **ausstrahlend**: *Berb.* pareir.
– **Ausstrecken** der Beine agg.: colch.
– **Beugen** des Körpers; beim: chin.
– **Bewegung**:
 • **agg.**: aesc. alum.h,k1 arg-n.hr1,k *Berb.* bry.k2 cain. coc-c.hr1,k *Colch.*hr1,k dor.hr1,k *Gels.* *Ham.*hr1,k kali-bi. *Nux-v.*
 • **amel.**: ter.hr1,k
– **Bücken**:
 • **beim**: alum. androc.srj1 apis *Berb.* chin. *Sulph.*
 • **nach** langem: sulph.hr1,k,*
– **Druck** agg.: *Berb.*bro1,k2,* canth.bg1,bro1,* colch.bro1,ptk1 dor.c1 ferr.bg1 helo.bg1 sel.k2 *Solid.*bro1,ptk1
– **Erschütterung**, durch: aeth. alum. *Bell.* *Berb.* calc-p. cann-s.
– **Fahren**, beim: alum.a1,k berb. *Calc.*h,k,*
– **Fieber**; mit: ferr-p.k2
– **Frost**; während: ars. canth. kali-c. lyc. nux-v. puls. zinc.
– **Gehen**, beim: alum. carb-an.a1,k clem. ferr-m.bro1 ham. nit-ac.a1,k *Nux-v.*hr1,k sapin.a1 zinc.
– **Gonorrhoe**; nach: benz-ac.k2
– **Hämaturie**; mit
 ☞ *begleitet von - blutiger*
– **Harndrang**; bei
 ☞ *Urinieren - Harndrang*
– **Harndrang** nicht nachgegeben wird; wenn dem: con. pall. rhus-t.
– **Heben** einer Last; beim: *Calc-p.*hr1,k,*
– **Husten**, beim: *Bell.*
– **Lachen**, beim: *Cann-i.*hr1,k,*
– **Liegen**:
 • **beim**: aeth.hr1,k androc.srj1 berb. colch. coloc. conv.bro1 nux-v.hr1,k rhus-t.a1,k
 • **Abdomen** amel.; auf dem: chel.
 • **Beinen**, mit hochgezogenen: colch.bro1
 • **hinten** gebeugt amel.; nach: cain.br1
 • **Rücken**, auf dem: chel.
  • **amel.**: cain.bro1 nux-v.
– **Menses**:
 • **während**: berb.hr1,k cur.
 • **Beginn** der Menses; zu: *Berb.* raph. *Verat.*
– **Niesen** agg.: *Aeth.*hr1,k ars. *Bell.*
– **pulsierend**: berb. bufo
– **Schmerz** in den Extremitäten; mit: dios.br1
– **Schneuzen** der Nase; beim: *Calc-p.*hr1,k,*
– **Schwellung** des rechten Knies; mit: benz-ac.a1,k
– **Sitzen**, im: *Berb.* chin-b.kr1 ferr-m.bro1 *Pall.*hr1,k,* ter.hr1,k valer.
– **Stehen** amel.: berb.

– **Stuhlgang**:
• **Stuhldrang**; bei: nux-v.$_{k2}$
– **Tanzen**, beim: alum.$_{hr1,k}$
– **Übelkeit**; mit: senec.$_{k2}$
– **Überheben**; durch: bry.$_{k2}$
– **Urinieren**:
• **vor**: graph. *Lyc.*
• **beim**: aesc. agn.$_{hr1}$ ant-c. berb. phos.$_{a1,k}$ *Puls.* rheum *Senec.*
• **nach**, amel.: **Lyc.** *Med.* tarent.
• **Harndrang**; bei: *Ars-h.* *Canth.* coc-c. *Ferr.* gink-b.$_{sbd1}$ graph. hep. kali-bi.$_{k2}$ *Kreos.* merc-c. ruta
• **Harnverhaltung**; mit: kali-bi.$_{k2}$
– **Wein**, durch: benz-ac.$_{bro1}$
▽ **erstreckt** sich zu:
• **Abdomen**: berb. canth. kali-bi. *Nux-v.*
• **über** das: hydr-ac.
• **Arme**: dios.$_{br1}$
• **Blase**: arg-n. ars. bell. berb. canth. chel. coc-c.$_{k,k2}$ cupre-au.$_{c1}$ kali-i. *Lyc.* nit-ac. oci. petr. phyt. *Sars.* tab.
• **Brust**: dios.$_{br1}$
• **Darmbein**, rechts: sang.
• **Epigastrium**: hydr-ac.
• **Extremitäten**: dios.$_{pd}$
• **Hoden**: dios. equis-h. *Lyc.*$_{vh}$ nux-v. syph.
• **Hüfte**: arn. berb. lyc. *Nux-m.* *Nux-v.* ox-ac. ter.
• **Oberschenkel**: *Nux-v.*
• **Rektum**: nux-v.$_{k2}$
• **Rücken**: dios.$_{br1}$
• **Unterschenkel**: coc-c.$_{k2}$
• **Uterus**: nat-m.
○ **Harnleiter**: scroph-xyz.$_{c2}$
• **linke** Seite: aesc. agar. aloe benz-ac. *Berb.*$_{k,kl2}$● calad. cann-s. canth.$_{bg2,k}$ epig. *Ipom-p.* kali-c. *Lyc.* *Pareir.*
• **rechte** Seite: apis berb.$_{k,kl2}$● cann-s. canth.$_{bg2,k}$ *Dios.* indg. **Lyc.**$_{k,kl2}$● *Nux-v.*$_{bg2,k}$ *Oci.* *Sars.* tab.$_{bg2,k}$ tarent.
• **Erbrechen**, mit: **Oci.**$_{k,kl2}$●
• **strahlt** von der Nierengegend aus: **Berb.** *Ipom-p.*$_{vh}$ pareir.
▽ **erstreckt** sich zu:
• **Blase**: gal-ac.$_{br1}$
• **Harnröhre**, in die: **Berb.** canth. coc-c.
• **Samenstränge**, und: clem. dios.
• **Hoden**: berb.$_{k2}$ cann-i. canth. con. *Dios.*$_{br1,k}$ *Nux-v.*$_{k,kl2}$●
• **Oberschenkel**:
• **rechts**: nux-v.
• **Füße**, und: pareir.
• **Penis**: cann-i. canth. con. *Dios.*$_{br1,k}$ ***Nux-v.***$_{k,kl2}$●
• **Samenstränge**: berb.$_{k2}$
– **Nierengegend**: abrot.$_{a1,k}$ all-s. alum.$_{h,kl}$ ars-h.$_{a1,k}$ bov.$_{bg2,k,*}$ cadm-s. cain. *Calc.*$_{h,k,*}$ *Calc-p.*$_{bg2,k,*}$ canth.$_{a1}$ cedr.$_{a1}$ cer-s.$_{a1}$ chel.$_{bg2,k,*}$ chen-a.$_{hr1}$ *Chinin-ar.* cod.$_{a1}$ cop. cupr.$_{a1}$ dirc.$_{c1}$ erig.$_{a1,k}$ *Ferr.*$_{hr1}$ fl-ac.$_{a1,k}$ granit-m.$_{es1}$ hydr.$_{bg2,k,*}$ kali-bi.$_{a1}$ kali-n.$_{h,kl}$ kreos. lac-ac.$_{hr1}$ lob.$_{a1}$ manc.$_{a1}$ med.$_{k2}$ myric.$_{a1,k}$ nux-v.$_{k2}$ ox-ac.$_{bg2,k,*}$ phos.$_{a1}$ phys.$_{a1,k}$

– **Nierengegend**:... plb.$_{a1}$ rhus-t.$_{bg2,k,*}$ *Senec.*$_{a1}$ syph.$_{k2}$ tab.$_{a1}$ tarent.$_{a1}$ *Ter.*$_{a1}$ zinc.$_{a1}$
• **links**: cench.$_{k2}$
• **rechts**: cann-i.$_{br1,c1}$ gink-b.$_{sbd1}$
• **morgens**: cain.$_{c1}$
• **Anziehen** der Beine amel.: cench.$_{k2}$
• **Graben**, beim: calc-p.$_{a1,k}$
• **Kleiderbänder**, durch: chel.$_{a1,k}$
• **Liegen**:
• **linken** Seite agg.; auf der: cench.$_{k2}$
• **Rücken** liegen; kann nur auf dem: colch.
• **Strecken**, nach: calc.$_{h,k,*}$
• **Urinieren** agg.: syph.$_{k2}$
▽ **erstreckt** sich zu:
• **Blase**: berb.$_{k2}$
• **Brust**: benz-ac.
• **Genitalien**, Anus und Oberschenkel: kreos.
• **Harnleiter**: berb.$_{k2}$ canth. chel. oci. phyt.
• **Leiste**: kali-bi. pareir. petr.
• **Übelkeit**, mit ängstlicher: cann-s.
• **Lumbalregion**: scut.$_{c1}$
• **Oberschenkel**: agar. **Berb.** hep. ip. kali-bi. nux-v.
• **Prostata**: graph. sel.
• **unten**, nach: berb. *Sars.*
• **Waden**: *Berb.*
– **brennend**: apis *Ars-h.*$_{hr1,k}$ arund.$_{hr1,k,*}$ *Bell.*$_{bg2,k,*}$ *Benz-ac.*$_{hr1,k}$ *Berb.*$_{bg2,k,*}$ bufo cann-i.$_{bg2,k,*}$ *Canth.*$_{bg2,k,*}$ cimic.$_{bg2}$ *Helon.*$_{bg2,k,*}$ hep.$_{bg2,k}$ *Ip.* *Kali-bi.* *Kali-c.*$_{hr1,k}$ *Kali-i.*$_{bg2,k,*}$ kali-n. nat-ar.$_{k2}$ nat-m.$_{bg2,k}$ *Nux-v.*$_{hr1,k}$ pin-s.$_{a1,k}$ *Puls.* rheum spira.$_{a1}$ **Ter.**$_{bg2,k,*}$ zinc.
• **links**: benz-ac.$_{hr1,k}$ lachn.$_{a1,k}$ zing.
• **nach** rechts: lachn.$_{c1}$
• **Atembeklemmung** und Ohnmacht; mit: bufo
• **Liegen**, beim: lac-d.$_{hr1,k}$
• **Urinieren**:
• **vor**: rheum thuj.$_{a1,k}$
• **beim**: rheum
▽ **erstreckt** sich zu:
• **Blase**, zur: bell. *Ter.*
• **Darmbein** zur Schamgegend, bei Frauen; durch das linke: arund.
• **Harnleiter** entlang, die: cedr. pin-s.
○ **Harnleiter**: cedr. pin-s. ter.$_{hr1,k}$
• **Nierengegend**: *Berb.*$_{bg2,k,*}$ *Coloc.*$_{hr1,k}$ kali-n. *Lac-d.*$_{hr1,k}$ lachn.$_{a1}$ nat-m.$_{bg2,k}$ phyt.$_{bg2,k}$ sabin.$_{br1,k2,*}$ *Ter.*$_{bg2,k}$
– **drückend**: am-br.$_{hr1,k,*}$ aphis bamb-a.$_{stb2}$ *Calc.*$_{h,k,*}$ *Canth.*$_{hr1,k}$ *Carl.*$_{a1,k}$ cimic. clem.$_{bg2,k,*}$ coc-c.$_{hr1,k}$ *Gels.*$_{hr1}$ hyper.$_{a1,k}$ *Kali-c.*$_{bg2,k,*}$ lapa.$_{a1}$ *Nit-ac.*$_{bg2,k,*}$ *Nux-v.*$_{hr1,k}$ ran-s.$_{bg2,k}$ ter.$_{hr1,k,*}$ *Thuj.*$_{bg2,k}$ zinc.$_{bg2,k,*}$
• **morgens**: cocc.$_{a1}$ kali-c.$_{a1,k}$ *Ter.*$_{a1}$
• **nachts**: calc.
• **Bewegung** amel.: ter.
• **Einatmen**; bei tiefem: bamb-a.$_{stb2}$
• **Sitzen**, im: carl.$_{a1}$ pall.$_{hr1,k}$ ruta$_{h}$ *Ter.*$_{hr1,k,*}$ thuj.$_{h,kl}$
• **Urinieren**, vor dem: graph.

○ **Nierengegend**: agar. ars-h.$_{hr1,k,*}$ bamb-a.$_{stb2}$ *Berb.*$_{bg2,k,*}$ borx.$_{h}$ calc.$_{a1,h}$ cimic. coc-c.$_{a1}$ ham. hydr. iod.$_{bg2,h,*}$ kali-c.$_{bg2,h,*}$ lyc.$_{bg2,h,*}$ nat-m.$_{a1,bg2}$ nit-ac.$_{a1,bg2}$ pall.$_{hr1,k}$ ruta$_{h}$ samb.$_{a1}$ *Ter.*$_{a1}$ thuj.$_{bg2,h,*}$ wies.$_{a1}$ zinc.$_{bg2,h,*}$

– **durchbohrend** stechend in der Nierengegend: arn. erig.$_{a1,k}$

– **durchdringend** stechend in beiden Harnleitern, mit Harndrang: nat-s.

– **geschwürig**: cann-s.

– **grabend**: canth.$_{bg2}$ cur.$_{hr1,k}$ kali-i.$_{bg2,k,*}$ lac-d.$_{bg2}$ thuj.$_{a1,bg2}$

○ **Nierengegend**, Druck agg.: **Berb.**$_{hr1,k,*}$

– **krampfartig**: agar.$_{hr1}$ cadm-s. **Caust.**$_{bg2,k}$ *Chel.*$_{hr1,k}$ coc-c.$_{hr1}$ cur.$_{hr1}$ cycl. kali-i.$_{a1,k}$ nat-m.$_{bg2}$ *Nit-ac.*$_{hr1,k}$ oci. spira.$_{a1}$ sulph.$_{bg2}$

• **nachmittags**, 16 - 21 h: *Chel.*

○ **Harnleiter**: polyg-h.$_{ptk1}$

– **lanzinierend**

☞ *schneidend*

– **nagend**: *Berb.*$_{hr1,k}$ *Tarent.*$_{a1,k}$

○ **Nierengegend**: brach.$_{hr1,k,*}$

– **pochend**, klopfend: sabin.$_{br1}$

– **reißend**: aesc. astac.$_{hr1}$ **Berb.**$_{bg2,k,*}$ **Canth.** kali-c.$_{bg2,k,*}$ *Lyc.*$_{bg2,k,*}$ *Mez.*$_{hr1,k}$ raph.$_{a1,k}$ *Rhus-t.*$_{hr1,k}$ zinc.$_{bg2,k,*}$

• **morgens** nach dem Aufstehen: *Berb.*

• **ausstrahlend**: **Berb.**

• **Bücken**, beim: berb. raph.$_{a1,k}$

• **pulsierend**: *Berb.*$_{hr1,k}$

• **qualvoll**, wie durch Abgang von Nierensteinen, in Rücken und Hüfte: arn.$_{hr1,k}$

• **Stehen** amel.: berb.

• **Wetter**; bei nassem: *Rhus-t.*

▽ **erstreckt** sich zu:

• **Oberschenkel**, mit Steifheit: *Berb.*

• **unten**, nach: arg-n. bell. sars.

○ **Harnleiter**, erstreckt sich nach unten, Berührung, Bewegung und Einatmen agg.: arg-n. bell.

– **ruckend**: mang.$_{a1,h,*}$

– **schießend**

☞ *stechend*

– **schneidend**: acon. apis$_{bg1}$ arg-n. *Arn.*$_{bg2,k}$ bad. bell.$_{bg1}$ *Berb.*$_{bg2,k,*}$ bufo cadm-s. cann-i. **Canth.**$_{bg2,k,*}$ clem.$_{bg2,k}$ coc-c.$_{hr1,k}$ *Colch.* coloc.$_{bg2,k,*}$ cycl.$_{bg2}$ daph.$_{hr1,k}$ eup-pur.$_{bg2,k,*}$ granit-m.$_{es1}$ *Graph.*$_{bg2,k,*}$ helon.$_{bg1}$ ip.$_{bg1}$ kali-ar.$_{k2}$ **Kali-bi.** *Kali-i.*$_{hr1,k}$ *Merc.*$_{bg2,k}$ merc-c.$_{bg2}$ mez. *Nux-m.*$_{bg2,k}$ plb.$_{bg2,k}$ *Staph.*$_{hr1,k}$ tab.$_{bg1}$ zinc.$_{bg2,k,*}$

• **anfallsweise**, und Brennen in beiden: **Canth.**

• **Urinieren**, vor dem: graph.$_{hr1,k,*}$

○ **Harnleiter**: aesc. *Apis Arg-n. Arn. Ars.* aspar. **Bell.** *Benz-ac.* **Berb.** cann-s. *Canth.* **Carb-an.** chlol. coc-c.$_{hr1,k}$ colch. con. *Dios.* equis-h. erig. eup-pur. indg. kali-ar. *Kali-c. Lach.* **Lyc.** *Med.* nat-s. *Nux-m. Nux-v. Oci. Op.* **Pareir.** *Phos.* polyg-h.$_{ptk1}$ psor. **Sars.** senec. sep. sil. sulph.$_{bg2}$ *Tab.* **Verat.** verat-v.$_{ptk1}$ zinc. zinc-p.$_{k2}$

◇ **abwechselnd** mit Schmerz in der Eichel: canth.

• **Erbrechen**, mit: **Oci.**

– **schneidend - Harnleiter**: ...

• **Urinieren**, nach dem: apis

• **Nierengegend**: bond.$_{a1}$ dirc.$_{a1}$ plb.$_{a1,k}$ *Staph.* zinc.$_{bg2,k,*}$

• **Hitze** amel., Kälte agg.: *Staph.*

• **Stiche**, Reibung und Druck amel.: plb.$_{a1,k}$

– **stechend**: *Acon.* aesc. aeth. agar. anan. ant-t. *Arn. Ars.* astac. bapt. *Bell.* **Berb.** borx.$_{h}$ bov. calc-f. cann-i. *Canth.* carb-an. *Chel.* chin. *Coc-c. Coloc.* crot-t. cycl. dig. erig. gamb. grat. hep. *Ip.* kali-ar. **Kali-bi.** *Kali-c.* kali-i. *Kali-n.* kali-p. kali-s. *Lach.* lob. *Lyc.* mag-m. mang. *Mez. Nat-m.* nat-p. *Nux-v.* ph-ac. phos. *Plb.* ran-s. sep. stann.$_{h}$ *Staph.* sulph. *Tarent. Ter.* thuj.$_{k2}$ upa. valer. vip. zinc. zinc-p.$_{k2}$

• **links**: kali-c.$_{h,k1}$ lyc.$_{h,k1}$ mang.$_{h,k1}$ zinc.$_{h,k1}$

• **rechts**: gink-b.$_{sbd1}$

• **morgens**: chel.$_{a1,k}$

• **nachmittags**: crot-t.$_{a1,k}$ *Tarent.*

• **abends**: upa.$_{a1}$ zinc.$_{a1,k}$

• **Bett**, im: coc-c.$_{a1,k}$

• **nachts**: astac.$_{hr1}$ *Tarent.*$_{a1,k}$

• **Mitternacht**, nach:

• **4** h: cinnb.

• **Abkühlung**, bei: *Staph.*

• **Ausatmen**, beim: kali-c.$_{h,k1}$

• **ausstrahlend**: **Berb.**

• **Bewegung**, bei: coc-c.$_{hr1,k2}$ kali-bi.

• **Arme**, der: ant-t.

• **Einatmen**; beim tiefen: *Ars.*$_{hr1,k,*}$ astac.$_{hr1,k}$ crot-t.$_{hr1,k}$ cycl.$_{hr1,k,*}$ laur.$_{a1,k}$

• **Essen**, nach dem: con.$_{h,k,*}$

• **Gehen**, beim: zinc.$_{h}$

• **intermittierend**: zinc.$_{h,k1}$

• **juckend**: staph.$_{h,k1}$

• **Liegen** auf dem Gesicht amel.: chel.

• **Mittagessen**, nach dem: zinc.$_{h,k1}$

• **Niesen**, beim: ars.$_{hr1,k}$

• **pulsierend**: bufo

• **Reiben** amel.: kali-c.$_{h,k1}$

• **Sitzen**, im: *Berb.* dig.$_{a1,k}$ gink-b.$_{sbd1}$ valer.$_{a1,k}$

• **Stehen**, im: zinc.

• **amel.**: berb.

• **Steigen**, beim: aesc.$_{vh}$ apis$_{vh}$

• **Urinieren**, nach: bufo

• **warmen** Bett amel.; im: *Staph.*

▽ **erstreckt** sich zu:

• **Blase**: arg-n. bell. **Berb.** coc-c. cupr-act. **Kali-bi.** *Lach.* oci.

• **Brust**: zinc.$_{h}$

• **Harnröhre**: *Berb.* coc-c.

• **Knie**: berb. ip. kali-bi.

• **unten**; die Harnleiter nach: apis arg-n. bell. **Berb.** calad. *Chel.* coc-c. cupr-act. gink-b.$_{sbd1}$ **Kali-bi.** *Lach.* **Lyc.** pareir. tab. ter.

• **Unterschenkel**: coc-c.$_{k2}$

• **Uterus**: nat-m.

– **Wehtun** (= unbestimmt, drückend): apoc. benz-ac. *Calc.*$_{bg2,k,*}$ *Cann-i.*$_{hr1,k}$ *Canth.*$_{bg2,k,*}$ chel.$_{bg2,k,*}$ cinnb.$_{a1,k}$ coc-c.$_{a1,k}$ *Crot-h.*$_{hr1,k}$ cund.$_{a1}$ equis-h. *Eup-pur.*$_{bg2,k,*}$ galeg.$_{c2}$ *Helon.*$_{bg2,k,*}$ kali-bi.$_{hr1,k}$ *Lyc.*$_{hr1,k}$ med.$_{hr1}$ *Nat-ar.* ol-sant.$_{c2}$ pen.$_{a1}$ scut.$_{a1,k}$ tarent.$_{a1,k}$ *Ter.*$_{hr1,k,*}$ vesi.$_{c2}$ zing.$_{hr1,k}$

• **abends**: *Canth.* cot.a1 helon.a1,k
• **nachts**: calc. *Cann-i.*hr1,k,*
• **Fahren** oder Reiten, beim: *Calc.*hr1,k,*
• **Urinieren**:
  • **amel.**: **Lyc.**hr1,k tarent.a1,k
  • **beim**: aesc. agn. ant-c. berb.
○ **Nierengegend**: acon.bg2,k,* agar.bg2,k,* all-c.a1,k ambr.bg2,k,* ant-c. apoc.a1,k bell.bg2 **Berb.**a1,k brach.a1,k calc.bg2,k,* carl.a1,k caust.bg2,k,* chlf.a1 coc-c.a1,k dirc.a1 elat.a1,k equis-h. ferr-p.bg2 ham. *Hydr.*hr1,k *Kali-bi.*hr1,k lyc.hr1,k merc-c.bg2,k,* mit.hr1,k,* nat-ar. pall.a1,k phos.bg2,k,* phys.a1,k sabad.bg2,k,* sang.bg2 sep.bg2,k,* still.a1,k tab.bg2,k,*
  • **nachmittags**: *Chinin-s.* sang.a1,k
  • **abends**: *Canth.*a1,k
  • **nachts**, 22 h: iris-fl.
  • **Erwachen**, beim: still.a1,k
  • **Urinieren**, vor dem: tab.a1,k

– **wund** schmerzend (= wie zerschlagen, empfindlich etc.): acon. agar. alum. androc.srj1 *Apis Arg-n.* ars. *Asaf.* asar. benz-ac. **Berb.** brach. *Cact.* calc. *Calc-ar.* cann-i.k2 *Cann-s.* *Canth.* *Chel.* cinnb. clem. *Coc-c.* colch. ferr-i. **Graph.** hell. *Helon.* *Hep.* kali-i. *Manc.* meny. merc. merc-c.bg1,k,* *Nat-s.* *Nux-v.* ox-ac.k2 *Pareir.* phys. phyt. plb. **Puls.** *Rat.* rhus-t. sel. solid.bg1 tab. tarent. tell. *Ter.* *Vesp.* zinc.
• **links**: benz-ac. zinc.
• **rechts**: *Helon.* *Nux-v.* phyt.
• **nachmittags**: kali-c.
• **abends**: meny.
• **Anstrengung** der Muskeln; bei: apoc.
• **Erschütterung**, bei: aeth. alum. *Bell.* *Berb.* calc-p. *Cann-i.*
• **Sitzen**, im: kali-c. meny.
▽ **erstreckt** sich zu den Oberschenkeln: *Berb.*
○ **Nierengegend**: abrot. benz-ac. **Berb.** brach. cann-s. *Chel.* *Coc-c.* equis-h. hydr. kali-c.h mang. merc-c. nat-ar. *Nux-v.* phos. phys. phyt. *Rhus-t.* tell. ter. zinc.

– **zerrend**, Harnleiter, wie Wehen, mit Harndrang: *Cham.*

– **ziehend**: **Clem.**bg2,k coc-c.a1,k *Nux-m.*bg2,k **Ter.**bg2,k,* zinc.bg2,k,*
• **links**: *Benz-ac.*hr1,k kali-c.
• **rechts**, 5 h: coc-c.
• **Bücken**, beim: *Benz-ac.*
• **spannend**, beim Fahren: agar.
▽ **erstreckt** sich zur rechten Hüfte: *Ter.*
○ **Harnleiter**: berb. cham. *Nat-m.* sulph. thuj.
  • **links**: calad. coc-c.
  • **rechts**: astac.a1,k
• **Nierengegend**: aloe alumn.a1,k benz-ac.hr1,k berb.bg2,k,* *Cann-s.*bg2,k,* carl.a1,k cinnb.a1,k *Iod.*bg2,k,* kali-n.bg2,k,* lach.bg2,k,* meny.bg2,k ruta **Ter.**bg2,k,* thuj.bg2 *Zinc.*bg2,k,*
  • **abends**, beim Sitzen: meny. ruta
  ▽ **erstreckt** sich zu:
    • **Hüfte**, rechts: ter.
    • **Leistengegend**, in die: cann-s.

– **zusammenschnürend**: mang.a1,h

Schmerz - zusammenschnürend: ...
▽ **erstreckt** sich zu:
  • **Blase**: nit-ac.
  • **Harnleiter** nach unten zum Penis; den:
    • **Druck** auf die Eichel amel.:
      • **oben**; manchmal erstreckt sich der Schmerz auch nach: canth.

– **zusammenziehend**: clem.bg2,k,* mang.h,kl
▽ **erstreckt** sich die Harnleiter nach unten zum Penis: **Canth.**

Schwäche in der Nierengegend: arg-n. benz-ac. berb. carb-an.bg2,k,* cham.bg2,k,* cimic.a1,k helon.a1,k manc. phyt.bg2,k,* tarent.a1,k

Schwellung: kali-i.a1,k

Schweregefühl: aeth.a1,bg2 androc.srj1 *Carl.*a1,k equis-h.
– **morgens**: sang.a1,k
  • **Erwachen**, beim: aeth.a1,k
– **Sitzen** agg.: *Carl.*a1,k
○ **Nierengegend**: cimic.bg2,k,* dirc.bg2,k,* *Helon.*bg2,k,* phos.bg2,k,* pic-ac.a1 sang.bg2,k tell.bg2,k,* *Ter.*bg2,k,*
  • **nachmittags**: helon.a1,k sang.a1,k
  • **abends**: helon.a1,k
  • **nachts**: tell.a1,k
    • **Bewegung** agg.: cimic.

Urämie
☞ *❑ Allgemeines - Urämie*

Wanderniere: zinc.br1,ptk2

Zucken in der Nierengegend: canth. mang.

Abgang von Prostatasekret: agar. *Agn.* alum. am-c. *Anac. Apis Aur.* aur-s.$_{k2}$ bell. *Calc.* cann-s. canth. casc. chim. *Con.* daph. dig. *Elaps Ery-a. Euph.* gels. *Hep. Lyc.* lyss. *Mag-c.* mang. *Nat-c. Nat-m. Nit-ac.* nux-m. *Petr.* **Ph-ac.** *Phos.* pic-ac. plat.$_{h}$ plb. *Psor. Puls.* sabal **Sel. Sep.** *Sil. Spig.* **Staph.** *Sulph.* tab. tarent. *Thuj. Zinc.*
- **morgens**: ran-b.$_{c1}$
- **Denken** an sexuell Erregendes; beim: nat-m.
- **Erektionen**:
  - **während**: nit-ac. **Ph-ac.** *Puls.*
  - **ohne**: aur. bell. cann-s. con. euph. *Lyc.* lyss. *Nat-m. Phos.* **Sel.** thuj.
- **Flatus**; beim Abgang von: con. *Mag-c.*
- **Gehen**, beim: agn. **Sel.** sil.
- **Gemütsbewegung**, bei jeder: **Con.** hep. puls. sel. zinc.
- **Jucken** der Vorhaut; mit: con.$_{k2}$
- **Koitus**, nach: nat-m.$_{bg2}$
- **lasziven** Gedanken, bei: **Con.** *Lyc. Nat-m.* **Nit-ac.** *Ph-ac. Phos.* pic-ac.
- **leicht** abgehend, so daß sogar Abgang von Flatus dazu führt: mag-c.
- **Liebkosen** von Frauen; beim: agn. **Con.**
- **Schlaf**:
  - **im**: sel.$_{c1}$
- **Sitzen**, im: *Sel.*
- **Sprechen** mit einer jungen Frau; beim: *Nat-m. Phos.*
- **Stuhlgang**:
  - **nach**: am-c. anac. *Calc. Caust.* cur. *Hep. Iod. Kali-c.* lyss. *Nat-c. Nit-ac.* phos. *Sel. Sep. Sil.* **Sulph.** zinc.
  - **mit**: acet-ac.$_{c1}$ agar. *Agn.* alum. alum-p.$_{k2}$ alum-sil.$_{k2}$ am-c. anac. ars. aur-m. *Calc.* calc-sil.$_{k2}$ carb-v. carl. *Caust.* **Con.** cor-r. elaps *Hep. Ign. Iod. Kali-bi. Nat-c. Nat-m.* nat-p. *Nit-ac.* **Nux-v.** *Petr.* **Ph-ac.** *Phos.* **Sel. Sep.** *Sil.* staph. sulph. zinc.
  - **schwierigem** Stuhl, mit: *Agn.* alum. am-c. anac. arn. cann-i. *Carb-v.* con. gels. *Hep. Nat-c.* **Nit-ac. Ph-ac.** *Phos.* psor. *Sep.* **Sil.** *Staph.* **Sulph.** zinc. zinc-p.$_{k2}$
  - **weichem** Stuhl, mit: anac. ars.$_{hr1}$ *Sel.*
    - **durchfälligem**, weichem Stuhl; bei: ars.$_{k1}$
- **tröpfelnd**: ilx-a.$_{c1}$ *Phos.* **Sel.**
- **unwillkürlich**: sel.$_{c1}$
- **Urinieren**:
  - **vor**: psor.
  - **beim**: agn.$_{c1}$ anac. hep. nat-c. nit-ac. sep. sulph.
  - **nach**: anac. calad.$_{bro1}$ calc. cur. *Daph. Hep.* hipp. *Kali-c.* lyc. lyss. *Nat-c.* nat-m. ph-ac.$_{bro1}$ sel. *Sep. Sil.* **Sulph.**

Beben, nervöses: form.

Eiterung: hep. **Sil.**

Eiterung, Gefühl von: cycl.

Entzündung (= Prostatitis): acon. aesc. agn. alum.$_{bro1,k}$ alum-sil.$_{k2}$ anac.$_{j1}$ apis$_{c2,k}$ arg-met.$_{j1}$ arn. *Aur.*$_{sf1}$ bar-c.$_{bro1}$ bell. bov. brach.$_{bro1}$ cact. calad.$_{bro1}$ cann-i.$_{c2,k}$ canth. *Caps.* carbn-s.$_{bro1}$ caust.$_{k,kr1,*}$

Entzündung (= Prostatitis): ...
chim.$_{c2,k}$ cic.$_{j1}$ clem.$_{bro1}$ *Colch.*$_{c2}$ *Con.*$_{bro1,k,*}$ cop.$_{c2,k}$ cub.$_{c2,k}$ cycl.$_{c2,k}$ *Dig. Dulc.*$_{vh}$ fab.$_{br1}$ *Ferr-pic.*$_{bro1}$ graph.$_{bro1}$ *Hep.*$_{bro1,k}$ hipp.$_{c2,k}$ hydrc.$_{bro1}$ iod.$_{sf1}$ *Kali-bi.*$_{k,kr1}$ kali-c.$_{j1}$ lach. lil-t. lith-c.$_{c2,k}$ *Lyc.*$_{k,sf1,*}$ med. *Merc.*$_{bro1,k}$ *Merc-c.*$_{bro1}$ merc-d.$_{c2,k}$ *Nit-ac.*$_{bro1}$ *Nux-v.*$_{k,kr1}$ pareir. petr.$_{c2,k}$ *Ph-ac.* phyt.$_{bro1}$ podo.$_{c2}$ polyg-h.$_{c2}$ polyg-s.$_{bg1}$ **Puls.**$_{bro1,k,*}$ pyrog.$_{st}$ sabad.$_{bro1}$ sabal$_{bro1,k}$ sal-n.$_{c2}$ sec. *Sel.*$_{bro1,k,*}$ senec.$_{k,kr1,*}$ *Sep.*$_{k,mg1}$ *Sil.*$_{bro1,k}$ solid.$_{bro1}$ *Staph.*$_{k,kr1}$ sul-ac. *Sulph.*$_{bro1,k}$ *Thuj.*$_{bro1,k}$ *Trib.*$_{bro1}$ vesi.$_{c2}$ zinc.
- **Absonderung**; mit dicker, gelber: cub.$_{br1}$
- **Gonorrhoe**, durch unterdrückte: bell. *Cop.* cupr. *Dig. Med. Merc.* **Nit-ac.** *Nux-v. Petr. Puls. Sep.* staph. *Sulph.* **Thuj.**
  ☞ ☐ *Harnröhre - Absonderung - gonorrhoisch*

Gluckerndes Gefühl: phyt.

Härte: **Con.** *Cop.* iod. med. plb. senec. *Sil. Thuj.*
☞ *Verhärtung*
- **Vergrößerung**, ohne: cop.

Hitze: ptel. *Puls.*

Krebs (= Prostatakrebs): chim.$_{gm1}$ kali-cy.$_{gm1}$

Kugel sitzen; Gefühl, er würde auf einer: cann-i. *Chim.* **Sep.**$_{k,k12}$● sil.

Masturbation, Beschwerden nach: tarent.

Prostatitis
☞ *Entzündung*

Reizung in der Prostata: cact. *Dig.* gnaph.

Rucken in der Gegend der Prostata: form.

Schmerz: acon. *All-c. Alum.* alum-sil.$_{k2}$ apis asaf. *Bell.* berb. bov. brom. cact. calc-p. *Caps. Caust. Chim.* clem.$_{a1}$ *Con.* cop. *Cub.* cupr-ar. *Cycl.* dig. gnaph. graph. laur. *Lyc.* lyss. med.$_{br1}$ merc. ol-an. pareir. *Phos.* podo. polyg-h. *Puls. Rhus-t.* sel. *Staph.* sul-i. sulph. tarent. thuj.
- **Bewegung** amel.: rhus-t.$_{k2}$
- **Erektion**, bei der: alum.
- **Erschütterung** agg.: **Bell.**
- **Fahren** agg.: staph.
- **Gehen**:
  - **agg.**: all-c. brom. *Cycl.* staph.
  - **amel.**: *Rhus-t.*
- **Gonorrhoe**, bei: *Caps.* cub.
- **Harndrang**, mit: *Cycl. Rhus-t.*
- **Koitus**, nach: *All-c.* alum. caps. *Psor.* sel.
- **Krebs**, bei: cadm-f.$_{gm1}$ crot-h.
- **Schneuzen** der Nase; beim: alum.
- **Sitzen**, im: *Chim. Cycl.* dig. rhus-t.
- **Stehen**, im: cycl.
- **Stuhlgang**:
  - **nach**: phos.
  - **Stuhldrang**, mit: *Cycl.* rhus-t.
- **Urinieren**:
  - **beim**: *Apis* cop. lyc. med.$_{br1}$ pareir.
  - **nach**: lyc. **Puls.**
  - **Ende** des Urinierens; zu: coca

– **beißend**: carb-an. con.
– **brennend**: all-c. ambr. cop. lyss. ph-ac.
 • **Ejakulation**; bei der: agar.$_{k2}$
– **drückend**: all-c. *Alum.* apis asaf. berb. brom. cact. *Caust.* chim. *Con.* *Cycl.* laur. *Lyc.* merc. ol-an. *Phos.* *Puls.* *Sel.* sil.$_{h}$ sulph. thuj.
 • **Erektion**; zu Beginn der: *Alum.*
 • **Gehen**, beim: all-c. brom. *Cycl.*
 • **Koitus**, beim: *Alum.*
 • **Schneuzen** der Nase; beim: alum.
 • **Stehen**, beim: cycl.
 • **Urinieren**:
  • **beim**: *Lyc.*
  • **nach**: lyc. **Puls.**
– **durchbohrend** stechend: nit-ac.
– **pulsierend**: caust. polyg-h.
 ○ **Gegend** der Prostata; in der: bov.
  • **Urinieren**; beim Pressen zum: dig.
– **schießend**
 ☞ *stechend*
– **stechend**: bov. calc-p. *Con.* *Cycl.* kali-bi. kali-c. kali-n. lyc. *Puls.* sel.$_{bg2}$
 • **nachmittags**: aur. kali-bi.
 • **Gehen** agg.: *Kali-bi.*
 • **Urinieren**, beim: cact. caust. cop. cycl. kali-n. merc-d. pareir. sel.
 ▽ **erstreckt** sich zu:
  • **Genitalien**: bov.
  • **vorne**, nach: sil.$_{h}$
– **Wehtun** (= unbestimmt, drückend): sabal$_{bg1}$ thuj.
 • **Sitzen** und beim Gehen; im: cycl.
 ○ **Blase**, tief im Becken, morgens und nachmittags nach Koitus; und in der: all-c.
– **wund** schmerzend (= wie zerschlagen, empfindlich etc.): alum. alum-sil.$_{k2}$ calc-sil.$_{k2}$ **Chim.** *Cycl.* *Rhus-t.* sul-ac.
– **zerrend**: nat-ar. sil.
– **ziehend**: clem. *Cycl.* kali-bi. mez.
 • **Sitzen** oder beim Gehen; im: *Cycl.*
– **zusammenschnürend**: canth. *Caust.* puls. sulph.

Schwellung: aloe alum. alum-p.$_{k2}$ alum-sil.$_{k2}$ *Am-m.* *Apis* asar. aspar. *Aur-m.* **Bar-c.** bar-i.$_{k2}$ *Benz-ac.* *Berb.* cact. **Calc.** calc-sil.$_{k2}$ cann-s. canth. chel. **Chim.** cic. clem. **Con.** cop. cub. **Dig.**$_{brl,k}$ *Dulc.*$_{k,vh,*}$ *Fab.*$_{cl}$ *Ferr-m.* ferr-pic.$_{bgl}$ hipp. hydrang.$_{bgl}$ *Hyos.* *Iod.* *Kali-i.* kali-p. lith-c. *Lyc.* *Med.* *Merc.* merc-d. *Nat-c.* nat-p. *Nat-s.* *Nit-ac.* nux-v. *Pareir.* *Phos.* polytr-c.$_{brl}$ *Psor.* **Puls.** *Sec.* *Sel.* senec. sep. *Sil.* solid.$_{bgl}$ *Spong.* *Staph.* sul-ac. sul-i.$_{k2}$ *Sulph.* ther.$_{k2}$ *Thuj.* tritic.$_{brl}$ uva
– **alten** Menschen; bei: aloe **Bar-c.** *Benz-ac.* *Con.* **Dig.** ferr-pic.$_{vh}$ *Iod.* nux-v. prost.$_{bwa3}$ *Sabal*$_{bg1,k}$ **Sel.** *Staph.* sulph.
– **Gefühl** von: alum. berb. bry. chim. cycl. nux-v. *Ther.*
– **Tröpfeln** von Urin nach Stuhlgang und Blasenentleerung: **Sel.**

Schweregefühl: cact. caust. *Con.* cop. graph. hydrc. *Med.*$_{bg1,vh,*}$ puls. sulph.
– **lasziven** Gedanken, bei: graph.

Spannung: clem. lyc. thuj.

Unbehaglichkeit: ptel.

Vergrößerung
 ☞ *Schwellung*

Verhärtung: *Con.* *Cop.* *Iod.* plb. *Psor.* *Sel.* senec. *Sil.* *Sulph.* **Thuj.**
 ☞ *Härte*
◆ **begleitet** von:
 • **Zunge**:
  • **braune** Farbe der Zunge: *Iod.*$_{vk1}$
– **chronisch**: alum.$_{bro1}$ *Aur.*$_{bro1}$ bar-c.$_{bro1}$ brach.$_{bro1}$ calad.$_{bro1}$ carbn-s.$_{bro1}$ caust.$_{bro1,kr1}$ clem.$_{bro1}$ *Con.*$_{bro1}$ *Ferr-pic.*$_{bro1}$ graph.$_{bro1}$ hep.$_{bro1}$ hydrc.$_{bro1}$ iod.$_{bro1}$ *Kali-bi.*$_{bro1,kr1}$ *Lyc.*$_{bro1}$ *Merc.*$_{bro1}$ *Nit-ac.*$_{bro1}$ *Nux-v.*$_{bro1,kr1}$ phyt.$_{bro1}$ *Puls.*$_{bro1}$ pyrog.$_{bro1,st}$ sabad.$_{bro1}$ *Sabal*$_{bro1}$ *Sel.*$_{bro1}$ senec.$_{bro1,kr1}$ *Sep.*$_{bro1}$ sil.$_{bro1}$ solid.$_{bro1}$ *Staph.*$_{bro1,kr1}$ sulph.$_{bro1}$ *Thuj.*$_{bro1}$ *Trib.*$_{bro1}$

Völlegefühl: alum. berb. bry. *Chim.* *Cycl.* nux-v.

Zucken: form.

Absonderung:
◆ **begleitet** von:
• **Erektionen**; schmerzhafte: lupin.hsa
– **blutig**: *Arg-n.*a1,k bell. **Calc-s.** cann-s. **Canth.**bg2,k *Caps.*hr1,k cop. cub.hr1,k cur. ferr-p.k2 kali-i.hr1,k lith-c. lyc.bg2,k *Merc.*bg2,k *Merc-c.* mill. *Mur-ac.* *Nit-ac.*bg2,k *Psor.* *Puls.*bg2,k thuj. zinc.h,k,*
☞ *Blutung*
• **Diarrhoe**, bei chronischer: euph.
• **Koitus**, beim: caust.ptk1
• **schmerzhaft**; Harnröhre bei Berührung: caps.
• **Urinieren**, nach dem: zinc.h,kl
– **dick**: *Alum.* anan. *Arg-met.* arg-n.a1,k *Cann-s.* caps. *Clem.* *Cub.* ferr. *Hep.* *Hydr.* *Kali-i.* med. *Merc.*bg2,k *Merc-c.*bg2,k,* nat-c.k2 *Nat-s.* nux-v. *Psor.* *Puls.*bg2,k sil.hr1,k *Sulph.*
– **dünn**: apis caps. cinnb.bg2 fl-ac.bg1 *Kali-s.* lyc. med. merc-c.a1,k mez.bg1 *Nat-m.*hr1,k,* nit-ac. nux-v. petr.bg1 phos.bg1,k2,* psor.bg1 sabin.bg1 sep.bg1 sulph.bg1
• **schleimig**, mit Ameisenlaufen am ganzen Körper, nach Gonorrhoe: cedr.hr1,k
– **dünn**, schleimig, nach Gonorrhoe: *Agar.* **Agn.** aln.c2 aloec2 **Alum.** alum-p.k2 **Alumn.**c2,k aur-m. bar-c. *Bar-m.*c2,k bar-s.k2 **Benz-ac.** *Bov.*c2,k bry. *Calad.*c2,k *Calc.*c2,k *Calc-p.*c2,k calc-s. *Cann-i.* cann-s. canth.a1,k *Caps.* *Carb-v.* carbn-s. cedr. chim.c2,k *Cinnb.*c2,k *Clem.* *Cob.* *Cop.* *Cub.*c2,k cupr. dor.c1,c2 dulc. equis-h.c2 erig.c2,k ery-a.c2,k *Ferr.* ferr-p. fl-ac.c2,k gamb.hr1,k *Graph.*k,k2,* guaj.k2 *Hep.* *Hydr.* *Iris* *Kali-bi.*c2,k *Kali-c.* **Kali-chl.** **Kali-i.** kali-m.k2 *Kali-s.*c2,k *Lyc.* mati.hsa1 *Med.*c2,k *Merc.* merc-c. *Mez.*c2,k mill. mur-ac. *Naphtin.*c2 nat-c.k2 **Nat-m.**c2,k *Nat-s.* *Nit-ac.*c2,k *Petr.* **Petros.**c2,k *Ph-ac.* *Phos.*c2,k *Phyt.*c2,k *Plb.* *Psor.*c2,k sabalc2 sang.c2,k **Sel.** senec.c2,k **Sep.**c2,k **Sulph.**hr1,k,* tell.c2,k *Ter.*c2,k **Thuj.**c2,k vesi.c2 zinc.
☞ *gonorrhoisch*
• **morgens**: aur-m. ph-ac. phos. **Sep.**k,k12●
• **nachts**: *Fl-ac.* *Sep.*
• **chronisch**: caps.
• **Impotenz**, mit: **Agn.**hr1,k
• **lange** anhaltend
☞ *chronisch*
• **schmerzlos**: *Agar.* *Alum.* *Arg-met.* bar-c. *Cann-s.* *Cop.* *Ferr.*hr1,k *Hep.* *Hydr.* **Kali-i.** *Med.* *Merc.*hr1,k *Mez.* **Nat-m.** *Nat-s.* petr. *Psor.*hr1,k *Puls.* *Sang.* **Sep.** *Sulph.* *Thuj.*hr1,k
– **durchsichtig**: cann-s.hr1,k mez.a1,k petros. phos.hr1,k
– **eitrig**: agn. alum.hr1,k2 alum-sil.k2 arg-n. *Arn.*hr1,k *Bar-c.*a1,k bar-s.k2 bov. *Calc.* **Calc-s.** calc-sil.k2 *Cann-s.*bg2,k *Canth.*bg2,k *Caps.*bg2,k,* *Carb-v.* *Chel.* chim.hr1,k *Clem.*bg2,k *Con.*h,k,* *Cop.*hr1,k,* *Cub.* cupr-ar.hr1,k ip.bg2,k *Kali-i.*hr1,k *Kali-s.* *Led.*hr1,k *Lyc.* *Med.* *Merc.*bg2,k *Merc-c.*bg2,k nat-c.k2 nat-m.bg2,k,* **Nit-ac.**bg2,k,* nux-v.bg2,k *Ph-ac.* phos. psor. *Puls.*a1,k sabad. *Sabin.*bg2,k sars.bg2,k *Sil.*hr1,k sulph.bg2 *Thuj.*bg2
• **Tropfen** Eiter vor dem Urinieren; ein: tus-p.
– **eiweißartig**: canth. nit-ac. petros.a1,k
– **fadenziehend**: kali-bi.bg2,k nat-c.k2 sel.bg2
– **farblos**: canth.a1,k *Nat-m.* nit-ac. petros. phos.hr1,k2
– **färbt** die Wäsche: *Nat-m.*
– **Flocken**:
• **milchig**: ph-ac.k2
• **Urinieren**; flockig nach dem: kali-bi.
– **flockig**
☞ *Flocken*
– **gallertartig**: *Kali-bi.*
– **gelb**: agar. **Agn.**hr1,k **Alum.**hr1,k alum-p.k2 alumn.k2 anan. **Arg-met.** ars-s-f. *Bar-c.* bell. *Calc.* *Calc-s.* calc-sil.k2 cann-i.k2 cann-s.bg2,k *Canth.*a1,k *Caps.* con. *Cop.*bg2,k,* *Cub.* cur. *Fl-ac.*hr1,k *Hep.* *Hydr.* kali-bi.bg2,k *Kali-s.* lyc.a1,k *Med.* **Merc.**bg2,k nat-c.k2 *Nat-m.*bg2,k,* **Nit-ac.**a1,k petr. petros.a1,k *Psor.*hr1,k **Puls.** sars. **Sel.** **Sep.**hr1,k sil. sulph.hr1,k sumb.a1 **Thuj.**bg2,k,* tus-p. zing.hr1,k,*
• **morgens**, gelbe Tropfen: fl-ac.hr1,k *Med.*
• **abends**: lyc.a1,k
• **nachts**: *Merc.* zinc. zing.a1,hr1
• **chronisch**: **Alum.** *Alumn.* **Arg-met.** *Calc-s.* *Fl-ac.* hep. hydr.vh lyc. *Med.* merc. *Nat-m.* *Psor.*hr1,k **Puls.** *Sel.* *Sil.*
• **färbt** die Wäsche: *Alum.* *Nat-m.* *Psor.*
– **gelbgrün**:
• **Verstopfung** der Harnröhre; mit häufiger: cub.c1
– **gelblichweiß**: cann-i. sulph.
• **schmerzlos**: cann-i.
– **gonorrhoisch**: acon.c1,c2 agav-a.c2 **Agn.**hr1,k aloec2,k *Alum.* alum-p.k2 alumn.c2,k am-m. anag.c2,k *Ant-c.* apis arg-met.k2 *Arg-n.*c2,k ars. ars-s-f.c2,k aur.c2 aur-m.c2,k bar-m.c2,k benz-ac.c2 *Bism.* *Borx.* cajan.jsx1 *Calad.*k2,vh *Calc.*c2,k calc-p.c2 calc-s.c2,k camph.c2 cann-i.c2,k **Cann-s.**c2,k **Canth.**c2,k caps. caul.c2,k *Cedr.* *Cham.* *Chel.*c2,k chim.c2,k cinnb.c2,k *Clem.*k,k2,* cob.c2,k coc-c.c2 coch.c2,k cop.c2 crot-h.c2 cub.c2,k cupr-ar. cupre-au.c2 dig.c2,k dor.c2,k epiph.c2 equis-h.c2 erech.c2 erig.c2,k ery-a.c2,k eucal.c2,k euph-pi.c2 fab.c2 ferr.c2 ferr-i.c2,k ferr-p.c2,k ferr-s.c2 fl-ac.c2,k frag.c2 gels.c2,k hedy.c2 hep.k2 hib-su.bta1 hydr.c2,k hydrc.c2 hygroph-aur.jsx1 ichth.c2 jac-c.c2 jac-g.c2 kali-c.k2 **Kali-chl.** *Kali-i.*c2,k kali-s.c2,k lac-c.c2,k lachn. lact-v.c2 lant-t.jsx1 lappac2 led. lup.c2 lyc.k2 **Med.** **Merc.** *Merc-c.* merc-n.c2 merc-pr-r.c2 methyl.c2 *Mez.*c2,k mill. mygal.c2 *Naphtin.*c2 nat-c.k2 nat-m.c2,k **Nat-s.**c2,k **Nit-ac.** nux-v.k2 oci-car.gsb1 oci-g.c2,gsb1 ol-an.c2 ol-sant.c2 par.c2 pareir.c2,k petr.c2,k petros.c2,k ph-ac. *Phos.* *Phyt.*c2,k pin-c.bro1 pip-m.c2 *Plb.* polyg-xyz.c2 *Psor.*c2,k **Puls.**c2,k rat.c2 rhod. rumx-ab.jsx1 sabad. sabalc2 sabin.c2,k sal-n.c2 salol.c2 sars.c2,k senec.c2,k **Sep.**c2,k *Sil.* sil-mar.c2 still. sul-i.c2 *Sulph.*c2,k *Tarent.* ter.c2,k thlas.c2 **Thuj.**c2,k trad.c2 tus-p.c2 vesi.c2
☞ *dünn, schleimig* / ❑ *Allgemeines - Gonorrhoe* / ❑ *A-Sykose* / ❑ *Extremitäten - Schmerz - rheumatisch - Gonorrhoe* / ❑ *Männliche Genitalien - Entzündung - Hoden - Gonorrhoe* / ❑ *Prostata - Entzündung - Gonorrhoe* / ❑ *Weibliche Genitalien - Entzündung - Ovarien - Gonorrhoe*
• **nachts**: *Merc.* merc-c. sep.
• **nur**: sep.

– **gonorrhoisch**: ...
◆ **begleitet** von:
• **Speichelfluß**: *Merc.*$_{kr1,vk1}$
• **beginnend** (= Anfangsstadium): arg-n.$_{br1}$
• **chronisch**: agar.$_{k2}$ *Alum.* alum-p.$_{k2}$ *Alumn.* *Arg-met.* bar-m.$_{k2}$ brom. **Calc.** **Calc-p.** **Calc-s.** chim. **Chlor.** *Cinnb.* **Coch.** cub. *Cupr.* dig.$_{k2}$ *Ferr.* hydr. kali-c.$_{k2}$ kali-m.$_{k2}$ *Kali-s.* *Med.* *Mygal.* *Myric.* **Nat-m.** **Nat-s.** nit-ac.$_{k2}$ *Petr.* *Petros.* *Plb.* *Psor.* *Sep.* *Sil.* *Sulph.* **Thuj.**
• **steigt** wieder an, nachdem sie zuvor abgenommen hatte: bry. lil-t. *Sep.* *Sulph.* *Thuj.*
• **Syphilitikern**, bei: **Aur-m.** cinnb. merc. *Merc-c.*
– **grau**: *Arg-met.* bufo$_{bg1}$
– **grünlich**: arg-met.$_{k2}$ *Bry.* calc-sil.$_{k2}$ *Cinnb.*$_{bg2,k}$ *Cob.* cop.$_{bg2,k}$ *Hydr.* *Kali-i.*$_{bg2,k}$ kali-s. **Merc.**$_{bg2,k,*}$ *Merc-c.*$_{bg2,k}$ *Nat-m.*$_{bg2,k}$ *Nat-s.* *Nit-ac.* puls.$_{k2}$ ter. *Thuj.*$_{bg2,k}$
• **nachts**: **Merc.** merc-c.
• **chronisch**: *Cinnb.* *Cob.* kali-i. **Nat-s.**
• **dick**: kali-i. *Merc.* **Nat-s.**
• **gelb**: anan. *Arg-met.* *Cinnb.* *Cob.* *Cub.* cur. *Hydr.* kali-i. kali-s. lith-c. lyc. **Merc.** merc-c.$_{k2}$ **Nat-s.**$_{k,k2}$ nux-v. phyt. **Puls.** *Sep.* ter. *Thuj.*$_{k,k2}$
  • **dick**, mit Priapismus: *Anan.* *Nat-s.* **Puls.**
– **käsig**: hep.
– **klar**: brom. cann-i. *Cann-s.* canth. cub. elaps lyc. mez. *Nat-m.* nit-ac. petros. ph-ac. phos.
– **klebrig**: *Graph.*$_{hr1,k}$
– **milchig**: *Cann-s.*$_{bg2,k}$ *Caps.*$_{bg2,k}$ *Cop.*$_{a1,k}$ *Ferr.*$_{bg2,k}$ *Iod.* *Kali-c.*$_{h,k,*}$ *Kali-chl.* kali-m.$_{k2}$ *Lach.*$_{a1,k}$ *Merc.*$_{bg2,k}$ **Nat-m.**$_{a1,k}$ *Nux-v.*$_{bg2,k}$ *Petros.*$_{hr1,k,*}$ **Sep.**$_{a1,k}$ sulph.$_{bg2}$
• **klebrig**: *Nat-m.* thuj.
  • **Urinieren**, vor dem: mez.
• **Stuhlgang**, nach: *Iod.*
• **teigig**: canth.
• **Urinieren**, nach dem: cop. kali-c. lach.$_{a1,k}$ nat-m.$_{a1,k}$ petros. sep.
– **reichlich**: apis arg-met. arg-n.$_{a1,k}$ ars-s-f. bufo calc-s.$_{k2}$ *Cann-i.* chim.$_{hr1,k}$ *Cop.* *Cub.* cur. *Ferr.*$_{hr1,k}$ *Hydr.*$_{hr1,k}$ *Kali-bi.* *Med.* *Petros.* sabin.$_{c1}$ *Sep.* **Thuj.**
– **sahneartig**, cremig: **Caps.**$_{hr1,k}$
– **Samen**, wie: puls.$_{a1,k}$
– **scharf**: **Arg-n.** aur-m. caps. cop.$_{a1,k}$ kreos. **Merc-c.** *Nat-m.* *Petros.* sars.
– **schleimig**: agar.$_{bg2,k,*}$ *Agn.*$_{bg2,k}$ alum-sil.$_{k2}$ ant-c.$_{bg2,h,*}$ ant-s-aur. arg-met.$_{k2}$ *Arg-n.*$_{bg2,k,*}$ bell. *Benz-ac.* brom. bry. *Calc.* *Cann-s.*$_{bg2,k,*}$ *Canth.*$_{bg2,k}$ *Caps.*$_{bg2,k}$ cedr. *Chim.*$_{hr1,k}$ *Clem.* *Cob.* con.$_{h,k,*}$ *Cop.*$_{hr1,k}$ *Cub.*$_{hr1,k}$ dulc.$_{bg2,k}$ **Elaps** *Ferr.*$_{bg2,k,*}$ ferr-p. fl-ac. *Graph.* *Hep.*$_{bg2,k,*}$ hydr. kali-bi.$_{k2}$ kali-i.$_{hr1,k}$ kali-s. lyc. mag-p.$_{hr1,k}$ *Merc.*$_{bg2,k}$ merc-i-f. *Mez.*$_{h,k,*}$ nat-c. *Nat-m.*$_{bg2,k}$ *Nit-ac.*$_{bg2,k,*}$ *Nux-v.*$_{bg2,k,*}$ *Pareir.*$_{hr1,k}$ petr. petros. phos.$_{k,k2}$ puls. rhod. sabin. sars.$_{bg2,k}$ **Sep.**$_{bg2,k}$ *Sulph.*$_{bg2,k,*}$ *Thuj.*$_{bg2,k}$
• **abends**:
  • **Frost**, nach einem: ferr.
  • **Urinieren**, nach: nat-m. nit-ac. nux-v. *Ph-ac.*
• **blutig**: canth. **Nit-ac.**$_{hr1,k}$ puls.

Absonderung - schleimig: ...
• **Erschlaffung** der Genitalien; bei: *Phos.*
• **gallertartig**, nach dem Urinieren: nat-m.
• **klebrig**: *Agar.*$_{hr1,k}$ thuj.
• **milchweiß**: *Kali-chl.*
• **Umhergehen**; beim: mez.$_{h,kl}$
• **Urinieren**: phos.$_{h}$
  • **nach**: nit-ac.$_{h}$
  • **Ende** des Urinierens; zu: nit-ac.$_{h}$
• **zäh**, nach dem Urinieren: nit-ac.$_{h}$
  • **eitrig**, und: nux-v.
– **schmerzlos**: kali-i.$_{k2}$
– **spärlich**: ferr-p.$_{k2}$
– **stinkend**: bar-c. *Benz-ac.* *Carb-v.* *Hep.* *Pip-m.*$_{bg1}$ psor. puls. *Sil.* sulph. thuj.
– **viel**
☞ *reichlich*
– **wäßrig**: apoc.$_{a1,k}$ cann-s.$_{bg2,k,*}$ canth.$_{a1,k}$ ferr-p. *Fl-ac.* *Hydr.*$_{hr1,k}$ *Kali-s.* lyc.$_{a1,k}$ merc.$_{bg2,k}$ merc-c.$_{bg2,k}$ *Mez.*$_{a1,k}$ *Mur-ac.* *Nat-m.*$_{a1,k}$ ph-ac. phos. sumb.$_{a1,k}$ **Thuj.**
• **schmerzlos**: cann-s.
• **Silbernitrat**; nach Injektion von: nat-m.
• **Umhergehen**; beim: mez.$_{a1,k}$
• **zugeklebt**; Meatus morgens von einem wäßrigen Tropfen: *Phos.*
– **weiß**: ant-o. arg-n.$_{a1,k}$ cann-i. *Cann-s.* canth.$_{a1,k}$ *Caps.* chim. cinnb. cob. *Cop.* cupr-ar.$_{hr1,k,*}$ *Ferr.* *Gels.* hep.$_{k2}$ *Iod.* *Kali-c.* *Kali-chl.* lach. med. merc. *Mez.* **Nat-m.** nit-ac. petr. *Petros.* ph-ac. psor.$_{k2}$ sars.$_{h,kl}$ **Sep.** sulph. thuj. trad.$_{a1}$ zinc.
• **morgens**, Abgang von Prostatasekret am Abend: *Ph-ac.*
• **chronisch**: caps. chim. cinnb. ferr. merc. merc-c. *Mez.* **Nat-m.** nit-ac. *Sel.* *Sep.* sulph. thuj. zinc.
  • **anämischen** Personen, bei: **Calc-p.**
  • **Impotenz**, mit: *Agn.* *Calad.* cob.
    • **stinkendem** Urin; und mit: calad.
  • **Silbernitrat**; nach Injektion von: *Nat-m.*
  • **Urinieren**, nach dem: cop. lach. petros. sep.
– **zäh**: agar.$_{bg2,k,*}$ agn. bov. dig. graph.$_{k2}$ ham. kali-bi.$_{k2}$ kali-s.$_{k2}$ nit-ac. *Nux-v.*$_{bg2,k}$ ph-ac. phos.

Aufgeworfener Meatus
☞ *Schwellung*

Bläschen
☞ *Hautausschläge - Bläschen*

Blauer Flecken am Meatus: borx.$_{h}$

Blubbern, Glucksen im Sitzen: berb.

Blutung: aloe alumn.$_{k2}$ am-c. ambr. ant-c. ant-t. *Arg-n.* arn. *Ars.* arum-m. bell. bry. *Cact.* *Calc.* *Camph.* *Cann-s.* *Canth.* *Caps.* carbn-s. *Caust.* *Chel.* *Chin.* *Chinin-s.* *Con.* *Crot-h.* cur. erig. *Euphr.* *Ferr-m.* ferr-p. graph. *Ham.* hell. *Hep.* *Ip.* kali-ar. kali-c. *Kali-i.* kali-s. *Lyc.* *Merc.* **Merc-c.** mez. *Mill.* mur-ac. murx. nat-m. *Nit-ac.* *Nux-v.* *Phos.* plb. *Puls.* sars. *Sec.* senec. seneg. sep. squil. *Sulph.* ter. thuj. zinc. zinc-p.$_{k2}$
☞ *Absonderung - blutig*

– **Brennen**, mit: ambr. chin. coch. graph. kali-c. kali-i. merc. *Nux-v.* puls. seneg. *Sulph.* ter.
– **Erektion**, bei der: *Canth.*
– **Gonorrhoe**; nach unterdrückter: **Puls.**
– **Koitus**, beim: *Caust.*
– **Lähmung** der Beine; mit: lyc.
– **Menses**, bei unterdrückten: zinc.
– **Obstipation**, mit: lyc.
– **reines**, pures Blut: bry. *Canth.* caps. ham. hell. mez.
 • **geronnen**: cact. *Caust. Chin. Coc-c. Nux-v.*
 • **uriniert**; wenn er nicht: bry.
– **Schmerzen**, mit:
 • **Magen** und Erbrechen; im: ip.
 • **Niere** und Blase; in: ant-t.$_{pd}$ ip. puls.
– **schmerzhaft**: merc. zinc.
– **schmerzlos**: ars-h. lyc. merc. psor. sec.
– **Schnitt**, bei hämorrhagischer Diathese; durch einen: ter.
– **Stuhlgang**, beim: *Lyc.* puls.
– **Urinieren**:
 • **nach**: dulc.$_{bg1}$ **Hep.** merc-c.$_{ptk1}$ mez. puls. sars. sulph. *Thuj.* zinc.
– **Urins**; beim ersten Teil des: *Con.*
– **vikariierend**: *Phos.* zinc.

Chorda, Krümmung des erigierten Penis bei Gonorrhoe: acon.$_{hr1}$ **Arg-n.**$_{bg2,k,*}$ aur-m. bry. *Camph.*$_{hr1,k,*}$ camph-br.$_{c2}$ *Cann-i.*$_{hr1,k,*}$ **Cann-s.**$_{hr1,k}$ **Canth.**$_{bg2,k,*}$ **Caps.**$_{hr1,k}$ chlol.$_{hr1,k}$ clem.$_{k2}$ *Colch.*$_{hr1,k}$ con. cop. *Cub.*$_{a1,k}$ cur. dig.$_{hr1,k}$ ery-a.$_{hr1,k}$ fl-ac.$_{hr1,k}$ hep. jac-c.$_{c2,hr1}$ kali-br.$_{hr1,k,*}$ **Kali-chl.**$_{hr1,k}$ kali-i. kali-m.$_{k2}$ *Merc.*$_{hr1,k}$ merc-c. *Mygal.*$_{hr1,k,*}$ nat-c. *Nit-ac.*$_{hr1,k}$ *Nux-v.* *Petros.*$_{hr1,k}$ phos. pip-n. **Puls.**$_{hr1,k}$ sabad. sep. sin-n.$_{c2}$ still.$_{hr1}$ stram.$_{c2}$ **Ter.**$_{hr1,k,*}$ *Thuj.*$_{hr1,k}$ *Zing.*
 ☞ ❑ *Männliche Genitalien - Erektionen - anhaltend - schmerzhaft*
– **Brennen** in der Harnröhre, mit: calc-p.
– **Empfindlichkeit** der Harnröhre; mit extremer: *Caps.*

Drängen in der Harnröhre: nat-c.$_{h}$ ph-ac.$_{h}$

Empfindlichkeit: chin.$_{h,kl}$

Empfindung:
– **eng**, wie zu
 ☞ *Eng*
– **fehlt** beim Urinieren: ail. alum.$_{pd}$ *Apis* apoc. **Arg-n.**$_{bg2,k}$ **Caust.**$_{bg2,k}$ cedr. chlol. *Cupr.* grat. hell. kali-br.$_{hr1,k}$ **Mag-m.**$_{bg2,k,*}$ mag-s. merc. nux-v. *Sars.*
 ☞ *Gefühllosigkeit*
– **fließen**; Urin würde
 ☞ *Urin - fließen*

Eng; Gefühl wie: *Arg-n.* bry. dig. graph. stram.
 ☞ *Schwellung*

Entzündung: *Acon.* apis$_{c2}$ **Arg-n.** *Ars.* *Aur.* aur-ar.$_{k2}$ bov. *Cact.* **Cann-s.** **Canth.** caps. caust.$_{c2}$ *Chim.* *Cop.*$_{c2,k}$ *Cub.* cycl.$_{c2}$ dig.$_{br1,c1}$ dor.$_{bro1,c1,*}$ ferr-p.$_{k2}$ gran. *Hep.* kali-bi.$_{c2}$ *Kali-i.* lith-c.$_{c2}$ lyc.$_{k2}$ *Merc-c.* nit-ac.$_{k2}$ *Nux-v.* pareir. *Petr.*$_{c2,k}$ *Petros.* pip-m.$_{c2}$ rham-f.$_{c2}$ *Sabin.* *Sulph.* tab. **Ter.** teucr. *Thuj.*
– **brennendem**, schießendem Schmerz und vermehrter Gonorrhoe; mit: *Arg-n.* cann-s.
– **Schleim**, besonders bei Frauen; mit viel: cub.$_{br1}$
○ **Meatus**: alum. bov. *Calc.* calc-p. cann-i. **Cann-s.** canth. *Cop.* erig. eup-pur. *Hep.* jac-c. kali-bi. led. med. nat-m. *Nit-ac.* pareir. ph-ac. rhus-t. **Sulph.** tab. thuj.

Exkoriation des Meatus: stann.$_{h,kl}$

Feuchtigkeit am Meatus: nat-m. phos.
– **gelb**, färbend: phos.
– **klebrig**: dig.
– **lange** bestehen; bleibt: agar.$_{k2}$ petr.$_{k2}$

Gefühllosigkeit, Taubheit: apoc. **Caust.** *Cedr.* kali-br. **Mag-m.** nux-v. sars.
 ☞ *Empfindung - fehlt*
– **unangenehmes** Gefühl: *Cedr.*$_{a1,k}$

Geschwüre: alumn.$_{k2}$ arg-n.$_{a1,bg2}$ canth.$_{bg2,k,*}$ hep.$_{k2}$ kali-bi.$_{bg2}$ merc.$_{bg2}$ **Nit-ac.**$_{hr1,k,*}$ sulph.$_{bg2}$ thuj.$_{bg2}$
– **Schanker**: *Arg-n.*$_{hr1,k}$ **Nit-ac.**$_{hr1,k}$
 ☞ ❑ *Allgemeines - Schanker*
○ **Meatus**: abrot. eucal.$_{hr1,k}$ lac-c.$_{hr1,k}$ **Merc-c.** **Nit-ac.**$_{hr1,k}$
 • **Stechen**, mit: **Nit-ac.**$_{a1,k}$
 • **zurückgehalten**; mit Gefühl, als würde der Urin: canth.

Gonorrhoe (= Tripper):
– **akute** Gonorrhoe
 ☞ *Absonderung - gonorrhoisch*
– **chronische** Gonorrhoe
 ☞ *Absonderung - dünn, schleimig*
– **unterdrückte** Gonorrhoe
 ☞ ❑ *Allgemeines - Gonorrhoe*

Hart:
 ☞ *Verhärtung*
– **Knoten**; harter: alum. bov.
– **Körper**; wie ein runder harter: cann-i.$_{c1}$

Härte: *Arg-n.*$_{a1,k}$ *Clem.* *Hyper.* nit-ac.$_{k2}$
 ☞ *Verhärtung*
○ **Meatus**, des: cann-s.$_{a1,k}$

Hautausschläge:
– **Bläschen**:
 • **Geschwüren**; werden zu: *Nit-ac.*
 ○ **Meatus**: stann.

Hitze: all-c.$_{hr1,k,*}$ alum.$_{h,k,*}$ aur-m.$_{hr1,k,*}$ cact.$_{a1,k}$ canth.$_{bg2,k,*}$ cass.$_{a1}$ ferr-p.$_{k2}$ kali-bi.$_{hr1,k}$ merc. ph-ac.$_{bg2}$ rhus-t.$_{a1,k}$ *Ros-ca.*$_{c1}$ sulph.$_{a1,k}$
– **Samenabgang**, beim: tarent.$_{a1,k}$
– **wollüstig**: canth.$_{a1,k}$

Jucken: *Agar.*$_{bg1,k2,*}$ alum.$_{bg2,k,*}$ ambr.$_{bg2,k}$ anac.$_{bg2,k,*}$ anag.$_{hr1}$ ang. ant-t. apis arg-n.$_{a1,k}$ arn.$_{bg2,k,*}$ aur-m.$_{hr1,k,*}$ bell.$_{bg2,k,*}$ *Berb.*$_{a1,k}$ bov.$_{bg2,k,*}$ bry.$_{bg2}$ *Cann-s.*$_{bg2,k,*}$ canth.$_{bg2,k,*}$

Jucken: ...
carbn-s. caust.$_{bg2,k}$ *Chim.* chin.$_{bg2,k,*}$ clem.$_{bg2,k,*}$ coc-c.$_{a1,k}$ cocc.$_{bg2,k,*}$ colch.$_{hr1}$ coloc.$_{a1,bg2}$ con.$_{h,k,*}$ cop.$_{hr1,k,*}$ cub. euph.$_{bg2}$ *Ferr.*$_{bg2,k,*}$ ferr-i.$_{a1,k}$ fl-ac.$_{bg2}$ gins.$_{a1,k}$ graph.$_{bg2,k,*}$ hydr.$_{a1,k}$ ign.$_{bg2,k,*}$ indg.$_{hr1,k,*}$ kali-c.$_{bg2,k,*}$ kali-chl.$_{hr1,k,*}$ kali-m.$_{k2}$ kiss.$_{a1}$ laur.$_{a1,k}$ *Led.*$_{hr1,k}$ linu-c.$_{a1}$ lith-c. *Lyc.*$_{bg2,k,*}$ lyss.$_{a1,k}$ merc.$_{bg2,k,*}$ *Merc-c.*$_{bg2,k,*}$ *Mez.*$_{h,k,*}$ *Nat-m.*$_{bg2,k,*}$ *Nit-ac.* *Nux-v.*$_{bg2,k,*}$ ol-an.$_{bg2,k,*}$ pareir.$_{hr1,k}$ *Petr.*$_{bg2,k,*}$ *Petros.*$_{hr1,k,*}$ ptel.$_{c1}$ samb.$_{a1,bg2}$ sars.$_{bg2}$ sel.$_{a1,k}$ sep.$_{bg2,k,*}$ *Sul-i.*$_{a1,k}$ **Sulph.**$_{bg2,k,*}$ tab.$_{bg2,k,*}$ *Thuj.*$_{bg2,k,*}$ vesp.$_{bg1}$ zinc.$_{bg2,k,*}$
– **morgens**: arg-n.$_{a1,k}$
– **nachmittags**: ferr.$_{a1,k}$
– **abends**: hydr.$_{a1,k}$ mez.$_{h,kl}$ sulph.$_{a1,k}$
– **Eiter**; vor Absonderung von: con.
– **Erektionen**, während: nux-v. *Sel.*$_{a1,k}$
– **Gonorrhoe**, bei: *Agar.*$_{vh}$ **Merc-c.** *Nat-m.* *Petr.* **Petros.**
  • **folgend**, auf Gonorrhoe: *Nit-ac.*
– **Harndrang**, mit: coloc.$_{hr1,k}$ petros.$_{hr1}$
– **schleimiger**, dünner Absonderung nach Gonorrhoe; mit: agar.$_{k2}$ *Nat-m.* *Nit-ac.* *Nux-v.* **Petr.**
– **Urinieren**:
  • **vor**: cop.$_{a1,k}$ ferr.$_{a1,k}$ nux-v. tab.$_{a1,k}$
  • **beim**: agar. *Ambr.*$_{hr1,k}$ arg-n.$_{a1,k}$ cop. graph.$_{a1,k}$ *Lyc.*$_{hr1,k}$ *Mez.*$_{hr1,k,*}$ nat-m. *Nux-v.*$_{hr1,k,*}$ ol-an.$_{a1,k}$ pareir.$_{hr1,k}$ petr.$_{a1,k}$ rheum sars. tab. thuj.$_{a1,k}$
  • **nach**: arg-n. arund.$_{hr1,k,*}$ canth.$_{a1,k}$ carb-an.$_{h,kl}$ clem.$_{a1,k}$ colch.$_{hr1,k}$ cop.$_{a1,k}$ lyc.$_{hr1,k}$ lyss.$_{a1,k}$ nux-v. petr. tab.$_{a1,k}$ *Thuj.*$_{a1,k}$
– **wollüstig**: alum.$_{a1,k}$ *Ambr.* arg-n. carb-an.$_{h,kl}$ colch. *Thuj.*
▽ **erstreckt** sich zur Blase: ferr.$_{br1}$
○ **Fossa** navicularis: agar.$_{a1,k}$ cic.$_{a1,k}$ *Clem.*$_{a1,k}$ cocc.$_{hr1,k}$ colch.$_{hr1,k,*}$ cub.$_{hr1,k}$ ferr.$_{a1,k}$ gins.$_{a1,k}$ **Petros.**$_{hr1,k,*}$ *Thuj.* vichy-g.$_{a1}$
  • **Schießen** am Abend; und: sulph.
  • **Urinieren**, nach dem: *Colch.*$_{hr1,k}$
  • **wollüstig**: *Petros.*$_{hr1,k}$ *Thuj.*
– **Meatus**: agar.$_{bg2,k,*}$ alumn.$_{hr1,k,*}$ arum-t.$_{hr1,k}$ brom.$_{a1,k}$ cann-i.$_{h,k}$ cann-s.$_{bg2}$ canth.$_{bg2,k,*}$ **Caust.**$_{bg2,k,*}$ chel.$_{bg2,k,*}$ *Chim.*$_{hr1}$ cic. *Clem.*$_{bg2,k,*}$ **Coc-c.**$_{hr1,k,*}$ colch.$_{hr1,k}$ coloc.$_{bg2,k,*}$ conv.$_{br1}$ cop.$_{a1,k}$ cupr-act.$_{c1}$ equis-h.$_{c1}$ gins. hydr.$_{a1,k}$ iod.$_{h,kl}$ kali-c.$_{bg2,k,*}$ kali-m.$_{hr1,k}$ kali-n.$_{a1}$ kreos.$_{bg2}$ lach. led. merc-c.$_{bg2,k,*}$ *Nat-m.*$_{bg2,k,*}$ petr. *Petros.*$_{bg2}$ plan.$_{bg2,k,*}$ ran-s. samb.$_{bg2,h,*}$ *Sulph.*$_{bg2,k,*}$ syph.$_{hr1,k}$ verat.$_{bg2}$ vichy-g.$_{a1}$
  • **abends**: alumn.$_{a1,k}$ hydr.$_{a1,k}$ nat-m.$_{a1,h}$
  • **Berührung**, bei: jac-c.$_{a1}$ jac-g.
  • **Frauen**, bei: conv.$_{br1}$
  • **Gehen**, beim: nat-m.$_{a1}$ nat-n.
  • **Koitus**, nach: nat-p.$_{a1,k}$
  • **Stuhlgang**; nach: nat-p.$_{k2}$
  • **Urinieren**:
    • **Harndrang**:
      • **vor**: nat-m.$_{h}$
      • **während**: anthraco. petr.
      • **nach**: clem. *Merc.* plan. verat.
      • **ständiger** Harndrang: brom.

Jucken - Meatus - Urinieren - Harndrang: ...
      • **wie** Harndrang: chel.
  • **wollüstig**: chlf.$_{a1}$ chlol. gins.$_{a1,k}$ led.
– **vorderer** Teil: *Arn.*$_{a1,k}$ *Cann-s.*$_{a1,k}$ cocc.$_{a1,k}$ ferr-i.$_{a1,k}$ *Ign.*$_{hr1,k,*}$ *Laur.*$_{hr1,k,*}$ lob. merc-c.$_{a1,k}$ nux-v. *Thuj.*$_{a1,k}$
  • **uriniert**; wenn er nicht: arn. euph. *Sulph.*
– **weibliche** Harnröhre: petr. *Sep.* thuj.

Kälte: clem.$_{a1,k}$
– **schmerzhaften** Stichen, bei: *Sulph.*$_{a1,k}$

Karbunkel: nit-ac.$_{k2}$

Karunkel: cann-s.$_{c2}$ *Eucal.*$_{c2}$
○ **Gefäße**, blutend, geschwollen; der: cann-s.$_{hr1}$ *Eucal.*$_{hr1}$ eup-pur.$_{hr1}$ teucr.$_{hr1}$ thuj.$_{hr1}$

Kitzeln
☞ *Jucken*

Knorpelige Verhärtung
☞ *Verhärtung - knorpelig*

Knoten, harter
☞ *Hart - Knoten / Härte*

Knotens; Gefühl eines: alumn. *Arg-n.*$_{a1,k}$ bov. cann-s.

Krampf: arg-n.$_{bg2}$ canth.$_{bg2}$ carb-an.$_{bg2}$ chel.$_{bg2,k,*}$ chin.$_{bg2}$ nit-ac. phos.$_{bg2,k,*}$

Kribbeln: agar.$_{bg2,k}$ ambr.$_{h,kl}$ berb.$_{a1,k}$ canth.$_{a1,bg2}$ chin.$_{bg2,k,*}$ colch.$_{a1,bg2}$ ferr-i.$_{hr1,k}$ ign.$_{bg2,k,*}$ junc-e. *Lyc.*$_{a1,k}$ merl.$_{a1,k}$ mez.$_{bg2,k,*}$ *Petros.*$_{hr1,k}$ *Ph-ac.*$_{h,k,*}$ *Puls.*$_{bg1,bg2}$ ran-s.$_{a1,k}$ staph.$_{a1,bg2}$ tarent. thuj.$_{bg2,k}$ tus-p.$_{a1,k}$
– **stechend**: *Mez.*$_{a1,k}$
– **Urinieren**:
  • **beim**: ign.$_{a1,k}$ petros. ph-ac.
  • **nach**: canth. colch.$_{a1}$ *Lyc.*
  • **nicht** uriniert; wenn er: ph-ac.$_{h,k,*}$
○ **Fossa** navicularis: **Petros.**
– **Meatus**: agar.$_{bg2,k,*}$ puls.$_{a1,k}$ ran-s.$_{a1,k}$ staph.$_{a1,k}$

Kugel hindurch rollen; Gefühl, als würde eine: lach.
☞ *Stein / Tropfens - rollen*

Luft strömt beim Urinieren durch die weibliche Harnröhre: sars.$_{hr1,k}$

Nachtripper
☞ *Absonderung - dünn, schleimig*

Nagen, wenn er nicht uriniert: bov.

Prickeln: agar.$_{k2}$ apoc.$_{a1,k}$ *Clem.* cupr-ar.$_{hr1,k}$ *Petros.*$_{hr1,k}$ sep.$_{a1,k}$ staph.
– **Sitzen**, beim: staph.
– **Urinieren**:
  • **beim**: petros.
  • **nach** dem Urinieren in Meatus und Harnröhre: clem.$_{bro1}$ thuj.$_{bro1}$
○ **Frenulum**, am stärksten am: *Clem.*
– **Meatus**: agar. anag. cann-i. clem. coc-c. plan.$_{a1,k}$ sep.$_{a1,k}$ staph.

Pulsieren: ben. brom.$_{a1,k}$ canth.$_{bg2,k}$ chin. cop.$_{bg2,k}$ dulc.$_{bg2,k,*}$ merc.$_{bg2,k,*}$ **Merc-c.** petr. thuj.$_{bg2}$

○ **Fossa** navicularis, stechend und pochend: thuj.

Reizung: bell.$_{a1,k}$ cact.$_{hr1,k,*}$ chim.$_{hr1,k}$ *Clem.*$_{hr1,k}$ cub.$_{a1,k}$ *Ham.*$_{hr1}$ helon.$_{a1,k}$ hydrc.$_{a1,k}$ kali-br.$_{hr1}$ *Lil-t.*$_{a1,k}$ mit.$_{a1}$ onos.$_{c2}$ pop.$_{a1,k}$ pyrus **Staph.**$_{hr1,k}$ still.$_{hr1}$ stram.$_{a1,k}$

– **Kindern**, bei: dor.$_{bro1}$

○ **Meatus**: kali-bi. sulph.$_{h,kl}$

Risse im Meatus: *Nat-c.* *Nit-ac.* ph-ac. phos. thuj.

Roheitsgefühl: ph-ac.$_{h,kl}$

Rote Farbe:

– **Flecken**, in: bry.

○ **Meatus**: *Cact.* cann-s. cinnb. cub. cupr-ar. *Gels.* *Hep.* *Led.* nit-ac. petr. *Sulph.* thuj.

Rucken: *Alum.* ambr. cann-i. *Cann-s.* *Lyc.*$_{hr1,k}$ nat-c.$_{a1,k}$ nat-m. nux-v.$_{a1,k}$ *Petr.*$_{a1,k}$ *Phos.* pic-ac. *Sars.*$_{hr1,k}$ *Thuj.*$_{hr1,k,*}$

– **Stehen**, im: cann-s.

– **Urinieren**, nach dem: *Lyc.*$_{hr1,k}$

– **wollüstigem** Ameisenlaufen in der Fossa navicularis; mit: *Thuj.*$_{hr1,k,*}$

Schanker

☞ *Geschwüre - Schanker*

Schleim verstopft; mit geronnenem

☞ *Verstopft*

Schmerz: *Agar.* agn. aran.$_{hr1}$ *Arg-n.*$_{hr1,k,*}$ asc-t.$_{a1,k}$ bry.$_{a1,k}$ calc.$_{bg2,hr1,*}$ calc-p.$_{k2}$ cann-i.$_{hr1,k}$ cann-s.$_{bg2,k,*}$ *Canth.*$_{bg2,k,*}$ caps.$_{bg2,k,*}$ *Card-m.*$_{hr1,k}$ caust.$_{bg2,hr1,*}$ chel.$_{a1,k}$ clem.$_{bg2}$ con.$_{bg2,h,*}$ *Ferr-i.*$_{a1,k}$ kali-bi.$_{bg2}$ lith-c. lyc.$_{a1,k}$ *Med.* nit-ac.$_{bg2}$ ox-ac.$_{k2}$ phos.$_{bg2,k,*}$ plb.$_{bg2}$ *Prun.*$_{hr1,k,*}$ *Puls.*$_{hr1,k,*}$ sabin.$_{bg2,k,*}$ seneg. still.$_{hr1,k,*}$ *Sulph.*$_{hr1,k,*}$ tarent.$_{k2}$ *Thuj.*

– **tagsüber**: still.$_{a1,k}$

– **abends**: caust.$_{a1,k}$ seneg.

– **anfallsweise**: eup-pur. kali-c. op. prun.

– **Berührung**, bei: caps.$_{h,kl}$ clem.$_{h,hr1,*}$ nit-ac.$_{h,kl}$

– **Druck** agg.: *Clem.*$_{hr1,k2}$

– **Ejakulation**, durch: cob. pip-m. sars.

• **morgens**, beim Erwachen: carb-an.

– **Erektionen**:

• **während**: nit-ac.$_{a1,k}$

• **nach**: cann-s.$_{a1,k}$

– **Erwachen**, beim: carb-an. *Card-m.* sars.$_{a1,k}$

– **Menopause**; während der: *Berb.*$_{vh}$

– **Naßwerden**, nach: calc.$_{hr1,k,*}$

– **Stehen**, im: cob.$_{a1,k}$

– **Stuhlgang**, vor: sulph.

– **Urinieren**:

• **beim**: *Aesc.* aran. bar-m. *Berb.* bov.$_{a1,k}$ cain.$_{br1}$ *Calad.* *Cann-i.*$_{a1,k}$ *Cann-s.* **Canth.**$_{hr1,k,*}$ **Caust.**$_{hr1,k,*}$ chel. *Cinnb.* colch. *Con.*$_{h,k,*}$ *Dor.* elaps ferr-i.$_{a1,k}$ hep. lyc. med.$_{hr1,k}$ merc.$_{k2}$ *Op.* phos. plat-m.$_{a1,k}$ prun.$_{hr1,k}$ sabad. senec. seneg. still.$_{a1,k}$ til.$_{a1,k}$ zinc. zing.$_{hr1,k}$

Schmerz - Urinieren - beim: ...

• **Stuhldrang**, mit: aloe alum. aphis canth. cycl. dig. **Nux-v.** prun. staph. sumb.

• **nach**: agn. borx.$_{h,k2}$ bov. brach.$_{a1,k}$ caust.$_{a1,k}$ hydrog.$_{srj2}$ *Nux-m.* nux-v. **Puls.**$_{a1,k}$ sphing.$_{a1}$ stann. sulph.

• **Ende** des Urinierens; zu: cann-s.$_{k2}$ canth. carb-v. equis-h.$_{bro1}$ hydrog.$_{srj2}$ lyc. **Nat-c.** ph-ac. phys. pic-ac. **Sars.** spig.$_{k,kk3}$ sulph.

• **Harndrang**, mit: *Agar.* cocc. con. hyper.

• **nicht** uriniert; wenn er: **Benz-ac.** *Berb.* bry. cedr. cocc. nux-v.

– **Zahnung** bei Kindern; während der: erig.$_{hm}$

▽ **erstreckt** sich zu:

• **hinten**; die Harnröhre entlang nach: arg-n.$_{bg1}$ berb.$_{bg1}$ canth.$_{bg1}$ caps.$_{bg1}$ fl-ac.$_{bg1}$ merc-c.$_{bg1}$ nux-v.$_{bg1}$ phos.$_{bg1}$ plan.$_{bg1}$ psor.$_{bg1}$ sumb.$_{bg1}$ thuj.$_{bg1}$ zinc.$_{bg1}$

• **unten**; die Harnröhre entlang nach: lyc.$_{bg1}$ merc.$_{bg1}$ phos.$_{bg1}$ sulph.$_{bg1}$

○ **Fossa** navicularis, vor dem Urinieren: bar-c.

– **Meatus**: *Borx.* *Cann-s.*$_{hr1,k,*}$ **Canth.**$_{bg2,k,*}$ chel. clem.$_{a1,k}$ cop.$_{a1,k}$ nux-v. puls-n. rhod.$_{a1,k}$ *Sars.*$_{hr1,k}$ zing.$_{a1,k}$

• **Frauen**, bei: *Lac-c.* *Sars.*

• **Urinieren**, nach: *Borx.* *Lac-c.* *Sars.*

▽ **erstreckt** sich nach hinten: **Cann-s.**$_{hr1,k}$ thuj.$_{bg1}$

– **vorderer** Teil: *Mez.*$_{vh}$

• **Urinieren**:

• **beim**: nux-v.$_{a1,k}$ phos.$_{a1,k}$ rhus-t.$_{a1,k}$

• **nach**: ran-s.$_{a1,k}$ rhus-t.$_{a1,k}$

• **nicht** uriniert; wenn er: berb. bry.

– **beißend**: alum.$_{h,k,*}$ ambr.$_{bg2}$ apis$_{c1}$ arn.$_{bg2}$ ars.$_{a1,k}$ berb.$_{bg2,k}$ camph.$_{bg2}$ cann-s.$_{a1,bg2}$ canth.$_{a1,bg2}$ caps.$_{bg2,k}$ carb-v.$_{bg2}$ cham.$_{a1,bg2}$ chin.$_{bg2}$ *Clem.*$_{bg2,k,*}$ *Graph.*$_{bg2,k,*}$ guaj. ign.$_{bg2}$ ip.$_{bg2,k,*}$ kali-c.$_{a1,bg2}$ kali-n.$_{a1,bg2}$ merc.$_{a1,bg2}$ mur-ac.$_{bg2}$ nat-m.$_{a1,bg2}$ prun.$_{hr1,k}$ rhus-t.$_{bg2,k,*}$ sabin.$_{bg2}$ sel.$_{bg2,hr1,*}$ sep.$_{bg2,h}$ staph.$_{bg2}$ teucr.$_{bg2,k,*}$ thuj.$_{bg2,k}$ zinc.$_{a1,bg2}$ zinc-act.

☞ *brennend*

• **morgens**: rhus-t.$_{a1,k}$

• **Erwachen**, beim: alum.$_{h,kl}$ sep.$_{h,kl}$

• **abends**, brennend: chin.$_{a1,k}$

• **juckend** vor dem Urinieren; und: cop. tab.

• **Urinieren**:

• **beim**: act-sp. *Canth.*$_{a1,k}$ carb-v. cham.$_{hr1,k,*}$ chin.$_{h,kl}$ clem. *Equis-h.* *Graph.*$_{hr1,k,*}$ ign. kali-c.$_{h,kl}$ kali-n.$_{a1,k}$ lyc. mag-c. *Merc.*$_{a1,k}$ **Merc-c.** nat-m.$_{a1,k}$ nit-ac. phos. rhus-t.$_{a1,k}$ sep. thuj.

• **nach**: borx. *Caps.*$_{hr1,k}$ *Chinin-s.* *Clem.*$_{hr1,k}$ con.$_{h,k,*}$ cop.$_{a1,k}$ *Equis-h.* kali-c.$_{h,kl}$ petros.$_{hr1,k,*}$ rhus-t.$_{a1,k}$

• **herausdrängen** würde; als ob ein Tropfen mit Gewalt: sel.

▽ **erstreckt** sich nach hinten: phos.

• **uriniert**; wenn er nicht: cann-s.$_{a1,k}$ teucr.$_{a1,k}$ zinc.$_{a1,k}$

○ **Fossa** navicularis: **Petros.**$_{hr1,k,*}$

• **hinterer** Teil: *Camph.*$_{hr1,k,*}$ *Petros.*$_{hr1,k}$

• **Meatus**: merc-c.$_{a1,bg2}$ mur-ac.$_{a1,bg2}$ sep.$_{h,kl}$ staph.$_{h,kl}$

 • **morgens**: kali-c.$_{a1,k}$ petros.

  • **Erwachen**, beim: alum.

 • **abends**: coc-c.$_{a1,k}$ kali-c. petros.

 • **Urinieren**:

  • **beim**: borx. **Cann-s.**$_{a1,k}$ echi. merc-c.$_{a1,k}$

  • **nach**: kali-c.$_{a1,k}$ zinc.$_{hr1,k,*}$

   • **stechend**, durchbohrend: mur-ac.$_{a1,k}$

• **vorderer** Teil: *Petros.* rhus-t.$_{a1,k}$ sep.$_{h,kl}$ zinc.$_{hr1,k,*}$

 • **Ruhe** agg., Gehen amel.: rhus-t.$_{a1,k}$

– **brennend**: acon.$_{a1,k}$ aesc.$_{a1,k}$ agar.$_{a1,k}$ agn.$_{hr1,k}$ *All-c.*$_{hr1,k,*}$ all-s.$_{a1,k}$ aloe alum.$_{bg2,k,*}$ am-c. ambr.$_{bg2,k,*}$ ammc.$_{hr1,k}$ *Ant-c.*$_{bg2,k,*}$ *Ant-t.*$_{a1,k}$ *Apis* *Arg-n.*$_{a1,k}$ **Ars.**$_{bg2,k,*}$ ars-s-f.$_{k2}$ asar. aspar.$_{hr1,k,*}$ aur.$_{a1,k}$ aur-ar.$_{k2}$ aur-m.$_{hr1,k}$ bamb-a.$_{stb2}$ bar-c.$_{bg2}$ bell.$_{a1,k}$ benz-ac. **Berb.**$_{hr1,k,*}$ borx. bov.$_{hr1,k,*}$ brom. *Bry.*$_{bg2,k,*}$ cact. calad.$_{a1,k}$ *Calc.*$_{bg2,k,*}$ calc-f.$_{hr1,k,*}$ calc-s. **Camph.**$_{a1,k}$ cann-i.$_{a1,k}$ **Cann-s.**$_{bg2,k,*}$ **Canth.**$_{bg2,k,*}$ *Caps.*$_{bg2,k}$ carb-an.$_{hr1,k}$ carb-v. carbn-s. *Card-m.*$_{hr1,k}$ *Carl.*$_{a1,k}$ *Caust.*$_{bg2,k,*}$ cedr.$_{hr1,k,*}$ cham.$_{bg2,k,*}$ chel.$_{bg2,k,*}$ chim.$_{hr1,k}$ *Chin.*$_{bg2,k}$ chinin-s. cimic. cinnb. clem.$_{bg2,k,*}$ cob.$_{hr1,k}$ coc-c.$_{a1,k}$ *Colch.*$_{bg2,k,*}$ coloc.$_{hr1,k}$ con.$_{h,k,*}$ *Cop.*$_{h,k,*}$ crot-t. cub.$_{c1}$ cupr.$_{bg2,k}$ cupr-ar.$_{hr1}$ der.$_{a1,k}$ dig.$_{br1}$ *Ery-a.*$_{a1,k}$ eup-pur.$_{hr1,k,*}$ ferr-ar. ferr-i.$_{hr1,k,*}$ *Fl-ac.*$_{a1,k}$ gins.$_{a1,k}$ graph.$_{hr1,k}$ hep.$_{hr1,k}$ hipp. *Hyper.*$_{hr1}$ ign.$_{bg2,k,*}$ ip.$_{bg2,k}$ jab.$_{a1,k}$ kali-ar. kali-bi.$_{bg2,hr1,*}$ kali-c.$_{bg2,k}$ *Kali-i.*$_{hr1,k,*}$ kali-n. kali-p. kreos.$_{bg2}$ lac-c.$_{hr1,k}$ laur.$_{bg2,k,*}$ lil-t.$_{hr1,k,*}$ *Lith-c.* *Lyc.*$_{bg2,k,*}$ lyss.$_{hr1,k,*}$ mag-m.$_{a1,k}$ manc.$_{hr1,k,*}$ **Merc.**$_{bg2,k,*}$ **Merc-c.**$_{bg2,k,*}$ merl.$_{a1,k}$ mosch.$_{hr1,k,*}$ *Nat-c.*$_{bg2,k,*}$ nat-m.$_{bg2,k}$ nat-p. *Nit-ac.*$_{bg2,k,*}$ **Nux-v.**$_{bg2,k,*}$ op.$_{a1,k}$ ox-ac.$_{a1,k}$ par.$_{bg2,k,*}$ *Petr.*$_{bg2,k,*}$ *Ph-ac.*$_{h,k,*}$ *Phos.*$_{bg2,k,*}$ polyg-h. **Prun.**$_{hr1,k}$ ptel.$_{hr1,k,*}$ *Puls.*$_{bg2,k,*}$ pulx.$_{br1}$ *Rhod.* rhus-t.$_{hr1,k}$ *Rhus-v.*$_{hr1,k,*}$ sabad.$_{a1,bg2}$ sabin.$_{a1,k}$ *Sars.*$_{bg2,k}$ senec.$_{hr1,k,*}$ seneg.$_{a1,bg2}$ *Sep.*$_{bg2,k,*}$ **Sil.**$_{bg2,k,*}$ stann.$_{a1,k}$ *Staph.*$_{bg2,k}$ still.$_{hr1,k}$ stry.$_{a1,k}$ **Sulph.**$_{bg2,k,*}$ *Tarent.*$_{a1,k}$ *Ter.*$_{hr1,k,*}$ teucr. **Thuj.**$_{bg2,k,*}$ uran-met. zinc. zinc-p.$_{k2}$

☞ *beißend*

• **morgens**:

 • **Erektionen**, nach: *Nat-m.*

 • **Gehen**, nach Samenabgang; beim: carb-an.

 • **Urinieren**:

  • **beim**: anag.$_{a1,k}$ con. *Fl-ac.*$_{a1,k}$ ign.$_{a1,k}$ seneg.$_{a1,k}$ teucr.$_{a1,k}$ thuj.

  • **nach**: con.$_{h}$ *Fl-ac.*$_{a1}$ thuj.$_{a1}$

• **abends**: chin. lyc.$_{a1,k}$ nat-c.$_{a1,k}$ ox-ac. petr.$_{a1,k}$ phos.$_{a1,k}$ sulph.$_{a1,k}$

 • **scharfen** Urins abgehen; als würde ein Tropfen: ox-ac.

• **nachts**: berb. canth.$_{a1,k}$ caust.$_{hr1,k,*}$ cinnb. *Merc.*

• **Aufstehen**, nach dem: thuj.$_{a1,k}$

• **Berührung**, bei: berb. borx. merc.$_{a1,k}$

• **Bewegung** agg.: alum.$_{h}$

• **Ejakulation**:

 • **während**: *Agar.* *Ant-c.* arg-n. *Berb.* borx. *Calc.* *Canth.* clem. *Kreos.* merc. nat-m. *Nit-ac.* sars. sep. sul-ac. **Sulph.** tarent.$_{bg1}$ thuj.

– **brennend - Ejakulation**: ...

 • **nach**: carb-an. carb-v. caust. cob. dig. merc. sep. sulph. thuj.

  • **Striktur**, während des Koitus; bei: *Clem.*

• **Erektionen**:

 • **während**: anag. cain. calc-p. *Canth.* carbn-s. ferr-i. mag-m. mosch. nat-m. *Nit-ac.*

 • **hört** während des Koitus auf: anag.

• **Flatus**, Abgang von: mang.$_{ptk1}$

• **Gehen**, beim: stry.$_{a1,k}$

• **Harnstrahl** unterbrochen wird; wenn der: clem.

• **immer**

☞ *ständig*

• **Klimakterium**, im: berb.$_{hr1,k1}$

• **Koitus**:

 • **während**: agar. ant-c. calc. *Canth.*$_{a1,k}$ clem.$_{ptk1}$ kreos. merc.$_{a1,k}$ sulph. thuj.

 • **nach**: berb.$_{a1,k}$ *Canth.*$_{a1,k}$ nat-p. *Sep.*$_{hr1,k}$ sul-ac.$_{a1,k}$ **Sulph.**

  • **Urinieren**, beim: *Caust.*

• **Körperübungen**, bei: alum.$_{h,k,*}$

• **Menses**:

 • **während**: *Nat-m.*$_{hr1,k}$

 • **vor**

☞ ❑ *Urin - Brennend - Menses - vor*

• **Samenerguß**

☞ *Ejakulation - während*

• **schießend** und mit vermehrter Gonorrhoe: arg-n. cann-s.

• **Schnupfen**, beim Urinieren; bei: ran-s.$_{ptk1}$

• **Sitzen**, im: *Card-m.* par.$_{hr1,k,*}$

• **ständig**, zu allen Zeiten: ars-s-f.$_{k2}$ calad. canth.

• **Stuhlgang**:

 • **während**: carbn-s.$_{k2}$ *Coloc.*$_{hr1,k}$ ol-j.$_{a1}$

 • **nach**: *Nat-c.*$_{hr1,k,*}$

• **Urin** abgehen; als würden Tropfen von: ambr. ox-ac.

• **Urinieren**:

 • **amel.**: berb. bry. coc-c.$_{a1,k}$ *Merc.*$_{ptk1}$ sep.$_{h}$ spig.$_{h}$ staph.$_{ptk1}$

 • **vor**: alum. *Apis* aspar.$_{a1,k}$ *Berb.* **Borx.** *Bry.*$_{a1,k}$ *Calc.* **Cann-i.**$_{hr1,k,*}$ **Canth.** caps.$_{ptk1}$ chel.$_{a1,k}$ coc-c. colch. cop. dig. ery-a.$_{a1,k}$ fl-ac. *Merc.* *Merc-c.*$_{a1,k}$ *Nat-c.* *Nit-ac.* *Nux-v.* ph-ac. phos. *Prun.* *Puls.*$_{hr1,k}$ rhod.$_{a1,k}$ senec.$_{a1,hr1}$ seneg.$_{h,k}$ *Sulph.* zinc.$_{hr1,k,*}$

 • **Beginn** des Urinierens; zu: apis ars.$_{h,k}$ *Cann-s.*$_{hr1,k,*}$ *Clem.* **Merc.**$_{hr1,k,*}$ nat-ar. plb.$_{a1}$ *Prun.*$_{a1,k}$ teucr.

  • **morgens**: ars.$_{h,kl}$

 • **beim**: *Acon.*$_{hr1,k,*}$ *Aesc.*$_{hr1,k,*}$ *Agar.*$_{a1,k}$ aloe alum.$_{hr1,k}$ alum-p.$_{k2}$ alum-sil.$_{k2}$ *Ambr.*$_{hr1,k}$ anag.$_{hr1,k,*}$ *Ant-c.*$_{hr1,k,*}$ *Ant-t.*$_{a1}$ anth.$_{a1,k}$ aphis apis apoc.$_{a1,k}$ **Arg-n.**$_{a1,k}$ ars.$_{hr1,k,*}$ ars-s-f.$_{k2}$ arum-d.$_{a1,hr1}$ asc-c.$_{hr1,k}$ aur-m.$_{a1,k}$ aur-s.$_{k2}$ bamb-a.$_{stb2}$ *Bapt.*$_{a1,k}$ *Bar-c.*$_{hr1,k,*}$ bart.$_{a1}$ **Bell.** benz-ac. *Berb.*$_{hr1,k,*}$ bov.$_{a1,k}$ *Bry.* cact. cain.$_{br1}$ calad.$_{hr1,k}$ **Calc.**$_{a1,k}$ calc-f.$_{hr1,k}$ *Calc-p.*$_{hr1,k,*}$ calc-s. calc-sil.$_{k2}$ **Camph.**$_{a1,k}$ **Cann-i.**$_{hr1,k,*}$ **Cann-s.**$_{a1,k}$ **Canth.**$_{a1,k}$ *Caps.*$_{hr1,k}$ *Carb-an.*$_{hr1,k,*}$ *Carb-v.*$_{a1,k}$ carbn-s. **Caust.**$_{hr1,k,*}$ cedr.

- **Urinieren - beim**: ...
*Cham.*hr1,k *Chel.*a1,k *Chim.* chin.a1,k chinin-s. **Clem.**hr1,k,* cob.a1,k coc-c.hr1,k,* *Colch.*hr1,k,* *Con.*h,k,* **Cop.**a1,k crot-t.hr1,k,* **Cub.**hr1,k cupr. cupr-ar. cur. dig.a1,k dulc. *Echi. Equis-h. Ery-a.*hr1,k eug.a1,k *Eup-pur.*hr1,k,* *Ferr.*hr1,k,* ferr-ar. ferr-i. ferr-p. fl-ac.a1,k *Gels.*hr1,k glon.a1,k graph. grat.hr1,k,* hell.a1,k helon.a1,k *Hep.* hydr-ac.a1,k *Ign.*a1,k *Ip.*hr1,k kali-ar. kali-bi.hr1,k,* *Kali-c.*hr1,k,* kali-m.k2 *Kali-n.*hr1,k,* kali-p. kali-s. kali-sil.k2 kalm.a1 lach.a1,k lact.a1 laur.a1,k **Lil-t.**a1,k lob.a1,k lup.a1 *Lyc.*hr1,k,* *Mag-c.*a1,k mag-m.h,kl *Mang.* med. *Merc.*a1,k **Merc-c.**a1,k mez. mur-ac. *Nat-ar.* **Nat-c.**hr1,k,* *Nat-m.*hr1,k,* nat-p.hr1,k *Nat-s.*a1,k **Nit-ac.**a1,k *Nux-m.*a1,k **Nux-v.**hr1,k,* ol-an.a1 op. ox-ac.hr1,k,* par.a1,k pareir. pen.a1 petr. *Petros.*hr1,k ph-ac.hr1,k,* *Phos.*hr1,k,* pic-ac.a1,k pin-s.a1 pip-m.a1 plb.a1,k *Psor.*hr1,k ptel.hr1,k,* *Puls.*hr1,k raph.hr1,k,* rat.hr1,k,* rham-f.a1 rheumh rhod.a1,k rhus-t.a1,k sabad.hr1,k,* sabin.a1,k sapin.a1 *Sars.*a1,k sec.a1,k *Sel. Seneg.*hr1,k,* *Sep.*hr1,k,* *Sil.*hr1,k,* *Staph.*hr1,k,* *Sul-ac.* **Sulph.**hr1,k,* tab.a1,k tarent.a1,k tep.a1 **Ter.**hr1,k,* **Thuj.**hr1,k,* *Uran-met.* **Uva** verat.a1,k viol-t. yuc.a1 zinc.hr1,k,* zinc-p.k2
  - **Menses**, während: zinc.h,kl
  - **warmen** Bad; nach einem: clem.a1
- **Ende** des Urinierens; zu: *Cann-s.* hydrog.srj2 kali-n. *Mez.* **Nat-c.** ph-ac.
- **nach**: alum.a1,h alumn. ang.h,kl ant-t.a1,k apis apoc.a1,k aq-pet.a1 arg-n.a1,k arum-d.a1 arund. aspar.hr1,k,* bamb-a.stb2 benz-ac. *Berb.*hr1,k,* *Borx.* bov.a1,k brom.a1,k bufo calc.a1,k calc-p.hr1,k,* **Cann-i.**hr1,k,* *Cann-s.*hr1,k **Canth.**hr1,k,* *Caps.*hr1,k *Carb-an.*a1,k *Card-m.*hr1,k *Caust.* cent.a1 *Chel.* chin.a1,k cinch.a1 *Clem.*hr1,k cob. coc-c.hr1,k colch.hr1,k coloc.hr1,k,* *Con.*h,k,* cop. dig.a1,k digin.a1 *Fl-ac.*a1,k grat.hr1,k,* hydrog.srj2 iris *Kali-bi.*hr1,k,* *Kali-c.*hr1,k,* kali-p. led.hr1,k,* *Lil-t.*hr1,k,* *Lyc.*hr1,k,* lyss.a1,k mag-c.a1,k *Mag-m.*hr1,k,* *Merc. Mez.* mur-ac. **Nat-c.**hr1,k,* **Nat-m.**hr1,k,* nat-s. *Nit-ac.*hr1,k,* nux-v.a1,k phel. *Phos.* pic-ac.a1,k plb.a1,k ptel.hr1 *Puls.*hr1,k rhus-t. sars. seneg.bg2,k,* sep.a1,h spig.h,kl *Staph.*hr1,k sulph.k2 tab. tarent.a1,k *Thuj.*hr1,k,* zinc.hr1,k,*
  - **Flüssigkeit**; durch Absonderung einer dünnen: *Nat-m.*
- **Harndrang**, mit: ant-c. ant-t. **Canth.** con. *Nit-ac.* phos. *Prun.* sabad. *Sulph.*
  - **Pressen** zum Urinieren; beim: calad. prun.
- **letzte** Tropfen verursachen heftiges Brennen: arg-n.a1,k carb-v. *Clem.*hr1,k colch. coloc. lyc. *Merc. Mez.* nux-m. sel. tell.
- **nicht** uriniert; wenn er: asaf. *Berb.* bov. *Bry.* calad. cedr. clem. ferr-pic.bro1 *Graph.* **Merc.** *Merc-c. Nat-c.* nit-ac. sabad. sabalbro1 *Staph. Sulph.* teucr. thuj.
- **verhindert**: ph-ac.h
- **Zusammenschnürung**, Schmerz erstreckt sich zur Blase; mit: lyc.

○ **Fossa** navicularis: acon.a1,k cann-s. cub.hr1,k *Petros.*hr1,k
- **Tropfen**, brennende: thuj.
- **Urinieren**:
  - **vor**: senec.hr1,k,*
  - **beim**: clem.a1,k *Kali-bi.*hr1,k,* mez.h,kl nat-m.a1,k petros.hr1,k,* thuj.

- **hinterer** Teil: cann-s. carb-an. kali-bi. staph.a1,k
  - **Ejakulation**, nach: carb-an.
  - **Urinieren**, beim: *Cann-s.*
- **Meatus**: agar.hr1,k,* am-c. ambr.a1,k ammc.a1 aphis apis arum-d.a1,hr1 *Berb.*hr1,k bry. *Calc.*hr1,k,* calc-f.a1,k *Cann-s.*hr1,k,* canth.a1,bg2 chel.a1,k *Chin.*hr1,k,* cic. clem.a1,k cob.hr1,k,* coch. coff. coff-t.a1 cupr. cupr-ar.a1,k *Dulc.*hr1,k,* gamb.a1,k graph. iod.a1,k kali-c.bg2,k,* *Kali-s.* kreos.bg2 lact.hr1,k,* lyc. mag-s.a1,k med. *Merc-c.*hr1,k,* *Nat-m.* nicc.a1,k nit-ac. par.a1,k ph-ac.hr1,k phos. puls.hr1,k,* ran-s. seneg. sep.a1,k *Spig.*hr1,k staph. **Sulph.**hr1,k,* *Thuj.*a1,k verat.a1,k zing.hr1,k,*
  - **morgens**: kali-c.h,kl
  - **abends**: nat-m.h,kl
  - **nachts**: *Agar.*hr1,k,* calc.
  - **Gehen**, beim: nat-m.a1,k
  - **heftig**, äußerst: *Berb.*
  - **Koitus**, nach: *Calc.*hr1,k nat-p.a1,k
  - **Reibung** der Kleidung; durch die: chin.kr1
  - **Ruhe**, in der: canth.a1,k par.
  - **Sitzen**, im: par.a1,k
  - **Stuhlgang**; nach: nat-p.k2
  - **Urinieren**:
    - **vor**: *Caps.*hr1,k
    - **beim**: acon.a1,k *Agar.*hr1,k aphis arum-d.hr1 *Calc.*hr1,k cann-i.a1,k *Cann-s.*a1,k canth. caps.a1,k *Chin.* cob.hr1 cupr.h,kl cupr-ar.a1,k *Dulc.*hr1,k,* erech.a1 gamb.a1,k kali-n.a1,k merc.a1,k merl. nat-s.a1,k nicc.a1,k *Nux-v.*hr1,k ph-ac.hr1,k *Puls.*hr1,k,* spig.h,kl spirae.a1 *Sulph.*hr1,k,* thuj.a1,k
    - **nach**: *Cann-i.*a1,k caps.a1,k card-m. casc.hr1,k,* chin. coloc.a1,k cupr-ar.a1,k graph.a1,k kali-c.a1,k lyss.hr1,k nat-s.a1,k puls.a1,k tell.a1,k
  - ▽ **erstreckt** sich nach hinten: cann-s.hr1,k phos.a1
- **Pars** prostatica, beim Urinieren: apis cain.br1 camph. dig. kali-bi. nux-v. rhus-t.
  - **lange** Zeit anhaltend; und: apis dig. *Kali-bi.*
- **Peniswurzel**, an der: caust.h
- **vorderer** Teil: canth.a1,k coff. *Nit-ac.*a1,k puls.a1,k *Sep.*hr1,k,* stann.a1,k tep.a1,k thuj.a1,k
  - **Samenabgang**, nach: carb-v.a1,k *Sep.*hr1,k,*
  - **Urinieren**:
    - **beim**: ars.a1,k calc. *Cann-s.*a1,k caps. carb-v. coch. ery-a. ign.a1,k kali-bi. kali-n.a1,k *Merc.* nat-c. nux-v. *Phos.* raph.a1,k rhus-t.a1,k seneg. stann.h,kl *Sulph.*a1,k teucr.a1,k verat.a1,k
    - **nach**: cann-s. kali-bi. lyc. mez. nit-ac. puls.
  - **uriniert**; wenn er nicht: asaf. bry. *Cann-s.*a1,k caps. kali-bi. nux-v. *Stann. Sulph.*a1,k zinc. zing.a1,k

– **drückend**: agn.$_{hr1,k}$ aphis bry.$_{bg2,k,*}$ cann-s.$_{bg2}$ canth.$_{bg2}$ cocc.$_{bg2}$ colch.$_{bg2,k}$ coloc.$_{bg2}$ cop. *Dulc.*$_{hr1,k}$ graph. *Lach.*$_{a1,k}$ lyss.$_{a1,k}$ nux-v.$_{bg2,k,*}$ petros.$_{hr1,k}$ *Ph-ac.* puls.$_{bg2,k}$ seneg.$_{a1,bg2}$ stann.$_{a1,bg2}$ teucr.$_{bg2,k}$ thuj. til.$_{a1,k}$ zinc.$_{bg2}$

• **abends**, beim Urinieren: seneg.

• **Urinieren**:

• **beim**: dig.$_{h,k1}$

• **nach**: brach.$_{a1,k}$ *Puls.*$_{hr1,k}$ stann.$_{a1,k}$

• **nicht** uriniert; wenn er: nux-v.$_{hr1,k}$

• **wollüstig**, erstreckt sich zum Anus: sulph.$_{a1,k}$

○ **Meatus**: chel.$_{a1,k}$ nux-v. puls.

• **Urinieren**:

• **nach**:

• **Frauen**; bei: cann-s.$_{k2}$

• **nicht** uriniert; wenn er: nux-v.

– **durchstechend**, beim Urinieren: camph. cann-s. caps. chel. clem. iris nat-c. *Nux-v.*

– **geschwürig**, wie durch subkutanes Geschwür: arg-n. cinnb.$_{k2}$ lac-c. *Nit-ac. Rhod.*

• **Urinieren**:

• **beim**: arg-n. nat-c.$_{h2}$

• **nicht** uriniert; wenn er: *Arg-n. Prun.*

– **kratzig**, schabend: sars.$_{h,k1}$

– **pulsierend**, wenn er nicht uriniert: cop.

– **qualvoll**, durch Abgang von Blutgerinnsel: canth.$_{a1,k}$

– **reißend**: alum.$_{bg2,k,*}$ ant-t.$_{a1,bg2}$ arg-n. ars.$_{hr1,k,*}$ aur.$_{bg2,k,*}$ aur-s.$_{k2}$ *Bry.*$_{bg2,k,*}$ calc.$_{a1,k}$ **Cann-s.**$_{bg2,k,*}$ carb-v.$_{bg2,hr1,*}$ clem.$_{bg2,k,*}$ coff.$_{a1,bg2}$ *Colch.*$_{bg2,k,*}$ coloc.$_{a1,k}$ ign.$_{bg2,k,*}$ *Kali-c.*$_{bg2,k,*}$ kali-i.$_{a1,k}$ lyc.$_{a1,bg2}$ *Mez.* *Nat-c.*$_{bg2,k,*}$ **Nux-v.**$_{bg2,k,*}$ phos.$_{k2}$ *Ruta* *Sars.*$_{bg2,k}$ sep.$_{bg2,k,*}$ *Sulph.*$_{bg2,k,*}$ thuj.$_{a1,k}$ zinc.$_{bg2,k,*}$

• **morgens**, nach dem Urinieren: carb-v.$_{a1,k}$

• **nachmittags**, im Sitzen: ign.$_{h,k}$ thuj.$_{a1,k}$

• **Erektion**, bei der: agar. cann-s. canth. mur-ac.

• **Frost**; während: calen.$_{a1,hr1}$

• **Gehen** im Freien; beim: alum.$_{a1,k}$

• **schießend**, steigt durch das Hypogastrium nach oben, beim Gehen im Freien; und: alum.

• **Urinieren**:

• **beim**: aur. *Carb-v.*$_{hr1,k,*}$ cur. *Helon.*$_{hr1}$ nat-c.$_{a1,k}$ **Nux-v.** *Ruta* sulph.

• **nach**: ars. carb-v. tarent.$_{a1,k}$

○ **Peniswurzel** zur Glans; von der: sars.

• **uriniert**; wenn er nicht: bry.$_{a1,k}$ *Clem.*$_{a1,k}$ *Helon.* ign. kali-c. nux-v. zinc.$_{a1,k}$

• **Zickzacklinien**, in: *Cann-s. Sars.*

• **Hypogastrium**, beim Gehen im Freien; zum: alum.

▽ **erstreckt** sich zu:

• **Körper**, beim Urinieren: jac-g.

• **vorne**, nach: zinc.

○ **Meatus**: kali-c. lyc.$_{a1,k}$ pareir. zinc.

• **Frauen**, bei: berb.

• **vorderer** Teil: ambr.$_{h,k1}$ ant-t.$_{a1,k}$ clem.$_{a1,k}$ coff.$_{a1,k}$ kali-c.$_{a1,k}$ sep.$_{a1,k}$ thuj.$_{h,k1}$ zinc.$_{hr1,k,*}$

• **Urinieren**, beim: aur.

• **nicht** uriniert; wenn er: bry. zinc.

– **roh**, wie: cadm-s.$_{br1}$

– **schabend** (schründend), beim Urinieren: carb-v. lyc. mag-c. nit-ac. phos. sep.

– **scharf**, heftig beim Urinieren: hep.

– **schießend**

☞ *stechend*

– **schneidend**: alum.$_{a1,bg2}$ anac. ant-c.$_{bg2,k}$ arg-n.$_{a1,k}$ arn.$_{bg2}$ asc-t. aspar.$_{hr1,k,*}$ *Berb.*$_{bg2,k,*}$ bry.$_{bg2,k}$ bufo *Calc.*$_{bg2,k}$ **Calc-p.**$_{hr1,k,*}$ cann-s.$_{bg2}$ **Canth.**$_{bg2,k,*}$ *Caps.*$_{bg2,k,*}$ carb-v.$_{bg2}$ caust.$_{bg2,k}$ *Chel.*$_{bg2,k,*}$ colch.$_{bg2,k,*}$ **Con.**$_{h,k,*}$ cupr.$_{bg2}$ *Dig.*$_{bg2,k}$ *Equis-h.* eup-pur.$_{a1,k}$ fago.$_{a1,k}$ gran.$_{a1}$ graph.$_{bg2}$ guaj.$_{a1,k}$ hura iod.$_{bg2}$ *Ip.*$_{hr1,k}$ *Kali-c.*$_{bg2,k,*}$ kali-s. *Lach.*$_{bg2,k,*}$ *Lyc.*$_{bg2,k}$ mang.$_{bg2,k}$ *Merc.*$_{bg2,k,*}$ mur-ac.$_{bg2,k}$ nat-m.$_{bg2,k,*}$ *Nit-ac.*$_{hr1,k,*}$ nux-m.$_{bg2,k}$ nux-v.$_{bg2,k,*}$ *Onis.*$_{a1}$ *Op.*$_{bg2,k,*}$ ph-ac.$_{bg2,k,*}$ *Phos.*$_{bg2}$ psor. puls.$_{bg2,k}$ sars.$_{bg2,k,*}$ *Sep.*$_{bg2,k,*}$ staph.$_{bg2}$ *Sulph.*$_{bg2,k,*}$ ter. thuj.$_{bg2,k,*}$ zinc.$_{bg2,k}$ zinc-p.$_{k2}$

• **morgens**: alum.$_{a1,k}$ graph.$_{a1,k}$ merc.$_{a1,k}$

• **vormittags**: caps.

• **abends**, nach dem Hinlegen: fago. gran.

• **Mitternacht**: equis-h.

• **anfallsweise**: eup-pur. kali-c.

• **beißend**, wird gegen Ende des Urinierens, sogar bis zum letzten Tropfen, schlimmer; und: *Merc.*

• **Bewegung**, bei: chel.$_{a1,k}$

• **Drücken** der Eichel amel.: canth.

• **Ejakulation**:

• **während**: borx. con.$_{ptk1}$ nat-m.

• **nach**: nat-m.$_{h}$

• **Flatus**; beim Abgang von: lyc. mang.

• **Gehen**, beim: thuj.$_{a1,k}$

• **Menses**, beim Urinieren; vor den: canth.

• **Stuhlgang**:

• **vor**: mur-ac. sulph.$_{a1,k}$

• **während**: mur-ac. *Sulph.*$_{hr1,k}$

• **nach**: staph.$_{a1,k}$

• **Urinieren**:

• **vor**: bry.$_{a1,k}$ calc-p.$_{hr1,k,*}$ **Canth.**$_{a1,k}$ dig. merc. ph-ac.$_{a1,k}$ sel.

• **Beginn** des Urinierens; zu: iris merc.$_{a1,k}$ petr. sec.$_{a1,k}$

• **beim**: alum.$_{a1,k}$ alum-p.$_{k2}$ alum-sil.$_{k2}$ ant-c.$_{hr1,k}$ arg-n.$_{a1,k}$ borx. bry.$_{hr1,k}$ calc.$_{a1,k}$ calc-sil.$_{k2}$ *Cann-s.*$_{a1,k}$ **Canth.**$_{a1,k}$ caps. carb-v.$_{a1,k}$ carbn-s. caust. chel.$_{hr1,k,*}$ colch. **Con.**$_{h,k,*}$ cub. cupr.$_{a1,k}$ graph. *Guaj.*$_{hr1,k}$ hell. hep.$_{a1,k}$ iris kali-m.$_{k2}$ led. lipp.$_{a1}$ *Merc.* mur-ac. *Nat-m.*$_{hr1,k}$ nat-s.$_{a1,k}$ *Nux-m.*$_{hr1,k}$ op.$_{a1,k}$ ph-ac. *Phos.*$_{a1,k}$ *Psor.*$_{hr1,k,*}$ *Puls.*$_{hr1,k,*}$ rhus-t.$_{a1,k}$ sars. sil.$_{a1,k}$ *Staph.*$_{a1,k}$ sul-ac. *Sulph. Thuj.*$_{hr1,k,*}$ tril-p.

• **Druck** im Rektum; mit: ph-ac.

• **Stuhlgang**, und beim: mur-ac.

• **Ende** des Urinierens; zu: arg-n. clem. med. merc-act. *Nat-m.* nit-ac. petr. sul-ac. *Sulph.* thuj.

• **nach**: alum. *Berb.*$_{hr1,k,*}$ calc-p.$_{hr1,k,*}$ **Canth.**$_{a1,k}$ chel.$_{hr1,k,*}$ coc-c.$_{hr1,k}$ con.$_{hr1,k}$ cub.$_{hr1,k}$ dig. gran.$_{a1}$ *Lyc.*$_{hr1,k}$ **Nat-m.**$_{hr1,k,*}$ *Petros.*$_{hr1,k}$ rhus-t. staph.$_{h,k1}$ *Sulph.*$_{a1,k}$

• **uriniert**; wenn er nicht: berb.$_{hr1,k}$ calc-p. caps. kali-c. mag-s. mang.$_{hr1,k}$ nux-v.$_{hr1,k}$ staph. thuj.

• **vergeblichem** Harndrang, mit: puls.

▽ **erstreckt** sich zu:
• **Anus** beim Abgang der letzten Tropfen: arg-n. thuj.
• **außen**; von innen nach: plan.
• **hinten**, nach: arg-n. caps.
○ **Fossa** navicularis nach dem Urinieren: **Petros.** thuj.
• **hinterer** Teil: mur-ac.h,kl
▽ **erstreckt** sich zum Abdomen: lyc.h,kl
• **Meatus**: arn.hr1,k bad. chel. cupr. iod.a1,k mez.a1,k nit-ac. nit-s-d.a1,hr1 par. *Zinc.*bg2,k,* zing.
• **Sitzen**, im: zinc.hr1,k,*
• **Urinieren**:
• **beim**: aur-m-n.a1,k con.h,k,* cupr.a1,k nat-ar. nat-s.a1
• **Ende** des Urinierens; zu: arn. nat-s. zing.
• **nach**: arg-n.a1,k coc-c. mez.a1,k nat-s.a1,k
• **vorderer** Teil: alum.a1,k colch.a1,k lach.hr1,k lyc.a1,k nux-v.hr1,k thuj. zinc.
• **Urinieren**:
• **beim**: alum.a1,k cann-s.a1,k colch. nat-s.a1,k rhus-t.a1,k
• **nach**: alum.a1,k coc-c.hr1,k mez. rhus-t.a1
• **lanzinierend**, und: coc-c.
– **Splitter**; wie ein: nit-ac.k2
• **Urinieren**; beim: hep.k2 nit-ac.k2
– **stechend**: acon.bg2,k,* agar.hr1,k,* alum.bg2,k,* ant-t.bg2,k,* *Apis* arg-met. *Arg-n.*bg2,k,* arn.bg2,k,* asaf.a1,k asar. asc-t.hr1,k aspar.hr1,k aur.bg2,k,* aur-s.k2 bamb-a.stb2 *Bell.*bg2,k,* *Berb.*hr1,k,* bond.a1 borx. bov.bg2,k,* brach.a1 brom.a1,k bry.bg2,k *Calad.*hr1,k,* *Calc.*hr1,k,* calc-p.bg2 *Cann-i.*a1,k cann-s.bg2,k,* *Canth.*bg2,k,* *Caps.*bg2,k chel.bg2,k,* *Chin.*bg2,k,* chlf.a1,k cic.a1,k *Clem.*bg2,k,* coc-c.a1,k cocc.bg2,k,* colch.a1,k coloc.a1,k con.h,k,* crot-t.a1,k cupr.bg2,k cycl.bg2,k,* dulc. equis-h. euph.bg2,hr1 gran.a1 graph.bg2 *Hep.*hr1,k,* ign.bg2,k indg.a1,k iod.bg2 jatr-c. kali-n.bg2 kali-p. kiss.a1 *Lach.*bg2,k,* led.bg2 *Lyc.*bg2,k mag-c.bg2 mang.bg2,k,* mela.a1 *Merc.*bg2,k,* *Merc-c.*bg2,k,* mez.bg2,h mur-ac.bg2 mygal.a1,k nat-c.bg2,k,* nat-m.bg2,k,* nit-ac.k,k2,* nux-v.bg2,k pall.hr1,k par.bg2,k petr.bg2,k *Ph-ac.*bg2,k,* phos.bg2,k,* plan.a1,k psor.bg2,k *Sars.* seneg.bg2,hr1 *Sep.*bg2,k,* sil. spig.bg2 squil.bg2,k stry.a1,k **Sulph.**bg2,k,* sumb. tep.a1 *Thuj.*bg2,k,* til.a1,k verat.bg2 viol-t.bg2,k,* zinc.bg2,k,* zinc-p.k2
• **morgens**: cimic.a1,k seneg.a1,k *Sulph.*a1,hr1 sumb.
• **vormittags**: caps.
• **nachmittags**: sulph.a1 thuj.a1,k
• **abends**: *Calad.*hr1,k,* canth. mez.a1,k nit-ac. sulph. thuj.a1,k
• **nachts**, bei Erektion: thuj.
• **Bewegung**, bei: bell. chel.a1,k
• **brennend**: agar.hr1,k cann-s. merc. merc-c. nit-ac. spig.a1,k
• **Urinieren**, beim: cop. cupr.a1
• **dumpf**: cic.a1,k merc.a1,k
• **schießend**, bei geräuschlosem Abgang von Flatus: mang.h,k,*
• **uriniert**; wenn er nicht: viol-t.a1,k
• **Erektionen**, bei: cann-s.hr1,k,* clem. *Nit-ac.*hr1,k,* thuj.a1,k

– **stechend**: ...
• **fein**: agar.hr1,k,* bry.a1,k nat-m.a1,k par.a1,k
○ **Meatus**: aspar.a1,k
• **Flatus**, Abgang von: *Mang.*
• **nach**: lyc.h
• **Gehen**, beim: acon. bell. chel. ign.
• **Freien**, im: alum. merc-c.
• **Harndrang**, mit: agar. cain. calc-p. cann-i. *Canth. Caps. Phos.* spig. sulph.
• **Jucken**, wenn er nicht uriniert; mit: euph.
• **kitzelnd**: calc.a1,k
• **kneifend**, zwickend, von vorne nach hinten; blitzartig: *Berb.* zinc.a1,k
• **Koitus**, nach: calc. nat-m.a1,k
• **plötzlich**, Sitzen agg.: plan.a1,k
• **Rigor**, mit: sulph.a1,k
• **ruckend**: con.a1,h,*
• **schneidend**: *Calc.*hr1,k,* coc-c. *Lach.* lyc.h,kl sars.h,kl
• **vergeblichem** Harndrang, mit: *Calc.*hr1,k
• **zuckend**, wenn er nicht uriniert: thuj.a1,k
• **Sitzen**: plan.a1,k thuj.a1,k
• **Flatus**; beim Abgang von: *Mang.*
• **Splitter**, wie ein: *Arg-n.*a1,k coloc. *Nit-ac.*
• **stechend**, fein:
• **Gonorrhoe**, bei: **Merc.** *Mez.*
• **Koitus**, beim: calc.
• **Stehen**, im: aur-m.a1,k cann-s.a1,k
• **Strohhalm** vor- und zurückgestoßen würde; als ob ein: dig.br1
• **Stuhlgang**, beim: coloc. *Nat-c.* ol-j. squil.a1,k
• **synchron** mit dem Puls: con.a1,k dulc.
• **Urinieren**:
• **vor**: aspar.a1,k *Cann-i.*a1,k **Cann-s.** coc-c.a1,k nat-c. nux-v.a1,k thuj.a1,k
• **Harndrang**, bei: thuj.a1,k
• **beim**: **Cann-i.**a1,k **Cann-s.**hr1,k,* caps. carbn-s.k2 chel.h,kl chin.a1,k *Clem.* coc-c.a1,k cupr. cycl.hr1,k equis-h. *Graph.*hr1,k,* iris *Kali-bi.*hr1 mag-c.h,kl merc. merc-c. mygal. nat-c.a1,h nux-v.a1,k petr. *Puls.* seneg. *Sulph.*hr1,k thuj.hr1,k
• **nach**: apis arn.a1,k *Berb.*hr1,k **Cann-i.**a1,k caps.a1,k con. kali-bi.a1,k led.h,kl merc. mur-ac. nat-c. nat-m.a1,k rhod.a1,k seneg.a1,k *Sulph.*a1,hr1
• **Ende** des Urinierens; zu: ph-ac.
• **Koitus**, und nach: nat-m.
• **uriniert**; wenn er nicht: bell. bry. *Calc-p.*a1,k *Cann-s.*hr1,k,* *Caps. Cham.* coff. cop. euph.hr1,k **Merc.**a1,k *Nat-m. Nux-v.* ph-ac.h,k,* sep. *Sulph.* teucr. thuj.a1,k til.a1,k viol-t.a1
• **ziehend**, wenn er nicht uriniert: merc.a1,k
▽ **erstreckt** sich zu:
• **Abdomen**, abends: merc.
• **Anus**: arg-n. canth. nux-v.
• **morgens**, nach dem Urinieren: thuj.
• **Blase**: berb.
• **Eichel**: asar. equis-h. lyc. pall.
• **hinten**, nach: berb. canth. con.h **Merc-c.** *Nux-v.* plan. psor. squil. sulph. sumb. zinc.
• **Hypogastrium**: alum. sulph.
• **Meatus**: bell. brom. con.

- **erstreckt** sich zu - **Meatus**: ...
  - **Peniswurzel**, nach dem Urinieren; von der: sars.
  - **vorne**, nach: arg-met. arg-n. aspar. bell. berb. clem.$_{h}$ dulc. jab. nat-c. nat-m. plan. sars. thuj. zinc.
    - **Urinieren**, nach dem: sars.
    - **uriniert**, Urinieren amel.; wenn er nicht: thuj.
- ○ **Fossa** navicularis: acon. ammc.$_{a1}$ *Caps.* chel. *Cic.*$_{hr1,k,*}$ coc-c. gins.$_{a1,k}$ merc. nat-m.$_{a1,k}$ *Petros.*$_{a1,k}$ squil. sulph. thuj.$_{a1,k}$
  - **Urinieren**, beim: acon.
- **Meatus**: acon.$_{a1,k}$ aesc. agar.$_{a1,k}$ asc-t. **Aspar.**$_{a1,k}$ aur-m-n.$_{a1,k}$ bad. *Berb.*$_{hr1,k}$ brom.$_{a1,k}$ cann-i.$_{a1,k}$ cann-s.$_{a1,k}$ caps.$_{a1,k}$ chel.$_{a1,k}$ cic. clem.$_{a1,k}$ coc-c.$_{a1,k}$ con.$_{a1,k}$ cupr.$_{h,kl}$ franz.$_{a1}$ iod.$_{a1,k}$ kali-n.$_{a1,k}$ led.$_{a1,k}$ mang.$_{a1,k}$ mez.$_{a1,k}$ nat-m.$_{a1,k}$ nat-s.$_{a1,k}$ **Nit-ac.**$_{hr1,k,*}$ nit-s-d.$_{a1,hr1}$ pareir.$_{hr1,k}$ ph-ac.$_{a1,k}$ psor.$_{a1,k}$ rhod.$_{a1,k}$ squil.$_{a1,k}$ sulph.$_{hr1,k}$ thuj.$_{a1,k}$ zinc.$_{hr1,k,*}$
  - **abends**: canth.$_{a1,k}$ rhod.$_{a1,k}$
  - **nachts**: canth.$_{a1,k}$
  - **reichlichem** Urin, mit: agar.
  - **Urinieren**:
    - **beim**: cupr.$_{h,kl}$
    - **nach**: caps.$_{h,kl}$ mur-ac.$_{a1,k}$ pareir.$_{hr1,k}$ verat.$_{h,kl}$
  - **uriniert**; wenn er nicht: cann-s. *Caps.*$_{a1,k}$ mang.$_{a1,k}$ thuj.$_{a1,k}$
- **vorderer** Teil: bell. bry.$_{a1,k}$ cann-s.$_{a1,k}$ *Caps.*$_{hr1,k,*}$ chel. cic. coc-c.$_{a1,k}$ cycl.$_{a1,k}$ euph.$_{a1,k}$ ign.$_{a1,k}$ *Lach.*$_{a1,k}$ lyc.$_{a1,k}$ mag-c. *Merc.*$_{a1,k}$ merc-c.$_{a1,k}$ nit-ac. pall. *Par.*$_{hr1,k,*}$ phos. sil.$_{a1,k}$ **Sulph.**$_{hr1,k,*}$ thuj.$_{a1,k}$
  - **Urinieren**, nach dem: coc-c.
  - **uriniert**; wenn er nicht: asaf. bry.$_{a1}$ cann-s. *Caps.*$_{a1,k}$ euph.$_{a1,k}$ *Merc.*$_{a1,k}$ teucr. thuj.$_{a1}$

– **stechend**; fein: *Apis* bov.$_{hr1,k}$ brach.$_{hr1}$ cann-i.$_{hr1,k2,*}$ cann-s. *Caps.*$_{hr1}$ erig. *Merc.*$_{hr1}$ nat-c.$_{h2}$ par.$_{hr1}$ sabal$_{bg3}$ sars. staph. sulph.$_{k2}$ thuj.

– **stechend**, wie mit einer Nadel: cann-i.$_{c1}$ iris$_{c1}$
- **Urinieren**, vor dem: *Nux-v.*
- ○ **Meatus**: coloc. cycl.$_{hr1,k}$ *Nit-ac.* rhod.

– **verbrühend**
☞ *brennend*

– **Wehtun** (= unbestimmt, drückend): bry.$_{a1,k}$ cain. canth.$_{a1,k}$ eup-pur.$_{a1,k}$ lob.$_{hr1,k,*}$ sulph.
- **Nierenkolik**, bei: coc-c.
- **Urinieren**, nach dem: apoc.$_{a1,k}$ lob. puls.$_{a1,k}$
- ○ **Meatus**: **Cann-s.**$_{bg2}$
  - **nicht** uriniert; wenn er: cocc. *Nux-v.*
  - **Urinieren**:
    - **beim**: canth.$_{a1,k}$
    - **nach**: puls.

– **windend**: arg-n. *Cann-s.* carb-v.$_{a1,k}$ caust.$_{bg2}$ clem.$_{a1,k}$ lyc.$_{a1,k}$ *Sel.*$_{hr1,k,*}$ zinc.
- **Stehen**: clem.$_{a1,k}$
- ▽ **erstreckt** sich von hinten nach vorne: sel.$_{hr1,k,*}$
- ○ **Meatus**: berb. zinc.
  - **Bad**, bei einem: bart.

– **wund** schmerzend (= wie zerschlagen, empfindlich etc.): apis *Arg-n.*$_{a1,k}$ *Berb.* cadm-s.$_{br1}$ *Cann-s.* *Canth.*$_{hr1,k,*}$ *Caps.*$_{a1,k}$ *Clem.*$_{a1,k}$ cop.$_{hr1,k}$ cupr. *Ferr.*$_{hr1,k,*}$ *Hep.*$_{hr1,k,*}$ *Hyper.*$_{hr1,k}$ ign. *Lach.*$_{hr1,k,*}$ *Med.* merc. mez.$_{a1,k}$ *Nat-m.*$_{a1,k}$ *Nit-ac.*$_{a1,k}$ ox-ac.$_{k2}$ phys.$_{a1,k}$ *Prun.*$_{hr1,k}$ ptel. sep.$_{hr1,k}$ teucr.$_{a1,k}$ thuj. til.$_{a1,k}$ zinc.$_{hr1,k,*}$
- **Berührung**; bei: borx.$_{c1}$
- **Druck** agg.: mez.$_{h,kl}$ nat-m.$_{h,kl}$
- **Erektion**, bei der: canth.$_{a1,k}$
- **Harndrang**; mit: cic.$_{c1}$
- **Urinieren**:
  - **beim**: *Apis* bov. brach.$_{hr1,k,*}$ calc.$_{a1,k}$ canth.$_{a1,k}$ carb-an.$_{a1,k}$ cinnb.$_{hr1,k,*}$ *Cinnm.* colch.$_{a1,k}$ daph.$_{a1,k}$ *Ferr.*$_{hr1,k,*}$ ferr-i.$_{a1,k}$ hep.$_{a1,k}$ ign. kali-c.$_{k2}$ *Lyc.*$_{hr1,k}$ *Mez.*$_{hr1,k,*}$ nit-ac.$_{a1,k}$ nux-v. ox-ac.$_{k2}$ sil.$_{hr1,k}$
  - **nach**: *Arg-n.*$_{a1,k}$ borx.$_{h,k2,*}$ lil-t.$_{a1,k}$ nux-v.$_{a1,k}$
- **uriniert**; wenn er nicht: teucr.$_{a1,k}$ zinc.$_{hr1,k,*}$
- ○ **Fossa** navicularis: nux-v.
- **Meatus**: *Arg-n.* arum-d.$_{a1}$ *Borx.* bry. *Chin.* clem.$_{a1,k}$ cop. equis-h. nux-v.$_{a1,k}$ puls.$_{hr1,k}$ stann.$_{a1,k}$
  - **Koitus**, nach: *Borx.* casc.

– **zerrend**: arg-n.$_{a1,k}$ eup-pur. *Lyc.*$_{a1,k}$ ph-ac.$_{h,k,*}$ sabad.$_{a1,k}$ sel. ter. til.$_{a1,k}$
- ▽ **erstreckt** sich zu:
  - **Blase** nach dem Urinieren: lyc.
  - **Spitze**, abends, beim Urinieren; bis zur: sabad.

– **ziehend**: alum.$_{bg2,k,*}$ arg-n.$_{a1,k}$ asar.$_{bg2,h,*}$ *Berb.* bry.$_{bg2,k,*}$ *Cann-s.* caps. carb-v.$_{h,k,*}$ cic.$_{bg2,k,*}$ colch.$_{bg2,k,*}$ con.$_{h,k,*}$ cop.$_{a1,k}$ gran.$_{a1,k}$ hipp.$_{a1,k}$ iod.$_{h,kl}$ *Kali-bi.*$_{bg2,k}$ kali-c.$_{bg2,k,*}$ lyc.$_{bg2,k,*}$ *Merc.* *Mez.*$_{a1,k}$ nat-m.$_{bg2}$ *Petros.*$_{hr1,k,*}$ ph-ac.$_{h,k,*}$ phos.$_{bg2,k,*}$ pic-ac.$_{a1,k}$ puls.$_{bg2,k,*}$ sabad.$_{bg2,k,*}$ sep. sulph.$_{bg2}$ tarent.$_{k2}$ *Thuj.*$_{a1,k}$ zinc.$_{bg2,k,*}$
- **morgens**:
  - **Erwachen**, beim: alum.$_{a1,k}$ carb-v. sep.$_{h,kl}$
  - **Urinieren**, nach: carb-v.$_{h,k,*}$
- **abends**, nach dem Urinieren: am-c. tarent.$_{k2}$
- **Gehen**:
  - **beim**: thuj.$_{a1,k}$
  - **Freien**, im: mez.
- **Urinieren**:
  - **beim**: con.$_{a1,h,*}$
  - **nach**: nat-m.$_{h,kl}$
- ▽ **erstreckt** sich zu:
  - **Anus**: ph-ac.
    - **durch** die Harnröhre; vom Anus
      ☞ ❑ *Rektum - Schmerz - ziehend - erstreckt sich - Harnröhre*
  - **Perineum** in die Harnröhre; vom
    ☞ ❑ *Rektum - Schmerz - ziehend - Perineum - erstreckt sich - Harnröhre*
- ○ **Fossa** navicularis: cic.$_{a1,k}$ *Petros.*$_{hr1,k,*}$
- **hinterer** Teil: lyc.$_{h,kl}$
- **Meatus**: arg-n.$_{a1,k}$ cop.$_{a1,k}$ phos.$_{a1,k}$
  - **abends**, beim Urinieren: seneg.
- **vorderer** Teil: bry.$_{a1,k}$ *Kali-c.*$_{a1,k}$ *Lyc.*$_{a1,k}$ par.$_{a1,k}$ zinc.$_{hr1,k,*}$
  - **abends**, nach dem Urinieren: am-c.

• **vorderer** Teil: ...
• **uriniert**; wenn er nicht: bry.$_{a1,k}$ puls. zinc.
– **zuckend**
☞ *stechend*
– **zusammenziehend**: bry.$_{a1,k}$ *Canth.*$_{bg2,k,*}$ *Chin.*$_{bg2,k,*}$ *Clem.*$_{bg2,k,*}$ dig. indg.$_{a1,k}$
• **Urinieren**, nach dem: camph.$_{h}$
○ **Meatus**, abends nach dem Urinieren: chinin-s.$_{c1}$
– **zwickend**: carb-v.$_{a1,k}$ cinnb.$_{hr1,k}$ coc-c.$_{bg2}$ kali-c.$_{bg2,k,*}$ lyc.$_{bg2,k}$ sep.$_{bg2}$ thuj. verat.$_{a1,bg2}$
• **Urinieren**, vor dem: nat-m.$_{a1,k}$
• **uriniert**; wenn er nicht: verat.$_{a1,k}$
○ **Meatus**: cinnb. thuj.

Schwammartiger Auswuchs: calc. con. graph. lyc. thuj.

Schwellung: alum.$_{hr1,k}$ alum-p.$_{k2}$ *Arg-n.*$_{bg1,k,*}$ cann-s.$_{k2}$ *Canth.*$_{bg2,k,*}$ *Cop.*$_{bg2,k,*}$ gran.$_{a1,k}$ led.$_{bg2,k,*}$ *Merc.*$_{bg2,k,*}$ *Merc-c.*$_{bg2,k,*}$ **Mit.**$_{hr1,k,*}$ nit-ac.$_{bg2,k}$ op. ph-ac.$_{h,k,*}$ *Rhus-t.*$_{bg2,k,*}$ *Sulph.* **Thuj.**$_{bg2,k,*}$
☞ *Eng*
– **Gefühl** von: *Arg-n.*$_{a1,k}$ cann-s. card-m. led. nit-ac. rhus-t. til.$_{a1,k}$
○ **Gegend** des Blasenhalses; in der: puls.
– **Meatus**: acon.$_{bro1}$ alum. arg-n.$_{bro1}$ **Cann-s.** canth. *Cop.* gels.$_{bro1}$ hep. jac-g. led. merc.$_{bro1}$ *Nit-ac.* ol-sant.$_{bro1}$ ph-ac. phos. **Sulph.** **Thuj.**
– **vorderer** Teil: merc.

Spannung: borx.$_{h}$ canth.$_{a1,bg2}$ croc.$_{bg2}$ junc-e. lyc.$_{a1,k}$ phos.$_{h}$
– **Erektionen**, während: anag.$_{a1}$ arg-n.$_{a1}$ **Cann-s.**$_{a1,k}$ **Canth.**

Spasmus: nit-ac. *Nux-v.*$_{c2}$ prun.
– **Fissur** des Rektums; mit: nit-ac.

Stein darin; wie ein: coc-c.
☞ *Kugel*

Striktur: acon.$_{hr1,k}$ agar.$_{hr1,k}$ alumn.$_{k2}$ am-m.$_{hr1}$ ant-t.$_{hr1,k}$ *Apis* *Arg-n.*$_{bg2,k,*}$ bell.$_{bg2,k}$ *Berb.*$_{hr1,k}$ *Calc.*$_{bg2,k,*}$ calc-sil.$_{k2}$ *Cann-s.*$_{bg2,k,*}$ **Canth.**$_{bg2,k,*}$ *Chim.*$_{hr1,k}$ chin.$_{bg2,k,*}$ cic.$_{ptk1}$ cinnb. **Clem.**$_{bg2,k,*}$ *Con.*$_{bg2,k,*}$ *Dig.*$_{bg2,k,*}$ *Dulc.*$_{bg2,k}$ eucal.$_{c2}$ *Graph.*$_{bg2,k,*}$ hep.$_{k2}$ *Indg.*$_{hr1,k,*}$ *Iod.*$_{hr1,k}$ *Kali-i.*$_{hr1,k}$ lob.$_{c2}$ med.$_{hr1}$ *Merc.*$_{bg2,k,*}$ *Nat-m.*$_{hr1,k}$ nat-s.$_{ptk1}$ **Nit-ac.**$_{hr1,k}$ op.$_{hr1,k,*}$ **Petr.**$_{bg2,k,*}$ *Petros.*$_{hr1,k}$ *Phos.*$_{c2}$ **Puls.**$_{bg2,k,*}$ sep.$_{hr1,k}$ *Sil.*$_{bg2,k,*}$ sul-i.$_{c2,ptk1}$ *Sulph.*$_{bg2,k,*}$ tarent.$_{a1,k}$ thuj.$_{bg2,k}$
◆ **begleitet** von:
• **Zunge**:
• **braune** Farbe der Zunge: *Iod.*$_{vk1}$
– **Erweiterung**, nach: mag-m.$_{ptk1}$
– **Gefühl** von: bry.$_{bg2,k}$ coc-c. dig.$_{bg2,k}$ graph.$_{bg2,k}$ sabal$_{c1}$ thuj.
– **spasmodisch**: *Acon.*$_{c2}$ apis *Bell.*$_{bg2,k,*}$ berb. camph.$_{bg2,k,*}$ **Canth.**$_{bg2,k}$ carb-v. *Cic.*$_{bg2,k,*}$ *Clem.* cocc.$_{bg2}$ con. cop. *Dios.*$_{hr1,k}$ eucal.$_{hr1,k}$ *Gels.*$_{hr1,k}$ indg. **Nit-ac.**$_{hr1,k}$ *Nux-v.*$_{bg2,k,*}$ *Op.*$_{hr1,k}$ ph-ac. *Plb.*$_{hr1,k}$ *Prun.*$_{hr1,k}$ puls.$_{bg2}$ *Sec.*$_{hr1,k}$ stram.$_{hr1,k}$
• **morgens**: carb-v.

Trockenheit; Gefühl von: alum.$_{bg2,k,*}$ cop.$_{hr1,k}$

Tröpfeln aus der Harnröhre:
☞ ❑ *Blase - Urinieren - tröpfelnd*
– **Gefühl** von: ambr. cedr. lact. **Sel.**
– **Urinieren**, nach dem: *Thuj.*

Tropfens; Gefühl eines:
– **brennende** Tropfen laufen nach dem Urinieren die Harnröhre entlang: arg-n. *Thuj.*
– **kalter** Tropfen Urin abgehen; als würde ein: agar.
– **rollen**; als würde ständig ein Tropfen entlang: staph.$_{bro1}$
☞ *Kugel*
– **wenige** Tropfen abgehen; als würden: ambr. aspar.$_{bg1}$ cedr.$_{bg1}$ lact. petros.$_{bg1}$ sel.$_{bg1}$ sep.$_{bg1}$ vib.$_{bg1}$
– **zurückbleiben**; als würde ein Tropfen darin
☞ *Urin - zurückbleiben*

Tumor: lach.

Umgestülpter Meatus: caps.$_{ptk1}$

Urin:
– **fließen**; Gefühl, als würde der Urin immer noch: aspar. kali-bi.$_{k2}$ petros.$_{k2}$ thuj.$_{bg2,k2}$ vib.
– **kalt**; als sei der Urin: nit-ac.
– **stehenbleiben**; als würde der Urin an der Fossa navicularis: ferr-i.$_{a1,k}$ prun.
– **zurückbleiben**; als würde etwas Urin nach dem Urinieren: agar. all-c. alum. ambr. *Arg-n.* aspar. carbn-s. cedr. clem. dig. ery-a. *Kali-bi.* lact. med. petr. rhus-t. *Sel.* *Sep.* tell. *Thuj.*
○ **Fossa** navicularis nach dem Urinieren; als sei Urin in der: all-c. ferr-i. *Thuj.*

Verhärtung:
☞ *Hart / Härte*
– **chronisch**: alumn.$_{k2}$ *Arg-n.* bov. calc-p. merc-i-r. nit-ac.$_{k2,vh}$
– **knorpelig**: pareir.$_{br1,ptk2}$

Verkleben des Meatus: anag.$_{hr1,k,*}$ borx. bov.$_{bg2,k,*}$ calc-p.$_{bg2,k,*}$ *Camph.* *Cann-s.*$_{bg2,k,*}$ canth.$_{bg2,k}$ *Cupr.*$_{hr1,k}$ cupr-ar.$_{a1,k}$ gamb.$_{hr1,k}$ graph. *Med.* nat-c.$_{k2}$ *Nat-m.*$_{bg2,k,*}$ *Petros.*$_{hr1,k,*}$ tab.$_{bg2,k,*}$ *Thuj.*$_{hr1,k,*}$
– **morgens**: canth.$_{a1,k}$ *Phos.* **Sep.**$_{k,kl2}$● *Thuj.*$_{a1,k}$

Verstopft; durch Stücke geronnenen Schleimes: cann-s.$_{hr1,k}$ graph. *Merc.* *Sep.*$_{hr1,k}$ uva

Wollüstiges Gefühl: anag. lith-c. nat-c.$_{h,kl}$ ox-ac.$_{a1,k}$ thuj.$_{a1,k}$
– **Urinieren**:
• **beim**: ox-ac.$_{a1,k}$ thuj.
• **nach**: thuj.$_{a1,k}$

Wucherungen: teucr.$_{c2,k}$

Zucken: alum. ambr.$_{bg2,k,*}$ ant-s-aur. *Cann-s.*$_{bg2,k}$ *Canth.*$_{bg2,k,*}$ clem.$_{a1,k}$ coc-c. con.$_{bg2}$ kali-chl. nat-c.$_{h,k,*}$ nux-v.$_{bg2,k,*}$ petr.$_{bg2,k,*}$ *Phos.*$_{bg2,k,*}$
– **Brennen** von den Samenbläschen zur Eichel: *Mang.*
– **Ejakulation** von Samen; wie bei: petr.
– **uriniert**; wenn er nicht: phos.$_{h,kl}$ thuj.

○ **vorderer** Teil: coc-c.

Zusammenschnürung: cann-s.$_{hr1,k}$ *Clem.*$_{hr1,k,*}$ lyc.$_{a1,k}$
– **beißend**: berb.$_{a1,k}$
– **Gefühl** von: arg-n. dig.
  ○ **hinter** der Eichel: verat.$_{h}$
– **konvulsivisch**: berb.$_{a1,k}$
– **Urinieren**:
  • **beim**: *Apis* arg-n.$_{a1,k}$ bry.$_{hr1,k}$ *Clem.* cop. dig.$_{br1,k}$ graph. nit-ac. nux-v. op. puls. stram.
  • **nach**: cub.$_{hr1,k}$
▽ **erstreckt** sich zu:
  • **Blase**: cupre-au.$_{c1}$ lyc. op. phos.
  • **hinten**, beim Nachdenken; nach: nux-v.

Zusammenziehung: am-m.$_{hr1}$ asar. camph.$_{a1,bg2}$ *Canth.*$_{bg2,k,*}$ carb-an. carb-v.$_{a1,k}$ *Chin.*$_{bg2,k,*}$ *Clem.*$_{bg2,k,*}$ *Cop.*$_{hr1,k}$ dig. indg.$_{hr1,k}$ nux-v.$_{bg2,k,*}$ petr.$_{hr1,k}$ phos. **Puls.**$_{a1,k}$ stram.$_{a1,k}$ verat. zinc.
– **morgens**: carb-v.$_{a1,k}$
  • **Erektion**, bei der: *Canth.*
– **Gonorrhoe**, unterdrückte: **Puls.**
– **Harndrang**, mit: *Nat-m.*
– **Stuhlgang** und dem Urinieren; vor dem: *Nat-m.*$_{hr1,k}$
– **Urinieren**:
  • **beim**: bry.$_{a1,k}$ *Clem.* dig. indg.$_{a1,k}$
  • **nach**: *Nux-v.*$_{hr1,k}$
▽ **erstreckt** sich nach dem Urinieren nach hinten: camph.$_{h}$
○ **innerlich**: **Canth.**$_{a1,k}$
– **Meatus**: coc-c. thuj.

Albuminurie
☞ *Eiweißhaltig*

Alkalisch: am-c. am-caust.al,k **Bapt.**hrl,k *Benz-ac.*hrl,k,* *Canth.*hrl,k,* **Carb-ac.**al,k chinin-s. chlor.hrl,k cina *Ferr.*hrl,k *Fl-ac.*hrl,k *Hyos. Hyosin.*al *Kali-bi.*hrl,k *Kali-c.*al,k kreos.hrl,k morph.al,k *Nat-m.*hrl,k plb.al,k stram.al,k uran-met. wies.al xan.hrl,k

Azetonurie: *Calc-m.*vh *Caust.*vh *Ins.*vh senn.vh

Blutig: abrot.k2 *Acoan.*bg2,k,* alco.al aloe alumn.hrl,k am-c.bg2,k2,* ambr.bg2,k,* ant-c.bg2,k,* *Ant-t.*bg2,k,* **Apis** **Arg-n.**bg2,k,* **Arn.**bg2,k,* **Ars.**bg2,k,* ars-h.al,hrl,* ars-s-f.k2 asc-t.hrl aspar.hrl,k *Aur.*hrl,k aur-ar.k2 aur-s.k2 *Bell.*bg2,k,* benz-ac.bg2,k,* *Berb.*hrl,k **Both.**al,k **Cact.**hrl,k cadm-met.gml cadm-s.brl,cl **Calc.**bg2,k,* *Camph.*bg2,k,* **Cann-s.**bg2,k,* **Canth.**bg2,k,* *Caps.*bg2,k,* *Carb-v.*bg2,k,* carbn-s. carc.jl2 *Caust.*bg2,k,* chel.bg2 *Chim.*hrl,k chin.bg2,k *Chinin-ar.* chinin-s. cimic.hrl,k **Coc-c.**hrl,k coch.hrl *Colch.*hrl,k coloc.bg2,k *Con.*bg2,k,* *Cop.*hrl,k,* crot-c. **Crot-h.**hrl,k cub.hrl,k,* cupr.hrl,k cupr-s.hrl,k,* dig.bg2 dulc.bg2,k,* equis-h. *Erig.*hrl,k euph.bg2 ferr.al,k *Ferr-ar.* ferr-m.hrl,k ferr-p. gal-ac.brol **Ham.**bg2,k,* *Hell.*bg2,k,* hep.bg2,k,* *Hyper.*hrl,k **Ip.**h,k,* jatr-c. *Kali-ar.* kali-bi.k2 *Kali-chl.*bg2,k,* kali-i.hrl,k,* kali-m.k2 kali-n.bg2,k,* kalm. *Kreos.*hrl,k *Lach.*bg2,k,* led.k2 *Lyc.*bg2,k,* *Merc.*bg2,k,* **Merc-c.**bg2,k,* *Mez.*bg2,k,* **Mill.**bg2,k,* murx. *Nat-m.*bg2,k,* *Nit-ac.*bg2,k,* *Nux-v.*bg2,k,* *Op.*bg2,k,* opun-v.al ox-ac.al,k pall.hrl,k pareir.hrl,k petr.bg2,k,* *Ph-ac.*bg2,k,* **Phos.**bg2,k,* pic-ac.c2 *Plb.*bg2,k,* psor. **Puls.**bg2,k,* rhod. *Rhus-a.* *Rhus-t.*hrl,k sabad.bg2,k,* *Sabin.*hrl,k *Sars.*bg2,k,* **Sec.**bg2,k,* *Senec.*hrl,k,* *Sep.*bg2,k,* **Squil.**bg2,k,* *Sul-ac.*bg2,k,* *Sulph.*bg2,k,* tab.hrl,k tarent.al,k **Ter.**bg2,k,* thuj.bg2,k,* tril-p.cl tub.cl uva vesp.hrl,k,* *Zinc.*bg2,k,* zinc-p.k2
☞ *Sediment - blutig* / ❑ *Blase - Blutung* / ❑ *Harnröhre - Blutung*
– **nachts**: *Caust.*hrl,k
– **chronisch**: *Erig.* petr.hrl
– **Diarrhoe**:
• **unterdrückt**: abrot.k2
– **Dysenterie**; bei: cop.hrl,k *Ip.* *Merc-c.*hrl,k
– **Erregung**; nach: petr.hrl,k phos.al,k
– **erster** Teil des Urins: con.al,k
– **Hämorrhoidalblutung** oder der Menses; nach plötzlichem Aussetzen der: *Nux-v.*
– **Kindern**; bei: **Bufo**hrl,vh
– **Klumpen**: *Alumn.*hrl,k apis ars. bell.k2 *Cact.* canth.al,k *Chim.*hrl,k coc-c.hrl colch.hrl,k *Ip.*hrl,k kreos.k2 *Lyc.*bg2,k,* mela.al *Mill.*hrl,k *Ph-ac.*hrl,k *Plat.*hrl,k puls.
• **faulig**, aus zersetztem Blut bestehend: colch.hrl,k
– **letzter** Teil des Urins: *Ant-t.*al,k canth.bg2,k,* ferr-p. **Hep.**bg2,k,* lyc. *Mez.*al,k *Puls.* *Sars.* thuj. zinc.
• **Eiter** vermischt; mit Blut und: *Sars.*

Blutig - letzter Teil des Urins: ...
• **Schmerz** in der Blase; mit heftigem: ant-t. *Sars.*
– **Menses**; durch unterdrückte: laur. lyc. mez. mill. nux-v. senec.
– **sexuellen** Exzessen; nach: *Phos.*hrl,k
– **Urinieren** fließt Blut aus der Harnröhre; nach dem: **Hep.** mez. puls. sars. sulph. *Thuj.*
– **Wasser**; wie: pall.

Brennend, heiß: *Acon.* *Aesc.* agar. agn. all-c. **Aloe** alum. alum-p.k2 alum-sil.k2 alumn. am-c. am-m. *Ambr.* ang. *Ant-c.* *Ant-t.* **Apis** apoc. arg-met. *Arg-n.* arn. **Ars.** ars-s-f.k2 *Asaf.* asc-c. aspar. aur. aur-ar.k2 aur-m. aur-s.k2 bamb-a.stb2 bapt. bar-c. bar-m. **Bell.** *Benz-ac.* *Berb.* **Borx.** bov. *Bry.* cact. cain.brl calad. calc. calc-ar.k2 calc-f.k2 *Calc-p.* calc-sil.k2 **Camph.** **Cann-i.** **Cann-s.** **Canth.** *Caps.* carb-an. carb-v. carbn-s. caust. *Cham.* *Chel.* *Chim.* chin. chinin-ar. chinin-s. cimic. *Clem.* cob. coc-c. *Colch.* coloc. *Con.* conv. *Cop.* cor-r. crot-t. **Cub.** cupr. cur. *Dig.* dulc. equis-h. ery-a. eug. *Eup-pur.* eupi.cl *Ferr.*cl,k ferr-ar. ferr-p. *Fl-ac.* glon. grat. helon. **Hep.** hydr-ac. ign. indg. *Ip.* *Kali-ar.* kali-bi. *Kali-c.* *Kali-i.* kali-m.k2 *Kali-n.* kali-p. kali-s. kalm. kreos. *Lach.* lact. laur. *Lil-t.* *Lyc.* mag-c. **Merc.** **Merc-c.** *Mez.* mur-ac. mygal. **Nat-ar.** **Nat-c.** nat-m. nat-p. **Nat-s.** nicc. **Nit-ac.** nux-m. **Nux-v.** olnd. op. ox-ac. par. pareir. petr. *Petros.* *Ph-ac.* phos. pic-ac. plb. *Pop.*brol prun. psor. ptel.cl *Puls.* ran-s. rhod. *Rhus-r.* *Rhus-t.* rutabrol sabad. sabalbrol *Sabin.* sang. *Sars.* sec. senec. seneg. sep. sil. skat.brl spig. squil. *Staph.* stigm.brol stram. sul-ac. **Sulph.** tab. *Tarent.* *Ter.* **Thuj.** **Uva** verat. vesp. viol-t. zinc. zinc-p.k2
– **Kindern**; bei: borx.h
– **Menses**:
• **vor**: apis *Canth.* verat. zinc.
• **während**: nux-v. zinc.al,k
– **Säure**; wie durch: ox-ac.

Diabetes
☞ *Zucker*

Dick: acon.bg2,k,* am-caust.al,k *Apis* apoc. *Arn.*bg2,k,* *Ars.* ars-s-f.k2 aster.hrl,k,* aur.al,k aur-ar.k2 aur-m.al,k aur-s.cl bell.al,k *Benz-ac.*bg2,k,* berb.al,k bufo camph.bg2,k canth.al,k *Carb-v.*bg2,k,* caust.hrl,k *Chim.*hrl,k cina clem.al,k coc-c.bg2,k,* coch.hrl *Con.*bg2,k,* *Cop.*hrl,k crot-t. cur. *Daph.*hrl,k,* *Dig.*hrl,k,* dulc.bg2,k,* elaps gast.al *Hep.*hrl,k *Iod.*bg2,k,* *Ip.*hrl,k iris kali-m.k2 *Lac-d.*hrl,k laur. lil-t.bg2,k *Merc.*bg2,k,* **Merc-c.**bg2,k,* *Merc-i-r.*hrl,k,* mosch.al,k **Nux-v.**bg2,k,* oci.al,brl,* oena.al *Ph-ac.*hrl,k *Phos.*hrl,k,* plb.bg2,k,* *Psor.*hrl,k raph.al,k rheum rhus-t.hrl,k ric.al *Sabad.*bg2,k,* seneg.bg2,k,* **Sep.**bg2,k,* sol-t-ae.al spong.hrl still.al stram.al,k sul-ac.bg2,k,* sulph.hrl,k,* urin.cl verat.hrl,k,* vesp.al,k zing.hrl,k,*
– **Stehenlassen**; beim: *Alum.*hrl,k *Berb.* *Bry.*hrl,k camph.h,kl *Cham.*hrl,k *Cina* **Coloc.**bg2,k,* ery-m.al *Hep.*al,k *Merc.*hrl,k,* seneg.bg2 sulph. sumb.al ter.hrl,k thuj.al,k

Eitrig
☞ *Sediment - eitrig*

Eiweißhaltig (= Albuminurie): absin.al acetan.br1 acon.bg2,k,* adon.c2 alco.a1 all-c.hr1,k all-s.hr1,k alum. alum-p.k2 alumn.k2 am-be.c2,hr1 *Am-c.*bg2 am-caust.a1,k ant-c.bg2 *Ant-t.*hr1,k,* **Apis** apoc.k,k2,* arg-met. *Arg-n.*bg2,k,* **Ars.**bg2,k,* *Ars-i.* ars-s-f.k2 astac.hr1 *Aur.*bg2,k,* aur-ar.k2 aur-i.k2 **Aur-m.**hr1,k,* *Aur-m-n.* aur-s.k2 bell.bg2 berb.bg2 bism.bg2,k *Brach.*a1,k bry.bg2 cain.br1 *Calc.*hr1,k **Calc-ar.**hr1,k,* calc-i.k2 *Cann-s.*bg2,k *Canth.*bg2,k,* *Carb-ac.*hr1,k,* *Carb-v.* *Carbn-s.* carc.jl2,mg1,* caul. chel. *Chim.*hr1,k *Chin.*hr1,k *Chinin-ar.* chlol. cinnb.hr1,k,* cob.hr1 coc-c. coch.c2 *Colch.*bg2,k,* cop.bg2,k,* *Crot-c.* *Crot-h.*bg2,k,* cub.c1,c2 *Cupr.* cupr-s.a1,k *Dig.*bg2,k *Dulc.*hr1,k euon-a.c2 euonin.c2 eup-pur.hr1,k,* faec.jl2 *Ferr.*bg2,k,* *Ferr-ar.* *Ferr-i.*hr1,k,* ferr-p. ferr-pic.c2 form.bg2 *Gels.*hr1,k **Glon.**bg2,k,* **Hell.**bg2,k,* *Helon.*bg2,k,* *Hep.*bg2,k,* *Hippoz.*hr1,k *Iod.*hr1,k,* kali-ar.bg2 *Kali-bi.*bg2,k *Kali-c.*bg2,k *Kali-chl.*bg2,k,* *Kali-i.* kali-m.k,k2,* kali-n. kali-p. kali-s. *Kalm.*hr1,k kiss.c2 kreos.bg2 **Lac-d.**hr1,k lac-v.c2 *Lach.*bg2,k,* lec. lith-c.c2,k **Lyc.**hr1,k,* lycps-v. mag-m.hr1,k med.hr1,k mela.a1 *Merc.*hr1,k,* **Merc-c.**bg2,k,* *Merc-cy.*a1,k *Merc-i-r.* methyl.c2 mez. morph.a1,k mur-ac.a1,k myric. naphtin.c2 **Nat-ar.** **Nat-c.**bg2,k,* nat-hchls.c2 *Nat-m.*bg2,k,* **Nat-p.** *Nat-s.* nat-sal.a1 *Nit-ac.*hr1,k nux-v.hr1 oci.c2 oena.c2 ol-j. op. osm.a1,k osm-ac.gt2 *Petr.*hr1,k,* **Ph-ac.**hr1,k phase-xyz.c2 *Phos.*bg2,k,* *Phyt.*bg2,k,* *Pic-ac.*hr1,k pilo.c2 pip-m.c2 **Plb.**bg2,k,* polyg-h. puls.bg2,k *Pyrog.* **Rhus-t.**bg2,k,* ric.c2 *Sabin.*hr1,k sal-ac. samb-c.c2 sars.hr1,k *Sec.*hr1,k,* solid.c2 stigm.c2 strych-g.c2 sul-ac.hr1,k,* sul-i.k2 sulfon.c2 *Sulph.* tab.a1,k *Tarent.* tax.a1,k **Ter.**bg2,k,* thuj.bg2 thyr.c2 tub.c2,k tub-m.ih *Uran-met.* uran-n.c2 urea.c2 valer.bg2 vesi.c2 zinc.hr1,k zinc-p.k2 zing.c2

◆ **begleitet** von:
- • **Netzhaut**; Entzündung der
  ☞ ❑ *Auge - Entzündung - Netzhaut - Albuminurie*
- • **Zunge**:
  - • **rote** Farbe der Zunge:
    - • **Zungenspitze**: *Apis*kr1,vk1

– **Alkohol**; nach Mißbrauch von: **Ars.** aur. bell. *Berb.* *Calc-ar.* **Carb-v.** *Chin.* *Crot-h.* cupr. ferr. *Lach.* led. merc. *Merc-c.*hr1 *Nat-c.* *Nux-v.* sulph.
– **Amaurose**; bei: *Apis* *Ars.*hr1,k cann-i. colch.hr1,k *Gels.*hr1,k *Hep.* kalm.hr1,k *Merc-c.*hr1,k ph-ac. phos.hr1,k plb.hr1,k
– **chronisch**: *Atro.*hr1,k *Cedr.* glon.hr1,k helon. *Petr.*hr1,k *Plb.*
– **Diphtherie**; nach: *Apis* *Ars.* *Carb-ac.* hell. hep.hr1,k kali-chl.hr1,k lach.hr1,k lyc. *Merc-c.*hr1,k merc-cy. phyt.hr1,k
– **Entbindung**; nach der
  ☞ *Schwangerschaft - Entbindung*
– **Fieber**; nach intermittierendem: aur-m.k2
– **Geisteskrankheit**; bei: phyt.
– **Herzens**; nach einer Erkrankung des: apis *Ars.* ars-i. *Aur.*hr1,k **Calc-ar.** coc-c. *Colch.* *Crot-h.* *Cupr.* *Dig.* glon. kali-bi. kali-p. *Kalm.* *Lach.* lyc. *Lycps-v.* petr. ph-ac. *Ter.* uran-met.

Eiweißhaltig (= Albuminurie):
– **Kälte** und Feuchtigkeit, durch Naßwerden; durch Einwirkung von: *Calc.* *Colch.* *Dulc.* kali-c. merc-c. nux-v. *Rhus-t.* sep.
– **Menses**; während: helon.
– **Scharlach**; nach: **Apis** *Ars.* asc-c.br1 asc-t. *Aur-m.* bar-m.k2 bell. bry. *Canth.* carb-ac. coc-c.k2 coch. *Colch.* *Con.* cop. crot-h. dig. dulc.k,k2 *Glon.* *Hell.*hr1,k helon. *Hep.*hr1,k kali-c. *Kali-chl.* *Kali-s.* *Lach.* **Lyc.** *Merc-c.* nat-m.k2 **Nat-s.** *Phos.*hr1,k phyt.hr1,k rhus-t. *Sec.* senec. *Stram.* *Ter.*hr1,k uran-met.
– **Schwangerschaft**; während der ●: **Apis** apoc.hr1,k *Ars.*hr1,k ars-i.hr1,k *Aur-m.*hr1,k benz-ac.hr1,k berb.hr1,k bry.hr1,k cact.hr1,k *Calc-ar.* *Canth.*hr1,k *Chin.*hr1,k cinnb.hr1,k *Colch.*hr1,k crot-h.hr1,k dig.hr1,k dulc.hr1,k ferr.hr1,k *Gels.*hr1,k hell.hr1,k *Helon.*hr1,k *Kali-ar.* kali-br.hr1,k *Kali-c.*hr1,k *Kali-chl.*hr1,k kalm.hr1,k *Lach.*hr1,k led.hr1,k *Lyc.*hr1,k *Merc.*a1,k **Merc-c.**hr1,k *Nat-m.*hr1,k *Ph-ac.* phos.hr1,k rhus-t.hr1,k senec.hr1,k sep.k,kl2● sulph.hr1,k *Ter.*hr1,k uran-met.
  - • **Entbindung**; und nach der: *Merc-c.* ph-ac.hr1,k *Pyrog.*
– **Syphilitikern**; bei: *Aur.* aur-i.st **Aur-m.** *Aur-m-n.* kali-bi. kali-i. *Merc-c.* nit-ac.hr1,k sars.

Farbe:
– **blaß**: acet-ac.hr1,k,* acon.a1,k aeth.a1,k *Agar.*bg2,k,* alco.a1 *Alum.*h,k,* alum-p.k2 *Am-c.*hr1,k,* ambr.hr1,k anac.bg2,k,* *Ang.*bg2,k,* ant-c.hr1,k ant-t.hr1 anthraci. apis apoc.hr1,k,* aq-pet.a1 *Arg-met.* arg-n.bg2,k,* *Arn.*bg2,k,* *Ars.*hr1,k,* ars-h.hr1 *Arum-t.*hr1,k,* asaf.hr1,k,* asc-c.a1,hr1 astac.hr1 atro.hr1,k aur.bg2,k,* *Bell.*bg2,k,* *Berb.*a1,k bism.bg2,hr1 brach.hr1,k,* *Bry.*hr1,k,* bufo caj.a1 calad. calc.hr1,k *Calc-f.*hr1,k,* calc-i.k2 calc-s.a1 camph.hr1,k,* *Cann-i.*bg2,k,* canth.hr1,k,* caps.a1,k carb-ac.a1,k *Carb-v.*hr1,k,* carbn-s. carl.a1 *Caul.*hr1,k caust.bg2,hr1 cedr.a1,k *Cham.*hr1,k *Chel.*bg2,k,* *Chin.*bg2,k,* chinin-ar. chinin-s. cimic.hr1,k,* cina cinch.a1 *Clem.*hr1,k cob.hr1,k,* coc-c.a1,k cocc.bg2,k,* coch.a1,hr1 cod.a1 coff.hr1,k coff-t.a1 *Colch.*bg2,k,* *Coloc.*bg2,k,* **Con.**bg2,k,* cop.a1,k *Croc.*hr1 crot-t.hr1,k,* cund.a1 cycl.a1,k dig.bg2,k,* dros.hr1 dulc.bg2,k,* echi. elat.a1,hr1 equis-h. erig.hr1,k,* eup-per.hr1 eup-pur.a1,k euphr.hr1,k,* fago.a1 ferr.bg2,k,* ferr-i.a1,k ferr-p.a1,k fl-ac.a1,k gast.a1 gels.hr1,k glon.a1,k gnaph.a1 ham.a1,k hell.hr1,k hell-o.a1 hell-v.a1 helon.hr1,k,* *Hep.*bg2,k,* hydr.a1,k hyos.hr1,k,* *Ign.*bg2,k,* iod.bg2,k,* jac-c.a1 kali-ar. *Kali-br.*a1,hr1 kali-c.hr1,k,* kali-i.hr1,k,* kali-m.k2 **Kali-n.**bg2,k,* *Kreos.*bg2,k,* lac-ac.a1,k *Lac-d.*hr1,k lach.bg2,k,* laur.bg2,k,* **Led.** lil-t. linu-c.a1 *Lyc.*hr1,k,* macro.a1 *Mag-c.*h,k,* mag-m.hr1,k,* mag-s.a1,k med.k2 mela.a1 merc.hr1,k **Merc-c.**hr1,k,* mez.hr1,k,* morph.a1 mosch.hr1,k *Mur-ac.*bg2,k,* nat-ar. nat-c.hr1,k **Nat-m.**bg2,k,* nat-n.a1 nat-p.hr1,k,* *Nat-s.*hr1,k *Nit-ac.*hr1,k,* nit-m-ac.a1 nux-m.a1,k *Nux-v.*bg2,k,* oena.a1 ol-an.hr1,k,* olnd. op.hr1,k,* ox-ac.hr1,k,* par.hr1,k,* ped.a1 peti.a1 **Ph-ac.**bg2,k,* phel.hr1,k,* *Phos.*bg2,k,* phys.a1 phyt.hr1,k pic-ac.a1,k *Plan.*hr1,k,* plat.bg2,k,* plb.hr1,k,* podo.hr1 *Puls.*bg2,k,*

– **blaß**: ...
ran-s.al raph.al,k rat.al,hrl rheum *Rhod.*bg2,k,* *Rhus-t.*bg2,k,* samb.hrl sang.bg2,hrl sapin.al sarr.hrl **Sars.**h,k,* sec.bg2,k,* seneg.al,k sep.bg2,k,* sil.h,kl sin-n.al sol-t-ae.al spig.hrl spong.hrl squil.bg2,k,* stann.hrl *Staph.*bg2,k,* *Stram.*bg2,k,* *Stront-c.* sul-ac.bg2,k,* sulph.bg2,k,* tab.al,k tanac.al tarax.hrl,k ter.al,k teucr.bg2,k,* thuj.hrl,k,* til.al trif-p.al ust.al verat.al,k verat-v.hrl vib.hrl vinc.al,k wies.al zinc.bg2,k,* zing.hrl,k,*
• **nachmittags**: sars.h,kl
• **abends**: mag-c.h,kl
• **Fieber**; während: cedr. cham.
• **Kopfschmerzen** und Schmerzen im Herzen; bei: kali-c.hrl
• **Schweiß**; beim: arn. *Bell.* chin. con. ign. **Ph-ac.** phos. puls. rhus-t. stram. thuj.

– **bläulich**: nit-ac.
• **Indican**; enthält: pic-ac.

– **braun**: *Acon.*bg2,k,* alum. alumn.al,k *Ambr.*bg2,k,* ant-c.bg2,k,* ant-t.bg2 apis **Arn.**bg2,k,* **Ars.**bg2,k,* ars-h.hrl *Asaf.*bg2,k,* atro.al bar-c.bg2,k,* bell.bg2,k **Benz-ac.**bg2,k,* brom. **Bry.**bg2,k,* bufo calc.bg2,k,* camph.bg2,k,* *Carb-ac.*hrl,k,* *Card-m.*hrl,k,* carl.al *Caust.*bg2 cere-b.al **Chel.** **Chin.**bg2 *Cimx.*hrl,k coc-c.al,k *Colch.*bg2,k,* coloc.bg2,k,* *Con.*hrl,k cupr. *Dig.*bg2,k,* digin.al dros.bg2,k frax.al graph. *Hell.* hep. ip. kali-bi.bg2,k,* kali-i.al,k *Kreos.*bg2,k,* lach.bg2,k lact.al,k lil-t. lyc.al,k lyss.al *Manc.*hrl,k med.hrl merc.bg2,k,* **Merc-c.**bg2,k,* *Myric.*hrl,k,* nat-m. *Nit-ac.*bg2,k,* olnd.hrl,k op.al,k osm.al petr.bg2,k,* *Phos.*bg2,k,* plb.bg2,k,* prun.bg2,k,* *Puls.*bg2,k,* rhod.bg2 sal-ac.hrl *Sec.*hrl,k sep.bg2,k,* serp.al squil.bg2,k,* stann.hrl stram. sul-ac.bg2,k,* sulph.bg2,k,* tarent.hrl,k,* thuj.bg2 valer.bg2,k,* zinc.hrl,k
• **auszuwaschen**; schwierig: cadm-met.gml
• **Bier**; wie: *Ars.*hrl *Aspar.*hrl,k,* *Benz-ac.* *Bry.*hrl,k,* **Chel.** *Coloc.*hrl,k,* *Hyper.*hrl,k *Myric.*hrl phos.al,k puls.hrl,k stry.al,k **Sulph.**hrl,k
• **dunkel**: *Acon.*hrl,k aesc.al,k all-c. *All-s.*hrl,k *Ambr.*bg2,k,* ant-c.bg2 ant-t.bg2,k *Arn.*hrl,k,* *Ars.*hrl,k,* asaf.al,k *Bar-c.*hrl,k,* *Calc.*hrl,k,* camph.hrl,k,* *Carb-ac.*hrl,k,* *Caust.*bg2,k,* **Chel.**al,k *Colch.*bg2,k *Dig.*hrl,k,* *Eup-per.*hrl *Eup-pur.* *Graph.*hrl,k,* jatr-c. *Lach.*hrl,k *Lept.*hrl,k lup.al *Lyc.*al,k lyss.hrl *Merc.* nit-ac. nux-m.bg2 *Op.*hrl,k osm.hrl,k petr. phos.bg2,k,* *Plb.*al,k *Podo.*hrl,k *Psor.*hrl,k puls.bg2,k rhod.bg2 *Sec.*hrl,k,* **Sep.**hrl,k sin-a.al spirae.al sulph.al,k tab.al,k valer.bg2,k,* zing.hrl,k,*
  • **Pflaumensaft** oder pflaumenfarben; wie: sec.
• **Fieber**; während: *Acon.* arn. *Bell.* bry. carb-v. ip. lyc. *Nux-v.* puls. rhus-t. **Sep.** **Verat.**
• **gelblich**: *Ambr.*hrl,k card-m.hrl *Dig.*hrl,k lyss.hrl,k squil.h,kl
• **Gülle**, Kuhmist mit Wasser; wie: **Ars.**h,k,*
• **kastanienbraun**: eupi.al *Kreos.*hrl,k,*
• **Menses**; während: eupi. nat-m.al,k
• **rötlich**: ant-c.hrl,k bell.al,k **Benz-ac.**hrl,k,* *Canth.*al,k **Chel.**al,k dig. digin.al iod.al,k lyc.h,k,*

– **braun - rötlich**: ...
nat-ar. phos.al,k plb.hrl,k,* puls.hrl sep.hrl,k sul-ac.al,h,* sumb.al thuj.al verat.hrl,k
• **Schweiß**; beim: acon. ant-t. arn. **Ars.** bell. bry. *Calc.* canth. carb-v. hep. ip. *Merc.* puls. *Sel.* **Sep.** staph. *Sulph.* thuj. *Verat.*

– **dunkel**: **Acon.**bg2,k,* acon-f.al *Aesc.*hrl,k,* agar.al,k agn.al,k all-s.hrl,k,* aloe alum.hrl,k,* alum-p.k2 am-caust.al,k anag.hrl,k ang.al,k anil.al *Ant-c.*bg2,k,* **Ant-t.**bg2,k,* **Apis** apoc. aran.hrl arg-mur.al arg-n.al,k *Arn.*bg2,k,* *Ars.*bg2,k,* *Ars-i.* arum-d.al asaf.bg2,k,* asc-t.hrl,k astac.al atro.al bad.al bamb-a.stb2 bapt.al,k **Bell.**bg2,k,* **Benz-ac.**bg2,k,* berb.hrl,k,* bov.al,k brach.hrl,k,* brom.hrl,k,* **Bry.**bg2,k,* **Calc.**bg2,k,* calc-f.al,k calc-i.k2 *Calc-p.*bg2,k,* cann-i.bg2,k,* *Canth.*bg2,k,* caps.bg2,k,* *Carb-ac.*hrl,k *Carb-v.*bg2,k,* carbn-s. card-m. carl.al caust.bg2 cedr.al,k cer-s.al cere-b.al **Chel.**bg2,k,* chim.hrl,k *Chin.*bg2,k,* *Chinin-ar.* chinin-s. chlf.al chlol.al cic.al,k cimic.al,k cinch.al clem.al,k cob.al,k coc-c.hrl,k,* **Colch.**bg2,k,* coll.al con.al,k conch.al conv. cop.al,k **Crot-h.**hrl,k,* crot-t.hrl,k,* cub.al,hrl cund.al cupr. cur. cycl.al,k *Dig.*bg2,k,* digin.al dirc.al dros.bg2 echi. *Elat.*hrl,k,* **Equis-h.** erig.hrl,k,* ery-a.al,k eug.al,k *Eup-per.*hrl,k,* ferr.al,k ferr-ar. ferr-i.al,k ferr-p. form.al fuc.al gast.al gels.al,k get.al gins.al glon.al,k graph.bg2,k,* **Hell.**bg2,k,* *Hep.*bg2,k,* *Hydr.*hrl,k hyos.al,k hyper.al,k ign.al,hrl *Iod.*bg2,k,* *Ip.*bg2,k,* iris *Jab.*hrl,k,* kali-ar.al,k kali-bi.al,k kali-br.al kali-c.bg2,k,* *Kali-i.*hrl,k kali-m.k2 kali-n.al,k kali-p. **Lac-ac.**al,k *Lac-d.*hrl,k **Lach.**bg2,k,* lepi.al *Lil-t.*hrl,k,* lina.al *Lith-c.* *Lyc.*bg2,k,* lyss.hrl marb-w.es1 med.hrl,k2 menis.al **Merc.**bg2,k,* **Merc-c.**hrl,k *Merc-i-f.*al,k *Merc-i-r.*hrl,k,* merc-n.al mez.al,k mill.al,k mit.al morph.al *Mur-ac.*hrl,k *Myric.*hrl,k,* *Nat-ar.* *Nat-c.*bg2,k,* *Nat-m.*hrl,k,* nat-p.hrl,k,* nat-s.al,k nit-ac.bg2,k,* *Nux-m.* *Nux-v.*bg2,k oena.al op.bg2,k,* osm.al pall.hrl,k par.bg2,k,* petr.bg2,k,* ph-ac.hrl,k,* *Phos.*bg2,k,* pic-ac.al,k **Plb.**bg2,k,* plect.al *Podo.*hrl,k polyp-p.al *Ptel.*hrl,k,* *Puls.*bg2,k,* rhod.bg2 rhus-g.al *Rhus-t.*hrl,k,* ric.al sabad. sabin.al,k samb.al,k sang.al,k sapin.al sars.al,k *Sec.*hrl,k,* **Sel.**k,k2,* senec.hrl,k,* seneg.hrl,k,* **Sep.**bg2,k,* serp.al sin-a.al sin-n.hrl sol-t-ae.al spig.hrl,k squil.bg2 stach.al stann. *Staph.*bg2,k,* still.al stram.al,k stront-c. sul-ac.bg2,k sul-i.k2 *Sulph.*bg2,k,* tab.al,k tanac.al tarax.al,k tell.al,k **Ter.**bg2,k,* thuj.hrl,k,* trif-p.al uran-met. ust.al vac.al valer.al,k **Verat.**bg2,k,* *Verat-v.*hrl,k,* vip.al,k wies.al xan.al,k zinc.hrl,k,* zinc-p.k2 zing.
• **morgens**: **Chel.**al,k mez.al,k sang.al,k seneg.al,k
• **abends**: digin.al osm.al ruta sang.al,k thuj.al,k
• **Menses**; während: nat-m.al,k sars.al,k

– **gelb**:
• **dick** und trübe wie faule Eier: daph.brl
• **dunkel**: absin.brl *Aesc.* agar. am-caust.al *Arg-n.*al,k *Ars.* berb. *Cedr.* **Chel.**al,k clem.al *Con.* ferr.al *Hep.*h,k,* *Kali-c.*hrl,k *Nat-c.* petr.h,kl *Sang.* staph.al,k
• **goldgelb**: mang.h phos.h
• **hell**: acon. *Agar.*bg2,k *Aloe* alum.bg2 am-c.bg2 *Am-m.* ang.bg2,k *Ant-c.*bg2,k,* apis apoc.al,k arg-n.al

– **gelb - hell**: ...
*Arn.*bg2 ars.bg2,k,* **Aur.**bg2,k,* bar-m. *Bell.*bg2,k,* berb.hr1,k,* bov.bg2 *Bry.*bg2 bufo cact. camph. *Cann-s.* canth.bg2 carb-an. carb-v.bg2,k,* *Cham.*bg2,k chel.bg2,k chin.bg2,k colch.bg2,k,* *Crot-t.*a1,k *Daph.*bg2,k,* hydr-ac. *Hyos.*bg2,k iod.bg2,k *Ip.*bg2 jatr-c. kali-bi. kali-n.bg2,k kalm. **Lach.**bg2,k *Lact.* laur.bg2,k,* led.bg2,k mag-m.bg2,k,* mang.bg2 *Nat-c.*bg2,k nat-s.k2 nit-ac. petr.bg2 phos.a1 plb. prun.bg2 raph. sabad.bg2 samb.bg2,k sarr.hr1 *Sars.*bg2 seneg.bg2 **Sep.**bg2,k sin-n.hr1 thuj.a1,hr1 verat.h,k,* vinc.hr1 zinc.bg2,k,*

• **hellgelb**: sars.h,k1

• **orange**: absin.a1 am-m. androc.srj1 ang.bg2,k,* ars-h.hr1 carb-an.a1,k *Cina* coloc.a1 crot-t.hr1,k,* cupr-ar.a1,k *Lept.*hr1 lyc.k,k12● nit-ac.h ol-an.a1 phos.a1,k plan.a1,k plb.a1,k santin. seneg.a1,k til.a1 zinc.a1,k

• **safranfarben**: aloe ars-s-r.hr1 *Cina* form.a1 kali-p. oci.a1 santin.

• **strohgelb**: alum.h

• **Wein**; wie: mez.a1,h,*

• **zitronengelb**: agar.hr1,k,* ambr.bg2,k,* bell.bg2,k,* *Chel.*hr1,k,* coc-c.a1,k eupi.a1,k gins.a1 ign.bg2,k,* lac-ac.a1 lyc.a1 nat-c.a1,k op.bg2,k,* plb.a1 santin. syph.hr1 tab.a1,k zinc.hr1,k,*

– **grünlich**: anac.bg2 apis *Ars.*bg2,k,* *Aur.*bg2,k,* bapt.hr1,k bell.bg2,k,* berb.bg2,k,* bor-ac.bg2 bov.bg2,k,* calc.bg2,k **Camph.**bg2,k,* *Carb-ac.*bg2,k,* cer-s.a1 *Chel.*hr1,k *Chim.*hr1,k,* *Chin.*bg2,k,* *Chinin-ar.* chinin-s. *Cina Colch.*hr1,k *Cop.*hr1,k crot-h. cupr.bg2 dig. hyos.bg2 *Iod.*bg2,k,* irisbg1 kali-ar. *Kali-c.*bg2,k,* *Mag-c.*h,k,* mag-s.hr1,k,* mang.hr1,k merc. **Merc-c.**bg2,k nat-m.bg2,k,* *Nit-ac.*hr1,k ol-an.bg2,k,* ped.a1 phel.hr1,k,* phos.bg2,k,* *Rheum Rhod.*bg2,k,* *Ruta* sal-ac.bg2 seneg.bg2,k,* sul-ac. sulph.bg2,k,* uran-met. *Verat.*bg2,k,*

• **nachmittags**: mag-c.h,k1

• **dunkel**: anac.a1,k *Carb-ac.*a1,k nat-m.a1,k *Santin.*

• **hell**: bapt.hr1,k cina

• **schwarz**: kali-chl. kali-m.k2

– **Kaffee**; wie: apis berb. cob. kali-n.a1,k lac-c.hr1,k *Lach. Nat-m.*hr1,k,* phyt.hr1,k

• **Blut**; durch Beimischung von: kali-n.

– **lehmfarben**: agar. anac. berb. cor-r. laur. nat-m. sabad. sars. **Sep.** sul-ac. zinc.

• **Schütteln**; beim: anac.

• **Stehenlassen**; beim: cham. ferr-ma. laur.

– **mahagonifarben**: aesc.a1,k *Eup-per.*hr1,k phyt.bg2 plb.a1,k

– **milchig**

☞ *Milchig*

– **ockergelb**

☞ *gelb*

– **oliv**, milchig: pic-ac.a1,k

– **orange**

☞ *gelb - orange*

– **rauchig**: carb-ac.a1,k crot-h.hr1,k nat-hchls. **Ter.**hr1,k

– **rosa**: nat-s.k2

– **rot**: absin.a1 *Acon.*bg2,k,* *Aesc.*hr1,k aeth.hr1,k,* agar.hr1,k,* agn. *All-c.*hr1,k,* aloe *Alum.*h,k,* alumn.hr1,k am-caust.a1 am-m.bg2,k,* *Ant-c.*bg2,k,* *Ant-t.*bg2,k,* *Apis Arg-n.*a1,k *Arn.*bg2,k,* ars.a1,k ars-h.a1,hr1 ars-i. art-v.hr1 arund.a1,hr1 asc-t.hr1,k,* aur.bg2,k,* aur-ar.k2 aur-m.a1 aur-s.a1,c1 bad.hr1,k,* *Bapt.*bg2,k,* *Bell.*bg2,k,* **Benz-ac.**bg2,k *Berb.*bg2,k,* bond.a1 *Bov.*hr1,k **Bry.**bg2,k,* bufo *Cact.*hr1,k,* calad. calc.bg2,k calc-i.k2 *Camph.*bg2,k,* cann-i.a1,k cann-s.bg2,k,* **Canth.**bg2,k,* caps.bg2,k,* carb-ac.hr1,k *Carb-an.*hr1,k,* *Carb-v.*bg2,k,* carbn-s. caust.bg2,k,* cedr.a1,k *Chel.*hr1,k,* chin.bg2 clem.a1,k coc-c.a1,k cocc.a1,k coff.a1,k *Colch.*bg2,k,* coloc.bg2 con.bg2,k,* *Cop.*hr1,k,* corn.a1 *Crot-h.*hr1,k,* crot-t.hr1,k,* cupr.bg2,k,* cycl.a1,k daph.bg2,k,* dig.h,k,* digin.a1 dros.bg2 *Dulc.*bg2,k,* elaps epil.a1 equis-h. ery-m.a1 ferr.hr1,k,* ferr-ar. ferr-i.k2 ferr-ma.a1 ferr-p. gnaph.a1 *Grat.*hr1,k,* haem.a1 hell.bg2 *Hep.*h,k,* *Iod.*hr1,k,* ip.h,k,* iris kali-ar. *Kali-bi.*bg2,k,* *Kali-c.*bg2,k,* kali-i.hr1,k kali-m.k2 kali-n.hr1,k,* kali-s. kali-sil.k2 kreos.hr1,k,* lac-ac.a1 lach.bg2,k,* lachn.a1,k laur. led.a1,k *Lept.*hr1,k,* lil-t. *Lith-c.* lob.hr1,k,* *Lyc.*h,k,* mela.a1 *Merc.*h,k,* merc-c.a1,k merc-i-f.hr1,k merc-i-r.hr1,k,* mez.h,k,* mill.a1 *Mur-ac.*hr1,k nat-m.hr1,k,* nat-p.a1,k *Nux-v.*bg2,k,* **Oci.**a1 oena.a1 ol-j.a1 *Op.*bg2,k,* par.bg2,k,* ped.a1 petr.h,k,* phos.h,k,* phyt.hr1,k pic-ac.hr1,k,* *Plat.*h,k,* plb.bg2,k,* plumbg.a1 podo.a1,k ptel.a1 puls.h,k,* rheumc2,k rhus-r.a1,k *Rhus-t.*hr1,k sabin.hr1,k sang.a1,k *Sars.*bg2,k,* *Sel.*bg2,k,* senec.hr1,k seneg.hr1,k **Sep.**h,k,* *Sil.*bg2,k,* sol-t-ae.a1 spira.a1 squil.bg2,k,* staph.h,k,* **Stram.**hr1,k sul-ac.h,k,* sul-i.k2 *Sulph.*h,k,* sumb.hr1,k,* tab.a1,k tax.a1,k *Ter.*hr1,k,* thuj.hr1,k,* tong.a1 tub.hr1,k ust.a1 verat.bg2,k verin.a1 vesp.hr1 voes.a1 zinc.hr1,k,*

• **abends**: **Sel.**hr1,k,* sulph.a1,h

• **blutrot**: aesc. apis bell.bg2,k,* *Berb.*a1,k *Calc.*bg2,k *Carb-v.*bg2,k *Cham.*hr1,k coff.bg2,k,* *Crot-h.*hr1,k crot-t.hr1,k,* ferr.hr1,k,* *Hell.*hr1,k *Hep.*h,k,* *Kali-i.*hr1,k merc.bg2,k petr.h,k,* pic-ac.hr1,k rhus-t.bg2,k,* *Sep.*h,k,* sul-ac.bg2

• **bräunlichrot**: *Ant-c.*h,k,* *Ant-t.*hr1,k,* apis apoc. bell.hr1 *Chel.*hr1,k,* coc-c.a1,k *Hep.*h,k,* *Kali-pic.*a1,c1 *Lac-ac.*hr1,k lyc.h,k1 merc.h,k,* plb.a1,k puls.h,k,* rhod.a1,k sul-ac.a1 sulph. sumb.a1 thuj.a1 til.a1

• **dunkelrot**: acon.bg2 aesc. aloe ant-c.bg2,k ant-t.bg2,k,* *Arg-n.*hr1,k *Arn.*bg2 ars-h.a1,hr1 *Bapt.*hr1,k,* bell.bg2 *Benz-ac.*hr1,k *Bry.*bg2 caj.a1 *Carb-v.*bg2,k,* cedr.a1,k clem.a1,k cob.a1,k *Cop.* *Crot-h.*hr1,k crot-t.a1 *Cupr.*hr1,k cupr-ar.a1 *Cycl.*a1,hr1 dor.a1 *Ferr.*hr1,k,* grat.a1,k *Hep.*hr1,k ip.hr1,k jug-r.a1 *Lob.* *Lyc.*hr1,k *Merc.*h,k,* merc-i-f.hr1,k merc-i-r. nat-p.hr1 nat-s.hr1,k nux-m.bg2 op.bg2,k,* *Pareir.*hr1,k phos.a1,k phyt. pic-ac.a1 *Plan.*a1,k plb.a1,k polyg-h. puls.h,k,* rheum sec.a1,k **Sep.**hr1,k,* *Squil.*hr1,k staph.bg2,k,* sul-ac. tab.a1,k tarent.hr1,k,* tell.a1,k ter.hr1 thuj.a1,k valer.bg2,k,*

• **nachts**: crot-t.a1 mosch.

• **feuerrot**: *Acon.*bg2 agar.a1 ars. bell. *Bry.*bg2 camph. *Cann-s.*bg2 chin. colch.a1,bg2 crot-t.a1,k

– **rot - feuerrot**: ...
*Kali-c.*al,hr1 merc.h,k,* par.al,bg2 plb.bg2,k,* sars.al sel. sul-ac.al
• **Fieber**; mit: *Nux-v.*
• **hellrot**: am-m.al,k bov.hr1,k sumb.al upa.al
• **klar**; und: *Acon.* chel.
• **rötlichgelb**: acon. berb.al cycl.al daph. myris.al nat-m.al ptel.al sumb.al tab.al *Thuj.*al tong.al
• **Schweiß**; mit: cedr.
• **Stehenlassen**; beim: dig.h
• **tiefrot**: alco.al ant-c. ant-t. *Bell.*al benz-ac.al carb-v. cedr.al cob.al cupr. hep. lob. *Merc.* phal.al phyt. plb.al *Rhus-r.* sul-ac. sumb.al tell.al
• **Wolke**; wie eine rote: ambr.c1

– **schwarz**: ang.hr1,k arn.k2 *Ars.*bg2,k,* *Ars-h.*hr1,k,* ben-d.c2 *Canth.*bg2,k,* **Carb-ac.**bg2,k,* chion.hr1,k cina **Colch.**bg2,k,* *Dig.*bg2,k,* erig.hr1,k *Hell.*bg2,k,* kali-ar. *Kali-c.*bg2,k,* *Kali-chl.*bg2,k,* kali-m.k2 kreos.bg2 **Lach.**bg2,k,* merc-c.bg2,k,* *Nat-m.*bg2,k,* *Pareir.*hr1,k *Phos.*bg2,k,* sec. **Ter.**bg2,k,* verat.
• **Tinte**; wie: arn. **Colch.**hr1,k sec.k2

– **schwärzlich**: kali-c.hr1,k
– **Sherry**; wie: apoc.hr1,k,* squil. sulph.al,k
– **violett**: apis indg.al,k *Mur-ac.*hr1,k nux-m.
– **weiß**: *All-s.*hr1,k,* alum.h,k,* alumn.al,k am-c.bg2,k,* ambr.al,k ang.bg2,k,* arn.bg2,k,* aur.bg2 bapt.al,k bell.bg2,k,* berb. bry.hr1,k cann-s.bg2,k,* canth.bg2,k,* carb-v.bg2 *Caust.*bg2,k,* cham. *Chel.*hr1,k,* *Chin.*bg2,k,* cina *Coloc.*hr1,k con.bg2,k,* cycl.bg2,k,* *Dulc.*bg2,k,* elae.al ferr. ferr-i.k2 hep.bg2 iod.bg2 lac-ac.al,k lepi.al lyc.al,k *Manc.*al,hr1 marb-w.es1 merc.bg2,k mur-ac.bg2 nat-m.bg2,k nit-ac.bg2 *Nux-v.*hr1 **Ph-ac.**bg2,hr1 phos.bg2,k,* plan.al,k *Psor.*hr1 *Rhus-t.*bg2,k,* sars.bg2 sec.bg2,k *Spong.*hr1,k *Sulph.*bg2,k,*
• **morgens**: lac-ac.al,k
• **Kreide** vermischt; wie mit: merc. *Ph-ac.* **Phos.**
  • **gallertartig**: cina *Coloc.*
  • **Stehenlassen**; beim: nit-ac.

Farblos: acon-l.al *Agar.*hr1,k alum.al,k anac. ang. apis *Apoc.*hr1,k arum-m.hr1 atro.al bar-c. bell.hr1,k,* berb. calen.al,hr1 camph.hr1,k,* **Cann-i.**hr1,k,* carb-ac.al,k *Caust.* *Cham.*hr1,k coc-c. cod.hr1 *Coff.*hr1,k coff-t.al con. crot-h.hr1,k *Dig.* digin.al *Ferr.*al,k **Gels.** hyos. hyosin.al indg.al kali-n. *Kreos.*hr1,k,* *Lac-d.*hr1 laur.al,k lil-t. lith-c. *Lycps-v.* lyss.hr1 *Mag-p.* med.hr1,k mosch.hr1,k *Murx.* nat-ar. **Nat-m.**hr1,k *Nux-v.*hr1,k ol-an.al *Ph-ac.*hr1,k *Phos.*hr1,k,* *Plan.*hr1,k,* *Puls.*bg2,k,* rhus-t. rumx. *Sang.* sarr.hr1,k *Sars.*hr1,k,* **Sep.**hr1,k,* *Sil.*hr1,k squil.al,k stram. *Sulph.*hr1,k ust.hr1,k verat.al,k zing.hr1,k
– **morgens**: kreos.bg2,hr1
– **Menses**; während: *Cham.* ph-ac. vib.
– **Schmerzanfällen**; bei den: phos.h

Fetthäutchen
☞ *Häutchen*

Flockig
☞ *Sediment - flockig*

Galle; enthält: *Acon.* astac.al *Card-m.*hr1,k,* cean.bg2,gk2 *Chel.*bg2,k **Chion.** *Con.*hr1,k *Crot-h.* cupr-s.al,k kali-i.al,k lept.bg2 *Mag-m.*hr1,k *Merc.* *Myric.*hr1,k *Nat-s.*hr1,k *Nit-ac.*hr1,k osm.al,k phos.al,k *Sang.* *Sep.*al,k sulph.hr1,k uran-met. valer.bg2,k,*

Gallertartig, klumpig beim Stehenlassen: berb.bg2 cina *Coloc.*bg2,k,* crot-h. ph-ac.bg2,k *Puls.*bg2

Geruch:
– **ammoniakalisch**: aloe am-caust.al,k am-m.hr1,k ant-t.bg2 **Asaf.**bg2,k,* *Aur.*bg2,k,* bell.bg2,k,* benz-ac.bg3,k2 borx. brom.bg2,k,* bufo cain. *Calc.*k,vh,* carb-ac.bg2,k *Carb-v.*bg2,k,* chel.hr1,k chinin-s. coc-c.hr1,k,* dig.bg2,k,* *Dulc.*hr1,k equis-h. *Ferr.*bg2,k,* ferr-p. graph.bg2,k,* **Iod.**bg2,k,* kreos.bg2,k,* *Lach.*bg2,k,* lyc.bg2,k,* *Merc.*hr1,k merc-c.bg2 **Mosch.**bg2,k,* *Nit-ac.*bg2,k,* pareir.bg2,k,* *Petr.*bg2,k,* *Phos.*bg2,k,* puls.bg2,k rhod.bg2,k,* sil.hr1,k stach.al stront-c. sumb.al,k tab.bg2,k,* *Tub.* viol-t.bg2,k,*
• **Kindern**, Kleinkindern; bei: *Calc.*vh *Iod.*
– **aromatisch**: benz-ac.bg2,k,* bor-ac.bg2 carb-ac.bg2,k,* eup-pur.bg2,k,* onos.bg2
– **Eier**; wie faule: bamb-a.stb2 *Daph.*br1,k
– **faulig**: aloe ars.hr1,k aur.hr1,k *Aur-m.* bamb-a.stb2 bapt.k2 bar-m. *Benz-ac.*hr1,k *Calad.* **Calc.** carb-an. carb-v. coc-c.hr1,k coloc. daph. hell. hydr. mur-ac.k2 nat-c. *Ph-ac.* pulx.br1 pyrog.k2 *Sep.*bg2,k,* spirae.al tarent.k2 trop.bro1,c1
• **abends**: *Calad.*
• **Fieber**; während: ph-ac.
• **Menopause**; während der: **Sep.**vh
– **Fisch**; wie: astac.hr1,k ol-an.bg2,k,* uran-met. *Uran-n.*c2
– **Fischlake**; wie: bufo ol-an.bg3
– **Fleisch**; wie rohes: bamb-a.stb2
– **Himbeeren**; nach: sul-i.al,k2
– **Horn**; wie verbranntes: arum-m.
– **Kaffee**; wie: berb.hr1,k
– **Kamillentee**: sulph.c1
– **Katzenharn**; wie: aspar.hr1,k,* borx.h caj.al,k vib. *Viol-t.*bg2,k,*
– **Knoblauch**; wie: cupr-act.bro1 kalag.br1 phos.h
– **kräftig**: absin.br1 aesc. aloe am-m.al,k ambr.bg2 *Ant-t.*hr1,k arg-n.al,k **Asaf.**bg2,k,* *Aspar.*hr1,k,* *Aur.* bamb-a.stb2 bar-m.k2 **Benz-ac.**bg2,k,* bond.al *Borx.*c2 bufo calad. *Calc.*h,k,* calc-f. calc-p.al,k calo.al carb-ac.bg2,k,* *Carb-v.*bg2,k,* cere-b.al chel.al,k **Chin.**bg2 chin-b.hr1 **Chinin-s.** cob.hr1,k,* conv. cupr-ar.hr1 dig.al,k digin.al dros.bg2,k *Dulc.* erig.hr1 *Ferr.*bg2,k *Fl-ac.*bg2,k,* fuc.al hydr.al,k hydrog.srj2 hyper.al **Iod.** iris kali-bi.al,k kreos.al,k *Lach.*hr1,k lil-t.al,k linu-c.al *Lyc.*al,k med.hr1,k *Merc.*hr1,k merc-c.al,k mez.al,k **Mosch.** nat-m.al,k **Nit-ac.**bg2,k,* nux-m.al,k osm.al ped.al *Petr.*bg2,k *Phos.*bg2,k,* phys.al pic-ac.al,k pin-s.al,c2 plan.al *Sep.*al,k stach.al stram.al,k sulph.al,k *Sumb.* ter.hr1 *Thuj.*hr1,k,* til.al tub. valer.al,k zinc. zing.hr1,k,*
• **Menses**:
  • **vor**: merc.
  • **während**: *Nit-ac.*hr1,k

– **kräftig**: ...
• **Urin**; intensiv nach: **Benz-ac.**
– **Mäusen**; wie von: bry.$_{bg1}$
– **modrig**: am-m. camph. phys. sulph.
– **Moschus**; wie: oci.$_{a1,k}$
– **Muskat**; wie: nux-m.$_{bg2,k}$
– **ohne**
☞ *Geruchlos*
– **Pferdeharn**; wie: absin.$_{a1,k}$ *Benz-ac.*$_{bg2,k}$ *Nat-c.*$_{bg2,k,*}$ **Nit-ac.**$_{bg2,k,*}$ phos.
– **säuerlich**: *Ambr.*$_{bg2,k,*}$ benz-ac.$_{bg2,k,*}$ *Calc.*$_{bg2,k,*}$ canth.$_{bg2}$ chel.$_{hr1,k,*}$ coc-c.$_{bg2}$ colch.$_{hr1}$ *Graph.*$_{bg2,k,*}$ hep. *Merc.*$_{bg2,k,*}$ *Nat-c.*$_{bg2,k,*}$ nit-ac.$_{bg2}$ ox-ac.$_{bg2}$ petr.$_{bg2,k,*}$ plb.$_{bg2}$ sars.$_{bg2}$ **Sep.**$_{bg2,k,*}$
– **scharf**, beißend: am-c. *Asaf.* benz-ac.$_{k2}$ **Borx.** cain.$_{bro1}$ *Calc.* calc-f. camph. cann-s. caust. clem. *Cob.* cop.$_{br1}$ *Fl-ac.* graph. hep. *Lyc.* merc. nit-ac. par. rhod. *Rhus-t.* sep.$_{h}$ stram. thuj.
– **schrecklicher** Geruch beim Stehenlassen: **Ind.**$_{vh}$
– **Schwefel**; wie: bamb-a.$_{stb2}$ phos.$_{h}$
– **Schweinefleisch**; wie frisches: bamb-a.$_{stb2}$
– **süßlich**: aeth.$_{bg2,k,*}$ *Arg-met.* arg-n. ferr-i.$_{bg2,k,*}$ hyper.$_{bg2,k,*}$ kali-act. *Lact.*$_{bg2,k}$ *Nux-m.*$_{bg2,k,*}$ *Ter.*$_{bg2,k,*}$
– **Tabak**; wie: nit-ac.$_{a1,k}$ tab.$_{a1}$
– **Übelkeit** erregend: zinc.$_{bg1}$
– **übelriechend**: agar.$_{bg2,k,*}$ aloe ambr.$_{bg2,k,*}$ ant-t.$_{hr1,k,*}$ **Apis** *Arg-met.* **Arn.**$_{hr1,k,*}$ *Ars.*$_{bg2,k,*}$ ars-i. ars-s-f.$_{k2}$ asaf.$_{hr1,k}$ *Asar.* *Aspar.*$_{bg2,k,*}$ *Aur.* aur-ar.$_{k2}$ aur-i.$_{k2}$ aur-m.$_{hr1,k}$ aur-s.$_{k2}$ **Bapt.**$_{bg2,k,*}$ *Bar-m.*$_{hr1,k}$ **Benz-ac.**$_{bg2,k,*}$ *Borx.* bufo caj.$_{a1}$ *Calad.*$_{hr1,k}$ **Calc.**$_{bg2,k,*}$ calc-i.$_{k2}$ camph.$_{bg2,k,*}$ *Carb-ac.*$_{bg2,k,*}$ *Carb-an.*$_{hr1,k}$ **Carb-v.**$_{bg2,k,*}$ *Carbn-s.* *Caust.*$_{hr1,k}$ chen-v.$_{a1,hr1}$ *Chim.*$_{hr1,k}$ chin. chinin-ar. clem.$_{a1,k}$ colch. coloc.$_{bg2,k,*}$ conv.$_{br1}$ cupr.$_{bg2,k,*}$ daph.$_{hr1,k,*}$ der.$_{a1}$ dig.$_{a1,k}$ dros.$_{bg2,k,*}$ **Dulc.**$_{bg2,k,*}$ fl-ac.$_{bg2,k,*}$ *Graph.*$_{hr1,k}$ *Guaj.*$_{bg2,k,*}$ hell. hep. hydr.$_{a1,k}$ hyper.$_{hr1,k}$ *Ind.*$_{hr1,k,*}$ iod.$_{a1,k}$ iris kali-ar. kali-bi. kali-br.$_{a1,k}$ *Kali-c.*$_{hr1,k}$ *Kali-i.*$_{a1,k}$ *Kali-p.* *Kali-s.* *Kreos.*$_{bg2,k,*}$ lac-c.$_{bg1}$ lach.$_{bg2,k}$ *Lyc.*$_{bg2,k,*}$ med. *Meph.*$_{hr1,k}$ *Merc.*$_{bg2,k,*}$ mosch.$_{k2}$ *Murx.*$_{hr1,k}$ *Nat-ar.* *Nat-c.*$_{bg2,k,*}$ nat-m. nat-p. nat-s. **Nit-ac.**$_{bg2,k,*}$ *Nux-v.*$_{hr1,k}$ op.$_{a1,k}$ *Petr.*$_{bg2,k,*}$ *Ph-ac.*$_{bg2,k,*}$ *Phos.*$_{bg2,k,*}$ plb.$_{hr1,k}$ *Puls.*$_{bg2,k,*}$ pyrog. *Rhod.*$_{bg2,k,*}$ sal-ac.$_{hr1,k}$ sec.$_{hr1,k,*}$ seneg.$_{bg2}$ **Sep.**$_{bg2,k,*}$ stann.$_{bg2,k,*}$ stram.$_{bg2}$ stront-br.$_{c2}$ sul-i.$_{k2}$ **Sulph.**$_{bg2,k,*}$ tab.$_{a1,k}$ tarent.$_{hr1,k,*}$ *Ter.*$_{hr1,k}$ tril-p. trop.$_{c2}$ tub-r.$_{vn,zs}$ uran-met. urin.$_{c1}$ vario.$_{hr1,k}$ *Verat-v.*$_{hr1,k}$ **Viol-t.**$_{bg2,k,*}$
• **Fieber**; während: arg-met. kreos. *Lyc.* *Merc.* *Ph-ac.* rhus-t. squil. staph. sulph.
• **Menses**; während: *Nit-ac.*$_{hr1,k}$ sep.
• **Schweiß**:
• **während**: ars. carb-v. dulc. nit-ac. ph-ac. puls. *Sep.* thuj. viol-t.
• **Fußschweiß**; wie: sulph.
– **Veilchen**; nach: clem.$_{bg2,k,*}$ cop.$_{bg2,k,*}$ cub.$_{hr1,k}$ eucal.$_{a1,hr1}$ inul.$_{hr1,k,*}$ lact.$_{a1,k}$ lipp.$_{a1}$ nux-m.$_{bg2,k,*}$ osm.$_{bg2,k,*}$ phos.$_{h,k,*}$ salol.$_{bg1,c1}$ sel.$_{bg2,k,*}$ ter.$_{bg2,k,*}$
• **abends**: osm.$_{hr1,k,*}$
– **veränderlich**: *Benz-ac.*

Geruch: ...
– **Zwiebeln**; wie: bell.$_{bg2}$ cupr-ar.$_{bg2,k,*}$ gamb.$_{hr1,k}$ phos.$_{h,k,*}$

Geruchlos: ambr.$_{bg2,h}$ bell.$_{hr1,k}$ camph.$_{hr1,k,*}$ *Cedr.*$_{hr1,k}$ chlol.$_{hr1,k,*}$ coc-c.$_{a1,k}$ dros.$_{bg2,k,*}$ gast.$_{a1}$ gnaph.$_{a1}$ kali-cy.$_{a1,k}$ mela.$_{a1}$ senec.$_{a1,k}$ *Spong.*$_{hr1,k}$ til.$_{a1}$

Gewicht; spezifisches:
– **vermehrt**: apoc.$_{a1,k}$ **Arn.**$_{hr1,k,*}$ ars-s-f.$_{k2}$ asc-c.$_{a1,br1,*}$ aur-m. *Benz-ac.*$_{hr1,k}$ brach.$_{a1}$ calc. *Calc-p.* canth.$_{a1,k}$ chim. coc-c.$_{a1,k}$ **Colch.**$_{a1,k}$ coloc.$_{a1,k}$ dig.$_{hr1,k,*}$ elat.$_{a1,k}$ erech.$_{a1}$ *Eup-pur.*$_{hr1,k,*}$ *Ferr.*$_{a1,k}$ ferr-p. *Helon.*$_{hr1,k,*}$ iod.$_{a1,k}$ jab.$_{a1}$ *Kali-act.* kali-br.$_{a1}$ *Kali-p.* lac-d.$_{k2}$ led.$_{k2}$ *Merc.*$_{a1,k}$ merc-n.$_{a1}$ mit.$_{a1}$ morph.$_{a1,k}$ mur-ac.$_{a1,k}$ myric.$_{a1}$ nat-ar. nat-n.$_{a1}$ *Nat-s.* nit-ac. onos. ph-ac. *Phos.*$_{a1,k}$ *Phyt.*$_{hr1,k,*}$ pic-ac.$_{hr1}$ ptel.$_{a1}$ *Puls.*$_{hr1,k}$ sapin.$_{a1}$ sarr.$_{hr1,k,*}$ senec.$_{hr1,k,*}$ sep.$_{a1,k}$ sul-ac.$_{a1,k}$ tab.$_{a1,k}$ tell.$_{a1,k}$ trif-p.$_{a1}$ tub.$_{c1}$ uran-met. yuc.$_{a1}$ zinc. zinc-m.$_{a1}$
◆ **abwechselnd** mit:
• **vermindertem** spezifischem Gewicht: benz-ac.$_{k2}$
– **vermindert**: alco.$_{a1}$ apoc.$_{a1,k}$ ars-s-f.$_{k2}$ asc-c.$_{a1}$ brach.$_{hr1,k,*}$ chlf.$_{a1,k}$ cimic.$_{hr1,k,*}$ coff.$_{a1,k}$ colch.$_{a1,k}$ dig. digin.$_{a1}$ equis-h. ery-a.$_{hr1}$ ferr-i.$_{k2}$ helon.$_{a1,k}$ jab.$_{a1}$ kali-ar. merc. *Merc-c.*$_{a1,k}$ morph.$_{a1,k}$ murx. nat-ar. nat-m.$_{a1,k}$ *Phos.*$_{a1,k}$ **Plb.**$_{hr1,k,*}$ quas.$_{a1}$ sapin.$_{a1}$ sulph.$_{a1,k}$ uran-met. verat-v.$_{hr1,k,*}$ vib.$_{hr1}$

Hämaturie
☞ *Blutig*

Harnsteine
☞ *❑ Blase - Blasensteine* | *❑ Nieren - Nierensteine*

Häutchen bildet sich auf der Oberfläche; ein (= einschließlich Fetthäutchen): agar. *All-c.* alum. alum-p.$_{k2}$ *Alumn.* arg-n. aspar.$_{bg1}$ bell. bor-ac.$_{bg1}$ calad. *Calc.* calc-i.$_{k2}$ canth. chin. chinin-s. cob.$_{bg1,k}$ com. crot-t. *Dulc.* *Graph.* *Hep.* iod. kali-ar. kali-bi. lac-ac. laur. *Lyc.* *Med.* merc-c. op. **Par.** *Petr.* ph-ac. *Phos.* pic-ac.$_{bg1}$ plb. *Psor.* puls.$_{bg1}$ rumx. *Sars.* **Sep.** sin-a. sol-t-ae. sul-ac. *Sulph.* *Sumb.* thuj. verat. verat-v. zinc.
– **schillernd** ●: agar. **All-c.** alumn. bapt. bell. canth. chin. coca *Cycl.* *Graph.* *Hep.* *Iod.* op. **Par.** *Petr.* **Phos.** *Puls.* *Sars.* sep. sin-a. *Sulph.* thuj.
• **bläulich**: alumn.
– **weißlich**: arg-n. kali-bi. merc-c. plb. sep.
• **morgens**: arg-n.

Hefeartig: *Caust.*$_{bg2,k,*}$ mag-m.$_{a1}$ mosch.$_{a1}$ *Raph.*$_{hr1,k,*}$

Heiß
☞ *Brennend*

Indican; enthält: alf.$_{bro1}$ nit-ac. pic-ac.

Inhaltsstoffe vermindert sind, vermehrt sich der Stuhlgang; wenn die: colch.$_{a1,k}$

Kalt: agar.$_{bg2,k}$ *Nit-ac.*$_{bg2,k,*}$

Klar wie Wasser

☞ *Wäßrig*

Milchig: *Agar.*$_{bg2,k,*}$ *Alum.*$_{bg2,k}$ ambr.$_{h,kl}$ ant-t.$_{bg2}$ **Apis** arn. **Aur.**$_{h,k,*}$ *Aur-m.*$_{hr1,k}$ berb. bov. caj.$_{a1,k}$ *Calc.*$_{hr1,k}$ cann-s.$_{bg2,k}$ caps. *Carb-v.*$_{bg2,k,*}$ card-m. caust. chin.$_{bg2}$ chinin-s. *Cina*$_{c2,k}$ clem.$_{bg2,k,*}$ *Coloc.*$_{hr1,k}$ con.$_{bg2,k,*}$ cop. cycl.$_{bg2,k}$ *Dulc.*$_{bg2,k,*}$ *Ferr.* *Ferr-i.* gels.$_{bg2,k,*}$ **Hep.**$_{bg2,k,*}$ *Iod.*$_{bg2,k,*}$ kali-bi. *Lil-t.*$_{bg2,k,*}$ **Lyc.**$_{bg2,k,*}$ merc.$_{bg2,k,*}$ merc-c.$_{a1,k}$ *Mur-ac.*$_{bg2,k,*}$ nat-m.$_{bg2,k,*}$ *Nit-ac.*$_{hr1,k}$ nux-v. petros. **Ph-ac.**$_{bg2,k,*}$ *Phos.*$_{hr1,k}$ plb. raph.$_{pd}$ rhus-t.$_{bg2,k,*}$ *Sep.* spirae.$_{a1}$ stann.$_{hr1,k}$ still.$_{a1,k}$ sul-i.$_{k2}$ *Sulph.*$_{bg2,k,*}$ *Uran-met.*

– **morgens**: lil-t. nat-m.$_{a1,k}$

– **nachmittags**: **Agar.**$_{hr1,k,*}$

– **Abgang** des Urins; beim: mur-ac.$_{a1,k}$

– **Gemütsbewegung**, als sei Kreide hineingerührt worden; nach jeder: *Ph-ac.*

– **geronnene** Milch; wie: **Ph-ac.** phos.

– **Hydrozephalus**; bei:

• **geringem** aber häufigem Abgang von milchigem Urin; mit sehr:

• Bewußtlosigkeit und Delirium; mit: **Apis**

– **käsige** Milch hineingerührt worden; als sei: alumn.$_{a1,k}$ *Ph-ac.*$_{hr1,k}$

– **Kreide** hineingerührt worden; als sei: alum. *Ph-ac.*$_{hr1,k}$ sulph.

– **Mehl** vermischt; wie mit: *Merc.*$_{hr1}$ *Ph-ac.*$_{hr1,k}$ *Sulph.*$_{hr1}$

– **Menses**:

• **vor**: *Ph-ac.*$_{hr1,k}$

• **während**: berb. nat-m.

• **nach**: *Nat-m.*$_{hr1,k}$

– **Schweiß**; beim: phos.

– **Stehenlassen**; beim: *Cina* erech.$_{a1}$ *Ph-ac.*$_{hr1,k}$ stann.

– **trübe**; und: bry. calc. cann-s. chin. *Cina* con. cycl. dulc. *Hep.* psor. rhus-t.

– **Urinierens**; zu Ende des: *Carb-v.* coff. ph-ac.$_{ptk1}$ rhus-t. sars.$_{ptk1}$ *Sep.*

Molke; wie: agar.$_{hr1,k,*}$ ambr.$_{bg2}$ *Arg-met.* card-m.$_{a1,hr1}$ hyos. hyosin.$_{a1}$ nat-s.$_{hr1,k}$ op. *Ph-ac.*$_{hr1,k}$

– **morgens**: cann-s.

– **Menses**; vor den: ph-ac.$_{hr1,k}$

– **Stehenlassen**; nach dem: agar.

Neutral: arn.$_{a1,k}$ bapt. canth.$_{a1,k}$ dig.$_{a1,k}$ eup-per. eup-pur.$_{a1}$ helon.$_{a1,k}$ hydr.$_{hr1}$ hyos. kali-c.$_{a1,k}$ lept.$_{a1,k}$ phos.$_{a1,k}$ plb.$_{a1,k}$

Polypöse Gebilde: calc.$_{hr1,k}$

Reichlich (= vermehrt): **Acet-ac.** *Acon.* aesc. *Aeth.* *Agar.* agn. all-c. all-s. **Aloe** *Alum.* alum-p.$_{k2}$ alum-sil.$_{k2}$ alumn. am-c. *Am-m.* am-n.$_{a1}$ *Ambr.* anac. androc.$_{srj1}$ ang. *Ant-c.* ant-t. *Anthraci.* *Apis* *Apoc.* **Arg-met.** **Arg-n.** arn. *Ars.* ars-i. ars-s-f.$_{k2}$ *Arum-t.* asc-c.$_{a1}$ **Aspar.** aster. atro. *Aur.* aur-ar.$_{k2}$ aur-i.$_{k2}$ *Aur-m.* *Aur-m-n.* aur-s.$_{k2}$ bamb-a.$_{stb2}$ *Bar-c.* bar-i.$_{k2}$ bar-m. *Bell.* benz-ac. berb. *Bism.* bov. brach. brom. bry. bufo *Cact.* *Cain.* *Calc.* calc-f. calc-i.$_{k2}$ *Calc-p.* calc-sil.$_{k2}$ *Camph.* **Cann-i.** cann-s. *Canth.* caps. carb-ac. *Carb-an.* carb-v.$_{h}$ carbn-s. card-m.$_{k2}$ caru.$_{a1}$ caust.$_{h}$ cench.$_{k2}$ *Chel.* *Chim.* *Chin.* chinin-ar. chinin-s. *Chlol.* cic. *Cimic.* *Cina* cinnb. *Clem.* cob. coc-c. cocc. *Coff.* *Colch.* *Coloc.* *Con.* conv. cop. *Crot-c.* *Crot-h.* crot-t. cub. *Cupr.* cur. *Cycl.* *Daph.* *Dig.* dros. dulc. *Echi.* elaps elat. *Equis-h.* erig. ery-a. eup-per. *Eup-pur.* euphr. eupi. fago. *Ferr.* ferr-ar. ferr-i. ferr-ma. ferr-p. *Fl-ac.* foen-an.$_{a1}$ form. gal-ac.$_{c1}$ gamb. **Gels.** gink-b.$_{sbd1}$ gins. glon. gnaph. graph. grat. guaj. ham. hell. *Helon.* hep. hyos. *Ign.* *Iod.* *Iris* jatr-c. kali-ar. *Kali-c.*$_{c2,k}$ kali-chl. *Kali-i.* *Kali-n.* *Kali-p.* *Kali-s.* kali-sil.$_{k2}$ *Kalm.* **Kreos.** **Lac-c.** *Lac-d.*$_{k2,vh}$ *Lach.* lact. laur. *Lec.* **Led.** *Lil-t.*$_{c2,k}$ *Lith-c.* lob. *Lyc.* *Lycps-v.* lyss. *Mag-c.* mag-p. *Mag-s.* mang. marb-w.$_{es1}$ med.$_{k2}$ *Meli.* **Merc.** *Merc-c.* merc-i-f. *Merc-i-r.* mez. morph. **Mosch.** **Mur-ac.** *Murx.* mygal. *Nat-ar.* **Nat-c.** nat-m.$_{h}$ *Nat-p.* **Nat-s.** nicc. nit-ac. nux-m. *Nux-v.*$_{c2,k}$ *Ol-an.* olnd. op. *Ox-ac.* pall. par. petr. *Petros.* **Ph-ac.** *Phos.* *Phyt.* pic-ac. pin-s.$_{c2}$ *Plan.* *Plb.* *Podo.* *Prun.* psor. ptel.$_{c1}$ **Puls.** *Raph.* rat. rheum$_{h}$ *Rhod.* **Rhus-r.** **Rhus-t.** *Ros-ca.*$_{c1}$ rumx. ruta sabad. *Sabin.* samb. sang. santin.$_{c2}$ sarr. *Sars.* sec. sel. *Senec.* *Seneg.* sil. **Spig.** spong. **Squil.**$_{k,k2,*}$ stann. *Staph.* stict.$_{c1}$ stram. stront-c. sul-ac. sul-i.$_{k2}$ **Sulph.** tab. *Tarax.* *Tarent.* tax. tell.$_{c1}$ *Ter.* *Teucr.* *Ther.* thiosin.$_{c1}$ *Thuj.* *Thyroid.*$_{c1,c2}$ tril-p. **Uran-met.** valer. *Verat.* verat-v. **Verb.** *Viol-t.* vip. zinc. zinc-p.$_{k2}$ zing.

– **tagsüber**: cina ham. opun-v.$_{a1}$ phys.$_{a1}$ pic-ac.$_{a1,k}$ *Sulph.*$_{a1,k}$

– **morgens**: am-m. ambr.$_{hr1,k,*}$ asc-c.$_{a1}$ bar-act. cain. carb-an. equis-h. laur.$_{a1,k}$ lyc.$_{a1,k}$ mag-s.$_{a1,k}$ merc. *Mez.* nat-c.$_{a1,k}$ *Nat-p.*$_{a1,k}$ *Op.* peti.$_{a1}$ plect.$_{a1}$ *Sars.*$_{a1,k}$ sul-ac.$_{a1,k}$ vichy-g.$_{a1}$

• **6** h: nat-ar.

• **Erwachen**; bei frühem: gink-b.$_{sbd1}$

– **vormittags**: arg-n.$_{a1,k}$ jug-r.$_{a1}$ lyc.$_{a1,k}$ *Mez.* phel.$_{a1}$ phys.$_{a1}$

– **mittags**: op.$_{a1,k}$

– **nachmittags**: *All-c.*$_{a1,k}$ aloe alum.$_{a1,k}$ am-c.$_{a1,k}$ borx. bov.$_{a1,k}$ dig.$_{a1,k}$ indg.$_{a1}$ laur.$_{a1,k}$ nat-m.$_{a1,k}$ nat-p.$_{a1,k}$ nicc.$_{a1,k}$ ol-an.$_{a1}$ op.$_{a1,k}$ plect.$_{a1}$ rumx. thuj.$_{a1,k}$

• **Mittagsschlaf**; nach dem: cycl.$_{a1,k}$

– **abends**: am-c.$_{a1,k}$ ars-h.$_{hr1}$ coloc. euphr.$_{a1}$ fl-ac. helon.$_{a1,k}$ kali-chl.$_{a1,k}$ laur.$_{a1,k}$ **Lyc.**$_{a1,k}$ lyss.$_{hr1,k}$ op.$_{a1,k}$ ox-ac.$_{a1,k}$ pall.$_{a1,k}$ plect.$_{a1}$ sang.$_{a1,k}$ sulph.$_{a1,k}$ thuj.$_{a1,k}$ zinc.$_{a1,k}$

• **19** h: cic. pic-ac.

• **20** h: cic.

• **22** h: phos.

– **nachts**: agar.$_{a1,k}$ aloe am-c. *Am-m.*$_{hr1,k,*}$ ambr.$_{c1}$ *Ant-c.*$_{a1,k}$ ant-t. *Apis* *Arg-met.* arg-n.$_{a1,k}$ ars.$_{a1,k}$ *Bapt.*$_{hr1,k}$ bar-c. bar-s.$_{k2}$ *Bell.*$_{a1,k}$ bov. bry.$_{a1,k}$ *Cact.* calc.$_{h,kl}$ **Calc-f.**$_{hr1,k,*}$ *Carb-ac.*$_{a1,k}$ *Carb-an.*$_{a1,k}$ caust.$_{a1,k}$ chim.$_{a1}$ chin. chinin-ar. chlol. coloc. cop. cupr. cycl.$_{a1,k}$ *Dig.* euphr.$_{a1,k}$ *Gels.* gink-b.$_{sbd1}$ hyper.$_{a1,k}$ kali-chl.$_{a1,k}$ kali-m.$_{k2}$ kali-n.$_{a1,k}$ kali-p. *Kreos.* *Lac-c.*$_{hr1,k}$ *Led.*$_{hr1,k}$ *Lith-c.* **Lyc.**$_{a1,k}$ mag-c.

– **nachts**: ...
mag-p. *Med.* *Merc.*$_{a1,k}$ mez.$_{a1,k}$ *Murx.* nat-ar. nat-c.$_{a1,k}$ *Nat-m.*$_{a1,k}$ nat-p. *Nat-s.*$_{a1,k}$ nicc.$_{a1,k}$ op.$_{a1,k}$ paeon.$_{a1}$ petr. *Ph-ac.* phos.$_{a1}$ phys.$_{a1}$ phyt.$_{hr1,k,*}$ plan.$_{hr1,k}$ plect.$_{a1}$ prun.$_{a1,k}$ rhus-r. ruta *Sang.*$_{hr1,k,*}$ *Sars.* *Sil.* sin-n.$_{hr1}$ **Spig.**$_{a1,k}$ *Stram.*$_{hr1,k}$ **Sulph.**$_{a1,k}$ ther. *Thuj.*$_{a1,k}$ **Uran-met.** vichy-g.$_{a1}$ zinc.$_{h,k1}$
- **Mitternacht**: coff.$_{hr1,k,*}$ op.$_{a1,k}$
  - **nach**: carb-ac. ox-ac. plb. **Sulph.**$_{hr1,k}$
    - **4** h: plb.
    - **5** h: carb-ac. ox-ac.
- **Liegen**; beim: bell.
- **Menses**:
  - **vor**: am-m.$_{a1,k}$ cann-s. hyos.
  - **während**: ph-ac.
- **Stuhlgang**; beim: am-c. sulph.$_{a1,k}$

◇ **abwechselnd** mit:
- **spärlichem** Urin: bell.$_{bg3,ptk1,*}$ *Berb.*$_{k,vh,*}$ *Dig.*$_{k,vh,*}$ gels.$_{k,vh,*}$ nit-ac.$_{bg3,ptk1}$ sang.$_{k,vh}$ senec.$_{bg3,c1}$

◆ **begleitet** von:
- **Durstlosigkeit**: bamb-a.$_{stb2}$
- **Rücken**; Schmerz im: gink-b.$_{sbd1}$
  - **Urinieren** amel.
    ☞ ❑ *Rücken - Schmerz - Urinieren - nach - amel. - reichlichem*

– **Amenorrhoe**; bei: alum. am-c. caul. *Cham.* gels. nat-m. sulph.
– **Apyrexie**; während der: ars. calc. chin. ferr. graph. nux-v. samb. valer.
– **Delirium**; nach: *Stram.*$_{hr1,k}$
– **Diarrhoe**; mit: acon.$_{bg2,h}$ agar.$_{bg1}$ bell.$_{bg2,h}$ con.$_{h}$ fl-ac.$_{bg1}$ puls.$_{bg2,h,*}$ spig.$_{h}$
– **Durst**; mit: verat.
– **Durstlosigkeit**; mit
☞ *begleitet von - Durstlosigkeit*
– **epileptischem** Anfall; nach: caust.$_{j5}$ *Cupr.*$_{hr1,k}$ lach.$_{j5}$
– **Erbrechen**; mit: acon. lach. verat.
– **Erschöpfung**; begleitet von: acet-ac. benz-ac. *Calc-p.* carb-ac. chinin-s. *Cimic.* dig. ferr. lyc. med.
- **Durst**; und großem: chinin-s.

– **Essen**; nach dem: puls.$_{hr1,k}$
– **Fieber**; während: ant-c. arg-met. ars. *Aur-m-n.*$_{hr1,k}$ cedr. *Cham.* *Colch.* dulc. *Eup-pur.* *Lyc.*$_{hr1,k}$ med.$_{hr1,k}$ *Mur-ac.* ph-ac. *Phos.* pyrog.$_{c1}$ squil. **Stram.**
- **Scharlach**; bei: arum-t.$_{c1}$

– **Frost**:
- **während**: ars.$_{hr1}$ lec.
- **nach**: syph.$_{c1,hr1}$

– **getrunken** hat; mehr als er: ambr. apis$_{bg1}$ aur.$_{h,k,*}$ aur-m-n. *Bell.* carb-v.$_{h,k1}$ caust.$_{h,k1}$ *Coloc.*$_{hr1,k}$ ferr.$_{a1}$ kali-i. kali-n.$_{h,k1}$ *Lac-ac.*$_{bg1,bg2}$ lac-c.$_{bg1,bg2}$ lach. lyc.$_{bg1,bg2}$ *Merc.*$_{hr1,k}$ mur-ac.$_{h,k1}$ nat-c.$_{bg1,bg2}$ *Nux-v.* ph-ac.$_{hr1,k}$ raph.$_{hr1,k}$ sars.$_{bg1,bg2}$ sep.$_{bg1,h,*}$ zinc.$_{bg1,h,*}$
– **Hunger**; mit: verat.
– **Kaffee**; nach: cain. olnd.$_{hr1,k}$ wies.$_{a1}$

Reichlich: ...
– **Kopfschmerz**:
- **nach**: asc-c.$_{hr1,k}$ gels.$_{bg1}$ ign.$_{bg1}$ *Iris* nux-v.$_{bg1}$ sang.$_{bg1}$
- **gefolgt** von reichlichem, trübem Urin und Erbrechen: iris
- **mit**: acon.$_{hr1,k}$ *Bell.* bov. *Canth.* *Chinin-s.* *Cinnb.*$_{hr1,k}$ coloc.$_{hr1,k}$ cupr. eug. ferr-p. *Gels.* *Glon.*$_{hr1,k}$ *Ign.*$_{hr1,k}$ iris kalm.$_{hr1,k}$ lac-c. **Lac-d.**$_{hr1,k}$ *Lil-t.* *Mosch.*$_{hr1,k}$ *Ol-an.* sang. *Sel.* sep.$_{hr1,k}$ sil.$_{hr1,k}$ uran-met. *Verat.*$_{hr1,k}$ vib.$_{hr1,k}$ vip.

– **Liegen** agg.: bell.$_{bg1}$
– **Menses**:
- **vor**: cinnb. hyos.
- **Beginn** der Menses; zu: bell.$_{h}$
- **während**: canth. *Cham.* *Hyos.*$_{a1,k}$ kali-bi. lac-c. med.$_{bg3,ptk1}$ **Ph-ac.** *Phyt.*$_{hr1,k}$ sars.$_{h,k1}$ sulph. vib.$_{hr1,k}$

– **nervösen** Frauen; bei: *Ign.* valer.$_{pd}$ xan.$_{hr1}$
– **Reisen**; beim: cain.$_{c1}$
– **Schmerz**:
- **Anfällen** von Schmerzen; bei: phos.$_{h}$
- **während** dem: arg-met.$_{bg2,ptk1}$ coloc.$_{bg1}$ lac-d.$_{bg2,ptk1}$ phos.$_{bg1}$ vib.$_{bg1}$

– **Schnupfen**; mit: *All-c.*$_{hr1,k}$ calc. verat.
– **Schweiß**; mit: **Acon.** ant-c. bell. cham. **Dulc.** ign. lach. lyc. mag-c. *Mur-ac.* nat-c. nat-m. *Ph-ac.* **Phos.**$_{hr1,k}$ **Rhus-t.** samb. seneg. spig. squil. stann. stram. thuj.$_{a1,k}$
– **spärlich**; dann: sul-ac.$_{h,k1}$

Scharf: acet-ac.$_{hr1}$ ail.$_{hr1,k}$ alum.$_{bg2,k,*}$ alum-p.$_{k2}$ alumn.$_{hr1,k,*}$ ambr.$_{bg2}$ ant-t.$_{bg2,k,*}$ apoc.$_{a1}$ arg-n.$_{a1}$ **Arn.**$_{bg2,k,*}$ ars.$_{bg2}$ arund.$_{br1}$ asaf.$_{a1,k}$ astac.$_{hr1,k,*}$ atro.$_{a1,k}$ aur-m.$_{a1,k}$ *Bell.*$_{hr1}$ **Benz-ac.**$_{bg2,k,*}$ *Borx.* brach.$_{hr1,k,*}$ *Calc.*$_{bg2,k,*}$ calc-i.$_{k2}$ camph.$_{bg2}$ *Cann-s.*$_{bg2,k,*}$ canth.$_{bg2,k,*}$ caps.$_{bg2,k}$ carb-ac.$_{a1}$ carb-v.$_{bg2}$ carbn-s. *Card-m.*$_{hr1,k,*}$ *Caust.*$_{bg2,k,*}$ cham.$_{a1,bg2}$ *Chel.*$_{hr1,k,*}$ chin.$_{bg2}$ cimic.$_{a1}$ cinch.$_{a1}$ *Clem.*$_{bg2,k,*}$ *Coc-c.*$_{hr1,k,*}$ colch.$_{hr1,k,*}$ coloc.$_{a1}$ cop.$_{a1}$ *Cupr.*$_{hr1,k}$ *Cycl.*$_{hr1,k,*}$ dig.$_{hr1,k,*}$ *Dulc.*$_{hr1,k}$ elat.$_{hr1}$ erig.$_{a1}$ ery-a.$_{a1}$ fago.$_{a1}$ ferr-m.$_{a1}$ *Fl-ac.*$_{bg2,k,*}$ *Graph.*$_{bg2,k,*}$ guaj.$_{bg2}$ helon.$_{a1}$ **Hep.**$_{bg2,k,*}$ ign.$_{bg2,k,*}$ *Iod.*$_{bg2,k,*}$ *Kali-bi.*$_{hr1,k}$ kali-br.$_{a1}$ *Kali-c.*$_{bg2,k,*}$ kali-chl.$_{a1}$ *Kreos.*$_{bg2,k,*}$ **Laur.**$_{bg2,k,*}$ lept.$_{a1}$ *Lith-c.* med.$_{c1}$ **Merc.**$_{bg2,k,*}$ **Merc-c.**$_{bg2,k,*}$ mit.$_{a1,hr1}$ *Nat-m.*$_{bg2,k,*}$ *Nat-s.*$_{hr1,k}$ *Nit-ac.*$_{a1,k}$ par.$_{bg2,k,*}$ petr.$_{bg2,k}$ *Phos.*$_{bg2,k,*}$ *Plan.*$_{hr1,k}$ plb.$_{hr1}$ prun.$_{bg2,k,*}$ puls. rhus-t.$_{bg2,k,*}$ sabin.$_{bg2,k}$ sang.$_{bg2}$ *Sars.*$_{bg2,k,*}$ senec.$_{hr1,k}$ *Seneg.*$_{bg2,k,*}$ *Sep.*$_{bg2,k,*}$ sin-n.$_{hr1}$ stann.$_{hr1,k}$ *Staph.*$_{hr1,k}$ sul-ac.$_{a1}$ **Sulph.**$_{bg2,k,*}$ tell.$_{hr1,k,*}$ *Thuj.*$_{bg2,k,*}$ *Uran-met.* verat.$_{h,k,*}$
– **Kindern**; bei:
- **Neugeborenen**; bei: med.$_{c1}$

– **Menses**; während: *Alum.*$_{h,k,*}$ apis nat-m.$_{a1,k}$

Schaumig: acon. **All-c.**$_{bg2,k,*}$ *Apis* arn.$_{bg2,k,*}$ ars. aur.$_{bg2}$ bamb-a.$_{stb2}$ carb-v. **Chel.**$_{bg2,k,*}$ *Chin.*$_{bg2,k}$ chinin-s. clem.$_{bg2,k,*}$ con.$_{bg2,k,*}$ cop.$_{hr1,k}$ crot-t.$_{bg2,k,*}$ cub.$_{hr1,k,*}$ glon.$_{bg2,k,*}$ iris jatr-c. kali-c.$_{bg2,k,*}$ **Lach.**$_{bg2,k,*}$ laur.$_{bg2,k,*}$ lina.$_{a1}$ lith-c. **Lyc.**$_{bg2,k,*}$ mela.$_{a1}$ merc.$_{bg2}$ myric.$_{bg2,k,*}$ nat-m.$_{bg2,k,*}$ *Nat-s.*$_{hr1,k}$ op.$_{bg2,k,*}$ *Pareir.*$_{hr1,k}$ *Phos.*$_{bg2,k,*}$ puls.$_{bg2}$

Schaumig: ...
rhus-t.bg1 **Sel.**bg2,k,* **Seneg.**bg2,k,* sol-t-ae.a1 **Spong.**bg2,k,* squil.bg2 still.a1 syph.bg1 thuj.bg2,k,* verat-v.bg2
– **morgens**: ars-h.hr1,k crot-t.a1,k hyper.a1,k
– **nachmittags**: chel.a1,k
– **nachts**: crot-t.hr1,k vichy-g.a1
– **grünlichgelb**: phos.a1,k
– **violetter** Ring: puls.h,k,*

Schlammig: *Aesc.* alumn.a1 hyper.hr1,k *Kali-c.*hr1,k lyc.h,k *Nat-m.*hr1,k pall. *Rhus-t.*hr1,k sabad.hr1,k uva zinc.hr1,k

Schleim im Urin
☞ *Sediment - schleimig*

Schlieren
☞ *Wolkig*

Sediment: *Acon.*bg2,k,* aesc.a1,k agar.a1,k alco.a1 alum.h,k,* am-c.bg2 am-caust.a1,k am-m.bg2,k,* ambr.bg2,k ant-c.bg2,k ant-t.bg2,k,* apis arn.bg2,k *Ars.*bg2,k arund.c2 astac.a1 bar-c.bg2 bell.bg2 *Benz-ac.* *Berb.* betu.lsr3 bry.bg2,k calad. calc.bg2,k *Camph.*bg2 cann-s.bg2 **Canth.**bg2,k,* caps.bg2 carb-an.bg2 carb-v.bg2,k,* carbn-s. card-m.a1,hr1 caust.bg2,k cedr.a1,k cham.bg2,k *Chim.* chin.bg2,k chinin-ar. chinin-s. cimx. cina cinch.a1 *Colch.*bg2 **Coloc.**bg2,k con.bg2,k conch.a1 *Cop.*a1,k cupr. cycl.a1 daph.bg2 dig.bg2,k,* dulc.bg2,k elem.br1 euph.bg2 ferr.a1,k ferr-p. gast.a1 gins.a1 graph.bg2,k grat.a1 hyos.bg2 iod.bg2 ip.bg2,k *Kali-ar.* *Kali-bi.*bg2 kali-c.bg2,k,* kali-i.a1,k kali-n.bg2,k,* *Kali-p.* kali-s. kreos.bg2 *Lach.*bg2 laur.a1,k led. **Lyc.**bg2,k,* *Mang.*bg2,k **Merc.**bg2,k,* *Mez.*bg2,k *Naja* nat-ar. nat-m.bg2,k *Nit-ac.*bg2,k nux-m.bg2,k nux-v.bg2 ol-an.a1 olnd.bg2 op.bg2,k,* par.bg2,k pareir.bg2 *Petr.*bg2,k **Ph-ac.**bg2,bg3,* phal.a1 *Phos.*bg2,k plb.a1,k **Puls.**bg2,k rhus-t.bg2,k sal-ac. **Sars.**bg2,k,* sec.bg2 sel.bg2 **Seneg.**bg2 **Sep.**bg2,k *Sil.*bg2,k,* spirae.c2 spong.bg2,k **Squil.**bg2 *Staph.* sul-ac.bg2,k *Sulph.*bg2,k,* sumb.a1 *Tarent.* ter. thuj.bg2,k,* tong.a1 **Valer.**bg2,k wies.a1 **Zinc.**bg2,k,*
☞ *❑ Nieren - Nierensteine*
– **amorph**: ang. *Hydrang.* iod.a1,k
– **anhaftend**, festklebend: apisbg3 aspar.a1,hr1 brom.bg2,k canth.bg1,bg2 chim.bg1,bg2 chin.bg2 *Chinin-s.* *Cimx.* coc-c. coca *Coloc.*bg2,k,* crot-t.bg1,bg2 *Cupr.*hr1,k *Daph.*bg2,k,* *Ferr.* kali-chl.bg2 kali-m.bg1,bg2 *Lac-c.* nat-c. nat-m.bg2,k,* nit-ac.bg2,k,* nuph.a1 osm.a1 *Petr.*bg2,k,* phos.h,k,* phyt. plat.bg2,k,* *Puls.*hr1,k pyrog.bg2,k rad-br.bg1 rumx.bg1 sapin.a1 sec.bg2 **Sep.**bg2,k,* stann.hr1,k sumb.a1,k
– **bläulich**: pic-ac. prun.bg2,k,*
– **blutig**: *Acon.*bg2,k,* ant-t.bg2,k,* apis **Arn.**bg2 **Cact.**bg2 cadm-s.br1 calc.bg2,k cann-s.bg2,k **Canth.**bg2,k caps.bg2 *Carb-v.* cham. **Chim.** chin.bg2 coloc.bg2,k con.bg2,k crot-h. *Dulc.*bg2,k hell. ip.bg2 lyc.bg2,k merc.bg2 mez.bg2,k **Ph-ac.**bg2,k phos.bg2,k **Puls.**bg2,k,* sec.bg2 **Sep.**bg2,k,* sul-ac.bg2,k,* sulph.bg2,k *Ter.*bg2,k uva *Zinc.*bg2
☞ *Blutig*

Sediment: ...
– **braun**: acon.a1,bg2 **Ambr.**bg2,k,* *Apis* *Arn.*hr1,k chinin-s. coloc.a1,bg2 crot-t.hr1,k,* dig.bg2,k,* epig.bg1 *Lach.*bg2,k,* lob.hr1,k plb.a1,bg2 thuj. valer.bg2,k,*
• **dunkel**: *Aesc.*hr1,k,* *All-s.*hr1,k plb.a1,k spig.hr1,k
• **hell**: *Coloc.*a1,k puls.
• **rosa**: myric.a1,k
• **rötlich**: lith-c.
• **schmutzig**: acon.a1,k
• **weiß**; und: coloc.
– **dick**: aesc.a1,k *Alum.*h,k,* alum-p.k2 apoc.a1,k *Arn.*bg2 ars-s-f.k2 asc-t.a1 aur-ar.k2 aur-s.k2 bell.bg2,k,* **Berb.**bg2,k,* *Camph.*bg2,k,* carl.a1 *Coloc.* *Cop.*hr1,k dig.a1,k ferr-i.a1,k hydr-ac. iod.bg2 kali-bi.bg2 kali-c.k2 lach.a1,k laur.bg2,k,* lob. merc.bg2,k,* oena.a1 ph-ac.bg2,k phos.a1,k psor. sabad. sec.bg2,k *Spong.*bg2,k,* sulph.bg2,k *Sumb.* ter.bg2,k,* tong.a1 tub.bg valer.bg2,k,*
• **Stehenlassen** über Nacht; nach: bry. crot-t.a1,k
– **dunkel**: asc-t.a1 carb-ac.bg2 *Crot-h.*hr1,k **Hell.**bg2 iod.bg2,k,* phos.bg2,k,* puls.bg2,k
– **durchscheinend**: *Berb.*hr1,k,* *Coloc.*a1,k
– **eitrig**: **Arn.** *Ars.* ars-s-f.k2 aspar. *Benz-ac.* berb.c2 cadm-s.br1 calc. calc-sil.k2 *Cann-s.* **Canth.** carb-ac. carb-v. carbn-s. cham. chim. **Clem.** *Con.* *Daph.* *Dulc.* eucal.bg1 eup-pur. ham. hep. ip. kali-ar. kali-bi. kali-c. *Kali-s.* *Lyc.* *Merc.* *Nat-s.* *Nit-ac.* *Nux-v.* petr. *Puls.* sabad. sabin. sal-ac. *Sars.* sep. *Sil.* staph. *Sulph.* uran-met. **Uva**
☞ *❑ Blase - Eiterung / ❑ B~ Entzündung / ❑ B~ Katarrh*
– **eiweißhaltig**: apoc.a1,k merc-c. oci.
– **erdig**: *Ant-t.*a1,hr1 mang.bg2,k,* rhus-t.k2 sul-ac.h,k,*
– **fadenförmig**: acon.bg2 ant-t.bg2 brach.a1 cann-s.bg2,k canth.bg2 coc-c.a1,k merc.h,k1 mez.bg2 nit-ac.bg2,k,* seneg.bg2
– **fadenziehend**: *Chim.* coloc. *Hydr.* *Kali-bi.* *Lyc.* *Ph-ac.* puls.k2
• **spärlichem** Urin; mit: chim.bro1
– **feine** Ablagerung: sep.a1,k
– **Fleisch**; wie: merc.h,k1
– **flockig**: acon.bg2,k,* agar.hr1,k,* *Alum.* ambr.a1,k ant-t.bg2 aspar.hr1,k,* *Benz-ac.*hr1,k,* **Berb.**bg2,k,* brom.a1,k calc.bg2,k,* calc-p.hr1,k,* *Cann-s.*bg2,k,* **Canth.**bg2,k,* cent.a1 *Cham.*bg2,k,* *Chel.*hr1,k,* chin.a1,k cina cinch.a1 *Clem.*hr1,k,* cob.hr1,k,* coc-c.a1,k coca coloc.a1,k crot-t.hr1,k,* cycl.hr1,k,* ery-a.a1,k eup-pur. grat.hr1,k hell. *Hep.*hr1,k iod.a1,k kali-c.bg2,k kali-i.a1,k kali-n.bg2,k kali-p. laur.a1,k lith-c. merc.bg2,k,* merc-c.bg2,k,* **Mez.**bg2,k,* mit.a1 morph.a1 nit-ac.bg2,k ol-an.a1 pareir.bg2 *Petr.*hr1,k *Ph-ac.* *Phos.*bg2,k,* *Plb.*hr1,k,* prun.bg2 rhus-t.bg2,k rumx. **Sars.**bg2,k,* seneg.bg2,k,* sin-a.a1 spirae.a1 squil.bg2,k still.a1 sumb. thuj.a1,k uran-met. valer.a1,k zinc.bg2,k,* zinc-p.k2
• **weiß**: calc.h,k1 kali-bi.bg2 merc.h,k1 phos.
• **Stehenlassen**; beim: zinc.
– **gallertartig**: ars-h.hr1 **Berb.**bg2,k,* calad. *Chim.*bg2,k coc-c. *Coca* **Coloc.**bg2,k,* crot-h. *Dulc.*a1,k hydr. kali-chl.bg2 *Pareir.* ph-ac.bg2,k,* *Puls.*bg2,k,* spira.a1

– **gelb**: aesc. *Aloe* am-c.bg2 am-m.bg2 anac.bg2 aur-s.k2 *Bar-c.*bg2,k,* bry.bg2 bufo canth.bg2 *Cham.*bg2,k,* *Chin.*bg2,k,* chinin-s. cimic.bg2 cob.hr1,k,* coca *Cupr.*bg2,k,* daph. dulc.k2 *Kali-chl.*hr1,k *Kali-i.*hr1,k,* kali-n.a1,k *Lach.*bg2 *Lyc.*bg1,k,* mang.bg2 *Nat-s.*hr1,k ph-ac.bg2 **Phos.**bg2,k,* sars.k2 seneg.bg2 **Sep.**bg1,k,* sil.bg2,k,* sol-t-ae.a1 spong.bg2,k,* sul-ac.bg2,k ter. thuj.bg2,hr1 zinc.bg3,k
- **anhaftend**: *Ferr.*hr1,k
- **gräulich**: chel.a1,k
- **rötlich**: all-c.a1,k chel. chin. chinin-s. cinch.a1 cob. coca *Crot-h.*hr1,k *Nat-s.* plect.a1 *Sep.*
- **Sand**
  ☞ *Sand - gelb*
- **schmutzig**: chin.a1,k *Kali-chl.*hr1 *Kali-i.*hr1 nux-v.a1,k *Raph.*
- **teigig**: **Sep.**hr1,k
- **weiß**: *Carb-an.*hr1,k chinin-s. coca lyss.hr1,k nat-s.a1,k phos.a1,k raph. sars.k2 ter.a1,k

– **Gewicht**; spezifisches
  ☞ *Gewicht*

– **grau**: agar. ant-t.bg2,k **Berb.**bg1,bg2,* chin.bg2 *Con.*bg2,k,* hyos.bg2,k,* kali-i.a1,k led.bg2,k lyc.bg2 mang.bg2,k merc-c.bg1,bg2,* ph-ac. *Phos.*hr1,k psor.bg2 puls.hr1,k spong.bg2,k
- **bräunlichgrau**: chin.h,k
- **weißgrau**: **Berb.**a1,k hyos.bg2,k,* merc-c.a1,k spong.bg2,k

– **Harngrieß**
  ☞ *Sand - Harngrieß / Zylinder - Harnstoffzylinder*

– **Harnstoffzylinder**
  ☞ *Zylinder - Harnstoffzylinder*

– **hefeartig**: caust.bg2,k,* mag-m.a1,k mosch.a1,k raph.hr1,k,*

– **hell**: am-c.bg2 *Coloc.*bg2 nat-m.bg2 nit-ac.bg2,k,*

– **Kaffeesatz**; wie: *Ambr.*hr1,k **Apis** **Hell.**bg2,k,* *Lach.*hr1,k *Ter.*bg2,k,*

– **Kalziumoxalat**, Kalk: brach. *Caust.* coca *Kali-s.* lyc. lycps-v. lysi.bro1 *Nat-p.* **Nit-ac.** nit-m-ac.vh ox-ac. plb. rhus-t. *Ter.* zinc.

– **käsig**: alumn. *Ph-ac.*bg2,k,* **Phos.** *Sars.* *Sec.*hr1,k,*

– **kleieartig**: aloe ambr. ant-t.bg2 berb. cedr.hr1,k merc.bg2 phos.bg2 valer.bg2

– **Klumpen**; gelbrote: cob.a1,k

– **körnig**, granulär: aloe berb.a1,k chinin-s. lyc.hr1

– **Kreidemehl**; wie: alum. anan. ant-t. bufo calc. chel. eup-per. graph. led. *Merc.* nat-m. *Ph-ac.* phos. phyt. ruta sars.k2 sulph.

– **Kreisen**; in: chinin-s. lac-c. sulph.

– **Kristalle**: arg-n.hr1,k berb.a1,hr1 bry.k2 coloc.hr1,k,* crot-t.hr1,k,* ferr-m.hr1,k ferr-p.a1 *Lyc.*hr1,k sal-ac.a1,hr1 sel.bg2

– **Krusten**; mit: agar.bg1 calc.bg1,bg2 caust. daph.bg1,bg2 merc.bg2 *Nat-c.* *Phos.* *Sars.*bg2,k *Sep.*bg2,k,* zinc.bg1

– **lehmfarben**: alum. alumn.hr1,k *Am-c.* *Am-m.*bg2,k,* *Anac.*bg2,k **Berb.**bg2,k,* canth.bg2 chinin-s. cor-r. eup-per.hr1 ign.bg2 kali-c.bg2 mang.bg2,k ol-an.a1 phos.a1,k *Sars.*bg2,k,* *Sep.*bg2,k,* sul-ac.bg2 *Sulph.*bg2,k *Ter.*bg2 thuj.bg2,k,* **Zinc.**bg2,k
- **anhaftend**: *Sep.*

– **lehmfarben - anhaftend**: ...
- **Menses**, schwierig auszuwaschen; während den: *Sep.*

– **Leukozyten**: carc.fb

– **locker**: alum.a1,k carb-an.bg2,k,* *Chin.*bg2,k,*

– **mehlig**: *Agar.*a1,k ant-t.bg2,bg3 apisbg3 **Berb.**bg2,k,* *Calc.*bg2,k,* *Canth.*bg2,k,* *Cedr.*a1,k *Chin.*bg2,k,* chinin-s. cor-r.a1,k gast.a1 *Graph.*bg2,k *Hyos.*bg2,k kali-c.bg2,k,* merc.h,k,* *Nat-m.*bg2,k ph-ac.bg2,k phos.bg2,bg3 *Sep.* sulph.bg2,k,* valer.a1,k zinc.a1,k

– **milchig**: ant-t.a1,k coloc. ferr-i.a1,k lyc. ox-ac. *Ph-ac.*hr1,k phos. sec.

– **Nierensteine**
  ☞ ❑ *Nieren - Nierensteine*

– **orange**: chinin-s. nit-ac.h

– **Phosphate**: agar.hr1,k,* alf.bro1 aspar. aven.br1,bro1 *Benz-ac.*hr1,k brach.hr1,k canth.hr1,k chel. chinin-s. colch.hr1,k *Ferr-m.*hr1,k kali-br.hr1,k,* kalm. lec. mag-p.bg2,k,* med.hr1,k nat-ar. nat-s.k2 **Ph-ac.**bg2,k,* *Phos.*hr1,k pic-ac.hr1,k *Ptel.*hr1,k *Raph.*hr1,k *Sarr.*hr1,k *Stann.*hr1,k ter.hr1,k
- **Kopfschmerzen**; mit: aven.br1

– **purpurn**, blaurot: ant-c. ant-t.a1,hr1 bov.a1,k *Fl-ac.*bg2,k,* mang.hr1,k,* ptel.a1,k

– **reichlich**: agar.a1,k all-s. am-c.a1,k arn.a1,k *Ars.*hr1,k,* bell. **Berb.**hr1,k,* calc. carb-an. card-m.k2 cham. *Chim.*hr1,k chin. cinch.a1 *Coloc.*hr1,k,* con. *Cop.*hr1,k crot-t.a1,k cycl.a1,k kali-ar. kali-bi. kali-c. laur. lyc.a1,k mit.a1 nat-n.a1 oena.a1 *Phos.*a1,k *Puls.* sal-ac.hr1,k,* sulph.a1 *Tarent.*hr1,k thuj.a1,k

– **Ringe**: apis aspar.bg1 *Lac-c.* pyrog.

– **rosa**: apisbg1 *Berb.*hr1,k **Bry.** *Chin.*hr1,k lith-c. lob. myric.bg1 ol-j.a1 phyt.bg1 rheum rhus-r. *Sep.*hr1,k,* *Sumb.*a1,k

– **rot**: *Acon.*bg2,k agar.hr1,k,* *Alum.*h,k,* alum-p.k2 alum-sil.k2 am-c.hr1,k am-m.bg2 ambr.h,k2,* *Ant-c.*bg2,k,* ant-t.bg2 *Apis* *Arg-n.*hr1,k,* *Arn.*bg2,k,* ars. ars-h.hr1,k arund.br1 aspar.hr1,k,* astac.hr1,k aur-m.hr1,k2 bapt.hr1 *Bell.*bg2,k,* *Berb.*bg2,k,* borx.br1 bov.bg2 brom.hr1,k,* bry.bg1 cact. calc.bg2 calc-sil.k2 camph.hr1,k,* cann-s.bg2 **Canth.**bg2,k carb-v.bg2,k,* cham. *Chel.*hr1,k,* chim.hr1 *Chin.*bg2,k chinin-ar. *Chinin-s.* cimx.hr1,k cob.hr1,k,* coc-c. coch. *Coloc.*bg2,k con.a1 *Cop.*hr1,k cupr.hr1,k *Daph.*hr1,k,* **Dig.**bg2 dirc.a1 dulc.bg2,k,* *Elaps* gal-ac.c1 gast.a1 get.a1 gins.a1 *Glon.*hr1 *Graph.*bg2,k,* hydr-ac. iod. ip.bg2,k,* kali-ar. kali-c.bg2,k,* kali-p. kali-s. kreos.bg2,k,* lac-ac. *Lac-c.*hr1,k *Lach.*bg2,k,* *Laur.*bg2,k,* led.a1,k lil-t.a1,k *Lith-c.* *Lob.*bg2,k,* *Lyc.*bg2,k,* lyss.hr1,k,* mag-s.a1,k mang.bg2 **Merc-c.**bg2 *Mez.*bg2,k,* naja **Nat-m.**bg2,k,* nat-s.hr1,k,* *Nit-ac.*bg2,k,* nux-m.bg2 *Nux-v.*hr1,k op.bg2,k,* pall.hr1,k par.bg2,k,* *Petr.*bg2,k,* ph-ac.bg2,k phos.bg2,k,* plat.bg2,k,* plb.bg2 *Psor.*bg2,k,* ptel.a1,k **Puls.**bg2,k,* pyrog.k2 rhod.bg2 sang.hr1,k,* sars.bg2 *Sec.*bg2,k,* sel.bg2,k,* seneg.bg2,k,* **Sep.**bg2,k,* sil.bg2,k spira.a1 squil.bg2,k stann. stry.a1 sul-ac.bg2,k,* sul-i.k2 sulph.bg2,k,* tep.a1 *Ter.*hr1,k thuj.bg2,k **Valer.**bg2,k,* verat-v.hr1,k,* zinc.bg2
- **abzuwaschen**; schwer: ars-i.k1 aspar. brom. *Cimx.* *Cupr.* *Daph.* *Lac-c.* *Phyt.* pyrog. **Sep.**
- **blutrot**: am-c.bg2,k sep.hr1,k

– **rot**: ...
• **bräunlich**: sul-ac.$_{a1,k}$
• **dunkel**: carl.$_{a1}$ chin. cinch.$_{a1}$ dor.$_{hr1,k}$ phyt.
• **faserig**: ant-c.$_{h,k1}$ ant-t.$_{bg2,k,*}$
• **flockig** oder pulverig: agar. cob.
• **hellrot**: **Berb.**$_{hr1,k,*}$ ferr-m.$_{hr1}$ *Lyc.*$_{a1,k}$ nit-ac. osm.$_{a1,k}$ phos.$_{a1,k}$
• **körnig**: ant-c.$_{bg2}$ sel.$_{bg2,k}$
• **Kreisen**; in: lac-c.
• **mahagonifarben**: chin. laur.$_{hr1,k}$ phyt.
• **Paprika**; wie: benz-ac.$_{k2}$ iod.$_{bg1}$ pyrog.$_{bg1,bg2}$
• **schmutzig**: *Berb.*$_{a1,k}$ dor.
• **weiß**: ter.
• **ziegelfarben**: acon.$_{bg2}$ *Arn.*$_{bg2}$ bell.$_{k2}$ carl.$_{a1}$ *Chin.*$_{bg2}$ dig.$_{br1}$ ip.$_{bg2}$ **Lyc.**$_{bg2}$ merc-c.$_{a1,k}$ nat-s.$_{a1,k}$ op.$_{bg2}$ pall.$_{c1}$ petr.$_{a1,k}$ phos.$_{a1,k}$ puls.$_{bg2,k,*}$
 • **dunkel**: arn.$_{br1}$
– **Sand**: acon.$_{bg2}$ all-c.$_{hr1,k,*}$ **Am-c.**$_{h,k,*}$ ambr.$_{bg2,k}$ *Ant-c.*$_{bg2,k}$ ant-t.$_{bg2}$ arn.$_{bg2,k}$ ars. arund.$_{hr1,k,*}$ aspar. aur.$_{a1,k}$ aur-ar.$_{k2}$ aur-m.$_{a1,k}$ aur-s.$_{a1,k2,*}$ bell.$_{a1,k}$ **Benz-ac.** berb.$_{k2}$ *Calc.*$_{bg2,k}$ calc-sil.$_{k2}$ canth.$_{bg2,k,*}$ carb-v.$_{h,k,*}$ *Chel.*$_{hr1,k}$ chin.$_{bg2,k}$ chinin-ar. *Chinin-s.* eup-pur.$_{hr1,k}$ ferr-m. gast.$_{a1}$ get.$_{a1}$ graph.$_{bg2}$ kali-c.$_{bg2}$ kali-p. kiss.$_{a1}$ *Lach.*$_{bg2,k,*}$ **Led.**$_{bg2,k}$ lob.$_{bg2}$ **Lyc.**$_{bg2,k,*}$ mang.$_{bg2}$ meny.$_{bg2,k}$ merc. *Nat-m.*$_{bg2,k,*}$ *Nat-s.*$_{hr1,k}$ *Nit-ac.*$_{h,k,*}$ nux-m.$_{bg2,k}$ nux-v.$_{bg2,k}$ op.$_{bg2}$ ph-ac.$_{bg2}$ **Phos.**$_{bg2,k,*}$ *Puls.*$_{bg2,k,*}$ raph. rhod.$_{bg2}$ *Ruta* sanic.$_{bg2}$ **Sars.**$_{hr1,k}$ *Sec.*$_{a1,k}$ **Sel.**$_{bg2,k,*}$ **Sep.**$_{bg1,bg2}$ **Sil.**$_{bg2,k}$ sul-ac.$_{bg2}$ tarent.$_{a1,k}$ thuj.$_{bg2,k}$ *Tub.*$_{hr1,k}$ valer.$_{bg2}$ **Zinc.**$_{bg2,k,*}$ zinc-p.$_{k2}$
• **anhaftend**, festklebend: *Puls.*
• **blaß**: *Sars.*
• **gelb**: canth.$_{bg2}$ chinin-s. cimic.$_{bg2,k,*}$ lyc.$_{bg2}$ oci.$_{bg2}$ santin. sep.$_{bg2}$ **Sil.**$_{bg2,k,*}$ thuj.
 • **gelblichrote** Kristalle: berb. chel. chinin-s. *Lyc.*$_{a1,k}$
• **grau**: phos.
• **Harngrieß** (= kleine Calculi) ●: *Arg-n.*$_{hr1,k}$ aspar. baros.$_{c2}$ *Berb.*$_{c2,k}$ cal-ren.$_{c2}$ *Calc.* carb-v. *Chinin-s.*$_{c2}$ coc-c. coch.$_{c2}$ coloc. con. epig.$_{c2}$ equis-h.$_{c2}$ eup-a.$_{c2}$ eup-pur.$_{c2}$ gali.$_{c2}$ *Graph.*$_{c2}$ hydrang.$_{c2}$ kali-i. **Lyc.**$_{c2,k}$ nit-ac. *Nit-m-ac.*$_{c2}$ nux-m. oci.$_{c2}$ *Ox-ac.*$_{c2}$ petros.$_{c2}$ *Ph-ac.*$_{c2}$ polyg-xyz.$_{c2}$ **Sars.**$_{c2,k}$ **Sep.**$_{c2,k}$ stront-br.$_{c2}$ urt-u.$_{c2}$ vesi.$_{c2}$ vichy-g.$_{c2}$ zinc.
• **hell** in konzentrischen Schichten: chinin-s.
• **rot** (= Ziegelmehlsediment): acon. agar. all-c. alum. *Am-c.* am-caust. ant-t. apis arg-n. **Arn.** **Ars.** **Arund.** *Aspar.* aur-m. bapt. bell. *Benz-ac.* *Berb.* bry. *Cact.* *Camph.* *Carb-v.* *Caust.* chel. *Chim.* chin. chinin-ar. *Chinin-s.* *Cimic.* cob. coc-c. *Coloc.* con. *Cop.* **Dig.** *Elaps* *Glon.* grat. *Hyos.* *Ip.* *Kali-c.* kali-n. *Lach.* *Led.* **Lob.** **Lyc.** *Meph.* **Merc-c.** *Mez.* *Nat-m.* *Nat-s.* nit-ac. nux-m. *Nux-v.* *Oci.* *Op.* ox-ac. pall. **Pareir.** *Petr.* **Phos.** pic-ac. **Plan.** *Psor.* puls. pyrog. rumx. **Sel.** **Senec.** **Sep.** *Sil.* sumb. **Tarent.** ter. thuj. valer. zinc. zinc-p.$_{k2}$
 • **Fieber**; während: *Lyc.* phos.
• **weiß**: *Am-c.* nat-ar. nat-hchls.$_{c2}$ phos. sars.$_{hr1}$ zinc-p.$_{k2}$
 • **fällt** bei Hitze aus: nat-ar.

– **schleimig**: aesc.$_{a1,k}$ *Aloe* *Alumn.*$_{hr1,k}$ ammc.$_{a1}$ *Ant-c.*$_{bg2,k,*}$ apoc. *Arg-n.* ars.$_{bg2,k}$ asc-t.$_{hr1,k}$ *Aur.*$_{h,k,*}$ aur-ar.$_{k2}$ aur-s.$_{k2}$ bar-c. bell.$_{bg2,k,*}$ **Benz-ac.**$_{bg2,k,*}$ **Berb.**$_{bg2,k,*}$ brach.$_{hr1,k,*}$ brom.$_{hr1,k}$ bry.$_{bg2,k}$ calc.$_{bg2,k,*}$ calc-sil.$_{k2}$ camph.$_{hr1,k,*}$ cann-i.$_{bg2,k,*}$ *Canth.*$_{bg2,k,*}$ *Carb-v.*$_{bg2,k}$ carbn-s. carl.$_{a1}$ caust.$_{bg2,k,*}$ cent.$_{a1}$ cham.$_{bg2}$ *Chel.*$_{hr1,k}$ **Chim.**$_{bg2,k,*}$ chin.$_{bg2}$ chinin-s. *Cimic.* *Clem.* *Coc-c.*$_{bg2,k,*}$ *Colch.* *Coloc.*$_{bg2,k,*}$ con.$_{bg2,k,*}$ cop.$_{hr1,k}$ crot-t.$_{hr1,k,*}$ cub.$_{bro1}$ cupr.$_{bg2}$ dig.$_{a1,k}$ *Dulc.*$_{bg2,k,*}$ **Equis-h.** *Eucal.*$_{hr1}$ eup-pur.$_{hr1,k,*}$ *Ferr.*$_{hr1,k,*}$ ferr-ar. ferr-p. *Glon.*$_{hr1,k}$ grat.$_{a1}$ hep.$_{bg2}$ *Hydr.*$_{bg2,k}$ hyos.$_{hr1,k}$ indg.$_{hr1,k,*}$ ip.$_{bg2}$ kali-ar. *Kali-bi.*$_{bg2,k,*}$ *Kali-c.*$_{hr1,k}$ *Kali-chl.*$_{hr1,k}$ kali-m.$_{k2}$ kali-n.$_{bg2,k,*}$ kali-p. kali-s.$_{k2}$ kali-sil.$_{k2}$ *Lach.*$_{hr1,k,*}$ lith-c. lyc.$_{bg2,k,*}$ med.$_{c1,k2}$ *Merc.*$_{bg2,k,*}$ **Merc-c.**$_{bg2,k,*}$ mez.$_{bg2}$ morph.$_{a1}$ mosch.$_{k2}$ musa$_{a1}$ naja nat-ar. *Nat-c.*$_{bg2,k,*}$ **Nat-m.**$_{bg2,k,*}$ nat-n.$_{a1}$ nat-p. *Nat-s.*$_{hr1,k}$ *Nit-ac.*$_{bg2,k,*}$ *Nux-v.*$_{bg2,k,*}$ op.$_{a1,k}$ **Pareir.**$_{bg2,k,*}$ *Petr.*$_{bg2,k,*}$ ph-ac.$_{bg2,k}$ phos.$_{bg2,k,*}$ phys.$_{a1}$ **Puls.**$_{bg2,k,*}$ sal-ac.$_{hr1}$ **Sars.**$_{bg2,k,*}$ *Senec.*$_{hr1}$ seneg.$_{bg2,k,*}$ **Sep.**$_{bg2,k,*}$ sol-t-ae.$_{a1}$ spirae.$_{a1}$ sul-ac.$_{h,k,*}$ sulph.$_{bg2,k,*}$ tab.$_{a1,k}$ *Ter.*$_{hr1,k,*}$ *Thuj.*$_{hr1,k}$ *Til.*$_{a1,k}$ tong.$_{a1}$ tub.$_{c1}$ uran-met. *Uva* valer.$_{bg2,k,*}$ verat.$_{hr1,k}$ wies.$_{a1}$
• **dick**: gal-ac.$_{br1}$
 • **fadenziehendem**, blutigem Schleim; große Menge an: **Chim.** *Dulc.*
• **gelb**: nat-c.$_{h,h2,*}$
• **Menses**; vor den: *Lach.*$_{hr1,k}$
• **milchweiß**: *Kali-chl.*
• **Stehenlassen**; nach dem: crot-t.$_{a1,k}$
• **weiß**: phos.$_{h,k1}$
• **zäh**: caust.$_{a1,k}$ *Coloc.* con.$_{a1,k}$ *Dulc.*$_{hr1}$ hydr.$_{k2}$ nat-c. *Nux-v.*$_{a1,k}$ *Puls.* sil. tong.$_{a1}$
– **schmutzig**: anac.$_{a1,k}$ chin. dor.$_{a1}$
– **schokoladenfarben**: chinin-s.
– **schwarz**: ter.$_{hr1,k}$
– **strohfarben**: *Chinin-s.*
– **teigig**: ars. **Sep.**$_{a1,k}$
– **übelriechend**: cupr. lyc.
– **Uroxanthin** vermehrt: cub.$_{c1}$
– **verbrannt**; wie: sep.
– **violett**, veilchenfarben: *Ant-t.*$_{hr1}$ bov.$_{bg2,k,*}$ fl-ac. *Mang.*$_{bg2,k,*}$ puls.$_{h,k,*}$
– **weiß**: acon. acon-l.$_{a1}$ act-sp.$_{a1,hr1}$ aesc.$_{a1,k}$ aeth.$_{hr1,k,*}$ agar.$_{a1,k}$ aloe *Alum.*$_{h,k,*}$ alum-p.$_{k2}$ alumn. am-c.$_{bg2,k,*}$ ant-t.$_{bg2}$ aspar.$_{hr1,k,*}$ bar-c.$_{bg2}$ bar-m.$_{hr1,k,*}$ bell.$_{bg2,k,*}$ *Benz-ac.*$_{hr1,k,*}$ **Berb.**$_{bg2,k,*}$ brach.$_{a1,k}$ brom.$_{bg2,k,*}$ bry.$_{hr1,k,*}$ *Calc.*$_{bg2,k,*}$ camph.$_{hr1,k,*}$ *Canth.*$_{bg2,k,*}$ caps.$_{bg2,k,*}$ carb-v. carbn-s. carl.$_{a1}$ *Chin.*$_{bg2,k,*}$ chinin-s. cinch.$_{a1}$ coc-c. colch.$_{bg2,k,*}$ *Coloc.*$_{bg2,k}$ con.$_{bg2,k,*}$ conv. cot.$_{a1}$ crot-t.$_{a1,k}$ dig.$_{a1,k}$ dirc.$_{a1}$ *Dulc.*$_{hr1,k}$ ery-a.$_{a1}$ eup-per. eup-pur. euph.$_{bg2,k,*}$ ferr.$_{a1,k}$ ferr-i.$_{hr1,k,*}$ fl-ac.$_{hr1,k}$ gast.$_{a1}$ **Graph.**$_{bg2,k,*}$ *Hep.*$_{bg2,k,*}$ hyos.$_{bg2}$ ign.$_{bg2,k,*}$ kali-bi.$_{bg2,k,*}$ **Kreos.**$_{bg2,k,*}$ laur. led.$_{bg2}$ lil-t. lyss.$_{hr1,k,*}$ mag-c.$_{hr1,k,*}$ mela.$_{a1}$ menis.$_{a1}$ *Merc.*$_{hr1}$ mit.$_{a1,hr1}$ murx.$_{a1,k}$ nat-m.$_{bg2,k,*}$ *Nat-s.*$_{hr1,k}$ *Nit-ac.*$_{bg2,k,*}$ oci.$_{a1}$ oena.$_{a1}$ *Olnd.*$_{bg2,k}$ ox-ac.$_{a1,k}$ *Petr.*$_{bg2,k,*}$ *Ph-ac.*$_{bg2,k}$ phos. phyt.$_{bg2,k,*}$ plan.$_{hr1,k,*}$ prun.$_{a1,bg2}$ ptel.$_{a1,c1}$ **Rhus-t.**$_{bg2,bg3,*}$ sal-ac.$_{a1}$ **Sars.**$_{bg2,k,*}$ sec.$_{hr1,k,*}$ seneg.$_{bg2,k}$ **Sep.**$_{bg2,k,*}$

– **weiß**: ...
sol-t-ae.a1 spig.bg2,k,* spong.bg2,k,* still.a1,bg2 sul-ac.h,k,* _Sulph._bg2,k,* sumb.a1,k tep.a1 ter.a1,k tong.a1 _Valer._bg2,k,* zinc.bg2,k
• **anhaftend**, festklebend: brom.hr1,k **Sep.**hr1,k
• **Fieber**; während: phos. sep.
• **Film**, sehr schwierig auszuwaschen; wie ein: **Sep.**
• **gelblich**
☞ _gelb - weiß_
• **perlfarben**: kali-bi.a1,k
• **schneeweiß**: rhus-t.hr1,k,*
• **wolkig**: aspar. benz-ac. con.bg2,k ph-ac. phos. plat. rhus-t.bg2,k sumb. _Valer._bg2
– **wolkig**: alum.bg2,k,* alumn. am-c.bg2 am-m.bg2,k,* ambr.bg2,k anac. ant-c.bg2 **Berb.**bg2,k,* bov.bg2 bry.bg2,k calc-sil.k2 carb-an.bg2 carb-v.bg2,k caust.bg2,k cer-s.a1 cham. chin.bg2,k,* con.bg2 crot-t.a1,k elaps fagu.a1 grat.a1 hydr-ac. kali-c.bg2 _Kali-n._bg2,k lach.bg2,k,* laur.bg2,k,* **Lyc.**bg2 mag-m.bg2,k,* mang.bg2 menis.a1 merc.bg2,k ol-an.a1 olnd. par.bg2,k petr.bg2,k _Ph-ac._bg2,k phos.bg2,k,* plat.bg2,k ptel.a1 rat.a1,k rhod.bg2 rhus-t.bg2 sars.bg2 _Seneg._bg2,k,* sumb. _Thuj._bg2,k tong.a1 valer.bg2,k,* zinc.bg2,k zinc-p.k2
– **Ziegelmehlsediment**
☞ _Sand - rot_
– **Zuckers**; wie ein Konglomerat kandierten: chinin-s.

Spärlich: abrot.a1,k _Acon._bg2,k,* _Aesc._hr1,k,* aeth.a1 _Agar._hr1,k,* _Ail._hr1,k all-s.hr1,k,* _Aloe_ alum. alum-p.k2 alum-sil.k2 alumn.hr1,k am-be.hr1 am-c.a1,k am-caust.a1 am-m.a1,k ambr.bg2,k,* amyg.a1,hr1 anac.hr1,k,* ang.hr1,k ant-c. _Ant-t._hr1,k anth.a1 anthraci. **Apis** _Apoc._ _Arg-n._hr1,k,* _Arn._bg2,k,* **Ars.**hr1,k,* ars-h.a1,hr1 _Ars-i._ ars-s-f.k2 arum-d.a1,hr1 **Arum-t.**hr1,k asaf.a1,k asc-c.hr1,k _Aspar._hr1,k,* _Astac._hr1 atro.a1,hr1 _Aur._bg2,k,* aur-ar.k2 _Aur-m._hr1,k,* aur-s.k2 bamb-a.stb2 _Bapt._hr1,k bar-m.bg2 _Bell._bg2,k,* benz-ac.hr1,k,* _Berb._hr1,k bov. brach.a1 brom.hr1,k,* _Bry._bg2,k,* bufo cact.hr1,k,* caj.a1 calad. calc.hr1,k calc-ar.hr1,k calc-f.hr1,k,* calc-sil.k2 _Camph._a1,k cann-i.a1,k cann-s.bg2,k,* **Canth.**bg2,k,* caps.a1,k _Carb-ac._hr1,k,* carb-an.a1,k carb-v.bg2,k,* **Carbn-s.** _Card-m._hr1,k,* carl.a1 castm. _Caust._bg2,k,* cedr.a1,k cent.a1 cere-b.a1 _Cham._hr1,k chel.hr1,k,* chim.hr1,k _Chin._hr1,k,* _Chinin-ar._ _Chinin-s._ cic.a1,k cimic.hr1,k,* cimx.hr1,k,* cina _Clem._hr1,k,* _Cob._hr1,k,* coc-c.hr1,k,* _Cocc._hr1,k,* coch.hr1 cod.a1 coff.a1,k coff-t.a1 coffin.a1 **Colch.**bg2,k,* coloc.hr1,k,* com.a1 **Con.**bg2,k,* cop.hr1,k _Corn._hr1,k,* _Croc._hr1,k _Crot-h._hr1,k,* cund.a1 _Cupr._hr1,k,* cupr-ar.a1 cupr-s.hr1,k,* cur. _Cycl._hr1,k,* **Dig.**bg2,k,* _Digin._a1 dirc.a1 _Dros._a1,k _Dulc._bg2,k,* echi. elat.a1,k **Equis-h.** erig.a1,k ery-a.a1,k eug.hr1,k,* eup-per.hr1,k,* _Eup-pur._hr1,k,* euph.a1,k eupi.a1,k _Ferr._hr1,k _Ferr-ar._ ferr-i.a1,k ferr-m.a1,hr1 ferr-p.hr1,k ferul.a1 _Fl-ac._bg2,k,* frax.a1 gamb.a1 gast.a1 gink-b.sbd1 gins.a1 gnaph.a1 **Graph.**bg2,k,* **Grat.**bg2,k,* guaj.a1,k haem.a1 _Ham._hr1,k,* **Hell.**bg2,k,* helon.a1,k _Hep._bg2,k,* hipp.a1 hydr.a1,k _Hyos._bg2,k,* hyper.hr1,k iber.a1

Spärlich: ...
ign.hr1,k indg.hr1,k,* inul.hr1 iod.bg2,k,* _Ip._bg2,k,* iris jab.a1,br1 jatr-c. jug-r.a1 _Kali-ar._a1,k _Kali-bi._bg2,k,* _Kali-br._hr1,k _Kali-c._bg2,k,* _Kali-chl._a1,k kali-i.hr1,k,* kali-m.k2 **Kali-n.**hr1,k,* kali-p. _Kali-s._ kali-sil.k2 _Kalm._hr1 kou.a1 _Kreos._bg2,k,* **Lac-ac.**hr1,k,* **Lac-c.**hr1,k _Lac-d._k,k2,* _Lach._hr1,k lact.a1,k _Laur._bg2,k,* lec. _Led._bg2,k,* lept.a1,k **Lil-t.**hr1,k,* limest-b.es1 lina.a1 lipp.a1 _Lith-c._ lob.a1,k lob-s.a1 _Lyc._hr1,k,* lyss.hr1,k _Mag-m._hr1,k,* mag-s.a1,k manc.a1 mang.h,k1 marb-w.es1 med.hr1,k2 menis.a1 menth-v.bwa3 _Meny._a1,k **Merc.**bg2,k,* **Merc-c.**hr1,k,* _Merc-cy._hr1 **Merc-d.**hr1,k,* _Merc-i-f._hr1 merc-sul.a1,hr1 _Mez._bg2,k,* mill.a1 morph.a1,k mosch.a1,hr1 mur-ac.a1,k myris.a1 nabal.a1 _Naja_ narcot.a1 _Nat-ar._ _Nat-c._hr1,k,* nat-m.a1,k nat-p.hr1,k,* **Nat-s.**hr1,k,* nicc.a1,k **Nit-ac.**bg2,k,* nit-s-d.a1 _Nux-m._hr1,k,* **Nux-v.**bg2,k,* ol-an.a1 olnd.a1,k **Op.**bg2,k,* osm.hr1,k,* ox-ac.a1,k paeon.a1 pall.hr1,k,* par.bg2,k,* _Pareir._hr1,k _Petr._hr1,k,* ph-ac.a1,k phel.a1,hr1 _Phos._bg2,k,* _Phys._a1,hr1 _Phyt._hr1,k,* _Pic-ac._a1,k pilo.a1 **Plb.**bg2,k,* _Podo._hr1,k,* polyp-p.a1 prun.hr1,k,* _Psor._hr1,k _Ptel._a1,hr1 _Puls._bg2,k,* pulx.br1 pyrog. quas.a1 ran-b.c1 _Rat._hr1,k,* rein.a1 rhod.a1,k rhus-g.a1 rhus-r. _Rhus-t._bg2,k,* ric.a1 rob.hr1 **Ruta** sabad.a1,k sabin.hr1,k,* sacch. sal-ac.hr1 sang.hr1,k,* sarr.hr1,k,* **Sars.**bg2,k,* scut.a1,c1 sec.bg2,k **Sel.**k,k2,* senec.a1,hr1 _Seneg._bg2,k,* **Sep.**hr1,k,* serp.a1 sil.a1,k skat.br1 sol-t-ae.a1 solid.c2 spong. _Squil._bg2,k,* stach.a1 stann.bg2,k,* **Staph.**bg2,k,* _Stram._bg2,k,* stront-c. stry.a1 sul-ac.bg2,k,* sul-i.k2 **Sulph.**bg2,k,* _Sumb._a1,k _Syph._hr1,k tab.hr1,k,* tarax.a1,k tell.a1,k tep.a1 **Ter.**bg2,k,* ther.hr1,k thuj.hr1,k,* til.a1 tong.a1 tub. tub-r.vn,zs upa.a1 _Urin._c1 ust.a1,hr1 _Verat._h,k,* verat-v.hr1,k,* _Verb._a1,k verin.a1 vinc.a1,hr1 wies.a1 xan.hr1,k,* zinc.hr1,k,*
◇ **abwechselnd** mit:
• **reichlicher** Urin
☞ _Reichlich - abwechselnd mit - spärlichem_
◆ **begleitet** von:
• **Gehirns**; Beschwerden des
☞ ❑ _Kopf - Gehirns - begleitet von - Urin_
– **tagsüber**: aesc.hr1,k _Lyc._hr1,k ther.
– **morgens**: alum.h,k1 ars-h.hr1,k coff.a1,k dig.a1,k fl-ac.a1,k graph.a1 mez.a1,k oena.a1 osm.a1 ox-ac.a1,k pip-m.a1 sang.a1,k sars.h,k1 sul-ac.a1,k xan.c1 zinc.a1,k
– **nachmittags**: hell.a1,k plect.a1 rumx. sumb.a1,k _Thuj._a1,k
– **abends**: arg-n.a1,k ferr-i.a1,k fl-ac.a1,k mag-c.a1,k nat-m.a1,k phel.a1 sel.c1 sumb.a1 zinc.a1,k
– **nachts**: ant-c. carb-an. cic.a1,k coc-c.a1,k lyc.a1,k _Morph._ ol-an.a1 xan.c1
– **Amenorrhoe**; bei: acon. apis chin. cocc. ham. hell. laur. lil-t. nux-m. xan.
– **Anstrengung**; nach: bry.k2
– **Durst**; mit: sep.h,k1
– **Fieber**; während: _Apis_ ars. cann-s. canth.hr1,k cocc.hr1,k colch. _Eup-per._hr1 eup-pur.h,k lyc. merc-sul.c1 nat-m. nit-ac. nux-v. op. _Puls._ staph.
– **Kopfschmerzen**, danach reichlich; bei den: asc-c. sang.

– **Menses**:
  • **vor**: *Apis* sil.
  • **während**: nat-m.a1,k
– **nervösen** Frauen; bei: *Agar.*
– **Schweiß**; beim: ant-t. apis arn. bell. bry. **Calc.** *Canth.* carb-v. caust. cedr. chin. dig. dulc. *Graph.* **Hell.** hep. hyos. *Merc.* nit-ac. *Nux-v.* **Op.** puls. rhus-t. *Staph.* **Sulph.** verat.
– **Wetter**; bei nassem: colch.k2

Spezifisches Gewicht
☞ *Gewicht*

Trübe: bell. carb-ac. chim. chin. cina coc-c. dig. dulc. elat. eup-per. **Gels.** hydr. iris kali-i. merc. plan. sarr. thuj.

Unwillkürlich
☞ ❑ *Blase - Urinieren - unwillkürlich*

Veränderliches spezifisches Gewicht
☞ *Gewicht - vermehrt - abwechselnd mit - vermindertem*

Wäßrig, klar wie Wasser: *Acet-ac.* acon. aeth. agar. alum. alumn. anac. ant-c. ant-t. anthraci. arn. ars. arum-m. aster. aur. aur-ar.k2 bapt. bar-c. *Bar-m.* bell. benz-ac.k2 berb. *Bism.* bry. calc. calc-f. calc-p. cann-s. canth. *Caust.* cedr. cench.k2 cham. chin. chinin-ar. chinin-s. *Cimic.* cinnb. coc-c. *Cocc.* colch. *Coloc.* cycl. *Dig.* dros. euphr. *Ferr.*hr1 *Fl-ac.* **Gels.** grat. hell. hipp. hydr-ac. hyos. **Ign.** iod. kali-act. kali-ar. kali-bi. kali-i. kali-n.h kali-p. *Kali-pic.*a1 *Lac-d.*k2,vh lact. laur. led.k2 *Lyc.* *Lycps-v.* *Mag-c.* med. meph. merc. mez. *Mosch.* **Mur-ac.** murx. nat-ar.k2 nat-c.h2 *Nat-m.* *Nat-s.* nux-m. nux-v. op. *Ph-ac.* *Phos.* plat. plb. *Puls.* rhus-t. sang. *Sec.* **Sep.** spig. **Squil.** stann. *Staph.* stram. sul-ac. sulph. tab. *Ter.* *Teucr.* *Thuj.* zinc. zinc-p.k2
– **Fieber**; während: bell.pd hyos.pd lach.pd phos.pd
– **Fleckfieber**; bei epidemischem: **Mur-ac.**
– **geruchlos**, mit stinkendem, schleimigem Stuhl: dros.
– **Scharlach**; bei: arum-t.c1
– **Schmerzanfällen**; bei: phos.h
– **spärlich**; und: merc-sul.c1

Wolkig: acet-ac.hr1,k,* *Acon.*hr1,k,* acon-l.a1 *Aesc.*a1,k agar.hr1,k,* agn.hr1,k aloe alum.h,k,* alum-sil.k2 alumn.a1,k am-c.a1,k am-m. *Ambr.*bg2,k,* amm-fml.br1 *Anac.*bg2,k,* ang.c1 *Ant-c.*bg2,h,* *Ant-t.*bg2,k,* **Apis** apoc.a1,k arg-met. *Arn.*hr1,k,* *Ars.*bg2,k,* ars-h.hr1 ars-i. aspar.hr1,k,* atro.a1 *Aur.*h,k,* aur-i.k2 aur-m.hr1,k aur-m-n.hr1 *Bell.*bg2,k,* benz-ac.hr1,k,* **Berb.**bg2,k,* bond.a1 bov.hr1,k,* brom.hr1,k,* **Bry.**bg2,k,* *Cact.*hr1,k,* calad. *Calc.*hr1,k calc-f.hr1,k,* calc-i.k2 calc-sil.k2 camph.bg2,k,* *Cann-s.*bg2,k,* **Canth.**bg2,k,* carb-an.bg2,k,* **Carb-v.**bg2,k,* **Carbn-s.** *Card-m.*hr1,k,* *Caust.*bg2,k,* **Cham.**bg2,k,* **Chel.**bg2,k,* chim-m.hr1 **Chin.**bg2,k,* chin-b.hr1 chinin-ar. *Chinin-s.* **Cina** cinch.a1 cinnb.a1,k clem.a1,k coc-c.hr1,k,* coca *Colch.*bg2,k,* colchin.a1 *Coloc.*bg2,k,* com. **Con.**bg2,k,* cop.hr1,k,* crot-h. crot-t.hr1,k,* *Cupr.*bg2,k,* cur. cycl.bg2,k *Daph.*hr1,k,* *Dig.*bg2,k,* *Dulc.*bg2,k,* elaps ferr.a1,k

Wolkig: ...
ferr-ar. gast.a1 *Gels.* get.a1 **Graph.**hr1,k,* *Grat.*hr1,k,* *Hep.*bg2,k,* hydr-ac. hydrc.a1 hyos.hr1,k,* hyper.hr1,k,* iber.a1 ign.bg2,k,* indg.hr1,k,* iod.bg2,k,* *Ip.*bg2,k,* kali-act. kali-ar. kali-bi. *Kali-c.*bg2,k,* kali-chl.hr1,k,* kali-i.a1,k kali-m.k2 *Kali-n.*bg2,k,* *Kali-p.* kali-s. kali-sil.k2 kreos.bg2,k,* lac-ac.a1 *Lac-c.* *Lach.*bg2,k,* laur.a1,k lith-c. *Lyc.*bg2,k,* lyss.hr1,k,* mag-c. *Mag-m.*hr1,k,* mang.a1 marb-w.es1 mela.a1 menis.a1 meph.a1 **Merc.**bg2,k,* *Merc-c.*a1,k mez.hr1,k,* morph.a1 mosch.bg2 mur-ac.bg2 **Myric.**hr1,k nat-c.bg2,k,* *Nat-m.*hr1,k,* nat-n.a1 nat-p. *Nit-ac.*hr1,k,* *Nux-v.*a1,k oci.a1,br1,* oena.a1 ol-an.hr1 olnd. *Op.*hr1,k,* pall.hr1,k par. pen.a1 *Petr.*bg2,k,* **Ph-ac.**bg2,k,* **Phos.**bg2,k,* plat.hr1,k,* *Plb.*bg2,k,* *Psor.*hr1,k *Puls.*bg2,k,* ran-b.c1 raph.a1,k rat.hr1,k,* rhod.bg2,k,* rhus-t.bg2,k,* rob.hr1 rumx. **Sabad.**bg2,k,* sabin.a1,k sarr.hr1,k,* *Sars.*bg2,k,* sec.a1,k *Seneg.*bg2,k,* **Sep.**bg2,k,* sil.hr1,k,* sin-a.a1 sin-n.hr1 sol-t-ae.a1 spirae.a1 stram.a1,k sul-ac.h,k,* sul-i.k2 **Sulph.**bg2,k,* sumb.a1,hr1 **Ter.**bg2,hr1 *Thuj.*bg2,k,* uva valer.hr1,k,* vario.hr1 verat.h,k,* *Verat-v.*hr1 viol-t.bg2,k,* zinc.hr1,k,* zinc-m.a1 zing.hr1,k,*
– **morgens**: berb.a1,k cann-s.a1,k chel. lyss.hr1 meph.hr1,k,* zinc.hr1,k
  • **Stehenlassen**; beim: chel.a1,k chinin-ar. dig.a1,k
– **nachts**: alum.a1,k kali-bi.a1,k ol-an.a1 phos.a1,k sulph.a1,k zinc.a1
– **Abgang**; beim: *Ambr.* anac.a1,k *Ars.*a1,k aspar. **Canth.**a1,k carb-an. **Chel.**a1,k colch. dulc. *Hep.* hyos. *Merc.* mur-ac.a1,k nat-ar. *Rhus-t.* sabin.a1,k santin. *Sars.*a1,k *Sep.*a1,k sulph.a1,k **Ter.**a1,k verat.h,k,* zinc.
– **braun**: petr.h,k1
– **Fieber**; mit: ars. bell. berb. bry. lyc. ph-ac. *Phos.* puls. rhus-t. sabad. sars. sep.
– **graue** Wolken: lyc.a1,k
– **Kalkwasser**; wie: sep.h
– **Kreide** eingerührt worden wäre; als ob: alum.h,k,* *Ph-ac.*hr1,k *Sulph.*
– **rötliche** Wolken: ambr.bg2,h,* kali-n.bg2,k,*
– **Schweiß**; mit: chin. cina con. dulc. ign. **Ip.** **Merc.** **Phos.** puls. rhus-t. sabad. sep.
– **Stehenlassen**; beim: acet-ac. agar.a1,k aloe alum.a1,k alum-p.k2 alumn. am-c.bg2,k am-m.bg2,k ambr.bg2,k ang.bg2,k ant-t. *Apis* arg-n. arn.bg2,k *Ars.*bg2,k ars-s-f.k2 arum-m.a1 aur.bg2,k aur-ar.k2 aur-s.k2 bar-c. **Bell.**bg2,k,* *Berb.* bov. brom. **Bry.**bg2,k *Calc.*bg2,k *Carbn-s.* *Caust.*bg2,k,* **Cham.**bg2,k **Chel.** **Chin.**bg2,k chinin-ar.k2 *Chinin-s.* cimic.a1,k *Cina* coc-c. cocc.bg2 *Coloc.*bg2,k colocin.a1 *Con.*bg2,k crot-t. *Cupr.* *Dig.*bg2,k,* *Dulc.*bg2,k equis-h. ery-a. ferr. ferr-act. ferr-ar. ferr-p. **Graph.**bg2,k *Grat.*a1,k hell.bg2 *Hep.*bg2,k,* iod.bg2 kali-n.bg2,k kreos. lach. *Laur.*bg2,k lob. **Lyc.** mag-m. manc.hr1,k mang.bg2,k *Meph.*hr1,k *Merc.*bg2,k *Mez.*bg2,k nat-c.bg2,k *Nit-ac.*a1,k ol-an. olnd. *Par.*bg2,k,* *Petr.*bg2,k,* **Ph-ac.**bg2,k phos.bg2,k,* *Plat.*bg2,k rat. rhod.bg2 *Rhus-t.*bg2,k sabad.a1,k sang. *Sars.*bg2,k,* *Seneg.*bg2,k,* sep.bg2,k,* sil.h,k1 squil.a1,k sul-ac.h,k,* *Sulph.*bg2,k **Ter.** *Thuj.*bg2,k,* *Valer.*bg2,k verat. verat-v.a1 *Zinc.*bg2,k zinc-p.k2

– **Urinieren**; bald nach dem: ang.$_{a1,k}$ aspar.$_{a1,k}$ bar-c.$_{a1,k}$ **Berb.**$_{a1,k}$ *Cham.* **Chel.**$_{a1,k}$ coloc.$_{a1,k}$ *Lyc.*$_{a1,k}$ nat-c.$_{a1,k}$ rhus-t.$_{a1,k}$ seneg. sil.$_{a1,k}$
– **weiße** Wolken: cina mur-ac. nat-m. nit-ac.$_{h,k1}$ ph-ac.$_{a1,k}$ plat.$_{a1,k}$ rhus-t.$_{bg2,k}$ *Sars.*$_{a1,k}$
  • **trüb**, was sich bei weiterem Urinieren verstärkt:
  • **Flocken** aussehen; so daß die letzten Tropfen wie: rhus-t. *Sars. Sep.*

Zäh: arg-n.$_{bg2,k,*}$ aster.$_{hr1,k,*}$ canth.$_{bg2,k,*}$ **Coloc.**$_{bg2,k,*}$ cop.$_{hr1,k}$ cupr.$_{bg2,k,*}$ cur. der.$_{a1}$ dulc.$_{bg2,k,*}$ kreos.$_{bg2,k,*}$ *Nat-s.*$_{hr1,k}$ ph-ac.$_{bg2,k,*}$ *Sep.*$_{hr1,k}$ tub.$_{c1}$

Ziegelmehlsediment
☞ *Sediment - Sand - rot*

Zucker (= Diabetes): *Acet-ac.*$_{hr1,k}$ alf.$_{st}$ all-s.$_{hr1,k,*}$ alumn.$_{hr1,k}$ am-c.$_{hr1,k}$ aml-ns. ant-t.$_{brb,brg}$ anthraco.$_{c1}$ *Arg-met.*$_{bg2}$ ars. aur.$_{bg2}$ bar-c.$_{bg2,brg,*}$ benz-ac. berb.$_{hr1}$ bov. calc. calc-p. calc-sil.$_{k2}$ camph.$_{hr1,k,*}$ *Carb-ac.*$_{hr1,k}$ *Carb-v.*$_{bg2,k,*}$ carc.$_{jl2}$ *Chel.*$_{hr1,k}$ *Chin.*$_{bg2,k,*}$ chinin-ar. chlol.$_{hr1}$ *Cod.*$_{hr1}$ coff. coff-t.$_{hr1}$ *Colch.*$_{hr1,k,*}$ *Coloc.*$_{bg2,hr1}$ con.$_{bg1}$ conv. cop.$_{hr1}$ crat.$_{br1}$ cupr.$_{hr1,k}$ *Cur.*$_{bg2,k,*}$ *Elaps* ferr.$_{hr1}$ ferr-i.$_{hr1,k2}$ *Ferr-m.*$_{hr1,k}$ ferr-p.$_{hr1}$ **Helon.**$_{bg2,k,*}$ *Hep.*$_{hr1,k}$ *Hydr.*$_{hr1}$ ign.$_{rb2}$ *Iris* kali-br.$_{hr1}$ *Kali-chl.*$_{hr1,k}$ kali-m.$_{k,k2,*}$ kali-n.$_{a1,hr1}$ *Kali-p.*$_{bg2,k,*}$ *Kreos.*$_{bg2,k,*}$ *Lac-ac.*$_{hr1,k}$ *Lac-d.*$_{hr1,k}$ *Lach.*$_{hr1,k}$ *Lec.* led.$_{bg2}$ lith-c. **Lyc.**$_{bg2,k,*}$ lycpr.$_{c1}$ *Lycps-v.* lyss.$_{hr1,k}$ mag-s.$_{hr1,k}$ *Med.*$_{hr1,k,*}$ meph.$_{bg2}$ merc.$_{bg2}$ morph.$_{a1,k}$ mosch.$_{hr1,k}$ mur-ac.$_{bg1,bg2}$ nat-m.$_{hr1}$ *Nat-s.*$_{bg2,k,*}$ *Nit-ac.*$_{bg2,k,*}$ *Nux-v.*$_{hr1}$ op.$_{hr1,k}$ petr.$_{a1,k}$ **Ph-ac.**$_{bg2,k,*}$ *Phlor.*$_{c1}$ **Phos.**$_{bg2,k,*}$ *Pic-ac.*$_{bg2,k,*}$ **Plb.**$_{bg2,k,*}$ *Podo.*$_{hr1,k}$ ran-b.$_{bg2}$ *Rat.*$_{hr1,k}$ sal-ac.$_{hr1,k}$ sec.$_{bg2,k,*}$ sep.$_{bg2,rg}$ *Sil.*$_{hr1,k}$ squil.$_{k2}$ *Sul-ac.*$_{hr1,k}$ *Sulph.*$_{bg2,k,*}$ **Syzyg.**$_{bro1,c1}$ tarax.$_{bg2,hr1}$ **Tarent.**$_{hr1,k,*}$ **Ter.**$_{hr1,k,*}$ *Thuj.*$_{bg2,k,*}$ **Uran-met.** vinc-r.$_{vs1}$ zinc.$_{bg2,k}$ zinc-p.$_{k2}$
☞ ☐ *Allgemeines - Diabetes*
– **Kindern**; bei: crat.$_{br1}$

Zylinder; enthält: *Apis* calc-ar.$_{k2}$ kali-chl. nat-ar. nat-m.$_{k2}$ phos.$_{hr1,k,*}$ plb.$_{a1,k}$ puls-n. pyrog.$_{k2}$ sul-ac.$_{a1,k}$ uran-met.
– **blasse** Zylinder: sul-ac.$_{a1,k}$
– **Blutzylinder**: *Plb. Ter.*
– **Epithelzylinder**: ant-t. *Apis* arg-n.$_{hr1,k,*}$ **Ars.**$_{hr1,k}$ bell.$_{hr1,k}$ brach.$_{hr1,k,*}$ canth.$_{hr1,k,*}$ carb-ac. lycps-v. **Merc-c.**$_{hr1,k,*}$ ph-ac.$_{hr1}$ *Phos.*$_{hr1,k,*}$ *Plb.*$_{hr1,k,*}$ *Ptel.*$_{a1,hr1}$ sul-ac.$_{hr1,k,*}$
– **Fettzylinder**: *Merc-c.*$_{hr1,k}$ ph-ac.$_{hr1,k}$ **Phos.**$_{hr1,k,*}$
– **Fibrinzylinder**: cann-s.$_{bg2,k,*}$ cimic. *Kalm.*$_{hr1,k}$ ph-ac.$_{hr1,k}$ phos.$_{a1,k}$ seneg.$_{bg2}$ sul-ac.
– **gelblich**: sul-ac.$_{a1,k}$
– **granulierte** Zylinder: canth. carb-ac. carc.$_{mg1,sp1,*}$ coc-c. *Merc-c.*$_{hr1,k,*}$ nat-hchls. *Petr.*$_{a1,k}$ phos.$_{a1,k}$ pic-ac. *Plb.*$_{hr1,k,*}$ sul-ac.$_{a1,k}$
– **Harnstoffzylinder**: *Kali-c.*$_{vh}$ kali-pic.$_{a1}$ *Senn.*$_{vh}$
– **hyaline** Zylinder: brach.$_{a1,k}$ carb-ac. med.$_{k2}$ *Petr.*$_{a1,k}$ *Phos.*$_{a1,k}$ *Plb.*$_{hr1,k,*}$
– **Kindern**, Kleinkindern; bei: borx.$_{h}$

Zylinder; enthält: ...
– **Nierenzylinder**: ant-c. **Apis** arg-n.$_{bg2}$ ars.$_{bg2}$ bism. *Canth.*$_{bg2,k,*}$ *Cimic.*$_{a1,k}$ *Hep.*$_{hr1,k}$ *Merc-c.*$_{bg2,k,*}$ phos.$_{bg2,k,*}$ pic-ac. *Plb.*$_{bg2,k}$ sulph. *Ter.*$_{hr1,k}$
– **Schleimzylinder**: brach.$_{a1,k}$ cann-s. cimic.
– **Wachszylinder**: brach.$_{hr1,k,*}$ morph.$_{a1,k}$ *Phos.*$_{hr1,k}$

Abgang von Samen:
– **Koitus**; beim
☞ *Ejakulation*
– **Koitus**; ohne
☞ *Pollutionen*

Abneigung gegen Sex
☞ *Sexuelles Verlangen - fehlend*

Abszeß:
○ **Hoden**: sil.$_{k2}$
– **Penis**: bov.$_{a1,k}$ hippoz.$_{hr1,k}$ sil.$_{k2}$

Abwärtsdrängen: asaf.$_{hr1,k,*}$ coloc.

Ameisenlaufen: acon. berb. clem. **Plat. Sec.** sel.$_{k2}$ *Tarent.*
☞ *Kribbeln*
– **Samenabgang**, nach: ph-ac.$_{hr1,k}$
○ **Hoden**: agn.$_{bg2,k,*}$ berb.$_{a1,k}$ carb-v.$_{h,k,*}$ euphr.$_{bg2,k,*}$ hipp.$_{a1,k}$ merc. psil.$_{ft1}$ rhod.$_{bg2,k,*}$ thuj.$_{bg2,k}$ zinc.$_{bg2,k}$
– **Penis**: acon.$_{a1,k}$ alum.$_{a1,k}$ carl.$_{a1,k}$ coloc.$_{a1,k}$ ph-ac.$_{h,kl}$ puls.$_{h,k,*}$ **Sec.** tab.$_{a1,k}$ valer.$_{a1,k}$
 ○ **Eichel**: alum.$_{bg2,k,*}$ ant-t.$_{bg2}$ chel.$_{hr1,k}$ merc.$_{bg2,k}$ *Nat-m.*$_{bg2,k}$ ph-ac.$_{bg2,k}$ puls.$_{bg2,h,*}$ spig.$_{bg2}$ valer.$_{bg2}$
  • **Urinieren**, nach dem: *Puls.*
 • **Frenulum**: *Ph-ac.*
– **Skrotum**: acon.$_{bg2}$ ang.$_{hr1}$ carb-v.$_{h,k,*}$ carl.$_{a1,k}$ *Chel.*$_{hr1,k,*}$ chin.$_{bg2,k}$ com.$_{hr1,k}$ lachn.$_{hr1}$ merc.$_{bg2,k,*}$ nit-ac.$_{h,k,*}$ ph-ac.$_{bg2,k,*}$ plat.$_{bg2,k}$ rhus-t. rhus-v. **Sec.** sel.$_{bg2}$ sil.$_{bg2,k,*}$ *Staph.* thuj.$_{bg2,k,*}$
 • **abends** im Bett: chin.$_{a1,k}$
 • **Würmer**, wie durch: staph.$_{rb2}$

Aphthen: borx.$_{k2}$
☞ ❑ *Allgemeines - Aphthen*

Atrophie: ant-c.$_{bg2}$ bamb-a.$_{stb2}$ carb-an.$_{hr1,k}$ cer-s.$_{a1}$ cere-s. iod.$_{bg2,k,*}$ kali-i.$_{bg2}$ lyc.$_{bg2}$ phos. staph.$_{hr1,k}$
○ **Hoden**: ant-c.$_{br1}$ ant-o. *Aur.*$_{bg2,k,*}$ aur-i.$_{k2}$ bar-c.$_{hr1,k}$ bufo *Caps.*$_{bg2,k,*}$ *Carb-an.*$_{hr1,k}$ carbn-s. chim.$_{hr1,k}$ con.$_{bg2}$ *Gels.*$_{hr1,k}$ *Iod.*$_{bg2,k,*}$ **Kali-i.**$_{bg2,k,*}$ *Lyss.*$_{hr1,k}$ meph.$_{hr1,k}$ plb. sabal$_{c1,c2}$ staph.$_{bg2,k,*}$ testis$_{bwa3}$ zinc.$_{hr1,k}$
 • **sexuellen** Exzessen, nach: **Staph.**$_{hr1,k}$
– **Penis**: agar.$_{hr1,k}$ aloe amyg.$_{a1,k}$ ant-c.$_{br1}$ arg-met. *Arg-n.* *Berb.*$_{a1,k}$ caj. *Cann-i.*$_{hr1,k,*}$ carbn-s. **Ign.**$_{hr1,k,*}$ **Lyc.**$_{hr1,k,*}$ merc.$_{a1}$ merc-sul. op.$_{hr1,k}$ pic-ac.$_{hr1,k}$ plb.$_{a1,k}$

Auströpfeln von Samen
☞ *Tröpfeln*

Balanitis
☞ *Entzündung - Penis - Eichel*

Bewegung in den Hoden; Gefühl von: sabad. thuj. valer.

Blaufärbung
☞ *Farbe - blau - Flecken*

Blennorrhoe der Eichel: abies-c.$_{br1}$ alum. alumn. calad. caust. *Cinnb.* cor-r. dig. *Jac-c.* lach. *Lyc.* *Merc.* mez. nat-c. *Nat-m.* *Nit-ac.* *Nux-v.* petr. psor. *Sep.* *Sulph.* *Thuj.*

Blutandrang:
○ **Skrotum**: coloc.

Blutung aus:
○ **Skrotum**: petr.
– **Vorhaut**: ars-h.

Eingeschlafen, wie: form.$_{a1,k}$
– **Treppensteigen**, beim: form.$_{a1,k}$

Eiterung:
○ **Hoden**: phyt.
– **Vorhaut**, unter der: caps. **Cinnb.** *Cor-r.* *Hep.* jac-c.$_{a1,hr1}$ jac-g. jug-r. lyc. *Merc.* **Merc-c.** *Nit-ac.* sep. sulph.$_{h,kl}$

Ejakulation:
– **nachts**
☞ *Pollutionen - nachts*
– **abwesend**: agar.$_{k2}$
– **blaß**: bell.$_{a1}$
– **blutig**: ambr.$_{bro1}$ cann-s. *Canth.* *Caust.* fl-ac.$_{bg,vh,*}$ led. lyc.$_{h,kl2}$●,$_{*}$ **Merc.**$_{k,vh,*}$ merc-c.$_{bro1}$ *Petr.* *Sars.*$_{k,st}$ sulph.$_{h,st}$ tarent. wies.$_{st}$
 • **nachts**: **Merc.**$_{a1,st}$
– **brennend**:
 • **Koitus**, beim: *Calc.*$_{kr1}$ cann-i.$_{a1}$
– **dick**: alum.$_{a1}$ alumn.$_{a1}$ med.$_{kr1}$
 • **Fäden**, mit: med.$_{kr1}$
– **exzessiv**: carb-v.$_{a1}$ iod.$_{a1}$ sulph.$_{a1}$ zing.$_{a1}$
– **Gangrän**, gefolgt von: staph.$_{k2}$
– **Genuß**, ohne: agar.$_{vh}$
– **Geruch**:
 • **abnormal**: *Sel.*$_{kr1}$
 • **gering**: agn.$_{a1}$
 • **kräftig**: *Lach.*$_{bg,j5,*}$ thuj.$_{c1}$
 • **Urin**, wie abgestandener: *Nat-p.*$_{a1,kr1}$
– **geruchlos**: agn.$_{bg}$ *Sel.*$_{bg,j5,*}$
– **größer** und hält länger an: osm.
– **heiß**: agar.$_{k1,k2,*}$ calc.$_{bg1}$ tarent.$_{bg}$
– **kalt**, beim Koitus: *Nat-m.*$_{k,st}$
– **klebrig**: *Staph.*$_{kr1}$
– **Klumpen** an; fühlt sich wie ein: cere-s.$_{a1}$
– **klumpig**: alum.$_{a1}$
– **kurz**: sep.$_{a1}$
– **Lustgefühl** verlängert: cann-i.$_{vh}$
– **milchig**: lach.$_{a1}$
– **plötzlich**: phos.$_{a1}$
– **reichlich**: agar. bell. carb-v. carbn-s. carl. iod. kali-c. merc-i-f. nat-m. par. petr. ph-ac. *Pic-ac.* sep. sil. staph. sulph. ther.$_{j5}$ zinc.
 • **nachts**: aur. carb-an. *Dig.* hipp. ign. ol-an.$_{a1}$
  • **Mitternacht**:
   • **nach**:
    • **3** h: pip-m.$_{a1}$
 • **Koitus**, nach: bar-c.
 • **länger**, und: osm.
 • **Träumen**, mit: kali-c. pip-m. sars.
– **rötlichbraun**: fl-ac.$_{st,vh}$
– **schaumig**: mur-ac.$_{h1,j5,*}$
– **schmerzhaft**: *Agar.* arg-n. *Berb.* *Calc.* *Cann-s.*$_{bg,sf1}$ *Canth.* clem. *Con.*$_{k,k2}$ *Kali-c.* kali-i. *Kreos.* merc. mosch. nat-act. nat-c.$_{k1}$ *Nit-ac.* ran-s.$_{bg}$ sabad.$_{bg}$ sars. *Sep.* sul-ac. **Sulph.** thuj.

– **schnell**, zu: adlu.jl *Agn.*brol aloe bar-c. *Berb.* borx. brom. bufo *Calad.* *Calc.* canna.al carb-an.bg *Carb-v.* carbn-s. *Chin.*al,bg,* *Cob.*brol *Con.* *Ery-a.*bg,sfl eug. *Gels.* **Graph.** ind. **Lyc.** *Nat-c.* *Nat-m.* nux-v.bg ol-an.brol onos. petr.bg *Ph-ac.* *Phos.* pic-ac. *Plat.* *Sel.* *Sep.* staph.bg,sfl *Sulph.* thala.jl *Titan.*k13,vh ust.bg,sfl **Zinc.**
  • **Einführung**, vor der: *Sulph.*
  • **Erektion**:
    • **bevor** die Erektion vollständig ist: calad.krl **Graph.**krl *Sulph.*bg,krl
    • **nach**, kurz: *Ph-ac.* *Sulph.*
  • **Erregung**, fast ohne: bufo.kl eug.krl
  • **Lustgefühl**, ohne: bufo.krl calc.h canna.al sul-ac.al
  • **Traum** vom Koitus; bei einem: sumb.al
– **schwach**: bell.al sep.al
– **schwierig**: anan. carbn-s. cimic.jl lach. lim.al lyss.krl *Zinc.*
– **spät**, zu: *Agar.* berb.kl borx. **Calc.** erig.mgl eug. *Fl-ac.* hydr. lach. lyc. *Lyss.* merc-c. *Nat-m.* petr. *Zinc.*
  • **Orgasmus**:
    • **läßt** nach
      ☞ *Orgasmus - läßt nach*
    • **nach** dem Orgasmus; einige Zeit: calc.
  • **sexuelles** Verlangen, ohne: *Nat-m.*krl
– **Strom** heraus; läuft in einem: agn.al
– **unbewußt**: nat-p.bg plan.bg
– **unvollständig**: *Agar.* agn.al,bg aloe anan. arg-met.al bar-c. berb. calad.bg,j5 calc.bg,j5 *Camph.*bg canth.bg carbn-s. coff.bg *Con.*bg dig. *Form.* hydr.al ign.bg *Kali-c.*bg lach.sfl *Lyc.*bg lyss. nat-m.bg nux-m.bg *Phos.*bg,j5 plb. sel.bg sep.bg,j5,* sul-ac.bg sulph.h ther.krl zinc. zing.al,krl
  • **Erektion**:
    • **vor**: *Sulph.*krl
    • **unvollständiger** Erektion, mit: calad.krl *Form.*krl
– **Verlangen** nach: ign.al,j5 *M-arct.*j5 nux-v.j5
  • **morgens**:
    • **Aufstehen**, nach dem: nux-v.al
    • **Bett**, im: puls.al
    • **Erwachen**, nach dem: petr.al rhus-t.al
  • **abends** und nach dem Abendessen, ohne sexuelles Verlangen nach: nat-c.al
  • **Erektion**, ohne: sulph.al
– **versagt** beim Koitus: agn. bar-c. bufo *Calad.* calc. carbn-s. coff.bg *Eug.* gast.al **Graph.** hydr. kali-c. kali-i. *Lach.*bg,j5 lim.al *Lyc.* *Lyss.* mill. nat-m. nux-v.bg ph-ac. *Psor.* zinc.
  • **Orgasmus** kommt; obwohl es zum: cann-i. graph.
  • **tritt** danach im Schlaf auf: lyss.krl
– **wäßrig**: bart. borx.bg,h,* led.h,j5,* med.krl mez.al,bg mur-ac.h,j5,* *Nat-p.*bg,krl,* *Sel.*h,j5,* *Sep.*h,j5,* sulph.h,j5,*
– **wollüstiges** Gefühl, ohne: calc.h
– **zitronenfarben**: hura.al,cl

Ektopia testis
☞ *Hodenretention*

Elephantiasis des Skrotums: sil.

Empfindlichkeit: *Cocc.*bg2,k,* coff.hrl franz.al *Ph-ac.* **Plat.**al,k verat.h,k,*
– **Leiden** ist unerträglich; geringes: coff.
○ **Hoden**: adel.al arn.al cimic.al clem.al,h cocc.hrl coloc.al cop.brl erio.al kali-bi.al kali-c.k2 kali-n.al,cl merc-i-r.al nit-ac.al oci.al ph-ac.hrl **Staph.**hrl
– **Penis**: cocc. corn.al,k crot-t.al,k franz.al thuj.al,k verat. zinc.hrl,k,*
  ○ **Eichel**: arg-n.al *Cor-r.*hrl,k,* **Merc-c.**hrl,k thuj.hrl,k,*
    • **Koitus**, nach: eug.hrl,k,*
  • **Vorhaut**: cann-s.hrl,k *Cor-r.*hrl,k,* *Merc.*al,k
– **Samenstrang**: clem.k2
– **Skrotum**: kali-c.h,k,* nat-m.al,k ph-ac.al,k plat.al,k **Staph.** zinc.hrl,k

Empyomphalus: *Ars-i.* *Calc.* **Calc-sil.** *Hep.* **Kali-s.** *Psor.* *Puls.* **Sil.** **Sulph.**

Enthaltsamkeit agg.; sexuelle
☞ *☐ Allgemeines - Sexuelles Verlangen - Unterdrückung - agg.*

Entzündung: *Acon.* alum-p.k2 apis *Ars.* calc.bg2,k cann-s.bg2,k **Canth.**bg2,k,* carbn-s. castm.c2,k con.bg2,k *Merc.*bg2,k mur-ac.h,k,* nat-c.h,k,* nat-m.bg2,k nit-ac.bg2,k nux-v.bg2,k ph-ac.bg2,k plb.bg2,k,* puls.bg2,k *Rhus-t.* sep.bg2,k sil.k2 *Spong.*bg2,k staph.bg2,k thuj.bg2,k,*
– **Erysipel**: rhus-t.k2
○ **Hoden**: **Acon.** am-c. anan. arg-met.k2 *Arg-n.* **Arn.** *Ars.* *Aur.* aur-ar.k2 aur-s.k2 **Bapt.** bar-m. *Bell.* *Berb.* carb-v.c2 chel. *Chin.* **Clem.**c2,k clem-vir.homp **Con.** cub.c2,k der. erech.c2 *Ham.*c2 hippoz. iod.k2 kali-ar. kali-c. *Kali-i.* kali-m.k2 *Lyc.* m-ambo.c2 *Merc.* mez. nat-ar. nat-c. *Nat-m.* *Nit-ac.* *Nux-v.* phos. *Phyt.*c2,k pip-m.c2 *Plb.* podo. polyg-xyz.c2 **Puls.** **Rhod.** **Rhus-t.** sil.k2 **Spong.**c2,k *Staph.* sul-ac. trad.c2 ust.c2 verat-v.c2 viol-t.c2 visc.c2 zinc.
  • **links**: brom. mez. oci. **Puls.** *Rhod.*
  • **rechts**: *Arg-n.* chel. **Clem.** *Puls.* **Rhod.**
    ▽ **erstreckt** sich von rechts nach links: spong.
  • **nachts**: **Clem.**
  • **Bettwärme** agg.: **Clem.**
  • **chronisch**: arg-met.k2 lyc.hrl,k **Rhod.**hrl,k *Spong.*hrl ust.hrl,k
  • **Gonorrhoe**, durch unterdrückte: *Agn.* ant-t. arg-n. aur. bar-m. bell. brom. canth. chel. **Clem.** *Con.* gels.hrl *Ham.* kali-chl. *Kali-s.* **Med.** *Merc.* *Mez.* nat-c. nat-m. *Nit-ac.* **Puls.** *Rhod.* rhus-t. sel. *Spong.*
    ☞ *☐ Harnröhre - Absonderung - gonorrhoisch*
  • **kalt**:
    • **durch** Kälte: acon.k2 rhod.k2
    • **Einwirkung** von Kälte: puls.k2
    • **Erkältung** beim Tanzen, nach: rhod.
  • **Quetschung**, durch: ant-t.hrl **Arn.**hrl,k bar-m.hrl,k *Con.*hrl,k *Ham.*hrl,k *Puls.*hrl,k zinc.hrl,k
  • **Sitzen** auf feuchtem Boden: puls.k2
  ○ **Nebenhoden**: ars.hrl,k *Aur.*hrl,k aur-s.k2 berb.hrl,k *Chin.* clem.hrl,k ham.hrl,k kali-n. *Med.*

– **Hoden - Nebenhoden**: ...
merc.hr1,k nit-ac.hr1,k phyt.hr1,k **Puls.**hr1,k **Rhod.**hr1,k **Spong.** sulph.
– **Lymphdrüsen**: alum-p.k2 merc.bg2,k
– **Penis**: *Arn.* *Ars.*a1,k cann-s.bg2,k canth.bg2,k crot-t.a1,k cub.hr1,k hedy.a1,c2 iris jac-c.a1,k *Kali-i.*hr1,k,* led.hr1,k merc.bg2,k nat-c.a1,k plb.bg2,k *Psor.*a1,k sabin.bg2 sars.a1,k sep.h,k,* *Sulph.*bg2,k,*
• **Bettwärme** agg.: jac-c.a1,k
○ **Eichel** (= Balanitis): alum. *Alumn.* *Apis* arn. ars. *Aur.* aur-ar.k2 aur-s.k2 bry. *Calad.* *Calc.* *Calen.*c2 cann-s. canth. carbn-s. caust. **Cinnb.** *Cor-r.* cupr. *Dig.* graph. irisc1 *Jac-c.* **Kali-chl.** kali-m.k2 kali-p. *Kali-s.* lach. led. *Lyc.* lyss. *Merc.*c2,k *Merc-c.* mez. nat-ar. nat-c. *Nat-m.* *Nit-ac.* nux-v. petr. ph-ac. *Psor.* *Rhod.* rhus-t. sars. sep. sil. *Sulph.* *Thuj.*c2,k
• **Frenulum**: *Calc.* *Nit-ac.* sumb.
• **Vorhaut**: *Apis* *Ars.* *Calc.*bg2,k,* cann-s.bg2,k,* **Cinnb.** con.h,k,* cor-r. elaps graph.bg2 hep. *Jac-c.*a1,k lach. lyc.a1,k **Merc.**bg2,k,* mez.bg2,k mur-ac.h,k,* nat-ar. *Nat-c.*h,k,* *Nit-ac.*bg2,k,* *Rhus-t.* sabin. sep. sil.bg2,k *Sulph.*bg2,k,* *Sumb.*a1,k
• **erysipelatös**: *Apis* **Ars.** **Lach.** *Puls.* **Rhus-t.**
○ **Innenfläche**: crot-t. merc.k2 *Nit-ac.*
– **Prostata**
☞ ❑ *Prostata - Entzündung*
– **Samenstränge**: arn. *Berb.*hr1,k calc. ham. kali-c. nux-v.bg2,k phos.k2 psor. **Puls.**bg2,k,* *Rhod.* **Spong.** *Syph.*hr1,k
– **Skrotum**: anac.a1,k *Ars.*bg2,k,* crot-t.a1,k jac-c.a1,k mur-ac.bg2,k nat-m. ph-ac.bg2,k plb.bg2,k podo.bg2,k,* *Rhus-t.* *Rhus-v.*a1,k trad.a1
• **erysipelatös**: *Apis* *Arn.*hr1,k *Ars.*bg2,k,* canth. crot-t. graph. merc.bg2,k nat-m. op.hr1,k ph-ac. plb. *Puls.* **Rhus-t.**hr1,k *Rhus-v.*

Erektionen:

– **Tag** und Nacht: ferr.kr1 *Phos.*kr1
– **tagsüber**: anac. cann-i.a1 cann-s.j5 *Chel.* *Clem.* kali-c.j5 lach. lyc.j5 mez.h,j5 nat-c.h2,j5 *Phos.* puls. sabin.j5 sil. sin-n.kr1 sul-ac.h,j5 valer.j5
– **morgens**: agar. *Agn.* all-c. aloe **Am-c.** ambr. ars. ars-h. ars-i. asc-t. aster.a1 bar-c. bond.a1 brom. calad. calc. canth. caps. carb-an.j5 caust. cham. chin-b.kr1 *Cimx.* coc-c. cop. dig. form.a1 *Graph.*j5,sf1 guaj.a1 kali-ar. kali-c. kali-n.h kali-p. kali-sil.k2 lac-ac. *Lach.* lact.j5 m-arct.j5 *Mag-m.* mur-ac. nat-ar. nat-c. nat-m. nat-p. nat-s. nicc. nit-ac. *Nux-v.* ol-an.a1 osm. pall.a1,kr1 *Ph-ac.* phos. plat.j5 plb. psor. *Puls.* ran-b.j5 *Rhod.*j5 rhus-t. *Sel.* *Sil.* tab. tet.a1 ther.j5,sf1,* thuj. valer. viol-t.
• **Aufstehen**, beim: bar-c.a1 calc.a1 canth.a1 caps.a1 dig.a1 osm.a1
• **Bett**, im: *Caps.*a1,j5 cham.a1,j5 kali-n.a1,j5 *Mag-m.*a1,j5 mur-ac.a1,j5 nit-ac.a1,j5 *Nux-v.*a1,j5 ph-ac.a1,j5 phos.a1,j5 *Puls.*a1,j5 sabad.a1,j5
• **Träumen**, bei: colch.a1
• **Verlangen**, ohne: am-c.kr1 ambr.kr1 calad.kr1 chin-b.kr1 *Nat-m.*kr1 sel.kr1
• **Erwachen**, beim: nat-c.h2
• **6** h: guaj.

Erektionen - morgens - Erwachen, beim: ...
• **danach**, und: ambr.bg2 anac.h arn.a1,h bamb-a.stb2 borx.h,j5 *Card-m.*kr1 nat-c.h,j5 ox-ac.a1 petr. ph-ac. phos.h pic-ac. plat. puls.bg2 *Sil.* sulph. thuj.
• **Fahren** oder Reiten, nach: aur.h calc.h
• **nur** morgens: *Bar-c.* pall.
• **Stehen**, im: *Ph-ac.*
– **vormittags**: caps. caust. lach. nicc. ol-an.j5 ox-ac. phys.a1
• **Fahren** im Wagen; beim: form.a1
• **Hinlegen**, beim: ox-ac.a1
– **mittags**: kali-n.h,j5,* *Nux-v.*a1
• **nachmittags**, und: par.j5
– **nachmittags**: alum.j5 caps.h carbn-s. cham. eug.j5 lyss. *Nux-v.* pip-m.a1 thuj. ust.a1
• **14** h: alumn.a1 mag-s.a1
• **15** h: equis-h.a1
• **16** h: ust.a1
• **17** h: equis-h.a1
• **Gehen**, beim: hyper.a1
• **Mittagsschlaf**, nach dem: eug.kr1 *Nux-v.* sep.h,j5
• **Sitzen**, im: alum.
• **Urinieren**, nach dem: nat-c.a1
– **abends**: alum. alumn.a1 bar-c. cact. caps.h,j5 cerv.a1 cinnb. fago. lach.j5 laur.j5 *Lyss.*kr1 nat-s. phos. sil.h
• **18** h: equis-h.a1
• **Bett**, im: cinnb.j5 con.j5 nit-ac.a1,j5
• **Hinlegen**, nach dem: nit-ac.a1
• **Schauder** und großem Verlangen; mit: bar-c.
– **nachts**: agar. aloe alum. alum-p.k2 alum-sil.k2 ambr.h **Aur.** aur-i.k2 bamb-a.stb2 bar-c. bell. brom.a1 bry. cain.a1 calad. calc. calc-sil.k2 **Canth.** *Caps.* carb-v. *Caust.* cent.a1 con. corn.kr1 cycl. *Dios.* euph.h,j5,* ferr. ferr-i. ferr-p.k2 **Fl-ac.** gins.a1,j5 gymno.a1 helon.kr1 *Kali-br.* kali-c. kali-p. kali-sil.k2 *Lach.* laur.j5 *Merc.* merc-c. mez. *Nat-c.* nat-m. nat-p. nicc. **Nit-ac.** ol-an. *Op.* osm. ox-ac.k2 par. petr. ph-ac. **Phos.** **Pic-ac.** pip-m.a1 **Plat.** plb. *Puls.*bg2,j5,* rhod.a1 rhus-t. sabin.j5 seneg.j5 sep. *Sil.* sin-n. stann. staph. sul-i.k2 sumb.a1 tell. thuj. yuc.a1 zinc. zinc-p.k2
• **Mitternacht**: ambr.a1,j5 nit-ac.a1 osm.a1
• **nach**:
• **2** h: aloe
• **3** - 4 h: osm.a1
• **3** - 8 h: brom.a1
• **4** h: calad.a1 pic-ac.a1 pip-m.a1
• **Erwachen**, beim: ambr.a1
• **Aufstehen**, nach dem: caj.a1
• **Bett**, beim Warmwerden im: ant-c.
• **Erwachen**, beim: dig.a1 guare.a1 *Hep.*a1,kr1 nit-ac.a1,j5,* sil.a1,kr1 yuc.a1
• **Pollutionen**, nach: nit-ac.a1
• **Schlaf**, im: *Fl-ac.*a1 op.a1 rhod.a1 ther.a1,sf1
• **Halbschlaf**, vergeht bei vollständigem Erwachen; im: calad.k2,kr1
• **Harndrang**, mit: *Rhus-t.*kr1
• **Urinieren**:
• **vor**: sin-n.a1

- **Urinieren**: ...
  - **beim**: staph.h
  - **nach**: aloe lith-c.kr1
- – **Abendessen**, beim: nicc.
- – **alten** Mann, bei einem: arn.h fl-ac.a1 phos.a1,j5
- – **anhaltend** (= Priapismus): agar. agn.a1 *Am-c.*j5 ambr.kr1 anthraco.c1,kr1,* apis arg-n. arn. bell. camph.c2,k *Cann-i. Cann-s.*bg2,kr1,* **Canth.** *Caps.*kr1 carb-v. carbn-s. caust.j5 cinnb.c1,c2 clem. *Coloc.* dig. *Dios.*bg2,sf1 euph.j5 fl-ac.a1 *Gins.*bg2,sf1 *Graph.*c2,k hyos. ign.bg2 iod. *Kali-br.* kali-c.bg2 kali-chl.j5 lach.bg2 lat-m.sp1 *Laur.*sf1 led.c2,k lyss.br1,mg1 *Med.*c1,kr1,* merc.sf1 mur-ac.h mygal.kr1 *Nat-c.*c2,k nat-hchls.c1,c2 *Nat-m.* nat-p. nit-ac.bg2,j5 nux-v. oena.c1,c2 op.bg2,kr1 opun-v.c1 ped.a1 *Petros.*c1,kr1,* ph-ac.bg2 *Phos. Pic-ac.*c2,k pip-n.c1,c2 *Plat. Puls.*c2,k raph.c1,c2 rhod.j5,kr1 *Rhus-t.*bg2 sabin. sel.c1,c2,* sep. sil. sin-n.c1,c2 spirae.a1 staph.bg2 *Stram.*kr1 tarax. *Thuj.*bg2,j5,* verat.bg2 visc.j1 yohim.c1,c2 zinc. zinc-pic.c1,c2 zinc-val.c1,c2
  - **tagsüber**: clem.a1
  - **morgens**: asc-t.a1 canth.a1 dig.a1 erech.a1 nat-c.a1,h *Puls.*hr1,k
    - **Erwachen**; beim: nat-c.h2
  - **nachts**: bamb-a.stb2 carb-v.a1 corn.hr1,kr1,* *Dios.*sf,sf1 *Fl-ac.*hr1,k *Kali-br.*hr1,kr1 *Lach.*hr1,kr1 nat-m.a1,k nit-ac.h,k1 pic-ac.a1,hr1 plat.a1,k sep.h,k,* sin-n.a1,k staph.h,k1 thuj.h,k,*
  - **alten** Mann, bei einem: arn.kr1
  - **einschläft**, sobald er: pic-ac.kr1
  - **Essen**, nach dem: hyos.a1
  - **Harnverhaltung**, mit: coloc.kr1
  - **Koitus**, nach: agn.a1 cann-i.a1 rhod.a1 sep.a1,h
  - **Krümmung** des Penis, mit: canth.j5
  - **Pollutionen**:
    - **nach**: ars.bg2 plb.bg2 rhod.bg2,kr1 sabad.bg2
    - **mit**: lyss.kr1,mg1
  - **schmerzhaft** (Chorda): acon.kr1 **Arg-n.** aur-m. bry. *Camph. Cann-i.* **Cann-s. Canth. Caps.** chlol. *Colch.* con. cop. *Cub.* cur. dig. ery-a. fl-ac. hep. jac-c.kr1 kali-br. **Kali-chl.** kali-i. *Kali-m.*kr1 *Merc.* merc-c. *Mygal.* nat-c. *Nit-ac. Nux-v. Petros.* phos. pip-n. **Puls.** sabad. sep. still.kr1 **Ter.** *Thuj.* zing.

    ☞ ❑ *Harnröhre - Chorda*
    - **Brennen** in der Harnröhre; mit: calc-p.
    - **Empfindlichkeit** in der Harnröhre; mit extremer: *Caps.*
  - **Semipriapismus**: oena.kr1 *Puls.*kr1
  - **tranceartigem** Zustand, mit: *Camph.*kr1
  - **Träumen**, bei: *Camph.*kr1
  - **Übelkeit**, mit: kali-bi.hr1,kr1
  - **Wirbelsäule**; bei Erkrankung der: *Pic-ac.*kr1
- – **Aufstehen**, nach dem: aur.a1 caj.a1
- – **Bett**, im: ant-c.a1 kali-bi.a1 upa.a1
- – **Chorda**

  ☞ ❑ *Harnröhre - Chorda*
- – **Einschlafen**, beim: pic-ac.k2
- – **erschöpfend**: aur-m.hr1,kr1,*
- – **Erwachen** und danach; beim: ambr.bg2,j5,* anac.h arn.h,kr1,* borx.a1,j5 carb-v.j5 *Card-m.*kr1 ferr.a1 gnaph.kr1 *Hep.*kr1 kali-c.j5 lach.j5 nat-c.h,j5 nat-m.j5 op.a1 ox-ac.a1 petr. ph-ac. phos.h pic-ac. plat. puls.bg1 *Sil.* stann.j5 sulph. tarent.a1 thuj.
- – **Essen**, nach dem: alumn.c1 nicc.j5
- – **exzessiv**: *Aur-m.* **Canth.** cop. **Fl-ac.** *Graph.* nat-m. op. *Ph-ac. Pic-ac.* staph.

  ☞ ❑ *Gemüt - Beschwerden durch - sexuell - Exzesse*
  - **nachts**: staph.a1,h
  - **Gedanken**, bei erotischen: cop. **Pic-ac.**
- – **Fahren** oder Reiten, beim: *Bar-c.*hr1,k,* *Calc-p.*hr1,k,* *Cann-i.*hr1,k,* form.a1,k
  - **Impotenz** zu allen anderen Zeiten, mit: bar-c.
- – **fehlend**: *Agar.* **Agn.** alco.a1 *Alum.* alum-p.k2 am-c. amgd-p.c1 *Anac.*bro1 anil.a1 *Ant-c.* ant-o.a1 arg-met. *Arg-n. Arn.*c1 ars. ars-i. arum-d.c1,kr1 aur. aur-i.k2 aur-s. aven.br1,bro1 **Bar-c.** bar-i.k2 bar-s.k2 bart.a1 bell-p.c1 ben-d.c1 berb.kr1,sf1 borx. *Bufo* buth-a.j1,sp1 **Calad. Calc.** calc-i.k2 **Calc-s.** *Camph.* cann-i.kr1 cann-s. caps. carb-ac.kr1 carb-an.bg2,j5,* carb-v.bg2,sf1 carbn-s. carc.fb,tp1 *Caust.* cere-s.c1 **Chin.** chinin-s. chlf.a1 chlol.kr1 chlor.c1 cinnm.kr1 *Cob. Coc-c.* coch. cod.a1 coff.k1 coloc. **Con.** corn. cortico.j1 cot.a1 crot-h.a1 crot-t. dam.c1,sf1 dig. dios. dol.kr1 *Dulc.*hr1,k elaps ery-a.c1,sf1 ery-m.c1 eug. eup-pur.c1 euph.bg2 *Ferr.* ferr-i. ferr-m.bg2 ferr-p.k2 *Fl-ac.* gast.c1 gels. gins.sf1 glyc.bro1 *Graph.* halo.j1 *Ham. Hell.* helon. *Hep.*j5,kr1,* hydrc.a1 hyos. *Hyper.*c1 ign. *Iod.* kali-bi.a1 *Kali-br.* kali-c. kali-i.bro1 kali-p. kali-s. kreos. *Lach.* lact.sf1 lappa.c1 lath.c1 *Lec.* **Lyc.** m-aust.j5 *Mag-c.* **Med.** meny.bg2 *Merc.* merc-ns.a1 morph.a1 *Mosch.* mur-ac. nat-c. *Nat-m. Nat-p. Nit-ac. Nuph. Nux-m.* **Nux-v.** oci-sa.j1,sp1 *Onos. Op.* orch.c1 ox-ac.k2 oxyt.c1 pall.c1 perh.j1 petr.j5,kr1 *Ph-ac.* phase.c1 **Phos.** *Phyt. Pic-ac.*bg2,k2,* plan.c1,sf1 *Plb.* polyg-h.kr1 *Psor. Puls.* rhod. rhodi.a1 rhodi-o-n.c1 ruta.bg2 sabad.k1 *Sabal*c1 sabin.bg2 *Sal-n.*c1,sf1 saroth.j1 sec.c1 **Sel. Sep.** sil. spong. *Stann. Staph.* stram. *Stry.*bro1 sul-ac.bg2,c1 sul-i.k2 **Sulph.** sumb. *Syph.*kr1 tab. teucr. thal.j1 thala.j1 ther. *Thuj.* trib.bro1 tus-p. *Uran-n.* ust. *Yohim.*c1 zinc.bg2,sf1 zinc-p.c1,sf1
  - **morgens**: *Agn.*a1 carb-an.h,k1 crot-t.a1 eug.a1 graph.bg2,k lact.
  - **nachmittags**: lyss.hr1,kr1
  - **abends** und nachts: *Agar.* kali-p. pall.
  - **alten** Menschen, bei: **Lyc.**hr1,kr1
  - **anhaltender** Erektion, nach: carbn-s.a1
  - **Arbeit**; mit Abneigung gegen: onis.j5
  - **blamiert**; wird durch die plötzliche Erschlaffung des Penis: arg-n.bg1 camph.hr1,k
  - **chronisch**: lyc.
  - **Diabetes**, bei: coca.bro1 cupr.kr1 *Helon.*hr1,kr1 mosch.hr1,kr1,*
  - **Enthaltsamkeit**, durch: **Con.** *Phos.*hr1,k

    ☞ *zölibatäres*
  - **Erkältung**, durch eine: mosch.bg2,k
  - **Erregung**, durch übermäßige: phos.k13,k2
  - **Erwachen**, beim: *Card-m.*hr1,kr1 op.
  - **Gedächtnisverlust**, mit: **Kali-br.**hr1,kr1
  - **Gonorrhoe**:
    - **nach**: *Agn. Calad.*k2,st cob. cub. hydr. med. sulph. *Thuj.*

• **Gonorrhoe**: ...
  • **unterdrückte** Gonorrhoe, durch: calad.k2,kr1 med.k2,kr1 *Thuj.*kr1
• **Koitus**; beim: aur-s.c1
• **Liebkosungen**; selbst nach erotischen: calad.kr1
• **Masturbation**, durch: arg-n.bg2 *Gels.*hr1,kr1 graph.k13,k2 kali-c.k13,k2 kali-p.sf,sf1 phos.k13,k2 sal-n.sf,sf1 stram.hr1,kr1,*
• **Penis**:
  • **klein** und kalt: *Agn.*k1 *Bar-c.* berb. caps. **Lyc.**h,k,* *Sulph.*
  • **schlaff**: gels.k2
    • **Erregung**, bei: aur-s.k2 **Calad.** *Ham.*kr1
• **Phantasien**; mit wollüstigen: sel.br1
• **plötzlich**: chlor.hr1,kr1 *Fl-ac.*hr1,kr1
• **Pollutionen**, nach: *Phos.*kr1
• **Salz**; übermäßiger Genuß von: phos.k2
• **Samenabgang** im Schlaf, beim Stuhlgang, Urinieren; mit: *Nuph.*hr1,kr1
• **Schreck**:
  • **Koitus**; durch Schreck während des: *Sin-a.*kr1 *Sin-n.*kr1
• **Schweiß**, nach: **Lyc.**hr1,kr1 **Phos.**hr1,kr1 stram.hr1,kr1
• **sexuellen** Exzessen, nach: agn.k2,kr1 alum.k2,kr1 aven.br1 **Chin.**hr1,kr1 *Eup-pur.*hr1,kr1 graph.k2,kr1,* *Kali-br.*hr1,kr1 kali-c.k2,kr1,* kali-p.kr1,sf1,* **Lyc.**hr1,kr1 **Phos.**hr1,kr1 *Staph.*hr1,kr1
• **sexuelles** Verlangen:
  • **nach**: **Phos.**kr1
  • **mit**: acon.j5,kr1 *Agar.*kr1 *Agn.*kr1 *Alum.*kr1 *Am-c.*kr1 *Anan.*kr1 *Arg-met.*kr1 *Arg-n.*kr1 *Aur.*kr1 aur-s.kr1 bar-c.kr1 **Calad.**kr1 *Calc.*kr1 *Camph.*kr1 carbn-s.kr1 *Chin.*kr1 cob.kr1 **Con.**kr1 corn.kr1 crot-h.kr1 *Dig.*kr1 ferr-ma.kr1 **Graph.**kr1 hep.kr1 ign.kr1 kali-c.kr1,sf1 lach.kr1 **Lyc.**kr1 lyss.kr1 mag-m.kr1 meny.kr1 najakr1 *Nat-m.*kr1 *Nat-p.*kr1 nuph.kr1 *Nux-m.*kr1 *Nux-v.*kr1 op.kr1 *Ph-ac.*kr1 *Phos.*kr1 *Psor.*kr1 puls.kr1 sabad.kr1 sal-n.kr1,st *Sel.*kr1 *Sep.*kr1 *Sil.*kr1 stann.kr1,sf1 *Staph.*kr1 sulph.kr1
  • **Unterdrückung** des sexuellen Verlangens; durch: *Phos.*kr1
• **Syphilis**, durch: merc.
• **Tabak**; durch Mißbrauch von: calad.sf1 lyc.sf1
• **Traurigkeit**, mit
  ☞ ❑ *Gemüt - Traurigkeit - Impotenz*
• **verschwinden**:
  • **Koitus**, beim: ambr.a1 *Camph.*a1,kr1 fl-ac.a1 m-aust.a1,j5 nux-v.bg2,j5,* *Ph-ac.*bg2,kr1,*
  • **zölibatäres** Leben; durch: **Phos.**c1,hr1
  ☞ *Enthaltsamkeit*

– **Gedanken**, ohne erotische: arn.h,j5 carb-v.a1,h ol-an.a1,j5 petr.a1,j5 ph-ac.j5 phos.j5 sabad.j5 sul-ac.a1,j5
– **Gehen**, beim: cann-i.c1,kr1
– **grundlos**: *Am-c.*j5 carl.a1,j5 euph.a1 ferr.h,j5,* nat-m.a1 ox-ac.a1,hr1 sil.a1,h tarax.j5
  • **Hinlegen**, beim: ox-ac.hr1,kr1,*

– **häufig**: acon.a1 agar.bg2,k,* *Agn.*a1,k alum.hr1,k,* alum-p.k13,k2 alumn. am-m.hr1,k anth.a1,k anthraco. apis arund.hr1,k,* aster.hr1,kr1 *Aur.*bg2,sf1,* *Aur-m.* aur-s.c1 bell.a1,k berb.a1,j5 cann-i.a1,k cann-s.h,k,* *Canth.*bg2,j5,* *Caps.*j5,sf1,* carb-v.h,k,* caust.a1,k cham.a1 *Chel.*hr1,k,* chin.h,k,* cic.a1,k cimx.hr1,k clem.a1,k *Coc-c.*hr1,k,* cod.a1 coloc.a1,k corn.hr1,k,* cyna.j1 cyt-l.sp1 *Dig.*bg2,j5,* *Dios.*hr1,kr1,* erig.mg,mg1 *Ferr.*j5,sf1,* graph.j5 ham.a1,k helon.hr1,kr1 jug-r.a1 kali-c.h,j5,* kali-n.c1,h kalm.a1,k lach.sf,sf1 lat-m.sp1 *Laur.*bg2,sf1,* lyc.a1,k *Mag-m.*hr1,k,* *Med.*hr1,kr1 merc.hr1,kr1 merc-c.sf,sf1 mez.a1,k mur-ac.a1,j5 nat-c.a1,k *Nat-m.*hr1,k,* nat-p. nit-ac.hr1,kr1 nux-v.a1,k onis.a1,j5 petr.a1,h ph-ac.a1,k *Phos.*h,k,* pic-ac.sf,sf1 plb.a1 *Puls.*h,k,* ran-b.a1,j5,* rhus-t.j5 sabad.a1,k sabin.a1,j5,* sec.a1 sep.sf,sf1 sil.h,k,* sin-n.a1 *Spig.*a1,k sumb.a1,k *Tab.*j5 ther.sf,sf1 ust.a1,k valer.a1,j5 visc.sp1 zinc.sf,sf1
  ☞ ❑ *Gemüt - Beschwerden durch - sexuell - Exzesse*
• **tagsüber**: cann-i.a1 cann-s.a1,h *Chel.*hr1,kr1,* jug-r.a1 lyc.a1 mez.a1 nat-c.a1
• **morgens**: *Cimx.*hr1,kr1 *Mag-m.*hr1,kr1 ran-b.a1,c1 valer.a1
• **nachts**: *Alum.*hr1,kr1 calc.a1 corn.hr1,kr1,* helon.hr1,kr1 jug-r.a1,kr1 *Merc.*hr1,kr1 nat-m.a1,kr1 *Nit-ac.*hr1,kr1 op.a1 phos.a1,h sin-n.a1,kr1
  • **alten** Mann, bei einem: caust.
  • **Essen**, nach dem: hyos.a1,k
  • **Hände** an den Penis, legt die: *Stram.*kr1
  • **Koitus**, nach: sec.a1
  • **Prostatasekret**, mit Abgang von: *Puls.*hr1,kr1
  • **Übelkeit**, mit: kali-bi.hr1,kr1

– **heftig**: agn. *Alum.* alum-p.k2 am-c. ambr. anac. *Anan.* anis.a1 arn. aur.bg2 bar-c.j5 camph.h,j5,* cann-i. cann-s.sf1 *Canth.* carbn-s. caust.h *Cham.* chin. cinnb. *Clem.* coloc.h con. cop. eug. **Fl-ac.** *Gels.* *Graph.* *Hyos.* ign. iod.a1 *Kali-br.* kali-c. *Kali-chl.* *Kali-m.*k2,kr1 kali-sil.k2 led.j5 lyss.mg1 m-arct.j5 med. merc-c.k1 *Mez.* mygal.k1 *Nat-c.* nat-m. nat-p. nat-sil.k2 *Nit-ac.* *Op.* osm. ph-ac.j5 **Phos.** **Pic-ac.** **Plat.** *Plb.* psor. rhus-t.a1,j5 sabin. sel. *Sep.*j5,sf1 *Sil.* sin-n.kr1 staph.j5 *Stram.* verat. zinc. zinc-p.k2
  ☞ *ungestüm*
• **Tag** und Nacht: *Canth.*bg2 merc-c.bg2 *Nit-ac.*bg2 *Phos.*bg2 sabin.bg2
• **tagsüber**: cann-s.bg2 canth.bg2 caps.bg2 ferr.bg2 hyos.bg2 lach.bg2 phos.bg2 puls.bg2 sabin.bg2 sil.h,k,* *Zinc.*bg2
• **morgens**: agn.a1,bg2 am-m.bg2 ambr.bg2,k arn.bg2 caps.bg2,h,* cham.bg2 dig.a1 *Graph.*bg2 *Kali-p.* lach.bg2 nat-c.h,k1,* nat-m.a1,h **Nux-v.**bg2 phos.h,k,* plb.bg2 psor. puls.bg2 ran-b.bg2 rhus-t.a1 sel.a1,k tet.a1 thuj.a1
  • **Aufstehen**, beim: agn.a1
  • **Erwachen**, beim: nat-c.a1,h sel.a1
• **abends**: cinnb.h,k,* con.a1 led.bg2 mez.a1,k nat-c.bg2 nux-v.bg2 *Phos.*bg2 staph.bg2 tarax.bg2
• **nachts**: *Fl-ac.*hr1,kr1,* kali-c.a1 merc-c.a1 nat-c.a1 nat-m.a1,h nit-ac.a1,h *Pic-ac.*k2,kr1,* *Plat.*hr1,kr1,* sep.a1,h *Sil.*a1,h sin-n.hr1,kr1,* zinc-p.a1,k2
• **alten** Mann, bei einem: *Fl-ac.*hr1,kr1

• **Gefühl** wie nach einer heftigen Erektion: chel.a1
• **häufig**: aur.bg2 laur.bg2
• **Jucken** des Skrotums, mit: *Kali-m.*kr1
• **Kopfschmerzen**, mit: *Pic-ac.*hr1,kr1
• **Mittagsschlaf**, nach dem: eug.hr1,kr1
• **Schlaf**, im: calad.hr1,kr1 *Dios.*hr1,kr1 *Fl-ac.*hr1,kr1 *Merc-c.*hr1,kr1,* *Nat-c.*hr1,kr1,* *Pic-ac.*hr1,kr1
• **sexuelle** Gedanken, ohne: lyss.hr1,mg1,* sil.hr1,kr1
• **Träumen** und Pollutionen, mit: sin-n.kr1
• **Urins**, vor dem Abgang einer großen Menge: sin-n.hr1,kr1,*
– **Husten**, beim: cann-s.h,k,* canth.
– **Kindern**, bei: aloe *Lach.* *Merc.* ph-ac.k1 *Tub.*
– **Koitus**, nach: agn.a1,k aur-s.a1,k bry.a1,k calad.hr1,k cann-i.a1,k cann-s.a1,k caust.a1,k graph.a1,k grat. nat-c.h,k,* rhod.a1,k sec. *Sep.*h,k,* tarent.a1,k
• **Gleichgültigkeit**, mit sexueller: lyss.kr1
– **konvulsivisch**: nit-ac.hr1,kr1
• **Kind**, bei einem: *Lach.*kr1
– **kräftig**: *Agn.*j5,sf1 alum-sil.k2 alumn.a1 ars-i. *Aur.*sf1 bamb-a.stb2 calad.k2 **Canth.** cedr. cham. chinin-m.c1 cinnb.j5 clem. corn. cyt-l.jl,sp1 **Fl-ac.** *Graph.* helon. kali-chl.j5 *Lach.* *Laur.*sf1 mag-m. merc-c. mez. *Nat-m.*j5,sf1 nux-v. par.j5 **Phos.** **Pic-ac.** *Puls.* sabin. sep. sil.j5 tarax. ther.j5,sf1 zinc. zinc-p.k2
• **morgens**: bart.a1 cedr.a1 lach.a1 nux-v.a1 ther.a1
• **Erwachen**, beim: all-c.a1 borx.a1
• **Sitzen**, im: sep.a1
• **nachts**: aur.a1,sf1,* bry.a1 cedr.a1 corn.a1,hr1 lach.a1
• **Abdomen**; mit Schmerz im: zinc.hr1,k,*
• **Entkleiden** im kalten Zimmer; beim: *Lyss.*hr1,kr1
– **kurz**, zu: ambr.a1 arg-n. berb. calad.bg,bg2 calc. camph. carb-v. *Con.* fl-ac.a1 *Graph.* ign.bg,bg2,* laur.bg,bg2 lyc. *Nat-c.* *Nux-m.* *Nux-v.* *Ph-ac.* plb.bg,bg2 *Sel.* sep. zinc.
– **lästig**: *Agar.*bg2,j5 agn.bg2,j5,* aloej5 alum.bg2,k,* alum-p.k13,k2 alum-sil.k13,k2 alumn.a1 *Am-c.*h,k,* am-m.bg2,k,* ambr.bg2,j5 anac.bg2,k,* ant-c.bg2,k,* anthraco.j5 arn.h,k,* ars.bg2 *Aur.*h,k,* aur-i.k13,k2 aur-m.a1,k bar-c.bg2,j5 berb.a1,k borx.j5 bruc.a1 bry.bg2 caj.a1 calad.bg2 calc.bg2 calc-p.bg2 calc-sil.k13,k2 camph.j5 *Cann-i.*a1,k *Cann-s.*bg2,j5 **Canth.**h,k,* *Caps.*bg2,j5 carb-an.bg2,j5 carb-v.bg2,j5 *Caust.*bg2,j5 cench.k13,k2 cham.h,k,* chin.h,k,* chinin-s.a1 chlor.a1 cinch.a1 cinnb.a1,j5 *Clem.*bg2,j5,* cocc. coff.h,k,* coffin.a1 *Coloc.*h,j5,* colocin.a1 *Con.*bg2,j5 crot-t.j5 cyt-l.a1,mg1,* daph.a1,j5 del.a1 dig.bg2,k,* dios.a1 *Eug.*j5 *Euph.*bg2,k,* ferr.h,k,* ferr-i.a1,k ferr-p. *Fl-ac.*a1,k gins.a1,j5 graph.h,k,* ham.a1,k hep.bg2,j5 hyos.bg2,k,* ign.h,k,* *Iod.*a1,k jug-r.a1 kali-bi.a1,k kali-br.a1 *Kali-c.*h,k,* kali-chl.a1,j5 *Kali-i.*a1,k kali-m.k2 kali-n.j5 kali-sil.k13,k2 *Kreos.*bg2,k *Lach.*bg2,j5,* lact.j5 lat-m.jl,jl3 laur.a1,k led.bg2,k,* lith-c. lyc.h,k,* m-arct.j5 mag-c.j5 mag-m.bg2,k,* mag-s.a1,k **Merc.**bg2,j5 mez.bg2,j5 morph.a1,k mosch.bg2,j5 mur-ac.bg2,k,* *Nat-c.*h,k,* *Nat-m.*bg2,k,* nat-p.a1,k nat-s.j5,k2,* nat-sil.k13,k2 nicc.a1,k nit-ac.h,k,* nux-m.j5 **Nux-v.**h,k,* ol-an.a1,j5 onis.a1,j5 *Op.*bg2,k,* osm.c,c1

– **lästig**: ... ox-ac.a1,k par.bg2,j5,* petr.h,k,* *Ph-ac.*h,k,* **Phos.**bg2,k **Pic-ac.**hr1,k,* pip-m.a1 **Plat.**bg2,k,* *Plb.*bg2,k,* plect.a1 *Puls.*h,k,* puls-n.a1 ran-b.bg2,j5,* rhod.bg2,k,* rhus-t.bg2,k,* sabad.bg2,j5 sabin.bg2,j5 sars.bg2,j5 seneg.bg2,k,* *Sep.*h,k,* *Sil.*h,k,* spig.bg2,j5 stann.h,k,* *Staph.*bg2,k,* *Stram.*hr1,k,* sul-ac.h,k,* sul-i.k13,k2 sulph.bg2 tab.a1,k tarax.bg2,j5 tarent.a1,k teucr.j5 thea.a1 ther.a1,j5 **Thuj.**bg2,j5 tus-p.a1 upa.a1 ust.a1,k valer.bg2,j5 verat.h,j5,* viol-t.bg2,j5 voes.a1 *Zinc.*bg2,j5 zinc-p.k13,k2
– **leicht**, zu schnell; zu: *Con.* ferr. ferr-i.hr1,kr1,* kali-c.bg,bg2 lyc.bg2,k nux-v.bg2,k *Phos.*bg2,k *Pic-ac.* *Plat.* *Plb.*a1 rhod.a1,k sabin.bg2,k,* sumb.a1,k wildb.a1
☞ ❑ *Gemüt - Beschwerden durch - sexuell - Exzesse*
– **Liegen**, im: alum.j5 ox-ac.hr1,k,*
• **Rücken**, auf dem: onos.
– **Lustgefühl**, ohne: ambr.hr1,j5,* canth.a1,hr1 carb-v.h,j5,* mag-m.j5 nat-c.j5 sel.a1 tab.a1,j5
– **Mittagessen**, beim: alumn.a1,kr1 nicc.a1,kr1
– **plötzlich**: bar-c.a1 nux-v.a1
– **Pollutionen**:
• **während**: agar.bg2,sf1 anac.bg2,sf1 aur.bg2,sf1 *Calc.*bg2,sf1 cann-i.bg2,sf1 cann-s.bg2,sf1 *Canth.*bg2,sf1 carb-ac.bg2,sf1 carb-an.bg2,sf1 caust.bg2,sf1 chin.bg2,sf1 dig.bg2,sf1 dios.bg2,sf1 ery-a.bg2,sf1 form.bg2,sf1 *Gins.*bg2,sf1 *Iod.*bg2,sf1 *Kali-br.*bg2,kr1,* kali-chl.bg2,j5,* kali-p.bg2,k2,* led.bg2,sf1 lyc.bg2,sf1 *Merc.*bg2,sf1 nat-m.bg2,sf1 *Nux-m.*bg2,sf1 par.bg2,sf1 phos.bg2,sf1 pic-ac.a1,bg2,* pip-m.a1,bg2,* puls.bg2,sf1 sil.bg2,sf1 staph.bg2,sf1 sulph.bg2,sf1 ther.bg2,sf1 viol-t.bg2,sf1
☞ *Pollutionen - Erektionen - mit*
• **nach**: aloe ars. grat. kali-c. kali-i.a1 mez. nit-ac. **Ph-ac.** plb.bg2 rhod. sabad.bg2 sep.
• **ohne**: *Aur.*j5,kr1,* *Gins.*j5,sf1 plat.j5,sf1
– **Reiben** des Skrotums; durch: crot-t.a1
– **Schlaf**:
• **im**: alum.bg,bg2 aster.hr1,k,* chin.bg,bg2 clem.a1 dig.a1 *Fl-ac.*hr1,k,* kali-c.a1 merc.bg,bg2 merc-c.hr1,k,* *Nat-c.*hr1,k,* nat-m.bg,bg2,* nux-v. *Op.*hr1,k,* par.j5 ph-ac.bg,bg2 pic-ac.k2 plat.a1,h rhod.a1,k rhus-t.a1 *Ther.*sf,sf1 thuj.bg,bg2
• **Impotenz** wenn wach; mit: calad.k2 op.
• **Urinieren** nachlassend; beim: lith-c.kr1
• **nach**: *Lach.*a1,j5
– **Schlaflosigkeit**, bei: ant-c.j5 *Canth.*kr1 *Plat.*kr1 sep. *Thuj.*kr1
– **schmerzhaft**: acon.bro1 *Agav-a.*bro1 agn. alum. alum-p.k2 alum-sil.k2 *Anac.*bro1 ant-c. anthraco. **Arg-n.** aur. bell.bro1 berb.bro1 borx.bg2,j5 bry. cact. *Calad.* calc-p. *Camph.* *Camph-br.*bro1 *Cann-i.* **Cann-s.** **Canth.** **Caps.** chin.bg2 clem.bro1 *Colch.* con. cop. crot-t. *Cub.* cur. *Dig.* erig.mg1 ery-a. eug. ferr-i. fl-ac. gels.bro1 graph.bg2 grat. hep.c1,k hyos.bro1 ign. jac-c.kr1 *Kali-br.* kali-c. *Kali-chl.* kali-i. kali-p. kali-sil.k2 lact. *Lup.*bro1 lupin.hsa1 lyc. lyss.kr1 mag-m.bg2 merc. merc-c. mosch.bg2 mur-ac.h mygal. nat-c. nat-m. nat-p. nat-sil.k2 *Nit-ac.* *Nux-v.* oena.bro1 ol-sant.bro1 *Petros.* *Phos.* *Pic-ac.*bro1 pip-m.bro1 plb.bg2 **Puls.** sabad. sal-n.bro1 sel.c1 seneg. sep. *Sil.* *Stram.*kr1 sulph.bg2 sumb. tab.

– **schmerzhaft**: ...
Ter. *Thuj.* tus-p.bro1 yohim.bro1 zinc. zinc-pic.bro1 zing.
◆ **begleitet** von:
• **Harnröhre**; Absonderung aus der
☞ ❑ *Harnröhre - Absonderung - begleitet von - Erektionen*
• **Tag** und Nacht: *Dig.*hr1,kr1 phos.k2,kr1
• **morgens**: agn.a1,k all-c.hr1,kr1,* borx.c1 calad.a1,k lact.hr1,kr1,* nat-c.a1,k *Nux-v.*hr1,k sabad.a1,k sep.a1,k sil.hr1,k
• **Koitus**, nach: bry.a1 grat.a1
• **Sitzen**, im: sep.a1
• **abends**: calc-p.hr1,k,* cann-s.a1,k con.a1
• **Schlaf**, vor dem: con.h
• **nachts**: alum.hr1,k,* ant-c.a1,k *Cact.*a1,k cann-s.a1 *Caps.*hr1,k dig.h,k1 ferr-i.k2 *Hep.*a1,k *Merc.*hr1,k nat-m.a1,k nit-ac.hr1,k *Phos.*a1,k *Thuj.*h,hr1,* zinc-p.k2
• **Koitus**:
• **während**: hep.a1,k
• **nach**: bry.a1,k calad.hr1,k grat.
• **Traum**, bei einem erotischen: chin. chinin-s.a1
• **Chorda**
☞ ❑ *Harnröhre - Chorda*
• **Erwachen**, beim: wildb.a1
• **Kindern**, bei: *Tub.*st
• **Mattigkeit**, mit: sabad.kr1
• **Pollutionen**, nach: grat.
• **schmerzhaften** Pollutionen, nach: *Kali-c.*kr1
• **Schwellung**, durch:
• **Skrotums**, des: jac-c.kr1
• **Vorhaut**, der: jac-c.
• **Sitzen**, im: gins.a1
• **spasmodisch**: *Nit-ac.*hr1,j5,*
• **stören** den Schlaf: cact.kr1
• **Verlangen**, ohne: all-c.hr1,kr1 *Calad.*hr1,kr1
– **schwierig**: canth.a1 pers.jl tere-ch.jl,jl3
– **selten**: achy.jl,jl3 ars.a1,k carbn-s. kali-br.a1 lyc.a1,h merc-c.a1,k nat-m.a1,h *Nuph.*hr1,k sil.a1 sumb.a1
• **anderen** Geschlecht zusammen; wenn mit dem: cere-b.a1
• **Lustgefühl**, ohne: sel.a1 tab.a1
– **sexuelles** Verlangen:
• **ohne**: agn. *Am-c.* ambr. anac. arn. asc-t. borx.j5 bry. bufo *Calad.* *Calc-p.* *Cann-i.* cann-s. *Canth.* *Caps.*bg2 carb-v. caust.h chin-b.kr1 eug. euph. fl-ac. *Graph.* ham. hyos. iod. kali-c. kali-n.h kali-p. kali-sil.k2 kalm. lach.bg2 *Laur.*bg2,sf1 lyss. mag-m.h,j5,* mag-s. nat-c. *Nat-m.* nat-p. *Nit-ac.* *Nux-v.* ol-an.j5,sf1 petr.h,j5,* *Ph-ac.* phos. *Pic-ac.* plat.bg2 *Plb.*sf1 psor.k2 rhus-t.a1 sabad.bg2,j5,* sabin.bg2 *Sel.* sil. *Spig.* staph.bg2 sul-ac.h,j5,* sul-i.k2 sulph. tab. tarent. ther.c1 thiop.jl
• **morgens**: am-c. ambr. calad. chin. *Nat-m.* sel.
• **Erwachen**, nach dem: arn.h
– **Sitzen**, im: alum.j5 *Cann-i.*hr1,kr1,* cann-s.h,j5,* euph.a1 gins.a1 sep.a1,j5
– **stören** den Schlaf: alum.j5 ambr.j5 ant-c.a1,j5 aur.j5 carb-v.a1,j5 coloc.j5 dig.a1 hep.h,j5,* kali-c.h,j5,* lach.j5 led.j5 lith-c.j5,kr1 merc.j5 merc-act.j5

– **stören** den Schlaf: ...
*Nat-c.*a1,j5 nat-m.a1,j5 ol-an.a1,j5 op.j5 par.j5 ph-ac.j5 pic-ac.hr1,j5,* plat.j5 plb.j5 ran-b.j5 sep.h,j5,* *Sil.*a1,j5 *Stann.*j5 thuj.j5
– **Stuhlgang**:
• **vor**: kali-bi.hr1,kr1
• **während**: carl.a1,k *Ign.*h,k,* sumb.a1,k *Thuj.*bg2,k,*
• **nach**: nat-m.bg2 phos.bg2
• **Stuhldrang**, mit vergeblichem: *Ign.*kr1 thuj.bg2,h,*
– **Träumen**, mit erotischen: aur.j5 cact.hr1,j5,* camph.j5,st *Cann-i.*hr1,j5,* clem.a1,j5 coloc.j5 kreos.j5 lac-ac.hr1,j5,* led.j5 merc.j5 mur-ac.h,j5 *Nat-c.*j5 nat-m.j5 par.j5 *Ph-ac.*h,j5,* pic-ac.j5,st plat.h,j5,* plb.a1,j5 ran-b.j5 rhod.hr1,j5,* *Sars.*hr1,j5,* sep.a1,j5 sil.h,j5,* sin-n.hr1,j5,* *Spig.*a1,j5 stann.h,j5 thuj.j5
– **unerträglich**: hura.a1
– **ungestüm**: kali-c.h,k,*
☞ *heftig*
– **unvollständig**: achy.jl,jl3 *Agar.* agav-t.jl,jl3 **Agn.**a1,k aq-mar.jl,jl3 aran-ix.jl,jl3 arg-n.hr1,k ars.a1,k ars-i. *Bar-c.* berb.sf,sf1 *Calad.*bg2,k,* *Calc.*bg2,k,* *Camph.*a1,k carb-v.sf,sf1 caust.h,k,* chen-v.hr1,kr1,* chinin-ar. *Cob.*hr1,k coc-c.a1,k **Con.**bg2,k,* cub.a1 ferr-p. form.hr1,k,* **Graph.**hr1,k *Hep.*h,k,* ign.bg2,k ind.jl,jl3 iod.a1,k kali-ar. kali-br.a1 kali-fcy.a1 kali-i.hr1,k,* lach.a1,k lact-sa.hsa1 laur.bg2 linu-c.a1 **Lyc.**hr1,k lyss.a1,k mang. merc.a1,k merc-cy.a1,k moly-met.jl morph.a1 mur-ac.a1,k naja.jl nat-ar. *Nat-c.*h,k,* *Nat-m.* *Nat-p.* nit-ac.j5 *Nuph.*a1,k *Nux-m.*bg2,k,* *Nux-v.*bg2,k,* oena.a1 pall.c1 pers.jl *Petr.*hr1,k *Ph-ac.*a1,k *Phos.*hr1,k,* pic-ac.sf,sf1 plb.bg2 rhod.h,k rhodi.a1 sars.a1,k *Sel.*bg2,k,* **Sep.**bg2,k,* stann.jl sul-i.k13,k2 **Sulph.**a1,k tarent.hr1,k,* ther.a1,k zinc.sf,sf1
• **morgens**: caust.a1 nat-c.a1,k
• **Koitus**, nach: caust.a1
• **vormittags**: caust.a1,k
• **nachts**: calc.a1 caust.a1
• **anhaltend**: *Kali-i.*hr1,kr1
• **Ejakulation** zu früh: calad.kr1
• **Erregung**, bei sexueller: coc-c.a1 sel.a1
• **Koitus**, beim: *Arg-n.*hr1 *Camph.* *Con.*hr1,k cyna.jl *Form.*a1,k **Graph.**hr1,k hep.h,k1 **Lyc.**hr1,k lyss.hr1,kr1 nux-v.k2 *Ph-ac.*hr1,k *Phos.*a1,k sel.k2 *Sep.*a1,k **Sulph.**hr1,k ther.a1,k
• **schlaff**; der Penis wird: arg-n.a1,k *Nux-v.*k1,st ph-ac.a1,k sel.k2
• **Schwindel**, mit: tarent.kr1
• **sexuelles** Verlangen:
• **ohne**: agn.a1
• **starkem** Verlangen, mit: *Phos.*kr1
– **unwillkürlich**: am-c.a1,h anac.a1,j5 bell.a1 clem.a1 tarax.a1
– **Urinieren**:
• **vor**: rhus-t.bg2
• **beim**: cain.a1,kr1 canth.bg2 digin.a1 mag-m.bg2 staph.bg2
• **nach**: aloe digin.a1 form.a1,k lil-t. lith-c. nat-c. rhus-t.
• **morgens**: form.a1

– **Urinieren**: ...
 • **Harndrang**, mit: aspar.$_{hr1,kr1}$ canth.$_{bg2}$ dig.$_{a1}$ digin.$_{a1}$ mosch.$_{hr1,j5,*}$ rhus-t.$_{bg2,j5,*}$
– **vergeblich**: aur.$_{kr1}$ con.$_{bg,bg2}$ gins.$_{bg,bg2}$ *Phos.*$_{hr1}$ plat.$_{bg,bg2}$ *Sep.*$_{hr1}$
– **verzögert**: **Bar-c.**$_{h,k,*}$ *Calc.* canth.$_{a1,k}$ carbn-s. iod.$_{a1,k}$ kali-i.$_{a1}$ mag-c.$_{a1,k}$ merc-c.$_{a1,k}$ nit-ac.$_{h,k,*}$ osm.$_{a1,k}$ par.$_{a1,k}$ pic-ac.$_{a1,k}$ *Sel.*$_{hr1,k,*}$ sil.$_{h,k,*}$
– **Zahnschmerzen**, mit: daph.$_{bg2,j5}$

Erregbarkeit der Genitalien: agar.$_{a1}$ aloe$_{a1}$ ang.$_{a1}$ ant-t.$_{a1}$ ars.$_{a1}$ aur.$_{a1,bg2}$ aza.$_{a1,jl3,*}$ cann-i.$_{a1}$ canth.$_{a1}$ carb-v.$_{a1,bg2}$ cer-s.$_{a1}$ cere-s.$_{a1}$ chin.$_{a1}$ cocc.$_{a1,bg2}$ coff.$_{a1,bg2}$ *Dios.*$_{a1}$ erech.$_{a1}$ gins.$_{a1}$ *Graph.*$_{a1,bg2}$ hep.$_{a1}$ hyos.$_{a1}$ *Lyc.*$_{a1,bg2}$ meny.$_{a1,bg2}$ naja$_{a1}$ *Nat-m.*$_{a1,bg2}$ nux-v.$_{a1,bg2}$ op.$_{a1}$ **Phos.**$_{a1,bg2}$ plat.$_{a1,bg2}$ *Sil.*$_{a1,bg2}$ staph.$_{a1,bg2}$ stram.$_{a1}$ *Sulph.*$_{a1,bg2}$ thea$_{a1}$ wies.$_{a1}$
 ☞ *Sexuelles Verlangen - vermehrt*
– **morgens**:
 • **Sonnenaufgang**, bei: cedr.$_{a1}$
– **mittags**: thuj.$_{a1}$
– **Träumen**, bei erotischen: hyos.$_{a1}$
– **Verlust** der Erregbarkeit: *Agn.*$_{bg2}$

Erregung
 ☞ *Sexuelles Verlangen - vermehrt*

Erweichung der Hoden: caps.$_{a1,k}$

Exkoriation: *Cham.* **Hep.** *Podo.* rhod. *Sulph.*
○ **Penis**: cop.$_{a1,k}$ kali-i.$_{a1,k}$ **Nit-ac.**
 ○ **Eichel**: alum-sil.$_{k2}$ anan. asc-t.$_{a1,hr1,*}$ cor-r. graph.$_{k2}$ **Merc.** merc-i-r. *Nat-c.*$_{hr1,k}$ *Nat-m.* *Nit-ac.* sep. *Sulph.* **Thuj.** zinc.$_{a1,hr1}$
  • **Vorhaut**: alum.$_{h,k1}$ anan. carb-v.$_{h,k,*}$ chin-b.$_{c1,kr1}$ cop.$_{a1}$ hep. ign. **Merc.** *Mez.* mur-ac. **Nit-ac.**$_{k,vh,*}$ *Psor.* sep.$_{h,k,*}$ thuj. verat.$_{h,k1}$
   • **Koitus**, nach: calen.$_{ptk1}$
   • **leicht**: *Nat-c.*$_{hr1,k}$
  ○ **Rand**, am: cann-s. cham.$_{h,k1}$ **Ign.** *Mur-ac.* nit-ac. nux-v.$_{h,k,*}$ rumx.
– **Skrotum**: **Ars.** calc.$_{h,k1}$ *Calc-p.* chel. **Hep.** kali-c.$_{h,k1}$ nit-ac.$_{h,k1}$ petr.$_{h,k1}$ ph-ac. **Sulph.**$_{hr1,k}$ sumb.$_{a1,k}$ *Thuj.*
 ○ **Oberschenkeln**; zwischen Skrotum und: bar-c. caust. *Graph.* hep. **Lyc.** **Merc.** **Nat-c.** *Nat-m.* *Nit-ac.* **Petr.** rhus-t. *Sulph.* *Thuj.*
 • **Seiten**: berb.$_{hr1,k}$ petr.$_{a1,h}$ sumb.$_{a1,k}$ *Thuj.*

Farbe (= Verfärbung):
– **blau**:
 • **Flecken**; blaue: ars.
 ○ **Penis**:
  ○ **Eichel**: apis$_{hr1}$ ars.$_{hr1,k}$
 • **Skrotum**: amyg. *Ars.* merc-cy. *Mur-ac.*
  • **Hautausschlag**; nach: tep.
– **rot**:
 ○ **Eichel**: alum-sil.$_{k2}$ *Ars.* calad. calc-sil.$_{k2}$ cann-s. *Cor-r.* crot-t. *Dor.* iris$_{c1}$ merc. nat-m. rhus-t. sabin. sars.
  • **Stellen**; an einzelnen: nat-m.$_{h}$ petr.$_{h}$ sep.$_{h}$ sil.$_{h}$
  ○ **Spitze** der: nat-m.$_{h}$
 • **Oberschenkeln**; zwischen den: petr.

Farbe - rot: ...
 • **Penis**:
  • **Flecken** am: arn. *Carb-v.* caust. cinnb. con. lach. nat-m. *Nit-ac.* petr. sep. *Sil.* ther. thuj.
 • **Skrotum**: anac. ant-s-aur. apis *Chel.* cop. **Crot-t.** *Merc.* **Petr.** puls. rhus-t. rhus-v. sulph.
  • **bläulich**: *Mur-ac.*
  • **Stellen**; an einzelnen: lac-ac.
 ○ **Seiten**: agar. ars. petr.
  • **zwischen** Skrotum und Oberschenkeln; und: ambr. cop.$_{hr1,k}$ **Petr.** thuj.
 • **Vorhaut**: calc. cann-s. **Cinnb.** *Cor-r.* lach. lyc. *Merc.* prun. rhus-v. rumx. sil. *Sulph.* sumb.
  • **Stellen**; an einzelnen: aloe

Faßt sich an die Genitalien: *Acon.* bell. bufo canth. colch.$_{bg,bg2}$ *Hyos.* *Merc.* *Puls.*$_{kr1}$ sep.$_{bg2}$ *Stram.* thuj.$_{bg1,k1}$ ust.$_{bro1}$ *Zinc.*$_{bg,bg2,*}$
 ☞ ❑ *Gemüt - Gesten - Tics*
– **Fieber** mit den Genitalien; spielt während: hyos.$_{bro1}$
– **Husten**, beim: *Zinc.*$_{hr1,kr1,*}$
– **Kind**: *Acon.*$_{kr1}$ *Merc.*$_{kr1}$ *Stram.*$_{kr1}$ *Zinc.*$_{kr1}$
 • **Husten**; beim: zinc.$_{br1}$
 • **Konvulsionen**; mit: *Hyos.*$_{vh,vh/dg}$ sec. stram.
– **reißt** an den Genitalien: tab.$_{a1,bg2}$
 ☞ ❑ *Gemüt - Reißt - sich - Genitalien* | ❑ *G~ Schreien - Genitalien*

Fehlen; Gefühl, als würde der Penis: *Coca*$_{k,ptk1}$

Festgebunden; Gefühl, als sei der Penis mit einer Schnur: plb.

Festigkeit:
○ **Hoden** erhöht, der: brom.

Feuchtigkeit: **Hep.**$_{hr1}$ *Petr.*$_{hr1}$
○ **Oberschenkeln**; zwischen Skrotum und: *Bar-c.* carb-v. **Hep.** lyc. merc. nat-c. nat-m. petr. rhod. *Sulph.*
– **Skrotum**: *Calc-p.*$_{hr1,k}$ chel.$_{a1,k}$ cop.$_{hr1,k,*}$ nat-c. **Petr.**$_{h,k,*}$ *Sil.* **Sulph.**$_{hr1,k}$ zinc.
 • **eitrig**: jac-c.$_{hr1}$ jac-g.
 • **scharf**: bar-c. cop.$_{hr1,k}$
 • **Serum**; mit reichlicher Absonderung von: bell. *Calc-p.* hep. kali-i. rhus-t.

Filzläuse: cocc.$_{c1,vh}$ sabad. staph.

Fistelmund am Skrotum: *Iod.* phyt. spong.

Flecken:
○ **Penis**, am: calc.
 • **granulös**: cinnb. thuj.
 • **rot**
  ☞ *Farbe - rot - Penis - Flecken*
 ○ **Eichel**: arn. *Carb-v.* cinnb. lach. nat-m. *Nit-ac.* petr. sep. *Sil.* ther. thuj.
  • **Vorhaut**: lach. nit-ac. rhus-t. thuj.
– **Skrotum**: calc. *Sil.*
 • **weiß**: *Merc.* thuj.

Fressendes Gefühl (= Korrosion):
○ **Hoden**: ph-ac. plat.

Gangrän: ars. *Canth.* crot-h.$_{hr1,k}$ kali-i. laur.
○ **Penis**: *Ars.*$_{hr1,k}$ *Canth.*$_{hr1,k,*}$ *Kali-i.*$_{a1,k}$ *Kreos.* **Lach.**$_{hr1,k}$ *Laur.*$_{hr1,k}$
• **drohend**: *Fl-ac.*$_{hr1,k}$ *Lach.*$_{hr1}$
• **Paraphimose**, durch: ars. canth. *Lach.*$_{hr1,k}$ merc. *Merc-i-r.* sec. tarent.
– **Skrotum**: fl-ac.

Gefühllosigkeit, Taubheit: ambr. bar-c.$_{a1,k}$ dig. form.$_{a1,k}$ *Graph.*
○ **Hoden**: caps. carbn-s. nat-c.
– **Penis**: *Merc.*$_{a1,k}$ plat.
• **morgens**:
• **Erektionen**, mit heftigen: ambr.
○ **Eichel** und Vorhaut: berb.$_{hr1,k,*}$

Genuß
☞ *Koitus - Genuß*

Geruch, übler
☞ *Schweiß - übelriechend*

Geschrumpft: agar.$_{k2}$ *Arg-n.* carbn-s. **Ign. Lyc.** merc.
○ **Samenstrang**: *Caps.*$_{hr1,k,*}$
– **Skrotum**: berb.$_{hr1,k,*}$ caps.$_{hr1,k,*}$ carbn-s. *Crot-t.*$_{hr1,k,*}$ rhod.$_{bg2,k,*}$ ther.$_{bg2,k,*}$ zinc.$_{bg2,k,*}$

Geschwüre: *Ars.*$_{a1,k}$ cupr-ar.$_{a1,k}$ hep. *Lach.* *Merc.*$_{h,k,*}$ *Merc-d.*$_{a1}$ *Phyt.* *Thuj.*$_{hr1,k}$
– **ausbreitend**; sich: **Ars.**$_{a1,k}$ **Merc-c.** nit-ac.$_{k2}$
– **brennend**: **Ars.**$_{a1,k}$ hep.
– **gangränös**: *Merc-c.*
– **krebsartig**: arg-n.$_{br1}$
– **Leiste**, durch aufgeschnittene Bubos: *Carb-an.*$_{hr1,k}$ chel.$_{hr1,k}$
– **tief**: *Merc.*
○ **Penis**: ail. anan. apis arg-n. ars.$_{k,k2}$ ars-h.$_{a1,k}$ *Ars-i.* ars-met. aur. aur-ar.$_{k2}$ aur-m. aur-m-n. calc. caust. *Cinnb.* *Cor-r.*$_{hr1,k,*}$ *Hep.* *Kali-bi.*$_{hr1,k}$ kali-chl. kali-m.$_{k2}$ lac-c. lyc. **Merc.**$_{h,k,*}$ **Merc-c.** *Merc-i-f.* nat-c. *Nit-ac.*$_{a1,k}$ *Nux-v.* *Ph-ac.* phyt. psor.$_{a1,k}$ **Thuj.**$_{a1,k}$
• **absondernd**:
• **gelbe** Jauche: cor-r.$_{br1}$
• **ausbreitend**, sich: **Ars.**
• **ausgefranste**, zackige Ränder: nit-ac.
• **blutend**: cor-r. hep. **Merc.**$_{h,k,*}$ *Nit-ac.* staph.$_{hr1,k}$
• **entzündet**: cinnb.$_{k2}$
• **erhaben**: *Cinnb.* *Hep.* merc.
• **bleifarbene**, empfindliche Ränder: nit-ac.$_{a1,k}$ *Sil.*
• **flach**: aur-m. *Cor-r.*$_{hr1,k,*}$ merc.$_{k2}$ *Nit-ac.* thuj.$_{hr1,k}$
• **schmerzhaft**: cor-r.$_{hr1,k}$
• **geschwollen**: cinnb.$_{k2}$
• **hart**: aur. **Cinnb.** *Con.* jug-r. kali-bi.$_{k2}$ kali-chl. **Merc.**$_{hr1,k}$ **Merc-c. Merc-i-f.**$_{hr1,k}$ **Merc-i-r.**$_{hr1,k}$
• **Kanten**: *Kali-i.*
• **indolent**: ars.$_{k2}$ sep.$_{hr1,k}$ sil.
• **juckend**: benz-ac. lyc. merc.$_{a1,k}$ merc-i-f. merc-i-r.$_{bg2}$ sep. *Sulph.*$_{hr1,k}$ *Thuj.*$_{hr1,k}$
• **käsige** Basis: hep. kali-bi. *Merc.*$_{h,hr1,*}$
• **mercuriosyphilitisch**: aur. **Hep.** kali-chl.

Geschwüre - Penis - mercuriosyphilitisch: ... *Lach.*$_{hr1,k}$ **Nit-ac.** *Sil.* *Staph.*$_{hr1,k}$ still. *Sulph.*$_{hr1,k}$
• **rot**: cor-r.$_{hr1,k,*}$ thuj.$_{a1,k}$
• **Schanker**: apis arg-n. ars.$_{k,k2}$ ars-i.$_{k2}$ ars-met. *Aur.* aur-ar.$_{k2}$ **Aur-m.** *Aur-m-n.* aur-s.$_{k2}$ borx. caust.$_{hr1,k}$ **Cinnb.**$_{hr1,k}$ *Con.* *Cor-r.*$_{hr1,k}$ *Hep.* iod. *Kali-bi.* kali-chl. kali-i. kali-m.$_{k2}$ *Lac-c.* *Lach.*$_{hr1,k}$ lyc.$_{hr1,k}$ **Merc.**$_{hr1,k}$ **Merc-c.** *Merc-i-f.* merc-i-r. mygal. **Nit-ac.** *Ph-ac.* *Phyt.* sil. *Staph.* still. *Sulph.* *Thuj.*$_{hr1,k}$ viol-t.
☞ *❑ Allgemeines - Schanker*
• **brennend**: ars.$_{k2}$ *Ars-met.* hep.$_{k2}$
• **erhabene** Ränder: *Ars.* *Cinnb.*$_{hr1}$ hep. kali-bi. **Lyc.** *Merc.*$_{a1,k}$ *Nit-ac.* *Ph-ac.*
• **phagedänisch**: **Ars.** *Aur-m-n.* caust.$_{hr1,k}$ kali-p. *Lach.*$_{hr1,k}$ *Merc-c.* *Nit-ac.* sulph.
• **schmerzhaft**: *Cor-r.* *Sil.*
• **schmerzlos**: bapt. merc-i-r.$_{hr1,k}$ nit-ac. op.
• **speckige** Basis: arg-n. cor-r. *Hep.* **Merc.**$_{hr1,k}$ *Staph.*$_{hr1,k}$
• **Splitter**; stechende Schmerzen, wie durch: arg-n. hep. **Nit-ac.** *Thuj.*
• **tief**: aur-m-n. *Kali-bi.* *Kali-i.* merc.$_{hr1,k}$ nit-ac. *Sulph.*$_{hr1,k}$
• **übelriechend**: ars.$_{k2}$ hep. merc.$_{h,k,*}$ **Nit-ac.**
• **verhärtet**: cinnb.$_{k2}$
• **wiederkehrend**: *Sep.*
• **wund**: *Merc.*$_{a1,k}$ osm.$_{c2}$
○ **Eichel**: apis ars. *Ars-h.* ars-i. *Aur-m-n.* benz-ac. *Cinnb.*$_{hr1,k}$ cor-r.$_{hr1,k,*}$ kali-i. *Lac-c.* lyc. **Merc.**$_{h,k,*}$ **Merc-c. Nit-ac.**$_{a1,k}$ *Psor.*$_{hr1,k,*}$ sep.$_{hr1,k}$ *Sulph.*$_{hr1,k}$ syph. *Thuj.*$_{h,k,*}$
• **Frenulum**:
• **zerstören** das: *Nit-ac.*
• **Spitze**: *Merc.*$_{h,k,*}$ *Merc-c.* *Nit-ac.*
• **Vorhaut**: ail. arg-met. *Arg-n.* ars. *Ars-h.*$_{a1,k}$ ars-s-f.$_{k2}$ **Aur. Aur-m.** aur-m-n. borx. caust. *Cinnb.* *Cor-r.*$_{hr1,k,*}$ *Hep.* kali-bi. **Merc.**$_{h,k,*}$ **Merc-c.** merc-i-r. *Nit-ac.*$_{a1,k}$ *Phos.*$_{a1,k}$ *Sep.*$_{h,k,*}$ staph. *Sulph.*$_{hr1,k}$ *Thuj.* viol-t.
○ **Oberfläche** der Vorhaut; unter der: cor-r.$_{br1}$ lyc.
– **Skrotum**: am-c. aur. *Aur-m.* cupr-ar.$_{a1,k}$ *Kali-bi.* *Kali-i.* nit-ac. sep.
• **Schanker**: aur-m.$_{k2}$
☞ *❑ Allgemeines - Schanker*
○ **Seiten**: crot-t.$_{a1,k}$

Glänzendes Skrotum: *Graph.*$_{hr1,k}$ *Merc.*$_{hr1,k}$

Gluckern in den Hoden:
– **17** h:
• **Sitzen**, im: valer.

Glucksende, blubbernde Empfindung:
○ **Penis**: graph.$_{h,k,*}$ kali-c.$_{h,k,*}$
• **Erektion**, bei der: graph.$_{a1,h}$ kali-c.
– **Skrotum**: staph.$_{h,k,*}$

Haarausfall: alum.$_{k2}$ bell.$_{bg2,k}$ hell.$_{bg2}$ merc.$_{bro1}$ nat-c.$_{bg2,k}$ **Nat-m.**$_{bg2,k,*}$ *Nit-ac.*$_{bg2,k,*}$ *Ph-ac.*$_{hr1,k,*}$ rhus-t.$_{bg2,k}$ sars.$_{bg2,k}$ *Sel.*$_{bg2,k,*}$ *Zinc.*$_{a1,k}$
– **Schweiß**, durch übelriechenden: **Sulph.**

Haften am Skrotum; Hoden: tarent.$_{a1,k}$

Hämatozele: arn.$_{br1}$ con. erig.$_{c2}$ *Ham.* ruta

Hautausschläge: agar.$_{hr1,k,*}$ ambr.$_{bg2,k,*}$ anan.$_{a1,k}$ ant-c. ant-t.$_{bg2,k,*}$ apis arn.$_{gsy1}$ bry.$_{bg2}$ calad.$_{bg2,k,*}$ calc.$_{hr1,k}$ calc-sil.$_{k13,k2}$ cann-s.$_{bg2}$ carb-v.$_{hr1,k,*}$ caust.$_{bg2,hr1,*}$ chel.$_{hr1,k,*}$ chinin-s. cinnb. clem. crot-h. *Crot-t.*$_{bg2,k,*}$ *Dulc.*$_{bg2,k,*}$ *Graph.*$_{bg2,k,*}$ *Hep.*$_{bg2,k}$ iod. kali-bi. *Lach.*$_{bg2,k,*}$ lyc.$_{bg2,k}$ *Merc.*$_{bg2,k,*}$ nat-c.$_{bg2,k,*}$ nat-m. nat-p.$_{bg2}$ *Nit-ac.*$_{bg2,k}$ **Petr.**$_{bg2,k,*}$ ph-ac.$_{bg2,k}$ psor.$_{k2}$ **Rhus-t.**$_{bg2,k,*}$ **Rhus-v.**$_{hr1,k}$ sabin. sars.$_{bg2,k}$ *Sep.*$_{bg2,k,*}$ sil.$_{bg2,k,*}$ spong. sulph.$_{bg2,k2}$ tell. thuj.$_{bg2,k,*}$

– **Blasenausschlag**: ant-t. ars.$_{k2}$ carb-v. chinin-s. **Crot-t.**$_{hr1,k}$ cupr-ar.$_{a1,k}$ *Merc.*$_{hr1,k}$ *Nat-c.*$_{hr1,k}$ nat-m.$_{k2}$ nat-p. **Nit-ac.** petr. ph-ac. **Rhus-t.** *Rhus-v.* sep.

– **brennend**: ars.$_{k2}$ calc. kali-c. *Merc.* nit-ac. petr.$_{k2}$ phos. *Rhus-t.*$_{a1,k}$ spong. sulph.$_{k2}$

– **Ekzem**: arg-n. ars. aur.$_{bg2}$ caust.$_{bg2}$ chel.$_{hr1,k}$ *Crot-t.*$_{hr1,k}$ *Dulc.*$_{bg2}$ *Graph.* hep.$_{bg2,k}$ *Lyc.*$_{hr1,k}$ merc.$_{bg2}$ nat-m.$_{bg2,k}$ nit-ac.$_{bg2,k,*}$ petr.$_{bg2,k}$ *Ph-ac.*$_{bg2}$ rhus-t. sars.$_{bg2}$ sep.$_{bg2,k}$ sil.$_{bg2}$ sulph.$_{bg2,k}$ thuj.$_{hr1,k}$

– **erhaben**: lyc. merc.$_{a1,k}$

– **Erosion**:

• **Stellen**, an kleinen: bar-c.

– **Exanthem**, flüchtiges: bry. dulc. rhus-t.$_{a1,k}$

• **Kindern**; bei:

• **Neugeborenen**; bei:

▽ **erstreckt** sich zum Perineum: *Med.*$_{vh,vh/dg}$

– **feucht**: *Carb-v.* **Graph. Hep.** merc.$_{a1,k}$ nat-m.$_{hr1,k}$ *Petr.* ph-ac. **Rhus-t.**$_{hr1,k}$ *Sars.*$_{hr1,k}$ sep.$_{hr1,k}$ sil.

– **Flecken**: bell. bov. bry. crot-t. *Merc.* nat-c. sep.

– **Furunkel** an der Schamgegend: apis

– **hart**: bov. kreos.

– **herpetisch**: anan.$_{a1,k}$ ars.$_{k2}$ crot-h. *Crot-t.* *Dulc.*$_{hr1,k}$ *Graph.*$_{hr1,k}$ *Hep.* nat-c.$_{k2}$ nat-m.$_{hr1,k}$ nit-ac. **Petr.** ph-ac. sars. *Sep.* sil. sulph.$_{k2}$ syph.$_{k2}$ *Tell.*

○ **Oberschenkeln**, zwischen den: nat-m.$_{k,kl2}$● *Petr.*$_{k,kl2}$●

– **juckend**: agar. ambr.$_{hr1,k}$ arn. bry. calad. crot-t. graph. hep. lach. nat-m.$_{hr1,k}$ *Nit-ac.* **Petr. Rhus-t.**$_{a1,k}$ sabin. *Sep.*$_{h,k,*}$ *Sil.*$_{hr1,k}$ spong. sulph.$_{k2}$ *Til.*

• **feuchte** Flecke darauf: *Sil.*$_{hr1,k}$

– **Krusten**: caust. **Nit-ac.** sars. thuj.

– **kupferfarben**: calc.$_{hr1,k}$

– **miliar** (Frieselausschlag): bry.$_{bg2,k}$ **Rhus-r.** *Rhus-t. Sars. Sil.*

– **Pickel**: agar.$_{a1}$ ambr.$_{bg2,k,*}$ ant-t.$_{a1,bg2}$ calad.$_{hr1,k,*}$ chel. graph.$_{bg2,k}$ kali-bi. lach.$_{bg2,k,*}$ lyc.$_{bg2}$ *Merc.* nat-m. *Nit-ac.* sil.$_{bg2,k,*}$ thuj. til.

– **Pusteln**: ant-o. ant-t.$_{bg2,k,*}$ cupr-ar.$_{a1,k}$ kali-bi.$_{a1,bg2}$ *Podo.*$_{hr1,k}$

• **rot**: ant-t.$_{a1,k}$

– **rot**: bry. *Dulc.*$_{hr1}$ merc.$_{a1,k}$ nit-ac. *Petr.* ph-ac. rhus-v.$_{a1,k}$ sep. *Thuj.* zinc.

– **Stellen**, auf kleinen: caust.$_{bg1}$ cinnb.$_{bg1}$

– **syphilitisch**: *Ars-i.* merc. **Nit-ac.**

– **trocken**: *Dulc.*$_{hr1}$ *Petr.*$_{hr1,k}$ *Sep.*$_{hr1,k}$

• **schuppig**: calc. merc-i-f. sars.

Hautausschläge: ...

– **Urtikaria**: clem.$_{a1,k}$ cop.$_{hr1,k}$ merc.$_{a1,k}$ nat-c.$_{a1,k}$

○ **behaarten** Teilen, an: calad.$_{a1}$ kali-bi.$_{a1,bg2}$ *Lach.*$_{bg2,k,*}$ nat-m.$_{a1}$ sil.$_{bg2}$

– **Oberschenkeln**, zwischen den: hep. *Nat-c.*$_{hr1}$ nat-m. *Petr.* puls. *Rhus-t.*

– **Penis**: *Crot-t.*$_{hr1,k}$ graph.$_{bg2,k,*}$ hydrog.$_{srj2}$ petr.$_{a1,k}$ ph-ac.$_{bg2,k,*}$ *Rhus-t.*$_{bg2,k}$ sep.$_{a1,k}$ tep.$_{a1,k}$

• **Bläschen**: aloe ars-h. *Calc.*$_{hr1,k}$ carb-v. *Caust.* **Crot-t.**$_{hr1,k,*}$ *Graph. Hep. Merc.*$_{a1,k}$ **Nit-ac.** *Ph-ac. Rhus-t.*$_{a1,k}$ *Rhus-v.*$_{a1,k}$ *Sep.* tep.$_{a1,k}$ thuj.$_{a1,k}$

• **brennend**: caust. *Merc.*

• **Geschwüren**; werden zu: caust. **Merc. Nit-ac.** thuj.

○ **Meatus**; am: merc-c. *Nit-ac.*

• **juckend**: calc.$_{hr1,k}$ *Hep.* **Nit-ac.** ph-ac.

• **weiß**: merc.$_{a1,k}$

• **erythematös**: petr. samb. sumb.$_{a1}$

☞ ❑ *Haut - Hautausschläge - Erythem*

• **Exanthem**; rotes, flüchtiges: bry. hydrog.$_{srj2}$ *Petr.* samb.

• **herpetisch**: *Graph.*$_{hr1}$ phlor.$_{c1}$

• **Knoten**, hart, schmerzhaft, eiternd: bov.$_{a1,k}$

• **kupferfarben**: calc.

• **Pickel**: anac. anan.$_{a1}$ bell.$_{a1,k}$ jac-c.$_{a1}$ jac-g. lach. *Nit-ac.*$_{a1,k}$ ph-ac.$_{bg2,k,*}$ sulph.$_{a1,k}$

• **juckend**: jac-c.$_{a1,k}$

• **Pusteln**: ant-t.$_{a1,k}$ *Ars-h.*$_{a1,k}$ bov.$_{bg2,k}$ coc-c.$_{a1,k}$ murx.$_{a1,k}$

• **Schorfe**: *Kali-bi. Nit-ac.*

○ **Eichel**: *Ars-h. Bry.*$_{bg2,k,*}$ calad.$_{bg2,k,*}$ *Carb-v. Cinnb.* cor-r. hydrog.$_{srj2}$ jac-c.$_{hr1,k,*}$ *Kali-bi. Lach.*$_{bg2,k,*}$ *Lyc.*$_{bg2,k,*}$ *Merc. Nit-ac.*$_{bg2,k}$ *Petr.*$_{bg2,k,*}$ *Ph-ac. Rhus-t.*$_{bg2,k}$ sep.$_{h,k,*}$ stann. tep.$_{a1}$

• **Bläschen**: *Ars-h.*$_{hr1,k}$ caust.$_{bg2,k}$ *Merc.*$_{bg2,k,*}$ nit-ac.$_{k2}$ *Ph-ac.*$_{bg2,k,*}$ rhus-t.$_{bg2,k,*}$ stann.$_{bg2,k}$ tep.$_{a1}$ thuj.$_{bg2,k,*}$

• **glänzende** rote Punkte: *Cinnb.*$_{h,k,*}$

• **Pickel**: jac-c.$_{a1,hr1}$ jac-g. lach.$_{a1,k}$ nit-ac.$_{hr1,k,*}$ ph-ac.

• **Vorhaut**: anan. *Ars-h.*$_{hr1,k}$ aur.$_{bg2}$ *Calc.*$_{hr1,k}$ calc-sil.$_{k13,k2}$ *Caust.*$_{bg2,k,*}$ cinnb.$_{hr1,k}$ dulc.$_{bg2,k}$ *Graph.*$_{bg2,k,*}$ hep.$_{bg2,k}$ *Merc.*$_{hr1,k}$ nat-c. **Nit-ac.**$_{bg2,k,*}$ *Petr.*$_{hr1,k}$ ph-ac.$_{bg2,k,*}$ *Rhus-t.*$_{bg2,k,*}$ sang.$_{hr1,k}$ sars.$_{bg2,k}$ sep.$_{bg2,k,*}$ sil.$_{bg2,k,*}$ *Sulph.*$_{bg2}$ *Thuj.*

• **Bläschen**: ars-h. carb-v.$_{h,k,*}$ caust.$_{h,k,*}$ graph.$_{bg2,k,*}$ med.$_{hr1}$ merc.$_{bg2,k,*}$ nit-ac.$_{h,k,*}$ rhus-t.$_{bg2,hr1,*}$ thuj.$_{a1,h,*}$

• **brennend**: caust. *Merc.* nit-ac.$_{h,kl}$

• **Flecken**: sep.

• **herpetisch**: ars. caust.$_{hr1,k}$ *Dulc.*$_{hr1,k}$ *Graph. Hep.*$_{hr1,k,*}$ jug-r.$_{c2}$ kali-i.$_{a1,k}$ kali-n.$_{c2}$ *Merc.*$_{hr1,k}$ *Nat-c. Nit-ac.*$_{hr1,k,*}$ *Petr.*$_{hr1,k,*}$ *Ph-ac.*$_{hr1,k}$ phlor.$_{c1}$ phys.$_{c2}$ *Rhus-t. Sars.*$_{hr1,k,*}$ *Sep.*$_{hr1,k}$ sulph.$_{k2}$ syph.$_{k2}$ *Thuj.*

• **Pickel**: arn.$_{bg2,k,*}$ nit-ac.$_{a1,k}$ plan.$_{a1}$ sil.$_{hr1,k,*}$

• **Psoriasis**: graph.$_{bro1}$ sep.$_{bro1}$

○ **unterer** Teil: carb-v. caust.$_{h,k,*}$ *Merc.*$_{hr1,k}$ **Nit-ac.**$_{h,k,*}$ *Rhus-t.*$_{a1,k}$ sep. thuj.$_{hr1,k}$

– **Skrotum**: acon.$_{bg2}$ anac.$_{bg2}$ ant-c.$_{br1}$ ars.$_{bg2,k,*}$ *Ars-i.* *Calad.*$_{bg2,k,*}$ calc.$_{bg2}$ cann-s.$_{bg2}$ chel.$_{bg2,k,*}$ *Crot-t.*$_{bg2,k}$ cupr-ar.$_{a1,k}$ **Graph.**$_{bg2,k,*}$ **Hep.** kali-c. nat-m.$_{bg2,k,*}$ **Petr.**$_{bg2,k}$ ph-ac.$_{bg2,k}$ pic-ac.$_{bg2}$ *Rhus-t.*$_{bg2,k,*}$ *Rhus-v.* sars.$_{bg2}$ staph.$_{bg2}$ syph.$_{k2}$ thuj.$_{bg2}$
- **abschilfernd**: ars. crot-t. rhus-v.
- **Bläschen**: ars. bell.$_{bg2,k,*}$ *Chel.*$_{bg2,k,*}$ **Crot-t.**$_{bg2,k,*}$ cupr-ar.$_{a1,k}$ *Petr.*$_{hr1,k}$ psor.$_{bg2,k,*}$ *Rhus-t.*$_{bg2,k}$ *Rhus-v.*$_{a1,k}$ thuj.$_{bg2}$
  - **gelblich**: chel.$_{a1,k}$ *Rhus-t.*$_{a1,k}$
  - **schmerzhaft**: chel.$_{hr1,k,*}$ psor.$_{a1,k}$
- ○ **Naht**; entlang der: *Nit-ac.*
- **Ekzem**: calc.$_{bg2}$ *Crot-t.*$_{bg2,k,*}$ *Graph.*$_{bg2}$ nat-m.$_{bg2}$ *Petr.*$_{bg2}$
  - **rubrum**, Ekzema: chel.$_{hr1,k}$
- **Exanthem**, flüchtiges: *Petr.* puls. *Rhus-t.*$_{a1,k}$
- **feucht**: **Graph.** hep. **Nat-m.**$_{k,k12}$● *Petr.* *Rhus-t.* sars.$_{a1,k}$ *Sil.* *Thuj.*$_{hr1,k,*}$
- ○ **Oberschenkeln**; zwischen Skrotum und: graph. hep. **Rhus-t.** *Sars.*
- **Flecken**: arn.
- **herpetisch**: anan.$_{a1,k}$ *Calc.* cinnb. crot-h. *Crot-t.*$_{a1,k}$ **Dulc.**$_{bg2,k}$ *Graph.* *Kali-c.* **Petr.**$_{bg2,k,*}$ tell.
- ○ **Oberschenkeln**; zwischen Skrotum und: eup-per. graph.$_{h}$ lyc.$_{h,k12}$● *Nat-c.*$_{hr1}$ nat-m.$_{k,k12}$● **Petr.**
- **juckend**: ars. *Calad.*$_{hr1,k}$ *Crot-t.*$_{hr1,k}$ **Graph.** nat-m. *Nat-s.* **Petr.**$_{hr1,k}$ *Rhus-t.*
  - **nachts**: *Calad.* *Crot-t.*
  - **feuchte** Flecke: *Sil.*
- **Krusten**: anac. chel.
- **Pickel**: *Calc-p.*$_{a1,k}$ kali-ar.$_{a1,k}$ ph-ac.$_{a1,k}$ sars.$_{a1,k}$ *Thuj.*$_{bg2,k,*}$ zinc.$_{bg2,k,*}$
- ○ **Oberschenkeln**; zwischen Skrotum und: *Petr.*
- **Psoriasis**: *Nit-ac.* *Petr.* thuj.
- **Pusteln**: anac.$_{a1,k}$ ant-o. ant-s-aur. ant-t.$_{a1,k}$ ars.$_{a1,k}$ crot-t.$_{a1,k}$ cupr-ar.$_{a1,k}$ podo.$_{bg2,k,*}$ tep.$_{a1,k}$
- **Rhagaden**: *Petr.*$_{bg2,k,*}$
- **rot**: chel. petr.$_{hr1,k}$
- **Schuppen**, rissig, trocken und rot: chel.
- **schuppig**: *Calad.*$_{hr1,k}$ *Merc-i-f.*
- **trocken**: calad.$_{hr1,k}$ chel. *Merc-i-f.*
- **Tuberkel**: bufo

Herunterhängen der Hoden
☞ *Schlaff, entspannt - Skrotum*

Hitze: canth.$_{a1,k}$ carbn-o. dulc.$_{a1,k}$ meph.$_{a1,k}$ prun.$_{a1,k}$ spong.$_{hr1,k}$ *Sul-ac.*$_{a1,k}$ sumb.$_{a1,k}$
– **nachts**: meph.$_{a1,k}$
○ **Hoden**: acon. coc-c. ham. kali-c.$_{h,k1}$ nat-m. *Nux-v.* oci. *Puls.* sabal$_{c1}$ sep.$_{h,k,*}$ sil. spong.$_{hr1,k}$ sul-ac.$_{h,k1}$ sumb.
– **Penis**: ars. aur. bell. canth. coc-c. euphr. ferr. jac-c. *Mez.* phos. plat. rhus-v. sep. *Spong.*$_{hr1,k}$
○ **Eichel**: **Merc-c.**$_{hr1,k}$ sep.$_{a1,h}$
- **Vorhaut**: cann-s.$_{a1,k}$ merc.$_{a1,k}$ plat-m.$_{a1,k}$

– **Samenstrang**: kali-c.$_{a1,k}$ *Spong.*$_{hr1,k}$
– **Skrotum**: *Chel.* ph-ac. puls. *Spong.*$_{hr1,k}$ sul-ac.
- **Stellen**, an kleinen: coloc.

Hitze - Skrotum: ...
○ **Seiten**, in den: sumb.$_{a1,k}$

Hochgezogen, an den Körper gezogen:
○ **Hoden**: agar. alumn. arg-n. *Bar-c.* bell. *Berb.* *Calc.* *Canth.* cic. **Clem.** coloc. crot-t. euphr. meny. *Nux-v.* ol-an.$_{c2,k}$ op. pareir. phos. *Plb.* puls. *Rhod.* sec. sil. *Stram.* sulph.$_{bg1}$ thuj. *Zinc.*
- **links**: calc. crot-t. pareir. thuj.
- **rechts**: clem.$_{hr1,k,*}$ puls.
- **Bauchhöhle**; in die: iod.$_{a1}$
- **Gehen**, beim: *Rhod.*
- **Leistenkanal**; in den: plb.$_{a1}$
- **schmerzhaft**: agar.$_{k2}$

– **Penis**: berb.$_{a1,k}$ euphr. **Ign.** mosch. *Nuph.*$_{a1,k}$ plb. puls.
○ **Vorhaut**: bell.$_{bg2,k}$ *Calad.*$_{bg2,k,*}$ cocc.$_{bg2,k,*}$ coloc.$_{bg2,k,*}$ cycl.$_{a1,bg2}$ ign.$_{bg2,h,*}$ *Merc.*$_{bg2}$ nat-c.$_{h,k,*}$ **Nat-m.**$_{bg2,k,*}$ nit-ac.$_{bg2}$ nux-m.$_{a1,bg2}$ nux-v.$_{bg2,k}$ prun.$_{bg2,k,*}$ sulph.$_{bg2,k,*}$
- **nachts**: cocc.$_{h,k,*}$ coloc.$_{a1}$
- **Koitus**, nach: *Calad.*$_{a1,k}$
- **schwierig** zurückzuziehen; ist: sabin.$_{br1,c1}$

– **Skrotum**: acon.$_{hr1,k}$ lyss.$_{bg1}$ petr.

Hochgezogen und schmerzhaft; Hoden: sabal$_{c1}$
○ **Vorhaut** zieht sich nach jedem Vorziehen wieder zurück: coloc.$_{a1}$

Hodenretention (= Kryptorchismus): aur.$_{vh1}$
– **Pubertät**; vor der
☞ *Hochgezogen, an - Hoden*

Hydrozele: abrot.$_{bg2,k,*}$ ambro.$_{c2}$ ammc.$_{c2}$ ampe-qu.$_{br1,c1,*}$ **Apis** *Arn.*$_{bg2,k,*}$ ars.$_{hr1,k}$ ars-i. aur.$_{bg2,k,*}$ aur-i.$_{k2}$ *Bry.*$_{c2}$ *Calc.*$_{bg2,k,*}$ calc-f.$_{bg2}$ *Calc-p.*$_{hr1,k,*}$ calc-sil.$_{k13,k2}$ canth.$_{bg2}$ *Carbn-s.* clem.$_{hr1,k}$ con.$_{hr1,k}$ *Dig.*$_{bg2,k,*}$ *Fl-ac.*$_{bg2,k,*}$ **Graph.**$_{bg2,k,*}$ *Hell.*$_{hr1,k,*}$ *Hep.*$_{hr1,k}$ **Iod.**$_{bg2,k,*}$ *Lyc.*$_{bg2}$ *Lyss.*$_{hr1,k}$ *Merl.* *Nat-m.*$_{hr1,k}$ *Nux-v.*$_{hr1,k,*}$ phos.$_{hr1,k,*}$ *Psor.*$_{hr1,k,*}$ **Puls.**$_{bg2,k,*}$ ran-b.$_{c1,c2}$ **Rhod.**$_{bg2,k,*}$ rhus-t.$_{c1,c2}$ samb.$_{c2}$ *Sel.*$_{bg2,k}$ **Sil.**$_{bg2,k,*}$ *Spong.*$_{bg2,k,*}$ squil.$_{bg2}$ sul-ac.$_{hr1,k}$ sul-i.$_{bg2,k2}$ *Sulph.*$_{bg2,k,*}$
– **linke** Seite: *Dig.*$_{hr1,k}$ graph.$_{hr1}$ **Rhod.**$_{hr1,k}$
– **angeboren**: puls.$_{c2}$
– **gonorrhoischer** Orchitis, nach: *Phos.*
– **Hautausschlägen**; nach unterdrückten: *Abrot.* *Calc.* hell.
– **Herpesausschlag**, mit: **Graph.**$_{hr1,k}$
– **Kindern**, bei: *Abrot.* *Ars.* *Aur.* aur-s.$_{k2}$ *Calc.* *Calc-s.* *Graph.* *Kali-chl.* **Puls.** **Rhod.** **Sil.** sul-i.$_{k2,ptk1}$ *Sulph.*
- **angeboren**: rhod.

– **Prellung**, durch eine: *Arn.*$_{hr1,k}$
– **Überheben**, durch: rhus-t.$_{ptk1}$
– **Zysten**, in multilokulären: apis$_{ptk1}$

Impotenz
☞ *Ejakulation - versagt / Erektionen - fehlend / Sexuelles Verlangen - fehlend*

Jucken: agar.$_{a1,k}$ agn.$_{hr1,k,*}$ *Alum.* alum-p.$_{k2}$ am-c.$_{a1,k}$ *Ambr.*$_{a1,k}$ anac. *Ang.*$_{hr1,k,*}$ ars.$_{a1,k}$ benz-ac. berb.$_{a1,k}$ calad.$_{k2}$ **Calc.**$_{hr1,k}$ canth.$_{a1,k}$ carb-ac.$_{a1,k}$ carb-an.$_{h,k,*}$ *Carb-v.* carbn-s. carl.$_{a1,k}$ **Caust.**$_{h,k,*}$

Jucken: ...
Chel.$_{hrl,k}$ chinin-s. clem.$_{al,k}$ coff. com. con. dulc.$_{al,k}$ *Eup-per.* euphr. *Graph.* ictod. *Ign.*$_{al,k}$ *Iris* *Kali-bi.* kali-c.$_{al,k}$ kali-i.$_{al,k}$ kali-s. lyc. *Mag-m.* *Merc.* nat-ar. nat-c.$_{h,k,*}$ nat-m. *Nat-s.* *Nit-ac.*$_{h,k,*}$ *Petr.* plan.$_{al,k}$ **Plat.** *Podo.* *Rhus-t.*$_{al,k}$ rhus-v.$_{al,k}$ *Sars.* sel. *Sep.*$_{hrl,k}$ sil.$_{al,k}$ sphing.$_{kk3}$ *Sulph.* sumb.$_{al,k}$ tarent-c.$_{brol}$ wies.$_{al}$

– **morgens** beim Erwachen: sulph.
 • **roten**, rohen Fleck; in einem: graph.
– **nachts**: agar.$_{al,k}$ rhus-v.$_{al,k}$
 • **Bett**, im: ign. *Merc.*
– **Bettwärme** agg.: sulph.$_{k2}$
– **Brennen** und: **Calc.** carb-ac.$_{al,k}$ nat-c.$_{h,kl}$
– **heiße** Anwendungen amel.: rhus-v.$_{al,k}$
– **Körper**, besonders an den Genitalien, nach Samenabgang; am ganzen: ph-ac.
– **Kratzen**:
 • **agg**.: iris tril-p.
 • **amel**.: ign.
– **schmerzhaft**: ictod.
– **Stechen**, wie durch Schlangengift: nat-c.$_{h,k,*}$
– **Stellen**, an kleinen: bar-c.
– **Urinieren**, beim: arg-n. sil.$_{al,k}$
– **wollüstig**: ang.$_{c1}$ berb. **Plat.** sumb.
○ **behaarte** Teile: calc.$_{al}$ eup-per.$_{hrl}$ gran.$_{al}$ kali-bi.$_{al,k}$ lyss. nat-m.$_{al}$ sep.$_{al,h}$ thuj.$_{al}$
– **Oberschenkeln**; zwischen den: carb-v.$_{h,k,*}$ nat-m.$_{hrl,k}$ *Petr.*
 ○ **Skrotum**; und: *Nat-m.* viol-t.
– **Penis**: agar. agn. alum.$_{al,k}$ ambr.$_{al,k}$ ang. *Ant-c.*$_{hrl,k,*}$ ars. ars-i. aur-m. benz-ac.$_{al,k}$ berb. calc.$_{al,k}$ calc-sil.$_{k2}$ cann-i.$_{al,k}$ canth.$_{al,k}$ carb-ac. carl.$_{al,k}$ **Caust.**$_{h,k,*}$ cham.$_{al,k}$ chin. cinnb. coc-c.$_{al,k}$ com.$_{hrl,k}$ con.$_{h,k,*}$ *Crot-t.*$_{al,k}$ cupr. cupr-ar.$_{al}$ der.$_{al,k}$ dig.$_{al,k}$ hedy.$_{al}$ *Hep.*$_{al,k}$ *Ign.*$_{al,k}$ indg.$_{al,k}$ iod.$_{al,k}$ kali-ar. kali-bi.$_{al,k}$ kali-c.$_{al,k}$ kali-n.$_{al,k}$ lach. lachn.$_{al,k}$ led.$_{al,k}$ mag-m. merc.$_{al,k}$ merc-c.$_{k2}$ *Mez.*$_{al,k}$ nat-c.$_{al,k}$ nat-m.$_{al,k}$ *Nat-s.*$_{al,k}$ nit-ac.$_{al,k}$ nux-v.$_{al,k}$ petr.$_{al,k}$ ph-ac. phos. **Plat.** rhus-v.$_{al,k}$ sabad.$_{al,k}$ sep.$_{al,k}$ spong. sul-i.$_{k2}$ *Sulph.*$_{al,k}$ sumb. thuj.$_{al,k}$ viol-t.$_{al,k}$
 • **abends** im Bett: chin.$_{al,k}$ *Ign.* mag-m.$_{al,k}$ nux-v.$_{al,k}$ phos.$_{al,k}$ sumb.
 ◆ **abwechselnd** mit Stechen im Anus: *Thuj.*$_{al,k}$
 • **Koitus**, beim: sep.$_{al,k}$
 • **Reiben** agg.: con.
 • **wollüstig**: caust.$_{h,k,*}$ mang. sep. spong.
  • **verstärkt** die Erregung beim Koitus: sep.
 ○ **Eichel**: agn.$_{h,k}$ alum.$_{hrl,k,*}$ *Ambr.* ang.$_{c1,hrl}$ ant-c.$_{hrl,k,*}$ aphis$_{c1}$ arn. *Ars.* ars-i. *Aur-m.* bell.$_{h,kl}$ *Benz-ac.*$_{hrl,k,*}$ bry.$_{hrl}$ calc.$_{h,k,*}$ cann-i.$_{hrl,k}$ cann-s. caps.$_{h,kl}$ carb-ac. *Carb-v.* caust. *Chel.*$_{hrl,k}$ chin. **Cinnb.** colch. con.$_{al,h}$ **Crot-t.**$_{hrl,k}$ cupre-au.$_{c1}$ *Dor.*$_{hrl}$ dros. euphr.$_{al,k}$ ferr-ma.$_{al,k}$ franz.$_{al}$ gymno. hell.$_{h,kl}$ hep. ictod. ind.$_{hrl,k}$ indg.$_{hrl,k}$ iod. ip.$_{h,kl}$ *Kali-bi.*$_{hrl,k}$ kali-c.$_{al,h}$ kali-n.$_{c1}$ led.$_{h,kl}$ *Lyc.*$_{al,k}$ lyss.$_{hrl,k}$ mag-m.$_{al,h,*}$ mang. merc.$_{al,k}$ *Mez.*$_{h,k,*}$ nat-c.$_{h,k,*}$ nat-m.$_{hrl,k,*}$ *Nat-s.*$_{hrl,k}$ **Nit-ac.**$_{h,k,*}$ *Nux-v.*$_{h,k,*}$ petr.$_{h,kl}$ *Ph-ac.* psor.$_{hrl,k}$ puls.$_{al}$ senec. seneg. sep.$_{al,h}$ *Sil.* spong. **Sulph.**$_{hrl,k}$ *Thuj.*$_{h,k,*}$

– **Penis**: ...
 ○ **Frenulum**: caust. *Hep.* *Ph-ac.*
 • **Peniswurzel**: ars.$_{h,kl}$ lyss. *Rhus-t.*
 • **Spitze**: ant-c.$_{h}$ nat-m.$_{h}$
  • **Gehen** im Freien; beim: ang.$_{c1,h}$
  • **Urinieren**, beim: thuj.$_{h}$
 • **Vorhaut**: acon.$_{al}$ agar.$_{hrl,k}$ agn.$_{al}$ aloe ang.$_{al,h}$ berb.$_{al,k}$ bond.$_{al}$ bry.$_{al,h}$ calc. camph.$_{al,hrl}$ cann-s.$_{al,k}$ canth. carb-v.$_{h,k,*}$ **Caust.**$_{al,k}$ *Cham.*$_{hrl,k,*}$ **Cinnb.**$_{h,k,*}$ coc-c.$_{al}$ colch.$_{hrl,k}$ **Con.**$_{h,k,*}$ euph.$_{hrl,k,*}$ euphr.$_{h,kl}$ gymno. *Hep.* **Ign.**$_{hrl,k,*}$ jac-c.$_{hrl,k,*}$ *Lyc.*$_{h,k,*}$ *Merc.*$_{hrl,k,*}$ mez.$_{al,k}$ nat-ar. nat-c.$_{h,h2,*}$ nat-m.$_{al,k}$ nat-p.$_{al,k}$ **Nit-ac.**$_{h,k,*}$ nux-v.$_{hrl,k}$ **Petr.** phel.$_{al}$ phos. plat-m.$_{al}$ *Puls.*$_{h,k,*}$ **Rhus-t.**$_{al,k}$ rhus-v.$_{al}$ *Sep.*$_{h,k,*}$ *Sil.*$_{hrl,k}$ *Sulph.*$_{hrl,k,*}$ sumb.$_{al,k}$ tarax.$_{h,kl}$ *Thuj.*$_{h,k,*}$ *Viol-t.*$_{hrl,k,*}$ zinc.$_{al,k}$ zing.$_{hrl,k}$
  • **Stuhlgang**, nach: aloe
  • **Urinieren**, nach dem: mez.$_{al,c1}$
 ○ **Naht**: euphr.
  • **Spitze**: ars.$_{h}$
  • **Unterseite**: camph. carb-v.$_{al,h}$ caust.$_{h,k,*}$ com.$_{hrl}$ **Lyc.** *Nit-ac.*$_{al,k}$ *Nux-v.*$_{h,k,*}$ *Puls.*$_{hrl,k}$ *Rhus-t.*$_{hrl,k,*}$ sil.$_{h,kl}$ *Thuj.*$_{hrl,k,*}$
– **Samenstränge**: mang. ox-ac.
– **Skrotum**: acon.$_{al,k}$ agar.$_{al,k}$ alum.$_{h,k,*}$ alum-sil.$_{k2}$ alumn.$_{al,k}$ am-c. *Ambr.* anac.$_{al,k}$ ang.$_{hrl,k}$ ant-c.$_{hrl,k}$ ant-s-aur. ant-t.$_{al,k}$ *Apis* arg-met. ars-met. *Arum-d.* **Aur.**$_{al,k}$ aur-s.$_{k2}$ *Bar-c.* berb.$_{hrl,k,*}$ calad.$_{hrl,k}$ *Calc.*$_{h,k,*}$ *Calc-p.* calc-sil.$_{k2}$ cann-i.$_{al,k}$ *Carb-ac.* **Carbn-s.** carl.$_{al,k}$ **Caust.**$_{h,k,*}$ cham.$_{c}$ *Chel.*$_{hrl,k,*}$ chin.$_{h,kl}$ *Cist.*$_{al,k}$ coc-c.$_{al,k}$ *Cocc.*$_{al,k}$ com.$_{hrl,k,*}$ con.$_{al,k}$ **Crot-t.**$_{al,k}$ ferr. ferr-ma.$_{al,k}$ form.$_{al,k}$ gran.$_{al}$ **Graph.**$_{al,k}$ hep.$_{h,kl}$ hipp.$_{al,k}$ ign.$_{al}$ indg.$_{al,k}$ jatr-c. **Kali-c.**$_{al,k}$ *Kali-chl.*$_{al,k}$ *Kali-s.* kali-sil.$_{k2}$ lac-ac.$_{al,k}$ lachn.$_{al,k}$ *Lyc.*$_{al,k}$ *Mag-m.*$_{al,k}$ manc.$_{al,k}$ *Mang.*$_{al,k}$ meph.$_{al,k}$ *Merc.* mez.$_{al}$ *Mur-ac.*$_{al,k}$ nat-ar. nat-c.$_{al,k}$ **Nat-m.**$_{hrl,k,*}$ nat-p.$_{al,k}$ nat-s.$_{al,k}$ **Nit-ac.**$_{h,k,*}$ *Nuph.* *Nux-v.*$_{h,k,*}$ **Petr.**$_{h,k,*}$ ph-ac. plat. prun. puls.$_{al,k}$ rat.$_{al,k}$ *Rhod.*$_{al,k}$ **Rhus-t.**$_{al,k}$ rhus-v.$_{al,k}$ *Sars.*$_{al,k}$ *Sel.*$_{al,k}$ *Sil.*$_{al,k}$ spira.$_{al}$ spong.$_{al,k}$ *Staph.*$_{h,k,*}$ **Sulph.**$_{al,k}$ thuj.$_{h,k,*}$ **Urt-u.** vichy-g.$_{al}$ *Viol-t.* *Zinc.*
 • **morgens**: ant-s-aur.$_{al}$ coc-c.$_{al,k}$ puls.$_{al,k}$ sulph.$_{al}$
 • **mittags**: com.$_{al,k}$ *Sulph.*$_{al,k}$
 • **nachmittags**: tell.$_{al,k}$
 • **abends**: alumn.$_{al,k}$ sulph.$_{al,k}$ thuj.$_{h,kl}$ *Zinc.*$_{al,k}$
  • **Bett**, im: calc.$_{h,k,*}$
 • **nachts**: calad.$_{hrl,k}$ com.$_{al,k}$ crot-t. kali-c.$_{h,kl}$ lyc.$_{al,k}$ *Nat-m.*$_{hrl,k}$
 • **brennend**: berb.$_{al}$ carb-ac. cocc.$_{al,k}$ gran.$_{al,k}$ plat.$_{al}$ rhus-r.$_{al}$ rhus-t.$_{al}$ rhus-v.$_{al}$ spong.$_{al}$
  • **Kratzen**, nach: carl.$_{al}$ *Nat-s.*$_{al,k}$ rhus-v.$_{al}$
  • **Reiben**; nach: thuj.$_{h}$
 • **Friktion**
  ☞ *Reiben*
 • **Gehen** agg.: *Crot-t.*$_{al,k}$
 • **Korrosion**, schmerzhafte: **Crot-t.**
 • **Kratzen**:
  • **agg**.: rhus-v.$_{al,k}$
  • **amel**.: alum.$_{h,k,*}$ carb-ac.$_{al,k}$ *Crot-t.*$_{al,k}$ viol-t.
  • **nicht** amel. durch: *Mur-ac.* nat-c.$_{al,k}$ *Zinc.*

– **Skrotum**: ...
• **Reiben** amel.: junc-e. mag-m. rhus-v. staph.
• **Stellen**, an kleinen: franz.$_{a1}$ nicc.$_{a1,k}$
• **warm**; agg. wenn: rhus-v.
• **wollüstig**: *Ambr.* *Anac.*$_{a1,k}$ cocc. *Crot-t.* euphr. mur-ac. spong. *Staph.*$_{h,k,*}$
• **Reiben** agg.: staph.$_{h,k,*}$
• **sexuellen** Exzessen, nach: **Staph.**$_{h,k,*}$
▽ **erstreckt** sich zum Perineum: rhus-t.$_{a1,k}$ *Sars.*
○ **Seiten** des: agar.$_{a1,k}$ ant-c.$_{hr1,k,*}$ camph.$_{a1}$ coff.$_{a1,k}$ croc.$_{a1,k}$ petr.$_{a1,k}$ thuj.$_{a1,k}$

Kälte: agar.$_{hr1,k,*}$ **Agn.**$_{bg2,k,*}$ aloe berb.$_{hr1,k,*}$ brom.$_{a1,k}$ calad. camph. cann-s.$_{bg2,k,*}$ caps.$_{bg2,k,*}$ carb-v.$_{k2}$ carbn-s. caust.$_{bg2}$ *Dios.*$_{hr1,k,*}$ *Gels.*$_{bg2,k,*}$ hell. ind. *Iris* lyc.$_{bg2,k,*}$ merc.$_{bg2,k,*}$ pic-ac.$_{hr1,k}$ psor. sabad.$_{bg2}$ sabal$_{bg1,c1}$ *Sulph.*$_{bg2,k,*}$ uran-met. uran-n.
– **morgens**: sulph.$_{a1,k}$
– **abends**: *Dios.*$_{a1,k}$
– **Urinieren**, beim: iris
○ **Hoden**: **Agn.**$_{bg2,k,*}$ aloe berb.$_{hr1,k}$ brom.$_{bg2,k,*}$ camph. caps.$_{bg2,k}$ cer-s.$_{a1}$ cere-s. gels. helo.$_{c1}$ helo-s.$_{c1}$ *Merc.*$_{bg2,k,*}$ onos.$_{bg2}$ zinc.
• **links**: brom.$_{hr1,k,*}$
• **abends**: aloe *Merc.*$_{a1,k}$
• **nachts**: *Agn.*$_{a1,k}$ aloe
– **Penis**: agar.$_{hr1,k,*}$ **Agn.**$_{hr1,k}$ bar-c. berb.$_{a1,k}$ caps. dios.$_{a1,k}$ helo.$_{c1}$ helo-s.$_{c1}$ indg.$_{a1,k}$ **Lyc.**$_{hr1,k,*}$ merc.$_{bg2,k,*}$ *Onos.* *Sulph.*$_{bg2,k,*}$
○ **Eichel**: berb.$_{hr1,k,*}$ caust.$_{bg2}$ helo.$_{c1}$ helo-s.$_{c1}$ indg.$_{a1}$ merc.$_{bg2,k}$ *Onos.* *Sulph.*$_{h,k,*}$
• **Vorhaut**: berb.$_{hr1,k,*}$ indg.$_{a1}$ *Sulph.*$_{h,k,*}$ zinc.$_{a1,k}$ zing.$_{hr1,k}$
– **Skrotum**: agn.$_{bg2}$ aloe *Berb.*$_{hr1,k,*}$ brom. *Caps.*$_{h,k,*}$ dios.$_{a1,k}$ iris lyc.$_{bg2}$ *Merc.*$_{bg2,k}$ sabad.$_{bg2}$ sulph.$_{bg2}$
• **morgens** beim Erwachen: *Caps.*$_{h,k,*}$

Kitzeln:
– **Koitus**, beim:
• **Beenden** des Koitus; zwingt zum: calc.
○ **Eichel**: asc-c.$_{c1}$ bell.$_{h,kl}$ benz-ac.$_{a1,k}$ franz.$_{a1}$ iod.$_{h,kl}$ lyss.$_{a1}$ puls.$_{a1}$
– **Penis**; an der Spitze des: asc-c.$_{c1}$
– **Skrotum**: sel.$_{c1}$

Knötchen:
– **hart**, braun:
○ **Skrotum**: *Nit-ac.*
○ **Hoden**: calc-f.$_{k2}$ *Psor.*

Koitus:
– **Abneigung** gegen: aether$_{a1}$ agar.$_{bg2,k,*}$ agn.$_{bg2,k}$ alum.$_{a1,h}$ am-c.$_{bg2,h,*}$ arn.$_{bro1}$ astac.$_{hr1,k}$ borx. bufo cann-s.$_{bg2,k,*}$ caust.$_{bg2,k}$ chlor.$_{bg2,k,*}$ clem.$_{bg2,k,*}$ coff.$_{j5}$ cub.$_{a1}$ ferr.$_{sf,sf1}$ ferr-ma.$_{a1}$ franz.$_{a1}$ **Graph.**$_{h,k,*}$ hell.$_{a1}$ kali-br.$_{sf,sf1}$ kali-c.$_{bg2,k,*}$ kali-n.$_{a1}$ kreos.$_{sf,sf1}$ lach.$_{a1}$ **Lyc.**$_{k,kl2}$● moly-met.$_{jl}$ nat-m.$_{bg2,k,*}$ nux-m.$_{j5}$ op.$_{a1}$ petr.$_{bg2,k,*}$ ph-ac.$_{k2}$ phos.$_{bg2,k,*}$ plat.$_{hr1}$ *Psor.*$_{bg2,k,*}$ *Rhod.*$_{bg2,k,*}$ sabad.$_{bg,bg2}$ sabin.$_{bg2,j5,*}$ sep.$_{k2,sf1,*}$ spira.$_{a1}$ spirae.$_{a1}$ stann.$_{a1}$ staph.$_{bg,bg2,*}$ stram.$_{a1}$ sul-ac.$_{bg,bg2}$ tarent.$_{a1}$ teucr.$_{bg,bg2}$ thuj.$_{a1}$
• **Impotenz**, mit: *Graph.*$_{kr1}$
• **Masturbation**, durch: kali-br.$_{sf,sf1}$

Koitus - Abneigung gegen: ...
• **Schmerzen**, durch: sep.$_{sf,sf1}$
• **Träumen**, in einer Pollution endend; mit erotischen: *Plat.*$_{kr1}$
– **Gefühl** wie durch Koitus: am-m.$_{a1,h}$ lach.$_{a1}$
• **morgens** beim Erwachen, vor dem Urinieren: *Kali-c.*$_{kr1}$
• **nachts**:
• **Mitternacht**:
• **nach**: lyc.$_{a1}$
• **Baden**, beim: nat-c.$_{j5}$
• **inneren** Organen, in: ambr.$_{j5}$
• **Pollution**, bei der: lach.$_{j5}$
• **Schlafen** und Wachen, zwischen: kreos.$_{a1}$
– **Genuß**:
• **abwesend**: *Agar.*$_{hr1,k,*}$ *Anac.*$_{bg2,k,*}$ anan.$_{bg,bg2,*}$ arg-n.$_{a1,k}$ bart.$_{a1,k}$ berb.$_{hr1,k}$ bufo *Calad.*$_{bg2,k,*}$ calc.$_{a1,k}$ cann-i.$_{a1}$ cann-s.$_{a1,k}$ canna$_{a1}$ carb-v. cur.$_{a1}$ *Dios.*$_{hr1,kr1}$ eug.$_{hr1,k,*}$ ferr. *Graph.*$_{hr1,k,*}$ ind.$_{hr1,k,*}$ lyc.$_{hr1,k,*}$ lyss.$_{hr1,k}$ nat-c.$_{j5}$ *Nat-m.*$_{a1,k}$ nat-p.$_{bg,bg2,*}$ nit-ac. nux-m.$_{a1,k}$ onos. phos.$_{a1,k}$ *Plat.*$_{bg2,k,*}$ psor.$_{hr1,k}$ rhodi.$_{a1}$ sal-ac.$_{a1}$ sanic. *Sep.*$_{hr1,k,*}$ sul-ac.$_{a1,k}$ tab.$_{bg,bg2,*}$ tarent.$_{a1,k}$ thala.$_{jl,jl3}$
• **Brennen**, mit: cann-i.$_{a1}$
• **extrem**: agn.$_{sf,sf1}$ ambr.$_{sf,sf1}$ *Fl-ac.*$_{hr1,k,*}$ lach.$_{sf,sf1}$ nat-m.$_{a1,k}$ nit-ac. stann.$_{a1,sf1,*}$ sulph.$_{sf,sf1}$
• **kurz**: plat.$_{a1}$
• **schwach**
☞ *vermindert*
• **unerträglich**: stann.$_{bg2,j5,*}$
• **verlängert**: cann-i. *Sel.*$_{kr1}$
• **vermehrt**: agn.$_{bg2,j5,*}$ ambr.$_{bg2,j5,*}$ calc-p.$_{bg2,j5,*}$ lach.$_{bg2,j5,*}$ nat-c.$_{bg2,j5,*}$ *Nat-m.*$_{bg2,j5,*}$ stann.$_{bg2,j5,*}$ sulph.$_{bg2,j5,*}$
• **vermindert**: bart.$_{a1}$ berb.$_{j5}$ plat.$_{a1}$ sep.$_{a1}$ tarent.$_{a1}$
– **schmerzhaft**: arg-n.$_{a1,bg2}$ borx.$_{bg2}$ calc.$_{bg2}$ ferr.$_{bg2}$ kali-c.$_{bg2}$ kreos.$_{bg2,hr1}$ merc-c.$_{bg2}$ nat-m.$_{a1,bg2}$ plat.$_{bg2}$ sabal$_{bg2}$ sep.$_{bg2}$ sulph.$_{bg2}$ thala.$_{bg2,jl3,*}$
– **unterbrochener** Koitus agg.
☞ ◻ *Allgemeines - Koitus - unterbrochener*
– **unwillkürlich** in halbwachem Zustand; fast: kali-fcy.$_{a1}$

Kondylome: alumn. apis *Arg-n.* aur. *Aur-m.*$_{gm1,k}$ aur-m-n.$_{gm1,k}$ aur-s.$_{k2}$ *Calc.*$_{bg2,k}$ *Cinnb.*$_{bg2,k,*}$ euphr.$_{bg2,k}$ *Fl-ac.* **Hep.** *Lyc.*$_{bg2,k,*}$ *Med.* *Merc.*$_{bg2,k,*}$ *Merc-d.* *Mill.*$_{hr1,k}$ **Nat-s.**$_{hr1,k}$ **Nit-ac.**$_{bg2,k,*}$ *Ph-ac.*$_{bg2,k,*}$ *Phos.* psor.$_{bg2,k,*}$ *Sabin.*$_{bg2,k,*}$ *Sars.*$_{bg2,k}$ *Sep.*$_{hr1,k}$ *Staph.*$_{h,k,*}$ sulph.$_{bg2}$ **Thuj.**$_{bg2,k,*}$
– **bluten** leicht: *Calc.* *Cinnb.* med. *Mill.* **Nit-ac.**$_{hr1,k}$ sulph. *Thuj.*$_{bg2,k}$
– **empfindlich**: nit-ac.$_{k2}$ *Staph.*
– **heiß**: ph-ac.$_{hr1,k}$
– **juckend**: lyc. psor. *Sabin.*$_{hr1,k}$ staph.$_{h,k,*}$ thuj.
– **Käse**; riecht nach altem: *Calc.* *Hep.* *Sanic.* thuj.
– **stechende** Schmerzen: nit-ac.
– **stinkend**, bluten bei Berührung: *Cinnb.* **Nit-ac.**$_{hr1,k}$ thuj.
– **weich**: calc.$_{k2}$ *Nat-s.*$_{hr1}$ *Sep.*
○ **Anus**; an Genitalien und um den: nit-ac.
– **Penis**: alumn. ant-t.$_{vh}$ *Apis* aur.$_{vh}$ aur-m.$_{k2,vh}$ bell.$_{a1,k}$ *Calc.* **Cinnb.** euphr. *Hep.* *Kali-i.*$_{vh}$ lac-c.

– **Penis**: ...
Lyc.$_{hr1,k}$ *Merc.* merc-c. *Mill.* *Nat-s.* **Nit-ac.** nux-v.$_{vh}$ *Ph-ac.* **Psor.** **Sabin.** *Sanic.*$_{vh}$ **Sep.**$_{hr1,k}$ *Staph.* *Sulph.* **Thuj.**$_{a1,k}$
• **blumenkohlartig**: lac-c. **Nit-ac.**$_{hr1,k}$
• **blutend**: *Cinnb.* **Nit-ac.**$_{a1,k}$ sulph. *Thuj.*
• **brennend**: apis *Cinnb.* **Nit-ac.** ph-ac. *Psor.*$_{hr1,k}$ *Sabin.*$_{hr1,k}$ *Thuj.*
• **butternuß**-förmiger, harter Auswuchs auf dem Rücken des Penis: **Sabin.**
• **fächerförmig**: **Cinnb.** *Thuj.*$_{hr1,k}$
• **juckend**: *Psor.*$_{hr1,k}$ *Sabin.*
• **nässend**: aur-m. *Cinnb.* *Lyc.*$_{hr1,k}$ *Nit-ac.*$_{hr1,k}$ *Psor.* *Thuj.*$_{hr1,k}$
 • **übelriechend**: *Nit-ac.*$_{hr1,k}$
• **Wundheit**: euphr. **Nit-ac.** ph-ac.$_{hr1,k,*}$ *Sabin.*$_{hr1,k}$ thuj.
 • **Jucken**, und: *Psor.* *Sabin.*
○ **Eichel**: *Ant-t.*$_{hr1,k}$ *Aur.*$_{hr1,k}$ *Aur-m.*$_{hr1,k}$ aur-s.$_{k2}$ *Cinnb.* *Kali-chl.* *Kali-i.*$_{hr1,k}$ *Lac-c.*$_{hr1,k}$ lyc. *Med.* *Nit-ac.*$_{a1,k}$ *Ph-ac.*$_{hr1,k}$ psor. *Sabin.* *Sep.* *Staph.*$_{h,k,*}$ *Sulph.*$_{hr1,k}$ **Thuj.**$_{hr1,k,*}$
• **Vorhaut**: *Aur.* *Aur-m.*$_{hr1,k}$ aur-m-n.$_{hr1,k}$ caust. **Cinnb.**$_{hr1,k}$ cub. *Lyc.*$_{hr1,k}$ *Med.* merc. merc-c. *Nit-ac.* ph-ac. **Psor.**$_{hr1,k}$ *Sabin.* **Thuj.**$_{hr1,k}$
 • **Jucken** und Brennen des Randes: psor.$_{hr1,k}$
 ○ **Frenulum**: **Cinnb.**
– **Skrotum**: *Aur.* *Aur-m.*$_{hr1,k}$ sil. **Thuj.**$_{hr1,k}$

Krabbeln
☞ *Ameisenlaufen*

Krebs: ars.$_{hr1,k}$ bell.$_{hr1,k}$ *Carb-an.*$_{hr1,k}$ **Con.**$_{hr1,k}$ phos.$_{hr1,k}$ phyt.$_{hr1,k}$ sil.$_{hr1,k}$ spong.$_{hr1,k}$ sulph.$_{hr1}$ thuj.$_{hr1,k}$
○ **Hoden**: arg-met.$_{k2}$ arg-n.$_{gm1}$ brom.$_{gm1}$ ox-ac.$_{gm1}$ spong.$_{hr1,k}$
– **Skrotum** (= Epitheliom): aur-m.$_{gm1}$ carb-an. ph-ac.
• **Szirrhus**: alum.$_{gm1}$ carb-an.$_{hr1,k}$ *Clem.*$_{hr1}$

Kribbeln: *Alum.* ang. mosch. sel. sulph.
☞ *Ameisenlaufen*
○ **Hoden**: agn. carb-v. euphr. merc. rhod. sulph.$_{a1,k}$ thuj. zinc.
– **Penis**: ant-t. bell. berb. cop. ferr. ham. iod. laur. puls. seneg. sumb. thuj.
 ○ **Eichel**: acon. ant-t. bell. calc. caps.$_{h,kl}$ carb-ac. carb-v. iod. kali-bi. kali-n.$_{c1}$ lyc. lyss. merc. mez. ph-ac. puls. seneg. spig. sumb. thuj.
 • **Peniswurzel**: rhus-t.
 • **Vorhaut**: jac-c. jac-g. merc. ph-ac. rhus-t.$_{a1}$ seneg. tarax.
– **Skrotum**: acon. arn.$_{a1,k}$ com. kali-n. lachn.$_{a1,k}$ plat. sel.

Krümmung des erigierten Penis bei Gonorrhoe (Chorda)
☞ *Erektion - anhaltend - schmerzhaft* / ❑ *Harnröhre - Chorda*

Lustgefühl:
– **intensiv**: androc.$_{srj1}$
– **verlängert**: cann-i.

Masturbation, Neigung zur: agn. *Alum.*$_{bg2,sf1}$ alumn.$_{kr1}$ ambr. *Anac.*$_{c1}$ **Anan.** androc.$_{srj1}$ *Apis*$_{c1}$ *Aur.*$_{kr1}$ *Bar-c.*$_{bg2,sf1}$ bell.$_{kr1}$ *Bell-p.*$_{c1,c2,*}$ **Bufo** calad.$_{bg2,sf1}$ calc.$_{c2,k}$ *Calc-p.*$_{c1}$ cann-i.$_{sf1}$ cann-s.$_{bg2}$ **Carb-v.**$_{bg2,kr1,*}$ carc.$_{st1}$ *Caust.*$_{gl1,st}$ *Chin.*$_{k1,st}$ *Cina*$_{kr1}$ cocc. *Coff.*$_{st}$ *Con.*$_{kr1}$ *Dig.*$_{kr1}$ dios.$_{bg2,sf1}$ dros.$_{bg2}$ *Ferr.*$_{kr1}$ *Gels.*$_{kr1}$ grat.$_{c1,c2,*}$ hyos. *Kali-br.*$_{c1}$ kali-p.$_{bg2,sf1}$ **Lach.** *Lyc.*$_{bg2,kr1,*}$ *Med.*$_{c1,c2}$ *Meph.*$_{kr1}$ merc. nat-m. *Nux-v.*$_{c2,k}$ *Op.*$_{a1,kr1}$ **Orig.** *Ph-ac.*$_{c2,k}$ *Phos.* *Pic-ac.* **PLAT.**$_{c2,k1,*}$ *Plb.*$_{kr1}$ *Puls.*$_{k1,st}$ sal-n.$_{c1,c2}$ sec. sel.$_{bg2,sf1}$ **Sep.**$_{bg2,kr1,*}$ sil.$_{bg2,sf1}$ *Stann.*$_{kr1,st}$ **Staph.**$_{k1,st}$ stict.$_{bg2,sf1}$ stram. *Sulph.*$_{k1,st}$ tarent.$_{c2,k}$ thuj.$_{c2,k}$ *Tub.* *Ust.*$_{c2,k}$ zinc.$_{c1,c2}$
– **Einsamkeit**, sucht die: *Bufo* ust.
– **Epilepsie**, bei: bufo$_{kr1}$ **Calc.**$_{kr1}$ *Lach.*$_{kr1,sf1}$ *Plat.*$_{kr1}$ *Stram.*$_{kr1}$
– **exzessiv**: *Alum.*$_{kr1}$ bell.$_{kr1}$ **Calc.**$_{kr1}$ **Carb-v.**$_{kr1}$ *Chin.*$_{kr1}$ *Stram.*$_{kr1}$
• **Gelegenheit**, bei jeder: *Hyos.*$_{kr1}$
– **Jucken**, durch: *Staph.*$_{bg2,sf1}$
– **Kindern**, bei: bell-p.$_{st}$ bufo$_{gk3}$ *Carc.*$_{jl2,st1}$ *Med.*$_{gm1,st}$ plat.$_{vh}$ *Scir.*$_{st}$ staph.$_{c1,gl1}$
– **Kindheit**, seit der: *Hyos.*$_{kr1}$
– **Manie**, bei: bell.$_{kr1}$
– **niedergeschlagen**, wenn: *Ust.*$_{sf1}$
– **Schlaf**, im: camph. carb-v. *Plat.* thuj.
– **sexuellen** Exzessen, nach: aur-ar.$_{k2}$ carb-v. phos.$_{sf1}$ *Staph.*$_{sf1}$
– **unwiderstehliche** Neigung: thuj.$_{kr1}$ *Ust.*$_{bg2,kr1,*}$
– **unwillkürlich**: camph.$_{kr1}$
– **Würmer**, durch: calad.$_{sf1}$

Metastase: *Abrot.* *Carb-v.* *Puls.*
☞ *Schwellung*

Nachtripper
☞ ❑ *Harnröhre - Absonderung - dünn*

Neigung zum Koitus in ruhelosem Schlaf: *Sars.*$_{bg2}$

Orgasmus:
– **läßt** nach:
• **Ejakulation** führt; mehrmals nach, bevor er zur: eug.

Paraphimose
☞ *Phimose - Paraphimose*

Phimose: acon. *Arn.*$_{hr1,k}$ calad. *Calc.*$_{hr1,k}$ *Cann-s.*$_{hr1,k,*}$ *Canth.*$_{hr1,k,*}$ *Cinnb.*$_{hr1,k}$ cycl. *Dig.*$_{hr1,k}$ *Ham.*$_{hr1,k,*}$ *Hep.* jac-c.$_{a1,hr1,*}$ jac-g. *Lyc.*$_{hr1,k}$ **Merc.**$_{hr1,k,*}$ merc-c.$_{k2}$ narz.$_{a1}$ nat-m. **Nit-ac.**$_{hr1,k,*}$ *Rhus-t.*$_{a1,k}$ rumx.$_{c2}$ sabin.$_{c2,k}$ sep.$_{c2,k}$ sil.$_{c2}$ *Sulph.*$_{hr1,k,*}$ sumb.$_{a1,k}$ thuj.
– **Eiterung**, mit: *Caps.* *Cinnb.*$_{hr1,k}$ *Hep.* *Merc.* *Nit-ac.* *Sulph.*$_{hr1}$
– **Gangrän**, drohende: *Ars.* canth. *Cinnb.* *Lach.* *Merc-i-r.*
– **Paraphimose**: bell. *Coloc.*$_{c2,k}$ dig.$_{c1,c2}$ kali-i.$_{a1,k}$ *Lach.*$_{hr1,k,*}$ m-ambo.$_{c2}$ **Merc.**$_{hr1,k}$ *Merc-c.*$_{hr1,k,*}$ nat-m. **Nit-ac.**$_{hr1,k}$ nux-v.$_{c2}$ *Rhus-t.*$_{hr1,k,*}$ sep. *Sulph.*$_{hr1}$ thuj.
• **Schwellung** der Eichel; ausgedehnte: *Kali-i.*$_{a1,k}$

Pollutionen: abrot.$_{bg2,sfl}$ absin.$_{bro1}$ acet-ac. acon.$_{a1}$ acon-c.$_{c1,c2}$ aesc. *Agar. Agn.* aloe *Alum.* alum-sil.$_{k2}$ alumn.$_{kr1}$ *Am-c.* ambr.$_{bg2}$ *Anac.* anan. ang.$_{a1,bg2,*}$ anis.$_{a1}$ ant-c. aphis$_{a1}$ aq-mar.$_{jl}$ *Arg-met.*$_{c2,k}$ *Arg-n.* arn. ars. ars-i. ars-s-f.$_{k2,kr1}$ *Art-v.*$_{kr1}$ *Aur. Aur-s.*$_{k2}$ aven.$_{br1,sfl}$ **Bar-c.** bar-i.$_{k2}$ *Bar-m.* bar-s.$_{k2}$ *Bell. Berb. Bism.* **Borx.** *Bov.* brom. bry. *Bufo* cadm-s.$_{c1,kr1}$ *Calad.*$_{bg2,j5,*}$ **Calc.** calc-act.$_{a1}$ calc-ar. calc-caust.$_{a1}$ calc-i.$_{k2}$ *Calc-p.* calc-s.$_{c1}$ *Calc-sil.*$_{k2}$ calen.$_{a1}$ camph. camph-br.$_{c1,sfl}$ cann-i.$_{c1,sfl}$ cann-s.$_{kr1,sfl}$ canth. caps. carb-ac. *Carb-an. Carb-v.* carbn-s. *Carl.* casc.$_{kr1}$ *Castm. Caust.* cere-s.$_{a1}$ *Cham.* **Chin.** chinin-ar. chinin-s. chlol.$_{a1}$ *Cic.* cimic.$_{bro1}$ *Cimx.*$_{c2,k}$ clem. *Cob.* coc-c.$_{k1}$ coca$_{a1,kr1}$ *Cocc.* cod.$_{a1,kr1}$ coff. coff-t.$_{c1,c2}$ coll.$_{kr1}$ coloc. colocin.$_{a1}$ *Con.* cop. *Cor-r.* crot-t. *Cupr.*$_{c1}$ *Cycl.* **Cypr.** dam.$_{c1}$ **Dig.** *Digin.*$_{c1}$ **Dios.** dros.$_{c1}$ erech.$_{a1}$ erig.$_{c1}$ *Ery-a. Eug.*$_{j5}$ euph.$_{bg2,h}$ **Euph-a.**$_{a1}$ *Ferr.* ferr-ar. *Ferr-br.*$_{c1,sfl}$ ferr-i. ferr-p. *Form.* gast.$_{a1}$ *Gels. Gins.*$_{sfl}$ *Graph.*$_{c2,k}$ grat. guaj.$_{bg2,j5,*}$ ham. *Hep.* hera.$_{a1,j5}$ hura$_{a1}$ *Hydr.*$_{kr1}$ hydr-ac.$_{a1}$ hyper.$_{bro1}$ ign.$_{bg2,j5}$ ind.$_{a1,kr1,*}$ iod. iris jac-c.$_{a1}$ kali-ar. *Kali-br. Kali-c.* kali-chl.$_{a1,j5}$ kali-i. kali-m.$_{k2}$ **Kali-p.** *Kali-sil.*$_{k2}$ kiss.$_{a1}$ lac-ac. *Lach. Lact.* lath.$_{c1}$ led.$_{bg2,j5,*}$ lil-t.$_{kr1}$ linu-c.$_{a1}$ lipp.$_{a1}$ *Lup.*$_{sfl}$ **Lyc.** lyss.$_{bro1}$ *M-arct.*$_{j5}$ mag-c. *Mag-m.* mag-p.$_{bg2}$ med. *Merc.* merc-i-f.$_{k2}$ merc-i-r.$_{kr1}$ merc-sul.$_{a1,kr1}$ *Mill.*$_{kr1}$ *Mosch.* mur-ac.$_{j5}$ naja *Nat-ar.* **Nat-c. Nat-m. Nat-p.** nat-sil.$_{k2}$ *Nit-ac. Nuph.*$_{c1,kr1,*}$ *Nux-m.* **Nux-v.** ol-an. *Onos.*$_{c2,k}$ op. opun-v.$_{a1}$ orch.$_{bro1}$ *Orig.*$_{c2,k}$ osm.$_{c1,c2}$ ox-ac. paeon.$_{a1}$ par. ped.$_{a1}$ petr. petros. **Ph-ac. Phos.** phys.$_{a1}$ *Pic-ac.* pip-m.$_{a1}$ plan.$_{c1}$ *Plat.* plb. plb-p.$_{bro1}$ *Psor. Puls.* puls-n.$_{a1}$ ran-b. ran-s. rheum$_{a1}$ rhod. rhus-t. ruta *Sabad. Sabal*$_{bg2,sfl}$ sacch.$_{a1}$ *Sal-n.*$_{c1}$ samb.$_{bg2,j5}$ sang. *Sars.* scut.$_{bro1}$ **Sel. Sep.** *Sil.* sin-n.$_{a1}$ *Sol-o.*$_{st}$ spirae.$_{a1}$ stann. **Staph.** stict.$_{c1,c2}$ *Stram. Stry.*$_{bro1}$ sul-ac.$_{j5}$ sul-i.$_{k2}$ **Sulph.** sumb.$_{c1}$ tab. tarax. *Tarent.* tax.$_{c1,j5}$ *Ter.*$_{j5,kr1,*}$ ther. *Thuj. Thymol.*$_{jl,sp1}$ titan.$_{bro1}$ trib.$_{bro1}$ *Tub.*$_{k1,st}$ upa.$_{bro1}$ uran-n.$_{c1,c2}$ *Ust.* verb.$_{h,j5,*}$ vib.$_{bg2,sfl}$ viol-o.$_{c2,k}$ *Viol-t.*$_{c2,k}$ visc.$_{jl}$ voes.$_{a1,c1,*}$ wies.$_{a1}$ *Yohim.*$_{bro1}$ zinc. *Zinc-p.*$_{k2}$ *Zinc-pic.*$_{c1,sfl,*}$ zinc-val.$_{c1,c2}$ zing.$_{c2,k}$ ziz.$_{a1,c1}$

– **agg.** im allgemeinen: alum.$_{bg,bg2}$

– **amel.** im allgemeinen: agn. calc. *Calc-p.* elaps *Lach.* naja phos. sang.$_{c1}$ sil. zinc.

– **tagsüber**: arn.$_{bg2,j5,*}$ canth. cyna.$_{jl}$ ery-a. gels. graph. lach.$_{bg,bg2}$ **Nux-v.** ust.
  • **Schlaf**, im: par.$_{j5}$ staph.$_{j5}$ thuj.$_{j5}$

– **morgens**: acon.$_{a1}$ aloe cain. carb-v. cham. chinin-s. coc-c.$_{st}$ eug.$_{a1}$ grat.$_{j5}$ lact.$_{a1,j5}$ lil-t.$_{a1}$ merc-i-f.$_{a1}$ merc-i-r.$_{a1}$ nat-c.$_{h}$ nat-m.$_{a1}$ nux-v.$_{h}$ petr.$_{a1}$ petros.$_{a1,kr1}$ phys.$_{a1}$ pip-m. plb.$_{a1,j5}$ psor. puls.$_{j5}$ ran-b.$_{a1,j5}$ rhus-t.$_{j5}$ sabad.$_{j5}$ spig.$_{a1}$ thuj.
  • **5** h: coc-c.$_{a1}$
  • **Bett**, Penis ist schlaff; im: canth. coc-c.$_{st}$
  • **Einschlafen**; beim erneuten: ol-an.$_{a1}$
  • **Erwachen**, beim: petr.$_{j5}$
  • **Schlaf**, im: lact.$_{a1}$
  • **Stuhlgang**, beim: amgd-p.$_{a1}$ helio.$_{a1}$ nat-m. ph-ac.$_{bg,bg2}$

– **morgens - Stuhlgang**: ...
  • **Pressen** zum, beim: *Alum.*$_{bro1}$ canth.$_{bro1}$ *Chin.*$_{bro1}$ cimic.$_{bro1}$ digin.$_{bro1}$ gels.$_{bro1}$ kali-br.$_{bro1}$ *Nuph.*$_{bro1}$ *Ph-ac.* phos.$_{bro1}$ pic-ac.$_{bro1}$ *Sel.*$_{bro1}$ trib.$_{bro1}$

– **vormittags**: caust.$_{a1,j5}$
  • **Sitzen**, im: sulph.

– **mittags**: cact.$_{a1}$

– **nachmittags**: carb-an.$_{h}$
  • **16** h: carb-an.$_{a1}$
  • **Katalepsie**, nach: grat.$_{a1}$
  • **Mittagsschlaf**, beim: aloe$_{kr1}$ *Alum.*$_{h,j5,*}$ carb-an.$_{bg2,j5,*}$ caust. clem. cor-r.$_{j5}$ lach.$_{h}$ merc. par.$_{a1,j5,*}$ phos. staph.$_{bg2,j5,*}$ stict.$_{c1}$ sulph. ther.$_{j5,k2,*}$
  • **schlaffem** Penis, mit: cor-r.$_{a1}$

– **abends**: carb-an.$_{a1}$ nat-c.$_{j5}$
  • **Traum**, in einem: cob.$_{a1}$

– **nachts**: iris$_{c2}$ mag-m.$_{c2}$ thuj.$_{c2}$
  • **Mitternacht**:
    • **vor**: coloc.$_{a1}$
    • **um**: goss.$_{st}$
    • **nach**: ran-s.$_{a1}$ samb.$_{bg2,h,*}$ sil.$_{j5}$
      • **1** h: calc-p.$_{a1}$ dig.$_{a1}$ sulfonam.$_{a1,jl}$
      • **3** h: aloe$_{a1}$ coff-t.$_{kr1}$
      • **3 - 5** h:
        • **Masturbation**, nach: *Sil.*$_{kr1}$
      • **4** h: anth.$_{a1}$ cob.$_{a1}$ pip-m.$_{a1}$
      • **Morgen** zu, gegen: erech.$_{a1}$ petros.$_{kr1}$
  • **Liegen** auf dem Rücken, beim: stann.$_{a1}$
  • **mehrere** Nächte: *Agar.*$_{j5,kr1}$ alum.$_{j5}$ am-c.$_{j5}$ ang.$_{j5,kr1}$ aur.$_{j5}$ bov.$_{j5}$ *Calc.*$_{j5}$ calc-p.$_{j5,kr1}$ carb-an.$_{j5}$ caust.$_{j5}$ con.$_{j5}$ *Dig.*$_{j5,kr1}$ *Graph.*$_{j5}$ ind.$_{j5,kr1}$ kali-c.$_{j5}$ lac-ac.$_{j5,kr1}$ m-aust.$_{j5}$ plb.$_{j5}$ sars.$_{j5}$ *Staph.*$_{j5,kr1}$ *Sulph.*$_{j5}$ zinc.$_{j5}$ ziz.$_{j5,kr1}$

– **Abmagerung**, mit: *Chin.*$_{kr1}$ *Ph-ac.*$_{kr1}$ *Phos.*$_{kr1}$ *Samb.*$_{kr1}$

– **Anblick** vorbeigehender Mädchen; beim
  ☞ *Frauen - Anblick*

– **Anlehnen** mit dem Rücken erscheinen; als würde eine Pollution beim: ant-c.

– **Bett**, im: kali-br.$_{a1}$

– **Bettwäsche** nicht steif; macht die: med.$_{c1}$

– **brennend**: clem.$_{bg2}$ sulph.$_{bg2}$

– **Diarrhoe**, bei: ars.

– **einschläft**, sobald er: *Pic-ac.*$_{k2,kr1}$

– **Erektionen**:
  • **mit**: agar.$_{bg2,bro1,*}$ agn.$_{bro1}$ anac.$_{bg2,sfl}$ arg-n.$_{bro1}$ aur.$_{bg2,sfl}$ bov.$_{bg}$ *Calc.*$_{bg2,bro1,*}$ cann-i.$_{bg2,sfl}$ cann-s.$_{bg2,sfl}$ *Canth.*$_{bg2,kr1,*}$ carb-ac.$_{bg2,sfl}$ carb-an.$_{bg2,sfl}$ caust.$_{bg2,bro1,*}$ chin.$_{bg2,sfl}$ dig.$_{bg2,sfl}$ dios.$_{bg2,sfl}$ ery-a.$_{bg2,sfl}$ form.$_{bg2,sfl}$ *Gins.*$_{bg2,sfl}$ goss.$_{st}$ hep.$_{bro1}$ *Iod.*$_{bg2,sfl}$ *Kali-br.*$_{bg2,kr1,*}$ kali-c.$_{bro1}$ kali-chl.$_{bg2,j5,*}$ kali-p.$_{bg2,k2,*}$ led.$_{bg2,sfl}$ lyc.$_{bg2,bro1,*}$ mag-c.$_{bro1}$ *Merc.*$_{bg2,sfl}$ nat-m.$_{bg2,sfl}$ nit-ac.$_{bro1}$ *Nux-v.*$_{bg2,sfl}$ par.$_{bg2,sfl}$ phos.$_{bg2,sfl}$ pic-ac.$_{a1,bg2,*}$ pip-m.$_{a1,bg2,*}$ puls.$_{bg2,sfl}$ sal-n.$_{st}$ sil.$_{bg2,sfl}$ staph.$_{bg2,sfl}$ sulph.$_{bg2,sfl}$ ther.$_{bg2,sfl}$ trios.$_{k13}$ viol-t.$_{bg2,sfl}$ zinc.$_{bro1}$
  ☞ *Erektionen - Pollutionen - während*
  • **heftigen**: *Kali-m.*$_{kr1}$

– **Erektionen - mit**: ...
 • **schmerzhaften**: cann-i.bro1 *Canth.*bro1 ign.bro1 merc.bro1 mosch.bro1 *Nit-ac.*bro1 nux-v.bro1 pic-ac.bro1 puls.bro1 sabad.bro1 thuj.bro1
 • **ohne**: abrot.sf1 absin. agar.bro1 *Agn.*sf1 arg-met. *Arg-n.*sf1 *Bar-c.*sf1 bell. bism. bov.bg2 calad. *Calc.*sf1 canth.kr1 carb-an. caust.bro1 *Chin.* **Cob.** coff.sf1 coloc.h con. cor-r.j5 dig.sf1 **Dios.** *Ery-a.* ferr.sf1 fl-ac. *Gels.* gins.j5 goss.st **Graph.** ham. hep.bro1 ign.j5 kali-br.sf1 *Kali-c.*sf1 kali-p. lup.sf1 *Lyc.*sf1 m-arct.j5 mag-c.bro1 mosch. *Nat-c.* nat-m. *Nat-p.*k1 nit-ac.bro1 *Nuph.* nux-v. op. *Ph-ac.* phos. pic-ac.k2 plan.sf1 plat.j5 plb.j5 puls.j5 sabad. sal-n.st *Sars. Sel.* sep.sf1 sil.sf1 spig. stann.h sul-ac.sf1 sulph. trios.a1 visc.sp1 zinc.bro1 zinc-pic.sf1
  • **morgens**: coc-c.st
  • **Schlaf**, im: **Dios.**kr1 *Nuph.*kr1
  • **Wein**, nach: *Plb.*kr1
– **Erregbarkeit** der Genitalien; durch: *Castm.*kr1
– **Erregung**; durch die geringste
 ☞ *leicht*
– **Erwachen**, beim: acon.a1 acon-c.a1 aloea1,bg arn.bg2,j5 ars. cain.a1 crot-t.j5 cycl.j5 dig.j5 gast.a1 naja petr.j5 phos.j5 pic-ac. *Sel.*kr1 sil.j5 *Thuj.*j5,kr1
– **Frauen**:
 • **Anblick** vorbeigehender Mädchen; beim: calad.k2,st pic-ac.k2,st sel.k2,st
 • **Anwesenheit** von Frauen; in: *Con.*kr1 *Nux-v.* ust. zinc.a1
 • **Berührung**:
  • **beim** Berühren einer Frau: borx.a1 graph.a1,h nat-c.a1 *Nux-v.*a1,h
 • **Liebkosen** einer Frau; beim
  ☞ *Liebkosungen*
 • **Sprechen**:
  • **mit** Frauen; beim Sprechen: am-c.a1 clem.a1
  • **über** Frauen; durch Sprechen: *Ust.*kr1
– **Gefühl** von: cere-s.a1 *Mez.*a1
 • **Erwachen**, beim: am-c.a1
 • **unterdrückt** worden; als sei eine Pollution: clem.a1
 • **vor** einer Pollution; wie: dig.a1 mur-ac.a1
– **häufig**: acon.a1 *Alum.* alum-sil.k2 *Am-c.* ang.bg2 arg-met. arg-n.bg2 arn.bg2,j5 aur.k2 bar-m. *Borx.* bov.bg2,j5 *Calc.* calc-act.a1 canth.bg2,j5 carb-an. carb-v. caust. **Chin.**bg2 cic.bg2,j5 cob. *Con.* cor-r.j5 dig. ferr. *Graph.*j5 *Kali-c.* kali-p. lach. lact.j5 lyc. lyss.c1,mg1 m-aust.j5 mag-c.bg2,h mag-m. *Nat-c.* nat-m. *Nat-p.* nit-ac. **Nux-v.** op. petr. **Ph-ac.** phos. *Plb. Puls.* sacch. sars. sel.k2 *Sep.* sil.bg2,j5 stann. **Staph.** sulph. tarax.bg2 zinc.j5
 • **einer** Nacht, in: ind.kr1 *Ph-ac.*kr1 *Puls.*kr1
 • **Woche**, in einer: *Dig.*kr1 *Sars.*kr1 tarent.bg2,kr1 *Ust.*kr1
 • **alten** Mann, bei einem: bar-c. caust. nat-c. sulph.j5
 • **aufeinanderfolgend**, schnell: bar-c.j5
 • **Mittagsschlaf**, beim: aloekr1 caust.kr1 ther.kr1
 • **Schlaf**, im: *Nuph.*kr1
– **heiß**: sabalc1
– **Impotenz**, mit: *Uran-n.*kr1
– **Koitus**:
 • **nach**: acon.a1,kr1 *Agn.* am-c. bar-c. bry. *Calc. Dig.* gels. *Graph.* kali-c. lyss.c1,mg1 **Nat-m.** *Nat-p. Ph-ac. Phos. Rhod.* sep.
 • **Verlangen** nach Koitus, beim: ham.a1
– **Kolik**, bei: plb.
– **Konvulsionen**, in: art-v.kr1
– **Krämpfen**, bei: art-v. grat. *Nat-p.*
– **Lähmungssymptome** eintreten, bevor: *Kali-br.*kr1
– **leicht**, zu schnell; zu: arn.bg2 calad.bg2 *Chin.*bg2 *Con.*bg2,kr1,* *Ery-a.*bg2,kr1,* ol-an.bg2 *Ph-ac.*kr1 *Plb.*kr1 *Sars.*bg2,kr1 sel.bg2
– **Liebkosungen**, während: *Arn.* canth.c1 **Con.** ery-a.bg,bg2 *Gels. Nat-c. Nux-v.* petr. *Phos. Sars. Sel.* ust.
– **Liegen** auf dem Rücken, beim: cob. coloc. hyper.
– **Lustgefühl**, ohne: calad.sf1 calc.sf1 nat-c.j5,sf1 nat-p.sf1 plan.sf1 sel.sf1 sul-ac.h,j5,* tab.sf1
– **Masturbation**, nach: agn.sf1 *Alum.* arg-met. bar-c.bg,bg2,* **Chin.** *Dig. Ery-a.*kr1 *Gels.*kr1,sf1 *Graph.* lup.sf1 **Nux-v.** *Ph-ac.* phos. *Puls.* sal-n.sf1 *Sars.* **Sep.** *Sil.*kr1 **Staph.** *Tarent.* ust.
– **Mittagessen**, nach dem: agar.a1 nat-c.j5
– **periodisch**:
 • **nachts**:
  • **jede** Nacht: mag-c.h *Nat-m.* **Nat-p.** *Pic-ac.* tarax. *Ust.*kr1
   • **fast** jede: am-c.kr1 *Phos.*kr1
  • **zweite** Nacht; jede: nat-p.a1 **Nux-v.**kr1 *Pic-ac.*a1,kr1 tarax.a1
  • **dritte** Nacht; jede: **Nux-v.**kr1
– **Phantasie**, sexuelle:
 • **mit** erregter Phantasie: *Kali-br.*kr1
 • **ohne**: arg-met.bro1 dios. phos. sars.bro1,kr1
– **plötzlich**, während er vom Koitus träumt: sumb.a1
– **Prostata**; bei Erkrankung der: *Aesc.*kr1
– **reichlich**: bell.a1 carbn-s.a1 carl.a1 *Kali-c.*a1,kr1 merc-i-f.a1 nat-m.a1 par.a1 petr.a1 **Ph-ac.**a1,kr1 *Pic-ac.*a1,kr1 *Staph.*a1,kr1 thymol.a1,sp1
 • **nachts**: carb-an.a1 *Dig.*a1 hipp.a1 ign.a1 kali-chl.a1 ol-an.a1 sars.a1
  • **3** h: pip-m.a1
 • **Koitus**, nach: bar-c.a1
– **robusten** Mann; bei einem: **Nux-v.**kr1
– **Schlaf**, im: *Agar.*kr1 aloekr1 anac.kr1 ang.kr1 *Arg-met.*kr1 arn.bg2,kr1 aur.kr1 *Camph.*kr1 cann-s.bg2,kr1,* clem.a1,kr1 *Cor-r.*kr1 crot-t.a1,kr1 **Cycl.**kr1 dig.a1,kr1 digin.a1,kr1 **Dios.**a1,kr1 *Ferr.*bg2,kr1 *Guaj.*kr1 *Ham.*kr1 ind.kr1 *Lach.*kr1 lact.a1,kr1 lil-t.kr1 lyss.a1,kr1 med.kr1 *Meph.*kr1 nat-ar.a1,kr1 nat-c.a1,kr1 **Nux-v.**kr1 ol-an.a1,kr1 par.kr1 pers.jl,kr1 *Pic-ac.*kr1 puls.bg2,kr1,* ran-b.bg2,kr1,* rhod.a1,kr1 sel.bg2,j5,* stann.a1,kr1 *Stram.*bg2,kr1 ther.kr1 *Thuj.*kr1 thymol.jl,kr1 verb.kr1 vib.kr1 *Zinc.*kr1
 • **Erektion**, ohne: **Dios.**kr1 nat-m.a1,kr1 *Nuph.*kr1 trios.a1,kr1
 • **Erwachen**:
  • **beim**: *Thuj.*kr1
  • **ohne**: tab.kr1

– **Schlaf**, im: ...
• **Koitus**, nach: nat-m.a1
• **Mittagessen**, nach dem: agar.a1
– **schmerzhaft**: *Con.*kr1 *Kali-c.*kr1 mosch.kr1 nat-c.h,kr1 sabalbg2,kr1 *Sars.*h,kr1
– **Schreck** bei kleinen Geräuschen, durch: aloekr1
– **Schwäche**, aus: *Agn.*kr1 sul-ac.sf1
– **schwachen** Mann; bei einem: *Gels.*kr1
– **Schweiß**, mit: *Lach.*j5,kr1
– **schwelgerischem**, ausschweifendem Leben; nach: **Nux-v.**kr1
– **Schwindel**, mit: *Sars.*kr1
– **selten**: *Kali-c.*j5
– **sexuell**:
• **Erregung**; durch: **Calc.**kr1 cod.kr1 con.kr1 *Gels.*kr1 *Nat-m.*kr1 petr.kr1 **Pic-ac.**kr1 stann.jl,kr1
• **Exzessen**; nach: *Agn.*kr1,sf1 alum.k2,kr1 *Dig.*kr1 *Nat-m.*kr1,sf1 **Nux-v.**kr1
– **Sitzen**, im: sel.jl sulph.a1
– **stören** den Schlaf: arn.j5 camph.j5 cann-s.j5 carb-an.j5 chel.j5 coloc.j5 con.j5 crot-t.j5 cycl.j5 dig.j5 ferr.j5 kali-chl.j5 lach.j5 lact.j5 nat-c.j5 nat-m.j5 *Nux-v.*j5 par.j5 petr.j5 *Ph-ac.*j5 phos.j5 plat.j5 plb.j5 *Puls.*j5 ran-b.j5 samb.j5 sars.j5 *Sep.*j5 *Sil.*j5 spig.j5 stann.j5 staph.j5 stram.j5 *Sulph.*j5 *Thuj.*j5
– **Stuhlgang**, beim: acet-ac. *Alum.*k2 anac. ars. canth.bro1 carb-v. caust. *Chin.*bro1 cimic. con. digin.bro1 *Gels.* kali-br.bro1 nat-m. *Nuph.* ol-an.bg1,bg2 *Petr.* *Ph-ac.* phos.bro1 pic-ac.bro1 plb. **Sel.** sep. sil. sulph. thymol.jl,sp1 trib.bro1 viol-t.
• **Pressen** zum Stuhl; beim: gels.kl ol-an.bg2 ph-ac.h
• **schwierig**: agn. alum. am-c. anac. con. hep. nat-c. nit-ac. *Petr.* ph-ac.a1 sep. staph.
– **Träume**:
• **mit** Träumen: aloebg *Alum.*bg2,j5,* ambr.bg2,j5,* ang.bg2,j5,* *Ant-c.*bg2,j5,* aphisbg2,j5,* arist-m.bg2,j5,* arn.bg2,j5,* ars.bg2,j5,* ars-s-f.bg2,j5,* aur.bg2,j5,* bar-c.bg2,j5,* bell.bg2,j5,* bism.bg2,j5,* borx.bg2,j5,* bov.bg2,j5,* cain.bg2,j5,* *Calad.*bg2,j5,* *Calc.*bg2,j5,* calc-act.bg2,j5,* calc-p.bg2,j5,* *Camph.*bg2,j5,* cann-i.bg2,j5,* cann-s.bg2,j5,* canth.bg2,j5,* carb-ac.bg2,j5,* carb-an.bg2,j5,* caust.bg2,j5,* chin.bg2,j5,* *Cic.*bg2,j5,* *Cob.*bg2,j5,* coloc.bg2,j5,* con.bg2,j5,* cycl.j5,k2,* *Dig.*bg2,j5,* dios.bg2,j5,* euph.bg2,j5,* ferr.bg2,j5,* form.bg2,j5,* *Gels.*bg2,j5,* *Graph.*bg2,j5,* grat.bg2,j5,* ham.j5,k2,* hep.bro1 hurabg2,j5,* hydr.bg2,j5,* ind.bg2,j5,* iod.j5,k2,* *Iris*bg2,j5,* *Kali-br.*bg2,j5,* *Kali-c.*bg2,j5,* kali-chl.bg2,j5,* *Kali-m.*bg2,j5,* kali-s.j5,k2,* lach.bg2,j5,* lact.bg2,j5,* led.bg2,j5,* *Lil-t.*bg2,j5,* lipp.bg2,j5,* lyc.bg2,j5,* lyss.bg2,j5,* merc.bg merc-i-f.bg2,j5,* merc-sul.bg2,j5,* myric.bg2,j5,* *Nat-c.*bg2,j5,* nat-m.bg2,j5,* nat-p.bg2,j5,* **Nux-v.**h,j5,* *Olnd.*bg2,j5,* op.h,j5,* paeon.bg2,j5,* par.bg2,j5,* *Ph-ac.*bg2,j5,* *Phos.*bg2,j5,* *Pic-ac.*bg2,j5,* plb.bg2,j5,* *Puls.*bg2,j5,* ran-b.bg2,j5,* ran-s.bg rhod.bg2,j5,* rutabg sabad.bg2,j5,* samb.bg2,j5,* *Sars.*bg2,j5,* sel.bg2,j5,* senec.bg2,j5,* *Sep.*bg2,j5,* *Sil.*bg2,j5,* sin-n.bg2,j5,* *Spig.*bg2,j5,* spira.bg2,j5,* stann.bg2,j5,* staph.bg2,j5,* stram.bg2,j5,* sulph.bg2,j5,* thuj.bg2,j5,*

Pollutionen - Träume - mit Träumen: ...
thymol.bg2,j5,* ust.bg2,j5,* *Viol-t.*bg2,j5,* zinc-p.k2
☞ ❑ *Träume - Erotisch - Pollutionen*
• **morgens**: plb.a1 spig.a1
• **geschlafen**; fühlt sich, als habe er nicht: ham.kr1
• **Koitus**, vom: borx.a1
• **Liegen** auf dem Rücken, beim: coloc.a1
• **unangenehme** Träume: lach.j5 sil.j5
• **urinieren** muß; nach einem Traum, daß er: merc-i-f.a1
• **wecken** ihn: *Sel.*kr1
• **ohne** Träume, traumlos: agar. aloebg2 *Anac.* anan. ant-c. arg-met. arg-n. ars. aur.bg2,j5 bar-c.bg2,j5 bell. bism. calc.bg2,j5 *Camph.* carb-v. cic. *Con.* *Cor-r.* dig. **Dios.** gels. *Graph.* guaj. *Ham.* hep.bro1 ind. kali-c.jl merc.bg2,h merc-i-f. nat-c. nat-p. phos. *Pic-ac.* pip-m. puls.bg2,j5 ran-s.bg2,j5 rutabg2,h sep. sin-a. *Stann.* staph.bg2,h verb. vib. *Zinc.* *Zinc-p.*k2
– **Traurigkeit**, mit: agar.kr1 *Calad.*kr1 *Con.*kr1 *Nat-m.*kr1 **Ph-ac.**kr1 sars.kr1 sulph.kr1
– **Tuberkulose**, bei: **Calc.**kr1
– **übelriechend**: thuj.h
– **unbemerkt**: caust. *Dios.* *Ham.* ind. lach. lact.j5 lyss.kr1 merc-i-f. nat-c.j5 *Nat-p.* plan. plb. *Sel.* *Sep.* uran-n.
– **unterbrochen** durch Aufwachen: ox-ac.a1 sep.a1
– **Urinieren**:
• **beim**: *Ery-a.*st gels.bg,bg2,* *Nuph.*st *Viol-t.*kr1,st
• **nach**: daph. kali-c.
– **Verdauungsstörungen**, durch: sang.st
– **Verlangen** nach Koitus, beim: ham.a1
– **vorzeitig**: bar-c.kl
– **Wein**, nach: plb.j5

Priapismus
☞ *Erektionen - anhaltend*

Prickeln
☞ *Kribbeln*

Prostatitis
☞ ❑ *Prostata - Entzündung*

Pulsieren: berb.
– **Koitus**, nach: nat-c.a1,k
○ **Penis**: berb. brach.a1,k *Cop.*hr1,k ham.a1,k nit-ac.a1,k rhod.a1,k
• **linke** Seite: osm.
○ **Eichel**: coc-c.a1,k ham.bg1,bg2 nat-m.bg1,bg2,* nit-ac. prun.bg1 ptel.bg1,bg2,* rhod.
• **Urinieren**, beim: ferr.
• **Peniswurzel**: thuj.
– **Samenstränge**: *Am-m.*a1,k sumb.a1,k
• **Gehen**, beim: sumb.a1,k
– **Skrotum**: hep. nat-c.a1,k
• **Koitus**, nach: kali-i.a1,k

Reizung:
○ **Skrotum**: kali-c.k2

Risse:
○ **Eichel**: *Ars.* graph.k2 kali-c. mosch. rhus-t.
– **Vorhaut**: hydrog.srj2 merc. sep. sulph.k,kl2●

Röte
☞ *Farbe - rot*

Rucken im Penis: cinnb.$_{h,k,*}$ form.$_{a1,k}$ mez.$_{a1,k}$ nat-m.$_{a1}$ *Thuj.*$_{a1,k}$ zinc.$_{a1,k}$
– **Schlaf**, im: cinnb.
○ **Eichel**: bar-c.$_{hr1,k}$

Samenabgang, Samenausstoßung:
– **Koitus**; beim
☞ *Ejakulation*
– **Koitus**; ohne
☞ *Pollutionen*

Sarkozele: **Aur.** *Merc-i-r. Puls.*

Satyriasis
☞ ❑ *Gemüt - Satyriasis*

Schauder: ang.$_{bg2,k,*}$ coloc.$_{a1,k}$ zinc.$_{bg2,k,*}$

Schlaff, weich: acet-ac.$_{k2}$ **Agn.** ant-t. asc-t. *Calad.* camph. carb-ac. carb-an. carbn-s. coff. crot-h. cyd.$_{br1}$ dig. *Dios. Gels.* hell. lyc. phos. sil. staph. sumb. tab. ust.
○ **Penis**: agar.$_{hr1,k}$ **Agn.**$_{hr1,k}$ ant-o. arum-d.$_{hr1}$ *Bar-c.*$_{hr1,k}$ *Calad.*$_{hr1,k}$ *Cann-i.*$_{a1,k}$ canth. carb-ac.$_{hr1,k}$ crot-h.$_{hr1}$ eug.$_{hr1}$ euph.$_{hr1}$ gels.$_{hr1}$ hell.$_{a1,k}$ jac-c. lach. **Lyc.**$_{hr1,k}$ merc. *Mur-ac.*$_{hr1,k,*}$ *Nux-m. Nux-v.*$_{hr1,k}$ ph-ac. pic-ac.$_{hr1,k}$ plb. prun. psor.$_{k2}$

Schlaff, entspannt:
○ **Skrotum**: acet-ac.$_{vh}$ aloe am-c.$_{hr1,k,*}$ arn.$_{hr1,k,*}$ astac.$_{hr1,k}$ bell.$_{a1,k}$ cain. calad. *Calc.*$_{bg2,k,*}$ calc-p. camph.$_{a1,k}$ caps. carb-ac. carb-an.$_{a1,k}$ carb-v.$_{k2}$ carbn-s. chin.$_{a1,k}$ chinin-s. **Clem.**$_{bg2,k,*}$ *Coff.*$_{hr1,k,*}$ *Dios.*$_{a1,k}$ *Ferr.* ferr-i. *Gels. Hell.*$_{a1,k}$ hep.$_{a1,k}$ hydr.$_{k2}$ hydrc.$_{a1,k}$ iod. iris lach.$_{a1,k}$ *Lec.* **Lyc.**$_{hr1,k,*}$ mag-c. *Mag-m.*$_{hr1,k}$ *Nat-m.*$_{hr1,k,*}$ nit-ac. *Nuph.*$_{hr1,k,*}$ ol-an.$_{a1,k}$ op. *Ph-ac.* phos.$_{k2}$ pic-ac.$_{hr1,k}$ *Psor.*$_{a1,k}$ **Puls.**$_{h,k,*}$ *Rhus-t.*$_{hr1,k,*}$ *Sil.*$_{a1,k}$ **Staph.** sul-ac.$_{a1,k}$ sul-i.$_{k2}$ **Sulph.**$_{bg2,k,*}$ sumb. tab. tarent.$_{a1,k}$ *Tub. Uran-met.*$_{vh}$ ust.$_{hr1,k,*}$
• **abends** im Bett: *Sulph.*$_{a1,k}$

Schmerz: **Arg-n.** chin. colocin.$_{c2}$ eupi. jatr-c. plat. puls. staph. tarent.$_{a1,k}$ thuj.
○ **Hoden**: abrot.$_{a1,k}$ agn.$_{hr1}$ alum.$_{a1,h}$ alumn. am-c. ant-o. **Arg-met.** *Arn.* asaf.$_{a1,k}$ **Aur.** aur-i.$_{k2}$ aur-s.$_{k2}$ bapt. *Bell. Berb.* bism. *Calc.* calc-i.$_{k2}$ cann-s. carbn-s. *Caust.* cer-s.$_{a1}$ chel.$_{a1,k}$ cimic.$_{a1,k}$ **Clem.** cocc. *Coloc.*$_{a1,k}$ *Con.*$_{a1,k}$ der.$_{a1,k}$ dig.$_{a1,k}$ dios.$_{a1,k}$ equis-h. *Ham.* ign. ind.$_{a1,k}$ *Iod.* kali-ar.$_{k2}$ kali-br.$_{a1,k}$ kali-i.$_{a1,k}$ kali-n.$_{a1,k}$ kalm.$_{a1,k}$ *Lith-c.* lycps-v. lyss. *Merc.* nat-c.$_{a1,k}$ *Nat-m.* nat-p.$_{a1,k}$ nit-ac. nuph.$_{a1}$ nux-v. ol-an.$_{a1,k}$ op. osm.$_{a1,k,*}$ ox-ac.$_{a1,k,*}$ oxyt.$_{c2}$ ph-ac. phos.$_{a1,k}$ pip-m.$_{a1,k}$ *Plb.*$_{a1,k}$ polyg-h. **Puls. Rhod.**$_{a1,k}$ sabad. sel.$_{a1,k}$ **Sep.** sil.$_{a1,k}$ **Spong.**$_{a1,k}$ **Staph.** tarax. tarent.$_{a1,k}$ thuj. tub.$_{c1}$ ust.$_{a1,k}$ verat-v.$_{a1,k}$ *Zinc.*$_{a1,k}$ zinc-p.$_{k2}$
• **links**: alum.$_{h,k,*}$ con. der.$_{a1,k}$ dios.$_{a1,k}$ kali-br.$_{a1,k}$ lycps-v. nat-c.$_{a1,k}$ polyg-h. puls.$_{k2}$ *Staph.* sumb. thuj.$_{k2}$ tub.$_{c1}$ verat-v.$_{a1,k}$
• **rechts**: alum.$_{a1,h}$ **Arg-met.** arg-n. **Aur.** bism. *Caust.* chel.$_{a1,k}$ cob. coloc. dig.$_{a1,k}$ ind.$_{a1,k}$ jac-c. morph. nat-ar. nat-m. nat-p. osm. **Rhod.**
• **links**, nach: kalm.
• **Urinieren** amel.; nach dem: cob.
• **morgens**: *Clem.*$_{a1,k}$ kalm.$_{a1,k}$ sars. verat-v.$_{a1,k}$
• **mittags**: *Caust.* ust.
• **nachmittags**: dios.$_{a1,k}$ kalm.$_{a1,k}$
• **14** h: ery-a.
• **abends**: chinin-s. lycps-v. sel.$_{a1,k}$ ust.$_{a1,k}$ verat-v.$_{a1,k}$
• **Bett**, im: *Arg-met.*
• **Urinieren**, vor dem: equis-h.
• **nachts**: cer-s.$_{a1}$ cere-s. osm.$_{a1,k}$ sil.$_{h,kl}$
• **anfallsweise**: spong.
• **Aufstehen**, nach dem: mag-m.$_{a1,k}$
• **Auftreten**, heftiges: colch. coloc.
• **Berührung**, bei: alum. aur.$_{pd}$ *Clem.*$_{hr1}$ cocc. mag-m.$_{a1,k}$ nit-ac.$_{h,kl}$ ph-ac.$_{c1,h,*}$ spong. staph. tarent.$_{a1}$ zinc.$_{h,kl}$
• **Bewegung**:
• **agg.**: asaf. berb. ery-a. mag-m.$_{a1,k}$ ox-ac.
• **amel.**: arg-met. carbn-s. *Rhod.*
• **Erektionen**, nach: con. mag-m.$_{a1,k}$ ox-ac.
• **Gehen**, beim: **Arg-met.** clem. coloc. jac-c.$_{a1,k}$ *Lyc.* ox-ac. *Staph.* sumb. thuj. zinc.
• **Gonorrhoe**; nach unterdrückter: ant-t.$_{pd}$
• **Husten**, beim: am-c. nat-m. osm. zinc.
• **Kleiderdruck** agg.: **Arg-met.**
• **Liegen** agg.: sil.$_{a1,k}$
• **Rücken**, und: abrot.
• **Samenabgang**:
• **während**: caps.
• **nach**: caps.$_{hr1}$ mag-m. ox-ac. *Ph-ac.*
• **sexueller** Erregung, nach: *Iod.* kali-n. lyss. staph.
• **Sitzen**, im: **Puls.** rhod.
• **Stehen** agg.: rhod.
• **Stuhlgang**, beim: coca phos.$_{a1,k}$
• **Übelkeit** erregend wie durch einen Schlag: nat-ar.
• **Urinieren**, beim: polyg-h.
• **Wein** agg.: thuj.
▽ **erstreckt** sich zu:
• **Abdomen**: iod.
• **hindurch** zum: fago.
• **Magen**: ham.
• **Oberschenkel**: sep.$_{bg1}$
• **Samenstrang**, in den: arum-t. plb. polyg-h. staph.
• **verschiebt** sich plötzlich zu den Därmen und verursacht Übelkeit: ham.
– **Penis**: anil.$_{a1}$ *Ars.*$_{a1,k}$ canth.$_{a1,k}$ caul.$_{a1,k}$ chel.$_{a1,k}$ coc-c.$_{a1,k}$ cycl. dig.$_{a1,k}$ geum$_{c2}$ hydrog.$_{srj2}$ *Ign.*$_{a1,k}$ jac-c.$_{a1,k}$ kali-bi.$_{a1,k}$ kali-c.$_{a1,k}$ lac-c. lith-c. *Merc.* mez.$_{a1,k}$ naja nat-c. osm. phos.$_{a1,k}$ pilo.$_{a1}$ plb.$_{a1,k}$ prun.$_{a1,k}$ rhod.$_{bg1}$ rhus-t.$_{a1,k}$ rhus-v.$_{a1,k}$ sabad.$_{a1,k}$ stry.$_{a1,k}$ sumb.$_{a1,k}$ tarax.$_{a1,k}$ thuj.$_{a1,k}$
• **Berührung**, bei: sumb.$_{a1,k}$
• **Bewegung** agg.: berb.$_{hr1,k}$
• **Gehen**, beim: cann-s. ign. puls-n. thuj.
• **Husten**, beim: ign.
• **Koitus**, beim: canth.$_{k2}$

- **Schwellung** der Vorhaut, durch: *Rhus-t.*
- **spasmodisch**: nux-m.
- **Stuhlgang**, beim: hydr.$_{al,k}$
- **Urinieren**, beim: *Canth.*$_{al}$ ferr-i. nat-m. ox-ac.$_{al}$ petr. phos. sulph.

○ **Eichel**: all-c. asaf. asar. berb. calc. **Canth.** *Chel.*$_{hr1,k}$ cic. colch. *Cop.*$_{hr1,k}$ cycl. *Ferr-p.* kali-bi. med. *Merc.* mez. nat-c. nat-m. osm. ox-ac. **Pareir.**$_{hr1,k}$ ph-ac. viol-t.
- **Urinieren**:
  - **vor**: *Canth.*$_{hr1,k}$ lyc.
  - **beim**: acon. act-sp. anac. casc. lyc. ox-ac.$_{hr1,k}$ prun.$_{hr1,k}$
  - **nach**: anac. lyc. phos.$_{h,kl}$ *Puls.*
  - **Harndrang**, mit: aran. aur. ferr-p. lyc. pareir. thuj.
- **Peniswurzel**: equis-h. hydr.$_{al,k}$ hydrog.$_{srj2}$ ign.$_{al,k}$ *Petros.*
- **Spitze**: camph.$_{al,k}$ hipp.$_{al,k}$ nuph.$_{al,k}$ osm.$_{hr1,k,*}$ phos.$_{al,k}$ psor.$_{al,k}$
  - **Urinierens**; zu Beginn des: psor.
- **Vorhaut**: calad.$_{al,k}$ cor-r. cycl. jac-c.$_{al}$ *Lyc.* osm.$_{al,k}$ rhus-t. sabin.$_{h,k,*}$ verat.$_{al,k}$
  - **Urinieren**, beim: phos.$_{al,k}$

– **Samenstränge**: all-c. am-c.$_{al,k}$ ammc.$_{al,k}$ anth. apis arg-met.$_{al,k}$ arg-n.$_{al}$ arn. *Berb.*$_{al,k}$ *Calc.* calc-ar. camph. caps. chel. chinin-s. cimic.$_{al,k}$ *Clem.*$_{al,k}$ coloc. echi. **Ham.**$_{al,k}$ kali-n.$_{c1}$ mang. med.$_{k2}$ meny. *Merc.* morph.$_{al,k}$ narz.$_{al}$ nat-p.$_{al,k}$ nux-v. *Ol-an.* osm.$_{al,k,*}$ *Ox-ac.*$_{al,k}$ oxyt.$_{c2}$ *Phos.*$_{al,k}$ phyt.$_{al,k}$ plb.$_{al,k}$ polyg-h. polyg-xyz.$_{c2}$ puls.$_{k,k2}$ rhod.$_{k2}$ *Sars.* senec.$_{c2,k}$ *Spong.*$_{al,k}$ stry.$_{al,k}$ tarent.$_{al,k}$ *Thuj.* tub.$_{c1}$
- **links**: berb.$_{al,k}$ calc. med.$_{k2}$ nat-p.$_{al,k}$ plb.$_{al,k}$ stry.$_{al,k}$ tub.$_{c1}$
  - **dann** rechts: calc.
  - **Sitzen** und Stehen: berb.
  - **Urinieren**, nach dem: lith-c.
- **rechts**: cimic.$_{al,k}$ *Clem.* echi. morph.$_{al,k}$ ox-ac.$_{al,k}$
- **morgens**: clem.$_{al,k}$ sars.
- **nachts**: clem.$_{k2}$
- **Anstrengung**, nach: calc-ar. ox-ac.
- **Bewegung**:
  - **agg.**: ox-ac.
  - **amel.**: rhod.$_{k2}$
- **Erektion**, nach der: mag-m. nux-m. *Sars.*
- **Gehen**:
  - **agg.**: clem.$_{k2}$
- **Husten**, beim: *Nat-m.*
- **Koitus**, nach: arund.$_{al,k}$ ther.
- **Samenabgang**, nach: *Nat-p.*
- **Sitzen**, im: berb.
- **Stuhlgang**, beim: coca phos.$_{al,k}$
- **Urinieren**, beim: *Apis* bell. canth. clem. polyg-h. stront-c.
- **warm**:
  - **Anwendungen** amel.; warme: rhod.$_{k2}$
  - **Bett** agg.; im warmen: clem.$_{k2}$
- **Wein**, nach: calc-ar.

▽ **erstreckt** sich zu:
- **Hoden**; in die: all-c. *Berb.* dios. **Ham.** lith-c.

– **Samenstränge - erstreckt** sich **- Hoden**; in: ... merc. ol-an.$_{bro1}$ osm. plb. puls. senec.
- **Nebenhoden**, in den: *Berb.* senec.
- **oben**, nach: osm.
- **unten**, nach: sars.

– **beißend**: ambr.$_{bg2}$ graph. hep. plat.$_{al,k}$ *Puls.* ran-s. staph. thuj.

○ **Penis**: cocc.$_{h,k}$ ign.$_{h,k,*}$ narz.$_{al}$ nat-c. nat-m.$_{al,k}$ nux-v.$_{al,k}$ phos.$_{al,k}$ viol-t.$_{bg2}$
- ○ **Eichel**: ign.$_{al,bg2}$ kali-c.$_{h,kl}$ narz.$_{al}$ nat-m.$_{bg2}$ nux-v.$_{bg2,k}$ phos.$_{bg2,h}$
- **Vorhaut**: bell.$_{bg2}$ calad.$_{bg2}$ coc-c.$_{al}$ ign.$_{al,bg2}$ merc.$_{bg2,k,*}$ *Nux-v.*$_{bg2,k,*}$ puls.$_{bg2,k}$ thuj.$_{al,k}$
  - **Urinieren**, nach dem: bell.$_{h,kl}$ borx. calad.$_{al,k}$ chinin-s. cop.
- **Skrotum**: hera.$_{al}$ narz.$_{al}$ plat.$_{al,k}$ ran-s.$_{bg2,k}$

– **bohrend**:

○ **Hoden**: mur-ac.$_{al,h,*}$ plb.$_{al,k}$ sil.

– **brennend**: agar. ambr.$_{bg2,k,*}$ anac. ant-t.$_{bg2}$ arn.$_{bg2,k}$ bart.$_{al}$ bov.$_{bg2,k,*}$ **Calc.**$_{bg2,k}$ cann-s. **Canth.**$_{bg2,k}$ carb-ac. carb-v.$_{bg2}$ *Caust.*$_{bg2}$ *Con.*$_{bg2}$ graph.$_{bg2}$ iod.$_{bg2}$ jac-c. *Kali-c.*$_{bg2,h,*}$ *Kreos.* lyc.$_{bg2}$ mag-m. merc.$_{bg2}$ **Nat-c.**$_{bg2}$ *Nat-m.*$_{bg2}$ nit-ac.$_{bg2}$ petr.$_{bg2,k,*}$ **Phos.**$_{bg2}$ plat.$_{bg2}$ plb.$_{bg2}$ prun. puls. rhus-t.$_{al,k}$ *Sep.*$_{bg2}$ sil.$_{bg2}$ stann.$_{bg2,h}$ staph.$_{bg2}$ sulph.$_{bg2}$ sumb.$_{al,k}$ viol-t.$_{bg2}$
- **nachts**: agar.
- **Gehen**, nach dem: ambr.
- **Koitus**, beim: *Kreos.*$_{al,k}$
- **Kratzen**, nach: nat-s.$_{k2}$
- **Urinieren**:
  - **vor**: nat-c. tarax.
  - **beim**: arg-n. caps. carbn-s. clem. kali-bi. kali-c. petr. psor. sul-ac. tarax. tarent. thuj.
  - **nach**: alum. arg-n. caust. kali-c.

○ **Hoden**: apis arg-met.$_{k2}$ bar-c.$_{bg2,k,*}$ berb.$_{bg2,k,*}$ canth.$_{bg2}$ coff. iod.$_{bg2,k}$ nat-m.$_{bg2}$ *Nit-ac.*$_{h,k,*}$ ph-ac.$_{bg2,k}$ plat.$_{bg2,k}$ **Puls.**$_{bg2,k}$ spig.$_{bg2}$ staph.$_{bg2,k}$ sumb.$_{al,k}$ tarax.$_{bg2,h}$ ter.$_{bg2,k}$
- **Schwellung**, ohne: **Puls.**

- **Penis**: *All-c.* ant-c.$_{al,k}$ ant-o. ant-t.$_{bg2}$ *Ars.*$_{al,k}$ calad.$_{bg2}$ *Cann-i.*$_{al,k}$ cann-s.$_{al,k}$ canth.$_{bg2,k,*}$ caust.$_{bg2,k,*}$ chin.$_{al,k}$ *Coch.*$_{al,k}$ kali-i.$_{al,k}$ *Merc.*$_{bg2,k}$ *Mez.* mur-ac.$_{bg2,k,*}$ naja plb.$_{bg2}$ rhus-t.$_{bg2}$ rhus-v.$_{al,k}$ sang.$_{al,k}$ spig.$_{bg2}$ spong.$_{bg2,k}$ stann.$_{al,k}$ sulph.$_{al,k}$ thuj.$_{bg2,k,*}$ *Viol-t.*$_{al,k}$
  - **morgens** im Bett: mag-m.$_{al,k}$
  - **abends** nach Koitus: lyc.$_{al,k}$
  - **Erektion**, bei der: *Mag-m.*$_{al,k}$
  - **Gehen**, beim: cann-s.
  - **Koitus**, beim: clem.$_{al,k}$ jug-r.$_{al,k}$ *Kreos.* sep.$_{al,k}$
  - **Kratzen**, nach: carl.$_{al,k}$
  - ○ **Eichel**: *All-c.*$_{hr1,k}$ ant-c. ant-t.$_{bg2,k,*}$ arn. ars.$_{bg2,k}$ berb.$_{hr1,k}$ calc.$_{bg2,k}$ cann-s.$_{bg2,k,*}$ chin.$_{bg2,h}$ cinnb. clem. *Coch.*$_{hr1,k,*}$ crot-t. culx.$_{vh}$ cupr.$_{bg2}$ *Dor.*$_{hr1,k}$ lyc.$_{bg2}$ lyss.$_{al,k}$ *Mang.*$_{bg2}$ merc.$_{bg2,k}$ nux-v.$_{bg2,k}$ *Pareir.* ph-ac.$_{bg2,k}$ sabin.$_{br1,c1}$ stann.$_{bg2,k}$ **Thuj.**$_{bg2,k}$ *Viol-t.*$_{hr1,k}$
    - **Ejakulation**, bei der: clem.
    - **juckend**: cinnb.

- **Penis - Eichel**: ...
  - **Leisten**, mit einem herausdrückenden Schmerz; in beiden: ph-ac.$_{c1}$
  - **Urinieren**:
    - **vor**: anac.$_{hr1,k}$ coch.$_{hr1,k,*}$ *Stann.*
    - **beim**: anac.$_{h,kl}$ *Ars.*$_{hr1,k}$ coch.$_{hr1,k,*}$ crot-t.$_{a1}$ dig.$_{a1}$ *Lyc.* mez.$_{h,kl}$ *Pareir.*
    - **nach**: anac.$_{hr1,k}$ coc-c. coch.$_{hr1,k,*}$ *Sars.*$_{hr1,k}$
    - **Beginn** des Urinierens; zu: psor.
    - **Zerren** in den Samenbläschen zur Eichel; und: *Mang.*
  - ○ **hinter** der:
    - **Urinieren**, beim: ery-a.$_{hr1,k}$
  - **Peniswurzel**: hydrog.$_{srj2}$ ol-an. rat. rhus-t.
  - **Vorhaut**: ars.$_{bg2,k}$ berb.$_{hr1,k}$ bry.$_{bg2}$ bufo calad. calc.$_{bg2,k,*}$ camph.$_{bg2}$ cann-s.$_{a1,hr1}$ kali-c.$_{h,kl}$ *Merc.*$_{bg2,k,*}$ merc-c.$_{k2}$ *Nit-ac.*$_{a1,k}$ nux-v.$_{bg2,k}$ *Puls.* rhus-t.$_{a1,k}$ rhus-v.$_{a1,k}$ sep. sil.$_{a1,k}$ *Sulph.*$_{bg2,k,*}$ *Thuj.*$_{hr1,k,*}$
    - **Koitus**, nach: lyc.$_{a1,k}$
    - **Urinieren**, nach dem: berb. cann-s. canth. clem. coloc. con. grat. kali-bi. kali-c. led. mag-m. *Merc.* *Nat-c.* nat-m. nat-s. seneg. teucr. thuj. zinc.
    - **warmen** Bad; nach einem: clem.$_{a1}$
  - **Samenstränge**: ambr.$_{bg2,k}$ *Berb.* carbn-s. clem. mang. *Staph.*$_{bg2,h}$ thuj.$_{bg2,k}$
    - **links**: berb.
    - **rechts**: clem.
    - **Gehen**, beim: *Berb.*
  - **Skrotum**: ars.$_{a1,k}$ *Calc.* cann-i.$_{a1,k}$ carl.$_{a1,k}$ cop.$_{a1,k}$ euph.$_{a1,k}$ lachn. meny.$_{h,kl}$ mez.$_{a1,k}$ petr. plat. rhod. rhus-v.$_{a1,k}$ sil. spong.$_{a1,k}$ sulph.
    - **juckend**: cocc.$_{a1,k}$
    - **Kratzen**, nach: carl.$_{a1}$ *Nat-s.* rhus-v.$_{a1}$ thuj.$_{h,kl}$
    - **Reiben**, nach: rhus-t. rhus-v. thuj.
  - ○ **Oberschenkeln**; zwischen Skrotum und: bar-c.
    - **Seiten** des: euph.$_{a1,k}$ stry.$_{a1,k}$ tarent.$_{a1,k}$
      - **links**:
        - **nach** rechts: lachn.$_{c1}$

– **drückend**: alum.$_{a1,k}$ asaf.$_{a1,k}$ benz-ac.$_{a1,k}$ cocc.$_{a1,k}$ kali-c.$_{a1,k}$ kali-n.$_{a1,k}$ mag-m.$_{a1,k}$ merc.$_{a1,k}$ *Plat.*$_{a1,k}$

- ◆ **abwechselnd** mit Zusammenziehung des Anus: *Bell.*$_{a1,k}$
- **krampfartig**:
  - **morgens** im Bett: phos.
- **Stuhlgang**:
  - **vor**: nat-c.$_{a1,k}$
  - **während**: *Kali-c.*
- ▽ **erstreckt** sich zu:
  - **außen**, morgens im Bett; nach: nux-v.
  - **unten**, nach: bell. cinnb. lil-t. *Plat.*
- ○ **Hoden**: am-c. *Aur.* aur-s.$_{k2}$ berb.$_{a1,k}$ *Bism.* calc. *Cann-s.* carb-v. **Caust.**$_{h,k,*}$ clem.$_{a1,k}$ *Con.* gins.$_{a1,k}$ ign.$_{a1,k}$ kali-n.$_{a1,k}$ lach.$_{a1,k}$ mang. merc. nat-c. nat-m. nat-p. ph-ac.$_{a1,k}$ **Puls.** *Rhod.* sabad.$_{a1,k}$ *Sil.* spong. squil. *Staph.* *Sulph.*$_{a1,k}$ thuj. **Zinc.**$_{a1,k}$
  - **links**: *Con.* sabad.$_{a1,k}$ sabin.$_{a1}$ zinc.$_{a1,k}$
  - **rechts**: *Aur.* bism. *Caust.*$_{h,k,*}$ *Staph.*
  - **mittags**: caust.$_{h,k,*}$

– **drückend - Hoden**: ...

- **Berührung** agg.: bism.$_{h,kl}$ ph-ac.$_{a1,k}$ staph.$_{h,kl}$
- **Gehen** agg.: ph-ac.$_{a1,k}$ staph.
- **Stehen**, im: *Cann-s.*$_{a1,k}$ puls.
- ▽ **erstreckt** sich beim Husten von der Lumbalregion aus: osm.
- **Penis**: iod.$_{h,kl}$
  - **Urinieren**, vor dem: chin.
  - ○ **Eichel**: alum. caps.$_{h,kl}$ card-m.$_{hr1}$ lyc. nit-ac. puls.$_{h,hr1,*}$ seneg. viol-t.$_{hr1}$
- **Samenstränge**: anth. berb. brom. *Clem.* kali-n. mang.$_{h,kl}$ meny. nat-c.$_{h,kl}$ *Puls.* sil. spong. sulph. thuj.
  - **unten**, nach: *Iod.* nux-m.

– **durchdringend** stechend: croc.$_{a1}$ lyc. merc. mur-ac. petr. phos. *Rhod.*$_{hr1,k,*}$ *Sulph.* *Thuj.* zinc.

– **gequetscht**; wie

☞ *zerquetscht*

– **krallend**: clem.$_{hr1}$

– **krampfartig**: castm.$_{c2}$

- ○ **Hoden**: agn. am-c. arg-met. caps. chin. con. ign. lyc. nux-v. petr.$_{a1,k}$ phos.$_{h,k}$ plb. spong.
  - **rechts**: arg-met. phos.$_{h,kl}$
  - **nachmittags**: chin.
  - **abends**: con.
  - **Ejakulation**, nach: caps.
  - **Erektionen**, nach: con.
  - **Ruhe**, in der: arg-met.
  - ▽ **erstreckt** sich zu:
    - **Hoden**; vom Rektum zu den

      ☞ ❑ *Rektum - Zusammenschnürung - erstreckt sich - Hoden*
- **Penis**: graph.$_{h,kl}$ hep.$_{bg1,h,*}$
- **Samenstrang**: arg-met. kali-c. **Nux-v.** petr.$_{h,kl}$
  - ▽ **erstreckt** sich zu:
    - **Hoden**: dios.
      - **Rektum** zu den Hoden; vom: sil.

– **lanzinierend**

☞ *schneidend*

– **mahlend**, schießend:

- ○ **Samenstrang**:
  - **morgens**: phyt.

– **nagend**, Hoden: ph-ac. plat.

– **quetschend**, Hoden: pall.$_{c1}$ puls.$_{k2}$ *Sil.* **Spong.** staph.$_{h,kl}$ *Thuj.*$_{k2,vh}$

– **reißend**:

- ○ **Hoden**: ant-t.$_{a1,k}$ arum-t.$_{a1,k}$ caust.$_{h,k,*}$ *Chin.*$_{a1,k}$ *Con.*$_{a1,k}$ euph.$_{a1,k}$ hyos. nat-c.$_{a1,k}$ ph-ac.$_{a1,k}$ **Puls.**$_{h,k,*}$ *Rhod.*$_{a1,k}$ sep.$_{h,kl}$ staph. ust.
  - **rechts**: arum-t.$_{a1,k}$
    - ▽ **erstreckt** sich zum Abdomen: arum-t.
  - **Berührung**; bei: cocc.$_{c1}$
- **Penis**: ambr. aur. colch. coloc. con. iod. kali-c.$_{a1,k}$ kali-i. merc. mez. petr. ph-ac. tab. thuj.
  - ○ **Eichel**: ambr. cinnb. *Colch.* coloc.$_{h,kl}$ euph. kali-c.$_{a1,k}$ lyc. merc. *Mez.* *Pareir.* petr. thuj. zinc.
    - **Urinieren**:
      - **vor**: aur.
      - **beim**: *Pareir.* petr. *Sars.*
    - ▽ **erstreckt** sich zu:
      - **Peniswurzel**: sars.

• **Penis**: ...
• **Peniswurzel**:
• **Anlehnen** mit dem Kreuz beim Stehen amel.: ign.$_{h,k,*}$
• **Gehen** agg.: ign.$_{h,k,*}$ zinc.
▽ **erstreckt** sich zu:
• **Eichel** nach dem Urinieren: sars.
• **Spitze**: zinc.
• **Vorhaut**: chin.$_{a1,k}$ jac-c.$_{a1}$ jac-g.
• **Samenstränge**: anag. *Arg-met.* arum-t. bell.$_{h,k,*}$ *Berb. Calc. Colch. Iod.* nit-ac.$_{h,k,*}$ nux-v. ol-an. *Ox-ac. Puls. Staph.* sumb.
• **links**: sumb.
• **rechts**:
• **nachmittags**:
• **16** h: arg-met.
• **abends**: bell.$_{h,k,*}$
• **Bett**, im: bell.
• **Bewegung** agg.: ox-ac.$_{k2}$
• **Gehen**, beim: *Berb.*
• **Ruhe**, in der: arg-met.
▽ **erstreckt** sich zu:
• **oben** im linken; nach: bell.
• **unten**, nach: calc. staph.

– **schießend**
☞ *stechend*

– **schneidend**: borx. lyc.$_{h,kl}$ sil.$_{a1,k}$
• **Urinierens**; zu Beginn des: iris *Manc.* merc. petr. sec.
○ **Hoden**: aur. bell.$_{a1,k}$ berb. cain. calc.$_{h,kl}$ coc-c. *Con.* lyc. nuph. ph-ac. *Sep.*$_{a1,k}$ ter.
• **nachts**, im Bett: coc-c.
• **Koitus**, beim: kali-i.
• **Penis**: alumn. anac. aur-s.$_{c1,k2}$ cic. con. crot-h. euon. lyc. nat-c. ol-an. ph-ac. still. thuj.
• **brennendes** Schneiden: ph-ac.
○ **Eichel**: con. iod.$_{h,kl}$ lyc. ph-ac. thuj.
• **Urinieren**:
• **vor**: coch.$_{hr1,k}$
• **beim**: coch.$_{hr1,k}$ *Lyc.*$_{hr1,k}$
• **nach**: coc-c.$_{hr1}$ coch.$_{hr1,k}$
• **Spitze**: calc.
• **Vorhaut**:
• **Urinieren**, nach dem: berb. canth. dig. nat-m.
• **Samenstrang**: bell. berb.
• **Skrotum**: con. meny.$_{h,kl}$

– **stechend**: berb.$_{a1,k}$ borx. clem.$_{a1,k}$ croc.$_{a1,k}$ euphr.$_{a1,k}$ inul.$_{a1,k}$ nat-ar.$_{k2}$ rhus-t.$_{a1,k}$ sil.$_{a1,k}$
• **lanzinierend**: croc.$_{a1,k}$
○ **Hoden**: aesc. arist-m.$_{a1}$ arn. *Bar-m. Bell.* berb.$_{a1,k}$ brom. bry.$_{a1,k}$ calc.$_{a1,k}$ carbn-s. **Caust.**$_{h,k,*}$ cocc.$_{a1,k}$ graph.$_{a1,k}$ *Ham.* ip.$_{a1,k}$ lyc.$_{a1,k}$ *Lycps-v.* merc. merc-c.$_{a1,k}$ nat-m. *Nux-v.*$_{a1,k}$ op. ox-ac. polyg-h. *Puls. Rhod.*$_{a1,k}$ sel. *Spong.*$_{a1,k}$ *Staph.*$_{bg2,k}$ sulph.$_{a1,k}$ sumb. tarax.$_{h,kl}$ *Thuj.*$_{a1,k}$ tub.$_{c1}$ zinc. zinc-p.$_{k2}$
• **links**: carbn-s. *Fl-ac.*$_{a1,k}$ merc-c.$_{a1,k}$ puls. staph. *Thuj.*$_{a1,k}$ zinc.$_{a1,k}$
• **rechts**: act-sp.$_{bg1}$ bry. *Caust.*$_{h,k,*}$ coc-c. graph.$_{a1,k}$ rhod.$_{a1,k}$ sel. spig. staph.$_{bg1}$
• **abends**: ox-ac. rhod.$_{a1,k}$ *Sel.*

– **stechend - Hoden**: ...
• **nachts**: ham.
• **Gehen**:
• **beim**: ox-ac.
• **amel.**: *Rhod.*$_{a1,k}$
• **Ruhe**, in der: rhod. zinc.$_{a1,k}$
• **Sitzen**, im: rhod.$_{a1,k}$
• **Urinieren**, beim: thuj.$_{a1,k}$
▽ **erstreckt** sich zu:
• **Magen**: *Ham.*
• **Samenstrang**: coc-c. fl-ac.$_{a1,k}$ ox-ac. *Spong.*$_{a1,k}$
• **Penis**: acon. anan. arn. asaf.$_{hr1,k,*}$ asar. asc-t. aspar. aur. berb.$_{a1,k}$ borx. brach. brom. calad. calc. calc-sil.$_{k2}$ cann-s. caps. caul. chel. cinnb. coc-c. coloc.$_{h,kl}$ con. crot-t. *Dros.* elaps guaj. ham. ign. kali-n. *Lith-c.* lyc. mag-s. merc. merc-i-f. *Mez.* mur-ac.$_{a1,k}$ naja nat-ar.$_{k2}$ nat-m. osm. petr. ph-ac.$_{h,k,*}$ phos. plat. puls. ran-s. sabad. sep. sil. spig. stann. staph. *Sulph.* sumb. *Thuj. Viol-t.* zinc.
• **Erektion**, bei der: alum.$_{h,k,*}$
• **Husten**, beim: ign.
• **juckende** Stiche: kali-n.$_{h,kl}$ ph-ac.$_{h,k,*}$ spig.$_{h,kl}$
• **Sitzen** und Gehen; beim: mag-s.
• **Urinieren**:
• **beim**: aur. *Merc.* nat-m.$_{h,kl}$ petr.$_{h,kl}$ prun.$_{a1,k}$ sulph.$_{h,kl}$
• **nach**:
• **Krampf** der Harnröhre und Tenesmus des Rektums; mit: *Prun.*
▽ **erstreckt** sich zu:
• **Anus**: merc. thlas.$_{bg1}$
• **Eichel**: asar. brom. spong.
• **hinten**, nach: aur.
• **Hoden**: carbn-s. thuj.
• **vorne**, nach: asar. spig.
○ **Eichel**: acon. arn. ars. ars-s-f.$_{k2}$ berb.$_{a1,k}$ brom. calc.$_{h,kl}$ caps.$_{h,kl}$ carb-ac. *Caul.* chel.$_{a1}$ cinnb. clem. coc-c. dros. *Euph.* euphr. ferr-ma. hell.$_{h,kl}$ hep. *Kali-bi.* kali-c.$_{h,kl}$ lyc. *Merc.* mez. nat-c.$_{bg1}$ nat-m. petr.$_{h,kl}$ ph-ac. phos. *Prun.* ran-s. rhod. sabin. samb. spong. squil.$_{h,kl}$ stann. *Sulph.* sumb.$_{bg1}$ *Thuj.* zinc. zinc-p.$_{k2}$
• **Drücken** darauf, beim: thuj.
• **Urinieren**:
• **vor**: aur.
• **beim**: acon. euph.$_{h,kl}$ sulph. thuj.
• **nach**: *Prun.*
• **Peniswurzel**: calc-p. zinc.
• **Spitze**: aur.$_{h,kl}$ euph.$_{h,k}$ euphr.$_{h,k}$ ferr-m. hell.$_{a1}$ mez.$_{h,k}$ ph-ac. thuj.$_{h,k}$
• **Vorhaut**: acon.$_{a1}$ ang.$_{a1,h}$ ars. cham. cocc. *Hep.*$_{a1,k}$ jac-c.$_{a1}$ *Mang. Nit-ac.*$_{a1,k}$ plat-m.$_{a1}$ sep.$_{a1,k}$ sumb. thuj.
• **Urinieren**, nach dem: berb. con. kali-bi. merc.
• **Samenstränge**: all-c.$_{a1,k}$ am-m.$_{a1,k}$ ammc.$_{a1,k}$ *Arn.* arum-d. *Bell. Berb.*$_{a1,k}$ *Bry.*$_{a1,k}$ calc. carbn-s. clem. goss. grat.$_{a1,k}$ *Merc.*$_{a1,k}$ nat-m. *Nux-v.* ox-ac. podo.$_{a1,k}$ polyg-h. *Puls.* rhod.$_{a1,k}$ spira.$_{a1}$ spong. *Staph.* sulph. sumb. *Thuj.*$_{a1,k}$ tub.$_{c1}$

- **Samenstränge**: ...
  - **links**, dann rechts: calc. staph.
  - **abends**: ammc.a1,k
  - **Gehen**, beim: ammc.a1,k ox-ac.
  - ▽ **erstreckt** sich zu:
    - **Abdomen**: *Grat. Staph.*
    - **Brust**: grat.
    - **oben**, nach: bell. thuj.
    - **Penis**: puls.
    - **unten**, nach: *Berb.* calc.
- **Skrotum**: anan. arn. ars-s-f.k2 berb. carb-an.h,kl chin.h,kl clem. kali-m.k2 lyc. meny.a1,k mez.a1,k nat-ar.k2 ph-ac. rhus-v. spig.h,kl sulph. **Thuj.** viol-t. zinc.

– **stechend**, wie mit einer Nadel: *Nit-ac.*hr1,k

– **Wehtun** (= unbestimmt, drückend): **Arn.** aur-i.k2 chin. cinch.a1 jatr-c. syph.bg1
- **sitzen**; muß sich bewegen und kann nicht: syph.kr1
- ○ **Eichel** nach dem Urinieren: puls.
- **Hoden**: asaf.hr1,k **Aur.**a1,k aur-s.k2 berb.a1,k bism.a1,k *Calc.*a1,k carl.a1,k *Caust.*a1,k chel.a1,k con.a1,k cop.a1,k *Ham.*a1,k *Iod.* jatr-c. lyss.a1,k *Nat-m.*a1,k nuph.a1,k nux-v.a1,k **Puls.** *Staph.*a1,k still.a1,k sumb.a1,k thuj.a1,k ust.a1,k
  - **links**: con.a1,k jatr-c. nuph.a1,k still.a1,k sumb.a1,k
  - **rechts**: *Bism.*a1,k calc.a1,k *Caust.*a1,k chinin-s. nat-m.a1,k
  - **morgens**: sars.a1,k
  - **mittags**: *Caust.*a1,k ust.a1,k
  - **abends**: chinin-s.
  - **Gehen**, beim: *Staph.*a1,k sumb.a1,k thuj.a1,k
  - **Samenabgang**, nach: *Ph-ac.*
  - **sexuelle** Erregung, durch: *Iod. Staph.*
- **Samenstränge**: all-c.a1,k chel.a1,k chinin-s. *Clem.*a1,k mang. nux-v.a1,k *Sars.*a1,k senec.a1,k
  - **morgens**: sars.a1,k
  - **Erektionen**, nach:
    - **Koitus**, ohne: mag-m. nux-m. *Sars.*
  - **Urinieren**, beim: stront-c.
  - ▽ **erstreckt** sich zu den Hoden: dios.a1 senec.a1,k
- **Skrotum**; Seiten des: lach. meny.

– **windend**, Hoden: coloc.

– **wühlend**, grabend:
- ○ **Hoden**: clem.a1

– **wund** beißend:
- ○ **Penis**: asar.a1,k aur-s.a1,k berb.a1,k crot-h.a1,k hedy.a1 sulph.a1,k
  - ○ **Eichel**: ars.bg2 *Asar.*bg2,k,* berb.a1,k nux-v.h,k,*
  - **Spitze**: arum-t. kali-n.c1
  - **Vorhaut**: ail.a1,hr1,* bell.hr1 benz-ac.k1 calad.hr1,kl,* cann-s.bg2,hr1 carb-v.h,kl,* lob.a1,hr1 merc.bg2,hr1 nux-v.k1 puls.k1 sep.a1,kl,* sulph.a1,bg2 verat.a1,kl,*
  - ○ **Unterseite**: carb-v.
- **Skrotum**: berb.a1,k carbn-s. ran-s.a1,k
  - ○ **Oberschenkeln**; zwischen Skrotum und: hep. nat-c.

– **wund** schmerzend (= wie gequetscht, zerschlagen, empfindlich etc.): ant-s-aur. arn. ars. arum-t. cocc. lil-t. phos. **Plat.** *Sulph.* syph. verat.

– **wund** schmerzend: ...
- **beißend**, wie durch Salz nach dem Urinieren; und: caust.
- **Urinieren**, beim: kreos.
- ○ **Hoden**: *Acon.* aesc. alum. alum-p.k2 am-c. apis **Arg-met.** *Arg-n.* arn. ars. *Aur.* aur-ar.k2 *Calc. Caust.* chel. cimic. **Clem.** *Cocc.* coloc. con. cop. *Dig.* echi. equis-h. *Ham.* hep. indg. kali-bi. kali-br. kali-c. kali-n. lith-c. med. *Merc.* mez. nat-ar. nat-c. *Nat-m.* **Nit-ac.** oci. ol-an. ox-ac. *Pall.* ph-ac. *Phos.* polyg-h. psor. **Puls. Rhod.** sabad. **Spong.** staph. tarent. *Thuj.* zinc.
  - **links**: *Arg-met.* calc. nat-ar. *Nit-ac.* sabad. *Thuj.*
  - **rechts**: acon. **Arg-met.** arg-n. **Aur.** *Caust.* dig. *Rhod.* sabin.
  - **morgens**: sars.
  - **nachmittags**: calc-s.
  - **abends**: **Puls.** sabad.
    - **18 - 23 h**: **Aur.**
    - **Bett**, im: *Arg-met.*
  - **Berührung**, bei: coca
  - **Gehen**, beim: **Arg-met.** *Clem.* ox-ac.k2 staph. thuj.
  - **Sitzen**, im: **Puls.**
  - **Wein**, durch: thuj.
  - ▽ **erstreckt** sich den Samenstrang hinauf: *Equis-h.* polyg-h. puls. **Rhod.**
    - **links**: *Polyg-h.*
- **Leiste**: nux-v.bg1
- **Penis**: asar. borx. calad. *Cann-s.* canth. cop. *Ign.* lach. nat-c. nux-v.bg2 rhus-t. rhus-v. sabad. sulph. tep. *Thuj.*
  - ○ **Eichel**: asar. caps. chel. cic. cycl. merc. nat-c.h2,k nux-v.bg1 rhus-t. thuj.
    - **Koitus**, nach: eug.bg1
    - **Urinieren**, beim: *Lyc.* nit-ac.
  - **Vorhaut**: ail. calad. carb-v. chin.bg2 ign.bg2 nux-v.bg1 sep. verat.
    - **abends**: cycl.
    - **Gehen**, beim: **Merc.**
  - ○ **Rand**: **Ign.** *Mur-ac. Nit-ac.*
- **Samenstränge**: brach. **Clem.** equis-h. phos.k2 **Phyt.** *Sars.*
  - **rechts**: *Clem.*
  - **Berührung**, bei: chin. clem. meny. merc-i-r. sars.
- **Seiten**: petr. thuj. zinc.
- **Skrotum**: am-c. anac. berb. *Calc-p.* chin. coff. cupr-ar. kali-c. ph-ac. zinc.
  - **Flüssigkeit** sickert heraus: calc-p. cop.
  - **Schweiß**, nach: plb.
  - **Stellen**, an kleinen: nit-ac.
  - ○ **Oberschenkel**:
    - ○ **zwischen** den Oberschenkeln: *Caust.* rhod.
    - **zwischen** Oberschenkeln und Skrotum: *Bar-c.* **Graph. Lyc.** *Merc. Nat-c. Nat-m.* **Petr.** rhod. *Rhus-t. Sulph.*

– **zerquetscht**, zermalmt; Hoden wie: **Arg-met.** calc. *Caust.* con. dig. **Rhod.** thuj.
- **rechts**, beim Gehen: **Arg-met.**

– **zerquetscht**, zermalmt; Hoden wie: ...
• **Erschütterung**, durch eine: colch.
– **zerrend**:
• **brennendes** Zerren von den Samenbläschen zur Eichel: mang.
○ **Hoden**: cann-s.$_{a1,k}$ *Gels.*$_{a1,k}$ iod.$_{a1,k}$ *Kali-c.* lach.$_{a1,k}$ *Med.* sumb.$_{a1,k}$
• **nachmittags**, erstreckt sich zu den Leisten: gels.$_{a1,k}$
○ **Samenabgang**, nach: *Ph-ac.*
• **Peniswurzel**: chel.
• **Samenstränge**: berb. chinin-ar. *Iod.* sars.$_{a1,k}$ sec.$_{a1,k}$ spong. sumb.$_{a1,k}$
– **ziehend**:
○ **Hoden**: acon.$_{hr1,k,*}$ aesc.$_{a1,k}$ agar.$_{bg2,k,*}$ am-c.$_{bg2,k}$ ammc.$_{a1,k}$ apis **Aur.** *Aur-m.* bapt.$_{a1,k}$ bell.$_{hr1,k,*}$ berb.$_{a1,k}$ cain.$_{br1}$ calc-act. calc-s.$_{a1,k}$ canth. carbn-s. card-m.$_{hr1,k}$ *Chel.*$_{bg2,k,*}$ *Chin.*$_{bg2,k,*}$ *Clem.*$_{bg2,k,*}$ coc-c.$_{a1}$ *Cocc.*$_{h,k,*}$ coloc.$_{h,k,*}$ *Con.* cop.$_{hr1,k,*}$ graph.$_{a1,k}$ *Ham.*$_{bg2,k,*}$ hipp.$_{hr1,k,*}$ hyos. ip.$_{bg2,k,*}$ kali-c. kali-m.$_{k2}$ kali-n. kali-s. mang.$_{bg2,k}$ *Merc.*$_{bg2,k,*}$ mur-ac. *Nat-c.*$_{bg2,k,*}$ nat-m.$_{bg2,k}$ nat-p.$_{a1,k}$ nit-ac.$_{h,k,*}$ *Nux-v.*$_{hr1,k}$ ol-an.$_{a1,k}$ op.$_{a1,k}$ ox-ac. ph-ac.$_{bg2,k}$ phos.$_{bg2,k,*}$ plb.$_{bg2,k}$ psor.$_{bg2,k,*}$ *Puls.*$_{bg2,k}$ **Rhod.**$_{hr1,k,*}$ rhus-t.$_{bg2,k,*}$ sabad. sep.$_{bg2,k}$ sil.$_{h,k1}$ *Staph.*$_{bg2,k,*}$ *Sulph.* ter.$_{bg2,k,*}$ *Thuj.*$_{bg2,k}$ tus-p.$_{a1,k}$ verat.$_{bg2,k,*}$ *Zinc.*$_{bg2,k,*}$ zinc-p.$_{k2}$
• **links**: aesc.$_{hr1,k,*}$ agar.$_{hr1}$ ang.$_{hr1,k}$ aur-m.$_{a1}$ calc-s.$_{a1,k}$ chin. coloc. *Con.* fl-ac.$_{a1}$ kali-c. *Rhod.* ter.$_{bg2,k,*}$ *Thuj.*$_{a1,k}$ zinc.
• **rechts**; dann: *Zinc.*
• **rechts**: acon.$_{hr1,k,*}$ anag.$_{hr1,k}$ **Aur.** bapt.$_{hr1}$ bry. coc-c.$_{a1}$ mit.$_{a1}$ **Rhod.**$_{hr1,k,*}$ sulph.$_{a1}$ *Zinc.*$_{bg2}$
• **morgens**: calc-s.$_{a1,k}$ nat-c.$_{a1,k}$
• **abends**: agar.$_{a1,k}$ sulph.
• **anfallsweise**: aur-m.$_{a1,k}$
• **Bewegung** amel.: *Rhod.*$_{hr1,k,*}$
• **Gehen** amel.: thuj.$_{a1,k}$
• **Sitzen**, im: ter.$_{a1,k}$ zinc.$_{a1,k}$
• **Urinieren**, beim: cain.
▽ **erstreckt** sich zu:
• **Abdomen**: calc. *Iod.* kali-n.$_{c1}$ **Rhod.**
• **Hüfte**: chel.
• **Leistenring**: aur-m. bry.
• **Oberschenkel**: aur.$_{vh}$ rhod. sep.
• **Samenstrang**: aesc. berb. bry. *Clem.* fl-ac. *Zinc.*
• **Penis**: alum.$_{h,k1}$ ammc.$_{hr1}$ asaf.$_{hr1,k,*}$ asar.$_{bg2}$ canth.$_{bg2,k,*}$ cic.$_{bg2}$ coc-c.$_{a1,k}$ franz.$_{a1}$ graph.$_{a1,k}$ grat.$_{a1,k}$ hera.$_{a1}$ **Iod.**$_{bg2,k,*}$ *Kali-c.*$_{bg2,k,*}$ lact.$_{a1,k}$ lyc.$_{a1,k}$ merc.$_{bg2,k}$ mez.$_{a1,k}$ ol-an.$_{a1,k}$ plect.$_{a1}$ psor.$_{a1,k}$ puls-n. ran-s.$_{bg2,k,*}$ rhod.$_{bg2,k}$ sabad.$_{bg2,k,*}$ teucr.$_{bg2,k,*}$ valer.$_{a1,k}$ *Zinc.*$_{bg2,k,*}$
• **nachmittags**: asaf.$_{hr1,k}$
• **abends**: ol-an.$_{a1}$ puls.
○ **Eichel**: alum.$_{bg2,k}$ asaf.$_{bg2,k,*}$ cic.$_{hr1,k,*}$ graph.$_{bg2,k}$ iod.$_{bg2,k,*}$ kali-c.$_{bg2,k}$ lact. lyc.$_{bg2,k,*}$ mez.$_{h,k1}$ ol-an.$_{a1}$ spong.$_{bg2,h}$ thuj.$_{bg2,k}$
• **Peniswurzel**: lact.$_{a1,k}$ zinc.$_{a1,k}$
• **Vorhaut**: coc-c.$_{a1,k}$
• **Samenstränge**: *Agar.*$_{bg2,k,*}$ agn.$_{bg2,k,*}$ *All-c.*$_{a1,k}$ alum. am-c.$_{a1,k}$ ammc.$_{a1,k}$ anag.$_{hr1,k}$ ang.$_{bg2,k,*}$

– **ziehend - Samenstränge**: ...
ant-c.$_{bg2,k,*}$ arg-met. aur-m.$_{hr1,k,*}$ *Bell.*$_{k,k1,*}$ *Berb.*$_{a1,k}$ bry. cain.$_{br1}$ calc-s.$_{a1,bg1}$ cann-s. canth.$_{bg2,k}$ caps.$_{bg1,bg2}$ *Chel.*$_{bg2,k,*}$ cimic.$_{a1,k}$ *Clem.*$_{bg2,k,*}$ *Con.*$_{bg2,k,*}$ crot-t.$_{bg2,k,*}$ *Ham.*$_{bg2,k,*}$ hydr. hydrc.$_{a1}$ *Ind.* lact.$_{a1,k}$ *Mang.*$_{bg2,k,*}$ med. *Merc.*$_{bg2,k,*}$ mez.$_{a1,k}$ nat-c.$_{bg2,k,*}$ nat-m.$_{bg2,k,*}$ nat-p.$_{a1,k}$ nit-ac.$_{bg2,k}$ nux-m.$_{a1,bg2}$ *Nux-v.*$_{bg2,k,*}$ *Ol-an.*$_{k,k1}$ *Ox-ac.* ph-ac. *Phos.* plb.$_{a1,k}$ psor.$_{hr1,k}$ *Puls.*$_{bg2,k,*}$ rhod.$_{bg2,k,*}$ sabad.$_{bg2,hr1}$ sabin.$_{a1,bg2}$ sec. spong.$_{hr1,k}$ *Staph.*$_{bg2,k,*}$ sulph.$_{bg2,k}$ *Tarent.* tep.$_{a1,k}$ ter.$_{a1,k}$ *Zinc.*$_{bg2,k}$
• **links**: agar. ammc.$_{a1}$ ang.$_{a1,hr1}$ ars.$_{h,k}$ ars-s-f.$_{k2}$ ars-s-r.$_{hr1}$ *Berb.*$_{a1}$ con.$_{a1}$ crot-t.$_{a1}$ fl-ac.$_{bg1}$ ham.$_{hr1}$ hydrc.$_{a1}$ tarent.$_{a1,k}$ ter.$_{a1}$ tub.$_{bg1}$
• **rechts**: all-c.$_{a1}$ ammc.$_{a1,hr1}$ anag.$_{hr1}$ arg-met. lact.$_{a1}$ rhod.$_{hr1}$ sabin.$_{a1,k}$ sulph.$_{a1}$ tep.$_{a1}$
• **morgens**: calc-s.$_{a1,k}$
• **nachmittags**:
• **16** h: arg-met.
• **abends**: ammc.$_{a1,k}$
• **anfallsweise**: merc.$_{a1,k}$
• **Bewegung** amel.: arg-met. rhod.$_{hr1,k}$
• **Gehen**, beim: *Berb.* crot-t.$_{a1,k}$
• **Sitzen**, im: berb.
• **spasmodisch**: agar.$_{hr1,k}$
• **Stehen**, im: ant-c.
• **Urinieren**, beim: agar. bell.$_{hr1,k,*}$ cain.$_{br1}$ *Canth.*$_{hr1,k,*}$ caps. clem.
• **nach**; und: caps.
• **warme** Anwendungen:
• **amel.**: rhod.$_{k2}$
▽ **erstreckt** sich zu:
• **Abdomen** beim Urinieren; ins: clem.
• **Bauchring**; in den: *Berb.* bry.
• **Hoden**; in die: *Berb.* nux-v. *Puls.* teucr.
• **oben**, nach: *Bell.* *Ol-an.*
– **zuckend** stechend
☞ *stechend*
– **zuckend**, Samenstrang: ang. mang. ox-ac. plb.
– **zusammendrückend**, quetschend:
○ **Hoden**: am-c. petr. sil.$_{a1,k}$ squil.$_{bg2,k,*}$ staph.$_{bg2,k}$ thuj.$_{a1,k}$ zinc.
• **rechts**: arg-met.$_{a1,hr1,*}$ staph.
– **zusammenschnürend**: puls.
○ **Hoden**: **Am-c.** berb.$_{a1,k}$ bufo merc-act. nux-v. ol-an. *Plb.* sulph.
• **Peniswurzel**:
• **morgens** beim Erwachen: *Kali-bi.*
• **Samenstrang**: am-c. berb.$_{a1,k}$ nux-v.
• **Gehen**, beim: nux-v.
• **Stehen**, im: nux-v.
– **zusammenziehend**:
○ **Hoden**: alum. arg-met.$_{c1}$ camph. *Chin.* merc-act. nux-v. plb.
• **rechts**: arg-met.
• **Samenstrang**: alum. berb. calc. **Nux-v.**
– **zwickend**:
○ **Hoden**: caps.$_{a1,k}$ *Clem.*$_{a1,k}$ con. kali-c.$_{h,k,*}$ nat-m.$_{h,k,*}$ sep.$_{a1,k}$ **Spong.**$_{a1,k}$
• **nachmittags**: caps.$_{a1,k}$
• **Urinieren**, beim: caps.

• **Penis**: acon. alum.$_{h,kl}$ berb.$_{a1}$ brom. chel. graph.$_{a1,k}$ hep.$_{a1,h}$ osm.
○ **Eichel**: chel.$_{a1}$ kali-bi. mez. ph-ac.
• **Vorhaut**: jac-c.$_{a1,k}$
• **Skrotum**: clem. meny.$_{h,kl}$ mez. prun.$_{a1}$

Schorf an der Innenseite der Vorhaut: caust.

Schorfige Stellen an der Eichelkrone; rote: cor-r. nit-ac.

Schwäche: alum.$_{k2}$ amgd-p.$_{c2}$ asc-t.$_{a1}$ bell.$_{a1}$ camph.$_{a1}$ dig.$_{a1}$ hep.$_{a1,h}$ kali-br.$_{a1}$ lyss.$_{a1}$ phos.$_{k2}$
– **Gefühl** von: canth.$_{a1,h}$ carb-an.$_{h,k,*}$ gins.$_{bro1}$ lyc.$_{h,kl}$ lyss.$_{c1}$ mang.$_{h,h2,*}$ mur-ac.$_{a1,h}$ *Nat-m.*$_{h,k,*}$
• **Stuhlgang**, nach: *Calc.* *Calc-p.*
– **Koitus**, nach: *Berb.*$_{a1,k}$
– **Urinieren**, nach dem:
• **Samenabgang** kommen würde; als ob es zu einem: berb.

Schweiß: acet-ac. agn. alum. alum-p.$_{k2}$ am-c. ars. ars-i. ars-s-f.$_{k2}$ asc-t.$_{hr1,k,*}$ **Aur.**$_{hr1,k}$ aur-ar.$_{k2}$ aur-i.$_{k2}$ aur-s.$_{k2}$ bar-c. *Bell.*$_{hr1,k,*}$ *Calad.*$_{hr1,k}$ *Calc.*$_{hr1,k}$ *Canth.*$_{hr1,k,*}$ carb-an. *Carb-v.* carbn-s. carl.$_{a1,k}$ con.$_{hr1,k,*}$ *Cor-r.*$_{hr1,k,*}$ **Fl-ac.**$_{hr1,k}$ *Gels.*$_{hr1,k}$ hep. *Hydr.*$_{hr1,k}$ ign. iod. lachn. lyc. mag-m. *Merc.*$_{hr1,k,*}$ merc-i-f.$_{a1,k}$ mez. *Petr.*$_{hr1,k}$ ph-ac.$_{a1,k}$ *Puls.* **Sel.**$_{hr1,k}$ **Sep.**$_{a1,k}$ sil. staph. *Sulph.*$_{hr1,k}$ **Thuj.**$_{hr1,k,*}$
– **morgens**: *Aur.*$_{hr1,k}$
– **abends**: carbn-s.
– **nachts**: bell.$_{a1,k}$ staph.$_{h,kl}$
– **Anstrengung**, nach: sep.$_{bg1}$
– **beißend**, riecht: *Dios.*$_{vh}$ *Fl-ac.*
– **kalt**: *Carb-v.*
– **süßlich**, riecht: *Thuj.*
– **übelriechend**: aloe ars-met. calc-sil.$_{k2}$ fago.$_{a1,k}$ *Fl-ac.*$_{hr1,k}$ *Hydr.*$_{hr1,k,*}$ *Iod.*$_{hr1,k}$ *Nat-m.* psor.$_{k2}$ *Sars.* *Sep.* **Sulph.**$_{hr1,k}$
– **verbrannt**, riecht wie: thuj.$_{k2}$
○ **Penis**: lachn.$_{c1}$ nat-m.$_{a1,k}$ nit-ac.$_{a1,k}$ thuj.$_{a1,k}$
– **Skrotum**: acon.$_{a1,k}$ agn. alum-sil.$_{k2}$ am-c. *Aur.* aur-s.$_{k2}$ bar-c.$_{hr1,k}$ bar-s.$_{k2}$ bell. calad.$_{hr1,k,*}$ *Calc.*$_{a1,k}$ *Calc-p.*$_{hr1,k}$ calc-sil.$_{k2}$ carb-an. carb-v. carbn-s. cass.$_{a1}$ caust.$_{h,k,*}$ *Con.* cupr-act. cupr-ar.$_{a1,hr1}$ daph.$_{hr1,k}$ *Dios.*$_{hr1,k,*}$ gels.$_{hr1,k}$ *Ham.*$_{hr1,k,*}$ hep. hydr.$_{a1,k}$ *Ign.*$_{hr1,k,*}$ *Iod.* lachn.$_{hr1,k}$ *Lyc.*$_{hr1,k}$ *Mag-m.*$_{hr1,k,*}$ *Merc.*$_{hr1,k}$ mez. *Nat-s.*$_{hr1,k,*}$ *Petr.*$_{a1,k}$ *Psor.*$_{hr1,k}$ *Rhod.*$_{hr1,k,*}$ *Sel.* *Sep.*$_{hr1,k,*}$ *Sil.*$_{hr1,k,*}$ staph. sul-i.$_{k2}$ **Sulph.**$_{hr1,k,*}$ **Thuj.**$_{hr1,k,*}$ ust.$_{a1,k}$
• **eine Seite**: thuj.
• **morgens**: thuj.$_{a1,k}$ ust.
• **abends**: nat-s.$_{a1,k}$ sil.$_{a1,k}$
• **nachts**: ham.$_{hr1,k,*}$ mag-m.$_{a1,k}$
• **strenger** Geruch: *Dios.*
• **süßlicher** Geruch: *Thuj.*
○ **Oberschenkeln**, zwischen den: cinnb.$_{hr1,k}$

Schwellung: aloe ang.$_{a1,k}$ **Arn.**$_{bg2,k}$ *Ars.*$_{bg2,k,*}$ calad.$_{bg2}$ *Canth.*$_{a1,k}$ carbn-o. coc-c. kali-bi.$_{bg2,k}$ *Lach.*$_{a1,k}$ *Lyc.*$_{bg2,k,*}$ *Merc.* merc-c.$_{bg2}$ plb.$_{bg2,k}$ **Rhus-t.**$_{bg2,k,*}$ sacch. wies.$_{a1,k}$
☞ *Metastase*

Schwellung: ...
– **ödematös**
☞ *wassersüchtig*
– **schmerzhaft**: *Ars.*$_{a1,k}$ *Canth.* plb. rhus-t.
– **wassersüchtig**: *Apis* apoc.$_{k2}$ ars.$_{k2}$ *Dig.* **Graph.** rhus-t.
☞ ❑ *Allgemeines - Wassersucht - innere*
○ **Hoden**: *Acon.*$_{hr1,k,*}$ *Agn.*$_{bg2,k,*}$ alum.$_{hr1,k}$ alum-p.$_{k2}$ alum-sil.$_{k2}$ anan.$_{a1,k}$ ant-t. apis arg-met.$_{k2}$ arg-n.$_{bg2,k,*}$ *Arn.*$_{bg2,k,*}$ *Ars.*$_{bg2,k,*}$ *Ars-i.* *Aur.*$_{bg2,k,*}$ aur-ar.$_{k2}$ aur-i.$_{k2}$ aur-m.$_{hr1,k}$ aur-s.$_{a1,k}$ *Bapt.*$_{hr1,k}$ bar-c.$_{bg2,k}$ *Bar-m.*$_{hr1,k}$ *Bell.*$_{hr1,k,*}$ *Brom.*$_{hr1,k,*}$ bry. calc.$_{hr1,k}$ calc-f.$_{hr1}$ calc-i.$_{k2}$ *Calc-p.*$_{hr1,k,*}$ calc-sil.$_{k2}$ cann-s.$_{bg2}$ canth.$_{bg2,k,*}$ carb-an.$_{hr1,k}$ *Carb-v.*$_{hr1}$ carbn-s. *Carl.*$_{a1,k}$ chel. *Chin.*$_{h,k,*}$ **Clem.**$_{bg2,k,*}$ coloc.$_{hr1,k}$ colocin.$_{a1}$ *Con.*$_{bg2,k,*}$ *Cop.*$_{hr1,k,*}$ cub.$_{hr1,k,*}$ *Dig.*$_{bg2,k,*}$ elaps *Graph.*$_{bg2,k,*}$ *Ham.*$_{bg2,k,*}$ hippoz.$_{hr1,k}$ ind.$_{hr1,k,*}$ *Iod.*$_{bg2,k,*}$ jab.$_{hr1}$ jac-c.$_{a1}$ kali-ar. kali-br.$_{a1,k}$ *Kali-c.*$_{h,k,*}$ *Kali-i.*$_{bg2,k,*}$ kali-s. kali-sil.$_{k2}$ *Lach.*$_{hr1,k}$ lyc.$_{bg2,k,*}$ *Med.*$_{hr1,k}$ *Merc.*$_{bg2,k,*}$ *Merc-c.*$_{hr1,k,*}$ *Merc-i-r.*$_{hr1,k}$ merc-sul.$_{hr1,k}$ *Mez.*$_{hr1,k}$ mill.$_{hr1,k}$ nat-ar. nat-c.$_{bg2,k}$ *Nat-m.* nat-p. *Nit-ac.*$_{bg2,k,*}$ *Nux-v.*$_{bg2,k,*}$ oci.$_{a1,k}$ *Ol-an.*$_{bg2,k,*}$ *Ph-ac.*$_{bg2,k,*}$ phos.$_{k2}$ phyt.$_{bg2,k}$ *Plb.*$_{bg2,k,*}$ *Psor.*$_{bg2,k,*}$ **Puls.**$_{h,k,*}$ **Rhod.**$_{bg2,k,*}$ rhus-t.$_{hr1,k}$ sabin.$_{hr1}$ sel.$_{bg2}$ *Sil.*$_{hr1,k}$ **Spong.**$_{bg2,k,*}$ stann.$_{bg2}$ staph.$_{hr1,k}$ stry.$_{a1,k}$ sul-i.$_{k2}$ sulph.$_{bg2,k,*}$ tarax. tarent.$_{a1,k}$ tep.$_{a1,k}$ thuj.$_{bg2,k,*}$ vario.$_{a12,hr1,*}$ vib.$_{hr1,k}$ *Zinc.*$_{bg2,k,*}$ zinc-p.$_{k2}$
• **links**: alum. brom. *Clem.*$_{hr1}$ cop.$_{a1,k}$ mez. nux-v.$_{hr1}$ oci. ph-ac. podo. **Puls.**$_{hr1,k}$ *Rhod.*$_{hr1,k}$ sep.$_{bg2}$ *Spong.*$_{hr1,k}$ staph.$_{hr1}$ stry.$_{a1}$ vario.$_{a12,hr1}$ vib.$_{hr1,k}$
• **hart**, schmerzlos: brom.
• **rechts**: apis arg-n.$_{hr1,k,*}$ **Aur.**$_{hr1,k,*}$ aur-s.$_{k2}$ chel.$_{hr1,k}$ **Clem.**$_{hr1}$ colocin.$_{a1}$ graph.$_{a1,k}$ *Ham.*$_{hr1}$ iod. *Merc.*$_{hr1}$ nit-ac.$_{a1,h}$ *Puls.*$_{h,k,*}$ **Rhod.**$_{hr1,k}$ sul-ac. tarent.$_{a1,k}$
• **Gonorrhoe**, durch unterdrückte
☞ *Entzündung - Hoden - Gonorrhoe*
• **Mumps**, durch: abrot. ars. *Carb-ac.* *Carb-v.*$_{k,k2,*}$ *Jab.*$_{hr1,k}$ *Merc.* nat-m. nux-v. phos. **Puls.**$_{k,kl2}$● rhus-t.$_{k,kl2}$● staph.
• **schmerzhaft** beim Fahren: *Brom.*$_{vh}$
• **unerwiderter** sexueller Leidenschaft; bei: *Iod.*
• **Verdickung** der Nebenhoden; mit: carbn-s. spong. sulph.$_{a1,k}$
• **Verletzung**; nach: vario.$_{a12}$
– **Penis**: anac.$_{a1,k}$ anil.$_{a1}$ apoc. **Arn.**$_{bg2,k}$ *Ars.*$_{bg2,k,*}$ aspar.$_{a1,k}$ bufo calc-p.$_{a1,k}$ *Cann-s.*$_{bg2,k,*}$ *Canth.*$_{bg2,k,*}$ *Cinnb.*$_{bg2,k,*}$ cop.$_{a1,k}$ cor-r.$_{a1,k}$ cupr.$_{bg2,k,*}$ fl-ac. graph. hedy.$_{a1}$ iris *Kali-bi.* *Kali-i.* *Kreos.*$_{bg2,k,*}$ *Lac-c.* *Led.*$_{bg2,k,*}$ *Merc.*$_{bg2,k}$ *Merc-c.*$_{a1,k}$ *Mez.*$_{a1,k}$ *Mill.*$_{hr1,k}$ nat-ar. nat-c.$_{bg2,k,*}$ nat-p. *Nat-s.* ph-ac.$_{a1,k}$ phos.$_{bg2}$ plb.$_{bg2,k,*}$ *Rhus-t.*$_{bg2,k,*}$ rhus-v.$_{a1,k}$ sabin.$_{a1,k}$ *Sil.* sol-ni. spig.$_{bg2}$ sumb.$_{a1,k}$ tarent.$_{a1,k}$ thuj.$_{bg2}$ *Vesp.*
• **bläulichrot**: arn. ars.
• **hart**: arn. merc. nux-v. ph-ac. sabin. spong.
• **heiß**: arn. form. kali-c. puls.
• **ödematös**: *Apis* *Apoc.* arn. ars.$_{k2}$ *Cann-s.*

– **Penis - ödematös**: ...
Canth. Dig. Fl-ac. Graph. Lyc. Merc. Nat-s. Nit-ac. Nux-v. puls. *Rhod.* **Rhus-t.** sil. sulph. *Vesp.*
• **schmerzhaft**: arn. ars. calad. cann-s. canth. caps. graph. hedy.a1 lact. *Merc.* nit-ac. nux-v. plb. puls. rhus-t. sabin. sulph. thuj.
○ **Eichel**: *Ars.*bg2,k,* cann-s.bg2,k *Canth.*bg2,k *Cinnb. Cor-r.* dor. iris *Kali-i.*a1,k *Merc.*bg2,k *Nat-c.*bg2,k plb. **Rhus-t.**bg2,k,* sacch. spig.bg2,h sulph. sumb. thuj.bg2,k
○ **eine** Seite: spig.
• **Lymphgefäße**: lact. *Merc.*
• **Vorhaut**: *Apis* **Calad.**bg2,k,* cann-s.k,k2,* canth.bg2,k,* *Caps.* carbn-s. cham. **Cinnb.**bg2,k,* *Cor-r.*a1,k *Dig. Fl-ac.* form.a1,k *Graph.*bg2,k,* *Jac-c. Jac-g.* lac-c. **Merc.**bg2,k,* *Merc-i-f. Merc-i-r.* mez.bg2,k mill. *Nat-c.*bg2,k *Nat-s.* **Nit-ac.**bg2,k,* puls.k2 **Rhus-t.**k,kl2● *Rhus-v.*a1,k sabin.a1,k sep. sil.bg2,k *Sulph.*bg2,k,* *Sumb.*a1,k *Thuj.*bg2,k,* **Vesp.** *Viol-t.*bg2,k,*
• **Gonorrhoe**, durch: cann-i.k2 fl-ac.k2
• **ödematös**: caps.k2
○ **Frenulum**: sabin.

– **Samenstränge**: arn.hr1,k *Berb.*hr1,k,* *Calc.*hr1,k cann-s.bg2 *Chin.*hr1,k,* coloc.hr1,k ham. *Kali-c.*h,k,* *Kali-i.*hr1,k nit-ac.bg2 ph-ac.bg2,k,* *Phos.*bg2,k,* **Puls.**h,k,* *Sars.*hr1,k,* **Spong.**bg2,k,* tarent.a1,k
• **links**: berb.a1,k
• **rechts**: **Clem.** puls.h,k,*
• **Gehen** agg.: *Berb.*hr1,k,*
• **sexueller** Erregung, nach: *Sars.*hr1,ptk1

– **Skrotum**: anac.a1,k anan. anil.a1 apis apoc. *Arn.*bg2,k *Ars.*a1,k asaf.a1,k bar-m.hr1 brom. calc. *Canth.*bg2,k *Carb-v.*h,k,* carl.a1,k caust. *Chel.*a1,k chin.a1,k clem.bg2,k colch. cupr-ar.a1,k *Graph.*bg2,k,* ign.bg2,h,* jac-c.a1 jac-g. mez.bg2,k *Nat-m.*a1,k ph-ac.bg2,k plb.bg2,k *Puls.*bg2,k,* **Rhus-t.**bg2,k,* *Rhus-v.*a1,k sacch. samb.bg2 *Sep.*bg2,k sol-ni. stram.bg2,k,* syph. *Vesp.*a1,k
• **entzündlich**: mim-h.a1 ph-ac.a1,k plb.a1,k *Rhus-t.*
• **Gonorrhoe**; bei chronischer: brom.
• **ödematös**: anan. **Apis** *Apoc. Arg-met.* **Ars.** calad. *Canth. Colch. Dig.* ferr.hr1 ferr-s. **Graph.** *Kali-c. Lach. Lyc. Nat-m. Nat-s. Phos.* **Rhus-t.** zinc.
• **schmerzlos**: bar-m.hr1 mez.hr1,k
○ **Seiten** des: agar.a1,k **Clem.**h,k,* mez.a1,k puls.h,k,*

Schweregefühl: agar. am-c. clem. cupr. cupre-au.c1 elaps hura lob.a1,k *Nat-c.* nux-v. ox-ac. ph-ac.hr1,k *Psor.* tarent.a1,k thuj.
– **Gehen**, beim: hurac1
– **Urinieren**, beim: ph-ac.hr1,k

Schwindsucht: carbn-s.k2
○ **Hoden**: sul-i.k2

Sexuelle Abneigung
☞ *Sexuelles Verlangen - fehlend*

Sexuelle Erregung
☞ *Sexuelles Verlangen*

Sexuelle Exzesse
☞ *❑ Allgemeines - Sexuellen Exzessen / ❑ A~ Sexuelles Verlangen - Unterdrückung - agg.*

Sexuelle Leidenschaft
☞ *Sexuelles Verlangen*

Sexuelles Verlangen:
– **exzessiv**: **Agar.**k,kr1 agn.bg2 *Alum.* androc.srj1 bov.kr1 **Calc.**k,kr1 *Calc-p.*c1 camph.bg2,sf1 **Cann-i.**k1,st **Canth.**j5,kr1,* *Carb-v.*kr1 caust.gl1 colch. coloc. con.bg,bg2,* dig.bg2 *Ery-a.*kr1 ferr.bg2 *Fl-ac.*c1,kr1 *Gels.*c1 *Graph.*bg2,j5,* grat.kr1 ham. *Hyos. Kali-br. Kali-c. Lach. Lyc.* lyss.c1 **Merc.**bg2,kr1 mosch. *Nat-c. Nat-m.* nit-ac. **Nux-v.**bg2,kr1,* op.bg2,h *Orig.*c1 **Phos.**k,kr1 phys. *Pic-ac.*k2,kr1,* *Plat. Plb.* psor. *Puls.*bg2 *Rhus-t.*bg2 sabin.bg2,j5 sal-n.c1,st seneg.bg2 sep.bg2 *Sil.* spig.bg2 **Staph.**bg2,gl1,* **Stram.** sulph.bg2,kr1 *Tarent.* ther. *Tub. Ust. Verat.*bg2,kr1,* **Zinc.** zinc-pic.c1
☞ *❑ Gemüt - Beschwerden durch - sexuell - Exzesse / ❑ G~ Satyriasis*
• **Beschwerden** durch: **Lyss.**
• **schlechtem** Ergebnis, mit: agar.bg2 am-c.bg2 graph.bg2 meny.bg2 sel.bg2
• **unbezähmbar**
☞ *heftig*

– **fehlend**: achy.j1 aeth.a1 **Agn.** alco.a1 aloekr1 alum. am-c.a1,k amgd-p.a1 anac. anan. *Anh.*jl,mgl,* ant-o.a1 *Arg-met.*a1 *Arg-n.* arum-d.a1 asar.j5 bar-act.a1 bar-c.a1,k2 bar-s.k2 bart.a1 bell.a1,k *Berb.* borx.j5,k2,* brom.kr1 *Bufo*a1,st caj.a1 calad.a1 calc. calc-f.j1 *Camph.* cann-i.kr1 canth.a1 *Caps.* carb-ac. carb-an.a1,k *Carb-v.* **Carbn-s.** carl.a1 caust.a1 cench.k2 chen-v.a1 chlf.a1 chlol.kr1 chlor.a1 cinnb.a1 cob-n.jl,sp1 coff.a1 con.h,j5,* cop. cortico.j1 cub.a1 dig.a1 dios.a1 elapsa1 equis-h.a1 ery-a. ery-m.a1 ferr. ferr-ma. ferr-p. fl-ac.a1 franz.a1 gast.a1 get.a1 granit-m.es1 *Graph.*a1,k *Hell.*a1,k hep.a1,k hydrc.a1 hydrog.srj2 *Ign.*a1,k indg.a1 *Iod.*a1,k jac-c.a1 **Kali-bi.**a1,k **Kali-br.**k1,st *Kali-c.*a1,k kali-chl.a1 kali-p. kali-s. kali-sil.k2 lach.a1,k lec.brol lil-s.a1 *Lyc.*a1,k lyss. mag-c.a1 meph.a1 *Merc.*kr1 *Merc-c.*a1 morph.a1 mur-ac. myric.a1,k napht.a1 *Nat-m.* nat-p. *Nit-ac. Nuph.*a1,k nux-m. *Onos.*c2,k op.a1,h osm.a1 oxyt.brol pen.a1 pers.j1 *Ph-ac.* phos.a1,k *Plb.*a1,k *Psor.* ptel.a1,kr1 rhod.a1 rumx.a1 sabad.a1 *Sabal*bg2 saroth.j1 sel. sep.a1,k2 sil. spira.a1 spong. *Stann.*h,j5,* staph.a1,j5 sul-i.k2 *Sulph.*a1,k *Sumb.*a1,k tab.a1,k teucr.a1 ther.a1 thuj.a1,k upa.a1 ust.a1 v-a-b.jl,srb2 x-raybrol
• **morgens**: carb-v.a1,j5
• **vormittags**: phys.a1
• **abends**: dios.a1
• **nachts**: bufoa1
• **anhaltend**: lach.j5
• **Arbeit**:
• **Abneigung** gegen Arbeit, mit: caust.j5
• **beleibten** Personen, bei: **Kali-bi.**
• **Erektionen**:
• **mit**: *Alum.*j5,kr1 bry.kr1 *Calad.*kr1 eug.kr1 ferr-ma.j5,kr1 fl-ac.kr1 mag-c.kr1 nit-ac.kr1 nux-v.kr1 spig.kr1 sulph.kr1 tarent.kr1

– **fehlend - Erektionen**: ...
• **ohne**: *Camph.*kr1 graph.j5
• **Erwachen**, nach dem: *Aloe*j5,kr1 anac.j5 *Puls.*j5
• **Kälte** agg.: achy.jl
• **Kälte** des Skrotums, mit: aloekr1 berb.kr1 brom.kr1 *Caps.*kr1 *Merc.*kr1
• **Koitus**; beim: lyss.c1

– **heftig**: acon. agar.bg2 am-c. *Anac.* **Anan.** ant-c. arn. bar-m.k2 *Bufo* calad.k2 camph.k2 **Cann-i.** **Canth.** *Caust.*bg2,gl1 cench.k2,st chin.bg2,gl1 *Coloc.*j5 con.bg2 cop. crot-h.j5 *Fl-ac.* *Graph.*bg2,k grat. *Kali-br.* kali-c.bg2 *Lach.* *Lyc.*bg2 *Lyss.* mag-c.bg2,gl1 merc. mosch. mygal. *Nat-hchls.* *Nat-m.*bg2 nux-v.bg2,gl1 **Phos.**j5,k,* **Pic-ac.** **Plat.**bg2,k sabin.bg2,j5 **Sil.**bg2,k stann. staph.bg2,gl1 *Stram.* sulph. *Tarent.* **Tub.** verat.bg2,gl1 **Zinc.**bg2,k zinc-p.k2
☞ ❑ *Gemüt - Beschwerden durch - sexuell - Exzesse* | ❑ *G~ Impulse - sexuelle* | ❑ *G~ Satyriasis*
• **sexueller** Manie, bei: apisst **Phos.** *Tarent.*
• **Suizidneigung**; mit
☞ ❑ *Gemüt - Suizidneigung - sexuellen*
• **Zittern**, mit: am-c. graph. **Plat.**

– **unbezähmbar**
☞ *heftig*

– **unterdrückt**:
• **agg.**: berb.kr1 **Camph.**kr1 *Carb-v.*kr1 **Con.**kr1 **Ery-a.**kr1 *Hell.*kr1 *Kali-br.*kr1 *Mosch.*kr1 *Ph-ac.*kr1 **Puls.**kr1
☞ ❑ *Allgemeines - Sexuelles Verlangen - Unterdrükkung - agg.* | ❑ *Weibliche Genitalien - Sexuelles Verlangen - unterdrückt - agg.*
• **amel.**: calad.
• **Beschwerden** durch
☞ ❑ *Allgemeines - Sexuelles Verlangen - Unterdrükkung - agg.*
• **dann** erregt: *Ery-a.*kr1

– **vermehrt**: acon. *Agar.* agn. alco.a1 *All-c.* aloe alum. alum-sil.k2 *Am-c.* ambr.bg2,sf1 *Anac.* anag.k1,kr1 **Anan.** androc.srj1 *Ant-c.* *Ant-s-aur.*a1,kr1 ant-t. apis aran-ix.jl,mg1 arn. ars. arund. asaf.a1,bg2 aspar.j5,kr1 aster.a1,bg2,* *Aur.* aur-i.k2 aur-m. aur-s.a1,k2 bar-c. **Bar-m.** bell. berb.a1 borx.bg2,j5 bov. brom. bry. *Bufo* cact.a1 cain. caj.a1 *Calad.*bg2,k2,* **Calc.** **Calc-p.** calc-sil.k2 *Camph.* **Cann-i.** *Cann-s.* **Canth.** caps.bg2 carb-ac. carb-v. carbn-s.a1 carl.a1 *Castm.* caust. cedr. cent.a1 cere-s.a1 cham. chen-v.a1,kr1 chim-m.j5,kr1,* *Chin.* chinin-s.a1,c1 cinabg2 cinch.c2 *Cinnb.* clem.h,j5,* *Coc-c.* cocaa1 *Cocc.* cod.a1 *Coff.* colch. *Coloc.*bg2,j5,* colocin.a1 **Con.** cop.a1,kr1 *Croc.* crot-h.a1,j5 *Cub.*a1,kr1 del.a1 dema.a1 der.a1 des-ac.k2 dig. *Dios.* *Dulc.*a1,bg2 erig.mg1 ery-a.a1 eucal.a1,kr1 *Ferr.* ferr-i. ferr-m.a1 ferr-ma.j5 ferr-p. ferr-pic.sf1 *Fl-ac.* form.a1,kr1 *Gels.* gins.c2,k gnaph.kr1 goss.a1,st gran.a1,j5 *Graph.* grat.bg2 gymno.a1 *Ham.*bg2,k2,* hell.bg2 helon. *Hep.* hipp. hydr.a1 hydr-ac.a1 *Hyos.* hyper.a1,kr1 *Ign.* *Ind.*a1,kr1,* indg.a1 *Iod.* *Iris*kr1 *Kali-bi.* kali-br. *Kali-c.* *Kali-i.* *Kali-n.* kali-p. kali-sil.k2 kreos.bg2 *Lac-c.* *Lach.* lact.a1,j5 *Laur.* led. lil-t. lim.a1 **Lyc.** **Lyss.** m-arct.j5 m-aust.j5 mag-c.mg1 mag-m.bg2 mag-p.bg2 manc. mand.sp1 mang. marb-w.es1 **Med.**vh,vh/dg meny. *Merc.* merc-c.bg2

– **vermehrt**: ...
merc-i-r.a1 merl.a1 *Mez.* mim-p.jl morph.a1 *Mosch.* mur-ac.h,j5,* murx.bg2 naja *Nat-c.* *Nat-hchls.* *Nat-m.* *Nat-p.* *Nat-s.* nat-sil.k2 *Nit-ac.* nitro-o.a1 nuph.a1 nux-m. **Nux-v.** nymph.a1 oci-sa.jl,sp1 ol-an.bro1 onop.jl onos.bro1 *Op.* opun-v.a1 *Orig.*a1,bg2,* ox-ac. par. pen.a1 pers.jl petr.h,j5,* *Ph-ac.* **Phos.** **Pic-ac.** pip-m.a1 **Plat.** *Plb.* psil.ft1 psor. ptel.a1,kr1 **Puls.** raph.a1,bg2 rhod.bg2,j5,* rhus-t. rib-ac.jl rob.a1 ruta sabad.bg2,j5,* *Sabin.* sacch. *Sal-n.*bro1 sang. saroth.jl,mg1 sars. **Sel.**bg2,k2,* seneg. *Sep.* **Sil.** sin-n.a1,kr1 spig.bg2 spira.a1 spong.bg2 *Stann.* **Staph.** stict.sf1 *Stram.* sul-ac.bg2 sulph. sumb. *Tarent.* tell. tep.a1 teucr.bg2 thlas.bg2 *Thuj.* thymol.bro1 **Tub.** upa.bro1 *Ust.* vanil.br1 verat. verb.bg2 visc.jl,sp1 yuc.a1 **Zinc.** *Zinc-p.*k2 *Zinc-pic.*sf1 zing.k1,kr1 ziz.kr1
☞ *Erregbarkeit* | ❑ *Gemüt - Beschwerden durch - sexuell - Exzesse* | ❑ *G~ Sinnlich*
• **tagsüber**: crot-h.a1,j5 hyos.a1 lach.a1 sil.a1,j5
• **morgens**: agar. anac. aur.h bar-c.a1 calc.a1 calc-p.a1,j5 carb-v.a1 cob.a1 coc-c.a1 cocaa1 form.a1 kreos.a1 lach.j5 nat-s.a1,kr1 ox-ac.a1 petr.h plat.a1 puls.h rhus-t.c1 sil.h
  • **Aufstehen**, nach dem: aur.a1,j5 calc.j5
  • **Bett**, im: aster.a1 kali-cy.a1 lach.a1 sil.a1 spirae.a1
  • **Bier**, nach: nat-c.a1,h2
  • **Erektionen**, mit: nat-s.kr1
  • **Erwachen**:
    • **beim**: aeth.a1 carb-ac.a1,kr1 coc-c.a1 gnaph.a1,kr1 nat-c.a1 ptel.a1 *Puls.*a1,j5 thuj.a1
    • **nach**: aloekr1 anac.a1 aur.j5
  • **Schlaf**, im: cann-s.a1
• **vormittags**: calc.a1 hipp.a1 phos.a1 plumbg.a1
  • **Gehen**, beim: calc.a1
• **nachmittags**: agar.a1,kr1 hyper.a1 lyss.a1 rhodi.a1
  • **14**.30 h: cinnb.a1
  • **Mittagsschlaf**, nach dem: eug.a1 lach.a1 m-aust.a1,j5
  • **Schläfrigkeit**, bei: agar.kr1
• **abends**: acon.a1 *Aloe*a1,kr1 alum-sil.a1,k2 calc.a1 cinnb.a1,kr1 hipp.a1 nat-s.j5,kr1,* thuj.a1
  • **Bett**, im: cic.a1,h nat-m.a1
  • **Liegen**, im: nat-c.a1
• **nachts**: alum-sil.a1,k2 aur.a1,j5 camph.a1 *Canth.*a1 cere-b.a1 cinnb.a1 gnaph.a1 guare.a1 lach.a1 *Lyc.*a1,j5 mez.a1 nat-c.a1 nymph.a1 ox-ac.a1 sil.a1,j5 *Sulph.*a1 thuj.a1 zinc.a1
  • **Mitternacht**:
    • **nach**:
      • **3** h: calc.st
    • **Erwachen**, nach dem: ant-s-aur.a1
  • **Erektionen**, mit:
    • **heftigen**, mit: *Fl-ac.*kr1
    • **schmerzhaften**, mit: merc.kr1

◈ **abwechselnd** mit:
• **religiöse** Gemütsstörungen
☞ ❑ *Gemüt - Religiös - Gemütsstörungen - abwechselnd mit - sexuelle Erregung*
• **Traurigkeit**
☞ ❑ *Gemüt - Traurigkeit - abwechselnd mit - sexuelles Verlangen*

– **vermehrt**: ...
- **Abdomens**; während Auftreibung des: ign.al
- **alten** Mann, bei einem ◆: arn.h,kr1 *Fl-ac.* mosch.h staph. sulph.
  - **impotenten**, aber: lyc.bro1 sel.bro1
- **Anblick** erotischer Dinge; beim: tarent.a1
- **Anfällen**, in: acon.bg2,j5,* *Ant-c.*bg2,sf1 apissf1 cann-i.sf1 canth.sf1 caps.j5,sf1 fl-ac.bg2,sf1 *Hyos.*bg2,sf1 *Ign.*sf1 lach.sf1 *Op.*bg2,j5,* phos.sf1 *Plat.*sf1 puls.sf1 sel.sf1 sil.sf1 staph.sf1 stram.bg2,sf1 *Verat.*bg2,sf1
  - **Mondschein**, bei: *Ant-c.*sf1
- **anhaltend**: *Nit-ac.*j5
- **Appetit**, mit vermehrtem: cinnb.j5
- **Aufstehen**, nach dem: aur.a1
- **Beine** übereinandergeschlagen sind, wenn die: nat-c.a1
- **Betrunkenheit**; bei: calc.gl1 canth.gl1 *Caust.*gl1 chin.gl1 con.gl1 nux-v.gl1 phos.gl1
- **Bett**:
  - **im**: kali-br.a1
  - **Zubettgehen**, beim: najaa1
- **Chorea**, bei: *Verat-v.*kr1
- **Delirium**, im: **Stann.**kr1 **Stram.**a1,kr1
- **Erektionen**:
  - **mit**: aloej5 am-m.a1,h arn.j5 astac.kr1 aur.j5 calc.j5 **Canth.**kr1 coloc.j5 *Dig.*j5 ferr-ma.j5 hyos.j5 lach.a1 lyss.j5,kr1 op.j5,kr1 par.j5 puls.j5 rhod.j5 *Sars.*kr1 *Sil.*j5 sin-n.bg2,j5
    - **unvollständigen**: aran-ix.mg1 con.k2,mg1
  - **ohne**: acon.j5 *Agar.* *Agn.* *Alum.* *Am-c.* *Anan.* aq-mar.j1 aran-ix.j1 *Arg-met.* *Arg-n.* *Aur.* aur-s. bar-c. **Calad.** *Calc.* calc-i.k2 calc-sil.k2 *Camph.* carbn-s. *Chin.* cob. **Con.** corn. crot-h. *Dig.* ferr-ma.j5,k **Graph.** hep. ign. kali-c.sf1 lach. **Lyc.** lyss.kr1 mag-m.kr1 meny. naja *Nat-m.* *Nat-p.* nuph. *Nux-m.* *Nux-v.* op. pers.j1 *Ph-ac.* *Phos.* pic-ac.k2,kr1 *Psor.* puls. sabad. sal-n.st *Sel.* *Sep.* *Sil.* stann.sf1 *Staph.* sulph.
- **Erwachen**, beim: aeth.a1 carb-ac.a1 coc-c.a1 ptel.a1
- **Essen**, nach dem: aloe colch. lyss.c1,kr1
- **Fahren**, Reiten; beim: apisa1
- **Frauen**:
  - **Berührung** einer Frau, bei der: borx.a1 con.a1,bg2 graph.a1 grat.a1,bg2 nat-c.a1 plat.a1,bg2
  - **Gesellschaft** von Frauen; in: zinc.a1
  - **Sprechen** mit Frauen, beim: am-c.a1 clem.a1
- **Gleichgültigkeit**, gefolgt von sexueller: tell.kr1
- **Kindern**, bei: *Bar-c.*k1,sf1
- **Koitus**:
  - **nach**: mez.j5 nat-m.bro1 *Ph-ac.*kr1
  - **exzessivem** Koitus; nach: *Ph-ac.*kr1
  - **Verlangen** nach, ohne: borx.j5
- **Kopfschmerzen**; mit pochenden
  ☞ ❑ *Kopf - Schmerz - begleitet von - sexuelles Verlangen*
- **leicht** erregt: cinnb. con. *Graph.* kali-c. *Lyc.* *Nux-v.* **Phos.** *Pic-ac.* plat. *Plb.* **Zinc.**
  - **Ausfluß** von Prostatasekret, mit: nit-ac.
  - **Einschlafen**, beim: merc-i-r.kr1

– **vermehrt**: ...
- **paralytischer** Erkrankung, bei: *Sil.*
- **Phantasien**, sexuelle:
  - **mit**: *Ign.*j5 sil.j5
  - **ohne**: hep.j5 hyos.j5 meny.j5
- **Pollution**:
  - **mit**: sars.j5
  - **nach** einer: aloek,kr1 ars. con.kr1 grat. kali-c. mez.bg2,k,* *Nat-m.*k,kr1 nit-ac. *Ph-ac.*k,kr1 rhod. sep.
  - **ohne**: *Coff.*j5,kr1
- **Potenz** vermindert: *Sel.*c1
- **Priapismus**, wie: **Cann-s.**bg2 **Canth.**bg2 coloc.bg2 *Graph.*bg2 ign.bg2 kali-c.bg2 *Nat-c.*bg2 **Nat-m.**bg2 nit-ac.bg2 **Nux-v.**bg2 op.bg2 ph-ac.bg2 *Phos.*bg2 plat.bg2 *Puls.*bg2,j5 *Rhus-t.*bg2 *Sil.*bg2 staph.bg2 thuj.bg2
- **Ruhelosigkeit**, mit: ant-c.j5
- **Schlaf**:
  - **im**: *Nat-c.*kr1 *Stram.*kr1
  - **nach**: *Agar.*
  - **Einschlafen**, beim: kali-br.a1 merc.a1 merc-i-r.a1,kr1
  - **stört** den Schlaf: astac.kr1 **Canth.**kr1 sars.j5,kr1
- **schlaffen** Genitalien, mit: acon.j5 aur-s.j5,k2 crot-h.j5
- **Schlaflosigkeit**, bei: ant-c.kr1
- **Schwäche**, mit körperlicher: aq-mar.bg2,j1 aran-ix.bg2,mg1,* calc.bg2 calc-i.bg2,k2 calc-sil.bg2,k2 con.bg2,k2 ferr-ma.bg2,j5 kali-c.bg2 lyc.bg2 phos.bg2 pic-ac.bg2,kr1
- **starkes** Verlangen, aber schwaches Ergebnis: calc.bg2 con.bg2 lyc.bg2 phos.bg2
- **Stuhlgang**, beim: nat-c.kr1 *Nat-s.*kr1
- **Tabes** dorsalis, bei: *Fl-ac.*kr1
- **Tage**, mehrere: sars.j5
- **versucht** es zu befriedigen, bis es ihn zur Masturbation und zum Wahnsinn treibt: anan.
- **warm**:
  - **Bad**; im warmen: nat-c.a1
    - **Verlassen** des Bades; und beim: nat-c.a1
  - **Bett**; beim Warmwerden im: ant-c.a1

– **vermindert**: acon. adlu.j1 aeth.a1 agar. agav-t.j1 **Agn.** *Alum.* am-c. ambr.bg2 amgd-p.c2 anac.bg2 ange-s.j1 *Anh.*mg1,sp1 ant-c.a1,bg2 ant-o.a1 apis aran-ix.j1,mg1 arg-met. arg-n. arn.bg2 arum-d.kr1 aur. aza.j1 bar-act.a1 **Bar-c.** bar-s.k2 bell. berb. borx. *Brom.*bg2,sf1 bry.kr1 *Calad.*bg2 calc.bg,bg2,* calc-p. *Camph.*bg2,sf1 cann-s.bg2 canth.bg2 caps.bg2 carb-ac. carb-an. carb-v.bg2 carbn-s.a1 carc.j12 carl.a1 **Caust.**h,j5,* chen-v.kr1 chin.j5 chinin-s.bg2,j5,* chlor.bg2 chlorpr.j1 clem. *Coff.*j5 coloc.a1 *Con.*bg2 cortico.mg1 cortiso.j1,mg1 cund.a1 cycl. des-ac.j1 *Dios.* erig.mg1 ery-a.c2 ery-m.c2 euph.bg2 *Ferr.* ferr-m.a1 fl-ac.a1,bg2 franz.a1 gast.c2 gink-b.j1 granit-m.es1 **Graph.** halo.j1 hell. *Hep.* hyos.bg2 *Ign.* ind. indg. kali-br. *Kali-c.* kali-chl.a1,j5 *Kali-i.* *Kali-p.* kali-s. kali-sil.k2 *Kreos.*kr1 *Lach.*sf1 *Lact.*j5 laur.bg2 lec.bro1 levo.j1 lil-s.a1 lup.a1 **Lyc.** *Mag-c.* mag-m.bg2 mand.j1,mg1,* meny.bg2 merc-c.a1 moly-met.j1 morph.a1 *Mur-ac.* *Nat-m.* nat-p. *Nit-ac.* *Nuph.* nux-m.a1,bg2,* oci-sa.j1,sp1 *Onos.*bg2 op.

– **vermindert**: ...
orch.c2 pall.c2 petr. *Ph-ac.* *Phos.*a1,bg2 pic-ac.sf1 plan.a1 plat.bg2 *Plb.*a1,j5,* *Psor.* rauw.jl,sp1 *Rhod.* rhodi.a1 rumx.a1 sabad. *Sabal*bg2,sf1 sabin.bg2 sel. seneg.bg2,j5,* *Sep.* sieg.mg1 **Sil.** spig.bg2 spong. stann.bg2,jl **Staph.** sul-ac.bg2 sul-i.k2 *Sulph.* teucr. thala.jl ther. thiop.jl thuj.sf1 upa.a1 ust.a1 vichy-g.a1 vichy-h.xyz66 visc.jl,sp1 x-raybro1
• **morgens**: petr.kr1
• **abends**: dios.a1
• **nachts**: cocc.a1
• **Apathie**, mit: kali-chl.j5
 • **Frösteln**, und: kali-chl.j5 *Kali-m.*kr1
• **Diabetes**, bei: *Cupr.*kr1
• **Erektionen**:
 • **mit**: lyss.kr1
 • **ohne**: caust.j5 *Coff.*j5 *Dios.*kr1 *Kali-br.*kr1
• **Frösteln**, mit: kali-chl.j5
• **schlaffen** Genitalien, mit: acon.j5,kr1 coff.j5
• **sexuellen** Exzessen; nach: aven.c1,kr1 **Staph.**kr1 *Sulph.*kr1 upa.c1,kr1
• **Wirbelsäule**, des Rückenmarks; bei Beschwerden der: *Chin.*kr1

Smegma, vermehrtes: *Canth.* **Caust.** nat-c.a1 *Nux-v.* sang. sulph. sumb.

Sodomie: *Plat.*vh

Spannung: graph.h,k,* nat-m.a1,k rhus-t.a1,k
– **Berührung** durch die Kleidung; bei: graph.h,k,*
○ **Hoden**: aur.a1,k aur-m.a1 bry.a1 canth.a1 chel.a1 hipp.a1 kali-c.a1,h kali-n.a1,k mur-ac.a1 nat-c.a1 plb.a1 *Puls.*a1 sabin.a1 sulph.a1,k
– **Penis**: ant-s-aur. calc-p. calc-s. graph. kali-c.a1,h kali-i. mosch. mur-ac.a1,k nat-c. psor.
– **Samenstränge**: cann-s.a1,k chel.a1,k *Clem.*a1,k kali-n.a1,k med. ol-an. ph-ac.a1,k phos.a1,k *Puls.*h,k,* *Sulph.*a1,k
– **Skrotum**: arn. *Clem.*a1,k com.a1,k

Sterilität: agn.c2 alet.c2 aur-m.c2 bar-m.c2 bers-l.bta1 *Borx.*c2 caul.c2 cissu-c.bta1 *Con.*c2 dam.c2 erios-co.bta1 ferr.a1,hr1 fil.c2 form.c2 goss.c2 grew-oc.bta1 gunn-p.bta1 helon.c2 *Iod.*c2 lappac2 mill.c2 nat-c.c2 *Nat-m.*c2 nat-p.c2 phos.c2 pyren-sc.bta1 roye-l.bta1 rub-c.bta1 sabalc2 sol-so.bta1 sul-ac.c2 sulfa.jl,sp1 ther.c2 trium-r.bta1 vern-co.bta1 wies.c2 x-rayjl,sp1

Szirrhus
☞ *Krebs - Skrotum - Szirrhus*

Trockenheit der Eichel: *Calad.* lyss.

Tröpfeln von Samen: calad.k2 canth. gels.k2 *Sel.*a1
– **Schlaf**, im: plb.j5 *Sel.* sil. tax.j5
– **unbemerkt**: sel.a1

Tuberkel: *Hydrc.* *Staph.*hr1 *Thuj.*a1,k
○ **Hoden**: ambr. *Arg-met.* bac-t.a12,c1,* calc. carb-v. carbn-s. caust. graph. hep. hippoz.hr1 **Iod.** kali-c. lyc. *Merc.* nat-m. *Nit-ac.* *Petr.* *Ph-ac.* phos. plb. psor. **Puls.** sep. **Sil.** **Spong.** *Staph.* sulph. **Tub.** *Zinc.*
– **Penis**: bov. thuj.a1,k

Tuberkel - Penis: ...
 ○ **Eichel**: hippoz.hr1,k thuj.a1
– **Samenstrang**: ambr. *Graph.* *Iod.* *Kali-c.* mang. *Merc.* *Nit-ac.* ph-ac. *Phos.* plb. **Puls.** sars. **Sil.** **Spong.** staph. sulph. thuj. zinc.

Tumor:
○ **Hoden**, indolent: tarent.

Varikozele: aesc.hr1,k arn.bg2,k,* *Aur.*hr1,k bell.hr1,k *Calc.*hr1,k carb-v. colch. *Coll.*hr1,k crot-h.c2,k ferr-p.bg2 fl-ac.hr1,k *Ham.*bg2,k,* *Lach.*hr1,k *Lyc.*bg2,k,* *Merc-i-r.*hr1,k *Nux-v.*hr1,k osm.hr1,k pen.c2 *Ph-ac.*hr1,k *Podo.*hr1,k *Puls.*hr1,k rutac2,k sep.hr1,k *Sil.*hr1,k *Sulph.*hr1,k,* tab.hr1,k,*
– **Überanstrengung** folgend; auf eine: ruta

Verdickung:
○ **Samenstränge**: calad. carb-v. **Clem.** rhus-r. *Rhus-t.* *Sulph.*
 ▽ **erstreckt** sich zum Abdomen: kali-n.
– **Skrotum**: calad.a1 *Rhus-t.*a1,k rhus-v.a1 *Sulph.*
– **Vorhaut**: elaps sulph.

Vergrößerung:
○ **Hoden**: arg-n.a1,k ars.a1,k aur.k2 bar-m.hr1,k *Iod.*a1,k mez.bro1
• **links**: *Alum.* spong.
 • **zwei** Jahre lang: spong.
• **rechts**: arg-n.a1,k **Aur.**
• **Gehen**, beim: *Clem.*a1,k
– **Samenstrang**: fl-ac. kali-i.

Verhärtung:
○ **Hoden**: agn.hr1,k,* alum. alum-sil.k2 *Arg-met.* arg-n. arn. ars. ars-i. *Aur.* aur-i.k2 aur-m.k2 aur-s.k2 *Bar-c.* bar-i.k2 bar-m. bar-s.k2 bell. brom.bg1,c2 *Calc.*hr1,k *Calc-f.* calc-i.k2 calc-p. calc-sil.k13,k2 *Carb-an.* *Cinnb.* **Clem.** **Con.** *Cop.* *Graph.* *Iod.* kali-ar. kali-c. kali-chl. *Kali-i.* kali-m.k2 kali-s. kali-sil.k2 lach. lyc. **Med.** *Merc.* *Merc-i-r.* merl. nit-ac. *Nux-v.* ox-ac.c2 phos. plb. *Puls.* **Rhod.** **Sil.** **Spong.** *Staph.* stry. sul-i.k2 *Sulph.* syph.k2 thuj. ust. *Viol-t.*
• **links**: *Brom.* kali-chl. mez. oci. *Rhod.* *Thuj.*
• **rechts**: arg-met.k2 arg-n. arn. *Aur.* *Clem.* *Con.* lach. merc. *Nit-ac.* *Ox-ac.* ph-ac. **Rhod.** sil.
• **chronisch**: *Aur.* bar-c. *Rhod.*
• **geschwollen**: *Merc.*bg2,vh/dg,*
• **Gonorrhoe**, nach: *Alum.* *Clem.* cop. *Med.* **Rhod.** sulph.
○ **Nebenhoden**: ars. *Aur.* *Med.* merc. nit-ac. **Rhod.** **Spong.**
– **Penis**: *Berb.*hr1 sep.h,k,*
• **alten** Mann, bei einem: *Berb.*
• **Erektion**, ohne: mela.c1
○ **Vorhaut**: *Lach.*hr1,k merc-i-r. sep.h,k,* *Sulph.*
– **Samenstrang**: ph-ac. *Syph.*
– **Skrotum**: **Rhus-t.**a1,k **Sulph.** syph.k2

Verlangen
☞ *Sexuelles Verlangen*

Verlangen nach Ejakulation
☞ *Ejakulation - Verlangen*

Verletzungen: *Arn.*vh *Calen.*vh *Hyper.*vh mill.vh *Rhus-t.*vh *Staph.*pd,vh

Völlegefühl:
○ **Samenstränge**: fl-ac.

Warzen
☞ *Kondylome*

Wollüstiges Gefühl, durch Kratzen erregt: *Crot-t.*

Wucherungen an den Hoden: bar-c.

Ziehen im Skrotum: am-c. clem.

Zucken:
– **brennendes** Zucken in den Samenbläschen zur Eichel: *Mang.*
○ **Hoden**: lyc.a1,k meny.a1,k sil.a1,k
– **Penis**: aur. bar-c. *Calc.* carl. caust. *Cinnb.* graph. lach. lyc. mez. nat-m. nit-ac. rhod. stann. **Thuj.** viol-t. zinc.
☞ ❑ *Gemüt - Gesten - Tics*
○ **Eichel**: mez.
• **Peniswurzel**: zinc.
– **Samenstränge**: ang.a1,h graph.a1,h *Mang.* plb.a1
– **Skrotum**: graph.a1,k

Zusammenschnürendes Gefühl: arn. asar. kali-c. mosch.

Zusammenschnürung:
○ **Eichel**, hinter der: coloc. plb. puls.
• **Koitus**, nach: calad.
– **Vorhaut**: cann-s.bg2 merc.bg2,k nit-ac.bg2,k rhus-t.bg2,k sabin.bg2,k sep.bg2 sulph.bg2,k thuj.bg2

Zusammenziehung:
○ **Hoden**: arg-met.c1 camph.h,kl
– **Skrotum**: acon.bg2,k arn. berb.bg2,k cann-s.bg2,k clem.bg2,k ferr.bg2 ferr-m.bg2,k op. petr.bg2 plb.bg2,k zinc.bg2

Abneigung gegen Sex
☞ *Koitus - Abneigung / Sexuelles Verlangen - fehlend*

Abort: abrot.al absin.st acon.bg2,k,* *Alet.*hr1,k,* aloeal,st ambr.hr1,k,* anac.hr1 ant-c.bg2,k **Apis**k,k2,* arg-n.bg2,k,* arist-cl.sp1 *Arn.*bg2,k,* ars.a1,st art-v.hr1,kr1,* asaf.hr1,k *Asar.*bg2,k,* asc-c.c1,c2 aur-m.hr1,kr1,* *Bapt.*c1,kr1,* **Bell.**k,k2,* borx.bg2 *Bry.*k,k2,* buni-o.jl,kr1 *Calc.*k,k2,* calc-s. camph.hr1,k,* *Cann-i.*k2,kr1 *Cann-s.*k,k2,* *Canth.*bg2,k,* caps.bg2 carb-an.bg2,k carb-v.bg2,k,* carbn-s.a1,st *Caul.*hr1,k,* *Caust.*kr1,st cedr.hr1,k **Cham.**bg2,k,* *Chin.*bg2,k,* chinin-s.j5 *Cimic.*hr1,k,* cinabg2,kr1 *Cinnm.*kl,kr1,* *Cocc.*bg2,k,* coff.hr1,kr1,* *Coloc.*hr1,kr1,* con.bg2,k,* **Croc.**bg2,k,* crot-h.hr1,k cupr.bg2,k cycl.bg2,k dig.hr1,kr1,* dulc.hr1,k **Erig.**hr1,k,* *Eup-per.*k2,vh *Eup-pur.*kr1,st *Ferr.*bg2,k,* *Ferr-i.* ferr-m.kr1 ferr-p. fil.hr1,kr1,* **Gels.**hr1,k,* goss.hr1,kr1,* *Ham.*k,kr1,* *Helon.*hr1,k,* *Hep.* hippoz.hr1,k **Hyos.**bg2,k,* *Ign.* iod.hr1,k **Ip.**bg2,k,* *Iris* *Kali-c.*bg2,k,* *Kali-m.*kr1,st kali-p. kali-s. kou.a1,c1,* kreos.bg2,k,* lach.bg2 lip.jl *Lyc.*bg2,k,* maesa-l.jsx1 *Merc.*bg2,k,* merc-c.c1,c2 *Mill.*hr1,k,* morph.a1,st murx.c1,c2 nat-c.bg2,k nit-ac.bg2,k,* **Nux-m.**bg2,k,* *Nux-v.*bg2,k,* *Op.*bg2,k1,* parth.c1,c2 *Phos.*bg2,k1,* phyt.c1,kr1,* *Pin-l.*a1,c1,* *Plat.*k,k2,* *Plb.*bg2,k,* podo. **Puls.**bg2,k,* pyrog.bro1,sf1 *Rat.*c1,kr1,* *Rhus-t.*bg2,k,* rosm.a1,c1,* rumx.c1,c2 rutabg2,k,* **Sabin.**bg2,k,* sang.kr1 sars.st **Sec.**bg2,k,* **Sep.**k,k2,* *Sil.*bg2,k1,* *Stram.*bg2,k1,* sul-ac.a1 sul-i.st *Sulph.*bg2,k,* *Syph.*kr1,vh,* tanac.a1,k tarent.k2 *Ter.*vh,vh/dg,* thuj.c1,c2 *Tril-p.*k1,kr1,* *Ust.*hr1,k,* *Verat.*k,kr1 *Vib.*bg2,k,* vib-p.c1,kr1,* wies.c1 zinc.bg2,k,*
☞ *Atonie / Fötus - Entwicklungsstillstand / Fötus - tot / Metrorrhagie - Atonie / Metrorrhagie - Entbindung - Inertia / Metrorrhagie - Schwangerschaft*

◆ **begleitet** von:
- **Anämie**
  ☞ *❑ Allgemeines - Anämie - begleitet von - Abort*
– **Ärger**, Verdruß; durch: *Acon.*hr1,kr1,* cham.sf,sf1
– **Anstrengung**, durch: bry.k13,k2 **Erig.** helon.hr1,k mill. nit-ac. *Rhus-t.*hr1,k
– **Beschwerden** durch: aur.k2,kr1 **Cimic.**kr1 *Helon.*kr1 *Kali-c.*kr1 *Kali-s.*kr1,vh,* *Lac-c.*kr1 *Merc.*kr1 *Plat.*kr1 *Podo.*kr1 rheumkr1 sabin.c1,kr1,* *Stram.*kr1 *Sulph.*kr1 *Thlas.*kr1
– **Bewußtlosigkeit**, bei: sec.a1
– **Bleivergiftung**, durch: plb.hr1,kr1
– **drohender** Abort
  ☞ *Abort*
– **Erregung** des Gemütes; durch: *Bapt.*sf1,st cham.sf1 **Gels.**k,kr1,* *Helon.*kr1,sf1 *Op.*sf1
– **feuchten**, kalten Orten; an
  ☞ *kalten, feuchten Orten*
– **Fluor**, bei: calc.bg2 ferr.bg2 *Plb.*bg2,kr1,* *Sep.*bg2 **Sulph.**bg2
– **Folgeerscheinungen** von Abort
  ☞ *Beschwerden*
– **Furcht**:
  - **durch**: acon.k2
  - **Todesfurcht**, mit: coff.kr1
– **Gewitter**, durch: cinnm.st nat-c. rhod.
– **Harndrang**; mit ständigem: canth.kr1

Abort: ...
– **Hochlangen** mit den Armen, durch: aur.k2
– **Husten**, durch: *Kali-br.*hr1,kr1 *Rumx.*kl,kr1,*
– **Influenza**, bei: camph.hr1,kr1 *Gels.*sf,sf1
– **Kälte**, durch: acon.sf,sf1
– **kalten**, feuchten Orten; durch Aufenthalt an: *Dulc.*
– **Kummer**, durch: ign.sf,sf1
  - **unterdrückten**, durch: ign. nat-m.
– **Monat**:
  - **erster** Monat: alco.a1,st **Apis**a1,st vib.a1,st
  - **ersten** Monaten, in den: alco.a1,st **Apis**k1,st caul.k13,k2 tanac.a1 vib.vh,vh/dg,*
  - **zweiter** Monat: agar-se.a1,st apis *Cimic.*st **Kali-c.**k1,st kali-n.a1,c1,* plb.a1,st
    - **zweiter** oder dritter Monat: apiskr1 *Cimic.*kr1 **Kali-c.**kr1 *Sabin.*kr1 *Sec.*kr1 thuj.kr1 tril-p.kr1 vib.kr1
    - **sechste** Woche: *Ip.*kr1,vh,* *Sang.*vh *Spong.*a1,kr1
    - **achte** Woche: *Spong.*a1,kr1,*
  - **dritter** Monat: *Apis*k1,st bell.bg2,k2 cimic. *Croc.*k1,vh,* *Eup-per.*vh *Eup-pur.*k1,st *Kali-c.*vh,vh/dg,* *Kreos.*vh,vh/dg,* *Merc.* *Nux-v.*bg2,kr1,* plb.a1,bg2,* *Sabin.* *Sec.* sel.st sep.bg2,k2,* thuj. *Tril-p.*bg2,kr1,* *Ust.*
    - **Ende** des dritten Monats; am: merc.st
  - **vierter** Monat: **Apis**a1,kr1,* *Eup-pur.*kr1
    - **drohend**: caul.hr1
  - **fünfter** Monat: plb.a1
    - **fünfter** oder sechster Monat: ars.a1,st
    - **fünfter** bis siebter Monat: kali-c.vh plb.st *Sep.*k1,st
  - **sechster** Monat: crot-h.j5 *Lac-c.*kr1,vh,*
  - **siebter** Monat: *Ruta*bg2,kr1,* sep.k2,st
    - **Fötus** tot: *Ruta*st
  - **achter** Monat: cann-i.c1 *Puls.*kr1,vh,*
  - **letzten** Monaten, in den: op.hr1,k
  - **wiederholt** zur selben Zeit: cedr.kr1,st
– **Nachtwachen**, durch (= Schlafmangel): bapt.bro1
– **naßkalten** Orten; an
  ☞ *kalten, feuchten Orten*
– **Neigung** zu Abort: *Alet.*k1,st *Apis* arg-n. asaf.k2 asar. aur. *Aur-m.*kr1,vh,* bac.bro1 *Bapt.*k1,vh,* bufo *Calc.* calc-s.k2 cann-s.bg2 carb-v. *Caul.* *Cimic.*c2,k cocc.bg2 *Eup-pur.*kr1 ferr. ferr-act.sf1 ferr-m.sf1 *Helon.* hyos. ign.sf1 **Kali-c.**k1,vh,* kali-chl.sf1 kali-i.sf1 kali-n.sf1 kali-perm.sf1 kreos. *Lyc.*k1,st merc.sf1 merc-c.bro1 mill.kr1,vh/dg,* nux-m. nux-v.j5 phyt.a1,st **Plb.** puls. rhus-t.k2 rutabg2,sf1 *Sabin.* sars.kr1,vh/dg,* *Sec.*j5,k2,* *Sep.* sieg.mg1 sil. sul-i.k2 *Sulph.* syph.bg2 thuj.bg2,sf1 vib. *Vib-p.*bro1 *Zinc.*k1,st zinc-m.bro1
  - **Blutungen**; mit Neigung zu: *Sulph.*kl,kr1,*
  - **Fluor**, bei: *Plb.*vh,vh/dg,*
  - **Frauen**, die geboren haben; bei: *Plat.*kr1
  - **hysterische** Frauen, mit Neigung zu Ohnmachten; frostige: **Nux-m.**kr1
  - **müden** und nervösen Frauen; bei: kali-p.k2
  - **Neuralgie**; mit: *Sulph.*vh
  - **schlaffen** Frauen, bei; Frauen mit schlaffer Faser: *Caul.*kr1,st *Sec.*kr1 *Ust.*kr1

– **Neigung** zu Abort - **schlaffen** Frauen: ...
 • **schwachen**, venösen Frauen; bei: asaf.$_{k2}$
 • **Uterus**; durch Schwäche des: *Caul.*$_{vh}$
– **Placenta** praevia, durch: *Nux-v.*$_{st}$ *Sabin.*$_{st}$ *Sep.*$_{st}$ *Verat-v.*$_{st}$
– **schlechte** Nachrichten, durch: *Bapt.*$_{kl,st}$ *Gels.*$_{kr1}$
– **schleichendes** Fieber, durch: bapt.$_{bro1}$
– **Schock**, durch: bapt.$_{bro1}$
– **Schreck**, durch: *Acon.*$_{hr1,k}$ cimic.$_{hr1,kl,*}$ *Gels.*$_{hr1,k}$ *Ign.* *Op.*$_{hr1,st}$
 • **letzten** Monaten; in den: *Op.*$_{st}$
– **Schwäche**, aus: *Alet.*$_{bro1}$ caul.$_{bro1}$ chin.$_{bro1}$ chinin-s.$_{bro1}$ *Helon.*$_{bro1}$ nit-ac.$_{k2}$ sec.$_{bro1}$ *Sep.*$_{sf,sf1}$ sil.$_{sf,sf1}$
– **Syphilis**, durch: *Aur.*$_{kr1,sf1}$ kali-i.$_{kr1,sf1}$ *Merc.*$_{kr1,sf1}$ *Merc-c.*$_{kr1}$ *Nit-ac.*$_{kr1}$ phyt.$_{kr1}$ staph.$_{kr1}$ syph.$_{kr1}$ thuj.$_{kr1,sf1}$
– **Trägheit** des Uterus, durch: alet. *Carb-v.* *Caul.* chin. cimic. ferr. helon. puls. sabin. sec. senec. ust.
– **Überhitzung**, nach: bry.$_{k13,k2}$
– **Verletzungen**, durch: *Arn.* cinnm.$_{bro1}$ ham.$_{bg,kr1}$ *Puls.*$_{bg2}$ *Rhus-t.* ruta$_{bg,bg2,*}$
– **Wehen**, durch falsche: nux-m.$_{sf,sf1}$
– **Wetter**:
 • **kaltem** Wetter; bei:
  • **naßkaltem** Wetter; bei: *Dulc.*
– **Zorn**, durch: cham.$_{st}$

Abszeß: *Hep.* kali-p. *Merc.*$_{bg2,k}$ *Nat-m.* nit-ac.$_{bg2,k}$ *Sep.*$_{bg2,k}$ sil.$_{k2}$ *Sulph.*
○ **Ovarien**: bell.$_{hr1,k}$ *Crot-h.*$_{hr1,k}$ *Hep.*$_{hr1,k}$ *Lach.*$_{hr1,k}$ *Merc.*$_{hr1,k}$ plat.$_{hr1,k}$ psor.$_{hr1,k}$ *Pyrog.*$_{c2}$ *Sil.*$_{hr1,k}$
 • **links**: *Lach.*

Ameisenlaufen: alum-sil.$_{k2}$ elaps *Plat.* staph.$_{k2}$
 ☞ *Prickeln*

Amenorrhoe
 ☞ *Menses - fehlend*

Aphthen: agar. *Borx.* *Carb-v.*$_{h,k,*}$ *Helon.*$_{hr1,k}$ iod. *Kreos.*$_{hr1,k}$ *Merc.*$_{hr1,k}$ *Sul-ac.* sulph. thuj.
 ☞ ❑ *Allgemeines - Aphthen*
○ **Vagina**: alumn.$_{bro1}$ caul.$_{hr1,k}$ helon.$_{hr1}$

Askariden: ferr.$_{hr1,k}$ *Sabad.*$_{hr1}$ *Sil.*$_{hr1,k}$ *Sulph.*$_{hr1,k}$

Atonie des Uterus (= Inertia uteri): alet. alum.$_{c,c1}$ am-m.$_{bro1}$ ambr.$_{hr1,k}$ bell-p.$_{c,c1}$ *Carb-v.*$_{hr1,k}$ *Caul.*$_{hr1,k,*}$ *Chin.* cimic.$_{hr1,k}$ *Ferr.* gels.$_{c1,hr1}$ goss.$_{bg2}$ *Helon.*$_{hr1,k}$ kali-c.$_{bg2}$ lapa.$_{c1,c2,*}$ op.$_{a1}$ plb.$_{bg2,c1}$ psor. **Puls.** rhus-a.$_{bro1,c1,*}$ *Sabin.*$_{hr1,k}$ sec. *Senec.* sulph. tril-p. *Ust.*$_{hr1,k}$
 ☞ *Abort / Metrorrhagie - Atonie / Metrorrhagie - Entbindung - Inertia*
– **Entbindung**; während der: indgf-a.$_{jsx1}$ lysi-r.$_{jsx1}$ op.$_{a1,c1}$ plb.$_{c1}$ sec.$_{c1}$ vero-ab.$_{jsx1}$
– **Menses** durch Atonie verzögert: *Thlas.*$_{kr1}$
– **Metrorrhagie**; bei: *Carb-v.*$_{hr1,kr1}$

Atrophie der Ovarien: apis bar-c.$_{k2}$ *Bar-m.* *Carbn-s.* *Con.* helon. **Iod.** plb.

Auftreibung; Gefühl von:
○ **Klitoris**: borx.$_{br1,c1}$

Auftreibung; Gefühl von: ...
○ **Uterus**:
 • **Gas** gefüllt; wie mit: nux-m.$_{c1}$ ph-ac.

Aura
 ☞ ❑ *Allgemeines - Konvulsionen - epileptisch - Aura - Uterus*

Ausfluß
 ☞ *Fluor*

Beschwerden:
○ **Ovarien**; der:
 ◆ **begleitet** von:
  • **Atmung**; schwierige
   ☞ ❑ *Atmung - Atemnot - begleitet von - Ovarien*
– **Uterus**; des:
 ◆ **begleitet** von:
  • **Lähmung** der Beine
   ☞ ❑ *Extremitäten - Lähmung - Beine - begleitet von - Uterus*

Bewegungen:
○ **Fötus**, wie ein
 ☞ ❑ *Abdomen - Bewegungen*
– **Kindsbewegungen**
 ☞ *Fötus - Bewegungen*

Bewußt, nimmt ihn wahr; ist sich des Uterus: aesc.$_{k2}$ *Helon.*$_{hr1,k}$ *Lyss.*$_{br1,c1,*}$ *Murx.*$_{hr1,k,*}$

Blähungen aus der Vagina; Abgang von: apis *Bell.*$_{hr1,k}$ **Brom.**$_{bg2,k,*}$ *Calc.*$_{hr1,k}$ carc.$_{vh}$ chin.$_{hr1,k}$ hyos.$_{hr1,k}$ *Lac-c.*$_{hr1,k}$ luna$_{c2}$ **Lyc.**$_{bg2,k,*}$ *Mag-c.*$_{hr1,k}$ *Nat-c.* *Nux-m.*$_{hr1,k}$ *Nux-v.*$_{hr1,k}$ orig.$_{hr1,k}$ **Ph-ac.**$_{hr1,k,*}$ *Phos.*$_{vh}$ *Sang.*$_{bg2,k,*}$ *Sep.*$_{bg2,k,*}$ sulph.$_{hr1,k}$ tarent.$_{bg2,k,*}$
– **Menses**, während: brom.$_{hr1,k}$ kreos. nicc.

Blumenkohlartige Gewächse
 ☞ *Kondylome - blumenkohlartig / Wucherungen - Uterus - Zervix - blumenkohlartig*

Blutandrang: alet. ambr. bamb-a.$_{stb2}$ bell.$_{bg2,k}$ bry.$_{bg2,k}$ *Chin.*$_{bg2,k}$ *Croc.*$_{bg2,k}$ fl-ac.$_{hr1,k}$ gamb.$_{hr1,k}$ *Hep.*$_{bg2,k}$ kali-c. lac-c. lach.$_{hr1,k}$ *Merc.*$_{bg2,k}$ nux-v.$_{bg2,k}$ *Phos.*$_{hr1,k}$ plat.$_{bg2,k}$ sabin.$_{bg2,k}$ sec.$_{bg2,k}$ sulph.$_{bg2,k}$ tarent.$_{hr1,k}$
○ **Ovarien**: acon. alet. **Apis** bamb-a.$_{stb2}$ *Bell.*$_{hr1,k}$ *Bry.* con.$_{k,k2}$ ham.$_{hr1,k}$ *Hep.*$_{hr1,k}$ *Iod.* *Kali-i.*$_{hr1,k,*}$ lac-c. lach. *Lil-t.* meli. *Merc.* naja pall. plat. podo.$_{k2}$ polyg-h. puls. rhus-t. sabin. sec.$_{hr1,k,*}$ *Sep.*$_{hr1,k}$ staph. sulph. *Syph.*$_{hr1,k}$ *Thuj.* ust.$_{hr1,k}$ *Zinc.*
 • **Bewegung** agg.: lac-c.
 • **Enthaltsamkeit**, durch: apis
 • **Menses**:
  • **vor**: bamb-a.$_{stb2}$ lac-c.$_{hr1,k}$
  • **unterdrückt**: *Apis*
– **Uterus**: aloe anan. arg-n.$_{a1,k}$ **Bell.**$_{bg2,k,*}$ cact.$_{k2}$ calc-i.$_{k2}$ caul.$_{hr1,k}$ cham.$_{hr1,k}$ *Chin.*$_{bg2,k,*}$ con.$_{k2}$ ferr.$_{hr1,k}$ *Gels.* *Hep.*$_{bg2,k,*}$ *Lac-c.*$_{hr1,k}$ **Lach.**$_{hr1,k}$ lil-t.$_{br1}$ murx.$_{k2}$ *Nat-c.*$_{hr1,k}$ nat-m.$_{k2}$ *Nux-v.*$_{bg2,k,*}$ **Puls.**$_{hr1,k}$ *Sec.*$_{bg2,k,*}$ senec.$_{hr1,k}$ **Sep.**$_{hr1,k,*}$ sulph.$_{bg2,k}$ ter.$_{hr1,k}$ *Verat-v.*$_{c2}$
 • **Blasenreizung**, mit: mit.$_{c1}$
 • **Blutung**, nach: *Chin.*

– **Uterus**: ...
- **Gefühl** von: *Caul.*vh
- **Menses**:
  - **vor**: *Chin.* **Lach.**
  - **während**: acon. alet. **Bell.** cact.k2 caul. cham. *Chin.* **Lach.** nux-v. **Puls.** sec. senec. *Sep.*

○ **Zervix**: arg-met.k2

Blutung
☞ *Metrorrhagie*

Diphtherische Exsudate: apis *Kali-bi.*hr1,k *Lac-c.* merc-cy. sep.hr1,k

Drückt nach oben, wenn sie sich setzt; der Uterus: ferr-i. **Nat-hchls.**

Dysmenorrhoe
☞ *Menses - schmerzhaft*

Empfängnis:
– **eingebildet**
☞ *❑ Gemüt - Wahnideen - schwanger*
– **leicht**: *Borx.*bg2,j5,* canth.j5 merc.h,j5,* nat-c.bg2 nat-m.bro1
– **unmöglich**
☞ *Sterilität*

Empfindlichkeit: *Aur-m.* bamb-a.stb2 **Bell.** *Canth.* chin. coc-c. *Coff.* con. merc. *Mur-ac.* nux-v. **Plat.** *Sep.* **Staph.** sulph. syph.c1 tarent.k2 ust.bg1 *Zinc.*
○ **Uterus**: lach.k2
  ○ **Stelle** nahe dem Os uteri: med.br1
– **Vagina**: acon. alumn. aur. *Bell.* *Berb.* bry. calc. *Coff.* *Ferr.* ferr-p. graph. *Kreos.* **Lyss.** merc. *Nat-m.* nux-v. **Plat.** sec. *Sep.* *Sil.* **Staph.** sulph. *Thuj.*

Empfindungslosigkeit der Vagina: alum. *Berb.* *Brom.* cann-s. *Ferr.* *Ferr-m.* kali-br. *Phos.* *Sep.*k,kl2●
– **Koitus**, beim: *Berb.*kr1,st brom.kr1,st *Cact.*st *Ferr.*k2,kr1,* *Ferr-m.*kr1,st *Ferr-p.*st *Ign.*st *Phos.*kl,kr1,* *Plat.*st *Thuj.*st
☞ *Koitus - Genuß - fehlend*

Endometriose: malatox.mnt1 thuj.oss

Engegefühl in der Ovarialregion beim Heben der Arme: *Apis*

Entbindung:
– **während**; Beschwerden: *Acon.*bg2,k2,* arist-cl.c1,sp1 *Arn.*bg2,kr1,* *Aur.*c1,kr1 *Bell.*bg2,k2,* borx.bg2,kr1,* calc.bg2,kr1,* calc-f.c1,c2 *Calen.*c1,c2 carb-v.bg2,k2,* **Caul.**kr1,sf1,* **Caust.**bg2,kr1,* **Cham.**bg2,k2,* *Chin.*c1,c2 *Cic.*bg2,j5,* *Cimic.*k2,kr1,* cocc.bg2,c1 *Coff.*bg2,c1 *Coff-t.*c1,kr1 *Coll.*c1,c2 cupr.bg2,c1 ferr.bg2,c1 *Gels.*bg2,kr1,* goss.kr1,sf1,* graph.bg2,c1 hyos.j5,k2,* hyper.c1 ign.bg2,c1 ip.c1 *Kali-c.*bg2,k2,* *Lyc.*c1,kr1 mag-m.bg2,c1 mill.c1,k2 mosch.bg2,c1 nat-c.bg2,c1 nat-m.bg2,k2,* *Nux-m.*bg2,c1 *Nux-v.*bg2,kr1,* *Op.*bg2,c1 plat.bg2,k2,* **Puls.**j5,k2,* *Pyrog.*c1,c2 *Rhod.*c1,kr1 rhus-t.bg2,c1 rutabg2,c1 sabin.bg2,k2,* **Sec.**bg2,kr1,* sep.bg2,kr1,* stann.bg2,c1 stram.bg2,c1 sulph.bg2,k2,* verat.bg2,kr1,* vib.bg2,kr1,*

Entbindung - während; Beschwerden: ...
☞ *nach / Fötus - Entwicklungsstillstand / Fötus - Lage / Lochien / Os / Placenta / Schmerz - Nachwehen / Schmerz - Wehen*
- **Kummer**; Beschwerden nach: *Caust.*kr1
- **langsam**: *Bell.*kr1 *Caul.*kr1 chlf.kr1 chlol.kr1 *Ign.*kr1 **Nat-m.**kr1 *Sec.*kr1 visc.c1,kr1
- **lang** und schmerzhaft: *Arn.*kr1
- **Ruhelosigkeit**, mit: *Acon.*kr1 *Camph.*kr1 chlf.kr1
- **schmerzlos**, fast: goss.kr1
- **schnell**, zu: *Lyc.*kr1
- **Starre**, Rigidität der Muskeln; mit: *Bell.*kr1 coff.kr1
- **vorzeitig**: nux-v.a1
  - **Furcht** oder Schreck, durch: *Op.*kr1

– **nach**; Beschwerden: acon.k1 agn.j5 ant-c.k1 ant-t.k1 *Arn.*k1 asaf.k1 asar.k1 aur.k1 bamb-a.stb2 **Bell.**k1 borx.k1 bov.k1 *Bry.*k1 *Calc.*k1 calen.bro1 camph.k1 canth.k1 *Carb-an.*k1 carb-v.k1 caust.k1 **Cham.**k1 chin.k1 cimic.c1 cinak1 cocc.k1 *Coff.*k1 colch.k1 coloc.k1 con.k1 *Croc.*k1 cupr.k1 cycl.bg dros.k1 dulc.k1 equis-h.k1 *Ferr.*k1 gels.k1 glon.k1 graph.k1 helon.k1 hep.k1 *Hyos.*k1 ign.k1 iod.k1 *Ip.*k1 *Kali-c.*k1 kreos.k1 lach.k1 lyc.k1 mag-c.k1 mag-m.k1 merc.k1 mosch.k1 mur-ac.k1 nat-c.k1 nat-m.k1 nit-ac.k1 nux-m.k1 *Nux-v.*k1 op.k1 ph-ac.k1 phos.k1 *Plat.*k1 puls.k1 rheumk1 rhod.bg **Rhus-t.**k1 rutak1 sabad.k1 **Sabin.**k1 **Sec.**k1 **Sep.**c1,k1 sil.k1 stann.k1 stram.bg2,k1,* sul-ac.k1 *Sulph.*k1 thuj.k1 verat.k1 verat-v.k1 zinc.k1
☞ *während / Lochien / Schmerz - Nachwehen*
- **Genesung**, langsame: *Graph.*kr1
- **Läsionen** der Teile: arn.j5

Enthaltsamkeit
☞ *❑ Allgemeines - Sexuelles - Unterdrückung - agg.*

Entwicklung der Geschlechtsteile:
– **infantil**
☞ *Infantilismus*
– **verzögert**: calc-p.k2 lyc.k2

Entzündung: *Acon.*hr1,k ambr. anan. *Apis* **Ars.**hr1,k *Asaf.*hr1,k aur-m.k2 *Bell.*hr1,k borx.c1 bry.hr1,k *Calc.*hr1,k calc-s.k2 cann-s.bg2 canth.k2 carb-v. *Coc-c.*hr1,k coll.hr1,k con. ferr.hr1,k ferr-ar. *Ferr-p.*hr1,k ign.hr1,k *Kali-c.*hr1,k **Kreos.**bg2,k,* *Lyc.*hr1,k med.c1 **Merc.**bg2,k,* *Merc-c.*hr1,k *Nat-m.* nat-s.hr1,k *Nit-ac.*bg2,k nux-v. *Petr.*hr1,k podo.bg2 **Rhus-t.**hr1,k *Sec.*bg2 *Sep.*bg2,k staph.bg2,k sulph.bg2,k tarent. *Thuj.*
– **erysipelatös**: *Apis* **Rhus-t.**
– **Menses**, während: acon. bell. calc. merc. nit-ac. nux-v. sep. sulph.
– **Urin**, durch: canth.k2
○ **Eileiter**:
- **Hydrosalpingitis**: gels.c2
☞ *Hydrosalpinx*

– **Labien**: *Apis*c2 *Coc-c.*c2 sulph.h,kl
– **Ovarien**: **Acon.**bg2,k,* aesc. am-br. ambr.bg2,k,* *Ant-c.*bg2,k,* **Apis**c2,k arg-met. arg-n.k2 arn. ars.bg2,k,* ars-i.k,k2 aur.hr1,k aur-ar.k2 aur-i.k2 aur-m.k2 **Bell.**bg2,k,* brom.hr1,k *Bry.*hr1,k,* *Cact.*hr1,k,*

– **Ovarien**: ...
*Canth.*bg2,k,* caps. castm.c2 *Chin.*bg2,k,* cimic.hr1,k cod.hr1,kr1 coloc.hr1,k,* *Con.*k,kr1 crot-h.hr1,k cub.hr1,k dulc.bg2,k,* euph.hr1,k gels.k2 graph.hr1,k,* *Guaj.*hr1,k,* ham.hr1,k hep. ign.hr1,k,* *Iod.*hr1,k,* *Lac-c.*hr1,k *Lach.*bg2,k,* *Lil-t.*hr1,k,* **Lyc.**hr1,k,* mag-p. *Med.* **Merc.**bg2,k,* nit-ac.hr1,k *Nux-v.*hr1,k,* *Pall.*hr1,k,* *Ph-ac.*hr1,k,* **Phos.**hr1,k *Phyt.*hr1,k *Plat.*bg2,k,* **Podo.**hr1,k *Puls.*hr1,k,* pyrog.kr1,st rhus-t.hr1,k,* sabad.hr1,k sabalkr1 **Sabin.**bg2,k,* sec.k2 sep.kr1 staph.bg2,k,* *Syph.*hr1,k *Thuj.*hr1,k,* ust.hr1,k *Verat-v.*hr1,k visc.c2 zinc. zinc-p.k2
• **abwechselnde** Seiten: lac-c.k2
• **links**: arg-met. caps. graph.hr1,k *Ham.*hr1 *Lach.*hr1,k lil-t. *Thuj.*hr1,k vesp. zinc.
• **rechts**: aesc. *Apis* *Arg-met.* *Bell.*hr1,k *Bry.* iod. lac-c.hr1 **Lyc.**hr1,k *Pall.* **Podo.**hr1,k
◆ **begleitet** von:
 • **Zunge**:
  • **Schleim** auf der; weißer: *Ham.*kr1,vk1
• **Abort**; nach: sabin.br1,c1
• **Blutung**, nach: *Chin.* *Plat.*
• **Furcht**, durch: acon.k2
• **Gonorrhoe**; nach unterdrückter: *Canth.* **Med.**
☞ ❑ *Harnröhre - Absonderung - gonorrhoisch*
• **Menses**; durch plötzlich unterdrückte: **Acon.** *Puls.*
• **nassen** Füßen; nach: *Puls.*
• **sexuelle** Exzesse, durch: *Chin.* *Ham.* *Plat.* *Staph.*

– **Uterus**: *Acon.*bg2,k,* *Agn.*hr1,k alum.hr1,k ant-c.bg2 **Apis**k,k2 arg-n.k2 *Arn.*bg2,k,* **Ars.**bg2,k,* *Aur.* aur-ar.k2 aur-i.k2 *Aur-m.*hr1,k aur-s.k2 **Bell.**bg2,k,* *Bry.*bg2,k,* bufo *Cact.*hr1,k calc.bg2,k,* calen.c2 **Canth.**bg2,k,* *Carb-an.*bg2,k,* carbn-s. castm.c2 caul.hr1,k *Cham.*bg2,k,* chin.bg2,k,* coc-c.k2 cocc.bg2,k,* *Coff.*bg2,k,* coloc.bg2,k,* con.bg2,k,* croc.bg2,k,* ferr.bg2,k,* ferr-ar. gels.k2 graph.hr1,k *Ham.*hr1,k *Hep.*hr1,k hydr.hr1,k *Hyos.*bg2,k,* hyper.hr1,k ign.bg2,k,* inul.br1 *Iod.*hr1,k ip.bg2,k,* iris kali-c.bg2,k,* kali-p. kreos.bg2,k,* **Lac-c.**hr1,k **Lach.**bg2,k,* **Lyc.**hr1,k *Lyss.* mag-m.hr1,k med.al,c1 *Merc.*bg2,k,* mosch.bg2 nat-m.bg2 *Nux-v.*bg2,k,* op.bg2,k,* ph-ac.hr1,k *Phos.*bg2,k,* plat.k2 **Puls.**bg2,k,* pyrog.k2 *Rhus-t.*bg2,k,* *Sabad.*hr1,k **Sabin.**bg2,k,* **Sec.**bg2,k,* *Sep.*bg2,k,* *Sil.*hr1,k *Stram.*bg2,k,* sul-i.k2 *Sulph.*bg2,k,* **Ter.**hr1,k til.c2 *Verat.*bg2,k,* *Verat-v.*hr1,k zinc.bg2
• **Abort**; nach: sabin.br1,c1
• **Blutung**, nach: *Chin.* mill.k2
• **Entbindung**, nach: *Cham.*hr1 *Nux-v.*hr1,k *Sabin.*hr1,k *Sec.* til.c1
• **Entrüstung**, durch: *Coloc.*hr1,k
• **Erregung** des Gemütes; durch: *Hyos.*hr1,k *Ph-ac.*hr1
• **Freude**, durch übermäßige: *Coff.*hr1,k
• **Furcht**, durch: acon.k2
• **Menses**, während: phos.k2
• **Schwangerschaft**; während der: phos.k2
• **sexuellen** Exzessen, nach: *Chin.*hr1,k
• **Zorn**, nach: *Cham.*hr1,k

– **Vagina**: *Acon.*hr1,k alum.hr1,k aur-m.hr1,k bell. caul.hr1,k *Coc-c.*hr1,k *Cur.*hr1,k,* fl-pur.stj2 *Ham.*hr1,k

Entzündung - Vagina: ...
hyper.hr1,k *Merc.*bg2,k,* *Nat-act.* nit-ac.gg rhus-t.vh sep.hr1,k,* tarent.hr1
• **Aphthen**
☞ *Aphthen - Vagina*
• **Koitus**, beim: berb.kr1 brom.kr1 **Cact.**vh *Ferr.*kr1,vh,* ferr-m.kr1 ferr-p.vh *Ign.*vh phos.kr1 *Plat.*vh *Thuj.*vh

Epileptische Aura
☞ ❑ *Allgemeines - Konvulsionen - epileptisch - Aura - Uterus*

Erregbarkeit der Genitalien; vermehrte: foll.jl phos.a1
☞ *Sexuelles - vermehrt*
○ **Klitoris**, Erektion der:
• **Menses**, während: kali-br.kr1
• **Urinieren**, nach dem:
 • **sexuellem** Verlangen, mit: calc-p.kr1,st

Erschlaffung:
○ **Schamgegend** und im Becken; der Muskeln um die: tril-p.zr
– **Vagina**; Schließmuskel der: *Agar.* **Agn.**hr1,k2 *Ambr.* ars. *Calad.* *Calc.* croc. *Ferr.* *Kali-c.* *Lyc.* mag-c. merc. mur-ac. *Nat-c.* nat-m. *Sep.* sil. staph. *Sulph.* *Tub.*

Erysipel: phos.k2

Exkoriation: agar.k2 *Alum.* am-c.h,k2,* *Ambr.*bg2,k ars.k2 berb. *Bov.* *Calc.*bg2,k calc-s. *Carb-v.*bg2,k,* carbn-s. *Caust.*bg2,k *Con.*bg2 fl-ac.k2 *Graph.*bg2,k,* *Hep.*bg2,k,* hyos.bg2 *Kali-c.*bg2,k kali-s. *Kreos.*bg2,k lac-c. lil-t. lyc.bg2,k mag-p.bg2 meph.bg2,k *Merc.*bg2,k,* nat-c.bg2,k *Nat-m.*bg2 *Nit-ac.*bg2,k *Petr.*bg2,k ph-ac.h,k1 rhus-t.bg2 sabin. *Sep.*bg2,k sil.bg2,k staph.bg2 sulph.bg2,k **Thuj.**bg2,k til.
– **alten** Frauen, bei: merc.
– **Fluor**, durch
☞ *Fluor - scharf*
– **Menses**, während: all-c. *Am-c.* bov. carb-v. *Caust.* *Graph.* hep. *Kali-c.* kreos.k2 nat-s. rhus-t.k2 *Sars.* sil. *Sulph.*
○ **Perineum**
☞ ❑ *Rektum - Exkoriation - Perineums*
– **Uterus**: alum.bg1 arg-n.bg1 ferr-i.bg2 *Helo.*bg2 helon.bg2 kali-bi.bg1 merc.bg1 *Murx.*bg2 puls.bg2
– **Vagina**: alum. hydr.k2 hyos.bg2 *Kali-bi.*bg2,k kali-c. merc. nit-ac.k2
 ○ **um** die: ign.br1

Farbe (= Verfärbung):
– **rot**: ars. aur-m. *Bell.* calc. *Carb-v.* *Helon.* hydrc. kali-bi. led. merc. *Sep.* *Sulph.* til.
 ○ **Vagina** gerötet, Uterus gesenkt: berb.
– **Uterus**:
○ **Zervix**:
 • **purpurn**, blaurot: carb-an.k2

Faßt sich an die Genitalien
☞ *Masturbation*

Feuchtigkeit: *Petr.*hr1,k
– **Gefühl** von: eup-pur.hr1,k,*

Fisteln an der Vagina: *Asar.* **Calc.** *Carb-v.* caust. *Lach.* *Lyc.* *Nit-ac.* *Puls.* **Sil.**

Flecken: staph.

Fluor: acon.j5,kr1 acon-l.a1 adren.c1,c2 *Aesc.* agar. agn.c2,k *Alet.*c2,k allox.sp1 aln.c1,c2 aloekr1 alst.c1,c2 **Alum.**c2,k alum-p.k2 alumn.c2,k **Am-c.**bg2,k1,* *Am-m.* ambr. anac. ant-c. *Ant-t.*j5,kr1,* apis aral.c1,c2 *Arg-n.* *Arist-cl.*mg1,sp1 **Ars.**c2,k **Ars-i.** *Ars-s-f.*k2 arund.a1,kr1 asaf. asc-i.br1,bwa3 asper.bro1 aur.c2,k aur-ar.k2 aur-i.k2 *Aur-m.* aur-m-n. aur-s.k2 bad. bamb-a.stb2 *Bar-c.* *Bar-m.*c2,k *Bar-s.*k2 baros.c1,c2 bell.j5,kr1 bell-p.sp1 berb.c2,k berb-a.c1,c2 bond.a1 *Borx.* *Bov.* bry. but-ac.sp1 **Calc.**c2,k *Calc-f.*sp1 calc-i.k2 calc-o-t.c1,c2 *Calc-p.*c2,k **Calc-s.** cann-s. canth. caps. *Carb-ac.*kr1 **Carb-an.**c2,k *Carb-v.* **Carbn-s.** card-m. carl.a1 *Castm.*j5 caul.c2,k **Caust.**c2,k cean.c1,kr1,* cedr. cench.c1,c2 cham. chel. chen-a.c1,c2 chim.kr1 **Chin.**c2,k chinin-ar. chlol.c1,c2 *Cimic.* *Cina*c1,c2 *Cinnb.* cinnm.c1,c2 coc-c.a1,k2 *Cocc.* coch.c1,kr1,* coff. *Coll.*kr1 **Con.**bg2,k1 *Cop.*j5,kr1 *Corn.*kr1 croc.c1,kr1,* crot-c. cub. cur. cycl. cyt-l.mg1 dam.c1,c2 der.a1 *Dict.*c1 dig. dros. dulc. erig.kr1 *Ery-a.*c1,kr1,* *Eucal.*kr1 eup-pur.a1,kr1 euph-pi.c1,c2 *Eupi.*c2,k fago.a1 *Ferr.* ferr-ar. ferr-br.c1,c2 *Ferr-i.*k2,kr1,* ferr-p. *Ferr-s.*kr1 *Frax.*bro1 gamb.a1,kr1 **Gels.**k1,vh ger.c1,c2 gink-b.jl,sbd1 gran.c1,j5,* **Graph.**c2,k grat.k2 gua.c1,c2 guaj. guat.sp1 ham.c2,k hed.sp1 hedeo.c1,c2 helin.bro1 helio.c1,c2 helon.c2,k *Hep.*c2,k hir.mg1 hura *Hydr.*c2,k hydrc.c1,c2 hydrog.srj2 hyper.a1,kr1 ign.j5,kr1,* inul.a1,c1,* **Iod.**c2,k *Ip.*k1 irisc1,vh jab.c1,c2 jac-c.bro1 jac-g.c1,c2 joan.bro1 **Kali-ar.** *Kali-bi.* **Kali-c.**c2,k *Kali-chl.* kali-fcy.a1,kr1,* *Kali-i.* kali-m.c1,k2,* kali-n.bg2,br1 *Kali-p.* *Kali-s.* kali-sil.k2 kalm.c1,c2 **Kreos.**c2,k *Lac-ac.*kr1 *Lac-c.*c2,k lac-d.c1,c2 lac-v-f.c1,c2 *Lach.* *Lam.*c2,j5 *Lap-a.*c1,kr1,* lapa.c1,c2 lappac1,c2 laur. lil-t. lipp.a1,c1,* *Lyc.* lycpr.c1,c2 *Lyss.*c2,k mag-c. *Mag-m.*c2,k mag-s.c2,k mand.mg1,sp1 mang. **Med.** meli.c1 *Meli-xyz.*c2 **Merc.**c2,k *Merc-c.* merc-i-f.c2,k merc-i-r. merc-pr-r.bro1 mez.c2,k mill.j5,kr1,* mom-b.c1,c2 **Mur-ac.** murx.c2,k myric.c1,c2 najaa1 *Nat-ar.* *Nat-c.* nat-hchls. **Nat-m.**c2,k *Nat-p.*c2,k nat-s. nicc.a1,j5 **Nit-ac.** *Nux-m.* nux-v. *Oci-sa.*sp1 ol-an.j5 *Ol-j.*kr1 *Op.* *Orig.*c2,k orig-d.c2 ovi-p.c1,c2 *Pall.*c2,k paraf.c1,c2 pareir.c1,c2 ped.a1 penic.jl *Petr.* *Ph-ac.* *Phos.* *Phys.*c2,k *Phyt.*c2,k pic-ac.bro1 **Plat.** plb. *Podo.* prun.c2,k *Psor.*c2,k pulm-a.srb2 **Puls.**c2,k puls-n.a1 pulx.bro1 ran-b. rat. rhus-t. ruta *Sabin.*c2,k sang. sanic.c1,c2 sapin.c1,c2 sarr. *Sars.* sec. senec. seneg. **Sep.**c2,k **Sil.** sol-o.c1,c2,* solid.c1,c2 spira.bro1 squil. **Stann.** stront-c.c2,k *Sul-ac.* sulfonam.jl **Sulph.**c2,k syph.c2,k tab.j5 *Tarent.* tep.c1,c2 thlas.c1,c2,* *Thuj.* *Thymol.*sp1 til.c2,k *Tong.*j5 tril-p.kr1 *Tub.*c1,c2,* urt-u.c1,c2 ust. vib.kr1 viol-t.c2,k voes.a1 wies.a1 wye.a1 xan.kr1 *Zinc.* *Zinc-p.*k2 zing.c1 ziz.a1

– **tagsüber**:
• **agg.**: murx.kr1 *Sep.*kr1
  • **Menses**, nach den: *Kali-fcy.*kr1
• **nur**: *Alum.* *Lac-c.* plat. sep.

– **morgens**: *Aur.* *Aur-m.* aur-s. bamb-a.stb2 *Bell.* *Calc-p.* *Carb-v.* *Graph.* *Kreos.* *Mag-m.* murx.a1

Fluor - morgens: ...
nat-m. phos. plat. **Sep.** *Sulph.* *Zinc.*h,kr1
• **Aufstehen**, beim: calc-p.j5,kr1 carb-v.j5 graph.a1,j5 kreos.j5 *Sulph.*j5,kr1
• **Gehen**, beim: phos.a1
• **Mädchen**, bei: *Puls.*kr1
• **Urinieren**, nach dem: *Mag-m.*a1,kr1

– **nachmittags**: alum. calc-p. lil-t. mag-c.h,j5,* naja

– **abends**: bufo echi. eupi.a1 lil-t. merc. phys.a1 sil.a1 tarent.a1 *Zinc.*kr1

– **nachts**: alum. ambr. bov.bg2 *Carb-v.* *Caust.* *Con.* **Merc.** *Nat-m.* nit-ac. rutast *Sulph.* *Syph.*k2,vh,*
• **nur**: *Carb-v.*kr1 *Caust.*kr1 *Nat-m.*kr1

◈ **abwechselnd** mit:
• **blutige** Absonderung: ambr.st oci-sa.sp1 tarent.a1,kr1
• **Gemütssymptome**
☞ ☐ *Gemüt - Gemütssymptome - abwechselnd mit - Fluor*
• **Husten**: *Iod.*k,vh
• **Schnupfen**: kali-c.st

◆ **begleitet** von:
• **Lider**; Schwere der: caul.c1,hr1
• **Stirn**; kleinen braunen Flecken auf der: caul.br1,c1

– **Abort**, bei vorausgegangenen: alet.bro1 caul.bro1 *Sabin.*bro1 sep.bro1

– **alten** Frauen, bei: ars.bro1 *Gels.*kr1 *Helon.*kr1 nit-ac.bro1 *Phos.*kr1 sec.bro1

– **Amenorrhoe**, bei: *Graph.*kr1

– **Anämie**, bei: **Calc.**kr1 *Cycl.*kr1 **Ferr.**kr1 *Graph.*kr1 *Helon.*kr1 *Hep.*kr1 *Ph-ac.*kr1 *Phos.*kr1 senec.k2,kr1 *Sil.*kr1

– **anfallsweise**: allox.a1,sp1 eupi.a1 lyc.a1

– **anhaltend**, chronisch: *Aesc.*k2,kr1 *Alum.*j5,kr1,* *Am-m.* aur.sf1 bell-p.sf1 *Borx.*j5,kr1 calc.k2,kr1 **Cinnm.**kr1 erig.kr1 *Graph.*j5,kr1 *Ign.*kr1 iod.j5,k2,* *Kali-i.*kr1 *Kali-m.*kr1 *Kreos.*kr1 *Lach.*kr1 *Mag-m.*j5,kr1 *Mez.*j5,kr1 *Myric.*kr1 nat-c.j5 *Nit-ac.*kr1 *Nux-v.*bg2,sf1 podo.sf1 *Rat.*kr1 sec.kr1 *Senec.*bg2,sf1 *Sil.*kr1 *Sulph.*kr1 thuj.bg2,sf1 ziz.kr1
• **Amenorrhoe**, bei: *Plat.*kr1
• **Menses**:
  • **nach**: *Nux-v.*kr1
  • **agg.**: **Iod.**kr1
• **sexuellen** Verlangen; mit vermehrtem: *Ign.*kr1

– **Atonie**, durch: *Alet.*kr1 *Caul.*kr1 cimic.kr1 *Helon.*kr1 sec.kr1 tril-p.kr1 ust.kr1

– **Aufstehen** vom Sitzen, beim: plat.h

– **bernsteinfarben**: sep.a1

– **Bewegung**:
• **agg.**: **Calc.**kr1 euph-pi.bro1 mag-c.bg2 *Mag-m.*h,j5,* mag-s.j5 *Phys.*kr1 *Sep.*kr1
• **Abwärtsbewegung**, bei: *Borx.*

– **blasenbildend**: *Phos.*bg2,j5

– **bläulich**: ambr.

– **blonden** und phlegmatischen Frauen; bei: *Cycl.*kr1

– **blutig**: acon. agar. aloe *Alum.* alum-p.k2 alum-sil.k2 alumn.k2 am-m. *Ant-t.* *Arg-met.* *Arg-n.* arist-cl.mg1 *Ars.* *Ars-i.* *Ars-s-f.*k2 *Bar-c.* bar-i.k2 *Bell.*kr1 bufo calc. calc-ar.k2 calc-i.k2 **Calc-s.**

– **blutig**: ...
calc-sil.k2 canth. carb-an.k2 *Carb-v.* carbn-s. caust.bg2 **Chin.** chinin-ar. chinin-s.a1 *Chlor.*kr1 chr-ac.st cimic.jl cinnb. **Cocc.** coff. *Con.* cop.j5,kr1 crot-h. dict.a1 foll.jl graph.k2 ham. hep. hydroph.jl *Iod.* kali-i. *Kreos.* *Lac-c.* *Lach.*bg2,sf1 *Lyc.* mag-m.bg2,j5,* *Merc.* *Merc-c.* murx. **Nit-ac.** nux-m. petr. ph-ac. *Phos.* phys. podo. prot.jl pyrog.k2 raph.kr1 rob.kr1 sabin. **Sep.** *Sil.* *Spira.*bro1 *Sul-ac.* sul-i.k2 tarent.kr1 *Ter.* thlas.kr1,vh/dg,* thymol.jl,sp1 *Tril-p.* zinc. zinc-p.k2
☞ *dünn, wäßrig*
• **morgens**: kreos.a1
• **vormittags**: sep.a1
• **nachts**: raph.a1
• **alten** Frauen, bei: arist-cl.mg1 *Phos.*kr1
• **Menses**:
• **vor**: aran-ix.jl,mg1
• **nach**: ars. canth.j5,sf1 caust. *Chin.* *Lac-c.*kr1 pyrog. sil.h *Tarent.*kr1 *Zinc.*
• **erscheinen** würden; mit Gefühl, als ob die Menses: *Sul-ac.*kr1
• **Schwäche**, mit: tril-p.kr1
• **Schwangerschaft**; während der: *Nux-m.*kr1 sep.a1
• **Stuhlgang**, beim: murx.j5,kr1 *Vib.*kr1
• **wäßrig**: calc.bg2 mang.bg2 *Nit-ac.*bg2
☞ *dünn, wäßrig*

– **braun**: aesc.bro1 *Am-m.* androc.srj1 arg-met. arist-cl.jl,mg1,* bamb-a.stb2 berb. buni-o.jl cocc. dict.a1 foll.jl hir.jl,mg1 hydrog.srj2 kreos.j5,st lac-d.k2 **Lil-t.** mand.jl,mg1 **Nit-ac.** prot.jl *Sec.* *Sep.*bro1 *Sil.* spig.bg2 thlas.sf1,st *Thymol.*jl,sp1 ust.bg2,h
• **färbt** die Wäsche: *Lil-t.* **Nit-ac.**
• **gelb**: lac-d.st
• **Menses**:
• **vor**: arist-cl.mg1 hir.mg1
• **während**: pic-ac.a1
• **nach**: bamb-a.stb2 *Lac-c.*kr1 *Nit-ac.*kr1
• **Urinieren**, nach dem: *Am-m.*a1,kr1

– **brennend**: alum. alum-p.k2 *Am-c.* ant-c.bg2,sf1 arg-n.bg2 *Ars.* ars-i. ars-s-f.k2 bar-c. bar-s.k2 **Borx.** **Calc.** **Calc-s.** canth. carb-ac.br1,sf1 *Carb-an.* *Carb-v.* carbn-s. castm. cham.bg2 *Con.* ferr-i. *Fl-ac.* graph.k2 hed.st hep.bg2 hoit.jl hydr.sf1 iod. kali-ar. kali-c. *Kali-p.* kali-s. **Kreos.** *Lach.*bg2 lept.bg2 lil-t.bg2 mag-c.bg2 mag-s. meph. *Merc.*bg2,sf1 *Nit-ac.* *Phos.* **Puls.** **Sep.** *Sul-ac.* *Sul-i.*k2 **Sulph.** tarent. thuj. urt-u.sf1
• **Bewegung**:
• **agg.**: *Mag-s.*a1,kr1
• **Menses**, nach den: *Phos.*kr1

– **dick**: *Acal.*kr1 aesc. alum. ambr. amor-r.jl anac.jl anan. **Ars.** *Ars-i.* ars-s-f.k2 *Asar.* *Aur.* aur-ar.k2 *Aur-i.*k2 aur-s. bar-c. *Borx.* *Bov.* bufo **Calc.** calc-s. canth.a1 *Carb-v.* castm. *Cean.*kr1 *Chlol.*kr1 coc-c. *Coloc.* *Con.* cop.j5,kr1 cur. goss.st helin.bro1 **Hydr.** *Iod.* **Kali-bi.** kali-i.k2 kali-m.bro1 kali-s. kreos.bro1 lach. lup.a1 *Mag-m.* mag-s. med.st merc.a1,bg2 mez. murx. myric. *Nat-ar.* *Nat-c.* nat-m. nit-ac.bro1 *Phyt.* *Podo.* *Puls.* rob.kr1 *Sabin.* sarr. *Sec.*kr1 senec.bg2 *Sep.* stann.k2 staph. *Sul-i.*k2 sulph. syph. thuj.bro1

– **dick**: ...
tong.j5 vib. *Zinc.*
• **morgens**: aur-s.a1
• **nachts** beim Erwachen: zinc.a1
• **Gehen**, beim: *Bov.*a1
• **Menses**:
• **nach**: *Coloc.*kr1 *Nit-ac.*kr1 *Pall.*kr1 *Sep.*kr1 *Tril-p.*kr1 *Zinc.*kr1
• **zwischen** den Perioden: *Coloc.*kr1 tril-p.kr1
• **vor** und nach: *Zinc.*kr1
• **Stuhlgang**, beim: *Vib.*kr1
• **Urinieren**, beim: **Calc.**kr1
• **weißer** Kleister, wie: *Borx.*

– **dunkel**: *Aesc.* agar. croc. *Kreos.* nux-m. sec. *Thlas.*kr1,st

– **dünn**, wäßrig: abrom-a-r.bnj1 *Acal.*kr1 alum. alum-p.k2 alum-sil.k2 am-c. ambr. anan. *Ant-c.* *Ant-t.* *Arg-met.* arist-cl.jl *Ars.* *Ars-i.* *Asaf.* bapt.bg2 bell.bro1 bond.a1 *Bufo* but-ac.sp1 *Calc.*bg2,j5,* *Calen.*kr1 *Carb-an.* *Carb-v.* carbn-s. castm. cham. chin. chinin-ar. *Cocc.* *Ferr.* ferr-ar. ferr-i. ferr-p. fl-ac.sf1 frax.st gels.sf1 **Graph.** helon. *Hydr.*kr1 iod. *Kali-i.* kali-n. kali-s. *Kreos.* *Lac-c.* lept.bg2 *Lil-t.* *Lob.* *Lyc.* *Mag-c.* *Mag-m.* mang.bg2 med.br1,st merc. merc-c. mez. *Murx.* naja.bro1 nat-c.bg2 *Nat-m.* *Nat-p.* nicc. **Nit-ac.** *Ol-an.* *Ph-ac.* *Phos.* plat.bro1 prun.sf1 **Puls.** *Rhus-t.*kr1 sabin. sarr. *Sec.* *Sep.* *Sil.* stann. sul-ac. sul-i.k2 *Sulph.* syph. tab.kr1 *Tarent.*kr1 thymol.jl,sp1 vib.
☞ *blutig - wäßrig*
• **morgens** beim Aufstehen: *Carb-v.*a1,h sulph.a1
• **vormittags**: mag-c.a1
• **nachmittags**: *Naja*a1,kr1
• **Menses**:
• **vor**: sapin.a1
• **nach**: ars.a1,kr1 *Mag-c.*kr1 *Nit-ac.*kr1 tab.kr1 *Vib.*kr1
• **zwischen** den Perioden: alet.
• **Mittagessen**, nach dem: cham.a1,h
• **Schwangerschaft**; während der: *Cocc.*kr1
• **skrofulösen** Frauen; bei: *Iod.*kr1
• **Urinieren**, nach dem: nicc.a1,kr1

– **dünnen** Frauen; bei: abrom-a-r.bnj1 phos.kr1 *Sec.*kr1 *Sep.*kr1

– **durchsichtig**: *Agn.*hr1,k allox.sp1 *Alum.* alumn.a1 am-c.k1 am-m.k1 anac.jl *Aur.* aur-s.k2 **Borx.** *Bov.* bufo.a1 calc. *Calc-p.* *Caust.* chlorpr.jl *Mez.* nabal.a1 **Nat-m.** *Nit-ac.* pall.k1 *Petr.* *Plat.* *Podo.* **Sep.** *Stann.* stram. *Sul-ac.* til.st ust.
• **Aufstehen** vom Sitzen, beim: plat.a1
• **Gehen**, beim: *Bov.*a1
• **Menses**, nach den: *Pall.*kr1

– **eitrig**: aesc.sf1 *Agn.*bro1 *Alum.* alum-sil.k2 alumn.bro1 amor-r.jl anan. *Arg-met.* arg-n.bro1 *Ars.*bro1 *Bov.*bg2,sf1 bufo *Calc.*bg1,k,* calc-s. calc-sil.k2 *Cann-s.*bro1 carb-an.bro1 cean.bro1 cham.bro1 *Chin.* cinnb. *Cocc.* con.bg2 cop.j5,kr1 cur. eupi.bro1 *Fago.*bro1 helin.bro1 *Hep.*bg2,kr1,* *Hydr.* *Ign.* iod.bro1 *Kali-bi.*bg1,sf1 *Kali-fcy.*kr1 *Kali-s.* kreos. lach.bro1 lil-t.bro1 lyc.bro1 *Merc.* *Merc-c.*kr1 *Merc-i-f.* nat-c.k2 *Nat-s.*k2,kr1 nit-ac. **Puls.**bg1,bg2,* pulx.bro1 rob.kr1 *Sabin.* sec. **Sep.** sil. *Stann.*bro1 *Still.*kr1

– **eitrig**: ...
Sulph.$_{kr1}$ *Syph.*$_{kr1,st}$ tril-p.$_{bro1}$ ust.$_{bro1}$
• **Menses**:
  • **während**: *Merc.*$_{kr1}$
  • **nach**: *Bov.*$_{sf1}$
– **eiweißartig**: aesc.$_{sf1}$ agn. *Alum.* am-c. **Am-m.**$_{bg2,k,*}$ arist-cl.$_{mg1}$ aur. bamb-a.$_{stb2}$ bell.$_{bg2}$ berb. **Borx.** *Bov.*$_{k,zr}$ but-ac.$_{sp1}$ calc. *Calc-p.* carb-v.$_{a1}$ coc-c.$_{k2}$ elaps$_{a1}$ **Hydr.**$_{kr1}$ lil-t. med.$_{st}$ *Mez.* **Nat-m.** pall. *Petr. Plat. Podo. Senec.*$_{kr1}$ **Sep.** *Stann.* stram. *Sul-ac.* tarent.$_{bg2}$ ust.
• **Gehen**:
  • **agg.**: aesc.$_{sf1}$
• **heiß**: *Borx.*$_{k2,sf1}$
• **Menses**:
  • **agg.**; vor: *Ust.*$_{kr1}$
• **Schwangerschaft**; während der: petr.$_{sf1}$
– **Erregung**:
• **agg.**: calc.$_{kr1}$
– **Essen**, nach dem: cham.$_{j5}$
– **fadenziehend**, zäh: *Acon.*$_{j5,kr1,*}$ acon-l.$_{a1,st}$ aesc. *Alum.*$_{bg2,k2,*}$ am-m. androc.$_{srj1}$ ant-t.$_{j5,kr1}$ aran. arg-met.$_{j1}$ *Asar.* bell-p.$_{j1,mg1,*}$ *Borx. Bov. Caust.* chel. *Coc-c. Croc.* dict.$_{a1}$ ferr-br.$_{bro1}$ goss.$_{st}$ *Graph.* **Hydr.** iris$_{bro1}$ **Kali-bi.** *Kali-br.*$_{kr1}$ **Kali-m.**$_{k2}$ *Mag-m.*$_{bg2,sf1}$ *Merc.*$_{kr1}$ mez. *Nat-c.* **Nit-ac.** *Pall.*$_{bro1}$ ph-ac.$_{bg2}$ phos.$_{h,j5,*}$ *Phys.*$_{kr1}$ *Phyt.* raja-s.$_{j1}$ **Sabin.** *Sil.*$_{kr1}$ stann. sulph.$_{k2}$ tarent.$_{bg1}$ tril-p.
• **morgens**: phyt.$_{a1}$
• **Gehen**, beim: *Bov.*$_{a1}$
• **Menses**:
  • **vor**: ferr.$_{a1}$
  • **nach**: chel.$_{a1}$ phos.$_{a1}$
– **färbt** die Wäsche: agn.$_{kr1}$ bov.$_{kr1}$ *Carb-an.*$_{j5,kr1}$ chel.$_{a1,kr1}$ eupi.$_{a1,kr1}$ fago.$_{a1,kr1}$ graph.$_{kr1}$ *Kreos.*$_{j5,kr1,*}$ *Lach.*$_{j5,kr1}$ *Lil-t.*$_{a1,kr1}$ *Nux-v.*$_{j5,kr1}$ *Prun.*$_{j5,kr1}$ sep.$_{kr1}$ *Thuj.*$_{kr1}$
• **auszuwaschen**; schwierig: pulx.$_{br1}$
– **Flatus**:
• **nach**: caust.
• **Abgang** von; während dem: ars.$_{a1}$
– **fleischfarben**: *Alum.* bar-c. bufo canth. chin. cocc. kali-i. kreos. lyc. *Nit-ac.* phos.$_{bg,bg2}$ sabin. sep. *Tab.*$_{a1,j5}$
• **nachmittags** im Freien: alum.$_{a1}$
• **Menses**, nach den: *Nit-ac.*$_{kr1}$
– **flockig**: ambr.$_{bg2}$ apis$_{bg2}$ helon.$_{bg2}$ merc.$_{bg2}$ sep.$_{bg2}$
– **Frösteln**, mit: *Cycl.*$_{kr1}$ *Puls.*$_{kr1}$
• **nachts**: lach.$_{kr1}$
– **frostigen** Frauen; bei: ars.$_{kr1}$ calc.$_{kr1}$ lach.$_{kr1}$
– **gallertartig**: coc-c. *Graph.* pall. *Sabin.* sec. sep.
• **Menses**, vor und nach den: *Pall.*$_{c1,kr1}$
– **Gefühllosigkeit** der Vagina durch Fluor: raja-s.$_{j1}$
– **Gehen**:
• **agg.**: *Aesc.* alum. anan. *Aur.* **Bov.** calc. *Carb-an. Graph.* kreos. lac-c.$_{k1}$ mag-c.$_{h,vh,*}$ mag-m. *Nat-m.* onos.$_{bg,bg2}$ *Phos. Sars. Sep.* stront-c. *Sulph.* til.$_{bro1}$ tong.$_{a1,j5}$ *Tub.*
• **amel.**: fago.$_{st}$
– **gelb**: acon. *Aesc.* alet.$_{sf1}$ *Alum.* alum-p.$_{k2}$ alum-sil.$_{k2}$ *Alumn.* anan. androc.$_{srj1}$ apis *Arg-met.*

– **gelb**: ...
Arg-n. **Ars.** *Ars-i. Ars-s-f.*$_{k2}$ *Asar. Aur.* aur-ar.$_{k2}$ **Aur-i.**$_{k2}$ *Aur-m. Aur-s.* bell.$_{bg2}$ bov. *Bufo* buni-o.$_{j1}$ **Calc.** calc-ar.$_{k2}$ calc-f.$_{j1}$ calc-i.$_{k2}$ *Calc-s.* calc-sil.$_{k2}$ *Carb-an. Carb-v.* cean.$_{sf1}$ cench.$_{k2,st}$ **Cham.** *Chel.* chin.$_{bg2}$ *Chlor.*$_{kr1}$ cimic.$_{j1}$ cinnb. *Coloc.* con. cub. cycl.$_{sf1}$ *Eupi.* fago.$_{a1,st}$ fl-ac. foll.$_{j1}$ *Gran. Graph.* **Hydr.** ign.$_{sf1}$ *Inul.*$_{a1,kr1}$ *Iod. Kali-ar. Kali-bi.* kali-c. *Kali-fcy.*$_{kr1}$ *Kali-i.* kali-m.$_{k2}$ *Kali-p. Kali-s. Kali-sil.*$_{k2}$ *Kalm.* **Kreos.** *Lac-ac.* lac-c. *Lac-d.* lac-f.$_{c1}$ lach. *Lil-t. Lyc.* mag-c.$_{mg1}$ mand.$_{j1,mg1}$ med.$_{c1,kr1,*}$ *Merc.* merc-c. *Merc-i-f.* merc-i-r. *Murx.* myric. *Nat-ar. Nat-c.* nat-m. *Nat-p. Nat-s.*$_{kr1,sf1}$ nat-sil.$_{k2}$ nit-ac. *Nux-v.* oci-sa.$_{j1,sp1}$ *Ol-j.*$_{k1,vh}$ onos. *Pall.* penic.$_{j1,srb2}$ *Ph-ac.* phos. prun. psor.$_{st,vh}$ *Puls.* rob.$_{kr1}$ *Sabin. Sec.*$_{kr1}$ **Sep.** sil. spira.$_{a1}$ *Stann.* sul-ac. *Sul-i.*$_{k2}$ **Sulph.** *Syph. Thuj.*$_{bg2,sf1}$ *Tril-p.*$_{c1,kr1}$ ust. *Zinc. Zinc-p.*$_{k2}$
• **morgens**: *Aur-m.*$_{a1,kr1}$ kalm.$_{a1}$ **Sep.**$_{a1}$
• **nachts**:
  • **agg.**: *Syph.*
• **Bewegung**:
  • **agg.**: *Sep.*$_{kr1}$
• **färbt** die Wäsche: *Agn.*$_{hr1}$ *Carb-ac.*$_{kr1}$ *Carb-an.* chel. **Kreos.** *Nux-v.*$_{bg,bg2}$ prun.
• **gelbgrün**
  ☞ *grünlichgelb*
• **heftigen** Kopfschmerzen; mit: eupi.$_{bro1}$
• **Kindern**, bei: *Merc-i-f.*$_{kr1}$ *Syph.*$_{kr1}$
• **Menopause**; während der: *Sabin.*$_{kr1}$
• **Menses**:
  • **vor**: ang.$_{a1,kr1}$ ars.$_{a1,kr1}$ lac-d.$_{k2,kr1}$ *Nat-m.*$_{kr1}$ *Puls.*$_{kr1}$ *Sep.*$_{kr1}$ *Tarent.*$_{kr1}$
  • **während**: calc.$_{k2,kr1}$ des-ac.$_{j1,kr1}$ *Puls.*$_{kr1}$
  • **nach**: ars.$_{a1,kr1}$ lac-d.$_{k2,kr1}$ ph-ac.$_{a1,kr1}$ *Sep.*$_{kr1}$ **Tarent.**$_{kr1}$
  • **zwischen** den Perioden: calc.$_{k2,kr1}$ *Coloc.*$_{kr1}$ tril-p.$_{kr1}$
• **skrofulösen** Frauen; bei: *Iod.*$_{kr1}$
• **Urinieren**, vor dem: *Kreos.*$_{kr1}$
– **gonorrhoisch**: *Aur-m. Cann-s.* cop. mez.$_{sf1}$ **Nit-ac.** *Plat.* **Puls.** sabin.$_{k2,sf1}$ *Sep.*$_{k1}$ *Thuj.*$_{k1}$
• **Schwangerschaft**; während der: borx.$_{c1}$
– **grau**: *Arg-met.* helon.$_{sf1}$ kreos.$_{bg1,bg2,*}$ nit-ac.$_{sf1}$ *Sec.*$_{sf1}$
– **grünlich**: amor-r.$_{j1}$ anan. apis arg-met.$_{j1}$ *Arg-n. Asaf. Bov.* calc-sil.$_{k2}$ *Carb-ac. Carb-an.*$_{kr1}$ **Carb-v.** cop. cub. flor-p.$_{j1}$ kali-chl. *Kali-i. Kali-p. Kali-s. Lach.* **Merc.** merc-i-r. *Murx. Nat-c.* **Nat-m. Nat-s. Nit-ac.** phos.$_{kr1}$ puls. pulx.$_{bro1}$ rob.$_{kr1}$ *Sec.* **Sep.** stann.$_{k2}$ sulph.$_{bro1}$ syph.$_{k2}$ thuj. x-ray$_{j1}$
• **morgens**: murx.$_{a1}$
• **färbt** die Wäsche: bov. kali-chl. lach. thuj.
• **Gehen**, beim:
  • **agg.**: *Nat-m.*$_{kr1}$
• **Menses**, nach den: *Nit-ac.*$_{kr1}$
• **wäßrig**: *Sep.*
– **grünlichgelb**: arg-met.$_{k2,kr1}$ *Bov.*$_{j5,kr1}$ calc-sil.$_{k2,kr1}$ *Murx.*$_{kr1}$ pulx.$_{br1}$ ruta$_{kr1,st}$ *Sabin.*$_{kr1}$ *Sep.*$_{kr1}$ **Sulph.**$_{kr1}$ syph.$_{k2,kr1}$
– **Haarausfall**, mit: alum.$_{kr1}$ graph.$_{kr1}$ *Lyc.*$_{kr1}$ *Nat-m.*$_{kr1}$ *Phos.*$_{kr1}$ sulph.$_{kr1}$

○ **Schamgegend**: *Nat-m.*kr1
– **Heiserkeit**, nach: con.kr1 *Nat-s.*kr1
– **heiß**: borx.bg1,sf1 ferr-i.k2 *Hydr.*kr1
– **honigfarben**: *Nat-p.*k2,kr1
– **Husten**:
• **während**: *Nat-m.*kr1,vh,*
• **nach**: con.kr1,st
– **hysterischen** Frauen; bei: *Am-c.*kr1 *Gels.*kr1 **Puls.**kr1
– **intermittierend**: *Carb-v.*kr1 con.kr1 sulph.kr1
– **jauchig**: arg-met.k2
– **juckend**: agar.bg2,kr1,* agn.bg2,kr1,* alum.bg2,j5,* *Ambr.*bg2,kr1,* *Anac.*bg2,kr1,* ars.bg2,kr1,* **Calc.**j5,k2,* calc-i.bg2,kr1,* carb-ac.bg2,kr1,* carc.sst *Caust.*bg2,kr1,* cham.bg2,kr1,* chin.bg2,kr1,* coff.bg2,kr1,* *Coll.*bg2,kr1,* con.bg2,kr1,* cub.bg2,kr1,* ferr.bg2,kr1,* *Fl-ac.*bg2,kr1,* hedeo.bg2,kr1,* helin.bg2,kr1,* helon.bg2,kr1,* hoit.bg2,kr1,* *Hydr.*bg2,kr1,* *Kali-bi.*bg2,kr1,* kali-c.bg2,kr1,* **Kreos.**bg2,kr1,* lach.bg2,kr1,* *Merc.*bg2,kr1,* *Nat-m.*bg2,kr1,* *Nit-ac.*bg2,kr1,* ph-ac.bg2,kr1,* phos.bg2,kr1,* plat.bg2,kr1,* puls.bg2,kr1,* *Sabin.*bg2,kr1,* **Sep.**bg2,kr1,* sil.bg2,kr1,* staph.bg2,kr1,* sulph.bg2,kr1,* syph.bg2,kr1,* *Zinc.*bg2,kr1,*
☞ *Jucken - Fluor*
• **Menopause**; während der: *Murx.*kr1
• **Menses**, nach den: kreos.kr1 nit-ac.kr1 *Ph-ac.*kr1
– **kachektischen** Frauen; bei: *Helon.*kr1 **Nit-ac.**kr1
– **Kälte**:
• **agg.**: *Nit-ac.*kr1
– **kaltes** Waschen amel.: *Alum.*kr1
– **Kindern**; bei (= bei kleinen Mädchen) ●: asper.bro1 bar-c.bg2,sf1 *Calc.*bg2,k1,* calc-p.bg2,sf1 *Cann-s.*c2,k carb-ac.br1 carb-v.bg2,sf1 caul.bg2,k1,* *Cub.* hyper.kr1 kali-p.k2 *Med.*st **Merc.**c2,k *Merc-i-f.*k2 mill.c1,kr1 *Puls.* senec. **Sep.**k,kl2● *Syph.*c1,k2,* viol-t.kr1
– **klumpig**: ambr. *Ant-c.* ars-met.kr1 *Bov.*k,zr chin. cur.kr1 hydr.bro1 *Merc.* *Psor.*k1,st rad-br.bg2 *Sep.* sil.bg1 ust.kr1
• **Menses**, nach den: *Chin.*kr1
• **übelriechend**: *Chin.*kr1 *Psor.*kr1
– **Koitus**, nach: cann-s.a1 mag-c.bg,bg2 nat-c. *Sep.*
– **Kolik**, nach: am-m.bg2 con.bg2 lyc.bg2 mag-m.bg2 sil.bg2 *Sulph.*bg2 zinc.bg2
– **Körperübungen**:
• **agg.**: helon.kl tong.bg1
• **bei**: mag-m. mag-s. *Sars.*kr1
– **läuft** die Beine hinab: alum.bg2 ant-c.bg2 onos.bg2 senec.bg2
– **Liegen**; im: **Puls.**
– **Lochien**; nach dem Aufhören der: lyss.c1
– **Masturbation**, durch: *Canth.* orig. orig-v.kr1 *Plat.* **Puls.**
– **membranös**: *Borx.*sf1 bov.sf1 hep.bg2,sf1 hydr.sf1 kali-bi.sf1 nit-ac.sf1 phyt.sf1 vib.sf1
– **Menopause**; während der: **Graph.**st,vh psor.bro1 *Sabin.*kr1,vh,* *Sang.*kr1,st sars.vh **Sep.**kr1,vh,*
• **hält** an, nachdem die Menses aufhören; Fluor: *Sang.*kr1,st
– **Menses**:
• **vor**: *Alum.* alum-p.k2 alum-sil.k2 am-m.zr ang.bg2 aran-ix.jl arist-cl.mg1 aur-m. bamb-a.stb2 *Bar-c.*

– **Menses - vor**: ...
bar-i.k2 bar-s.k2 berb. borx.bro1,zr **Bov.**k,zr bufo.k1 **Calc.** *Calc-p.* *Calc-s.* calc-sil.k2 *Carb-v.* carbn-s. caust.bro1 *Cedr.* chin. *Cocc.* con.sf1 cub. ferr. ferr-act.sf1 ferr-i. ferr-p. **Graph.** *Hed.*jl,mg1,* hir.jl,mg1 iod. kali-n.bg2,h **Kreos.** lac-c.bg2 lac-d.k2,st *Lach.* mag-m. mand.jl,mg1 mez.zr nat-c. *Nat-m.* nat-sil.k2 *Nux-v.*bg2,kr1 *Pall.* *Ph-ac.* *Phos.* pic-ac.bro1 plat. prot.jl *Puls.* ruta sabin.bg2 **Sep.** *Sil.* sul-i.k2 *Sulph.* tarent.bg2 *Thlas.*bg2,kr1 vib. *Zinc.*
• **agg.**: allox.jl
• **vikariierenden** Menses; vor: *Dig.*kr1
• **während**: alum. am-c.bg2 ars. ars-i.st borx. bov.bg2 calc.k2,st carb-ac. carb-an.bg2,st carb-v. caust.st chin. chinin-s.bg2 *Cocc.* con. des-ac.jl graph. hura.a1 *Iod.* kali-ar.st kali-c.st *Kreos.*bg2,st lach.bg2,j5 *Mag-m.* merc. mez.bg2 mur-ac.st nat-m.st nit-ac.st phos. psor.st puls. sabin.bg2 sep.bg2,st sil.st sulph.st zinc.
• **nach**: aesc. *Alum.* alum-p.k2 alum-sil.k2 am-m.zr ars. *Ars-i.* ars-s-f.k2 bamb-a.stb2 *Borx.*k,zr **Bov.**k,zr bry.bg2 bufo **Calc.** **Calc-p.** calc-s. calc-sil.k2 canth.bg2 carb-ac. carb-an.sf1 *Carb-v.* carbn-s. carl.a1 caust. *Cham.* chel. chin. chinin-ar. *Cinnm.*kr1 cocc. *Coloc.*bg2,kr1 *Con.* cop. cub. *Eupi.* ferr-i. *Graph.* guare. *Hydr.* iod. kali-ar. kali-bi. kali-c. *Kali-fcy.*kr1 kali-n. kali-p. kali-sil.k2 kalm. *Kreos.* lac-c.bg2,kr1 lac-d.k2,st lach.bg2 lil-t. *Lyc.* lyss. *Mag-c.* *Mag-m.*bg2,kr1 merc. *Mez.*bg2,kr1,* *Murx.*bg2,kr1 nat-m. *Nat-p.* nat-s. *Nicc.* *Nit-ac.* nux-v.bg2 pall. *Ph-ac.* *Phos.* *Plat.* psor.st *Puls.* *Ruta* sabin. **Sep.**bg2,kr1 *Sil.* spig.bg2 sul-ac. sul-i.k2 *Sulph.* tab. tarent.bg2 *Thlas.*kr1 thuj. tril-p.bg2,kr1 vib. *Xan.*bro1 zinc. *Zinc-p.*k2
• **tagsüber**, gewöhnlich: *Kali-fcy.*kr1
• **einige** Tage nachher: *Thlas.*kr1
• **Woche**; nach einer: *Kalm.*kr1
• **zehn** Tagen; nach: *Con.*kr1 *Hydr.*kr1
• **zwei** Wochen, nach: bar-c. *Borx.* calc-p. con. mag-m. sulph.
• **zwischen** den Perioden: ange-s.jl **Borx.** **Calc.** calc-p.kr1 *Cocc.* *Coloc.* foll.jl hypoth.jl *Ip.* *Kreos.* prot.jl rob.kr1 **Sep.** *Sulph.*kr1 thuj.kr1
• **von** einer Periode bis zur nächsten: *Calc-p.*kr1 *Thuj.*kr1
• **anstatt** der: alum. **Ars.** bov.bg1 calc-p. *Cedr.* *Chen-a.* *Chin.* *Cocc.* *Ferr.* *Graph.* *Iod.*bro1 lac-c. mang.k2 nat-m.k2 *Nux-m.* *Phos.* psor.st puls.sf1,st senec.bg1,bg2,* *Sep.* *Sil.* *Xan.*bro1,kr1,* *Zinc.*
• **riecht** wie: *Caust.*
• **spärlichen** Menses, bei: calc-p. *Caust.* *Mez.*kr1
• **unterdrückten** Menses, bei: sabin.j5 ziz.kr1
• **verzögerten** Menses, bei: ziz.kr1
• **wie** Menses: *Alum.* *Caust.* *Kreos.* mag-s. zinc.
– **milchig**: *Am-c.* anan. ang. ange-s.jl aur.bro1 bar-c.sf1 bell.a1 *Borx.* **Calc.** calc-f.jl *Calc-i.*bro1 calc-o-t.bro1 *Calc-p.* calc-sil.k2 canth.bro1 *Carb-v.* carbn-s. chel. coff. *Con.* cop. *Euph.*kr1 *Ferr.* ferr-m.bro1 ferr-p. graph. haem.bro1 *Ign.*kr1 iod.bro1 *Kali-chl.* kali-i. **Kali-m.**k2 *Kreos.* *Lach.* lyc. naja.bro1 nat-m. paraf.bro1 *Phos.* *Phys.* psor.st **Puls.** sabin. sarr. **Sep.** *Sil.* *Stann.*jl *Sul-ac.* *Sulph.* *Sumb.*

– **milchig**: ...
xan.$_{c1}$
- **tagsüber**: **Sep.**$_{a1}$
- **morgens** beim Gehen: *Phos.*$_{kr1}$
- **vormittags**: sep.$_{a1}$
- **Steißbeins**; bei schmerzhafter Reizung des: **Kreos.**$_{kr1}$
- **Liegen**:
  - **agg.**: **Puls.**$_{kr1}$
- **Mädchen**; bei kleinen: hyper.$_{kr1}$
- **Menses**, während: phos.
- **Urinieren**, beim: *Calc.*$_{a1}$

– **mild**, bland: allox.$_{jl,sp1}$ *Alum.* *Am-m.*$_{k1,vh}$ borx. *Brom.*$_{kr1}$ calc. calc-p.$_{bro1}$ carb-v. *Caul.* cycl.$_{sf1}$ eupi. fago.$_{a1}$ ferr. *Frax.*$_{st}$ kali-c. kali-chl. kali-fcy.$_{kr1}$ *Kali-m.*$_{kr1}$ *Kali-s.*$_{bg2,sf1}$ kreos. laur. lil-t. *Merc.* nat-m. nux-v. penic.$_{jl,srb2}$ ph-ac. plat. *Puls.* puls-n.$_{a1}$ ran-b. ruta sep. sil. stann.$_{bro1}$ staph. *Sulph.* *Thuj.* ziz.$_{a1,kr1}$
- **morgens**: phyt.$_{a1}$
- **Menses**, vor und nach den: *Puls.*$_{kr1}$
- **Ruhe**:
  - **agg.**: fago.$_{a1}$
- **schmerzlos**: *Am-m.*$_{kr1}$ *Nux-v.*$_{kr1}$ **Puls.**$_{kr1}$
- **Urinieren**, vor dem: *Kreos.*$_{kr1}$

– **Mond**:
- **Vollmond**:
  - **vor**: *Lyc.*$_{j5,kr1,*}$
  - **bei**: **Lyc.**$_{vh}$

– **ölig**: carc.$_{dgt}$
– **plötzlich**, kommen und gehen: *Carb-v.*$_{kr1}$
– **Pubertät**, in der: **Sep.**$_{kr1}$
– **Quecksilber**, nach: **Nit-ac.**$_{kr1}$
– **reichlich**: acon. aesc.$_{k2}$ *Agar.* agn.$_{k2}$ aloe$_{a1}$ *Alum.* alum-p.$_{k2}$ alum-sil.$_{k2}$ alumn. *Am-c.* am-m.$_{k2}$ ambr.$_{br1,bro1}$ ange-s.$_{jl}$ *Ant-c.* apis arg-met.$_{k2}$ *Arg-n.* *Ars.* *Ars-i.* *Ars-s-f.*$_{k2}$ *Asaf.* *Aur.* aur-ar.$_{k2}$ aur-i.$_{k2}$ aur-m.$_{k2}$ *Aur-s.*$_{k2}$ aza.$_{jl}$ bapt. *Bar-c.* *Bar-s.*$_{k2}$ bell. borx. bov. bry.$_{a1}$ bufo cact. **Calc.** calc-f.$_{jl}$ calc-i.$_{k2}$ *Calc-o-t.*$_{bro1}$ calc-p.$_{bro1}$ calc-s. *Calc-sil.*$_{k2}$ *Calen.*$_{kr1}$ *Carb-ac.* carb-an.$_{k2}$ carb-v. carbn-s. castm.$_{j5}$ caul. *Caust.* *Cean.*$_{j5}$ chel.$_{a1}$ chin. chinin-ar. chlorpr.$_{jl}$ cinnb. coc-c.$_{k2}$ *Cocc.* coff. *Con.* cub. *Cur.* cyt-l.$_{jl,mg1}$ dict.$_{a1}$ *Dig.*$_{kr1}$ *Erig.* eup-pur.$_{kr1}$ *Eupi.* ferr.$_{bg2}$ ferr-i. *Fl-ac.* **Graph.** gua.$_{bro1}$ guaj.$_{j5}$ *Ham.* helin.$_{bro1}$ *Helon.* hep.$_{k2}$ hydr. *Hydrc.* iod. *Kali-fcy.*$_{kr1}$ kali-p. *Kreos.* lac-c. *Lac-d.*$_{k2,vh,*}$ *Lach.* laur.$_{a1}$ *Led.* lept.$_{bg2}$ *Lil-t.* *Lob.* lup.$_{a1}$ lyc. lycps-v.$_{a1}$ lyss.$_{mg1}$ mag-c. mag-m. mag-s. *Med.*$_{c1,kr1,*}$ *Merc.* *Merc-c.* *Merc-i-f.*$_{kr1}$ *Nat-ar.* *Nat-c.* *Nat-m.* *Nat-p.* *Nat-s.*$_{kr1}$ nat-sil.$_{k2}$ nicc. nit-ac. oci-sa.$_{sp1}$ *Onos.* *Petr.* *Ph-ac.* *Phos.* *Phys.*$_{k1,vh}$ *Phyt.* *Plat.*$_{kr1}$ prot.$_{jl}$ puls. puls-n.$_{a1}$ pulx.$_{br1,bro1}$ raja-s.$_{jl}$ ran-b.$_{j5}$ *Sabin.* sars.$_{j5}$ *Sec.* *Senec.*$_{bg2}$ **Sep.** **Sil.** **Stann.** *Still.*$_{kr1}$ **Sul-i.**$_{k2}$ *Sulph.* *Syph.* thlas.$_{bro1}$ *Thuj.*$_{bro1}$ til.$_{a1}$ tril-p. *Tub.*$_{st,vh}$ ust. ziz.$_{kr1}$
- **tagsüber**: *Alumn.*$_{a1}$
- **morgens**: phyt.$_{a1}$
- **erbrechen**, nach Anstrengung zu: **Sep.**$_{kr1}$
- **Gehen**:
  - **agg.**: phos.$_{k2}$

– **reichlich**: ...
- **kaltes** Wasser:
  - **amel.**: *Alum.*$_{kr1}$
- **Menses**:
  - **vor**: alum.$_{kr1}$ *Lach.*$_{kr1}$ *Nux-v.*$_{kr1}$
  - **nach**: *Lac-c.*$_{kr1}$ mag-s.$_{kr1}$ *Nux-v.*$_{kr1}$
  - **zwischen** den Perioden: *Plat.*$_{kr1}$
  - **wie** die Menses: *Alum.* *Caust.* *Kreos.* mag-s.
- **serumartiger** Ausfluß aus Anus und Vagina: **Lob.**
- **Urinieren**, nach dem: sep.$_{a1}$
- **Waschen**, kaltes
  - ☞ *kaltes*

– **Ruhe**, durch: fago.$_{bro1}$
– **Säfteverlust**, durch: *Alet.*$_{kr1}$
– **sahneartig**: alum. bufo calc. *Calc-p.* *Kali-fcy.*$_{kr1}$ *Nat-p.* **Puls.** *Sec.* sep. *Staph.*$_{kr1}$ *Tril-p.*
- **nachmittags**: calc-p.
- **Menses**, vor und nach den: tril-p.$_{kr1}$
- **schmerzlos**: **Puls.**$_{kr1}$
- **Schwäche**, aus: *Sec.*$_{kr1}$

– **sauren** Speisen, nach: **Sil.**$_{h,j5,*}$
– **scharf**, wundfressend: aesc. *Agar.* **Alum.** *Alum-p.*$_{k2}$ alum-sil.$_{k2}$ alumn.$_{a1}$ *Am-c.* am-m. amor-r.$_{jl}$ anac. ange-s.$_{jl}$ ant-c. apis aral. *Arg-met.* *Arg-n.* **Ars.** *Ars-i.* *Ars-s-f.*$_{k2}$ aur. aur-ar.$_{k2}$ aur-i.$_{k2}$ *Aur-m.* aur-m-n.$_{kr1}$ aur-s.$_{k2}$ bapt. bar-s.$_{k2}$ *Bell-p.*$_{jl,mg1,*}$ berb. **Borx.** *Bov.* buni-o.$_{jl}$ *Calc.* calc-ar.$_{k2}$ calc-i.$_{k2}$ *Calc-s.* calc-sil.$_{k2}$ canth. carb-ac. *Carb-an.* *Carb-v.* **Carbn-s.** **Caul.**$_{k2,kr1}$ *Caust.* **Cham.** *Chel.* chin.$_{bg2,k1}$ chinin-ar. *Clem.*$_{hr1,kr1}$ *Con.* cop. cub. *Dig.*$_{kr1}$ eucal.$_{bro1}$ eup-pur.$_{sf1}$ **Ferr.** **Ferr-ar.** ferr-br.$_{bro1}$ *Ferr-i.* *Ferr-p.* **Fl-ac.** **Graph.** gua.$_{bro1}$ guat.$_{jl,sp1}$ *Hed.*$_{jl,mg1,*}$ helin.$_{bro1}$ helon.$_{bg1}$ *Hep.* hyper.$_{kr1}$ ign. *Iod.* kali-ar. kali-bi.$_{sf1}$ *Kali-c.* kali-chl. *Kali-i.* *Kali-m.*$_{k2,kr1}$ *Kali-p.* kali-s. *Kali-sil.*$_{k2}$ **Kreos.** *Lac-c.*$_{kr1}$ *Lach.* *Lam.* laur. *Lil-t.* lipp.$_{a1}$ *Lob.* **Lyc.** *Mag-c.* mag-m.$_{bg2}$ mag-s. med.$_{br1,vh,*}$ **Merc.** *Merc-c.* merc-i-f. mez. *Murx.*$_{bg1,kr1}$ *Myric.*$_{kr1}$ *Nat-m.* *Nat-p.* nat-s. **Nit-ac.** nux-m. *Onos.* *Petr.* ph-ac. **Phos.** phyt. *Polyg-h.*$_{kr1}$ prun. psor.$_{vh,vh/dg,*}$ **Puls.** ran-b. rhus-t. rob.$_{kr1}$ ruta *Sabin.* sang. **Sep.** **Sil.** *Sul-ac.* sul-i.$_{k2}$ *Sulph.* syph.$_{k2}$ thuj. *Tub.*$_{vh,vh/dg,*}$ urt-u. vib.$_{kr1,st}$ zinc. zinc-p.$_{k2}$ ziz.$_{bro1}$
- **nachts**:
  - **agg.**: *Syph.*$_{kr1}$
- **anfangs** scharf, später nicht: *Ferr.*$_{kr1}$
- **Entbindung**, nach: *Nat-s.*$_{kr1}$
- **frißt** Löcher in die Wäsche: *Iod.*
- **Kindern**, bei: cub.$_{c1,kr1}$
- **Menopause**; während der: sang.$_{kr1}$
- **Menorrhagie**, bei chronischer: *Iod.*$_{kr1}$
- **Menses**:
  - **vor**: **Graph.**$_{k2,kr1}$ lach.$_{kr1}$ *Sep.*$_{a1,kr1}$ *Sil.*$_{kr1}$ *Ust.*$_{kr1}$
  - **während**: lach.$_{bro1}$ *Phos.*$_{kr1}$ sep.$_{bro1}$
  - **nach**: **Graph.**$_{kr1}$ kreos.$_{kr1}$ *Lach.*$_{kr1}$ mag-c.$_{kr1,sf1}$ mez.$_{kr1}$ *Nit-ac.*$_{kr1}$ ruta$_{kr1}$ ziz.$_{a1,kr1}$
  - **unterdrückten** Menses, nach: ruta$_{kr1}$
- **Mittagessen**, nach dem: *Cham.*$_{a1}$
- **später** scharf; erst mild: *Ran-b.*$_{kr1}$

• **Speisen**, nach sauren: **Sil.**kr1
– **schaumig**: but-ac.sp1
– **Schlaflosigkeit**, nach: senec.kr1
– **schlammig**, trübe: nux-m.br1
– **schleimig**: alum.hr1 ambr.c1 calc.h kali-c.h mez.h phos.h sars.h sep.h sul-ac.h sulph.h zinc.h
– **Schmerz**:
• **Abdomen**; fließen nach Schmerz im: am-m.bg2 bell.bg2 caust.bg2 cham.bg2 con.bg2 ferr.bg2 ign.bg2 kali-c.bg2 lyc.bg2 mag-c.bg2 *Mag-m.*bg2 *Merc.*bg2 najabg2 nat-c.bg2 *Nat-m.*bg2 *Sil.*bg2 sulph.bg2 *Zinc.*bg2
• **Rücken**; mit Schmerz im: lyss.c1
– **schmerzlos**: *Am-m.*k2,kr1 *Kreos.*a1,j5 *Plat.*kr1 **Puls.**j5,kr1
– **schmutzig**: sec.bg2
– **Schnüren**, wie in
☞ *fadenziehend*
– **Schreck**, vor der Menarche; durch: **Puls.**kr1
– **Schwäche**, mit: *Aesc.*kr1 *Alet.*kr1 *Alum.*bg2,kr1 *Arg-n.*kr1 bar-c.bg2,kr1 berb.kr1 **Calc.**kr1 calc-p.kr1 carb-an.kr1 *Caul.*kr1 *Caust.*kr1 **Chin.**bg2,kr1 *Cocc.*bg2,kr1 con.kr1 frax.bg2,kr1 **Graph.**kr1 gua.kr1 ham.kr1 helin.kr1 *Helon.*kr1 hydr.kr1 *Iod.*kr1 *Kali-bi.*bg2,kr1 **Kreos.**bg2,kr1 *Lyc.*kr1 lyss.kr1 **Nat-m.**kr1 onos.kr1 *Petr.*kr1 *Ph-ac.*kr1 phos.kr1 *Phys.*kr1 *Psor.*kr1 puls.kr1 rob.kr1 senec.bg2,kr1 sep.kr1 **Stann.**kr1 sul-ac.kr1 tarent.kr1 tril-p.kr1 visc.bg2,kr1 zinc.kr1
– **schwächend**: berb.sf1 **Chin.**bg2,sf1 *Cocc.*bg2,sf1 coll.sf1 con.sf1 *Frax.*sf1 *Kali-c.*bg2,sf1 kreos.bg2,sf1 nicc.sf1 ph-ac.bg2,sf1 *Senec.*bg2,sf1 stann.bg2,sf1 *Vinc.*bg2,sf1
– **schwachen** Frauen; bei: ars.bro1 *Helon.*bro1 nit-ac.bro1 sec.bro1 **Stann.**kr1
– **Schwall**, in Güssen; in einem: **Calc.** *Cocc.*bro1 eupi. *Gels.* **Graph.** kreos.bg2 **Lyc.** mag-c.sf1 mag-m.bg2 sabin. **Sep.** **Sil.** stann.bg2 thuj.
• **Menses**, nach den: *Nit-ac.*kr1
– **Schwangerschaft**; während der ●: **Alum.**k1,kr1 borx.kr1 cimic.bg1 *Cocc.* con.k1 kali-c.kr1 **Kreos.** *Murx.* petr.sf1 plb.kr1 *Puls.* sabin.sf1 **Sep.**
• **Abort**; mit Neigung zum: *Plb.*kr1
– **schwarz**: *Chin.*bro1,kr1 croc. *Rhus-t.*kr1 *Sec.* thlas.bro1
– **Seufzen** agg.: *Phys.*kr1
– **sexuelle** Erregung, durch: *Canth.* orig. orig-v.kr1 plat. *Puls.*
– **Sitzen**, im: *Ant-t.* cact.bro1 *Cocc.*bg2 cycl.bro1 *Fago.*a1,c1,* *Mag-c.*h,st sumb.kr1
– **skrofulösen** Frauen; bei: **Calc.**kr1 carb-an.kr1 *Iod.*kr1
– **spärlich**: but-ac.kr1,sp1 cur.kr1 graph.kr1 mag-c.j5,kr1 murx.kr1 phys.kr1 puls.kr1 *Sars.*kr1 *Sulph.*kr1 thymol.kr1,sp1
– **Stärke**, wie gekochte: **Borx.** ferr-i. **Nat-m.** **Sabin.** tep.a1
– **Stehen**, im: aesc.kr1 *Ars.* carb-an. kreos. lac-c.
• **amel.**: fago.st
– **steif**, macht die Wäsche: *Alum.*bg2,kr1 alumn.a1,kr1 bell.bg2,kr1 *Kali-bi.*kr1 kali-n.bg2,kr1,* *Kreos.*kr1 *Lach.*kr1 *Sabin.*bg2,kr1

– **Studentinnen**; bei: *Gels.*kr1
– **Stuhlgang**:
• **während**: mag-c.bg1 thuj.bg1 zinc.bg1
• **nach**: calc-p.kr1 cench.k2 *Mag-m.*h2,j5,* vib.kr1 zinc.bg2,k
• **jedem**, bei: *Mag-m.*kr1
– **sykotisch**: *Mag-s.*vh,vh/dg,*
– **syphilitisch**: *Kali-bi.*kr1 *Merc.*kr1 *Merc-c.*kr1 **Nit-ac.**kr1 viol-t.kr1
– **Träumen**, mit erotischen: *Petr.*j5,kr1
– **tröpfelnd**: ars.j5
– **tuberkulösen** Frauen; bei: *Ferr.*kr1
– **übelriechend**: am-m. amor-r.j1 anan. *Aral.* *Arg-met.* *Ars.*k,k2 asaf. bamb-a.stb2 bapt. bufo buni-o.j1 calc. calc-ar.k2 calc-p. calen.c2 caps. **Carb-ac.** carb-an. *Carb-v.*bg2,sf1 caust.bg2 *Chin.* chinin-ar. cimic.bg1,bg2 *Coloc.* *Con.*bg2,kr1,* cop.sf1 crot-h. cub. cur. *Eucal.*kr1 graph.k2 gua.bro1 *Guare.* helon. *Hep.*k2,kr1 hist.j1 hydr. **Kali-ar.** kali-i. **Kali-p.** *Kreos.* lach. lam. *Lil-t.* lyss.kr1 mag-c.mg1 mand.mg1,sp1 med.bro1 *Merc.*bro1 merc-c.bg2 *Myric.*kr1 *Nat-ar.* *Nat-c.* **Nit-ac.** **Nux-v.** oci-sa.sp1 onos. *Op.* **Psor.** pulx.bro1 *Pyrog.* *Rhus-t.*kr1 rob.kr1 *Sabin.* *Sang.* *Sanic.*bro1 sarr. *Sec.* **Sep.** *Sil.* *Sulph.* *Syph.*kr1,st ter.kr1 *Thlas.*kr1,st *Thymol.*j1,sp1 tril-p. tub.st *Ust.*
• **abends**: sep.
• **Ammoniak**, wie: am-c.
• **faulig**: arg-met.k2 arg-n. **Ars.**k2 **Carb-ac.** carb-an.k2 colch. *Cur.*kr1 graph.k2 *Kali-ar.* *Kali-i.* **Kali-p.** **Kreos.** lach. mur-ac. *Nat-c.* nit-ac. ph-ac. **Psor.** pulx.br1 sabin. sarr.kr1 *Sec.* *Sep.*
• **Fischlake**, wie: med.bg1,br1 *Sanic.* thuj.bg1
• **faulig**: *Med.*st
• **hefeartig**: but-ac.sp1
• **Holz**; wie verfaultes altes: bamb-a.stb2
• **Käse**, wie alter: **Hep.** sanic.
• **Kornähren**, riecht wie frische: *Kreos.*
• **Menopause**; während der: *Sabin.*kr1
• **Menses**:
• **vor**: mand.mg1,sp1
• **nach**: ars.a1,kr1 coloc.bg2,kr1 *Guare.* kreos.kr1 nit-ac.kr1 tarent.kr1
• **zwischen** den Perioden: *Coloc.*kr1
• **unterdrückt**: sabin.c1
• **wie** Menses: caust.
• **Pferdeharn**, wie: but-ac.j1
• **sauer**: hep. *Nat-p.*
• **schwärzlich**, wäßrig: rhus-t.
• **stechend**: kreos.
• **süßlich**: calc-p. merc-c.
• **Urin**, wie: ol-an.bg1,k1
• **verbranntes** Blut, wie: hist.mg1
– **unterdrückt**: *Am-m.*bg2,kr1 asaf.bg2,sf1 graph.bg2,sf1 lac-c.bg2 lach.bg2,sf1 nat-s.bg2 phos.bg2 *Sabin.*bg2 senec.bg2
– **Urin**, wie: ol-an.bg2,k1
– **Urinieren**:
• **vor**: kreos.bg1
• **beim**: am-m.bg1 calc.h calc-p.bg1 carb-v.bg1 con.bg1 merc.bg1 nat-c.h,j5,* **Sil.**bg1,j5,*

• **nach**: *Am-m.*$_{bg1,h}$ carb-v.$_{h,j5,*}$ con.$_{bro1}$ cur.$_{bg2}$ *Kreos.*$_{bro1}$ mag-m.$_{h,j5,*}$ *Nat-c.*$_{h,j5,*}$ nicc.$_{j5,kr1}$ plat.$_{h}$ **Sep.**$_{bg1,h,*}$ **Sil.**$_{h,j5,*}$

• **aufhörend**; nach dem Urinieren: *Nat-c.*$_{kr1}$

– **Vaginismus**, bei: *Ign.*$_{kr1}$

– **warm**:

• **Bett** agg.; im warmen: syph.$_{k2}$

• **Wasser** herabfließen würde; als ob warmes: *Borx.*$_{kr1}$

– **wäßrig**

☞ *dünn, wäßrig*

– **weiß**: aloe$_{a1}$ *Alum.* alum-sil.$_{k2}$ am-c. *Am-m.* ambr. anac.$_{j1}$ anan. *Ant-t.* *Arg-met.* arist-cl.$_{sp1}$ *Ars.* *Aur.* aur-ar.$_{k2}$ *Aur-s.*$_{k2}$ bamb-a.$_{stb2}$ bar-c. *Bell.*$_{kr1}$ berb.$_{k1}$ **Borx.** *Bov.* bufo *Calc.* calc-f.$_{sp1}$ *Calc-p.* calc-sil.$_{k2}$ canth. *Carb-v.* carbn-s. cench.$_{k2}$ cent.$_{a1}$ chel. coc-c.$_{k2}$ *Con.* dict.$_{a1}$ elaps$_{a1}$ *Ferr.* ferr-ar. ferr-p. *Gels.* goss.$_{st}$ **Graph.** guat.$_{sp1}$ haem.$_{a1}$ hydr.$_{k2}$ kali-c.$_{j1}$ *Kali-chl.* *Kali-i.* *Kali-m.*$_{k2,kr1}$ kali-n. *Kreos.* lac-c. lapa.$_{a1}$ lil-t. lyc.$_{bg2}$ *Lyss.* *Mag-c.*$_{k1,st}$ mag-s.$_{sp1}$ mand.$_{sp1}$ *Merc.* merc-c. *Mez.* mom-b.$_{a1}$ nabal.$_{a1}$ *Naja*$_{kr1}$ **Nat-m.** *Nux-v.*$_{kr1}$ oci-sa.$_{sp1}$ ol-an. pall. penic.$_{srb2}$ *Petr.* phos. *Plat.* *Podo.* prun.$_{j5}$ *Psor.*$_{vh,vh/dg,*}$ *Puls.* rob.$_{kr1}$ sabin. sarr. sars. **Sep.** sil. *Stann.* stram. *Sul-ac.* sulph. sumb.$_{kr1}$ syph. *Tarent.*$_{kr1}$ ust. vib. *Zinc.* zinc-p.$_{k2}$

• **morgens** beim Aufstehen: **Graph.**$_{kr1}$

• **nachmittags**: naja$_{a1}$

• **abends**: phos.$_{a1}$

• **färbt** die Wäsche gelb: chel. kreos.$_{a1}$

• **Menses**, nach den: vib.$_{kr1}$

• **Sitzen**: *Sumb.*$_{a1}$

• **Stuhlgang**, beim: cench.$_{k2}$ *Vib.*$_{kr1}$

– **Wochenbett**, im: bell-p.$_{sf1}$

– **zäh**

☞ *fadenziehend*

Fötus:

– **Bewegungen**:

• **Faust** eines Fötus; wie die

☞ *❑ Abdomen - Bewegungen - Faust*

• **Harndrang**; schneidender Schmerz mit Schmerz in der Blase und: thuj.

• **heftig**: *Ars.*$_{kr1}$ croc.$_{c1,kr1,*}$ *Lyc.* med.$_{sys}$ op.$_{c2,k}$ psor. *Sil.*$_{k,st}$ *Thuj.*$_{c1,kr1,*}$

• **Erbrechen**; mit

☞ *❑ Magen - Erbrechen - Fötus*

• **Herzklopfen** durch die ersten Bewegungen des Fötus

☞ *❑ Brust - Herzklopfen - Bewegung - Kindes*

• **hören** auf: *Caul.*$_{kr1}$

• **Musik**; mit der: carc.$_{pc}$

• **Purzelbäume**; wie: *Lyc.*$_{kr1,ptk1}$

• **Roheit** hervor; rufen: sep.

• **Schlaf**, stören den: arn.$_{k2}$ con. *Thuj.*$_{kr1}$

• **schmerzhaft**: arn. con.$_{k2,ptk1}$ croc.$_{kr1}$ op. puls. *Sep.*$_{kr1}$ **Sil.**$_{k,k1,*}$

• **tympanitischem** Abdomen; mit: psor.

• **Übelkeit** und Erbrechen durch die Bewegungen: arn.

• **übermäßige** Bewegungen

☞ *heftig*

Fötus - Bewegungen: ...

• **vermindern** sich plötzlich sehr: caul.$_{zr}$

– **Entwicklungsstillstand**: sec.$_{kr1}$

☞ *Abort / Entbindung - während*

– **Lage**, abnormale: *Acon.*$_{kr1,st}$ med.$_{sys}$ **Puls.**$_{kr1,st}$

☞ *Entbindung - während*

• **Querlage**, wie in: *Arn.*$_{kr1}$

– **Platz**; als habe er zuwenig: *Plb.*$_{kr1}$

– **tot**:

• **Abgang** des toten: *Canth.*$_{j5,kr1}$ *Puls.*$_{kr1}$ ruta$_{st}$

☞ *Abort - Monat - siebter - Fötus*

• **zurückgehalten**; wird: arist-cl.$_{sp1}$ mand.$_{sp1}$

Gangrän: ars. *Sec.*$_{bg2,k,*}$

○ **Uterus**: apis *Ars.*$_{hr1,k}$ bell. *Calen.*$_{hr1}$ carb-ac.$_{hr1,k}$ carb-an.$_{hr1,k}$ carb-v. chin. cur.$_{hr1,k}$ *Kreos.*$_{hr1,k}$ **Sec.**$_{hr1,k}$

– **Vagina**: apis ars. bell. calc. chin. kreos. lach. sec.$_{hr1,k}$ sul-ac.

Geburt

☞ *Entbindung*

Gefühllosigkeit, Taubheit: eup-pur.$_{hr1,k}$ mosch. *Plat.*

– **Waschen** in kaltem Wasser; nach: eupi.$_{a1,k}$

○ **Ovarien**: apis *Podo.*$_{bg2,k,*}$

• **beginnt** im rechten Ovar:

▽ **erstreckt** sich zu Hüfte und Rippen und über den Oberschenkel:

• **Liegen** auf dem rechten Ovar amel.: apis

• **schmerzhaft**, erstreckt sich zu den Gliedern: podo.

– **Uterus**: phys.$_{bg1,bg2,*}$

– **Vagina**: phos.$_{k2}$

Genuß

☞ *Koitus - Genuß*

Gepackt und wieder losgelassen würde; als ob der Uterus: sep.$_{hr1,k,*}$

Geruch:

– **Fisch**; nach:

• **Koitus**; beim: choc.$_{srj3}$

Geschlechtsreife

☞ *Entwicklung*

Geschwüre: alum. alum-p.$_{k2}$ alum-sil.$_{k2}$ **Alumn.** am-c.$_{hr1,k}$ anan. *Arg-n.*$_{k,k2,*}$ ars.$_{bg2,k}$ *Asaf.* bell. bry. calc.$_{hr1,k}$ calc-s. carb-v. con. graph. *Hep.* hydr.$_{bg2}$ hydrc.$_{bro1,c1}$ kali-i. kreos.$_{bg2}$ lac-c.$_{hr1,k}$ *Lach.* *Lyc.* **Merc.**$_{bg2,k}$ *Merc-c.*$_{bg2,k,*}$ merc-i-f. merc-i-r. *Mur-ac.*$_{hr1,k}$ **Nit-ac.**$_{bg2,k,*}$ ph-ac. phos. *Psor.*$_{hr1,k}$ *Puls.* rhus-t. rob.$_{hr1,k}$ sec.$_{bg2,k,*}$ *Sep.*$_{bg2,k,*}$ **Sil.** staph. sulph.$_{bg2,k}$ syph.$_{hr1,k}$ *Thuj.*$_{bg2,k,*}$ vesp. zinc.$_{hr1,k}$

– **Schanker**: merc.$_{k2}$

☞ *❑ Allgemeines - Schanker*

○ **Uterus**: arg-met.$_{k2}$ arg-n.$_{bg2,k2,*}$ *Arn.*$_{hr1}$ ars.$_{bg2}$ ars-i.$_{k2}$ aur.$_{k2}$ bufo$_{k2}$ *Calc.*$_{hr1}$ carb-an.$_{bg2,k2}$ hydr.$_{bg2}$ kreos.$_{bg2}$ *Lyss.*$_{hr1}$ *Merc-c.*$_{hr1}$ *Mez.*$_{hr1}$ sep.$_{bg2}$ ust.$_{bg2}$ vesp-xyz.$_{c2}$ *Zinc.*$_{hr1}$

○ **Zervix**: alum.$_{k2}$ alumn.$_{k2}$ arg-met.$_{k2}$ arg-n.$_{k2}$ bomh.$_{gm1}$ bufo$_{br1,k2}$ calc-s.$_{k2}$ *Carb-ac.*$_{hr1}$ fl-ac.$_{bg2}$ *Helon.*$_{hr1}$ hydr.$_{bg2,hr1}$ kreos.$_{bg2,hr1}$ med.$_{hr1}$

– **Uterus - Zervix**: ...
Merc.$_{hr1}$ merc-c.$_{bg2}$ *Murx.*$_{hr1}$ **Nat-m.**$_{hr1}$ *Phyt.*$_{hr1}$ sang.$_{k2}$ sep.$_{bg2,hr1}$ *Sil.*$_{hr1}$ *Thuj.*$_{hr1}$ ust.$_{bg2}$
○ **Os**: calc-sil.$_{k2}$
• **Kauterisieren**, nach: arg-n.$_{k2}$
– **Vagina**: alumn.$_{k2}$ arg-n.$_{bg2}$ bapt.$_{hr1}$ calc-sil.$_{k2}$ *Hydr.*$_{hr1}$ kali-bi.$_{bg2}$ kreos.$_{bg2}$ *Merc.*$_{hr1}$ merc-c.$_{bg2}$ *Nit-ac.*$_{a1,hr1}$ rob.$_{hr1}$ *Sep.*$_{hr1}$ sulph.$_{bg2}$ thuj.$_{bg2}$
– **Zervix**
☞ *Uterus - Zervix*

Gewichtes; Gefühl eines:
○ **Uterus**: cimic.$_{hr1}$

Granulation:
○ **Uterus**:
○ **Zervix**: *Arg-n.*$_{hr1}$
– **Vagina**: *Alum.* alumn.$_{k2}$ *Nit-ac.* staph. tarent.

Haarausfall: alum.$_{k2}$ hell.$_{hr1,k}$ **Nat-m.**$_{k,kl2}$●,* *Nit-ac.*$_{bg2,k}$ rhus-t. *Sel.* sulph. *Zinc.*$_{hr1,k}$
☞ *Fluor - Haarausfall*
– **Entbindung**, während der: ph-ac.$_{k2}$

Härte: *Con.* **Kreos.**$_{hr1,k}$ *Merc.*
○ **Ovarien**: *Apis* arg-met.$_{k2}$ *Brom.* graph. lach. staph.$_{k2}$ ust.
• **links**: arg-met.$_{k2}$ *Brom.* *Graph.* lach. *Ust.*
• **rechts**: **Apis**
– **Uterus**: aur-m.$_{k2}$

Hautausschläge: aeth.$_{hr1,k}$ agar. alum.$_{hr1,k}$ *Anan.*$_{hr1,k}$ ang.$_{bg2,hr1}$ *Ant-t.*$_{bg2,k,*}$ *Apis* ars. aur-ar.$_{k2}$ aur-m.$_{hr1,k}$ aur-m-n.$_{hr1,k}$ bry.$_{bg2,k,*}$ bufo calad. *Calc.*$_{hr1,k}$ calc-sil.$_{k2}$ canth. carb-v. carbn-s. caust.$_{bg2,k}$ *Coff.*$_{hr1,k}$ con.$_{bg2,k}$ cop.$_{hr1,k}$ crot-t. *Dulc.*$_{bg2,k,*}$ ferr.$_{hr1,k}$ *Graph.*$_{bg2,k,*}$ ham. helon.$_{hr1,k}$ kali-c.$_{bg2,k,*}$ *Kali-i.*$_{hr1,k}$ kali-sil.$_{k2}$ kreos. *Lil-t.*$_{hr1,k}$ *Lyc.* *Merc.*$_{bg2,k,*}$ nat-c.$_{k2}$ nat-m.$_{bg2,k,*}$ nat-s.$_{hr1,k}$ nit-ac. *Nux-v.*$_{bg2,k,*}$ **Petr.**$_{bg2,k}$ plat. psor.$_{k2}$ **Rhus-t.**$_{bg2,k,*}$ *Rhus-v.* rob.$_{hr1,k}$ sarr.$_{hr1,k}$ *Sep.*$_{bg2,k,*}$ sil. staph. sulph.$_{bg2,k}$ *Thuj.*$_{bg2,k}$ viol-t.$_{hr1,k}$ zinc.
– **nachts**: *Merc.*
– **Bläschen**: ars.$_{k2}$ *Graph.*$_{bg2,k,*}$ lyc. nat-m.$_{k2}$ nat-s.$_{hr1,k}$ petr.$_{k2}$ **Rhus-t.** *Sep.*$_{hr1,k}$ staph.$_{bg2,k}$ sulph.$_{bg2,k}$
– **brennend**: ars.$_{k2}$
– **Ekzem**: borx.$_{br1}$ caust.$_{bg2}$ *Dulc.*$_{bg2}$ petr.$_{k2}$ rhus-t.$_{k2}$
– **erysipelatös**: **Rhus-t.**$_{hr1,k}$
– **Exanthem**, flüchtiges: *Anan.*
• **Kindern**; bei:
• **Neugeborenen**; bei:
▽ **erstreckt** sich zum Perineum: *Med.*$_{vh,vh/dg}$
– **feucht**: petr.$_{k2}$ sep.
– **Fluor**, durch: phos.$_{k2}$
– **harte** schwarze Pusteln
☞ *Pusteln - schwarz*
– **herpetisch**: ars.$_{k2}$ bufo carb-v. caust. cench. *Dulc.*$_{hr1,k}$ kali-c. kreos. merc. nat-c.$_{k2}$ nat-m. nux-v. **Petr.** rob.$_{c1,kr1}$ **Sep.** thuj.
• **Erkältung**, durch jede: *Dulc.*
– **juckend**: ambr. calc-sil.$_{k2}$ graph.$_{hr1,k}$ lach. *Nit-ac.* nux-v.$_{hr1,k}$ petr.$_{k2}$ *Sep.*$_{hr1,k}$ sil. *Sulph.* *Urt-u.*
• **warm**, wenn: aeth.$_{hr1,k}$

Hautausschläge: ...
– **knotige** Schwellungen: merc.
– **Menses**:
• **vor**: aur-m. *Dulc.* verat.
• **während**: agar. aur-m. bry. calc.$_{hr1,k}$ caust. con.$_{hr1,k}$ *Dulc.*$_{hr1,k}$ *Graph.*$_{hr1,k}$ kali-c. *Merc.*$_{hr1,k}$ nux-v. petr. *Sep.*$_{hr1,k}$ staph.
– **Pickel**: aeth. agar. alum.$_{hr1,k}$ ambr. ang.$_{bg2,hr1,*}$ ant-c. ant-t.$_{bg2}$ aur-m. *Calad.* calc.$_{bg2,k}$ con.$_{bg2,k}$ *Graph.*$_{bg2,k,*}$ kali-c.$_{bg2,k,*}$ lach. *Merc.*$_{bg2,k,*}$ nat-m.$_{bg2,k,*}$ nit-ac. ph-ac. phos.$_{bg2}$ *Sep.*$_{bg2,hr1}$ sil. *Sulph.*$_{bg2,k}$ *Thuj.* verat.$_{bg2,k}$ zinc.
• **brennend**: alum.$_{hr1,k}$ calc. kali-c.$_{h,kl}$
• **klein**: cub.$_{c1}$
• **Menses**:
• **vor**: aur-m. verat.
• **während**: all-s. ant-t.$_{gt1}$ caust. con.$_{gt1}$ hep. kali-c.$_{fb}$ lyc. merc.$_{gt1,k2}$ nat-m.$_{gt1}$ petr.
• **schmerzhaft**: sil. thuj.
○ **Labia** minus pudendi; an den: graph.
– **Pusteln**: *Anan.*$_{hr1,k}$ ant-t.$_{hr1,k}$ aur-m.$_{hr1,k}$ *Aur-m-n.*$_{hr1}$ bry.$_{bg2,k,*}$ carb-ac.$_{br1}$ merc.$_{bg2,k}$ nit-ac.
• **Menses**, vor den: aur-m.
• **schwarz**: bry.$_{hr1,k}$
– **schmerzhaft**: sil. viol-t.
– **schorfig**: kali-i.$_{hr1,k}$ maland.$_{vh}$ sars.

Hitze: aur. aur-m.$_{k2}$ aur-s.$_{c1}$ bell.$_{k2}$ calc-p.$_{hr1,k}$ carb-v. cent.$_{a1}$ chin. *Cimx.*$_{hr1,k}$ *Dulc.*$_{hr1,k}$ *Helon.*$_{hr1,k,*}$ hydrc.$_{bg1,k,*}$ kali-br.$_{alj,hr1}$ *Kreos.*$_{bg2,k,*}$ lil-t.$_{a1,k}$ merc.$_{bg2,k}$ merc-c.$_{hr1,k}$ nux-v.$_{bg2,k}$ puls.$_{hr1,k}$ sabin.$_{hr1}$ sarr.$_{hr1,k}$ sec. sep. thuj.$_{bg2}$ tub.$_{c1}$
– **Hitzewallungen**: sep. sul-ac.
– **Menses**, während: chin. kreos.
○ **Ovarien**: bufo lac-c. med.
– **Uterus**: apis ars-met. bell.$_{hr1,k}$ bufo camph.$_{hr1,k}$ lac-c.$_{hr1,k}$ *Lach.*$_{hr1,k}$ *Nux-v.*$_{hr1,k}$ raph.$_{a1,k}$ sarr.$_{hr1,k}$ sec.$_{hr1,k,*}$
• **heiße** Kugel vom Uterus zum Hals: raph.$_{ptk1}$
• **Menses**, während: lac-c.$_{hr1,k}$
• **Wallungen** vom Uterus zum Kopf: raph.$_{a1,k}$
– **Vagina**: *Acon.*$_{bg2,k,*}$ ars-met. aur.$_{bg2,k,*}$ aur-m.$_{hr1,k,*}$ *Bell.*$_{hr1,k}$ berb.$_{bg2,k,*}$ bond.$_{a1}$ carb-v.$_{bg2}$ cham.$_{bg2}$ coff.$_{k2}$ coloc.$_{bg2,k,*}$ ferr-p.$_{bg2}$ *Graph.*$_{hr1,k}$ ham.$_{hr1,k}$ helon.$_{bg2}$ hydr.$_{bg2}$ hydrc.$_{hr1,k}$ iod.$_{bg2}$ kreos.$_{bg2}$ lycps-v. merc.$_{bg2}$ merc-c.$_{a1,bg2}$ mez.$_{bg2}$ nat-m.$_{bg2}$ nit-ac.$_{bg2}$ psil.$_{ft1}$ rhus-t.$_{bg2}$ sec.$_{bg2,k,*}$ sep.$_{bg2}$ sulph.$_{bg2}$ thuj.$_{bg2}$
• **Menses**:
• **vor**: *Ign.*
• **während**: aur.

Hydrosalpingitis
☞ *Entzündung - Eileiter*

Hydrosalpinx: sil.$_{k2}$
☞ *Entzündung - Eileiter - Hydrosalpingitis*

Infantilismus der Genitalien: bar-c.$_{bg2,sf1}$ calc-hp.$_{bg2,sf1}$ calc-p.$_{bg2,sf1}$ chim.$_{bg2,sf1}$ con.$_{bg2,sf1}$ ferr.$_{bg2,sf1}$ helon.$_{bg2,sf1}$ iod.$_{bg2,sf1}$ *Ov.*$_{bg2,sf1}$ phos.$_{bg2,sf1}$ senec.$_{bg2,sf1}$
☞ *Sterilität*

Jucken: aeth.a1 _Agar._bg2,k,* alum.bg2,k alum-sil.k2 alumn. **Am-c.**bg2,k,* **Ambr.**h,k,* _Anac._ anan. ant-c.br1 _Ant-t._hr1,k _Apis_ ars.hr1,k,* ars-s-f.k2 aspar.hr1,k aur. aur-ar.k2 _Aur-m._hr1,k,* _Aur-s._ bell. berb.hr1,k bufo **Calad.**bg2,k,* **Calc.**bg2,k,* calc-s. _Canth._bg2,k,* _Carb-v._hr1,k _Carbn-s._ _Caust._ _Chin._ chinin-ar. cit-l.hr1 _Coff._bg2,k,* _Coll._k,vh,* _Con._bg2,k,* _Cop._hr1,k _Crot-t._hr1,k cub.hr1 _Dol._bg2,k,* _Dulc._bg2,k elaps euph. eupi.a1,k fago. _Ferr._hr1,k ferr-ar. _Ferr-i._hr1,k _Fl-ac._ gink-b.sbd1 _Graph._bg2,k,* grin. guare. ham.hr1,k **Helon.**k,vh,* hydr.hr1,k hydrc.bg1 hydrog.srj2 ign.hr1,k kali-ar. _Kali-bi._bg2,k,* _Kali-br._hr1,k _Kali-c._bg2,k,* kali-i.hr1,k _Kali-s._ kali-sil.k2 **Kreos.**bg2,k,* lac-ac.hr1,k _Lac-c._bg2,k,* lach. _Lap-a._ lil-t.hr1,k _Lyc._bg2,k,* _Mag-c._hr1,k _Med._hr1,k menth.vh **Merc.**bg2,k,* mur-ac. murx. nat-c.a1 _Nat-hchls._ **Nat-m.**bg2,k,* nat-s. nicc. **Nit-ac.**bg2,k,* _Nux-v._bg2,k,* oci.bro1 _Onos._ _Orig._hr1,k **Petr.**bg2,k,* ph-ac.h,k1 **Plat.**bg2,k,* raph. **Rhus-t.**bg2,k,* sabin. senec.pd **Sep.**bg2,k,* **Sil.**hr1,k sol-t-ae. sphing.kk3 _Staph._bg2,k,* _Sul-ac._hr1,k **Sulph.**bg2,k,* syph.hr1,k **Tarent.**bg2,k,* _Thuj._bg2,k,* _Urt-u._hr1,k _Zinc._bg2,k,*

– **morgens**: syph.hr1,k

– **nachmittags**: sol-t-ae.

– **abends**: calc.hr1,k eupi.a1,k _Nit-ac._

– **nachts**: _Lac-c._ _Nit-ac._ tarent.

• **1** h:

○ **Labia** majus pudendi; Erwachen durch Jukken der: sabal.c1

• **Bett**, im: _Calc._ raph.

– **Bettwärme** agg.: sulph.k2

– **brennend**: **Am-c.**k,ptk1 anan. _Aur-m._ berb.hr1,k calad.pd **Calc.**k,ptk1 _Kali-i._ nit-ac.h,k1 senec.pd sulph.pd _Urt-u._

○ **Vulva**: _Kali-i._

– **Fluor**, durch: agar. alum. _Anac._ ars. **Calc.** calc-s. carb-ac.br1 _Carb-v._ carc.sst _Caust._ cham.bg2 chin. _Coll._ con.bg2 cub. cur. _Fago._pd,vh ferr.bg2 _Fl-ac._ hydr. _Kali-bi._ kali-c. kali-p. **Kreos.** lach.bg2 med.bg1 _Merc._ _Nat-m._ **Nit-ac.** _Onos._ ph-ac. phos.bg2 puls. _Sabin._ **Sep.** _Sil._bg2 _Staph._bg2 _Sulph._ syph.vh zinc.

☞ _Fluor - juckend_

– **Gehen** agg.: berb.hr1,k colch. **Nit-ac.** _Thuj._

– **kalt**:

• **Abkühlung**, durch: _Nit-ac._

• **Anwendungen**; kalte:

• **amel.**: alum-sil.k2

– **Kratzen**:

• **agg.**: alum-sil.k2 am-c. onos.

• **amel.**: crot-t.hr1,k hydrog.srj2 sep.alj

– **Liegen** amel.: berb.

– **Menses**:

• **vor**: bamb-a.stb2 bufo _Calc._vh carb-v. caust. colch. **Graph.**hr1,k _Kali-c._hr1,k lac-c. _Lil-t._ _Merc._ _Sulph._hr1,k tarent. zinc.

• **während**: agar.hr1,k _Am-c._hr1,k _Ambr._ calc. calc-s. _Carb-v._hr1,k _Caust._hr1,k _Coff._ _Con._hr1,k hep.hr1,k _Kali-bi._hr1 _Kali-br._hr1,k _Kali-c._hr1,k _Kreos._hr1,k lac-ac.hr1,k lac-c. lach. _Lyc._ merc.hr1,k nat-m. _Petr._hr1,k,* plat. sep. _Sil._hr1,k sul-ac. _Zinc._hr1,k

Jucken - Menses: ...

• **nach**: calc. calc-s. colch. _Con._hr1,k cur. elaps _Ferr._ graph. kali-br. kali-c. kreos.hr1,k lyc. _Mag-c._ _Nat-m._hr1,k **Nit-ac.** _Ph-ac._ _Sil._ sulph. **Tarent.**hr1,k _Zinc._hr1,k

– **Schwangerschaft**; während der: ambr.hr1,k _Calad._ calc.bg1 chlol.hr1,k _Coll._hr1 _Fl-ac._ _Helon._hr1,k _Merc._hr1,k **Sep.**k,kl2● tab.c2 urt-u.

– **Sitzen** agg.: berb.hr1,k eupi.a1

– **unerträglich**: _Agar._ _Am-c._ **Ambr.** calad.k2 _Calc._

– **Urin**; durch Kontakt mit: **Merc.**

– **Urinieren**:

• **beim**: ambr.hr1,k carb-v. kreos.pd sil.hr1,k _Thuj._a1,k

• **nach**: alum-sil.k2 _Thuj._a1

– **Wetter**:

• **kaltem** Wetter, bei: _Dulc._hr1,k

– **wollüstig**: _Agar._ arund.br1 bov. _Bufo_ _Calad._hr1,k _Calc._ _Canth._ _Coff._hr1,k _Dulc._hr1,k elaps kali-bi.pd _Kali-br._hr1,k kreos. lac-f.c1 _Lach._ _Lil-t._ **Orig.** **Plat.** _Zinc._

– **Würmer**, durch:

• **Madenwürmer**: calad.pd

○ **Labien**; zwischen den: kali-bi.k2 **Kreos.** _Sulph._

– **Schamgegend**: fago.c2 tarent.c2

• **Urinierens**; selbst außerhalb des: ambr.

– **Uterus**: bell-p.bg1

– **Vagina**: agar.bg2,k agn.bg2 alum.hr1,k alumn.hr1,k androc.srj1 apis.bg1 aur.bg2 _Aur-m._hr1,k,* aur-s.c1 _Brom._hr1,k **Calad.**bg2,k,* _Calc._hr1,k _Calc-s._ _Canth._bg2,k,* carb-ac.bg2 caust. chel.bg2 coff.bg2 coll.bg2 _Con._bg2,k,* cop.hr1,k,* cub.c1 elaps _Ferr-i._hr1,k graph.bg2,c2 grat.bg2 grin.c2,hr1 helon.bg2,k,* hydr.bg2 _Hydrc._hr1,k,* kali-bi.bg2 kali-br.bg2 **Kreos.**bg2,k,* _Lil-t._bg2,k,* _Lyc._bg2,k,* _Med._hr1,k _Merc._bg2,k,* **Nit-ac.**bg2,k,* plat.bg2 rhus-t.bg2,k,* **Sep.**bg2,k,* stann.bg2 staph.bg2,k,* sul-ac.bg2 _Sulph._bg2,k,* _Tarent._bg2,k thlas.bg1 thuj.bg2 urt-u.bg2 zinc.hr1,k

• **abends**: _Kreos._a1,k

• **Koitus**, nach: agar. androc.srj1 **Nit-ac.**

• **Menses**:

• **vor**: elaps _Graph._

• **während**: _Con._ elaps helon. kreos.

• **nach**: canth. _Caust._hr1,k con.hr1,k,* elaps _Kreos._ lyc. mez.hr1,k sulph.

• **Schwangerschaft**; während der: borx. **Calad.**k,vh,*

• **wollüstig**: _Calad._ **Kreos.**hr1,k _Lil-t._hr1,k nit-ac.hr1 sec.k2

○ **Eingang**: conv.br1

– **Vulva**: ambr.c2 aur-s.c2 borx.br1 chinin-s.c2 coll.c2 conv.c2 cop.br1 corn.c2 ferul.c2 grin.c2 helon.c2 hydrog.srj2 ichth.c2 kali-bi.c2 lil-t.c2 ovi-p.c2 pic-ac.c2 plat.c2 sol-t-ae.c2 zinc.c1

• **Anus**, und am: cop.br1

• **Fluor**, durch: cop.br1

• **Menses**, während: zinc.c1

Kälte: carb-v.k2 plat.hr1,k sulph.k2

– **Menses**, während: plat.

○ **Ovarien**:

• **links**:

• **Gefühl** von Kälte: ferr-i.

– **Uterus**: petr.
– **Vagina**: *Graph*.bg2,k,* *Nat-m*.hr1,k *Sec*.

Käsige Ablagerungen: *Helon*.

Kindbett
☞ *Entbindung - während*

Klein für den Fötus; Gefühl, als wäre der Uterus zu: plb.pd

Knötchen: calc.bg2,k kreos.bg2 *Lac-c*. merc.bg2,k phos.bg2,k rhus-t.k2 syph.k2
○ **Vagina**; in der: *Agar*.hr1,k syph.k2

Koitus:
– **Abneigung** gegen: aether.a1 agar. *Agn*. alum. alum-p.k2 am-c. arund. bar-c.j5,sf1 berb.j5,k2 borx.st bov. cann-s. carb-an. carbn-s. *Caust*. chlor.bg2 *Clem*. coff. cub. dam.k1,st ferr.sf1 *Ferr-m*.kr1,st ferr-ma. ferr-p. fl-ac. franz.a1 *Graph*. hell. *Hydr*.kr1,st ign. *Kali-br*. kali-c. kali-n. kali-p. kali-s. *Lach*. *Lyc*.k1,st mag-c. *Med*. **Nat-m.** nep.mg1 onos. op. *Petr*. ph-ac.k2 *Phos*. plat. plb. podo.k2 polyg-h.kr1,st *Psor*. ran-s. *Rhod*. sabad.bg2 sabin.bg2 **Sep.** spirae.a1 stann. staph. stram. sul-ac. sulph. tarent. teucr.bg2 thuj.
☞ *Sexuelles Verlangen - fehlend*
• **anämischen** Frauen, bei: *Nat-m*.kr1
• **Entbindung**; seit der letzten: *Lyss*.st
• **Fluor**, bei: caust.kr1
• **Menopause**; während der: *Con*.st
• **Menses**, nach den: arund.a1 bart.a1 berb. *Caust*. kali-c. nat-m. *Phos*. sep. sul-ac.
• **Vaginitis**, bei: *Cur*.kr1,st
– **Gefühl** wie durch Koitus:
• **Mitternacht**, nach: lyc.a1
• **Koitus**, nach: lach.a1
• **Schlafen** und Wachen, zwischen: kreos.a1,j5
– **Genuß**:
• **fehlend**: agn.k2 alum. alum-p.k13,k2 anac.sf,sf1 arg-met.j1 *Berb*.hr1,k *Brom*.hr1,k cael.j1 calc. cann-i.a1 cann-s. **Caust.** *Ferr*.hr1,k *Ferr-m*.hr1,k *Graph*. *Kali-br*.hr1,k1,* *Lyc*.st lyss. *Med*. *Nat-m*. nep.j1,j13,* nit-ac.sf,sf1 onos. *Phos*.hr1,k plat. pneu.j1,j13 psor.k13,k2 puls. rhodi.a1 **Sep.** *Sulph*.st thala.j1,j13 thiop.j1
☞ *Empfindungslosigkeit - Koitus / Vaginismus*
• **vermehrt**: agn.bg2,sf1,* ambr.bg2,sf1,* cann-s.a1,bg2,* lach.bg2,sf1,* nat-m.bg2,sf1,* stann.bg2,sf1,* sulph.bg2,sf1,*
• **vermindert**: bart.a1 ferr-p.a1,k2,* plat.a1 sep.a1 tarent.a1
– **interruptus**, Beschwerden durch Coitus
☞ ❑ *Allgemeines - Koitus - unterbrochener*
– **Orgasmus**
☞ *Orgasmus*
– **schmerzhaft**: alumn. ange-s.j1 apis.kr1 **Arg-n.** bell. *Berb*. borx.bg2,sf1 calc.bg2,sf1 *Calc-p*. coff. *Ferr*. *Ferr-m*. *Ferr-p*. ham. *Hep*. *Hydr*.k1,st ign. *Kali-bi*. *Kali-c*. *Kreos*. *Lyc*.k2,kr1 **Lyss.** merc.bg2 **Nat-m.** **Plat.**k1,st *Rhus-t*. *Sabin*.k1,st **Sep.** sil. *Staph*. *Sulph*. *Thuj*.
☞ *Schmerz - Vagina - Koitus*

Koitus - schmerzhaft: ...
• **Trockenheit**, durch: ferr.st *Nat-m*.st sep.st
– **verweigert** den ehelichen Koitus: con.gl1 lyc.gl1 sep.gl1
– **wollüstiges** Gefühl, wie beim Koitus
☞ *Prickeln*

Kondylome: arg-n.k2 aur-m.bro1 *Calc*. cinnb.k2 euphr. *Lyc*. med.br1,bro1 *Merc*. **Nat-s.** **Nit-ac.** phos.k2 *Sabin*. *Sars*. *Staph*. **Thuj.**
☞ *Wucherungen*
– **blumenkohlartig**: kali-ar.ptk1 **Nit-ac.** phos.k2
– **gestielt**: *Lyc*.hr1,k
– **juckend**: euphr.hr1,k *Lyc*. *Sabin*.hr1,k
– **trocken**: *Lyc*.hr1,k
– **weich**, rot und fleischig: **Nat-s.**
○ **Uterus**: *Calc*.hr1,k *Calen*.vh cub.hr1,k graph.hr1,k *Kreos*.hr1,k *Merc*.hr1,k *Nit-ac*.hr1,k sec.bg2,k,* tarent.hr1,k **Thuj.**bg2,k,*
○ **Zervix**: calen.bro1,ptk1 kali-ar.pd
– **Vagina**: *Nit-ac*. *Phos*.hr1,k *Staph*. tarent.hr1,k **Thuj.**hr1,k
• **bluten** leicht: *Phos*.
– **Zervix**
☞ *Uterus - Zervix*

Krampfadern: ambr. bell-p.bro1 *Calc*.hr1,k calc-f.k2 calc-sil.k2 *Carb-v*.bg2,k,* fl-ac.bg2 *Ham*.bg2,k,* *Lyc*.k,kl2● nux-v.bg2,k,* *Thuj*. *Zinc*.bg2,k,*

Krämpfe im Uterus
☞ *Schmerz - krampfartig - Uterus*

Krebs:
○ **Ovarien**: ars.hr1,k aur-m-n.gm1 *Con*.hr1,k graph.hr1,k kreos.hr1,k *Lach*.hr1,k psor.hr1,k
– **Uterus**: alum. alum-sil.hr1,k alumn.hr1,k anan. apis *Arg-met*.c2,k *Arg-n*. **Ars.**bg2,k,* **Ars-i.**hr1,k asaf.k2 aur. aur-ar.k2 aur-m-n.hr1,k aur-s.k2 bell.bg2,hr1 benzq.gm1 bomh.gm1 bov.st brom.hr1,k bry.bg2 *Bufo* cadm-i.gm1 cadm-met.gm1 cadm-o.gm1 cadm-s.gm1 *Calc*.bg2,k,* calc-ar.k2 calc-f.gm1 calen.c2 calth.c1,c2 canth.bg2 *Carb-an*.bg2,k,* *Carb-v*.hr1,k carbn-s. chin.bg2,k,* cic. clem.bg2,k cocc.bg2 **Con.**hr1,k *Crot-h*.hr1,k cund.hr1,k elaps equis-h.c1,gm1 erod.gm1 **Graph.**bg2,k,* **Hydr.**hr1,k *Iod*.bg2,k,* kali-ar. kali-c.c2 **Kreos.**bg2,k,* **Lach.**bg2,k,* *Lap-a*.hr1,k **Lyc.**hr1,k mag-m.hr1,k merc.bg2,k,* *Merc-i-f*.hr1,k methyl.gm1 **Murx.**hr1,k *Nat-c*.hr1,k *Nat-m*.hr1,k *Nit-ac*.hr1,k nux-v.bg2 ol-an.gm1 **Phos.**bg2,k,* *Phyt*.hr1,k plat.hr1,k psoral.vs rhus-t.bg2,k sabad.hr1 sabin.bg2,k,* sang.hr1,k *Sec*.bg2,k,* **Sep.**bg2,k,* **Sil.**bg2,k,* spig.hr1 *Staph*.bg2,k,* sul-i.k2 sulph.bg2,k,* tarent.hr1,k,* thiosin.gm1 thlas.c2 **Thuj.**bg2,k,* *Zinc*.hr1,k
• **Epitheliom**: arg-met.k2
• **schnell** wachsend: cadm-met.gm1
• **Szirrhus**: *Alumn*.hr1,k anan. *Arg-met*. *Ars*.hr1,k aur. aur-m-n.hr1,k,* clem.hr1 **Con.**hr1,k kreos.hr1,k lyc. mag-m. phos. *Phyt*. rhus-t. sep. staph.
○ **Zervix**: bomh.gm1
– **Vagina**: **Kreos.**hr1,k

Kribbeln
☞ *Ameisenlaufen*

Kugel; das rechte Ovar fühlt sich wie eine schwere: carb-an.

Lage des Fötus
☞ *Fötus - Lage*

Laktation
☞ *❑ Brust - Laktation*

Liegen agg. die Beschwerden des Uterus: ambr.hr1,k

Lochien: hoit.jl
☞ *Entbindung - nach / Entbindung - während*

– **nachts**:
• **agg.**: *Merc.*kr1
– **Abort**, nach: ruta.a1
– **Bewegung** agg.: erig.bro1
– **blutig**: acon.bg2 arn.bg2 bell.bg2 bry. calc. caul.hr1 *Cham.*hr1 chin.bg2 crot-h.bg2 erig.hr1 ham.bg2 ip.bg2 rhus-t. *Sec.*bg2,j5 sil.hr1 *Tril-p.*br1,c1 ust.bg2
• **Menses**:
• **periodisch**:
• **Wochen**; alle zwei: *Tril-p.*c1
• **Bewegung**, nach der geringsten: erig.hr1,k
• **Stillen**, beim: *Sil.*
• **wieder** blutig nachdem sie hell geworden sind; werden: *Calc.* **Erig.** *Kreos. Rhus-t.* sil.
• **zu** blutig: acon. arn.bg,bg2 bell.bg,bg2 bry. calc. caul. *Cham.* chin.bg,bg2 chr-ac.bro1 crot-h.bg2,bro1 erig.bro1 ham.bg,bg2 ip.bg,bg2 kreos.bro1 nit-ac.bro1 pyrog.bro1 rhus-t. *Sec.*bg2,j5,* sil. *Tril-p.*bg,bg2,* ust.bg,bg2
– **braun**: *Carb-v.*hr1,k *Kreos.*hr1,k *Sec.*hr1,k
– **dunkel**: caul.bro1 *Cham.*hr1,k *Chin.* *Croc.* **Kreos.**hr1,k nit-ac.bro1 *Plat.*hr1,k pyrog.bro1 **Sec.**hr1,k ust.hr1,k
• **fadenziehend**, und: *Croc.*st
– **dünn**: bell. *Carb-an.*bg2,k,* cimic.hr1,k lach.hr1,k *Pyrog. Rhus-t. Sec.* ust.
• **geronnen**, zum Teil: **Ust.**kr1
– **eitrig**: *Chin.*hr1,kr1 *Lach.*hr1,kr1 sulph.k2,kr1
– **geronnen**: *Chin.*kr1
• **teilweise**: **Ust.**bg1,kr1
– **grün**: lac-c.bg2
– **heiß**: bell.hr1,k
– **intermittierend**: *Calc.* con.bro1 *Kreos.* *Plat.* pyrog.bro1 rhus-t. sulph.bro1
– **jauchig**: *Carb-an.* rhus-t. *Sec.*
– **Käse**, wie: bell.bg1
– **lange** sich hinziehend: bapt. bell. bell-p.bg,bg2,* benz-ac.hr1,k buni-o.jl *Calc.*bg2,k,* **Carb-ac.** **Carb-an.**bg2,hr1,* caul.hr1,k *Chin.*hr1,k croc.bg2,k helon.c2,k hep. *Kreos.*hr1,k lil-t.bg2,k,* merc.k2 mill.bro1 **Nat-m.** *Plat.* *Rhus-t.*bg2,k,* sabin.bro1 **Sec.**bg2,k,* **Senec.** sep.bg2,k,* sulph. tril-p. ust.
– **milchig**: *Calc.*hr1,k *Puls. Sep.*
– **reichlich**: abrot.a1 acon. benz-ac.a1 brom.bg,bg2 bry.bg2,k,* buni-o.jl calc.bg2,k carb-an. *Cham.*bg2,k,* chin. *Coff.*hr1,k *Con.*bg2,k *Croc.*bg2,k erig.hr1,k hep.bg2,k lil-t.hr1,k mill.hr1,k,* *Nat-c.* nat-m.k13,k2 oci-sa.sp1 *Plat.*bg2,k puls.bg2,k *Rhus-t.*bg2,k *Sec.*bg2,k,* senec. sep.bg,bg2,* **Sil.**hr1,kr1 sulph. tril-p. *Ust.*hr1,k xan.hr1,k

Lochien: ...
– **rot**: acon. bry. calc. chin. psor. *Sil.* sulph.
– **scharf**: bapt.hr1,k *Carb-an.*hr1,k con. **Kreos.**hr1,k lil-t.hr1,k *Merc. Nit-ac.*bro1 plat. *Pyrog.* rhus-t. *Sep. Sil.*hr1,k
– **Schwall**, in Güssen; in einem: erig.bro1 *Plat.*
– **sexuellem** Verlangen; mit vermehrtem: *Verat.*kr1
– **spärlich**: acon. *Bell.*hr1,k bry.hr1,k cham.bro1 coloc.hr1,k dulc.hr1,k guare.hr1,kr1,* *Nux-v.*hr1,k **Puls.**hr1,k *Pyrog.*k,k1 **Sec.**hr1,k stram.hr1,k *Sulph.*
– **Stillen**, beim: **Sil.**bg2,hr1,*
– **übelriechend**: acon. ars.sf1 *Bapt.* bell. *Bry.* carb-ac. *Carb-an. Carb-v. Chin.* chinin-ar.sf1 **Chr-ac.**bro1,kr1 *Crot-h. Echi.*sf1 erig.bro1 **Kali-p.** **Kreos.** lach. nit-ac.bro1 nux-v. oci-sa.sp1 *Pyrog. Rhus-t. Sal-ac.*kr1 **Sec.** *Sep.* sil. stram.c2,k sulph.
• **aashaft**: stram.hr1,k
• **faulig**: *Ars.*bg2 bapt.bg2 *Bell.*bg2 carb-ac.bg2 **Carb-an.**bg2 echi.bg2 kreos.a1,bg2 lach.bg2 pyrog.bg2 rhus-t.bg2 *Sec.*bg2
– **unterdrückt**: acon.bg2,k,* alet. aral. bapt.k2 bell.bg2,k,* **Bry.**bg2,k,* *Camph.*hr1,k *Carb-ac.*hr1,kr1 caul.hr1,k *Cham.*bg2,k,* *Chin.* *Cimic.*bg2,k,* coloc.bg2,k,* *Dulc.*bg2,k,* echi.bro1 *Hep.*bg,bg2,* *Hyos.*bg2,k,* kali-c.bg,bg2,* leon.bro1 merc.k2 mill.hr1,k,* mur-ac.a1,k2,* *Nux-v.*bg2,k,* op.bg2,k,* plat.bg2,k psor. **Puls.**bg2,k **Pyrog.** *Sec.*bg2,k,* sil.hr1,kr1 *Stram.* **Sulph.**bg2,k **Ter.**bg,bg2,* verat.bg2,k,* *Verat-v.*hr1 zinc.bg2,k,*
• **Ärger**, Verdruß; durch: acon. cham.sf1 coloc.
• **Erregung**, durch: cimic.hr1,k *Ign.*kr1
• **Feuchtigkeit**, Naßwerden;durch: *Dulc.*hr1,kr1
• **Fieber**, mit: *Acon.*hr1,kr1 mill.hr1,kr1 sec.hr1,kr1
• **Gemütsbewegungen**, durch: *Cimic.*hr1,kr1 *Ign.*hr1,kr1
• **Kälte**, durch: *Acon.*hr1,k *Bry.* cham.hr1,k *Cimic.*hr1,k *Dulc.*hr1,k **Pyrog.** *Sulph.*
• **Kummer**, durch: ign.
• **Luft**; durch Zugluft: *Verat-v.*kr1
• **Schreck**, durch: acon. ign. op.
• **Zorn**, durch: cham.k,sf1,* coloc.hr1,k
– **weiß**: *Nat-m. Puls. Sep.* sulph.
– **wiederkehrend**: acon.hr1,k *Calc.* erig.hr1,kr1 helon. *Kreos.*hr1,k *Psor. Puls. Rhus-t.* senec. sulph.
• **Bewegung**, nach der geringsten: *Erig.*hr1,kr1

Luft in der Vagina
☞ *Blähungen*

Masturbation, Neigung zur: agn.k2 ambr. *Anac.*c,c1 anan. *Apis*c1 aur-ar.k2 bamb-a.stb2 bell-p.c1,c2,* bufo *Calad.* calc.c1,c2,* *Calc-p.*c,c1 *Carc.*st1 caust.st *Chin.*c,c1,* coff.st *Gels.* *Grat.*c2,k *Kali-br.*c,c1 *Lach.* lil-t.bg2,sf1,* med.c1,c2,* *Nat-m.*c,c1 *Nux-v.*hr1,kr1,* op.a1 **Orig.**hr1,k *Orig-v.*kr1 *Ph-ac.*c1,c2,* phos.bg2,k2,* pic-ac.c,c1 **PLAT.**c2,k,* puls. raph. sal-n.c1,c2,* sec.k2 **Staph.**c,c1,* *Sulph.*c,c1,* tarent.c1,c2,* thuj.c1,c2,* *Tub.* ust.c1,c2,* **Zinc.**j5,kr1,*
– **Husten** oder Krämpfen; bei: *Zinc.*bro1,sf1
– **Jucken**, durch:
○ **Vulva**, in der: zinc.c1
– **jungen** Frauen; bei: carc.jl2

– **Menses**, während: zinc.bg2,ptk2

Menarche:

– **verzögert**

☞ *Menses - verzögerte*

Menopause: acon.bg2,hr1,* *Agar.*hr1,k alet.st,vh aloe alum.k2 *Aml-ns.*bg2,kr1,* *Apis* aqui.st,vh *Arg-n.*hr1,k arist-cl.mg,mg1 aur.hr1,sf1,* bar-c. bell.vh,vh/dg,* bell-p.c1,vh/dg,* bor-ac.st,vh *Bry.*k,vh,* *Cact.*st,vh calc.hr1,k *Calc-ar.*hr1,kr1,* camph.k13,k2 caps.sf,sf1,* carb-v.st,vh *Carc.*fb,st caul.sf1,vh/dg,* *Chin.*hr1,k *Cimic.*k1,vh,* *Cocc.*hr1,k coff.hr1,k *Con.*hr1,k *Croc.*hr1,k **Crot-c.** *Crot-h.*hr1,k *Cycl.*hr1,k dig.c1 ferr.bg2,vh,* ferr-p.sf,sf1 *Gels.*hr1,k *Glon.*hr1,k1,* **Graph.**hr1,k *Helon.*hr1,k,* hir.sf,sf1 *Hydr.*hr1,k1,* ign.hr1,k *Jab.*hr1,vh,* *Kali-bi.*k1,vh,* kali-br.bro1 *Kali-c.*c1,hr1,* *Kali-s.*st *Kreos.*c,c1,* **Lach.**hr1,k laur.c,c1 lil-t.k2 lyc.hr1,sf1,* mag-c.st,vh magn-gl.st *Manc.*st **Mang.**hr1,k merc-sul.st,vh mosch.hr1,k **Murx.**hr1,k1,* nat-m.sf,sf1 nit-ac.hr1,k,* *Nux-m.*c1,c2,* *Nux-v.*sf,sf1,* ol-an.sf,sf1 orch.c,c1 *Ov.*sf,sf1,* ph-ac.kr1,vh/dg,* *Phos.* phys.c1,hr1,* pilo.sf,sf1 plat.hr1,sf1,* plb.sf,sf1,* **Psor.**hr1,k *Puls.*hr1,k rhus-t.sf,sf1 *Sabin.*hr1,k2,* sal-ac.c1,hr1,* *Sang.*hr1,k1,* sanguiso.sf,sf1 sars.c1,hr1,* *Sel.* semp.c1,vh/dg,* **Sep.**hr1,k *Stront-c.*sf1 *Sul-ac.*hr1,k **Sulph.**hr1,k sumb.hr1,sf1,* *Tab.*hr1,k *Ter.*hr1,k1,* *Ther.*hr1,k1,* tril-p.c1 *Ust.*hr1,k1,* valer.c1,hr1,* *Verat.*hr1,k viol-o.hr1 vip.st vip-r.vh visc.st,vh xan.hr1,k zinc.sf,sf1 *Zinc-val.*st,vh

☞ *❑ Allgemeines - Menopause / ❑ Gemüt - Menopause*

– **Bediensteten**, bei: *Con.*st

Menses:

– **amel.** aller Beschwerden während den Menses

☞ *❑ Allgemeines - Menses - während - amel.*

– **tagsüber**, nur: cact.bg2,k *Caust.*bg2,k,* coff. cycl.bg2,k ham.bg2,k,* kali-c.bg,bg2 **Puls.**bg2,k,* sulph.bg2

• **Gehen**; am stärksten beim: **Puls.**kr1

– **morgens**: am-m. *Borx.* *Bov.*bg2,k,* sulph.hr1,k

• **Aufstehen**, beim: plat.a1

• **Gehen**, beim: glon.a1

• **nur**: *Bov.*hr1,k carb-an.h,k,* nat-s.c1 **Sep.**bg2,k,*

• **tagsüber** amel.: am-m.

• **und**:

• **tagsüber**: borx.bro1 cact.bro1 carb-an.bro1 *Caust.*bro1 cycl.bro1 *Lil-t.*bro1 *Puls.*bro1 sep.bro1

• **abends**, nur: *Phel.*

– **vormittags**, nur: lycps-v. nat-s.

– **mittags**: cocaa1

– **nachmittags**: ferr. lyc. mag-c.a1

• **Gehen**, nur beim: nat-s.

• **hört** nachmittags auf: *Mag-c.*

– **abends**:

• **Liegen**, beim: berb.a1 bov. coc-c.

• **nur**: coff. phel.bg2

– **nachts**: *Am-c.* *Am-m.* *Bov.* coc-c. *Coca* ferr.bg2,sf1 gink-b.sbd1 glon. **Mag-c.** mag-m. *Nat-m.* puls.bg2 sep.bg2,sf1 sulph. *Zinc.*

• **23** h, Blutfluß beginnt um: lac-ac.kr1

• **nur**: borx. **Bov.**bg2,k,* coff. cycl. mag-c.a1,k nat-m.

• **Schlaf**, nur im: mag-c.

Menses:

◆ **abwechselnd** mit blutigem Ausfluß: tarent.kr1

– **abzuwaschen**; schwer

☞ *färben - auszuwaschen*

– **alle** drei Wochen: berb. bufokr1 murx.kr1

– **Anstrengung** ruft den Eintritt der Menses hervor: *Bov.* *Calc.* rhus-t. tril-p.

– **Ärger**, Verdruß; nach: acon. coloc. puls. staph.

– **auszuwaschen**; färben die Wäsche und sind schwierig

☞ *färben - auszuwaschen*

– **Beschwerden** durch Menstruationsstörungen

☞ *❑ Allgemeines - Menses - während / ❑ Gemüt - Menses*

– **Bewegung**:

• **agg.**: bov.bro1 **Bry.**hr1,kr1 canth.bro1 caust.bro1 **Croc.**hr1,kr1 erig.bro1 *Ferr.*hr1,kr1 *Lil-t.*bro1 mag-p.bro1 *Sabin.*bg2 *Sec.*bro1 thlas.bro1 *Tril-p.*bro1 zinc.bg2

• **amel.**: am-m.bro1 bov.bg2 *Cycl.*bg2,hr1,* kreos.bro1 *Mag-c.*bg2 sabin.bg2,hr1,*

• **Abwärtsbewegung**, bei:

• **agg.**: *Borx.*kr1

• **nur** bei Bewegung: cact.bg2,kr1 caust.bg2,kr1 *Lil-t.*bg2,k2,* manc.bg2,kr1 sec.kr1

– **blaß**: acon.a1 aeth.hr1 *Alum.*hr1,k,* alum-p.k13,k2 alumn.hr1,k,* am-c.h,k,* ant-t.bg2,k apoc. arn. ars.bg2,k,* *Atro.*hr1,kr1 *Bell.*bg2,k,* *Berb.*bg2,k,* borx. *Bov.*bg2,k,* bry.bg2,k bufobg2 calc.bg2,k calc-s. canth. carb-an. *Carb-v.*bg2,k,* *Caul.*hr1,k cench.st,vh chin. chinin-ar. cocc.bg2 con.bg2 cop.a1 dig.bg2 dros. *Dulc.*bg2,k,* eupi. **Ferr.**bg2,k,* *Ferr-ar.* *Ferr-m.*bro1 *Ferr-p.*bg2,k form.hr1,k,* goss.hr1,k **Graph.**bg2,k,* hell.bg2 hyos. ip. *Kali-ar.* kali-c.bg2,k *Kali-i.*hr1,kr1 kali-n. kali-p. kali-sil.k13,k2 kreos. *Lac-ac.*hr1,kr1,* *Lac-d.*k2,vh,* laur. led. lyc.bg2,k mag-m.bg2 manc.bg2,k,* *Mang.* merc.hr1,k,* nat-c.bg2 **Nat-m.**bg2,k,* nat-p.hr1,k,* nit-ac.bg2,j5 nux-v.bg2 *Phos.*bg2,k,* *Plat.*bg2 plb.bg2 prun.bg2,k *Puls.*bg2,k,* *Rhus-t.*hr1,k sabad. *Sabin.*bg2,k,* sacch.a1 *Sec.*hr1,k *Sep.*bg2,k,* sil. spig.bg2 *Staph.* stram.bg2,k,* stront-c. *Sulph.*bg2,k,* *Tarent.*hr1,kr1,* thuj.a1 til.a1,c1 tril-p. *Ust.*bg2,hr1,* vib.hr1,k zinc.hr1,k

• **Epilepsie**, bei: *Atro.*hr1,kr1

• **Klumpen**:

• **dunklen**; mit: cench.st

• **erst** blaß, dann dunkel und klumpig: *Staph.*k2,kr1

• **sexuellen** Verlangens; mit Verlust des: *Lach.*kr1

– **blutiger** Schleim: alum. apis bar-c. berb. *Cocc.* *Croc.*kr1 hydrog.srj2 lachn. nat-s. nux-m.a1 **Puls.**bg,bg2,* *Sep.*kr1 sul-ac.bg,bg2 wies.a1

• **morgens**: nat-s.a1

• **letzten** Tag, am: *Apis*kr1

– **braun**: bapt.bg1,bg2 berb.hr1,k **Bry.**bg2,k,* calc.bg2,k,* *Carb-v.*bg2,k,* choc.srj3 *Con.*bg2,k,* goss.st mag-c.bg2,k,* *Nit-ac.*hr1,k puls.bg2,k,* rhus-t.bg2,k,* *Sec.*bg2,k,* sep.hr1,k thuj.bg1 vesp.hr1,k,*

• **Kaffeesatz**, wie: *Nit-ac.*kr1

– **dauern** zu kurz

☞ *kurz*

– **dauern** zu lange
☞ *lange*
– **dick**: ant-t.a1 *Arg-n.*hr1,k arn.bg2,k *Bell.*hr1,k,* *Cact.*hr1,k *Carb-v.*bg2,k,* coc-c.hr1,k,* *Cocc.*hr1,k cortiso.jl,jl3 croc.bg2,k,* cupr.bg2,k ferul.a1 *Fl-ac.*bg2,k,* *Graph.*hr1,k *Kali-m.*bro1 kali-n.bg2,k *Kali-p.* kreos.bro1 lac-c.bro1 *Lil-t.*hr1,k,* *Mag-c.*bg2,k,* mag-p.bro1 mag-s.a1,k mand.mg,mg1,* mang.bg1,h,* *Nit-ac.*hr1,k *Nux-m.*bg2,k,* nux-v. *Plat.*bg2,k,* **Puls.**bg2,k,* *Sulph.*bg2,k,* thymol.jl,jl3 tril-p. *Ust.*bro1 *Xan.*hr1,kr1,*
– **dunkel**: acon.bg2 alet.hr1,k aloe *Am-c.*bg2,k,* *Am-m.*hr1,k ambr.vh anan.a1,k *Ant-c.*bg2,k *Ant-t.*bg2 apis arn.bg2,k *Ars.*hr1,k ars-met.kr1 ars-s-f.k13,k2 arum-t.bg2,hr1,* arund.hr1,k,* *Asar.*bg2,k *Bell.*bg2,k,* berb.a1 *Bism.*bg2,k,* borx. *Bov.*bg2,k *Bry.*bg2,k,* *Cact.*bg2,k,* *Calc.*hr1,k **Calc-p.**bg2,k,* calc-s. cann-i.hr1,kr1,* canth.bg2,k carb-ac.hr1,k *Carb-an.*h,k,* carb-v.bg2,k,* carbn-s.k1 carl.a1 caul.bro1 **Cham.**bg2,k,* *Chin.*bg2,k,* *Chinin-ar.* *Cimic.*bg2,k,* coc-c.hr1,k,* *Cocc.*bg2,k,* coff.bg2,sf1,* *Coloc.*hr1,kr1 con.bg2,sf1,* cop. **Croc.**bg2,k,* *Crot-h.*hr1,k cupr.bg2 *Cycl.*bg2,k,* dig.bg2 dros.bg2,hr1,* elaps *Ferr.*bg2,k,* ferr-ar. ferr-p. *Fl-ac.* form.a1 gamb.hr1,kr1 *Graph.*bg2,k,* **Ham.**k,k2,* helon.bg2,k,* hypoth.jl,jl3 *Ign.*bg2,k,* jug-r.sf,sf1 *Kali-m.*bro1 *Kali-n.*bg2,k,* *Kali-p.*hr1,k *Kreos.*bg2,k,* lac-d.c1 *Lach.*bg2,k,* *Laur.*hr1,kr1 led.bg2 *Lil-t.*hr1,k lyc.bg2,k macro.a1 *Mag-c.*bg2,k,* mag-m.bg2,k mag-p.bro1 mag-s. mand.mg,mg1,* *Med.*br1,k merc. nat-m.bg2,k *Nit-ac.*bg2,k,* *Nux-m.*bg2,k,* **Nux-v.**k,k2,* ol-an.hr1,k *Ph-ac.*bg2,k,* phos.a1,bg2 **Plat.**bg2,k,* plb.bg2 **Puls.**bg2,k,* *Sabin.*hr1,k *Sang.*hr1,k **Sec.**bg2,k,* sel.bg2,k,* *Sep.*bg2,k,* spig.bg2 *Staph.* *Stram.*bg2,k sul-ac. *Sulph.*bg2,k,* *Thlas.*kr1 *Thuj.*hr1,kr1 tril-p. **Ust.**bg2,k,* wies.a1 *Xan.*bro1 zinc. zing.
• **auszuwaschen**, schwer: *Med.*kr1
• **Bewegung**:
  • **agg.**: *Croc.*kr1
• **Klumpen**, mit: buni-o.jl,jl3 hypoth.jl,jl3
• **Rheumatikern**, bei: **Calc-p.**hr1,kr1
• **wäßrig**, dann: thuj.
– **dünn**: acet-ac.k13,k2 aeth.a1,k *Alum.*a1,k alumn.hr1,k ant-t.bg2,j5 apoc.hr1 ars.bg2,k,* ars-met.kr1 bamb-a.stb2 *Bell.*bg2,k,* *Berb.*bg2,k,* *Bov.*bg2,k,* *Bry.*bg2 *Calc.*bg2 **Carb-v.**a1,bg2,* cocc.bg2,h con.bg2 *Dulc.*bg2,k,* erig.k,k1 eupi.a1 **Ferr.**bg2,k,* ferr-act.bro1 *Ferr-m.*bro1 *Ferr-p.* ferul.a1 gast.a1 goss.bg2,hr1,* *Graph.*bg2,k,* haem.bg2,sf1,* ham.bg2 hell.bg2 kali-c.bg2 kali-p.hr1,k kreos.a1,j5 lac-d.k13,k2 lach.hr1,kr1 *Laur.*hr1,k,* **Lyc.**bg2 m-aust.j5 *Mag-m.*h,j5,* mang. mill.bg2,sf1,* nat-c.bg2,j5,* **Nat-m.**bg2,k,* nat-p.bro1 nat-s.a1,j5 *Nit-ac.*bg2,k2,* nux-m.bg2 *Nux-v.*bg2 *Phos.*bg2,k *Plat.*bg2,hr1,* plb.bg2 prun.a1,bg2 **Puls.**bg2,k,* *Sabin.*bg2,k,* *Sec.*bg2,k,* sep.bg2 spig.bg2 stram.bg2,k,* stront-c.bg2,j5 sul-ac. sulph.bg2,k,* tub. *Ust.*bg2,k vib.hr1,k
• **Fleischwasser**, wie: stront-c.bg1
• **gerinnend**, nicht: *Kali-p.*kr1
• **Klumpen**, mit: *Cham.*hr1,k *Chin.*hr1,k *Ferr.*hr1,k sec.k1 *Ust.*bg1,hr1,*

– **dünn - Klumpen**, mit: ...
• **erst** dünn: mag-m.h
  • **dann** klumpig: stront-c.kr1
– **eiweißartig**:
• **morgens**: calc-p.a1
– **Entbindung** wiederkehrend; zu bald nach der
☞ *wieder - Entbindung*
– **Erregung**; durch: **Calc.** *Sulph.*bro1 tub.
• **geistige**
☞ *geistige*
– **erscheinen**:
• **als** würden die Menses erscheinen: act-sp. *Aloe* am-m. ambr. *Apis* aur. bry. *Calc-p.* canth. carb-an.bg2 carb-v.a1 chin.bg2 cina cocc. *Croc.* ferr. hir.jl hyos.bg,bg2,* inul. kali-c. kreos. laur. lil-t. lyc. *Mag-c.* mag-p.bg,bg2 mez.bg2 mosch. mur-ac. *Murx.* *Nat-c.* nat-m. nicc-s.bro1 *Onos.* phos. phys.kr1 phyt.a1 *Plat.* plumbg.a1 *Puls.* puls-n.a1 sang. *Senec.* *Sep.* stann.bg2,sf1,* staph. sul-ac. til. vib.
  • **nachmittags**, aber abends amel.: pall.a1
• **Erkältung**, nach einer: *Puls.*j5
• **normalen** Alter, vor dem: ambr. *Ant-c.* bell. *Calc.*bg,bg2,* *Calc-p.* canth. carb-v.bg,bg2,* *Caust.* *Cham.* chin. coc-c. cocc. ferr. goss.st hyos. ip. kali-c. kali-p.kr1 lyc. merc. nit-ac. *Phos.* *Puls.* rhus-t. *Sabin.* sec. *Sil.* sulph. verat.bg,bg2,*
• **plötzlich**: *Nat-m.*a1 *Phos.*a1
• **Schock**, durch einen: *Op.*k2
• **Verletzung**; nach: **Croc.**kr1
– **Erwachens** ein; setzen im Moment des: hydrog.srj2
– **fadenziehend**, zäh: bamb-a.stb2 cact. canth. **Croc.** *Cupr.* *Ign.*kr1 kali-chl. kali-m.kr1 *Lac-c.* lach. *Mag-c.* mag-m. mag-p.bg,bg2 mang. phos. *Plat.* *Puls.* sec. *Sep.*kr1 ust. *Xan.*kr1
• **Bewegung**; bei der geringsten: **Croc.**kr1
– **färben**: culx.bg2 lach.bg2 mag-c.bg2 med.bg2 merc.bg2 pulx.bg2 sil.bg2 thlas.bg2 thuj.bg2
• **auszuwaschen**; schwierig aus der Wäsche: *Carb-ac.*st croc.bg,bg2 culx.st *Mag-c.* *Med.* merc.st puls.st pulx.br1 *Sil.*bg,bg2,* vib.st
– **fehlend** (= Amenorrhoe): *Acon.* aesc. agar. agn. alet. all-c.kr1 aln.c1,c2 *Am-c.* am-m. ammc.kr1 *Anac.*kr1 *Ant-c.* *Apis* *Apoc.* arg-n. *Arist-cl.*jl,mg1,* *Ars.*c2,k *Ars-i.* asar.bg2,sf1 asar-c.br1 **Aur.**c2,k aur-ar.k2 aur-i.k2 aur-s.k2 aven.br1,bro1 *Bar-c.* *Bell.* bell-p.sp1 benz-ac. berb. *Borx.* brom.bg2,sf1 *Bry.*c2,k *Calc.* calc-i.k2 calc-o-t.bro1 calc-p.bg2,sf1 calc-s. calc-sil.k2 cann-s.bro1 canth. carb-v. **Carbn-s.** card-m. *Caul.*c2,k *Caust.* *Cham.* chel. *Chin.* chinin-ar. chlorpr.jl cic. cimic. cina *Coca*kr1 *Cocc.* *Coch.*kr1 colch. *Coll.* *Coloc.* **Con.** cortico.mg1 cortiso.mg1,sp1 croc. crot-t. *Cupr.* *Cupr-act.*kr1 *Cycl.* *Cypr.*c1,kr1 dam.c1,c2 dig. *Dros.* **Dulc.** euphr. eupi.c1,c2 **Ferr.** *Ferr-ar.* **Ferr-i.**c2,k ferr-m.bro1 *Ferr-p.* ferr-r.bro1 gast.c1,c2 gels. gins.bg2 *Glon.*bg2,k2,* goss.c2,k1 **Graph.**c2,k *Guaj.*c2,k *Ham.* hedeo.c1,c2 *Hell.*c2,k helon.c2,k hoit.jl *Hyos.* hyper.bg2,sf1 ictod.kr1 *Ign.* indg.c1,j5,* *Iod.* joan.bro1 *Kali-ar.* **Kali-c.**c2,k kali-i. *Kali-n.* *Kali-p.*c2,k kreos.c1,c2 lac-d.bg2,sf1 *Lach.* lil-t. linu-c.c1,c2 lob.c2,k **Lyc.** m-arct.c1,c2 *Mag-c.* *Mag-m.*

– **fehlend**: ...
mag-s.j5 mand.spl mang.brol *Merc.* *Merl.*brol mill. *Mit.*krl nat-c. *Nat-m.* nat-p. nat-s.bg2 nat-sil.k2 nep.jl,mgl,* *Nux-m.* *Nux-v.* ol-an.bg2,sfl *Ol-j.*cl,krl,* op.brol ovi-p.cl,c2 parth.cl,c2 ph-ac. *Phos.* *Phyt.*krl pin-l.cl,c2 pitu.jl *Plat.*c2,k plb.bg2,sfl podo.c2,k polyg-pe.cl polyg-xyz.c2 polytr-c.lsr3 **Puls.**c2,k puls-n.cl,c2 rhod.cl,c2 *Rhus-t.*c2,k rub-t.sfl *Sabad.* sabin. sang. sanic.cl,c2 sec. **Senec.**c2,k **Sep.**c2,k sieg.mgl **Sil.** *Sin-n.*cl,krl,* spong.krl *Staph.* stram. sul-i.k2 **Sulph.**c2,k symph.cl tanac.brol tep.cl,c2 thiop.jl *Thuj.*krl thyr.cl,c2 **Tub.** urt-u.bg2,sfl ust.brol *Valer.* verat.c2,k verat-v.c2,k vib.krl wies.cl,c2 wye.cl,c2 x-rayspl xan. *Zinc.* zinc-p.k2

◆ **begleitet** von:
- **Zunge**:
  - **Landkartenzunge**: *Nat-m.*krl,vkl
- **Erkältung**; nach: asar-c.brl
- **hysterischen** Frauen; bei: *Cypr.*krl *Sil.*krl
- **lange** Zeit; für: wies.zr
- **Mädchen**, bei: cortico.jl cortiso.jl nep.jl thala.jl x-rayjl
- **Milch** in den Mammae; mit: *Rhus-t.*krl
- **Molimina**, nur: *Ant-c.* *Calc.*krl *Con.* *Cur.*kl ~~cycl.kl,xxx~~ *Senec.*krl
- **nervösen** Frauen; bei: ars.k2 ter.cl
- **plethorischen** Frauen; bei: **Calc.**krl *Petros.*krl
  ☞ ❑ *Allgemeines - Plethora - Konstitution*
- **psorischen** Frauen; bei: *Psor.*krl
- **schwachen** Frauen; bei: *Ars.*krl **Sep.**krl
- **sexuelles** Verlangen:
  - **ohne**: *Helon.*krl
- **skrofulösen** Frauen; bei: *Bar-c.*krl *Sulph.*krl
- **Überlastung**, nach geistiger und körperlicher: hypoth.jl

– **fleischfarben**: apoc.bg2,sfl,* nat-c.bg2,j5,* *Sabin.*bg2 *Stront-c.*bg2,j5,*

– **Fleisch**, wie faules: lachn.bg2 syph.bg2

– **flüssiges** Blut enthält Klumpen: alet. aloe ant-c. apoc. arn. **Bell.** bufo caust. *Cham.* *Chin.* *Ferr.* ign. ip. lyc. nat-s. nux-v. plat. plb.brol puls. **Sabin.** sang. **Sec.** stram. ust. vib.

– **früh**, zu: granit-m.esl lam.c2 lunakgl rosm.c2 tub.c2
- **Entbindung** wiederkehrend; zu bald nach der
  ☞ *wieder - Entbindung*
- **Diarrhoe**; mit: verb.cl
- **Menstruationszyklus**; im normalen
  ☞ *häufig*
- **normalen** Alter; vor dem
  ☞ *erscheinen - normalen*

– **Gehen**:
- **agg.**: mag-c.h,sfl **Puls.**krl,sfl sabin.sfl squil.bg zinc.h,sfl
- **hören** beim Gehen auf: coc-c. kreos.brol,hrl mag-c.cl sabin. sec.
- **nur** beim Gehen: *Lil-t.* nat-s. sec. squil.bg2
- **weniger** stark beim Gehen: cycl. sabin.

– **geistige** Erregung; durch: **Calc.** *Sulph.*brol tub.

– **geronnen**: alet.hrl,k aloe *Am-c.*bg2,k,* *Am-m.*hrl,k ant-c. *Apis* apoc.bg2,k *Arg-n.*hrl,k arist-cl.mg,mgl,* *Arn.*bg2,k,* bamb-a.stb2 bart.al **Bell.**bg2,k,*

– **geronnen**: ...
bell-p.mg,mgl berb. borx. bov.bg2,k bry.bg2,k bufo buni-o.jl,jl3 cact.bg2,sfl,* **Calc.** **Calc-p.**hrl,k canth.bg2,k carb-an.bg2,k,* carb-v.bg2,k2,* carl.al *Caust.*hrl,k,* **Cham.**hrl,k **Chin.**bg2,kl,* *Cimic.* cinaal **Coc-c.**hrl,k *Cocc.*hrl,k *Coff.* con.hrl,k *Croc.*hrl,k **Cycl.**hrl,k,* dig.bg2 dros.bg2 *Dulc.*bg2 erig.bg2 *Ferr.*bg2,k,* ferr-p.k13,k2 fl-ac.al,k foll.jl,jl3 glyc.brol *Graph.*bg2,hrl,* ham.bg2,k2 helon.hrl,k hoit.jl,jl3 hydrog.srj2 *Hyos.*bg2,k hypoth.jl,jl3 *Ign.*hrl,k,* inul.al **Ip.**bg2,k,* jug-r.al kali-c. kali-chl.hrl,k *Kali-m.*k2,krl kali-n.bg2,k,* kreos.bg2,k,* *Lac-c.* **Lach.**hrl,k ~~laur.kl,xxx~~ *Led.*bg2 lepi.al *Lil-t.*hrl,krl *Lyc.*hrl,k macro.al mag-c.h,j5,* *Mag-m.*bg2,k,* mag-s.spl mand.mg,mgl *Med.*hrl,k merc.bg2,k **Murx.** *Nat-hchls.* nat-m.k,kl nat-s.al,k nit-ac.bg2,k nux-m. nux-v.bg2,k,* ov.st ph-ac.bg2,k,* phos.al,k2 **Plat.**bg2,k,* plb.sf,sfl prot.jl,jl3 psor. **Puls.**bg2,k,* raph.al **Rhus-t.**bg2,k,* rhus-v.al,j5 *Sabad.*hrl,krl **Sabin.**bg2,k,* sang.bg2,k,* sanic. *Sec.*bg2,k,* sep.bg2,k sol-t-ae.al,k spig.bg2,k staph. *Stram.*bg2,k,* stront-c. *Sulph.* tep.al *Thlas.*brol thuj.al thymol.spl til. tril-p. *Tub.* *Ust.*hrl,k vib. vip-a.jl xan.bg2,k *Zinc.*bg2,k,* zinc-p.k13,k2 zing.
- **ersten** Tag, am: plb.sf,sfl
- **zweiten** Tag; am: erig.zr
- **letzten** Tage, die: *Nat-s.*hrl,krl
- **dunkle** Klumpen: aloesfl am-c. ambr.st apiskrl arund.cl **Bell.** bov. calc-p.k2 cench.k2 *Cham.* *Chin.* cimic. coc-c. *Cocc.* coff.sfl **Croc.** culx.k2 *Cycl.* *Ferr.* ham.k2 hydrog.srj2 ign. kali-chl. kali-m.krl kali-n. *Lyc.* mag-m.kl med.krl nux-m.sfl *Plat.* *Puls.* **Sabin.** *Sec.* staph.k2 *Ust.* vip-a.jl zing.
  - **Bewegung**, bei:
    - **geringster**, bei: **Croc.**krl
  - **Vaginismus**, bei: *Ign.*krl
- **flüssig**, zum Teil: *Ferr.*brol graph.k13,k2 ham.brol plb.brol **Sabin.**hrl,krl *Sec.*brol
- **große** Klumpen: *Apoc.*hrl,krl *Ip.*hrl,krl *Stram.*hrl,krl
- **Serum**; Klumpen und: lyc.bg2 ust.bg2
- **übelriechend**: *Bell.*hrl,krl berb.hrl,krl cham.hrl,krl *Croc.*hrl,krl helon.krl,sfl,* kreos.krl,sfl,* plat.hrl,krl sang.hrl,krl *Sec.*hrl,krl

– **grau**: thuj.bgl

– **grün**: *Lac-c.*hrl,k manc.hrl,k med. pulx.bgl,c,* *Sep.* tub. x-raykl,spl

– **häufig**, zu: acon.bg2 adlu.jl *Agar.* *Alet.* all-c.al all-s. aloe alum. alum-p.k2 alum-sil.k2 *Am-c.* am-caust.j5 *Am-m.* **Ambr.** *Anac.* anan. androc.srjl ant-c. *Ant-t.*j5,krl anthraco.krl apis *Apoc.* *Aran.* aran-ix.jl,spl *Arg-n.* *Arist-cl.*mgl arn. **Ars.** ars-i. **Ars-met.**krl ars-s-f.k2 arund. asaf. asar.j5,krl,* aur. aur-ar.k2 aur-m. aur-s.k2 bamb-a.stb2 bapt. bar-c. bar-i.k2 bar-m. bar-s.k2 **Bell.** benz-ac. *Borx.* **Bov.** brom. **Bry.** *Bufo* buth-a.mgl *Cact.* **Calc.** calc-ar.k2 calc-i.k2 *Calc-p.* *Calc-s.* calc-sil.k2 *Cann-i.*al,k2 cann-s.bg2 *Canth.* **Carb-an.** **Carb-v.** carbn-s.k2 carc.sst castm. caul. *Caust.* cean.brol **Cham.** chel. *Chin.* *Chinin-ar.* *Chinin-s.*kl choc.srj3 *Cimic.* *Cina* *Cinnm.* *Clem.* coc-c. **Cocc.** *Coff.* *Colch.* coll.brol *Coloc.* *Con.* *Cop.* *Croc.* crot-h. cub. culx.k2 cur.

– **häufig**, zu: ...
Cycl. cyna.jl daph. dicha.jl dig.bg2,sf1 digin.a1 dulc.a1,bg2 elaps *Erig.*kr1 eupi. fago.a1 **Ferr.** ferr-act.bro1 ferr-ar. ferr-i. ferr-m.bro1 *Ferr-p. Fl-ac.* flav.jl form. *Gamb.*kr1 gent-c. *Ger.*bro1 gink-b.jl,sbd1 glyc.bro1 goss.st granit-m.es1 *Graph.*h,j5,* grat. ham.bro1 hell.bg2 *Helon.* hep.a1,bg2 hipp. hir.jl,mg1 hist.jl,mg1 hura hydr.bro1 hydrc.kr1 hydrog.srj2 hyos.bg2,j5 hyper. *Ign.* ind. indg. inul.a1,kr1 iod. **Ip.** joan.bro1 **Kali-ar.** *Kali-bi.* **Kali-c.** *Kali-fcy.* kali-i. *Kali-m.*k2,kr1 kali-n. *Kali-p. Kali-s. Kali-sil.*k2 *Kalm. Kreos.* **Lac-c.** lach. lachn. *Lact.*j5 *Lam.*c1,j5 *Laur. Led.* lept.bg2,sf1 lil-t. lipp.a1 lob. lob-e.c1 lyc. *Lyss.*k,k1 *Mag-c.* **Mag-m.** *Mag-p.*bro1 *Mag-s.* mand.jl,mg1 **Mang.** meph.jl merc.bg2,sf1 merc-act.j5 *Merc-c. Mez. Mill.*bro1 *Mosch. Mur-ac. Murx.* najajl nat-ar. *Nat-c. Nat-hchls.* **Nat-m.** nat-p. nat-sil.k2 nep.jl,mg1,* nicc. *Nit-ac.* **Nux-m. Nux-v.** ol-an. *Ol-j.*kr1 onos. op. *Ov.*st pall.bro1 palo.jl par. paraf.bro1 *Petr. Ph-ac. Phel.* **Phos.** phyt. pic-ac.a1 **Plat.** *Plb.*bg2 pneu.jl prun. puls. raph.bro1 **Rat.** rauw.jl *Rhod.* **Rhus-t.** rhus-v.a1 rosm.a1,c1 *Ruta* **Sabin.** sang. sanguiso.sf1 sars. *Sec.*k1 sed-ac.bro1 sel.jl *Senec.* seneg. *Sep.* sieg.mg1 *Sil.* sin-n.kr1 sol-t-ae.a1 spig.bg2 *Spong. Stann.* staph. stram. stront-c. *Sul-ac.* sul-i.k2 *Sulph. Sumb.*a1,kr1 tarent. tell.a1,kr1 **Thlas.**kr1 *Thuj.* thyr.jl tong.j5 *Tril-p. Tub. Ust.* vac. *Verat.* verb.kr1 vinc.bro1 visc.jl,sp1 voes.a1 wies.a1 wildb.a1 *Xan. Zinc.* zinc-p.k2 zing.

• **Tag**:
 • **zwei** Tage zu früh: dirc.c1 gink-b.sbd1 lac-ac.kr1
 • **drei** Tage: asar.jl choc.srj3 granit-m.es1 *Thlas.*kr1
 • **vier** Tage: am-c.kr1 bov.kr1 *Lyc.*kr1
 • **fünf** Tage: nep.jl,srb2
 • **sechs** Tage: *Am-c.*kr1 *Mang.*kr1 solc1
  • **oder** acht Tage; alle sechs: *Lyc.*kr1
 • **sieben** Tage: gink-b.sbd1 solc1
 • **acht** Tage: *Aran.*jl,kr1 *Cocc.*kr1 form.kr1
 • **zehn** Tage:
  • **bis** zu zwei Wochen: *Ign.*kr1
 • **zehn** Tage; alle: *Phos.*kr1
 • **elf** Tage zu früh: lam.a1
 • **zwölf** Tage:
  • **zwölf** bis siebzehn Tage; alle: *Sulph.*kr1
 • **fünfzehn** bis zwanzig Tage; alle: coch.kr1

• **Woche**:
 • **jede** Woche: aran-ix.jl,kr1 berb.kr1 **Cocc.**kr1 *Ferr-p.*kr1 *Kali-s.*kr1 lac-c.kr1 *Lach.*kr1 *Manc.*kr1 **Nat-m.**kr1 puls.kr1 senec.kr1 *Stram.*kr1 ust.kr1 verat.kr1 xan.kr1
  • **jede** Woche bis alle zwei Wochen: *Elaps*kr1
 • **zwei** Wochen; alle: bov.kr1 brom.kr1 calc.bg1,kr1 calc-p.bg1,kr1 *Cann-i.*c1,kr1 *Cean.*kr1 *Cocc.*kr1 elapshr1,kr1 ferr-p.bg2,kr1 ind.kr1 *Ip.*kr1 lac-c.kr1 *Lil-t.*kr1 lyc.kr1 lyss.kr1 mag-c.kr1 *Merc.*kr1 *Murx.*kr1 *Nux-v.*kr1 *Ph-ac.*kr1 phos.kr1 *Plat.*kr1 puls.kr1 sang.bg1,bg2,* sec.kr1 syph.kr1 thuj.kr1 *Tril-p.*c1,kr1
  • **Menopause**; während der: *Tril-p.*hr1,kr1,*
 • **drei** Wochen:
  • **alle**: berb.k1,kr1 *Bufo*kr1 elapshr1

– **häufig**, zu - **Woche** - **drei** Wochen - **alle**: ...
  • **intermittierend**; am zweiten Tag: pneu.jl
  ☞ *intermittierend*
 • **zu** früh: *Murx.*kr1
• **anämischen** Frauen, bei: *Mang.*kr1
• **Bewegung** agg.: *Croc.*kr1
• **Fahren** in kalter Luft; nach: am-c.a1
• **Frost**; während: sulph.a1
• **Menopause**; während der: tell.kr1
• **Sterilität**, bei: *Canth.*kr1 *Sulph.*kr1
• **Überhitzung**, durch: *Croc.*kr1

– **heiß**: arn. *Bell.*bg2,k,* bry. kali-c.bg1 lac-c. puls.hr1,k sabin.bg1,bg2,* sil.bg1
• **Anwendungen** amel.; heiße: mag-p.bro1

– **hellrot**: acon. aloe alum.bg2,sf1 am-c. anan. ant-t. aran. *Arn.* ars. atro.sf1 *Bamb-a.*stb2 bar-c. **Bell.** borx.bg2 bov. brom. bry. calc. *Calc-p.* calc-sil.k2 canth. carb-an. carb-v. *Caust.* cench.k2 chin. *Cinnm.* coloc. croc. dig. dros. **Dulc.** ergot.jl **Erig.** eupi.a1 *Ferr.* ferr-ar. ferr-p. fic-r.mg1 foll.jl form. glyc.bro1 graph. *Ham.* **Hyos. Ip.** kali-ar. *Kali-c.* kali-chl. kali-m.k2 kali-n. kali-s. kali-sil.k2 kreos. *Lac-c.* lachn.c1 laur. led. lil-t. lyc. m-aust.j5 mag-m. manc. med.kr1 meli. merc.bg2,k2 **Mill.** mit.zr nat-c. nit-ac.a1,bg2 nux-m. pall.a1 **Phos.** plat. puls. *Rhus-t.* sabad. **Sabin.** *Sang.* sapin.a1 *Sec.* sep. sil. spig. stram. stront-c. sulph. syph. thuj. tril-p.k,zr *Ust.* vib.bg2,sf1 visc.jl,sp1 xan.c1 zinc. zinc-p.k2
• **vormittags**:
 • **9** h: sol-t-ae.a1
• **dunkel**; dann: *Calc-p.*kr1
• **faulig**; und: sang.bg1
• **geronnen**: *Arn.*kr1 *Bell.*kr1 caust.kr1 lil-t.kr1 *Puls.*kr1 *Sabin.*kr1
 • **gemischt** mit dunklen Klumpen: **Bell.** cench.k2 *Lyc. Sabin. Sec.*
 • **klumpig**, zum Teil: ust.st
• **Mädchen**, bei: *Calc-p.*kr1

– **hören** auf:
• **Gehen**, nach dem: *Lil-t.*kr1
• **Kopfschmerzen** setzen ein; und: lith-c.kr1
• **Liegen**; im: cact.bg2
• **plötzlich**: cocc.hr1,kr1
• **Sitzen**, beim: kreos.bro1

– **intermittierend**: acon.a1,bg2 alum. alum-sil.k13,k2 alumn.a1 am-c.j5 ambr.bg2 apis apoc.hr1,k *Berb.*bg2,k,* borx. bov.bg2 bry.bg2 calc.bg2,k canth. castm. *Caust.* *Cham.*hr1,k chin. *Cimic.*bg2,k clem.a1,k cocc.bg2,k,* colch. con.bg2 cop.a1,k *Cycl.*bg2,k des-ac.jl eupi.a1,k *Ferr.*bg2,k,* ferr-act.sf1 ferr-m.bro1 ferr-p. glon. hydrog.srj2 iod.bg2 kali-c. kali-i. *Kali-s.* *Kali-sil.*k13,k2 **Kreos.**bg2,k,* *Lac-c.*hr1,k *Lach.*bg2,k,* *Lil-t.* lyc.hr1,k,* lycps-v. mag-c.a1,k mag-m.bg2 mag-p.bg2 mag-s.hr1,k *Meli.*bro1 merc.hr1,k,* mosch.bg2,sf1,* murx.hr1,k nat-c. nat-p.a1 nat-s. nicc.bg2,k *Nit-ac.* nux-m.bg2 *Nux-v.*bg2,k,* ph-ac.bg2 *Phel.*vh *Phos.*a1,k *Plb.*hr1,kr1 psor.k,k1 **Puls.**bg2,k,* rat.a1,k rhod.bg2,k,* rhus-t.bg2 sabad.bg2,k,* sabin.hr1,k *Sec.*hr1,k senec.bg2,k *Sep.*bg2,k sil.hr1,k sol-t-ae.a1,c1,* stram.bg2 *Sulph.*bg2,k thuj.bg2 tril-p. ust.bg2,k,* verat.bg2 vesp.a1,k *Vib.*bg2,k,* xan.hr1,kr1 *Zinc.*bg2
☞ *häufig - Woche - drei - alle - intermittierend*

◇ **abwechselnd** mit Bronchialbeschwerden: *Phos.*hr1,kr1
- **hören** auf:
  - **zwei** Tage lang: mag-s.kr1
  - **zwei** oder drei Tage lang: ferr.kr1
  - **zehn** oder zwölf Tage lang: *Lyc.*kr1
- **jeden** zweiten Tag: *Apis*kr1 ovi-p.bg2,kr1,* *Xan.*hr1,kr1

– **kalte** Getränke:
- **amel.**: kreos.bro1

– **Kummer** führt zu: cocc.k2 *Ign.*

– **kurz**, zu: *Alum.* alum-p.k2 **Am-c.** androc.srj1 *Ant-t.*a1,kr1 arist-cl.jl,sp1 ars. ars-i. *Asaf.* aur-m. bamb-a.stb2 *Bar-c.* bar-i.k2 *Berb.* bov. carb-an.h,j5,* carbn-o.a1 *Carbn-s.* clem. *Cocc.* colch. *Con.* dirc.a1 *Dulc.* erig.zr euphr. fl-ac.a1 gast.a1 gink-b.sbd1 glon.a1 gran.j5 *Graph.* hed.jl,mg1,* hydrog.srj2 iod. *Ip.*bg2,kr1 kali-c. kali-p. kali-sil.k2 *Kreos.* **Lach.** lith-c.a1 lunakg1 lyc. mag-c. mag-m. mag-s. *Mang.* *Merc.* merl.kr1 mosch. *Nat-m.* nat-s. nicc. *Nux-v.* oci-sa.jl,sp1 oena. *Ov.*st phel.a1 *Phos.* *Plat.* pneu.jl *Psor.* **Puls.** rhod. ruta sabad. sars. senec.zr *Sep.* sil. stront-c. sul-i.k2 **Sulph.** sumb.a1 *Thuj.* til. vib. vip-a.jl zinc. ziz.a1
- **halbe** bis sechs Stunden; nur eine: *Lycps-v.*kr1
- **eine** Stunde: euphr. psor.
- **einige** Stunden: *Coc-c.*kr1
- **zwölf** Stunden: ziz.kr1
- **ein** Tag: *Alum.* *Apis* *Arg-n.* bar-c. borx.h lepi. mang.k2 nux-v. psor. puls.k2 pyrog. **Sep.** thuj.
- **zwei** Tage: ant-t.kr1 **Apis**kr1 *Mang.*k2,kr1 pneu.jl,kr1 *Verat.*kr1
- **zweiten** Tag; jeden: ovi-p.bg1
- **zwei** oder drei Tage: *Sep.*kr1
- **drei** oder vier Tage: *Lach.*kr1

– **Laktationsperiode**, in der: borx. *Calc.*hr1,k *Calc-p.*hr1,k chin.h,k1 *Pall.*hr1,k rhus-t.bg,bg2 *Sil.*bg2,k,*
- **Stillen** des Kindes; beim: pall.hr1,k *Sil.*hr1,k

– **lange** sich hinziehend: *Acon.* agar.bg2 agn. *Aloe* am-c. amor-r.jl apoc. aran. *Arg-n.* *Ars.* **Ars-met.**kr1 ars-s-f.k2 arund.k1 asar.k1 aspar.j5,kr1 bar-act.a1 *Bar-c.*k1,vh bar-s.k2 bell. *Borx.* bov.k,zr *Bry.* **Calc.** calc-ar.k2 calc-i.bro1 *Calc-s.*k1,vh calc-sil.k2 cann-i.kr1 *Canth.* **Carb-an.** **Carb-v.** carl.a1 caust. chel. *Chin.* chinin-ar. choc.srj3 cinabg2 cinnm. coc-c. *Cocc.*k2,sf1 *Coff.* *Coloc.*kr1 *Con.*bro1 *Croc.* *Crot-h.* **Cupr.** cur. cycl. daph. *Dig.*kr1 dulc. *Erig.* **Ferr.** ferr-act.bro1 *Ferr-ar.* ferr-m.bro1 *Ferr-p.* *Fl-ac.* foll.jl glyc.bro1 graph.bro1 grat. ham.bg1,bg2,* hip-ac.jl,sp1 hydrog.srj2 hyos. *Ign.* ind.jl iod.bro1 ip. *Kali-ar.* **Kali-c.** kali-chl. kali-m.kr1 kali-n. kali-p. kali-s. *Kreos.* *Lach.* laur. led. lunakg1 **Lyc.** *Lyss.* m-aust.j5 mag-c. *Mag-m.*h2,j5,* mag-s. *Merc.* merc-c.bg2 *Mez.* **Mill.** *Murx.* *Nat-ar.* *Nat-c.* **Nat-m.** *Nat-p.* *Nat-s.* nat-sil.k2 *Nux-m.* **Nux-v.** onos. *Ph-ac.* *Phos.* **Plat.** prot.jl psor.k2 **Puls.** raph. **Rat.** **Rhus-t.** ruta *Sabad.*bg2,kr1 **Sabin.** sang.a1 sanguiso.bro1 saroth.jl,mg1 **Sec.** **Senec.** *Sep.* *Sil.* stann. *Staph.*kr1 *Stram.* sul-ac. *Sulph.* tarent. thal.jl *Thlas.*kr1 thuj. thymol.jl,sp1 *Tril-p.*bro1 trios.jl *Tub.* *Ust.* vanil.br1 verat-n.c1,c2 visc.sp1 *Xan.*kr1 zinc. zinc-p.k2

– **lange** sich hinziehend: ...
- **bis** zur nächsten Periode:
  - **fast** bis zur nächsten Periode: carb-v.k2 nux-v.k2 sabin.k2 sec.k2
  - **nicht** völlig auf bis zur nächsten Periode; hören: *Ust.*kr1
- **einen** Tag länger als gewöhnlich: aspar.kr1
- **sieben** Tage: sabin.kr1
  - **sieben** bis neun Tage: *Sec.*hr1,kr1
  - **sieben** bis vierzehn Tage: thuj.kr1
- **acht** Tage: thlas.kr1
  - **acht** bis neun Tage: *Lach.*kr1 **Senec.**hr1,kr1
  - **acht** bis zehn Tage: plat.kr1 **Sep.**kr1
  - **acht** bis fünfzehn Tage: *Thlas.*kr1
  - **länger** als gewöhnlich; acht Tage: *Cinnm.*kr1
- **zehn** Tage: thlas.kr1
  - **zehn** bis zwölf Tage: *Murx.*kr1
  - **zehn** bis vierzehn Tage: ust.kr1
- **zwölf** Tage:
  - **zwölf** bis fünfzehn Tage: tarent.kr1
  - **zwölf** bis achtzehn Tage: agn.kr1
- **vierzehn** Tage: calc.hr1 *Coloc.*kr1 *Xan.*kr1
  - **Abstand** von zwei Wochen; im: *Calc.*hr1,kr1
- **fünfzehn** Tage: thlas.kr1
- **achtzehn** Tage: cann-i.kr1 thuj.kr1
- **Kummer**, durch: cocc.k2
- **Schlafmangel**, durch: cocc.k2

– **Liegen**:
- **agg.**: *Am-c.*bro1 am-m.bro1 *Bov.*bro1 cycl.bro1 *Kreos.*bg2,bro1 **Mag-c.**bg2,bro1,* puls.hr1,k *Zinc.*bro1
- **hören** im Liegen auf: *Cact.* *Caust.* ham. **Lil-t.** *Puls.*kr1 sil.bg1,bg2 squil.bg1
  - **nur** im Liegen: kreos.bg,bg2,* *Mag-c.*bg,bg2,* sabin.bg2,sf1,* sep.bg,bg2,*

– **Lochien**, wie: amor-r.jl,jl3

– **Magens**; mit Beschwerden des: calc.bg2 cham.bg2 *Cocc.*bg2 lyc.bg2 nux-v.bg2 **Puls.**bg2

– **membranös**: acet-ac. apoc.hr1,k *Ars.*bro1 bell.bro1 **Borx.**c2,k brom.bg2,k,* *Bry.*hr1,k bufo *Calc.*bg2,k,* *Calc-act.*bg2,sf1,* *Calc-p.* *Canth.*hr1,k **Cham.**hr1,k cimic.hr1,k *Coll.*hr1,k con.bro1,c2 *Cycl.*bg2,k,* ferr-m.bro1 gast.c2 guaj.hr1,k,* helio.bro1,c2 *Hep.*bg2,sf1,* *Kali-bi.*hr1,k kali-c. kali-chl.hr1,k kali-m.kr1 kiss.a1 **Lac-c.**bg2,k,* lach.bg2,k *Mag-p.*c,c2,* merc.bro1 nat-m.bg2,k ph-ac.hr1,k *Phos.*bg2,k phyt.hr1,k *Rhus-t.*hr1,k sabin.hr1,k sep.a1,bg2,* sulph.bg2,sf1,* *Tril-p.*bg2,sf1 tub. ust.bg2,k,* verat-v.hr1 vib.bg2,k,*

– **Menopause**:
- **während**: **Lach.**vh *Plat.*vh *Plb.*vh **Sabin.**vh *Sec.*vh **Sep.**vh

– **milchig**: *Puls.*hr1,kr1

– **Mond**:
- **Neumond**: lam.a1,j5 lyc.a1 merc-act.j5 rhus-t. sil.j5 staph.h,j5 verat.bg2,j5
- **Vollmond**: *Nux-v.*h,j5,* petr.h ph-ac.j5 puls.bg2 sep.h
  - **anstatt** bei Neumond; erschien später, bei Vollmond: pall.c1,kr1
  - **oder** Neumond: *Croc.*bg2,kr1

– **pechartig**: bism. *Cact.* *Cocc.* croc.bg,bg2,* *Graph.* kali-m.bg2,kr1,* kali-n. *Mag-c.* mag-m. med.bro1 nux-v. *Plat.* sang.

– **purpurn**, blaurot: *Puls.*hr1,kr1 wye.a1

– **reichlich**: acet-ac.k2 *Acon.* *Agar.* ail. alet.c2,k all-s.c1,c2 aloe alum.h,j5,* alumn.a1 *Am-c.* am-caust.j5 *Am-m.* *Ambr.* anac.j1 anan. ant-c. ant-t. *Apis* **Apoc.**c2,k aran. arg-met.bg2,k2 *Arg-n.*hr1,k arist-cl.mg1,sp1 *Arn.* **Ars.** *Ars-i.* ars-met.kr1 ars-s-f.k2 arum-m.kr1 arund. asar.bg2,sf1,* asc-t.kr1 aur. aur-ar.k2 aur-i.k2 aur-m.k2 aur-s.k2 bamb-a.stb2 bapt. bar-c. bar-i.k2 bar-m. bart.a1 **Bell.** bell-p.mg1 benz-ac.bg2,sf1 *Borx.* **Bov.** brom. *Bry.* bufo buni-o.j1 cact. **Calc.** calc-act.sf1 calc-ar.k2 *Calc-i.*k2 **Calc-p.** *Calc-s.*k1 calc-sil.k2 *Calen.*kr1,sf1 camph. *Cann-i.*c2,k cann-s. *Canth.* caps.bg2 *Carb-ac.* *Carb-an.* *Carb-v.* carbn-s. *Card-m.* *Castm.* *Caul.*bg2,sf1,* *Caust.* cean.bro1 cench.c2,k *Cham.* *Chel.* **Chin.** *Chinin-ar.* *Chinin-s.*k1,vh choc.srj3 *Cimic.* *Cina* *Cinnm.*c2,k *Cit-v.*kr1 clem. coc-c.c2,k **Cocc.** *Coff.* *Coll.* *Coloc.* *Con.* cop. cortiso.j1,sp1 *Croc.*c2,k crot-h.k1 culx.k2 cupr.bg2 cupr-act.j5 cur. **Cycl.** *Dig.* digin.a1 dulc. elaps ergot.j1 **Erig.** eupi.c2,k1 fago.a1 **Ferr.** *Ferr-ar.* *Ferr-i.* ferr-m.bro1 ferr-p. ferr-r.bro1 ferr-s.c1,kr1,* fic-r.c1,mg1,* *Fl-ac.* flor-p.j1 frax.sf1 *Gamb.*kr1 *Gels.*bg2,kr1,* *Ger.*bro1 gink-b.sbd1 glon.a1 glyc.bro1 *Goss.*bg2,kr1,* gran.a1,j5 grat. guare. halla1 *Ham.* **Helon.**c2,k *Hep.*c2,k hir.j1,mg1 hoit.j1 hura *Hydr.*c2,k hydrc.sf1 *Hydrog.*srj2 hydroph.j1 *Hyos.* hyper. *Ign.* *Iod.* **Ip.** iris joan.bro1 jug-r.a1,c1,* kali-ar. *Kali-bi.*kr1 *Kali-br.* *Kali-c.*c2,k *Kali-fcy.*c2,k *Kali-i.* *Kali-m.*kr1 *Kali-n.*c2,k *Kali-p.* *Kali-s.* kali-sil.k2 kiss.a1 *Kreos.* lac-ac.a1 *Lac-c.* lac-v-f.c1,c2 *Lach.* lachn.kr1 *Laur.*bg2,k1 *Led.* lil-t.bro1 limest-b.es1 lipp.a1,c1,* lob. lunakg1 *Lyc.* *Lyss.* m-arct.j5 m-aust.c1,c2 *Mag-c.*c2,k *Mag-m.* mag-s.c2,k *Manc.*kr1 mand.sp1 *Mang.*kr1 *Med.* **Merc.**k1,st *Merc-c.* mez. **Mill.** mit.kr1,vh/dg,* mom-b.c1,c2 mosch. mur-ac. **Murx.**c2,k *Nat-ar.* nat-c. **Nat-m.** nat-p. nat-s. nat-sil.k2 nep.j1,mg1,* nicc.sf1 *Nit-ac.*c2,k **Nux-m.**c2,k **Nux-v.** oci-sa.j1,sp1 *Ol-j.*kr1 onos. op. *Ov.*st ovar.bwa3 pall.bg2,br1,* paraf.c1,c2 penic.j1 *Petr.*kr1 ph-ac. phel.a1,j5 **Phos.**c2,k *Phyt.* **Plat.**c2,k plb. *Polyg-h.*kr1 *Prun.*c2,k *Puls.* raph.c2,k **Rat.** rhod. **Rhus-t.**c2,k rhus-v.c1,c2 *Ruta* sabad.bg2,j5 **Sabin.**c2,k *Samb.* sang. *Sanguiso.*sf1 **Sec.**c2,k sed-ac.bro1 sel. **Senec.**c2,k *Sep.* sieg.mg1 *Sil.* solid.bg2,sf1 spong. *Stann.* staph. **Stram.** stront-c.bg2,j5 *Sul-ac.*c2,k *Sul-i.*k2 *Sulph.* syph.kr1 tab.j5 tanac.a1 *Tarent.* tep.a1 ter.kr1 tere-ch.j1 thiop.j1 *Thlas.*kr1,sf1 *Thuj.* *Tril-p.*c2,k *Tub.* *Urt-u.*c2,k1,* *Ust.*c2,k *Vac.*kr1 *Verat.* *Vib.* vib-p.c1,c2 vinc. visc.bg2,sf1,* voes.a1 wies.a1 x-rayj1,sp1 xan. *Zinc.* zinc-p.k2 zing. ziz.kr1

- **tagsüber**: bamb-a.stb2 *Caust.* coff. cycl. ham. nat-m. puls.
- **morgens**: borx. *Bov.*a1,k carb-an. sep.bg2
- **nachmittags**: mag-c.a1 nat-s.a1
  - **Gehen**, beim: ~~nat-c.k1,xxx~~ nat-s.a1,k1
- **abends**: merc.a1 murx.a1
  - **nur**: *Coc-c.*kr1
- **nachts**: ail.k1,k13 *Am-c.*h,k,* *Am-m.* bamb-a.stb2 bov. *Coca* coff.hr1,kr1 cycl. ferr.k,sf1,* **Mag-c.**a1,k mag-m. nat-m.h,k1 rutast,vh *Ust.*hr1,kr1 *Zinc.*hr1,k

– **reichlich**: ...

◆ **begleitet** von:

- **schmerzhaften** Menses
  ☞ *schmerzhaft - begleitet von - reichliche*
- **abgezehrten**, welken Frauen; bei: arg-n. phos. *Sec.*
- **Abort** oder Geburt, nach: **Apis**kr1 chin.bro1 *Cimic.*bro1 helon.bro1 kali-c.bro1 *Nit-ac.*bro1 *Plat.*kr1 *Sabin.*bro1 sep.bro1 sulph.bro1 thlas.bro1 *Ust.*bro1 vib.bro1
- **Alkoholikern**; bei: crot-h. lach. *Nux-v.*
- **alten** Frauen, bei: crot-h.kr1 lach. *Plat.* *Sars.*kr1
- **Anstrengung** agg.: **Ambr.** bell-p.mg,mg1 *Bov.* **Calc.** *Calc-p.* croc. **Erig.** *Helon.*hr1,kr1 mill. *Nit-ac.* rhus-t. *Sec.*hr1,kr1 tril-p.
- **Ärger**, Verdruß; nach: nux-v. rhus-t.
- **Bewegung**:
  - **durch**: *Croc.* **Erig.** *Ferr.* *Helon.*hr1,k *Sabin.* sapin.a1 *Sec.*
  - **nur** bei: lil-t.
- **blassen** Frauen; bei: *Helon.*kr1
- **Dysurie**, mit: cann-s.hr1 *Mit.*vh,vh/dg,*
- **Entbindung**; bei der
  ☞ *Abort*
- **Erregung**, nach: arg-n.k2 **Calc.**hr1,k
- **Erschütterungen**; durch: arn. ip.k2
- **Fahren** oder Reiten, durch: am-c.h,k,*
  - **kalter** Luft, in: *Am-c.*
- **Fluor**:
  - **vor**: *Thuj.*kr1 *Ziz.*kr1
  - **nach**: *Ferr.*kr1
- **Frösteln**, nach: sulph.a1
- **Gefühl** wie reichliche Menses: allox.sp1
- **Gehen**:
  - **agg.**: *Am-c.* **Cocc.** *Croc.* erig. *Lil-t.* mag-c. nat-s. pall.k,k1 puls. *Sabin.* ust. zinc.
  - **amel.**: kreos. mag-m. sabin.hr1
- **Gewitter**, durch: nat-c. phos.
- **großen** Frauen; bei: *Phos.*
- **hysterischen** Frauen; bei: *Nux-v.*kr1
- **Infektionskrankheit**, nach einer: ergot.j1,j13
- **jede** zweite Periode:
  - **abwesend**: *Lach.*kr1
  - **weniger** reichlich: *Thlas.*kr1
- **Jungfrauen**, bei: ergot.j1,j13
- **kachektischen** Frauen; bei: **Carb-an.**kr1
- **kalt**:
  - **Bad**; durch kaltes: ant-c.bg2
  - **Luft** agg.; kalte: am-c.h,k,* ip.k2
- **Kälte**:
  - **Glieder**; gefolgt von Kälte der: *Gels.*kr1
  - **Körpers**; mit Kälte des: coff.kr1
- **Konvulsionen**, nach den: *Op.*hr1,kr1
- **Kummer**, durch: cocc.k2
- **kurzer** Dauer; und von: am-c. ant-c. borx.h hydrog.srj2 kali-c. *Lach.* nat-m. phos. *Plat.* *Sil.* *Thuj.*
- **Laktationsperiode**, in der: *Calc.*hr1,kr1 *Phos.*hr1,kr1
- **Liegen**:
  - **agg.**: coc-c.kr1 *Kreos.*hr1,k mag-c.bg2
  - **amel.**: hypoth.j1,j13

- **Mädchen**; bei jungen: mamm.bwa3
- **Magens**; mit Beschwerden des: calc.bg2 lyc.bg2
- **mageren** Frauen; bei: *Iod.*kr1 *Phos. Sec.*
- **Manie**, mit: *Sep.*hr1,k
- **Menopause**; während der: bov. cimic. croc. helon. *Kali-br.*hr1,kr1 **Lach.** *Laur.*hr1,k *Nux-v.* paro-i.jl,jl3 phos.k2 *Plat.*st *Plb.*k,k1,* **Sabin.** *Sec.*k,k1,* **Sep.**k,k1,* *Ust.*hr1,k,*
- **nervösen** Frauen; bei: *Kali-p.*kr1
- **Nymphomanie**, mit: *Phos.*hr1,kr1 plat.hr1,k sec. stram.hr1,k
- **Ohnmacht**; mit: acon. apis chin. cocc. helon. **Ip.** lach. sulph.
- **plethorischen** Frauen; bei: *Acon.*kr1
  ☞ ❑ *Allgemeines - Plethora - Konstitution*
- **rheumatischen** Frauen; bei: *Ars.*
- **Schlafmangel**, durch: cocc.k2
- **Schläfrigkeit**, bei: **Nux-m.**hr1,kr1
- **schwindsüchtigen** Frauen; bei: *Calc. Kali-c. Phos.* sang. *Senec. Stann. Tub.*hr,kr1
- **Sitzen**:
  - **agg.**: am-c.h mag-m.
  - **im** Sitzen: *Am-c.*a1
- **Stehen** agg.: am-c. **Cocc.** mag-c.
- **Sterilität**, bei: *Canth.*hr1,kr1 *Mill.*hr1,kr1 *Phos.*hr1,kr1 *Sulph.*hr1,kr1
- **Tanzen**, durch: *Croc.* erig. sec.
- **Uterus**; mit Kongestion des: mit.zr

– **rot**:
- **hellrot**
  ☞ *hellrot*

– **Ruhe**:
- **agg.**: am-c.bg2 *Ferr.*bg2 mag-m.bg2
- **hört** in Ruhe auf, fließt nur beim Gehen: squil.bg2

– **scharf**, wundfressend: all-s. *Am-c.*bg2,k,* amor-r.jl,jl3 ant-t.bg2 ars.bg2,k,* ars-s-f.k13,k2 aur.bg2 aur-m.hr1,k,* bar-c.bg2,k,* bov.bg2,k,* calc-sil.k13,k2 canth.bg2,k,* carb-ac.bg2,sf1,* *Carb-v.*bg2,k,* carbn-s. *Caust.*hr1,k cham. ferr.bg2,k *Graph.*bg2,k,* hep.bg2,k,* *Kali-ar.* kali-bi.k13,k2 **Kali-c.**bg2,k,* kali-chl.k13 kali-m.k2 *Kali-n.*bg2,k kreos.bg2,k,* *Lac-c.* **Lach.**hr1,k mag-c.hr1,k merc.k2 nat-c.bg2 *Nat-s.*bg2,k,* *Nit-ac.*bg2,k2,* petr.hr1,k phos.bg2 prun.bg2 puls.bg2 raja-s.jl,jl3 *Rhus-t.*bg2,k,* sabin.bro1 sang.bg2,sf1,* *Sars.*bg2,k,* sep.bg2,k,* **Sil.**bg2,k,* *Stram.*bg2,sf1,* sul-ac.bg2,k,* *Sulph.*bg2,k,* tere-ch.jl,jl3 zinc.bg2,k,*

– **schaumig**: arn.bg2 dros.bg2 ferr.bg2 ip.bg2

– **Schlaf**, im:
- **nur**: mag-c.
- **Schwall**, in Güssen; in einem: *Coca*

– **schleimig** am letzten Tag: *Apis*kr1

– **Schmerzen**:
- **Abwesenheit** der Schmerzen; fließt nur bei: *Cocc.* mag-c. plb.
- **nach** den Schmerzen; fließt nur: *Mag-c.*
- **während** der Schmerzen auf; hört: *Cycl.*kr1

– **schmerzhaft** (= Dysmenorrhoe): abrom-a-r.bnj1 abrot. acetan.bro1 *Acon.*c2,k aesc.kr1 agar.c2,k agav-t.jl agn.j5 alet.c2,k alum. alum-p.k2 alum-sil.k2 alumn.a1 am-act.bro1 **Am-c.**k1,vh,* am-m.j5,k2 ammc.kr1 amor-r.jl *Anac.*c2,kr1,* anan. ant-c. *Ant-t.*kr1 antip.c2

– **schmerzhaft**: ...

ap-g.bro1 *Apiol.*bro1 apis aqui.bro1 aran.c2 arg-n. arist-cl.mg1 arn.sf1 *Ars.* ars-i. *Ars-met.*kr1 art-v.c2 asar.c2,k asc-c.c2,kr1 atro.sf1 aur.kr1 aven.br1,bro1 bamb-a.stb2 bar-c. bar-i.k2 bar-m. **Bell.** bell-p.jl,mg1 *Berb.*c2,k *Borx.* bov. brach.c2 brom.c2,k bry. bufok2 buni-o.jl **Cact.** *Calc.* calc-act.sf1 calc-i.k2 **Calc-p.** calc-s.k2 calc-sil.k2 cann-i.k2,kr1,* canth. carb-an. carb-v. carbn-s. castm.c2,sf1 *Caul.*c2,k *Caust.* cer-ox.c2 **Cham.**c2,k chin. chinin-ar. chinin-s.c2,kr1 *Chlol.*c2,kr1 cic.k1 **Cimic.** cinnb. *Cit-v.*kr1 *Coca*kr1 **Cocc.**k1,st coch.kr1 *Coff.* coll.c2,k *Coloc.*c2,k *Con.* *Croc.*c2,k crot-c. crot-h.c2 cupr. cur.c2,kr1 *Cycl.* dam.c2 der.a1 *Dios.*c2,k *Dulc.* epiph.bro1 ergot.jl **Erig.**kr1 eup-pur.sf1 euphr. ferr. ferr-ar. ferr-i. *Ferr-m.*kr1 ferr-p. *Gels.*c2,k gink-b.sbd1 glon.sf1 gnaph.c2,st goss.c2,k granit-m.es1 *Graph.*c2,k grat. *Guaj.*c2,kr1 haem.c2 ham. hedeo.c2 *Helon.*c2,k hir.jl,mg1 *Hoit.*jl *Hydr.*kr1 hydrog.srj2 hyos.c2,k hyper. *Ign.*c2,k inul.c2,kr1 iod. ip. irisc2 jab.c2 juni-c.c2 *Kali-ar.* kali-bi. **Kali-c.**c2,k kali-fcy.c2 *Kali-i.* kali-m.k2 kali-n.c2,k *Kali-p.* kali-perm.sf1 *Kali-s.* kali-sil.k2 kalm.c2,k kreos. *Lac-c.*c2,k lac-f.c2 *Lach.* *Lap-a.*c2,k laur.c2,k led. *Lil-t.* limest-b.es1 lob.c2,k *Lyc.*c2,k *Macro.*bro1,c2 mag-c. mag-m.c2,k **Mag-p.**kr1,sf1,* mag-s.c2,k mang.c2,k *Med.*c2,k *Meli.* meli-xyz.c2 meph.jl *Merc.* *Merl.*c2,k **Mill.**k2,kr1,* *Mit.*c2,kr1 mom-b.c2 morph.a1 mosch. mur-ac. murx.c2,k najac2 *Nat-c.*c2,k nat-m. nat-p. nat-s. nicc.c2,k nit-ac. nux-m.c2,k *Nux-v.* ol-an. *Ol-j.*kr1 onop.jl op.c2,sf1 pall.sf1 palo.jl passi.sf1 petr.c2,k *Petros.*kr1 ph-ac. *Phos.* phyt.c2,k pic-ac.a1 *Pitu.*jl *Plat.*c2,k plb. plb-xyz.c2 podo.c2,k polyg-h.kr1 polyg-xyz.c2 pop-c.c2 **Psor.** *Puls.*c2,k raph.c2 rauw.jl *Rhod.*kr1 *Rhus-t.*c2,k sabalc2,sf1 *Sabin.*c2,k sang.c2,k santin.bro1 sapin.c2 sars.c2,k *Sec.* sel.jl *Senec.*c2,k *Sep.*c2,k sil. spong. staph.sf1 stram. sul-ac. sul-i.k2 *Sulph.*c2,k *Syph.*c1,kr1,* *Tanac.*a1 *Tarent.*c2,kr1 tell.jl ter.c2 ther.c2,k thuj.c2,k thyr.bro1,c2 thyreotr.jl trios.jl *Tub.* **Ust.**c2,kr1,* uza.sf1 ven-m.jl *Verat.*c2,k **Verat-v.**bg2,kr1,* vesp.a1,kr1 **Vib.**c2,k1,* vib-p.bro1,c2 wye.a1,c2 **Xan.**c2,k1,* *Zinc.*k2,kr1,* *Zinc-val.*bg2,sf1

◆ **begleitet** von:
- **reichliche** Menses: granit-m.es1
- **Zunge**:
  - **Schleim** auf der Zunge; Ansammlung von: lac-c.kr1,vk1
- **Abendessen**
  ☞ *Mittagessen*
- **Abgang** von Klumpen:
  - **amel.**: *Vib.*kr1
- **Ausfluß**:
  - **amel.**: mosch.sf,sf1 zinc.k2,sf1,* *Zinc-val.*sf,sf1
  - **geringer** der Ausfluß, desto größer der Schmerz; je: *Lach.*kr1
  - **stärker** der Ausfluß, desto größer der Schmerz; je: cann-s.bg2,k2 *Cimic.*k2 granit-m.es1 phos.bg2,k2 tarent.bg2,k2 tub.bg2,k2
- **Beginn**, zu: cact.k2,kr1 *Calc.*hr1,kr1 calc-p.k2,kr1 *Crot-h.*hr1,kr1 foll.jl3,kr1,* gels.kr1,sf1,* *Lach.*hr1,kr1 *Pitu.*jl3,kr1,* sel.jl3,kr1,*

• **Beugen** nach hinten:
 • **amel.**: lac-c.bg2
• **Ende**, am: buth-a.mg,mg1
• **Erregung**, durch: arg-n.k2 **Calc.**hr1,kr1
• **Erwachen**; beim: hydrog.srj2
• **Fahren** im Wind: nux-m.k2
• **feuchten** Haus, Leben in einem: nux-m.k2
• **Fieber**, mit: ferr-p.k2
• **Frost**; mit: *Kali-c.*kr1 *Verat.*kr1
• **Gehen**:
 • **agg.**: *Sabin.*hr1,kr1
 • **amel.**: cortiso.sp1
• **Infantilismus**, mit: calc-p.k2
• **kalt**:
 • **Abkühlung**, nach: *Acon.*sf1 *Caj.*kr1
 • **Aufenthalt** in der Kälte: nux-m.k2
• **Kälte**, mit: **Verat.**kr1
• **Konvulsionen**, mit: aran.hr1,kr1 *Nat-m.*hr1,kr1 *Tarent.*hr1,kr1
• **Körper**; mit Schmerzen am ganzen: nux-v.bg2
• **Liegen**:
 • **amel.**: ven-m.jl
• **Mädchen**, bei:
 • **jungen** Mädchen; bei: apisbg2,k1 calc-p.bg2,k1 cocc.bg2 graph.bg2,k1
 • **Menarche**, seit der: puls.k2
 • **unregelmäßigen** Menses, mit: *Mill.*kr1
• **Menopause**, kurz vor der: **Psor.**
• **Mittagessen** oder Abendessen, nach dem: *Phyt.*hr1,kr1
• **naß**:
 • **Naßwerden**: phyt.sf1 *Zinc.*kr1
  • **Füße**, der: acon. dulc. merc. nat-c. nat-m. *Phos.* **Puls.** *Rhus-t.* sep. sil. *Xan.*kr1
• **Pubertät**:
 • **in** der: *Phyt.*kr1 *Puls.*k2,kr1
 • **seit** der: puls.k2
• **Schreck**, durch: *Acon.*sf,sf1 tub.a1
• **schrecklicher** Schmerz; schreit und weint: *Cact.*hr1,kr1,* *Coff.*sf,sf1 *Cupr.*sf,sf1
• **Schweiß**, durch unterdrückten: *Caj.*kr1
• **Sterilität**, bei: *Phyt.*hr1,kr1
• **Übelkeit** und Erbrechen: *Verat.*bg2,jsa
• **Wärme**:
 • **amel.**: *Ars.*kr1 castm.kr1,sf1 caust.kr1,sf1 *Mag-p.*kr1,sf1 *Nux-m.*kr1 *Sabin.*kr1 ven-m.jl,kr1
• **Zorn**, durch: **Cham.**k2,kr1

– **Schnüren**; wie in
 ☞ *fadenziehend*

– **Schwall**, in Güssen; in einem: bamb-a.stb2 *Bell.*bg2,sf1 cham.bg2,sf1 cinnm.bg2,sf1,* cocabg2,kr1,* *Cocc.*bg2,hr1,* erig.bg2,sf1,* *Ip.*bg2,sf1 lac-c.bg2,hr1,* puls.bg2,sf1,* *Sabin.*bg2,k2,* sars.bg2,sf1,* thuj.a1 *Tril-p.*bg2,sf1 zinc.bg2,sf1,*
• **Aufstehen**, beim: *Cocc.*kr1
• **Gehen**, beim: cocaa1

– **Schwangerschaft**; während der: asar.bg2 cham.bg2 cocc.hr1,k *Croc.*bg2,vh,* ip.bg2 kali-c. kreos.hr1,k lyc.bg2 *Nux-m.* phos. plat. rhus-t. sabin.bg2 sec.
• **ersten** Monate, während der: *Calc.*kr1,st

– **schwarz**: *Am-c.*bg2,k,* *Am-m.*hr1,k ant-c.bg2,k ant-t.a1 apis arn.bg2 arund. asar.hr1,k *Bell.*bg2,k,* berb.hr1,kr1 bism.bg2 calc-p.hr1,k,* canth.bg2,k,* *Carb-an.*hr1,k *Carb-v.*bg2,k,* carbn-s. *Cham.*bg2,k2,* *Chin.*bg2,k,* coc-c. *Cocc.*hr1,k *Croc.*bg2,k,* **Cycl.**bg2,k,* *Elaps* *Ferr.* graph.hr1,k hydrog.srj2 *Ign.*bg2,k,* jug-r.a1 kali-chl.bg2,hr1 kali-m.bg2 **Kali-n.**bg2,k,* kali-p.hr1,k kreos.k13,k2 **Lach.**hr1,k *Lyc.*hr1,k *Mag-c.*bg2,k,* *Mag-m.*bg2,k,* *Mag-s.*h,j5,* mang.bg1,h,* *Nat-hchls.* nat-m.j5 nat-s.bg2,j5,* nux-m.bg2,sf1,* *Nux-v.*bg2,k,* *Ol-an.*bg2,k,* phos.a1 *Plat.*bg2,k,* **Puls.**bg2,k,* raja-s.jl,jl3 rob.hr1,k *Sang.*hr1,k,* *Sec.*bg2,k,* sol-t-ae.a1,k *Stram.*bg2,k *Sulph.*bg2,k,* tep.a1 ter.hr1 thal.jl,jl3 thuj.bg1 ust. xan.hr1,k
• **Klumpen**, mit: alet.jl,k2 *Am-c.*hr1 arist-cl.jl,jl3 *Chin.*hr1 hoit.jl,jl3 *Lyc.*hr1 plat.hr1
• **pechartig**: bism.hr1,k *Cact.* *Cocc.*hr1,k croc.bg,bg2,* *Graph.*hr1,k kali-chl.hr1 kali-m.bg,bg2,* kali-n.hr1,k *Mag-c.*bg2,k,* *Mag-m.*hr1,k med.bro1 nux-v.hr1,k *Plat.*hr1,k sang.hr1,k
• **Tinte**, wie: *Kali-n.*hr1,j5,*

– **Sitzen**:
• **hören** auf beim
 ☞ *hören - Sitzen*
• **verstärken** sich beim
 ☞ *verstärken - Sitzen*

– **spärlich**: acet-ac.k13,k2 acon.bg2,k agav-t.jl,jl3 agn.bg2 alet.sf,sf1 *Alum.*bg2,k,* alum-p.k13,k2 alum-sil.k13,k2 alumn.hr1,k **Am-c.**bg2,k,* anac. ange-s.jl ant-t.hr1,kr1,* *Apis* **Arg-n.**hr1,k,* *Arist-cl.*mg,mg1,* arn.bg2 *Ars.*a1,k **Ars-met.**kr1 *Art-v.*hr1,k *Asaf.*bg2,k,* *Atro.*hr1,kr1 *Aur.*bg2,k,* aur-ar.k2 aur-s.k13,k2 bamb-a.stb2 *Bar-c.*bg2,k,* *Bar-s.*k13,k2 *Berb.*hr1,k,* *Borx.*j5 *Bov.*bg2,k,* bry.bg2 *Bufo* buni-o.jl,jl3 *Buth-a.*mg,mg1 *Cact.*hr1,k,* cael.jl calc.bg2,k,* *Calc-ar.*hr1,k calc-f.sp1 calc-s. calc-sil.k13,k2 cann-i.hr1,k canth.bg2 *Carb-an.*bg2,k,* *Carb-v.*bg2,k,* **Carbn-s.** carl.a1 *Caul.*hr1,k *Caust.*bg2,k,* chel.bg2 chin.c1 cic.bg2,k *Cimic.*hr1,k *Cocc.*bg2,k,* colch.bg2,hr1,* *Coloc.*hr1,kr1 **Con.**bg2,k,* croc.bg2 *Crot-h.*bg2,hr1,* crot-t.hr1,k cub.hr1,k cupr.bg2,k cur. **Cycl.**hr1,k des-ac.jl dig.bg2,k,* dros.bg2,k,* **Dulc.**bg2,k,* *Elaps*kr1 erig.hr1,k euphr.bg2,k,* eupi.a1 *Ferr.*bg2,k,* *Ferr-ar.* ferr-i.hr1 *Ferr-p.* form.hr1,k gels.bro1 gink-b.sbd1 goss.hr1,k **Graph.**bg2,k,* guaj.bg2 hed.mg,mg1,* helon.hr1,k *Hep.*bg2,k,* hip-ac.jl,jl3,* hir.mg,mg1,* hist.jl,jl3 huraa1 hydrog.srj2 hyos.bg2 *Ign.*bg2,k,* iod.bg2 *Ip.*bg2,hr1,* irisa1 *Kali-ar.* *Kali-bi.*hr1,kr1 kali-br.hr1,k **Kali-c.**bg2,k,* *Kali-i.*hr1,j5,* kali-n.a1 *Kali-p.*hr1,k *Kali-s.* kali-sil.k13,k2 kalm.a1,k lac-ac.hr1,kr1,* lac-c.hr1,k lac-d.bg2,k,* **Lach.**bg2,k,* lam. laur.bg2 lept.bg2,sf1,* *Lil-t.*hr1,k,* lith-c.kr1 lob. *Lyc.*bg2,k,* *Mag-c.*bg2,k,* mag-m.a1,bg2,* mag-s.a1,j5,* **Mang.**bg2,k,* meli.bro1 *Merc.*bg2,k merc-i-f.hr1,kr1 merl.bro1 mez.hr1,k mill.a1 mosch.bg2 *Murx.*hr1 naja *Nat-ar.* *Nat-c.*hr1,k,* **Nat-m.**h,k,* nat-s.hr1,k,* nat-sil.k2 nicc.hr1,k,* *Nit-ac.*hr1,k nit-s-d.j5 *Nux-m.*bg2,k,* *Nux-v.*bg2,k,* oena.hr1,k ol-an.bg2,k,* *Petr.*bg2,k,* phel.j5 **Phos.**bg2,k,* pip-n.c1,c2,* pitu.jl,jl3 *Plat.*bg2,k1 *Plb.*hr1,k pneu.jl,jl3 psor.h,k,* **Puls.**bg2,k,* rat.j5 rhod.bg2 rhus-t.bg2 ruta *Sabad.*bg2,k,* sabin.bg2 sacch.a1 sang.hr1,k *Sars.*bg2,k,* sel.jl,jl3 **Senec.**bg2,hr1,*

– **spärlich**: ...
Seneg.h,k **Sep.**h,k,* *Sil.*bg2,k,* *Stann.*hr1,kr1 *Staph.*bg2,k stram.bg2,k stront-c. stront-n.c1,c2,* **Sulph.**bg2,k,* *Syph.*hr1,kr1 tarent.a1 tell.a1 ter.hr1,k,* thuj.bg2,k,* thymol.jl,jl3,* thyreotr.jl,jl3 til.c1 tong.a1,j5 trios.jl ust.hr1,k valer.bg2,k,* verat.bg2,k,* verat-v.hr1,k *Vib.*bg2,k,* visc.sp1 wye.a1 *Xan.*bg2,k,* *Zinc.*bg2,k zinc-p.k13,k2
- **tagsüber**: *Bov.*hr1,k **Mag-c.**a1,k
- **morgens**, nur: carb-an. *Sep.*
- **abends**: mag-c.a1
- **drei** Tage; die ersten: mag-m.h
- **Akne**, mit: sang.st
- **Anstrengung** agg.; körperliche und geistige: *Glon.*kr1 **Nux-m.**kr1
- **beleibten** Frauen; bei: *Kali-br. Kali-i.*
- **Bewegung**:
  - **agg.**: *Sep.*kr1
- **Epilepsie**, bei: **Art-v.**hr1,kr1 *Bufo*kr1 *Caust.*hr1,kr1 *Kali-br.*hr1,kr1
- **Erkältung**, durch eine: **Nux-m.**hr1,kr1
- **Fluor**:
  - **nach**: *Sep.*kr1
  - **bestehen** hauptsächlich aus Fluor; Menses: cub.c1
  - **mit**: *Mez.*kr1
- **Frost**; mit: **Nat-m.**hr1,kr1
- **geronnen**: cocc.hr1,kr1
- **Hautausschlag** im Gesicht; mit: bell-p. calc. eug. psor. sang.
- **Hinlegen** auf; hören beim: *Cact.*kr1
- **hysterischen** Frauen; bei: **Nux-m.**kr1
- **Konvulsionen**, mit: *Glon.*hr1,kr1
- **lassen** nach, bis sie ganz aufhören: cocc.hr1,kr1
- **Magens**; mit Beschwerden des: cocc.bg2 puls.bg2
- **plethorischen** Frauen; bei: *Petros.*kr1
  ☞ ❑ *Allgemeines - Plethora - Konstitution*
- **reichlich**, dann: choc.srj3 *Nat-m.*hr1,kr1
- **Schläfrigkeit**, bei: *Helon.*hr1,kr1
- **Schreck**, durch: **Nux-m.**hr1,kr1
- **Schwäche**, aus: **Nux-m.**hr1,kr1
- **sexuelles** Verlangen verloren: *Lach.*hr1,kr1
- **Sterilität**, bei: *Canth.*hr1,kr1

– **spät**, zu: absin.a1 *Acon. Agn.* alet.bro1 alum. alum-p.k2 alum-sil.k2 am-c. ang.a1,kr1 ange-s.jl *Apis* arg-n. arist-cl.jl,sp1 arn.bg2 ars.a1,bg2 ars-i.k2 aster. *Aur.* aur-i.k2 aur-s.k2 bamb-a.stb2 *Bell.* benz-ac. borx.a1,bg2 bov. bry.bg2 calc.bg2 *Calc-p.* calc-s. canth. *Carb-ac.* carb-an.h,j5,* carb-v.a1 **Carbn-s.** castm. caul. **Caust.** cench.k2 cham. *Chel.* chin. cic. *Cimic.* cinnb. cocaa1 *Cocc.* colch.bg2 coloc.bg2 **Con.** croc.bg2 *Crot-h.* cub. **Cupr.**k1 cur. *Cycl.* daph. des-ac.jl dig. *Dros.* **Dulc.** euphr. *Ferr.* ferr-i. *Ferr-p.* flor-p.jl gast.a1 gels. gink-b.sbd1 glon. goss. **Graph.** guaj.bg2 ham. *Hed.*jl,mg1,* hell.bg2 *Hep.* hir.jl,mg1 hist.jl,mg1 *Hydr.*kr1 hydrog.srj2 hyos. hyper. *Ign.* inul.a1 *Iod.* irisa1 joan.bro1 **Kali-c.** kali-chl. *Kali-fcy.*a1,kr1 *Kali-i.* kali-m.k2,kr1 kali-n. *Kali-p. Kali-s. Kali-sil.*k2 kalm. *Lac-c.*kr1 lac-d. *Lach.*k,kr1 lec. *Lept.* lil-t.bg2 lith-c. lol.sf1 lunakg1 **Lyc.** **Mag-c.**c2,k mag-m. mag-s. manc.kr1 mand.jl,mg1 mang.bg2,sf1 *Merc.* merl.c1,kr1 *Mit.*kr1 nat-c. **Nat-m.** *Nat-p. Nat-s.* nat-sil.k2 nicc. nit-ac. **Nux-m.** nux-v.bg2 *Oci-sa.*jl,sp1 *Ov.*st penic.jl *Petr. Ph-ac. Phos. Pitu.*jl *Plat.* pneu.jl *Podo.*bg2,kr1,* *Polyg-h.*kr1 *Psor.* pulm-a.srb2 **Puls.**c2,k puls-n.c2 pulx.br1,bro1 rad-br.bro1 rhod.bg2 rhus-t.a1,bg2 rob.kr1 rutabg2 sabad. sabalc2 *Sabin.* sang.bg2,sf1 sapin.a1 saroth.jl,mg1 **Sars.**k1,st sec.bg2 *Sel. Senec.*c2,k **Sep. Sil.** spig.bg2 *Staph.* stram.bg2 stront-c. *Sul-ac.* **SULPH.**k1,st tab. tarent.a1,kr1 tell.jl ter. *Thlas.*kr1 thuj.a1 til. tub. *Valer.* verat. verat-v. *Vib.*bg2 voes.a1 xan. *Zinc.* zinc-p.k2 ziz.bro1
- **zwei** Tage: *Sulph.*kr1 *Ter.*kr1
- **fünf** Tage: flor-p.jl **Sep.**kr1
- **sechs** Tage: *Polyg-h.*kr1 tell.jl
- **sieben** Tage: kreos.hr1 *Lac-d.*kr1 *Polyg-h.*kr1 tell.jl,kr1
- **acht** Tage: aster.kr1 *Calc.*kr1 *Iod.*kr1
- **zehn** Tage: vib.kr1
- **vierzehn** Tage: hyper.kr1 *Mag-m.*kr1
- **siebzehn** Tage: *Lac-ac.*kr1
- **einundzwanzig** Tage: *Puls.*kr1
- **sechs** Wochen: *Glon.*kr1
- **sechs** bis acht Wochen: *Crot-h.*kr1
- **zwei** oder drei Monate: **Lach.**kr1 *Sil.*kr1
- **alle** zwei Monate: syph.bg2 thlas.bg2
- **fünf** Monate: *Graph.*kr1
- **mehrere** Monate: *Kali-c.*kr1

◆ **abwechselnd** mit Bronchialbeschwerden: *Phos.*kr1
- **Angst**, mit: *Graph.*kr1 *Sulph.*kr1
- **Anstrengung**:
  - **nach**: bry.k2
- **Fluor**, bei: hyper.kr1 ziz.kr1
- **Frost**; mit: **Nat-m.**kr1
- **Mädchen**, bei: **Nat-m.**kr1
- **Naßwerden** der Füße, durch: *Graph.*kr1
- **Pubertät**, in der: *Caust.*kr1 *Dros.*kr1 *Graph.*kr1 *Kali-c.*kr1 *Lach.*kr1 *Lyc.*kr1 *Nat-m.*kr1 phos.kr1 *Puls.*kr1 sep.kr1 sil.kr1 *Sulph.*kr1
- **reichlich**, und: bell.h *Carb-ac. Caust.* chel. cur. dulc. ferr. *Kali-c. Kali-i.* lach. nit-ac. *Phos. Sil.* staph. vib.
- **spärlich**: *Acon.*kr1 bov.kr1 *Calc.*kr1 con.kr1 *Graph.*kr1 *Merc.*kr1
- **Sterilität**, bei: *Phos.*kr1

– **Spuren** von Menses zwischen den Perioden: *Bov.*a1 caust.a1 eupi.a1

– **Stehen**, stärker im: *Am-c.* mag-c.h

– **Stillen**:
- **agg.**: pall.kr1
- **beim**: calc.k2 pall.br1,c1

– **Stuhlgang**:
- **während** dem Stuhlgang verstärkt: hep. iod.

– **übelriechend**: acon.a1 acon-l.a1,st alum. alum-sil.k13,k2 aral. ars.bg2,k bapt.bg2 bart.a1 **Bell.**bg2,k,* **Bry.**bg2,k,* calc-ar.k2 calc-p. *Carb-an.*bg2,k,* **Carb-v.**bg2,k,* carbn-s. carl.a1 *Caust.*bg2,k,* *Cham.*bg2,k,* chin.hr1,k chinin-ar. cimic. *Coloc.*hr1,kr1 cop.bro1 *Croc.*bg2,k,* *Crot-h.*hr1,kr1

– **übelriechend**: ...
cyna.jl graph.k2 helon.bg2,k,* hist.mg,mg1,* *Ign.*bg2,k,* *Kali-ar.* *Kali-c.*bg2,k,* **Kali-p.** kali-s. *Kali-sil.*k13,k2 **Kreos.**bg2,k,* lac-c.hr1,k lach.bg2,k,* *Lil-t.* lyss. mag-c.bro1 *Manc.*hr1,kr1 *Med.*br1,bro1 merc.bg2,k nit-ac. nux-v.hr1,k petr.hr1,kr1 phos.bg2,k,* *Plat.*bg2,k,* *Polyg-h.*kr1 *Psor.*bg2,k,* puls.hr1,k pyrog.bg2,sf1,* raja-s.jl,jl3 rheum **Sabin.**bg2,k,* *Sang.*bg2,k,* *Sec.*bg2,k,* sep.bg2 *Sil.*bg2,k,* sol-t-ae.a1 spig.bg2,k *Stram.*bg2,sf1,* sulph.bg2,k,* ust.hr1,k vib.hr1,k voes.a1
- **aashaft**: *Psor.*kr1
- **Ammoniak**, nach: aran.jl,jl3 lac-c.bg2,k
- **faulig**: *Alum-sil.* **Ars.**k2 carb-v.k2 hoit.jl,jl3 ign.bg2,k,* kali-ar. *Psor.*bg2,k *Sulph.*hr1,k syph.bg2
- **Fisch**, wie verdorbener: sol-t-ae.a1,k syph.bg1
- **kräftig**: **Carb-v.** cop. *Sil.* stram.bg1
- **Lochien**, wie: *Lil-t.*hr1,k
- **Samen**, nach: *Stram.*hr1 *Sulph.*
- **sauer**: alet.bg2 carb-v. cimic. *Sulph.*hr1,k
- **scharf**: *Bell.*hr1,k *Carb-v.*hr1,k raja-s.jl,jl3
- **stechend**: *Kali-c.*hr1,k kreos.

– **unregelmäßig**: alco.a1 alum-p.k13,k2 am-c.bro1 *Ambr.*c1,c2,* ammc.hr1,kr1 *Apis* apoc. aran.hr1,k,* **Arg-n.**hr1,k1,* *Art-v.*hr1,k aur-m-n.h,k1,* aur-s.a1,k4,* *Bell.*bro1 *Benz-ac.*hr1,k bry.bro1 buni-o.jl,jl3 *Calc.*hr1,k calc-i.k13,k2 calc-p. calc-s. calc-sil.k13,k2 *Carb-ac.*hr1,k carbn-s. caul. *Caust.*hr1,k chel.hr1,k *Chlol.*hr1,kr1 *Cimic.*hr1,k *Cinnm.*hr1,kr1 *Cocc.*hr1,k *Con.*hr1,k cortico.mg,mg1,* cortiso.mg,mg1 crot-h.hr1,kr1 cur.hr1,k cycl.hr1,k *Dig.*hr1,k ferr. ferr-p. flav.jl,jl3 *Graph.*hr1,k2,* guaj.bro1 ham.hr1,k hyos.hr1,k hypoth.jl,jl3 *Ign.*hr1,k inul.bro1 *Iod.*hr1,k,* *Ip.*hr1,k *Iris* joan.bro1 *Kali-ar.*hr1,kr1 kali-bi.hr1,k kali-p. *Kreos.*hr1,k *Lac-d.*hr1,k *Lach.*hr1,k lil-t.hr1,k *Lyc.*hr1,k mag-c. mag-m. mag-s.bro1 *Manc.*hr1,kr1 merc.hr1,k,* mosch.a1 *Murx.*hr1,k *Nat-c.*hr1,kr1 nat-m.a1 nicc.sf,sf1 *Nit-ac.* nit-s-d.j5 **Nux-m.**hr1,k,* *Nux-v.*hr1,k oena.hr1,k *Ol-j.*hr1,kr1 op.hr1,k,* ovi-p.c1,c2,* phos. *Phys.*hr1,kr1,* pip-n.c1,c2,* pisc.bro1 plat.bg2 plb.a1,k puls.hr1,k rad-br.bro1 ruta sabad.a1,k **Sec.**hr1,k *Senec.*hr1,k *Sep.*hr1,k *Sil.*hr1,k *Staph.*hr1,k *Sul-i.*k13,k2 *Sulph.*hr1,k tab.a1 *Ter.*hr1,kr1 thuj.sf,sf1 trios.jl *Tub.*hr1,k ust.hr1,k verat.hr1,k vesp.hr1,k xan.hr1,k
- **anfallsweise**: **Sabin.**kr1
- **Epilepsie**, bei: **Art-v.**hr1,kr1
- **Fluor**, vor: *Sep.*kr1
- **langen** und veränderlichen Intervallen, in: *Sulph.*kr1
- **Pubertät**, in der: *Puls.*j5
- **zwischen** den Perioden: *Bell.*kr1 *Bov.*a1,kr1 *Calc.*kr1 caust.a1,kr1 *Cham.*kr1 *Cocc.*kr1 *Coff.*kr1 *Elaps*kr1 eupi.a1,kr1

– **unterdrückt**: *Abrot.*hr1,k *Acon.*bg2,k,* aeth.hr1,k *Agn.*bg2,k,* alet. alum.bg2,k alum-sil.k13,k2 alumn.k1,k13,* *Am-c.*bg2,k ambr.hr1,kr1 anan. *Ant-c.*bg2,k,* *Apis* apoc.k2 *Arg-n.* arn.bg2,k *Ars.*bg2,k,* ars-h.c1,c2,* ars-i. art-v.hr1 arum-t.hr1,kr1 *Asc-c.*hr1,kr1 aur.bg2,k,* aur-ar.k2 aur-i.k13,k2 *Aur-m.*hr1,k aur-m-n. aur-s. *Bar-c.*bg2,k bar-i.k13,k2 bar-s.k13,k2 **Bell.**bg2,k,* berb.hr1,k borx. *Brom.*hr1,k *Bry.*bg2,k,* bufo cain.kr1 *Calc.*bg2,k,* calc-i.k13,k2 *Calc-p.*hr1,kr1 calc-s. calc-sil.k13,k2 *Camph.*hr1,kr1 *Carb-an.*bg2,k,*

– **unterdrückt**: ...
carb-v.bg2,k *Carbn-s.* card-m.hr1,k caul. *Caust.*bg2,k cean.c1,c2,* *Cham.*bg2,k,* chel.bg2,k *Chen-a.*hr1,k,* chin.bg2,k,* chinin-ar. chion.bro1 chlol.hr1,kr1 *Cimic.*hr1,k,* *Coc-c.*hr1,k *Cocc.*bg2,k,* coch.hr1,kr1 cod.hr1,kr1 coff.bg2 *Colch.*bg2,k,* *Coll.*hr1,kr1 coloc.bg2,k,* **Con.**bg2,k,* *Croc.*bg2,k,* *Cupr.*bg2,k,* **Cycl.**bg2,k,* *Dig.*bg2,k dros.bg2,k,* **Dulc.**bg2,k,* euphr.bg2 *Ferr.*bg2,k,* *Ferr-ar.* **Ferr-i.**hr1,k *Ferr-p.* gast.a1 *Gels.*bg2,k,* glon.bg2,k,* goss. **Graph.**bg2,k,* guaj.bg2,k hedeo.a1 *Hell.*bg2,k,* helon. hep. *Hyos.*bg2,k,* ign.bg2,k,* iod.bg2,k,* **Ip.**hr1,kr1 *Kali-ar.*a1,k **Kali-c.**bg2,k,* *Kali-chl.*bg2,hr1,* kali-i.hr1,k *Kali-m.*bg2,kr1,* *Kali-n.*hr1,k,* kali-p. *Kali-s.* *Kali-sil.*k13,k2 *Kalm.* *Kreos.*bg2,hr1,* lac-d.hr1,k,* **Lach.**bg2,k,* leon.bro1 *Lept.*hr1,kr1 lil-t. lob.hr1,k **Lyc.**bg2,k,* macro.a1 *Mag-c.* *Mag-m.*bg2,k,* mag-s. mang.bg2,k merc.bg2,k,* merc-c.bg2 mez.bg2,k,* mill.hr1,k morph.a1 mosch.sf,sf1 *Nat-m.*bg2,k,* *Nat-s.*hr1,kr1 *Nicc.*hr1,kr1 *Nit-ac.*bg2,k *Nux-m.*bg2,k,* nux-v.hr1,k op.bg2,k,* ox-ac. *Par.*hr1,kr1 petr.bg2,h ph-ac.bg2,k *Phos.*bg2,k,* *Phyt.*bg2,hr1,* plat.bg2,k,* plb.hr1,k,* podo. *Prun.*hr1,kr1 **Puls.**bg2,k,* *Puls-n.*bro1 *Rhod.*hr1,k *Rhus-t.*bg2,k,* ruta *Sabad.*bg2,k sabin.hr1,k sang.hr1,k sars.bg2,k sec.bg2,k,* semp.c1,c2,* **Senec.**bg2,k,* *Sep.*bg2,k,* **Sil.**bg2,k,* spong.hr1,k stann. *Staph.*bg2,k *Stram.*bg2,k,* stront-c. sul-i.k13,k2 **Sulph.**bg2,k,* symph.hr1,kr1 tanac.bro1 tax.bro1 ther.k13,k2,* thuj.bg2,k,* tub.bro1,k2 *Uran-met.* *Ust.*hr1,k *Valer.*bg2,k *Verat.*bg2,k,* **Verat-v.**c2,k1,* visc.c1 xan. *Zinc.*bg2,k,* zinc-p.k13,k2 ziz.hr1,kr1,*
☞ *❑ Gemüt - Beschwerden durch - Liebe / ❑ G~ Traurigkeit - Liebe*

◆ **begleitet** von:
- **Wassersucht**
  ☞ *❑ Allgemeines - Wassersucht - äußere - begleitet von - Menses*

- **Abstillen**, nach dem: sep.st
- **Anstrengung**, durch: bry.k2 *Cycl.* *Nux-m.*
- **Arbeiten** im Wasser; durch: calc.
- **Asthma**, mit: **Puls.**hr1,kr1 spong.bro1
- **Baden**, durch: *Aeth.*hr1,k *Ant-c.*k,k1,* *Calc-p.*hr1,kr1 cupr.k1,st *Nux-m.*hr1,kr1
  - **kalt**: *Acon.* ant-c.sf1 kali-m.sf1 mosch.sf1
  - **warm**: *Aeth.*hr1,kr1,*
- **Bügeln**, beim: bry.k2
- **Delirium**, mit: stram.bro1
- **Demütigung**; nach
  ☞ *Kränkung*
- **Emigranten**, bei: bry.bro1 *Plat.*hr1,k
- **Erhitzung**; nach: *Bry.* *Cycl.*hr1,k
- **Feuchtigkeit**, Naßwerden;durch: calc.k,sf1,* *Dulc.* graph.k,sf1,* *Rhus-t.*
- **Fieber**, durch: cimic.hr1,kr1,*
- **Frost**; durch: bell. dulc. nux-m. puls. sep. *Sulph.*
- **Fußschweiß**, durch Unterdrückung von: *Cupr.*kr1
- **Gehen**, beim: **Kreos.**vh,vh/dg,*
- **Gemütsbewegungen**, durch: *Cham.*sf1 *Cimic.* kali-m.sf1 *Lach.*kr1 mosch.sf1
- **Gewitter**, durch: nat-c.

• **hysterischen** Frauen; bei: cypr.krl **Nux-m.**krl ol-an.krl,sfl *Sil.*krl
• **kalt**:
  • **Baden**, durch kaltes
    ☞ *Baden - kalt*
  • **Hände**; durch kalte: lac-d.sfl
  • **Wasser**; durch kaltes: *Acon.*brol *Ant-c.*brol bell.brol calc.brol cham.brol cimic.brol *Con.*brol *Dulc.*brol graph.brol lac-c.brol *Lac-d.*brol phos.brol *Puls.*brol *Rhus-t.*brol sulph.brol *Verat-v.*brol xan.brol
    • **Füße** in; Stecken der: *Nat-m.*krl
    • **Hände** in; Stecken der: *Con. Lac-d.*cl,vh
• **Kälte**:
  • **durch**: *Acon.*brol,sfl,* *Act-sp.*hrl,krl *Ant-c.*brol aral. arist-cl.spl bell.bg,bg2,* bell-p.spl bry. *Caj.*hrl,krl calc.brol,sfl,* cham.brol cimic.brol *Coc-c.*hrl,k *Con.*brol,hrl *Dulc.*bg2,hrl,* graph.brol,sfl,* hell.bg2 lac-c.brol *Lac-d.*brol lyc.sf,sfl nux-m.bg2,k nux-v. phos.brol *Plat.*hrl,krl podo. *Puls.*bg2,hrl,* *Rhus-t.*hrl,k2,* senec.bg2,k *Sep.*bg2,k sulph.bg2,brol *Verat-v.*brol xan.brol
• **Konvulsionen**, mit: *Bufo*krl **Calc-p.**krl,st *Cocc.*hrl,krl *Cupr.*hrl,krl gels.hrl,krl *Glon.*hrl,krl *Mill.*hrl,krl **Puls.**hrl,krl **Verat.**krl,st
• **Kränkung**; durch: acon. *Cham.*sfl *Chin.* **Coloc.** puls. *Staph.*
• **Krebs**, durch: *Lyc.*hrl,krl
• **Kummer**, durch: cocc.k2 **Ign.**hrl,k rhus-t.krl
• **leicht**: bry.k2
• **Liebe**, durch enttäuschte: hell.hrl,k ign. nat-m. ph-ac.
  ☞ *❑ Gemüt - Beschwerden durch - Liebe / ❑ G~ Traurigkeit - Liebe*
• **Mädchen**, bei kleinen: senec.k2
• **Naßwerden**; durch: acon. *Calc. Dulc.* graph.k,sfl *Hell.* nux-v. *Puls. Rhus-t. Senec.*
  • **Füße**; der: *Acon. Graph. Hell. Nat-m.* nux-m. **Puls. Rhus-t.** senec.k2 *Xan.*cl,krl
• **plethorischen** Frauen; bei: *Acon.* arn. *Bell.* bry. calc. glon. nux-v. op. plat. sulph. verat. **Verat-v.**st,vh
  ☞ *❑ Allgemeines - Plethora - Konstitution*
• **psorischen** Frauen; bei: *Psor.*krl
• **Schlafmangel**, durch: cocc.k2
• **Schock**; durch einen seelischen: *Nux-v.*krl
  • **plötzlich**: *Lac-d.*krl *Lach.*krl ziz.krl
• **Schreck**, durch: *Acon.*bg2,k,* act-sp.hrl,krl,* bry. calc.hrl,k coff.bg2,k gels. *Kali-c.*hrl,k *Lyc.*bg2,k,* **Nux-m.**hrl,krl nux-v. *Op.*bg2,k,* *Rhus-t.*krl verat.bg,bg2,*
• **Schwäche**, aus: **Nux-m.**hrl,krl
• **schwachen** Frauen; bei: **Sep.**krl
• **skrofulösen** Frauen; bei: *Bar-c.*krl *Sulph.*krl
• **Sturz**, durch einen: *Coloc.*krl
• **Tanzen**, nach übermäßigem: cycl.hrl,k *Sabin.*krl
• **Tuberkulose**, bei: *Lob.*krl *Lyc.*krl *Senec.*krl solid.bg2,krl ust.bg2,krl
• **Überhitzung**, durch: bry.k2
• **Verletzungen**, durch: *Coloc.*hrl,krl
• **Zorn**, durch: cham. *Coloc.* staph.krl sulph.k2

– **unterdrückt - Zorn**, durch: ...
  • **Entrüstung**, mit: cham.brol cod.brol staph.brol
– **Urinieren**, nur beim: m-aust.bgl
– **veränderlich** im Aussehen: **Puls.**bg2,k
– **verfrüht**:
  • **Menstruationszyklus**; im normalen
    ☞ *häufig*
  • **normalen** Alter; vor dem
    ☞ *erscheinen - normalen*
– **Verletzungen**, nach
  ☞ *erscheinen - Verletzung*
– **verstärken** sich:
  • **Sitzen**, im: cycl. mag-m.h
– **verzögerte** Menarche: acon.bg2,k,* agn.bg2,k alet. am-c.bg2,k ant-c.hrl,krl apis *Aur.*bg2,k,* aur-s.k13,k2 *Bar-c.* bry.bg2,k *Calc.*bg2,k *Calc-p.*bg2,k calc-s. *Carbn-s.* castm. caul. **Caust.**bg2,k chel.bg2,k cic.bg2,k cimic. cocc.bg2,k *Con.*bg2,k croc.bg2,k cupr.bg2,k dam.brol dig.bg2,k,* dros.bg2,k dulc.bg2,k *Ferr.*bg2,k **Graph.**bg2,k,* guaj.bg2,k *Ham.* helon. hyos.bg2,k **Kali-c.**bg2,k,* *Kali-p.* kali-perm.brol lach.bg2,k *Lyc.*bg2,k,* *Mag-c.*bg2,k mag-m.bg2,k *Mang.* merc.bg2,k **Nat-m.**bg2,k *Petr.*bg2,k phos.bg2,k polyg-h.brol **Puls.**bg2,k sabad.bg2,k *Sabin.*bg2,k sang.bg,bg2,* sars.bg2,k **Senec.**bg2,k *Sep.*bg2,k,* sil.bg2,k spig.bg2,k staph.bg2,k stram.bg2,k stront-c. *Sulph.*bg2,k *Tub.* valer.bg2,k verat.bg2,k vib.bg,bg2,* *Zinc.*bg2,k
– **vikariierend**: acon. ars. bapt. bell.bg2,k *Brom.*hrl,krl **Bry.**hrl,k,* cact. *Calc.* chin. cimic. coll. *Crot-h.*bg2,k,* cupr.bg2 *Dig.*bg2,k,* dulc. erig.brol,sfl eupi.brol,cl,* ferr. *Ham.*bg2,k,* ip.bg2,brol,* kali-c.bg2,brol,* lach.bgl,brol,* mill. nat-s.bg2,brol nux-v. **Phos.**bg2,k,* puls.bg2,k,* sabad.bg2,brol,* *Sang.* sec.bgl,bg2 *Senec.*c2,k sep. sil.brol,sfl sulph.bg2,k tril-p.bg2,brol,* ust.bg2,k,* verat.bg2 zinc.bg2,k
– **vor** dem normalen Alter
  ☞ *erscheinen - normalen*
– **wäßrig**: ferr.brl
– **wieder**, kehren:
  • **aufgehört** hat; nachdem der normale Menstruationszyklus: alum.h,j5 ambr. *Borx.*j5 *Calc.* carb-v.j5 carl.al *Cocc.*j5 ferr.brl,j5 hydrog.srj2 *Kali-c.*j5 kali-i.j5 *Kreos. Lach.* **Lyc.**bg2,krl lyss.al mag-c.al,k mag-m. mang.k2 mosch.j5 murx. nat-m. *Nux-v.* ph-ac.j5 phos.al,j5 plat.j5 puls. rhod.j5 *Rhus-t.*al,j5 sep. sil.al,j5 *Staph.*j5 stram.j5 thea.al thuj. tril-p. ust. *Verat.*al,j5 zinc.j5
    • **alten** Frauen; bei: *Calc.* lach. mag-c. mag-m. phos.h,kl2●,* *Plat.* sep. staph.
    • **Erregung**; durch: *Calc.*
    • **Überanstrengung**; durch: tril-p.
  • **Entbindung**; zu bald nach der: tub.bg3,k,*
    • **Wochen** nach der Entbindung; zwei: tub.cl
  • **Menstruationszykluses** aufgehört hat; nachdem die Blutung während des
    ☞ *intermittierend*
– **Wochenbett**, nach dem: tub.bg2
– **wundfressend**
  ☞ *scharf*
– **zäh**
  ☞ *fadenziehend*

– **ziehen** sich in die Länge
☞ *lange*
– **Zorn** ruft Eintritt der Menses hervor: cham. nat-m.

Metrorrhagie: abrot.al *Acet-ac.*bg2,k,* *Acon.*bg2,k,* *Agn.*hr1,k alet.hr1,k alumn.hr1,kr1 am-br.hr1,k am-c.j5,k2 am-m.hr1,k ambr.bg2,k,* ant-c.bg2,c1 anthraci.kr1 *Apis* *Apoc.*hr1,k,* aran.hr1,k arg-met. *Arg-n.*hr1,k,* *Arg-o.*bro1 *Arn.*bg2,k,* *Ars.*bg2,k,* *Ars-i.* art-v.hr1 asar.bg2,j5 asc-t.hr1,k aur.sf,sf1 aur-m.c,c1 aur-m-k.c,c1 aur-m-n.sf,sf1 aza.jl,jl3 bapt.hr1,k **Bell.**bg2,k,* bell-p.jl,jl3 borx.bg2 **Both.** *Bov.*bg2,k,* *Bry.*bg2,k,* bufo *Cact.*bg2,k2 **Calc.**bg2,k,* calc-act.a1 calc-ar.k13,k2 calc-f.sf,sf1 calc-i.k13,k2 calc-s. *Camph.*hr1 cann-i.hr1,k *Canth.*bg2,k,* caps.bg2 *Carb-an.*bg2,k,* *Carb-v.*bg2,k,* *Carbn-s.* *Card-m.*hr1,k,* *Caul.*hr1,k *Cean.*hr1,kr1 *Cham.*h,k,* **Chin.**bg2,k,* chinin-ar. *Chinin-s.* chr-ac.hr1 *Cimic.*hr1,k cinabg2,j5,* *Cinnm.*hr1,k,* cit-v.c1,c2,* cob-n.jl,jl3 *Coc-c.*hr1,k *Cocc.*bg2,j5,* *Coff.*bg2,k,* coff-t.a1 *Colch.*hr1,k coll.bro1 *Coloc.*hr1,k cop.hr1,k,* **Croc.**bg2,k,* crot-c.a1,k,* **Crot-h.**hr1,k cupr.bg2 cycl.k2 dict.a1,c1,* dig.a1 *Elaps*c2,k epih.c1 erech.c1,c2,* *Erig.*bg2,k,* eupi.a1 **Ferr.**bg2,k,* ferr-act.bro1 ferr-ar. *Ferr-i.* *Ferr-m.*hr1,k *Ferr-p.* *Ferr-s.*hr1,kr1 fic-r.c1,c2 fl-ac. fuli.bro1 gal-ac.c1 gels.hr1,k,* **Glon.**hr1,kr1 guare.a1 **Ham.**bg2,k,* *Helon.*hr1,k,* *Hep.*bg2,k,* hydr.bg2,k2,* hydrin-m.c1 hydrinin-m.c1,c2 *Hyos.*bg2,k,* *Ign.*bg2,k,* *Iod.*bg2,k,* **Ip.**bg2,k,* iris joan.bro1 juni-v.a1,c1 kali-ar.k13,k2 *Kali-br.*hr1,k *Kali-c.*bg2,k,* *Kali-chl.*hr1,k **Kali-fcy.** *Kali-m.*k2,kr1 *Kali-n.*bro1 kali-p. kali-s.hr1,k *Kreos.*bg2,k,* *Lac-c.*hr1,k **Lach.** laur.c1,c2,* *Led.* lil-t.bro1 *Lyc.*bg2,k,* lycpr.c2 lycps-v. mag-c.hr1,k,* mag-m.bg2,k,* mag-s.j5 mangi.bro1 *Med.* *Meli.*hr1,kr1 *Merc.*bg2,k,* **Mill.**hr1,k mit.bro1 **Murx.**c2,k nat-ar. *Nat-c.*bg2,k,* *Nat-hchls.*c2,k nat-m.bg2,k,* **Nit-ac.**bg2,k,* *Nux-m.*bg2,k,* **Nux-v.**bg2,k,* *Oci-sa.*sp1 op.hr1,k orig-d.c2 petr.bg2,j5,* **Phos.**bg2,k,* *Phyt.*bg2,k,* **Plat.**bg2,k,* plb.bg2,k,* plb-xyz.c2 prun.bg2,k,* **Psor.**hr1,k **Puls.**bg2,k,* pyrog.k13,k2 raph.c1,c2,* **RAT.**c2,k1,* *Rhus-a.*c,c1 *Rhus-t.*bg2,k,* rob.bro1 rosm.a1 ruta **Sabin.**bg2,k,* samb.bg2 *Sang.*hr1,kr1,* **Sec.**bg2,k,* sed-t.a1,sna1 *Senec.*hr1,k *Sep.*bg2,k,* *Sil.*bg2,k,* squil.a1,k staph. *Stram.*bg2,k,* sul-ac.j5,k2,* sul-i.k13,k2 *Sulph.*bg2,k,* *Tarent.*hr1,k,* tep.a1,c1,* ter.bro1 thiop.jl *Thlas.*kr1,sf1,* **Tril-p.**c2,k *Tub.* urt-u.hr1,k **Ust.**bg2,k,* verat.hr1,k,* **Vib.**bg2 *Vinc.*bro1 visc.c1,c2,* x-raysp1 xan.bro1 zinc.bg2,k zinc-s.c1,c2,*
☞ *Abort / Atonie*
– **täglich** etwas dunkles Blut: lyss.hr1,kr1
– **tagsüber**, nur: caust.sf,sf1
– **nachts**: alet.k13 bad.c1 *Mag-m.* nat-m.j5 *Rhus-t.*kr1 sabin.c1
• **Mitternacht**:
• **nach**:
• **3** h: *Nux-v.*kr1
◇ **abwechselnd** mit:
• **Atemnot**: fl-ac.
• **Fluor**: oci-sa.sp1 tarent.a1

Metrorrhagie - abwechselnd mit: ...
• **Geisteskrankheit**
☞ ❑ *Gemüt - Geisteskrankheit - abwechselnd mit - Metrorrhagie*
• **Lachen**
☞ ❑ *Gemüt - Lachen - abwechselnd mit - Metrorrhagie*
• **Manie**
☞ ❑ *Gemüt - Manie - abwechselnd mit - Metrorrhagie*
◆ **begleitet** von:
• **Polypen**: erod.gm1
• **Zunge**:
• **schmutzige** Farbe der Zunge: *Croc.*kr1,vk1
• **weiße** Farbe der Zunge: *Croc.*kr1,vk1
• **Mitte** der Zunge: *Croc.*kr1,vk1
– **Abort**:
• **vor**: *Lyc.*kr1
• **während**: anac.bg2,kr1 *Apis*bg2,kr1 arn.bg2,kr1,* bell.bg2,k2,* bry.bg2,kr1 caul.bg2,kr1 cham.bg2,kr1 *Chin.*bg2,kr1 **Croc.**bg2,kr1 *Erig.*bg2,kr1 ferr.bg2,kr1 hyos.bg2,kr1 *Ip.*bg2,kr1 **Kali-c.**bg2,kr1 *Lyc.*bg2,kr1 mill.bg2,kr1 *Nit-ac.*bg2,kr1 **Plat.**bg2,kr1 plb.bg2,kr1,* rutabg2,kr1,* **Sabin.**bg2,kr1,* *Sec.*bg2,kr1,* senec-fu.mg1 *Sil.*bg2,kr1 *Thlas.*bg2,kr1 **Vib.**bg2,kr1
• **nach**: alet.k2,kr1 *Bell.*j5,k2,* caul.kr1 *Cham.*kr1 *Chin.*kr1 croc.kr1 *Ferr.*kr1 *Ip.*kr1 kali-c.k2,kr1 *Lyc.*kr1 *Mill.*k2,kr1 *Nit-ac.*kr1 *Plat.*j5,kr1 psor.k2,kr1 *Sabin.*j5,kr1,* *Sec.*j5,kr1 sym-r.k2 *Thlas.*c1,kr1,* *Ust.*kr1
• **Bewegung**, bei:
• **geringsten**, bei der: **Croc.**kr1 *Sil.*kr1
• **drohendem** Abort, bei: *Calc.*kr1 cimic.kr1,sf1 cinnm.kr1 *Croc.*kr1,sf1 erig.kr1,sf1 goss.kr1,sf1 *Ham.*kr1 **Kreos.**kr1 *Lyc.*kr1 *Puls.*kr1 rutakr1,sf1 *Sabin.*kr1,sf1 senec-fu.mg1 *Tril-p.*kr1,sf1 *Ust.*kr1,sf1
• **Erregung**, geistige oder sexuelle: *Sil.*kr1
– **Ärger**, Verdruß; nach: *Ip.* kali-c.
– **aktiv**: *Acon.*hr1,k apis arn. **Bell.** calc. cham. chin. *Cinnm.* *Coff.* **Croc.** ferr. *Ham.*hr1,k hyos. ign. **Ip.** mill.sf,sf1 **Phos.** plat. **Sabin.** **Sec.** thlas.sf1 tril-p. *Ust.*
– **Anämie**, bei: calen.sf1 *Chin.*sf1 *Ferr.*sf1 ferr-m.sf1 helon.sf1 *Hydr.*kr1,sf1 kali-c.sf1 **Puls.**kr1,sf1 *Thlas.*kr1,sf1
– **anfallsweise**: apoc.k2,kr1 bell. *Cham.*hr1,k chin. nux-v. **Puls.** rhus-t. **Sabin.**a1,k ust.
– **anhaltend**: apoc.hr1,k arn. carb-v. cinnm.bro1 *Erig.* *Ham.*k,k1 *Hydr.*bg,bg2,* *Hyos.* iod.j5,sf1,* *Ip.*hr1,k kali-c. *Kreos.* mill. *Nit-ac.*sf,sf1 phos.bg2,k *Sec.*bg2,k,* sulph. ust.bg2,k vinc.sf,sf1
• **langsam**, aber: carb-v. ham. psor. sec. sulph. ust.
– **Anstrengung**, nach: **Ambr.** *Aur.* *Bov.* **Calc.** *Croc.* **Erig.** *Helon.*hr1,kr1 mill.hr1,k *Nit-ac.*hr1,k rhus-t. *Sabin.*hr1,kr1 *Tril-p.*
– **Atonie** des Uterus; durch: alumin-act.br1 *Carb-v.*hr1,k2,* *Chin.*sf,sf1 *Ham.*sf,sf1 psor.k2 visc.sf,sf1
☞ *Abort / Atonie*
– **Aufstehen** vom Bett; beim: psor.k2
– **Berührung** agg.: ust.sf,sf1
– **Bewegung**, bei: acal.bro1 ambr.sf1 arg-met.h,k,* bell. bov.bro1 *Bry.* cact. calc. cham.bro1 *Coff.* *Croc.* **Erig.** ferr.a1 *Helon.* **Ip.** lil-t.sf1 med.bro1 *Mill.*bro1 mit.bro1 phos.bro1 psor. *Sabin.* *Sec.* sulph. tril-p. ust.

– **Bewegung**, bei: ...
visc.bro1
– **blaß**: bell.a1 carb-v.hr1,k chin. *Ferr.* hyos.hr1,k merc. mill. prun.hr1,kr1 sabin. sec. tarent.a1 ust.hr1,k
– **chronisch**: *Card-m.*hr1,kr1 *Cinnm.*hr1,kr1 *Ust.*hr1,kr1
– **Coitus** interruptus, durch: cocc.sf,sf1
– **dickflüssiges** Blut: carb-v. *Nux-m.* plat.hr1,k puls. sec.k13,k2 sulph. tril-p.
– **dunkles** Blut: am-c.k2 ars.a1,kr1 *Bell.* *Bry.*hr1,k *Cact.*sf,sf1 cadm-met.gm1 canth. carb-v.k2 *Cham.*hr1,k,* **Chin.**hr1,k coff.sf,sf1 *Croc.*hr1,k *Crot-h.*hr1,k *Elaps*kr1 *Ferr.* gink-b.sbd1 ham. helon.hr1,k *Kreos.*hr1,k,* lach.sf,sf1 laur.k13,k2 *Lyc.* lyss.hr1,kr1 mangi.bro1 *Nit-ac.*sf,sf1 *Nux-m.* *Plat.* plb. *Puls.*hr1,k sabin. *Sec.* sep. sul-ac.hr1,k *Sulph.* tril-p. ust.hr1,k
• **flüssig**: bry. crot-h.hr1,kl ~~crot-t.kl,xxx~~ plat. sabin. sec.
  • **dick**; und: nux-m. *Plat.*
• **Klumpen**, mit: **Bell.** *Cham.* chin. coff.sf1 *Croc.* *Elaps*kr1 *Ferr.* kreos. laur.k2 lyc. *Puls.* *Sabin.* *Sec.* ust.
• **Krebs**; bei: cadm-met.gm1
– **dünnflüssiges** Blut: apoc. bry. carb-an.bro1 *Carb-v.* chin. *Crot-h.* *Elaps* *Erig.* ferr. kreos. **Lach.** laur. lyc. *Phos.* plat. prun.j5,kr1,* puls. **Sabin.** *Sec.* *Sul-ac.* ust.
• **Klumpen**, mit: *Chin.* *Elaps* *Ferr.* kreos. *Sabin.* *Sec.*
  • **faulig** riechend: kreos. *Sec.*
– **Dysurie**, mit: erig.st mit.sf,sf1,*
– **Eisenpräparaten**; nach Mißbrauch von: puls.hr1,k
– **Entbindung**:
• **vor**: tril-p.c1
• **vor** und nach: erig.zr
• **während** und danach: *Acet-ac.*kr1 acon. adren.sf1 alet.kr1 alum. am-m.bro1 aml-ns.bro1 apis *Arn.* ars.bro1 *Bell.* bry. *Cann-i.*kr1 cann-s. carb-v.k2 caul. *Cham.* *Chin.* *Cinnm.* cocc.kr1 coff.sf1 *Croc.* crot-h.sf1 cycl.bro1 **Erig.** *Ferr.* *Gels.*kr1 ger.bro1,kr1 **Ham.** *Hydr.*kr1 *Hyos.* *Ign.*bro1 **Ip.** kali-c. kalm.kr1 kreos. lach. lyc. merc. mill. nit-ac. nux-m. nux-v. op.kr1 ph-ac. *Phos.* *Plat.* plb.kr1 psor.k2 puls.kr1 *Rhus-t.*kr1 **Sabin.** **Sec.** senec. sep.kr1 *Thlas.*kr1 thyr.c1 tril-p. *Ust.*
• **nach** der: cann-s.c2 erig.zr sec.c2 tril-p.c1,c2
  • **einige** Tage: **Cinnm.**kr1
  • **acht** Tage: *Sabin.*kr1
  • **eine** Woche: *Kali-c.*kr1
  • **zwei** Wochen: *Ust.*kr1
• **anhaltend**: *Ip.*kr1 **Nux-m.**kr1 *Sabin.*kr1 *Ust.*kr1
• **Bewegung**; bei der geringsten: **Croc.**kr1 sec.bro1
• **dick**: chin.bro1
• **dunkel**: caul.kr1 chin.kr1 *Gels.*kr1 *Sabin.*kr1 sec.kr1 tril-p.kr1 *Ust.*kr1
• **faulig**: *Ust.*kr1
• **geronnen**: *Croc.*kr1 phos.k2,kr1 *Sabin.*kr1 tril-p.kr1 *Ust.*kr1
• **heiß**: bell.bro1 ip.bro1
• **hellrot**: bell.kr1 *Hyos.*kr1 *Ip.*kr1 mill.kr1 *Ust.*kr1
– **Entbindung**: ...
• **Inertia** uteri; mit: am-m.bro1 caul.k2 puls.bro1 sec.bro1 *Ust.*kr1
☞ *Abort / Atonie*
• **reichlich**: **Apis**kr1 bell.kr1 *Ip.*kr1 *Plat.*kr1 *Sabin.*kr1 tril-p.kr1
• **Schwall**, in Güssen; in einem: bell.bro1 *Ip.*kr1
• **übelriechend**: *Nit-ac.*kr1
• **verhindert** Blutung: *Arn.*kr1
– **erscheinend** und verschwindend; plötzlich: *Bell.*
– **Erschütterungen**, durch: *Arn.* cinnm. *Ham.*bro1,kr1 mill. puls. *Rhus-t.* ruta *Sec.* sulph.
– **fadenziehendes** Blut: arg-n. **Croc.** lac-c. **Ust.**
– **Fahren** oder Reiten, durch: *Ham.*hr1,kr1
– **faulig**: **Ars.**k2 carb-v.k2 cham.
– **Fluor**:
• **nach**: *Mag-m.*kr1
• **mit**: *Calc.*kr1 kreos.bro1
– **flüssig**: **Apis**k1 apoc.k2 ars. *Both.* *Carb-v.* chin. **Crot-h.** *Crot-t.*k1,kr1 *Elaps* *Erig.* ferr.j5 *Ip.*hr1 **Lach.** *Mill.* nat-m. **Nit-ac.** **Phos.** prun.sf,sf1 **Sabin.**hr1,k2,* *Sec.* *Sul-ac.* *Ust.*hr1,kr1,*
◆ **abwechselnd** mit Klumpen: *Plb.*hr1,kr1
• **klumpig**, zum Teil: puls.j5 *Ust.*hr1,kr1
• **Menses**, zwischen den Perioden: ham.a1
– **Frauen**; bei:
• **alten** Frauen; bei: *Calc.* cham. hydr. *Ign.* lach. *Mag-m.*kr1 *Mang.* *Merc.* phos. sep.
• **blassen**, wächsernen Frauen; bei: kali-c.k2
• **großen** Frauen; bei: *Phos.*
• **mageren**, knochigen Frauen; bei: *Sec.*
• **plethorischen** Frauen; bei: **Acon.**bg2,sf1 arn.bg2 *Bell.*bg2 bry.bg2 calc.bg2 **Cham.**bg2,sf1 coff.bg2,sf1 *Croc.*bg2 *Erig.*bg2,sf1 *Ferr.*bg2,j5,* ferr-m.bg2,sf1 hyos.bg2 ign.bg2 *Plat.*bg2 *Sabin.*bg2,k2,* sil.bg2 sulph.bg2
☞ *❑ Allgemeines - Plethora - Konstitution*
• **schwächlichen** Frauen; bei: asaf.k2 *Carb-an.*bg,bg2 **Chin.**bg2,j5,* cocc.sf1 croc.bg,bg2 ferr. *Ip.*bg,bg2 nux-v.bg,bg2 phos.bg,bg2 psor. *Puls.*bg,bg2 sec.bg2,j5,* sep.bg,bg2 sulph. verat.bg,bg2
• **sterilen** Frauen; bei: *Arg-n.*hr1,kr1,*
– **Geburt**
☞ *Entbindung*
– **Gehen**:
• **agg.**: **Ambr.**hr1,k2,* *Mag-m.*sf,sf1 nat-s.a1 sep.h,j5,*
• **amel.**: *Sabin.*hr1,k
• **nach**: ambr.a1
– **Gemütsbewegungen**, Erregung; durch: acon. bell. bry. *Calc.* *Cham.* cocc. croc. hyos. nat-m. phos. plat. puls. sep. *Sil.* stram. sulph.
– **geronnen** (= Blutgerinnsel): acal.bro1 *Alet.* *Alum.*kr1 *Alumn.*hr1 *Apoc.* arg-met. *Arn.*hr1,k arund.hr1,kr1,* **Bell.**a1,k cact. **Cham.**h,k,* chin. coc-c.hr1,k cocc.bro1 coch.hr1 *Coff.*hr1,k *Croc.*hr1,k cycl. elaps erig.bro1 *Ferr.*hr1,k ham.k13,k2 helon.hr1,k ip.bro1 kali-c.a1,h kreos.hr1,k lach.bro1 laur. lyc. *Mag-m.*hr1 *Merc.* *Murx.*hr1,k nux-m.k2 nux-v. phos.k2 *Plat.*hr1,k plb.hr1,k *Puls.* *Rhus-t.*hr1,k *Sabin.*hr1,k *Sang.* sec. stram. *Thlas.*bro1 tril-p.

– **geronnen**: ...
Ust.k,k1 visc.bro1
• **ausgeschieden**; Klumpen werden:
• **nachts**: coch.kr1
• **anfallsweise**: *Cham.*kr1 *Ferr. Puls. Ust.*
• **Urinieren**, beim: *Coc-c.*kr1
• **Entbindung**, nach der: phos.k2
• **vermischt** mit:
• **blassem**, wäßrigem Blut: chin.
• **dunklem**, flüssigem Blut: **Bell.** carb-v.k2 elaps *Sabin. Sec.*
– **heiß**: arn. **Bell.** bry. cham.sf1 coff.sf1 *Hydr.*kr1 *Lac-c.* puls.
– **hellrot**: acal.kr1 acon. aran. *Arn. Bell.* bov.bro1 *Calc.* cham. chin. *Cinnm.* coff.k2 **Erig.** *Ham.* hyos. **Ip.** lac-c. *Led.* lil-t.a1 lyc. med.bro1 *Mill.* mit.bro1,sf1 **Phos.** psor.k2 rhus-t. **Sabin.** *Sang.* sec. *Tril-p.* ust. vib. visc.bro1 xan.sf1
• **Abort**, nach: hyos.k2
• **flüssig**: ham. ust.
• **Klumpen**, mit: *Arn.* **Bell.** *Ip. Lac-c.*kr1 psor.k2 **Sabin.** *Ust.*
– **intermittierend**: ambr.st apoc. *Bell. Cham.* chin. erig.st *Ip. Kreos.* nux-v. **Phos.** psor.k1 *Puls.* rhus-t. *Sabin.* sec. sulph. ust.
– **Kälte** des Körpers, mit: *Camph.*kr1 **Carb-v.**kr1 *Sil.*kr1 *Verat.*kr1
– **Kamillentee**, durch: *Chin.* ign.hr1,k
– **Koitus**:
• **während**: arg-n.sf,sf1
• **nach**: **Arg-n.** *Arn.*hr1,k *Ars. Hydr.* **Kreos.** nit-ac.bro1 *Sep. Tarent.*
– **Konvulsionen**, mit: bell. *Chin. Hyos.*hr1,k **Sec.**
– **Krebsleiden**, bei: phos.k2
– **kurzer** Dauer, von: arg-n.k2
– **Liegen**:
• **beim**: mag-c.a11,br1,*
• **Rücken**; auf dem:
• **agg.**: ambr.k2 *Cham.*
• **amel.**: *Ip.*kr1
– **Nachtwachen**, nach (= Schlafmangel): *Puls.*kr1
– **Mädchen**, bei: *Cina Hydr.*kr1
– **membranös**: apoc.k2,sf1 brom.sf,sf1
– **Menopause**:
• **vor**: arg-met.kr1 staph.kr1
• **während**: *Alet.*k,k2 *Aloe* am-m.k1 aml-ns.bro1 apoc.kr1 arg-met. *Arg-n.*hr1,kr1,* aur-m.bro1 *Bell.*bg2,kr1 bomh.gm1 buni-o.j1 **Calc.** caps.bro1 *Carb-v.* chin.bro1 *Cimic.*bro1 *Croc.* **Crot-h.**kr1,st *Ferr. Gels.*kr1 **Graph.**st hydrin-m.bro1 kali-br.bro1 kali-c. **Lach.** *Laur.*k1,k2 lyc. *Med. Murx.* nit-ac.bro1 *Nux-v.* paro-i.j1 phos.k2,sf1 *Plat.*bg2,kr1 *Plb.* **Psor.**k,k1,* *Puls.* rhus-t.sf1 *Sabin.* **Sang.**k,k1,* sanguiso.sf1 sarr.kr1 *Sec. Sed-ac.*bro1 **Sep.** sul-ac.k2 **Sulph.** *Thlas.*kr1 thyr.c1 *Tril-p. Ust.* vinc.bro1
• **nach**: calc.k2 ferr.k2 mang.k2 *Merc.*h,kr1 sep.bg2 *Vinc.*bg2,kr1
– **Menses**:
• **vor**: calc.a1 erig.zr mag-m.a1,j5 merc.a1,j5 sil.k2
• **nach**: lyc.a1 merc.a1 rat.a1
• **zwischen** den Perioden: **Ambr.**bro1,k1,* arg-n.sf1 *Arn. Bell. Bov.* bry. **Calc.** calc-sil.k2

– **Menses - zwischen** den Perioden: ...
canth. carb-v. caust.sf1 **Cham.** chin. *Cimic. Cocc.* coff. *Croc.* elaps ferr. flav.j1 foll.j1 gink-b.sbd1 guare.st *Ham.*a1,c1,* hep. hydr.bg1 iod.sf1 **Ip.** kali-c. kali-sil.k2 kreos.sf1 lach. lap-a.sf1 lyc. mag-c. mag-s. mang. merc. murx. nat-hchls.sf1 nit-ac. nux-v. op.sf1 **Phos.** puls. **Rhus-t.** rob.kr1 **Sabin.** *Sec. Sep.* **Sil.** stram. sulph. ust.sf1 vinc.bro1 visc.sf1 zinc.
• **sexueller** Erregung, mit: *Sabin.*kr1
• **Wiederkehr** lange unterdrückter Menses; nach: *Sulph.*a1
– **Mond**:
• **Neumond**: *Croc.*bg2,j5,* kali-bi.sf1 rhus-t.a1,h sil.a1,h
• **Vollmond**, bei: *Croc.*st kali-bi.st
• **vor** Vollmond; drei Tage: mag-m.a1
– **Myome**, durch: *Calc.* calc-f.st calc-p. calc-st-s.bro1,st foll.j1,j13 *Ham.*k,sf1,* *Hydr.*hr1,k *Kali-c.*hr1 *Kali-i.*hr1,kr1 lap-a.k,sf1,* lyc. merc. nit-ac. **Phos.** *Plat.*k,sf1,* *Sabin.* sec.bro1 sil. sul-ac. *Sulph. Thlas.*bro1 *Tril-p.*br1,bro1,* ust.oss *Vinc.*hr1,kr1,*
– **Ohnmacht**, mit: chin.j5,kr1 *Ip.*hr1,kr1 *Kreos.*hr1,kr1 **Tril-p.**kr1
– **passiv**: alet. **Carb-v.** carbn-s.k2 caul. *Chin. Chinin-s.* cimic. cinnm.bro1 croc. **Erig.** *Ferr.*hr1,k *Ham.*hr1,k *Helon.*hr1,k **Kali-fcy.** *Kreos.*sf,sf1 *Lyc.* plb. *Sec.*hr1,k sul-ac. thlas.sf1 **Tril-p.**bro1,kr1 **Ust.** vinc.hr1,k
– **Placenta**:
• **praevia**, durch: *Ip.*st *Nux-v.*st *Sabin.*st *Sep.*st *Verat-v.*st
• **retinierte**, durch: *Bell. Canth. Carb-v.* caul. *Ip.*kr1 *Kali-c.*kr1 mit.st *Puls. Sabin.* sec. sep. stram.bro1
– **plötzlich**: *Ars.*hr1,k **Bell.** cinnm. *Ip.*
– **Polypen**, durch: bell. *Calc. Con.*hr1,k lyc. phos. sang.k,sf1,* thuj.
– **präkanzerösen** Stadium, im: *Aur.*st
– **Pubertät**:
• **vor**: *Cina*kr1
• **während**: helon.sf,sf1
– **reichlich**: acal.bro1 acon. alet.k2 am-m.k2 ambr.k2 apis apoc.k2 arg-n. *Arn. Ars.*hr1,kr1,* **Bell.** bov.bro1 brom.sf,sf1 bry. *Cact.*sf,sf1 **Calc.**hr1,k caul.hr1,k *Cham. Chin.* cinnm.hr1,k *Con.*hr1,kr1 croc. erig.hr1,k ferr. glon. ham.k,k2 helon.hr1,k hyos. iod.sf,sf1 **Ip.**hr1,k kali-c. *Kreos.*a1,k lyc. mangi.bro1 med.bro1 mill. mit.bro1 murx. nit-ac. *Nux-v.* **Phos.** plat.bro1 plb.sf,sf1 puls.hr1,k *Sabin.*hr1,k sanguiso.sf,sf1 *Sec.*hr1,k *Sul-ac.*sf,sf1 thlas.sf1 tril-p. ust.bro1 vib. vinc.sf,sf1 visc.bro1 xan.sf,sf1
☞ *stark*
– **scharf**: *Sul-ac.*sf,sf1 sulph.sf,sf1
– **Schlaf**, im: *Mag-m.*sf,sf1
– **schmerzlos**: bov. calc. carb-an.bro1 chin.bro1 croc. *Erig.*hr1 *Ham.*hr1,k **Kali-fcy.** mag-c. mangi.bro1 *Mill.* nit-ac.bro1 nux-m. plat. sabin. *Sec.*bg2,k ust.
– **Schreck**, nach: acon. bell. *Calc.* nux-v.
☞ *❑ Gemüt - Beschwerden durch - Schreck*
– **Schwall**, in Güssen; in einem: acal.bro1 *Bell.* bov.bg *Cham.* chin. *Cinnm.*bg1,sf1,* *Croc. Erig.*bro1,sf1,* *Ham.* **Ip.** *Lac-c.*hr1,kr1 med.bro1 *Mill.*

– **Schwall**, in Güssen; in einem: ... mit.$_{bro1}$ **Phos.** *Puls.* **Sabin.**$_{hr1,k}$ *Sec.*$_{hr1,k}$ tril-p. *Ust.* visc.$_{bro1}$
– **Schwangerschaft**; während der: *Apis*$_{bg2,j5,*}$ *Arn.*$_{hr1}$ asar.$_{bg2}$ bell.$_{j5,k2,*}$ buni-o.$_{bg2,j5,*}$ *Cann-i.*$_{bg2,j5,*}$ caul.$_{bg2,j5,*}$ *Cham.*$_{bg2,j5,*}$ chin.$_{bg2,j5,*}$ cimic.$_{bg2,j5,*}$ *Cinnm.*$_{bg2,j5,*}$ *Cocc.*$_{bg2,j5,*}$ croc.$_{bg2,j5,*}$ *Erig.*$_{bg2,j5,*}$ ham.$_{j5,k2,*}$ *Ip.*$_{bg2,j5,*}$ kali-c.$_{bg2,j5,*}$ **Kreos.**$_{bg2,j5,*}$ lyc.$_{bg2}$ *Nit-ac.*$_{bg2,j5,*}$ *Phos.*$_{bg2,j5,*}$ *Plat.*$_{j5,k2,*}$ *Puls.*$_{bg2,j5,*}$ *Rhus-t.*$_{bg2,j5,*}$ *Sabin.*$_{bg2,j5,*}$ sec.$_{bg2,j5,*}$ *Sep.*$_{j5,k2,*}$ *Tril-p.*$_{bg2,j5,*}$
 ☞ *Abort*
 • **dritter** Monat: **Kreos.**$_{hr1,kr1}$ *Sabin.*$_{hr1,kr1}$
 • **fünfter** und siebter Monat: **Sep.**$_{k2,kr1}$
 • **sechster** Monat: *Cann-i.*$_{kr1}$ erig.$_{kr1}$
 • **ersten** Teil, im: nit-ac.$_{kr1}$
 • **Liegen** amel.: *Ign.*$_{kr1}$
 • **Schreck**, nach: *Ign.*$_{hr1,kr1}$
 • **Überanstrengung**, durch: *Cinnm.*$_{kr1}$ *Erig.*$_{kr1}$ *Nit-ac.*$_{kr1}$
– **schwarz**: alet.$_{hr1,k}$ am-c.$_{hr1,k}$ arn.$_{hr1,k}$ ars.$_{k2}$ arund.$_{hr1,kr1,*}$ asar.$_{j5}$ bell.$_{hr1,k}$ *Carb-v.* caul.$_{bro1}$ *Cham.* chin.$_{hr1,k}$ coch.$_{hr1}$ coff.$_{hr1,k}$ *Croc.*$_{hr1,k}$ *Elaps* *Ferr.*$_{hr1,k}$ *Helon.*$_{hr1,k}$ ign. *Kreos.*$_{hr1,k}$ lach.$_{k13,k2}$ lyc. mag-c.$_{bro1}$ nat-m.$_{j5}$ **Plat.** *Puls.* sabin. *Sec.*$_{hr1,k}$ stram.$_{hr1,j5,*}$ *Sul-ac.* sulph.
 • **flüssig**: *Am-c.* *Crot-h.*$_{hr1,k}$ *Elaps* *Sec.*$_{hr1,k}$ *Sul-ac.*
– **Schweiß**, mit kaltem: **Carb-v.**$_{hr1,kr1}$ *Sec.*$_{hr1,kr1}$ *Verat.*$_{hr1,kr1}$
– **spärlich**: carb-v.$_{a1,k2}$ coc-c.$_{a1}$ lyss.$_{hr1,kr1,*}$ phos.$_{a1}$ *Puls.*$_{hr1}$
– **stark**:
 ☞ *reichlich*
 • **urinieren**; als würde sie: tril-p.$_{zr}$
 • **Uterus**; mit Kongestion des: mit.$_{zr}$
– **stechend**: kreos.
– **Stehen**, im: *Mag-m.*$_{sf,sf1}$
– **Stillen**, beim: calc.$_{k2,st}$ rhus-t.$_{bg2}$ *Sil.*$_{bg2,k}$
– **Stuhlgang**:
 • **während**: ambr.$_{sf,sf1}$ murx.$_{hr1,kr1}$
 • **hartem** Stuhl; durch Abgang von: **Ambr.** *Lyc.*
 • **nach** jedem: am-m. **Ambr.** ind.$_{h,k}$ iod.$_{h,hr1}$ *Lyc.*
– **Subinvolution**, bei: *Kali-i.*$_{kr1}$ lil-t. psor. sec. sulph. ust.
– **übelriechend**: *Bell.*$_{bg2,k,*}$ *Cham.*$_{hr1,k}$ croc.$_{hr1,k}$ crot-h.$_{hr1,k}$ *Helon.*$_{hr1,kr1}$ kreos.$_{bg2,k,*}$ lach.$_{bg,bg2,*}$ *Nit-ac.*$_{sf,sf1}$ phos.$_{a1}$ sabin. *Sec.*$_{bg2,k}$ ust.$_{hr1,k}$
– **Überheben**, durch: calc.$_{k2}$
– **Urinieren**, beim: coch.$_{hr1,kr1}$
– **Uterusverlagerung**, durch: tril-p.
– **veränderlich** in Farbe und Ausfluß: **Puls.**$_{hr1,kr1}$
– **Verletzungen**, durch: ars.$_{sf1}$ *Cinnm.*$_{sf1}$ ham.$_{sf1}$ mill.$_{sf1}$ ruta$_{sf1}$ *Sec.*$_{kr1,sf1}$
– **warmen** Bad, nach einem: thuj.
– **wäßrig**: ant-t. berb. bov.$_{j5}$ *Calc.*$_{kr1}$ dulc. laur. mang.$_{k2}$ phos. prun.$_{a1,j5}$ puls.
 • **anstatt** der Menses: *Sil.*$_{hr1,kr1}$
– **wiederkehrend**: *Arg-n.* *Croc.* *Kreos.* *Nux-v.* *Phos.* psor. *Sulph.*
– **Witwen**, bei jungen: *Arg-n.*$_{hr1,st}$
– **wollüstigem** Jucken, mit: *Coff.*$_{hr1,kr1}$
– **Zorn**, nach: **Cham.** kali-c.$_{k,sf1,*}$ rhus-t.$_{h,k1}$ staph.

Molen: *Ars.*$_{hr1}$ bell.$_{kr1}$ *Calc.*$_{hr1}$ canth.$_{bg2}$ chin.$_{hr1,k}$ *Ferr.*$_{hr1}$ *Kali-c.* *Lyc.*$_{hr1}$ merc.$_{hr1,k}$ *Nat-c.*$_{hr1,k,*}$ *Puls.*$_{hr1,k,*}$ *Sabin.*$_{hr1}$ sec.$_{hr1}$ *Sil.*$_{hr1,k}$ sulph.$_{hr1,k}$
– **Austreibung** von Molen an; regt die: sabin.$_{c1}$

Nachwehen
 ☞ *Schmerz - Nachwehen*

Niederkunft
 ☞ *Entbindung - während*

Nymphomanie
 ☞ ❑ *Gemüt - Nymphomanie*

Offen:
– **öffnen** und schließen würde, als ob es sich: nat-hchls.$_{a1,k,*}$ sec.$_{rb2}$
– **Uterus** fühlt sich offen an: lach. sanic.$_{pd}$
– **Vulva** fühlt sich offen an: sabal$_{bg}$

Onanie
 ☞ *Masturbation*

Oophoritis
 ☞ *Entzündung - Ovarien*

Orgasmus:
– **nachts**: arg-n.$_{br1}$
– **fehlend**, bekommt keinen Orgasmus: *Brom.* calad.
– **leicht** zum Orgasmus; kommt: *Stann.*$_{k1,st}$
– **schmerzhaft**: nat-m.
– **Träume**; während erotischer
 ☞ ❑ *Träume - Erotisch - Orgasmus*
– **unwillkürlich**: ang. *Arg-n.* *Ars.* *Calc.* *Lil-t.* nat-m. *Nux-v.* *Op.* **Plat.** sul-ac.
– **verzögert**: *Berb.* brom.

Os uteri während der Entbindung; Zustand des:
 ☞ *Entbindung - während*
– **erweitert**: *Gels.*$_{kr1}$ sanic.$_{c2}$
– **halboffen**: *Sep.*$_{kr1}$
– **krampfhaft** kontrahiert: *Bell.*$_{kr1}$ *Sep.*$_{kr1}$
– **starr**, rigide: acon.$_{bro1}$ ant-t. *Bell.* **Caul.** **Cham.** chlf.$_{kr1}$ cimic. *Con.* **Gels.** ign. jab. lob.$_{c2,k}$ lyc. nux-v. sec. *Sep.*$_{kr1}$ *Verat-v.*
– **Stenose**: con.$_{k2}$
– **weich**: *Ust.*$_{kr1}$

Ovulation, während der: foll.$_{jl}$

Pflockes, Pfropfens; Gefühl eines:
○ **Symphysis** pubis und Steißbein; zwischen: aloe$_{k2}$

Physometra
 ☞ *Blähungen*

Placenta:
 ☞ *Entbindung - während*
– **praevia**: *Erig.*$_{c1,c2,*}$ *Ip.*$_{st}$ *Nux-v.*$_{hr1,st}$ *Sabin.*$_{hr1,st}$ *Sep.*$_{hr1,st}$ *Verat.*$_{hr1,st}$
– **retiniert**: *Agn.*$_{hr1,k}$ all-s.$_{hr1,kr1}$ *Arn.*$_{bro1}$ *Ars.*$_{k,kr1}$ art-v.$_{hr1,k}$ *Bell.*$_{bg2,k,*}$ **Canth.**$_{hr1,k,*}$ carb-v.$_{k13,k2}$ caul. chin.$_{bro1}$ cimic.$_{k,kr1}$ cimx.$_{hr1}$ croc.$_{hr1,k}$ ergot.$_{bro1}$ gels.$_{k,kr1}$ *Goss.*$_{bg,hr1,*}$ *Hydr.*$_{bro1,c1,*}$ *Ign.*$_{bro1}$ ip.$_{hr1,k}$ *Kali-c.*$_{hr1,kr1}$ *Nux-v.*$_{hr1,k}$ phos.$_{k2}$ plat.$_{bg,bg2}$ *Puls.*$_{bg2,k,*}$ *Sabin.*$_{bg2,k,*}$ *Sec.*$_{bg2,k,*}$ **Sep.**$_{hr1,k}$

– **retiniert**: ...
verat-v.$_{hr1}$ visc.$_{bro1,c1,*}$
• **Abort**, nach: *Sabin.*$_{kr1}$ sec.$_{kr1}$ *Sep.*$_{kr1}$ *Verat-v.*$_{kr1}$

Polyp: lyc.
○ **Uterus**: *Ars.*$_{hr1,k}$ *Aur.*$_{hr1,k}$ **Bell.** *Bufo* **Calc.**$_{bg2,k,*}$ **Calc-p.**$_{hr1,k,*}$ caust. *Con.*$_{hr1,k}$ erod.$_{c2}$ hydr.$_{hr1,k}$ led.$_{hr1,k}$ *Lyc.*$_{hr1,k}$ merc.$_{hr1,k}$ mez.$_{hr1,k}$ nit-ac.$_{bg2,k,*}$ petr.$_{hr1,k}$ *Ph-ac.*$_{hr1,k}$ **Phos.**$_{bg2,k,*}$ *Plat.*$_{hr1,k}$ puls.$_{hr1,k}$ rhus-t.$_{hr1,k}$ *Sang.*$_{bg2,k,*}$ sec.$_{hr1,k}$ *Sep.*$_{hr1,k}$ *Sil.*$_{hr1,k}$ *Staph.*$_{bg2,k,*}$ **Teucr.**$_{hr1,k}$ **Thuj.**$_{bg2,k,*}$
• **weich**: *Kali-s.*
– **Vagina**: **Calc.**$_{hr1,k}$ merc. petr. ph-ac. psor. *Puls.*$_{hr1,k}$ staph. *Teucr.*$_{hr1,k}$

Portioerosion:
– **blutet** leicht, mit Fluor: arg-n.$_{br1}$

Postpartum Blutung
☞ *Metrorrhagie - Entbindung - nach*

Prämenstruelle Phase
☞ ☐ *Gemüt - Menses - vor*

Prickeln, wollüstiges (wollüstige Empfindung, wie beim Koitus): agar. *Alum.* am-m.$_{a1,j5}$ apis bov. bufo cadm-s.$_{a1}$ calc. *Calc-p.* cann-i.$_{a1}$ canth. cere-s.$_{a1}$ coff. elaps fl-ac.$_{a1}$ gink-b.$_{sbd1}$ *Kali-br.* kreos. lach. lil-t. lyc. mosch. *Nit-ac.*$_{kr1}$ *Nux-v.* **Orig.** par.$_{a1}$ petr.$_{bg1}$ *Phos.* **Plat.** raph. *Stann.*$_{kr1}$ staph. sul-ac.$_{j5}$ tarent.
☞ *Ameisenlaufen*
– **morgens**: *Kreos.*$_{j5}$
– **Angst** und Herzklopfen, mit: *Plat.*$_{kr1}$
– **Bewußtlosigkeit**, bei teilweiser: meth-ae-ae.$_{a1}$
– **Erwachen**, beim: am-m.$_{a1,j5}$ kali-c.$_{j5}$
– **Gehen**:
• **amel.**: nat-m.$_{a1}$
– **Kratzen** des Armes; beim: *Stann.*$_{kr1}$
– **Menses**:
• **vor**:
• **während**, und: calc.$_{sf1}$ kali-c.$_{j5,sf1}$
– **Orgasmus**; mit: sul-ac.$_{j5}$
– **Sitzen**, im: nat-m.$_{a1}$
– **Traum**, im: sul-ac.$_{j5}$
▽ **erstreckt** sich ins Abdomen: plat.$_{st}$

Prolaps:
○ **Uterus**: acon.$_{hr1,k,*}$ *Aesc.*$_{hr1,k,*}$ agar.$_{hr1,k}$ agn.$_{k2}$ *Alet.*$_{hr1,k,*}$ *Aloe*$_{c2,k}$ *Alum.*$_{hr1,k}$ alum-p.$_{k2}$ alum-sil.$_{k2}$ *Alumn.*$_{hr1,k}$ am-m.$_{hr1,k}$ anan.$_{hr1,k}$ ang.$_{a1}$ ant-c.$_{k2}$ *Apis* **Arg-met.**$_{c2,k}$ **Arg-n.**$_{hr1,k}$ *Arn.*$_{bg2,k,*}$ ars. ars-i. art-v.$_{a1,hr1}$ **Aur.**$_{bg2,k,*}$ aur-ar.$_{k2}$ aur-i.$_{k2}$ aur-m.$_{hr1,k}$ aur-s.$_{k2}$ *Bell.*$_{bg2,k,*}$ *Benz-ac.*$_{hr1,k,*}$ berb.$_{hr1,k}$ *Brom.*$_{hr1}$ *Bry.*$_{hr1,k}$ bufo *Calc.*$_{bg2,k,*}$ calc-ar.$_{hr1,k}$ calc-f.$_{c1}$ *Calc-p.*$_{hr1,k,*}$ calc-s. calc-sil.$_{k2}$ calen.$_{pd}$ canth.$_{hr1,k}$ *Carb-an.*$_{hr1,k}$ caul.$_{hr1,k}$ cham.$_{hr1,k}$ *Chin.*$_{hr1,k}$ chinin-ar. cimic.$_{hr1,k}$ cocc.$_{hr1,k}$ coll.$_{hr1,k}$ *Coloc.*$_{hr1}$ *Con.*$_{hr1,k}$ croc.$_{hr1,k}$ *Ferr.*$_{bg2,k,*}$ ferr-ar. ferr-br.$_{c2}$ *Ferr-i.*$_{hr1,k,*}$ ferr-p. *Frax.*$_{c2}$ *Graph.*$_{bg2,k}$ *Ham.*$_{hr1}$ *Helon.*$_{hr1,k}$ hydr.$_{hr1,k}$ hydrc.$_{hr1,k}$ iod.$_{hr1,k}$ *Ip.*$_{hr1,k}$ kali-ar. *Kali-bi.*$_{hr1,k}$ kali-br. *Kali-c.*$_{hr1,k}$ kali-p. kali-s. kali-sil.$_{k2}$ kreos.$_{bg2,k,*}$ lac-c.$_{hr1,k}$ *Lach.*$_{bg2,k,*}$ lappa$_{c2}$ **Lil-t.**$_{bg2,k,*}$ lyc. *Lyss.*$_{hr1,k,*}$ mang. mel-c-s.$_{br1}$ merc.$_{bg2,k,*}$ *Mill.* *Murx.*$_{hr1,k,*}$ **Nat-hchls.**

Prolaps - Uterus: ...
Nat-m.$_{bg2,k,*}$ nat-p.$_{hr1,k}$ *Nit-ac.* *Nux-m.*$_{bg2,k,*}$ *Nux-v.*$_{bg2,k,*}$ onos.$_{c2}$ op.$_{hr1,k}$ ovi-p.$_{c2}$ **Pall.**$_{hr1,k,*}$ *Petr.*$_{hr1,k}$ ph-ac.$_{hr1,k,*}$ *Phos.*$_{hr1,k}$ **Plat.**$_{hr1,k}$ *Podo.*$_{bg2,k,*}$ **Puls.**$_{bg2,k,*}$ pyrog.$_{k2}$ pyrus$_{c2}$ **Rhus-t.**$_{bg2,k,*}$ *Sabin.*$_{hr1,k}$ sang. sanic.$_{c2}$ *Sec.*$_{bg2,k,*}$ **Sep.**$_{bg2,k,*}$ *Sil.*$_{hr1,k}$ *Stann.*$_{bg2,k,*}$ staph.$_{hr1,k}$ sul-ac.$_{c2}$ sul-i.$_{k2}$ *Sulph.*$_{hr1,k,*}$ teucr. *Thuj.*$_{hr1,k}$ til.$_{c2}$ tril-p.$_{br1}$ *Tub.* *Ust.*$_{hr1,k}$ zinc.$_{hr1,k}$ zinc-p.$_{k2}$
• **morgens**: bell.$_{bg3,ptk1}$ **Nat-m.** sep.$_{hr1,k}$
• **nachmittags**: **Sep.**
• **alle** zwei Tage: alum.
• **Diarrhoe**; durch anhaltende: petr.$_{ptk1}$
• **elektrischen** Schlägen die Oberschenkel hinab; mit: *Graph.*
• **Entbindung**, nach der: bell.$_{hr1,k}$ *Helon.* *Nux-v.*$_{hr1}$ *Podo.*$_{hr1,k}$ puls. *Rhus-t.*$_{hr1,k}$ sec.$_{hr1,pd}$ sep.$_{k,kl2}$●
• **Erschütterung** agg.: bell.$_{k2}$
• **Gehen** agg.: lil-t.$_{k2}$
• **geht** gebeugt: *Am-m.* *Arn.*$_{hr1,k}$
• **Heben**, durch: agar. *Aur.*$_{hr1,k}$ **Calc.** nux-v.$_{ptk1}$ *Podo.*$_{hr1,k}$ *Rhus-t.*$_{k,kl2}$●
• **Hochlangen**, durch: *Aur.*$_{hr1,k}$ *Calc.*$_{hr1,k}$ nux-v. *Sulph.*$_{hr1,k}$
• **Koitus** amel.: merc.$_{hr1,k}$
• **Liegen** amel.: lil-t.$_{k2}$ *Nat-m.*$_{hr1,k}$ *Sep.*
• **Lumbalregion**; mit Schmerzen in der: nat-m.$_{ptk1}$
• **Menses**:
• **während**: *Aur.*$_{hr1,k}$ *Calc-p.*$_{hr1,k}$ *Cimic.* kreos. *Lach.* *Lil-t.* nat-c. **Puls.** **Sep.** tub.$_{k2}$
• **nach**: agar.$_{hr1,k}$ aur.$_{hr1,k}$ ip.$_{hr1,k}$ kreos.$_{hr1,k}$
• **Schreck**, nach: gels. **Op.**$_{hr1,k}$
• **Stuhlgang**:
• **während**: *Calc-p.*$_{hr1,k}$ con. dirc.$_{c1}$ eupi.$_{a1}$ nux-v. **Podo.**$_{hr1,k}$ psor.$_{ptk1}$ puls. *Stann.*$_{hr1,k}$
• **nach**: *Stann.*
• **Stuhldrang**, anhaltender: inul. nux-v.
• **Sturm**, vor: rhus-t.
• **Überanstrengung**, durch: *Aur.*$_{hr1,k}$ **Nux-v.**$_{hr1}$ podo.$_{c1}$ *Rhus-t.*$_{hr1}$
• **Halten** des Kopfes amel.; und: pyrog.$_{ptk1}$
• **Übereinanderlegen** der Beine amel.: lil-t. murx. **Sep.**$_{hr1,k}$
• **Urinieren**:
• **beim**: *Calc-p.*
• **unwillkürlichem**, mit: ferr-i.$_{pd}$
• **Wetter**; bei heißem: *Kali-bi.*
– **Vagina**: alum. bell.$_{hr1,k}$ calc-ar. chim.$_{hr1,k}$ *Ferr.*$_{hr1,k}$ ferr-i.$_{bg2}$ fil.$_{a1}$ *Ign.*$_{k2}$ *Kreos.*$_{bg2,k,*}$ *Lach.*$_{hr1,k}$ *Merc.*$_{bg2,k,*}$ *Nux-m.*$_{hr1,k}$ *Nux-v.*$_{hr1,k,*}$ oci.$_{a1,bro1,*}$ op.$_{hr1,k}$ plat.$_{bg2}$ plb.$_{hr1,k}$ **Sep.**$_{bg2,k,*}$ *Stann.*$_{bg2,k,*}$ staph.$_{c2}$ sul-ac.$_{hr1,k,*}$ *Sulph.*$_{hr1,k}$ thuj.$_{hr1,k}$ verat.$_{hr1,k}$
• **Heben**, durch: *Nux-v.*$_{hr1,k}$
• **Schwangerschaft**; während der: calc-ar.$_{hr1,k}$ *Ferr.*$_{bg2,k,*}$
• **Stuhlgang**, beim: stann.$_{hr1,k,*}$

Pubertät:
– **Beschwerden** in der: calc-p.$_{k2}$

Pulsieren: alum.bg2,k apis *Bell.*bg2,k cact.bg2,hr1 *Calc-p.*bg2,k,* cench.k2 cic.bg2 *Coc-c.*bg2,k *Lac-c.* lyc.bg2 *Merc.*bg2,k,* murx.bg2,hr1 nat-c.bg2,k nux-v.bg2 prun.bg2,k
- **anhaltend** hinter der Schamgegend: aesc.
- **Koitus**, nach: *Nat-c.*
- **Liegen** auf der rechte Seite, beim: apis
- ○ **Ovarien**: *Bell.* *Cact.* calc. con. cop.a1,k *Lach.* *Onos.* podo.
  - **rechts**: podo.
  - **Gehen**, beim: apis
  - **Menses**, während: lac-c.
  - **Stehen**, im: apis cop.a1,k
- **Uterus**: aesc. ars.hr1,k *Bell.* *Cact.*hr1,k calc-p. con. cur. murx.hr1,k sabin.k,k2 sarr.hr1,k
- **Vagina**: *Alum.*hr1,k *Merc.*hr1,k stry.a1
  - **Liegen** amel.: merc.hr1,k

Reizung: *Agar.*hr1,k *Am-c.*hr1,k bry.hr1,k *Calc.* *Canth.*hr1,k *Carb-v.* *Con.* dulc. *Graph.*hr1,k hep. kali-br.hr1,k *Kreos.*hr1,k lac-c.hr1 lyc. merc. nat-m.hr1,k nit-ac.h,k,* nux-v.hr1,k *Orig.*hr1,k phos.hr1,k plat.hr1,k puls. *Sep.* *Sil.* sulph.
- ○ **Klitoris**: *Am-c.*hr1,k
- **Ovarien**: am-br.hr1,k *Apis* ars.hr1,k carb-ac. cimic. *Gels.*hr1,k ham. hep.c1 kali-br.hr1,k lil-t. nux-v.hr1,k phyt.hr1,k plat.hr1,k rhus-t. thuj. **Ust.**hr1,k **Vib.**hr1,k
- **Uterus**: ars.hr1,k *Bell.*hr1,k *Caul.*hr1,k *Hyos.*hr1 *Kali-br.*hr1 lil-t.hr1 ph-ac.hr1,k *Senec.*hr1,k tarent.hr1,k *Vib.*hr1
- **Vagina**: caul.hr1,k *Cocc.*hr1 cypr.c1 helon.hr1,k nit-ac.a1

Risse: carb-v. graph. *Nit-ac.*hr1,k urt-u.

Röte

☞ *Farbe - rot*

Rucken nach oben in der Vagina:
- **morgens**: sep.

Salpingitis

☞ *Entzündung - Eileiter*

Schläge, Erschütterungen:
- ○ **Uterus** beim Einschlafen; im: stry.a1,k
- **Vagina**, in der: kreos.a1,k

Schmerz: abrom-a-r.bnj1 aloe apis arg-n.k2 asaf. aur. bar-c. berb.hr1,k brom. *Calc-p.*hr1,k *Carb-an.* caust. coc-c.hr1,k *Con.* eupi. *Graph.*hr1,k *Kali-c.* kreos. *Lac-c.*hr1,k lil-t. *Lyc.* *Merc-c.*hr1,k paeon.gm1 *Phos.* plat. sec. sep.hr1,k *Staph.* thuj. *Urt-u.* *Zinc.*hr1,k zinc-p.k2
- **nachts**, im Bett: coc-c.hr1,k
- **anfallsweise**: *Staph.*
- **Aufstehen** vom Sitzen, beim: thuj.h,k,*
- **Bewegung**, bei: berb.
- **Gehen** agg.: merc.k2
- **Husten**:
  - **agg.**: thlas.bg1
- **Liegen** auf dem Rücken amel.: sabin.c1
- **Menses**:
  - **vor**: calc-ar.k2 chin. *Croc.* lyc. plat. sulph.

Schmerz - Menses: ...
  - **während**:
    - **Ausfluß** verstärkt den Schmerz; vermehrter: cimic.k2
- **pulsierend**: calc-p.hr1,k
- **Sitzen**:
  - **beim**: *Lac-c.* staph.h thuj.
  - **Aufsetzen** im Bett amel.: coc-c.
- **spasmodisch**: caul.hr1 ign. kreos.hr1,k nux-v. *Staph.*hr1 thuj.
- ○ **Ovarien**: abrot.k2 acon.hr1,k aesc. am-br.hr1 am-m.hr1,k anan. **Apis**c2,k *Arg-met.* *Arg-n.* arn. ars.hr1,k ars-i. *Atro.*hr1,k aur. aur-ar.k2 aur-i.k2 aur-s.k2 **Bell.**hr1,k,* brom.hr1,k *Bry.*hr1,k,* *Bufo* *Cact.*hr1,k calc. calc-i.k2 *Canth.*hr1,k carb-ac.hr1,k *Cench.*c2,k cham.hr1,k cimic.hr1,k cocc.hr1,k coll. **Coloc.**hr1,k con. cop.hr1,k,* crot-h.hr1,k ferr-p.k2 gels.hr1,k goss.c2 graph.a1,k guaj. *Ham.*hr1,k *Helon.*hr1,k hydrc.a1,k *Ign.* *Iod.*hr1,k *Kali-br.*hr1,k kali-i.a1 kali-p.hr1,k kreos.hr1,k lac-ac.hr1,k *Lac-c.*hr1,k lac-d.hr1,k **Lach.**hr1,k *Lil-t.*hr1,k,* **Lyc.**hr1,k lyss.hr1,k **Mag-p.**hr1,k med.hr1,k,* *Merc.* murx. *Naja* onos. ovi-p.c2 oxyt.c2 *Pall.*hr1,k *Phos.*hr1,k *Phyt.*hr1,k *Plat.*hr1,k,* plb.hr1,k **Podo.**hr1,k,* *Puls.*c2,k pyrog.k2 *Ran-b.*hr1,k *Rhod.*hr1,k sabad.hr1,k sabin.k2 sarr.a1,k sec.hr1,k,* senec.hr1,k *Sep.*hr1,k,* stann. *Staph.*hr1,k still.a1 sul-i.k2 sulph.hr1,k syph. tarent.hr1,k ter.hr1,k,* ther.hr1,k thuj.hr1,k tub.a1,c1 urt-u.hr1,k *Ust.*hr1,k vesp.hr1,k,* vib.c2,k vib-t.c2 wye.c2,k *Xan.*hr1,k zinc.hr1,k zinc-p.k2
  - **abwechselnde** Seiten: **Lac-c.**
  - **links**: abrot.hr1 aesc. **Arg-met.**k,k2 arg-n.br1,k1,* atro.hr1 *Brom.*k,k2,* *Carb-ac.*hr1,k,* caul.c1 cench.k2 cimic. coloc.hr1,k graph. *Ham.*hr1,k kali-br.hr1,k *Kali-p.* *Lac-c.*hr1,k **Lach.**hr1,k *Lil-t.*hr1,k lyss.hr1,k med.hr1,k *Merc.* *Naja* *Phos.*hr1,k *Plat.*hr1,k sep.a1,hr1 *Tarent.*hr1,k *Ther.* *Thuj.*c2,k **Ust.**hr1,k vesp.hr1,k,* vesp-xyz.c2 wye. xan.bg1,bg2,* *Zinc.*hr1,k zinc-p.k2
    - **Gehen** im Freien; beim: carb-ac.br1,c1
    - **Liegen**, beim:
      - **linken** Seite agg.; auf der: thuj.
      - **amel.**: kali-p.
      - **Rücken** amel.; auf dem: kali-p.
    - ▽ **erstreckt** sich zu:
      - **Abdomen**: ham. lil-t.
      - **Herz**: najabg3 tarent.
      - **Kreuz**: *Aesc.* merc. plat. podo. syph.
      - **Oberschenkel**: thuj.k2
        - **Innenseite**: arg-n.bg2
      - **rechts**, nach: apis lac-c. **Lach.** lil-t. naja syph. thuj.k2 ust.
      - **unten**, nach: lil-t. thuj.c1
      - **Uterus**: naja ust.
  - **rechts**: *Apis* *Arg-n.* ars. ars-i. aur-m-n.vh **Bell.**hr1,k *Bry.*hr1,k,* calc.hr1,k cench.k2 cub. fago.a1 graph. *Iod.*hr1,k lac-c.k2 lil-t. **Lyc.** lyss.hr1 **Mag-p.**hr1 med.c1 nat-m.hr1 *Pall.*hr1,k **Podo.**hr1,k,* rhus-t.hr1 sarr.a1,k *Sep.*a1,hr1 syph. xan.c1,hr1
    - **Liegen**, beim:
      - **rechten** Seite amel.; auf der: *Apis*
    - ▽ **erstreckt** sich zu:
      - **Hüfte**: xan.c1

- **rechts - erstreckt** sich: ...
  - **links**, nach: graph. **Lyc.** xan.
  - **Oberschenkel**: xan.cl
  - **Rücken**: xan.cl
  - **Schulterblatt**:
    - **Punkt** unter: aur-m-n.vh
  - **Uterus**: iod. podo.
- **abends**: ran-b.k2
- **nachts**: kali-p. *Merc.* podo.hr1,k *Syph.*hr1,k
- ◇ **abwechselnd** mit:
  - **Auge**; Schmerz im: sulph.
- ◆ **begleitet** von:
  - **Atmung**; schwierige
    ☞ *❑ Atmung - Atemnot - begleitet von - Ovarien*
  - **Herzen**; Schmerz im
    ☞ *❑ Brust - Schmerz - Herz - begleitet von - Ovarien*
- **anfallsweise**: *Ham.*
- **Atmen** agg.: bry. graph.h,kl *Lac-c.*
- **Auftreten** agg.: arg-n. *Bell.* lil-t. pall.
- **Ausstrecken**; beim:
  - **Bett**, im: apis
  - **Glieder**; der
    ☞ *Strecken*
- **Berührung**, bei: bell.k2 bry. graph.h staph.k2
- **Beugen**, beim:
  - **hinten** amel.; nach: *Lac-c.*
  - **Zusammenkrümmen** amel.: *Coloc.* kali-p. op.bg1
- **Beugen** des Oberschenkels amel.: *Coloc. Pall.*
- **Bewegung**:
  - **agg.**: *Ars.* **Bell. Bry.**hr1,k *Cench. Lac-c. Pall.*hr1,k podo.c1 ran-b.k2 sabalc1 ther.
  - **amel.**: iod.
  - **Füße** amel.; der: *Ars.*
- **Bücken**, beim: apis
- **Druck**:
  - **agg.**: pall.c1
  - **amel.**: coloc.k2 pall. podo. zinc.
- **Einschlafen**, beim: kali-p.
- **Entbindung**, nach: **Lach.**hr1,k
- **Enthaltsamkeit**, durch: *Apis* kali-br.
- **Erschütterung** agg.: arg-n. *Bell.* lil-t. pall.
- **Essen** amel.: iod.
- **Fahren** agg.: thuj.
- **Gehen**, beim: *Apis* arg-n. *Bry.* fago.a1 lil-t.a1,k med. pall. podo. thuj.
  - **Freien**, im: *Carb-ac.*
  - **schnellen**, beim: lac-ac.
- **geistige** Anstrengung, durch: calc.
- **Gesellschaft**, in: **Pall.**
  - **amel.**: *Pall.*
- **Gesprächen**; bei lebhaften: **Pall.**
- **Gonorrhoe**; bei chronischer: *Plat.*
- **hämorrhagischen** Personen; bei: crot-h.
- **Heben**, beim:
  - **Arme**, der: *Apis* sulph.
  - **Beines**, des: lyc.
- **Heben**, durch: rhus-t.
- **Herumdrehen** im Bett; beim: lyc.
- **Husten**; Schmerz im linken Ovar durch: najadw1,k
- **intermittierend**: bell. cham. goss.a1 lac-c. lach. thuj. ust.hr1 ziz.hr1
- **Kälte**, durch: thuj.k2
- **Koitus**:
  - **während**: syph.k2
  - **nach**: *Apis* lac-c. *Plat. Staph.* thuj.
- **Liegen**, beim:
  - **agg.**: ambr.bg1 ferr.bg1 murx.bg1
  - **amel.**: pall.hr1,k podo.c1 thuj.
  - **Rücken**, auf dem:
    - **amel.**: kali-p. rhus-t.
    - **Brett** oder Fußboden amel.; auf hartem: rhus-t.
  - **Seite**, auf der:
    - **linken** amel.; auf der: op.bg1 *Pall.*
    - **rechten** amel.; auf der: apis
    - **schmerzhaften** Seite amel.; auf der: *Bry.*
- **Menses**:
  - **vor**: *Apis Bell.* calc-i.k2 *Cench. Coloc.* graph. lac-c. **Lach.** podo. thuj. ust. vib. *Zinc.*
  - **während**: *Apis* arg-met. *Bell.* bry. cench. cocc. con. crot-h.hr1 gels. iod.hr1,k kali-p. lac-c. lac-d.k2 **Lach.**hr1,k lil-t. lyc. merc.k2 *Pall. Phos.*hr1,k,* *Plat.* podo.hr1,k ther. *Thuj.* tub.c1 ust. xan.hr1,k
    - **amel.**: *Lac-c. Lach.* mosch. ust. *Zinc.*
  - **nach**: apisbg1 borx.bg1 cupr.bg1 goss.bg1 graph.bg1 iod.bg1 **Lach.** *Pall.* ust.bg1 zinc.bg1
- **Musik** und Aufregung; durch: pall.hr1,k
- **Ovulation**, bei der: cocc.k,sf ham.k,sf sep.k,sf
- **pulsierend**: cop. onos.
- **Räuspern**, beim: graph.h,kl
- **Reiben** amel.: pall.hr1,k
- **Schwangerschaft**; während der: kali-p. podo. xan.hr1,k
- **sexuellem** Verlangen, bei: *Kali-br.*
- **Sitzen** agg.; gebeugtes: *Ars.*
- **Sprechen** agg.: bell.k2
- **Stehen**, im: apis pall.hr1,k
- **Strecken** der Glieder amel.: *Plb.*
- **Sturm**, vor: *Rhod.* rhus-t.
- **Urinieren**:
  - **beim**: androc.srj1 thuj.
  - **Harndrang**, bei: *Thuj.*
- **warmen** Bett agg.; im: *Apis Merc.* sabalc1
- **Wetter**:
  - **Wetterwechsel**; durch: *Ran-b. Rhod. Rhus-t.* thuj.
- ▽ **erstreckt** sich zu:
  - **Abdomen**: con. ham.
  - **anderen** Ovar; vom einen zum: coloc.bg1 **Lac-c.** med.br1 onos. ust.bg1
  - **außen**, nach: sep.
  - **Brust**: apis lach.
    - **links**: apis
  - **diagonal** nach oben: apis med. *Murx.*
  - **Genitalien**, zu den: lach.
  - **Glieder**:
    - **links**: apis cham. lil-t. phos. thuj. ust.
    - **rechts**: apis podo.

• **erstreckt** sich - **Glieder**: ...
  • **unten**, nach: *Apis Calc.* ferr-i. goss. lac-c. *Lil-t. Pall.* podo. *Thuj.* ust. xan.
  • **hinten**, nach: bell.bgl carb-ac.bgl con. lil-t.bgl sep.
    • **anderen** Ovar; vom einen zum: coloc.bgl ust.bgl
  • **Hüfte**: apis berb. brom. con. lil-t. merc. ust. xan.
  • **Knie**: lac-c. wye.
  • **Leber**: lach. med.c1
  • **Leiste**: am-c. *Bufo Cub.* lil-t. podo.k2 ust.
    • **links**: lil-t. ust.
    • **Hypogastrium**, und: xan.
    • **Bein**; und hindurch zum linken: plat.
  • **Lenden**: staph.
  • **Magen**: coloc.
  • **Mamma**, zur anderen: murx.pd
  • **Nervus** genitofemoralis: xan.c1
  • **oben**, nach: cimic. con. lach. lil-t.
  • **Oberschenkel**: *Apis* arg-met. *Arg-n. Ars.* berb. *Bry. Cact. Calc.* carb-an. cham. *Lac-c. Lil-t. Mag-m.*hr1 nat-m. pall. *Phos. Podo.* sabalc1 staph. *Thuj.* ust. wye. xan.
    • **Außenfläche**: lil-t.
    • **Hüftgegend**, über der: xan.
    • **Innenfläche**: arg-n. ars. *Lil-t. Phos.*
      • **hinab** zum Knie; und: podo.
    • **Vorderfläche**: lil-t. nat-m.bgl podo.k2 xan.
  • **Rücken**: abrot. aesc. merc. plat. podo. *Sulph.* syph. xan.
    • **oben**; den Rücken nach: arg-met.
  • **Sakrum**: *Arg-n.*hr1,k
  • **Schenkelgegend** nach unten; die: podo. staph. xan.
  • **Schulterblatt**: aur-m-n.vh borx.
  • **unten**, nach: med.
    • **vorne**, und nach: arg-met.
  • **Uterus**: ham. *Iod.* lach. sep. ust.
  • **Vagina**: sep.

– **Uterus**: absin. *Acon.* alet.c2 all-c. anan. ant-c. arn. ars. asaf.k2 asc-c.c2 aster. *Aur.* aur-ar.k2 aur-i.k2 aur-s.k2 bar-m. **Bell.** *Bry.* bufo cact. calad. *Calc.* calc-i.k2 *Calc-p.* calc-s. calc-sil.k2 carb-an. carbn-s. *Caul. Caust. Cham.* chin. *Cimic.* cinnm. *Cocc. Coff.* coloc.c2 *Con.* croc. crot-c. cub.c1 cur. *Ferr.* ferr-ar. ferr-p. fl-ac. *Gels.* graph. ham.k2 hydrog.srj2 hyos. ign. iris kali-ar. *Kali-c.* kali-p. kreos. *Lac-c.* **Lach.** led.k2 *Lil-t. Lyc.* lyss. mag-m.c2,k merc. merc-c. mosch. *Murx.* nat-ar. *Nat-c. Nat-m.* **Nux-v.** onos. op. *Plat.* **Podo. Puls.** puls-n.c2 *Rhus-t.* rob. *Sabin. Sec. Sep.* sulph. syph.k2 tarent. *Ter.* tub.al ust. verat-v. zinc.k2

☞ ❑ *Abdomen - Schmerz*

• **morgens**: bufo *Calc-p.*hr1,k puls.
• **nachmittags**: sabalc1
• **abends**: cact.hr1,k pall.hr1,k
• **nachts**: kali-p.
  • **23** h: *Cact.*
  • **Mitternacht**, nach: *Calad.*
  • **Menses**, vor den: *Calc.*

– **Uterus**: ...

◇ **abwechselnd** mit:
  • **Herzen**; Schmerz im

  ☞ ❑ *Brust - Schmerz - Herz - abwechselnd mit - Uterus*

  • **Konzentration**; schwierige

  ☞ ❑ *Gemüt - Konzentration - schwierig - abwechselnd mit - Uterus*

◆ **begleitet** von:
  • **Lähmung** der Beine

  ☞ ❑ *Extremitäten - Lähmung - Beine - begleitet von - Uterus*

  • **Magen**; krampfhafter Schmerz im

  ☞ ❑ *Magen - Schmerz - krampfartig - begleitet von - Uterus*

• **allmählich**, kommt und geht: *Plat.* stann.
• **anfallsweise**: asaf. **Bell.** *Caul.* caust. **Cham.** *Cimic.* coloc. con. ign. lac-c. mag-m. nux-m. *Nux-v.* **Plat. Puls. Sabin.** *Sec.* sep. sulph. *Vib.*
• **Anstrengung**, nach: pall.hr1,k
• **Bad**, nach einem: crot-c.
• **Berührung**, bei: aur-s.c1 bell.k2
  • **Kleidung**, durch die: led.k2 lil-t. podo.k2
• **Bewegung** agg.: **Bell. Bry.** *Cimic.* **Cocc.** con. lil-t. pall.c1 sabalc1
• **Blutfluß** amel.: arg-n. bell. kali-c. **Lach.** mosch. sep. sulph. ust. *Vib.* zinc.k2
• **Druck**:
  • **agg.**: caul.hr1 tarent.k2
  • **amel.**: abies-c.br1 ign. lil-t. *Mag-p.* nux-v.k2 sep.
  • **Rücken**, auf den:
    • **amel.**: *Mag-m.*
• **Erschütterung** agg.: **Bell.** *Lach. Lil-t.*
• **Essen**, nach dem: *Caust.*
• **Gehen** agg.: **Bell. Bry.** bufo med.
• **Hitze** amel.: cham.k2
• **Hochlangen** mit den Armen; beim: *Graph.*hr1,k
• **Husten**, beim: thlas.bgl
• **kalt**:
  • **Luft** oder Zugluft; durch kalte: nux-v.k2
• **Koitus**:
  • **während**: *Ferr-p. Hep.* merc-c.hr1,k syph.c1
  • **nach**: *Plat.*
• **Kränkung**, durch: *Cocc.*
• **Liegen**, beim:
  • **Hinlegen**, beim: *Ambr. Ferr.*
  • **Rücken** amel.; auf dem: *Onos.*
  • **Seite** amel.; auf der rechten: sep.
• **Menses**:
  • **vor**: alum. apisk2 *Arund.*hr1,k,* *Bell.*a1,k bry. bufo **Calc. Calc-p. Caul.** *Caust. Cham.* coloc. **Kali-c.** *Lach. Lyc. Mag-p.* mosch. nat-m. *Nux-v. Phos.* **Puls.** sec. **Sep.** *Sil.* ust. *Vib. Zinc.*
  • **während**: *Acon. Agar.* agn. alum. *Am-c.* apisk2 ars-met. bamb-a.stb2 **Bell. Cact. Calc.** *Calc-p.* calc-s. caul. *Cham. Cimic. Cocc.* cupr.oss ferr.k2 *Gels. Ham. Ign. Kali-c.* kali-s. *Kreos. Lac-c.*hr1,k *Lach.*hr1,k led.k2 *Lil-t. Lyc. Mag-m.* merc.k2 **Nux-v.** phyt. *Plat.* **Puls.** sars. sep.hr1,k *Stann. Sulph.*hr1,k *Tarent. Tub. Ust.* xan.

- **Menses - während**: ...
  - **amel.**: bell. calc-p.$_{k2}$ *Lach.* mosch. sep. sulph. *Zinc.*
  - **aufschreien**, läßt sie: *Acon. Cact.* calc-p.$_{k2}$ *Cham.* coff. *Coloc.* cupr. *Mag-m.* nux-m. *Nux-v.* **Puls.** senec. xan.
  - **unerträglich**: **Op.**$_{gm1}$
  - **unterdrückt**: *Cocc. Kali-c.* **Puls.**
  - **Beginn** der, zu: *Calc. Calc-p. Caust.* graph. *Kali-c. Lach.* **Lap-a.** lyc. tub.$_{br1}$ *Vib.*
  - **zwischen** den Perioden: cocc.$_{sf,sf1}$ ham.$_{sf,sf1}$ sep.$_{k1,k12}$●
- **periodisch** jeden Tag zur gleichen Zeit: cact.
- **Pessar**; durch ein: nux-m.$_{c1}$
- **plötzlich**, kommt und geht: **Bell.** vib.
- **pulsierend**: ars. *Bell. Cact.*$_{a1,k}$ cur. *Hep.* murx. nabal.$_{a1}$ *Sep.*
  - **Ovar** und die rechte Hüfte; gegen das rechte: ang.$_{c1}$
- **Reden** agg.: bell.$_{k2}$
- **rheumatisch**: *Bry.*
- **Schwangerschaft**; während der: aesc.$_{k2}$ arn.$_{k2}$ bry. gels.$_{c1}$ kali-p. lyss.$_{hr1,k}$ plat.
- **Sitzen**, bei langem: *Bufo*
- **Stillen** des Kindes; beim: *Arn. Cham.* puls. **Sec.**$_{kr1}$ **Sil.**
- **Stuhl**:
  - **während**: *Arg-n.*$_{hr1}$ calc-p. carb-v.
  - **nach**: lyc.
  - **Stuhldrang**, beim: nux-v.$_{k2}$
- **Urinieren**, beim:
  - **Harndrang**, bei: con. tarent.
- **wahnsinnig** machend: acon. *Bell. Cact.* cimic. *Plat.*
- **wandernd**: arn. bell. cop.$_{hr1}$ lach. nux-m. **Puls.** rhus-t. sulph.
- **Wärme** amel.
  ☞ ❑ *Abdomen - Schmerz - Wärme - amel.*
- **Wetter**:
  - **kaltem**, nassem Wetter; bei: *Calc-p.*
- **Zorn**, nach: **Cham.**
- **Zusammenkrümmen** amel.: *Acon. Cimic. Coloc. Nux-v.* puls.$_{k2}$

▽ **erstreckt** sich zu:
- **Brust**: *Lach. Murx.*
- **diagonal** nach oben: *Murx.*
- **Epigastrium**: iris$_{bg1}$
- **Körper**; über den ganzen: nux-v.$_{k2}$
- **Labien**: lyss.
- **Leiste**; nach hinten zur: **Sabin.**
- **Magen**: cact. elaps ran-b. raph.
- **Mammae**: lyss. murx.
  - **links**: murx.
  - **Seite** des Abdomens; und rechte: lyss.
- **Nabel**: nux-v.$_{bg1}$ sep.
- **oben**, nach: **Lach.** lyc. lyss. *Murx.* phos. *Sep.*
  - **Seite** des Abdomens; zur rechten: lyss.
- **Oberschenkel** nach unten; die: apis ars. bufo cact. *Calc.* con. graph. ham. *Kali-c.* kali-i. kreos. *Lac-c.* mag-m. nat-m. nit-ac. nux-v. ust.
  - **Lesen** oder Schreiben; beim: nat-m.
- **Rücken**: *Bell. Gels.* graph.

– **Uterus - erstreckt** sich zu: ...
- **Sakrum**: calc-p.
- **Seite** zur anderen; von einer: cimic.$_{k2}$
- **Steißbein** und Zehen: sec.
- **unten**, nach: aesc. *Apis* ars. *Cact.* calc. calc-p. con. *Graph.* ham. hydrog.$_{srj2}$ ip. kali-i. *Kreos.* lac-c. mag-m. nat-m. nit-ac. nux-v. sec. *Sep.* ust.

– **Vagina**: arg-n.$_{k2}$ bell. berb. *Calc.*$_{hr1,k}$ *Calc-p.*$_{hr1,k,*}$ canth.$_{a1,k}$ card-m. cham.$_{a1,k}$ chin.$_{a1,k}$ coloc.$_{c2}$ ferr.$_{hr1,k}$ *Graph.*$_{a1,k}$ ham. *Kali-c.*$_{hr1,k}$ *Kreos.* lil-t.$_{a1,k}$ *Lyc.*$_{a1,k}$ merc.$_{h,k,*}$ merc-c.$_{a1}$ nux-v. puls.$_{a1,k}$ rhus-t.$_{a1,k}$ *Sec. Sep. Staph.*$_{a1,k}$ sulph. tarent.$_{k2}$ thuj.$_{a1,k}$
- **anfallsweise**: *Staph.*
- **Berührung**, bei: berb.
- **Koitus**, beim: alumn. apis$_{bro1,kr1}$ **Arg-n.**$_{k,k2}$ bell. *Berb.*$_{k,k2,*}$ borx.$_{bg}$ calc.$_{bg,bg2,*}$ *Calc-p.* choc.$_{srj3}$ coff. *Ferr.*$_{hr1,k,*}$ *Ferr-m. Ferr-p.*$_{hr1,k}$ ham. *Hep.* hydr. ign. *Kali-bi. Kali-c.*$_{hr1,k,*}$ *Kreos.*$_{hr1,k}$ lyc.$_{k2,kr1,*}$ **Lyss.** merc.$_{bg,bg2}$ **Nat-m.**$_{k,k12}$● *Plat. Rhus-t.* sabin. **Sep.**$_{k,k12}$● sil. *Staph. Sulph.*$_{a1,k}$ *Thuj.*$_{hr1,k}$
  ☞ *Koitus - schmerzhaft*
- **konzentriert** sich von anderen Stellen her in der Vagina: *Calc-p.*
- **Menses**:
  - **vor**: berb. elaps
  - **während**: *Ars-met.* calc.
- **Nasenbluten**, nach: calc-p.$_{a1,k}$
- **pulsierend**: alum.
- **Trockenheit**, durch: ferr.$_{st}$ lyc.$_{k2}$ *Nat-m.*$_{st}$ sep.$_{st}$
- **Urinieren**, beim: arg-n.$_{k2}$ kreos.$_{a1}$

▽ **erstreckt** sich zu:
- **Brust**: alum.
- **Meatus** der Harnröhre: berb.
- **oben**, nach: ign.$_{k2}$ lyss. nit-ac. sabin.$_{k2}$ sep. sil.$_{bg1}$

– **abwärtsdrängend**: aesc.$_{k2}$ alum.$_{k2}$ asc-c.$_{c1}$ bov. chin. hydr.$_{k2}$ kali-sil.$_{k2}$ lob-e.$_{c1}$ mosch. plat. sabin.$_{k2}$
☞ *drückend - Uterus* / ❑ *Abdomen - Schmerz - drückend*
- **Menses**:
  ☞ ❑ *Abdomen - Schmerz - drückend - Menses*
  - **vor**: phos. zinc-p.$_{k2}$
  - **während**: calc-s. lob-e.$_{c1}$ xan.$_{c1}$
- **Rücken**; mit Schmerz im: inul.$_{br1}$

○ **Ovarien**: *Apis* bell.$_{bg2}$ canth.$_{hr1,k}$ ferr-i.$_{hr1,k}$ ham.$_{hr1,k}$ lac-d.$_{hr1,k}$ *Lach.*$_{hr1,k}$ *Lil-t.*$_{hr1,k,*}$ *Mag-m.*$_{hr1,k}$ med.$_{hr1,k}$ plat.$_{hr1,k}$ *Podo.*
- **links**: lac-d.$_{hr1,k}$ *Lach.*$_{hr1,k}$ plat.$_{hr1}$
- **rechts**: *Apis Bry.*$_{hr1}$
- **Gehen**, beim: *Lil-t.* med.$_{hr1,k}$
- **Stehen**, im: **Lil-t.**$_{hr1,k}$
- **Uterus** und Uterusregion: aesc.$_{k2}$ **Agar.** alet. aloe alum. alumn.$_{k2}$ *Ant-c. Ant-t. Apis* arg-met. asaf. asc-t. aur. aur-m-n.$_{vh}$ aur-s.$_{k2}$ **Bell.** borx. bov. bry. *Calc.* calc-f.$_{c1}$ calc-p. calc-s.$_{k2}$ canth. *Carb-an.* carb-v.$_{k2}$ **Cham.** *Chin. Cimic.* cocc. *Con.* cop. croc. crot-h.$_{bro1}$ cur. der. elaps *Ferr. Ferr-i.* ferr-p.$_{k2}$ goss.$_{c2}$ *Graph.* helio.$_{bro1}$ helon. ign. inul. *Iod.* ip. kali-c. *Kali-fcy.* kali-s. *Kreos.*

- **Uterus** und Uterusregion: ... *Lac-c.* **Lil-t.** lob. lyc. lyss. mag-c. mag-m. *Mang.* *Merc.* mosch. mur-ac. **Murx.** *Nat-c.* **Nat-hchls.** **Nat-m.** *Nit-ac.* *Nux-v.* onos. *Pall.* **Plat.** *Podo.* *Puls.* rhus-t. **Sabin.** **Sec.** **Sep.**.c2,k *Sil.* **Stann.** *Sulph.* tarent. thuj. *Til.*.c1,c2 ust. vib.c2 zinc.
  - **morgens**: **Bell.** **Nat-m.** *Nux-v.* **Sep.**
  - **vormittags**: sep.
  - **nachmittags**: mag-m. **Sep.**
  - **nachts**:
    - **Mitternacht**, nach: *Bov.*
    - **Bett**, im: **Sulph.**
  - **Bücken**, beim: *Lyc.*
  - **Drücken** auf die Vulva amel.: *Bell.* **Lil-t.** **Murx.** **Sep.**
  - **Erschütterung** agg.: bell.k2
  - **Essen** amel.: sep.
  - **Fahren** im Wagen agg.: *Asaf.*
  - **Gehen**, beim:
    - **agg.**: alet.k2 *Bell.* *Chin.* coff. *Con.* kreos. *Lil-t.* **Nat-hchls.** phos. *Plat.* puls.k2 rhus-t. **Sep.** tril-p.c1
    - **Freien** amel.; im: *Puls.*
  - **hält** das Abdomen mit den Händen: *Bell.* *Lil-t.* *Murx.* *Sep.*
  - **Harndrang**, mit: nux-v. *Pall.* **Sep.**
  - **Heben**, nach: *Agar.*
  - **herauskommen**, als würde alles: **Bell.** calc.k2 carb-v.k2 *Con.* **Kreos.** *Lac-c.* **Lil-t.** *Nat-c.* **Nat-hchls.** *Nat-m.* *Nit-ac.* nux-v.k2 *Plat.* *Podo.* puls.k2 **Sep.**
    - **Schwangerschaft**; während der: *Kali-c.*
    - **Stuhlgang**:
      - **vor**: *Nat-c.*
      - **während**: *Podo.*
  - **Liegen**, beim:
    - **agg.**: *Puls.*
    - **amel.**: *Agar.* cimic. onos. pall. *Sep.*
    - **linken** Seite amel.; auf der: pall.
  - **Menses**:
    - **vor**: alum. *Apis* aur. *Bell.* bov. *Calc-p.* *Chin.* chinin-s. *Cina* *Con.* croc. elaps *Kali-c.* mosch. nux-m. *Phos.* *Plat.* rhus-t. sabad. sec. *Sep.* sul-ac. tarent. ust. *Vib.* zinc.
    - **während**: acon. *Agar.* alet. aloe am-c. am-m. androc.srj1 ant-c. arg-n. *Asaf.* *Aur.* aur-s.k2 **Bell.** berb. borx. bov. calc. *Calc-p.* caul. caust. *Cham.* *Chin.* chinin-s. *Cimic.* cina *Con.* *Ferr.* *Gels.* graph. hyos. ign. *Kali-c.* kali-i. *Kali-p.* kreos. *Lach.* **Lil-t.** lob. mag-c. mosch. murx. *Nat-c.* *Nat-m.* *Nit-ac.* nux-m. nux-v. pall. *Plat.* *Podo.* **Puls.** rhus-t. *Sec.* **Sep.** *Sulph.* thuj. tril-p.c1 tub.k2 *Vib.* zinc.
    - **nach**: *Agar.* *Con.* pall. tarent.
  - **Schwangerschaft**; während der: *Kali-c.*
  - **Sitzen**, beim:
    - **aufrechtes** Sitzen amel.: *Bell.*
    - **gebeugtem**, bei: *Bell.*
    - **hochdrücken**; Gefühl als würde etwas: *Ferr-i.*
  - **Stehen**:
    - **agg.**: carb-v.k2 *Con.* lac-f.c1 *Murx.* nat-m.

– **abwärtsdrängend - Uterus - Stehen - agg.**: ... *Pall.* puls.k2 rheum rhus-t. **Sep.** sulph.k2 tril-p.c1
  - **amel.**: *Bell.*
  - **Stuhlgang**:
    - **vor**: nat-c. nit-ac.
    - **während**: arg-n. *Bell.* iod. *Lil-t.* *Podo.* *Stann.*
    - **Stuhldrang**, mit: *Con.* *Corn.* lil-t.br1,bro1 **Nux-v.** plat.
  - **Treppensteigen**, beim: *Plat.*
  - **Trinken**, nach dem: nux-v.
  - **Übereinanderlegen** der Glieder amel.: **Lil-t.** murx. **Sep.** zinc.

– **beißend**: ambr.bg2 berb. calc.bg2,k,* *Caust.*bg2,k,* chin.bg2 eupi. graph.bg2,k kali-c.h,k1 *Kali-i.*hr1,k kali-n.a1,k **Kreos.**hr1,k *Merc.*bg2,k,* *Rhus-t.*bg2,k,* *Sil.* staph.bg2,k sulph. thuj.bg2,k,* zinc.
  - **Menses**, während: *Rhus-t.* zinc.
  - **Urinieren**, beim: *Caust.* hep. nat-m.
  - ○ **Labien**; zwischen den: **Kreos.**
  - **Vagina**: cham.hr1,k *Graph.*bg2,k,* thuj.bg2,k,*

– **berstend**:
  - ○ **Ovarien**: graph. med. thuj.k2
  - **Uterus** zerplatzen; als würde etwas Hartes im: elaps
  - **Vulva**: berb.

– **bohrend**: con.bg2
  - ○ **Ovarien**: brom.hr1,k *Coloc.*hr1,k lach. **Lyc.** sumb. thuj. **Zinc.**
    - **links**: brom. sumb. thuj. **Zinc.**hr1,k
      - **Menses**:
        - **während**: thuj.
        - **amel.**: zinc.
    - **rechts**: **Lyc.**
    - **Druck** amel.: zinc.hr1,k
    - **Beugen** nach oben amel.: *Coloc.*bro1,hr1
    - **Menses** amel.; bei den: lach. zinc.
  - **Uterus**: merc.hr1,k

– **brennend**: agar. alum.a1,k alum-sil.k2 *Am-c.*hr1,k *Ambr.*hr1,k anan.hr1,k,* ars. ars-s-f.k2 aur.hr1,k aur-ar.k2 *Aur-m.*hr1,k aur-s.k2 bar-c. bar-s.k2 berb.hr1,k bov.hr1,k bry. bufo *Calc.* calc-p. calc-s. calc-sil.k2 canth.a1,k *Carb-an.* *Carb-v.*hr1,k *Carbn-s.* castm. *Caust.*hr1,k,* cham. chel. coc-c. con. cop. cur.hr1,k dulc. *Eupi.* *Ferr.*a1,k ferr-ar. ferr-p. *Graph.* *Helon.*bg2,k,* hep.hr1,k kali-ar. *Kali-bi.*hr1,k *Kali-c.*hr1,k *Kali-i.*hr1,k kali-p. kali-s. kali-sil.k2 *Kreos.*bg2,k,* lac-c. lach. *Lil-t.*a1,k lyc. mag-s. *Merc.*bg2,k,* *Merc-c.* **Nit-ac.**hr1,k,* *Nux-v.*hr1,k ox-ac.a1,k *Petr.*hr1,k *Phos.* *Puls.*hr1,k *Sabin.* sep. *Sil.* staph. *Sulph.*bg2,k,* thuj.hr1,k til. zinc.hr1,k
  - **nachts**, im Bett: anan.a1,k
  - **Bewegung** agg.: ars.hr1,k
  - **Fluor**, durch: calc.k2
  - **Gehen** agg.: berb.hr1,k thuj.
  - **Krebs**; bei: lap-a.gm1
  - **Liegen** amel.: berb.hr1,k
  - **Menses**:
    - **vor**: calc. carb-v. *Sep.*
    - **während**: *Am-c.* bufok2 *Carb-v.* kali-br.hr1,k *Kali-c.*hr1,k *Kreos.* *Sil.*hr1,k thuj.
  - **Sitzen**, im: berb.hr1,k sep.

- **Urinieren**:
  - **beim**: *Ambr.*hr1,k calc. canth.k2 *Caust.* *Eupi.* **Kreos.**hr1,k *Lac-c.* nat-m.hr1,k plat.hr1,k sulph. zinc.hr1
  - **nach**: canth.k2 *Caust.*hr1,k **Kreos.**hr1,k *Lac-c.* merc. sulph.k2
- ○ **Ovarien**: abrot. anan.hr1,k,* **Apis** **Ars.**hr1,k *Bell.*hr1,k,* *Bufo* *Canth.*hr1,k carb-an. coloc. con.k2 *Eupi.* goss. *Kali-i.*hr1,k,* kali-n. *Lac-c.*hr1,k **Lach.**hr1,k *Lil-t.*a1,k lyc. med. merc.k2 nat-m. *Plat.*hr1,k *Sep.*hr1,k *Thuj.*hr1,k tub.c1 ust.hr1,k zinc.
  - **links**: abrot. lac-c.hr1 *Lach.*hr1,k med. thuj.hr1,k
  - **rechts**: *Apis* *Ars.*hr1 *Bell.* coloc. *Eupi.*bro1 kali-n.
  - **Abort**, bei: **Apis**
  - **anfallsweise**: *Plat.*hr1,k
  - **Bewegen** der Füße amel.: **Ars.**
  - **Fahren** oder Reiten, beim: thuj.
  - **Gehen**, beim: thuj.
  - **Koitus**, nach: **Apis** thuj.
  - **Menses**:
    - **während**: bufo canth. kali-n.br1
    - **nach**: zinc.
  - **Urinieren**, beim: nat-m.
- **Uterus**: anan.hr1,k,* *Arg-n.* *Ars.*bg2,k,* ars-i.k2 *Bell.*hr1,k *Bry.*hr1,k bufo calc-ar.k2 *Calc-p.* calc-sil.k2 carb-an. *Carb-v.*hr1,k *Con.*hr1,k cur.hr1,k *Hep.* *Kreos.* lac-c. *Lach.* lap-a.hr1,k *Lyc.* *Nux-v.*hr1,k pip-n. ran-b. raph. rhod.hr1,k *Sec.* sep.hr1,k sul-ac.h,k1 tarent.hr1,k,* ter.hr1,k thuj.
  - **Entbindung**, nach: rhod.hr1,k
  - **Menses**:
    - **vor**: bufo carb-an. con. cur. *Nat-m.*
    - **während**: ars. bry. *Calc-p.* canth. carb-v. caust. merc. nat-m. nux-v. ph-ac. phos. rhus-t. sep.hr1,k sulph. tarent.
    - **nach**: canth. *Kreos.*
  - ▽ **erstreckt** sich zu:
    - **Magengrube**: *Raph.*
    - **Nieren**: anan.a1,k
    - **Oberschenkel**: carb-an.
- ○ **Zervix**: arg-met.k2 carb-an.k2 con.hr1,k *Kreos.* sep.
- **Vagina**: all-s. ars.k2 aur.hr1,k,* aur-m.c2,k2 aur-s.k2 *Bell.* **Berb.**hr1,k,* bufo calc.hr1,k calc-ar.k2 *Calc-p.*hr1,k,* *Canth.*hr1,k,* carb-an.k2 card-m. *Cham.*hr1,k,* *Chel.*a1,k cop.hr1,k,* *Graph.*hr1,k helon. *Kali-bi.* kali-br.alj kali-p. *Kreos.*hr1,k lyc.hr1,k,* *Merc.* *Nat-m.*a1,k **Nit-ac.**hr1,k *Petr.*hr1,k phos.k2 pop-c.c1,c2 *Puls.*hr1,k,* pulx.br1 sabin.hr1,k sep. spira.a1,k **Sulph.**hr1,k *Thuj.*hr1,k,*
  - **Gehen**, beim: *Thuj.*hr1,k,*
  - **Koitus**:
    - **während**: kali-bi. *Kreos.* *Lyc.*hr1,k,* nat-m. spira.a1,k *Sulph.*hr1,k
    - **nach**: *Kreos.* lyc.a1,k rhus-v.a1
  - **Liegen** auf der linken Seite agg.: merc.hr1,k
  - **Menses**:
    - **vor**: bufo *Ign.*hr1,k nat-m.hr1,k *Sulph.*
    - **während**: all-s. berb. calc-p.k2 *Graph.* nux-v. sulph.
    - **nach**: berb. graph. kreos. lyc. *Sulph.*

– **brennend - Vagina**: ...
  - **periodisch**:
    - **Stunde**; jeden Tag zur selben: *Chel.*
  - **Schwangerschaft**; während der: borx.
  - **Sitzen**, im: *Thuj.*hr1,k
  - **Urinieren**, nach dem: nat-m.

– **drückend**: bar-c. calc-p. cimic.k2 graph.hr1,k,* mang.a1,h podo.a1 sulph.a1 thuj.h,k,* zinc.h,k1
- **Menses**:
  - **vor**: chin. *Croc.* vesp.a1
  - **während**: am-c. ant-c. asaf. **Bell.** berb. bov. calc. *Cham.* chin. con. ip. mag-c. mag-s. mosch. nat-m. nit-ac. nux-m. nux-v. *Plat.*a1,k puls. *Sep.* sil. sulph. zinc.
- **Sitzen**, im: *Thuj.*
- **Stuhlgang**, beim: kali-c.
- ○ **Ovarien**: ang.hr1,k,* *Ars.*hr1,k *Coloc.* *Iod.*hr1,k lac-d. **Lach.**hr1,k *Lil-t.*hr1,k,* plat. *Sep.*hr1,k,*
  - **links**: *Lach.*hr1,k *Med.*
  - **rechts**: ang.hr1,k,* *Ars.*hr1,k *Iod.*hr1,k
  - **Menses** wieder erscheinen; als würden die: *Plat.*
  - **Stuhldrang** nach den Menses; mit: *Plat.*
- **Uterus**: *Acon.* aloek2 anac. anan. *Ant-c.* **Bell.** cact. calad. calc. calc-p. canth. cham. chin. *Cocc.* *Gels.* *Lil-t.* *Nat-c.* *Nit-ac.* nux-v. *Plat.* podo. *Puls.* *Sec.* *Sep.* tarent. ust.
  - ☞ *abwärtsdrängend - Uterus*
  - **morgens**: puls.
  - **Menses**:
    - **vor**: jug-r.
    - **erscheinen** würden; als ob: *Mur-ac.*bg2,k plat.
  - **Stuhlgang**, beim: *Carb-v.*hr1,k
- **Vagina**: alum. ant-c.hr1,k *Bell.*hr1,k *Calc.* calc-p.a1 graph. *Lil-t.*hr1,k,* lyc. nat-c. *Nit-ac.* *Nux-v.*hr1,k podo. *Sep.*hr1,k sil.hr1,k *Ust.*
  - **morgens**: puls.
  - **Bücken**, beim: lyc.hr1,k
  - **Menses**:
    - **vor**: alum. bell. con.
    - **während**: ant-c. *Bell.* con. *Lach.* *Lil-t.* *Nat-c.* *Nit-ac.* plat. *Sep.* ust.
  - **Stuhlgang**, beim: podo.

– **grabend**: con.
- ○ **Uterus**: bufo cur.hr1,k sulph.bg2
  - **Menses**, während: *Nux-v.*

– **greifend**:
- ○ **Ovarien**: lil-t.

– **kneifend**:
- ○ **Ovarien**: cur. lil-t.a1,k
- **Uterus**: androc.srj1 cham.hr1,k con.hr1,k nux-v.bg2

– **krampfartig**: castm.c2 con.hr1,k staph.h,k1 thuj.h,k,*
- **Aufstehen** vom Sitzen, beim: thuj.h,k,*
- ○ **Ovarien**: *Bufo* cocc.hr1,k *Coloc.*hr1,k cub. *Naja* phos. plat.
  - **links**: *Coloc.*hr1,k *Naja*
  - **Menses**, während: *Cocc.*hr1,k
- **Uterus**: agar. aloe anan.hr1,k *Bell.*bg2,k,* bry.hr1,k bufo *Cact.* *Calad.* *Calc-p.* cann-i.k2 **Caul.**c2,k caust.bg2,k **Cham.** chelin.br1 chin. cimic.bg2 *Cocc.*hr1,k *Con.*hr1,k cop. *Gels.*hr1,k *Hyos.*hr1,k

• **Uterus**: ...
Ign.$_{bg2,k,*}$ kali-c. kreos.$_{bg2}$ lyc. *Mag-m.* nat-m.$_{hr1,k}$ **Nux-v.**$_{bg2,k,*}$ onos.$_{c2,k}$ pip-n.$_{c2}$ *Plat.*$_{hr1,k}$ *Puls.*$_{hr1,k}$ rob.$_{hr1,k}$ **Sabin.** *Sep.*$_{bg2,k,*}$ *Tarent.*$_{hr1,k}$ thuj.$_{bg2}$ tub.$_{c1}$ **Ust.**$_{hr1,k}$ *Vib.*$_{hr1,k,*}$

• **nachts**:

• **Mitternacht**:

• **vor**:

• **23** h: *Cact.*

• **nach**: *Calad.*

• **Berührung** der Teile agg.: *Ign.*$_{hr1,k}$

• **Bewegung**, durch: **Cocc.**

• **Fluor**, gefolgt von: *Con. Mag-m.*

• **Gehen**, beim: tarent.

• **Hochlangen**: *Rhus-t.*

• **Kränkung**, durch: *Cocc.*

• **Menses**:

• **vor**: cact.$_{k2}$ **Calc-p.** *Caust.* **Cham.** *Mag-p. Vib.*$_{hr1,k}$

• **während**: acon. *Bell.* brom.$_{hr1}$ **Cact.** *Calc.*$_{hr1}$ *Calc-p.* carc.$_{sst}$ *Caust.* cench.$_{k2}$ **Cham.** *Cimic. Cinnb.*$_{hr1}$ **Cocc.**$_{hr1,k}$ *Coff.*$_{hr1,k}$ *Coloc.*$_{hr1,k}$ *Con. Cupr.*$_{hr1}$ der. form.$_{hr1}$ *Gels.*$_{hr1}$ **Graph.** hydrog.$_{srj2}$ *Ign.*$_{hr1,k}$ *Kali-c.* kali-i. *Lach.*$_{hr1,k}$ luna$_{kg1}$ *Mag-p.* mill.$_{k2}$ *Nat-m.*$_{hr1}$ *Nit-ac.*$_{hr1,k}$ **Nux-v.** onos. *Plat. Puls.* sec. sep.$_{a1,k}$ stann. *Tub. Vib.*$_{hr1}$

• **amel.**: calc-p.$_{k2}$

• **nach**: *Cocc.* iod. plat. puls.

• **Zeitpunkt**, an dem die Menses einsetzen sollten, was aber nicht geschieht; zum: *Cocc. Kali-c.*

• **Metrorrhagie**, bei: chin.$_{k2}$

• **Schwangerschaft**; während der: *Cupr-ar.* plat.$_{hr1}$

• **Stillen**, beim: cham.$_{k2}$

• **Stuhlgang**, nach: lyc.$_{hr1,k}$

• **Wärme** amel.: caust. nux-m. nux-v.

• **Wetter**; bei kaltem, feuchtem: *Calc-p.*

• **Zorn**, nach: **Cham.**

• **zusammenkrümmen**; sie muß sich: *Cact. Cimic.* **Nux-v.**

▽ **erstreckt** sich zu:

• **Magen**: *Cact.*

• **Oberschenkel** hinunter: *Kali-i. Mag-m.*

• **Rücken** hinauf; den: gels.

○ **Ligamenta** lata: **Cimic.**

• **Vagina**: berb.$_{bg2}$ cact.$_{bg2}$ coc-c.$_{bg2}$ ferr-p.$_{bg2}$ *Ham.*$_{c2,k2}$ *Ign.*$_{c2}$ kreos.$_{bg2}$ mag-p.$_{bg2}$ plat.$_{bg2}$ plb.$_{bg2}$ plb-xyz.$_{c2}$ sep.$_{bg2}$ *Sil.*$_{c2}$ staph.$_{bg2}$ thuj.$_{bg2}$

– **lanzinierend**: aeth.$_{hr1,k}$ aur-s.$_{k2}$ clem.$_{hr1,k}$ meli. sabin.$_{k2}$

• **Atmen** agg.: clem.$_{hr1,k}$

• **Urinieren**, beim: clem.$_{hr1,k}$

○ **Ovarien**: **Apis** bell.$_{hr1,k}$ borx. coll. con. cub. goss. **Lil-t.**

• **Menses**:

• **während**: *Borx.* coll.

• **nach**: *Borx.*

• **Uterus**: anan. *Ars.*$_{hr1,k}$ bufo *Con.*$_{hr1,k}$ crot-c.$_{a1,k}$ graph.$_{hr1,k}$ hura ign.$_{hr1,k}$ lac-c.$_{hr1,k}$ murx.$_{hr1,k,*}$ ped.$_{a1}$ sep.$_{hr1,k,*}$ tarent.$_{a1,k}$

– **lanzinierend - Uterus**: ...

• **Berührung** agg.: ign.

• **Waschen** in kaltem Wasser; beim: crot-c.$_{a1,k}$

▽ **erstreckt** sich nach oben: lac-c. sep.

• **Vagina**: berb.$_{hr1,k}$ hura

• **Gehen** agg.: berb.$_{hr1,k}$

– **mahlend**: *Con.*$_{hr1,k}$

○ **Ovarien**: fl-ac. graph.$_{hr1,k}$

– **Nachwehen**: acon. aml-ns.$_{bro1}$ **Arn.** asaf. *Atro.*$_{kr1,st}$ aur. **Bell.**$_{k1,st}$ borx. *Bry. Calc.* carb-an. carb-v. *Caul.*$_{bg2,k2,*}$ **Cham.**$_{c2,k}$ chin. cic. *Cimic.* cina cinnb.$_{bg2}$ cinnm.$_{kr1,st}$ cocc. *Coff. Coloc.*$_{st}$ *Con.* croc.$_{c2,k}$ **Cupr.**$_{c2,k}$ cupr-ar.$_{bro1}$ cycl.$_{kr1,st}$ **Dios.**$_{kr1,st}$ *Ferr. Gels.* graph. hyos. **Hyper.**$_{c2,k}$ *Ign.* iod. ip. **Kali-c.** kreos. *Lac-c.*$_{kr1,st}$ lach.$_{c2,k}$ lil-t.$_{kr1,st}$ lyc. *Mill.*$_{kr1,st}$ nat-c. *Nat-m.* nux-m. *Nux-v. Op.*$_{c2,k1,*}$ **Par.**$_{c2,k1,*}$ *Phos.*$_{kr1}$ plat. *Podo.* **Puls.** pyrog.$_{bro1}$ **Rhus-t.**$_{c2,k}$ *Ruta* **Sabin.**$_{c2,k}$ **Sec.**$_{c2,k}$ *Sep.* sul-ac. *Sulph.* ter.$_{st}$ ust.$_{kr1,st}$ *Vib.*$_{c2,k}$ *Vib-p.*$_{bro1}$ vinc.$_{bg2}$ *Xan.*$_{c2,k}$ zinc.

☞ *Entbindung - nach / Entbindung - während*

• **Bewegung**, bei:

• **geringsten**, bei der: *Bry.*$_{kr1}$

• **empfindlichen** Frauen, bei: *Gels.*$_{kr1}$ *Nux-v.*$_{kr1}$ *Op.*$_{kr1}$

• **entfernten** Teilen, in: carb-v.$_{kr1}$

• **Hüfte**, in der: sil.$_{st}$

• **künstlicher** Entbindung, nach: *Arn.*$_{kr1}$ *Hyper.*$_{kr1}$ *Rhus-t.*$_{kr1}$

• **Leiste** gespürt, in der: caul.$_{ptk1}$ cimic.$_{ptk1}$

• **Menses**, mit übelriechenden: *Crot-h.*$_{st}$

• **Multipara**, bei: cupr.$_{st}$

• **quälend**: **Cupr.**$_{kr1}$

• **schwach**: arn.$_{bg2}$ caul.$_{bg2}$ **Par.**$_{bg2,kr1}$ puls.$_{bg2}$

• **Stillen**, beim: *Arn. Cham.* con. puls. **Sec.**$_{kr1}$ **Sil.**

• **Stuhldrang**, mit: nux-v.$_{k2}$

• **Todesfurcht**, mit: **Coff.**$_{kr1,st}$

• **unerträglich**: *Coff.*$_{kr1}$

• **verlängert**: *Acon.*$_{kr1}$ arn.$_{j5,kr1}$ calc.$_{j5,kr1}$ *Cham.*$_{kr1}$ *Coff.*$_{j5,kr1}$ *Gels.*$_{kr1}$ *Puls.*$_{j5,kr1}$ *Rhus-t.*$_{kr1}$ **Sec.**$_{kr1}$

• **abends**: *Puls.*$_{kr1}$

▽ **erstreckt** sich zu:

• **Leisten**, in die: caul.$_{k2}$ *Cimic.*$_{kr1}$

• **Oberschenkel**, in die: *Lac-c.*$_{kr1}$

• **Schienbeine**, in die: carb-v.$_{bro1}$ cocc.$_{bro1}$

• **Waden** und Fußsohlen: cupr.$_{bro1}$

– **nagend**: kali-c.$_{hr1,k}$ kreos.$_{bg2}$ lil-t.$_{bg2}$ *Lyc.*

○ **Ovarien**: coloc. *Lil-t.*$_{a1,k}$ plat.$_{hr1,k}$ podo.

• **links**: coloc.

• **rechts**: *Lil-t.* podo.

• **Gehen** agg.: lil-t. podo.

• **Uterus**: anan.$_{hr1,k}$ thyr.$_{bg1}$

• **Vagina**: lyc.$_{hr1,k}$

– **quetschend**:

○ **Ovarien**: coloc. *Thuj.*$_{hr1,k}$

• **Uterus**: gels.$_{br1,hr1,*}$ tarent.$_{a1}$

– **reißend**: anac. *Bar-c.*$_{h,k,*}$ bell.$_{k2}$ berb. calc-sil.$_{k2}$ *Carb-an.* carb-v. con. *Kali-c.*$_{hr1,k}$ lyc.$_{h,kl}$ nat-c.$_{bg2,k}$ *Phos.*$_{bg2,k,*}$ sep.$_{bg2}$ sil.$_{bg2,k}$ ter.

• **abends**: bar-c.$_{h,k,*}$

• **aufschreien**, läßt sie: *Bar-c.*$_{h,k,*}$

• **Menses**, während: am-c.

- **Sitzen**, im: *Con.*
- ▽ **erstreckt** sich zu:
  - **Anus**: *Carb-an.*$_{h,k,*}$
  - **Oberschenkel** hinunter: bufo$_{k2}$
- ○ **Mündung**; in der Gegend der: berb.$_{a1,k}$
- **Ovarien**: abrot.$_{hr1,k}$ bamb-a.$_{stb2}$ con.$_{k2}$ graph.$_{hr1,k}$ ham.$_{hr1,k}$ kali-i.$_{hr1,k,*}$ lil-t. merc. *Plat.*$_{hr1,k}$
  - **links**: plat.$_{hr1,k}$ thuj.$_{k2}$
  - **rechts**: graph.$_{hr1,k}$ kali-i.$_{hr1,k}$
  - **Menses**, während: plat.
  - **Stehen**; beim: bamb-a.$_{stb2}$
- **Uterus**: *Arg-n.* calc-sil.$_{k2}$ *Cham.*$_{hr1,k}$ con.$_{k2}$ lap-a. lyss.$_{hr1,k}$ nat-m. plb.$_{hr1,k}$ stry.$_{a1,k}$ tarent.$_{hr1,k,*}$
  - **Menses**:
    - **vor**: nat-m.
    - **während**: *Agar.* *Am-c.* ars. *Bell.* calc. *Caust.*$_{hr1,k}$ chin. *Cinnb.*$_{hr1}$ **Lach.**$_{hr1}$ lyc. merc. nat-c. nit-ac. podo. *Puls.* rhus-t. *Sec.*$_{hr1}$ *Sep.* sil. staph. sulph. zinc.
  - ▽ **erstreckt** sich zu:
    - **Beine**: bufo$_{k2}$
- **Vagina**: *Am-c.*$_{hr1,k}$ chin.$_{hr1,k}$ plb.$_{hr1,k}$

– **schabend**, in der Vagina während den Menses: *Berb.*

– **scharf**: aeth. ars. clem. *Lyc.*$_{hr1}$ meli.$_{hr1,k}$ rhus-t.
- ○ **Ovarien**: *Apis* cench. kali-p. *Lac-c.*$_{hr1,k}$ *Lach.* **Lil-t.**$_{hr1,k}$ lyc. sep. *Staph.* ust.$_{hr1,k}$ vib. xan.
- **Uterus**: **Acon.** androc.$_{srj1}$ apis *Con.*$_{hr1,k}$
  - **Stillen**, beim: **Sil.**$_{hr1,k}$

– **schießend**

☞ *stechend*

– **schneidend**: asaf.$_{bg2,k,*}$ cann-s.$_{hr1,k}$ carb-v.$_{bg2,k}$ caust. con.$_{bg2,k,*}$ ip. mag-p.$_{bg2}$ med.$_{k2}$ puls.$_{bg2}$
- **links** nach rechts; von: ip.$_{hr1,k}$
- **Bewegung**, durch: caust. ip.
- **Gehen**, beim: caust.
- **Ovulation**; während der
  ☞ ❑ *Abdomen - Schmerz - schneidend - Ovulation*
- **Urinieren**, beim: con.$_{hr1,k}$
- ○ **Ovarien**: *Apis* *Arg-n.* arum-t.$_{hr1,k,*}$ atro. bell.$_{bg2,k}$ *Borx.* bry. canth. cocc. coll. **Coloc.** *Con.* cub. eup-pur.$_{hr1,k}$ graph. ham.$_{hr1,k}$ *Lil-t.*$_{a1,k}$ *Lyc.* merc.$_{k2}$ naja nat-m. nux-m. onos. puls.$_{hr1,k}$ *Sabad.*$_{hr1,k}$ stram. syph. *Thuj.*$_{hr1,k}$ ust.$_{hr1,k}$ xan.
  - **links**: graph. phos.$_{hr1,k}$ puls. *Thuj.*$_{hr1,k}$ ust.$_{hr1,k}$
    - **dann** rechts: apis
  - **rechts**: *Apis* *Arg-n.*$_{hr1,k}$ xan.$_{c1}$
    - **dann** links: *Lyc.*
    - **Ovulation**; während der: granit-m.$_{es1}$
  - **Koitus**, beim: syph.$_{ptk1}$
  - **Menses**, während: *Apis* *Borx.* cocc.$_{hr1,k}$ *Lyc.* *Phos.*$_{hr1,k}$
  - **Strecken** im Bett; beim: apis
  - **Urinieren**, beim: nat-m.
  - ▽ **erstreckt** sich zu:
    - **Oberschenkel** nach unten; die: *Apis* arg-n.
      - **rechts**: xan.$_{c1}$
- **Uterus**: asaf. bell.$_{bg2}$ bufo *Calc.*$_{hr1,k}$ *Calc-p.*$_{hr1,k,*}$ **Cocc.**$_{hr1,k}$ con. crot-c.$_{a1,k}$ cur. ign.$_{hr1,k}$ *Lac-c.* *Meli.*$_{a1,hr1}$ *Murx.*$_{hr1,k}$ pall.$_{hr1,k}$ **Puls.**$_{bg2,k,*}$ sep.$_{bg2,k}$ sulph.$_{bg1}$ tarent.$_{a1,k}$ thuj.$_{hr1,k}$
  - **Atemzug**, bei jedem: **Cocc.**

– **schneidend - Uterus**: ...
  - **Bewegung**, bei: **Cocc.**$_{hr1,k}$
  - **Koitus**, beim: puls.
  - **Menses**:
    - **vor**: caust. mag-c. murx. nat-c.
    - **während**: apis *Ars.*$_{hr1}$ *Asaf.* bell.$_{hr1,k}$ *Calc.*$_{hr1,k}$ calc-p.$_{hr1}$ canth.$_{hr1,k}$ carb-v.$_{hr1,k}$ *Caust.*$_{hr1,k}$ **Cocc.**$_{hr1,k}$ *Coloc.*$_{hr1,k}$ ferr.$_{hr1,k}$ helon.$_{hr1}$ ign. *Kali-c.*$_{hr1,k}$ kreos. lach. *Lil-t.*$_{hr1}$ merc.$_{hr1,k}$ murx. nat-c.$_{hr1,k}$ nat-m. *Ol-an.*$_{hr1}$ phos. rhus-t.$_{hr1,k}$ sec.$_{hr1,k}$ senec.$_{hr1}$ sep.$_{hr1,k}$ sil.$_{hr1,k}$ zinc.
  - **Stuhlgang** amel., nach: pall.
  - **Waschen** in kaltem Wasser; beim: crot-c.$_{a1,k}$
  - ▽ **erstreckt** sich zu:
    - **oben**, nach: lac-c.
    - **Sakrum**: **Calc-p.**
- **Vagina**: aur-s.$_{c1}$
  - **Koitus**, beim: *Berb.* *Ferr-m.*

– **schründend**

☞ *beißend / brennend*

– **stechend**: aeth.$_{a1}$ alum.$_{bg2,k,*}$ *Ars.*$_{bg2,k,*}$ aur. bart.$_{a1}$ *Bell.*$_{bg2,k,*}$ *Borx.* *Calc.*$_{bg2,k,*}$ *Calc-p.* cann-s.$_{bg2}$ caust.$_{bg2,k}$ coc-c. *Con.*$_{bg2,k,*}$ croc.$_{bg2,k,*}$ fl-ac.$_{bg2}$ *Glon.* **Graph.**$_{bg2,k}$ ign. inul.$_{hr1}$ *Kali-c.*$_{bg2,k,*}$ kali-n.$_{h,k1}$ kreos.$_{bg2}$ lac-c. *Lyc.*$_{bg2,h,*}$ meli. merc.$_{bg2,k}$ murx. nat-s. nit-ac.$_{bg2,k}$ oci.$_{bro1}$ pall. **Phos.**$_{bg2,k}$ rhus-t.$_{bg2,k,*}$ sabin.$_{bg2,k2}$ sep.$_{bg2,k}$ staph.$_{bg2,k}$ sul-ac. tarent.$_{a1,k}$ tell.$_{c1}$ thuj.$_{bg2,k}$
- **Gehen**, beim: thuj.
- **Krebs**; bei: lap-a.$_{gm1}$
- **Menses**:
  - **vor**: con.
  - **während**: lyc. sul-ac. zinc.$_{h,k1}$
- ▽ **erstreckt** sich zu:
  - **Brust**: alum. calc-p.
  - **Vagina**: lil-t. puls.
- ○ **Klitoris**:
  - **nachts**: borx.
- **Labien**: con.$_{bg2}$ graph.$_{bg2}$ lyc.$_{h,k1}$
  - **links**:
    - ▽ **erstreckt** sich zu:
      - **Uterus** zum rechten Ovar; durch den: bell. lac-c. phos. thuj.
  - ○ **zwischen** den: calc-p.$_{hr1}$ eupi.
- **Ovarien**: abrot.$_{hr1,k,*}$ absin.$_{hr1,k,*}$ *Ambr.*$_{hr1,k}$ ap-g.$_{br1}$ *Apis* *Ars.* bamb-a.$_{stb2}$ *Bell.* borx. brom. *Bry.* *Bufo* *Canth.* carb-an. *Caul.*$_{hr1}$ cench. *Coloc.*$_{bg2,k,*}$ con.$_{hr1,k}$ cur. goss.$_{a1,k}$ graph.$_{a1,k}$ kali-ar. kali-c.$_{hr1,k}$ kali-p. lac-c.$_{hr1,k}$ *Lach.*$_{hr1,k}$ lil-t.$_{hr1,k,*}$ *Lyc.*$_{hr1,k}$ *Mag-p.* med.$_{hr1,k}$ merc. phos. pic-ac. *Plat.*$_{a1,k}$ *Podo.*$_{hr1,k}$ *Sep.*$_{a1,k}$ *Staph.*$_{hr1,k}$ syph. thuj.$_{hr1,k}$ tub.$_{c1}$ ust. *Vib.*$_{hr1,k}$ xan.
  - **abwechselnde** Seiten: lac-c.
  - **links**: abrot.$_{hr1,k,*}$ caps.$_{bg1}$ cench.$_{k2}$ graph. **Lach.**$_{hr1,k}$ sep.$_{bg1}$ thuj.$_{hr1,k}$
    - **Liegen** auf dem Rücken amel.: kali-p.
  - **rechts**: absin.$_{br1}$ **Ars.**$_{hr1,k}$ bamb-a.$_{stb2}$ *Bell.* *Coloc.*$_{hr1}$ lac-c.$_{hr1,k}$ lec. *Lyc.*$_{hr1,k}$ *Plat.*$_{a1,k}$ *Podo.*$_{hr1,k}$ sep.$_{a1}$ xan.$_{c1}$
    - **nach** links: *Lyc.*$_{hr1,k}$

• **Ovarien**: ...
 • **Atmen**, beim: *Bry.*
  • **anhaltend**; den Atem: *Canth.*
 • **Bewegung** agg.: *Ars.*$_{hrl,k}$ **Bry.**$_{hrl,k}$ cench.
 • **Menses**:
  • **vor**: *Podo.*$_{hrl,k}$ vib.$_{hrl,k}$
  • **während**: kali-p. *Lac-c.* phos. *Podo.*$_{hrl,k}$
 • **Stehen**, im: lil-t.
 ▽ **erstreckt** sich zu:
  • **Knie**: lac-c. wye.
  • **Leber**: med.
  • **links**, nach: lac-c.
  • **Oberschenkel**: phos. staph. ust.
  • **rechts**, nach: med.
  • **Seite** nach oben; die: cimic. lac-c.$_{hrl,k}$ *Sep.*
• **Uterus**: **Acon.**$_{hrl,k}$ anan.$_{hrl,k}$ *Apis* *Arg-n.*$_{hrl,k}$ ars. aur.$_{hrl,k}$ **Bell.**$_{hrl,k}$ borx. bufo calc.$_{hrl,k}$ cimic.$_{bg2,hrl}$ **Con.**$_{hrl,k}$ cur.$_{hrl,k}$ *Ferr.*$_{hrl,k,*}$ fl-ac.$_{hrl,k}$ gels.$_{hrl,k}$ graph. hura ign. inul.$_{hrl,k,*}$ *Kali-c.*$_{hrl,k}$ kali-p. *Lac-c.* lap-a.$_{brl,hrl}$ *Lil-t.* lyss.$_{hrl,k,*}$ *Merc.*$_{k,k2,*}$ *Murx.* nux-v. phos.$_{bg2,k}$ plat.$_{bg2,k}$ **Sep.**$_{hrl,k,*}$ syph.$_{k2}$ tarent.$_{hrl,k}$
 • **Fahren** oder Reiten, beim: *Arg-n.*$_{hrl,k}$
 • **Gehen**, beim: *Arg-n.*$_{hrl,k}$ **Bell.**
 • **Menses**:
  • **vor**: borx.
  • **nach**: tarent.$_{hrl,k}$
 • **Seite** zur anderen; von einer: **Cimic.**
 ▽ **erstreckt** sich zu:
  • **Beine**: bufo$_{k2}$
  • **Brust**; rechte Seite der: con.
  • **oben**, nach: **Lac-c.** murx. *Sep.*
  • **Rücken** hinauf; den: *Gels.*
 ○ **Zervix**: caul.$_{brl,c1}$
• **Vagina**: *Alum.*$_{hrl,k}$ am-c. *Ambr.*$_{hrl,k}$ ars.$_{bg2,k,*}$ aur.$_{a1,bg2}$ *Bell.*$_{hrl,k}$ *Berb.*$_{hrl,k,*}$ cann-s.$_{a1,bg2}$ chin.$_{hrl,k}$ con.$_{hrl,k}$ cop.$_{a1,h}$ *Graph.*$_{hrl,k}$ hydrc.$_{hrl,k}$ *Kreos.*$_{bg2,k,*}$ lyss. mur-ac.$_{bg2,k,*}$ nat-m.$_{k2}$ nat-s.$_{bg2,k,*}$ *Nit-ac.*$_{bg2,k,*}$ phos.$_{bg2,k}$ puls. *Rhus-t.*$_{bg2,k,*}$ *Sabin.*$_{h,k,*}$ *Sep.*$_{bg2,k,*}$ stry.$_{a1,k}$ sul-ac.$_{a1,bg2}$ tarent.$_{a1,k}$
 • **morgens** beim Erwachen: *Sep.*
 • **Abdomen**, vom: *Kreos.*
 • **außen**, nach: berb.
 • **Fluor**; vor: ambr.$_{c1}$
 • **Gehen**, beim: *Nit-ac.*$_{hrl,k,*}$
 • **Koitus**, beim: *Berb.*
 • **Menses**, während: bell. berb.$_{hrl,k}$ *Con.* *Graph.* kreos. rhus-t. sabin. sul-ac.$_{a1,k}$
 • **Stehen**, im: *Nit-ac.*
 ▽ **erstreckt** sich zu:
  • **Brust**: alum.
  • **oben**, nach: alum. am-c. berb. ign.$_{k2}$ *Lyss.* *Nit-ac.* *Phos.* sabin. *Sep.*

– **stechend**; fein: *Apis* *Ars.*$_{hrl,k}$ berb. bufo$_{k2}$ calc-p.$_{hrl,k}$ carb-v. eupi. *Kali-c.* kreos. lil-t. lyc. phos. puls. sabin. sep. *Staph.* urt-u.$_{hrl,k}$ zinc.
 • **Gehen**, beim: zinc.$_{hrl,k}$
 • **Krebs**; bei: lap-a.$_{gm1}$
 • **Menses**:
  • **vor**: zinc.

– **stechend**; fein - **Menses**: ...
  • **während**: kali-c. kreos. lyc. phos. puls. sabin. sep. sul-ac.
 ○ **Klitoris**; in der: borx.
  • **nachts**: borx.
 • **Ovarien**: **Apis** borx. bry. goss.$_{hrl,k}$ graph. **Lil-t.**$_{hrl,k}$ merc. sabal$_{c1}$ *Sep.*$_{hrl,k}$ vesp.
  • **links**: lil-t.$_{hrl,k}$ sabal$_{c1}$ thuj.$_{k2}$
  • **rechts**: apis sabal$_{c1}$
  • **Kälte** amel.: apis vesp.
  • **Koitus**, nach: *Apis*
  • **Menses**, während: *Apis*
  ▽ **erstreckt** sich zum Abdomen: sabal$_{c1}$
 • **Uterus**: *Apis* arg-met. ars. *Calc.*$_{hrl,k}$ caul.$_{hrl}$ *Con.*$_{hrl,k}$ lap-a.$_{hrl}$ sabin.
  ○ **Zervix**: arg-met.$_{k2}$
 • **Vagina**: berb. ham. puls. sabin. staph.

– **Wehen**: caul. cimic. *Coff.*$_{j5}$ ferr.$_{j5}$ gels. *Nux-v.*$_{j5}$ op.$_{j5}$ puls. rhus-t.$_{j5}$ *Sec.*$_{j5}$
 ☞ *Entbindung - während*
 • **linksseitig**: plat.
 • **abends**:
  • **agg.**: *Puls.*$_{kr1}$
 ⬥ **abwechselnd** mit:
  • **Blutung**: puls.
 • **Aufstoßen**; mit
  ☞ ❑ *Magen - Aufstoßen - Entbindung*
 • **aufzusteigen**; der Fötus scheint bei jeder Wehe: *Gels.*$_{kr1}$
 • **Durst**, mit: *Caul.*$_{hrl,kr1}$
 • **erschöpfend**: *Caul.*$_{hrl,kr1}$ *Stann.*$_{hrl,kr1}$ *Verat.*$_{hrl,kr1}$
 • **exzessiv**: acon.$_{bg2,k,*}$ ambr.$_{hrl,k}$ ant-c.$_{bg2}$ arn.$_{bg2,k}$ art-v.$_{hrl}$ aur.$_{bg2}$ *Bell.*$_{bg2,k,*}$ **Cham.**$_{bg2,k,*}$ chin.$_{bg2}$ chlol.$_{hrl}$ cimic.$_{hrl,k}$ cocc.$_{bg2}$ *Coff.*$_{bg2,k,*}$ *Coff-t.*$_{hrl,kr1}$ con.$_{bg2,k}$ cupr.$_{bg,bg2,*}$ hyos.$_{bg2}$ lyc.$_{bg2}$ mag-c.$_{bg2}$ nat-c.$_{bg2}$ *Nux-v.*$_{bg2,k,*}$ phos.$_{bg2}$ puls.$_{hrl,k}$ rhus-t.$_{j5}$ sec.$_{bg2,k,*}$ **Sep.**$_{bg2,k}$ sulph.$_{bg2}$ ust.
 • **falsche** Wehen ●: arn. **Bell.**$_{bg2,k,*}$ borx. **Calc.** **Caul.**$_{bg2,k}$ *Cham.*$_{bg2,k}$ *Cimic.*$_{bg2,k,*}$ *Cinnb.*$_{hrl,k}$ cinnm.$_{hrl,kr1}$ coff.$_{bg2,k}$ *Con.* *Dios.*$_{hrl,k}$ *Gels.*$_{bg2,k,*}$ *Kali-c.*$_{bg2,k}$ kali-p.$_{hrl,k}$ *Mit.*$_{hrl,kr1}$ *Nux-m.*$_{bg2,k,*}$ *Nux-v.*$_{bg2,k,*}$ *Op.*$_{bg2,k,*}$ **Puls.**$_{bg2,k,*}$ sec.$_{bg2,k}$ sep.$_{bg2,k}$ vib.$_{bg2,k,*}$
 • **folternd**
  ☞ *quälend*
 • **Gehen**, beim: kali-c.$_{k2}$ thuj.$_{kr1}$
 • **Geräusche**, durch: cimic.
 • **hören** auf: acon. arn.$_{bg2,k,*}$ asaf.$_{bg,bg2}$ **Bell.**$_{bg2,k,*}$ *Borx.* bry.$_{bg,bg2}$ cact.$_{bg,hrl,*}$ calc.$_{bg,bg2}$ *Camph.*$_{bg2,k,*}$ carb-an.$_{bg,bg2}$ *Carb-v.*$_{bg2,k,*}$ *Caul.*$_{hrl,k}$ *Caust.*$_{bg2,k}$ *Cham.*$_{bg2,k,*}$ chin.$_{bg2,k,*}$ **Cimic.**$_{hrl,k,*}$ cinnm.$_{hrl,kr1}$ cocc.$_{bg2,k}$ *Coff.*$_{bg2,k}$ gels.$_{hrl,k}$ *Graph.*$_{bg2,k}$ *Guare.*$_{hrl,kr1,*}$ hyos.$_{bg,bg2}$ ign.$_{bg2,k}$ **Kali-c.**$_{bg2,k,*}$ kreos.$_{bg,bg2}$ lach.$_{k2}$ lyc.$_{bg2,k}$ mag-c.$_{bg,bg2}$ mag-m.$_{bg2,k}$ merc.$_{bg,bg2}$ mosch.$_{bg,bg2}$ nat-c.$_{bg,bg2}$ *Nat-m.*$_{bg2,k,*}$ nux-m.$_{bg,bg2}$ *Nux-v.*$_{bg2,k,*}$ **Op.**$_{bg2,k,*}$ phos.$_{bg,bg2}$ plat.$_{bg2,k,*}$ **Puls.**$_{bg2,k,*}$ rhus-t.$_{bg,bg2}$ ruta **Sec.**$_{bg2,k,*}$ *Sep.*$_{bg2,k,*}$ stann.$_{bg,bg2}$ sul-ac.$_{bg,bg2}$ sulph.$_{bg2,k,*}$ *Thuj.*$_{bg2,k,*}$ zinc.$_{bg,bg2}$
  • **Blutung**, mit: *Chin.* cimic. puls. sec.
  • **Erregung** des Gemütes; durch: cimic.$_{k2}$

- **hören** auf: ...
  - **Erschöpfung**; durch: caul.c1
  - **Gemütsbewegung**, durch: cimic.k2
  - **Konvulsionen** beginnen, und: bell. cham. cic. cupr. hyos. ign. *Sec.*
  - **Krämpfe** in der Hüfte, durch: cimic.
  - **Redseligkeit**, mit: *Coff.*hr1,kr1
  - **Wallung** vom Uterus zum Hals bringt die Wehen zum Stillstand: gels.
- **Hüfte**, verläßt den Uterus; geht zur: cimic.k2
- **kurz**: *Caul.*hr1,k *Puls.*
- **langsam**: mit.kr1 *Puls.*
- **laufen** nach oben: *Borx.* **Calc. Cham.** gels. lyc.
- **Leiste** gespürt, in der: cimic.
- **Magen** als im Uterus zu spüren; sind stärker im: borx.
- **Ohnmacht**, verursachen: *Cimic.*hr1,k **Nux-v.**hr1,k *Puls.*hr1,k
- **quälend**: acon.hr1,k ambr. arn.hr1,k aur. bell.hr1,k *Caul.*hr1,k caust.hr1,k **Cham.**hr1,k chin.bro1 cimic.hr1,k *Coff.*hr1,k con.hr1,k **Gels.**hr1,k hyos.bro1 ign.bro1 **Kali-c.**hr1,k lyc.hr1,k nux-v.hr1,k phos.hr1,k plat.hr1,k puls. sec.hr1,k **Sep.**hr1,k
  - **fliehen**, will: bell.
- **Redseligkeit**, mit: coff.kr1
- **Rücken**:
  - **anfallsweise** am: cham.k2 kali-c.k2 *Nux-v. Sep.*
  - **hinab** in die Gesäßmuskeln; den Rücken: kali-c.
  - **hindurch** zum Rücken und den Rücken hinauf: *Gels.*
- ▽ **erstreckt** sich zu:
  - **Schamgegend**; vom Rücken zur: sabin.k2
- **Ruhelosigkeit**, mit: arn.hr1,kr1 coff.bg,bg2,* *Lyc.*bg,hr1,*
  - **zwischen** den Wehen: cupr.hr1,kr1
- **Sanduhrkontraktion**: bell.bro1 cham.k2 sec.bro1
- **Schauder**, mit: cimic.k2
- **schießen** nach oben
  ☞ *erstreckt sich - oben*
- **schießend**: kali-c.
- **schmerzhaft**; zu: acon.bg2 ant-c.bg2 arn.bg2 aur.bg2 *Bell.*bg2 **Cham.**bg2 chin.bg2 cocc.bg2 *Coff.*bg2 con.bg2 cupr.bg2 hyos.bg2 lyc.bg2 mag-c.bg2 nat-c.bg2 *Nux-v.*bg2 phos.bg2 pitu.bg2,jl puls.bg2 sec.bg2 **Sep.**bg2 sulph.bg2
- **schneidend**:
  - **links** nach rechts; von: ip.
  - **Nabelgegend**, in der: **Ip.**
- **schwach**: aeth.hr1,k arn.bg2,k,* asaf.bg,bg2 *Bell.*bg2,k,* borx. bry.bg,bg2 calc.bg,bg2 *Camph.*bg,bg2,* cann-i.hr1,k cann-s.sf,sf1 carb-an.bg2,kr1 *Carb-v.*bg2,k,* *Carbn-s.* *Caul.*bg2,k,* *Caust.*bg2,k *Cham.*bg2,k chin.bg2,k **Cimic.**bg2,k,* cinnm.hr1,kr1 cocc.bg2,k coff.bg,bg2 **Gels.**bg2,k,* goss.sf,sf1 *Graph.*bg2,k,* guare.hr1 hyos.bg,bg2 ign.bg,bg2 **Kali-c.**bg2,k,* kali-p.bg2,k,* kreos.bg,bg2 lyc.bg2,k mag-c.bg,bg2 mag-m.bg,bg2 merc.bg,bg2 mit.hr1,kr1,* mosch.bg,bg2 *Nat-c.*bg2,k,* **Nat-m.**bg2,k,* *Nux-m.*bg2,k,* *Nux-v.*bg2,k **Op.**bg2,k,* phos.bg,bg2 plat.bg2,k **Puls.**bg2,k,* rhus-t.bg,bg2 *Ruta* sabad.bg,bg2 **Sec.**bg2,k,* sep.bg2,k stann.bg,bg2 sul-ac.bg,bg2 sulph.bg2,k *Thuj.*bg2,k,* ust. zinc.bg2,k
  - **Rücken**; aber Schmerzen im: kali-c.k2
  - **Schauder** ab; nehmen mit einem: caul.c1,hr1
- **spasmodisch**: acon.bg,bg2,* ambr.hr1,k arn.bg,bg2,* asaf.bg,bg2 *Bell.*bg2,k,* borx. *Bry.*bg2,k,* calc.bg,bg2 carb-an.bg,bg2 carb-v.bg,bg2 **Caul.**bg2,k,* **Caust.**bg2,k,* **Cham.**bg2,k,* *Cimic.*bg2,k,* *Cocc.*bg2,k,* coff.bg2,k,* con. cupr.bg2,k,* ferr.bg2,k,* **Gels.**bg2,k,* **Hyos.**bg2,k,* ign.bg2,k,* *Ip.*bg2,k,* kali-c.bg2,k,* lob.bg,bg2,* lyc.bg2,k,* mag-m.bg,bg2 mag-p.bg2,k,* mosch.bg,bg2 *Nux-m.*bg2,k,* *Nux-v.*bg2,k,* *Op.*bg2,k,* phos.bg,bg2 plat.bg2,k,* **Puls.**bg2,k,* *Sec.*bg2,k,* *Sep.*bg2,k,* stann.bg2,k,* stram.bg,bg2 vib.hr1,k zinc.bg,bg2
- **Stellen** gespürt, an den falschen: cham.k2
- **Stuhldrang**, verursacht: **Nux-v.**bg2,k,* plat.
- **Todesfurcht**, mit: *Coff.*kr1
- **träge**: *Puls.*
- **umherwandern**: caul.bg,bg2
- **unerträglich**: *Coff.*kr1 *Thuj.*kr1
  - **Gehen**, beim: *Thuj.*kr1
- **unregelmäßig**: aeth.hr1,k arn. *Caul.*bg2,k,* caust.bg2,k cham.k2 cimic.k2 cocc.hr1,k *Coff.*bg2,k,* cupr.bg2,k *Nux-m.*bg2,k,* nux-v.bg2,k **Puls.**bg2,k,* sec.bg2,k,*
- **unterbrochen**: *Caul. Mag-m.*hr1,k *Plat.*
  - **Krämpfe**, durch: *Mag-m.*
- **unterdrückt** und ungenügend: cact. carb-v. caul. cimic. *Op. Puls.* sec.
- **veränderlich**: puls.k2
- **vergeblich**: acon.hr1,k arn.hr1,k bell. caul.bg,bg2 *Caust.* cimic. cinnm.hr1,kr1 *Coff.*hr1,k eup-pur.hr1,k gels. goss. **Kali-c.**hr1,k kali-p.hr1,k mit.hr1,kr1 nux-v.bg,bg2 op.hr1,k phos. plat.hr1,k **Puls.**hr1,k sec.bg2,k sep.hr1,k *Ust.*
- **verlängert**: *Caul.*hr1 chlf.hr1 cinnb.hr1,k kali-c.k2 puls. **Sec.**hr1,k spong.hr1 sulph.k2
- **verzweifeln**, läßt sie: *Aur.*hr1,k *Cham.*bg2,k *Coff.*kr1
- **wundem** Schmerz, wie zerschlagen; mit: arn. ars. caust.
- **Zuckungen**, mit: *Chinin-s.*
- ▽ **erstreckt** sich zu:
  - **Abdomen**, Seiten des: kali-c.k2
  - **Hals** hinein; in den inneren: lach.k2
  - **Herz**: cimic.
  - **Hüfte**: cimic.k2
  - **Knien** und zum Sakrum hinauf; zu den: phyt.
  - **Leiste**, in die: cimic. thuj.
  - **oben**, nach: *Borx.*hr1,k,* **Calc. Cham.** gels. lach.k2 lyc. puls.
    - **laufen** nach oben
      ☞ *oben*
  - **Oberschenkel**, in die: *Kali-c.* vib.
  - **Rücken**: kali-c.k2

○ **Uterus**:

○ **Zervix**:
- ▽ **erstreckt** sich zu:
  - **oben**; nach: sep.

• **Zervix**
☞ *Uterus - Zervix*

– **wehenartig**: acon.$_{hr1,k}$ *Agar.*$_{hr1,k}$ *Aloe* *Apis* *Arn.*$_{bg2,k}$ *Asaf.*$_{bg2,k,*}$ aur. **Bell.**$_{bg2,k}$ borx. bov. *Bry.* calc.$_{bg2,k}$ calc-sil.$_{k2}$ camph.$_{hr1,k,*}$ *Cann-i.*$_{hr1,k}$ canth. carb-an.$_{hr1,k}$ carb-v.$_{h,k}$ caul. caust. **Cham.**$_{bg2,k,*}$ chin. *Chlol.*$_{hr1}$ *Cimic.* *Cina* cocc. *Coff.*$_{bg2,k}$ *Con.* croc. cupr. dros. *Ferr.*$_{hr1,k}$ **Gels.**$_{bg2,k,*}$ graph. hydrc.$_{hr1}$ *Hyos.*$_{hr1,k}$ *Ign.*$_{hr1,k}$ inul.$_{br1}$ iod.$_{bg2,h}$ *Ip.* **Kali-c.**$_{bg2,k}$ kali-m.$_{k2}$ kali-p. kali-sil.$_{k2}$ *Kreos.*$_{bg2,k,*}$ *Lach.*$_{bg2,k,*}$ *Lil-t.* lyc. mag-c. mag-m. med. merc. *Mosch.* mur-ac. murx. nat-c. nat-m.$_{h,k,*}$ nit-ac. nux-m.$_{bg2,k,*}$ *Nux-v.*$_{bg2,k}$ *Op.*$_{bg2,k,*}$ ph-ac. phos. **Plat.**$_{hr1,k}$ podo. **Puls.**$_{bg2,k,*}$ *Rhus-t.*$_{a1,k}$ ruta *Sabin.*$_{hr1,k}$ **Sec.**$_{bg2,k}$ **Sep.** *Sil.* stann. sul-ac.$_{bg2,k}$ *Sulph.* tarent. ther.$_{c1,hr1}$ thuj. *Ust.* vib. xan. zinc.
- • **linksseitig**: puls.$_{h}$
- • **nachts**: carb-v.$_{h,kl}$ nat-m.$_{h,kl}$
- ◇ **abwechselnd** mit:
  - • **Augen**; Beschwerden der: kreos.$_{bg1}$
- • **Druck** amel.: ign.
- • **Erkältung**, durch: hyos.$_{h}$
- • **Fluor**, bei: con.$_{h}$
- • **Menses**:
  - • **vor**: alum. *Apis* aur. *Bell.* *Bov.* *Calc-p.* *Cham.* chin. cimic. *Cina* cycl. *Dig.* *Hyos.*$_{hr1,k}$ mag-c. *Mag-p.* plat. rhus-t. sanic. *Sep.* thuj. ust. zinc.
  - • **während**: *Acon.* agar.$_{hr1,k}$ *Alet.*$_{hr1,k}$ aloe *Am-c.* am-m. ant-c. apis arg-n. *Asaf.*$_{hr1,k}$ *Bell.*$_{hr1,k}$ berb. borx. bov. cact.$_{k2}$ *Calc.*$_{hr1,k}$ *Calc-p.*$_{hr1,k}$ cann-i.$_{k2}$ *Carb-an.* caul. *Caust.* cench.$_{k2}$ **Cham.**$_{hr1,k}$ chin. *Cimic.*$_{hr1,k}$ cina coc-c.$_{k2}$ coff. *Con.*$_{hr1,k}$ *Cycl.*$_{hr1,k,*}$ ferr. *Gels.*$_{hr1,k}$ *Graph.*$_{hr1,k,*}$ hyos. *Ign.*$_{hr1,k}$ *Kali-c.* kali-s. kali-sil.$_{k2}$ kreos. *Lac-c.* *Lach.*$_{hr1,k}$ *Lil-t.* lyc. *Mag-p.* med. mosch. *Nat-c.*$_{hr1,k}$ *Nit-ac.*$_{hr1,k}$ *Nux-m.* nux-v. *Plat.* *Puls.*$_{hr1,k}$ *Rhus-t.* **Sabin.**$_{hr1}$ *Sec.*$_{hr1,k}$ *Sep.*$_{hr1,k}$ sulph.$_{hr1,k}$ ust.
    - • **Stehen** agg.: *Rhus-t.*
  - • **nach**: *Cham.* iod. kreos. plat. puls.
  - • **unterdrückt**: cham.$_{h,kl}$
- • **Metrorrhagie**, bei: puls.$_{k2}$
- • **Stehen**, im: aloe$_{k2}$ *Rhus-t.*
- • **Stuhlgang**, beim: *Nat-m.* *Nux-v.*
- • **Überanstrengung**, durch: rhus-t.$_{k2}$
- • **Wassersucht**; bei: asc-c.$_{c1}$
- • **zusammenkrümmen**, muß sich: puls.$_{h}$
- ▽ **erstreckt** sich zu:
  - • **Blase**: carb-v.$_{h}$
  - • **links** nach rechts; von: *Lyc.*
  - • **Oberschenkel**: *Aloe* apis *Cham.* con. kali-c. nat-m. nux-v. stram. ust. vib.
  - • **Rektum**: *Aloe* *Nux-v.*
  - • **Rücken**:
    - • **Hüfte**; und: **Gels.** sul-ac.
    - • **Schamgegend**, zur: sabin.$_{k2}$
  - • **Sakrum**: carb-v.$_{h}$

– **Wehtun** (= unbestimmt, drückend): calc-p.$_{a1,k}$ calc-sil.$_{k2}$ *Lil-t.*
- ○ **Ovarien**: apis brom.$_{hr1,k}$ con. hydrc.$_{a1}$ iod. *Kreos.* lac-ac.$_{hr1,k}$ lil-t. med. onos. pic-ac.$_{a1,k}$ podo.$_{hr1,k}$ sep.$_{a1,k}$ sulph.$_{hr1,k}$ syph.

– **Wehtun - Ovarien**: ...
  - • **links**: brom.$_{hr1,k}$ med. pic-ac.$_{a1,k}$ podo. syph.
  - • **rechts**: *Lac-ac.*$_{hr1,k}$ *Pall.*
  - • **Gehen**, beim schnellen: apis lac-ac.$_{hr1,k}$
- • **Uterus**: bell.$_{bg1}$ *Calc-p.*$_{a1,k}$ calc-sil.$_{k2}$ *Con.* ferr.$_{bg1}$ lach.$_{bg1}$ merc.$_{hr1,k}$ senec.$_{bg1}$ sep. spira.$_{a1}$ tarent.$_{a1}$ ust.
  - • **morgens**: *Calc-p.*$_{a1,k}$
  - • **Koitus**, beim: merc-c.$_{hr1,k}$
- • **Vagina**: **Calc.**$_{bg2,k}$ calc-p.$_{bg2,k,*}$ chin.$_{a1,bg2}$ elaps
  - • **Menses**:
    - • **vor**: elaps
    - • **während**: calc.
  - • **Nasenbluten**, nach: calc-p.$_{a1,k}$

– **wund** schmerzend (= wie zerschlagen, empfindlich): am-c. ambr. androc.$_{srj1}$ arg-n.$_{k2}$ arn. ars. *Ars-i.* aur-s.$_{k2}$ bov. *Calc.* calc-p. calc-sil.$_{k2}$ canth. **Carb-v.** *Carbn-s.* *Caust.* *Coc-c.* coff. con. ferr-i. *Graph.* *Hep.* iod. kali-bi. *Kali-c.* kali-sil.$_{k2}$ **Kreos.** *Lac-c.* lyc. meph. nat-c.$_{a1}$ nit-ac. petr. phos. **Plat.** puls. rhus-t. sec. *Sep.* *Sil.* **Staph.** sul-i.$_{k2}$ *Sulph.* *Thuj.* *Zinc.* zinc-p.$_{k2}$
- • **Entbindung**, nach: arn.$_{br1}$
- • **Fluor**, durch: calc.$_{k2}$
- • **Gehen** agg.: *Lac-c.*
- • **liegt** auf dem Rücken und spreizt die Knie so weit wie möglich: lac-c.$_{kr1}$
- • **Menses**:
  - • **vor**: con. *Kali-c.*$_{hr1,k}$ lach. **Sep.**
  - • **während**: all-s.$_{hr1}$ am-c.$_{k2}$ bov. *Kali-c.*$_{hr1,k,*}$ *Nat-m.*$_{hr1,k}$ sil.$_{hr1,k}$
  - • **nach**: *Kali-c.*$_{hr1,k,*}$
- • **Waschen** in kaltem Wasser, nach: eupi.$_{a1,k}$
- ○ **Labien** beim Urinieren; zwischen den: eupi.
- • **Ovarien**: alet.$_{k2}$ alum. am-m.$_{hr1}$ *Ant-c.* *Apis* arg-met. arg-n. arn.$_{hr1,k}$ *Ars-i.* atro. bell.$_{bg2}$ **Bry.**$_{bg2,k,*}$ *Bufo* *Canth.* *Chin.* cimic. coloc. con. cupr-ar. graph. guaj. ham.$_{hr1,k}$ helon.$_{hr1,k}$ hep. *Iod.* kali-br. kali-c. kreos.$_{c}$ *Lac-c.* **Lach.** **Lil-t.**$_{a1,k}$ med. *Nux-m.*$_{a1,k}$ ol-j.$_{hr1,k}$ onos. *Pall.* *Plat.*$_{hr1,k}$ psor. puls. rhus-t. sep.$_{a1,k}$ *Staph.* sul-i.$_{k2}$ syph.$_{hr1,k}$ tarent. ter. ther.$_{hr1,k}$ thuj.$_{bg1}$ ust. vesp.
  - • **links**: *Arg-met.* atro.$_{bg1}$ coloc. kali-br.$_{bg1}$ **Lach.**$_{hr1,k}$ med.$_{bg1}$ ovi-p.$_{bg1}$ plat.$_{hr1,k}$ syph.$_{bg1,hr1}$ ust.$_{bg1}$ vesp.
  - • **rechts**: alet.$_{k2}$ *Apis* *Bry.*$_{hr1,k,*}$ *Iod.* mag-m. murx.$_{bg1}$ *Pall.* plat. psor.$_{bg1}$ sec.$_{bg1}$
  - • **Bewegung**, bei: ther.$_{hr1,k}$
  - • **Druck** agg.: ther.$_{c1,hr1}$
  - • **Gehen** agg.: *Apis* **Arn.** **Bry.**
  - • **Menses**:
    - • **vor**: *Kali-c.* *Lac-c.*
    - • **während**: *Apis* canth. *Iod.* *Kali-c.* plat.$_{hr1,k}$
    - • **nach**: ant-c.$_{c1}$ *Iod.* kali-c.
    - • **unterdrückte**, durch: ant-c.$_{hr1,k}$
  - ▽ **erstreckt** sich die Glieder hinab: bry.$_{a1,k}$
- • **Schamgegend**, selbst wenn sie nicht uriniert: ambr.
- • **Uterus**: *Aesc.*$_{hr1,k}$ am-c. ant-c. *Apis* arg-met. arg-n. **Arn.**$_{hr1,k}$ *Ars-i.* **Aur.**$_{hr1,k}$ **Bell.** bell-p.$_{bg1}$ bov. **Bry.** *Bufo* *Calc.*$_{hr1,k}$ calc-p.$_{hr1,k}$ canth. caul.$_{hr1,k}$ cham. chin. *Cimic.* *Cocc.* *Con.*$_{hr1,k}$

– **enzystiert**: apis$_{vh}$ bar-c.$_{hr1,k}$ calc.$_{hr1,k}$ carbn-s. *Graph.*$_{hr1,k}$ *Kali-br.*$_{vh}$ kali-c.$_{hr1,k}$ lyc.$_{hr1,k}$ nit-ac. rhod. *Sabin.* sep.$_{hr1,k}$ *Sil.*$_{hr1,k}$ sulph.$_{hr1,k}$
– **erektil**: ars.$_{hr1,k}$ *Carb-an.*$_{hr1,k}$ *Carb-v.*$_{hr1,k}$ kali-bi.$_{vh}$ kreos.$_{hr1,k}$ *Lach.*$_{hr1,k}$ lyc.$_{hr1,k}$ *Nit-ac.*$_{hr1,k}$ *Phos.*$_{hr1,k}$ plat.$_{hr1,k}$ sep.$_{hr1,k}$ sil.$_{hr1,k}$ sulph.$_{hr1,k}$ *Thuj.*$_{hr1,k}$
• **blau**: *Carb-v.*$_{hr1,k}$
• **blutend**: arn.$_{hr1,k}$ coc-c.$_{hr1,k}$ kreos.$_{hr1,k}$ lach.$_{hr1,k}$ *Phos.*$_{hr1,k}$ puls.$_{hr1,k}$ thuj.$_{hr1,k}$
• **brennend**: calc. *Carb-an.*$_{hr1,k}$ *Thuj.*$_{hr1,k}$
• **juckend**: *Nit-ac.*$_{hr1,k}$
• **klebend**: *Nit-ac.*
• **stechend**: *Carb-v.*$_{hr1,k}$
– **hart**: *Carb-v.*$_{hr1,k}$
○ **Ovarien**: **Apis**$_{c2,k}$ apoc.$_{hr1,k}$ arg-met.$_{k2}$ *Ars.*$_{hr1,k}$ ars-i. *Bar-m.*$_{hr1,k}$ *Calc.*$_{hr1,k}$ calc-i.$_{k2}$ *Coloc.*$_{hr1,k}$ fl-ac.$_{hr1,k}$ graph.$_{c2,k}$ hep.$_{hr1,k}$ *Iod.*$_{hr1,k}$ **Lach.**$_{hr1,k}$ **Lyc.**$_{hr1,k}$ ov.$_{c2}$ *Plat.*$_{hr1,k}$ *Podo.*$_{hr1,k,*}$ *Sec.*$_{c2}$ staph.$_{hr1,k}$ stram.$_{hr1,k}$ syph.$_{hr1,k}$ thuj.$_{hr1,k}$ zinc.$_{hr1,k}$
• **links**: apis$_{vh}$ arg-met.$_{k2}$ kali-bi.$_{vh}$ **Lach.**$_{hr1,k}$ *Podo.*
• **rechts**: *Apis* *Ars.*$_{hr1}$ fl-ac. *Iod.* **Lyc.** *Pall.* *Podo.*$_{hr1,k}$ rhod.$_{c1}$ xan.$_{c1}$
• **Fibrom**: apis calc.$_{hr1,k}$ coloc.$_{hr1,k}$ fl-ac.$_{hr1,k}$ hep.$_{hr1,k}$ iod.$_{hr1,k}$ lach.$_{hr1,k}$ merc.$_{hr1,k}$ plat.$_{hr1,k}$ *Podo.*$_{hr1,k}$ puls.$_{k2}$ sabin.$_{k2}$ staph.$_{hr1,k}$ tarent.$_{k2}$ thuj.$_{hr1,k}$ xan.$_{c1}$
• **Zysten**: *Apis* arg-met.$_{k2}$ *Bov.*$_{hr1,k}$ *Bufo* canth.$_{hr1,k}$ carb-an.$_{hr1,k}$ *Coloc.*$_{hr1,k}$ *Iod.*$_{hr1,k}$ *Kali-br.*$_{hr1,k}$ *Lach.* merc.$_{hr1,k}$ murx.$_{hr1,k}$ *Plat.*$_{hr1,k}$ prun.$_{hr1,k}$ rhod.$_{hr1,k,*}$ *Rhus-t.*$_{hr1,k}$ syph.$_{k2}$ thuj.$_{hr1,k}$
– **Uterus**: aur-m.$_{c2}$ *Calc.* carc.$_{br1}$ *Crot-h.* frax.$_{c2}$ sabal$_{c2}$ sanic.$_{c2}$ **Ter.** thuj.
• **Fibrom**: *Apis* arb.$_{st}$ *Aur-m-n.* bell.$_{kr1}$ brom. bry.$_{kr1}$ bufo **Calc.** **Calc-f.** *Calc-i.*$_{st}$ *Calc-p.* *Calc-s.* carc.$_{bro1,sst}$ chol.$_{st}$ chr-s.$_{bro1}$ *Con.* fl-ac.$_{mg1,st}$ frax.$_{st}$ graph.$_{bg2}$ hydr.$_{st}$ *Hydrin-m.*$_{c1}$ *Hydrinin-m.*$_{c1,c2}$ kali-br.$_{k,st}$ *Kali-c.* *Kali-i.*$_{c1,k,*}$ *Lach.* lap-a.$_{br1,kr1,*}$ *Led.*$_{k,kr1}$ lil-t.$_{c1,k,*}$ lyc.$_{c1,k,*}$ merc. *Merc-c.* merc-i-r. nit-ac. nux-v. **Phos.**$_{bg2,k}$ phyt.$_{st}$ plat.$_{bg2,k}$ puls.$_{k2}$ sabin.$_{k2}$ *Sec.*$_{c1,k,*}$ **Sil.**$_{c2,k}$ sul-ac. tarent.$_{c1,k2,*}$ ter.$_{c1,k,*}$ teucr.$_{c1,c2}$ thiosin.$_{bro1}$ thlas.$_{c1,c2}$ thuj. thyr.$_{c1,c2}$ tril-p.$_{bg2}$ tub. ust.$_{c1,k,*}$ vinc. xan.$_{c1,c2}$
◆ **begleitet** von:
• **Kopf**; Schmerz im
☞ ❑ *Kopf - Schmerz - begleitet von - Fibrom*
• **Blutung**; mit: calc.$_{bg2,c1}$ *Hydrin-m.*$_{c1}$ lap-a.$_{c1}$ nit-ac.$_{bg2,c1}$ phos.$_{bg2,c1}$ sabin.$_{c1}$ sul-ac.$_{bg2,c1}$ thlas.$_{c1}$ *Tril-p.*$_{c1,c2}$ ust.$_{c1}$
• **Zysten**: mag-c.$_{gm1}$
– **Vagina**:
• **Zysten**: *Lyc.* *Puls.* rhod.$_{c2,k}$ **Sil.**
• **serös**: rhod.$_{c1}$

Unfruchtbarkeit
☞ *Sterilität*

Unwillkürlicher Orgasmus
☞ *Orgasmus - unwillkürlich*

Uterusverlagerung: abies-c.$_{br1,c2}$ aesc. alet.$_{bg2}$ *Am-m.*$_{hr1,k}$ anan.$_{hr1}$ *Aster.*$_{hr1}$ aur.$_{bg2}$ aur-m.$_{hr1,k}$ **Bell.**$_{hr1,k}$ **Calc.**$_{hr1,k}$ *Calc-p.*$_{hr1,k}$ carb-ac.$_{c2}$ *Caul.* *Cimic.* eupi.$_{bro1,c1}$ ferr.$_{hr1,k}$ *Ferr-i.*$_{bg2,k,*}$ helio.$_{bro1,c2}$ helon.$_{bg2}$ ign.$_{k2}$ kali-c.$_{hr1,k}$ **Lach.**$_{hr1,k}$ led.$_{hr1,k}$ **Lil-t.**$_{bg2,k,*}$ *Mag-m.*$_{hr1,k}$ mel-c-s.$_{br1}$ *Merc.*$_{hr1,k}$ *Murx.*$_{bg2,k}$ **Nat-m.**$_{hr1,k}$ *Nit-ac.*$_{hr1,k}$ *Nux-m.*$_{hr1,k}$ *Nux-v.* ovi-p.$_{c2}$ phos.$_{k2}$ *Plat.*$_{bg2,k,*}$ *Podo.*$_{hr1,k}$ sabal$_{c2}$ senec.$_{bg2}$ **Sep.**$_{bg2,k,*}$ stann.$_{bg2}$ sulph.$_{hr1,k}$ *Tarent.*$_{k2,vh}$ *Thuj.*$_{hr1,k}$ tril-p.$_{c1}$ *Ust.*$_{vh}$
– **Antepositio**: graph.$_{vh}$ lil-t.$_{vh}$ phos.$_{vh}$
– **Dysurie**, mit: senec.$_{c1}$

Vaginismus: *Acon.*$_{hr1,k}$ aln.$_{c,c1}$ alumn.$_{c1,c2}$ aur.$_{c1}$ *Bell.*$_{hr1,k}$ *Berb.*$_{c2,k}$ **Cact.**$_{hr1,k,*}$ *Canth.*$_{hr1,k}$ carb-v.$_{bro1}$ *Caul.*$_{bro1}$ caust.$_{bro1}$ *Cimic.*$_{bro1}$ coc-c.$_{sf,sf1}$ cocc.$_{hr1,k}$ *Coff.*$_{bro1}$ con.$_{hr1,k}$ *Cupr.*$_{st}$ ferr. ferr-i.$_{bro1}$ ferr-m.$_{bro1}$ *Ferr-p.*$_{hr1,k}$ gels. *Ham.*$_{hr1,k}$ *Ign.*$_{hr1,k}$ kali-br.$_{hr1,k}$ kreos.$_{bro1,sf1,*}$ lac-c.$_{bro1}$ *Lyc.*$_{hr1,k}$ lyss.$_{bro1,c1,*}$ mag-p.$_{hr1,k,*}$ merc. mur-ac.$_{bro1}$ *Murx.*$_{bro1}$ *Nat-m.*$_{c2,k}$ nit-ac.$_{bro1}$ nux-v.$_{hr1,k}$ orig.$_{bro1}$ plat.$_{hr1,k,*}$ **Plb.**$_{hr1,k,*}$ plb-xyz.$_{c2}$ *Puls.*$_{hr1,k}$ sep.$_{sf,sf1}$ *Sil.*$_{hr1,k}$ staph.$_{bro1,sf1,*}$ tarent.$_{bro1}$ *Thuj.*$_{hr1,kr1,*}$
☞ *Koitus - Genuß - fehlend*
– **Koitus**:
• **während**: cact.$_{hr1,k}$ *Plat.*$_{hr1,k}$
• **schmerzhaft**: alumn. apis$_{kr1}$ **Arg-n.** bell. *Berb.* borx.$_{bg2,sf1}$ calc.$_{bg2,sf1}$ *Calc-p.* coff. *Ferr.* *Ferr-m.* *Ferr-p.* ham. *Hep.* hydr. ign. *Kali-bi.* *Kali-c.* *Kreos.* *Lyc.*$_{k2,kr1}$ **Lyss.** merc.$_{bg2}$ **Nat-m.** *Plat.* *Rhus-t.* sabin. **Sep.** sil. *Staph.* *Sulph.* *Thuj.*
• **verhindert**: **Cact.**$_{hr1,k}$ plat.

Vergrößerung:
○ **Ovarien**: **Apis** arg-met.$_{k2}$ ars-i.$_{k2}$ aur-m-n.$_{hr1,k}$ **Bell.**$_{hr1,k}$ *Carb-an.*$_{hr1,k}$ **Con.**$_{hr1,k}$ *Graph.*$_{hr1,k}$ hep. *Iod.* kali-br.$_{hr1,k}$ lac-c.$_{hr1,k}$ lach.$_{hr1,k}$ lil-t. *Lyc.*$_{hr1,k}$ *Med.*$_{hr1,k}$ meli. spong.$_{hr1,k}$ tarent.$_{c2}$ *Ust.*$_{hr1,k}$
☞ *Schwellung - Ovarien*
• **links**: *Apis* graph. lac-c.$_{hr1,k}$ *Lil-t.* *Med.*$_{hr1,k}$
• **rechts**: **Apis** *Bell.* *Lach.*$_{hr1}$ **Lyc.** *Mag-m.*$_{hr1,k}$ *Pall.*
• **Erkältung** agg.; jede: *Graph.*
• **Gefühl** von: arg-met. arg-n. cur. med. *Sep.* *Sil.*
  • **links**: arg-met.
  • **rechts**: arg-n.
  • **Menses**, vor den: *Sil.*
– **Uterus**: aesc.$_{hr1,k}$ *Am-m.*$_{hr1,k}$ apis arg-met.$_{k2}$ *Aur.*$_{bg2,k}$ *Aur-m.*$_{hr1,k}$ aur-m-n.$_{k2}$ *Bell.*$_{hr1,k}$ *Calc.*$_{hr1}$ calen.$_{hr1}$ *Carb-an.*$_{hr1,k}$ **Con.**$_{bg2,k,*}$ *Ham.*$_{hr1}$ helo.$_{bg2}$ helon.$_{bg2}$ *Hep.*$_{hr1,k}$ kali-br.$_{hr1,k}$ *Kali-i.*$_{hr1,k}$ lac-c.$_{hr1}$ *Lach.*$_{hr1,k}$ lyss.$_{hr1,k}$ mag-m.$_{bg2}$ merc-i-r.$_{bg1}$ *Murx.*$_{hr1}$ *Nat-c.*$_{hr1,k}$ *Nat-m.*$_{hr1}$ nux-v.$_{hr1,k}$ *Phyt.*$_{hr1,k}$ plat.$_{hr1,k}$ plb.$_{bg2}$ podo.$_{k2}$ sabin.$_{hr1,k}$ sec.$_{hr1}$ **Sep.**$_{hr1,k}$ **Thuj.**$_{hr1}$ *Ust.*$_{hr1,k}$

Verhärtung: aml-ns. *Con.*$_{hr1,k}$ **Kreos.** *Merc.*$_{hr1,k}$ sep. sil.$_{k2}$
– **Verletzungen**, durch: *Con.*$_{hr1,k}$
○ **Ovarien**: alum. alumn. am-br. *Apis* *Arg-met.* ars.$_{hr1,k}$ *Ars-i.* *Aur.*$_{hr1,k}$ aur-i.$_{k2}$ aur-m-n. *Bar-i.* *Bar-m.*$_{hr1,k}$ bell.$_{hr1,k}$ *Brom.* carb-an. **Con.**$_{hr1,k}$ **Graph.**$_{hr1,k}$ iod. kreos. **Lach.**$_{hr1,k}$ *Pall.*$_{hr1,k}$ plat.$_{hr1,k}$

– **Ovarien**: ... *Psor.*$_{hr1,k}$ *Sep.*$_{hr1,k}$ spong.$_{hr1,k}$ staph.$_{k2}$ tarent. ust. zinc.
  • **links**: arg-met.$_{k2}$ *Brom. Graph.*$_{hr1,k}$ **Lach.**$_{hr1,k}$ psor. ust.
  • **rechts**: *Apis Carb-an. Pall.*$_{hr1,k}$ *Podo.*
– **Uterus**: *Alum.*$_{k,k1,*}$ *Alumn.*$_{hr1,k}$ ars.$_{bg2}$ **Aur.**$_{bg2,k,*}$ aur-i.$_{k2}$ *Aur-m.*$_{k,k1,*}$ aur-m-k.$_{c2}$ aur-m-n.$_{c2,hr1}$ *Bell.*$_{bg2,k,*}$ *Calen.*$_{hr1}$ *Carb-an.*$_{bg2,k,*}$ cham.$_{hr1,k}$ *Chin.*$_{bg2,k}$ clem.$_{bg2}$ cocc.$_{bg2}$ *Con.*$_{bg2,k,*}$ ferr.$_{bg2}$ helon. *Iod.*$_{bg2,k,*}$ *Kali-br.*$_{hr1,k}$ kreos.$_{bg2}$ lach.$_{bg2}$ lyss. mag-m.$_{c2}$ merc.$_{bg2}$ pall. phos.$_{bg2}$ *Plat.*$_{bg2,k,*}$ puls.$_{bg2}$ rhus-t.$_{bg2}$ sabin.$_{bg2}$ sars.$_{bg2}$ sec.$_{bg2}$ sep.$_{bg2,k}$ *Staph.*$_{bg2}$ syph.$_{k2}$ tarent.$_{hr1,k}$ thuj.$_{bg2}$
  ◆ **begleitet** von:
    • **Zunge**:
      • **Schleim** auf der Zunge; Ansammlung von: *Carb-an.*$_{kr1,vk1}$
  ○ **Os uteri**: *Aur.*$_{hr1,k}$ *Carb-an.* hydr.$_{hr1,k}$ *Lil-t.*$_{hr1}$ mag-m.$_{hr1}$ nux-v.$_{hr1,k}$ plat.$_{hr1,k}$ *Podo.*$_{hr1,k}$ *Ust.*$_{hr1,k}$
  • **Zervix**: alumn. anan. arg-met.$_{k2}$ **Aur.** aur-i.$_{k2}$ *Aur-m. Aur-m-n.*$_{hr1,k}$ *Bell. Carb-ac.*$_{hr1,k}$ **Carb-an.**$_{hr1,k}$ chin. **Con.**$_{hr1,k}$ hydr.$_{hr1,k}$ *Iod. Kreos.*$_{hr1,k}$ lac-c.$_{hr1,k}$ *Mag-m. Nat-c.*$_{hr1,k}$ *Plat.*$_{hr1,k}$ **Sep.**$_{hr1,k}$ *Sil.*$_{hr1,k}$ staph. syph.$_{k2}$ tarent.$_{hr1,k}$ verat.$_{hr1,k}$
    • **Pessars**; nach Benutzung eines: hyper.
– **Vagina**: bell. calc. *Chin.*$_{hr1,k}$ clem. con. *Ferr.*$_{hr1,k}$ *Lyc.*$_{hr1,k}$ mag-m. merc. petr. *Puls.*$_{hr1,k}$ sep. *Sil.* sulph.

Verlangen
  ☞ *Sexuelles Verlangen*

Verwachsungen:
○ **Klitoris**: kali-c.$_{gm1}$

Völle:
– **Gefühl** von Völle bei den Menses: *Puls.*
○ **Uterus**: aesc.$_{k2}$ alet.$_{hr1,k}$ aloe apis *Bell.*$_{hr1,k}$ *Caul.*$_{hr1}$ chin.$_{bg2}$ conv.$_{bg2}$ helon.$_{bg2}$ spig.$_{bg2}$
  • **Gehen** agg.: chin.$_{hr1,k}$ merc.$_{k2}$
  • **Stehen** agg.: aloe
– **Vagina**: ham.$_{hr1,k}$ lil-t.$_{hr1,k,*}$

Warzen
  ☞ *Kondylome / Wucherungen*

Wassersucht
  ☞ *Schwellung - Ovarien - wassersüchtig / Schwellung - Uterus - wassersüchtig*

Wehen
  ☞ *Entbindung / Schmerz - Wehen*

Weicher Uterus: *Arg-n.*$_{hr1}$ op.$_{bg2,k,*}$
– **Gefühl** wie weich: abies-c.

Weißfluß
  ☞ *Fluor*

Wochenbett
  ☞ *Entbindung - nach*

Wollustgefühl, wie beim Koitus
  ☞ *Prickeln*

Wucherungen: arg-n.$_{k2}$ calc.$_{k2}$ cinnb.$_{k2}$ crot-h. cub. graph. *Kreos.* lac-c. merc. nat-s.$_{k2}$ **Nit-ac.** phos.$_{k2}$ sabin.$_{k2}$ sec. staph. **Thuj.**
  ☞ *Kondylome*
– **blutend**: calc.$_{k2}$
○ **Uterus**:
  ○ **Zervix**: cub. *Kreos.* merc. **Nit-ac.** sec. tarent. **Thuj.**
    • **blumenkohlartig**: crot-h. *Graph.* kali-ar. *Kreos.* lac-c. nat-s.$_{k2}$ *Phos.* **Thuj.**
    • **blutend**: merc. thuj.
    • **wäßrig**: sec. thuj.
    • **warzenförmig**: sabin.$_{k2}$ *Thuj.*

Zucken: bell.$_{k2}$ sep.$_{hr1,k,*}$

Zusammenschnürung:
○ **Ovarien**: cact.
– **Uterus**: bell. cact. cham. *Gels.* ign. kali-i. murx. mygal. nux-v. plat. sec. sep. tarent.
  • **Band**, wie ein: cact. sec.
– **Vagina**: **Cact.** kreos. plat. *Puls.*
  • **Berührung**, bei: **Cact.**
  • **Koitus**, beim: **Cact.**$_{vh}$
  ○ **Introitus**: bell.$_{k2}$

Zusammenziehung, Kontraktionen: *Lac-c.* thuj.$_{bg2,k}$
○ **Uterus**: *Bell.*$_{hr1,k}$ cact.$_{hr1,k}$ *Calc-p.* chinin-s. cimic. cocc.$_{bg2,k,*}$ ign.$_{bg2,k}$ lac-c. murx.$_{bg2,k}$ nat-m. nux-v.$_{bg2,k}$ *Puls.*$_{bg2,k,*}$ sabin.$_{bg2,k,*}$ sep. staph. thuj.$_{bg2,k}$
  • **Menses**:
    • **vor**: caul. cimic. cur.
    • **während**: *Bell.* **Cact.** *Puls. Staph.*$_{hr1,k}$
  • **Sanduhrkontraktion**: **Bell.** *Cham. Cocc.* con. cupr. hyos. *Kali-c.* nux-v. *Plat.* puls. rhus-t. *Sec. Sep.* sulph.
  ○ **Os uteri**:
    • **Entbindung**; krampfhafte Zusammenziehung bei der: acon. aml-ns. **Bell.** cact. **Caul. Cimic.** con. hyos. lach. lyc. sec. sep.$_{kr1}$ vib. xan.
– **Vagina**: ham.$_{bg2,k2}$ *Kreos.*$_{bg2,k,*}$ *Plb.*$_{bg2}$ *Sep.*$_{hr1,k}$
  • **Aufstehen** vom Sitzen; beim: kreos.$_{hr1,k}$

Zysten: aur.$_{bg2}$ *Sabin.*$_{hr1,k}$
– **Ovarien**
  ☞ *Tumoren - Ovarien - Zysten*
– **Vagina**
  ☞ *Tumoren - Vagina - Zysten*

Anästhesie des Kehlkopfes: kali-br.

Auf- und Abbewegung des Kehlkopfes: lyc. op. sul-ac.

Ausräuspern
☞ *Räuspern*

Belegt, scheint
☞ *Samtiges Gefühl*

Blatt die Trachea verschließen; als würde ein: mang.

Druck:
○ **Halsgrube**: aesc. anac. **Brom.** *Caust.* cic. graph. **Lach.** *Lob.* phos. *Rumx.* sars.$_{a1,k}$
• **Einatmen**, beim: caust.
• **Schlucken** agg.: staph.
• **Zorn**, nach: staph.
– **Kehlkopf**, auf den: ol-an.$_{bg1}$

Empfindlichkeit:
○ **Kehlkopf**: *Acon.* **Bell.** *Calad.* carbn-s. *Caust.* cedr. cor-r. fl-ac. *Graph.* hep. lac-c. **Lach. Naja** *Phos. Spong.* sul-ac. sulph.
• **morgens**: kali-bi.
• **Berührung**, gegen: **Acon.** *Caust. Con.* crot-h. *Graph. Hep.* kali-m.$_{k2}$ **Lach.** *Naja* **Phos. Spong.**
• **Druck**, gegen: *Ars.* **Phos.**
• **geringsten** Druck; gegen den: bell.$_{k1}$
• **kalte** Luft, gegen: **Acon.** *Ars. Bell.* calc-p. *Carb-v.* carl. cimic. crot-h. fl-ac. **Hep.** ip. *Mang. Naja* nux-m. nux-v. osm. ox-ac. *Phos.* **Rumx.** sil. spong. stann. sulph.
• **Klang** des Klaviers; gegen den: **Calc.**
– **Trachea**:
• **Berührung**, gegen: *Hep.*
• **kalte** Luft, gegen: *Rumx.*

Empfindungslosigkeit des Kehlkopfes: *Kali-br.*

Enge: bar-c. carb-v. *Cocc.* graph. kali-bi. mez.$_{h}$ nat-m. phos.$_{h}$ teucr. verat. verb.
☞ *❑ Brust - Zusammenschnürung*
○ **Kehlkopf**
☞ *Spannung*

Engegefühl: mez.$_{h}$ phos.$_{h}$

Entfernt worden; als sei der Kehlkopf: spong.

Entzündung:
○ **Kehlkopf** (= Laryngitis): **Acon.**$_{c2,k}$ *Aesc.* **All-c.**$_{c2,k}$ am-m.$_{k2}$ *Ant-c.* ant-s-aur.$_{c2}$ *Ant-t.*$_{c2,k}$ *Apis*$_{c2,k}$ *Arg-met.*$_{c2,k}$ **Arg-n.** *Ars.* ars-i.$_{c2,k}$ aur-m. **Bell.** *Brom.* bry. *Bufo* calad. *Calc.* calc-i.$_{k2}$ calc-s. carb-ac. carb-an. *Carb-v.*$_{c2,k}$ carbn-s. *Caust.*$_{c2,k}$ *Cham. Chel. Chlor. Crot-c. Crot-h.* **Dros.**$_{c2,k}$ *Dulc.* ery-a.$_{c2}$ ferr-p. **Gels.** *Guaj.* **Hep.**$_{c2,k}$ hydr-ac. *Iod.*$_{c2,k}$ *Ip.* **Kali-bi.** kali-i.$_{c2,k}$ kali-m.$_{k2}$ *Lach.*$_{c2,k}$ linu-c.$_{c2}$ *Mang.*$_{c2,k}$ *Merc.* merc-i-r.$_{c2,k}$ *Naja* nat-i.$_{c2}$ *Nat-m. Nit-ac. Nux-v.* ph-ac. **Phos.**$_{c2,k}$ polyg-xyz.$_{c2}$ *Puls. Rhus-t.* **Rumx.** sabad.$_{k2}$ *Sang.* sangin-n.$_{c2}$ sel. seneg. *Spong.*$_{c2,k}$ stict.$_{c2}$ *Still.* sul-i.$_{k2}$ *Sulph.*$_{c2,k}$ tab.
• **abends** agg.: *Cedr.* kali-bi. *Rhus-t.*
• **Erhitzung**, durch: **Brom. Puls.**

Entzündung - Kehlkopf: ...
• **gangränös**: *Ars. Bell. Lach. Phos.*
• **katarrhalisch**: sabal$_{c2}$
• **plötzlich**: bell.$_{k2}$
• **Rednern**, bei: **Arum-t.** *Carb-v. Still.*
• **Sängern**, bei: *Ant-c. Arg-met.* **Arg-n.** *Mang.*
• **syphilitisch**: *Hep. Iod. Merc. Merc-i-r. Nit-ac. Still.*
• **tuberkulös**: sel.$_{c1}$
• **Urtikaria**, durch unterdrückte: *Ars.*
• **warmes** Zimmer agg.: all-c.$_{k2}$
• **Wetter**:
• **nassem** Wetter, bei: *Kali-bi.* mang.$_{k2}$
• **wiederkehrend**: *Brom. Calc.*
– **Trachea** (= Luftröhrenentzündung, Tracheitis): *Acon. Ant-t.* ars. ars-i. *Bell. Brom.* bry. canth. *Carb-v.* cham. chin. dig. dros. *Dulc. Hep. Iod.* ip. *Kali-bi.* lob. *Mang. Nat-m.* nux-v. *Puls. Rumx.* sabad.$_{k2}$ *Samb. Sang. Spong.* sul-i.$_{k2}$ verat.

Falschen Weg; Essen nimmt den
☞ *Speisen*

Faßt sich an den Kehlkopf
☞ *Hält sich*

Fedriges Gefühl
☞ *Samtiges Gefühl*

Fissuren im Kehlkopf: bufo

Flatterndes Gefühl im Kehlkopf: *Lach.*

Fleisch in den Kehlkopf hineinhängen; Gefühl, als würde: *Phos.*$_{k,k12}$●
☞ *Fremdkörpers / Haares / Krümels / Trockenheit - Kehlkopf*

Flüssigkeiten kommen in den Kehlkopf hinein: *Acon.* anan. *Lach. Meph.*

Fremdkörper fallen beim Trinken oder beim Sprechen in den Kehlkopf: *Meph.*

Fremdkörpers; Gefühl eines:
☞ *Fleisch / Haares / Membran - Gefühl / Samtiges Gefühl*
○ **Epiglottis** geblieben; als seien Speisereste in der: hepat.$_{bro1}$
– **Kehlkopf**: *Agar.* ant-c.$_{c1,h}$ *Arg-met.* **Bell.** brom. *Bry. Calc-f. Coc-c. Dros. Hep.* hydrog.$_{srj2}$ iod.$_{h}$ *Lach.* lob. med. *Nat-m. Phos.* ptel. rumx. *Sang. Sil.* tarent. *Thuj.*
☞ *Krümels*
• **morgens**: caust.
○ **hinter** dem Kehlkopf: *Coc-c.*
– **Trachea**: hyos. *Kali-c. Sang.* sin-n.

Gefühllosigkeit, Taubheit der Trachea: acon.$_{h}$

Gepackt, wie
☞ *Zusammenschnürung*

Geschwür des Kehlkopfes
☞ *Ulzeration - Kehlkopf*

Glottisspasmus
☞ *Laryngismus / Zusammenschnürung - Kehlkopf*

Greift sich beim Husten an den Kehlkopf
☞ *Hält sich*

Haares in der Trachea; Gefühl eines: naja sil.
☞ *Fleisch / Fremdkörpers / Krümels / Trockenheit - Kehlkopf*

Hält sich den Kehlkopf beim Husten: *Acon.* **All-c.** ant-t. *Bell. Dros. Hep.* iod. lach.

Haut im Kehlkopf; Gefühl einer
☞ *Membran - Gefühl - Haut*

Heiserkeit
☞ *Stimme - heiser*

Hitze:
○ **Kehlkopf**: all-s. alumn. anan. ant-c.$_{h}$ apoc. carbn-s. **Iod.** kali-bi. mag-m. naja phyt.
– **Trachea**: cain. chel. petr. phyt. rhus-t.$_{hr1}$

Jucken:
☞ *Kitzeln*
○ **Halsgrube**:
○ **in** der: agn.$_{a1}$
• **unter** der: phos.$_{h}$
– **Kehlkopf**: alum-p.$_{k2}$ am-c. ambr. ant-t. *Arg-n.* ars-s-f.$_{k2}$ bell. cact. *Calc.* calc-f. carb-v. cist. coff.$_{bg1}$ colch. con. dig. fl-ac. lach. laur. lyc. mang. *Nux-v. Puls.* sil. zinc.$_{h}$
• **nachts**: *Cist.*
– **Trachea**: *Agar. Ambr.* cham. *Cist.* colch. con. kali-bi. laur. *Nux-v.* phos. **Puls.**

Kälte; Gefühl von:
– **Atmen**, beim: arn. **Brom.** camph. chin. *Cist.* cor-r. iod. lith-c. *Rhus-t.* sulph.
– **Ausatmen**, beim: rhus-t.$_{h}$
– **Einatmen** kalt, beim Ausatmen heiß; beim: *Sulph.*
– **Rasieren** amel.: *Brom.*

Katarrh: acon. *All-s.* alum. alum-p.$_{k2}$ alum-sil.$_{k2}$ *Am-c. Am-m.* **Ant-t.** arn. **Ars.** ars-s-f.$_{k2}$ *Bad. Bar-c.* bar-m. bell. *Brom.* **Calc.** *Calc-p.* **Calc-s.** camph. cann-s. canth. carb-an. **Carb-v.** *Carbn-s. Caust. Cham. Chin.* chinin-ar. *Coc-c. Coff. Colch.* con. cot.$_{br1}$ crot-t. dros. *Dulc.* ferr. ferr-ar. *Ferr-p.* gels. graph. *Hep. Hippoz. Hydr.* hyos. ign. ip. **Kali-ar.** **Kali-bi.** *Kali-br.* **Kali-c.** kali-i.$_{k2}$ kali-p. *Kali-s.* kali-sil.$_{k2}$ kreos. lob. *Lyc.* **Mang.** med.$_{k2}$ meph. **Merc.** *Nat-ar. Nat-m.* **Nux-m. Nux-v.** *Ph-ac.* phel. *Phos. Rhod. Rumx.* **Sang. Seneg.** *Sil.* spig. *Spong.* **Stann. Sulph.** verat. verb.
– **morgens**: nux-v.
– **abends**: carb-an.
– **nachts**: carb-an. carb-v. spig.
◈ **abwechselnd** mit Beschwerden des Uterus: *Arg-n.*
– **alten** Menschen, bei: *Ammc. Ant-t. Ars.* **Bar-c.** *Hydr.* **Seneg.**
– **Masern**, nach: *Carb-v.*
– **plötzlich**: **Ars.**
– **Schneeschmelze**, bei der: calc-p.$_{k2}$
– **Wetter**:
• **nassem** Wetter, bei: *Calc.* calc-p.$_{k2}$ dulc. *Kali-bi.*
• **Wetterwechsel**, vor einem: *Kali-bi.*
– **Winter**, im: kali-bi.$_{k2}$

Katarrh: ...
○ **Kehlkopf**: aesc. alum-p.$_{k2}$ alum-sil.$_{k2}$ *Alumn.* am-br.$_{c2}$ *Arg-n.* ars.$_{k2}$ bar-m.$_{k2}$ *Brom.* **Calc.** calc-i.$_{k2}$ **Calc-p. Calc-s.** calc-sil.$_{k2}$ carb-v.$_{k2}$ *Caust. Cham.* chinin-ar. **Coc-c.** *Con.* croc. euphr.$_{k2}$ ferr-ar. *Hep.* hydr.$_{k2}$ iod. kali-ar.$_{k2}$ kali-c.$_{c2}$ kali-i.$_{k2}$ *Kali-s.* mang. merc. *Nat-m.* osm. *Ph-ac.* phos. **Rumx. Sang.** *Seneg. Sil. Spong.* sul-i.$_{k2}$ **Sulph.** *Tarent.*
– **Trachea**: alum-p.$_{k2}$ alum-sil.$_{k2}$ *Ammc. Ars.* arum-t.$_{k2}$ *Bar-c.* bar-m.$_{k2}$ bar-s.$_{k2}$ calc. calc-i.$_{k2}$ calc-s.$_{k2}$ calc-sil.$_{k2}$ cann-s. carb-v.$_{k2}$ chin. chinin-ar. euphr.$_{k2}$ ferr-ar. hydr.$_{k2}$ kali-ar.$_{k2}$ *Kali-bi.* kali-i.$_{k2}$ merc. nux-m. *Ph-ac.* **Rumx. Sang. Seneg.** sul-i.$_{k2}$

Kitzeln: androc.$_{srj1}$
☞ *Jucken / ☐ Innerer Hals - Kitzeln*
○ **Fauces**; in: asc-c.$_{c1}$
– **Halsgrube**, in der: **Apis** aspar. bell. cann-s. caust. **Cham.** cinnb. cocc. coloc. *Con.* crot-h. ign. *Iod.* kreos. lac-c. lach. lith-c. mag-m. nat-c. nat-m. ph-ac. phos. *Puls.* rhus-r. **Rumx. Sang.** *Sil.* squil. tarax.
☞ *☐ Husten - Kitzeln; durch - Halsgrube*
– **Kehlkopf**, im: *Acon. Aesc.* aeth. *Agar.* **All-c.** *Alum.* alum-sil.$_{k2}$ *Alumn.* am-br. *Am-c. Am-m. Ambr.* anac. ang. ant-t. aphis apis *Arg-met. Arg-n. Arn.* **Ars.** asaf. aspar. aur-m. aur-m-n. *Bad.* bapt. bar-c. bar-m.$_{k2}$ **Bell.** borx. bov. *Brom. Bry.* bufo cact. cadm-s. *Calc.* calc-ar. *Calc-f.* calc-i.$_{k2}$ *Calc-p.* calc-sil.$_{k2}$ *Caps. Carb-ac. Carb-an. Carb-v. Carbn-s. Carl. Caust. Cham. Chel.* chinin-s. chlor. *Cimic.* cina cinnb. *Cist.* clem. **Coc-c.** coca *Cocc.* colch. coloc. com. **Con.** cop. *Crot-c. Crot-h. Cupr. Cycl.* daph. dig. dios. **Dros.** *Dulc.* euph. *Euphr.* ferr. ferr-i. fl-ac. glon. graph. gymno. **Hep.** hipp. hydr.$_{k2}$ hyos. ind. inul. **Iod. Ip.** *Iris Kali-bi.* **Kali-c.** *Kali-i.* kali-m.$_{k2}$ kali-n. *Kali-p.* kali-s.$_{k2}$ kali-sil.$_{k2}$ kalm. kreos. lac-c. **Lach.** lact. laur. led. lob. **Lyc.** *Mag-c.* mag-m. **Mang.**$_{hr1,k}$ meny.$_{h}$ *Merc.* merc-c. mez. mur-ac. *Naja* nat-c. **Nat-m.** nat-p. nat-s. nicc. *Nit-ac.* **Nux-v.** oena. ol-an. olnd. onos. **Op.** ox-ac. par. *Ph-ac.* **Phos.** phys. phyt. plan. *Prun. Psor.* **Puls.** rhod. *Rhus-t.* **Rumx.** *Sabin.* **Sang.** *Sars. Seneg. Sep. Sil.* sol-ni. sol-t-ae. spira. **Spong.** *Squil. Stann.* **Staph.** *Stict.* sul-i.$_{k2}$ *Sulph.* sumb. tab. tarax. *Tarent.* tell. thuj. uva *Vinc.* zinc. zinc-p.$_{k2}$ zing.
• **tagsüber**, nur: nat-m.
• **morgens**: iod.$_{h}$
• **Einziehen** kalter Luft; beim: all-c.$_{k2}$
• **Essen** amel.: carb-an.
• **Fieber**; während: *Cimx.*
• **Liegen**:
• **amel.**: *Euphr. Mang.*
– **Luftwegen**, in den: acet-ac. **Acon.** *Alum.* alum-sil.$_{k2}$ *Alumn.* am-c. am-m. *Ambr.* anac. ang. ant-t. apis$_{bg3}$ *Arg-met.* arg-n. *Arn.* ars. arum-t. *Asaf.* atro. aur-m. bamb-a.$_{stb2}$ bar-c. bell. bov. *Brom. Bry.* cadm-s.$_{br1,c1}$ cain. *Calc.* **Calc-f.** calc-p. canth. caps.$_{bg3}$ *Carb-an. Carb-v.* carbn-s. *Caust.* **Cham.**

– **Luftwegen**, in den: ... chin. cimic. cina *Coc-c.* *Coca* cocc. colch. coloc. **Con.** *Cupr.* dig. *Dros.* *Euphr.* *Ferr.* ferr-i. graph.$_{h}$ ham. hep. **Hyos.** ign. inul. *Iod.* **Ip.** iris *Kali-bi.* **Kali-c.** kali-n. kali-perm. kali-s. **Lach.** lact. laur. led. **Lyc.** mag-c. mag-m. *Merc.* mur-ac. *Naja* nat-c. **Nat-m.** nat-p. nit-ac. **Nux-v.** ol-an. ol-j. olnd. op. petr. *Ph-ac.* *Phos.* prun. psor.$_{bg3}$ *Puls.* *Rhus-t.* rumx. sabad. *Sabin.* **Sang.** sars. *Seneg.* **Sep.** *Sil.* *Spong.* *Squil.* *Stann.* **Staph.** sulph. *Tab.* tell.$_{c1}$ teucr. thuj. verat. zinc.
- **tagsüber**: coloc. *Euphr.* lyc. nat-m. staph.
  - **nachts**; und: nat-m.
- **morgens**: *Alumn.* cain. *Carb-v.* coloc. **Iod.** lyc. nat-m. *Op.* thuj.
  - **Aufstehen**, nach dem: alumn. *Arn.*
  - **Erwachen**, beim: nat-c.$_{h}$
    - **nach**: *Carb-v.*
- **vormittags**: calc-f.
- **nachmittags**: naja nat-c.$_{h}$
  - **14** h: arg-n. **Coc-c.**
  - **15** h: hep. naja
  - **15** - 16 h: calc-f.
- **abends**: alumn. *Bell.* bry. calc-p. *Caps.* *Carb-v.* chin. chinin-s. cimic. coloc. graph. **Lyc.** merc. nat-m. rhus-t. sulph.
  - **Mitternacht**, bis: rhus-t.
  - **18** h, Auswurf von Schleim amel.: sulph.
  - **Bett**, im: *Bell.* calc-p. *Caps.* graph. **Sang.**
  - **Einschlafen**:
    - **vor**: merc.
    - **beim**: *Carb-v.* lyc.
- **nachts**: am-c. arg-n. *Asaf.* *Bry.* *Calc.* coc-c. *Coloc.* *Cycl.* *Dros.* kali-bi. kali-c. lyc. mag-m. myric. nat-m. rhus-t. rumx. sanic. zinc.
  - **Mitternacht**:
    - **vor**:
      - **23**.30 h: **Coc-c.**
    - **nach**: chinin-s.
      - **2** h: nat-m.
      - **3** h: *Am-c.* *Bufo* cain.
- **Blut**; mit Geschmack wie: ham.
- **Einatmen**, beim: bamb-a.$_{stb2}$ brom. hipp.
- **Erwachen**, beim: carb-v. ham.
- **Gehen** im Freien; beim: *Ox-ac.*
- **Liegen**, beim: **Hyos.** kali-bi.$_{bg1}$ lac-c. ph-ac. seneg.
  - **amel**.: *Euphr.* **Mang.**
  - **linken** Seite, auf der: *Phos.*
- **Luft**:
  - **Freien**, im: *Lach.* ox-ac. **Phos.**
  - **Zugluft**, bei: merc.
- **Rauchen**, durch: atro. coloc.
- **Sprechen**, beim: *Alum.* *Alumn.* atro. *Hep.* *Kali-bi.* lac-c. *Phos.*
- **Tabak**, durch: acon.
- **warmen** Zimmer, im: all-c. ambr. *Arn.* *Brom.* *Bry.* dig. **Dros.** **Iod.** *Ip.* *Lyc.* mez. *Nat-c.* **Puls.** seneg. spong. sul-i.$_{k2}$ sulph.

– **Trachea**, in der: *Acon.* aesc. *Agar.* ail. alum-sil.$_{k2}$ am-m. ambr.$_{br1,k2}$ anac. ang. ant-t. *Arn.* ars. arum-t. asaf. aur-m. bar-c. bell. bov. brom. bry. *Calc.*

– **Trachea**, in der: ... calc-sil.$_{k2}$ *Caps.*$_{c2,k}$ carb-ac. carb-an. *Carb-v.* *Carbn-s.* casc. caust. *Cham.* chin. chinin-s. cina cist. coc-c. coloc. com. *Con.* cop. dig. dulc. *Euphr.* eupi. *Ferr.* ferr-i. gymno. hyos. indg. **Iod.** iris iris-fl. *Kali-bi.* **Kali-c.** kali-p. kali-sil.$_{k2}$ *Kalm.* kreos. lac-c. lach. lact. laur. mag-c. mag-m. *Med.* mez. nat-ar. nat-m. nat-s. nicc. nit-ac. *Nux-v.* ol-an. osm. ox-ac. petr. **Ph-ac.** *Phos.*$_{c2,k}$ plat. prun. *Psor.* **Puls.** rhod. rhus-r. **Rhus-t.** **Rumx.** sabin. **Sang.** sanic. *Seneg.* *Sep.* sil. spig. *Spong.* squil. **Stann.** staph. *Stict.* *Still.* sul-i.$_{k2}$ sulph. tarent. teucr. thuj. verat. zinc.

Klumpens; Gefühl eines:

○ **Halsgrube**: benz-ac.$_{rb2}$ dol.$_{rb2}$ **Lach.** *Lob.*

– **hinter** dem Kehlkopf, der zum Schlucken zwingt: *Coc-c.* *Lach.* ust.

– **Kehlkopf**, im: carc.$_{tp1}$ *Coc-c.* *Kali-c.* lac-v-c.$_{c1}$ *Lob.* *Med.* *Nat-m.*

☞ *Pflock - Kehlkopf*

Kondylome:

☞ *Polypen - Kehlkopf*

○ **Kehlkopf**: *Arg-n.* calc. hep. *Merc-c.* *Nit-ac.* *Thuj.*

☞ *Polypen - Kehlkopf*

– **Stimmbänder**: arg-n.$_{vh1}$

Kratzen, scharfes:

○ **Kehlkopf**: acon. alum. alumn. am-c. anan. ant-c. arg-n. bov. calc. carb-v. cist. coloc.$_{h}$ gamb. *Graph.* ign. kali-c. kali-n. *Laur.* lyc. mag-c. mag-m. nat-m. nit-ac. nux-v. phos. psor. *Seneg.* stann.$_{h}$ verat. zing.$_{a1,k}$
- **2** h, weckt ihn auf: lyc.
- **Einatmen** agg.: coloc.$_{h}$
- **Singen**, beim: agar.
- **Wind**, durch: kali-c.$_{h}$

– **Trachea**: stann.$_{h}$

Krebs des Kehlkopfes: arg-cy.$_{gm1}$ ars. nit-ac. phos. sang. thuj.

Kribbeln:

○ **Kehlkopf**: am-m. ant-t. arn. bov. bry. calc-s. *Caps.* *Carb-v.* *Caust.* colch. **Con.** *Dros.* graph. iod. **Kali-c.** kreos. *Lach.* laur. led. lyc. mag-m. **Nat-m.** nit-ac. prun. *Psor.* rhus-t. *Sabin.* sang. sep. stann. stram. stront-c. sul-i.$_{k2}$ sulph. *Thuj.* zinc.

☞ *Kribbeln, Prickeln - Kehlkopf / Prickeln*

- **morgens**: iod.
- **abends**: carb-v.
  - **Liegen**, nach dem: caps.
- **nachts**: lyc.
- **Essen**, nach dem: nit-ac.
- **Husten**, durch: kreos.
- **Schlucken**, beim: staph.
- **Sitzen**, im: *Psor.*

– **Trachea**: anac. arn. *Caps.* colch. *Lach.* led. lyc. mag-m. nit-ac. nux-m. ruta *Seneg.* spong. stann.
- **abends**, nach dem Hinlegen: caps.
- **nachts**:
  - **2** h, weckt ihn auf: lyc.$_{h}$
- **Husten**, durch: colch. mag-m.

Kribbeln, Prickeln:
○ **Kehlkopf**: *Agar. Caps. Iod. Mag-m.* sep.
☞ *Kribbeln - Kehlkopf / Prickeln*

Krümels im Kehlkopf; Gefühl eines: *Bry.* coc-c. **Lach.** pall. plb. tril-p.$_{c1,rb2}$
☞ *Fleisch / Fremdkörpers - Kehlkopf / Haares / Trockenheit - Kehlkopf*

Krupp: acet-ac.$_{c2,k2}$ **Acon.**$_{c2,k}$ all-c. alum-sil.$_{c2,k}$ alumn. anac. *Ant-t.*$_{c2,k}$ *Ars.*$_{c2,k}$ *Ars-i.* arum-d.$_{c2}$ arum-t. asaf. *Bell.*$_{c2,k}$ **Brom.**$_{c2,k}$ *Calc.*$_{c2,k}$ calc-i.$_{k2}$ **Calc-s.** *Canth. Carb-ac. Carb-v.* caust. *Cham.*$_{c2,k}$ chin. *Chlor.*$_{c2,k}$ cub.$_{c2}$ *Cupr.*$_{c2,k}$ cupr-act.$_{c2}$ diph.$_{c2}$ dros. ferr-p.$_{c2}$ gels. **Hep.**$_{c2,k}$ *Ign.*$_{c2}$ *Iod.*$_{c2,k}$ **Kali-bi.** *Kali-chl.* kali-i.$_{c2,ptk1}$ kali-m.$_{c2,k2}$ kali-n.$_{br1}$ *Kali-p.* kali-s.$_{ptk1}$ lac-ac. lac-c.$_{c2}$ *Lach. Lob.*$_{c2,k}$ lyc. merc-cy.$_{ptk1}$ *Mosch.*$_{c2}$ naja *Nat-m. Nit-ac.* **Phos.**$_{c2,k}$ *Samb.*$_{c2,k}$ *Sang.*$_{c2,k}$ sangin-act.$_{c1}$ solid.$_{c2}$ spong.$_{c2,kr1}$ *Still.* succ.$_{c2}$ sulo-ac.$_{c2}$
☞ *❑ Atmung - Rauh - krächzend*
– **morgens**, früh: *Hep.*$_{c1}$
– **abends**: acon.$_{c1}$
– **nachts**: **Spong.**
 • **Mitternacht**:
  • **vor**: acon.$_{k2}$ hep.$_{k2}$ **Spong.**
– **anfallsweise**: *Hep. Kali-br.*
– **Erhitzung**, durch: **Brom.** calc-s.$_{k2}$
 • **Liegen** agg.: *Hep.*
– **Essen**, nach dem: anac.
– **Folgeerscheinungen**: *Calc. Carb-v.*
– **gangränös**: *Ars.*
– **kalter** trockener Luft; nach Einwirkung von: **Acon. Hep.** kali-bi.
– **Keuchhusten**, bei: **Brom.**
– **membranös**: acet-ac.$_{bro1,k2}$ *Alumn.* am-c. ant-t. *Apis Arum-t.* **Brom.** *Carb-ac.* caust. diph.$_{pd}$ *Hep. Iod.* **Kali-bi.** *Kali-br. Kali-chl.* kali-perm. *Lac-c. Lach. Merc-cy. Merc-i-f.* mosch.$_{bro1}$ *Naja Nit-ac.* **Phos.** samb.$_{bro1}$ *Sang.* spong.
☞ *Membran*
– **Schlaf** agg.; nach: **Lach.** *Spong.*
– **wiederkehrend**: *Calc.* **Calc-s. Hep.**$_{k,kl2}$●
▽ **erstreckt** sich zu:
 • **Bronchien**: brom.$_{k2}$
 • **Fauces**: **Brom.**
 • **Trachea**: brom.$_{k2}$ *Iod.* **Kali-bi.** *Kali-chl. Phos.*

Lähmung:
○ **Epiglottis**: acon. gels.
– **Kehlkopf**: *Alum.* am-c. arg-met.$_{k2}$ **Caust.** *Cina Crot-h. Gels.* **Lach.** *Naja Phos. Plb. Stram.*
– **Stimmbänder**: gels.$_{bg2}$

Laryngismus stridulus: acon.$_{k2}$ *Agar.* alum.$_{k1}$ *Ant-c. Ars.* ars-i. arum-d.$_{c2,k}$ arund.$_{c1}$ *Asaf.* aur-i.$_{c2}$ **Bell.** *Brom.*$_{c2,k}$ cham.$_{k2}$ *Chel.*$_{c2,k}$ *Chlor.*$_{c2,k}$ *Coff. Cor-r.* crot-h. *Cupr.*$_{c2,k}$ dig. dros.$_{k2}$ **Gels.** guaj. guare. hydr-ac. hyos.$_{k2}$ **Ign.** *Iod. Ip.* kali-br.$_{c2,k}$ lac-ac. *Lach.*$_{c2,k}$ laur. *Mag-p. Mang.* med.$_{k2}$ *Meph.*$_{c2,k}$ **Mosch.**$_{c2,k}$ naja ol-an. *Op. Phos.* phyt.$_{c2,k}$ plat. plat-m.$_{c2}$ plb. puls.$_{k2}$ *Samb.*$_{c2,k}$ sang. sars. *Sil. Spong.*$_{c2,k}$ stram. sul-i.$_{k2}$ sulph. *Tab. Tarent. Verat.* vesp-xyz.$_{c2}$

Laryngismus stridulus: ...
☞ *Zusammenschnürung - Kehlkopf*
– **nachts**: *Samb.*$_{hr1}$ ~~sumb.$_{hr1,xxx}$~~
 • **Mitternacht**:
  • **7** h, bis: *Chlor.*
  • **Erwachen** aus tiefem Schlaf: *Samb.*
◊ **abwechselnd** mit Kontraktion von Fingern und Zehen: asaf.
– **Abkühlung**, bei: mosch.$_{k2}$
– **Ausatmen**, beim: *Chel. Chlor.*
– **Husten**, vor dem: *Ip.*
– **Schlaf**, im: *Chlor.* lac-ac. *Lach.* spong. *Sulph.* thuj.
 • **Einschlafen**, beim: *Phos.*
– **Schlucken**, beim: *Cupr.* merc-c.
– **täglich**: chel.
– **warmen** Zimmer; im: *Iod.*

Luft in Wellen durch die Trachea aufsteigen würde; als ob: lyc.$_{h}$

Membran: bufo
☞ *Krupp - membranös*
– **Gefühl** einer:
☞ *Fremdkörpers / Samtiges Gefühl*
 • **bewegen**; scheint sich im Kehlkopf umher zu: *Kali-c.*
 • **Haut**; Gefühl einer: *Alum. Alumn.* caust. kali-c. *Lach.*$_{k,st}$ *Phos.*$_{k,st}$ *Thuj.*$_{k,st}$
○ **Kehlkopf**:
 • **Pseudomembran** im: cub.$_{c1}$

Nekrose der Knorpel des Kehlkopfes: *Calc.* crot-h. *Kali-bi.* syph.$_{c1}$

Ödem der Glottis: **Apis** ars. arum-t. bell. chin. *Crot-h.* hippoz. ign. iod. **Kali-i.**$_{c2,k}$ *Lach.* merc. *Sang.*$_{c2,k}$ staph. *Stram.* tub.$_{c2}$
– **Stimmbänder**: **Lach.**

Pfeifen: acon. ars. bell. brom. *Calc. Cham.* chin. hep. iod.$_{h}$ kreos. laur. mag-m.$_{a1}$ sabad.
– **morgens**: coloc.$_{h}$
– **abends**: *Calc.*
– **Einatmen**, beim: coloc.$_{h}$
– **Hinlegen**:
 • **nach** dem: *Calc.*
– **Liegen**; beim:
 • **linken** Seite, auf der: arg-n.

Pflock:
○ **Kehlkopf**: *Ant-c.* arg-met. bar-c.$_{bg1,bg2}$ bell. *Calc.* caust.$_{bg1}$ dros. *Hep.* kali-c. *Lach. Lob.* nat-m.$_{h}$ sep. **Spong.** sulph.
☞ *Klumpens - Kehlkopf*
– **Trachea**: *Lach.*

Polypen:
○ **Kehlkopf**: *Arg-n.* ars.$_{bg1}$ berb. calc. hep. kali-br. nit-ac. *Sang. Thuj.*
☞ *Kondylome - Kehlkopf*
– **Stimmbänder**: berb. *Thuj.*

Prickeln im Kehlkopf: *Calc.*
☞ *Kribbeln - Kehlkopf / Kribbeln, Prickeln - Kehlkopf*

Pulsieren:
– **Halsgrube**; in der: bell.dgt
– **Kehlkopf**: *All-c.*

Rasseln:
○ **Kehlkopf**: am-c. *Ant-t. Arg-n.* **Brom.** carbn-s. *Con.* crot-t. ferr-p. hydr.bg1 kali-bi. spong. sul-ac.
– **Trachea**: acon. am-c. **Ant-t.** bar-c. bell. carb-ac. carb-an. carb-v. carbn-s.k2 caust. cham. chen-a.c1 euphr. ferr-p. **Hep.** hyos. **Ip.** kali-bi.k2 kali-c. *Kali-s. Laur.* merc. nat-m. nit-ac. oena. op. ox-ac. petr. puls. samb. *Sep.* sil. squil. sul-ac. sulph.
☞ *❑ Atmung - Rasselnd*
• **Husten**, vor dem: kali-c.h
• **Liegen** auf der linken Seite; beim: anac.c1

Rauch, Gefühl von:
○ **Kehlkopf**: **Ars. Bar-c.** *Brom.* nat-ar.k2
• **Schlaf**, vor dem: *Ars.*

Rauheit: *Agar.* am-c. ambr. anac. ant-c. apis ars. ars-i. borx. bov. brom. *Calc.* canth. caps. *Carb-an.* **Carb-v.** *Caust.* chin. cimic. cist. coc-c. coff. colch. cur. dig. dros. *Ferr.* ferr-ar. gels. graph. *Hep.* hipp. hydr-ac. iod. kali-ar. *Kali-bi.* kali-c. kali-i. kali-n. kreos. lach. lact. *Laur.* lyc. mag-m. *Mang.* meny. merc. merc-sul. mur-ac. nat-c. nit-ac. nux-m. ol-an. ox-ac. *Ph-ac.* phel. *Phos.* plb. prun. puls. rhod. rhus-t. sabad. sang. *Seneg.* sep. *Sil. Stann.* stront-c. *Sul-ac. Sulph.* verat. zinc.
– **morgens**: borx.h calc. *Carb-an.* zinc.
– **abends**: cimic.
– **Essen**, nach dem: anac. zinc.
• **amel.**: zinc.h
– **Gehen** im Freien, nach: *Sil.*
– **Husten**, durch: anac.h
– **Sprechen** agg.: am-c.h lyc.h
– **Wetter**; bei nassem: phos.h
○ **Halsgrube**: borx.h
– **Kehlkopf**: *Alum.* alumn. apis calc. *Carb-an.* **Carb-v.** castm. *Caust.* chin.h cimic. con. dros. *Ferr.* ferr-p. graph. *Hep.* ip.h *Kali-c.* kali-i. kali-s.k2 kreos. *Lach.* laur. lyc.h mag-m. mag-s. **Mang.** merc. nat-ar. nat-s. nicc. **Nux-v.** ol-an. *Phos.* plb. *Puls.* rhod. **Rhus-t.** sabad. sars. *Seneg. Sep. Sil.* **Spong.** *Stann.* sul-ac. sul-i.k2 *Sulph.* tarent. tep.
• **morgens**: *Calc.* coff. kali-bi.
• **Entblößen**, beim: kali-c.h
• **Husten**:
• **amel.**: nicc. stann.
• **durch**: bar-c. carb-an. *Carb-v. Caust.* dig. *Hep.* **Kali-c.** kreos. *Mang. Nux-v. Phos.* sabad. *Seneg.* spong.
• **Sprechen**, nach: coc-c. lyc. staph.
– **Trachea**: apis bar-c. carb-an. dig. dros. hep. kali-c. kreos. laur. led.h phos. phyt. rhus-t. sabad. sep. spong. tarent. verb.

Räuspern, Freimachen des Kehlkopfes: *Aesc. Agar.* all-s. aloe alum. alum-sil.k2 *Alumn. Am-c.* am-m. *Ambr.* anac. **Ant-t.** aphis *Apis Arg-met.* **Arg-n.** *Ars.* aur-m-n. bar-c. **Bell.** borx. bov. **Brom.** *Bry.* cain. *Calc. Calc-f. Calc-p. Calc-s.* calc-sil.k2 camph. *Cann-s. Carb-v. Carbn-s.* card-m. *Carl.*

Räuspern, Freimachen des Kehlkopfes: ...
Caust. Cham. chel. chinin-s. *Chlor.* cimic. *Coc-c.* cocc. colch. *Con.* crot-t. *Cycl. Dig. Dros. Echi.* **Euphr.** ferr. ferr-i.k2 *Fl-ac.* graph. grat. *Hep.* hydr. hydr-ac. *Iod.* ip. kali-ar. *Kali-bi. Kali-c. Kali-i. Kali-p. Kali-s.* kali-sil.k2 kalm. *Kreos. Lach.* laur. led. lob. *Lyc.* mag-c. mag-m. *Mang.* mang-act.br1 *Merc.* mur-ac. *Naja* nat-ar. nat-c. *Nat-m.* nat-s. nit-ac. nux-m. **Nux-v.** op. paeon. *Par.* petr. *Ph-ac.* **Phos.** phyt. plat. prun. **Puls. Rhus-t. Rumx.** *Sabad. Sang.* sanic. *Sel. Seneg. Sep. Sil. Spong. Stann.* sul-i.k2 **Sulph.** syph. *Tarent.* thuj. *Zinc.* zinc-p.k2
☞ *❑ Innerer Hals - Räuspern*
– **tagsüber**: arg-met.k2 *Caust.* con. *Stann.*
– **morgens**: *Cann-s.* **Caust.** chinin-s. *Cina* iod.h kali-bi. kali-c.h nat-m. *Op. Sel. Stann. Tarent.*
– **abends**: *Arg-met.* **Brom.** *Carb-v.* **Caust.** chel. cimic. *Coc-c. Con. Lyc.* nat-ar. *Rumx.* stann. *Tarent. Zinc.*
• **19 h**: bry. grat.
– **nachts**: am-c.h **Ant-t.** *Cycl.* kali-s.k2 mag-c. *Merc. Rumx.*
– **Eiscreme**, nach: thuj.
– **Essen**, nach dem: bell. carb-v. dros.k2 *Graph.* hep. *Kali-bi.* kali-s. *Lyc. Nat-s.* nit-ac. nux-m. phos. plat. puls. sanic. *Sil.* thuj.
– **Lesen**, durch lautes: *Arg-met. Seneg.*
– **Liegen** amel.: nat-c.
– **Sprechen**, durch: *Mang. Stann.*
– **unablässig**: brom.k2 *Phos.*k,kl2●
– **Wind**, durch: kali-c.

Reizung: calc-sil.k2 sul-i.k2
○ **Halsgrube**: *Apis* bell. card-m. *Cham.* croc. *Hyos.* **Ign.** iod. kreos. lac-c. mang. ph-ac. rhus-r. **Rumx.** **Sang.** *Sil.* squil.
– **Kehlkopf**: acet-ac. **Acon.** *Aesc.* **Agar.** *Alum.* alum-sil.k2 *Alumn.* am-c. am-m. ambr. anac. anan. ant-c. ant-t. *Aphis* apis **Arg-met. Arg-n.** *Arn.* ars. asar. bar-c. bar-m. **Bell.** bov. *Brom.* **Bry.** calad. *Calc. Calc-p.* calc-sil.k2 camph. canth. caps. carb-ac. *Carb-an.* **Carb-v.** *Carbn-s.* card-m. *Carl.* **Caust.** *Cham.* chel. chin. *Chlor.* cimic. cina *Cist.* **Coc-c.** coca *Cocc.* coff. colch. coloc. **Com.** *Con.* cop. *Cor-r.* **Crot-c.** *Crot-h.* crot-t. *Cupr.* dig. dios. **Dros.** echi. *Euphr.* ferr. ferr-i. fl-ac. form. *Gels.* guaj. guare. *Ham.* **Hep.** hydr-ac. *Hyos.* hyper. **Ign.** **Iod.** *Ip.* **Kali-bi. Kali-c. Kali-chl.** kali-i. kali-m.k2 *Kali-p. Kali-s.* kali-sil.k2 lac-ac. lac-c. **Lach.** lachn. laur. lith-c. *Lob.* **Lyc.** mag-c. mag-m. manc. **Mang.** meny. *Merc.* merc-c. mez. mur-ac. myric. **Naja** nat-c. **Nat-m.** nat-p. nicc. nit-ac. nux-m. *Nux-v.* olnd. osm. *Ph-ac.* **Phos.** *Phyt.* plan. **Puls.** *Rhus-t. Rumx.* sabad. sabin. **Sang.** *Seneg. Sep. Sil.* **Spong.** *Squil. Stann. Staph.* stront-c. *Sul-i. Sulph.* sumb. tab. tarax. *Tarent.* teucr. *Thuj.* trom. verat. verb. *Zinc.*
• **morgens**:
• **Bett**, im: *Caust.*
• **Erwachen**, beim: kali-bi. naja
• **nachmittags**: coca ferr-i. phos.

– **Kehlkopf - nachmittags**: ...
  • **14** h: coca
• **abends**:
  • **Bett**, im: coc-c. cocc. *Hyos.*
  • **Liegen**, beim: *Ign.*
• **nachts**: ambr. *Kali-c.*
  • **Mitternacht**, vor: *Acon. Spong.*
• **Erhitzung**, durch: ant-c. *Brom. Carb-v. Puls.*
• **Essen**, nach dem: nit-ac. *Rumx.* staph.
• **Hitze**; während: hep.
• **Husten**:
  • **durch**: alum-sil.k2
  • **Unterdrücken** des Hustens amel.: *Hyos.*
• **kalte** Luft: **Acon.** *Ars.* **Bell.** calc-p. **Carb-v.** cimic. crot-h. fl-ac. *Hep.* ip. *Kali-bi.* kali-p.k2 mang. *Naja Nux-m.* nux-v. osm. ox-ac. **Phos. Rumx.** sil. spong. sulph.
• **Liegen** auf der Seite, beim Einschlafen; beim: *Kali-c. Spong.*
• **Schlaf**, im: **Lach.** *Phos. Spong.*
• **Schlucken**, bei leerem: lyc. *Nat-m.* op.
• **Sprechen**, beim: *Alumn.* **Arg-met.** *Bell. Caust.* **Dros.** *Hep. Kali-bi. Mang. Nat-m.* **Phos.** psil.ft1 *Rhus-t. Seneg. Spong. Sulph.*
• **warmen** Zimmer, im: iod.
• **Wetter**:
  • **nassem** Wetter, bei: *Kali-bi. Rhus-t.*
  • **warmem** Wetter, bei:
    • **nassem**, bei: *Iod.*
• **wiederkehrend**: *Calc.* **Carb-v.**
• **oberer** Teil: *Spong.*

– **Luftwege**: **Acon.** *Agar.* agn. all-s. aloe *Alum.* am-br. am-c. am-m. aml-ns. *Anac.* ant-t. aspar. bar-c. cain. *Calc.* carb-ac. *Carb-v. Carbn-s. Caust.* **Cham.** chinin-s. *Chlor.* clem. coc-c. coff. colch. coll. *Con.* crot-t. dios. *Gels.* hyos. **Iod. Kali-bi.** *Kali-c.* kali-i. **Lach.** lob. lyc. mag-s. merc-i-r. mez. *Mosch.* mur-ac. nat-ar. nat-s. **Nux-v.** osm. ox-ac. *Ph-ac.* **Phos.** plan. psor. *Puls.* raph. **Sep.** *Stann.* sul-ac. *Sulph.*
• **morgens** nach dem Aufstehen: alum. alumn. nat-ar.k2
• **nachmittags**: bapt.
• **abends**: chel. cimic. dios. sulph.
  • **19**.30 h: cimic.
  • **Bett**, im: agn. am-c. coff. hyos. kali-c.
• **nachts** beim Erwachen: thuj.
• **Erhitzung**, bei: *Apis*
• **kalter** Luft, in: acon. all-c. *Ars. Bell.* brom. bry. calc-p. *Carb-v.* caust. cimic. cupr. fl-ac. **Hep.** ip. *Kali-bi.* kali-c. kali-p. *Lach. Mang.* naja nux-v. osm. ox-ac. **Phos. Rumx.** *Sil.* spong. sulph.
• **steigt** an, je mehr man hustet: cist. **Ign.** raph. squil. teucr.

– **Trachea**: acet-ac. acon. agar. alum. ang. ant-t. *Apis*c2 *Arg-met. Arg-n. Arn.* **Ars.** asaf. bar-c. bar-m. bell. bov. *Brom.*c2 *Bry. Calc.* calc-sil.k2 cann-s. carb-an. **Carb-v.** carbn-s. *Caust. Cham.* chin. cina *Coc-c.* cocc. colch. coloc. con. *Cor-r.* croc. dig. **Dros.** euph. ferr. ferr-i. *Graph.* grat. hep. hydr-ac. hyos. ign. *Iod.* **Ip. Kali-bi. Kali-c.** *Kali-i.* kali-n. *Kali-p.* kali-sil.k2 laur. led. **Lyc.** mag-c.

Reizung - Trachea: ...
Mang. Merc-sul. mez. mur-ac. naja nat-ar. *Nat-m.* nicc. *Nit-ac.* nux-m. **Nux-v.** *Petr.* **Phos.** plat. prun. psor. *Puls.* rhod. *Rhus-t. Rumx.* sabin. **Sang.** seneg. **Sep. Sil.** spig. **Squil. Stann.** staph. *Stict.* stront-c. sul-i.k2 **Sulph.**c2,k teucr. *Thuj.* trif-p. verat. zinc.
• **Husten**, durch: alum-sil.k2

Rucken, beim Trinken: nat-m.h

Samtiges Gefühl: brom. calc. chen-a. cina *Dros. Hep. Ph-ac.* **Phos.** sulph.
☞ *Fremdkörpers / Membran - Gefühl*

Schläge:
○ **Kehlkopf**:
• **Erwachen**, beim: manc.
• **Husten**, beim: sulph.h
– **Trachea**: bry. cina spong.
• **Schlaf**, im: spong.

Schleim:
○ **Kehlkopf**: acon. *Aesc. All-c.* alum. alum-p.k2 alum-sil.k2 *Alumn.* am-br. am-c. am-m. *Ambr.* amyg. anan. **Ant-t.** *Arg-met.* **Arg-n.** *Ars.* ars-i. *Arum-t.* asaf. asar. *Aur.* aur-ar.k2 aur-s.k2 bamb-a.stb2 *Bar-c.* bell. **Brom.** bufo calc. *Calc-p. Camph. Canth.* carb-an. *Carb-v.* carbn-s.k2 *Caust. Cham.* chin. chinin-s. cina cist. **Coc-c.** cocc. *Con. Crot-t.* dig. *Dros.* echi. *Euphr. Ferr.* ferr-ar. ferr-i. ferr-p. *Form. Graph.* grat. *Hep.* hydr.k2 hydr-ac. **Hyos. Iod.** iris **Kali-bi. Kali-c.** *Kali-chl.* kali-i. kali-m.k2 kali-n. *Kali-p. Kali-s.* kali-sil.k2 kreos. lac-ac. *Lach.* laur. **Lyc.** *Mang.* med.c1 *Merc.* mill. *Naja* nat-ar. **Nat-m.** nat-s. *Nux-v. Ol-j. Olnd.* osm. ox-ac.k2 *Par. Ph-ac.* phel. **Phos.** psor. *Puls.* **Rumx. Samb.** *Sang. Sel. Seneg.* sep. *Sil. Stann. Staph.* sul-i.k2 *Sulph. Tarent. Thuj.* verb. *Zinc.* zinc-p.k2
• **morgens**: *Alumn.* am-m. dig. *Kali-bi. Mang.* **Nat-m.** *Nux-v. Ol-j. Olnd.* par. *Sel. Seneg. Sil. Sulph.* tarent. thuj.
  • **Aufstehen**, nach dem: *Cina Olnd.* sil.
  • **Erwachen**, beim: sars. sulph.
• **abends**: *Carb-v.* crot-t. iod.h *Puls. Rumx.* tarent. *Zinc.*
• **nachts**: *Puls. Rumx.* thuj.
  • **Sprechen**, beim: ox-ac.
• **auszuwerfen**, schwierig: alum. alumn. *Aur.* bar-c. bov. *Calc. Canth.* carl. *Caust. Cham.* cina coc-c.k2 cocc. crot-t. *Form. Kali-bi. Kali-c. Lyc. Mang.* mosch. naja nat-ar. *Nat-m. Nux-v. Par.* rumx. sars. *Seneg.* sep. *Sil.* spong.k2 staph. *Sulph. Tarent.*
• **blau**: *Kali-bi.* nat-ar.
• **blutgestreift**: am-c. anan. sol-ni.
• **Bücken** herauf; kommt beim: *Arg-met.*
• **dick**: kali-m.k2
• **Essen**, nach dem: bell. caust. graph. hep. kali-bi. *Lyc. Nat-s.* nux-m. ol-an. *Olnd.* ph-ac. phos. puls. sanic. *Sil.* thuj. tub.bg3
• **Gefühl** von: alum.bg2
• **grün**: calc-sil.k2 *Hep.* par.
• **Hustenanfall**, nach jedem: *Agar.* **Coc-c.** kali-bi. *Nat-m. Seneg.* sulph.

– **Kehlkopf**: ...
• **kalter** Luft, in: *Rumx.* seneg.
• **Lachen**, beim: *Arg-met.* kali-bi.
• **milchig**: kali-m.k2
• **rasselnd**: sul-ac.
• **abends**: crot-t.
• **reichlich**: alumn. anan. calc-sil.k2 *Carb-v.* *Coc-c.* *Nat-m.* **Rumx.** *Seneg.*
• **salzig**, etwas: *Am-c.*
• **Sprechen**, durch: kali-bi. ox-ac.k2
• **süßlich**: dig.brl
• **Treppensteigen**, beim: arg-met.h
• **Überhitzung**, durch: *Brom.*
• **zäh**: med.c1
• **zäh**, visкös: ars-s-f.k2
– **Luftwegen**, in den: acon. aeth. *Alum.* am-c. *Ambr.* ang. ant-t. *Arg-met.* *Arg-n.* arn. *Ars.* arum-t. **Aur.** **Bar-c.** bell. bov. *Brom.* bry. calc. calc-i.k2 **Calc-s.** *Camph.* cann-s. caps. carb-v. carbn-s. **Caust.** cham. chin. cina *Coc-c.* cocc. croc. crot-t. *Cupr.* dig. *Dulc.* *Euphr.* *Ferr.* ferr-ar. ferr-p. *Hep.* hydr.k2 **Hyos.** **Iod.** kali-ar. **Kali-bi.** *Kali-c.* kali-p. kali-s. kali-sil.k2 kreos. lach. laur. **Lyc.** mag-m. *Mang.* med. **Nat-m.** nit-ac.h *Nux-v.* olnd. osm. ox-ac. par. phel. phos.bg3 plb. *Puls.* *Rumx.* samb. **Seneg.** *Sil.* *Spong.* *Stann.* staph. sul-ac. *Sulph.*
☞ *❑ Gemüt - Angst - Schleim - Bronchien*
• **Art** des Schleimes
☞ *❑ Auswurf - Schleimig*
• **vermindert**: imp.c1
– **Trachea**: aeth. agn. alum-sil.k2 *Am-c.* ambr. *Ammc.* *Ang.* **Ant-t.** *Arg-met.* *Ars.* ars-i. **Arum-t.** asaf. *Aur.* aur-ar.k2 aur-s.k2 **Bar-c.** bar-i.k2 bar-s.k2 bell. bov. brom.k2 *Bry.* cain. **Calc.** *Camph.* *Cann-s.*c2,k caps. carl. caust. *Cham.* chin. *Cina* coc-c. cocc. croc. crot-t. cupr. dig. dros. *Dulc.* euphr. ferr. ferr-ar. ferr-i. ferr-p. gels. **Hep.** hydr.k2 *Hyos.* *Iod.* iris **Kali-bi.** kali-s. kreos. lach. laur. **Lyc.** mag-m. *Merc.* merc-sul. naja *Nat-m.* *Nat-s.* *Nux-v.* *Olnd.* osm. ox-ac. *Par.* *Ph-ac.* phel. **Phos.** plb. *Puls.* *Rumx.* *Samb.* **Sang.** senec. *Seneg.* *Sil.* **Squil.** **Stann.** staph. sul-i.k2 *Sulph.* tarent.k2 teucr. thuj.
• **morgens**: *Cann-s.* caust. olnd.
• **vormittags**: **Stann.**
• **abends**: crot-t. *Puls.*
• **nachts**: *Puls.* thuj.
• **auf**- und absteigend: *Coc-c.* *Lach.*
• **auszuwerfen**, schwierig: *Cann-s.* *Caust.* spong.k2
• **Gefühl** von Schleim, den er nicht hochbekommen kann: rhod.rb2

Schmerz:
○ **Halsgrube**: caust.h *Lach.*
▽ **erstreckt** sich zur Zungenwurzel und ins Felsenbein: *Lach.*
– **Kehlkopf**: *Acon.* **All-c.** am-c. ambr. ant-t. arg-met. *Arum-t.* asc-t. bamb-a.stb2 **Bell.** *Brom.* bry. calad. *Calc.* calc-i.k2 canth. carb-an. *Carb-v.* carbn-s. caust. *Chel.* chinin-s. *Cist.* cob. coc-c. colch. crot-c. crot-t. cupr.h cycl. der. dirc. dros.

Schmerz - Kehlkopf: ...
euphr. ferr. ferr-i. fl-ac. gels. graph. grat. *Hep.* hura inul.brl *Iod.* ip. *Kali-bi.* kali-c. kali-chl. kali-i.k2 kali-n. kali-perm. **Lach.** lyc. mang. nat-m. nit-ac. *Nux-v.* osm.c2,k ox-ac.k2 **Phos.** rhus-v. *Rumx.* ruta sabad. sarr. sars. sep. spong. stann. stram. sul-ac. sul-i.k2 sulph. syph.k2 tab. tarax. tep. thuj.
• **morgens**: *Nux-v.* sep.
• **Erwachen**, beim: ferr.a1 kali-bi.
• **abends**: *Nux-v.* spong. syph.k2
• **Atmen** agg.: *Bell.* *Carb-v.* *Hep.* kali-n.
• **Auswurf** sich ablöst; wo der: cham.h cinah lyc.h nux-v.h
• **Berührung**, bei: acon.k2 alum.h *Ant-t.* *Bell.* brom. carb-v.k2 caust. crot-h. hep. **Lach.** nat-m.h **Phos.** rumx.k2 **Spong.**
• **Beugen** des Kopfes nach hinten; beim: *Bell.* bry. **Lach.** *Rumx.* sil.
• **Bewegung**, bei: *Bell.* spong.
• **Kopfes**, des: bell.k2 hura
• **Drehen** des Halses; beim: *Bell.* *Bry.* lach. spong.
• **Druck**, bei: *Ars.* card-m. *Hep.* **Phos.**
• **Essen**, beim: rumx.
• **Getränke**:
• **kalte**, durch: calc. *Hep.*
• **Heben** einer Last; beim: sil.
• **Hitze**; während: bell. hep. *Iod.* mosch. **Nux-v.** *Phos.* **Puls.**
• **Husten**, beim: *Acon.* **All-c.** arg-met. **Bell.** borx. *Brom.* *Bry.* *Calc.* *Carb-v.* *Caust.* *Chel.* chin. coc-c. dros. *Hep.* iod. *Kali-bi.* *Kali-c.* *Lach.* mag-m.h med. nat-m. *Osm.* *Phos.* *Puls.* pyrog.k2 rumx. sars. *Spong.* *Stann.* tarent.k2
• **greift** sich an den Kehlkopf: **Acon.** **All-c.** ant-t. *Bell.* *Dros.* **Hep.** iod. lach. *Phos.*
• **losgerissen** würde; als ob etwas: **All-c.** *Calc.*
• **kalt**:
• **Luft**, in kalter: **Hep.** nat-ar.k2 *Sil.*
• **Lesen**, nach dem: euphr. nit-ac. *Spong.* stann.
• **Niesen**, beim: aphis borx. phos.
• **Reden**, beim: *Acon.* coc-c. **Phos.**
☞ *Sprechen*
• **Schlucken**, beim: bapt. *Bell.* calc. card-m. chel. hep. ign. kali-bi. kali-cy. kali-perm. lyc. med.c1 *Merc-c.* ph-ac.h phos. **Spong.** *Sul-ac.*
• **Speisen** über eine wunde Stelle gleiten würden; als ob: *Kali-bi.*
• **Schneuzen** der Nase; beim: *Caust.*
• **Singen**, beim: *Acon.* **Spong.**
• **Sprechen**, beim: *Acon.* am-c. apis arg-met. bamb-a.stb2 bapt. *Bell.* bry. carb-v.k,k2 card-m. coc-c. *Hep.* kali-bi. merc-cy. **Nicc.** nit-ac. osm. **Phos.**k,k2 rumx. sang. **Spong.** sul-ac. sulph.
☞ *Reden*
• **Stelle**, an einer kleinen: *Hep.* *Lach.*
• **Tabakrauchen**, durch: bry.
• **Zugluft**, bei: arg-met.
▽ **erstreckt** sich zu:
• **Abdomen**: crot-c.
• **Brust**: carb-v.k2

• **erstreckt** sich zu: ...
  • **Ohren**: mang.k2
  • **Zähne**: crot-h.
– **Trachea**: *Acon.* aesc. arg-met. **Bry.**c2,k calad. *Cist.* hep. ip. kali-m.k2 lach. led.br1 mez. nat-p.k2 *Osm.*c2 rumx.k2 sars. spong. stann. thuj.
  • **morgens**: mez.
  • **Auswurf** sich ablöst; wo der: cham.h cinah lyc.h nux-v.h
  • **Einatmen**, beim: *Bry.* caps. *Caust.* *Chel.* *Hep.* *Kali-c.* laur. lyc. *Manc.* nat-m. psor.
  • **Husten**, beim: bell. **Bry.** camph. **Caust.** *Chel.* *Chin.* cor-r. ign. **Kali-bi.** *Kali-i.* kali-n. *Kreos.* laur. nat-m. *Nux-v.* osm. ox-ac. ph-ac. **Phos.** *Phyt.* psor. *Puls.* *Rumx.* *Sang.* spong. staph. *Sulph.* thuj.
    • **Streifen** nach unten; der Schmerz zieht in einem: **Caust.**
    • **wie** nach langem Husten (= viel Husten): carb-an.h
  • **Räuspern**, beim: camph.h
  • **Sprechen**, beim: bry. sang.k2
– **berstend**: cot.c1 kali-ar.
– **bohrend**, Kehlkopf: coc-c.
– **brennend**: *Am-m.* ant-c. *Ars.* ars-s-f.k2 bamb-a.stb2 bar-c. canth. *Carb-v.* caust. cham. cina cub.c1 cycl. dros.k2 ferr-ar. gels. graph. hydr-ac. iod. lach. lact. *Lob.* lyc. mag-m. merc. merc-c. mez. myric. nux-v.k2 par. phos. *Puls.* *Rumx.* sec.k2 *Seneg.* sep. *Spong.* staph. sulph. ter. zinc.
  • **nachts**: *Puls.*
  • **Ausatmen**; beim: coc-c.k2
  • **Husten**, beim: ant-c. bamb-a.stb2 carb-v. *Caust.* cina coc-c.k2 iod. lach. mag-m. pyrog. **Spong.** sulph. zinc.
  • **kalte** Luft amel.: *Puls.*
  • **Liegen**, beim: *Puls.* seneg.
  ○ **Halsgrube**: ars.
  • **Kehlkopf**: **Acon.** *Aesc.* *Alumn.* *Am-m.* aphis apis *Arg-n.* *Ars.* ars-i. ars-s-f.k2 *Bell.* bov. brom. bry.k2 bufo *Calc-p.* *Canth.* *Carb-v.* carbn-s. *Caust.* *Cham.* chel. *Clem.* coc-c. cur. elaps ferr. ferr-i. ferr-p. *Gels.* *Graph.* *Hydr-ac.* *Iod.* ip. *Kali-bi.* *Kali-i.* kali-n. lac-ac. *Lob.* mag-s. mang.k2 *Merc.* *Mez.* myric. *Nat-ar.* **Nit-ac.** oena. *Par.* *Ph-ac.* *Phos.* phyt. *Puls.* pyrog. *Rhus-t.* *Rumx.* sang.k2 **Seneg.** *Spong.* *Stict.* tab. *Tarent.* thuj. urt-u. zinc-p.k2
    • **rechts**: lachn.c1
    • **nachmittags**: am-m.
    • **nachts**: *Puls.*
    • **Einatmen**; beim tiefen: *Rumx.*
    • **Husten**, beim: ars. bell. bufo *Carb-v.* *Caust.* cham. *Chel.* coc-c. *Dros.* *Gels.* iod. mag-m. phos. pyrog. rumx. *Seneg.*
    • **Räuspern**, beim: *Canth.* *Kali-bi.*
    • **Schnupfen**, beim: am-m. *Seneg.*
    • **Sprechen**, nach: *Ferr.* *Kali-bi.* phos.k2
    ▽ **erstreckt** sich zu:
      • **Abdomen**: ambr.
      • **Nasenlöcher**: *Kali-bi.*
      • **Ohren**: mang.k2
– **brennend - Kehlkopf**: ...
  ○ **Epiglottis**: wye.
  • **Trachea**: *Acon.* *Ant-t.* ars. ars-i. arum-t.k2 *Asaf.* bov. *Carb-v.* *Caust.* *Cham.* clem. *Coc-c.* *Dros.* euph. gels. *Iod.* *Kali-bi.* kali-n. *Lach.* mag-s. mang. *Merc-c.* mez. myric. ph-ac. *Phos.* phyt. rumx.k2 *Sang.* *Seneg.* *Spong.* sulph. tep. thuj. zinc. zinc-p.k2
    • **18** - 20 h: thuj.
    • **Bewegung**, bei: clem.a1 seneg.
    • **Husten**, mit: ars.k2 arum-t.k2 carb-v.k2 *Caust.* *Ferr.* gels. mag-s. phyt. **Spong.**
– **drückend**:
  ☞ ❑ *Innerer Hals - Schmerz - drückend - Ösophagus - Kehlkopf*
  ○ **Halsgrube**: graph.h mag-c.h phos.h
    • **Atmen**; beim tiefen: caust.h
  • **Kehlkopf**: acon. agar. anac. bell.h *Caust.* **Chel.** euphr. *Iod.* kali-bi. sep. tarax.c1,h tell.c1 thuj.
    ☞ ❑ *Innerer Hals - Schmerz - drückend - Ösophagus - Kehlkopf*
    • **morgens**: carb-v.h sep.
    • **Abendessen**, nach dem: *Hep.*
    • **Schlucken** agg.: *Chel.* lyc.
      • **amel.**: tarax.h
    • **Schneuzen** der Nase; beim: *Caust.*
    • **Singen**, beim: spong.h
    • **Sprechen** agg.: *Kali-bi.*
  • **Trachea**: ant-c.h carb-v.h
– **durchbohrend** stechend, durchdringend:
  ○ **Kehlkopf**: brom. cham. kali-c. nit-ac. phos.
  • **Trachea**: kali-c. nit-ac.
– **lanzinierend**, Trachea: *Iod.*
– **losgerissen** würde; als ob beim Husten etwas im Kehlkopf: calc.h
– **Nagel** im Kehlkopf; als sei ein: spong.
– **reißend**, Kehlkopf: am-m.k2 anan. bell. borx. ign. lac-ac. seneg.
  • **abends**: borx.
  • **Husten**, beim: **All-c.** *Bell.* borx. *Calc.* *Cist.* med. *Phos.* *Staph.*
  • **Schlucken** agg.: ign.
– **Roheit**:
  ○ **Halsgrube**: arg-met.
  • **Kehlkopf**: *Acon.* *Aesc.* *Agar.* *All-c.* *All-s.* *Alum.* alum-p.k2 alum-sil.k2 *Alumn.* am-c. *Ambr.* anac. anan. apis **Arg-met.** **Arg-n.** **Ars.** ars-i. ars-s-f.k2 asar. *Bell.* bov. **Brom.** *Bry.* bufo *Calc.* calc-sil.k2 *Cann-s.* *Carb-an.* *Carb-v.* carbn-s. carl. *Caust.* **Cham.** chin. chinin-ar. *Chlor.* *Cist.* *Coc-c.* *Coff.* dirc.bg1 dulc. *Gels.* graph. *Hydr.* hydr-ac. *Iod.* kali-ar.k2 *Kali-bi.* kali-c. **Kali-i.** kali-n. kali-perm. *Kali-s.* kreos. lac-ac. **Lach.** lact. laur. lec. lyc. mag-m. mag-p.br1 *Mang.* med. *Merc.* **Naja** *Nat-m.* **Nux-v.** ol-an. osm. ox-ac. *Ph-ac.* phel. **Phos.** *Puls.* *Rhus-t.* **Rumx.** *Samb.* *Sang.* sars. *Seneg.* *Sep.* *Sil.* spong.k2 *Stann.* *Staph.* stront-c. **Sulph.** *Tarent.* *Zinc.* zinc-p.k2
    • **morgens**: calc. *Carb-an.* carl. *Caust.* cob. *Iod.* *Rhus-t.* *Sil.* *Stann.* **Sulph.** zinc.
      • **Erwachen**, beim: rhus-t.
    • **abends**: *Carb-v.* **Phos.**

- **Kehlkopf**: ...
  - **nachts**: anac.
  - **Einatmen**, beim: **Acon.** brom. **Hep.** hipp. **Phos.** *Rumx.* sil.
  - **Erwachen**, beim: alum.
  - **Husten**, durch: *All-c.* **Arg-met.** *Arg-n. Ars. Bell.* **Brom.** bry. bufo carb-v. **Caust.** cham. chlor. iod. *Kali-c.* mag-m. *Naja* **Nux-v.** osm. phos. **Puls.** *Rumx. Seneg.* sep. sil.$_{h}$ spong. **Sulph.** ziz.
  - **kalter** Luft, bei: **Acon.** calc-p. *Carb-v. Nat-m. Nux-v. Phos.* **Rumx.** sil. *Sulph. Tub.*
  - **Rauchen**, durch: osm.
  - **Räuspern**, durch: agar. *Cann-s. Carb-v. Rumx.*
  - **Schlucken**, beim: calc.
  - **Singen**, beim: arg-met. dros. *Stann.*
  - **Sprechen**, durch: *Alumn.* **Arg-met.** *Arg-n. Ars. Calc.* carl. coc-c. *Kali-bi. Nat-m. Rumx. Stann. Staph.* **Tarent.**
- **Luftwegen**, in den: *Acon. Agar.* alum-sil.$_{k2}$ am-c. ambr. anac. ant-c. **Arg-met.** arn. ars-s-f.$_{k2}$ calc. calc-s. *Carb-v. Caust. Coc-c.* coff. ferr-p. grat. hep.$_{k2}$ hydr.$_{k2}$ kali-ar. kali-c. kreos. laur. mag-c. *Mez.* naja$_{k2}$ *Nat-m.* nux-m. petr. **Phos.** ruta sep. sil. stann.
  - **Husten**, durch: *Coc-c.* phos. stann.
- **Trachea**: *Acon. Agar.* alum-p.$_{k2}$ alum-sil.$_{k2}$ *Ambr. Anac.* **Arg-met.** arg-n. arn. ars-i.$_{k2}$ bry.$_{k2}$ *Calc. Calc-s.* calc-sil.$_{k2}$ *Carb-an. Carb-v. Carbn-s.* **Caust.** *Coc-c.* coff. dig. fl-ac. graph. *Iod. Ip.* kreos. lact. laur. **Lyc.** *Mang. Mez.* nat-c. *Nat-m.* nit-ac. **Nux-v.** osm. par. *Petr.* **Phos.** psor. *Puls.* **Rumx.** *Sang. Sars. Seneg.* spong.$_{k2}$ **Stann.** staph. *Stram.* stront-c. *Sulph.* zinc. zinc-p.$_{k2}$
  - ☞ ☐ *Brust - Schmerz - Roheit*
  - **morgens**: *Carb-an.*
  - **nachts**: calc. sulph.
  - **Einatmen**, beim: carb-v.
  - **Husten**:
    - **beim**: *Arg-met.* arg-n. arn. *Calc. Carb-v. Caust. Gels. Graph.* hep.$_{k2}$ laur. naja nat-c. nux-v. **Phos.** *Rumx.* stann. *Staph. Sulph.*
    - **durch**: carb-an. laur. naja *Staph.*
  - **Schlucken**: puls.
  - **Sprechen**: **Arg-met.**

– **schießend**
  ☞ *stechend*

– **Schlag** im Kehlkopf; wie durch einen: ruta$_{h}$

– **schneidend**, Kehlkopf: all-c. *Arg-met.* canth. kali-n. manc.
  - **Husten**, beim: **All-c.** *Staph.* sulph.
  - **Schlucken**, beim: merc-cy.

– **stechend**:
- ○ **Halsgrube**: borx.$_{h}$ phos.$_{h}$
- **Kehlkopf**: acon. am-m.$_{k2}$ ang. aphis *Arg-met.* asar. bar-c. bell. borx. *Brom.* bufo *Calc.* calc-caust. canth. caps. cham. *Chel.* chin. *Cist.* cob. coc-c. croc. cur. dig. dirc. dros. hep. hydr-ac. hyos. *Indg. Iod. Kali-c. Kali-s.* laur. led. *Mang.* meny.$_{h}$ merc-c. mur-ac. naja *Nit-ac.* olnd. ox-ac. *Phos.* sars. seneg. spig.$_{h}$ spong.$_{h}$ stann. sul-ac.

– **stechend - Kehlkopf**: ...
sul-i.$_{k2}$ syph.$_{k2}$ *Thuj. Til.* zinc.
  - **abends**: indg. syph.$_{k2}$
  - **nachts**, beim Husten: phos.
  - **Abendessen**, nach dem: *Hep.*
  - **Berührung**, bei: sil.$_{h}$
  - **drückend**: sars.$_{h}$
  - **Einatmen**; bei gewaltsamem: hep.
  - **Erregung**, durch: *Cist.*
  - **Freien**, im: ox-ac.
  - **Gehen** im Freien; beim: ox-ac.
  - **Husten**, beim: aloe arn.$_{k2}$ borx.$_{c1}$ bufo dros. kali-c. mur-ac. *Phos.* sulph.
  - **Niesen**; beim: borx.$_{c1}$
  - **Schlucken**:
    - **amel.**: spig.$_{h}$
    - **beim**: *Brom.* iod.$_{h}$ **Mang.**
    - **behindert** das: meny.$_{h}$
  - ▽ **erstreckt** sich zu:
    - **Ohr**: arg-met. mang.$_{bro1}$ nat-m.
      - **Schlucken**, beim: **Mang.**
    - **Rachen**: dros.
    - **Scheitel**: arg-met.
- **Trachea**: *Arg-met.* bell. canth. lach. **Stann.** thuj.
  - **nachts**: canth.
  - **Anstrengung**; bei der geringsten: manc.
  - **Atmen**, beim: ant-c.$_{h}$ thuj.
  - **Schlucken** agg.: thuj.$_{h}$

– **stechend** im Kehlkopf; fein: *Alumn.* am-c. bufo canth. cham. dirc. *Iod.* mang.$_{k2}$ **Nit-ac.** *Seneg.*

– **wund** schmerzend (= empfindlich): alum. alum-sil.$_{k2}$ am-m. ambr. *Arg-met.* ars. ars-i. ars-s-f.$_{k2}$ bar-c. *Bell.* bov. brom. *Bry.* calc. *Calc-s.* **Carb-v. Carbn-s.** *Caust.* chin. cina graph. hep. ign. iod. kali-ar. kali-p. lach. lyc. mag-m. merc. nat-c. nux-m. *Nux-v.* **Phos.** rumx. ruta seneg. sep. sil. spig. spong. **Stann.** sul-i.$_{k2}$ **Sulph.**
- ○ **Halsgrube**: *Apis Arg-n.* brom.$_{k2}$
- **Kehlkopf**: **Acon.** all-s. alum. alum-p.$_{k2}$ *Ambr.* ant-c. aphis apis **Arg-met.** *Arg-n. Ars.* ars-i. ars-s-f.$_{k2}$ bamb-a.$_{stb2}$ bapt. bar-c. **Bell.** *Brom.* bry. calad. *Calc-s. Cann-s.* carb-an. *Carb-v.* **Carbn-s.** castm. *Caust.* chen-a.$_{hr1}$ *Chin.* chinin-ar. cic. *Con.* cop. crot-h. **Dros.** fl-ac. *Graph. Hep. Ign.* iod. kali-ar.$_{k2}$ *Kali-bi.* kali-c. *Kali-i. Kali-s.* lac-c. **Lach.** mag-m. mag-p.$_{br1}$ *Med. Mez.* nat-ar. *Nat-m. Nicc.* nit-ac.$_{h}$ *Nux-m.* osm. ox-ac. **Phos.** *Rumx. Ruta* sang. *Sep. Sil.* **Spong. Stann.** *Still.* sul-ac. sul-i.$_{k2}$ **Sulph.** teucr. zinc. zinc-p.$_{k2}$
  - **morgens**: *Arg-n.* chinin-s.
    - **Erwachen**, beim: kali-bi.
  - **abends**: kali-bi. *Phos.*
  - **Atmen**, beim: sil.
  - **Berührung**, bei: **Acon.** alum. apis bapt. bar-c. **Bell.** brom. bry. carb-v.$_{k2}$ *Caust.* chinin-s. cic. *Con. Crot-h. Graph.* hep. lac-c. **Lach.** mez. *Nicc.* **Phos.** rumx. **Spong.** *Sul-ac.* sulph. teucr. zinc.
  - **Bett**, im: iod.$_{h}$
  - **Drehen** des Kopfes; beim: *Carb-v.* lach. *Spong.*
  - **Einatmen**, beim: brom.$_{k2}$ dros.

• **Kehlkopf**: ...
  • **Husten**, beim: ambr. **Arg-met.** **Bell.** *Brom.* *Caps.* carb-an. *Carb-v.* *Caust.* chin. *Dros.* fl-ac. ign. kali-c. kali-i. nat-m. *Nux-m.* **Phos.** *Puls.* rumx. sep. *Stann.*
  • **Intubation**; wie nach: bamb-a.stb2
  • **Sängern**, bei: alum. *Arg-n.* arn. **Arum-t.** caps. cupr. ferr-p. *Lach.* *Rhus-t.* sil.h *Stann.* zinc.
  • **Schlucken**, beim: **Bell.** calc. chinin-s. **Dros.** fl-ac. gels. mag-m. **Spong.**
• **Trachea**: alum-p.k2 *Ambr.* ant-c. apis ars-i.k2 *Bell.* brom. *Bry.* carb-an. carb-v. carbn-s. *Caust.* cham. *Chin.* *Hep.* kali-c. lyc. nat-c. *Nat-m.* nat-p. nux-v. *Phos.* **Rumx.** sang.k2 sep. *Sil.* stann. sulph. zinc. zinc-p.k2
  • **Husten**, beim: am-c. *Arg-n.* **Bry.** **Caust.** chel. cina hep.k2 iod. iris kali-i. nat-m.h nux-v. osm. psor. *Rumx.* sep. **Stann.** sulph.

– **ziehend**:
○ **Kehlkopf**: borx.c1 caust.h kali-c.h sulph.h
  ▽ **erstreckt** sich zu:
    • **Brust**: borx.c1
– **zusammengedrückt**, wie: acon.
– **zusammenziehend**: bell.k2 brom. dros. ign. *Iod.* ox-ac. ph-ac. spong. staph. stram. sul-ac. tab. thuj. verat.
  • **Sprechen**, beim: dros.

Schnurren:
– **Husten**, beim: nat-c.h

Schwäche: calc.k2

Schwefeldampf, wie durch: am-c. aml-ns. **Ars.** asaf. bar-c.k2 *Brom.* *Bry.* calc. *Carb-v.* *Chin.* croc. **Ign.** ip. kali-chl. *Lach.* **Lyc.** mosch.k,k2 par. **Puls.**
– **Husten**, beim: brom. lyc. *Puls.*

Schwellung:
○ **Halsgrube**: *Lach.*
– **Kehlkopf**: anan. arn. **Bell.** calad. chel. coc-c. *Hep.* *Iod.* kali-i. lac-c. *Lach.* ox-ac. sil.h spong. sulph. tub.c1
  • **abends**: coc-c.
  • **Gefühl** von: carb-v. *Chel.* hydr-ac. ip. *Kali-bi.* *Lach.* laur. ox-ac. sang. sulph.
– **Stellknorpel** (= Cartilago arytaenoidea): tub.c1

Spannung im Kehlkopf: chin. *Cocc.* *Iod.* kali-n. lach. manc. mez. naja
– **abends**: naja
– **Bett**, im: naja
– **Menses**, während: cop.

Speisen fallen in den Kehlkopf: acon. *Anac.*bro1 cann-s. gels. kali-bi. *Kali-c.* *Lach.*k,kl2● *Meph.* *Nat-m.*k,kl2●

Staub, wie durch: *Agar.* *Alumn.* *Am-c.* **Ars.** aur-m. bar-c.k2 *Bell.* *Brom.* *Calc.* calc-s. *Chel.* *Chin.* cina *Coc-c.* crot-c. cycl. **Dros.** glon. *Hep.* ictod. *Ign.* iod. *Ip.* **Lyc.** meph. nat-ar. *Nat-m.* ph-ac. pic-ac. plat.bg1 **Puls.** rumx.bg1 **Sulph.** teucr.

Stimme:
– **Baßstimme**: carbn-s. **Dros.** *Hydrog.*srj2 laur. mag-s. sulph.h sumb.
– **belegt**: *Acon.* aloe alum. alum-sil.k2 *Am-m.* aur. *Bar-c.* bar-m. bell. *Brom.* calc. *Calc-sil.* camph. carb-v.k2 *Caust.* *Chin.* *Coc-c.* croc. **Dros.** echi. graph. *Hyos.* *Kali-n.* *Lac-c.* *Lyc.* mang. merc. merc-i-r. nat-m. nat-s. onos. **Phos.** pyrog.k2 rumx. sabad. *Sel.* sil. *Spong.* *Stann.* *Sulph.* xan.c1
  • **morgens**: *Sil.*
    • **Erwachen**, beim: alum.
  • **abends**: carb-v.k2
  • **Freien**, im: coc-c.
– **bellend**: bell. brom. *Canth.*bg3 dros. hep.k2 lyc.bg3 nit-ac. spong. stann. stram.
– **blökend**: nux-m.
– **feiner** als sonst: *Stram.*
– **flexibel**, variierbar; wenig: **Stram.**
– **flüsternd**: am-caust. ars. *Calc.* camph. cupr.ptk1 *Ferr.* ign.ptk1 iod. *Merc.* nit-ac. ol-an.ptk1 phos.bg1 phyt. rumx. stram. sul-ac. tab. zinc-m.
☞ ☐ *Gemüt - Sprache - flüsternd*
– **Gebrauch** der Stimme amel.: ant-c.ptk1 caust.ptk1 graph.ptk1
– **gebrochen**: arum-t.bg3 camph. choc.srj3 iod. merc. plb. spong.bg3 tab.
  • **hoch** zu singen; beim Versuch: phos.
– **gedämpft**: gels. lach. lyc. rumx. sul-ac. sumb.
– **guttural**: ars. gels.
– **heiser**, Heiserkeit: acet-ac. **Acon.** *Aesc.* agar. **All-c.** all-s.c2 aloe *Alum.* alum-sil.k2 alumn.c2,k *Am-c.* *Am-m.* *Ambr.* ampe-qu.c2 anac. anan. ang. *Ant-c.* *Ant-t.* *Apis* arg-i.c2 **Arg-met.** **Arg-n.** arn. *Ars.* ars-i. ars-met. ars-s-f.k2 arum-d.c2 arum-i.c2 arum-m. **Arum-t.**c2,k asaf. asc-t.c1 *Asim.* atro. aur. aur-ar.k2 aur-i.k2 aur-m.c2,k aur-s. bad. bamb-a.stb2 bapt. *Bar-c.* bar-i.k2 bar-m. bar-s.k2 **Bell.** benz-ac. berb. borx.c1 bov. **Brom.** **Bry.** bufo *Cact.* cain. caj. **Calc.** calc-caust.c2 calc-f. calc-i.k2 *Calc-p.* *Calc-s.* *Camph.* cann-i. *Canth.* **Caps.** *Carb-an.* **Carb-v.** *Carbn-s.* *Carl.* castm. caul.c1 **Caust.** cench.k2 **Cham.** *Chel.* *Chin.* chinin-ar. chinin-s. *Chlor.* cic. cimic. cina cinnb. clem. *Coc-c.* coca *Coff.* *Colch.* *Coll.* coloc.c2 *Con.* cop. *Crot-c.* *Crot-h.* *Crot-t.* cub. *Cupr.* der. *Dig.* **Dros.** *Dulc.* elaps eup-per.c2,k *Euphr.* *Ferr.* ferr-ar. *Ferr-i.* ferr-p. *Gels.* gent-c.c2 gins. *Graph.* grat. *Ham.* helio.c2 *Helx.*c1 **Hep.**c2,k *Hippoz.* hydr. hydr-ac. *Hyos.* hyper. inul. **Iod.** ip.k2 iris kali-ar. **Kali-bi.** *Kali-c.* *Kali-chl.* *Kali-i.* kali-m.bg3,k2 kali-n. *Kali-p.* *Kali-s.* kali-sil.k2 kreos. *Lac-ac.* **Lach.**c2,k lachn.c1 lact. *Laur.* led. limest-b.es1 lob. *Lyc.* lyss.c1 mag-c. *Mag-m.* mag-p.br1 mag-s. **Mang.**c2,k *Med.* menth.c2 meny. meph. **Merc.** *Merc-c.* merc-i-f. *Merc-i-r.* merc-sul. merl. *Mez.* *Mur-ac.* murx. *Naja* nat-ar. *Nat-c.* **Nat-m.** nat-p. nat-s. nicc. *Nit-ac.* *Nux-m.*c2,k *Nux-v.* oena. ol-an. *Op.* *Osm.* ox-ac. *Par.*c2,k *Petr.* *Ph-ac.* phel. **Phos.** *Phyt.* pic-ac. plan. plat. plb. **Pop.**vh prun. psor. ptel. *Puls.* pyrog.k2 raph. *Rhod.* *Rhus-t.* *Rhus-v.* *Rumx.* sabad. sabal.c2 sacch.c2 *Samb.*c2,k *Sang.* sarr. sars. sec. **Sel.**c2,k senec. *Seneg.* *Sep.* *Sil.* sol-ni. *Spig.* **Spong.** **Stann.** *Staph.*c2,k *Still.* **Stram.**

– **heiser**, Heiserkeit: ...
stront-c.c2,k stry. *Sul-ac.* *Sulph.* sumb. syph.c2 tab. tarax. tarent.k2 **Tell.**c2,k tep. thea *Thuj.* til. trom. tub.bg *Verat.* verb. vesp. vinc. viol-o.c2 xan. *Zinc.* zinc-p.k2 zing.
• **tagsüber**: *Acon.* *Ars.* tarent.
• **morgens**: *Acon.* alum. alum-sil.k2 ant-t. *Apis* arn. ars.h arund. asim. benz-ac. *Bov.* **Calc.** **Calc-p.** *Carb-an.* carb-v. carbn-s. castm. **Caust.** cinnb. coc-c. coca *Coff.* colch. cop. cupr. *Dig.* dios. *Euphr.* hep.k2 *Iod.* *Kali-bi.* kreos. lach. lyc. mag-m. *Mang.* naja *Nat-m.* nicc. *Nit-ac.* nux-v. **Phos.** plan. *Sil.* sul-i.k2 **Sulph.** tell.c1 thuj. upa.
• **Aufstehen**, nach dem: *Carb-an.* *Ham.* ind. iod.h *Mag-m.*hr1,k phos.bg1 plan.
• **Erwachen**, beim: aloe *Coff.* dig. *Ham.* *Par.* sars.
• **Menses**, während: cop.
• **vormittags**: lachn.c1 mag-c. sumb.
• **mittags**: carbn-s.
• **nachmittags**: alum. *Am-m.* brom. carb-v.k2 coc-c. petr. sulph.
• **16** h: chin.
• **17** h: chel.
• **abends**: alum. alum-p.k2 alumn.h arg-met. brom. calc-p. calc-s. *Carb-an.* **Carb-v.** *Carbn-s.* **Caust.** cimic. cinnb. coc-c. coloc. crot-t. *Graph.* *Kali-bi.* lach. lact. mag-c. *Mang.* nicc. **Phos.** raph. *Rumx.* sep. *Sulph.* thuj.
• **Bett**, im: nux-v.
• **Lesen**, nach dem: calc-f. cupr.
• **Sonnenuntergang**, nach: stram.
• **nachts**: alum. arg-n. calc. calc-f. calc-s. carb-an. cench.k2 cimic. lyc. naja spig. sumb.
◆ **begleitet** von:
• **Speichelfluß**: stram.kr1,vk1
• **anfallsweise**: *Gels.* par.
• **anhaltend**
☞ *chronisch*
• **Aufstehen**:
• **nach**: cimic. ham. iod. plan. sol-t-ae. sumb.
• **Bett** amel.; aus dem: nux-v.
• **Belastung** der Stimme; durch
☞ *Überanstrengung*
• **chronisch**: arg-n.br1 caps.k2 helx.gm1 kali-bi.k2
• **Erwachen**, beim: aloe coff. dig. iod. *Par.* plan. sars. sol-t-ae. tarent.
• **Essen**, nach dem: anac.
• **Fahren** im Freien; beim: osm.
• **Frost**; während: hep.
• **Frühling**, im: all-c.
• **Gehen** im Freien; beim: bry. calc. calc-p. *Nux-m.* osm.
• **amel.**: alum.
• **Wind**, gegen den: *Nicc.* **Nux-m.**
• **Getränken**; mit Verlangen nach kalten
☞ *❏ Allgemeines - Speisen - kalte Getränke - Verlangen - Heiserkeit*
• **Heuschnupfen**, bei: ran-b.hr1
• **Hitze**; während: *Hep.* *Puls.* sep. sulph.
• **Husten**:
• **amel.**: *Stann.*
• **Husten**: ...
• **während**
☞ *❏ Husten - Heiser*
• **kaltem** Bad, nach einem: *Ant-c.*
• **Kindern**, bei: cham.
• **Krupp**, nach: *Carb-v.* *Lyc.*
• **Lachen**, beim: calc-f.k,ptk2
• **Lesen**, beim laut: *Calc-f.* cupr. med. naja seneg. verb.
• **Luft**:
• **Freien**, im: bry. **Mang.** *Nux-m.*
• **amel.**: calc-s.
• **kalter**, bei: *Cupr.* *Hep.* *Nux-m.* thuj.
• **trockener**, bei: *Cupr.*
• **Zugluft**, bei: merc.
• **Masern**, nach: *Bry.* *Carb-v.* *Dros.* dulc.hr1 sulph.
• **Menses**:
• **vor**: gels.st graph. lac-c.st mang. syph.c2,k
• **während**: calc. *Graph.* spong.
• **Mittagessen** amel.; nach dem: mag-c.
• **Naßwerden**, nach: merc-i-r. *Rhus-t.*
• **Niesen**; nach:
• **amel.**: kreos.a1
• **periodisch**: *Nux-v.* par.
• **Sängern**; bei: cupr.ptk1
• **Jahr** zur selben Zeit; jedes: nicc.
• **plötzlich**: abrot. *Bell.* carb-v. mag-m. seneg. sep. *Spong.*
• **Rufen**; bei lautem: am-c.
• **Schleim** im Kehlkopf: ang.c1,h aphis *Bar-c.* *Calc-p.* camph. *Caust.* *Cham.* chin. hydrog.srj2 *Kali-bi.* kali-s. *Mang.* *Phos.* *Psor.* *Rumx.* **Samb.** **Sel.** *Stann.* *Staph.* stram. tarax.h zinc.
• **schmerzhaft**: *Arg-met.* **Bell.** *Brom.* *Iod.* *Kali-bi.* kali-br. **Phos.** *Stann.*
• **schmerzlos**: *Ant-c.* **Calc.** *Calc-sil.* **Carb-v.** *Caust.* *Dig.* *Par.* *Phos.*
• **Schnupfen**:
• **während**: acon. all-c.k2 alum. alum-p.k2 am-c.h am-m. *Ars.* ars-met. bar-c. *Benz-ac.* *Bry.* calc. **Carb-v.** carbn-s. **Caust.** cham. *Dig.* dulc. eup-per. ferr-p. graph. hep. *Kali-bi.* kali-c. *Kalm.* *Mag-m.* mag-s. **Mang.** **Merc.** *Merc-i-r.* nat-ar. *Nat-c.* nat-m. *Nit-ac.* *Petr.* phel. **Phos.** puls. *Ran-b.* *Rumx.* *Sep.* *Spig.* *Spong.* sul-ac. sulph. *Tell.* thuj. zinc. zinc-p.k2
• **vorangehend**; dem Schnupfen: kali-c.h
• **Singen**, durch: **Agar.** alum. *Arg-met.* *Arg-n.* arn. **Arum-t.** *Bry.* *Caust.* *Mang.* *Nat-m.* *Nit-ac.* osm. **Sel.** sep. *Stann.*
• **amel.**: rhus-t.
• **Sprechen**:
• **agg.**: *Alum.* alum-p.k2 alumn. am-c. ant-t. **Arg-met.** **Arg-n.** arn. **Arum-t.** *Calc.* **Caps.** *Carb-v.* **Caust.** *Coc-c.* *Ferr.* *Kali-bi.* lach. *Mang.* morph. naja *Nat-m.* *Nit-ac.* *Ph-ac.* *Phos.* psor. **Rhus-t.** sel. *Stann.* staph. stram.
• **Beginn** des Sprechens; zu: sel.k2
• **amel.**: coc-c. *Rhus-t.* tub.bg3
• **Sprechen**, verhindert das: arum-t.k2 *Caust.* cupr. *Mag-m.* par. **Phos.**

• **Staub** agg.: brom.$_{k2}$
• **Überanstrengung** der Stimme; bei: acon. alum. *Arg-met. Arn.* **Arum-t. Caps. Caust.** coll. ferr-p. *Kali-p. Mang. Nat-m. Phos.* **Rhus-t.** *Sel.* seneg. *Still.*
• **Überhitzung**, durch: *Ant-c. Brom.* haem. phos.$_{k2}$
• **veränderlich**, mal laut, mal schwach: ars.$_{h}$
• **verschwindet** bei Anstrengung der Stimme: carb-v.$_{h}$
• **warmen** Zimmer, im: alum. ant-c.$_{c1}$ bry. iod. *Kali-s. Puls.*
  • **Gehen** aus dem warmen Zimmer ins Freie; beim: *Coc-c.*
• **Weinen**, beim: **Bell.**
• **Wetter**:
  • **nassem** Wetter, bei: *Carb-v.* carbn-s. chlor. hep.$_{bg1}$ *Kali-bi.* mang.$_{bg1,k2}$ sulph.
    • **kaltem**, bei: *Carb-v. Dulc. Mang. Rumx. Sil.* sulph.
  • **Wetterwechsel**; bei: phos.$_{k2}$

– **höher**: acon. alumn. ars. bry. cann-i. choc.$_{srj3}$ cupr. dros. *Rumx.* **Stram.**
  • **Räuspern**, nach dem: stann.
– **hohl**: *Acon.* alum. alum-p.$_{k2}$ ant-c. ant-t. *Ars. Arum-t.* bar-c. bell. cain. camph. canth. carb-v. *Caust.* cham. chin. colch. crot-t. dig. **Dros.** hep. ign. *Ip. Kali-bi.* kreos. lach. *Led.* lyc. mag-s. op. phos. plb. puls. *Samb.* sec. **Spong.** *Stann.* staph. *Thuj.* **Verat.** verb.
– **keuchend**: cub.$_{c1}$
– **krächzend**: acon. lac-ac. **Stram.** sul-ac.
– **krähend**: *Acon.* ars. chin. cina samb. **Spong.**
  ☞ ❑ *Atmung - Rauh*
– **kräftig**: hydr-ac.
– **kreischend**: alum. **Arum-t.** cupr. *Stram.*
– **kruppartig**: *Acon. Ail.* hep. spong. sul-ac.
– **laut**: bell. cann-i. hyos.$_{ptk1}$ lach. mosch. nux-m.$_{bg1}$ sulph.
– **leise**: alumn. am-caust. ang. ant-c.$_{c2,k}$ *Arn. Ars.* bell.$_{sf1}$ *Cact. Calc.* camph.$_{h}$ cann-i. *Canth.* carb-an.$_{sf1}$ cham. chin. crot-t. gels.$_{vh}$ hep. hydrog.$_{srj2}$ *Ign.* lyc. nux-v.$_{sf1}$ osm. ox-ac. puls. sec. *Spong.* staph. sul-ac. tab. verat.
– **nasal**: all-c. alum. aur.$_{k,sf1}$ bar-i.$_{sf1}$ bar-m.$_{sf1}$ bell.$_{k,sf1}$ bov. bry. *Caust.*$_{gl1,k,*}$ ferr. *Fl-ac.* gels. *Iod.*$_{k,sf1}$ **Kali-bi.**$_{k,ptk1}$ *Kali-i.*$_{k,sf1}$ kali-n. *Lac-c.*$_{k,ptk1}$ *Lach.*$_{gl1,k,*}$ *Lyc.*$_{gl1,k,*}$ mag-m. mag-s. *Manc.* merc.$_{gl1,k,*}$ *Nat-c.*$_{hr1,k}$ nat-m. nux-v.$_{h,k2,*}$ ph-ac.$_{k,sf1}$ *Phos.*$_{k,sf1}$ plb. rumx.$_{k,sf1}$ sang.$_{k,sf1}$ sep. sin-n. spong. *Staph.*$_{c2,k}$ sul-i.$_{sf1}$ sulph.$_{k,sf1}$ sumb. teucr.$_{sf1}$ thuj.
  • **morgens**: bov. sulph.
  • **abends**: sep. sumb.
  • **katarrhalisch**: kali-i. mag-m.$_{h}$ ph-ac.
  • **Tonsillen**; mit vergrößerten: staph.$_{ptk1}$
– **pfeifend**: bell. *Spong.*
– **quiekend**, piepsig: ars. bell.$_{k2}$ lac-ac. **Stram.**
– **rauh**: acon. *All-s. Alum.* alum-p.$_{k2}$ alum-sil.$_{k2}$ am-c. ambr. ant-c. apis arg-met.$_{k2}$ ars. ars-i. *Bar-c.* bar-i.$_{k2}$ bar-s.$_{k2}$ **Bell.** *Brom. Bry.* cain. *Calc.* calc-ar. canth. **Carb-v.** *Carbn-s. Caust. Cham. Chin.* chinin-ar. *Coc-c. Coff.* crot-t. cub.$_{c1}$ cupr.

– **rauh**: ...
cycl. dig. dros. *Graph.* hep. hydrog.$_{srj2}$ **Hyos.** *Iod.* kali-ar. **Kali-bi.** kali-c. kali-n. kali-sil.$_{k2}$ kreos.$_{a1}$ lyss.$_{c1}$ mag-m. mag-s. *Mang. Meny. Merc.* merc-c. merc-i-r. mez. nat-m. nit-ac. *Nux-v.* op. ox-ac. **Phos.** plb. prun. **Puls.** *Seneg. Sil. Spong.* stram. sul-i.$_{k2}$ *Sulph.* sumb. thuj. zinc. zinc-p.$_{k2}$
  • **morgens**: *Calc.* coc-c. coff. *Mang.*
  • **vormittags**: sulph.
  • **nachmittags**: alum. coc-c. sulph.$_{h}$
  • **abends**: alum. coloc. kali-bi. sulph.
  • **Luft**:
    • **Gehen** ins Freie; beim: **Mang.**
    • **Zugluft** agg.: *Merc.*
  • **Rauchen** amel.: *Mang.*
  • **Sprechen**, durch: am-c. *Coc-c.*
  • **Zubettgehen**, vor dem: ox-ac.
– **schrill**: lyss.$_{c1}$
– **schwach**: abrot. absin. acon. alum.$_{k2}$ am-caust. ang.$_{c1}$ *Ant-c.* **Ant-t.** *Arg-n.* ars. ars-i. ars-s-f.$_{k2}$ bar-c. bar-i.$_{k2}$ bar-m. bar-s.$_{k2}$ *Bell. Brom. Calc. Calc-s. Camph.* **Canth.** *Carb-v. Caust. Cham. Chin.* clem. coc-c. coca$_{bro1,c2}$ *Coll. Crot-h.* cupr. *Cycl.* daph. dig. *Ferr. Ferr-p. Gels.* **Hep.** hydrog.$_{srj2}$ *Ign.* iod. kali-i. lach. laur. *Lyc.* lyss.$_{c1}$ menth.$_{c2}$ *Naja* nat-ar. nat-c. *Nat-m.* nit-ac. *Nux-v.* op. osm. ox-ac. par. petr. *Ph-ac. Phos.* plb. pop-c.$_{bro1}$ prun. psor. *Puls.* pyrog.$_{k2}$ *Rhus-t. Sec.* sel.$_{k2}$ *Spong.* **Stann.** *Staph. Stram.* stry. sul-ac. sul-i.$_{k2}$ *Sulph.* tab. thuj. **Verat.** zinc. zinc-p.$_{k2}$
  ☞ ❑ *Mund - Sprache - schwierig - Schwäche - Sprachorgane*
  • **abends** im Bett: phos.
  • **Hitze**; während: *Hep.*
  • **Kopfschmerzen**; nach: gels.$_{vh}$
  • **Menses**, während: plb.
  • **Sängern**; bei: alum.$_{k2}$
  • **Sprechen**:
    • **nach**: carb-v.$_{k2}$ *Coc-c.* daph.$_{bg1,kr1}$ *Ph-ac.* psil.$_{ft1}$ **Stann.** sul-ac. *Sulph.*
  • **Zorn**, nach: *Staph.*
– **tief**: am-caust. ambr. anac. ant-c. arn. *Arum-t.* aur-m. bar-c. *Brom.* **Carb-v.** *Chin.* chinin-s. choc.$_{srj3}$ coc-c. *Colch.* dig. **Dros.** haliae-lc.$_{srj5}$ hep. hydrog.$_{srj2}$ iod. lac-ac. laur. mag-m. mag-s. nux-v. op. par. *Phos.* samb. spong. *Stann.* sulph. verat. *Verb.*
  • **Essen**, nach dem: anac.
  • **feuchter**, kalter Luft; bei: sulph.
  • **Freien**, im: coc-c.
– **tonlos**: agn. ambr. *Calad.* carb-an. chin. **Dros.** hep. nat-c. pop-c.$_{bro1}$ rhod. samb. spong. **Stram.** thuj.
– **undeutlich**: am-caust. **Brom.** *Caust.*$_{ptk1}$ lyc.$_{ptk1}$
– **unterbrochen**: *Alum. Ars.* cic. dros. euphr. mag-c. *Spong.*
– **veränderlich**: alumn. *Arg-met. Ars.* **Arum-t.** bell.$_{k2}$ choc.$_{srj3}$ rumx.
– **verändert**: bar-c.$_{k2}$ bell. carbn-s. chlf. lyc. merc. murx. nat-m. *Ox-ac.*$_{c2}$ tab.

– **verloren** (= Verlust der Stimme): *Acon.* ail. *Alum.* alum-p.k2 **Alumn.** am-c. **Am-caust.** am-m. anan. **Ant-c.** *Ant-t.* **Arg-met.**c2,k **Arg-n.** *Ars.* ars-i. ars-s-f.k2 *Arum-t.* arund. *Bapt.* *Bar-c.* bar-i.k2 bar-s.k2 *Bell.* **Brom.** bry. cain. calad. calc-ar. camph. cann-i. canth. *Carb-ac.* carb-an. **Carb-v.** *Carbn-s.* **Caust.**c2,k cedr. chinin-s. *Chlor.* *Cina* con. *Crot-c.* crot-t. *Cupr.* dig. *Dros.* elaps *Ferr.* ferr-ar. ferr-i. *Ferr-p.* ferr-pic.c2 *Gels.*c2,k graph. helio.brol *Hep.* *Hyos.* *Ign.*c2,k iod. *Kali-ar.* *Kali-bi.* *Kali-c.* *Kali-i.* kali-m.k2 kali-n. *Kali-p.* kali-s. *Lac-ac.* *Lach.* limest-b.esl mang.k2 *Merc.* *Merc-c.* *Merc-i-f.* *Naja* nat-ar. nat-c. *Nat-m.* nat-p. nicc. *Nit-ac.* *Nux-m.* *Nux-v.* ol-an. ox-ac. paeon. par. pen.brol petr.k2 **Phos.**c2,k *Phyt.* plat. plb. *Puls.* pyrus *Rhus-t.* *Rumx.* *Sang.* *Sel.* *Seneg.* sep. *Spong.* *Stann.* **Stram.** stry. sul-ac. sul-i.k2 *Sulph.* syph.k2 tarent. ter. *Verat.* vesp. vip. xan.brl zinc-m.
- **morgens**: alum. *Brom.* *Carb-v.* *Caust.* dig.
  - **Erwachen**, beim: *Ail.*
- **abends**: brom. **Carb-v.** *Phos.*
- **nachts**: *Carb-an.* *Carb-v.*
- ◇ **abwechselnd** mit Beschwerden des Herzens: ox-ac.brol,pd
- **Anstrengung**, bei: ant-c.bgl **Carb-v.** lac-c.bgl
- **Aussetzen** der Stimme bei Sängern; vorübergehendes: cupr.
- **Bewegung**, bei: ant-c.
- **chronisch**: phyt.ptkl
- **epileptischem** Anfall, vor: calc-ar.
- **Erhitzung**, durch: *Ant-c.* haem.
- **Erkältung**:
  - **bei**: seneg.k2
  - **akuter**, bei: *Pop-c.*brol
- **Erwachen**, beim: nux-m. ptel.
- **Herzens**; bei Beschwerden des: ox-ac.k2
- **Husten**, mit: mang.ptkl
- **hysterisch**: gels.cl,hrl *Hyos.* *Ign.* *Nux-m.* plat. sep.
- **Kälte**:
  - **Einwirkung** von; durch: ant-c.k2 arum-t.bnt *Caust.* choc.srj3 *Rumx.* xan.cl
- **Lähmung**, durch: alum.k2 bar-c.k2,ptkl **Caust.** *Gels.* kali-p.ptkl *Lach.* merc. ox-ac.ptkl *Plb.*
- **Lesen**, beim: plb.
- **Luft**:
  - **feuchte**, durch: *Chlor.*
  - **kalte**, durch: carb-v. nux-m.k2 *Rumx.* sulph.
- **Menses**:
  - **vor**: syph.al2,k2
  - **während**: *Gels.* graph.brol helio.bnt
- **nervös**, mit Beschwerden des Herzens: cocabrol hydr-ac.brol nux-m.brol ox-ac.brol
- **periodisch**: gels.
  - **Sängern**, bei: cupr.ptkl
- **plötzlich**: alum. *Bell.* **Caust.** seneg.bgl
- **Sängern**, bei: arg-met.k2 **Arg-n.** arn.bnt *Arum-t.*bgl,bg2 bry.k2 **Caust.** graph.bgl,bg2 mang.ptkl sel.ptkl
- **Schleim** im Kehlkopf; durch: *Bar-c.*
- **Schmerzen**, mit:
  - **Magen**, im: laur.brl

Stimme - verloren (= Verlust der Stimme): ...
- **schmerzlos**: ant-c.k2 *Phos.*
- **Schreck**, durch: *Acon.* *Gels.* hyos.k13,pd *Op.*
- **Schwäche**; durch allgemeine: canth.bgl xan.cl
- **Sprechen**, durch langes: *Phos.*
- **Trinken** von kaltem Wasser bei Überhitzung; durch: *Crot-t.*
- **Überanstrengung** der Stimme; durch: alum.k2 arg-met.k2 *Caust.* *Merc.* *Seneg.*
- **Überhitzung**; durch: brom.k2 phos.k2
- **vorübergehend**, für Augenblicke verloren: alum. choc.srj3 dros. spong.
- **warm**:
  - **Luft** amel.; warme: seneg.
  - **Zimmer**, im warmen: *Ant-c.* puls.
- **Wetter**:
  - **nassem** Wetter; bei: *Bar-c.*bgl chlor.
  - **Wetterwechsel**; bei: phos.k2
- **Wind**, nach Nordostwind: *Arum-t.* hep.bgl,k2 nux-m.bgl
- **Zorn**, nach: mag-m.dgt staph.

– **versagend**: dros. hep.k2 sil.k2 *Spong.*
- **abends**: *Spong.*
- **Singen**, beim: *Graph.*

– **winselnd**, wimmernd: *Alum.* ambr. borx. carb-an. *Cina* ip. nux-v. plb. squil. stram.
- **morgens**: *Borx.*
- **Menses**:
  - **nach**: stram.
- **Schlaf**, im: verat.

– **zischend**, hochtönend: bell. *Nux-v.* *Phos.* spong.k2

– **zittrig**: acon. agar. *Ars.* *Camph.* canth. *Cocc.* cupr. gels. *Ign.* iod. kali-i. laur. **Merc.** mez. *Nux-m.* op. *Phos.* psor. xan.cl

Trockenheit: agar. agn.hrl alum. ant-c. *Ars.* calc-s. carb-v. caust. chin. coloc. dros. ferr. gels. hyos. *Kali-ar.* kali-bi. kali-chl. kali-m.k2 lact. laur. lob. nat-c. nat-m. nicc. par. phos.k2 rhod. sec.k2 sep. stann. sul-i.k2 ter. teucr.

○ **Bronchien**: camph.h

– **Epiglottis**: lach. lyss.cl wye.

– **Kehlkopf**: *Acon.* aesc. agar. all-s. *Alum.* alum-p.k2 am-c. am-m. ant-t. apis *Ars.* ars-i. ars-s-f.k2 atro. **Bell.** *Bry.* *Calc.* calc-ar. calc-f. carb-an. *Carb-v.* card-m. carl. *Caust.* cist. *Clem.* coc-c. colch. **Con.** *Cop.* *Crot-h.* cub.cl cycl. *Dros.* ferr-p. fl-ac. gels. hep. hura hydr-ac. hyos. iod. ip. kali-ar.k2 *Kali-bi.* *Kali-c.* kali-chl. *Kali-s.* kalm. lac-ac. **Lach.** lachn. laur. lem-m.brl *Lyc.* *Mag-m.* *Mang.* med. *Merc.* merc-c. *Mez.* nat-ar. nat-c. *Nat-m.* nicc. nux-m. *Nux-v.* op. osm. *Par.* petr. *Phos.* *Phyt.* plan. psil.ftl *Puls.* *Rhus-t.* rhus-v. rumx.k2 sabad. samb-c.c2 *Sang.* **Seneg.** *Sep.* **Spong.** stann. *Stict.* still. stram. sul-ac. **Sulph.** tarent.k2 tep. ter. thuj. verat. verat-v. verb. *Zinc.* zinc-p.k2

☞ *Fleisch / Haares / Krümels*

- **morgens**: iod. *Nat-m.*vh *Nux-v.* phyt. seneg. sep. *Zinc.*
  - **5** h: kali-c.
  - **Erwachen**, beim: nat-m. *Par.* sars.

– **Kehlkopf**: ...
• **vormittags**: seneg.
• **abends**: carb-v. phyt. *Rhus-t.* zinc.
• **nachts**: *Bell.* carb-v. graph.$_{k2}$ hep. kali-c. lach. nat-m. *Phos. Sulph.*
• **2 - 3 h**: *Kali-c.*
• **Erwachen**, beim: am-c. *Cist.* hep. kali-c. lach. nat-m. phos.
• **Essen**:
• **nach**: zinc.$_{h}$
• **amel.**: zinc.$_{h}$
• **Freien**, im: *Mang.* nat-c.
• **Getränke**, Abneigung gegen: **Bell.**
• **Hitze**; während: *Ars.* hep. nux-v. *Petr.* phos.
• **Husten**, beim: bell. osm. polyg-h.
• **Räuspern**:
• **durch**: *Spong.*
• **ständigem** Räuspern, mit: am-m.
• **Stelle**; an einer einzelnen: cimic. *Cist.* **Con.** crot-h.
• **Winter**, im: mez.

– **Trachea**: **Acon.** *Ars. Ars-i.* brom. calc-ar. carb-an. *Carb-v.*$_{c2,k}$ clem. cycl. dros. fl-ac. *Iod.* laur. *Lyc. Merc.* mez. nat-m. petr. phos. *Puls.* rhus-t. rumx.$_{k2}$ sep. *Spong.* stann. tarent. verb.
• **morgens**: phyt. rhod.
• **Erwachen**, beim: *Par.*
• **engen** Zimmer; in einem: clem. *Puls.*

Tuberkulose:
○ **Kehlkopf**: *Agar.* anan. ant-c. *Arg-met.* ars. ars-i. ars-s-f.$_{c2}$ bufo *Calc.* calc-i.$_{k2}$ calc-p.$_{k2}$ calc-s.$_{k2}$ calc-sil.$_{k2}$ *Carb-an. Carb-v. Carbn-s. Caust.* chr-o.$_{c2}$ *Dros.* elaps *Hep.* inul.$_{br1}$ *Iod. Kali-bi. Kali-i.* kreos. *Lach.* led. lob-e.$_{c1}$ **Mang.**$_{c2,k}$ merc. *Merc-i-r.* nat-sel.$_{c1,c2}$ *Nit-ac. Phos. Sel.*$_{k,k2}$ *Seneg.*$_{k,k2}$ *Sil.* **Spong. Stann.** sul-i.$_{k2}$ sulph. tub.
• **Hüsteln** und Verlust der Stimme; mit: **Stann.**
• **Sängern** und Rednern; bei: *Ant-c. Arg-met.*

– **Trachea**: *Ars. Calc. Carb-an. Carb-v.* caust. chin. coloc. con. *Dros.* hep. iod. kali-n. lyc. mang. nit-ac. seneg. spong. *Stann.*

Ulzeration:
○ **Kehlkopf**: ant-t.$_{k2}$ arg-met.$_{k2}$ bufo *Calc. Carb-v. Caust. Cinnb.* crot-h. *Hippoz.* hydr.$_{k2}$ kali-bi. mang.$_{k2}$ *Nit-ac. Phos. Spong. Syph.*

Verschlossen, fast: calc-f.
– **Gefühl** wie von einem Film, einem Häutchen fast verschlossen: *Mang.*$_{a1}$

Verstopfungsgefühl: aur-m.$_{h}$ rhus-t. spong. verb.

Völlegefühl im Kehlkopf: cob. naja
– **morgens**: cob.
– **abends**: naja

Zusammenschnürung: alumn. asar. **Bell.** *Calad.* calc-i.$_{k2}$ camph. canth. *Cham. Cocc.* coloc. dros. *Hell.* ictod. ign. *Ip.* lach. laur. **Mang.** meny. *Mosch. Nux-m. Nux-v.* ol-an. ox-ac. ph-ac. *Phos. Plb. Puls.* rhus-t. *Sars.* sil. *Spong.* verat.
☞ ❑ *Innerer Hals - Würgen* | ❑ *I~ Zusammenschnürung*

Zusammenschnürung: ...
– **nachts**: *Phos.* puls. rhus-t.
– **Dämpfe**:
• **Schwefeldämpfe**; wie durch: mosch.$_{k2}$
– **Erwachen**, beim: kali-i.$_{k2}$ rhus-t.
– **Liegen**, beim: *Kali-bi.* puls.
○ **Halsgrube**: *Apis* **Brom.** cot.$_{c1}$ *Ign.* ph-ac.$_{h}$ rhus-t. *Staph.* valer. zinc.
• **Beugen** des Halses agg.: ph-ac.$_{h}$
• **Einschlafen**, beim: valer.
• **Essen** amel.: rhus-t.
• **plötzlich**: dol.$_{rb2}$
• **Schlucken**, beim: staph.
• **Zorn**, nach: *Staph.*$_{hr1,k}$
– **Kehlkopf**: **Acon.** *Agar. All-c. Alum. Alumn.* am-c. *Ant-c.* ant-t. arg-met. *Ars.* asar. asc-t. aur-i.$_{c2}$ bar-c. **Bell.** *Brom.* bufo calad. *Calc.* camph. *Carb-an.* carbn-s. caust. *Cedr. Cham. Chel. Chlor.* coc-c. *Cocc.* coff. coloc. *Cor-r. Crot-c. Cupr.*$_{c2,k}$ dios. *Dros.* eug. euphr. ferr. *Gels. Glon.* hell. hep. *Hyos. Ign.* **Iod.** *Ip. Kali-c.* kali-i. kali-n. *Lach.* laur. *Lob.* lycps-v. manc. **Mang.** med. meny. mez. *Mosch. Naja* nat-ar. *Nat-m.* nit-ac. *Nux-v.* oena. ol-an. ox-ac. ph-ac. **Phos.** *Phyt.* plat. *Plb. Puls.* sang. *Seneg.* sep.$_{h}$ *Sil. Spong.* still. *Stram.* sul-ac. sul-i.$_{k2}$ *Sulph. Tarent.* thuj. tub.$_{c1}$ *Verat. Zinc.* zinc-p.$_{k2}$
☞ *Laryngismus*
• **abends**: brom. hep. kali-c. lycps-v. nux-v. ol-an.
• **Bett**, im: ferr. naja
• **Einschlafen**, beim: *Kali-c. Spong. Sulph.*
• **nachts**: acon.$_{bg3}$ *Phos.*
• **Mitternacht**, vor: *Spong.*
• **Berührung**, durch: bell.
• **Einatmen**; beim: *Hep.*
• **Erwachen**, beim: *Lach.* manc. *Phos.* thuj.
• **Essen**, nach dem: *Puls.*
• **Freien**, im: *Hep.* kali-c.
• **amel.**: coloc.
• **Gehen** amel.: **Dros.**
• **Husten**, beim: *Agar. Ars. Bell.* carbn-s.$_{k2}$ *Chel.* **Cor-r. Cupr. Dros.** euphr. **Hyos.** ign. *Ip. Puls.* stram. *Sulph.* verat.
• **amel.**: asar.
• **Kratzen** im Gehörgang; durch: agar. *Carbn-s.* kali-c. lach. mang. psor. *Sil. Sulph. Tarent.*
• **Krümels**; Gefühl eines: *Coc-c.* lach.
• **Schlaf**:
• **im**: *Agar. Cench. Coff. Crot-h. Kali-c. Kali-i.* **Lach.** *Naja* nit-ac. **Nux-v.** *Sep. Sil.* **Spong.** *Sulph. Valer.*
• **Liegen** auf einer Seite; beim: *Kali-c. Spong.*
• **Einschlafen**, beim: *Agar. Arg-n.* **Kali-c. Lach.** med.$_{k2}$ *Phos. Spong. Sulph. Valer.*
☞ ❑ *Innerer Hals - Würgen - Einschlafen*
• **Liegen** auf einer Seite; beim: *Arg-n. Kali-c. Spong.*
• **Schlucken**, beim: *Dig.*
• **Singen** agg.: *Agar.*
• **Sitzen**, im: *Spong.*
• **spasmodisch**: dig.$_{h}$
• **Sprechen**, beim: *Dros. Mang.*

– **Kehlkopf**: ...
 • **Trinken**, beim: acon.$_{bg3}$
 • **nach**: *Ars.*
 • **Zorn**, nach: staph.$_{hr1}$ sulph.
– **Trachea**: alum. **Ars.** bell. *Brom.* bry.$_{k2}$ *Calad.* canth. *Cham.* chel. cocc. hydr-ac. ign. ip. *Lach.* laur. mag-c. meny.$_{h}$ mosch. *Phos.* *Puls.* sars. *Spong.* stann. verat.
 • **abends**, beim Hinlegen: *Ars.*

Ächzend
☞ *Stöhnend*

Angehalten, versetzt, unterbrochen: acet-ac.al,k alum.bg2,k,* am-br.al anac.bg2,k ang.bg2,k apis apom.al arn.bg2,k ars.bg2,k,* bar-c.bg2,k,* bell.bg2,k borx. **Bry.**bg2,k *Cact.* *Calc.*bg2,k *Calc-p.*vh *Camph.*bg2,k,* cann-s.bg2,k,* caps.bg2,k,* carb-an.bg2,k,* carb-v.bg2,k,* carbn-s. castm. *Caust.*bg2,k chin.bg2,k *Cic.*bg2,k,* *Cina* cit-v.al cocc.bg2,k,* con.al,k crot-c.al,k **Cupr.**bg2,k,* der.al dios.brl euphr.bg2,k guaj.bg2,k hydr-ac.bg2,k *Ign.*bg2,k iod.al,k kali-c.bg2,k,* kali-i.al,k kalm.al,k *Lach.*bg2,k *Lat-m.* *Led.*bg2,k lepi.al *Lyc.*bg2,k,* lyss.brl merc.bg2,k,* merc-c.hrl,k mim-h.al *Mosch.*bg2,k,* naja nat-m.bg2,k,* nat-s.al,k nit-ac.bg2,k,* *Nux-m.*bg2,k,* nux-v.bg2,k,* oena.al,k **Op.**bg2,k *Phos.*bg2,k,* plat.bg2,k,* plb.bg2,k,* *Puls.*bg2,k,* *Ruta* **Samb.**bg2,k,* sars.bg2,k sep.bg2,k,* *Sil.*bg2,k,* sol-t-ae.al stann.al,k stram.bg2,k stry.al *Sulph.*bg2,k,* tab.al,k tanac.al,k ter. thea ther. *Verat.*bg2,k,* verb.bg2,k,*
☞ *Unterbrochen*
– **morgens**: lyc.al,k
– **vormittags**, bei Stichen in der Seite: stann.h,k,*
– **nachmittags**: cham.al,k dios.al,k kreos.al,k thuj.al,k
  • **15** h, bei Stichen unter dem rechten Schulterblatt: kreos.
  • **16** h: dios.
– **abends**, greifendes, packendes Gefühl in der Leistengegend: nat-m. nicc. plan.
– **nachts**: der.al guaj. *Kali-c.* **Lyc.**al,k ruta samb.al,k
  • **Mitternacht**: cinnb.al,k
  • **Husten**, beim: nat-m.al,k
– **Anstoßen** an etwas; beim: petr.al,h,*
– **Bücken**, beim: psor.al,k sil.
– **Fieber**; während: ruta
– **Gehen**, beim: am-m. *Calc.* *Caust.* cham. *Chin.* ign. nat-c. *Nit-ac.* sep. thuj.
  • **Wind**, gegen den: *Calc.* plat.
– **Hautausschläge**, durch unterdrückte: *Ars.* *Sulph.*
– **Herumdrehen** im Bett; beim: carb-v.
– **hochgehoben** werden; bei Kindern, wenn sie: borx.ptkl calc-p.ptkl
– **Husten**: acet-ac. *Acon.*bg2,k **Alum.**bg2,k alum-p.k2 alum-sil.k2 am-c.bg2,k anac.bg2,k **Ant-t.**bg2,k aral. arg-n.bg2,k,* arn. **Ars.**bg2,k bar-c. bell.bg2,k brom. bry.bg2,k cain. calad.bg2,k calc.bg2,k canth. carb-an.bg2,k carb-v.bg2,k caust.bg2,k **Cina** clem. coc-c. cocc.bg2,k con.bg2,k cop. *Cor-r.* **Cupr.**bg2,k,* dol. **Dros.**bg2,k euphr.bg2,k,* ferr. ferr-ar. guaj. hep.bg2,k hyos. iod. **Ip.**bg2,k kali-bi. kali-c. kali-chl. kali-n. *Kreos.*bg2,k lach.bg2,k lact. led.bg2,k,* lob. *Lyc.* merc.bg2,k,* mosch. mur-ac. nat-m.bg2,k nat-s. nicc. nit-ac.bg2,k *Nux-m.*bg2,k **Nux-v.**bg2,k op.bg2,k petr.bg2,h,* phel. phos.bg2,k puls.bg2,k rhus-t.bg2,k *Samb.* sang. sarr. *Sep.*bg2,k,* *Sil.*bg2,k spig.bg2,k spong. squil.bg2,k staph. sul-ac. sulph. verat.bg2,k zinc. ziz.
  • **vor**: led.h,hrl,*

Angehalten, versetzt, unterbrochen: ...
– **Konvulsionen**, bei den: *Cic.* *Cina* coff.al,k *Santin.* sars.al,k *Stry.*al,k
– **Liegen**:
  • **amel.**: *Psor.*
  • **beim**: apis *Borx.* dros.k2 nat-m.al,k *Puls.*al,k
  • **Rücken**, auf dem: sil.
– **Luft**:
  • **Freien**, im: caust.h
  • **frischer** Luft, in: **Psor.**
– **möchte** den Atem anhalten: calc.h,kl
– **plötzlich**, bei Kindern: cham.
– **Rauchen** (von Tabak); beim: tarax.h,kl
– **Reiben** amel.: mur-ac.al,k
– **Schlaf**:
  • **im**: am-c. cadm-s. *Carb-v.* **Cench.** dig. **Grin.** guaj. *Kali-c.* *Lac-c.* **Lach.** lyc. **Op.** samb. *Sulph.*
  • **Einschlafen**, beim: cadm-s.brl,gml carb-v. cench. graph.k2 **Grin.** **Lach.** *Op.*
  • **Seite**; beim Einschlafen auf der rechten: bad.
– **Schmerz**:
  • **während**: ars.st kalm.bg3 nat-m.st nux-v.h plb.st prun.bg3 puls.st ran-s.bg3 sep.st sulph.st
– **Sitzen**, im: *Caust.* nat-s.al,k psor.al,k
– **Sprechen**, beim: *Caust.* dig.brl mez.h,kl plan. *Sulph.*
– **Stehen**, beim:
  • **Stillstehen**, beim: sep.al,k
  • **Wasser**, in: nux-m.
– **Sturz**; bei einem Kind nach einem: petr.h
– **Treppensteigen**, beim: mag-c. nit-ac. thuj.
– **Trinken**, durch: anac.bg2,k *Cimx.* kali-n.bg2 squil.bg2
– **Zusammenschnürung**:
  • **Brust**; bei Zusammenschnürung der: carb-v.h,kl hell.al,k sep.al,k spig.h,kl
  • **Kehlkopfes**, des
  ☞ ❏ *Kehlkopf - Zusammenschnürung - Kehlkopf*

Ängstlich: abrot. **Acon.**bg2,k,* aeth.hrl,k alumn. *Am-c.*bg2,k ammc.hrl *Anac.*bg2,k anan.hrl ant-t.bg2,k *Apis* arg-n.bg2 *Arn.*bg2,k **Ars.**bg2,k,* aur-m. bar-c. **Bar-m.** *Bell.*h,k,* bov.bg2,k,* bry.bg2,k,* bufo *Cact.*bg2 calc.bg2,k calc-ar. *Camph.*bg2,k,* cann-s. canth.bg2 caps.bg2,hrl *Carb-an.*bg2,k *Carb-v.*bg2 cench.k2 *Cham.*bg2,k,* **Chel.**h,k,* chinin-s. *Chlor.*hrl,k cina cist.bg2 *Cocc.*bg2,k,* *Coff.*bg2,k colch.bg2,k *Coloc.*hrl,k croc.bg2 *Crot-c.* *Crot-h.*bg2,k,* crot-t.bg2,k,* cupr. cupr-s.hrl *Dig.* ferr.bg2,k gins.al,k glon.bg2 hell. *Hep.*bg2,k hydr-ac.bg2,k *Hyos.*bg2,k,* ictod.bg2 *Ign.*bg2,k **Ip.**bg2,k,* kali-ar. kali-bi.bg2,k,* *Kali-c.*bg2,k,* kalm.bg2 kreos.bg2,k,* *Lach.*bg2,k *Laur.*bg2,k lob. *Lyc.*bg2 mang.hrl,k marb-w.esl merc.bg2 *Mez.*bg2,h nat-c.bg2 **Nat-m.**hrl,k nit-ac.bg2,k,* nux-v.bg2,k,* olnd.bg2,k,* *Op.*bg2,k,* osm.bg2 ph-ac. **Phos.**bg2,k,* *Plat.*bg2,k,* plb.bg2,k,* **Prun.**hrl,k,* psil.ftl *Psor.* **Puls.**bg2,k,* ran-b.ptk2 *Rhus-t.*bg2,k,* rutabg2 sabad.bg2,k,* *Samb.*bg2,k,* sars. **Sec.**bg2,k,* spig.bg2,k **Spong.**bg2,k,* **Squil.**bg2,k **Stann.**bg2,k staph.bg2,k *Stram.*bg2,k,* **Sulph.**bg2 tab.bg2,k,* ter.bg2,k,* thuj.bg2,k valer. verat.bg2,k viol-o.bg2,k viol-t.bg2 vip.al,bg2,* zinc.hrl,k zinc-p.k2

Ängstlich: ...
☞ ❑ *Gemüt - Angst*
– **morgens**: *Phos.*
• **Bett**, im: nat-c.
– **nachmittags**: bell.$_{a1,k}$
– **abends**: bar-c. mez.$_{a1,k}$ *Phos.* psil.$_{ft1}$ stann.
• **Ameisenlaufen**, nach: cist.
– **Beklemmung** in der Herzgegend; mit: bell.$_{h}$
– **geistiger** Anstrengung, bei: phos.$_{a1,k}$
– **Kopfschmerzen**, bei: **Nux-m.**
– **Liegen**, beim: apis *Puls.*
• **Rücken**, auf dem: aeth.
– **Pulsieren** im Epigastrium; durch: chel.$_{h,kl}$

Anhalten des Atems amel.: bell.$_{bg}$

Asphyxie: **Ant-t.**$_{hr1,k}$ *Camph.* carb-v. *Carbn-s.* chin. *Chlor.*$_{hr1,k}$ *Coch.*$_{hr1,k}$ *Op.*$_{hr1,k}$ rhus-t.$_{hr1,k}$ *Sin-n.*$_{hr1,k}$ sul-h.$_{c2}$ tab.$_{hr1,k}$
– **Blitz**, nach: nux-v.$_{hr1,k}$
– **Cholera**, bei: *Hydr-ac.*$_{hr1,k}$ *Laur.*$_{hr1,k}$
– **Kindern**, Säuglingen; bei: acon. am-c.$_{bg2,bro1,*}$ *Ant-c.*$_{c2,k}$ **Ant-t.** *Arn.* *Bell.*$_{bg2,k,*}$ **Camph.** chin. crot-h.$_{bg2,sf1}$ hydr-ac.$_{bg2,bro1,*}$ hyos.$_{bg2,sf1}$ *Laur.*$_{c2,k}$ *Op.* sul-h.$_{bro1}$ upa.$_{bro1}$ vip.$_{bg2,sf1}$
– **Kohlegas**, durch: carb-v. *Carbn-s.*

Asthma, asthmatische Atmung: acet-ac.$_{a1}$ acetan.$_{c2}$ *Acon.*$_{bg2,k,*}$ *Agar.*$_{a1,k}$ alco.$_{a1}$ all-c.$_{hr1,k}$ aloe alum. alum-p.$_{k2}$ alum-sil.$_{k2}$ *Am-c.*$_{bg2,k,*}$ **Ambr.**$_{bg2,k,*}$ ammc.$_{c2}$ amyg.$_{c2}$ anac.$_{a1,k}$ ant-c.$_{h,k,*}$ ant-i.$_{c1,c2}$ *Ant-t.*$_{bg2,k,*}$ *Apis*$_{c2,k}$ aral.$_{a1,c2,*}$ arg-cy.$_{c2}$ **Arg-n.**$_{hr1,k}$ arn.$_{hr1,k,*}$ **Ars.**$_{bg2,k,*}$ **Ars-i.** arum-d.$_{c2}$ arum-m.$_{c2}$ arum-t.$_{hr1,k}$ *Asaf.*$_{hr1,k,*}$ asar. asc-c.$_{hr1}$ asc-t.$_{a1,c2}$ *Aur.*$_{bg2,k,*}$ aur-i.$_{k2}$ aur-m.$_{c2}$ aur-s.$_{k2}$ *Bar-c.*$_{bg2,k,*}$ bar-i.$_{k2}$ bar-m.$_{c2,k}$ bar-s.$_{k2}$ *Bell.*$_{bg2,k,*}$ benz-ac.$_{c2,k2}$ *Blatta-a.*$_{c2,k}$ blatta-o.$_{c2}$ *Bov.*$_{hr1,k}$ *Brom.*$_{hr1,k,*}$ *Bry.*$_{bg2,k,*}$ *Cact.*$_{hr1,k,*}$ *Calad.*$_{hr1,k,*}$ *Calc.*$_{bg2,k,*}$ calc-ar.$_{c2}$ calc-hp.$_{c2}$ calc-i.$_{k2}$ calc-ln.$_{c1}$ calc-s.$_{k2}$ calc-sil.$_{gm1,k2}$ camph.$_{bg2,k,*}$ *Cann-s.*$_{hr1,k,*}$ *Caps.*$_{hr1,k,*}$ carb-an. *Carb-v.*$_{bg2,k,*}$ carbn-s. card-m.$_{hr1,k}$ caust.$_{bg2,k,*}$ cham.$_{bg2,k,*}$ chel.$_{a1,k}$ chen-a.$_{c2}$ *Chin.*$_{bg2,k,*}$ *Chinin-ar.*$_{c2,k}$ chinin-s.$_{c2}$ *Chlol.*$_{hr1,k,*}$ *Chlor.*$_{c2}$ *Cic.* cina$_{c2,k}$ cist.$_{hr1,k}$ coc-c.$_{c2,k}$ coca$_{c2}$ cocc.$_{bg2,k,*}$ coch.$_{c2}$ *Coff.*$_{bg2,k,*}$ *Colch.*$_{hr1,k,*}$ coloc. *Con.*$_{bg2,k,*}$ croc. *Crot-h.*$_{hr1,k}$ crot-t.$_{hr1,k}$ cumin.$_{hsa1}$ **Cupr.**$_{bg2,k,*}$ daph. der.$_{c2}$ *Dig.*$_{hr1,k,*}$ digin.$_{c2}$ *Dros.*$_{c2,k}$ *Dulc.*$_{bg2,k,*}$ erio.$_{a1,c2}$ eucal.$_{c2}$ eup-per.$_{hr1,k}$ *Euph.*$_{hr1,k}$ euph-hi.$_{jsx1}$ euph-pi.$_{c2}$ fel$_{c2}$ *Ferr.*$_{bg2,k,*}$ *Ferr-ar.* ferr-i. ferr-p. gad.$_{c2}$ gal-ac.$_{c1,c2}$ galv.$_{c2}$ *Gels.*$_{hr1,k}$ *Graph.*$_{bg2,k,*}$ grat. grin.$_{hr1,k,*}$ *Hep.*$_{bg2,k,*}$ *Hippoz.* hydr.$_{c2}$ hydr-ac.$_{hr1,k,*}$ hyos.$_{bg2,k,*}$ hyper.$_{c2}$ iber.$_{c2}$ ictod.$_{c2}$ *Ign.*$_{bg2,k,*}$ *Iod.* **Ip.**$_{bg2,k,*}$ junc-e.$_{c2}$ **Kali-ar.** kali-bi.$_{c2}$ *Kali-br.*$_{hr1,k,*}$ **Kali-c.**$_{bg2,k,*}$ *Kali-chl.*$_{hr1,k,*}$ kali-chls.$_{c2}$ kali-cy.$_{c2}$ *Kali-i.*$_{hr1,k}$ kali-m.$_{k2}$ **Kali-n.**$_{c2,k}$ *Kali-p.*$_{hr1,k,*}$ *Kali-s.*$_{c2,k}$ kali-sil.$_{k2}$ lac-d.$_{c2,k}$ *Lach.*$_{bg2,k,*}$ lact.$_{hr1,k}$ lact-v.$_{c1,c2}$ *Laur.*$_{c2,k}$ *Led.*$_{a1,k,*}$ lem-m.$_{c2}$ linu-u.$_{c2}$ lith-p.$_{stj2}$ **Lob.**$_{hr1,k,*}$ lob-s.$_{c2}$ *Lyc.*$_{bg2,k,*}$ magn-gl.$_{c2}$ manc.$_{hr1,k,*}$ mang.$_{c2}$ *Med.*$_{c2,k}$ meny. *Meph.*$_{hr1,k,*}$ merc.$_{bg2,k,*}$ merc-d.$_{a1}$ merc-i-r.$_{c2}$ mez.$_{hr1,k}$ mill.$_{c2}$ *Mosch.*$_{bg2,k,*}$ *Naja*$_{c2,k}$ naphtin.$_{c2}$ nat-ar. nat-c. *Nat-m.* nat-p. *Nat-s.*$_{hr1,k,*}$ *Nit-ac.*$_{bg2,k,*}$

Asthma, asthmatische Atmung: ...
nux-m.$_{bg2,k,*}$ *Nux-v.*$_{bg2,k,*}$ ol-an.$_{c2,k}$ ol-j.$_{a1,c2}$ *Op.*$_{bg2,k,*}$ osm.$_{c2}$ par. pect.$_{c2}$ petr. ph-ac.$_{c2}$ phel.$_{hr1,k,*}$ *Phos.*$_{bg2,k,*}$ phos-pchl.$_{c1}$ *Phyt.*$_{hr1,k,*}$ plat. plb.$_{a1,k}$ plb-xyz.$_{c2}$ podo. pop-c.$_{c2}$ *Psor.*$_{hr1,k,*}$ ptel.$_{br1,c2}$ pulm-v.$_{c1,c2}$ **Puls.**$_{bg2,k,*}$ queb.$_{c1,c2}$ ran-s. raph. rhod. rumx.$_{c2,k}$ *Ruta* sabad.$_{a1}$ sabin. **Samb.**$_{bg2,k,*}$ samb-c.$_{c2}$ *Sang.*$_{hr1,k,*}$ sangin-n.$_{c2}$ sanic.$_{c2}$ sars.$_{hr1,k,*}$ sec.$_{a1,k}$ sel. *Seneg.*$_{bg2,k,*}$ *Sep.*$_{bg2,k,*}$ **Sil.**$_{bg2,k,*}$ silphu.$_{c2}$ sin-n.$_{hr1,k}$ spig. **Spong.**$_{hr1,k,*}$ squil.$_{hr1,k,*}$ *Stann.*$_{bg2,k,*}$ stict.$_{c2}$ *Still.*$_{hr1,k}$ **Stram.**$_{bg2,k,*}$ stront-c. stry-xyz.$_{c2}$ succ.$_{c2}$ *Sul-ac.* sul-h.$_{c2}$ sul-i.$_{k2}$ **Sulph.**$_{bg2,k,*}$ sumb.$_{c2}$ syph.$_{a1,k2,*}$ tab.$_{c2}$ ter.$_{c2}$ *Thuj.*$_{a1,k,*}$ thymu.$_{bro1}$ trach-xyz.$_{c2}$ trios.$_{c2}$ tub.$_{bg,c2}$ vario.$_{al2,c2}$ *Verat.*$_{bg2,k,*}$ verat-v.$_{hr1,k,*}$ verb.$_{br1}$ viol-o. viol-t. wye.$_{c2}$ xan.$_{c1,c2}$ zinc.$_{bg2,k,*}$ zinc-p.$_{k2}$ zinc-val.$_{c2}$ zing.$_{c2}$ ziz.$_{a1,hr1,*}$
– **morgens**: *Aur.*$_{hr1,k}$ *Calc.*$_{hr1,k}$ carb-an. *Carb-v.*$_{hr1,k}$ *Coff.*$_{hr1,k}$ *Con.*$_{hr1,k}$ dig. **Kali-c.** *Meph.*$_{hr1,k}$ phos. *Verat.*$_{hr1,k}$ zing.$_{hr1,k}$
• **Bett**, im: alum. con.$_{hr1,k}$
• **Erwachen**, beim: alum. *Con.*$_{hr1,k}$ sep.
– **vormittags**, 10 - 11 h: *Ferr.*
– **mittags**: *Lob.*
– **abends**: bell. *Cist.*$_{hr1,k}$ ferr. nat-m.$_{mrr}$ nat-p.$_{mrr}$ nux-v. *Phos.* **Puls.**$_{hr1,k}$ stann. *Sulph.*$_{hr1,k}$ *Zinc.*$_{hr1,k}$
• **21** h: bry.
• **Bett**, im: am-c. graph. sep.
• **Hinlegen**, nach dem: aral. ars. *Cist.* *Meph.*
– **nachts**: am-m. *Ant-t.* *Arg-n.*$_{hr1}$ **Ars.**$_{hr1,k,*}$ ars-s-f.$_{k2}$ arum-d.$_{a1,hr1}$ aur. aur-ar.$_{k2}$ *Brom.*$_{hr1,k}$ bry.$_{hr1,k}$ calc-ar.$_{hr1}$ *Carb-v.* carc.$_{cd}$ cham.$_{bg1}$ **Chel.**$_{hr1,k,*}$ *Chlol.*$_{hr1,k}$ *Cist.*$_{hr1,k}$ coff.$_{hr1,k}$ coloc.$_{hr1,k}$ daph. *Dig.*$_{hr1,k}$ *Ferr.*$_{hr1,k}$ ferr-ar. *Ip.* kali-ar. *Kali-c.*$_{hr1,k}$ lach. meph. nux-v. *Op.*$_{hr1,k}$ phos. **Puls.**$_{hr1,k}$ sang. *Sep.*$_{a1,k}$ *Sulph.*$_{hr1,k}$ *Syph.* *Thuj.*$_{hr1,k}$ zinc. zinc-p.$_{k2}$
• **Mitternacht**:
• **vor**:
• **22** h: meph.
• **23** h:
• **23** - 2 h: *Ars-i.*
• **Urinieren**, beim: chel.
• **nach**: **Ars.** calc-ar. *Carb-v.* *Ferr.* ferr-ar. *Graph.* *Lach.* **Samb.**
• **2** h: **Ars.** *Kali-bi.* med.$_{c1}$ *Rumx.*
• **2** - 3 h: **Kali-ar.** **Kali-c.**
• **2** - 4 h: med.$_{c1}$
• **3** h: *Chin.* *Cupr.* **Kali-c.** **Kali-n.**
• **4** - 5 h: *Nat-s.* stann.
• **5** h: kali-i.
• **springen**; muß aus dem Bett: **Ars.** *Graph.* **Samb.**
◇ **abwechselnd** mit:
• **Diarrhoe**, nächtliche: *Kali-c.*
• **Erbrechen**, periodischem: ip.$_{bro1}$
• **Gicht**: benz-ac. kali-i.$_{bg2}$ lyc. *Sulph.*
• **Hautausschläge**: calad. caust.$_{bro1}$ *Crot-t.*$_{k,st}$ dulc.$_{wt}$ *Hep.* *Kalm.* lach. mez. rhus-t. *Sulph.*
• **Kopfschmerz**: ang. bry.$_{bg2}$ glon. kali-br.
• **Urtikaria**: calad.

◆ **begleitet** von:
- **Schwäche**
  ☞ ❑ *Allgemeines - Schwäche - begleitet von - Asthma*
- **Speichelfluß**: *Carb-v.*kr1,st1,*
- **Übelkeit**: kali-n.br1

– **Alkoholikern**; bei: *Ars.*hr1 cocabro1 *Meph.*
– **alten** Menschen, bei: am-c.hr1 *Ambr.*hr1,k ant-c.hr1 **Ars.**hr1,k aur.hr1 *Bar-c.*hr1,k camph.hr1 *Carb-v.*hr1,k *Con.*hr1,k phel. sulph.
– **Anstrengung**, durch geringe: bry.vh calc.vh stann.vh
– **Ärger**, Verdruß; durch: ars.
– **Aufstoßen** amel.: carb-v. nux-v.
– **Auswurf**:
- **amel.**: ant-t.bg1,bg2 erio.c1 grin.bg1 hyper. sep.bg1 zinc.bg1

– **Beugen** des Kopfes nach hinten amel.: bell.hr1 cham.hr1,k **Spong.**hr1,k *Verat.*hr1,k
– **Blähungen**, durch: *Carb-v.*hr1,k *Cham.*hr1 *Chel.*bg1 *Chin.*hr1,k *Lyc.*hr1,k mag-p.hr1,k *Nux-v.*hr1,k op.hr1,k phos.hr1,k *Sulph.*hr1,k zinc.hr1,k
– **cardiale**
  ☞ *Herz - Beschwerden*
– **Entblößen** der Brust amel.: ferr.c1
– **Erkältung**:
- **durch**: acon. *Arg-n.*hr1 dulc. *Lob.* nat-s.bro1 *Podo.* *Puls.* sil. **Spong.** *Stann.*
  - **Erhitzung**, bei: *Sil.*
  - **Sommer**, im: *Ars.*

– **Erregung**, bei: ambr.
– **Essen**:
- **amel.**: ambr. *Graph.*hr1,k iod.hr1
- **nach**: *Asaf.*hr1 asc-t.c1 *Kali-p.*hr1,k manc.rb2 *Nux-v.* *Puls.*hr1,k sars.hr1

– **Exanthems**; nach Unterdrückung eines akuten: acon. *Apis* *Puls.*
– **Fahren** agg.: meph.hr1,k
– **geistiger** Anstrengung, bei: kali-c.gm1 sep.a1,k
– **Gemütsbewegungen**, nach: *Acon.*hr1,k ambr. cham.hr1,k *Coff.*hr1,k cupr.hr1,k *Gels.*hr1,k *Ign.*hr1,k nux-v.hr1,k pall.h,k puls.hr1 verat.hr1,k
– **Gesicht**, nach Verschwinden einer Flechte im Gesicht; mit Schmerz im: *Dulc.*hr1,k
– **Gewitter**, bei: sep. *Sil.* syph.
– **Hautausschlägen**; nach unterdrückten: *Apis* *Ars.*hr1,k calc.gk1 *Carb-v.*hr1,k *Dulc.*hr1,k *Ferr.*hr1,k hep. *Ip.*hr1,k *Psor.* **Puls.**hr1,k sec.a1,k *Sulph.*hr1,k
– **Herbst**, im: *Chin.*
– **Herz**:
- **Beschwerden** des Herzens; durch: aur.k2 grin.hr1 najabg,k2 queb.br1,c1 sumb.bro1
- **fettige** Degeneration des Herzens; durch: **Arn.**

– **Heu**, Pollen; durch: *Ambr.* *Ars.*c2,k *Ars-i.* arum-t.st *Bad.* *Carb-v.* *Dulc.* *Euphr.* **Iod.** *Kali-i.* kali-s-chr.c1 *Lach.* lob.c2,k13 *Naja* *Naphtin.*c2 *Nat-s.* *Nux-v.* *Op.* phle.bg1 *Sabad.*c2,k sang.k2 *Sil.* *Sin-n.* *Stict.* sul-i.c2
– **Heuschnupfen**, bei
  ☞ ❑ *Nase - Heuschnupfen - asthmatischer*
– **humidum**; Asthma
  ☞ *Rasselnd*
– **Husten** agg.: *Meph.* nux-v.k2
– **hysterisch**: acon.hr1 ambr.c1 asaf.hr1,k2 aur.hr1 bell.hr1 caul.hr1 caust.hr1 cham.hr1 cocc.hr1 coff.hr1 con.hr1 cupr.hr1 ign.hr1 ip.hr1 *Lach.*hr1 **Mosch.**hr1,k **Nux-m.**hr1,k,* nux-v. phos.hr1,k **Puls.**hr1,k stann.hr1,k stram.hr1,k sulph.hr1,k
  ☞ ❑ *Gemüt - Hysterie*
– **Impfung**, nach: thuj.hr1,k
– **intermittierendem** Fieber, bei: mez.
– **kalt**:
- **Luft**, kalte:
  - **agg.**: *Arg-n.*hr1 *Lob.* *Nux-v.* petr.
  - **amel.**: am-c.k2 bry. *Carb-v.*hr1,k *Cham.*hr1,k *Merc.*
  - **Gehen** aus dem Warmen ins Freie in die kalte Luft; beim: ars.b
- **Wasser**, kaltes:
  - **agg.**: *Meph.*
  - **amel.**: cham.hr1,k

– **Kindern**, bei: *Acon.*hr1,k ambr. *Ant-t.*hr1 ars.pa *Bell.*hr1 camph.hr1 *Carc.*vh **Cham.**hr1,k chin.hr1 coff.hr1 cupr.hr1 hep.hr1 ign.hr1 **Ip.**hr1,k kali-br.hr1,k kali-i. lach.hr1 lyc.hr1 med.k2 merc-sul.c1 *Mosch.*hr1,k **Nat-s.**hr1,k nux-m.hr1 nux-v.hr1,k op.hr1 phos.hr1 psor. **Puls.**hr1,k **Samb.**hr1,k sil.k2 stram.hr1,k sulph.hr1,k thuj.bro1 tub-a.ih,vs
- **Impfung**, nach: thuj.

– **Kohlenstaub**, bei Minenarbeitern; durch: card-m.bro1 nat-ar.c2,k
– **Koitus**:
- **während**: aeth. ambr.hr1,k
- **nach**: *Asaf.*k,k1 cedr. kali-bi.

– **Kopf** auf die Knie gestützt; hat den: kali-c.h
– **Liegen** in genupektoraler Lage amel.: carc.cd
– **Luft**:
- **Freien** amel.; im: *Am-c.*a1,k bry.k2 kali-s.k2 naphtin.bro1
- **warmer** Luft, in: aur.k13
- **Zugluft** agg.: *Sil.*

– **Magen**; durch verdorbenen: nux-v.k2
– **Mahlzeit**; nach jeder sättigenden: asaf.k1,k13,*
– **Masern**, nach: brom.hr1,k *Carb-v.*
– **Meer**; Aufenthalt am:
- **amel.**: carc.fb,jl2

– **Menses**:
- **vor**: sulph.
- **während**: kali-c.hr1,k
- **Unterdrückung** der, nach: *Puls.* spong.

– **Millarsches** Asthma
  ☞ ❑ *Kehlkopf - Laryngismus*
– **Mittagessen**, nach dem: thuj.a1,k
– **Musik** agg.: ambr.
– **nervös**: form.pd kali-p.ptk1 stram.ptk1 valer.c2
– **periodisch**: all-s.c2,k *Alum.* ant-t. **Ars.** *Asaf.* *Carb-v.* *Chel.* chin.bro1 chinin-ar.bro1 *Hydr-ac.* ip.bro1 nux-v. *Phos.* *Plb.* *Seneg.* sulph. tab. thuj.
- **Tage**; alle acht: sulph.

– **Pferden**; bei Kontakt mit: castor-eq.vh
– **plötzlichen** Anfällen; in: cupr.hr1,k ip.a1,k
– **Quecksilber**, nach: aur.
– **Rauchen** (von Tabak):
- **agg.**: puls.bg1,h
- **nach**: asc-t.c1

– **Rosenblüten**; nach Schnupfen durch Riechen an: *Sang.*$_{hr1,k}$
– **Schaukeln** amel.: kali-c.
– **Schlaf**, beginnt im: *Acon. Ars.*$_{a1,k}$ *Carb-v.*$_{hr1,k}$ *Hep.*$_{hr1,k}$ *Kali-c.*$_{hr1,k}$ *Lach.*$_{hr1,k}$ meph.$_{hr1,k}$ nat-s.$_{hr1,k}$ op. sep.$_{hr1,k}$ *Sulph.*$_{hr1,k}$
– **Schluckauf**; nach
☞ ❑ *Magen - Schluckauf - gefolgt von - Asthma*
– **Schreck**, durch: carc.$_{bro1,sp,*}$
– **Schweiß**:
• **reichlichem**, mit: hyper.$_{bro1}$
• **unterdrücktem** Fußschweiß, bei: ol-an.$_{bro1}$
– **Seeleuten**, sobald sie an Land gehen: **Brom.**$_{hr1,k}$
– **spasmodisch**: agar.$_{bg1}$ am-c. ambr.$_{bg1}$ ammc.$_{hr1}$ *Ant-t.*$_{hr1,k}$ arg-n. **Ars.** *Asaf.* bapt.$_{bg1}$ *Bell.*$_{hr1,k}$ brom.$_{bg2}$ *Cact.*$_{hr1,k}$ camph.$_{hr1}$ caust. cham.$_{bg1}$ cic.$_{bg1}$ *Cocc.*$_{hr1,k}$ coff. coff-t.$_{hr1}$ con. *Cupr.*$_{hr1,k}$ *Dros. Ferr.*$_{hr1,k}$ ferr-p. *Gels.*$_{hr1,k}$ *Graph.*$_{hr1,k}$ guaj.$_{bg1}$ *Hydr-ac.*$_{hr1,k}$ *Hyos.*$_{hr1,k}$ **Ip.**$_{hr1,k}$ *Kali-br.*$_{hr1,k}$ *Kali-c. Lach.*$_{hr1,k}$ laur. led. lil-t.$_{bg1}$ **Lob.**$_{hr1,k}$ *Mag-p.*$_{hr1,k}$ *Meph.*$_{bg1,k}$ merc. *Mez.*$_{hr1,k}$ *Mosch.*$_{hr1,k}$ nat-s.$_{bg1}$ nux-m.$_{bg1}$ *Nux-v.*$_{hr1,k}$ *Op.* ph-ac. phos.$_{hr1,k}$ plat.$_{bg1}$ *Plb. Puls.* raph. rumx.$_{bg1}$ samb.$_{hr1,k}$ *Sars.*$_{hr1,k}$ *Sep.*$_{hr1,k}$ **Spong.** *Stram.*$_{hr1,k}$ sulph.$_{hr1,k}$ *Sumb.*$_{hr1,k}$ *Tab.*$_{hr1,k}$ **Valer.**$_{hr1,k,*}$ zinc. zinc-p.$_{k2}$
– **Speisen**, bei warmen: *Cham. Lob.*
– **Sprechen**:
• **agg.**: *Dros.* **Lach.**$_{hr1}$
• **amel.**: ferr.$_{hr1,k}$
– **Staub**; durch Einatmen von: ictod.
– **Stuhlgang** amel.: ictod.
– **Temperaturveränderung**, durch geringe: rumx.$_{vh}$
– **Trinkern**; bei
☞ *Alkoholikern*
– **Tuberkulose** in der Familiengeschichte; bei: dros.$_{tl1}$
– **Überhitzung**; bei: bry.$_{k2}$
– **Urinieren**, beim: chel.$_{a1,k}$ dulc.$_{bg1}$
– **Urtikaria**, durch: apis$_{ptk1}$ puls.$_{ptk1}$
– **Verletzung** der Wirbelsäule; nach: *Hyper.*$_{hr1,k}$
– **Verstopfung** der Nase; durch: lem-m.$_{br1,c1}$
• **Wetter** agg.; nasses: lem-m.$_{br1,c1}$
– **Vollmond**, bei: spong.$_{pd}$
– **warm**:
• **Zimmer**, im warmen: *Am-c.* bry.$_{k2}$ carb-v. kali-s.
• **Gehen** aus dem Freien in ein warmes Zimmer; beim: *Bry. Lob.*$_{bg2,st}$
– **Wetter**:
• **kaltem** Wetter; bei:
• **naßkaltem**; bei: ant-t.$_{gm1}$ **Dulc.** *Med. Nat-s.*
• **nassem** Wetter, bei: ant-t.$_{gm1}$ *Aur.* carc.$_{fb}$ *Chin.* con. *Dulc.* hep.$_{br1}$ ip.$_{k2}$ kali-c.$_{k2}$ lem-m.$_{br1,c1}$ *Nat-s.* sil. verat.
• **trockenem** Wetter, bei: cham.$_{ptk1}$
• **warmem** Wetter; bei: nat-s.$_{k2}$
• **nassem**, warmem; bei: *Bell.*$_{k,k2}$ *Carb-v.* syph.$_{k2}$
• **Wetterwechsel**, bei: *Ars.* chel. dulc.

Asthma, asthmatische Atmung: ...
– **Wind**; beim Gehen gegen den: cupr.$_{hr1,k}$ nat-m.$_{bg1}$
– **Winter**; Asthmaanfälle im: *Carb-v. Nux-v.* phel.
– **Zorn**, nach
☞ ❑ *Gemüt - Zorn - asthmatischer*
– **Zurücklehnen**, beim: psor.$_{a1,k}$
– **Zusammenschnürung**:
• **Kehlkopfes**; des: dros.$_{k2}$

Atemnot, Dyspnoe, erschwertes Atmen: abies-n. abrot. absin. acet-ac. *Acon. Aeth. Agar. Agn.* ail. all-s. aloe alum. alum-sil.$_{k2}$ alumn. *Am-c.* am-m. *Ambr.* **Anac.** *Ant-ar. Ant-c.* **Ant-t. Apis** apoc. *Aral.* arg-met. *Arg-n. Arn.* **Ars.** *Ars-i.* ars-s-f.$_{k2}$ arum-t. arund. *Asaf. Asar. Asc-t.* aspar. astac. *Aur.* aur-ar.$_{k2}$ aur-i.$_{k2}$ aur-m. aur-m-n. aur-s.$_{k,k2}$ *Bad.* bar-c. bar-i.$_{k2}$ *Bar-m. Bell. Benz-ac.* bism. *Blatta-o.* borx. *Bov. Brom.* **Bry.** bufo **Cact.** cain. calad. *Calc. Calc-ar. Calc-f.* calc-i.$_{k2}$ *Calc-p. Calc-s.* calc-sil.$_{k2}$ *Camph.* cann-i.$_{c1,k}$ cann-s. canth. *Caps.* carb-ac. carb-an. **Carb-v.** *Carbn-o. Carbn-s. Carl.* castm. **Caust.** *Cedr. Cench. Cham.* **Chel.** chen-a. **Chin.** *Chinin-ar. Chinin-s.* chlol. **Chlor.** *Cic.*$_{c1,k}$ cimic. *Cimx.* **Cina** cist. *Coc-c. Coca Cocc.* coff. *Colch.* coll. *Coloc. Con.* conv.$_{br1}$ cop. cor-r. cot.$_{br1}$ croc. *Crot-c. Crot-h.* **Crot-t.** *Cub.* **Cupr. Cupr-ar.** cupr-s. cur. *Cycl. Dig.*$_{br1,k}$ dirc. *Dros. Dulc.* equis-h. ery-a. eup-per. euph. euphr. **Ferr.** *Ferr-ar. Ferr-i. Ferr-p. Fl-ac. Gels.* gins. *Glon. Graph. Grin. Guaj.* ham. *Hell.* **Hep.** hippoz. hura hura-c.$_{a1}$ hydr. hydr-ac. hydrc. hydrog.$_{srj2}$ hyos. hyper. *Ign.* indg. *Iod.* **Ip.** *Iris* jab. jatr-c. jug-c. **Kali-ar.** *Kali-bi.* **Kali-c.** *Kali-chl.* **Kali-i.** kali-m.$_{k2}$ kali-n. *Kali-p. Kali-s.* kali-sil.$_{k2}$ *Kalm.*$_{k,k2}$ kreos. lac-c. **Lach.** *Lact. Lat-m. Laur.* lec.$_{br1}$ led. *Lil-t.* limest-b.$_{es1}$ *Lith-c.* **Lob.** lob-e.$_{c1}$ luna$_{kg1}$ **Lyc.** *Lycps-v. Lyss.* mag-c. mag-m. mag-s. manc. mang. *Med.* meli. meny. **Meph.** *Merc.* **Merc-c.** *Merc-sul.* merl. *Mez.* morph. *Mosch. Mur-ac.* murx. mygal. **Naja** nat-ar. *Nat-c. Nat-m. Nat-p.* **Nat-s.** nicc. *Nit-ac.* **Nux-m.** *Nux-v.* oena. ol-j. **Op.** osm. *Ox-ac.* par. petr. *Ph-ac.* phel. **Phos.** *Phos-pchl.*$_{c1}$ *Phys. Phyt. Plat. Plb.* podo. *Prun. Psor.* ptel. **Puls.** *Ran-b.* ran-s. raph. rat. rheum rhod. *Rhus-t.* rumx. ruta sabad. sabin. *Samb. Sang.* sarr. sars. *Sec.* **Sel.** *Seneg. Sep.* **Sil.** *Spig.* **Spong. Squil. Stann.** staph. *Stram.* **Stry.** sul-ac. sul-i.$_{k2}$ **Sulph.** syph.$_{k2}$ *Tab.* **Tarent.** tax. *Ter.* thuj. tril-p.$_{c1}$ *Tub.* tub-r.$_{j1}$ valer. **Verat.** verat-v. vesp. viol-o. vip. xan.$_{c1}$ *Zinc.* zinc-p.$_{k2}$ zing.
– **tagsüber**: *Chel.*
– **morgens**: ambr. ant-t. aur. bell.$_{hr1,k}$ *Brom.*$_{a1,k}$ carb-an. carb-v. *Caust.*$_{hr1,k}$ chel.$_{a1,k}$ *Con.*$_{a1,k}$ *Dig.*$_{hr1,k,*}$ euphr.$_{k2}$ *Kali-bi.*$_{hr1,k}$ *Kali-c.*$_{hr1,k}$ kali-chl.$_{a1,k}$ kali-i. *Lach.*$_{hr1,k}$ lyc.$_{a1,k}$ mang.$_{h,k1}$ merc.$_{a1,k}$ nit-ac.$_{a1,k}$ *Nux-v.*$_{hr1,k,*}$ *Phos.*$_{a1,k}$ puls.$_{a1,k}$ rhod.$_{a1,k}$ *Sang.*$_{a1,k}$ *Sep.*$_{a1,k}$ *Sil.*$_{a1,k}$ sulph.$_{h,k1}$
• **8** h: dios.
• **Angst** in der Brust; durch: puls.$_{a1,k}$
• **Anstrengung**, durch: lyc.$_{a1,k}$

• **Aufstehen**:
  • **beim**: calc-p.$_{hr1,k,*}$ *Kali-bi.*
  • **nach**: bell.$_{hr1,k}$ carb-v.$_{h,kl}$ caust.$_{h,kl}$ con.$_{a1,kl,*}$ dig.$_{a1,k}$ ran-b.
    • **amel.**: con.$_{h}$ led. puls. sulph.
• **Auswurf** amel.: *Sep.*
• **Bett**, im: alum. ant-t. carb-an. com.$_{a1,k}$ con.$_{a1,k}$ led. mag-s. nat-c.$_{h2}$ nux-v.$_{a1,k}$ puls. sulph.
• **Erwachen**, beim: con. kali-i. nit-ac.$_{h,kl}$ seneg.$_{hr1,k}$ *Sep.* sil.$_{a1,k}$
• **Frühstück** amel.: sulph.$_{h,kl}$
• **Stehen**, im: con.$_{a1,k}$
– **vormittags**: alum. bry. chinin-ar. hyper. *Ip.* nat-c. *Nat-s.* ox-ac. sulph.
• **9** h: chel. chin. chinin-ar.$_{k2}$ nat-ar. tarent. valer.
  • **Frühstück**, nach dem: valer.
• **10** h: *Ferr.* iod.
• **11** h: agar. squil.
• **Gehen**, beim: cocc.
  • **Freien**, im: ferr.
• **Schreiben**, beim: mag-s.
• **Stehen**, im: kali-n.
– **mittags**: gels.$_{a1,k}$ hura
– **nachmittags**: all-s. alumn. asar.$_{hr1}$ bapt.$_{a1,k}$ bell.$_{hr1,k}$ chel.$_{a1,k}$ dig.$_{a1,k}$ elae.$_{a1}$ elaps *Fl-ac.*$_{hr1,k}$ *Lach.*$_{hr1,k}$ lyc. *Merc-sul.*$_{hr1,k}$ nat-m.$_{a1,k}$ op.$_{a1,k}$ sabad. *Sang.*$_{a1,k}$ sulph.$_{a1,k}$
• **13** h: cact. squil.
• **14** h: chel.
• **15** h, beim Laufen: am-c. lyc.
• **15**.30 h, beim Sitzen: mag-c.
• **16** h: phos.
• **17** h: med.$_{c1}$
  • **17** - 19 h: nat-m.
  • **plötzlich**: ign.
– **abends**: acon.$_{a1,k}$ aeth. agn. *All-c.*$_{a1,k}$ anac. ant-t. *Ars.*$_{hr1,k,*}$ ars-s-f.$_{k2}$ bell.$_{a1,k}$ *Calc-p.* calc-s. carb-an.$_{a1,k}$ *Carb-v.*$_{a1,k}$ *Carbn-s.* cench.$_{k2}$ *Chin.* chinin-ar. cist.$_{a1,k}$ clem. coloc. con.$_{a1,k}$ cycl. dig. digin.$_{a1}$ elaps *Ferr.*$_{a1,k}$ ferr-ar. ferr-p. *Fl-ac.*$_{hr1,k}$ graph.$_{a1,k}$ *Hell.*$_{a1,k}$ hyper. ip.$_{a1,k}$ *Kali-ar.* *Kali-c.* kali-s. *Lach.* *Lob.* mag-c.$_{h,kl}$ merc. mez. nat-m. nux-m.$_{a1,k}$ *Nux-v.*$_{a1,k}$ oena.$_{a1}$ ox-ac.$_{a1,k}$ petr.$_{a1,k}$ *Phos.* *Psor.*$_{a1,k}$ *Puls.*$_{a1,k}$ *Ran-b.*$_{hr1,k,*}$ raph.$_{a1,k}$ rhod.$_{a1,k}$ *Rhus-t.* sep.$_{a1,k}$ *Stann.* **Sulph.**$_{hr1,k,*}$ verb. *Zinc.* zinc-p.$_{k2}$
• **amel.**: lyc.
• **18** h: bapt. mag-c. **Rhus-t.**
  • **18** - 21 h: castm.
• **18**.30 h: chel.
• **21** h: androc.$_{srj1}$ bry.
• **Bett**, im: am-c.$_{h,kl}$ ant-t. *Ars.*$_{hr1,k}$ bell.$_{h,kl}$ borx. carb-an. *Carb-v.* chin. *Cist.*$_{a1,k}$ con.$_{a1,k}$ crot-h.$_{a1,k}$ *Ferr.*$_{a1,k}$ *Graph.* merc.$_{a1,k}$ nat-m. *Nat-s.* par.$_{a1,k}$ *Phos.*$_{a1,k}$ podo. *Sep.* sul-ac.$_{h,kl}$ *Sulph.*$_{hr1,k,*}$ zinc.
  • **amel.**: *Chel.*
– **nachts**: acon. act-sp.$_{bro1}$ alum. alum-p.$_{k2}$ am-c. am-m. androc.$_{srj1}$ *Ant-t.* apis arg-n. **Ars.** ars-i. ars-s-f.$_{k2}$ asar. aspar. *Aur.* aur-ar.$_{k2}$ aur-i.$_{k2}$ aur-m. aur-s. bar-c. bar-i.$_{k2}$ bar-s.$_{k2}$ bell. berb. brom. bry. bufo cact. *Calc.* calc-i.$_{k2}$ calc-s. cann-i. carb-ac. carb-an.$_{h}$ *Carb-v.* **Carbn-s.** castm. *Cench.* cham.

– **nachts**: ...
chel. *Chin.* *Chinin-ar.* *Coca* *Colch.* coloc. con. *Crot-t.* cupr. daph. *Dig.* elaps *Ferr.* ferr-ar. *Ferr-i.* *Ferr-p.* *Graph.* *Guaj.* ign. *Iod.* *Ip.* **Kali-ar.** *Kali-bi.* *Kali-c.* kali-i. kali-p. kali-s. **Lach.** lact. *Lob.* *Lyc.* mag-s. med. merc. **Naja** nat-c. nat-m. nit-ac. *Nux-v.* *Op.* petr. ph-ac. **Phos.** plb. podo. *Psor.* *Puls.* ran-b. ran-s. *Rhus-t.* **Samb.** sel. seneg. *Sep.* *Spong.* *Stann.* stict. *Sul-ac.* sul-i.$_{k2}$ **Sulph.** *Ter.* *Thuj.* *Tub.* zinc. zinc-p.$_{k2}$ zing.
• **Mitternacht**:
  • **vor**: coloc. *Squil.*
  • **22** h: ip. *Phos.* phys. valer.
    • **22** - 10 h: ip.
  • **23** h: cact. nat-m. spong.$_{k2}$ *Squil.*
    • **23** - 3 h: colch.
  • **um**: *Acon.* **Ars.** calc. *Chin.* puls. *Rhus-t.*
  • **nach**: **Ars.** *Dros.* ferr. *Graph.* lyc. **Samb.** *Spong.*
  • **1** h:
    • **1** - 2 h: ars.$_{k2}$ *Spong.*
    • **1** - 4 h: *Syph.*
  • **2** h: **Ars.** *Kali-bi.* med.$_{c1}$ rumx.
    • **2** - 3 h: **Kali-ar. Kali-c.**
  • **3** h: am-c. **Ant-t.** bufo cupr. **Kali-c.** nat-m. **Samb.**
  • **4** h: kali-bi. lil-t.
    • **bis** 4 h, in häufigen Anfällen: **Samb.**
  • **5** h: kali-i.
    • **Erwachen**, beim: arund. cann-i. sil.$_{h}$
• **Bett**, im: apis **Ars.** calc-ar.$_{k2}$ *Graph.* plb. spong.
  • **amel.**: *Chel.*

◇ **abwechselnd** mit:
• **Hypochondrien**; Schmerz in: *Zinc.*
• **Konvulsionen**: plat.$_{pd}$
• **Sopor**: plb.$_{a1,k}$
• **Urtikaria**: *Calad.*
• **Uterus**; Blutung des: fl-ac.

◆ **begleitet** von:
• **Harnwege**; Beschwerden der: dig.$_{k2}$ **Laur.** *Lycps-v.*
• **Herz**:
  • **Beschwerden** des Herzens
    ☞ ❑ *Brust - Herzens - begleitet von - Atmen*
  • **Schmerz** im Herzen
    ☞ ❑ *Brust - Schmerz - Herz - begleitet von - Atmung*
• **Ovarien**; Beschwerden der: **Tarent.**
– **Abdomen**, wie vom: bry.$_{bg1}$ nat-s.$_{bg1}$
– **Abendessen**:
• **beim**: ant-c.$_{h,k,*}$
• **nach**: alumn. ant-c.$_{h,k,*}$ arg-n.$_{hr1}$ mag-m.$_{h,kl}$ sanic.
– **alten** Menschen, bei: *Bar-c.* *Chin.* coca$_{bro1}$ seneg.
– **angefächelt** werden, möchte: ant-t. apis bapt.$_{bg1}$ cann-i.$_{c1}$ **Carb-v.**$_{hr1,k}$ chin.$_{hr1,k}$ chlor.$_{bg1}$ *Ferr.* kali-n.$_{bg1}$ *Med.*$_{hr1,k}$ naja$_{bg1}$ sec.$_{bg1}$ sulph. tab.$_{k2}$ zinc.$_{bg1}$
– **Angst**; durch: phos.$_{k2}$
– **Ankleiden**; beim: *Stann.*$_{k,kl2}$●

– **Anstrengung**:

• **nach**: am-c. am-m. ambr.$_{k2}$ *Apis* *Arg-n.* **Ars.** *Ars-i.* ars-s-f.$_{k2}$ asaf. *Aur-m.* benz-ac. borx. bov. brom. **Calc.** calc-p.$_{k2}$ *Camph.* *Carb-v.* carbn-s. *Cench.* cimic. **Coca** colch.$_{k2}$ con. conv.$_{br1}$ crat.$_{br1}$ *Dig.* dirc. *Ferr-m.* glon.$_{k2}$ *Iod.* **Ip.** *Kali-ar.* *Kali-c.* *Kali-i.* kali-sil.$_{k2}$ kalm.$_{k2}$ **Lach.** *Laur.* *Led.* **Lob.** **Lyc.** **Lycps-v.** med.$_{k2}$ *Merc.* **Nat-m.** *Nat-s.* *Nit-ac.* *Nux-m.* *Nux-v.* ox-ac. ph-ac. *Phos.* *Puls.* rat. rhus-t.$_{k2}$ sars. sel.$_{k2}$ sep. *Sil.* *Spig.* **Spong.** squil. *Stann.* *Staph.* sul-i.$_{k2}$ *Sulph.* sumb.$_{bro1}$ ter. tub. *Verat.*

• **geringste** Anstrengung; durch die: am-c.$_{bro1}$ crat.$_{gm1}$

• **Pulses**; ohne großes Ansteigen des: crat.$_{br1}$

• **Händen** und Armen, von: am-m. bov. **Lach.** *Nat-m.* *Nit-ac.* *Sil.*

– **Arbeit**, bei der: nit-ac.$_{h,k1}$

– **Ärger**, Verdruß; nach: ars.$_{hr1,k,*}$ *Cupr.*$_{hr1,k}$

– **Atmen**:

• **tiefes** Atmen: phos.

• **amel.**: sulph.$_{bg1}$

– **Atemzug**:

• **letzte** sein würde; als ob der nächste Atemzug der: apis

– **Aufsetzen**; beim:

• **Bett**; im: laur. lyc. nat-c.

– **Aufstehen**:

• **amel.**: olnd.

• **beim**: calc-p.$_{bg1,bg2,*}$

• **nach**: coc-c.

– **Aufstoßen**:

• **amel.**: *Aur.* **Carb-v.** *Nux-v.*

– **Ausatmen**: am-c. *Arg-met.* ars. *Caust.* chin.$_{h,k1}$ **Chlor.**$_{bg2,k}$ dros.$_{h,k1}$ *Ip.*$_{bg2,k}$ *Med.* *Meph.*$_{bg2,k}$ puls. **Samb.** seneg. sep.$_{hr1}$ viol-o.$_{bg2}$

• **Husten**, beim: meph.

• **Schließen** der Augen agg.: carb-an.$_{bg2}$

– **Auswurf**:

• **amel.**: ail. **Ant-t.** aral.$_{bro1}$ ars.$_{bro1}$ aur.$_{h,k1}$ erio.$_{bro1}$ *Grin.* guaj. ip.$_{a1,k}$ kali-bi.$_{bro1}$ manc. nit-ac. *Sep.* *Zinc.*

• **unterdrücktem**, nach: **Ant-t.**$_{hr1}$ *Sep.*

– **Bedecken** von Nase oder Mund; beim: am-c.$_{a1,h}$ *Arg-n.*$_{bg2,k,*}$ cupr.$_{bg2,bg3,*}$ *Lach.*$_{bg2,k,*}$

– **Berührung**, bei:

• **Kehlkopfes**, des: apis bell. **Lach.**

• **Rückens** agg.; des: adon.$_{bg1}$

– **Beugen**, beim:

• **Armes** nach hinten; des: **Sulph.**

• **hinten**, nach: apis cupr.$_{hr1,k}$ psor.

• **amel.**: cupr. fl-ac.

• **Kopfes**; des:

• **hinten**; nach: bell. cham. hep.$_{bg1}$

• **aufstehen** und den Kopf nach hinten beugen; muß: hep.

• **vorne**; nach:

• **amel.**: sep.$_{bg1}$

• **Schultern** nach hinten amel.; der: calc.$_{bro1}$

• **vorne**, nach: apis seneg. *Spig.*

• **amel.**: *Arg-n.*$_{hr1}$ *Ars.* *Cench.* coc-c. colch. *Kali-bi.* *Kali-c.* *Lach.* sep.$_{bg2}$ *Spong.*

– **Bewegung**, bei: am-c.$_{k2}$ *Apis* *Arg-n.* arn.$_{hr1,k}$ *Ars.*$_{hr1,k}$ ars-i. aspar.$_{hr1,k,*}$ bapt. **Bry.**$_{hr1,k}$ calc.$_{hr1,k}$ cann-s.$_{hr1,k}$ caps.$_{hr1,k,*}$ *Carb-v.* *Con.*$_{hr1,k}$ conv.$_{br1}$ euphr.$_{k2}$ ferr.$_{hr1,k}$ ferr-i. graph.$_{hr1,k}$ iod.$_{hr1,k}$ ip.$_{hr1,k}$ kali-ar. *Kali-c.*$_{hr1,k}$ *Kali-i.* *Led.* *Lob.*$_{hr1,k}$ *Lyc.*$_{hr1,k}$ merc.$_{a1,k}$ *Nat-s.*$_{hr1,k}$ nux-v.$_{hr1,k}$ ox-ac. *Phos.*$_{hr1,k}$ plb. psil.$_{ft1}$ puls.$_{hr1,k}$ rhod.$_{hr1,k}$ rhus-t.$_{hr1,k}$ sabad. seneg.$_{k2}$ *Sep.*$_{hr1,k}$ *Spig.*$_{hr1,k}$ **Spong.** **Stann.**$_{hr1,k,*}$ sulph.$_{h,k1}$ *Tarent.* *Verat.*$_{hr1,k}$

• **amel.**: arg-n.$_{bg1}$ *Aur.* bell.$_{bg1,bg2}$ brom.$_{bg1,bg2}$ calc. coff.$_{bg1,bg2}$ **Ferr.** lob.$_{bg1,bg2}$ nat-m. phos.$_{bg1}$ puls.$_{bg1,bg2}$ rhus-t.$_{bg1,bg2}$ samb.$_{bg1,bg2}$ seneg.$_{hr1,k}$ sep. sil. sulph.

• **Arme**, der: *Am-m.* berb.$_{pd}$ **Lach.** nat-m. *Nit-ac.*$_{st}$ *Sil.*$_{st}$ spig. sulph. tarent.$_{pd}$

• **langsame** Bewegung agg.: *Sep.*

– **Bier**, nach: cocc.

– **Blähungen**, durch: arg-n.$_{ptk1}$ **Carb-v.** castm. cham. chin.$_{k13}$ dios.$_{br1}$ lac-d.$_{k2}$ *Lyc.* *Nat-s.* **Nux-v.**$_{bg1,bg2}$ ol-an. osm.$_{bg1,bg2}$ puls.$_{bg1,bg2}$ sang. *Zinc.*$_{hr1,k}$

– **Brustbein**:

• **Druck** auf das; durch: all-s. cann-s. ph-ac. phos. rhus-t. squil. thuj.

• **oberer** Teil: bry.

– **Bücken**, beim: *Am-m.* *Calc.*$_{hr1,k}$ caust. chin. dig. digin.$_{a1}$ laur. mez.$_{h,k1}$ phos.$_{a1,k}$ seneg. sep.$_{hr1,k}$ sil.$_{hr1,k}$ sulph.$_{a1,k}$

– **Denken** an einen Verlust; beim: hura$_{c1}$

– **Diarrhoe**, reichliche: merc-sul.$_{c1}$

– **Drehen**, beim:

• **Bett**, im: **Ars.** *Carb-v.* *Sulph.*

• **Seite**, auf die:

• **linke** Seite, Aufsetzen amel.; beim: *Sulph.*

• **rechte**, auf die: euph.

– **Druck**:

• **Magen**; durch Druck auf den: kali-c.$_{h}$

• **Wirbelsäule**; durch Druck auf die: *Chinin-s.*

– **Dunkelheit**, in der: aeth. carb-v.$_{gm1}$

– **Einatmen**, beim: *Acon.* *Arg-n.* arn.$_{h,k1}$ *Ars.* *Brom.* calad. *Calc.* camph.$_{h,k1}$ **Caust.** chin.$_{bg2,k}$ chlor. cocc.$_{bg2}$ con.$_{h,k1}$ crot-t.$_{bg2}$ euphr. *Ferr.*$_{bg2,k}$ hep.$_{h,k1}$ hydrog.$_{srj2}$ *Ign.*$_{bg2,k}$ *Iod.* kali-c.$_{hr1,k}$ meph. *Nux-m.* *Phos.* **Samb.** staph.$_{bg2,h}$ verat.$_{bg2}$ viol-o.$_{bg2}$ zinc.

• **schnelles** Ausatmen, und: chin. gels.$_{hr1}$ ign. *Kali-c.* meph. *Nux-m.* nux-v. *Sang.*

– **Emphysem**, bei: am-c.

– **Erkältung**:

• **nach**: acon.$_{k2}$ carb-v.$_{k2}$ dulc. ip. *Kali-i.* puls.

– **Erkrankungen** entfernter Körperteile, die nicht mit der Atmung in Zusammenhang stehen; bei: puls.

– **Erregung** agg.: ambr. ars. *Coc-c.* ferr. *Puls.* *Sep.*

– **Erwachen**, beim: alum. am-c. *Ant-t.*$_{hr1,k}$ *Apis* *Arg-n.* *Arn.*$_{hr1,k}$ *Arum-t.* bad. bapt.$_{hr1,k,*}$ bell. benz-ac.$_{hr1,k}$ *Cadm-s.* calc. *Carb-v.* carbn-s.$_{k2}$ *Cench.* *Chel.* *Chin.* crot-h. cur. *Dig.* dros.$_{k2}$ euphr. *Graph.* **Grin.** guaj. *Hep.* *Kali-bi.*$_{hr1,k}$ *Kali-c.*$_{hr1,k}$ *Kali-i.* *Lac-c.* **Lach.**$_{hr1,k}$ lact. med. *Naja* nit-ac.$_{h,k1}$ *Nux-m.* nux-v. **Op.**$_{a1,k}$ ph-ac.$_{h,k1}$ *Phos.*$_{a1,k}$ puls.$_{h,k1}$ rhus-t. *Samb.* seneg. sep. sil. spong. sulph.$_{hr1,k}$ tab. valer. vesp.

– **Essen**:
• **amel.**: cedr. *Graph.* iod. med.bg1 *Spong.*
• **beim**: cann-i.c1 kali-c.k2 mag-m. nux-v.bg2
• **nach**: *Anac.*hr1,k ant-ar. ant-c. apoc. ars. ars-s-f.k2 *Asaf.* asc-t. *Aur.* bry.k2 calad. calc. carb-an.a1,k *Carb-v.* carbn-s.k2 cham. chel. chin. dig. digin.a1 kali-p. **Lach.**hr1,k *Mag-m.* marb-w.es1 merc.a1,k nat-m. *Nux-m.*hr1,k *Nux-v.* **Phos.**a1,k **Puls.** ran-b. rhus-t. sang.a1,k sanic. sars.hr1,k sol-t-ae.a1 *Sulph.*a1,k syph. viol-t. *Zinc.*hr1,k zinc-p.k2
– **extrem** (= Orthopnoe): conv.br1
– **Fahren**:
• **amel.**: *Psor.*
• **beim**: lyc.
• **Reiten** agg.: *Meph.*
– **Fieber**:
• **während**: conv.br1
– **flaues** Gefühl im Abdomen agg.: acet-ac.bro1
– **Fremdkörper**, durch: ant-t.bro1 sil.bro1
– **Frost**; während: **Apis** ars. bry. cimx. gels. gins. guare. kali-c. mez. *Nat-m.* nux-m. nux-v. puls. seneg. sep.h,k1 *Thuj.* zinc.
– **Gähnen** amel.: croc.a1,k
– **Gebirge**, im: mag-m.h,k1
– **Gehen**, beim: acon.bro1 agar. *Am-c.* am-m. *Apis* apoc. **Ars.**hr1,k arund.hr1,k aur.a1,k aur-ar.k2 aur-m.k2 aur-s.k2 bell. *Brom.* *Cact.*hr1,k,* **Calc.**a1,k *Calc-s.* *Caps.*a1,k *Carb-v.*hr1,k,* castm. *Caust.*hr1,k,* chel.a1,k coc-c.a1,k coca *Con.*hr1,k conv.br1 *Dig.* dirc.c1 glon.k2 *Ign.*hr1,k ip.bro1 *Kali-ar.* *Kali-c.*hr1,k *Kali-i.* kali-s. *Lach.* lact. *Laur.* led. lil-t.a1,k lyc.a1,k lycps-v. mag-c. *Merc.*hr1,k nat-c.h,h2,* nat-m.hr1,k,* *Nat-s.*hr1,k *Nit-ac.*a1,k *Nit-s-d.*a1,hr1 nux-v. olnd. petr. phel.hr1,k *Phos.* plat.a1,k *Prun.*hr1,k psil.ft1 *Psor.*hr1,k *Puls.*hr1,k ran-b. rhus-t.a1,k sel.a1,k seneg.a1,k *Sep.*hr1,k sil.bro1 **Stann.** stront-c. **Sulph.**hr1,k,* thuj.
• **amel.**: brom.a1,k bry.a1,k carb-v.bg1,bg2 *Dros.*a1,k *Ferr.* indg. nicc. sep.hr1,k
• **Beginn** des Gehens; zu: petr. ph-ac. plat.h,k1
• **ebenem** Boden, aber nicht beim Steigen; auf: *Ran-b.*
• **Freien**, im: *Am-m.* *Ars.* *Aur.* *Carb-v.* caust. graph. *Lyc.* *Merc.*hr1 nit-ac.h,k1 psor.hr1,k2 **Sulph.**hr1 zinc.h,k1
• **langsames** Herumgehen amel.: **Ferr.**
• **schnellem**, bei: ang. **Ars.**hr1 *Aur.* aur-m.k2 *Caust.*hr1,k *Cupr.*hr1,k ign. kali-ar.k2 *Kali-c.*hr1,k *Lob.* lyc.k2 merc. **Nat-m.**hr1,k *Nat-s.* **Phos.**hr1,k **Puls.**hr1,k seneg. *Sil.*hr1,k *Sulph.*
• **amel.**: *Sep.*
• **unebenem** Boden; auf: clem.
• **Wind**, gegen den: *Calc.*hr1,k coc-c.pd *Cupr.* lyc. nat-m.bg *Phos.* plat.hr1,k psor. rhus-r. rhus-t. sel. seneg.k2
– **gehetzt**, in Eile ist; wenn er: caust.
– **geistiger** Anstrengung, bei: ferr. phos. sep.
– **Gerüche**, durch: ph-ac.h,k,* phos.bg2 sang.
– **Getränke**:
• **kalte** Getränke:
• **agg.**: *Ars.*bg2 thuj.bg2
• **warme** Getränke:
• **amel.**: spong.k2
– **Getränke - warme** Getränke: ...
• **nach**: lach.k2 phos.
– **Gewitter**, vor: sep. *Sil.* syph.
– **Hals** gefühlt; wird im: am-m.bg1 apisbg1 caust.bg1 cocc.bg1 lyc.bg1 spong.bg1
– **Hämoptyse**, mit: arn.br1
– **Harnwege** mit schwierigem Atmen; Beschwerden der: cann-s.k2
– **Hautausschläge**:
• **mit**: *Apis*
• **unterdrückte**, durch: **Apis**
– **Heben**; beim:
• **Arme**; der: **Berb.** cupr.bg1 pop.bg1 pop-c.c1 **Spig.**
– **Herbst**, im: chin.
– **Herunterhängenlassen** der Beine amel.: *Sul-ac.*
– **Herz**:
• **Beschwerden** des Herzens; mit
☞ *☐ Brust - Herzens - begleitet von - Atmen*
• **Schmerz** im Herzen; bei
☞ *☐ Brust - Schmerz - Herz - begleitet von - Atmung*
– **Herzklopfen**, beim: acon.bg3 am-c.hr1,k ambr.k2 ars-i. **Aur.** bell.h,k1 brom. *Cact.*hr1,k cadm-s. *Calc.*hr1,k calc-ar. carb-ac.c1 *Carb-v.* caust.h,k1 chin.kr1 *Colch.*hr1,k grat. iber.hr1 iod. *Kali-c.*hr1,k kalm.bg1 lach. manc.bg1 nit-ac. plb.a1,k *Psor.*hr1,k puls. sep. *Spig.* *Spong.*hr1,k tab. *Verat.*hr1,k verat-v.hr1,k viol-o.hr1,k
• **vormittags**:
• **11** - 3 h: colch.
– **Hitze**, mit: anac. **Apis** arn. ars.hr1,k *Cact.* carb-v. chel.hr1,k cimx. cina cinnb.hr1,k con. conv.br1 ferr.c1 **Kali-c.**hr1,k *Lach.* lyc.h,k1 nat-m. phos.hr1,k *Sep.* *Sil.* *Tub.* zinc.
– **Husten**, mit: acon. all-s. **Alum.** alum-sil.k2 am-c. am-m. anac. **Ant-t.** aral. arg-n.hr1 arn. **Ars.** *Ars-i.* aspar. bamb-a.stb2 bar-c. bar-m. *Bell.* brom. bry. calad. calc. calc-p. calc-s. calc-sil.k2 *Carb-v.* carbn-s.k2 *Caust.* cench.k2 chin. chinin-ar. *Cina* coc-c. con. cor-r. **Cupr.** dig. dol. **Dros.** eup-per. euphr. *Ferr.* ferr-ar. ferr-p. guaj. *Hep.* hydr-ac. ign. **Ip.** kali-ar. *Kali-bi.* kali-c. *Kali-s.* kali-sil.k2 *Kreos.* lac-c. *Lach.*bg2,k lachn.bg1 lact. laur. led. lob. *Lyc.* merc. mez. mur-ac. nat-m. *Nat-s.* nicc. nit-ac. *Nux-m.* **Nux-v.** **Op.** phel. **Phos.** rhus-t. samb. *Sep.* *Sil.* spig. spong. squil. **Stann.** sul-ac. sulph. tub.bg viol-o. zinc.
– **Hydrothorax** durch erschwerte Atmung: lyc.k2
– **hysterisch**: ars. asaf.bg2,k *Cedr.*hr1 gels. *Ign.*bg2,k *Lob.*hr1,k mosch.bg2,k
– **Kaffee**, durch: *Bell.*hr1,k *Cham.* dig. digin.a1
– **Kindern**, bei: *Ambr.* calc. calc-p. lyc. med.k2 **Nat-s.** *Puls.* samb.bro1
– **Kinofilmen**; beim Ansehen von: cadm-met.gm1
– **Kitzeln**, durch:
• **Halsgrube**, in der: sil.h
– **Kleidung** agg.
☞ *offen - Kleidung*
– **Klumpen**:
○ **Halsgrube**; in der: lob.
– **Knien**, beim:
• **amel.**: caust.bg1,bg2

– **Koitus**:
 • **während**: aeth. *Ambr.* arund.$_{hr1,k,*}$ asaf. con. sep. *Staph.*$_{a1,k}$
 • **nach**: ambr.$_{k2}$ arund.$_{c1}$ asaf.$_{k2}$ *Cedr. Dig.* staph.$_{bro1}$
 • **Ende** des; gegen: *Staph.*
– **Konvulsionen**, bei den: glon.$_{k2}$ *Lyss.* nux-v.$_{k2}$ *Op.* stry. tanac.
 • **tetanisch**: mill.
– **Kopfschmerzen**, mit: glon.$_{bg1}$ sep.$_{h,kl}$
– **körperlicher** Arbeit, bei: am-m. *Bov. Lach. Nat-m. Nit-ac. Sil.*
– **körperlicher** Betätigung; nach
 ☞ *Anstrengung - geringste*
– **Krampf** im Kehlkopf
 ☞ ❑ *Kehlkopf - Laryngismus*
– **Kränkung**, nach: puls.
 ☞ ❑ *Gemüt - Beschwerden durch - Kränkung*
– **Lachen**, beim: *Ars.*$_{hr1,k}$ aur.$_{hr1,k,*}$ *Bry.* cupr.$_{hr1,k}$ lach. lyc. plb.
– **Laufen**:
 • **nach**: borx. carc.$_{tp1}$ hyos.$_{hr1,k}$ *Sil.*$_{hr1,k}$
 • **nicht** agg. durch Laufen, jedoch durch langsame Bewegung: *Sep.*
– **Leber**; durch Stiche in der: acon.$_{a1,k}$ con.$_{a1,k}$
– **Lesen**:
 • **amel**.: ferr.
 • **beim**: hell.
– **Liegen**:
 • **amel**.: bry.$_{hr1,k}$ *Calc-p.*$_{a1,k}$ *Chel.*$_{hr1,k}$ *Dig.*$_{hr1,k}$ euphr. *Hell.* kali-bi.$_{bro1}$ kali-c.$_{bg1}$ lach.$_{bg1}$ *Laur.* nat-s. *Nux-v.*$_{hr1,k,*}$ **Psor.**$_{hr1,k}$ sabad.$_{bg1,bg2}$
 • **beim**: abies-n.$_{br1,bro1}$ acet-ac.$_{hr1,k,*}$ acon.$_{hr1,k}$ act-sp.$_{bro1}$ alum-p.$_{k2}$ *Ant-ar.* ant-c.$_{c1}$ *Ant-t.*$_{hr1,k}$ **Apis** apoc.$_{hr1,k}$ **Ars.**$_{hr1,k}$ *Ars-i.*$_{hr1,k}$ ars-s-f.$_{k2}$ asaf.$_{hr1,k}$ *Aur.* aur-ar.$_{k2}$ aur-s.$_{k2}$ *Bapt.*$_{hr1,k,*}$ bar-m. borx. brom.$_{hr1,k,*}$ bufo cact.$_{hr1,k}$ cain.$_{br1}$ calc. calc-s. calc-sil.$_{k2}$ *Cann-s.*$_{a1,k}$ carb-ac.$_{c1}$ **Carb-v.**$_{hr1,k}$ *Carbn-s.* castm. caust.$_{a1,k}$ cedr.$_{hr1,k}$ cench. cham. *Chin.*$_{hr1,k}$ chinin-ar. cist.$_{hr1,k,*}$ con. *Crot-t. Dig.* dros.$_{k2}$ euph. euphr.$_{a1}$ *Ferr.*$_{hr1,k}$ *Ferr-ar.* ferr-p. *Fl-ac.*$_{hr1,k}$ **Graph.** grin.$_{bro1,pd}$ *Ham.*$_{hr1,k}$ hell. *Hep.* iber.$_{bg1}$ *Kali-ar. Kali-bi.*$_{hr1,k}$ **Kali-c.**$_{hr1,k}$ *Kali-n.*$_{hr1,k}$ kali-s. kali-sil.$_{k2}$ *Lac-c. Lach.* lact. **Lob.** *Lyc.*$_{hr1,k}$ lyss.$_{c1}$ *Meph. Merc.*$_{hr1,k}$ merc-sul.$_{bro1}$ *Naja* nat-m. nux-v. olnd. phel. *Phos.*$_{hr1,k}$ *Plb.*$_{hr1,k}$ podo. *Puls.*$_{hr1,k}$ rumx. *Samb.*$_{hr1,k}$ sang. sars.$_{hr1,k}$ sel.$_{c1}$ *Seneg. Sep. Sil.*$_{hr1,k}$ *Spig. Spong.*$_{hr1,k}$ stann.$_{k2}$ stry-ar.$_{bro1}$ *Sulph.* syph.$_{hr1,k}$ tab.$_{hr1}$ tarax. *Tarent.* ter. **Tub.** verat-v.$_{hr1}$ zinc. zing.$_{hr1,k}$
  • **nachts**: cain.$_{br1}$
 • **Hinlegen**, beim: nat-m.$_{h}$
 • **Knie**-Ellbogen-Lage amel.: med.
 • **Kopf**; mit tiefliegendem: **Apis** ars.$_{bro1}$ **Cact.** *Carb-v. Chin.* colch. cop. eup-per. *Hep.* **Kali-c.** kali-n. puls. rumx. *Spig. Spong.*
 • **Rücken**, auf dem: acet-ac. aeth. alum. *Ars. Aur.* castm. *Hyper. Iod.* **Lyc.** med. nat-m. ol-an. *Phos.* ptel. *Puls.* sang.$_{bg1}$ *Sil. Spig. Sulph.*
  • **amel**.: **Cact.** dig. ind. kali-i. *Kalm.* nux-v. sang.$_{bg2}$

– **Liegen - Rücken**, auf dem: ...
  • **Armen** amel.; mit ausgestreckten: *Psor.* spig.$_{bg}$ sulph.$_{bg}$
  • **Schultern** amel.; mit hoch gelagerten: **Cact.**
 • **Seite**, auf der: *Ars.* carb-an. *Puls.*
  • **amel**.: alum. lyss.$_{bg1}$ sang.$_{bg1}$
  • **linken**, auf der: absin. am-c.$_{bg1,bg2}$ *Apis* cann-i. *Hydr.* ind. *Kali-c.* med. merc. naja *Phos.* plb. *Puls. Spig.* sulph.$_{bg1,bg2}$ tab.$_{bro1}$ *Tarent.* visc.
   • **amel**.: castm.
  • **rechten**, auf der: castm. squil.
   • **amel**.: ant-t.$_{bro1}$ naja$_{gm1}$ *Spig.*
   • **Einschlafen**, beim: bad.
 • **Tonsillen**; durch Vergrößerung der: bar-c.
 • **unmöglich**: acon. *Ant-t.* **Apis** *Apoc.*$_{hr1,k}$ **Ars.** *Aur.* bar-m. borx. brom. bufo *Cact.*$_{hr1,k}$ cann-s. chin. *Crot-t. Hep. Kali-c. Lac-c. Lach. Lyc. Merc.* naja$_{k2}$ *Nux-v. Puls. Seneg. Sep.* stann. staph. *Sulph. Tab. Ter. Tub.*
– **Luft**:
 • **Freien**, im: *Borx.* caust. crot-c. phys. plat. **Psor.** rhus-t. sel. seneg. sulph.
  • **amel**.: alum. *Am-c.* **Apis** arg-n.$_{bg1,bg2}$ ars-i. bapt. bell. *Bry. Cact.* calc.$_{bro1}$ cann-s.$_{k2}$ carbn-s.$_{k2}$ chel. *Chinin-ar.* cist. dig. fl-ac. *Gels. Ip. Kali-i. Kali-s. Lach.* lil-t. **Nat-m.** nux-v. **Puls.** stram. **Sulph.** *Tub.*
 • **kalter** Luft, in: *Act-sp.*$_{bg1,bg2,*}$ all-c.$_{k2}$ alum.$_{bg1}$ apis *Ars.* aur. graph. **Lob.** *Lyc. Merc.* nux-v. petr. puls. sel. seneg. *Spong.* sulph.
  • **amel**.: *Am-c. Arg-n.* bell. *Bry. Carb-v. Carbn-s.* cham. cist. lac-c. *Op. Puls.* ust.
– **Lunge**:
 • **ausdehnen**; kann die Lunge nicht: *Crot-t.*
 • **Schweregefühl** in der linken; durch: ferr.
– **Magen**:
 • **Beschwerden** des Magens; durch: nux-v.$_{k2}$ sang.$_{k2}$
 • **vom** Magen ausgehend; wie: caps.$_{h}$
– **Masern**, durch unterdrückte: **Cham. Puls.** *Zinc.*
– **Menorrhagie**
 ☞ *Menses - während*
– **Menses**:
 • **amel**.: puls.$_{k2}$
 • **vor**: borx. brom.$_{hr1,k}$ *Cupr. Nat-s.*$_{a1,k}$ puls.$_{k2}$ *Sulph.* **Zinc.**$_{hr1,k}$
 • **während**: cact. *Calc.*$_{hr1,k}$ chin. cocc. *Coloc.*$_{hr1,k}$ graph. ign. *Iod.*$_{hr1,k}$ ip. kali-c. *Lach.*$_{hr1,k}$ laur. lyc. plat. puls. sep. **Spong.** sulph. zinc.
 • **nach**: ferr. *Nat-m.*$_{hr1,k}$ *Puls.*$_{hr1,k}$
 • **unterdrückten**, bei: chen-a.$_{hr1}$ fl-ac. **Puls.** spong.
– **Mittagessen**, nach dem: chel. nat-m. *Nux-v. Puls.* sars.
– **Musik**; durch: ambr.$_{k2}$
– **Nase** gespürt; wird in der: ars.$_{bg1}$ euph.$_{bg2}$ euphr.$_{bg1}$ hell.$_{bg1}$ kreos.$_{bg1}$ lach.$_{bg1,bg2}$ merc.$_{bg1}$ phos.$_{bg1}$ *Puls.*$_{bg1,bg2}$
– **Nasenbluten**, mit: acon.$_{bg1}$ bell.$_{bg1}$ bry.$_{bg1}$ carb-v.$_{bg1}$ ip.$_{bg1}$ phos.$_{bg1}$ puls.$_{bg1}$ spong.$_{bg1}$ sulph.$_{bg1}$

– **Niesen**:
• **amel.**: sul-ac.vh
• **mit**: tril-p.brl
– **Ödem** der Lunge; Lungenödem: **Am-c.** *Carbn-s. Ferr-i.*
– **offen**:
• **Fenster** sitzen; muß am offenen: *Cann-s. Chel.*
• **Kleidung** öffnen, um frei atmen zu können; muß: aur-m.k2 stann.h
• **Mund** ist beim Einatmen offen: acon. squil.
• **Türen** und Fenster offen sind; will, daß: **Apis Arg-n.**hrl,k aspar. bapt. *Cann-s. Carb-v. Chel.* chinin-ar. cist. crat.brl *Dig. Ip.* **Lach.** *Nat-s.* plb. **Puls. Sulph.**
– **periodisch**: *Ars.* **Cact.** *Calc-p.* chinin-ar.brol colch. plb. sulph.
• **Tage**, alle sieben: sulph.
– **plötzlich**: cupr.bgl *Gels.* graph.al,k ign.al,k iod.al,k *Sulph.*
• **17 h**: ign.
– **Rauch**, wie durch: bar-c. *Brom.* cocc. nat-ar.
– **rheumatisch**:
• **entzündlich**: benz-ac.k2
• **Herzens**; bei Rheumatismus des: *Abrot.* aur. *Cact.* cimic. *Kalm. Psor.* sep. *Spong.*
– **Ruhelosigkeit**, mit: apisbgl
– **Samenabgang**, nach: *Phos.*hrl,k **Staph.**hrl,k
– **Schaukeln**, beim: sec.bg2
• **amel.**: sec.bgl
– **Schlaf**:
• **im**: acon.hrl,k agar. bell. calc.h,kl *Carb-v. Cench.* cham. con.hrl,k dig. *Grin.* guaj.hrl,k hep. hyos.h,kl ign. *Kali-bi.*hrl,k,* *Kali-c.* **Lach.** *Lact. Lyc.*hrl,k manc.al,k meph. merc. nux-v. *Op.* phos.h,kl pyrog.k2 rhus-t. samb. sep. spong.k2 stram.h,kl *Sulph.*
• **nach**: alum. apis bell. cedr. lac-c.hrl,k **Lach.** nit-ac. *Phos. Sep.* **Spong.**
• **Einschlafen**, beim: am-c. ant-t.cl *Arum-t.* bad.cl bapt. bell.bgl,bg2 bry. cadm-s.brl carb-an.bgl,bg2,* *Carb-v. Carbn-s. Cench. Crot-h.* dig. gels.bgl *Graph.* **Grin.** hep. *Kali-c.*bgl,bg2 *Lac-c.* **Lach.** merc-i-r.bgl nux-m. **Op.** phos. ran-b.cl *Spong.* sulph. tab. valer.
• **Liegen** auf der rechten Seite; beim: *Bad.*
• **geweckt** werden, um das Ersticken zu verhindern; muß: **Op.** sulph.
– **Schleim**, durch:
• **Bronchien**, in den: nat-m.h
• **Trachea**, in der: alum. ammc. **Ant-t. Ars.** asar.h aur.h bov. *Cact.* camph. cina **Hippoz.** *Ip.* sel. thuj. verat.h
– **Schließen** der Augen; beim: ang.hrl carb-an.bgl,k,* *Carb-v.*
– **Schlucken**, beim: atro. *Bell.* **Brom.** *Calc.* chen-a. *Cupr.* thuj.
– **Schmerz**; bei: cact.k2
• **Blutbeule**; durch eine: nat-m.h
• **Herzen**; im
☞ *❑ Brust - Schmerz - Herz - begleitet von - Atmung*

– **Schmerz**; bei: ...
• **Hypochondrium**; im rechten: sep.h
• **Ovarien**; in den
☞ *begleitet von - Ovarien*
– **Schnappen** nach Luft; mit: hydr-ac.bgl
– **Schnupfen**, mit: aral.pd ars.ptkl ars-i.ptkl calc.ptkl kali-i.pd mang.h,kl,* najapd nat-m.h,kl,* nit-ac.h,kl nux-v.pd stict.pd sulph.ptkl
– **Schreck**, nach: acon.k2 *Cupr.*hrl,k *Samb.*
– **Schreiben**:
• **amel.**: *Ferr.*
• **beim**: aspar. dig.al,k kali-c.h,kl
– **Schwäche**, durch: ars.hrl,k lach. sep.h,kl
• **Atmungsorgane**, der: act-sp. plat. **Stann.**
– **Schwefeldämpfe** eingeatmet hätte; als ob er: brom. camph. canth. croc. kali-chl. **Lyc.** meph. *Mosch.* **Puls.** sulph.
– **Schweinefleisch**, nach: nat-c.
– **Schweiß**, mit: *Ars.* arund. lach. nux-v. *Sep. Sulph.*
• **ängstlichem** Gesicht und Schlaflosigkeit; mit: eup-per.hrl,k
– **Singen**, beim: arg-met.
– **Sitzen**, beim: alum. alumn.al,k anac. calc. carb-v.al,k caust.al,k cedr. dig. digin.al dros. euphr. *Ferr.* gins.al,k indg. *Lach.*hrl,k *Laur.* led. *Lyc.*hrl,k mag-c.h,kl mez.h,kl nat-s.hrl,k nicc. petr.al,k *Phos.*al,k *Psor.*hrl,k rhus-t. sep.hrl,k sulph.h,kl verat.
• **amel.**: *Ant-t.*al,k *Apis* apoc. asaf. aspar.al,k bar-m.k2 cann-s.al,k *Crot-t.* hep. ip.al,k *Kali-c.* nat-sal.al *Verat.*
• **aufrechtes** Sitzen amel.: acon-f.brol ars.brol bar-m. cact.k2 caps.h,kl ip.k2 **Kali-c.** *Lach. Laur. Lyc.* merc-sul.brol nat-c. nat-s.brol *Samb.*brol *Seneg.* sulph. *Ter.*
• **gebeugtem**, bei:
• **amel.**: iber.bgl
• **hinten**, nach: psor.
• **vorne**, nach: dig. rhus-t. sep.
• **amel.**: *Ars.*hrl,k bufo chinin-ar. iber.bg2 kali-c.k2 **Lach.**hrl,k *Spong.*
• **halb** sitzender Lage amel.; in: spig.
• **Kopf** nach vorne auf die Knie gebeugt amel.: coc-c. **Kali-c.**
– **Spannung** im Epigastrium; durch: phos.h,kl
– **spasmodisch**: asaf.hrl,k caust.al,k *Chlor. Cupr.*hrl,k *Kali-c.*hrl *Laur.* plb.hrl,k *Puls.*
– **Speisen**:
• **kalte** Speisen:
• **agg.**: ars.bgl
• **warme** Speisen: *Lob.*
• **amel.**: spong.k2
– **Sportlern**, bei: cocabrol
– **Sprechen**:
• **amel.**: *Ferr.*
• **beim**: dig.brl
• **nach**: apoc.hrl,k *Ars.* bry. *Caust.*hrl,k cench.k2 *Dros.*hrl,k **Lach.** laur. meph. *Mur-ac.*hrl *Nit-ac.*al,k ph-ac.hrl,k *Sil. Spig.*hrl,k **Spong.**hrl,k **Sulph.**hrl,k
• **lautem**, bei: petr.
• **schnellem**, bei: caust.

– **Staub**, wie durch: am-c.bg2 **Ars.**bg2,k aur-m. bell.bg2,k *Brom. Calc.*bg2,k *Chin.*bg2 cycl.bg2,k *Hep. Ign.*bg2 ip.bg2,k merc.bg2 nux-v. phos. *Puls.*bg2 **Sil.** sulph.
– **Stehen**, beim: aur-m.hr1,k,* cina kali-n. merc-act.bg1 phel. *Sep.*
• **amel.**: bapt.bg1 sil.bg1 spig.bg1
• **nur** im Stehen atmen; kann: cann-s.
• **Wasser**, in: *Nux-m.*
– **Stehen**, muß aufrecht: cedr.
– **Steigen**, beim: acet-ac.hr1,k agn. aloe *Am-c.*hr1,k ang. *Apis Arg-n.* **Ars.**hr1,k *Ars-i.* ars-s-f.k2 arund.hr1,k,* aspar.hr1,k aur. aur-ar.k2 aur-i.k2 *Aur-m.* aur-s.k2 bar-c.hr1,k bar-i.k2 bar-m.k2 bar-s.k2 berb.hr1,k *Borx. Brom.* bufo *Cact.*hr1,k,* **Calc. Calc-ar.** calc-i.k2 calc-p.k2 calc-s. calc-sil.k2 cann-i. canth. *Caps. Carb-ac.*hr1,k carbn-s. carl.a1,k castm. chinin-ar.bro1 cist. *Clem.*hr1,k coc-c.k2 **Coca** crot-t.hr1,k,* cupr. dirc.a1,k *Elaps* ferr.k2 glon.k2 graph.a1,k grat. helx.gm1 hyos. iber.c1,hr1 *Iod.* **Ip.** kali-ar.k2 kali-c.k2 kali-n.a1,k *Kali-p.*hr1,k led.a1,k lil-t. *Lob.*hr1,k *Lyc. Lycps-v.* mag-m.h,h2,* **Merc.**hr1,k nat-ar. **Nat-m.**hr1,k,* *Nat-s.* **Nit-ac.**hr1,k nux-v. ol-an. petr.a1,k *Pic-ac. Plb.*hr1,k puls. ran-b. rat. *Rhus-t.*hr1,k *Ruta Sars.*hr1,k *Seneg.*hr1,k sep. spig.a1,k *Spong.* squil.hr1,k *Stann.*hr1,k,* sul-i.k2 sulph. tab.a1,k ter.hr1 ther.hr1,k thuj.a1,k til.a1,k zinc.
– **Stimulanzien** agg.: lach.
– **Stuhlgang**:
• **amel.**: ictod.
• **vor**: ictod.
• **während**: *Alumn.*hr1,k *Calc. Cocc.*hr1 *Rhus-t.*hr1,k *Sulph.*hr1 verat.bro1
• **nach**: caust. crot-t. rhus-t. sep.h,kl
  • **blutig**: kali-c.h,kl
– **Taschentuch** zum Mund geführt wird, da dies Atemnot verursacht; erträgt es nicht, daß ein: am-c.h *Arg-n. Lach.*
– **Träume**:
• **während**: sang.a1,k zinc.h,kl
• **nach** schrecklichen: *Chel.*
– **Trinken**:
• **beim**: anac. *Arg-n.* bell. *Cimx.*hr1,k *Kali-c.*hr1,k kali-n. lim.bg1 meph. nat-m. plb. thuj.
• **nach**: *Mur-ac.*hr1 nux-v.a1,k thuj.
• **schwierig**; Trinken ist: squil.k2
– **überfüllten** Zimmer; in einem mit Menschen: *Arg-n.* lil-t.br1
– **Überhitzung**, bei: **Apis** bry.k2 lyc.k2
– **Urinieren** agg.: chel.bg1,bg2 cimic.bg1 dulc.bg1,bg2
– **Verletzung**; durch: petr.bg1
– **Völle** des Abdomens durch erschwerte Atmung: puls.k2
– **warm**:
• **Bett**; im warmen: puls.k2
• **Bad**; durch ein warmes: *Iod.* nit-ac.
• **Kleidung**, durch warme: *Ars.*
• **Zimmer**, im warmen: am-c. ant-c.k2 ant-t. **Apis** *Arg-n.* ars.hr1,k aur-m.k2 bry.k2 *Carb-v. Carbn-s.* chlor. cortiso.gse fl-ac. *Iod.* ip. *Kali-i.* **Kali-s.** kreos. lach.k2 *Lil-t. Lyc.* **Puls.**hr1,k sep.bro1 **Sulph.** thuj. tub.

Atemnot - warm - Zimmer, im warmen: ...
  • **Eintreten** aus dem Freien in ein warmes Zimmer; beim: am-c.bro1 *Bry.*
  • **leichenblaß** und muß unbewegt bleiben; wird: *Am-c.*
– **Wasser**; beim Stehen in
☞ *Stehen, beim - Wasser*
– **Wasser**; beim Trinken von:
• **kaltem**, von:
  • **amel.**: cham.
  • **Erhitzung**, bei: *Kali-c.*
– **Wehe**, bei jeder: **Lob.**bg1,k
– **Wetter**:
• **kaltem** Wetter, bei: apis
  • **naßkaltem**; bei: ars. *Dulc. Mang. Sil.*
• **nassem** Wetter, bei: am-c. chin. cupr.bg1,bg2 ip.k2 kali-c.k2 **Nat-s.**
• **stürmischem** Wetter, bei: *Ars.* calc. *Nat-s. Sep.*
• **warmem**, nassem Wetter; bei: bell.k2
• **Wetterwechsel**, bei: chel. ip.
– **windigem** Wetter, bei
☞ *Wetter - stürmischem*
– **Zorn**, nach
☞ *☐ Gemüt - Zorn - Atmung*
– **Zurückziehen** der Schultern amel.: am-c. ars. *Calc.*
– **Zusammenschnürung**, mit:
• **Kehlkopfes**, des: **Apis** bell. cocc. **Crot-h.** hell. **Lach.** ox-ac.k2 sars. spong.
• **Magens**; des: guaj.k2
• **Magengrube**, an der: cocc.
• **Trachea**, der: petr.
• **Zwerchfelles**; des: cact.k2

Aussetzend, ungleich, intermittierend: ang. **Ant-t.** bell. calad. carb-ac. carb-an. carbn-h. *Cham.* chlor. cina coc-c. cocc.c1 *Colch.* ign. **Nit-ac.** *Op.* plb. stry. ter. *Verat.*
– **nachts**: bell.
• **Mitternacht** beim Erwachen; um: cann-i.
– **Hinlegen** agg.: ant-t.
– **Schlaf**, im: *Ant-t.* bell.h op.

Bauchatmung: am-m. **Ant-t.**hr1,k arg-n.hr1,k *Aur-m.*hr1,k bry.hr1,k choc.srj3 *Ferr.*hr1,k *Mur-ac.*hr1,k *Phos.*hr1,k *Spong.*hr1,k *Stram.*hr1,k ter. thuj.

Beengt
☞ *Atemnot / ☐ Brust - Beklemmung*

Behindert, gehemmt: *Abrot.* acon. anac. ant-t. arn. *Ars.* ars-h. aur-m. bar-c. bell. berb. bism. brom. *Bry. Cact.* calc. calc-p. *Camph.* cann-s. canth. caps. carb-an. carb-v. caust. cham. chin.c2,k chlor. cimx. **Cina** clem. *Cocc.* con. *Croc.* crot-c. cub. *Cupr.* dig. dios.br1 dol. euph. grat. *Hell.* hydr-ac. *Ign. Iod.* kali-bi. *Lach.* laur. *Led.* lyc. *Merc. Merc-c.* nat-m. nicc. **Nit-ac.** *Nux-m.* nux-v. *Ol-an. Op.* phos. pic-ac. plb. *Podo. Psor.* puls. ran-b.c1 ran-s. rumx. ruta sabad. **Samb.** santin. sel. *Sil. Spong.* squil. *Stann.* stram. sul-ac. *Sulph.* valer. *Verat.* verb. vesp.

– **morgens**: bufo sars.h
  • **Bett**, im: ant-t.
– **vormittags**: nat-m. *Phos.*
– **mittags**: hura
– **nachmittags**: nux-v.
– **abends**: dig. sars.h
  • **Bett**, im: *Ant-t.*
  • **Essen**, nach dem: lach.
– **nachts**: *Kali-c.* sel. stann. *Sulph.*
  • **Schlaf**, im: *Guaj.*
– **Mitternacht**: ign.
– **Abdomen**; durch unangenehmes Gefühl im: ars.h
– **Abwärtsbewegung**, bei: **Borx.**
– **Angst**, mit: acon.h ars.h verat.h
  • **Brust**, in der: phos.h
– **Beklemmung**, durch:
  • **Epigastrium**, im: chin.h guaj.h
  • **Herzen**, im: bell.h
  • **Hinterkopf**, im: kali-n.h
– **Blähungen**, durch: caps.h **Carb-v.** ol-an. zinc.
– **Bücken**:
  • **amel.**: petr.h
  • **durch**: *Calc.* sil.
– **Denken** an vergangene Beschwerden; beim: sep.h
– **Essen**:
  • **beim**: mag-m.
  • **nach**: cham.
– **Gehen**; beim: dig.c1
– **Heben** der Arme; beim: berb.
– **Husten**, beim: *Cupr.* cupr-s. dig. ferr. ign. *Ip.* *Nux-m.* sil. squil.
– **Kaffee**, nach: *Cham.*
– **Krämpfen** der Brust; bei: hyos. petr.h stram.
– **Liegen**, beim: dig.c1 *Samb.*
  • **Rücken**, auf dem: ol-an. sil. *Sulph.*
    • **amel.**: sumb.
  • **Seite**; auf der linken: *Puls.*
– **Schießen** in der Brust; mit: canth. nux-m. *Ox-ac.*
– **Schlucken**, beim: **Brom.**
– **Schmerz**, bei:
  • **Abdomen**, im: ars.h
  • **Brust**, in der: brom. *Bry.* caps. carb-v.h colch. croc. dig.c1 merc. plb. ran-s. ruta spong. sulph. valer. verb.
  • **Epigastrium**, im: ars.h
  • **Leber**, in der: con.h sep.h
  • **nimmt** den Atem: berb. **Bry.** dios.
  • **Rücken**, im: sep.h
  • **Zwerchfell**, im: ip. spig.
– **Sitzen**; beim: dig.c1
– **Sprechen**, beim: *Caust.*
– **Stiche**, durch:
  • **Abdomen**, im: calc.h mez.h
  • **Brustbein**, im: nat-m.h phos.h
  • **Brust**, in der: aloe arg-met. arn. asar.h aur.h berb. *Bry.* caps.h carb-an.h carb-v.h chin.h chinin-s. dros.h graph.h kali-n.hr1 *Kreos.* lyc.h mez. nat-m.h nit-ac.h ph-ac.h rhod. squil.h stann. sul-ac. thuj. verb.

Behindert - Stiche, durch: ...
  • **Herzen**, im: bac.c1 *Cact.* *Calc.* calc-p. mag-m.h merc-i-f. *Naja* petr.h *Staph.*
  • **Hinterkopf**, im: nit-ac.h
  • **Hypochondrien**, in den: arn.h
    • **Epigastrium**, und im: kali-c.h
  • **Leber**, in der: nat-m.h
  • **Rücken**, im: cann-s.h mez.h
  • **Schulterblätter**:
    • **zwischen** den: nit-ac.h
    • **unter** den: sulph.h
  • **Zervikalregion**, in der: sep.h
– **Stoß** in der linken Brust, zum Herzen hin; durch einen: *Sulph.*
– **Träume**, durch ängstliche: graph.h
– **Völle** im Abdomen; durch: phos.h
– **Würgen** im Ösophagus; mit: *Cimx.*
– **Zusammenschnürung**, mit:
  • **Brust**, der: bell. brom. **Cact.** *Caps.* *Chel.* cic. *Cupr-act.*
  • **Magen**, im: anan. guaj.h
– **Zusammenziehung** im Magen; mit: sulph.h

Beklemmung

☞ ☐ *Brust - Beklemmung*

Beschleunigt: absin.a1,k acet-ac.a1,k **Acon.**hr1,k acon-f.a1 aesc.hr1,k,* aethyl-n.a1 *Agar.*hr1,k,* *Ail.*hr1,k,* alco.a1 alumn.hr1,k,* am-c. am-caust.a1 aml-ns. ammc.a1,hr1 amyg.a1,hr1 anil.a1 **Ant-t.**hr1,k,* anthraci. apis *Apoc.* apom.a1 *Arg-n.*hr1,k *Arn.*a1,k **Ars.**hr1,k ars-h.a1,hr1 ars-i.hr1,k *Asaf.*a1,k *Aspar.*hr1,k atro.a1 *Aur.*hr1,k aur-ar.k2 aur-i.k2 aur-s.k2 bar-c.hr1,k,* bar-i.k2 bar-m. bar-s.k2 **Bell.**hr1,k,* borx. *Brom.*hr1,k,* **Bry.**hr1,k,* calad.a1 calc. calc-i.k2 *Calc-p.*hr1,k calc-sil.k2 *Camph.*hr1,k,* cann-i.a1,k cann-s.a1,k *Canth.*a1,k carb-ac.a1,k **Carb-v.**hr1,k,* carbn-s. card-b.a1 caru.a1 castm. *Cedr.*hr1,k,* *Cham.*hr1,k,* **Chel.**hr1,k,* *Chin.*hr1,k chinin-ar. *Chinin-s.* chlor.hr1,k,* cimic.hr1,k,* *Cina* cinch.a1 clem.hr1,k *Coc-c.* *Coca* cocc.hr1,k,* coch.hr1 cod.a1 coff. coff-t.a1 *Colch.*hr1,k,* coloc.hr1,k,* con.hr1,k *Cop.*hr1,k crot-h.hr1,k,* cryp.a1 cub.hr1,k,* **Cupr.**hr1,k cupr-ar.a1 cupr-n.a1 cycl.hr1,k,* cyt-l.a1 *Dig.*hr1,k,* dubo-h.a1 dulc.a1,k eucal.hr1 gad.a1 **Gels.**hr1,k,* gent-c.a1 *Glon.*hr1,k,* *Ham.*hr1 hell.a1,k *Hep.*hr1,k hydr.a1,k hydr-ac.hr1,k *Hyos.*hr1,k,* iber.hr1 *Ign.*a1,k *Iod.*hr1,k,* **Ip.**hr1,k jab.a1 jac-c.a1,hr1 kali-ar. *Kali-bi.*hr1,k,* kali-c.hr1,k *Kali-i.*a1,k kali-m.k2 kali-n.a1,k *Lact.*a1,k laur.a1,k led. lob.a1 **Lyc.**hr1,k,* lyss.hr1,k mec.a1 meny.a1,h *Merc.*hr1,k,* merc-c.a1,k *Merc-sul.*hr1,k mez.a1,k morph.a1 *Mur-ac.*hr1,k,* naja nat-ar. nat-c. *Nat-m.*a1,k nat-sal.a1 nicot.a1 *Nux-m.*hr1,k,* *Nux-v.*hr1,k,* oena.a1 *Op.*hr1,k,* ox-ac.hr1,k,* paull.a1 peri.br1 petr.a1,k **Phos.**hr1,k,* *Phyt.*hr1,k *Plan.*hr1,k,* plb.a1,k plumbg.a1 prun.hr1 *Puls.*hr1,k,* rhod.a1,k *Rhus-t.*hr1,k,* sal-ac.hr1 *Samb.*hr1,k *Sang.*hr1,k,* sel. seneg.a1,k **Sep.** *Sil.*hr1,k sol-t.a1 spong.hr1,k,* squil.a1,k stann.hr1,k,* *Stram.*hr1,k,* stry.a1 sul-ac.hr1,k,* sul-h.a1 sul-i.k2 **Sulph.**hr1,k,* tab.hr1,k,* tanac.a1 tart-ac.a1 tax.a1 ter.a1,hr1 thiosin.c1 tub.hr1,k *Verat.*hr1,k,* *Verat-v.*hr1,k *Vesp.*hr1,k,* vinc.hr1,k,* voes.a1 wies.a1 *Zinc.*hr1 zinc-m.a1 zinc-p.k2 ziz.a1,hr1

– **morgens**: ~~arg-met.kl,xxx~~ **Ars-met.** asaf.al,k upa.al
– **abends**: merc-c.al,k oena.al petr.h stann.al,k
– **nachts**: apis menis.al spong.hrl,k thuj.al,k
– **angesprochen** wird; wenn er:
 • **amel.**: tub.cl
– **Angst**, bei: ars. nux-v.al,k seneg.al,k
– **Atemnot**; ohne: tub.cl
– **Aufstehen** vom Sitzen; beim: agar.al,k
– **Bett** legt; direkt, wenn er sich ins: sulph.h,kl
– **Epigastrium**; durch Druck mit dumpfen Stichen im: coloc.h
– **Erwachen**, beim: cimic.hrl,kl,* frax.al
– **geistige** Anstrengung, durch: *Plan.*al,k
– **gestört** wird; wenn er: ant-t.k2
– **Hustenanfall**, bei einem: **Dros.**al,k
– **Koma**, im: stram.
– **Kopfschmerzen**, bei: **Nux-m.**
– **Körperübungen**, bei: lycps-v.
– **Liegen**, im: ant-t. carb-v.al,k tarent.al,k
– **Schlaf**:
 • **im**: chel.al,k cocc.al,k con.hrl,k merc.al,k
 • **Einschlafen**, beim: *Hydr-ac.*hrl,k
 • **Erwachen** aus dem; beim: *Cimic.*k,kl
– **Spaziergang**; durch einen kurzen: nit-s-d.sfl
– **Stehen**, beim: nat-m.al,k
– **Steigen**, beim: lycps-v.
– **Trinken**, beim: nat-m.al,k

Cheyne-Stokes-Atmung
☞ ❑ *Allgemeines - Cheyne-Stokes-Atmung*

Dyspnoe
☞ *Atemnot*

Erschwert
☞ *Atemnot*

Erstickt
☞ *Atemnot*

Flach
☞ *Oberflächlich*

Gehemmt
☞ *Behindert*

Geräuschvoll
☞ *Laut*

Gewaltsam, heftig: brom.hrl,k,* cann-s.al,k hydr-ac.al,k
– **Ausatmen**, beim: bell. caps.al,k card-b.al cham. *Chin.* *Gels.*hrl,k ign. *Ox-ac.* stram.

Giemen, keuchend pfeifendes Atmen: ail.hrl,k,* aloe *Alum.* alum-p.k2 alum-sil.k2 *Ambr.*al,k *Apoc.*k,k2,* aral.al,k arg-n.al,k **Ars.**hrl,k,* *Ars-i.*hrl,k ars-s-f.k2 *Brom.*hrl,k calad. calc. calc-s. *Cann-s.*hrl,k *Caps.* **Carb-v.**al,k carbn-s. *Cham.*al,k *Chin.*hrl,k *Chinin-ar.* chlol.hrl,k *Cina* crot-t. *Cupr.*hrl,k dol. *Dros.*hrl,k ferr. ferr-i. *Fl-ac.*hrl,k,* graph. hep. hydr-ac.al,k *Iod.*hrl,k iodof.hrl **Ip.**hrl,k,* *Kali-ar.* *Kali-bi.*hrl,k **Kali-c.**hrl,k *Kali-s.*hrl,k *Lach.*hrl,k limest-b.esl *Lyc.*hrl,k *Lycps-v.* manc. merc.al,k murx.hrl,k,* naja nat-c.al *Nat-m.*hrl,k *Nat-s.* *Nit-ac.*hrl,k *Nit-s-d.*hrl *Nux-m.* nux-v. ox-ac.hrl,k,*

Giemen, keuchend pfeifendes Atmen: ... phos.hrl,k sabad. *Samb.*hrl,k,* sang. sanic. seneg.bg3 sep.hrl,k spong.hrl,k squil.hrl,k stann.hrl,k sul-i.k2 sulph. *Syph.*hrl,k
– **tagsüber**: *Kali-bi.*hrl *Lyc.*
– **nachmittags**: fl-ac.al,k
– **abends**: lycps-v. murx.hrl,k,*
 • **Bett**, im: nat-m.
 • **Hinlegen**, beim: *Ars.*al,k
– **nachts**: kali-bi.hrl,k
 • **Mitternacht**, nach: *Samb.*
– **Aufsetzen**, beim: nat-c.al,k
– **Ausatmen**, beim: *Chlor.*brol *Lyc.* med.brol meph.brol nat-m. pyrog.k2 samb.brol *Sep.*
– **Auswurf** amel.: ip.al,k
– **Einatmen**, beim: *Alum.* *Aral.*brol *Caps.* *Chin.* *Kali-c.*hrl,k ox-ac.brol spong.
– **Erkältung**; durch: carb-v.k2
– **Erwachen**; beim: hydrog.srj2
– **Jahreszeit**:
 • **Herbst**; im: mucor-a-p.bc2
– **Rauchen**, beim: kali-bi.
– **Schlaf**, im: nux-v.
– **warmen** Zimmer, im: *Kali-s.*

Heftig, gewaltsam
☞ *Gewaltsam*

Heftiges Ausatmen: bell. caps. chin. ign. stram.

Heißer Atem: **Acon.**bg2,k,* aeth.al,k agar.al,k anac.bg2,k,* anac-oc.hrl *Ant-c.*bg2,k,* apis *Ars.*hrl,k arum-m.al,hrl asaf.al,k asar.bg2,h *Bad.*hrl *Bell.*bg2,k,* calc.bg2,k,* calc-p.bg2,k,* *Camph.*hrl cann-i.al cann-s. **Carbn-s.** card-b.al *Cham.*bg2,k,* chel.al,k coc-c.al,k coff.bg2,k,* *Ferr.*bg2,k,* kali-br.hrl,k lyss.hrl mag-m.bg2,k,* *Mang.*bg2,k,* med.hrl,k merc.al merl. mez.al,k naja *Nat-m.*bg2,k,* *Nux-v.*bg2 *Phos.*bg2,k,* plat.bg2 ptel.bg2,k,* raph.al,k *Rhus-t.*bg2,k,* *Rhus-v.*al,k *Sabad.*bg2,k,* squil.bg2,k *Stront-c.* *Sulph.*bg2,k,* sumb.al,k til.al *Zinc.*
– **morgens**, beim Erwachen: sulph.
– **nachmittags**: *Bad.*al,k *Rhus-t.*al,k
– **abends**: mang.al,k sumb.al,k
– **Fieber**; während: zinc.al,k
– **Frost**; während: anac.cl,k camph. cham. **Rhus-t.**
– **kalten** Gliedern, mit: cham.al,k
– **Schnupfen**, beim: mag-m.h,kl

Hysterisch
☞ *Krampfhaft*

Kalter Atem: acon. ant-t.brol ars.brol **Camph.** **Carb-v.** carbn-o. *Cedr.* *Chin.* chinin-s. cist. colch. *Cop.* cor-r. cupr.brol euph-l.brol *Helo.*brl,brol,* *Helo-s.*brl,cl hyper.k2 merc. *Phos.* rhus-t. tab.brol ter. **Verat.**
– **Frost**; während: **Carb-v.** verat.

Keuchend: acon.bg2,k alum.bg2 amyg.al,hrl anac.al,k *Ant-t.*bg2,k,* *Apoc.*hrl,k arg-n.al,k *Arn.*bg2,k,* ars.bg2,k,* bar-c.bg2 bell.bg2 *Bry.* bufo calad.bg2,k,* calc-p.bg2 camph.bg2,k *Carb-an.*bg2,k,* caul.hrl,k cham.bg2,k,* chin.bg2,k chlor.al,k *Cina* *Cocc.*bg2,k,* con. cop.hrl,k cor-r.bg2 ferr.al,k hyos. *Ip.*hrl,k jatr-c.

Keuchend: ...
kali-bi.hr1,k laur.hr1,k limest-b.es1 *Lyc.* *Nit-ac.*hr1,k nitro-o.a1 *Nux-m.*hr1,k op. **Phos.**hr1,k,* *Phyt.*hr1,k plan.a1,k plb.hr1,k,* prun. sec. senn.a1 *Sil.*hr1,k spira.a1 *Spong.*hr1,k stram. *Tarent.*hr1,k,* **Verat-v.**hr1,k
– **Bewegung**, bei: tarent.
– **Erwachen**, beim: kali-bi.
– **Gehen**, schnelles: sil.h,kl
– **pfeifend**; und
☞ *Giemen*
– **Treppensteigen**, beim: **Calc.** phos.h,kl plan.a1,k

Konvulsivisch
☞ *Krampfhaft*

Krächzend: am-caust.a1 cham.h1,k lach.

Krampfhaft: ang.bg2,hr1,* ars. arund. bell.k2 brom.a1,k con.bg2 *Cor-r.* *Cupr.*bg2,k *Gels.*a1,k hydr-ac.a1,k *Ign.* *Ip.*bg2,k kali-c. kali-cy.a1,k lach.bg2 led.bg2,k *Mag-p.* meli.a1 mez. mill. mosch. mur-ac. nat-m.hr1,k oena.hr1,k,* op.a1,k *Ox-ac.*hr1,k,* phos. plb. puls.bg2,k,* pyrus *Samb.* spig.hr1 stann. sulph. tab.a1,k **Valer.** *Verat.*a1,k verat-v.hr1,k,*
– **abends**: stann.
– **nachts**: nat-m.
– **zwei** Atemzüge beim Einatmen; jeweils: led.br1

Kurz, Kurzatmigkeit
☞ *Atemnot*

Langsam: *Acon.*hr1,k,* acon-c.a1 alco.a1 amyg.a1,hr1 ant-t.hr1,k,* *Apis* arn.a1,k ars.a1,k *Asaf.*hr1,k,* **Bell.** ben-n.c2 *Brom.* bry.hr1,k *Camph.*hr1,k,* cann-i.a1,k *Caps.*hr1,k cass.a1 *Castm.* chin. chinin-s. chlf.hr1 chlol.hr1,k,* choc.srj3 cic. cinch.a1 clem.hr1,k,* *Cocc.*hr1,k *Colch.*hr1,k *Coloc.*hr1,k,* con.a1,k cop.hr1,k *Crot-c.* crot-h. crot-t. cub.c1 cupr. cyt-l.a1 der.a1 *Dig.*hr1,k,* *Dios.*hr1,k dros.hr1,k ferr.a1,k *Gels.*hr1,k,* *Glon.*hr1,k *Hell.*hr1,k *Hep.* *Hydr-ac.*hr1,k,* *Hyos.*hr1,k *Hyper.*hr1,k *Ign.*hr1,k,* *Ip.* jab.br1 kali-cy.a1 *Lach.* *Lact.* *Laur.*hr1,k,* lyc.hr1,k *Merc-c.*hr1,k,* mez.h,kl morph.a1,k narcin.a1 nit-ac.a1,k nux-m.hr1,k,* *Nux-v.*hr1,k oena.hr1,k,* *Olnd.* **Op.**hr1,k ox-ac.a1,k phase-vg.a1 phos.a1,k *Phyt.*hr1,k plat. plb.a1,k sec.hr1,k *Spong.*hr1,k squil.a1,k stram.a1,k sul-ac.a1,k tab.a1,k verat-v.a1,k visc.a1
– **morgens**: *Lach.*hr1,k merc. merc-c.a1
– **abends**, beim Stilliegen agg.: con. ferr.
– **nachts**: coloc.a1,k *Lach.*hr1,k
◇ **abwechselnd** mit:
• **Ersticken**: cocc.
• **kurze** Atmung im Schlaf: ign.
– **Ausatmen**, beim: ant-t.hr1,k apis *Arn.*hr1,k,* borx. kali-cy.a1 lob.a1,k *Op.*hr1,k *Sep.*
• **Schlaf**, im: chin. ign.
– **Einatmen**, beim: cham.hr1,k chin.hr1,k **Cupr.**hr1 *Ign.*hr1,k,* stram.hr1,k,*
– **Gehen** amel.: *Ferr.*a1,k
– **Gehirnerschütterung**, durch: hell.hr1
– **Herzklopfen**, beim: bell.h,kl
– **Husten**, beim: clem.a1,k
– **Konvulsionen**, bei den: **Op.**a1,k
– **Schlaf**, im: acon.a1,k chin. **Op.**

Lange Atemzüge: ant-t. cham. *Chlor.* lob. *Op.*
☞ *Tief*

Laut, geräuschvoll: acon.bg2,k,* agar.hr1,k,* alum.bg2,k am-c.hr1,k,* ambr.bg2 ant-t.bg2,k *Arn.*bg2,k,* ars.bg2,k,* asar.bg2 bell.bg2 bov.a1,k *Brom.*hr1,k bry.bg2 calad.bg2 **Calc.**bg2,k,* camph.bg2 cann-s.bg2 caps.bg2 *Carb-v.*hr1,k,* carbn-s. **Cham.**bg2,k,* **Chin.**bg2,k,* chinin-s. *Chlor.* *Cina* *Cocc.*bg2 *Colch.*hr1,k coloc.bg2 con.a1,k *Cor-r.* cub.c1 cupr. dros.bg2 dulc.bg2 ferr.bg2,k,* ferr-m.a1,k gamb.a1,k graph.bg2 guare.a1,k *Hep.*bg2,k,* hydr-ac.hr1,k,* *Hyos.*bg2,k *Ign.*bg2,k iod.bg2 **Kali-bi.**hr1,k *Kali-c.*bg2,k kali-cy.a1 *Kalm.*hr1,k,* **Lach.** laur.bg2 lyc.bg2 mag-m.bg2 merc. morph.a1,k mur-ac.bg2 nat-m.bg2,k *Nat-s.* nat-sal.a1 nit-ac.bg2 nux-v.bg2,k,* *Op.*bg2,k,* petr.bg2 **Phos.**bg2,k,* plb.bg2 *Puls.*bg2,k *Rhus-t.*bg2,k sabad.bg2 sabin.bg2 **Samb.**bg2,k,* *Seneg.* sep.bg2 sil.bg2 **Spong.**bg2,k,* squil.bg2,k stann.bg2 *Stram.*bg2,k sul-ac.a1,k **Sulph.**bg2,k,* **Verat.**bg2,k,*
☞ *Schnarchen*
– **vormittags**: hell.a1,k
– **nachts**:
• **Mitternacht** beim Erwachen; um: ant-s-aur.
– **Anfällen**, bei den: plb.a1,k
– **Ausatmen**, beim: ant-t. bell.h,kl kali-cy.a1 mag-s. meph. *Nux-v.* op.
– **Einatmen**, beim: *Bell.*a1,k caps. cham. *Chin.* cina coloc. hyos. *Ign.* mag-s. *Nux-v.* puls. rheum sep.h,kl
– **Gehen**, beim: calc.h,k,*
• **Nase**; atmet durch die: calc.h
– **Glottisspasmus**, wie durch: kalm.hr1,k
– **Liegen** auf der rechten Seite; beim: sulph.hr1,k
– **Schlaf**, im: *Arn.*h,hr1 carb-v.hr1,k,* cham. ign. **Puls.** rheum
• **Nase**; atmet durch die: arn.h
– **Stillsitzen**, beim: *Ferr.*hr1,k

Metallrohr; wie durch ein: merc-c.bg2

Oberflächlich: atro.hr1 *Chin.*hr1,k *Nux-m.*hr1,k ph-ac.hr1,k **Phos.**hr1,k psil.ft1 puls.hr1,k

Pfeifend: acet-ac. acon.hr1,k aeth.hr1,k aloe alum. *Ambr.*hr1,k *Ant-t.* arg-n.bg2,k,* *Ars.*hr1,k arund.hr1,k,* asar.hr1 bell.a1,k benz-ac.a1,k brom.hr1,k bufo calc. cann-s.a1,k *Carb-v.*hr1,k,* carbn-s. card-b.a1 *Cham.* **Chin.**a1,k chinin-ar. coloc. cupr.hr1,k graph.a1,k *Hep.*hr1,k *Iod.* ip.bro1 kali-ar. *Kali-c.* kali-s. kali-sil.k2 kreos. laur. led.bg2 *Lyc.*a1,k mag-m.h,kl *Manc.*hr1,k nat-m. nit-ac. nux-v.hr1,k,* osm.a1,k ph-ac. phos. sabad. *Samb.*hr1,k sang. sep.h,kl *Sil.*hr1,k *Spong.*hr1,k stann. sul-ac.a1,k sul-i.a1,k *Sulph.*hr1,k,* thuj.hr1,k
– **morgens**: *Lach.*hr1,k
– **abends**: *Calc.* carb-v.a1,k psor.a1,k
• **Hinlegen**, nach dem: ars.h *Calc.*
– **nachts**, 3 h, im Schlaf: sulph.
– **Ausatmen**, beim: ars.hr1 nat-m.
– **Einatmen**, beim: aral.a1,k card-b.a1 cina crot-t.a1,k graph.h,kl *Kali-c.*hr1,k nit-ac. sulph.
– **Gehen**, beim: psor.a1,k
– **Husten**:
• **während**: dros.bg2 *Kali-c.*bg2 lyc.a1,k mag-m.bg2

– **Husten**:
 • **Beginn** des Hustens; zu: asar.$_{h}$
– **keuchend**; und
 ☞ *Giemen*
– **Keuchhusten**, bei: *Brom.*$_{hr1,k}$ *Carb-v.*$_{hr1,k}$ *Cupr.*$_{hr1,k}$ *Hep.*$_{hr1,k}$ samb.$_{hr1,k}$ spong.$_{hr1,k}$
– **Liegen**, beim: *Calc.*
 • **linken** Seite, auf der: arg-n.
 • **Rücken**, auf dem: aeth.
– **Schlaf**, im: chel. sulph.
– **Steigen** agg.: sulph.

Pustend: chin.$_{bg1}$ lach.$_{bg1}$

Rasselnd: acet-ac. *Acon.* agar. *All-c.* alum. alum-p.$_{k2}$ alum-sil.$_{k2}$ *Am-c.* *Am-m.* *Ammc.* anan. ang.$_{h,kl}$ ant-o. **Ant-t.**$_{hr1,k}$ *Apis* **Apoc.** arg-n.$_{hr1,k,*}$ **Ars.**$_{hr1,k}$ *Ars-i.* ars-s-f.$_{k2}$ *Art-v.*$_{hr1,k}$ asaf.$_{hr1,k}$ *Asc-t.* *Bar-c.* bar-i.$_{k2}$ *Bar-m.*$_{hr1,k}$ bar-s.$_{k2}$ *Bell.*$_{hr1,k,*}$ *Brom.* bry.$_{hr1,k}$ bufo **Cact.** *Calc.* calc-i.$_{k2}$ *Calc-p.* *Calc-s.* calc-sil.$_{k2}$ camph.$_{hr1,k}$ cann-i.$_{br1}$ *Cann-s.*$_{a1,k}$ *Carb-an.*$_{hr1,k}$ *Carb-v.*$_{hr1,k}$ *Carbn-h.* carbn-s. **Caust.** *Cham.*$_{hr1,k,*}$ *Chel.*$_{hr1,k}$ chen-a.$_{c1}$ **Chin.** *Chinin-ar.* chinin-s. chlor.$_{a1,k}$ cic.$_{a1,k}$ *Cina* *Coc-c.* cop. crot-t. cub. **Cupr.**$_{hr1,k}$ *Dig.* **Dulc.**$_{a1,k}$ *Euphr.* *Ferr.* ferr-ar. ferr-i. ferr-p. galv.$_{c1}$ *Graph.* grin.$_{pd}$ **Hep.**$_{hr1,k}$ **Hippoz.** hydr-ac.$_{a1,k}$ *Hyos.*$_{hr1,k,*}$ *Iod.* **Ip.**$_{hr1,k}$ kali-ar. *Kali-bi.* *Kali-c.* *Kali-chl.* kali-i.$_{a1,k}$ kali-m.$_{k2}$ kali-p. **Kali-s.** kali-sil.$_{k2}$ *Lach.*$_{a1,k}$ lact. laur.$_{a1,k}$ lob. **Lyc.**$_{hr1,k}$ lyss.$_{hr1,k}$ *Manc.*$_{hr1,k}$ med.$_{k2}$ merc.$_{hr1,k}$ morph.$_{a1,k}$ mosch. mucor$_{jl2}$ *Mur-ac.*$_{hr1,k}$ nat-c. *Nat-m.* *Nat-s.* *Nit-ac.* *Nux-m.* *Nux-v.*$_{hr1,k}$ *Op.*$_{hr1,k}$ ox-ac.$_{a1,k}$ *Pect.*$_{c1}$ petr. *Ph-ac.* **Phos.**$_{hr1,k,*}$ phyt. plb.$_{hr1,k}$ podo.$_{c1}$ **Puls.**$_{hr1,k}$ *Pyrog.* *Ran-b.*$_{hr1,k}$ rumx. sabin.$_{c1}$ samb. *Sang.* sanic. santin. sars. sel. senec. **Seneg.** *Sep.*$_{a1,k}$ *Sil.*$_{hr1,k}$ *Spong.*$_{hr1,k}$ squil.$_{h,ptk1}$ *Stann.*$_{a1,k}$ *Stram.*$_{hr1,k}$ stry.$_{a1,k}$ sul-ac.$_{a1,k}$ sul-i.$_{k2}$ *Sulph.* syph. tab. thuj. *Tub.* *Verat.*$_{a1,k}$ *Zinc.* zinc-p.$_{k2}$ zing.
 ☞ ❑ *Kehlkopf - Rasseln - Trachea*
– **Tag** und Nacht: **Cact.**
– **morgens**: agar.
– **abends**:
 • **Bett**, im: carb-an.$_{h}$ petr. sul-ac.$_{h}$
 • **Liegen**, im: con.$_{h,kl}$
– **Mitternacht**, vor: *Stram.*$_{hr1,k}$
– **alten** Menschen, bei ●: *Ammc.* *Bar-c.* **Hippoz.** **Kali-bi.** **Lyc.** *Seneg.*
– **Ausatmen**, beim: calc. chin.$_{h}$
– **Auswurf**:
 • **amel.**: sulph.$_{h,kl}$
 • **vor**: sep.$_{h,kl}$
– **Gehen**, beim: cina
 • **Freien**, im: ang. cina
– **Husten**:
 • **vor**: dros.$_{h,kl}$ sep.$_{h,kl}$
 • **während**:
  • **amel.**: squil.$_{h}$
 • **nach**: ant-t.$_{hr1}$ carb-v.$_{hr1}$
– **kalte** Getränke agg.: phos.$_{ptk1}$
– **Konvulsionen**, bei den: tab.$_{a1,k}$
– **Liegen**, beim:
 • **agg.**: **Cact.** calc. puls.$_{k2}$

Rasselnd - Liegen, beim: ...
 • **Rücken** agg.; auf dem: agar. kali-c.
 • **Seite**, auf der: anac.$_{h}$
– **Schlaf**, im: alco.$_{a1}$ bell.$_{h,kl}$ con.$_{h,kl}$ *Hep.* stram.$_{a1,k}$ tab.$_{a1,k}$
– **Sitzen** amel.; aufrechtes: nat-c.$_{a1,k}$
– **Trinken**; nach: mur-ac.$_{k2}$

Rauh: am-c.$_{h,k}$ am-caust.$_{a1}$ *Ant-t.*$_{a1,k}$ **Bry.** *Hep.* *Kali-bi.* nit-ac.$_{a1,k}$ plb.$_{a1,k}$
 ☞ ❑ *Kehlkopf - Stimme - krähend*
– **Einatmen**, beim: camph.$_{h}$ *Op.*
– **krächzend**: **Bry.** *Chin.* *Chlor.* cor-r. *Cupr.* *Gels.* **Samb.** **Spong.** stann. verat.
 ☞ ❑ *Kehlkopf - Krupp*
– **sägend**: *Alum-sil.*$_{hr1}$ *Ant-t.*$_{hr1,k}$ **Brom.**$_{k,k2,*}$ *Con.*$_{hr1,k}$ **Iod.** lac-ac.$_{hr1,k}$ lac-c. *Sang.* **Spong.**$_{hr1,k}$
 • **Hustenstößen**, zwischen den: *Spong.*

Röchelnd, stertorös: absin.$_{a1,k}$ acon.$_{a1,k}$ **Am-c.**$_{hr1,k}$ am-caust.$_{a1}$ amyg.$_{hr1,k,*}$ anac. *Ant-t.* *Apis* *Arn.* *Ars.*$_{hr1,k}$ bapt.$_{hr1}$ bell.$_{hr1,k,*}$ bufo *Camph.*$_{hr1,k,*}$ cann-i.$_{a1,k}$ *Carb-ac.*$_{hr1,k}$ carb-an. cham.$_{hr1,k}$ chen-a. *Chin.*$_{hr1,k}$ chlf.$_{hr1}$ chlol.$_{hr1,k,*}$ cic.$_{hr1,k,*}$ cic-m.$_{a1}$ cocc. cupr. ferr-m.$_{hr1,k,*}$ *Gels.*$_{a1,k}$ *Glon.*$_{hr1,k}$ hydr-ac.$_{a1,k}$ hyos.$_{hr1,k,*}$ kali-bi.$_{a1,k}$ kali-cy.$_{a1}$ *Lach.* *Laur.* *Lyc.*$_{hr1,k}$ merl.$_{a1,k}$ naja$_{k2}$ *Nit-ac.*$_{hr1,k}$ nitro-o.$_{a1}$ *Nux-m.*$_{hr1,k}$ *Nux-v.*$_{hr1,k}$ *Oena.*$_{hr1,k,*}$ olnd.$_{hr1,k,*}$ **Op.**$_{k,kl2}$● petr. phos.$_{a1,k}$ plb.$_{hr1,k,*}$ *Puls.*$_{hr1,k}$ sabad.$_{a1,k}$ sarr. *Spong.*$_{hr1,k}$ stann.$_{hr1,k}$ *Stram.*$_{hr1,k}$ sul-ac.$_{a1,k}$ tab. tax.$_{a1}$ ter.$_{a1,k}$ visc.$_{a1}$
 ☞ *Schnaufend*
– **abends** im Bett: carb-an.
◆ **begleitet** von:
 • **Husten**: samb.
– **Betäubung** und Aufschreien wie durch einen scharfen Schmerz: **Apis**
– **Gehirnerschütterung** (= Commotio cerebri): hyos.$_{hr1}$
– **Konvulsionen**, nach den: *Oena.* **Op.**
– **Liegen** auf der erkrankten Seite; beim: anac.
– **Schlaf**, im: *Brom.*$_{hr1,k}$ chin.$_{gt1}$ ign.$_{gt1}$ nux-v.$_{hr1,k}$ **Op.**$_{k,kl2}$● **Puls.**
– **schnaufendem** Ausatmen, mit: bufo *Chin.* chlol.$_{st}$ *Lach.* *Nux-v.* *Op.*$_{k,kl2}$● plb. tab.
 • **Liegen** auf dem Rücken; beim: chlol.$_{c1,hr1}$
– **Stuhl** und Urin; mit unwillkürlichem Abgang von: amyg.

Ruckweise: asar.$_{bg2,k,*}$ *Cact.*$_{hr1,k}$ *Calad.*$_{hr1,k}$ crot-h.$_{hr1,k}$ *Cupr.*$_{bg2,k}$ gels.$_{a1,k}$ *Iod.*$_{hr1,k}$ merc.$_{a1,k}$ nicc.$_{a1,k}$ op.$_{a1,k}$
– **Ausatmen**, beim: ars.
– **Einatmen**, beim: **Ox-ac.**$_{hr1,k}$
 • **zwei** einzelnen Atemzügen; in: led.

Sägend
 ☞ *Rauh - sägend*

Scharrend: brom.$_{k2}$

Schluchzend: acon. aeth. am-m.$_{a1,k}$ ang. ant-c. asaf. *Aur.*$_{a1,k}$ *Bry.*$_{hr1,k}$ *Calc.*$_{hr1,k,*}$ *Cupr-act.* gels.$_{a1,k}$ *Guare.*$_{hr1,k,*}$ *Ign.* laur.$_{a1,k}$ *Led.* *Mag-p.*$_{hr1,k}$ *Merc.*$_{hr1,k}$ merc-c.$_{hr1}$ nit-ac.$_{a1,k}$ ran-s. *Sec.* sil.

Schluchzend: ...
stram. ther.
☞ ❑ *Gemüt - Kummer* / ❑ *G~ Seufzen* / ❑ *G~ Weinen - Schluchzen*
– **anfallsweise**: *Mag-p.*hr1,k,*
– **krampfhaft**: *Mag-p.*c2
– **plötzlich**
☞ *anfallsweise*
– **Schlaf**, im: **Aur.** *Calc.*
– **Tanzen**:
• **nach**: spong.a1,h

Schmerzhaft: aeth.gsy1,h,* aethyl-n.a1 apis ars.h,k1 asc-t.hr1,k,* bell.k2 brom.a1,k *Bry.*bg2,k chin.bg2,k,* cimx.a1,k coff. coff-t.a1 crot-t.a1,k gad.a1 jug-c.a1,k led.bg2,k,* *Mez.*bg2 nit-ac.a1,k nit-s-d.a1 ol-j. plb.a1,k **Ran-b.**bg2,k,* sang.hr1,k,* trad.a1 viol-o.bg2,k,* zing.hr1,k
– **morgens**: phos.a1,k
– **nachts**: dig.c1 sang.a1,k
– **Einatmen**, beim: aesc. chin.a1 kali-n.a1 plect.a1
– **Liegen**; im: dig.c1

Schnappen nach Luft: acet-ac.a1,k *Acon.*bg2,k,* acon-c.a1 *Am-c.*h,k am-caust.a1 anil.a1 *Ant-t.*hr1,k,* **Apis** *Apoc.*hr1,k *Arg-n.* *Ars.*bg2,k,* ars-h.hr1,k *Brom.*bg2,k,* camph.bg2,k,* canth.a1,k carb-an.bg2,k,* castm. chlol.hr1 *Chlor.*hr1,k,* *Cic.*hr1,k cit-l.a1,hr1 *Coff.*hr1,k *Colch.*hr1,k *Coloc.*hr1,k cub.a1,k cupr. cupr-ar.a1 *Dig.*hr1,k,* *Dros.* gels.a1,k *Hell.*hr1,k,* *Hydr-ac.*hr1,k,* hydrc.a1,k *Hyper.*hr1,k *Ign.*hr1 *Ip.*hr1,k,* lat-m. *Laur.*hr1,k **Lyc.**a1,k lyss.c1 *Med.*hr1,k merc.a1,k methyl.a1 *Mosch.*a1,k *Naja* op.hr1,k,* petr.hr1 *Phos.*hr1,k,* phyt.hr1,k,* puls.hr1,k samb.hr1,k *Spong.*hr1,k *Stram.*a1,k stry.a1,k *Tab.*hr1,k,* tarent.hr1,k,* thuj.a1,k
– **morgens**, 5 h: tarent.
– **nachmittags**: nicc.a1,k
– **nachts**: lach.
• **2** h, mit Husten: chinin-s.
– **Dösen**, beim: naja
– **Einatmen**, Ausatmen lang und langsam; beim: *Ant-t.*hr1,k *Op.*
– **Herzens**; bei Beschwerden des: laur.k2
– **Husten**:
• **vor**: ant-t.hr1,k *Brom.* bry. coc-c.
• **während**: *Ant-t.*a1,k *Cor-r.*hr1,k sul-ac.a1,k
• **nach**: cor-r.br1
– **Liegen** amel.: laur.k2
– **Schlaf**; im: dig.k2
– **Sprechen**; beim: cench.k2

Schnarchen: acon. aeth. alco.a1 amyg.hr1,k arn.bg2,k ars.hr1,k bapt.hr1,k bar-c.bg2 bar-i.bg2 bell.bg2,k,* benz-ac. *Brom.*hr1,k calc.bg2,k,* *Camph.*bg2,k,* caps.bg2,h,* carb-v.bg2 *Carl.*a1,k *Cham.*bg2,k,* *Chin.*bg2,k,* chlol.c1 *Cic.*hr1,k cocc.bg2 con.hr1,k cund.a1,k *Cupr.*bg2,k cycl. dros.bg2,k,* dulc.bg2,k,* fl-ac. glon.hr1,k guare.a1 *Hep.*bg2,k,* hydr-ac. hyos.bg2,k,* *Ign.*bg2,k kali-bi.bg2,k,* kali-c.bg2,h kali-chl.bg2,k kali-m.k2 **Lac-c.**hr1,k *Lach.*bg2,k *Laur.*bg2,k lyc.bg2,k,* mag-c.bg2 mag-m.bg2,k,* merc-c.bg1 mez. mur-ac.bg2,k,*

Schnarchen: ...
nat-m.bg2,k,* nit-ac.bg2,k,* nux-m.hr1,k *Nux-v.*bg2,k,* oena.a1,hr1 **Op.**bg2,k,* petr.bg2,k,* puls.bg2 rat.a1,k,* rheum.c2,k *Rhus-t.* sabad. sabin.c1 samb. sep.bg2,k sil.bg2,k,* stann.bg2,k,* *Stram.*bg2,k,* stry.a1,k *Sulph.*bg2,k teucr.hr1,k
☞ *Laut*
– **morgens**, im Schlaf: petr.a1,k
– **nachmittags**, beim Nickerchen: alum.
– **abends** im Bett: sil.a1,k
– **Mitternacht**: mur-ac.a1,k nux-v.a1,k
– **Ausatmen**, beim: arn. camph. chin. *Nux-v.* *Op.*
– **Bewußtlosigkeit**, bei: *Op.*
– **Delirium**, nach: sec.a1,k
– **Einatmen** im Schlaf, beim: bell.h,k1 caps.h,k1 cham.h,k1 chin.h,k1 hyos.h,k1 ign.h,k1 rheum.h teucr.hr1
– **Frost**; während: *Chin.* laur. **Op.**
– **Hitze**; während: apis con. ign. laur. **Op.**
– **Kindern**, bei: chin.bro1 mez.ptk1
– **Liegen** auf dem Rücken; beim: dros.a1,k dulc. kali-c. mag-c. sulph.
– **Nase**, durch die: puls.bg2,h,*
– **Ohnmacht**, bei: stram.hr1,k,*
– **Wachen**, im: chel.a1,k sumb.a1,k

Schnaufend:
☞ *Röchelnd*
– **Ausatmen**, beim: cham.h *Chin.* stram.
– **Einatmen**, beim: cham.h

Schnell
☞ *Beschleunigt*

Schwach
☞ *Atemnot - Schwäche* / *Oberflächlich*

Seufzend: *Acon.*a1,k agar.a1,k am-c. ant-c.h,k,* apis apoc. *Arg-met.* *Arg-n.*hr1,k,* *Ars.* ars-s-f.k2 *Aspar.*hr1,k bell.a1,k *Borx.* **Bry.**hr1,k,* **Calad.**hr1,k *Calc.* **Calc-p.**hr1,k calc-sil.k2 *Camph.*hr1,k carb-an. **Carb-v.**hr1,k *Caust.* cench.k2 cere-b.a1 *Cham.*hr1,k *Chinin-s.* chlf.hr1 *Cimic.*k,k1,* clem.a1 cob.a1 cupr.hr1,k der.a1 **Dig.**hr1,k,* elae.a1 euon.a1 eup-pur.hr1,k *Ferr-m.*hr1,k gast.a1 *Gels.*hr1,k,* *Glon.*hr1,k,* gran.a1 *Hell.* hura hydrog.srj2 **Ign.**hr1,k,* **Ip.** jab.br1 kali-cy.a1 lac-ac. lach.a1,k lact.a1,k lil-t.hr1,k lob.hr1 *Lyc.*a1,k *Lyss.*hr1,k,* *Merc-c.*hr1,k,* mit.a1 morph.a1,k nat-ar. nat-p.a1,k nit-ac.a1,k nux-m.a1,k nux-v.a1,k **Op.**a1,k phase-vg.a1 *Phos.* phys.hr1,k,* *Phyt.*hr1,k plb.hr1,k,* podo.hr1,k prun. *Puls.*hr1,k ran-b.k2 ran-s.a1,k rhus-t.hr1 sang. **Sec.**hr1,k **Sel.** sep.hr1 sil.a1,k *Spong.* **Stram.**a1,k sulph.a1,k tab.a1,k tarent. tax.a1,k ther.a1,k til.a1 trad.a1 verat-v.hr1,k,* vip.a1,k
☞ ❑ *Gemüt - Seufzen*
– **morgens**: sang.
– **vormittags**, 9.30 h: hura
– **nachmittags**: ant-c.h,k,*
– **abends**: chin.a1,k
• **19** h: lycps-v.
– **nachts**: bry.a1,k
• **Mitternacht**:
• **nach**:
• **2** h: ign.

– **Bewußtlosigkeit**, während der: glon.a1,k
– **Essen**, nach dem: *Ant-c.*h,k,*
– **Konvulsionen**, nach den: *Cocc.*
– **Menses**, während: nat-p.a1,k
– **Mittagessen**, nach dem: arg-n.a1,k
– **Schlaf**:
• **im**: anac.a1,k camph.a1,k puls.h,kl *Sulph.*
• **beschleunigt**; Atmung beim Erwachen: cimic.
– **Steigen**; beim: ther.k2
– **Typhus** abdominalis; ruckartiges Seufzen bei: calad.

Spasmodisch
☞ *Krampfhaft*

Stertorös
☞ *Röchelnd*

Stockend: *Arg-n.*hrl,k *Brom.*hrl,k calad. *Calc.*hrl,k carb-ac.a1,k *Caust.*hrl,k cina gels.a1,k kreos.a1,k *Led.*k,st lil-t.a1,k merc-c.a1,k nit-ac.hrl,k,* *Phos.*hrl,k santin. **Sil.**a1,k stry.a1,k sulph.hrl,k
– **morgens**: sars.a1,k
– **nachts**: **Sil.**a1,k
– **Arbeiten**, beim: sars.a1,k
– **Beugen**, beim: *Calc.*
– **Fieber**; während: **Sil.**
– **Husten**: bry. *Cina*
• **vor**: ant-t.h,kl bry.h,kl
• **nach**: arn.hrl,k *Ars.*hrl,k bry.hrl,k hep.hrl,k *Nat-m.*hrl,k *Puls.*hrl,k
– **Menses**, vor den: borx.
– **Schlaf**, im: lyc.a1,k
– **Stiche**, durch:
• **Abdomen**, zum Rücken hin; im: *Calc.*
• **Hämorrhoiden**, in den: **Sulph.**
– **Tanzen**, nach: *Spong.*h,k,*

Stöhnend: acon.bg2,k aeth. *Ant-t.*hrl,k *Ars.*bg2,k,* bell.bg2,k,* *Bry.*bg2 *Calad.*bg2 carb-v.k2 cham.bg2 cina *Cocc.*bg2 coff. *Colch.*hrl,k con.h,kl cupr.bg2,k *Hydr-ac.*hrl,k ign.bg2 kali-c.bg2,k,* *Lach.*bg2,k,* laur.bg2,k,* *Lyss.*hrl,k *Mur-ac.*bg2,k,* *Nux-v.*bg2 *Op.*bg2,k,* phos.a1,k phyt. plb. *Puls.*bg2,k,* rhus-t.hrl,k sec.bg2,k,* sel. spong.hrl,k squil.bg2,k,* *Stram.*bg2 tab.a1,k
– **Ausatmen**, beim: bell.h,kl

Stridulös: am-caust.a1,k **Bell.**a1,k *Chlor.* **Gels. Ign.** *Kali-bi.*hrl *Lach.* laur. *Meph.* **Mosch.** nit-ac.a1,k *Nux-v.*hrl,k *Op.*a1,k plb. *Samb. Sang.*hrl,k sarr. verat.
– **abends**, beim Einschlafen: **Phos.**

Synchron mit:
– **Zuckungen** der Extremitäten; den
☞ ❑ *Extremitäten - Zucken - synchron*

Tief: *Acon.*bg2,k,* *Agar.*bg2,k *Ail.* am-m.bg2,k,* ant-c.h,k,* ant-t.a1,k **Arg-n.** arn.bg2,k ars. **Aur.**bg2,k bar-c.hrl,k bar-m. bell.bg2,k,* borx. bov. *Brom.*bg2,k,* **Bry.**bg2,k,* *Cact. Calc.*bg2,k calc-p.bg2,k calc-sil.k2 *Camph.*bg2,k,* cann-i.c1 cann-s.bg2,k,* **Caps.**bg2,k carb-v.bg2,k carl.a1 *Castm. Caust.*bg2,k cham.bg2,k chel. chin.bg2,k chinin-ar. chlor.a1,k choc.srj3 cic.bg2,k,* cimx. cocc.bg2 colch. croc.bg2,k *Cupr.*bg2,k *Dig.*bg2,k,* dros.bg2,k,* euon.a1,k *Euph.*bg2,k fl-ac.bg2,k,* gamb. glon.a1,k hell.bg2,k **Hep.**bg2,k *Hydr-ac.*hrl,k,* hyos.bg2,k,* ictod. **Ign.**bg2,k *Ind.* **Ip.**bg2,k kali-ar. kali-c.bg2,k,* kali-m.k2 kreos.bg2,k **Lach.**bg2,k lachn. lact. laur.bg2,k,* lil-t.bg3 lob.hrl,k *Lyc.*bg2,k,* mag-c.h,kl merc.bg2,k,* mez.a1,k mosch.bg2 *Mur-ac.*bg2,k,* nat-ar. nat-c.bg2,k nat-m.bg2,k,* **Nat-s.** nicc.a1,k nux-m.bg2 nux-v.bg2,k olnd.bg2,k **Op.**bg2,k,* ox-ac.a1,k par.bg2,k **Phos.**bg2,k,* *Plat.*bg2,k,* plb.bg2 podo. prun. puls.bg2 *Ran-b.*bg2,k ran-s.bg2,k *Rhus-t.*bg2,k,* sabin.bg2 sars.bg2,k *Sec.*bg2,k **Sel.**bg2,k seneg.bg2 **Sil.**bg2,k spig.bg2,k,* spong.bg2,k,* squil.bg2,k stann.bg2,k *Stram.*bg2,k stry. sul-ac.a1,k *Sulph.* tab.a1,k ther. thuj.bg2,k,* *Zinc.*hrl,k,*
☞ *Lange*
– **amel.**: acon. asaf. bar-c. *Cann-i.* chin. *Colch. Cupr.* dig. dros. *Ign.* iod. *Lach.* meny. olnd. osm. puls. rhus-t.h *Seneg.* sep. *Spig.* **Stann.** staph. ter. viol-t.
– **abends**: eupi.a1,k *Ran-b.*
– **Mitternacht** beim Erwachen; um: cann-i.a1,k
– **Abdomen**, vom: alumn.a1,k cann-s.a1,k
– **Beklemmung** im Epigastrium; durch: bell.h,kl
– **Essen**, nach dem: ant-c.h,kl rhus-t.h,kl sars.
– **Frost**; während: cimx.
– **Gehen**, beim: bell.h,kl
– **Herzen**; durch Schwere am: croc.
– **Hinlegen**:
• **beim**: *Ind.*hrl,k,*
– **Hitze**, mit: ph-ac.h,kl
– **langsam**, keuchend, pfeifend: sep.
– **Laufen**; nach: *Hep.*a1,k
– **Liegen**; beim:
• **linken** Seite agg.; auf der: ind.
• **Rücken** amel.; auf dem: ind.
– **Menses**, vor den: sulph.
– **Mittagessen**, vor dem: chin.a1,k rhus-t.a1,k
– **Schlaf**, im: ign.
– **Schreiben**, beim: fl-ac.
– **Sitzen**, im: cic. lach.a1,k
– **unmöglich**: alumn. ambr.h,kl ant-c. **Ars.** *Aur.* bry. calc-p. *Cocc. Crot-t.* dig. euph.h,kl euphr. ferr. kali-n.h,kl lach.bg1 *Lob.* morph. plat. sep.h,kl sil.h,kl stann. sulph.
– **Verlangen**, tief zu atmen: acet-ac. acon.bg2,k adon.bro1 agar.bg1,bg2,* alum.hrl,k alum-p.k2 alumn. am-br.hrl,k androc.srj1 ant-c.sf *Aur.* bapt.bg2,k *Borx.* brom.bg2,k **Bry.**bg2,k,* **Cact. Calc.**bg2,k,* *Calc-p.*hrl,k camph.sf cann-i.sf *Caps.*bg2,k *Carb-ac.*hrl,k *Carb-v.*bg2,k,* carc.fb *Card-m.*a1,k *Caust.*bg2,k cedr.hrl,k *Chin.*hrl,k cimx. clem.a1 coca croc.bg2,k *Crot-t.* **Cupr.**bg1,bg2 *Dig.*bg2,k,* euon. eup-per. *Glon.*bg2,k,* hell.bg2 hep.c1 hydr.bg2,k *Hydr-ac.*bg1 iber.hrl ictod. **Ign.**bg2,k,* *Ind.*hrl,k,* *Ip.*bg2,sf kali-bi.bg2 *Kali-c. Kali-n.*bg2,sf *Kreos.*bg2,k,* **Lach.**bg2,k *Lact.* laur.bg2 lil-t.bg2,k,* lob.bg2,sf *Lyc.* mag-p.bg2 med.hrl *Merc.*hrl,k mez.bg2,k,* mosch. **Nat-s.**hrl,k nux-m.bg2,k,* op.bg1,bg2 *Par. Phos.*bg2,k,* plan.bg1 *Plat.*bg2 podo.bg2,k,* prun. ran-b.bg2,k rhus-t.bg2 sabin.bg2 samb.hrl,k *Sang.*hrl,k **Sel.**bg2,k *Seneg.*hrl,k

– **Verlangen**, tief zu atmen: ...
sep.bg2,k sil.bg2,sf squil.bg2,h stann.bg2,k stram.bg2,k **Sulph.**hr1,k tab.bg2 ther.hr1,k tub.c1,k2,* verb. xan.hr1,k
- **Beklemmung** im Magen; mit: nat-m.h,kl
- **Frost**; während: cimx.
- **Liegen**, beim: *Ind.*hr1,k,*
- **Mittagessen**, nach dem: hep.h,kl

Unregelmäßig: absin.a1,k acet-ac.a1,k agar-cps.a1 **Ail.**hr1,k alco.a1 ambr.a1,k **Ang.**bg2,k,* *Ant-t.*bg2,k,* *Ars.*a1,k ars-i. aur. aur-ar.k2 aur-i.k2 aur-s.k2 **Bell.**bg2,k,* calad.a1,k *Camph.*bg2,k,* canth.a1,k *Cham.*bg2,k,* chinin-s. chlf.hr1 chlor.a1,k cic.bg2,k,* *Cina* clem.hr1,k coca cocc.bg2,k *Colch.*hr1,k,* crat.br1 *Crot-h.*hr1,k **Cupr.**bg2,k **Dig.**hr1,k,* dros.bg2,k gels.a1,k hippoz.hr1,k hydr-ac.a1,k hyos.a1,k *Ign.*bg2,k *Iod.*bg2,k,* laur.bg2,k led.bg2,k lyss.c1 merc. merc-c.a1 **Morph.**a1,k mosch.bg2,k nicc.a1,k nitro-o.a1 *Nux-v.*bg2,k,* olnd.a1,k **Op.**bg2,k,* phos.a1,k plb.a1,k psil.ft1 *Puls.*bg2,k sep.bg2,k sol-t-ae.a1,k stram.a1,k *Stry.*a1,k sul-ac.a1,k sul-i.k2 tab.hr1,k tax.a1,k ter.hr1,k valer.st verat-v.hr1,k,* zinc.bg2,k,* zinc-p.k2
– **nachts**: act-sp.bro1
– **Husten**, beim: clem. cupr-s.a1,k
– **langsam**, manchmal beschleunigt; manchmal: acon. bell. grin.st *Ign.* nux-v. op. spong.
– **Niesen**; mit: tril-p.br1
– **Schlaf**, im: ant-t.hr1,k,* cadm-s. *Ign.*
– **Stehen**, im: arn.a1,k
– **Trinken**, beim: anac.a1,k

Unterbrochen:
☞ *Angehalten*
– **Ausatmen**, beim: ars.hr1,k
– **Einatmen**, beim: **Cina** *Led.*

Versetzt
☞ *Angehalten*

Wahrnehmbar, nicht: acon.a1,k amyg.a1,k *Ars.*a1,k benz-ac. carb-ac.a1,k cass.a1 chlor.a1,k cic.a1,k *Cocc.* gels.a1,k hydr-ac.a1,k merc. morph.a1,k naja nit-s-d.a1 nux-v.a1,k oena.a1 op.a1,k petr.a1,k stram. verat.bg2,h
– **Schlaf**, im: caust.h,kl

Zittrig: *Ant-t.*hr1,k zinc.h,kl

– **19** h: bry. cimic. com. grat. *Ip.* iris-foe. spira.
  • **19** - 20 h: sin-n.
  • **19** - 1 h: *Cain.*
  • **nach**: ip. rumx.
– **19** h oder 20 h: sin-n.
– **19**.30 h: cimic. raph.
– **20** h: dios. nat-m. sep.
  • **20** - 21 h: *Sep.*
  • **20** - 23 h: carc.tpl nat-m.
– **20**.30 h: coca
– **21** h: apis dios. lyc. *Sil.*
  • **21** - 23 h: acon.k2
  • **21** - 4 h: *Apis*
  • **Morgen**, bis zum: *Kali-c.*
  • **Mitternacht**; bis: cham.k2
  • **Fieber**, gefolgt von brennender Hitze des Kopfes; mit:
    • **Krämpfe** in Beinen, Füßen, Händen und Armen und schneller Puls: lyc.
– **Mitternacht**; bis: arn. *Bar-c.* bell. carb-v. *Caust.* ferr. **Hep.** led. mag-m. merc. mez. nit-ac. nux-v. **Phos.** *Puls.* *Rhus-t.* *Sep.* spong. stann. sul-ac. sulph. verat. zinc.
– **Mitternacht**; bis nach: mag-m.
– **Ausgehen**, beim: naja
– **Bett**, im: acon. agn.bg2,k,* **Alumn.**a1,k *Am-c.*bg2,k,* am-m. anac.bg2,k ant-t. **Ars.**bg2,k,* ars-s-f.k2 bell.bg2,k borx. *Calc.*bg2,k,* calc-sil.k2 *Caps.*a1,k carb-an.bg2,k *Carb-v.*bg2,k *Caust.*hr1,k coca cocc.bg2,k,* coff.bg2,k,* **Con.**bg2,k,* dol. *Dros.*bg2,k,* ferr.bg2,k,* ferr-ar. graph.a1,k **Hep.**bg2,k hyos. **Ign.** indg. ip.bg2,k,* kali-ar. *Kali-c.*bg2,k,* kali-p. *Kali-s.* *Kreos.*bg2,k,* *Lach.*bg2,k,* lact. **Lyc.**bg2,k,* mag-c. mag-s.a1,k **Merc.**bg2,k *Mez.*hr1 naja nat-c. **Nat-m.**bg2,k,* nat-p. nicc. *Nit-ac.*bg2,k *Nux-m.* *Nux-v.*bg2,k par. petr.bg2,k ph-ac. *Phos.*bg2,k,* phyt. *Puls.*bg2,k,* rhus-t.bg2,k,* ruta **Sep.**hr1,k,* *Sil.*a1,k *Stann.*bg2,k staph.bg2,k,* still. **Sulph.**hr1,k,* teucr.bg2,k thuj.hr1,k verat. verb.bg2,k
  • **Menses**, vor den: sulph.hr1,k,*
– **Einschlafen**:
  • **nach**: carb-an. *Caust.* dol.c1 *Lach.* petr.
  • **beim**: carb-v.h *Con.* *Hep.* ign. **Lyc.**
– **Sonnenuntergang** bis Sonnenaufgang; von: aur.hr1,k

Nachts (22 - 6 h): acal.br1,hr1,* acet-ac.hr1 **Acon.**bg2,k,* aeth. *Agar.*hr1,k,* alum.bg2,k,* alum-p.k2 alum-sil.k2 **Am-br.** **Am-c.**bg2,k,* *Am-m.*bg2,k,* *Ambr.*bg2,k,* **Anac.**bg2,k,* anan. ant-t.bg2,k,* apis apoc.hr1,k,* aq-pet.a1 aral. *Arg-n.*bg2,k,* arn.bg2,k,* **Ars.**bg2,k,* ars-s-f.k2 *Arum-d.*hr1,k,* *Asaf.* asar. *Aur.*bg2,k,* aur-ar.k2 aur-m.hr1,k,* aur-s.a1,k bad. bamb-a.stb2 **Bar-c.**bg2,k,* bar-m. bar-s.k2 **Bell.**bg2,k,* bism.bg2,k,* borx. bry.bg2,k cact. calad.bg2,k,* **Calc.**bg2,k,* calc-f. calc-s. calc-sil.k2 *Caps.*bg2,k,* *Carb-an.*bg2,k,* carb-v.bg2,k,* **Carbn-s.** carc.tpl card-m.hr1,k castm. *Caust.*bg2,k,* cench. **Cham.**bg2,k,* *Chel.*hr1,k,* *Chin.*bg2,k,* *Chinin-ar.* chinin-s. chr-ac.hr1 cimic.bg2,k,* cina *Coc-c.*hr1,k,* cocc.bg2,k,* cod.hr1,k coff.bg2,k,* *Colch.*bg2,k,* coloc.bg2,k,* com.a1,k *Con.*bg2,k,* cor-r.bg2,k,* crot-t.hr1,k *Cupr.*hr1,k,* cur. *Cycl.*hr1,k,* dig.bg2,k,*

Nachts: ...
*Dros.*bg2,k,* dulc.bg2,k erig. eug.hr1,k eup-per.hr1,k ferr.bg2,k,* ferr-ar. *Ferr-p.*hr1,k *Form.*hr1 gamb.hr1,k,* gels. **Graph.**bg2,k,* *Grat.*bg2,k guaj. *Hep.*bg2,k,* hydrog.srj2 **Hyos.**bg2,k,* *Ign.*bg2,k,* indg.a1,k *Ip.*bg2,k,* iris-foe. **Kali-ar.** kali-bi.bg2,k,* kali-br.bg2,k,* **Kali-c.**bg2,k,* kali-chl.hr1 kali-i.bg2 kali-n.bg2,k,* kali-p. **Kali-s.** kali-sil.k2 kalm. *Kreos.*bg2,k lac-ac. **Lach.**bg2,k,* lachn.hr1,k laur.bg2,hr1 led.bg2,k,* lepi.a1,k linu-c.a1 **Lyc.**bg2,k,* *M-arct.* m-aust. *Mag-c.*bg2,k,* *Mag-m.*bg2,k,* mag-p. mag-s.a1,k *Manc.*hr1,k,* med.hr1,k2 meph.bg2,k,* **Merc.**bg2,k,* merc-c.a1,k *Merc-i-f.*hr1 *Mez.*bg2,k,* mur-ac. naja *Nat-ar.* nat-c.a1,k *Nat-m.*bg2,k,* nat-p. nat-s. nicc.a1,hr1 *Nit-ac.*bg2,k,* nux-v.bg2,k,* oena.hr1,k ol-an. ol-j.a1,k op.bg2,k,* par.bg2,k *Petr.*bg2,k,* phel.hr1,k phos.bg2,k,* *Phyt.*hr1,k psor.bg2,k,* **Puls.**bg2,k,* rhod.bg2,k,* *Rhus-t.*bg2,k,* *Rumx.* ruta *Sabad.*bg2,k,* samb.hr1,k *Sang.*bg2,k,* senec.hr1,k seneg.bg2,k **Sep.**bg2,k,* **Sil.**bg2,k,* sol-t-ae.a1,k spig.bg2,k,* spong.bg2,k,* squil.bg2,k stann.bg2,k,* staph.bg2,k,* stict.hr1,k stront-c. sul-ac. **Sulph.**bg2,k,* *Syph.*hr1,k tab.a1,k tarent.a1,k ther.hr1,k thuj.bg2,k,* tub.hr1 *Verat.*bg2,k,* *Verb.*bg2,k vib. vichy-g.a1 vinc. *Zinc.*bg2,k,* zinc-p.k2 zing.hr1,k,* ziz.
– **Mitternacht**: am-c. ant-t.a1,k apis aral.ptk1 arg-n. ars.bg2,k bar-c.a1,k bell.bg2,k bry. calc.h caust. *Cham.* chin. cocc.a1,k coff.hr1,k,* dig.h,k,* dros. grat. hep. kali-c.a1,k kali-n. lach.ptk1 lyc. mag-c.bg2 mag-m.bg2,k manc.bg2,k,* mez. mosch. naja nit-ac.a1,k nux-v.a1,k phos. puls. rhus-t. ruta samb.bg2,k,* sep.a1,k *Sulph.*bg2,k,* zing.a1,k
  • **vor**: acon.k2 alum.bg2,k,* alum-p.k2 ant-t.bg2,k,* apis aral. *Arg-n.* arn.bg2,k ars.bg2,k bar-c.bg2,k,* bar-m. bell. brom. calc.bg2,k,* **Carb-v.**bg2,k,* carbn-s. caust.bg2,k,* ferr.bg2,k ferr-ar. graph.bg2,k hep.bg2,k,* kali-c.bg2,k lach. led.bg2,k *Lyc.*bg2,k mag-c.bg2,k,* mag-m.bg2,k mez.bg2,k mosch.bg2,k mur-ac.bg2,k nat-m.bg2,k,* *Nit-ac.*bg2,k,* nux-v.bg2,k,* osm.a1,k *Phos.*bg2,k puls.bg2,k rhus-t.bg2,k,* rumx. sabad.bg2,k sep.bg2,k spong.k,k2,* squil.bg2,k **Stann.**bg2,k,* staph.bg2,k sul-ac.bg2,k sulph.bg2,k verat.bg2,k zinc.bg2,k zing.hr1
  • **22** h: *Bell.* dios. nat-m.
    • **22** - 1 h: *Ant-t.* calad. cupr. hep. lach.
  • **22**.30 h: carbn-s. sol-t-ae.
  • **23** h: *Ant-t.* aral.c1 *Bell.* cact.vh hep. lach. rhus-t. *Rumx.* verat.
    • **23** - 0 h: hep.
    • **23** - 1 h: cupr.
    • **23** - 3 h: squil.
  • **23**.30 h: **Coc-c.**
  • **nach**: *Acon.*bg2,k,* am-c.bg2,k,* am-m. ant-t.bg2,k,* *Ars.*bg2,k,* ars-i. arum-d. bar-c.bg2,k,* *Bell.*bg2,k,* bry.bg2,k calc.bg2,k,* calc-i.k2 caust.bg2,k cham.bg2,k,* chin.bg2,k chinin-ar. coc-c.a1,k cocc.bg2,k,* coff.bg2,k dig.hr1,k **Dros.**bg2,k,* grat.bg2,k hep.bg2,k,* *Hyos.*bg2,k,* iod.bg2,k,* *Kali-ar.* kali-c.bg2,k,* lyc.bg2,k,* mag-c.bg2,k,* mag-m. mang.bg2,k merc.bg2,k,* mez.bg2,k,* nat-m.a1,bg2 nit-ac.bg2,k *Nux-v.*bg2,k,* ph-ac.bg2,k phos.bg2,k,* *Rhus-t.*bg2,k,* rumx. samb.bg2,k sep. spong. squil.

– **Mitternacht - nach**: ...
• **amel.**: brom. rhus-t.
• **1** h: coc-c. sulph.
• **1 - 2** h: rumx. zing.
• **1 - 4** h: bufo
• **2** h: am-c. am-m. *Ars.* caust. chin. chinin-s. cocc. *Dros.* glon. **Kali-ar.** *Kali-c.* kali-n. nat-m. op. petr. phos. rumx. sulph.
• **2 - 2.30** h: kali-p.
• **2 - 3** h: am-c. *Kali-bi.*
• **2 - 3.30** h: coc-c.
• **2 - 4** h: eup-per.
• **2 - 5** h: rumx.
• **bis** 2 h: sulph.
• **2** oder 3 h: ant-t. ars. *Kali-c.* merc.
• **3** h: am-br.$_{vh}$ *Am-c.* ant-t. *Ars.* bapt. bry.$_{sys}$ bufo cain. chin. cupr. **Kali-ar.** **Kali-c.** kali-n. mag-c. mur-ac. nux-v. op. rhus-t. sulph.$_{h}$ thuj.
• **3 - 4** h: *Am-c.* *Bufo* cain. *Kali-c.* lyc. op. rhus-t. rumx.$_{gm1}$
• **bis** 3 h: acon.
• **4** h: *Anac.* ant-t. asc-t. chin. choc.$_{srj3}$ kali-c. lyc. nat-s. nit-ac. nux-v. petr. phos.
• **bis** 4 h: nicc.
• **5** h: ant-c. arum-t. chinin-m.$_{kr1}$ *Kali-c.* rumx.
• **5 - 6** h: kali-i.
• **5 - 12** h: kali-c.
• **5.30** h: ars.
• **Morgen**, bis zum: nux-v. sep. stict.
• **Tagesanbruch**, bis zum: **Nux-v.**
– **4** h, bis: *Apis* nicc. sil.
– **Aufstehen**, nach dem: sulph.
– **Einschlafen**; zwei Stunden nach dem: *Aral.*$_{vh}$
– **erwacht** durch den Husten: am-m. *Bell.* *Calc.*$_{a1,k}$ *Caust.* coc-c.$_{a1,k}$ cocc.$_{a1,k}$ coff. dros.$_{k2}$ hep. **Hyos.** **Kali-c.** kali-n. lach. limest-b.$_{es1}$ mag-m. nit-ac. phos. *Puls.* ruta sang. **Sep.** sil. squil. stront-c. **Sulph.** zing.
• **1** h: coc-c.
• **2** h: cocc. *Dros.* *Kali-c.* kali-n.
• **2 - 5** h: am-c.$_{c1}$
• **3** h: dros.$_{k2}$ kali-n.
• **4** h: choc.$_{srj3}$ nit-ac.
– **nur** nachts: *Ambr.* *Caust.* petr.$_{ptk1}$
– **Schweiß**, mit: chin. dig. eug. kali-bi. lyc. *Merc.* nat-c. nit-ac. psor. sulph.

Abdomen zu kommen; scheint vom: ant-c.$_{h,k1}$ dros.$_{ptk2}$ sep.$_{h,k1}$ verat.$_{h,k1}$

Abendessen:
– **beim**: carb-v.$_{hr1,k}$
– **nach**: nat-ar.

Abwärtsbewegung, bei: lyc.

Abwechselnd mit:
– **Hautausschläge**: ars. *Crot-t.* mez. *Psor.* *Sulph.*
– **Ischialgie** im Sommer: staph.

Agg. die Symptome
☞ ❑ *Allgemeines - Husten*

Alkohol: arn. ferr. ign. lach. led. *Spong.* stann. stram. zinc.

Alkohol: ...
☞ *Bier / Wein, durch / Weinbrand*

Alkoholikern; bei: *Ars.*$_{hr1,k}$ *Coc-c.*$_{hr1,k}$ lach. *Nux-v.*$_{hr1}$ *Op.*$_{hr1}$ *Sel.*$_{hr1}$ *Stram.*$_{hr1,k}$

Alten Menschen, bei: alum.$_{bg2,k,*}$ alumn.$_{hr1,k}$ *Am-c.*$_{hr1,k}$ *Ambr.* *Ammc.* ant-c. *Ant-t.* *Bar-c.*$_{bg2,k}$ camph. con.$_{bg2,k,*}$ **Dulc.**$_{hr1}$ hydr.$_{bg2,k,*}$ hyos. ip.$_{hr1,k}$ kreos.$_{hr1,k}$ *Psor.* sal-ac.$_{hr1}$ *Seneg.*
– **morgens**, chronisch: alumn.
– **nachts**: hyos.
– **Winter**, im: am-c.$_{k13}$ kreos.$_{hr1,k}$ psor.

Anfallsweise: acon.$_{bg2,k}$ aeth. *Agar.*$_{bg2,k,*}$ alum.$_{bg2,k,*}$ alum-p.$_{k2}$ alum-sil.$_{k2}$ *Ambr.*$_{bg2,k,*}$ *Anan.*$_{hr1,k}$ ang. *Ant-c.*$_{bg2,k,*}$ anth.$_{a1,k}$ aq-pet.$_{a1}$ *Arg-n.* *Arn.*$_{k,k2,*}$ *Ars.*$_{bg2,k}$ arum-i.$_{a1}$ arum-t. aur-m.$_{k2}$ *Bad.*$_{hr1,k}$ bamb-a.$_{stb2}$ **Bell.**$_{bg2,k,*}$ brom.$_{bg2,k}$ bry.$_{bg2,k,*}$ calad.$_{a1,k}$ *Calc.*$_{bg2,k}$ calc-f. calc-s.$_{k2}$ calc-sil.$_{k2}$ cann-s.$_{a1,k}$ *Caps.*$_{bg2,k}$ **Carb-v.**$_{bg2,k,*}$ *Carbn-h.* *Carbn-s.* *Caust.*$_{bg2,k,*}$ *Cham.*$_{bg2,k,*}$ *Chel.*$_{bg2,k,*}$ *Chin.*$_{bg2,k,*}$ choc.$_{srj3}$ cimx.$_{hr1,k,*}$ **Cina** **Coc-c.**$_{bg2,k,*}$ coca cocc. coff.$_{bg2,k,*}$ *Con.*$_{bg2,k,*}$ *Cor-r.*$_{bg2,k,*}$ croc.$_{bg2,k,*}$ *Crot-c.* **Cupr.**$_{bg2,k,*}$ cycl. del.$_{a1}$ dig.$_{bg2,k}$ digin.$_{a1}$ **Dros.**$_{bg2,k,*}$ elaps *Euphr.*$_{bg2,k}$ ferr.$_{bg2,k}$ ferr-m.$_{hr1,k}$ ferr-p. gins.$_{a1,k}$ graph.$_{k2}$ **Hep.**$_{bg2,k,*}$ hydr-ac.$_{a1,k}$ **Hyos.**$_{bg2,k,*}$ ign.$_{bg2,k}$ indg. iod.$_{bg2,k,*}$ **Ip.**$_{bg2,k}$ jatr-c. kali-bi.$_{bg2,k,*}$ *Kali-br.*$_{bg2,k,*}$ *Kali-c.*$_{bg2,k,*}$ *Kali-chl.*$_{a1,k}$ kali-m.$_{k2}$ kali-n.$_{a1,k}$ *Kali-p.* kali-s. kali-sil.$_{k2}$ *Kreos.*$_{bg2,k}$ *Lach.*$_{bg2,k}$ lact.$_{hr1,k}$ laur.$_{bg2,k,*}$ lina.$_{a1}$ lob. lyc.$_{a1,k}$ *Mag-c.*$_{bg2,k}$ *Mag-m.*$_{bg2,k,*}$ mag-p. mang.$_{a1,k}$ **Meph.**$_{bg2,k}$ merc.$_{bg2,k,*}$ merc-c.$_{a1,k}$ merc-i-r.$_{a1,k}$ morph.$_{a1,k}$ naja nat-m.$_{bg2,k,*}$ nat-s.$_{k2}$ nicc.$_{hr1,k,*}$ nit-ac.$_{bg2,k,*}$ **Nux-v.**$_{bg2,k,*}$ op.$_{bg2,k,*}$ pert.$_{a12,c1}$ ph-ac.$_{bg2,k}$ phos.$_{bg2,k,*}$ phyt.$_{hr1,k}$ plb.$_{bg2,k,*}$ *Psor.*$_{hr1,k}$ **Puls.**$_{bg2,k,*}$ rhus-t.$_{k2}$ **Rumx.** sabad.$_{bg2,k,*}$ sang.$_{a1,k}$ sarr. senec.$_{hr1}$ *Seneg.*$_{h,k}$ **Sep.**$_{bg2,k}$ sil.$_{bg2,k,*}$ spig.$_{bg2}$ *Spong.*$_{hr1,k}$ squil.$_{bg2,k,*}$ **Stann.**$_{bg2,k,*}$ staph.$_{bg2,k}$ *Sul-ac.*$_{a1,k}$ sul-i.$_{k2}$ *Sulph.*$_{bg2,k,*}$ **Tarent.**$_{a1,k}$ thuj.$_{hr1,k}$ **Verat.**$_{bg2,k,*}$ zinc.$_{bg2,k,*}$ zinc-p.$_{k2}$
☞ *Krampfhaft*
– **tagsüber**: *Agar.* *Euphr.* *Hep.* nit-ac.$_{a1,k}$ staph.
• **amel.**: bell. ign. lyc. spong.
– **morgens**: *Agar.*$_{a1,k}$ *Ant-c.*$_{a1,k}$ carb-v. coc-c.$_{a1,k}$ dig. ferr. ferr-m.$_{hr1,k}$ ferr-p. ign. iod. ip. kali-c. kreos. limest-b.$_{es1}$ nat-ar. nat-m. nat-p. *Nux-v.*$_{a1,k}$ ol-j.$_{a1,k}$ ph-ac. puls. sang.$_{a1,k}$ squil. stram. sul-ac.$_{a1,k}$ sulph. thuj.
• **Aufstehen**, nach dem: *Ant-c.* ferr-p.
• **Bett**, im: coc-c.$_{a1,k}$ ferr. **Nux-v.**
• **Erwachen**, nach dem: *Agar.* *Ambr.* **Rumx.** thuj.
• **Essen** amel.: ferr.$_{hr1,k}$ ferr-m.$_{hr1}$
– **vormittags**: *Agar.* cact. coc-c.$_{a1,k}$ grat.$_{a1,k}$ sabad. *Sep.*
– **mittags** bis Mitternacht: mosch.
– **nachmittags**: agar. all-c. anth.$_{a1}$ bad.$_{hr1,k}$ *Bell.* bry. caps. *Chel.*$_{a1,k}$ coca cupr.$_{a1,k}$ mosch. mur-ac. ol-an.$_{a1,k}$ phel.$_{a1,k}$
• **13.30** h: phel.
• **14** h: ol-an.

– **nachmittags**: ...
• **16** h: *Chel.* coca
• **17** h: cupr.
• **17** - 21 h: caps.
– **abends**: all-c. anan. bad. bar-c. *Bell.* bry. calc. *Carb-v.* chel.$_{a1,k}$ chlor.$_{a1,k}$ *Coc-c.* coca grat.$_{a1,k}$ *Hep.*$_{a1,k}$ ign. indg. ip. lach. laur. led. mag-c. merc. mez. nat-ar. nat-m.$_{a1,k}$ nit-ac. *Nux-v.*$_{a1,k}$ ol-an.$_{a1,k}$ ph-ac. *Phos.* puls. rhus-t. *Sep.* sil. stann. still. stram. tarent. verat-v.
• **18**.15 h: ol-an.
• **19** h: grat.
• **Mitternacht**; bis: bar-c. carb-v. ferr. *Hep.* led. mag-c. mez. nit-ac. *Puls.* rhus-t. sep. stann. zinc.
• **Bett**, im: cocc.$_{a1,k}$ nat-m.$_{a1,k}$
• **Hinlegen**, nach dem: *Nux-v.*$_{a1,k}$
• **kühlem** Wind, in: coca
– **nachts**: *Agar.* anac. anan. ant-t. apis aral. arg-n.$_{a1,k}$ arn.$_{k2}$ aur. aur-m.$_{hr1,k,*}$ aur-s.$_{a1,k}$ **Bell.** bry. calc. calc-f. **Carb-v.**$_{a1,k}$ *Chel.* chin. choc.$_{srj3}$ *Coc-c.*$_{a1,k}$ *Con.*$_{hr1,k}$ cor-r. *Dros.* ferr. *Ferr-p.*$_{hr1}$ *Hep.*$_{a1,k}$ **Hyos.**$_{hr1,k}$ ign. *Ip.* kali-br. kali-c. *Lach.* lyc. *Mag-c.* mag-m. *Meph.* *Merc.*$_{hr1,k,*}$ merc-c.$_{a1,k}$ naja *Op.*$_{hr1,k}$ *Phos.* *Puls.*$_{hr1,k}$ **Rumx.** sang. sil. *Spong.* squil. sulph. tarent. thuj. vinc.
• **Mitternacht**: *Cham.*$_{a1,k}$ dig. mosch. naja phos. *Sulph.*
• **vor**: ant-t. apis aral. bell. *Cham.*$_{hr1}$ *Hep.* lach. mosch. mur-ac. rhus-t. **Rumx.** *Spong.* squil. sulph.
• **23** h: ant-t. bell. lach. **Rumx.** spong. squil.
• **Hinlegen**, nach dem: **Rumx.**
• **Schlaf**, nach: aral. *Lach.*
• **23**.30 h: **Coc-c.**$_{k,kl2}$●
• **Einschlafen** auf der Seite; beim: *Spong.*
• **Schlucken** von Schleim amel.: apis
• **nach**: bell. *Cocc.* dig. **Dros.** hyos. kali-c. squil.
• **2** h: **Dros.**
• **2** h und 3.30 h: coc-c.
• **Bett**:
• **vor** dem Schlafengehen: *Coc-c.*$_{a1,k}$
• **Warmwerden** im Bett, beim: *Coc-c.* naja
• **zweite** Nacht, beim Einschlafen; jede: merc.
– **Anfälle** folgen schnell aufeinander: *Agar.* ant-t. cina coff. *Cor-r.* **Dros.** hep. ign.$_{br1}$ *Ip.* merc. sep. sulph.
• **stärksten**, die folgenden Anfälle werden schwächer und schwächer; der erste ist am: *Ant-c.*
– **Aufsetzen** amel.: cinnb.$_{a1,k}$ phos.$_{h,kl}$
– **besteht** aus:
• **zwei** Hustenstößen: agar. bamb-a.$_{stb2}$ bell.$_{bg1,bg3}$ cocc.$_{bg2,k}$ grat. laur.$_{bg2,k}$ merc.$_{hr1,k}$ phos.$_{bg2,k}$ plb.$_{bg2,k}$ puls.$_{bg2,k}$ sul-ac. sulph.$_{bg2,k}$ thuj.
• **schnell** aufeinanderfolgend: merc-sul.
• **drei** Hustenstöße: *Carb-v.* *Cupr.* phos. stann.
• **oder** vier Hustenstöße: bell.$_{bg2}$ carb-v.$_{bg2}$ verat.$_{bg1}$
• **kurzen** Hustenstößen: alum.$_{bg2,k}$ ant-t.$_{bg2,k}$ asaf.$_{bg2,k}$ bell.$_{bg2,k}$ calc.$_{bg2,k}$ carb-v.$_{bg2,k}$ *Coc-c.* cocc. *Cor-r.* *Dros.*$_{bg2,k}$ kali-bi.$_{bg2,k}$ *Kali-c.*$_{bg2,k}$

Anfallsweise - besteht aus **- kurzen** Hustenstößen: ...
lact. squil.$_{bg2,k}$
• **langen** Hustenstößen: alum.$_{bg1,bg2}$ ambr.$_{bg2,k}$ carb-v.$_{bg2,k}$ chel.$_{bg2}$ **Cupr.**$_{bg2,k}$ dros.$_{bg1,bg3}$ hyos.$_{bg2}$ ip.$_{bg2,k}$ lob. rumx.$_{bg1}$ sep.$_{bg2}$
• **wenigen** Hustenstößen: bell.$_{bg2,k}$ calc.$_{bg2,k}$ laur.$_{bg2,k}$
– **Brot** oder Kuchen; durch Essen von: kali-n.$_{a1,k}$
– **drei** Hustenstöße
☞ *besteht - drei*
– **Erstickungsgefühl** beim Schlucken, plötzlich: **Brom.**
– **Frost**, nach: phos.$_{a1,k}$
– **gefolgt** von reichlichem Schleim: *Agar.* alumn. *Anan.* *Arg-n.* **Coc-c.** kali-bi. seneg. stann. sulph.
– **Gehen** in kühlem Wind; beim: coca
– **heftige** Hustenanfälle, bis Massen übelriechenden Sputums hervorgebracht werden: carb-v.
– **Kribbeln** im Kehlkopf; durch: *Psor.*
– **Magengrube** amel.; Auflegen der Hand auf die: *Croc.*
– **Mittagessen**, nach dem: aeth.$_{a1,k}$ calc-f.$_{a1,k}$ phos.$_{a1,k}$
– **Niesen**, mit: **Agar.** carb-v. lyc.
– **Rauchen**, beim: all-s.$_{a1,k}$
– **Schnappen** nach Luft; beginnt mit: ant-t. cor-r.
– **Sonne**; beim Gehen in der heißen: coca
– **Spülen** des Mundes mit kaltem Wasser amel.: coc-c.
– **Temperaturveränderung**; bei: *Spong.*
– **Tränenfluß** bei jedem Anfall; reichlicher: arn.$_{k1}$
– **ununterbrochene** Anfälle: **Cupr.**
• **Brust** zerreißen; als würde es die: lact.$_{br1}$
– **Zucken** des ganzen Körpers in plötzlichen Anfällen: caps.
– **zwei** Hustenstöße
☞ *besteht - zwei*

Angefüllt im Hals; durch Gefühl wie: apis ars. sil.

Angesprochen wird; wenn er: ars.$_{bg2,k}$

Angreifend
☞ *Folternd / Quälend*

Angst; macht:
– **Kindern**; bei schwachen, nervösen:
• **erwachen** mit trockenem, krampfhaftem Husten; sie:
• **aufschreien** läßt; der sie in Panik und Schrecken: kali-br.

Anhaftendes, durch etwas:
– **Trachea**, in der: staph.$_{h}$

Anhaltend: acon.$_{a1,k}$ *Agar.*$_{hr1,k}$ ail.$_{hr1,k}$ **Alum.** am-br.$_{hr1,k}$ am-c. ant-s-aur.$_{bg1,bro1}$ ant-t.$_{hr1,k}$ apoc.$_{hr1,k}$ arg-cy. *Arn.* *Ars.*$_{hr1,k}$ bell. benz-ac.$_{hr1,k}$ brom.$_{k2}$ bry.$_{a1,k}$ calad.$_{hr1,k}$ calc.$_{hr1,k}$ cann-s. carb-ac.$_{hr1,k}$ *Carb-v.* **Caust.**$_{bg2,k,*}$ cham.$_{bg3}$ **Chin.**$_{hr1,k}$ chlor.$_{hr1,k}$ cimic. cimx.$_{hr1,k}$ cina *Coff.*$_{hr1,k}$ *Con.* cor-r. cub.$_{hr1,k}$ *Cupr.*$_{bg2,k,*}$ cupr-s.$_{a1,k}$ dol.$_{hr1,k}$ dros.$_{bg2,k,*}$ elaps euph.$_{hr1,k,*}$ *Ferr.* ferr-p. guare.

Anhaltend: ...
Hep. *Hyos.*$_{bg2,k,*}$ hyper. *Ign.* *Ip.*$_{bg2,k}$ kali-bi.$_{hr1,k}$ kali-c.$_{bg1,k2,*}$ kali-chl.$_{a1,k}$ kali-i.$_{a1,k}$ kali-n.$_{hr1,k,*}$ kali-perm. kalm.$_{a1,k}$ kreos.$_{a1,k}$ lac-ac. *Lac-c.* *Lach.*$_{hr1,k}$ lact.$_{a1,k}$ laur. lob.$_{hr1}$ lob-s.$_{h,k}$ **Lyc.**$_{hr1,k}$ m-arct. mang.$_{hr1,k}$ med.$_{hr1,k}$ merc.$_{hr1,k}$ *Mez.* nat-m. nat-p.$_{a1,k}$ *Nux-v.*$_{bg3}$ *Op.*$_{hr1}$ *Ph-ac.*$_{hr1,k,*}$ phel.$_{hr1,k}$ phos.$_{a1,k}$ phyt.$_{hr1,k}$ plan.$_{a1,k}$ podo. *Puls.*$_{hr1,k,*}$ *Rhus-t.*$_{a1,k}$ **Rumx.** sang.$_{hr1,k}$ *Seneg.* sep. **Spong.**$_{a1,k}$ *Squil.*$_{hr1,k}$ stict.$_{hr1,k}$ sulph.$_{bg1,bg3}$ tab. thuj.$_{hr1,k}$ tril-p.$_{c1}$ tub-a.$_{br1,vs}$ ust.$_{hr1}$ zinc.$_{hr1,k,*}$
☞ *Chronisch*
– **tagsüber**:
• **und** nachts: *Ant-t.*$_{hr1}$ brom.$_{hr1}$ *Calc-p.*$_{hr1}$ *Carb-v.*$_{hr1}$ euph.$_{hr1}$ *Hydr.*$_{hr1}$ ign. *Kali-c.*$_{hr1}$ lyc.$_{hr1,k}$ nat-m. phos. plb.$_{hr1}$ samb.$_{hr1}$ spong. squil.
• **oder** nachts: *Squil.*
– **morgens**: cupr-s.$_{a1,k}$ phel.
– **abends**: acon.$_{a1,k}$ *Caust.*$_{hr1,k}$ cub.$_{hr1,k}$ **Puls.**
– **nachts**: anac. calc.$_{h,k1}$ *Con.* laur. lyc. med.$_{hr1,k}$ **Sep.**$_{a1,k}$ stict. stront-c. zinc.
• **Einschlafen**, beim: med.
• **Erwachen**, beim: **Sep.**$_{a1,k}$
• **Liegen**, beim: am-br.$_{hr1}$ **Sep.** zinc.
– **Erbrechen** amel.: *Mez.*
– **Liegen**:
• **agg.** und Aufsetzen amel.: **Hyos.** *Laur.* **Puls.** rhus-t. sang. **Sep.**
• **amel.**: mang.

Ankleiden agg.: carc.$_{mg1,sp,*}$

Anstrengung, bei: ail. arn.$_{bg2,k}$ **Ars.**$_{hr1}$ ars-i.$_{hr1,k}$ *Bar-c.* bell.$_{hs}$ *Brom.*$_{hr1,k}$ bry.$_{bg2,k,*}$ camph. *Chin.*$_{hr1}$ coc-c. cocc.$_{a1,k}$ *Dros.*$_{hr1}$ dulc.$_{bg2,k}$ *Ferr.*$_{bg2,k,*}$ hep.$_{hr1}$ iod.$_{bg2,k}$ ip.$_{bg2,k,*}$ *Kali-c.*$_{hr1,k}$ lach.$_{hr1}$ led. *Lyc.*$_{bg2,k,*}$ *Manc.*$_{bg2,k,*}$ merc.$_{bg2,k}$ mur-ac.$_{a1,k}$ naja nat-ar. *Nat-m.*$_{bg2,k,*}$ *Nux-v.*$_{hr1,k,*}$ *Ox-ac.*$_{hr1,k,*}$ phos.$_{hr1,k}$ **Puls.** rhus-t.$_{bg2}$ sil.$_{bg2,k,*}$ spong. squil.$_{bg2,k,*}$ stann.$_{ptk1}$ sulph. verat.$_{bg2,k,*}$
☞ *Körperliche*
– **amel.**: rad-br.$_{ptk1,ptk2}$ stront-c.$_{ptk1}$
– **heftiger**, bei: *Brom.* carb-v. *Ferr.*$_{hr1,k}$ ox-ac.$_{hr1,k,*}$ **Puls.** verat.

Ärger, Verdruß; nach: acon.$_{bg2,k,*}$ ant-t.$_{bg2,k}$ arn.$_{bg2}$ ars. bry.$_{bg2,k}$ **Cham.**$_{bg2,k}$ chin. *Cina* **Ign.**$_{bg2,k}$ iod. *Nat-m.*$_{bg2,k}$ nux-v.$_{bg2,k}$ ph-ac. sep. **Staph.**$_{bg2,k,*}$ verat.$_{hr1,k}$

Arme:
– **Heben** der Arme agg.: bry.$_{ptk1}$ ferr.$_{ptk1}$ tub.$_{ptk1}$
– **Kaltwerden**
☞ *Entblößen - Hände / Kalt - Abkühlung - Armes*
– **Oberschenkel** legen; muß beim Husten die Arme auf die: nicc.$_{bro1,c1}$
– **Strecken** agg.: lyc.$_{ptk1}$

Asthmatisch: *Acon.* *Alum.* alum-p.$_{k2}$ alum-sil.$_{k2}$ *Am-c.*$_{bg2,k,*}$ am-m. ambr. anac. **Ant-t.** aral. arg-n. arn. **Ars.**$_{bg2,k}$ *Ars-i.* ars-s-f.$_{k2}$ asaf.$_{bg2,k}$ aspar. bar-c.$_{bg2,k}$ bar-i.$_{k2}$ bar-m. bar-s.$_{k2}$ *Bell.*$_{bg2,k}$ *Brom.* bry.$_{hr1,k}$ calad. calc. calc-i.$_{k2}$ calc-s. calc-sil.$_{k2}$ carb-an. *Carb-v.*$_{bg2,k}$ carbn-s. caust. cetr.$_{hr1}$

Asthmatisch: ...
cham.$_{bg2,k}$ *Chin.*$_{hr1,k}$ chinin-ar. chlor. cic. **Cina** coc-c. cocc. con. cor-r. croc. *Crot-t.*$_{hr1,k}$ **Cupr.** dig. dol. **Dros.** dulc. *Euph.*$_{bg2,k,*}$ euphr. ferr. ferr-ar. ferr-i. ferr-p. guaj. *Hep.*$_{bg2,k}$ hydrog.$_{srj2}$ hyos. ign. iod. **Ip.** *Kali-ar.* *Kali-bi.*$_{bg2,k,*}$ *Kali-c.*$_{bg2,k,*}$ kali-chl. kali-m.$_{k2}$ kali-n. kali-p. kali-sil.$_{k2}$ *Kreos.* *Lach.* lact. laur. *Led.* lob. lyc.$_{bg2,k}$ meph.$_{gm1}$ merc. merc-c.$_{hr1}$ mez. mosch. mur-ac. nat-m. nat-s.$_{hr1,k}$ nicc. nit-ac. *Nux-m.* **Nux-v.** op. petr.$_{bg2,k}$ phel. *Phos.*$_{bg2,k}$ podo.$_{hr1}$ prun. psor. *Puls.* rhus-t. sabad.$_{bg2,k}$ *Samb.* *Sang.* *Sep.*$_{bg2,k}$ *Sil.* spig. *Spong.*$_{hr1,k}$ squil. stann. *Stram.* sul-ac.$_{bg2,k}$ sul-i.$_{k2}$ sulph. verat. viol-o. zinc. zing.

Atem:
– **Atemnot**, Mangel an
☞ *Atmen - ungenügend*
– **Anhalten** des Atems; beim: bry.$_{bg2}$ kali-n. prun.

Atmen: am-c.$_{bg2,k}$ asar.$_{bg2,k}$ bell.$_{bg2,k}$ coloc.$_{bg2,k}$ dulc.$_{bg2,k}$ graph.$_{bg2,k}$ hep.$_{bg2,k}$ ip. kali-n.$_{bg2,k}$ mag-m.$_{bg2,k}$ nat-m.$_{bg2,k}$ stann.$_{k2}$ sulph.$_{bg2,k}$
– **tiefes** Atmen: *Acon.*$_{bg2,k}$ *Aesc.* am-c. am-m.$_{a1,k}$ apis arn.$_{bg2,k}$ ars.$_{a1,k}$ asar.$_{bg2,k}$ **Bell.**$_{bg2,k}$ bism.$_{bg2,k}$ *Brom.*$_{bg2,k,*}$ **Bry.**$_{bg2,k}$ calc.$_{bg2}$ carb-an.$_{bg2,k}$ chin. chinin-ar. cina coc-c. **Con.**$_{bg2,k,*}$ *Cor-r.*$_{a1,k}$ croc.$_{bg2}$ crot-h. cupr.$_{bg2,k,*}$ dig. dros. *Dulc.*$_{bg2,k,*}$ euphr.$_{bg2,k}$ *Ferr.* ferr-ar. ferr-p. graph.$_{bg2,k,*}$ *Hep.*$_{bg2,k,*}$ *Iod.* ip.$_{bg2,k,*}$ kali-ar. *Kali-bi.*$_{bg2,k}$ **Kali-c.**$_{bg2,k}$ kali-m.$_{k2}$ kali-n.$_{h,k1}$ kali-p. *Lac-c.*$_{hr1,k}$ lach.$_{hr1,k}$ lec. *Lyc.*$_{bg2,k,*}$ mag-m.$_{bg2,k,*}$ mang.$_{hr1,k}$ meny.$_{bg2,k}$ *Merc.* mez.$_{bg2,k}$ mur-ac.$_{bg2,k}$ naja nat-ar. nat-m.$_{bg2,k}$ nit-ac.$_{bg2,k,*}$ olnd.$_{bg2}$ ph-ac. phos. plb.$_{a1,k}$ *Puls.*$_{bg2,k}$ *Rhus-t.* *Rumx.* sabad. samb. seneg.$_{bg2,k}$ sep.$_{bg2,k}$ serp. sil.$_{bg2,k}$ *Squil.*$_{bg2,k,*}$ stann. stict.$_{ptk1}$ stram.$_{bg2,k}$ *Sulph.*$_{hr1,k}$ verb.$_{bg2}$ zinc. ziz.
• **amel.**: kali-n.$_{bg2}$ lach. osm.$_{bg2}$ *Puls.* *Verb.*$_{bg2,k,*}$
• **morgens**, nach dem Hinlegen: ip.
– **ungenügend**: am-c. *Ars.* *Aur.*$_{h,k,*}$ aur-m. cina cocc. coloc.$_{h,k,*}$ con. *Cur.* dros. euphr. ferr. guaj. hep. ign. *Ip.* lyc. nux-v. op. spig.
☞ *Erstickend*
• **nachts**: aur.$_{h,k,*}$ coloc.$_{a1,h}$
– **unregelmäßig**, durch Husten: **Rumx.**

Aufrichten; beim:
– **Bücken**, vom: chel.$_{a1}$ phos.

Aufsetzen: agar. aloe alum. astac. euphr. ferr. guaj. hell. kali-c. mag-c. mag-m. mur-ac. nat-c. nat-p. ph-ac. phos. puls. *Rhus-t.* sabad. *Seneg.* sep. spig. stann. zinc. zinc-p.$_{k2}$
– **beim**: con.$_{h}$
• **amel.**
☞ *Liegen - agg.*

Aufsetzen, muß sich: *Agar.* *Ant-t.*$_{hr1,k}$ aral. *Ars.* *Bry.*$_{k,kl2}$● caust. chinin-s. choc.$_{srj3}$ *Coc-c.* colch. **Con.**$_{k,kl2}$● crot-t. eupi. *Ferr.* ferr-ar. gamb. hep. hyos.$_{ptk1}$ *Iod.* *Kali-bi.*$_{hr1,k}$ kreos. lach. mag-m. mag-s. nat-s.$_{hr1,k}$ nicc. **Phos.**$_{k,kl2}$● plan. **Puls.**$_{k,kl2}$● *Sang.* *Seneg.* *Sep.*$_{k,kl2}$● staph.$_{hr1,k}$ sul-i.$_{k2}$

– **aushusten**; und in der Ruhe: **Con.**
– **beginnt**; sobald der Husten: ars. *Bry.* caust. *Coc-c.* colch. **Con.** hep. lach. plan.

Aufspringen; mit:
– **Kindern**; bei:
• **klammern** sich an die Umstehenden, rufen mit heiserer Stimme um Hilfe; und sie:
• **beugen** sich nach hinten und greifen sich an den Kehlkopf; oder sie: *Ant-t.*

Aufstehen:
– **amel.**: mag-c. mag-s. rhus-t.
– **vor**: ail. **Nux-v.**
– **beim**: acon. alum. alumn. ang. arg-n. arn. ars. bar-c. benz-ac. bov. bry. calc-s. canth. carb-an. carb-v. chel. chinin-s. cina cocc. con. dig. euph. euphr. *Ferr.* ferr-ar. ferr-p. grat. ign. indg. *Lach.* mag-c. nat-s. nit-ac. osm. ox-ac. par. phos. plb. sep. staph. stram. sul-ac. sulph. tarent. thuj. verat.
– **Bett**, vom: acon. ars. bar-c. bry. calc-s. canth. carb-an. carb-v. chel. cocc. con. *Euphr.* ferr-p. ign. **Lach.** mag-s. nat-s. phos. plb. sep. sul-ac. tarent. thuj. verat.

Aufstoßen:
– **amel.**: ant-t.$_{c1,gm1}$ **Sang.**$_{bg2,k,*}$
– **erregt** Husten: *Ambr.* bar-c. lac-ac. lob.$_{ptk1}$ sol-t-ae. staph.

Ausatmen: acon. cann-i. cann-s.$_{a1,k}$ canth.$_{bg2}$ *Carb-v.*$_{bg2,k,*}$ *Caust.*$_{bg2,k,*}$ dros. iod. kreos.$_{bg2,k,*}$ lach. merc. nux-v.$_{bg2,k,*}$ ph-ac.$_{bg2,k}$ staph.$_{bg2,k}$

Ausruhen amel.: ip.$_{ptk1}$

Ausschweifung, Schwelgerei; nach: *Nux-v.* stram.$_{bg2,k,*}$
☞ ❑ *Gemüt - Zügellosigkeit*

Aussetzend, um 6 h, Trinken von kaltem Wasser amel.: *Coc-c.*

Auswurf:
– **amel.**: ail. alum. alumn. ant-t.$_{bg3}$ aral.$_{bg3}$ bell. calc. carb-an. caust. chin.$_{bg1}$ cist.$_{k2}$ coc-c.$_{bg3,k2}$ grin.$_{bg3}$ *Guaj.* *Hep.* *Iod.* *Ip.* kali-bi.$_{bg3}$ kali-c.$_{bg1,k2}$ kali-n. kreos. *Lach.* lob. meli. mez. *Phos.* phyt. plan. psil.$_{ft1}$ *Sang.* *Sep.* *Stann.*$_{ptk1}$ sul-i.$_{k2}$ sulph. zinc.
– **mit**
☞ *Gelöst*
– **ohne**
☞ *Trocken*

Baden:
– **agg.**: ant-c.$_{bg2,k}$ ars. *Calc.*$_{bg2,k}$ calc-f. *Calc-s.*$_{a1,k}$ carc.$_{tp1}$ *Caust.* dulc. lach. *Nit-ac.*$_{bg2,k}$ nux-m.$_{bg2,k,*}$ *Psor.* **Rhus-t.**$_{bg2,k}$ sep. stram. sul-ac. sulph. verat. zinc.
– **Brust** in kaltem Wasser amel.; der: borx.
– **kaltes** Baden, durch: borx. psor.

Bedecken
☞ *Entblößen - agg. / Kalt - Luft*
– **Mundes**, des:
• **amel.**: rumx.$_{ptk1}$

Begleiterscheinung anderer Erkrankungen; als: card-m. dros. **Lach.** **Naja**
– **nachts**: card-m.$_{hr1,k}$

Begleitet von:
– **Mund**; offener: samb.
– **Nasenbluten**: acon. agn.$_{hr1}$ arn. bell. bry. caps.$_{bg1,bg2}$ carb-an. carb-v. cina cupr. **Dros.** dulc. ferr. ferr-i. ferr-p. hyos. *Indg.* iod. ip. kali-bi. kali-c.$_{k2}$ kreos. lach.$_{bg1,bg2,*}$ *Led.* merc. mosch. mur-ac. nat-m. nit-ac. nux-v. phos. *Puls.* rhus-t. sabad. sep. sil. spong. sul-ac. *Sulph.*
• **nachts**: nat-m.
– **Speichelfluß**: **Bar-c.**$_{st1}$

Beißend
☞ *Brennen - Brust*

Beklemmend, bedrückend: ail.$_{a1,k}$ phal.$_{a1}$ phel.

Beklemmung:
– **Brust**: lyc.$_{h,kl}$
• **linke** Seite von Brust und Hypochondrium: thuj.$_{h}$
– **Epigastrium**: kali-bi.$_{bg2,k,*}$

Bellend: **Acon.**$_{bg2,k,*}$ all-c.$_{bg2,k}$ ambr.$_{br1,hr1}$ ant-t. aur-m. bamb-a.$_{stb2}$ **Bell.**$_{bg2,k,*}$ brom.$_{bg2,k,*}$ bry.$_{hr1}$ caps. *Caust.*$_{hr1}$ cimx. clem.$_{bg2,k,*}$ *Coc-c.*$_{bg2,k,*}$ cor-r.$_{hr1,k}$ cub.$_{hr1,k}$ **Dros.**$_{bg2,k,*}$ *Dulc.*$_{hr1,k}$ gels.$_{bg2}$ **Hep.**$_{k,kl2}$● hipp.$_{hr1,k,*}$ hydrog.$_{srj2}$ *Hyper.*$_{hr1}$ *Iod.*$_{hr1}$ *Kali-bi.* kali-br.$_{bg2}$ kali-m.$_{k2}$ kreos.$_{hr1}$ lac-c.$_{hr1,k}$ lact.$_{a1,k}$ lyc. lyss.$_{hr1,k}$ med.$_{gk1,hr1}$ meph.$_{gk1}$ merc.$_{hr1,k}$ *Merc-cy.*$_{hr1}$ mur-ac. *Nit-ac.*$_{bg2,k,*}$ nux-m.$_{hr1,k}$ ol-j.$_{hr1}$ phos.$_{bg2,k,*}$ phyt.$_{hr1,k}$ *Rumx.* *Sal-ac.*$_{hr1}$ *Samb.*$_{hr1}$ spig.$_{hr1}$ **Spong.**$_{bg2,k,*}$ stann.$_{bg2,k}$ staph.$_{hr1}$ stict.$_{bg2,k,*}$ **Stram.**$_{bg2,k,*}$ sulph.$_{bg2,k,*}$ thuj.$_{bg2}$ tub.$_{gk1}$ verat.$_{hr1,k}$ verb.$_{bg2}$
– **Tag** und Nacht: *Spong.*
– **morgens**: *Coc-c.*$_{hr1}$ kali-bi. thuj.$_{a1,k}$
– **abends**: *Nit-ac.*$_{hr1,k,*}$
– **nachts**: bell.$_{hr1,k}$ *Coc-c.*$_{hr1}$ *Merc-cy.*$_{hr1}$ nit-ac. phyt.$_{hr1}$
• **23** h:
• **erwacht** plötzlich weinend, mit feuerrotem Gesicht: bell.
– **Atmen**, nach tiefem: *Dulc.*$_{hr1,k}$
– **Hund**, wie ein: bell. lyss.$_{hr1,k}$
– **laut**: **Acon.** aur-m. kali-bi. kali-chl.$_{hr1}$ lyc. stann. verat.$_{hr1,k}$
– **Schlaf**, im: hipp.$_{hr1,k}$ lyc. nit-ac.
– **Wasser**; beim Trinken von:
• **kaltes** Wasser amel.: *Coc-c.*

Berührung, bei:
– **Gehörganges**, des: *Agar.* *Arg-n.* *Carbn-s.* kali-c. lach.$_{k,kl2}$● lyc.$_{dgt}$ mag-m.$_{dgt}$ mang. nat-s.$_{dgt}$ *Psor.* sil. *Sulph.* tarent.
– **Halses** agg.; des äußeren: lach.$_{ptk1}$
– **Kehlkopfes** agg.; leichte Berührung des: *Bell.*$_{bg2,k}$ chin.$_{bg2,k,*}$ ferr-p. **Lach.**$_{k,kl2}$● *Rumx.* staph.$_{bg2,k}$ stram.$_{bg2,k,*}$
– **Tonsillen**, der: phos.$_{h,kl}$

Bett:
- **Aufstehen** aus dem; beim
  ☞ *Aufsetzen - beim / Aufstehen*
- **Herausstrecken** der Hand aus dem Bett; beim: *Rhus-t.*$_{hs}$
- **im** Bett
  ☞ *Liegen - Bett - agg.*
- **Veränderung** der Lage; bei: ars. con. **Kreos.**
  - **amel.**: borx. ign.
- **warmen**, im:
  - **amel.**: cham. *Kali-bi.*
  - **abends**: nux-m.
  - **Warmwerden** im Bett agg. oder bei Erregung; beim: ant-t. brom. **Caust.** *Cham.* coc-c.$_{k2}$ dros. led. merc. naja nat-m. *Nux-m.* nux-v. **Puls.** *Verat.*

Beugen; beim:
☞ *Bücken*
- **Kopfes** nach hinten agg.; des: *Bry.* cupr. hep. kali-bi. lyc. psor. *Rumx. Sil.* spong.
- **vorne**, nach:
  - **agg.**: **Caust.**$_{hr1,k,*}$ dig.$_{bg2,k,*}$
  - **amel.**: eup-per. *Spong.*$_{hr1,k}$

Bewegung:
- **agg.**: arn.$_{bg2,k}$ *Ars.*$_{bg2,k,*}$ ars-i. bar-c.$_{bg2,k}$ bell.$_{bg2,k,*}$ brom.$_{bg2,k}$ *Bry.*$_{bg2,k,*}$ bufo *Calc.* *Carb-v.*$_{bg2,k,*}$ carbn-o. chel.$_{bg2}$ *Chin.*$_{bg2,k}$ chinin-ar. choc.$_{srj3}$ cina coc-c. cur.$_{hr1,k}$ dros.$_{bg2,k}$ eup-per. **Ferr.**$_{bg2,k,*}$ ferr-ar. ferr-i.$_{k2}$ form.$_{hr1,k}$ hep.$_{bg2,hr1}$ iod.$_{bg2,k,*}$ ip.$_{bg2,k}$ kali-ar. kali-bi. *Kali-c.*$_{bg2,k}$ kali-n.$_{bg2,k}$ kreos.$_{bg2,k,*}$ lach.$_{bg2,k,*}$ laur.$_{bg2,k}$ led.$_{bg2,k}$ lob. lyc. mag-p.$_{bg2}$ merc.$_{bg2,k}$ mez.$_{bg2,k}$ mosch.$_{bg2,k}$ mur-ac.$_{bg2,k}$ nat-m.$_{bg2,k,*}$ nat-s.$_{a1,k}$ nit-ac. *Nux-v.*$_{bg2,k}$ osm. ox-ac.$_{bg2}$ *Phos.*$_{bg2,k,*}$ plan.$_{a1,k}$ psor. pyrog. rumx.$_{k2}$ *Seneg.* sep. *Sil.*$_{bg2,k,*}$ spong.$_{bg2,k}$ squil.$_{bg2,k}$ *Stann.*$_{bg2,k}$ staph.$_{bg2,k}$ sul-ac.$_{bg2,k}$ zinc.$_{hr1,k}$
  - **13** h: nat-s.
  - **16** h: calc-f. kali-bi.
  - **schnelle** Bewegung agg.: *Nat-m.* puls.
- **amel.**: ambr. arg-met.$_{k2}$ arg-n. ars. caps. coc-c. dros. dulc. euph. euphr. grat. hyos. *Kali-bi. Kali-i.* mag-c. mag-m.$_{hr1,k}$ nux-v. ph-ac. phos.$_{a1,k}$ psor. puls. rhus-r. *Rhus-t.* sabad. samb. sep. sil. stann. sulph. verb. zinc. zinc-p.$_{k2}$
- **Arme**, der: ars. calc. *Ferr.* kali-c. led. lyc. **Nat-m.** nux-v.
- **Brust**, der: anac. bar-c. **Chin.** cocc. dros. *Lach.* mang. merc. mur-ac. nat-m. **Nux-v.** *Phos.* sil. **Stann.**
- **Kopfes** nach hinten oder zur Seite; des: bell.$_{k2}$

Bewegung; zu Beginn der: nit-ac.$_{bg2,k}$ plan.$_{a1,k}$ sil.$_{bg2,k}$

Bewußtlosigkeit, mit
☞ *Bewußtseins; mit Verlust des*

Bewußtseins; mit Verlust des: cadm-s. cina *Cupr.*

Bier agg.: mez.$_{bg2,k,*}$ nux-v.$_{hr1,k}$ rhus-t.$_{bg2,k}$ spong.$_{hr1,k}$

Bier agg.: ...
☞ *Alkohol*

Blechern: kali-bi.$_{vk}$

Blut:
- **Blutandrang** zur Brust; Husten durch: aloe
  - **11** h: raph.

Brennen:
- **Brust**, in der: am-c. caust. coc-c. euph. euphr. led. mag-m. ph-ac.
- **Halsgrube**; durch Brennen in der: ars.
- **Kehlkopf**, im: acon. aphis arg-n. ars. bell. bov. brom. bufo caust. mag-s. ph-ac. phos. phyt. seneg. *Spong.* stict. tarent. urt-u. zing.
- **Trachea**; durch Brennen in der: acon. ars. euphr.

Bronchial
☞ *Hustenreiz - Bronchien*

Brot, durch: kali-c.$_{bg2,k}$
- **Schwarzbrot**, durch: ph-ac.$_{bg2,k}$

Bücken, beim: all-s. arg-met. arg-n.$_{hr1,k}$ arn.$_{bg2,k}$ bar-c.$_{bg2,k}$ **Caust.**$_{bg2,k,*}$ chel. dig. *Hep.*$_{bg2,k,*}$ kali-c.$_{bg2,k}$ laur.$_{bg2,k}$ lyc.$_{bg2,k,*}$ phos. seneg.$_{bg2,k}$ sil.$_{bg2,k}$ *Spig.*$_{bg2,k,*}$ spong.$_{bg2,k,*}$ staph.$_{bg2,k}$ verat.$_{bg2,k}$
☞ *Beugen*

Chronisch: ast-a.$_{bta1}$ capp-crm.$_{bta1}$ cucum-h.$_{bta1}$ lich-i.$_{bta1}$ teph-k.$_{bta1}$
☞ *Anhaltend*

Demütigung; nach
☞ *Kränkung*

Denken daran; beim: bar-c. nux-v. *Ox-ac.*
☞ *Geistiger Anstrengung*

Diarrhoe:
- **amel.**: bufo hydrog.$_{srj2}$
- **mit**: verb.$_{c1}$
- **nach**: abrot.$_{bro1}$
- **folgt** auf Husten: nat-s.$_{bro1}$

Drehen:
- **Bett** agg.; im: kreos.
- **Kopfes** agg.; des: spong.
- **rechte** Seite; von der linken auf die:
  - **amel.**: ars. kali-c. *Phos. Rumx. Sep.* sulph.$_{pd}$ *Thuj.*
- **Seite** agg.; auf die: am-m.

Drei Hustenstöße bei jedem Anfall
☞ *Anfallsweise - besteht - drei*

Druck:
- **Brust**, in der: iod. op.
- **Halsgrube**; durch Druck auf die: rumx.
- **Kehlkopf**, auf den: apis *Bell. Chin.* cina crot-h. ferr. **Lach.** rumx. tarax.
  - **Gefühl** zwischen Druck und Rauheit; ein:
    - **Kitzeln** wird; das allmählich zu einem: tell.
- **Kropf**; durch Druck auf den: psor.
- **Magen**, im: calad.
- **Schläfen**, auf die:
  - **amel.**: petr.$_{ptk1}$

– **Trachea**, auf die: bell. hydr. *Lach.* rumx.

Drückenden Schmerz im Kehlkopf; durch
☞ *Schmerz - Kehlkopf - drückenden*

Einatmen: acet-ac.bro1 acon.hr1,k apis asaf.a1,k asar.hr1,k bamb-a.stb2 bell. benz-ac.hr1,k,* *Brom.*hr1,k,* *Calc.*bg2,k,* *Camph.*hr1,k carc.tp1 chlor. cina cist.st coff. con. cor-r. croc. dig.bg2,k,* dulc.hr1,k,* graph.a1,k *Hep.*hr1,k,* ip.hr1,k,* *Kali-bi.*hr1,k,* lach. mag-m.bg2,k,* menth. meny.bg2,k,* meph. merc-i-f. *Nat-m.*hr1 nat-s.h,k olnd. op.bg2,k phys.a1 plb.a1,k prun.a1,k *Puls.*bg2,k,* **Rumx.** sep.hr1 squil.bg2,k stict. sulph.bg2 ter. verb.
– **krächzender**, heftiger, krampfartiger Husten:
• **beginnt** mit Schnappen nach Luft:
• **gefolgt** von wiederholtem, krächzendem Einatmen:
• **Gesicht** schwarz oder purpurn wird und der Patient erschöpft ist; bis das:
• **nachts** und nach einer Mahlzeit agg.: *Cor-r.*
– **tiefes**
☞ *Atmen - tiefes*

Eiscreme amel. erst und agg. dann: ars-h.

Enge der Brust
☞ *Zusammenschnürung*

Entbindung:
– **schwierige** Entbindung oder Abort; folgt auf:
• **Rücken** und Schweiß; mit Schmerz im: kali-c.

Entbindung, nach der: rhus-t.

Entblößen:
– **agg.**: ars. bar-c.bro1 carc.mg1,tp1 chel. **Hep.** *Kali-bi.* nux-v. **Rhus-t. Rumx.** sil. squil.k2
☞ *Bedecken / Kalt - Abkühlung*
– **Füße** oder Hände; durch Entblößen der: **Sil.**bg2,k
– **Hände**; durch Entblößen der: bar-c. **Hep.**hr1,k **Rhus-t.**hr1,k sil.
– **Kopfes**; durch Entblößen des: rumx.pd

Entkleiden; beim: carc.sp

Erbrechen:
– **amel.**: mez.ptk1

Erhitzung, bei: acon.bg2,k,* ant-c.bg2,k *Brom.*bg2,k *Bry.*bg2,k carb-v. caust.a1,k *Coc-c.*a1,k *Dig.*bg2,k iod.bg2,k ip.bg2 kali-c.bg2,k mag-c.bg2,k,* nux-m.bg2,k nux-v.bg2,k phos.a1 **Puls.** rhus-t.bg2,k sil.bg2,k thuj.bg2,k zinc.bg2,k

Ermüdend
☞ *Erschöpfend*

Erregung, bei: acon. ambr.bro1,k2 ant-t. ars. asar. bry. bufo *Cham. Cist.* con. cor-r.bro1 dig. dros.bg2,k hyos. lach. lob. mag-c. nux-v. op. ph-ac. rhus-t. **Spong.** tarent.bro1

Erschöpfend: ail.hr1,k,* alum.a1,k anan. ant-t.bg2,k,* aq-pet.a1 arg-met. arg-n.a1,k arn.bg2 **Ars.** ars-i. **Bell.** benz-ac.a1,k *Brom.*hr1,k *Camph.*hr1,k *Carb-v.*a1,k **Caust.** cham. chel.bg2,k,* chin. chinin-ar.

Erschöpfend: ...
chinin-m.kr1 chlor. *Coc-c. Cocc.*bg2,k,* coff. colch.hr1,k *Con.*hr1 cor-r. *Croc.*bg2,k,* *Cupr.*hr1,k,* daph. dig.hr1,k *Dros.* eup-per.hr1,k ferr. ferr-ar. ferr-p. graph.a1,k *Hyos.*hr1,k ign.k2 iod. *Ip.*bg2,k,* *Kali-ar.* kali-bi. kali-br.a1,hr1 *Kali-c.*a1,hr1 kali-s. *Kreos.*bg2,k,* *Lach.*hr1,k *Led.*bg2 lipp.a1 lyc.a1,k mag-m.h2 mag-s.a1,k *Merc.*hr1,k,* merc-c.a1,k nat-ar. nat-c.a1,k *Nux-v.*bg2,k,* par.bg2 *Phos.*a1,k plb.bg2,k,* *Puls.* rhod.hr1,k,* *Rhus-t.*bg2,k,* *Rumx.* sang.bg2,k sarr. senec.hr1 seneg.bg2,k **Sep.**hr1,k *Sil.*bg2,k,* silpho.bro1 spong.hr1,k squil. **Stann.**hr1,k,* stict.hr1,k *Still.* stram. sul-ac.a1,k sul-i.k2 sulph.a1,k tarent.a1,k tax.a1,k thuj.bg2,k,* verat.bg2,k zinc.hr1,k zinc-p.k2
– **tagsüber**: lyc.a1,k
– **morgens**: rhod.a1,k squil. sulph.a1,k thuj.a1,k
• **Einschlafen**, beim: lyc.a1,k
• **Erwachen**, nach dem: mag-s.a1,k thuj.a1,k
– **mittags**: arg-n.a1,k
– **abends**: arg-n.a1,k ip.a1,k *Kali-c.*hr1,k,* lyc.a1,k rhod. *Sil.*a1,k *Still.*
• **Einschlafen**, beim: lyc.a1,k
– **nachts**: *Caust. Hyos.*hr1 nat-c.a1,k **Puls.** rhod.a1,k tarent.a1,k
• **Aufsetzen** amel.: nat-c.a1,k
• **Bett**, im: *Caust.* tarent.a1,k
• **Schlaf**, stört den: **Puls.**

Erschütternd: acal.br1 **Agar.**bg2,k,* ail.hr1 alum-sil.k2 alumn.a1,k am-m. anac.bg2,k,* anan.a1,k ang. ant-c.bg2,k,* arg-n.a1,k *Arn.*hr1,k,* ars.bg2,k,* ars-s-f.k2 arum-t. aur.a1,k aur-s.k2 **Bell.**bg2,k,* benz-ac.hr1 brom.a1,k **Bry.**hr1,k,* calc.bg2,k,* calc-ar. calc-s. calc-sil.k2 cann-i. *Caps.*bg2,k *Carb-an.*hr1,k **Carb-v.**bg2,k,* **Caust.**bg2,k,* cench. *Chel.*hr1,k,* chin.bg2,k,* chinin-s. cinch.a1 **Coc-c.**hr1,k,* cocc.hr1,k coll.hr1,k *Con.*bg2,k,* cop. croc. cupr.bg2,k,* cur.hr1,k daph. *Dulc.* eup-per.k2 graph.bg2,k,* gymno. *Hyos.*bg2,k,* **Ign.**bg2,k,* *Ip.* iris-foe. kali-bi.hr1,k **Kali-c.**bg2,k,* kali-m.k2 kali-n.bg2 *Kali-p.* kali-s. kali-sil.k2 kreos.bg2,k,* lac-c. *Lach.*bg2,k,* *Lact.* led.bg2,k,* lob.hr1 *Lyc.*bg2,k,* mag-m.a1,k mag-s. mang.bg2 **Merc.**h,k,* merc-c. *Mez.* mur-ac. nat-ar. nat-c. nat-m.a1,k nat-p. nicc.hr1,k nit-ac.bg2,k,* **Nux-v.**bg2,k,* olnd.bg2,k,* op.hr1,k,* osm.a1,k **Phos.**bg2,k,* psor.k2 **Puls.**bg2,k,* rhod. *Rhus-t.*bg2,k,* rob. sal-ac.hr1 sarr. *Sec.*hr1,k sel. *Seneg.*bg2,k,* *Sep.*bg2,k *Sil.*bg2,k,* spig. *Spong.*hr1,k squil.hr1,k **Stann.**bg2,k,* staph. stict.bg2,k,* sul-ac.a1,k **Sulph.**bg2,k,* sumb.a1,k syph.hr1,k tub.k2 *Verat.*hr1,k zinc.hr1,k zinc-p.k2
– **morgens**: caust.a1,k *Chel.*a1,k
• **Erwachen**, beim: caust.a1,k
– **nachmittags**:
• **15** h: cench.
– **abends**: anan.hr1,k cench. *Ip.*a1,k iris-foe. led. lyc.h,k1 nat-m.h,k nit-ac. petr.h,k1 *Puls.* rhus-t. stict.
• **bis** Mitternacht: led. nit-ac. *Puls.* rhus-t.
– **nachts**: agar. anac.a1 anan.hr1,k aur. **Bell.** chinin-s. *Hyos.* iris-foe. merc.hr1,k nat-c.h,k1 nat-m.a1 nit-ac. sal-ac.hr1 stict.
• **22** h: nat-m.

– **nachts**: ...
  • **Mitternacht**, nach: hyos.
– **Aufsetzen** amel.: arg-n.al,k **Hyos. Puls.**
– **Einatmen**; beim tiefen: con.
– **Trinken** (von Wasser) amel.: *Op.*al,k

Erstickend: acon.bg2,k,* adam.srj5 *Agar.* **Alum.** alum-sil.hr1,k am-c.bg2 am-m.hr1,k ambr.h,kl anac.al,k anan.hr1,k *Ant-t.*bg2,k,* *Apis* apoc.hr1,k aq-pet.al *Arg-n.*bg2,k,* *Ars.*bg2,k,* ars-i. ars-s-f.k2 bar-c.bg2,k,* bar-i.k2 bar-s.k2 bell.bg2,k,* *Brom.*bg2,k,* *Bry.*bg2,k,* calc.bg2 *Carb-an.*bg2,k,* **Carb-v.**bg2,k,* carbn-s. *Caust.*bg2,k *Cham.*bg2,k chel. **Chin.**bg2,k,* *Chinin-ar.* **Cina** coc-c.hr1,k cocc.bg2,k,* coloc.bg2 *Con.*bg2,k,* cor-r.br1 crot-h.bg2,k,* **Cupr.**bg2,k,* *Cycl.*hr1,k,* del.al der.al,k **Dros.**bg2,k,* euphr. eupi.al,k guaj.bg2 guare.al,k **Hep.**bg2,k,* hydr-ac.bg2,k,* **Hyos.**bg2,k ign. indg.hr1,k,* *Iod.*hr1,k **Ip.**bg2,k,* kali-ar. kali-bi.hr1,k *Kali-c.*bg2,k,* kali-i.hr1,k kali-n.bg2 kali-s. kali-sil.k2 kreos.bg2,k *Lach.*bg2,k,* lact.hr1,k *Led.*bg2,k lyc. mag-p. mang. meph.bg2,k *Merc.*bg2,k merc-c.bg2 nat-m.bg2,k,* nit-ac.bg2 *Nux-m.*bg2,k,* **Nux-v.**bg2,k,* *Op.*bg2,k,* petr. phel.hr1,k psor.bg2 *Puls.*bg2,k,* ruta **Samb.**bg2,k,* *Sep.*bg2,k,* sil.bg2,k,* spig.bg2,k,* *Spong.*bg2,k squil.bg2,k stram.bg2,k,* sul-i.k2 **Sulph.**bg2,k,* *Tab.*bg2,k tarent.k2 tep.al,k thuj. *Tub.* verat.bg2,k,* zinc.hr1,k,*
☞ *Atmen - ungenügend / Würgend*
– **tagsüber**: anac.al,k
– **morgens**: coc-c.
  • **5** h: *Kali-c.*
  • **Aufstehen**, nach dem: **Cina**
  • **Liegen**, im: coc-c.
– **mittags**: *Arg-n.*hr1,k,*
– **abends**: *Carb-an.*al,k cina indg.hr1,k,* *Ip.*al,k *Lach.* nat-m.h,k
  • **18** h: am-m.
  • **19** h: **Ip.**
  • **Bett**, im: indg.hr1,k nat-m.h,kl
– **nachts**: ars.al,k bell.al,k bry. carb-an. *Carb-v.* cham. *Chin.*hr1,k,* coc-c.hr1,k *Cupr.* **Hep.**hr1,k indg. ip. lyc. petr.h,kl,* ruta sil. thuj.
  • **Mitternacht**: cham. *Dros. Ruta* **Samb.**
    • **nach**: ars.h,kl chin. *Kali-c.*hr1,k *Samb.*
      • **2** h und 4 h: chin.
      • **5** h: *Kali-c.*
– **Einatmen**, durch: cina
– **Essen** und Trinken; nach: bry.
– **Gehen**, beim: ars.hr1,k
– **Glucksen** im Hals herab; dann: cinaptk1
– **Liegen**, beim: spong.
– **Schlaf**, im: aral. carb-an. **Lach.**
– **Schlucken**, beim: **Brom.**
– **steif** und blau im Gesicht; Kind wird: *Cupr.* **Ip.**

Erstickt: meli.al,k

Erstickungsgefühl im Hals; durch: lach.
☞ *Zusammenschnürung*

Erwachen, beim: acon.bg2,k ail. ambr.bg2,k apis *Aral.* arg-n. arum-t. bamb-a.stb2 bell.bg2,k calc.al,k carb-v. caust.bg2,k,* *Chel.*al,k *Chin.*bg2,k cina **Coc-c.**bg2,k,* cod. coff. cot.al crot-h. dig.bg2,k digin.al euphr.bg2,k ferr.al,k ferr-p. ign.bg2,k,* *Kali-bi.*bg2,k kali-n. kreos. lac-c. **Lach.**bg2,k lachn. lyc.bg2 mag-s.al,k nat-ar. nit-ac. nux-v.bg2,k ph-ac.bg2,k,* phos. psor. puls.bg2,k *Rhus-t.*bg2,k,* rumx. *Sang.*al,k sanic. sep.bg2,k sil.bg2,k,* sol-t-ae.al,k spong. squil.bg2,k stram.bg2,k sul-ac.bg2,k sulph.al,k tarent.al,k thuj.al,k

Essen:
– **amel**.: all-s. am-c. ammc.al,k anac.bg2,k,* bar-c.bg2 carb-an. *Euphr.*bg2,k ferr.bg2,k,* ferr-m.hr1,k hydrog.srj2 kali-c.hr1,k rad-br.ptk1,ptk2 sin-n. **Spong.**bg2,k,* tab.bg2,k,*
– **beim**:
  • **Beginn** des Essens; zu: seneg.gm1
– **durch**: acon.hr1,k aeth. agar.bg2,k,* all-s.hr1,k,* alum-sil.k2 am-m.bg2,gsy1 ambr.hr1,k *Anac.*bg2,k,* ant-ar.c1 *Ant-t.*bg2,k,* arg-n.bg2 arn. *Ars.*bg2,k,* ars-s-f.k2 bar-c. bell.bg2,k,* brom. *Bry.*bg2,k,* bufo *Calc.*bg2,k,* calc-f. caps. *Carb-v.*bg2,k,* carbn-s. carc.tp1 caust.bg2,k,* cham.bg2,k *Chin.*bg2,k,* *Coc-c.* *Cocc.*bg2 cor-r. *Cupr.*bg2,k *Cur.*hr1,k dig.bg2,k,* dros. euphr. *Ferr.*bg2,k ferr-ar. ferr-ma. ferr-p. *Hep.*bg2,k hyos.bg2,k,* *Ip.*bg2,k **Kali-bi.**bg2,k,* kali-c.bg2,k,* kali-m.k2 kali-p. kali-s. kali-sil.k2 lac-c. lach.bg2,k laur.bg2,k lyc. mag-c.bg2,k mag-m.bg2,k,* med.hr1,k *Mez.* mosch.bg2,k myos-a.hr1,k nat-m. nit-ac. nux-m.bg2,k **Nux-v.**bg2,k,* op.bg2,k ph-ac. phos.bg2,k,* puls.bg2,k,* rhus-t.bg2,k *Rumx.* ruta sang.hr1,k *Sep.*bg2,k,* sil.bg2,k,* squil.hr1,k staph.bg2,k,* sulph.bg2,k,* tarax.hr1,k ter.bg2,k,* *Thuj.*bg2,k,* verat. zinc.bg2,k,*
  • **übergibt**; bis er sich: *Mez.*
– **gewürzte** Speisen agg.; stark
☞ *Gewürze*
– **hastiges** Essen agg.: sil.bg2,k
– **Kartoffeln**: alum.k2
– **Sättigung**; durch Essen bis zur: carb-v.h
– **warme** Speisen
☞ *Warm - Speisen*

Essig, nach: alum.hr1,k ant-c.bg2,k sep.k,kl2● sulph.bg2,k,*

Explosion, Detonation; wie eine: *Caps.*hr1,k nit-s-d.al rumx. sil.hr1,k,* stry.al,k
– **abends**: sil.hr1,k,*
– **Ausstoßen** stinkender, scharfer Luft; mit: caps.

Fahren, beim: staph. sul-ac.bg2,k,* sulph.

Feder:
– **Gefühl** einer Feder oder Gerstengranne in der Trachea: rumx.
– **wie** durch Federn
☞ *Flaumfeder / Kitzelhusten / Staub*

Feste Speisen, durch: cupr.hr1

Festhalten, muß
☞ *Halten*

Fette Speisen, durch: ip.bg2 mag-m.bg2,k,* puls.bg2

Fetts gereizt; Gefühl, der Hals würde durch die Dämpfe ranzigen: hep.

Feucht
☞ *Gelöst*

Feuchten Zimmer, im
☞ *Naß - Zimmer*

Feuer; beim Blicken ins: *Ant-c. Stram.*

Fieber:
– **während**: **Acon.**$_{a1,k}$ alum. alum-sil.$_{k2}$ anac. ang. ant-c. ant-t. *Apis Aran.*$_{hr1}$ arg-met. *Arn.* **Ars.** ars-i. bapt. *Bell.*$_{hr1,k}$ bism. brom. *Bry.* **Calc.** *Calc-p.*$_{hr1}$ calc-sil.$_{k2}$ carb-v. caust. cham. *Chin. Chinin-ar.* cic. cimx.$_{hr1,k}$ cina coff. **Con.** cub. cupr. dig. dros. dulc. eup-per.$_{hr1,k}$ *Ferr.*$_{hr1,k}$ ferr-ar. ferr-i. ferr-p.$_{hr1,k}$ guaj.$_{k2}$ hep. *Hyos.* ign. iod. **Ip.**$_{hr1,k}$ *Kali-ar.* **Kali-c.** kali-p. *Kali-s.* kali-sil.$_{k2}$ kreos. lach. lyc. **Nat-m.**$_{hr1,k}$ nit-ac.$_{hr1,k}$ nux-m. **Nux-v.** op. petr. ph-ac. **Phos.**$_{hr1,k}$ plat. podo.$_{hr1,k}$ puls.$_{hr1,k}$ rhus-t.$_{hr1,k}$ ruta **Sabad.**$_{hr1,k}$ samb. sang. seneg. sep. sil. spig. spong. squil. staph. sul-ac. sul-i.$_{k2}$ sulph.$_{hr1,k}$ tarent.$_{a1,k}$ thuj.$_{a1,k}$ *Tub.* verat. verb.
– **erscheint**; Husten amel., wenn Fieber: ol-j.$_{c1,pd}$
– **hektischem** Fieber; während: nit-ac.$_{k2}$
– **intermittierendes** Fieber:
  • **vor**: eup-per. *Rhus-t.* samb.
  • **nach**: nat-m.$_{hr1,k}$
  • **unterdrücktes** Wechselfieber, durch: eup-per.
– **remittierendem** Fieber, bei: podo.$_{hr1,k}$
– **Scharlach**, nach: ant-c. con. hyos.

Fieberfrost
☞ *Frost*

Fisch; durch Essen von: lach.$_{hr1,k}$

Flatus; Abgang von:
– **amel.**: **Sang.**

Flaumfeder in der Halsgrube; Husten durch das Gefühl einer: calc. cina *Ph-ac. Sulph.*
☞ *Feder - Gefühl*

Fleck:
– **Brust** erregt; durch eine kleine Stelle in der rechten: carb-an.$_{h}$
– **Kehlkopf**; wie durch eine trockene Stelle im: cimic. **Con.**$_{k,kl2}$● crot-h. *Nat-m.*$_{bg1}$

Fleisch, nach: *Staph.*$_{bg2,k,*}$

Flüssigkeiten:
– **Berührung** von Flüssigkeiten hinten am Rachen; durch: am-c.$_{a1,k}$
– **Schlucken**, nachts; beim: sul-ac.

Flüstern; klingt wie ein: card-b.

Folternd, qualvoll: alum. alum-p.$_{k2}$ am-c. anac. ang. arg-met.$_{k2}$ arg-n.$_{hr1,k}$ **Ars.** arum-t. asaf. bar-c. bar-s.$_{k2}$ **Bell.** benz-ac.$_{hr1,k}$ berb. borx. brom. *Calc.*$_{hr1,k}$ cann-s. carb-an. carb-v. **Caust.**$_{hr1,k}$ chel. chin. cina *Cocc.* coloc.$_{a1}$ *Con.*$_{hr1,k}$ cor-r. *Croc. Cupr.* daph. **Dros.** dulc. eup-per.$_{k2}$ ferr-p.$_{hr1,k}$ hep. hydr-ac. iod.$_{bg2}$ **Ip.** *Kali-c.*$_{hr1,k}$ kali-n. kreos.$_{hr1,k}$ *Lach.*$_{hr1,k}$ lact. led. lob.$_{bg2,k}$ lyc.$_{bg2}$ mang.$_{bg2}$ meli.$_{a1}$ merc. merc-c. *Mez.*$_{bg2,k}$ mur-ac. *Nat-ar.* nat-c.

Folternd, qualvoll: ...
Nat-m. nit-ac. *Nux-v.*$_{hr1,k}$ op. *Petr.*$_{hr1,k}$ *Phos.*$_{a1,k}$ phyt.$_{hr1,k}$ psor.$_{bg2,k2}$ rhod. rhus-t.$_{hr1,k}$ rumx. *Sang.*$_{hr1,k}$ sel. sep. spig. spong.$_{k2}$ *Squil.*$_{bg2,k}$ *Stann. Sulph.*$_{bg2,k,*}$ ter.$_{bg2}$ verat. zinc.$_{hr1}$
☞ *Quälend / Schmerzhaft*

Fortgesetztes Husten agg.
☞ *Husten agg.*

Fremden; Kind hustet beim Anblick von: ambr.$_{bg2,k,*}$ *Ars.* bar-c.$_{bg2,k,*}$ caust.$_{bg2}$ phos.$_{bg2,k,*}$
☞ *Menschen - Eintreten / Nervös - Eintreten / ❑ Gemüt - Fremde - Anwesenheit - agg.*

Fremdkörpers; Gefühl eines:
– **Kehlkopf**, im: am-caust. *Arg-met.* **Bell.** brom. *Dros. Hep. Lach.* lob. *Phos.* ptel. *Rumx. Sil.*
  • **Gerstengranne** scheint sich im Kehlkopf hin und her zu bewegen: rumx.
– **Trachea**, in der: hyos. *Kali-c.* **Sang.** sin-n. staph.$_{h}$

Freudige Überraschung; durch: acon. merc.

Frost:
– **vor**: apis eup-per. mag-c.$_{k2}$ puls.$_{hr1}$ **Rhus-t.**$_{hr1,k}$ rumx. *Samb.*$_{hr1,k}$ *Tub.*
– **während**: acon. apis *Ars.* bell. borx. *Bry.* calc. calc-p.$_{hr1,k}$ carb-v. cham. *Chin. Chinin-ar.* chinin-m.$_{kr1}$ cimx. con. *Ferr.* hep.$_{hr1,k}$ hyos. ip. kali-ar. kali-c. kali-p. kreos.$_{hr1,k}$ lach. lyc. nat-c. nat-p. nux-m. nux-v. ph-ac. **Phos.** *Psor. Puls.*$_{hr1,k}$ **Rhus-t.**$_{hr1,k}$ *Rumx.* **Sabad.**$_{hr1,k}$ *Sep.* sil. spong.$_{hr1,k}$ sulph. thuj. *Tub.*
– **nach**: apis cimx. nux-m. ph-ac. phos. *Samb.*

Frühling, im
☞ *Jahreszeiten - Frühling*

Frühstück:
– **vor**: alumn.$_{a1,k}$ kali-c. murx. seneg. sulph.
– **beim**: alum.$_{a1,k}$ alumn.$_{hr1,k,*}$ seneg.$_{a1,k}$
– **nach**:
  • **amel.**: alumn. aspar. bar-c. coc-c. kali-c. lach. murx.

Furcht zu husten und scheinen ihn so lange wie möglich zu vermeiden:
– **Kindern** mit Bronchialkatarrh; bei: phos.

Gähnen: arn.$_{bg2,k,*}$ asaf.$_{bg2,k,*}$ bell.$_{ptk1}$ *Carc.*$_{mg1,sp,*}$ cina mur-ac.$_{h,k,*}$ *Nat-s.*$_{c1}$ nux-v.$_{bg2,k,*}$ puls.$_{hr1,k}$ staph.$_{bg2,k}$
– **aufeinanderfolgend** Gähnen und Husten: ant-t. *Nat-m.*

Gastrisch: borx. card-m. ferr. ip. kali-ar.$_{a1,k}$ lob. nux-v.

Gehen, beim: alum.$_{bg2,k,*}$ ars.$_{bg2,k,*}$ *Calc.*$_{hr1,k}$ carb-v.$_{bg2,k,*}$ cina *Con.*$_{hr1}$ dig.$_{bg2,k,*}$ **Ferr.**$_{bg2,k,*}$ ferr-p.$_{k2}$ hep.$_{bg2,k,*}$ iod.$_{bg2,k,*}$ ip.$_{bg2,k}$ *Kali-n.*$_{bg2}$ lach.$_{bg2,k,*}$ mag-m.$_{bg2,k}$ mang.$_{hr1,k}$ mez.$_{a1,k}$ nat-ar. nat-m.$_{bg2,k,*}$ phos.$_{bg2}$ rumx. *Seneg.*$_{bg2,k,*}$ stann.$_{k2,ptk1}$ stram.$_{bg2,k,*}$ stront-c. sul-ac.$_{bg2,k,*}$ sulph.$_{bg2}$ tell.$_{a1}$ *Thuj.*$_{a1,k}$
– **amel.**: astac. *Dros.* grat.$_{a1,k}$ ign. phos.

– **Freien**, im: acon. alum. ang. **Ars.** carb-v. cina dig. ferr. ferr-ar. ip. kali-n. lyc. mag-m. nux-v. osm. ox-ac. ph-ac. **Phos.** *Rhus-t. Seneg.* sep. spig. staph. stram. sul-ac. *Sulph.*
– **schnellem**, bei: carb-v.$_{bg2}$ cench. coca merc.$_{bg2,k,*}$ nat-m.$_{bg2,k,*}$ *Puls.*$_{hr1,k}$ *Seneg.*$_{bg2,k,*}$ sep.$_{bg2,k,*}$ sil.$_{bg2,k,*}$ squil.$_{bg2,k,*}$ stann.$_{hr1,k}$

Geigenspielen; beim: kali-c.

Geistiger Anstrengung, bei: ambr.$_{k2}$ arn. *Ars.* asar. cina cist. cocc. colch. ign. *Nux-v.*
☞ *Denken*

Gelöst (= mit Auswurf): acet-ac.$_{a1,k}$ agar.$_{hr1,k,*}$ alum. am-c.$_{a1,k}$ am-caust.$_{a1}$ am-m.$_{hr1,k}$ ammc.$_{a1,k}$ anac. ant-t.$_{hr1,k}$ apis apoc.$_{hr1,k}$ *Arg-met.* **Ars.**$_{hr1,k}$ *Ars-i.*$_{hr1,k}$ ars-s-f.$_{k2}$ arum-d.$_{hr1,k,*}$ arum-t. asaf. aur-m.$_{hr1,k}$ *Bad.*$_{hr1}$ bamb-a.$_{stb2}$ bell. bism. bov.$_{hr1}$ brom.$_{hr1,k}$ bry. *Calc.*$_{hr1,k}$ calc-s. carb-an.$_{hr1,k,*}$ *Carb-v.* carbn-s. carl.$_{a1,k}$ cench. cham.$_{hr1,k}$ *Chel.*$_{hr1,k}$ chen-a.$_{hr1}$ chin. chinin-ar. chinin-s. choc.$_{srj3}$ cic. cina cinch.$_{a1}$ *Coc-c.*$_{a1,k}$ cocc. coch.$_{hr1}$ coloc. colocin.$_{a1}$ *Con.*$_{hr1,k,*}$ cub. cupr-n.$_{a1,k}$ dig.$_{a1,k}$ dros.$_{hr1,k}$ *Dulc.*$_{hr1,k}$ elaps eug.$_{a1,hr1}$ eup-per.$_{hr1,k}$ euph.$_{h,k}$ euphr.$_{k2}$ eupi.$_{a1,k}$ ferr.$_{hr1,k}$ ferr-ar. ferr-i. ferr-p. ferul.$_{a1}$ granit-m.$_{es1}$ graph.$_{hr1,k,*}$ hep.$_{hr1,k}$ hydr.$_{a1,k}$ ign. iod. jab.$_{a1,k}$ kali-ar. *Kali-bi.*$_{hr1}$ kali-c.$_{a1,k}$ kali-m.$_{k2}$ kali-p. kali-s.$_{hr1,k}$ kreos.$_{a1,k}$ lappa led.$_{hr1,ptk1}$ linu-c.$_{a1}$ lyc.$_{hr1,k}$ mag-s.$_{hr1,k,*}$ mang.$_{hr1}$ merc.$_{a1,k}$ merc-c.$_{a1,k}$ merc-i-f. mur-ac.$_{a1,k}$ nat-ar. nat-c.$_{hr1,k}$ nat-s. nit-ac. nux-m.$_{hr1,k,*}$ *Nux-v.*$_{hr1}$ ol-j.$_{hr1,k}$ ph-ac.$_{hr1,k}$ *Phos.*$_{hr1,k,*}$ pilo.$_{a1}$ podo.$_{hr1,k}$ **Puls.**$_{hr1,k}$ ruta sabad.$_{hr1,k}$ sacch. *Sang.*$_{hr1}$ sec.$_{a1,k}$ *Senec.*$_{hr1,k}$ seneg.$_{hr1,k}$ *Sep.*$_{hr1,k,*}$ *Sil.*$_{hr1,k}$ spong.$_{hr1,k}$ squil.$_{hr1,k}$ *Stann.* staph.$_{hr1,k}$ stict.$_{hr1,k}$ still.$_{hr1,k,*}$ sul-ac.$_{hr1,k,*}$ sulph.$_{hr1,k,*}$ tarent.$_{a1,k}$ tell.$_{a1,k}$ thuj. verat-v.$_{hr1,k}$ viol-t.$_{hr1}$
– **Tag** und Nacht: dulc. sil.
– **tagsüber**
☞ *Trocken - nachts - gelöst* / ❑ *Auswurf - Tagsüber*
– **morgens**: *Agar. Alum.*$_{bg2,k}$ alum-p.$_{k2}$ ars. bad.$_{hr1,k}$ **Bry.**$_{bg2,k}$ *Calc.*$_{bg2,k,*}$ **Carb-v.**$_{bg2,k}$ *Carbn-s.* cench. cham.$_{bg2,k}$ *Chel.*$_{hr1,k}$ coc-c.$_{a1,k}$ franz.$_{a1}$ **Hep.**$_{bg2,k,*}$ meph.$_{bg2,k,*}$ mur-ac.$_{bg2,k,*}$ nat-m.$_{bg2,k}$ nat-p. nat-s. nit-ac.$_{bg2,k}$ nux-m.$_{a1}$ nux-v.$_{bg2,k}$ par.$_{ptk1}$ *Ph-ac.*$_{bg2,k}$ *Phos.*$_{bg2,k}$ *Psor.* **Puls.**$_{bg2,k}$ **Sep.**$_{bg2,k,*}$ *Sil.*$_{bg2,k}$ **Squil.**$_{bg2,k}$ **Stann.** stict.$_{hr1,k}$ stram.$_{a1,k}$ **Sul-ac.** **Sulph.**$_{a1,k}$ tarent.$_{k2}$ wies.$_{a1}$
  • **zäh**, fest am Nachmittag: bad.
– **vormittags**: **Stann.**
  • **9** - 11 h: nat-c.$_{ptk1}$
– **nachmittags**: am-m.$_{hr1,k}$
  • **trocken** am Morgen: am-m.
– **abends**: ars-h.$_{hr1}$ bov.$_{hr1,k}$ eug.$_{hr1,k,*}$ mur-ac.$_{bg2,k,*}$
  • **19** h: spira.
  • **trocken** am Morgen: bov.$_{hr1,k}$
– **nachts**: am-m.$_{hr1,k}$ calc.$_{bg2,k}$ eug.$_{hr1,k,*}$ eup-per. puls.$_{hr1,k}$ *Sep.*$_{bg2,k,*}$ sil. stict.$_{h,k}$
  • **Mitternacht**: phos.$_{a1,k}$ sep.
    • **nach**: *Calc.* hep.
    • **Aufsetzen** amel.: phos.
  • **Liegen**, beim: arum-d.

Gelöst (= mit Auswurf) - **nachts**: ...
  • **weniger** frei abgehend; tagsüber: stict.
– **Apyrexie**, während der: eup-per.$_{hr1,k}$
– **Auswurf**:
  • **ohne**: ammc.$_{hr1,k}$ arn. arum-t. brom. *Caust. Con.* crot-t. dros. *Kali-s.* lach. *Phos. Sep.* stann. sulph.
– **Essen**:
  • **beim**: phos.$_{h,k1}$
  • **nach**: bell. nux-m.$_{hr1,k}$ *Phos.*$_{a1,k}$ sanic. sil. staph. thuj.
    • **trockener** Husten nach Trinken: nux-m. staph.
– **Fieber**; während: alum. anac. apis arg-met. **Ars.** bell. bism. brom. bry. **Calc.** carb-v. *Chin.* cic. cub. dig. dros. dulc.$_{hr1,k}$ ferr. iod. **Kali-c.** kreos. lyc. ph-ac. phos. puls. ruta seneg. sep. *Sil.* spong. squil. stann. staph. *Sulph.* thuj.
– **Frühstück**, nach dem: coc-c.$_{a1,k}$
– **Haut** in den Hals herabhängen würde; durch ein Gefühl, als ob eine: alum.
– **Kitzeln** tief in der Brust; durch: graph.$_{hr1,k}$
– **Körperübungen**, durch: brom.$_{hr1,k}$
– **schmerzender** Husten; in der Brust sehr: arg-met.$_{k2}$
– **warmes** Zimmer; beim Eintreten in ein: brom.$_{hr1,k}$
– **Wasser**; beim Trinken von:
  • **kaltes** Wasser amel.: *Coc-c.*

Gemütsbewegungen, durch: verb.$_{ptk1}$
– **nachts**: aur.$_{ptk1}$

Gepreßt: aspar.$_{a1,k}$ caust.$_{hr1,k}$ *Chel.*$_{hr1,k}$ cocc. croc. *Cupr.*$_{a1,k}$ ip. lach. led. nux-v. par. phos. rhod. rhus-t. sel. thuj.$_{bg2,k,*}$

Geräusche agg.: arn.$_{bg2,k}$ ph-ac.$_{bg2,k}$ tarent.$_{ptk1}$

Geräuschlos
☞ *Tonlos*

Gerüche, durch starke: merc-i-f.$_{ptk1}$ *Phos.*$_{bg2,k,*}$ sul-ac.

Geschwürigkeit tief in der Trachea; wie durch: stann.$_{h}$

Gesellschaft, in: *Ambr.* ars.$_{ptk1}$ bar-c.

Getränke:
– **kalte**:
  • **amel**.: cina$_{bg1,bg2}$
  • **Überhitzung**; bei: bry.$_{k2}$

Gewaltsam: acon.$_{a1,k}$ alum.$_{bg2,k}$ bry.$_{a1,k}$ cench.$_{k2}$ con.$_{bg2,k,*}$ hep.$_{bg2,k,*}$ lyc.$_{bg2,k,*}$ *Phos.*$_{bg2,k,*}$ ruta *Stann.*$_{hr1}$
– **abends** und nachts: ruta

Gewitter, vor: phos. sil.

Gewölben, Luft in
☞ *Kellerluft*

Gewürze, durch: sulph.$_{h,k}$

Gicht; vor einem Anfall von: led.$_{hr1,k}$

Gonorrhoe; nach unterdrückter: benz-ac. *Med.* sel. *Thuj.*

Greift sich:
– **Genitalien** beim Husten; an die: zinc.h
– **Hals** beim Husten; an den: *Acon.* all-c. ant-t. arum-t.bg,bg3 bell. dros. hep. iod. lach. lob.bro1
– **Kehlkopf** bei jedem Hustenstoß zerrissen würde; als ob der: all-c.

Großen, schlanken, tuberkulösen Personen; bei: phos.

Haares; Gefühl eines:
– **Hals**, im inneren: arg-n.br1
– **Trachea**, in der: sil.

Halten, Festhalten:
– **Abdomens** amel.; des: carb-an.h con. phos.h
– **Brust** mit beiden Händen halten; muß beim Husten die ●: **Arn.** *Borx.* **Bry.** cimic. **Dros.** *Eup-per.* kreos. merc. nat-m. *Nat-s. Phos. Sep.*
– **Hoden** festhalten; muß beim Husten die: zinc.c1
– **Hypochondrien**; hält sich die: dros.h
– **Kehlkopf**; hält den: acon.k2 **All-c.**k2,st
– **Kopf** beim Husten; hält sich den: **Bry.**st nicc.st **Nux-v.**st sulph.st
– **Magengrube**; der: phos.h
  • **amel.**: arg-n.pd *Croc. Dros.*

Hämorrhoiden; nach dem Erscheinen von: berb. euphr. sulph.

Hände
☞ *Halten*

Hart: acal.br1 **Acon.**hr1 alum.k2 alumn.a1,k apoc.a1,k ars.bg2,k asc-t.hr1,k,* aur-m.hr1,k aur-s.a1,k **Bell.**a1,k *Borx.* calc.bg2,k,* cann-i.bg2,k,* caps.hr1,k *Carb-v.*hr1,k *Caust.*bg2,k cench. *Chlf.*hr1 chlol.hr1 chlor. chr-ac.hr1,k cina *Coc-c.* coch.hr1 coll.hr1,k *Cupr.*bg2,k,* eup-per.hr1,k euphr.k2 eupi.a1,k *Gels.*hr1 guaj.k2 gymno. hep.bg1,bg2,* *Kali-bi.*hr1,k,* **Kali-c.**bg2,k,* kali-m.k2 *Lac-c.*hr1,k *Lach.*bg2,k,* laur. linu-c.a1 *Lyc.*bg2,k,* naja **Nit-ac.**hr1 *Nux-v.*bg2,k osm.hr1,k ph-ac.bg1,bg3 *Phos.*bg2,k,* *Phyt.*hr1,k *Puls.*bg2,k,* rhus-t.bg2,k,* rumx.k2 sal-ac.hr1 *Samb.*hr1 sarr.hr1,k sec.hr1,k seneg.bg2,k *Sep.*bg2,k,* *Spig.*hr1 spong.bg2,k squil.k2 **Stann.**bg2,k stict.hr1,k sulph.hr1 syph.hr1,k tub.k2 verb.bg1,bg2,* ziz.hr1,k,*
– **morgens**:
  • **Erwachen**; beim: kali-bi.k2
– **abends**: apoc.a1,k caps.hr1,k choc.srj3 *Puls.*a1,k
– **nachts**: apoc.a1,k ars. sal-ac.hr1 sul-i.k2 syph.
  • **1** h, nach: ars.
– **hören** erst auf, wenn Massen übelriechenden Sputums hochgehustet werden; Hustenanfälle: *Carb-v.*
– **Pneumonie**:
  • **nach**: calc-i.k2
– **Rauchen**, beim: all-s.a1,k nux-v.
– **Schlaf**; im: tub.br1

Hartnäckig: acon. am-caust.a1,k **Bell.** cact. crot-t. cub. **Cupr.**a1,k dios. hydrog.srj2 *Hyos.*a1,k ip. jatr-c. kali-n.a1,k limest-b.es1 lyc.a1,k mag-p. merc. mez. *Nux-v.*a1,k rumx. sang. squil.
– **Mitternacht**, beim Liegen auf dem Rücken agg., beim Liegen auf der Seite amel.: *Nux-v.*

Haus:
– **im**: cench.k2

Hautausschläge:
◆ **abwechselnd** mit
☞ *Abwechselnd mit - Hautausschläge*
– **unterdrückte** Hautausschläge; Husten durch: dulc.
– **zurückgehen**; wenn Hautausschläge: dulc.ptk1 led.ptk1 phys.pd

Heben:
– **Arme** agg.; der: *Bry. Ferr.* lyc. ol-j. tub.bg,dp

Heben einer schweren Last; beim: ambr.bg2,k,*

Heftig: **Agar.**hr1,k alum.bg2,k,* alum-p.k2 alum-sil.k2 am-c.h,k1 am-m.bg2,k ambr.bg2,k anac.bg2,k anan.hr1,k ang.bg2,k ant-t.hr1,k apis arg-n. ars.bg2,k arum-d.hr1 bad.bg1,bg3,* **Bell.** *Borx.* brom.bg2,k bry. bufo *Calc.*bg2,k calc-i.k2 camph. carb-an. **Carb-v.**bg2,k **Caust.**bg2,k,* *Cham. Chel.*bg2,k,* chin.bg2,k chlor.hr1 *Cimx.*hr1,k *Cina* clem. **Coc-c. Con.**bg2,k cop. cor-r. croc.bg2,k cub.hr1 **Cupr.**bg2,k *Cycl.*a1,k **Dros.**bg2,k *Dulc.*bg2 elaps *Eup-per. Euphr. Form.* gamb. gels.hr1,k graph.bg2,k2 guare. **Hep.**bg2,k,* hydr-ac. **Hyos.**bg2,k **Ign.**bg2,k indg. iod.k2 **Ip.**bg2,k,* kali-bi. **Kali-c.**bg2,k,* kali-chl.a1,k kali-m.k2 kali-sil.k2 *Kreos.* **Lach.**bg2,k lact. led.bg2,k lith-c. *Lob.* lycps-v. *Mag-c.* mag-p. manc. *Meph. Merc.*bg2,k **Mez.**bg2,k mur-ac.bg2,k,* *Nat-ar. Nat-c.*bg2,k,* nat-p. nicc. nit-ac. *Nux-v.*bg2,k,* ol-j. olnd. *Op.*bg2,k par.bg2,k petr. **Ph-ac. Phos.**bg2,k plat. **Puls.**bg2,k rhod.bg2 *Rhus-t.*bg2,k,* rumx. ruta sabad.bg2,k sang. seneg.bg2,k **Sep.**bg2,k *Sil.* spig.bg2,k,* *Spong.*bg2,k **Squil.**bg2,k **Stann.**bg2,k,* staph. stict. stront-c. sulph.bg2,k,* ther. verat.bg2,k verb.bg2 viol-o.hr1,k *Zinc.*bg2,k,* zinc-p.k2
– **tagsüber**: *Agar.* alum.h,k1 *Euphr.*
– **morgens**: ars.h,k1 bry. cina nux-v. *Puls.* rumx.k2 **Squil.** verat.h,k1
  • **frühmorgens**, im Bett: bry. *Mez.* **Nux-v.**
  • **Aufstehen**, vor dem: **Nux-v.**
  • **Erwachen**, beim: *Agar.* **Lach.**
– **mittags**: bell.
– **nachmittags**: mur-ac. *Nat-c.*a1,k
– **abends**: alum. anac. borx.h *Calc.* con. indg. *Kali-c.*a1,k *Mez. Nat-c.*a1,k verat.
  • **Liegen**, nach dem: am-m.h,k1 *Kali-c.*a1,k *Mez.* **Sep.**
– **nachts**: am-c.h,k1 arg-n. bell.h,k1 calc.h,k1 *Con.* cupr. *Cycl.*a1,k graph.k2 *Hep. Merc.* nicc. petr. verat.h,k1
  • **3** h: **Kali-c.** mur-ac.
– **Erwachen**, beim: *Agar.* calc. carb-v. rhus-t.a1,k
– **Gähnen**, beim: mur-ac.h,k,*
– **Lachen**, beim: mur-ac.h,k,*
– **Mittagessen**, nach dem: anac. mur-ac.h,k,*
– **Pneumonie**; nach: calc-i.k2
– **Schlaf**, im: apis cham. *Cycl.*a1,k *Sulph.*a1,k
– **Sitzen** oder Liegen, nicht bei Bewegung; beim: phos.
– **Sprechen**, durch: mur-ac.h,k,*
– **ununterbrochen**, bis durch Erbrechen amel.: *Mez.*

– **Zucken** des Kopfes nach vorne und der Knie nach oben; krampfhaftes: ther.

Heiser: **Acon.**bg2,k,* agar. agn. **All-c.**bg2,k,* aloe ambr.bg2,k,* anan. ant-t. apis apoc.hr1,k ars.bg2,hr1 *Ars-i.*bg2 asaf.bg2,k,* asc-t.hr1,k bar-c.k2 **Bell.**bg2,k,* bov. **Brom.**bg2,k,* bufo calad.hr1,k,* *Calc.*bg2,k,* calc-p.hr1 calc-s. calc-sil.k2 camph.hr1,k cann-i. carb-an.bg2,k,* **Carb-v.**bg2,k,* carbn-s. **Caust.**bg2,k,* cench. cham.bg2 chin.bg2,k cina cop. croc.bg2 dirc.bg1,bg3 **Dros.**bg2,k,* *Dulc.*hr1,k *Eup-per.* gels. graph.hr1,k **Hep.**bg2,k,* hydr. ign.bg2,k,* **Kali-bi.**bg2,k,* *Kali-i.*hr1,k,* kali-s. kreos.bg2,k,* lac-ac.hr1,k *Lac-c.* *Lach.*bg2,k,* laur.bg2,k *Lyc.*bg2,k,* meph.c1 merc.bg2,k,* naja nat-c.bg2,k nat-m.bg2,k,* nit-ac.bg2,hr1 nux-v.bg2,k,* *Phos.*hr1 phyt.hr1,k *Puls.*hr1 rhod.bg2 *Rhus-t.*a1,k *Rumx.* sabad.hr1,k samb.bg2,k,* sang.hr1 sec.hr1,k *Sil.*bg2,k,* sol-x.gsb1 *Spong.*bg2,k,* **Stann.**bg2,k,* stict.hr1 sul-ac.a1,k sulph.hr1 v-a-b.j1 verat.bg2,k,* *Verb.*bg2,k,*
– **morgens**: calc-sil.k2 carb-an.hr1,k *Caust.*hr1,k,* hep.
– **abends**: *Caust.*a1,k cina
 • **Mitternacht**; bis: **Hep.**
– **nachts**: apoc.hr1 dros. rumx. verat.a1 verb.hr1,k
 • **Mitternacht**: dros.
  • **vor** Mitternacht, 23 h, bellend: rumx.
  • **nach**: **Dros.**hr1,k rumx.
   • **2** - 5 h, bellend: rumx.

Hektisch: bov. nux-v. *Phos.* puls. sil. *Stann.*
– **intermittierenden** Fieber; nach unterdrücktem: eup-per.

Hell klingend
☞ *Klingend*

Helle Gegenstände, durch: stram.hr1,k

Herausstrecken der Zunge; durch: lyc.hr1,k

Herbst; im: caps. *Cina* *Iod.*hr1,k kreos.hr1,k lac-ac.hr1,k verat.bg2,k
– **Frühling**; und im: cina kreos.hr1,k lac-ac.hr1,k

Herzens; mit Erkrankungen des: adon.bg3 arn.br1 aur-m.k2 cact.k1,k2,* crat.br1 dig.k2 **Lach.** *Laur.* lycps-v.bg3 **Naja**k,k2 nux-v.bg3 ox-ac.k1,k13,* spong.bg3,ptk1 *Tab.*

Herzstöße nötigen zum öfteren Husten: phos.h

Heulen
☞ *Weinen und Heulen* | ☐ *Gemüt - Weinen - Husten - während*

Hinlegen:
– **nicht** hinlegen; sitzt vorgebeugt und kann sich: iod.

Hitze:
– **nach**: bell.
– **Gefühl** von:
 • **Bronchien**: aeth. eup-per.
 • **Brust**: carb-v.

Hochgehoben werden, wird blau im Gesicht und kann nicht ausatmen; das Kind muß: meph.

Hochhalten:
– **Kind** beim Husten hochhalten, sonst setzen Konvulsionen ein; muß das: nicc.c1

Hohl: *Acon.*bg2,k,* all-s.hr1,k *Ambr.*hr1,k anac.hr1,k ant-t.bg2,k,* apis **Bell.**bg2,k,* brom.bg2,k,* bry.hr1,k bufo calc.bg2 carb-v.bg2,k,* **Caust.**bg2,k,* chel.bg2,k,* *Chin.*hr1 cina *Dig.*bg2,k,* dros.bg2,k,* euph.bg2,h,* euphr.h,k hep.bg2,k,* *Ign.*bg2,k,* *Ip.*bg2,k jatr-c. *Kali-c.*hr1 *Kali-i.*hr1,k,* kreos.bg2,k,* lach. lact.a1,k led.bg2,k,* *Mag-c.*a1,k med.hr1,k meph. merc. merc-c.bg2,k,* myrt-c.hr1,k nat-c.a1,k nat-m.bg2 nat-p. nit-ac.bg2,k,* nux-v.hr1,k op.bg2,k,* osm. *Phos.*bg2,k,* samb.bg2,k,* sanic. sil.bg2,k,* spig.bg2,k,* **Spong.**bg2,k,* stann.bg2 staph.bg2,k,* *Stram.* sulph.hr1 **Verat.**bg2,k,* *Verb.*bg2,k,*
– **tagsüber**: spong.a1,k
– **morgens**: *Caust.*hr1,k,* cina *Ign.*hr1,k,* *Phos.*hr1,k,*
 • **Aufstehen**, nach dem: cina
 • **Bett**, im: *Phos.*hr1,k,*
 • **Erwachen**, beim: **Ign.**a1,k
– **Mittag**, gegen: sil.a1,k
– **abends**: *Caust.* **Ign.**hr1,k lact.a1,k verat.a1,k
 • **Mitternacht**, bis: bry. caust.
 • **Hinlegen**, nach dem: lact.a1,k
– **nachts**: acon.hr1,k anac. ant-t. *Caust.*hr1,k,* nat-c.h,h2,* *Phos.*hr1,k,* samb. spong.a1,k verb.
– **Atmen**, beim tiefen:
 • **amel.**: *Verb.*
– **Aufsetzen** amel.: med. nat-c.a1,k nit-ac. phos. sil.
– **Bücken** agg.: spig.a1,k

Hunger:
– **durch**: kali-c. mag-c.
– **heftigem**, mit: nux-v. sul-ac.

Hüsteln: acet-ac.k2 acon.bg2,k,* aesc.hr1,k aeth.a1 agar.bg2,k,* agn.k2 ail.hr1,k alco.a1 *All-c.*bg2,k,* *Aloe* **Alum.**h,k,* alum-p.k2 alum-sil.k2 am-c.bg2,k am-m.bg2,k,* am-t.br1 anac.bg2,k ang.bg2,k,* *Ant-c.*a1,k ant-t.a1,k apoc.hr1,k arg-met. arg-n.a1,bg2 arn.bg2,k,* **Ars.**bg2,k,* *Ars-i.*hr1,k,* ars-s-f.k2 arum-t. asaf.a1,k *Asar.*bg2,k,* asc-t.hr1,k,* *Bell.*bg2,hr1 benz-ac.hr1,k,* berb.hr1 *Borx.* bov.a1,k brom.a1,k *Bry.*hr1,k,* bufo *Calc.*hr1,k,* *Calc-f.*hr1,k,* calc-p.hr1,k,* calc-s. calc-sil.k2 camph.bg2,k,* cann-i. cann-s.bg2,k,* *Canth.*bg2,k,* *Caps.*bg2,k,* *Carb-ac.*hr1,k,* carb-an.bg2,k,* carb-v.a1,k carbn-s. card-m.hr1 caust.bg2,k,* cench.k2 cham.hr1,k,* *Chin.*bg2,k,* chinin-ar. chr-ac.a1,hr1 cimic.a1,k *Cina* clem.bg2,k cob.hr1,k,* coc-c.hr1,k,* cocc. coff.bg2,k,* colch.bg2,k coloc.bg2,k,* *Con.*bg2,k,* cor-r.bg2 cupr.bg2 *Cupr-s.*hr1,k,* cycl.bg2,k,* dig.bg2,k,* digin.a1 dios.hr1,k *Dros.*bg2,k,* dulc.a1,k eup-per.hr1,k,* eup-pur.hr1 euph.bg2,k eupi.a1,k ferr-i. ferr-p. franz.a1 gels.a1,k graph.bg2,hr1 grat.a1,k guare.a1,k ham.hr1 hell.bg2,k,* hell-o.a1 hep.hr1,k hydr-ac. *Hyos.*bg2,k,* *Hyper.*hr1,k,* *Ign.*bg2,k,* iod.hr1 ip.hr1,k,* iris jatr-c. kali-ar.k2 kali-bi.bg2,k,* kali-br.hr1,k kali-c.bg2,k,* *Kali-i.*bg2,k,* kali-m.k2 kali-n.bg2,k,* kali-p. kali-perm. kali-s. kreos.hr1 *Lac-c.*hr1 *Lac-d.*hr1 **Lach.**bg2,k,* lact.a1,k laur.bg2,k,* lil-t. linu-c.a1 lob-s.hr1,k lyc.hr1,k,* mag-c.k2 mag-s.hr1,k,* mang.bg2,k,* med.hr1 merc.h,k,*

Hüsteln: ...
merc-i-f.hr1,k **Mez.**hr1 mur-ac.a1,k naja k2 **Nat-ar.** nat-c.a1,k **Nat-m.**bg2,k,* nat-p. nicc.hr1,k,* nit-ac.hr1,k,* *Nux-v.*hr1 ol-an.a1,hr1 ol-j.hr1,k,* onos. op.bg2,k osm.a1,k *Par.*a1,k petr.k2 ph-ac.k2 **Phos.**bg2,k,* phyt.hr1,k,* plan. plb.bg2,k,* podo.hr1,k prun. *Psor.*bg2,k ptel.hr1,k,* puls.hr1 ran-s.bg2,k,* *Rhus-t.*bg2,k,* *Rumx.* ruta sabad.bg2 sabin.bg2,k,* sal-ac. samb.hr1 **Sang.**hr1,k,* senec.k2 *Seneg.*bg2,k,* **Sep.**bg2,k,* *Sil.*hr1,k,* sin-n.hr1,k,* *Spong.*hr1 squil.bg2,k,* *Stann.*bg2,k,* staph. stict.hr1,k *Still.*hr1,k,* stront-c. sul-ac.bg2,k,* sul-i.k2 *Sulph.*bg2,k,* *Sumb.*hr1,k,* syph.hr1 tarax.bg2,k ter.hr1,k,* *Thuj.*bg2,k,* til.a1,k trif-p.a1 trom.hr1,k,* **Tub.**hr1,k ust.hr1,k,* v-a-b.j1 valer.a1,k verat.bg2 verat-v.hr1,k xan.hr1,k,* zinc.bg2,k,* zinc-p.k2 zing.a1,hr1

– **tagsüber**: *Calc.* com.hr1,k gamb.a1,k nat-m.a1,k *Sumb.*a1,k

– **morgens**: all-c.a1,k ant-t.a1,k arg-met. arn.a1,k *Ars.*hr1,k calc.a1,k *Calc-p.*hr1 cina con.a1,k iris kali-c.a1,k kali-i.a1,k laur.a1,k mang.a1,k mit.a1 nit-ac.a1,k ol-an.a1,k par.a1,k phos. sel.k2 sil.a1,k sumb.a1,k thuj.
 • **Aufstehen**, nach dem: arg-met. *Arn.*a1,k *Chin.*hr1,k euph. *Ferr.* lach.hr1,k nit-ac. ox-ac. par.a1,k staph. thuj.
 • **Erwachen**, beim: phos. sil.a1,k
 • **Schleim**, durch: laur.a1,k
 • **Sprechen**, durch: sumb.a1,k

– **vormittags**: am-m.a1,k

– **mittags**: arg-n.a1,k naja

– **nachmittags**: calc-f.hr1,k,* calc-p.a1,k cench. kali-ar.k2 kali-c.a1,k laur.a1,k **Sang.**a1,k
 • **14** h: laur.
 • **15** h: calc-p.
 • **15** - 16 h: calc-f. calc-p. cench.

– **abends**: alum. alum-p.k2 alum-sil.k2 am-br.a1,k am-m.a1,k *Borx.* bry.a1,k *Calc.*hr1 caps.hr1,k carb-an.a1,k coloc.a1,k com.a1,k digin.a1 eup-per.hr1,k,* eup-pur.hr1,k **Ign.**hr1,k,* kali-ar.k2 kali-bi.a1,k lach. lil-t.a1,k nit-ac.a1,k ol-an. phos.a1,k phyt.hr1,k *Rhus-t.*a1,k rumx. **Sang.**a1,k **Sep.**a1,k sil.a1,k sin-n.hr1,k,* stront-c. *Sulph.*a1,k sumb.a1,k zinc.a1,k
 • **18** h: sumb.
 • **19** h: com.
 • **Bett**, im: bry.a1,k *Calc.*hr1 carb-an. **Ign.**hr1,k lact.a1,k nit-ac.a1,k *Rhus-t.*a1,k **Sep.**a1,k *Sulph.*
 • **Hinlegen**, nach dem: caps. **Ign.** kali-bi. phyt. *Rhus-t.* rumx. **Sang. Sep.** sil.
  • **amel.**: am-m.
 • **Rauchen**, durch: coloc.a1,k
 • **warmen** Zimmer, im: com.a1,k

– **nachts**: aeth. asc-t.c1 calc.hr1,k *Cina Con.* graph.a1,k kali-bi. *Kali-c.*a1,k kali-sil.k2 mag-s.a1,k nat-m.a1,k phyt. senec.hr1,k *Sil.*hr1,k,*
 • **Mitternacht**, weckt um: ruta
 • **Tag** und Nacht: euph.
 • **Erstickungsgefühl**: asaf.a1,k

◆ **begleitet** von:
 • **Schnupfen**: pert.c1

– **Aufstehen**, beim: benz-ac.
 • **amel.**: rhus-t.a1,k

Hüsteln: ...

– **Bewegung**, bei: osm.a1,k *Seneg.*a1,k

– **Einatmen**, beim tiefen: nat-ar.

– **Einschlafen**, beim: agar. arn. brom. hep. lach. lyc. nit-ac. sep. sulph.

– **Erwachen**, beim: arum-t. **Lach.**hr1 phos.a1,k sil.

– **Essen**:
 • **beim**: nit-ac. sang.a1,k
 • **nach**: anac. calc-f.k2 *Hep.*hr1,k

– **Frost**; während: tub.k2

– **Gehen**, beim:
 • **Freien**, im: ang.
 • **schnellem**, bei: seneg.a1,k

– **Hitze**: hyper.
 • **während**: tub.k2

– **kalt**:
 • **Luft** agg.; kalte: **All-c.** calc-f.k2 hyper.

– **Kitzeln** im Kehlkopf; durch: acon.a1,k **All-c.**hr1,k,* *Alum.* ang. **Ars.** borx. *Bry. Calc.* calc-f.hr1,k2 *Carb-an.*a1,k carb-v. caust. **Coc-c.**a1,k colch. *Con.* dig. **Dros.** hyos. ip. kali-bi. kali-c. kali-n. lac-c. **Lach.**a1,k laur.a1,k lob-s.a1,k lyc.a1,k nat-c. **Nat-m.** nit-ac. **Phos.**a1,k phyt.hr1,k psor. rhus-t. *Rumx.* sabin. *Sang.*a1,k *Seneg.* sep. sil.hr1,k,* spira.a1,k spong. **Stict.**hr1 sumb.a1,k

– **Kribbeln** im Kehlkopf; durch: carb-v. caust. colch. euph. lach. prun. *Psor.*hr1

– **Liegen**, im: *Ars. Bry. Con.* **Hyos.** *Ign. Lach.* nat-m. par. phos. rhus-t.hr1,k *Rumx.* **Sang.** sep. sil. stann. sulph. vesp.

– **Luft**:
 • **Freien**, im: kali-c.k2 osm.a1,k *Seneg.*a1,k sulph.a1 xan.c1
  • **amel.**: lil-t.
 • **Frost**; während: calc-p.

– **Menses**; zu Beginn der: phos.a1,k

– **Mittagessen**, nach dem: agar. calc-f.hr1,k **Hep.**

– **Rauchen**, durch: clem.a1,k coc-c. coloc. hell.a1,k ign. lach. nux-v. petr.

– **Reizung** im Kehlkopf; durch: hep. hydrog.srj2 hyper. *Seneg. Sumb.* thuj. trom.

– **Roheit** im Kehlkopf; durch: alum. bry. *Caust. Coc-c. Dulc.* kali-bi. kali-i. laur. *Phos.* rumx. sil. stront-c. sulph.

– **Trockenheit** im Kehlkopf; durch: carb-an. **Con.** *Dros.* kali-c. laur. mang. plan. *Puls.* **Sang.**hr1,k *Seneg.* spong.

– **Wetter**:
 • **nassem** Wetter; bei: calc-p.k2

Husten agg. die Symptome: acon.bg2 agar.bg2 *Bell.*bg2,k cist. cocc. coff.bg2 *Hep.* **Ign.**bg2,k,* raph.a1,k squil.bg2,k stict.bg2,bg3,* teucr.bg2,k thyr.bg3,ptk1 zinc-i.bg3,pd
☞ ❑ *Allgemeines - Husten*

Hustenreiz:

– **morgens**, nach dem Aufstehen: alumn.

– **vormittags**: mag-c.h

– **nachmittags**: bapt.

– **abends**: chel. cimic. dios. petr.h sulph.
 • **19**.30 h: cimic.
 • **Bett**, im: agn. am-c. coff. kali-c.

– **nachts** beim Erwachen: thuj.
– **Bronchien**: aesc. *Anac.* arg-met. asc-t.$_{c1,k}$ carbn-s. chlor. cocc. con. cub. *Dros.* ind. ip. *Kali-bi.* kali-n. *Lach.* *Lyc.* phyt. *Sang.* squil. trif-p. verat.
 • **rechts**: kali-n.
 • **Bifurkation**: bry. carbn-s. dub. *Kali-bi.* *Spong.*
– **Brust**, in der: *Anac.* ant-o. arn. ars. ars-h. *Bell.* bov. *Calc.* *Carb-v.* carbn-s. *Cham.* colch. dros. euph. *Ferr-p.* graph. grat. guaj. guare. kali-n. kreos. m-arct. mag-c. merc. mez. mur-ac. nat-c. nat-p. nux-m. ol-j. osm. petr. *Ph-ac.* **Phos.** puls. rhus-t. *Sang.* sanic. **Sep.** spong. **Stann.** sul-ac. thuj. verat. zinc.
 • **oberen** Brust; in der: ars-h. carb-v. myrt-c. nux-m. ol-j.
 • **unteren** Brust; in der: kreos.
– **Epigastrium**, im: bar-c. bell. *Borx.* **Bry.** cann-s. cench. cham. guaj. *Hep.* ign. *Lach.* merc. nat-m. nit-ac. nux-v. ph-ac. **Puls.** raph. **Sep.**
– **Fauces**, in den: dios. lycps-v. mag-s. *Mez.* sul-ac.
– **Gaumen**; Reizung erstreckt sich zum: dig.$_{h}$
– **Halsgrube**, in der: *Apis* bell. *Cann-s.* card-m. *Cham.* croc. **Ign.** iod. kreos. lac-c. mag-c. nat-m. ph-ac. rhus-r. **Rumx.** **Sang.** *Sil.* squil.
– **Kardia**, in der: bar-c.
– **Kehlkopf**, im: *Acon.* **Agar.** **All-c.** *Alum.* alum-p.$_{k2}$ *Alumn.* am-c. am-m. ambr. anac. ang. ant-c. ant-t. aphis *Arg-met.* *Arg-n.* ars. ars-i. asaf. asar. asc-t.$_{c1}$ bar-c. bar-i.$_{k2}$ bar-m. bar-s.$_{k2}$ **Bell.** bov. *Brom.* *Bry.* *Calad.* *Calc.* calc-f. calc-i.$_{k2}$ camph. canth. caps. carb-ac. *Carb-an.* *Carb-v.* carbn-s. card-m. *Caust.* **Cham.** chel. chin. chinin-ar. cimic. cina **Coc-c.** coca *Cocc.* coff. colch. *Coloc.* **Con.** crot-h. *Cupr.* dig. dios. **Dros.** euph. *Euphr.* ferr. ferr-i. ferr-p.$_{k2}$ form. *Gels.* graph. guare. **Hep.** hydr-ac. hyos. hyper. **Ign.** *Iod.* **Ip.** *Kali-ar.* *Kali-bi.* **Kali-c.** kali-chl. kali-i. kali-m.$_{k2}$ kali-p. kali-sil.$_{k2}$ lac-ac. lac-c. **Lach.** lachn. laur. lith-c. *Lyc.* mag-c. manc. mang. meny. *Merc.* merc-c. mez. mur-ac. myric. *Naja* nat-ar. nat-c. **Nat-m.** nat-p. nat-s.$_{k2}$ nicc. nit-ac. **Nux-v.** olnd. osm. *Petr.* *Ph-ac.* **Phos.** *Phyt.* plan. *Psor.* **Puls.** *Rhus-t.* *Rumx.* sabad. sabin. sang. *Seneg.* *Sep.* *Sil.* **Spong.** *Squil.* stann. *Staph.* stront-c. sul-i. **Sulph.** sumb. tab. tarax. teucr. thuj. trom. tub-a.$_{vs}$ verat. verb. zinc. zinc-p.$_{k2}$
 • **morgens**: *Sil.*
 • **nachmittags**: coca ferr-i. phos.
  • **14** h: coca
 • **abends**:
  • **Bett**, im: coc-c. cocc.
  • **Liegen**, beim: *Ign.*
 • **Mitternacht**, vor: *Spong.*
 • **Essen**, beim: *Rumx.*
 • **Flüssigkeit** den falschen Weg genommen hätte; als ob etwas: **Lach.**
 • **Schlaf**; beim Liegen auf der Seite im ersten: *Kali-c.* *Spong.*
– **Luftwegen**; durch Reizung in den: acet-ac.$_{br1}$ **Acon.** *Agar.* agn. all-s. aloe alum. am-br. am-c. am-m. aml-ns. *Anac.* ant-t. aspar. bar-c. cain. *Calc.* carb-ac. *Carb-v.* carbn-s. *Caust.* cench.$_{k2}$ **Cham.**

Hustenreiz - Luftwegen; durch Reizung in: ... chinin-s. chlor. clem. coc-c. coff. colch. coll. con. crot-t. dios. ferr-ar. ferr-p. *Gels.* hyos. **Iod.** kali-bi. kali-c. kali-i. lob. lyc. mag-s. merc-i-r. mez. mosch. mur-ac. nat-ar. nat-s. **Nux-v.** osm. ox-ac. ph-ac. phos. plan. psor. *Puls-n.* raph. **Sep.** sul-ac. *Sulph.*
– **Lungen**, in den: dios. lach. lycps-v.
 • **rechts**: carb-an. nux-m.
 • **20** h: dios.
– **Schilddrüse**; in der Gegend der: mag-c.
– **steigt** an, je mehr man hustet: *Bell.* cist. cocc. hep.$_{st}$ **Ign.** raph. squil. teucr.
– **Trachea**, in der: acon. agar. alum. alum-p.$_{k2}$ ang. ant-t. *Arg-met.* arg-n. *Arn.* ars. ars-i. asaf. bar-c. bar-i.$_{k2}$ bar-m. bar-s.$_{k2}$ *Bell.* *Bov.* *Bry.* *Calc.* calc-i.$_{k2}$ *Cann-s.* carb-an. *Carb-v.* carbn-s. *Caust.* *Cham.* chin. chinin-ar. cina *Coc-c.* cocc. colch. coloc. *Con.* croc. dig. **Dros.** euph. *Ferr.* *Ferr-ar.* ferr-i. ferr-ma. *Ferr-p.* graph. grat. hep. hydr-ac. hyos. ign. *Iod.* ip. *Kali-ar.* kali-bi. **Kali-c.** *Kali-i.* kali-m.$_{k2}$ kali-n. kali-p. kali-sil.$_{k2}$ laur. led. **Lyc.** mag-c. *Mang.* *Merc.* mez. mur-ac. nat-ar. *Nat-m.* nicc. *Nit-ac.* nux-m. nux-v. *Petr.* **Phos.** plan. prun. psor. *Puls.* rhod. **Rhus-t.** *Rumx.* sabin. seneg. **Sep.** **Sil.** spig. *Spong.* squil. **Stann.** staph. *Stict.* stront-c. sul-i.$_{k2}$ **Sulph.** teucr. *Thuj.* trif-p. verat. zinc. zinc-p.$_{k2}$
– **Uvula**, verlängerte
 ☞ *Verlängerung*

Hysterische Hustenanfälle:
– **Frauen**, bei: cocc. der. *Gels.* *Ign.* nux-m. plat. verat.
– **gefolgt** von Weinen, nachts: form.

Impfung, nach: *Thuj.*$_{hr1,k}$

Influenza, nach: am-c.$_{ptk1}$ sang.$_{ptk1}$ stict.$_{c1}$

Innehalten:
– **muß** innehalten mit dem Husten: choc.$_{srj3}$ coff.

Jahreszeiten:
– **Frühling**, im: ambr. *Cina* *Gels.* kreos. lac-ac. verat.
 • **Herbst**, und: cina kreos. lac-ac.
– **Herbst**; im: mucor-a-p.$_{bc2}$
– **Winter**, im: acon. ant-s-aur.$_{bro1}$ ant-t.$_{ptk1}$ ars.$_{h,k2}$ cham. *Coc-c.* dulc. eupi. kali-bi.$_{k2}$ kali-m.$_{ptk1}$ *Kreos.* nat-m.$_{ptk1}$ *Nit-ac.* plan. *Psor.* *Rumx.* sep.$_{h}$ *Stann.* staph.
 ◇ **abwechselnd** mit Ischialgie im Sommer: staph.
 • **alten** Menschen, bei: am-c. *Kreos.*

Jammern, durch: arn.$_{br1}$

Jucken, durch:
– **Hals**; im inneren: bamb-a.$_{stb2}$
 ☞ ❑ *Innerer Hals - Jucken - Husten*
– **Brust**, in der: agar. ambr. ars. bamb-a.$_{stb2}$ carb-v. coc-c. con. iod. kali-bi. kali-c. mag-m. mez. *Nux-v.* ph-ac. phos. polyg-h. puls. sep. spig. stann.
 ▽ **erstreckt** sich durch die Trachea zur Nasenspitze: iod.

– **Kehlkopf**, im: ambr. ant-t. ars-s-f.$_{k2}$ bamb-a.$_{stb2}$ bell. cact. *Calc.* calc-f. carb-v. *Con.* dig. lach. laur. mang. *Nux-v.* puls. sil.
- **Getränke** amel.; warme: bamb-a.$_{stb2}$
- **Liegen** auf dem Rücken agg.: bamb-a.$_{stb2}$

– **Trachea**, in der: cham. con. kali-bi. laur. *Nux-v.* puls.

Kaffee:
– **agg.**: caps. caust. cham. cocc. ign. nux-v. sul-ac.
– **Geruch** von; durch den: sul-ac.

Kalt:
– **Abkühlung**, durch: arn. **Ars.** ars-s-f.$_{k2}$ *Bad. Bry. Calc. Calc-p. Carb-v.* carbn-s. *Caust. Con. Dulc.* **Hep.** kali-ar. *Kali-bi.* **Kali-c.** *Lach. Mosch.* mur-ac. **Nux-v. Phos.** psil.$_{ft1}$ **Psor. Rhus-t. Rumx.** *Sabad. Sang.* **Sil.** spong. *Squil. Staph.* sul-ac. *Sulph.* thuj. **Tub.**
☞ *Entblößen - agg.*
- **amel.**: sul-i.$_{k2}$
- **Armes** oder der Hand; des: ars. bar-c. calc. *Con.* ferr. **Hep.** kali-c. **Rhus-t.** *Sil.* sulph.
- **Brust** durch kalten Wind; der: rumx.$_{ptk1}$
- **einzelner** Teile: bar-c. **Hep. Rhus-t.** sil.
- **Füße**, der: *Bar-c. Bufo Sil.* sulph.
  - **Stehen** in Wasser; durch: nux-m.$_{ptk1}$

– **feuchtkalte** Luft
☞ *Luft - naßkalter*
– **Getränke**, durch kalte: acon.$_{bg2}$ adam.$_{srj5}$ am-c.$_{bg2}$ am-m.$_{bg2,k,*}$ ant-c. **Ars.**$_{bg2,k,*}$ bad.$_{hr1}$ *Bar-c.*$_{hr1,k}$ bry.$_{k2}$ calc.$_{bg2,k}$ calc-sil.$_{k2}$ *Carb-v.*$_{bg2,k,*}$ caust.$_{hr1}$ cimic.$_{hr1}$ coc-c.$_{ptk1}$ dig.$_{bg2,k,*}$ dros.$_{k2}$ dulc.$_{hr1}$ *Hep.* kali-ar. kali-c. lyc.$_{bg2,k,*}$ manc.$_{ptk1}$ *Merc.*$_{hr1,k}$ nit-ac.$_{hr1}$ *Ph-ac. Phos.*$_{bg2,k,*}$ psil.$_{ft1}$ **Psor.** rhus-t.$_{bg2,k}$ rumx. sabad.$_{hr1}$ sep.$_{hr1}$ *Sil.*$_{bg2,k,*}$ *Spong.*$_{bg2,k,*}$ *Squil.*$_{bg2,k,*}$ staph.$_{bg2,k}$ stram.$_{bg2,k,*}$ sul-ac.$_{bg2,k,*}$ *Thuj.*$_{bg2,k,*}$ *Tub.* verat.$_{bg2,k,*}$
- **amel.**: am-caust. borx. brom. caps.$_{hr1,k}$ **Caust.**$_{bg2,k,*}$ cina$_{bg1,bg2}$ *Coc-c.*$_{bg2,k,*}$ **Cupr.**$_{bg2,k}$ euphr. glon. iod. ip. kali-c. kali-s. onos.$_{bg2,k}$ *Op.*$_{bg2,k}$ sulph. tab.$_{bg2,ptk1}$ tub.$_{lmj}$ verat.
- **Milch**: ant-t.$_{bg2,k}$ spong.$_{ptk1}$

– **Luft**; kalte: acon. adam.$_{srj5}$ agar. **All-c.** all-s. alum. alum-p.$_{k2}$ alum-sil.$_{k2}$ am-c.$_{bro1}$ am-m. aphis **Ars.** ars-s-f.$_{k2}$ aur. aur-ar.$_{k2}$ aur-s.$_{k2}$ *Bad. Bar-c.* bar-s.$_{k2}$ bov. *Brom.* bry. *Calc.* calc-sil.$_{bro1,k2}$ *Carb-an. Carb-v.* carbn-s. carc.$_{mg1,sp,*}$ **Caust.** cham. cimic. cina cist. *Coca* cocc. coff. *Con.* cub. *Cupr.* cur. cycl. dulc. *Ferr. Ferr-ar.* ferr-p. **Hep. Hyos.** hyper. ip. *Kali-ar. Kali-bi. Kali-c.* kali-i. **Kali-n.** kali-p. lac-ac. lac-d.$_{k2}$ *Lach.* lyc. menth.$_{bro1}$ mez. mosch. naja nat-s. nit-ac. nux-m. **Nux-v.** osm. ph-ac. **Phos.** *Phyt.* plan. *Rhus-t.* **Rumx.** sabad. samb. sang. *Seneg. Sep. Sil.* sin-n. spig. spong. squil. staph. stram. *Sul-ac.* sulph. tub.$_{dp}$ verat. verat-v.
☞ *Bedecken*
- **amel.**: calc-s. *Coc-c.* kali-s. mag-p.$_{pd}$
- **Anwendung** kalter Luft: carc.$_{tp1}$
- **Gefühl** eisiger Luft in den Luftwegen; durch: *Cor-r.*
- **Gehen**, beim: *Ars.* cist. ip. *Kali-n.* **Phos. Rumx.** *Seneg.* spig. *Sul-ac.* verat.

Kalt: ...
– **Speisen**; kalte
☞ *Speisen - kalte*
– **Trachea**; Gefühl von Kälte in der: camph.$_{h}$
– **trockene**, kalte Luft
☞ *Luft - trockener - kalter*
– **warm**:
- **Kalte**; beim Gehen vom Warmen ins: *Acon. Carb-v.* nat-c. *Nux-v. Phos.*$_{k,kl2}$● **Rumx.**$_{k,kl2}$● *Sang.* sep.
- **Zimmer**; beim Gehen aus einem oder in ein warmes
☞ *Warm - Zimmer - Kalte - agg.*

– **Wasser**; durch Stehen in kaltem: nux-m.
– **Wind** auf der Brust; durch kalten: *Phos. Rumx.*

Kardial bedingt
☞ *Herzens*

Kartoffeln agg.: alum.

Kellerluft, durch: ant-t.$_{bg2,k,*}$ *Dulc.*$_{hr1}$ nux-m.$_{hr1,k}$ *Sep.*$_{bg2,k,*}$ stram.$_{bg2,k,*}$
☞ ◻ *Gemüt - Furcht - engen*

Keuchend: calad. *Dulc.*$_{hr1,k}$ mur-ac. phos. rhus-t. sul-ac.
– **Rumoren** von oben in der Brust nach unten; vernehmbares, hörbares: mur-ac.
– **Schlaf**, verhindert den: calad.

Keuchhusten (= Pertussis): acon.$_{bg2,k,*}$ all-c.$_{hr1,k,*}$ am-br.$_{c2}$ am-c. am-pic.$_{c1,c2}$ *Ambr.*$_{bg2,k,*}$ *Anac.*$_{bg2,k,*}$ *Anan.* ang.$_{c1,c2}$ ant-c.$_{bg2,k,*}$ *Ant-t.*$_{bg2,k,*}$ *Arg-n.*$_{hr1,k}$ *Arn.*$_{bg2,k,*}$ *Ars.*$_{bg2,k,*}$ ars-i.$_{k2}$ ars-s-f.$_{k2}$ arum-t.$_{hr1,k}$ asaf.$_{hr1,k}$ asar. asc-c.$_{hr1,k}$ bad.$_{hr1,k,*}$ *Bar-c.*$_{bg2,k,*}$ bar-m. bar-s.$_{k2}$ *Bell.*$_{bg2,k,*}$ *Brom.*$_{hr1,k}$ *Bry.*$_{bg2,k,*}$ *Calc.*$_{bg2,k,*}$ *Calc-p.* caps.$_{hr1,k,*}$ *Carb-ac. Carb-an.*$_{hr1,k}$ **Carb-v.**$_{bg2,k,*}$ carbn-h.$_{c2}$ *Carbn-s.* carc.$_{fb,jl2}$ *Castn-v.*$_{c2,k}$ *Caust.*$_{hr1,k,*}$ *Cham.*$_{bg2,k,*}$ chel.$_{c2}$ *Chin.*$_{bg2,k,*}$ chlol.$_{hr1,k}$ *Chlor. Cina*$_{c2,k}$ *Coc-c.*$_{bg2,k,*}$ con.$_{bg2,k,*}$ *Cor-r.*$_{hr1,k,*}$ *Crot-h.*$_{hr1,k,*}$ *Cupr.*$_{bg2,k,*}$ cupr-act.$_{c2}$ cupr-ar. cur.$_{c2}$ dig.$_{hr1,k}$ **Dirc. Dros.**$_{bg2,k,*}$ *Dulc.*$_{bg2,k,*}$ *Euphr.*$_{bg2,k,*}$ *Ferr.*$_{bg2,k}$ ferr-ar. *Ferr-p.*$_{hr1,k,*}$ flf.$_{br1}$ *Graph.*$_{c2,k}$ guare.$_{a1,k,*}$ *Hep.*$_{bg2,k,*}$ *Hippoz.*$_{hr1,k,*}$ hydr-ac.$_{hr1,k,*}$ *Hyos.*$_{bg2,k,*}$ hyper.$_{c2,k}$ ign.$_{bg2,k,*}$ indg. iod.$_{bg2}$ *Ip.*$_{bg2,k,*}$ *Kali-bi.*$_{hr1,k,*}$ kali-br. *Kali-c.*$_{bg2,k,*}$ kali-chl. kali-i.$_{a1,k}$ kali-m.$_{k2}$ *Kali-p.* **Kali-s.**$_{hr1,k,*}$ kali-sil.$_{k2}$ *Kreos.*$_{hr1,k,*}$ lach.$_{bg2}$ *Lact.*$_{hr1,k}$ lact-v.$_{c1,c2}$ laur.$_{bg2,k,*}$ *Led.*$_{bg2,k,*}$ *Lob.*$_{hr1,k,*}$ *Lyc.*$_{bg2,k,*}$ *Mag-m.*$_{hr1,k,*}$ mag-p.$_{hr1,k,*}$ *Meph.*$_{bg2,hr1,*}$ merc.$_{bg2,k,*}$ *Mez.*$_{bg2,k,*}$ mosch.$_{bg2,k,*}$ mur-ac.$_{bg2,k,*}$ *Naphtin.*$_{br1,c2}$ *Nat-m.*$_{bg2,k,*}$ nicc.$_{hr1,k,*}$ *Nit-ac.*$_{bg2,k,*}$ *Nux-v.*$_{bg2,k,*}$ op.$_{bg2,k,*}$ ouabin.$_{br1}$ oxyg.$_{c2}$ par.$_{bg2,k}$ pert.$_{al2,br1,*}$ phel. *Phos.*$_{bg2,k,*}$ podo.$_{c2,k}$ *Puls.*$_{bg2,k,*}$ rhus-t.$_{bg2,k}$ *Rumx.* ruta sabal$_{c2}$ *Samb.*$_{bg2,k,*}$ *Sang.*$_{hr1,k,*}$ sec. *Seneg.*$_{bg2,k,*}$ *Sep.*$_{bg2,k,*}$ *Sil.*$_{bg2,k,*}$ spig. *Spong.*$_{bg2,k,*}$ *Squil.*$_{hr1,k,*}$ stann. stict.$_{hr1,k}$ stram. succ.$_{c2}$ sul-ac.$_{bg2,k}$ *Sulph.*$_{bg2,k,*}$ syph. *Tab.*$_{hr1,k,*}$ terp-h.$_{bwa3}$ thuj.$_{c2}$ tub.$_{c1}$ urt-u.$_{c2}$ vac.$_{c2}$ *Verat.*$_{bg2,k,*}$ viol-o.$_{c2,k}$ *Visc.*$_{c2,k}$ zinc.$_{hr1,k,*}$ zinc-p.$_{k2}$
– **tagsüber**: brom. cupr. *Euphr.*
– **morgens**: ant-c. *Calc.*$_{hr1,k}$ cina verat.

– **vormittags**: sep.
– **nachmittags**: lyc. mur-ac.$_{hr1,k}$ sulph.
 • **Mitternacht**, bis: sulph.
– **abends**: ambr. arn. ars. bar-c. bell. bry. carb-v. chin. cina coc-c. dros. hep. ign. *Laur.*$_{hr1,k}$ lyc. mez.$_{hr1,k}$ nat-m. puls. seneg. sep. spong. sul-ac. verat.
 • **18** - 22 h: hyper.
 • **nachts**, und: ars. bry.
 • **Mitternacht**, bis: arn. bar-c. carb-v. hep. mez. puls. sep. spong. sul-ac. verat.
– **nachts**: ambr. anac. ant-t. arn. ars. bar-c. bell. bry. carb-v. *Cham.* chin. coc-c. con.$_{h,k1}$ cor-r. cupr.$_{hr1,k}$ dros. dulc. *Hep.* hyos. meph. *Merc.*$_{hr1,k}$ mez.$_{hr1,k}$ mur-ac. nat-m. nit-ac.$_{a1,k}$ puls. samb. seneg.$_{hr1,k}$ sep. sil. spong. stann.$_{hr1,k}$ sul-ac. sulph. verat.
 • **Mitternacht**:
  • **vor**: lyc. mur-ac. *Spong.*
  • **nach**: acon. am-m. bell. chin. dros. *Hyos. Kali-c.* samb. stict.$_{c1}$
   • **2** h: dros.
   • **3** h: *Kali-c.*
◆ **begleitet** von:
 • **Speichelfluß**: *Bry.*$_{kr1,st1,*}$ *Iris*$_{kr1,st1,*}$ spong.$_{kr1,st1,*}$
– **Atmen**:
 • **schnelles** Atmen während der Anfälle: *Led.*$_{kr1}$
 • **tiefen**, beim: *Mag-m.*$_{kr1}$
– **Augen**:
 • **beutelartige** Schwellung zwischen Oberlidern und Augenbrauen: *Kali-c.*$_{kr1}$
 • **Sklera** erscheint wie ein einziger Blutklumpen: *Bell.*$_{kr1}$
– **Brust**:
 • **tief** aus der Brust; anscheinend: *Lob.*$_{kr1}$
 • **zerschlagen** während der Anfälle; wie: *Led.*$_{kr1}$
 • **Zusammenschnürung** der Brust, muß sie mit Händen halten; agg. nach Mitternacht, mit: **Dros.**$_{kr1}$
– **Deferveszenzstadium**, im: ant-t.$_{ptk1}$ phos.$_{ptk1}$ puls.$_{ptk1}$
– **Erkältung** wieder; kehrt bei jeder: caust.$_{bro1}$ sang.$_{bro1}$
– **ersten** Stadium; entzündlicher Husten im: *Acon.*$_{kr1}$ *Ant-t.*$_{kr1}$ **Bell.**$_{kr1}$ *Cham.*$_{kr1}$ *Ferr-p.*$_{kr1}$
– **Essen**; beim: bry.$_{k2}$
– **Folgeerscheinungen**: *Sang.*$_{hr1}$
– **Herpes** facialis, mit: arn.$_{ptk1}$
– **Herz** nach jedem Anfall zerbrechen würde; als ob das: arn.$_{k1}$
– **kalt**:
 • **Luft**, in kalter: *Cina*$_{kr1}$
  • **Gehen**, beim: *Cina*$_{kr1}$
– **katarrhalischen** Phase; in der: acon.$_{ptk1}$ dulc.$_{ptk1}$ ip.$_{ptk1}$ nux-v.$_{ptk1}$ puls.$_{ptk1}$
– **Kind**:
 • **beugt** sich nach hinten, dann Auswurf von klarem, schaumigem Blut: *Led.*$_{kr1}$
 • **greift** sich beim Husten an die Genitalien: *Zinc.*$_{kr1}$
 • **pummelig**: *Seneg.*$_{kr1}$

Keuchhusten - Kind: ...
 • **steif** vor dem Anfall: *Led.*$_{kr1}$
 • **weint** vor dem Husten: arn.$_{br1}$
– **kitzelnd**:
 • **Brust**: *Mur-ac.*$_{kr1}$
– **Konvulsionen**, mit: arg-n.$_{kr1}$ **Cupr.**$_{kr1}$ *Cupr-act.*$_{kr1}$ *Hydr-ac.*$_{kr1}$ **Kali-br.**$_{kr1}$ **Meph.**$_{kr1}$ seneg.$_{kr1}$ *Sep.*$_{kr1}$ *Stict.*$_{kr1}$ *Verat.*$_{kr1}$
 • **Anfall** endet in Konvulsionen, sieht wie tot aus; jeder: *Cupr.*$_{kr1}$
– **Krampfstadium**, im: carb-v.$_{ptk1}$ cina$_{ptk1}$ coc-c.$_{ptk1}$ dros.$_{ptk1}$ kali-c.$_{ptk1}$ nux-v.$_{ptk1}$ puls.$_{ptk1}$ verat.$_{ptk1}$
– **Krupp**, Symptome von: **Brom.**$_{kr1}$
– **losgerissen**; mit einem Gefühl wie: osm.$_{ptk1}$
– **Ösophagus** erregt Husten; Gefühl von Krämpfen im: *Cupr.*$_{kr1}$ *Iris*$_{kr1}$
– **Prophylaxe**: carb-v.$_{gm1}$ cupr.$_{gm1}$ dros.$_{gm1}$ pert.$_{gm1}$
– **vernachlässigten** Komplikationen; bei: verat.$_{ptk1}$
– **Weinen** nach dem Anfall, als würde das Herz zerbrechen: arn.$_{k13}$ calc.$_{hbh}$
– **Zahnung**, während der: *Calc.*$_{kr1}$ *Cham.*$_{kr1}$
– **Zwerchfelles** nach jedem Anfall; krampfhafte Zusammenziehung des: *Led.*$_{kr1}$

Kirche agg.; Luft in der
 ☞ *Kellerluft*

Kitzelhusten: acet-ac.$_{hr1,k}$ **Acon.**$_{bg2,k}$ alum.$_{bg2,k}$ alumn.$_{a1,k}$ am-c.$_{bg2,k,*}$ am-m.$_{bg2,k,*}$ *Ambr.*$_{hr1,k}$ anac. androc.$_{srj1}$ ang.$_{bg2,k,*}$ ant-t.$_{bg2,k,*}$ *Arg-met.* arg-n.$_{bg2,k,*}$ *Arn.*$_{bg2,k}$ ars.$_{bg2,k}$ arum-t.$_{hr1,k}$ *Asaf.*$_{bg2,k}$ atro.$_{bg2,k,*}$ bamb-a.$_{stb2}$ bar-c.$_{bg2,k}$ bar-s.$_{k2}$ *Bell.*$_{bg2,k,*}$ bov.$_{bg2,k*}$ *Brom.*$_{bg2,k,*}$ *Bry.*$_{bg2,k,*}$ cain. *Calc.*$_{bg2,k,*}$ calc-p.$_{a1,k}$ canth.$_{bg2,k}$ caps.$_{bg2}$ *Carb-an.*$_{bg2,k,*}$ *Carb-v.*$_{h,k*}$ *Caust.*$_{bg2,k,*}$ **Cham.**$_{bg2,k,*}$ chin.$_{bg2,k,*}$ chinin-ar. cimic.$_{hr1,k*}$ cina *Coc-c.*$_{a1,k}$ *Coca* cocc.$_{hr1,k}$ colch.$_{bg2,k}$ coloc.$_{a1,k}$ **Con.**$_{bg2,k,*}$ **Crot-c.** crot-h.$_{hr1}$ cupr.$_{bg2,k}$ dig.$_{bg2,k}$ *Dros.*$_{hr1,k}$ erio.$_{a1}$ *Euphr.* ferr.$_{bg2,k,*}$ ferr-ar. ferr-i.$_{k2}$ *Ferr-p.* granit-m.$_{es1}$ graph.$_{bg2,k,*}$ ham.$_{hr1,k}$ helx.$_{c1,gm1}$ hep.$_{bg2,k,*}$ hydr-ac.$_{bg2}$ *Hydrog.*$_{srj2}$ **Hyos.**$_{bg2,k,*}$ *Ign.*$_{bg2,k}$ inul.$_{hr1,k}$ *Iod.*$_{bg2,k}$ **Ip.**$_{bg2,k,*}$ *Iris Kali-bi.*$_{bg2,k}$ **Kali-c.**$_{bg2,k,*}$ kali-n.$_{hr1,k,*}$ kali-p. kali-perm. kali-s. **Lach.**$_{bg2,k,*}$ lact. laur.$_{bg2,k,*}$ led.$_{bg2,k}$ linu-c.$_{a1}$ **Lyc.**$_{a1,k}$ mag-c.$_{bg2,k,*}$ mag-m.$_{bg2,k}$ mag-p.$_{br1}$ merc.$_{bg2,k}$ mur-ac.$_{bg2,k,*}$ naja nat-c.$_{bg2,k,*}$ **Nat-m.**$_{bg2,k,*}$ nat-p.$_{a1,k}$ nit-ac.$_{bg2,k}$ nit-s-d.$_{a1}$ **Nux-v.**$_{bg2,k,*}$ ol-an. ol-j.$_{a1,k}$ olnd.$_{bg2,k}$ op.$_{hr1,k}$ petr. *Ph-ac.*$_{bg2,k}$ *Phos.*$_{bg2,k,*}$ prun.$_{bg2,k}$ *Puls.*$_{bg2,k,*}$ *Rhus-t.*$_{bg2,k}$ *Rumx.* sabad.$_{bg2,k}$ *Sabin.*$_{bg2,k}$ salv.$_{c2}$ **Sang.**$_{hr1,k*}$ sars. senec.$_{bg2}$ *Seneg.*$_{bg2,k,*}$ **Sep.**$_{bg2,k,*}$ sil.$_{bg2,k,*}$ *Spong.*$_{bg2,k,*}$ *Squil.*$_{a1,k}$ *Stann.*$_{bg2,k,*}$ **Staph.**$_{bg2,k,*}$ stict.$_{bg2}$ sulph.$_{bg2,k*}$ *Tab.*$_{a1,k}$ tarax.$_{bg2}$ teucr. *Thuj.*$_{a1,k}$ tub.$_{c}$ tub-a.$_{br1}$ verat.$_{bg2,k,*}$ zinc.$_{bg2,k,*}$ zinc-p.$_{k2}$
 ☞ *Kitzeln; durch / Kitzelnd*
– **tagsüber**: coloc. lyc. nat-m. staph.$_{h}$
 • **nachts**; und: nat-m.
– **morgens**: alumn. cain. carb-v. coloc. iod.$_{h}$ lyc. nat-m. sumb. thuj.
 • **Aufstehen**, nach dem: alumn. *Arn.*

– **morgens**: ...
• **Erwachen**; beim: limest-b.$_{esl}$
• **Gehen**, nach dem: carb-v.
– **nachmittags**:
• **15** h: hep.
– **abends**: alumn. calc-p. carb-v. chin. cimic. coloc. lyc. merc. nat-m. *Ph-ac.* rhus-t. sulph.
• **18** h:
• **Auswurf** von Schleim amel.: sulph.
• **Mitternacht**, bis: rhus-t.
• **Bett**, im: calc-p.
• **Einschlafen**
• **vor**: merc.
• **beim**: lyc.
– **nachts**: arg-n. *Asaf. Calc.* carc.$_{tp1}$ coc-c. *Coloc. Dros.* kali-bi. kali-c. lyc. myric. nat-m. rhus-t. rumx. sanic. sep.$_{h}$ zinc.
• **Mitternacht**:
• **nach**:
• **3** h: cain.
– **Atmen**, bei tiefem: nat-m.$_{h}$
– **Erwachen**, beim: carb-v. ham.
– **Essen**, nach dem: kali-c.$_{h}$
– **Freien**, im: *Lach.* ox-ac. **Phos.**
– **Gehen**, beim: nat-m.$_{h}$
– **Hinlegen**:
• **agg**.: limest-b.$_{esl}$
– **Rauchen**, durch: atro. coloc.
– **Sprechen**, beim: alumn. atro. **Ph-ac.** phos.$_{hr1,k1}$

Kitzeln; durch:
– **Bronchien**, in den: *Ant-t.* arg-met. bar-c. cop. dios. ip. kali-bi. kali-n. merc. phos. rhus-t. sep. stict. tarent. *Verat.* verat-v.
• **Bifurkation**, an der: kali-bi. **Ph-ac.**
– **Brust**: arn.$_{bg2,k}$ bar-c. borx. bov.$_{bg2,k,*}$ bry.$_{bg2,k}$ *Carb-an.*$_{hr1,k}$ *Cham.*$_{bg2,k,*}$ chin.$_{bg2,k,*}$ cist.$_{k2}$ coc-c. *Con.*$_{bg2,k,*}$ *Corn.*$_{hr1}$ eup-per.$_{hr1,k}$ euph.$_{bg2,k,*}$ graph.$_{bg2,k}$ ign.$_{bg2,k}$ iod.$_{bg2,k,*}$ *Kali-bi.*$_{bg2,k}$ kali-n.$_{bg2,k,*}$ kali-s. kreos.$_{bg2,k,*}$ lach.$_{bg2,k,*}$ *Merc.*$_{bg2,k,*}$ mur-ac.$_{bg2,k,*}$ myrt-c.$_{hr1,k}$ nat-c.$_{bg2,k}$ nat-m.$_{a1,k}$ nat-p. *Nux-m.*$_{hr1}$ *Nux-v.*$_{bg2,k}$ **Ph-ac.**$_{bg2,k,*}$ **Phos.**$_{bg2,k,*}$ polyg-h. rhus-t.$_{bg2,k,*}$ sars.$_{hr1,k}$ sep.$_{bg2,k}$ squil. **Stann.**$_{bg2,k}$ sul-ac.$_{bg2,k}$ sulph. tell. *Verat.*$_{bg2,k}$ verat-v. verb.$_{bg2,k,*}$ zinc.$_{bg2,k,*}$
• **oberen** Brust; in der: merc.$_{hr1,k,*}$ *Nux-m.*$_{hr1}$ polyg-h. zinc.
– **Brustbein**, hinter dem: hydrog.$_{srj2}$ zinc.$_{h}$
– **Epigastrium**, vom: ant-t.$_{hr1}$ bar-c. bell.$_{bg2,k}$ bry.$_{bg2,k,*}$ guaj. hep. *Lach.*$_{bg2,k}$ *Nat-m.*$_{bg2,k,*}$ *Nit-ac.*$_{hr1,k}$ *Ph-ac.*$_{bg2,k,*}$ *Phos.*$_{bg2,k}$ sang.$_{bg2,k,*}$ tarax. thuj.$_{a1,k}$
– **Fauces**, in den: aloe carb-ac. *Gels.*$_{hr1,k,*}$ lact.$_{a1,k}$ til.$_{a1,k}$
– **Gaumen**, im: cham.$_{h}$ dig.$_{h}$ nux-v.$_{h}$ phos.$_{h}$ rein.$_{a1}$
– **Hals**; im inneren
☞ *Kehlkopf*
– **Halsgrube**, in der: *Apis* aspar. bell. cann-s. carc.$_{mg1,tp1}$ *Caust.* **Cham.** cinnb. cocc. coloc. *Con.* crot-h. hep.$_{bg1}$ *Hydrog.*$_{srj2}$ *Ign. Inul. Iod.* kali-bi.$_{bg1}$ lac-c. lach. lith-c. nat-c. nat-m. ph-ac. phos.$_{bg1}$ puls. rhus-r. **Rumx. Sang.** *Sep.*$_{bg1}$ *Sil.* squil.

Kitzeln; durch - **Halsgrube**, in der: ... sulph.$_{bg1}$ tarax. tub.$_{c1}$
☞ ❑ *Kehlkopf - Kitzeln - Halsgrube*
– **Herzgegend**, in der: bar-c. verat.
– **Kehlkopf**, im: *Acon. Aesc. Agar.* **All-c.** alum. alum-sil.$_{k2}$ *Alumn.* am-br. *Am-c. Am-m. Ambr.* anac. *Anan.* ang. ant-t. anth. apis *Arg-met. Arg-n. Arn.* **Ars.** ars-i.$_{k2}$ *Asaf.* aspar. astac. aur-m. *Bad.* bar-c. bar-i.$_{k2}$ bar-s.$_{k2}$ **Bell.** borx. bov. *Brom. Bry.* bufo cact. cadm-s. cain. calad. *Calc.* **Calc-f.** calc-i.$_{k2}$ *Caps. Carb-ac. Carb-an. Carb-v. Carbn-s.* carl. *Caust. Cham. Chel.* chlor. cimic. cimx. cinnb. *Cist.* **Coc-c.** cocc. coff.$_{bg1,bg2}$ colch. coloc. **Con.** cop. **Crot-c.** crot-h. crot-t. *Cupr. Cycl.* dig. dios. **Dros.** *Dulc.* euph. *Euphr.* eupi. ferr-ar. glon. graph. *Hep.* hydr. hydr-ac. hydrog.$_{srj2}$ *Hyos. Ign.* **Iod. Ip.** *Iris Iris-foe. Kali-bi. Kali-c.* kali-n. kali-p. kali-s. kali-sil.$_{k2}$ kreos. *Lac-c.* **Lach.** lact. laur. led. limest-b.$_{esl}$ lob. lob-s. **Lyc.** mag-c. mag-m. mang. merc. merc-c. mez. mur-ac. naja nat-ar. nat-c. **Nat-m.** nat-p. nat-s. nicc. *Nit-ac.* **Nux-v.** olnd. onos. op. osm. ox-ac. par. *Ph-ac.* **Phos.** *Phyt.* plan. *Prun. Psor.* **Puls.** rat. rhus-t. *Rumx. Sabin. Sang.* sars. *Seneg. Sep. Sil.* sol-ni. spira. **Spong.** *Squil.* stann. **Staph.** *Stict.* sulph. sumb. tab. tarent. tep. thuj. til. verb. *Vinc.* zinc. zing.
• **morgens** nach dem Aufstehen: alumn. arn. *Op.*
• **nachmittags**: anth. mag-c. naja
• **14** h: arg-n. **Coc-c.**
• **abends**: ambr. carb-an.$_{h}$ *Carb-v.* cimic. graph. lyc. nat-m.
• **nachts**: agar.$_{h}$ *Dros.*
• **Mitternacht**:
• **vor**:
• **23**.30 h: **Coc-c.**
• **um**: hep.$_{h}$ phos.$_{h}$
• **nach**:
• **3** - 4 h: *Bufo*
• **Berührung** des Gehörgangs; durch: lach.$_{k2}$
• **Daunenfedern**, wie durch: calc. *Ph-ac.* sulph.
• **Liegen**, beim: **Dros.**
• **Stelle**, an einer kleinen: apis cimic. con.
▽ **erstreckt** sich zu:
• **Brust**: sil.
• **Mitte** des Brustbeines: rumx.
– **Magen**; im
☞ *Epigastrium*
– **Rachen**, im: anac. arg-n. ars. carbn-s. cham. coc-c. coca hydr-ac. lact. mag-s. olnd. sil.
• **nachts**: anac. mag-s. *Sil.*
– **Tonsillen**, unter den: *Am-br.*
– **Trachea**, in der: *Acon.* agar. ail. am-m. ambr.$_{gsy1}$ anac. ang. *Ant-t. Arn.* ars. ars-i.$_{k2}$ arum-t. asaf. aur-m. bar-c. bar-i.$_{k2}$ bar-s.$_{k2}$ bell. bov. *Brom.* bry. *Calc. Caps.* carb-ac. *Carbn-s.* casc. caust. cham. chin. chinin-s. cina coc-c. coloc. com. con. cop. dig. dulc. euph. *Euphr. Ferr.* ferr-ar. ferr-i. graph.$_{k2}$ gymno. hyos. indg. **Iod.** iris iris-foe. *Kali-bi.* **Kali-c.** kali-n.$_{h}$ kali-p. kali-s. kali-sil.$_{k2}$ kreos. lac-c. lach. lact. laur. mag-c. mag-m. med. *Merc.*

– **Trachea**, in der: ...
mez. nat-ar. nat-m. nicc. nit-ac. **Nux-v.** ol-an. ox-ac. petr. **Ph-ac.** *Phos.* plat. prun. *Psor. Puls.* rhod. rhus-r. **Rhus-t.** rumx. sabin. **Sang.** sanic. *Seneg. Sep.* **Sil.** spig. squil. *Stann.* staph. stict. *Still.* sulph. tarent. teucr. thuj. verat. zinc.

Kitzelnd: acet-ac. asaf. coloc. dros.
☞ *Kitzelhusten / Kitzeln; durch*

Klangvoll, sonor: **Stram.**
☞ *Tief klingend*

Klar
☞ *Klingend*

Klavierspielen:
– **beim**: ambr. **Calc.** cham. kali-c. kreos. ph-ac.
– **Ton**, den sie anschlägt, scheint im Kehlkopf zu vibrieren; jeder: *Calc.*

Kleidung:
– **enge** Kleidung agg.: stann.

Klingend, klangvoll (= klar, hell): acon. all-c. apis *Ars.* asaf. dol. **Dros.** *Kali-bi.* lac-c. spong. stram.

Klumpen im Hals; durch einen: *Bell.* calc. coc-c. lach.

Knien mit dem Gesicht gegen das Kissen gedrückt amel.: eup-per.$_{bg2,k,*}$

Kohlegas, wie durch: arn.$_{bg2,k}$ *Puls.*

Koitus, nach: tarent.$_{a1,k}$

Konvulsionen, mit: ars. *Bell.* brom. calc. *Cham. Cina* croc. **Cupr.** *Dros. Hyos.* lach.$_{bg1,bg3}$ led. *Meph. Stram.* sulph. ther.$_{c1}$ verat.

Kopfschmerzen:
– **bei**: alum-sil.$_{k2}$

Körperliche Arbeit, durch: led. nat-m.
☞ *Anstrengung*

Krächzend: acon.$_{bg2,k}$ ant-t. lach.$_{bg2,k}$ nit-ac.$_{bg2,k,*}$ ruta *Spong.*
– **tagsüber**: nit-ac.$_{a1,k}$

Kräftig
☞ *Heftig*

Kraftlosigkeit, mit
☞ *Erschöpfend*

Krähend, krächzend
☞ *Kruppartig*

Krämpfe in der Brust; durch: bell.$_{a1,k}$

Krampfhaft, spasmodisch: acon. **Agar.** *All-c.* am-br. am-caust. **Ambr.** anac. *Anan.* apis *Arg-n.* arn.$_{k2}$ *Ars.* ars-i. ars-s-f.$_{k2}$ arum-t. asc-t. aur. aur-i.$_{k2}$ aur-s.$_{k2}$ *Bad.* bar-c. bar-i.$_{k2}$ bar-s.$_{k2}$ **Bell.** bov. brom. **Bry.** *Cact. Calc.* calc-f. calc-i.$_{k2}$ calc-s. calc-sil.$_{k2}$ *Caps.* carb-ac.$_{br1,c1}$ *Carb-an.* **Carb-v.** carbn-s. castm. *Caust. Chel.* **Chin.** chinin-ar. chlf. *Chlol. Chlor.* cimic. **Cina** *Coc-c.* **Cocc.** coff. coll. coloc. *Con.* **Cor-r.** corn. *Crot-c.* **Cupr.** cur. *Dig.* **Dros.** *Dulc.* euph. *Ferr.* ferr-ar. ferr-i. ferr-m.

Krampfhaft, spasmodisch: ...
ferr-p. *Gels. Hep.* hydr-ac. **Hyos.** *Ign.* indg. *Iod.* **Ip.** kali-ar. kali-bi. **Kali-br.** *Kali-c. Kali-chl.* kali-p. kali-sil.$_{k2}$ *Kreos.* **Lac-ac.** lach. *Lact.* laur. *Led. Lob.* lyc. *Mag-c. Mag-m.* mag-p. meli. *Meph.*$_{gm1,k}$ *Merc.* merc-c. mez. mosch. nat-ar. *Nat-m.* nit-ac. **Nux-v.** oena. op. osm.$_{c2,k}$ pert.$_{br1}$ petr. ph-ac. *Phos. Plb. Psor.* **Puls.** *Rhus-t.* **Rumx.** sal-ac. *Samb. Sang.* **Sep.** sil. **Spong.** *Squil.* staph. still. stram. stry. sul-ac. sul-i.$_{k2}$ *Sulph.* tab. *Tarent. Thuj. Verat.* verat-v. verb. vinc. viol-o.$_{c2}$ xan.$_{c1}$ *Zinc.* zinc-p.$_{k2}$
☞ *Anfallsweise*

– **tagsüber**:
• **amel.**: bell. euph. ign. lyc. spong.
• **nur**: *Agar.* staph.
– **morgens**: *Agar.* carb-v. dig. ferr.$_{hr1,k,*}$ ferr-m.$_{hr1,k}$ ferr-p.$_{hr1,k}$ ign. iod. ip. kali-c. kreos.$_{hr1,k}$ nat-ar. nat-m. ph-ac. puls. squil. stram.$_{a1,k}$ sulph. thuj.$_{a1,k}$
• **Aufstehen**, nach dem: ferr-p.
• **Bett**, im: ferr.
• **Erwachen**, beim: *Agar.* thuj.$_{a1,k}$
• **Essen** amel.: ferr. ferr-m.$_{hr1,k}$
– **vormittags**: *Agar.*$_{a1,k}$ lact.$_{a1,k}$ sabad. sep.
– **mittags** bis Mitternacht: mosch.
– **nachmittags**: agar. all-c. bad. **Bell.** bry. mur-ac. zinc.
– **abends**: all-c. bad. bar-c. bell. bry. calc.$_{a1,k}$ *Carb-v.*$_{a1,k}$ carbn-o. *Coc-c. Ferr.*$_{hr1,k}$ ign. *Ip.* lach. laur. led. mag-c.$_{h,k}$ *Mag-m.*$_{hr1}$ merc. mez. nat-ar. nat-m. nit-ac. ph-ac. *Phos. Puls.*$_{hr1,k}$ rhus-t. **Sep.**$_{hr1,k}$ sil. stann. **Still.**$_{a1,k}$ stram.$_{a1,k}$ tarent.$_{a1,k}$ verat-v.$_{a1,k}$
• **Mitternacht**, bis: bar-c. carb-v. ferr. led. mag-c. mez. nit-ac. *Puls.* rhus-t. *Sep.* stann. zinc.
• **Mitternacht**; bis nach: mag-c. mag-m.
• **Sonnenuntergang** bis Sonnenaufgang; von: aur.
– **nachts**: *Agar.*$_{hr1,k,*}$ anac. apis arg-n. aur.$_{hr1,k}$ aur-ar.$_{k2}$ bad. **Bell.** *Bry.* calc. calc-f.$_{a1,k}$ carb-v.$_{k2}$ **Chin.**$_{hr1}$ cina *Coc-c.* coll. com.$_{hr1}$ con.$_{hr1,k}$ cor-r.$_{hr1,k}$ **Dros.** euph. *Ferr. Hep.* hyos. ign. *Ip.*$_{hr1,k}$ kali-c.$_{hr1,k}$ lyc. *Mag-c.*$_{hr1,k,*}$ *Mag-m.*$_{hr1,k}$ *Mag-p.*$_{hr1}$ meph. merc. *Op.* petr.$_{hr1,k}$ *Phos. Puls.*$_{hr1,k}$ *Sang.*$_{hr1,k}$ sil. spong. sulph.$_{a1,k}$ tarent.$_{a1,k}$ thuj.$_{a1,k}$ *Verb.*$_{hr1}$ vinc.$_{h,k}$
• **Mitternacht**: dig. mosch. *Sulph.*
  • **vor**: mur-ac. rhus-t. sabad. *Spong.*
    • **22.30 h**: carbn-s. **Coc-c.**
  • **nach**: bell. dig. *Hyos. Kali-c.* squil.
  • **nachmittags**; bis: mosch. *Sulph.*
• **Erwachen**, beim: thuj.$_{a1,k}$
– **alten** Menschen, bei: *Ambr. Ip.*
– **Berührung** des Gehörgangs; durch: lach.$_{k2}$
– **Einatmen** amel.; tiefes: verb.
– **Erbrechen**, mit: bry. carb-v. ferr. ip. puls.
– **Erwachen**, beim: *Thuj.*$_{a1,k}$
– **Essen**:
• **amel.**: *Ferr-m.*$_{hr1,k}$
• **nach**: carb-v. cocc. **Ferr.**$_{hr1,k}$ hyos.
– **Frauen**, eigentümlich für: aur.$_{hr1,k}$ *Cocc. Hyos. Ign.*

– **Getränke**:
• **kalte** Getränke amel.: *Ip.*
– **Herbst**, im: caps.
– **Herpes** facialis, mit: arn.$_{br1}$
– **Keuchhusten**, nach ●: **Sang.**$_{hr1,k}$
– **Laryngotracheitis**, bei akuter: naphtin.$_{ctb,hbh}$
– **Liegen** agg.: **Coc-c.** *Con. Hyos.* mag-p.$_{br1}$ meph. puls. *Sang.*$_{hr1,k}$
– **Rauchen** (von Tabak):
• **agg.**: lac-ac.$_{a1}$ lac-c.
• **amel.**: tarent.$_{a1,k}$
– **Schlucken** von Flüssigkeiten agg.: sul-ac.$_{a1,k}$
– **Sommerhitze** amel.: ars.$_{a1,k}$
– **Sprechen**, nach: dig.$_{a1,k}$
– **Temperaturveränderung**, bei: *Spong.*
– **Trinken**, nach dem: *Bry.*$_{hr1,k}$ *Ferr.*$_{hr1,k}$
– **Vorwürfen**; nach: mosch.$_{k2}$
– **Winter**, im: ars. psor.

Kränkung; durch: ign. ph-ac.

Krätze, nach unterdrückter: calc-f.$_{c1}$ psor.

Kratzend: brom.$_{a1}$ kali-c.$_{a1,k}$ nat-c.$_{h2}$ zing.$_{hr1,k}$
– **Hals**, im inneren: ambr.$_{h}$ carb-v.$_{h}$ mag-m.$_{h}$ phos.$_{h}$
– **Kehlkopf**, im: *Acon.* alum. alumn. *Am-c.* ang. arg-n. arn. bart. dig. kreos. mag-m. nux-m. petr. *Phos.* psor. puls. sabad. sil. staph. sul-ac. zing.
– **Trachea**, in der: acon. agar. cimx. dig. kreos. puls.

Kreischend, quietschend, in schmerzlosen Anfällen; schrill: stram.$_{bg2,k,*}$ tab.$_{bg2}$
☞ *Schrill*

Kribbeln, durch:
– **Brust**, in der: sep. squil.
– **Kehlkopf**, im: *Agar.* caps. *Iod.* mag-m. sep.
– **Trachea**, in der: stann.

Kribbeln, Krabbeln; Gefühl von: aeth.$_{a1,k}$ apis cain. caust.$_{a1,k}$ con.$_{a1,k}$ kreos.$_{a1,k}$ nux-m. *Psor.*$_{hr1,k}$ rhus-t. squil.
– **abends** im Bett: kreos.
– **nachts**: aeth.
• **Mitternacht**, vor: apis
– **Bronchien**: eupi. kreos.
– **Brust**: cain. caust. colch.$_{a1}$ con.$_{a1,k}$ kreos.$_{bg2,k,*}$ nux-m.$_{bg2,k,*}$ rhus-t.$_{bg2,k}$ sang.$_{hr1}$ sep.$_{bg2,h}$ squil.$_{bg2,k}$
– **Hals**, im inneren: carb-v.$_{h}$ euph.$_{h}$
– **Halsgrube**: apis kreos.$_{a1,k}$ mag-m.$_{a1,k}$ **Sang.**$_{bg2,k}$
– **Kehlkopf**: am-m.$_{hr1,k,*}$ ant-t.$_{bg2,k}$ bry.$_{bg2,k,*}$ calc-p.$_{a1,k}$ carb-v.$_{h,k,*}$ *Caust.*$_{bg2,k,*}$ colch.$_{a1,k}$ **Con.** *Dros.* euph.$_{h,k}$ iod.$_{bg2,k}$ **Kali-c.**$_{hr1,k,*}$ kreos.$_{bg2,k,*}$ lach.$_{bg2,k,*}$ lact. led.$_{bg2,k}$ mag-m.$_{a1,k}$ nux-m. prun.$_{a1,k}$ *Psor.*$_{bg2,k,*}$ rhus-t.$_{bg2,k}$ *Sabin.*$_{a1,k}$ sang. stann.$_{bg2,k,*}$ stict. sulph.
– **Luftwegen**, in den: aeth.$_{a1,k}$
– **Trachea**, in der: anac.$_{bg2,k}$ arn.$_{bg2,k}$ carb-v.$_{bg2,k,*}$ caust.$_{bg2,k}$ colch.$_{a1}$ kreos.$_{bg2,k,*}$ mag-m.$_{h,h2,*}$ prun.$_{a1,k}$ rhus-t.$_{bg2,k}$

Krümels im Kehlkopf; durch Gefühl eines: *Bry.* coc-c. **Lach.** limest-b.$_{es1}$ pall. plb.
☞ ❑ *Innerer Hals - Brotkrümeln*

Kruppartig: *Acet-ac.*$_{hr1,k}$ **Acon.**$_{bg2,k,*}$ all-c.$_{k2}$ anac. ant-t.$_{hr1,k}$ apis *Ars.*$_{bg2,k,*}$ *Ars-i.* arum-d.$_{hr1,k}$ asc-t.$_{hr1}$ *Bell.*$_{bg2,k,*}$ *Brom.*$_{bg2,k,*}$ *Calc-s.* *Canth.*$_{hr1}$ *Carb-ac.*$_{hr1,k,*}$ cham.$_{hr1,k}$ *Chin.*$_{bg2,k,*}$ *Chlor.* *Cina* cinnb.$_{a1,k}$ cor-r. cub.$_{hr1,k}$ cupr-s.$_{hr1,k}$ dros.$_{bg2,k,*}$ euph.$_{bg2}$ *Gels.*$_{hr1,k}$ **Hep.**$_{bg2,k,*}$ **Iod.**$_{bg2,k,*}$ *Ip.*$_{hr1,k}$ **Kali-bi.**$_{hr1,k}$ *Kali-chl.*$_{hr1}$ *Kali-m.* kali-n.$_{c1}$ kali-s. kreos.$_{bg2}$ *Lac-c.*$_{hr1,k}$ **Lach.**$_{hr1,k}$ *Nit-ac.*$_{hr1}$ **Phos.**$_{hr1,k}$ *Phyt.*$_{bg2,k,*}$ *Rumx.* ruta **Samb.**$_{bg2,k,*}$ *Sang.*$_{hr1,k}$ **Spong.**$_{bg2,k,*}$ staph. stict.$_{hr1,k}$ **Stram.**$_{bg2,k,*}$
– **morgens**: *Calc-s.* hep.$_{k2}$
– **abends**: cinnb.$_{a1,k}$ hep.$_{k2}$
– **nachts**: ars.$_{hr1,k}$ *Bell.*$_{hr1}$ carb-ac.$_{a1,k}$ *Hep.*$_{hr1,k}$ *Ip.*$_{hr1,k}$ kali-s.$_{k2}$ phyt.$_{hr1,k}$ *Spong.*$_{hr1,k}$
• **Mitternacht**:
• **vor**: acon.$_{k2}$ spong.$_{k2}$
• **nach**: *Ars.*
– **Ausatmen**, beim: acon.
– **Erwachen**; nur nach dem: **Calc-s.**
– **Essen**, nach dem: anac.
– **Sopor**; mit
☞ *Schlaf - im - tiefem*
– **Winter**, im:
◆ **abwechselnd** mit:
• **Ischialgie** im Sommer: staph.

Kummer, Verdruß: arn. asar. *Cham.* ph-ac.$_{bg2,k}$ phos.
☞ ❑ *Gemüt - Beschwerden durch - Kummer* / ❑ *G~ Ermahnungen - agg.*

Kurz: **Acon.**$_{bg2,k,*}$ *Aesc.*$_{hr1,k,*}$ aeth.$_{a1,k}$ agar.$_{hr1,k,*}$ *Alum.*$_{bg2,k,*}$ alum-p.$_{k2}$ am-c.$_{hr1,k,*}$ anac.$_{bg2,k,*}$ ang.$_{bg2,k,*}$ ant-c.$_{bg2,k,*}$ ant-t.$_{hr1,k,*}$ *Apoc.*$_{hr1,k,*}$ arg-met. arg-n.$_{bg2,k,*}$ arn.$_{bg2,k,*}$ *Ars.*$_{bg2,k,*}$ ars-s-r.$_{hr1}$ asaf.$_{bg1,bg2,*}$ asar.$_{bg2,k}$ aur.$_{bg2,k,*}$ aur-ar.$_{k2}$ aur-i.$_{k2}$ aur-m.$_{hr1,k,*}$ aur-s.$_{k2}$ *Bell.*$_{bg2,k,*}$ berb.$_{hr1,k}$ bism.$_{hr1}$ brom.$_{a1,k}$ *Bry.*$_{bg2,k}$ cadm-s. *Calc.*$_{hr1,k,*}$ calc-i.$_{k2}$ calc-s.$_{a1,k}$ camph.$_{hr1,k}$ canth.$_{bg2,k}$ carb-ac.$_{hr1,k,*}$ carb-v.$_{bg2,k,*}$ carbn-o. carbn-s. card-m.$_{hr1,k}$ casc.$_{hr1,k,*}$ *Caust.*$_{bg2,k,*}$ *Chel.*$_{hr1,k,*}$ *Chin.*$_{bg2,k}$ chinin-ar. chinin-s. chr-ac.$_{hr1}$ cimic.$_{a1,k}$ cimx.$_{a1,hr1}$ cina cinnb. cob.$_{hr1,k,*}$ coc-c.$_{a1,k}$ cocc. *Cod.*$_{hr1,k,*}$ **Coff.**$_{bg2,k,*}$ colch.$_{bg2,k,*}$ *Coll.*$_{hr1}$ coloc.$_{a1,k}$ con.$_{a1,k}$ cop. croc. cupr.$_{a1,k}$ cur.$_{hr1,k}$ dig.$_{a1,k}$ digin.$_{a1}$ dros.$_{hr1,k}$ dulc.$_{a1,k}$ eup-per.$_{hr1,k}$ euph.$_{bg2,k,*}$ eupi.$_{a1,k}$ *Ferr-i.* ferr-p.$_{hr1,k}$ fl-ac.$_{hr1,k}$ granit-m.$_{es1}$ *Graph.*$_{bg2,k,*}$ *Ham.*$_{hr1}$ hep.$_{bg2,k,*}$ hydr.$_{a1}$ hydr-ac. hyos.$_{hr1,k}$ hyper.$_{hr1,k}$ **Ign.**$_{bg2,k,*}$ iod.$_{hr1,k}$ ip.$_{bg2,k}$ iris jatr-c. kali-ar. kali-bi.$_{bg2,k,*}$ kali-c.$_{hr1,k}$ kali-chl.$_{hr1,k}$ kali-i.$_{hr1,k}$ kali-m.$_{k2}$ kali-n.$_{bg2,k,*}$ *Kali-p.* kali-perm. kreos.$_{bg2,k}$ lac-d.$_{hr1,k}$ *Lach.*$_{bg2,k,*}$ lachn.$_{a1,k}$ lact.$_{hr1,k}$ laur.$_{bg2,k,*}$ led.$_{a1,k}$ linu-c.$_{a1}$ lob.$_{hr1,k,*}$ *Lyc.*$_{a1,k}$ mag-c. mag-m.$_{h,k1}$ *Merc.*$_{bg2,k,*}$ merc-c.$_{hr1}$ *Mez.*$_{a1,k}$ mur-ac.$_{bg2,k,*}$ naja nat-ar. nat-c.$_{hr1,k}$ *Nat-m.*$_{bg2,k,*}$ nat-p. *Nit-ac.*$_{bg2,k}$ nit-s-d.$_{a1,hr1}$ *Nux-m.*$_{hr1}$ *Nux-v.*$_{bg2,k,*}$ oena.$_{a1,k}$ olnd.$_{bg2,k,*}$ osm.$_{hr1,k,*}$ paull.$_{a1,k}$ *Petr.*$_{bg2,k,*}$ *Phos.*$_{bg2,k,*}$ pin-s.$_{a1,k}$ *Plat.*$_{bg2,k,*}$ *Plb.*$_{hr1,k,*}$ podo. puls.$_{bg2,k,*}$ **Rhus-t.**$_{bg2,k,*}$ rumx. sabad.$_{bg2,k,*}$ samb.$_{hr1}$ sang.$_{ptk1}$ seneg.$_{hr1,k,*}$ **Sep.**$_{bg2,k,*}$ sin-n.$_{hr1,k,*}$ spig.$_{bg2,k,*}$ *Spong.*$_{bg2,k,*}$ *Squil.*$_{bg2,k,*}$ **Stann.**$_{bg2,k,*}$ stict. *Still.*$_{hr1,k,*}$ stront-c. *Sul-ac.*$_{bg2,k,*}$ sul-i.$_{k2}$ sulph.$_{bg2,k,*}$ tab.$_{a1,k}$ *Tell.*$_{hr1,k}$

Kurz: ...
tep.al,k ter.al,hrl teucr.bg2,k,* *Thuj*.hrl,k,* tub.ptk1 verat-v.hrl,k viol-o.hrl,k zinc.hrl,k,* zinc-p.k2 zing. ziz.hrl,k,*
– **tagsüber**: arg-met. cot.al kali-bi. nat-c.al,k phos.al,k
• **nachts**; und: *Lach*.hrl mez.
– **morgens**: agar.al,k am-br.hrl,k,* arn.al,k ars.al,k croc. kali-bi.al,k lyc.al,k nit-ac. thuj.al,k
• **Aufstehen**, nach dem: am-br.hrl,k,* arn.al,k
• **Erwachen**, beim: dig. digin.al
• **Tee**; nach Trinken von: ars.al,k
– **vormittags**: agar.al,k alum.al,k coc-c.al,k rhus-t.al,k
• **11** h: rhus-t.
– **nachmittags**: anac.al,k cench.k2 chinin-s. laur.al,k nat-m.al,k
• **16** h: cench.k2
• **14** h: laur.
• **17** h: nat-m.
– **abends**: alum.al,k bar-c.al,k *Bell*. carb-v.al,k chel.al,k cimic.al,k **Ign.**al,k kali-bi.al,k lyc.al,k phos.al,k *Sep*.hrl,k,* sulph. thuj.al,k
• **Bett**, im: lyc.al,k *Sep*.al,k
• **Entkleiden**, beim: chel.al,k
• **Rauchen** agg.: thuj.al,k
• **Schlaf**, im: sulph.
– **nachts**: arg-n.al,k bell.al,k *Calc*. *Cod*.al coloc.al mez. rhus-t.al,k
• **Mitternacht**:
• **vor**: *Rhus-t*.al,k
• **23** h: rhus-t.
• **nach**: acon.al,k *Ars*.al,k
• **weckt** ihn: *Rhus-t*.
• **Bett**, im: arg-n.al,k *Calc*.
◇ **abwechselnd** mit:
• **tiefem** Husten: apoc.
– **Atmen**, beim tiefen: *Aesc*.hrl,k con.al
– **Aufsetzen** amel.: *Arg-n*.al,k cinnb. nat-c.al,k
– **Bewegen**, beim: carbn-o.
– **Einatmen** agg.: nat-ar.
– **Essen**, nach dem: anac.al,k caust.hrl,k,* ter.al,k
– **Freien** agg.; im: ang. seneg. spig.
– **Gehen**, bei schnellem: seneg.
• **Freien**, im: ang. sulph.h
– **häufig**: fl-ac.
– **Kitzeln** im Kehlkopf; durch: *Acon*. agar. *Ang*. carb-an.h cimic. graph. iris kali-bi. laur. led. mag-c.h mez. *Spong*.
– **Liegen** nach dem Essen; beim: caust. ter.al,k
– **Mittagessen**, nach dem: agar.al,k
– **Mittagsschlaf**, nach dem: rhus-t.al,k
– **Rauchen**, beim: coca thuj.
– **Reizung** im Kehlkopf; durch: am-c. seneg. spong.
– **Schlucken**, durch: *Aesc*.hrl,k,*
– **Sprechen**, beim: ant-t.al,k

Lachen, beim: *Arg-met*. *Arg-n*.bg2,k,* ars. bry.k,kl2● calc.bg2 carc.mg1,sp,* **Chin.**bg2,k,* con.hrl,k cupr.bg2,k,* cur.hrl,k cycl.kr1 dros.bg2,k,* dulc. hyos.bg2,k kali-c.bg2,k,* lach.bg2,k,* limest-b.es1 mang.hrl,k merc-i-f. mur-ac.bg2,k,* nit-ac.bg2,k,* ol-j.hrl,k *Petr*.

Lachen, beim: ...
Phos.k,kl2● raph.c1 rhus-t. *Sanic*. sil.bg2,k,* sin-n.hrl,k,* spong.bg,bg3 *Stann*.bg2,k,* staph. tell.c1 zinc.bg2,k,*

Laktationsperiode, in der: ferr.

Lästig: form. tub.

Laufen agg.: cina *Con*.hrl iod.bg2,k merc.bg2,k seneg.bg2,k sil.bg2,k stann.bg2,k sul-ac.bg2,k

Lesen, beim:
– **Gedanken**, in: cinaptk1
– **lautem**, bei: *Ambr*. cina *Dros*. *Mang*. meph. nit-ac. *Nux-v*. par. **Phos.** *Stann*. *Tub*. verb.
• **abends**: *Phos*.

Licht; beim Blick ins: stram.k2,ptk1

Liegen, beim:
– **agg.**: acon.hrl,k aeth.al,k agar.hrl,k all-c.bg2,k am-br.hrl,k am-m.bg2,k,* *Ambr*.bg2,k ant-ar.c1 ant-t.bg2,k **Apis** aq-pet.al aral.bg2,k arg-n.hrl,k,* *Arn*.hrl,k *Ars*.bg2,k,* ars-s-f.k2 bar-c.bg2,k,* bell.bg2,k,* borx. *Bry*.hrl,k,* calc.al,k calc-s. calc-sil.k2 caps.hrl,k,* carb-an.bg2,k,* *Carb-v*.hrl,k carbn-s. **Caust.**bg2,k,* cham.bg2,k chin.hrl cinnb.al,k *Coc-c*.hrl,k,* cocc.bg2,k,* colch. **Con.**bg2,k,* corn. croc.br1 *Crot-t*.hrl,k dol.hrl,k *Dros*.bg2,k,* *Dulc*.hrl,k euph.gm1 eupi.al,k ferr.bg2 ferr-ar. ferr-p. hep.bg2,k **Hyos.**bg2,k,* ign.bg2,k,* *Iod*. ip.bg2,k,* kali-br.hrl,k,* *Kali-c*.hrl,k kali-p. *Kali-s*. kali-sil.k2 **Kreos.** lac-c. *Lach*.bg2,k,* lachn.bg2 lact. *Laur*.hrl,k lith-c. *Lyc*.hrl,k mag-c. mag-m.hrl,k mag-p. mag-s.al,k mang.bg2 med. *Meph*.bg2,k merc.bg2,k,* *Mez*.bg2,k nat-c. nat-m.hrl,k,* nat-s. nicc. nit-ac.bg2,k,* nux-v.bg2,k,* ol-j.hrl,k par.hrl,k,* petr.bg2,k,* ph-ac.bg2,k *Phos*.bg2,k,* phyt.hrl,k plan. psor.hrl,k,* **Puls.**bg2,k,* pyrog. *Rhus-t*.bg2,k,* **Rumx.** ruta *Sabad*.bg2,k,* **Sang.**hrl,k,* sanic. *Seneg*.hrl,k *Sep*.bg2,k,* *Sil*.bg2,k,* *Spong*. stann.bg2,k,* staph. stict. sul-i.k2 *Sulph*.bg2,k,* tarent.al,k ter.bg2,k,* teucr.al,k thuj. verb. vesp. vib. vip. zinc.hrl,k
– **amel.**: acon.bg2,k,* am-c. am-m.hrl,k arg-met. bry. calc-p.ptk1 coca **Euphr.**hrl,k *Ferr*.bg2,k *Hydr*. indg. kali-bi.bg2,k **Mang.**bg2,k,* nit-ac. sep.bg2,k,* sin-n.bg2,k,* squil. sulph.bg2,k *Thuj*.hrl,k verat. zinc.bg2,k,*
– **tagsüber** amel.: *Dros*. nit-ac. sep.al,k
– **mittags** amel.: **Mang.**
– **nachmittags**: calc-p. laur.
• **14** h: laur.
• **15** h: calc-p.
– **abends**: alum. **Ars.**al,k *Bell*. borx. bry. carb-an. carbn-s. **Con.**hrl,k **Dros.**al,k graph.al,k ign. kali-ar. **Kali-c.** kali-n.h,kl lach.al,k lact. mez. nat-m.al,k nicc. nux-v.al,k petr. *Ph-ac*. *Psor*. **Puls.** rumx. **Sang.** *Seneg*. **Sep.** *Sil*.hrl,k,* staph.al,k stict. *Sulph*. teucr. thuj.
• **amel.**: am-m.al,k zinc.al,hrl
• **aufsetzen**, muß sich: **Ars. Con. Puls. Sang. Sep.**
– **nachts**: all-c.k2 am-br.hrl am-m.al,k arg-n.al *Ars*. arum-d. *Bell*. borx. *Carb-an*.al,k carbn-s. *Con*.hrl,k

– **nachts**: ...
dol.$_{hr1,k}$ **Dros.**$_{hr1,k}$ *Dulc.* gamb. kali-bi. kali-br. **Kali-c.** *Laur.* lyc. *Meph.* nat-s. nit-ac. ol-j. *Ph-ac.* *Phyt.* psor.$_{a1}$ **Puls.** rhus-t. **Rumx. Sang.** sanic. **Sep.** sil.$_{a1,k}$ sulph. *Thuj.* zinc.
• **Mitternacht**:
• **vor**: *Aral. Spong.*
• **nach**: nux-v.
• **weckt** ihn: **Apis**
• **Erwachen**, beim: sanic.
• **Schlaf** amel.: dulc. kali-bi.
• **sobald** der Kopf das Kissen berührt: caps. *Con.* **Dros.**

– **Abdomen**, auf dem:
• **amel**.: aloe alum. am-c. bar-c. calc. caust. eup-per. *Med.* phos. podo. rhus-t. syph.

– **Bett**, im:
• **agg**.: agn. *Alumn.* am-c. am-m. anac. ant-t. aral. arg-n. *Ars.* bry. cact. calc. *Caps.* cham. coc-c. coca coff. **Con.** *Crot-t.* dol. *Dros.* euphr. ferr-ar. ferr-p. hep. *Hyos.* ign. indg. iod. ip. *Kali-c.* kali-n. kali-s. kreos. lach. lachn. lact. lyc. mag-c. mag-m. mag-s. meph. mez. nat-c. nat-m. nit-ac. nux-v. **Phos.** psor. *Puls.* *Rhus-t.* sabad. samb. sang. *Sep.* *Sil.* squil. *Still.* **Sulph.** verb.
• **aufsetzen** oder im Stuhl schlafen; muß sich wegen Erstickungsgefühl: crot-t.

– **Gesicht**; auf dem:
• **Schleimrasseln**, das tief in der Brust zu sein scheint; mit:
• **reichen** scheint, sondern nur zur Halsgrube; wobei der Husten nicht soweit hinab zu:
• **harter** Husten den Schleim nicht, außer wenn er auf dem Gesicht liegt; folglich erreicht:
• **Auswurf** von grünlichgelbem, gallertartigem Schleim ohne Geschmack; mit: *Med.*

– **Hand**-Knie-Lage amel.: eup-per.
– **Hinlegen**; beim ersten ●: arg-n. *Ars.* caps. con.$_{a1,k}$ *Dros.* hyos. laur. phyt. puls. sabad. sang.
– **Kopf**:
• **hoch** liegendem Kopf; mit:
• **amel**.: *Carb-v.* **Chin.** rumx. sep.
• **tief** liegendem Kopf; mit: am-m. *Bry.* carb-v. **Chin.** hyos. puls. rumx. samb. sang. spong.
– **langes** Liegen in einer bestimmten Lage; durch:
• **Sitzen**; oder durch langes: con. ph-ac.
– **Magen**, auf dem
☞ *Abdomen - amel.*
– **nur** im Liegen: *Caust.*
• **direkt** beim Hinlegen; nur:
• **aufsetzen** und es aushusten, hat dann Ruhe; muß sich: **Con.**
– **Rücken**, auf dem: agar. *Am-m.* *Ars.* bamb-a.$_{stb2}$ crot-t. eup-per. iod. kali-bi. *Nat-m.* nat-s. *Nux-v.* *Phos.* plb. rhod. rhus-t. *Sep.* sil. spong.
• **amel**.: *Acon.* bry. *Lyc.* *Mang.*
• **besser** als auf der Seite, obwohl Liegen auf der linken schlimmer ist: *Phos.*

Liegen, beim: ...
– **Seite**, auf der: *Acon.* am-m.$_{h}$ bar-c. bry. carb-an. erig. kali-c. kreos. lyc. merc. phos. puls. seneg. sep. *Spong.* *Stann.* sulph.
• **linken**, auf der: am-c. apis arg-n. ars. *Bar-c.* bry. chin. dros.$_{bro1}$ eup-per. ip. kali-bi. lyc. merc. par. *Phos.* ptel.$_{bro1}$ puls. rhus-t. *Rumx.* *Seneg.* *Sep.* stann.$_{bro1}$ *Sulph.* *Thuj.*
• **Drehen** auf die rechte Seite amel.: ant-t.$_{bro1}$ ars. kali-c. *Phos.* *Rumx.* *Sep.* *Sulph.* *Thuj.*
• **rechten**, auf der: alum. alum-sil.$_{k2}$ am-m. benz-ac.$_{bro1}$ *Carb-an.* *Cina* ip. kali-c. lyc. **Merc.** phos. plb. puls.$_{vh}$ seneg.$_{ptk1}$ sil. *Spong.* **Stann.**$_{ptk1}$ staph.$_{ptk1}$ syph. tub.
• **nachts**: *Carb-an.*
• **schmerzhaften** Seite agg.; auf der: acon.

Luft:
– **engen** Räumen, bei eingeschlossener Luft agg.; in: brom. nat-ar.
– **Freien**, im: *Acon.*$_{a1,k}$ all-s.$_{a1,k}$ alum.$_{bg2,k}$ ang. aphis **Ars.**$_{bg2,k}$ ars-s-f.$_{k2}$ bar-c.$_{bg2,k}$ bar-s.$_{k2}$ bry.$_{bg2,k}$ calc.$_{bg2,k}$ calc-p.$_{a1}$ carb-v.$_{bg2,k}$ cham.$_{bg2,k}$ cina cocc.$_{bg2,k}$ *Coff.* con.$_{hr1,k}$ cor-r.$_{bg2}$ cub.$_{c1,hr1}$ cycl.$_{a1,k}$ dig.$_{bg2}$ dulc.$_{bg2}$ euphr. ferr. ferr-ar. ferr-p. *Hep.* ip.$_{bg2,k}$ kali-bi.$_{bg2,k,*}$ kali-c.$_{bg2}$ **Kali-n.**$_{bg2,k}$ *Lach.*$_{bg2,k,*}$ linu-c.$_{a1}$ lyc.$_{bg2,k}$ m-arct. mag-m.$_{h,kl}$ mosch.$_{bg2,k}$ *Naja* nit-ac.$_{bg2,k}$ nux-v.$_{bg2,k}$ osm.$_{bg2,k}$ ph-ac.$_{bg2,k}$ **Phos.**$_{bg2,k,*}$ phyt. psil.$_{ft1}$ *Rhus-t.*$_{bg2,k}$ **Rumx.** sang.$_{bg2,k}$ seneg.$_{bg2,k,*}$ sil.$_{bg2,k}$ sin-n.$_{a1}$ spig.$_{bg2,k,*}$ squil. staph.$_{bg2,k}$ stram. *Sul-ac.*$_{bg2,k,*}$ *Sulph.*$_{bg2,k}$ trif-p.$_{a1}$
• **amel**.: *All-c.* ambr. ant-c. anth. apis *Arg-met.* *Arg-n.* bov. *Brom.* **Bry.** calc-s. cench. chel. **Coc-c.** cycl. dros. *Dulc.*$_{k,k2,*}$ **Iod.** *Kali-s.* *Lil-t.* **Mag-p.** *Nat-s.* nux-v. **Puls.** pyrog. rad-br.$_{ptk1,ptk2}$ sanic. sul-i.$_{k2}$ sulph.
☞ *Warm - Zimmer*
– **heißer** Luft, in: kali-s.$_{kr1}$
– **kalter** Luft, in
☞ *Kalt - Luft*
– **Nachtluft**: calc-p. *Hep.*$_{hr1,k}$ *Merc.*$_{bg2,k,*}$ phos. spig. sul-ac. sulph. trif-p.
– **naßkalter** Luft, in: ant-t. bar-c. bar-s.$_{k2}$ *Calc.* calc-sil.$_{k2}$ carb-an. carb-v. *Chin.* cur. **Dulc.** *Iod.* *Lach.* mag-c. mang.$_{k2}$ merc. mosch. mur-ac. *Nit-ac.* nux-m. phyt. rhus-t. sep. sil. sul-ac. *Sulph.* verat. zinc.
– **trockener** Luft, in: caust. sep.
• **kalter**, trockener, in: **Acon.**$_{bg2,k}$ brom. caps. cham.$_{bg2,k}$ crot-h.$_{hr1,k}$ **Hep.** nux-m. *Phos.* rumx. samb.$_{bg2,k}$ *Spong.*
– **Zugluft**, bei: *Acon.*$_{bg2,k}$ *Calc.* caps.$_{hr1,k}$ *Caust.*$_{bg2,k,*}$ *Chin.*$_{bg2,k}$ ol-j.$_{hr1}$ *Ph-ac.* sep. xan.$_{bg2}$

Magen:
– **kommen**; scheint vom Magen zu: all-s. ant-t. *Arn.*$_{c1}$ bar-c.$_{bg1}$ bell. **Bry.** cann-s. carc.$_{mg1,sp,*}$ cench.$_{k2}$ cham.$_{bg1}$ con.$_{bg1}$ ery-a. ferr.$_{bg1}$ guaj.$_{bg1}$ hep.$_{bg1}$ ign.$_{bg1}$ kali-bi.$_{bg1}$ kali-m.$_{bg1}$ lach. lob-s.$_{c2}$ merc. nat-m.$_{bg1}$ nit-ac.$_{bg1}$ *Nux-v.* ph-ac.$_{bg1}$ phos.$_{bg1}$ plat.$_{bg1}$ puls. sang.$_{bg1}$ **Sep.**

– **umdrehen** würde; als ob es den Magen: *Puls.* ruta tab.

Masern:
– **während**: coff.$_{hr1,k}$ *Cop.*$_{hr1,k}$ dros.$_{k2,tl1,*}$ eup-per.$_{hr1,k}$ ip.$_{ptk1}$ puls.$_{ptk1}$ spong. squil.$_{hr1,k}$ stict.$_{c2}$
• **tagsüber**: cupr.
• **Hautausschlag** sich entwickelt; amel. wenn sich der: cupr.
– **nach**: ant-c.$_{bg2,k}$ *Arn.*$_{hr1,k}$ bry.$_{bg2,k}$ *Calc.*$_{hr1,k}$ camph.$_{hr1,k}$ *Carb-v.* cham.$_{bg2,k}$ chel. chin.$_{hr1,k}$ coff.$_{bg2,k,*}$ con.$_{bg2,k}$ cop.$_{hr1,k}$ cupr.$_{hr1,k}$ **Dros.**$_{hr1,k}$ dulc. *Eup-per.*$_{hr1,k}$ euphr.$_{bg2}$ gels. hep.$_{hr1,k}$ *Hyos.*$_{bg2,k,*}$ ign.$_{bg2,k}$ ip.$_{bg2}$ *Kali-bi.*$_{h}$ *Kali-c.*$_{hr1,k}$ merc.$_{bg2,hr1}$ murx.$_{hr1,k}$ *Nat-c.* nux-v.$_{bg2,k}$ **Puls.**$_{bg2,k,*}$ sang.$_{bg2}$ squil.$_{bg2,k,*}$ stict.$_{bg2,k}$ *Sulph.* tub-a.$_{c}$

Menschen:
– **Annäherung** oder Vorbeigehen von Menschen agg.: carb-v.$_{hr1,k}$
– **Anwesenheit** vieler Menschen; bei: *Ambr.*
– **Eintreten** anderer Menschen ins Zimmer; beim: phos.$_{k,kl2}$●
☞ *Fremden / Nervös - Eintreten*

Menses:
– **vor**: *Arg-n.*$_{hr1,k}$ *Graph.*$_{bg2,k,*}$ hyos.$_{hr1,k}$ lac-c.$_{hr1,k}$ phos.$_{bg2}$ plat.$_{hr1,k}$ *Sulph.*$_{bg2,k,*}$ zinc.$_{bg2,k,*}$
• **tagsüber**: graph.$_{a1,k}$ sulph. zinc.
• **morgens**: graph. **Zinc.**$_{a1,k}$
• **früh**: graph.
• **abends**: *Sulph.*$_{hr1,k,*}$ zinc.$_{a1,k}$
• **Bett** agg. und durch Aufstehen amel.; im: *Sulph.*$_{h,k}$
• **hysterisch**: plat.$_{hr1,k}$
– **während**: am-m. atro. bry.$_{hr1,k}$ cact. *Calc-p.* castm. cham.$_{hr1,k}$ coff. cop. cub.$_{hr1,k}$ cur. eucal-t.$_{bro1}$ *Graph.*$_{bg2,k,*}$ iod.$_{hr1,k}$ kali-n.$_{h,k1}$ lac-c.$_{hr1,k}$ lachn.$_{hr1,k}$ nat-m. phos.$_{bg2,k,*}$ rhod. senec.$_{hr1,k}$ *Sep.*$_{hr1,k}$ sulph.$_{hr1,k}$ thuj. *Zinc.*$_{bg2,k,*}$
• **amel.**: senec.$_{ptk1}$
• **morgens**: cop.$_{a1,k}$ **Zinc.**$_{a1}$
• **Abend**, jeden: *Sulph.*
• **hysterisch**: hyos. plat.
• **Rauheit** im Hals; durch: castm.
• **Schnupfen**, mit: cub. *Graph.*
– **Beginn** der Menses; zu: *Phos.*$_{bg2,k}$
– **unterdrückte**, durch: dig.$_{ptk1}$ mill. puls. senec.$_{k2}$ tub.$_{k2}$

Metallisch: eupi.$_{a1,k}$ iod.$_{hr1,k}$ *Kali-bi.*$_{hr1,k}$ lac-c.$_{hr1,k}$ rumx. sang. spong.

Metastasierend, mit kruppartigem Klang: cupr.$_{hr1,k}$

Milch agg.: ambr.$_{bg2,k}$ ant-c. ant-t.$_{bg2,k}$ brom.$_{bg2,k}$ kali-c.$_{bg2,k}$ spong.$_{hr1,k}$ sul-ac.$_{bg2,k}$ zinc.$_{bg2,k}$

Milz:
– **Beschwerden** der Milz; durch: card-m. squil.$_{c2}$
– **vergrößerter** Milz oder Schmerz in der Milz; mit: squil.$_{ptk1}$

Mittagessen:
– **vor**: arg-n.$_{a1,k}$

Mittagessen: ...
– **nach**: aeth.$_{a1,k}$ agar.$_{hr1,k,*}$ anac.$_{a1,k}$ arg-n.$_{a1,k}$ bar-c. bry. calc-f.$_{a1,k}$ carb-v. coc-c. *Cocc.*$_{hr1}$ ferr. ferr-ma.$_{a1}$ hep. *Ip.*$_{hr1}$ kali-bi.$_{hr1,k}$ lach. mur-ac.$_{a1,k}$ nux-v. phos.$_{a1,k}$ sil.$_{a1,k}$ sulph.$_{a1,k}$ syph.$_{hr1,k}$ tab. tax.$_{a1,k}$ thuj. zinc.
• **Schlaf**, im: puls. staph.

Müdigkeit agg.; bei: stict.$_{ptk1}$

Musik:
– **agg.**: **Ambr.** *Calc.* cham. kali-c. kreos. ph-ac.
– **Geigenspielen**, beim
☞ *Geigenspielen*
– **Klavierspielen**, beim
☞ *Klavierspielen - beim*

Nachdenken, durch
☞ *Geistiger Anstrengung*

Naß:
– **Brust** amel.; nasse: borx.$_{ptk1}$
– **Naßwerden**, beim: ant-c. calc. *Calc-s.* **Dulc.**$_{hr1,k}$ lach. nit-ac. psor. rhus-t. sep. sulph. tub.$_{c1}$
– **Zimmer** agg.; im feuchten, nassen: bry.

Nervös: *Acon.*$_{hr1}$ ambr.$_{h,k2,*}$ aur.$_{hr1,k}$ *Bell.*$_{hr1}$ **Caps.**$_{hr1,k}$ cimic.$_{ptk1}$ cina cocc. con.$_{bg2}$ cor-r.$_{hr1,k}$ crot-h.$_{hr1,k}$ cupr.$_{hr1,k}$ *Dros.*$_{hr1,k}$ *Hep.*$_{hr1,k}$ hydr-ac.$_{hr1,k}$ *Hyos.* *Ign.*$_{bg2,k,*}$ *Ip.*$_{hr1}$ kali-br.$_{bg2,k,*}$ lach.$_{a1,k}$ nux-m.$_{hr1,k}$ nux-v.$_{hr1,k}$ phel. phos.$_{bg2,k,*}$ *Plb.*$_{a1,hr1}$ verb.$_{ptk1}$ zinc-p.$_{k2}$
☞ *❑ Gemüt - Erregung*
– **abends**, von Sonnenuntergang bis Sonnenaufgang:
• **Frauen**, eigentümlich für: aur.
– **Nacht**, die ganze: *Hep.*
– **Eintreten** eines Menschen in das Zimmer; beim: phos.
☞ *Fremden / Menschen - Eintreten*
– **Liegen**, beim: **Hyos.**

Niesen:
– **amel.**: osm.$_{a1,k}$
– **durch**: seneg.
– **endet** in Niesen ●: **Agar.**$_{hr1,k}$ *Arg-n.* bad.$_{hr1,k}$ *Bell.*$_{hr1,k}$ bry. caps.$_{h,k13,*}$ *Carb-v.*$_{k,st}$ hep. just.$_{pd}$ lyc.$_{h,k,*}$ psor. seneg.$_{hr1,k}$ *Squil.* *Sulph.*
– **mit**: all-c. alum.$_{a1,k}$ anac. ant-t. aspar. bad.$_{hr1,k}$ *Bell.*$_{hr1,k}$ *Bry.* carb-an. carb-v. chin. *Cina* *Con.* eup-per. hep. iod. just.$_{br1}$ kali-c. kreos. lob. merc. *Nat-m.* nit-ac. nux-v. osm. psil.$_{ft1}$ psor.$_{ptk1}$ sal-ac. seneg.$_{ptk1}$ sep. sil. squil. staph. *Sulph.*

Nüchtern, wenn: kali-c.$_{bg2,k}$ mag-m. staph.$_{bg2}$

Obst agg.: arg-met. mag-m.$_{bg2,k,*}$

Obstipation agg. den Husten: sep.$_{h,ptk1}$

Periodisch: am-m.$_{k2}$ anac. ars. aur. coc-c. cocc. colch. lach. lact. lyc. merc. *Nux-v.* sep. stram.
– **morgens**: stram.
– **abends**, von Sonnenuntergang bis Sonnenaufgang: aur.
– **nachts**: acon. cocc. merc.
• **Mitternacht**: cocc.

– **nachts - Mitternacht**: ...
  • **nach**: acon. cocc.
    • **2** h: cocc.
    • **Stunde**, jede halbe: acon.
  • **zweite** Nacht, jede: merc.
  • **vierte** Nacht, jede: cocc.
– **Stunde**:
  • **drei** Stunden, alle: anac. dros.
  • **selben** Stunde; jeden Tag zur: lyc. sabad.
– **Tag**:
  • **jeden** Tag: anac.
  • **zweiten** Tag, jeden: anac. lyc. nux-v. sep.
    • **Hustenstöße**, heftige: *Anac.* lyc. *Nux-v.*
  • **dritten** Tag, jeden: anac. lyc.
– **Sprechen** oder Rauchen; durch: atro.
– **Uhrwerk**; regelmäßig wie ein: nicc.

Pertussis
☞ *Keuchhusten*

Pfeffer, durch: alum.$_{hr1,k}$ cina

Pfeifend: acon. ars. brom. carb-v. chlor. croc.$_{br1}$ *Hep.* kali-bi. kali-i. kali-p. kreos. *Laur.* lyc. prun. samb. *Sang.* seneg. *Spong.*

Pfeifend, giemend: kreos. prun. *Spong.*
– **trocken**, wie eine Säge, die durch Tannenholz getrieben wird; pfeifend und: *Spong.*

Pflockes; durch Gefühl eines:
– **Kehlkopf**, im: spong.
– **Trachea** auf und ab bewegt; der sich in der: *Calc.*

Pleuritis, bei: acon. *Ars.* bry. ip. *Lyc. Sulph.*

Plötzlich: *Agar.*$_{a1,k}$ alum.$_{hr1,k}$ am-br.$_{a1,k}$ apoc.$_{a1,k}$ calad.$_{hr1,k}$ coloc.$_{a1,k}$ *Cupr.* *Ip.*$_{hr1,k}$ kali-bi.$_{a1,k}$ kali-c.$_{a1,k}$ kali-p. naja *Sep.*$_{a1,k}$ **Squil.**$_{a1,k}$
– **tagsüber**: agar. coloc.$_{a1,k}$
– **morgens**: am-br.$_{a1,k}$ **Squil.**$_{a1,k}$
  • **Aufstehen**, beim: am-br.$_{a1,k}$
– **vormittags**: agar.
– **abends**: alum.$_{hr1,k}$ *Am-br.*$_{a1,k}$ apoc.$_{a1,k}$
  • **Sitzen**, im: alum.
– **nachts**: apoc.$_{a1,k}$

Pneumonie, nach: calc-i.$_{k2}$

Pocken:
– **während**: plat.
– **nach**: *Ant-t.*$_{hr1}$ calc.$_{hr1,k}$

Preßt beim Husten und ist verdrießlich; Kind: bell.$_{h}$

Prickeln in der Trachea; durch: hydr-ac.

Prodromalsymptom, als ein: bry.$_{ptk1}$ rhus-t.$_{ptk1}$ sabad.$_{ptk1}$ samb.$_{ptk1}$ tub.$_{ptk1}$

Quälend, qualvoll: agn. *Arum-t.*$_{hr1,k}$ aspar.$_{hr1,k,*}$ *Brom.* **Caust.** iris *Lach.* limest-b.$_{es1}$ lyc.$_{a1,k}$ meli.$_{hr1,k,*}$ *Nit-ac.* **Nux-v.** *Sang.*$_{hr1,k}$ *Seneg.*$_{hr1,k}$ *Sep.*$_{a1,k}$ *Squil. Stann.*
☞ *Folternd / Schmerzhaft*
– **tagsüber**: lyc.$_{a1,k}$

Quälend, qualvoll: ...
– **morgens** und abends, beim Einschlafen: agn. *Brom. Lach.* lyc.$_{a1,k}$ nit-ac.

Rasieren agg.: carc.$_{tp1}$

Rasselnd: alum. alum-p.$_{k2}$ *Ammc.* ang. **Ant-t.**$_{hr1,k}$ *Apoc.*$_{hr1}$ aral. *Arg-met.* *Arg-n.*$_{hr1,k,*}$ ars-s-f.$_{hr1}$ arum-d. arund.$_{hr1,k}$ *Bar-c.* bar-i.$_{k2}$ bar-m. bar-s.$_{k2}$ *Bell.*$_{hr1,k}$ brom.$_{hr1,k}$ *Bry.*$_{hr1,k}$ *Cact.* cain. *Calc.*$_{hr1,k}$ *Calc-s.* *Carb-an.* *Carb-v.* **Caust.**$_{hr1,k}$ *Cham.*$_{hr1,k}$ *Chel.*$_{hr1,k}$ chen-a.$_{hr1,k}$ chinin-m.$_{kr1}$ *Cina* *Coc-c.* con.$_{a1,k}$ cupr. dig.$_{c1}$ *Dulc.*$_{hr1}$ eug. ferr. ferr-p. gamb. *Hep.*$_{hr1,k}$ *Hippoz.* *Hydr.*$_{hr1,k}$ hydr-ac. *Iod.*$_{hr1,k}$ **Ip.**$_{hr1,k}$ *Kali-bi.*$_{hr1,k}$ *Kali-chl.* kali-p. **Kali-s.** *Lach.* *Lyc.*$_{hr1,k}$ med.$_{hr1,k}$ meph.$_{hr1,k}$ merc. merc-c.$_{a1,k}$ merc-i-f.$_{hr1,k}$ merc-i-r. mur-ac. nat-c. *Nat-m.*$_{hr1,k}$ *Nat-s.* *Nux-v.*$_{hr1,k}$ oena. *Op.* phos.$_{hr1,k,*}$ podo.$_{hr1,k}$ *Puls.*$_{hr1,k}$ rumx. samb. *Sang.* *Sanic.* sars.$_{hr1,k}$ **Sep.**$_{hr1,k}$ *Sil.* *Squil.*$_{hr1,k}$ *Stann.* sul-ac.$_{a1,k}$ sul-i.$_{k2}$ *Sulph.*$_{hr1,k}$ teucr-s.$_{gm1}$ verat.$_{hr1,k}$ verat-v.$_{hr1,k}$ yuc.$_{a1}$
– **tagsüber**: *Arg-met.* ferr. nit-ac.$_{k2}$
– **morgens**: aral. hep.$_{hr1,k}$ meph. stram.
– **abends**: caust. sil.
– **nachts**: anac. gamb.
– **alten** Menschen, bei: *Ammc.* bar-c.$_{k2}$ *Hippoz.* *Kali-bi.* *Seneg.*$_{hr1,k}$
– **Anfällen**, in: cina
– **erschüttert** den Körper: phos.$_{k2}$
– **Essen**:
  • **beim**: *Phos.*$_{a1,k}$
  • **nach**: hep.$_{hr1,k}$
– **Freien** amel.; im: arg-met. *Kali-s.*
– **Heiserkeit**:
  • **mit**: *Kali-chl.*
  • **ohne**: **Kali-s.**
– **Zischen** oder Pfeifen beim Liegen auf dem Rücken oder auf der Seite; mit: med.

Rauch:
– **aller** Art; durch Rauch: euphr. limest-b.$_{es1}$ menth.
– **Gefühl** von Rauch in der Trachea; durch: *Ars.* bry. nat-ar.
– **Tabakrauch**
☞ *Tabakrauch - agg.*

Rauchen (von Tabak); durch: *Acon.* agar. all-s. arg-n. atro. brom. bry. carb-an. cham. clem. coc-c. coca cocc. *Coloc.* *Dros.* *Euphr.* ferr. hell. hep. hydrog.$_{srj2}$ ign. iod. lac-ac. lach. mag-c. menth. merc.$_{ptk1}$ nux-v. osm. petr. psil.$_{ft1}$ puls. rad-br.$_{ptk1,ptk2}$ spig. spong. staph. sul-ac. sul-i.$_{k2}$ tarent. thuj.
☞ *Tabakrauch - agg.*
– **amel.**: *Arg-n.*$_{ptk1}$ euphr.$_{ptk1}$ hep.$_{ptk1}$ ign.$_{ptk1}$ merc.$_{ptk1}$ sep.$_{ptk1}$ tarent.$_{ptk1}$
– **abends**: *Arg-n.*$_{hr1,k}$ coloc. thuj.
– **nachts** amel.: tarent.
– **Mittagessen**, nach dem: acon. bry. coc-c. dros. *Lach.* petr.

Rauh: acon.$_{a1,k}$ am-m.$_{bg2}$ bell.$_{bg2,k,*}$ brom.$_{bg2,k,*}$ cann-i.$_{hr1,k,*}$ carb-an.$_{a1,k}$ carb-v.$_{hr1,k,*}$ card-b.$_{a1,k}$ caust.$_{bg2}$ cop.$_{a1,k}$ dros.$_{k2}$ dulc.$_{hr1,k}$ *Eup-per.*$_{hr1,k}$

Rauh: ...
eupi.$_{a1,k}$ *Hep.*$_{bg2,k,*}$ ign.$_{hr1}$ iod.$_{a1,k}$ ip.$_{hr1,k}$ kali-c.$_{bg2}$ kreos.$_{a1,bg2}$ laur.$_{bg2}$ mag-m.$_{a1,k}$ meli.$_{a1,k}$ *Merc.*$_{hr1,k}$ *Merc-cy.*$_{hr1}$ mur-ac.$_{hr1,k}$ nat-c.$_{bg2,k,*}$ nat-m.$_{h,k1}$ nux-v.$_{bg2,hr1}$ petr.$_{bg2}$ *Phos.*$_{hr1}$ puls.$_{bg2}$ *Rhus-v.*$_{a1,k}$ samb.$_{hr1}$ sep.$_{a1,k}$ sil.$_{hr1,k}$ *Spong.*$_{hr1}$ tarent.$_{a1,k}$ ust.$_{a1,k}$ verb.$_{c1}$
– **nachts**: *Cham.*$_{hr1,k}$ lyc.$_{a1,k}$ nat-c.$_{h,h2,*}$ *Nit-ac.*$_{h,k,*}$ *Verb.*$_{hr1}$
  • **Mitternacht**: *Nit-ac.*

Rauheit:
– **Gaumen**; durch Rauheit im: calc.$_{h}$
– **Hals**; mit Rauheit im inneren: phos.$_{h}$
– **Kehlkopf**; durch Rauheit im: *Alum.* ang. aur-m. bar-c. *Bry.* carb-an. *Carb-v.* carbn-s. castm. *Caust.* coloc. con. dig. graph. *Kali-c.* kali-i. kalm. kreos. *Lach.* laur. mang. nat-s. **Nux-v.** ol-an. plb. *Puls.* rhod. *Rhus-t.* sabad. sars. *Seneg.* *Spong.* stront-c. *Sulph.* verat-v.
– **Trachea**; durch Rauheit in der: bar-c. carb-an. dig. kreos. laur. sabad.

Räuspern: eug.$_{hr1,k}$
– **agg.**: am-m.$_{a1,k}$ coc-c.$_{ptk1}$ raph.$_{a1}$
– **Würgen** und Erbrechen beim Hochräuspern von Schleim am Morgen: ambr.$_{hr1,k1,*}$

Reden
☞ *Sprechen*

Reflexhusten: cer-ox.$_{c2}$ ign.$_{br1}$

Reinigen der Zähne; beim
☞ *Zähneputzen*

Reißend: all-c. *Bell.* borx. calc. med. phos. rhus-t.$_{ptk1}$ senec.
– **nachts**: *Bell.* senec.
– **Herzgegend**; reißendes Gefühl in der: elaps
– **Menses**, während: senec.

Reizhusten, steter Reiz: arg-met. chlor. clem.$_{a1,k}$ cocc. cod.$_{a1,k}$ coff.$_{bg2,k}$ hippoz. ign.$_{bg2,k}$ kali-c.$_{a1,k}$ lach. laur.$_{bg2,k}$ ol-j. oxyg. par.$_{bg2}$ ph-ac.$_{a1,k}$ phos.$_{a1,k}$ phyt.$_{a1,k}$ plan.$_{a1,k}$ teucr.$_{bg2,k,*}$
– **morgens**:
  • **Aufstehen**, nach dem: arg-met.
– **nachts**: *Cod.*$_{a1,k}$ phos. tub.$_{c1}$

Reizstoffe, durch (= Salz, Wein, Pfeffer, Essig etc.):
– **sofort** zu husten; beginnt: alum.

Remittierendem Fieber, bei: podo.$_{hr1,k}$

Röchelnd: cact.$_{a1,k}$
– **nachts**: cact.$_{a1,k}$

Roheit:
– **Brustbein** erregt Husten; Roheit hinter dem: kali-n.$_{h}$
– **Kehlkopf** erregt Husten; Roheit im: acon. *Alum.* ambr. bar-c. brom. *Bry.* carbn-s.$_{k2}$ castm. *Coc-c.* dulc. *Hep.* kali-i. laur. **Nux-v.** ol-an. **Phos.** **Rumx.** sang. *Sil.* **Sulph.**

Röhre hinein gehustet; klingt, als würde in eine: osm.$_{hr1,k}$

Säfteverlust, durch: *Chin.* cina ferr. ph-ac. staph.

Salzige Speisen, durch: alum. *Con.* lach.
– **Pfeffer** im Kehlkopf; wie durch salzige Speisen und: crot-h.

Saure Speisen, durch: alum.$_{ptk1}$ ant-c. brom. con.$_{h}$ lach. nat-m. nux-v. sep.$_{k,k12}$● sulph.

Säuren agg.: ant-c.$_{bg2,k}$ brom.$_{bg2,k}$ *Con.*$_{bg2,k,*}$ lach.$_{bg2,k,*}$ mez. nat-m.$_{bg2,k,*}$ nux-v.$_{bg2,k}$ sep.$_{bg2,k,*}$ sil. sulph.$_{bg2,k,*}$

Schabend, scharrend: ars.$_{k2}$ calc.$_{h,k}$ calc-s.$_{a1}$ phos.$_{k2}$ **Spong.** stram.$_{a1,k}$ syph.$_{hr1,k2}$

Scharf: arn.$_{a1,k}$ calc-s.$_{a1,k}$ *Lach.*$_{hr1}$ *Phos.*$_{hr1}$ staph.$_{bg2,k,*}$ syph.$_{hr1}$
– **Essen**, nach dem: staph.$_{a1,k}$

Scharf gewürzte Speisen; durch
☞ *Gewürze*

Scharfen Flüssigkeit, die durch die Choanen läuft; Husten durch das Gefühl einer: kali-bi.

Scharlach, folgt auf: ant-c.$_{bg2,k}$ con.$_{bg2,k}$ hyos.$_{bg2,k}$

Scharrend: *Alumn.*$_{a1,k}$ bell.$_{a1,k}$ bry.$_{a1,bg2}$ calc.$_{a1,k}$ *Caust.* cham. cimx.$_{hr1,k,*}$ coff.$_{a1,k}$ dros. eup-per. *Euphr.* eupi.$_{a1,k}$ grat.$_{a1,k}$ *Hep.*$_{a1,k}$ kali-c.$_{a1,k}$ kreos.$_{hr1,k}$ lyc.$_{a1,k}$ merc. nat-c.$_{hr1,k,*}$ nicc.$_{hr1,k}$ nit-ac. *Nux-v.*$_{a1,k}$ plan.$_{a1,k}$ puls.$_{hr1,k}$ rhod.$_{a1,k}$ sabad. samb. *Sel.* sep.$_{a1,k}$ sil.$_{a1,k}$ spong. **Stann.**$_{hr1,k,*}$ zing.$_{a1,k}$
– **abends**: bry.$_{a1,k}$ rhod.$_{a1,k}$ stann.$_{h,k1}$
  • **Hinlegen**, nach dem: bry.$_{a1,k}$
– **nachts**: calc.$_{a1,k}$ cham. nat-m.$_{a1,k}$ rhod.$_{a1,k}$
  • **Erwachen**, beim: calc.$_{a1,k}$
– **Brust**: arg-met. bry. con. kali-bi. kreos. *Puls.* ruta staph. *Thuj.*
  • **oberen** Brust; in der: ruta
– **Brustbein**; unter dem: cann-i.$_{c1}$
– **Fauces**: **Dros.** kali-bi.$_{a1}$
– **Kehlkopf**, im: aesc. agn. aloe alum. *Alumn.* *Am-c.* ambr. arg-n. aur-m-n. bar-c. *Bell.* borx. bov. **Brom.** *Bry.* cain. camph. **Carb-v.** *Carbn-s.* card-m. *Caust.* chel. chinin-s. *Coc-c.* colch. *Con.* croc. cycl. dig. **Dros.** graph. **Hep.** hydr-ac. kali-bi. kalm. kreos. laur. led. mag-c. mag-m. mang. naja nit-ac. **Nux-v.** ol-an. op. osm. paeon. petr. ph-ac. phyt. plat. prun. **Puls.** *Sabad.* **Sel.** *Seneg.* sil. sin-n. syph. ter. thuj. til. upa.
– **Rachen**, im: arg-n. cycl. graph.$_{h}$ hep.$_{h}$ kali-bi.
– **Trachea**, in der: bry. cycl. *Puls.* sabad. thuj.

Schlaf:
– **vor**: *Coc-c.* lyc. merc. **Sulph.**
– **im** ●: *Acon.*$_{bg2,k,*}$ *Agar.* alum.$_{a1,h}$ *Apis* aral.$_{bro1}$ *Arn.*$_{bg2,k,*}$ ars. arum-t. bac.$_{pd}$ *Bell.*$_{bg2,k,*}$ calc.$_{bg2,k,*}$ carb-an.$_{bg2,k}$ **Cham.**$_{bg2,k,*}$ coff.$_{a1,k}$ *Cycl.*$_{hr1,k,*}$ hipp.$_{a1,k}$ hyos.$_{bg2,k,*}$ ip.$_{gsy1}$ kreos. **Lach.**$_{bg2,k,*}$ lachn.$_{bg2}$ lyc.$_{hr1,k}$ lycps-v. mag-s. merc.$_{bg2,k,*}$ murx. nit-ac.$_{bg2,k,*}$ *Petr.* phos. rhod. *Rhus-t.* samb.$_{bg2,k}$ sang. sep.$_{bg2,k,*}$ sil. stram.$_{bg2,k}$ *Sulph.*$_{a1,k}$ tub. verb.$_{bg2,k}$

– **im**: ...
• **tiefem** Schlaf; im: samb.
– **nach**: acon.$_{bg2}$ aeth.$_{bg1,bg3}$ ambr.$_{bg2}$ *Apis* *Aral.*$_{bg2,k}$ arum-i.$_{a1}$ bell.$_{bg1,k2,*}$ brom.$_{bro1}$ calc.$_{bg2}$ *Caust.*$_{bg2,k}$ chin.$_{bg2}$ coc-c.$_{bg2}$ dig.$_{bg2}$ euphr.$_{bg2}$ ign.$_{bg2}$ ip.$_{bg1,bg3}$ *Kali-bi.* kreos.$_{bg2}$ **Lach.**$_{bg2,k,*}$ lachn. lyc.$_{bg2}$ nit-ac.$_{a1,k}$ nux-v.$_{bg2}$ ph-ac.$_{bg2}$ puls.$_{bg2,k,*}$ rhus-t.$_{bg2}$ *Sep.* spong.$_{bg2,bro1}$ squil.$_{bg2}$ stram.$_{bg2}$ sul-ac.$_{bg2}$ sulph.$_{bg2,k,*}$ verat.$_{bg1,bg3}$
– **Auffahren** im Schlaf; beim: apis cina hep.
– **Einschlafen**, beim: *Agar.* agn. arn. brom. *Carb-v.* *Con.* guare. *Hep.* ign. *Kali-c.* **Lach.** **Lyc.** med. merc. nit-ac. *Phos.* sep. **Sulph.**
• **Liegen** auf der Seite; beim: *Arg-n.* kali-c. *Lyc.* *Psor.* *Spong.*
• **Stunde** danach, eine: aral. arn. calc.
– **Einschlafen** während des trockenen Hustens: mag-s.
– **stört** den Schlaf ●: *Agar.* alum. bism.$_{h,kl}$ calad. cortiso.$_{gse}$ mez. nux-v. ol-j. *Osm.*$_{hr1}$ phos. rhod. rhus-t. samb.$_{pd}$ sang. sep.$_{h,kl}$ spong.$_{hr1,k}$ squil.$_{hr1,k}$ stict.$_{hr1,k}$ **Sulph.**$_{hr1,k}$ syph. zinc.
– **verhindert** den Schlaf ●: am-m.$_{gsy1}$ anac.$_{a1,h}$ apis bell.$_{k2}$ calad.$_{hr1,k}$ carb-v.$_{hr1,k}$ caust.$_{h,kl}$ *Cupr.*$_{hr1}$ daph.$_{hr1,k}$ helx.$_{gm1}$ kali-bi.$_{hr1,k}$ kali-c. kali-cy.$_{hr1,k}$ laur. **Lyc.** *Nux-v.*$_{hr1}$ *Ol-j.*$_{hr1}$ phos. **Puls.** *Rhus-t.*$_{hr1,k}$ sang. **Sep.** stict. sulph.$_{h,kl}$ tub.$_{c1}$ zinc.$_{hr1,k}$
– **weckt** aus dem Schlaf ●: acon.$_{hr1,k}$ *Agar.* alum.$_{a1,k}$ *Apis* *Aral.* arn. *Ars.*$_{hr1,k}$ bell.$_{hr1,k}$ calc. carb-v.$_{k2}$ carbn-s. **Caust.**$_{hr1,k}$ cham. *Coc-c.*$_{hr1,k}$ cocc. coff. con.$_{hr1,k}$ daph. dros. graph. hep. hipp. *Hyos.*$_{bg2,k}$ kali-c. kali-n. *Lach.*$_{hr1,k}$ mag-m. med. merc. nit-ac. op. *Petr.* **Phos.**$_{hr1,k}$ rhod. *Rhus-t.*$_{hr1,k}$ ruta$_{kr1}$ *Sang.*$_{hr1,k}$ *Sep.*$_{hr1,k}$ *Sil.*$_{hr1,k}$ sol-t-ae. squil. **Sulph.**$_{hr1,k}$ verb. zinc.$_{hr1,k}$ zing.

Schleim, durch:
– **Brust**, in der: ant-t. arg-met. ars. arum-t. asar. bamb-a.$_{stb2}$ bar-c. *Calc.* caust. cham. cina euphr. graph. guare. iod. ip. **Kali-bi.** kali-n. kreos. med. nat-m. plb. **Puls.** sep. *Spong.* **Stann.** sulph.
• **oben** in der: plb.
– **Kehlkopf**, im: aesc. am-br. am-c. am-caust. arg-met. arg-n. *Arum-t.* asaf. asar. atro. bamb-a.$_{stb2}$ brom. caust. cham. chinin-s. cina coc-c. cocc. crot-t. *Cupr.* dig. dulc. euphr. grat. hyos. **Kali-bi.** kreos. **Lach.** laur. mang. *Nux-v.* osm. par. phel. plan. pyrog.$_{k2}$ raph. seneg. *Stann.* stram. zinc.
– **Trachea**, in der: arg-met. *Arum-t.* caust. cham. cina crot-t. cupr. dulc. euphr. gels. hyos. *Nux-v.* seneg. *Spong.* squil. **Stann.**
• **aufsteigenden** oder absteigenden Schleim; wie durch: coc-c.
• **Gefühl** von Schleim in der Trachea; durch: kali-c. **Stann.**

Schließen der Augen in der Nacht erregt Husten: **Hep.**$_{hr1,k}$

Schlucken, beim:
– **amel.**: apis eug.$_{a1,k}$ hydrog.$_{srj2}$ spong.

Schlucken, beim:
– **agg.**: *Aesc.*$_{hr1,k,*}$ **Brom.**$_{bg2,k,*}$ choc.$_{srj3}$ *Cupr.* eug.$_{hr1,k,*}$ kali-perm. lyc.$_{a1,k}$ lyss.$_{hr1,k}$ *Nat-m.*$_{hr1,k,*}$ op.$_{bg2,k,*}$ phos.$_{hr1,k}$ puls.$_{hr1,k}$ spong.$_{bro1}$ sul-ac.$_{a1,k}$
– **leerem**, bei: caust. lyc.$_{a1,k}$ *Nat-m.*$_{bg2,k,*}$ op.
• **amel.**: bell. verat.$_{bg2}$

Schmerz:
– **Kehlkopf**; Husten durch Schmerz im: acon. ang. arg-met. bry. calad. caust. chinin-s. euphr. ferr. grat. hep. iod. kali-c. sars. *Spong.* *Stann.*
• **drückenden** Schmerz, durch: agar.
– **Trachea**; Husten durch Schmerz in der: acon. ang. arg-met. bry. calad. euph. grat. hep. indg. ip. sars. *Spong.* stann.

Schmerzhaft: *Acon.*$_{bg3}$ adam.$_{srj5}$ *Agar.*$_{bg2,k,*}$ *Ail.*$_{a1,k}$ **All-c.**$_{bg2,k}$ anis. ant-o. ant-t.$_{bg2,k,*}$ apis ars.$_{bg2}$ arum-t.$_{bg2}$ **Bell.**$_{bg3,k2}$ brom. **Bry.**$_{k,kl2}$● calad. calc-p.$_{bg2}$ *Caps.*$_{bg2,k,*}$ caust.$_{bg2,k}$ chin. coc-c.$_{a1,k}$ cop. cor-r.$_{a1,k}$ crot-h.$_{bg2}$ dros.$_{bg2,bg3}$ eup-per.$_{bg2}$ ferr-p.$_{bg2,k}$ iod.$_{bg2}$ kali-bi.$_{bg2}$ kali-c.$_{bg2,bg3}$ kreos.$_{bg2,k,*}$ lact.$_{a1,k}$ lob.$_{bg2}$ *Merc.*$_{bg2,k}$ merc-c.$_{bg2,k,*}$ nat-c. nat-m.$_{bg3}$ nat-s.$_{bg2,k}$ **Nux-v.**$_{bg3}$ phos.$_{bg2,bg3}$ ran-b.$_{bg2}$ rhus-t.$_{bg2,k,*}$ seneg.$_{bg2,bg3}$ spong.$_{bg3}$ *Squil.*$_{bg3}$ stann.$_{bg3}$ staph.$_{bg2}$ stict.$_{bg2}$ sulph.$_{bg3,ptk1}$ tarent.$_{a1,k}$ ust.$_{a1,k}$
☞ *Folternd / Quälend*
– **abends** im Bett: bry.$_{a1,k}$
– **nachts**: caust.$_{a1,k}$ *Rhus-t.*$_{a1,k}$
• **Mitternacht**; beim Erwachen vor: *Rhus-t.*
– **verursacht** Schmerz in entfernten Teilen: caps.$_{ptk1}$

Schnärchelnd, rasselnd: nat-c.$_{h,kl}$

Schnarchen, mit: ant-t. arg-met. bell. caust. ip. nat-c. nat-m. nux-v. puls. sep.

Schneefall; Husten bei Kindern durch: sep.

Schneiden, Stechen:
– **Kehlkopf**; durch Schneiden im: ang. *Arg-met.*
– **Schilddrüse**, in der: arg-n.

Schnell, bis der Patient schlaff wie ein Sack zurück fällt: *Cor-r.*

Schreck, durch: acon.$_{bg2,k,*}$ bell. ign.$_{bg2,k}$ rhus-t. samb. stram.$_{bg2,k,*}$
☞ ❑ *Gemüt - Beschwerden durch - Schreck*

Schreiben, beim: cina

Schrill: ant-t. med.$_{hr1}$ sol-t-ae.$_{a1,k}$ stram.$_{hr1,k}$
☞ *Kreischend*
– **Erwachen**, beim: sol-t-ae.$_{a1,k}$

Schüsse; kurzes Hüsteln, wie schnell aufeinanderfolgende (= minute gun): cor-r.

Schüttelt ihn; der Husten
☞ *Erschütternd*

Schwangerschaft; während der: apoc.$_{bg2,bro1}$ *Bell.*$_{bg2,hr1}$ bry.$_{bro1}$ calc. *Caust.*$_{hr1,k}$ cham.$_{bg2,ptk1}$ *Con.*$_{bg2,k,*}$ dros.$_{bg2}$ hyos.$_{bg2}$ ip.$_{bg2,k}$ kali-br.$_{bg2,k,*}$ nat-m.$_{hr1}$ *Nux-m.*$_{bg2,k,*}$ phos.$_{k,kl2}$● puls.$_{bg2,k}$ sabin. sep.$_{k,kl2}$● stann.$_{hr1}$ vib.$_{bg2,k,*}$

– **nachts**: *Con.*$_{hr1,k}$
– **frühen** Schwangerschaft, führt zu Abort; während der: rumx.$_{ptk1}$

Schwefeldämpfen; Husten agg. durch ein Gefühl von: am-c. aml-ns. **Ars.** asaf. *Brom.* bry. calc. *Carb-v.* *Chin.* cina **Ign.** ip. kali-chl. *Lach.* **Lyc.** mosch. *Par.* **Puls.**
– **abends**, vor dem Schlafen: ars.$_{h}$

Schweißausbruch amel.: eupi.$_{c1}$

Schwellung:
– **Kehlkopfes**; durch Schwellung des: *Kali-i.*
• **Gefühl** von Schwellung; durch: ars. ox-ac.

Schwierig, Husten ist: ant-t.$_{a1,k}$ arg-met.$_{k2}$ ars. brom. chin.$_{a1,k}$ chlor.$_{hr1,k}$ cocc.$_{a1,k}$ dig.$_{a1,k}$ kali-br.$_{a1,k}$

Seewind, durch
☞ *Wind, bei - Meer*

Serien, in: phos.$_{a1,k}$ sumb.$_{a1,k}$
– **10** - 11 h: sumb.

Singen:
– **agg.**: alum. *Arg-met.* *Arg-n.* carc.$_{tp1}$ *Dros.* hyos. kali-bi.$_{ptk1}$ mang. meph. *Phos.*$_{k,kl2}$● rhus-t. rumx. sil. spong. *Stann.* stram.
– **Heben** der Stimme; durch: **Arg-n.**$_{hr1,k}$

Sitzen; beim:
– **aufrechtem**, bei: kali-c. nat-m. spong.
• **amel.**: ant-t.
– **gebeugtem**, bei:
• **amel.**: choc.$_{srj3}$ iod. stann.$_{c1}$
• **agg.**: rhus-t. spig. stann.
– **langes** Sitzen agg.: coc-c. ph-ac.
– **Stillsitzen**, beim: coca rhus-t.
• **amel.**: verat.
• **nachmittags**: coca

Sodbrennen, durch: carbn-s. choc.$_{srj3}$ staph.$_{h,kl}$

Sonne agg.: ant-c.$_{bg2,hr1}$ *Ant-t.*$_{h,k}$ coca

Sorgen, durch: *Cina*

Spannung in der Brust: ars. thuj.

Spasmen
☞ *Konvulsionen / Krämpfe*

Speisen:
– **kalte**: am-m. *Carb-v.* dros.$_{k,k2}$ *Hep.* lyc. mag-c. *Ph-ac.* rhus-t. *Sil.* thuj. verat.

Spinnweben im Hals; durch Gefühl von: pop-c.$_{c1}$

Spirituosen
☞ *Alkohol*

Sprechen, beim: acon.$_{bg2,k,*}$ alum.$_{hr1,k}$ alum-p.$_{k2}$ *Alumn.*$_{hr1,k,*}$ *Ambr.*$_{bg2,k,*}$ anac.$_{bg2,k,*}$ ant-t. arg-met. *Arg-n.* arn.$_{bg2,k,*}$ ars.$_{a1,k}$ ars-i.$_{k2}$ atro.$_{a1,k}$ bar-c.$_{bg2,k,*}$ bar-i.$_{k2}$ bar-s.$_{k2}$ *Bell.*$_{bg2,k,*}$ brom. bry.$_{bg2,k,*}$ calad.$_{hr1,k,*}$ calc.$_{bg2,k,*}$ *Calc-s.* calc-sil.$_{k2}$ *Carb-v.*$_{bg2,k,*}$ carbn-s. carc.$_{mg1,sp,*}$ *Caust.*$_{bg2,k,*}$ cham.$_{bg2,k,*}$ *Chin.*$_{bg2,k,*}$ chinin-ar. *Cimic.*$_{hr1,k,*}$ cina

Sprechen, beim: ...
coc-c.$_{bg2,k,*}$ *Cocc.*$_{hr1,k}$ con.$_{hr1,k}$ crot-h.$_{hr1,k}$ *Cupr.*$_{hr1,k}$ dig.$_{bg2,k,*}$ **Dros.** dulc.$_{bg2,k}$ erig. erio.$_{a1}$ *Euphr.*$_{bg2,k,*}$ ferr.$_{hr1,k}$ ferr-ar. ferr-i. ferr-p. *Hep.*$_{bg2,k,*}$ hyos.$_{bg2,k,*}$ ign.$_{bg2,k,*}$ iod.$_{bg2,k}$ ip.$_{bg2,k}$ kali-bi. lac-c. *Lach.*$_{bg2,k,*}$ mag-c.$_{hr1,k}$ mag-m.$_{bg2,k,*}$ mag-p. mang.$_{bg2,k,*}$ menth. meph.$_{bg2,k,*}$ *Merc.*$_{bg2,k,*}$ merc-c.$_{hr1}$ mez.$_{bg2,k}$ mur-ac.$_{bg2,k,*}$ myric.$_{hr1,k}$ nat-m.$_{bg2,k}$ nit-ac.$_{bg2,k}$ par. ph-ac.$_{bg2,k}$ *Phos.*$_{bg2,k,*}$ phys.$_{hr1}$ *Phyt.* psil.$_{ft1}$ *Psor.*$_{bg2,k,*}$ rhus-t.$_{bg2,k,*}$ **Rumx.** **Sanic.** *Sil.*$_{bg2,k,*}$ *Spong.*$_{bg2,k,*}$ squil.$_{bg2,k}$ *Stann.*$_{bg2,k,*}$ stram.$_{bg2,k}$ sul-ac.$_{bg2,k}$ sul-i.$_{k2}$ sulph.$_{bg2,k,*}$ sumb.$_{a1,k}$ *Tub.* verb.$_{bg2,k}$
– **abends**: psor.
– **nachts**: puls.
– **lautem**, bei: *Ambr.* *Arg-n.* *Coc-c.*$_{a1,k}$ mang. *Phos.* puls.$_{hr1}$ *Tub.*
– **Unfähigkeit** zu sprechen; mit: *Am-m.*$_{hr1,k}$ brom. calad. *Cimic.* *Cupr.* *Lach.* mag-p. *Merc.* *Rumx.*

Springt auf; er
☞ *Aufspringen*

Spülen des Mundes agg.: *Coc-c.*$_{hr1,k,*}$

Ständig
☞ *Anhaltend*

Staub, wie durch: agar. *Alumn.*$_{a1,k}$ *Am-c.*$_{bg2,k,*}$ **Ars.**$_{bg2,k}$ aur.$_{bg2}$ aur-m. *Bell.*$_{bg2,k,*}$ *Brom.*$_{hr1,k}$ *Calc.*$_{bg2,k,*}$ calc-s. chel.$_{bg2,k}$ *Chin.*$_{bg2,k}$ cina *Coc-c.*$_{bg2,k}$ crot-c. cycl.$_{bg2,k}$ **Dros.**$_{bg2,k}$ ferr-ma.$_{a1,k}$ glon.$_{bg2,k}$ *Hep.*$_{bg2,k}$ ictod. *Ign.*$_{bg2,k,*}$ iod. *Ip.*$_{bg2,k}$ **Lyc.** meph. nat-ar. ph-ac.$_{bg2,k}$ pic-ac.$_{a1,k}$ plat.$_{bg2}$ **Puls.**$_{bg2,k}$ rumx.$_{ptk1}$ **Sulph.**$_{bg2,k}$ teucr.$_{bg2,k}$
– **Halsgrube**, in der: *Ign.*
– **Trachea**, in der: ferr-ma.

Stechen, mit:
– **Brust**, in der: acon. ars.$_{h}$ bry. nit-ac. nux-v.
– **Epigastrium**, im: rhus-t.
– **Epiglottis**, in der: caps.$_{hr1}$
– **Hals**, im inneren: lyc.$_{h}$ phos.$_{h}$
– **Kehlkopf**, im: acon. aphis bufo cham. *Cist.* hydr-ac. indg. kali-c. naja ox-ac. sol-t-ae. stann.
• **abends**: bufo
– **Rachen**, im: caps.$_{h}$
– **Trachea**, in der: *Arg-met.* lach. stann.

Stechend, durchdringend:
– **Brust**, in der: iod.
– **Kehlkopf**, im: bufo lyc. mur-ac. *Phos.* *Sil.*
• **1** - 4 h: bufo

Stechendes oder brennendes Kitzeln im Kehlkopf; durch: *Agar.* aphis bufo

Stehen:
– **agg.**: acon. aloe euphr.$_{bg2,k}$ ign.$_{hr1,k,*}$ mag-s. nat-m.$_{bg2,k}$ nat-s. sep.$_{bg2,k,*}$ stann. sulph.$_{bg2,k,*}$ zinc.$_{bg2,k}$
– **amel.**: mag-s.
– **aufrechten** Stehen; beim: acon. nat-m.$_{bg2,k}$ stann.
– **Sitzen** und umgekehrt; beim Stehen nach dem: aloe

– **Stillstehen**, bei einem Spaziergang; beim: ign.

Stimulanzien
☞ *Alkohol*

Strangulierend
☞ *Erstickend / Würgend*

Strecken:
– **Arme**; beim Ausstrecken der: lyc.
– **gefolgt** von Husten: merc.
– **Halses**; beim Strecken des: lyc.$_{h}$

Studenten, Schülern; bei: nux-v.$_{hr1,k}$

Stuhl amel.; häufiger: bufo

Stürmischem Wetter; bei
☞ *Wetter - stürmischem*

Sturm und Gewitter
☞ *Gewitter*

Süßigkeiten:
– **amel**.: psil.$_{ft1}$
– **agg**.: bad.$_{bg3,ptk1}$ med. spong. sulph.$_{hr1}$ zinc.

Tabakrauch:
– **agg**.: acon.$_{a1}$ arg-n.$_{a1}$ menth.$_{a1,br1}$ merc.$_{br1}$ staph.$_{a11}$
☞ *Rauchen*

Tanzen, nach: puls.$_{hr1,k}$

Tee:
– **agg**.: ferr.$_{bg2,k,*}$ spong.$_{hr1,k}$
• **heißer** Tee: spong.

Temperaturveränderung, bei: kali-c.$_{ptk1}$ *Phos.*$_{ptk1}$ rumx.$_{ptk1}$ sep.$_{ptk1}$ verb.$_{ptk1}$

Tief, aus der Tiefe kommend: ail.$_{hr1,k,*}$ all-s.$_{a1,k}$ am-br.$_{a1,k}$ am-c.$_{bg2}$ am-m.$_{gsy1}$ *Ambr.*$_{bg2,k,*}$ ammc. anac.$_{hr1,k}$ ang.$_{bg2,k,*}$ ant-c.$_{bg2,k}$ apoc.$_{hr1}$ arg-met.$_{k2}$ *Ars.*$_{hr1,k,*}$ ars-i. bufo *Carb-v.* chr-ac.$_{hr1,k}$ *Dig.*$_{bg2,k,*}$ dios.$_{a1,k}$ **Dros.**$_{bg2,k,*}$ eug.$_{hr1,k,*}$ guare.$_{hr1,k}$ *Hep.*$_{bg2,k,*}$ hydrog.$_{srj2}$ iod.$_{a1,k}$ kali-bi.$_{bg2,k}$ *Kali-c.* *Kali-i.* *Lach.*$_{bg2,k}$ limest-b.$_{es1}$ lob. lycps-v. mag-m.$_{a1,k}$ *Mang.*$_{bg2,k,*}$ med.$_{hr1,k}$ meph. nat-ar. *Nux-v.*$_{hr1,k}$ petr.$_{bg2,k}$ phos.$_{bg2,k,*}$ *Sabad.*$_{bg2,k}$ *Samb.*$_{bg2,k,*}$ sanic. sel. sep.$_{hr1,k}$ sil.$_{bg2,k,*}$ spong.$_{bg2,k}$ squil. **Stann.**$_{bg2,k,*}$ *Still.*$_{hr1,k,*}$ **Verat.**$_{bg2,k,*}$ *Verb.*$_{bg2,k,*}$
– **morgens**: ang.$_{a1,k}$ dios.$_{a1,k}$
– **nachmittags** und abends: am-br.$_{a1,k}$
– **abends**: eug.$_{hr1,k,*}$ **Verat.**$_{a1,k}$
– **Mitternacht**, nach: ars.$_{a1,k}$
– **Atmen** agg.: bell.$_{ptk1}$ brom.$_{ptk1}$ con.$_{ptk1}$ cupr.$_{ptk1}$ graph.$_{ptk1}$ lyc.$_{ptk1}$ stict.$_{ptk1}$
– **Einatmen**:
• **beim**: hep.$_{a1,k}$ ip. squil.$_{k2}$
• **tiefes** Einatmen amel.: puls.$_{ptk1}$ *Verb.*
– **Liegen** amel.: **Mang.**$_{a1,k}$ sep. squil.
– **nicht** tief genug husten, um den Schleim abzulösen; Gefühl, er könne: ars. bell. **Caust.** dros. lach. med. *Mez.* rumx.

Tief klingend: aloe *Kali-bi.* mang. **Stram.**$_{hr1,k,*}$ verb.
☞ *Klangvoll*
– **nachts**: verb.$_{hr1,k}$

Tonlos: calad.$_{bg2,k,*}$ card-b.$_{a1,k}$ cina dros.$_{bg2,k}$

Treppensteigen, beim: am-c.$_{bro1,gsy1}$ arg-met. arg-n.$_{hr1,k}$ *Ars.*$_{hr1,k,*}$ bar-c.$_{bg2,k}$ *Bry.* cench. iod.$_{bg2,k}$ kali-ar.$_{k2}$ kali-n.$_{bg2,k}$ lyc.$_{a1,k}$ mag-c.$_{bg2,k}$ mag-m.$_{bg2,k,*}$ merc.$_{bg2,k}$ nux-v.$_{bg2,k,*}$ puls.$_{hr1}$ seneg.$_{bg2,k}$ sep.$_{bg2,k,*}$ spong.$_{bg2,k}$ squil.$_{bg2,k}$ stann.$_{bg2,k}$ staph.$_{bg2,k}$ tell.$_{a1}$ zinc.$_{bg2,k}$

Trinken:
– **amel**.: brom. bry. *Caust.* choc.$_{srj3}$ *Coc-c.* cupr.$_{vh}$ euphr. hydrog.$_{srj2}$ iod. kali-c. *Op.* **Spong.**
– **nach**: acon. am-caust. am-m. ant-t. arn. **Ars.** *Bry.* calc. carb-v. *Chin.* *Cimx.* cina cocc. con. dig. **Dros.** ferr. ferr-ar. *Hep.* hyos. kali-ar. kali-bi. kali-c. lac-c. *Lach.* laur. lyc. *Manc.* meph. nat-m. nat-p. nux-m. nux-v. op. *Phos.* **Psor.** rhus-t. sil. squil. staph. stram. sul-ac. tell. verat.
– **Alkohol**, von
☞ *Alkohol*
– **Bier**, von
☞ *Bier*
– **hastiges** Trinken, durch: sil.
– **kalten** Flüssigkeiten, von
☞ *Kalt - Getränke*
– **Milch**, von
☞ *Milch*
– **Säuren**, von
☞ *Säuren*
– **Weinbrand**, von
☞ *Weinbrand*

Trinkern; bei
☞ *Alkoholikern*

Trocken (= ohne Auswurf): acal.$_{hr1,k,*}$ acet-ac.$_{hr1,k,*}$ achy-a.$_{bnj1}$ **Acon.**$_{bg2,k,*}$ aesc.$_{hr1,k,*}$ *Agar.*$_{bg2,k,*}$ ail.$_{hr1,k}$ alco.$_{a1}$ all-s.$_{hr1,k,*}$ aloe **Alum.**$_{bg2,k,*}$ *Alumn.*$_{a1,k}$ am-br.$_{hr1,k}$ *Am-c.*$_{bg2,k,*}$ *Am-m.*$_{bg2,k,*}$ *Ambr.*$_{bg2,k,*}$ anac.$_{bg2,k}$ anag.$_{hr1,k}$ anan.$_{hr1,k}$ androc.$_{srj1}$ ang.$_{bg2,k,*}$ ant-c.$_{bg2,k,*}$ ant-t.$_{bg2,k,*}$ anth. aphis apis apoc.$_{hr1,k,*}$ aq-pet.$_{a1}$ arg-cy. arg-met. arg-n.$_{bg2,k,*}$ *Arn.*$_{bg2,k,*}$ **Ars.**$_{bg2,k,*}$ **Ars-i.**$_{bg2,k}$ ars-s-r.$_{hr1}$ arum-i.$_{a1}$ arum-t.$_{bg2,k,*}$ asaf.$_{bg2,k,*}$ asar.$_{bg2,k}$ *Asc-t.*$_{hr1,k,*}$ asim.$_{hr1,k,*}$ atro.$_{hr1,k}$ aur.$_{bg2,k,*}$ aur-i.$_{k2}$ aur-m. aur-m-n.$_{a1,k}$ aur-s. bamb-a.$_{stb2}$ *Bar-c.*$_{bg2,k,*}$ *Bar-m.*$_{hr1,k}$ **Bell.**$_{bg2,k,*}$ ben. benz-ac.$_{hr1,k,*}$ berb.$_{a1,k}$ bond.$_{a1}$ borx. bov.$_{bg2,k,*}$ **Brom.**$_{bg2,k,*}$ **Bry.**$_{bg2,k,*}$ *Bufo* cact.$_{hr1,k}$ calad.$_{bg2,k}$ **Calc.**$_{bg2,k,*}$ *Calc-i.*$_{k2}$ calc-p.$_{bg2,k,*}$ **Calc-s.**$_{a1,k}$ camph.$_{bg2,k,*}$ cann-i.$_{hr1,k,*}$ cann-s.$_{bg2,k,*}$ *Canth.*$_{bg2,k,*}$ *Caps.*$_{bg2,k,*}$ *Carb-ac.*$_{hr1,k}$ **Carb-an.**$_{bg2,k,*}$ *Carb-v.*$_{bg2,k,*}$ *Carbn-s.* card-b.$_{a1}$ card-m.$_{hr1,k}$ casc.$_{a1,k}$ castm. *Caust.*$_{bg2,k,*}$ *Cedr.*$_{hr1}$ cench. cent.$_{a1}$ *Cham.*$_{bg2,k,*}$ *Chel.*$_{bg2,k,*}$ **Chin.**$_{bg2,k,*}$ chin-b.$_{hr1}$ chinin-ar. chlf.$_{hr1}$ chlor.$_{hr1,k}$ choc.$_{srj3}$ chr-ac.$_{hr1,k,*}$ cimic.$_{bg2,k,*}$ cimx.$_{hr1,k,*}$ *Cina* cinnb. clem.$_{bg2,k,*}$ *Coc-c.*$_{hr1,k,*}$ cocc.$_{bg2,k}$ cod. *Coff.*$_{bg2,k,*}$ colch.$_{bg2,k,*}$ coloc.$_{bg2,k,*}$ colocin.$_{a1}$ *Con.*$_{bg2,k,*}$ cop.$_{hr1,k,*}$ cor-r.$_{br1}$ corn.$_{hr1,k}$ *Croc.*$_{bg2,k,*}$ *Crot-c.* crot-h.$_{hr1,k}$ *Cupr.*$_{bg2,k,*}$ cur.$_{hr1,k}$ cycl.$_{bg2,k,*}$ der.$_{a1,k}$ dig.$_{bg2,k,*}$ dios.$_{a1}$ dros.$_{bg2,k,*}$ *Dulc.*$_{bg2,k,*}$ elaps eucal.$_{bg2}$ eup-per.$_{bg2,k,*}$ euph.$_{bg2,k,*}$ euphr.$_{bg2,k}$ eupi.$_{a1,k}$ *Ferr.*$_{bg2,k,*}$ *Ferr-ar.* *Ferr-i.*$_{hr1,k}$ *Ferr-p.*$_{hr1,k}$

Trocken (= ohne Auswurf): ...
ferul.a1 fl-ac.hr1,k *Form.* gamb.hr1,k,* gels.bg2,k,* gink-b.sbd1 gins.a1 gran.a1 graph.bg2,k grat.bg2,k,* *Guaj.*bg2,k,* guare.a1,k gymno. ham.hr1,k,* *Hell.*bg2,k,* helx.c1,gm1 *Hep.*bg2,k,* hera.a1 hura hydr.hr1,k,* hydr-ac.hr1,k hydrog.srj2 **Hyos.**bg2,k,* hyosin.a1 *Hyper.*hr1,k,* **Ign.**bg2,k,* *Indg.*hr1,k inul.hr1,k **Iod.**bg2,k,* *Ip.*bg2,k,* iris iris-foe. jac-c.a1 *Kali-ar.* *Kali-bi.*bg2,k,* *Kali-br.*bg2,k,* **Kali-c.**bg2,k,* *Kali-i.*hr1,k,* kali-m.k2 *Kali-n.* *Kali-p.* kali-s. kreos.bg2,k,* lac-ac.hr1,k,* lac-c. lac-d.hr1,k **Lach.**bg2,k,* *Lachn.*hr1,k lact.hr1,k laur.bg2,k,* lec. led.bg2,k lepi.a1 lil-t.a1,k limest-b.es1 linu-c.a1 lipp.a1 lob.hr1,k,* lob-s.hr1 *Lyc.*bg2,k,* mag-c.bg2,k mag-m.bg2,k,* *Mag-p.* mag-s.hr1,k,* *Manc.*hr1 **Mang.**bg2,k,* med.hr1,k meli.hr1,k,* *Menth.*c2 meph.bg2 *Merc.*bg2,k,* merc-c.bg2,k,* *Merc-cy.*hr1 *Mez.*bg2,k,* mosch.bg2,k,* mur-ac.bg2,k,* murx.a1,k *Myrt-c.*hr1,k naja **Nat-ar.** *Nat-c.*bg2,k,* **Nat-m.**bg2,k,* nat-p.a1,k nat-s.hr1,k,* nicc.hr1,k,* *Nit-ac.*bg2,k,* nit-s-d.a1,hr1 *Nux-m.*bg2,k,* **Nux-v.**bg2,k,* ol-an.a1,hr1 *Ol-j.*hr1 olnd.bg2,k *Op.*bg2,k,* osm.hr1,k,* *Ox-ac.* *Par.*bg2,k paull.a1,k ped.a1 **Petr.**bg2,k,* **Ph-ac.**bg2,k,* phal.a1 phel.hr1,k **Phos.**bg2,k,* *Phyt.*bg2,k,* pic-ac.a1,k pin-s.a1 plan.a1,k *Plat.*bg2,k,* *Plb.*bg2,k,* podo.hr1,k polyg-h. psil.ft1 *Psor.*bg2,k,* ptel.a1,k **Puls.**bg2,k,* pyrus ran-s.bg2,k,* rat.hr1,k rheum *Rhod.*bg2,k,* rhus-r. *Rhus-t.*bg2,k,* *Rhus-v.*a1,hr1 **Rumx.** ruta sabad.bg2,k,* sabin.bg2,k,* sal-ac.hr1,k *Samb.*bg2,k *Sang.*bg2,k,* *Sapin.*a1 sarr. sars.bg2,k,* sel.bg2,k senec.k2 *Seneg.*bg2,k,* *Sep.*bg2,k,* *Sil.*bg2,k,* sol-t-ae.a1,k spig.bg2,k,* spira.a1 **Spong.**bg2,k,* squil.bg2,k,* *Stann.*bg2,k,* *Staph.*bg2,k stict.bg2,k,* still.hr1,k stram.bg2,k,* stront-c. stry.a1,k sul-ac.bg2,k,* **Sulph.**bg2,k,* sumb.a1,k syph.hr1,k tab.hr1,k,* tarax.bg2,k *Tarent.*hr1,k,* tep.a1,k ter.bg2,k,* teucr.bg2,k,* thea *Thuj.*hr1,k,* til. trif-p.a1 tril-p. **Tub.**hr1,k tub-r.j1 *Ust.*hr1 v-a-b.j1 valer.a1,k verat.bg2,k,* verat-v.bg2,k,* verb.bg2,k viol-o.hr1,k voes.a1 wye. *Zinc.*bg2,k,* zing.hr1,k,* ziz.a1,hr1

– **Tag** und Nacht: acon. bell. brom. calc-p.k2 carb-an. cimic. *Euph.* ign. *Kali-c.* kreos. laur. *Lyc.* mez. mosch. mur-ac. *Nat-m.* *Spong.* stram. verb. xan.br1,c1

– **tagsüber**: *Alum.*a1,k bar-c. bell. calc. chel.hr1,k coloc.a1,k con.a1,k cot.a1 euph. gamb.a1,k ign. *Kali-bi.* lyc. nat-ar.k2 nat-m.a1 op. phos.a1,k puls. *Sep.*a1,k sol-t-ae.a1,k **Spong.**a1,k sulph.a1,k

• **gelöst**, nachts: alum.bg2 am-m.bg2 arn.bg2 calc.bg2 caust.bg2,k euphr.bg2 led.bg2 phos.bg2 rhod.bg2 sep.bg2,k staph.bg2,k sulph.bg2

• **Liegen**, beim:

• **amel.**: sep.

• **Menses**, vor den: graph.

– **morgens**: agar.a1,k alum.bg2,k2,* alum-sil.k2 *Alumn.*h,k am-m.bg2,k,* ant-c.bg2,k ant-t. arg-met. *Arn.*a1,k asc-t.c1 bamb-a.stb2 bar-c.a1,k bar-i.k2 bar-s.k2 borx. bov.hr1,k,* brom.a1,k bry.a1,k carb-an.hr1,k,* *Carb-v.* carbn-s. caust.hr1,k,* chin.bg2,k *Coc-c.*a1,k con.a1,k cop.a1,k cur. dios.a1,k gink-b.sbd1 grat.bg2,k,* gymno. hep. hyper.hr1,k ign.a1,k **Iod.**hr1,k *Kali-c.*hr1,k kali-n.c1 kreos. lec. lyc.bg2,k,* mag-s.a1,k mim-h.a1 mit.a1 *Mosch.*hr1,k,*

– **morgens**: ...
Nat-ar. nat-c.a1,k nat-s.a1,k nux-v.a1,k ol-an. *Op.*a1,k rhod.bg2,k,* *Rhus-t.* sang.a1,k sel.k2 sep. sil.a1,k stann.bg2,k sul-ac.bg2,k,* sul-i.k2 sulph.a1,k tab.a1,k tarent.a1,k thuj.a1,k verat.bg2,k,*

• **früh**: alum. am-m. ant-c. chin. graph. grat. lyc. nux-v. ol-an. op. rhod. stann. sul-ac. verat.

• **Aufstehen**, nach dem: alum.h,k,* ang.a1,k arg-met. arn. bar-c.a1,k borx. bov.a1,k *Carb-an.*hr1,k,* *Chin.* dig.a1,k grat.a1,k nat-s.a1,k plb. sul-ac.h,k1

• **Erwachen**, beim: caust.a1,k ign.a1,k mag-s.a1,k sil.a1,k

• **gelöst**:

• **nachmittags**: am-m.

• **abends**: alum.bg2 ant-c.bg2 arn.bg2,k ars.bg2 aur.bg2 bar-c.bg2 bell.bg2 bov.bg2,k bry.bg2 calc.bg2 cann-s.bg2 canth.bg2 caust.bg2 chin.bg2,k cina crot-t.bg2,k dig.bg2,k *Graph.*bg2 ign.bg2,k iod.bg2,k kali-c.bg2 kali-n.bg2 kreos.bg2 lyc.bg2 mur-ac.bg2 nat-c.bg2 nux-v.bg2,k rhod.bg2 rhus-t.bg2 sep.bg2 sil.bg2 stann.bg2 staph.bg2 sul-ac.bg2 thuj.bg2 verat.bg2

• **Menses**:

• **vor**: graph. **Zinc.**a1,k

• **unterdrückt**: *Cop.*

– **vormittags**: agar.a1,k alum.a1,k *Am-m.*a1,k *Camph.*hr1,k,* coc-c.a1,k grat.a1 sars.a1,k zing.

• **11** h: *Rhus-t.*

– **mittags**: arg-n.a1,k naja sulph.a1,k

– **nachmittags**: am-m. anth.a1,k asaf.hr1 calc-p.a1,k cench. *Chel.*a1,k kali-bi.a1,k mez.a1,k nat-c.a1,k nat-m.a1,k *Nux-m.*hr1,k phel.a1,k *Sang.*a1,k sulph.a1,k thuj.a1,k

• **13** h: aesc.

• **15** h: calc-p.

• **16** h: cench. *Chel.*

• **17** h: bov. nat-m.

• **Eintreten** in ein warmes Zimmer; beim: anth.a1,k nat-c.a1,k

• **Gehen**, beim: *Thuj.*

– **abends**: agn. aloe alum.a1,k alum-p.k2 alum-sil.k2 *Alumn.*hr1,k,* am-br. am-m.a1,k *Arg-n.*a1,k *Ars.*bg2,k arund.hr1,k,* bals-p. bar-c.bg2,k,* bar-s.k2 *Bell.* borx. bov.a1,k **Brom.**a1,k bry.a1,k *Calc.*bg2,k,* *Caps.*hr1,k,* carb-an. carb-v.a1,k cent.a1 chin. choc.srj3 cimic.a1,k coca com.a1,k *Con.*hr1,k,* cop.a1,k dig.a1,k *Ferr.* ferr-ar. *Grat.*a1,k gymno. **Hep.**bg2,k,* **Ign.**hr1,k,* indg.hr1,k iod.h,k1 kali-ar. kali-bi.a1,k *Kali-c.*hr1,k kreos. lach.a1,k lec. lipp.a1 lith-c. **Lyc.** mag-c.a1,k *Mag-m.*bg2,k,* mag-s.a1,k merc.bg2,k merc-i-r.a1,k mez.a1,k nat-ar. nat-c.a1,k nat-m. nat-p. nicc. nit-ac.hr1,k,* nit-s-d.a1 *Nux-m.* *Nux-v.*bg2,k,* petr.bg2,k *Ph-ac.*bg2,k,* phel.a1,k *Phos.*hr1,k,* phyt. psor. **Puls.** rheum *Rhus-t.*bg2,k,* *Sang.* *Seneg.*a1,k *Sep.*bg2,k,* sol-t-ae.a1,k *Spong.* **Squil.** stann.bg2,k,* *Stict.*hr1,k still.a1,k stront-c. **Sulph.**bg2,k,* tab.a1,k tarent.k2 teucr.a1,k thuj.a1,k verat.a1,k zinc.hr1,k,* zing.

• **18** h: am-m. *Con.* *Nat-m.*

• **19** h: grat. spira.

• **nachts** weder schlafen noch sich hinlegen; kann abends und: stict.

- **Mitternacht**, bis: *Hep.* *Phos.*hr1,k *Rhus-t.*hr1,k sep. stann.
- **Bett**, im: petr.h,kl phos.h,kl sep.h,kl sulph.h,kl
- **Einatmen** agg.: dig.a1,k
- **Einschlafen**, beim: *Hep.*a1,k *Sulph.*
- **Eintreten** in ein warmes Zimmer; beim: com.a1 nat-c.a1,k *Puls.*
- **gelöst**, morgens: acon.bg2,k,* alum.bg2,k,* alum-p.k2 *Am-c.*bg2,hr1 am-m.bg2,hr1 *Ambr.*bg2,k,* ang.bg2 ant-c.bg2,k,* ant-t.bg2,k,* arn.bg2 ars.bg2 aur.bg2 bar-c.bg2,k bell.bg2 brom.bg2 *Bry.*bg2,k,* **Calc.**bg2,k,* caps.bg2 carb-an.bg2 *Carb-v.*bg2,k,* caust.bg2 colch.bg2 cupr.bg2,k,* dig.bg2 dros.bg2,k euph. *Euphr.*bg2 *Ferr.*bg2,k,* **Hep.**bg2,k,* *Hyos.*bg2,k ign.bg2 ip.bg2,k kali-c.bg2,k kali-n.bg2 kreos.bg2 lach.bg2,k led.bg2,k,* lyc.bg2,k,* mag-c.bg2,k,* mag-m.bg2,k *Mang.*bg2,hr1 mez.bg2,k mur-ac.bg2,k,* nat-c.bg2 nat-m.bg2,k,* nat-p.k2 nit-ac.bg2,k,* nux-v.bg2,k,* **Par.**bg2,hr1 *Ph-ac.*bg2,k,* *Phos.*bg2,k,* *Puls.*bg2,k,* rhod.bg2 rhus-t.bg2,k,* seneg.bg2,k,* *Sep.*bg2,k,* *Sil.*bg2,k,* spong.bg2,k,* **Squil.**bg2,k,* stann.bg2,k staph.bg2 stram. *Sul-ac.*bg2,k,* sulph.bg2,k verat.bg2 zinc.bg2,k,*
- **Liegen**: *Alumn.*hr1,k,* *Bell.* borx. *Caps.*hr1,k,* carb-v. ferr.a1,k indg. **Kali-c.** nat-m. nicc. *Nux-v.* **Ph-ac. Puls. Sang. Sep. Stann.**hr1 *Stict.* **Sulph.** teucr.a1,k
  - **amel.**: am-m.a1,k zinc.hr1,k,*
- **Rauchen**, durch: thuj.a1,k

– **nachts**: acon.bg2,k agar.a1,k aloe *Alum.*hr1,k,* alum-p.k2 alum-sil.k2 **Am-c.**hr1,k,* *Am-m.*a1,k *Arg-n.*hr1,k,* **Ars.**bg2,k,* *Asaf.* asc-t.c1 aur-ar.k2 aur-m.hr1,k,* bar-c.k2 **Bell.**bg2,k bry.bg2,k calad. **Calc.**bg2,k,* calc-s. calc-sil.k2 *Caps.* **Carb-an.**bg2,k,* *Carb-v.* *Carbn-s.* card-m. caust.h,kl cent.a1 *Cham.*bg2,k,* *Chel.* chin.bg2,k,* chinin-ar. *Cimic.*hr1,k coc-c.a1,k coloc.a1,k *Con.*hr1,k *Crot-c.* *Cupr.*hr1,k **Dros.** euph. *Euphr.* form. gamb.a1,k graph.bg2,k,* grat.bg2,k,* *Hell.*hr1,k **Hep. Hyos.**hr1,k,* *Ign.* inul.br1 *Ip.*hr1,k *Kali-ar.* kali-br.hr1,k,* *Kali-c.*bg2,k,* kali-p. kali-sil.k2 **Lach.** laur. lec. linu-c.a1 *Lyc.*a1,k *Mag-c.*bg2,k *Mag-m.*bg2,k,* mag-s. mang. *Med.* *Merc.* *Mez.* nat-ar. nat-m.a1,k nat-s. *Nit-ac.*a1,k *Nux-m.* *Nux-v.*bg2,k,* ol-an. ol-j. op.bg2,k petr.bg2,k,* **Phos.**a1,k *Phyt.* **Puls.**bg2,k,* rhod.bg2,k,* *Rhus-t.*bg2,k,* *Rumx.* *Sabad.*bg2,k,* samb. *Sang.* sep.h,kl *Sil.*bg2,k,* sol-t-ae.a1,k spira.a1 **Spong.**hr1,k,* squil.hr1,k *Stict.* stront-c. **Sulph.**bg2,k,* syph. tab.a1,k tarent.a1,k tub.c1 *Verat.*bg2,k,* verb.bg2,k,* vichy-g.a1 zinc.bg2,k *Zing.*
- **Mitternacht**: *Am-c.* grat.a1,k nicc. *Nux-v.*hr1,k,* phos.a1,k
  - **vor**: acon.k2 arg-n. **Calc.**hr1,k *Lyc.* *Nit-ac.*hr1,k,* phos. rhus-t.a1,k spong.k2 *Stann.*
    - **22**.30 h: sol-t-ae.
    - **23** h: squil.k2
    - **Schlaf**, im: *Nit-ac.*a1,k *Rhus-t.*
  - **um**:
    - **Tagesanbruch**, bis zum: **Nux-v.**
    - **Liegen**, beim:
      - **Rücken**, auf dem: *Nux-v.*
      - **Seite**, auf der:
        - **amel.**: *Nux-v.*

– **nachts - Mitternacht**: ...
  - **nach**: *Ars.*a1,k bell. *Calc.*a1,k hyos. lec. nicc. **Nux-v.**
    - **1** - 2 h: zing.
    - **2** h: *Kali-c.* *Op.* *Rumx.*
    - **3** h: **Am-c.** *Kali-c.* op.
    - **4** h, bis: nicc.
    - **gelöst**: *Calc.*hr1,k
- **Aufsetzen** amel.: **Hyos. Puls.**a1,k sang.
- **Bewegung** agg.: bell. *Seneg.*
- **Einatmen** agg.: nat-ar.
- **Einschlafen**, beim: med.
- **gefolgt** von salzigem Auswurf:
  - **Schmerz**, als habe sich etwas vom Kehlkopf losgerissen; mit: calc.
- **gelöst**; tagsüber: acon.bg2,k alum.bg2 am-c.bg2 anac.bg2,k ang.bg2 ant-t.bg2 arn.bg2 ars.bg2,k,* asaf.bg2 bell.bg2 bry.bg2,k *Calc.*bg2,k,* caps.bg2 carb-an.bg2,k caust.bg2,k cham.bg2,k,* chin.bg2,k cocc.bg2 colch.bg2 con.bg2,k euphr.bg2,k *Graph.*bg2,hr1 guaj.bg2 *Hep.*bg2,k hyos.bg2,k kali-ar.k2 kali-c.bg2,k lach.bg2,k *Lyc.*bg2,k,* mag-c.bg2,k mag-m.bg2,k mang.bg2 merc.bg2,k nit-ac.k,k2,* nux-v.bg2,k,* op.bg2 petr.bg2 phos.bg2,k *Puls.*bg2,k,* rhus-t.bg2 sabad.bg2,k,* samb.bg2,k sil.bg2,k,* squil.bg2 stann.bg2 **Sulph.**bg2,k,* verat.bg2,k zinc.bg2,k
- **Liegen**, beim:
  - **rechten** Seite; nur beim Liegen auf der: carb-an.
  - **agg.**: *Con.* *Hyos.* kali-br. laur. ol-j. *Phyt.* *Puls.* **Sulph.** zinc.
  - **amel.**: *Mang.*vh
- **Rauchen** amel.: tarent.a1,k
- **Sonnenuntergang** bis Sonnenaufgang; von: aur.
  - **weckt** aus dem Schlaf: graph. *Puls.* *Sil.* **Sulph.**a1,k zinc.h,kl

◆ **abwechselnd** mit:
- **Diarrhoe**: abrot.br1

– **Anstrengung**, durch heftige: *Ox-ac.*

– **Atemlosigkeit**; mit plötzlicher: *Nux-m.*

– **Atemnot**, Tag und Nacht; wie durch: euph.

– **Aufstehen**, beim: grat.

– **Ausatmen**, mit Hitzewallung und Schweiß; nach jedem: carb-v.

– **Auswurf**:
- **morgens**, nur: *Alum.* alum-sil.k2 *Am-c.* bell. *Bry.* *Calc.* *Carb-v.*a1,k coc-c. euph. *Ferr.* *Hep.* kali-c. led. lyc. *Mag-c.* *Mang.* mur-ac. nat-c. *Nat-m.* nit-ac. nux-v. ph-ac. *Phos.* **Puls.** *Sep.* *Sil.* **Squil.** stann. *Sul-ac.*
- **Räuspern** von reichlichem, grünem Sputum; später: kali-i.

– **Bewegung**, bei: bell. iod. seneg.
- **amel.**: kali-c. phos.

– **Blut**:
- **Absonderung** von Blut; mit: acal.c1 zinc.
- **endet** im Hochhusten von schwarzem Blut: elaps

– **chronischer**, trockener Husten:
 • **schwächlichen**, entkräfteten Knaben; bei: **Lyc.**
 • **skrofulösen** Kindern, bei: **Bar-m.**
– **Einatmen**, beim: bell. brom. dig. *Hep.* lach. nat-ar. plb. rumx.
 • **abends**
 ☞ *abends - Einatmen*
 • **Schlaf**, im: sep.
 • **tiefem**, bei: aesc. *Brom.* dig. *Ferr-p. Hep.* nat-ar. plb. squil.
– **Erbrechen**, bis zum: stict.ptkl
– **Erwachen**, beim: *Agar.*al,k bry.al,k calc. caust. coc-c.al,k dig. digin.al ign. *Kali-br.*hrl *Lach.*hrl mag-s. *Puls. Sang.*al,k sil. sol-t-ae.al,k **Sulph.**al,k *Thuj.*
– **Essen**, durch: aeth. agar. all-s. ferr-ma. *Hyos. Kali-c.* nux-v. *Sep.* sulph. ter.
 • **amel.**: **Spong.**
 • **nachts**: ter.
– **Fieber**:
 • **während**: **Acon.** ang. ant-c. *Apis Arn. Ars.* bell. brom. **Bry.**hrl,k calc. carb-v. caust. cham. chin. chinin-ar. cina coff. **Con.** cupr. dros. hep. *Hyos.* ign. **Ip. Kali-c.** kali-p. lach. lyc. **Nat-m.** nit-ac. nux-m. **Nux-v.** op. petr. **Phos.** plat. puls. rhus-t. **Sabad.** samb. sep. spig. spong. squil. staph. sul-ac. sulph. tarent. verat.hrl,k verb.
 • **intermittierendem** Fieber, vor: eup-per.h,k eup-pur.hrl *Rhus-t. Tub.*
– **Frost**:
 • **vor**: mag-c. **Rhus-t.** *Samb. Tub.*
 • **während**: *Ferr. Rhus-t.*hrl,k
 • **nach**: nux-m. samb.
– **Gas** geht nach oben und unten ab, was amel.; muß sich aufsetzen und: **Sang.**
– **Gehen**, beim: *Lach.*hrl phel.hrl,k *Seneg.* thuj. verat.hrl,k
 • **kalt**:
  • **Luft**; durch Gehen in schneidend kalter: verat.
 • **Freien**; im:
  • **durch**: alum.h sulph.h
– **Getränke**:
 • **kalte**, durch: *Sil.* squil.k2
– **Gonorrhoe**; nach unterdrückter: benz-ac. sel.
– **kalt**:
 • **Luft**; durch kalte: kali-c. phos. sang. *Seneg.* squil.k2
  • **trockene**, kalte Luft; durch: crot-h. hep.c1
– **Kindern**, bei:
 • **abgemagerten** Knaben, bei: **Lyc.**
– **Kitzeln**, durch:
 • **Kehlkopf**, im: *Agar. Am-m. Arg-n.* ars-s-f.k2 asaf. aur-m. aur-m-n. bar-c. *Bell.* borx.h bov. *Brom.* cact. calc-f. carb-ac. carb-an. *Caust.* cimic. coca colch. coloc. **Con.** cot.c1 *Crot-c.* cycl. hydr. hydr-ac. iod. ip. iris iris-foe. kali-bi. *Kali-c. Lach. Lachn.* led. **Lyc.** mang. mez. mur-ac.h *Nat-m.* nat-s. nit-ac. nux-v. *Op. Ox-ac.* phos.h *Phyt. Psor.* **Puls.** rat. rumx. sabin.c1 *Sang. Seneg. Sep. Zinc.* zing.

– **Kitzeln**, durch: ...
 • **Trachea**, tief unten in der: arn.brl
– **krampfhafter**, erschöpfender Husten, besonders bei Kindern:
 • **nachts** beim Hinlegen und wenn es zum Schlafen in ein kaltes Zimmer geht: sang.
– **Lesen**, bei lautem: anag.hrl *Mang.*hrl,k,* meph. **Phos.**hrl,k
– **Liegen**, beim: alum. cinnb. *Con.* cortiso.gse **Hyos.** inul.brl ip. *Kali-br.* lyc. nit-ac. *Ph-ac.* phos. **Puls.** rhus-t. sabad. *Sang.* sep. sil. sulph. ter.
 • **amel.**: am-c. **Mang.** sep. zinc.
 • **Rücken**, auf dem: am-m. iod. nux-v. *Phos.* rhus-t. sil.
  • **amel.**: *Mang.*
  • **Mitternacht**: *Nux-v.*
 • **Seite**, auf der:
  • **amel.**: *Nux-v.*
  • **linken** Seite agg.; auf der: acon. bry. eup-per. kali-bi. par. **Phos.** puls. rumx.
  • **rechten** Seite agg.; auf der: acon. carb-an. ip. merc. phos. *Puls.*vh syph.k2
– **Luft**:
 • **Freien**, im: *Coff.* kali-c. m-arct. *Seneg.* spig.
  • **amel.**: iod. lil-t.
  • **Gehen** aus dem warmen Zimmer ins Freie; beim: *Acon. Con.*
– **Magen**, wie vom: **Bry. Sep.**
– **Masern**, nach: cham. *Dros.* euphr.k2 hyos. ign.
– **Menses**:
 • **vor**: graph. hyos. lac-c. plat. *Sulph.* **Zinc.**al,k
  • **morgens**: **Zinc.**al,k
 • **während**: *Bry.* castm. cop. cur. *Graph.*al,k lac-c. phos. **Zinc.**al,k
  • **Schweiß**, mit reichlichem: graph.
 • **unterdrückte**, durch: *Cop.*
– **Mittagessen**:
 • **amel.**: bar-c.
 • **nach**: aeth.al,k agar.hrl,k,* *Kali-bi.*hrl,k lach. nux-v.
– **Niesen**, und: *Cina*
– **Rauch**; durch Einatmen von: kali-bi.
– **Rauchen**, durch: acon. all-s.al,k atro.al,k coc-c.al,k coca hell.hrl,k petr. thuj.
– **Reizung** im Kehlkopf: aphis bar-m.k2 bell.al,k carb-ac.al,k cimic. kali-i.al,k lach. lith-c. lyc. *Phos.*hrl *Rumx. Seneg.* sulph.al,k tab.al,k thuj.al,k *Zinc.*
– **scharrendes**, schabendes Gefühl; durch:
 • **Hals**, im inneren: graph.h
 • **Kehlkopf**, im: alumn. aur-m-n. *Bell.* borx.h bov. **Brom.** bry. chel. *Coc-c. Con.* dig. gamb. hep. hydr-ac. laur. led. mang. naja nit-ac. nux-v. op. osm. **Puls.** *Sabad.* seneg. til.
– **Schlaf**:
 • **im**: **Cham.**hrl,k,* coff.al,k mag-s. *Nit-ac.*hrl,k *Rhus-t.* sep.hrl,k,* tub.brl,cp
 • **nach** jedem Schlaf: puls.hrl,k
 • **störend**: alum. calad. caust.h,kl *Kali-c.* nux-v. ol-j. phos. rhod. rhus-t. *Sang.* spong. squil. stict. sulph. syph. zinc.

– **Schnupfen**, beim: bell. graph. merc. merc-sul.$_{hr1}$ nat-c.$_{h,kl}$ nat-m.$_{a1,k}$ nit-ac. sel.$_{a1,k}$ sep.$_{a1,k}$
 • **abends**: *Dig.*
– **Sitzen**, im: agar. lach. phos. rhus-t.
 • **amel.**: arg-n. cinnb. *Sang.*
– **Sprechen**, beim: atro.$_{a1,k}$ bell. cimic. crot-h.$_{hr1,k}$ dig.$_{a1,k}$ *Hep.*$_{hr1,k}$ *Hyos.* lach. *Mang.*$_{hr1,k,*}$ *Rumx.* stann.
– **ständig**, fast: **Alum.** *Arn. Ars.* euph. *Ign.* med.$_{c1}$
– **Temperaturveränderung**, durch: *Acon.*$_{a1,k}$
– **Trinken**:
 • **amel.**: brom. bry. *Caust. Coc-c.*$_{a1,k}$ iod. kali-c. *Op.*$_{a1,k}$ **Spong.**$_{a1,k}$
 • **nach**: ars. hyos. kali-c. *Nux-m.* phos. staph.
  • **gelöst** nach dem Essen: nux-m. staph.
– **Verstopfungsgefühl** im Magen; durch: guaj.$_{h}$
– **warm**:
 • **Zimmer**, im warmen:
  • **agg.**: coc-c. nat-ar.
  • **Eintreten** in ein warmes Zimmer; beim: anth. com. *Nat-c.*
– **Wetter**:
 • **nassem** Wetter, bei: calc-p.$_{k2}$ cur.
– **Zimmer**:
 • **im**: alum.$_{h,kl}$
– **Zusammenschnürung** im Hals; durch: aesc.

Trockenheit, aus:
– **Brust**, in der: bell. benz-ac. kali-chl. lach. laur. merc. *Puls.*
– **Fauces**, in den: **Dros.** *Mez. Phyt.*
– **Hals**, im inneren: mang.$_{h}$
 • **Fleck**: cimic.$_{hr1}$
– **Kehlkopf**, im: ant-t. atro. bell. bry. *Calc.* carb-an. carbn-o. caust. colch. *Con.* cop. *Crot-h. Dros.* eug. hura$_{c1}$ ip. *Kali-c.* kali-chl. kalm. lach. lachn. laur. *Mang.* mez.$_{h}$ *Nux-v.* petr. phyt. plan. *Puls.* raph. rhus-t. **Sang.** seneg. spong. stann. stram. *Sulph.* verat. verat-v.
 • **morgens**: phyt.
 • **Fleck**, trockener: cimic. **Con.** crot-h. nat-m.$_{h}$
– **Luftwege**, der: carb-an. lach. merc. petr. *Puls.*
– **Trachea**, in der: carb-an. cycl. laur. *Puls.* stann.

Trompete, wie eine: verb.$_{bg2,k,*}$

Trost agg.: ars.

Tuberkulösen Personen, bei: phos.

Übelkeit; mit
 ☞ *❑ Magen - Brechreiz - Husten / ❑ M~ Würgen - Husten / ❑ M~ Übelkeit - Husten*

Überhitzung
 ☞ *Erhitzung*

Überraschung, durch freudige
 ☞ *Freudige*

Überwältigend, als würde der Kehlkopf mit einer Feder gekitzelt:
– **abends**, vor dem Schlafen: **Lyc.**

Uhrwerkartig
 ☞ *Periodisch - Uhrwerk*

Unablässig
 ☞ *Anhaltend*

Unbezähmbar, plötzlich, heftig:
– **abends**:
 • **Sitzen**, im: alum.

Unfähigkeit zu husten: ant-t.$_{a1,k}$ bar-c.$_{hr1}$ *Dros.*$_{h,k,*}$ *Iod.*$_{hr1}$ nat-s.$_{a1,k}$ ox-ac.$_{a1,k}$ sulph.$_{a1,k}$
– **Schmerzen**, vor: dros.$_{h}$ nat-s.
 • **Druck** der Hand auf die Magengrube amel.: *Dros.*
 • **Seite**, in der: ox-ac.

Unruhe, durch: *Cist.*$_{hr1,k,*}$

Unterbrochen: agar.$_{a1,k}$ coff.$_{h,k,*}$ kreos.$_{a1,k}$ sul-ac.$_{a1,k}$ thuj.$_{hr1,k,*}$
– **abends**:
 • **Rauchen**, durch: thuj.
– **Infiltration** der unteren Brust; durch: kreos.
– **Mittagessen**, nach dem: agar.$_{a1,k}$

Ununterbrochen
 ☞ *Anhaltend*

Unwiderstehlich, kurz, hüstelnd: osm.

Verlängerung der Uvula; wie durch: alum. bapt. brom. hyos. merc-i-r. nat-m.
– **morgens**: brom.$_{a1,k}$

Verletzungen, durch: arn.$_{bro1}$ mill.$_{bro1}$

Völle in der Brust: chinin-ar. ph-ac.$_{bg2,h}$ sulph.$_{bg2,k}$
– **morgens**: chinin-ar. ph-ac.$_{h,kl}$ sulph.

Wahnsinnig machend: ant-t.
– **Tag** und Nacht: ant-t.

Warm:
– **Abdomens**; Wärmen des:
 • **amel.**: sil.
– **Bett**, im warmen
 ☞ *Bett - warmen - Warmwerden*
– **Flüssigkeiten**, durch warme: ambr.$_{bg2,k}$ ant-t.$_{bg2,k}$ caps.$_{hr1,k}$ *Coc-c.* ign.$_{hr1,k}$ laur.$_{bg2,k}$ mez.$_{bg2,k}$ phos. *Stann.*$_{bg2,k,*}$
 • **amel.**: alum. **Ars.**$_{hr1,k}$ *Bry.*$_{hr1,k}$ eupi.$_{a1,k}$ **Lyc.**$_{bg2,k,*}$ **Nux-v.**$_{bg2,k,*}$ **Rhus-t.**$_{hr1,k}$ **Sil.**$_{hr1,k}$ *Spong.*$_{bg2,k,*}$ verat.$_{hr1,k}$
– **Speisen**, durch warme: *Bar-c.*$_{bg2,k,*}$ *Coc-c. Kali-c.*$_{bg2,k,*}$ laur.$_{bg2,k,*}$ *Mez.*$_{bg2,k,*}$ *Puls.*$_{bg2,k,*}$
 • **amel.**: *Spong.*$_{bg2,k}$
– **Warmwerden**, beim: caust. coc-c.$_{k2}$ laur. nit-ac. nux-m. *Puls.*
– **Zimmer**, im warmen: acon.$_{bg2,k,*}$ *All-c.*$_{bg2,k,*}$ ambr.$_{bg2,k,*}$ anan. ant-c.$_{bg2,k}$ *Apis* arg-met.$_{k2}$ arn.$_{bg2,k,*}$ ars.$_{hr1,k}$ ars-i.$_{k2}$ bell.$_{bg2}$ bov.$_{bg2}$ brom.$_{hr1,k}$ *Bry.*$_{bg2,k,*}$ carc.$_{mg1,sp,*}$ **Coc-c.**$_{bg2,k,*}$ com. cub. dig.$_{bg2,k,*}$ *Dros.*$_{hr1,k}$ *Dulc.*$_{hr1,k}$ *Iod. Ip.*$_{bg2,k,*}$ kali-n.$_{bg2}$ *Kali-s.* laur.$_{bg2,k,*}$ *Lyc.*$_{bg2,k,*}$ mag-p. med. mez.$_{bg2,k,*}$ nat-ar. *Nat-c.*$_{bg2,k,*}$ nit-ac. phos. **Puls.**$_{bg2,k,*}$ pyrog.$_{bg2,k}$ sanic. *Seneg.*$_{bg2,k,*}$ spig.$_{hr1}$ *Spong.*$_{hr1,k}$ sulph.$_{bg2,k,*}$ *Tub.* verat.$_{bg2,k,*}$
 ☞ *Luft - Freien - amel.*
 • **Eintreten** aus dem Freien in ein warmes Zimmer; beim: *Acon. All-c.* **Ant-c.** anth. bov. *Brom.*

– **Zimmer - Eintreten** aus dem Freien in ein: ...
Bry.$_{k,kl2}$● carb-v. carc.$_{tp1}$ caust.$_{bro1}$ cham.$_{bro1}$ *Coc-c.* com. con. cupr. dig. ip.$_{bro1}$ med. merc.$_{bro1}$ *Nat-c.* *Nat-m.* *Nux-v.* *Puls.*$_{k,kl2}$● ran-b.$_{bro1}$ rumx.$_{k2}$ sep. squil. *Sulph.* thyr.$_{ptk1}$ verat. verb.
• **Kalte** oder umgekehrt; beim Gehen vom warmen Zimmer ins:
• **agg.**: acon. all-c. carb-v. carc.$_{tp1}$ lach. nat-c. nux-v. **Phos.**$_{k,kl2}$● *Rumx.* sep. verat-v.
• **Ofen**, am warmen: ant-c.$_{hbh}$ coc-c.

Wasser:
– **Trachea** läuft; durch Wasser, das vom Mund in die: spig.$_{h}$

Weckt
☞ *Schlaf - weckt*

Weinbrand, Brandy: ferr.$_{hr1,k}$
☞ *Alkohol*

Wein, durch: acon. ant-c.$_{bg2,k}$ arn. borx. ferr. ign. lach.$_{bg2,k}$ led. *Stann.* stram. **Zinc.**$_{hr1,k}$
☞ *Alkohol*
– **amel.**: sulph.$_{bg2,k}$

Weinen:
– **agg.** den Husten
☞ *Weinen und*
– **während** des Hustens
☞ ❑ *Gemüt - Weinen - Husten - während*

Weinen und Heulen agg.: ant-t. **Arn.** ars. *Bell.* cain.$_{c1}$ cham. cina dros. ferr. guare. *Hep.* lyc. phos. samb. sil. sulph. *Verat.*

Wetter:
– **Frost**:
• **amel.**: spong.
– **heißem** Wetter, bei: lach.
– **nassem** Wetter, bei: bar-c. calc. carb-v. cur. *Dulc.* iod. lach. *Mang.* nat-s. phyt. rhus-t. sil. spong. sulph.
• **naßkaltem** Wetter, bei
☞ *Luft - naßkalter*
– **Nebel**:
• **agg.**: sep.$_{k,kl2}$●
• **kalter** Nebel amel.: spong.$_{ptk1}$
– **stürmischem** Wetter, bei: mag-m. phos. *Rhod.* *Sep.* *Sil.* sulph.
• **vor**: phos.
– **warmes**: kali-bi.$_{k2}$
• **nasses**: iod.
– **Wetterwechsel**, bei: *Dulc.* erig.$_{h,k}$ erio.$_{bg1,bg3,*}$ lach.$_{hr1,k}$ nit-ac.$_{bg2,k}$ phos.$_{bg2,k,*}$ rumx. sil. spong. verat.$_{bg2,k,*}$ verb.

Widerhall, Resonanz; mit: kali-bi.$_{hr1,k}$ verb.$_{pd}$

Widerzuhallen; scheint im Magen: cupr.

Wimmern, beim: acon. ars. cina

Wind, bei: *Acon.* caps. cham. coca cupr. euphr. **Hep.** lyc. lycps-v. samb. sep. spong. stram.
– **amel.**: tub.$_{hbh}$
– **kaltem** Wind, bei: coca **Hep.** lyc. lycps-v.
• **trockenem**, bei: **Acon.** cham. **Hep.** spong.

Wind, bei: ...
– **Meer**, am: *Cupr.* mag-m.
– **Nordwind**, bei: **Acon.** caps. cham. cupr. **Hep.** sep. spong.
– **Ostwind**, bei: **Acon.** cham. cupr. **Hep.** samb. sep. spong.
– **scharfem** Wind, bei: caps.
– **Südwind**, bei: euphr.
– **Westwind**, bei: **Hep.**

Windpocken, nach: ant-c.

Winter
☞ *Jahreszeiten - Winter*

Wirbelsäule, von der: *Agar.*$_{ptk1}$

Würgen:
– **durch** Würgen verursacht: meph.$_{a1}$

Würgen; mit
☞ ❑ *Magen - Würgen - Husten*

Würgend: acon.$_{k2}$ *Agar.* **Alum.** ars. bell.$_{k2}$ carb-v. cina **Coc-c.** crot-h. dros. *Hep.* iod. **Ip.** kali-ar. *Kali-bi.* *Kali-c.* *Lach.* lyc. mag-p. merc. mez.$_{bg1}$ nat-m. *Nux-m.*$_{bg2}$ **Nux-v.**$_{bg2}$ **Puls.**$_{bg1,bg2}$ *Ruta* *Sep.* spong. sul-i.$_{k2}$ *Sulph.*
☞ *Erstickend*
– **morgens** nach dem Aufstehen: **Cina**
– **abends**: cina
– **nachts**: carb-v. hep. ip. ruta
• **Mitternacht**, gegen: dros. *Ruta*
– **Einatmen**, durch: cina
– **Gefühl**; würgendes:
• **Rachen** bis zur Bifurkation der Bronchien; vom: syph.
– **Schlaf**:
• **Liegen** auf der Seite: kali-c.
• **tiefen** Schlaf fällt; sobald man in: **Lach.** *Sulph.*

Wurm von der Magengrube in den Hals heraufkriechen würde; durch ein Gefühl, als ob ein: zinc.

Würmer: cina$_{bro1}$ ter.$_{bro1}$

Zäh, fest: *Bapt.*$_{hr1}$ calc-s.$_{a1,k}$ *Caust.* *Chin.*$_{hr1}$ cimx. *Con.* *Cupr.* *Form.* guaj.$_{hr1,k}$ *Hell.* *Mag-p.* merc. *Mosch.* myrt-c. nat-ar. **Phos.**$_{hr1,k}$ *Puls.* spong.$_{ptk1}$ stram. *Sulph.* xan.$_{hr1}$ ziz.$_{a1,k}$
– **tagsüber**: nat-ar.
– **abends**: calc-s.$_{a1,k}$

Zähneputzen, beim: carb-v.$_{bg3,ptk1}$ coc-c.$_{a1,k}$ dig.$_{bg3,ptk1}$ euphr.$_{bg3,ptk1}$ sep.$_{bg3,ptk1}$ staph.$_{hr1,k}$

Zahnung, während der ●: acon.$_{bro1}$ *Ant-t.*$_{hr1}$ bell.$_{bro1}$ calc.$_{hr1,k}$ calc-p.$_{hr1,k}$ *Cham.*$_{bg2,k,*}$ cina cupr.$_{st}$ ferr-p.$_{bro1}$ hyos.$_{bg2,k}$ ip.$_{st}$ kreos.$_{hr1,k}$ podo.$_{hr1,k}$ rhus-t.$_{bg2,k}$ ter.$_{hr1}$

Zerreißend: aur.$_{a1,k}$
– **nachts**: aur.$_{a1,k}$

Zimmer, im: arg-met. brom.$_{bg2,k}$ bry.$_{bg2,k}$ coc-c.$_{bg2}$ croc.$_{bg2,k}$ kali-n.$_{h,kl}$ laur.$_{bg2,k}$ mag-c.$_{bg2,k}$ mag-m.$_{bg2,k,*}$ nat-c. nat-m.$_{bg2,k}$ puls.$_{bg2,k}$ spig.$_{bg2,k}$ spong.$_{bg2,k}$

Zischend, hochtönend: *Ant-t.* *Caust.*hr1,k
– **Heiserkeit**, faßt an den Kehlkopf, der gegen Berührung empfindlich ist; mit: *Ant-t.*

Zischend, pfeifend
☞ *Asthmatisch*

Zorn, durch: acon.bg2,k adam.srj5 anac.br1 *Ant-t.*k,k1,* *Arg-met.*k,kr1,* arg-n.bg2,k,* *Arn.*k,k1,* ars.bg2,k bell.k1,st bry.bg2,k *Caps.*k,kr1,* *Cham.*k,k1,* chin.bg2,k *Coloc.* *Ign.*bg2,k nux-v.bg2,k sabad.ptk1,ptk2 sep. **Staph.**k,kr1 verat.bg2,k,*
☞ ❒ *Gemüt - Zorn*
– **Kindern**, bei: anac.bro1,ptk1 ant-t.bro1,ptk1 *Arn.*a1,h

Zucken in der Hüfte; mit: ars.h,k1

Zucker:
– **agg.**: zinc.
– **amel.**: sulph.
– **auflösen** würde; als ob sich Zucker im Hals: bad.

Zugluft
☞ *Luft - Zugluft*

Zusammenkrümmen:
– **muß** sich: agar. choc.srj3 hydrog.srj2 ther.

Zusammenschnürung:
☞ *Erstickungsgefühl*
– **Brust**, in der: carb-v. clem. dros. ip. mosch. samb. stram. sulph.
  • **Zwerchfell**: cench.k2
– **Kehlkopf**, im: **Agar.** ambr.k2 *Ant-t.* *Arg-n.* *Ars.* *Asc-t.* *Bell.* *Brom.* *Calc.* *Carb-an.* carbn-s. *Cham.* chlor. *Coc-c.* *Coff.* *Cor-r.* **Cupr.** *Dros.* euphr. *Gels.* *Hep.* hyos. ign. *Iod.* *Ip.* *Kali-c.* *Lach.* laur. *Lob.* *Mang.* meny. naja nit-ac. **Phos.** *Puls.* *Sil.* *Spong.* stram. *Sulph.* verat.
  • **nachts**:
    • **Schlaf**:
      • **im**: *Agar.* *Lach.* *Nit-ac.* *Phos.* *Sulph.*
      • **ersten** Schlaf, beim Liegen auf der Seite; im: *Kali-c.* *Phos.* *Spong.*
  • **Essen**, beim: *Puls.*
  • **Schlaf**:
    • **Einschlafen**, beim: agar. *Arg-n.* **Lach.** *Phos.* *Spong.* *Sulph.*
– **Trachea**; durch Zusammenschnürung der: *Cocc.* mosch. stann. staph.h

Zusammenzucken des Körpers; mit: ther.ptk1

Zwei Hustenstöße bei jedem Anfall
☞ *Anfallsweise - besteht - zwei*

Tagsüber, nur: acon. ail. alum. alum-sil.$_{k2}$ *Alumn.* am-c. anac. ang. ant-t. *Arg-met.* arn. **Ars.**$_{bg2,k}$ asaf. *Bell.* borx. bry. *Calc.*$_{bg2,k,*}$ caps. carb-an. carbn-s. *Caust.* **Cham.**$_{bg2,k}$ chin. cic.$_{a1,k}$ coc-c. cocc. colch. *Con.* dig. euph.$_{bg2}$ euphr. ferr. ferr-ar. ferr-p. *Graph.*$_{bg2,k}$ guaj. **Hep.** *Hyos.* kali-c. lach. *Lyc.* mag-c. mag-m. *Mang.* **Merc.** *Nit-ac.* *Nux-v.*$_{bg2,k}$ op. petr. phos. **Puls.**$_{bg2,k}$ rhus-t. *Sabad.*$_{bg2,k}$ samb. sanic. **Sil.**$_{bg2,k}$ squil. *Stann.* staph. *Stront-c.* **Sulph.**$_{bg2,k}$ verat. zinc. zinc-p.$_{k2}$

Morgens (6 - 9 h): acal.$_{hr1,k}$ acon. *Agar.* ail. *Alum.*$_{h,k,*}$ alum-p.$_{k2}$ alum-sil.$_{k2}$ *Alumn.* *Am-c.*$_{bg2,k}$ am-m.$_{a1,k}$ ambr. *Ang.* *Ant-c.* *Ant-t.* apis aral. arn. ars. ars-i.$_{k2}$ arund. aur. aur-ar.$_{k2}$ aur-i.$_{k2}$ aur-s.$_{k2}$ bamb-a.$_{stb2}$ bar-c. bar-i.$_{k2}$ bar-m. bar-s.$_{k2}$ bell.$_{bg2,k}$ borx. **Bry.**$_{bg2,k}$ bufo *Calc.*$_{bg2,k}$ calc-i.$_{k2}$ calc-p. calc-s.$_{a1,k}$ calc-sil.$_{k2}$ caps. carb-ac. carb-an.$_{bg2,k}$ **Carb-v.**$_{bg2,k}$ *Carbn-s.* *Caust.* cham.$_{bg2}$ cina cob. coc-c. colch. crot-t.$_{a1,k}$ cub. cupr.$_{bg2,k}$ *Dig.* dios. dros.$_{bg2,k,*}$ euph.$_{bg2,k}$ *Euphr.*$_{bg2,k,*}$ *Ferr.*$_{bg2,k}$ ferr-ar. ferr-i. *Ferr-p.* **Hep.**$_{bg2,k}$ hyos. ign. ind. iod. ip. kali-ar. kali-c.$_{h,k,*}$ kali-m.$_{k2}$ kali-n.$_{a1}$ kali-p. kali-s. kali-sil.$_{k2}$ kreos. lac-ac. lach. led.$_{bg2,k}$ lyc.$_{bg2,k}$ *Mag-c.*$_{bg2,k}$ mag-m. mag-s.$_{a1}$ *Mang.*$_{bg2,k}$ meph.$_{bg2,k}$ mez. mur-ac.$_{bg2,k}$ nat-ar. nat-c.$_{bg2,k}$ *Nat-m.*$_{bg2,k}$ *Nat-p.* nat-s. *Nit-ac.*$_{bg2,k}$ nux-v.$_{bg2,k}$ **Par.** *Ph-ac.*$_{bg2,k}$ phel. **Phos.**$_{bg2,k,*}$ phyt. psor.$_{a1,k}$ **Puls.**$_{bg2,k}$ rein.$_{a1}$ rheum rhod. *Rhus-t.* sanic. sel. seneg. **Sep.**$_{bg2,k,*}$ **Sil.**$_{bg2,k}$ sol-t-ae. spong. **Squil.**$_{bg2,k}$ *Stann.* staph. stram.$_{a1}$ stront-c. **Sul-ac.**$_{bg2,k}$ sul-i.$_{k2}$ **Sulph.**$_{a1,k}$ thuj.$_{a1,k}$ tub.$_{c1}$ verat. zinc. zinc-p.$_{k2}$ zing.$_{a1,k}$
– **8** - 9 h: sil.
– **8**.30 h: spong.
– **9** h: cob. phyt.
– **Aufstehen**:
  • **beim**: calc. calc-s.$_{a1}$ ferr. *Phos.* **Puls.**
  • **nach**: chinin-s. coca mag-m. *Puls.*$_{a1,k}$ sep. sulph.
– **Bad**, nach einem: calc-s.
– **Bett**, im: *Calc.*$_{a1,k}$ nit-ac.
– **Erwachen**, nach dem: *Agar.* aur. carb-v. hydrog.$_{srj2}$ lyc. psor. *Sulph.* thuj.

Vormittags (9 - 12 h): bry.$_{a1,k}$ calc-s. chinin-s. coc-c. iris lyc. oena. *Sil.* **Stann.** sulph. zinc.
– **10** h: iris

Mittags (12 - 13 h): bell. calc-s. sil.
– **12** - 15 h: calc-s.

Nachmittags (13 - 18 h): alum. am-m. anac. ars. *Bad.* caust. chin. chinin-s. clem. coc-c.$_{a1,k}$ eucal. hydr. lyc. mag-c. mill. naja nux-v. op. phos.$_{a1,k}$
– **16** h: op.
– **17** h: caust. hydr. mag-c.

Abends (18 - 22 h): agn. all-c. alum. alum-sil.$_{k2}$ *Alumn.* ambr.$_{c1}$ ant-c. *Arg-met.* *Arn.*$_{bg2,k}$ ars. aur. aur-ar.$_{k2}$ aur-s.$_{k2}$ bar-c. bar-i.$_{k2}$ bar-s.$_{k2}$ *Bell.* borx. bry. bufo calc.$_{bg2,k,*}$ cann-s. canth. carbn-s. *Caust.* cench.$_{k2}$ chin. chinin-s. *Cina* coc-c.$_{a1,k}$ crot-t. cub. dig. *Graph.*$_{bg2,k}$ hydr. hydr-ac. *Ign.* iod. kali-ar. kali-c.$_{h,k,*}$ kali-n.$_{bg2,k,*}$ kali-s. *Kalm.*$_{a1,k}$ kreos. lach.

Abends (18 - 22 h): ...
Lyc.$_{bg2,k}$ mur-ac.$_{bg2,k}$ naja nat-ar. nat-c.$_{bg2,k}$ nat-m. nux-m. nux-v.$_{bg2,k}$ oena.$_{a1,k}$ phos.$_{bg2}$ rhod. rhus-t. *Ruta* sep.$_{bg2,k}$ sil. stann.$_{bg2,k}$ staph.$_{bg2,k}$ sul-ac. sul-i.$_{k2}$ sulph. thuj. verat.
– **Bett**, im: calc. *Nux-m.* sep.
– **Hinlegen**, nach dem: graph. kali-n.$_{h}$ psor. sep.
– **Warmwerden**, beim: *Nux-m.*

Nachts (22 - 6 h): alum. alum-sil.$_{k2}$ am-m. ant-t.$_{a1,bg2}$ arn. ars. *Bell.*$_{bg2}$ calc.$_{bg2,k}$ calc-s. carb-v. carbn-s. *Caust.*$_{bg2,k,*}$ chinin-s. coc-c.$_{a1,k}$ cycl. dulc. euphr. ferr. ferr-ar. gamb. hep.$_{bg2,k}$ kali-c.$_{h,k,*}$ kali-s. led.$_{bg2,k}$ lyc.$_{bg2,k,*}$ m-aust. meli. mez.$_{bg2,k}$ phos. puls. pyrog. raph.$_{a1,k}$ rhod. rhus-t. sabad.$_{a1,k}$ **Sep.**$_{bg2,k,*}$ sil. *Staph.*$_{bg2,k}$ sulph.
– **Mitternacht**:
  • **vor** Mitternacht, beim Zubettgehen: *Sep.*$_{a1,k}$
  • **nach**: *Led.*
– **Bett**, im: sulph.

Anhaltend
☞ *Ständig*

Aschfarbene Flecken: arund.$_{a1,k}$

Aufsetzen im Bett; beim
☞ *Bett - Aufsetzen*

Aufsetzen, um ihn nach oben zu bringen; muß sich nachts im Bett: ferr.

Baden im Meer; nach
☞ *Meer*

Bett:
– **Aufsetzen** im Bett; beim: *Phos.*
– **im**: am-c. *Calc.* ferr. *Phos.*$_{a1,k}$ sep.

Blaß: kali-bi.$_{a1,k}$ lycps-v.

Blau und weiß; abwechselnd
☞ *Bläulich - abwechselnd mit - weißem*

Bläulich: arund.$_{a1,k}$ brom. dig.$_{c1}$ *Kali-bi.*$_{bg2,k,*}$ nat-ar. sulph.$_{bg2,k,*}$
⬖ **abwechselnd** mit:
  • **weißem**: arund.$_{c1,k}$
– **grau**: coc-c.$_{a1,k}$

Blutgerinnsel
☞ *Blutig - geronnen*

Blutig: *Acal.* acet-ac. **Acon.** aesc. agn. ail. all-s. aloe alum. alum-p.$_{k2}$ alum-sil.$_{k2}$ alumn.$_{k2}$ am-br. **Am-c.** am-m. ambr. anac. *Anan.* anis. ant-c. ant-s-aur. *Apis* *Aran.* *Arg-n.* **Arn.** **Ars.** ars-i.$_{k2}$ ars-s-f.$_{k2}$ arum-m. asar. aspar. aur. aur-ar.$_{k2}$ aur-s.$_{c1,k2}$ bad. bamb-a.$_{stb2}$ *Bell.* bism. *Borx.* brom. *Bry.* bufo *Cact.* *Calc.* calc-i.$_{k2}$ calc-p.$_{k2}$ calc-s. calc-sil.$_{k2}$ **Cann-s.** *Canth.* capp-g.$_{bta1}$ caps. carb-an. *Carb-v.* carbn-h. carbn-o. *Carbn-s.* *Card-m.* casc. *Cench.* *Cham.* *Chin.* chinin-ar. chlor. cina cist. cob. coc-c. coll. *Con.* cop. cor-r.$_{br1}$ *Croc.* **Crot-h.** *Crot-t.* *Cupr.* cur. daph. der. *Dig.*$_{br1,k}$ dios. *Dros.* *Dulc.* elaps erig. eug. euphr. **Ferr.** *Ferr-ar.* *Ferr-i.* **Ferr-p.** fl-ac. gamb. gels. graph. guaj. *Ham.* hell. helx.$_{gm1}$ hep. hippoz. hydr-ac.

Blutig: ...
Hyos. ind. iod. **Ip.** jug-c. just-r.$_{gsb1}$ kali-ar. *Kali-bi.* kali-c. kali-i. kali-m.$_{k2}$ kali-n. kali-p. kali-perm. kali-s. kali-sil.$_{k2}$ *Kreos.* lach. lachn. lam.$_{br1}$ **Laur.** **Led.** *Lyc.* lycps-v. *Mag-c.* mag-m. manc. *Mang.* *Merc.* merc-c. *Mez.* *Mill.* mur-ac. *Nat-ar.* nat-c. *Nat-m.* nat-p. nat-s.$_{k2}$ **Nit-ac.** nux-m. nux-v. oena. *Op.* ph-ac. **Phos.** *Plb.* psor. **Puls.** pyrog.$_{k2}$ *Rhus-t.* ruta sabad. *Sabin.* sal-ac. sang. sarr. **Sec.** sel. senec.$_{k2}$ *Sep.* *Sil.* sol-mm. squil. **Stann.** staph. *Sul-ac.* sul-i.$_{k2}$ **Sulph.** tarax. *Ter.* thuj. tril-p.$_{br1}$ tub.$_{al2}$ vario.$_{br1}$ verat. *Zinc.*
☞ ❑ Brust - Blutung

– **morgens**: acal.$_{hr1,k}$ acon.$_{a1,k}$ aesc. ail. alum.$_{a1,k}$ ant-c. bell.$_{a1,k}$ cupr. *Ferr.* indg. ip. laur. mez.$_{a1,k}$ nit-ac.$_{h,k,*}$ ph-ac. sel. sep.$_{h,k,*}$ sil.$_{a1,k}$ sol-t-ae.$_{a1,k}$ sul-ac. zinc.
• **Aufstehen**, beim: aesc. *Ferr.*
• **Bett**, im: nit-ac.$_{h,k,*}$ **Nux-v.**$_{a1,k}$
• **Husten**, beim: bell.$_{a1,k}$ sep.$_{a1,k}$ sil.$_{h}$
• **Liegen**, im: merc.$_{a1,k}$
• **Menses**, während: **Zinc.**$_{a1,k}$
• **reines** Blut am Morgen, dunkles, geronnenes am Abend: acal.$_{c1}$

– **mittags**: sil.$_{a1,k}$

– **nachmittags**: alum.$_{a1,k}$ clem.$_{a1,k}$ kali-n.$_{h}$ lyc.$_{a1,k}$ mag-c.$_{a1,k}$ mez. mill. nux-v.$_{a1,k}$
• **13** h: clem.
• **14** h: nux-v.
• **16** h: mill.
• **17** h: mag-c.

– **abends**: cub. nat-c.$_{a1,k}$ sep.$_{a1,k}$
• **Hinlegen**, nach dem: sep.$_{a1,k}$
• **Husten**, beim: nat-c.$_{a1,k}$ sep.$_{h}$

– **nachts**: arn. ars. *Ferr.*$_{a1,k}$ mez.$_{a1,k}$ puls. rhus-t. sulph.$_{a1,k}$

– **Anstrengung**, nach: ip. mill. urt-u.$_{pd}$

– **Arbeiten**, beim: merc.

– **Atmen**; durch heftige Anstrengung beim: *Sec.*$_{a1,k}$

– **Baden**, beim:
• **Meer**, im: mag-m.$_{c1,h2}$

– **blaß**: am-c. arn. ars. bell. borx. *Bry.* calc. canth. carb-an. carb-v. chin. dig. dros. dulc. ferr. graph. *Hyos.* ip. kali-n. kreos. laur. led. mag-m. *Mang.* merc. nat-c. nux-m. phos. puls. rhus-t. sabad. sabin. sec. sep. sil. sulph. zinc.

– **braun**: **Bry.**$_{bg2,k}$ *Calc.*$_{bg2,k}$ **Carb-v.**$_{bg2,k}$ con.$_{bg2,k}$ puls.$_{bg2,k}$ *Rhus-t.*$_{bg2,k}$ sil.

– **chronisch**: sul-ac.

– **dick**: cupr.$_{bg2,k}$

– **dunkel**: acal.$_{hr1,k}$ acon.$_{bg2,k}$ *Am-c.*$_{bg2,k}$ am-m. *Ant-c.*$_{bg2,k}$ *Arn.*$_{bg2,k}$ *Asar.*$_{bg2,k}$ bell.$_{bg2,k}$ *Bism.*$_{bg2,k}$ *Bry.*$_{bg2,k}$ *Cact.* *Canth.*$_{bg2,k}$ carb-v.$_{bg2,k}$ caust.$_{bg2}$ cench. **Cham.**$_{bg2,k}$ *Chin.*$_{bg2,k}$ coc-c. coll. con.$_{bg2,k}$ **Croc.**$_{bg2,k}$ *Cupr.*$_{bg2,k}$ dig.$_{bg2,k}$ dros.$_{bg2,k}$ *Elaps* erig. ferr.$_{bg2,k}$ ferr-p. ham. kali-i. kali-n.$_{bg2,k}$ *Kreos.*$_{bg2,k}$ led.$_{bg2,k}$ *Lyc.*$_{bg2,k}$ *Mag-c.*$_{bg2,k}$ mag-m.$_{bg2,k}$ merc. mur-ac.$_{bg2,k}$ *Nit-ac.*$_{bg2,k}$ *Nux-m.*$_{bg2,k}$ **Nux-v.**$_{bg2,k}$ *Ph-ac.*$_{bg2,k}$ *Phos.*$_{bg2,k}$ plat.$_{bg2,k}$ *Puls.*$_{bg2,k}$ sec.$_{bg2,k}$ *Sel.*$_{bg2,k}$ *Sep.*$_{bg2,k}$ stict. sul-ac.$_{bg2,k}$ sulph.$_{bg2,k}$
• **nachmittags**: acal.$_{br1}$

– **dünn**: dig.$_{c1}$ ferr.$_{bg2,k}$ nux-m.$_{bg2,k}$ sabin.$_{bg2,k}$ sul-ac.$_{k2}$

– **eitrig**: *Arg-n.*$_{hr1,k}$ chin. sulph.

– **Erektion**; nach einer heftigen: nat-m.$_{a1,k}$

– **Essen**, nach dem: sep.$_{h,k,*}$

– **Fäden** von Blut, mit weißem Sputum vermischt: aur-m.

– **fadenziehend**: *Croc.*

– **Freimachen** des Halses; beim: am-c.$_{a1,k}$
☞ Räuspern

– **Gehen**: cham. merc. sul-ac. zinc.

– **geronnen** (= Blutgerinnsel): kali-bi.$_{k2}$

– **geronnen**, nicht: alum.$_{bg2,k}$ ant-t.$_{bg2,k}$ bov.$_{bg2,k}$ bry.$_{bg2,k}$ dulc.$_{bg2,k}$ mag-m.$_{bg2}$ ph-ac.$_{bg2,k}$ *Phos.*$_{bg2,k}$ sec.$_{bg2,k}$ stram.$_{bg2,k}$ sulph.$_{bg2,k}$

– **gestreift**: *Acon.*$_{bg2,k}$ alum.$_{bg2,k}$ *Am-c.*$_{bg2,k}$ anac.$_{bg2,k}$ ant-c.$_{bg2,k}$ *Arg-n.* *Arn.*$_{bg2,k}$ **Ars.**$_{bg2,k}$ bism.$_{bg2,k}$ *Borx.* **Bry.**$_{bg2,k}$ *Cact.* calc.$_{bg2,k}$ *Caust.*$_{bg2,k}$ *Chel.* *Chin.*$_{bg2,k}$ cina cocc.$_{bg2,k}$ con.$_{bg2,k}$ crot-h. cub. cupr.$_{bg2,k}$ daph. dig.$_{bg2,k}$ dros.$_{bg2,k}$ dulc.$_{bg2,k}$ erig. eug. euphr.$_{bg2,k}$ **Ferr.**$_{bg2,k}$ *Ferr-ar.* hep.$_{bg2,k}$ hyos. iod.$_{bg2,k}$ *Ip.*$_{bg2,k}$ kali-bi.$_{bg2,k}$ kali-c. kreos.$_{bg2,k}$ lach. lachn. *Laur.*$_{bg2,k}$ *Lyc.*$_{bg2,k}$ mag-m.$_{bg2,k}$ merc.$_{bg2,k}$ *Merc-c.* methyl.$_{gm1}$ mez. *Nat-m.*$_{bg2,k}$ nit-ac.$_{bg2,k}$ nux-m.$_{bg2,k}$ *Op.*$_{bg2,k}$ *Phos.*$_{bg2,k}$ puls.$_{bg2,k}$ *Sabin.*$_{bg2,k}$ sang. sec.$_{bg2,k}$ *Sel.*$_{bg2,k}$ senec. seneg.$_{bg2,k}$ sep.$_{h,k,*}$ sil.$_{bg2,k}$ spong.$_{bg2,k}$ squil.$_{bg2,k}$ sul-ac.$_{bg2,k}$ ter. *Zinc.*$_{bg2,k}$ zinc-p.$_{k2}$

– **hellrot**: acal.$_{hr1,k}$ **Acon.** am-c.$_{bg2,k}$ aran.$_{bro1}$ *Arn.*$_{bg2,k}$ ars.$_{bg2,k}$ **Bell.**$_{bg2,k}$ bry.$_{bg2,k}$ *Calc.* canth.$_{bg2,k}$ carb-an.$_{bg2,k}$ *Carb-v.*$_{bg2,k}$ cench. chin.$_{bg2,k}$ cob. dig.$_{bg2,k}$ dros.$_{bg2,k}$ **Dulc.**$_{bg2,k}$ ferr.$_{bg2,k}$ ferr-p. **Hyos.**$_{bg2,k}$ *Ip.*$_{bg2,k}$ *Kali-bi.* kali-n.$_{bg2,k}$ laur.$_{bg2,k}$ *Led.*$_{bg2,k}$ *Merc.*$_{bg2,k}$ mill. nux-m.$_{bg2,k}$ nux-v. *Phos.*$_{bg2,k}$ puls.$_{bg2,k}$ *Rhus-t.*$_{bg2,k}$ sabad.$_{bg2,k}$ **Sabin.**$_{bg2,k}$ *Sec.*$_{bg2,k}$ sep.$_{bg2,k}$ sil.$_{bg2,k}$ *Zinc.*$_{bg2,k}$ zinc-p.$_{k2}$
• **morgens**: acal.$_{br1}$
• **wenigen** Klumpen, Blutgerinnseln; mit: methyl.$_{gm1}$

– **Herzens**; bei Beschwerden des: aur-i.$_{k2}$

– **Herzklopfen**, mit: mill.$_{pd}$

– **Keuchhusten**, bei: cor-r.$_{br1}$

– **Klumpen**: mag-c.$_{h}$

– **Laktationsperiode**, in der: chin.$_{kr1}$ *Ferr.*$_{a1,k}$

– **leberfarben**: puls.$_{h}$

– **Masturbation**, durch: ferr.$_{pd}$

– **Menses**:
• **vor**: phos.$_{h}$ **Zinc.**
• **während**: iod. kali-n.$_{h}$ nat-m.$_{a1,k}$ *Phos.*$_{a1,k}$ sep. **Zinc.**
• **unterdrückten**, bei: acon. *Carb-v.* *Dig.* ham.$_{k2}$ *Led.* *Lyc.* **Nux-v.** *Phos.* puls. senec.$_{c1,k2}$ sulph.

– **Räuspern**, beim: calc.$_{bg1}$ cham.$_{a1,k}$ *Ferr.*$_{hr1,k}$ hyper.$_{a1,k}$ kali-n.$_{a1,k}$ *Nit-ac.*

– **scharf**: *Am-c.*$_{bg2,k}$ *Ars.*$_{bg2,k}$ *Canth.*$_{bg2,k}$ carb-v.$_{bg2,k}$ hep.$_{bg2,k}$ **Kali-c.**$_{bg2,k}$ *Kali-n.*$_{bg2,k}$ rhus-t.$_{bg2,k}$ sars.$_{bg2}$ **Sil.**$_{bg2,k}$ sul-ac.$_{bg2,k}$ sulph.$_{bg2,k}$ zinc.$_{bg2,k}$

– **schwarz**: arn.$_{bg2,k}$ ars.$_{k2}$ bism.$_{bg2,k}$ canth.$_{bg2,k}$ chin.$_{bg2,k}$ croc.$_{bg2,k}$ crot-c. dig. dros. **Elaps** kali-bi. *Nit-ac.*$_{h,k,*}$ nux-v.$_{bg2,k}$ ph-ac. puls.$_{bg2,k}$ zinc.

– **Sprechen**, nach: hura

– **Sturz**, nach einem: *Ferr-p. Mill.*
– **Trinken**, nach dem: calc.
– **Vollmond**; bei: kali-n.$_{h}$
– **zäh**: **Croc.** *Cupr.* mag-c. sec.

Bräunlich: agar.$_{a1,k}$ *Ars.* bamb-a.$_{stb2}$ bry.$_{bg2,k}$ caps. *Carb-an.* *Carb-v.*$_{bg2,k}$ hyos. lyc.$_{a1,k}$ mag-c.$_{a1,k}$ nit-ac.$_{k2}$ phos.$_{bg2,k}$ puls.$_{bg2,k}$ sil.$_{bg2,k,*}$
– **gelb**: lyc.$_{a1,k}$
– **Klumpen**: agar. phos.
– **schaumig**: carb-an.$_{h}$

Brennend
☞ *Heiß*

Bröckelig
☞ *Krümelig*

Dick: acon.$_{bg2,k}$ agar.$_{a1,k}$ aloe *Alumn.* am-m.$_{bg2,k}$ ambr. ant-c.$_{bg2}$ *Ant-i.*$_{c1}$ ant-t. aq-pet.$_{a1}$ *Arg-met.* **Arg-n.** *Ars.*$_{a1,k}$ ars-s-f.$_{k2}$ arum-i.$_{a1}$ asaf.$_{bg2}$ atro.$_{a1,k}$ aur-m.$_{bg2,k}$ bar-c.$_{bg2}$ bell.$_{bg2}$ brom.$_{k2,ptk1}$ bry.$_{a1,k}$ *Cact.* *Calc.*$_{bg2,k}$ calc-s. calc-sil.$_{k2}$ carb-ac.$_{a1,k}$ carb-an. carb-v.$_{k2}$ *Caust.* chlor.$_{a1,k}$ *Cist.* cob. *Coc-c.*$_{a1,k}$ cot.$_{a1}$ *Cycl.*$_{a1,k}$ *Dulc.* erio.$_{a1}$ ery-a.$_{a1,k}$ eucal.$_{a1,k}$ eupi.$_{a1,k}$ ferr.$_{a1,k}$ ferr-ar. ferr-i. ferr-p. ferul.$_{a1}$ glon. graph.$_{bg2}$ grin.$_{k2}$ ham. **Hep.** hura **Hydr.** hydrog.$_{srj2}$ inul.$_{br1}$ iod.$_{h}$ ip.$_{bg2,k,*}$ **Kali-bi.**$_{bg2,k,*}$ kali-c.$_{k2}$ kali-chl. kali-i.$_{k2}$ kali-p. kali-s.$_{k2,ptk1}$ kalm. kreos.$_{bg2,k,*}$ *Lac-c.* laur.$_{a1,k}$ lepi.$_{a1}$ *Lyc.*$_{bg2,k,*}$ mag-m. mang.$_{bg2}$ merc-i-r.$_{a1,k}$ mur-ac.$_{bg2}$ naja nat-c.$_{bg2}$ nat-p. nat-s.$_{k2}$ nit-ac.$_{bg2}$ oena. ol-j.$_{a1,k}$ op.$_{bg2,k}$ ox-ac. phos.$_{bg2,k}$ *Phyt.* psil.$_{ft1}$ *Puls.*$_{bg2,k}$ pyrog. raph.$_{a1,k}$ rumx.$_{k2}$ ruta sabad.$_{bg2}$ sacch. samb.$_{bg2}$ sang.$_{a1,k}$ sars.$_{bg2}$ sel.$_{bg2}$ senec. seneg. *Sep.* **Sil.**$_{bg2,k}$ squil. *Stann.*$_{bg2,k}$ staph.$_{bg2}$ stram. sulph.$_{bg2,k,*}$ syph. tarent.$_{a1,k}$ thuj.$_{a1,k}$ **Tub.** ust.$_{a1,k}$ vario.$_{br1}$ zinc.$_{bg2,k}$
– **morgens**: agar.$_{a1,k}$ franz.$_{a1}$ lyc.$_{a1,k}$ *Phos. Puls. Sil.* **Stann.** sulph.$_{a1,k}$ tarent. thuj.$_{a1,k}$
 • **Aufstehen**, nach dem: *Phos.* puls. sulph.$_{a1,k}$
 • **Erwachen**, nach dem: lyc.$_{a1,k}$
– **nachmittags**: eucal.$_{a1,k}$
– **abends**: kreos.$_{a1,k}$ sulph.$_{a1,k}$
– **nachts**: calc.$_{h}$ *Cycl.*$_{a1,k}$ lyc.$_{a1,k}$ sacch.

Drehen auf die Seite; beim
☞ *Seite*

Dunkel: aq-pet.$_{a1}$ *Ars.* bism. *Carb-an.* cench.$_{k2}$ cupr.$_{a1,k}$ hydrog.$_{srj2}$ kali-bi.$_{a1,k}$ med. naja nux-m. oena.$_{a1,k}$ sul-i.$_{k2}$

Dünn: acon.$_{bg1}$ all-s. am-c. ant-c. ars.$_{k2}$ bry. canth.$_{k2}$ colch. cupr. daph. dig.$_{c1}$ *Ferr.* gels.$_{bg1}$ iber. jab.$_{br1}$ kali-n. mag-c. sacch. sul-ac.$_{k2}$
☞ *Wäßrig*

Durchsichtig: agar.$_{bg2,k,*}$ alum.$_{bg2,k,*}$ alumn.$_{a1,k}$ am-c. am-m. ant-t.$_{bg2,k,*}$ *Apis* aq-pet.$_{a1}$ **Arg-met.** arn. *Ars.*$_{bg2,k}$ asaf. bamb-a.$_{stb2}$ *Bar-c.* borx. bry.$_{bg2,k,*}$ calc-s.$_{a1,k}$ *Caust.* chin. *Ferr.*$_{bg2,k}$ hydrog.$_{srj2}$ *Kali-bi.*$_{bg2,k,*}$ kreos. laur. *Med.* *Mez.* **Nat-m.** petr. *Ph-ac.* **Phos.**$_{h,k,*}$ puls. *Sel.*$_{bg2,k,*}$ senec.$_{a1,k}$ **Seneg.**$_{bg2,k}$ *Sil.*$_{bg2,k}$ *Stann.* sulph.
– **morgens**: sel.$_{br1}$

Durchsichtig, wie Eiweiß, Eiklar: *Arn.*$_{a1,k}$ carbn-h. linu-c.$_{a1}$ lipp.$_{a1}$ **Nat-m.** *Nat-s.*

Einfach auszuwerfen
☞ *Leicht, einfach*

Eitrig: acet-ac. acon.$_{bg2,k}$ agar. ail.$_{a1,k}$ all-s.$_{a1,k}$ am-c.$_{bg2,k}$ ammc.$_{k2}$ *Anac.*$_{bg2,k,*}$ anan. anis. *Ant-t.* arg-met. *Arn.* *Ars.*$_{bg2,k,*}$ ars-i. ars-s-f.$_{k2}$ asaf.$_{bg2,k}$ aur.$_{bg2,k}$ aur-ar.$_{k2}$ aur-s.$_{k2}$ bar-c. bar-i.$_{k2}$ bar-s.$_{k2}$ bell.$_{bg2,k}$ brom. bry.$_{bg2,k}$ bufo **Calc.**$_{bg2,k}$ calc-i.$_{k2}$ *Calc-s.* calc-sil.$_{k2}$ *Carb-an.*$_{bg2,k,*}$ carb-v.$_{bg2,k}$ *Carbn-s.* cham.$_{bg2,k}$ **Chin.**$_{bg2,k}$ *Chinin-ar.* cic.$_{bg2,k}$ *Cimx.* cina cocc.$_{bg2,k}$ *Cod.*$_{a1,k}$ **Con.**$_{bg2,k}$ cop. cupr.$_{a1,k}$ *Dig.* *Dros.*$_{bg2,k,*}$ dulc.$_{bg2,k}$ *Ferr.*$_{bg2,k,*}$ ferr-ar. ferr-i. ferr-p. gels. graph.$_{bg2,k}$ grin.$_{k2}$ guaj.$_{bg2,k}$ hep.$_{bg2,k}$ hyos.$_{bg2,k}$ ign. iod. ip.$_{bg2,k}$ kali-ar. kali-bi.$_{bg2,k,*}$ **Kali-c.**$_{bg2,k}$ kali-i.$_{a1,k}$ *Kali-n.*$_{bg2,k}$ *Kali-p.* *Kali-s.* kali-sil.$_{k2}$ kalm. *Kreos.*$_{bg2,k}$ lach.$_{bg2,k}$ led.$_{bg2,k,*}$ **Lyc.**$_{bg2,k,*}$ mag-c.$_{bg2,k,*}$ mag-m.$_{bg2,k}$ *Merc.*$_{bg2,k}$ **Nat-ar.** *Nat-c.*$_{bg2,k,*}$ nat-m.$_{bg2,k}$ nat-p. nat-s. *Nit-ac.*$_{bg2,k}$ nux-m.$_{bg2,k}$ nux-v.$_{bg2,k}$ oena.$_{a1,k}$ op. *Ph-ac.*$_{bg2,k,*}$ **Phos.**$_{bg2,k,*}$ *Plb.*$_{bg2,k}$ psor. ptel. *Puls.*$_{bg2,k}$ pyrog.$_{k2}$ *Rhus-t.*$_{bg2,k}$ ruta sabin.$_{bg2,k}$ samb.$_{bg2,k}$ sang. sec.$_{bg2,k}$ **Sep.**$_{bg2,k,*}$ **Sil.**$_{bg2,k,*}$ *Stann.*$_{bg2,k}$ *Staph.*$_{bg2,k}$ sul-i.$_{k2}$ *Sulph.*$_{bg2}$ syph. tril-p. verat. vichy-g.$_{a1}$ zinc.$_{bg2,k}$ zinc-s.$_{a1,k}$
– **alten** Menschen; bei: nat-s.$_{k2}$

Eiweißartig
☞ *Weiß - eiweißartig*

Epithel, abgelöstes: chinin-s.

Essen, nach dem: bell.$_{bg2,k}$ *Lyc.* nux-m. *Phos.* sanic. sep.$_{bg2}$ sil.$_{a1,k}$ staph. thuj.$_{a1,k}$

Fäden; in: aesc. agar. alum. **Alumn.** *Arg-met.* ars-i. arum-i. asaf. calc-s. *Caust.* chinin-s. cimic. *Coc-c.* ery-a. ferr. hydr. iber. **Kali-bi.** *Lach.* lob. *Phos.* rumx. ruta sang. sanic. seneg. stict.
☞ *Fadenziehend / Zäh*

Fadenziehend: all-s. alumn. apis *Coc-c.* hydr. ip. **Kali-bi.** *Lach.* lob. med. *Merc.* *Nat-s.* rumx.$_{k2}$ sang.$_{k2}$ *Seneg.* stict. viol-o.
☞ *Fäden*

Fest, zäh: acon.$_{a1,k}$ aesc.$_{a1,k}$ agn.$_{a1,k}$ *All-c.* *Alumn.* ambr. anac. anis.$_{c1}$ ant-c. *Ant-t.* *Ars.* ars-i. atro.$_{a1,k}$ aur. aur-ar.$_{k2}$ aur-i.$_{k2}$ bamb-a.$_{stb2}$ bell. bov.$_{a1,k}$ *Bry.*$_{a1,k}$ **Calc.** *Cann-s.* canth. *Carb-an.* carb-v. carl.$_{a1,k}$ *Caust.*$_{a1,k}$ cham. cist. cob. *Coc-c.*$_{a1,k}$ cocc. cupr. *Dulc.* euphr. **Hep.** indg. *Iod.* iris **Kali-bi.**$_{a1,k}$ kali-c.$_{a1,k}$ kali-sil.$_{k2}$ *Lac-c.* mag-c. mag-m. mang. merc-i-r.$_{a1,k}$ mez. nux-m. nux-v. par. petr. ph-ac. phos. phyt.$_{a1,k}$ puls. *Rumx.* ruta samb. sang. sanic. senec.$_{a1,k}$ seneg. *Sep.* sil.$_{a1,k}$ spong. squil. **Stann.** staph. sul-i.$_{k2}$ tarent.$_{a1,k}$ thuj.$_{a1,k}$ verat. vinc. *Zinc.*
☞ *Zäh*
– **morgens**: calc.$_{a1,k}$ *Cann-s.* kali-bi. petr.$_{a1,k}$ *Phos.* phyt. sars. *Sil.*
 • **9** h: phyt.
 • **Bett**, im: calc.$_{a1,k}$

Fliegt mit Gewalt aus dem Mund: arg-n.ptk1 *Bad.*bg2,k,* *Chel.* kali-c.hr1,k,* *Kali-m.*bg3,ptk1 mang.ptk1 mez.ptk1

Flocken: agar.hr1 ail.a1,k phos.h,k,*

Flüssigkeiten hinten mit den Mund in Kontakt kommen; wenn: am-caust.

Freien; im
☞ *Luft - Freien*

Frühstück, nach dem: sep.a1,k

Gallertartig: agar. *Alumn.* **Arg-met.** *Arg-n.* arn. bar-c. bry. *Cact.* chin. chinin-s. coc-c.k2 cupr. cur. dig. *Ferr.* hyper.bg1,bg2 kreos. laur. med. **Samb.** *Sil.* sulph. viol-o.
☞ *Zäh*

Gallig: bar-c. dig. puls. samb.

Gehen:
– **beim**: cham. merc. nat-m. sul-ac. zinc.
– **nach**: ferr.

Gelb: *Acon.*bg2,k ail. aloe alum.bg2,k alum-p.k2 alum-sil.k2 alumn.k2 am-c.bg2,k *Am-m.*bg2,k ambr.bg2,k ammc.k2 anac.bg2,k anan. *Ang.*bg2,k,* ant-c.bg2,k,* *Ant-i.*c1 arg-met. *Arg-n.* *Ars.*bg2,k,* *Ars-i.* ars-s-f.k2 arum-m. arum-t. asc-t. astac. aur.bg2,k,* aur-ar.k2 aur-i.k2 aur-m. aur-s. *Bad.*hr1,k,* bar-c.bg2,k bar-i.k2 bar-m. bar-s.k2 bell.bg2,k bism.bg2,k borx. bov.bg2,k brom.a1,k *Bry.*bg2,k,* bufo *Cact.* **Calc.**bg2,k,* calc-i.k2 **Calc-p.** **Calc-s.**a1,k calc-sil.k2 cann-s.a1,k *Canth.* carb-an.bg2,k *Carb-v.*bg2,k,* carbn-s. caust.bg2,k cench. cham.bg2,k chlol. chlor.bg2 cic.bg2,k cist. *Coc-c.*a1,k coca coloc.a1,k con.bg2,k,* cop. cub. cupr.a1,k cur. daph. dig.bg2,k digin.a1 *Dros.*bg2,k eug.a1,k eupi.a1,k ferr.a1,k ferr-ar. ferr-i. *Ferr-p.* ferul.a1 gels.a1 graph.bg2,k grin.k2 ham. **Hep.**bg2,k hura **Hydr.** hydr-ac. hydrog.srj2 *Ign.*bg2,k iod.bg2,k,* ip.bg2,k kali-ar. *Kali-bi.*bg2,k,* *Kali-c.*bg2,k *Kali-chl.* *Kali-i.*bg2 kali-m.k2 *Kali-p.* *Kali-s.* kali-sil.k2 *Kreos.*bg2,k lac-ac. lach. linu-c.a1,k **Lyc.**bg2,k,* mag-c.bg2,k,* mag-m.bg2,k *Mang.*hr1,k med. *Merc.*bg2,k merc-i-f. *Merc-i-r.*a1,k mez.bg2,k mur-ac.bg2,k *Nat-ar.* *Nat-c.*bg2,k nat-m.bg2,k *Nat-p.* nat-s.k2 *Nit-ac.*h,k,* nux-v.bg2,k oena.a1,k *Ol-j.*bg2,k op.bg2,k ox-ac. par.bg2,k paull.a1 *Petr.*a1,k *Ph-ac.*bg2,k,* **Phos.**bg2,k phyt. plb.bg2,k,* *Psor.*a1,k **Puls.**bg2,k,* pyrog. rumx. *Ruta* sabad.bg2,k sabin.bg2 sacch. samb. sang. *Sanic.* sel.bg2,k senec. seneg.bg2,k **Sep.**h,k,* **Sil.**bg2,k,* spig.bg2,k *Spong.*bg2,k **Stann.**bg2,k *Staph.*bg2,k,* sul-ac.bg2,k sul-i.k2 *Sulph.*bg2,k,* syph. tarent.a1,k *Thuj.*bg2,k **Tub.** verat.bg2,k *Zinc.*bg2,k zinc-p.k2
– **morgens**: ail. aur. bamb-a.stb2 *Calc.*a1,k *Calc-p.* cench. franz.a1 gink-b.sbd1 *Kali-bi.* lyc.a1,k mag-c. mang.a1,k *Ph-ac.*a1,k *Phos.* **Puls.** *Sil.*a1,k **Stann.** tarent. tub.c1
  • **7** - 10 h: sil.
  • **Erwachen**, beim: aur.
– **vormittags**: staph.
– **nachmittags**: anac.a1,k calc-s.a1,k
  • **12** - 15 h: calc-s.

Gelb: ...
– **nachts**: lyc.a1 staph.
– **orange**: hydrog.srj2 *Kali-c.* phos. puls.
– **schleimig**:
  • **abends**
  ☞ *Schleimig - gelb - abends*
– **zitronenfarben**: kali-c. lyc. phos. puls.

Gelee, wie
☞ *Gallertartig*

Geruch:
– **aashaft**: canth.k2
– **Knoblauch**, wie: ars.bg2,k petr.bg2
– **kräuterartig**: ph-ac.h
– **milchig**: aur. dros.bg2,k phos. sep. spong.bg2,k
– **modrig**: **Borx.** jug-c.
– **sauer**: calc.bg2,k cham.bg2,k dulc.bg2,k kali-n.bg2,h merc.bg2,k nit-ac.bg2,k nux-v.bg2,k sul-ac.bg2,k sulph.bg2,k
– **Schnupfen**; wie alter: *Bell.* *Ign.* mez. *Puls.*k,kl2● sabin. *Sulph.*k,kl2● zinc.
– **stinkend**: arn. ars. bell. bry. *Calc.* carb-ac. carb-v. cocc. cop. ferr.c1 *Guaj.* kali-p. led. lyc. mag-c. nat-c. nit-ac. ph-ac. phos. puls. sacch. *Sang.* sep. sil. stann. sulph. thuj.
– **süßlich**: squil.
– **übelriechend**: all-s. alum.bg2,k alum-sil.k2 *Arn.*bg2,k **Ars.**bg2,k ars-i.k2 ars-s-f.k2 asaf.bg2,k asar. aur.bg2,k aur-ar.k2 aur-i.k2 aur-s.k2 bell.bg2,k **Borx.** bry.a1,k **Calc.**bg2,k calc-i.k2 calc-sil.k2 *Caps.*bg2,k *Carb-an.* carb-v.bg2,k carbn-s. caust.bg2,k cham.bg2,k,* chin.bg2,k chinin-ar. con.bg2,k cop. *Cupr.*bg2,k dig.a1,k dirc.a1,k dros. eupi.a1,k fago.a1,k ferr.bg2,k ferr-ar. ferr-i. ferr-p. graph.bg2,k **Guaj.**bg2,k hep.bg2,k hura ign.bg2,k iod. kali-i. *Kali-p.* kreos.bg2,k led.bg2,k lipp.a1 **Lyc.**bg2,k mag-c. mag-m.bg2,k merc.bg2,k **Nat-ar.** **Nat-c.**bg2,k,* nat-m. *Nat-p.* *Nit-ac.*bg2,k nux-v.bg2,k *Ph-ac.*bg2,k **Phel.**bg2,k *Psor.* puls.bg2,k pyrog. *Rhus-t.*bg2,k sabin.bg2,k sacch. **Sang.**bg2,k seneg.bg2,k *Sep.*bg2,k *Sil.*bg2,k,* squil.bg2,k **Stann.**bg2,k,* sul-i.k2 sulph.bg2,k,* thuj.bg2,k tub.a12 zinc.h
– **Veilchen**, von: phos.bg2,k puls.bg2,k valer.bg2
– **verbrannt**, wie: cycl.bg2,k dros.bg2,k nux-v.bg2,k puls.bg2,k ran-b.bg2,k sabad.bg2,k squil.bg2,k sulph.bg2,k

Geschmack:
– **bitter**: acon.bg2,k ail. arn.bg2,k *Ars.*bg2,k,* bry.bg2,k calc.bg2,k canth.bg2,k **Cham.**bg2,k chin. chinin-ar. *Cist.*a1,k coloc.a1,k con.bg2,k *Dros.*bg2,k ign.bg2,k kali-ar. kali-bi. kali-c.bg2,k lyc.bg2,k,* med. *Merc.*bg2,k,* nat-ar. nat-c.bg2,k nat-m.bg2,k,* *Nit-ac.*h,k,* *Nux-v.*h,k,* paull.a1 **Puls.**bg2,k,* sabad.bg2,k *Sep.*bg2,k stann.bg2,k sulph.bg2,k *Verat.*bg2,k
– **Eier**, wie:
  • **Eigelb**, wie: kali-c. ph-ac. phos. sep. staph. sulph. thuj.
  • **verdorbene**, wie: acon. arn. carb-v. con. eupi. graph. hep. merc. mez. mur-ac. ph-ac. phos. sep. stann. sulph.

– **Erbsen**, wie rohe: puls. zinc.
– **erdig**: ars.$_{bg2,k}$ cann-s.$_{bg2}$ caps.$_{bg2,k}$ chin.$_{bg2,k}$ ferr.$_{bg2,k}$ hep.$_{bg2,k}$ ign.$_{bg2,k}$ mang.$_{bg2,k}$ merc.$_{bg2,k}$ nux-m. nux-v.$_{bg2}$ phos.$_{bg2,k}$ puls.$_{bg2,k}$ stront-c.
– **fade**
☞ *schal*
– **faulig**: acon.$_{bg2,k}$ all-s.$_{a1,k}$ alum.$_{hr1,k}$ alum-p.$_{k2}$ *Arn.*$_{bg2,k}$ *Ars.*$_{bg2,k}$ ars-i. bell.$_{bg2,k}$ bov.$_{bg2,k}$ bry.$_{bg2,k}$ *Calc.*$_{bg2,k}$ carb-an.$_{bg2,k}$ *Carb-v.*$_{bg2,k}$ carbn-s. caust.$_{bg2,k}$ *Cham.*$_{bg2,k}$ cocc.$_{bg2,k}$ con.$_{bg2,k}$ cupr.$_{bg2,k}$ dig. dros.$_{bg2,k}$ dulc.$_{bg2,k}$ ferr.$_{bg2,k}$ ferr-ar.$_{k2}$ ferr-i. ferr-p. ham. hep. iod.$_{bg2,k}$ ip.$_{bg2,k}$ *Kali-ar.* kali-c.$_{bg2,k}$ kali-p.$_{k2}$ kalm.$_{a1,k}$ kreos. lach.$_{bg2,k}$ led. lyc.$_{bg2,k}$ merc.$_{bg2,k}$ *Nat-ar.* *Nat-c.* nat-p. nit-ac.$_{bg2,k}$ nux-v.$_{bg2,k}$ ph-ac. phos.$_{bg2,k}$ *Puls.*$_{bg2,k}$ rhus-t.$_{bg2,k}$ samb.$_{bg2,k}$ *Sang.*$_{bg2}$ sarr. sep.$_{bg2,k,*}$ sil. *Stann.* staph.$_{bg2,k}$ sulph. verat.$_{bg2,k}$ zinc.$_{bg2,k}$ zinc-p.$_{k2}$
– **fettig**: alum.$_{bg2,k}$ *Asaf.*$_{bg2,k}$ **Caust.**$_{bg2,k}$ cham.$_{bg2,k}$ fl-ac.$_{bg2,k}$ kali-c.$_{bg2,k}$ lyc.$_{bg2,k}$ *Mag-m.*$_{bg2,k}$ mang.$_{bg2,k}$ merc-c.$_{bg2,k}$ mur-ac.$_{bg2,k}$ petr.$_{bg2,k}$ phos.$_{bg2,k}$ **Puls.**$_{bg2,k}$ rhus-t.$_{bg2,k}$ sabad.$_{bg2}$ sabin.$_{bg2}$ sarr. *Sil.*$_{bg2,k}$ thuj.$_{bg2,k}$
– **Fisch**, wie: acon.$_{bg2,k}$
– **Fleisch**, wie faules: ars. bell. bry. carb-v. dulc. kali-c. lach. nit-ac. phos. puls. rhus-t.
– **Fleischbrühe**, wie: iod.
– **gallig**: puls.$_{bg2,k,*}$
– **Hering**, wie: anac.$_{bg2,k}$ nux-m.$_{bg2,k}$
– **Holz**, wie: ars.$_{bg2,k}$ ign.$_{bg2,k}$ stram.$_{bg2,k}$ sulph.$_{bg2,k}$
– **Juchtenleder**, wie: arn.
– **Käse**, wie:
• **alt**: *Chin.* *Kali-c.* *Lyc.* phos. *Thuj.* zinc.
• **faulig**: aur. kali-c. phos. zinc.
– **Kohl**, wie gekochter: sulph.
– **kräuterartig**: calad.$_{bg2,k}$ gels.$_{bg2,k,*}$ *Nux-v.*$_{bg2,k}$ *Ph-ac.*$_{bg2,k}$ puls.$_{bg2,k}$ sars.$_{bg2,k}$ stann.$_{bg2,k}$ verat.$_{bg2,k}$
– **Kreide**, wie: am-c.$_{bg2}$ ign.$_{bg2,k}$ nux-v.$_{bg2,k}$
– **Kupfer**, wie: cupr.$_{bg2,k}$ kali-c.$_{bg2,k}$ lach.$_{bg2,k}$ nat-m.$_{bg2,k}$
– **Lehm**, wie: cann-s.$_{bg2,k}$ chin.$_{bg2,k}$ phos.$_{bg2,k}$ puls.$_{bg2,k}$
– **Mandeln**; wie der Geschmack von: caust. dig.
– **Mehl**, wie: lach.$_{bg2,k}$
– **metallisch**: agn.$_{bg2,k}$ alum.$_{bg2,k}$ am-c.$_{bg2}$ bism.$_{bg2}$ *Calc.*$_{bg2,k}$ cench. cocc.$_{bg2,k}$ coloc.$_{bg2}$ *Cupr.*$_{bg2,k}$ *Ferr.* hep.$_{bg2,k}$ *Ip.*$_{bg2,k,*}$ kali-bi.$_{a1,k}$ kali-c. kreos. lach.$_{bg2,k}$ merc-c.$_{bg2}$ nat-c.$_{bg2,k}$ nat-m.$_{bg2,k}$ nux-v.$_{bg2,k}$ plb.$_{bg1}$ ran-b.$_{bg2,k}$ *Rhus-t.*$_{bg2,k}$ sars.$_{bg2,k}$ seneg.$_{bg2,k}$ sulph.$_{bg2,k}$ zinc.$_{bg2,k,*}$
– **milchig**: ars.$_{bg2}$ phos.$_{bg2,k}$ sulph.$_{bg2}$
– **modrig**: **Borx.** led.$_{bg2,k}$ lyc.$_{bg2,k}$ merc.$_{bg2,k}$ ph-ac.$_{bg2,k}$ rhus-t.$_{bg2,k}$ teucr.$_{bg2,k}$ thuj.$_{bg2,k}$
– **Orangen**, wie: phos.$_{bg2,k}$
– **pfefferartig**: acon.$_{bg2,k}$ ars.$_{bg2,k}$ mez.$_{bg2,k}$ sabad.$_{bg2,k}$ sulph.$_{bg2,k}$
– **Pfirsichkerne**, wie: laur.$_{bg2,k}$
– **ranzig**: alum.$_{bg2,k}$ ambr.$_{bg2,k}$ asaf.$_{bg2,k}$ bar-c.$_{bg2,k}$ bry.$_{bg2,k}$ caust.$_{bg2,k}$ cham.$_{bg2,k}$ euph.$_{bg2}$ ip.$_{bg2,k}$ lach.$_{bg2,k}$ merc.$_{bg2,k}$ mur-ac.$_{bg2,k}$ nux-v.$_{bg2,k}$ petr.$_{bg2,k}$ phos.$_{bg2,k}$ puls.$_{bg2,k}$ rhod.$_{bg2}$ thuj.$_{bg2,k}$
– **rauchig**: bry.$_{bg2,k}$ nux-v.$_{bg2,k}$ puls.$_{bg2,k}$ rhus-t.$_{bg2,k}$ sep.$_{bg2,k}$
– **salzig**: acon.$_{bg2,k,*}$ agar.$_{a1,k}$ alum.$_{bg2,k}$ alum-p.$_{k2}$ am-c.$_{bg2,k}$ *Ambr.*$_{bg2,k,*}$ ang.$_{a1,k}$ ant-t.$_{bg2,k}$ aral.$_{a1,k}$ **Ars.**$_{bg2,k,*}$ ars-i. bar-c.$_{bg2,k}$ bar-i.$_{k2}$ bell.$_{bg2,k}$ bov.$_{bg2,k}$ *Calc.*$_{bg2,k,*}$ *Cann-s.*$_{bg2,k}$ *Carb-v.*$_{bg2,k,*}$ carbn-s. *Chin.*$_{bg2,k}$ chinin-ar. coc-c. cocc.$_{bg2,k}$ coloc. con.$_{bg2,k}$ cop.$_{a1,k}$ dros.$_{bg2,k,*}$ euph.$_{bg2,k}$ *Graph.*$_{bg2,k,*}$ hyos.$_{bg2,k}$ iod.$_{bg2,k}$ kali-bi.$_{bg2,k,*}$ kali-c.$_{bg2}$ kali-p. kalm.$_{a1,k}$ lac-ac. lach.$_{bg2,k}$ lepi.$_{a1,k}$ **Lyc.**$_{bg2,k,*}$ macro.$_{a1}$ *Mag-c.*$_{bg2,k}$ mag-m.$_{bg2,k,*}$ *Merc.*$_{bg2,k,*}$ *Merc-c.*$_{a1,k}$ mez.$_{bg2,k}$ *Nat-c.*$_{bg2,k,*}$ *Nat-m.*$_{bg2,k,*}$ nat-p. nit-ac.$_{bg2,k}$ *Nux-m.*$_{bg2,k}$ nux-v.$_{bg2,k,*}$ *Ph-ac.*$_{a1,k}$ **Phos.**$_{bg2,k,*}$ plan.$_{a1,k}$ psor. **Puls.**$_{bg2,k,*}$ raph.$_{a1,k}$ rhus-t.$_{bg2,k}$ sacch. samb.$_{bg2,k}$ **Sep.**$_{h,k,*}$ sil.$_{bg2,k,*}$ spong. *Stann.*$_{bg2,k,*}$ staph. stram.$_{bg2}$ sul-ac.$_{bg2,k}$ sulph.$_{bg2,k,*}$ tarax.$_{bg2,k}$ tarent.$_{a1,k}$ ther. verat.$_{bg2,k}$ wies.$_{a1,k}$
• **morgens**: *Ph-ac.*$_{a1}$ ~~phos.$_{kl,xxx}$~~ puls.$_{a1}$
– **sauer**: ambr.$_{bg2,k}$ ang.$_{bg2,k,*}$ ant-t.$_{bg2,k}$ ars.$_{bg2,k}$ *Bell.*$_{bg2,k}$ bry.$_{bg2,k}$ **Calc.**$_{bg2,k}$ cann-s. carb-an.$_{bg2,k}$ carb-v.$_{bg2,k}$ cham.$_{bg2,k}$ chin.$_{bg2,k}$ coc-c.$_{a1,k}$ con.$_{bg2,k}$ crot-t.$_{bg2,k,*}$ dros. ferr.$_{bg2,k}$ graph.$_{bg2,k}$ hep.$_{bg2,k,*}$ hyos. ign.$_{bg2,k}$ iod. ip.$_{bg2,k}$ kali-ar. *Kali-c.*$_{h,k,*}$ kali-n.$_{bg2,k,*}$ lach. laur.$_{bg2,k,*}$ lyc.$_{bg2,k,*}$ mag-c. mag-m.$_{bg2,k}$ mag-s.$_{a1,k}$ *Merc.*$_{bg2,k}$ nat-c.$_{bg2,k}$ nat-m.$_{bg2,k}$ nit-ac.$_{bg2,k}$ **Nux-v.**$_{bg2,k}$ petr.$_{bg2,k}$ ph-ac.$_{bg2,k}$ **Phos.**$_{bg2,k}$ plan.$_{a1,k}$ plb.$_{bg2,k}$ *Puls.*$_{bg2,k}$ rhus-t.$_{bg2,k}$ sabin.$_{bg2,k}$ sep.$_{bg2,k}$ spong.$_{bg2,k}$ stann.$_{bg2,k}$ sul-ac.$_{bg2,k}$ *Sulph.*$_{bg2,k}$ tarax.$_{bg2,k,*}$ verat.$_{bg2,k}$
– **schal**, fade: alum.$_{bg2,k}$ am-m.$_{bg2,k}$ anac.$_{bg2,k}$ *Ant-c.*$_{bg2,k}$ ant-t.$_{bg2,k}$ arg-met. arn.$_{bg2,k}$ ars.$_{bg2,k}$ aur.$_{bg2,k}$ aur-s. bell.$_{bg2,k}$ *Bry.*$_{bg2,k}$ *Calc.*$_{bg2,k}$ cann-s.$_{a1,k}$ caps.$_{bg2,k}$ *Chin.*$_{bg2,k}$ chinin-ar. cop.$_{a1,k}$ euphr.$_{bg2,k}$ *Ign.*$_{bg2,k}$ ip.$_{bg2,k}$ kali-ar. kali-c.$_{bg2,k}$ kali-n.$_{bg2}$ kreos.$_{bg2,k}$ *Lyc.*$_{bg2,k}$ nat-ar. nat-c.$_{bg2,k}$ nat-m.$_{bg2,k}$ nat-p. nat-s. op. *Par.*$_{bg2,k}$ petr.$_{bg2,k}$ ph-ac.$_{bg2,k}$ phos.$_{bg2,k}$ puls.$_{bg2,k}$ rhus-t.$_{bg2,k}$ sabad.$_{a1,k}$ sabin.$_{bg2,k}$ sep.$_{bg2,k}$ stann.$_{bg2,k}$ *Staph.*$_{bg2,k}$ stront-c. sulph.$_{bg2,k}$ thuj.$_{bg2,k}$
– **schlecht**: carb-an. lach.$_{a1,k}$ lycps-v. nat-m.$_{h}$ puls.$_{a1,k}$ sep.
– **Schnupfen**; wie alter: *Bell.* *Ign.* mez. nux-v. phos. **Puls.** sabin. *Sulph.* zinc.
– **Schwefel**, wie: cocc.$_{bg2,k}$ nux-v.$_{bg2,k}$ ph-ac.$_{bg2,k}$ phos.$_{bg2,k}$ plb.$_{bg2,k}$ sulph.$_{bg2,k}$
– **Seetang**, wie: spong.
– **seifig**: bar-c. bry.$_{bg2,h,*}$ dulc.$_{bg2,k}$ iod.$_{bg2,k}$ merc.$_{bg2,k}$
– **süßlich**: acon.$_{bg2,k}$ all-c.$_{a1}$ alum.$_{bg2,k}$ alum-p.$_{k2}$ am-c.$_{bg2,k}$ anac.$_{bg2,k}$ ant-s-aur. ant-t.$_{a1,k}$ apis ars.$_{bg2,k}$ ars-i. asar.$_{bg2,k}$ astac. aur.$_{bg2,k}$ aur-ar.$_{k2}$ **Calc.**$_{bg2,k,*}$ calc-s. cann-s.$_{a1,k}$ canth.$_{bg2,k}$ carb-an. chin.$_{bg2,k}$ cob. coc-c.$_{a1,k}$ cocc.$_{bg2,k}$ cop. *Dig.*$_{bg2,k,*}$ dirc. ferr.$_{bg2,k}$ ferr-ar. gink-b.$_{sbd1}$ hep.$_{bg2,k}$ iod.$_{bg2,k}$ ip.$_{bg2,k}$ iris kali-ar. kali-bi.$_{bg2,k,*}$ *Kali-c.*$_{bg2,k}$ kali-n.$_{h}$ kali-p. kreos.$_{bg2,k}$ lach.$_{bg2}$ laur.$_{bg2,k,*}$ limest-b.$_{es1}$ lyc.$_{bg2,k}$ lycps-v. mag-c.$_{bg2,k,*}$ mag-m. merc.$_{bg2,k}$ mez.$_{a1,k}$ nux-v.$_{h,k,*}$ **Phos.**$_{bg2,k}$ *Plb.*$_{bg2,k}$ ptel. *Puls.*$_{bg2,k}$ rhus-t.$_{bg2,k}$ *Sabad.*$_{bg2,k,*}$ samb.$_{bg2,k}$ *Sanic.* sel.$_{bg2,k}$ senec. sep.$_{bg2,k}$ *Squil.*$_{bg2,k}$ **Stann.**$_{bg2,k,*}$ sul-ac.$_{bg2,k}$ sul-i.$_{k2}$ sulph.$_{bg2,k,*}$ sumb. zinc.$_{bg2,k}$ zinc-p.$_{k2}$

– **Tabaksaft**, wie: *Puls.*bg2,k
– **Teer**, wie: con.bg2,k
– **Übelkeit** erregend: all-c.a1 *Ars.*bg2,k asaf.bg2,k bry.bg2,k calc.bg2,k canth.bg2,k carb-an. chin.bg2,k cina coc-c.a1,k cocc.bg2,k cop.a1,k dig. *Dros.*bg2,k,• ferr.a1,k ferr-ar. iod.bg2,k *Ip.*bg2,k kali-ar. kali-c.bg2,k *Lach.*bg2 led.bg2,k *Merc.*bg2,k nat-m.bg2,k nit-ac. nux-v.bg2,k,• phos.bg2,k psor. **Puls.**bg2,k,• sabad.bg2,k samb.bg2,k sel.bg2,k sep.bg2,k sil. squil.bg2,k *Stann.*bg2,k sulph.bg2,k tarent.a1,k zinc.bg2,k
– **Urin**, wie: graph.bg2,k phos.bg2,k seneg.bg2,k
– **verbrannt**, wie: ang. bry.bg2,k dros.bg2,k nux-v. *Puls.*bg2,k rhus-t. squil.bg2,k sulph.bg2,k zinc.
– **Wein**, wie: bell.bg2,k bry.bg2,k
– **widerlich**
☞ *süßlich / Übelkeit*
– **Zwiebeln**, wie: ars. *Asaf.*bg2,k mag-m.bg2,k petr. sul-ac.bg2,k sulph.bg2,k

Granuliert, in kleinen Kugeln: agar.bg2,k *Bad. Calc.*a1,k *Chin.*bg2,k hyper.bg2,k,• *Kali-bi.* lach. lyc.bg2,k,• mang. mez.a1,k *Phos.*bg2,k sel. sep.bg2,k *Sil.*bg2,k spong.bg2,k thuj.bg2,k
☞ *Kugelförmig / Kugeln*
– **morgens**, 3 - 4 h oder 16 - 23 h: lyc.
– **Niesen**, beim: mez.a1,k
– **übelriechend**: *Sil.*

Gräulich: **Ambr.**bg2,k anac.bg2,k **Arg-met.** *Ars.*bg2,k,• arum-t.a1,k bufo cain. *Calc.* carb-an.bg2,k chel. chin.bg2,k *Cina* coc-c.a1,k cop. cur. dig.a1,k dros.bg2,k eupi.a1,k ferr-i.k2 gast.a1 ham.a1,k iod. *Kali-bi.*bg2,k,• kali-c.bg2,k kali-m.k2 kalm.a1,k *Kreos.*bg2,k,• lac-ac.a1,k lach.bg2,k,• **Lyc.**bg2,k,• mag-m.bg2,k,• mang.bg2,k med. merc-c.a1,k nat-ar. nat-m.bg2,k,• *Nux-v.*bg2,k petr.bg2,k,• *Phos.*bg2,k,• psil.ft1 rhus-t.bg2,k *Seneg.*bg2,k,• *Sep.*h,k,• sol-t-ae.a1,k **Stann.**a1,k syph. tab.a1,k tep.a1,k *Thuj.*bg2,k

Grünlich: anan. *Arg-met. Arn. Ars.*bg2,k,• ars-i. arum-t. asaf.bg2,k aur.bg2,k aur-s.k2 bamb-a.stb2 benz-ac.a1,k borx. bov.bg2,k bry.bg2,k,• bufo cain. *Calc.* calc-i.k2 *Calc-s.* **Calc-sil.** *Cann-s.*bg2,k *Carb-an.*bg2,k **Carb-v.**bg2,k,• **Carbn-s.** coc-c.a1,k colch.bg2,k,• *Coloc. Cop. Crot-c.*a1,k cub. cur. dig.a1,k dros.bg2,k *Dulc.* eupi. *Ferr.*bg2,k,• *Ferr-ar.* ferr-i. *Ferr-p.* grin.k2 ham.a1,k hyos.bg2,k iod.bg2,k kali-ar. *Kali-bi.*bg2,k,• kali-c.bg2,k **Kali-i.**a1,k kali-p. *Kali-s.* kali-sil.k2 kreos.bg2,k led.bg2,k **Lyc.**bg2,k,• mag-c.bg2,k *Mang.*bg2,k,• med. **Merc.**bg2,k *Merc-i-f. Merc-i-r.*a1,k *Nat-c.*bg2,k,• nat-m.a1,k nat-p. **Nat-s.** nit-ac.bg2,k nux-v.bg2,k oena.a1,k ol-j.bg2,k,• ox-ac.a1,k **Par.**bg2,k,• *Petr.* **Phos.**bg2,k plb.bg2,k psil.ft1 **Psor.**bg2,k,• **Puls.**bg2,k raph.a1,k rhus-t.bg2,k *Sep.*bg2,k *Sil.*bg2,k,• **Stann.**bg2,k,• sul-i.k2 **Sulph.**bg2,k,• syph. thuj.bg2,k *Tub.* zinc.a1,k zinc-p.k2
– **morgens**: ars.a1,k crot-c.a1,k *Ferr.*a1,k *Lyc.*a1,k mang.a1,k nat-m.a1,k *Nit-ac. Par. Psor.*a1,k *Sil.*a1,k *Stann.*
  • **7** - 10 h: sil.
  • **Erwachen**, beim: ferr.a1,k *Psor.*
– **abends**, beim Liegen: *Psor.*

Hart: agar.bg2,k am-m.bg2,k ant-c.bg2,k bry.bg2,k calad.bg2,k *Con.*bg2,k dig.a1,k digin.a1 fago.a1,k hep.bg2 iod.bg2,k kali-bi.bg2,k kali-c.bg2,k kreos.bg2,k lach.bg2,k mang.bg2,k **Nat-c.**bg2,k nat-s. ox-ac.a1,k phos.bg2,k sep.bg2,k *Sil.*bg2,k *Spong.*bg2,k *Stann.* staph.bg2,k stront-c. sul-i. sulph.bg2,k,• thuj.bg2,k

Häufig: agar. aphis asar. cina daph. *Euphr.* hep. iod. lact. laur. lyc. *Puls.* ruta samb. *Seneg. Sep.* sil. *Stann.* sulph. verat.
– **nicht**
☞ *Selten*

Haus, im: calc-s.

Haut, wie abgestorbene: merc-c.a1,k

Heiß: aral.ptk1 asar.bg2 ictod.bg1 mosch.bg2 sil.bg2

Kalkartige Tuberkel: sars.

Kalt
☞ *Kühl*

Käse, wie: chin. fago.a1,k lyc. puls.a1,k sal-ac.a1,k sanic.bg2,k

Klebrig
☞ *Fadenziehend / Fäden / Zäh*

Klumpig: acon. agar.a1,k ail.a1,k aloe am-m.bg2,k arg-n.bg2,k,• *Arn.*bg2,k ars.bg2,k bamb-a.stb2 borx. bry.a1,k calad.bg2,k,• **Calc-s.**a1,k carb-ac.a1,k carb-v. cent. cetr. chel.a1,k cob.a1,k coc-c.a1,k coca colch.a1,k coll. dig.a1,k gink-b.sbd1 *Hep.*bg2,k indg. kali-ar. kali-bi.bg2,k,• *Kali-c.*h,k,• kreos.a1,k lac-d. lach.a1,k lyc.bg2,k,• *Mang.*hr1,k nat-ar. nat-m.a1,k osm.a1,k ox-ac. pall.c1 par.a1,k phos.bg2,k,• pimp.a1 puls. *Sel.* **Sil.**bg2,k,• sin-n.a1,k sol-t-ae.a1,k spong. sulph.bg2,k thuj. verat.a1,k wies.a1,k
– **morgens**: carb-ac.a1,k cob.a1,k lyc.a1,k mang.a1,k nat-ar.
  • **9** h: cob.
– **abends**: kreos.a1,k
– **Pfropfen** eines Furunkels; ein Klumpen wie der: menth.
– **rauchig** gefärbte, blutgestreifte Klumpen: kali-c.

Krümelig, bröckelig: ox-ac.a1,k

Krusten werden alle paar Wochen ausgehustet: ferr.

Kühl (= kalt): bry. calad. cann-s. *Cor-r.* lach. merc. nit-ac. nux-v. *Phos.* rhus-t. sacch. sin-a.bg1 sulph.

Kugelförmig: agar. *Arg-n.*a1,k *Coc-c.*a1,k croc.bg2 lyc.a1,k med. ph-ac.hr1,k,• *Sil.*a1,k squil.hr1,k **Stann.**a1,k sulph.a1,k
☞ *Granuliert / Kugeln*
– **agg.**: *Coc-c. Nux-v.*pd
– **eiweißartig**, klein: ph-ac.
  • **bitter**, grün: med.

Kugel und kommt schnell in den Mund; fühlt sich wie eine runde: syph.

Kugeln, kugelförmig; in: agar.$_{bg2,k,*}$ *Alumn.* calad.$_{bg2,k}$ chin-b. coc-c.$_{a1,k}$ sel. sil.$_{bg2,k}$ **Stann.**$_{bg2,k}$ thuj.$_{bg2,k}$
☞ *Granuliert / Kugelförmig*

Leberfarben: puls.$_{bg2,k,*}$

Leicht, einfach auszuwerfen: acon. ail. ant-t. **Arg-met.** arund. aur. bac.$_{c1}$ cimic. *Coc-c.* coloc. dig. dol. dulc. euphr. hep. iod. ip. kali-bi. kalm. kreos. lach. lact. mag-m. mang. meli. oena. plb. *Puls.* ruta sil. **Stann.** staph. sulph. tell. tub.$_{a1}$ verat.
☞ *Räuspern*

– **tagsüber**: ail.$_{a1,k}$ *Arg-met.* coc-c.$_{a1,k}$ dig.$_{a1,k}$ sil.$_{a1,k}$ staph.$_{a1,k}$

– **morgens**: ail.$_{a1}$ arund.$_{a1,k}$ mang.

– **abends**: *Arg-met.* dig. digin.$_{a1}$

– **nachts**: meli.

– **Bewegung**, bei: ip.$_{a1,k}$

– **Erwachen**, beim: meli.$_{a1,k}$

Leichter nach jedem Hustenstoß: aspar.
☞ *Seite*

Luft:

– **agg.**: chinin-s. cob. merc. nux-v.$_{a1,k}$ plan. sacch. sep.

– **Freien**; im: chinin-s. cob. *Lach.* merc. nux-v.$_{a1,k}$ *Sacch.* sep.

• **amel.**: arg-n. calc-s.$_{a1,k}$

• **Gehen**, beim: merc. nux-v. *Sacch.*

– **kalte** Luft: *Lach.* plan.$_{a1,k}$

• **amel.**: calc-s.$_{a1,k}$

• **Wind**; kalter: lycps-v.

Massen, in: ars.$_{bg2,k,*}$ coc-c.$_{a1,k}$ kali-n.$_{a1,k}$ sin-n.$_{a1,k}$

Meer; nach Baden im: mag-m.

Membranös: alum-sil.$_{k1}$ am-caust.$_{a1}$ *Brom.*$_{bg2,k}$ calc-act.$_{c1}$ chinin-s. hep.$_{bg2,k}$ iod.$_{bg2}$ ip.$_{tl1}$ *Kali-bi.*$_{bg2,k}$ kali-n.$_{h}$ *Merc-c.*$_{a1,k}$ **Spong.**$_{bg2,k}$

Milchig: am-c.$_{bg2,k}$ *Ars.*$_{bg2,k}$ aur. carb-v.$_{bg2,k}$ ferr.$_{bg2,k}$ **Kali-chl.** kali-m.$_{k2}$ phos. plb.$_{a1,k}$ puls.$_{bg2,k}$ *Sep.*$_{bg2,k}$ *Sil.*$_{bg2,k}$ *Sulph.*$_{bg2,k}$ zinc.$_{bg2,k,*}$

– **geronnen**: thuj.$_{ptk1}$

Mittagessen, nach dem: alumn.$_{a1,k}$

Ölig: petr.$_{a1,k}$

Pflaumensaft, wie: *Ars.*$_{bg2,k}$ carb-v.$_{gm1}$ dig.$_{bg2,c1,*}$ phos.$_{bg2}$

Phosphoreszierend: phos.$_{a1,k}$

Räuspern entfernt, ausgeräuspert; Schleim wird durch: agar. all-c. *Alum.* am-c. am-m. ant-c. *Ant-t.* aphis bism. calc. caps. carb-an. *Carb-v.* *Caust.* *Cham.* cina con. croc. crot-t. dros. **Euphr.**$_{a1,k}$ ferr-i. ferr-ma. hep. iod. *Kali-bi.* kali-c. lach. lam. laur. *Lyc.* meph. naja *Nat-m.* *Nux-v.* ol-an.$_{a1,k}$ osm. ox-ac. *Par.*$_{a1,k}$ petr. ph-ac. *Phos.* *Plat.* plb. rhod. rhus-t. **Rumx.** *Sel.* *Seneg.* *Sep.* *Sil.* *Stann.* sulph.$_{h}$ tarax. thuj.
☞ *Leicht, einfach*

– **morgens**: ant-t. *Nat-m.* *Sel.*

– **blutig**: am-c. cham. ferr. hyper. kali-n.

Räuspern entfernt; wird durch: ...

• **Wasser**: **Gels.**

Reichlich: acet-ac.$_{br1}$ agar. ail. alum.$_{bg2,k}$ alum-p.$_{k2}$ alum-sil.$_{k2}$ *Alumn.* am-c.$_{bg2,k}$ ambr.$_{k2}$ **Ammc.**$_{hr1,k,*}$ ant-c.$_{hr1,k}$ ant-t.$_{hr1,k,*}$ **Ars.**$_{hr1,k,*}$ ars-i.$_{k2}$ ars-s-f.$_{k2}$ asar.$_{bg2,k}$ aspar.$_{hr1,k,*}$ bar-m. *Bism.*$_{a1,k}$ bry.$_{bg2,k}$ **Cact.**$_{hr1,k}$ **Calc.**$_{hr1,k}$ calc-p. **Calc-s.**$_{a1,k}$ calc-sil.$_{k2}$ carb-ac. *Carb-v.*$_{hr1,k}$ carbn-s. *Caust.*$_{bg2,k}$ *Chel.*$_{hr1,k}$ *Chin.* chinin-ar. cic.$_{bg2,k}$ cina cob.$_{hr1,k,*}$ **Coc-c.**$_{hr1,k}$ cod.$_{hr1,k,*}$ cop.$_{hr1,k}$ cupr. cupr-n.$_{a1}$ cycl.$_{a1,k}$ daph.$_{hr1,k,*}$ dig.$_{a1,k}$ dios.$_{hr1,k,*}$ *Dros.*$_{bg2,k}$ *Dulc.*$_{hr1,k}$ eup-per.$_{a1,k}$ euph.$_{hr1,k,*}$ **Euphr.**$_{bg2,k,*}$ *Ferr.*$_{bg2,k,*}$ *Ferr-ar.* *Ferr-i.* ferr-p. gal-ac.$_{br1,c1}$ gast.$_{a1}$ graph.$_{bg2,k,*}$ guaj.$_{hr1,k}$ **Hep.**$_{hr1,k}$ hippoz.$_{hr1,k}$ hydr.$_{hr1,k}$ indg. inul.$_{br1}$ *Iod.* jab.$_{br1}$ kali-ar. *Kali-bi.*$_{bg2,k,*}$ *Kali-c.*$_{bg2,k,*}$ kali-i.$_{hr1,k}$ kali-sil.$_{k2}$ kreos.$_{hr1,k}$ lach.$_{hr1,k}$ *Laur.*$_{bg2,k,*}$ led.$_{bg2,k}$ lob. **Lyc.**$_{bg2,k,*}$ merc.$_{k2}$ merc-i-f.$_{hr1,k}$ merc-i-r.$_{a1,k}$ myric.$_{hr1,k}$ nat-s.$_{k2}$ oena.$_{hr1,k,*}$ ol-car.$_{xyz66}$ petr.$_{a1,k}$ *Ph-ac.*$_{hr1,k,*}$ **Phos.**$_{hr1,k,*}$ phyt.$_{hr1,k}$ plb.$_{hr1,k}$ psil.$_{ft1}$ *Psor.* **Puls.**$_{bg2,k}$ *Rumx.* ruta *Samb.* sanic. sel.$_{br1}$ *Senec.* *Seneg.*$_{hr1,k}$ **Sep.**$_{bg2,k,*}$ *Sil.*$_{bg2,k,*}$ *Squil.*$_{bg2,k}$ **Stann.**$_{bg2,k,*}$ stict. sul-ac.$_{a1,k}$ sul-i.$_{k2}$ *Sulph.*$_{bg2,k}$ ter. *Thuj.* trif-p.$_{a1,k}$ tril-p. *Uran-met.* verat. viol-o.$_{hr1,k}$ wies.$_{a1,k}$ zinc.$_{hr1,k}$ zing.$_{hr1,k}$

– **tagsüber**: cic. *Sil.*

– **morgens**: agar. *Alum.* arg-met.$_{bro1}$ calc. *Calc-s.*$_{a1,k}$ *Carb-v.* cob.$_{a1,k}$ *Coc-c.* dig.$_{a1,k}$ euph.$_{hr1,k,*}$ euphr.$_{hr1,k}$ kali-bi. *Ph-ac.* *Phos.* psor. sanic. squil. *Stann.*

• **9** h: cob.

– **abends**: *Carb-v.* graph.$_{a1,k}$

• **Hinlegen**, beim: graph.$_{a1,k}$

– **nachts**: carb-v. *Kali-bi.*

– **alten** Menschen, bei: *Ammc.* *Ant-t.* *Ars.* **Bar-c.** caust.$_{st}$ *Kreos.* senec.$_{c1}$

– **Bewegen**, beim: *Ferr.*$_{hr1,k}$

– **Husten**:

• **nach** jedem Hustenanfall: *Agar.* *Alumn.* *Anan.* *Arg-n.* **Coc-c.** kali-bi. stann.$_{c1}$ sulph.

– **Mahlzeiten**, nach: sanic.

– **Mund** voll; jedesmal den ganzen: **Euphr.** lyc. *Phos.* rumx.

– **Schnupfen**; mit: euphr.$_{k2}$

– **warmen** Zimmer, im: *Kali-c.*

Rost, wie: *Acon.*$_{bg2,k,*}$ arn. *Ars.* atro.$_{a1,k}$ **Bry.**$_{bg2,k}$ canth.$_{k2}$ **Lyc.** *Phos.*$_{bg2,k}$ pyrog. *Rhus-t.*$_{bg2,k}$ *Sang.*$_{bg2,k}$ *Squil.*$_{bg2,k}$
☞ *Ziegelfarben*

Rötlich
☞ *Blutig*

Sahneartig, gelblich-weiß: ambr.

Scharf: *Alum.*$_{bg2,k}$ alum-sil.$_{k2}$ am-c.$_{bg2,k}$ *Am-m.*$_{bg2,k}$ anac.$_{bg2,k}$ *Ars.*$_{bg2,k}$ asaf.$_{bg2}$ aur.$_{bg2}$ bell.$_{bg2}$ carb-v.$_{bg2,k}$ *Caust.*$_{bg2,k}$ cham.$_{bg2,k}$ coc-c. con.$_{bg2,k}$ ferr.$_{bg2,k}$ fl-ac.$_{bg2}$ ign.$_{bg2,k}$ iod.$_{bg2,k}$ kreos.$_{bg2,k}$ lach.$_{bg2,k}$ laur.$_{bg2}$ lyc.$_{bg2,k}$ mag-m.$_{bg2,k}$ *Merc.*$_{bg2,k}$ mez.$_{bg2,k}$ nat-c.$_{bg2}$ nat-m.$_{bg2,k}$ nit-ac.$_{bg2,k}$ nux-v.$_{bg2,k}$ phos.$_{bg2,k}$ *Puls.*$_{bg2,k}$ rhus-t.$_{bg2,k}$ sep.$_{bg2,k}$ *Sil.*$_{bg2,k}$

Scharf: ...
spig.bg2,k squil.bg2,k staph.bg2 sul-ac.bg2,k sulph.bg2,k thuj.bg2 verat.bg2

Schaumig: *Acon.*bg2,k,* alet. all-c.a1,k am-c. *Ant-i.*c1 ant-t.bg2,k,* *Apis* aq-pet.a1 aral. arg-n. *Arn.* **Ars.**bg2,k ars-s-f.k2 asc-t. atro.a1,k bamb-a.stb2 bufo calc. canth.a1,k cench. chlor.a1,k clem.a1 cob.a1,k cot.a1 cub.a1,k daph. dios.a1,k dros. eucal. *Ferr.*bg2,k,* ferr-p.bg2,k fl-ac. gad.a1 gast.a1 hep.bg2,k hura hydrog.srj2 iber.bg1 *Kali-i.*bg2,k kali-p. lach.bg2,k led. linu-c.a1 mill.a1,k nat-m.bg2,k,* nux-v.bg2,k oena.a1,k op.bg2,k,* paull.a1,k petr.bg2,k,* *Phos.*bg2,k plb.bg2,k *Puls.*bg2,k rumx. sec.bg2,k sil.bg2,k stict. stram.a1,k sulph.bg2,k,* ter. thuj.a1,k uran-met. urt-u.a1,k zinc. zinc-p.k2
☞ *Seifenflocken*
– **morgens**: cub.a1,k dios.a1,k sulph.a1,k thuj.a1,k
• **8** h: dios.
• **9** h: cub.
– **Blut** und Schleim; enthält: op.
– **Fäden** wie dünner Zwirn; enthält: croc.br1

Schieferfarben: kali-bi. nat-ar.

Schlammartiger Eiter, fliegt wie Teig heraus: phos.hr1,k

Schleimig: acon.bg2,k,* aesc.a1,k aeth.a1,k agar.bg2,k,* agn.bg2,k *All-c.*a1,k all-s.a1,k aloe alum.h,k,* alum-p.k2 *Alumn.*a1,k am-c.bg2,k *Am-m.*bg2,k,* *Ambr.*bg2,k,* *Ammc.* anac.bg2,k ang.bg2,k,* *Ant-c.*bg2,k,* *Ant-i.*c1 *Ant-t.*bg2,k aral.a1,k aran.a1,k **Arg-met.** **Arg-n.**a1,k arn.bg2,k,* **Ars.**bg2,k ars-i.k2 ars-s-f.k2 *Arum-t.* asar.bg2,k aspar.a1,k atro.a1,k aur.bg2,k aur-ar.k2 aur-i.k2 bad.hr1,k,* bapt.a1 **Bar-c.**bg2,k bar-i.k2 **Bar-m.** bar-s.k2 bell.bg2,k,* benz-ac.a1,k bism.bg2,k *Borx.* bov.bg2,k **Bry.**bg2,k,* bufo *Cact.* calad.a1,k **Calc.**bg2,k,* calc-i.k2 *Calc-s.*a1,k cann-s.bg2,k *Canth.*bg2,k *Caps.*bg2,k carb-ac. carb-an.bg2,k,* *Carb-v.*bg2,k carbn-s. carl.a1 **Caust.**bg2,k,* cham.bg2,k chel.a1,k **Chin.**bg2,k,* **Chinin-ar.** chinin-s. cimic. cimx.a1,k *Cina* cob.a1,k **Coc-c.**a1,k coca cocc.bg2,k cod. con. cop. corn. croc.bg2,k crot-t.a1,k cub.a1,k cupr.bg2,k cycl.a1,k der.a1,k dig.bg2,k,* *Dirc.*a1,k dor.a1,k **Dros.**bg2,k,* **Dulc.**bg2,k,* erig. erio.a1 ery-a.a1,k eug. **Euphr.**bg2,k eupi.a1,k ferr.bg2,k,* ferr-ar. ferr-i. ferr-p. fl-ac.a1,k franz.a1 gamb. gast.a1 *Graph.*bg2,k,* guaj.a1,k ham.a1,k **Hep.**bg2,k,* hipp.a1,k hydr.a1,k hydr-ac.a1,k hydrog.srj2 hyos.bg2,k,* hyper.a1,k iber.a1,k ign.bg2,k indg.a1,k *Iod.*bg2,k,* ip.bg2,k,* iris kali-ar. **Kali-bi.**bg2,k,* *Kali-c.*h,k,* *Kali-chl.* *Kali-i.*a1,k kali-m.k2 kali-n.bg2,k,* kali-p. *Kali-s.* kali-sil.k2 kiss.a1 kreos.bg2,k,* lac-ac.a1,k lac-d. **Lach.**bg2,k,* lact. laur. linu-c.a1 **Lob.** *Lob-s.*a1,k **Lyc.**bg2,k,* mag-c.bg2,k,* mag-m.bg2,k,* mag-s.a1,k *Mang.*bg2,k,* *Med.* merc.bg2,k,* merc-c.a1,k mez.bg2,k,* mur-ac.bg2,k,* naja nat-ar. *Nat-c.*bg2,k,* **Nat-m.**bg2,k,* nat-p. *Nat-s.*a1,k nicc.a1,k **Nit-ac.**h,k,* nux-m.bg2,k,* *Nux-v.*bg2,k,* oena.a1,k ol-an.a1 ol-j.a1,k olnd.bg2,k op.bg2,k,* osm.a1,k ox-ac. **Par.**bg2,k,* *Petr.*a1,k *Ph-ac.*bg2,k,* phel. **Phos.**bg2,k,* phys.a1,k pimp.a1 plan.a1,k plb.bg2,k **Psor.** **Puls.**bg2,k raph.a1,k rat.a1,k rein.a1 rheum rhod.bg2,k,* rhus-r. *Rhus-t.*bg2,k

Schleimig: ...
rumx. ruta sabad.bg2,k,* sabin.bg2,k samb.bg2,k **Sang.**a1,k sec.bg2,k,* sedi.a1 sel.bg2,k,* *Senec.* *Seneg.*bg2,k,* *Sep.*h,k,* **Sil.**bg2,k,* sin-n.a1,k spig.bg2,k,* *Spong.*bg2,k,* **Squil.**bg2,k,* **Stann.**bg2,k,* *Staph.*bg2,k stict. stram.a1 sul-ac.bg2,k,* sul-i.k2 sulph.bg2,k,* syph.k2 tab.a1,k tarax.bg2,k tep.a1 ter. *Thuj.*bg2,k,* trif-p.a1 upa.a1 uran-met. ust.a1,k verat.bg2,k,* vinc. wies.a1 xan.a1,k *Zinc.*bg2,k,* zinc-p.k2
– **tagsüber**: *Ars.* calc-s.a1,k *Caust.* mag-s.a1,k *Spig.*a1,k
– **morgens**: *Agar.*a1,k *All-c.*a1 *All-s.* alum.a1,h *Alumn.* am-c.h am-m.a1,k ant-c.a1,k *Ant-t.* aral.a1,k aran.a1,k bell.a1,k borx. *Calc.*a1,k chel. cimx.a1,k dig.a1,k fl-ac.a1,k franz.a1 hipp.a1,k ip.a1,k *Kali-i.*a1,k lyc.a1,k *Mang.*a1,k mur-ac.a1,k nat-m.a1,k ol-j.a1,k ph-ac.h *Phos.*a1,k puls. rein.a1 sel.a1,k sil.a1,k *Stann.* sul-ac.h **Sulph.**a1,k tab.a1,k thuj.a1,k vichy-g.a1
• **8** - 9 h: sil.
• **8.30** h: spong.
• **9** h: cob. phyt.
• **Aufstehen**, nach dem: chinin-s. iod.h mag-m.a1,k sulph.a1,k
• **Bett**, im: ferr.a1,k
• **Erwachen**, nach dem: sulph.a1,k thuj.a1,k
– **vormittags**: calc-s.a1,k chinin-s. coc-c.a1,k iris lyc.a1,k **Stann.** sulph.a1,k zinc.a1,k
• **10** h: iris
– **nachmittags**: am-m.a1,k *Bad.*a1,k caust.a1,k hydr.a1,k hydr-ac.a1 mag-c.a1,k
• **17** h: caust. hydr. mag-c.
– **abends**: agn. all-c.a1,k *Calc.*a1,k chinin-s. crot-t.a1,k dig.c1 hydr. hydr-ac.a1 naja nat-m.a1,k sulph.a1,k
– **nachts**: agar.a1,k bell. calc.a1,k cycl.a1,k hep. kali-c.h op.a1,k phos.a1,k sep.h,k,* sil.a1,k sulph.a1,k
• **2** h, nach: phos.
• **3** h: op.
– **alten** Menschen; bei: *Ammc.*
– **blutig**: *Acon.*bg2,k ail. alum.h,k,* alum-p.k2 **Am-c.**bg2,k anac. ant-t. *Apis* *Arg-n.* **Arn.**bg2,k **Ars.**bg2,k ars-i.k2 aur-m.bg2 bell.bg2,k bism.bg2,k *Borx.* *Bry.*bg2,k cact. *Calc.* *Calc-s.* card-m. chin.bg2,k cina cob. coll. con.bg2,k cupr. daph. dig.br1,k *Dros.*bg2,k *Dulc.* eug. euphr.bg2,k **Ferr.**bg2,k ferr-i. fl-ac.bg2,k **Gels.** hep. iod.bg2,k **Ip.**bg2,k kali-ar. *Kali-bi.*bg2,k kali-c. kali-n.h *Lach.* lachn. **Laur.**bg2,k lyc. mag-m. manc. med. *Merc.* *Merc-c.*bg2,k *Nat-m.* nit-ac.k2 nux-m.bg2,k ol-j. op.bg2,k **Phos.**bg2,k sabin.bg2,k **Sec.**bg2,k sel.bg2,k senec. sil.bg2,k spong.bg2,k squil. stict. sul-ac.bg2,k zinc.bg2,k
– **gelb**: dig.c1
• **abends**: dig.c1
– **Wetter**:
• **kaltem** Wetter, bei: *Ammc.*

Schlucken, was sich abgelöst hat; muß: ambr. *Arn.* calad. *Cann-s.* **Caust.**k,kl2● chr-ac. coca **Con.** dig. dros. eug. gels. iod. *Kali-c.* **Kali-s.** lach. lyc. mur-ac. *Nux-m.* osm. pall.c1 rumx. seneg. *Sep.* *Spong.*k,kl2● *Staph.* zinc. zing.

Schlüpft wieder zurück: **Caust.**ptk1 **Con.**ptk1 *Kali-s.*ptk1 sang.ptk1 seneg.ptk1

Schmerzhaft: ars.a1,k cub. elaps merc-c.a1,k psil.ft1
– **Herzen**, wie vom: elaps

Schmutzig aussehend: calc. nit-ac.k2

Schwärzlich: arn.a1,k aster. bell.a1,k *Chin.*bg2,k cur. *Elaps* hydr-ac.a1,k *Kali-bi.*bg2,k,* led.h lyc.h,k,* *Nux-v.*bg2,k ox-ac. puls.a1,k rhus-t.h,k,*
– **gelb**: hydr-ac.a1,k
– **Klumpen** in der Mitte: arn. ox-ac.
– **Körnchen**; mit schwärzlichen: chin.

Schwierig: agn. ail.a1,k *All-s.*a1,k alum.hr1,k alum-p.k2 alumn.k2 am-c.k2 ambr.bg2,k *Ammc.* ang.bg2,k *Ant-t.*hbh,k2 apis aq-pet.a1 aral. *Arn.*bg2,k *Ars.*bg2,k ars-i.k2 arum-t. arund.a1,k asc-t.a1,k aspar.a1,k atro.a1,k aur.bg2,k aur-i.k2 aur-s.k2 *Bar-c.*bg2,k bar-i.k2 bar-s.k2 borx. *Bov.*bg2,k *Brom.* bry.bg2,k *Calc.* calc-p.k2 camph.bg2,k cann-s.bg2,k canth.bg2,k,* carb-an.h **Caust.**bg2,k,* cham.bg2,k *Chel.*bg2,k,* chin.a1,k chinin-ar. chinin-s. chlor.a1,k cina *Coc-c.* coca con.bg2,k cop.a1,k cor-r. crot-h. crot-t.a1 cub. *Cupr.*bg2,k der.a1,k dig.bg2,k digin.a1 dros.bg2,k *Dulc.* euphr.bg2,k ferr. ferr-ar. ferr-i. ferr-p. *Hep.* hydrc.a1,k hydrog.srj2 hyos.bg2,k ign.bg2,k,* *Iod.*bg2,k **Ip.** jatr-c. kali-ar. *Kali-bi.*bg2,k *Kali-c.*bg2,k *Kali-s.* kreos. *Lach.*bg2,k,* limest-b.es1 lob. lyc.a1,k mag-c.bg2,k,* mag-m.bg2,k *Mang.*hr1,k med.k,k2 mosch.k2 nat-ar. *Nit-ac.* nux-m.bg2,k nux-v.bg2,k oena.a1,k op. osm. ox-ac.a1,k par.bg2,k paull.a1 *Phos.*bg2,k,* plan.a1,k plb.bg2,k psil.ft1 *Psor.*bg2,k **Puls.**bg2,k,* rat.a1,k *Rumx.* sapin.a1 **Seneg.** sep.bg2,k spong.k2 *Squil.*bg2,k staph.bg2,k stram. sul-ac.bg2,k sul-i.k2 sulph.bg2,k tarent.a1,k tub-r.jl vichy-g.a1 zinc.bg2,k zinc-p.k2
– **nachmittags**: chin.a1,k chinin-s.
  • **2** h: chinin-s.
– **alten** Menschen, bei: *Ammc.*
– **klebt** am inneren Hals, an den Zähnen und Lippen fest: **Kali-bi.**
– **schlucken**, muß
  ☞ *Schlucken*
– **schwach**, um ihn auszuwerfen; zu: caps.ptk1
– **Zunge** heraufbringen, von wo es abgewischt werden muß; kann das Sputum nur bis zur: apis

Schwimmt auf dem Wasser: calc.bg1

Seifenartig: arg-n.a1,k ph-ac.a1,k

Seifenflocken, wie: kali-i. kali-p. mez.kh
☞ *Schaumig*

Seite; wird leichter nach dem Drehen von der linken auf die rechte: ars. kali-c. lyc. *Phos. Rumx. Sep. Thuj.*
☞ *Leichter*

Selten: acon.bg2,k alum.bg2,k arn.bg2,k bell.bg2,k caps. ign.bg2,k

Sirup, wie: carb-an.

Spärlich: acon.bg2,k ail.a1,k alumn.hr1,k,* ant-t.k2 apis apoc. ars.bg2,k,* aur-s.k2 bar-s.k2 brom.a1,k calc-s.a1,k cham.bg2,k clem.a1,k cot.a1 cupr.bg2,k,* dig.bg2,k ery-a.a1,k *Ferr.*a1,k ferr-p. ign.br1 kali-bi.a1,k lach.a1,k

Spärlich: ...
lipp.a1 lyc.a1,k *Mang.*hr1 mez.h op.a1,k paeon.a1,k **Phos.**a1,k phyt.a1,k *Puls.*a1,k rumx. samb.bg2,k sang.bg2,k sep.h,k,* sil. spong.bg2,k **Stann.**a1,k stict. tarent.a1,k tub-r.jl

Speichel, wie: ars. astac.a1,k eug. med. merc. mez. thuj.a1,k

Ständig, fast den ganzen Tag und Abend: *Arg-met.* **Squil.**

Stärke, wie: *Agar.*a1,k *Arg-met.* arn.bg2 ars.bg2 bar-c.bg2,k,* cact.a1,k chin.bg2 coca dig.bg2,k ferr.bg2 laur.bg2,k nat-ar. *Phyt. Sel.* seneg.bg2 sil.bg2 sulph.

Staub vermischt; wie mit: ambr.bg2 kreos.bg2 nux-v.bg2 phos.bg2,k,*

Stücken, in: alum.h,k,* nit-ac. rhus-t. sep.

Teig; fliegt aus dem Mund und zerbricht wie: phos.hr1,k

Teigig: kali-bi.a1,k

Trinken amel.: am-c.

Tuberkel: hep. mag-c. *Phos. Sil. Spong.*
– **braun**: phos.
– **übelriechend**: mag-c. phos. sil.

Undurchsichtig: aq-pet.a1 chinin-s. **Kali-chl.**

Unmöglich
☞ *Schlucken*

Verbrannt aus; wenn er auf dem Fußboden eingetrocknet ist, sieht er wie: *Phos.*

Viel
☞ *Reichlich*

Wäßrig: acon. acon-l.a1 agar.bg2,k am-c.bg2,k am-m.bg2,k ang.bg2,k,* aq-pet.a1 arg-met. *Ars.*bg2,k bell. bov.bg2,k calc.bg2 canth.k2 caps.bg2 carb-an.bg2,k *Carb-v.*bg2,k cham.bg2,k chin.bg2,k cupr.bg2 *Daph.* euphr.bg2,k ferr.bg2,k *Graph.*bg2,k guaj.bg2,k hydrog.srj2 ign.bg2 jac-c.a1,k *Kali-s.* *Lach.*bg2,k,* lyc.bg2,k,* *Mag-c.*bg2,k mag-m.bg2,k *Merc.*bg2,k mez.bg2,k mur-ac.bg2,k nat-c. nat-m.a1,bg2 nit-ac.k2 nux-v.bg2,k op.a1,k par.bg2 phos.a1,k phys.a1,k plb.bg2,k puls.bg2,k ran-s.bg2,k rumx. sacch. sep.bg2,k squil.bg2,k *Stann.*bg2,k sul-ac.bg2,k sulph.bg2,k thuj.a1,k tub.c1
☞ *Dünn*

Weiß: *Acon.*bg2,k,* *Agar.*a1,k ail.a1,k alum. alum-p.k2 alum-sil.k2 *Alumn.* *Am-br.* am-c. am-m.bg2,k ambr.bg2,k *Ant-i.*c1 ant-t.a1,k *Apis* apoc. *Arg-met.* arn. *Ars.* arund.a1,k aur-m.bg2,k bamb-a.stb2 bar-c. *Borx.* bov. brom.k2 *Calc.* calc-s.a1,k calc-sil.k2 caps.a1,k carb-ac. carb-an.bg2,k,* *Carb-v.*bg2,k,* *Caust.* cench. chin.bg2,k chinin-ar. chinin-s. chlor.a1,k cina cob. *Coc-c.*a1,k crot-t.a1,k cupr.bg2,k cur. dulc. erio.a1 eucal. ferr.bg2,k,* ferr-ar. ferr-i. ferr-p. fl-ac. gad.a1 graph.k2 hydrog.srj2 hyper. iber.a1 *Iod.* ip. *Kali-bi.*bg2,k **Kali-chl.** kali-i.a1,k kali-m.k2 kali-p. kali-s.k2 *Kreos.*bg2,k,* *Lac-c.* laur.bg2,k **Lyc.**bg2,k,* manc.a1,k *Med.* merc-i-r.a1,k mez. **Nat-m.** nat-s.k2 nicc. oena.a1,k ol-j.a1,k onos.

Weiß: ...
ox-ac. par.$_{bg2,k}$ petr. ph-ac.$_{bg2,k}$ **Phos.**$_{bg2,k}$ phys.$_{a1,k}$ plumbg.$_{a1}$ *Puls.*$_{bg2,k}$ puls-n. raph.$_{a1,k}$ rhus-t.$_{h,k,*}$ rumx.$_{k2}$ sacch. sang. *Sel.*$_{a1,k}$ senec.$_{a1,k}$ **Seneg.**$_{a1,k}$ **Sep.**$_{h,k,*}$ sil.$_{bg2,k,*}$ *Spong.*$_{bg2,k}$ *Squil.*$_{bg2,k}$ *Stann.* stront-c. *Sulph.*$_{bg2,k,*}$ syph. tarent.$_{a1,k}$ tell.$_{a1,k}$ thuj.$_{a1,k}$

– **tagsüber**: *Arg-met. Stann.*

– **morgens**: *Agar. Alumn.* carb-v.$_{a1,k}$ **Kali-bi.** *Nat-m. Phos.* puls. *Sulph.*$_{a1,k}$

– **abends**: *Arg-met. Arg-n.* calc-s.$_{a1,k}$ crot-t.$_{a1,k}$

– **nachts**: sep.$_{h}$

– **blau** und weiß; abwechselnd
☞ *Bläulich - abwechselnd mit - weißem*

– **eiweißartig**: *Agar.* alum. **Alumn.** am-c. am-m.$_{bg2,k}$ ant-t. *Apis* **Arg-met.** arn.$_{bg2,k}$ *Ars.*$_{bg2,k}$ asaf. *Bar-c.*$_{bg2,k}$ borx. bov.$_{bg2,k}$ bry. calc-s. *Caust.* chin.$_{bg2,k}$ **Coc-c.**$_{bg2,k,*}$ cur. *Ferr.*$_{bg2,k}$ hydrog.$_{srj2}$ ip. *Kali-bi.*$_{bg2,k}$ *Laur.*$_{bg2,k}$ *Med. Mez.*$_{bg2,k}$ **Nat-m.** *Nat-s.* petr.$_{bg2,k}$ *Ph-ac.* **Phos.** *Sel.* **Seneg.**$_{bg2,k}$ *Sil.*$_{bg2,k}$ *Stann.*$_{bg2,k}$ sulph.$_{a1,k}$

– **Essen**, nach dem: sil.

– **undurchsichtig**: **Kali-chl.**

– **zäh**: **Anis.**$_{c1}$

Wenig
☞ *Spärlich*

Wind; kalter
☞ *Luft - kalte - Wind*

Wundfressend: iod.

Zäh: acet-ac.$_{a1,k}$ acon.$_{bg2,k}$ *Agar.* agn.$_{bg2,k}$ ail.$_{a1,k}$ *All-c.* all-s. aloe alum.$_{h,k,*}$ alum-p.$_{k2}$ alum-sil.$_{k2}$ **Alumn.** *Am-br.* am-m.$_{bg2,k}$ *Ambr.* anac.$_{a1,k}$ ant-c.$_{bg2,k}$ ant-t.$_{bg2,k}$ aq-pet.$_{a1}$ **Arg-met.** **Arg-n.** *Ars.*$_{bg2,k,*}$ ars-i. ars-s-f.$_{k2}$ arum-i.$_{a1}$ asaf.$_{bg2}$ asar. aspar.$_{a1,k}$ aur. *Bad.*$_{hr1,k,*}$ *Bar-c.*$_{bg2,k}$ bar-i.$_{k2}$ bar-s.$_{k2}$ bell.$_{bg2,k}$ borx. *Bov.*$_{bg2,k}$ *Bry.*$_{bg2,k}$ bufo *Cact.* *Calc.*$_{bg2,k}$ calc-i.$_{k2}$ calc-s. calc-sil.$_{k2}$ *Cann-s.*$_{bg2,k}$ canth.$_{bg2,k}$ carb-ac. *Carb-v.*$_{bg2,k,*}$ *Carbn-s.* *Caust.*$_{bg2,k}$ *Cham.*$_{bg2,k}$ chin.$_{bg2,k}$ chinin-ar. cimic. cob. **Coc-c.**$_{bg2,k,*}$ coca cocc.$_{bg2}$ colch.$_{bg2,k}$ crot-t.$_{a1}$ *Cupr.* dig.$_{bg2,k,*}$ *Dulc.*$_{bg2,k}$ euphr.$_{bg2,k}$ ferr.$_{bg2,k}$ ferr-ar. *Ferr-i.* ferr-p. graph.$_{bg2,k}$ grin. hell. **Hep.** **Hydr.** hyper.$_{a1,k}$ iber. indg.$_{a1,k}$ *Iod.*$_{bg2,k}$ jug-c. kali-ar. **Kali-bi.**$_{bg2,k,*}$ *Kali-c.*$_{bg2,k}$ kali-n.$_{a1}$ kali-p. kali-s. kali-sil.$_{k2}$ kreos. lac-ac.$_{a1,k}$ *Lac-c.* lach.$_{a1,k}$ lepi.$_{a1}$ lyc.$_{a1,k}$ mag-c.$_{bg2,k,*}$ mag-m.$_{bg2,k,*}$ *Mang.*$_{hr1,k}$ med. merc. *Merc-c.* merc-sul.$_{a1,k}$ *Mez.*$_{bg2,k,*}$ naja *Nat-ar.* nat-c.$_{bg2,k,*}$ nat-m.$_{bg2,k,*}$ nat-p. nat-s.$_{k2}$ *Nit-ac.* *Nux-v.*$_{bg2,k}$ oena. ol-j.$_{bg2}$ *Olnd.* onos. op.$_{a1,k}$ osm.$_{bg2}$ *Paeon.*$_{a1,k}$ *Par.*$_{bg2,k,*}$ petr.$_{bg2,k}$ ph-ac.$_{bg2,k}$ **Phos.**$_{bg2,k,*}$ *Phyt.*$_{bg2,k}$ plb.$_{bg2,k}$ psil.$_{ft1}$ *Psor.* **Puls.**$_{bg2,k}$ *Pyrog.* raph.$_{a1}$ rhus-t.$_{h,k,*}$ *Rumx.* ruta sabad.$_{bg2,k}$ sabin.$_{bg2,k}$ **Samb.**$_{bg2,k}$ sang.$_{a1,k}$ sec.$_{a1,k}$ **Seneg.**$_{bg2,k,*}$ *Sep.*$_{h,k,*}$ *Sil.*$_{bg2,k}$ spig.$_{bg2,k}$ *Spong.*$_{bg2,k}$ squil.$_{bg2,k}$ **Stann.**$_{bg2,k}$ *Staph.*$_{bg2,k}$ sul-ac.$_{a1,k}$ sul-i.$_{k2}$ sulph.$_{bg2,k}$ tep. thuj.$_{a1,k}$ tub.$_{c1}$ ust. verat.$_{bg2,k}$ wies.$_{a1,k}$ *Zinc.*$_{bg2,k}$ zinc-p.$_{k2}$
☞ *Fadenziehend / Fest / Fäden / Gallertartig*

Ziegelfarben: bry. *Phos.* rhus-t.
☞ *Rost*

Zitronenfarben
☞ *Gelb - zitronenfarben*

Abmagerung: calc-p.k2 kali-i.a1,k petr.k2,ptk1 phos.k2 senec.bg1 sulph.k2
○ **Mammae**: ars-i.ptk1 cench.k2 **Coff.** *Con.*k2 iod.k2 lac-d.k2 nat-m.k2,ptk1 *Nux-m.* *Onos.*c1,st sec.k2
 ○ **eine** kleiner als die andere: **Sabal**vh
– **Schlüsselbeine**, in der Gegend der: *Lyc.* *Nat-m.*

Absonderung aus den Brustwarzen: med.c1 phel. phos. phyt.
– **Baden**; beim: kali-cy.gm1
– **Blut**: kali-cy.gm1
 • **Stillen**; reines Blut bei jedem: **Sil.**hr1
– **blutiges** Wasser: kali-cy.gm1 *Lyc.* *Phyt.*
– **dunkelbraun**: kali-cy.gm1
– **gummiartig**:
 • **trocknet** an der Öffnung, wird sie abgezupft blutet die Brustwarze reichlich: med.c1

Abszeß:
○ **Achselhöhle**: am-c. *Apis* ars. bell. bov.bg2 bufo cadm-s. *Calc.*hr1,k calc-s. calc-sil.k13,k2 cedr. coloc.hr1,k *Crot-h.*hr1,k **Hep.**hr1,k,* irid-met.c2 kali-bi.hr1,k kali-c. kali-p.k2 kali-sil.k2 lac-c. *Lyc.*bg1,bg2 **Merc.**hr1,k *Merc-i-r.*hr1,k nat-m. *Nat-s.*hr1,k **Nit-ac.**hr1,k petr. ph-ac.bg2,k,* prun.bg2,k **Rhus-t.**bg2,k,* *Sep.*bg2,k,* **Sil.**hr1,k *Sulph.* thuj.
 • **Entbindung**, nach der: rhus-t.ptk1
– **Brustwarzen**: castor-eq. cham. *Merc.* *Sil.*
– **Lungen**: **Calc.**hr1,k calc-sil.k13,k2 *Crot-h.*hr1,k **Hep.**hr1,k *Hippoz.*hr1,k *Kali-c.* kali-n. kali-p. kali-sil.k2 *Lach.*hr1,k *Led.*hr1,k *Lyc.*hr1,k *Mang.*hr1,k *Merc.*hr1,k **Phos.**hr1,k *Plb.*hr1,k *Psor.*hr1,k *Puls.*hr1,k pyrog.k2 sep.hr1,k **Sil.**hr1,k sul-ac. *Sulph.*hr1,k *Tub.*
 • **links**: *Calc.*hr1,k
– **Mammae**: apis *Arn.*hr1 ars.bg2 *Bell.*bg2,k *Bry.*hr1,k bufo *Camph.*hr1,k *Cist.*hr1,k con.k2 *Crot-h.*hr1,k graph.hr1,k **Hep.**bg2,k,* kali-chl.hr1 kreos. *Lach.* **Merc.**bg2,k,* paeon.gm1 **Phos.**bg2,k,* **Phyt.**bg2,k,* sars.hr1,k **Sil.**bg2,k,* **Sulph.**hr1,k tarent-c.
 • **drohend**, bei alten Narben: **Graph.**hr1,k **Phyt.**
 ☞ *❑ Haut - Narben*
– **Musculus** pectoralis major und minor; Gefühl eines Abszesses zwischen: med.c1

Abwechselnd mit:
– **Augen**; Beschwerden der: ars.
– **Diarrhoe** und Bronchitis: *Seneg.*
– **Haut**; Beschwerden der: crot-h.
– **Rektums**; Beschwerden des: calc-p. **Sil.** verat.

Agalaktie
☞ *Milch - abwesend / Milch - vermindert*

Ameisenlaufen: acon. agar.k2 alum. am-m. ars. arund. cadm-s. cain. *Carl.* chin. coloc. cycl.a1,k guaj. mag-m. nux-v.bg1 *Ran-s.* *Seneg.* *Sep.* spig.bg1 thuj.h urt-u.
– **Eintreten** ins Haus; beim: phos.
– **warm**:
 • **Speisen**, warme: *Mez.*
 • **Zimmer**, im warmen: *Mez.*
○ **Achselhöhle**, in der: berb. cocc.h con.
– **Brustbein**: *Ran-s.*

Ameisenlaufen: ...
– **Herzgegend**: spig.h
– **Mammae**, in den: calc. con. mang. ran-s.
– **Rippenmuskeln**, links: dros.h
– **Schlüsselbeingegend**: alum. arund. mez.
– **Seite**, linke: am-m.h spong.h

Andrang von Blut
☞ *Blutandrang / Blutwallungen / Hitze - Hitzewallungen*

Aneurysma:
○ **Arterien**, der großen: *Bar-c.* *Calc.* carb-v. *Lyc.* lycps-v. ran-s. *Spong.*
– **Herz**: **Cact.** carb-an.c1 *Carb-v.*

Angina pectoris: acet-ac.hr1,k *Acon.*hr1,k *Agar.*hr1 **Am-c.**hr1,k *Aml-ns.*c2,k anac.hr1,k ang.hr1,k **Apis** arg-cy.c2,gm1 **Arg-n.** **Arn.**hr1,k **Ars.**hr1,k asaf.hr1 asar.j5 *Asim.*c2 **Aur.**hr1,k,* **Aur-m.**hr1,k,* *Bar-m.*hr1 bell.j5 bism.c2 **Cact.**hr1,k,* calc-hp.c2 camph.c2 *Carb-v.*c2 caust.hr1,k *Chel.*hr1,k chim-m.c2 chin.j5 **Chinin-ar.**c2,k *Chinin-s.*c2,k chlol.c1,c2 chr-ac.hr1,k chr-o.c2 *Cimic.*hr1,k,* cocac2,k conv.br1 crat.br1,c1,* crot-h.hr1 crot-t.hr1 *Cupr.*hr1,k,* cupr-act.c2 *Cupr-ar.*hr1,k *Dig.*hr1,k,* *Dios.*hr1,k,* gels.hr1 glon.c2,hr1 haem.c2 *Hep.*hr1,k,* *Hydr-ac.*c2 ign.hr1 iod.j5 ip.hr1,k *Jug-c.*hr1,k,* *Kali-c.*hr1,k kali-p. *Kalm.*hr1,k,* *Lach.*hr1,k lact.hr1,k lact-v.c1,c2 **Lat-m.**c2,k *Laur.*hr1,k lil-t.br1,c2 *Lith-c.*c2 lob.c2 *Lyc.*hr1,k,* *Mag-p.*hr1,k magn-gr.c2 **Med.**vh merc.j5 *Mosch.*hr1,k,* **Naja**c2,k nat-ns.c2 nit-s-d.bro1 *Nux-v.*hr1,k **Ox-ac.**hr1,k,* petr.hr1,k,* **Phos.**hr1,k phyt.hr1,k,* plb.hr1 psor.hr1 **Rhus-t.** sacch-l.c2 *Samb.*hr1,k,* samb-c.c2 scol.c2 sep.hr1,k **Spig.**hr1,k,* spir-aeth-c.br1 **Spong.**hr1,k,* squil.c2 stict.c1,c2 *Stram.*hr1,k stront-c.c2 *Syph.*hr1 *Tab.*hr1,k,* *Tarent.*hr1,k,* *Ther.*c2,k thuj.c2 thyr.c2 *Verat.*hr1,k,* verb.hr1 vib.hr1 wies.c2 *Zinc.*hr1 zinc-val.c2
– **nachts** agg.: arg-n.br1
– **Schmerz** im linken Ellbogen; mit: arn.br1
– **Stehen** amel.: ars.h
– **Trinken** von Wasser agg.: ars.h

Angst in der Brust: **Acon.**bg2,k,* acon-f.a1,k aeth.bg2,k,* agar.hr1,k,* am-c. ammc.a1 anac.bg2,k,* anag.hr1 androc.srj1 *Ant-c.* ant-t.bg2 **Apis**bg2 aran.hr1 arg-n.a1,k arn.bg2,k,* **Ars.**hr1,k,* *Ars-i.* ars-s-f.k2 asaf.bg2,k astac.a1,hr1 aster.a1,k **Aur.** aur-ar.k2 *Aur-m.*hr1,k aur-s.k2 bamb-a.stb2 bell. benz-ac.hr1 borx. brom.a1,k *Bry.*bg2,k,* *Cact.*bg2,k,* **Calc.**bg2,k,* calc-i.k2 calc-p.bg2 **Camph.**bg2 cann-i.a1,k cann-s.bg2,k,* canth. caps.bg2,k,* carb-an.a1,k *Carb-v.*bg2,k,* carbn-s. caust.hr1,k,* *Cench.* *Chel.*bg2,k,* chin.bg2,k,* chinin-ar. cinnm.hr1,k cocc.bg2,k *Colch.*bg2,k,* con. cop. crot-t. *Cupr.*bg2 *Cupr-act.* cupr-s.hr1,k,* *Dig.*hr1,k,* ferr.hr1,k ferr-ar. ferr-i. ferr-p. *Graph.*hr1,k guaj. *Guare.*hr1,k,* hep.gl1 hydrog.srj2 hyos.bg2,k hyper.hr1,k,* iber.hr1 ign.bg2,k,* iod. *Ip.*bg2,k,* jab.a1,k *Kali-ar.* kali-bi.bg2,k,* kali-c.hr1,k,* kali-cy.a1,k kali-n.a1,k kali-p. *Kali-s.* *Kreos.*hr1,k lach.bg2,k,* laur.bg2,k,* limest-b.es1 lipp.a1 *Lob.*hr1,k *Lyc.*bg2,k,* marb-w.es1 **Merc.**h,k,* merc-c.a1,k merl.hr1 mez.a1,k mosch.h,k,* *Nat-ar.* *Nat-c.*h,k,* nat-m.a1,k nat-p. *Nit-ac.*bg2,k *Nux-v.*bg2,k,*

Angst in der Brust: ...
ol-an.a1,k olnd. op. petr.bg2,k ph-ac.bg2,k,* **Phos.**bg2,k,* plat.a1,k *Plb.*a1,k prun.hr1,k psil.ft1 *Psor.*hr1,k *Puls.*bg2,k,* *Ran-b.*bg2,k,* rhus-t.bg2,k samb.bg2,k sec.bg2,k seneg.bg2,k,* sep. *Spig.*bg2,k,* spong.bg2,k stann.bg2,k staph.bg2,k sul-i.k2 *Sulph.*hr1,k,* tab.a1,k teucr.bg2,k *Ther.* thyr.bro1 valer.bg2,k,* verat.bg2,k,* viol-o.bg2,k *Zinc.*bg2,k,* zinc-p.k2
☞ ❑ *Gemüt - Angst*
– **morgens**: bry. carb-an.a1,k hyper.hr1,k,* kali-p.k2 puls.a1,k
– **vormittags**: ol-an.a1,k
– **abends**: anag.hr1,k,* borx. chel.a1,k kali-c.a1,k kali-p. *Phos.*hr1,k,* psil.ft1 **Puls.** seneg.a1,k stann.
• **amel.**: *Zinc.*a1,k
• **Bett**, im: anag.hr1,k,* borx.
• **Entkleiden**, beim: chel.a1,k
– **nachts**: *Ars.*a1,k aster.hr1,k,* ign.a1,k lyc.a1,k **Puls.** *Ran-b.*a1,k sulph.a1,k
• **Mitternacht**:
• **nach**:
• **2** h: kali-c.
• **4** h:
• **4** - 5 h: alum.
– **Anstrengung**, durch: ferr.
– **Aufrichten** amel.: chin.a1,k
– **Beugen** nach vorne amel.: *Colch.*
– **Bewegung** amel.: seneg.a1,k
– **Drücken** auf die linke Seite agg.: plb.a1,k
– **Einatmen**, nach tiefem: chel. nat-m.
– **Erregung** agg.: **Phos.**
– **Essen**, nach dem: caps.a1,k carb-an.a1,k scroph-n.c1
– **Freie**; treibt ihn ins: anac.
– **Frühstück**, nach dem: valer.a1,k
– **Gehen**, beim: meny.h,k,*
– **Husten**, beim: arund.a1,k
– **Klavierspielen**, durch: nat-c.
– **Liegen**:
• **beim**: *Cench.* *Graph.*hr1,k *Tarent.*
• **Rücken**; beim Liegen auf dem: *Sulph.*
• **Seite**:
• **linken** Seite; beim Liegen auf der: **Puls.**
– **Sitzen**:
• **beim**: cupr. kali-c.a1,k meny.a1,h
• **gebückten** Sitzen; beim: chin.
– **Stehen**, im: meny.h,k,*
– **Stuhlgang**, nach: calc.h *Caust.*hr1,k cund.a1,k
– **Treppensteigen**, beim: hyos.
○ **Herzgegend**: **Acon.** adren.bro1 *Aeth.* agar.a1,k alum.h,k,* alum-p.k2 am-c. *Ambr.* *Aml-ns.* anac. **Ant-t.**a1,k apis *Arg-n.*a1,k arn. **Ars.** *Ars-i.* aster.a1,k **Aur.** aur-ar.k2 aur-i.k2 *Aur-m.* **Bell.** bov. *Brom.* *Cact.*a1,k *Calc.* calc-i.k2 calc-s.k2 **Camph.** cann-s.a1,k *Canth.* **Carb-v.** *Carbn-o.* *Carbn-s.* carl.a1,k *Caust.* **Cench.** *Cham.* chel. chin. chinin-ar. chinin-s. cic. cina *Cocc.* *Coff.* colch.a1,k *Con.*a1,k croc.a1,k *Crot-c.*k,st *Cupr.* cycl. *Dig.* echi. elaps elec.j *Euon.*a1,k *Ferr.* *Ferr-i.* ferr-p. *Gels.* *Glon.* gran. graph. hell. *Helo.*bg2 hep.gl1 hydr. hydr-ac. hyos. iber.bro1 **Ign.** indg.a1 *Iod.* **Ip.** *Kali-c.*bg2

Angst in der Brust - **Herzgegend**: ...
kali-m.k2 **Kalm.** *Kreos.* *Lach.* lachn.c1 *Lact.* lat-m.bg lil-t.bro1 lipp.a1 lob. *Lyc.*a1,k **Meny.** *Merc.* *Merc-c.*a1,k mez.a1,k mosch.a1,k *Naja* *Nat-m.*bg2 nat-s. nit-ac.a1,k *Nux-v.*a1,k olnd.a1,k op. ox-ac. petr. **Phos.**a1,k *Plat.*a1,k *Plb.*a1,k *Prun.* psil.ft1 *Psor.* *Puls.*a1,k pyrog.k2 ran-b.a1,k *Rhus-t.*a1,k sabad. sal-n. scut.bro1 sec. sep. sil. *Spig.* *Spong.* stann. stict. stram. sulph.a1,k *Tab.*a1,k *Tarent.* **Ther.** thuj. *Verat.*a1,k viol-t.a1,k vip.a1,k zinc.bro1
• **morgens**: alum.h,k,* aster.a1,k
• **Aufstehen** amel.; nach dem: alum.
• **nachmittags**: canth. rhus-t.a1,k
• **abends**: bell. brom. cench.k2 hydrog.srj2 *Puls.*
• **nachts**: alum.h,k,* **Ars.** aster.a1,k calc. cench.k2 lyc.a1,k rhus-t.
• **Mitternacht**:
• **vor**:
• **23** h, nach dem Hinlegen: kali-bi.
• **nach**:
• **2** h: *Kali-c.*h,k
• **4** h: alum.
• **4** - 5 h: *Alum.*
• **Bett**, im: cann-s. thuj. viol-t.
• **Übelkeit**, bei: plb.
• **Abendessen**, nach dem: bell.
• **Anblick** greller Farben; beim: *Tarent.*
• **anfallsweise**: arg-n.a1,k **Kalm.** lach. verat.a1,k
• **Anstrengung**, nach: *Lyc.*
• **Ärger**, Verdruß; nach: lyc.
• **Aufstehen** und Gehen amel.: glon.a1,k
• **Ausstrecken** des Körpers nach körperlicher Anstrengung: lyc.
• **Auswurf**, reichlicher:
• **amel.**: *Ip.*
• **Denken** daran agg.: bar-c. ox-ac.
• **Epilepsie**, mit: *Lyc.*
• **Gehen**, beim:
• **amel.**: *Caust.* glon. indg.a1
• **Freien**, im: cina spong.
• **greift** sich ans Herz: laur.br1
• **Kopfschmerz**:
• **vor**: plat.
• **nach**: sep.h
• **legt** die Hand auf das Herz: laur.br1
• **Liegen**; beim: cench.k2
• **Seite** agg: auf der linken: bell. glon. *Nat-m.* *Phos.* *Spig.*
• **Menses**, während: bell.
• **Mittagessen**, nach dem: arg-n. bell.
• **Zurücklehnen** im Sessel; beim: glon.
• **Sitzen**, im: agar.a1,k *Caust.* kali-c.
• **Tabakrauchen** agg.: agar.bro1 agn.bro1 ars.bro1 calad.bro1 conv.bro1 dig.bro1 kalm.bro1 lyc.bro1 nux-v.bro1 phos.bro1 spig.bro1 staph.bro1 tab.bro1 verat.bro1
• **Umhergehen**:
• **agg.**: *Dig.*
• **amel.**: *Aur.* caust. op.

Anhalten
☞ *Stehenbleiben*

Aorta, Erkrankung der: crat.brl

Aphthen der Brustwarzen; blutende: *Borx.*
☞ ❑ *Allgemeines - Aphthen*

Atelektase: **Ant-t.** *Hyos.* sulph.c2

Atrophie:
○ **Brustwarzen**, der: *Iod.* sars.
– **Mammae**: anan. ars. bar-c. cham.bg1,bg2 *Chim.*bro1,k,* chin.bg1,bg2 **Con.**bro1,k fago.bg1 ferr.bg1,bg2 **Iod.**bro1,k **Kali-i.**bro1,k *Kreos.* lac-d. *Nat-m.*k,kl2● *Nit-ac.*bro1,k *Nux-m.* onos.bg1,bro1,* plb. sabalbg3,bro1,* sacch. sars. *Sec.* sil.bg1,bg2 **Staph.**gl1
• **Kropf**, mit: calc.gl1 iod.gl1

Aufgehängt:
– **Herz** an den linken Rippen aufgehängt; als wäre das: kali-c. lach.bro1
☞ *Faden*

Ausdehnung, Auftreibung: apoc.k2 bell. benz-ac. cadm-s. carb-v.bg1 cench.k2 **Lach.** lil-t. petr. rhus-t. vip.
– **Gefühl** von: alum.h *Ars.* brom. cadm-s. caps. chin. coca olnd. sil. stann. thuj. zinc.
• **Atmen**, beim: bry.
• **Husten**, durch: tarent.
– **Konvulsionen**, bei den: ars.
○ **Herz**
☞ *Erweiterung*
– **Mammae**: aster. zinc.

Ausdehnung von Gefäßen; Gefühl von: asaf.hr1

Band; wie ein
☞ *Zusammenschnürung - Band*

Beklemmung: *Absin.* **Acon.** act-sp.bro1 adon.bro1 *Aesc.* aeth. *Agar.* *Ail.* *All-c.* *Alum.* alum-sil.k2 *Alumn.* **Am-c.** *Am-m.* *Ambr.* *Anac.* androc.srj1 *Ang.* *Ant-c.* *Ant-t.* **Apis** **Apoc.** arag.brl *Arg-n.* *Arn.* **Ars.** **Ars-i.** ars-s-f.k2 *Asaf.* asar. asc-t. aspar. **Aur.** aur-ar.k2 aur-i.k2 aur-m. aur-s.k2 *Bapt.* bapt-c.c1 bar-c. bar-i.k2 bar-m. bar-s.k2 **Bell.** benz-ac. berb. bism. bix.bg2 borx. *Bov.* brach. brom. **Bry.** bufo **Cact.** cadm-s. cain. *Calad.* **Calc.** *Calc-ar.* calc-i.k2 *Calc-s.* calc-sil.k13,k2 calen.oss *Camph.* cann-i. *Cann-s.* canth. carb-ac. carb-an. **Carb-v.** **Carbn-s.** carc.jl2 *Carl.* caul. *Caust.* *Cedr.* *Cham.* chel. *Chin.* *Chinin-ar.* **Chinin-s.** chlf. chlol. chlor. *Cic.* *Cimx.* *Cina* cinnb. *Clem.* coc-c. *Cocc.* *Coff.* **Colch.** *Coloc.* *Con.* cop. cor-r. cot.brl croc.a1,k **Crot-c.**a1,k *Crot-h.* *Crot-t.* **Cupr.** *Cupr-ar.* *Cupr-s.* *Cycl.* *Dig.*brl,k dor. *Dros.* *Dulc.* *Elaps* euon. *Eup-per.* **Ferr.** **Ferr-ar.** ferr-i. ferr-p. *Fl-ac.* gamb. *Gels.* *Glon.* gran. *Graph.* grat. *Ham.* *Hep.* hura hydr-ac. hydrc. hydrog.srj2 hyos. **Ign.** *Iod.* **Ip.** jab. jug-c. jug-r. **Kali-ar.** **Kali-bi.** kali-br. **Kali-c.** kali-chl. *Kali-i.* kali-m.k2 *Kali-n.* kali-p. *Kali-s.* kali-sil.k2 *Kalm.* *Kreos.* lac-d.k2 *Lach.* lachn. *Lact.* laur. led. lil-t. limest-b.es1 *Lob.* *Lyc.* lyss. *Mag-c.* *Mag-m.* mag-s. *Manc.* med. meli. meny. *Merc.* merc-c. merc-i-f. *Mez.* mill. mosch. mur-ac. *Mygal.* *Naja* nat-ar. nat-c. *Nat-m.* nat-p. **Nat-s.** *Nicc.* *Nit-ac.* **Nux-m.** **Nux-v.** ol-j. olnd. onos. *Op.* ox-ac. par.

Beklemmung: ...
Petr. ph-ac. **Phos.** *Phyt.* *Plat.* plb. podo. *Prun.* *Psor.* **Puls.** pyrog.k2 *Ran-b.* raph. rheum rhod. *Rhus-t.* ruta sabad. sabin. *Samb.*c2,k *Sang.* sanic. sars. sec. **Sel.** **Seneg.** **Sep.** *Sil.* *Spig.* *Spong.* squil. *Stann.* staph. stict. *Stram.* stront-c.vh stry. sul-ac. sul-i.k2 **Sulph.** sumb. syph. *Tab.* *Tarent.* teucr. *Thuj.* til. **Tub.** valer. **Verat.** verat-v. verb. vesp. viol-o. viol-t.a1,k vip. xan.brl *Zinc.* zinc-p.k2
– **morgens**: *Alum.*a1,k am-m. ant-c.h *Ars.* asaf.a1,k bapt. bry.a1,k calc-s. carb-v. chel. chin.h *Ip.*a1,k lyc.a1,k mang.a1,k marb-w.es1 nat-c.h *Nat-s.*a1,k nit-ac. *Nux-v.* *Phos.*a1,k plb.a1,k *Psor.* *Puls.*a1,k rhod. sars.a1,k **Sep.**a1,k sul-ac.a1,k *Sulph.* zinc.a1,k
• **Aufstehen**, beim: calc.h clem. graph.h,k,* puls.a1,k verat.a1,k
– **vormittags**: bry.a1,k calc.h *Ip.* sulph.a1,k thuj.a1,k
• **9** - 15 h: sulph.
• **10** oder 11 h: cham.
• **Sprechen**, beim: bry. coc-c.
– **nachmittags**: agar.a1,k alum. bufo caust.a1,k coloc.a1,k franz.a1 gels. lyc. nat-m.h nicc. petr.h ph-ac.a1,k seneg.a1,k staph.h sulph.a1,k thuj.
• **14** h: chin. sulph.
• **15** h: am-c.k1 arn.
• **16** h: plan.
• **17** h: med.
• **18** h: chel.
• **Schlaf**, nach: calad.a1,k
– **abends**: *All-c.* am-m. ars.a1,k *Bry.* chin.a1,k clem.a1,k *Coloc.*a1,k crot-t.a1,k digin.a1 *Elaps* ferr.a1,k ferr-ar. gink-b.sbd1 hyper.a1,k lact. lyc.h *Mag-c.* mur-ac. nat-c.h nat-m.a1,k nux-m.a1,k nux-v.a1,k *Phos.* **Puls.**a1,k ran-b.a1,k rhod.a1,k sars.h seneg.a1,k **Sep.**a1,k *Stann.* stront-c. sulph.a1,k *Zinc.*
• **21** h: hura
• **Bett**, im: *Apis* borx. chel.a1,k *Chin.* *Sep.*a1,k zinc.
• **Sonnenuntergang**, nach: nat-s.
– **nachts**: *Alum.*a1,k alum-p.k2 ambr.a1,k *Apis* ars-met. *Aur.* aur-m. aur-s.k2 berb.a1,k *Bry.* *Calc.* chin.a1,k *Coca* *Coloc.* gamb. *Lact.* lyc. nat-c.h nat-s. nit-ac. *Nux-v.*a1,k *Op.* petr.a1,k ph-ac. *Phos.*a1,k *Rhus-t.*a1,k ruta sars.h sin-n. sulph.a1,k
• **Mitternacht**: ign.a1,k *Lach.*
  • **vor**: *Coloc.*a1,k grat.a1,k
  • **nach**:
    • **2** h: am-c. *Kali-bi.* lach.
    • **3** h: am-c. am-m. ant-t.
    • **4** h: chel. lil-t.
  • **Erwachen**, beim: cinnb. op.a1,k
• **Bett**, im: am-m.a1,k *Nux-v.*
• **Einschlafen**, beim: *Nux-m.*
• **Frost**; während: ol-j.
• **Träumen**, beim: mag-m.
◇ **abwechselnd** mit:
• **Hautausschläge**: calad. kalm. rhus-t.
• **Herzklopfen** nach dem Essen: alum.a1,k
• **Kopfschmerzen**: glon.
• **Rücken**; Schmerzen im: sil.h
• **Urtikaria**: *Calad.*
– **anfallsweise**: mur-ac.h sep.h
– **Anstrengung**; bei: nat-ar.k2

– **Atmen**; beim: chel. dulc. ferr. kali-c. kali-n. *Lyc.* *Sil.* squil.
• **amel.**: op.$_{a1,k}$ tab.$_{a1,k}$
• **erschwerter** Atmung; mit: cic.$_{c1}$
• **tief**: agn.$_{hr1,k}$ *Lyc.*$_{a1,k}$ nat-ar.$_{k2}$ plb.
• **angestrengt**; und: cann-i.$_{br1,c1}$
– **aufrechtsitzen**
☞ *Sitzen - aufrechten*
– **aufsetzen**, muß sich: sulph.$_{h}$
– **Aufstehen**:
• **amel.**: nux-v. olnd.$_{a1,k}$
• **nach**: am-m.$_{a1,k}$
• **Bett** und Herumgehen amel.; vom: kali-bi.
– **aufsteigen**; Gefühl, als würde etwas im Hals: stann.$_{h}$
– **Aufstoßen** amel.: *Am-m.*$_{a1,k}$ **Carb-v.**$_{a1,k}$ castm.$_{bg}$ grat.$_{a1,k}$ *Lach.* **Lyc.**$_{a1,k}$ *Phos.*$_{a1,k}$
– **Ausatmen**:
• **amel.**: staph.$_{a1,k}$
• **beim**: am-c.$_{a1,k}$ anac.$_{h}$ chel.$_{a1,k}$ cina
– **Auswurf** amel.: *Asaf.* calc. *Manc.* nit-ac.$_{k2}$
– **Bett**, im: *Alum.*$_{a1,k}$ am-c.$_{a1,k}$ *Phos.*
– **Beugen**, beim:
• **Armes** nach hinten; des: **Sulph.**$_{hr1,k}$
• **hinten**, nach:
• **amel.**: fl-ac.
• **Kopfes** nach vorne agg.; des: **Alum.**$_{a1,k}$
• **vorne**, nach:
• **amel.**: *Colch.*
– **Bewegung**, bei: bapt. carl. led. nat-m. plb. *Stann.* sulph. tarent.
• **amel.**: *Seneg.*
• **Armes**, des: am-m.
• **schneller**, bei: **Acon.** **Ars.** aur-ar.$_{k2}$ *Puls.*
– **Blähungen**, durch: phos.$_{h}$
– **Bücken**, beim: alum. am-m. cop. mez.$_{h}$ *Samb.*
– **Denken** daran agg.: gels. ox-ac.$_{k2}$
– **Druck** mit der Hand amel.: sep.
– **Einatmen**:
• **amel.**: acon.$_{a1,k}$ *Chel.* chin.$_{a1,k}$
• **beim**: asc-t.$_{a1,k}$ cina crot-t.$_{a1,k}$ ferr.$_{a1,k}$ ferr-m. graph.$_{a1,h}$ grat.$_{a1,k}$ nat-ar. *Phos.* **Spig.**$_{a1,k}$ zinc.$_{h}$
• **nach**: zinc.$_{h}$
• **tief** einzuatmen; Verlangen: carc.$_{hbh}$ ign.$_{hbh}$
– **Entbindung**, bei der: *Chinin-s.*
– **Erbrechen** amel.; grünes: *Cocc.*
– **Erwachen**, beim: *Alum.* ant-c.$_{a1,k}$ *Ars.* *Carb-v.*$_{a1,k}$ chin. *Cinnb.* *Con.* kali-bi. **Kali-i.** *Lach.* *Lact.* *Nat-s.* *Nux-m.* op. phos.$_{a1,k}$ sep. tarent.
– **Essen**:
• **amel.**: ambr.
• **nach**: alum.$_{h}$ aran. ars. ars-s-f.$_{k2}$ asaf.$_{a1,k}$ calad.$_{a1,k}$ *Caust.* chin. chinin-s. chlol.$_{a1,k}$ cinnb. coloc.$_{a1,k}$ con.$_{h}$ elaps ip.$_{a1,k}$ lyc. *Mag-m.* nat-c.$_{a1,k}$ nat-s.$_{a1,k}$ *Nux-v.* ran-b. *Rhus-t.* ruta sars. sil.$_{h}$ stry.$_{a1,k}$ *Sulph.* thuj. *Verat.* viol-t. *Zinc.*
– **Fieber**; während: *Apis* ars. **Bov.** cact. carb-v. cimic. elaps guare.$_{a1}$ *Ip.* **Kali-c.** lach. *Nat-m.* plan. puls. sep.$_{a1,k}$
– **Flatus**, Abgang von:
• **amel.**: bry. ol-an. ph-ac.$_{h}$
• **wie** durch: con.$_{h}$ nat-c.$_{h}$
– **Flatus**, Abgang von - **wie** durch: ...
• **Oberbauch**, im: cham.$_{h}$
– **Freien**, im: am-m.$_{k2}$ carbn-s. *Lyc.* nux-v. *Psor.* seneg.
• **amel.**: anac. chel. *Nat-m.* **Puls.** sep.
• **Kalten**; nach Sitzen im: *Petr.*
– **Frost**; während: **Apis** ars. *Bry.* cimx. daph. *Eup-per.* gels. *Ip.* *Kali-c.* lach. merl. *Mez.* nat-m. *Puls.* sep.
– **Gähnen**:
• **agg.**: stann.$_{c1}$ sulph.
• **amel.**: croc.$_{hr1,k,*}$
– **Gehen**:
• **beim**: agar.$_{h}$ alum. aml-ns. **Ars.**$_{a1,k}$ ars-s-f.$_{k2}$ aur-ar.$_{k2}$ bry. bufo cact. calc.$_{h}$ carb-an.$_{a1,k}$ chel.$_{a1,k}$ clem.$_{a1,k}$ colch.$_{a1,k}$ dig. digin.$_{a1}$ *Kali-c.* lach. led. lipp.$_{a1}$ lyc. mag-s.$_{a1,k}$ mang. naja olnd. paeon. ph-ac.$_{a1,k}$ phos.$_{h}$ puls. ran-b.$_{a1,k}$ seneg.$_{a1,k}$ *Sep.*$_{a1,k}$ sil.$_{a1,k}$ staph. sulph. thuj. verat.$_{h}$
• **nach**: *Calc.*$_{a1,k}$ nux-m. **Phos.**
• **amel.**: gins.$_{a1,k}$ staph.$_{a1,k}$
• **Beginn** des Gehens; zu: ph-ac.$_{h}$
• **Luft**:
• **Freien**; im: am-c. am-m. *Aur.* calc.$_{h}$ lact. lyc.$_{h}$ *Phos.* spig.$_{h}$ zinc.$_{h}$
• **amel.**: *Alum.* anac. *Lyc.*
• **kalter** Luft, in: *Lyc.* nux-m.
• **schnellen**, beim: ang. **Ars.** lipp.$_{a1}$ nat-m.$_{h}$ nit-ac.$_{h}$ *Puls.* ruta *Spig.*
– **Gespräche**, durch: *Ambr.*
– **Gewicht** darauf; wie ein: abrom-a.$_{bnj1}$ cact.$_{br1}$
– **Heben** der Arme agg.: tarent.$_{a1,k}$
– **herabhängen**; wenn seine Beine nicht: *Sul-ac.*
– **Herumdrehen** im Bett agg.: *Calc.*
– **Herzklopfen**, mit: ambr.$_{h}$ grat.$_{bg1}$ hyos.$_{h}$ kali-n.$_{h}$ phos.$_{h}$ sep.$_{h}$ spig.$_{h}$
– **Hinlegen**: alum. am-c. ambr.$_{k1}$ asaf. aur-ar.$_{k2}$ bar-c. cact. *Chin.* *Colch.* fl-ac. *Graph.* *Olnd.* *Phos.* sabad. *Sep.* *Spong.* *Stann.* thuj.
• **beim**: nat-m.$_{h}$
– **Husten**:
• **beim**: am-c. *Ars.* ars-s-f.$_{k2}$ aur.$_{a1,k}$ bapt. cocc.$_{a1,k}$ **Dros.**$_{a1,k}$ *Kali-bi.* *Nit-ac.* **Phos.** *Psor.* *Seneg.* *Sil.* *Stann.* **Sulph.** tarent.$_{a1,k}$ *Verat.*$_{a1,k}$
• **nach**: ars. cocc.
• **möchte** husten: am-c.$_{h}$
– **Kleidung** agg.: **Ars.** aur-m. bov. **Chel.** **Lach.** meli. *Merc-c.* mez.$_{h}$ phos. *Sep.* tarent.
– **Kopfschmerzen**, mit: sep.$_{h}$
– **krampfhaft**: cann-i.$_{k2}$
– **Lachen**, beim: plb.
– **Liegen**; beim:
• **amel.**: alum. laur.$_{k2}$ *Nat-s.* zinc.
• **Rücken**, auf dem: alum. am-c. chin. ptel.$_{bro1}$
• **Seite**:
• **erkrankten** Seite; auf der: phel.
• **linken** Seite; auf der: *Cact.* corn. naja *Puls.* tarent.$_{k2}$
• **rechten** Seite; auf der: kali-c.
• **tief** liegendem Kopf; mit: *Chin.* **Spong.**
– **Menses**:
• **vor**: borx. *Lach.*

– **Menses**: ...
• **Erscheinen** der; beim: phos.$_{a1,k}$
– **Mittagessen**:
• **beim**: *Mag-m.*$_{a1,h}$
• **nach**: *Phos.*$_{k,k1}$ stram.$_{k,k1}$
– **Niesen**, beim: sil. sulph.
– **Prolaps** des Uterus; mit: agar.$_{zr}$ bell.$_{zr}$ lil-t.$_{zr}$ murx.$_{zr}$ sep.$_{zr}$
– **Rauchen** (von Tabak); beim: asc-t.$_{a1,k}$
– **ruckend**: mez.$_{h}$
– **Schlaf**:
• **vor**: berb.
• **im**: all-s.$_{a1,k}$ **Lach.**$_{a1,k}$ lact. nux-m. pyrog.$_{k2}$
• **Einschlafen**, beim: *Nux-m.*
– **schmerzhaft**: nat-m.$_{h}$
– **Schnupfen**, mit: berb. *Calc. Carb-v.* graph.$_{a1,k}$ lyc.$_{h}$ nat-c.$_{a1}$
– **Schreiben**, beim: alum.$_{a1,k}$
– **Schweiß**, beim: psor. sep.
– **Sitzen**, beim: agar. anac. calad. carb-an. cham.$_{a1,k}$ cic. crot-h.$_{a1}$ crot-t. gins.$_{a1}$ indg.$_{a1}$ kali-c.$_{a1,k}$ kali-n.$_{h}$ laur.$_{k2}$ mang. mez.$_{h}$ *Nat-s.*$_{a1,k}$ phos.$_{h}$ psor. sabad.$_{a1,k}$ staph.$_{a1,k}$
• **amel.**: alum.
• **aufrechten** Sitzen nach gebeugtem; beim: nat-m.$_{h,k}$
• **Bewegung**, nach: acon.$_{a1,k}$
• **gebücktem**, bei: alum. coloc.$_{h}$ dig.
– **Speisen** agg.; trockene: bov.$_{bg1}$
– **Sprechen**:
• **beim**: ambr. **Dros.**$_{a1,k}$ lach. nat-m.$_{h}$ stram.
• **fortgesetztes** Sprechen; durch: *Chin.*
– **Stehen**, beim: mang. olnd. phel. sep.
○ **unterer** Teil der Brust: am-m.
– **Steigen**, beim: **Acon.** agn.$_{hr1,k}$ apis **Ars.** ars-s-f.$_{k2}$ bar-c. borx.$_{c1}$ bufo cact. **Calc.** cann-i.$_{a1,k}$ *Elaps* gran.$_{a1,k}$ graph.$_{a1,h}$ grat.$_{a1,k}$ lyc. ol-an.$_{a1,k}$ ran-b.$_{a1,k}$ *Seneg.*$_{a1,k}$ sulph. tep.$_{a1}$ til.
– **Stuhlgang**, nach: calc.$_{a1,k}$ **Caust.** sil.$_{a1,k}$
– **Tanzen** amel.: caust.$_{a1,k}$
– **Trinken**, beim: cimx. *Verat.*
– **warmen** Zimmer, im: alum. anac. **Apis** ars-i.$_{k,k2}$ nat-m.
– **Wein** amel.: acon.$_{a1,k}$
– **Wetter**:
• **feuchtem** Wetter, bei: *Dulc. Kali-c.* nat-s.
• **stürmischem** Wetter, bei: **Ars.**
• **Wetterwechsel** zum Kalten hin; bei: **Ars.** phos.$_{k2}$
– **Ziehen** der Schultern nach hinten amel.: **Calc.**
– **Zorn**, nach: *Staph.*
– **Zurücklehnen**, beim: fl-ac.$_{a1,k}$
○ **Achseldrüse**: cupr.$_{h}$
– **Brustbein**: arg-n. ars.$_{h}$ aur.$_{k2}$ bry. calc. *Phos.* ran-s. rhus-t.
• **nachts**: am-c.
• **Essen**, nach dem: con. lac-ac.
○ **hinter** dem: ph-ac.$_{h}$ samb.$_{h}$ zinc.$_{h}$
– **Herz**: *Acon.* adam.$_{srj5}$ *Agar.* am-c. *Ambr. Aml-ns.* anac. ant-t. *Apis* **Ars.** *Ars-i.* arund. **Aur.** aur-ar.$_{k2}$ aur-i.$_{k2}$ **Aur-m.** bapt. bell. *Brom.* bry. bufo **Cact.** *Calc-ar.* cann-i. cann-s. *Carb-v.* card-m. *Caust.*

Beklemmung - Herz: ...
cham. *Chin.* chlor. cimic. clem. colch. coll. croc. cupr. *Dig.*$_{br1,k}$ eup-per. fago. *Gels. Glon.* graph. hell. helo. hyos. *Iod.* **Ip.** kali-ar. *Kali-c.* kali-i. kalm. *Lach. Laur. Lil-t. Lycps-v.* mag-m. med. *Merc.* merc-c. mez. mosch.$_{k2}$ *Naja Nat-ar.* nat-c. *Nat-s. Nux-m. Nux-v.* ol-j. op. ovi-p.$_{c2}$ ox-ac. *Phos.* plb. *Prim-vl.*$_{c1}$ **Puls.** pyrog.$_{k2}$ ran-b.$_{k2}$ sarr. sil.$_{h}$ sin-n. **Spig.** spong.$_{k2}$ stict. stram. sumb. *Tab. Tarent.* ter. thuj. tub.$_{bg,c1}$ viol-t.$_{a1,k}$ vip.
• **morgens**: graph.$_{h}$ kalm. nat-s. *Tarent.*
• **nachmittags**: bapt.
• **abends**: brom. bufo cact. kalm. **Puls.** ran-b.$_{k2}$
• **nachts**: *Aur.* colch. kali-c.
• **Anstrengung**; bei der geringsten: *Brom. Laur. Nat-ar.*
• **Atmen**; beim tiefen: aur-m. nat-ar. rumx.
• **Bewegung**, bei: bufo coll. eup-per.
• **Denken** daran agg.: *Gels.*
• **Essen**, nach dem: bufo
• **Gehen** amel.: colch.
• **herabgezogen**; wie: thuj.$_{a1,k}$
• **Liegen**, beim:
• **amel.**: *Laur. Psor.*
• **Seite**; auf der linken: *Colch. Lach. Naja* **Spig.** thea$_{bro1}$
• **tief** liegendem Kopf; mit: colch. **Spong.**
• **Melancholie**, bei: aur. caust.
• **Sitzen**, beim: agar. **Nat-s.**
• **Stehen**, beim: prun.
• **Treppensteigen**, beim: **Aur. Aur-m.**
• **Verschluß**, wie durch: cot.$_{br1}$
• **warmen** Zimmer; im: ars-i.$_{k2}$
▽ **erstreckt** sich zum inneren Hals: nux-m.$_{c1}$
– **obere** Brusthälfte: hyos.$_{h}$
– **Seiten**: asaf. caust. mag-s. *Ox-ac.*
• **links**: am-m.$_{h}$ arg-met.$_{h}$ calc. crot-t. graph.$_{h}$ samb. seneg. thuj.$_{h}$
• **rechts**: acon. *Bry.* euph. mag-s. mur-ac. *Ox-ac.* staph.$_{h}$
• **oben**: con.$_{h}$
• **abends**, im Liegen: calc.
– **untere** Brusthälfte: puls.$_{h}$
– **Zwerchfellgegend**, in der: *Agar.*

Besorgnis, Befürchtungen: carl.$_{a1,k}$ nat-m.$_{a1,k}$ ph-ac.$_{a1,k}$
☞ *❑ Gemüt - Angst / ❑ G~ Erregung / ❑ G~ Furcht - geschehen / ❑ G~ Hellsehen*
○ **Herzgegend**: ant-t. *Aur.* carl. meny. mez. plat. plb. *Rhus-t.*$_{a1,k}$

Bewegen; Gefühl als würde sich etwas
☞ *Lebendigem*

Bewegung:
○ **Herz**: zinc.$_{h}$
– **Herzgegend**: sulph.$_{h}$

Bewußt; ist sich der Herztätigkeit: bamb-a.$_{stb2}$ iber.$_{c1,c2}$ pyrog.$_{c2}$

Bläschen
☞ *Hautausschläge - Bläschen*

Blubberndes, glucksendes Gefühl: rheum$_{h}$
 ☞ *Gluckern / Glucksendes / Hautausschläge - Bläschen - berstendes*
– **links**: sep.$_{h}$
○ **Achselhöhle**: colch.$_{a1,k}$
– **Herzgegend**, in der: lach.$_{rb2}$ lyc.$_{rb2}$

Blutandrang zur Brust (= Hyperämie der Brust; Kongestion): **Acon.** aloe alum. alum-sil.$_{k2}$ *Am-c.* ammc. *Apis Arn. Aur.* aur-i.$_{k2}$ aur-s.$_{k2}$ **Bell.** borx.$_{c1}$ brom. **Bry. Cact.** *Calc.* **Camph.** *Carb-v.* carbn-s. *Chin.* chlor. cimic. *Coc-c.* cocc.$_{c1}$ conv.$_{br1}$ *Cupr.* cycl. **Dig.**$_{br1,k}$ ferr. ferr-i. ferr-p. *Gels. Glon. Graph. Iod.* **Ip.** *Kali-c.* kali-chl. kali-m.$_{k2}$ kali-n. **Lach.** lact. limest-b.$_{es1}$ *Lyc.* mag-m. *Merc.* merl. *Mill.* naja$_{k2}$ *Nit-ac.* **Nux-v.** ol-an. *Op.* **Phos.** *Puls.* rat. rhod. **Rhus-t.** sarr. sec. *Seneg.* **Sep.** *Sil.* **Spong.** squil. **Sulph. Ter.** *Thuj. Verat-v.*
– **morgens**: elaps pall.
 • **Erwachen**, beim: carb-v.$_{h}$ phos.$_{h}$ sulph.$_{h}$
– **nachmittags**: seneg.
– **nachts**: *Ferr.* nit-ac.$_{h}$ *Puls.*
◇ **abwechselnd** mit Blutandrang zum Kopf: *Glon.*
– **Anstrengung**, nach: *Spong.*
– **aufgehört** hätte; Gefühl, als ob das Blut zu fließen: sabad. *Seneg.*
– **Baden** im Meer; beim: *Mag-m.*
– **Bewegung**, nach: *Spong.*
– **Erregung**, bei: *Phos.*
– **Erwachen**, beim: **Lach.**
– **Gehen** im Freien; beim: mag-m. *Phos.*
– **Harndrang** nicht nachgegeben wird; wenn dem: **Lil-t.**
– **Hinlegen** ist unmöglich: **Cact.**
– **Kälte** des Körpers, mit: carb-v.$_{h}$
– **kalte** Luft:
 • **agg.**: cimic. *Phos.*
– **Klimakterium**, im: arg-n. **Lach.**
– **Menses**:
 • **vor**: kali-c.
 • **während**: glon.
 • **verzögert**: graph. nux-m. *Puls.*
– **Nasenbluten**, mit: mill.$_{c1}$
– **Schlaf**, im: mill. puls.
– **Schreiben**, nach: am-c.
– **Schwäche** und Übelkeit; mit: *Spong.*
– **Schwangerschaft**; während der: *Glon. Nat-m. Sep.*
– **Uterus**; nach Blutung des: **Aur-m.** *Chin. Phos.*
○ **Herz**: **Acon.** *Asaf.* cham.$_{h}$ cycl. ferr-i.$_{k2}$ **Glon.** hyper. *Lil-t. Nux-m.* phos.$_{h}$ *Puls.* sulph.
 • **nachts**: nit-ac.$_{h}$ *Puls.*
 • **Gehen**, bei schnellem: nux-m.
 • **Konvulsionen**, bei: *Glon.*
 • **Menses**, nach den: *Ign.*

Blutende Brustwarzen: bufo$_{ptk1}$ *Ham. Lyc.* med.$_{c1}$ *Merc. Sep.* sil.$_{bg1,bg2}$ *Sulph.*

Blutung: *Acal. Acet-ac.* **Acon.** aloe *Alum.* alum-sil.$_{k2}$ am-c. *Anan. Ant-t. Apoc. Aran.* arg-n.

Blutung: ...
Arn. Ars. ars-s-f.$_{k2}$ arum-m. aspar. *Bell.* brom. *Bry.* bufo **Cact.** *Calc. Calc-p.* calc-s. calc-sil.$_{k2}$ canth. carb-an. carb-v. carbn-s. *Card-m.* casc. caust. cham. **Chel. Chin.** chinin-ar. chinin-s. chlor. *Coc-c. Colch. Coll.* con. *Cop. Croc.* crot-h. cupr. cupr-s. *Dig.*$_{br1,k}$ dros. dulc. elaps *Erig.* **Ferr. Ferr-ar.** *Ferr-i.* ferr-p. **Ham.** hyos. **Ip.** kali-ar. kali-bi. *Kali-c. Kali-chl. Kali-i.* kali-m.$_{k2}$ kali-n. kali-p. kali-s. kali-sil.$_{k2}$ *Kreos. Lach.* lam.$_{br1}$ *Led.* lyc. *Lycps-v.* mag-c. mag-m. mang. meli. merc. *Merc-c.* **Mill.** *Nat-ar.* **Nit-ac.** *Nux-m. Nux-v.* ol-j. op. *Ph-ac. Phos. Plb. Puls. Rhus-t. Sabin. Sang.* sarr. **Sec.** *Senec.* sep. sil. **Stann.** staph. *Stram.* stront-c. *Sul-ac.* sulph. tab. *Ter.* tril-p. tub.$_{al2,c1}$ *Urt-u.* verat.
 ☞ *❑ Auswurf - Blutig*
◇ **abwechselnd** mit Rheumatismus: led.
◆ **begleitet** von:
 • **Lungenkrebs**
  ☞ *Krebs - Lunge - begleitet von - Blutung*
 • **Schwindsucht**
  ☞ *Tuberkulose - begleitet von - Blutung*
– **Alkoholikern**, bei: ars. hyos. **Nux-v.** op.
– **Anstrengung**, nach: acon. *Arn.* coc-c.$_{k2}$ ferr. ip. *Mill.* puls. *Rhus-t. Urt-u.* verat.$_{bg1}$
– **dunkle**, dicke Blutgerinnsel:
 ◆ **begleitet** von:
  • **Brustkrebs**
   ☞ *Krebs - Mammae - begleitet von - Blutung - dunkle*
– **Entbindung**, während der: *Acon. Arn. Chin.* hyos. ip. *Puls.* sulph. tril-p.
 • **Kindbettfieber**, beim: ham.$_{ptk1}$
– **Erregung**; durch: rhus-t.$_{k2}$
– **Gehen** amel.; langsames: *Ferr.*
– **geronnenes** Blut (= Blutgerinnsel): acal. acon. *Arn. Bell.* brom. bry. canth. carb-an. caust. **Cham.** *Chin.* coc-c. coll. con. *Croc.* dros. erig. *Ferr.* ham. *Hyos. Ip.* kali-n. kreos. mag-m. *Merc. Nit-ac.* nux-v. ph-ac. *Puls.* **Rhus-t.** *Sabin.* sec. sep. stram. stront-c.
 • **braun**: bry. rhus-t.
 • **dunkel**: arn. coc-c.$_{k2}$ coll. ham. mag-c. puls.
 • **schwarz**: kreos.
– **Hämorrhoidalblutungen**; nach Unterdrükkung von: acon. *Carb-v. Led. Lyc.* mill.$_{bro1}$ **Nux-v.** phos. *Sulph.*
– **heißes** Blut: acon. *Bell.* mill. psor.
– **hellrotes** Blut:
 ◆ **begleitet** von:
  • **Brustkrebs**
   ☞ *Krebs - Mammae - begleitet von - Blutung - hellrotes*
– **Keuchhusten**, bei: con.$_{mlb}$ cor-r.$_{br1}$
– **Menopause**; während der: sul-ac.$_{k2}$
– **Menses**:
 • **vor**: *Dig.*
 • **Unterdrückung** der; nach: *Acon.* ars. *Bell. Bry.* con. *Dig.* ferr. graph. ham. mill. *Phos.* **Puls.** *Sang. Senec.* sep. sulph. ust.
– **Pneumonie**; als Folge von: calc-s. *Sul-ac.*

– **reichlich**:
• **Serum** und Blut; mit:
◆ **begleitet** von:
• **Brustkrebs**
☞ *Krebs - Mammae - begleitet von - Blutung - reichlich*
– **schaumig**, schäumend: acon. *Arn.* dros. ferr. ip. *Led.* mill. op. ph-ac. *Phos.* sec. *Sil.*
– **schwarz**: ars.k2
– **stark**
☞ *reichlich*
– **stillenden** Müttern, bei: *Chin.*
– **Sturz** aus einer Höhe; nach: *Mill.*c1
– **Vollmond**, bei: kali-n.h
– **Wein**, nach: acon.
– **Whisky**, nach: merc. puls.
– **Zorn**, durch: *Nux-v.*

Blutwallungen: acon. alum. alum-sil.k2 **Aml-ns.** anac. aur. aur-s.k2 bov. calc-ar.k2 carb-an.k2 *Carb-v.* chel. chlor. colch. elaps *Ferr.* **Glon.** indg. iod. **Lach.** lachn. *Lil-t.* mag-m. *Merc.* merl. *Mill.* nat-m. *Nit-ac.* ol-an. ph-ac. **Phos.** phyt. rhod. *Seneg.* **Sep.** sil. **Sulph.** *Thuj.*
☞ *Hitze - Hitzewallungen*
– **links**: sep.h
– **morgens**: nux-v. sep.h
– **abends**: carb-v. kali-c.
– **Anstrengung**; bei der geringsten: **Spong.**
– **Bewegung**, bei: *Spong.*
– **Erregung**; durch: phos.k2
– **Erwartungsspannung**; durch: phos.k2
– **Flatus**, durch eingeklemmten: carb-v.h
– **Menses**, während: *Merl.*
– **Sorgen**; durch: phos.k2

Bronchiektase: am-c.hr1 **Ant-t.**hr1 *Calc.*hr1 cop.hr1 crot-h.hr1 dios.hr1 *Hep.*hr1 **Kali-bi.**hr1 med.hr1 *Phos.*hr1 *Stann.*hr1

Bronchitis
☞ *Entzündung - Bronchien*

Brustkrebs
☞ *Krebs - Mammae*

DaCosta-Syndrom
☞ *Herzklopfen - neurozirkulatorische*

Deformiert:
○ **Brust**: nat-m.h
– **Brustwarzen**: merc.

Drehen:
– **etwas** herumdrehen würde; als ob sich: cact. *Camph.* chim. crot-h. lach.bg1 stram.
○ **Herz** herumdrehen würde; als ob sich das: aur. *Cact.* crot-h.c1 lach.c1,rb2 sol-t-ae.rb2 stram. tarent.bro1,k2,*

Effort-Syndrom
☞ *Herzklopfen - neurozirkulatorische*

Eingeschlagen; Gefühl, als wären die Rippen
☞ *Zerschmettert*

Einstülpung der Brustwarzen: apisgsy1 graph.bg3 nat-s.bg3 phyt.bg3 sars.bg3
☞ *Einziehung*

Einziehung der Brustwarzen ●: ars-i.pd cadm-met.gm1 carb-an. con.hr1,k crot-t.bg2 cund.hr1,k graph.ptk1 hydr.bro1,hr1 lach.hr1,ptk1 nat-s.hr1,ptk1 *Nux-m.*hr1,k phyt.ptk1 **Sars.**bg2,k,* scir.gm1 *Sil.*bg2,k,* thuj.bg3,ptk1
☞ *Einstülpung*

Eiterung der Lungen
☞ *Abszeß*

Empfindlichkeit: ang.c1,h helon. nat-c. nux-v. seneg. stront-c. sulph. zinc.
☞ *Schmerz - wund*
– **Berührung**; gegen die geringste: ang.c1
– **kalte** Luft, gegen: *Ph-ac.*
○ **Achselhöhle**: kali-c.h nit-ac. sul-ac.
– **Mammae**
☞ *Schmerz - wund - Mammae*
– **untere** Brusthälfte: nat-c.h

Empfindlichkeit; schmerzhafte
☞ *Schmerz - wund*

Empfindungslosigkeit der Brustwarzen: sars.

Emphysem: **Am-c.**c2,k **Ant-ar.**c2,k **Ant-t.** *Ars.* *Aur-m.*bro1 *Bell.* blatta-o.bro1,cpy *Brom.*c2,k bry.bro1 calc.bro1 *Calc-p.*bro1 *Camph.* *Carb-v.*c2,k carbn-s. chin.bro1 chinin-ar.bro1 *Chlor.* cupr. cur.c2,k *Dig.* dros. eucal.bro1 glon.bro1 grin.bro1,c2 **Hep.**c2,k *Ip.* kali-c.bro1 lac-d. **Lach.** led.br1 **Lob.**c2,k *Lyc.*bro1 *Merc.* myrt-c.br1 napht.bro1 *Nat-m.* nit-ac. nux-v.bro1 op. *Phel.* *Phos.* puls.bro1 queb.br1 sars. seneg. sep. spong.bro1 *Stry.*bro1 sulph. ter. verat.c2
– **Herzerweiterung**, mit: grin.c1

Empyem: apis **Ars.** *Ars-i.* *Calc.* **Calc-s.** carb-an.c2 *Carb-v.* *Carbn-s.* *Chin.*c2,k *Chinin-ar.* dig. ferr. *Hep.* iod. *Kali-c.* **Kali-s.** *Lach.* lyc. **Merc.** *Nat-ar.* *Nit-ac.* *Phos.* *Sep.* **Sil.** **Sulph.** tub.al2,c1

Endokarditis
☞ *Entzündung - Herz - Endokard*

Enge
☞ *Zusammenschnürung*

Entzündung:
○ **Achseldrüsen**: con.k2 hep.c1 merc.k2 **Nit-ac.** petr. phos. raph.c2
– **Bronchien** (= Bronchitis): *Acet-ac.* *Acon.*c2,k **Aesc.** aetherc2 *All-c.* all-s.c2 aloec2 *Alum.* alum-p.k2 alum-sil.k2 alumin-p.stj2 *Alumn.*c2,k am-c.c2,k *Am-m.*c2,k ammc.c2 *Ant-c.* anti-i.c1,c2 ant-s-aur.c2 **Ant-t.**c2,k *Apis* *Arn.*c2,k **Ars.**c2,k ars-i.c2,k asc-c.c1,c2 *Asc-t.*c2,k *Aur-m.* bals-p.c2 bar-c. bar-i.k2 **Bar-m.** bar-s.k2 *Bell.* *Benz-ac.* blatta-o.c2 brom.k2 **Bry.**c2,k *Cact.*c2,k *Calc.* calc-i.k2 calc-sil.k2 *Camph.* *Cann-s.* *Carb-v.*c2,k *Carbn-s.* carc.cd,zzh card-m.c2,k *Caust.*c2,k *Cham.* *Chel.* chlol.c2,k chlor. *Cina*c2,k *Cist.* *Coc-c.* *Con.*c2 cop.c2,k dig.br1,k diphtox.br1 **Dros.**c2,k *Dulc.* erio.c2 eucal.c2 eup-per.k2 euphr. *Ferr-i.* **Ferr-p.**c2,k *Gels.* grin.c2 *Guaj.*c2,k **Hep.**c2,k

– **Bronchien** (= Bronchitis): hepat.c2 *Hippoz.*c2,k *Hyos.* hyss-o.vs1 iber.c2 inul.br1 *Iod.* **Ip.**c2,k jab.c2 kali-ar. *Kali-bi.*c2,k *Kali-c.*c2,k *Kali-chl.* kali-m.k2 kali-n.br1 kali-p. kali-sil.k2 *Kreos. Lach.* led.br1 linu-c.c2 *Lob.* **Lyc.** mang.k2 *Merc.*c2,k *Naja* naphtin.c2 narc-ps.c2 *Nat-m.* **Nat-s.** *Nit-ac.*c2,k *Nux-v.* osm.c2 *Ph-ac.* phel.c2 **Phos.**c2,k pin-s.c2 pixc2 *Plb.* podo.c2 *Psor.* pulm-v.c1,c2 **Puls.**c2,k *Rhus-t.* *Rumx.*c2,k sabalc2 **Sang.**c2,k sangin-n.c2 **Senec.** *Seneg.*c2,k *Sep.* **Sil.** silphu.c2 **Spong.** *Squil.*c2,k **Stann.**c2,k stict.c2 sul-i.k2 *Sulph.*c2,k *Ter.*c2,k thuj.k2 tub.al2,c2 tub-a.c2 uran-met. *Urin.*c1 *Verat.*c2,k verb.

◇ **abwechselnd** mit:
- **Diarrhoe**: seneg.
- **alten** Menschen, bei: *Am-c. Camph. Carb-v. Dros.* **Hippoz.** *Hydr.* led.br1 *Lyc. Nux-v.*
- **chronisch**: bals-t.br1 eup-c.lsr4 marr-vg.br1 mucot.jl2 myrt-ch.bro1
- **Erkältung**, durch jede: dulc.bro1 mang.bro1
- **Kindern**, bei: *Dulc.* **Ip. Kali-c.** tub-a.br1,c,*
- **Schnupfen**; beginnt als: bry.k2

– **Herz**: *Acon.* apis ars. asc-t.a1 **Aur.** aur-i.k2 *Bry.*c2,k *Cact. Cann-s. Carb-v. Carbn-s. Caust.* cocc. *Colch.* crat.br1 *Dig.* kali-i. *Kalm. Lach. Led. Naja Phos. Psor. Puls.* rhus-t. **Spig.** sulph. sumb. *Verat-v.*
- **Liegen** auf der Seite ist unmöglich: *Cact.*
- **liegen**; gezwungen mit hoch gelagertem Kopf auf dem Rücken zu: *Acon.*
- **Nephritis**, bei: *Apis* apoc. *Ars.* asc-t. cact.k2 cann-s. colch. *Dig.* kali-n. phos.

○ **Endokard** (= Endokarditis): *Abrot. Acet-ac.* **Acon.** adon.bro1 **Ars.** ars-i. **Aur.** aur-i.k2 *Aur-m.* bism. *Bry. Cact. Calc.* coc-c. cocc. *Colch.* conv.br1 dig. ferr. *Iod.* kali-ar. *Kali-c. Kali-i.* **Kalm.** *Lach.* led. *Naja* nat-m. ox-ac. *Phos.* phyt. plat. plb. *Sep.* **Spig.** *Spong.* tarent. *Verat-v.*

◆ **begleitet** von:
- **Zunge**:
  - **trockene** Zunge: *Aur.*kr1,vk1
  - **weiße** Zunge: *Aur.*kr1,vk1
- **Menses**, mit spärlichen: nat-m.
- **Mitralinsuffizienz** und heftiger, schneller Herztätigkeit; bei: cact.br1
- **Orthopnoe**, mit extremer: conv.br1
- **rheumatisch**: adon.bro1 *Ars.* **Aur.** *Aur-m.* aven.br1 *Cact.* dig. *Hyos. Kali-n.* **Kalm. Lach.** *Phos.* plat. *Spig. Spong. Sumb.* verat.
- **Schmerz** und große Angst: *Aur. Kalm.*

• **Myokard** (= Myokarditis, Herzmuskelentzündung): crat.br1

• **Perikard** (= Perikarditis): **Acon.** adon.bro1 anac. ant-ar.c2 *Ant-t. Apis* apoc. **Ars.** *Ars-i.* ars-s-f.k2 *Asc-t.*c2,k *Bry. Cact.* canth.bro1 chlor. *Cimic. Colch.*c2,k *Dig.*br1,k franc.c2 *Iod.* kali-ar. *Kali-c.* kali-chl. *Kali-i. Kalm. Lach.* lycps-v.c2 ox-ac. phase-xyz.c2 plat. **Psor. Spig.** *Spong.* **Sulph.** *Verat. Verat-v.*
- **Liegen** amel.: *Psor.*

– **Lungen** (= Pneumonie): **Acon.**bg2,k,* aesc. *Agar. All-c.*c2,k am-c. am-m.c2 ant-ar.c2 *Ant-c.* ant-i.c1,c2 **Ant-t.**bg2,k,* *Apis Arg-n. Arn.* **Ars.**bg2,c2,* *Ars-i.*c2,k ars-s-f.k2 arum-t.k2 aur-m. *Bad.* bar-c. bar-i.k2 *Bell.*bg2,k,* *Benz-ac. Brom.* **Bry.**bg2,k,* *Cact.*c2,k *Calc.* calc-s.c2,k2 calc-sil.k13,k2 camph. *Cann-s.*bg2,k,* canth.bg2,k caps. carb-ac.c1,c2 *Carb-an.* **Carb-v.** *Carbn-s.* cham.bg2 **Chel.**c2,k *Chin.*bg2,k chin-b.c2,kr1 *Chlor.* coff.bg2 *Con.* cop. corn. corn-f.c2 crot-h. *Cupr.*c2,k *Dig.* dulc.bg2,k *Elaps*c2,k eup-per.k2 *Ferr. Ferr-ar. Ferr-i.*c2,k **Ferr-p.**bg2,k,* *Gels.* **Hep.**c2,k *Hippoz. Hyos.*bg2,k,* ign.bg2 *Iod. Ip.*bg2,k kali-ar. *Kali-bi. Kali-br. Kali-c. Kali-chl. Kali-i.* kali-m.k2 *Kali-n.*bg2,k,* *Kali-p.*c2,k *Kali-s. Kreos. Lach.*bg2,k,* *Lachn. Laur.* **Lob. Lyc.**bg2,k,* lycps-v. meli-xyz.c2 **Merc.**bg2,k *Mill.* myrt-c. nat-ar.k2 *Nat-m. Nat-s. Nit-ac.* nux-v.bg2,k ol-j.c2 op.bg2,k *Ph-ac.*bg2,k **Phos.**bg2,k,* podo.c1,c2 *Psor.* **Puls.**bg2,k pyrog.gm1 ran-b. **Rhus-t.**bg2,k,* rumx. *Sabad.*bg2,k *Sang.* sec.k2 **Seneg.**bg2,k,* **Sep.**bg2,k *Sil.*bg2,k spig. spong. *Squil.*bg2,k,* stann.bg2 *Stram.* sul-ac.c2 sul-i.k2 **Sulph.**bg2,k,* sumb.c2 *Ter.* tub.c2,ptk1 *Verat.*bg2,k,* **Verat-v.**bg2,k,*
- **links**: *Acon. Calc. Lach. Nat-s. Ox-ac.* phos. *Sang.* sulph. tub.gk
  - ○ **Oberlappen**: *Acon.*
  - **Unterlappen**: *Chel. Nat-s.* sulph. tub.gk
- **rechts**: *Bell. Brom.* **Bry.** *Carb-an. Chel.*k,k2 elaps gink-b.sbd1 iod.bro1 *Kali-c.* kali-i. *Lyc. Merc. Phos. Sang.* squil. stram. tub.gk
  - ○ **Oberlappen**: **Calc.** *Chel.*
  - **Unterlappen**: *Kali-c. Merc. Phos.*

◆ **begleitet** von:
- **Nephritis**
  ☞ *Nieren*
- **Nieren**; akute Entzündung der: pyrog.gm1
- **Rippenfells**; Entzündung des
  ☞ *Pleuropneumonie*
- **Zunge**:
  - **braune** Farbe der Zunge: *Ant-t.*kr1,vk1 *Chel.*kr1,vk1 lyc.kr1,vk1
    - **gelblichbraun**: *Lachn.*kr1,vk1
  - **rissige** Zunge: chel.kr1,vk1
  - **schmutzige** Farbe der Zunge: calc.kr1,vk1
  - **Trockenheit** der Zunge: *Ant-t.*kr1,vk1 *Lachn.*kr1,vk1
  - **weiße** Farbe der Zunge: chel.kr1,vk1 puls.kr1,vk1
    - **feucht**; weiß und: puls.kr1,vk1
- **Aconitum**; nach Mißbrauch von: *Bry.* sulph.
- **Alkoholikern**; bei: *Hyos. Kali-br. Nux-v. Op.*
- **alten** Menschen, bei: *Bry. Dig.*br1,k *Ferr. Hyos. Nat-s. Nit-ac. Nux-v. Op. Seneg.*
- **Blutungen**, nach: *Chin. Ph-ac.* squil.k2
- **chronisch**: ars-i.bro1 carc.fb
- **eingestellter** Funktionsfähigkeit; mit fast: arn.br1
- **gangränös**: ars.k2 canth.k2
- **Hämorrhoiden**, nach: hyper.c1
- **Kleinkindern**, bei
  ☞ *Kindern - Kleinkindern*

– **Lungen** (= Pneumonie): ...
  • **Kindern**; bei:
    • **Kleinkindern**; bei: *Acon.* *Ant-t.* *Bry.* carc.$_{cd,st1,*}$ *Ferr-p.* **Ip.** *Kali-c.* *Lob.* *Lyc.* *Merc.* *Nux-v.* op. *Phos.* tub.$_{br1}$
  • **kruppös**: brom.$_{k2}$
  • **Liegen**:
    • **rechten** Seite agg.; auf der: *Kali-c.* merc.$_{k2}$
    • **Rücken**, auf dem:
      • **amel.**: acon. phos. sulph.
      • **Kopf**; liegt mit zurückgeworfenem: phos.
  • **liegen**; muß auf dem Rücken: acon. *Cact.* sulph.
  • **Masern**, nach: *Kali-c.*
  • **Menses**:
    • **vor**: senec.$_{bro1}$
    • **unterdrückt**: **Puls.**
  • **Pleuropneumonie**: **Ant-t.** *Asaf.* **Bry.** *Calc.* *Camph.* *Caps.*$_{c2,k}$ *Chin.* *Dulc.* *Ferr.* *Hep.* *Iod.* *Kali-i.* *Lach.* **Phos.** *Ran-b.*$_{bg1}$ *Rhus-t.* *Seneg.* *Sulph.* tub.$_{bg,c1,*}$ tub-a.$_{c1,vs}$
    ◈ **abwechselnd** mit:
      • **Traurigkeit**
        ☞ ❑ *Gemüt - Traurigkeit - abwechselnd mit - Pleuropneumonie*
  • **Schwäche** durch Säfteverlust: *Chin.*
  • **sykotische** Pneumonie: **Nat-s.**
  • **Typhus** abdominalis; bei: **Ant-t.** *Bad.* *Benz-ac.* **Bry.** *Hyos.* lachn.$_{c1,c2}$ *Laur.*$_{c2,k}$ **Lyc.** *Nit-ac.* **Phos.** *Rhus-t.*$_{c2,k}$ *Sang.* **Sulph.** *Ter.* tub.$_{gk}$
  • **Unterkühlung**; durch:
    • **Überhitzung**; bei: ran-b.$_{k2}$
  • **vernachlässigt**: *Am-c.*$_{bg2}$ ars.$_{bg2}$ aur.$_{bg2}$ calc.$_{bg2}$ calc-s.$_{k2}$ carb-v.$_{k2}$ hep.$_{bg2}$ kali-c.$_{bg2,k2}$ kali-n.$_{bg2}$ *Lach.*$_{bg2}$ *Lob.* **Lyc.**$_{bg2,k}$ nit-ac.$_{bg2}$ *Phos.*$_{bg2,k}$ *Sang.* *Sep.* **Sil.** stann.$_{bg2}$ sul-ac.$_{bg2}$ sul-i.$_{ptk1}$ **Sulph.**$_{bg2,k}$

– **Mammae** (= Mastitis): *Acon.* acon-l.$_{c2}$ anan. *Apis* **Bell.** bell-p.$_{dp}$ **Bry.**$_{c2,k}$ bufo *Cact.* calc. *Carb-an.* *Carb-v.* *Carbn-s.* *Card-m.* *Cham.* *Cist.* clem. *Con.* *Crot-t.* cur. dulc.$_{k2}$ **Hep.** lac-c.$_{k2}$ *Lach.* *Lyc.* *Merc.* *Phos.* **Phyt.** plan.$_{c2,hr1}$ plb. *Puls.* rhus-t. sabal$_{c2}$ **Sil.** **Sulph.** ust. verat-v.
  • **links**: cist.$_{k2}$
  • **Entbindung**; während der: bell.$_{k2}$
  • **Erregung**; durch: phyt.$_{k2}$
  • **chronisch**: carc.$_{fb}$ fl-ac.
  • **Prellungen**, Stöße; durch: *Arn.*
  ○ **Brustwarzen**: arn. *Cadm-s.* calc.$_{h}$ cann-s. *Cham.* petr.$_{k2}$ *Phos.* pic-ac. *Sil.* sulph.

– **Rippenfell** (= Pleuritis, Rippenfellentzündung): abrot. **Acon.**$_{c2,k}$ act-sp.$_{c2}$ ant-ar.$_{c2}$ ant-t. *Apis*$_{c2,k}$ *Arg-n.* *Arn.* *Ars.*$_{c2,k}$ ars-i. ars-s-f.$_{k2}$ arum-t. asc-c.$_{c1,c2}$ asc-t.$_{c2,k}$ bad. *Bell.*$_{k,k2,*}$ *Borx.*$_{c2,k}$ **Bry.**$_{c2,k}$ *Cact.* *Calc.* calc-i.$_{k2}$ *Cann-s.*$_{c2,k}$ *Canth.*$_{c2,k}$ **Carb-an.**$_{c2,k}$ *Carb-v.* *Carbn-s.* card-m.$_{c2,k}$ *Chel.* chin.$_{c2,k}$ chlor.$_{c2}$ *Colch.* *Dig.* *Dulc.* eucl-n.$_{bta1}$ *Ferr-m.*$_{c2}$ *Ferr-p.*$_{c2,k}$ guaj.$_{c2}$ *Hep.*$_{c2,k}$ *Iod.* *Kali-ar.* *Kali-c.*$_{c2,k}$ *Kali-chl.* *Kali-i.*$_{c2,k}$ kali-m.$_{k2}$ kali-n.$_{c2}$ kali-p. *Kali-s.* *Laur.* lob.$_{c2}$ *Merc.* methyl.$_{c2}$ *Mur-ac.* nat-m. *Nit-ac.* phase-xyz.$_{c2}$ *Phos.* puls.$_{k2}$ *Ran-b.* rat.$_{c2}$ rhus-t.$_{c2,k}$ sabad. sang. **Seneg.**$_{c2,k}$ sep.$_{c2,k}$ *Sil.*$_{c2}$ *Squil.*$_{c2,k}$ *Stann.* sul-ac. sul-i.$_{k2}$ **Sulph.**$_{c2,k}$ tub.$_{c2,gk}$ v-a-b.$_{jl}$ verat-v. ziz.$_{c2}$
  • **links**: *Kali-i.* tub.$_{gk}$
  • **rechts**: borx. *Bry.* ferr-p.$_{k2}$
  ◆ **begleitet** von:
    • **Lungenentzündung**
      ☞ *Lungen - Pleuropneumonie*
    • **Zunge**:
      • **Trockenheit** der Zunge: *Hep.*$_{kr1,vk1}$
  • **alten** Menschen, bei: *Nit-ac.*
  • **rheumatisch**: *Ant-t.* *Arn.* **Bry.** *Dulc.* nux-v. sabad. *Sulph.*
  • **Schwindsüchtigen**, bei: *Arg-n.* *Calc.* *Seneg.* tub.$_{gk}$
  • **Unterkühlung** bei Überhitzung; durch: ran-b.$_{k2}$
  • **vernachlässigt**: **Ars.** *Ars-i.* *Calc.* camph. canth. *Carb-v.* chin. ferr. *Hep.* *Iod.* lach. lyc. *Nat-m.* *Seneg.* *Sep.* *Sil.* sul-i.$_{k2}$ **Sulph.**

– **Zwerchfell**: bry. cact. dulc. ham.$_{hr1}$ *Hep.* lyc. *Nux-m.* *Nux-v.* *Ran-b.* *Stram.* *Verat.*

Erguß in den Herzklappen: *Spong.*

Erkrankungen:
○ **Herzens**; des
  ☞ *Herzens; Beschwerden des*
– **Knorpel**, der
  ☞ *Knorpel*

Erschütterung der Brust beim Husten: aur.$_{bg1}$ bell.$_{bg1}$ bry.$_{bg1}$ calc-ar. cench. crot-h.$_{bg1}$ gels.$_{bg1}$ hyos. kali-n.$_{bg1}$ *Lact.* lil-t.$_{bg1}$ mag-s. mez.$_{bg1}$ phos.$_{bg1}$ plb.$_{bg1}$ rhus-t.
– **Schaudern**, mit: mez.$_{h}$

Erweiterung des Herzens; Herzerweiterung: *Alum.* am-c. *Ant-t.* *Apis* **Cact.** carb-v.$_{gm1}$ cench.$_{k2}$ coff. conv.$_{br1}$ crat.$_{br1}$ cupr. hydr-ac. *Iod.* *Kali-i.* *Lach.* *Laur.* lil-t. *Lyc.* *Lycps-v.* *Naja* *Nat-m.* *Nux-v.* ph-ac. *Phos.* plb. *Psor.* *Puls.* tab.
  ☞ *Hypertrophie - Herzens*
– **Gefühl** von Herzerweiterung: ang.$_{c1}$ cadm-s.$_{gm1}$
  • **drückt** gegen den Rücken, breitet sich nach oben und im Umfang aus: choc.$_{srj3}$
  • **Liegen** auf der linken Seite:
    • **amel.**: ang.$_{c1}$
○ **Herzkammern**: con.$_{br1}$

Erysipel der Mammae: anan. **Apis** arn. *Bell.* cadm-s. *Carb-an.* *Carb-v.*$_{c2,k}$ *Carbn-s.* *Cham.* coll. graph. *Phos.* plan.$_{hr1,k}$ *Sulph.*

Exkoriation:
○ **Achselhöhle**: ars. aur. carb-v. con. *Graph.* mez. sanic. *Sep.* *Sulph.* zinc.
– **Brustwarzen**: alumn. anan. arg-n. *Arn.* calc. calc-p. calc-sil.$_{k2}$ castor-eq. **Caust.** *Cham.* crot-t. dulc. **Fl-ac.** *Graph.* *Ham.* *Hell.* hyper. ign. *Lyc.* *Merc.* *Nit-ac.* phos. **Phyt.** puls. *Sang.* *Sep.* *Sil.* *Sulph.* zinc.
– **Mammae**, durch Reiben: con.$_{h}$

Exostosen an den Rippen: calc-f.$_{k2}$ merc-c.

Faden hängen oder hin und her schwingen; als würde das Herz an einem: dig.rb2 kali-c.st lach.gm1,rb2,* lil-t.st lyc.rb2,st tub.rb2
☞ *Aufgehängt - Herz*
– **abreißen**; als würde jeder Herzschlag es: lach.gm1

Fallen; Gefühl etwas würde:
– **Gewicht** würde von der Brustrinne zum Abdomen fallen; ein: nat-hchls.
– **herabfallen**; etwas würde in der Brust: bry.bg1 nux-v.bg1
– **Tropfen** fallen würden; als ob:
○ **Brust** hinein; in die: thuj.
• **Herzen** herab, vom: cann-i.c1 cann-s.
– **vorne** fallen, beim Herumdrehen im Bett; Gefühl, als würde etwas in der Brust nach: bar-c. sulph.
○ **Herz** herabfallen würde, abends; als ob das: hyper.c1

Farbe (= Verfärbung):
– **blau**, nahe dem Schlüsselbein: *Ars. Cupr.* lach. thuj.
– **Flecken**: agar.bg3 am-c. am-m. ars. *Bell.* carb-v. cinnb. cocc. crot-c.a1,k *Crot-h.* ery-a. ip. *Lach.* **Led.** lyc. *Mag-c.* mez. nat-m.bg3 *Nit-ac.* **Phos.** phyt. sabad. seneg.bg3 *Sep.* squil. sulph. thuj.bg3 vip.
• **braun**: cadm-s. *Carb-v. Lyc. Mez. Petr. Phos.* **Sep.** thuj.
• **juckend**: hydr. lyc. sulph.
○ **Mammae**, an den: cadm-s. carb-v. lyc. phos. *Sep.*
• **dunkel**: phos.
• **Ekchymosen**: *Lach.* phos. *Sul-ac.*
• **gelb**: ars. *Phos.*
• **juckend**, abends: sulph.
• **werden** dunkel: mez.
• **juckend**: nit-ac.h
• **Leberflecken**: **Lyc.**
• **marmoriert**: **Crot-h. Lach.** naja vip.
• **schwarz**, gefleckt: vip.
• **Sommersprossen**: nit-ac.
– **kupferfarben**: stram.
– **livid**: ars.
– **rot**: am-c.h aster. aur. bar-c. bell. bomb-chr.a1 chinin-s. *Graph.* iod. kali-ar. *Lac-c.* rhus-t. rhus-v. sulph. tarax. vesp.
• **brennend**: am-m.h mez.h
• **erythematös**: *Apis*
☞ ☐ *Haut - Hautausschläge - Erythem*
• **Flecken**: am-m.h ant-c. arn. *Bell.* cinnb. cocc. led. mag-c. manc. *Merc.* mez. puls. raph. sabad. sil. tab.
• **Flecken**, entzündete: apis chlol. cinnb.
• **juckend**: am-m.h
• **kupferfarben**: stram.
○ **Achseldrüsen**:
• **blau**: carb-an.k2
– **Mammae**:
• **Blaufärbung** der geschwürigen: *Lach.* phos.
• **bläulichrot**: kreos. *Lach.*
• **gelb**: chel. thuj.

Farbe - Mammae - gelb: ...
• **Flecken**: *Ars.* carb-v. chlor. kali-c.h lyc. manc. *Phos. Sep.* sulph. tab.
• **livid**: plb.
• **rot**: am-c. bell.k2 cocc. led. sabad.
• **Streifen**: bell. phos. rhus-t. sulph.
○ **Brustwarzen**: agar. castor-eq. *Colch. Fl-ac.* psor.

Fett am Herzen, mit nervöser Reizbarkeit: **Aur.** crat.br1

Fettig, wie: nux-m.bg1

Fettige Degeneration des Herzens: adon.bro1 **Arn. Ars.** *Ars-i.* **Aur. Aur-m. Cact.** *Calc.* caps. chinin-ar.bro1 crat.br1 crot-h. cupr.h *Ferr. Iod.* **Kali-c.** kali-fcy.c2 kali-p. kali-s.k2 *Kalm.* lac-d.k2 *Naja* **Phos.** phyt.

Feuchtigkeit in den Achselhöhlen: *Carb-v. Sulph.*

Fistelmund:
○ **Achselhöhlen**, in den: *Calc. Sulph.*
– **Mammae**, in den: *Caust. Hep. Merc. Phos. Phyt.* **Sil.**

Flattern: acon. *Alumn. Ambr.* apoc. arg-met.k2 *Arg-n. Arn.* ars-i. *Asaf.* aur. aur-ar.k2 *Aur-m.* aur-s.k2 *Bry. Cact.* calad. *Calc.* calc-s. carb-v. *Cench.* cupr-ar. daph. *Dig.* eup-pur. form. gels. glon.k2 hydr-ac. *Kali-bi. Kali-br. Kali-i. Kali-p. Kalm.* lac-c. *Lach. Laur.* lec. **Lil-t.** *Lith-c.* lyss. *Med.* mosch. **Naja Nat-m. Nat-s. Nux-m.** nux-v. *Ox-ac.* **Ph-ac.** *Pic-ac.* rat. *Rhus-t. Samb. Sep. Spig.* stry. *Sulph.* sumb. thea verat-v. zing.
☞ *Zittern - Herz*
– **morgens**: naja stry.
– **nachmittags**: form.a1 sumb.a1
• **Anstrengung**; nach schneller: sumb.
• **Kopfschmerzen**, bei: form. sumb.
– **abends**: pic-ac.a1,k
– **nachts**: marb-w.es1 naja
• **weckt** sie: *Lil-t.*
◆ **abwechselnd** mit:
• **wundem** Schmerz: aur-m.
– **Denken** daran; beim: *Arg-n.*
– **Erregung**, nach geringer: *Aml-ns.* **Lil-t.** *Lith-c.*
– **Erwachen**, beim: *Kali-i.* naja
– **Freien**, amel. im: **Nat-m. Nat-s.**
– **Heben** der Arme; beim: dig. *Sulph.*
– **Liegen**, beim: marb-w.es1 **Nat-m.**
• **Seite**:
• **linken**, auf der: *Daph. Dig. Gels. Nat-m.* spig.
• **rechten**, auf der: *Alumn.*
– **Menses**, nach den: dig.k2 spig.
– **Mittagessen**, nach dem: *Sep.*
– **Ohnmacht**, nach: asaf.a1,k *Calc. Gels. Lil-t. Mosch.* **Nat-m. Nat-s.** ph-ac. stry.
– **Ruhe**, in der: **Lil-t.**
– **Schreiben**, beim: naja
– **Sitzen**, beim: *Asaf.*
– **Treppensteigen**, beim: *Bry.* **Calc.**

Flaues Gefühl am Herzen
☞ *Schwäche - Herz - Herzgegend*

Flecken:
– **juckend**
☞ *Jucken - Stellen*
– **verfärbt**
☞ *Farbe - Flecken*

Fluktuation, Gefühl von: plb.

Fremdkörper aufsteigen würde; als ob ein: zinc.h
○ **Brustbein**, hinter dem: nat-m.h
– **Hals** hinauf; in den: zinc.h2

Fressendes Nagen in der Achselhöhle: agn.bg2 mez.bg2,h

Frost beginnt in der Brust
☞ ❑ *Frost - Beginnt - Brust*

Frösteln: alum. *Ars.* bamb-a.stb2 bry. kali-bi.k2 mez.h nat-c. par. *Ran-b.* rutah
– **linke** Seite: nat-c. nat-m.
– **abends**: *Ars.*
– **Gehen** im Freien; beim: chin. *Ran-b.*
– **Hautausschlag**, mit: staph.h
– **Stuhlgang**, nach: plat.
○ **Brustbein**: alum.h
– **Mammae**, Schauder in den: *Cocc. Guaj.* nux-v.h petr.

Furunkel
☞ *Hautausschläge - Furunkel*

Galaktorrhoe
☞ *Milch - schwangeren*

Gangrän der Lunge; Lungengangrän: **Ars.** bufok2 carb-ac. *Carb-an. Carb-v. Chin.* crot-h. **Kreos.** *Lach.* lyss. osm. *Phos. Plb.* sec. sul-ac. tarent.

Gefühl, als wäre das Herz auf der rechten Seite
☞ *Rechten*

Gefühllosigkeit, Taubheit: bufobg1,bg2 carbn.bg1 chel. cupr-ar. *Glon.* graph.h lat-m.bg1 merc. nux-m. physal-al.bg1 rhus-t. urt-u.
○ **Mammae**: graph.
○ **Brustwarzen**: sars.
– **Präkordium**: cact.br1
– **Schlüsselbeine**: ferr.
– **Seiten**:
• **links**: cupr-ar. *Cur.* plb.
• **rechts**: chel.

Gepackt würde und Herzklopfen; als ob er am Herzen: laur.br1

Geräusche: adon.bro1 agar. *Aml-ns. Apis Ars. Ars-i.* aspar. *Aur.* aur-i.k2 *Aur-m.* bar-c. **Cact.** *Calc.* carb-ac. *Chel.* chinin-ar. *Cocc. Colch.* **Coll.** crat.br1 *Crot-h.* cupr-s. **Dig. Ferr.** ferr-ar. ferr-i. *Glon.* hep. *Hydr.* hydr-ac. iber. *Iod.* ip. kali-ar. kali-br. *Kali-c.* **Kalm.** *Lach.* laur.k2 *Lith-c.* lob. *Lyc. Lycps-v. Merc.* **Naja** nat-ar. nat-c. *Nat-m. Nit-ac.* ox-ac.k2 *Phos.* plb. *Psor.* puls. **Rhus-t. Spig. Spong.** stann.

Geräusche: ...
stram. *Sumb.* tab. tarent. tub.
– **Atemgeräusche**: arg-n.hr1 asc-t.hr1 bapt.nh4 bell.a1 *Cact.*hr1 carbn-o.a1 *Dig.*a1,hr1 *Gels.*hr1 *Hep.*hr1 *Phos.*a1 sang.hr1 sulph.hr1
– **Herzgeräusche**: aur-i.k2,vh1 ferr-ar.k2 ferr-i.k2 kali-ar.k2 phos.c2 psor.k2 spig.c1 thyr.al2,c1
• **Klappengeräusche**: crat.br1

Geschwüre: *Ars.* hep. *Sulph.*
○ **Achselhöhle**: borx. con.k2
– **Brustbein** und Schlüsselbein; über: *Calc-p.*
– **Lungen**: **Calc.** carb-v. chin. **Kali-c.** kali-n. *Led. Lyc.* mang.k2 *Nit-ac.* **Phos.** puls. ruta sep. **Sil.** stann. *Sul-ac.* sul-i.k2 *Sulph. Tub.*
– **Mammae**: alum-sil.gm1 ars-s-f.k2 *Calc.* clem.k2 *Hep.* paeon.c2 *Phos.* **Phyt. Sil.** sulph.
• **rechts**: *Com.*
◆ **begleitet** von:
• **Brustkrebs**
☞ *Krebs - Mammae - begleitet von - Geschwüre*
• **Abszesses**; an der Stelle eines alten: paeon.gm1
• **ausbreitend**, sich: borx.
• **kanzerös**: calc-sil.k2
• **szirrhös**, stechend, brennend, riecht nach altem Käse: **Hep.**
○ **Brustwarzen**: *Calc.* **Castor-eq.**c2,k cham. *Merc. Sil.* sulph.

Gewicht:
– **fallen**; würde von der Brustrinne zum Abdomen
☞ *Fallen - Gewicht*
– **Gefühl** eines Gewichtes auf der Brust
☞ *Beklemmung*

Gezogen, wie:
– **Rücken** gezogen; als sei die Brust zum: ind. syph.
○ **Brustwarzen**:
• **hinten** gezogen; wie: crot-t.k2
– **Herz**:
• **unten** gezogen; wie: thuj.
– **Lungen**:
• **unten** gezogen; wie: am-c.gsy1

Gicht; Beschwerden des Herzens bei ●: aur. *Benz-ac. Calc. Carb-v. Caust. Colch. Kalm. Led.* **Lyc.** *Puls. Spong.*

Gluckern; Gurgeln:
☞ *Blubberndes / Glucksendes / Hautausschläge - Bläschen - berstendes*
– **Atmen**, beim: cina cocc.c1 ind. mur-ac. puls.bg1
○ **Herz**: bell. *Psor.* rhus-t.
• **Liegen**, beim: *Psor.*
– **Mammae**, in den: crot-t.
– **Seite**, rechte: nat-m.

Glucksendes Geräusch: cina kali-c. nat-m.
☞ *Blubberndes / Gluckern / Hautausschläge - Bläschen - berstendes*
○ **Brust**, in der: rutah
– **Herzen**, im: lyc.h,kl2●

Greifendes Gefühl
☞ *Zusammenschnürung*

Groß
☞ *Völle*

Hält die Hände über das Herz, als sei dort etwas los:
– **Anstrengung** amel.; jede: laur.$_{bro1,pd}$

Halten; muß beim Husten die Brust mit der Hand
☞ ❑ *Husten - Halten - Brust*

Hämoptyse
☞ *Blutung*

Hängen; als würde das Herz an einem Faden
☞ *Faden*

Hängen; als würde das Herz an den linken Rippen
☞ *Aufgehängt - Herz*

Härte der Mammae
☞ *Verhärtung - Mammae*

Harter Körper:
– **Husten** herabfallen; Gefühl als würde ein harter Körper nach dem: bar-c.$_{h}$
○ **Herz** ein harter Körper; als sei das: nat-c.
– **Lunge** klein und hart; Gefühl, als sei die rechte: abies-c.$_{br1,c1}$

Hautausschläge: agar. ail.$_{k2}$ *Alumn.* am-c. am-m. anac. ant-c. **Ars.** ars-s-f.$_{k2}$ asar. *Bar-c.* berb. bov. cadm-s. *Calc.* calc-s. calc-sil.$_{k13,k2}$ camph. cann-s. **Carb-an.** *Carb-v.* *Carbn-s.* *Caust.* chel. chin. cic. *Cinnb.* cist. cocc. con. cycl. dulc. fl-ac. **Graph.** *Hep.* hippoz. hydr. hydr-ac. hydrc. hyper. iod. kali-ar. kali-bi. *Kali-c.* *Kali-i.* kali-s. lach. *Led.* luna$_{kg1}$ *Lyc.* mag-c. *Mag-m.* *Merc-c.* mez. nat-ar. nat-c. nat-p. *Nat-s.* **Petr.** ph-ac. *Phos.* plb. **Psor.** puls. ran-b.$_{k2}$ rhus-t. *Sep.* sil. staph. stram. sul-i.$_{k2}$ **Sulph.** *Syph.* tab. thuj. urt-u. valer. zinc.
– **abschilfernd**: *Led.* mag-c.$_{h}$ mang.$_{hr1}$ mez. sulph.
– **Akne**: amph.$_{a1}$ bar-c.
– **Bläschen**: alum. arund. calc. calc-s. camph. carbn-s. caust. *Graph.* kali-i. led. medus.$_{br1}$ *Merc.* ran-b.$_{k2}$ rhus-t. sep. stram. sulph.
  • **berstendes** Gefühl: sulph.$_{h}$
  ☞ *Blubberndes / Gluckern / Glucksendes*
  • **brennend**: alum.
  • **schmerzhaft**: caust.$_{h}$
– **blau**: ran-b.$_{k2}$
– **Blutblasen**: *Ars.*
– **brennend**: alum. bov. *Cic.* mez. *Rhus-t.*
– **Ekzem**: anac. aur-i.$_{k2}$ *Calc.* calc-s. *Carb-v.* cycl. **Graph.** hep. kali-s. *Petr.* **Psor.** **Sulph.**
– **Exanthem**, flüchtiges: ail.$_{k2}$ *Am-c.* ant-t. *Bry.* calad. *Calc.* calc-s. **Chel.** cupr. ferr. *Ip.* lach. **Led.** merc. mez. plb. *Sil.* *Staph.* *Sulph.* syph. ter.
  ◇ **abwechselnd** mit Asthma: *Calad.*
  • **juckend**: calad. caust. sil.$_{h}$ staph.
  • **rot**: am-c. calc. *Camph.* **Chel.** corn. staph. stram. sulph.
    • **juckendes** Exanthem über der Lebergegend: *Sel.*

Hautausschläge - Exanthem, flüchtiges: ...
  • **Wärme** agg.: stram.
  • **weißlich** bei Typhus abdominalis: *Apis* valer.
– **Flecken**: nat-c. sars.
– **Frühling**, jeden: *Nat-s.*
– **Furunkel**: am-c. chin. *Hep.* **Kali-i.** lach. mag-c. mag-m.$_{h}$ phos. **Psor.** **Sulph.**
– **gelbe**, schuppende, juckende Flecken: kali-c.
– **Herpes**: *Ars.* *Graph.* *Hep.* lyc. mag-c. *Petr.* *Ran-b.*$_{hr1}$ *Staph.* *Syph.*
  • **zoster** ●: dol.$_{c1,st}$ *Graph.* *Lach.* *Mez.* *Ran-b.*$_{hr1}$ *Rhus-t.* staph.$_{bg1,bg2}$ thuj.$_{k2}$
– **Heu**, Stroh verursacht: *Graph.*$_{vh}$
– **juckend**: amph.$_{a1}$ cann-s. gink-b.$_{sbd1}$ *Graph.* led. luna$_{kg1}$ *Rhus-t.* stram. urt-u.
– **Knoten**: *Bar-c.* *Carb-an.* hippoz. hydr. *Merc-c.* nat-c.$_{h}$ *Nat-s.*
– **Krusten**: anac. ars. *Fl-ac.* *Hep.* *Mez.* *Nat-s.*
– **miliar**: amph.$_{a1}$ hydrc. mez.
– **Pickel**: am-m. *Ant-c.* arg-n. *Ars.* berb. borx. bov. calc. cann-s. canth. chin. cinnb. *Cist.* cocc. con. dulc. fl-ac. *Graph.* *Hep.* hura hyper. iod. kali-ar. *Kali-c.* *Lach.* led. mag-m. mang.$_{a1}$ mez. nat-ar. nat-c. nat-p. ph-ac. plb. puls. *Rhus-t.* squil. staph. stront-c. tab. valer. verat. zinc. zinc-p.$_{k2}$
  • **Akne**
  ☞ *Hautausschläge - Akne*
  • **bluten** leicht: *Cist.*
  • **brennend**: agar. bov. staph.
  • **erhaben**: valer.
  • **flach** werdend: rhus-t.
  • **geschwürig**: sep.$_{a1,k}$
  • **hart**: bov. valer.
    • **unter** der Haut: alum.
  • **indolent**: cund.
  • **juckend**: ant-c.$_{h}$ arg-n.$_{a1}$ cann-s. dulc. gins. iod.$_{h}$ mag-m. nat-c. tab.
  • **rot**: am-c. apis arund. bov. cocc. iod. *Mez.* ph-ac. plb. stram. zinc.
    • **abends**: ph-ac.
    • **Lichen** ruber, wie: ant-t.
  • **schmerzhaft**: cist.
    • **Berührung**, bei: con.$_{h}$
  • **spitz**, mit weißlichen, halbdurchsichtigen Bläschen darauf: bry.
  • **weiß**: valer.
    • **rotem** Hof, mit: *Borx.*$_{h,k,*}$ bov.
– **Pusteln**: agar. *Ant-t.* *Ars.* arund. asar. aur. bar-c. bar-s.$_{k2}$ *Calc.* chel. chlor. cocc. euon. fl-ac. graph. *Hep.* hydr. *Hydrc.* kali-bi. kali-s. mag-m. merc-c. petr. *Psor.* *Rhus-t.* *Sil.* stront-c.
– **Roseola** nach Mißbrauch von Quecksilber: *Kali-i.*
– **rot**: mag-c.$_{h}$ *Merc.* merc-i-f. nat-s.$_{k2}$ ust. valer. vip.
  • **Flecken**
  ☞ *Farbe - rot - Flecken*
  • **kupferfarben**: merc. stram.
– **schmerzhaft**: luna$_{kg1}$ lyc.$_{h}$
  • **Flecken**: luna$_{kg1}$
– **trocken**: *Carb-v.* *Petr.* **Psor.** *Sep.* *Sulph.*
– **Tuberkel**: am-c. caust. mang. nicc.
– **Urtikaria**: *Calad.* hydrc. sars. sulph. tub.$_{c1}$ urt-u.

○ **Achselhöhle**: brom. calc. **Carb-an.**$_{bg1,bg2}$ elaps *Hep.* jug-r. lyc. *Merc.* nat-m. nicc. petr. psor. *Rhus-t.* *Sep.* *Sulph.* thuj.
• **brennend**: *Merc.*
  • **Kratzen**, nach: phos.$_{h}$
• **Ekzem**: *Hep.* jug-r. merc. *Nat-m.* petr. **Psor.** sep.
• **Exanthem**, flüchtiges: *Hep.* *Sulph.*
• **feucht**: brom. carb-v. jug-r. nat-m. *Sep.* sulph.
• **Flecken**: petr.$_{bg2}$
• **Furunkel** ●: borx. **Hep.** *Lyc.* *Merc.* *Nat-s.* petr. ph-ac. *Phos.* sep. *Sil.* *Sulph.* thuj.
  • **links**: borx. lyc. *Phos.* *Sep.*
  • **rechts**: thuj.
  • **reißender** Schmerz: petr.$_{h}$
  • **schmerzhaft**, klein: sep.
  • **wiederkehrend** ●: lyc.
• **Herpes**: *Carb-an.* elaps graph.$_{k2}$ *Lac-c.* *Lyc.* mez. *Nat-m.* *Rhus-t.* *Sep.*
  • **zoster**: dol.$_{st}$
• **juckend**: elaps *Hep.* phos.$_{h}$ *Psor.*
• **Krusten**: anac. jug-r. **Nat-m.**
• **Pickel**: cocc. phos.
• **Pusteln**: crot-c.$_{a1,k}$ viol-t.
• **Risse**: *Hep.*
• **schmerzhaft**: *Merc.*
• **Schorfe**
  ☞ *Krusten*
• **schuppig**: jug-r.
• **trocken**: *Hep.*
• **Tuberkel**: nit-ac. phos.

– **Brustbein**:
• **Entkleiden** agg.: carc.$_{tp1}$

– **Mammae**: aster. bufo$_{k2}$ *Caust.* graph. grat. hep. led. lyc. pip-n.$_{c2}$ staph. tab. valer.
• **abschälend**: kali-c. *Kreos.* petr.
• **Bläschen**: aeth.
• **Blasen**: bufo$_{k2}$
• **brennend**: ars. grat. phos. rhus-t.
  • **Kratzen**, nach: grat.
• **Ekzem**: anac.
• **Furunkel**: chin. mag-c. phos.
• **Herpes**: ars. *Caust.* dulc. graph. *Lach.* petr. psor. staph.
• **juckend**: kali-c. staph. tab.
  • **Hitze**, durch: staph.
• **kleieartig**, zwischen den Mammae: aster.
• **mehlig**: petr.
• **miliar**: ant-t. led. staph.
• **Pickel**:
  • **juckend**: bell.$_{h}$
  • **stechend**, fein: hep.
• **Pusteln**: euon. hep.
• **Reiben**, durch: kali-c.$_{h}$
• **rot**: staph.
• **schmerzhaft**: lyc.
  • **Berührung**, gegen: hep. ph-ac.
• **stechend**, fein: hep.
• **stillenden** Frauen; Flechten bei: dulc.$_{c1}$

○ **Brustwarzen**: caust. *Graph.* lach.$_{c1}$ petr.$_{k2}$ psor. rhus-t. tell.
  • **abblätternd**: *Lyc.* *Petr.*
  • **Bläschen**: *Graph.*

Hautausschläge - Mammae - Brustwarzen: ...
  • **Ekzem**: *Graph.*
  • **feucht**, juckend: *Sulph.*
  • **Herpes**: **Caust.**
  • **juckend**: petr.$_{k2}$
  • **mehlig**: *Petr.*
  • **Pickel**: agar.
  • **schuppig**: *Lyc.*

Hepatisation der Lungen: ant-t. *Brom.* bry.$_{k2}$ *Cact.* calc.$_{k2}$ calc-s. *Camph.* *Chel.* ferr. *Iod.* *Kali-c.* *Kali-chl.* *Kali-i.*$_{c2,k}$ kali-m.$_{k2}$ kali-p. *Lach.* *Lob.* *Lyc.* merc. *Nux-v.* op. **Phos.** *Sang.* **Sulph.** *Ter.* *Tub.*
– **links**: *Lach.* *Lyc.* *Myrt-c.* phos. *Sulph.*
– **rechts**: *Kali-c.* **Kali-i.** *Phos.*
○ **obere** rechte Hälfte: *Chel.*
– **Liegen**, beim:
• **linken** Seite agg.; auf der: **Phos.**
• **rechten** Seite; auf der:
  • **agg.**: kali-c. *Merc.*
  • **amel.**: **Phos.**
• **Rücken** agg.; auf dem: *Phos.*

Herumdrehen, herumwirbeln; Gefühl, als würde sich das Herz: ant-t.

Hervorstehen der rechten Brust; stärkeres:
○ **Rippen**; der: nat-m.$_{h}$

Herz auf der rechten Seite; Gefühl, als sei das
☞ *Rechten*

Herzens; Beschwerden des (= Herzleiden): **Acon.**$_{c2,k}$ adon.$_{c2}$ *Am-c.* aml-ns.$_{c2}$ ammc.$_{c2}$ anac.$_{c2}$ apis$_{c2}$ apoc.$_{c2}$ arg-met.$_{c2}$ arg-n.$_{k2}$ *Arn.*$_{c2}$ *Ars.*$_{c2,k}$ *Ars-i.*$_{c2,k}$ asaf.$_{c2}$ asc-t.$_{c2}$ aster.$_{c2}$ **Aur.** aur-ar.$_{k2}$ aur-br.$_{c2}$ aur-i.$_{k2}$ **Aur-m.**$_{c2,k}$ *Bad.*$_{c2,k}$ *Bar-c.*$_{c2}$ *Bell.*$_{c2}$ benz-ac.$_{k2}$ bov.$_{c2}$ *Brom.* bufo$_{c2}$ **Cact.**$_{c2,k}$ *Calc.* camph.$_{c2}$ *Caust.*$_{c2,k}$ *Cench.*$_{c2,k}$ cere-b.$_{c2}$ *Cimic.*$_{c2}$ coc-c.$_{c2}$ colch.$_{c2,k2}$ *Coll.*$_{c2,k}$ conv.$_{c2}$ cot.$_{br1,c2}$ crat.$_{br1,c2}$ croc.$_{c2}$ *Crot-h.*$_{c2,k}$ *Cupr.* *Dig.*$_{c2}$ digin.$_{c2}$ dirc.$_{c2}$ fago.$_{c2}$ ferr.$_{c2,k}$ gels. glon.$_{c2}$ grin.$_{c2}$ *Hydr.* hyos. *Iber.*$_{c2}$ *Ign.*$_{c2}$ *Iod.*$_{c2,k}$ iodof.$_{c2}$ jab.$_{c2}$ kali-c.$_{c2}$ kali-m.$_{c2}$ kali-n.$_{c2}$ *Kalm.* lac-d.$_{c2}$ **Lach.**$_{c2,k}$ *Laur.*$_{c2,k}$ led.$_{k2}$ lepi.$_{c2}$ *Lil-t.*$_{c2,k}$ **Lith-c.**$_{c2,k}$ **Lob.**$_{c2,k}$ *Lycps-v.* mag-m.$_{c2}$ magn-gr.$_{c2}$ *Merc.*$_{c2}$ *Mosch.* myric.$_{c2}$ **Naja**$_{c2,k}$ nat-c.$_{k2}$ nat-i.$_{c2}$ *Nat-m.*$_{c2,k}$ *Nux-v.*$_{c2}$ op. ox-ac.$_{k2}$ phase-xyz.$_{c2}$ *Phos.* phys.$_{c2}$ phyt.$_{c2}$ polyg-pe.$_{c2}$ pop-c.$_{c2}$ prun.$_{c2}$ prun-p.$_{c2}$ *Psor.* **Puls.** pyrus$_{c2}$ rumx.$_{c2}$ seneg. **Spig.**$_{c2,k}$ **Spong.** stront-c.$_{c2}$ stroph-h.$_{c2}$ sumb.$_{c2}$ tax.$_{c2}$ tub.$_{c2}$ verat-v.$_{c2}$

◆ **begleitet** von:
• **Atmen**; erschwertem: am-c.$_{k2}$ aur.$_{k2,kh}$ aur-i.$_{k2}$ cinnb.$_{bg1}$ conv.$_{br1}$ crat.$_{gm1}$ dig.$_{k2}$ **Laur.** *Lycps-v.* naja$_{k2}$ ox-ac.$_{k2}$ **Tarent.**
• **Basedow**
  ☞ ❑ *Äußerer Hals - Kropf - Basedow - begleitet von - Herzens*
• **Darmkrebs**
  ☞ ❑ *Abdomen - Krebs - Darm - begleitet von - Herzens*
• **Harnwege**; Beschwerden der: **Laur.** *Lycps-eu.*
• **Schlaflosigkeit**
  ☞ ❑ *Schlaf - Schlaflosigkeit - begleitet von - Herzens*

– **chronisch**: crat.$_{brl}$
  • **Schwäche**; mit extremer: crat.$_{brl}$
  • **Herzversagen**: nat-m.$_{brl}$
– **Mitralinsuffizienz**; Rückstrom des Blutes bei: laur.$_{brl}$
– **Neuralgie**; mit: spig.$_{brl}$
– **Reizbarkeit**; mit: crat.$_{brl}$
– **Rheumatismus**; nach: crat.$_{brl}$
– **Überheben**; durch: *Caust.*
○ **Herzklappen**: colch.$_{k2}$ naja$_{k2}$

Herzerweiterung
☞ *Erweiterung*

Herzklopfen: abrom-a.$_{bnj1}$ acetan.$_{c2}$ **Acon.** adren.$_{c2}$ aesc. *Aeth.* **Agar.** aloe alst.$_{c2}$ *Alum.* alum-sil.$_{k2}$ alumn. *Am-c.* *Am-m.* *Ambr.* **Aml-ns.** anac.$_{bg1,brl,*}$ ant-c. *Ant-t.* *Apis* apoc. *Arg-met.* **Arg-n.** *Arn.* **Ars.** **Ars-i.** art-v. *Asaf.* asc-t. aspar. aster. **Aur.** aur-ar.$_{k2}$ aur-i.$_{k2}$ *Aur-m.* aur-m-n. aven.$_{c1,c2}$ *Bad.*$_{c2,k}$ *Bamb-a.*$_{stb2}$ *Bar-c.* bar-i.$_{k2}$ *Bar-m.* *Bell.* benz-ac. berb. *Bism.* borx. *Bov.* *Brom.* *Bry.* bufo **Cact.** **Cadm-s.** **Calc.** *Calc-ar.*$_{c2,k}$ calc-i.$_{k2}$ *Calc-p.* calc-s. *Camph.* *Cann-i.* *Cann-s.*$_{c2,k}$ canth. *Carb-an.* *Carb-v.* *Carbn-s.* carl. *Caust.* *Cedr.* *Cham.* *Chel.* **Chin.** *Chinin-ar.* *Chinin-s.* chlol.$_{c2}$ cimic. cit-v.$_{c2}$ coc-c. *Cocc.*$_{c2,k}$ coff. **Colch.** *Coll.* coloc. **Con.** cop. corn. *Crot-c.* *Crot-h.*$_{c2,k}$ crot-t. *Cupr.*$_{c2,k}$ cupr-ar. *Cycl.* **Dig.** digin.$_{c2}$ *Dios.* dulc. *Elaps* epiph.$_{c2}$ *Eup-per.* eupi. fago.$_{c2}$ *Ferr.*$_{c2,k}$ *Ferr-ar.* *Ferr-i.* *Ferr-p.*$_{c2,k}$ form. *Gels.* gink-b.$_{sbd1}$ **Glon.**$_{c2,k}$ *Graph.* grat. *Guaj.* ham. hell. *Hep.* *Hydr.* hydr-ac. *Hydrog.*$_{srj2}$ *Hyos.* hyper. *Ign.* **Iod.** ip. *Kali-ar.* *Kali-bi.* **Kali-c.** *Kali-chl.* *Kali-fcy.* *Kali-i.* *Kali-n.* *Kali-p.* *Kali-s.* **Kalm.** kreos. *Lac-d.* **Lach.** lact. *Laur.*$_{c2,k}$ *Lec.* led. *Lil-t.*$_{c2,k}$ *Lob.*$_{c2,k}$ **Lyc.** *Lycps-v.* lyss. m-aust.$_{c2}$ *Mag-c.* *Mag-m.*$_{c2,k}$ *Manc.* *Mang.* *Med.* *Meli.* **Merc.** *Merc-c.* *Merl.* mez. *Mill.* morph.$_{c2}$ *Mosch.* mur-ac. murx. mygal. **Naja** **Nat-ar.** **Nat-c.** **Nat-m.** **Nat-p.** *Nit-ac.* *Nux-m.* **Nux-v.** ol-j.$_{c2,k}$ *Olnd.*$_{c2,k}$ *Op.* osm. *Ox-ac.* par. petr. **Ph-ac.** phase-xyz.$_{c2}$ **Phos.** *Phys.* pic-ac. pin-s.$_{c2}$ *Plat.* *Plb.* *Podo.*$_{c2,k}$ *Prun.* *Psor.* **Puls.**$_{c2,k}$ pyrog.$_{k2}$ raph.$_{c2}$ rhus-r. *Rhus-t.* rumx. sabin. sang. *Sars.* *Sec.*$_{c2,k}$ seneg. **Sep.** *Sil.* **Spig.** **Spong.** squil.$_{c2,k}$ stann. staph. *Stram.* *Stront-c.* stry. *Sul-ac.* sul-i.$_{k,k2}$ **Sulph.** sumb. **Tab.** tarax. tarent. tell. tep. ter. term-a.$_{bnj1}$ thea *Ther.* *Thuj.* thyr.$_{bro1}$ tril-p. tub.$_{a1,c2,*}$ upa.$_{c2}$ v-a-b.$_{j1}$ valer.$_{c2,k}$ **Verat.** *Verat-v.* vesp. *Viol-t.* yohim.$_{c2}$ *Zinc.* zinc-p.$_{k2}$
– **tagsüber**: **Acon.** *Iod.* rhus-t.
– **morgens**: agar. alum. bar-c. *Carb-an.* caust. chel. chinin-s. *Hydr.* kali-c. *Kalm.* **Lach.** lyc. *Lycps-v.* *Nat-m.* nux-v. **Phos.** podo. *Rhus-t.* *Sarr.* sep.$_{h}$ **Spig.** sulph. thuj. tub.$_{c1}$
  • **7** h: sol-t-ae.
  • **Bett**, im: *Ign.* kali-c. *Rhus-t.*
  • **Erwachen**, beim: agar. alum. alum-p.$_{k2}$ *Carb-an.* chinin-s. hep. kali-c.$_{h}$ **Lach.** *Nat-m.* phos. rhus-t. *Sep.* thuj.
    • **liegen**; muß mit geschlossenen Augen: carb-an.
    • **plötzlich**, nach dem Erwachen: *Kali-bi.*

Herzklopfen - morgens: ...
  • **Frühstück**:
    • **nach**: phos.
    • **amel.**: *Kali-c.*
– **vormittags**: kali-c.$_{h}$ *Lach.* nat-m. sulph.
  • **9** h: chin.
– **mittags**: dig. mez. sol-t-ae. staph. sulph.
  • **Essen**, vor dem: mez.
– **nachmittags**: arg-n. bell. chel. chinin-m.$_{c1}$ chinin-s. colch. crot-t. dig. euphr. form. gels. *Lyc.* lyss. phos.
  • **13** h: chel.
  • **14** - 18 h: carc.$_{tp1}$
  • **15** - 17 h: agar.
– **abends**: *Agar.* alum. alum-p.$_{k2}$ arg-n. brom. bufo cact. calc-ar.$_{k2}$ canth. *Carb-an.* carb-v. *Carbn-s.* *Caust.* chel. cycl. dig. dulc. *Graph.* *Hep.* *Kalm.* *Lec.* *Lyc.* *Lycps-v.* *Manc.* mez. murx. *Nat-m.* par. **Phos.** sep. sil. *Sulph.* tab. thuj.
  • **20** h: *Calc.*$_{vh}$
  • **Bett**, im ●: ang.$_{c1}$ *Arg-n.* bamb-a.$_{stb2}$ calc. gink-b.$_{sbd1}$ kali-n. **Lyc.** *Nat-m.* *Nit-ac.* ox-ac. petr. *Phos.* sars.$_{h}$ *Sep.* streptoc.$_{pd}$ *Sulph.*
  • **Essen**; nach dem: tub.$_{k2}$
  • **Liegen**, beim: nat-c.$_{h}$
  • **Sitzen**, beim: petr.$_{h}$
– **nachts**: agar. alum. am-c. *Arg-met.* **Arg-n.** *Ars.* ars-s-f.$_{k2}$ asaf. *Aur.* aur-ar.$_{k2}$ aur-i.$_{k2}$ aur-s.$_{k2}$ bamb-a.$_{stb2}$ bar-c. bar-i.$_{k2}$ bar-s.$_{k2}$ *Benz-ac.* *Cact.* **Calc.** calc-ar.$_{k2}$ calc-i.$_{k2}$ *Calc-s.* calc-sil.$_{k2}$ carb-ac.$_{c1}$ coc-c. colch. dig. *Dulc.* ferr. ferr-ar. **Ferr-i.** ferr-p. ign. *Iod.* kali-n. *Lyc.* macro.$_{c1}$ *Merc.* merc-c. mur-ac. nat-ar. nat-c. nat-m. nit-ac. *Ox-ac.* petr. *Phos.* **Puls.** sep. sil. sol-t-ae. *Spig.* sul-i.$_{k2}$ *Sulph.* *Tab.* thea tub.$_{c1}$ *Verat.*
  • **Mitternacht**: kali-n.$_{h}$
    • **vor**:
      • **23** - 3 h: *Colch.*
    • **nach**: nux-m.$_{c1}$ spig.
      • **1** - 2 h: **Spong.**
      • **2** h: benz-ac. iber.$_{bro1}$ *Kali-bi.*
      • **3** h: am-c.$_{k2}$ **Ars.** chin. nit-ac.$_{h}$
      • **4** - 5 h: lyc.$_{bg1,k}$
    • **weckt** ihn: bad. benz-ac. calc. **Spong.**
  • **Bett**, im: cact. calc-ar.$_{k2}$ ferr. *Iod.* kali-n.$_{c1}$ *Ox-ac.* *Ph-ac.* **Puls.** *Rhus-t.* *Spig.* **Sulph.**
  • **Druck** in der Magengrube; mit: sulph.
  • **Erwachen**, beim: nat-c.$_{h}$
◇ **abwechselnd** mit:
  • **Aphonie**: ox-ac.
  • **Beinen**; Schmerz in den: benz-ac.
  • **Fröhlichkeit**
    ☞ ❑ *Gemüt - Froh - abwechselnd mit - Herzklopfen*
◆ **begleitet** von:
  • **Gesicht**:
    • **blaß**: ambr.$_{brl,c1,*}$
    • **rot**: cedr.$_{a1}$ *Chin.*$_{a1}$ elec.$_{al2}$
  • **Mund**; fauliger Geruch aus dem: spig.$_{brl}$
– **Abendessen**, nach dem: cupr.$_{h}$ *Lyc.* *Ph-ac.* **Puls.** rumx.

– **Absonderungen** bei Frauen; nach unterdrückter
☞ *Menses - unterdrückt*
– **Anämie**, bei: ferr.hr1 nat-m.hr1 puls.hr1
– **anfallsweise**: *Acon.* ars.k2 *Aur.* *Lach.* *Lyc.*vh *Mag-p.* merc-i-f. nat-m.kl,kl2● nit-ac.h *Nux-v.* phos.h *Plb.* psil.ft1 *Puls.*
• **sechs** bis zehn Herzschläge: nat-m.h
– **angesprochen** wird; wenn er: aur-m.k2
• **Verlust**; über seinen: gels.hr1
– **Angst**, mit: **Acon.** aesc. agar. alum. alum-p.k2 *Am-c.* ang.c1 ant-t. *Apis* *Arg-met.* *Arg-n.* **Ars.** aspar. **Aur.** aur-ar.k2 aur-i.k2 *Aur-m.* aur-m-n.a1 aur-s.k2 bar-c. bar-s.k2 borx.h brom.ptk1 *Bry.* *Cact.* **Calc.** *Calc-p.* calc-s. *Camph.* cann-s. carb-v. carbn-s. *Caust.* cench.k2 *Chel.* **Chin.** *Chinin-ar.* *Cocc.* *Coff.* *Colch.* **Crat.**ptk1 *Croc.* cupr. **Dig.** elaps *Ferr.* ferr-ar. ferr-p. gels.bg1 gink-b.sbd1 *Graph.* *Hep.* hydrog.srj2 *Hyos.* ign.bg1,j *Iod.* ip. kali-ar. *Kali-c.* *Kali-n.* *Kali-p.* kali-s. *Kalm.* *Lach.* *Laur.* *Lil-t.* lith-c. *Lyc.* mag-m.k2 *Merc.* mez.h *Mosch.* *Nat-ar.* *Nat-c.* **Nat-m.** *Nat-p.* *Nit-ac.* nux-v. ol-an.ptk1 *Olnd.* *Op.* osm. ox-ac.bg,bg1 **Ph-ac.** **Phos.** *Plat.* *Plb.* *Psor.* **Puls.** *Rhus-t.* ruta *Samb.* sars. *Sec.* *Sep.* sil.h **Spig.** *Spong.* *Stram.* stroph-h.ptk1 **Sulph.** sumb.ptk1 thuj. tril-p.c1 *Valer.*ptk1 *Verat.* *Viol-t.* *Zinc.* zinc-p.k2
☞ ❑ *Gemüt - Angst*
– **Anlehnen**, Lehnen; beim:
• **Rückens**; beim Anlehnen des: *Chinin-ar.* *Lach.*
• **vorne**; nach: ang.c1
• **Aufstützen** auf die Arme; und: sul-ac.
– **Anstrengung**, bei: am-c. ambr.k2 *Apoc.* **Arg-met.** **Arg-n.**k,k2 *Arn.* **Ars.** *Ars-i.* ars-s-f.k2 **Asaf.** **Aur.** aur-ar.k2 aur-i.k2 *Aur-m.* aur-s.k2 *Bar-c.* *Bov.* **Cact.** **Calc.** *Calc-ar.* calc-sil.k2 *Carb-an.* carb-v. carbn-s. **Chin.** chinin-ar. **Chinin-s.** cimic. con.bg1 **Dig.** ferr.k2 ferr-i. ferr-p. glon.k2 gran. *Graph.* iber.bro1 **Iod.** *Kali-c.* kali-i. kali-sil.k2 *Kalm.* lac-d.k2 **Lach.** *Laur.* **Lycps-v.** *Med.* meny. *Merc.* **Naja** *Nat-ar.* **Nat-m.** *Nat-p.* *Nit-ac.* *Ph-ac.* **Phos.** *Podo.* **Psor.** *Puls.* *Rhus-t.* sars.k2 sil. **Spig.** *Spong.* *Stann.* **Staph.** *Stram.* sul-i.k2 *Sulph.* sumb. thyr.bro1 vesp.
• **amel.**: mag-m.
• **geringste**; durch die: conv.bro1
• **Mittagessen**, nach dem: nit-ac.
• **plötzlicher**, bei: *Arg-met.* *Arg-n.*
• **ungewohnter**, bei: *Arg-n.* *Cact.* chel.
– **Ärger**, Verdruß; durch: acon. agar. *Aur-m.* cham. *Ign.* iod. lyc.k,kl2● *Nux-v.*k,kl2● *Phos.*k,kl2● verat.
☞ ❑ *Gemüt - Beschwerden durch - Tadel*
– **Atems**; beim Anhalten des: cact.c1 spig.
– **Atmen** amel.; tiefes: carb-v.
– **Auffahren** aus dem Schlaf; mit: petr.h ph-ac.h
– **Aufmerksamkeit** auf etwas gerichtet wird; wenn die: nat-c.
– **Aufstehen**:
• **beim**: con. ferr-i. kali-n.h sulph.
• **Bett**, vom: ars. colch. *Con.* *Lach.* **Phos.** sulph.h
• **Sitzen**, vom: brom. *Cact.* ferr-i. *Lach.* mag-m.

– **Aufstehen - Sitzen**, vom: ...
Phos.
– **Aufstoßen**:
• **amel.**: aur. bar-c. *Carb-v.* mosch.bg1
• **durch**: agar.k2 coloc.h
– **Auftreibung**:
• **Abdomens**, des: abies-c.c1,kr1
• **Magens**, des: abies-c.br1 asaf.fr4
– **Ausdehnen** der Brust; beim: lach.gt1
– **Ausgelassenheit**, gehobener Stimmung; nach: *Coff.*
– **Baden**:
• **agg.**: am-c. bov.pd
• **kaltes** Baden:
• **amel.**: *Iod.*
• **warmes** Baden:
• **agg.**: bamb-a.stb2 *Iod.* *Lach.*
– **Beugen** der Brust nach vorne; beim: kalm. **Spig.**
– **Bewegung**: acon. agar. *Am-c.* *Apoc.* *Arg-n.* *Arn.* ars.k2 aspar. *Aur.* aur-ar.k2 aur-i.k2 aur-s. bell. bov. brom. cact. *Calc.* **Cann-s.** *Carb-v.* *Carbn-s.* chin. *Cimic.* *Cocc.* *Con.* **Dig.** dirc.c1 *Ferr.* ferr-i. ferr-p. *Graph.* *Hyos.* iod. jatr-c. kali-n. kali-p. kalm. *Lach.* merc. *Naja* *Nat-m.* *Nit-ac.* **Phos.** *Prun.* **Psor.** sabin. *Sil.* sol-t-ae. **Spig.** *Staph.* *Stram.* sul-i.k2 sulph. verat. zinc-s.
• **amel.**: *Arg-met.* *Arg-n.* ferr.bg1,k2 gels.bg1 gink-b.sbd1 glon. *Mag-m.*hr1,k par. phos. puls.bg1 *Rhus-t.*
• **Arme**, der:
• **linker** Arm:
• **agg.**: phos.h
• **agg.**: *Acon.* am-m. borx. bry. camph. chel. *Dig.* ferr. led. *Naja* *Puls.* *Rhus-t.* seneg. *Spig.* spong. **Sulph.** thuj.
• **Beginn** der Bewegung; zu: cact.
• **Beine** amel.; der: gink-b.sbd1
• **geringster** Bewegung, bei: calc-sil.k2 *Carb-v.* *Con.* dig.br1,k iber. kali-p.pd med. *Merc.* *Nit-ac.* **Phos.** **Spig.**
• **heftiger** oder schneller Bewegung; nach: *Cocc.* *Sil.* *Spig.*
• **Kindes**; durch die ersten Bewegungen des: *Sulph.*
• **langsame** Bewegung amel.: ferr. puls.
• **muß** sich bewegen: *Ferr.*hr1,k
– **Bier**, nach: sumb.
– **blubberndes**, glucksendes Gefühl: bell.gt1
– **Bücken**: ang. cact. *Cann-s.* *Nat-c.* *Spig.* sul-ac.
– **chronisch**, nervös: naja.k2
– **Denken**, beim:
• **daran**: alumn. *Arg-n.* *Aur-m.* bad.bg1 *Bar-c.* cact.bg1 *Gels.* ign.bg1 *Lycps-v.* *Ox-ac.* sumb.
• **Krankheit**, an ihre: alumn.kr1
• **Verfehlungen**, an seine: iod.
– **Druck** mit der Hand amel.: *Arg-n.*
– **Einatmen**; tief:
• **beim**: asaf. cact.hr1 kalm. **Spig.** tub.c1
– **Entspannung** mit Gähnen; nach: lyc.h
– **Epigastrium** gespürt; wird im: med.ptk1

– **epileptischem** Anfall, vor: ars. *Calc. Calc-ar.* cupr. *Lach.*
– **Erregung**, nach: alum. *Ambr.* **Arg-n.** *Ars. Ars-i. Asaf. Aur. Aur-m.* aur-s.k2 *Bad. Bell.* bov.pd brom.k2 *Cact.* calc. *Calc-ar.*c1,k *Chim.* chinin-ar. *Cocc. Coff. Crot-h. Dig.* ferr. glon.k2 ign.vn *Kali-p.* kali-sil.k2 lac-d.k2 lil-t.k2 lith-c.k,ptk1 *Lycps-v. Naja* nat-m. *Nit-ac. Nux-v. Ph-ac.* **Phos.** *Plat. Podo. Puls.* seneg. *Sep.*
• **plötzlicher**, nach: alumn. *Cact. Lach. Nux-v.*
– **Erwachen**, beim: acon. agar. *Alum.* alum-p.k2 androc.srj1 aran-sc. *Ars. Benz-ac. Bufo Calc. Cann-i. Carb-an.* chinin-s. colch. con. eupi. hep. ign. kali-bi. kali-c.st kali-i. kali-n.h **Lach.** macro.c1 **Naja** nat-c.h *Nat-m.* nit-ac. *Ox-ac.* petr. **Phos.** plat. rhus-t. *Sep. Sil.* spong. staph. thuj. zinc. zinc-p.k2
☞ ☐ *Schlaf - Erwachen - Herzklopfen*
• **Aufschrecken** aus einem Traum; mit ●: dig. eupi. merc. rad-br.ptk2 *rhus-t.*k,k12● sil. *Sulph.*k,k12● zinc.h
• **Liegen** auf der linken Seite; durch: chinin-s.
• **Menses**, vor den: alum.
• **plötzlich**: anan. con. dios. *Kali-bi. Merc.* sec.
– **Essen**:
• **amel.**: ign.k2 nat-c.k2 sep.k2 sulph.k2
• **nach**: *Abies-c. Acon.* alum. alum-p.k2 am-m. aspar. bad.bg1 *Bov.* bufo **Calc.** calc-sil.k2 *Camph. Carb-an. Carb-v.* coc-c. cop. crot-t. cupr. hep. *Ign.* kali-c. **Lyc.** manc. merc. *Nat-c. Nat-m.* nat-p. *Nit-ac. Nux-v.* phos. plb. psor. **Puls.** *Sep.* sil. sulph. thuj.
– **Fahren** im Wagen; beim: *Arg-n.* aur.
• **amel.**: *Nit-ac. Rhus-t.*
– **Farben**:
• **rot**:
• **agg.**:
• **dunkelrot**: nat-m.vk4
– **Fieber**; während: *Acon.* aesc. agar.k2 **Ars.** bar-c. **Calc.** *Cocc.* crot-h. gels.k2 merc. **Nit-ac.** phos. **Puls.** *Sars. Sep.* sulph.
– **Flatulenz**:
• **durch**: abies-c.br1 lyc.k2 nat-m.h
• **mit**: cocabg coll.bg1 ham.bg1 nux-v.bro1
– **Frau**; beim Anblick einer: *Puls.*
☞ ☐ *Gemüt - Homosexualität*
– **Freien**, im: ambr.br1,c1 caust.
• **blassem** Gesicht, mit: ambr.bro1
– **Freude**, nach: *Bad. Coff.* puls.
– **Frost**:
• **vor**: **Chin.**
• **während**: gels. lil-t. *Merc.* ph-ac. phos. sep. sulph.
• **nach**: lil-t.bg1
– **Gehen**, beim: acon. *Apoc.* arg-n. aur. aur-ar.k2 aur-i.k2 **Aur-m.** aur-s.k2 brom. *Cact.* calc. chel. dig. glon.k2 iber.c1 *Iod. Kali-i.* lyc. merc. **Naja** nit-ac. seneg. *Sep. Staph.*
• **amel.**: *Arg-n.* glon. *Mag-m. Nux-m. Rhus-t.*
• **Essen**, nach dem: phos.
• **Freien**, im: ambr. chel. lyc. *Nux-v.* plat. *Sep.* sulph. thuj.
• **große** Strecken amel.: *Sep.*
– **Gehen**, beim: ...
• **langsamem**, bei: *Nit-ac.*
• **amel.**: *Ferr. Puls.*
• **schnellem**, bei: **Aur-m.** bufo euphr. ferr. ferr-p. **Iod.** kalm. *Nat-m. Ph-ac. Phos. Puls.* **Sep.** thuj.
• **amel.**: *Arg-n. Sep.*
– **geistiger** Anstrengung, bei: *Ambr.* aur-m.k2 *Cact. Calc-ar.* cod. *Ign. Iod.* kalm. nat-c. *Nux-v. Plat. Podo. Staph. Sulph.*
• **lange** anhaltender, bei: cocabro1
– **Gemütsbewegung**; geringe
☞ *Erregung*
– **Geräusch**; durch jedes fremde: agar. *Nat-c.* **Nat-m.** nat-p. nat-s.
☞ ☐ *Gemüt - Empfindlich - Geräusche*
– **geringe** Ursachen; durch
☞ *Herzklopfen*
– **Gesellschaft**, in: plat.
– **Gesicht** gespürt; wird im: mur-ac.ptk1
– **Getränke**:
• **warme**: lach.k2
• **amel.**: nux-m.
– **geweckt** wird; wenn er plötzlich: chinin-s.
– **Gewitter**, bei: *Nat-p. Phos.*
– **Gluckern**; Gurgeln: bell.gt1
– **Hals**; mit Würgen im: iber.bro1 lach.bro1 najabro1
– **Hämorrhoiden**, nach unterdrückten: **Coll.**bro1
– **Harnwege**; mit Beschwerden der: laur.ptk1
– **Hautausschlägen**; nach unterdrückten: *Ars. Calc.*
– **Heben** der Arme; beim: dig. *Spig. Sulph.*
– **heftig**
☞ *stürmisch*
– **Herumdrehen** im Bett; beim: cact.hr1 *Dig. Ferr-i. Lach. Lyc. Manc. Naja Phos.* **Sulph.**
• **rechte** Seite; auf die: alum.k1
– **Hochziehen** der Brust und Zurückwerfen des rechten Armes; beim: ferr-ma.
– **hörbar**: aesc. agar. am-c. androc.srj1 apis *Ars.* bamb-a.stb2 bell. *Calc.* camph. carc.sp,tp1 cocac1 colch. *Dig.* glon.k2 *Iod.* kalm.k2 lyc. najagm1 nat-m. pyrog.k2 scroph-n.c1 sep. spig. thuj. zinc-p.k2
• **nachts**: am-c. *Ars.* colch.
– **Hunger**, bei: *Kali-c.*
– **Husten**, beim: agar. agn.hr1 aml-ns.gt1 *Calc.* calc-p. cupr. iber.bro1 kali-n. *Nat-m.* ol-j.ptk1 psor. *Puls.* stram. *Sulph.* tub.c1
– **Hysterie**, bei: bar-c. *Cedr. Gels. Mosch. Nat-m. Nux-m.*
– **Kaffee**, nach: bart. **Nux-v.** ox-ac.k2
– **kalten** Füßen, mit: kali-chl.c1
– **Kindern**, die zu schnell wachsen; bei: ph-ac.bro1,c1
– **Knien**, im: *Sep.*
– **Koitus**:
• **während**: agar.ptk1 *Calc.* crot-t. *Lyc. Ph-ac.* **Phos.** visc.
• **nach**: am-c. *Dig.* sec.ptk1 *Sep.*
– **Kolik**, mit: plb.
– **Konvulsionen**:
• **vor**: *Cupr. Glon.* lach.bro1
• **nach**: kali-p.st

– **konvulsivisch**: *Nux-v.*
– **Kopfschmerz**:
• **während**: aeth. ant-t.$_{c1}$ arg-n. bamb-a.$_{stb2}$ bell.$_{h}$ brom. bufo cact.$_{bro1}$ calc-ar.$_{ptk1}$ carbn-o.$_{a1}$ hep.$_{h}$ plb. sil.$_{h}$ *Spig.*
  • **Blutandrang**, mit: scop.$_{ptk1}$
• **nach**: cimic.
– **Kummer**, durch: *Dig. Ign.*$_{bro1}$ nux-m. *Op. Ph-ac.*
– **Lachen**, beim: iber.$_{bro1}$
– **Liegen**, beim: asaf. bamb-a.$_{stb2}$ *Benz-ac. Cact.* cench.$_{k2}$ chel. coc-c. crot-t. cur. *Ferr. Glon.* grat. kali-n. *Lach.* lyc. lycps-v. merc.$_{ptk1}$ nat-c. **Nux-v.** *Ox-ac.* ph-ac. **Puls.** *Rhus-t. Spig.* spong. **Sulph.** thyr.$_{bro1}$ viol-t.
• **amel.**: arg-n. *Colch. Lach. Laur. Phos. Psor.*
• **langem** Liegen in einer Lage; bei: alumn.
• **Mittagessen**, nach dem: crot-t. **Nux-v.**$_{k,kl2}$●
• **Rücken**, auf dem: agar.$_{k2}$ ammc. *Arg-met. Ars.* asaf. aur. *Cact. Kali-n. Lach.* merc-i-f.$_{ptk1}$ thyr.$_{bg1}$
  • **amel.**: *Kalm. Lil-t.*
• **Seite**, auf der: ang. bar-c. brom. daph. *Hydr. Lil-t. Nat-c.* nat-m. *Phos.* puls. tub. viol-t.
  • **linken**, auf der: agar.$_{k2}$ ammc. ang. bamb-a.$_{stb2}$ *Bar-c.* brom. bry. **Cact.** chin. chinin-s. cinnb.$_{bg1}$ clem. dig. gink-b.$_{sbd1}$ glon. *Graph.* hydrog.$_{srj2}$ *Kali-ar.* kali-c. *Kalm. Lac-c. Lach. Lil-t. Lyc.* myric. *Naja Nat-c.* **Nat-m.** nat-p. **Phos.** phys. plb. **Psor. Puls.** *Sarr.* sep. *Spig. Tab.* zinc-i.$_{ptk1}$
    • **amel.**: ign.$_{bg1}$ mag-m.$_{bg3,c1}$
  • **rechten**, auf der:
    • **agg.**: *Alumn. Arg-n.* bad. bamb-a.$_{stb2}$ brom.$_{bg1}$ kali-n. kalm.$_{k2}$ lach.$_{bg1}$ *Lil-t.* plat. spong.
    • **amel.**: glon. graph.$_{bg1}$ *Lach.* nat-m.$_{bg1}$ **Phos. Psor.** sabad.$_{bg1}$ *Tab.*
– **Masturbation**, nach: *Dig. Ferr. Ph-ac.*
– **Menopause**, während der: *Calc-ar.*$_{bro1}$ *Crot-h.* ferr.$_{bro1}$ glon.$_{bro1}$ kali-br.$_{bro1}$ **Lach.** sep.$_{bro1}$ *Tab.* tril-p.$_{bro1}$
– **Menses**:
• **vor**: alum. *Cact. Cupr.* eupi. ign. *Iod. Nat-m. Sep.* **Spong.** zinc.
• **während**: agar. alum. *Arg-met.* arg-n.$_{k2}$ aur. aur-ar.$_{k2}$ aur-s.$_{k2}$ *Bov.* bufo *Cact. Croc.* cupr. *Ign.* iod. kali-n. merl. *Nat-m.* nat-p. *Nit-ac. Phos.* phys.$_{br1}$ rhus-t. sep. *Sil. Spig.* sul-i.$_{k2}$ *Sulph. Tab.* thuj.
  • **amel.**: eupi.
• **nach**: agar. alum-p.$_{k2}$ iod. *Nat-m.* nit-ac. seneg.
• **unterdrückt**: *Acon.* asaf.$_{hr1}$ bell. *Cact.* calc. chin. coff. cycl. *Lil-t. Lyc.* merc. nat-m. nux-v. phos. *Puls.* rhus-t. sep. *Verat.*
  • **nervöses** Herzklopfen mit kleinem Puls: **Asaf.**$_{k1}$
– **Mittagessen**, nach dem: calc. chin. chinin-m.$_{c1}$ crot-t. hep. ign. phos. *Puls.* sil. stram. sulph.
– **Musik**; beim Hören von: *Ambr.* carb-v. kreos.$_{bro1,k2}$ *Staph.* sulph.
– **Nasenbluten**, mit: cact.$_{bg1}$ *Graph.*
– **nervöses** Herzklopfen:
• **Puls**; mit kleinem:
  • **unterdrückte** Menses bei Frauen; durch
  ☞ *Menses - unterdrückt - nervöses*
– **neurozirkulatorische** Asthenie (= DaCosta-Syndrom, Soldatenherz): ars.$_{a1,br1}$ cact.$_{c1}$ cere-b.$_{c1}$ coff-t.$_{c1,hr1}$ hep.$_{c1}$ lil-t.$_{a11}$ prun.$_{br1}$ prun-v.$_{c2}$ stroph-h.$_{br1}$
– **Nickerchen**, bei einem: calc.$_{h}$
– **Öffnen** der Augen; beim: carb-an.
– **periodisch**: aesc. chel.$_{ptk1}$ colch. thuj.
• **Stunde**; weckt nachts jede halbe: *Lyc.*
– **plötzlich**: *Bar-c.* lyc.$_{h}$ *Mang.* mosch.$_{ptk1}$ psil.$_{ft1}$ *Stry.*
• **sechs** bis zehn Schläge: nat-m.$_{h}$
– **Rücken**:
• **gespürt**; wird im:
  • **zwischen** den Schulterblättern: choc.$_{srj3}$
• **Schmerz** im Rücken; mit: tub.$_{ptk1}$
– **Säfteverlust**; durch: ferr.$_{c1}$
– **Samenabgang**, nach: *Asaf.*
– **Schlaf**:
• **im**: aesc.$_{k2}$ am-c. *Aur. Calc. Cann-i.* ferr-i. kali-bi. kalm. *Merc. Merc-c. Nat-c. Sep.* sulph. zinc.
• **nach**: lach.$_{k2}$
• **Einschlafen**, beim ●: androc.$_{srj1}$ *Calc. Carb-v.* colch. lach.$_{k2}$ *Nat-m.* phos. sil. **Sulph.**
– **schlechte** Nachrichten; durch: kali-p.$_{k2}$
– **Schließen** der Augen amel.: carb-an.$_{ptk}$
– **Schlucken**, beim: sol-t-ae.
– **Schmerzen**, bei den: acon. bov. bufo cimic. glon. hep. ign. kali-bi. lach. nit-ac.$_{k2}$ nux-v.
– **schmerzhaft**: agar.$_{h}$ zinc.$_{h}$
– **Schnupfen**, mit: anac.$_{ptk1}$
– **Schreck**, nach: **Acon.** *Aur-m.* cact. *Coff. Nat-m.* nux-m. *Op. Puls.* stram. verat.
☞ ❑ *Gemüt - Beschwerden durch - Schock* / ❑ *G~ Beschwerden durch - Schreck*
– **Schreiben**, beim: ferr-p. nat-c. upa.
– **Schwangerschaft**; während der: *Arg-met. Con. Laur.* **Lil-t.** *Nat-m.*$_{k,kl2}$● *Sep.*$_{k,kl2}$● sulph.$_{gt1}$
– **Schweiß**:
• **während**: merc.
• **Fußschweiß**, nach unterdrücktem: *Ars. Sil.*
– **Schwindel**, mit: adon.$_{bro1}$ aeth.$_{br1,bro1}$ cact.$_{bro1}$ dig.$_{bro1}$ iber.$_{bro1}$ sil.$_{h}$ spig.$_{bro1}$ tub.$_{c1}$
– **Seufzen** amel.: **Arg-met.**
– **sexuell**:
• **Erregung**, bei sexueller: lil-t.$_{k2}$ *Ph-ac.*
• **Exzesse**, durch sexuelle: coca$_{bro1}$
– **sichtbar**: androc.$_{srj1}$ ant-t. *Ars. Aur.* aur-s.$_{k2}$ bov. cann-s. **Carb-v.** *Carbn-s.* carc.$_{mg1,sp,*}$ chel. con.$_{h,h2,k}$ dulc. glon.$_{ptk1}$ *Graph.* iber.$_{c1}$ *Iod. Kalm. Lach.* naja$_{ptk1}$ petr.$_{h}$ *Puls.*$_{bg1}$ sep.$_{ptk1}$ **Spig.** *Staph. Sulph.* thuj. *Verat.*
• **Spitzenschlag** ist unter der Kleidung zu sehen: mag-p.$_{ptk1}$
– **Singen** in der Kirche; beim: carb-an.
– **Sitzen**: agar. *Ang.* **Asaf.** *Aspar.* benz-ac. *Carb-v.* coloc. *Ferr.* ferr-p. gins. *Lach. Mag-m.* nat-c.$_{h}$ phos.$_{h}$ *Rhus-t. Sil.* **Spig.**

• **amel.**: *Lach.*
• **aufrechtes** Sitzen amel.: kalm.
• **Aufsetzen**:
  • **agg.**: *Colch. Phos.*
  • **amel.**: asaf. *Cact. Lach.*
• **Essen**, nach dem: *Phos.*
• **gebeugtem**, bei: ang. dig. kalm. *Rhus-t.* spig.h
– **Sprechen**, beim: **Naja** ~~plat.h,xxx~~ *Puls.* rumx.
• **Öffentlichkeit**; vor dem Sprechen in der: plat.h
– **Sprechen** ist unmöglich: **Naja**
– **Stehen**, beim: agar. aur-m-n. cact. dig. *Ferr.* kali-n. *Lach. Nat-m.* sil.
• **lange** Zeit; für: alumn.
– **Strecken**, beim: phos.h
– **Stuhlgang**:
• **während**: *Ant-t.* cycl. nit-ac. petr. *Sulph.*
• **nach**: *Agar.* **Ars.** caust. **Con.** grat.
– **stürmisch**, heftig, vehement, ungestüm: acon. aesc. *Aeth. Agar.* alum. alum-p.k2 alumn. *Am-c.* ambr. *Aml-ns.* androc.srj1 *Ang. Ant-c. Apis* **Arg-n.** *Ars.* ars-i. ars-s-f.k2 asaf.hr1,k1 *Aur.* aur-ar.k2 aur-i.k2 *Aur-m.* aur-s.k2 bamb-a.stb2 bapt. bar-c. bar-i.k2 bar-s.k2 bell. *Bism.* bry. cact.br1 **Calc.** *Calc-ar.* cann-i. *Carb-v. Carbn-s.* carc.hbh,jl2 *Chel. Chin. Chinin-ar.* choc.srj3 coc-c. *Coca* coff. *Colch. Con.* conv.br1 cop. *Crot-t.* cupr. cupr-s. *Cycl.* **Dig.** dulc.a1 *Ferr-m.* gala.br1 **Glon.** grat. *Guaj.* hell. hep. hydrog.srj2 hyos. **Iod.** kali-ar. **Kali-c.** kali-chl. *Kali-i.* kali-m.k2 *Kali-n. Kali-p.* kali-s. *Kalm.*k,k2 *Lach.* lachn. *Lob. Lycps-v. Lyss.* mag-m.a1 morph. mur-ac.h *Naja* nat-ar. nat-c. **Nat-m.** *Nux-m. Olnd.* ox-ac. *Phos.* phys. *Plat. Plb.* prun. **Puls.** rhus-t. rumx. sec. seneg. **Sep.** *Spig. Spong. Staph.* stram. stry. *Sulph.* tab. *Tarent.* tell.c1 thuj. *Verat.* vesp. viol-o.
• **Brust** schlagen; als würde das Herz in der gesamten: conv.br1
• **Erregung**, und geistige: asaf.k1
• **hören**; im Rücken zu: absin.br1
– **Suppe**, durch warme: *Lach. Phos. Puls.*
– **synchron** mit dem Puls:
• **nicht** synchron: spig.k2
– **Tabak**, durch: acon. agar.bro1 ars.bro1 cact.bro1 *Gels.*bro1 iber.c1 *Nux-v.* phos. spong. thuj.
– **Teetrinken**, durch: chin.bro1
– **Tränenfluß**, mit: am-c.ptk1
– **Treppensteigen**, beim: ang. arg-n. **Ars.** aspar. *Aur-m.* aur-s. bar-m.k2 bell. berb. bov. *Bry.* bufo *Cact.* **Calc.** calc-s. cot.c1 *Croc.* crot-t. dig. ferr-i. glon.k2 helon. hydrog.srj2 iber.c1 *Iod. Kali-p. Lyc. Lycps-v. Naja Nat-ar. Nat-c.* **Nat-m. Nit-ac.** *Ph-ac.* **Phos.** plan.c1 plat. plb. *Puls.* sabin. spong. **Sulph.** tab. ter. thea *Thuj.* verat.
– **Trinken**:
• **nach**: benz-ac. **Con.** senec.gt1
– **Übelkeit**; mit: bamb-a.stb2
• **ohnmachtsartiger** Übelkeit, und führt dazu, daß sie krank wird; mit: arg-n.k1
– **Überlastung** des Herzens; bei: *Arn.*bro1 borx.bro1 *Caust.*bro1 cocabro1
– **Überraschung**, nach: *Coff.*

Herzklopfen: ...
– **unerwiderte** Leidenschaften, durch: *Cact. Ign.* **Nat-m.** *Ph-ac.*
☞ ❑ *Gemüt - Beschwerden durch - Liebe*
– **unregelmäßig**: alum. **Ars.** aur-m.k2 *Chel. Cocc.* kali-c.k2 *Lyc.*vh *Mang.* merc. nat-m.h,kl2● nit-ac. *Ox-ac. Sang.*
– **Unterkühlung**, durch: *Acon.*
– **Urin**:
• **reichlichem** Urin, mit: coff.bro1
  • **hysterischem** Anfall; nach einem: coff.mh
• **spärlichem** Urin, mit: apisc1
– **Urina** spastica, mit
☞ *Urin - reichlichem - hysterischem*
– **Urinieren**; nach: androc.srj1
– **Uterus**; mit Beschwerden des: lil-t.bro1
– **Verdauung**, bei der ●: **Lyc.**k,kl2● *Sep.*
– **warm**:
• **Zimmer**, im warmen: *Lach.* puls.
– **Waschen** der Hände; beim:
• **kaltem** Wasser, in: *Tarent.*
– **Wasser**; beim Trinken von:
• **kaltem** Wasser, von: thuj.
– **Wehen**, während der: puls.hr1
– **Wein**, durch: *Naja Nux-v.*
• **außer** Portwein: iber.c1
– **Würmer**, durch: spig.
– **Zittern** der Hände; mit: thyr.bg1
– **zittrig**: *Ars.* aur-ar.k2 *Calc. Cocc.* lyc.h *Mang. Plb.* staph.h
– **Zorn**, bei: arn. *Phos.* sep. staph.
– **Zubettgehen**, beim: fago. kalm.k2 sol-t-ae. upa.
▽ **erstreckt** sich zu:
• **Hals**: graph. kalm.k2 *Nat-m. Spong.*
• **Ohr**: carc.az1

Herzleiden
☞ *Herzens; Beschwerden des*

Herzmuskelentzündung
☞ *Entzündung - Herz - Myokard*

Herzversagen:
◆ **begleitet** von:
• **nervöser** Erschöpfung; mit: crat.br1
• **Übelkeit**: crat.gm1
– **Anfangsstadium**: cact.br1 crat.br1

Hitze: **Acon.** aesc. all-c. alum. alum-p.k2 alum-sil.k2 am-c. anac. *Ant-t. Apis* arg-n. *Arn. Ars.* ars-h. ars-i.k2 arund. asaf. asc-t. aster. aur. aur-ar.k2 aur-i.k2 aur-m-n. aur-s.k2 bamb-a.stb2 bar-m. **Bell.** bism. bomb-chr.a1 bov.a1,k brom. *Bry.* cact.k2 *Calc.* calc-ar.k2 *Calc-p.* carb-v. carbn-s. castm. caust. cham. chin. chlol. *Cic.* clem. coc-c.a1,k cocc. cop. crot-t. dig. dros. eup-per. *Ferr.* ferr-ar. ferr-i. ferr-p. glon. grat. *Hep.* hyos. hyper. iod. *Lach.* lachn. lact. *Lil-t. Lyc.* manc. mang. *Med.* meny. merc. nat-m. nit-ac. *Nux-v.* ol-an. ol-j. *Op.* osm. paeon. petr. **Phos.** plb. *Psor.* puls. pyrog.c1 ran-s. rat. rhus-t. rumx. ruta samb. *Sars.* sel. *Seneg. Sep.* sil. spig. *Spong. Stann.* sul-i.k2 **Sulph.** tax. tep. thuj. ust. verat.

– **linke** Seite heiß und rechte Seite kalt; beim Gehen in der Sonne: *Med.*
– **morgens**, beim Erwachen: apis bamb-a.$_{stb2}$ nat-m. sulph.
– **nachmittags**:
• **13** h, beim Hochsteigen eines Hügels: clem.
• **13** - 15 h: plan.
• **14** h: hura
• **14**.30 h: laur.
• **Gehen**, beim: thuj.
– **abends**: mang.$_{a1,k}$ puls.$_{h}$
– **nachts**: ant-c.$_{a1,k}$ arg-n. carb-an.$_{h}$ sars.$_{h}$
◇ **abwechselnd** mit Schmerzen an der Innenseite des Oberschenkels: coc-c.$_{a1,k}$
– **Aufrichten** vom Bücken; beim: rhus-t.
– **aufsteigend**; von der Brust: caust. *Sulph.* thuj.
– **Auswurf** amel.: cham.$_{a1,k}$
– **Bett**, im: sars.$_{a1,k}$
– **Bewegung**, bei: *Spong.*
– **brennend**: apis paeon. puls.$_{h}$ raph. *Sulph.*
– **Essen**, nach dem: clem.$_{a1,k}$ sel.$_{a1,k}$
– **Frost**; während: sars.$_{h}$ sil.$_{h}$
– **Gehen**, beim: naja
• **Freien**, im: rhus-t.
• **nach**: stann.$_{h}$
• **Sonne**, in der: med.
– **glühend**: bell. lach.$_{a1,k}$ *Spong.*
– **Harndrang** nicht nachgegeben wird; wenn dem: lil-t.
– **Hitzewallungen**: alum. arg-n. bamb-a.$_{stb2}$ bism. cact.$_{k2}$ calc-s.$_{k2}$ clem. *Coc-c. Cupr. Ferr. Glon.* kali-m.$_{k2}$ lact. *Lil-t.* merc.$_{k2}$ mill.$_{k2}$ nit-ac. nux-v. ol-an. *Phos.* plb. psil.$_{ft1}$ rhod. **Seneg.** *Sep. Spong.* **Sulph.** *Thuj.*
☞ *Blutwallungen*
• **aufsteigend**: phos.$_{k2}$
• **Gesicht**, zum: bamb-a.$_{stb2}$ **Sulph.**
• **Kopf**, zum: glon. mill.$_{k2}$ phos.$_{k2}$
– **Mittagsschlaf**, nach dem: clem.$_{a1,k}$
– **Rauchen**, beim: spong.
• **agg.**: cic.$_{h}$
– **Schlaf**, im: arg-n.
– **Sprechen**, beim: phos.$_{h}$
• **erregtem**; bei: phos.
– **Wasser**, heißes:
• **Abdomen** gegossen würde; als ob heißes Wasser von der Brust ins: sang.
• **Lungen** gegossen würde; als ob heißes Wasser in die: acon. *Hep.*
○ **Achselhöhle**: aur.
– **äußerlich**: dig.$_{a1,k}$ phos.$_{a1,k}$ thuj.$_{a1,k}$
– **Brustbein**: bell.
– **Haut**; unter der: bamb-a.$_{stb2}$
– **Herzgegend**, in der: *Ant-t. Cann-s.* cot.$_{c1}$ croc.$_{a1,k}$ **Glon.** lachn.$_{c2,k}$ lyss. med. op. plan. rhod.$_{c2}$ sabad. *Spong.* sul-i.
• **abends**: naja
• **Hitzewallungen**: ars. cact.$_{k2}$ carb-v. **Glon.** lyc. merl. mill.$_{k2}$ nit-ac. *Nux-m.* **Phos.** plb. sep. sil. *Sulph.*
▽ **erstreckt** sich zu:
• **Kopf**: **Glon.** lachn.$_{c1}$

Hitze - Herzgegend - erstreckt sich zu: ...
• **Körper**, über den: ars. *Nux-m.*
– **Mammae**: phos.$_{k2}$ phyt.$_{k2}$
• **rechts**: calc.$_{h}$
– **obere** Brusthälfte: nit-ac.$_{h}$
– **unterer** Teil: calc-p.$_{kr1}$ hell.$_{h}$

Hohl
☞ *Leeregefühl*

Hydroperikard
☞ *Wassersucht - Perikard*

Hydrothorax
☞ *Wassersucht*

Hyperämie der Brust
☞ *Blutandrang*

Hypertrophie: cench.$_{k2}$
○ **Herzens**, des: **Acon.** aethyl-n.$_{c1,c2}$ *Aml-ns. Arn. Ars.* aspar. **Aur. Aur-i.**$_{k,k2}$ *Aur-m. Brom.*$_{c2,k}$ **Cact.**$_{c2,k}$ chlol.$_{c1,c2}$ cimic.$_{k2}$ crat.$_{c1,c2,•}$ *Dig. Ferr. Glon. Graph. Hep. Iber. Iod.*$_{c2,k}$ kali-bi. **Kali-c. Kalm.** *Lach.* **Lith-c.** *Lyc. Lycps-v. Naja Nat-m.* nux-v. *Phos.* phyt.$_{c2}$ plb. prun-v.$_{c2}$ *Puls. Rhus-t. Spig.* **Spong.**$_{c2,k}$ staph.
☞ *Erweiterung*
• **Gefühl** von: acon.$_{bg3}$
• **vorwölben**; als würde es sich beim Liegen durch die Rippen: choc.$_{srj3}$
• **Gefühllosigkeit** und Kribbeln des linken Armes und der Finger; mit: **Acon.** cimic.$_{c1}$ puls.$_{c1}$ **Rhus-t.**
• **Überanstrengung**, durch: brom.$_{bro1}$ *Calc. Caust.* crat.$_{c1}$ *Kali-c.* **Rhus-t.**
– **Mammae**: bell.$_{gl1}$ bry.$_{gl1}$ *Calc. Con.* hep.$_{gl1}$ hydrog.$_{srj2}$ nat-m.$_{gl1}$ *Nux-v.*$_{gl1}$ phos.$_{gl1}$ *Phyt.* sulph.$_{gl1}$
☞ *Schwellung - Mammae*

Impuls des Herzschlages; übermäßiger: aethyl-n.$_{a1}$ cact.$_{br1}$

Jucken: agar. *Alum.* alum-p.$_{k2}$ alumn. am-m. *Ambr.* anac. ang.$_{h}$ **Ant-c.** arg-n. arn. ars. ars-i. arund.$_{br1}$ aster. bamb-a.$_{stb2}$ bar-c. bar-s.$_{k2}$ berb. borx. *Bov.* bufo$_{bg1,bg2}$ cact. *Calc.* calc-s. caps. carb-v. carbn-s. caust. chel. chin. cic.$_{h}$ clem. cocc. con. corn. dios. fl-ac. iod. jug-r. kali-ar. kali-bi. kali-br. kali-c. kali-n. kali-p. kali-s. *Lyc.* mag-m. manc. merc-i-f. *Mez.* nat-c. nat-m. nat-n. nit-ac. op. phos. phyt. puls. rhus-t. sep. sil.$_{bg1}$ spong.$_{h}$ stront-c. sul-i.$_{k2}$ **Sulph.** thuj. *Til. Urt-u.*
– **morgens**: brom.
• **Bett**, im: rhus-t.
– **nachmittags**: nicc.
– **abends**: am-m.$_{h}$ cact. chin. mez. stront-c. *Sulph.*
• **Gehen**, beim: fl-ac.
• **Warmwerden** im Bett; beim: puls. rhus-v.
– **nachts**: ant-c.$_{h}$ lith-c.
– **beißend**: *Laur.* nicc.$_{a1}$ spong.
• **Kälte** agg.: nicc.
– **Brennen**; mit: calc-s.$_{k2}$
• **dann** Brennen: agar.$_{h}$

– **Flöhe**, wie durch: alum. cact. led. nat-c.
– **Freien**, im: nat-m.$_{h}$
– **Kratzen** agg.: con.
• **amel**.: alum.$_{h}$ nicc. phos.$_{h}$
• **kehrt** nach Kratzen wieder: berb. bov. chin. grat. mez. squil.$_{h}$
– **Prickeln** und: con.
– **stechend**: caps. con.$_{h}$ staph.
– **Stellen**; an einzelnen: aster. hydr-ac. luna$_{kg1}$ lyc. nit-ac. sulph.
– **warm**, wenn: bov. cocc.
○ **Achselhöhle**: agn.$_{a1,k}$ *Anac.* androc.$_{srj1}$ arg-n. asar.$_{bg1,bg2}$ aster. berb. calc-p. carb-an. *Carb-v.* *Carbn-s.* caust. cocc. con. cop. cycl. dig. elaps$_{c2,k}$ form. grat. ham. *Hep.* hura jug-r. kali-c. kali-n. mag-c. nat-m. *Nit-ac.* *Phos.* sep. spig. spong. squil.$_{h}$ stann. **Sulph.** viol-t.
• **morgens**: form.
• **Erhitzung** des Körpers; bei: arg-n. *Hep.*
• **Menses**, vor den: sang.
• **Schweiß** agg.: jug-r.
• **Sitzen**, beim: spong.$_{h}$
○ **unter** der: asar.$_{h}$
– **Brustbein**: alum.$_{h}$ puls.$_{h}$ sep.$_{h}$
– **Mammae**: agar. alum. alum-p.$_{k2}$ anac. ang. ant-c. arn. ars. bar-c. bar-s.$_{k2}$ berb. bov. calc. canth. carb-v. carbn-s. castor-eq. *Caust.* **Con.** *Dulc.*$_{hr1,k}$ hipp. jug-r. *Kali-c.* led. lyc. mez. nat-m. nicc. phel. *Phos.* plb. rhus-t. sabad. sep. sil.$_{bg1}$ spong. squil. staph. sulph.
☞ *Reiben - Mammae*
• **stillenden** Frauen, bei: caust.$_{pd}$
○ **Brustwarzen**: agar. anag. con. fl-ac. form. *Graph.* hep. onos. orig.$_{c1}$ *Petr.* puls.$_{h}$ rhus-t.$_{h}$ sars. *Sep.* stann. *Sulph.* tarent. zinc.
• **zwischen**: ph-ac. puls.$_{h}$
– **Rippen**, fressend: ph-ac.$_{h}$
– **Rippenknorpeln**, zwischen den: staph.$_{h}$
– **Schlüsselbeingegend**: nicc.$_{a1,k}$
• **Kratzen** amel.: grat.

Kälte: aesc. am-c. ambr. *Apis* arn. **Ars.** ars-s-f.$_{k2}$ bamb-a.$_{stb2}$ berb. bry. bufo *Camph.* *Carb-an.* carbn-s. cic. cocc.$_{ptk}$ cor-r. culx. dig. graph. hydr. ign. kali-c.$_{bg1,k2}$ lact. lil-t.$_{ptk1}$ lyc. med. merl. nat-c. nat-m. nat-p. olnd. *Par.* petr. *Ph-ac.* *Ran-b.* rhus-t. ruta sabad. sep. spong. sul-ac. **Sulph.** tep. *Zinc.*
– **rechts**: med. *Sulph.*
– **abends**:
• **22** h: cench.$_{k2}$
– **Atmen**, beim: arn. *Brom.* camph. chin. *Cist.* *Rhus-t.* sulph.
• **kalter** Luft: *Cor-r.* lith-c. **Ran-b.**
– **Auswurf**, nach: *Zinc.*
– **Bettwärme** amel.: nat-c.
– **einhüllen**; muß die Brust: bov.$_{a1,k}$ nux-v. *Ph-ac.*
– **Eis**, wie voller: corn.$_{br1}$
– **Frost**; während: *Caps.*
– **Gehen** im Freien; beim: **Ran-b.**
– **Schmerzen**; am Sitz der: *Cact.*
– **Trinken**, nach dem: *Elaps*$_{k,ptk1}$

Kälte: ...
– **Wind** auf der Brust; durch: chinin-s. *Ph-ac.* phos.
○ **Achselhöhle**: agar. lact.
– **äußerlich**: **Ran-b.**
– **Brustbein**: apis *Camph.* cupr-act. **Ran-b.**
– **Herz**:
• **eisige** Kälte während Frost: arn. camph. kali-c. **Nat-m.** olnd. petr. pyrog.$_{k2}$
○ **Herzgegend**: arn. *Carb-an.* cic.$_{bg1,k2,*}$ graph. *Helo.* *Kali-bi.* *Kali-chl.* *Kali-m.*$_{k,k2,*}$ lil-t. *Nat-m.* *Petr.* pyrog.
• **geistiger** Anstrengung, bei: *Nat-m.*
– **innerlich**: am-br. **Ars.** choc.$_{srj3}$ corn-a.$_{br1}$ helo.$_{br1}$ helo-s.$_{br1}$ *Sulph.*
• **Eiswasser** durch eine zylindrische Röhre auf- und absteigen würde; als ob: elaps
– **Mammae**: cimic. *Cocc.* dig. *Med.* rhus-t.
• **links**:
• **Husten**, beim: nat-c.$_{ptk}$
• **Menses**, vor den: med.$_{bro1}$
○ **Brustwarze**: med.
• **Gegend** der: chinin-s.
– **Mitte** der Brust: raph.
– **Seiten**: olnd.
• **links**: ferr-ma. nat-c. nat-m.
• **Eisklumpen**, wie ein: sulph.
• **rechts**: berb. merc. sulph.
– **vorderer** Teil:
• **kaltes** Wasser:
• **herunterlaufen** würde; als ob beim Trinken kaltes Wasser die Brust: verat.
○ **Schlüsselbein**:
○ **unter** dem:
• **laufen** würde; als ob kaltes Wasser zu den Zehen: *Caust.*

Karies:
○ **Brustbein**: con. mez.$_{kh}$
– **Schlüsselbeine**: sil.

Katarrh: *Acon.* agar.$_{k2}$ alum.$_{h}$ alumn.$_{k2}$ am-c.$_{k2}$ am-m.$_{k2}$ *Ammc.* *Ant-c.* **Ant-t.** *Apis* *Arn.* **Ars.** ars-i. ars-s-f.$_{k2}$ *Aur-m.* **Bar-c.** bar-i.$_{k2}$ **Bar-m.** bar-s.$_{k2}$ benz-ac. brom.$_{k2}$ **Bry.** **Cact.** **Calc.** calc-i.$_{k2}$ *Calc-s.* calc-sil.$_{k13,k2}$ cann-s.$_{k2}$ canth. carb-v. carbn-s. *Caust.* chel. chin.$_{k2}$ choc.$_{srj3}$ cist.$_{k2}$ *Coc-c.* cop. *Dros.* **Dulc.** ferr. ferr-ar. ferr-i. *Ferr-p.* *Guaj.* **Hep.** *Hippoz.* *Hydr.* *Iod.* *Kali-ar.* **Kali-bi.** *Kali-c.* **Kali-chl.** kali-i.$_{k2}$ kali-m.$_{k2}$ kali-p. **Kali-s.** kali-sil.$_{k2}$ *Kreos.* lac-d. *Lach.* *Lact.* **Lyc.** **Merc.** *Nat-m.* *Nat-s.* **Nux-v.** *Petr.* ph-ac.$_{k2}$ phel. **Phos.** *Psor.* **Puls.** *Rhus-t.* *Rumx.* *Samb.* **Sang.** sel.$_{k2}$ *Senec.* **Seneg.** sep.$_{k2}$ **Sil.** sin-n. *Spong.* squil.$_{k2}$ **Stann.** sul-i.$_{k2}$ **Sulph.** *Ter.* thuj.$_{k2}$ *Tub.*
– **morgens**: aur.$_{h}$ sul-ac.$_{h}$
◆ **abwechselnd** mit Diarrhoe: kali-bi.$_{k2}$ seneg.
– **alten** Menschen, bei: *Ammc.* *Ant-t.* **Bar-c.** *Chin.* hydr.$_{k2}$ *Nat-s.* phel. **Seneg.** *Tub.*
– **Winter**; im: kali-bi.$_{k2}$
– **Zahnung**; während der: podo.$_{c1}$

Kavernen: teucr-s.$_{gm1}$

Kitzeln in der Brust: *Calc.* cham.bg2,k,* cist.k2 coc-c. con.bg2,k graph.h *Hydrog.*srj2 ign.bg2,k *Iod.*bg2,k,* kali-c.h *Lach.*a1,k merc.bg2,k,* mez. mur-ac.bg2,k,* *Ph-ac.*bg2,k,* *Phos.*bg2,k,* puls. *Rhus-t.*bg2,k,* **Rumx.** sep.bg2,k,* sul-ac.bg2,k verat.bg2,k,* verb.bg2,k zinc.bg2,k

Kleidung agg.: ail. aur-m. benz-ac. bov. calc. **Caust.** *Chel.* *Con.* graph.h *Kali-bi.* **Lach.** lact. *Lycps-v.* meli.pd *Merc.* naja.k2 *Tarent.* zinc.

Kleine Brust:
– **Gefühl**, als wäre die Brust zu klein: ign.
○ **Lunge** klein; Gefühl, als wäre die rechte: abies-c.br1

Kleine Mammae:
– **eine** Mamma ist kleiner als die andere: **Sabal**vh
– **geworden**; Mammae sind kleiner
 ☞ *Atrophie - Mammae*

Knacken:
– **Bewegung**, bei: nat-m. sulph.
○ **Brustbein**, beim Beugen der Brust nach hinten: am-c.
– **Herzgegend**, in der: mag-c.h *Nat-c.*

Knorpel; Beschwerden der: *Arg-met.*

Knoten:
– **Gefühl** von: abies-n.br1 **Am-m.**bg1,bg2 ambr. cic. lil-t.bg1,bg2 nat-c.bg1,bg2 nux-m.bg1,bg2 sulph. *Tarax.*bg1,bg2 zinc.bg1,bg2
 ☞ *Knoten / Knoten, empfindliche - Mammae / Verhärtung - Mammae*
○ **Brustbein**:
 • **links**:
  • **Gefühl** von Knoten:
   • **wegdrücken**; die dort alles: bamb-a.stb2
 ○ **Mitte** des Brustbeines: *Chin. Puls.*
 • **unter** dem: aur.bg1,ptk1 bell.bg1,bg2 chin.bg1,bg2,* echi.ptk1 gels.bg1,bg2,* lec. *Phos.*ptk1 *Puls.*bg1,bg2,* ran-s.bg1 sil.bg1,bg2,* thlas.bg1,bg2,*
  • **Gefühl** von Knoten: choc.srj3
– **Mammae**, zwischen den ●: raph.a1,k
 ☞ *Knoten, empfindliche - Mammae / Verhärtung - Mammae*

Knoten, empfindliche: **Carb-an.** caust. mang.
○ **Achselhöhle**, in der: lyc.h mag-c.
– **Mammae**; in den: aur.k2 *Bell-p. Bry. Bufo* calc-f. calc-i.k2 calc-p. **Carb-an.** *Carb-v.* cham. *Chim.* chin. cist.pd clem. *Coloc.* **Con.** cund. dulc. *Graph.* *Iod.* kreos. *Lac-c. Lyc.* mang. *Nit-ac. Phos.* **Phyt.** *Puls.* ruta **Sil.** *Sulph.* tub.br1
 ☞ *Knoten - Gefühl / Knoten - Mammae / Verhärtung - Mammae*
 • **links**: *Arum-t. Calc-p. Lyc.*k,kl2●
 • **rechts**: *Sil.*
 • **Armes**; bei Bewegung des: calc-i.k2
 • **Erregung**; durch: phyt.k2
 • **Kindern**; bei:
  • **Neugeborenen**; bei: cham.st
 • **Menses**, während: *Lac-c.*
 • **Punkte** an der Spitze; trockene schwarze: *Iod.*

Knoten, empfindliche - **Mammae**: ...
 • **purpurn**, blaurot: *Carb-an.*
 • **schmerzhaft**: chim.bro1 kreos.pd phos.k2
 • **Schwangerschaft**; während der: *Fl-ac.*
 • **Wetter**:
  • **naßkaltem** Wetter; bei: phyt.k2

Knurren in der Brust: aur.h

Kongestion
 ☞ *Blutandrang*

Konvulsionen: acon. ang. **Ars.** bell. *Calc.* cic. **Cupr.** *Hydr-ac.* hyos. ip. merc-n. merc-ns. *Nat-s.* op. phos. sep. stram. stry. sul-ac. verat.
– **nachts**: phos. sep.
 • **Erwachen**, beim: *Ars.*

Krabbeln, Kriechen; Gefühl von
 ☞ *Ameisenlaufen*

Krallen gepackt; Gefühl in der Brust, wie von: arg-n.a1 samb. stront-c.

Krampf
 ☞ *Schmerz - krampfartig / Spasmen*

Krebs:
○ **Achselhöhle**: *Aster.*hr1,k
– **Brustbein**: ars-s-r.gm1 sulph.
– **Herz**: cact.gm1
– **Lunge** (= Lungenkrebs): acal.gm1 aran.gm1 arg-met.gm1 ars-i.gm1 bry.gm1 cadm-bi.gm1 cob-m.gm1 guaj.gm1 methyl.gm1 phos.gm1 ther.gm1
 ◆ **begleitet** von:
  • **Arthritis**
   ☞ *Gelenke*
  • **Blutung**: acal.gm1 aran.gm1
  • **Gelenke**; Entzündung der: guaj.gm1
– **Mammae** (= Brustkrebs): acon.gm1 alumn.hr1,k *Apis* *Arg-n.*hr1,k arn.bg2,k *Ars.*bg2,k,* *Ars-i.*hr1,k ars-s-f.k2 *Aster.*hr1,k *Aur-ar.* aur-m-n.hr1,k *Bad.*hr1,k,* bar-i.c1,c2,* *Bell.*bg2,k,* *Bell-p.* *Brom.*hr1,k,* bry. **Bufo** cadm-met.gm1 calc.bg2,k calc-sil.k2 *Carb-ac.*hr1,k *Carb-an.*bg2,k,* carb-v.bg2,k carbn-s. caust.bg2,k cham. *Chim.*hr1,k,* cist.hr1,k *Clem.*bg2,k,* coloc.hr1,k **Con.**bg2,k,* congo-r.gm1 *Cund.*hr1,k ferr-i. formal.gm1 **Graph.**hr1,k,* *Hep.*bg2,k,* hippoz.gm1 *Hydr.*hr1,k iod.gm1 kali-c.bg2,k kreos.bg2,k,* *Lach.*bg2,k,* lap-a.gm1 lob-e.c2,gm1 *Lyc.*bg2,k **Merc.**bg2,k,* *Merc-i-f.* naja.gm1 nat-tmcy.gm1 *Nit-ac.*bg2,k,* ol-an. *Ox-ac.*hr1,k *Phos.*bg2,k,* *Phyt.*hr1,k *Psor.*hr1,k puls. *Sang.* sars.c2,gm1 scir.c1,gm1 scroph-n.gm1 *Sep.*bg2,k,* **Sil.**bg2,k,* sul-i.k2 *Sulph.*bg2,k,* thuj.bg2,k,* tub.hr1,k
 • **links**: clem.k2
 • **rechts**: ferr-i.k2
 ◆ **begleitet** von:
  • **Achseldrüsen**; vergrößerte: alum-sil.gm1 *Aster.*gm1 aur-n-f.gm1
  • **Blutung**:
   • **dunkle**, dicke Blutgerinnsel: elaps.gm1
   • **hellrotes** Blut: bell.gm1
   • **reichlich**, mit Serum und Blut: plb.gm1
   • **Schmerz**; mit: durb.gm1

– **Mammae** (= Brustkrebs) - **begleitet** von: ...
• **Geschwüre**:
• **kleine** Geschwüre: alum-sil.$_{gm1}$ aur-n-f.$_{gm1}$
• **tuberkulöse** Geschwüre: bell-p.$_{gm1}$
• **Schmerz**: cadm-met.$_{gm1}$ hippoz.$_{gm1}$ lap-a.$_{gm1}$ lob-e.$_{c1}$ phyt.$_{gm1}$
• **brennende** Schmerzen: lap-a.$_{gm1}$ ol-an.$_{gm1}$
• **heftige** Schmerzen: nat-tmcy.$_{gm1}$
• **Strahlentherapie**; nach: hippoz.$_{gm1}$ streptom.$_{gm1}$
• **Operation**, chirurgischem Eingriff; nach: hippoz.$_{gm1}$ streptom.$_{gm1}$
• **stechende** Schmerzen: lap-a.$_{gm1}$ ol-an.$_{gm1}$
• **Schwellung** der Mammae: cadm-calc-f.$_{gm1}$
• **Verhärtung** der Mammae: alum-sil.$_{gm1}$ aur-n-f.$_{gm1}$ cadm-calc-f.$_{gm1}$
• **alten** Menschen; bei: carb-an.$_{gm1}$
• **Endstadium**: carb-an.$_{gm1}$
• **Mastektomie** der anderen kanzerösen Mamma; nach: lac-c.$_{gm1}$
• **Epitheliom**: *Arg-n. Ars. Ars-i.* brom. **Bufo** calc. calc-p. *Clem.* **Con.** *Hydr.*$_{hr1,k}$ *Kreos. Lach.* merc. *Merc-i-f. Phos. Phyt. Sep. Sil.* sulph. thuj.
• **nächtliche** Schmerzen: *Aster.*$_{hr1,k}$
• **Narben**, in alten: **Graph.**$_{hr1,k}$
☞ ☐ *Haut - Narben*
• **Quetschung**, durch: arn.$_{gm1}$ *Bell-p.* calen.$_{gm1}$ *Con.*
• **Gangrän**; mit: carb-an.$_{gm1}$
• **Szirrhus**: sars.$_{gm1}$
• **Verletzung**; durch: hyper.$_{c1}$
– **Schlüsselbeine**:
• **Angiom**: sep.
☞ ☐ *Haut - Wucherungen - Angiom*

Kribbeln: acon. agar.$_{k2}$ ars. cadm-s. choc.$_{srj3}$ colch. plb.$_{hr1,k}$ puls. ran-b. *Rhus-t.*$_{hr1,k}$ seneg.$_{a1,k}$ spong. stann.
○ **Mammae**, in den: sabin.

Krupp bei Beschwerden des Herzens: *Spong.*

Kugel; Gefühl einer:
○ **Mamma**, unter der linken: hura

Lähmung:
○ **Herz**: acon.$_{hr1,k}$ *Ant-t.*$_{hr1,k}$ antip.$_{c2}$ ars.$_{hr1,k}$ ars-i. *Bell.*$_{hr1,k}$ *Bufo* cann-i. cann-s.$_{hr1}$ **Carb-v.**$_{hr1,k}$ chlol.$_{c2,hr1}$ chlor. cimic.$_{hr1,k}$ *Crot-h.*$_{hr1,k}$ *Cupr.*$_{hr1,k}$ *Dig.*$_{hr1,k,*}$ ergot.$_{c2}$ *Gels.*$_{hr1,k}$ *Hydr-ac.*$_{hr1,k}$ *Iod.*$_{hr1,k}$ jatr-u.$_{c2}$ **Lach.**$_{hr1,k}$ lob-p.$_{c2}$ *Merc-cy.*$_{hr1}$ **Naja** **Op.**$_{hr1,k}$ ox-ac.$_{hr1,k}$ *Phos.*$_{hr1,k}$ phys.$_{hr1}$ *Plb.*$_{hr1,k}$ sang.$_{hr1,k}$ sumb.$_{hr1,k}$ tub.$_{c1}$ verat.$_{hr1,k}$ verat-v.$_{hr1,k}$
– **Lunge**: *Am-m.*$_{hr1,k}$ **Ant-t.**$_{bg2,k,*}$ arg-met.$_{k2}$ *Arg-n.* *Ars.*$_{bg2,k,*}$ ars-i. **Bar-c.**$_{bg2,k,*}$ bar-i.$_{k2}$ *Calc.*$_{hr1,k}$ camph.$_{bg2,k}$ **Carb-v.**$_{bg2,k,*}$ **Chin.**$_{bg2,k}$ cupr.$_{hr1,k}$ *Gels.*$_{hr1,k}$ hydr-ac. *Iod.* **Lach.**$_{bg2,k,*}$ *Laur.*$_{bg2,k,*}$ lob-p.$_{c2}$ **Lyc.**$_{bg2,k,*}$ lyss.$_{c2}$ *Mosch.*$_{hr1,k,*}$ op.$_{bg2,k}$ *Phos.*$_{hr1,k,*}$ samb. senec. solin.$_{c2}$ *Solin-act.*$_{c1,c2}$ *Stann.*
• **links**: asc-t.$_{a1}$
• **alten** Menschen, bei: *Ant-t.* *Ars.*$_{bg2,k}$ aur.$_{bg2}$ **Bar-c.**$_{bg2,k,*}$ *Carb-v.* **Chin.**$_{bg2,k,*}$ con.$_{bg2}$ **Lach.**$_{bg2}$ lyc.$_{hr1,k}$ *Op.* phos.$_{bg2,k,*}$ verat.$_{bg2}$

Lähmung - Lunge: ...
• **Gefühl** von: lob.
• **links**: med.$_{c1}$
• **Scharlach**, bei: *Calc.*$_{hr1,k}$
– **Zwerchfell**: arg-n.$_{hr1}$ bell. cact. cimic. con.$_{st}$ cupr. mez. mosch. rhus-t. sil. stach.$_{c2}$

Laktation; Beschwerden in bezug auf die: *Acon.*$_{c2}$ *Chin.*$_{c2}$ galeg.$_{c2}$ lact-v.$_{c2}$ nit-ac.$_{c2}$ ric.$_{c2}$ *Sil.*$_{c2}$ urt-u.$_{c2}$
☞ *Milch*

Lebendigem (sich Bewegendem); Gefühl von etwas: *Croc.* led.
– **abends**: colch.
• **Essen**, nach dem: colch.
○ **Herz**: cycl.
– **Mammae**:
• **rechts**: croc.$_{br1}$

Leeregefühl: all-s. aspar. bov. *Calad.* chin. chr-ac. *Cocc.*$_{bg1,k}$ crot-t. ferr-ma. graph. *Guare. Ign. Kali-c.* kali-sil.$_{k2}$ nat-p. nat-s. olnd. ph-ac.$_{bro1}$ phyt. plat. rhus-t. sars. *Sep.* **Stann.** sulph. vinc. zinc.
– **nachts**: *Sep.*
– **Asthma**, bei: nat-s.$_{vh}$
– **Auswurf**, nach: calad. *Stann. Zinc.*
– **Einatmen**; beim: nat-s.$_{k2}$
– **Essen**, nach dem: nat-p.
– **flaues** Gefühl: sulph.
– **Herzklopfen**, beim: olnd.$_{bro1}$
– **Husten**:
• **während**: *Sep. Stann.* sulph.
• **nach**: anis. kali-c. nat-s. sep. stann. zinc.
– **Singens**; zu Beginn des: *Stann.*
○ **Brustbein**, hinter dem: zinc.
– **Herz**: cocc. gels.$_{k2}$ lach.$_{k2}$ lil-t.$_{c1}$ med. sulph.
○ **Herzgegend**: chr-o.$_{bg1}$ con. graph. naja nux-m.$_{bg1,bg2}$ sulph.
– **Mammae**, nach dem Stillen: *Borx.*
– **Seiten**:
• **links**: naja$_{k2}$
○ **unten**: gels.$_{k2}$

Lose, locker; Gefühl wie: bry.$_{h}$ rhus-t.$_{h}$
– **Fleisch** lose; als sei das: squil.$_{h}$
– **Husten**, beim: kali-n.$_{h}$
○ **Herz** lose, locker; als sei das: aur.$_{h}$ crot-h.$_{bg3}$ dig.$_{c1}$

Luft:
– **empfindlich** gegen: helon.$_{c1}$ *Ph-ac.*
○ **Brustwarzen** strömen; Gefühl, als würde Luft aus den: cycl.
– **Mammae** sind empfindlich gegen Kälte: cact.

Luftblase startet vom Herzen und strömt durch die Arterien: nat-p.$_{hr1,k,*}$

Lungen beim Husten den Rücken berühren; als würden die: sulph.$_{h}$

Lungengangrän
☞ *Gangrän*

Lungenkrebs
☞ *Krebs - Lunge*

Lungenödem
☞ *Ödem*

Lungenschwindsucht
☞ *Tuberkulose*

Mammae:
– **Menses** agg.; vor den: bry.bg3 calc.bg3 *Con.*bg3 **Kali-m.**bg3 **Lac-c.**bg3 lyc.bg3 ol-an.bg3 *Phyt.*bg3 puls.bg3
– **empfindliche** Mammae
☞ *Schmerz - wund - Mammae*

Mastitis
☞ *Entzündung - Mammae*

Mehlartiger Belag auf den Brustwarzen: petr.h

Milch:
☞ *Laktation*
– **Abstillen**:
• **Beschwerden** nach: **Bell.**hr1 bry.br1 carb-an.hr1 con. cycl.br1 frag.br1,hr1 lac-c.tl1 lac-d.hr1 puls.hr1,k urt-u.hr1 vinc.hr1
– **abwesend**: acon.bg2,k *Agn.*hr1,k apis *Asaf. Bell.*bg2,k borx. *Bry.*bg2,k **Calc.**bg2,k calc-sil.k13,k2 carb-an. card-m. *Caust.*bg2,k cham.bg2 *Coff.*bg2,k dulc. *Form. Ign. Lac-c. Lac-d.* lach. lact.br1 medus.c1 merc.bg2,k *Mill.*c2,k nux-m.c1 nux-v. phyt.k2 puls.bg2,k rheum rhus-t.bg2,k samb. *Sec.* stict.bro1 sulph.bg2,k *Urt-u.* ust. **Zinc.**
• **Entbindung**, nach der: stict.pd
– **bitter**: rheum
– **blutig**: bufo *Cham. Phyt.*
– **Blut**, mit: bufo *Cham.* hep. *Lyc. Merc. Sep. Sulph.*
– **dick** und schmeckt schlecht: *Borx. Kali-bi.* lyc. *Phyt.*
– **dünn**: *Calc-p.*a1,k carb-an. cham. *Con. Lach.* lyc. merc. nux-v. sanic.c2 *Sil. Tub.*
• **blau**, und: acet-ac. *Calc. Lach.* lyc. puls.
• **salzig**, und: carb-an.
• **wäßrig**, und: *Calc. Con. Iod. Plb. Puls. Tub.*
• **lange** nach dem Abstillen: *Con.*
– **fadenziehend**: borx. *Kali-bi.* kali-c. *Phyt.*
– **fließt** von selbst: acon. ant-t. *Bell. Borx. Bry.* **Calc.**k,kl2● cham. chin. *Con. Iod. Kali-i.* kreos. lac-c. *Lach. Lyc.*k,kl2● nux-v. *Phos. Puls. Rhus-t. Sil.* stann. staph. ust.
• **Gefühl** als würde sie fließen: dict.bg1,bg2 kreos.bg1,bg2
– **gelb**: phyt. rheum
– **käsig**: *Borx. Cham. Phyt.*
– **Kind** verweigert die Muttermilch ●: *Borx. Calc.* **Calc-p.** cina lach. *Mag-c.*dm,st *Merc.* sil.k,kl2● stann.st
– **Knaben**, bei: merc.ptk
– **Menses**:
• **vor**: cycl. *Tub.*
• **während**: merc. pall.ptk *Puls. Tub.*
• **nach**: cycl.bro1
• **unterdrückt**: *Chin.* cycl. lyc. *Merc.* phos. puls. rhus-t. *Tub.*
– **Metastase**: agar.hr1,k
– **Pubertät**, in der: *Puls.*

Milch: ...
– **sauer**: acet-ac.br1
– **schlecht**: acet-ac. **Aeth.**bg1,bg2 *Borx.* bufo **Calc.** calc-p. carb-an. **Cham.** cina crot-t. lach. lec.br1 *Merc.* nat-m.k2 nux-v. op. puls. **Sil.**bg1,bg2 stann.
– **schwangeren** Frauen; bei nicht ●: ars. *Asaf.* bamb-a.stb2 bell. borx. *Cycl.* lyc.hr1,k *Merc.* phos. **Puls.** rhus-t. stram.h thlas.bg3 *Tub. Urt-u.*
• **Knoten** in den Mammae; mit: chim.bro1
– **unterdrückt**: acon.bro1,k2,* agar. *Agn.*bg2,k,* aur.hr1,k aur-i.k2 aur-s.k2 bell.bro1 **Bry.**bg2,k,* calc.bg2,k,* calc-sil.k13,k2 camph-br.bro1 *Carb-v.*hr1,k **Caust.**hr1,k *Cham.*bg2,k,* chel.bg2 chim.hr1,k cimic.k13,k2 cycl.sf1 dulc.bg2,k,* frag.a1 *Hyos.*hr1,k ign.a1 *Iod.*hr1,k lac-d.hr1,k *Lach.*bg2,k,* *Merc.*hr1,k,* merc-c.a1 mill.c,c1 phyt.bro1 **Puls.**bg2,k,* *Rhus-t.*hr1,k *Sec.*hr1,k,* senec.sf,sf1 *Sil.*hr1,k stict.c1 sul-i.k2 *Sulph.*hr1,k *Urt-u.*bg2,k verat.hr1,k zinc.bro1,sf1,*
• **Kälte**, durch: **Bry.**hr1 dulc.c1,hr1
• **Zorn**, durch: *Cham.*hr1,k
– **vermehrt**: *Acon.* anan. arund.c1 asaf. **Bell.**a1,k *Borx.* **Bry. Calc.** chin. con. iod. lact.a1 nux-v. parth.c2 phos. plac.bwa3 **Puls.** *Rhus-t.* spirae.a1 stram.
– **vermindert**: agn.c2 caust.c2 urt-u.c2 ust.c2
– **versiegend** ●: agar.hr1,k **Agn.**hr1,k *Arn. Asaf. Asar.* aur. aur-s.k2 bry. *Calc. Camph. Caust.* cham. *Chel.* chin. *Chion.* coff. **Dulc.** gou-l.jsx1 hecla *Ign. Lac-c.*k,k2 *Lac-d.* lec.br1 lyc. medus.br1 merc. mill. musan-c.jsx1 nat-m.k2 ph-ac. *Phel.* phos. phyt. *Plan. Plb. Puls. Rhus-t. Sec.* sep. stict.c1 sulph. tabern-s.jsx1 *Tub.* **Urt-u.** *Ust. Verat-v. Zinc.*
• **Erkältung**, nach einer: dulc. *Puls.*
• **Erregung**, nach: caust.
• **Gehirns**; bei Beschwerden des: *Agar.*hr1,k

Myokarditis
☞ *Entzündung - Herz - Myokard*

Narben, alte:
☞ ❑ *Haut - Narben*
– **eiternd**: **Sil.**
○ **Mammae**, in den: carb-an. **Graph.** *Phyt. Sil.*bg2

Neurozirkulatorische Asthenie
☞ *Herzklopfen - neurozirkulatorische*

Niete oder einer Kugel; Gefühl einer:
○ **Mammae**; in der Gegend der: lil-t.

Ödem der Lunge; Lungenödem: *Am-c.*c2,k am-i.bro1 **Ant-ar.**st **Ant-t.** *Apis* apoc. **Ars.** aspar. *Aur-i. Carb-v.* chel. coch.c2,k colch. crot-h. crot-t. *Dig.*br1,k *Hyos. Ip.* jab.br1,bro1 kali-c. *Kali-i.*c2,k *Kali-p.*c2,k **Lach.**c2,k *Lyc.* **Merc-sul.** *Nat-m.*c2,k *Phos.*c2,k pulm-v.c2 pulmon.bro1 puls. *Sang.*bro1 seneg. squil. stroph-h.br1 sulph. tub.bro1,c2 verat.c2,k
– **Alkoholikern**; bei: crot-h.

Perikarditis
☞ *Entzündung - Herz - Perikard*

Petechien: ars.a1,k cop.a1,k stram.a1,k
– **purpurn**, blaurot: ars.a1,k
– **sternförmig**: stram.a1,k

– **violett**
☞ *purpurn*

Pflockes; Gefühl eines: anac. aur.

Pleuritis
☞ *Entzündung - Rippenfell*

Pleuropneumonie
☞ *Entzündung - Lungen - Pleuropneumonie*

Pneumonie
☞ *Entzündung - Lungen*

Pochen
☞ *Pulsieren*

Pollution; Beschwerden des Herzens und Ohnmacht werden agg. nach: asaf.$_{k13}$

Prickeln, Kribbeln: agar.$_{h}$ calc.$_{h}$ plat.$_{h}$

○ **Achselhöhle**, in der: mez.$_{h}$

Pulsieren: abrom-a.$_{bnj1}$ agar.$_{hr1,k}$ alum.$_{h}$ am-m.$_{bg2,k,*}$ ars-h.$_{hr1,k}$ asaf.$_{bg2,k,*}$ *Aster*.$_{hr1,k,*}$ *Bar-c*.$_{bg2,k}$ **Bell.**$_{bg2,k,*}$ *Cact*.$_{bg2,k,*}$ calad.$_{bg2,k,*}$ calc.$_{hr1,k,*}$ *Calc-p*.$_{hr1,k,*}$ calc-s.$_{k2}$ *Caps*.$_{bg2,k,*}$ carb-v.$_{h}$ caust.$_{a1,k}$ chel.$_{bg2,k,*}$ cinnb. coc-c.$_{bg1}$ colch.$_{a1,k}$ crot-t.$_{a1,k}$ *Dig*.$_{bg2,k,*}$ graph.$_{bg2,k,*}$ hura *Hydr*.$_{hr1,k}$ ign.$_{bg2,k,*}$ iod.$_{h}$ *Kali-c*.$_{hr1,k}$ kali-n.$_{h}$ kali-p. lach.$_{a1,k}$ lact.$_{a1,k}$ lyc.$_{a1,k}$ mag-m.$_{bg2,k,*}$ manc.$_{bg2,k,*}$ mang.$_{bg2,k,*}$ merc.$_{a1,k}$ nat-c.$_{bg2,k}$ nux-m.$_{a1,k}$ nux-v.$_{bg2,k,*}$ paeon.$_{hr1,k,*}$ *Phos*.$_{bg2,k,*}$ *Puls*.$_{hr1,k}$ rumx. **Seneg.**$_{bg2,k,*}$ *Sep*.$_{a1,k}$ *Sil*.$_{bg2,k,*}$ *Spig*.$_{hr1,k,*}$ sulph.$_{bg2,k,*}$ thuj.$_{bg2,k}$ trom.$_{hr1,k,*}$ *Zinc*.$_{bg2,k,*}$

– **morgens**: am-m.$_{hr1,k}$ *Cact*.$_{a1,k}$

– **abends**:

• **Liegen**, nach dem: lyc.

• **Bett**, im: mang.$_{h}$

• **Herzen**, am: scut.$_{c1}$

– **nachts**: *Aster*.$_{hr1,k,*}$ **Puls.**$_{hr1,k}$ sulph.$_{h}$

• **Erwachen**, beim: **Sulph.**

• **Schlaf**, unterbricht den: **Puls.**

– **Atems**; beim Anhalten des:

• **amel.**: sulph.$_{h}$

– **Bewegung** agg.: *Glon*.$_{hr1,k,*}$ phos.$_{hr1,k}$

– **Essen**, nach dem: am-m.$_{hr1,k,*}$ asaf.$_{a1,k}$

– **Gähnen**, beim: *Calc*.$_{bg}$

– **Gehen**, bei schnellem: nit-ac.$_{h}$

– **hier** und da: coc-c.$_{bg1}$

– **Husten**, beim: manc.$_{hr1,k}$

– **Liegen**: meny.$_{h}$

• **Essen**, nach dem: asaf.

– **Schreiben**, beim: mag-s.

– **Sprechen**, beim: manc.$_{hr1,k,*}$

– **Stehen**, im: am-m.$_{hr1,k,*}$

– **Wein** amel.: nit-ac.$_{h}$

– **zitternd**: ars. calc. kreos. *Nat-s.* *Rhus-t.* sabin. *Spig.* staph.

○ **Achselhöhle**: am-m.$_{a1,k}$ cocc.$_{h}$ dulc.$_{a1,k}$ spong.$_{a1,k}$

– **Aorta**: plb.$_{a1,k}$ sulph.$_{a1,k}$ tarent.$_{a1,k}$

– **Brustbein**: ang.$_{h}$ ars-met. chin.$_{h}$ *Lach.* nat-c.$_{h}$ *Sil*.$_{bg2,k}$ sulph.$_{bg2,k}$

• **rechte** Seite:

▽ **erstreckt** sich zu:

• **Abdomen** nach unten; das: *Stict*.$_{br1,c1}$

Pulsieren - Brustbein: ...

○ **hinter** dem: bell.$_{h}$

– **Herz**: hydrog.$_{srj2}$ lyc.$_{h}$ sulph.$_{h}$ term-a.$_{bnj1}$

• **morgens** im Bett: graph.$_{h}$

○ **Herzgegend**: scut.$_{rb2}$

– **Mammae**: borx. cench.$_{k2}$

– **Rippen**: kali-c.$_{h}$

○ **kurze** Rippen: puls.

– **Rippenknorpel**: plat.$_{a1,k}$

– **Schlüsselbeingegend**: berb. bry.$_{a1,k}$ *Kali-c*.$_{a1,k}$ *Myrt-c.* rhod.$_{a1,k}$

• **nachts**: nit-ac.$_{h}$

– **Seite**:

• **links**: am-m.$_{h}$ graph.$_{h}$ meny.$_{h}$ nat-c.$_{h}$ sep.$_{h}$ *Thuj*.$_{h}$ zinc.$_{h}$

• **abends**: mag-c.$_{h}$

• **knisternd**: sulph.$_{h}$

• **rechts**: dig.$_{h}$

○ **unten**: phos.$_{h}$

– **vorderer** Teil: kali-n.$_{h}$

Purpura: kali-i.$_{a1,k}$ phos.$_{a1,k}$

Rasseln
☞ ☐ *Atmung - Rasselnd*

Rauch in der Brust; wie: ars. *Bar-c.* brom. bry. *Nat-ar.*

Rauschen in der Herzgegend: caust.$_{h}$

Rechten Seite zu sein; das Herz scheint auf der: *Borx*.$_{h,vh}$

Reiben:

○ **Mammae**; reibt sich die: choc.$_{srj3}$
☞ *Jucken - Mammae*

Reifens; Gefühl eines eisernen:

○ **Mitte** der Brust; quer über die: haem. kali-bi.$_{bg1}$ vichy-g.$_{sfa}$

– **um** die Brust: arg-n.

Rippenfellentzündung
☞ *Entzündung - Rippenfell*

Risse der Brustwarzen: arn. aur-s.$_{c1,k2}$ calc-sil.$_{k13}$ **Castor-eq.**$_{c2,k}$ **Caust.** collod.$_{btw2}$ cur. *Fl-ac.* **Graph.** *Hydr.* *Lyc.* *Merc-c.* *Mill.* nit-ac.$_{k2}$ **Phyt.** **Rat.**$_{c2,k}$ *Sep.* *Sil.* *Sulph.*

– **schmerzhaft**: graph. phyt.

– **Stillen**, durch: graph.$_{bro1}$ hydr.$_{bro1}$ rat.$_{bro1}$ sep.$_{bro1}$

Roheit am Brustbein
☞ *Schmerz - Roheit - Brustbein*

Rot
☞ *Farbe - rot*

Rucke: *Agar.* anac. arg-met. calc-p. cina *Con.* lyc. spong. squil. valer.
☞ *Schläge*

– **nachts**: am-c.$_{h}$

– **Atmen**, beim: lyc.

– **Bewegung** des Armes; bei: anac.

○ **Herz**: agar. arg-met. arg-n. *Calc.* fl-ac. nat-m. **Nux-v.** sumb.$_{a1,k}$ tarent.

• **abends**: sumb.$_{a1,k}$

– **Mammae**: croc.hr1,k

Ruhelosigkeit: bamb-a.stb2 bell. petr. seneg. staph.h thuj.

○ **Herzen**, am: anac. *Ars.* lyss.

Samtiges Gefühl in der Brust: ant-t.hr1,k

Schaudern: agar.ptk1 aur.

– **rechts**: aur.

– **Gähnen**, beim: aur.

○ **Mammae**: dig.c1 guaj.k2

Schläge, Erschütterungen: alum. ang. ant-t. arn. calc. cann-s. clem. **Con.** croc. dulc. *Graph.* hep. ind. **Lyc.** mang. meny. mur-ac. myrt-c. nux-v. ol-an. *Plat.* rhus-t. ruta sec. sep. *Sulph.* zinc.

☞ *Rucke*

– **Herzschlag**; zusammen mit dem: calc.hr1,k nux-v.bg1

• **Schlaf**, im: *Lach.* spong.

– **Husten**, mit: con.h **Lyc.**hr1,k *Seneg.*

○ **Herzgegend**: *Agar.* alum. arn.h,rb2 *Bufo Calc.* **Con.** glon.rb2 *Graph.* hydrog.srj2 lach. *Lith-c.* lyss. mang. *Nux-v.* phyt. tab.rb2 *Zinc.*

• **Frost**; während: calc. nux-v.

• **Geräusche**, durch: *Agar. Nux-v.*

• **Kummer**; mit: hydrog.srj2

• **Liegen**, beim: *Agar.*

• **Mittagessen**, nach dem: phos.h

• **Schlaf**, im: *Lach.*

▽ **erstreckt** sich zu:

• **Abdomen** und Kreuz: nux-v.

• **Halses**; Vorderseite des: graph.

– **Seite**, linke: mang.h sil.h sulph.h

Schlaffe Mammae: bell. cham. **Con.** graph.gl1 **Iod.** onos.st

– **Menses**; außer während den: con.

Schleim:

– **rechten** Brust; in der: caust.h

Schmal, eng: phos.k2

– **Gefühl** wie zu eng, zu schmal: mez.h seneg.k2

Schmerz: acal.br1 *Acet-ac. Acon. Aesc. Agar.* agn.a1 ail. all-c. alum. alumn. **Am-c.** am-m. ambr. **Aml-ns. Ant-c.** *Ant-t.* **Apis** *Arg-met. Arg-n.* **Arn. Ars.** ars-i. arum-t. asc-t. **Aur.** aur-ar.k2 aur-i.k2 **Aur-m.** aur-s.k2 **Bamb-a.**stb2 bapt. bar-c. bar-i.k2 *Bar-m.* **Bell.** *Bism. Borx.* brom. **Bry. Cact.** *Cadm-s.* cain. **Calc. Calc-p. Calc-s.** camph. cann-i. cann-s. *Canth. Caps. Carb-an. Carb-v.* carbn-s. *Card-m.* castm. **Caust.** cench.k2 *Cham. Chel.* chin. chinin-ar. chinin-s. chlor. *Cimic.*c2,k *Cist.* colch. coloc. com. con. corn. *Crot-c.*a1,k crot-h. crot-t. *Cupr.* cupr-ar. *Dig. Dulc.* echi. euon. *Ferr. Ferr-ar.* ferr-p. fl-ac. gels. gran. *Graph.* guaj. *Hecla Hep.* hura *Hydr.* hydr-ac. ictod. *Iod.* jab. jac-c. jac-g. *Jug-c.*c2 kali-ar. kali-bi. *Kali-c.* kali-chl. *Kali-i.* kali-m.k2 kali-n.c2,k kali-p. kali-s. *Kalm.* kreos. lac-d.k2 *Lach.* lachn. *Lact. Laur. Lob. Lyc. Mag-p.* mag-s. med.k2 meli. *Merc.* merc-i-f. merc-i-r. *Mez. Mur-ac. Myrt-c. Naja* nat-ar. nat-m. nat-p. nit-ac. *Nux-m. Nux-v.* ol-an. ol-j. op. **Ox-ac.**

Schmerz: ...

paeon. petr.k2 *Ph-ac.* **Phos.** *Phyt.* plan. plb. podo. *Psor. Puls.*c2,k **Ran-b.**c2,k *Ran-s.* raph. rhod. rhus-t. *Rumx.* sabad. *Sang.*c2,k *Sars.* sec. **Seneg.** *Sep. Sil.* sin-n. sphing.a1 **Spig. Spong.** *Squil.* **Stann.** *Stram.* sul-ac. *Sulph.*c2,k sumb. *Tab. Tarent.* tep. *Ther.* tub. tub-m.vn valer.k2 *Verat.* verb. vinc. vip. visc. *Zinc.* zinc-p.k2 zinc-s. ziz.

– **morgens**: acon. am-m. bov. *Bry.* carb-v.h caust. chel. chin. con. ferr-p. hep. kali-c.h lyc. mang. merc. merc-c. nat-s. nit-ac. ox-ac. phos. puls. *Ran-b.* rhus-t. *Sang.* sep. *Squil.* sulph. thuj.

• **Bett**, im: colch. lact. mag-s. phel. *Rumx.* seneg. sil.

– **vormittags**: agar. am-m. caust. cham. coloc. puls. *Ran-b.*

• **9** h agg.: chel.

• **10** h: cham. kali-cy.

• **11** h: cact.k2 cham.

– **mittags**: dig. naja

– **nachmittags**: am-m. bad. bar-c. canth. chel. coloc. eupi. fago. gamb. iod. kali-bi. kali-n. led. lyc. nicc. op. sang. sulph. tarent.

• **13** h: sars.

• **14** h: alum. chel. elaps rhus-t.

• **15** h: hura nat-m. ol-an.

• **16** h: asc-t.

• **16** - 17 h, rechte Seite: merc-sul.

• **18** h, dauert den ganzen Abend: phos.

– **abends**: acon. alum. ambr. ant-t. bad. bar-c. bar-s.k2 cain. calad. calc. chel. coloc. dig. dios. euphr. gal-ac.a1 gamb. hyper. kali-bi. **Kali-c.** kali-i. kali-n. lyc. mez. mur-ac. nicc. nux-m. olnd. *Phos. Ran-b.* ran-s. rumx. seneg. sulph. tab. thuj. verb. zinc. zinc-p.k2

• **18** h: bry.

• **Zubettgehen** anhaltend; bis zum: phos.

• **19** h: ol-j. zing.

• **20** h: canth. kali-n.

• **21** h: lyss.

• **Bett**, im: benz-ac. cain. *Kali-c.* nat-c. nit-ac. ran-b. sep.

– **nachts**: **Alum.** alum-p.k2 alum-sil.k2 am-c. ant-t. apis arg-n. **Ars.** borx.h *Caust.* chel. con. graph. *Lyc.* mag-s. merc-c. nit-ac. *Nux-v.* ran-b. ran-s. rhus-t. sabad. seneg. sil. sin-n.

• **Mitternacht**:

• **vor**:

• **22**.30 h: cench.k2

• **23** h: cact.k2

• **nach**: rhus-t.

• **2** h: lachn.hr1

• **4** h: asc-t.

• **Einschlafen**, beim: *Nux-m.*

• **Freie**; beim Gehen ins: am-m.

◆ **abwechselnd** mit:

• **Abdomen**; Schmerzen im: aesc. *Ran-b.*

• **krampfartig**

☞ ☐ *Abdomen - Schmerz - krampfartig - abwechselnd mit - Brust*

• **Magen**; Schmerzen im: *Caust.*

• **Rheumatismus**: abrot.k2

◆ **begleitet** von:
• **Schnupfen**: hydrog.$_{srj2}$
– **anfallsweise**: caul. nit-ac. *Ox-ac.* plb. sep. stront-c. stry.
– **Anstrengung**, bei: alum. ang. caust. ferr. laur. plb. ran-b.
• **Arme**; der: ang. ant-c. led.
• **geistiger**, bei: cham. sep.
– **Anziehen** der Stiefel; beim: arg-n.
– **Ärger**, Verdruß; durch: phos.
– **Arme** nahe an der Brust:
• **agg.**: psor. spig.$_{bg}$ sulph.$_{bg}$
• **amel.**: lac-ac.
– **Atemzug**, bei jedem: bry.$_{k2}$ nat-m.
– **Atmen**, beim: acon. aesc. am-c. *Anac.* ant-t. arg-met. ars-s-f.$_{k2}$ aur. bapt. **Borx.** bov. **Bry.** *Calc.* calc-p. cann-s. caps. card-m. cench.$_{k2}$ *Cham.* chin. colch. crot-t. *Dig.* dros. elaps guaj.$_{k2}$ hydrog.$_{srj2}$ kali-bi.$_{bg2}$ **Kali-c.** kali-m.$_{k2}$ *Kali-p.* *Kalm.* *Kreos.* lob. *Lyc.* *Manc.* med.$_{k2}$ meny. merc-sul. mez. mur-ac. nat-m. nicc. ph-ac. *Phyt.* **Psor.** raph. sabad. *Sep.* *Spig.* spong. squil. *Stann.* sulph. tab. verat.
• **Menses**, vor den: puls.
• **Sitzen**, im: chin.
• **tiefem**, bei: acon. aesc. aloe arg-met. arn. bapt. bar-c. benz-ac. *Berb.* *Borx.* **Bry.** *Calc.* *Calc-p.* calc-sil.$_{k13,k2}$ carb-an. carb-v. *Caust.* cench.$_{k2}$ chel. cob. crot-t. cycl. ferr-p.$_{k2}$ fl-ac. form. graph. *Guaj.* hell. iod.$_{h}$ *Kali-bi.* **Kali-c.** *Kali-n.* kali-sil.$_{k2}$ lyc. merc-c. mez. mur-ac. naja **Nat-m.** nat-p. nit-ac. olnd. pall. ph-ac. *Phos.* phyt. plat. puls. **Ran-b.** ran-s. raph. rhus-t. rumx. *Sang.* seneg. sil. *Spong.* *Stann.* sumb. thuj. valer. zinc. zinc-p.$_{k2}$ zing.
• **amel.**: ign. kali-bi.$_{bg1}$ seneg. verb.
– **Aufrichten**, beim: acon. aloe nicc.
– **Aufsetzen**; beim:
• **Bett**; im: am-c. ph-ac. **Phos.**
– **Aufstehen**:
• **nach**: agar. lact.
• **Bücken**; vom: aloe nicc.
• **amel.**: kali-c.
• **Sitzen**: kali-c. nat-c. sil.
• **beim**: agar. chinin-s. lach. ran-b.
– **Aufstoßen**:
• **amel.**: ambr.$_{h}$ bar-c. gels.$_{bg1,bg2,*}$ kali-c.$_{h,k}$ lyc. petr.$_{h}$
• **durch**: cocc. phos. staph.
– **Ausatmen**, beim: chin. crot-t. spig. staph. tarax. *Viol-o.* zinc.
– **Ausdehnen** der Brust; beim: carb-v.$_{h}$
– **Ausstrecken** der Arme; beim: *Ran-b.*
• **amel.**: berb. puls.$_{h}$
– **Auswurf**:
• **amel.**: chel. euon. mag-s.
• **vor**: lyc.$_{h}$
– **Berührung**, bei: arg-n.$_{bg1,bg2}$ borx.$_{h}$ calc.$_{h}$ calc-p.$_{k2}$ coch.$_{bro1,c1}$ dros. led.$_{br1,pd}$ **Nat-m.**$_{bg1,bg2}$ *Nux-v.*$_{bg1,bg2}$ *Phos.* *Ran-b.* seneg.$_{k2}$ staph.$_{h}$ sulph.$_{h}$
• **Wirbelsäule**; der: tarent.$_{bg1}$
– **Bett**; wie durch ein hartes: borx.$_{h}$
– **Beugen**, beim:
• **hinten**, nach: mez.$_{h}$ rhod.
• **Seite** agg.; auf die: acon. borx.$_{h}$
• **rechts**, nach: rhod.
• **vorne**, nach: aloe alum. alumn. arg-met. borx.$_{h}$ brom. lact.$_{bg1}$ nat-m. stann.$_{h}$
• **amel.**: *Asc-t.* chel. chinin-s. mag-c.$_{h}$ **Puls.**
– **Bewegung**, bei:
• **agg.**: abrot. alum.$_{h}$ *Arn.* ars-s-f.$_{k2}$ bad. bapt. **Bell.** **Bry.** **Calc.** caps. carbn-s. card-m. *Chel.* chin. *Cimic.* equis-h. gamb. *Graph.* guaj.$_{k2}$ *Hep.* hyos. kali-c. kali-p. *Kalm.* lac-ac. *Laur.* lyc. manc. meny. *Merc.* *Naja* nat-m. nit-ac. *Nux-v.* *Phos.* psor. *Ran-b.* sabad. sars. sec. sep.$_{h}$ sil.$_{h}$ **Spig.** *Squil.* stront-c. sulph. viol-t. zinc.$_{h}$
• **amel.**: lob. phos. rhod.$_{k2}$ rhus-t. *Seneg.*
• **Arme**, der: carb-an. card-m. caust. cench.$_{k2}$ mez.$_{h}$ *Nux-m.* *Seneg.* sulph.
• **Kopfes**, des: *Guaj.*
– **Bücken**, beim: am-c. ars. card-m. chel. fago. lyc. merc. merl. mez. nat-s. nit-ac. ran-b. rhod. *Seneg.*
– **Drehen**, beim: alum.$_{h}$ plb. **Ran-b.**
• **links**; nach: kali-bi.$_{bg1}$
• **Bett**, im: caust. kali-bi.$_{bg1}$ kreos.$_{bg1,bg2}$ thuj.
– **Druck**:
• **agg.**: am-c.$_{h}$ ant-c. cench.$_{k2}$ meny. merc-i-f. nat-p. ran-b. seneg. stann.$_{h}$ sul-ac. tarax.
• **amel.**: **Arn.** *Borx.* **Bry.** caust.$_{ptk1}$ cimic. **Dros.** dulc.$_{h1}$ *Eup-per.* kreos. merc. nat-m. *Nat-s.* *Phos.* ran-b. *Sep.*
• **Kleidung**, von:
• **agg.**: ail.$_{bg1}$ benz-ac. lach.$_{bg1}$ ran-b.
– **Einatmen**:
• **amel.**: merc. thuj.$_{bg1}$
• **beim**: **Acon.** aesc. agar. alum. alum-p.$_{k2}$ alumn. arg-met. arn. *Ars.* asaf. asar. aspar. aster. aur. aur-ar.$_{k2}$ aur-m. aur-s.$_{k2}$ bapt. bar-c. **Borx.** **Bry.** calad. **Calc.** calc-s.$_{k2}$ calc-sil.$_{k13,k2}$ camph. canth. carb-an. carb-v. card-m. caust. *Cham.* *Chel.* cina clem. cocc. colch. coloc. com. con. cupr-ar. dulc.$_{a1}$ euon. ferr. ferr-p. gal-ac.$_{a1,c1}$ gink-b.$_{sbd1}$ grat. hyos. inul. iris jatr-c. *Kali-ar.* kali-bi.$_{k2}$ kali-c. kali-n. kali-p. *Kreos.* lact. led. *Lyc.* *Merc.* merc-sul. mez. mur-ac. *Naja* nat-m. nat-s. nicc. *Nux-m.* op. *Phos.* plat. plb. podo. *Psor.* *Ran-b.* raph. rumx. sabad. samb. sang. *Seneg.* sep. *Sil.* *Spig.* **Squil.** stann. stront-c. sul-ac. sulph. tarax. tarent. thuj. valer. viol-t. zinc.
– **Erregung** agg.: stann. stram.
– **Erschütterung** agg.: alum.$_{k2}$ bell.$_{k2}$
– **Erwachen**, beim: graph. kali-bi. merc-i-r. *Phos.* seneg. thuj.
– **Essen**:
• **beim**: kali-bi. led. ol-an.
• **nach**: alum. alum-p.$_{k2}$ anag. *Arg-n.*$_{hr1,k}$ aspar. caust. chin. cimic. *Kali-c.* laur. mez. nat-c. nux-v. phos. sulph. sumb. thuj. verat. zinc.
• **amel.**: chel. rhod.
– **Fahren**, beim:
• **Reiten**, beim: nat-c. ol-j.
• **Wagen**, im: alum. dig.
– **Flatus**; durch eingeklemmten: carb-v.$_{h}$ verat.$_{h}$

– **Flecken**: arg-n.$_{br1}$
– **Freien**; im
☞ *Luft - Freien*
– **Frost**:
• **vor**: ars. plan.
• **während**: ars. bell. **Bry.** *Chinin-s.* **Kali-c.** lach. puls. *Rhus-t. Sabad.* seneg.
– **Frösteln**, beim: eupi. sep.
– **Gähnen**, beim: bell. *Borx.* gal-ac.$_{c1}$ hep. nat-s. phel. sang.
– **Gehen**:
• **amel.**: *Chin.* dros. mez. nat-m. ph-ac. *Seneg.*
• **beim**: agar. am-c. bell. brom. *Bry.* bufo cact. calc. camph. card-m. cham. chel. cimic. cinnb. cocc. colch. coloc. dig. hep. kali-i. kali-n.$_{bg1}$ lact. merc. merl. nat-m. olnd. ox-ac. **Ran-b.** rhus-t. sars. spig. stann. stront-c. sul-ac. sulph. tarax. tarent. *Viol-t.* zinc.
• **Ankleiden**; und beim: alum.
• **langsam** amel.: borx.
• **Luft**:
• **Freien**; im: caust. lyc. ran-b. sulph. zinc.
• **amel.**: seneg.$_{k2}$
• **schnellem**, bei: alum. brom. chin. rhod. sulph.
– **Gewitter**; bei: rhod.$_{k2}$
– **Harndrang** nicht nachgegeben wird; wenn dem: **Lil-t.**
– **Heben** einer Last: alum. bar-c. phos. *Psor. Sulph.* zinc.$_{h}$
• **agg.**: brom.$_{bg1}$ gamb.$_{bg1}$ *Kali-c.*$_{bg1,bg2}$ nat-m.$_{bg1}$ zinc.$_{bg1,bg2}$
• **wie** durch: plat.$_{h}$
– **Heben** der Arme; beim: ang. ant-c.$_{h}$ berb. *Ran-b.* sel. sep. spig. *Sulph.* tarent. tell.$_{ptk1}$ thuj.
– **Herpes** zoster:
• **nach**: kalm.$_{k2}$ *Mez. Ran-b.* zinc.$_{bg1}$
– **Herzklopfen**, beim: sep. *Spig. Spong.*
– **Hitze**; während: **Ant-c.** ars. canth. caps. carb-v. cina *Guare.* kali-c. *Kalm.* nux-v.
– **Husten**, beim: *Acon.* aeth. ail. alum. alum-p.$_{k2}$ alum-sil.$_{k2}$ am-c. am-m. *Ambr. Anac.* ant-c. ant-t. apis arn. ars. ars-s-f.$_{k2}$ asc-t.$_{a1}$ aur. aur-ar.$_{k2}$ aur-i.$_{k2}$ aur-s.$_{k2}$ **Bell. Borx.** brom. **Bry.** *Calc.* calc-i.$_{k2}$ calc-s.$_{k2}$ calc-sil.$_{k13,k2}$ *Camph.* canth. caps. carb-an. **Carb-v.** carbn-s.$_{k2}$ **Caust.** *Cham.* chel. *Chin.* chinin-ar. cina coff. *Con.* crot-t. cupr. *Dig.* **Dros.** elaps eup-per. eupi. ferr. ferr-ar. ferr-i. ferr-m. ferr-p. gal-ac.$_{a1,c1}$ gels. hydrog.$_{srj2}$ iod. kali-ar. kali-bi. kali-c. kali-i. **Kali-n.** kali-p. kali-sil.$_{k2}$ kreos. lach. led. **Lyc.** *Mag-m.* mang. med.$_{k2}$ meph. *Merc.* mez. mosch. mur-ac. naja nat-ar. nat-c. *Nat-m.* nat-n. nat-p. *Nat-s.* nit-ac. nux-m. nux-v. ol-j. ox-ac. petr. ph-ac. **Phos.** *Phyt.* psor. **Puls.** pyrog.$_{k2}$ ran-b. raph. *Rhus-t.* rumx. sabad. samb. *Sang.* sec. **Seneg.** *Sep. Sil.* sphing.$_{a1,kk3}$ spig. **Spong. Squil. Stann.** staph. stram. stront-c. sul-i.$_{k2}$ **Sulph.** tarent. upa. *Verat. Zinc.* zinc-p.$_{k2}$ zing.
– **kalter** Luft, in: *Ph-ac.* ran-b.$_{k2}$
– **Lachen**, beim: acon. laur. mez. nicc. psor.
– **Leber**; mit Schmerz in der: card-m.$_{k2}$
– **Lesen**, beim: stann.
– **Liegen**, beim: alumn. asaf. bry. calc. caps. caust. con. kali-n. psor. puls. seneg.
• **amel.**: alum. borx.$_{c1}$ bry.$_{bg3}$ gal-ac.$_{a1,c1}$ mang.$_{bg3}$ ox-ac.
• **Abdomen**, auf dem:
• **amel.**: *Bry.*
• **Rücken**, auf dem: alum. sulph.
• **amel.**: ambr. borx.$_{ptk1}$ *Cact.* phos.$_{ptk1}$ sulph.$_{ptk1}$
• **nur** auf dem Rücken liegen; kann: *Acon.* bry. *Phos.*
• **Seite**, auf der: *Canth. Hydr.* ran-b.
• **amel.**: alum.
• **erkrankten** Seite; auf der: *Ant-t. Bell.* bry.$_{bro1}$ *Calc.* nux-v.$_{bro1}$ phos.$_{bro1}$ puls.$_{bro1}$ sabad. stram.$_{bro1}$
• **gesunden** Seite; auf der: ambr. **Puls.** stann.
• **linken** Seite; auf der: *Agar.* am-c. asc-t.$_{hr1}$ cain. calc. kalm. lyc.$_{h}$ *Naja* **Phos. Spig.**
• **rechten** Seite; auf der: *Borx. Kali-c.* lyc. **Merc.** phyt. *Seneg.*
• **nur** auf der rechten Seite liegen; kann: *Kali-c. Naja* **Spig.**
• **schmerzhaften** Seite; auf der: **Bell.** bry. *Nux-v. Ran-b.* rumx.
• **amel.**: *Ambr.* **Bry.** calad. *Nux-v.* puls.$_{h}$ stann.
– **Luft**:
• **Freien**; im:
• **amel.**: nat-m.
• **Fahren** im; beim: guaj.$_{k2}$
– **Menses**:
• **vor**: puls.
• **während**: cocc. *Graph.* phos.
– **Mittagessen**, nach dem: bry. canth. carbn-s. cimic. lob. mez. nat-p. rat. sulph. zinc.
– **Nasenbluten**:
• **amel.**: brom.$_{bg1}$ carb-v.$_{bg1}$
• **nach**: calc.$_{hr1}$
– **neuralgisch**: corn-f.$_{br1}$
– **Niesen**, beim: acon. *Borx.* **Bry.** *Caust. Chel.* coc-c. crot-h. *Dros.* hydr.$_{bg1,bg2}$ lact. *Merc.* rhus-t. seneg. sil.$_{h}$ thuj.
• **amel.**: seneg.$_{bg1,bg2}$
– **nüchtern**, wenn: *Iod.*
– **Pneumonie**, nach: am-c. *Ars. Lach.* **Lyc. Phos. Sulph.**
– **pulsierend**: *Caps.* com. *Kali-c.* zinc.
– **Rauchen** (von Tabak); beim: *Seneg.*
– **Räuspern**:
• **während**: camph.$_{h}$ kali-n.$_{h}$ plb. spig.
• **nach**: asaf.
– **Räuspern**, beim: spig.
– **Reiben** amel.: calc. *Phos.*
– **rheumatisch**: *Abrot.* ambr. ant-t. *Arg-n.* arn. berb. **Bry.** *Cact.* cadm-s. carb-v. caust. *Chin. Cimic. Colch.* con. *Corn.* ferr-p.$_{k2}$ guaj. hydr. iod.$_{h}$ *Kali-i.* **Kalm. Lac-ac.** lac-d.$_{k2}$ lach. lyc. med.$_{k2}$ meph.$_{a1}$ merc.$_{k2}$ mez.$_{h}$ *Nux-v. Phos.* plb. **Ran-b.** *Rhod.* **Rhus-t.** *Rumx.* **Spig.** *Tarent.*
• **rechts**: meph.$_{a1}$
• **subkutan** geschwürig; wie: ran-b.$_{br1}$
– **Schlaf**:
• **im**: cupr.

• **vor** dem Einschlafen: carb-v. sulph.
– **Schlag**; wie durch einen: borx.$_{h}$
– **Schluckauf**, bei: am-m. stront-c.
– **Schlucken**, beim: all-c. alum. *Calc-p.*
– **Schneuzen** der Nase; beim: chel. sumb.$_{ptk1}$
– **Schreiben**, beim: mag-s. ran-b.
– **Singen** agg.: am-c. asc-t.$_{a1}$
– **Sitzen**, beim: agar. alum. alumn. bell. *Bry.* cact. *Caps.* chin. *Con.* dig. dros. graph. kali-i. mag-c. mez. nat-s. paeon. ph-ac. *Phos.* **Seneg.** spong. staph.
• **amel.**: alum. am-m. asaf. bry.$_{bg1}$ limest-b.$_{es1}$
• **gebeugtem**, bei: am-m. dig. dulc.$_{a1}$ meny.$_{h}$
• **langem** Sitzen; wie nach: ph-ac.$_{h}$
– **Speisen**:
• **warme** Speisen amel.: chel.$_{k2}$
– **Sprechen**:
• **beim**: alum.$_{k2}$ am-c. asc-t.$_{a1}$ **Borx.** cann-s. **Kali-c.** kali-n. *Nat-m.* prun. rhus-t. tab.
• **erregtem**, bei: stann. stram.
– **Stehen**, beim: aur-m. bov. calc. nat-m. *Nat-s.* ran-b. spig. stann. zinc.
• **amel.**: *Chin.* graph.
– **Steigen**, beim: acon. borx. cact. crot-h. graph. kali-bi. ran-b. rat. staph. stram.
– **Stellen**; an kleinen: ran-b.$_{k2}$
– **Stuhlgang**, nach: agar.
– **Tanzen** amel.: caust.$_{ptk1}$
– **Tragen** einer Last, durch: alum.
– **Trinken** von kaltem Wasser; nach: *Carb-v.* nit-ac. *Psor.* rhus-t.$_{a1}$ staph. thuj.
– **Urinieren**:
• **amel.**: lil-t.$_{bg1,bg2}$
– **wandernd**: *All-c.* ars-h. *Cact.* *Ferr.* kali-c.$_{k2}$ lyss. *Ol-j.* puls.$_{k2}$ *Seneg.* sin-n. *Tarent.*
– **warm**:
• **Anwendungen** amel.; warme: *Ars.* bar-c.$_{h}$ caust. **Phos.**
• **Bett**; beim Warmwerden im: rhus-v.
• **Zimmer** agg.; im warmen: mag-s. sil.
– **Wein**, nach: borx.
– **Wetter**:
• **naß**: *Cupr.* *Kali-c.* lac-d.$_{k2}$ med.$_{k2}$ **Nat-c.**$_{hr1,k}$ *Ran-b.* *Sil.*
• **veränderlich**, wechselhaft: **Ran-b.**
– **Winter** wiederkehrend; jeden: *Arg-met.* *Kalm.*
– **Zorn**; nach: arg-n.$_{k2}$
– **Zurückziehen**:
• **Schultern**; der:
• **amel.**: aster.
▽ **erstreckt** sich zu:
• **Arme**: calc-ar.$_{k2}$
• **Nabel**: agar.$_{bg1}$ bry.$_{bg1,bg2}$ mag-c.$_{bg1}$
• **unten**; nach: am-c.$_{bg1}$
○ **Achselhöhle**: *Agn.*$_{hr1,k}$ arg-n. asaf. asar. bell. bry. cact. carb-v. cench.$_{k2}$ chel. cic.$_{h}$ clem. con. *Crot-c.*$_{a1,k}$ dios. dulc.$_{h}$ graph. hep.$_{h}$ ind. iod. *Jug-c.*$_{c2}$ mez.$_{k2}$ nat-s. nit-ac. phys. plb. seneg. *Sil.* staph. sul-ac. thuj. verat. vip.
• **rechts** nach links; von: elaps
• **Bewegung**:
• **agg.** und Pulsieren: dulc.$_{h}$
– **Achselhöhle - Bewegung**: ...
• **amel.**: dulc.$_{h1}$
• **Heben** des Armes; beim: tub.$_{c1}$
• **Menses**, vor den: *Calc.*
• **pulsierend**: dulc.$_{h,hr1}$
▽ **erstreckt** sich zu:
• **Hand**: arg-n.$_{a1}$
○ **Achseldrüsen**: am-c. androc.$_{srj1}$ asar.$_{h}$ **Bar-c.** kali-c. prun. rhus-t. sul-ac. *Sulph.*
• **Gegend** der: kali-bi. meny. zinc.
• **morgens**: ran-b.
• **Bewegung** agg.: ran-b.
• **Berührung**, bei: caps.$_{h}$ squil.$_{h}$
• **Heben** des Armes; beim: caps.$_{h}$
• **intermittierend**: dulc.
• **pulsierend**: squil.$_{h}$ zinc.
▽ **erstreckt** sich zu:
• **Arme** hinab; die: jug-c. mez.$_{k2}$ *Nat-ar.*
• **Brustmuskeln**: *Brach.*
• **Finger**, kleiner: nat-ar.
– **Brustbein**: agar. am-c.$_{c2}$ apis asaf. aur-ar.$_{k2}$ bamb-a.$_{stb2}$ *Bell.* borx. *Bry.* calc-p. calc-s. caps. carb-an. cocc. con. dios.$_{br1}$ dulc. *Ferr-ar.* fl-ac. hura *Jug-c.* kali-i. kalm. *Kreos.* lac-v.$_{c2}$ lach. led. *Manc.* morph. mur-ac. nat-m.$_{h}$ nit-ac. osm.$_{c2}$ ox-ac. paeon.$_{c2}$ *Puls.* ran-s.$_{c2}$ rhus-t. *Ruta*$_{c2}$ stront-c.$_{c2}$ *Sulph.* tarax. *Ter.* zing.
• **nachmittags**: borx.$_{h}$ fl-ac. kali-i.
• **nachts**: chin.
• **anfallsweise**: nat-m.
• **Atmen**, beim: caps. hep. manc.
• **tiefen**, beim: agn.$_{a1,hr1}$ *Caust.* lyc. nat-m. psor.
• **Berührung** agg.: carb-v.$_{h}$ mur-ac.$_{h}$ ph-ac.$_{h}$ staph.$_{h}$ sulph.$_{h}$
• **Bewegung**, bei: *Bry.* led. ph-ac.$_{h}$
• **Halses**, des: tarax.$_{h}$
• **Kiefers**; des: tarax.$_{h}$
• **Bücken**, beim: carb-v.$_{h}$ dig.$_{h}$ *Kalm.* ph-ac.$_{h}$ ran-b.
• **Druck** agg.: manc. ph-ac.
• **Einatmen**; beim: bry. caps. chel. laur.
• **Essen**, nach dem: chin. con. *Jug-c.*
• **Gehen**, beim: coc-c. *Jug-c.*
• **Heben** des Armes; beim: chin.
• **Husten**, beim: bell. **Bry.** chel. *Chin.* cor-r. **Kali-bi.** *Kali-i.* kali-n. *Kreos.* osm. ox-ac. ph-ac. *Phos.* *Phyt.* psor. rumx. *Sang.* staph. *Sulph.* thuj.
• **konvulsivisch**: dig.
• **Rauchen**, nach: thuj.
• **Reiben**; nach: led.
• **Sitzen**, bei gebeugtem: chin. kalm. rhus-t.
• **Sprechen**, beim: stram.
• **Steigen**, beim: *Jug-c.*
• **Stellen**, an kleinen: anac.$_{bg1}$ carb-v.$_{h}$ puls. ruta
• **Strecken** agg.: staph.
• **Trinken**, beim: sep.
▽ **erstreckt** sich zu:
• **Hals**, zum inneren: zinc.$_{bg1}$
• **Rücken**: *Kali-bi.* ox-ac. phyt.
• **Schulterblatt**: phos.$_{bg1}$

○ **hinter** dem: *Agar. Arg-n.* asc-t.a1 aur-m.k2 *Cact.* carc.tp1 *Chel. Cimx.* dulc.h1 *Eup-per.* iber.c1 ind. kali-bi. lob. ox-ac.k2 *Phos.* pyrog.k2 *Ran-s.*c2 *Rumx.* **Sang.** *Seneg. Sil. Syph.* ter.
• **Anfällen**, in nächtlichen: aur.bro1
• **Einatmen**, beim: *Chel. Kali-c. Manc.* sil.h
• **Gehen**, bei schnellem: aur-m.k2 **Seneg.**
• **Husten**, beim ●: **Bry. Caust.** *Chel.* chin. cina daph. *Euphr.* hep. *Kali-bi.* osm. *Phos.* rumx. *Sang.* staph.
• **Schlucken**, beim: all-c. phos.
• **Schnupfen**, gefolgt von: jug-c.bro1
• **Sitzen** amel.; aufrechtes: kalm.
• **Speisen** steckengeblieben wären; als ob: all-c. *Led.*
• **Trinken**, beim: kali-c.
▽ **erstreckt** sich zu:
• **Arme**: dios.br1,bro1
• **und** Schultern: ox-ac.k2
• **Rücken**: ang.c1 *Con.* **Kali-bi.** stict.
• **Seiten**: rumx.bg1 sulph.bg1
• **oberes** Brustbein: ars.h sulph.h
• **Husten**, beim: sep.h sil.h
• **Spitze** des Brustbeines: bamb-a.stb2
• **unteres** Brustbein:
• **Husten**; durch: am-c.h
– **Brustmuskeln**: ant-c.h borx.h *Bry.* echi. gels.a1,psa lycpr.bro1 merc. phos.h ran-b.k2 rhus-t.
– **Herz**: *Abrot.* **Acon.** aesc. *Agar.* ail. ambr. *Aml-ns.* **Apis Arg-n.** arist-m.c2 *Arn.* **Ars.** *Ars-i. Asaf.* asc-t. aspar. **Aur.** aur-ar.k2 aur-i.k2 *Aur-m.* bell. *Benz-ac. Brom. Bry.* **Cact.** *Calc. Calc-ar.* calc-i.k2 *Camph. Cann-i.* canth. carbn-s. card-m. caust. **Cench. Cere-b.** cere-s.c2 *Cham.* chinin-ar.k2 chlor. *Cimic. Cina* clem. *Colch.* con. corn. crat.bg1 *Crot-h. Cupr. Daph. Dig.*br1,k fago. ferr. ferr-i. ferr-m. *Glon. Graph. Iod.* jab. **Kali-ar.** *Kali-bi. Kali-c. Kali-chl.* kali-i. kali-m.k2 kali-p. kali-s.k2 **Kalm.** kurch.bnj1 lac-d. **Lach.** lachn.c2 *Lat-m. Laur. Lil-t.* **Lith-c.** lith-m.c2 *Lob. Lycps-v. Lyss.* mag-p.br1 meny.c2 *Merc.* merc-c. merc-i-f. merc-i-r. *Naja* nat-ar. *Nat-m.* nat-p. nux-v. oena. olnd. onos. ox-ac. paull.c2 *Phos.* phyt. plb.k2 podo.c2 *Psor.* **Puls.** ran-b.k2 ran-s. rhod. **Rhus-t.** rumx.c2,k *Samb. Sang.* seneg. sin-n. **Spig.** *Spong. Staph.* stront-c. sul-i.k2 *Tab.* tarax. *Tarent.* tell. ther. thuj. verat. verat-v. vesp. viol-o. vip. zinc. zinc-p.k2
• **morgens**: calc-p. dig.
• **Aufstehen**, beim: con.
• **Beugen** nach vorne im Bett; beim: *Lith-c.*
• **Erwachen**, beim: *Tarent.*
• **Schokolade**, nach: raph.a1,k
• **vormittags**: thuj.
• **nachmittags**: euphr.
• **abends**: ph-ac.h **Puls.** raph. sulph. thuj.
• **nachts**: *Arg-n.* cann-i. cench.k2 coc-c. mand.sp1 *Naja* nat-m.
• **Hinlegen**:
• **nach** dem: agar.
• **Liegen**; beim:
• **Rücken**; auf dem: asaf.

– **Herz - nachts**: ...
◇ **abwechselnd** mit:
• **Rheumatismus**: aur-m.k2 *Benz-ac. Kalm.*
• **Uterus**, Schmerz im: *Lil-t.*
• **Zehe**; Schmerz in der großen: nat-p.
◆ **begleitet** von:
• **Atmung**; schwierige: *Arg-n. Aur. Cact.* cimic. cinnb.bg2 dig.k2 kalm. lac-d.k2 psil.ft1 *Psor.* sep. *Spig. Spong. Tarent.*
• **Ovarien**; Schmerz in den: **Laur.**
• **anfallsweise**: cact.k2 *Laur.*
• **Anstrengung**, bei: cer-s. cere-s. *Dig. Lil-t.*
• **Anus**; beim Wischen des: apisbg1
• **Atmen**:
• **agg.**: crot-h. rumx.
• **unmöglich**; ist fast: arg-n.
• **Aufstehen**, beim:
• **liegender** Haltung, aus: *Laur.*
• **Sitzen**, vom: *Gels.*
• **Aufstoßen** amel.: thuj.bg1,bg2
• **Ausatmen**, beim: phyt.
• **ausstrahlend**: *Glon.*
• **Berührung** der Wirbelsäule; bei: tarent.
• **Beugen** nach vorne agg.: *Lil-t.* **Lith-c.**
• **Bewegung**:
• **agg.**: *Cact.* kali-i. lil-t. med.k2 phyt. ran-b.k2 spig.br1
• **amel.**: *Mag-m.*
• **Blase**; nach Schmerzen in der: lith-c.
• **Bücken**, beim: calc.bg1 *Lil-t.* nat-m.bg1 olnd.
• **Diarrhoe** amel.: mand.bg
• **Druck**: cact.k2
• **Hand**; der:
• **amel.**: bufobg1 laur.bg1 *Nat-m.*
• **Einatmen**:
• **agg.**: agar.bg1 anac.bg1 plb.bg1 spig.bg1
• **beim**: ran-b.k2
• **Entbindung**, bei der: *Cimic.*
• **epileptischem** Anfall, vor: *Calc-ar. Lyc.*
• **Erregung**, durch: *Cupr. Dig.*
• **Erwachen**, nach dem: fago. *Tarent.*
• **Essen**, nach dem: *Kali-bi.* lil-t. lyc. manc. nat-m. stront-c.
• **Fahren** im Wagen; beim: cot.c1 naja raph.a1,k
• **Frost**; während: *Calc.*
• **Gähnen**, beim: merc-i-f.
• **Gehen**, beim: arg-n. *Cact.* kali-i.bg1 *Nat-m.* ox-ac. ph-ac.h *Ran-b.* rhus-t. seneg. spig. sulph.
• **amel.**: colch. *Puls.*
• **Gemütsbewegungen** agg.: phos.bg1 thuj.bg1
• **Geräusche**, durch: agar.
• **Heben** der Arme; beim: bry.bg1 dig.pd
• **Herzklopfen**, beim: plb.
• **Husten**, beim: agar.bg1 mag-m.bg1 tarent.
• **Koitus**, nach: *Dig.*
• **Kummer**; durch: lach.k2
• **laut** angesprochen wird; wenn er: *Camph.*
• **Liebe**, durch enttäuschte: dig.c1
• **Liegen**, beim:
• **agg.**: agar. *Aur.* lil-t. puls. rumx. **Spong.**
• **Rücken**, auf dem: asaf. rumx.
• **amel.**: *Cact. Psor.*

- **Liegen**, beim: ...
  - **Seite**; auf der: cench.$_{bg1}$
    - **linken**, auf der:
      - **agg.**: *Cact.* colch. *Crot-h.* dig. dios. iber. *Kali-ar. Lach. Naja Nat-m.* phos.$_{k2}$ ran-b.$_{k2}$ **Spig.** tell.
      - ◆ **begleitet** von:
        - **Kopf**; Schmerzen im
          - ☞ ❑ *Kopf - Schmerz - begleitet von - Herzen*
      - **nur** auf der linken Seite liegen; kann: *Ars-met.* rumx.
    - **rechten**, auf der: arg-n. lil-t. rumx.
      - **agg.**: alum.$_{bg1}$ lach.$_{bg1}$
      - **nur** auf der rechten Seite liegen; kann: *Naja* **Spig.**
  - **tief** liegendem Kopf; mit: **Spong.**
- **Menses**:
  - **vor**: *Cact.* lach. lith-c. spong.
  - **während**: *Arg-n. Cact. Con.* lith-c. *Puls.*
    - **schmerzhaft**: **Con.**
  - **nach**: *Lach. Lith-c.*
- **Nasenbluten**, mit: ind.$_{bg1}$
- **Ohnmacht**, mit Schmerzen im Herzen: arn.$_{k13}$ cact.$_{kr1,st}$ *Manc.*$_{kr1}$
- **pulsierend**: arg-n. camph. clem. *Glon.* graph. *Kali-c. Lycps-v. Nux-v.* rumx. sil. spig. tarent.
- **rheumatisch**: *Abrot.* acon. am-c. anac. ant-t. apis *Arg-n.* ars. **Aur.** aur-m. *Benz-ac. Cact. Cimic.* cocc. *Colch. Crot-h.* dig. guaj.$_{k2}$ *Kali-ar. Kali-c. Kalm. Lach. Led.* **Lith-c.** *Lycps-v.* **Naja** phyt. *Puls. Rhus-t.* sacch. *Sang. Sep.* **Spig.** *Spong.*
- **Schokolade** agg.: raph.$_{bg1}$
- **Sitzen**, im: *Mag-m.*
  - **aufrechtes** Sitzen agg.: acon.$_{bg3}$
- **Stehen**, beim: aur-m-n.
- **Steigen** agg.: *Crot-h.*
- **Trinken** von heißem Wasser amel.: spig.$_{bro1}$
- **Urinieren**:
  - **vor**: *Lith-c.*
  - **beim**: aspar. *Lith-c.*
  - **nach**, amel.: *Lith-c. Nat-m.*
- **wandernd**: *Aur.* dig.$_{bg1,c1}$ *Kalm.* led.$_{k13}$ *Puls.*
  - **Gelenk** zu Gelenk und setzt sich dann darin fest; von: *Aur.* crat.$_{br1,bro1}$
- **Wasser**; Trinken von:
  - **warmes** Wasser:
    - **amel.**: spig.$_{br1}$
- **Zusammendrücken** der Seiten amel.: cot.$_{c1}$
- ▽ **erstreckt** sich zu:
  - **Abdomen**:
    - **links**: cact.$_{k2}$
  - **Achselhöhle**: brom.$_{c1}$ ferr-i. kali-n.$_{bg1,bg2}$ *Lat-m.* lil-t.$_{bg1}$
    - **dann** zurück: cact.$_{k2}$
  - **Arm**:
    - **links**: visc.$_{bg3}$
    - **rechts**: lil-t.$_{bro1,c1,*}$ phyt. spig.
    - **beide** Arme: lat-m.$_{bg3}$ sec.$_{k1}$
  - **Brustbein**: *Spig.*$_{a1,k}$
  - **Finger**: lat-m.$_{br1}$
- **erstreckt** sich zu: ...
  - **Hand**:
    - **links**: *Acon.* am-m. arn.$_{bg1}$ ars.$_{bg1}$ *Aster. Aur.* bar-c.$_{bg1}$ brom.$_{bg1}$ *Cact.* chinin-s.$_{bg1}$ *Cimic.* conv.$_{bg1}$ *Crot-h.* cur.$_{bg1}$ *Dig.* glon.$_{bg1}$ ham.$_{bg1}$ hydr.$_{bg1}$ iber.$_{c1}$ **Kalm.** lach.$_{bg1}$ *Lat-m.* lil-t.$_{bg1}$ med.$_{bg1,k2}$ *Naja*$_{bg1,k}$ *Nux-v.* phos.$_{bg1}$ puls.$_{bg1}$ *Rhus-t.*$_{k,kl2}$● *Spig. Tab.* ther.
  - **Kopf**: med.$_{bg1}$ spig.$_{bg1}$
  - **Nacken** und Schulter: *Naja* spig.$_{k2}$
  - **oben**, nach: thyr.$_{bg1}$
  - **Ovar**: thyr.$_{bg1}$
  - **Rücken**: aloe *Ars-i.* calc.$_{bg1}$ **Cench.** *Crot-t.* glon. *Kali-c.* kali-i.$_{bg1}$ *Lil-t. Naja Spig.* **Sulph.**
  - **Schulter**: spig.$_{k2}$ *Verat.*
    - **rechten** Schulter und unter das rechte Schulterblatt; durch die Brust zur: chen-a.$_{c1}$
  - **Schulterblatt**:
    - **links**: agar.$_{bg1,bg2}$ aloe am-n.$_{bg1}$ ars.$_{bg1}$ glon.$_{bg1,bg2}$ kalm.$_{bg1}$ lach.$_{bg1}$ *Lil-t. Naja* paeon.$_{bg1}$ rumx.$_{bg1,bg2}$ *Spig.*$_{bg1,k13,*}$ *Sulph.*$_{k,kl2}$● thuj.$_{bg1,bg2}$
    - **rechts**: *Spig.*$_{kl}$
  - **Unterschenkel**, rechter: alumn.

○ **Herzgegend**: aeth. am-caust. aml-ns. arg-n. ars. ars-met. ars-s-f.$_{k2}$ **Arum-t.** asaf. *Benz-ac.* brach. calc-ar.$_{k2}$ calc-p. cann-i. cann-s. carbn-o. *Cimic.* crat.$_{br1}$ dios. *Graph.* hydr-ac. jab. kali-bi. kali-c.$_{h2,k,*}$ kali-s. lac-ac. **Lat-m.** laur. lil-t.$_{br1}$ lob-s. merc-c. merc-i-f. *Naja Nat-m.* onos. pall.$_{c1}$ phos. phyt. plb. sec. sin-n. sol-ni. sol-t-ae. *Spong.* stann. sul-ac. sulph. tab. tell. thea thuj. verat. xan.$_{c1}$ zinc. zinc-m.

- **morgens**: dios. fago. nat-m.
- **vormittags**: fago.
- **nachmittags**: fago.
- **abends**: fago. sulph. thuj.
  - **Bett**, im: *Nat-m.*
- **akut**: aml-ns. bov. calc-p. dios. *Iod.* mez.
- **Atmen**, beim: stry.
  - **schnell** und schwierig: nux-v.
  - **tiefen**; beim: rumx.
- **Einatmen**; beim: nat-c.$_{a1}$
  - **tiefem**; bei: calc-p.
- **Erwachen**, beim: kali-bi.
- **Liegen** auf der linken Seite; beim: tell.$_{c1}$
- **Trinken**, nach dem: nat-m.
- ▽ **erstreckt** sich zum linken Arm: **Lat-m.**

– **Knochen** und Knorpel: arn.$_{br1}$

– **Lungen**: calc-sil.$_{k2}$ clem.$_{a1}$ gal-ac.$_{br1}$ *Lyc.* **Phos.** rumx. *Sulph. Tub.*

- **links**: myrt-c.$_{gk}$ **Phos.** sulph. tub.$_{gk}$
  - **abends** agg.: *Sulph.*
  - **Atmen** agg.: asc-t.$_{br1}$
  - **Mitte**, in der: rumx.
  - **Brustwarze**, über der: **Arum-t. Sulph.**
  - **unterer** Teil: asc-t.$_{br1}$ *Ox-ac.* **Phos.** tub.$_{gk}$
- **rechts**: bry. echi. *Elaps* gal-ac.$_{c1}$ pyrog.$_{pd}$ rumx. sulph.
  - **Husten** und Sprechen agg.: pyrog.$_{pd}$

• **rechts**: ...
• **verwachsen**; als sei der Lungenlappen mit den Rippen: *Kali-c.*
○ **unterer** Teil: xan.$_{c1}$
○ **Lungenspitze**: dol. tub.$_{c1,gk}$
• **links**: calc-s. *Con.* med.$_{c1}$ ther. tub.$_{c1}$
• **rechts**: **Ars.** cimic.
▽ **erstreckt** sich zur Basis: cimic.
• **Einatmen** agg.: cimic.
▽ **erstreckt** sich zu:
• **Achselhöhle**: tub.$_{c1}$
• **Arm**: tub.$_{c1}$
• **Rücken**: tub.$_{nh}$
• **unterer** Teil: cench.$_{k2}$
– **Mammae**: ambr. apis ars-i.$_{k2}$ aster. bamb-a.$_{stb2}$ **Bell.** *Borx. Bry. Bufo* cact. calad. *Calc.* calc-p. canth. *Carb-an.* carb-v. carc.$_{sst}$ *Cham.* chinin-ar. cimic. clem. *Coloc.* **Con.** cycl. *Dulc.* eupi. gink-b.$_{sbd1}$ granit-m.$_{es1}$ hydr. ind. kali-bi. kreos. *Lac-c.* lil-t. luna$_{kg1}$ lyc. med. **Merc.** mosch. murx. nit-ac. orig.$_{c1}$ *Ph-ac. Phel. Phos. Phyt.* plb. psor. rheum *Rhus-t.* **Sil.** stann. stram. *Sulph.* sumb. verat. zinc.
• **anderen** Mamma; wenn das Kind gestillt wird, Schmerz in der: *Borx.*
• **links**: androc.$_{srj1}$ chinin-ar. com.$_{bro1}$ cot.$_{br1}$ croc.$_{br1}$ *Lach. Lil-t.* mosch. ph-ac. ptel.$_{c1}$ sil.
• **gestillt** wird; während das Kind an der rechten: borx.$_{h}$
• **Husten**, beim: *Con.*
▽ **erstreckt** sich zu:
• **Schulterblätter**, durch die: cot.$_{br1}$
• **rechts**: am-c.$_{h}$ cot.$_{br1}$ gink-b.$_{sbd1}$ *Ign.* **Phel.** phos.$_{h}$ sang. zinc.
• **Niesen**, beim: hydr.$_{ptk1}$
• **morgens**: *Lil-t.*
• **nachmittags**: sang.
• **abends**: *Con. Lac-c.*
• **Abwärtsbewegung**, bei: bell. calc. carb-an. *Hep. Lac-c.* lyc. nit-ac. phos.
• **Berührung**:
• **agg.**: bell.$_{k2}$ con.$_{bg1}$ sep.$_{bg1}$
• **bei**: am-c.$_{h}$ aur-s.$_{c1}$ gink-b.$_{sbd1}$ hep.$_{h}$
• **Bewegung** des Armes; bei: hep.$_{h}$
• **Drehen** des Oberkörpers; bei schnellem: arg-n.$_{hr1}$
• **Druck**:
• **agg.**: plb.
• **amel.**: borx.$_{c1}$
• **Hand**; mit der: borx.$_{c1}$ phyt.$_{c1}$
• **Entbindung**, nach der: **Castor-eq.**$_{vh}$
• **Erregung**; durch: phyt.$_{k2}$
• **Erschütterung** agg.: bell.$_{k2}$
• **Frost**, nach: ign. phyt.$_{k2}$
• **Heben** der Arme; beim: bry.
• **Husten**, beim: con.
• **kaltem** Bad, nach einem: sabal$_{c1}$
• **leer** sind; sobald sie: *Borx.*
• **Liegen**, beim: bell.
• **Menses**:
• **vor** ●: bell.$_{oss}$ **Calc.**$_{k,kl2}$● calc-i.$_{oss}$ calc-s.$_{oss}$ calc-sil.$_{oss}$ carc.$_{oss}$ chin.$_{sma}$ choc.$_{srj3}$ **Con.**$_{k,kl2}$●

– **Mammae - Menses - vor**: ...
kali-c. kali-m.$_{bg1,bg3}$ kali-s.$_{k2}$ *Lac-c.* lutin.$_{bwa3}$ nat-m.$_{c1,kl2}$● nux-v. sang. spong. tub.$_{bg1,c1,*}$ zinc.$_{bnt}$
• **während**: bry.$_{c1}$ cadm-met.$_{gm1}$ calc.$_{c2,k}$ *Con.*$_{c2,k}$ kali-m.$_{bg3}$ lutin.$_{bwa3}$ *Merc. Phel. Phos. Phyt.* sang.$_{c2,k}$ *Tub.*$_{c1}$ *Tub-k.*$_{c1}$
• **unterdrückten**, bei: zinc.
• **Milch**, mit: acet-ac.$_{br1}$
• **periodisch**: alum-sil.$_{gm1}$
• **Schritt**, bei jedem ●: *Con.*
• **Schwangerschaft**; während der: *Con.*$_{c2}$ *Sep.*$_{k,kl2}$●
• **Stillen** des Kindes:
• **beim**: borx.$_{bro1,c1}$ *Crot-t.*$_{k,kl2}$● lac-c.$_{c1}$ phyt.$_{c2,k2}$ *Puls.* **Sil.**
• **wandernde** Schmerzen: *Puls.*
• **nach**: borx.$_{c1}$ sabal$_{c1}$
• **nicht** gestillt wird; in den Zeiten, in denen das Kind: phel.$_{bro1}$
• **wandernd**: *Puls.*
▽ **erstreckt** sich zu:
• **außen**; nach: cycl.$_{bg1}$ gels.$_{bg1}$ mez.$_{bg1}$ *Ol-an.*$_{bg1}$
• **Hals**; äußerer: mur-ac.$_{bg1}$
• **Hand**: lac-ac.$_{bro1}$
• **Hüfte**: ars-n.$_{bro1}$
• **Milz**: ars-n.$_{bro1}$
• **Nabel**: agar.$_{bg1}$
• **Rücken**: *Phel.* plb.
○ **Brustwarzen**: *Calc-p.* crot-t.$_{c2,k}$ cur. ferr-i. *Graph. Helon. Lac-c.* lach. *Merc-c.* nit-ac.$_{k2}$ nux-v.$_{h}$ petr.$_{k2}$ *Phel.*$_{c2}$ phyt.$_{c2}$ rheum$_{c2,h}$ sang. sulph. thuj. zinc.
• **links**:
○ **unter** der Brustwarze: cot.$_{bro1,c1}$
• **rechts**: asc-t.$_{a1}$
• **morgens**: rhus-t.
• **abends**: con. ferr-i.
• **Atmen**, beim: sulph.
• **ausstrahlend**; über den ganzen Körper: *Phyt.*
• **Berührung** agg.: con.$_{bg2}$ sep.$_{bg2}$
• **Blähungen**, wie durch: rheum$_{h}$
• **Menses**, nach den: berb.
• **pulsierend**: zinc.$_{h}$
• **Stillen**, beim: **Crot-t.** *Merc-c. Nux-v. Phyt.*
▽ **erstreckt** sich zu:
• **außen**, nach: cycl.$_{bg2}$ gels.$_{bg2}$ mez.$_{bg2}$ ol-an.$_{bg2}$
• **Hals**, zum äußeren: mur-ac.$_{bro1}$
• **Nabel**: agar.$_{bro1}$
• **Rücken**: sulph.$_{ptk1}$
• **Schulterblatt**: com. *Crot-t. Rhus-t.*
• **Gegend** der: berb. chel. lac-ac. nat-s. ran-s. rhus-t.
• **abends**: ran-s.
• **Räuspern**, beim: nat-p.
• **Sitzen**, bei gebeugtem: rhus-t.
▽ **erstreckt** sich zu:
• **Achselhöhle**:
• **23** h: lac-ac.$_{kr1}$

• **Milchgängen**, wenn das Kind gestillt wird; Schmerz in den: *Phel.*
• **unter** den: carb-v. cean.$_{bg3}$ *Cimic.*$_{bg3}$ eup-per. graph.$_{h}$ lach. lil-t.$_{bg3}$ *Puls.* *Ran-b.*$_{bg3,k,*}$ raph.$_{c2}$ sumb.$_{bg3}$ zinc.
  • **links**: *Aster.* caul.$_{c1}$ cimic. com.$_{bg3}$ con. lil-t.$_{bg3}$ puls. samb.$_{bg3,kl,*}$ sumb.$_{a1,bg3}$ ust.
  • **rechts**: cot.$_{br1}$ hura merc.$_{bg,bg3}$ phos.
  • **Husten**, beim: mosch.
  • **Klimakterium**, im: *Cimic.*
  • **Liegen** auf der linken Seite: phos.$_{h}$
  • **Schwangerschaft**; während der: *Cimic.*
  ▽ **erstreckt** sich zu:
    • **Finger**: aster.
    • **Schulterblatt**; linkes: com.$_{bg3}$
– **Mitte** der Brust: acon. *Alum.* bell. *Bry.* crot-h. *Gamb.* *Graph.* jug-c. lith-c. ox-ac. *Phos.* sars. *Spig.* *Sulph.* tell.
• **nachmittags**: *Am-m.*
• **abends**: ran-b.
• **Bewegung**, bei: equis-h. seneg. sulph.
• **Druck** mit der Hand amel.: **Bry.** kreos.
• **Einatmen**, beim: sulph.
  • **tiefen**, beim: thuj.
• **Essen**: alum.
• **Gehen** im Freien; beim: lyc.
• **Heben** der Arme; beim: sep.
• **Husten**, nach: cina
• **Schreiben**, beim: ran-b.
• **Sitzen**, beim: *Seneg.*
▽ **erstreckt** sich zu:
  • **Rücken**: ox-ac.$_{k2}$
  • **Schulter**: *Crot-h.*
– **obere** Brusthälfte:
• **links**: spig.$_{h}$ ther.$_{br1}$
• **Berührung**, bei: graph.$_{h}$
• **Fahren**, beim: graph.$_{h}$
• **Gähnen**, beim: graph.$_{h}$
• **Sturz**; wie durch einen: sulph.$_{h}$
– **Rippen**: graph.$_{h}$ ph-ac.$_{h}$ sulph.$_{h}$ verat.$_{h}$
• **Einatmen**; beim: caps.$_{h}$
○ **kurze** Rippen:
  • **links**: ther.$_{br1}$
• **untere** linke Rippen, bei Berührung: sil.$_{h}$
• **zwischen** den (= Zwischenrippenraum): spig.$_{k2}$
– **Rippenfell**: arn.$_{br1}$ cimic.$_{br1}$ phos.$_{k2}$ ran-b.$_{br1}$
• **rechts**: asc-t.$_{c1}$
• **Influenza**; bei: asc-t.$_{br1}$
– **Schlüsselbein**: acon. alumn. am-m. apis brom. calc-p. caps. cham. chinin-s. cinnb. crot-c.$_{a1,k}$ dros. ferr.$_{h1}$ gamb. hydr. jatr-c. kali-n. lac-c.$_{ptk1}$ led. lyc. mag-m. mang. nat-m.$_{bg1}$ pic-ac. *Puls.* rhus-t. rumx. tell. zinc.
• **Einatmen**; beim: alumn. ant-c. dros. mez.
• **Erwachen**, beim: rhus-t. sang.
• **Husten**, beim: apis
• **Räuspern**, beim: rumx.$_{ptk1}$
• **rheumatisch**: *Calc-p.* *Colch.*
• **Sitzen**, beim: cham.
▽ **erstreckt** sich zu:
  • **Hals**; innerer: tub.$_{c1}$
– **Schlüsselbein - erstreckt** sich zu **- Hals**: ...
  • **Muskeln** des Halses: nat-m.$_{bg1}$
  • **Handgelenk**: *Calc-p.*
○ **Gegend** des Schlüsselbeines: apis *Chel.* coc-c. kali-bi. led. plat. stann. tell. zinc.
  • **Husten**, beim: apis
• **unter** dem: ail. arund. *Aspar.* berb. brom. *Calc.* *Calc-p.* carb-ac. chel. dros. naja ptel. rumx.$_{k2}$ spig. sulph. tarent. zinc.
  • **links**: coc-c. *Con.* crat.$_{br1,bro1}$ mez.$_{h}$
  • **rechts**: com. ptel.$_{hr1}$
  • **morgens**: *Sang.*
    • **Erwachen**, beim: *Sang.*
  • **Einatmen** agg.: mez.$_{h}$
  • **Husten**; beim: tub.$_{c1}$
  ▽ **erstreckt** sich zu:
    • **Schulterblatt** beim Einatmen: dros.
– **Seiten**: *Acon.* agar. all-s. alum. alum-p.$_{k2}$ alum-sil.$_{k2}$ alumn. am-c. *Ambr.* anac. ang. arg-met. *Arg-n.* arn. ars. ars-i. ars-s-f.$_{k2}$ asc-t. aur. aur-ar.$_{k2}$ aur-i.$_{k2}$ aur-m. aur-s.$_{k2}$ bad. bell. berb.$_{c2,k}$ bov. brom. *Bry.*$_{c2,k}$ cadm-s. *Calc.* calc-p. calc-s. calc-sil.$_{k13,k2}$ cann-s. caps. *Carb-v.* *Carbn-s.* caust. *Cean.*$_{c2}$ cedr. *Chel.* chin. chinin-ar. *Cimic.*$_{c2}$ *Cocc.* colch. *Con.* cop. *Cupr.* dig. *Dios.*$_{c2}$ dulc. euphr. ferr. ferr-ar. ferr-i. ferr-p. fl-ac. graph. hura hydrc. hyos. iod. jug-c. kali-ar. kali-bi. *Kali-c.* kali-m.$_{k2}$ kali-n. kali-p. kalm. lact. laur. led. lil-t. lob. **Lyc.** lycps-v. med. *Meny.* merc-i-f. mez. mur-ac. naja *Nat-m.* nit-ac. nux-m. *Nux-v.* op. *Ox-ac.*$_{c2}$ par. petr. phos. phys. phyt. plan. plb. *Puls.*$_{c2,k}$ **Ran-b.** raph. rhus-t. *Rumx.* samb. seneg. sep. sil. *Spong.* stann. stram. sul-ac. sul-i.$_{k2}$ **Sulph.** sumb. thuj. til. tub.$_{c1}$ verat. zinc.
• **links**: anac. *Apis* *Arg-n.* arum-t. arund. asc-c.$_{c1}$ aster. aur. benz-ac. berb. brom. cact. carb-an. carbn-s. card-m. cic. *Cimic.* clem. colch. crat.$_{br1}$ *Cur.* dulc. fago. ferr. fl-ac. graph. hep. ign. iris$_{a1}$ kali-bi. *Lach.* laur. limest-b.$_{es1}$ manc. mang. merc. mez. mur-ac. myric. **Nat-m.** *Nat-s.*$_{k,k2}$ *Ox-ac.* pall. **Phos.** polyg-h. **Ran-b.** rhod. rhus-t. *Rumx.* seneg. sil. *Spig.* staph. sul-ac.$_{k2}$ *Sulph.* sumb. tarent. tub.$_{a1,c1,*}$ ust. verat. vip. xan. zinc.
  ▽ **erstreckt** sich zu:
    • **Hals**, zum inneren: sulph. zinc.$_{bg1}$
    • **Leiste**: fl-ac.$_{a1,k}$
    • **rechts**: calc.$_{bg1}$ carb-v.$_{a1,k}$ graph. ign.$_{bg1}$ kali-bi.$_{bg1}$ lil-t.$_{bg1}$
    • **Schulter**: nat-m.$_{bg1}$ *Verat.*$_{hr1,k}$
    • **Schulterblätter**: gels.$_{bg1}$ kali-c.$_{bg1}$ lil-t.$_{bg1}$ lyc.$_{bg1}$ mag-c.$_{bg1}$ pix$_{bg1}$ rhod.$_{bg1}$ rhus-t.$_{bg1}$ sil.$_{bg1}$ spig.$_{bg1}$ sul-ac.$_{bg1}$ sulph.$_{bg1}$ ther.$_{bg1}$
  ○ **Lungenspitze**: ther.$_{bg3,ptk2,*}$
  • **vierte** Rippe:
    • **unter** der: xan.$_{c1}$
• **rechts**: abrot. *Aesc.* anis. ars. *Asaf.* asar. bar-c. **Bell.** bism. blatta-o. borx. brom. *Bry.* cact. *Caust.* cench.$_{k2}$ cham. **Chel.** chim. chin. *Chinin-ar.* cimic. cocc. colch. crot-h. dig. elaps ferr. ferr-i. form. gymno. hydr. *Iod.* lob-e.$_{c1}$ nat-ar. psil.$_{ft1}$ psor. ptel. ruta *Sang.* sel. sep. *Stront-c.* sul-ac. sul-i.$_{k2}$ sulph. tarent. teucr. thuj. trom. valer.$_{k2}$

- **rechts**: ...
  verat. verat-v. xan. zinc.h
  - **Bewegung**; bei: gink-b.sbdl
  - **Einatmen**; beim: gink-b.sbdl
  - ▽ **erstreckt** sich zu:
    - **Arm** und Finger: com.brol
    - **links**: lachn.hrl petr.bgl
    - **Nieren**: sel.krl
    - **Schulter**: kreos.bgl lob.bgl phos.bgl phyt.bgl plb.bgl *Sang.*
    - **Schulterblätter**: ars.bgl guaj.bgl phos.bgl sulph.bgl
      - **nachmittags**:
        - **16** - 17 h:
          - **agg.**: merc-sul.vh
  - ○ **Ansatzstelle** der sechsten Rippe am Knorpel:
    - ▽ **erstreckt** sich zu:
      - **Schulterblattes**; durch die Brust zum unteren Winkel des rechten: chen-a.hrl
  - **Lungenspitze** der rechten Lunge: **Ars.** cimic.
- **morgens**: bov. bry. chinin-s. con. elaps fago. fl-ac. lil-t. lyc. merc. merc-c. nat-s. nit-ac. nux-v. puls. *Ran-b.* sang. sep. sulph. sumb. thuj.
  - **Bett**, im: colch. phel. rumx. sil.
- **vormittags**: am-m. cham. coloc. ran-b.
  - **11** h: hydr.
- **mittags**: naja rumx.
- **nachmittags**: alum. bar-c. canth. chel. coloc. form. kali-bi. led. lyc. nicc.
  - **13** h: nicc. sars.
  - **14** h: elaps
  - **15** h: nat-m. ol-an.
  - **16** h: **Lyc.**
- **abends**: bar-c. calc. dig. dios. euph. hyper. lyc. mag-s. mez. mur-ac. nat-m. ran-b. *Seneg.* sulph. thuj. zinc.
  - **20** h: kali-n.
  - **Bett**, im: nat-c. nit-ac. rhus-t.
- **nachts**: am-c. *Chel.* con. graph. iod. myris. rumx.
  - **22** h: colch.
- **anfallsweise**: *Ox-ac. Phos.*
- **Anstrengung**, bei: alum. am-m.bgl calc.bgl ferr.
- **Ärger**, Verdruß; bei: phos.
- **Atmen**, beim: nat-m.h
- **Atmen**; beim: aesc. **Bry.** *Chel.* kali-m.k2 nat-m.h *Puls.*
  - **tiefem**; bei: *Acon. Ant-c.* arg-met. *Arn.* aur. bar-c. borx. **Bry.** bufo calc. calc-p. canth. caps. carb-an. carb-v. cham. chel. chin. chinin-s. cycl. ferr. ferr-p. fl-ac. form. graph. grat. **Kali-c.** *Kali-n.* kali-sil.k2 lyc. *Meny. Mez.* nit-ac. oena. ph-ac. phos. phyt. plat. rhus-t. rumx. seneg. *Sil.* spong. stann. sulph. sumb. thuj. verat.
- **Aufrichten**, beim: dig.
- **Aufsetzen**; beim:
  - **Bett**; im: am-c.
- **Aufstehen**: puls.
- **Aufstehen**: ...
  - **nach**:
    - **amel.**: kali-c.
  - **Bücken**; beim Aufrichten nach: nicc.
  - **Sitzen**, vom: kali-c. nat-c.
- **Auftreten**, beim: plat.h
- **Ausatmen**, beim: ambr. carb-v.h cina raph. spig. staph. zinc.
- **Berührung**, bei: sulph.h
- **Beugen**, beim:
  - **hinten**, nach: rhod.
  - **rechts**, nach: cocc.
  - **vorne**, nach: aloe alum. alumn.
    - **amel.**: chinin-s.c1
- **Beugen** nach vorne; beim: hell.
- **Bewegung**, bei: aster. bad. brom. **Bry.** calc. **Chel.** clem.a1 gamb. graph. hell. hyper. lyc. phos. psor. *Ran-b.* sabad. sars. sulph. viol-t. zinc.
  - **amel.**: aur-m-n.
  - **Armes**, des: nat-m.h
    - **anderen** Seite der Brust; Schmerz in der: dig.h
- **Blut** gewaltsam eindringen würde; als ob: zinc.h
- **Bücken**:
  - **beim**: am-c. lyc. nit-ac. sep.
  - **nach**: nat-s.
- **Drehen** nach rechts; beim: rumx.
- **Druck**, bei: brom. meny. merc-i-f. plat.h sul-ac. tarax.
  - **amel.**: borx. *Bry.* cimic. *Phos.*
- **Einatmen**: acon. aesc. arn. ars. asc-c.c1 aspar. aur. aur-ar.k2 aur-s.k2 benz-ac. borx. bov. brom. **Bry.** calc-s. canth. caps. carbn-s. caust. cham. **Chel.** cimic.hrl cocc. colch. con. grat. *Kali-c.* kali-n. led. lyc. mez. nat-ar. nat-s. nicc. oena. op. phyt. plat.h plb. *Ran-b.* **Rumx.** sang. sel.c1,krl sep. sil. spig. **Squil.** sumb. tarax. viol-t. xan.c1
- **Erregung** agg.: phos.
- **Erschütterung**, bei: plat.h
- **Erwachen**, beim: *Arg-n.* graph.
- **Essen**, nach dem: arg-n. brom. caust.
- **Fahren**, beim:
  - **Reiten**, beim: nat-c.
  - **Wagen**, in einem: dig.
- **Freien**, im: am-m.
  - **amel.**: nat-m.
- **Gähnen**, beim: nat-s.
- **Gehen**, beim: agar. am-c. brom. cact. camph. cham. cocc. colch. dig. merl. nat-m. olnd. ox-ac. **Ran-b.** rhus-t. sars. seneg. spig. stann. sul-ac. sulph. tarax. tarent. viol-t. zinc.
  - **amel.**: nat-m.
  - **Freien**, im:
    - **amel.**: kali-n.a1,h
- **geistiger** Anstrengung, bei: cham.
- **Heben**, beim: alum.h arn. bar-c. brom. phos.
- **Herzklopfen**, beim: sep.
- **Hitze** amel.: phos.
- **Husten**, beim: apis *Arn.* ars. *Bell.* **Bry.** calc-s. caps. caust. *Chel.* coff. con. kali-n. lact. lyc. **Merc.** nat-s. *Phos.* psor. *Puls.* rhus-t. sabad.

- **Husten**, beim: ... seneg. *Sep.* **Squil.** stram. **Sulph.** tarent. verat. xan.$_{c1}$ zinc.
- **Lachen**, beim: acon. **Bry.** laur. nicc. plat.$_{h}$ psor.
- **Liegen**:
  - **beim**: caps. *Puls.* ran-b. *Rumx.* seneg.
  - **Bett**, im: calc. con.
  - **linken** Seite, auf der: am-c. cench.$_{k2}$ eup-per. **Phos.**
  - **rechten** Seite, auf der: lyc. lycps-v. phyt.
    - **amel.**: cench.$_{k2}$
  - **Rücken**, auf dem:
    - **amel.**: *Phos.*
  - **schmerzhaften** Seite, auf der:
    - **agg.**: *Bell. Nux-v. Ran-b. Rumx.*
    - **amel.**: *Ambr. Bry. Kali-c.*
- **Menses**:
  - **vor**: puls.
  - **während**: phos. puls.
- **Mittagessen**, nach dem: bry. canth. nat-p. rat. zinc.
- **Niesen**, nach: borx. cina crot-h. merc. thuj.
- **Schlaf**:
  - **im**: cupr.
  - **vor** dem Schlafengehen: sulph.
- **Schneuzen** der Nase; beim: sumb.
- **Schreiben**, beim: fago.
- **Sitzen**:
  - **beim**: am-m. bry. chin. dig. graph.$_{h}$ nat-s. nit-ac. paeon. ph-ac. plan. seneg. spig. staph.
  - **gebeugt**:
    - **beim**: am-c. anac.
    - **amel.**: *Chel. Ran-b.*
- **Sprechen**, beim: **Borx.** *Kali-n.* rhus-t. tab.
- **Stehen**, beim: calc. *Nat-s.* stann. zinc.
- **Stuhlgang**, vor: calc-s.
- **Treppensteigen**, beim: kali-bi. staph.
- **warm**:
  - **Zimmer** agg.; im warmen: mag-s. nat-m.
- **Wein**, durch: *Borx.*

– **untere** Brusthälfte: arn. bism. cench.$_{k2}$ chel. *Chin.* croc. kali-c. kali-p. lach. lyc. mang. meph.$_{a1}$ nat-s. ol-j. **Puls.** ran-b.$_{k2}$ rhus-t. seneg. stann. tarent. teucr. valer. verat.
- **links**: *Cact.* carb-v. carbn-s. colch. *Kali-p.* lith-c. meph.$_{a1}$ **Ox-ac. Phos.** rhod. tarent.
  - **Essen** amel.: rhod.
- **rechts**: *Ambr. Chel. Kali-c. Merc-c.* naja ph-ac.$_{h}$
- ▽ **erstreckt** sich zu:
  - **Achselhöhle**: carb-an.$_{bg1}$
- **Ausatmen** agg.: verat.$_{h}$
- **Berührung**; bei: meph.$_{a1}$
- **Druck**, bei: meph.$_{a1}$ ph-ac.$_{h}$
- **Einatmen**, beim tiefen: carbn-s. chel. meph.$_{a1}$ naja
- **Gehen**, beim: bism. sep.
  - **amel.**: chin.
- ▽ **erstreckt** sich quer über die Brusthälfte: bism.
- **Husten**; beim: kali-p.$_{k2}$ meph.$_{a1}$
- **Liegen**, beim:
  - **amel.**: *Chel.*

– **untere** Brusthälfte - **Liegen**, beim: ...
  - **Rücken**, auf dem:
    - **amel.**: ambr.
  - **Seite**, auf der:
    - **linken**, auf der: **Phos.**
    - **schmerzhaften**, auf der:
      - **amel.**: ambr.$_{h}$
- **Niesen**; beim: meph.$_{a1}$
- **Sitzen**, im: *Chin.* seneg.

– **Zwerchfellgegend**: asc-t.$_{c1}$ cench.$_{k2}$ echi. hom.$_{c2}$ nux-m. ptel.$_{c1}$ ran-b.$_{k2}$ *Stann.*$_{c2}$ stram.$_{pd}$
- **vormittags**: nux-m.
- **Einatmen**, beim: nux-m.

– **Zwischenrippengegend**: asc-t.$_{br1}$ sphing.$_{kk3}$
- **Reiten**, beim: sphing.$_{kk3}$

– **beißend**: kali-c.$_{h}$
- ○ **Achselhöhle**: nat-m.$_{h}$ ruta$_{h}$

– **berstend**: arg-n.$_{a1}$ *Aur-m.* bry. carb-an.$_{a1,k}$ cham. cina coff. cot.$_{br1}$ lach. lyc. med.$_{c1}$ merc.$_{a1,k}$ mur-ac. rhus-t. seneg. sulph. tarent. zinc.$_{a1,k}$
- **nachts**: asaf. *Merc.*
- **Auswurf**, bei: puls.
- **Husten**, beim: ars. *Bry.* caps. cham. **Lact.** *Merc.* mur-ac. *Sulph.* zinc.
- **Niesen**, beim: ol-an.$_{a1,k}$ sil.$_{a1,k}$
- **Steigen**, beim: arg-n.
- ○ **Herz**: am-c. arg-n.$_{bg1}$ asaf.$_{a1,k}$ cot.$_{br1}$ lyss. med.
  - **nachts**, beim Liegen auf dem Rücken berstendes Gefühl, amel. durch Aufsetzen: asaf.
  - **Verschluß**, wie durch: cot.$_{br1}$
- **Schwertknorpel**: thuj.$_{bg1}$

– **bohrend**: alum.$_{h,k,*}$ *Bism.*$_{a1,k}$ *Brom.* cina cupr. *Ferr.* indg. kali-c. lob. mag-m.$_{h}$ med. *Mur-ac.*$_{a1,k}$ ph-ac. psor.$_{a1,k}$ rhus-t. *Seneg.* sil. tarax. thuj.
- **abends**: alum.$_{h,k,*}$
- **nachts** agg.: sil.
- **Anfällen**, in: plb.
- **Einatmen**, beim: alum.$_{h,k,*}$
- **Frost**; während: med.
- **Gehen** amel.: alum.$_{h,k,*}$
- **Spannung** beim Atmen: mur-ac.$_{h,k,*}$
- **ziehend**: colch.$_{a1,k}$
- ○ **Achselhöhle**: arg-met.$_{h}$ plb.$_{a1,k}$
- **Brustbein**, unteres: thuj.$_{h}$
- **Herz**: aur-m.$_{a1,k}$ *Cupr.*$_{a1,k}$ rhod. *Seneg.*$_{a1,k}$ still.$_{a1}$
  - **Druck** amel.: aur-m.$_{a1,k}$
- **Mammae**: bufo ind. indg.$_{a1}$ plb. spira.$_{a1}$
  - **rechts**: psil.$_{ft1}$
  - ▽ **erstreckt** sich zum Rücken: plb.
    - **Druck** agg.: plb.
- **Schlüsselbein**, rechtes: tarax.$_{h}$
- **Seiten**: colch.$_{a1,k}$ kali-c.$_{a1,k}$ merc-i-f.$_{a1,k}$ mur-ac.$_{h}$ plan.$_{a1,k}$ seneg.$_{a1,k}$ staph.$_{h}$
  - **links**: merc-i-f. ph-ac.$_{bg1,h}$ seneg.$_{a1,k}$ spig.$_{h}$
  - **rechts**: *Bism.* colch.$_{a1,k}$
  - **abends** im Bett: rhus-t.
    - **22 h** agg.: colch.
    - **Atmen** amel., tiefes: colch.

– **brennend**: acet-ac. *Acon.* aesc. agar.$_{a1,k}$ ail. alum.$_{a1,k}$ alum-p.$_{k2}$ alum-sil.$_{k2}$ am-c. am-m.$_{a1,k}$ ambr.$_{a1,k}$ anan. ant-c.$_{a1,k}$ *Ant-t.* **Apis** arg-n.$_{a1,k}$ *Arn.*

– **brennend**: ...
Ars.a1,k ars-i. ars-s-f.k2 arum-t. *Asaf.*a1,k aur.a1,k aur-ar.k2 aur-i.k2 aur-s.k2 bamb-a.stb2 bar-c.h *Bell.*a1,k bell-p.a1,k berb. *Bism.*a1,k brom.a1,k bry. bufo *Calc.*a1,k *Calc-ar.* calc-i.k2 calc-p. calc-s. calc-sil.k13,k2 cann-i.a1,k **Canth.**a1,k caps. *Carb-an.*a1,k **Carb-v.**a1,k *Carbn-s.* castor-eq. *Caust.*a1,k *Cham.*a1,k chel. *Cic.* cina clem.a1,k coc-c.a1,k cocc. colch. *Cop.*a1,k croc.a1,k *Crot-h.* crot-t.a1,k cub. cupr. *Dros.* euph. gels.a1,k *Graph.* ham.a1,k hep.a1,k *Hydr.*a1,k hyper.a1,k ign.a1,k iod. kali-ar. *Kali-bi.* kali-br. kali-c. kali-n.br1 kali-p. kali-s. kali-sil.k2 *Kreos.*a1,k *Lach.* lact. laur.a1,k *Led.* lob. *Lyc.* mag-m.a1,k mag-s.a1,k manc. *Mang.* *Med.* *Merc.* *Merc-sul.* mez.a1,k mosch.a1,k *Mur-ac.*a1,k murx.a1,k *Nat-ar.* nat-c. nat-p. nat-s. nit-ac.a1,k *Nux-m.*a1,k *Nux-v.*a1,k op. *Ph-ac.*a1,k *Phos.*a1,k *Plat.* polyg-h. psor.a1,k puls. ran-b. raph.a1,k rat. rhus-t.a1,k *Sabad.*a1,k *Sang.*a1,k sec.k2 *Seneg.*a1,k sep. *Sil.*a1,k spig. *Spong.* stann. stry.a1,k sul-ac.k2 sul-i.k2 *Sulph.*a1,k tab. *Ter.* thuj.a1,k vip.a1,k *Zinc.*a1,k zinc-m.a1,k zinc-p.k2

• **morgens**: bamb-a.stb2 caust.a1,k kali-n.h zinc.a1,k
• **vormittags**: mag-s.a1,k
• **abends**: kali-n.h kreos.a1,k murx.a1,k verat.a1,k zinc.a1,k
  • **17** h: hyper.
  • **18** h: puls.
  • **Bett**, im: bell.a1,k nat-p.a1,k
• **nachts**: bamb-a.stb2 *Lach.*a1,k
  • **Mitternacht** bis morgens: *Ars.*
◆ **begleitet** von:
  • **Brustkrebs**
    ☞ *Krebs - Mammae - begleitet von - Schmerz - brennende*
• **Atmen**, beim: kali-c.
• **Ausatmen**; beim: coc-c.k2 mang.a1
• **Auswurf** amel.: kali-n.
• **Bewegung**:
  • **agg.**: crot-h. mang.a1
  • **amel.**: euph.
• **Einatmen**:
  • **amel.**: mang.a1
  • **beim**: asc-t.a1 *Laur.* sep.
• **fixen** Punkt; an einem: *Led.*
• **Gehen**:
  • **beim**: mag-s.a1,k
  • **Freien**, im:
    • **beim**: am-m.h
    • **nach**: sulph.
• **Hinlegen**, beim: puls.
• **Husten**:
  • **während**: agar. ail. am-c. ambr. *Ant-c.*a1,k ars. arum-t. bry. *Bufo* cann-s. carb-v. *Caust.* cina dig. ferr. gels. hep. **Iod.** kali-c. *Lach.* led. lyc. *Mag-m.*a1,k *Mag-s.*a1,k ph-ac.h,k,* phos. phyt. pyrog. rumx. *Seneg.* sep. **Spong.**h,k,* sulph. syph. zinc. zing.
  • **nach**: *Carb-v.* mag-s. *Seneg.*
• **Husten**, bei trockenem: bry. *Caust.* **Iod.** *Kali-c.* *Mag-m.* **Spong.**
• **Menses**, vor den: *Zinc.*a1,k

– **brennend**: ...
• **Mittagessen**, nach dem: agar.a1,k
• **salzige** Speisen, durch: nit-ac.h
• **Schlaf**, nach: nux-m.a1,k
• **Sitzen** agg.: phos.a1,k
• **Stellen**; an einzelnen: *Am-m.*hr1,k,* *Led.* mang. ran-b.br1 seneg. zinc.
▽ **erstreckt** sich zu:
  • **Gesicht**: **Sulph.**
  • **Hals**; innerer: *Ant-t.* bufok2 calc-p. kali-n. *Merc.* sabad.
  • **Mund**: ph-ac.h
    • **Schnupfen**, beim: ph-ac.
  • **oben**, nach: lob. **Sulph.**
  • **Ohr**:
    • **rechts**: bamb-a.stb2
○ **Achselhöhle**: am-c. berb.a1,k calc-p.a1,k *Carb-v.*a1,k caust.a1,k coloc.a1,k jug-r.a1,k kali-c.a1,k nat-m.a1,k sep.a1,k spig.a1,k thuj.a1,k zinc.a1,k
  • **rechts**: cocc.h ruta
• **äußerlich**: agar. ambr.a1,k ars. bar-c.a1,k *Bell.* bov. dig. *Euph.* kali-n. *Mez.* *Mur-ac.*a1,k nat-m.a1,k ph-ac.a1,k *Plat.* *Seneg.* stront-c. sul-ac. *Sulph.* zinc.
• **Brustbein**: agar.h ars.h asaf.k2 bamb-a.stb2 bov.a1,k canth.a1,k cham.a1,k chel.a1,k clem.a1,k con.h hura ind. *Kali-bi.* laur.a1,k mag-s. *Merc.* mez. mur-ac. puls.h sang. sep.a1,k sulph.a1,k tarax.h ter. zinc.a1,k
  • **links** vom Brustbein: rheumh
  • **Ausatmen**, beim: tarax.h
  • **Bier**, durch: sep.
  • **Husten**, nach dem: *Ferr.*
  • **Mittagessen**, nach dem: phos.h
○ **hinter** dem: bamb-a.stb2
  • **neben** dem: gels.psa
  • **unter** dem: *Acon.* *Ars.* *Asaf.* *Carb-v.* *Cham.*a1,k clem. coc-c.a1,k cund.br1 echi. *Lach.* mag-s. mang. mez.h *Phos.*a1,k rumx.k2 *Sang.* seneg.
    • **Bewegung**, bei: seneg.
    • **warme** Getränke, durch: ter.c1
  ▽ **erstreckt** sich zu:
    • **Mund**: cham.h
    • **Schlüsselbein**; linkes: phos.h
    • **Schulter**, beim Husten: *Kali-bi.*
  ○ **unterer** Teil: gels.
• **Herz**: arn. aur-m.a1,k bamb-a.stb2 carb-v. hydr.a1,k kali-c. kali-i.a1,k lyss. med. *Op.*a1,k *Puls.* rumx. tarent.a1,k ust.
  • **mittags**: agar.a1,k
○ **Herzgegend**: acon.a1,k aesc.a1,k *Agar.*hr1,k,* arg-met. *Ars.* bell.a1,k *Carb-v.*a1,k *Carl.*a1,k *Caust.* *Cic.*a1,k *Kali-c.*a1,k plat.a1,k *Puls.* verat.a1,k *Verat-v.*a1,k
  • **Husten** agg.: agar.hr1,k,*
  • **Niesen** agg.: agar.hr1,k,*
  • **Schluckauf** agg.: agar.hr1,k,*
  ▽ **erstreckt** sich zu:
    • **Arm**; linker: med.k2
    • **Schulterblatt**; linkes: agar.
• **Lungen**: caps.gm1 sulph.k2

- **Mammae**: aesc.$_{a1,k}$ ambr.$_{a1,k}$ anan. *Apis* *Ars.*$_{a1,k}$ bell. bry. *Bufo* calc. *Calc-p.*$_{a1,k}$ carb-an. chinin-ar. *Cimic.* com. con.$_{a1,k}$ indg. iod. lach. lap-a.$_{brl}$ laur. led. *Lyc.*$_{a1,k}$ *Mez.*$_{h,k,*}$ ol-an.$_{a1,k}$ *Phos.* *Phyt.* sang. sel. tarent-c.
  - **links**: chinin-ar.
  - **rechts**: cot.$_{brol}$
  - ◆ **begleitet** von:
    - **Brustkrebs**
      ☞ *Krebs - Mammae - begleitet von - Schmerz - brennende*
  - **Menses**, während: indg.
  - **Reiben**, durch: con.$_{h}$
  - **Schwangerschaft**; während der: *Calc-p.*
  - ○ **Brustwarzen**: *Agar.*$_{a1,k}$ arund.$_{brl}$ benz-ac.$_{a1,k}$ cic.$_{a1,k}$ con. *Graph.* *Lyc.* phos. psor. sang. sep. *Sil.* **Sulph.**
    - **links**: senec.$_{ptk1}$
    - **rechts**: gink-b.$_{sbd1}$
    - **Stillen**, nach dem: sang. sulph.
  - **unter** den:
    - **links**: laur.$_{a1,k}$ mur-ac.$_{h}$ rumx.
    - **rechts**: aeth. phos.$_{a1,k}$
    - **Sitzen**, im: mag-c.$_{a1,k}$
  - **zwischen** den Mammae: mez.$_{h}$
- **Mitte** der Brust: agar.$_{a1,k}$ *Ars.* carbn-s. castor-eq. *Dros.*$_{a1,k}$ graph.$_{a1,k}$ iod.$_{a1,k}$ kali-n.$_{a1,k}$ laur.$_{a1,k}$ mag-s.$_{h,k,*}$ mez.$_{a1,k}$ ol-an.$_{a1,k}$ ph-ac.$_{a1,k}$ sul-ac.$_{a1,k}$ verat.$_{a1,k}$
  - **nachmittags**: mag-s.$_{h,k,*}$
  - **Ärger**, Verdruß; nach: ph-ac.$_{a1,k}$
  - **Einatmen**, beim: graph.$_{a1,k}$
  - **Frühstück**, nach dem: verat.$_{a1,k}$
  - ▽ **erstreckt** sich zum inneren Hals: mez.$_{a1,k}$
- **obere** Brusthälfte, links: sep.$_{h}$
- **Rippen**: ph-ac.$_{h}$
  - ○ **zwischen** den: coc-c. plat.
- **Rippenfell**: bamb-a.$_{stb2}$
- **Rippenknorpel**, beim Ausatmen: bell.$_{a1,k}$
- **Schlüsselbein**: aur-m.$_{a1,k}$ berb. grat.$_{a1,k}$ sulph.
  - ○ **unter** dem: rumx.$_{k2}$ sang.$_{a1,k}$
- **Seiten**: *Agar.* ail. all-c.$_{a1,k}$ carb-v.$_{k2}$ iod.$_{h}$ kali-bi.$_{a1,k}$ prun. rumx. sabin.$_{a1,k}$ seneg.$_{a1,k}$
  - **links**: all-c.$_{a1,k}$ *Ars.* bar-c.$_{a1,k}$ *Carb-v.*$_{a1,k}$ *Carbn-s.* cycl.$_{a1,k}$ *Euph.* graph.$_{h}$ grat. ind. laur.$_{a1,k}$ mang.$_{h}$ myrt-c. nat-c.$_{a1,k}$ ol-j. ph-ac.$_{h}$ **Phos.** **Ran-b.**$_{a1,k}$ **Rumx.** sabad.$_{a1,k}$ *Seneg.*$_{a1,k}$ stront-c. sul-ac.$_{a1,k}$ zinc.$_{a1,k}$
    - **Liegen** auf der linken Seite: seneg.$_{a1,k}$
    - ▽ **erstreckt** sich zur Leiste hinab: fl-ac.$_{a1,k}$
  - **rechts**: abrot.$_{a1,k}$ alum.$_{a1,k}$ ars.$_{a1,k}$ asar. *Bell.* **Bry.**$_{a1,k}$ carb-an. coloc.$_{a1,k}$ mur-ac.$_{h}$ nat-c.$_{h2}$ nat-p. raph.$_{a1,k}$ rumx. ruta$_{h}$ *Sang.* sulph.$_{a1,k}$ zinc.
  - **morgens**: nat-c.$_{a1,k}$
  - **nachmittags**: alum.$_{h}$ bar-c.$_{a1,k}$ seneg.$_{a1,k}$
  - **abends**: bar-c.$_{h}$ *Seneg.*$_{a1,k}$
    - **Bett**, im: nat-p. *Rumx.*
  - **Aufrichten**; beim:
    - **Bücken**, vom: kali-c.$_{h}$
  - **Aufsetzen**; beim:
    - **Bett**, im: nicc.
  - **Ausatmen** agg.: mang.$_{h}$

– **brennend - Seiten**: ...
  - **Berührung** agg.: ph-ac.$_{h}$
  - **Bewegung** amel.: *Euph.* *Seneg.*$_{a1,k}$
    - **agg.**: mang.$_{h}$
  - **Bewegung** des Armes agg.: *Bry.*$_{a1,k}$
  - **Druck** agg.: mang.$_{h}$
  - **Einatmen**, beim: lyss. *Rumx.*
  - **Liegen**:
    - **linke** Seite:
      - **agg.**: *Phos.* seneg.
      - **amel.**: *Rumx.*
    - **rechten** Seite agg.; auf der: *Rumx.* seneg.
    - **beim**: *Rumx.*
    - **Rücken**, auf dem: *Rumx.*
  - **Mittagessen**, nach dem: agar.
  - **Reiben** agg.: mang.$_{h}$
  - **Sitzen**, im: ph-ac.$_{h}$ *Seneg.*
  - ▽ **erstreckt** sich zu:
    - **oben**, nach: stront-c.
    - **Rücken**: zinc.
  - ○ **äußerlich**: nat-c. sul-ac. thuj.
    - **Stellen**, an kleinen: am-m.
  - **kurze** Rippen: sulph. thuj.
- **unterer** Teil: chel.$_{a1,k}$ mag-c.$_{h}$ phos.$_{a1,k}$
- **vorderer** Teil: **Apis** kali-n.$_{a1,k}$ sulph.$_{a1,k}$
  - **Kratzen** agg.: cinnb.$_{a1,k}$

– **drückend**: agar.$_{a1,k}$ *Ail.* *Alum.*$_{a1,k}$ alum-p.$_{k2}$ alum-sil.$_{k2}$ am-c. *Ambr.*$_{a1,k}$ *Anac.*$_{a1,k}$ anag. ant-c.$_{h}$ apis apoc.$_{k2}$ arg-met. arn. ars.$_{a1,k}$ ars-i. ars-s-f.$_{k2}$ *Asaf.*$_{a1,k}$ asar.$_{a1,k}$ *Aur.* aur-ar.$_{k2}$ aur-s.$_{k2}$ bar-c.$_{a1,k}$ bar-s.$_{k2}$ *Bell.* berb. bism. *Borx.* *Bov.*$_{a1,k}$ brom.$_{a1,k}$ *Bry.*$_{a1,k}$ cain. *Calc.*$_{a1,k}$ calc-i.$_{k2}$ calc-p. calc-sil.$_{k13,k2}$ caps. carb-ac. carb-an.$_{a1,k}$ *Carb-v.* *Carbn-s.* *Caust.*$_{a1,k}$ *Chel.*$_{a1,k}$ *Chin.*$_{a1,k}$ chlor.$_{a1,k}$ cic. *Cimx.* *Cist.*$_{a1,k}$ clem.$_{h}$ coc-c. cocc. colch. *Coloc.*$_{a1,k}$ con.$_{a1,k}$ cor-r. corn. crot-t.$_{a1,k}$ cupr. *Cur.*$_{a1,k}$ cycl. *Dig.*$_{a1,k}$ digin.$_{a1}$ *Dulc.* fl-ac. graph.$_{a1,k}$ grat.$_{a1,k}$ gymno. *Hell.* *Hydr-ac.*$_{a1,k}$ hyos.$_{a1,k}$ hyper.$_{a1,k}$ ign.$_{a1,k}$ *Iod.*$_{a1,k}$ kali-bi.$_{a1,k}$ **Kali-c.** kali-m.$_{k2}$ *Kali-n.*$_{a1,k}$ kali-sil.$_{k2}$ *Lac-d.* *Lach.*$_{a1,k}$ *Lact.*$_{a1,k}$ laur.$_{a1,k}$ lith-c. lyc.$_{a1,k}$ lyss. *Mag-m.*$_{a1,k}$ *Mag-s.*$_{a1,k}$ mang.$_{h}$ *Merc.*$_{a1,k}$ merc-sul. merl. *Mez.* *Mill.* *Mur-ac.*$_{a1,k}$ nat-ar. *Nat-c.* *Nat-m.*$_{a1,k}$ *Nat-p.* *Nat-s.*$_{a1,k}$ *Nicc.*$_{a1,k}$ *Nux-m.* *Nux-v.*$_{a1,k}$ olnd. op.$_{a1,k}$ petr.$_{a1,k}$ *Ph-ac.*$_{a1,k}$ *Phos.*$_{a1,k}$ *Plat.*$_{a1,k}$ plb.$_{a1,k}$ psor.$_{a1,k}$ ptel.$_{brl}$ puls.$_{a1,k}$ *Ran-b.* ran-s. *Rhod.* *Ruta* sabad. sabin.$_{a1,k}$ sang.$_{a1,k}$ *Sars.*$_{a1,k}$ **Seneg.**$_{a1,k}$ *Sep.*$_{a1,k}$ *Sil.* spig.$_{a1,k}$ spong. **Stann.** staph. stram. *Stront-c.* *Sul-ac.*$_{a1,k}$ **Sulph.**$_{a1,k}$ tab.$_{a1,k}$ tarax. *Thuj.*$_{a1,k}$ tub.$_{c1}$ **Valer.** verat.$_{a1,k}$ verb. viol-o. *Zinc.*$_{a1,k}$ zinc-p.$_{k2}$
- **morgens**: *Ran-b.*$_{a1,k}$ sars.$_{h}$ sulph.$_{a1,k}$
  - **Bett**, im: mag-s. phel. rhus-t. seneg. sil.$_{h}$ sulph.$_{a1,k}$
  - **Erwachen**, beim: ant-c.$_{h}$ cupr.$_{h}$
- **vormittags**: alum.$_{h}$
- **abends**: graph.$_{h}$ lyc.$_{h}$ nat-m.$_{h}$ *Ran-b.* spig.$_{h}$
  - **Bett**, im: sep.$_{a1,k}$
- **nachts**: **Alum.** chel. mag-s.$_{a1,k}$ ph-ac.$_{h}$ sars.$_{h}$ seneg.
  - **Einschlafen**, beim: *Nux-m.*
  - **Liegen** auf dem Rücken, beim: alum.$_{a1,k}$

• **nachts - Liegen** auf dem Rücken, beim: ... chin.$_{h}$
◆ **abwechselnd** mit Auftreibung des Abdomens: lyc.$_{h}$
• **anfallsweise**: nat-m.$_{h}$
• **anhaltend**: *Lyc.*
• **Atmen**; beim tiefen: caps.$_{h}$ sep.$_{h}$
• **Aufstoßen** amel.: ambr.$_{h}$ kali-c.$_{h}$ lyc.$_{h}$ sep.$_{h}$ zinc.$_{h}$
• **Ausatmen**, beim: coloc.$_{h}$ ruta$_{h}$
• **außen**, nach: bell. dulc. seneg. **Valer.** zinc.
• **Auswurf** amel.: mag-s.
• **Berührung**, bei: ruta$_{h}$
  • **agg.**: mang.$_{h}$
• **Beugen** des Kopfes nach vorne agg.: alum.
• **Bewegung** amel.: dros.$_{h}$ *Seneg.*
• **Bewegungen**, bei bestimmten: sep.$_{h}$
• **brennend**: chin.$_{h}$
• **Bücken**, beim: caust.$_{h}$ *Ran-b.* sep.
• **Drehen**, beim: caps.
• **Einatmen**: asaf. aur-m. *Borx. Calc.* con.$_{h}$ kali-c.$_{h}$ ran-b. stann.$_{h}$
  • **tief**:
    • **amel.**: *Ign.*
    • **beim**: agn.$_{c1}$ arg-met. **Kali-c.** mez.$_{h}$ ran-s. *Spong.*
• **Essen**: alum.$_{h}$ ars.$_{h}$
  • **nach**: agar.$_{h}$ anac.$_{c1}$ con. nat-c.$_{h}$ phos.$_{h}$
• **Flatus**, Abgang von:
  • **amel.**: ph-ac.$_{h}$
  • **wie** durch: zinc.$_{h}$
• **Freien**, im: caust.$_{h}$
  • **amel.**: sul-ac.$_{h}$
• **Frost**, nach: *Iod.*
• **Gehen**, beim: caust.$_{a1,k}$
  • **amel.**: *Chin.* mez. *Seneg.*
  • **Freien**, im: graph.$_{h}$
• **Husten**:
  • **während**: alum. am-c. *Anac.* ars-i. bism. borx. **Bry.** *Calc.* canth. chin. *Con.* cupr. dig.$_{h}$ iod. *Kali-n.* mag-m. nicc. ph-ac. sil.$_{h}$ squil. stront-c. *Sulph.* tell.$_{c1}$
  • **nach**: mag-m.$_{h}$
  • **Hustenreiz**, bei: sil.
• **innen**, nach: bell.$_{h}$ chin.$_{h}$
• **Kratzen**; nach: spig.$_{h}$
• **Liegen**: am-c.$_{h}$
  • **amel.**: alum.
  • **Seite** amel.; auf der: alum.
• **Menses**, während: cocc.
• **Mittagessen**, nach dem: caust.$_{h}$ meny.$_{h}$
• **Niesen**, beim: sil.$_{h}$
• **Pflock**; wie durch einen: anac.$_{br1}$
• **Räuspern**, nach: spig.$_{h}$
• **Schraubstock**; wie in einem: am-m.$_{gsy1}$
• **Schreiben**, beim: mag-s. ran-b.
• **Sitzen**, beim: anac.$_{h}$ cact. *Chin.* mez. *Seneg.* stann.$_{h}$
  • **amel.**: alum.$_{a1,k}$
  • **gebücktem**, bei: borx.$_{h}$ chin.$_{h}$ *Dig.*
• **Sprechen**: stram.$_{h}$
  • **nach**: nat-m.$_{h}$
• **Stehen**: aur-m. *Ran-b.* spig.$_{a1,k}$
  • **nach**: nat-m.$_{h}$
  • **amel.**: *Chin.*
• **Stein**, wie ein: cocc.$_{c1}$ cor-r.
• **Wetter** agg.; nasses: *Cupr. Kali-c. Nat-s. Sil.*
• **ziehend**, nach unten: phos.$_{h}$
○ **Achselhöhle**, in der: *Agn.* ang.$_{h}$ asar.$_{h}$ astac. camph.$_{h}$ carb-v. chin.$_{h}$ dros.$_{h}$ led. lyc. mang.$_{h}$ spong.$_{h}$
  • **links**: chel.$_{h}$ led.
  • **rechts**: *Agn.* carb-v.$_{h}$ sil.$_{h}$ staph.$_{h}$
  • **Gegend** der: sep.$_{h}$ squil.$_{h}$ thuj.$_{h}$
    • **anfallsweise**: rhus-t.$_{h}$ thuj.$_{h}$
  ○ **unter** der: kali-c.$_{h}$ lyc.$_{h}$ mang.$_{h}$
• **Brustbein**: agar.$_{hr1,k}$ agn.$_{hr1,k,*}$ alum.$_{a1,k}$ anac.$_{a1,k}$ *Ant-t.* arg-met. arn.$_{h}$ **Ars.**$_{hr1,k}$ ars-h.$_{hr1}$ asaf.$_{hr1,k,*}$ astac.$_{hr1,k}$ **Aur.**$_{a1,k}$ aur-ar.$_{k2}$ **Aur-m.**$_{hr1,k}$ aur-s.$_{k2}$ bell.$_{h}$ borx.$_{h}$ bov.$_{a1,k}$ brom.$_{hr1,k,*}$ *Bry.*$_{a1,k}$ calc.$_{a1,k}$ *Calc-p.*$_{hr1,k,*}$ camph.$_{h}$ canth.$_{a1,k}$ *Carl.*$_{a1}$ cench.$_{k2}$ chel.$_{hr1,k,*}$ cocc.$_{a1,k}$ coloc.$_{h}$ con.$_{a1,k}$ cop.$_{hr1,k,*}$ crot-t.$_{a1,k}$ *Cycl.*$_{hr1,k,*}$ *Euphr.*$_{hr1,k}$ eupi. *Ferr.*$_{hr1,k}$ gamb. gymno. ictod. *Kali-m. Kalm.*$_{hr1}$ *Kreos.*$_{hr1,k,*}$ *Lac-ac.*$_{hr1}$ lact. laur.$_{a1,k}$ led.$_{hr1,k,*}$ lipp.$_{a1}$ lyss.$_{hr1,k}$ mag-m.$_{h}$ meny.$_{a1,h}$ merc-act.$_{c2}$ mur-ac.$_{h}$ nat-m. nit-s-d.$_{a1}$ petr.$_{a1,k}$ **Phos.**$_{hr1,k,*}$ ran-b.$_{a1,k}$ rheum$_{h}$ rhus-t. *Ruta* sabin.$_{c1}$ sars.$_{hr1,k,*}$ scut.$_{c1}$ *Seneg.*$_{a1,k}$ sep.$_{h}$ sil.$_{h}$ staph.$_{h}$ sulph.$_{hr1,k}$ tab.$_{a1,k}$ thuj.$_{a1,k}$ verat.$_{hr1,k,*}$ vinc.$_{a1}$ zinc.$_{hr1,k}$
  • **morgens**: petr.$_{a1,h}$
  • **nachmittags**: fl-ac. kali-i. nat-m.$_{a1}$
  • **abends**: alum.$_{a1,h}$ mur-ac.$_{h}$
  • **nachts**: am-c.$_{h}$ petr.$_{h}$
  • **Atmen**; beim tiefen: arg-met.$_{h}$ borx.$_{h}$
  • **Aufstoßen** amel.: petr.$_{h}$
  • **Ausatmen**, beim: anac.$_{h}$ tarax.$_{h}$
  • **Bewegung** agg.: arg-met. led. nat-m.$_{h}$
  • **Bücken** agg.: arg-met. *Kalm.*
  • **Druck** amel.: chin.$_{h}$
  • **Einatmen** agg.: agar.$_{h}$ borx.$_{h}$
  • **Essen**: anac.$_{h}$
    • **nach**: chin. con.$_{h}$ hyos.$_{h}$ verat. zinc.
  • **Gehen**, beim: alum.$_{a1,h}$ arn.$_{h}$ cic.$_{h}$ coc-c. sulph.$_{h}$
  • **Gehens**; zu Beginn des: sulph.$_{h}$
  • **Heben** des Armes; beim: chin.$_{a1,k}$
  • **Mittagessen**, nach dem: borx.$_{h}$
  • **regelmäßig** absetzend, taktweise: verat.$_{h}$
  • **Schreiben**, beim: asaf.$_{a1,k}$
  • **Sitzen**, beim: euph.$_{h}$ seneg.
    • **gebeugtem**, bei: chin.$_{h}$
  • **Sprechen**, beim: stram.$_{h}$
  • **Stehen**, beim: camph.$_{h}$ con.$_{h}$ euph.$_{h}$
  • **Trinken**, nach dem: verat.$_{h}$
  ○ **hinter** dem: acon. alum.$_{h}$ **Aur. Aur-m.** bamb-a.$_{stb2}$ camph.$_{h}$ caust.$_{h}$ cham.$_{h}$ *Chel.*$_{a1,k}$ dulc.$_{a1,h}$ *Euphr.* ferr.$_{a1}$ kali-n.$_{c1}$ mez.$_{h}$ nat-c.$_{h2}$ nit-s-d.$_{a1,hr1}$ ph-ac.$_{h}$ *Phos.* rumx. samb.$_{h}$ *Syph.*$_{hr1,k}$ ter.
    • **morgens**: nat-c.$_{h}$
    • **Atmen**, beim: kali-c.$_{h}$
      • **tiefem**, bei: nat-c.$_{h}$
    • **Aufstoßen**, beim: kali-c.$_{h}$

- **Brustbein - hinter** dem: ...
  - **Bewegung**, bei: bry.
  - **Husten**:
    - **mit**: kali-n.$_{c1}$
    - **nach**: *Euphr.* hep.
  - **intermittierend**: dulc.$_{h}$
  - **Sitzen**, beim: con.$_{a1,k}$
    - **aufrechtes** Sitzen amel.: *Kalm.*
  - **Steigen**, beim: **Aur. Aur-m.**
- **oberes** Brustbein: plat.$_{h}$ stann.$_{h}$
  - **links**: phos.$_{h}$ sep.$_{h}$
- **Rand** des Brustbeines, rechts, morgens: kali-c.$_{h}$
- **Schwertfortsatz**:
  - **Bücken**, beim: carb-v.$_{h}$
  - **Einatmen**, beim: kali-c.$_{h}$
  - **Husten**, beim: kali-c.$_{h}$
  - **Schlucken**, beim: kali-c.$_{h}$
  - **Stehen**, beim: spig.$_{h}$
- **Herz**: acon.$_{a1,k}$ agar.$_{a1,k}$ ambr. ant-t.$_{a1,k}$ *Arg-n.*$_{a1,k}$ *Arn.* **Ars.**$_{a1,k}$ *Asaf.* **Aur.** aur-ar.$_{k2}$ **Aur-m.** bamb-a.$_{stb2}$ bell. bov.$_{a1,k}$ *Bry.* **Cact.**$_{a1,k}$ *Calc.*$_{a1,k}$ cann-i.$_{a1,k}$ carb-an.$_{a1,k}$ card-m. *Cench.* cham.$_{a1,k}$ chinin-s. coc-c.$_{a1,k}$ colch.$_{a1,k}$ coll. con.$_{a1,k}$ cycl. *Eup-per.*$_{a1,k}$ *Glon.*$_{a1,k}$ *Graph.*$_{a1,k}$ grat.$_{a1,k}$ *Hydr-ac.*$_{a1,k}$ hyos.$_{a1,k}$ hyper.$_{a1,k}$ iod.$_{a1,k}$ kali-bi. kali-c.$_{a1,k}$ *Kalm.* *Lac-d.* **Lach.**$_{a1,k}$ *Lil-t.*$_{a1,k}$ lith-c. lyc. *Lycps-v.* lyss. manc. nat-c.$_{a1,k}$ *Nat-m.*$_{a1,k}$ nat-s.$_{a1,k}$ *Nux-v.*$_{a1,k}$ ol-an. olnd.$_{a1,k}$ pall. petr. *Phos.*$_{a1,k}$ plb.$_{a1,k}$ prim-vl.$_{c2}$ *Puls.* *Rhus-t.*$_{a1,k}$ sang. sec.$_{a1,k}$ *Seneg.*$_{a1,k}$ sep. sil.$_{a1,k}$ *Spig.* *Spong.* stram.$_{a1,k}$ stront-c. *Tarent.* thuj.$_{a1,k}$ verat.$_{a1,k}$ vip.$_{a1,k}$ zinc.$_{a1,k}$ zing.$_{a1,k}$
  - **morgens**: *Lith-c.* nat-m.$_{h}$
  - **vormittags**: thuj.$_{a1,k}$
  - **abends**: **Puls.** sulph.$_{a1,k}$ thuj.$_{a1,k}$
    - **Bett**, im: *Nat-m.*
  - **nachts**: *Arg-n.* cann-i.$_{a1,k}$ coc-c.
  - **Atmen**, beim: graph.$_{h}$
  - **Brust** pressen und nicht genug Platz haben; als würde das Herz gegen die: lach.$_{rb2}$
  - **Druck** mit der Hand amel.: *Nat-m.*$_{a1,k}$
  - **Essen**, nach dem: *Kali-bi.* *Lil-t.*$_{a1,k}$ lyc.$_{a1,k}$
  - **Gehen**, beim: arg-n.$_{a1,k}$ seneg.$_{a1,k}$
    - **amel.**: colch.$_{a1,k}$ puls.
  - **Liegen**, beim: kali-bi.
  - **Menses**:
    - **während**: *Arg-n.*
    - **anstatt**: cham.
  - **Stehen**, beim: aur-m-n.$_{a1,k}$
  - **Treppensteigen**, beim: **Aur. Aur-m.**
  - **Urinieren**:
    - **beim**: lith-c.
    - **nach**; amel.: *Nat-m.*
  - ▽ **erstreckt** sich zu:
    - **Achselhöhle**, dann zum Rücken; zur: cact.$_{k2}$
  - ○ **Herzgegend**: stict.$_{c1}$
  - **unter** dem Herzen: lyc.$_{h}$
- **Lungen**:
  - **links**: bamb-a.$_{stb2}$
- **Mammae**, in den: ambr. *Bell.* carb-v. carbn-s. euph. ph-ac. sulph. zinc.
  - **links**: ph-ac.
  - **rechts**: phos.$_{h}$ zinc.
  - ○ **Brustwarze**: mez.$_{h}$
    - **Menses**, nach den: berb.
    - ○ **hinter** der linken: berb.
    - **neben** der linken Brustwarze, zum Brustbein hin: bism.$_{h}$
    - **unter** der linken: verb.$_{h}$
    - **unter** der rechten: bell.$_{h}$ calc.$_{h}$ led.$_{h}$ mur-ac.$_{h}$ stann.$_{h}$
  - **Gegend** der: agn.$_{a1}$ chel. nat-s.
    - ○ **unter** den: carb-v.$_{h}$ lach. zinc.
- **Mitte** der Brust: agar.$_{a1,k}$ *Alum.* am-c.$_{h}$ camph. carb-an.$_{h}$ crot-t.$_{a1,k}$ *Gamb.*$_{a1,k}$ gymno. hyper.$_{a1,k}$ iod.$_{h}$ *Kali-c.*$_{a1,k}$ lact.$_{a1,k}$ laur.$_{a1,k}$ lith-c. ph-ac.$_{h}$ *Phos.* puls.$_{a1,k}$ ran-b.$_{a1,k}$ raph.$_{a1,k}$ sabad.$_{a1,k}$ sep. *Spig.*$_{a1,k}$ tell.$_{a1,k}$ thuj.$_{a1,k}$
  - **nachmittags**: *Am-m.*$_{a1,k}$
  - **abends**: ran-b.$_{a1,k}$
  - **Ausatmen** agg.: ph-ac.$_{h}$
  - **Bücken**, beim: ph-ac.$_{h}$
  - **Druck** agg.: ph-ac.$_{h}$
  - **Gehen** im Freien; beim: lyc.$_{a1,k}$
  - **Husten** agg.: ph-ac.$_{h}$
  - **Last**; wie durch eine: asaf. samb.
  - **Sitzen**, beim: seneg.$_{a1,k}$
- **oberer** Teil: plat.$_{h}$ stann.$_{h}$
  - **links**: sep.$_{h}$
- **Rippen**: arg-met.$_{h}$ cupr.$_{h}$ stann.$_{h}$
  - **Knopf**, wie ein: lyc.$_{h}$
  - ○ **Rippenknorpel**, beim Bücken: staph.$_{h}$
  - **siebte** Rippe: bell.$_{h}$ ruta$_{h}$
  - **untere**:
    - **links**: lyc.$_{h}$ sep.$_{h}$
    - **rechts**: verat.$_{h}$
  - **vorne**: nit-ac.$_{h}$ verat.$_{h}$
- **Rippenknorpel**: psil.$_{ft1}$
- **Schlüsselbein**: bism.$_{h}$ led.$_{a1,k}$ nit-s-d.$_{a1}$ puls.$_{a1,k}$ sars.$_{h}$ zinc.$_{a1,k}$
  - ▽ **erstreckt** sich zu den Zähnen: mag-m.$_{h}$
  - ○ **unter**: ant-c.$_{h}$ crat.$_{br1}$ plat.$_{h}$ *Spig.*$_{a1,k}$ zinc.$_{h}$
- **Seiten**: alum.$_{a1,k}$ *Ambr.*$_{a1,k}$ ang.$_{a1,k}$ arn.$_{a1,k}$ aur. aur-s.$_{k2}$ benz-ac. calc-p.$_{a1,k}$ carb-v.$_{h}$ *Caust.*$_{a1,k}$ chin.$_{a1,k}$ con.$_{h}$ *Cor-r.* hyos. iod.$_{a1,k}$ *Kali-c.*$_{a1,k}$ lact. *Lyc.*$_{a1,k}$ *Meny.*$_{a1,k}$ mez.$_{a1,k}$ mur-ac.$_{h}$ nat-m.$_{a1,k}$ par.$_{a1,k}$ ph-ac.$_{h}$ phos. sars.$_{h}$ sep.$_{a1,k}$ sil.$_{h}$ sul-ac. sul-i.$_{k2}$ verb.$_{h}$
  - **links**: acon. am-m.$_{h}$ ambr.$_{h}$ anac.$_{h}$ ang.$_{h}$ arg-met.$_{h}$ aur. bamb-a.$_{stb2}$ calad. carb-v.$_{a1,k}$ carbn-s. chel.$_{a1,k}$ crat.$_{br1}$ crot-t. cycl.$_{h}$ dig. digin.$_{a1}$ dulc.$_{a1,k}$ ferr.$_{a1,k}$ graph.$_{h}$ hep.$_{a1,k}$ ign.$_{a1,k}$ kali-c.$_{h}$ lyc.$_{h}$ mag-m.$_{a1,k}$ merc.$_{a1,k}$ nat-c.$_{h}$ nat-m.$_{h}$ *Nat-s.* nit-ac.$_{h}$ nux-v. pall. petr.$_{h}$ ph-ac.$_{h}$ plat.$_{h}$ psil.$_{ft1}$ ran-b.$_{a1,k}$ sil.$_{a1,k}$ spong.$_{a1,k}$ staph.$_{a1,k}$ sul-ac. sulph.$_{a1,k}$ tarent.$_{a1,k}$ verat.$_{h}$ zinc.$_{h}$
    - **Atmen** amel.: nat-c.$_{a1}$
  - **rechts**: *Anac.* ang.$_{h}$ ant-c.$_{h}$ arg-met.$_{h}$ ars.$_{h}$ *Asaf.*$_{a1,k}$ *Bell.*$_{a1,k}$ bism.$_{h}$ cact. calc.$_{h}$ *Carb-v.* caust.$_{a1,k}$ com. con.$_{h}$ cupr.$_{h}$ kali-c.$_{h}$ nit-ac.$_{h}$

• **Seiten - rechts**: ...
ph-ac.h sep.h squil. tarax.h tarent. teucr.al,k thuj.al,k viol-t.al,k zinc.h
  • **morgens**: nit-ac.h
  • **Pflock**; wie durch einen: *Anac.*
  ▽ **erstreckt** sich zur Leber: kali-c.h
  • **unterer** Teil: hyos.h
• **morgens**: thuj.al,k
  • **Aufstehen**, nach dem: ran-b.
  • **Bett**, im: phel.al,k sil.al,k
  • **Schlüsselbein**; unter dem: crat.brl
• **vormittags**: ran-b.al,k
• **abends**: caust.h dig. digin.al euph.al,k mang.h ran-b.al,k zinc.
  • **20** h: kali-n.
  • **Liegen**, beim: ant-c.h
  • **Sitzen**, beim: seneg.al,k
• **nachts**: myris.c1
  • **Freie**; beim Gehen ins: am-m.
• **Atmen**, beim: ars.h
  • **tiefem**, bei: arg-met.h **Kali-c.** ph-ac. spong.h thuj.
• **Aufstoßen**:
  • **nach**: nit-ac.h
  • **amel.**: kali-c.h nux-v. sep.
• **Aufstützen** auf den Tisch; beim: con.h
• **Ausatmen**, beim: ambr.al,k aur.h tarax.h zinc.h
• **außen**, nach: *Asaf.* dulc.h1 *Valer.* zinc.h
• **Auswurf**, beim: *Ang.*al,k
• **Berührung**, bei: carb-v.h
• **Bewegung**:
  • **nach**: calc. viol-t.
  • **Armes**, des: dig.h
  • **heftiger** Bewegung; bei: alum.h
• **Einatmen**, beim: arn.al,k con.al,k grat.al,k iod.h kali-c.h meny.h mur-ac.h squil.h
• **Finger**; wie mit einem: phos.h
• **Flatus**; wie durch: meny.h
• **Gehen**, beim: cact.
  • **amel.**: nat-m.al,k
  • **schnellem**, bei: ang.h
• **Husten**; beim: sul-i.k2
• **intermittierend**: zinc.h
• **Liegen** im Bett; beim: calad. calc.al,k con.al,k
• **Mittagessen**, nach dem: iod.h
• **Pflock**; wie durch einen: *Anac.*
• **pulsierend**: asar.h verat.h
• **Seite**, auf der man liegt: caps.h
• **Sitzen**, beim: chin.al,k graph.h paeon.al,k
  • **amel.**: calad.
  • **gebeugtem**, bei: anac.h dulc.h rhus-t.h
• **Stehen**, im: calc.al,k *Valer.*
• **Stuhlgang** amel., nach: thuj.al,k
• **unterer** Teil: *Agar.* alum.h arn.al,k asar.h bism. chin. dig.h lact. phos.h ran-b.k2 *Seneg.* teucr.al,k valer.al,k zinc.al,k
  • **links**: med.c1
  • **nachts**, beim Erwachen: ruta.h
  • **auseinanderdrückend**: euph.h
• **vorderer** Teil, morgens: nit-ac.h
• **Zwerchfell**: bism.h **Ip.**
– **dumpf** im Brustbein: mang.h
– **durchbohrend** stechend
☞ *stechend*
– **Eiterung** tief in der Brust; wie von: *Phos.*
– **exkoriiert**, wund; wie: bamb-a.stb2
– **gequetscht**, wie: brom. cina dros. graph. hydrog.srj2 lact. merc. *Ph-ac.* *Plat.* seneg. teucr. thuj. verat.
○ **Brustbein**: hydrog.srj2
  ○ **hinter** dem: dulc.h1
• **Herz**: borx.h lyss.c1
– **geschwürig**, wie: bry. carb-an. kreos. *Lach.* mag-m.al,k merc. psor. *Puls.* *Ran-b.*al,k spig. staph. sulph.
• **Husten**, beim: mag-m.al,k psor.
○ **Achselhöhle**, rechte: sul-ac.h
• **Brustbein**: staph.h
• **Mammae**: arg-n.al **Calc.**
– **grabend**: acon. cann-s.h,k,* carb-an.h carbn-s. cina **Dulc.**al,k lach. mang.h meny. olnd. petr.al,k seneg. stann. stram. tarax.
• **nachts**: graph.h
• **Bewegung** amel.: *Seneg.*
▽ **erstreckt** sich zum Abdomen: stann.h
○ **Brustbein**: led.al,k
• **Schlüsselbein**: mang.al,k
• **Seiten**: mang.h
– **kalter** Schmerz in der Brust, beim Husten: *Med.*
– **kneifend**: aesc. *Cact.* castm. *Caul.* cocc. *Dig.* *Graph.*al,k *Nit-ac.* pall. plat. spig. sulph. zinc.al,k
• **links**: cina graph. upa.
• **rechts**: acon. bov. coloc.h mur-ac. sulph. verat.
• **nachmittags**: sulph.
  • **Gehen**, beim: sulph.
• **Einatmen** agg.: cina mur-ac.
• **Husten**, beim: *Sulph.*
• **Liegen** amel.: graph.
• **Menses**, während: *Cocc.*
• **Sitzen**, im: graph.
• **Stehen** amel.: graph.
• **warme** Speisen amel.: sulph.
○ **Brustbein**: puls.h
  ○ **hinter** dem: *Cact.* led.
• **Herzen**, im: cact. calc-ar.k2 lil-t.k2 ptel.c1
• **Mammae**: borx.h
• **Seite**, rechte: mag-m.h
– **krallend**: arg-n.al **Seneg.**al,k
– **krampfartig**: aesc. alumn. ang.c1 arg-n. ars. bell. bov. *Cact.* calc. *Cocc.* coff. con. cupr. dig. *Ferr.*al,k graph. ham. iod. *Kali-c.* kali-i. lact. *Lyc.* marb-w.es1 *Mez.*h,k nit-ac. *Petr.* phos.bg1 *Plat.* plb. *Puls.* *Sang.* *Sars.* sec. sep.h *Spong.* *Sulph.* tarent. *Zinc.*
☞ *Spasmen*
• **morgens**, 5 h, mit Husten: kali-c.
• **vormittags**, 10 - 11 h: aesc.
• **abends**: phos.h
  • **Fahren**; beim: phos.
  • **warmen** Zimmer; im: sulph.
• **nachts**: alum.h kali-c.h lyc.h nit-ac.h phos.h sep.al
  • **Mitternacht**:
    • **nach**:
      • **1.30** h: nat-ar. sep.h

• **Anstrengung**: plb.
• **Ärger**, Verdruß agg.: thuj.$_{bg1}$
• **Aufstoßen**; beim: dig.
 • **amel.**: kali-c.$_{h}$
• **Bewegung** agg.: ferr. sulph.
• **Bücken** amel.: petr.$_{h}$
• **Erwachen**; beim: alum.$_{h}$
• **Essen**, nach dem: nat-m. petr.$_{h}$
• **Freien**; im:
 • **agg.**: iod. mez.$_{bg1}$ sulph.$_{bg1}$
• **Frost**; während: ars.$_{h}$
• **Gehen**, beim: *Ferr.*
 • **amel.**: mez.
 • **Freien**, beim Gehen im: mez.$_{h}$
• **Husten**; beim: bell. *Kali-c.* laur.
• **Liegen** amel.: sulph.
• **Menses**, während: *Cocc.*
• **Schlaf**, im: bell.$_{h}$
 • **weckt** aus dem Schlaf: nit-ac.$_{h}$
• **Schneuzen** der Nase; beim: sumb.
• **Schweinefleisch**; nach: ham.
• **Sitzen**, beim: mez.
• **warmen** Zimmer; im: *Sulph.*
○ **Achselhöhle**: com. hura iod.
• **Brustbein**: dig.$_{h}$
 • **Aufstoßen** amel.: phos.
 • **Beugen** nach vorne agg.: dig.$_{h}$
• **Herz**: anan. *Ars. Bry.* cupr. kali-bi. *Kali-c.* **Lach.** laur. mez. myric. ptel. sep. tarent. thuj. zinc.
 • **Anstrengung**, bei: bry.
 • **Heben** des Armes: bry.
 • **Musik**; durch sanfte, gedämpfte: thuj.
 ▽ **erstreckt** sich zu:
  • **Abdomen**: lat-m.$_{br1}$
 ○ **Herzbasis**:
  ▽ **erstreckt** sich zu:
   • **Spitze** der Lunge: syph.$_{c1}$
 • **Rippen**; unter den kurzen: rhod.$_{bro1}$
• **Lungen**; in den: mosch. zinc.
 • **Erwachen**; nach dem: arum-t.
 • **Wasser**; Trinken von kaltem: thuj.
• **Mammae**: *Lil-t.*
 • **zunehmend** und abnehmend; allmählich: plat.
• **Muskeln**: calc.$_{h}$ cic.$_{h}$
• **Rippen**:
 ○ **unter** den Rippen: dig.$_{h}$
  • **linken** Seite; der: iris$_{a1}$
• **Seiten**:
 • **links**: arg-met.$_{h}$ plat.$_{h}$
 • **rechts**: marb-w.$_{es1}$
• **Zwerchfell**: cic.$_{h}$ nat-m.$_{h}$ sec.$_{c2}$ stann.$_{h}$ vib-t.$_{c2}$
– **kratzig**, scharf: arg-met.$_{h}$ caust.$_{h}$ kali-c.$_{h}$ sil.$_{h}$
○ **Brustbein**: mez.$_{h}$
– **kriechend**: acon.$_{h}$ ph-ac.$_{h}$
– **lanzinierend**
 ☞ *schneidend*
– **nagend**: calc. calc-p. *Colch.* mang. mosch.$_{a1,k}$ nat-m.$_{h}$ ran-s. ruta
○ **Brustbein**: par.$_{a1,k}$
• **Herz**: nat-m.$_{bg1,bg2}$

– **nagend**: ...
• **Mammae**: bufo$_{bg1,bg2}$
• **Rippenknorpel** der kurzen Rippen: bell.$_{a1,k}$
• **Schlüsselbein**: acon.$_{a1,k}$ mang.$_{a1,k}$
• **Seiten**, in den: lil-t.$_{a1,k}$ olnd.
 • **links**: arg-met.$_{h}$ calc.$_{a1,k}$ ruta$_{h}$ stann.$_{a1,k}$
 • **rechts**: ruta
– **pickend**: ruta$_{h}$
– **raspelnd**: carb-v.
– **reißend**: acon.$_{k2}$ aesc. aloe anac. ant-t.$_{a1,k}$ aur.$_{h}$ aur-m. bamb-a.$_{stb2}$ bar-c. bell.$_{a1,k}$ berb. bry.$_{a1,k}$ canth.$_{a1,k}$ *Carb-v.* carbn-h. *Carbn-s.* caust. chel.$_{k2}$ *Clem.* **Colch.**$_{a1,k}$ con.$_{a1,k}$ cub. cycl. *Dulc.* elaps graph. hura hyos. kali-bi.$_{a1,k}$ *Kali-c.* kali-i.$_{a1,k}$ kali-p. kali-sil.$_{k2}$ merc. merc-c.$_{k2}$ nat-m.$_{a1,k}$ **Nux-v.** petr. *Phos.* psor.$_{a1,k}$ *Puls. Ran-b.* rumx. sang.$_{a1,k}$ sil. sol-t-ae.$_{a1}$ *Spig.* thuj.$_{a1,k}$ valer.$_{a1,k}$ *Zinc.*$_{a1,k}$
• **nachmittags**:
 • **Einatmen**; bei tiefem: sang.
 • **Gähnen**, beim: sang.$_{a1,k}$
• **abends**: ambr. kali-n.$_{h}$
 • **Bett**, im: con.$_{h}$
• **nachts**: am-c.$_{h}$ nit-ac.$_{a1,k}$ sil.
• **Arm**:
 • **Bewegen** des Armes; beim: carb-an.
 • **Heben** des Armes zum Kopf; beim: spig.
 • **Strecken** des Armes; beim: berb.
• **Aufstoßen** amel.: sep.$_{h}$
• **Bewegung**, bei: aur-m. bry. nit-ac.$_{h}$
• **Einatmen**, beim: aur-m. *Psor.*
 • **tiefes** Einatmen agg.: kali-n.$_{h}$
• **Freien**, im: caust.
• **Heben**, beim: *Psor.*$_{a1,k}$
• **Husten**, beim: aeth.$_{a1,k}$ *Ambr.* bufo *Calc.* elaps eupi.$_{a1,k}$ kali-c.$_{a1,k}$ *Nat-m.* nit-ac. nux-v. phos.$_{k2}$ psor. *Rhus-t.* seneg.$_{k2}$
• **Liegen** auf der Seite: con.
• **Stehen**, beim: spig.$_{h}$
• **Trinken**, nach dem: nit-ac.$_{a1,k}$
○ **Achselhöhle**: alum.$_{a1,k}$ arg-n.$_{a1,k}$ **Ars.** aur. bell.$_{a1,k}$ calc. canth.$_{a1,k}$ chel.$_{h}$ chin.$_{h}$ kali-bi.$_{a1,k}$ kali-c.$_{h,k,*}$ nat-m.$_{a1,k}$ petr.$_{h}$ psor. sabin.$_{a1,k}$ thuj.$_{a1,k}$ zinc.$_{a1,k}$
 • **nachts**: petr.$_{h}$
 • **Furunkel**: petr.$_{h}$
 • **Heben** der Arme; beim: kali-c.$_{h,k,*}$
 • **pulsierend**: lyc.$_{h}$
• **äußerlich**: bar-c.
• **Brustbein**: aesc. aur.$_{a1,k}$ *Calc-p.*$_{a1,k}$ *Dig.* dulc.$_{a1,h}$ *Lyc.* osm. ox-ac.$_{k2}$ phos.$_{a1,k}$ psor.
 • **Mitternacht**, nach: merc-c.$_{a1,k}$
 • **Husten**, mit: chin. *Kali-i.* osm. ox-ac. *Phos.* psor.
 ▽ **erstreckt** sich zu den Armen: ox-ac.$_{k2}$
• **Herzgegend**: am-m.$_{a1,k}$ bamb-a.$_{stb2}$ clem.$_{a1,k}$ crot-t. elaps hyos. lach.$_{bg1}$ **Lat-m.** *Lyc.*$_{a1,k}$ mag-c. *Ther.* thuj.$_{a1,k}$
 • **Husten**, beim: elaps
 • **pulsierend**: lyc.$_{h}$
 • **Schlucken** agg.: bamb-a.$_{stb2}$
 • **Schreck**; nach: bamb-a.$_{stb2}$

- • **Herzgegend**: ...
  - ▽ **erstreckt** sich zu:
    - • **Arm**:
      - • **links**: am-m. *Lat-m.* rhus-t. *Ther.*
    - • **Oberarm**:
      - • **links**: spig.$_{h}$
    - • **Schulterblatt**:
      - • **links**: spig.$_{h}$ thuj.
    - • **Unterarm**:
      - • **links**: am-m.$_{al,k1}$ cact.$_{al,k1}$ rhus-t.$_{al,k1}$
- • **Mammae**: *Am-c.* am-m. bar-c.$_{al,k}$ *Bry.* bufo carb-v. chinin-ar. con.$_{h}$ crot-t. kali-c.
  - • **links**: chinin-ar. *Phel.* stry.
  - • **rechts**: camph.$_{h}$ colch.
  - • **Menses**, während: calc.
  - ▽ **erstreckt** sich zu:
    - • **Darmbein**: camph.$_{h}$
    - • **Rücken**: colch.
  - ○ **Brustwarze** und deren Umgebung; an der: bism.$_{h}$
    - • **Milchbrüsten**, in den: kali-c.
- • **Rippen**; untere: bism.$_{h}$ plb.$_{al,k}$ sep.$_{al,k}$
- • **Rippenknorpel** der kurzen Rippen: grat.$_{al,k}$ merc-c.$_{al,k}$
- • **Schlüsselbeingegend**: am-m.$_{al,k}$ brom.$_{al,k}$ caps.$_{al,k}$ cham.$_{al,k}$ *Lyc.*$_{al,k}$ stann.
  - • **fein**: agar.$_{al,k}$
  - • **lähmungsartig**: ferr-m.
- • **Seiten**: *Acon.* aur-m.$_{al,k}$ berb. bry. cann-s. *Carb-v.*$_{al,k}$ caust. chel. *Cocc.* euph. graph.$_{al,k}$ grat. hydr-ac. kali-bi. kali-c.$_{h}$ kali-sil.$_{k2}$ lact. laur. *Lyc.*$_{al,k}$ plb.$_{al,k}$ puls.$_{al,k}$ *Sel.* sep. sil.$_{al,k}$ sumb. zinc.
  - • **links**: am-c. *Ambr.* anac. berb. cann-s. *Carb-v.* chel.$_{h}$ *Dig.* dulc.$_{al,h}$ ferr-ma. graph. grat. kali-c.$_{h}$ sil.$_{al,k}$ spig.$_{h}$ zinc.
    - ○ **oben**: sep.$_{h}$
  - • **rechts**: arg-met.$_{h}$ ars.$_{h}$ aur-m.$_{al,k}$ *Bry.* caust. *Cocc.* con.$_{h}$ elaps iod.$_{h}$ kali-c.$_{h}$ lyc. plb. sang. sep. zinc.
    - • **dann** links: aur-m.
  - ○ **Lungenspitze**: elaps
  - • **morgens**: sumb.
    - • **Einatmen** agg.: sumb.
  - • **nachmittags**: nicc.
  - • **abends**: kali-c.$_{h}$
  - • **Atmen** agg.: bry. puls.
  - • **Atmen**, beim:
    - • **tiefen**, beim: spig.$_{h}$
  - • **Aufrichten**, beim: dig.
  - • **Bewegung**, bei: *Bry.*
  - • **Einatmen**, beim: ferr-ma. lyc. sang. spig.$_{h}$
  - • **krampfartig**: con.$_{h}$
  - • **Schneuzen** der Nase; beim: sumb.
  - • **Sitzen**, bei gebeugtem: anac.
  - • **Treppensteigen** agg.: kali-bi.
  - ▽ **erstreckt** sich zu:
    - • **Oberarm**, linker: spig.$_{h}$
    - • **Schulterblatt**, linkes: spig.$_{h}$
- • **vorderer** Teil: clem. kali-bi.$_{al,k}$ mez.$_{al,k}$
- ○ **Brustmuskeln**: berb.$_{al,k}$
- • **Zwischenrippengegend**: *Sul-ac.*

– **Roheit**, wie roh (= einschließlich Trachea und Bronchien): abrot.$_{st}$ acon. *Aesc.* *Agar.* all-c.$_{k2}$ alum. alum-sil.$_{k2}$ alumn. am-c. am-m. *Ambr.* *Anac.* anan. ant-t. apis **Arg-met.** *Arn.*$_{brl}$ *Ars.* ars-i.$_{k2}$ arum-t. berb. bry.$_{k2}$ *Calc.* calc-i.$_{k2}$ calc-s. calc-sil.$_{k2}$ cann-s. carb-v. *Carbn-s.* **Caust.** cham. chin. *Chinin-ar.* *Cist.* clem. *Coc-c.* *Cop.* dig. gamb. *Gels.* *Graph.* *Hydr.* iod. *Ip.* kali-i. kali-n. led. **Lyc.** meph. merc. *Mez.* naja nat-ar. nat-c. *Nat-m.* nat-p. nit-ac. **Nux-v.** *Petr.* **Phos.** *Phyt.* psor. *Puls.* *Rumx.* sang.$_{k2}$ sep. sil. *Spong.* **Stann.** *Staph.* *Sulph.* syph.$_{k2}$ thuj. zinc.

☞ ❑ *Kehlkopf - Schmerz - Roheit - Trachea*

- • **morgens**: borx. caust.$_{al,k}$ nat-c.$_{al,k}$
  - • **Erwachen**, beim: sulph.$_{al,k}$
- • **nachmittags**:
  - • **Sprechen**; nach: lyc.
- • **abends**: *Ars.* calc.$_{h,k,*}$ murx.$_{al,k}$ nat-c.$_{al,h}$
  - • **20** h: am-m.
- • **nachts**: zinc.$_{al,k}$
  - • **Husten**, beim: alum. *Calc.*$_{h,k,*}$ carb-v. nit-ac. nux-v.
- • **Auswurf**; nach: cist.$_{k2}$
- • **Einatmen**, beim: *Acon.* anac.$_{al,h}$ *Calc.* carb-v.$_{k2}$
- • **Essen** amel.: nat-c.$_{h}$
- • **Gehen**, nach dem: calc.$_{h,k,*}$
- • **Husten**:
  - • **beim**: alum. alum-p.$_{k2}$ alum-sil.$_{k2}$ alumn.$_{al,k1}$ ambr. anac. ant-c. *Arg-met.* arn. *Ars.* arum-t.$_{k2}$ *Calc.*$_{h,k,*}$ *Carb-v.*$_{h,k,*}$ carbn-s.$_{k2}$ *Caust.* chinin-s. *Coc-c.* dig.$_{brl}$ *Graph.* grat. ip. kali-c. kali-sil.$_{k2}$ kreos. lach. laur. mag-c. mag-m. mag-s. meph. merc. mez. nat-c.$_{al,k}$ *Nat-m.* nat-p. nat-s. nit-ac.$_{al,k}$ nux-m.$_{al,k}$ nux-v. petr. *Phos.* *Rumx.* ruta sanic. *Sep.* sil. spig. *Spong.* *Stann.* *Staph.* sulph. thuj.$_{al,k}$ zinc. zinc-p.$_{k2}$
  - • **nach**: *Arn.* *Carb-v.* lach. lyc. *Nat-m.* *Phos.* sep. spong. *Stann.* staph. zinc.
- • **kalter** Luft, in: apis **Phos.**
- • **Liegen**:
  - • **beim**: coc-c.
  - • **amel.**: nat-c.
- • **Mittagessen**, nach dem: nat-c.$_{al,k}$
- • **Räuspern**, beim: rumx.
- • **Schnupfen**, beim: carb-v.$_{al,h}$ kreos. meph. sep.$_{al,k}$ sulph.
- • **Singen**, beim: *Arg-met.*
- • **Sprechen**, nach: *Arg-met.* *Calc.*$_{h,k,*}$
- • **Temperaturveränderung**, nach: *Acon.*$_{al,k}$
- • **Bifurkation** der Trachea beim Sprechen und Singen; Roheit an der: *Arg-met.*
- • **Brustbein**: hell.$_{h}$
  - • **hinter** dem: iod.$_{h}$ kali-n.$_{h}$
- • **Schlüsselbein**:
  - • **unter** dem: rumx.$_{bro1,k2}$

– **ruckend**: calc-p. con. lac-c. spig.$_{h}$ valer.$_{k2}$

- • **Herzen**, im: calc-ar. carb-v. con. fl-ac.
- • **Mammae**:
  - • **linken** Mamma, wie von einem Faden nach hinten gezogen: croc.$_{brl}$

– **scharf**

☞ *schneidend*

– schießend
☞ *stechend*

– schneidend (= plötzlicher, scharfer Schmerz): *Acon.* aloe ang. *Ant-t. Apis* arg-met. arn.$_{bg1,bg2}$ *Ars.* ars-i. ars-s-f.$_{k2}$ *Asc-t. Aur.* aur-i.$_{k2}$ aur-s.$_{k2}$ *Bad.* bapt. *Bell.* benz-ac. bov. *Bry. Cact.* cain. *Calc.* calc-i.$_{k2}$ *Calc-p.* calc-s. cann-s. carb-v. carbn-s. cedr. chel. chinin-s. cimic. *Colch.* con. crot-c. dig. *Dios.* dros.$_{h}$ dulc. ferr.$_{a1}$ glon. hell. hyos. *Iod.* kali-ar. **Kali-c.** *Kali-i.* kali-m.$_{k2}$ *Kali-n.* kali-s. lac-ac. laur. led. *Lyc. Mag-c.* manc. mang.$_{h}$ *Merc.* merc-i-r. *Mur-ac.* nat-ar. nat-c. **Nat-m.** nat-p. ol-an. petr. phos. plb. *Psor. Puls. Ran-b.* rat. rhus-v. *Rumx.* ruta sabin. seneg. sep. spig. spong. *Stann.* stry. sul-i.$_{k2}$ *Sulph.* sumb. tab. tarax. thuj. verat. xan. zinc. zinc-p.$_{k2}$
- **morgens**: caust.$_{a1,k}$ **Kali-c.**$_{a1,k}$
  - **Bewegung**, bei: kali-c.
- **nachmittags**: bad.
- **abends**: bad. cain. **Kali-c.**$_{a1,k}$ kali-i.$_{a1,k}$ kali-n.$_{h}$ *Mag-c.* nicc.$_{a1,k}$ ol-an.$_{a1,k}$
  - **Hinlegen**, nach dem: **Kali-c.**
- **nachts**: *Syph.*
  - **Mitternacht**:
    - **nach**:
      - **5** h: ars-s-f.$_{k2}$
  - **Beugen** nach rechts; beim: rhod.
- **Atmen**, beim: arg-met. ars-s-f.$_{k2}$ bapt. *Colch.* raph.
- **Aufrichten** vom Bücken; beim: aloe
- **Beugen**, beim:
  - **amel.**: chinin-s.
  - **vorne**, nach: arg-met.
- **Bewegung**, bei:
  - **agg.**: ars-s-f.$_{k2}$ bad. **Bry.** chinin-s. lac-ac.$_{a1,k}$ ox-ac. ran-b.$_{k2}$
  - **amel.**: phos.
  - **Arme**, der: *Asc-t.* sumb.
- **Bücken**, beim: *Asc-t.*
- **Druck**; bei: ran-b.$_{k2}$
- **Einatmen**, beim: *Asc-t.* aur. **Bry.** *Calc.*$_{a1,k}$ con. *Guare.*$_{hr1,k}$ hell. naja phos. ran-b.$_{k2}$ stann.
  - **tiefen**, beim: bapt. com. guare.$_{hr1}$ kali-n.$_{h}$ naja spong.
- **Essen**, nach dem: *Nux-v.*$_{a1,k}$ sumb.$_{a1,k}$
- **Flatus**; wie durch: dulc.$_{h}$ kali-c.$_{h}$
- **Frost**:
  - **vor**: ars.
  - **nach**: **Acon.**
- **Gehen**:
  - **Freien**; nach Gehen im: sulph.
  - **schnellem**, bei: alum.$_{h,k,*}$
- **Husten**, beim: *Bry.* calc. colch. kali-n. lachn. mag-c. mag-s. mang. *Nat-m.*$_{h,k,*}$ nat-n. ox-ac. phos.$_{k2}$ raph. *Sulph.*$_{a1,k}$
- **kalter** Luft; in: ran-b.$_{k2}$
- **Liegen**, beim:
  - **Armen** dicht an der Seite amel.; mit den: lac-ac.
  - **linken** Seite agg.; auf der: *Phos.*
  - **rechten** Seite agg.; auf der: *Kali-c.*
- **Rauchen**, beim: merc.$_{a1,k}$

– schneidend: ...
- **Sitzen**, beim:
  - **amel.**: alum.$_{h,k,*}$
  - **gebeugtem**, bei: chin.
- ▽ **erstreckt** sich zu:
  - **Abdomen**: berb.
  - **Halsgrube**: thuj.
  - **Leber**: ran-b.$_{c1}$
  - **oben**, nach: stann.$_{h}$
  - **Schulterblatt**: **Nat-m.**
  - **Schultern**: ox-ac. *Verat.*
- ○ **Achselhöhle**: ang.$_{h}$ dios.$_{a1,k}$ kali-c.$_{a1,k}$ ruta$_{h}$ sul-ac.$_{a1,k}$ thuj.$_{a1,k}$
  - **rechts**: *Crot-c.*$_{a1,k}$ kali-c.$_{h}$
    - **nach** links; quer von rechts: *Elaps*
  - **Narbe** eines alten Abszesses; in der: thuj.
  - ○ **Achseldrüsen**; in geschwollenen: aeth.$_{c1}$
- **Brustbein**: *Calc-p.* elat.$_{hr1}$ manc. mang.$_{a1}$ nat-c.$_{h2}$ petr. phos. rhus-v. stram.$_{a1,k}$ verb.
  - **nachts**, beim Hinlegen: stram.$_{a1,k}$
  - **Bewegung** amel.: nat-c.$_{h}$
  - **Einatmen** amel.: nat-c.$_{h}$
  - **Flatus** amel.; Abgang von: stram.
  - ▽ **erstreckt** sich zu:
    - **Schulterblatt**; rechtes: elat.$_{hr1}$ phos.
    - **Wirbelsäule**: dulc. elat.$_{hr1}$
  - ○ **hinter** dem: asc-t.$_{a1,c1}$
    - **Husten**, beim: kali-n.
    - **Schlucken**, beim: cann-i.$_{a1,k}$
- **Brustdrüse**, männliche:
  - ○ **Brustwarze**:
    - ▽ **erstreckt** sich zu:
      - **Schulterblatt**: tell.
- **Herz**: abies-n.$_{br1}$ abrot. acon. *Aesc.* apis apoc. *Arg-n.* **Ars.** *Ars-i.* ars-met. ars-s-f.$_{k2}$ asc-t.$_{a1}$ aur.$_{a1,k}$ aur-m.$_{a1,k}$ aur-s.$_{k2}$ *Bry. Cact.* calc.$_{bg1}$ chel. *Colch. Con. Croc. Glon. Iod.* jac-c. kali-i.$_{a1,k}$ kali-n. lac-ac. *Lac-d.* med.$_{k,k2}$ *Naja* sabin. sep. sul-i.$_{k2}$ **Sulph.** syph. tarent.$_{a1,k}$ ther.
  - **morgens**: cund.
  - **nachmittags**, 16 h: ars-met.
  - **abends**: cinnb.
  - **Bewegung**, bei: *Cact.* med.$_{k2}$
  - **Menses**, während: *Con.*
  - ▽ **erstreckt** sich zu:
    - **Arm**: ther.$_{c1}$
    - **Schulter**; linke: ther.$_{c1}$
  - ○ **Herzgegend**: anac.$_{a1,k}$ asc-t.$_{a1}$ aur-m. *Brom. Calc-p.*$_{a1,k}$ cinnb. *Dios.* myric. *Phos.* spig. verat.$_{a1,k}$ xan.$_{c1}$
    - **Atem**, versetzt den: bac.$_{c1}$ *Calc. Calc-p. Dios.*
    - **Einatmen**; beim: xan.$_{c1}$
- **Mammae**: aeth.$_{br1,c1}$ am-c. aster. bell. bufo calc. calc-p.$_{a1,k}$ cham. chinin-s. *Colch.* hura *Iod.* lach. lil-t.$_{a1,k}$ olnd. phyt. sabin.
  - **links**: com. *Lach. Lil-t.*$_{a1,k}$
  - ▽ **erstreckt** sich zum Schulterblatt: cot.$_{bro1}$ lil-t.$_{a1,k}$
  - **Liegen** auf der linken Seite; beim: lil-t.$_{a1,k}$
  - **Stillen**, beim: **Sil.**
  - ▽ **erstreckt** sich zum Rücken: colch.

• **Mammae**: ...
○ **Brustwarze**:
• **links**:
▽ **erstreckt** sich zu:
• **Oberarm**, linker: spig.$_{h}$
• **Schulterblatt**, linkes: spig.$_{h}$
• **unten**, mit Steifheit der linken Seite des Halses; nach: asc-t.$_{c1}$
• **Menses**, nach den: thuj.
• **unter**: rob.
• **links**: bry.
• **rechts**: *Chel.* kali-p. lachn.$_{c1}$
• **Mitte** der Brust: mag-c.$_{h}$
• **nachmittags**: mag-c.$_{a1,k}$
▽ **erstreckt** sich zu:
• **Abdomen**: berb. sulph.
• **oberer** Teil durch Lungenspitzen auf beiden Seiten: elaps ind.
• **Gehen** amel.: elaps
• **Rippen**: stann.$_{h}$
• **Rippen**; kurze: samb.$_{h}$ sulph.
• **Rippenknorpel** der kurzen Rippen: arg-met.
• **Einatmen**, beim: cimic.
• **Schlüsselbein**: calc-p.$_{a1,k}$ ruta sabin.$_{c1}$
○ **über** dem: bad.
• **unter** dem: dulc.$_{a1,k}$ kali-c.$_{h}$
• **Druck** amel.: dulc.$_{a1,k}$
• **Seiten**: all-s. ang. arg-met. aur.$_{h}$ cann-s.$_{k2}$ cedr. *Con.*$_{a1,k}$ dulc. hura kali-c.$_{a1,k}$ kali-n.$_{a1,k}$ laur.$_{a1,k}$ nat-ar. ph-ac.$_{h}$ plb. sabin.$_{c1}$ sumb.$_{a1,k}$
• **links**: *Agar.* ars-h. *Asc-t.* aur.$_{h}$ *Brom.* *Calc.* colch.$_{a1,k}$ dulc. iris$_{a1}$ kali-c.$_{h}$ lac-c. lepi.$_{br1}$ *Lil-t.* lyc.$_{a1,k}$ manc. **Nat-m.** *Ox-ac.* ph-ac.$_{h}$ polyg-h. psil.$_{ft1}$ rhod.$_{a1,k}$ rumx. spig.$_{h}$ spong.$_{a1,k}$ stann.$_{h}$ sumb. tarent. verat.
• **Husten**, beim: ox-ac.
▽ **erstreckt** sich zum Schulterblatt: **Nat-m.**
○ **unten**:
▽ **erstreckt** sich zum Rücken: carbn-s.$_{k2}$
• **rechts**: agar. aur.$_{h}$ bell.$_{a1,k}$ cain. chinin-s. colch. con.$_{a1,k}$ dirc.$_{c1}$ guare.$_{hr1,k,*}$ iod. lyc.$_{h}$ sang. sep. stann.$_{a1,k}$ thuj.$_{h}$ trom.$_{a1,k}$ xan.$_{c1}$
• **links**, nach: petr.$_{h}$
• **Beugen** nach links; beim: petr.$_{h}$
• **Husten**, beim: colch. lachn.
▽ **erstreckt** sich zu:
• **Abdomen**:
• **und** linke Schulter: dirc.$_{c1}$
• **Schulter**: chinin-s.$_{c1}$
• **mittags**: rumx.
• **abends**: mang.$_{h}$
• **Berührung** agg.: ph-ac.$_{h}$
• **Beugen** nach hinten; beim: rhod.$_{a1,k}$
• **Druck** amel.: dulc.$_{h}$ thuj.$_{h}$
• **Einatmen**, beim: *Asc-t.* aur.$_{h}$ carbn-s.$_{k2}$ con. thuj.$_{h}$
• **tiefen**, beim: arg-met. ph-ac.$_{h}$ spong.$_{a1,k}$ sumb.$_{a1,k}$ tab.
• **Gehen**, beim: stann.$_{a1,k}$ thuj.$_{h}$
• **Husten**, beim: nat-m.$_{h}$
• **reißend**: stann.$_{h}$
• **Sitzen**, beim: ph-ac.$_{a1,k}$

– **schneidend - Seiten**: ...
• **Stehen**, beim: stann.$_{a1,k}$
• **Stillstehen** amel.: thuj.$_{h}$
• **Seite** zur anderen, von einer: *Cimic.*
• **unterer** Teil: hell.$_{h}$ *Kali-c.*$_{a1,k}$ nat-ar.$_{k2}$ *Ox-ac.* stry.
• **zerrendes** Gefühl: phos.$_{a1,k}$
▽ **erstreckt** sich zum Abdomen: kali-c.$_{a1,k}$
• **vorderer** Teil: colch.$_{a1,k}$ coloc. dulc.$_{a1,k}$
• **Zwerchfell**: cact.$_{c1}$
• **zwischen** den Rippen:
○ **Nerven**: aran.$_{bro1}$
• **Zwischenrippenmuskulatur**: ars-s-f.$_{k2}$ asc-t.$_{a1}$ borx. kreos. *Mez.*
– **Splitter**; wie ein: **Arg-n.** nit-ac.$_{k2}$
○ **Rippen**; wie ein Splitter in den rechten unteren: *Agar.*
– **stechend**: **Acon.**$_{a1,k}$ aesc.$_{a1,k}$ aeth. *Agar.*$_{a1,k}$ *Ail.*$_{a1,k}$ all-s. aloe *Alum.* alum-sil.$_{k2}$ alumn. *Am-c.* am-m. *Anac.*$_{a1,k}$ anan. ang.$_{c1}$ *Ant-c.*$_{a1,k}$ *Ant-t.* *Apis* *Arg-n.*$_{a1,k}$ *Arn.*$_{a1,k}$ *Ars.* ars-i.$_{k2}$ *Asaf.* asar. aspar. aster. *Aur.*$_{a1,k}$ aur-i.$_{k2}$ *Aur-m.* aur-s.$_{k2}$ bad. bamb-a.$_{stb2}$ bar-c. bar-i.$_{k2}$ bar-s.$_{k2}$ *Bell.*$_{a1,k}$ berb. **Borx.** bov.$_{a1,k}$ brom.$_{a1,k}$ **Bry.**$_{a1,k}$ bufo *Cact.* cain. calad. **Calc.**$_{a1,k}$ *Calc-p.* calc-s. calc-sil.$_{k2}$ camph.$_{a1,k}$ cann-i.$_{a1,k}$ **Canth.**$_{a1,k}$ *Caps.* *Carb-an.* *Carb-v.*$_{a1,k}$ carbn-s. *Card-m.* *Caust.*$_{a1,k}$ **Cham.**$_{a1,k}$ *Chel.*$_{a1,k}$ chinin-ar. chinin-s. cina cinnb. *Clem.*$_{a1,k}$ coc-c. cocc. **Colch.** *Coloc.*$_{a1,k}$ *Con.*$_{a1,k}$ corn.$_{a1,k}$ croc. crot-h. crot-t. cycl.$_{a1,k}$ dig.$_{a1,k}$ *Dros.* *Dulc.* elaps elat.$_{hr1}$ euon. eupi.$_{a1,k}$ *Ferr.*$_{a1,k}$ ferr-ar. ferr-i. ferr-p. gamb.$_{bg1}$ gels.$_{a1,k}$ gnaph. *Gran.*$_{a1,k}$ *Graph.* grat.$_{a1,k}$ *Guaj.* ham.$_{a1,k}$ hep. hydr-ac.$_{a1,k}$ *Hyos.*$_{a1,k}$ *Ign.* *Iod.* *Ip.* jab.$_{a1,k}$ jug-r.$_{a1,k}$ kali-ar. *Kali-bi.* **Kali-c.**$_{a1,k}$ *Kali-i.* kali-m.$_{k2}$ kali-n.$_{a1,k}$ **Kali-p.** *Kali-s.* kali-sil.$_{k2}$ kalm. *Kreos.* *Lach.*$_{a1,k}$ *Lact.* laur. led.$_{a1,k}$ *Lyc.*$_{a1,k}$ *Mag-c.* mag-m.$_{a1,h}$ mag-s.$_{a1,k}$ manc. mang. marb-w.$_{es1}$ med. meny.$_{a1,k}$ *Merc.*$_{a1,k}$ **Merc-c.**$_{a1,k}$ merc-i-f. *Mez.*$_{a1,k}$ mill.$_{a1,k}$ mosch.$_{a1,k}$ *Mur-ac.* myrt-c.$_{c2}$ *Nat-ar.* *Nat-c.*$_{a1,k}$ **Nat-m.** *Nat-n.*$_{a1,k}$ nat-p. nat-s. *Nicc.*$_{a1,k}$ *Nit-ac.*$_{a1,k}$ **Nux-m.** nux-v. ol-an. olnd. ox-ac. *Paeon.* par. *Petr.*$_{a1,k}$ *Ph-ac.*$_{a1,k}$ **Phos.**$_{a1,k}$ phyt. plan. *Plat.* plb.$_{a1,k}$ polyg-h. psor.$_{a1,k}$ ptel.$_{c1}$ *Puls.*$_{a1,k}$ **Ran-b.**$_{a1,k}$ *Ran-s.* raph.$_{a1,k}$ rat. rheum *Rhus-t.* *Rhus-v.* **Rumx.** ruta sabad. samb. *Sang.*$_{a1,k}$ *Sars.*$_{a1,k}$ **Seneg.**$_{a1,k}$ *Sep.*$_{a1,k}$ *Sil.* sin-n.$_{a1,k}$ sphing.$_{a1,kk3}$ **Spig.**$_{k,kk3}$ spong.$_{a1,k}$ **Squil.**$_{a1,k}$ *Stann.* *Staph.*$_{a1,k}$ still. *Stront-c.* stry. *Sul-ac.*$_{a1,k}$ **Sulph.**$_{a1,k}$ sumb.$_{a1,k}$ *Tab.*$_{a1,k}$ tarax. ther. *Thuj.*$_{a1,k}$ tril-p.$_{br1}$ tub.$_{c1,gk}$ *Valer.* verat.$_{a1,k}$ *Verb.* vinc.$_{a1,k}$ viol-t. *Zinc.*$_{a1,k}$ zinc-p.$_{k2}$ zing.$_{a1,k}$
• **links**: aeth.$_{c1}$
• **morgens**: chin.$_{a1,k}$ hep. *Kali-bi.* mang.$_{a1,k}$ merc.$_{a1,k}$ rhus-t. *Squil.*
• **Aufstehen**, beim: ran-b.
• **vormittags**: caust.$_{a1,k}$ mang.$_{h}$ nit-ac.$_{h}$ stann.$_{h}$
• **mittags**: agar.
• **nachmittags**: alum.$_{h}$ coloc.$_{a1,k}$ iod.$_{a1,k}$ sulph.
• **14 h**: chel.
• **abends**: calad.$_{a1,k}$ kali-bi.$_{a1,k}$ *Kali-i.* kali-n.$_{a1,k}$ *Mag-c.* ran-s. rumx. verb.
• **18 h**: bry.

- **abends**: ...
  - **20** h: canth.
  - **Bett**, im: benz-ac.$_{a1,k}$ nat-c.$_{a1,k}$
- **nachts**: alum. am-c. *Apis* bamb-a.$_{stb2}$ *Ip. Lyc.*$_{a1,k}$ merc-c. nit-ac. phos.$_{a1,k}$ ran-s. *Rhus-t.*$_{a1,k}$ sabad.$_{a1,k}$ seneg.$_{a1,k}$ tub.$_{gk}$
  - **Bett**, im: phos.$_{a1,k}$
  - **Erwachen**, beim: seneg.
- ◆ **begleitet** von:
  - **Brustkrebs**
    ☞ *Krebs - Mammae - begleitet von - Schmerz - stechende*
- **Abendessen**, nach dem: am-c.$_{h}$ lyc.$_{h}$
- **anfallsweise**: nat-m.$_{h}$
- **Anlehnen** an einen Stuhl; beim: kali-p.$_{k2}$
- **Anstrengung**, bei: alum. borx. caust. ferr. led.
  - **geistiger**, bei: sep.
- **Atmen**, beim: acon.$_{a1,k}$ aloe am-c.$_{h,k,*}$ *Anac. Ant-c.* arg-met. arn. *Aur.*$_{a1,k}$ **Borx.** bov.$_{a1,k}$ **Bry.** *Calc.*$_{a1,k}$ cann-s. caps. card-m. cham. *Chel.* chin.$_{a1,k}$ colch. *Coloc. Dros.* elaps euph. ferr-p.$_{k2}$ guaj.$_{k2}$ *Hep.* **Kali-c.** kali-m.$_{k2}$ *Kali-n.* kali-p. *Kreos. Lyc.*$_{a1,k}$ mag-c. meny. mez.$_{a1,k}$ mur-ac.$_{a1,k}$ nat-c.$_{h}$ nat-s. nicc. *Nux-m.* ox-ac. ph-ac.$_{a1,k}$ *Psor.*$_{a1,k}$ sabad. seneg. *Sep.*$_{a1,k}$ *Spig. Spong. Squil. Stann.*$_{a1,k}$ tab.$_{a1,k}$ tub.$_{gk}$ verat. verb.
  - **tiefen**, beim: *Acon.* aesc. aeth. *All-c.* ant-c.$_{h}$ arg-met. arn. asar.$_{h}$ aur. bapt. benz-ac.$_{a1,k}$ *Berb.* **Borx.** bov. brom. **Bry.** *Calc. Calc-p.* carbn-s. card-m. *Caust.*$_{a1,k}$ *Cham.* chel. *Cupr.* dros.$_{h}$ ferr-p. *Guaj.* hell.$_{a1,k}$ **Kali-c.** *Kali-n.* mang.$_{h}$ merc-c. mez. *Mur-ac.* **Nat-m.**$_{a1,k}$ nat-s.$_{k2}$ nit-ac. nux-v. olnd. pall. *Phos. Puls.*$_{a1,k}$ *Ran-b.* raph.$_{a1,k}$ *Rhus-t. Rumx.* sep. sil.$_{h}$ *Spong. Sulph.* valer. zinc.$_{a1,k}$ zinc-p.$_{k2}$
- **Atmen**; bei tiefem: sabin.$_{c1}$
- **Aufrichten**, beim:
  - **agg.**: nicc.
- **Aufrichten** vom Bücken; beim: nat-c.$_{h}$
- **Ausatmen**, beim: *Ant-c.* arg-met.$_{c1}$ calc.$_{h}$ clem.$_{h}$ *Colch.* crot-t. mang.$_{h}$ spong.
  - **muß** ausatmen: chin.$_{h}$
- **außen**, nach: chin.$_{h}$
- **Berührung**, bei: phos. **Ran-b.** sabin.$_{c1}$
- **beugen**; muß sich: sars.
  - **hinten** oder vorne; nach: agar.
  - **seitwärts** Beugen agg.: acon.
  - **vorne** amel.; nach: *Chel.* chin.
- **Bewegung**:
  - **amel.**: con. *Dros. Euph.* indg. *Kali-c.* phos. rhod.$_{k2}$ **Rhus-t.** *Seneg.* tub.$_{gk}$
  - **bei**: alum. aur-m. bad. **Bry.** *Calc. Chel.* chin.$_{a1,k}$ guaj.$_{k2}$ hyos. hyper.$_{c1}$ kali-n.$_{h}$ meny.$_{a1,k}$ merc. mur-ac.$_{h}$ nit-ac.$_{a1,k}$ ox-ac. phos.$_{a1,k}$ puls.$_{h}$ *Ran-b.* **Spig.** *Sulph.* tub.$_{c1}$
  - **Arme**, der: *Camph. Sulph.* sumb.
- **bohrend**: meny.$_{h}$ spong.$_{h}$
- **brennend**: *All-c.* alum.$_{h}$ *Ars.* bar-c. *Carb-an. Carbn-s. Cina Crot-t.* mur-ac. sang.$_{ptk1}$
- **Bücken**, beim: alum. am-c.$_{h,k,*}$ ars.$_{a1,k}$ card-m. mang. merc.$_{a1,k}$ merl. nit-ac.$_{h}$ *Ran-b.* zinc.
- **Drehen**, durch: caust. phos. **Ran-b.**$_{a1,k}$ staph. tub.$_{gk}$
- **Druck**:
  - **amel.**: arn.$_{ptk1}$ asaf. *Borx.* **Bry. Dros.**
  - **durch**: ran-b. ran-s.$_{a1}$
- **Einatmen**, beim: **Acon.** alum. alum-p.$_{k2}$ alum-sil.$_{k2}$ am-m. *Arg-met. Ars.* asaf. *Asar. Aur.* aur-ar.$_{k2}$ aur-m. aur-s.$_{k2}$ bamb-a.$_{stb2}$ bar-c. **Borx. Bry.** *Calc.* calc-p. calc-sil.$_{k2}$ canth. carb-an. card-m. *Chel.* clem. cob. coloc. *Con. Dros.* grat. guaj. *Hyos.* **Kali-c.** kali-sil.$_{k2}$ *Kreos. Lyc.* lyss. *Mag-c. Merc. Merc-c.* mez. **Nat-m.** nat-s. op. *Phos.* plat. *Ran-b.* rhus-t.$_{h}$ seneg. sep. *Sil.* spong. **Squil.** stront-c. sulph. tarax. tub.$_{gk}$ valer.
  - **tiefen**, beim
    ☞ *Atmen, beim - tiefen*
- **Einschlafen**, beim: carb-v.$_{a1,k}$
- **Essen**:
  - **beim**: bov.$_{a1,k}$
  - **nach**: *Asaf.* bov. nat-c.$_{a1,k}$ sulph.
- **Fieber**; während: acon. **Bry.** *Kali-c.* nux-v. tub.$_{gk}$
- **Freien** amel.; im: sul-ac.$_{h}$
- **Frösteln**, beim: eupi.$_{a1,k}$
- **Frost**; während: **Bry.** eup-per. kali-c. lach. phos. *Rhus-t. Rumx.* sabad.
- **Gähnen**, beim: aur.$_{a1,k}$ bell. *Borx.* mag-c. nat-s. phel.$_{a1,k}$
  - **behindert** das: sphing.$_{kk3}$
- **Gehen**, beim: am-c. *Asaf.* cinnb. cocc. coloc. *Con.* hep. *Kali-i.* kali-n.$_{h}$ kali-p.$_{k2}$ lyss.$_{c1}$ merc-i-r. olnd. rhus-t. spong.
  - **Freien**, im: caust. *Merc. Ran-b.* zinc.
    - **amel.**: pall. *Seneg.*
  - **schnell**: brom. chin. sulph.
- **Gesicht** liegen; muß auf dem: bry.
- **Getränke**, durch kalte: staph. thuj.
- **Gewitter**; bei: rhod.$_{k2}$
- **Heben** der Arme; beim: berb. borx. ol-j. puls. rhus-t. *Sulph.* thuj.
- **Herbst**, im: *Kali-c.*
- **Herzschlag**, bei jedem: calc-act.$_{h}$
- **Husten**, beim: *Acon.* alum-sil.$_{k2}$ am-c. am-m. ant-c. arg-met. *Arn. Ars.*$_{a1,k}$ ars-i.$_{k2}$ ars-s-f.$_{k2}$ *Asaf.* asc-t. aur. **Bell.** berb. **Borx. Bry.** cact. calc. calc-i.$_{k2}$ *Calc-p.* cann-s. caps. carb-an. carb-v. card-m. caust. *Chel. Chin.* chin-b.$_{c1}$ chinin-ar. clem. *Coff.* con. *Corn.* crot-h. cupr. cur. **Dros.**$_{a1,k}$ dulc. *Ferr.* ferr-ar. ferr-i. *Ferr-m.* ferr-p.$_{k2}$ guaj. **Iod.**$_{a1,k}$ kali-ar. *Kali-bi.*$_{a1,k}$ *Kali-c.* kali-n. kali-p. kali-sil.$_{k2}$ *Kreos. Lach.*$_{a1,k}$ *Lyc.*$_{a1,k}$ **Merc.** mez. myric. nat-m. nat-s. nit-ac. nux-m. nux-v. petr.$_{a1,k}$ *Phos. Psor.*$_{a1,k}$ *Puls.* ran-b. rhus-t. rumx. ruta sabad. sel. seneg. *Sep.* sil.$_{a1,k}$ **Squil.** *Stann.* stront-c. sul-i.$_{k2}$ *Sulph.*$_{a1,k}$ tub.$_{c1,gk}$ verat. zinc.$_{a1,k}$ zinc-p.$_{k2}$
- **juckend**: calc.$_{h}$
- **kalter** Luft, in: *Kali-c.*
- **Lachen**, beim: acon. mez.$_{a1,k}$ nicc. tub.$_{c1}$
- **Laufen** agg.: borx. lyc.$_{a1,k}$
- **Lesen**, beim: euph.

- **Liegen**, beim: asaf. bry. chel. kali-n. psor.
  - **Gesicht** amel.; auf dem: bry.
  - **Rücken**:
    - **agg.**: kali-c.$_{h}$ kali-p.$_{k2}$ rumx. sulph.
    - **nur** auf dem Rücken liegen; kann: *Acon. Bry. Phos.* plat.
  - **Seite**, auf der: acon.
    - **linken** Seite; auf der: am-c. calad. **Phos. Spig.** *Stann.*
    - **rechten** Seite; auf der: *Borx.* rumx. seneg.
      - **nur** auf dieser amel.: **Spig.**
    - **erkrankten** Seite; auf der: *Calc. Kali-c.* sabad.
    - **gesunden** Seite; auf der: stann.
    - **schmerzhaften** Seite; auf der: am-c. rhus-t.$_{a1}$ stann.
      - **amel.**: **Bry.** calad.
  - **unmöglich**; Liegen ist: tub.$_{gk}$
- **Menses**:
  - **vor**: *Kali-c.*
  - **während**: borx. *Croc.* kali-n. *Puls.*
- **Mittagessen**, nach dem: carbn-s.
- **Niesen** agg.: acon. *Borx. Bry.* chel. **Dros. Merc.** rhus-t. tub.$_{gk}$
- **periodisch**: acon.$_{a1,k}$ aloe dig.$_{c1}$
- **Pleuritis**:
  - **während**: tub.$_{gk}$
  - **nach**: carb-an.$_{bro1}$ tub.$_{gk}$
- **Räuspern**, nach dem: asaf.$_{a1,k}$
- **Reiben** amel.: calc. *Phos.*
- **rhythmisch**: am-m.$_{h}$ *Calc.* chin.$_{h}$ cocc.$_{h,k,*}$
- **Schluckauf**, bei: am-m.
- **Schreiben**, beim: carb-an. rumx. spig.
- **Singen** agg.: am-c.$_{h,k,*}$
- **Sitzen**: agar. chin.$_{h}$ *Con.* indg. kali-p.$_{k2}$ phos.
  - **amel.**: asaf.$_{a1,k}$ chel. tub.$_{gk}$
  - **krumm**, gekrümmt: am-m. borx.$_{h}$ chel. *Rhus-t.*
- **Sprechen**: borx. cann-s. carb-an. rhus-t. tub.$_{gk}$
- **Treppen**; beim Hinabsteigen von: alum.
- **Treppensteigen**, beim: borx. rat. ruta$_{h}$ stram.
- **wandernd**: acon. carbn-s. *Ferr.*$_{a1,k}$ kali-c.$_{k2}$ **Puls.** *Sulph.* tub.$_{gk}$
- **Warmwerden** im Bett; beim: rhus-v.$_{a1,k}$
- **Wetter**:
  - **Wetterwechsel**: **Ran-b.**
- **Zorn**, nach: arg-n. caust.
- **zuckend**: calc.$_{h}$

▽ **erstreckt** sich zu:
- **Arm**, linker: cact.$_{br1}$ spig.$_{k2}$ tarent.
- **außen**, nach: *Asaf.* bell. hyper.$_{c1}$ spig. thuj. valer.$_{c1}$
  - **zwischen** den Schulterblättern: calc.
- **durch** die Brust: cann-i.$_{c1}$
- **Hals**, zum inneren: anac. calc. ther.
- **Hals**; zum linken äußeren: spig.$_{k2}$ zinc.
- **innen**, nach: berb. borx.$_{k2}$
  - **Einatmen**, beim: tarax.
- **Leber**: *Calc-p.*
- **Magen**: caust. ox-ac.
- **oben**, nach: gamb. mang.$_{h}$ mur-ac. nat-c. stann. stront-c.

- **erstreckt** sich zu: ...
  - **quer** über die Brust: nat-m.$_{h}$ nit-ac.$_{h}$
  - **Rücken**: agar. ambr. *Anac. Apis Asaf.* bov. *Bry.* calc. *Canth.* carb-v. carbn-s.$_{k2}$ *Card-m.* caust. *Chel. Chen-a.* colch. *Corn. Crot-c.* crot-t. dulc.$_{a1,hr1}$ ferr. gamb. glon.$_{h}$ hep. *Kali-bi. Kali-c.* kali-n. kali-sil.$_{k2}$ lact. lyc. *Merc.* mez. nat-m. pall. *Phyt.* rhod. rhus-t. *Sep. Sil.* staph.$_{k2}$ sul-ac. **Sulph.** tab. til.$_{c1}$
    - **18** h: laur.
  - **Schulter**: alum.$_{h}$ bar-c. *Card-m. Sang.* spig.$_{k2}$ ther.
  - **Schulterblatt**: acon. *Bry. Ferr. Hep.* ox-ac. seneg. *Sulph.*
  - **Seite** zur anderen, von einer: gnaph.
  - **unten**, nach: alumn. berb. con.
    - **Unterbauch**: *Corn.*
  - **vorne**, nach: agar. ol-an.$_{bro1}$

○ **Achselhöhle**: agar.$_{a1,k}$ alum. ant-c.$_{h}$ arg-met.$_{h}$ arg-n. ars.$_{h}$ asaf.$_{a1,k}$ aur.$_{a1,k}$ aur-m-n.$_{a1,k}$ berb.$_{a1,k}$ brom.$_{a1,k}$ bry.$_{a1,k}$ calc. canth.$_{a1,k}$ *Caust.*$_{a1,k}$ con.$_{a1,k}$ elaps graph.$_{a1,k}$ kali-bi.$_{a1,k}$ kali-c.$_{a1,k}$ kalm.$_{a1,k}$ lact.$_{a1,k}$ laur.$_{a1,k}$ *Lyc.* mag-c.$_{a1,k}$ mang.$_{a1,k}$ mez.$_{a1,k}$ nat-m.$_{h}$ nat-s.$_{a1,k}$ olnd.$_{a1,k}$ petr.$_{h}$ phos.$_{a1,k}$ puls.$_{h}$ sil.$_{a1,k}$ spong.$_{h}$ stann.$_{h}$ staph.$_{a1,k}$ *Sulph.*$_{a1,k}$ thuj.$_{a1,k}$ verat.$_{a1,k}$ zinc.$_{a1,k}$
- **links**: calc.$_{h}$ cocc.$_{h}$
- **rechts**: arg-met.$_{h}$ *Crot-c.*$_{a1,k}$ laur. stann.$_{h}$
- **mittags**: bry.$_{a1,k}$
- **abends**: hura rat.$_{a1,k}$ stront-c. zinc.$_{a1,k}$
- **nachts**: petr.$_{h}$
- **Bewegung** agg.: stann.$_{h}$
  - **Armes**; bei Bewegung des: meny.$_{h}$
- **Gehen** im Freien; beim: ant-c.$_{h}$
- **Heben** einer Last; beim: sul-ac.$_{h}$
- **Heben** des Armes; beim: kali-c.$_{h}$ mag-c.$_{h}$
- **juckend**: stann.$_{h}$ staph.$_{h}$
- **Ruhe**, in der: aur-m-n.$_{a1,k}$
- **Sitzen**, beim: aur-m-n. chel.$_{a1,k}$ nat-s.$_{a1}$

▽ **erstreckt** sich zu:
- **Brust**: canth.$_{a1,k}$ caust.$_{h}$ cop.$_{a1,k}$ laur. mag-s.$_{a1,k}$ meny.$_{a1,k}$ zinc.$_{h}$
- **Mammae**: caust.$_{a1,k}$
- **Oberarm**: squil.$_{h}$
- **Schulter**: phos.$_{h}$

○ **Achseldrüsen**: hep.$_{k2}$ lyc.
- **Gegend** der: anac.$_{h}$ borx. brom. dros.$_{a1,k}$ gamb.$_{a1,k}$ olnd. spig.$_{h}$ tab.$_{a1,k}$ thuj.$_{a1,k}$
  - **links**: calc.$_{a1,k}$ dig.$_{a1,k}$ ruta sang.$_{a1,k}$ zinc.
  - **rechts**: borx. brom. carb-v. colch.$_{a1,k}$ nat-c.
  - **nachmittags**, 15 h: bell.
  - **Bewegung**, bei: mang.$_{a1,k}$
  - **Druck** amel.: dros.$_{a1,k}$
  - **Einatmen** agg.: ruta
  - **Gehen**, beim: nat-c.$_{a1,k}$
  - **Husten**, beim: dros.
  - **innen**, nach: thuj.$_{h}$
  - **intermittierend**: thuj.$_{a1,k}$
  - **Liegen** auf der schmerzhaften Seite: nat-c.$_{a1,k}$
  - **Reiben** amel.: anac.$_{h}$
  - **Sitzen**, beim: spong.

- **Achselhöhle**: ...
  - **unter** der Achselhöhle: kali-c.$_{h}$ mang.$_{h}$
- **Arm**, unter dem: canth.$_{a1,k}$ *Caust.*$_{a1,k}$ laur.$_{a1,k}$ mill.$_{a1}$
  - **links**: canth.$_{a1}$ euon.$_{a1,k}$ mill.$_{a1}$ petr.$_{a1,k}$
  - **rechts**: plb.$_{a1,k}$
  - **abends**: bell.$_{a1,k}$
  - **Stehen**, beim: plb.$_{a1,k}$
- **Brustbein**: acon.$_{a1,k}$ aesc. aeth. agar. alum. am-c.$_{a1,k}$ ang.$_{h}$ arg-met. *Arn.*$_{a1,k}$ **Ars.** ars-s-f.$_{k2}$ aur. aur-ar.$_{k2}$ aur-s.$_{k2}$ bamb-a.$_{stb2}$ bism. bov.$_{a1,k}$ *Bry.* cact. *Calc.* *Calc-p.* *Canth.* carb-an. carbn-s. **Caust.**$_{a1,k}$ cham. chel. *Con.*$_{a1,k}$ *Crot-c.* crot-h. cycl.$_{h}$ *Dulc.*$_{a1,k}$ ferr.$_{a1,k}$ gamb. graph. hep. hydr-ac. hydrog.$_{srj2}$ indg.$_{a1,k}$ inul.$_{br1}$ *Kali-bi.* *Kali-i.* kali-n. lact. laur.$_{a1,k}$ *Lyc.*$_{a1,k}$ mag-c.$_{a1,k}$ mag-m. *Manc.* mang. meny.$_{h}$ mur-ac.$_{h}$ nat-c.$_{h}$ *Nat-m.*$_{a1,k}$ nit-ac.$_{a1,k}$ *Olnd.*$_{a1,k}$ ox-ac.$_{k2}$ ph-ac. *Phos.* plb.$_{a1,k}$ puls.$_{a1,k}$ rheum *Rhus-t.*$_{a1,k}$ ruta$_{h}$ sars. *Seneg.* sil. spig.$_{h}$ squil. stann.$_{h}$ staph. stront-c. sul-ac. *Sulph.*$_{a1,k}$ tab.$_{a1,k}$ tarax.$_{a1,k}$ *Thuj.*$_{a1,k}$ vinc.$_{a1,k}$ viol-t. zinc.$_{a1,k}$
  - **tagsüber**: *Calc-p.* nux-v.
  - **morgens**: led. lyc. nat-m. sars. sulph.
  - **nachmittags**: lyc.$_{a1,k}$ nux-v.$_{a1,k}$ plb.$_{a1,k}$
    - **16** h: lyc.
  - **abends**: acon.$_{a1,k}$ bov.$_{a1,k}$ lyc. mag-c.$_{a1,k}$ sul-ac.$_{h}$
    - **Bett**, im: nat-c.$_{h}$ sul-ac. thuj.
    - **Einatmen**, beim: kali-c.
    - **Sitzen**, im: mag-c.
  - **nachts**, im Bett: ferr.$_{a1,k}$
  - **Anstrengung**, bei: *Caust.*$_{a1,k}$
  - **Atemzug**; bei jedem: *Manc.* *Nat-m.*
  - **Atmen** agg.; tiefes: borx.$_{h}$
  - **Atmen**, beim tiefen: arg-met.$_{h}$ arn. bamb-a.$_{stb2}$ bapt. *Bry.* caps. carb-v. **Caust.** chin. cina hep. lyc. *Manc.* *Nat-m.* psor. rumx. sil.
  - **Aufstoßen**, durch: kali-c.$_{h}$ mag-m.$_{h}$
  - **Ausatmen**, beim: caust.$_{h}$
  - **Berührung** agg.: sulph.$_{h}$
  - **Bewegung**, bei: carb-an.$_{a1,k}$ ruta
    - **amel.**: lyc. phos.$_{h}$
  - **Bücken**, beim: zinc.
  - **Einatmen**, beim: euph.$_{h}$ phos.$_{h}$ sil.$_{h}$
  - **Eintreten** in ein Zimmer aus dem Freien; beim: sul-ac.$_{h}$
  - **Essen**, beim: zinc.
  - **Gähnen**, beim: bell.$_{h}$
  - **Gehen**, beim: arn.$_{a1,k}$ cinnb. cocc.$_{c1}$ hep.$_{a1,k}$ mag-c. psor.
  - **Heben**, durch: **Caust.**$_{a1,k}$
  - **Husten**, beim: am-c. *Ars.*$_{a1,k}$ bell.$_{a1,k}$ **Bry.**$_{a1,k}$ con. petr. *Psor.* sil. sulph.$_{h}$
  - **juckend**: staph.$_{h}$
  - **Mittagessen**, nach dem: borx.$_{h}$ sil.$_{h}$
  - **Niesen** agg.: bry.
  - **Schlucken** von Flüssigkeiten; beim: kali-c.$_{h}$
  - **Sitzen**, beim: *Con.* dulc.$_{a1,h}$ euph.$_{h}$ *Indg.* kali-i.
    - **gebeugtem**, bei: *Rhus-t.*
  - **Sprechen**, beim: alum.
  - **Stehen**, beim: euph.$_{h}$ plb.$_{a1,k}$
- **Brustbein**: ...
  - **Steigen** auf einen Hügel; beim: ran-b. rat.$_{a1,k}$
  - **Trinken**, nach dem: chin.$_{h}$
  - ▽ **erstreckt** sich zu:
    - **Achselhöhle**: kali-n.
    - **Ellbogen**: thuj.
    - **Lumbalregion**: zinc.$_{h}$
    - **oben**, nach: *Ars.* carbn-s.
    - **Rücken**: chin.$_{h}$ *Con.* dulc.$_{h}$ **Kali-bi.** *Kali-i.* laur.
    - **Schulterblatt**; rechtes: phos.
    - **Schultern**: *Kali-i.* ox-ac.$_{k2}$
    - **unten**, nach: chel. squil.
  - ○ **entlang** der linken Seite: bamb-a.$_{stb2}$
  - **hinter** dem Brustbein: alum.$_{h}$ euphr.$_{h}$ mur-ac.$_{h}$ zinc.$_{h}$
  - **Schwertfortsatz**: stann.$_{h}$ sulph.$_{h}$
  - **Sternokostalgelenke**: chin.$_{h}$
- **Brustmuskel**, linker: ther.$_{kr1}$
- **Herz**: *Abrot.* *Acon.*$_{a1,k}$ aesc.$_{a1,k}$ agar.$_{a1,k}$ alumn. am-c.$_{a1,k}$ *Anac.*$_{a1,k}$ anan. ang.$_{c1}$ **Apis** *Arg-met.* *Arn.* ars-met. ars-s-f.$_{k2}$ asc-t.$_{a1,k}$ aur. aur-ar.$_{k2}$ aur-m.$_{a1,k}$ aur-s.$_{k2}$ bamb-a.$_{stb2}$ bell.$_{a1,k}$ berb.$_{a1,k}$ brach. **Bry.**$_{a1,k}$ bufo *Cact.*$_{a1,k}$ *Calc.*$_{a1,k}$ calc-ar. *Calc-p.*$_{a1,k}$ camph.$_{a1,k}$ cann-i.$_{a1,k}$ *Canth.*$_{a1,k}$ caps.$_{a1,k}$ carb-ac.$_{a1,k}$ carb-v.$_{a1,k}$ carbn-s. card-m. **Caust.** cench.$_{k2}$ *Cham.*$_{a1,k}$ *Chel.*$_{a1,k}$ chin. chinin-ar. *Cimic.*$_{a1,k}$ *Clem.* coc-c.$_{a1,k}$ *Colch.*$_{a1,k}$ *Coloc.* crot-t.$_{a1,k}$ *Cupr.* *Cycl.* daph. dig.$_{br1,k}$ digin.$_{a1}$ dios.$_{a1,k}$ euphr.$_{a1,k}$ gels.$_{a1,k}$ *Glon.*$_{a1,k}$ graph.$_{h}$ *Ham.*$_{a1,k}$ helo. *Hep.*$_{a1,k}$ *Hydr.*$_{a1,k}$ hyos.$_{a1,k}$ iber.$_{a1,k}$ ign.$_{a1,k}$ iodof.$_{a1,k}$ jac-c.$_{a1,k}$ kali-bi.$_{a1,k}$ *Kali-c.*$_{a1,k}$ kali-cy.$_{a1}$ *Kali-i.* kali-m.$_{k2}$ kali-n.$_{a1,k}$ kali-p. kali-s. **Kalm.** *Kreos.*$_{a1,k}$ **Lach.** lachn. *Laur.* lepi.$_{br1}$ lith-c. *Lyc.*$_{a1,k}$ lycps-v. *Lyss.* mag-c.$_{a1,k}$ **Mag-m.**$_{a1,k}$ manc.$_{a1,k}$ med. meny.$_{a1,k}$ merc-i-f.$_{a1,k}$ merc-i-r.$_{a1,k}$ *Mur-ac.*$_{a1,k}$ myric.$_{a1,k}$ **Naja** nat-c.$_{h}$ nat-m.$_{a1,k}$ nit-ac. opun-v.$_{a1}$ ox-ac.$_{a1,k}$ paeon. par.$_{a1,k}$ **Petr.**$_{a1,k}$ ph-ac.$_{a1,k}$ phos. plat.$_{a1,k}$ plb. plumbg.$_{a1}$ podo.$_{c1}$ **Psor.** *Puls.* *Ran-b.* *Ran-s.*$_{a1,k}$ *Rhus-t.* rhus-v.$_{a1,k}$ sabin. sang. scut.$_{c1}$ sep.$_{a1,k}$ sin-n.$_{a1,k}$ sphing.$_{a1,kk3}$ **Spig.**$_{a1,k,}$• **Spong.** **Staph.** sul-ac.$_{a1,k}$ **Sulph.**$_{a1,k}$ tarent.$_{a1,k}$ thuj.$_{a1,k}$ trom. valer. verb.$_{a1,k}$ viol-t. vip.$_{a1,k}$ *Zinc.*$_{a1,k}$ zinc-p.$_{k2}$
  - **morgens**:
    - **Aufstehen**, nach dem: nux-v.$_{a1,k}$ zinc.$_{h}$
    - **Erwachen**, nach dem: mez.$_{a1,k}$
  - **vormittags**: acon.$_{a1,k}$ bamb-a.$_{stb2}$
  - **mittags**: verat-v.$_{a1,k}$
  - **nachmittags**: bamb-a.$_{stb2}$ sep.$_{a1,k}$
  - **abends**: bamb-a.$_{stb2}$ cench.$_{k2}$ dios.$_{a1,k}$ gink-b.$_{sbd1}$ lyss. mur-ac.$_{h}$ nat-c.$_{a1,k}$ rhus-t. verb.$_{a1,k}$
    - **Einschlafen**, beim: mez.$_{a1,k}$
  - **nachts**: aur-m. cench.$_{k2}$ gink-b.$_{sbd1}$ iber.$_{c1}$ mag-m.$_{h}$ *Mez.* nit-ac.$_{a1,k}$ *Sulph.*
  - **Abwischen** der Arme agg.: apis$_{bg1}$
  - **Atmen**, beim: anac.$_{a1,k}$ *Calc.* mag-m. *Spig.* *Staph.*
  - **Aufrichten** fällt schwer: mur-ac.$_{h}$
  - **Ausatmen**, beim: crot-t.$_{a1,k}$ ign.$_{a1,k}$ zinc.$_{h}$

- **Herz**: ...
  - **Beugen**, beim:
    - **vorne** im Sitzen; nach: viol-t.
    - **Zusammenkrümmen**, beim: anac.bg1
  - **Bewegung** agg.: aur-m.a1,k cham. con.h med.k2 *Ran-b.* **Spig.** *Sulph.*a1,k
  - **brennend**: anan. *Mur-ac.*
  - **Bücken**, beim: glon.a1,k
  - **Druck** mit der Hand amel.: aur-m. *Puls.*
  - **Einatmen**, beim: aesc. anac. *Calc-p. Chel.* crot-t. laur. mag-m.h nat-c.h plb.
    - **tiefen**, beim:
      - **agg**.: *Acon.* aesc. agar. aur-m. *Calc.* con.h mez. *Mur-ac. Ran-b. Sulph.*
      - **amel**.: cann-i.
  - **Erwachen**, beim: fago.a1,k
  - **Essen**, nach dem: aspar.a1,k
  - **Gefühllosigkeit** und Lahmheit des linken Armes: *Rhus-t.*
  - **Gehen**, beim: acon.a1,k *Kali-i.*a1,k *Lyss.*hr1,k nat-m.a1,k
    - **amel**.: puls. rhus-t.
    - **Freien**, im: nat-m.
  - **Husten**, durch: agar. mez.a1,k nat-m.
  - **Läuten** einer Kirchenglocke; beim: lyss.hr1,k
  - **Lesen**, beim laut: *Calc.* nat-m.a1,k
  - **Liegen**, beim: rumx. verb.
    - **amel**.: *Psor.*
    - **linken** Seite, auf der: camph. kali-c.h lyc.
    - **nur** auf der rechten Seite liegen; kann: **Spig.**
      - **Kopf**; mit hoch gelagertem: **Spig.**
    - **Rücken**, auf dem: *Sulph.*
  - **Menses**, während: *Con.*
  - **Niesen**, beim: mez.a1,k
  - **Ohnmacht**, mit: arn.
  - **periodisch**: *Spig.*
  - **Reiben** amel.: mur-ac.h
  - **Schlaf**, im: aur-m.
  - **Sitzen**, im: rhus-t.
  - **Sprechen**, beim: carb-an.h
  - **Stehen**; im: carc.tp1
  - **synchron** mit dem Herzschlag ●: dig. digin.a1 *Rhus-t.*a1,k **Spig.**a1,k zinc.
  - **Trinken**, nach dem: chin.a1,k
  - ▽ **erstreckt** sich zu:
    - **Achselhöhle**: mur-ac.h
    - **innen** nach außen; von: clem.
    - **Lunge**, rechte untere: alumn.
    - **Magen**: lyc.
    - **Rücken**: agar. am-c. *Anac. Glon. Kali-c.* mur-ac.h
    - **Schulterblatt**, linkes: agar. *Kali-c. Kalm.* paeon. rumx. **Sulph.**
- **hinterer** Teil: arg-met. asaf. borx. bov. bry. canth. castm. chin. fl-ac.a1,k kali-n. mang. nicc. rhus-t. sabin.a1,k stront-c. tarax. tub.gk verat.
  - **Einatmen**; beim tiefen: sabin. tub.gk
- **Mammae**: aeth.a1,k alum.a1,k am-c. ambr.a1,k anan. **Apis** arg-n.a1,k bar-c.a1,k bar-i.k2 bell. berb.a1,k *Borx.* bov. brom. *Bry. Calc.*a1,k calc-i.k2 calc-sil.k2 **Carb-an.** cimic.a1,k clem.a1 **Con.**a1,k

- **Mammae**: ...
  cycl.a1,k ferr.a1 graph. grat.a1,k hep.k2 huracl indg.a1,k iod. kali-bi.a1,k *Kali-c.*a1,k kali-i. *Kali-p.* kali-sil.k2 kreos.a1,k *Lach.* lap-a. laur.a1,k *Lyc.* mez. murx.a1,k nat-c.h2 *Nat-m.* ol-an.a1,k olnd. *Phel.*a1,k *Phos.*a1,k *Phyt.* plat. plb.a1,k psor.a1,k *Puls.* rheum sabin. sang.a1,k *Sec. Sep.*a1,k **Sil.**a1,k spong. stry. zinc.a1,k
  - **links**: borx. kali-n. *Lach.* lil-t.
    - **gestillt** wird; wenn das Kind an der rechten Mamma: borx.
  - **rechts**: act-sp.bg1 cench.k2 choc.srj3 grat.a1,k pall.br1 **Phel.** sang. sep.h stry.
    - **dann** links: choc.srj3
  - **morgens**: plb.a1,k sang.a1,k zinc.a1,k
  - **nachts**: *Con.* graph.
    - **Erwachen**, beim: graph.
  - ◆ **begleitet** von:
    - **Brustkrebs**
      - ☞ *Krebs - Mammae - begleitet von - Schmerz - stechende*
  - **Abkühlung**, bei: sep.h
  - **Aufstehen**; beim: grat.k2
  - **Druck** amel.: *Con.*
  - **Einatmen**, beim: con. pall.
  - **Husten**, beim: borx. con.
  - **Menses**:
    - **während**: berb. con.h grat.
      - **Bücken**, beim: grat.pd
    - **nach**: *Lach.*
  - **Laktation**; bei: *Kali-c.*
  - **Stillen**:
    - **beim**: *Calc.* **Sil.**
    - **nach**: sabalcl
  - ▽ **erstreckt** sich zu:
    - **außen**; nach: mez.h ol-an.
      - **links**: gels.a1
    - **Rücken**: **Phel.** stry.
    - **unten**; von der linken Brustwarze nach: *Asc-t.*
  - ○ **Brustwarze**: agar.a1,k am-c. *Asaf.* asc-t.c1 aur-s.k2 bapt. *Berb.* bism. *Borx.* calc.h *Camph.*a1,k cann-i.a1,k castor-eq. cham.a1,k chel.a1,k coc-c.a1,k cocc.h *Con.*a1,k ign.a1,k *Kali-bi.*a1,k lach.a1,k *Lyc.*a1,k mag-m. mang.a1,k *Mur-ac.*a1,k ran-b.a1,k *Rheum* sabin.a1,k sang. *Sil.* *Sulph.*a1,k ter.a1,k verb. zinc.
    - **links**: *Asc-t.* bapt. berb. form. ran-b. rhus-t. sabin.a1,k *Sil.*
      - ▽ **erstreckt** sich zu:
        - **Schulterblatt**: rhus-t.
        - **unten**, nach: asc-t.bro1,k13
    - **rechts**: *Borx.* chel. con. grat. hydrog.srj2 mag-m. sang. zinc.
      - ▽ **erstreckt** sich zu:
        - **Armes**; Innenseite des rechten: helo.c1
        - **links**: card-m.
    - **morgens**: ran-b.a1,k rhus-t.a1,k
    - **außen**, nach: *Asaf.*
    - **Einatmen**, beim: con. ign.a1,k par.a1,k verb.
    - **Gehen**, beim: con.
    - **juckend**: mang.h

- **Mammae - Brustwarze**: ...
  - **Menses**, nach den: thuj.
  - **Sitzen**, im: nat-s.$_{a1,k}$
  - ○ **Gegend** der: bism.$_{h}$ borx. caust.$_{h}$ chin.$_{h}$ spig.$_{h}$ verat.$_{h}$
    - **rechts**: pall.$_{br1,c1}$
    - **Jucken**, endet in: verat.$_{h}$
    - **Sitzen**, bei aufrechtem:
      - **amel.**: spig.$_{h}$
    - ▽ **erstreckt** sich zu:
      - **Nabel**: caust.$_{h}$
      - **Rücken**: *Kali-i.*
  - **unter** der: agar.$_{h}$ mur-ac.$_{h}$
- **Gegend** der: grat.$_{a1,k}$ sil.$_{a1,k}$
  - **links**: grat.$_{a1,k}$ sil.$_{a1,k}$
- **unter** den: am-m. brom. canth.$_{a1,k}$ hyper.$_{a1,k}$ kali-n.$_{a1,k}$ kalm.$_{a1,k}$ lach.$_{a1,k}$ mag-c.$_{a1,k}$ murx. nat-c.$_{a1,k}$ ol-an.$_{a1,k}$ *Phel.* phos.$_{a1,k}$ plb.$_{a1,k}$ zinc.$_{a1,k}$
  - **links**: am-c.$_{a1,k}$ ant-c.$_{c1}$ arund.$_{a1,k}$ berb.$_{a1,k}$ bry. carb-v. *Caust.* *Kali-c.* kali-n.$_{h}$ laur.$_{a1,k}$ mag-c.$_{a1,k}$ mez.$_{a1,k}$ mur-ac. nat-c.$_{h2}$ nicc. phel. zinc.
    - **Menses**, während: caust.$_{h}$
    - **Reiben** amel.: caust.$_{h}$
    - ▽ **erstreckt** sich zu:
      - **Brustbein**: mag-c.$_{h}$
      - **oben**, nach: kali-c. stann.
  - **rechts**: aloe bruc. carb-an.$_{h}$ castm. chel.$_{a1,k}$ gamb.$_{a1,k}$ *Kali-bi.* lachn.$_{c1}$ mag-m.$_{a1,k}$ nicc.$_{a1,k}$ *Phel.* plb.$_{a1,k}$ ptel.$_{c1}$ sulph.
    - **Husten**: sulph.$_{h}$
    - **Menses**, während: am-m.
    - ▽ **erstreckt** sich zu:
      - **Rücken**: *Kali-bi.*
      - **Schulter**: mag-c.$_{h}$
      - **Schulterblatt**: plb.
      - **unten**, nach: mag-c.
  - **morgens**: plb.$_{a1,k}$
    - **Aufstehen**, nach dem:
      - **amel.**: plb.
    - **Bett**, im: plb.
  - **nachmittags**: kali-c.
    - **13 h**:
      - **Gähnen**, beim: mag-c.
    - **14 h**:
      - **Ausatmen**, beim: sil.
    - **Gehen** amel.: carb-an.
    - **Heben**, nach: kali-c.$_{a1,k}$
    - **Sitzen**, im: mag-c.$_{a1,k}$
  - **nachts**: nit-ac.$_{a1,h}$
  - **Aufstehen** vom Sitzen, beim: phos.$_{a1,k}$
  - **Einatmen**, beim: bry. mag-c.
  - **Gähnen**, beim: mag-c.$_{a1,k}$
  - **Gehen**, beim: kali-n.$_{a1,k}$
  - **Husten**, beim: sulph.$_{a1,k}$
  - **Menses**, während: am-m. caust.$_{a1,k}$
  - **Sitzen**, beim: carb-an.$_{a1,k}$
    - **gebeugtem**, bei: am-m.$_{a1,k}$
- **zwischen**: ph-ac.$_{h}$
- **Mitte** der Brust: agar.$_{a1,k}$ alum.$_{a1,k}$ *Am-m.*$_{a1,k}$ ant-c.$_{h}$ benz-ac.$_{a1,k}$ bov.$_{a1,k}$ grat.$_{a1,k}$ hyper.$_{a1,k}$

- **Mitte** der Brust: ...
  indg. iod. *Kali-i.*$_{a1,k}$ kali-n.$_{a1,k}$ *Kreos.* *Lyc.* mag-c. nat-m.$_{a1,k}$ nux-v.$_{a1,k}$ olnd.$_{a1,k}$ ox-ac. pall.$_{a1,k}$ phos. ran-b.$_{k2}$ rumx. sars.$_{a1,k}$ seneg.$_{a1,k}$ tub.$_{gk}$ zinc.$_{a1,k}$
  - **nachmittags**: crot-t.$_{a1,k}$ mag-c.$_{h}$
  - **Ausatmen**, beim: cham.$_{a1,k}$
  - **Beugen** des Körpers nach vorne: pall.$_{a1,k}$
  - **Bewegen** agg.: nux-v.$_{a1,k}$ tub.$_{gk}$
  - **Bücken**, beim: zinc.
  - **Einatmen**:
    - **amel.**: seneg.$_{a1,k}$
    - **beim**: *Alum.*$_{a1,k}$ *Kreos.* tub.$_{gk}$ zinc.$_{a1,k}$
    - **nach**: zinc.$_{h}$
  - **Gehen**, beim: kali-i.$_{a1,k}$ kali-n.
    - **amel.**: kali-i. tub.$_{gk}$
  - **Menses**, während: kali-n.
  - **Mittagessen**, nach dem: kali-n.$_{a1,k}$
  - **Sitzen**, im: indg. pall.$_{a1,k}$
  - **Steigen**, beim: graph.$_{a1,k}$
  - **Strecken** des Körpers; beim: eupi.$_{a1,k}$
  - ▽ **erstreckt** sich zu:
    - **Rücken**: ox-ac.
    - **Seite**, rechte: cham.$_{h}$
- **Rippen**: kali-c.$_{h}$ led.$_{h}$ nat-c.$_{h}$ sars.$_{h}$ stann.$_{h}$
  - **links**: mur-ac.$_{h}$
  - **rechts**: mur-ac.$_{h}$ staph.$_{h}$
  - ▽ **erstreckt** sich zum Brustbein: nat-c.$_{h}$
  - ○ **falsche** Rippen:
    - **links**: meny.$_{h}$
      - **rechts**, nach: mur-ac.$_{h}$
    - **rechts**: alum.$_{h}$
  - **untere** Rippen: anac.$_{h}$ bamb-a.$_{stb2}$ bism.$_{h}$ chin. hep. kali-i. mag-m. nat-c. rhus-t.$_{a1,h}$ squil.$_{h}$ sulph.
    - **links**: *Agar.* anac.$_{h}$ canth. mur-ac.$_{h}$ *Ran-b.* sang. sil.$_{h}$ tarax. zinc.$_{h}$
    - **rechts**: aesc. agar. bamb-a.$_{stb2}$ calc. choc.$_{srj3}$ kali-c. kali-n.$_{h}$ mang.$_{h}$ merl. verat. zinc.$_{h}$
    - **morgens**: bov.
    - **nachmittags**: canth. stram.
    - **abends**: mag-m. zinc.$_{h}$
    - **nachts**:
      - **Einatmen**, beim: sil.
    - **Drehen**, beim: plb.
    - **Einatmen**, beim: chin.$_{h}$
    - **Gehen**, beim: merc.
    - **Husten**, beim: bry. kali-n.$_{h}$
    - **Lachen**, beim: kali-n.
    - **Niesen**, beim: castm.
    - **Sitzen**, im: agar. mag-c.
    - **Wellen**; in: bamb-a.$_{stb2}$
  - **zwischen** den: coc-c. kreos. mag-m.$_{h,k}$ *Mez.* *Ran-b.* spig.$_{k2}$
    - **rechts** dann links: coc-c.
- **Rippenknorpel**: bell. psil.$_{ft1}$ staph.$_{h}$
  - ○ **kurzen** Rippen nahe dem Brustbein; der: cina plat. sul-ac.
  - **untere** Rippen:
    - **Bücken**, beim: staph.$_{h}$
  - **vierte** Rippe: psil.$_{ft1}$
  - **zwischen** den: staph.$_{h}$

- **Schlüsselbein**: alumn. am-m.$_{a1,k}$ berb.$_{a1,k}$ bry.$_{a1,k}$ chel.$_{a1,k}$ guaj.$_{h}$ kali-n.$_{h}$ lachn.$_{a1,k}$ lyc.$_{a1,k}$ mez.$_{a1,k}$ nat-m.$_{a1,k}$ ol-an.$_{a1,k}$ paeon. pall. phos.$_{h}$ puls.$_{ptk1}$ sabin.$_{a1,k}$ stann.$_{a1,k}$ tarax.$_{h}$ zinc.
  - **Atmen**, beim: squil.$_{h}$
  - **Bewegen** des Kopfes; beim: am-m.$_{a1,k}$
  - **Einatmen**, beim: alumn.
  - **Gehen**, beim: paeon.
  - **intermittierend**: sabin.$_{a1,k}$
  - **pulsierend**: berb.$_{a1,k}$
  - **reißend**: am-m.$_{a1,k}$
  - **zuckend**: chel.$_{a1,k}$
- ○ **Gegend** des Schlüsselbeines: berb.$_{a1,k}$ mang.$_{a1,k}$
  - **links**: mang.$_{a1,k}$ meny.$_{a1,k}$ spig.$_{a1,k}$
  - ▽ **erstreckt** sich zu:
    - **unten** zum Brustbein; nach: coc.
  - **rechts**: berb.$_{a1,k}$ caust.$_{a1,k}$
  - **unter** dem: *Ail.* ant-c.$_{h}$ arund.$_{a1,k}$ aur-s.$_{a1,k}$ chel.$_{a1,k}$ cina *Dulc.*$_{a1,k}$ lachn.$_{c1}$ sang. spig.$_{a1,k}$
    - **links**: chel. colch.$_{a1,k}$ kali-c.$_{h}$ mez.$_{a1,k}$ *Myrt-c.* *Sulph.* *Ther.* tub.$_{c1}$
    - **rechts**: alumn. **Ars.** bell. *Dulc.*$_{a1,k}$ kali-c.$_{a1,k}$ *Lyc.* nat-m.$_{a1,k}$
    - **morgens**: nat-m.$_{a1,k}$
      - **4** h: nat-m.
    - **mittags**: coca
    - **abends**: kali-c.$_{h}$
    - **Bewegung**, bei: lyc.$_{a1,k}$
    - **Druck** agg.: cina
    - **Einatmen**, beim: lyc.$_{a1,k}$
    - **Gehen**, beim: bell.$_{a1,k}$
    - **Husten**, beim: lyc.$_{a1,k}$
    - **juckend**: spig.$_{h}$
    - **Pulsieren**, mit: lyc.$_{a1,k}$
    - ▽ **erstreckt** sich zu:
      - **Brustbein**: *Ail.*
      - **Ellbogen**: kali-n.$_{h}$
      - **oben**, nach: nat-m.
      - **Schulterblatt**: **Sulph.** ther.
      - **tief** hinein: mez.
- **Seiten**: *Acon.*$_{a1,k}$ aesc.$_{a1,k}$ agar.$_{a1,k,\bullet}$ *Alum.*$_{a1,k}$ *Am-c.*$_{a1,k}$ *Am-m.*$_{a1,k}$ ang.$_{a1,k}$ *Apis* *Arg-met.* arg-n. *Arn.* *Ars.* asaf. aur.$_{a1,k}$ aur-ar.$_{k2}$ aur-s.$_{k2}$ *Bad.*$_{a1,k}$ *Bar-c.*$_{a1,k}$ bell.$_{a1,k}$ *Borx.* **Bry.**$_{a1,k}$ calad.$_{a1,k}$ *Calc.*$_{a1,k}$ calc-sil.$_{k2}$ cann-s.$_{k2}$ *Canth.*$_{a1,k}$ **Card-m.** **Caust.** cedr. *Cham.*$_{a1,k}$ *Chel.*$_{a1,k}$ *Chin.*$_{a1,k}$ clem.$_{a1,k}$ cocc. *Coloc.*$_{a1,k}$ *Con.*$_{a1,k}$ croc.$_{a1,k}$ crot-c.$_{a1}$ *Cupr.*$_{a1,k}$ dig.$_{h}$ *Dulc.*$_{a1,k}$ elaps ferr-p. fl-ac.$_{a1,k}$ gamb. gran.$_{a1,k}$ graph.$_{a1,k}$ *Guaj.* *Hyos.* ign.$_{a1,k}$ indg. *Kali-bi.*$_{a1,k}$ **Kali-c.**$_{a1,k}$ *Kali-i.*$_{a1,k}$ kali-n.$_{a1,k}$ *Kali-p.* *Kalm.* *Lach.*$_{a1,k}$ lachn.$_{a1,k}$ laur.$_{a1,k}$ lil-t.$_{a1,k}$ lyc.$_{a1,k}$ mang.$_{h}$ med. *Meny.*$_{a1,k}$ *Mosch.* nat-c.$_{a1,k}$ **Nat-m.**$_{a1,k}$ nat-p. *Nat-s.*$_{a1,k}$ nicc.$_{a1,k}$ nit-ac.$_{h}$ nux-v. ol-an.$_{a1,k}$ op. par. petr. ph-ac. *Phos.*$_{a1,k}$ pic-ac.$_{a1,k}$ plat.$_{a1,k}$ *Plb.*$_{a1,k}$ *Puls.*$_{a1,k}$ **Ran-b.**$_{a1,k}$ rhus-t.$_{a1,k}$ rumx. samb. sars.$_{a1,k}$ *Sel.* *Sep.*$_{a1,k}$ sil.$_{a1,k}$ sphing.$_{a1}$ spig.$_{a1,k}$ *Spong.*$_{a1,k}$ **Squil.** stann.$_{a1,k}$ staph.$_{a1,k}$ sul-ac.$_{a1,k}$ *Sulph.*$_{a1,k}$ sumb. *Tab.*$_{a1,k}$ *Tarax.*$_{a1,k}$ thuj.$_{a1,k}$ tub.$_{gk}$ verat.$_{a1,k}$ verb.$_{h}$ *Zinc.*$_{a1,k}$ zinc-p.$_{k2}$
- **Seiten**: ...
  - **links**: *Aesc.* aeth. agar. all-c. aloe *Alum.*$_{a1,k}$ alumn. *Am-c.* am-m.$_{a1,k}$ anac.$_{h}$ ant-c.$_{a1,k}$ ant-t.$_{a1,k}$ *Apis* *Arn.*$_{k,k2}$ *Ars.* bad.$_{a1,k}$ bamb-a.$_{stb2}$ bar-c.$_{a1,k}$ berb.$_{a1,k}$ borx. bov.$_{a1,k}$ calad. *Calc.*$_{a1,k}$ *Calc-p.*$_{a1,k}$ camph.$_{a1,k}$ caps. carbn-s.$_{k2}$ *Carl.*$_{a1,k}$ *Caust.*$_{a1,k}$ chel.$_{a1,k}$ *Chin.*$_{a1,k}$ *Chinin-s.* choc.$_{srj3}$ cic.$_{h}$ *Cina* clem.$_{a1,k}$ *Coloc.*$_{a1,k}$ *Croc.* *Crot-c.*$_{a1,k}$ crot-h. *Crot-t.*$_{a1,k}$ cupr.$_{a1,k}$ cycl.$_{a1,k}$ dig.$_{h}$ *Dulc.*$_{a1,k}$ echi. elaps *Euph.*$_{a1,k}$ eupi.$_{a1,k}$ fl-ac.$_{a1,k}$ graph.$_{a1,k}$ guaj. hell.$_{a1,k}$ *Hep.* hipp.$_{a1,k}$ hura hydr. hyper.$_{a1,k}$ *Ign.* kali-ar. *Kali-c.* *Kali-n.* *Lach.* lachn. lact. *Lyc.*$_{a1,k}$ lyss. *Mag-c.* mag-m.$_{a1,k}$ *Mang.* *Merc.*$_{a1,k}$ *Mez.*$_{a1,k}$ mur-ac.$_{a1,k}$ *Naja* nat-c.$_{a1}$ *Nat-m.* nat-p. *Nat-s.*$_{a1,k}$ *Nicc.*$_{a1,k}$ nit-ac.$_{h}$ olnd. *Ox-ac.*$_{a1,k}$ ph-ac. **Phos.** plan. *Plat.* plb.$_{a1,k}$ psor.$_{a1,k}$ *Ran-b.* *Ran-s.*$_{a1,k}$ rat. **Rumx.** ruta sabad.$_{a1,k}$ sabin.$_{a1,k}$ sang.$_{a1,k}$ sars.$_{a1,k}$ **Seneg.**$_{a1,k}$ *Sep.*$_{a1,k}$ sil.$_{h}$ sphing.$_{a1}$ *Spig.* spong. **Stann.**$_{a1,k}$ staph.$_{a1,k}$ *Sul-ac.*$_{a1,k}$ **Sulph.**$_{a1,k}$ tarax.$_{a1,k}$ tarent.$_{a1,k}$ *Ther.* *Thuj.*$_{a1,k}$ trom. tub.$_{gk}$ *Ust.* valer. *Zinc.*$_{a1,k}$ zinc-p.$_{k2}$ zing.
    - **abends**: kali-n.$_{h}$ mur-ac.$_{h}$ nat-m.$_{h}$ nit-ac.$_{h}$ sul-ac.$_{h}$ zinc.$_{h}$
    - **Aufstehen**; beim: bamb-a.$_{stb2}$
    - **Ausatmen**; beim: nat-c.$_{a1}$
    - **Beugen**; beim:
      - **links**; nach: calc.$_{h}$
      - **vorne** amel.; nach: bamb-a.$_{stb2}$
    - **Bewegung**, bei: calc.$_{h}$ *Sulph.* tub.$_{gk}$
      - **Armes**, des: zinc.$_{h}$
    - **Bücken**, beim: stann.$_{h}$
    - **Einatmen**, beim: bamb-a.$_{stb2}$ calc.$_{h}$ calc-p.$_{k,sp1}$ kali-n.$_{h}$ lyc.$_{h}$ mag-c. nat-c.$_{a1}$ nit-ac.$_{h}$ ph-ac.$_{h}$ ruta$_{a1}$ sul-ac.$_{h}$ **Sulph.** tub.$_{gk}$
    - **Frost**; während: sil.$_{h}$
    - **Gehen**, beim: sul-ac.$_{h}$
    - **Husten**, beim: agar. bell.$_{h}$ caust.$_{h}$ crot-h. iod. kali-c. nit-ac.$_{h}$ sep.$_{h}$ sul-ac.$_{h}$ tub.$_{gk}$
    - **Liegen**, beim:
      - **Bett**, im: nit-ac.$_{h}$
      - **linken** Seite, auf der:
        - **agg.**: am-c. camph. kali-c.$_{h}$ *Lyc.* *Phos.* *Rumx.* sil.$_{h}$ *Stann.* tub.$_{gk}$
      - **rechten** Seite, auf der:
        - **amel.**: **Phos.**
      - **Rücken**, auf dem: *Sulph.*
    - **plötzlich**: bamb-a.$_{stb2}$
    - **pulsierend**: anac.$_{h}$ verat.$_{h}$
    - **Sitzen**, bei gebeugtem: arg-met.$_{h}$
    - **Stehen**, beim: mag-c.$_{h}$
    - **Tragen** einer Last; beim: kali-n.$_{h}$
    - ▽ **erstreckt** sich zu:
      - **Abdomen**: tub.$_{gk}$
      - **Hals**, zum inneren: calc.
      - **Hüfte**: cupr.
      - **Leiste**: fl-ac.
      - **links**: asc-t.$_{k13}$
      - **oben**, nach: bar-c.
      - **rechts**: aesc. arn.$_{k2}$ asc-t.$_{c1}$ calc.$_{h}$ *Caust.* *Kreos.* nat-c. rumx.
        - **Einatmen**, beim: *Bry.*

- **Seiten - links - erstreckt** sich zu: ...
  - **Rücken**: am-c.$_{h}$ lyc.$_{h}$ sul-ac.$_{h}$ **Sulph.** *Ther.*
  - **Schulter**: asc-t. calc-p. mag-c. nat-m. sang.
  - **Schulterblatt**: caust. *Lact.* mag-c.$_{h}$ *Nat-m.* **Sulph.**
- ○ **oben**: sul-ac.$_{h}$ tub.$_{gk}$
  - **Bewegung**; bei: tub.$_{gk}$
  - **Druck**:
    - **amel.**: tub.$_{gk}$
  - **Einatmen**; beim: tub.$_{gk}$
  - **Gehen** amel.: tub.$_{gk}$
  - **Heben** des Armes; beim: tub.$_{gk}$
  - **Husten**; beim: tub.$_{gk}$
  - **Liegen**; im: tub.$_{gk}$
  - **Sitzen**, bei gebeugtem: kali-i.
  - **Sprechen**; beim: tub.$_{gk}$
  - ▽ **erstreckt** sich zu:
    - **Schultern**: tub.$_{gk}$
- **rechts**: abrot.$_{al,k}$ *Agar.*$_{al,k}$ **Am-c.**$_{al,k}$ am-m.$_{al,k}$ ambr. apis apoc. *Arg-met.* **Ars.** arum-t. *Asar.* aspar. *Bell.* benz-ac.$_{al,k}$ **Borx.** *Brom.* **Bry.**$_{al,k}$ bufo cain. calad.$_{al,k}$ calc.$_{al,k}$ *Canth.*$_{al,k}$ *Carb-v.* card-m. cench.$_{k2}$ cham.$_{al,k}$ **Chel.**$_{al,k}$ *Chen-a.* *Chin.* chinin-s. choc.$_{srj3}$ cimic. coc-c.$_{al,k}$ *Colch.*$_{al,k}$ cop.$_{al,k}$ croc.$_{al,k}$ dig.$_{h}$ dulc.$_{hr1}$ equis-h. euon. euph.$_{al,k}$ ferr.$_{al,k}$ ferr-p. form.$_{al,k}$ kali-bi. **Kali-c.** *Kali-i.* kali-n.$_{h}$ *Lyc.*$_{al,k}$ mag-m. manc. mang.$_{al,k}$ meny.$_{al,k}$ merc.$_{al,k}$ *Merc-c.* merc-i-f.$_{al,k}$ *Mez.*$_{al,k}$ mur-ac.$_{h}$ murx. naja nat-c.$_{al,k}$ *Nat-m.*$_{al,k}$ nat-s.$_{al,k}$ *Nit-ac.*$_{al,k}$ pall. ph-ac.$_{h}$ phyt. plat.$_{h}$ *Ran-b.* ran-s. sang.$_{al,k}$ *Sars.*$_{al,k}$ *Sep.*$_{al,k}$ *Sil.*$_{al,k}$ spong.$_{al,k}$ squil.$_{k2}$ *Staph.*$_{al,k}$ sul-ac.$_{h}$ *Sulph.* tab.$_{al,k}$ tep.$_{al,k}$ valer.$_{k2}$ verat.$_{al,k}$ verat-v. xan.$_{c1}$ *Zinc.*$_{al,k}$ zing.$_{al,k}$
  - **nachts**: nit-ac.$_{h}$
  - ◇ **abwechselnd** mit:
    - **Abdomen**; Stechen im rechten: zinc.$_{h}$
  - **Atmen**:
    - **beim**: aesc. ambr. ars.$_{h}$ **Borx.** **Bry.** calc. chinin-s. *Cimic.* *Mez.* psor.
    - **tiefes** Atmen amel.: tarax.
  - **Beugen** des Körpers; beim:
    - **links**, nach: petr.$_{h}$
    - **rechts**, nach: staph.$_{h}$
  - **Bücken**, beim: **Am-c.**
  - **Drehen** des Körpers nach rechts; beim: zinc.$_{h}$
  - **Druck** amel.: *Borx.* graph.$_{h}$ nat-m.$_{h}$
    - **agg.**: sul-ac.$_{h}$
  - **Einatmen**, beim: arg-met.$_{h}$ carb-v.$_{h}$ graph.$_{h}$ nit-ac.$_{h}$ plat.$_{h}$ sep.$_{h}$ sil.$_{h}$
  - **Gehen**, beim: am-c.$_{h}$ nat-m.$_{h}$ sep.$_{h}$
  - **Heben** der Arme; beim: borx. nicc.$_{al}$
  - **Husten**, beim: **Borx.** cann-s. chel. sep.$_{h}$ ziz.
  - **Liegen**, beim:
    - **Rücken**, auf dem: *Sulph.*
    - **Seite**, auf der:
      - **linken** Seite; auf der: calad. cench.$_{k2}$
      - **rechten** Seite; auf der: *Acon.* *Borx.* graph.$_{h}$ *Kali-c.* kali-n.$_{h}$
    - **tief** liegendem Kopf; mit: kali-n.$_{h}$
  - **Mittagessen**, nach dem: zinc.$_{h}$
- **Seiten - rechts**: ...
  - **Niesen** oder Gähnen; beim: borx.
  - **Sitzen**, im: bry. mur-ac.$_{h}$
  - ▽ **erstreckt** sich zu:
    - **Abdomen**:
      - **links**: rhus-t.$_{h}$
    - **Leiste**:
      - **rechts**: borx.
    - **links**: agar. alum. calc. petr.$_{h}$
    - **Magen**: sulph.
    - **Rücken**: ambr. calc. choc.$_{srj3}$ colch. merc. nit-ac. pall.$_{c1}$ sil.
    - **Schulterblatt**: *Nit-ac.* phyt. **Sulph.** xan.$_{c1}$
- ○ **Lungenspitze**: **Ars.**
  - ○ **Basis**, zur: *Cimic.*
  - **unterer** Teil: aesc. alumn. *Chel.* *Chen-a.* *Kali-c.*
- **morgens**: bov.$_{al,k}$ brom. *Bry.*$_{al,k}$ colch.$_{al,k}$ con.$_{al,k}$ ferr.$_{al,k}$ lyc.$_{al,k}$ mang.$_{h}$ merc-c.$_{al,k}$ nat-s.$_{al,k}$ nit-ac.$_{al,k}$ puls.$_{al,k}$ *Rumx.* sang.$_{al,k}$ sars.$_{al,k}$ sel. sep.$_{al,k}$ sulph.$_{al,k}$
- **vormittags**: am-m.$_{al,k}$ bamb-a.$_{stb2}$ bov. cham.$_{al,k}$ coloc.$_{al,k}$ nat-c.$_{al}$ *Ran-b.*
  - **11** h: cham.
- **mittags**: naja
- **nachmittags**: bar-c.$_{al,k}$ canth.$_{al,k}$ chel.$_{al,k}$ coloc.$_{al,k}$ kali-bi.$_{al,k}$ led.$_{al,k}$ lyc.$_{al,k}$ nat-c.$_{al}$ nicc.$_{al,k}$ sars.$_{al,k}$
  - **13** h: sars.
  - **14** h: elaps
  - **15** h: nat-m. ol-an. rumx.
  - **Aufrichten** vom Bücken agg.: nicc.$_{al,k}$
- **abends**: bar-c.$_{al,k}$ calc.$_{al,k}$ cocc. graph.$_{h}$ hyper.$_{al,k}$ kali-n.$_{al,k}$ lyc.$_{al,k}$ mur-ac.$_{al,k}$ nat-m. ran-b.$_{al,k}$ sars.$_{h}$ *Sel.* seneg.$_{al,k}$ sulph. thuj.$_{al,k}$ zinc.$_{al,k}$
  - **Bett**, im: calad.$_{al,k}$ nat-c.$_{al,k}$ nit-ac.$_{al,k}$
  - **Eintreten** ins Haus aus dem Freien; beim: mag-s.$_{al,k}$
- **nachts**: am-c.$_{al,k}$ *Caust.* chin.$_{h}$ **Con.**$_{al,k}$ graph.$_{al,k}$ kali-c.$_{h}$ **Lyc.** *Puls.* *Rumx.* sil.$_{h}$ *Sulph.*
  - **4** h: chel.
  - **Erwachen**, beim: graph.$_{al,k}$
- **Anstrengung**, bei: alum.$_{al,k}$ *Borx.* ferr.$_{al,k}$
- **Ärger**, Verdruß agg.: nat-m.$_{h}$ *Phos.*$_{al,k}$
- **Atmen**; beim tiefen: *Acon.*$_{al,k}$ all-c. aloe ant-c.$_{al,k}$ arg-met. *Arn.* ars.$_{h}$ aur.$_{al,k}$ aur-s.$_{k2}$ *Bad.* bar-c.$_{al,k}$ borx. *Bry.*$_{al,k}$ bufo *Calc.*$_{al,k}$ calc-p.$_{al,k}$ canth. caps.$_{al,k}$ carb-an.$_{al,k}$ carb-v.$_{al,k}$ cham. *Chel.* *Chin.* chinin-s. clem. *Colch.* *Crot-c.*$_{al}$ *Crot-h.*$_{al}$ cycl. *Elaps* fl-ac.$_{al,k}$ form.$_{al,k}$ graph.$_{al,k}$ grat. *Guaj.* *Kali-c.* *Kali-n.*$_{al,k}$ kali-sil.$_{k2}$ lyc.$_{al,k}$ *Meny.*$_{al,k}$ *Mez.*$_{al,k}$ *Nicc.* nit-ac.$_{al,k}$ olnd. *Ph-ac.* plat. *Ran-b.* rhus-t.$_{al,k}$ **Rumx.** seneg.$_{al,k}$ *Sil.* stann.$_{al,k}$ *Sulph.* thuj. verat.$_{al,k}$
- **Aufrichten**; beim:
  - **Bücken**, vom: kali-c.$_{h}$
- **Aufsetzen**; beim:
  - **Bett**, im: am-c.
- **Aufstehen**:
  - **nach**, amel.: kali-c.

- **Seiten - Aufstehen**: ...
  - **Sitzen**, vom: kali-c. nat-c. phos.$_{h}$
- **Aufstützen** auf den Tisch; beim: con.$_{h}$
- **Ausatmen**, beim: ant-c. ars.$_{h}$ chin.$_{h}$ cina iod.$_{h}$ mang.$_{h}$ mur-ac.$_{h}$ sep.$_{h}$ sil.$_{h}$ spig.$_{a1,k}$ stann.$_{h}$ staph.$_{a1,k}$ zinc.$_{a1,k}$
- **Berührung** agg.: chin.$_{h}$ crot-h.$_{a1,k}$ phos.$_{h}$
- **Beugen**, beim:
  - **Atmen** agg.: calc.$_{h}$ caps.$_{h}$ cic.$_{h}$ graph.$_{h}$ lyc.$_{h}$ meny.$_{h}$ nat-c.$_{h}$ phos.$_{h}$ zinc.$_{h}$
  - **hinten**, nach: staph.$_{h}$
  - **vorne** agg., nach: aloe
- **Bewegung**, bei: alum. *Bad.* **Bry.** calc.$_{h}$ caust.$_{h}$ *Chel.* chin.$_{h}$ gamb. graph. hyper. lyc. mang.$_{h}$ meny. ox-ac. phos. *Ran-b.* **Rumx.** sabad. sars. *Sulph.*
  - **amel.**: euph. indg. *Kali-c. Seneg.*
  - **Armes**, des: led.$_{h}$
- **Bücken**:
  - **amel.**: chin.$_{h}$ mag-c.$_{h}$
  - **beim**: *Am-c.*$_{a1,k}$ lyc.$_{a1,k}$ mang. nit-ac.$_{h}$
  - **nach**: nat-s.$_{a1,k}$
- **Druck**, bei: dulc.$_{a1}$ meny.$_{a1,k}$ merc-i-f.$_{a1,k}$ sul-ac.$_{a1,k}$ tarax.$_{a1,k}$
  - **amel.**: chin.$_{h}$ graph.$_{h}$ mag-c.$_{h}$ verb.$_{h}$
- **Einatmen**, beim: *Acon.* agar. alum. *Ars.*$_{a1,k}$ aspar.$_{a1,k}$ aur.$_{a1,k}$ *Bad. Bar-c. Borx.* bov.$_{a1,k}$ **Bry.** *Calc.* canth.$_{a1,k}$ carb-v.$_{a1,k}$ caust.$_{a1,k}$ cham. *Chel.* cocc.$_{a1,k}$ colch.$_{a1,k}$ con.$_{a1,k}$ graph.$_{h}$ iod.$_{h}$ **Kali-c.** kali-n.$_{a1,k}$ led.$_{a1,k}$ *Lyc.*$_{a1,k}$ lyss. meny.$_{h}$ *Merc-c.* merl. **Nat-m.** nat-s. nicc.$_{a1,k}$ op.$_{a1,k}$ plb.$_{a1,k}$ *Ran-b.* **Rumx.** sabad. sep.$_{a1,k}$ sil.$_{a1,k}$ *Spig.*$_{a1,k}$ spong.$_{h}$ **Squil.**$_{a1,k}$ sul-ac. **Sulph.** tarax.$_{a1,k}$ viol-t.$_{a1,k}$
- **Erregung** agg.: phos.$_{a1,k}$
- **Essen**, nach dem: caust.$_{a1,k}$ rat.
- **Fahren**, beim:
  - **Reiten**, beim: nat-c.
  - **Wagen**, in einem: dig. *Rumx.*
- **Flatus**; wie durch: nit-ac.$_{h}$
- **Gähnen**, beim: nat-s.$_{a1,k}$
- **Gehen**, beim: agar. am-c. *Brom.*$_{a1,k}$ *Camph.*$_{a1,k}$ caps.$_{h}$ cham.$_{a1,k}$ cocc.$_{a1,k}$ colch.$_{a1,k}$ dig. merl. nat-m.$_{a1,k}$ olnd.$_{a1,k}$ ox-ac.$_{a1,k}$ **Ran-b.**$_{a1,k}$ rhus-t.$_{a1,k}$ sars.$_{a1,k}$ seneg.$_{a1,k}$ spig.$_{a1,k}$ spong.$_{h}$ stann. sul-ac.$_{a1,k}$ *Sulph.* tarax.$_{a1,k}$ tarent.$_{a1,k}$ *Viol-t.*$_{a1,k}$ zinc.$_{a1,k}$
  - **amel.**: euph.$_{h}$
  - **Freien**, im: con.$_{h}$ euph.$_{h}$ sars.$_{h}$ stann.$_{h}$
    - **amel.**: kali-n.$_{h}$
- **geistiger** Anstrengung, bei: cham.
- **Heben** des Armes; beim: borx. nicc.$_{a1,k}$ ran-b.
- **Heben** einer Last; beim: bar-c.$_{a1,k}$ phos.$_{a1,k}$
- **Hitze** amel.: *Phos.*$_{a1,k}$
- **Husten**, beim: acon. ant-t. *Arn.*$_{a1,k}$ *Ars.*$_{a1,k}$ aur.$_{a1,k}$ *Borx.* **Bry.** cann-s. *Caps.*$_{a1,k}$ **Card-m.** caust.$_{a1,k}$ *Chel.* chin. clem. coff.$_{a1,k}$ *Con.*$_{a1,k}$ crot-h. cur. dulc. ferr-p. *Kali-c.*$_{a1,k}$ kali-n.$_{a1,k}$ *Lyc.*$_{a1,k}$ **Merc.**$_{a1,k}$ nat-s.$_{a1,k}$ phos. *Puls.*$_{a1,k}$ rhus-t.$_{a1,k}$ rumx. sabad.$_{a1,k}$ seneg.$_{a1,k}$ *Sep.*$_{a1,k}$ squil. *Stann. Sulph.* zinc.
- **juckend**: chin.$_{h}$ dig.$_{h}$ spig.$_{h}$

- **Seiten**: ...
- **kalt**:
  - **Luft**, in kalter: *Kali-c.*
  - **Wasser** amel.; kaltes: borx.$_{h}$
- **Kratzen** amel.: plat.$_{a1,k}$
- **Lachen**, beim: acon. laur.$_{a1,k}$ nicc.$_{a1,k}$
- **Lesen**, beim: euph.$_{h}$
- **Liegen**, beim: *Puls. Rumx. Seneg.*
  - **linken** Seite, auf der:
    - **agg.**: am-c. camph. *Stann.*
    - **amel.**: *Rumx.*
  - **rechten** Seite, auf der:
    - **agg.**: lyc. *Rumx.*
  - **Rücken**, auf dem: *Sulph.*
  - **schmerzhaften** Seite, auf der:
    - **agg.**: nat-c.$_{h}$
    - **amel.**: **Bry.** calad.
- **Menses**:
  - **vor**: puls.$_{a1,k}$
  - **während**: borx. *Croc.* phos.$_{a1,k}$ sul-ac.
- **Mittagessen**:
  - **beim**: sil.$_{h}$
  - **nach**: bry. canth. rat. zinc.
- **Niesen**, nach: borx. crot-h.$_{a1,k}$ *Merc.*$_{a1,k}$ thuj.$_{a1,k}$
- **pulsierend**: con.$_{h}$ dulc.$_{a1}$ lyc.$_{h}$
- **reißend**: led.$_{h}$ nat-m.$_{h}$
- **Schlaf**:
  - **vor**: sulph.
  - **im**: cupr.$_{a1,k}$
- **Schreiben**, beim: *Rumx.*
- **Schreien**, durch: cupr.$_{a1,k}$
- **Sitzen**, beim: am-m. bry. chin. dig. dulc.$_{a1}$ euph.$_{h}$ indg. kali-c.$_{h}$ led.$_{h}$ mur-ac.$_{h}$ nat-s. *Seneg.* spong. staph.
  - **gebeugtem**, bei: agar.$_{h}$ spong.$_{h}$
- **Sprechen**, beim: **Borx.** *Kali-n.*$_{a1,k}$ rhus-t.$_{a1,k}$ tab.$_{a1,k}$
- **Stehen**, im: euph.$_{h}$ *Nat-s.*$_{a1,k}$ sars.$_{h}$ zinc.
- **Strecken**, beim: nit-ac.$_{h}$
  - **amel.**: zinc.$_{h}$
- **synchron** mit dem Puls: dig.$_{h}$
- **Treppensteigen**, beim: borx. *Staph. Sulph.*
- **Wein**, nach: borx.
- **ziehend**: mang.$_{h}$ spong.$_{h}$

▽ **erstreckt** sich zu:
  - **Armen**, zu den: brom. nat-m.
  - **außen**, nach: *Arg-n.* asaf. spong.
  - **Brustbein**: laur.
  - **Ellbogen**: sil.
  - **Herzgegend**: chin.
  - **Hypochondrium**: berb.
  - **oben**, nach: gamb. mur-ac. nat-c.
    - **unten**, und nach: mang.$_{h}$
  - **Rücken**: alumn. arum-t. bov. chel. *Chen-a.* guaj. hep.$_{h}$ *Kali-c.* kali-n. lyc. mez. nit-ac.$_{h}$ ox-ac. par. sil.
    - **Liegen**, beim:
      - **linken** Seite, auf der: *Kali-c.*
      - **rechten** Seite amel.; auf der: *Kali-c.*
  - **Sakralregion**: thuj.

- **Seiten - erstreckt** sich zu: ...
    - **Schulterblatt**: arum-t. *Chel.* *Chen-a.* lact. *Nat-m.* seneg. **Sulph.**
    - **Schultern**: indg. *Kali-c.* nat-m. *Sang.*
    - **Unterbauch**: nit-ac.$_{h}$
    - **Unterkieferdrüsen**: calc.
  - ○ **oberer** Teil: phos.$_{h}$
  - **unterer** Teil: am-c. carb-v.$_{al,k}$ kali-n.$_{al,k}$ led.$_{al,k}$ ph-ac.$_{al,k}$ tub.$_{gk}$
    - **links**: aesc.$_{al,k}$ arg-met. berb.$_{al,k}$ bov.$_{al,k}$ *Calc-p.* canth. cham.$_{al,k}$ *Colch.* eupi.$_{al,k}$ gels.$_{al,k}$ kali-c.$_{h}$ *Lact.* mag-c.$_{h}$ *Nat-s.* nit-ac.$_{h}$ ox-ac. sabad. samb.$_{h}$ squil. stry. tarax. tub.$_{gk}$
      - **Urinieren** amel.: aesc.
    - **rechts**: aloe bad. bry.$_{al,k}$ *Cann-s.* *Canth.*$_{al,k}$ carb-v.$_{al,k}$ *Card-m.* **Chel.** *Chen-a.* dig. ferr-p. **Kali-c.** *Lach.* lyc. mag-c.$_{h}$ mag-m.$_{al,k}$ *Merc.* ph-ac.$_{h}$ *Phos.* rumx. sep. sul-ac.$_{al,k}$ *Thuj.*$_{al,k}$ verat.
      - **Husten**, beim: chin-b.$_{c1}$
    - **morgens**: carb-an.$_{al,k}$
    - **nachmittags**: gels.$_{al,k}$
    - **abends**: coc-c.$_{al,k}$ dig.$_{al,k}$ mag-c.$_{h}$
    - **Ausatmen**, beim: squil.$_{h}$
    - **Bewegung** agg.: **Bry.** *Chel.*$_{al,k}$
    - **Bücken**, beim: mag-c.$_{h}$
    - **Einatmen**, beim: ph-ac.$_{h}$
    - **Flatus**; wie durch: nit-ac.$_{h}$
    - **Gehen** amel.: ph-ac.$_{al,k}$ tub.$_{gk}$
    - **Menses**; zu Beginn der: kali-n.
    - **Sitzen**, beim: ph-ac.$_{h}$
    - **Stehen**, beim: mag-c.$_{h}$
- **unterer** Teil: agar.$_{al,k}$ aloe bry. *Chel.*$_{al,k}$ coc-c.$_{al,k}$ hep. **Kalm.**$_{al,k}$ lach.$_{al,k}$ *Naja* sang.$_{al,k}$ seneg.$_{al,k}$ sulph. valer.
  - **links**: carbn-s. cob. **Ox-ac.** tub.$_{gk}$
  - **rechts**: *Chel.* *Chen-a.* crot-t.$_{al,k}$ med.
  - **vormittags**: agar.$_{al,k}$
  - **Atmen**, beim: kali-bi.$_{al,k}$ lyc.$_{al,k}$ tub.$_{gk}$
  - **Einatmen**, beim tiefen: cob.$_{al,k}$ crot-t.$_{al,k}$ tub.$_{gk}$
  - ▽ **erstreckt** sich zu:
    - **Abdomen**: *Chel.*$_{al,k}$ tub.$_{gk}$
    - **Rücken**: *Carbn-s.*
    - **Schultern**: sang.$_{al,k}$ tub.$_{gk}$
- **vorderer** Teil: cann-s. *Canth.*$_{al,k}$ card-m. kali-n.$_{al,k}$ lyc.$_{al,k}$ **Merc.**$_{al,k}$ nit-ac.$_{al,k}$ ter. ther.
  - **morgens**: am-m.$_{al,k}$
  - **vormittags**: *Ran-b.*$_{al,k}$
    - **Schweiß**, beim: ran-b.
  - **nachmittags**: am-m.$_{al,k}$ gamb.$_{al,k}$
  - **abends**: gamb.$_{al,k}$ nicc.$_{al,k}$ zinc.$_{al,k}$
    - **Einatmen**, beim: kali-c.
  - **nachts**: caust.$_{al,k}$
  - **Atmen**, bei tiefem: gamb.$_{al,k}$
  - **Bücken** agg.: card-m. nit-ac.$_{al,k}$
  - **Einatmen**, beim: canth.$_{al,k}$ *Card-m.* *Lyc.*
  - **Gehen**, beim: card-m.
  - **Husten**, beim: lyc. **Merc.**$_{al,k}$
  - **Niesen**, beim: *Merc.*$_{al,k}$
  - **Sitzen** amel.: am-m.$_{al,k}$
  - **Stehen**, im: bov.$_{al,k}$

– **stechend**: ...
- **Zwerchfell**:
  - **rechten** Seite; beim Liegen auf der: tarax.$_{h}$
  - **Sprechen**, beim: ptel.

– **stechend**; fein: colch.$_{k2}$ laur. mang.$_{h}$ nat-c.$_{h2}$ nat-m. *Phos.* plb.
- **Frost**; während: bell.$_{h}$
- ○ **Brustwarzen**, in den: bism. castor-eq. ign. lyc. mang. mur-ac. sabin. sulph.
- **Herzen**, im: lyss.

– **stechend**; fest:
- ○ **Achselhöhle**; Gegend der:
  - **nachmittags**: nat-c.$_{al}$
- **Rippen**; in den kurzen: **Sep.**
  - **links**:
    - **Atmen**; nur beim: nat-c.$_{al}$
  - **rechts**: agar.

– **verstaucht**; wie: agar.$_{al,k}$ *Arn.* aur-m. dulc.$_{h}$ *Kalm.*$_{al,k}$ lyc.$_{bg1,bg2}$ petr.$_{h}$ sulph.$_{h}$
- **Atmen** agg.; tiefes: agar. *Arn.*
  - ○ **Herz**: berb.$_{hr1}$ borx.$_{hr1}$ *Iod.*$_{hr1}$ *Spig.*$_{hr1}$
- **Stehen**, beim: aur-m.
- ○ **Achselhöhle**: dros.$_{h}$
- **Brustbein**, im: rumx.
- **Herz**: ant-t.
  - ○ **Herzgegend**: thuj.$_{h}$
- **Seite**, linke: lyc.$_{h}$
  - **oben**: spig.$_{h}$
  - ○ **unten**, beim Bewegen des Armes: caust.$_{h}$

– **Wehtun** (= unbestimmt, drückend): acon.$_{al,k}$ agar.$_{al,k}$ *Ail.* alum.$_{al,k}$ alum-p.$_{k2}$ ant-c.$_{al,k}$ arg-n. *Arn.*$_{al,k}$ *Asaf.*$_{al,k}$ bapt. *Bell.*$_{al,k}$ borx. *Bry.*$_{al,k}$ cact.$_{al,k}$ *Calc-p.*$_{al,k}$ cann-i.$_{al,k}$ cann-s.$_{al,k}$ carb-ac. *Carb-an.*$_{al,k}$ *Carb-v.* carbn-s. cham.$_{al,k}$ chel.$_{al,k}$ chin.$_{al,k}$ *Clem.* *Coc-c.*$_{al,k}$ colch.$_{al,k}$ crot-t.$_{al,k}$ cupr-s.$_{al,k}$ cycl.$_{al,k}$ dig.$_{al,k}$ hydr-ac.$_{al,k}$ iod.$_{al,k}$ kreos.$_{al,k}$ lach.$_{al,k}$ *Lact.*$_{al,k}$ led.$_{al,k}$ *Lyc.*$_{al,k}$ mag-m.$_{al,k}$ merc.$_{al,k}$ merc-c.$_{al,k}$ naja nat-m.$_{al,k}$ nat-p.$_{al,k}$ *Phos.* *Phyt.* psor.$_{al,k}$ *Ran-b.*$_{al,k}$ rhod.$_{al,k}$ rhus-t.$_{al,k}$ *Rumx.* sang.$_{al,k}$ *Seneg.*$_{al,k}$ sep.$_{al,k}$ stict. stram.$_{al,k}$ stront-c. sul-i.$_{k2}$ sulph.$_{al,k}$ tarent.$_{al,k}$ zinc.$_{al,k}$ zinc-p.$_{k2}$
- **morgens**: sulph.$_{al,k}$
  - **8** h: naja
  - ○ **hinterer** Teil: naja
  - **Bett**, im: lact.$_{al,k}$
  - **Erwachen**, beim: *Seneg.*$_{al,k}$
  - **Essen**, nach dem: sulph.
- **vormittags**: puls.
- **mittags**, beim Erwachen: bry.$_{al,k}$
- **nachmittags**: kali-n.$_{al,k}$
- **abends**: coloc.$_{al,k}$ nux-m.$_{al,k}$ ran-b.$_{al,k}$ sulph.$_{al,k}$
  - **Atmen** agg.; tiefes: ran-b.
- **nachts**: ran-b.$_{al,k}$
  - **Erwachen**, beim: *Seneg.*
- **Angst**, mit: thuj.$_{al}$
- **Atems**; beim Anhalten des: merc.$_{al,k}$
- **Aufrichten** agg.: acon.
- **Aufstehen**, beim: agar.$_{al,k}$ chinin-s. *Lach.*$_{al,k}$
- **Aufstoßen** amel.: lyc.$_{al,k}$
- **Auswurf**, bei: asaf.$_{al,k}$
- **Berührung**, bei: dros.$_{al,k}$

- **Bewegung**; bei:
  - **agg.**: bapt. bry. sep.$_{a1,k}$ stront-c.
  - **amel.**: *Seneg.*$_{a1,k}$
  - **Arme**; vorderer Teil der Brust, bei Bewegung der: carb-an.
- **Einatmen**:
  - **agg.**: bapt. calc. jatr-c.
  - **amel.**: merc.$_{a1,k}$
- **Essen**, nach dem: alum.$_{a1,k}$ nux-v.$_{a1,k}$
- **Gehen**, beim: bell.$_{a1,k}$ bufo *Cact.*$_{a1,k}$ stront-c.
- **Husten**, beim: chin.$_{a1,k}$ kali-c. mag-m. mang.$_{a1,k}$ phyt. raph. samb. stront-c.
  - **anfallsweise**: mag-m.$_{a1,k}$
- **Lesen**, beim: stann.
- **Mittagessen**, nach dem: sulph.$_{a1,k}$
- **Räuspern**
  - **beim**: spig.$_{a1,k}$
  - **nach**: spig.$_{a1,k}$
- **Sitzen**, beim: bell.$_{a1,k}$ con.$_{a1,k}$
- **Sprechen**, bei erregtem: *Nat-m.*$_{a1,k}$ stann. stram.$_{a1,k}$
- **Stehen**, beim: nat-m.$_{a1,k}$
- **Steigen** agg.: cact.$_{a1,k}$

○ **Achselhöhle**: asaf.$_{a1,k}$ bry.$_{a1,k}$ chel. dios.$_{a1,k}$ ind. phys.$_{a1,k}$ staph.$_{a1,k}$ thuj.$_{a1,k}$
- **Brustbein: Bry.**
  ○ **hinter** dem: pyrog.$_{k2}$
- **Herz**: adon.$_{bg1}$ aesc. ail. ambr. aml-ns. aur-m. aur-s.$_{a1,k}$ *Cact.* calc.$_{bg1,bg2}$ con. crot-h.$_{a1,k}$ cupr-ar.$_{a1,k}$ *Dig.* glon.$_{a1,k}$ kali-bi.$_{a1,k}$ *Lach.* *Lycps-v.* *Merc.* merc-i-r.$_{a1,k}$ naja$_{bg1,bg2}$ **Nat-m.** *Nat-p.* *Nux-v.* *Phos.* pyrus rumx. seneg. tarent.$_{a1,k}$ verat-v. vesp.
  - **mittags**: agar.$_{a1,k}$
  - **abends**: kali-bi.$_{a1,k}$
    - **Bett**, im: kali-bi.
- **Lungen**:
  ○ **oberer** Teil:
  ▽ **erstreckt** sich zu:
    - **Hals**; äußerer: gal-ac.$_{a1,c1}$
    - **Schulter**:
      - **rechts**: gal-ac.$_{a1,c1}$
    - **Wirbelsäule**: gal-ac.$_{a1,c1}$
- **Mammae**: apis *Bov.*$_{bg1,bg2}$ con.$_{a1,k}$ eupi.$_{a1,k}$ lac-c.$_{bg1}$ lap-a.$_{br1}$ lil-t.$_{a1,k}$ mosch.$_{a1,k}$ stram.$_{a1,k}$ zinc.$_{a1,k}$
  - **links**: lil-t.$_{a1,k}$ mosch.$_{a1,k}$
  - **rechts**: cot.$_{br1}$ zinc.$_{a1,k}$
    - **und** unter der linken Brustwarze: cot.$_{br1}$
  - **leer**, wenn: *Borx.*
  ○ **Brustwarze**:
    ○ **unter** der linken Brustwarze: cot.$_{br1}$
  - **Gegend** der: berb.$_{a1,k}$ rhus-t.$_{a1,k}$
    - **Sitzen**, bei gebeugtem: rhus-t.
  - **unter** den: carb-v.$_{a1,k}$ eup-per.$_{a1,k}$
- **Mitte** der Brust: crot-c. crot-h. gal-ac.$_{a1,c1}$ lith-c. sars.$_{a1,k}$
  - **Bewegung** amel.: seneg.$_{a1,k}$
  - **Druck**, bei: am-c.$_{a1,k}$
  ▽ **erstreckt** sich zum Rücken: *Crot-h.*
- **Rippenknorpel** der kurzen Rippen: staph.$_{a1,k}$

– Wehtun: ...
- **Schlüsselbein**: dros.$_{a1,k}$ jatr-c. mag-m.$_{a1,k}$ rhus-t.$_{a1,k}$
  - **Einatmen**, beim: dros.
    - **Erwachen** durch einen Alptraum; beim: rhus-t.
  ○ **unter** dem: *Ail.*$_{a1,k}$ carb-ac.$_{a1,k}$ coca dros.$_{a1,k}$ naja sulph.$_{a1,k}$
    - **Atmen**, beim: ant-c.$_{a1,k}$
    - **Einatmen** agg.: dros. mez.
    ▽ **erstreckt** sich beim Einatmen zum Schulterblatt: dros.$_{a1,k}$
- **Seiten**: am-c.$_{a1,k}$ *Arg-n.* bry.$_{a1,k}$ chin. cop. ferr.$_{a1,k}$ fl-ac.$_{a1,k}$ hydrc.$_{a1,k}$ kali-bi.$_{a1,k}$ lil-t.$_{a1,k}$ mur-ac.$_{a1,k}$ naja nux-m.$_{a1,k}$ op.$_{a1,k}$ pall. phyt.$_{a1,k}$ rhus-t.$_{a1,k}$ seneg. sep. sulph.
  - **links**: *Apis* berb.$_{a1,k}$ carb-an.$_{a1,k}$ clem.$_{a1,k}$ eup-per. gal-ac.$_{a1}$ ham. iod. kali-p. mez.$_{a1,k}$ oena. psil.$_{ft1}$ rhus-t.$_{a1,k}$ *Rumx.* *Seneg.* sep. sumb.$_{a1,k}$ tarent. zinc.
    ▽ **erstreckt** sich zum Schulterblatt: kali-p.
  - **rechts**: bism.$_{a1,k}$ caust.$_{a1,k}$ chinin-ar. choc.$_{srj3}$ dig. digin.$_{a1}$ fago.$_{a1,k}$ merc-i-f.$_{a1,k}$
  - **morgens**: fago.$_{a1,k}$ nit-ac.$_{a1,k}$
  - **abends**: sulph.$_{a1,k}$
  - **nachts**: iod.
    - **Bett**, im: merc-i-f.
  - **Drehen** der Brust; beim: brom.$_{a1,k}$
  - **Einatmen**, beim tiefen: chinin-ar. mez. *Oena.* phyt.
  - **Erwachen**, beim: *Arg-n.*
  - **Gebrauch** der Arme; beim: ham.
  - **Gehen**, beim: brom.$_{a1,k}$
  - **Liegen**:
    - **beim**: caps.$_{a1,k}$
    - **Seite**; auf der:
      - **linken** Seite; auf der: eup-per.
      - **rechten** Seite; auf der: phyt.
  - **Steigen** agg.: kali-bi.$_{a1,k}$
  ▽ **erstreckt** sich zu:
    - **links** nach rechts; von: carb-v. graph.
    - **Schulterblatt**: kali-p.$_{k2}$
- **unterer** Teil: *Chin.*$_{a1,k}$ choc.$_{srj3}$ croc.$_{a1,k}$ fl-ac. kali-bi. seneg.$_{a1,k}$ sep. *Sulph.*
  - **Einatmen**, beim: *Sulph.*
  - **Essen**, nach dem: arg-n.
  - **Gehen** amel.: chin.$_{a1,k}$
  - **Liegen** amel.; im: *Chin.*
  - **Sitzen**, im: *Chin.*$_{a1,k}$ seneg.$_{a1,k}$

– **Wellen**; in: anac.$_{h}$ dig. *Dulc.* spig.
– **windend**, drehend: carb-an.$_{h}$ nit-ac.$_{h}$
  ○ **Herz**: seneg.$_{bg1,bg2}$ tarent.$_{bg1}$
– **wühlend**, grabend: dulc.$_{h}$
– **wund** schmerzend (= wie zerschlagen, empfindlich): acon. aesc. agar. alum. alum-sil.$_{c2,k2}$ *Am-m.* ambr. anac. ant-t. **Apis** **Arn.** *Ars.* arum-t. asc-t. aur-s.$_{k2}$ *Bad.* bamb-a.$_{stb2}$ bapt. bar-c. bar-s.$_{k2}$ bell.$_{k2}$ berb. brom. **Bry.** **Calc.** calc-p. calc-s. calc-sil.$_{k2}$ canth. carb-an. *Carb-v.* *Carbn-s.* **Caust.** cham. **Chel.** **Chin.** chlor. *Cic.* cimic. *Cina* *Coc-c.* cocc. colch. *Cop.* corn. crot-t. *Cur.* dig. dor. echi. *Euon.* *Eup-per.* *Ferr.* ferr-ar. ferr-m. ferr-p. fl-ac.

– **wund** schmerzend: ...
gamb. *Gels.* graph. *Guaj. Ham.* **Hep.** *Hydr. Hyos.* ign. ip. iris kali-ar. **Kali-bi.** *Kali-c.* kali-m.k2 kali-n. kali-p. kali-s. kali-sil.k2 *Kreos. Lac-d. Lach.* lact. laur. *Led.* lob. *Lyc.* lyss. *Mag-c. Mag-m.* manc. mang. med. meph. *Merc. Mez. Mur-ac.* nat-ar. *Nat-c. Nat-m.* nat-p. nat-s. nicc. *Nit-ac. Nux-m.* nux-v. ol-j. olnd. ox-ac. *Petr.* **Phos.** *Phos-pchl.*c1 *Phyt.* psor. **Puls. Ran-b.** ran-s. rat. rhod. *Rhus-t.* rumx. samb. sang. sanic. **Seneg.** *Sep. Sil. Spong.* squil.k2 **Stann.** *Staph.* stront-c. sul-ac. *Sulph.* syph. tab. tarent. thuj. tub.bg *Zinc.*
☞ *Empfindlichkeit*
• **morgens**: alum.h am-c.h ang.h arn.br1 bamb-a.stb2 calad. corn. crot-h. gal-ac.a1 mur-ac. nat-ar. seneg. staph. thuj.
  • **Essen**, nach dem: sulph.
• **vormittags**: alum. *Bry.*
• **nachmittags**: alum.h nicc.
• **abends**: coc-c. dig. *Kali-i.* lyss. mur-ac. murx. nat-m. ran-b.
◇ **abwechselnd** mit:
  • **Flattern**
    ☞ *Flattern - abwechselnd mit - wundem*
• **Abendessen**; amel. nach dem: phos.
• **Atmen**, beim: **Arn.** *Calc.* eup-per. *Kali-c.* lob. nit-ac. psil.ft1
• **Aufstoßen**, beim: phos.
  • **amel.**: ambr.h
• **Auswurf**, beim: lyc. zinc.
• **Berührung**, bei: am-c. arg-met. arg-n. **Arn.** bry. **Calc.** calc-p. canth. chel.bg1 **Chin.** cist. colch. con. crot-t. *Kali-c. Led.* lyc. mag-c.h med. nat-c.h nat-m. nux-v. phos.h psor. **Ran-b.** *Seneg.* zinc.
• **Bett**, im: iod.h
• **Beugen** nach vorne; beim: mang. seneg.
• **Bewegung**, bei: alum. ang.h *Arn.* mag-c. meph.a1 ol-j. *Phos. Ran-b. Seneg.* squil.k2 staph. thuj.
  • **amel.**: tab.
  • **Arme**; der: ang.c1 nat-c.h *Seneg.*
• **Bücken**, beim: mang.a1,hr1 phos.h seneg.
• **Drücken**:
  • **agg.**: ang. **Arn.** *Bar-c. Crot-t.* dros. nat-m.h phos.h
  • **amel.**: *Bry. Dros. Eup-per. Nat-m. Nat-s.*
• **Einatmen**, beim: anac.h **Bry. Calc.** calc-s.k2 *Camph.* cinnb. *Eup-per.* kali-c.h nat-ar. nat-m. nit-ac. nux-m. sang. seneg. sil.h
  • **tiefen**, beim: aesc. aloe eup-per. ferr. ferr-i. gal-ac.a1 hydr. iod. kali-bi.k2 kali-c. meph.a1 nat-ar. *Ran-b.* sang. *Stann.*
• **Erwachen**, beim: merc-i-r.
• **Essen**, beim: nit-ac.h
• **Fahren** im Wagen: zinc.
• **Freien**, im: spig.
• **Frost**; während: lach.
• **Gähnen**; beim: gal-ac.a1
• **Gehen** im Freien amel.: nat-m.
• **hält** sich beim Husten die Brust mit den Händen: **Arn.** borx. **Bry.** cimic. **Dros.** *Eup-per.* kreos. merc. nat-m. *Nat-s. Phos. Sep.*
• **Heben**, beim: alum.gsy1 kali-c.h
• **Herumdrehen** im Bett; beim: alum. **Ran-b.**
• **Husten**:
  • **beim**: ant-s-aur.bg1 dig.br1 gal-ac.a1
  • **durch**: acon. alum. alum-p.k2 alum-sil.k2 am-c. ambr. **Apis** arg-met. **Arn.** ars. ars-s-f.k2 bamb-a.stb2 bar-c. *Bell.* berb. borx. brom. **Bry.** *Calc.* calc-s. **Carb-v.** *Carbn-s. Caust.* chin. chlor. cina cocc. colch. *Cop. Cur.* dig. **Dros.** eug. *Eup-per. Ferr.* ferr-ar. *Ferr-m.* ferr-p. gamb. *Gels.* graph. guare. hep. hydr. ip. *Kali-bi.* kali-n. *Kreos.* lach. lact. lec. lyc. mag-c. *Mag-m.* meph. merc. mez. mur-ac. nat-ar. *Nat-c. Nat-m. Nat-s. Nit-ac.* nux-m. *Nux-v.* ol-j. **Phos.** psor. **Ran-b.**k,k2 rat. rumx. sanic. **Seneg.** sep. *Sil.* **Spong. Stann.** *Staph.* stram. stront-c. *Sulph.* syph. thuj. verat. zinc. zinc-p.k2
• **klopfend**
  ☞ *pochend*
• **Körperübungen**, bei: colch. lob.
• **Kreuzen** der Arme; beim: ang.h
• **Liegen**:
  • **agg.**: **Chin.**
  • **amel.**: alum.
• **Menses**; vor und während den: **Zinc.**
• **Niesen**, beim: carbn-s. lact. mez. *Seneg.*
• **Perkussion** agg.: **Chin.** seneg.
• **pochend**, klopfend: agar.h
• **Räuspern**, beim: *Calc.*
• **Reiben**; nach: ant-c.h
• **Sitzen**, beim:
  • **aufrechtem**, bei:
    • **amel.**: **Bry.** nat-c. *Nat-s.*
  • **gebeugtem**, bei: meny.h
• **Sprechen**, beim: alum. *Kali-c.* lyc. puls.
• **Trinken**, nach dem: nit-ac.h
• **Überanstrengung**, Verheben; bei: alum.bg2,k1
• **Wetter**; bei nassem: cur.
○ **Achselhöhle**: ars. brach. *Carb-v.* dios. form. kali-c. lac-ac. *Mez.* nux-v. ran-s. sul-ac. zinc.
  • **abends**: sep.
  • **Heben** des Armes; beim: caps.
• **Brustbein**: acon.h benz-ac. bry. *Calc-p.* choc.srj3 dros. *Kreos.* led. mez. mur-ac. naja nat-c.a1,h nat-m.h *Osm.* ph-ac. ptel.c1 *Ran-b.* rumx. sabin. sars. stront-c. sul-ac. thyr.bg1 zinc.
  • **morgens**: mang.a1
  • **Berührung**, bei: cann-s. cimx. cop. mur-ac. ph-ac. psor. *Ran-b.* stront-c. sul-ac.
  • **Bewegung** amel.: nat-c.h
  • **Einatmen** amel.: nat-c.h
  • **Gähnen** agg.: mur-ac.h
  • **Gehen**, beim: *Cic.*
  • **Husten**, beim: *Mur-ac.*
  • **Lachen** agg.: mur-ac.h
  • **Sprechen** agg.: mur-ac.h
  • **Steigen**, beim: ran-b.
○ **Sternoklavikulargelenk**: til.c1

• **Brustbein**: ...
  • **unter** dem: anac.bg1 arag.br1 con.h *Eup-per.* **Rumx.**
    • **Drehen** des Körpers, beim: *Eup-per.*
    • **Einatmen**, beim: *Eup-per.*
    • **Husten**, beim: am-c. **Bry.** chel. cina iod. osm. psor. *Rumx.* staph.h
    • **Stelle**; an einer einzelnen: anac.h
  • **unterer** Teil: *Cic. Nit-ac.*
  ▽ **erstreckt** sich zu:
    • **links**: psil.ft1
• **Herz**: acon.bg1,bg2 *Arn.*bg1,bg2 bar-c. *Cact.* calc-ar. *Cench.* *Cimic.*bg1,k2,* *Crot-h.* *Fl-ac.* *Gels.* haem.bg1 hyos.bg1,bg2 kali-bi.bg1,bg2 laur.bg1,bg2 lept. lil-t.bg1 *Mag-c.* med. nat-m. ox-ac. puls. *Spig.* sul-ac. *Tab.*bg1,bg2
  • **morgens** im Bett: nat-m.
  • **vormittags**: coc-c.
  • **Bewegung** agg.: *Bry. Eup-per.*
  • **Bücken**, beim: *Lith-c.*
  • **Herzschlägen**, bei kräftigen: coc-c. *Crot-h.*
  • **Kummer**, nach ●: *Gels. Ign.*
  • **Liegen** auf der linken Seite; beim: bar-c. *Crot-h.* kali-ar. med.
  • **plötzlich**: mag-c.
  ○ **Herzgegend**: **Arn.** *Aur-m.* cimic.k2 cinnb. colch. eup-per. hyos. *Lith-c.* samb. sec. tab. thuj.
• **kurze** Rippen: calc. caust. *Chel.* hep. *Lyc.* med. meph. nat-ar. nat-m. *Ph-ac.* **Ran-b.** *Sulph.* *Tarent.*
  • **links**: med.
  • **rechts**: *Chel.* lyc.
  • **Bewegung**, bei: *Arn.* meph.
  • **Einatmen**, beim: *Arn.* sulph.
• **Lungen**:
  • **rechts**: gal-ac.a1
• **Mammae**: ambr. ant-c. apis *Arn.* arum-t. *Bell.* *Bry.* calad. *Calc.* calc-i.k2 *Calc-p.* carb-an. **Cham.** cic. *Con.* dulc. ferr.a1 granit-m.es1 graph. hell. *Helon.* *Iod.* **Lac-c.** lyc. med. *Merc.* mosch. *Murx.* nat-m. nit-ac. onos. phos. *Phyt.* *Puls.* *Ran-s.* rhod. sabalbg1,bg3 sang. sep. **Sil.** symph. syph. tab. *Zinc.* zinc-p.k2
  • **Frost**; nach: phyt.k2
  • **Kindern**; bei:
    • **Kleinkindern**; bei: cham.br1,ptk2
    • **Mädchen**; bei jungen: cham.vn
  • **Menses**:
    • **vor**: *Calc.* **Con.** cycl.bg1 helon.bg1 kali-m.bg1 kali-s. *Lac-c.* ol-an.st *Puls.* sang. spong. *Tub.*
    • **während**: arum-t.k1 calc. *Con.* dulc. *Helon.* *Lac-c.* med.ptk1 murx.ptk1 *Phyt.* syph.ptk1 thuj. *Zinc.*
  • **Schwangerschaft**; während der: *Calc-p.*
  • **Treppen**; beim Herauf- und Herabsteigen von: **Bell.** calc. carb-an. *Con.* **Lac-c.** lyc. *Nit-ac.* phos.
  ○ **Brustwarzen**: *Alum.* arg-n. **Arn.**c2,k **Bapt.** borx.c2 calc.bg2,h *Calc-p.* *Calen.*c2 **Caust.** *Cham.* colch. **Crot-t.** dulc. **Fl-ac.** ger.bro1 *Graph.* *Ham.*c2,k helon. hep.c2 hydr.c2 **Lach.**

• **Mammae - Brustwarzen**: ...
laps.c1,c2 *Lyc.* med. *Merc.* mill.c2,k *Nit-ac.* nux-v. *Phel.* phos.c2,k *Phyt.*c2,k rhus-t. sang. seneg. *Sep.* *Sil.* sulo-ac.c2 *Sulph.*c2,k zinc.c2,k
  • **morgens**: sulph.
  • **Abstillen**, beim: dulc.
  • **Berührung** der Kleidung; durch: calc.h **Castor-eq.** *Con.* **Crot-t.** oci.bro1 petr.k2 zinc.h
  • **Entbindung**, nach der: ham.bro1
  • **Menses**, während: *Helon.*
• **unter** den: am-c. am-m. caust.
• **Mitte** der Brust: am-c.h *Sep.*
• **oberer** Teil: apisbg1 coc-c.bg1 elapsbg1 sulph.bg1,h
  • **links**: sep.h
• **Rippen**: carb-v.bg1 chin.bg1 ph-ac.h
  • **rechts**:
    ○ **letzten** Rippen; unter der: chin.kr1
  ○ **Gelenke**: chin.h
  • **hinterer** Teil: nit-ac.h
  • **vierte** links, vor und während Stuhlgang: spig.h
• **Rippenknorpel**: *Arn.* calc-p. plb. **Ran-b.** staph.
  • **morgens** im Bett: arg-met.
  ○ **kurze** Rippen: arg-met. *Arn.* calc-p. *Lyc.* **Ran-b.** staph. sulph.
  • **letzte** wahre Rippe: ph-ac. sulph.
    • **rechts**: ph-ac.
• **Schlüsselbein**: alumn. am-m. *Calc-p.* coc-c. lyc. manc. nat-m. phos. phys. still. sumb.
  • **links**, Bewegung agg.: coc-c.
  ○ **über** dem: **Apis** *Con.*
  • **unter** dem: coc-c. *Ferr.* phos. **Puls.**
• **Seiten**: agar. alum. am-c. am-m. arg-n. *Arn.* bar-s.k2 calc. *Carb-v.* *Chin.* **Con.** iod. kali-i. lac-ac. nit-ac.h ph-ac. phos. *Puls.* *Ran-b.* rhus-t. rumx. seneg. stram. zinc.h
  • **links**: *Am-m.* *Arg-n.* arum-t.k2 arund. bar-c. calc. calc-p. chel. *Eup-per.* lac-c. laur. merc. mur-ac. nat-m. phos. psil.ft1 ran-b. *Rumx.* stram. zinc.
    • **dann** rechts: agar.
    • **Berührung** agg.: sol-ni.bro1
    • **Karditis**; mit rheumatischer: spig.br1
    • **Liegen** auf der schmerzhaften Seite; beim: *Rumx.*
  • **rechts**: *Aesc.* am-m. *Caust.* **Chel.** con. cupr-act. elaps nat-ar. nat-c.hr1 ph-ac. rhus-t. sulph. thuj.h urt-u. zinc.h
    • **Atmen**, beim: *Aesc.*
    • **letzte** Rippe: *Ph-ac.*
  • **morgens**: ran-b.
  • **abends**: *Ran-b.* seneg.
    • **Frost**; während: tarent.
  • **Atmen**, beim: iod.h nat-m.h
  • **Berührung**, bei: am-c. calc. carb-v. **Con.** iod. kali-i. lac-ac. *Ph-ac.* **Ran-b.** *Rhus-t.* sulph. tarent. verat.h
  • **Beugen**, beim: alum. nat-m.h
  • **Bücken**, beim: nit-ac.h
  • **Drehen** nach links; beim: *Rumx.*
  • **Druck**, bei: mag-m.h
  • **Einatmen**, beim: nat-ar.

• **Seiten**: ...
• **Frost**; während: tarent.
• **Liegen** auf der linken Seite: *Puls. Rumx.*
• **Strecken**, beim: nit-ac.$_{h}$
▽ **erstreckt** sich zur Schulter: laur.
• **unterer** Teil: am-m. meph.
• **links**: caust.$_{h}$ med.$_{cl}$ nat-m.$_{h}$ zinc.$_{h}$
• **vorderer** Teil: con. merc. nux-m. sarr.
– **zerbrochen**; als seien die Rippen: kali-bi.$_{bg1,bg2}$ naja$_{bg2}$ sep.$_{bg1}$
– **zermalmend** hinter dem Brustbein beim Steigen: **Aur. Aur-m.**
– **zerschlagen**
☞ *wund*
– **zerschmetternd**: seneg.
– **ziehend**: abrot. acon.$_{a1,k}$ agar.$_{a1,k}$ *Anac.* arn. asaf.$_{a1,k}$ aster.$_{a1,k}$ aur-m. *Borx.* *Cadm-s.* camph. *Caps.* carb-v. card-m.$_{k2}$ *Cham.*$_{a1,k}$ chel.$_{a1,k}$ *Chin.* com. con. crot-t. dig.$_{a1,k}$ dulc. euon. *Ferr.*$_{a1,k}$ iod. *Kali-c.*$_{a1,k}$ lact.$_{a1,k}$ lyc.$_{a1,k}$ *Mur-ac.* nat-c.$_{h2}$ nit-ac.$_{a1,k}$ **Nux-v.**$_{a1,k}$ olnd. petr.$_{h}$ plat.$_{a1,k}$ *Seneg.*$_{a1,k}$ sep.$_{a1,k}$ squil.$_{a1,k}$ *Stann.*$_{a1,k}$ stront-c. zinc. zing.$_{a1,k}$
• **morgens**: nat-c.$_{h}$
• **Aufstehen** agg.; nach dem: lact.
• **Bett**, im: lact.
• **nachmittags**: chel.
• **abends**: nat-c.$_{h}$
• **19** h agg.: zing.
• **Bett**, im: cain. con.$_{h}$
• **Liegen** auf der linken Seite; beim: cain.
• **anfallsweise**: nit-ac. stront-c.
• **Bewegung**, durch: abrot. psil.$_{ft1}$ seneg.
• **Einatmen**, beim: calad. *Camph.* lact. led.$_{h}$ raph. stann.
• **tiefem**, bei: zing.
• **Frösteln**, beim: sep.
• **Gehen**, beim: lact. led.$_{h}$
• **amel.**: *Chin.*
• **schnellem**, bei: seneg.
• **Husten**, beim: caps. crot-t. dig. merc.
• **innen**, nach: cham.$_{h}$
• **krampfartig**: nit-ac.$_{h}$
• **Liegen**; beim:
• **Seite**; auf der: con.$_{h}$
• **rechten**; auf der:
• **nachts**: cench.$_{k2}$
• **Menses**, während: *Sep.*
• **Sitzen**, im: *Chin.*
• **Stehen**:
• **amel.**: *Chin.*
• **beim**: calc. spig.
• **synchron** mit dem Puls: iod.$_{h}$
▽ **erstreckt** sich zu:
• **Achselhöhle**: aur.$_{h}$ seneg.
• **Arm**: *Aster.* com.
• **Leisten**: plat.
• **Nabel**: chel.
• **oben**, nach: lach. mang.
• **quer** über die Brust: kali-c.
• **unten**, nach: am-c.$_{bg1}$
• **Ausatmen**, beim: am-c.$_{h}$
• **Unterkiefer**: apis

– **ziehend - Achselhöhle - erstreckt** sich: ...
• **vor** und zurück: apis
• **vorne** nach hinten; von: *Aster.*
○ **Achselhöhle**: *Bell.* cact. chin.$_{h}$ coloc. com. lil-t. mang.$_{h}$ nat-s. seneg. sil.
• **rechts**: carb-v.$_{h}$
• **lähmungsartig**: am-c.
▽ **erstreckt** sich zu:
• **Handgelenk**: elaps
• **Oberarm**: led.
• **Heben** des Oberarmes; beim: arn. rhus-t.
• **unten** zu den untersten Rippen; die Wirbelsäule nach: guaj.
• **unter** die Achselhöhle: thuj.
○ **Achseldrüse**: sil.$_{h}$
• **äußerlich**: bry. cadm-s.
• **Brustbein**: dig.$_{h}$ dulc. nit-ac. puls.$_{h}$
○ **hinter** dem: chin.$_{h}$
• **Herz**:
• **zusammengezogen** würden; als ob Herz und Ovar: *Naja*
○ **Herzgegend**: calc.$_{h}$ meny.$_{h}$
• **im** Herzen: agar.$_{bg1}$ aur-m. *Canth.* card-m. cod. *Ferr.* ferr-m. lyss.$_{c1}$ naja$_{gm1}$ nat-m.$_{bg1}$ olnd. **Spig.**
• **Lungen**:
▽ **erstreckt** sich beim Stehen nach unten: am-c.$_{h}$
• **Mammae**: carb-v. kreos. *Lil-t.* plb. stann. sumb.
• **links**:
• **gestillt** wird; wenn das Kind an der rechten Mamma: *Borx.*
• **innen**; Schmerz zieht nach: aster.$_{c1}$
• **synchron** mit dem Herzschlag; pulsiert: choc.$_{srj3}$
○ **Brustwarzen**: crot-t.
• **links**: crot-t. euon. til. zinc.
• **rechts**: sumb.
• **unter**: mur-ac.$_{h}$
• **morgens**: *Rhus-t.*
• **Schnur**, wenn das Kind gestillt wird; wie mit einer: **Crot-t.**
▽ **erstreckt** sich zu:
• **Hals**, zum inneren: mur-ac.$_{h}$
• **Schulterblatt**: rhus-t.
• **über** den ganzen Körper; von der Brustwarze:
• **Stillen**, beim: phyt.$_{bro1}$ puls.$_{bro1}$ sil.$_{bro1}$
• **unter** der linken: stann.$_{h}$
• **Mitte** der Brust, nach unten: kali-c.$_{h}$
• **obere** Brusthälfte: sep.$_{h}$
• **Rippen**: cupr.$_{h}$ stann.$_{h}$
○ **falsche** Rippen, rechts: sep.$_{h}$
• **Rippenknorpel**: stann.
• **Schlüsselbein**: caps.$_{h}$ led. sars.$_{h}$ stann. tarax.$_{h}$ zinc.
▽ **erstreckt** sich zu den Fingerspitzen: caps.$_{h}$
○ **Gegend** des Schlüsselbeines: coc-c. led. stann. zinc.
• **unter** dem: brom. chel. zinc.
• **links**: coc-c.
• **rechts**: com.

• **Seiten**: agar. aur-m. berb. borx.$_{h}$ bry. cadm-s. *Caps.* chel. cocc. kali-bi. led. petr. rhus-t.$_{h}$ sil.$_{h}$ spong.$_{h}$ thuj.
• **links**: anac. brom. cact. calad. *Calc.* card-m. cic. clem. dulc. mang. med. petr.$_{h}$ phos. ruta$_{h}$ stann.$_{h}$ sul-ac.$_{h}$ zinc.$_{h}$
• **rechts**: asar. *Bell.* borx. cench.$_{k2}$ cham. cocc. com. dig. meny.$_{h}$ mur-ac.$_{h}$ ruta sang. *Stront-c.* sul-ac. thuj.
• **Beugen** nach rechts; beim: cocc.
• **morgens**: lil-t. nux-v. sang.
• **nachmittags**: alum.
• **abends**: seneg.
• **Atmen**, beim: puls.$_{h}$
• **Bewegung** amel.: sep.$_{h}$
• **Gehen**, beim: cocc.
• **Husten**, beim: caps.$_{h}$
• **Reiben** amel.: sep.$_{h}$
• **Sitzen**, beim: chin.$_{h}$ nit-ac.
▽ **erstreckt** sich zu:
• **Abdomen**: chel.
• **Achselhöhle**: card-m. meny.$_{h}$ sil.
• **Finger**: com.
• **Hals**, zum äußeren: caps. mur-ac.$_{h}$
• **Hypogastrium**: stann.$_{h}$
• **Rücken**: chel. zinc.
• **Schulterblatt**: brom.
• **Schultergelenk**: cact.
• **Unterkieferdrüsen**: *Calc.*
• **untere** Brusthälfte: arg-met. chel. mang. verat.
• **vorderer** Teil: berb. card-m. carl. com. dulc.
• **Mitternacht**: chel.
○ **Brustmuskeln**: berb. card-m. nat-c.$_{a1}$
• **Zwerchfellgegend**: agar.

– **zuckend**
☞ *stechend*

– **zusammendrückend**:
○ **Herz**: am-c.$_{bg1}$

– **zusammenschnürend**: bamb-a.$_{stb2}$
– **zusammenschraubend**: sulph.$_{h}$
– **zusammenziehend**: chin.$_{h}$ mag-m.$_{h}$ mang.$_{h}$ mez.$_{h}$ nit-ac.$_{h}$ stann.$_{h}$ sulph.$_{h}$ verat.$_{h}$
○ **Brustbein**: dig.$_{h}$

– **zwickend**: agar. alum. ang.$_{h}$ ant-c.$_{h}$ bell. borx.$_{h}$ carb-an. carb-v. cina cupr. *Dulc.* graph.$_{h}$ ip. *Kali-c.* lact. lyss. mag-c.$_{h}$ mur-ac.$_{h}$ par. ph-ac. *Phos.* ran-s. rhod. *Seneg.* sil.$_{h}$ spong. stann.$_{h}$ thuj. tub. zinc.$_{h}$
• **Einatmen** agg.: dulc.$_{h1}$
○ **Achselhöhle**: samb.$_{h}$
• **Brustmuskeln**:
• **links**: ther.$_{br1,c1}$
• **Herz**: kali-c.$_{h}$ ph-ac.$_{h}$
• **Seite**, bei gebeugtem Sitzen; linke: arg-met.$_{h}$
• **Zwerchfell**: bism.$_{h}$

Schnappen, Schnalzen, als würde eine Schnur reißen: podo.$_{c1}$

Schnurren:
○ **Herzgegend**:
• **schnurrendes** Geräusch: *Glon.* pyrog.$_{k2}$

Schwäche: acon. adam.$_{srj5}$ ail. aloe alum. alum-sil.$_{k2}$ alumn.$_{k2}$ am-c. am-m. ammc. **Ant-t.** **Arg-met.** *Arg-n.* *Ars.* *Ars-i.* ars-s-f.$_{k2}$ asc-t. aur-ar.$_{k2}$ bapt. *Benz-ac.* borx. brom. cadm-s. *Calc.* calc-s. calc-sil.$_{k2}$ canth. **Carb-v.** *Carbn-s.* carl. chinin-ar. coc-c. cocc.$_{k2}$ con. cycl. *Dig.* *Hep.* **Ign.**$_{bg1,bg2}$ iod. kali-ar. *Kali-c.* kali-i. kali-p. kali-s. kali-sil.$_{k2}$ lact. manc. mang. nat-m.$_{bg1}$ nat-s. nit-ac.$_{a1,k}$ ol-j. olnd. *Ph-ac.* *Phos.* *Plat.* *Psor.* **Ran-s.** raph. rhus-t. ruta sel.$_{k2}$ **Seneg.**$_{bg1,k,*}$ *Sil.* *Spong.* **Stann.** *Staph.* *Sul-ac.* sul-i.$_{k2}$ *Sulph.* thuj. til.

– **morgens**:
• **Erwachen**, beim: **Carb-v.** dig.
• **dauert** bis 15 h: merc-i-r.
– **abends**: ran-s.
• **Liegen**, beim: *Sulph.*
– **Anstrengung**, nach: aloe **Spong.**
– **Atmen**; beim tiefen: carb-v. *Plat.*
– **Auffahren** durch: seneg.$_{bg1}$
– **Auswurf**, nach: **Stann.**
– **Beugen** nach vorne amel.: nux-v.
– **Erwachen**, beim: **Carb-v.**
• **amel.**: ph-ac.$_{ptk1}$
– **Essen**, beim: carb-an.
– **Gehen**, beim: *Lyss.* *Rhus-t.*
• **amel.**: *Ph-ac.*
• **Freien**, im: nat-m.$_{h}$ *Rhus-t.*
• **schnellem**, bei: *Kali-c.*
• **Freien**, im: nat-m.
• **Sonne**, in der: nat-m.$_{h}$
– **Husten**, durch: carb-v.$_{k2}$ graph. *Nit-ac.* *Ph-ac.* *Psor.* ruta sel.$_{c1}$ sep. **Stann.**
• **hindert** am Husten; Schwäche: *Stann.*
• **Menses**, vor den: graph.
– **lähmungsartig**: arg-met.$_{k2}$
– **Lesen**, beim:
• **agg.**: sulph.
• **lautem**, bei: cocc. *Sulph.*
– **Liegen**:
• **amel.**: alum.
• **Seite**, auf der: *Sulph.*$_{a1,k}$
– **Singen**:
• **Beginn** des Singens; zu: **Stann.**
• **beim**: carb-v. sulph.
– **Sitzen** agg.; langes: dig. *Ph-ac.*
– **Sonne**; in der: nat-m.$_{bg1}$
– **Sprechen**:
• **beim**: arg-met.$_{k2}$ calc. cench.$_{k2}$ *Ph-ac.* rhus-t. sil.$_{h}$ **Stann.** sul-ac. *Sulph.*
• **lautem**, bei: calc. gels. kali-c.$_{h}$ *Laur.* **Sulph.**
• **behindert** das: *Calc.* dig. *Hep.* ph-ac. rhus-t. *Stann.* sul-ac. *Sulph.*
○ **Brustbein**: zinc.$_{h}$
– **Herz**: acet-ac.$_{br1}$ acetan.$_{br1}$ adonin.$_{br1}$ *Am-c.*$_{bg1,k2,*}$ ant-c.$_{bg1}$ *Ant-t.*$_{bg1,bg2}$ *Arn.*$_{bg1,bg2}$ ars.$_{k2}$ aur-m.$_{k2}$ cact.$_{k2}$ *Calc.*$_{bg1,k2,*}$ *Carb-v.*$_{bg1,k2,*}$ chel.$_{k2}$ cocc.$_{k2}$ *Colch.*$_{bg1,bg2}$ crat.$_{gm1}$ *Crot-h.*$_{bg1,bg2}$ dig.$_{k2}$ gala.$_{br1}$ gels.$_{k2}$ graph.$_{bg1}$ *Hell.*$_{bg1,bg2}$ *Kali-c.*$_{bg1,k2,*}$ kali-fcy.$_{bg1}$ kali-p.$_{k2}$ kurch.$_{bnj1}$ *Lach.*$_{bg1,k2,*}$ parth.$_{gm1}$ ph-ac.$_{k2}$ *Phos.*$_{bg1,bg2}$ prun-v.$_{c2}$ pyrog.$_{k2}$ rhus-t.$_{k2}$ sang.$_{bg1,bg2}$ sol$_{c1}$ squil.$_{k2}$ *Verat.*$_{bg1,bg2}$

– **Herz**: ...
◆ **begleitet** von:
• **Gesicht**; Hitzewallungen im: lach.gm1
• **Wirbelsäule** nach oben; Hitzewallungen die: lach.gm1
• **Arteriosklerose**, bei: cact.br1
• **Atemnot** um 3 h; mit flauem Gefühl, Kälte und: *Am-c.*k1
• **kaltes** Zimmer nach einem Spaziergang in der Sonnenhitze; nach Eintreten in ein: **Rhus-t.**
• **Menses**, nach den: am-c.bg1 carb-an.bg1
○ **Herzgegend**; Gefühl von Schwäche in der: alum-p.k2 *Ars-i.* *Aur.* *Aur-m.* calc-ar.k2 crat.br1 dios.br1 gels. kali-bi.bg1 kali-c.h lach.gm1 lat-m.br1 lil-t.bg1 lob. *Merc.* **Naja** nat-m.bg1 **Nux-v.** petr.h *Ph-ac.* pyrog.bro1,pf *Rhus-t.*k,kl2● sang. sulph.bg1 sumb. thuj.
– **Lungen**: phos.k2

Schweiß: agar.bg2,k,* anac. ant-t.a1,k **Arg-met.** arn.bg2,k,* asar. bamb-a.stb2 bell.hr1,k ben. **Bov.**bg2,k,* **Calc.**bg2,k,* calc-p.k2 calc-sil.k2 canth.bg2,k *Cedr.*hr1,k *Chel.*hr1,k chin.bg2,k,* cimx.hr1,k **Cocc.**bg2,k,* *Crot-c.*a1,k dros.a1,k **Euphr.** glon.hr1,k,* graph.bg2,k hep.bg2,k,* ip. **Kali-n.**bg2,k *Lyc.*bg2,k,* merc.hr1,k merc-c.a1,k nit-ac.bg2,k,* op.a1,k *Petr.*hr1,k,* *Ph-ac.*bg2,k **Phos.**k,k1,kl2● plb.a1,k rhus-t. sabad.bg2,k,* sec. **Sel.**bg2,k,* seneg.k2 *Sep.*bg2,k,* sil.bg2,k spig. *Stry.*a1,k tab. thuj.bg1 verat.a1,k
– **tagsüber**: petr.a1,k
– **morgens**: bamb-a.stb2 bov.a1,k *Cocc.*hr1,k graph. kali-n.
– **vormittags**: arg-n.a1,k
– **nachmittags**:
• **17** - 21 h: chel.
– **abends**:
• **Gehen**, beim: chin. sabad.
– **nachts**: agar.hr1,k,* anac.a1,k arg-met. arg-n.a1 bamb-a.stb2 bar-c. bell.hr1,k *Calc.*hr1,k kali-c.bg1 nit-ac.a1,k *Sep.*hr1,k,* sil.a1,k stann.a1,k sulph.bg1
• **Mitternacht**: lyc.a1,kl,* nat-m.a1,k ph-ac.h
• **nach**: lyc.h
• **4** h: sep.
• **5** - 6 h: bov.
• **Erwachen**, beim: canth.a1,k
• **Schlaf**, im: euphr.
– **Abdomen** und Brust; nur an: arg-met.h cocc.h phos.h sel.h
– **Frösteln**, beim: sep.a1,k
– **Gehen**, bei schnellem: nit-ac.h
– **kalt**: agar.a1,k *Camph.*hr1,k canth.a1,k cocc. hep. lyc. merc. petr.a1,k seneg.k2 *Sep.*hr1,k,* stann.hr1,k
– **Koitus**, nach: agar.hr1,k
– **Menses**, während: *Bell.*hr1,k kreos.hr1,k
– **ölig**: *Arg-met.*
– **reichlich**: carc.cd,fb
– **rot**: arn.hr1,k,*
– **übelriechend**: *Arn.* carc.cd,fb euphr.k2 graph. hep. **Lyc.** phos. **Sel.** *Sep.*
○ **Achselhöhle** (= Achselschweiß): *All-c.*hr1,k,* aloe asaf.h asar.hr1,k *Bov.*bg2,k,* **Bry.**bg2,k cadm-s.

Schweiß - Achselhöhle: ...
*Calc.*hr1,k caps.h carb-ac.hr1,k carb-an.bg2,k *Carb-v.* carbn-s. carc.cd,fb cass.a1 **Cedr.**hr1,k chel.a1,k *Cur.*hr1,k **Dulc.**hr1,k,* gink-b.sbd1 gymno. *Hep.*bg2,k,* *Hydr.* hyos.a1,k **Kali-c.**bg2,k,* kali-p. *Kali-s.* *Lac-c.*hr1,k lach.bg2,k,* lappa.st laur.a1,k lil-t.a1,k merc-c.a1,k *Nat-m.*hr1,k,* *Nit-ac.*bg2,k,* ox-ac.a1,k *Petr.*bg2,k,* phos. psil.ft1 **Rhod.**hr1,k,* sabad.hr1,k,* sanic. **Sel.**hr1,k,* **Sep.**hr1,k **Sil.**hr1,k squil.hr1,k,* sul-ac. **Sulph.**hr1,k,* tab.a1,k *Tell.*hr1,k *Thuj.*a1,k tub.hr1,k verat.a1,k viol-t.a1,k zinc.a1,k
• **tagsüber**: dulc.a1,k
• **abends**: sabad.a1,k
• **nachts**: sulph.bg2
• **braun**: *Lac-c.*hr1,k thuj.
• **frißt** Löcher in die Wäsche: iod.alj psor.alj sep.alj sil.alj
• **gelb**: lac-c.
• **Hitze**; während: zinc.h
• **kalt**: lappa.bg1
• **Kälte**, bei: tab.a1,k
• **kalter** Luft, in: bov.
• **Knoblauch**, wie: *Bov.* *Kali-p.* *Lach.* osm. **Sulph.** *Tell.*
• **kristallartigem** Niederschlag im Haar; mit: sel.st thuj.st
• **reichlich**: *Sanic.* sel.hr1,k
• **rot**: arn. *Carb-v.* dulc. **Lach.** **Nux-m.** nux-v. thuj.
• **sauer** riechend: asar.hr1,k
• **scharf**: sanic.
• **übelriechend** ●: apis bov.hr1,k carb-ac.hr1,k cass.a1 con.bg1 dulc. gink-b.sbd1 **Hep.**hr1,k *Hydr.* *Lac-c.*hr1,k *Lach.*hr1,k,* *Lyc.*hr1,k,* merc-c. **Nit-ac.**hr1,k,* *Nux-m.*hr1,k osm.hr1,k,* **Petr.**hr1,k phos. *Rhod.*hr1,k,* *Sel.* *Sep.*hr1,k **Sil.**hr1,k **Sulph.**hr1,k,* *Tell.*hr1,k,* thuj. tub.c1
• **Menses**:
• **während**: stram. tell.
• **zwischen** den Perioden: sep.hr1,k
• **Zwiebeln**; riecht nach: bov.zr
☞ ❑ *Schweiß*
– **Brustbein**: **Graph.**hr1,k
• **morgens**: **Graph.**hr1,k
– **Mammae**: arg-met. arn. bov. calc. hep. kali-n. lyc. plb. rhus-t. sel. sep.
• **morgens**: bov. cocc. graph. kali-n.
• **nachts**: agar. bar-c. calc. kali-c. lyc. sil. stann. sulph.
○ **zwischen** den:
• **stinkend**: *Nux-m.*

Schwellung: ars.h cadm-s.c1 calc. *Dulc.* iod. kali-bi.c1 kali-chl. kali-m. merc. nat-c. rhus-t.h sep. *Sil.* *Sulph.*
○ **Achselhöhle**:
• **Kratzen**, nach: nat-m.h
○ **Achseldrüsen**: aesc. aeth. am-c. **Am-m.** anan. anthraci. *Ars.* ars-i.k2 aster. *Aur.* aur-i.k2 aur-s.k2 **Bar-c.** bar-i.k2 bar-s.k2 *Bell.* brom. cadm-s. calc. *Carb-an.* *Clem.* *Coloc.* *Con.* **Hep.** *Iod.* *Kali-bi.* **Kali-c.** kali-p. kali-sil.k2 **Lach.** *Lyc.* **Merc.** *Merc-i-r.* *Nat-c.* *Nat-m.* *Nat-s.* **Nit-ac.** petr.

– **Achselhöhle - Achseldrüsen**: ...
Ph-ac. **Phos.** *Phyt. Puls. Rhus-t. Sep.* **Sil.** *Staph.* sul-ac. sul-i.k2 *Sulph.* tell.c1
 • **rechts**: nat-m.h
 ◆ **begleitet** von:
  • **Brustkrebs**
  ☞ *Krebs - Mammae - begleitet von - Achseldrüsen*
 • **eitrig**: coloc.h sep.h sulph.h
 • **Gefühl** von: benz-ac.
 • **Menses**, vor den: aur.
 • **schmerzlos**: *Lach.*
– **Brustbeines**; unterer Teil des: sacch.
– **Brustmuskeln**: ran-b.k2
– **Herz**:
 • **Gefühl** von Schwellung: *Acon.*bg2 alum.bg2 *Ang.*bg1,bg2,* arn.bg2 ars.bg2,rb2 *Asaf.*bg2,rb2 aur.bg2 bapt.rb2 bell.rb2 *Bov.*bg2 cench.rb2 cent.rb2 *Cimic.*bg2 *Dig.*bg2 *Iod.*bg2 *Kali-i.*rb2 **Lach.**bg1,bg2 *Med.*rb2 *Naja*bg2 *Phos.*bg2 plb.rb2 *Pyrog.*bg2 rob.rb2 *Spig.*bg2 *Spong.*bg2 **Sulph.**bg1,bg2,* thea.rb2 thlas.bg1
 • **Liegen** auf der linken Seite; beim: ang.rb2
– **Mammae**: aeth.br1 apis arn. ars-i. asaf.a1,k aur-s.a1,k bamb-a.stb2 *Bell.*a1,k brom.a1,k *Bry.* bufo *Calc.*a1,k *Carb-an. Cham. Clem. Con.*hr1,k *Crot-t. Cupr.* cur. cycl.a1,k *Dulc.* graph. *Helon.*a1,k *Hep.* hydrog.srj2 *Lac-c. Lach.* luna.kg1 lyc.a1,k lyss. *Merc.*a1,k merc-c. merl.c2 naja nat-c. oci. onos. *Phos.*a1,k *Phyt.* pip-n.c2 psor. **Puls.**a1,k *Rhus-t.* sabin.a1,k samb. **Sil.**a1,k sol-a.c2 sol-o.c2 *Sulph.*a1,k tarent.a1,k vip.a1,k *Zinc.*
 ☞ *Hypertrophie - Mammae*
 ◆ **begleitet** von:
  • **Brustkrebs**
  ☞ *Krebs - Mammae - begleitet von - Schwellung*
 • **Absonderung** von Milch; mit: *Asaf. Cycl. Tub. Urt-u.*a1
 • **Abstillen**, nach dem: puls.ptk
 • **heiß**: *Bell.* bry. *Calc. Merc. Phos.* phyt.k2
 • **Menses**:
  • **vor**: bamb-a.stb2 bry.k2 *Calc.* carc.oss con. granit-m.es1 kali-c. kali-s. *Lac-c.* murx. *Tub.*
  • **während**: calc. *Cham. Con.*hr1,k dulc. helon. lac-c. thuj. *Tub.*
  • **nach**: cycl.
  • **anstatt**: dulc.ptk rat.a1,k
 • **Narben**: *Graph.* phyt. **Sil.**
 ☞ ❑ *Haut - Narben*
 • **Neuralgie** des Uterus; bei jedem Anfall von: nux-v.
 • **Stillen**, beim: puls.h
 ○ **Brustwarzen**: calc.h *Cham. Lach.* lyc. *Merc.* **Merc-c.**a1,k orig.st phos. sulph.
  • **rechts**: *Fl-ac.* sulph.
  • **morgens**: fl-ac. sulph.
 • **Drüsen**: calc.h
– **Schlüsselbeine**: phos.
– **Sternoklavikulargelenk**: til.c1

Schwere
 ☞ *Beklemmung*

Schwimmen, schweben würde; als ob das Herz: *Bufo*bg1 crot-c.bg1

Schwimmen würde; als ob das Herz in Wasser: borx. bov. *Bufo* sumb.

Schwirren:
○ **Herzgegend**:
 • **Gefühl** von Schwirren: caust.bg3 *Spig.*

Seite:
○ **Herz** scheint auf der rechten Seite zu sein
 ☞ *Rechten*

Singen agg.: dros.h

Sinkendes Gefühl am Herzen
 ☞ *Schwäche - Herz - Herzgegend*

Soldatenherz
 ☞ *Herzklopfen - neurozirkulatorische*

Spannung:
 ☞ *Zusammenschnürung*
○ **Achselhöhle**: arg-n.bg2 aur.bg2,k,* spig.bg2,h teucr.bg2 zinc.bg2
– **Mammae**: *Bamb-a.*stb2 puls.h
 • **Menses**; vor: *Bamb-a.*stb2
– **Schlüsselbeine**: *Lyc.* nat-m.h *Zinc.*a1,k
 • **links**: zinc.a1,k
 ○ **unter**: *Lyc.*
– **Seiten**, nachts: kali-c.h
– **untere Rippen**: sulph.a1,k

Spasmen: acon. ang.hr1,k *Arg-n.*hr1,k *Ars.*hr1,k **Asaf.**hr1,k *Bell.*hr1,k *Calc.*hr1,k camph.hr1,k *Cann-s.*hr1,k *Cham.*hr1,k chin.hr1,k *Cic.*hr1,k cina *Cocc.*hr1,k *Colch.*hr1,k *Cupr.*hr1,k *Elat.*hr1,k *Ferr.*hr1,k ferr-ar. ferr-p. *Gels.*hr1,k *Graph.*hr1,k *Hyos.*hr1,k *Ip.*hr1,k *Kali-c.*hr1,k kali-p. *Lach.*hr1,k lact. *Laur.*hr1,k led. *Lyc.*hr1,k *Merc. Mez.*hr1,k *Mosch.*hr1,k nat-s.hr1,k nit-ac. *Nux-v.*hr1,k *Op.*hr1,k *Ph-ac.*hr1,k *Phos.*hr1,k plb. *Puls.*hr1,k *Samb.*hr1,k *Sang.*hr1,k sars. sec.hr1,k sep.hr1,k spig. spong.hr1,k staph. *Stram.*hr1,k *Sulph.*hr1,k tarent.hr1,k *Verat.*hr1,k *Zinc.*hr1,k zinc-p.k2
 ☞ *Schmerz - krampfartig*
– **Abkühlen**, Kaltwerden; beim: mosch.k2
– **Atem**, versetzen den: stram.
– **beugen**; muß sich nach vorne: hyos.hr1,k ph-ac.
– **Gehen** agg.: ferr.
– **Hitze** und Blutandrang; mit: puls.
– **Husten**, beim: agar. am-c. ars. chlor. cina cupr. kali-c. lach. merc. mosch. sep. *Sulph.*
– **hysterisch**: ars. **Asaf.** bell. cic. *Cocc.*hr1,k *Mosch.*hr1,k *Stram.*hr1,k zinc.
– **Kolik**, mit: *Cupr. Sep.* verat.
– **Körperübungen** agg.: ferr.
– **Menses**:
 • **vor**: bov.hr1,k *Lach.*hr1,k
 • **während**: *Chin.*hr1,k *Cocc.*
○ **Herz**: act-sp.bro1 *Agar.*hr1,k *Arg-met.* calc. *Cupr.*hr1,k *Gels. Lach.* mag-p. *Nux-v.*
 • **Frost**; während: calc. nux-v.
 • **Liegen** auf dem Rücken agg.: arg-met.
– **Zwerchfell**: *Arg-n.*hr1 *Bell.*hr1,k *Chel.*hr1,k choc.srj3 cic.hr1,k coch.c1 cupr.hr1,k gels.hr1,k *Lob.*hr1,k *Mosch.*hr1,k oena.hr1,k,* ph-ac.hr1,k staph. stram.hr1,k *Stry-xyz.*c2

Spasmodische Bewegung in der Brust: arn.

Stagnieren des Blutes: *Lob.*

Stehenbleiben des Herzens:
- **wäre**; als ob es stehengeblieben: *Arg-met.* *Arg-n.* arn.$_{bg1}$ aster. *Aur.* *Cact.* chinin-ar. choc.$_{srj3}$ **Cic.** conv.$_{br1}$ **Dig.** *Lach.* *Lil-t.* *Lycps-v.* pyrus$_{rb2}$ *Rumx.* *Sep.*$_{k,kl2}$● spig. tarent. zinc.
  - **anfängt**; und dann sehr plötzlich zu schlagen: conv.$_{br1}$
  - **Mittagessen**, nach dem: sep.
  - **Schwangerschaft**; während der: arg-met.
- **würde**; als ob das Herz stehenbleiben: antip.$_{bro1}$ aur. *Calc.*$_{vh}$ chinin-ar.$_{bg3}$ cimic.$_{bg3}$ conv.$_{bg3}$ dig.$_{k2}$ **Lob.** nux-m. onos. sulph.$_{c1}$ vib.$_{bg1,bg3,*}$
- **würde**, wenn er nicht ständig in Bewegung bleibt; fürchtet, daß das Herz stehenbleiben: **Gels.**$_{k,kl2}$●

Steifheit: bamb-a.$_{stb2}$
○ **Brustbein**: con.$_{h}$
- **Muskeln**: lyc.$_{h}$ puls.$_{h}$

Stenokardie: *Aur.*$_{hr1,k}$ *Chel.*
- **Gehen** agg.: jug-c.$_{c1}$

Tabakherz: apoc.$_{c2}$ cact.$_{br1}$ conv.$_{br1}$ scut.$_{c2}$
- **Zigarettenrauchern**; besonders bei: conv.$_{br1}$

Tachykardie
☞ *Herzklopfen*

Trockenheit: acon.$_{k2}$ alum.$_{h}$ bell.$_{k2}$ con.$_{h}$ *Ferr.* kali-c.$_{k2}$ kali-chl. *Lach.* *Merc.* osm. phos.$_{h}$ *Puls.* sang.$_{k2}$ stram. zinc.
- **warmen** Zimmer; im: hydrog.$_{srj2}$
○ **Achselhöhle**: hep.
- **Brustwarzen**: castor-eq.

Trommelnde Herztöne: lob-p.$_{bg1}$

Tropfen
☞ *Fallen - Tropfen*

Tuberkulose: *Acet-ac.*$_{c2,k}$ **Agar.**$_{c2,k}$ aloe$_{c2}$ alumn.$_{k2}$ am-c.$_{k2}$ am-m.$_{k2}$ ant-ar.$_{c2}$ ant-t. arg-met.$_{c2,k2}$ arn.$_{k2}$ *Ars.* *Ars-i.* ars-s-f.$_{k2}$ arum-t.$_{k2}$ aur.$_{c2}$ aur-ar.$_{c2}$ aur-m.$_{c2}$ aur-m-n.$_{c2}$ bac.$_{c2}$ bac-t.$_{c2}$ bals-p.$_{c2}$ *Bar-m.* berb.$_{k2}$ beta$_{br3}$ blatta-o.$_{c2}$ *Brom.* *Bufo* calag.$_{bro1}$ **Calc.**$_{c2,k}$ *Calc-i.*$_{k2}$ **Calc-p.** *Calc-s.* calc-sil.$_{k2}$ *Carb-an.* *Carb-v.* *Carbn-s.* carc.$_{jl2}$ card-m.$_{c2,k}$ cetr.$_{c2}$ chinin-ar.$_{k2}$ chlor.$_{c2,k}$ coc-c.$_{c2}$ *Con.*$_{c2,k}$ cur.$_{c2}$ *Dros.*$_{c2,k}$ *Dulc.* *Elaps*$_{c2,k}$ erio.$_{c2}$ eupi.$_{c2}$ ferr.$_{k2}$ ferr-ar.$_{k2}$ *Ferr-i.* *Ferr-p.* fl-ac. gad.$_{c2}$ gal-ac.$_{br1,c2}$ *Graph.* *Guaj.*$_{c2,k}$ guajol.$_{bwa3}$ ham.$_{k2}$ helx.$_{c2}$ **Hep.** hippoz. ichth.$_{c2}$ **Iod.** kali-ar. kali-bi.$_{k2}$ **Kali-c.** *Kali-n.*$_{c2,k}$ *Kali-p.* **Kali-s.** kali-sil.$_{k2}$ *Kreos.* *Lac-d.* *Lach.* lachn.$_{br1,c2}$ lec.$_{br1}$ led. **Lyc.** lycps-v.$_{c2}$ mag-c.$_{k2}$ mang.$_{k2}$ *Med.* *Merc.* mill. *Myrt-c.* naphtin.$_{c2}$ nat-ar. nat-cac.$_{c2}$ *Nat-m.* nat-p.$_{c2}$ nat-s.$_{c2}$ *Nit-ac.* *Ol-j.*$_{c2,k}$ ox-ac. petr. *Ph-ac.* phel.$_{c2,ptk1}$ **Phos.** pix$_{c2}$ *Plb.* **Psor.** ptel.$_{hr1}$ **Puls.** pyrog.$_{c2,k2}$ rumx.$_{c2,k2}$ sabal$_{c2}$ salv.$_{c2}$ samb.$_{c2,k}$ *Sang.* sarr.$_{c1}$ **Senec.**$_{c2,k}$ *Seneg.* *Sep.* **Sil.** slag$_{c2}$ **Spong.** **Stann.** stann-i.$_{c2}$ stict.$_{c2}$ still. sul-ac.$_{c2,k}$ sul-i.$_{k2}$ **Sulph.**

Tuberkulose: ...
tarent-c.$_{k2}$ teucr-s.$_{c2,gm1}$ **Ther.** thyr.$_{c2}$ **Tub.**$_{c2,k}$ tub-a.$_{c2}$ tub-d.$_{al2}$ verb.$_{c1}$ **Zinc.** zinc-i.$_{c2}$ zinc-p.$_{k2}$
☞ ❑ *Allgemeines - Tuberkulose*

◆ **begleitet** von:
- **Blutung**: helx.$_{gm1}$
- **Zunge**:
  - **blasse** Zunge: *Ferr.*$_{kr1,vk1}$
  - **braune** Farbe der Zunge: *Guaj.*$_{kr1,vk1}$
  - **weiße** Farbe der Zunge: ars-i.$_{kr1,vk1}$

- **Absonderungen**:
  - **unterdrückte**; durch: bufo$_{k2}$
- **akut**: *Ars.* *Bry.* *Chin.* *Cimic.* dros. *Dulc.* ferr. **Ferr-p.** *Hep.* *Kali-chl.* kali-p. *Kreos.* lach. laur. *Med.* nat-m. *Phos.* **Puls.** **Senec.** **Sil.** stann. *Sulph.* **Ther.**
  - **Exazerbationen** in allen Stadien: ferr-p.$_{pd}$ *Kali-n.*
  - **Menses**, durch unterdrückte: **Senec.**
- **alten** Menschen, bei: *Nat-s.*
- **Analfistel**; nach Operation einer: sil.$_{dp}$
- **Anfangsstadium**
  ☞ *beginnende*
- **beginnende**: acal.$_{br1}$ *Acet-ac.* *Agar.* *Bry.* cact. **Calc.** **Calc-p.** *Carb-v.* *Dulc.* *Ferr.* ferr-p. **Hep.** *Iod.*$_{ptk1}$ **Kali-c.** **Kali-p.** *Lach.* **Lyc.** *Lycps-v.* **Med.** *Nat-s.* petr. **Phos.** **Psor.** **Puls.** *Rumx.* *Sang.* **Senec.** **Sil.** **Stann.** *Sulph.* *Ther.* thuj. **Tub.**
  ◆ **begleitet** von:
  - **Zunge**; Aphthen auf der: agar.$_{vk1}$ iod.$_{vk1}$ sulph.$_{vk1}$
- **Blutungen**, nach: *Chin.* ferr-p.$_{c2}$
- **Brustverletzung**, nach: mill.$_{ptk1}$ *Ruta*
- **Diarrhoe**:
  - **unterdrückte**; durch: ph-ac.$_{k2}$
- **Druck** in den Zwischenrippenmuskeln von innen nach außen, Atmen agg.; mit: **Asaf.**$_{hr1}$
- **eitrig** und geschwürig: *Ars.* *Ars-i.* brom. bry. **Calc.** *Carb-an.* *Carb-v.* *Carbn-s.* chin. *Dros.* dulc.$_{bg1}$ *Ferr.*$_{bg1,bg2}$ guaj. *Hep.* hyos. **Iod.** **Kali-c.** *Kali-n.* *Kali-p.* kreos.$_{bg1}$ *Lach.* laur.$_{bg1,bg2}$ led. **Lyc.** *Merc.* nat-m. *Nit-ac.* *Nux-m.* **Phos.** *Plb.* *Psor.* *Puls.* ruta sep. *Sil.* stann. *Sulph.*
- **Endstadium**: am-c.$_{k2}$ ars. bry. **Calc.** **Carb-v.** *Chin.* *Dros.* *Euon.* kali-n. **Lach.** led. lob. **Lyc.** *Phel.* *Phos.* *Psor.* **Puls.** *Pyrog.* **Sang.** *Seneg.* **Tarent.**
- **Epilepsie**:
  - **unterdrückte**; durch: bufo$_{k2}$
- **florida**; Phthisis: *Ferr.* med. nat-p. *Puls.* *Sang.*$_{c2,k}$ **Ther.**$_{c2,k,*}$
- **Kohlenstaub**; bei Minenarbeiter, durch: carbn-s. nat-ar.$_{k2}$
- **Liegen** auf der Seite agg.: calc.
- **Schleimauswurf**, mit: *Aesc.* **Ant-c.** **Ant-t.** *Bar-m.* caust. *Coc-c.* *Dulc.* **Euon.** *Ferr.* **Ferr-p.** **Hep.** *Kali-c.* **Kali-chl.** **Kali-i.** *Kreos.* *Lach.* **Lyc.** **Med.** *Merc.* *Merc-c.* mill. *Nat-s.* **Phos.** **Psor.** *Puls.* **Sang.** **Senec.** *Seneg.* *Sil.* **Stann.**$_{c2,k}$ *Sulph.* **Ther.**
- **Steinhauerlunge**: calc.$_{c2}$ *Sil.*$_{ptk1}$
- **stillenden** Müttern, bei: *Kali-c.*

– **sykotisch**: ars. **Aur.** *Aur-m.* bar-c. bry. **Calc.** *Carb-an.* carb-v. *Caust.* cham. chin. *Dulc. Ferr-p. Lach.* **Lyc. Med. Nat-s. Nit-ac.** *Phyt. Puls.* sep. *Sil.* staph. sulph. *Ther.* **Thuj.**
– **Wetter**, bei naßkaltem: *Dulc.*

Tumoren:
○ **Achselhöhle**: ars-i. *Bar-c.* petr. tell.$_{c2}$
• **enzystiert**: bar-c.
– **Brustdrüse**, männliche:
• **links**:
• **Walnuß**, wie eine: bar-c.$_{pd}$ calc-p.
• **rechts**: thuj.$_{c1}$
• **Walnuß**, wie eine: bar-c.$_{ptk1}$ calc-p.$_{ptk1}$
– **Mammae**: ars-i.$_{c2}$ brom.$_{c2}$ calc-i.$_{c2,k2}$ *Carb-an.* chim.$_{c2}$ **Con.** *Cund.*$_{c2,k}$ ferr-i.$_{c2}$ hecla$_{c2}$ *Hyos.*$_{c2}$ kali-i. *Lach.* merc-i-f.$_{c2}$ osm.$_{c2}$ ph-ac.$_{c2}$ *Phos. Phyt.* sang.$_{c2,k}$ scroph-n.$_{bro1}$ sec. *Sil.* skook.$_{c2}$ tep.$_{c2}$ tub.$_{br1}$
• **Verletzung**; durch: arn.$_{pd}$

Überlastung:
○ **Herz**:
• **Anstrengung**; Überlastung des Herzens durch große: *Arn. Caust. Nat-m. Rhus-t.*
• **Gefühl**, als wäre es überlastet worden: ant-t.$_{st}$

Überzogen; Gefühl, wie mit etwas: ant-t. bar-c. bry.$_{bg1,bg2}$ caust. *Nat-m.*

Ulzeration
☞ *Geschwüre*

Unbeweglichkeit: **Phos.**

Venennetzes, Durchzeichnung des: carb-v.

Vergrößert; als sei das Herz: sulph.$_{st}$

Vergrößerung
☞ *Hypertrophie*

Verhärtung:
○ **Achseldrüsen**: am-c. bufo calc. **Carb-an.** clem. hep.$_{k2}$ **Iod.** *Kali-c.* lac-c. nat-c.$_{k2}$ **Sil.**
– **Mammae**: alum-sil.$_{gm1}$ alumn. apis *Aster. Bell. Bry.* bufo *Calc.* calc-f.$_{c2}$ calc-i.$_{k2}$ calc-p. **Carb-an.** *Carbn-s.* **Cham.** *Cist. Clem.* coloc. **Con.** *Crot-h. Crot-t. Cupr.* dulc. *Graph.*$_{c2,k}$ hep.$_{k2}$ *Hydr. Iod. Kreos. Lac-c.* lap-a.$_{br1}$ *Lyc. Merc.* nit-ac. *Phos. Phyt.* plb. puls. ruta *Sep.* **Sil.** sul-i.$_{k2}$ *Sulph. Thuj.* tub. ust. vip.
☞ *Knoten - Gefühl / Knoten - Mammae / Knoten, empfindliche - Mammae*
• **links**: **Sil.**
• **rechts**: *Arn.* carb-an.$_{bro1}$ **Con.** *Phyt.* vip.
◆ **begleitet** von:
• **Brustkrebs**
☞ *Krebs - Mammae - begleitet von - Verhärtung*
• **Abszeß**, nach: *Con. Graph.*
• **Entbindung**, nach der: phyt.$_{c1}$
• **Menses**:
• **vor**: bry.$_{k2}$ *Con.* lac-c. sang.
• **während**: carb-an. con.
• **Narben**, in: **Graph.** phyt.$_{k2}$
☞ ☐ *Haut - Narben*
• **Quetschung**, nach: *Bell-p. Con.*

Verhärtung - Mammae: ...
• **schmerzhaft** bei Berührung: con.$_{h}$
○ **Brustwarzen**: *Bry. Calc. Carb-an. Merc.* sulph.

Verletzungen:
○ **Herzens**; des: arn.$_{st1}$ cact.$_{st1}$
– **Mammae**; der: arn.$_{k1}$ *Bell-p.*$_{k1}$ con.$_{k1}$

Verrenkt, wie:
○ **Rippen**: caps.$_{ptk1}$

Verwachsungen:
– **Gefühl** von: arn. aur. aur-m. bry. cadm-s. coloc. dig. euph. hep. kali-c. kali-n. *Merc. Mez.* nux-v. par. petr. phos. *Plb.* puls. *Ran-b.* **Rhus-t.** seneg. *Sep. Sulph. Thuj.* verb.
○ **Lungen** mit der Brust verwachsen; als wären die: cadm-s.$_{c1}$
○ **Perikards**; des: *Graph.*
– **Rippenfells**; des: ran-b.$_{c2}$

Vibrieren; Gefühl von:
○ **Herz**:
• **brennen**, in Flammen stehen; als würden die Nerven: hydrog.$_{srj2}$

Völle: **Acon.** aesc. agar. *Ail.* aml-ns. ang.$_{c1}$ **Apis** apoc.$_{k2}$ arg-n. *Ars.* arum-t. *Asaf. Aspar.* aster. **Aur.**$_{bg1,bg2}$ *Bar-c.*$_{h,k,*}$ bar-s.$_{k2}$ benz-ac. brom. bry. *Cact.* cadm-s. calc. calc-ar. *Canth. Caps. Carb-v. Carbn-s.* carl. caust. cench.$_{k2}$ chin. *Cist. Coff.* colch. con.$_{a1,k}$ cop. cot.$_{br1}$ croc. *Crot-t.* cub. echi. ery-a. eug.$_{bg2}$ *Ferr.* ferr-ar. *Ferr-p. Gels.* gent-l.$_{a1,k}$ *Glon. Hydr.* ign. *Kali-bi.* **Lach.** lachn.$_{c1}$ lact. lil-t. *Lob.* lyc.$_{a1,k}$ med. merc. mosch. *Nat-ar.* nat-m. nat-p. *Nit-ac. Nux-m.* nux-v. *Phos. Puls.* pyrog.$_{pd}$ *Rhus-t.* rumx. ruta sabin. sacch. sang. sel. sep. spong. sul-ac. *Sulph.* sumb. tax. ter. verat.
– **morgens**: calc.$_{h}$ con.$_{a1,k}$ gent-l.$_{a1}$ lyc.$_{a1,k}$ *Sulph.*
• **Erwachen**, beim: ph-ac.$_{h}$
• **Rauchen**, nach: cycl.$_{a1,k}$
– **vormittags**:
• **Gehen**, beim: acon.$_{a1,k}$
• **Schreiben**, beim: fl-ac.$_{a1,k}$
– **mittags**: lyc.$_{h}$
– **nachmittags**: alumn.$_{a1,k}$ coca
• **17 h**: phos.
– **abends**: *Carb-v.*$_{a1,k}$ eupi.$_{a1,k}$ lact.$_{a1,k}$ **Puls.** *Sulph.*$_{a1,k}$
• **Bett**, im: *Nat-s.* sulph.
• **Essen**, nach dem: alumn.
• **Schlaf**; verhindert den: puls.$_{k2}$
– **Anstrengung**, bei: nat-ar.
– **Aufstoßen**; durch unvollständiges, versagendes: ang.$_{h}$
– **Auswurf** amel.: *Ail.* calc.$_{h}$
– **Einatmen**, beim tiefen: kali-n.$_{a1,k}$ nat-ar. sulph.
– **Erwachen**, beim: con. ph-ac.$_{a1,k}$
– **Essen**, nach dem: ant-c. caps. *Lyc.* phos.$_{k2}$
– **Freien**, im: lyc.$_{a1,k}$
– **Gehen**, beim: ferr. verat.$_{h}$
– **Harndrang** nicht nachgegeben wird; wenn dem: **Lil-t.**
– **harten** Masse in der Brust; Gefühl einer: stict.$_{c1}$

– **Kaffee**, nach: *Canth.*$_{a1,k}$
– **Menses**, vor den: brom. **Sulph.**
– **Sitzen**, beim: anac.$_{h}$ *Caps.*$_{a1,k}$
– **Steigen**, beim: bar-c.$_{h,k,*}$
○ **Herz**: *Acon. Aesc.* ang.$_{bg1,bro1}$ arg-met. arg-n. *Asaf.* **Aur. Aur-m.** bamb-a.$_{stb2}$ *Bov.* bufo caust. *Cench.* colch. cot.$_{br1}$ *Glon.* **Lach.** *Lil-t. Lycps-v.* med. *Puls.* pyrog.$_{k,k2}$ sep. spong.$_{k2}$ **Sulph.**
  • **abends**: **Puls.**
  • **nachts**: colch.
    • **Seite**; beim Liegen auf der linken: colch.
  • **Menses**, während: *Puls.*
  • **Treppensteigen**, beim: **Aur.** aur-m.
  • **Verschluß**, wie durch: cot.$_{br1}$
– **Mammae**: bell. *Bry.* calc. *Calc-p.* chim.$_{bro1}$ choc.$_{srj3}$ clem. cycl. *Dulc. Kali-c. Lac-c.* lact. merc. nux-v. phos.$_{k2}$ *Phyt.* sabal$_{bg3}$ sec. *Sep.* zinc.
  • **Gefühl** von: carb-an. clem.$_{a1}$ *Sep.*
    • **Milch** darin; als wäre: choc.$_{srj3}$
  • **Menses**, während: *Con.*
– **untere** Brusthälfte: puls.$_{h}$

Wärme; Gefühl von: alum. asc-t.$_{a1,c1}$ euph. hell. lact. *Mang.* nat-m. ol-an. rhod. rhus-t.$_{h}$ **Sulph.** verat.$_{h}$
○ **Herz**:
  ○ **Herzgegend**: cann-s. croc. kalm.$_{c1}$ rhod. ter.$_{gt1}$ visc.$_{bg2}$
  • **im** Herzen: *Ant-t.*$_{bg1,bg2}$ verat.$_{h}$ visc.$_{bg1}$

Wahrnehmen des Herzens; bewußtes
☞ *Bewußt*

Wallung des Blutes
☞ *Blutwallungen*

Warzen: carc.$_{az1}$
○ **Brustbein**, auf dem: nit-ac.
– **Mammae**, an den: castor-eq.$_{bro1}$

Wasser, Gefühl von:
– **heißes** Wasser in der Brust; als sei: **Acon.** cic. *Hep.*
– **kaltes** Wasser vom Herz herabfallen würde; als ob Tropfen: cann-s.
– **kochendes** Wasser in die Brust gegossen würde; als ob: **Acon.**
○ **Herz** in Wasser getaucht sei; als ob das: bufo$_{c1}$
– **in** der Brust; Gefühl von Wasser: bov.$_{bg1,bg2}$ *Bufo*$_{bg1,bg2}$ crot-c. hep.$_{ptk1}$ samb.$_{bg1}$ sumb.$_{bg2}$

Wassersucht: acet-ac. *Am-c. Ant-t.* **Apis**$_{c2,k}$ **Apoc. Ars.**$_{c2,k}$ *Ars-i.*$_{c2}$ ars-s-f.$_{k2}$ *Asaf. Aspar.* aur.$_{k2}$ *Aur-m.* **Bry.** cact.$_{k2}$ calc. *Canth. Carb-v. Carbn-s.* chin. chinin-ar. **Colch.** *Crot-h. Dig. Dulc.* elat.$_{hr1}$ ferr-m. *Fl-ac.* **Hell.** *Iod.* jug-c.$_{c2}$ *Kali-ar.* **Kali-c.**$_{c2,k}$ *Kali-i.* kali-sil.$_{k2}$ *Lach. Lact.* **Lyc.**$_{k,k2}$ *Merc.*$_{k,k2}$ **Merc-sul.**$_{c2,k}$ mez. mur-ac. *Nat-m.* op. phase-xyz.$_{c2}$ *Psor. Ran-b.* rat.$_{c2,k}$ *Sang. Seneg.*$_{c2,k}$ *Sil. Spig. Squil.*$_{c2,k}$ stann. sul-i.$_{k2}$ *Sulph.*$_{c2,k}$ *Ter.* tub.$_{c1}$ uran-met. *Zinc.*
☞ ❏ *Allgemeines - Wassersucht - innere*
◆ **begleitet** von:
  • **Albuminurie**: *Lach.*$_{kr1}$
– **Asthma**, mit: psor.

Wassersucht: ...
– **Erkrankung**; bei organischer: *Apoc.*$_{hr1,k}$ spig.
○ **Herzwassersucht**:
  • **Atemnot**; mit quälender: arn.$_{br1}$
– **Perikard**: *Apis Apoc.*$_{k,k2}$ **Ars.** ars-s-f.$_{k2}$ aur.$_{k2}$ **Colch. Dig.**$_{br1,k}$ *Lach.* **Lyc.**$_{k,k2}$ *Sulph. Zinc.*
– **Seite**:
  • **rechts**:
    • **tief** liegendem Kopf; mit:
      • **nur** mit dem Kopf tief liegen; kann: *Spig.*
  • **erkrankte**:
    • **nur** auf der erkrankten Seite liegen; kann: *Ars.*

Wein:
– **agg.**: borx.

Wellenartiger Bewegung des Herzens; Gefühl von: *Benz-ac. Spig.*

Wirbelndes Gefühl:
○ **Herzen**, am: *Cact. Iod.* rhus-t.

Zerschlagen in den Rippen; Gefühl wie
☞ *Zerschmettert*

Zerschmettert; Empfindung in der Seite der Brust, als seien die Rippen: ph-ac.$_{h}$

Zittern: ambr.$_{bg2,k}$ apis *Arg-met. Arg-n. Ars.* benz-ac.$_{hr1,k}$ bov. *Calc.* calc-p. *Camph.*$_{hr1,k,*}$ carb-an.$_{h}$ *Carb-v.* **Cic.** *Cocc.* dig.$_{hr1,k}$ kali-c.$_{bg2,k}$ kali-n. *Kalm.* lac-c.$_{bg2,k}$ lachn. lact.$_{a1,k}$ lappa$_{bg1}$ manc.$_{bg2,k}$ nat-p. nicc.$_{bg2,k}$ phos.$_{bg2,k}$ ruta$_{h}$ sabin.$_{bg2,k,*}$ seneg. **Spig.**$_{bg2,k,*}$ *Staph.* ther. zinc.$_{h}$
– **Mittag**, gegen: sulph.$_{a1,k}$
– **Bewegen** der Arme; beim: *Spig.*
– **Einatmen**, beim: ang.$_{h}$
– **Frösteln**, mit: phos.$_{a1,k}$
– **Husten**, beim: rhus-t.
– **Mittagessen**, nach dem: zinc.$_{a1,k}$
– **schmerzhaft**: benz-ac.
– **Weinen**, wie durch: stront-c.
○ **Herz**: absin. aeth. agar. *Arg-met. Arg-n. Ars. Ars-i. Aur.* aur-ar.$_{k2}$ aur-s.$_{k2}$ bad. bell. benz-ac. bufo **Calc.** calc-i.$_{k2}$ *Camph.* chinin-ar. *Chinin-s.* **Cic.** cina cinnb. *Cocc.* crot-h. *Cupr. Glon.* helo. *Iod.* kali-n. *Kalm. Lach.* lachn. **Lil-t.** lith-c. *Merc. Mosch. Nat-m. Nat-p.* nit-ac. **Nux-m.** op. *Phys. Plat. Rhus-t. Sep.* **Spig.** *Staph.* stram. *Tab. Tarent.* thea *Ther.*
☞ *Flattern*
  • **vormittags**: bell.$_{h}$
  • **abends**:
    • **Bett**, im: anag. cinnb.
    • **Sitzen**, im: dig.
  • **nachts**: ambr. sep.$_{h}$
    • **Bett**, im: thuj.
  • **anfallsweise**: nit-ac.
  • **Druck**, bei: kali-bi.
  • **Erregung**, bei: lith-c.$_{hr1}$
  • **Erwachen**, beim: agar.$_{hr1,k}$ *Lach. Merc.*$_{hr1,k}$
  • **Liegen**:
    • **agg.**: iod.
    • **linken** Seite agg.; auf der: *Camph. Tab.*

– **Herz**: ...
• **Menses**, nach den: nat-p.$_{a1,k}$
• **Sitzen**, im: iod.$_{hr1,k}$
• **Treppensteigen**, beim: *Nat-p.*
– **Lungen**: sabin.$_{c1}$

Zucken: bamb-a.$_{stb2}$ calc.$_{h}$ cic.$_{h}$
○ **Herzgegend**: *Aesc.* *Arg-met.* helo.$_{c1}$ lil-t.$_{bg1,bg2}$ nat-m.$_{h}$
• **Liegen** auf dem Rücken, beim: *Arg-met.*
– **Mammae**: sulph.$_{h}$
– **Muskeln**, in: agar. anac. asar.$_{h}$ chin.$_{h}$ cina$_{hr1}$ coloc. dros.$_{h}$ dulc. kali-c. lyc. mez.$_{h}$ nat-c. nat-m. plat.$_{h}$ seneg. sep. spig.$_{h}$ stann. tarax.$_{h}$
• **brennend**: nat-c.$_{h}$

Zusammenschnürung (= Spannung, Engegefühl): **Acon.** *Aesc.* aeth.$_{br1,c1}$ *Agar.* ail. *All-c.* *Alum.* alum-sil.$_{k2}$ alumn. am-c. am-m. ambr. anac. *Ang.* *Ant-t.* apis aral. *Arg-n.* *Arn.* **Ars.** *Ars-h.* *Ars-i.* ars-s-f.$_{k2}$ *Asaf.* asar. asc-t. aspar. **Aur.** aur-ar.$_{k2}$ aur-i.$_{k2}$ *Aur-m.* *Bapt.* *Bar-c.* bar-i.$_{k2}$ bar-s.$_{k2}$ **Bell.** bism. *Borx.* bov. **Brom.** **Bry.** bufo **Cact.** *Cadm-s.* cain. **Calc.** *Calc-p.* calc-s. calc-sil.$_{k2}$ *Camph.* cann-i. cann-s. canth. *Caps.* *Carb-ac.* *Carb-an.* **Carb-v.** *Carbn-o.* **Carbn-s.** carl. **Caust.** *Cham.* **Chel.** chin. chinin-ar. chlol. *Chlor.* *Cic.* *Cimx.* cina cinnb. clem. *Coc-c.* *Cocc.* coff. *Colch.* *Coloc.* **Con.** cop. *Crot-c.* crot-h. *Crot-t.* *Cupr.* cupr-ar.$_{bro1}$ cupr-s. cycl. *Dig.*$_{br1,k}$ dios. *Dros.* *Dulc.* elaps *Euph.* *Ferr.* ferr-ar. ferr-i. ferr-p. gamb. *Gels.* gins. *Glon.* **Graph.** *Hell.* *Hep.* hydr-ac. hydrog.$_{srj2}$ *Hyos.* *Hyper.* ictod. **Ign.** *Iod.* *Ip.* iris jatr-c. *Kali-ar.* *Kali-bi.* *Kali-c.* *Kali-chl.* kali-i. kali-m.$_{k2}$ *Kali-n.* kali-p. kali-s. kali-sil.$_{k2}$ kreos. **Lach.** *Lact.* lappa$_{bg1}$ lat-m.$_{br1}$ *Laur.* lec. *Led.* lith-c. **Lob.** luna$_{kg1}$ **Lyc.** *Lycps-v.* *Mag-c.* *Mag-m.* *Mag-p.* *Manc.* mang. *Merc.* *Merc-c.* merc-i-r. *Mez.* morph. mosch. mur-ac. *Naja* *Nat-ar.* *Nat-c.* **Nat-m.** nat-p. *Nit-ac.* *Nux-m.* *Nux-v.* olnd. *Op.* osm. ox-ac. petr. ph-ac. **Phos.** phys. pic-ac. *Plat.* plb. podo. psil.$_{ft1}$ psor. *Puls.* ran-b.$_{c1,k2}$ rat. *Rhod.* *Rhus-t.* ruta sabin. samb. *Sars.* **Seneg.** *Sep.* **Sil.** *Spig.* *Spong.* squil. **Stann.** *Staph.* *Stram.* stront-c. stry. sul-ac. sul-i.$_{k,k2}$ **Sulph.** sumb. *Tab.* tarent. ter. thea thuj. thyr.$_{bro1}$ tril-p.$_{c1}$ tub.$_{c1}$ upa. **Verat.** verb. xan. zinc.
☞ *Spannung* / ❑ *Kehlkopf - Enge*
– **tagsüber**: mez. phos.
– **morgens**: *Arg-n.* calc. carb-v. cycl. kali-n.$_{br1}$ lyc. nat-m. phos. *Puls.* sars. sep.
• **Erwachen**, beim: dig.$_{h}$ sep.
• **Liegen**, beim: kali-n.$_{h}$
• **nüchtern**, wenn: sulph.
– **vormittags**: kali-n.$_{h}$
– **mittags**: agar.
– **nachmittags**: bapt. eupi. kali-n.$_{h}$ lac-c. mag-c. nat-m. petr. ph-ac.$_{h}$ sulph.
– **abends**: *Ars.* *Bry.* calc-p. carb-v. carbn-s. hyper. kali-n.$_{h}$ lyc.$_{h}$ mag-c.$_{h}$ phos.$_{h}$ *Puls.*$_{k,k2}$ ran-b.$_{k2}$ raph. rhus-t. sep.$_{h}$ *Stann.* sulph. verb. *Zinc.*
• **Bett**, im: *Ars.* bell. verb.

Zusammenschnürung: ...
– **nachts**: alum. androc.$_{srj1}$ aral. *Bry.* coloc. *Ferr.* kali-n. *Lach.* *Mez.* myric. *Puls.* seneg. sep. sil. stram. *Tab.*
• **Bett**, im: *Ferr.* *Nux-v.*
◇ **abwechselnd** mit:
• **Auftreibung** des Abdomens: lyc.$_{h}$
• **Ausdehnung**, plötzliche: sars.
• **Schmerz** im Abdomen: *Calc.*
• **Ziehen** im Hinterkopf und im Nacken: kali-n.$_{h}$
– **Abendessen**; agg. nach dem: mag-m.$_{h}$ mez.
– **anfallsweise**: sep.$_{h}$
– **Anstrengung**, durch: *Ars.* *Calc.* ferr. *Nat-m.* nux-v. *Spong.* *Verat.*
– **Arme**:
• **Strecken** der Arme; durch: mez.$_{h}$
• **Zusammenbringen** der Arme vor der Brust; durch: *Sulph.*
– **asthmatisch**: ang. cact.$_{bg1}$ cadm-s.$_{bg1}$ coff. kali-chl.$_{bg1}$ *Led.* mez. naja nux-v. sulph. zinc.$_{bg1}$
– **Atmen**:
• **amel.**: sulph.
• **beim**: borx.$_{h}$
• **tiefem**; bei: agar. aspar. *Caust.* cham. *Cic.* *Coc-c.* dulc. euon. *Ferr.* ham. kali-bi. kali-n. lact. lyc. mag-m. mosch. nat-c. nat-m.$_{h}$ nux-v. *Puls.* sang. seneg. stry. *Sulph.* tab. tarax. thuj.
– **Aufrichten**, beim: sars.
• **amel.**: mez.
– **aufsetzen**, muß sich: dig.$_{h}$
– **Aufstoßen** amel.: lyc.$_{h}$ mag-c.$_{h}$
– **Ausatmen**, beim: borx. *Caust.* chel. *Kali-c.*
– **Auswurf** amel.: *Calc.* *Manc.*
– **Band**; wie durch ein: **Acon.** aeth.$_{c1,st}$ *Aml-ns.* arag.$_{br1,vh}$ *Arg-n.* *Ars.* bry. **Cact.** chlor. led. lepi.$_{br1}$ *Lob.* *Lyc.* op. **Phos.** pic-ac. sil. zinc.$_{h}$ zinc-p.$_{k2}$
• **unterer** Teil der Brust: agar. chlor. thuj.
– **Berührung** agg.: arn. cupr.
– **Bettdecken** agg.: *Ferr.*
– **Bettwärme** amel.: phos.
– **Beugen**, beim:
• **amel.**: caust.
• **hinten**, nach: nit-ac.
• **vorne**, nach: dig.
– **Bewegung**:
• **agg.**: agar. ang. *Ars.* caps.$_{h}$ *Ferr.* *Led.* lyc. nux-v. *Spong.* *Verat.*
• **amel.**: *Seneg.*
– **Blähungen**, durch: lyc.$_{h}$ **Nux-v.** *Rheum* sil.
– **brennend**: bism.$_{h}$ mag-m.$_{h}$
– **Bücken**, beim: alum. laur. merc. mez. seneg.
– **Einatmen**, beim: agar. asaf.$_{hr1}$ aspar. cham. chel. con. dros. mez. raph. sabad. seneg. *Sulph.*
– **Einschlafen**, beim: bry. *Graph.* *Lach.*
– **Erbrechen**:
• **vor**: *Cupr.*
• **nach**: verat-v.
– **Erwachen**:
• **nach**: dig. psor.
• **beim**: alum. carb-v.$_{bg1}$ dig. *Graph.* hydrog.$_{srj2}$ **Lach.** *Lact.* seneg. sep.
• **pfeifender** Atmung; mit: hydrog.$_{srj2}$

– **Essen**:
 • **amel.**: sulph.
 • **nach**: arn. carb-an. cupr. hep. phel. *Puls.* sil.$_{h}$
– **Fieber**; während: sep.$_{h}$
– **Frost**; während: *Ars. Cimx. Kali-c.* mez.$_{h}$ **Nux-v.** *Phos.*
– **Frühstück**, nach dem: agar. sulph.
– **Gehen**, beim: am-c. *Anac.* ang. **Ars.** cocc.$_{vh}$ *Dig.* ferr. *Jug-c. Kali-c.* led. *Lyc.* mag-c.$_{h}$ nit-ac.$_{h}$ nux-v. puls. sil.$_{h}$ sulph. *Verat.*
 • **amel.**: ferr.
 • **Freien**, im: am-c. *Calc.* lith-c. lyc.$_{h}$ mez.$_{bg1}$ sulph.$_{bg1}$ zinc.$_{h}$
  • **amel.**: alum. chel. dros. *Puls.*
 • **schnellem**, bei: *Puls.*
– **heiß**: bism.$_{h}$
– **Herzens**; akuter Rheumatismus bei einer Erkrankung des: asaf.$_{hr1,k1}$
– **Husten**:
 • **während**: am-c.$_{h}$ calc. *Cham.* cimx. *Con. Cupr. Form. Hell.* lyc. *Mag-p.* merc. *Myrt-c.* **Phos.** *Puls.* stram. *Sulph.*
 • **Hustenreiz**, durch: *Sep.*
 • **krampfhaftem** Husten, bei: *Mosch.*
– **Hydrothorax**, bei: *Apis* apoc. asaf.$_{hr1,k1}$ colch. lact. merc. psor. *Spig.* stann.
– **kalt**:
 • **Abkühlung**: mosch. *Phos.*
 • **Baden**, bei kaltem: nux-m.
 • **Luft**, durch kalte: bry. *Phos.* sabad.
– **Keuchhusten**, bei: *Caust.* mur-ac. spong.
– **Koitus**, nach: staph.
– **konvulsivisch**: **Asaf. Bell. Cupr.**
– **körperliche** Arbeit, durch: *Calc.*
– **Liegen**:
 • **amel.**: *Calc-p.*
 • **beim**: aral. lach. nat-m. nux-v. verb.$_{c1}$
 • **Kopf**; amel. mit hoch gelagertem: *Ferr.*
 • **Seite**; auf der:
  • **linken**, auf der: myric.
  • **rechten** Seite agg.; auf der: *Lycps-v.*
 • **Stilliegen** agg.: caps.
– **Lumbalregion**; durch Schmerzen in der: lyc.$_{h}$
– **Menses**:
 • **vor**: phos.
 • **während**: sep.
– **Mittagessen**, nach dem: am-m.$_{h}$ carbn-s. hep. phel.
– **Niesen**, beim: phos.$_{h}$
– **Panzerhemd**; wie durch ein: chel.
– **qualvoller** Angst, mit: adren.$_{bro1}$
– **Rüstung**; wie durch eine: **Cact.** *Crot-c.*$_{a1,k}$
– **Schlucken**, beim: *Kali-c.*
– **schmerzhaft**: cupr.$_{h}$ dig.$_{h}$ sars.$_{h}$ *Sulph. Verat.*
– **Schwefel**, wie durch: kali-chl.
– **Schweiß**:
 • **amel.**: sulph.
 • **Fußschweiß**, nach unterdrücktem: **Sil.**
– **Sitzen**, beim: agar. ars. mag-c.$_{h}$ mez. nit-ac.
 • **amel.**: nux-v.
 • **gebeugtem**, bei: alum.
  • **amel.**: lach.
– **spasmodisch**: am-c. **Asaf.** *Aur.* aur-s.$_{k2}$ calc. carb-v. carbn-s. *Caust. Cupr.* glon. *Hep.* **Ign.** ip. *Kali-c.* kali-p. lact. led. lyss.$_{br1,c1}$ nat-m. *Op. Phos.* sars. sec. *Sep. Spong. Sulph.* verat.
– **Sprechen**:
 • **nach**: *Hep.*
 • **unmöglich**; ist: ars.$_{h}$ *Cact.*
– **stechend**: spig.$_{h}$
– **Stehen**:
 • **beim**: am-m.$_{h}$ kali-n.$_{h}$ spig.$_{h}$ verat.
 • **amel.**: mez.
– **Steigen**, beim: ang. **Ars. Calc.** led. *Mag-c.* nux-v.
– **Strecken**, beim: nat-m.
– **Stuhlgang**, beim: coloc.
– **Trinken**, nach dem: *Cupr.*
– **Weinen** amel.: anac.
– **Ziehen** der Schultern nach hinten amel.: **Calc.**
– **Zorn**, durch: *Cupr.*
○ **Bifurkation** der Luftröhre: kali-bi.$_{k2}$
– **Brustbein**: acon. cann-s. choc.$_{srj3}$ dig.$_{c1}$ dios.$_{br1}$ lob. mur-ac. nux-m. *Phos.* puls.$_{h}$ rhus-t. sabin. staph.$_{h}$ sulph. zinc.
 • **Atmen**, behindert das: mur-ac.$_{h}$
 • **Bewegung**, bei: **Cact.** op.
 • **Essen**, beim: led.
 • **Husten**, beim: **Phos.**
– **Herz**: aeth. agar. *Ail.* alum. alum-p.$_{k2}$ aml-ns. ang. *Anth.* apis *Arn.* **Ars. Ars-i.** asaf. asc-t. aur. aur-ar.$_{k2}$ aur-i.$_{k2}$ berb. bufo **Cact.** cadm-s. calad.$_{bg2}$ calc. *Calc-ar.* calc-i.$_{k2}$ cann-i. cann-s. carbn-s.$_{k2}$ carc.$_{tp1}$ caust.$_{bg2}$ cench.$_{bg1}$ chlor. coca$_{bg2}$ cocc. cund. *Dig.* ferr. ferr-ar. ferr-i. ferr-p. graph. hydr. *Ign.* **Iod.** *Kali-ar.* kali-bi. *Kali-c.* kali-chl. kali-m.$_{k2}$ kali-p. lac-ac. *Lach. Laur.* **Lil-t.** lyc. *Lycps-v.* lyss. mag-p.$_{bg2,br1}$ merl. mur-ac. *Naja* **Nat-m.**$_{bg2}$ nat-n.$_{bg1}$ nit-ac. *Nux-m.* nux-v. phos. phyt. *Plb.* ran-s.$_{bg2}$ rhus-t. samb. *Spig. Spong.* sul-i.$_{k2}$ tab.$_{bg2}$ tarent. tub.$_{c}$ verat. zinc. zinc-p.$_{k2}$
 • **nachts**: *Lil-t.*
 • **Anstrengung**, bei: asaf. bry.
 • **Beugen** der Brust nach vorne amel.: lac-ac. lil-t.
 • **epileptischem** Anfall, vor: *Calc-ar. Lach.*
 • **Essen** agg.: alum.
 • **gehen**; kann nicht aufrecht: *Lil-t.*
 • **greifendes**, packendes Gefühl: arn. **Cact. Iod.** *Lach. Laur.* **Lil-t.** *Nux-m.* rhus-t. *Spig.* sulph.$_{bro1}$ *Tarent.* visc.$_{bro1}$
  • **rechten** Seite; und auf der: borx.
 • **Herzschlag** amel.; ein kräftiger: nit-ac.$_{h}$
 • **Kummer**, nach: *Ign.*
 • **Nasenbluten**, mit: verat.$_{bg1}$
 • **Schwefeldämpfe**; wie durch: kali-m.$_{k2}$
 • **seufzen** wollte; als ob man: carc.$_{mg1,sp,*}$
 • **Stuhldrang**, mit: calc-ar.
 • **Trinken** (von Wasser) amel.: *Phos.*
 ▽ **erstreckt** sich zum Rücken: lat-m.$_{br1}$ *Lil-t.*
 ○ **hinter** dem Herzen: choc.$_{srj3}$
– **Lungen**:
 • **Draht**; wie mit einem: asar. dig.$_{c1}$ kali-n.$_{c1}$
 • **Gefühl** von Zusammenschnürung: abies-n.$_{br1}$
– **Mammae**: lil-t. sang. stram. verat.

- **links**, wenn das Kind an der rechten gestillt wird: *Borx.*
- **Einatmen**, beim tiefen: sang.
- **rechts**:
  - ○ **unter** der Mamma: alum.h am-m.h

– **Mitte** der Brust: lob. mag-c.h ol-an.
- **abends**, 18 h: mag-c.
- **Einatmen**, beim: graph.h
- **Gehen** im Freien; beim: lyc.h
- **Schnur**; wie durch eine: led.

– **oberer** Teil: ang.gsy1 carb-an.h cham. nit-ac.h phos. rhus-t. spig.h stann.h tab.hr1
- **links**: phos.h

– **Schlüsselbein**:
- **links**: zinc.h

– **Seiten**: *Acon.* aeth. aloe alum. asar. bell. carb-v.h colch. kali-n. lil-t. lyc.h meny.h mez. myric. nat-m.h nit-ac. plat. puls. sil.h spig.h thuj.
- **links**: nat-m.h plat.h sep.h sil.h sul-ac.h zinc.h
  - **Aufrichten**, beim: dig.h
- **rechts**: cinah cocc. lyc.h mag-m.h nat-m.h puls.h sulph.h zinc.
- **eine** Seite: cocc. zinc.
- **vormittags**: nat-m.h
- **Drehen** des Körpers, beim: nat-m.h
  - **rechts**, nach: euph.h
- **Einatmen**, beim: lyc.h
- **Hinlegen** agg.: lil-t. plat.
- **Sitzen**, im: nit-ac.

– **unterer** Teil: aesc. agar. am-m. bry. **Cact.** calc.h chlor. *Dros. Gels. Ham.* lact. lil-t. lycps-v. med.c1 *Nux-v.* phos.h *Puls. Ran-b.* sep.h *Spig. Sulph.* thuj.
- **Liegen** auf der rechten Seite agg.: lycps-v.

– **Zwerchfell**: asar.h mez.h,ptk1 tarax.h
- **Husten**; beim: cench.k2

Zusammenziehung der Zwischenrippenmuskeln zur linken Seite; krampfhafte:

– **Atmen**; behindert das: verat.h

Zyanose: *Ant-t. Borx.* carb-an. *Dig. Ip.* **Lach. Laur.**

○ **Schlüsselbeingegend**: thuj.

Abmagerung: senec.$_{bg1}$ sulph.$_{k2}$ tab.
○ **Dorsalregion**, Muskulatur der Schulterblätter: plb.
– **Lumbalregion**: plb. sel.
– **Zervikalregion**: *Calc.* cench.$_{k2}$ iod. *Lyc.* **Nat-m.** phos.$_{k2}$ *Sanic.* *Sars.* senec.$_{bg1}$ sulph.$_{k2}$ verat.$_{bg1}$

Abszeß: asaf.$_{hr1,k}$ *Hep.*$_{hr1,k}$ iod.$_{hr1,k}$ lach. mez.$_{hr1,k}$ *Ph-ac.*$_{hr1,k}$ *Sil.*$_{hr1,k}$ staph. *Sulph.*$_{hr1,k}$ tarent.$_{k2}$ *Tarent-c.*
○ **Lumbalregion**: *Calc-p.*$_{hr1,k}$ staph.$_{c2}$
– **Psoasmuskel**: arn.$_{hr1,k}$ chin.$_{ptk1}$ *Cupr.*$_{hr1,k}$ *Ph-ac.*$_{hr1,k,*}$ *Sil.*$_{hr1,k,*}$ staph.$_{hr1,k,*}$ sulph.$_{ptk1}$ symph.$_{hr1,k,*}$ syph.$_{hr1,k,*}$
☞ *❑ Extremitäten - Abszeß - Beine - Psoasmuskel*
– **Steißbein**; direkt unter dem: paeon.$_{ptk1}$
– **Zervikalregion**: calc.$_{k2}$ *Lach.*$_{hr1,k}$ *Lyc.* *Petr.*$_{hr1,k}$ ph-ac. phos.$_{k2}$ psor.$_{hr1,k}$ sec. sil.$_{hr1,k}$ sul-ac.$_{k2}$ *Tarent-c.*$_{hr1,k}$
• **Narben**, alte: **Sil.**
☞ *❑ Haut - Narben*

Ameisenlaufen: **Acon.** aesc. *Agar.* agn. *All-c.* alum.$_{h}$ anac. anan. apoc. arg-met. *Arn.* *Ars.* ars-met. arund. asaf. atro. bar-c. bell. berb. bov. carc.$_{tp1}$ carl. caust. *Cham.* *Cocc.* con. crot-h. euon. graph. *Lach.* lact. mag-s. manc. merc-c. nat-ar. *Nat-c.* *Nux-v.* *Osm.* ox-ac. pall. *Ph-ac.* **Phos.** ran-s. rat.$_{k,rb2}$ rhod. sabad. sars. **Sec.** sulph. zinc-p.$_{k2}$
– **morgens**: ars-met.
– **nachmittags**: asaf. mag-s.
– **abends**: *Lyc.* mag-s. osm.
– **nachts**: bar-c. bov. zinc.
– **Würmer**, wie durch: staph.$_{rb2}$
▽ **erstreckt** sich zu:
• **Finger** und Zehen: sec.
• **Glieder**: **Phos.**
• **oben** und unten; nach: *Crot-h.* *Lach.* manc.
• **unten**; den Rücken nach: carl.
○ **Dorsalregion**:
○ **Schulterblätter**: *Anac.* sil. zinc.
• **links**: arg-met.$_{h}$
• **rechts**, beim Urinieren: hep.$_{h}$
• **Schultern**, zwischen den: carl. laur. viol-t.
– **Lumbalregion**: acon. alum-sil.$_{k2}$ ars. arund. bufo-s. canth. crot-t. meny. merc-c. ph-ac. stann. tarax. thuj.
• **Anfälle**: thuj.
• **Sitzen**, im: canth.
▽ **erstreckt** sich zu:
• **Gesicht**: arund.
• **Schultern**: arund.
– **Sakrum**: borx. chin.$_{h}$ crot-t. ph-ac. sars.
– **Wirbelsäule**: **Acon.** **Agar.** arn.$_{h}$ *Ars.* arund. con. kali-p. *Lach.* nat-c. neon$_{srj5}$ phys.$_{br1}$ rhus-t.$_{h}$ *Sal-ac.*
– **Zervikalregion**: arund. *Carl.* dulc. lac-c. phos. sabin. *Sec.* spong.
• **Eintreten** ins Haus; beim: phos.

Auftreibung:
– **Zervikalregion**: cact.$_{k2}$

Balkens im Rücken; Gefühl eines: ars. lach.

Bandes; Gefühl eines
☞ *Zusammenschnürung*

Beben:
○ **Dorsalregion**; in der:
○ **Schulterblätter**: sil.$_{h}$
– **Zervikalregion**, in der: *Ang.*

Beklemmung zwischen den Schulterblättern: petr.$_{h}$

Bewegungen in den Muskeln der linken Seite; glucksende: ars.$_{h}$

Bläulich:
– **rechte** Seite des Rückens: vip.
○ **Nacken**: ars. *Lach.* *Rhus-t.*

Blut ins Gewebe; Austritt von:
○ **Lumbalregion**: crot-h.

Blutandrang:
○ **Nacken**:
▽ **erstreckt** sich zu:
• **Stirn**; über den Scheitel zur:
• **nachmittags**:
• Bewegung; bei: mang.

Braun
☞ *Farbe - braun*

Brett liegen; als würde er auf einem: bapt.$_{ptk1}$

Eingeschlafen, Gefühl wie:
☞ *Gefühllosigkeit*
○ **Dorsalregion**:
○ **Schulterblätter**: anac.
– **Lumbalregion**: phos.$_{h}$
– **Zervikalregion**: spig.$_{h}$

Ekchymose in der Lumbalregion: merc-c. vip.

Empfindlichkeit:
○ **Dorsalregion**:
• **Berührung**; gegen: agar.$_{k2}$
– **Dorsolumbalregion**:
• **Berührung** agg.: choc.$_{srj3}$
– **Lumbalregion**:
• **heißen** Schwamm; gegen einen: *Agar.*
○ **Haut**: mag-m.$_{h}$ squil.$_{h}$
• **linke** Seite, gegen Berührung: zinc.$_{h}$
– **Wirbeln**; zwischen den: ther.$_{br1}$
– **Wirbelsäule**: agar.$_{k2}$ cimic.$_{k2}$ nat-c.$_{k2}$
• **Berührung**; gegen: zinc.$_{ptk2}$
– **Zervikalregion**:
• **Berührung**; gegen: agar.$_{k2}$

Emprosthotonus: bell.$_{k2}$ *Canth.* *Ip.* lach. nux-m.

Engegefühl: mag-c.$_{h}$

Entzündung:
○ **Halsdrüsen**: *Calc.* rhus-t.$_{k2}$
– **Rückenmark**: acon. alum.$_{k2}$ alum-p.$_{k2}$ *Alumin.* *Apis* *Ars.* bar-m. *Bell.* *Benz-ac.* calc. camph. canth. caust. cedr. cic. cocc. colch. crot-h. *Dulc.* **Gels.** hyos. hyper.$_{k2}$ kali-i. *Lach.* lath.$_{br1}$ lyc. merc. nat-m. *Nat-s.* *Nux-v.* **Op.** ox-ac. *Par.* **Phos.** phys. *Pic-ac.* plb. rhus-t. sec. sil. sulph.

Entzündung - Rückenmark: ...
• **Hautausschläge** sich nicht entwickeln; wenn: bry. dulc.
○ **Zervikalregion**: par. rhus-t.$_{k2}$
– **Rückenmarkshaut** (= Meningitis spinalis): *Acon.* **Apis** **Bell.** *Bry. Calc. Cic. Cimic.* cocc. crot-h. cupr. dulc. **Gels.** helo-s.$_{c1}$ *Hyos.* hyper. *Ip.* kali-i. merc. *Nat-m. Nat-s.* nux-v. *Op.* ox-ac. *Plb. Rhus-t.* sec. tub.$_{al}$ verat-v. *Zinc.*
• **Erstickungsgefühl**, agg. im warmen Zimmer: **Apis** op.
• **Quecksilber**; nach Mißbrauch von: *Kali-i.*
• **Scharlach** oder Masern, Hautausschläge entwickeln sich nicht; bei: dulc.

Epileptische Aura kriecht die Wirbelsäule hinab: *Lach.*

Erschütterung der Wirbelsäule: **Hyper.**$_{c2,k}$
○ **Zervikalregion**: mez.

Erweichung des Rückenmarks: crot-h.$_{hr1,k}$ **Kali-p.**$_{hr1,k}$ merc. *Phos.*$_{hr1,k}$ pic-ac.$_{hr1}$ sec.$_{hr1}$ *Sulph.*

Erysipel: *Apis* graph. kali-i. *Merc.* ph-ac. *Rhus-t.*
○ **Dorsalregion**:
○ **Schultern**; quer über die: *Apis*
– **Lumbalregion**: *Merc.*
– **Zervikalregion**: graph. kali-i. ph-ac.
▽ **erstreckt** sich zum Gesicht: rhus-t.

Exkoriation:
○ **Steißbein**: arum-t.$_{k2}$

Exostosen am Sakrum: rhus-t.

Farbe (= Verfärbung):
– **braun**:
• **Flecken**: sep.
○ **Schultern**:
• **Flecken**: ant-c. ~~nat-c.~~$_{kl,xxx}$
• **Zervikalregion** ist braun und fettig; Haut der: apis *Lyc. Petr.* sep. thuj.
– **rot**:
○ **Zervikalregion**: aml-ns. *Bell. Crot-h.* iod. lac-d. merc. *Rhus-t.* vesp.
• **Schwellung**; mit: cic.$_{c1}$

Fehlen würde; als ob ein Wirbel: mag-p.$_{bg2}$ ovi-p.$_{rb2}$ psor.$_{bg2}$

Fisteln: *Calc-p. Hep. Ph-ac.* **Phos. Sil. Sulph.**

Flattern:
– **beginnt** im Sakrum und steigt allmählich zum Hinterkopf auf: ol-j.
○ **Dorsalregion**:
○ **Schultern**; zwischen den: *Cupr.*
– **Lumbalregion**: berb. chim.

Flecken: calc. cist. lach. *Lyc.* sep. spong. sulph. sumb. zinc.
– **braun**: thuj.
– **rot**: ant-c. bell. carb-v. cist. cocc. lach. sep. stann. vib. vip.
○ **Dorsalregion**:
○ **Schulterblättern**; auf den: calc. cist. lach. sumb.

Flecken: ...
– **Zervikalregion**: *Carb-v.* hyos. petr.
• **gelb**: iod.
• **rot**: *Carb-v. Lyc.* sep. stann.

Fließen; Gefühl, als würde etwas:
○ **Dorsalregion**:
○ **Schulterblätter**: hep.$_{bg2}$
• **rechts**: hep.$_{bg1,h1,*}$

Frost
☞ *Kälte*

Frösteln
☞ *Schauder*

Furunkel
☞ *Hautausschläge - Furunkel*

Gefühllosigkeit, Taubheit: acon. *Agar.* bell.$_{bg1,bg2}$ berb. bry.$_{bg3}$ calc. *Calc-p. Cocc.* con.$_{bg1}$ cupr-ar. kali-bi.$_{bg3}$ nux-v. ox-ac. *Phos.*$_{bg1,bg2}$ phys. plat.$_{bg3}$ pop-c.$_{bg1}$ sec. sep.$_{bg}$ sil.
☞ *Eingeschlafen*
– **gelegen** ist; des Teiles, auf dem er: calc.
– **Schlummer**, nach einem: phos.$_{h}$
○ **Dorsalregion**:
○ **Schulterblätter**: anac. arg-met.$_{h}$
• **20** h: calc-caust.$_{c1}$
– **Lumbalregion**: **Acon.** ars. **Berb.** carb-v. frax.$_{bg1}$ graph.$_{bg1}$ **Kali-bi.**$_{bg1,bg2}$ lappa$_{bg1}$ *Sil.* spong.
• **Empfindungslosigkeit**: *Ars.* bry. con. cupr-act. kali-n. zinc.
• **morgens** beim Aufstehen: *Nat-m.*
• **abends**: alum. mag-m.
▽ **erstreckt** sich zu den Beinen: *Acon.*
– **Sakrum**: berb. *Calc-p. Graph.* ox-ac. plat. spong.
• **Beine**, und: *Calc-p.*
• **Sitzen**, im: plat.
– **Steißbein**: berb. **Plat.**
• **Menses**, während: plat.
• **Sitzen**, im: **Plat.**
– **Zervikalregion**: berb. bry.$_{bg1}$ castor-eq. *Chel.* dig. hura hydrog.$_{srj2}$ merc-i-f. par. *Plat.* rhus-t. tell. xan.$_{c1}$

Geschwüre: *Cist. Merc-c.*
○ **Dorsalregion**, Schulterblätter: kali-bi. merc.
– **Sakrum**: *Arg-n. Ars.* crot-h. *Paeon. Zinc.*
• **brennend**; wie Feuer: *Ars.*
– **Steißbein**: paeon.$_{c2,k}$
– **Zervikalregion**: sil.

Gewicht; wie ein
☞ *Schwere*

Gluckern, Gefühl von: petros.$_{hr1,k}$ tarax.
○ **Dorsalregion**, Schulterblätter: berb. *Tarax.*
• **links**: spig.
• **rechts**: *Tarax.*
○ **unterhalb**: lyc. squil.
– **Lumbalregion**: lyc.$_{h}$ sep.$_{h}$
• **Liegen** und Aufstehen vom Sitzen agg.: berb.

Halsgegend; Schmerz in der
☞ *Schmerz - Zervikalregion*

Hautausschläge: alum. alum-sil.k2 am-m. ant-c. ant-t. arg-n. arn. *Ars.* ars-s-f.k2 bar-c. bell. berb. bry. calc. calc-s. cann-s. *Carb-v.* carbn-s. *Caust.* chin. chinin-ar. cina cist. clem. cocc. con. dulc. euon. fago. gels.psa granit-m.es1 hep. *Jug-r.* kali-p. lach. led. luna.kg1 *Lyc. Merc.* **Mez.** nat-c.k2 nat-m. *Nit-ac. Petr.* ph-ac. phos. **Psor.** puls-n. ran-b.k2 *Rhus-t.* rhus-v. rumx. *Sep. Sil.* squil. staph. stram. **Sulph.** sumb. tab. til. zinc.

– **Akne**: amph.a1 carb-v. carc.sst rumx.ptk1 tub-r.jl,vn,*
 ○ **Zervikalregion**: amph. jug-r.
– **beißend**: bry.
 ○ **Zervikalregion**: cham.h
– **Bläschen**: arn. bry. calc-caust. caust.h cist. graph. hura *Kali-c. Lach.* nat-c. petr. ran-b.k2 rhus-t. *Sep.* wies.
 • **abends**, juckend beim Entkleiden: nat-c. nat-s.
 • **Basis**; auf einer roten, erhabenen: kali-bi.
 • **schmerzhaft**: caust.h
 ○ **Dorsalregion**:
  ○ **Schulterblättern**; auf den: am-c. am-m. ant-c. caust. cic. lach. vip.
  • **Schultern**; zwischen den: sep.
   • **Hof** umgeben; von einem: crot-h.
 • **Zervikalregion**: calc-caust. camph. clem. mag-c. naja nat-hchls. nat-m.k2 nat-p. petr. zinc-s.
– **blau**: ran-b.k2
– **brennend**: am-m. cist. lyc.h rhus-t.
 • **Kratzen**, nach: lac-d.k2 til.
– **Ekzem**: arn. merc. *Sil.*
 ○ **Zervikalregion**: anac. aur-i.k2 *Lyc.* psor. *Sil.*
– **Entkleiden** agg.: carc.mg1,sp
– **Erythem**:
 ☞ ❏ *Haut - Hautausschläge - Erythem*
 ○ **Zervikalregion**: chlol. dig.br1 gels. hydrc.a1 ~~hyos.a1,xxx~~ rhus-v.a1
– **Exanthem**, flüchtiges: *Calc.* con. merc. mez. psor. stram. tab.
 ○ **Dorsalregion**:
  ○ **Schulterblättern**; zwischen den: caust.h
  • **Schultern**; zwischen den: carc.sst
 • **Lumbalregion**: cham.
 • **Zervikalregion**: ant-c. bry. caust. **Chel.** mez. nat-ar. nat-c. sec.
  • **erysipelatös**: hydr.
  • **Hitze**: **Sulph.**
  • **juckend**: calc. *Mez.*
  • **miliar**: nat-ar.
  • **purpurn**, blaurot: hyos.
  • **rot**: nat-ar.
– **fein**: con. rhus-v.a1,k
– **Flecken**; syphilitische: syph.
– **feucht**: *Clem.* nat-m. psor.
 ○ **Sakrum**, am: graph. led.
 • **Steißbein**, am: *Arum-t.* graph. led. nit-ac.
– **Fischschuppen**, wie: ars-i. *Mez.*
– **Flecken**: calc. kali-ar. mez.
 • **Menses**, während: nux-m.kr1
– **Flecken**; entzündete: lach. mez. phos. zinc.
– **Flohbisse**, wie: phys.

Hautausschläge: ...
– **Furunkel**: caust. coloc. *Crot-h.* graph. kali-bi. **Kali-i.** *Lach.* mur-ac. ph-ac. *Phyt.* sanic. sul-ac. sulph. tarent.k2 tarent-c. *Thuj.* zinc.
 • **Blutbeule**: *Carb-an. Caust. Graph.* hep. iris kali-bi. mur-ac.h nat-m.h sul-ac. thuj. zinc.h
  • **stechend**, bei Berührung: mur-ac.h
 • **Gruppen**, in: berb.
 ○ **Dorsalregion**:
  ○ **Schulterblätter**: am-c. bell. led. lyc. *Nit-ac.* zinc.
  • **Schultern**; zwischen den: iod. tarent-c. zinc.
 • **Lumbalregion**: *Hep.* psor. rhus-t. thuj.
 • **Sakrum**: aeth. thuj.
 • **Zervikalregion**: androc.srj1 *Calc.* carb-an. coloc. crot-h. cypr. dig. *Graph. Hep.* indg. **Kali-i.** *Lach.* mur-ac. nat-m. *Nit-ac. Petr. Phos. Psor.* rhus-v. sec. **Sil. Sulph.** thuj. ust.
– **Herpes**: all-s. ars. lach. lyc.h nat-c. sep. zinc.
 • **zoster** ◆: *Cist. Lach. Merc.* rhus-t.
 ○ **Zervikalregion**: ars. carb-an. caust. clem. *Con. Graph.* hyos. kali-n. lac-d. *Lyc.* nat-m. *Petr.* psor. *Sep.* sulph.
  • **feucht**: carb-an. caust. nat-m. sep.
  • **juckend**: caust.
– **Impetigo**: *Nat-m. Petr.*
– **juckend**: amph.a1 bar-c. bar-m. *Bry.* calc. cann-s. carb-v. *Caust.* cham. con.h lac-d.k2 luna.kg1 lyc. *Mez.* nat-m.k2 puls. rat. rhus-t. sep. squil. staph. tab. thuj. til. zinc.
 • **abends**: fago.
  • **nachts**; und: *Sep.*
  • **Zubettgehen**, beim: rumx.
 • **Flecken**: zinc.
 • **Kratzen**, nach: mez.
 • **warm**, wenn: cocc.h,k,*
 ○ **Dorsalregion**:
  • **Menses**; vor den: carb-v.h
 • **Lumbalregion**: arund. lyc.
 • **Steißbein**: *Graph.* led.h nat-c.h2
 • **Zervikalregion**:
  • **Menses**; vor den: carb-v.h
– **Karbunkel**: **Anthraci.** ars. *Crot-h. Lach. Sil.* tarent.k2
 ○ **Dorsalregion**: *Hep. Lach.* tarent.
 • **Zervikalregion**: *Anthraci. Caust.* crot-h. *Hep.* **Lach.** rhus-t. **Sil.** sulph.
– **Knoten**:
 • **juckend**: sil.h
 • **rot**: petr.
 • **schmerzlos**:
  ○ **Zervikalregion**: *Graph.* psor.
– **krätzeartig**: arg-n. bar-c. psor.
– **Krusten**: arn. graph. nat-m.
– **Maculae** syphiliticae
 ☞ *Flecken; syphilitische*
– **masernartige** Flecken: gels.psa
 ○ **Zervikalregion**: ars. cop. morph.
– **miliar**: ant-c. ant-t. bry. caust. **Chel.** cocc. hydrc. nat-ar. ph-ac. prun. psor. sec. sumb. valer.

– **Pickel**: agar. alum. alum-p.$_{k2}$ arg-n. arn. bell. berb. calc. calc-sil.$_{k2}$ cann-s. carb-v. cham. chel. chlor. cocc. con. crot-h. dig. fl-ac. granit-m.$_{es1}$ hura hyper. iod. jug-r. kali-bi. *Kali-c.* kali-p. lach. led. lyc. mag-m. mag-s. mang. meph. *Nat-m.* nicc. petr. ph-ac. psor. *Puls.* rhus-v. rumx. sars. *Sel.* sil. *Squil.* staph. tab. tep. til. vesp. zinc.
• **abends**: cocc. fl-ac. ph-ac. rumx.
• **eiternd**: chlor. kali-bi.
• **juckend**: arg-n. asc-t. calc. cann-s. carb-an. carb-v.$_{h}$ crot-t. fl-ac. iod.$_{h}$ led. mag-m. mill. rat. rhus-t. sel.
• **abends** im Bett: nat-m.$_{h}$
• **Kratzen**, nach: nat-c.$_{h2}$ psor.
• **rot**: ph-ac.$_{h}$
• **wunder**, drückender Schmerz bei Berührung: zinc.
○ **Dorsalregion**: am-m. berb. *Cic. Cist.*
○ **Schulterblätter**: ant-c. bar-c.$_{h}$ berb. com. con. crot-h. mag-m. merc. mez.$_{h}$ ph-ac.$_{h}$ *Puls.* rat. squil.
○ **zwischen** den: zinc.$_{h}$
• **Schultern**, zwischen den: gels. lyc. mag-m. ph-ac. rat. squil.
• **Lumbalregion**: ars-h. calc. chel. chin. clem. kali-c. nat-c. nicc.
• **brennend**: lyc.
• **entzündet**: sulph.
• **juckend**: lyc. tab.
• **Kratzen**, nach: chin. nicc.
• **näßt** beim Kratzen: sulph.
• **rot**, morgens amel.; nachts beim Kratzen: apoc.
• **schmerzhaft**: lyc.$_{h}$
• **Zervikalregion**: agar. alum. berb. borx.$_{h}$ calc-sil.$_{k2}$ cann-s. carb-an. carb-v. cinnb. *Clem.* crot-t. *Gels.* hep. hyos. jug-r. kali-bi. kali-c. kali-n. lyc. meph. nat-ar. nat-c.$_{h2}$ nat-m. nicc. pall. petr. ph-ac. psor. *Puls.* rhus-t. *Sil. Staph.* sul-ac. *Sulph.* thuj. trom. verb. zing.
• **abgeflacht**: rhus-t.
• **brennend**: am-c. kali-n.$_{h}$
• **eiternd**: calc-p. nat-c.
• **entzündet**: sulph.
• **feucht**: *Clem.*
• **hart**: crot-t.
• **juckend**: bar-c.$_{h}$ kali-c.$_{h}$ puls.$_{h}$ *Sil. Staph.*
• **Kratzen**:
• **durch**: nat-c.$_{h}$
• **beim**: carb-an. nicc. *Puls.*
• **schmerzhaft** bei Berührung: hep. sulph.
• **tiefsitzend**: til.
• **zusammenfließend**: tarent.
▽ **erstreckt** sich zur Kopfhaut: clem.
– **Psoriasis**, in großen Flecken: calc. kali-ar. *Mez.*
– **Purpura**:
○ **Zervikalregion**: ars.
– **Pusteln**: agar. aur-m-n. bell. berb. calc. calc-sil.$_{k2}$ chin. chlor. clem. crot-t. dulc. kali-bi. kali-br. *Lach.* nat-c. nat-m. petr. rhod. *Sep. Sil.* sulph.
• **empfindlich**: nat-c.
• **Pocken**, wie: ant-t. sil.

Hautausschläge - Pusteln: ...
• **schmerzhaft**: ant-t. **Sil.**
• **schwarzen** Spitzen, mit: kali-bi.
○ **Lumbalregion**: calc. chlor. clem. nat-c.
• **Zervikalregion**: ant-c. aur. bell. calc-sil.$_{k2}$ kali-n. nat-ar. nat-c. psor. sars. tab. thuj. zinc-act.
• **Kuhpocken**, wie: ant-t.
– **rot**: androc.$_{srj1}$ bell. *Bry.* calc. **Chel.** cocc. rhus-t. spig. tab. verb.
○ **Zervikalregion**:
• **links**: nat-s.$_{k2}$
– **schmerzhaft**: led.$_{h}$ luna$_{kg1}$ lyc. spig.
• **Berührung**; bei: cist. hep. luna$_{kg1}$ ph-ac. psor. spig. squil. verb.
• **Flecken**: luna$_{kg1}$
– **Schorfe**, blutige: rhus-v.
○ **Sakralregion**: *Sil.*
• **Steißbein**: borx. *Graph. Sil.*
• **Zervikalregion**: ant-t.
– **Schuppen**: am-m. ars-i. *Mez.*
○ **Dorsalregion**:
○ **Schulterblatt**; rechtes: am-m.
• **Zervikalregion**, weiß: graph. nat-m.$_{k2}$ *Sil.*
– **schwammartige** Auswüchse am Hals: thuj.
– **Sudamina**: *Apis*
– **trocken**:
○ **Steißbein**: nat-c.$_{h}$
• **Zervikalregion**:
• **abschilfernd**; in feinen, mehligen Schuppen: graph.
– **Tuberkel**: am-c. am-m. caust. lyc. nicc. squil.
○ **Dorsalregion**:
○ **Schultern**; zwischen den: mag-m.$_{h}$
• **Zervikalregion**: ant-c. carb-an. caust. nicc. zinc.
– **Urtikaria**: apis cann-s.$_{h}$ choc.$_{srj3}$ lac-ac. lach. sulph.
• **Kratzen**, nach: lyc.
○ **Zervikalregion**: sil.$_{h}$
– **warm**, wenn: cocc.$_{h,k,*}$ stram.
– **wund** beißend: bry. spig.
– **wund** schmerzend
☞ *schmerzhaft*
○ **Dorsalregion**:
○ **Schulterblätter**: ph-ac.$_{h}$
• **Schultern**; zwischen den: carc.$_{mg1,sp,*}$ gels.$_{psa}$
• **Entkleiden agg.**: carc.$_{tp1}$
– **Lumbalregion**: arund. rhus-t.
– **Steißbein**: borx. graph. merc.
– **Zervikalregion**: *Agar.* ail.$_{k2}$ androc.$_{srj1}$ ant-c. ant-s-aur. ant-t. ars. bar-m. bell. berb. bry. calc-sil.$_{k2}$ caust. cham. chel. *Clem. Graph. Hep. Kali-bi.* lyc. mang. mez.$_{k2}$ nat-ar. nat-m. *Petr.* psor. rhus-t. sec. sep. **Sil.** staph. stram. sul-ac.$_{h}$ sulph. thuj.
• **feucht**: caust. *Clem.*
• **Menses**, vor den: carb-v.$_{a1}$
○ **Haaransatz**: choc.$_{srj3}$ nat-m. petr.

Hitze: aesc. *Agar. Alumin.* alumn. *Apis Ars.* asaf. aur. bamb-a.$_{stb2}$ bar-c. berb. calc. calc-s. camph. carb-v. carl. caust.$_{h}$ cham. chin. *Coff.* con. dig.

Hitze: ... *Dulc.* gels. *Glon.* hell. helon. hyos. laur. *Led.* lob-s. *Lyc.* mang.h *Med.* meny. *Merc.* nat-c. nat-m. ol-an. op. par. ph-ac. **Phos.** *Pic-ac.* plb. rhus-v. sars. *Sil.* sol-ni. spig. stann. staph. *Sulph.* *Sumb.* verat. *Zinc.* zinc-p.k2
– **morgens**, beim Erwachen: con.
– **vormittags**: hell.
– **nachmittags**: phos.h
– **abends**: cham. ph-ac.h phys. verat.h
◇ **abwechselnd** mit:
  • **Kälte**: carl. cham. verat.
  • **Schauder**: cham.
– **Bettwärme**, in der: pic-ac.
– **erregender** Nachrichten; beim Lesen: *Gels.*
– **Erregung**, bei: pic-ac.
– **Essen**, nach dem: staph.
– **Gehen**, beim: verat.
  • **Freien**, im: chin.h merc. ph-ac. sil. sol-ni.
– **geistiger** Anstrengung, bei: *Pic-ac.* *Sil.*
– **Haut**; unter der: bamb-a.stb2
– **Hitzewallungen**: *Acon.* bamb-a.stb2 bapt. brom. clem. dig. *Mang.* merl. spig.h **Sumb.** tub.c1
  • **morgens**: lil-t.
  • **abends**: ph-ac. sol-ni.
    • **Abendessen**, nach dem: spig.
    • **Gehen**, bei fortgesetztem, längerem: glon.
    • **Stuhlgang**, nach: *Podo.*
  • **Stuhlgang**:
    • **während**: *Podo.*
    • **nach**: *Podo.*
  ▽ **erstreckt** sich zu:
    • **Körper**; zum: **Sumb.**
    • **Kopf**: tub.c1
  ○ **Lumbalregion**: calc-p. sumb.
  • **unterer** Rücken: staph.h
  • **Wirbelsäule**, in der: **Bol-la.**
  ◆ **begleitet** von:
    • **Herzschwäche**
      ☞ ☐ *Brust - Schwäche - Herz - begleitet von - Wirbelsäule*
    • **warme** Luft die Wirbelsäule hinauf in den Kopf strömen würde; als ob: *Ars.*hr1,k *Sumb.*
    • **Wellen** nach oben; in: *Lyc.*
  • **Zervikalregion**: aesc. fl-ac. hydr. *Lach.* *Med.* **Phos.** podo. sarr.
– **Menses**, während: *Phos.*
– **Sitzen**, im: mang.h meny. phos.h *Zinc.*
– **strömt** nach oben: *Ars.* *Lyc.* *Verat.*
– **Wein**, nach: gins. *Zinc.*
▽ **erstreckt** sich zu:
  • **oben**; den Rücken nach: *Ars.* cann-i. cocain.c1 hyos. *Lyc.* **Phos.** *Podo.* sarr. verat.
    • **Menses**, während: *Phos.*
    • **Stuhlgang**, beim: podo.
    • **unten**; und den Rücken nach: lac-d.k2
  • **unten**; den Rücken nach: coff. con. laur. par. phys. sulph.
○ **Dorsalregion**: bamb-a.stb2 merc. *Phos.* **Pic-ac.**
▽ **erstreckt** sich zu:
  • **Zervikalregion**: bamb-a.stb2
  • **breitet** sich zu den Gliedern aus: *Camph.*

Hitze - Dorsalregion: ...
  • **Leber** und Nieren; rechts, zwischen: til.c1
  ○ **Schulterblätter**: *Chel.* mur-ac.
    • **rechts**, wie in heißem Wasser gebadet: nat-s.c1
    ○ **zwischen**: arg-n. glon.k2 kali-c.h **Lyc.** *Naja* *Phos.* *Pic-ac.* puls.h
– **Lumbalregion**: ars-i. arund. aur. aur-s. bapt. *Berb.* colch. hura hyos. kalm. lac-c. *Nat-m.* nit-ac. *Nux-v.* *Phos.* *Pic-ac.* plb. raph. sarr. sel. sep.h sulph. thuj.
  • **Atmen**, bei tiefem: sep.
  • **äußerlich**: clem.
  • **Essen**, nach dem: sel.
  • **Fahren** im Wagen; nach: hura
  • **Freien**, im: hyos.
  • **Gehen** im Zimmer; beim: hyos.
  • **heißes** Wasser hineinfließen würde; als ob: sumb.
  • **Mittagsschlaf**, nach dem: sel.
  • **Sitzen**, im: colch. hyos.
  ▽ **erstreckt** sich zu:
    • **Gesicht**: arund.
    • **Rektum**: colch.
– **Sakrum**: hydrog.srj2 sars. sep. sulph.
  • **ausstrahlend**: hydrog.srj2
– **Steißbein**: agar. alum. arn. ars. borx. *Calc.* carb-an. carb-v. caust. chin. colch. graph. hep. ign. laur. led. merc. mur-ac. ph-ac. phos. plat. rhus-t. spig. staph. sulph. zinc.
– **Wirbelsäule**: *Alum.* *Ars.* bamb-a.stb2 bry. cann-i. carb-v. coloc. helo.c1 helo-s.c1 hyos. *Lyc.* *Med.* *Nat-m.* op. *Phos.* *Pic-ac.* plb. sarr. *Sil.* sin-n. spig. *Sumb.* verat-v. *Zinc.*
  • **heißes** Wasser hineinfließen würde; als ob: *Sumb.*
  • **Stellen**; an einzelnen: *Phos.*
  ▽ **erstreckt** sich zu:
    • **Kopf**: cann-i.c1
      • **warme** Luft nach oben strömen; als würde: *Ars.* sarr.c1
    • **oben**; nach: *Ars.* *Lyc.* *Phos.* *Podo.* sarr.
– **Zervikalregion**: aesc. agar. aml-ns. bomb-chr.a1 cact.k2 *Calc.* coloc. com. cycl. fago. *Fl-ac.* *Glon.* hydr. kalm. *Lach.* merc-i-f. *Nux-v.* ol-an. *Par.* phel. *Phos.* rhus-t. sars. *Sumb.* tarent.
  • **links**: lac-d.k2
  • **nachmittags**: com.
    • **kalten** Händen, mit: sumb.
  • **19** - 20 h: fl-ac.
  • **Sitzen**, im: dig.
  ▽ **erstreckt** sich zu:
    • **alle** Richtungen, in: rhus-t.
    • **oben**, nach: calc. *Fl-ac.* *Glon.*
    • **unten**; den Rücken nach: glon. *Par.*

Hyperästhesie der Haut: merc. petr. plat.

Jucken: agar. all-s. aloe *Alum.* alum-p.k2 am-m. ang.c1 **Ant-c.** arg-met. arn. ars-i. asc-t. aur. aur-s.k2 *Bar-c.* bar-s.k2 calc. calc-s. calc-sil.k2 carb-ac. carb-v. carbn-s. **Caust.** chel. cist. clem. coc-c. cocc. corn. daph. dios. fago. fl-ac. glon. *Graph.*

Jucken: ...
guaj. hep. hura kali-bi. *Kali-c.* kali-n. kali-p. kali-sil.$_{k2}$ lac-ac. *Lyc.* mag-c. mag-m. mag-s. med. *Merc.* merc-i-f. **Mez.** mill. mur-ac. *Nat-c.* nat-m. nat-p. *Nat-s.* nicc. **Nit-ac.** ol-an. osm. pall. ph-ac. phos. *Puls.* raph. *Rhus-t.* *Sars.* seneg. *Sep.* *Sil.* spig. spong. **Sulph.** tell. ther. *Thuj.* tub-m.$_{zs}$ zinc. zinc-p.$_{k2}$
– **morgens**: asc-t. kali-c.$_{h}$ lyc.
  • **6** - 10 h: kali-bi.
  • **7** h: pall. rhus-t.
  • **Bett**, im: rhus-t.
– **vormittags**: fl-ac.
– **nachmittags**: fago. sars.
– **abends**: con. fago. fl-ac. kali-c.$_{h}$ lyc. rat. sulph. thuj.
  • **Bett**, im: calc. lyc. merc. nat-m.
  • **Entkleiden**, beim: cocc. hyper. mag-m. nat-c. *Nat-s.* osm. puls.
– **nachts**: agar. ail. apoc. ars. asc-t. fl-ac. *Mez.* phos. rhus-v. zinc.$_{h}$
  • **Bettwärme**, in der: nat-ar. rhus-v. sulph.
  • **Liegen**, beim: mag-c.
– **brennend**: agar. alum. berb. *Calc.* daph. kali-c. mag-c. mez. *Nux-v.* raph.
  • **morgens** beim Ankleiden: nux-v.
  • **abends** beim Entkleiden: nux-v.
  • **nachts**: nux-v. spong.
  • **Gehen** im Freien; beim: merc.
  • **Kratzen**, nach: alum. squil.
– **kalt**:
  • **friert**, wenn er: lyc. spong.
  • **Luft**, in kalter: rhus-v.
– **Kratzen**:
  • **amel.**: mag-c. mag-m. mez. nat-c. pall. rat. rhus-v.
  • **Schmerz** nach Kratzen: kali-c.$_{h}$ nit-ac.
  • **unverändert** durch: nat-c.$_{h}$
  • **wechselt** den Ort nach Kratzen: mez. pall.
– **stechend**; fein: alum. anac. arn. caust. squil.
  • **Kratzen** amel.: anac.
  • **plötzlich**:
    • **Kratzen** amel.: ph-ac.
– **Stellen**; an einzelnen: luna$_{kg1}$
○ **Dorsalregion**:
  • **morgens**: bamb-a.$_{stb2}$
  ○ **Schulterblätter**: alum. am-m. arn. asaf. bar-c. bell.$_{h}$ calc. choc.$_{srj3}$ com. crot-h. cund. dios. form. laur. merc. merc-i-f. mez. olnd. petr. phel. rat. ruta seneg. sil. spig. stront-c. ther. viol-t. zinc.
    • **links**: fl-ac.$_{bg1}$ grat.$_{bg1}$ ham.$_{bg1}$ psil.$_{ft1}$
    • **Reiben** amel.: grat.
    • **Stellen**, an kleinen: fl-ac.
    ○ **Rand**, am rechten, äußeren: dulc.$_{h1}$
    • **unter** den: hydrog.$_{srj2}$
    • **zwischen** den: all-s. alum. am-m. arg-met. calc. calc-s. caust. chinin-s. choc.$_{srj3}$ dios. *Hipp.* laur. mag-c. mag-m. mosch. rat. ruta$_{h}$ stront-c. *Zinc.*
      • **abends**: dios. mag-m. zinc.
      • **nachts**: am-m. cocc.
        • **Entkleiden**, beim: sulph.

Jucken - Dorsalregion - Schulterblätter - zwischen den: ...
  • **Kratzen** amel.: mag-c.
    • **brennt** nach Kratzen: rat.
– **Lumbalregion**: alum.$_{h}$ *Bar-c.* *Berb.* bufo-s. carb-v. caust. chin. con. dig. fl-ac. hep. iod. kali-bi. kali-c. kali-n. lach. led. lyc. mag-c. *Mag-m.* *Merc.* merc-c. mez. morph. *Nat-m.* nicc. ol-an. phyt. psor. *Puls.* sul-i.$_{k2}$ sulph.
  • **abends** im Bett: nat-m.$_{h}$
  • **brennend**: alum.$_{h}$ *Berb.*$_{a1}$ mag-c.$_{h}$
  ▽ **erstreckt** sich zu:
    • **Abdomen** und Oberschenkel: nat-m.
  • **fressend**: ph-ac.$_{h}$
  • **kratzen**, bis die Stelle roh ist; muß: *Bar-c.*
– **Sakrum**: agar. alum. borx. bov. fl-ac. graph. laur. led. med. merc. par. plb.
  • **brennend**: kali-c.$_{h}$
  • **Gehen**, beim: merc.
– **Steißbein**: agar. alum. am-c.$_{bg1,h}$ bar-c. borx. *Bov.*$_{c2,k}$ chel.$_{bg1}$ chin.$_{h}$ con. fl-ac. *Graph.*$_{bg1,k,*}$ lyc. ph-ac.$_{bg1,bg2}$ plb.$_{bg1,bg2}$ spig.
  • **abends** im Bett: carb-v.$_{h}$
  • **Bettwärme** agg.: *Petr.*
  • **brennend**: fl-ac.
  • **fressend**: ph-ac.$_{h}$
  • **Menses**, während: dros. graph. ph-ac.
– **Zervikalregion**: agar. agn. **Alum.** alum-sil.$_{k2}$ ammc. anac. *Ant-c.* arg-n. ars. bamb-a.$_{stb2}$ benz-ac. *Berb.* calc.$_{h}$ carb-ac. carb-v. caust. con.$_{h}$ cycl. *Gels.* grat. hydr. hydr-ac. ign. jug-c. kali-bi. kali-n. laur. lyc. mag-c. mag-m. mang. merc-i-f. merc-i-r. mez. morph. myric. nat-ar. nat-c. **Nat-m.** nat-p. nicc. nit-ac. ox-ac. pall. *Puls.* rat. *Rhus-t.* rumx. sars. sep. sil. squil. staph. **Sulph.** tarent. ther. thuj. trom.
  • **morgens**: bamb-a.$_{stb2}$ fl-ac. nat-m. sulph. ther.
    • **Aufstehen**, nach dem: sulph.
  • **abends**: calc. carb-v. fl-ac. mag-c. stront-c. ther. trom.
    • **Bett**, im: calc. sulph.
    • **Entkleiden**, beim: am-m. hyper.
    • **Zubettgehen**, vor dem: mag-m.
  • **nachts**: ail. hydr.
    • **Bettwärme**, in der: *Sulph.*
  • **Berührung**, bei: psor.
  • **brennend**: berb.$_{a1,k}$ *Calc.*$_{hr1,k,*}$ *Kali-bi.*
    • **Kratzen**, nach: mag-c.$_{h}$
  • **Gehen** im Freien; beim: nit-ac.
  • **Kälte**:
    • **amel.**: rhus-t.$_{a1,k}$
  • **Kratzen**, nach: nat-m.
    • **wechselt** den Ort nach Kratzen: sars.
  • **Menses**, während: mag-c.
  • **stechend**; fein: carb-v.$_{h}$ rhus-t.$_{h}$
  • **Wärme**:
    • **Hitze**:
      • **agg.**: rhus-t.$_{a1,k}$
  ▽ **erstreckt** sich in alle Richtungen: rhus-t.

Kälte (einschließlich Frost): acon. aesc. agar. alum. alum-p.$_{k2}$ alumn.$_{k2}$ am-br. am-c. *Am-m.* anac. anag. aphis apis *Arg-met.* arn. *Ars.* ars-s-f.$_{k2}$

Kälte: ...
Asaf. asar.h aur. aur-ar.k2 aur-m-n. aur-s.k2 bamb-a.stb2 bapt. bar-c.h *Bell.* benz-ac. berb. **Bol-la.** borx.h brom. *Bry.* **Cact.** calad. *Calc.* calc-s. calc-sil.k2 *Camph. Canth.* **Caps.** carb-an. carb-v. carbn-s. caust.h cedr. *Cham.* chel. chin. chinin-ar. chlf. cic. coc-c. cocc. coff. colch. com. *Con.* conv.brl croc. *Crot-t. Dig.* dios. *Dulc.* elaps **Eup-per. Eup-pur.** euph.h ferr. ferr-ar. ferr-p. *Gels.* gins. grat. *Ham.* hell. helo.c1 helo-s.c1 hep. hipp. hydr. hydrog.srj2 *Hyos.* hyper. ign. ip. jatr-c. kali-ar. kali-bi. kali-c. kali-i. kali-m.k2 kali-n. kali-p. kali-s. kali-sil.k2 kalm. *Lac-d.* **Lach.** lachn. lact. laur. *Led. Lil-t.* limest-b.es1 *Lob.* lyc. mag-c. *Meny.* merc. merc-c. merc-i-r. *Mez.* mur-ac. nat-ar. **Nat-m. Nat-s.** *Nit-ac.* nit-s-d. *Nux-v.* op. ox-ac. *Phos.* phys. plat. **Puls.** *Raph. Rhus-t.* rhus-v. ruta sabad. sang.bg1 sanic. sarr. sars.h *Sec.* seneg. sep. **Sil.** spig. *Spong. Stann.* staph. *Stram. Stry.* **Sulph.** sumb. tarent. thuj. valer. **Verat.**

- **morgens**: arn.a1,k asaf.a1,hr1 bry.a1,k con.a1,k ferr.a1,k mez.a1,k nit-s-d.a1,k **Nux-v.**a1,k sumb.a1,k
  - **7** h: ferr.
  - **8**.30 - 9 h: asaf.
  - **Aufstehen**, beim: meny.h
  - **Erwachen**, beim: con.a1,k
  - **Menses**, nach den: kali-c.
- **vormittags**: ang.a1,k asaf. berb.a1,k cham.a1,k con.a1,k graph.h hydr.a1,k lyc.a1,k
  - **9** h: mag-c.h
  - **10** h: con.
  - **11** h: cham.
  - **Gehen**, beim:
    - **Freien**, im: hydr.
    - **Zimmer**; beim Herumgehen im: ang.
- **mittags**: arg-n. rhus-t.a1,k
- **nachmittags**: alum.a1,k apis asaf.hr1,k carb-an.h castm. cic.a1,k cimic.a1,k *Cocc.* fago.a1,k guaj.a1,k hyos.a1,k lyc.a1,k nat-ar. rumx. stram. thuj.a1,k
  - **14** h: cic. nat-s.
  - **15** h: *Apis* lyc.
  - **16** h: mag-c.
  - **17** h: nat-m.h
  - **Stuhlgang**, nach: fago.
- **abends**: alum.h *Ars.*hr1,k bapt.hr1,k,* berb.a1,k caps.a1,k castm. cimic.a1,k *Cocc.*hr1,k coff. *Dulc.*hr1,k,* graph.h kali-c.h kali-n.h kreos.a1,k *Lyc.*a1,k *Mur-ac.*hr1,k nat-m.a1,k nux-v.a1,k **Puls.**hr1,k *Rhus-t.*hr1,k sang.hr1,k sep.a1,k *Stann.*hr1,k **Sulph.**a1,k tab.a1,k thuj.hr1,k,*
  - **18** h, im warmen Zimmer: lyc.
  - **19** h: castm. lyc.
  - **21** h: castm. kreos.
  - **22** h: cench.k2
  - **Hinlegen**, nach dem: *Coff. Lyc.* nat-c.h *Nux-v.* sang.
- **nachts**: androc.srj1 *Ars.*hr1,k arum-t.hr1,k chin.a1,k chinin-ar. chinin-s. coc-c.a1,k lil-t.a1,k lyc. nat-ar. nat-m.a1,k *Puls.*hr1,k stront-c. thuj.hr1,k
  - **Bett**:
    - **im**: calc.bg1
    - **Zubettgehen**, beim: coc-c. lil-t. phos.vh
- **Ankleiden**, beim: anth.a1,k
- **Bewegung**, bei: asaf.a1,k *Eup-pur.* phys.a1,k sulph. thuj.a1,k
- **eisige** Kälte läuft vor einem epileptischen Anfall den Rücken hinab: *Ars.*
- **Eis**, wie durch: agar.bg1,k2 *Am-m.* cocc.a1,k
  - **schmerzhaft**: psil.ft1
- **Erstickungsgefühl**, gefolgt von: mag-p.br1
- **Erwachen**, beim: dig. digin.a1
- **Essen**:
  - **beim**: raph.
  - **nach**: crot-c.a1,k sil. staph.h
- **Fieber**:
  - **während**: aur-m-n.c1
  - **mit**: cact.br1
- **Gehen**, beim: asaf.a1,k hyos.a1,k nit-s-d.a1,k squil.h
  - **Freien**, im: chin.
  - **Zimmer**, im warmen: squil.h
- **Jucken**, endet in: *Am-m.*
- **Kopfschmerzen**; bei: lac-d.c1
- **kalt**:
  - **Luft**, kalte: alum-sil.k2 *Stront-c.*
    - **wie** durch: agar.k2 benz-ac. camph. caust. coff.
    - ▽ **erstreckt** sich von der Wirbelsäule über den Körper, wie eine epileptische Aura: agar.
  - **Streifen** läuft die Wirbelsäule nach oben und unten; ein kalter: ptel.c1
  - **Wasser** darauf gespritzt würde; als ob kaltes: alum-sil.k2 alumn.k2 caust. croc.br1 lyc. *Phos.*vh **Puls.**
- **Liegen** amel.: castm. kali-n.a1,k sil.a1,k
- **Luft**:
  - **Freien**, im: acon. dulc. neonsrj5
- **Menses**:
  - **während**: bell.a1,k kreos.
  - **nach**: kali-c.a1,k
- **Mittagessen**, nach dem: cedr.a1,k cycl.a1,k
- **Mittagsschlaf**, nach dem: cycl.a1,k
- **Sitzen**, im: brom.a1,k
- **Stellen**; an einzelnen: agar.k2
- **Stuhlgang**:
  - **vor**: ars.
  - **während**: colch. *Trom.*
  - **nach**: fago. *Puls.* sumb.a1,k
- **Urinieren**, nach dem: *Sars.*
- **Wärme** agg.: apis
- **warmen** Ofen; nahe einem: jug-c.a1,k
  - **amel.**: sulph.h

▽ **erstreckt** sich zu:
  - **Abdomen**: cham.h crot-t. *Phos. Sec. Spig.*
  - **Arme**, in die: gins. verat.
  - **Beine**: acon. ferr. ham.
  - **Füße**: croc.
  - **Glieder**: eup-per.k2 gins.
  - **Körper**; über den ganzen: amyg. bell. *Lyc.*
    - **abends**:
      - **18**.30 h: lyc.
  - **oben**; den Rücken nach: aesc. am-m. *Arg-n.*hr1,k ars. bamb-a.stb2 bar-c. bol-la. *Calc-p.* carb-an.h choc.srj3 *Cina Colch.* con. equis-h.c1 *Eup-per. Gels.* hyos. ip. kali-bi. kali-i. kali-p.

– **erstreckt** sich - **oben**; den Rücken nach: ...
Lach. lil-t.$_{bgl}$ mag-c. mag-p.$_{c1}$ merc-sul. *Nat-s.* ol-an. ol-j.$_{ptk1}$ phos. phys. *Puls.* rhus-v. ruta **Sulph.** thuj.$_{h}$ tub.$_{br1,ptk1}$
☞ ❑ *Frost - Aufsteigend*
• **nachmittags**:
• **14** h: nat-s.
• **16** h: mag-c.
• **abends**: kali-p. sulph.$_{h}$
• **Bewegung**, durch: sulph. thuj.$_{h}$
• **Eintreten** aus dem Freien agg.; beim: *Arg-n.*$_{hr1,k}$
• **Essen**, nach dem: *Arg-n.*$_{hr1,k}$
• **Frösteln** nach dem Urinieren; mit: *Sars.*
• **Menses**, während: kreos.
• **oben** und unten; den Rücken nach: abies-c.$_{bgl}$ aesc. all-c. aphis bapt. bell.$_{bgl}$ caps.$_{bgl}$ **Eup-pur.** **Gels.** hell. *Ip.* lach. mag-p.$_{br1,ptk1}$ med. puls.$_{ptk1}$ ruta *Sulph.*
• **nachmittags**: rumx.
• **Erstickungsgefühl**, gefolgt von: mag-p.$_{br1}$
• **unten**; den Rücken nach: abies-c. acon. **Agar.** *All-c.* alum. arg-n. ars. asaf. bar-c. bell. borx.$_{h}$ brom. bry. canth.$_{ptk1}$ carl. cedr. chel. **Cina**$_{vh}$ *Cocc.* coff. *Colch.* conv.$_{br1}$ crot-t. *Eup-per.* *Eup-pur.* glon. helo.$_{c1}$ hep.$_{h}$ *Hyper.* iris lac-c.$_{ptk1}$ lil-t.$_{hr1,k}$ *Lob.* lyc. mag-c. mag-p.$_{c1}$ ol-an. pic-ac. **Puls.** pyrus ruta sabad. *Samb.* sep. *Sil.* staph. **Stram.** stry. *Zinc.*
☞ ❑ *Frost - Absteigend*
• **abends**:
• **21** h: all-c.
• **nachts**:
• **22** h: sep.
• **Bewegung**, bei: rumx.
• **kaltes** Wasser:
• **herabrinnen**; als würde: ars. caps. caust.
• **hinabgegossen**; als würde: abies-c.$_{c1}$ agar. alum-sil.$_{k2}$ alumn. anac. ars. lil-t. *Lyc.* **Puls.** sabad. stram. vario. zinc.
• **Kopfschmerzen**, mit: mez.$_{h}$
○ **äußerlich**: coc-c.$_{a1,k}$ lyc.$_{a1,k}$
– **Dorsalregion**: agar.$_{a1,k}$ croc.$_{a1,k}$ hydrog.$_{srj2}$ plb.$_{bgl}$ *Sil.* spong. thuj.$_{a1,k}$
• **morgens**: bamb-a.$_{stb2}$
○ **Schulterblätter**: alum.$_{h}$ androc.$_{srj1}$ bamb-a.$_{stb2}$ camph.$_{a1,k}$ chinin-s. croc.$_{a1,k}$ dios.$_{a1,k}$ phos. rhus-t.$_{a1,k}$
○ **unter** den: agar.
• **unterer** Rand: plat.$_{h}$
• **zwischen** den: abies-c.$_{a1,k}$ agar. *Am-c.* *Am-m.*$_{a1,k}$ *Arg-met.* aur.$_{a1,k}$ bamb-a.$_{stb2}$ **Bol-la.** cann-i.$_{a1,k}$ **Caps.** carl.$_{a1,k}$ castm.$_{bro1}$ caust.$_{a1,k}$ chel.$_{a1,k}$ *Eup-per.* lac-d. *Lachn.* led.$_{a1,k}$ nat-c. nat-m.$_{bgl}$ petr. *Puls.* pyrog.$_{bro1}$ *Rhus-t.*$_{a1,k}$ sarr.$_{a1,k}$ *Sep.*$_{a1,k}$ *Sil.* sulph. tab.$_{a1,k}$ tub.$_{br1}$ viol-t.$_{a1,k}$
• **eiskalte** Hand; wie eine: sep.$_{h}$
• **Eis**, wie: agar. am-m. arg-met. *Lachn.*
• **Husten**, mit: *Am-m.*
• **kaltes** Wasser; wie durch: abies-c.$_{a1,k}$ castm.$_{rb2}$ tub.$_{rb2}$

– **Dorsalregion - Schulterblätter - zwischen**: ...
• **Wind**, wie durch: caust.$_{a1,k}$ hep. sulph.
• **Wirbelsäule**: am-m. cham. haem. iris-foe. *Meny.*$_{hr1,k,*}$
– **Lumbalregion**: agar.$_{bro1}$ asaf.$_{a1,k}$ bapt.$_{bgl}$ *Camph.*$_{hr1,k,*}$ cann-i.$_{a1,k}$ canth.$_{hr1,k,*}$ *Carb-an.*$_{hr1,k}$ carb-v.$_{a1,k}$ carbn-s. cham.$_{a1,k}$ chin.$_{a1,k}$ cupr. cupr-s.$_{a1,hr1}$ *Dulc.*$_{hr1,k}$ **Eup-pur.**$_{hr1,k}$ hell.$_{a1,k}$ hydrog.$_{srj2}$ **Lach.**$_{hr1,k,*}$ led. med.$_{hr1,k}$ nat-m.$_{a1,k}$ nux-m.$_{a1,k}$ ox-ac. podo.$_{a1,k}$ psor.$_{bgl}$ *Puls.*$_{hr1,k}$ sanic.$_{vh}$ spong.$_{hr1,k}$ *Sulph.*$_{hr1,k,*}$ *Sumb.*$_{a1,k}$ tarent.$_{a1,k}$
• **rechte** Seite: *Med.*
• **morgens**: cham.$_{a1,k}$ *Sumb.*$_{a1,k}$
• **abends**, beim Sitzen agg.: canth.
• **nachts**: nat-m.$_{a1,k}$ podo.$_{a1,k}$
• **Abendessen**, beim: hell.$_{a1,k}$
• **angefächelt**; wie: *Puls.*$_{vh}$
• **Bewegung** agg.: podo.$_{a1,k}$
• **Gehen** agg.: *Camph.*$_{a1,k}$
• **Husten**, mit: *Carb-an.*$_{hr1,k}$
• **kaltes** Tuch; wie durch ein: *Sanic.*$_{vh}$
• **Luft**:
• **darüberströmen**; als würde kalte Luft: stann.$_{h}$ *Sulph.* *Sumb.*
• **Luftzug** agg.; kalter: tarent.$_{a1,k}$
• **Ofenwärme** amel.: hell.$_{a1,k}$
• **Sitzen**, im: chin.$_{a1,k}$
• **Stuhlgang**:
• **vor**: nux-m.$_{a1,k}$
• **nach**: *Puls.*$_{hr1,k}$
▽ **erstreckt** sich nach dem Urinieren zum Abdomen: sulph.
– **Sakralregion**: arg-met. benz-ac.$_{hr1,k,*}$ calc-sil.$_{k2}$ *Dulc.* hyos. laur. lyc.$_{k,kl2}$● ox-ac. *Puls.*$_{hr1,k}$ *Sanic.* stront-c. sulph.
• **Frost**; während: aesc. asaf. eup-pur. *Puls.* sulph.
• **Frösteln**: lyc. **Puls.**$_{hr1,k}$ sulph.$_{hr1,k}$
• **Menses**, während: *Puls.*
• **nasses** Tuch; wie durch ein: sanic.$_{vh}$
• **Stuhlgang**, beim: ptel.$_{a1,k}$
▽ **erstreckt** sich zu:
• **Hinterkopf**: gels.$_{br1,hr1}$ ol-j.$_{pd}$
• **oben**, nach: **Sulph.**
– **Wirbelsäule**: acon.$_{a1,k}$ *Aesc.*$_{a1,k}$ agar.$_{hr1,k}$ arg-n.$_{bgl}$ atro.$_{a1,k}$ bol-la. bry.$_{a1,k}$ canth.$_{a1,k}$ chlf.$_{a1,k}$ coc-c.$_{a1,k}$ *Crot-c.* *Crot-t.*$_{hr1}$ *Gels.*$_{hr1,k,*}$ gins.$_{a1,k}$ glon.$_{bgl}$ *Hyos.*$_{hr1,k,*}$ jug-c.$_{a1,k}$ kali-n.$_{a1,k}$ lept.$_{a1,k}$ meny.$_{hr1,k,*}$ merc.$_{a1,k}$ *Mez.*$_{hr1,k}$ mosch.$_{a1,k}$ op.$_{a1,k}$ phys.$_{bgl}$ ruta *Sanic.* sec.$_{bgl}$ stry.$_{a1,k}$ *Sumb.*$_{a1,k}$ tab.$_{a1,k}$ thuj.$_{hr1,k}$ trom.$_{a1,k}$
• **Gehen**, beim: gins.$_{a1,k}$
• **nasses** Tuch; wie durch ein: tub.$_{dp,hr1}$
• **Stuhlgang**, beim: trom.$_{a1,k}$
▽ **erstreckt** sich nach unten: canth.$_{a1,k}$ *Ruta* stry.$_{a1,k}$
– **Zervikalregion**: androc.$_{srj1}$ *Calc.* calc-sil.$_{k2}$ cann-i.$_{a1,k}$ carbn-s. cass.$_{a1}$ chel.$_{a1,k}$ chr-ac.$_{hr1,k,*}$ con.$_{bgl}$ *Dulc.*$_{hr1,k,*}$ fl-ac.$_{a1,k}$ iris-foe. kali-bi.$_{k2}$ kali-chl.$_{hr1,k,*}$ laur.$_{a1,k}$ lyc.$_{a1,k}$ nat-s.$_{a1,k}$ op.$_{a1,k}$ psil.$_{ft1}$ ran-s.$_{a1,k}$ **Sil.**$_{hr1,k,*}$ *Spong.*$_{hr1,k}$ zinc.$_{a1,k}$
• **morgens**: ran-s.$_{a1,k}$

– **Zervikalregion**: ...
  • **abends**: dulc.$_{a1,k}$ *Spong.*$_{hr1,k}$
  • **kriechende**: sil.$_{a1,k}$
  • **Zugluft**, empfindlich gegen: *Hep. Merc. Sil.*
  ▽ **erstreckt** sich zu:
  • **Hinterkopf**: chel.$_{a1,k}$
  • **Sakrum** beim Hinlegen: thuj.

Kalten Tuches; Gefühl eines
☞ *Kälte - Lumbalregion - kaltes / Kälte - Sakralregion - nasses / Kälte - Wirbelsäule - nasses*

Karbunkel
☞ *Hautausschläge - Karbunkel*

Karies der Wirbelsäule: ph-ac.$_{c2}$ syph.$_{c2}$
☞ *Krümmung*
○ **Lendenwirbel**: *Sil.*

Klumpens; Gefühl eines
☞ *Knoten - Gefühl*

Knacken:
○ **Dorsalregion**:
 ○ **Schulterblatt**:
  • **morgens**: puls.$_{h}$
  • **Bewegung**; bei: puls.$_{h}$
  • **Heben** des Armes; beim: anac.
– **Lumbalregion**: limest-b.$_{es1}$ sulph.$_{h}$
  • **Bücken**, beim: agar. rhus-t.
  • **Gehen**, beim: **Zinc.**
  ▽ **erstreckt** sich zum Anus: sulph.
– **Sakrum** beim Bücken; quer über das: kali-bi.$_{rb2}$
– **Wirbelsäule**, beim Bewegen: *Agar.* cocc. kali-bi.
– **Zervikalregion**: *Agar.* agn. aloe alst.$_{bg1}$ anac. aur-m-n. bamb-a.$_{stb2}$ *Chel.* chin. chin-b.$_{c1}$ *Cocc.* limest-b.$_{es1}$ m-arct.$_{c1}$ *Nat-c. Nicc.*$_{c2,k}$ nit-ac. nux-v. ol-an. *Petr.* psor.$_{bg2}$ puls. raph. spong. stann. *Sulph.* ther.$_{hr1}$ thuj.$_{c2,k}$ zing.$_{bg1}$
  • **Aufstehen** vom Bücken; beim: nicc.
  • **Beugen** des Kopfes nach hinten; beim: sulph.$_{h}$
  • **Bücken**, beim: spong.

Knoten:
– **Gefühl** von Knoten: arn. bamb-a.$_{stb2}$ sars.$_{bg1}$
 ○ **Dorsalregion**:
  ○ **Schulterblätter**:
   ○ **auf** den Schulterblättern: am-m.
   • **zwischen** den Schulterblättern: arn.$_{bg2}$ chin.$_{bg1}$ lach.$_{bg1}$ lyc.$_{bg1}$ mag-s.$_{bg1,bg2}$ nux-v.$_{bg1}$ pall.$_{bg1}$ phyt.$_{bg1}$ plat.$_{bg1}$ prun.$_{bg1}$ rhus-t.$_{bg1}$
  • **Lumbalregion**: carb-v.$_{bg1}$
  • **Sakralregion**: bamb-a.$_{stb2}$
○ **Dorsalregion**:
 ○ **Schulterblätter**:
  ○ **zwischen** den Schulterblättern: calc. mag-s.

Knurren in der Wirbelsäule: sulph.$_{h}$

Kongestion:
○ **Wirbelsäule**: absin.$_{c2}$ onos.$_{c2}$ verat-v.$_{c2}$
– **Zervikalregion**: bell. cact.$_{k2}$ carbn-h. **Gels.** glon. *Kali-c.*

Krabbeln, wie Insekten
☞ *Ameisenlaufen / Prickeln*

Krampf: bell. calc-p. caust.$_{bg3}$ chin.$_{bg3}$ con.$_{h}$ gels.$_{k2}$ iod. kali-bi. lyc. naja nux-v. petr.$_{h}$ plb. verat.$_{h}$
☞ *Krampfhaftes / Schmerz - krampfartig*
– **Drehen** des Körpers, beim ●: dros.$_{h}$

Krampfhaftes Ziehen: ip.$_{k2}$
☞ *Krampf / Schmerz - krampfartig / Spannung - Zervikalregion*
– **Schlaf**; im: alum.$_{k2}$
○ **Dorsalregion**:
 • **Gefühl** von krampfhaftem Ziehen zwischen den Schultern beim Gehen: calad.
  • **morgens**: apis cham. meny. staph.
– **Zervikalregion** (= der Kopf ist nach hinten gebeugt): *Acon.* alum. ant-c. *Apis* **Bell.** calc. camph. cann-i. cedr. *Cham.* chin. **Cic. Cimic.** *Cina Cupr.* eup-per. *Gels. Glon. Hell. Hep.* hyos. hyper. *Ign. Ip.* kreos. *Lyc. Mez.* mur-ac. *Nat-m. Nat-s. Nux-v.* **Op.** *Phel.* phyt.$_{k2}$ plb.$_{k2}$ samb. stram. *Tab.* verat-v. *Zinc.*
  • **nachmittags**: mag-c.$_{h}$
  • **abends**: ant-c.
  • **Liegen**, beim: ant-c.
  • **Schlaf**, im: alum.
  • **Sehnen** zu kurz; Gefühl, als wären die: hydrog.$_{srj2}$
  • **Stuhlgang**; beim: phos.$_{k2}$

Kribbeln
☞ *Ameisenlaufen / Prickeln*

Krümmung der Wirbelsäule ●: aur.$_{bg1}$ bar-c.$_{bro1}$ *Bar-m.* **Calc.**$_{hr1,k}$ **Calc-f.** *Calc-p.*$_{hr1,k}$ **Calc-s.** *Carb-v.* carbn-s. *Con.* ferr-i.$_{c2}$ *Lyc.*$_{a1,k}$ *Merc.*$_{hr1,k,*}$ **Merc-c.** op. **Ph-ac.**$_{hr1,k}$ *Phos.*$_{c2,k}$ psor. *Puls.*$_{c2,k}$ rhus-t.$_{hr1}$ **Sil. Sulph.**$_{c2,k}$ syph.$_{c1,k2}$ tarent. thuj.
☞ *Karies*
◆ **begleitet** von:
 • **Pott**-Buckel
 ☞ *Tuberkulose - Wirbel - begleitet von - Krümmung*
– **innen** gekrümmt; Gefühl, sie wäre nach: choc.$_{srj3}$
– **liegt** mit angezogenen Knien auf dem Rücken: **Merc-c.**
– **Schmerz** in der Wirbelsäule: *Aesc.* **Lyc. Sil.**
– **seitliche** Krümmung: sil.$_{k2}$
○ **Dorsalregion** ●: bar-c. bufo *Calc. Calc-s. Con. Lyc.* plb. *Puls. Rhus-t. Sil. Sulph. Syph.* thuj.
– **Lumbalregion**: calc-s.$_{k2}$
– **Wirbel**: phos.$_{k2}$
– **Zervikalregion**: *Calc.* phos. *Syph.*

Lahmheit: abrot.$_{br1}$ arn.$_{k2}$
○ **Lumbalregion**: phos.$_{h}$
– **Zervikalregion**: nat-c.$_{h}$ par.$_{h}$ spig.$_{h}$

Last; wie eine
☞ *Schwere*

Lähmung: *Cupr. Gels. Led.*
– **Gefühl** von:
○ **Lumbalregion**: agar.$_{h}$ con.$_{h}$ mag-m.$_{a1,h}$ nat-m.$_{h}$
 • **Sakrum**: *Phos.*

– **Gefühl** von: ...
• **Zervikalregion**: cina$_{h}$ meny.$_{h}$ spig.$_{h}$ verat.$_{h}$
– **Wirbelsäule**: **Aesc.** phos.$_{k2}$
– **Zervikalregion**: lyc.$_{h}$

Laufen
☞ *Strömen*

Lipom:
○ **Zervikalregion**, von Ohr zu Ohr: am-m.$_{ptk2}$

Lumbago
☞ *Schmerz - Lumbalregion*

Maus den Rücken hinauflaufen; Gefühl, als würde eine: *Sulph.*

Meningitis spinalis
☞ *Entzündung - Rückenmarkshaut*

Müdigkeit; Gefühl von
☞ *Schwäche*

Nassen Tuches; Gefühl eines
☞ *Kälte - Lumbalregion - kaltes / Kälte - Sakralregion - nasses / Kälte - Wirbelsäule - nasses*

Opisthotonus: *Absin.*$_{hr1,k,*}$ acon.$_{hr1,k,*}$ agar. amyg.$_{hr1,k,*}$ ang.$_{c1}$ apis *Ars.*$_{hr1,k,*}$ **Bell.**$_{bg2,k}$ berb. both.$_{a1,k}$ brach.$_{a1,k}$ bry.$_{a1,k}$ calc-p. *Camph.*$_{hr1,k,*}$ *Canth.*$_{a1,k}$ carb-an.$_{a1,k}$ *Cham.*$_{hr1,k}$ *Chen-a.* **Cic.**$_{h,k,*}$ cimic.$_{bg2}$ *Cina* cor-r. cori-r.$_{a1}$ **Cupr.**$_{hr1,k}$ *Cupr-ar.*$_{a1,k}$ dig.$_{hr1,k}$ glon.$_{k2}$ hydr-ac.$_{h}$ **Hyos.**$_{a1,k}$ hyper.$_{hr1,k}$ *Ign.*$_{hr1,k}$ *Ip.*$_{hr1,k,*}$ jasm.$_{a1}$ kali-br.$_{hr1}$ *Lach.*$_{hr1,k}$ led.$_{hr1,k}$ lyss.$_{hr1}$ med.$_{hr1,k}$ merc.$_{k2}$ *Morph.*$_{a1,k}$ nat-s. nux-m.$_{a1,hr1}$ **Nux-v.**$_{hr1,k,*}$ oena.$_{a1,k}$ **Op.**$_{hr1,k,*}$ petr.$_{a1,k}$ phos.$_{a1,k}$ *Phyt.*$_{hr1,k,*}$ *Plat.*$_{hr1,k}$ plb.$_{a1,k}$ *Rhus-t.* *Sec.*$_{hr1,k,*}$ *Stann.*$_{hr1,k,*}$ **Stram.**$_{hr1,k,*}$ **Stry.**$_{a1,k}$ *Tab.*$_{a1,k}$ ter.$_{a1,k}$ *Verat-v.*$_{hr1,k,*}$ *Zinc.* zinc-p.$_{k2}$
☞ *Spasmen*
– **Epilepsie**, bei: ars.$_{h}$ stann.$_{h}$

Polyp: *Con.*

Pott-Buckel
☞ *Tuberkulose - Wirbel*

Prellungen der Wirbelsäule
☞ *Verletzungen*

Prickeln, Kribbeln: acon.$_{a1,k}$ aesc.$_{a1,k}$ alum-sil.$_{k2}$ apis aur.$_{a1,k}$ aur-m.$_{a1,k}$ bamb-a.$_{stb2}$ lact. ox-ac.$_{a1,k}$ ran-s.$_{a1,k}$ sol-t-ae.$_{a1,k}$ tub.$_{c1}$ verat.$_{a1,k}$ vichy-g.$_{a1}$
– **morgens**: bamb-a.$_{stb2}$
– **Schlaf**, im: sol-t-ae.$_{a1,k}$
○ **Dorsalregion**:
○ **Schulterblätter**: *Mez.*
– **Lumbalregion**: alum-sil.$_{k2}$
• **Anstrengung** agg.: alum-sil.$_{k2}$
– **Zervikalregion**: *Carb-an.* choc.$_{srj3}$

Pulsieren: agar. aloe ars. asc-t.$_{a1,k}$ **Bar-c.**$_{a1,k}$ bell. berb. calc-ar. calc-p. cann-i. cann-s. carbn-s. chin. cimic. cur. daph. dig.$_{br1}$ *Eup-per.* *Eup-pur.* ferr. ferr-ar. glon. iod.$_{k,k2}$ *Kali-c.* lac-c. *Lach.* lyc. **Nat-m.** *Nit-ac.* *Phos.* puls. pyrog.$_{pd}$ ran-r.$_{c2}$ sep. *Sil.* sumb. *Thuj.*

Pulsieren: ...
◇ **abwechselnd** mit:
• **Schmerz** im Rücken: *Kali-c.*
– **ausdrücken** will; wenn er einen Gedanken: raph.
– **Bewegung**:
• **bei**: phos.
• **amel.**: bar-c.
– **Gemütes**; nach Erregung des: bar-c.$_{a1,k}$
– **Husten** agg.: *Nit-ac.*
– **Sitzen**, im: calc-p. cur. thuj.
– **Stuhlgang**, nach: alum. caps.
○ **Dorsalregion**: calc-p.$_{a1,k}$ carbn-s. cur. phos.
○ **Schulterblätter**: bar-c. calc-p. kali-c. merc.$_{a1,k}$ ph-ac. phos.$_{a1,k}$ zinc.
• **Aufrichten** vom Bücken; beim: kali-n.
• **rechten** Schulterblatt; unter dem: cench.$_{k2}$ merc-i-f.
• **links**: cench.$_{k2}$ zinc.
○ **zwischen**: androc.$_{srj1}$ *Bar-c.*$_{a1,k}$ hura kali-i.$_{a1,k}$ merc-i-f. *Phos.* plan. sumb.$_{a1,k}$ ter.$_{a1,k}$
• **Wirbelsäule**: dulc. *Lach.* **Phos.**
– **Lumbalregion**: am-c. **Bar-c.** bar-s.$_{k2}$ *Bry.* cann-s.$_{h}$ *Caust.*$_{a1,k}$ cimic. colch.$_{a1,k}$ *Coloc.*$_{a1,k}$ graph.$_{a1,k}$ hura kali-c.$_{a1,k}$ **Lac-c.** lach.$_{a1,k}$ med.$_{bg1}$ *Nat-m.*$_{a1,k}$ *Nit-ac.*$_{a1,k}$ ruta **Sep.** **Sil.** sulph. sumb.$_{a1,k}$ thuj. vib.
• **abends**, nach dem Hinlegen: nat-m.
• **nachts**: ars.$_{a1,k}$
◇ **abwechselnd** mit Schmerz: kali-c.
• **Bewegung** amel.: am-c. bar-c.
• **Druck** amel.: ruta$_{h}$
• **Einatmen**; beim tiefen: ben.
• **Fieber**; während: hura
• **Frost**; während: nux-v.
• **Menses**, vor den: *Nit-ac.*
• **Sitzen**, beim: colch.$_{a1,k}$
• **Stuhlgang**, nach: alum.$_{a1,k}$
○ **Hüfte**, über der: *Coloc.*
– **Sakralregion**: *Bar-c.* berb. caust. graph. hura$_{bg1}$ ign. kali-c. lach. **Nat-m.** nit-ac. nux-v. ol-an. sabin. sars. sep. *Sil.* tab.
• **abends**: tab.
– **Steißbein**: agar. par.
– **Wirbel**: sol-t-ae.$_{c2}$
– **Wirbelsäule**: agar. bar-c. carbn-s. cur. **Lach.** thuj.
– **Zervikalregion**: **Apis** *Calc-p.* chel. con. cur. daph. *Eup-per.* ferr. glon. lyss. manc. nat-m. *Nat-s.* *Nit-ac.* op. *Phos.* pyrog.$_{ptk1}$ raph. staph. sulph. sumb. **Verat-v.**
• **Aufrichten** des Kopfes vom Bücken; beim: kali-n.$_{h}$
• **Bewegung** agg.: *Ferr.*
• **Blutandrang** zum Kopf; mit: lac-ac.$_{c1}$
• **Halten** des Kopfes nach hinten amel.: lyss. manc.
• **Hinlegen**, beim: plb.
• **Menses**:
• **vor**: *Nit-ac.*
• **während**: *Nit-ac.* **Verat-v.**
• **Schreiben** agg.: manc.
• **Sitzen**, im: *Calc-p.*

– **Zervikalregion**: ...
▽ **erstreckt** sich zu:
• **Lumbalregion**: cur.
• **Schulter**: **Apis** con.
• **Stirn**:
• **Bewegen** oder Bücken; beim: ter.
• **Hinterkopf**, und: chel.
○ **Wirbel**: kali-n.h

Reizung der Wirbelsäule
☞ *Schmerz - wund - Wirbelsäule*

Röte
☞ *Farbe - rot*

Rucken: petr.h
– **linke** Seite: agar.h
– **nachts**:
• **Schlaf**; im: am-c.h
– **Arbeit**; bei körperlicher: nit-ac.h
○ **Dorsalregion**:
• **Druck** auf die Wirbel; durch: arn.al
○ **Schulterblätter**: sep.h
– **Halsmuskeln**: aeth. coloc. sep.
• **Schlaf**; im: alum.k2
– **Lumbalregion**: sulph.h
– **Sakralregion**: chin.h petr.h
– **Steißbein**:
▽ **erstreckt** sich zur Blase: carb-an.h

Ruhelosigkeit: carb-an.h thuj.bg1
○ **Lumbalregion**: *Bar-c.* *Calc-f.* cedr. chinin-s. thuj.bg2
• **Flatus** amel.; Abgang von: *Bar-c.*
– **Zervikalregion**: thuj.h

Rumoren: hep.h

Schauder: acon. agar. all-c. anac. apis ars. bar-act. bell. borx. bry. calc. caps. carb-v. carl. castm. cham. clem. cocc. coff. *Colch.* crot-t. dig. eup-per. gamb. gels. guaj. ign. kali-bi. lach. limest-b.es1 lyc. mag-c. mag-m.h mang.h,k meny. *Mez.* nat-m. nicc. osm. phos. puls. rhus-t. rumx. ruta sabad. sang. sec. seneg. sep. spong. *Stann.* staph. stram. stront-c. *Sulph.* thuj. verat.
– **morgens**: apis cham. meny. staph.
• **Aufstehen**, nach dem: staph.
• **Bett**, im: kali-c.
• **schreckliche** Geschichten; wie durch: meny.h
– **vormittags**: graph. mag-c.
– **nachmittags**: carb-an.h guaj.h mag-c.
– **abends**: apis bry. canth. caps. cham. cocc. mag-m. mag-s. nat-m.h verat.
• **Bett**, im: sang.
– **nachts**: carb-v.
• **Bett**, im: raph.
– **Hinlegen**, beim: nat-c.
– **Stuhlgang**, beim: coloc. trom.
– **warm**:
• **Ofen** amel.; am warmen: nicc.
• **Zimmer**, im warmen: petr.
▽ **erstreckt** sich zu:
• **oben**; den Rücken nach: canth. carb-an.h dig. puls. rhus-v. verb.c1

Schauder - erstreckt sich: ...
• **unten**; den Rücken nach: agar. all-c. bry. calc-caust. chel. *Colch.* mag-c. rhus-v.
○ **Lumbalregion**: coff. coff-t. jatr-c. lyc. petr.
• **Stuhlgang**, nach: *Puls.*
• **warmen** Zimmer, im: petr.
– **Zervikalregion**: caust.bg2 con.bg2,h

Schläge:
– **linke** Seite: plat.h
– **elektrischer** Schlag entlang der Wirbelsäule; wie ein: agar. ang. calc-p.vh cic. corn.
▽ **erstreckt** sich zum Scheitel: lyc.h
○ **Dorsalregion**: bell. cic.
○ **Schulterblättern**, zwischen den: bell.
• **links**: anac.h
– **Flanke**
☞ *□ Abdomen - Schläge - Seiten - Flanke*
– **Lumbalregion**: plat.h
– **Sakrum**, im: cupr.
– **Zervikalregion**: corn. hydrog.srj2 *Manc.*
• **Erwachen**, beim: *Manc.*

Schlag; Gefühl, wie durch einen:
○ **Wirbelsäule**: dig.h

Schmerz: abies-n. acon. **Aesc.**c2,k *Aeth.* *Agar.* ail. aloe **Alum.** alum-p.k2 alum-sil.k2 *Alumn.* am-c. *Am-m.* ambr. anac. anan. *Androc.*srj1 *Ang.* ant-c. ant-t. *Apis* aran. *Arg-met.* *Arg-n.* arist-m.br1 **Arn.**c2,k ars. ars-i. asaf. asar. *Atro.* *Aur.* aur-m. **Bamb-a.**stb2 **Bar-c.** bar-s.k2 **Bell.** benz-ac.k2 *Berb.* *Bism.* *Bol-la.* borx. brach. brom. **Bry.** cain. **Calc.** calc-caust.c2 **Calc-p.** calc-s. calc-sil.k2 *Camph.* cann-s. canth. *Caps.* carb-ac. *Carb-an.* *Carb-v.* **Carbn-s.** card-m. cass.a1 *Caul.* *Caust.* *Cham.* *Chel.* chen-a. chin. chinin-ar. *Chinin-s.* chr-ac. cic. *Cimic.*c2,k cina cinnb. clem. cob. coc-c.c2,k *Cocc.* *Colch.* *Coloc.* *Con.* cor-r. *Crot-h.* *Cub.* cupr. cycl. dios. *Dor.* dros. dulc. elaps **Eup-per.**c2,k **Eup-pur.** *Euph.* euphr. *Ferr.* ferr-ar. ferr-p. *Form.* galeg.c2 gamb.c2,k *Gels.* **Graph.** grat. **Guaj.** gymno. hell. *Helon.* *Hep.* hom.c2 *Hydr.* *Hydrog.*srj2 hyos. *Hyper.* hyper-aet.bta1 *Ign.* ind.c2,k inul.c2 iod. **Ip.** *Ipom-p.* junc-e.c2 kali-ar. *Kali-bi.* **Kali-c.**c2,k *Kali-i.* kali-m.k2 *Kali-n.* kali-p. *Kali-s.* *Kalm.* kreos. **Lac-c.** lac-d.k2 *Lach.* lact. laur. *Led.* lil-t. lith-c. *Lob.* lob-s.c2 **Lyc.** lycpr.c2 lyss. mag-c. *Mag-m.* mag-p. mag-s. manc. *Med.* menis.c2 meph. *Merc.* *Merc-c.* *Mez.* **Mur-ac.** *Murx.* *Naja* nat-ar. *Nat-c.* **Nat-m.** nat-p. **Nat-s.** *Nit-ac.* **Nux-m.** **Nux-v.** nymph.c2 oena. ol-an. ol-j. op. ox-ac.c2,k pall. **Par.** *Petr.* ph-ac. **Phos.** phys. phyt. plat. *Plb.* podo. **Psor.**c2,k **Puls.** pulx.br1 *Ran-b.* rat. *Rhod.* *Rhus-r.* **Rhus-t.** *Ruta* sabad. sabalc2 sabin. *Samb.* sang. sarr.c2,k sars. *Sec.* sel. senec. seneg. **Sep.** **Sil.** solc1 *Sol-ni.* spig. spong. stann. *Staph.*c2,k stram. *Stront-c.* *Sul-ac.* **Sulph.** tab.c2 tarax. tarent. tep. *Ter.*c2 thuj. thyr.c2 trios.c2 ust. valer. vario.c2,st verat. viol-t. *Zinc.* zinc-p.k2 zing. zirc-met.stj2
– **abwechselnde** Seiten: bamb-a.stb2 hydrog.srj2
– **links**:
▽ **erstreckt** sich nach rechts: bell.bg1

– **tagsüber**: *Camph.*
– **morgens**: *Agar.* all-s. aur. aur-s.k2 berb. borx. bry. calc-p. canth. caust.h cimic. cinnb. dios. dros. equis-h. eug. euph. eupi. hep. ign. kali-c. mag-s. naja *Nux-v.* phyt. podo. puls. *Ran-b.* rhod. ruta sel.bro1 stront-c. sulph.h thuj. zinc.
 • **4** h: staph.bg2
 • **Aufstehen**, beim: am-m. calad. caust. cedr. graph. *Hep. Lyc. Nat-m.* nit-ac. ran-b. stann. sul-ac.k2 sulph. thuj. verat.
  • **amel.**: *Lach.* nat-c. nat-m. nit-ac.
 • **Bett**, im: ang. berb. carb-v. euph. hep. kali-n. mag-s. nat-m. nit-ac. *Petr.* puls. rat. rhod. *Ruta* staph.
 • **Erwachen**, beim: aeth. *Agar.* arg-met. berb. calc-p. cham. chel. grat. kali-bi. lac-c. *Lach.* mag-m. mag-s. myric. nat-m. nit-ac. ptel. ran-b.
– **vormittags**: ars. *Cham.* equis-h. *Nat-m.* nat-s. ptel.
 • **10** h: am-m.
– **mittags**: dios. eupi. rhus-t.
– **nachmittags**: abrot. agar. bov. canth. caust. cham. chel. equis-h. glon. hyos. mag-c. mag-m. nicc. pall. plb. ptel. rumx. ruta *Sep.* zinc. zing.
 • **16** h: caust.bg2
– **abends**: acon. agar. alumn. *Ars.* ars-s-f.k2 *Calc-p.* carb-v. cham. chel. cist. cocc. coloc. cupr-ar. ferr-i. gels. graph.h kali-ar. kali-n. *Kali-s. Kalm. Lach.* led. lil-t. *Lyc.* mag-c. mag-m. *Naja* nat-ar. nat-m. nat-s. nit-ac. nux-v. phys. psor. *Rhus-t.* ruta sarr. *Sep.* sin-n. *Sulph.* ter. thuj. zing.
 • **Hinlegen**, nach dem: thuj.h
 • **Sonnenuntergang** bis Sonnenaufgang; von: **Syph.**
– **nachts**: acon. agar. aloe *Am-m.* ang. apis arg-met. *Arg-n. Ars.* ars-s-f.k2 *Berb.* bry. calc. calc-s. calc-sil.k2 carb-an. carb-v. carbn-s. *Cham.* chel. cinnb. *Dulc. Ferr.* ferr-act. ferr-ar.k2 ferr-i. ferr-p. hell. *Helon.* hep. ign. kali-i. kali-n. *Kalm. Kreos.* lil-t. lyc. *Mag-c.* mag-m. mag-s. mang. *Merc.* **Merc-c.** *Naja Nat-ar. Nat-c. Nat-m.* nat-p. *Nat-s. Nit-ac. Nux-v.* ph-ac. phos. phys. phyt.k2 plb. podo. rhod. sars. senec. *Sil.* staph.h **Sulph. Syph.** tab. visc.bro1
 • **Mitternacht**:
  • **vor**: kalm.
  • **23 - 0** h, heftige Kopfschmerzen; zwischen: *Am-m.*
  • **nach**: mag-s.
  • **3** h: **Kali-c.** kali-n. nat-c.
   • **treibt** ihn aus dem Bett: **Kali-c.**
  • **4** h: ang.bg1 *Nux-v.* ruta staph.bg1
   • **treibt** ihn aus dem Bett: *Nux-v.*
  • **weckt** ihn: *Chinin-s.* nat-c.
◇ **abwechselnd** mit:
 • **Abdomen**; Schmerzen im: vario.br1
 • **Fluor**: eupi.pd
 • **Kopfschmerz**: aloe brom. ign.ptk1 meli.
◆ **begleitet** von:
 • **Kopf**; Schmerz im
  ☞ *❑ Kopf - Schmerz - begleitet von - Rücken*
 • **Speichelfluß**: cinnm.kr1,vk1

– **begleitet** von: ...
 • **Urinieren** amel.; reichliches
  ☞ *Urinieren - nach - amel. - reichlichem*
– **Abendessen**, nach dem: sulph.
– **Abort**:
 • **nach**: helon.bro1
 • **drohendem** Abort; bei: caul.c1
– **absteigend**: acon. *Aeth.* alum. am-c. chel. cimic. cina cocc. con. cur. elaps ferr-s. *Glon.* kali-bi. *Kali-c. Kalm.* lil-t. mag-c. mang. merc. nat-m. nat-s. *Nux-m.* nux-v. ox-ac. phys. *Phyt. Pic-ac.* podo. psor. rat. sang. sep. thuj. ust. zing.
 • **Entbindung**, bei der: *Nux-v.*
– **anfallsweise**: asaf. kalm. lyss. nat-c. pall. phos.
– **Anlehnen**, Lehnen; beim:
 • **seitwärts**: staph.h
 • **Stuhl**; mit dem Rücken gegen den: agar. hep.h hyos.k2 *Ther.*
  • **amel.**: eupi. sarr. zing.
– **Anstrengung**:
 • **amel.**: ruta *Sep.*
 • **durch**: *Agar.* asaf. berb.bg1 bry.k2 calc. calc-p. caust.bg1 ferr.bg1 kali-c.bg1 lyc.bg1 ox-ac. ph-ac.bg1 ruta sec.bg1 sep.bg1 *Stry.* sulph. symph.c1 verat.bg1
– **Apyrexie**, während der: arn. ars. *Calc.* caps. cham. chin. cina ign. *Nat-m.* nit-ac. nux-v. petr. samb. sep. sil. spig. stram. thuj. verat.
– **Ärger**, Verdruß; nach: nux-v.
– **Atmen**, beim: acon. aesc. alum. alumn. *Am-m.* androc.srj1 apis arn. asar. *Aur.* aur-ar.k2 aur-s.k2 berb. calc. cann-s. carb-an. carb-v. carbn-s. cham. chel. cinnb. **Coloc.** conv. *Cop.* cupr. cupr-ar. dig. dulc. inul. kali-bi. *Kali-c.* kali-m.k2 kali-n. kali-p. kali-s. kalm. led. lob. merc. mur-ac. nat-ar. nat-c. nat-m. nux-v. par. petr. prun. *Psor.* ptel. puls. raph. ruta sabin. sang. sars. seneg. *Sep.* spig. stann. *Sulph.* thuj.
 • **tief**: sars.h
– **Aufrichten**; beim:
 • **Bücken**, vom: *Aesc.* agar. am-m. *Berb.* bism. chel. *Eupi.* kali-bi. lach. *Lyc.* med. mur-ac. *Nat-m.* ph-ac. *Phos.* **Puls.** *Rhus-t.* sars. *Sil. Sulph.* verat. *Zinc.*
  • **langem** Bücken, nach: *Nat-m.* **Puls.**
– **Aufstehen**; beim:
 • **Sitzen**, vom: aesc. **Agar.** alum. alum-p.k2 alum-sil.k2 ant-c. apis aran. arg-n. *Ars.* **Berb.** bry. *Calc. Calc-s.* calc-sil.k2 cann-i. *Canth.* carb-an. **Caust.** con. ferr. ferr-p. iris *Kali-bi.* kali-p. lach.bro1 *Led.* lyc. **Merc.** merl. petr. **Phos.** ptel. **Puls.** rhod. **Rhus-t.** ruta sep. *Sil. Staph.* **Sulph.** tab. tell. thuj. tus-p. *Zinc.* zinc-p.k2
  ☞ *Geradestrecken*
  • **amel.**: cob.c1
  • **langes** Sitzen ist fast unmöglich: *Aesc. Agar.* am-c. *Bell. Berb. Calc. Phos.* **Puls. Rhus-t.**
– **aufsteigend**
 ☞ *erstreckt sich - oben*
– **Aufstoßen**:
 • **agg.**: zinc.bg1,bg2
 • **amel.**: *Sep.*

– **Auftreten**, beim: acon. carb-ac. carb-an. podo.$_{cl}$ sep. spong. *Sulph. Ther. Thuj.*
☞ *Erschütterung / Schmerz - Erschütterung*
• **Fehltritt**, bei: podo. *Sep. Sulph. Ther. Thuj.*
– **ausstrahlend**: ran-b.$_{k2}$
– **Berührung** agg.: lath.$_{cl}$
– **Beugen**:
• **hinten**, nach:
• **agg.**: arg-met. bar-c. *Calc. Calc-p. Chel. Cimic.* con. dios. hydrog.$_{srj2}$ kali-c. lam. mang. plat. puls. sabin.$_{cl}$ sel. stann.
• **amel.**: acon. aeth. am-m. bell. cycl. eupi. fl-ac. hura lach. petr. puls. rhus-t. sabad. sabin. sil.
• **vorne**, nach:
• **agg.**: *Pic-ac.* sep.$_{bg1}$
• **amel.**: chel. hydrog.$_{srj2}$ kali-c.$_{h}$ lob.$_{bro1}$ meny. nat-ar. ph-ac. puls. sang. sec. sep. sulph.$_{fs}$ thuj.
– **Bewegung**, bei: acon. **Aesc. Agar.** alum. alum-p.$_{k2}$ alum-sil.$_{k2}$ am-c. ang. *Arn.* asar. **Bell.** brom. **Bry.** bufo calc. calc-p. calc-s. calc-sil.$_{k2}$ caps. *Carb-v.* carbn-s. *Caust.* cham. *Chel. Chin.* cimic. cinnb. *Cocc.* **Colch.** *Coloc. Croc.* cupr-s. *Dig.* dios. equis-h. eupi. ferr. ferr-p. *Graph. Guaj.*$_{k,k2}$ hydrog.$_{srj2}$ ign. iris *Kali-bi.* kali-i. *Kalm.* lach. **Led.** lob. lyc. mang. meph. *Merc.* mez. naja *Nat-c.* nat-p. nat-s. nit-ac. **Nux-v.** ox-ac. *Petr.* phel. *Phos. Phyt. Pic-ac.* plan. podo. *Psor.* ptel. puls. *Ran-b. Rhus-t.* ruta samb. *Sars.* sep. sil. stann. stram. sul-ac. **Sulph.** *Tarent.* tell. *Zinc.* zinc-p.$_{k2}$
• **amel.**: aesc. aloe alum. alum-p.$_{k2}$ am-c. *Am-m.* bry. calc-f. calc-p. cina coloc. cupr. dios. **Dulc.** fl-ac. graph. *Kali-c.* kali-n. kali-p. *Kali-s.* kreos. lach. laur. **Lyc.** mag-c. mag-m. mang. nat-ar. nat-c. *Nat-s.* nux-m. nux-v.$_{hbh}$ ox-ac. *Ph-ac.* phos. *Puls.* rat. *Rhod.* **Rhus-t.** samb. *Sep.* sin-n. *Spig.* staph. stront-c. sulph. ust. vib.
• **Beginn** der Bewegung; zu: bry. calc-f.$_{cl}$ **Caps.** *Carb-v.* caust. **Con. Ferr.** *Kali-p.* lac-c.$_{bro1}$ **Lyc.** *Phos.* **Puls. Rhus-t.** sep. sil. tab. zinc.
• **muß** sich bewegen: ox-ac.$_{bg1}$
• **Bett** ständig bewegen; im: phos. *Puls.* **Rhus-t.**
• **nicht** amel. durch Bewegung: *Lach.* **Puls.**
• **vorsichtige** Bewegung; durch:
• **amel.**: bell. *Calc-f.* ferr. *Kali-p.* **Puls.**
– **Bücken**:
• **beim**: *Aesc.* **Agar.** *Alum.* alum-sil.$_{k2}$ amph.$_{a1}$ arn. berb.$_{bro1}$ borx. bov. *Bry.* bufo caps. *Carb-v. Cham. Chel.* clem. *Cocc.* con. corn. daph. dig. dios. *Dulc.* eupi.$_{bro1}$ gua.$_{bro1}$ hep. hura hyos. kali-bi. *Kali-c.* kali-n. kali-sil.$_{k2}$ lyc. mang. meny. nat-m. nux-v. ol-an. par. pic-ac. plb. puls. rhod. *Rhus-t.* ruta sabin. sars. **Sep.** *Sil.* stront-c. sul-ac. *Sulph.* tell. thuj. verat. *Zinc.*
• **langes** Bücken: **Nat-m.**$_{k,kl2}$●
• **wie** nach: agar.$_{h}$ bism.$_{h}$ sulph.$_{h}$ thuj.$_{h}$
– **Drehen**, beim: *Agar.* alum-sil.$_{k2}$ am-m. bov. *Bry.* dios. hep. kali-bi. merc. *Nux-v. Sanic.* sars. sep. sil. thuj. verat.
• **Bett**; beim Herumdrehen im: acon. am-c.$_{h}$ *Bry.* calad. hep. ign. kali-bi. kali-n. mag-m. merc. nat-c. *Nux-v.* sep. *Staph.* sulph. zinc.

– **Drehen - Bett**; beim Herumdrehen im: ...
• **amel.**: nat-m.
• **aufsetzen**, um sich herumzudrehen; muß sich: kali-p. **Nux-v.**
• **zwingt** zum Herumdrehen: phos. **Rhus-t.**
• **Kopfes**, des:
• **agg.**: *Caust.* lachn. sanic.
• **plötzlichem** Drehen, bei: mag-m.
• **Trapezius** beim Drehen nach links; Schmerz im: bry.
– **Druck**: acon. aesc. agar. ang. arn. *Ars.*$_{bg1,bg2}$ berb.$_{k2}$ canth. chel. chinin-s. **Cimic.**$_{bg1,bg2}$ cocc. *Colch.* coloc. crot-t. *Hep.* lach. phos. plat. plb. ruta **Sil.**$_{bg1,bg2}$ sulph. **Ther.**$_{bg1,bg2}$ thuj. verb.
• **amel.**: aur. camph. carb-ac. cimic. *Dulc.* fl-ac. **Kali-c.** led. mag-m. meli.$_{bg1}$ *Nat-m.* ph-ac. phos.$_{bg1,bg2}$ plb. psor.$_{bg1}$ *Rhus-t.* ruta sabad.$_{bg1,bg2}$ **Sep.** verat. vib. zinc.$_{bg1}$
– **Entbindung**, bei der: *Caust.* cocc. coff. **Gels. Kali-c.** *Nux-v. Petr.* **Puls.**
– **Erschütterung** agg.: acon. **Bell.** berb.$_{k2}$ *Carb-ac. Carb-an.* **Graph.** hydrog.$_{srj2}$ petr.$_{h}$ podo. seneg. *Sep.* **Sil.** sulph. *Ther. Thuj.*
☞ *Auftreten / Wirbelsäule - Erschütterung*
– **Erwachen**, beim: abrot. aesc. arg-met. berb. calc-p. chel. hep. hydrog.$_{srj2}$ *Lach.* mag-m. mag-s. myric. ptel. puls. rhod.
– **Essen**:
• **amel.**: kali-n.
• **beim**: chin. coc-c.
• **nach**: agar. am-m.$_{h}$ ant-t. bry. cham. cina *Daph. Kali-c.*
• **Erektion**, nach der: am-m.$_{h}$
– **Fahren**, beim:
• **Reiten**, beim: ars.
• **Wagen**, im: calc. carb-ac. fl-ac. kali-c. lac-c. **Nux-m.** *Petr.* sep. sulph. ust.
– **Fehlgeburt**
☞ *Abort*
– **Fieber**; während: alst. *Arn.* ars. ars-s-f.$_{k2}$ *Bell.* calc. *Caps.* carb-v. caust. chin. chinin-s. cocc. eug. *Eup-per.* hyos. ign. kali-ar. kali-c. lach. laur. *Lyc. Nat-m.* nat-s. **Nux-v.** *Puls. Rhus-t.* sulph. ziz.
– **Flatus**:
• **Abgang** von Flatus amel.: arg-n.$_{k2}$ berb. canth.$_{bg1,bg2}$ coc-c. kali-c.$_{bg1,bg2}$ nicc.$_{bg1}$ phos.$_{bg1,bg2}$ ruta
• **eingeklemmtem** Flatus; mit: calc.$_{h}$
– **Fleisch** abgelöst; als sei das: lyc.$_{h}$
– **Fluor**:
• **agg.**: agar. *Ther.*
• **amel.**: eupi. sarr. zing.
• **mit**: eupi.$_{cl}$ gels.$_{cl,hr1}$ kali-c.$_{cl}$ kali-n.$_{cl}$ lyss.$_{cl}$
– **Frost**:
• **vor**: **Aesc.** aran. *Ars.* bry. carb-v. daph. *Dios. Eup-per.* eup-pur. *Ip.* **Podo.** rhus-t.
• **während**: ant-t. apis *Arn. Ars.* ars-s-f.$_{k2}$ *Bell.* **Bol-la.** calc. *Caps.* carb-v. carbn-s. caust. *Cham.* chin. chinin-ar. **Chinin-s.** elat. *Eup-per.* gamb. gels.$_{cl}$ hyos. ign. *Ip.* lac-ac. lach. lyc. mosch. myric. *Nat-m.* **Nux-v.** phos. podo. *Puls.* sang. sep. sulph. verat. zinc. zinc-p.$_{k2}$

• **während**: ...
▽ **erstreckt** sich zum Hinterkopf und Scheitel: **Puls.**
– **Gähnen**, beim: calc-p. plat.
– **Gehen**:
• **amel.**: am-c. ant-c. ap-g. **Arg-met.** *Arg-n.* arn. ars-met. asar. bar-c. *Bell.* bry. calc-f. cob. **Dulc.** equis-h.c1 ferr. gamb. kali-n. kali-s. kreos. mag-s. merc. nat-ar. nat-m. *Nux-v.* *Ph-ac.* phos. *Puls.* **Rhus-t.** *Ruta* *Sep.* staph. stront-c. tell. thuj. vib. *Zinc.* zinc-p.k2
• **beim**: **Aesc.** *Agar.* alum. alum-p.k2 alum-sil.k2 am-c. am-m. amph.a1 arg-n. arn. *Asaf.* bapt. bell. borx. *Bry.* canth. carb-an. *Caust.* cham. *Chel.* *Cocc.* coff. coloc. con. dios. euphr. ferr. ferr-p. grat. hep. hyos. hyper. iris kali-bi. **Kali-c.** kali-m.k2 kali-p. lac-ac.c1 lyc. *Mag-m.* meny. mez. mur-ac. nat-ar. nat-c. nat-m.k2 nux-v. phos. phyt. plat. podo. *Psor.* **Ran-b.** rhus-t. *Ruta* *Sars.* sep. spig. spong. stront-c. *Sulph.* tab. *Thuj.* verat. zinc. zing.
• **nach**: alum. *Nat-c.* *Phos.* stry.
• **Freien**, im: nit-ac. ter. *Zinc.*
• **gebeugt** gehen, muß ●: arg-met.bro1 *Cann-i.* *Kali-c.* psor. *Sep.* *Sulph.*
• **langsames** Gehen amel.: **Ferr.** *Puls.*
• **schnelles** Gehen agg.: sep.bg1
• **verhindert** das Gehen: phos.h
– **geistiger** Anstrengung, bei: cham. con. kali-c.gm1 nat-c.
– **Geradestrecken** des Rückens: aeth. agar. bufo calc. *Cann-i.* carb-ac. chel. *Kali-bi.* kali-c. lac-c.kr1 lach. nat-c. *Nat-m.* nux-v. *Psor.* *Sep.* *Sulph.* *Thuj.*
☞ *Aufrichten - Bücken - langem / Aufstehen - Sitzen*
• **amel.**: agar.bg1 bov. fl-ac.bg1 laur. nat-m.bg1
• **unmöglich**; ist: alum.hr1 calc-ar.hr1 *Hydr.*hr1 lac-c.hr1 lyc.hr1
• **Gehen** amel.: hydr.hr1
– **Geräusch**:
• **agg.**: ars. **Ther.**
• **fließenden** Wassers; beim Geräusch: *Lyss.*
– **geschlagen**; wie mit einem Hammer: **Sep.**
– **Gewitter**:
• **vor**: sulph.c1
• **bei**, agg.: agar. rhod.
– **Harndrang**; mit
☞ *Urinieren - Harndrang*
– **hartes** Bett; wie durch ein: bar-c.h
– **Heben**, beim:
• **Arme**, der: *Graph.* nat-m.bg1
• **Oberschenkels**, im Sitzen; des: agar.
– **Heben** einer Last; durch: anag. borx. **Calc.** calc-f.c1 calc-p.k2 calc-s.k2 **Graph.** hura c1 **Lyc.** med.c1 *Nux-v.* ph-ac. **Rhus-t.** sang. *Sep.* sulph.bg1
☞ *Überheben*
– **Herzklopfen**, mit: tub.ptk1
– **Hochlangen**, beim: **Rhus-t.**
– **Husten**, beim: *Acon.* *Am-c.* arn. arund. **Bell.** **Bry.** *Calc.* calc-s. *Caps.* carb-an. chin. chinin-s. cocc. cor-r. hydrog.srj2 *Kali-bi.* kali-c. kali-n. kreos. *Merc.* nat-m.k2 *Nit-ac.* ph-ac. phos. puls. rhus-t. rumx. seneg. *Sep.* stram. sulph. tell. tub.c1

– **Kaffee** agg.: *Cham.*
– **kalt**:
• **Erkältung**, bei: *Dulc.* mag-p. nit-ac. sars.
• **Luft**, in kalter: agar. bar-c. *Dulc.* merc. nit-ac. *Nux-v.* *Rhus-t.* sabad. sep.
• **amel.**: **Kali-s.**
– **Knien**, im: euphr. *Sep.*
– **Koitus**:
• **nach**: cann-i. cob.bg1 **Nit-ac.** *Sabal*
– **Konvulsionen**, mit: acon.
– **körperliche** Arbeit, durch: *Sulph.*
– **Lachen** agg.: **Cann-i.** phos. plb. tell.
– **lähmungsartig**: *Cocc.* kalm. nat-m. ran-s. *Sabin.* zinc.
– **Lesen**, beim: nat-c.
– **Liegen**:
• **amel.**: agar. alum-sil.k2 ars. asar. bry. cob. kali-c. kali-m.k2 *Nat-m.* *Nux-v.* *Phos.* *Psor.* *Ruta* sars. sil.
• **beim**: agar. *Arn.* bar-c.h *Berb.* calc. carb-an. *Chin.* coloc. *Cur.* daph. dulc.bg1 euph. *Ferr.* hep. *Ign.* kali-c.bg1 kali-i. kali-n.h,k *Kreos.* lob.vh lyc. mag-m. mang.bg1 naja nat-m. *Nux-v.* *Puls.* *Rhus-t.* samb.bg1 spig. staph. tab. tarax. vib.
• **Abdomen**, auf dem: arg-n. bell-p.bg1 ust.
• **amel.**: *Acet-ac.* chel. mag-c. *Nit-ac.* sel.
• **Hartem**; auf etwas:
• **amel.** ●: am-m. bell. *Kali-c.* lyc. mag-m.bg1,bg2 **Nat-m.** puls. *Rhus-t.* sanic.bg1 *Sep.* stann.
• **Kissen** amel.; auf einem ●: *Carb-v.* sep.
• **muß** auf der Seite liegen: nat-c.h
• **Rücken**, auf dem: am-m. ap-g. apis bell. berb. bry. carb-an. *Chin.* cina **Coloc.** cur. euph. euphr. hyos. ign. kali-n. lyc. mag-s. nat-m. nit-ac.h prun. psor. puls. sep. staph. tell. zinc.
• **amel.**: ambr. bufo cain.br1 casc.bg1 chin. cob. colch. equis-h. graph.bro1 ign. *Kali-c.* lach. **Nat-m.** nux-v. *Phos.* puls. *Rhus-t.* **Ruta** sanic. sep. sil.
• **Seite**, auf der:
• **agg.**: cina ign. *Nat-s.* puls. staph.
• **amel.**: kali-n. nat-c. nux-v. *Puls.* zinc.
• **linken** Seite agg.; auf der: ph-ac.
• **rechten** Seite amel.; auf der: kali-n. nat-s. ust.
– **Luft**:
• **Freien** amel.; im: acon. nux-v. *Vib.*
• **Luftzug**; durch jeden: calc-p.k2 *Nux-v.* sumb.bg1 verat.
– **Masturbation**, nach: staph.bro1
– **Menses**:
• **amel.**: macro.c1
• **vor**: acon. am-c. asar. bar-c. bar-s.k2 *Berb.* borx. brom. *Calc.* carb-an. *Caust.* cinnb. cocc. dig. eupi. *Gels.* *Hydr.* hyos. hyper. **Kali-c.** *Kali-n.* *Kreos.* *Lach.* *Lyc.* *Mag-c.* mag-m. nit-ac. *Nux-m.* *Nux-v.* ol-an. phos. plat. *Podo.* **Puls.** ruta sang. *Spong.* *Ust.* *Vib.* zinc. zinc-p.k2
• **während**: acon. agar. aloe *Am-c.* *Am-m.* arg-n. arn. ars. ars-i. ars-s-f.k2 bar-c. bar-s.k2 *Bell.* *Berb.* brom. **Bry.** *Calc.* *Calc-p.* calc-s. calc-sil.k2

• **während**: ... cann-i.$_{br1,k2,*}$ carb-v. carbn-s. caul. **Caust.** cham. *Chel.* choc.$_{srj3}$ *Cimic.* *Coc-c.* croc. crot-h. eupi. ferr. ferr-ar. ferr-i. ferr-p. *Graph.* ham. *Hell.* *Hydr.* *Ign.* *Iod.* kali-ar. *Kali-c.* kali-n. *Kali-p.* kali-s. kali-sil.$_{k2}$ *Kalm.* kreos. *Lac-c.* lac-d. *Lach.* lachn. *Lob.* *Lyc.* mag-c. *Mag-m.* mag-s. nat-c. nat-p. nicc. *Nit-ac.* *Nux-m.* nux-v. ol-an. *Phos.* phys. plat. podo. prun. *Puls.* rat. rhus-t. *Sabin.* sang. *Sars.* sec. senec. seneg. sep. *Sil.* **Sulph.** tarent. *Thuj.* tril-p.$_{zr}$ vib. xan. zinc. zing.
• **nach**: berb. borx. calc-p. kali-c. mag-c. puls. verat.
• **einsetzen**; als würden die Menses: apis calc. calc-p. cocc. mosch. puls.$_{k2}$ *Vib.*
• **Erscheinen** der; beim: acon. aloe *Asar.* berb. caust. nit-ac.
• **unterdrückt**: **Aesc.** am-c. apis *Bell.* *Cocc.* graph. *Kali-c.* *Nux-m.* nux-v. podo. **Puls.** sang. *Sep.* *Sil.*
– **Mittagessen**, nach dem: agar. cob. indg. phel. phos. sep. sulph.
– **Musik**, durch: ambr.
– **Nähen**, beim: iris sec.
– **Niesen**:
• **vor**: anag.
• **beim**: arn. arund. hydrog.$_{srj2}$ *Sulph.*
– **nüchtern**, wenn: kali-n.
– **periodisch**: *Ars.* *Chinin-s.* kali-s. phos.$_{h}$
– **pulsierend**: am-c. ars.$_{h}$ mez.$_{h}$ sil.
– **Reden**, beim
☞ *Sprechen*
– **Reiben** amel.: aeth. kali-n. lach. lil-t. nat-m.$_{c1}$ nat-s. **Phos.** plb. puls. thuj.
– **Samenabgang**:
• **amel.**: zinc.$_{bro1}$
• **nach**: ant-c. cob. kali-br. ph-ac. sars. *Staph.*
– **Säuren**, nach: *Lach.*
– **Schlaf**:
• **im**: *Am-m.* ars. kalm. lach. puls. zinc.
• **Einschlafen**, beim: mag-m.
• **tiefen** Schlaf fällt; nachdem er in: *Am-m.* kalm. *Lach.*
– **Schlucken**, beim: *Caust.* *Kali-c.* raph. *Rhus-t.*
– **Schreiben**:
• **beim**: laur. lyc. mur-ac. sep.
• **fortgesetztem** Schreiben, nach: lyc. mur-ac. sep.
– **Schwäche**, mit: casc.$_{bg1}$
– **Schwangerschaft**; während der: aesc.$_{k2}$
– **Schweiß**:
• **beim**: carb-v. **Merc.**
• **unterdrückten**; durch: rhus-t.$_{k2}$
– **Schwindel**, nach: ign.$_{kr1}$
– **sexuelle** Exzesse; durch: ars. calc. carb-v. *Chin.* *Nat-m.* *Nat-p.* **Nux-v.** **Ph-ac.** *Phos.* *Puls.* *Sep.* **Staph.** *Sulph.* symph.$_{c1,c2}$
– **Sitzen**:
• **amel.**: aeth. bell.$_{bro1}$ borx. caust. mag-c. meny. mur-ac. plb. sars. sep.$_{bro1}$ staph.
• **beim**: **Agar.** aloe am-m. ambr. *Ant-t.* apis **Arg-met.** arg-n. asaf. asar. aspar. bar-c. bar-s.$_{k2}$

– **Sitzen - beim**: ... *Berb.* bism.$_{h}$ borx. *Bry.* *Calc.* calc-f. calc-sil.$_{k2}$ *Cann-i.* carb-an. *Carb-v.* carbn-s. *Caust.* cham. chin. chinin-s. cimx. cist. cob. cocc. coff. con. cycl. dros. dulc. equis-h. euphr. ferr. ferr-p. fl-ac. helon. hep. hura hyos. kali-bi. *Kali-c.* kali-i. kali-m.$_{k2}$ kali-n. kali-p. kali-s. kali-sil.$_{k2}$ *Lach.* *Led.* *Lyc.* mag-c. mag-m. meny. merc. mur-ac. nat-ar. nat-c. nat-m. nat-p. *Nat-s.* *Nux-v.* ol-an. ox-ac. pall. *Par.* *Ph-ac.* phel. *Phos.* pic-ac. podo. *Prun.* *Puls.* *Rhod.* **Rhus-t.** *Ruta* sabad. **Sep.** sil. spong. stann. *Sulph.* tab. ter. *Thuj.* ust. **Valer.** **Zinc.** zinc-p.$_{k2}$
• **Füßen**; auf den: cench.$_{k2}$
• **Atemnot**, mit: lyc.
• **aufrechtem**, bei: **Kali-c.** lyc.$_{ptk1}$ spong. **Sulph.**
• **gebeugtem**, bei: chel. chinin-s. kali-i. laur. nat-c. phos. ran-b. sec. sep. thuj.
• **muß** gebeugt sitzen: **Kali-c.** **Sulph.**
• **langem** Sitzen, nach: aloe asaf. berb. *Calc.* *Cupr-ar.* *Led.* lith-c. *Ph-ac.* *Phos.* **Puls.** *Rhod.* *Rhus-t.* thuj. valer.
– **Sprechen**, beim: nat-c.$_{h2}$
• **verhindert** das Sprechen: cann-i.
– **Stehen**:
• **amel.**: *Arg-n.* *Bell.* calc.$_{bg1,bg2}$ mur-ac. sulph.$_{bro1}$ thuj.$_{bg1,bg2}$
• **beim**: *Agar.* agn. asar. berb. *Bry.* *Calc.* cann-i. caps. cocc. coff. *Con.* dios.$_{bg1}$ hep. ign. ind. kali-bi. kali-c. kali-m.$_{bg1,k2}$ kali-p. *Kali-s.* lil-t. lith-c. lyc. meny. merc. mur-ac. nat-m.$_{bg1}$ nit-ac. petr. *Ph-ac.* *Phos.* phys.$_{bg1}$ plan. plb. podo. puls. rumx. *Ruta* sarcol-ac.$_{bro1}$ *Sep.* spong. **Sulph.** thuj. tus-p. **Valer.** verat. zinc. zinc-p.$_{k2}$
• **aufrechtes** Stehen ist nach Sitzen fast unmöglich: *Thuj.*
• **Lehnen** auf die Seite; beim: thuj.
– **Stelle**; an einer einzelnen: hydrog.$_{srj2}$ stram.$_{h}$
– **Stillen**, beim: cham. crot-t. puls. **Sil.**
– **Strecken**, beim: calc. mag-c.
– **Stuhlgang**:
• **vor**: bapt. cic. kali-n. *Nux-v.* petr. puls. verat.$_{h}$
• **während**: apis *Ars.* caps.$_{bro1}$ carb-an. colch. coloc. cupr. cycl. *Dulc.* ferr. ferr-ar. kali-i. *Lyc.* manc. nicc. nux-v. phos. *Podo.* *Puls.* rheum squil. stront-c. sulph. tab. zing.
• **nach**: aesc. aloe alum. asaf. bamb-a.$_{stb2}$ berb. caps. colch. dig. dros. *Ferr.* mag-m. nat-m. podo. *Puls.* rheum tab.
• **amel.**: nux-v. ox-ac. puls. verat.$_{bg1}$
• **Diarrhoe**; nach: bamb-a.$_{stb2}$
• **Stuhldrang**: zing.
– **Trinken**, beim: chin.
– **Übereinanderlegen** der Beine agg.: rhus-t.$_{bg1}$
– **Überheben**; durch: bry.$_{k2}$ sulph.$_{bg2}$
☞ *Heben einer Last*
– **unerträglich**: phos.$_{h}$
– **Urinieren**:
• **vor**: graph. *Lyc.*
• **beim**: *Ant-c.* *Ip.* *Kali-bi.* phos. *Sulph.*
• **spärlich**: benz-ac.$_{k2}$

• **nach**: caust. *Syph.*
• **amel.**: **Lyc.** med.
• **reichlichem** Urinieren; amel. nach: gink-b.sbd1 **Lyc.** *Med.*
• **Harndrang**; mit: clem. eupi. *Lach.* nat-s.
– **Urins**; beim Zurückhalten des: arn. con. *Nat-s.* rhus-t.
– **Verheben**: calc-s.k2
• **durch**: calc-p.k2
• **leichtes**, schnelles: nat-c.a1
– **Verletzung**; nach: calc. *Con.* **Hyper.** *Kali-c. Nat-s.* rhus-t. *Thuj.*
– **Völlegefühl** im Abdomen; mit: bamb-a.stb2
– **wandernd**: ang. chel. cimic. dros. kali-bi.k2 *Kali-s. Mag-p.* puls.k2 sang. sec. senec. tarent.
– **warm**:
• **Anwendungen**, warme:
• **agg.**: guaj.k2
• **amel.**: calc-f. caust. cinnb. *Nux-v.* **Rhus-t.**
• **Bad** amel.; warmes: *Bamb-a.*stb2
• **Bett** agg; im warmen: lil-t. phyt.k2 sulph.
• **Zimmer** agg.; im warmen: gels. *Kali-s.*br1,k,* puls.bro1 sulph.bro1
– **Wetter**:
• **kaltem** Wetter, bei: acon.bro1 bry.bro1 rhod.bro1 sulph.bro1
• **nassem** Wetter, bei: **Calc.** calc-p.k2 **Dulc.** med.k2 *Nux-m. Phyt. Rhod.* **Rhus-t.** sep.
• **Wetterwechsel**, bei:
• **Kalten**, zum: **Calc-p. Dulc.** rhod. *Rhus-t.*
– **Ziehen** agg.: dios.
– **Zurückwerfen** der Schultern amel.: cycl.
▽ **erstreckt** sich zu:
• **Abdomen**: cham.
• **Anus**: nat-c.bg1 phos.bg1
• **Arme**: ars.bg1 berb.bg1 *Calc.* calc-ar. phos.bg1
• **Becken**: *Eupi.*
• **Beine**: agar. ars. bell. *Calc. Calc-ar.* camph. *Kali-c.* lach. lob-c. *Phos.* **Rhus-t.** zinc.bg1
• **Brust**: hydrog.srj2
• **Fersen**: colch. *Sep.*
• **Füße**: alum.bg1 berb.bg1 borx. sep.
• **Hals**: sang.
• **Herzen**, zum: nat-m.
• **Hinterkopf**: *Gels. Puls.*
• **Scheitel** während Frost; und: **Puls.**
• **Hoden**: sulph.
• **Hüfte**: *Bol-la.* cimic. *Lach. Lyss.* mosch.
• **Knie**: arn. hydrog.srj2 *Kali-c.*
• **Kopf**: *Calc. Chinin-s.* hell. nat-m. ox-ac.k2 sep. sil.
• **Anstrengung**, nach: nat-m.
• **Schritt**, bei jedem: sep.
• **Leiste**: kali-bi.bro1 *Sabin. Sulph.*
• **Magen**: berb.ptk1 **Cupr.** lyc. nicc. nit-ac. puls. rhod. thuj.
• **Druck**, bei: *Bell.*
• **Sitzen**, im: bry. nicc.
• **Nacken**, abends, nach dem Hinlegen: nat-c.
• **oben**, nach: agar. *Alum.* arn. ars. *Chinin-s.* clem. *Cocc. Coloc.* corn. cycl. dirc. eup-pur. **Gels.** kalm. kreos. *Lach.* led. mag-m. meny.

▽ **erstreckt** sich zu - **oben**, nach: ...
nat-m. **Nit-ac.** nux-m. nux-v. ox-ac. *Petr.* phos. *Phyt.* plb. podo. sep. sil. stann. staph. sulph. ust.
• **breitet** sich fächerförmig nach oben aus: *Lach.*
• **Bücken**, beim: arn. *Sil.*
• **Entbindung**, bei der: **Gels.** *Petr.*
• **Hinlegen**, nach dem: mag-m.
• **Schritt**, bei jedem: sep.
• **Sitzen**, im: meny.
• **Stuhlgang**, beim: phos. podo.
• **unten**; und geht wieder nach: kali-c.
• **zuckt** den Rücken nach oben, Zurückziehen der Schultern amel.: cycl.
• **Zusammenschnürung** des Anus; mit: *Coloc.*
• **Oberschenkeln**, zu den: cimic. *Kali-c. Lyc. Nux-v.* ox-ac.
• **unten**, nach: *Cimic. Nit-ac.* ox-ac. *Sep.*
• **Ohren**: gels.
• **Sakrum**: calc-f.k2 con. lyc.h tep.
• **Schamgegend**: sabin.br1,c1
• **Schulter**: chel. chin. *Kalm.* lyc.
• **unten**, nach: cocc.bg1,hr1 phos.bg1

○ **Dorsalregion**: aesc. *Agar. Alumn.* am-c.h apis arg-met. asaf. aur. aur-m. aur-s.k2 *Bamb-a.*stb2 *Bell.* berb. brom. *Bry.* calc. calc-ar. *Calc-p.* cann-i. carc.jl2 *Cimic.* cocc. coloc. con.k2 daph. dios. ferr-i. guaj. hura hydrog.srj2 *Hyper.* ind. iodof. *Kali-c.* kali-p. *Kali-s. Kalm.* lach. led. lil-t. lob. lyc. *Merc. Naja*k,k2 nat-c. *Nat-m.* nat-p. *Nat-s.* onos. petr. *Ph-ac. Phos.* pic-ac. psor. ptel.c1 *Ran-b.* rhod.k2 rhus-t. ruta sang. seneg. *Sep.* stann. staph. stram. **Sulph.** verat. *Zinc.* zinc-p.k2
• **morgens**: sep.h
• **nachts**: zinc.h
• **Atmen**, behindert das: apis berb. *Bry.* phys. psor. sulph. thuj.
• **Auftreten**, bei hartem: seneg.
• **Beugen**, beim:
• **hinten**, nach: aur.
• **vorne**, nach: **Cimic.**
• **Bewegung**:
• **amel.**: rhod.k2
• **bei**: agar. bry. cupr-ar. psor. tub-r.jl zinc.
• **Kopfes**; des: agar. sang.
• **Drehen** des Kopfes; beim: *Bry.* ind.
• **Einatmen**, beim: bry. *Chel.* mur-ac.
• **Entbindung**, bei der: petr.
• **Fahren** oder Reiten, beim: fl-ac. ind.
• **Frost**; während: ail.k2 *Chinin-s.* sang.
• **Gehen**; beim: *Agar.* bell. coloc. nat-c. *Psor.* seneg. *Sulph.*
• **gebeugt** gehen; muß: cann-i.k2
• **Husten**, beim: calc. caps. *Kali-bi.* merc. sil. stram.
• **Kleidung**, durch enge: sep.h
• **rheumatisch**: bamb-a.stb2 **Cimic.** *Dulc. Rhus-t.* ruta
• **Sitzen**:
• **beim**: *Arg-met.* bry. fl-ac. kali-c. mang. ph-ac. *Phos.* tub.

• **Sitzen**: ...
  • **Hinsetzen**, beim: hura lach.
• **Wetter**; bei naßkaltem: rhod.$_{k2}$
▽ **erstreckt** sich zu:
  • **Arme**: rhod.$_{k2}$
    • **rechter** Arm: bamb-a.$_{stb2}$
  • **Beine**; und: *Calc.*
  • **Brustbein**: *Kali-bi.* laur.
  • **Brustwarze**; linke: *Asaf.*
  • **Daumengelenk**: bamb-a.$_{stb2}$
  • **Hand**:
    • **rechte** Hand: bamb-a.$_{stb2}$
  • **Hinterkopf**: *Cocc.* ind. *Kalm.* petr.
  • **Magen**: bry. rhod.
    • **Druck**, bei: bell.
  • **Schulterblätter**: med.$_{k2}$
  • **Schultern**: bamb-a.$_{stb2}$
○ **Schulterblätter**: acon. aesc. aeth. alum. anac. apis arn. ars. *Aspar.* bamb-a.$_{stb2}$ bell. berb. borx. *Calc.* calc-ar.$_{k2}$ calc-p. calc-sil.$_{k2}$ camph. *Carb-v.* caust. cham. **Chel.** chen-a.$_{c2}$ *Chin.* chinin-ar. cic.$_{h}$ *Cimic.* cina cocc. *Coloc.* con. cor-r. cund. *Dig.* elaps graph. hell. hep. *Hydr. Jug-c.*$_{c2}$ kali-ar. *Kali-c. Kali-chl.* kali-p. kalm. *Kreos.* lach. laur. led. lil-t. lob. lyc. meny. merc. merc-i-f. *Mez.* naja nat-ar. nat-c. nat-m. nit-ac. *Nux-v.* ph-ac. *Phyt.* plb. *Ran-b.* ran-s. rhod. rhus-t. rumx. ruta sang. seneg. *Sep.* sil. spong. sulph. *Tarent.* **Tell.** tep. *Valer.* verat-v. vesp. zinc.
  • **links**: agar. aloe am-m. ambr. anac. aphis$_{c1}$ asaf. *Cact.* carb-v. card-m. colch. coloc. con. cund. dig. *Gels.* graph.$_{h}$ hell.$_{h}$ led. lil-t. mang. merc-c. nat-p. phos. phyt. psil.$_{ft1}$ ptel. sang. *Squil.* sulph. thuj.
    • **dann** rechts: cund.
    • **Bewegung**, bei: hell.$_{h}$
    • **Fahren**, beim: agar.
    • **Husten**, beim: helo.$_{c1}$
    • **Reiben** amel.: cench.$_{k2}$
    ○ **innerer** Winkel des linken Schulterblattes: aphis$_{c1}$ carc.$_{tp1}$ chel. chr-ac. *Ran-b.* sanic.
      • **Beugen** des Kopfes nach hinten; beim: sanic.
      • **Sitzen**, beim Nähen oder Maschineschreiben; bei gebeugtem: ran-b.$_{pd}$
      ○ **Kante**, an der: brom.
      • **Rand**, agg. beim Atmen; am: *Sang.*
    • **unter**: ail. *Apis* arund. bry. *Cact.* cann-i.$_{a1}$ *Cench.* chen-g.$_{nh1}$ chen-v. *Cimic.* corn. *Crot-h.* cund. cupr-ar. daph. dol. **Gels.** hydr. *Ind. Kreos. Lac-c. Lach.* led. med. *Merc. Naja Ox-ac.* par. phyt. psil.$_{ft1}$ *Psor.* sabin. sang. seneg. *Sep.* sulph. tarent. thuj. xan. zinc.
      • **Ausatmen** agg.: sep.
      • **Bewegung**, bei: kreos. *Psor.*
      • **Druck** amel.: kreos.
      • **Fahren** im Wagen; beim: kreos. phyt.
        • **abends**: phyt.
      • **Husten**, beim: *Stict.*
      • **Liegen** mit der Schulter auf etwas Hartem amel.: agar. kreos.
      • **rheumatisch**: alumn.

• **Schulterblätter - links - unter**: ...
      • **Sitzen**, beim:
        • **abends**: seneg. sulph.
        • **gebeugtes** Sitzen amel.: merc.
  • **rechts**: *Aesc. Ail. All-c.* ambr. anac. arn. asc-t.$_{a1}$ bamb-a.$_{stb2}$ cain. **Chel. Coloc.** con. cund. gink-b.$_{sbd1}$ jug-c. *Kali-c.* lob. lyc. plb. ran-b. *Sep.* sulph. tell. zinc.
    • **dann** links: kali-p. tell.
    • **nachts**, 4 h:
      • **Erwachen**, beim: *Chel.*
    ◆ **begleitet** von:
      • **Handgelenk**; Schmerz im linken: asc-t.$_{a1}$
    • **Atmen**, beim: *Aesc. Chel.* kali-c.
    • **Beugen**, beim:
      • **vorne**, nach: lob.
      • **Schultern** nach hinten; der:
        • **amel.**: conv.
    • **Bewegung**, bei: calc. petr.
      • **Armes**; des: ail. con. ruta
        • **rechts**: *Chel.*
    • **Bücken**, beim: jug-c.
    • **Geschwür**; wie durch ein: cic.$_{h}$
    • **Liegen**, beim: *All-c.*
    • **neuralgisch**: bamb-a.$_{stb2}$
    • **pulsierend**: merc-i-f.
    • **Sitzen**; wie durch zusammengekrümmtes: anac.
    • **Zorn**, durch: coloc.$_{kr1}$
    ▽ **erstreckt** sich zu:
      • **Arm**: bamb-a.$_{stb2}$
      • **Hals**; zum äußeren: hydrog.$_{srj2}$
      • **Schulter**: *Chel.*
      • **Zeigefinger**:
        • **rechts**: bamb-a.$_{stb2}$
      • **Zervikalregion**: androc.$_{srj1}$
    ○ **Rand** des Schulterblatts, nahe der Wirbelsäule: alumn. *Card-m. Chel.* nat-c.
    • **unter**: *Abies-c.* aesc. *All-c.* bad. bamb-a.$_{stb2}$ bry. *Card-m.* **Chel.**$_{c2,k}$ **Chen-a.** con. conv. cupr. hydrog.$_{srj2}$ ind. jug-c.$_{st}$ lac-c. *Lycps-v.* malar.$_{st}$ med. nat-m. nux-v. phos. phys. *Pic-ac. Podo.* rhod. rumx.$_{pd}$ *Ruta Senec. Seneg.*$_{hr1}$ vario.$_{st}$
      • **nachmittags**:
        • **16** h: bamb-a.$_{stb2}$
      ◆ **begleitet** von:
        • **Gesicht**; blasses: chen-a.$_{hr1}$
      • **Beugen** nach vorne; beim: lob.
      • **Gesicht**; mit blassem
        ☞ *begleitet von - Gesicht*
      • **Husten**, beim: seneg.
      • **Sitzen**, nach dem: *All-c.*
      • **Zurückwerfen** der Schultern; beim: bad.
      ▽ **erstreckt** sich zu:
        • **Brust**; durch die: chen-a.$_{hr1}$
      ○ **Wirbelsäule**; nahe der: chen-a.$_{hr1}$
  • **morgens**: bamb-a.$_{stb2}$ **Chel.** kali-p.$_{k,k2}$ *Mez.* nat-m. nat-s.
    • **4** h: *Chel.*
  • **abends**: chel. lyc. nat-p. nat-s.$_{k2}$ ran-b.

- **Schulterblätter**: ...
  - **Atmen**:
    - **beim**: *Aesc.* alumn. calc. sang.
    - **behindert** das Atmen: calc. cann-s. kali-n. *Puls.* sulph.
  - **Aufstehen** amel.: bamb-a.stb2
  - **Beugen**, beim:
    - **Armes**, des: carb-v.
    - **Körpers** nach hinten; des: aur. sep.
  - **Bewegung**, bei: calc. cinah hell. mez. naja petr.
    - **amel.**: am-m. sabin.
    - **Armes**, des: chel. ign.
    - **Halses**, des: ant-t.
    - **Kopfes**, des: cupr. merc. nat-s.
  - **Bücken**, beim: cham. sulph.
  - **Drehen**, beim:
    - **Körpers**, des:
      - **links**, nach: am-m.
  - **Druck** agg.: *Chin.* sil.h
  - **Einatmen**, beim: dulc. ferr-m. sep.
  - **Frost**; während: chin. rhus-t. **Sep.**
  - **Gehen**, beim: asaf. coloc. *Kali-p.* nat-s. nit-ac.
  - **Hängenlassen** des Armes; beim: ign.
  - **Heben** des Armes zum Kopf ist unmöglich: lyc.h
  - **Husten**, beim: chin.c1 cor-r. sulph.
  - **rheumatisch**: aesc. alumn. ambr. asaf. asc-t.a1 *Bry.* calc. carb-v. chinin-s. colch. ferr-m. graph. ham.c2 hyos. lyc. mag-s. *Mez. Ran-b.* rhod. *Rhus-t.* valer.
  - **Schlucken**, beim: caust.
  - **Schnappen** nach Luft; beim: berb.
  - **Schreiben**:
    - **beim**: carb-v.
    - **fortgesetztem** Schreiben, nach: mur-ac.
  - **Sitzen**, im: ant-c. ind. mang. nat-s.k2
  - **Stillen**, beim: crot-t.
  - ▽ **erstreckt** sich zu:
    - **Arm**: aeth. coc-c.
      - **links**: psil.ft1
    - **Brust**: bar-c. kali-c. petr.bg2 rad-br.bg1,kr1 sars. sep.
    - **Brustbein**: *Chel.*
    - **Kopf**: lyc.bg1
    - **Magen**: borx.
    - **Rücken**, zum ganzen: verat.h
    - **Sakrum**: calc-ar.k2
    - **Schlüsselbein**: mag-m.
    - **Schultern**:
      - **links**: kali-bi.bg1,bg2
      - **rechts**: stict.bg2
      - **Gesicht**; und: ip.k2 valer.
  - ○ **Rand** des Schulterblattes: seneg.
    - ○ **innerer** Rand: alumn.
  - **unter**: apis asaf. bamb-a.stb2 brom. **Calc.** *Calc-p.* card-m. chen-v.c2 cimic. con. *Elat.* fl-ac. gels.bg1 hell. kali-bi. kali-n. lyc. meny.bg1 mez. myric.bg1 nat-s. nit-ac. ox-ac.k2 *Puls.* *Ran-b.* rhus-t. rumx. stann. sul-i.k2 *Sulph.* tarent.k2 verat.
    - **morgens**: apis

- **Schulterblätter - unter**: ...
    - **nachmittags**: cedr.
    - **nachts**: kali-bi.
    - **Bewegung**, bei:
      - **agg.**: apis hell. stann. tarent.k2
      - **Arme** agg.; der: con.
    - **Frost**; während: sang.
    - **Nähen**, beim: ran-b.
    - **Ruhe**, in der: con. sabin.
    - **Schreiben**, beim: ran-b.
    - **Sitzen**, im: psor.
    - ▽ **erstreckt** sich zu:
      - **Lumbalregion**: ox-ac.k2
    - ○ **Wirbelsäule**; entlang der: bamb-a.stb2
  - **Winkel** des Schulterblattes: cot.br1,bro1 iod.
    - ○ **oberer** Winkel: kali-bi.
    - **unterer** Winkel: alumn. apis arn. calc. chel. kali-bi. led. rhus-t. sulph.
      - **Atmen**, beim: alumn. chel. clem.
      - **Bewegung** amel.: alumn.
      - **Heben** der Schultern; beim: rhus-t.
  - **zwischen**: acon. aesc. *Agar.* alum. alum-sil.k2 *Am-c.* am-m. ambr. anac. androc.srj1 *Ang.* arg-n. arn. **Ars.** ars-s-f.k2 arum-t. asc-t.a1 bar-c. *Bell.* berb. bol-la. bov. *Bry.* calad. **Calc.** calc-p. *Calc-s.* calc-sil.k2 camph. canth.bg1 carb-an. carb-v. carbn-s. caust. *Chel. Chin.* chinin-ar. *Cimic.* cob. coc-c. colch. coloc. com. *Con.* crot-t. cupr. cur. *Dros.* echi. elaps *Eup-per.* eupi. *Ferr. Ferr-ar.* ferr-p. glon. *Graph. Guaj.* hell. helo.bg3 *Hep.* hura hyper. ind. ip. *Kali-ar.* *Kali-bi.* kali-br. kali-c. kali-m.k2 kali-n. *Kali-p.* kali-s. kali-sil.k2 *Kalm. Kreos.* lac-c. *Lach.* lap-a. laur. led. lil-t. lob. lyc. mag-m. mag-s. *Med.* meny. merc. merc-i-f.kr1 mur-ac. *Naja* *Nat-ar.*c2,k nat-c. nat-m. nat-p. **Nat-s. Nit-ac.** *Nux-m. Nux-v.* ox-ac. *Par.* petr. *Ph-ac. Phos.* plb. *Podo.* psor. *Puls.* ran-b. rhod. *Rhus-t.*hr1,k *Rhus-v.* ruta seneg. *Sep.*bg1,k *Sil.* sol-ni. stann. stict. *Sulph.* syph. tab. tell. ter. ther. thlas.bg1 *Thuj. Verat. Zinc.* zinc-p.k2
    - **morgens**: nat-c.h podo. **Ran-b.** staph.h
      - **Erwachen**, beim: aeth. arg-n. kali-bi. ran-b.
    - **nachmittags**: alum. canth. caust. chel. ruta
    - **abends**: bell. cocc. kali-c. kali-n. lac-c. lyc. nat-ar. sulph. thuj.
    - **nachts**: podo. rhus-t. sil. tab.
      - **Mitternacht**, nach: mag-s.
    - **Atmen**, beim: berb. *Guaj.* nat-ar.k2 nit-ac. nux-v. prun. *Puls.* stann.
    - **Aufrichten** amel.: bov.
    - **Aufrichten**; beim:
      - **Bücken**, vom: puls.
    - **Aufstehen**:
      - **beim**: carb-v.
    - **Ausatmen**, beim: raph. sep.
    - **Beugen**, beim:
      - **hinten**, nach: stann.
        - **amel.**: sil.
      - **vorne**, nach: lac-c. nat-ar.k2
        - **amel.**: nat-ar.c1,k

- **Schulterblätter - zwischen**: ...
  - **Bewegung**:
    - **amel.**: kali-c. laur. ph-ac. sulph.
    - **bei**: bry. *Calc.* colch. dros.h ip. kali-bi. nux-v. ox-ac. petr. podo. puls. rhod. sil. stann. sulph.
      - **Arme**, der: colch. naja sil.
      - **Kopfes**, des: nux-v.
  - **Bier** agg.: phos.
  - **Bücken**, beim: borx. cham. nux-v. prun.
    - **langem** Bücken; wie nach: puls.h
  - **Drehen**, beim: calad. merc. verat.
  - **Einatmen**, beim: nat-ar. puls.
  - **Essen**, nach dem: *Arg-n.* phel.bg1
  - **Freien**, im: nat-c.
  - **Frost**; während: sang.
  - **Gehen**:
    - **amel.**: bry. ferr. puls.
    - **beim**: bell. coloc. seneg.
  - **Heben**, beim: stann.h
  - **Husten**, beim: calc. dros.k2 stram. sul-ac.
  - **kalt**:
    - **Luft**, in kalter: rhus-t.
  - **lähmungsartig**: nat-c.h
  - **Liegen**, beim: nat-m.
    - **amel.**: ars.
    - **Hartem** amel.; auf etwas: sanic.pc
    - **linken** Seite agg.; auf der: ph-ac.
    - **rechten** Seite amel.; auf der: kali-n.
    - **Rücken**, auf dem: kali-n.
  - **Menses**, während: *Am-c.* sil.
  - **pulsierend**: merc-i-f. *Phos.*
  - **rheumatisch**: aspar. calad. dros.h lob. lycps-v. mag-s. *Rhus-t.* *Rhus-v.* sil.h staph.h verat.
  - **Schlucken**, beim: *Rhus-t.*hr1,k
  - **Sitzen**:
    - **beim**: bell. bry. calc-caust. nat-m.
    - **gebeugtem** Sitzen, bei: bov. ran-b.k2
  - **Stehen**, im: rumx.
  - **Stuhlgang**, vor: verat.h
  - **Wärme** amel.: *Rhus-t.*
  - **Wein** agg.: ph-ac.
  - **Wetter**:
    - **kaltem**, nassem Wetter; bei: *Nux-m.*
  - ▽ **erstreckt** sich zu:
    - **Arme** hinab; die: echi.
    - **Brustbein**: *Kali-bi.* lac-c.
    - **Epigastrium**: kali-c.bg1 rat.bg1 thuj.bg1
    - **Kopf** in die Schläfen; über den: *Kalm.*
    - **Lenden**: ox-ac.
    - **Lumbalregion**: dros.h
    - **Nacken**: stict.
    - **Sakrum**: *Zinc.*
    - **Schultern**: *Kalm.* valer.
      - **Gesicht**, und: valer.
    - **unten**, nach: *Verat.*
    - **Wirbelsäule** nach unten; zur: androc.srj1
- **Wirbelsäule**: ail. **Alum.** am-c. arn. asaf. *Calc.* *Chel.* cina cinnb. com. crot-t. gins. hell. *Kalm.* lob. mez. *Naja* nat-m. **Nat-s.** *Nux-m.* *Nux-v.* par. *Ph-ac.* *Phos.* psor. *Ruta* sabin. seneg. *Sep.* **Sil.**

– **Dorsalregion - Wirbelsäule**: ...
stann. *Thuj.* *Verat.* zinc.
  - **Berührung**, bei: calc.h
  - **Bewegung**, bei: cocc.
  - **bücken**, muß sich: **Cann-i.**
  - **Drücken** auf den Brustwirbel; unwillkürliches Rucken beim: arn.
  - **Einatmen**, beim tiefen: alum.
  - **Sitzen**, im: *Ph-ac.*
  - **Sturz**; wie durch einen: *Ruta*
  - ○ **zwischen** Schulterblatt und Wirbelsäule: ran-b.

– **Lumbalregion**: abies-n.br1 acon.c2,k **Aesc.**c2,k aeth. *Agar.*c2,k all-c. all-s. aloec2,k *Alum.* alum-p.k2 alum-sil.k2 am-c. *Am-m.* ambr. anag. anan. androc.srj1 ang. ant-c. *Ant-t.*c2 *Apis* apoc. **Arg-met.** *Arg-n.* *Arn.*c2,k ars. ars-met. ars-s-f.k2 arund. asaf. asar. asc-t.a1 aur. aur-ar.k2 aur-m. aur-s. *Bamb-a.*stb2 *Bapt.* bar-act.br1 **Bar-c.** bell. **Berb.**c2,k *Bol-la.* borx. bov. brom. **Bry.**c2,k bufo but-ac.br1 cain. **Calc.** *Calc-ar.* calc-f.c2,k *Calc-p.*c2,k calc-s. calc-sil.k2 camph. cann-i. cann-s. **Canth.** caps. *Carb-ac.* *Carb-an.*c2,k *Carb-v.* *Carbn-s.* *Card-m.* carl. cass.a1 *Caul.* *Caust.* cench.k2 *Cham.* chel. **Chin.** chinin-ar. chr-ac. chr-o.c2 *Cimic.*c2,k *Cimx.* cinnb. cinnm. clem. cob.c2,k coc-c. *Cocc.* coff. *Colch.*c2,k *Coloc.* *Con.* conv.br1 cop.c2,k cor-r. corn. croc. crot-h. crot-t. cund. cupr. cupr-ar. *Cur.* cycl. dig. dios.c2,k **Dulc.**c2,k *Echi.* elaps **Eup-per.** eupi. *Ferr.* ferr-ar. ferr-i. *Ferr-p.* fl-ac. gamb. *Gels.* gins.c2 gnaph.c2 **Graph.** grat. *Guaj.* *Ham.* hell. *Helon.* *Hep.* hura *Hydr.*c2,k hydrc. hydrog.srj2 hyos. hyper. ign. ind. iod. *Ip.* iris jug-c. kali-ar. *Kali-bi.*c2,k *Kali-c.*c2,k *Kali-i.*c2,k kali-m.k2 *Kali-n.* kali-ox.c2 *Kali-p.* *Kali-s.* kali-sil.k2 *Kalm.*c2,k kreos. *Lac-c.* *Lac-d.* *Lach.* lact. lath.c1,c2 lec. **Led.** lepi.br1 *Lil-t.* lob. lob-s.c2 lunakg1 lyc. lycps-v. *Lyss.* macro.c2 mag-c. *Mag-m.* *Mag-p.* mag-s.c2,k mang. med. meli. *Meny.* merc.c2,k merl. *Mez.* *Mur-ac.* murx. naja nat-ar. *Nat-c.* *Nat-m.* *Nat-p.* *Nat-s.* nicc. *Nit-ac.* **Nux-m.**c2,k **Nux-v.**c2,k ol-an. ol-j.c2,k onos. *Op.* osm. ost.c2 ox-ac. petr. *Ph-ac.* **Phos.** *Phyt.*c2,k *Pic-ac.*c2,k pimp.c2 plan. *Plat.* plb. *Podo.* psil.ft1 *Psor.* ptel. **Puls.** ran-a.c2 ran-b. *Ran-s.* rat. rheum *Rhod.*c2,k **Rhus-t.**c2,k rhus-v.c2,k rob. *Ruta* sabalc2 sabin. samb. samb-c.c2 sang. sanic.c2 sarr.c2 *Sec.*c2,k senec.c2,k **Sep.** *Sil.* sin-n. slagc2 spira.c2 stann. *Staph.*a1,k stram. *Stront-c.* *Stry.* *Sul-ac.* sul-i. **Sulph.**c2,k syph. tarax. tarent. ter.c2,k thuj. tus-p.c2 *Valer.* **Vario.** verat. vib.c2,k visc.c2 *Zinc.* zinc-p.k2
  - **links**: androc.srj1
  - **rechts**: elat.hr1 psil.ft1 sil.h
  - **morgens**: alum. ang. arg-n. borx. bufo carb-v. *Carbn-s.* chel. *Cimic.* *Colch.* dios. *Eup-per.* *Eup-pur.* *Hep.* kali-c. *Kali-p.* naja **Nux-v.** onos. *Petr.* plan. ran-b. sang. senec. staph. stront-c. *Stry.*
    - **Aufstehen**: limest-b.es1
      - **nach**, amel.: cocc. form. kali-p. staph.
      - **Bett**, vom: arg-n. *Calc.* chel. graph. *Kali-c.* *Lyc.* nat-m. petr. rat. *Sil.* thuj. valer.
        - **nach**: nat-s.k2

- **morgens**: ...
  - **Bett**, im: carbn-s. cocc. form. hep. *Nux-v.* petr. puls. ruta staph.
  - **Beugen**, beim:
    - **links**, nach: mang.
    - **vorne**, nach: cocc. puls.
  - **Erwachen**, beim: kali-n.h mag-m.h
- **vormittags**: jug-c. kali-n.h stront-c. sulph.
- **mittags**: thuj.
- **nachmittags**: bamb-a.stb2 bry. carbn-s. coloc. hyos. kali-n.h mag-c. mag-m. naja nicc. petr. plb. **Sep.**
- **abends**: alum. bamb-a.stb2 *Bar-c.*c1,k bar-s.k2 bell.h *Coloc.* dios. iris kali-n. lach. mag-c. mag-m. meny. naja nat-c. *Nat-s.* nit-ac. nux-m. pic-ac. *Sep.* sil.h sin-n. stront-c. **Sulph.** zing.
  - **19.30 h**, beim Erwachen aus einem Nickerchen: sep.
  - **Hinlegen**, nach dem: alum. kalm. mag-m. naja
  - **Menses**, während den: kali-n.
- **nachts**: am-c. **Am-m.** *Ars.* bamb-a.stb2 bry. cench.k2 *Cham. Chin.* eupi. *Ferr.* ferr-i. fl-ac. kali-n. lac-ac. laur. *Lil-t. Lyc.* mag-c. mag-m. mag-s. *Nat-s.* podo. rhus-t. sars. *Sep. Sil.* staph. *Sulph.* zinc.
  - **Mitternacht**:
    - **vor**: laur. rhus-t.
    - **nach**: bamb-a.stb2
      - **1 - 4 h**: am-m.
      - **2 h**: kali-n.
      - **3 h**, treibt ihn aus dem Bett: **Kali-c.** kali-n.
      - **4 h**; erwacht um: ptel.hr1 staph.
  - **Bett**, im: **Am-m.** bamb-a.stb2 kalm. lil-t. *Naja* puls. zinc.
    - **treibt** aus dem Bett: mag-c.h
  - **Liegen** auf der linken Seite; beim: bamb-a.stb2
  - **Schlaf**, im: **Am-m.**
- ◇ **abwechselnd** mit:
  - **Abdomen**; Zwicken im: kali-n.h
  - **Hämorrhoiden**: aloe
  - **Kopfschmerz**: aloe brom.
  - **Oberschenkeln**; Schmerz in den: am-c.
- ◆ **begleitet** von:
  - **Blähungen**; eingeklemmte: calc.h
  - **Hypogastrium**; krampfhafter Schmerz im
    ☞ *❑ Abdomen - Schmerz - krampfartig - Hypogastrium - begleitet von - Lumbalregion*
  - **Kopf**; Schmerz im
    ☞ *❑ Kopf - Schmerz - begleitet von - Rücken - Lumbalregion*
- **Anstrengung**, bei: *Agar. Calc-p.* phys.
- **Anziehen** der Glieder agg.: arg-met.
- **Ärger**, Verdruß; nach: nux-v.
- **Atmen**, beim: alum. am-c. ammc. carb-an. carb-v. coloc. kali-bi. *Kali-c.* merc. prun. *Sulph.*
  - **Sitzen**, im: dulc.
  - **tiefem** Atmen, bei: arn. asar. aur. conv. kali-n. nat-m. phel. sars.
- **Aufrichten**, beim: carb-ac. kali-bi. nat-c. nat-m. *Sulph.*
- **Aufstehen**:
  - **amel.**: *Cob.* ferr. ptel. *Ruta* sulph.
  - **nach**:
    - **Bücken**, beim: am-m. berb. chel. kali-bi. *Lyc.* mur-ac. nat-m. ph-ac. *Phos.* sulph.hbh verat.h
    - **langem** Sitzen, nach: am-c. carb-an. thuj.
  - **Sitzen**, vom: **Aesc.** agar. am-m. ant-c. *Arg-n.* ars. bar-c. **Berb. Calc.** *Calc-s.* calc-sil.k2 canth. carb-an. **Caust.** *Cham. Cob.* cycl. hydr.k,k2 iris *Lach. Led.* merl. nat-m. *Petr.* **Phos.** ptel. **Puls. Rhus-t.** sep. *Sil. Staph.* **Sulph.** tab. *Thuj.* tus-p. verat. zinc. zinc-p.k2
- **Auftreten**, beim: acon. carb-ac. *Carb-an.* spong. *Sulph.*
  ☞ *Erschütterung / Fehltritt*
- **Bandagieren** amel.: tril-p.hr1
- **Berührung**, bei: sil.h
- **Beugen**, beim:
  - **hinten**, nach: bar-c. cina con. kali-c. *Mang.* plat. puls. rhus-t. sabin. sel. thuj.
    - **amel.**: acon. am-m. fl-ac. hura puls.h sabad. sabin.
  - **links**, nach: plb.
  - **vorne**, im Sitzen; nach: cocc. lac-c. pic-ac. puls.
    - **amel.**: chel. puls.h
- **bewegen**:
  - **muß** sich: mag-m.h ox-ac.bg1
    - **nicht** amel. durch Bewegung; aber: *Puls.*
- **Bewegung**:
  - **amel.**: aesc. agar.h alum. am-c. bry. calc. calc-f. cupr. dios. ferr. *Fl-ac.* graph. kali-c. kali-n. kali-p. *Kreos.* nat-ar. nat-c.h nat-s. nux-m. nux-v. ox-ac. ph-ac. phos. podo. puls. rat. *Rhod.* **Rhus-t.** *Ruta Staph.* stront-c. sulph.h valer.k2 vib.
  - **Beginn** der Bewegung nach dem Liegen; zu: dig.
  - **bei**: acon. **Aesc.** *Agar.* alum. am-c. ambr. arg-met. *Arn.* asar. **Bry.** calc. calc-p. canth. caps. *Caust.* chel. **Chin.** cimic. colch. *Coloc.* conv. croc. dulc. hydrog.srj2 ign. iris kali-bi. kali-c. kali-i. kali-n. kalm. lach. *Lyc.* meph. mez. nat-c. *Nat-s.* nit-ac. **Nux-v.** phos. phyt. pic-ac. plan. plb. podo. *Psor.* ptel. *Puls. Ran-b.* **Rhus-t.** *Sars. Sep.* stann. **Sulph.** tep. zinc. zinc-p.k2 ziz.
  - **nach**, agg.: *Rhus-t.*
  - **Arme**, der: *Kreos.*
  - **Füße**, der: thuj.bg1
  - **vorsichtige** Bewegung amel.: prun.
- **Bücken**, beim: *Aesc. Agar.* alum. am-c. ang. ars. borx. bry. *Cham. Chel.* clem. colch. con. cur. cycl. dig. dios. *Dulc. Echi.* graph. hep.h hyos. kali-bi. kali-n. kreos. lac-ac. lyc. mag-m. mang. meny. nat-ar. nat-c. nat-m. nux-v. ol-an. petr. plb. puls. rhod. ruta sabad. sars. *Sil.* **Sulph.** *Thuj.* tus-p. verat. zinc.
  - **amel.**: chel. mag-c.bg1 meny. ph-ac. puls. sang. sec.bg1
  - **langem** Bücken; wie nach: chin.h **Dulc.**

- **Bücken - langem** Bücken; wie nach: ... graph.$_{h}$
- **Drehen**, beim: bov. **Bry.** kali-bi. *Nux-v.* sars. sil. sulph. thuj. zinc.
  - **Bett**, im: staph.$_{h}$
    - **unmöglich**, fast: borx.$_{h}$ **Bry.** dios. kali-n. *Nux-v.* *Zinc.*
  - **Körpers**, des: alum. mag-m. *Nux-v.* sars. thuj.
    - **Gehen**, beim: hep.
- **Druck**: acon. canth. colch. cycl. plat. plb.
  - **amel.**: aesc. arg-met. aur. carb-ac. dig. dulc. fl-ac. led. *Nat-m.* ph-ac. plb. *Rhus-t.* ruta sabad. *Sep.* *Vib.*
- **Entbindung**, nach der: kali-c.$_{bgl}$
- **Erektion**; nach: mag-m.$_{h}$
- **Erschütterung**, bei: carb-ac. cocc. podo. *Thuj.*
  ☞ *Auftreten / Fehltritt*
- **Erwachen**, beim: aesc.$_{bgl}$ aeth.$_{bgl}$ alum.$_{bgl}$ anac.$_{bgl}$ arg-n.$_{bgl}$ berb.$_{bgl}$ bry. calc-f.$_{bgl}$ calc-p.$_{bgl}$ carbn-s.$_{k2}$ *Card-m.* chel.$_{bgl}$ colch. erig.$_{bgl}$ ham.$_{bgl}$ hyper.$_{bgl}$ kali-bi.$_{bgl}$ kali-m.$_{bgl}$ kreos.$_{bgl}$ mag-m.$_{bgl}$ merc.$_{bgl}$ merc-i-f.$_{bgl}$ myric.$_{bgl}$ naja$_{bgl}$ ox-ac.$_{bgl}$ plan.$_{bgl}$ psor.$_{bgl}$ ptel.$_{bgl}$ puls. ran-b.$_{bgl}$ *Sep.* sil.$_{bgl}$ spong.$_{bgl}$ sulph.$_{bgl}$ verat.$_{bgl}$ zinc.$_{bgl}$
- **Essen**, nach dem: *Bry.* cina kali-c.
- **Fahren**, beim: calc. sep.
- **Fehltritt**, bei einem: carb-ac. cocc. podo. thuj.
  ☞ *Auftreten / Erschütterung*
- **Flatulenz**; mit
  ☞ *begleitet von - Blähungen*
- **Flatus** amel.; Abgang von: am-m. bar-c. coc-c. kali-c. **Lyc.** *Pic-ac.* *Ruta*
- **Fluor**:
  - **amel.**: kreos.$_{bgl}$
- **Frost**:
  - **vor**: **Aesc.** *Eup-pur.* **Podo.**
  - **während**: ars. *Calc.* *Nux-v.* ph-ac. phos. puls. rhus-t. sep. sil.
- **Gehen**:
  - **amel.**: am-c. ant-c. apoc. **Arg-met.** *Arg-n.* ars-met. asaf. cob. dulc. gamb. gink-b.$_{sbd1}$ kali-c.$_{bgl}$ kali-n. mag-c. meli. nat-ar. *Ph-ac.* phel. phos. puls. *Ruta* sabad. **Sep.** *Staph.* sulph. thuj. vib. *Zinc.* zinc-p.$_{k2}$
  - **beim**: **Aesc.** aeth. *Agar.* alum. am-c. am-m. arg-met. arn. borx. *Bry.* canth. *Carb-an.* caust. *Cham.* chel. *Cocc.* coff. coloc. con. ferr. hep. hyos. *Kali-c.* *Kali-i.* *Kali-s.* mag-m.$_{h}$ meny. mez. nat-ar. nat-c.$_{a1,k}$ nit-ac. ol-j. onos. plat. podo. puls. *Ran-b.* ran-s. sars. **Sep.** stront-c. *Sulph.* *Thuj.* tub.$_{c}$ tus-p. verat. *Zinc.*
  - **nach**: con.$_{h}$ nat-c.$_{h}$
  - **gebeugt** gehen, muß: am-m. gink-b.$_{sbd1}$ kali-c. sep.$_{h}$ *Sulph.*
  - **langsames** Gehen amel.: **Ferr.** *Puls.*
  - **Stock** amel.; Gehen mit quer über den Rükken gepreßtem: vib.
  - **unebenem** Boden, auf: podo. *Thuj.*
- **geschwürig**: cann-s. kreos. nat-s. prun.
- **Hämorrhoiden**, mit: aesc.$_{bgl}$ bell.$_{bgl}$ ham.$_{bgl}$ nux-v.$_{bgl}$
- **Heben** des Oberschenkels; beim: aur.
- **Heben** einer Last; beim: *Calc.* calc-f.$_{c1}$ *Calc-p.* *Hura*$_{bgl,c1}$ med. nit-ac. *Nux-v.* ph-ac. rhus-t.$_{c1,k2}$ *Sang.* sep. *Staph.*
- **Hinsetzen**:
  - **beim**: zinc.$_{h}$
- **Husten**, beim: *Am-c.* arn. bell. borx. bry. calc. *Calc-s.* caps. *Kali-bi.* kali-n. merc. nit-ac. ph-ac. *Puls.* sep. sulph.
- **kalt**:
  - **Erkälten**, durch: **Dulc.** *Nit-ac.* **Rhus-t.**
  - **Luft**, in kalter: *Bar-c.* *Nit-ac.* sep.
- **Kissen** unter der Lumbalregion; ein:
  - **amel.**: carb-v.$_{bgl,h1,*}$
- **kitzelnd**: kali-c.$_{h}$
- **Koitus**, beim: agar.$_{k2}$ cann-i. nit-ac.
- **Kränkung**, nach: nux-v.
- **Lachen**, beim: **Cann-i.** *Con.* *Phos.* plb. tell.
- **lähmungsartig**: *Cocc.* kalm. nat-m. ran-s. sabin.$_{br1,k,*}$ sel. sil.$_{h}$ verat.$_{h}$ zinc.
- **Lehnen** nach vorne; beim: hura lac-c.
- **Liegen**:
  - **amel.**: bry. cench.$_{k2}$ *Cob.* colch. cop. kali-c. kali-m.$_{k2}$ *Nat-m.* nux-v. ruta sars.
  - **beim**: agar. *Arn.* **Berb.** bry. *Calc.* *Carb-an.* cham. ign. kali-i. lyc.$_{bgl}$ mag-m. nux-v. prun. *Puls.* **Rhus-t.** ruta$_{k2}$ tab. vib.
  - **Abdomen**; auf dem:
    - **agg.**: gink-b.$_{sbd1}$
    - **amel.**: chel. nit-ac. sel.
  - **gebeugtes** Liegen amel.; nach hinten: cain.
  - **Rücken**, auf dem: bamb-a.$_{stb2}$ bry. carb-an. *Chin.* *Coloc.* ign. kali-n. *Lyc.* mag-s. prun. **Rhus-t.** sep. zinc.
    - **amel.**: ambr. cob. colch. gink-b.$_{sbd1}$ *Kali-c.* *Nat-m.*
    - **Hartem** amel.; auf etwas: **Nat-m.** **Rhus-t.**
    - **Menses**; zu Beginn der: bamb-a.$_{stb2}$
  - **Seite**, auf der:
    - **amel.**: zinc.
    - **linken** Seite agg.; auf der: agar. bamb-a.$_{stb2}$ **Sulph.**
    - **rechten** Seite liegen; kann nur auf der: nat-s.
- **lose**; als wäre das Fleisch: lyc.$_{h}$
- **Luft**:
  - **Freien**, im: lyc.
  - **Zugluft**, bei: med.$_{k2}$ nux-v.
- **Menses**:
  - **vor**: acon. am-c. apis *Asar.* bamb-a.$_{stb2}$ bar-c. bar-s.$_{k2}$ berb. brom. *Calc.* *Calc-p.* canth. *Caul.* caust. cimic. *Ham.* hyos. iod. kali-n. *Mag-c.* nat-m. *Nit-ac.* nux-m. ol-an. phos. puls. sabal$_{c1}$ sabin. **Sep.** *Spong.* *Sulph.* tril-p. ust. *Vib.*
  - **Beginn** der, zu: acon. aloe *Asar.* bamb-a.$_{stb2}$ berb. *Caust.* *Kali-s.* **Lach.** mag-c. *Nit-ac.* sabal$_{c1}$ *Vib.*
  - **während**: acon. agar. agn.$_{hr1}$ aloe **Am-c.** *Am-m.* arg-met. *Arg-n.* ars-i. bar-c. bar-s.$_{k2}$ *Bell.* *Berb.* *Brom.* *Bry.* *Calc.* calc-p.$_{k2}$ calc-s. *Cann-i.* *Carb-an.* carb-v. carbn-s. carl. caul. *Caust.* cench.$_{k2}$ *Cham.* **Cimic.** coc-c. *Cocc.*

- **Menses - während**: ...
cycl. eupi. ferr. ferr-i. *Ferr-p.* *Graph.* ham. *Helon.* hyos. ign. iod. *Kali-c.* kali-i. kali-n. *Kali-p.* *Kali-s.* *Kalm.* kreos. lac-ac. **Lach.** lachn. *Lyc.* *Mag-c.* *Mag-m.* mag-s. mang. nat-c. nat-p. *Nicc.* *Nit-ac.* **Nux-m.** *Nux-v.* *Phos.* plat. plb. prun. **Puls.** rat. sabin. senec. sep. sul-ac. sul-i.$_{k2}$ **Sulph.** *Tarent.* *Thuj.* tub.$_{c1}$ ust. *Xan.* zinc. zinc-p.$_{k2}$ zing.
  - **Kitzeln**, mit vorangehendem: graph.$_{h}$
- **nach**: berb. calc-p. kali-n. mag-c. puls. *Sep.* ust.
  - **Holz** von innen nach außen drücken; als würde ein Stück: nux-m.$_{c1}$
- **anstatt**: *Spong.*
- **einsetzen**; als würden die Menses: *Apis* *Calc-p.*
- **unterdrückt**: kali-c. *Nux-m.* **Puls.**
- **Mittagessen**, nach dem: phos.$_{a1,k}$ sulph.$_{a1,k}$
- **Müdigkeit**; wie durch: aur.$_{h}$ hep.$_{h}$ kali-c.$_{h}$ sep.$_{h}$
- **Nähen**, beim: iris *Lac-c.*
- **Naßwerden**; durch: rhus-t.$_{k2}$
- **Niesen**, beim: arund. *Con.* *Sulph.*
- **periodisch**: ars.
- **postoperativ**: berb.$_{ptk1}$
- **pulsierend**: am-c. mez. nux-v.$_{h}$
- **Reiben** amel.: kali-c. kali-n. lil-t. nat-s. **Phos.** plb.
- **rheumatisch**: acon. *Ant-c.* **Berb.** **Bry.** cact. *Carb-an.* **Cimic.** *Colch.* *Coloc.* *Dulc.* *Ferr.* iod. **Nux-v.** *Phyt.* rhod. **Rhus-t.** spong. stram. stry. *Sulph.* ter.
- **Schlaf**:
  - **vor**: nat-m.
  - **Einschlafen**, beim: mag-m.$_{h}$
- **Schneesturm**, vor einem: ferr.
- **Schneuzen** der Nase, beim: calc-p. dig.
- **Schreiben**, beim: laur.
- **Sitzen**:
  - **amel.**: aeth. borx. caust. mag-c. meny. ph-ac. plb. sars.
  - **beim**: **Agar.** ambr. ang. **Arg-met.** *Arg-n.* asaf. asar. aur. aur-s.$_{k2}$ bar-c. **Berb.** borx. *Bry.* *Calc.* calc-f. calc-s. canth. carb-an. *Carb-v.* carbn-s. caust. cench.$_{k2}$ chinin-s. *Cimx.* *Cob.*$_{hbh}$ coff. coloc. dig. dulc. *Ferr.*$_{hr1}$ gink-b.$_{sbd1}$ hep. hura hyos. kali-c. kali-i. kali-m.$_{k2}$ kali-n. kali-p. kali-s. led. *Lyc.* mag-c. mag-m. meli. meny. merc. mur-ac. nat-ar. nat-c. *Nat-m.* nux-v. ol-an. pall. petr. ph-ac. phel. *Phos.* *Prun.* *Puls.* *Rhod.* **Rhus-t.** *Ruta* sabad. stann. stront-c. sul-ac. *Sulph.* tab. *Thuj.* **Valer.** *Zinc.* zinc-p.$_{k2}$
  - **aufrechtem** Sitzen, bei: conv. zing.
  - **gebeugtem** Sitzen, bei:
    - **agg.**: chinin-s. kali-i. *Lac-c.* phos.
    - **amel.**: chel. *Ran-b.*
  - **Heben** des Oberschenkels; beim: agar.
  - **langem** Sitzen, nach: *Phos.*
- **Stehen**, beim: agar. berb. *Bry.* caps. *Carb-an.* coff. *Con.* *Ferr.*$_{hr1}$ gink-b.$_{sbd1}$ *Kali-c.* kali-m.$_{k2}$ led. *Lyc.* meny. mur-ac. ph-ac. phos. plan. plb. podo. puls. *Ruta* sep. sul-ac. *Sulph.* tarax. thuj.
- **Stehen**, beim: ...
tus-p. **Valer.** verat. zinc.$_{bg1}$ zing.
  - **amel.**: *Arg-n.* kreos. meli.
  - **aufrechtes** Stehen unmöglich: agar.$_{h}$ *Bry.* cocc. *Petr.* phos. *Sulph.*
  - **Lehnen** auf die Seite; beim: thuj.
  - **vorgebeugtem** Stehen, bei: sulph.
- **Strecken**, beim: *Calc.* mag-c.
- **Stuhlgang**:
  - **vor**: berb. carb-v. kali-n.$_{h}$ nat-c. *Puls.* sulph.
  - **während**: agar. *Arg-n.* *Carb-an.* coloc. grat. ox-ac. rheum spong. squil. sulph. tab.
    - **amel.**: indg.
    - **hartem** Stuhl, bei: bry. stront-c.
    - **weichem** Stuhl, bei: nicc. *Podo.* rheum tab.
  - **nach**: aesc. *Carb-v.* colch. dig. dros. lyss. mag-m. nat-m. *Podo.* sil. tab.
    - **amel.**: ox-ac.
  - **Stuhldrang**, bei: colch. sin-a.
  - **Stuhldrang** erscheinen; als würde: rat.
- **Treppensteigen**, beim: alum. carbn-s.
- **Urinieren**:
  - **vor**: berb.$_{br1,sma1}$ graph. *Nat-s.*
  - **beim**: phos. sulph. syph.
  - **nach**:
    - **agg.**: berb.$_{br1,sma1}$ syph.
    - **amel.**: **Lyc.** med.
  - **Harndrang**, bei: nat-s. raph.
- **Verletzung**; nach: kali-c.
- **warme** Anwendungen amel.: *Calc-f.* caust. hydrog.$_{srj2}$ *Rhus-t.*
- **Wetter**:
  - **nassem** Wetter, bei: *Calc.* **Dulc.** *Ran-b.* **Rhod.** *Rhus-t.*
- **Ziehen** agg.: dios.

▽ **erstreckt** sich zu:
- **Abdomen**: androc.$_{srj1}$ *Berb.* bry. cham. kreos. lach. lil-t.$_{bg1}$ lyc.$_{bg1}$ nat-c.$_{bg1,bg2}$ puls.$_{bg1}$ ruta$_{h}$ sabin.$_{bg1}$ sep.$_{bg1}$ sulph.$_{bg1,h,*}$ vib.$_{bg1}$
  - **um** das Abdomen herum: **Berb.**
  - **Darmbein** zu den Ovarien und zum Uterus; über das: vib.
- **Arme**: rhod.
- **Becken**: aloe androc.$_{srj1}$ tep.
  - **hinterer** Teil des Beckens und der Oberschenkel: **Berb.**
- **Blase** und Leiste: bell.
- **Brust**:
  - **links**: kali-c.$_{bg1}$
- **Brustmuskeln** und Arme, nach dem Fahren: brach.
- **Epigastrium**: sulph.$_{h}$
  - **nachts**: lyc.
- **Füße**: *Borx.* kali-m.$_{bg1}$ lyc. lyss. sep. still.
- **Genitalien**: berb.$_{bg1}$ *Carl.* dros. erig. sars.$_{h}$
- **Gesäß**: **Kali-c.** thuj.
- **Gesäßmuskeln** und Oberschenkel: **Kali-c.**
- **Glieder** beim Beugen nach hinten und beim Erheben: carl.
- **Herz**: kali-c.$_{bg1}$
- **Hoden**: abrot. sulph.
  - **Husten**, beim: osm.

- **erstreckt** sich zu: ...
  - **Hüfte**: *Aesc.* am-c. *Am-m.* *Bol-la.* carb-v. *Ferr.*hr1 gels. kali-bi. *Lach.* mosch. *Nux-v.* pall. rutak2 *Sep.* *Sil.* sulph.bg1
    - **morgens** beim Aufstehen: euphr. thuj.
    - **Nabelgegend**, Reiben amel.; über die Hüfte, dann zur: lil-t.
    - **Unterschenkel**; und:
      - **nachmittags**: ars. dios.
      - **Menses**; während: nit-ac.
  - **Hypochondrium**, morgens beim Erwachen: kali-n.
  - **Knie**: hydrog.srj2 plb. psor. rutah sulph.h
  - **Kniescheibe** und Rücken: tarent.
  - **Körper**:
    - **über** den ganzen: mez.
    - **um** den Körper herum: acon. caust. cham. *Cimic.*
  - **Leisten**: *Bell.* lac-d.kr1 *Sulph.*
    - **abends**: lact.
    - **Menses**, während: sulph.
    - **unten**; und die Beine nach: plat.
  - **Lunge**, linke: sep.
  - **Magen**: nicc. nit-ac. puls. sulph.bg1,bg2 thuj.
  - **Nabel**: prun. rhus-v.
  - **Nacken**: kali-bi.bg1,bg2
  - **oben**, nach: alum. ars. clem. dirc. kreos. lach. led. nux-v. puls.bg1
    - **Bücken** agg.: arn. *Sil.*
    - **Fächer**, wie ein: *Lach.*
    - **Sitzen**, im: meny.
  - **Oberarm** und zum linken Unterarm; zum rechten: alum.
  - **Oberschenkel**: agar. am-m. androc.srj1 **Berb.** carb-ac.br1,k coloc. dulc. hep. *Kali-bi.* *Kali-c.* kreos. lac-d.kr1 *Lyc.* nat-m.kl nit-ac. nux-v. rutak2 sep. sulph.bg1
    - **Atemzug**, bei jedem: carb-an. nat-m.
    - **hinterer Teil**: **Berb.**
    - **Stuhlgang**, beim: stann.
  - **Perineum**: canth.
  - **Rektum**: aloe calc. coc-c. lach.bg1 lyc. nat-c.bg1 sulph.bg1
  - **Rücken** hinauf; den: ars. dirc. nat-ar. nux-v.
  - **Sakrum**: cimic. *Nux-m.*
    - **Oberschenkel**, und: kali-bi.
    - **Steißbein**: sulph.
  - **Samenstränge** hinab; die: abrot.bro1
    - **Ejakulation**, nach: sars.
  - **Schamgegend**: mag-c. **Sabin.**
  - **Schulterblätter**: sulph.
    - **rechts**: lyc.bg1 mag-m.bg1
  - **Schultern**: ars. indg. lac-ac.kr1
  - **Seite**, nach dem Aufrichten vom Beugen; zur rechten: ox-ac.
  - **Steißbein** entlang; das: carb-v. equis-h. hura
  - **unten**, nach:
    - **Bücken** agg.: staph.
    - **oben**, und nach: *Kali-c.*
      - **Gehen** agg.: hep.
  - **Unterschenkel** nach unten; die: agar. androc.srj1 *Berb.* *Borx.*h carl. coloc. dios. dulc.k2

– **Lumbalregion - erstreckt** sich **- Unterschenkel** nach unten; die: ...
ign. **Kali-c.** lyc. lyss. nat-ar. nit-ac. ox-ac. ph-ac. pic-ac. plat. sep. *Sil.* stann. stry. tarent.
  - **Bewegung** agg.: pic-ac.
  - **Stuhlgang**, beim: agar. grat.
- **Uterus**: elaps helon. *Nat-m.*
- **Vagina**: kreos.
- **Waden**: berb. ph-ac. tep.

○ **Darmbein**: agar. eupi. form. hell. iris rutah
  - ○ **Ansatzstelle** der Muskeln: camph. *Form.* *Tarent.*
  - **Darmbeinkamm**, rechter:
    - **morgens** beim Hinsetzen agg., aber Stehen und Gehen amel.:
      - ▽ **erstreckt** sich zum Oberschenkel: staph.
- **Wirbelsäule**: bell. cact. *Calc.* *Calc-p.* *Chel.* kali-i. *Kalm.* kreos. plb. psil.ft1 psor. sabin. sarr. thuj.
  - **vormittags**: bry.
  - **Bewegung**, bei: lyc.

– **Lumbosakralregion**: **Aesc.** agar.k2 carb-ac. carb-an. carbn-s. *Cimic.* coloc. helon. lil-t. med.k2 **Onos.** **Puls.** sil. sulph.k2
- **morgens**: carbn-s. ign.
- **nachts**: carb-ac.
- **Bücken**, beim: *Aesc.*
- **Gehen**; beim: tub.c1
- **Heben** eines zu schweren Gewichtes; beim Stehen und Gehen wie durch: phos.
- **Herumdrehen** im Bett; beim: sulph.
- **Husten**, beim: phos.
- **Koitus**: agar.k2
- **Liegen**, beim:
  - **Rücken** amel.; auf dem: puls.
  - **Seite**, auf der: puls.
- **Menses**; während: tub.c1
- ▽ **erstreckt** sich zu:
  - **Beine** nach unten; die: med.k2
  - **Darmbein**, endet in einem Krampf im Uterus; über das: sep. vib.
  - **Uterus**: helon.

– **Rückenmark**: lact-v.c2

– **Sakralregion**: abrot. absin. acon. act-sp. **Aesc.**c2,k **Agar.**c2,k ail. all-s. aloec2,k *Alum.* alum-p.k2 alum-sil.k2 am-c. am-m. androc.srj1 ang. ant-c. **Ant-t.**c2,k *Apis* *Arg-met.* arg-n. arn. *Ars.* ars-i. ars-s-f.k2 asaf. aur. aur-ar.k2 aur-i.k2 aur-s.k2 bad. bamb-a.stb2 *Bapt.* *Bar-c.* bar-i.k2 bar-s.k2 *Bell.* **Berb.**c2,k borx. *Bry.* calad. **Calc.** calc-i.k2 *Calc-p.* calc-s. canth. *Caps.* carb-ac. *Carb-an.* *Carb-v.* carbn-s. carc.jl2,tp1,* caul. *Caust.* cench.k2 cham. chel. *Chin.* chinin-ar. cic. *Cimic.* *Cimx.* cina cinnb. cob. coc-c. cocc. coff. colch. *Coloc.* con. cor-r. croc. cupr. cupr-ar. dig. *Dios.* *Dulc.* eup-per. eup-pur. ferr. ferr-i. fl-ac. form. gamb. **Gels.** glon. *Graph.* ham. *Helon.* *Hep.* hydrog.srj2 *Hyper.* *Ign.* iod. kali-ar. *Kali-bi.* *Kali-c.* kali-i. kali-m.k2 kali-n. *Kali-p.* kali-s. kali-sil.k2 *Kreos.* *Lac-c.* *Lach.* lact. lam. *Laur.* lec. led. *Lept.* *Lil-t.* lith-c. *Lob.* **Lyc.** *Lyss.* mag-c. mag-m. mag-s. *Med.* meli. meny. *Merc.* mez. mosch. **Mur-ac.** murx. naja nat-ar.

– **Sakralregion**: ... nat-c. *Nat-m.* nat-p. *Nat-s.* **Nit-ac.** **Nux-m.** *Nux-v.* ol-an. ol-j.$_{c2,k}$ **Onos.** op. ox-ac. pen.$_{c2}$ petr. phel. *Phos.* phys. *Phyt.* pic-ac. plan. plat. *Podo.* *Psor.* ptel. **Puls.** ran-b. ran-s. rhod. *Rhus-r.* *Rhus-t.* *Ruta* sabin. samb. sang. sarr. sars. *Sec.* seneg. **Sep.**$_{c2,k}$ *Sil.* spong. staph. stram. stront-c. sul-ac. sul-i.$_{k2}$ *Sulph.* syph.$_{k2}$ tarax. **Tell.**$_{c2,k}$ ter. *Thuj.* ust. valer. **Vario.** verat. xan. zinc. zinc-p.$_{k2}$ zing.
- **tagsüber**: lil-t.
- **morgens**: ang. calad. ign. kali-n. lac-c. lil-t. nat-m. petr. phos. *Puls.* sel. *Staph.* sulph. thuj. verat.
  - **Erwachen**, beim: carb-v. carbn-s. *Kali-bi.*
  - **Koitus**, beim: kali-bi.
- **nachmittags**: colch.
- **abends**: agar. bar-c. lac-c. led. naja nit-ac. puls. sep. ter.
  - **amel.**: lil-t.
- **nachts**: am-c. ang. arg-n. cench.$_{k2}$ cham. chin. colch. kali-bi.$_{k2}$ lach. lyc. mag-c. mag-s. nat-s. nux-v. *Puls.* staph.
  - **1** h: staph.
  - **Bett**; treibt ihn aus dem: mag-c.$_{h}$
  - **weckt** ihn häufig: colch.
- ◇ **abwechselnd** mit Drücken im Hinterkopf: alum. carb-v.
- **Anlehnen** mit dem Rücken im Stuhl; beim: agar.
- **Anstrengung**, bei: agar. rhus-t.$_{k2}$
- **Atmen**, beim: berb. carb-an. carb-v. **Merc.** ruta sel. spig. sulph. tarax.
- **Aufrichten**; beim:
  - **Bücken**, vom: *Lyc.* *Phos.* sars. verat.
- **Aufstehen**; beim:
  - **Sitzen**, vom: **Aesc.** ant-c. bar-c. **Calc.** *Caust.* con. ferr. *Kali-bi.* *Lac-c.* led.$_{k2}$ **Lyc.** petr. *Phos.* psor. *Puls.* rhod. **Sil.** *Staph.* **Sulph.** tell. thuj. verat. zinc.$_{k2}$
- **Berührung** agg.: colch. lob.$_{vh}$
- **Beugen**:
  - **hinten**, nach: bar-c. con. plat. *Puls.* rhus-t.
    - **amel.**: lac-c. puls.
  - **vorne**, nach:
    - **amel.**: sang.
- **Bewegung**:
  - **bei**: *Aesc.* *Agar.* caust. chel. *Chin.* coloc. form. hura kali-bi. lil-t. lyc. phos. phys. phyt. plan. psor. **Puls.** sars. sec. tell.
    - **amel**. bei: aloe ang. coloc. fl-ac. kali-bi.$_{k2}$ *Lac-c.* *Lyc.* nat-c.$_{h2}$ **Nux-m.** psor. **Puls.** **Rhus-t.** thuj.
    - **vorsichtige** Bewegung amel.: **Puls.**
- **Bewegung** des Armes; bei: chel.
- **Bücken**, beim: **Aesc.** arg-n.$_{hr1}$ borx. bufo-s. lac-c. lyc. meny. ol-an. plb. rhod.$_{c1}$ ruta sars. sulph. *Tell.* thuj. verat.
- **bücken**; kann sich nicht: aesc. borx. puls.
- **Diarrhoe**, mit: liat.$_{br1}$
- **Drehen**, beim:
  - **links** amel.; nach: agar.
  - **Bett**, im: *Bry.* *Nux-v.* *Staph.*
- **Druck** amel.: kali-c. led. mag-m. *Sep.*
- **Dysenterie**, mit: *Caps.* liat.$_{br1}$ *Nux-v.*
- **Entbindung**, nach: phos.$_{ptk1,st}$
- **Erkältung**, durch: *Dulc.* nit-ac.
- **Fahren** im Wagen; beim: lac-c. **Nux-m.**
- **Flatus**:
  - **durch**: agn.$_{hr1}$
  - **Abgang** von Flatus amel.: *Pic-ac.*
- **Fluor**; bei: grat.$_{k2}$
- **Frost**; während: ars. gamb. hyos. **Nux-v.** psor. verat.
- **Gehen**:
  - **amel.**: androc.$_{srj1}$ ang. arg-met. arg-n. calc.$_{k2}$ cench.$_{k2}$ *Lyc.* merc. nat-ar. phos.$_{k2}$ psor. rhus-t.$_{k2}$ sep.$_{k2}$ staph. sulph.$_{k2}$ *Tell.* thuj. zinc.$_{k2}$
  - **beim**: acon. **Aesc.** *Agar.* borx. bry. form. ham. kali-bi. *Kali-c.* nat-ar.$_{k2}$ *Phos.* sabad. sars. spong. sulph. verat. zinc.
  - **nach**: nat-c.$_{h2}$
  - **Auftreten** mit dem linken Fuß; beim: spong.
  - **Freien**, amel. im: ruta *Tell.*
  - **langsames** Gehen amel.: bell. **Puls.**
- **geschwürig**: *Puls.*
- **Hämorrhoiden**, mit: abrot.$_{bro1}$ calc-f.$_{pd}$
- **Heben** des Beines; beim: bry.
- **Heben** einer Last:
  - **beim**: anag. bry.
  - **durch**: *Calc.* nat-c.$_{h2}$ *Puls.* *Rhus-t.* *Sang.* staph.
- **Hitze**; während: chin.
- **Husten**, beim: am-c. *Bry.* *Chel.* merc. nit-ac. sulph. *Tell.*
- **Koitus**, beim: *Agar.* calc. *Calc-p.* *Kali-c.* nat-c. *Petr.* *Phos.* **Sep.** **Sil.** staph.
- **künstlicher** Entbindung, nach: **Hyper.**
- **Lachen**, beim: *Tell.*
- **lähmungsartig**: arg-n. *Graph.*
- **Liegen**:
  - **amel.**: **Agar.** kali-c. kali-m.$_{k2}$
  - **beim**: agar. **Berb.** chin. kali-bi.$_{k2}$ naja nux-v. puls. tarax. thuj. zing.
  - **Aufstehen** ist unmöglich: **Agar.** sil.
  - **gebeugtem** Körper amel.; mit nach vorne: bry.
  - **Gesicht** amel.; auf dem: bapt.
  - **muß** liegen: **Agar.** calc-p. cimx.
  - **Rücken**, auf dem: bapt. bell. *Ign.* lyc. puls. *Tell.*
    - **amel.**: *Agar.* calc-p. puls.
  - **Seite**, auf der: act-sp. *Nat-s.* puls.
    - **amel.**: *Puls.*
    - **rechten** Seite agg.; auf der: agar.
- **Menses**:
  - **vor**: am-c. bar-c. carb-an. caust. kali-n. lach. mag-c. nux-m.$_{c1}$ nux-v. puls. sabal$_{pd}$ spong.$_{ptk1}$ *Vib.*
  - **während**: *Am-c.* *Am-m.* *Berb.* borx. calc. calc-p.$_{k2}$ calc-s. carb-v. carbn-s. *Caust.* cench.$_{k2}$ cham. cimic. con. ferr. *Kali-c.* kali-n. *Kali-p.* kreos. laur.$_{k2}$ *Lob.* lyc. mag-c. mag-m. *Nat-c.* nat-p. phos. prun. *Puls.* rat. *Sabin.* sang. *Sars.* *Senec.* *Sulph.* zinc. zing.
  - **anstatt**: spong.$_{ptk1}$

- **Nachwehen**, bei: sulph.
- **Niesen**, beim: arg-n.
- **rheumatisch**: kali-bi. sulph. zinc.
- **Samenabgang**, nach: *Graph.*
- **schaukeln**; muß: hydrog.$_{srj2}$
- **Schneuzen** der Nase; beim: arg-n.
- **Schwangerschaft**; während der: xan.$_{c1}$
- **Sitzen**, beim: **Agar.** aloe ang. ant-t. *Apis Arg-met. Arg-n.* asaf. asar. bar-c. *Bell.* **Berb.** borx. bufo calc.$_{k2}$ carb-an.$_{bg1}$ caust. cist. cob. kali-bi. *Kreos. Lac-c. Lyc.* meny. merc. nat-ar. nat-c. nat-s. ol-an. phel. phos.$_{k2}$ prun. *Puls.* **Rhus-t.** ruta sabad. sep.$_{k2}$ spig. sulph.$_{k2}$ syph.$_{k2}$ ter. *Thuj.*
  - **muß** vorgebeugt sitzen: lyc.
  - **Weile**, nach einer: aloe asaf. bamb-a.$_{stb2}$ berb. phos. puls.
- **Stehen**:
  - **amel.**: arg-n. bell.
  - **beim**: *Agar.* androc.$_{srj1}$ **Con.** led. *Lil-t. Lith-c.* merc. *Phos.* plan. puls. rhus-t. spong. verat.
- **Strecken**:
  - **amel.**: alum.
  - **Beines**; beim Ausstrecken des: bry.
- **Stuhlgang**:
  - **vor**: berb. carb-v. *Dios.* kali-n. nat-c. sars. zing.
  - **während**: *Agar. Arg-n.* **Carb-an.** *Merc-c.* **Nux-v.** *Podo.* sars. *Tell.*
  - **nach**: aesc. *Podo.* tab.
    - **amel.**: berb. indg.
  - **Pressen** zum Stuhl; beim: *Agar. Carb-an. Tell.*
  - **Stuhldrang**, mit: am-be. lil-t. *Merc-c.* **Nux-v.**
- **Sturz**, durch einen: kali-c.
- **Sturz**; wie durch einen: ruta$_{h}$
- **Urinieren**:
  - **beim**: *Graph.*
- **Urins**; beim Zurückhalten des: *Nat-s.*

▽ **erstreckt** sich zu:
  - **Beinen**, zu den: *Cimic.* cimx. *Lac-c. Lil-t. Sep.*
  - **Füße**: lyc.
  - **Hüfte**: **Aesc.** berb. cimx. coloc. *Lac-c.* pall. phyt. puls. **Sep.** ust.
    - **Becken**, und: arg-n.
    - **Oberschenkel**, und: *Cimic. Lac-c. Sep.*
      - **Entbindung**, bei der: *Cimic.*
      - **Sitzen**, im: thuj.
  - **Hüfte**, zur rechten: *Sulph.*
  - **Leiste**: plat. *Sabin.* **Sulph.**
    - **Menses**, während: arn. *Sabin.* **Sulph.**
  - **Oberschenkel**: arn. berb. *Cimic. Coloc.* kali-c. kreos. nux-v. *Sec. Sep. Sulph. Tell.*
    - **rechts**, Pressen zum Stuhl oder Husten agg.: **Tell.**
    - **Sitzen**, im: thuj.
  - **Ovarialregion**: ust.
  - **Schamgegend**: arg-met. helon. *Laur.* **Sabin.** *Sulph.*
    - **Knochen** zum anderen; von einem: sabin.$_{br1,c1}$
  - **Steißbein** im Sitzen: kreos.

– **Sakralregion - erstreckt** sich zu: ...
  - **Trochanter** majus: phys.$_{hbh}$
  - **unten**; die Beine nach: *Agar.* arn. bamb-a.$_{stb2}$ cimx. *Coloc. Graph. Lac-c.* lyc. *Med. Pic-ac.* plat. plb. *Sep.*
    - **Entbindung**, nach der: phyt.$_{c1,kr1}$
    - **großen** Zehe, zur: arn.
    - **Stuhlgang**, nach: rhus-t.
  - **Uterus**: *Cham.* helon. nat-m. syph.$_{c1}$
  - **Vorderseite**: *Arg-met.*

– **Sakroiliakalgelenk**: **Aesc.** *Ant-t.* apis *Arg-n.* bamb-a.$_{stb2}$ *Bry. Calc-p. Cimic. Coloc.* conv.$_{br1}$ dios. equis-h.$_{c1}$ ferr. gels. hep. jug-c. nat-p. ol-j. plb. rhus-t. rumx. sabad. spong. sulph. tell.$_{hr1}$ *Thuj.*
  - **rechts**: ign.$_{dgt}$ nat-p. psil.$_{ft1}$
  - **Bandagieren** amel.: tril-p.$_{hr1}$
  - **getrennt**, wie: calc-p. tril-p.$_{hr1}$
  - **läuft** den Unterschenkel nach unten:
    - **Frauen**; bei: conv.$_{br1}$
  - **Sitzen** ist unmöglich: bamb-a.$_{stb2}$
  - **Stehen**, beim: spong.$_{h}$

  ▽ **erstreckt** sich zu:
  - **Fuß**: bamb-a.$_{stb2}$
  - **Knie**:
    - **Kniekehle**: bamb-a.$_{stb2}$
  - **Leiste**: *Thuj.*
  - **unten** in die Gegend der Ischiasnerven, während der Wehen; nach: *Cimic.*

– **Steißbein**: aesc. agar. agn. alum. alum-sil.$_{k2}$ am-c. *Am-m.* **Apis** arg-n. ars-i. ars-s-f.$_{k2}$ asaf. bell. borx. bov. *Calc. Calc-p.* calc-s. calc-sil.$_{k2}$ cann-i. *Cann-s. Canth. Carb-an. Carb-v. Carbn-s.* castor-eq. **Caust.** cic. cimic. *Cist.* colch. *Con.* dios. *Euph. Fl-ac. Gamb.* graph. grat. hep. *Hyper.* ign. iod. *Kali-bi. Kali-c.* kali-i. kali-m.$_{k2}$ *Kali-p.* kali-sil.$_{k2}$ **Kreos.** *Lach.* lact. led. lil-t. lob. *Mag-c. Med. Merc.* mur-ac. nat-m. *Nit-ac.* nux-m. *Par. Petr.* ph-ac. *Phos.* pic-ac. plat. plb. *Rhus-t. Ruta Sep. Sil.* staph. sul-i.$_{k2}$ sulph. syph. tarent. *Thuj.* verat. xan. **Zinc.** zinc-p.$_{k2}$
  - **morgens**, beim Erwachen: ars-s-f.$_{k2}$ *Kali-bi.*
  - **abends**: alum. *Apis Castor-eq. Caust.* graph. *Kali-bi.*
  - **Aufstehen**, beim:
    - **amel.**: kreos.
    - **Sitzen**, vom: *Caust. Euph. Kali-bi.* **Lach. Sil.** *Sulph.*
  - **Berührung**, bei: alum. alum-p.$_{k2}$ bell. *Calc-p. Carb-an.* cist. *Euph.* fl-ac. *Kali-bi.* lach. petr. phos. **Sil.** xan.
  - **Bewegung**:
    - **bei**: *Caust.* euph. fl-ac. kali-bi. *Phos.* tarent.
    - **behindert** die Bewegung: lach. *Phos.*
  - **Bücken**, beim: sulph.
  - **Druck**: *Arum-t. Calc-p. Carb-an. Carb-v. Euph.* fl-ac. *Kali-bi. Petr.* phos.$_{k2}$ **Sil.** tarent. xan.
    - **Abdomen** amel.; auf dem: merc.
  - **Entbindung**, nach der: hyper.$_{pd}$ tarent.
  - **Fahren**, beim:
    - **langer** Fahrt im Wagen; wie nach: **Sil.**
    - **Wagen**, im: nux-m. *Sil.*
  - **Fluor**, mit milchigem: **Kreos.**$_{kr1}$

• **Gehen**, beim: bry. *Kali-bi.*
  • **langsames** Gehen amel.: bell.
• **geschwürig**: *Carb-an. Phos.*
• **Koitus**, beim: kali-bi.
• **Liegen**, beim: *Carb-an.*
  • **Rücken**, auf dem: bell.$_{h}$ graph.$_{bg1}$
• **Menses**:
  • **während**: bell. canth. carb-an. *Caust.* cench.$_{k2}$ *Cic. Cist.* graph. kali-c. kreos. merc. ph-ac. thuj. zinc. zinc-p.$_{k2}$
  • **anstatt**: ars.$_{h}$
  • **unterdrückt**: bell. caust. kali-c. mag-c. merc. petr. phos. plat. ruta thuj. zinc.
• **Schlaf**, im: *Am-m.*
• **Sitzen**, beim: *Am-m. Apis* arg-n. bell. *Carb-an. Castor-eq.* cist. **Kali-bi.** *Lach.* led. *Par. Petr.* plat. rhus-t. syph. tarent. thuj. xan. zinc.
  • **Aufstehen** ist danach unmöglich: bell.
  • **Scharfem** sitzen würde; als ob er auf etwas: *Lach.*
  • **stillsitzen**; muß völlig: **Lach.**$_{bro1}$
• **Stehen**, beim: verat.
  • **amel.**: arg-n. bell. tarent.
  • **aufrechtem**, bei: thuj.
• **Strecken** amel.: alum.
• **Stuhlgang**:
  • **während**: sulph.$_{ptk1}$
  • **nach**: euph.$_{ptk1}$ grat. sulph.
• **Sturz**:
  • **nach**: **Hyper.** *Mez.* ruta$_{bnt}$ **Sil.**
  • **wie** durch einen: kali-i. ruta$_{h}$
• **Urinieren**:
  • **vor**: kali-bi.
  • **beim**: *Graph.*
• **verrenkt**, wie: agar. sulph.

▽ **erstreckt** sich zu:
  • **Harnröhre** vor dem Urinieren: *Kali-bi.*
  • **Oberschenkel**: rhus-t.$_{bg3}$
  • **Rektum** und Vagina: ars-s-f.$_{k2}$ *Kreos.*
  • **unten**; nach: hyper.$_{k2}$
  • **Wirbelsäule**:
    • **oben**; nach: hyper.$_{k2}$
    • **Scheitel** während des Stuhlganges, mit nach hinten gezogenem Kopf; durch die Wirbelsäule zum: *Phos.*

– **Wirbelsäule**: acon. aesc. *Aeth.* **Agar.** alum.$_{k2}$ alum-p.$_{k2}$ alum-sil.$_{k2}$ *Ang.* aran. *Arn.* ars. aur. aur-ar.$_{k2}$ aur-s. *Bell.* benz-ac. *Berb.* brach. cact. calc-p.$_{k2}$ camph. *Caps.* carb-v. carc.$_{fb}$ *Caust.* **Chel.** chin. chinin-ar. **Cimic.** *Cina* cinnb. cob. *Cocc.* colch. coloc. colocin.$_{c2}$ *Con. Crot-c.* cur. cycl. daph. dios. elaps ferr-i.$_{k2}$ *Gels.* glon. hura$_{c2,k}$ hyper. ign. iodof. jatr-c. kali-act. kali-bi. *Kali-p.* kali-sil.$_{k2}$ *Kalm.* lac-ac. lac-d.$_{k2}$ *Lach.* lact. led. lil-t.$_{br1,k2}$ lob-s.$_{c2}$ lycps-v. mag-c. mag-m. mang. med. menis.$_{c2}$ meph. *Merc.* mez.$_{k2}$ morph. mosch. mur-ac. *Naja* **Nat-m.** nat-s.$_{k2}$ nit-ac. *Nux-m. Nux-v.* oena. ol-j. olnd. paraf.$_{c2}$ *Petr. Ph-ac.* **Phos.** plb. ran-b. **Ruta** sep.$_{k2}$ **Sil.** spig. spong. staph. stry. sul-ac. sulph. syph.$_{k2}$ tanac. tarent. *Tell.* tep.$_{c2}$ thuj. upa.$_{c2}$ verat. xan. **Zinc.** zinc-p.$_{k2}$
• **morgens**: aur. euphr.

– **Wirbelsäule - morgens**: ...
  • **Aufstehen**, nach dem: sulph.
  • **Erwachen**, beim: euphr.
• **nachmittags**: stront-c.
• **abends** im Bett: kali-bi. mag-m.
• **nachts**:
  • **Mitternacht**, nach: ant-s-aur.
  • **Schwäche** der Extremitäten; mit: arg-n.
• **Atmen**, bei tiefem: *Chel.* led. *Ruta*
• **Berührung**, bei: agar.$_{bro1}$
• **Beugen** nach hinten; beim: *Calc. Chel.* dios. mang. peti.
• **Bewegung**:
  • **amel.**: euphr. *Ph-ac.*
  • **bei**: *Agar.* meph. *Merc.*
  • **Arme**; der: ang.$_{c1}$
• **Bücken**, beim: *Agar.* zinc.
• **Druck** amel.: verat.
• **Erschütterung** agg.: acon. alum-sil.$_{k2}$ **Bell. Graph.** podo. *Sulph. Ther. Thuj.*
  ☞ *Erschütterung*
• **Essen**, nach dem: *Agar. Kali-c.*
• **Fahren** im Wagen; beim: alum-sil.$_{k2}$
• **Gehen**:
  • **amel.**: *Ph-ac.* zinc-p.$_{k2}$
  • **beim**: *Mur-ac.* nat-m.$_{k2}$ par. *Ruta* sep. stront-c. verat.
• **Geräusche** agg.: ars.
• **gespalten**; Gefühl als wäre die Lumbosakralregion: haliae-lc.$_{srj5}$
• **Hinlegen**:
  • **beim**: *Nat-m.*
• **Husten**, beim: **Bell.** nat-m.$_{k2}$
• **kalter** Luft; in: ran-b.$_{k2}$
• **Koitus**, nach: nit-ac.
• **Konvulsionen**, nach den: acon.
• **Kopfschmerzen**, amel. die: kali-p.
• **Liegen**; beim:
  • **Rücken**, auf dem: *Nat-m.*
• **Mittagessen**, nach dem: *Agar.* cob.
• **pulsierend**: *Lach.*
• **rheumatisch**: puls.$_{k2}$
• **Schlag**, eine Erschütterung, beim Fahren im Wagen; wie durch einen: petr. *Ther.*
• **Schlucken**, beim: caust. kali-c.
• **Sitzen**:
  • **amel.**: mur-ac.
  • **beim**: helon. *Ph-ac. Ruta* spong. *Zinc.* zinc-p.$_{k2}$
• **Stehen**:
  • **amel.**: mur-ac.
  • **beim**: nit-ac. *Ph-ac.*
• **Stimulanzien**, durch: *Zinc.*
• **Stuhlgang**, beim: *Phos.*
• **Sturz**; wie durch einen: ruta$_{h}$
• **warme** Anwendungen amel.: mag-p.$_{k2}$
• **Zorn**; durch: coloc.$_{k2}$

▽ **erstreckt** sich zu:
  • **Beine**: agar.
  • **Brust**: ferr-i.$_{k2}$
  • **Epigastrium**: nicc. rat. thuj.

• **erstreckt** sich zu:
• **Hinterkopf**: *Phos.* plb.
• **Steißbein** zum Hinterkopf, zieht den Kopf nach hinten; vom: *Phos.*
• **oben**; die Wirbelsäule nach: agar. ars.bgl caust. mag-m. nux-v. petr. phos. sulph.
• **Bücken**, beim: sulph.
• **unten**, nach: **Berb.** cur. cycl. glon. kalm.k2 lil-t.k2 mang. nat-m. phys. ust.

– **Zervikalregion**: abrot. *Acon. Aesc. Aeth. Agar.* ail. all-c. all-s. *Alum.* alum-sil.k2 alumn. *Am-c.* am-m. ambr. *Anac.* ang. ant-c. *Apis* arg-met. arn. **Ars.** *Ars-i.* ars-s-f.k2 arum-t. *Asar. Atro.* aur-m-n. **Bamb-a.**stb2 bar-c. bar-s.k2 **Bell.** berb. borx. *Bry.* cact. *Calc. Calc-p.* calc-s. calc-sil.k2 *Camph.* cann-i. cann-s. canth. carb-ac. carb-an. *Carb-v.* carbn-s. card-m. **Caust.** cench.k2 *Chel. Chin.* chinin-ar. *Chinin-s.* **Cic.** cimic. *Cinnb.* clem. coc-c. *Cocc.* cod. colch. *Coloc. Con.* crat.brl crot-c. crot-h. cund. cupr. cupr-ar. cur. cycl. *Daph.* dig. dios. dol. *Dros. Dulc.* echi. eup-per. ferr. ferr-ar. *Ferr-p. Fl-ac. Form.* gal-ac.a1 gamb. **Gels.** gink-b.sbd1 *Glon.* **Graph.** grat. *Guaj.* ham.k2 *Hell. Hep. Hydrog.*srj2 *Ign. Ip.* jac-c. *Kali-ar. Kali-bi.* kali-c. kali-cy. kali-n. *Kali-p.* kali-s. kali-sil.k2 *Kalm.* **Lac-c.** *Lach.* lachn. lact. laur. led. lepi.brl lil-t. *Lyc. Lyss.* mag-c. *Mag-p. Med.* meph. *Merc. Mez.* mosch. myric. naja nat-m. *Nat-s.* nit-ac. *Nux-m.* nux-v. ol-an. olnd. onos. ox-ac. pall. **Par.** petr. **Ph-ac.** *Phos.* phys. *Phyt.* pic-ac. pip-m. plb. podo. psor. ptel.c1 *Puls. Ran-b.* raph. rat. **Rhod.** rhus-t. rumx. ruta sabin. samb. *Sang.* sarr. sars. sel. sep. *Sil.* spig. stann. staph. stram. stry. sulph. *Tab.* tarax. tarent. ter. thuj. tub.c1 vario. verat. vesp. xan.c1 *Zinc.* zinc-p.k2
• **links**: androc.srj1 carb-an.bg1 cench.k2 *Con.* gink-b.sbd1 hydrog.srj2 sel.c1 thuj.h
• **dann** rechts: androc.srj1
• **rechts**: graph.bg1 pall.c1 sulph.h
• **nach**:
• **links**: calc-p.bg1
• **Drehen** des Kopfes; beim: carc.tp1 cinnb. *Mez.*
• **tagsüber** amel.: bamb-a.stb2
• **morgens**: ant-c. arg-met. asaf. bamb-a.stb2 bar-c. chel. eupi. ferr-ma. ferr-p. gal-ac.a1,c1 kali-c. nat-c. *Nux-v.* pall.c1 *Rhod.* sars.h sil. spig. staph. *Stram.* sulph. thuj. *Zinc.*
• **Aufstehen** amel.: alum.h
• **Erwachen**, beim: aloe alum. ars. asaf. kali-bi. psor. thuj. verat.
• **vormittags**: agar. stry.
• **mittags**: ptel.
• **nachmittags**: bamb-a.stb2 calc-p. chel. chinin-s. mag-p. nux-v. thuj.
• **16** h: bamb-a.stb2 *Chinin-s.*
• **abends**: alum. brach. dios. fl-ac. form. *Kali-s.* nat-m. *Nux-v.* olnd. thuj.
• **18** - 4 h: guaj.
• **Blicken** nach oben; beim: form.
• **Zubettgehen**, beim: alum.
• **nachts**: alum.h bamb-a.stb2 carb-an. caust. glon.

– **Zervikalregion - nachts**: ... guaj. *Kalm.* lach. merc-c. nat-s. *Olnd. Puls.* sang. sil.h stann. sulph. *Zinc.*
• **Mitternacht**: lach. mag-s.
• **vor** Mitternacht: sulph.

◇ **abwechselnd** mit Kopfschmerzen: hyos.
◆ **begleitet** von:
• **Kopf**; Schmerz im
☞ ❑ *Kopf - Schmerz - begleitet von - Hals*
• **anfallsweise**: anac. guaj.k2 *Kalm.* nux-v. sil. *Stry.*
• **Atmen**, bei tiefem: *Chel.*
• **Aufrichten** vom Bücken; beim: nicc. spig.h
• **Berührung**, durch: chin. *Nux-v.* tell.brl
• **Beugen** des Kopfes; beim:
• **hinten**, nach: bell. chel. cic. cinnb. cycl.h kali-c. laur. lyc. valer.
• **amel.**: cycl. lac-c. *Lyss.* manc. syph. xan.c1
• **links**, nach: par.
• **rechts**, nach: sulph.h
• **vorne**, nach: cimic.bg1 graph. stann.
• **amel.**: gels. laur. sanic.
• **Bewegung**:
• **amel.**: aur-m-n. spig.h v-a-b.jl
• **Arme**; der: ang.c1
• **Kopfes**; des: *Aesc. Agar. Alum.* alum-p.k2 am-m. asaf. *Bamb-a.*stb2 bapt. *Bell.* brach. *Bry.* cann-s. canth. *Chel.* chin. cimic.c1 *Cocc.* colch. *Coloc. Dros.* ferr.c1 form. gal-ac.a1,c1 glon. *Hyper.* ip. kali-bi. merc. mez. nat-s. nux-v. podo. ptel.c1 *Ran-b. Rhus-t.* sabad. sars. spig.k2 stram. *Sulph. Tarent.* verat-v.
☞ *Drehen*
• **Seite**; auf eine: *Agar.*
• **Blicken** nach oben; beim: form.bg1,bg2 **Graph.**bg2,k
• **Bücken**, beim: agar. ant-c. berb. canth. gran. graph. kali-bi. lac-ac. manc. par. *Rhus-t.* spig. sulph.
• **Drehen** des Kopfes; beim: acon. agar. alumn.a1 am-c. am-m. ant-c. aur-s. *Bamb-a.*stb2 bell. *Bry. Calc.* canth. carbn-s. chel. chin.h coloc. dulc. eup-per. gal-ac.a1,c1 graph. hyos. nat-m. nat-s. plat. *Ran-b.* sanic. sep. spong. stram. tarent. verat.
☞ *Bewegung - Kopfes / Blicken*
• **links**; nach: *Alum. Ant-c.* bamb-a.stb2
• **rechts**; nach: bamb-a.stb2 v-a-b.jl
• **Druck** amel.: psor.bg1,bg2 xan.c1 zinc.bg1,bg2
• **Drüsenschwellung**, durch: graph.h
• **Erkältung**:
• **Freien**; durch Erkältung im: phos.
• **Erwachen**, beim: psor. thuj.
• **Essen**, nach dem: *Nux-v.*
• **Fahren** im Wagen; beim: form.
• **Frost**; während: ail. ars-h. nux-m.c1
• **Gähnen**, beim: arn.h nat-c.h2 nat-s.
• **Gehen**:
• **beim**: calc-p. con. ph-ac. tab.
• **nach**: cur.
• **geistiger** Anstrengung, bei: par. spig.k2

- **Heben**, beim:
  - **Arme**, der: *Ang.* ant-c. *Graph.*
  - **Kopfes**, des: ars. chel. senn.
  - **Körpers**, des: caust.bg1
- **Heben**, durch: arg-n.bg1,bg2 *Calc.*bg1,bg2 lil-t.bg1 sep.bg1,bg2
- **Husten**, beim: *Alum. Bell. Caps.* lact. **Sulph.**
- **kalt**:
  - **amel.**; Kälte: ferr.k2
  - **Getränke**; kalte: hydrog.srj2
- **Kauen** agg.: zinc.bg1,bg2
- **körperliche** Anstrengung, durch: ant-c.
- **Lage**; wie durch falsche: dulc.h lyc.bg2 nux-v.bg2 psor.bg2 puls.h **Rhus-t.**bg2 thuj.h zinc.h
- **lähmungsartig**: nat-c.h nat-m.
  - **Zervikalregion**: sel.br1
- **Lesen**, beim: nat-c.
- **Liegen**, beim: *Glon.* kali-i. *Lyc.*
  - **Rücken**, auf dem: graph. spig.
    - **amel.**: lach.k2
  - **Seite**; auf der:
    - **agg.**: graph.bg1,bg2 lach.k2
    - **rechten** agg.; auf der: ferr.
    - **schmerzhaften** amel.; auf der: hydrog.srj2
- **Luft**:
  - **Freien**, im: laur.
    - **amel.**: psor.
  - **frische** Luft amel.: psor.
  - **kalter**, feuchter Luft; bei: nux-m. *Ran-b.*
  - **Zugluft**, bei: **Calc-p.** cimic. **Rhus-t.**
- **Menses**:
  - **vor**: nat-c. nux-v. sulph.
  - **während**: *Calc.* mag-c.
- **Mittagessen**, nach dem: con.
- **Niesen**, beim: am-m. arn. mag-c.
- **periodisch**: *Chinin-s.* colch. *Kali-s.*
- **pulsierend**: bamb-a.stb2 *Eup-per.* lyss.
- **rheumatisch**: acon. ambr. anac. *Ant-c.* bapt. berb. bism. borx. *Bry.* calc. *Calc-p.* carbn-s. caust. **Cimic.** *Colch. Con.* cycl. *Dulc.* gels. graph. *Guaj.* iod. lachn.br1 *Merc.* mez. *Nux-v. Puls.* **Ran-b.** *Rhod.* **Rhus-t.** *Sang. Sil. Spig.* squil.h *Staph.* stict. *Sulph.* tarent. verat.
- **Schlaf**, verhindert den: sil.h
- **Schlucken**, beim: calc-p. nat-c.h
- **Schneuzen** der Nase; beim: *Kali-bi.*
- **Schreiben**, beim: carb-an. zinc.h
- **Schweiß** amel.: thuj.
- **Sitzen**, im: aur-m. lyss. nux-v.
- **Sprechen**, beim: arn.bg1,bg2 *Calc.* sulph.
- **Stehen** in einer Position; beim: cham.
- **Strecken** amel.: aeth.c1
- **Stuhlgang** amel.; nach: asaf.
- **Treppensteigen**, beim: ph-ac.
- **Überheben**, nach: *Calc.*
- **wandernd**: **Lac-c.**
- **Wärme** amel.; äußerliche: bamb-a.stb2 *Rhus-t.* spig.k2
- **warmen** Zimmer, im: *Kali-s.* psor.
- **Wetter**:
  - **windigem** Wetter; bei: *Calc-p.*
- **Zimmer** agg.; im: psor.

▽ **erstreckt** sich zu:
- **Arm**: chel.pd nat-m. *Nux-v.*
  - **links**: kalm. *Lach.* par.
  - **Finger**, und: *Kalm.* nux-v. par.
- **Auge**: bamb-a.stb2 gels. lach.bg1,bg2 ph-ac.bg1,bg2 pic-ac.bg1,bg2 sel. **Sil.** sulph. thea
  - **links**: bamb-a.stb2
  - **rechts**: bamb-a.stb2
- **Brustbein**: kali-bi.bg1
- **Epigastrium**: crot-c. kali-c.bg1 rat.bg1 thuj.bg1
- **Gehirn**: ferr. kalm. *Par.*
- **Hals**: chin.
- **Handgelenke**: chel.
- **Hinterkopf**: calc-p. chel. *Cinnb.* crat.br1 dulc. eup-per. *Ferr.* **Gels.** gink-b.sbd1 glon. hell. kali-c. kalm. lat-m.br1 nat-c. nat-m. *Nat-s. Phyt.* **Sil.** valer. verat.bg1
  - **Kopf**; bei nach hinten gebeugtem: cinnb.
  - **Reizbarkeit**, mit: crat.br1
- **Kehlkopf**, sehr schmerzhaft bei Berührung: **Calc-p.**vh
- **Kopf**: apis bamb-a.stb2 *Carb-v. Ferr.* meny. *Par. Puls.* sang.k2 **Sil.** stront-c.
  - **durch** den Kopf: fl-ac.
  - **über** den ganzen ●: carb-v. **Gels.** grat. kalm. lachn.c1 nat-s.
- **Nase**: lachn.c1
- **oben**, nach ●: aml-ns. bamb-a.stb2 berb. calc. cann-s. canth. dios. form. **Gels.** lach. *Nat-s. Petr.* sep. **Sil.** stram. ter. *Verat-v.*
- **Ohr**: bov. calc-p. cann-s. colch. elaps lyss. thuj.
  - **hinter**:
    - **links**: apis form.bg1
    - **rechts**: elaps
- **Sakrum**: chel. guaj. lyc.
- **Scheitel**: *Bell.* berb. calc. carb-v. caust. *Chel. Cimic.* ferr. fl-ac. **Gels.** *Glon. Hell. Kalm.* lil-t.bg1 puls. rhus-t. *Sang.* sep. **Sil.** *Stram.* verat-v.
  - **Nacken**; vor und zurück zum: *Chel.*
- **Schlüsselbeine**: *Gels.* nat-s.
- **Schulterblätter**: hydrog.srj2
  - **rechts**: bamb-a.stb2 xan.c1
- **Schultern**: alum. borx. calc-p. camph. caust. crot-h. daph. dios. gels. graph. ip. kali-n. kalm. lach. laur. mez. mosch. nat-m. phyt. sang. stry. thuj. *Verat-v.*
  - **abends**, nach dem Hinlegen: lyc.
  - **Bewegung**, bei: equis-h.
  - **links**: borx. bry.bg1 ran-b.
    - **Gehen**, beim: borx.
  - **rechts**: *Acon.* alum. hydr. lyc.bg1 phos.bg1
  - **zwischen** den Schultern; zur Gegend: am-m. *Apis* ip.k2 phos.k2 ran-b.dp
- **Stirn**: daph. gink-b.sbd1 mez. rat. sars. tub.c1
  - **Gehen**, beim: rat.
  - **rechts**, nach: merc-i-f.bg1
- **unten**; den Rücken nach: aeth. am-c. bamb-a.stb2 chel. cimic. *Cocc.* glon. graph. guaj. *Kalm.* lil-t. mag-c. nat-m. phyt. podo. psor. rat. sang. sep. stry. tell.br1 thuj. verat. xan.br1

• **erstreckt** sich - **unten**; den Rücken nach: ...
• **Gehen** zur Toilette zum Stuhlgang; beim: verat.
• **Unterschenkels** nach unten; die Rückseite des linken: sel.$_{c1}$
○ **Nacken**: nat-ch.$_{st}$
◆ **begleitet** von:
• **Kopf**; Schmerz im
☞ ❑ *Kopf - Schmerz - begleitet von - Hals - Nacken*
▽ **erstreckt** sich zu:
• **Stirn**: gink-b.$_{sbd1}$
– **berstend**:
○ **Dorsalregion**:
○ **Schultern**:
○ **zwischen** den: thyr.$_{bg1}$
– **bohrend**: acon. agar. ang. asaf. bar-c. *Bism.* brom. carb-ac. cocc. *Ham.* laur. *Lyc.* mag-p. nat-c. psor. thuj.
• **Bohrer**; wie mit einem: *Lyc.*
• **Stellen**, an kleinen: thuj.
○ **Dorsalregion**:
○ **Schulterblätter**: acon.$_{h,k,*}$ aur-m-n. corn. dig. mag-m.$_{h}$ meny. paeon.$_{a1,k}$
• **links**: aur.$_{bg1}$ berb.$_{bg1,bg2}$ dig. meny. par.$_{bg1}$ ph-ac.$_{bg1,bg2}$ ruta$_{bg1,bg2}$ spig.$_{h}$ spong.$_{bg1}$
○ **Spitze**, an der: nat-c.$_{a1,k}$
• **rechts**: acon.$_{h,k,*}$ nat-c.$_{h2}$
▽ **erstreckt** sich zu:
• **Brustbein**: nat-c.$_{h}$
• **Brust**, Vorderseite der: acon.
• **Bewegung** amel.: paeon.$_{a1,k}$
• **Einatmen**; beim tiefen: acon.
○ **zwischen** den: *Ph-ac.* psor. thuj.
• **Schultern**:
○ **zwischen** den: laur. mag-m.$_{h}$ ph-ac.
• **Ruhe**; in der: laur.
• **Wirbelsäule**: *Lyc.* mez. naja phos. psor.
• **Lumbalregion**: agar. asaf. borx.$_{h}$ canth. *Carb-ac.*
• **rechts**: *Carb-ac.*
• **Sakralregion**: acon. calad. led.
• **Zervikalregion**: bar-c. *Mag-p.* psor. sulph.$_{h}$
• **Essen** agg.; nach dem: sulph.$_{h}$
– **brennend**: acon. *Agar.* alum.$_{bg3,k2}$ alum-sil.$_{k2}$ alumn. am-c. ant-t. apis arn. **Ars.** ars-s-f.$_{k2}$ asaf. asar. aur-m. aur-s. bamb-a.$_{stb2}$ bapt.$_{bg3}$ *Bar-c.* bell. berb. *Bism.* borx. bry. calc. cann-i. *Carb-an.* carb-v. carbn-s. carl. chel. chr-ac. clem. coloc. com. cupr. daph. dulc. *Glon.* helon. hyper. kali-ar.$_{k2}$ kali-bi. *Kali-c.* kali-i. kali-m.$_{k2}$ kali-n. *Kali-p.* kali-s. *Kalm.* *Kreos.* lac-d.$_{k2}$ *Lach.* lachn. lil-t. lob. *Lyc.* lyss. mag-c. mag-m. *Med.* *Merc.* mez. mur-ac. naja nit-ac. nux-m. *Nux-v.* olnd. *Ph-ac.* **Phos.** *Pic-ac.* rhus-t. rumx. sec.$_{bg3}$ sel. seneg. *Sep.* *Sil.* **Sulph.** *Thuj.* verat. *Zinc.* zinc-p.$_{k2}$
• **morgens**: mag-m. zinc.
• **3** h, amel. durch Aufstehen: nat-c.
• **Aufstehen**, amel. durch Bewegung; beim: rat.
• **Koitus**, agg. durch Ruhe, amel. durch Bewegung; nach: mag-m.
• **vormittags**: kali-bi.

– **brennend**: ...
• **mittags**: rhus-t.
• **nachts**: helon. *Ph-ac.*
• **Bewegung** amel.: mag-m. *Pic-ac.* rat.
• **Dampf** agg.; durch Einwirkung von: kali-bi.
• **Gehen** im Freien; beim: arn. kali-c. *Sil.*
• **amel.**: kali-n.
• **geistiger** Anstrengung, bei: *Pic-ac.* sil.
• **Koitus**, nach: *Mag-m.*
• **Kratzen**:
• **amel.**: rhus-v.
• **nach**: mag-c.
• **Kummer**, nach: naja
• **Liegen**, beim: kali-n.$_{h}$ *Lyc.*
• **Rücken**, auf dem: ars.
• **Menses**, vor den: kreos.
• **Samenabgang**, nach: *Merc.* phos.
• **Schlaf**, im: zinc.$_{h}$
• **Sitzen**, im: ars. asar. borx. kali-n.$_{h}$ **Zinc.**
• **Stellen**, an kleinen: nit-ac. *Ph-ac.* **Phos.** *Zinc.*
• **Warmwerden** im Bett; beim: sil.
○ **Dorsalregion**: caps. dios. lyc.$_{h}$ mang. *Zinc.*
• **Nähen** oder Schreiben; durch: ran-b. *Sep.*
○ **Schulterblätter**: alum. **Bar-c.** *Carb-v.* carbn-s. caust. cund. iod. kali-c. lachn. laur. lyc. mang. **Merc.** mez. mur-ac. nat-c. nat-m. nux-v. rob. seneg. *Sep.* *Sil.* stann. sul-ac. sulph. *Zinc.*
• **links**: ambr. bar-c. card-m. com. echi.$_{bg1}$ euphr. fl-ac. nat-m. sil. teucr. zinc.
• **nachts**: bar-c.
• **Jucken** an einer Stelle unterhalb und rechts davon; und: pall.
• **stechend**, und: fl-ac.
○ **Levator** scapulae, beim Gehen und Schreiben: agar.
• **oberen** Winkel, amel. durch Reibung: *Alum.*
• **unter** den: bry. *Cund.* echi.$_{ptk1}$ mez.$_{h}$ tab.
• **rechts**: asaf.$_{bg1}$ bar-c. cann-s. *Carb-v.* caust. com.$_{bg1}$ iod. lachn. laur. *Lyc.* mez.$_{bg1}$ nat-s.$_{bg1,c1}$ plb. seneg. staph.$_{bg1}$ sulph. verat.$_{h,k}$ zinc.
○ **unter** den: bry. cann-s. lob. pall. staph. tab.
• **Gehen** amel.: bar-c.
• **Nähen**, beim: ran-b.$_{hr1,k}$
• **Schreiben**, beim: ran-b.$_{hr1,k}$
○ **oberer** Teil: bar-c. carb-v. chel. stann.$_{h}$
• **Rand**, unterer: nat-c. ran-b.$_{hr1,k}$
• **Bewegung** amel.: nat-c.$_{h}$
• **Nähen**, durch: ran-b.$_{hr1,k}$
• **Spitze**: plb.
• **Winkel**:
○ **oberer** Winkel: alum.
• **unterer** Winkel: sulph.
• **zwischen**: acon. alum-sil.$_{k2}$ alumn. ars-met. bamb-a.$_{stb2}$ *Berb.* bry. calc.$_{h}$ carbn-s.$_{k2}$ cur. glon. graph. helon. **Kali-bi.** kali-c.$_{h}$ **Lyc.** mag-m. *Med.* merc. *Nux-v.* ox-ac. ph-ac. **Phos.** rob.$_{bg1}$ sabad. senec. *Sil.* sul-ac.$_{h}$ *Sulph.* *Thuj.* *Zinc.*
• **nachmittags**:
• **13** h: chel.

• **Dorsalregion - Schulterblätter - zwischen**: ...
  • **abends** im Bett: ferr.
    • **Liegen**, beim: sulph.
  • **anfallsweise**: plb.
  • **geistiger** Anstrengung, bei: helon. *Pic-ac. Sil.*
  • **juckend** und stechend: calc.
  • **Kratzen**, nach: mag-c.
  • **pulsierend**: *Phos.*
  • **Reiben** amel.: phos.
  • **Sitzen**, im: thuj. *Zinc.*
  • **Sommer**, im: *Lyc.*
  • **stechend**, und: rumx. sabad.
  ▽ **erstreckt** sich zu:
    • **Nacken**: *Nat-s.*
    • **unten**; den Rücken nach: kali-c.$_{h}$ merc.
  ○ **Wirbelsäule**: ars-met. *Graph.* lach. pic-ac. sep. *Sil.*
• **Lumbalregion**: acon. aesc. alum.$_{k2}$ alumn. am-c. ant-s-aur. arg-met. ars-i. arund. asar. aur. bamb-a.$_{stb2}$ bar-c. bar-s.$_{k2}$ bell. *Berb.* borx. carb-an.$_{h}$ cedr. cham. chel. clem. *Coloc.* cupr. guare.$_{a1,k}$ *Helon. Kali-c.* kali-p. kali-sil.$_{k2}$ *Kalm. Kreos.* lac-d. *Lach.* lachn. mag-c. *Mag-m. Med. Merc-c.* mur-ac. murx. nat-c. nat-p. *Nit-ac. Nux-v. Ph-ac. Phos.* pic-ac. *Ran-b. Rhus-t. Sep.* sil. spig.$_{h}$ stann. sul-ac. sulph. **Ter.** thuj. verat. zinc. zinc-p.$_{k2}$ ziz.
  • **morgens**: zinc.
  • **nachmittags**: mag-m.
  • **abends**: mag-m.
    • **17** h: dios.
    • **Hinlegen**, nach dem: sulph.
  • **nachts**: bar-c. mag-m. *Phos.*
    • **3** h: *Kali-c.*
  • **anfallsweise**
    ☞ *plötzlich*
  • **Atmen**, bei tiefem: sep.
  • **Aufstehen** vom Sitzen; beim: arg-met. bar-c. berb.
  • **Druck** oder beim Aufstehen; bei: arg-met.
  • **Gehen**, beim: nux-v. *Ran-b.*
    • **amel.**: bar-c.
  • **Liegen**, beim: lac-d.
  • **Menses**:
    • **vor**: kreos.
    • **während**: med. phos.
    • **verzögert**: phos.$_{h}$
  • **plötzlich**, wie durch eine heiße Nadel: aeth. bamb-a.$_{stb2}$
  • **Schlaf**, im: zinc.
  • **Schwangerschaft**; während der: rhus-t.
  • **Sitzen**, beim: asar. borx.$_{h}$
  • **Stelle**; an einer einzelnen: bar-c. mang.$_{h}$ *Ph-ac.* rhus-t.$_{h}$ zinc.
  • **tiefsitzend**: clem.
  ▽ **erstreckt** sich zu:
    • **Abdomen**; quer über das: bar-c.
    • **Seite** und Schulter; rechte: clem.
    • **Wirbelsäule** bis zwischen die Schulterblätter hinauf; die: ars. phos. sep. sil. thuj.

• **Lumbalregion**: ...
  ○ **Lendenwirbel**; am letzten: acon. aesc. cham. pic-ac.
  • **Rippe**; nahe der letzten: kali-bi. lyss.
• **Sakralregion**: bamb-a.$_{stb2}$ borx. *Carb-v.* colch. coloc. *Ferr. Helon.* lachn. mur-ac. murx. nat-c.$_{h2}$ ph-ac. phos. *Podo.* rhus-t. sabin. sep. sil. staph.$_{h}$ sulph. tarent. thuj.
  • **16** h: lachn.
  • **Bettwärme** agg.: *Coloc.*
  • **Menses**, während: carb-v. ferr. med.$_{c1}$
  • **Sitzen**, im: borx.
  • **stechend**: mur-ac.
  • **Stuhlgang**, nach: coloc.
  ○ **Sakroiliakalgelenke**: rumx.
• **Steißbein**: apis canth. cist. colch. laur. mur-ac. *Phos.* staph. sulph.$_{h}$
  • **abends**: apis
  • **Berührung**, bei: *Carb-an.* cist.
  • **Menses**, während: carb-v. mur-ac.
  • **Sitzen**, im: *Apis* cist.
  ▽ **erstreckt** sich die Wirbelsäule nach oben: mur-ac.
• **Wirbelsäule**: acon.$_{hr1,k}$ agar.$_{bg2,k,*}$ alum.$_{bg2,k2}$ alum-sil.$_{k2}$ **Ars.**$_{hr1,k}$ *Asaf.*$_{hr1,k}$ bar-s.$_{k2}$ *Bell.*$_{hr1,k}$ cham. *Gels.*$_{hr1,k}$ glon.$_{hr1,k}$ helon.$_{hr1,k}$ *Kalm.* **Lach.** lachn.$_{hr1,k}$ *Lyc.*$_{hr1,k}$ mag-m. *Med.*$_{hr1,k}$ mur-ac.$_{k2}$ *Nat-c.*$_{hr1,k}$ *Nat-p.* nux-v.$_{bg2}$ *Ph-ac.* **Phos.**$_{hr1,k}$ phys.$_{br1}$ *Pic-ac.*$_{hr1,k}$ plb.$_{hr1,k}$ puls.$_{hr1,k}$ ran-b.$_{k2}$ **Sec.** *Sep.*$_{hr1,k}$ *Thuj. Verat.*$_{hr1,k}$ *Zinc.*$_{hr1,k}$ zinc-p.$_{k2}$
  • **nachts**: *Ph-ac.*
  • **Anstrengung**; bei körperlicher: pic-ac.$_{k2}$
  • **Eisen** durch die unteren Wirbel gestoßen würde; als ob ein heißes: *Alum.*
  • **Gehen** amel.: zinc.
  • **geistiger** Anstrengung, bei: *Pic-ac.*$_{hr1,k}$ *Sil.*
  • **kleinen** Stelle; an einer: agar.$_{hr1,k}$
  • **Liegen**, beim: *Lyc.*$_{hr1,k}$
  • **Reiben** amel.: phos.
  • **schießend**: acon.
  • **Sitzen**, im: **Zinc.**$_{hr1,k}$
  • **stechend**: mag-m. zinc.
    • **Bewegung** amel.: mag-m.
  • **Stellen**; an einzelnen: agar. nit-ac.$_{k2}$ *Phos.*
  ○ **Kreuz**, über dem: *Zinc.*
• **Zervikalregion**: alum-sil.$_{k2}$ am-c. *Apis Ars.* aur-m-n. *Bar-c.* bell. bomb-chr.$_{a1}$ *Calc.* carb-v. *Caust.* glon.$_{k2}$ grat. kali-bi. kali-n. lil-t. lyc. lyss. *Med.* **Merc.** naja nat-c. *Nat-s.* nicc. pall. **Ph-ac.** phel. *Phos. Rhus-t.* spig.$_{k2}$ stront-c. tab. vesp.
  • **morgens**: am-c.
  • **nachmittags**: fago.
  • **abends**: mag-c.
  • **Anfällen**, in: plb.
  • **Berührung**, bei: nat-m.
  • **Bewegen** des Kopfes agg.: nat-s. plb.
  • **Drehen** und Winden des Kopfes; wie verbrannt beim: calc.
  • **durchdringend** stechend: apis
  • **juckend**, stechend: *Calc.*
  • **Kratzen**, nach: mag-c.
  • **Schlaf** amel.: *Calc.*

• **Zervikalregion**: ...
• **Schlucken**, beim: *Petr.*
• **stechend**, fein: glon.
• **Stellen**, an kleinen: kali-br.
▽ **erstreckt** sich zu:
• **Hinterkopf**: *Calc.*
• **Schlüsselbein**: nat-s.
• **unten**; den Rücken nach: *Med.*
○ **äußerlich**: arn. aur-m-n.$_{al,k}$ *Calc.* colch.$_{al,k}$ ign. mez.
• **Wirbel**; erster: nat-m.$_{k1}$
– **drückend**: acon. aeth. *Agar.* am-c. ambr. anac. ant-c.$_{h}$ apis arg-n. arn. aur. aur-s.$_{k2}$ **Bell.** berb. borx. calc. calc-s. calc-sil.$_{k2}$ caps. carb-an. carb-v. carbn-s. card-m. caust. *Chel.* cocc. con. cycl. *Dulc.* elaps euph. euphr. graph. hep.$_{h}$ hyper. *Kali-c.* kali-m.$_{k2}$ kali-n. kali-p. lach. led. lyc. mag-m. merc. *Mur-ac.* nat-m. nat-s. nit-ac. *Nux-m.* ol-an. pall. petr. *Phos.* plat. *Psor.* puls. rhod. sabin. *Samb.* sars. seneg. *Sep.* sil. spong. *Stann.* staph. sulph. tarax. *Thuj.* ust. verat. *Zinc.* zinc-p.$_{k2}$
• **links**: mur-ac.$_{h}$ nat-m.$_{h}$
• **rechts**: lyc.$_{h}$
• **morgens**: petr.$_{h}$ verat.$_{h}$
• **Bett**, im:
• **Aufstehen**, nach dem:
• **amel.**: nat-m.
• **Erwachen**, beim: nit-ac.$_{h}$
• **vormittags**: nat-m.
• **abwärts**: lil-t.$_{br1}$
• **Aufrichten** vom Bücken; beim: verat.$_{h}$
• **Bewegung**, bei: *Zinc.*
• **Bücken**, beim: borx. sars.$_{h}$ verat.$_{h}$
• **Frost**, mit: sil.$_{h}$
• **Gehen**, beim: borx. *Caust.* mur-ac. *Psor.* zinc.$_{h}$
• **amel.**: kali-n.$_{h}$ puls.
• **Freien**, im: kali-c.$_{h}$
• **Gewicht**; wie durch ein: anac.$_{br1,c1}$
• **Hämorrhoiden**; vor dem Heraustreten der: alum.$_{h}$
• **Liegen** auf einem Kissen:
• **agg.**: kali-n.$_{h}$
• **amel.**: *Carb-v.*
• **Menses**:
• **vor**: nux-m. podo.
• **während**: agar. *Nux-m.* phys.
• **oben**, nach: puls.$_{h}$
• **Pflockes**; Gefühl eines: anac.$_{k2}$ *Carb-v.* lach. plat.
• **pulsierend**: sil.
• **Schlucken**, beim: nit-ac.$_{h}$
• **Schraubstock**; wie in einem: aeth.$_{br1}$ am-m.$_{gsy1}$
• **Sitzen**:
• **amel.**: mur-ac.
• **beim**: am-m.$_{gsy1}$ borx. cocc. kali-n.$_{h}$ puls. thuj.$_{h}$
• **gebeugtem** Sitzen, aufrechtes Sitzen amel.; bei: chel.
• **Stehen**:
• **amel.**: mur-ac.
• **beim**: nit-ac. puls.

– **drückend**: ...
• **Stellen**, an einzelnen: thuj.$_{h}$
• **Stuhlgang**, bei schwierigem: *Puls.*
▽ **erstreckt** sich zu:
• **Schultern**: chel.
• **unten**, nach: nit-ac.$_{h}$
○ **Dorsalregion**: asar.$_{h}$ con. kali-c. mur-ac. sep.$_{h}$ zinc.$_{h}$
• **Einatmen** agg.: mur-ac.$_{h}$
• **Flatus**; wie durch: zinc.$_{h}$
○ **Schulterblätter**: anac. arg-met. arg-n. arn. aur-m-n. bell. bry. *Calc.* camph.$_{h}$ caust. chel. chin.$_{h}$ *Cocc.* cor-r. elaps graph. grat. ind. kali-c. kalm. lach. laur. led. lyc. mez. nat-m. nat-s. nit-ac. nux-v. phyt. ran-s. rhus-t. ruta seneg. sep. sil.$_{h}$ tell. zinc.
• **links**, wie durch einen Pflock: phos.
• **rechts**: bism.$_{h}$ borx.$_{h}$ *Chel.* lyss. mag-m.$_{al,h}$ ruta$_{h}$
○ **äußerer** Rand: plat.$_{h}$
• **morgens**: sil.$_{h}$
• **Bett**, im: nat-m. nat-s.
• **Beugen** des Oberarmes und Kopfes nach hinten; beim: caust.$_{h}$
• **Bewegen** des Armes agg.: camph.$_{h}$ mag-m.$_{h}$
• **Bewegung** agg.: caust.$_{h}$ mag-m.$_{h}$
• **Drehen** des Kopfes nach links; beim: caust.$_{h}$
• **Druck** amel.: mag-m.$_{h}$
• **Sitzen**, im: ind.
▽ **erstreckt** sich zu:
• **Brustbein**: *Chel.*
• **Kreuz**, beim Fahren: kali-c.
• **Lumbalregion**: borx.$_{h}$
• **Magen**: borx.$_{h}$
• **Sakrum**: coc-c.
• **Schlüsselbein**: mag-m.$_{al,h}$
○ **innere** Kante: anac.$_{h}$
• **unter**: anac.$_{h}$ apis brom. **Calc.** card-m. chel. con.$_{h}$ ind. lyc.$_{al,k}$ lyss. nat-c.$_{al,k}$ nat-s. phos.$_{al,k}$ rhus-t.$_{al,k}$ sabin.$_{al}$ stann.$_{h}$ sulph. zinc.$_{al,k}$
• **links**: anac.$_{h}$ bell.$_{h}$ ind. nat-c.$_{h2}$ zinc.
• **rechts**: con.$_{h}$ cupr.$_{h}$ nat-c.$_{h2}$ nat-m.$_{h}$ sep.$_{h}$ staph.$_{h}$ zinc.$_{h}$
• **Bewegen** des Armes; beim: con.$_{h}$
• **Sitzen**, beim: sep.$_{h}$
○ **Winkel**, unter dem: ruta
○ **Innenseite**, und an der: anac.$_{h}$
• **unterer** Rand: ant-c.$_{h}$ mur-ac.$_{h}$ plat.$_{h}$
• **zwischen**: am-c. ambr.$_{bg1,c1}$ ant-s-aur. *Arn.* **Bell.**$_{al,k}$ bry.$_{al,k}$ **Calc.**$_{al,k}$ carb-an.$_{h}$ carb-v.$_{al,k}$ *Chin.* coc-c.$_{al,k}$ *Cocc.* crot-t. elaps graph.$_{al,k}$ hura indg.$_{al,k}$ kali-bi.$_{al,k}$ kali-br.$_{al,k}$ kali-c.$_{al,k}$ lach.$_{al,k}$ laur.$_{al,k}$ led.$_{al,k}$ lob. lyss. *Nux-v.* petr.$_{al,k}$ psil.$_{ft1}$ psor. seneg. sep.$_{al,k}$ sil.$_{al,k}$ stann.$_{h}$ ter. thuj.$_{al,k}$
• **morgens**, beim Erwachen: anac.$_{h}$ arg-n.$_{al,k}$
• **Atem**; versetzt den: **Calc.**
• **Aufstehen**, beim: carb-v.

- **Dorsalregion - Schulterblätter - zwischen**: ...
  - **Bewegen** des Armes; beim: carb-an.$_{h}$ sil.$_{a1,k}$
  - **Bewegung**, bei: *Calc.*$_{a1,k}$ stann.$_{h}$
  - **Bücken**, als würde ein Pflock hineingetrieben; beim: prun.$_{a1,k}$
  - **Erwachen**, beim: sil.$_{h}$ thuj.$_{a1,k}$
  - **Gehen**, beim: coc-c.$_{a1,k}$
    - **amel.**: bry.$_{a1,k}$
  - **Menses**, während: am-c.
  - **rheumatisch**: sil.$_{h}$
  - **Sitzen**, beim: bell. bry.$_{a1,k}$
- **Wirbelsäule**: ail. asaf. **Bell.** gins. mur-ac. sabin. sep. staph.$_{h}$ zinc.
  - **Einatmen**, beim: mur-ac.
- **Lumbalregion**: acon. aeth. agar. all-c. ambr. anag. ang. arg-met. arn. ars. asaf. aur. aur-ar.$_{k2}$ aur-s.$_{k2}$ *Bell.* berb. borx. bry. *Calc.* calc-p. calc-s. calc-sil.$_{k2}$ *Camph.* canth. *Carb-an.* *Carb-v.* carbn-s. **Caust.** chel. clem. coc-c. cocc. coloc. con. cycl. elaps euph.$_{h}$ graph. *Kali-c.* *Kali-i.* kali-m.$_{k2}$ kali-n.$_{h}$ kali-sil.$_{k2}$ lach. *Led.* *Lyc.* mag-m.$_{h}$ merl. mez.$_{h}$ *Mur-ac.* nat-m. *Nit-ac.* *Nux-v.* ol-an. osm. ph-ac.$_{h}$ *Phos.* *Plat.* *Plb.* **Psor.** **Puls.** ran-s. rat. *Rhus-t.* ruta$_{h}$ **Sabin.** samb. sep. sil. *Spong.* stann. *Stront-c.* **Sulph.** tarax. thuj. *Zinc.* zinc-p.$_{k2}$
  - **morgens**: kali-c. limest-b.$_{es1}$
    - **Aufstehen** amel.; nach dem: ang.$_{h}$ cocc. form. staph.
    - **Bett**, im: cocc.
    - **Beugen** nach links; beim: mang.
  - **abends**: meny.$_{h}$ puls.$_{h}$ zinc.$_{h}$
  - **nachts**, nach Mitternacht:
    - **4 h**, weckt um: staph.
  - **Aufrichten**; beim:
    - **Bücken**; vom: chel.$_{h}$
  - **Aufstehen**; beim:
    - **Sitzen**; vom: zinc.$_{h}$
  - **Auftreten**, beim: acon.
  - **außen**, nach: am-m.$_{h}$
  - **Beugen** des Körpers nach hinten; beim: rhus-t.$_{h}$
  - **Bewegung**:
    - **amel.**: limest-b.$_{es1}$
    - **bei**: mez.$_{h}$ **Psor.**
  - **Bücken**, beim: borx. chel.$_{h}$ clem. cycl. meny.$_{h}$ sabin. sulph. thuj.$_{h}$
  - **Daumen**, wie mit dem: meny.$_{h}$
  - **Drehen** des Körpers, beim: borx.$_{h}$
  - **Druck** agg.: cycl.
  - **Essen**, beim: bry.
  - **Flatus**, durch eingeklemmten: coc-c. *Kali-c.* **Lyc.**
  - **Freien**, im: lyc.
  - **Gähnen**, beim: am-m.$_{h}$
  - **Gehen**: kali-n.$_{h}$
    - **amel.**: am-c.$_{h}$ kali-n.$_{h}$ puls. sulph.
    - **nach**: puls.$_{h}$
  - **Gehens**; zu Beginn des: zinc.$_{h}$
  - **Gewicht**; wie durch ein: chin.$_{h}$
- **Lumbalregion**: ...
  - **Husten** agg.: kali-n.$_{h}$
  - **innen**, nach: am-m.$_{h}$
  - **Lage**; durch Liegen in falscher: zinc.$_{h}$
  - **lähmungsartig**: cocc. zinc.$_{h}$
  - **Menses**:
    - **während**: am-m. *Carb-an.* carb-v. *Ferr-p.* *Kali-c.* *Lach.* plat. plb. **Puls.** **Sulph.**
    - **einsetzen**; als würden die Menses: *Apis* *Calc-p.*
  - **Pflock**, legt das Kissen darunter; wie ein: *Carb-v.*
  - **Reiben** amel.: kali-n.$_{h}$
  - **Schlaf**, vor dem: nat-m.
  - **Schraubstock**; wie in einem: *Kali-i.* zinc.$_{h}$
  - **Sitzen**, beim: ang. borx. carb-v. caust.$_{h}$ coloc. meny.$_{h}$ mur-ac.$_{h}$ puls. **Rhus-t.** sulph.$_{h}$
  - **Stehen**, beim: mur-ac.$_{h}$ ph-ac.$_{h}$ puls. rhus-t.$_{h}$ samb.$_{h}$ tarax. verat.$_{h}$
    - **aufrechtes** Stehen ist unmöglich: caust.$_{h}$
    - **vorgebeugtem**, bei: sulph.
  - **Stuhlgang**:
    - **vor**: berb. *Carb-v.*
    - **während**: spong.
      - **hartem** Stuhl, bei: bry.
    - **nach**: dig.
  - **Urinieren**, vor dem: graph.
  - ▽ **erstreckt** sich zu:
    - **Beine**: berb.
    - **Blase** und Leisten: bell.
    - **Füße**: borx.
    - **Hoden** beim Husten: osm.
    - **Hüfte**: lyc.$_{h}$
    - **kurzen** Rippen; unter die: **Lyc.**
    - **Leiste**: **Sulph.**
    - **oben**, nach: clem.
    - **Steißbein**: carb-v.$_{h}$
  - ○ **Darmbeinkamm**: carb-an.$_{h}$
  - **Lendenwirbel**, vierter: puls.$_{h}$
- **Sakralregion**: acon. agar. *All-c.* aloe ang. arg-met. *Berb.* borx. cann-s. **Carb-an.** *Carb-v.* caust. chel. *Ferr.* *Ign.* iod.$_{h}$ *Lyss.* mag-m.$_{a1}$ meny. mosch. **Nux-v.** phyt.$_{bg1}$ *Puls.* rhus-t.$_{bg1}$ ruta sabin. samb. *Sec.* sep. spong. tarax. thuj.$_{h}$ verat. zinc.
  - **abends**: *Puls.*
  - **nachts**: ang.
  - **Anlehnen** mit dem Rücken im Stuhl; beim: agar.
  - **Auftreten**, beim: acon. spong.$_{h}$
  - **Bewegung** amel.: aloe
  - **Gehen**, beim: acon. spong.
  - **herabdrückend**: bell. berb. merl. **Nux-v.** sec. *Sep.*
  - **Instrument**; wie durch ein stumpfes: mosch.
  - **Liegen**, beim: *Berb.*
  - **Menses**:
    - **während**: ferr.
    - **spärlich**: asc-c.$_{c1}$
  - **Sitzen**, im: agar. aloe *Berb.*
  - **Stuhldrang**, mit: *Merc-c.* **Nux-v.**
  - ▽ **erstreckt** sich zum Darmbein: thuj.$_{h}$

• **Steißbein**: aloe apis calc. calc-p. cann-i. *Cann-s. Carb-an. Carb-v.* chin. hep. iod.h merc. ph-ac. phos. *Sep.* valer. zinc.
 • **abends**: *Apis* kali-bi.
 • **Sitzen**, im: *Apis*
• **Wirbelsäule**: benz-ac. led. phos. samb.h sep.h spong.
 • **Druck** amel.: verat.
 • **Einatmen**, beim: led.
 • **Gehen**, beim: mur-ac. verat.h
 • **Schlucken**, beim: kali-c.
 • **Sitzen**, beim:
  • **amel.**: mur-ac.
  • **aufrechtem**, bei: spong.
 • **Stehen** amel.; beim: mur-ac.
 ○ **Mitte** der Wirbelsäule:
  • **Pflock**; wie durch einen: plat.
 • **unterer** Teil:
  • **Faust**; wie durch eine: lyc.
• **Zervikalregion**: agar. agn. ambr. *Anac.* ant-s-aur. *Ars.* bamb-a.stb2 *Bar-c.* **Bell.** benz-ac. bism.h bry. canth. *Carb-v.* card-m. *Chel. Cocc. Coloc.* crot-t. cupr. dig. *Elaps* euph.h *Glon.* graph. grat. guaj.h ip.h *Lach. Laur.* limest-b.es1 lyc. lyss. marb-w.es1 meny.h merc. mez.h mosch. *Nat-m. Nat-s.* nit-ac. ol-an. **Par.** petr.h ph-ac. **Phos.** *Puls.* rhus-t.h samb. sars. sil. spong. *Staph.* sulph.h tarax. thuj.
 • **morgens**: dulc.h1 limest-b.es1 sil.
  • **Erwachen**, beim: anac.h asaf.
 • **abends**: fl-ac. sep.h
 • **nachts**: sulph.h
 • **Aufstehen** vom Bett; beim: cinnb.
 • **bandagiert**, wie: asar.h
 • **Beugen** des Kopfes; beim:
  • **hinten**, nach: bell. cupr.h dig.h
   • **amel.**: cycl.h
  • **vorne**, nach: rhus-t.h
   • **muß** ihn beugen: *Laur.*
 • **Bewegung** agg.: petr.h
  • **Kopfes**; bei Bewegung des: mez.h
 • **Bücken**, beim: canth.
 • **Drehen** des Kopfes; beim: canth. *Coloc. Nat-s.*
 • **Finger**; wie mit einem: rheumh
 • **Freien**, im: *Laur.*
 • **Gehen** im Freien; beim: meny.h sep.h
 • **Gewicht**; wie durch ein: anac.h caps.h coloc. **Par.**
  • **Gehen**, nach dem: **Rhus-t.**
 • **Husten**, beim: *Bell. Caps.*
 • **intermittierend**: *Anac.*h,k,* dulc.h
 • **Kragen**; wie durch einen engen: asar.h
 • **Liegen**:
  • **amel.**: marb-w.es1
  • **beim**: *Glon.* limest-b.es1 *Lyc.*
  • **Rücken**, auf dem: dulc.a1,h
 • **Schlucken**, beim: colch.
 • **Sprechen**, beim: sulph.
 • **Stellen**, an kleinen: lyc.
 ▽ **erstreckt** sich zu:
  • **Halswirbel**, zum siebten: sep.h

– **drückend - Zervikalregion - erstreckt** sich: ...
  • **Hinterkopf**: chel.bg1 guaj.h nat-c. nat-s. ph-ac.h
  • **Kopf**: ambr.h grat.
  • **Schlüsselbein**: nat-s.
  • **Schultern**: ip.h
  • **Stirn**: chel.bg1
 ○ **Wirbel**; vierter: lac-d.c1
– **dumpf**: bamb-a.stb2
 • **Sitzen**:
  • **nach**:
   • **langem** Sitzen; nach: bamb-a.stb2
 ○ **Lumbalregion**: but-ac.br1
  • **Gehen** agg.: but-ac.br1
– **geschlagen**, Drücken gegen etwas Hartes amel.; wie mit einem Hammer: **Sep.**
– **geschwüriger** Schmerz im Rücken: kreos. puls.
– **grabend**: acon. *Dulc.* sep. *Thuj.*
 • **rechte** Seite: stann.h *Thuj.*
 • **Heben** des rechten Armes; beim: thuj.
 • **Splitter**; wie durch einen: agar.
 ○ **Lumbalregion**: arg-n. berb. dulc.
  • **Sitzen** und Stehen, amel. durch Gehen; beim: *Ruta*
 • **Wirbelsäule**: kali-i.
 • **Zervikalregion**: mang. *Thuj.*
  • **nachts**: mang.
  • **Bewegen** des Kopfes; beim: thuj.
– **greifend**, packend, Schulterblätter: phos.h
– **kneifend**: con.h
 • **anfallsweise**: lyc.h
 ○ **Lumbalregion**: arg-met.h graph.h
– **krallend**: arg-n.
 ○ **Lumbalregion**: calc. ign. *Merc.*
– **krampfartig**: *Arg-n.* bamb-a.stb2 bell. bry. calad. chin. con. euph. *Euphr.* lyc. *Mag-p.* mez.h nit-ac. nux-v. sep. viol-t.
 ☞ *Krampf / Krampfhaftes*
 • **anfallsweise**: lyc.h
 • **gehen**; muß gebeugt: bamb-a.stb2
 • **Stuhlgang**:
  • **nach**:
   • **Diarrhoe**; nach: bamb-a.stb2
 ○ **Dorsalregion**:
  ○ **Schulterblätter**:
   • **links**: bar-c.h
   • **rechts**: chel.
    ○ **innerer** Rand: chel.
   • **nachts**: nit-ac.h
   • **Bewegung**; bei: *Ip.*
  ○ **innerer** Rand: chel.
   • **innerer** Winkel: *Chel.*
   • **zwischen** den: bamb-a.stb2 bell.h ip. **Phos.**
    • **abends**: bamb-a.stb2
 • **Lumbalregion**: am-c.h *Bell. Calc.* **Caust. Chin.** *Chinin-s.* graph. *Iris* lyc. mag-m. merc. oci. ph-ac. sil.
  • **rechts**: irisa1
  • **abends**: dios. iris led.h
  • **anfallsweise**: plb.

- **Lumbalregion**: ...
  - **Bewegen** des Fußes, nach Stehen; beim: thuj.
  - **Bewegung**, bei: **Chin.** plb.
  - **Bücken** amel.: am-c.$_{h}$
  - **Druck** amel.: plb.
  - **Gehen**:
    - **amel.**: merc.
    - **langsames** Gehen amel.: bell.$_{h}$
    - **Versuch** zu gehen, nach langem Stehen; beim: thuj.
  - **Menses**, während: bell. calc. *Nux-v.*
  - **Sitzen**, im: *Caust.*
  - **Stehen**, beim: merc.
  - **Stillen**, beim: arn. *Cham. Puls.*
  - ▽ **erstreckt** sich zu:
    - **Blase** und Leisten: bell.
    - **Epigastrium**, nachts: lyc.
- **Sakrum**: *Bell.* ptel.$_{c1}$ thuj.
- **Steißbein**: *Bell.* grat.
  - **Menses**, während: *Bell.*
- **Wirbelsäule**: euph.$_{h}$
- **Zervikalregion**: androc.$_{srj1}$ ant-c.$_{c1}$ arn. *Asar.* calc.$_{bg1}$ *Calc-p.* **Cic.** cimic. gels.$_{hr1}$ glon. mang.$_{h}$ meny.$_{h}$ plat. sel.$_{c1}$ *Spong.*
  - **abends**: mang.$_{h}$
  - **Berührung** amel.: meny.$_{h}$
  - **Bewegen** des Kopfes; beim: cimic.$_{hr1}$ mang.$_{h}$
  - **Essen**, nach dem: sep.$_{h}$
  - **Gähnen**, beim: arn.$_{h}$
  - **Niesen**, beim: arn.$_{h}$
  - **Schlucken**, beim: *Zinc.*
  - **Zurückwerfen** des Kopfes; beim: glon.$_{kr1}$
  - ▽ **erstreckt** sich zu:
    - **Scheitel**: calc-s.$_{bg1}$

– **kratzend**, Lumbalregion: nat-c.$_{h}$

– **Lahmheit**: abrot. *Aesc.* **Berb.** cupr-ar.$_{hr1,k}$ *Dios.*$_{a1,k}$ *Dulc.* fl-ac. helon. *Hyper.* kali-c. kali-p. lyss. **Nat-m.** *Nux-v.* phys. plb. puls-n. **Ruta** zing.
- **morgens**: dios.$_{a1,k}$
  - **Aufstehen**, beim: nat-m.
- **abends**: cupr-ar.
- **Aufstehen**, beim: ptel.
- **Bewegen** des Kopfes; beim: bapt. cupr-ar.$_{hr1,k}$
- **Erkältung**, durch: **Dulc.**
- **Erwachen**, beim: abrot. **Aesc.** ptel. puls-n.
- **Gehen**, nach dem: zing.
- **Sitzen**:
  - **langes** Sitzen oder Heben; wie durch: calc. *Lyc.* mur-ac. olnd. **Rhus-t.** valer.
  - **Weile**, nach einer: cupr-ar.

○ **Lumbalregion**: *Aesc.* agar. ang. *Caust.* con. *Cupr-ar.*$_{hr1,k}$ cur. dios.$_{a1,k}$ *Dulc.* hep. *Hyper.* iris *Kali-c.* **Lach.** *Lept. Nat-m. Nux-v.* **Phos.** ptel. puls-n. **Rhus-t.** *Ruta* sel. sil.
- **morgens**: dios.$_{a1,k}$ sel.
  - **Aufstehen**, beim: nat-m. sil.
- **abends**: alum.$_{h}$ bart.
  - **Bett**, im: *Kalm.*
- **Anstrengung**, bei: phys.
- **Aufstehen**, beim: ptel.

– **Lahmheit - Lumbalregion**: ...
- **Bewegung**, bei: cupr-ar.$_{hr1,k}$
  - **amel.**: dios.$_{a1,k}$
- **Bücken**, beim: ang. cur. dios.
- **Entbindung**, nach schwieriger: *Nux-v.*
- **Erkältung**, durch: **Dulc.**
- **Erwachen**, beim: puls-n.
- **Gehen**, beim: agar. zing.
- **Herumdrehen** im Bett ist fast unmöglich: dios.$_{a1,k}$
- **Naßwerden**, nach: **Dulc.**
- **Stehen**, beim: agar. coff. zing.
- **Ziehen** agg.: dios.$_{a1,k}$
- **ziehend**: cham.$_{h}$
- ▽ **erstreckt** sich zu den Oberschenkeln: cham.$_{h}$

- **Sakralregion**: **Aesc.** *Calc-p.* com. dios.$_{a1}$ phos. *Rhus-t.* **Sil.**
  - **Aufstehen** vom Sitzen, beim: phos. **Sil.** *Sulph.*
  - **Gehen**, beim: **Aesc.** com.
  - **Überanstrengung** oder Überheben; wie durch: **Rhus-t.** staph.
- **Zervikalregion**: cycl.$_{h}$

– **lanzinierend**: ant-o. canth.$_{k2}$ *Coloc.* con.$_{k2}$ elaps kali-c. kali-i. *Nat-s. Nit-ac.*

○ **Dorsalregion**: bad. *Gins.* hura rob.
- **Stöße**, wie: euon. ran-b.
- ○ **Schulterblätter**:
  - ○ **unter** den:
    - **links**:
      - **dann** rechts: psil.$_{ft1}$
  - **zwischen** den: asc-t.$_{c1}$ canth.$_{bg1}$ *Gins.*
- **Wirbel**, zur Brust hindurch; untere: berb.$_{hr1,k,*}$

- **Lumbalregion**: anac. anan. asaf. aur-s. **Coloc.** cupr. *Elaps* ign. *Kali-c.* kali-m.$_{k2}$ lac-c. plb. *Senec.* **Verat-v.**
  - **21** h: hura
  - **anfallsweise**: plb.
  - **Bewegung**, bei: plb.
    - **amel.**: *Nat-s.*
  - **Druck** amel.: plb.
  - **Einatmen**, beim: aur. **Coloc.**
  - **Eisen**; morgens, wie durch ein heißes: bufo
  - **Heben** der Arme; beim: *Elaps*
  - **Liegen**:
    - **beim**: berb.$_{hr1,k}$
    - **Rücken**, auf dem: **Coloc.**
  - **Reiben** amel.: nat-s.
  - **Stehen** amel.: berb.$_{hr1,k}$
  - **Stöße**, wie: anan. **Verat-v.**
  - **Verletzung**; nach: nat-s.
  - ▽ **erstreckt** sich zu:
    - **Füße**: kali-m.$_{k2}$
    - **oben**, nach: *Coloc.*
    - **Steißbein**: hura
    - **unten**, nach: *Elaps*
- **Sakrum**: cupr. *Plb. Zinc.*
- **Steißbein**: *Canth. Tarent.*
- **Wirbelsäule**, obere: cina gins.$_{a1,k}$
- ▽ **erstreckt** sich zum Sakrum: gins.$_{a1,k}$

• **Zervikalregion**: bell. canth. elaps
– **nagend**: agar. *Alum.* hell. lil-t. stry.
• **Gehen**, beim: *Canth.* stront-c.
• **Mittagessen**, nach dem: sep.
• **Stelle**, an einer kleinen: sulph.
▽ **erstreckt** sich zu:
• **Hals**, nach dem Hinlegen: mag-m.
○ **Dorsalregion**:
○ **Schulterblätter**: alum. ph-ac.
○ **unter** den: agar.
• **zwischen** den: nat-c.
• **Lumbalregion**: alum. *Alumn.* am-c. *Berb.* canth. hura lil-t. mag-m. nicc. ph-ac. *Phos.* plb. stront-c. *Sulph.*
• **abends**, nach dem Hinlegen: mag-m.
• **nachts**: am-c.
• **Bett**, im: lil-t.
• **Gehen**:
• **beim**: stront-c.
• **amel.**: am-c.
• **Reiben** amel.: *Phos.*
▽ **erstreckt** sich zur Zervikalregion: alum.
• **Sakrum**: alum. phos.
• **abends**: canth.
• **Zubettgehen**, nach dem: naja
• **Strecken** amel.: alum.
• **Steißbein**: agar. alum. *Gamb. Kali-c.* ph-ac.
• **Menses**, während: kali-c.
• **Wirbelsäule**: **Bell.** mag-m.
• **Zervikalregion**: *Nat-s. Thuj.*
– **reißend**: *Aesc.* agar. alum. alum-sil.$_{k2}$ alumn. am-c. am-m. ant-c. *Arn. Ars.* ars-s-f.$_{k2}$ asar. berb. calc. *Calc-p. Canth. Caps.* carb-v. carbn-s. caust. *Cham. Chel. Chin.* chinin-ar.$_{k2}$ *Cina* cinnb. cocc. colch. cupr. dros. ferr. ferr-ar. ferr-p. gad. guaj. kali-c. kali-n. kali-p. led. *Lyc. Mang.* merc. mez. **Nit-ac.** *Nux-v.* op. petr. *Ph-ac.* **Phos.** puls. sabin.$_{c1}$ sep. *Sil. Stann.* stry. sulph. zinc. zinc-p.$_{k2}$
• **morgens**: *Canth.* kali-c. mag-c.$_{h}$ mez. puls. stry.
• **Aufstehen**, nach dem: am-m.
• **abends** im Bett: sulph.
• **nachts**: cinnb. mag-s.$_{c1}$ nit-ac. ph-ac. rhod.
• **bewegen**; muß sich von einer Seite auf die andere: mag-s.$_{c1}$
• **Berührung**, bei: chel.
• **Beugen**, beim:
• **hinten**, nach: *Chel.*
• **vorne**, nach: camph.
• **Bewegung**:
• **amel.**: alumn. dulc.$_{k2}$
• **bei**: alum. am-m. *Caust.* cinnb. dig. nit-ac.
• **Bücken**, beim: bry. *Chel.*
• **Essen**, nach dem: cham.
• **Frost**, mit: sil.$_{h}$
• **Gehen**, beim: canth. *Chel.* cocc.$_{c1}$
• **krampfartig**: bell.$_{h}$
• **Liegen**, beim: ferr.
• **Menses**, während: agar. am-c.$_{h}$ bell.$_{h}$ *Caust.* phos. **Sep.**
• **krampfartig**: bell.
• **Ofenwärme** amel.: cinnb.
• **Sitzen**, beim: alumn. am-m. *Berb. Caust.* cinnb.
– **reißend - Sitzen**, beim: ... dig. ferr. *Lyc.* nit-ac. spong.
• **Sprechen**; beim: cocc.$_{c1}$
• **stechend**: stann.$_{h}$
• **stechend**, amel. durch Drücken des Rückens gegen etwas Hartes; durchdringend: sep.
• **Stehen**, im: *Berb.* bry. stann.
• **ziehend**: cham. dulc.$_{k2}$ nux-v. op. stram.
▽ **erstreckt** sich zu:
• **Abdomen**: cham.
• **Glieder**: *Ars. Chel.* **Phos.**
• **Nacken**, beim Gehen: nat-s.
• **oben**, nach: stann.
• **Oberschenkel**: chin.
• **unten**; den Rücken nach: berb. *Cina* mag-c.$_{h}$ *Mang.* nat-s.
○ **Dorsalregion**: aur. berb.$_{al,k}$ brom. *Calc.* guaj.$_{h}$ *Kali-c.*$_{al,k}$
• **Beugen** des Körpers nach hinten; beim: aur.
• **brennend**: kali-c.$_{al,k}$
• **Hinsetzen**, beim: arg-met. hura
• **Reiben** amel.: phos.
○ **Schulterblätter**: *Acon.*$_{al,k}$ *Alum.*$_{al,k}$ alum-p.$_{k2}$ am-m. *Anac. Aur.*$_{al,k}$ berb.$_{al,k}$ bov. camph.$_{h}$ carb-v. *Caust.*$_{al,k}$ chel.$_{al,k}$ chin.$_{al,k}$ cycl.$_{al,k}$ dios.$_{al,k}$ dulc. *Guaj. Kali-c.*$_{al,k}$ kali-n.$_{al,k}$ lach.$_{al,k}$ led.$_{al,k}$ *Mag-m.*$_{al,k}$ manc.$_{al,k}$ merc.$_{al,k}$ mez. nat-c. nat-m. nat-s.$_{al,k}$ nicc.$_{al,k}$ nit-ac. ph-ac. phos.$_{al,k}$ plb.$_{al,k}$ psor.$_{al,k}$ ptel.$_{al,k}$ rhus-t.$_{h}$ sars. *Sep.*$_{al,k}$ stann.$_{al,k}$ *Sulph.* thuj.$_{al,k}$ zinc.$_{al,k}$ zinc-p.$_{k2}$
• **links**: alum. ambr. **Anac.** arg-met. carb-v. card-m. mang.$_{al,k}$ sep.$_{al,k}$ stann.$_{h}$ thuj.$_{al,k}$
• **abends**: alum.$_{al,k}$
• **Beugen** des Armes nach hinten; beim: carb-v.$_{h,k,*}$
• **Erkältung**, nach einer: sep.$_{h}$
• **Sitzen**, im: arg-met.$_{h}$ mang.$_{al,k}$ sulph.
• **rechts**: anac. dulc.$_{al}$ *Kali-c.*$_{al,k}$ mag-m. nat-m.$_{h}$ plb.$_{al,k}$ sars.$_{h}$ zinc.$_{al,k}$
• **Atmen**, beim: kali-c. sars.$_{h}$
• **unter**: calc.$_{h}$ dig.$_{al,k}$
○ **zwischen** Wirbelsäule und rechtem Schulterblatt: zinc.$_{al,k}$
• **morgens**: *Kali-c.*$_{al,k}$
• **abends**: alum.$_{al,k}$ olnd.$_{al,k}$
• **atmen**, muß tief: nat-m.$_{h}$
• **Beugen** des Körpers nach hinten; beim: aur.$_{al,k}$ sep.$_{al,k}$
• **Bewegung**, bei:
• **Armes** agg.; des: camph.$_{h}$
• **Kopfes**, des: nat-s.
• **Einatmen**, beim: chin.
• **Erwachen**, beim: nicc.$_{al,k}$
• **Gehen**, beim: nat-s.$_{al,k}$ nit-ac.$_{h}$
• **Reiben** amel.: phos.$_{al,k}$
• **Sitzen**:
• **beim**: mang.$_{al,k}$
• **gebeugtem**, bei: bov. ph-ac.
• **ziehend**: stann.$_{h}$
▽ **erstreckt** sich zu:
• **Arm**: coc-c.$_{al,k}$

- **Dorsalregion - Schulterblätter - erstreckt** sich zu: ...
  - **Rücken**: stann.h
  - **Schulter**: stann.h
  - **Seiten**: anac.
  - ○ **innere** Kante: aur. chin.h guaj.h
    - **Beugen** nach hinten oder nach links agg.: aur.
  - **Spitze**: alumn.a1,k berb.a1,k mez.a1,k
    - **Bewegung** amel.: alum. alumn.a1
  - **unter**: agar. alumn. aur.h dig.a1,k lyc.a1,k *Sil.*h,k,*
    - **Gehen**, beim: *Sil.*
  - **zwischen**: agar.a1,k anac.a1,k bar-c.a1,k *Berb.*a1,k borx. *Calc.*a1,k calc-caust. canth.a1,k *Caust.*a1,k cocc.a1,k ferr.a1,k kali-c.a1,k kali-n.a1,k *Lach.*a1,k mag-m.a1,k meny.a1,k nat-c.a1,k *Nat-s.*a1,k petr.a1,k psor.a1,k puls. rhus-t.a1,k *Sil.*h,k,* thuj.a1,k zinc.a1,k
    - **morgens**, beim Erwachen: *Kali-bi.*
      - **16** h: ~~caust.a1,xxx~~
    - **nachmittags**: canth.a1,k caust.a1,k
      - **16** h: caust.a1
    - **abends**: cocc.a1,k sulph.a1,k
      - **Bett**, im: thuj.
    - **nachts**:
      - **Mitternacht**, nach: mag-s.
    - **Atmen**, bei tiefem: meny.
    - **Bewegung**, bei: petr.a1,k
    - **Bücken** agg.: borx.
    - **Drehen**, beim: verat.a1,k
    - **Gehen**, beim: ferr.a1,k meny.h
  - **Wirbelsäule**: *Berb.*a1,k borx. mag-m. nat-c. *Nat-s.* psor. *Sil.* zinc.
- **Lumbalregion**: acon.a1,k act-sp.bro1 *Aesc. Agar.* **Alum.** alum-p.k2 ambr.a1,k ant-c. arn.a1,k *Ars.* aur.h *Berb.*a1,k brom. *Bry.* calc.a1,k *Calc-p.* canth.a1,k *Carb-v.*a1,k carbn-s. carl.a1,k *Caust.*a1,k *Chel.* chin.a1,k cina cinnb. coc-c.a1,k cocc. *Colch.*a1,k croc.a1,k cupr. dig. eupi.a1,k *Ham.*a1,k hura ign. *Kali-c.* kali-p. lyc. mag-c. *Mag-m.*a1,k mag-s.a1,k merl.a1,k *Mez.* mur-ac. nat-c. *Nat-s.* nux-v.a1,k ph-ac.a1,k *Phyt. Rhod.*a1,k rhus-t.a1,k sabin. sep. spig.a1,k *Stann.* stront-c. thuj.a1,k
  - **rechts**: lyc.h
  - **morgens**: stront-c.
    - **4** h: ruta
  - **vormittags**:
    - **9** h; amel. um: ruta
  - **nachmittags**: mag-m.a1,k
    - **Stehen**: plb.a1,k
  - **abends** im Bett: alum.
  - **nachts**: mag-m.a1,k mag-s.a1,k
  - **Atmen** agg.: *Kali-c.*
  - **Aufrichten**; beim:
    - **Bücken**, vom: berb. chel. ph-ac.
  - **Aufstehen**, beim: iris
    - **Sitzen**, vom: merl.
  - **Beugen** nach vorne; beim: chel.
  - **Bewegung**, bei: alum.h brom. *Bry.* calc-p. *Caust.*a1,k croc.a1,k dig.h stann.a1,k sulph.a1,k
    - **amel.**: kali-c.h
- **Lumbalregion**: ...
  - **Bücken**, beim: *Bry.* chel. sabin.
    - **amel.**: ph-ac.h
  - **Druck**, bei: acon.a1,k
    - **amel.**: aur.h mag-m.h ph-ac.h
  - **Gehen**, beim: *Aesc.*a1,k agar. asar.h chel.h nux-v.
  - **Liegen**:
    - **amel.**: *Bry.* nux-v.
    - **beim**: berb.
    - **Rücken**, auf dem: mag-s.
      - **amel.**: ambr.
  - **Menses**:
    - **vor**: eupi.a1,k
    - **während**: *Caust.* guare. lachn.
    - **Erscheinen** der, beim: *Caust.*
  - **ruckend**: alum.h chin.h
  - **Sitzen**:
    - **amel.**: ph-ac.h
    - **beim**: asaf. berb. bry. kali-c. *Lyc.* nux-v.
  - **Stehen**:
    - **amel.**: berb.
    - **beim**: berb. bry. ph-ac.a1,k
    - **Lebendiges**; wie durch etwas: ph-ac.
  - ▽ **erstreckt** sich zu:
    - **Hinterkopf**: led.
    - **Hüfte**: carb-v.
    - **Linea** alba; in einem Kreis zur: caust.
    - **Rippen** und Darmbein; zwischen: *Teucr.*
    - **Zehen**: eupi.
- **Sakrum**: *Aesc.* asar. *Bry. Coloc.* helon. *Lyc.* mag-m. *Mez.* mur-ac. sabin.k2 spong. zinc.h
  - **Druck** amel.: mag-m.
  - **Gehen**, beim: asar.
  - **Hüfte** beim Gehen; und: **Aesc.**
  - **Sitzen**, beim: spong.h
    - **aufrechtem** Sitzen; beim: lyc.
  - ▽ **erstreckt** sich zu:
    - **Hinterkopf**: led.
    - **Ischiasnerv** nach unten; den: *Coloc.*
    - **Lumbalregion** hin, zur: mur-ac.
    - **Steißbein** und Oberschenkel: thuj.
  - ○ **Sakroiliakalgelenke**: *Bry.*
- **Steißbein**: ant-c. *Calc-caust. Calc-p.*a1,k *Canth.*a1,k *Cic. Mag-c. Merc.*a1,k nat-s.a1,k *Sil.*
  - **Drücken** auf das Abdomen amel.: *Merc.*a1,k
  - **Menses**, während: canth. *Cic.* merc.
  - **Sitzen**, im: par.a1,k rhus-t. zinc.
- **Wirbelsäule**: acon.k2 alum.k2 aur-s.a1,k berb. calc-p.k2 camph. caps.a1,k chel. chin.a1,k chinin-s. *Cina* cocc.a1,k **Hyper.** mag-c.a1,k *Mang.*a1,k nat-m.a1,k *Nat-s.* nux-v.
  - ▽ **erstreckt** sich zu:
    - **Spina** iliaca anterior superior, links: dros.
    - **unten**, nach: *Cina Mang.* nat-m.
  - ○ **oberer** Teil: cina
  - **unterer** Teil: ars.a1,k chel. mag-c.h
- **Zervikalregion**: **Acon.** aeth. **Am-m.** arn. asaf. aur. berb. *Calc.* calc-caust. calc-sil.k2 camph. *Canth. Caps.* **Carb-v.** carbn-s. *Caust.* chel. *Chin.* cic. clem. coc-c. coloc. con. cupr. dig. gels. *Glon.* graph. *Kali-c.* kali-sil.k2 kalm. *Lach.* laur. led.

• **Zervikalregion**: ...
Lyc. lyss. mag-c. mag-m. meny.h *Merc.* nat-c. *Nat-s.* *Nux-v.* olnd. phos. plb. psor. rat. *Rhod.* rhus-v. sars. sel. sil. *Spig.* staph.h stront-c. sulph. *Thuj.* verat. *Zinc.* zinc-p.k2
• **links**: rat. sulph.h
• **rechts**: psil.ft1
• **morgens**: kali-c. *Stram.*
• **nachmittags**: mag-c.h
• **abends**: *Nux-v.*
• **nachts**: rhod.
• **Mitternacht**, beim Erwachen; vor: sulph.
• **anfallsweise**: nux-v.
• **Beugen** des Kopfes nach vorne; beim: camph.h
• **Bewegung**:
• **bei**: carb-v. dig. ign. kali-bi. spig.k2 verat.
• **Kopfes**, des: *Am-m.* canth. nat-c. *Sulph.*
• **Denken**; beim
☞ *geistiger*
• **Druck** amel.: zinc.
• **Frost**; während: ars-h.
• **Gehen**, beim: rat.
• **geistiger** Anstrengung; bei: spig.k2
• **Husten**, beim: alum.h
• **Liegen**, beim: *Lyc.*
• **Menses**, während: am-m. mag-c.
• **Niesen**, beim: am-m.
• **plötzlich**: nat-c.h
• **ruckend**: aur. *Caps.* rat.
• **Stuhlgang** amel.; nach: asaf.
• **warmen** Zimmer; im: caust.h
▽ **erstreckt** sich zu:
• **oben**, nach: berb. canth. *Lach.*
• **oben** zum Kopf; an einer Seite nach: *Lach.*
• **Ohr**: thuj.
• **Rücken** hinab, den: mag-c. rhod.
• **Scheitel**: rat.
• **Schulter**: alum. am-m. thuj. til.
• **rechte** Schulter, abends, nach dem Hinlegen: lyc.
• **Stirn**: rat. sars.
○ **Wirbelsäule**: *Lach.*
• **nachts**: caust.
– **rheumatisch**: acon. ambr. anac. ant-t. *Ars.* asar. aspar. aur. bapt. bar-c. bell. **Bry.** *Calc.* *Calc-p.* calen. *Carb-v.* caul.k2 cham. *Chel.* **Cimic.** *Colch.* com. *Corn.* cycl. dros. *Dulc.* *Ferr.* graph. *Guaj.* *Hep.* iod.h *Kali-bi.* *Kali-i.* lach. lyc. *Lycps-v.* *Med.* mez. **Nux-v.** ol-an. petr. *Phyt.* psil.ft1 *Puls.* ran-b. **Rhod.** **Rhus-t.** *Ruta* *Sang.* squil. stram. *Sulph.* syph.k2 tarent.k2 teucr. ust. valer. verat. zinc.
○ **Muskeln** und Sehnen: arn.br1
– **ruckend**: ang. calc. calc-p. chin. cinnb. euph. *Ferr.* laur. nat-c.a1 nat-m. petr. ran-s. sulph.
• **nachts**: staph.h
• **Bewegung**:
• **amel.**: petr.
• **bei**: sulph.h
• **öffnen**; beim Versuch, den Mund zu: stry.
• **Schlaf**, im: am-c.
• **Schlucken**, beim: petr.
– **ruckend**: ...
• **stechend**, beim Beugen nach hinten: chel.
▽ **erstreckt** sich zum Herzen hin: nat-m.
○ **Dorsalregion**:
○ **Schulterblätter**: calc-p.
• **Lumbalregion**: alum. am-c. asar.h euph.h
• **Heben** des Oberschenkels; beim: agar.h
• **Heben** einer Last; beim: nat-c.h
• **stechend**: rhus-t.h
• **Sakralregion**: chin. fl-ac.
• **Steißbein**: alum. calc. carb-an. caust. chin. *Cic.* rhus-t. sulph.
• **Menses**, während: *Cic.*
• **Wirbelsäule**:
○ **Mitte**: cina
• **untere**: mag-c.h
• **Zervikalregion**: aeth. aur. caps.h *Chin.* tarax.
– **schießend**
☞ *stechend*
– **Schlag**; wie durch einen:
○ **Dorsalregion**: dig.h
○ **Schulterblatt**:
• **rechts**:
○ **äußerer** Rand: dulc.h
• **innerer** Rand: asar.h
• **Lumbalregion**: dulc.h
• **Zervikalregion**: hydrog.srj2
– **schneidend**: ail. *Alum.* alum-p.k2 *Arg-n.* aur. aur-m. *Bell.* calc. *Calc-p.* canth. caust. *Coloc.* *Con.* cupr. elaps *Eup-pur.* *Gels.* granit-m.es1 graph. guaj. guare.hr1,k,* helon. hydrog.srj2 hyper. ign. iod. *Kali-bi.* *Lith-c.* mag-p. **Nat-m.** *Nat-s.* nux-v. petr. plat. sars. seneg. sep. sil. staph. stry. zinc.bg1
• **linke** Seite: cupr. stry.
• **morgens**: all-s.
• **abends**: nat-m. nat-s.
• **nachts**:
• **Mitternacht**: caust.h
• **Menses**, während: ars. *Con.*
• **Sitzen**, beim: nat-s.
• **Stuhlgang**, beim: *Coloc.*
▽ **erstreckt** sich zu:
• **oben**, nach: *Coloc.*
• **Uterus**: helon.
○ **Dorsalregion**: agar. asaf. asc-c. daph. hyper. *Kali-bi.* nat-s. staph. stry.
▽ **erstreckt** sich zum Brustbein: kali-bi. lac-c.
○ **Schulterblätter**: alumn.h,k ang.h dios. merc-i-f. rhus-t. thuj.
• **rechte** Spitze des Schulterblattes, erstreckt sich zur Mamma nahe der Brustwarze: ang.c1
• **Aufstoßen** amel.: zinc.ptk2
○ **unter**: asaf. thuj.
• **links**: carbn-s. daph. hyper. *Lac-c.* lyc. thuj.
• **Einatmen**, beim: carbn-s.
▽ **erstreckt** sich in die Brust: *Lyc.*
• **rechts**: asaf.bg1 bell.bg1 bry.bg1 elat.bg1 lach.bg1
• **zwischen**: alum. arn. bov. *Calc.* canth.bg1 *Hyper.* kali-n. meny. **Nat-s.** sul-ac.h
• **nachmittags**: bov.

- **Dorsalregion - Schulterblätter - zwischen**: ...
  - **Aufrichten** amel.: bov.
  - **Ruhe**, in der: *Calc.*
- **Wirbel**; in der Gegend der: asc-c.$_{c1}$
- **Wirbelsäule**: euon. thuj.
- **Lumbalregion**: all-s. *Alum.* *Arg-n.* *Arn.* aur. *Bell.* calad. calc-p. cann-s. canth. *Chel.* dig. *Dulc.* *Eup-per.* gels. granit-m.$_{es1}$ hep. hydrog.$_{srj2}$ kali-bi. *Kali-c.* mag-m.$_{h}$ mez. nat-c. *Nat-m.* petr. psor. rheum senec. stry. *Sulph.* wist-s.$_{mfm}$ zinc.$_{h}$
  - **morgens**: petr.
    - **Aufstehen**, nach dem: petr.
    - **Bewegen**, nach: petr.
    - **Bücken**, beim: petr.
  - **nachmittags**: canth. hydrog.$_{srj2}$ naja petr.
    - **Bewegung**, bei: petr.
    - **Bücken**, beim: petr.
  - **nachts**: sulph.$_{h}$
  - **Aufstehen** vom Sitzen; beim: bell.$_{h}$
  - **Bewegung**, bei: kali-bi. zinc.
  - **Bücken**, beim: arn.$_{bg1}$ petr.$_{bg1}$ samb.$_{bg1}$
  - **Drehen** agg.: kali-bi.
  - **Druck**:
    - **amel**.: dig. *Dulc.*
    - **tiefes** Eindrücken amel.: *Dulc.*
  - **Entbindung**, bei der: kali-c.
  - **Gehen**, beim: thuj.
  - **Liegen**, beim: *Arn.*
  - **Menses**:
    - **vor**: *Ol-an.*
      - **Sitzen**, amel. beim Gehen; beim: mag-c.
    - **während**: *Arg-n.* caust. helon. zinc.
  - **Sitzen**, im: aur. canth. mag-c.
  - **Stehen** amel.; aufrechtes: petr.
  - **Stuhlgang**:
    - **vor**: nat-c.
    - **während**: rheum
  - **Urinieren**, vor dem: graph.
  - ▽ **erstreckt** sich zu:
    - **außen**, nach: ang.
    - **Hüfte**: gels.
    - **oben**, Bücken agg.; nach: arn.
    - **Rücken**: *Chel.*
    - **Schamgegend**: mag-c.
    - **Uterus**: helon.
    - **Waden** und Füße, bei Bewegung: zinc.
- **Sakralregion**: ail. all-s. alum. *Bell.* *Calc-p.* dig. gamb. *Gels.* guare.$_{hr1,k,*}$ helon. kali-bi. lob. mag-m. nat-c.$_{h2}$ nat-m. nat-p. nat-s. rhus-t. samb.$_{a1,k}$ senec. *Sulph.*
  - **morgens**: all-s.
  - **Beugen**, beim:
    - **hinten**, nach: rhus-t.
    - **vorne**, nach: samb.
  - **Bücken** agg.: samb.
  - **Menses**, während: *Senec.*
  - **Stehen**, im: rhus-t.
  - **Wärme** amel.: sulph.
  - **Hüfte**; und: ail.
  - ○ **Sakroiliakalgelenk**: nat-p.
- **Steißbein**: canth. hyper.$_{k2}$

– **schneidend**: ...
- **Wirbelsäule**:
  - **Kreis** von der Wirbelsäule zum Abdomen; in einem: acon.
  - **stechend** in den Wirbeln; durchdringend: bell.
  - ▽ **erstreckt** sich zu:
    - **Abdomen**: meny.$_{h}$
    - **Magen**: *Thuj.*
  - ○ **ganze** Wirbelsäule, die: ang. cina *Elaps* mang.
  - **Gelenke** der Wirbelsäule, Bewegung agg.: cocc.
- **Zervikalregion**: berb.$_{bg1}$ canth. dig. eup-per. glon. graph. grat. *Kali-bi.* naja samb.$_{a1,k}$ stry. thuj.$_{bg1}$
  - **Schulter**, und rechte: gamb.

– **stechend** (= schießend): acon. aesc. **Agar.** ail. all-c. all-s. aloe *Alum.* alum-p.$_{k2}$ alum-sil.$_{k2}$ alumn. am-c. am-m. ambr. anac. apis arg-met. arg-n. arn. arund. asaf. asar. asc-t. aur. aur-m. *Bamb-a.*$_{stb2}$ bar-c. bar-i.$_{k2}$ bar-s.$_{k2}$ *Bell.* **Berb.** borx.$_{h}$ *Bov.* brom. **Bry.** calad. *Calc.* calc-ar. calc-i.$_{k2}$ calc-s. cann-s. carb-an. carb-v. carbn-s. **Caust.** cench.$_{k2}$ *Cham.* chel. *Chin.* *Cimic.* cinnb. cocc. *Colch.* coloc. com. *Con.* corn. cycl. dig. dros.$_{h}$ *Dulc.* elat. eug. euon. ferr. ferr-i. ferr-p. form. gamb. graph. *Guaj.* hell. *Hep.* hura hydrog.$_{srj2}$ hyos. hyper. *Ign.* iod. *Kali-bi.* **Kali-c.** kali-i. kali-m.$_{k2}$ kali-n. *Kali-p.* **Kali-s.** kalm. *Kreos.* *Lach.* laur. led. lob-s. **Lyc.** lyss. mag-c. mag-m. *Mag-p.* manc. mang. meph. *Merc.* merc-i-f. *Mez.* *Mur-ac.* *Nat-c.* nat-m. nat-p. nicc. **Nit-ac.** *Nux-v.* olnd. ox-ac.$_{bg1}$ paeon. *Par.* phos. *Phyt.* *Plat.* plb. psor. *Puls.* rat. *Rhus-t.* sabad. sabin. *Sanic.* *Sars.* sec. *Sep.* *Sil.* *Spig.* spong. *Stann.* staph. stram. stront-c. sul-ac. sul-i.$_{k2}$ *Sulph.* tarax. tell. ther.$_{br1}$ **Thuj.** verat. verb. *Zinc.* zinc-p.$_{k2}$
- **links**: mur-ac.$_{h}$ plat.$_{h}$ stann.$_{h}$
- **rechts**: plat.$_{h}$ stann.$_{h}$
- **tagsüber**: agar. nicc.
- **morgens**: borx. bry. hydrog.$_{srj2}$ nat-p.
  - **Aufstehen** amel.: nat-c.$_{h}$
  - **Bett** beim Beugen nach vorne; im: puls.
- **vormittags**: cham.
- **nachmittags**: lyc. nicc. plb. stry.
- **abends**: borx. cham. lach. nat-c.$_{h,hr1}$ rhus-t. stront-c.
- **nachts**: apis ars. bry. dulc. nat-c. nit-ac. phos. puls.
  - **3** h, muß aufstehen und herumgehen: **Kali-c.**
- **anfallsweise**: lyc.$_{h}$
- **Anstoßen** des Fußes; beim: *Sep.*$_{h,k,*}$
- **Anstoßen** mit der Zehe; beim: *Sep.*
- **Atmen**, beim: am-m. arn. berb. *Calc.* lyc. *Merc.* nat-m. nat-p. psor. spig.$_{hr1}$ *Sulph.*
- **Aufrichten**; beim:
  - **Bücken**, vom: mur-ac. *Rhus-t.*
- **Aufstehen**; beim:
  - **Sitzen**, vom: bamb-a.$_{stb2}$ canth. rhus-t.
- **Berührung**, bei: calc. merc. mur-ac.
- **Bettwärme** amel.: rhus-v.

- **Beugen** nach vorne im Sitzen; beim: pic-ac.
- **Bewegung**, bei: am-m. **Bry.** colch. dig. lach. lyc.$_{h}$ meph. nit-ac.$_{h}$ phel. phos. *Rhus-t. Sars.*
  - **amel.**: *Dulc.*$_{k,k2}$ kali-i. mur-ac. staph.
  - **Kopfes**, des: acon.
- **brennend**: plat.$_{h}$
- **Bücken**, beim: caj. *Rhus-t.* sabin. verat. zinc.
- **Drehen** des Körpers; beim: bov. *Nux-v.* sars. sep.
- **Einatmen**, beim: acon. alum. arn. calc. cham. mez. nat-c. sars. sulph.
- **Essen**, beim: chin.
- **fein** stechend: *Apis* cham. chlor. rumx. sulph. *Zinc.*
- **Gehen**, beim: arn. calc. canth. chel. kali-p. ran-b. rhus-t. sulph. thuj. zinc.
  - **amel.**: *Kali-c.*
- **grabend**: stann.$_{h}$
- **Heben**:
  - **beim**: ph-ac. rhus-t. *Sep.*
  - **nach**: *Borx.*
- **Herpes** zoster, nach: *Lach.*
- **Husten**, beim: *Acon.* **Bry.** *Caps.* chin. kali-bi. kali-c. *Merc.* nit-ac. puls. pyrog.$_{k2}$ *Sep.*
- **Kälte** beim Schwitzen; bei Einwirkung von: *Dulc.*
- **krampfartig**: cina lyc.$_{h}$ mag-c.
- **Liegen**:
  - **beim**: *Kali-c.* tarax.$_{h}$
  - **Abdomen**, auf dem: *Arg-n.* tarax.
  - **Rücken**, auf dem: kali-p. stann.
- **Menses**, während: ars.$_{h}$
- **Niesen**, beim: arund.
- **oben**, nach: staph.$_{h}$
- **pulsierend**: chin.$_{h}$ dulc. kali-c.
- **Reiben**, beim: mang.$_{h}$
- **Sitzen**, im: ambr. ang. asar. caust.$_{h}$ *Chin.* dulc. kali-i. kali-n. kali-p.$_{k2}$ lyc. mur-ac. nat-c. nicc. par. ph-ac. ruta *Zinc.*
- **Stehen**, beim: con. zinc.
  - **amel.**: calc.
- **Stuhlgang**, beim: *Coloc.* nicc. *Phos.*
- **Treppensteigen**, beim: alum.
- **Trinken**, beim: chin.
- **unten**, nach: paeon.
- **zuckend**: stann.$_{h}$
- **Zurücklehnen**, beim: kali-p.
- ▽ **erstreckt** sich zu:
  - **Arme** und Beine: calc-ar.
  - **außen**, nach: stann.$_{h}$
  - **Brust**: borx.$_{h}$ *Kali-c.* kali-p.$_{k2}$ mez.$_{h}$ nat-c.$_{h}$ sars.
  - **Brustbein**, ins: laur.
  - **Glieder** nach unten; die: hyper.$_{k2}$
  - **Hypochondrium**:
    - **Liegen** oder beim Husten, amel. durch Stehen oder Sitzen; beim: chinin-s.
  - **Knie**: arn.
  - **Kopf**: kalm. petr. sep.
    - **Schritt**, bei jedem: sep.
    - **Stuhlgang**, beim: *Phos.*
  - **Magengrube** beim Sitzen: nicc.
- **erstreckt** sich zu: ...
  - **Oberarmes**; zur Mitte des linken: nat-m.
  - **Rippen**: alum.
  - **Sakrum**: lyc. *Puls.*
  - **Scheitel**: rhus-t.
  - **Schulter**:
    - **links**: choc.$_{srj3}$
    - **rechts**: alum.
  - **Schulterblatt**: lyc. *Puls.*
  - **Seite** beim Gehen; linke: spig.
- ○ **Dorsalregion**: *Agar.* arg-met. *Asaf.* borx. *Bry. Cact.* calc. cinnb.$_{k2}$ *Colch.* dros. fl-ac. kali-bi. kali-c. kali-p. *Lach.* nat-s. **Petr.** ran-b.$_{k2}$ rat. sabad. sabin. stann.$_{h}$ *Zinc.*
  - **abends**: mez.$_{h}$
  - **Atmen**:
    - **tiefen** Atmen; beim: alum. aur. carb-an. cinnb.$_{k2}$ kali-n. psor. sabin. spig. *Sulph.*
    - **versetzt** die Atmung: berb. *Sulph.*
  - **ausstrahlend**: ran-b.$_{k2}$
  - **Bewegung** amel.: mez.$_{h}$
  - **brennend**: stann.$_{h}$
  - **Bücken**, beim: arg-met.$_{h}$ *Cocc.*
  - **Einatmen**, beim: calc. dulc.$_{a1}$
  - **Entbindung**, bei der: petr.
  - **Gehen**, beim: *Asaf. Cocc.* psor.
  - **Husten**, beim: caps. **Merc.**
  - **Liegen** amel.: *Psor.*
  - ▽ **erstreckt** sich zu:
    - **Arme**: *Calc.*
    - **Hinterkopf**: *Cocc.* kali-c.
      - **Entbindung**, bei der: **Petr.**
    - **Magengrube**: rhod.
    - **Rippen**: *Asaf.*
- ○ **oberer** Teil: stann.$_{h}$
  - **Schulterblätter**: agar. alum. alum-p.$_{k2}$ alum-sil.$_{k2}$ alumn. am-c.$_{h}$ am-m. ambr. **Anac.** ang.$_{h}$ *Bar-c. Bell.* berb. *Bov. Bry. Calc.* calc-sil.$_{k2}$ *Camph.* cann-s. *Carb-an.* carbn-s. *Caust.* cham. chin. coc-c. *Cocc.* colch. *Coloc.* cycl.$_{h}$ *Dulc.* ferr. ferr-m. graph. *Guaj.* hep. hyos. hyper. iod. *Kali-bi. Kali-c.* kali-m.$_{k2}$ kali-n.$_{h}$ kali-sil.$_{k2}$ kalm. kreos. lach. lact. laur. lyc. manc. med. meny. merc. merc-i-f. *Mur-ac. Nat-c.* nat-m. **Nit-ac.** nux-v. op. ox-ac. paeon. *Par. Phos. Plb.* prun. puls. *Ran-b.* samb. *Sars.* seneg. *Sep.* sil. spig. spong. *Stann.* stram. *Sulph.* tab. tarax. tarent. *Thuj.* tub.$_{c1}$ verb. *Zinc.* zinc-p.$_{k2}$
    - **links**: am-m.$_{h}$ ambr. **Anac.** bar-c. calc.$_{h}$ graph.$_{h}$ grat. kali-c.$_{h}$ meny.$_{h}$ mill. sep.$_{h}$ spig.$_{h}$ *Sulph.* zinc.$_{h}$
      - **Atmen** oder Husten; beim: dulc.$_{h}$ sep.
      - **Ruhe**, in der: am-m. *Kalm.* manc. *Sep.* verb.
      - **stechend**; am linken Arm: sulph.$_{h}$
      - ▽ **erstreckt** sich zu:
        - **Hals**, zum inneren: zinc.
        - **Schulter** und Mammae: grat.
    - ○ **Rand**, am: dulc.$_{h,k,*}$ zinc.$_{h}$
    - **unter** den: anac. carbn-s. cupr. kali-bi. lac-ac. mez.$_{h}$ nat-c.$_{h2}$ nat-m.$_{h}$ *Sulph.*$_{hr1,k}$

- **Dorsalregion - Schulterblätter - links - unter**: ...
      tarent.
      - **Atmen**, bei tiefem: kali-n.$_{h}$
      - **Husten**, beim: sulph.$_{hr1,k}$
      - **Zusammenziehen** der Schulterblätter; beim: nat-m.$_{h}$
      - ▽ **erstreckt** sich bis zum Herzen hindurch: bry. staph.
  - **rechts**: am-m. *Asaf.* bar-c.$_{h}$ bry.$_{bg1}$ cocc.$_{hr1}$ dulc.$_{a1}$ *Kali-c.* merc. nat-c.$_{h2}$ nit-ac.$_{h}$ phos. samb. *Sep. Sil.* spig.$_{h}$ spong. tarax.
    - **Einatmen**, beim: am-m. **Chel.** kali-c. sars.$_{h}$ sep.$_{h}$
    - **Gehen** im Freien amel.: sep.$_{h}$
    - **Husten**, beim: sep.$_{h}$
    - **Mittagessen**, nach dem: nat-c.$_{h}$
    - ▽ **erstreckt** sich zu:
      - **Brust**, durch die: kali-c.$_{h}$ *Merc.*
      - **links**, nach: cocc.
      - **Rippe**, zur letzten falschen: sep.$_{h}$
      - **unten**; den Rücken nach: sep.$_{h}$
  - ○ **innerer** Rand: guaj.$_{h}$
  - **innerer** Winkel: samb.$_{h}$
  - **unter** den: aur. *Bad.* **Chel.** coloc.$_{h}$ gink-b.$_{sbd1}$ *Guaj.* kali-bi. kali-c.$_{h}$ kali-n.$_{h}$ samb.$_{h}$ thuj. zinc.$_{h}$
    - **Atmen** agg.; tiefes: *Guaj.*
    - **Bewegung** agg.: gink-b.$_{sbd1}$
    - **Einatmen**, beim: coloc.$_{h}$
    - **pulsierend**: samb.$_{h}$
    - **Sitzen**, beim: samb.$_{h}$
    - **Zurückwerfen** der Schultern; beim: *Bad.*
  - **morgens**: calc. hyper. ran-b.
    - **9 h**: calc.
    - **Gehen**, beim: ran-b.
  - **nachmittags**: mez. sep.$_{h}$ thuj.
  - **abends**: canth. kali-n. sep.$_{h}$
  - **nachts**: kali-bi. puls. *Sulph.*
    - **Bett**, im: nat-m. *Sulph.*
  - **Atmen**, beim: acon. guaj.
  - **Atmen**, bei tiefem: hep.$_{h}$ nat-m.$_{h}$
  - **Aufstoßen** agg.: zinc.
  - **Beugen** des Armes; beim: carb-v.
    - **Aufstützen** darauf, beim: sulph.
  - **Bewegung**:
    - **amel.**: am-m. samb.
    - **bei**: ferr.$_{c1}$ kali-c.$_{h}$ mez. sulph. tarent. tub.$_{c1}$
    - **Arme**, der: camph.$_{h}$
  - **Bücken**, beim: sulph.
  - **Drehen** des Körpers nach links; beim: am-m.
  - **Druck** amel.: sep.$_{h}$
  - **Einatmen**, beim: dulc. ferr-ma. kali-c. mill. sep.
  - **Freien**, im: seneg.
  - **Gehen**, beim: coloc. nit-ac.
    - **langsames** Gehen amel.: sep.$_{h}$
    - **schnellem**, bei: sep.$_{h}$
  - **Heben** einer Last; beim: iod.$_{h}$
  - **Husten**, beim: med.

- **Dorsalregion - Schulterblätter**: ...
  - **körperlicher** Arbeit, bei: ferr.
  - **krampfartig**: ant-c.$_{h}$
  - **Liegen** auf den Schulterblättern ist unmöglich: nit-ac.$_{h}$
  - **Menses**, während: phos.
  - **Räuspern**, beim: caust.$_{h}$ hep.$_{h}$
  - **Schlucken**, beim: caust.
  - **Schneuzen** der Nase; beim: hep.
  - **Senken** der Schultern; beim: am-m.
  - **Sitzen**, beim: ant-c. colch. sep.$_{h}$
  - **Sprechen**, beim lauten: caust.
  - ▽ **erstreckt** sich zu:
    - **Brust**: bar-c. camph.$_{h}$ kali-c. sars. sep.
    - **Herz**: thuj.
    - **Hinterkopf**: *Grat. Guaj.* **Petr.**
    - **Mammae**: grat.
    - **Rippen**: asaf.
  - ○ **unter**: agar. all-s. aloe arum-t. asar. aur. bad. bism.$_{h}$ bry. calc. cann-s. canth. **Chel.** cimic. corn. cupr. guaj. *Jug-c.* kali-bi. kali-c. kali-n. *Kreos.* lach. lyc. mez. nat-c. nat-m. olnd. par. *Phos.* pic-ac. plb. psil.$_{ft1}$ stann.$_{h}$ **Sulph.** tarent. thuj. zinc. zing.
    - **links**: anac.$_{h}$ cupr.$_{h}$
    - **nachmittags**, 15 h: kreos.
    - **Atmen**, beim tiefen: plb.
    - **Bewegung**:
      - **amel.**: olnd.
      - **bei**: tarent.
    - **Bücken**, beim: asaf.
      - **agg.**: sulph.$_{h}$
    - **Einatmen**, beim: cupr.$_{h}$ guaj.
    - **Sitzen**, im: samb.
  - **Winkel**: ruta
    - ○ **unterer**: apoc. chinin-s. kali-bi. kali-n.$_{h}$ lach. mur-ac.$_{h}$ sulph.
      - **morgens**: sulph.
      - **Atmen**, bei tiefem: kali-n.$_{h}$
      - **Beugen** nach hinten amel.: lach.
      - **Sitzen**, langes: lach.
      - ▽ **erstreckt** sich durch die Brust: chel.
  - **zwischen**: acon. aeth. *Agar.* aloe alum. alum-sil.$_{k2}$ alumn. ang. arg-met.$_{h}$ asaf. asc-t. *Berb.* bov. *Bry. Calc. Camph.* cann-s. carb-an. carb-v. carl. cham. chel. chin. *Coc-c. Cocc. Colch.* coloc.$_{h}$ con. cop. cupr. dig. dulc. ferr. guaj. hep. hura hyper. indg. kali-c. kali-n. kreos. **Lac-c.** lach. laur. lyc. mag-m. mag-s. mang. mez. mill. nat-ar. nat-c. **Nit-ac.** nux-v. ol-an. *Par.* **Petr.** plb. prun. psor. *Puls. Ran-b.* ruta$_{h}$ sars. *Seneg.* sep. sil. stann. tab. thuj. verat.
    - **morgens**: psor. ran-b.
    - **nachmittags**: bov.
    - **abends**: sulph.
      - **Bett**, im: thuj.
    - **nachts**: carb-v.
      - **Bett**, im: ang.
    - **Atmen**:
      - **beim**: acon. berb. caps.$_{h}$ carb-v. cop. *Guaj.* kali-c. nit-ac. nux-v. prun. psor.

- **Dorsalregion - Schulterblätter - zwischen - Atmen - beim**: ... puls. stann.
  - **tiefem** Atmen, bei: acon. nat-ar. prun.
  - **Aufrichten** amel.: *Bov.*
  - **Aufstoßen**:
    - **vor**: nit-ac.$_{h}$
    - **während**: sep.
  - **außen**, nach: calc.$_{h}$
  - **Bewegung**:
    - **amel**.: calc. mag-m. mez. nicc.
    - **bei**: ang. arn. canth. ip. nux-v. *Puls.* ran-b.$_{br1}$ stann.$_{h}$ verat.
    - **Rumpfes**, des: bry.
  - **Bücken**, beim: nit-ac.
  - **Einatmen**, beim: berb. nat-ar. nat-c. ran-b.$_{br1}$
  - **Gehen** agg.: coloc.$_{h}$
  - **gehen**; muß gebeugt: coloc.$_{h}$
  - **Herumdrehen**, beim: verat.
  - **Liegen**, beim: bry.
    - **Rücken**, auf dem: *Kali-n.*
  - **Mittagessen**, nach dem: indg. phel.
  - **Schlaf**; beim Erwachen aus dem: kali-n.$_{h}$
  - **Sitzen**:
    - **amel**.: cann-s. chel.
    - **beim**: kali-c.$_{h}$ thuj.$_{h}$
  - **Stehen**, im: nicc.
  - **Zuschnüren** des Korsetts; beim: laur.
  - ▽ **erstreckt** sich zum Magen: bry.
- **Wirbelsäule**: **Agar.** ang. arg-met. crot-h. dig. euon. hura merc. **Petr.** raph. ruta sabin. spig.$_{h}$ stann. verb.$_{h}$
  - **Sitzen**; bei gebeugtem: verb.$_{h}$
  - ▽ **erstreckt** sich zum Brustbein: kali-bi. **Lac-c.**
- **Lumbalregion**: **Acon.** aeth. **Agar.** all-c. aloe *Alum.* alum-p.$_{k2}$ am-c. am-m. ambr. *Anac.* androc.$_{srj1}$ ant-s-aur. *Arg-met.* arn. arund. *Asaf.* aspar. *Aur.* aur-ar.$_{k2}$ aur-i.$_{k2}$ aur-m. aur-s.$_{k2}$ bamb-a.$_{stb2}$ *Bar-c.* bar-i.$_{k2}$ bar-s.$_{k2}$ *Bell.* **Berb.** borx. bov. **Bry.** *Calc.* calc-ar. calc-caust. calc-i.$_{k2}$ *Calc-p.* calc-s. calc-sil.$_{k2}$ cann-i. canth. caps. carb-an. carb-v. carbn-s. *Caust.* cham. *Chel.* chin. choc.$_{srj3}$ cina cinnb.$_{k2}$ clem. *Coc-c. Cocc. Colch. Coloc. Con.* cupr. cycl. dig. dios. dulc. elat. euph.$_{h}$ eupi. form. gamb. graph. hep. hyos. *Hyper.* ign. indg. iod. jatr-c. jug-c. *Kali-bi.* **Kali-c.** *Kali-i.* kali-n. kali-p. kali-sil.$_{k2}$ kalm. kreos. lac-ac. *Lach.* laur. *Led. Lil-t. Lyc.* mag-c. *Mag-m. Mag-p. Merc.* mosch. *Nat-c. Nat-m.* nat-p. *Nicc. Nit-ac. Nux-v.* ol-an. par. *Ph-ac. Phos. Plat. Plb. Prun. Puls. Ran-b.* rat. ruta sars. *Sec. Sep. Sil.* spig. spong. staph. stram.$_{a1,k}$ *Stront-c. Stry.* sul-i.$_{k2}$ **Sulph.** tarax. tarent. *Thuj.* til. verat. *Zinc.* zing.
  - **links**: lyc.$_{h}$
  - **rechts**: sep.$_{h}$
  - **morgens**: borx. kali-n.$_{h}$
    - **Aufstehen**, beim: chel.
    - **Bett** beim Beugen nach vorne; im: puls.
  - **nachmittags**: coloc. mag-c. nicc. plb.

- **Lumbalregion**: ...
  - **abends**: kali-n.$_{h}$ lach. nat-c. pic-ac. stront-c. zinc.$_{h}$
    - **Bett**, im: alum.
  - **nachts**: ars. borx.$_{h}$ bry. laur. rhus-t.
    - **Mitternacht**:
      - **vor**: laur. rhus-t.
      - **nach**:
        - **3 h**: **Kali-c.**
  - **anfallsweise**
    ☞ *plötzlich*
  - **Atmen**, beim: ammc. arg-met.$_{h}$ carb-an. dulc.$_{h}$ *Merc.* prun.
    - **tiefem**, bei: arn. cinnb.$_{k2}$ cycl. kali-n.$_{h}$ nat-m. phel.
  - **Aufrichten**; beim:
    - **Bücken**, vom: *Lyc.* mur-ac.
    - **Kauern**, Hocken; vom: ph-ac.
  - **Aufstehen**; beim:
    - **Sitzen**, vom: canth.
  - **Auftreten**, beim: sulph.
  - **Ausatmen**, beim: spig.$_{h}$ *Sulph.*
  - **ausstrahlend**: **Berb.**
  - **Berührung**:
    - **amel**.: cycl.$_{h}$
    - **bei**: calc.$_{h}$
  - **Beugen**, beim:
    - **links**, nach: plb.
    - **vorne** beim Sitzen; nach: pic-ac.
  - **Bewegung**:
    - **amel**.: asaf. *Dulc.* ox-ac. ph-ac. *Staph.*
    - **bei**: ambr. arg-met.$_{h}$ bamb-a.$_{stb2}$ chel. **Coloc.** dig.$_{h}$ *Kali-bi.* kalm. lach. meph. mez.$_{h}$ nat-c. ptel.
  - **Blähungen**, durch: sil.
  - **brennend**: mag-c.$_{h}$
  - **Bücken**, beim: borx. caj. lac-ac. puls. ruta sabin. verat.
  - **Drehen** des Körpers, beim: bov. nux-v. sars.
    - **Bett**, im: borx.$_{h}$
  - **Druck** amel.: arg-met. aur. dulc. *Kali-c.* mag-m.$_{h}$ plb. ruta
  - **Einatmen**, beim: alum. aur. *Coloc.* cycl.$_{h}$ spig.$_{h}$
    - **Sitzen**, bei gebeugtem: dulc.
  - **Essen**, nach dem: kali-bi. *Ran-b.*
  - **fein** stechend: *Aur-m.*
  - **Gehen**: arn. borx. canth. chel. coloc. ferr. *Merc. Ran-b.* ran-s. ruta sulph. thuj. *Zinc.*
    - **amel**.: asaf. *Dulc.* gamb. *Kali-c. Staph.*
    - **aufrechtes** Gehen ist unmöglich: arg-met. *Kali-c.* sep.$_{h}$
  - **Heben** des Oberschenkels im Sitzen; beim: agar.
  - **Heben** einer Last; beim: nit-ac. ph-ac. sep.$_{h}$
  - **Husten**, beim: *Acon.* am-c. arn. bell. borx. *Bry.* caps. merc. *Nit-ac.* puls. pyrog. sep. sulph.
  - **intermittierend**: zinc.$_{h}$
  - **juckend**: mag-c.$_{h}$
  - **kalt**:
    - **Abkühlung**, Kaltwerden; bei: bamb-a.$_{stb2}$
  - **kriechend**: lyc.$_{h}$

- **Lumbalregion**: ...
  - **Lachen**, beim: plb.
  - **Liegen**, beim: sil.$_{h}$
    - **amel.**: bamb-a.$_{stb2}$
    - **Abdomen** agg.; auf dem: bamb-a.$_{stb2}$
    - **Gesicht** amel.; auf dem: chel.
    - **Hinlegen** amel.: bamb-a.$_{stb2}$ ruta
    - **Rücken**, auf dem: *Coloc.* prun.
    - **Seite** agg.; auf der rechten: sep.$_{h}$
  - **Menses**, vor den: *Nat-m.*
  - **Mittagessen**, nach dem: zinc.$_{h}$
  - **Niesen**, beim: arund.
  - **plötzlich**: bamb-a.$_{stb2}$
  - **Reiben** amel.: plb.
  - **ruckend**: ph-ac.$_{h}$
  - **Sitzen**, beim: ambr. ang. arg-met. asar. bar-c. dig. dulc. euphr. kali-i. kali-n. lyc. *Nat-c.* ph-ac. ruta sil.$_{h}$ spig.$_{h}$ stann. *Zinc.*
    - **amel.**: borx. plb.
  - **Stehen**, beim: *Con.* plb. zinc.$_{h}$
    - **Lehnen** auf die Seite; und: thuj.
  - **Stuhlgang**:
    - **amel.**: indg.
    - **während**: coloc. nicc.
  - **Treppensteigen**, beim: alum.
  - **Wärme** amel.: bamb-a.$_{stb2}$
  - ▽ **erstreckt** sich zu:
    - **Abdomen**: kali-c.$_{h}$ puls. *Ran-b.*
    - **Achselhöhle**: canth.
    - **außen** um das Abdomen herum: **Berb.**
    - **Brust**: kali-c.$_{h}$ zinc.$_{h}$
    - **Extremitäten**: *Ign. Kali-c.*
    - **Gesäß**, 3 h: **Kali-c.**
    - **Gesäßgegend** und Hüfte: **Kali-c.**
    - **Harnröhre**: lach.
    - **Knie**: bamb-a.$_{stb2}$ psor.
    - **Leber**: *Lach.*
    - **Leiste**, beim Gehen: coloc.
      - **rechts**: ran-b.
    - **Lunge**; linke: sep.
    - **Magen**: nicc.
    - **Magengrube**: nicc. rat. thuj.
    - **Nabel**: prun.
    - **Oberschenkel**, in die: *Kali-bi. Kali-c.* nit-ac. *Nux-v.*
      - **Atemzug**, bei jedem: carb-an. nat-m.
    - **Penis**: dros.
    - **quer** über die Lumbalregion: cupr.$_{h}$ nat-m.$_{h}$ sulph.$_{h}$
    - **Rektum**: lyc.
    - **Rippen**: caust.
    - **Schamgegend** und Leistengegend: carl. kreos.
    - **unten**; die Beine nach: androc.$_{srj1}$ eupi. *Kali-bi.* kali-m.$_{k2}$ ox-ac. *Sil.* stry.
    - **unten**, nach: aloe *Kali-c.*
    - **Uterus**: *Nat-m.*
    - **Vagina**: kreos.
    - **Wirbelsäule** in Zickzacklinien zur Schulterblattgegend; entlang der: euon. sarr.$_{bro1}$
    - **Zehen**: eupi.
  - ○ **Rippe**; letzte: *Caust.* merc.

- **Lumbalregion**: ...
  - **über** der Hüfte: carb-an.$_{h}$ caust. thuj.
    - **links**: phos.$_{h}$
  - **Wirbelsäule**: phos.$_{h}$ verb.$_{h}$
  - **zwischen** Rippen und Darmbein: caust.
- **Sakralregion**: acon. **Agar.** agn. aloe ambr. ang. arn. ars. asaf. bar-c. bell. berb. *Bry.* calc. *Calc-p.* calc-s. calc-sil.$_{k2}$ *Carb-an.* carb-v. chin.$_{h}$ cocc. coloc. **Con.** dulc. hyper. ign. jug-r. kali-bi. kali-c. kali-i. kali-m.$_{k2}$ kali-n. kali-sil.$_{k2}$ *Lith-c.* lyc. mag-c. merc. mur-ac. nat-c. nat-m. nat-s. nicc. nit-ac. ox-ac. *Phos. Phyt.* plb. puls. ruta sil. spong. squil. staph. *Sulph.* tarax. tell. thuj.$_{h}$ verat. *Zinc.*
  - **Atmen**, beim: **Merc.** spig.
  - **Bewegung**, bei: coloc.
  - **brennend**: mur-ac.$_{h}$ thuj.$_{h}$
  - **Gehen**:
    - **amel.**: staph.
    - **beim**: *Agar.* calad.
    - **Freien**, im: *Agar.*
  - **Husten**, beim: bry.
  - **liegen**; muß auf dem Rücken: *Agar.* calc-p.
  - **Reiben** amel.: thuj.$_{h}$
  - **ruckend**: thuj.$_{h}$
  - **Schwangerschaft**; während der: **Kali-c.**
  - **Sitzen**, im: bar-c. nat-s. spig. staph.$_{h}$
  - **Stehen**, im: **Con.** *Lith-c.*
  - **Stuhlgang** amel.; nach: indg.
  - ▽ **erstreckt** sich zu:
    - **Anus**: asaf.
    - **Darmbein**: thuj.$_{h}$
    - **Gesäßgegend** und Hüfte: **Kali-c.**
    - **Hoden**; von der linken Seite zum linken: thuj.
    - **Hüfte** zu den Füßen hinab; die Außenseite der: coloc. *Phyt.*
  - ○ **Sakroiliakalgelenke**: phos.
- **Steißbein**: agn. am-c. arg-met. calc. calc-p. *Canth. Caust.* colch. dios. lact. *Mag-c.* mur-ac. nat-m. nicc. *Par.* ph-ac. phos. *Pic-ac. Rhus-t.* **Sil.** *Tarent. Thuj.* verat. zinc.
  - **auffahren**; läßt ihn: calc-p. mur-ac.$_{h,k,*}$
  - **Aufstehen** vom Sitzen; beim: **Sil.**
  - **Druck**, bei: *Sil.*
  - **fein** stechend: sil.
  - **juckend**: dros. ph-ac. verat.$_{h}$
  - **Menses**, während: caust. ph-ac.
  - **pulsierend**: ign. par.
  - **ruckend**: carb-v. rhus-t.$_{h}$
  - **Sitzen**:
    - **beim**: dros. lach. par.
    - **juckend** beim Sitzen: *Par.*
  - **Stehen**, im: verat.
  - **Stuhlgang**:
    - **vor**: sep.
    - **während**: *Phos.*
  - ▽ **erstreckt** sich zu:
    - **Anus**: carb-v.$_{h}$ thuj.
    - **Rücken** hinauf; den: hyper.$_{bro1}$ mur-ac. *Phos.*

- **Wirbelsäule**: **Agar.** *Bell.* **Berb.** borx.h calc-p.k2 caps.h chin.h *Cocc.* dulc. elaps *Hyper.* ign. kali-bi. led. meph. mez. *Nit-ac.* olnd. *Petr. Phos.* ran-b.k2 rat. sul-ac. tanac.
  - **morgens**, beim Erwachen: euphr.
  - **abends**: mag-c.h mez.
  - **Atmen**, beim: dulc.a1,h
  - **Bewegung**, bei: meph.
  - **Einatmen**, beim: led.h
  - **Herumgehen** amel.: euphr.
  - **pulsierend**: dulc.
  - **ruckend**: ph-ac.h
  - **Sitzen**, beim: ruta
  - **Stehen**, beim: nit-ac.
  - ▽ **erstreckt** sich zu:
    - **Epigastrium**: nicc. rat. thuj.
    - **Kreuz** zur Blasengegend hinab; das: **Berb.**
    - **oben**, nach: cocc. *Petr.*
    - **Spina** iliaca anterior superior, links: dros.
- **Zervikalregion**: acon. aeth. agar. alum. alum-sil.k2 ang. arn. aur. bad. bar-c. bar-s.k2 bell.h *Bov.* bry. calc. calc-sil.k2 *Carb-an.* carb-v. carbn-s. caust.h cench.k2 chel. *Chin.* coc-c. cocc. con. dig. elaps ferr-p. graph.h guaj. ign. kali-bi.k2 kali-c. lach. lyc. lyss. mag-s. merc. nat-ar.k2 nat-c.h2 *Nat-m. Nat-p.* nat-s. nicc. ph-ac. psor. puls. *Rhus-v.* samb.h *Sars.* senec. sep. sil. spig.k2 spong. *Stann.* staph. *Stry.* sul-ac.h *Sulph.* tarax. thuj. verat. zinc.
  - **morgens** im Bett: stann.h
  - **nachmittags**: stry.
  - **abends**: bov. coc-c. nat-c.h2 thuj.
    - **Bett**, im: lyc.
  - **nachts**: caust.h kalm. nat-m. nat-s.
  - **Ausstrecken** amel.: sulph.
  - **Bewegung**:
    - **bei**: alum. camph.h dig. guaj. merc. sars. spig.k2
    - **Kopfes**, des: acon. am-m.h bad. dig. samb.h sars.h thuj.h
      - **vorne** und hinten; nach: cocc.
  - **Bücken**, beim: agar. sulph.
  - **Denken** agg.
    ☞ *geistige*
  - **Drehen** des Kopfes; beim: alum. verat.
  - **fein** stechend: *Apis* bar-c. calc. lyss. phyt.
  - **Gehen**, beim: ph-ac.
  - **geistige** Anstrengung agg.: spig.k2
  - **Husten**, beim: alum.h
  - **juckend**: stann.h
  - **Liegen**, beim: caust.h kali-i.
  - **Niesen**, beim: am-m. lyc. mag-c.
  - **pulsierend**: cocc.
  - **Schlucken** amel.: *Spong.*
  - **Sitzen**, im: lyc.
    - **amel.**: tarax.h
    - **vorgebeugtem** Sitzen, bei: sulph.
  - **Sprechen**, beim: *Calc.*
  - **Stehen**, beim: tarax.h
  - **Treppensteigen**, beim: ph-ac.

– **stechend - Zervikalregion**: ...
  - ▽ **erstreckt** sich: ...
    - **Auge**: sel.
    - **Hinterkopf**: cinnb.k2 kali-c. ph-ac.h
    - **Kopf**: kalm.
    - **Lumbalregion**: stry. tep.
    - **oben**, nach: berb. lyc.
    - **Ohr**: bov. stry. thuj.
    - **Sakrum**: lyc. stry.
    - **Scheitel**: rhus-r. *Sil.*
    - **Schulter**: am-m. laur. stry. thuj.
      - **rechts**: alum.
    - **unten**; nach: hydrog.srj2
  - ○ **Halswirbel** und dem ersten Brustwirbel; zwischen dem letzten: staph.h

– **verrenkt**, wie:
- ○ **Dorsalregion**: *Thuj.*
- **Lumbalregion**: bell. con.
  - **22** h: carbn-s.
  - **Körperübungen**, bei: con.
- **Sakrum**: agar. nux-v. tub.
  - ○ **Sakroiliakalgelenk** wie getrennt: calc-p.
    - **Gehen**, beim: *Calc-p.*
- **Zervikalregion**: ang. arn.bg1 asar. calc. cinnb. lachn.
  - **Drehen** des Kopfes; beim: calc. lachn.
  - **Heben** des Armes; beim: *Ang.*
  - ▽ **erstreckt** sich über den Kopf und die Schultern: asar.

– **verstaucht**; wie: agar. am-m.h arg-n. *Arn. Bell.* **Calc.** con. **Graph.** kali-c.h lyc. mur-ac.h nux-v. olnd. petr. *Puls.* rhod. **Rhus-t.** sep. sulph.
- **links**: con.h lyc.h
- **rechts**: bell.h
- **Schlummer**, nach einem: phos.h
- **Schreiben**, nach: mur-ac.h
- ▽ **erstreckt** sich zum linken Hypochondrium: lyc.h
- ○ **Dorsalregion**:
  - ○ **Schulterblätter**: bar-c. chel. chin. coloc. kali-c. mur-ac.h nux-v. petr. sulph.
    - ○ **zwischen** den: am-m. bell. nux-v. petr.h sep.h stann.h
- **Lumbalregion**: agar. arg-met. arg-n. **Arn.** **Calc.** *Con.* gamb. *Lach.* mur-ac. ol-an. **Puls.** *Rhod.* **Rhus-t.** *Sep. Staph.* sulph. **Valer.**
  - **morgens**: arg-n. petr.
    - **Aufstehen**, beim: arg-n.
    - **Bett**, im: petr.
  - **nachmittags**: sep.h
  - **abends** im Bett: sep.h
  - **Auftreten**, beim: *Sulph.*
  - **Bewegung**, bei: caust. kali-bi. **Puls.**
  - **Bücken**, beim: ars. ol-an.
  - **Drehen** des Körpers beim Gehen; beim: hep.
  - **Gehen** amel.: staph.
  - **Niesen**, beim: sulph.h
  - **Sitzen**, im: hep. petr. **Valer.**
  - **Stehen**, im: **Valer.**
  - **Strecken**, beim: calc.h
  - **Stuhldrang**, bei: sin-a.

• **Lumbalregion**: ...
▽ **erstreckt** sich zu:
• **Abdomen**: lach.
• **Gesäßmuskeln**: *Aesc.*
• **Hüfte**:
• **nachmittags** und abends: sep.
• **über** die Hüfte beim Sitzen und Stehen: **Valer.**
• **Sakrum**: agar. *Calc.* lach. ol-an. rhod. sulph.
• **Steißbein** nach dem Stuhl: grat.$_{al,k}$
• **Zervikalregion**: *Agar.* *Ars.* *Calc.* cinnb. *Con.* kali-n.$_{h}$ lachn.$_{c1}$ lyc. nat-m. nicc. *Ruta* sep. *Sulph.*
• **links**: asar.$_{h}$ *Con.*
• **Aufrichten** vom Bücken; beim: nicc.
• **Beugen** des Kopfes nach hinten; beim: lachn.$_{c1}$
• **Drehen** des Kopfes; beim: lachn.$_{c1}$

– **wehenartig**: acon. *Aloe* *Carb-v.* *Cocc.* *Coff.* eup-pur. ferr. **Kali-c.** *Kreos.* *Lyc.* *Nux-v.* **Puls.** **Sabin.** sec. *Sep.*
▽ **erstreckt** sich zur Leiste und zu den Oberschenkeln: *Sabin.*
○ **Kreuz**: acon. *Kreos.* *Lil-t.* *Nux-v.* **Puls.** sabin.
• **Menses**, während: agar. am-m. *Calc.* *Cham.* *Cimic.* *Cycl.* graph. kreos. *Lyc.* *Nit-ac.* **Puls.** *Sulph.*
• **Stuhldrang**, mit: kreos. **Nux-v.**
▽ **erstreckt** sich zu:
• **Gesäßmuskel**, in die: **Kali-c.**
• **Lenden** und Schamgegend: *Vib.*
• **Schamgegend**: *Sabin.*
• **Sakrum**: *Cham.* *Cimic.* croc. *Kali-c.* kali-i. kreos. **Puls.** *Sars.* sec. sep. *Sulph.*
• **morgens**: *Puls.*
▽ **erstreckt** sich zu den Oberschenkeln: cham.$_{h}$

– **Wehtun** (= unbestimmt, drückend): abrot.$_{al,k}$ *Aesc.*$_{al,k}$ aeth.$_{al,k}$ agar.$_{al,k}$ ail.$_{al,k}$ all-s. *Aloe* alum. am-c. am-caust.$_{al}$ am-m. ant-c.$_{al,k}$ apis apoc.$_{al,k}$ *Arg-n.* *Ars.*$_{al,k}$ *Asaf.*$_{al,k}$ asc-t.$_{al,k}$ aur-m. bamb-a.$_{stb2}$ *Bapt.*$_{al,k}$ bar-c.$_{al,k}$ bar-m.$_{al,k}$ bar-s.$_{k2}$ **Bell.**$_{al,k}$ benz-ac. *Berb.*$_{al,k}$ *Bism.*$_{al,k}$ bol-la. bond.$_{al}$ brach.$_{al}$ **Bry.** calad. *Calc.*$_{al,k}$ calc-f. calc-p.$_{al,k}$ calc-s. calc-sil.$_{k2}$ *Cann-i.*$_{al,k}$ cann-s. canth.$_{al,k}$ carb-ac.$_{al,k}$ *Carb-an.* *Carbn-s.* *Carl.*$_{al}$ *Casc.*$_{h,k}$ cass.$_{al}$ caul.$_{al,k}$ caust. cham.$_{al,k}$ chel.$_{al,k}$ chinin-s. cimic.$_{al,k}$ cinnb.$_{al,k}$ *Cob.*$_{al,k}$ coc-c.$_{al,k}$ cocc. colch. com.$_{al,k}$ *Con.*$_{al,k}$ corn.$_{al}$ cot.$_{al,br1}$ crot-t.$_{al,k}$ *Cupr-ar.*$_{al,k}$ dig.$_{al,k}$ digin.$_{al}$ dios.$_{al,k}$ elaps eug.$_{al,k}$ **Eup-per.**$_{al,k}$ **Eup-pur.** euph.$_{al}$ eupi.$_{al,k}$ ferr. ferr-ar. ferr-i.$_{al,k}$ ferr-p. gast.$_{al}$ *Gels.* gent-l.$_{al}$ goss.$_{al}$ gran.$_{al}$ granit-m.$_{es1}$ **Graph.**$_{al,k}$ ham.$_{al,k}$ hell.$_{al,k}$ helon.$_{al,k}$ hyos.$_{al,k}$ hyper.$_{al,k}$ ind.$_{al,k}$ **Ip.** iris jac-c.$_{al}$ kali-ar. *Kali-bi.*$_{al,k}$ *Kali-c.*$_{al,k,*}$ kali-m.$_{k2}$ kali-n.$_{al,k}$ kali-ox.$_{al}$ *Kali-s.* *Kalm.*$_{al,k}$ kreos.$_{al,k}$ lac-ac.$_{al,k}$ lac-c. lach.$_{al,k}$ laur.$_{al,k}$ *Lil-t.*$_{al,k}$ lim.$_{al}$ lith-m.$_{al}$ lob. lob-s.$_{al}$ lyc. lycps-v. *Lyss.*$_{al,k}$ med. menis.$_{al}$ meph.$_{al,k}$ merc-i-f.$_{al,k}$ mez.$_{al,k}$ mit.$_{al}$ *Morph.*$_{al,k}$ **Mur-ac.** myric.$_{al}$ nat-ar. *Nat-c.*$_{al,k}$ **Nat-m.**$_{al,k}$ *Nat-p.* nit-ac. **Nux-v.**$_{al,k}$ olnd. op.$_{al,k}$ osm.$_{al,k}$ ost.$_{al}$ ox-ac.$_{al,k}$ petr. *Phos.*$_{al,k}$ phys.$_{al,k}$ phyt.$_{k2}$ *Pic-ac.*$_{al,k}$ plb.$_{al,k}$ plumbg.$_{al}$ polyp-p.$_{al}$ *Psor.*$_{al,k}$ ptel.$_{al,k}$

– **Wehtun** (= unbestimmt, drückend): **Puls.**$_{al,k}$ **Ran-b.**$_{al,k}$ raph.$_{al,k}$ rhod.$_{al,k}$ rhus-g.$_{al}$ *Rhus-t.* rhus-v.$_{al,k}$ rumx. *Ruta* sabin. samb.$_{al}$ sang.$_{al,k}$ *Sec.*$_{al,k}$ seneg.$_{al,k}$ **Sep.**$_{al,k}$ *Sil.*$_{al,k}$ sin-n.$_{al,k}$ sol-t-ae.$_{al}$ stront-c. stry.$_{al,k}$ sul-ac.$_{al,k}$ *Sulph.*$_{al,k}$ tarent.$_{al,k}$ **Tell.**$_{al,k}$ *Ter.*$_{al,k}$ ust.$_{al}$ vac.$_{al}$ verat.$_{al}$ verat-v.$_{al}$ vip.$_{al}$ yuc.$_{al}$ zinc.$_{k2}$ zinc-m.$_{al}$ zing.$_{al}$
• **links**: bism. carb-an. cocc. mez. tarent.
• **rechts**: asaf. bar-c. bell. benz-ac. blatta-a. dios.$_{al,k}$ lyc. merc-i-f.
• **morgens**: berb. dios.$_{al,k}$ equis-h. eug.$_{al,k}$ euph. eupi.$_{al,k}$ limest-b.$_{es1}$ mag-s. phyt. rhod.$_{al,k}$ thuj.
• **Aufstehen**, beim: caust.$_{al,k}$ cedr.$_{al,k}$ graph.$_{al,k}$ hep.$_{al,k}$ ran-b.$_{al,k}$
• **Bett**, im: ang. berb. euph. kali-n. mag-s. petr.
• **Erwachen**, beim: berb. cham.$_{al,k}$ ptel.
• **vormittags**: equis-h. myric.$_{al}$ ptel.$_{al,k}$
• **10** h: am-m.
• **mittags**: dios.$_{al,k}$ eupi.$_{al,k}$ rhus-t.$_{al,k}$
• **nachmittags**: abrot.$_{al,k}$ agar. cham.$_{al,k}$ chel.$_{al,k}$ equis-h. glon.$_{al,k}$ hyos.$_{al,k}$ myric.$_{al}$ pall.$_{al,k}$ plb. ptel.$_{al,k}$ rumx. sep.$_{al,k}$ zing.$_{al,k}$
• **abends**: acon.$_{al,k}$ agar.$_{al,k}$ alumn. *Ars.* brach.$_{al}$ cham. cist. ferr-i.$_{al,k}$ kali-s. led. lil-t.$_{al,k}$ phys. sarr.
• **Anstrengung** amel.; nach: ruta
• **nachts**: agar.$_{al,k}$ aloe *Am-m.*$_{al,k}$ *Arg-n.*$_{al,k}$ berb. helon. lycps-v. mag-c.$_{al,k}$ mag-m.$_{al,k}$ nat-c.$_{al,k}$ phys.$_{al,k}$ senec.$_{al,k}$ **Sulph.**$_{al,k}$
• **Mitternacht**:
• **vor**:
• **23** - 0 h: *Am-m.*
• **nach**:
• **krampfhaftes**, drückendes Schmerzen, beim Einatmen agg.: *Nit-ac.*
• **Menses**, während: am-m.
• **Schlaf**, nach: am-m.$_{al,k}$
• **Abendessen**, nach dem: sulph.
• **anfallsweise**: asaf.$_{al,k}$ phos.
• **Anlehnen** an etwas amel.: eupi.$_{al,k}$ zing.$_{al,k}$
• **Atmen**:
• **beim**: inul. raph.
• **tiefem**, bei: nat-c.
• **versetzt** den Atem: cann-s.
• **Aufstehen** vom Sitzen, beim: *Aesc.*$_{al,k}$ ars. bell. calc.$_{al,k}$ zinc.$_{k2}$
• **Balken**; wie durch einen: ars. lach.
• **Bett**; fesselt ihn ans: ars-s-f.
• **Beugen** nach hinten amel.: aeth.$_{al,k}$ eupi.$_{al}$
• **Bewegung**:
• **amel.**: graph.$_{al,k}$
• **bei**: *Aesc.*$_{al,k}$ agar.$_{al,k}$ am-c.$_{al,k}$ equis-h. ferr.$_{al,k}$ gent-l.$_{al,k}$ narz.$_{al}$ ox-ac.$_{al,k}$ *Petr.* sil. stry.
• **Schultern**, der: cocc.
• **Bücken**:
• **nach**: **Aesc.**$_{al,k}$ agar.$_{al,k}$ chel.$_{al,k}$
• **beim**: *Agar.* borx. bov. caps.$_{al,k}$ *Cham.* kali-n.$_{al,k}$ *Sulph.*$_{al,k}$
• **Drehen**, muß sich aufsetzen, um sich im Bett herumzudrehen; beim: **Nux-v.**
• **Druck** amel.: **Kali-c.** *Nat-m.* *Sep.*
• **Dysurie**, bei: vesp.$_{al,k}$

- **Entbindung**, nach der: *Hyper.*
- **Erwachen**, beim: hep.a1,k myric.a1,k ptel.a1,k
- **Essen**:
  - **beim**: crot-c.a1,k
  - **nach**: agar. ant-t.
- **Fahren**, beim:
  - **Reiten**, beim: ars.
  - **Wagen**; nach Fahren im: **Nux-m.**
- **Fehltritt**, bei einem: *Sulph.*
- **Fieber**; während: eug.a1,k ziz.a1,k
- **Frost**:
  - **vor**: carb-v. daph. *Dios.* **Eup-per.** ip. **Podo.** rhus-t.
  - **während**: *Ant-t. Eup-per. Ip.*
- **Gehen**:
  - **amel.**: zinc.k2
  - **beim**: **Aesc.**a1,k bapt.a1,k borx. cham. euphr.a1,k iris **Kali-c.** lyc.a1,k **Psor.** sep.a1,k
  - **nach**: *Nat-c.* phos.a1,k stry.a1,k
- **Hinsetzen**:
  - **beim**: cob.a1,k
- **Husten**, beim: am-c. kali-n.a1,k merc. puls. sep.
- **Kaffee** agg.: cham.
- **kalt**:
  - **Abkühlung**, bei: nit-ac.
  - **Waschen** amel.; kaltes: vesp.a1,k
- **Liegen**, beim: *Berb. Cur.*
  - **Abdomen**; auf dem:
    - **agg.**: bamb-a.stb2
    - **amel.**: nit-ac.
  - **Rücken**, auf dem: carb-an. nit-ac.
    - **amel.**: equis-h. *Nat-m.*
- **Luft**:
  - **Freien**, im: *Nux-v.*a1,k
  - **kühle** Luft amel.: kali-s.
- **Menses**:
  - **vor**: berb.a1,k brom.a1,k calc. *Caust.* eupi.a1,k *Gels.* granit-m.es1 hyos. hyper.a1,k nux-v. **Puls.** sapin.a1 spong.a1,k
  - **während**: acon. agar.a1,k am-m.a1,k *Bell.* berb.a1,k bry. calc-p.a1,k caul. cimic. crot-h.a1,k eupi.a1,k ferr.a1,k granit-m.es1 graph.a1,k inul.a1,k *Kali-c.* nat-c.a1,k nat-hchls. nat-p. *Phos.* phys.a1,k rhus-t.
  - **nach**: berb.a1,k *Kali-c.* mag-c. *Verat.*
  - **unterdrückt**: **Aesc.** *Kali-c. Sep. Sil.*
- **Mittagessen**, nach dem: agar.a1,k cob.a1,k
- **nüchtern**, wenn: kali-n.a1,k
- **Oberschenkel**, und: cot.br1
- **Ovulation**; während der: granit-m.es1
- **rheumatisch**: arn.a1,k ind.a1,k kali-c.a1,k plb.a1,k stram.a1,k stry.a1,k
  - **abends**: colch.a1,k
  - **nachts**: gels.a1,k
- **Samenabgang**, nach: ant-c. cob. kali-br. ph-ac. sars. *Staph.*
- **Schlucken**, beim: kali-c. raph.a1,k
- **Schreiben**, nach fortgesetztem: lyc.a1,k mur-ac.a1,k sep.
- **Sitzen**:
  - **beim**: berb. bism. borx. cann-i. cham. cob. cocc. equis-h. euphr. helon. nat-c. nux-v. ox-ac.
- **Sitzen - beim**: ... pic-ac. plb. podo. puls. **Sep.** thuj. **Zinc.**
  - **gebeugtem** Sitzen; bei vornüber: sep.
  - **langem** Sitzen, nach: lith-m. phos. **Puls.**
- **Stehen**:
  - **beim**: lyc. tus-p.
- **Stuhlgang**:
  - **während**: manc.a1,k
    - **schwierigem** Stuhl, bei: *Puls.*a1,k
  - **nach**: rheum
- **Tragen** eines Korbes; beim: phos.a1,k
- **Urinieren** amel.: **Lyc.**
- **warmen** Zimmer, im: kali-s.
- ○ **Dorsalregion**: aesc. asc-c.c1 bol-la. calc. *Calc-ar. Cann-s.* pic-ac. rhus-t. tep.
  - **morgens**: calc-p.
  - **nachmittags**: calc-s. erig.
  - **abends**: calc-s. erig.
  - **nachts**, in der zweiten Hälfte der Nacht: calc-p.
  - **Schreiben**, beim: mur-ac. petr.
  - ○ **Schulterblätter**: aeth. androc.srj1 asaf. calc-p. *Chin.* cor-r. hell. jug-c. lil-t. lyc. merc-i-f. mur-ac. petr. phyt. verat-v.
    - ○ **unter**: agar. arn. bell. calc. **Chel.** cupr. ind. kali-bi. kreos. laur. merc. myric. nat-m. phys. rumx. *Sulph.* tarent.
      - **links**: aeth.bg1 ant-t.bg1 cench. crot-h. dios.bg1 gels.k2 kali-bi.bg1 lach. lob.bg1 med. naja nit-ac.bg1 ol-an.bg1 rumx.bg1 sabin.bg1 seneg.bg1 verat-v.bg1 xan.bg1
      - **rechts**: *Chel.* ind.
      - **abends**: seneg. *Sulph.* tarent.
        - **19** h: gels.
      - **nachts**: tarent.
      - **Ausatmen**, beim: *Sep.*
      - **Bewegung**:
        - **Armes**, des: led.
        - **bei**: chel. tarent.
      - **Fahren**, beim: phyt.
      - **Gehen**, beim: led. med.
      - **Sitzen**, im: seneg.
  - **Wirbel**; in der Gegend der: asc-c.c1
  - **Wirbelsäule**: ail. arund. calc. phos.
    - **Atmen** agg.: calc.
    - **zwischen** den: *Aesc.* ail. arn. arum-t. *Bell.* calad. calc-ar. calc-caust. carb-an. cimx.bg1 clem. dros. dulc. helon.bg1 kali-p. lac-c. lob. lyc.bg1 merc. naja *Nux-v.* ox-ac. phos. plb. ran-s. rhod. rhus-t. rhus-v. seneg. *Sep.* staph. sulph.bg1 tab.
      - **morgens**: staph.
      - **Auftreten**; bei hartem, festem: seneg.
      - **Ausatmen** agg.: sep.
      - **Gehen**; beim: bell.
      - **Husten**; beim: calc. kali-bi. stram.
      - **Stehen**; im: rumx.
      - **Warmwerden**, Erwärmung; beim: lac-c.
      - **Zurücklehnen** amel.: lac-c.
- **Lumbalregion**: acon.a1,k **Aesc.**a1,k aeth.a1,k agar-ph.a1 aloe alum.a1,k am-c.a1,k am-m.a1,k aml-ns. androc.srj1 ant-t.a1,k anth.a1,k *Apis* apoc.

- **Lumbalregion**: ...
aq-pet.$_{a1}$ arg-n.$_{a1,k}$ arn.$_{a1,k}$ *Ars.*$_{a1,k}$ *Ars-h.*$_{a1,k}$ ars-met. ars-s-f.$_{k2}$ arum-t.$_{a1,k}$ asaf. asar.$_{a1,k}$ asc-t.$_{a1,k}$ bad.$_{a1,k}$ bapt.$_{a1,k}$ *Bar-act.* bar-c.$_{a1,k}$ bar-s.$_{k2}$ bell.$_{a1,k}$ **Berb.**$_{a1,k}$ bol-la. brach.$_{a1,k}$ *Brom.*$_{a1,k}$ **Bry.**$_{a1,k}$ bufo **Calc.**$_{a1,k}$ *Calc-ar.* calc-f.$_{a1,k}$ calc-p.$_{a1,k}$ calc-sil.$_{k2}$ camph.$_{a1,k}$ cann-s.$_{a1,k}$ *Canth.*$_{a1,k}$ *Carb-ac.*$_{a1,k}$ carb-an.$_{a1,k}$ *Carb-v.*$_{a1,k}$ *Carbn-s.* carl.$_{a1,k}$ casc.$_{h,k}$ cass.$_{a1}$ caul.$_{a1,k}$ *Caust.*$_{a1,k}$ cham. *Chel.*$_{a1,k}$ *Chin.* chinin-s. cic. *Cimic.*$_{a1,k}$ cimx.$_{a1,k}$ cinch.$_{a1}$ cinnb.$_{a1,k}$ *Clem.* cob.$_{a1,k}$ *Coc-c.*$_{a1,k}$ coff.$_{a1,k}$ colch.$_{a1,k}$ *Coloc.*$_{a1,k}$ com.$_{a1,k}$ con.$_{a1,k}$ conv.$_{br1}$ cop.$_{a1}$ cot.$_{a1}$ crot-t.$_{a1,k}$ cund.$_{a1}$ cupr. cupr-ar.$_{a1,k}$ cycl.$_{a1,k}$ dig.$_{a1,k}$ dios.$_{a1,k}$ dirc.$_{a1}$ *Dor.*$_{a1,k}$ **Dulc.**$_{a1,k}$ equis-h. erig.$_{a1}$ ery-a.$_{a1}$ eup-per.$_{a1,k}$ fago.$_{a1}$ ferr.$_{a1}$ fl-ac. form.$_{a1}$ franz.$_{a1}$ gamb.$_{a1}$ **Gels.**$_{a1,k}$ glon.$_{a1,k}$ gnaph.$_{a1,k}$ gran.$_{a1}$ granit-m.$_{es1}$ *Graph.*$_{a1,k}$ gymno. ham.$_{a1,k}$ hell. *Helon.* hep.$_{a1,k}$ hipp.$_{a1,k}$ *Hura* *Hydr.* hyos.$_{a1,k}$ *Hyper.* ign.$_{a1,k}$ *Ind.*$_{a1,k}$ iodof.$_{a1,k}$ iris jatr-c. jug-c.$_{a1,k}$ kali-bi.$_{a1,k}$ kali-br.$_{a1,k}$ *Kali-c.*$_{a1,k}$ kali-chl.$_{a1,k}$ kali-cy.$_{a1}$ kali-m.$_{k2}$ *Kali-n.*$_{a1,k}$ kali-ox.$_{a1}$ *Kali-p.* kali-sil.$_{k2}$ kali-t.$_{a1}$ *Kalm.*$_{a1,k}$ *Kreos.*$_{a1,k}$ *Lac-ac.*$_{a1,k}$ lach.$_{a1,k}$ lepi.$_{a1}$ lept. lil-s.$_{a1}$ *Lil-t.*$_{a1,k}$ lim.$_{a1}$ lipp.$_{a1}$ lob.$_{a1,k}$ lyc.$_{a1,k}$ lycpr.$_{a1}$ lyss.$_{a1,k}$ mag-m.$_{a1,k}$ mag-s.$_{a1,k}$ mela.$_{a1}$ merc.$_{a1,k}$ merc-i-f. merl.$_{a1}$ mez.$_{a1,k}$ mit.$_{a1}$ morph.$_{a1,k}$ *Mur-ac.* murx.$_{a1,k}$ myric.$_{a1,k}$ naja nat-ar. nat-c.$_{a1,k}$ nat-p. nat-s.$_{a1,k}$ nicc.$_{a1,k}$ nit-ac.$_{a1,k}$ nit-m-ac.$_{a1}$ nux-m.$_{a1,k}$ **Nux-v.**$_{a1,k}$ ol-an.$_{a1,k}$ op.$_{a1,k}$ osm.$_{a1,k}$ ost.$_{a1}$ *Ox-ac.*$_{a1,k}$ petros.$_{a1,k}$ *Phos.*$_{a1,k}$ phys.$_{a1,k}$ *Phyt.*$_{a1,k}$ *Pic-ac.*$_{a1,k}$ plan.$_{a1,k}$ plb.$_{a1,k}$ plumbg.$_{a1}$ *Podo.*$_{a1,k}$ polyp-p.$_{a1}$ prun.$_{a1,k}$ *Psor.*$_{a1,k}$ ptel.$_{a1,k}$ *Puls.* raph.$_{a1,k}$ rhod.$_{a1,k}$ rhus-g.$_{a1}$ rhus-t. rhus-v.$_{a1}$ rumx. sabin.$_{a1,k}$ samb.$_{a1,k}$ sang.$_{a1,k}$ sapin.$_{a1}$ sarr.$_{a1,k}$ *Sars.*$_{a1,k}$ *Sec.*$_{a1,k}$ *Senec.*$_{a1,k}$ **Sep.**$_{a1,k}$ *Sil.*$_{a1,k}$ sol-t-ae.$_{a1}$ spira.$_{a1}$ *Staph.*$_{a1,k}$ stram.$_{a1,k}$ stront-c. *Stry.*$_{a1,k}$ *Sul-ac.*$_{a1,k}$ **Sulph.**$_{a1,k}$ sumb.$_{a1,k}$ tab.$_{a1,k}$ tanac.$_{a1}$ *Tarent.* tep.$_{a1}$ thuj.$_{a1,k}$ trom.$_{a1,k}$ tus-p.$_{a1}$ ust.$_{a1,k}$ verat.$_{a1,k}$ vip.$_{a1,k}$ *Zinc.*$_{a1,k}$ zinc-p.$_{k2}$ zing.$_{a1,k}$ ziz.$_{a1,k}$
  - **tagsüber**: ant-c.$_{a1,k}$ ox-ac.$_{a1,k}$
    - **Ruhe**, in der: am-c.
  - **morgens**: aml-ns. bufo chel.$_{a1,k}$ cimic.$_{a1,k}$ cinnb.$_{a1,k}$ cop.$_{a1,k}$ croc.$_{a1,k}$ *Dios.*$_{a1,k}$ hura ign.$_{a1,k}$ *Kali-bi.*$_{a1,k}$ lac-ac.$_{a1,k}$ lyc. mag-m.$_{a1,k}$ mit.$_{a1}$ mur-ac. naja nicc.$_{a1,k}$ **Nux-v.**$_{a1,k}$ plan.$_{a1,k}$ *Puls.*$_{a1,k}$ ran-b.$_{a1,k}$ **Rhus-t.**$_{a1,k}$ sang.$_{a1,k}$ sars. *Senec.*$_{a1,k}$ stann.
    - **Aufstehen**:
      - **nach**, amel.: nat-s.$_{a1,k}$
      - **beim**: aloe calc.$_{a1,k}$ cedr.$_{a1,k}$ del.$_{a1}$ hipp.$_{a1,k}$ lyc.$_{a1,k}$ ox-ac.
    - **Bett**, im: chr-o. franz.$_{a1}$ *Nux-v.*
    - **Erwachen**, beim: carbn-s. erig.$_{a1,k}$ op.$_{a1,k}$ plan.$_{a1,k}$
  - **vormittags**: jug-c.$_{a1,k}$ stront-c. sulph.$_{a1,k}$
    - **11** h: lac-ac.
    - **Sitzen**, beim: jug-c.$_{a1,k}$ sulph.$_{a1,k}$
  - **mittags**: lycps-v.
  - **nachmittags**: calc-f. coc-c.$_{a1,k}$ dios.$_{a1,k}$ erig.$_{a1,k}$ fago.$_{a1,k}$ jug-c.$_{a1,k}$ kali-c.$_{a1,k}$ lycps-v.

- **Lumbalregion - nachmittags**: ...
ost.$_{a1}$ ptel.$_{a1,k}$ rhus-t.$_{a1,k}$ *Sep.*$_{a1,k}$ stry.
  - **14** h, beim Sitzen: hura
  - **Einatmen**; beim tiefen: sars.
  - **Fieber**; während: trom.$_{a1,k}$
- **abends**: alum.$_{a1,k}$ apoc.$_{a1,k}$ cob.$_{a1,k}$ coc-c.$_{a1,k}$ dios.$_{a1,k}$ dirc.$_{a1,k}$ erig.$_{a1,k}$ ferr.$_{a1,k}$ hura kalm.$_{a1,k}$ lycps-v. murx.$_{a1,k}$ naja nux-m.$_{a1,k}$ pic-ac.$_{a1,k}$ stry. sulph.$_{a1,k}$ sumb.$_{a1,k}$ tanac.$_{a1,k}$
  - **19.30** h, beim Erwachen: sep.
- **nachts**: *Aesc.* agar.$_{a1,k}$ arg-n. coc-c.$_{a1,k}$ der.$_{a1}$ fl-ac.$_{a1,k}$ lyc.$_{a1,k}$ mag-c.$_{a1,k}$ mag-m.$_{a1,k}$ nicc.$_{a1,k}$ nit-ac.$_{a1,k}$ *Nux-v.*$_{a1,k}$ podo.$_{a1,k}$ sang.$_{a1,k}$ senec.$_{a1,k}$ **Sep.**$_{a1,k}$ sil.$_{a1,k}$ sulph.$_{a1,k}$ zinc.
  - **Bett**:
    - **im**: croc.$_{a1,k}$ lac-ac.$_{a1,k}$ naja
    - **Einschlafen**, beim: bapt. sin-n.
    - **Herumdrehen** im Bett; beim: zinc.
- ◇ **abwechselnd** mit:
  - **Kopfschmerz**: aloe brom.$_{a1,k}$
  - **Oberschenkeln**; Schmerz in den: am-c.
- **Anlehnen**, Lehnen:
  - **gegen** etwas amel.: zing.$_{a1,k}$
  - **Seite** amel.; an die: raph.
- **Aufrichten**:
  - **agg.**: carb-ac.$_{a1,k}$ kali-bi.
  - **amel.**: nat-m.$_{a1,k}$
- **Aufrichten**, beim: nat-m.$_{a1,k}$
- **Aufstehen**:
  - **amel.**: cob.$_{a1,k}$ ferr.$_{a1,k}$ ptel.$_{a1,k}$ *Ruta* sulph.$_{a1,k}$
  - **Beginn** des Gehens; und zu: tab. zinc.
  - **beim**: aesc.$_{a1,k}$ agar.$_{a1,k}$ am-m.$_{a1,k}$ ant-c.$_{a1,k}$ *Ars.* *Calc.*$_{a1,k}$ calc-sil.$_{k2}$ carb-an.$_{a1,k}$ led.$_{a1,k}$ nat-m.$_{a1,k}$ petr.$_{a1,k}$ phos.$_{a1,k}$ puls.$_{a1,k}$ *Sil.*$_{a1,k}$ sulph.$_{a1,k}$ tus-p.$_{a1,k}$ verat. zinc.$_{k2}$
- **Auftreten** agg.: acon.$_{a1,k}$ carb-ac. spong.$_{a1,k}$
  ☞ *Erschütterung / Fehltritt*
- **Berührung**, bei: bry.$_{a1,k}$
- **Beugen**:
  - **amel.**: androc.$_{srj1}$ caust.$_{a1,k}$ psor.$_{a1,k}$
  - **hinten**, nach: asaf.$_{a1,k}$ con. kali-c.$_{a1,k}$ puls.$_{a1,k}$ sabin.$_{a1,k}$ sel.$_{a1,k}$
    - **amel.**: fl-ac. puls.$_{a1,k}$ sabad. sabin.$_{a1,k}$
  - **vorne**, nach: asaf.$_{a1,k}$
- **Bewegung**:
  - **amel.**: alum. androc.$_{srj1}$ calc-caust. calc-f. kali-n. kreos. limest-b.$_{es1}$ nux-v.$_{a1,k}$ rhod.$_{a1,k}$ staph.$_{a1,k}$ stront-c.
  - **Beginn** der Bewegung; zu: androc.$_{srj1}$ dig. *Led.* tab.
  - **bei**: **Aesc.**$_{a1,k}$ alum.$_{a1,k}$ am-c.$_{a1,k}$ asar.$_{a1,k}$ canth.$_{a1,k}$ chel.$_{a1,k}$ colch. croc.$_{a1,k}$ franz.$_{a1}$ hydr. ign.$_{a1,k}$ iris kali-bi.$_{a1,k}$ kali-n. lyc. nit-ac.$_{a1,k}$ *Ox-ac.* *Phyt.*$_{a1,k}$ *Pic-ac.* plan.$_{a1,k}$ podo.$_{a1,k}$ *Psor.*$_{a1,k}$ **Rhus-t.**$_{a1,k}$ sars.$_{a1,k}$ *Sep.*$_{a1,k}$ spira.$_{a1}$ tep.$_{a1,k}$ ziz.$_{a1,k}$
  - **plötzlicher**, bei: rumx.
- **Bücken**:
  - **amel.**: chel. puls. sang.
  - **beim**: *Aesc.* alum. am-caust. cham. con. dig. dios. *Dulc.* hura hyos. jug-c. kali-bi. lyc. mang. meny. nat-m. plb. puls. rhod. sabad.

- **Lumbalregion Bücken - beim**: ...
  sars. *Sil.* **Sulph.** *Thuj.* zinc.
  - **Gartenarbeit**, nach: agar.
- **Drehen**, beim:
  - **aufsetzen**, um sich im Bett herumzudrehen; muß sich: **Nux-v.**
  - **Harndrang**, bei: raph.
  - **plötzlichem**, bei: mag-m.a1,k
- **Druck**:
  - **agg.**: canth.a1,k *Graph.*
  - **amel.**: carb-ac.a1,k dig.a1 fl-ac.
- **Erektionen**, nach heftigen: mag-m.
- **Erschütterung**, bei: carb-ac. podo.
  ☞ *Auftreten / Fehltritt*
- **Essen**, beim: coc-c.a1,k
- **Fahren** oder Reiten, beim: calc.a1,k carb-ac.
- **fehlen** würde; als ob der dritte Wirbel: *Psor.*
- **Fehltritt**, bei einem: carb-ac. podo.a1,k
  ☞ *Auftreten / Erschütterung*
- **Flatus**; amel. nach: coc-c.
- **Frost**; während: gamb.a1,k myric.a1,k
- **Gehen**, beim: *Aesc.*a1,k agar.a1,k alum.a1,k alum-p.k2 am-c.a1,k am-m.a1,k apoc. bapt.a1,k brach.a1,k coff.a1,k colch. con.a1,k dios.a1,k grat.a1,k hyos.a1,k kali-bi.a1,k mez.a1,k nat-c.a1,k ost.a1 podo.a1,k rhus-v.a1,k sep.a1,k spong.a1,k stry. *Sulph.*a1,k tab.a1,k tus-p.a1,k ust. verat.a1,k zinc.a1,k
  - **amel.**: ant-c.a1,k *Arg-n.*a1,k cob.a1,k *Kali-p.* kreos.a1,k phos.a1,k *Ruta* staph.a1,k tab.a1,k zinc.k2
  - **fortgesetztes** Gehen amel.: zinc.a1,k
  - **gebeugtes** Gehen amel.: *Sulph.*a1,k
  - **Menses**, während: mag-m.a1,k
- **Husten**, beim: arund.a1,k kali-n.a1,k merc.a1,k tell.
- **Knie**-Ellbogen-Lage amel.: coloc.
- **Knien**, beim: euphr.a1,k
- **Koitus**, nach: cann-i.a1,k
- **Lachen**, beim: **Cann-i.**a1,k tell.
- **lähmungsartig**: carl.a1,k *Cocc.*a1,k kalm.a1,k nat-m.a1,k ran-s.a1,k *Sabin.*a1,k sel.a1,k zinc.a1,k
- **Liegen**:
  - **amel.**: cob.a1,k
  - **beim**: agar.a1,k aml-ns. androc.srj1 mag-m.a1,k *Nux-v.* tab.a1,k tet.a1
  - **Abdomen** liegen; kann nur auf dem: nit-ac.
  - **Rücken**, auf dem: ign. lyc.
- **Menses**:
  - **vor**: am-c.a1,k arum-d.a1,k berb.a1,k caust.a1,k *Mag-c.* phos.a1,k
  - **während**: aloe *Am-m.*a1,k berb.a1,k castm. caust. *Coc-c.* cop.a1,k eupi.a1,k gran.a1 graph.a1,k iod.a1,k *Lach.* lyc.a1,k mag-c.a1,k mag-m.a1,k mom-b.a1 nat-p.k2 nit-ac.a1,k prun.a1,k rat.a1,k **Sulph.**a1,k tarent.a1,k zing.a1,k
  - **nach**: berb.a1,k calc-p. kali-n. puls.
  - **Erscheinen** der; beim: acon. aloe berb. nit-ac.
  - **verzögert**: sul-ac.h,k,*
- **Mittagessen**, nach dem: phos.a1,k sulph.a1,k

- **Lumbalregion**: ...
- **Nähen**, beim: iris
- **Niesen**, beim: *Sulph.*a1,k
- **Obstipation**, bei: kali-bi. tep.
- **periodisch**: ars.a1,k
- **Samenabgang**, nach: ham.a1,k
- **Sitzen**:
  - **amel.**: mag-c.a1,k meny.a1,k
  - **beim**: *Agar.* androc.srj1 carb-an.a1,k caust.a1,k chinin-s. *Cob.*a1,k equis-h. hura lyc.a1,k mag-c. mag-m.a1,k mur-ac. nux-v.a1,k ol-an.a1,k pall. *Phos.*a1,k *Prun.*a1,k puls.a1,k rhod.a1,k **Rhus-t.**a1,k *Sulph.*a1,k tab.a1,k
  - **gebeugtem**, bei: chinin-s. phos.a1,k
  - **Spaziergang**, nach einem: ruta
- **Stehen**, beim: kali-c.a1,k limest-b.es1 meny.a1,k mur-ac. ped.a1 phos.a1,k podo.a1,k stry. verat.a1,k
  - **amel.**: *Arg-n.*a1,k
- **Stuhlgang**:
  - **vor**: kali-n.a1,k ox-ac.
  - **während**: nicc.a1,k squil.a1,k sulph.a1,k tab.a1,k
    - **hartem** Stuhl, bei: stront-c.
  - **nach**: colch.a1,k dros.a1,k lipp.a1
    - **amel.**: coc-c.a1,k
  - **harter** Stuhl amel.: ox-ac.a1,k
- **Treppensteigen**, beim: tus-p.a1,k
- **Urin**; nach reichlichem Abgang von: caust.a1,k
- **Urinieren**:
  - **beim**: *Clem.*hr1 sulph.
  - **nach**; amel.: **Lyc.**
- **warm**:
  - **Anwendungen** amel.; warme: calc-f. caust.a1,k *Rhus-t.*
  - **Zimmer**; beim Eintreten in ein warmes: gels.
- **Waschen**; nach: aloe aml-ns. calc-caust. equis-h. gamb. myric. *Podo.* ptel. *Sulph.*
- **wehenartig**: acon. *Kreos.* nux-v. **Puls.**
- ○ **Hüfte**, über der: bell. dulc. kali-bi.
- **Taille**: calc. mur-ac. rumx. sars. sil. tarent.
- **Lumbosakralregion**: **Aesc.** androc.srj1 asc-t. aspar. *Cimic.* colch. dios. gels. hura lil-t. **Onos.** *Phos.* sil.
  - **nachts**: *Aesc.*
- **Sakrum**: acon. **Aesc.** **Agar.** alum. androc.srj1 arg-n. aur. aur-s.k2 *Bapt.* borx.c1 calad. *Calc.* *Calc-p.* *Calc-s.* calc-sil.k2 canth. carb-an. *Carb-v.* carbn-s. cham. chin. *Cimic.* *Coff.* colch. con. eug. eup-pur. fl-ac. **Gels.** graph. *Helon.* hep. *Ign.* *Kali-bi.* kali-c. kali-m.k2 kali-sil.k2 *Lach.* lil-t. lyc. *Merc.* **Mur-ac.** nat-m. *Nux-v.* ol-j. op. *Phyt.* ptel. **Puls.** *Rhus-t.* *Sep.* *Sil.* staph. stram. *Sulph.* vario. verat. zinc.k2
  - **morgens**: ang. calad. kali-bi.k2 kali-n. nat-m. sel. *Staph.* thuj.
  - **abends**: led. *Sep.* ter.
  - **nachts**: arg-n. kali-bi.k2
  - **Aufstehen** vom Sitzen; beim: zinc.k2
  - **Bewegung**, bei: *Aesc.* *Colch.*
    - **amel.**: kali-bi.k2
  - **Bücken**, beim: **Aesc.** borx.c1

- **Sakrum**: ...
  - **Druck** amel.: colch. *Sep.*
  - **Fleisch** von den Knochen abgelöst; als sei das: acon. kali-bi.
  - **Gehen**, beim: **Aesc.** *Colch.*
    - **amel.**: calc.$_{k2}$ phos.$_{k2}$ rhus-t.$_{k2}$ sep.$_{k2}$ sulph.$_{k2}$ zinc.$_{k2}$
  - **Menses**, vor den: *Vib.*
  - **Sitzen**, beim: **Agar.** borx.$_{c1}$
  - ▽ **erstreckt** sich in die Beine: calc-ar. *Cimic.* *Lil-t.* *Sep.*
  - ○ **Sakroiliakalgelenke**: **Aesc.** *Coloc.* jug-c. *Sulph.*
- **Steißbein**: calc-p. carb-v. caust. *Fl-ac.* hyper.$_{k2}$ *Kali-bi.* sulph. xan. *Zinc.*
  - **Menses**, während: zinc.
  - **Sitzen**, im: petr. plat.
  - **Stuhlgang**, nach: sulph.
- **Wirbelsäule**: **Agar.**$_{hr1,k}$ asaf.$_{hr1,k}$ calc-p.$_{k2}$ *Carb-v.*$_{hr1,k}$ *Chel.* chinin-ar. gels.$_{k2}$ lac-ac.$_{bg1,k}$ *Lac-c.* *Lach.* lyc.$_{bg2}$ lycps-v. lyss.$_{hr1,k}$ nat-m.$_{k2}$ *Nux-m.*$_{hr1,k}$ ol-j.$_{hr1,k}$ *Sil.*$_{hr1,k}$ syph.$_{k2}$ **Tell.** *Zinc.*$_{hr1,k,*}$
  - **dumpfes** Gefühl, wie mit Blut überfüllt: phos.$_{a1,k}$
  - **Erschütterung** des Bettes; durch: **Bell.** **Graph.**
  - **Sitzen**, beim: helon.
  - ○ **Gehirnbasis** zum Steißbein; von der: lac-ac. *Lac-c.*
- **Zervikalregion**: acon. adon.$_{bro1}$ *Aesc.* ambr. bar-c. bell. *Calc.* *Calc-caust.* cann-i. carb-v. *Cimic.* con. dig. dios. **Gels.** *Guaj.* hell. ign. iod. lil-t. *Merl.* myric. naja nat-m. petr. **Phyt.**$_{bg1}$ ran-b. rhus-v. sep. *Syph.* *Verat-v.* vesp. *Zinc.*
  - **morgens**: aml-ns. limest-b.$_{es1}$ thuj.
    - **Aufstehen**, beim: calc-caust.
    - **Erwachen**, beim: ars.
  - **vormittags**: agar.
  - **abends**: alum. olnd. **Zinc.**
  - **Abendessen**; amel. nach dem: sep.
  - **Beugen** des Kopfes nach hinten amel.: cycl. lac-c.
  - **Bewegung**, bei: *Aesc.* glon. mez. sars. verat-v.
  - **Eintreten** in ein Zimmer aus dem Freien; beim: ran-b.
  - **Husten**, beim: *Bell.*
  - **Luft**:
    - **Luftzug**, beim geringsten: calc-p.
  - **Schreiben**, beim: carb-an. **Zinc.**
  - ▽ **erstreckt** sich zu:
    - **Arme**: plect.
    - **Hinterkopfgegend**: aml-ns.
    - **Kopf** und Schultern: dios.
    - **Kreuz**, beim Stuhlgang: verat.
    - **Schultern**: *Verat-v.*
  - ○ **Wirbelsäule**: hell.

– **windend**, drehend:
- **Stuhlgang**, vor: verat.$_{h}$
- ○ **Lumbalregion**: graph.$_{h}$

– **wühlend**, grabend:
- **Druck** amel.: dulc.$_{h}$
- ○ **Lumbalregion**: dulc. kreos.
  - **Gehen** amel.: dulc.
- **Sakrum**: calad.

– **wund** schmerzend (= wie zerschlagen, empfindlich etc.): *Acon.* *Agar.* **Alum.** alum-p.$_{k2}$ alum-sil.$_{k2}$ alumn. am-m. anac. ang. anis.$_{c1}$ *Apis* **Arn.** *Ars.* ars-i. asar. benz-ac.$_{k2}$ berb. *Calc.* calc-s. calc-sil.$_{k2}$ camph.$_{h}$ carb-ac. carb-v. carbn-s. caust.$_{h}$ *Cham.* chin. cic. *Cina* cinnb. clem. coc-c. coloc. *Con.* conv. cor-r. corn. dig. *Dros.* dulc. **Eup-per.** granit-m.$_{es1}$ grat. hep. hyos. kali-ar. **Kali-c.** kali-n. kali-p. kali-s. kali-sil.$_{k2}$ lyss. mag-c. *Mag-m.* mag-s. *Merc.* myric. nat-ar. *Nat-c.* **Nat-m.** nat-p. *Nat-s.* *Nux-m.* **Nux-v.** ox-ac. **Phos.** *Phyt.* **Plat.** *Psor.* *Puls.* *Ran-b.* rat. *Rhod.* *Rhus-t.* **Ruta** sabad. *Sang.* sep.$_{k2}$ sol-ni. *Spig.* *Stann.* stram. stront-c. sul-ac. **Sulph.** tep. ther. *Thuj.* verat. vib. *Zinc.* zinc-p.$_{k2}$
- **links**: petr.$_{h}$ plat.$_{h}$
- **morgens**: *Dros.* ox-ac.
  - **Aufstehen**:
    - **beim**: am-m. calad. nat-m. stann. thuj.
    - **nach**, amel.: nat-m.$_{h}$ *Rat.*
  - **Bett**, im: nat-m.$_{h}$
  - **Bewegung** amel.: am-m.
  - **Gehen**, beim: arg-met. grat. mag-m. mag-s.
- **abends**: psor.
- **nachts**: *Am-m.* cham. mag-c.$_{h}$ mag-m. *Nat-c.*
  - **Mitternacht**, beim Erwachen aus dem Schlaf: nat-c.
  - **3** - 4 h, agg.: **Nux-v.**
  - **Bett**, amel. durch Bewegung; im: mag-c.
- **Aufrichten**; beim:
  - **Bücken**, nach langem: *Nat-m.*
- **Aufstehen**; beim:
  - **Sitzen**, nach dem: apis *Psor.* **Sulph.**
- **Bewegung**, bei: chel. chin. merc. ran-b. stram.
  - **amel.**: *Am-m.* **Kali-c.** mag-c. rat.
- **Bücken**, beim: cham. lec. stront-c.
- **Drehen** des Körpers; beim: thuj.
- **Druck**: berb.$_{k2}$ nat-m.$_{k2}$ nux-m.$_{k2}$ sulph.
  - **amel.**: vib.
- **Erwachen**, nach dem: mag-s.
- **Freien**, im: *Merc.*
- **Frösteln**, beim: **Arn.**
- **Frost**; während: cham.$_{h}$
- **Gehen**:
  - **amel.**: *Puls.* thuj.
  - **beim**: hyos. *Ruta*
  - **Freien**, im: merc. *Zinc.*
- **Koitus**; nach:
  - **Männern**; bei: mag-m.$_{pd}$
- **Liegen**:
  - **amel.**: asar.
  - **beim**: hep. nat-m. *Puls.*
  - **Hartem** amel.; auf etwas: rhus-t.$_{k2}$
  - **Rücken**, auf dem: am-m. bry. hyos.
  - **Seite**, auf der: ign.
    - **amel.**: nat-s.

- **Menses**:
  - **vor**, agg. nachts: *Berb.*
  - **während**: *Mag-m.* phos. *Thuj.*
    - **Knochen**; wie in den: carb-v.
- **Sitzen**, im: asar. *Calc.* hep. hyos. nat-m. ph-ac. plat.$_{h}$ *Ruta* sabad. thuj.
- **Stehen**, im: asar. *Calc.* hep. thuj.
- **Stelle**; an einer einzelnen: sulph.$_{h}$

▽ **erstreckt** sich zu:
  - **Abdomen**: nat-c.$_{h}$
  - **Kreuz** und Abdomen: caust.$_{a1,k}$
  - **Nacken**, nachmittags nach dem Hinlegen: nat-c.
  - **Sakrum**: gins.$_{a1,k}$
  - **Schultern** zu den Lenden beim Gehen; von den: ox-ac.$_{a1,k}$

○ **Dorsalregion**: *Apis* calc-p. hydrog.$_{srj2}$ nat-m. *Nat-s.* pall. ph-ac. plb. sec. sep. stann. stram. zinc-p.$_{k2}$
  - **morgens** beim Erwachen, amel. durch Körperübungen: calc-p.
  - ○ **Schulterblätter**: anac. ant-t. *Arn.* ars. bar-c. berb. calc-p. chel. con. dios. graph. hell. kali-c.$_{h}$ *Kreos.* lyc. merc. merc-i-f. nat-m. nux-v. phos. ran-b. sil. spong. thuj. verat. vesp. zinc.
    - **links**: card-m. coloc. led.$_{bg1,bg2}$ merc.$_{bg1,bg2}$ phyt.
    - **rechts**: arn.$_{bg1}$ ars. caust.$_{h}$ chel. *Cic.* crot-c.$_{bg1}$ kali-c.$_{bg1,bg2}$ meph.$_{bg1}$
    - ○ **äußerer** Rand: plat.$_{h}$
    - **morgens** im Bett: con.$_{h}$ nat-m.
    - **Bewegung**:
      - **amel.**: coloc.
      - **bei**: chin. cocc. kali-c.
      - **Armes**, des rechten: caust.$_{h}$
    - **Drehen**, beim:
      - **Kopfes**, des: merc.
        - **rechts**, nach: caust.$_{h}$
      - **Körpers**, des: con.$_{h}$
    - **Gähnen**, beim: nat-s.
    - **liegt**, auf der er: graph.$_{h}$
    - ▽ **erstreckt** sich den Rücken hinunter: chel.
    - ○ **Spitze**: cimx.
    - **unter** den: cist. cund. led. nat-ar. nat-c. ol-j. sul-i. thuj.
      - **morgens**: ox-ac.
      - **Brennen**; zwischen den Anfällen von: plb.
      - **Keuchen**, mit: ars.
    - **zwischen** den: *Acon.* am-m. ars. bar-c. chin. crot-c. dig. *Gran. Hell.* kali-bi.$_{bg1}$ kali-c. lach. lil-t.$_{bg1}$ mag-c.$_{bg1}$ mag-m. mag-s. *Meny.* merc-i-f. nat-m. nux-v. *Phos.* plat.$_{bg1}$ podo. rhus-t. *Sil.* sulph. ther. verat.$_{bg1}$
      - **Bewegung** amel.: kali-c.
      - **Bücken**, beim: cham. nux-v.
      - **Husten**, beim: dros.$_{k2}$ sul-ac.
      - **Liegen**, beim: nat-m.
      - **Sitzen**, im: nat-m.
    - ○ **Wirbelsäule**; zwischen linkem Schulterblatt und: hydrog.$_{srj2}$
      - **Druck**, Ruhe und Wärme amel.: *Phos.*

- **Dorsalregion - Schulterblätter - zwischen - Wirbelsäule**, und: ...
    - **Heben** und Arbeiten während den Menses und Ärger agg.: *Phos.*
  - **Wirbel**; erster: nux-v.$_{hbh}$
- **Lumbalregion**: acon. aesc.$_{hr1,k}$ **Agar.**$_{hr1,k}$ *Alum.* alum-sil.$_{k2}$ am-c. *Am-m.* ang.$_{c1,k}$ ant-o. apoc.$_{hr1,k}$ arg-met. *Arg-n.* **Arn.** *Ars.* ars-s-f.$_{k2}$ **Aur.** aur-ar.$_{k2}$ aur-m. aur-s.$_{k2}$ bamb-a.$_{stb2}$ bar-c.$_{hr1,k}$ bell. **Berb.**$_{hr1,k}$ brom.$_{hr1,k}$ **Bry.** calad. *Calc-p.* *Caps.*$_{hr1,k}$ *Carb-ac.* carbn-s. *Caust. Cham. Chel.* **Chin.** *Cimic. Cimx.*$_{hr1,k}$ *Cina* cinnb. clem. coc-c. cocc. *Colch. Coloc.* conv. cor-r. corn.$_{hr1,k}$ cupr-ar. cur. **Dulc.** **Eup-per.** *Ferr.* ferr-ar. gamb. granit-m.$_{es1}$ *Graph.* grat. hell. *Hep.* hura hydrc. indg. jatr-c. kali-br. kali-i. *Kali-n.* lac-c. lact. lept. *Lil-t.* lob. lyc. lyss.$_{c1}$ *Mag-m.* mag-s. med. *Meny.* *Merc. Naja* nat-c. *Nat-m. Nat-s. Nux-m.* **Nux-v.** ox-ac. phos. phys. pic-ac. *Plat.* plb. ptel.$_{hr1,k}$ *Ran-b. Ran-s.* **Rhod. Rhus-t.** *Ruta Sil.* stann.$_{h}$ staph. stry. *Sul-ac.* sul-i. **Sulph.** *Tab. Thuj.*
  - **links**: zinc.$_{h}$
  - **morgens**: alum. *Arg-met.* calc-p. colch.$_{a1,k}$ dios.$_{a1,k}$ sil.$_{a1,k}$
    - **abends**; bis: nat-s.
    - **14** h, bis: mag-c.
    - **Aufstehen**:
      - **amel.**: aur. nat-s. staph.$_{h}$
      - **beim**: *Calc-p.* kali-c.$_{a1,k}$ *Nat-m.* rat.$_{a1,k}$ *Stry.* thuj.$_{a1,k}$ valer.$_{a1,k}$
    - **Bett**, im: *Agar.* aur. *Nux-v.*$_{a1,k}$ *Ruta*
    - **Erwachen**, beim: kali-n.$_{h}$
  - **vormittags**: nat-c.$_{a1,k}$
  - **nachmittags**: cob. mag-c.$_{h}$ plb. *Sulph.*$_{a1,k}$
    - **Schmerzen**, nach: sang.
  - **abends**: caust.$_{a1,k}$ cob.$_{a1,k}$ *Coloc.* kali-n.$_{h}$ mag-c.$_{a1,k}$ meny.$_{a1,k}$ sars.$_{h}$ stront-c. *Sulph.*$_{a1,k}$
  - **nachts**: **Am-m.** ang.$_{c1}$ **Sil.**$_{a1}$ **Sulph.**
    - **Mitternacht**:
      - **nach**: **Am-m.** *Naja* **Sil.** staph.$_{h}$ **Sulph.**
        - **2** h: *Nat-s.*
        - **3** h: kali-n. *Nux-v.*
        - **4** h: ang.$_{c1}$
  - **Anlehnen** an einen Stuhl; beim: plb.
  - **Atmen** agg.; tiefes: conv. sang.$_{hr1,k,*}$
  - **Aufrichten**; beim:
    - **Bücken**, vom: nat-m. *Sulph.* verat.$_{h}$
  - **Aufstehen**; beim:
    - **agg.**: ferr. sulph. thuj. verat.$_{h}$
  - **Auftreten**, beim: berb. *Carb-an. Thuj.*
  - **Berührung**:
    - **agg.**: graph.$_{h}$ kali-c.$_{h}$ phos.$_{h}$ sep.$_{h}$
    - **amel.**: meny.$_{h}$
  - **Beugen** nach hinten; beim: nux-v. plat.
  - **Bewegung**:
    - **amel.**: aur. bry. rat. **Rhod. Rhus-t.** *Ruta*
    - **Beginn** der Bewegung nach dem Liegen; zu: dig.
    - **bei**: arg-met. bufo *Calc.* **Chin.** conv. dig. eup-per. nux-v. sul-ac. verat.$_{h}$
  - **Bücken**, beim: alum. aur-m. cham. graph. lec. *Meny.* nat-m. nux-v. *Sil. Sulph. Thuj. Verat.*$_{h}$

- **Lumbalregion**: ...
  - **Drehen**, beim: alum. sil. *Thuj.*
  - **Druck**:
    - **agg.**: plat. sulph.$_{h}$
    - **amel.**: verat.
  - **Entbindung**, bei der: *Caust.*
  - **Erkältung**, durch: **Dulc.**
  - **Fluor**, mit: caust.$_{h}$ kali-n.$_{h}$
  - **Gehen**:
    - **amel.**: apoc. aur. bry. mag-c.$_{h}$ mag-s. phel. puls. ruta thuj.
    - **beim**: alum. caust. hep. hyos. kali-c.$_{h}$ *Meny.* *Thuj.* zinc.$_{h}$ zing.
    - **kurzem** Spaziergang; nach einem: grat.
    - **langsames** Gehen amel.: *Puls.*
  - **Liegen**:
    - **beim**: agar. berb. *Bry.* cham. puls. **Rhus-t.**
    - **Rücken**, auf dem: am-m. *Ars.* *Bry.* ign. *Rhus-t.*
    - **Seite**, auf der:
      - **rechts** amel.: nat-s.
      - **agg.**: am-m.
  - **Menses**:
    - **vor**: mag-c.$_{h}$ spong.
    - **während**: am-c. bar-c. carb-v. caust. *Cimic.* kali-i. kali-n.$_{h}$ mag-c. mag-m. mag-s. thuj.
    - **nach**: mag-c.$_{a1,k}$
  - **Nieren**, über den: apis$_{bg1}$ helon.$_{bg1}$ merc-c.$_{bg1}$ phyt.$_{bg1}$ solid.$_{bg1}$
  - **Schlaf**; beim Erwachen aus dem: berb.
  - **Schneuzen** der Nase; beim: dig.
  - **Schwangerschaft**; während der: lyss.$_{hr1,k}$
  - **Sitzen**:
    - **amel.**: caust.
    - **beim**: agar. berb. bry. kali-c. mag-c.$_{h}$ mag-s. meny.$_{a1,k}$ merc. nat-m. phel. **Rhus-t.** stront-c. sul-ac.
    - **aufrechtem**, bei: conv.
    - **gebeugtem**, bei: *Kali-i.*
  - **Stehen**, im: agar. mag-s. ruta$_{h}$ sul-ac. thuj. zinc.$_{h}$ zing.
  - **Stuhlgang**, nach: nat-m.
  - **Wetter**:
    - **nassem** Wetter, bei: **Rhod. Rhus-t.**
  - ▽ **erstreckt** sich zu:
    - **Abdomen**: bar-c.$_{h}$ nat-c.$_{h}$
    - **Beine**: berb. hep.
    - **Oberschenkel**: lyc.
  - ○ **Darmbeinkamm**: carb-an.$_{h}$
  - **Hüfte**, über der: ars. castm. dulc. staph.
  - **Rippe**, letzte: ph-ac. **Ran-b.**
  - **Lendenwirbel**, letzter: acon. aesc. cham. *Nat-s.* plat.
- **Sakralregion**: *Acon.* *Agar.* **Alum.** alum-p.$_{k2}$ am-c. *Am-m.* androc.$_{srj1}$ ang. arg-met. *Arn.* ars. bapt. *Berb.* *Bry.* *Calad.* carbn-s. *Caust.* chin. cina cinnb. *Colch.* coloc. cor-r. dig. eup-per. ferr. *Fl-ac.* gamb. *Graph.* *Hep.* hyper. ign. kali-bi. kali-i. kreos. lact. *Lob.* mag-c. mag-m. meny. *Merc.* nat-ar. nat-c. *Nat-m.* *Nat-s.* *Nux-m.* *Nux-v.* ox-ac. phel. *Phos.* phyt. *Plat.* ran-b. ran-s. rhod. **Rhus-t.** *Ruta* *Sabad.* sars. *Sep.* sil. spong. staph.
- **Sakralregion**: ... stront-c. *Sulph.* *Tell.* thuj. *Verat.*
  - **Berührung** der Kleidung; empfindlich gegen die: *Lob.*
  - **Bewegen** amel.: **Rhus-t.**
  - **Bücken**, beim: nat-ar.
  - **Gehen**, beim: nat-ar.
  - **lähmungsartiger** Schmerz in den Knien beim Aufstehen vom Sitzen: *Verat.*$_{a1,k}$
  - **Liegen**, beim:
    - **Seite**, auf der: act-sp. *Nat-s.*
    - **Stilliegen** auf dem Rücken; beim: **Rhus-t.**
  - **Menses**, vor den: *Spong.*
  - **Sitzen**, im: *Merc.* **Rhus-t.**
  - ○ **Sakroiliakalgelenke**: *Calc-p.* coc-c. hep. rumx. verat.
    - **Menses**, während: thuj.
- **Sakroiliakalgelenk**: *Calc-p.* rumx.
  - **Menses**, während: thuj.
- **Steißbein**: alum. *Am-m.* ars-s-f.$_{k2}$ calc-p. *Carb-an.* *Carb-v.* **Caust.** cench.$_{k2}$ *Cist.* *Euph.* fl-ac. **Hyper.** *Kali-bi.* *Kali-i.* lach. *Mez.* nat-m. *Petr.* phos. *Ruta* sanic.$_{c2}$ **Sil.** **Sulph.** xan. zinc-p.$_{k2}$
  - **Aufstehen** vom Sitzen, beim: **Sulph.**
  - **Berührung**, bei: alum.$_{h}$
  - **Bücken** agg.: sulph.
  - **Liegen** agg.: am-m.$_{gsy1}$ carb-an.
  - **Menses**, während: bell. carb-an. caust. cench.$_{k2}$ kreos.
  - **Schlaf**, im: *Am-m.*
  - **Sitzen**, im: *Am-m.* carb-an. cench.$_{k2}$ *Cist.* *Kali-bi.* **Sil.**
  - **Verletzung**; durch: *Carb-an.* **Hyper.** *Mez.* **Sil.** thuj.$_{k2}$
  - ▽ **erstreckt** sich zu:
    - **Beine**: hyper.$_{bro1}$
    - **Sakrum**: ruta
- **Wirbelsäule**, Spinalreizung: aesc. **Agar.**$_{c2,k}$ alum-p.$_{k2}$ alum-sil.$_{k2}$ *Ang.* ant-c. apis arg-n.$_{c2,k2}$ *Arn.*$_{hr1,k}$ ars. *Atro.*$_{c2,k}$ bapt. **Bell.** *Benz-ac.* berb. *Calc.* calc-i.$_{k2}$ calc-p.$_{k2}$ calc-sil.$_{k2}$ *Carb-ac.* card-m.$_{k2}$ caul.$_{k2}$ caust. *Chel.* *Chin.* chinin-ar.$_{c2,k}$ **Chinin-s.**$_{c2,k}$ *Cimic.*$_{c2,k}$ cinch.$_{c2}$ *Cocc.*$_{c2,k}$ *Crot-c.* crot-h. *Cupr.*$_{c2,k}$ *Dios.*$_{c2,k}$ eup-per. gels. *Glon.* **Graph.** *Hep.*$_{c2,k}$ hyper.$_{c2,k}$ *Ign.*$_{c2}$ iod. iodof. *Kali-ar.* *Kali-c.*$_{c2,k}$ kali-i. **Kali-p.** *Lac-c.*$_{c2,k}$ **Lach.** *Lec.* lil-t.$_{c2,k}$ **Lyss.** mag-m. mag-p.$_{k2}$ *Med.*$_{k,k2}$ merc-i-r. methyl.$_{c2}$ *Naja* *Nat-ar.* *Nat-c.* **Nat-m.**$_{c2,k}$ **Nat-p.** *Nat-s.* nicc. **Nux-v.** *Ol-j.*$_{c2,k}$ ox-ac. *Ph-ac.* **Phos.** phys.$_{c2,k}$ *Phyt.*$_{c2,k}$ pic-ac.$_{c2}$ plan. *Plat.* podo. *Puls.* *Ran-b.*$_{c2,k}$ *Rat.* *Rhus-t.* **Ruta** sabad.$_{hr1,k}$ *Sang.* *Sars.* sec.$_{c2,k}$ *Sep.* **Sil.**$_{c2,k}$ spig.$_{hr1,k}$ squil. stram. stry-p.$_{c2}$ sulph.$_{c2,k}$ tanac. *Tarent.*$_{c2,k}$ *Tell.*$_{c2,k}$ **Ther.**$_{c2,k}$ *Thuj.* valer.$_{k2}$ verat. *Vib.* **Zinc.**$_{br1,k,*}$
  - **morgens**: agar. mag-m.$_{h}$
  - **Anlehnen** an einen Stuhl agg.: **Agar.** plb. **Ther.**
  - **Auftreten**, beim: *Nux-v.* **Ther.**$_{hr1,k}$
  - **Berührung** agg.: calc-sil.$_{k2}$ tarent.$_{k2}$ zinc-p.$_{k2}$
  - **Bewegung**; bei: ther.$_{k2}$

- **Wirbelsäule**, Spinalreizung: ...
  - **Druck**: tarent.$_{k2}$
    - **bei**: plat.$_{h}$
  - **Erschütterung** des Bettes; durch: **Bell.** *Graph. Lach.* **Sil. Ther.** *Thuj.*
  - **Fieber**; während: *Chinin-s. Cocc.*
  - **Gehen**, beim: *Ruta* verat.$_{h}$
  - **Geräusche**: ther.$_{k2}$
  - **Gewitter**, vor: *Agar. Phos.*
  - **Liegen**, beim:
    - **flaches** Liegen mit fest herabgedrücktem Rücken amel.: *Nat-m.*
    - **Hartem** amel.; auf etwas: *Nat-m.*
    - **Rücken**, auf dem: mag-m.$_{h}$
  - **Menses**, während: thuj.
  - **Nähmaschine**; durch Arbeit an einer: *Nux-v.*
  - **Sitzen**, beim: ruta$_{h}$
  - **Strecken**, beim: med.
  - ○ **Dorsalregion**: acon. aesc. *Agar.* ail. arn.$_{hr1,k}$ ars-met. asaf. *Bell.* brach. cact. *Card-m. Chel.* **Chinin-s.** *Cimic. Cocc.* colch. *Coloc. Cupr.* gins. *Graph. Hell.* hyper. merc. nux-v. ph-ac. **Phos.** plb. podo. *Ruta* sec. *Sil.* **Tell. Ther.** *Zinc.*
    - ○ **Wirbel**; erster:
      - **Druck** agg.; harter: choc.$_{srj3}$
  - **Lumbalregion**: agar. *Arg-n.* bar-c. bell. *Chel.* colch. *Graph.* hep.$_{h}$ *Lil-t.* lyc. mag-m. med. *Phos.* pic-ac. *Plat.* tab. **Thuj.**
    - **Anlehnen** an einen Stuhl; beim: plb.
    - **Auftreten**, beim: berb. *Carb-an.* **Thuj.**
    - **Menses** agg.: thuj.
  - **Lumbosakralregion**: nat-p.
  - **Sakralregion**: am-c. ang. *Berb. Colch.* kali-bi. *Lob.* nat-ar. rhus-t. sarr. *Sep. Sil.*
    - **Bücken** oder Gehen agg.: nat-ar.
    - **Menses**, vor den: *Spong.*
  - **Zervikalregion**: *Aesc. Ang. Arn.*$_{hr1,k}$ carb-ac. *Card-m.* **Chinin-s.** *Cimic.* cinnb. *Cocc. Coloc.* con. dios. *Gels. Ham. Hyper. Lach.* nat-ar. *Nat-s.* ox-ac. **Par.** plan. stram. **Sulph.** *Tell.*
- **Zervikalregion**: acon. *Aesc. Agar.* ambr. arg-met. arn. *Ars.* ars-i. arum-t.$_{k2}$ *Bad.* bapt. *Bell.* bov. brach. calc-p. *Carb-ac.* caust. chin.$_{h}$ cic. cina$_{k2}$ coloc. cycl.$_{h}$ dig. dros. dulc. *Ferr.* fl-ac. *Gels.* graph. ham. iod. kali-bi. *Kalm. Lach.* lec. lyc. merc-i-f. naja nat-ar.$_{k2}$ nat-c. *Nat-m.* **Nat-s.** *Nit-ac.* nux-m. nux-v. **Ph-ac.** *Phos.* phys. podo. psor. puls. ruta sabin. sang. sep. **Sil.** sol-ni. stram. sulph. tarent. tep. *Thuj. Zinc.* zinc-p.$_{k2}$
  - **links**: agar.$_{bg1}$
  - **morgens**:
    - **Aufstehen**, nach dem: am-m.$_{h}$
    - **Gehen** agg.; nach: arg-met. ph-ac.
  - **abends**: sep.$_{h}$
  - **Bewegen** des Kopfes; beim: kali-c. *Kalm.* merc-i-f. podo.
  - **Bewegung**:
    - **amel.**: *Sulph.*
    - **bei**: am-m.$_{h}$ asar. nux-v.
  - **brennend**: ph-ac.
  - **Bücken**, beim: nux-v.
  - **Gähnen**, beim: nat-s.

– **wund** schmerzend - **Zervikalregion**: ...
  - **Gehen**, beim:
    - **amel.**: mag-s.
    - **Freien** amel.; im: sep.$_{h}$
  - **Liegen**, beim: lyc.
  - **Strecken**, beim: nat-s.
  - **Zurückbeugen** des Kopfes; beim: *Bad.* cic. hep.
  - ○ **Wirbel**:
    - ▽ **erstreckt** sich zu:
      - **fünfter** Brustwirbel: tell.$_{brol}$
    - ○ **Gelenk** zum ersten Brustwirbel: dig.$_{h}$
    - **siebter** Wirbel: carb-ac. con. *Gels.* sep.$_{h}$
  - **Wirbelsäule**, Spinalreizung: naja$_{c2}$

– **zerbrechen** würde; als ob der Rücken: *Aesc. Alumn.* **Bell.** bry.$_{k2}$ chel. cocc. *Kali-c.* kalm. kreos. *Nat-m. Nux-v.* phos.$_{c1,k2}$ pic-ac.$_{c1}$ vario.
  - **gehen**; muß: nux-v.$_{k2}$
  - **Menses**:
    - **während**: **Bell.** *Nux-v. Vib.*
    - **unterdrückt**: **Bell.** *Nux-v.*
  - ○ **Dorsalregion**: *Lil-t.*
    - ○ **Schulterblätter**: nat-m.$_{h}$
  - **Lumbalregion**: aloe arg-met. **Bell.** chel. *Ham. Kreos.* **Lyc.** nat-m. nux-v. plat.
    - **Bewegung** amel.: kreos.
    - **Bücken**, beim: **Chel.**
  - **Sakrum**: aloe *Berb.*$_{hr1,k,*}$ cimic. kali-c.
    - **Liegen**, beim: berb.$_{hr1,k,*}$
    - **Sitzen**, im: berb.$_{hr1,k,*}$
  - **Zervikalregion**: **Bell.** *Chel.* form.

– **zerbrochen**, wie: agar. arn. *Bell.*$_{bg1}$ calc-o-t.$_{brol}$ chel.$_{c1}$ cina cocc.$_{bg1}$ conv. corn-f.$_{br1}$ **Eup-per.** ferr-i.$_{k2}$ ham.$_{bg3}$ ip.$_{k2}$ *Kali-c.* lyc.$_{bg3}$ mag-c.$_{c1}$ mag-s.$_{pd}$ merc. *Nat-m. Nux-v.* **Phos.** plat. ruta verat.
  - **Beugen** agg.: agar.$_{k2}$
  - **Bücken** und Aufrichten; beim: verat.$_{h,k,*}$
  - **Gehen**, nach dem: plat.
  - **Liegen**, beim:
    - **Rücken**, auf dem: cina
    - **Seite**, auf der: cina$_{h}$
  - **Menses**; während: phos.$_{k2}$
  - **Schwangerschaft**; während der: phos.$_{k2}$
  - **Stuhlgang**, vor: *Nux-v.*
  - ○ **Dorsalregion**: crot-c.$_{bg1}$ lil-t.$_{bg1}$ mag-s.$_{bg1}$ *Nat-m.*$_{bg1,bg2}$ plat.$_{bg1,bg2}$ verat.$_{bg1,bg2}$
    - **getrennt**; als seien die Wirbel voneinander: chel.$_{bg1,bg2}$
    - ○ **Schulterblätter**: hell. kreos. merc-i-f. ran-b. sil.
      - ○ **zwischen** den: sulo-ac.$_{c1}$
  - **Lumbalregion**: arg-met. *Ars.* bry. *Carb-an. Cham.* chel. clem. con. cor-r. ferr-i. *Graph. Ham. Kali-c.* kali-i.$_{ptk1}$ kreos. **Lyc.** mag-c. mag-m. meli. **Nat-m.** *Nux-m.* ox-ac. **Phos.** plan. plat.$_{h,k,*}$ psor. *Rhus-t. Sep.* staph. sulph.
    - **morgens** im Bett: ang.$_{k,kl,*}$ *Staph.*
    - **abends**, in der Ruhe: nux-m.
    - **nachts**: ferr-i. *Mag-c.*
    - **abgeschlagen**, wie: arg-met.
    - **Berührung**, bei: *Graph.*

- **Lumbalregion**: ...
  - **Beugen** des Rückens agg.: plat.$_{h,k,*}$
  - **Bewegen**:
    - **amel.**: *Kreos.* nux-m.
    - **beim**: chel. con. kali-c. *Rhus-t.*
  - **Bücken**, beim: clem. mag-m.
  - **Gehen**:
    - **amel.**: meli.
    - **nach**: carb-an. plat.$_{h,k,*}$ sep.
  - **Husten**, beim: *Rhus-t.*
  - **Körperübungen**, bei: con.
  - **Liegen**, beim: carb-an.
  - **Luft**:
    - **Zugluft**, durch: *Nux-v.*
  - **Sitzen**, im: meli.
  - **Stehen**, beim: carb-an.
    - **amel.**: meli.
  - **Strecken**, beim: mag-m.
  - **Stuhlgang**, beim: **Lyc.**
- **Sakrum**: acon. *Aesc.* agar. alum. am-m. ang. arn. *Ars.* bry. *Calc-p. Eupi.* graph. hep. meli. nux-m. nux-v. *Phos.* plat. rhus-t. ruta sabin.$_{k2}$ *Staph.* verat.
  - **morgens** im Bett: staph.
  - **nachts**, im Bett, amel. durch Aufstehen und Gehen: ang.
  - **Gehen**, beim: *Calc-p.*
  - **Husten**, mit: *Phos.*
- **Steißbein**: cist.
- **Zervikalregion**: acon. agar. caust. chel.$_{a1,k}$ gels. nux-v. sabin. thuj.
  - **Bewegen** oder Heben des Kopfes; beim: chel.
    - **links**, beim Fahren im Wagen; als würde der Hals entzweibrechen, agg.: form.

– **zerfallen**; als würde das Kreuz in Stücke: tril-p.$_{c1,zr}$

– **zerquetscht**, wie:
- ○ **Lumbalregion**: **Berb. Chin.** phos.
  - **Bewegung**, bei: **Chin.**
- **Sakrum**: sil.
- **Zervikalregion**: marb-w.$_{es1}$

– **zerrend**: agar. calc. canth. nat-p.$_{k2}$
- **Bewegung**, bei: agar.
- ○ **Dorsalregion**, zwischen den Schulterblättern: naja
- **Lumbalregion**: arn. bar-c. coc-c. colch. *Con.* ery-a. *Ferr. Ham.* kali-chl. merl. myric. phos. *Pic-ac.* plb. **Sabin.** *Sep.* xan.$_{c1}$
  - **morgens**:
    - **Anstrengung**, bei: ust.
    - **Erwachen**, beim: myric.
  - **Menses**:
    - **vor**: canth.
      - **einsetzen**; als würden die Menses: *Apis* sulph.
      - **Sitzen**, im: mag-c.
    - **während**: *Kali-c.* sulph. zinc.
    - **nach**: ust.
  - **Urinieren**:
    - **vor**: graph.
    - **beim**: sulph.

– **zerrend - Lumbalregion**: ...
- ▽ **erstreckt** sich zu:
  - **Leiste**, während den Menses: *Sulph.*
  - **Rektum**: calc.
- **Sakrum**: androc.$_{srj1}$ *Carb-v.* helon. *Sep.* ust.
- **Zervikalregion**: *Gels.* pic-ac.

– **zerschlagen**; wie

☞ *wund schmerzend*

– **ziehend**: *Agar. Alum.* am-c. ambr. *Ang.* ant-t. arg-n. *Ars.* ars-s-f.$_{k2}$ aster. aur. bad. *Bamb-a.*$_{stb2}$ bar-c. bell. bol-la. *Bry.* calc-p. calc-s. *Canth. Caps. Carb-an. Carb-v.* **Card-m.** caust.$_{h}$ *Cham. Chel. Chin.* **Cimic.** cina coc-c. cocc. *Colch.* con. crot-c. crot-h. crot-t. cupr. cycl. dig. dros. dulc. eupi. *Graph. Guaj. Hep. Hyper.* ign. kali-ar.$_{k2}$ kali-bi. *Kali-c.* kali-p. kali-s. kalm. *Lach.* lact. *Lil-t. Lyc.* med.$_{k2}$ *Merc.* mez. mill. mosch. nat-ar. nat-c. *Nat-m.* nat-p. **Nux-v.** op. ox-ac.$_{k2}$ *Petr. Phos.* phyt.$_{k2}$ pic-ac. psor. *Puls.* rat. rhod. rhus-r. rhus-t. ruta sabad. sang. seneg. stann. stram. *Stront-c.* sul-ac. *Sulph.* ter. teucr. *Thuj.* valer. verat. viol-t. zinc. zinc-p.$_{k2}$ zing.
- **links**: carb-v.$_{h}$ cupr.$_{h}$ rhod. til.
- **rechts**: bad. carb-v. cupr. sep.
- **morgens**: calc-p. *Cimic.* hep. zinc.
  - **4 h**, beim Erwachen: calc-p. chel.
  - **Aufstehen**, nach dem: *Hep.*
  - **Bett**, im: hep. rhod.
- **vormittags**: ars. bamb-a.$_{stb2}$
- **abends**: agar. *Calc-p.* carb-v. chel. *Lach.* lyc. nit-ac. rhus-t.
- **nachts**: ars. chel. hep. nat-m.
  - **Herumdrehen** amel.; häufiges: nat-m.
- **anfallsweise**: nat-c. nit-ac.$_{h}$
- **Auftreten**, beim: sul-ac.$_{h}$
- **Beugen**, beim:
  - **amel.**: petr.
  - **hinten**, nach: calc-p. **Cimic.**
- **Bewegung**:
  - **amel.**: alum. bry. colch. **Rhus-t.**
  - **bei**: caps. carb-v. eupi. sul-ac.
- **Bücken**, beim: *Carb-v.* sul-ac. sulph.
- **Drehen**:
  - **agg.**: *Bry.* hep. nux-v.$_{k2}$
  - **amel.**: nat-m.
- **Frost**; während: lyc.$_{h}$ *Puls.*
- **Gähnen**, beim: calc-p.
- **Gehen**, beim:
  - **amel.**: bry. **Rhus-t.** *Sulph.*
  - **Freien**, im: ter.
- **Harndrang**, mit: *Lach.*
- **Lachen**, beim: phos.
- **Lesen**, beim: nat-c.
- **Luftzug**; durch jeden: verat.
- **Menses**:
  - **vor**: hyos.
  - **während**: *Sil.* zinc.
  - **unterdrückten** Menses, bei: con.$_{h}$
- **Mittagessen**, nach dem: rat.
- **Schlaf**, im: zinc.
- **sexuellen** Exzessen, nach: *Ars.*

• **Sitzen**, im: *Bry.* calc. *Carb-v.* lyc. nat-c. ph-ac.h **Rhus-t.** ter. ther. *Thuj.*
• **Stehen**, beim: caps. con. ign.
• **Stilliegen**, beim: colch. nat-c.
• **Stuhlgang**:
 • **während**: *Puls.*
 • **nach**: caps.
 • **Stuhldrang**, bei: zing.
• **Zurückwerfen** der Schultern amel.: cycl.
▽ **erstreckt** sich zu:
 • **abwärts**: ars.h bry. con.h merc. rhus-t.al
 • **Anus**: nat-c. rhus-t.al
 • **Arme**: carb-v.h nat-c.h2
 • **Beine**: ars. bell. dulc.k2 lach. *Phos.*
 • **Brust**: agar.gsy1
 • **Hals**: sang.
 • **Hinterkopf** und Scheitel, bei Frost: **Puls.**
 • **Hoden**, agg. beim Gehen oder Aufstehen vom Sitzen: *Sulph.*
 • **Hüfte**: *Lach.* mosch. *Nat-m.*
 • **Kopf**, agg. nach Anstrengung: nat-m.
 • **Kreuz** und Abdomen: caust.h
 • **Leiste**, Gehen oder Aufstehen vom Sitzen agg.: *Sulph.*
 • **oben**, nach: ars.h lach. nat-m.
  • **Bücken**, beim: sulph.
 • **Ösophagus**: agar.gsy1
 • **Sakrum**: con. tep.
○ **Dorsalregion**: alum. *Ars.* aur-m. *Bamb-a.*stb2 bell. *Card-m.* **Cimic.** coloc. **Guaj.** ind. med. mur-ac.h nit-ac. ph-ac. stann. staph.h
 • **Bewegung** amel.: alum. mez.h
 • **Bücken**, beim: meny.h
 • **Sitzen**, beim: ph-ac.
 ○ **Rippen**: bamb-a.stb2
  • **Einatmen**; beim: bamb-a.stb2
 • **Schulterblätter**: acon. ars. asaf. *Berb.* borx. *Calc.* camph. *Carl.* *Caust.* cham. *Chel.* *Chin.* cimic. *Coloc.* con. hep. ind. kali-c. kali-n. lyc. med. mez. mur-ac. *Nux-v.* rhod. ruta sars. seneg. sep. sil. *Squil.* *Sulph.* tell. thuj.
  • **links**: asaf. card-m. con. mez. ptel. sep. *Squil.*
  • **rechts**: bamb-a.stb2 **Coloc.** con.h lyc.h nat-m.h sulph.h tell.
  ▽ **erstreckt** sich zu:
   • **Hand**, rechte: plat.h
  ○ **innerer** Rand: *Card-m.*
  • **abends**: chel. lyc. sulph.h
  • **anfallsweise**: sil.h
  • **atmen**, muß tief: nat-m.h
  • **Bewegung**, bei: caps.h
  • **Erwachen**, beim: rhod.
  • **Gehen**, beim: asaf.
  ▽ **erstreckt** sich zu:
   • **Hals**: mang.h
  ○ **unter**: asaf. *Card-m.* cimx. cocc. con. mez. nat-s. ph-ac.h pulx.br1 rhus-t. rutah stann.h sulph. thuj.
   • **Gehen**, beim: cocc.
   • **Heben** des Armes; beim: con.
   • **Sitzen**, beim: sep.h
   • **Stehen**, beim: cocc.

• **Dorsalregion - Schulterblätter - unter**: ...
  ▽ **erstreckt** sich zu den Fingern: cimx.
  ○ **rechtes** Schulterblatt: calc.h sep.h
 • **zwischen** den: acon. *Alum.* am-c. *Ars.* bell. borx. bry. **Calc.** carb-an. chel. **Cimic.** coloc. *Dros.* eupi. graph. grat. **Guaj.** *Hep.* kali-bi. kali-n. lob. *Lyc.* mur-ac. nat-c. nat-m. *Nat-s.* nux-v. *Ph-ac.* *Phos.* *Puls.* *Rhus-t.* sep. *Sil.* stann. stram.h thuj. viol-t. *Zinc.* zinc-p.k2
  • **morgens** im Bett: ang.
  • **vormittags**: alum.
  • **nachmittags**: chel.
  • **abends**: bell. kali-n. lyc. zing.
   • **18** h: kali-n. zing.
  • **nachts**: rhus-t. sil.
  • **Aufrichten** agg.: coloc.
  • **Beugen**, beim:
   • **hinten** amel., nach: *Sil.*
   • **vorne**, nach: **Cimic.**
  • **Bewegung**, bei: bry. stann. sulph.
  • **Bücken**, beim: borx. nux-v.
  • **Freien**, im: nat-c.
  • **Gehen**, beim: coloc.
  • **Liegen** amel.: *Ars.*
  • **Menses**, während: *Am-c.* *Sil.*
  • **Reiben** amel.: carb-an.
 • **zwischen** Wirbelsäule und rechtem Schulterblatt: bamb-a.stb2
• **Lumbalregion**: acon. agar. aloe am-c. am-m. ambr. *Arg-met.* arg-n. arn. *Ars.* ars-s-f.k2 *Aur.* bamb-a.stb2 *Bar-c.* bar-s.k2 *Bell.* benz-ac. *Berb.* *Bry.* *Calc.* calc-s. calc-sil.k2 *Carb-an.* carb-v. carbn-s. card-m. carl. *Caust.* *Cham.* *Chel.* *Chin.* cinnb. clem. coc-c. *Cocc.* colch. *Coloc.* *Con.* cycl. dig. *Dulc.* eupi. hep. hipp. hura hyos. ign. indg. *Kali-bi.* *Kali-c.* kali-m.k2 kali-n. kali-p. kali-sil.k2 kreos. *Lach.* *Led.* *Lyc.* mag-m. *Mez.* *Mur-ac.* nat-c.h2 *Nat-m.* *Nit-ac.* *Nux-v.* **Ph-ac.** plb. psor. *Puls.* *Rhod.* rhus-v. **Sabin.** *Sep.* *Sil.* *Stram.* *Stront-c.* sul-ac. *Sulph.* ter. *Thuj.* verat. *Zinc.* zinc-p.k2 zing.
 • **morgens**: carbn-s. dios. hipp. sulph. thuj. zinc.
  • **Bett**, im: hep. nux-v.
 • **mittags**: sulph. thuj.
 • **nachmittags**: bry. carbn-s.
  • **amel.**: bamb-a.stb2
 • **abends**: *Bar-c.* meny. nit-ac. stront-c. sulph. zing.
 • **nachts**: ars. bry. cinnb. colch. eupi. sulph.
 • **anfallsweise**: ph-ac.
 • **Atmen**, beim: coloc.
 • **Aufstehen**, beim: bar-c. *Sulph.*
 • **Bad**; warmes:
  • **amel.**: bamb-a.stb2
 • **Beugen**, beim:
  • **amel.**: acon. am-m. hura
  • **hinten**, nach: bar-c. sabin.
 • **Bewegung**, bei: acon. caps. colch. kali-n. sul-ac.h
  • **amel.**: am-c. colch. *Dulc.* indg.

- **Lumbalregion**: ...
  - **Bücken**:
    - **amel.**: mag-c.h ph-ac.
    - **beim**: clem. meny. staph.h zinc.h
  - **Drehen**, beim:
    - **Bett**, im: bry. lil-t.
    - **Rumpfes**, des: thuj.
  - **Druck** amel.: dig. led. ph-ac.
  - **Erwachen**, beim: bry. colch.
  - **Essen**, nach dem: bry.
  - **Flatus**; wie durch eingeklemmten: nat-c.h
  - **Gehen**:
    - **amel.**: am-c. ph-ac. thuj.
    - **beim**: acon. aeth. arg-met. *Carb-an.* cocc. sulph.h thuj.
  - **hinlegen**; muß sich: sil.h
  - **innen**, nach: am-m.h
  - **Koitus**, nach: nit-ac.
  - **krampfartig**: sil.h sul-ac.h
  - **Lehnen** nach vorne; beim: hura
  - **Liegen**:
    - **amel.**: *Kali-c.*
    - **beim**: carb-an. colch.
    - **Rücken**, auf dem: **Coloc.** sep.
    - **ruhigem** Liegen, amel. durch Bewegung; bei: colch.
  - **Menses**:
    - **vor**: *Hyos.*
    - **während**: am-m. calc. carl. cham. mag-c. sep.
      - **Beginn** der; zu: bamb-a.stb2
  - **ruckend**: ph-ac.h
  - **Schlaf**, im: zinc.h
  - **Sitzen**:
    - **amel.**: aeth. ph-ac. staph.h
    - **beim**: ang. calc. *Caust.* meny.h stront-c. sulph. *Thuj.* zinc.h
    - **aufrechtem**, bei: zing.
    - **nach** langem Sitzen, kann nicht aufrecht stehen: *Thuj.*
  - **Stehen**, im: caps. *Carb-an.* con. led. ph-ac.
  - **Strecken**, beim: mag-c.
  - **Stuhlgang**:
    - **während**: stann.h
    - **nach**: *Chin.* mag-m.
  - **Treppensteigen**, beim: carbn-s.
  - **unten**, nach: bar-c.h caps.h staph.h
  - **Urinieren**, nach: sul-ac.
  - **Wärme** amel.: bamb-a.stb2
  - ▽ **erstreckt** sich zu:
    - **Arme**, in die: carb-v. kali-bi.
    - **Bauchwände**: cham.
    - **Becken**: tep.
    - **Beine**: am-c. cinnb. *Lach.* sep.
    - **Gesäß**, morgens beim Aufstehen: thuj.
    - **Hoden**: erig.
    - **Hüfte**: lach. rhus-v.
    - **Leiste**:
      - **abends**: lact.
      - **Urinieren**, nach: sul-ac.
    - **Magen**: nit-ac. puls.
    - **Oberschenkel**: agar. berb. cinnb. *Dulc.*

- **Lumbalregion - erstreckt** sich zu **- Oberschenkel**: ...
  kali-bi. kreos. stann.h
    - **Entbindung**, bei der: bell.
    - **Stuhlgang**, beim: stann.
  - **Penis**, in den: dros.
  - **Rektum**: coc-c.
  - **Rücken** hinauf; den: *Ars.* kali-c.h *Lach.* led. nux-v.
  - **Schambein**: **Sabin.**
  - **Schultern**: *Ars.* indg.
  - **Steißbein**: carb-v.
  - **Waden**: tep.
  - ○ **Hüfte** beim Bewegen im Bett; über der: lil-t.
  - **Wirbelsäule**: con.h
- **Sakralregion**: acon. *Am-c.* ang.h *Ant-c.* arg-n. aster. bamb-a.stb2 **Bar-c.** bell. *Chel. Chin.* cocc. colch. croc. dig. *Dios.* dulc. *Helon.* hep. ign. kali-bi. **Kali-c.** kali-m.k2 kali-sil.k2 led. lyc. med.k2 mur-ac. nat-c. nat-m. **Nux-v.** sabin. samb. sil. spong. stram. sul-ac. *Sulph.* ter. *Thuj.* valer. verat. zing.
  - **morgens**: kali-bi. lil-t.
  - **abends**: bar-c.
  - **Aufstehen** vom Sitzen agg.: *Bar-c. Thuj.*
  - **Beugen** nach hinten; beim: bar-c.
  - **Diarrhoe**; bei: nux-v.k2
  - **Druck** amel.: led.
  - **Flatus**; wie durch eingeklemmten: nat-c.h
  - **Gehen**, beim:
    - **langsames** Gehen amel.: bell. kali-bi.
    - **schnelles** Gehen agg.: bell. *Bry.*
  - **Liegen** auf dem Rücken; beim: bell.
  - **Menses**, während: cham. con. zing.
  - **Sitzen**, im: *Bell.* staph.h *Thuj.*
  - **Stehen**:
    - **beim**: led.
    - **amel.**: bell.
    - **aufrechtes** Stehen unmöglich: thuj.h
  - **Stuhlgang**, vor: zing.
  - ▽ **erstreckt** sich zu:
    - **Füße**: ambr.c1
    - **Lumbalregion**: mur-ac.h
    - **Oberschenkel**, in die: nux-v.
- **Steißbein**: *Calc.* carb-v. **Caust.** graph. kreos. lil-t. mur-ac. *Rhus-t. Thuj.*
  - **abends**: *Caust.* graph.
  - **anfallsweise**: thuj.
  - **Aufstehen** vom Sitzen amel.: kreos.
  - **Menses**, während: caust. *Cic.* graph. kreos. thuj.
  - **Sitzen**, im: *Kreos. Thuj.*
  - **stechend** beim Gehen: bry.
  - **Stehen** ist unmöglich; aufrechtes: thuj.h
  - **Urinieren**, verhindert das: thuj.
  - **ziehendes** Gefühl von der Spitze aus; nach oben: lil-t.
  - ▽ **erstreckt** sich zu:
    - **oben**, nach: mur-ac.
    - **Oberschenkel**: *Thuj.*
    - **Rektum** und Vagina: *Kreos.*

• **Wirbelsäule**: *Bell.* berb. *Caps.* carb-v. chin.h chinin-ar. **Cimic.** *Cina* colch. *Con.* cycl. daph. mosch. *Nat-m.* nux-v.k2 *Ruta* sulph. *Thuj.* verat. *Zinc.*
 • **nachmittags**, beim Gehen: stront-c.
 • **abends** im Bett: kali-bi.
 • **nachts**:
  • **Mitternacht**, nach: ant-s-aur.
 • **Koitus**, nach: nit-ac.
 • **Sitzen** und Bücken, wie eine schmerzhafte Schwäche; beim: zinc.
 ▽ **erstreckt** sich zu:
  • **oben** beim Bücken; nach: sulph.
  • **unten**, nach vorne Werfen der Schultern agg., Zurückwerfen derselben amel.; nach: cycl.
 ○ **Gelenke** der Wirbelsäule: staph.h
• **Zervikalregion**: acon. *Aesc. Agar.* ail. all-s. *Alum. Am-c.* ambr. anac. *Ang.* ant-c. apis asaf. asar.h aur. aur-s.k2 bad. bamb-a.stb2 bapt. *Bell.* berb. borx. *Bry. Calc-p.* camph. cann-i. cann-s. canth. carb-ac. carb-an.h *Carb-v.* carbn-s. carl. caul. **Chel.** *Chin.* cic. **Cimic.** clem. coc-c. cocc. *Coloc.* con. crot-t. cur. dig. dios. *Ferr.* fl-ac. kali-bi. kali-c. *Kali-n.* kali-sil.k2 lact. *Lil-t. Lyc.* lyss. mang.h med. meny.h *Merc.* mosch. *Nat-c. Nat-m. Nat-s.* nicc. nit-ac.h *Nux-m. Nux-v.* pall. *Petr.* ph-ac. phys. plb. psor. *Puls.* raph. rat. *Rhod.* ruta sep. sil. stann. *Staph. Sulph.* tep. ter. **Thuj.** viol-o. zinc.
 • **links**: bamb-a.stb2
 • **rechts**: bamb-a.stb2 dulc.h1 nux-v.bg1 sulph.h zinc.bg1,h
 • **morgens**: ant-c. cimic. nux-v. staph.h
  • **Beugen** des Kopfes nach vorne; beim: *Cimic.*
  • **Erwachen**, beim: aloe alum.
 • **vormittags**: bamb-a.stb2
 • **nachmittags**: calc-p. mag-c. nux-v. thuj.
 • **abends**: ant-c.h nat-m. thuj.
 • **anfallsweise**: sil.
 • **Anstrengung** der Arme agg.: ant-c.h
 • **Bewegen**:
  • **amel.**: alum.
  • **beim**: acon. asaf. *Bell.* caps. *Coloc.* hyos. *Rhus-t.* vario.
  • **Kopfes** agg.; des: nat-c.h
 • **Bücken**: ant-c.h berb. borx.c1 canth. rhus-t.
  • **unmöglich**; ist: borx.c1
 • **Drehen** des Kopfes; beim: ant-c. bamb-a.stb2 chel. hyos.
  • **links**, nach: *Ant-c.*
 • **Gehen**, beim: calc-p. con.
  • **Freien**, im: camph.h con.
 • **intermittierend**: spig.h
 • **kalt** und naß:
  • **Luft**; naßkalte: *Nux-m.*
 • **körperliche** Anstrengung agg.: ant-c.
 • **lähmungsartig**: cocc. staph.h
 • **Lesen**, beim: nat-c.
 • **Menses**, vor den: *Nat-c.* nux-v.
 • **plötzlich**: nat-c.h

– **ziehend - Zervikalregion**: ...
 • **rheumatisch**: anac. borx. sep. *Staph.*
 • **Sitzen**, im: ant-c.h aur-m. nat-c. nux-v.
 • **Wetter**:
  • **windigem** Wetter, bei: calc-p.
 • **Zurückbeugen** des Kopfes; beim: cycl.h dig.h valer.
 ▽ **erstreckt** sich zu:
  • **Ellbogen**: lyc.h
  • **Epigastrium**: crot-c.
  • **Hinterkopf**: lyc.h nat-m. *Petr.* ph-ac.h pin-s. spig.h valer.
  • **Kopf**: apis calc.h *Carb-v. Ferr.*
  • **oben**, nach: ambr.h calc. cann-s. *Petr.* ter.
  • **Ohr**: cann-s. colch.
  • **Schulterblätter**: ant-c.h
  • **Schultern**: borx. camph. *Chel.* con.h crot-h. kali-n.h lyc.h mosch. phyt.
   • **linke** Schulter und Schulterblätter beim Gehen im Freien: borx.
  • **Stirn**: lyss.c1
  • **unten**, nach: am-c. asaf. *Chel.* coloc. nat-c. nux-v. psor. rat. spong.
   • **Arm**; linker: pall.c1
 ○ **Sehnen**: am-m.h
– **zusammendrückend**: con.
 ○ **Lumbalregion**: bell. bov. *Caust.* stront-c. *Thuj.*
 • **Zervikalregion**: crot-h. pip-m.
  • **Fingern** zusammengedrückt; als würde die Haut des Halses zwischen zwei: spong.rb2
– **zusammengezogen**, wie: mag-c.h
– **zusammenschnürend**: bamb-a.stb2
 ○ **Dorsalregion**: bamb-a.stb2
  • **mittags**: bamb-a.stb2
  • **Liegen** amel.: bamb-a.stb2
  • **Sitzen**, Beugen des Rückens amel., Vorbeugen agg.; beim: *Rhus-t.*
  ○ **Schulterblätter**: bamb-a.stb2
 • **Lumbalregion**: am-c. arund. hell. lach. lyc. meny. *Puls.* tanac.
  • **abends**: alum.
  • **Atem**, nimmt den: **Puls.**
  • **Stuhlgang**, nach: tab.
  • **Zubettgehen**, beim: naja
 ▽ **erstreckt** sich zu:
  • **Rektum** und Vagina, Stehen amel.: kreos.
  • **Seite**, in die: nux-v.
 • **Zervikalregion**: dulc.a1 *Ferr. Glon.*
– **zusammenschnürend**, zusammenziehend: canth. cocc. mag-m. *Nux-v.* sabad.
– **zusammenziehend**: *Bry.* cham. *Graph.* **Guaj.** kali-c.h mez. viol-t.
 ○ **Dorsalregion**: arn.bg1 guaj.
  ○ **Schulterblätter**:
   ○ **zwischen** den: chin.h graph.bg1 **Guaj.** mag-m.h
 • **Lumbalregion**: mag-m.
  • **Menses**, während: am-m.
 • **Zervikalregion**, Nacken: nux-m.
– **zwickend**: kali-n.h lyc.h nit-ac.h
 • **Stellen**, an einzelnen: zinc.h

○ **Dorsalregion**: kali-c.h stann.h
○ **Schulterblätter**: kali-c.h meny.h
• **links**: euph.h
• **rechts**: am-m.h
• **Sitzen**, beim: puls.h
○ **zwischen**: nit-ac.h
• **Lumbalregion**: sulph.h zinc.h
• **morgens** und abends: kali-n.h
• **Gehen**, beim: mag-c.h
• **schnellem**, bei: dros.h
○ **Lendenwirbel**, bei gebeugtem Sitzen: carb-v.h
• **Seite**:
• **rechts**: sil.h
• **Steißbein**: zinc.h
• **Wirbelsäule**: ph-ac.h
○ **neben** der: carb-v.h
• **Zervikalregion**: sil.h

Schwäche (= Gefühl von Müdigkeit): abrot. *Aesc.* aeth. *Agar.* alum.k2 alum-sil.k2 alumn. anan. ant-t. apis **Ars.** bamb-a.stb2 bar-c. berb. *Brach.* cain.br1 **Calc.** *Calc-p.*c2 calc-s. calc-sil.k2 carb-ac. carb-v. carbn-s. *Casc.* castm. *Chin.*c2 chinin-ar. *Cic.* cimic. cocc.bg1 coloc. con.k2 cupr-ar. cur. dig.br1 *Eup-per.* *Gels.* gins. **Graph.** guaj. helon. hep. hydr. hydrog.srj2 *Ign.*c2 iris kali-c.bg1 kali-cy. kali-p.k,k2 *Lach.* lob. *Lyss.* med. *Murx.* naja.k2 nat-ar. **Nat-m.** nat-p. nit-ac. **Nux-v.** ol-j. ox-ac. pall. petr. **Ph-ac.** *Phos.* phys. *Pic-ac.* plb. podo. psor. *Puls.* pulx.br1 pyrog.k2,pd ran-b.k2 raph. *Rhus-t.* sarr. **Sel. Sep.** *Sil.*c2,k sul-ac. sul-i.k2 **Sulph.** tell. ther. verat-v. **Zinc.**
– **links**: sulph.h
– **morgens**: coloc. dios. ox-ac. pall. petr.h sel.k2 ther.
• **Aufstehen**, beim: nat-m.
– **vormittags**: calc-s.
– **nachmittags**: stict.c1
– **abends**: nat-p.
– **nachts**: petr.
– **Anstrengung**, durch: agar.hr1 kali-c.hr1 lach.hr1 nat-m.hr1 par.hr1 sil.hr1
– **Atmen**, bei tiefem: carb-v.
– **Bewegung** der Arme; bei: clem. *Par. Sil.* sulph.h
– **Ejakulationen**, durch: **Sel.**
– **Essen** agg.: *Nat-m.*
– **Fahren**, beim: calc-s.
– **Fluor**, bei: graph.
– **Gehen**:
• **amel.**: *Hydr.*
• **beim**: *Graph.* sabad. sep. **Sulph.**
• **nach**: bapt. petr.
• **Schnee**; beim Gehen über: sanic.c1
– **geistige** Anstrengung; durch: *Calc.*
– **körperlicher** Arbeit, bei: *Lach.* **Nat-m.** *Sil.*
– **Koitus**; nach: calc.k2
– **Liegen**, beim: cic. phos.
• **amel.**: *Casc. Nat-m.*
– **rutscht** im Bett nach unten: pic-ac.k2
– **Schreiben**, beim: lyc.

Schwäche: ...
– **sexuelle** Exzesse, durch: agar. *Calc. Nat-m.* **Nux-v. Ph-ac.** *Phos.* **Sel.**
– **Sitzen**:
• **beim**: agar. bar-c.h **Calc.** cic. *Graph.* kali-p.k2 *Lyss.* sul-ac.k2 **Sulph. Zinc.**a1,k
• **rutscht** im Sessel nach unten: calc.k2
• **nach**: *Sil.*
• **unmöglich**; ist: pic-ac.k2
– **Stehen** ist fast unmöglich: alum-sil.k2 sul-ac.
– **Stuhlgang**, nach: sumb.
– **Typhus** abdominalis; nach: **Sel.**
○ **Dorsalregion**: hydrog.srj2
○ **Schulterblätter**:
• **Anlehnen** an etwas amel.: sarr.
• **Bücken** amel.: alumn.
○ **unter** den: sarr.c1
• **zwischen** den: *Agar.*a1,k naja.k2 sarr.hr1,k
– **Kreuz**: chr-ac.bro1
• **Gehen**, beim: brach. but-ac.br1 camph. **Cocc.** graph.h petr. sep.h *Zinc.*
• **Beginn** des Gehens; zu: *Zinc.*
• **lernen** nicht zu gehen; Kinder: all-s.
– **Lumbalregion**: *Aesc. Agar.* all-s. *Alum.* alum-p.k2 alumn. am-c. ambr. *Arg-n.* arn. **Ars.** ars-s-f.k2 asar.h aur. aur-ar.k2 aur-m. aur-s.k2 bamb-a.stb2 bar-c. bar-s.k2 *Bell.* benz-ac. but-ac.br1 **Calc. Calc-s.** calc-sil.k2 camph. carb-ac. carbn-s. carl. chel. cimic. cimx. *Cina* clem. **Cocc.** *Coloc.* con. dios. *Eup-per.* granit-m.es1 *Graph. Helon. Hep.* hura hydr. hydrog.srj2 *Kali-bi. Kali-c.* kali-cy. kali-i. kali-s. kali-sil.k2 *Lach.* laur. *Lec. Led.* lil-t. *Lycps-v.* lyss. manc. meph. *Merc.* merc-i-f. morph. *Mur-ac. Murx.* naja nat-c. **Nat-m.** nat-p. *Nux-m.* nux-v. *Nymph. Ox-ac. Pall.* petr. *Phos.* phyt. **Pic-ac.** plan. *Psor.* ptel. **Puls.** raph. **Rhus-t.** *Rhus-v.* rumx. *Ruta* sabin. sanic. *Sec.* **Sel.** senec. **Sep.** *Sil.* sul-ac. sul-i. **Sulph.** thuj. tub.c1 *Zinc.* zinc-p.k2
• **morgens**: hura meph.a1
• **Aufstehen**, beim: nat-m.h
• **abends**: alum. alumn. *Coloc.* hura petr.h
• **Anstrengung**, nach: phys. plan.
• **Aufstehen** vom Sitzen; beim: phos.h
• **Bewegung**, bei: pic-ac. *Sulph.*
• **Bücken**, beim: am-c.h bamb-a.stb2
• **Ejakulation**, nach: ham. *Nat-p.* phos.
• **Essen** agg.: nat-m.
• **Fahren**, beim: berb. cere-b.
• **Fieber**; während: hura
• **Fluor**, bei: *Con.* **Graph.**
• **Hochlangen** agg.: zinc.bg1
• **Liegen** auf dem Rücken:
• **amel.**: nat-m.
• **beim**: calc-s. nat-p.
• **Sitzen**, beim: alum. canth. ferr-p. graph.h helon. hep. iris-foe. *Phos.* thuj. zinc.
• **Stehen**, beim: *Chel. Cic.* **Sulph.**
• **Urinieren**, beim: puls.
▽ **erstreckt** sich zu:
• **oben**; nach: nux-m.bg1

– **Sakrum**: ars. coloc. helo. kalm. lith-c. merc. nat-ar. nat-m. nux-m. petr. *Phos.* pic-ac. *Sep.*k,kl2● sil. sulph. *Zinc.*
• **abends**: petr.h
• **nachts**: *Lith-c.*
○ **Sakroiliakalgelenke**: aesc.k2 arg-n. *Sep.*
– **Zervikalregion**: abrot.bg1,bg2 acon. *Aesc. Agar.* aloe ant-t.bg1,bg2 arg-n.bg1 ars-met. *Cact.* caps.h cimic. **Cocc.** *Gels. Glon. Kali-c.* kali-p.k2 *Lach.* limest-b.es1 nit-ac. nux-m.c1 *Par.* petr. phos. pic-ac. *Plat.* psil.ft1 ptel.c1 sanic.pc *Sil. Stann.* staph. *Verat.* verat-v.bg1 viol-o. *Zinc.*
◆ **begleitet** von:
• **Gänsehaut**: psil.ft1
• **Kopf** fällt nach vorne auf die Brust: nux-m.c1
• **körperlicher** Arbeit, bei: *Agar. Kali-c. Lach.* nit-ac. *Sil.* verat.
• **Schreiben**, beim: **Zinc.**

Schweiß: acon.a1,k **Anac.**hr1,k ars.bg2,k,* ars-s-f.k2 bufobg1,bg2 *Calc.*bg2,k,* calc-s. calc-sil.k2 camph.a1,k casc.hr1,k,* caust.bg2,k,* **Chin.**bg2,k,* **Chinin-s.** coff.a1,k dig. digin.a1 *Dulc.*bg2,k,* ferr.bg2 guaj.bg2,k,* hep.a1,k hyos.hr1,k,* ip.a1,k kali-bi.hr1,k,* lac-c. lach.bg2,k laur.a1,k *Led.*bg2,k,* *Lyc.* morph.a1,k *Mur-ac.*bg2,k,* nat-c.bg2,k,* nat-p. nit-ac.a1,k **Nux-v.**h,k,* par.bg2,k,* *Petr.*bg2,k,* *Ph-ac.*bg2,k,* *Phos.*a1,k *Puls.*bg2,k,* *Rhus-t.*h,k,* sabin.bg2,k **Sep.**bg2,k,* *Sil.*bg2,k,* *Stann.*bg2,k stram.bg2,k,* **Sulph.**bg2,k,*
– **tagsüber**, in der Ruhe: petr.a1,k
– **morgens**: chim. chim-m.hr1 morph.a1
– **abends**: mur-ac.h
– **nachts**: anac. ars.a1,k calc.a1,k coc-c.a1,k coff.a1,k guaj.a1,k lyc. rhus-t.a1,h *Sep.*hr1,k,* sil.h
• **Mitternacht**, nach: **Hep.**
• **3** h: **Rhus-t.**
• **4** h, weckt um: petr.
– **Bewegung**, bei: **Chin.**hr1,k
– **Erwachen**, beim: hep.a1,k
– **Essen**, nach dem: card-m.hr1,k par.a1,k
– **Frost**; während: cann-s.a1,k
– **Gehen**, beim: *Caust.* lac-ac. lach. nat-c. petr. phos. *Rhus-t. Sep.*
• **schnellem**, bei: nit-ac.h
– **kalt**: acon.a1,k chin.a1,k colch.a1,k cub.hr1,k morph.a1 ph-ac. *Sep.*hr1,k,*
• **Husten**; beim und nach dem: cub.
– **Menses**:
• **vor**: *Nit-ac.*
• **während**: *Kreos.*hr1,k
– **Samenabgang**, nach: sil.a1,k
– **Schlaf**, im: tab.a1,k
– **Stuhl**; beim Pressen zum: *Kali-bi.*hr1,k
○ **Lumbalregion**: asaf.hr1,k,* brass-n-o.srj5 clem.a1,k hyos.a1,k **Sil.**hr1,k,*
• **nachts**: sil.a1,k
• **kalt**: plan.hr1,k
• **Menses**, vor den: *Nit-ac.*
– **Sakrum**: plan.hr1,k,*
• **kalt**: plan.hr1,k,*

Schweiß: ...
– **Zervikalregion** ●: *Anac.* ant-t.a1 ars.a1,k arum-d.a1 **CALC.**k,vh/dg calc-sil.k2 cann-s.hr1,k chel.hr1,k **Chin.**hr1,k,* elaps ferr. fl-ac.a1,k jab.a1 lac-c.hr1 mag-c. med.bg1,c1 mosch. *Nit-ac.*a1,k nux-v.a1,k **Ph-ac.**a1,k phel.a1,k pilo.a1 *Sep.*a1,k *Sil.* spig. stann. **Sulph.**hr1,k,* tet.a1 wies.a1
• **tagsüber**: ph-ac.a1,k
• **morgens**: nux-v.a1,k stann.h sulph.h
• **abends**: fl-ac.a1,k
• **nachts**: *Calc.*k,kl2● rhus-t.a1,h *Sulph.*k,kl2● tet.a1
• **Bewegung**; bei der geringsten: **Chin.**hr1,k,*
• **Gehen**, beim: camph.a1,k
• **Menses**, vor den: *Nit-ac.*
• **Schlaf**:
• **amel.**: samb.hr1,k
• **im**: **Calc.** *Hyos.*a1,h *Lach.* ph-ac.a1,k *Phos.*vh *Sanic.*vh

Schwellung: sel.c1
– **fettig**: am-m.gsy1
– **schmerzhaft**: puls.h
○ **Dorsalregion**: am-m. **Calc.** *Carb-an. Kali-c.* lyc. sil. spig. spong.
– **Lumbalregion**: lyc.h
◆ **begleitet** von:
• **Blase**; schneidender Schmerz in der:
• **Urinieren**; beim: borx.c1
– **Nacken**
☞ *Zervikalregion - Nacken*
– **Steißbein**, wie geschwollen: syph.c1
– **Zervikalregion**: nux-v.h
○ **Halswirbel**, siebter: calc.h
• **Nacken**: apis ars.bg1,bg2 *Bar-c.* berb.bg1 carb-v.bg1 der. lach.bg1,bg2 puls. sep. sumb. tub.c1
○ **Bänder** des Halses, mit drückendem Schmerz in der Gehirnbasis; Schwellung der: med.c1
• **Nackendrüsen**: **Bar-c.** bar-i.k2 *Bell. Calc. Carb-v.* con.k2 ferr.c1 graph.k2 *Hell.* iod. kali-p. merc.k2 mur-ac. nat-p. nit-ac.k2 *Petr.* phos. *Sil.* staph. sulph. syph.k2 tub.c1

Schwere (= wie eine Last, ein Gewicht): ambr. androc.srj1 arg-met. arg-n. arn. bamb-a.stb2 **Bar-c.** bar-s.k2 *Bov.* carb-v. **Cimic.** colch. coloc. crot-c. equis-h. euphr. *Hydr.* kali-c. kali-chl. kali-p. lil-t. mag-s. mang. nat-c. *Nat-m.* nat-p. *Par.* petr. ph-ac. *Phos. Pic-ac.* puls. rhod. *Rhus-t.* sapin.bg1 *Sep.* sulph.
– **morgens**: petr.h
• **Aufstehen**, beim: ant-t. euphr. sulph.h
• **Bett**, im: ang.c1 ant-t. euphr. pic-ac. *Sep.* sulph.
• **Erwachen**, beim: phos.h pic-ac. *Sep.*
– **vormittags**: sulph.
• **Sitzen**, im: nat-c.
– **nachts**: carb-v.
– **Aufstehen** agg.: ant-t.
– **Bewegung** amel.: nat-c.hr1 rhod.
– **Liegen**, beim: phos.
○ **Dorsalregion**: carbn-s. phyt. sil. til.c1
○ **Schulterblätter**: phyt. sil.

– **Dorsalregion - Schulterblätter**: ...
• **beugen**; zwingt, sich nach vorne zu: carbn-s.rb2
• **unter**: puls.h
○ **zwischen** den Schulterblättern; wie eine Last: ang.c1 *Carbn-s.* chin.bg1,kr1,* gran.bg1,bg2 lyss.rb2 meny.h phos.bg2
– **Lumbalregion**: agar.bg1,bg2 *Ant-t.*bg1,bg2 *Arg-n.* arn. *Bar-c.* bov. carb-ac. **Cimic.** colch. coloc. *Con.* crot-c.bg1,bg2 gran.bg1,bg2 *Hydr. Kali-c.* kali-p. *Lil-t.* mag-s. mang.bg1 *Merc.* nat-c. nux-m.c1 *Ph-ac. Phos. Phyt.* **Pic-ac. Rhus-t.** sabin.bg1,bg2 sep.bg1,bg2 sulph.bg1,bg2 syph.
• **nachts**:
• **Mitternacht**: *Pic-ac.*
• **Bewegung**:
• **agg.**: *Phos. Pic-ac.*
• **amel.**: nat-c.
• **Erwachen**, beim: *Pic-ac.*
• **Herumdrehen** im Bett agg.: *Corn.*
• **Liegen** auf der linken Seite amel.: *Coloc.*
• **Menses**:
• **vor**: bov.
• **während**: *Cimic. Kali-c.*
• **Sitzen**, beim: nat-c.h
– **Sakralregion**: agar.bg1,bg2 *Aloe*bg1,bg2 *Arg-n.* berb. bry.bg1,bg2 *Carb-v.*bg1,bg2 **Chin.** cimic. clem.a1 coc-c.bg1,bg2 con. dios. *Ferr.* hura mag-s. *Phyt.* pip-n.bg1 *Rhus-t. Sec. Sep.* til.c1 zing.
• **Gehen**, beim: arg-n.
• **Gewicht**: **Arg-n. Chin.** *Cimic. Con. Ferr.*
• **wie** ein: bar-c.bg1
• **Sitzen**, im: aloe *Arg-n.* hura **Rhus-t.**
• **Stehen** amel.: *Arg-n.*
• **Stuhlgang**, beim: *Arg-n.*
– **Steißbein**: ant-c. *Ant-t. Arg-n.*
• **Stehen** amel.: arg-n.
• **Stuhlgang**, beim: arg-n.
• **zerren** würde; als ob ein schweres Gewicht daran: *Ant-t.*
– **Zervikalregion**: *Agar.* ang.c1 apisbg1,bg2 asar. bamb-a.stb2 *Calc-p.* cann-i. caps.h carb-ac. carbn-s.bg1 *Chel.* kali-c. meny. nux-v. **Par.** *Petr. Phos.* plb. **Rhus-t.** sabin.bg1,bg2 samb. sep. tab. verat.
• **morgens**: nux-v.
• **Gehen**, nach dem: *Rhus-t.*
• **Gewicht** auf der: coloc.bg1,bg2 kali-c.h nux-v.bg1,bg2 **Par.** *Phos.* rhus-t. tub.bg1 vinc.rb2
○ Muskeln
☞ *Zervikalregion*

Skoliose
☞ *Krümmung*

Spannung: aeth. *Agar.* am-c.h am-m. arg-n. *Ars. Bamb-a.*stb2 bar-c. bar-s.k2 berb. bry. carbn-s.k2 coloc. con. hep. ign. kali-sil.k2 *Lil-t. Lyc.* med. mez. mosch. nat-c. nat-m. nux-v.k2 ol-an. olnd. *Puls.* rat. sars. sep. *Sulph.* tarax. teucr. thuj. tub.br1 zinc.
– **links**: nat-m.h sulph.h
– **rechte** Seite: sep.
– **vormittags**: bry.

Spannung: ...
– **nachts**: nat-c.
• **Drehen** des Körpers; beim: hep.
– **anfallsweise**: nat-c.h
– **aufzurichten**; beim Versuch, sich: bell.
• **amel.**: nat-c.h
– **Bewegen**, beim:
• **Armes**, des: sulph.
• **Rumpfes**, amel. durch Gehen am Abend; des: nat-c.
– **Bewegung**:
• **amel.**: am-m.
• **während**: colch.
– **Einatmen** agg.: lyc.h
– **Liegen** auf der anderen Seite agg.: sep.
– **Mittagessen**:
• **vor**: nicc.
• **nach**: nat-c.
– **schmerzhaft**: bamb-a.stb2
– **Sitzen**:
• **beim**: am-m. nat-c.
• **gebeugtem** Sitzen, bei: nat-c.a1,h sulph.
– **Stehen**, im: ign.
▽ **erstreckt** sich zu:
• **Anus** im Liegen und Sitzen: nat-c.
• **Brust**, Bücken agg.: chel.
• **Hals**: laur.
○ **Dorsalregion**: ang.h aur-m. choc.srj3 crot-c. lyc. mag-s. mur-ac.h *Rhus-t. Zinc.*
• **links**: sep.h
• **Gehen** amel.: mag-s.
▽ **erstreckt** sich zu:
• **Brust**; quer über die Schultern zur: choc.srj3
○ **Schulterblätter**: alum. *Bar-c.* **Carb-an.** caust.h cic. colch. *Coloc.* con. kali-c. lyc. mag-m. merc. merc-c. *Mez.* mur-ac. nat-c. *Nux-v.* op. *Rhus-t.* sep. sil. sulph. zinc.
• **abends**: sep.
• **Bewegung**, bei: caust.h
• **Drehen** des Kopfes; beim: caust. merc.
▽ **erstreckt** sich zum Hals: mang.h
○ **unter** den: con. kali-c.h zinc.
• **Heben** des Armes; beim: con.
• **zwischen** den: alum.h anac.h ant-c.h carb-an.h *Colch.* ferr. *Hep.* mag-m.h mag-s.c1 mur-ac.h *Nat-c. Nux-v.* sep.h zinc.
• **Bewegung**, bei: sulph.
• **Bücken**, beim: ant-c.h
• **Erregung**, nach: phos.
• **Liegen**, beim: sulph.
• **Menses**, während: am-c.h
• **Reiben** amel.: carb-an.h
▽ **erstreckt** sich zu:
• **Rücken** hinab, den: mag-m.h
• **Schulter**: sulph.h
– **Lumbalregion**: acon. *Agar.* am-c.h ambr. ars.bg1 aur-m. *Bar-c.* bar-s.k2 **Berb.** bov. brom. bry. caps.h carb-v. carbn-s. *Carl.* caust. *Chin.* clem. coc-c. *Colch.* cycl. lyc. mag-c.bg1 merl. *Nat-m.* nit-ac. *Nux-v. Phos. Puls.* rheum sep. sil. *Sulph.* thuj. verat. *Zinc.*
• **morgens** im Bett: sulph.

– **Lumbalregion - morgens** im Bett: ...
 • **4** h, beim Erwachen: sulph.
 • **abends**: *Bar-c.*
  • **Auftreten**, beim: acon.
  • **Stehen**, beim: agar.
 • **Aufstehen**, beim: bar-c. sulph.
 • **Berührung** agg.: agar.
 • **Beugen** nach hinten; beim: bar-c.$_{h}$
  • **amel.**: acon.
 • **Bewegung**, bei: brom. sars.$_{h}$
 • **Bücken**, beim: bar-c.$_{h}$ sabin. **Sulph.**
 • **Freien**, im: lyc.
 • **Gehen**, beim: bry. lyc.
 • **Sitzen**, beim: zinc.
 • **Stehen**, beim: agar. lyc.
  • **aufrechten**, bei: ign.
 • **Strecken** agg.: agar.
 • **Stuhlgang**, nach: berb. plat.
 • **Treppensteigen**, beim: carbn-s.
 ▽ **erstreckt** sich zu:
  • **Hüfte**, linke: sars.$_{h}$
  • **Hypochondrium**, rechtes: bar-c.$_{h}$
– **Sakrum**: *Bar-c.* bar-s.$_{k2}$ berb. caps.$_{h}$ caust. puls. samb.$_{h}$ sars. *Sulph.* tarax. *Zinc.*
 • **abends**: bar-c.
 • **Liegen**, beim: *Berb.*
 • **Sitzen**, beim: *Berb.*
 • **Steigen** agg.: carbn-s.
 ○ **Wirbelsäule**: zinc.$_{h}$
– **Schultern**:
 ▽ **erstreckt** sich zu:
  • **Hals**; äußerer: choc.$_{srj3}$
– **Zervikalregion**: agar. aloe **Alum.** am-m. androc.$_{srj1}$ ant-c. *Apis* aur. *Bar-c.* bar-s.$_{k2}$ **Bell.** berb. bism.$_{h}$ bov. *Bry.* calc. camph. carb-an. *Carb-v.* *Carbn-s.* *Caust.* *Chel.* chin.$_{c1}$ choc.$_{srj3}$ **Cic.** **Cimic.** cinnb. colch. con.$_{h}$ cupr. dig. dulc. elaps euph. *Gels.* glon. graph. *Hell.* *Hydrog.*$_{srj2}$ hyos. hyper. iod. ip. kali-c. kali-s. *Lac-c.* *Lyc.* *Mag-s.* mang.$_{h}$ med. mez. mosch. *Nat-c.* *Nat-m.* *Nat-s.* nicc. nit-ac. *Nux-m.* *Ol-an.* par. *Plat.* plb. psor. *Puls.* *Rat.* *Rhod.* *Rhus-t.* sars. sep. sil. *Spong.* *Staph.* *Stram.* stront-c. *Sulph.* *Thuj.* *Tub.*$_{bg1,bg2,*}$ verat. verat-v. *Zinc.*
 ☞ *Krampfhaftes - Zervikalregion*
 • **links**: rat.
 • **rechts**: caust.$_{h}$ zinc.$_{h}$
 • **morgens**: mag-s. sulph.
  • **Aufstehen**, beim: mag-s.
  • **Erwachen**, beim: anac.$_{h}$
 • **nachmittags**: alum.$_{h}$
 • **abends**: am-m. nat-m. rat.
 • **nachts**:
  • **Mitternacht**, vor: *Sulph.*
  • **Liegen** auf der Seite; beim: staph.$_{h}$
 • **Aufstehen**, bei schnellem: caust.$_{h}$
 • **Ausstrecken** amel.: sulph.
 • **Berührung**, bei: mag-s.$_{c1}$
 • **Bewegung**:
  • **amel.**: con. *Rhod.* *Rhus-t.*
  • **bei**: bry. camph.$_{h}$ graph. kali-c. nat-c. nicc. *Rhus-t.* sars.

Spannung - Zervikalregion - Bewegung: ...
  • **Kopfes**, des: nat-c.$_{h}$ sulph.$_{h}$ thuj.$_{h}$
 • **Bücken**, beim: am-c. ant-c. aur. *Canth.* lyc.$_{h}$
 • **Drehen** des Kopfes; beim: caust.$_{h}$ mur-ac.$_{h}$ spong. *Verat.*
 • **Erwachen**, beim: anac. psor.
 • **Erwärmung** amel.: mosch.
 • **Gehen**:
  • **amel.**: mag-s. *Rhod.* *Rhus-t.* sulph.
  • **beim**: nat-c.
  • **Freien**, im: *Lyc.* meny.$_{h}$
 • **Heben** einer Last; durch: sep.$_{h}$
 • **kalter**, feuchter Luft; bei: *Nux-m.*
 • **Kopfschmerzen**; mit: hydrog.$_{srj2}$
 • **Menses**, vor den: iod. *Nat-c.* nux-v.
 • **Schlaf**, im: alum.
 • **Schreiben**, beim: lyc.
 • **Sitzen**, beim: nat-c. sulph.$_{k,kl,*}$
  • **gebeugtem**, bei: sulph.$_{h}$
 • **Stehen**, beim: rat.
 ▽ **erstreckt** sich zu:
  • **Auge**: sulph.$_{h}$
  • **Schulter**: sulph.$_{h}$

Spasmen: acon. *Ars.* *Calc-p.* cic.$_{k2}$ *Crot-c.* kali-c.$_{h}$ *Lach.* *Mygal.* *Nat-m.* *Nat-s.* *Nux-v.* oena. *Phys.* stram. syph. tab.
 ☞ *Opisthotonus*
– **Berührung**, bei: acon.
– **Stillen**, beim: arn. *Cham.* *Puls.*

Spina bifida: arn. ars. asaf. bac.$_{c2}$ bar-c. bry.$_{bro1,c2}$ *Calc.* calc-p.$_{c2,k}$ *Calc-s.* carb-v. dulc. graph. hep. lach. lyc. merc. mez. nit-ac. phos. *Psor.*$_{c2,k}$ ruta **Sil.** staph. sulph. tub.$_{kr1}$

Spinalreizung
 ☞ *Schmerz - wund - Wirbelsäule*

Steifheit: acon.$_{a1,k}$ adon.$_{bro1}$ aesc.$_{a1,k}$ *Agar.*$_{a1,k}$ *Alum.*$_{a1,k}$ alum-p.$_{k2}$ alum-sil.$_{k2}$ *Am-m.* *Anac.*$_{a1,k}$ anan. *Ang.* *Apis* apoc.$_{k2}$ arg-n. *Ars.* aur. aur-m.$_{a1,k}$ aur-s.$_{k2}$ **Bamb-a.**$_{stb2}$ *Bapt.*$_{a1,k}$ *Bar-c.* bar-s.$_{k2}$ *Bell.* *Benz-ac.* **Berb.**$_{a1,k}$ bol-la. *Bry.* *Calc.* calc-p.$_{k2}$ *Calc-s.*$_{a1,k}$ calc-sil.$_{k2}$ caps.$_{h}$ *Carb-an.* *Carb-v.*$_{a1,k}$ carbn-s. *Carl.*$_{a1,k}$ caul.$_{k2}$ **Caust.** cedr. *Chel.*$_{a1,k}$ *Cic.*$_{h,k,*}$ **Cimic.** cocc.$_{a1,k}$ con. cop.$_{a1,k}$ cupr. cupr-ar.$_{hr1,k,*}$ dig.$_{a1,k}$ dulc.$_{k2}$ ferr.$_{a1}$ gins.$_{a1,k}$ *Guaj.* *Helon.* hydr. *Ign.* ind. iris jac-c. jac-g. *Kali-ar.* kali-bi. *Kali-c.*$_{a1,k}$ *Kali-p.* *Kali-s.* *Lach.* **Led.**$_{a1,k}$ limest-b.$_{es1}$ *Lyc.*$_{a1,k}$ *Manc.* med. nat-ar. nat-m.$_{a1,k}$ nat-s. *Nit-ac.*$_{a1,k}$ **Nux-v.**$_{a1,k}$ ol-an. olnd.$_{a1,k}$ op.$_{a1,k}$ *Petr.*$_{a1,k}$ *Phos.* *Phyt.*$_{a1,k}$ polyp-p.$_{a1}$ *Prun.*$_{a1,k}$ *Puls.*$_{a1,k}$ rheum rhod.$_{k2}$ **Rhus-t.** rhus-v.$_{a1,k}$ **Sep.**$_{a1,k}$ **Sil.**$_{a1,k}$ *Staph.* *Stram.*$_{a1,k}$ *Stry.*$_{a1,k}$ sul-ac.$_{a1,k,*}$ **Sulph.**$_{a1,k}$ syph.$_{k2}$ tab. *Thuj.*$_{a1,k}$ tub. verat. zinc. zinc-p.$_{k2}$ zing.
– **morgens**: ang. calc.$_{h}$ carb-v.$_{a1,k}$ ox-ac.$_{a1,k}$ *Phyt.*$_{a1,k}$ *Sep.* stry.$_{a1,k}$ sul-ac.$_{a1,k}$ *Zinc.*
 • **Aufstehen**, beim: bar-c. calc-s. *Carb-v.*$_{a1,k}$ ferr-i. ign. mag-c.$_{h}$ staph. sul-ac.
 • **Bett**, amel. beim Aufstehen; im: anac.
 • **Erwachen**, beim: bamb-a.$_{stb2}$ calc. hydrog.$_{srj2}$ *Lach.* *Led.* *Sep.*

– **mittags**: valer.
– **abends**: bar-c. dios. lyc. petr.
– **nachts**: *Lyc.*
– **Anstrengung**, nach: calc-sil.k2 lyc.a1,k
– **Aufrichten**; beim:
• **Bücken**; vom: bamb-a.stb2
– **Aufrichten** ist erst möglich, nachdem er einige Zeit gegangen ist: hydr.
– **Aufstehen**, beim: *Agar.*a1,k *Bry.*a1,k cham. med.k2
• **Sitzen**, vom: *Agar.* am-m. **Ambr.** anac. ang.h *Bar-c.* **Bell.** berb. bry. carl. **Caust.** *Hydr.* ind. *Led. Lyc. Petr. Puls.* **Rhus-t.** *Sil. Sulph.*
– **Bewegung**, bei: acon. *Aesc.*a1,k *Calc. Cupr-ar.*hr1,k,* *Guaj.* led.h
• **amel.**: bamb-a.stb2 dulc.k2 kali-p.k2 **Rhus-t.** sul-ac.a1,k
• **Beginn** der Bewegung; zu: *Aesc.* anac. con. cupr-s. ind. *Lyc.* med.k2 **Rhus-t.**
• **Schultern**, der: cocc.a1,k guaj.
– **Bücken**: *Berb.* caps.a1 cic.a1 kali-c.
• **beim**: bamb-a.stb2 *Berb.* caps. cic. kali-c.
• **nach**: bov.
• **langem** Bücken; wie nach: thuj.h
• **unmöglich**; ist: bamb-a.stb2
– **Erkältung**
☞ *kalt - Erkältung*
– **Frost**; während: *Lyc. Nat-s. Tub.*
– **Gehen**, beim: aur. stry.a1,k
• **amel.**: bry.a1,k calc-s.a1,k cop.a1,k **Rhus-t.** sep. *Sulph.*a1,k
– **Herumdrehen** im Bett; beim: *Sulph.*a1,k
– **kalt**:
• **wenn**: bamb-a.stb2 calc-sil.k2
• **Erkältung**:
• **durch**: dulc.k2
• **wie** durch: sulph.h
– **krampfartig**: bamb-a.stb2 *Nit-ac.*
– **Liegen**, beim: puls.
– **Luftzug**, wie durch: **Rhus-t.**
– **schmerzhaft**: *Am-m.* ars.h *Bamb-a.*stb2 *Calc.* **Caust.** *Helon. Manc. Nit-ac. Puls.* **Rhus-t.**
– **Schreiben**, beim: laur.a1,k
– **Schweiß**: calc-sil.k2
– **Sitzen**:
• **nach**: am-m. **Ambr.** *Bar-c. Bell.* caust. cham. con. cupr-ar.a1,k ind. led. *Phos.* **Rhus-t.** *Sil.*a1,k *Sulph.*a1,k
• **gebeugtes** Sitzen amel.: anac.a1,k
– **Stehen**: stry.a1,k
• **aufrechtem**, bei: bry.
• **unmöglich**: sil.h
– **Stock**; wie ein: bamb-a.stb2
– **Stuhlgang**, nach: sep.a1,k
– **Wetter**:
• **nassem** Wetter; bei: *Phyt.* **Rhus-t.**
○ **Dorsalregion**: bamb-a.stb2
• **nachts**: zinc.h
• **Bewegung**, bei: zinc.h
○ **Schulterblätter**: androc.srj1 nat-m.h
– **Lumbalregion**: **Ambr.**bg2 ars.bg2 bamb-a.stb2 **Bar-c.**bg2 *Bell.*bg2 carb-an.bg2 carb-v.bg2,h guaj.bg2 ign.bg2 kali-c.bg2 nat-m.h nit-ac.bg2 petr.bg2

– **Lumbalregion**: ...
rhus-t.bg2 staph.bg2
• **abends**: petr.h
• **schmerzhaft**: sep.h
– **Lumbosakralregion**: ambr.bg1 anac.bg1 arg-n.bg1 ars.bg1 **Bar-c.**bg1 bell.bg1 carb-an.bg1 carb-v.bg1 cham.bg1 dios.bg1 guaj.bg1 ign.bg1 kali-c.bg1 nat-m.bg1 nit-ac.bg1 nux-v.bg1 petr.bg1,bg2 *Rhus-t.*bg1,bg2 staph.bg1 valer.bg1
– **Sakralregion**: acon. am-m. apis arg-n.bg2 *Bar-c.* berb. *Bry. Caust. Lach.* laur. *Led. Lyc.* manc. meph. petr.bg2 phos.k2 prun. puls. rheum *Rhus-t.*bg2,k sil. *Sulph.* thuj.
• **morgens**: thuj.
• **abends**: bar-act. petr.h
• **Anstrengung**; nach: rhus-t.k2
• **Aufstehen** vom Sitzen; beim: phos.k2
• **Bewegung**; zu Beginn der: *Lach.*
• **Sitzen**, nach dem: ambr.
• **Stehen** ist unmöglich; aufrechtes: rheumh
– **Steißbein**: petr.h
– **Zervikalregion**: acon.c2,k *Aesc.*a1,k **Agar.** *Alum.*a1,k alum-p.k2 alum-sil.k2 am-c.a1,k *Am-m.*a1,k **Anac.**c2,k anan. androc.srj1 *Ang. Ant-t.*c2,k *Apis* apoc-a.a1 **Arg-met.** *Ars.*a1,k ars-s-f.k2 arum-t.a1,k asar. aur.a1,k bad.a1,k **Bamb-a.**stb2 *Bapt.*a1,k **Bar-c.**a1,k bar-s.k2 **Bell.**a1,k berb.a1,k brach.a1,k *Brom.*a1,k *Bry.*c2,k calad. **Calc.**a1,k calc-caust.c2 *Calc-p.*a1,k,* calc-s.a1,k calc-sil.k2 camph. cann-i. *Canth.*a1,k caps.a1,k carb-ac.a1,k carb-an.a1,k *Carb-v.*a1,k carbn-s. caul. **Caust.**a1,k *Cedr.* **Chel.**a1,k,* *Chin.*a1,k chinin-ar. choc.srj3 chr-o.c2 **Cic.**h,k,* **Cimic.**a1,k,* cinch.a1 cinnb.k2 *Cocc.* colch.a1,k,* *Coloc.* com. *Con.* cor-r. cupr-act. cupr-ar. cycl.a1,k *Dig.*a1,k *Dros. Dulc.*hr1,k,* elaps eup-pur.a1,k **Euph.** fago.a1,k *Ferr.*a1,k ferr-ar. ferr-i. ferr-p. ferul.a1 *Fl-ac.* form.a1,k *Gels.* gent-c.c2 get.vh *Glon.*a1,k *Graph.*a1,k *Guaj.* **Hell.** hell-f.a1,c2 *Hep.* hura hyos. hyper.c2 **Ign.** **Ind.**a1,k ituc2 kali-ar.k2 *Kali-bi.* **Kali-c.**a1,k *Kali-chl. Kali-i.*a1,k *Kali-n.*a1,k kali-p. *Kali-s.* kali-sil.k2 kalm.a1,k *Lac-c.* **Lach.**a1,k **Lachn.**a1,k,* laur.a1,k *Led.* limest-b.es1 **Lyc.**a1,k *Lyss.* **Mag-c.** *Manc. Mang.*a1,k meny. *Merc.*a1,k merc-i-f.a1,k *Mez.* morph.a1,k myric. nat-ar. *Nat-c.*a1,k *Nat-m.* nat-p. *Nat-s.* **Nit-ac.**a1,k **Nux-v.**a1,k ol-an. pall.a1,k *Par.*a1,k *Petr.* ph-ac. *Phos.*a1,k *Phys.*a1,k,* *Phyt.*a1,k,* pimp.a1,c2 plan.a1,c1 *Plat.* plb.a1,k plect.a1,c2 *Podo. Psor.* ptel.c1 *Puls. Rat. Rhod.*c2,k **Rhus-t.**a1,k *Rhus-v.*a1,k,* *Sang.* sangin-n.c2 scroph-xyz.c2 sec. sel.a1,k senec-j.c1 *Sep.*a1,k **Sil.** *Spig. Spong.*a1,k squil. stann.h *Staph.*c2,k stram.a1,k *Stry.*a1,k *Sulph.*a1,k *Syph. Tab.*a1,k *Tarent.*a1,k tep.a1,k *Thuj.* vario.a12 verat.a1,k vichy-g.a1,c2 vinc.c2 xan.c1 *Zinc.* zinc-p.k2 zinc-val.c2 zing.a1,k
• **links**: carb-an.bg1 coloc.bg1 nat-m.bg1 zinc.h
• **rechts**: hydrog.srj2 lachn.hr1
• **morgens**: alum.h ang. ars.h asar. bamb-a.stb2 bell.h bov.a1,k *Brom.* bufo *Calc. Chel.* dig. digin.a1 ferr.a1,k hell.h *Kali-c.* lyss. manc. *Rhod.* ruta spig. *Sulph. Zinc.*
• **Aufstehen**, beim: bov.a1,k rhod.

– **Zervikalregion - morgens - Aufstehen:** ...
 • **amel.**: spig.$_{h}$
 • **Erwachen**, beim: anac. arg-met. bamb-a.$_{stb2}$ *Calc.* eupi.$_{a1,k}$ *Kali-c.* manc. *Phyt.*$_{a1,k}$ *Rhod.*
• **nachmittags**: brom.$_{a1,k}$ ptel.$_{a1,k}$ thuj.
 • **Erwachen**, beim: bar-c.
• **abends**: acon. am-m. castm. cimic.$_{a1,k}$ meny. sel.$_{a1,k}$
 • **19 h**: bamb-a.$_{stb2}$
• **nachts**: ars.$_{h}$ *Dulc.* gels. kali-c. **Phyt.**$_{a1,k}$ senec-j.$_{c1}$
 • **3 - 4 h**: spig.$_{h}$
◇ **abwechselnd** mit Zahnschmerzen: mang.$_{h}$
• **Bewegung**:
 • **amel.**: alum.$_{h}$ caps.$_{h}$ ph-ac.$_{h}$
 • **heftige** Bewegung amel.: rat.
• **Bücken**, beim: calc.$_{h}$
• **Bügeln** agg.: bamb-a.$_{stb2}$
• **Drehen** des Kopfes; beim: alum. am-c. *Am-m.* aur. *Bamb-a.*$_{stb2}$ bell.$_{h}$ *Bry.* calad. *Calc.* *Chel.* *Coloc.* *Dulc.* kali-n. par. rat. sel.$_{k2,kr1,*}$ spong.$_{h}$ tarent.
 • **links**, nach: alum.
 • **rechts**; nach: spong.$_{bg1}$
 • **schmerzhafte** Seite, auf die: anac.
• **Erkältung**, nach einer: bamb-a.$_{stb2}$ calc.$_{h}$ *Dulc.* *Guaj.* *Nit-ac.* **Rhus-t.**
• **Erwachen**, beim: anac. choc.$_{srj3}$ graph.$_{h}$ kali-c.$_{a1,k}$ *Lach.* *Manc.* phys.$_{a1,k}$
• **Essen**, nach dem: *Nux-v.*
• **Gähnen**, beim: cocc.$_{h}$ nat-m.
• **Gehen** im Freien; beim: bamb-a.$_{stb2}$ *Camph.* *Lyc.*
• **Heben**, durch: **Calc.** lyc. **Rhus-t.** sep.$_{h}$
• **Kopfschmerzen**, bei: am-c. ant-c. arg-met. bamb-a.$_{stb2}$ bar-c. *Bell.* *Calc.* calc-ar.$_{kr1}$ caps. carbn-s. crot-h. cur. cycl. gels.$_{c1}$ *Glon.* *Graph.* *Ign.* kali-c. kali-n. *Lach.* mag-c. merc-i-f. mur-ac. myric. nat-c. nat-m.$_{bg1}$ ph-ac. phos.$_{bg1}$ sang. sep. sil. spig. tarent. verat.$_{a1,k}$ xan.$_{c1}$
 • **Hinterkopf**, im: graph.
 • **Stirn**; in der: bamb-a.$_{stb2}$
• **Liegen** auf dem Rücken, beim: spig.
• **Menses**:
 • **vor**: bamb-a.$_{stb2}$
 • **während**: bamb-a.$_{stb2}$ *Calc.*
• **rheumatisch**: caul.$_{c1}$ *Stict.*$_{br1}$
• **Ruhe**, in der: ph-ac. rat. *Rhod.* *Rhus-t.*
• **Schlaf**, im: *Alum.*
• **schmerzhaft**: hell.$_{h}$ phos.$_{h}$
• **Schnupfen**, beim: ars. *Bell.* dulc. **Lach.** lachn. *Lyc.* *Nux-v.* *Rhus-t.* sulph.
• **Stuhlgang**, nach: *Puls.*
• **Wärme** amel.: bamb-a.$_{stb2}$
• **Waschen**; durch: *Dulc.* **Rhus-t.**
• **Wechselfieber**, bei: *Cocc.*
• **Wetter**:
 • **feuchtem** Wetter; bei
  ☞ *nassem*
 • **kaltem** Wetter; bei: acon.$_{vh}$
 • **nassem** Wetter; agg. bei: bamb-a.$_{stb2}$
 • **stürmischem** Wetter; bei: bamb-a.$_{stb2}$

Steifheit - Zervikalregion - Wetter: ...
 • **Wetterwechsel**; bei: bamb-a.$_{stb2}$
• **Wind**; in kaltem, trockenem: caust.$_{vh}$
• **Zugluft**, bei: **Calc-p.**$_{a1,k}$ *Caust.*$_{vh,vh/dg}$ *Cimic.* **Rhus-t.**
▽ **erstreckt** sich zu:
• **Kopf**: bamb-a.$_{stb2}$
 • **rechte** Seite: bamb-a.$_{stb2}$
• **Nase**: lachn.$_{c1}$

Stöße, Schläge:
○ **Sakrum**: samb.$_{h}$
– **Wirbelsäule**: dig.$_{h}$

Strecken; Verlangen, die Lumbalregion zu: sil.$_{h}$

Strömen würde; Gefühl, als ob etwas im rechten Schulterblatt: hep.$_{h}$

Tröpfeln, Herabrinnen entlang der Wirbelsäule; Gefühl von: sumb.$_{pd}$

Tuberkel im rechten Schulterblatt; nicht eiternde: am-m.

Tuberkulose:
○ **Wirbel** (= Pott-Buckel, Spondylitis tuberculosa): get.$_{c2}$ stict.$_{c2}$
◆ **begleitet** von:
• **Krümmung** der Wirbelsäule: get.$_{c2}$ kali-i.$_{c2}$ phos.$_{c2}$ *Pyrog.*$_{c2}$ stict.$_{c2}$

Tumoren:
– **gestielt**, bläulich, von der Größe einer Kirsche: *Con.* thuj.
– **Sarkom**: *Bar-c.*
○ **Zervikalregion**:
• **bösartig**: calc-p.
• **fettig**: **Bar-c.** calc. *Thuj.*

Überheben
 ☞ *Verheben*

Unbehagen; Gefühl von: choc.$_{srj3}$

Unbeweglich:
○ **Dorsalregion**:
○ **Schulterblätter**: ran-b.$_{k2}$

Verheben; leichtes, schnelles: borx. **Calc.** **Graph.** hydrog.$_{srj2}$ **Lyc.** *Nux-v.* ph-ac. **Rhus-t.** sang. *Sep.*

Verkürzt
 ☞ *Spannung*

Verlängert; als sei das Steißbein: xan.$_{bg1,c1}$

Verletzungen der Wirbelsäule: *Apis* *Arn.* *Calc.* *Con.* **Hyper.** ign.$_{c1}$ *Led.* **Nat-s.** *Nit-ac.*$_{c2,k}$ *Rhus-t.* *Ruta*$_{bro1,k}$ *Sil.* symph.$_{bro1}$ tell.$_{c1}$ *Thuj.* zinc.$_{ptk1}$
– **Erschütterung** der Wirbelsäule; *Arn.* con.$_{k2}$ *Hyper.* *Nit-ac.*
– **Heben** einer Last; durch: **Calc.** **Rhus-t.**
– **nach** Verletzungen liegt er auf dem Rücken und der Kopf zuckt nach hinten: *Hyper.*
○ **Lumbalregion** bleibt gegen die Erschütterung beim Gehen empfindlich: *Thuj.*

– **Steißbein** ●: bell-p.$_{ptk1}$ *Carb-an.* **Hyper.**$_{k,kl2}$● kali-bi.$_{bg1}$ *Mez.* **Sil.**
– **Zervikalregion**: mez.

Verrenkungsgefühl in den letzten Lendenwirbeln: sanic. sarr.$_{bg1}$

Warme Luft die Wirbelsäule hinauf in den Kopf strömen würde; als ob
☞ *Hitze - Wirbelsäule - erstreckt sich - Kopf - warme*

Warzen: bar-c.$_{k2}$ nit-ac. sil. thuj.
○ **Zervikalregion**: ant-c.$_{bro1}$ nit-ac. thuj.

Wellen den Rücken hinauf; wie: laur.

Wind blasen würde; als ob:
– **kühler** Wind auf den Rücken; wie: asar.$_{rb2}$ chin.$_{rb2}$ culx.$_{rb2}$
○ **Dorsalregion**:
○ **Schultern**; zwischen den: caust. *Hep.* sulph.
– **Hals**, auf den: olnd.$_{bg1}$
– **Lumbalregion**: *Sumb.*

Wirbelsäule; Beschwerden der:
◆ **begleitet** von:
• **Schluckauf**
☞ ❑ *Magen - Schluckauf - begleitet von - Wirbelsäule*

Wirbelsäulenverletzungen
☞ *Verletzungen*

Zittern: apis carb-v. cimic. *Cocc.* eup-per. iod.$_{h}$ lil-t.
– **morgens**: apis
– **anfallsweise**: carb-v.
– **Fieber**; während: *Eup-per.*
○ **Dorsalregion**:
○ **Schulterblätter**: *Sulph.*
• **vormittags**: sulph.
– **Lumbalregion**: benz-ac. berb. cimic. merc. oci. thuj.$_{bg1}$

Zucken: *Agar.* alum. calc. carb-v.$_{h}$ carc.$_{tp1}$ chel. jatr-c. kali-bi. merc. mez. morph. mygal. nat-m. petr. phys. spig. stry. sulph. *Zinc.*
– **links**: carb-v.$_{bg1}$
– **rechts**: calc. meny.$_{h}$
– **Atmen**, beim: alum. calc.
– **elektrische** Schläge, wie: *Ang. Nux-v.*
– **Liegen** auf dem Rücken, beim: agar.
– **Öffnen** des Mundes; beim: stry.
○ **Dorsalregion**: nit-ac. *Stry.*
• **körperlicher** Arbeit, bei: nit-ac.
○ **Schulterblätter**: calc. calc-p. lyc. merc. mez. nat-c. phos. rhus-t. sep. squil. thuj.
• **untere** Dorsalregion: ruta$_{h}$
– **Lumbalregion**: *Agar. Alum.* calc. *Coloc.* con. crot-t. dulc. lach. mag-c.$_{h}$ petr. rat. sumb.
• **nachmittags**:
• **13** h: mag-c.
• **abends**: agar.
• **Bett**, im: sulph.
• **Bewegung**, bei: petr.
• **Bücken**, beim: kali-c.
• **Gehen**, beim: rhus-t.
• **Heben** einer Last; nach: nat-c.
• **Liegen**, beim: bry.

Zucken - Lumbalregion: ...
• **pulsierend**: con.$_{h}$
• **Sitzen**, beim: bry. meny.
▽ **erstreckt** sich zum Rektum: calc.$_{h}$
– **Muskeln**; der: carc.$_{mg1,tp1}$
– **Sakrum**:
• **Sitzen**, beim: staph.$_{h}$
– **Steißbein**: alum. *Cic.*
• **Menses**, während: *Cic.*
• **schmerzhaft**: alum.
– **Zervikalregion**: aeth. *Agar.*$_{bro1}$ arn. bufo caust. coloc. mag-c.$_{h}$ mag-m. nat-m. ph-ac. ran-b. sep. sulph. tarax.$_{h}$
• **Heben** des Kopfes; beim: ph-ac.$_{h}$
• **reißend**:
▽ **erstreckt** sich beim Gehen zum Scheitel: rat.
• **Ruhe**, in der: ph-ac.
▽ **erstreckt** sich zu:
• **unten**, nach: mag-c.$_{h}$

Zugluft vertragen; kann keine:
○ **Nacken**, am: *Hep.* kali-ar.$_{k2}$ *Merc. Sil.*
– **Wirbelsäule**: *Sumb.*

Zurückziehen der Halsmuskeln
☞ *Krampfhaftes / Spannung*

Zusammenschnürung oder eines Bandes; Gefühl von: alum. anac. arg-n. *Cham. Cocc. Dulc.* graph. guaj.$_{h}$ guar. guare.$_{a1,hr1}$ kali-c.$_{a1,k}$ mez.$_{a1,k}$ nit-ac. rhus-t.
○ **Dorsalregion**:
○ **Schulterblätter**: kreos.$_{bg1}$ mag-m.
– **Lumbalregion**: puls.$_{h}$
• **enges** Band; wie durch ein: cina mag-c.$_{bg1}$ **Puls.**
– **Zervikalregion**: acon.$_{k2}$ agar. apis asar. *Bell.* cench.$_{k2}$ chel. dulc.$_{h}$ *Glon.* graph.$_{k2}$ *Lach. Nux-m.*$_{a1,k}$ sep. sphing.$_{kk3}$
▽ **erstreckt** sich zum Zwerchfell: sphing.$_{kk3}$

Zusammenziehung, Kontraktionen
☞ *Krampfhaftes / Schmerz - ziehend / Spannung / Spasmen*

Abblättern der Nägel
☞ *Nägel; Beschwerden - Abblättern / Nägel; Beschwerden - spröde*

Abduktion der Glieder
☞ *Gespreizt - liegt*

Abfallen der Nägel
☞ *Nägel; Beschwerden - Ausfallen*

Abgestorben, wie
☞ *Gefühllosigkeit*

Abgetrennt, Gefühl wie:
○ **Arme**: cinnb. daph. *Stram.*
• **Reiten**, beim: daph.
• **Schreiben**, beim: cinnb.
– **Beine**: nux-v. op. stram.
– **Unterschenkel**:
• **abgeschnitten**; wie vom Körper: op. *Stram.*
• **Stehen**; im: phos.
• **krampfhaftes** Zusammenziehen; und: lyc. op.
– **Fuß** beim Gehen; linker: arg-met.$_{h}$

Abmagerung: acet-ac.$_{br1}$ alum-sil.$_{k2}$ ars. bar-c.$_{k2}$ *Calc.* carb-v.$_{k2}$ carbn-s. clem. iod.$_{k2}$ nit-ac. phos.$_{k2}$ phyt. **Plb.**$_{a1,k}$ *Sec.* stront-c. **Sulph.**
☞ *Welk*
– **erkranktes** Glied: *Ars.* bry. carb-v. dulc. *Graph.* **Led.** *Mez.* nat-m. nit-ac. ph-ac. phos. **Plb. Puls.** *Sec.* sel. *Sep.* sil.
– **gelähmtes** Glied: *Kali-p.* nux-v. **Plb.**$_{a1,k}$ *Sec. Sep.*
○ **Arme**: ars. carb-an. chin. cupr. graph. *Iod. Lyc.* **Plb.** sel. syph. thuj.
• **rechts**: carb-an. cupr. *Plb.* thuj.
• **Impfung**, nach: maland. thuj.
– **Schulter**: *Plb.* sumb.
– **Oberarm**: *Nit-ac.* plb.
○ **Innenseite**: plb.
– **Unterarm**: *Phos.* **Plb.**
– **Handgelenk**: **Plb.**
– **Hände**: ars. chin. cupr. graph. *Phos.* **Plb. Sel.**
– **Finger**: lach. *Sil.* thuj.
○ **Fingerspitzen**: ars.
• **Zeigefinger**: lach. thuj.
– **Daumen**: thuj.
○ **Daumenballen**: *Plb.*$_{a1,kl2}$●,*
– **Beine**: *Abrot.* am-m. *Apis* arg-met. *Arg-n. Ars.* bar-c.$_{k2}$ berb. *Calc.* carb-v.$_{k2}$ chin. dulc. lath. nat-m. nit-ac. ph-ac. pin-s.$_{c2}$ *Plb. Sanic.* sel.
• **schmerzhaftes** Glied: *Ol-j. Plb.*$_{k,kl2}$●
– **Gesäß**: bar-m. *Lach. Lath.* nat-m. sacch.
– **Hüfte**: calc.
○ **Gesäßmuskeln**: lath. plb.
– **Oberschenkel**: bar-m. *Calc.* cench.$_{k2}$ *Nit-ac.* plb. sacch. *Sel.*
– **Unterschenkel**: *Abrot. Apis* benz-ac. berb. *Bov. Calc. Caps.* cench.$_{k2}$ chin. nit-ac. **Nux-v. Rhus-v.** sarr. sel. syph. thuj.
○ **Wade**: sel.
– **Füße**: *Ars.* carb-v.$_{k2}$ **Caust.** chin. iod.$_{h,kl}$ nat-m. plb.

Abschuppung
☞ *Hautausschläge - abschilfernd*

Abszeß:
○ **Gelenke**: calc-p.$_{hr1,k}$ guaj.$_{k2}$ *Hep.*$_{hr1,k}$ *Merc.*$_{hr1,k}$ *Phos.*$_{hr1,k}$ *Sil.*$_{hr1,k}$ stram.$_{k2}$
☞ *❑ Allgemeines - Abszesse - Gelenke*
– **Knochen**: guaj.$_{k2}$
– **Sehnen**: *Mez.*$_{hr1,k}$
– **Arme**: anan.$_{hr1,k}$ sil.
• **links**:
◆ **begleitet** von:
• **Zittern** der Zunge: sil.$_{kr1,vk1}$
• **gangränös**: anan.
• **Sektionsverletzung**, nach: *Ars.* bufo$_{gk}$ *Lach.*$_{hr1,k}$ *Sil.*$_{hr1,k}$
– **Oberarm**: agar.$_{hr1,k}$
○ **Deltoid**: agar.$_{hr1,k}$
– **Ellbogen**: crot-h.$_{hr1,k}$ petr.$_{a1}$
☞ *Eiterung - Ellbogen*
– **Unterarm**: plb. sil.$_{hr1}$
– **Hände**: anan.$_{hr1,k}$ lach.$_{hr1,k}$
○ **Handrücken**: plb.
• **Handfläche**: ars. crot-h.$_{bg1}$ cupr. fl-ac. sulph.
– **Finger**: androc.$_{srj1}$ bufo$_{gk}$ *Fl-ac. Hep.* hydrog.$_{srj2}$ *Lach. Mang.*
• **wiederkehrend**: hydrog.$_{srj2}$
○ **Fingernagel**; um den: hydrog.$_{srj2}$
• **Fingerspitzen**: phos.$_{k2}$
– **Hüfte**:
• **links**: stram.$_{k2}$
– **Beine**: *Anan.*$_{bg2,k}$ chin.$_{bg2,k}$
○ **Psoasmuskel**: arn.$_{hr1,k}$ asaf.$_{hr1,k}$ chin.$_{hr1,k}$ *Cupr.*$_{hr1,k}$ hippoz.$_{hr1}$ *Ph-ac.*$_{hr1,k}$ *Sil.*$_{hr1,k}$ staph.$_{hr1,k}$ *Sulph.* symph.$_{hr1,k}$ *Syph.*$_{hr1,k}$
☞ *❑ Rücken - Abszeß - Psoasmuskel*
– **Gesäß**: carbn-o. *Sulph.* thuj.
– **Oberschenkel**: calc.$_{k2}$ *Hep.*$_{hr1,k}$ lach.$_{hr1,k}$ psil.$_{ft1}$ **Sil.**$_{hr1,k}$ tarent.$_{hr1,k}$
– **Knie**: *Bell.*$_{hr1,k}$ *Calc.*$_{hr1,k}$ *Guaj.* hep.$_{hr1,k}$ hippoz.$_{hr1,k}$ *Iod.*$_{hr1,k}$ *Merc.*$_{hr1}$ *Ol-j.*$_{hr1,k}$ **Sil.**$_{hr1,k}$ *Sulph.*$_{hr1}$ tax.$_{c2}$
• **Kniegelenkstuberkulose**, chronische: *Ars.*$_{hr1,k}$ **Calc.**$_{hr1,k}$ *Iod.*$_{hr1,k}$ **Sil.**$_{hr1,k}$
– **Unterschenkel**: *Anan.*$_{bg2,hr1}$ chin.$_{bg2,hr1}$ guaj.$_{k2}$ sulph.$_{hr1,k}$
○ **Wade**: chin.
– **Fußgelenk**: ang. guaj. *Ol-j.*$_{hr1,k}$ sil.
– **Füße**: *Merc.*$_{hr1,k}$ sil.$_{hr1,k}$ tarent.
○ **Ferse**: am-c. ars.$_{hr1,k}$ lach.
– **Zehen**: bufo$_{gk}$ *Canth.*$_{hr1}$ cocc.

Agilität
☞ *Bewegung - Agilität / Ruhelosigkeit*

Akromegalie
☞ *❑ Allgemeines - Akromegalie*

Ameisenlaufen: *Acon.*$_{a1,k}$ *Agar.*$_{a1,k}$ *Alum.* alum-sil.$_{k2}$ alumn.$_{k2}$ *Arg-n.* ars.$_{a1,k}$ ars-h.$_{a1,k}$ ars-s-f.$_{k2}$ *Bamb-a.*$_{stb2}$ bar-act.$_{br1}$ *Bar-c.* cact. cadm-s.$_{k2}$ *Camph.*$_{a1,k}$ caps. carb-ac.$_{a1,k}$ carbn-s. carl.$_{a1,k}$ caust. coloc.$_{k2}$ crot-c. hep.$_{a1,k}$ hipp. hydr-ac.$_{a1,k}$ *Ign.*$_{a1,k}$ kali-ar. kali-c. kali-sil.$_{k2}$

Ameisenlaufen: ...
lach.$_{al,k}$ *Laur.* **Lyc.** mag-c.$_{al,h}$ *Mez.* nat-ar.$_{k2}$ nux-m.$_{c1}$ *Nux-v.* **Ph-ac.**$_{al,k}$ *Phos.*$_{al,k}$ pic-ac.$_{k2}$ plb.$_{al,k}$ psor.$_{al,k}$ *Puls.*$_{al,k}$ *Rhod.*$_{al,k}$ **Rhus-t.** sabad.$_{al,k}$ **Sec.**$_{al,k}$ stram.$_{al,k}$ stry.$_{al,k}$ **Tarent.** teucr.$_{al,k}$ tub.$_{c1}$ verat. verin.$_{al}$ *Zinc.*$_{al,k}$
☞ *Gefühllosigkeit / Pelziges*
– **links**: sulph.$_{h,kl}$
– **rechts**: agar. hipp.
– **morgens** im Bett: teucr.$_{al,k}$
– **abends**: graph.$_{h,kl}$ mag-c.$_{al,h}$
 • **Bett**, im: sulph.$_{h}$
– **Erwachen**:
 • **beim**: *Puls.*
 • **Seite**, auf der er liegt; auf der: *Puls.*
– **Gehen**, beim: graph.
– **gelähmte** Teile: rhus-t.$_{h,kl}$
– **Konvulsionen**, nach: stry.$_{al,k}$
– **Lähmung**, bei: **Phos.**
– **Menses**, während: *Graph.*
– **Schlaf**; stört den
☞ ❑ *Schlaf - Erwachen - Ameisenlaufen*
– **Sitzen**, im: kali-c.$_{al,k}$ teucr.$_{al,k}$
– **Wetter**, bei rauhem: rhod.$_{al,k}$
○ **Gelenke**: arn. carl. ip. sec.
– **Arme**: **Acon.** *Alum.* alum-p.$_{k2}$ apis arn. arum-t. arund. atro. bamb-a.$_{stb2}$ *Bell.* cact. caps. carbn-s. caust. chin. cic. *Cocc.* con. *Graph.* guare. *Hep.* kali-n. lach. nat-c. nat-m. nat-p. nux-m. pall. phos. plat. plb. *Rhod.* *Rhus-t.* rhus-v. rumx. sarr. **Sec.** stry. sulph. urt-u. vip.
 • **links**: nat-m.$_{h,kl}$
 • **rechts**: nat-c.$_{h,kl}$
 • **tagsüber**: *Arg-n.*
 • **abends**: nat-c.
  • **Bett**, im: *Sulph.*
  • **Gehen**, beim: *Graph.*
 • **nachts**:
  • **Mitternacht**, vor:
   • **Erwachen**, beim: caust.
 • **Liegen**: rumx.
 • **Quecksilber**; nach Mißbrauch von: hep.
 • **warm**:
  • **Bett** agg.; im warmen: rhod.
– **Schulter**: ars-h. arund. berb. caust. chinin-s. cocc. fl-ac. lac-c. lyc. mag-c. osm. sarr. thuj. urt-u.
 • **morgens**: *Mag-c.*
 • **abends** im Bett: osm. thuj.
 • **Urinieren**, beim: hep.
– **Oberarm**: sep. thuj.
– **Unterarm**: acon. alum. arn. carb-an. carbn-s. *Caust.* chin. chlor. con. lach. merc. plb. *Sec.*
– **Handgelenk**: calc.$_{h,kl}$ caust.$_{h,kl}$
– **Hände**: **Acon.** agn. arn. ars. ars-h. arund. atro. bar-c. bry. canth. carbn-s. caust. chel. cupr. dulc. *Graph.* guare. *Hyos.* *Hyper.* kali-n. kreos. lac-ac. lach. lyc. mez. nux-v. op. ph-ac. phos. *Plat.* *Rhod.* **Sec.** seneg. spig. *Sulph.* thuj. verat.
 • **links**: cact.$_{k2}$
 • **rechts**: nat-c.$_{h}$
 • **morgens**: bamb-a.$_{stb2}$ *Hyper.* nat-c.
 • **abends**: lac-ac. nat-c.$_{h}$ ph-ac.$_{h}$

– **Hände**: ...
 • **nachts**: ars.
 • **Drücken** darauf, beim: spig.$_{h}$
 • **Frost**; während: canth.
 • **Gähnen** im Freien; beim: *Phos.*
 • **Menses**, während: *Graph.*
 • **Wasser** getaucht hat; nachdem er sie in: *Sulph.*
○ **Handfläche**: bar-c. berb. ol-an. par. psil.$_{ft1}$ seneg. spig. vip.
 • **Handrücken**: bar-act.$_{h}$ borx.$_{bg1}$ nat-m.$_{bg1}$ visc.$_{bg1}$
 • **Ulnarseite**: agar.
  • **Schreiben**, nach: agar.
– **Finger**: **Acon.**$_{al,k}$ aeth.$_{al,k}$ agar. alum.$_{al,k}$ ars. brom.$_{al,k}$ *Calc.* *Caust.* colch. gins.$_{al,k}$ graph. hep. kali-c. kreos. lach.$_{al,k}$ **Lyc.** *Mag-c.* *Mag-s.* mez. mur-ac.$_{al,k}$ *Nat-c.* *Nat-m.* nit-ac.$_{al,k}$ op.$_{al,k}$ paeon.$_{al,k}$ phos.$_{al,k}$ plat. plb.$_{al,k}$ psor. ran-b. *Rhod.* *Rhus-t.* samb.$_{al,k}$ sep. *Sil.* staph.$_{al,k}$ sul-ac. *Thuj.* verat.$_{al,k}$
 • **morgens** im Bett: psor.$_{al,k}$
 • **abends**: alum.$_{al,k}$ ars.$_{al,k}$ colch.$_{al,k}$
 • **Angst**:
  • **durch**: verat.$_{kl}$
  • **wie** durch: ~~verat.$_{kl,xxx}$~~
 • **Schreiben**, beim: *Acon.*
○ **Fingerrücken**: bar-act. ran-b.
 • **Fingerspitzen**: **Am-m.** cann-s. cupr. glon. graph. hep. mag-m.$_{h,h2,*}$ mag-s. morph. **Nat-m.** *Nat-s.* plat. rhus-t.$_{k2}$ **Sec.** sep. spig.$_{h,k,*}$ stry. sulph. tep. *Thuj.*
  • **nachmittags**: *Am-m.*
  • **abends**: nat-c.
 • **Gelenke**: sulph.$_{h}$
 • **Zeigefinger**: croc. mag-s. phos. psil.$_{ft1}$ tab.
  ○ **Fingerspitze**: graph. nat-m. thuj.$_{h,kl}$
 • **Mittelfinger**: acon. caust.$_{h,kl}$ mag-s. mez. sul-ac.$_{h,kl}$ tab.
  ○ **Fingerspitze**: kali-c. thuj.$_{h,kl}$
 • **Ringfinger**: *Aran.* caust. mag-s. sulph. tab.
  ○ **Fingerspitze**: thuj.$_{h,kl}$
 • **kleiner** Finger: agar. *Aran.* bamb-a.$_{stb2}$ mag-s. phos. rhod.
  ○ **Fingerspitze**: sep.$_{h,kl}$ sul-ac.$_{h,kl}$
– **Daumen**: alum.$_{al,k}$ chel.$_{al,k}$ mez. nat-c.$_{h2}$ phos.$_{al,k}$ plb.$_{al,k}$ rhod.$_{al,k}$ zinc.$_{al,k}$
○ **Beugeseite**: plat.$_{al,h,*}$
 • **Grundgelenk**: cina$_{h}$
 • **Daumenspitze**: am-m. cina nat-c.$_{h,kl}$ nat-m.
– **Beine**: aeth. arn. *Ars.*$_{al,k}$ aster.$_{al,k}$ bov. **Calc.** *Calc-p.* caps. caust. euphr. graph. *Helo.* hep. hyper.$_{al}$ kali-c.$_{bg1}$ lachn. nit-ac.$_{al,k}$ op.$_{al,k}$ *Plat.*$_{al,k}$ rhod. rumx. sabad. **Sec.** *Sep.*$_{al,k}$ stry.$_{al,k}$ sulph.$_{al,k}$
 • **abends** im Bett: sulph.
 • **nachts**, im Bett: helo.
 • **Fahren**, beim: *Calc-p.* rumx.
 • **Gehen**, beim: hep.$_{h,kl}$
 • **gelähmtes** Glied: *Nux-v.*
 • **Menses**, während: graph. *Puls.*
 • **Sitzen**, beim: kali-c.$_{h}$ plat.$_{h}$
  • **nach**: *Calc-p.* sep.$_{al,k}$

- **Beine**: ...
  - • **Stehen**, beim: hep.$_{h,kl}$
  - • **Übereinanderlegen** der Beine; beim: plat.$_{a1,h}$
  - ○ **Knochen**: *Guaj.*
- **Gesäß**: ang.$_{h,kl}$ ars.$_{a1,k}$
- **Oberschenkel**: acon.$_{a1,k}$ arg-met.$_{h}$ ars.$_{a1,k}$ caust. euph.$_{a1,k}$ gins.$_{a1}$ *Guaj.*$_{a1,k}$ hydr-ac.$_{a1,k}$ hydrog.$_{srj2}$ ip.$_{bg1}$ kreos.$_{bg1}$ *Nat-c.* nit-ac. *Pall.*$_{a1,k}$ phos.$_{a1,k}$ **Sec.** sep. spig.$_{a1,k}$ staph.$_{a1,k}$ stram. sul-ac.$_{a1,k}$
  - • **gefühllos**, taub, beim Sitzen: hep.$_{a1,k}$
  - • **Hitze**; mit: hydrog.$_{srj2}$
  - • **Sitzen**, beim: guaj.$_{h}$
  - ▽ **erstreckt** sich zu:
    - • **Abdomen**: ars.$_{a1,k}$
    - • **Zehen**: guaj.$_{a1,h}$ sep.$_{a1,k}$
- **Knie**: apis carb-an.$_{bg1}$ chin.$_{bg1}$ crot-t.$_{a1,k}$ cycl.$_{a1,k}$ gent-l.$_{a1,k}$ kali-c.$_{a1,k}$ merc.$_{bg1}$ rat.$_{a1,k}$ rhus-t. zinc.$_{a1,k}$
  - • **rechten** Knies; unter der Haut des: rat.$_{rb2}$
  - ○ **Kniebeuge**: chin.$_{bg1}$
- **Unterschenkel**: agar.$_{a1,k}$ alum. amyg.$_{a1,k}$ apis arg-met.$_{h}$ *Arg-n.* *Arn.* ars. aster. bar-c. bell.$_{h,kl}$ bov.$_{a1,k}$ calc. *Calc-p.*$_{a1,k}$ caps.$_{a1,k}$ carbn-o. carbn-s. caust. graph.$_{a1,k}$ guaj.$_{h,k,*}$ *Hep.* hydrog.$_{srj2}$ jatr-c. *Kali-c.* kreos.$_{a1,k}$ lac-ac.$_{a1,k}$ lach. lil-t.$_{a1,k}$ morph.$_{a1,k}$ naja nicc.$_{a1,k}$ **Nux-v.** op.$_{a1,k}$ pall. *Ph-ac.*$_{a1,k}$ phos. pic-ac. *Plat.* puls. *Rhod.*$_{a1,k}$ **Sec.**$_{a1,k}$ **Sep.** stann. staph.$_{a1,k}$ stram.$_{a1,k}$ sul-ac. sulph. *Tab.* tarent. tax.$_{a1,k}$ verat.$_{a1,k}$ *Zinc.*
  - • **abends**: lac-ac.$_{a1,k}$ *Plat.* sep.$_{h,kl}$
    - • **Gehen**, beim: graph.$_{a1,k}$
  - • **nachts**, im Bett: *Zinc.*
  - • **Aufstehen** vom Sitzen; beim: sulph.$_{h}$
  - • **Sitzen**, beim: guaj.$_{a1,h}$ ol-an.$_{a1,k}$ *Plat.*
    - • **Bewegung** amel.: gink-b.$_{sbd1}$
  - ▽ **erstreckt** sich nach oben: bell.$_{h}$
  - ○ **Schienbein**: sul-ac.$_{a1,h}$
  - • **Wade**: agar.$_{a1,k}$ alum.$_{a1,k}$ ant-c. bar-c. castm. caust. *Cham.* coloc. ip.$_{a1,k}$ lach. nux-v. onos. plb.$_{a1,k}$ rhus-v. sang. sol-ni. spig.$_{h,k,*}$ sul-ac. sulph. zinc.$_{a1,k}$
    - • **abends**: alum.
    - • **Gehen**:
      - • **beim**: sul-ac.
      - • **Freien**; nach Gehen im: nux-v.
    - • **Sitzen**, im: bar-c.
    - • **Stehen**, im: verat.
- **Knöchel**: agar.$_{a1}$ ars-i. meph.$_{h,k}$ nuph.$_{a1}$ pall.$_{a1,k}$ rhus-v.$_{a1,k}$
  - ▽ **erstreckt** sich zum Fersenbein: rhus-v.$_{a1,k}$
- **Füße**: acon. aeth. **Agar.**$_{a1,k}$ alum.$_{a1,k}$ alum-p.$_{k2}$ am-c.$_{a1,k}$ ang.$_{a1,k}$ ant-c. ant-t.$_{a1}$ apis arn.$_{a1,k}$ ars.$_{a1,k}$ ars-h. ars-i.$_{a1,k}$ arund.$_{a1,k}$ bell.$_{a1,k}$ borx. canth.$_{a1,k}$ caps. carb-an.$_{a1,k}$ carbn-s. carl.$_{a1,k}$ *Caust.*$_{h,k,*}$ chel.$_{a1,k}$ cic.$_{a1,k}$ clem.$_{h,k}$ coloc.$_{a1,k}$ con. croc.$_{a1,k}$ *Crot-c.*$_{a1,k}$ dulc. euph.$_{a1,k}$ graph. guaj. hep.$_{a1,k}$ hyper.$_{a1,k}$ ign.$_{a1,k}$ jatr-c. kali-c.$_{h,k,*}$ kali-n.$_{a1,k}$ kreos.$_{a1,k}$ lyc.$_{a1,k}$ mag-c.$_{a1,k}$ manc.$_{a1,k}$ mang.$_{a1,k}$ mez.$_{a1,k}$ nat-ar.$_{k2}$ *Nat-c.*$_{a1,k}$ *Nat-m.*$_{a1,k}$ nat-p. nux-v.$_{a1,k}$ op.$_{a1,k}$ par. phos.$_{a1,k}$ plb.$_{a1,k}$ *Rhod.*$_{a1,k}$ *Rhus-t.* rhus-v.$_{a1,k}$ sars.$_{a1,k}$ **Sec.**$_{a1,k}$ *Sep.*$_{a1,k}$ spong. *Stann.* stram. stront-c. *Sulph.*$_{h,k,*}$ tarax. tax.$_{a1,k}$ zinc.$_{a1,k}$ zinc-p.$_{k2}$
- **Füße**: ...
  - • **rechts**: mang.$_{bg1}$ nat-c.$_{bg1}$
  - • **morgens**: carb-an.$_{h,kl}$ *Hyper.*$_{a1,k}$ nat-c.$_{a1,k}$
    - • **Auftreten**, beim: puls.
    - • **Bett**, im: *Rhus-t.*
  - • **nachts**: phos.$_{a1,k}$ sulph.$_{h,kl}$
  - • **Auftreten**, beim: sars.$_{h,kl}$
  - • **Frost**; während: canth.$_{a1,k}$
  - • **Gehen** im Freien amel.: borx. zinc.
  - • **Heben** des Fußes; beim: sars.$_{a1,h,*}$
  - • **Hitze**, nach: *Sulph.*$_{a1,k}$
  - • **Sitzen**, beim: carl.
  - • **Stehen**, im: ant-t.$_{a1}$ mang.$_{a1,k}$ sep.$_{a1,k}$
  - ▽ **erstreckt** sich zu:
    - • **oben**, nach: bell.$_{h}$ stann.$_{h}$
    - • **Rumpf**: caps. nat-m.
    - • **Uterus**; von den Füßen die Beine hinauf zum: tarent.$_{rb2}$
  - ○ **Ferse**: agar.$_{a1,k}$ am-c. bell.$_{a1,k}$ caust.$_{a1,k}$ ferr-ma.$_{a1,k}$ *Graph.*$_{a1,k}$ nat-c. par.$_{a1,k}$ phos.$_{a1,k}$ stront-c. *Sulph.*$_{a1,k}$ zing.$_{a1,k}$
    - • **morgens** im Bett: *Graph.*
    - • **abends** im Bett: nat-c.$_{h}$
    - • **stechend**: *Sulph.*$_{a1,k}$
    - ▽ **erstreckt** sich zu den Zehen: bell.$_{a1,h}$
  - • **Fußrücken**: agar.$_{a1}$ am-c.$_{a1}$ cic.$_{a1}$ mag-c.$_{a1,h}$ zinc.$_{a1,h}$
  - • **Fußsohle**: agar.$_{a1,k}$ am-c. bell.$_{a1,k}$ berb.$_{a1,k}$ calc-p.$_{a1,k}$ **Caust.**$_{h,k,*}$ cic.$_{a1,k}$ clem.$_{h,kl}$ *Coloc.*$_{a1,k}$ con. fl-ac.$_{a1,k}$ hep.$_{a1,k}$ hura kali-c.$_{h,k,*}$ laur.$_{a1,k}$ mag-m.$_{a1,k}$ nat-m.$_{a1,k}$ nit-s-d.$_{a1}$ pic-ac.$_{a1,k}$ plb.$_{a1,k}$ raph. sep.$_{a1,k}$ spig.$_{a1,h}$ spong. staph. sulph.$_{h,kl}$ thuj.$_{h,kl}$ vip.$_{a1,k}$ zinc. zing.
    - • **abends**: zing.$_{a1,k}$
      - • **Sitzen**, im: zing.
    - • **Auftreten**, beim: con.$_{h}$
    - • **Gehen**, beim: con.$_{a1,h,*}$ plb.$_{a1,k}$ spong.$_{a1,k}$ zing.$_{a1}$
    - • **Reiben** amel.: sulph.$_{h,kl}$
    - • **Ruhe** agg.: sep.$_{a1,k}$
    - • **Sitzen**, im: mag-m.$_{a1,k}$ staph.$_{a1,k}$ zing.$_{a1}$
    - • **Stehen**, im: plb.$_{a1,k}$ zing.$_{a1,k}$
- **Zehen**: agar.$_{a1,k}$ alum. am-c. *Am-m.* ars.$_{a1,k}$ berb.$_{a1,k}$ caust.$_{a1,k}$ chel.$_{a1,k}$ cic.$_{a1,k}$ colch.$_{a1,k}$ con.$_{a1,k}$ euph. euphr.$_{a1,k}$ guaj. hep.$_{a1,k}$ jatr-c. kali-c.$_{a1,k}$ lach.$_{a1,k}$ lyc.$_{a1,k}$ mag-c.$_{a1,k}$ mag-m.$_{a1,k}$ nat-c. nat-m. nicc.$_{a1,k}$ phos.$_{a1,k}$ plat. plb.$_{a1,k}$ ran-s. *Rhod.* *Sec.* sep. stram. sulph. thuj.$_{a1,k}$ zinc.$_{a1,k}$ zing.$_{a1,k}$
  - • **abends**: ars.$_{a1,k}$ colch.$_{a1}$ lyc.$_{a1,k}$ puls.$_{a1,k}$
    - • **Gehen**, beim: lyc.$_{a1,k}$
  - • **nachts**: hep.$_{h,kl}$ nicc.$_{a1,k}$
  - • **Erfrierung**, wie nach: caust.$_{a1,h}$
  - ○ **Unterseite**: mag-c.$_{h}$ phos.$_{h}$ staph.$_{h}$
  - • **Zehenspitzen**: acon.$_{a1,k}$ agar.$_{a1,k}$ **Am-m.**$_{a1,k}$ colch. nit-s-d.$_{a1}$ spig.$_{h}$ sulph.$_{h}$
  - • **große** Zehe: alum.$_{a1,k}$ ars.$_{h}$ brom.$_{a1,k}$ *Caust.*$_{a1,k}$ chin.$_{a1,k}$ gins.$_{a1,k}$ jatr-c. phos.$_{a1,k}$ plat.$_{a1,k}$ plb.$_{a1,k}$ zinc.$_{a1}$
    - • **nachmittags**: nit-ac.
      - • **17** h: castm.
    - • **nachts**: brom.$_{a1,k}$ mez.$_{a1,k}$
    - • **Erfrierung**, wie nach: alum.$_{a1,k}$

– **Zehen - große** Zehe: ...
  • **Erwachen**, beim: brom.
  • **Zuckungen**, mit: crot-t.$_{al,k}$
  • **Zehenballen**: am-c.$_{al}$ caust.$_{al,k}$
 • **zweite** Zehe: nat-c.$_{h}$
 • **fünfte** Zehe: crot-t.$_{al,k}$ phos.$_{al,k}$

Amputationsstumpf ist schmerzhaft: acon.$_{br1}$ all-c.$_{br1}$ am-m.$_{bg2}$ arn.$_{bg2}$ asaf.$_{br1}$ bell.$_{br1}$ cupr.$_{br1}$ hell.$_{br1}$ *Hyper.*$_{bg2}$ ign.$_{br1}$ kalm.$_{bg2}$ ph-ac.$_{bg2}$ spig.$_{br1}$ symph.$_{bg2,c2}$ verat.$_{br1}$

Analgesie
☞ *Empfindungslosigkeit / Gefühllosigkeit*

Anästhesie
☞ *Gefühllosigkeit*

Andrang von Blut
☞ *Blut - Blutandrang*

Aneinanderschlagen der Knie
☞ *Knie - innen*

Angefächelt werden; möchte, daß Hände und Füße: *Med.*

Angiom: *Phos.* sang.
☞ *❑ Haut - Wucherungen - Angiom*
○ **Finger**: *Phos.*
– **Oberschenkel**: *Phos.*

Angst darin; fühlt: tarent.$_{k2}$
○ **Hände**: sulph.$_{h}$

Anheben
☞ *Heben*

Ankylose: thiosin.$_{br1}$
○ **Ellbogen**: sil.
– **Finger**:
 ○ **Endgelenk**: fl-ac.
 • **Grundgelenk**: crot-h.

Anthrax: *Anthraci. Ars. Sec.*

Anziehen der Glieder:
– **agg.**: *Agar.* alum. am-m. *Anac. Ant-t.* asar. bell. borx. bry. carb-an.$_{bg}$ **Carb-v.** cham. chel. chin. coff. coloc. dig. dros. dulc. ferr. *Guaj.* hep. ign. kali-c. mag-c. merc.$_{bg}$ mez. mur-ac. nat-m. nux-m.$_{bg}$ nux-v. olnd. par. petr. plat. **Puls.** rheum rhod. **Rhus-t.** sabad. sabin. **Sec.** stann. staph. thuj. verb. zinc.
– **amel.**: abies-c.$_{c1}$ acon. agar. *Alum. Am-c.* am-m. anac. ang.$_{bg}$ *Ant-c.* arg-met. arn. aur. *Bar-c.* bar-m. bell. bov. *Bry.* **Calc.** calc-s. cann-s. caps. *Carb-v.* caust. cham. *Chin.* cina clem. colch. coloc.$_{sf1}$ con. croc. crot-h.$_{bg}$ dig. dros. dulc. ferr. gnaph.$_{c1}$ graph. guaj. *Hell. Hep.* ign. *Kali-c.* kali-i. lac-c. lach.$_{bg}$ laur. *Mang.* meny. *Merc.* **Merc-c.** mur-ac. *Nat-m.* nux-v. petr. phos. plat. plb. *Puls.* **Ran-b.** rheum *Rhus-t. Ruta* sabin. sel. **Sep.** sil.$_{bg}$ spig. spong. stann. staph. **Sulph. Thuj.** valer. verat.

Ärger wird in den Beinen gespürt: *Nux-v.*

Arthritis
☞ *❑ Allgemeines - Entzündung - Gelenke*

Arthritische Knoten
☞ *Gichtknoten*

Ataxie
☞ *Koordination*

Atherom an den Händen: ph-ac.$_{hr1,k}$ plb.$_{hr1,k}$ sil.$_{hr1,k}$

Athetose: lath.$_{bro1}$
☞ *❑ Allgemeines - Chorea*

Atrophie
☞ *Abmagerung*

Auffahren
☞ *Rucken*

Aufgescheuert, wundgerieben
☞ *Exkoriation*

Aufgesprungene Hände: *Aesc. Alum.* alum-sil.$_{k2}$ am-c. *Anan.* apis *Arn.* aur. **Calc.** calc-sil.$_{k2}$ **Calen.** carb-ac. cench.$_{k2}$ **Graph.** ham. **Hep.** hydr. *Kali-c.* kali-sil.$_{k2}$ kreos. *Lyc.*$_{c2,k}$ *Mag-c. Merc. Nat-c.*$_{c2,k}$ *Nat-m.* **Petr.**$_{c2,k}$ prim-o.$_{c2}$ psor.$_{k2}$ puls. **Rhus-t. Sars.**$_{c2,k}$ **Sep.** *Sil. Sulo-ac.*$_{c2}$ **Sulph.** *Zinc.*
☞ *Rauheit - Hand / Rissige - Hände*
– **Arbeiten** im Wasser: alum. ant-c. **Calc.** cham. hep. merc. *Rhus-t.* sars. *Sep.* **Sulph.**
○ **Finger**: **Nat-m.**
 ○ **Fingernägel** herum; um die: **Nat-m.**
 • **Fingerspitzen**: bar-c.

Auftreibung
☞ *Völle*

Ausdehnung
☞ *Vergrößerung*

Ausfallen der Nägel
☞ *Nägel; Beschwerden - Ausfallen*

Ausstrecken:
☞ *Gestreckt / Strecken*
– **Konvulsionen**, vor: calc.$_{h}$
○ **Hände**: bell. dulc.
 • **greifen**; wie um nach etwas zu: dulc. phos.
– **Finger**:
 • **spasmodisch**: sec.
– **Beine**: ambr. merc. nat-m. nux-v. *Oena.* phos. rhus-t.$_{h}$ spong. stry. sul-ac.
 • **muß** die Beine ausstrecken: nat-m.$_{h}$
  • **ständig**: med.$_{k2}$
– **Oberschenkel** amel.; der: cham.$_{h}$
– **Unterschenkel**: cham. dig. hydrog.$_{srj2}$ lach. led. nat-c. *Plat. Rhus-t.* ruta spong. stann. sulph.
 • **morgens** im Bett: *Rhus-t.*
  • **Erwachen**, beim: *Plat.*
 • **mittags**: am-c.
 • **abends**: nat-c.
 • **nachts**: stann.
 • **epileptischem** Anfall, vor: *Bufo*
– **Füße**: phos.
 • **konvulsivisch**: cina
 • **Neigung** die Füße auszustrecken: am-c. op. puls.

– **Füße - Neigung** die Füße auszustrecken: ...
• **morgens** im Bett: *Rhus-t.*
• **Sitzen**, im: *Puls.*
○ **Fußsohle**, schmerzhaft: aster.

Ballen:
○ **Finger**: aeth.$_{c1}$ am-c.$_{a1,k}$ *Apis* arg-n.$_{bg2,k,*}$ *Ars.*$_{bg2,k,*}$ *Bell.*$_{hr1,k}$ *Chin.* chinin-ar. *Cic.*$_{hr1,k}$ *Coloc.*$_{hr1,k}$ **Cupr.** *Glon.*$_{hr1,k}$ *Hydr-ac.*$_{hr1,k}$ *Hyos.*$_{bg2,k}$ *Ip.*$_{hr1,k}$ lach.$_{hr1,k}$ *Laur.*$_{hr1,k}$ lyc.$_{a1,k}$ *Med.* meny.$_{hr1,k}$ *Merc.*$_{hr1,k}$ *Nux-m.* *Nux-v.*$_{bg2,k,*}$ *Oena.*$_{hr1,k}$ op.$_{bg2,k,*}$ par.$_{hr1,k}$ phos.$_{bg2,k}$ *Plat.* sang.$_{hr1,k}$ stram.$_{bg2,h,*}$ *Stry.*$_{a1,k}$ ter.$_{hr1,k}$
☞ *Gebeugt - Finger*
• **mittags**: am-c.$_{a1,k}$
• **Ausstrecken** der Arme; beim: stry.
• **epileptischen** Konvulsionen, bei: *Lach.*$_{hr1,k}$ lyc.$_{h,kl}$ *Mag-p.*$_{hr1,k}$ *Oena.*
• **Frostes**; zu Beginn des: *Cimx.*$_{hr1,k}$
• **greift**; wenn er etwas: arg-met.$_{h}$ arg-n.$_{a1,k}$ *Dros.* stry.
• **konvulsivisch**: glon.$_{hr1,k}$ mag-p.$_{hr1,k}$ nux-m. *Nux-v.*
• **Kopfschmerzen**, nach: coloc.$_{hr1}$
– **Daumen**: *Aeth.*$_{hr1,k}$ *Apis* ars.$_{a1,k}$ art-v.$_{hr1,k}$ arum-t.$_{hr1,k}$ bell. brach.$_{hr1,k}$ *Bufo* *Camph.*$_{hr1,k}$ *Caust.*$_{hr1,k}$ *Cham.*$_{hr1,k}$ *Cic.*$_{hr1,k}$ *Cocc.*$_{hr1,k,*}$ **Cupr.**$_{hr1,k}$ *Glon.*$_{hr1,k}$ hell.$_{hr1,k}$ hyos.$_{a1,k}$ ign.$_{hr1,k}$ *Lach.*$_{hr1,k}$ mag-p.$_{hr1,k}$ **Merc.**$_{a1,k}$ oena.$_{hr1,k}$ phyt.$_{hr1,k}$ *Sec.*$_{hr1,k}$ sep.$_{h,kl}$ *Stann.* staph. stram.$_{hr1,k}$ sulph.$_{hr1,k}$ viol-t.$_{hr1,k}$
• **Epilepsie**, bei: aeth.$_{c1}$ *Bufo* *Caust.* cham.$_{k2}$ *Cic.* *Lach.* *Stann.* staph. sulph.
• **Schreck**, nach: *Ign.*
• **Fallen** auf den Kopf; mit: *Cupr.*
• **Rheumatismus**, bei: kali-i.$_{hr1,k}$
• **Schlaf**, im: viol-t.$_{hr1,k}$

Bandagiert, umwickelt; Gefühl wie: anac.$_{k2}$ arund. *Chin.* nit-ac.$_{h}$ pic-ac.$_{k2,ptk2}$ **Plat.**
☞ *Zusammenschnürung*
○ **Ellbogen**: *Caust.*
– **Handgelenk**: bell-p.$_{bg2}$
– **Hände**: nit-ac.$_{h,kl}$
○ **Knochen** und Gelenke: mang.$_{h,kl}$
– **Beine**: alumn. anac. arund.$_{rb2}$ aur.$_{rb2}$ benz-ac.$_{a1,k}$ nat-m.$_{rb2}$ pic-ac.$_{k2}$ *Plat.* til.$_{a1,k}$
• **Gehen**, beim: til.$_{a1,k}$
○ **Gelenke**: nat-m.$_{h,kl}$
– **Oberschenkel**: acon. nit-ac.$_{h,kl}$ *Plat.* sulph.
• **Gehen**, beim: *Acon.* tarent.
– **Knie**: *Anac.* ars.$_{a1,k}$ **Aur.**$_{a1,k}$ coloc.$_{a1,k}$ *Graph.*$_{a1,k}$ kali-c.$_{h,kl}$ mag-m.$_{a1,k}$ *Nat-m.* nit-ac. nux-m. plat. **Sil.**$_{a1,k}$ sulph. zinc.
• **rechts**: graph.$_{a1,k}$ mag-s.
• **Gehen**, beim: *Aur.*$_{a1,k}$ coloc.$_{a1,k}$ graph.$_{a1,k}$
• **Sitzen**, im: *Anac.* ars.$_{h,kl}$ aur.$_{rb2}$ graph.
○ **unter** dem: til.$_{a1,sys}$
– **Unterschenkel**: acon.$_{rb2}$ ant-c. cham.$_{rb2}$ chlor. lyc. nat-m.$_{a1,k}$ petr. pic-ac. plat.$_{k2}$ stann. sul-ac. sulph.
• **abends**: ant-c.$_{h,kl}$ nat-m.
○ **Wade**: card-m. nat-p.$_{a1,k}$ nit-ac.$_{h,kl}$

Bandagiert, umwickelt; Gefühl wie: ...
– **Knöchel**: acon.$_{a1,k}$ calc.$_{a1,k}$ cham.$_{kr1,rb1}$ helo. petr.$_{a1,k}$
– **Füße**: mur-ac.$_{h,kl}$
• **Eisenband** umwickelt; wie mit einem: ferr.
– **Zehen**: syph.$_{xxb}$
○ **große** Zehe: *Plat.*
○ **Zehenballen**: petr.$_{h}$

Beben
☞ *Zittern*

Bedecken der Hände:
– **Abneigung** gegen: mag-c.$_{bg1}$
☞ *Entblößen; Neigung*
– **Verlangen**, sie zu bedecken: ign. syph.$_{xxb}$

Berührung:
○ **Hand** agg.; der: chin.$_{kr1}$
– **Finger** sich berühren; erträgt es nicht, wenn die: lac-c. *Lach.* sec.
– **Füße** agg.; der: lac-f.$_{c1}$

Beugen:
○ **Hände**: anac.$_{j5}$ m-arct.$_{j5}$ *Merc.*$_{j5}$
– **Handflächen**: nux-v.$_{j5}$
– **Finger**: **Ambr.**$_{j5}$ anac.$_{j5}$ arg-met.$_{j5}$ *Calc.*$_{j5}$ caust.$_{j5}$ *Cina*$_{j5}$ cocc.$_{j5}$ coff.$_{j5}$ colch.$_{j5}$ cycl.$_{j5}$ ferr.$_{j5}$ *Graph.*$_{j5}$ kali-c.$_{j5}$ kali-i.$_{j5}$ lyc.$_{j5}$ m-arct.$_{j5}$ *Nux-v.*$_{j5}$ *Phos.*$_{j5}$ plat.$_{j5}$ *Rat.*$_{j5}$ *Ruta*$_{j5}$ sec.$_{j5}$ *Sil.*$_{j5}$
– **Beine**: hep.$_{j5}$ sec.$_{j5}$
– **Knie**: carb-an.$_{j5}$ lyc.$_{j5}$ m-arct.$_{j5}$ sulph.$_{j5}$
– **Unterschenkel**: vip.$_{j5}$
– **Füße**:
○ **Fußsohlen**: anac.$_{j5}$ *Nux-v.*$_{j5}$ *Plb.*$_{j5}$
– **Zehen**: ant-t.$_{j5}$ carb-v.$_{j5}$ chel.$_{j5}$ euph.$_{j5}$ ferr.$_{j5}$ *Graph.*$_{j5}$ *Hyos.*$_{j5}$ kali-c.$_{j5}$ kali-n.$_{j5}$ lyc.$_{j5}$ mag-m.$_{j5}$ merc.$_{j5}$ *Nux-v.*$_{j5}$ *Paeon.*$_{j5}$ sec.$_{j5}$ sulph.$_{j5}$

Beugen; unwiderstehliches Verlangen, den Arm zu: **Ferr.**

Bewegung: *Bell.* nux-v. sars. stram.
☞ ❑ *Gemüt - Gesten*
– **Agilität**, große: calc-p.$_{bg2}$ coca$_{a1}$ coff.$_{bg2}$ form.$_{c1}$ lach.$_{bg2}$ mang.$_{bg2}$ op.$_{bg2}$ rhus-t.$_{bg2}$ *Stram.*$_{bg2,k}$
– **anhaltend**: *Ars.*$_{hr1,k}$ *Bell.* tarent.$_{k2}$
• **Konvulsionen**, zwischen den: *Arg-n.*
• **Schlaf**, im: **Caust.**
– **Athetose**
☞ *Athetose*
– **elegant**: stram.$_{ptk2}$
– **Kontrolle** über die Bewegung verloren: *Bell.* chinin-s. *Gels.* merc-c. op. *Stram.*
– **konvulsivisch**: absin. acon. **Agar.** agar-ph. *Arg-n.* aster. aur-m. **Bell.**$_{hr1,k}$ calc-p. cann-i. carbn-s. *Caust.* *Chlor.* cocc.$_{hr1,k}$ colch. crot-h. *Cupr.*$_{hr1,k}$ kali-c. lyc. *Merc-c.* mygal. **Op.**$_{hr1,k}$ phos. *Plb.* rhus-t. *Santin.* *Sec.* **Stram.** sul-ac. verat. *Zinc.* *Ziz.*
• **morgens**, beim Erwachen: rhus-t.$_{h}$
◇ **abwechselnd** mit Zittern des Körpers: arn.
• **Bewegung**, bei: cocc.$_{hr1,k}$
• **gebrauchen**; beim Versuch, die Glieder zu: cocc.$_{hr1,k}$ **Pic-ac.**$_{hr1,k}$

– **konvulsivisch**: ...
  • **Liegen**, beim:
    • **Rücken**, auf dem: calc-p.
    • **Seite** amel.; auf der: calc-p.
  • **mal** in den Armen, mal in den Beinen: hyos.
  • **Niesen**, beim: phos.h
– **lächerlich**: zinc.hr1,k
– **langsame** Bewegung: merc-n. merc-ns. verat.h
– **oben**, dann mit Gewalt nach unten geworfen; nach: **Bell.**
– **oszillierend**: acon. zinc.
– **rhythmisch**: stram.ptk2
– **Schlaf**, im: *Caust.*
– **schwierig**: acon. anac. ars. atro. aur.h *Camph.*hr1,k carb-ac. chel. *Con. Cupr.* cycl. dulc. gels. hydr-ac. lyc. *Pic-ac.* stront-c.
  • **Gehen**, nach dem: gels.
– **unregelmäßig**: *Agar. Bell.* **Hyos.** kali-br. lach. *Plb. Sec.* stram. **Tarent.**
– **unwillkürlich**: agar. alum. bell. calc. *Crot-c. Cupr. Hell. Merc.* nat-m. op. phos. pyrog.ptk *Stram.*
  ☞ ☐ *Gemüt - Gesten*
  • **eine** Seite: *Alum.* calc.h
  • **Arbeit** charakteristisch sind; die für die normale tägliche: bell.
  • **Denken** an Bewegungen; beim: aur.h
  • **ein** Arm und ein Bein: *Apoc. Cocc. Hell.*
  • **gelähmtes** Glied: arg-n. merc. phos.
  • **Stuhlgang**, nach: carb-v.h
– **verdreht**, verzerrt: phos.h
– **Verlust** der Kraft, um sie zu bewegen: *Apis* ars. *Bell.* canth. carbn-h. cocc. hydr-ac. lath. lyc. naja oena. op. sars. sec. *Stram.* stry. *Tarent.*
  • **morgens**, beim Erwachen: sil. zinc.
– **wellenartig**, winkend: cyt-l.bg1
○ **Arm** und linkes Bein, mit Seufzen; linker: bry.
○ **Arme**:
  • **eine** Seite: *Alum.* apis bell. *Hell.*
  • **anhaltend**: *Bell.* tarent.k2
  • **automatisch**: *Cocc. Hell.*hr1,k op.
  • **Drehen**: alum.h
  • **eilig**: *Agar.*hr1,k *Bell.*
  • **Geige** spielen; als würde er: clem.hr1,k
  • **Gesicht** hin, zum: stry.
  • **herauf** und herab: cupr-ar.hr1,k
    • **langsam**: ars.
  • **hinten** und vorne; nach: morph.
  • **idiotischer** Manier, in: merc.
  • **konvulsivisch**: apis *Arg-n.* aur-m. *Bell. Caust.* con. *Merc-c.* mez. *Mygal.*hr1,k *Op.*hr1,k plb.hr1,k *Stram.*hr1,k sul-ac. tab. zinc-s.
  • **oben** und außen; nach: *Arg-n.*hr1,k
  • **schlägt** mit einem Arm und greift mit dem anderen: *Stram.*hr1,k
  • **schwierig**: alum.k2 ars. aur.hr1,k cinnb. clem. con. eupi. glon. merc. stann. ter. thuj.
    • **Gehen** im Freien; beim: anac.
  • **Seite** zur anderen; von einer: cupr-ar.hr1,k
  • **Strecken** nach oben: alum.h
  • **trocken**; als seien die Gelenke: thuj.
  • **unregelmäßig**: *Agar.*hr1,k *Bell.* merc. tab. tarent.hr1,k

– **Arme - unregelmäßig**: ...
    • **linker** Arm: *Cimic.*hr1,k
  • **unruhiger** Bewegung, Beine ruhig; in: stram.hr1,k
  • **unwillkürlich**: *Cocc.*hr1,k hell. op.
  • **vorne**, nach:
    • **Brust**, bei klonischem Krampf; über die: atro.
    • **heftig** nach vorne geworfen: ip.
– **Oberarm**, schwierig: coc-c.
– **Unterarm**:
  • **beeinträchtigt**, behindert: ars. clem.
  • **schwierig**: chel. con. merc.
– **Handgelenk**:
  • **schwierig**: rhod. tep.
  • **unmöglich**: tep.
– **Hände**:
  • **automatisch**: *Acon.*hr1,k cann-i. coca *Kali-i.* nux-v.hr1,k zinc.hr1,k
    • **Kopf**, zum: plb.
    • **schlägt** sich ins Gesicht; er: acon.
  • **Ballen** der: *Hyos.*hr1,k
  • **Gesicht** hin, zum: stry.
  • **hastig**: *Bell.*
  • **konvulsivisch**: apis bell. *Kali-c.*hr1,k *Nat-m. Op.* plb.hr1,k *Zinc.*
  • **Koordination**; fehlende, gestörte: *Bell. Cupr. Cypr. Gels.* merc. plb. puls.
  • **Richtung**; hat beim Versuch zu schreiben keine Kontrolle über die: aesc. ter.
  • **Schlaf**, im: ars.h
  • **spielt** mit den Händen: *Mur-ac.*hr1,k
  • **unkoordiniert**: merc.k2
  • **verminderte** Bewegungsfähigkeit: carbn-s. con. *Plb.*
– **Finger**: agar. fl-ac. *Lach.* ox-ac. *Stram.* tarent.
  • **anhaltend**: kali-br. *Stram.* sulph.
  • **automatisch**: zinc.
  • **Schlaf**, im: ars.h
  • **schwierig**: plb. rob. tarent. vip.
    • **nachmittags**: mag-s.
  • **unregelmäßig**: *Cupr.*
  • **zählen**; als würde er mit den Fingern: mosch.
  ○ **Daumen**, konvulsivisch: calc. calc-p. coc-c. cocc.h1,k con. crot-c.
  • **Zeigefinger**, krampfhaft: con. ign.
– **Beine**:
  • **anhaltend**: tarent.k2
  • **Chorea**, wie: agar. *Arg-n.* coff. *Mygal.*
  • **Kontrolle** über die Bewegung; Verlust der: alum. cann-i. chlor. *Gels.* glon. hydrog.srj2 *Plb.* stram.
  • **konvulsivisch**: *Merc-c. Mygal.* nat-m.hr1 *Plb.* stram.
  • **langsam**: merc.
  • **schwierig**: carbn-s. *Plb.*
    • **Heben** der Beine beim Liegen
      ☞ *Heben - Beine - unmöglich - Liegen*
  • **unwillkürlich**: merc. stram.
    • **Schmerzen**, mit: cocc.h
– **Oberschenkel**, unwillkürlich: op.

– **Knie**:
• **schwierig**: dios.
• **unmöglich**: *Chel.*
• **unwillkürlich** hin und her: thuj.
– **Unterschenkel**: caust.
• **nachts** im Schlaf: *Caust.*
• **ausstrecken** oder übereinanderlegen; kann die Unterschenkel im Sitzen nicht
☞ *Strecken - Unterschenkel - unmöglich / Übereinanderlegen - Beine - unmöglich*
• **automatisch**: hell.
• **eines** Unterschenkels: hell.
• **konvulsivisch**: acet-ac. agar. *Caust.* merc-c. *Mygal.* op. plb. sul-ac.
• **Scheu** vor: ham.
• **schwierig**: camph. chel. kali-n. nat-m. ox-ac. pic-ac. **Plb.**
• **ungeschickt**: con.
• **unten**, beim Niesen; nach: spig.
• **unwillkürlich**: bry. crot-c. stict.
• **nachts**: *Stict.*
• **wellenartig**: sep.
– **Füße**:
• **konvulsivisch**: op. plb. *Zinc.*
• **nervös**, im Bett: *Zinc.*
• **schwierig**: nat-m.
• **ständiger** Bewegung, in: *Lach.* zinc.$_{k2}$
• **unkoordiniert**: merc.$_{k2}$
• **unten**, als würde er aufstampfen; nach: cina
– **Zehen**: fl-ac.
• **eingeschränkt**: ars.
• **unwillkürlich**: op.

Bewußt; ist sich der Glieder nicht: *Agar.* camph. cann-s. stram.
– **Gehen**, beim: stram.

Blasen würde; als ob Wind aus den Zehen: cupr.$_{a1,k}$

Blubberndes, glucksendes Gefühl: rheum
○ **Arm**, linker: caust.$_{h}$
– **Schulter**: berb.$_{a1,k}$ mang.$_{h,k,*}$ puls.$_{h,k,*}$ tarax.$_{h,k,*}$
• **nachmittags**: puls.$_{h,k,*}$
– **Oberarm**: berb.$_{a1,k}$ colch.$_{hr1,k}$ cupr.$_{h,k,*}$ nux-m.$_{a1,k}$ petros.$_{hr1,k}$ squil.$_{h,k,*}$ zinc.$_{h,k,*}$
• **links**: zinc.$_{h,k,*}$
• **rechts**: berb.$_{a1,k}$
– **Ellbogen**: kreos.$_{a1,k}$ mang.$_{h,k,*}$ rheum sil.$_{a1}$ spong.$_{h,k,*}$
○ **Ellbogenbeuge**: bell.$_{a1,h,*}$
– **Unterarm**: spong.$_{h,k,*}$ zinc.$_{h,k,*}$
○ **Rückseite**: colch.$_{a1,k}$
– **Beine** nach unten: bell.$_{h,k1}$ olnd.$_{a1,h,*}$ squil.$_{a1,h,*}$
– **Gesäß**: ant-c.$_{h,k,*}$ zinc.$_{h,k,*}$
• **Stehen**, im: ant-c.$_{h,k,*}$
– **Hüfte**: *Led.*
– **Oberschenkel**: berb.$_{a1,k}$ cot.$_{a1}$ meny.$_{a1,h}$ olnd.$_{h,k,*}$ sil.$_{a1,k}$
– **Knie**: arg-met. bell.$_{h,k,*}$ berb.$_{a1,k}$ cot.$_{a1}$ nat-m.$_{h,k,*}$
○ **Kniekehle**: rheum sil.$_{a1}$
• **Kniescheibe**, in der: asar.$_{h,k,*}$

Blubberndes, glucksendes Gefühl: ...
– **Unterschenkel**: ant-c.$_{h,k,*}$ arn.$_{h,k,*}$ berb.$_{a1,k}$ con.$_{h,k,*}$ rheum rhus-t.$_{h,k,*}$
○ **Wade**: berb.$_{a1}$ crot-h.$_{a1,k}$ rheum spig.$_{h,k,*}$
– **Füße**: bell.$_{h,k,*}$ berb.$_{a1,k}$ chel.$_{h,k,*}$ lach.$_{a1,k}$
– **Zehe** links; erste: rheum$_{h}$

Blut:
– **Blutandrang** zu:
○ **Extremitäten**: calc-s.$_{k2}$
• **Arme**: calc. *Nux-v.* rhod. sil. **Sulph.**
• **Hände**: elaps nat-s. *Nux-m.* ph-ac. **Phos.**
• **nachmittags**: nat-s.
• **Magen** aus, vom: phos.
• **Herunterhängenlassen** des Armes; beim: ph-ac. phos.$_{h}$ sul-ac.$_{h}$
• **Finger**: phos.
• **Herunterhängenlassen** des Armes; beim: phos.
○ **Fingernägel**: apis$_{st1}$ *Op.*
• **Fingerspitzen**: rhus-t.$_{j5}$
• **Beine**: **Aur.** calc. elaps zinc.
• **Knie**: lact. phel.
• **13** h: phel.
• **Sitzen**, im: phel.
• **Stehen**, im: phel.
• **Unterschenkel**: lact. meph. nux-m. phos. **Spong. Sulph.** *Zinc.*
• **links**: nux-m.
• **nachts** beim Erwachen: meph.
• **stagnieren**; Gefühl, als würde das: zinc.$_{h}$
• **Wade**; Gefühl, als würde Blut darin strömen: dulc.$_{h}$
• **Füße**, beim Stehen: graph.
• **Zehe**, erste: led.$_{h}$
– **sickert** aus den Fingernägeln: *Crot-h.*

Blutandrang
☞ *Blut - Blutandrang*

Blutwallung
☞ *Blut - Blutandrang*

Brüchige Nägel
☞ *Nägel; Beschwerden - Abblättern / Nägel; Beschwerden - spröde*

Brummen
☞ *Vibration*

Bursae: **Arn.**$_{k,kl2}$● calc-p. cann-s. kali-m.$_{c1}$ **Nat-m.**$_{k,kl2}$● **Sil.** stann. **Stict.** syph.$_{xxb}$
☞ *Entzündung - Knie - Bursitis / ❑ Allgemeines - Entzündung - Schleimbeutel*
– **Zysten**: cann-s. caust. *Graph.* iod. kali-br. *Sil. Sulph.*
○ **Handgelenk**: ruta stann. syph.$_{xxb}$
• **rechts**: stann.

Bursitis bei Hallux valgus; chronische:
○ **Füße**: am-c. graph.$_{bg1}$ hyper. *Kali-chl.* ph-ac. *Phos.* plb. **Sil.** sulph.$_{k2}$ zinc.
• **Erfrierung**:
• **nach**: *Calc.*
○ **Fußsohlen**: calc.

Bursitis - Füße - Fußsohlen: ...
- • **geschwürig**: *Calc.*

Chorea: **Agar.** apis *Arg-n. Ars. Asaf. Bell. Calc.* **Caust.** *Cedr. Cham. Chel.* chin. *Chlol. Cic. Cimic.*$_{hr1,k}$ cocc.$_{hr1,k}$ coff. con. *Croc. Cupr.* dulc. *Hyos. Ign.*$_{hr1,k}$ iod. ip. kali-c. *Lach.* laur. lyc. mag-p.$_{br1}$ merc. mez. **Mygal.**$_{hr1,k}$ *Nat-m.* nux-v. *Op.* plat. puls. rhod.$_{hr1,k}$ rhus-t. sabin. sec. *Sep.*$_{hr1,k}$ sil. stann. *Stram.*$_{hr1,k}$ stront-c. sulph. tanac. **Tarent.**$_{hr1,k}$ verat-v. zinc. zinc-p.$_{k2}$
- – **Furcht**, durch: *Calc.* **Caust.** *Ign.*$_{hr1,k}$ *Kali-br. Laur. Nat-m. Stram.* zinc.
- – **Koitus** agg.: *Cedr.*
- – **Schlaf** amel.: *Agar.*$_{vh}$ *Mygal.*$_{vh}$
- – **diagonal**, kreuzweise: agar.$_{gt1}$ *Stram.*$_{hr1}$
- ○ **Arme**:
  - • **links**: cimic.$_{hr1}$
- – **Unterschenkel**: *Cocc.*$_{hr1,k}$ rhod.$_{hr1,k}$ stict.$_{hr1,k}$

Deformierte Finger
☞ *Gezogen - krumm - Finger*

Deformierte Nägel
☞ *Nägel; Beschwerden - deformiert*

Dick:
- ○ **Haut**; dicke:
  - ○ **Hände**: psor.$_{k2}$ sars.$_{k2}$
    - ○ **Handflächen**: sulph.$_{k2}$
  - • **Füße**:
    - ○ **Fußkante**: lac-d.$_{k2}$
    - • **Fußsohlen**: ant-c.$_{k2}$ **Ars.** sang.$_{k2}$ sulph.$_{k2}$
- – **Nägel**
  ☞ *Nägel; Beschwerden - dicke*
- – **Unterschenkel**:
  - ○ **Schienbein**: mez.$_{hr1}$ thuj.$_{h1,h2,*}$

Dreht:
- ○ **Glieder** nach außen: graph.$_{h}$
- – **Arm** nach innen; den: bell.$_{h}$

Dünne Nägel
☞ *Nägel; Beschwerden - dünne*

Dupuytren-Kontraktur
☞ *Kontraktion - Hände - Dupuytren-Kontraktur*

Durchrieseln
☞ *Erbeben*

Eingeschlafen
☞ *Gefühllosigkeit / Kribbeln*

Eingewachsene Nägel
☞ *Nägel; Beschwerden - eingewachsene*

Einwärts gedrehte Füße: nux-v. sec.

Eiterung:
- ○ **Ellbogen**: dros. tep.
  ☞ *Abszeß - Ellbogen*
- – **Unterarm**: lyc. plb.
- – **Finger**: borx. hydrog.$_{srj2}$ mang.
  - • **Impfung**, nach: **Thuj.**
  - ○ **Fingernägel**
    ☞ *Nagelgeschwür - Nagelwurzel*
  - • **unter** den: form.

Eiterung - Finger: ...
- • **um** die: con. eug.$_{bro1}$ ph-ac.
- • **Zeigefinger**: calc. nat-s.
- – **Hüfte**: *Ars.* asaf. asar. *Aur. Calc. Calc-p.* calc-s. calc-sil. **Chin.** graph. *Hep. Merc. Ph-ac. Puls.* rhus-t. *Sep.* **Sil.** staph. *Stram.* sulph.
  ☞ *Hüftgelenksentzündung*
- – **Knie**: hippoz. *Iod.*
- – **Knöchel**: arn.$_{a1,k}$ hep.$_{a1,k}$
- – **Füße**: rhus-v.$_{a1,k}$ *Sec.*$_{a1,k}$ vip.$_{a1,k}$
  - • **Schorf**: *Sil.*
  - ○ **Ferse**: berb.$_{a1,k}$ borx. fago.$_{a1,k}$
  - • **Fußsohle**; Gefühl der: calc.$_{a1,k}$ kali-n.$_{a1,k}$ lyc.$_{a1,k}$ prun.$_{a1,k}$ spig.$_{a1,k}$
- – **Zehe**: androc.$_{srj1}$
  - • **linken** großen Zehe; unter dem Nagel der
    ☞ *Nägel; Beschwerden - Eiterung - Zehennägel - linken*

Elektrischem Strom; Gefühl von: agar. ail. bamb-a.$_{stb2}$ bol-la. dor. gels. hydrog.$_{srj2}$
☞ *Schläge*
- ○ **Arme**: bol-la. dor. gels.
- – **Hände**: gels.
- – **Finger** etwas berühren; wenn die: *Alum.*
- – **Gesäß**: bamb-a.$_{stb2}$
- – **Unterschenkel**: bamb-a.$_{stb2}$ bol-la. dor. hydrog.$_{srj2}$
  - • **nachts**: bamb-a.$_{stb2}$
- – **Füße**: gels.

Empfindlichkeit: camph. coff. *Cupr.* cycl. *Ferr-p.* lath. *Mang.* sul-ac. tarax. ter. verat-v. zinc.
- – **Kälte**, gegen: am-c. ars.
  - ○ **Arme**: agar. calc-p. kali-bi.$_{bg1}$
  - • **Oberarm**: nat-m.
  - • **Finger**: agar. sec.
    - ○ **Haut** an den Fingernägeln: ant-c.
    - • **Fingerspitzen**: berb.$_{bg1}$ cist. lac-c.$_{bg1}$
  - • **Unterschenkel**, gegen Luftzug: *Zinc.*
  - • **Füße**: alum. am-c. zinc.
- – **Seite**, nicht gelähmte: plb.
- – **Wärme**, gegen: *Sulph.*
- ○ **Gelenke**: arn.$_{k2}$
  - • **morgens**: nit-ac.$_{h}$
- – **Schulter**: *Apis* aspar. cina con. ferr. lach. pall.
- – **Arme**: cina$_{k2}$
- – **Hände**:
  - ○ **Handfläche**: merc-c. nat-c.$_{h2}$
  - • **Handrücken**: con.$_{h}$
- – **Finger**: *Lac-c.* lach. *Led. Sec.*
  - • **auseinanderhalten**; muß die Finger: lac-c. lach.
  - ○ **Fingernägel**: berb. calc.$_{bg2}$ con.$_{bg2}$ hep.$_{bg2}$ merc.$_{bg2}$ *Nat-m.*$_{bg2,k}$ nux-v. petr. ph-ac.$_{bg2}$ sep.$_{bg2}$ *Sil.* squil. sulph. thuj.$_{bg2}$
  - • **Fingerspitzen**: berb.$_{ptk1}$ calc-p.$_{ptk1}$ cist.$_{ptk1}$ lac-c.$_{ptk1}$ nat-c.$_{h2,ptk1}$ sars.$_{ptk1}$ *Staph. Sulph.*$_{bg1,ptk1}$ tarent.$_{ptk1}$
- – **Beine**: *Agar.* am-m.$_{h}$ ars. aur. *Mag-m. Petr.* plb. sep. sil. zinc.
  - • **Ischiasnervs**; entlang des Verlaufes des:
    - • **links**:
      - ◆ **begleitet** von Dysurie: *Agar.*

– **Gesäß**: *Ars.*
– **Hüfte**: bapt. *Coloc.* mag-m.h zinc.h
– **Oberschenkel**: *Agar. Gels. Merc.* nat-c.k2 rhus-t. ruta sulph.
– **Knie**: ars. bry. *Lach.* rhus-t. *Sars. Sep.* sulph. verat.
– **Unterschenkel**: berb. *Calc.* calc-s.
 ○ **Schienbein**: *Puls.* syph.k2
 • **Wade**: *Nat-m.* plb. sil.
– **Knöchel**: ars-h. graph. sars.
– **Füße**: agar. aloe anac. ant-c. apis calc.h calc-s. *Kali-c.* lac-f. *Lach.* led. **Lyc.** mag-p.brl med. *Merc-i-r. Mez. Petr.* rumx. *Sil.* stann. *Staph.* sulph.
 • **Gehen**, beim: alum. alumn.k2
 ○ **Ferse**: jatr-c.c2,k med.
 • **Fußsohle**: aloe *Alum.* alumn.k2 ant-c. carb-v. hep.h **Kali-c. Lyc. Med.** mez. sabad. sars.h *Staph.* sulph.h zinc.
– **Zehen**: *Calc. Carb-an.*
 ○ **Zehenballen**: sil.h
 • **Zehennägel**: calc.bg2 con.bg2 hep.bg2 merc.bg2 *Nat-m.*bg2 *Nux-v.*bg2 petr.bg2 ph-ac.bg2 sep.bg2 *Sil.*bg2 *Squil.*bg2 *Sulph.*bg2 thuj.bg2
 • **große** Zehe: ars-h. eup-per.
  • **Gehen**, beim: calc.

Empfindungslosigkeit:
☞ *Gefühllosigkeit*
○ **Unterarm**:
 • **Berührung**; gegen:
  • **links**: chin-b.hrl nux-v.hrl,krl
 • **Ofenhitze**, gegen: *Plb.* thuj.
 • **Schmerz**, gegen: kreos. *Plb.*
– **Hände**: stram.h,hrl
 • **Schmerz**, gegen: kreos. plb.
 • **Stiche**, gegen: plb.a1,k
 • **Verbrennungen**, gegen: *Plb.*a1,k
– **Finger**:
 • **Ofenhitze**; gegen die: *Plb.* thuj.
 • **Stiche**; gegen: pop-c.c1
– **Füße**, gegen Berührung und Stiche: ant-c.h,kl

Enge
☞ *Zusammenschnürung*

Entblößen agg.: aur. *Bry.* con. **Hep.** *Nat-m.* **Rhus-t. Sil.** squil. stront-c. **Thuj.**

Entblößen; Neigung zum:
☞ *Bedecken - Abneigung / Hitze - entblößen*
○ **Arme**: con.h,k,* zinc.
 • **Schlaf**, im: con.h,k,*
– **Beine**: crot-c. *Plat.* sec. zinc.
 • **nachts**: *Plat.* zinc.
– **Unterschenkel**:
 • **morgens**:
  • **Erwachen**; beim: *Plat.*
– **Füße**: agar. aloek2 calc.k2 **Cham.** *Cur.* fl-ac. glon.bg1 *Mag-c.* **Med.** *Petr.* **Puls.** sabin.k2 *Sang. Sanic.* sep. **Sulph.**
 • **morgens**; gegen: cur.

Entzündung: ars-s-f.k2 calc-sil.k2 *Lach.*a1,k merc-n.a1 merc-ns. rhus-t.k2 sec.bg1 sulph.bg1 vip.a1,k

Entzündung: ...
– **nachts**: merc.k2
– **erysipelatös**: anan. **Lach.** sulph.k2 vip.
○ **Bänder**: bry.k2
– **Gelenke**: abrot.bg2,sf **Acon.**bg2,k,* agn.c1 am-be.sf am-caust.sf am-m.sf am-p.sf *Ang.*hrl,k ant-c.sf *Ant-t.*hrl,sf **Apis** apoc.k2 aran.mg aran-ix.mg arb.a1,c arist-cl.sp1 *Arn.* ars.sf ars-s-f.k2 asar.sf *Aur.*hrl,k bar-c.sf **Bell.**bg2,k *Benz-ac.*bg2,sf berb.sf **Bry.**k,k2,* cact.k2 *Calc.*bg2,k calc-p.sf calc-sil.k2 caul.sf *Caust.*bg2,k,* cham.c,sf chin.sf clem.sf *Colch.*hrl,sf coloc.sf conch.a1 cortiso.sp1 crot-h.sf cycl.sf dulc.k2 eup-per.k2,sf euphr.mg ferr.sf *Ferr-p.*bg2,k,* fl-ac.bg2 form.bg2,sf,* *Form-ac.*mg,sf *Gaul.*sf gins.sf *Guaj.* hed.mg hep.sf hyper.hrl,k ichth.c *Iod.*hrl,k kali-ar.k2 *Kali-c.* kali-chl.sf *Kali-i.*bg2,k *Kalm. Kreos.*hrl,k *Lac-ac.*hrl,k,* lach.hrl,k **Led.**bg2,k,* *Lith-be.*sf lith-c. lith-sal.sf *Lyc.* mand.mg *Mang.*hrl,k meny.hrl,k *Merc.*bg2,k mez.sf *Nat-m.*hrl,k *Nat-s.*hrl,k ph-ac.sf phos.sf *Phyt.*bg2,k *Psor.*hrl,k *Puls.*bg2,k pyrog.sf rad-br.sf ran-b.sf *Rhod.*hrl,k *Rhus-t.*bg2,k,* *Ruta* sabad.sf sabin.bg2,k,* sal-ac.sf sang.sf *Sars.*hrl,k *Sep.*hrl,k **Sil.**bg2,k,* spong.sf *Stel.*sf stict.sf sul-i.mg *Sulph.* syph.hrl,k2,* tarax.sf thuj.sf tub.sf urt-u.sf verat.sf verat-v. visc.mg
 • **abends**: acon.hrl,k merc.k2
 • **nachts**: acon.hrl,k **Iod.**hrl,k *Lac-ac.*hrl mang.hrl,k *Rhod.*
 ◆ **begleitet** von:
  • **Lungenkrebs**
   ☞ ❑ *Brust - Krebs - Lunge - begleitet von - Gelenke*
 • **erysipelatös**: *Bry.*hrl,k rhod.
 • **Hitze** agg.: guaj. led.
 • **Synovitis**: *Acon.*bro1 *Am-p.*bro1 ant-t.c1,c2 apisc2,k arn.bro1 bell.hrl,k *Benz-ac.*bro1 *Berb.*bro1 bry.hrl,k calc.hrl,k calc-f.bro1 calc-p.bro1 canth.bro1 caust.hrl,k ferr-p.hrl,k fl-ac.bro1 *Hep.*bro1 iod.hrl,k kali-c.hrl,k kali-i.hrl,k led.hrl,k lyc.hrl,k merc.hrl,k myris.c1 phyt.hrl,k puls.hrl,k,* rhus-t.hrl,k rutabro1 *Sabin.*bro1 sep.hrl,k sil.hrl,k,* slagbro1 staph.bro1 *Stel.*bro1 stict.bro1 sulph.hrl,k tub.bro1 verat-v.hrl,k
– **Knochen**: *Asaf. Aur. Calc.* **Fl-ac. Merc.** *Mez.* **Ph-ac.** *Rhus-t.* **Sil.**
○ **Periost**: asaf.k2 staph.k2
– **Lymphgefäße**: cupr.st iod.st lach.st mygal.st
 • **Elephantiasis arabum**: myris.c1
○ **Arme**; der: **Bufo** cupr.h
– **Nagelbett**
☞ *Nagelgeschwür - Nagelwurzel*
– **Sehnen**: ant-c.c1 kali-chl.c kali-m.c1 *Rhod. Rhus-t.*k,kl2●
– **Arme**: arg-met. ars-s-f.k2 crot-h.a1,k cupr.a1,k kali-bi.a1,k kali-i.a1,k lach.a1,k merc. petr. ran-b.a1,k *Rhus-t.* rhus-v.a1,k sep.
 • **erysipelatös**: am-c. *Apis* arn. *Ars.* bell. bufo *Carb-ac.* form. *Hippoz. Kali-c.* kalm. **Lach.** petr.a1,k *Ph-ac.* **Rhus-t.** rhus-v.
  • **brennend**: petr.h,kl
 • **phlegmonös**: rhus-t. rhus-v.a1,k
 • **Stellen**, an kleinen: merc-c.a1,k
– **Schultern**: ferr-p.k2

– **Oberarm**:
• **erysipelatös**: bell. petr.
– **Ellbogen**: ant-c. lac-ac. lach. sil.
• **erysipelatös**: ars. lach. sulph.
○ **Sehne**: ant-c.$_{ptk1}$
– **Unterarm**: *Ars.* lyc. *Rhus-t.*$_{a1,k}$
• **erysipelatös**: anan. ant-c. apis bufo carb-ac.$_{c1}$ *Kali-c.* **Lach.** merc.$_{a1,k}$ petr.
○ **Periost**: *Aur.*
– **Handgelenk**: euph.$_{a1,k}$ rhus-t.$_{a1,k}$
– **Hände**: anac.$_{a1,k}$ *Anthraci.* arn.$_{a1,k}$ ars.$_{a1,k}$ ars-s-f.$_{k2}$ *Bry.* bufo carc.$_{fb}$ cocc. *Crot-h.* cupr.$_{a1,k}$ ferr. hep. *Kalm. Lach. Lyc.* manc.$_{a1,k}$ *Rhus-t.*$_{a1,k}$ *Sil.* sulph. vesp.
• **dunkelrot**: anthraci. *Lyc.* rhus-t.
• **erysipelatös**: carb-ac.$_{c1}$ graph. *Lach. Rhus-t.*
• **Schwielen**: *Phos.*
○ **Handfläche**: bry.
– **Finger**: **Am-c.** apis apoc.$_{k2}$ ars-s-f.$_{k2}$ calc-s. con. *Cupr. Hep.* hydrog.$_{srj2}$ kali-c. lyc. *Mag-c.* mang. nat-m. nit-ac. puls. ran-b.$_{a1,k}$ *Sil.* tarent.$_{a1,k}$
• **erysipelatös**: carb-ac.$_{c1}$ rhod. rhus-t. sulph. thuj.
○ **Fingernägel**: *Calen.*$_{c2}$ kali-c.
○ **Nagelwurzel**: *Hep.* kali-c.$_{h,kl}$ *Stict.*
• **um** die: con.$_{a1}$ hell.$_{h,kl}$ *Nat-m. Nat-s.* ph-ac.$_{a1}$ sil.$_{c1}$
• **unter** den: sil.$_{c1}$
• **Fingerspitzen**: *Thuj.*
• **Gelenke**: kali-c.$_{k2}$ *Lyc.*$_{a1,k}$
• **Bursitis**: *Ruta*
○ **Mittelgelenke**: lyc.$_{h,kl}$
• **Knochen**: *Staph.*
○ **Periost**: **Led.**
• **Daumen**: nat-c.$_{h2}$ sars.$_{h}$
– **Beine**:
• **erysipelatös**: *Sulph.*
○ **Psoas**: *Calc.*
• **Eiterung** bevorsteht, auch wenn die Bekkenknochen angegriffen sind; wenn: asaf.$_{k1}$
• **Venen** (= Venenentzündung): lach.$_{k2}$
– **Hüftgelenk**: apis phos.$_{k2}$
– **Oberschenkel**: nat-c. rhus-t.$_{a1,k}$ *Sil.*
○ **Oberschenkelknochens**, Periost des: *Aur. Mez. Phyt.*
– **Knie**: *Apis Arn.* ars-s-f.$_{k2}$ *Bar-m. Benz-ac.* **Bry.** *Calc. Cocc.* eup-per.$_{k2}$ *Fl-ac. Guaj. Iod.* lac-ac. *Led.* lyc.$_{bg1}$ merc.$_{bg1}$ *Nux-v. Phos.* phyt. *Psor.* **Puls.** *Rhus-t.*$_{a1,k}$ *Sars.* sil. *Sulph.* tub.
• **Bursitis** praepatellaris: *Apis*$_{c2}$ arn.$_{c2}$ *Kali-i.*$_{c2}$ kali-m.$_{br1}$ *Rhus-t.*$_{c2}$ sil.$_{c2}$ slag$_{c2}$ *Stict.*$_{c2}$
☞ Bursae | ❑ Allgemeines - Entzündung - Schleimbeutel
• **erysipelatös**: nux-v. **Rhus-t.** sulph.
• **Gonorrhoe**, unterdrückte: *Med.* sil.
– **Unterschenkel**: *Acon.* ars-s-f.$_{k2}$ *Borx.* bov. *Calc.*$_{a1,k}$ com. nat-c.$_{a1,k}$ sulph.$_{a1,k}$
• **erysipelatös**: anan. **Apis** arn.$_{a1,k}$ ars. *Borx. Bufo Calc. Hep.*$_{a1,k}$ *Hydr.* **Lach.** lyc. merc.$_{a1,k}$ *Nat-c. Puls. Rhus-t. Sil. Sulph. Ter.* zinc.
• **Nasenbluten**, mit: borx.
• **Tanzen**, nach: *Borx.*$_{h,k,*}$

Entzündung - Unterschenkel: ...
○ **Achillessehne**: *Sep. Zinc.*
• **Periost**: **Asaf.** *Aur. Kali-bi.* **Led.** *Merc. Ph-ac.* **Phos.** sil. still. *Sulph.*
• **Schienbein**: ang.$_{c1}$ *Asaf. Aur.* aur-m.$_{k2}$ *Calc. Guaj.* hecla kali-i. lach. **Ph-ac. Phos. Sil.** *Still.* stront-c.
– **Knöchel**: apoc.$_{k2}$ arn.$_{a1,k}$ ars-s-f.$_{k2}$ kali-c.$_{h,kl}$ *Mang.* phyt.
• **erysipelatös**: *Lach. Rhus-t.* tep.$_{a1,k}$
– **Füße**: acon. arn. *Ars.* ars-s-f.$_{k2}$ borx. **Bry.** calc. calen. *Carb-an.* carc.$_{fb}$ *Com.* dulc. hydrog.$_{srj2}$ kali-bi.$_{a1,k}$ *Merc.*$_{a1,k}$ mygal. *Phos. Puls.*$_{a1,k}$ *Rhus-v.*$_{a1,k}$ sil. **Sulph.** zinc.
• **dunkelrot**: rhus-v.$_{a1,k}$ sil.
• **erysipelatös**: *Apis Arn.* borx.$_{h}$ *Bry.* dulc. nux-v. puls. *Rhus-t.* sil. sulph.
• **abschilfernd**: dulc.
• **Stellen**, an kleinen: apis
• **Tanzen**, nach: berb. borx.$_{h}$
○ **Ferse**: ant-c. sabin.
• **rheumatisch**: sabin.
• **Fußrücken**: calc. mag-c. puls. thuj.$_{a1,k}$
• **Fußsohle**: *Puls.*
• **Knochen**: sarr.
• **Periost**: *Aur-m.* guaj.
– **Zehen**: am-c. apoc.$_{k2}$ berb. borx.$_{br1}$ carb-an. caust. hydrog.$_{srj2}$ lach. *Nit-ac.*$_{a1,k}$ ph-ac. phos. *Puls.* sep.$_{a1,k}$ sulph. tarent.$_{a1,k}$ teucr. *Thuj.*$_{a1,k}$ zinc.
• **erfroren**: *Agar.*
• **wie**: borx.$_{h}$
• **erysipelatös**: **Apis**
• **Naßwerden** der Füße; nach: nit-ac.$_{a1,k}$
○ **Gelenke**: kali-c.$_{k2}$
• **Zehenballen**: borx.$_{br1}$
• **Zehennägel**:
○ **um** die: sil.$_{c1}$
• **unter** den: sabad.$_{br1}$ sil.$_{c1}$
• **erste** Zehe: *Am-c.* sulph.$_{h,kl}$
○ **Zehenballen**: phos.$_{h}$

Epileptische Aura:
○ **Arme**: calc. *Lach. Sulph.*
– **Ferse** zum Hinterkopf; von der: *Stram.*

Erbeben (= durch und durch gehender Schauder, Durchrieseln): cann-i.$_{k2}$ nit-ac. nux-v.
☞ Schauder
– **Erregung**, durch: nux-v.
○ **Gelenke**: cinnb.
– **Arme**: **Cann-i.**
– **Hände**: bapt. **Cann-i.**
– **Fingerspitzen**: ail.
– **Knie**: **Cann-i.**
– **Unterschenkel**: **Cann-i.** lyss. phys. stry.
– **Füße**: bapt.
– **Zehe**, große: benz-ac.

Erfrieren:
– **Beschwerden** durch Erfrierungen
☞ Frostbeulen
– **leichtes**: zinc.$_{h}$

Erfroren; Gefühl wie:
○ **Füße**: alum.$_{bgl}$ pic-ac. puls.

Erschlaffung: arn. ars. asaf. bar-c. *Carb-v. Carbn-h. Carbn-o. Chin.* cic. clem. con. ferr. grat. hell. lyc. nit-ac. nux-m. nux-v. **Op.** sep. tab. vip.
– **morgens**:
• **Aufstehen** amel.; nach dem: lyc.
• **Erwachen**, beim: lyc.
• **Freien**; durch Aufenthalt im: *Nux-v.* sep.
• **Mittagessen**, nach dem: nit-ac.
○ **Gelenke**: bar-c. laur.
– **Arme**: guaj. hell. nux-m. plat.
• **Lachen**, beim: carb-v.
– **Hände**: gels. nat-c.
– **Beine**: am-m. ambr. ang. camph. canth. cic. guaj. hell. lach. lyc. nat-c. nit-ac. nux-m. op. phos. plb. puls. stram. verat.
– **Hüftgelenk**: apis *Calc. Thuj.*
• **Stehen**, beim: thuj.$_{h}$
– **Knie**: lith-c. phos. plb. sulph.
• **Gehen** amel.: phos.
– **Unterschenkel**: carb-v. kali-c.
– **Füße**: ars. *Gels.* nat-c.
• **Liegen**, beim: ars.

Erysipel
☞ *Entzündung - erysipelatös*

Exkoriation:
– **Gelenkbeugen**: bell. *Caust.* **Graph.** lyc. *Mang. Ol-an. Petr. Sep.* squil. *Sulph.*
– **Fingern**, zwischen den: graph.$_{h,kl}$
– **Rima** ani ●: arg-met. ars-s-f.$_{k2}$ arum-t. bufo carbn-s. **Graph.** nat-m. *Nit-ac.* puls. *Sep.* sulph.
– **Oberschenkeln**, zwischen den: aeth. *Am-c. Ambr.* anan. ars. ars-s-f.$_{k2}$ bar-c. bufo *Calc.* carbn-s. **Caust.** cham.$_{ptk}$ *Chin.* chinin-ar. goss. *Graph.* **Hep.** iod.$_{h}$ kali-ar. **Kali-c. Kreos.** *Lyc.* **Merc.** nat-ar.$_{k2}$ *Nat-c.* nat-m. *Nit-ac. Petr.* phos.$_{h}$ rhod. sang.$_{k2}$ **Sep.** squil. *Sul-ac.* **Sulph.** zinc.
• **links**: lyc.$_{h}$
• **Fahren** oder Reiten, durch: ruta$_{bgl}$
• **Fluor**, durch
☞ ❑ *Weibliche Genitalien - Fluor - scharf*
• **Gehen**, durch: aeth.$_{gsy1}$ **Graph.**$_{k,kl2}$● ruta sul-ac. *Sulph.*$_{k,kl2}$●
• **Menses**, während den
☞ ❑ *Weibliche Genitalien - Menses - scharf*
• **Zahnung**, während der: caust.$_{ptk}$
– **Kniebeuge**: *Ambr.* **Sep.**
– **Unterschenkel**: lach.
– **Füße**:
○ **Fersen**: all-c.$_{bgl}$
• **Fußsohle**: sil.$_{h}$
– **Zehen**, zwischen den: aur-m. bamb-a.$_{stb2}$ berb. carb-an. clem. *Fl-ac.* gink-b.$_{sbd1}$ *Graph.* hydrog.$_{srj2}$ lach. lyc.$_{k,kl2}$● mang. merc-i-f. mez. *Nat-c.* nat-m.$_{k,kl2}$● nit-ac. ph-ac. ran-b. *Sep.*$_{k,kl2}$● **Sil.** syph. zinc.
☞ *Schweiß - Zehen - zwischen - Roheit*
• **Gehen**, durch: carb-an.$_{h}$

Exostosen: aur. aur-m. calc.$_{k2}$ **Calc-f.** dulc. hecla$_{oss}$ mez. ph-ac. rhus-t. ruta$_{k2}$ **Sil.** staph.$_{k2}$ sulph. syph.$_{xxb}$
☞ *Knoten*
○ **Gelenke**: sil.$_{k2}$
– **Unterarm**: *Dulc.*
– **Handgelenk**: choc.$_{srj3}$ mag-m.$_{h2}$ ruta$_{k2}$
– **Finger**: *Calc-f.* sil.$_{k2}$
– **Kniescheibe**: calc-f.
– **Unterschenkel**:
○ **Schienbein**: *Ang. Aur. Aur-m.* bad. calc-f. *Calc-p. Cinnb. Dulc. Hecla* merc. **Nit-ac.** phos.$_{c1}$ *Phyt.* rhus-t. sars.
– **Zehen**: sil.$_{k2}$

Fallenlassen von Gegenständen
☞ *Ungeschicklichkeit - Hände - fallen*

Fallen, stürzen:
– **als** würde sie: sabin.$_{c1}$
– **Neigung**, Tendenz dazu: *Caust.* cocc.$_{k2}$ ign.$_{h}$ iod. mag-c. mur-ac.$_{h}$ nux-v. ph-ac. phos.

Fallhand (Radialislähmung): plb.

Farbe (= Verfärbung):
– **blaß**: glon.$_{k2}$ hydr-ac.$_{a1,k}$ naja ox-ac.$_{a1,k}$ rob.$_{a1,k}$ sec.$_{a1,k}$
– **blau**: agar. apis arg-n.$_{k2}$ bism. bol-la. **Carb-v.** *Crot-c.* cyt-l.$_{a1}$ *Dig.* dros.$_{k2}$ kali-ar. *Lach.* laur.$_{br1}$ lyss. *Merc.* naja$_{k2}$ nat-m.$_{k2}$ *Op.* rob. verat.$_{k2}$ zinc-m.$_{a1}$
• **dunkelblau**:
• **Menses**; während: verat.$_{k2}$
• **Frost**; während: nat-m.$_{k2}$
– **bleifarben**: sec.
– **dunkel** gefärbt: vip.$_{a1,k}$
– **Ekchymose**: merc-c. *Sec.* **Sul-ac.** *Tarent. Vip.*
– **Flecken**: berb. cimx. cocc. hura
• **rot**: lach. sulph.$_{a1,k}$
– **gelblich**: phos.$_{a1,k}$
• **Stellen**, an kleinen: vip.$_{a1,k}$
– **gesprenkelt**, fleckig: *Ars.*$_{a1,k}$ **Lach.** zinc-m.$_{a1}$
– **grau**; schmutzig: sec.$_{k2}$
– **grünlichgelb**: vip.$_{a1,k}$
– **livide**: agar. bapt. chlol.$_{a1,k}$ ox-ac.$_{a1,k}$ phos.$_{a1,k}$ sul-ac.$_{a1,k}$
• **gelblich**: vip.$_{a1,k}$
• **Stellen**, an kleinen: bapt.$_{a1,k}$ vip.$_{a1,k}$
– **marmoriert**: berb. *Thuj.*
– **purpurn**, blaurot: apis *Verat-v.* zinc.$_{h,k}$ zinc-m.$_{a1}$
• **Stellen**, an kleinen: apis *Lach.*
– **rot**: *Bell.*$_{a1,k}$ carbn-o. merc-n.$_{a1}$ merc-ns. sep.$_{a1,k}$ stram. vip.$_{a1,k}$
◈ **abwechselnd** mit:
• **livide** Flecken: chlol.
• **Flecken**: lach. sulph.$_{a1,k}$
• **Stellen**, an kleinen: cadm-s. elaps lach. vip.$_{a1,k}$
• **bläulichrot**: vip.$_{a1,k}$
• **brennend**: berb. ph-ac.$_{h,kl}$ sulph. tab.
• **geschwollen**: plb.
• **juckend**: berb. euph. zinc.
• **Waschen**; nach: sulph.

- **verschwindet** bei Druck: chinin-s. kali-br.$_{a1,k}$ verat-v.

– **schwarz**: ars. tarent.$_{a1,k}$ vip.$_{a1,k}$

– **violett**
  ☞ *purpurn*

○ **Gelenke**:
- **rot**: bell.$_{k2}$ *Cocc.* colch. dulc.$_{k2}$ kali-bi.$_{k2}$ *Kalm. Merc.* **Puls. Rhus-t.** *Verat-v.*
  - **rheumatischen** Gelenke herum; um die schmerzhaften: caps.$_{vml1}$

– **Arme**:
- **blau**: *Apis* arg-n. bism. elaps morph.$_{a1,k}$ sulph.
  - **Asthma**, bei: *Kali-c.*
  - **Flecken** an beiden Armen; blaue: **Sul-ac.**
  - **Herabhängen**, beim: sep.
  - **rötlich**: vip.$_{a1,k}$
- **braune** Flecken: guare.$_{a1,k}$ *Lyc. Petr.* thuj.
- **Ekchymose**: vip.
- **Flecken**, entzündete: chlol.$_{a1,k}$ rhus-v.$_{a1,k}$
- **gelb**:
  - **Ringe**: nat-c.
  - **Stellen**, an kleinen: petr. vip.
- **gesprenkelt**: amyg.$_{a1,k}$ *Lach.* naja nat-m.
- **kupferfarbene** Flecken: *Nit-ac.*
- **Leberflecken**: ant-c.$_{a1,k}$ guare.$_{a1,k}$ lyc. *Merc. Mez.*
  - **dunkel**, werden: *Mez.*
  - **juckend**: lyc.
- **livid**: agar-ph.$_{a1,k}$ amyg.$_{a1,k}$ *Ars.*$_{a1,k}$ crot-h.$_{a1,k}$ *Lyc.* naja ox-ac.$_{a1,k}$ vip.$_{a1,k}$ zinc-m.$_{a1,k}$
  - **Flecken**: *Hell.* lyc.
- **marmorierte** Flecken: berb.
- **orange**: cinnb. crot-h.$_{a1}$ kali-i. rhus-t. sil.$_{a1}$ vip.
- **Petechien**: berb. cop.$_{a1,k}$ cupr.$_{h,k}$ phos. phys.$_{a1,k}$
- **Purpura** haemorrhagica: *Lach. Phos. Sec. Sul-ac.* ter.
- **purpurn**, blaurot: naja vesp.$_{a1,k}$
  - **Stellen**, an kleinen: ars.
- **rot**: acon.$_{a1,k}$ ant-c. apis arn.$_{a1,k}$ ars. *Bell.*$_{a1,k}$ bry.$_{a1,k}$ chinin-s. chlol. cit-v.$_{a1,k}$ cupr. hydr-ac.$_{a1,k}$ jac-c.$_{a1,k}$ jug-c.$_{a1,k}$ *Kali-bi.*$_{a1,k}$ merc. merc-c. rhus-v.$_{a1,k}$ **Ruta** stram.$_{a1,k}$ sulph. vesp.$_{a1,k}$ vip.$_{a1,k}$
  - **abends**: fago.$_{a1,k}$
  - **Flecken**: apis aster. berb. bry.$_{a1,k}$ cop.$_{a1,k}$ *Cupr.*$_{a1,k}$ dulc. elaps *Graph.*$_{a1,k}$ kali-bi.$_{a1,k}$ kali-i. lac-ac.$_{a1}$ *Lach.*$_{a1,k}$ led.$_{a1,k}$ merc.$_{a1,k}$ oena.$_{a1,k}$ *Phos.*$_{a1,k}$ phyt. plat. *Rhus-t.*$_{a1,k}$ sabad.$_{a1,k}$ sep. spira.$_{a1}$ *Sulph. Thuj.*
    - **brennend**: sulph.$_{h,k1}$
    - **Waschen** mit Seife; nach: sulph.$_{h,k12}$●
  - **Streifen**: apis euph.
  - **Trinken** von warmen Getränken; beim: phos.
- **schwarz**: vesp.
  - **Stellen**, an kleinen: vip.
- **Stellen**, an einzelnen: am-c. ant-c. berb. bry.$_{a1,k}$ crot-h.$_{a1,k}$ led. oena.$_{a1,k}$ tep.$_{a1,k}$ vip.$_{a1,k}$
- **violett**
  ☞ *purpurn*
- **weiß**: berb.
  - **Stellen**, an kleinen: apis

– **Arme**: ...
- **zyanotisch**
  ☞ *blau*

– **Schulter**:
- **braune** Leberflecken: ant-c.$_{h,k1}$
- **Flecken**: berb. ph-ac. *Sul-ac.* tab.
- **gelbe** Flecken: ant-c.$_{a1,k}$
- **marmoriert**: berb.$_{a1,k}$
- **rot**: berb. chin.$_{a1,k}$ chinin-s. ferr-p.$_{k2}$ lac-c. lach.$_{a1,k}$ merc-d.$_{a1}$ ph-ac. puls-n. tab.$_{a1,k}$
- **Schwarzfärbung** an einzelnen Stellen: vip.$_{a1,k}$

– **Oberarm**:
- **blaue** Flecken: plat.
- **Ekchymose**: vip.
- **rot**: anac.
- **rote** Flecken: rhus-t.$_{h}$

– **Ellbogen**:
- **braune** Flecken: cadm-s. *Lach.* sep.$_{a1,k}$
- **Flecken**: calc. *Sep.* vip.
- **rote** Flecken: *Phos.*

– **Unterarm**:
- **blau**: apis arg-n. bism. plat. sep. sulph.$_{k2}$
- **bläuliche** Flecken: **Sul-ac.**$_{a1,k}$
- **dunkel**: acon. ant-c. *Ars.* caust. com. sep.
- **Flecken**, entzündete: cimx. hura
- **livide**: *Ars.* vesp. vip.$_{a1,k}$
- **marmoriert**: *Crot-h.*$_{a1,k}$ **Lach.**
- **purpurne**, blaurote Flecken: *Kali-c.* kali-p.
- **rot**: anac.$_{a1,k}$ *Apis* arn. bell. colch.$_{a1,k}$ hura kreos. mang. rhus-t.$_{a1,k}$
  - **Stellen**, an kleinen: *Ars.* berb. borx. chel. *Euph.* kali-n.$_{h}$ mag-m.$_{h}$ *Merc.* olnd. rhus-v. sulph. tarent. tax. thuj. vesp.
  - **Streifen**: anthraci. euph.$_{h,k1}$
    - **juckend**, bei Berührung: euph.$_{h,k1}$ kali-n.$_{h,k1}$
- **Stellen**, an einzelnen: carbn-o. mang. mill. nat-m.
- **weiße** Flecken: *Berb.*

– **Handgelenk**:
- **braune** Flecken: *Petr.*
- **rot**: apis cub.$_{a1,k}$
- **Stellen**, an einzelnen: dros. kali-c. *Merc. Petr.*

– **Hände**:
- **Blässe**: *Ars.* bell. *Calc.*$_{a1,k}$ *Camph.*$_{a1,k}$ cedr.$_{a1,k}$ con.$_{a1,k}$ ign.$_{a1,k}$ *Ip.* ph-ac.$_{k2}$ *Plb. Sang. Sec.* spig.$_{h,k1}$ zinc.
- **blau** ●: acon.$_{a1,k}$ aesc. agar. am-c. *Ant-c. Ant-t. Apis Arg-n.* **Arn.**$_{a1,k}$ *Ars.* bar-c. ben-n. borx. *Brom. Cact. Camph. Carb-an. Carb-v. Chinin-ar. Cocc.*$_{a1,k}$ con. *Crot-h.* crot-t.$_{a1,k}$ cupr. *Dig.* dros. elaps helo. inul.$_{a1,k}$ *Kali-c.* **Lach.** *Laur.* morph.$_{a1,k}$ **Nux-v.**$_{a1,k}$ oena.$_{a1,k}$ ph-ac.$_{a1,k}$ phos. *Plb.*$_{a1,k}$ puls. rhus-t. samb. *Spong. Stram.*$_{a1,k}$ stry.$_{a1,k}$ tab. tub.$_{hr,k2}$ *Verat. Verat-v. Zinc.*$_{a1,k}$ zinc-p.$_{k2}$
  - **morgens**: spong.$_{a1,k}$
  - **nachts**: phos. samb.$_{a1,k}$
    - **Erwachen**, nach dem: samb.
  - **Frost**; während: *Camph.* dros.$_{h,k1}$ nux-v. ph-ac.$_{h,k1}$ *Spong.* stram. **Verat.**
  - **Herunterhängen**, beim: sep.

- **blau**: ...
  - **kalt**:
    - **Wasser**:
      - **nach** Waschen in kaltem Wasser: am-c.
  - **Kälte**, mit: androc.srj1 *Nux-v.* sep.
  - **Konvulsionen**, bei: *Aesc.*
  - **marmoriert**: cupr.
  - **Stellen**, an einzelnen: nit-ac. ped.al
    - **alten** Menschen, bei: bar-c.
  - **Winter**, im: cupr.
- **bräunlichrot**: arg-n.al,k sul-ac.al,k sulph.al,k
  - **nachmittags**: sulph.al,k
  - **Flecken**: arg-n.al,k nat-m.
  - **Streifen**: sul-ac.al,k
- **Flecken**: ars.al,k sep.al,k
  - **juckend**: sep.al,k
- **gelb**: canth.al,k *Chel.*al,k cupr-ar.al,k elaps ign.al,k *Lyc.* *Sil.*al,k spig.al,k spira.al
  - **dunkel**: aran.al,k
  - **grünlich**: cupr-ar.al,k
  - **Stellen**, an kleinen: elaps med.
- **grünlich**: crot-h.al,k
- **kupferfarbene** Flecken: nit-ac.
- **livide**: amyg.al **Ars.**al,k merc.h,k merc-c.al morph.al,k naja nux-v.al,k op.al,k ox-ac.al,k plb.al,k stram.al,k stry.al,k
  - **Flecken**: lyc.
- **marmoriert**: amyg.al crot-h.al **Lach.** naja
- **purpurn**, blaurot: apis kali-p. *Lach.* naja op.al,k *Phos.* rhus-t. sec.al,k thuj.al,k vip.al,k
  - **Flecken**: *Kali-c.*
  - **Frösteln**, beim: thuj.
- **rot** ●: **Agar.**al,k **Apis** bar-c.al,k *Bell.* berb. bry. carb-an. cench.k2 chin-b.c1,c2 *Fl-ac.*al,k hep.al,k mez. nat-m. nat-s. nux-v.al,k ped.al phos.al,k plan. puls. rhus-t. seneg. sep.h,kl spira.al staph.al,k stram.al,k sulph.al,k sumb.al,k vesp.al,k
  - **links**: cocc.h,kl
  - **rechts**: staph.h,kl
  - **Flecken**: agar.k2 all-s.hr1,k,* alum. apisbg1 *Bell.* berb. *Cor-r.* elaps kali-i. lach. mag-m. mang. merc. nat-c. nat-m. *Ph-ac.* puls.h,kl sabad.al,k sep. stann. tab. zinc.al,k
    - **heiß**, aber nicht: puls.al
- **schmutzig**: psor.k2
- **schwarz**: sol-ni. spira.al sul-ac.al,k tarent.al,k vip.al,k
  - **Punkten**, in: petr.
  - **Stellen**, an kleinen: sol-ni.
- **violett**
  ☞ *purpurn*

○ **Handfläche**:
- **braune** Flecken: iod. nat-c. thuj.
- **gelb**: *Chel.*
- **rot**: fl-ac.al,k
- **rote** Flecken: apisbg2,k cor-r.al fl-ac.bg2 sep.h,kl
  - ○ **Zeigefinger** und Daumen; zwischen: iod.h
- **Handrücken**:
  - **Blaufärbung**: carbn-o. plb.al,k
    - **Flecken**: sars. sec.
  - **braun**: *Iod.* *Thuj.*

– **Hände - Handrücken - braun**: ...
  - **Flecken** ●: cop.al,k *Lach.* lyc.kl *Nat-m.*al,k petr. sep.st sulph.
  - **zerschlagen**, wie: *Nat-m.*
- **Flecken**: apis arg-n.al,k
  - **juckend**: cit-v.al,k
  - **rot**: arg-n.al,k brass.al cit-v.al,k
  - **stechend**, fein: apis
- **gelb** an einzelnen Stellen: cop.al,k crot-c.
- **Petechien**: berb.al,k
- **Purpura** haemorrhagica: *Lach.* *Phos.*
- **rot**: aur-s.al,k berb. brom. cic. cimic.al,k *Crot-h.* dulc.al,h ferr.al,k mur-ac.al,k ped.al sul-ac.al,k sulph. sumb. vip.
  - **morgens**: ped.al sulph.al,k
  - **nachmittags**: cimic.al,k
  - **abends**: cimic.al,k sulph.al,k
    - **Freien**, im: dulc.
  - **Flecken**: *Agar.* bell.al,k calc.al,k cic.al,k cop.al,k dros.h,kl hura nat-c.al,k osm.al,k stann.al,k sulph.al,k
    - **düster**: berb.al,k
    - **juckend**: brom.al,k dros.h,kl
    - **weiß**: *Berb.* *Calc.* nat-c. nit-ac.
  - **Nesseln**, wie durch: nat-s.al,k
    - **Erwärmung** durch Gehen; bei: dulc.h
  - **Streifen**, in: vip.al,k

– **Finger**: act-sp.al,k sec.al
- **blaß**: calc.k2 verat.h,kl
- **blau**: alum-sil.k2 ars-s-f.k2 ben-n. caust. *Cocc.* corn. crat.br1 *Crot-h.* *Cupr.* dig.k2 nat-m. nux-m. nux-v. op.al,k ox-ac.c1,k2,* *Petr.*al,k *Sil.* vip.al,k
  - **morgens**: petr.al,k
  - **Anstrengung** agg.: crat.br1
  - **Erregung** agg.: crat.br1
  - **Frost**; während: ars.k2
  - **kalt**, und: crat.br1
  - **Zehen**, und: crat.br1
- **braun**:
  - **Flecken**: ant-t.
    - **Frost**; während: petr.bg2
  - ○ **Fingernägel**; braune Pigmentierung um die: napht.bro1
- **bronzefarben**:
  - ○ **Fingerspitzen**: tub.c1
- **Ekchymose**: coca
- **Flecken**: *Con.* corn. lyc. mang. *Nat-m.* *Ph-ac.* *Plb.*
- **gelb**: ant-t.al,k *Chel.* con.al,k elaps ph-ac.al,k sabad.al,k
  - **Stellen**, an kleinen: ant-t. bism. con. elaps sabad.
- **grünlich**: colch.al,k
- **livid**: brass.al chinin-s. ox-ac.al,k
- **rot**: *Agar.*al,k apis apoc. arg-n. arum-i. arum-t. benz-ac. berb. *Borx.* cann-i.al,k *Cit-v.*al,k fl-ac.al,k graph.al,k kali-bi.al,k lach. *Lyc.* *Nux-v.*al,k plb. sil. sulph.al,k ther. *Thuj.* zinc.
  - **abends**: sulph.al,k
  - **erfroren**, wie: lyc.h,kl
  - **Flecken**: agar.k2 benz-ac.al,k card-b.al cor-r.al,k ph-ac.h,kl plb.al,k zinc.al,k

- **rot**: ...
  - **Flecken**, entzündete: arg-n.
  - **Frostbeulen**; wie: borx.$_{c1}$
  - **Punkte**: lach.$_{a1,k}$
  - **Streifen**: apis
- **schwarz**: sec.$_{a1,k}$ vip.$_{a1,k}$
- **Sommersprossen**: ferr.
- **violett**: stry.$_{a1,k}$
- **weiß**: gins. lach.$_{a1,k}$ vip.$_{a1,k}$
  - **Kälte**, bei: gins.
- ○ **Fingernägel**: ant-c.$_{a1,k}$ ars.$_{a1,k}$ graph. nit-ac. thuj.
  - **blau**: acon.$_{a1,k}$ aesc.$_{a1,k}$ agar. am-c.$_{h,kl}$ apis apoc. *Arg-n.* arn. *Ars.* asaf. aur. aur-ar.$_{k2}$ aur-s.$_{k2}$ cact. *Camph.* *Carb-v.*$_{a1,k}$ carbn-s. *Chel.*$_{a1,k}$ *Chin.*$_{a1,k}$ chinin-ar. *Chinin-s.* chlf.$_{a1,k}$ cic. cocc. colch.$_{a1,k}$ con.$_{a1,k}$ *Cupr.* *Dig.*$_{br1,k}$ *Dros.*$_{a1,k}$ eup-pur. *Ferr.* ferr-ar. ferr-p. gels.$_{a1,k}$ gins.$_{a1,k}$ *Graph.* ip. lyc.$_{a1,h,*}$ manc.$_{a1,k}$ merc.$_{a1,k}$ merc-sul. *Mez.* mur-ac.$_{a1,k}$ *Nat-m.* *Nit-ac.*$_{a1,k}$ nit-s-d.$_{c1}$ **Nux-v.**$_{a1,k}$ op.$_{a1,k}$ *Ox-ac.* *Petr.*$_{a1,k}$ ph-ac.$_{a1,k}$ *Phos.* plb.$_{a1,k}$ rhus-t.$_{h,k}$ rhus-v.$_{a1}$ sang. sars.$_{a1,k}$ sep. *Sil.*$_{a1,k}$ *Sulph.*$_{a1,k}$ sumb.$_{a1,k}$ tarent. *Thuj.*$_{a1,k}$ **Verat.** *Verat-v.*
    - **Frost**; während: apis arn. **Ars.** ars-s-f.$_{k2}$ *Asaf.* *Carb-v.*$_{a1,k}$ carbn-s. *Chel.* *Chin.* *Chinin-s.* *Cocc.* con.$_{a1,k}$ *Dros.* *Eup-pur.* *Ferr.*$_{hr1}$ ip. kali-ar. mez. mur-ac.$_{h,kl}$ **Nat-m.** **Nux-v.** petr. ph-ac. **Rhus-t.** sulph. thuj. verat.
    - **Menses**, während: *Arg-n.* *Thuj.*
  - **Blut** sammelt sich unter den Nägeln: apis
  - **dunkel**: morph.$_{a1,k}$ ox-ac.$_{a1,k}$
  - **gelb**: am-c. ambr. ant-c.$_{bg2}$ ars.$_{bg2}$ aur. bell. bry. calc.$_{bg2}$ canth. carb-v. caust.$_{bg2}$ cham. chel.$_{bg2}$ chin. **Con.**$_{a1,k}$ ferr. hep.$_{bg2}$ ign. lyc. *Merc.* *Nit-ac.* *Nux-v.* op. plb. puls.$_{bg2}$ **Sep.** **Sil.**$_{a1,k}$ spig. *Sulph.*
  - **grau**: merc-c. *Sil.*$_{a1,k}$
  - **livid**: ars.$_{a1,k}$ *Colch.* op.$_{a1,k}$ *Ox-ac.*$_{a1,k}$ sul-ac.$_{a1,k}$
  - **purpurn**, blaurot: androc.$_{srj1}$ apis ars.$_{a1,k}$ op.$_{a1,k}$ samb. sec.$_{a1,k}$ stram.$_{a1,k}$
  - **rot**: ars.$_{a1,k}$ crot-c.$_{a1,k}$ lith-c.
    - **schwarz**, dann: *Ars.*
    - **Nagelwurzel**: upa.$_{br1,st1}$
  - **schwarz**: *Ars.*$_{a1,k}$ *Graph.* *Lept.*$_{vh}$ *Nat-m.*$_{vh}$
    - **um** sie herum: **Nat-m.**$_{vh}$
  - **weiß**: cupr.$_{h,k}$ nit-ac. sil.$_{h,kl}$
    - **Flecken**: *Alum.*$_{bg2,k}$ ars.$_{bg2,k}$ calc.$_{k2}$ **Nit-ac.**$_{bg2,k}$ ph-ac. sep.$_{bg2,k}$ **Sil.**$_{bg2,k}$ spig.$_{bg2}$ **Sulph.**$_{bg2,k}$ thuj.$_{bg2}$ tub.$_{k,st1}$
- **Fingerspitzen**:
  - **blau**: agar. borx. colch. crot-c. op. phos.
    - **abends**: phos.
  - **braun**: tub.$_{xxb}$
  - **gelb** an einzelnen Stellen: elaps
  - **rot**: berb. calc. fago. mur-ac.
    - **Frostbeulen**, nach: berb.
  - **schwarz**: sol-ni.
  - **weiß**: alum. der. fl-ac.
- **Gelenke**: cann-s. *Cham.* chel. cinnb. *Lyc.* pall. spong. sulph.

– **Finger**: ...
- **Daumen**:
  - **bräunlich**: sulph.$_{a1,k}$
  - **dunkel**: cic.$_{a1,k}$
  - **gelb**: sulph.$_{a1,k}$
  - **rot**: cimic.$_{a1,k}$ lach.$_{a1,k}$ trach.$_{a1}$ vesp.$_{a1,k}$
  - **roter** Flecken: lyc.$_{h}$ mang.$_{h}$
  - **schwarz**: vip.$_{a1,k}$
  - **weiß**: vip.$_{a1,k}$
    - **Stellen**, an kleinen: sulph.
- **Zeigefinger**:
  - **rot**:
    - **Flecken**: arg-n.
  - ○ **Fingerrücken**: arg-n.
  - **schwarz**: phos.$_{a1,k}$
    - **Flecken**: apis rhus-t.$_{a1,k}$
- **Mittelfinger**:
  - ○ **Mittelgelenk**: ars-h.
- **Ringfinger**:
  - **marmoriert**:
    - ○ **Fingernagel**, nahe dem: nat-m.$_{h}$
- **kleiner** Finger:
  - **rot**: lyc.

– **Beine**:
- **bläulich**: bism. cupr. *Ox-ac.* sec. verat.
  - **links**: ambr.$_{bg1}$
  - **Flecken**: am-c. ant-c. con. lach. phos. sars.$_{k2}$ **Sul-ac.** *Sulph.*
- **bräunlich**: arg-n.$_{a1,k}$
- **dunkel**: carb-v.$_{k2}$
- **Ekchymose**: agav-a.$_{bg3}$ phos. solid.$_{bg3}$ *Sul-ac.*
- **Flecken**: ant-c. bry. hyos. kali-br. kali-n. nat-c. sulph.
- **Flecken**, entzündete: ant-c. crot-t. lach. nat-c. sulph.
- **gelb**: kali-br.$_{a1,k}$ vip.$_{a1,k}$
  - **Streifen**, in: vip.
- **grünlich**: vip.$_{a1,k}$
  - **gelb**, wie durch eine Prellung: con.
- **livid**: kali-act. kali-ar.$_{a1}$ morph.$_{a1,k}$
- **marmoriert**: **Caust.** lyc. thuj.
- **Purpura** haemorrhagica: *Lach.* *Phos.* *Sec.* ter.
- **purpurn**, blaurot an einzelnen Stellen: borx. ptel.$_{a1,k}$
- **rot**: petr. plb.$_{a1,k}$ ptel. sep. stram.$_{a1,k}$ vip.$_{a1,k}$
  - **Flecken**: ars. *Calc.* *Caust.* con. *Graph.* kali-i. *Lach.* lyc. merc. mez. petr. ph-ac. sil. *Sul-ac.* *Sulph.*
  - **Innenseite**: petr.$_{a1,k}$
- **schwarze** und schmerzhafte Flecken: nux-v.$_{hr1,k}$
- **Stellen**; an einzelnen
  ☞ *Flecken*

– **Gesäß**:
- **Flecken**: cann-s. mag-c.
- **rot**: cann-s. hyos. sang.$_{k2}$

– **Hüfte**:
- **rot**: lac-ac. ph-ac. rhus-t. vip.$_{a1,k}$
  - **Stellen**, an kleinen: lac-ac. rhus-t.
    - **heiß**: rhus-t.$_{h}$
  - **Streifen**, in:
    - ▽ **erstreckt** sich zum Nabel: ph-ac.

• **schwarz**: crot-h.al,k
– **Oberschenkel**:
• **blau**: anthraci. bism. both.al,k kreos.al,k
• **Flecken**: ant-c.al,k *Arn.* ars-s-f.k2 kreos. morph.al,k mosch.al,k vip.al,k
• **Male**: arn.al,k
• **bräunlich**:
• **Flecken**: cann-s.al,k *Mez.* nat-s.
• **Innenseite** des Oberschenkels: *Thuj.*
• **Flecken**: am-c. ant-c. cann-i. cycl. *Graph.* mur-ac. rhod.
• **Flecken**, entzündete: lac-ac.al,k
• **gelbe** Male: arn.al,k
• **grünlich**: kali-n.al,k
• **livid**: anthraci. arn.al,k
• **marmoriert**: **Caust.**
• **rot**: anac.al,k bell.al,k kali-c. nat-m. puls. rhus-t.al,k sil. thuj.
• **nachts**: rhus-v.al,k
• **Flecken**: bell.al,k calc.al,k caps.al,k crot-t. cycl.al,k *Graph.*al,k med. merc. petr. plan.al,k rhod. rhus-t.al,k sulph.al,k
• **brennend**: ferr-ma.al ph-ac.al,k
• **juckend**: graph.h,kl nat-m.al,k psil.ft1
• **gekratzt** wird, wenn: med.
• **weiß** an einzelnen Stellen: calc.
• **Zyanose**: ars.
– **Knie**:
• **dunkel** an einzelnen Stellen, an der Vorderseite: ~~phos.kl,xxx~~
• **dunkelbraune** Flecken:
○ **Rückseite**: phos.kl
• **rot**: lac-ac.al,k lachn.al,k petr.al,k
• **Stellen**, an kleinen: lyc. petr.
○ **Vorderseite**: merc. nat-m.
• **Rückseite**: am-c. kreos.
○ **Kniescheibe**:
• **rote** Streifen: ph-ac.h
• **Treppensteigen**, beim: cann-s.
– **Unterschenkel**:
• **blau**: ambr.hrl,k *Anthraci.* arg-n. *Carb-an. Carbn-s.* con. elaps kali-br.hrl,k lath.brl lyc.hrl,k mur-ac.hrl,k **Nux-v.**hrl,k ox-ac.hrl,k plb. sars.k2 sulph.k2
• **links**:
• **Menses**, während: ambr.
• **Flecken**: phos.al,h *Sars.*hrl,k *Sul-ac.*
• **verhärtet**: *Sars.*hrl,k
• **Blutpünktchen**: phos.
• **braun**:
• **bläulich**: *Anthraci.* vip.al,k
• **Flecken**: *Petr.*hrl,k thuj.hrl,k
• **dunkel**:
• **Herunterhängenlassen** des Gliedes; beim: hydr-ac.
• **Ekchymose**: crot-h.
• **Flecken**, entzündete: lac-ac.al,k *Nat-c.* phos.
• **gelbe** Flecken: carl. hydrc.al,k stann.al,k vip.al,k
• **gesprenkelt**, fleckig: con.al,k led.
• **Krusten**: mez.
• **marmoriert**: **Caust.**
• **Purpura**: kali-i.al,k *Lach.* **Phos.** *Sec.* ter.hrl

– **Unterschenkel**: ...
• **purpurn**, blaurot: led. *Petr.*hrl vesp.hrl,k,*
• **Flecken**: **Apis** *Crot-h.* sec.k2
• **rötlich**: aeth.al,k am-c. arist-m.al arn. arund.al,k con. cop.al,k elaps hydr-ac.al,k kali-bi.hrl,k,* kali-br.al,k *Lach.* lyc. merc.al,k *Nat-c.*hrl,k,* phos.al,k puls.hrl,k rhus-t.hrl,k rhus-v.al,k sulph.al,k thuj.hrl,k
• **abends**: arist-m.al fago.al,k
• **Flecken**: *Calc.*al,k con. dulc.al,k graph. guare.al,k kali-br.al,k kali-n. lyc. merc. sars. sil. sul-ac. zinc.
• **bedecken** sich mit Krusten: *Zinc.*
• **brennend**: lyc.h,kl ph-ac.
• **Insektenbisse**, wie durch: lyc.h
• **Gehen**, beim: nux-v.al,k
• **schwarz**: iod.al,k vip.al,k
• **Stellen**, an kleinen: vip.
• **Stellen**, an einzelnen: *Calc.*al,k *Chel.* con. *Lyc. Phos. Stann. Zinc.*
• **violett**
☞ *purpurn*
• **weiße** Flecken: calc.hrl,k,*
• **Zyanose**: con.al,k elaps
○ **Schienbein**:
• **Flecken**: ambr. ant-c. *Caust.* kali-n. *Lach.* mag-c. *Phos.* sec.k2 *Sil.* sul-ac.
• **Wade**:
• **blaue** Flecken: kali-p.
• **Flecken**, entzündete: petr.hrl,k
• **gelbe** Flecken: kali-br.al,k
• **rot** an einzelnen Stellen: cench.k2 *Con.* graph.al,k kali-br.al,k lach. sars.h,kl
• **Stellen**, an einzelnen: chel.h,kl con. graph. *Sars.*
– **Knöchel**:
• **blaue** Flecken: *Sul-ac.* sulph.h,kl
• **dunkel**, breitet sich das Bein nach oben aus: naja
• **Flechte**: all-s.hrl,k
• **purpurn**, blaurot: arn.al,k *Lach.*hrl,k
• **Flecken**: **Sul-ac.**
• **rot**: apis ars-h. calc.hrl,k,* *Cham.* lac-ac. *Lach.* lyc.al,k mim-h.al pall.c1 rhus-t. rhus-v.al sul-ac.hrl,k
• **links**: mim-h.c1
• **Flecken**: calc.hrl,k,* lyc.al,h,* **Sul-ac.**hrl,k
• **nachmittags**: lyc.
• **Streifen**: ferr-ma.al,k
• **weiß** an einzelnen Stellen: *Calc.*hrl,k,*
– **Füße**:
• **blaß**: **Apis** chin. ph-ac.
• **blau**: *Arg-n.* arn. borx. dros. elaps kali-br. *Kali-c.* lach. led. limest-b.es1 *Mur-ac.* oena.al,k phos.al,k puls. rhus-t. sars.k2 sep. stram.al,k verat. vip.al,k
• **Stellen**, an kleinen: kreos. sulph.
• **Flecken**: phos.h,kl
• **weiß**: apis
• **gelblichgrau**: vip.al,k
• **livid**: merc-c.al,k ox-ac.al,k stram.al,k
• **purpurn**, blaurot: op.al,k sec.al,k
• **Stellen**, an kleinen: apis sec.k2

• **rot**: agar.$_{a1,k}$ apis **Bry.**$_{bg1,bg2}$ calc. carb-v. *Carbn-s.* graph.$_{a1,k}$ hyos.$_{a1,k}$ lach.$_{a1,k}$ nat-c. ped.$_{a1}$ phos. *Puls.*$_{a1,k}$ rhus-t. sars. sep. *Sil.*$_{a1,k}$ stann. thuj. vesp.$_{a1,k}$ vip. zinc.
  • **abends**: apis
  • **Menses**; während: puls.$_{k2}$
  • **Stellen**, an kleinen: apis ars. bry. chin. elaps *Lach.* led. lyc. mang. phyt. thuj.
    • **brennend**: ars.$_{h}$
  • **Gelenke**: lyc. mang. stann.
• **schwarz**: crot-h. sol-ni. vip.$_{a1,k}$
• **violett**
  ☞ *purpurn*
• **weiß**: marb-w.$_{es1}$
○ **Ferse**:
  • **purpurn**, blaurot; leicht: puls.
  • **rot**: ant-c. *Petr.* raph.$_{a1}$
• **Fußballen**:
  • **rot**: rhus-t.
• **Fußrücken**:
  • **blau**: vip.$_{a1,k}$
  • **marmoriert**: *Caust.* thuj.
  • **rot**: *Rhus-t.*$_{a1,k}$ thuj.$_{a1,k}$
    • **morgens**:
      • **8** h: *Rhus-t.*
    • **Flecken**: carbn-o. puls.$_{a1,k}$ thuj.$_{a1,k}$
• **Fußsohle**:
  • **blau**: med.$_{k2}$
    • **Flecken**: kali-p.
  • **rot**: bry.$_{a1,k}$ kali-c.$_{a1,k}$ phos.$_{a1,k}$ *Puls.*
    • **Flecken**: *Ars.*
  • **weiße** Flecken: nat-m.$_{a1,k}$
    • **gebleicht**, wie: bar-c. plb.
– **Zehen**: carb-v.$_{k2}$ *Sec.*$_{a1,k}$
  • **blau**: sars.$_{k2}$
    • **Anstrengung** agg.: crat.$_{br1}$
    • **Erregung** agg.: crat.$_{br1}$
    • **Frost**; während: ars.$_{k2}$
    • **kalt**; und: crat.$_{br1}$
    ○ **Finger**, und: crat.$_{br1}$
  • **rot**: *Agar.*$_{a1,k}$ *Alum.*$_{a1,k}$ *Am-c.* apis aster.$_{a1,k}$ aur.$_{a1,k}$ *Aur-m.*$_{k,k2,*}$ berb.$_{a1,k}$ borx. *Carb-v.* hydrog.$_{srj2}$ nat-m. nit-ac. *Nux-v.* phos.$_{a1,k}$ sep. thuj.$_{a1,k}$ tub.$_{c1}$ zinc.$_{a1,k}$
    • **glänzend**: thuj.$_{h,k,*}$
    • **Naßwerden** der Füße; nach: nit-ac.$_{a1,k}$
  • **schwarz**: crot-h.$_{a1,k}$ phos. *Sec.* sol-ni.
  • **violett**: stry.$_{a1,k}$
  ○ **Zehennägel**: apis *Ars.* camph. dig. *Graph. Nit-ac. Ox-ac. Sil.*
    • **blau**: apis bart.$_{a1}$ dig.$_{br1}$
    • **gelb**: con.$_{st1}$
    • **purpurn**, blaurot: androc.$_{srj1}$
    • **rot**:
      ○ **Nagelwurzel**: upa.$_{br1}$
  • **Zehenspitzen**:
    • **blau**: op.$_{a1,k}$
    • **rot**: mur-ac.$_{a1,k}$ sep.$_{h,k1}$ thuj.
  • **zwischen** den Zehen:
    • **weiß**, wie gebleicht: bar-c. plb.

Farbe - Zehen: ...
  • **erste** Zehe:
    • **rot**: alum.$_{a1,k}$ *Am-c.*$_{a1,k}$ arn. aster. *Benz-ac.* bry.$_{a1,k}$ coc-c.$_{a1,k}$ eup-per. *Nat-m. Nit-ac.*$_{a1,k}$ sabin.$_{a1,k}$ tub.$_{c1}$
      • **Flecken**: nat-c.
    • **schwarz**: iod.$_{a1,k}$
  • **fünfte** Zehe:
    • **Flecken**: staph.
    • **rot**:
      • **morgens**: lyc.

Festgebunden, Gefühl wie:
○ **Arme**: abrot. alum. caj. nux-m.
– **Handgelenk**: glon.

Fettige Degeneration:
○ **Muskeln**: phos.$_{k2}$

Fistelmund: fl-ac.$_{k2}$ mez.$_{k2}$
○ **Gelenke**: *Calc.* hep. ol-j. **Phos. Sil.** *Sulph.*
– **Handfläche**: ars.
– **Hüfte**: *Calc. Carb-v. Caust.* **Lach.** *Ph-ac.* **Phos.** *Sil.*
– **Oberschenkel**: *Calc.*
– **Knie**: *Iod.*
– **Unterschenkel**: ruta
– **Knöchel**: *Calc-p.*

Flattern:
○ **Oberarm**, wenn er auf dem Tisch aufliegt; im: phyt.
– **Oberschenkel**: cench.

Flecken
  ☞ *Hautausschläge - Flecken, entzündete*

Fremdkörpers; Gefühl eines:
○ **Füße**:
  • **Schuh**; im: bamb-a.$_{stb2}$

Fressendes Nagen:
○ **Arme**: hell.$_{h,k1}$ led.$_{h,k1}$ rhus-t.$_{h,k1}$ ruta$_{h}$ spong.$_{h,k1}$ verat.$_{h,k1}$
– **Arme** und Hände: plat.$_{h}$
– **Achselhöhle**: agn.$_{c1}$ mez.$_{h}$

Frostbeulen: abrot.$_{hr1,k}$ **Agar.**$_{hr1,k,*}$ all-c.$_{hr1,k}$ aloe *Alum.* alum-p.$_{k2}$ *Alumn.*$_{hr1,k,*}$ ambro.$_{c2}$ anac.$_{c1}$ *Arn.*$_{hr1,k}$ *Ars.*$_{hr1,k}$ aur.$_{a1,k}$ *Bad.*$_{hr1,k,*}$ *Bell.*$_{hr1,k}$ borx. bufo cadm-s.$_{br1,k,*}$ calc.$_{c2}$ calc-s.$_{c2}$ *Calen.*$_{c2}$ carb-ac.$_{hr1}$ *Carb-an.*$_{h,k,*}$ *Carb-v.*$_{hr1,k,*}$ *Cham.*$_{hr1,k}$ chin.$_{hr1,k}$ *Cop.*$_{hr1,k}$ *Croc.*$_{hr1,k}$ *Crot-h.*$_{hr1}$ *Cycl.* frag.$_{c2}$ ham.$_{c2}$ *Hep.*$_{c2}$ hyos.$_{hr1,k}$ ign.$_{hr1}$ iod.$_{c2}$ kali-ar. kali-c.$_{hr1,k,*}$ kali-chl.$_{hr1,k}$ kali-m.$_{c2}$ kali-p.$_{c2}$ kalm.$_{hr1,k}$ lach.$_{c2}$ *Lyc.*$_{hr1,k}$ merc-i-r.$_{hr1}$ *Mur-ac.*$_{hr1,k,*}$ **Nit-ac.**$_{h,k,*}$ nux-m.$_{c1,c2}$ *Nux-v.*$_{hr1,k,*}$ op.$_{c2}$ **Petr.**$_{hr1,k,*}$ ph-ac.$_{hr1,k,*}$ *Phos.*$_{h,k,*}$ plan.$_{hr1,k}$ **Puls.**$_{hr1,k,*}$ ran-b.$_{c1,k2,*}$ rhus-t.$_{hr1,k,*}$ rhus-v.$_{c2}$ sec.$_{c2}$ sep.$_{hr1,k}$ stann.$_{hr1,k,*}$ staph. sul-ac.$_{hr1,k,*}$ *Sulph.*$_{h,k,*}$ tam.$_{c2}$ *Thuj.*$_{hr1,k}$ *Thyr.*$_{c2}$ tub.$_{c2,hr1}$ *Verat-v.*$_{c2}$ *Zinc.*$_{h,k,*}$
– **Blasen**: carb-an. mag-c. *Nit-ac.* phos. **Rhus-t.** sep. sulph.
– **drückend**: kali-c.$_{h,k1}$
– **entzündet**: *Ars. Carb-an.*$_{hr1}$ cham. kali-c.$_{h,k1}$ lyc. *Nit-ac.*$_{hr1,k}$ *Nux-v.* **Puls.**$_{hr1,k}$ staph. *Sulph.*

– **Freien**, im:
  • **amel.**: borx.$_{br1}$
– **juckend**: abrot.$_{br1}$ petr.$_{k2}$
– **pulsierend**: *Nux-v.*$_{hr1,k,*}$
– **purpurn**, blaurot: petr.$_{k2}$
– **schmerzhaft**: arn.$_{hr1,k}$ *Ars.*$_{hr1,k}$ aur. hep.$_{hr1,k}$ kali-c.$_{h,kl}$ *Nit-ac.*$_{hr1,k}$ *Petr.*$_{hr1,k}$ ph-ac.$_{hr1,k}$ phos. *Puls.*$_{hr1,k}$ sep.$_{hr1,k}$
– **schneidend**: kali-c.$_{h,kl}$
– **stechend**: kali-c.$_{h,kl}$
– **violett**
  ☞ *purpurn*
○ **Hände**: *Agar.*$_{hr1,k}$ aloe *Croc.*$_{hr1,k}$ *Kali-chl.*$_{hr1,k}$ *Nit-ac.*$_{h,k,*}$ op.$_{hr1,k}$ **Petr.**$_{hr1,k}$ **Puls.** *Stann.*$_{hr1,k,*}$ sul-ac.$_{hr1,k,*}$ *Sulph.*$_{h,k,*}$ *Zinc.*$_{h,k,*}$
  • **juckend**: **Puls.** *Zinc.*$_{h,k,*}$
  • **Schwellung**: *Zinc.*$_{h,k,*}$
  • **Wetter**:
    • **mildem** Wetter; bei: nit-ac.$_{h}$ stann.
– **Finger**: berb. carb-an.$_{h,k,*}$ lyc.$_{h,k,*}$ nit-ac. *Nux-v.* *Petr.* *Puls.* sul-ac.$_{a1,k}$ *Sulph.*$_{h,k,*}$
  • **juckend**: lyc.$_{h,kl}$ sulph.$_{h,k,*}$
  • **schmerzhaft**: sul-ac.$_{a1,k}$
– **Füße**: abrot. **Agar.**$_{hr1,k}$ *Alumn.*$_{hr1,k}$ am-c. *Anac.*$_{hr1,k}$ ant-c.$_{hr1,k,*}$ aur. aur-ar.$_{k2}$ bad.$_{hr1,k}$ *Bell.* berb. borx. bry. bufo cadm-s. *Carb-an.*$_{hr1,k}$ carb-v.$_{hr1,k}$ *Cham.* *Chin.* colch. *Croc.* crot-h. cycl.$_{hr1,k}$ hep.$_{hr1,k,*}$ hyos. ign. kali-chl.$_{hr1,k}$ kali-m.$_{hr1,k}$ kali-n. *Lyc.* *Merc.*$_{hr1,k}$ mur-ac. naja *Nit-ac.*$_{h,k,*}$ nux-m. *Nux-v.* *Op.*$_{hr1,k}$ **Petr.**$_{hr1,k}$ ph-ac. *Phos.*$_{h,k,*}$ **Puls.**$_{hr1,k}$ ran-b.$_{hr1,k}$ rhus-t. sep. stann. staph. sul-ac. *Sulph.*$_{hr1,k}$ tam.$_{bro1}$ *Thuj.* **Zinc.**$_{hr1,k}$ zinc-p.$_{k2}$
  • **eiternd**: *Lach.*$_{hr1,k}$ *Sil.*$_{hr1,k}$ *Sulph.*
  • **Entzündung**: *Lach.*$_{hr1,k}$ merc. nit-ac. **Petr.**$_{hr1,k}$
  • **geschwollen**: *Merc.*$_{hr1,k}$
  • **kurz** zurückliegend, wenn: kali-p.$_{kr1}$
  • **purpurn**, blaurot: *Lach.* *Merc.* *Puls.*$_{hr1,k}$ *Sulph.*$_{hr1,k}$
  • **rissig**: merc. nux-v. petr.
  • **violett**
    ☞ *purpurn*
  ○ **Ferse**:
    • **geschwollen** und rot: petr.
– **Zehen**: **Agar.**$_{hr1,k}$ *Alum.* ambr.$_{c1}$ aur. aur-ar.$_{k2}$ borx. *Carb-an.*$_{hr1,k}$ *Croc.*$_{hr1,k}$ hydrog.$_{srj2}$ kali-c.$_{h,k,*}$ nit-ac.$_{h,k,*}$ *Nux-v.* **Petr.**$_{hr1,k}$ phos.$_{h,k,*}$ **Puls.**$_{hr1,k}$ rhod.$_{a1,k}$
  • **bläulich**: kali-c.$_{h,kl}$

Frost der Glieder
  ☞ *Erbeben / Kälte / Schauder*

Frösteln: agar.$_{hr1,k}$ *Ars.*$_{hr1,k}$ calc-s.$_{k2}$ cham.$_{hr1,k}$ chlor.$_{hr1,k}$ cimic.$_{hr1,k}$ coff.$_{hr1,k}$ *Gels.*$_{hr1,k}$ *Hyos.*$_{hr1,k}$ lac-ac.$_{hr1,k}$ *Nat-m.*$_{hr1,k}$ nit-s-d.$_{hr1}$ *Nux-v.*$_{hr1,k}$ plb.$_{hr1,k}$ *Psor.*$_{hr1,k}$ puls.$_{h,kl}$ *Rhus-t.*$_{hr1,k}$ sec.$_{hr1,k}$ stram.$_{hr1,k}$
○ **Arme**: astac.$_{hr1,k}$ bar-c. *Bell.* berb. *Calc.* carb-ac. *Caust.*$_{hr1,k}$ cham. cinnb.$_{hr1,k}$ euphr. ign. mez. petr. *Plat.*$_{hr1,k}$ *Puls.* sars.$_{h,kl}$ sil.$_{h,kl}$ thuj.$_{hr1,k}$ zinc.
  • **links**: stann.$_{h,kl}$
  • **rechts**: phys. plat.
    • **Freien**, im: lyss.

Frösteln - Arme - rechts: ...
    ▽ **erstreckt** sich zum Rücken und den Unterschenkeln: mez.
  • **nachmittags**: sil.$_{h,kl}$
  • **abends**, nach dem Hinlegen: *Nux-v.*$_{hr1,k}$
  • **Gehen** im Freien; beim: chin.$_{h,kl}$
  • **Stuhlgang**, nach: plat.$_{hr1,k}$
  ○ **Rückseite**: raph.$_{hr1,k}$
  • **Vorderseite**: puls.$_{h,kl}$
– **Schulter**: lept.$_{hr1,k}$
– **Oberarm**: chel.$_{hr1,k}$ puls.$_{h,kl}$
– **Beine**: caust.$_{h,kl}$ cocc. par. sep.
  • **Niesen**, mit: spig.$_{h,kl}$
– **Hüfte**: ham.$_{hr1,k}$
– **Oberschenkel**: acon.$_{hr1,k}$ arn. ars-i.$_{hr1,k}$ bar-c.$_{h,kl}$ chin.$_{h,kl}$ cic.$_{h,kl}$ *Psor.*$_{hr1,k}$ puls.$_{h,kl}$ sars.$_{h,kl}$ *Spong.*$_{hr1,k}$
– **Knie**: androc.$_{srj1}$ card-m.$_{hr1,k}$ chim-m.$_{hr1}$ *Coloc.*$_{hr1,k}$ ign.$_{hr1,k}$
– **Unterschenkel**: androc.$_{srj1}$ *Ars.* cinnb.$_{hr1,k}$ *Hep.*$_{hr1,k}$ mosch.$_{hr1,k}$ par.$_{hr1,k}$ puls.$_{h,kl}$ rhod.$_{hr1,k}$ samb.$_{hr1,k}$ sep.$_{hr1,k}$ spong.$_{hr1,k}$
  ◆ **begleitet** von:
    • **Ischiasnerv**; Schmerz im
      ☞ *Schmerz - Beine - Ischialgie - begleitet von - Frösteln*
  • **Berührung**, bei: chin.$_{h,kl}$
  • **Ischialgie**, bei
    ☞ *Schmerz - Beine - Ischialgie - begleitet von - Frösteln*
– **Füße**: **Agar.** ant-c. arg-met.$_{h}$ ars.$_{h}$ bry. cedr. *Dros.* neon$_{srj5}$ *Nit-ac.* petr. *Phos.* *Rhus-t.* *Sulph.* thuj.
  • **links**: stann.$_{h}$
  • **Bewegung**; nach: calc.
  • **Sommer**; im: ant-c.
– **Zehen**: **Agar.** asar. borx. *Carb-an.* *Carb-v.* castor-eq. *Croc.* cycl. op. **Petr.** phos. *Puls.* sulph. thuj. **Zinc.**
  ○ **Ballen** der rechten großen Zehe: ars-h.
  • **erste** Zehe: nit-ac.

Furcht wird in den Füßen gespürt: ruta$_{pd}$ spong.$_{a1}$

Fußgeruch ohne Schweiß; übler: bar-c.$_{bg1}$ *Graph.* sep. *Sil.* thuj.$_{c2}$
  ☞ *❑ Allgemeines - Körpergeruch*

Ganglion: bov.$_{c2}$ ferr-ma.$_{c2}$ ph-ac.$_{c2}$ plb-xyz.$_{c2}$ *Ruta*$_{c2}$ sil.$_{c2}$ sulph.$_{c2}$ thuj.$_{c2}$
  ☞ *❑ Allgemeines - Tumoren - Ganglion / ❑ Haut - Ganglion*
○ **Handgelenk**, am: am-c. aur-m. benz-ac.$_{c1,st}$ *Calc.* carb-v. lach.$_{pd}$ mag-m.$_{h}$ phos.$_{bro1}$ rhus-t.$_{bro1,c1}$ ruta$_{bro1,k2,*}$ *Sil.* sulph. thuj.$_{bro1,c1}$
– **Hände**:
  ○ **Handfläche**: ruta
  • **Handrücken**: am-c. *Ph-ac.* plb. *Sil.* zinc.
– **Füße**:
  • **rechts**:
    ○ **Fußsohle**: bufo-s.
– **Fußwölbung**; an der: ferr-m.

Gangrän: **Ars.** *Carb-an.* *Carb-v.* *Chin.* *Crot-h.* helo.$_{c1}$ helo-s.$_{c1}$ **Lach.** med.$_{c1}$ *Phos.* *Plb.* **Sec.**$_{a1,k}$ verat. verat-v.$_{a1}$ vip.$_{a1,k}$

– **diabetisch**: carb-ac.bg2,bg3,* con.bg2,bg3,* lach.bg3,h,* solid.bg3,h,*
– **Schwellungen**, wie: anthraci.
– **Stellen**, an kleinen: vip.a1,k
○ **Arme**: **Ars.**a1,k *Crot-h.*a1,k ran-b.a1 *Sec.*a1,k
 • **kalt**: *Sec.*a1,k
– **Schulter**: *Crot-h.*a1,k
– **Hände**: *Ars.*a1,k *Lach. Sec.*a1,k
– **Finger**: plb.k2 *Sec.*a1,k
– **Beine**: anthraci. *Ars.* crot-h. lach. phos.k2 sec.
– **Oberschenkel**: crot-h.a1,k *Sec.*a1,k
– **Knie**: phos.
– **Unterschenkel**: *Anthraci.* crot-h.a1,k iod. *Sec.*a1,k
– **Füße**: ant-c.a1,k ant-t.a1,k *Ars.* calen. *Lach.* lol.a1 merc.a1,k ric.a1 **Sec.**a1,k vip.a1,k
 • **brennenden**, reißenden Schmerzen; mit: **Sec.**
 • **kalt**: *Sec.*a1,k
– **Zehen**: crot-h. cupr. iod.a1,k lach. plb.k2 **Sec.**a1,k
 • **alten** Menschen, bei: *Carb-an. Carb-v.* cupr. *Ph-ac.* **Sec.**k,kl2●

Gänsehaut: acon. sec.
 ☞ ❑ *Haut - Gänsehaut*
○ **Arme**: chinin-s. merl. phel. phos. sanic. spig. stann.
– **Oberarm**: ham. sulph.
– **Unterarm**: ign. ran-b.
– **Beine**: bapt. chinin-ar. rhod.
– **Oberschenkel**: aur. calc. ign. spig. staph.
– **Unterschenkel**: calc. rhod. staph.

Gebeugt: acon. ars. carbn-h. carbn-o. colch. sec.
 ☞ *Gezogen*
– **Konvulsionen**; während der: colch. hydr-ac. *Hyos.* phos. plb.
○ **Arme**: acon. ars. carbn-o. hydr-ac. morph. plb. stry. tax.
 • **links**: caust.
 ◇ **abwechselnd** mit:
  • **gestreckten** Gliedern: carbn-o. *Cic. Cupr.* hyos. *Lyc.* nux-v. *Plb.* sec. *Tab.*
   • **Sitzen**, im: nit-ac.
 • **Brust**, über der: morph. olnd. tab.
 • **hinten**, nach: acon. lyc.
 • **krampfhaft**: *Caust.* hydr-ac. nux-m. nux-v. plb. stry.
 • **Schlaf**, im: *Ant-t.*
 ○ **Ellbogen**, am: lyc.
– **Handgelenk**: *Plb.*
– **Finger**: ambr. *Ars.* caust. chin.h,kl colch. **Cupr.** *Hyos.* **Merc.** nux-m. nux-v. *Phos. Plat.* **Plb.** sec. *Stram.*
 ☞ *Ballen - Finger*
 • **abwechselnd** ruckendes Ausstrecken und Beugen: kali-c.h
 • **Strecken** des Armes; beim: plat.h,kl
 ○ **Zeigefinger**: sep.h
– **Oberschenkel** an das Abdomen: arg-n. *Ars.* carb-v. cham. *Cina Cupr.* hydr-ac. *Hyos. Merc-c. Mur-ac.* ox-ac. *Plb.* verat. zinc.
 • **gehen** versucht; wenn er zu: *Plb.*
 • **Konvulsionen**; während der: stram.

Gebeugt: ...
– **Knie**: guaj.k2 lyc. sulph.
 • **Konvulsionen**; während tetanischer: stram.
– **Unterschenkel** an den Oberschenkel: bufo guaj.k2 *Hyos. Op. Plb.*
 • **gehen** versucht; wenn er zu: *Plb.* spong.h
 • **nicht** zulassen, daß morgens im Bett ein Bein gebeugt ist; kann: *Zinc.*
 • **schmerzhaft**: nux-v.
– **Zehen**: *Ars.* colch. *Hyos.*

Gebrochen:
○ **Oberarm** gebrochen; als wäre der: bov.bg1 *Cocc.*bg1 cupr.bg1 puls.bg1 samb.bg1 zinc.bg1

Gebunden; linker Arm fühlt sich, als sei er an die Seite: cimic.

Gefleckte Nägel
 ☞ *Farbe - Finger - Fingernägel - weiß - Flecken*

Gefühllosigkeit, Taubheit: abrot. *Acon.* **Agar.** ail. *Alum.* alum-p.k2 alum-sil.k2 alumn.k2 *Ambr. Ant-t. Apis* apoc.k2 **Arg-met. Arg-n.** *Arn. Ars.* ars-h. ars-i.k2 aster. atro. *Aur.* aur-ar.k2 aur-s.k2 aven.br1 *Bamb-a.*stb2 bar-m. bell. berb.k2 bry. bufo *Calc. Calc-p. Calc-s.* calc-sil.k2 camph. cann-i. cann-s. canth. *Carb-ac.* carb-an. **Carb-v.** carbn-o. **Carbn-s.** *Carl.* caust. cedr. *Cham.* chel. *Chin. Chinin-ar.* chinin-s. cic. cimic.k2 **Cocc.** coloc.k2 *Con. Crot-c. Crot-h.* cupr. cupr-ar. *Dulc.* eup-pur. fago. *Fl-ac.* **Gels. Graph. Guaj.** ham. hyos. *Hyper.* ign. iod. *Kali-ar.* kali-c. kali-p. *Kali-s.* kalm. *Kreos.* lact. laur. *Led.* **Lyc.** mag-m.k2 *Merc.* mez. naja *Nat-m.* nat-p. nat-s. nit-ac. **Nux-m.** *Nux-v.* oena. *Onos.* **Op. Ox-ac.** paeon. *Petr. Phos.*k,kl2● phys. plat. *Plb. Psor. Puls.* pyrog.k2 *Rhod.* **Rhus-t.** sarr. **Sec.** *Sep.*k,kl2● *Sil. Stram.* sul-i.k2 *Sulph.* tab. *Tarent.* tax. ter. thea thuj. valer. verat. vip. xan. *Zinc.* zinc-p.k2
 ☞ *Ameisenlaufen / Empfindungslosigkeit / Kribbeln / Pelziges*
– **eine** Seite, die andere ist gelähmt: cocc.
– **links**: alum.h carbn-o.a1 caust. cupr-ar. dios. med.st mez.h prot.gsc *Sumb.*
 ○ **Arm** und rechtes Bein; linker: *Tarent.*
– **rechter** Arm und linkes Bein: ars. kali-c.h,k,*
– **tagsüber**: lyc.a1,k
– **morgens**: *Ambr.* ox-ac.a1,k peti.a1 *Zinc.*
 • **10** h: ant-t.
 • **Erwachen**, beim: aur. bufo calc-p.a1,k *Zinc.*
– **nachmittags**: ham.a1,k
 • **16** h: puls.
– **abends**: dulc.a1,k graph.h peti.a1
 • **lähmungsartig**: valer.
 • **Schweiß**, nach: tax.
 • **Verweilen** in einer Position; beim: fago.
– **nachts**: bov.bg1 croc.hr1,k graph.a1,k kali-c.h,k,* lyc.a1,k ph-ac.h
 • **Erwachen**, beim: mez.h thuj.a1,k
– **Abkühlung**, bei: sumb.
– **abwechselnd** in Armen und Beinen: *Phos.*
– **Anstrengung**, bei: alum.h *Sep.*
– **Bewegung** amel.: am-c. anac. aur.

– **Druck**; durch: alum.k2 ambr.k2
– **Entbindung**, während der: cupr.hr1
– **Erregung**:
 • **während**: mag-m.vh
– **Erwachen**, beim: *Aur.* aur-s.k2 bry.a1,k bufo erig. mez.a1,k puls.a1,k thuj.
– **Frost**; während: rhus-t.a1,k
– **Gehen** im Freien; beim: alum. *Graph.*a1,k
– **gehobener** Stimmung, mit: mag-p.k2 nat-m.
– **geistige** Anstrengung:
 • **nach**: plat.k2
– **gelähmt**:
 • **Gefühl** wie gelähmt: aven.br1
 • **Körperteile**; der gelähmten: phys.br1
– **Hitze**; während: apis carb-v. cocc. kali-c. **Lyc.** nat-m. *Nux-v. Puls.* rhus-t.
– **hysterisch**: gels.hr1
 • **Krämpfen**; mit: gels.lp
– **körperlicher** Arbeit, bei
 ☞ *Anstrengung*
– **Krämpfe**:
 • **vor**: plb.bg1
– **Liegen**, beim: aloe *Aur.* aur-s.k2 *Carb-v. Chin.* kali-c. *Sulph. Verat.* **Zinc.**
 • **Arbeit**, nach normaler: *Sep.*
 • **darauf**; beim Liegen: am-c. arn. bar-c. bry. bufo *Calc.* carb-an. **Carb-v.** *Chin.* glon. *Kali-c.* lyc. mez. phel. *Puls.* rheum rhod. **Rhus-t.** *Sil. Sumb.*
 • **Essen**, nach dem: aloe
 • **Stilliegen** agg.: *Graph.*
– **Menses**, während: *Graph.*hr1,k
– **Ruhe**; in der: aur-ar.k2
– **Schlaf**, im: nat-m.h
– **Schmerzen**, nach: acon.bg3
– **Seite**, auf der er nicht liegt: fl-ac.hr1,k
– **Sitzen**, im: am-c. cham.a1,k cop.a1,k *Graph.*a1,k lact.a1,k lyc.a1 sulph.a1,k teucr.hr1
– **wandernd**: *Cocc.* raph.ptk2
– **Wärme** agg.: sec.a1,k
○ **Gelenke**: alum.hr1,k con. ip.hr1,k *Led.*hr1,k *Lyc.*hr1,k plat.hr1,k puls.hr1,k rhus-t.k2
 • **Kälte** und Nässe; nach Einwirkung von: *Rhus-t.*
 • **Rheumatismus**, bei: puls.
– **Arme**: abrot.bg2,k,* **Acon.**bg2,k,* aesc.hr1,k *Aeth.*hr1,k,* ail.a1,k *Alum.*bg2,k,* alum-p.k2 alum-sil.k2 *Alumn.* am-c.bg2,k am-m.hr1,k *Ambr.*bg2,k,* amyg.a1,k androc.srj1 **Apis** aran.bg2,k,* arg-met. arg-n.br1 ars.bg2,k,* ars-i. ars-s-f.k2 aur.bg2,k aur-ar.k2 *Bar-c.* bar-i.k2 bar-s.k2 bell.bg2,k,* berb.hr1,k borx.h both.a1,k *Bufo* *Cact.*bg2,k,* calc-p.bg2,k,* cann-i.bg2,k,* canth.a1,k caps.h *Carb-v.*bg2,k carbn-o. **Carbn-s.** castor-eq. caust.bg2,k cedr.a1,k *Cham.* chel.bg2,k,* chinin-ar. chr-ac.a1,k cic.a1,k cimic.bg2,k,* cinnb.hr1,k,* **Cocc.**bg2,k,* cod.a1,k colch.a1,k *Con.*a1,k *Croc.*bg2,k,* *Crot-c.*a1,k *Cupr.*hr1,k cupr-ar.a1,k *Cur.*hr1,k dios.hr1,k,* *Dulc.*bg2,k,* euphr.bg2,k,* fago.a1,k *Fl-ac.*bg2,k,* *Gels.* glon.bg2,k,* **Graph.**bg2,k,* hell.hr1,k helo. *Hep.*bg2,k,* hura iod.bg2,k,* kali-ar. kali-bi.bg2,k,* *Kali-c.*h,k,* **Kali-n.**bg2,k,* kali-p. *Kali-s.* kali-sil.k2 kreos. lac-c.hr1,k *Lach.*bg2,k,* led. lepi.a1,br1 **Lyc.**bg2,k,* lyss.hr1,k,* *Mag-m.*bg2,k

– **Arme**: ...
med.hr1,k meph.bg2,k merc.bg2,k,* merc-c.a1,k merc-i-f.bg2,k,* nat-m.bg2,k,* nat-p.a1,k nat-s. nit-ac.bg2,k *Nux-v.*bg2,k,* ol-j.hr1,k *Onos.* **Ox-ac.**a1,k *Pall.*bg2,k,* petr.bg2,k,* *Phos.*bg2,k,* phys.hr1,k,* **Plat.**bg2,k *Plb.*bg2,k,* psil.ft1 *Psor.*bg2,k,* *Puls.*bg2,k,* pyrog.k2 *Rhod.*bg2,k,* **Rhus-t.**bg2,k,* sarr.a1,k *Sec.*bg2,k,* *Sep.*bg2,k,* sil.bg2,k,* *Spig.*bg2,k stann. stront-c. *Sulph.*bg2,k,* sumb.hr1,k,* tarent.k2 tep.a1,k *Thuj.*bg2,k,* urt-u.hr1,k verat.bg2,k,* vip.a1,k xan.a1,k **Zinc.**
 • **links**: *Acon.*hr1,k aesc.hr1,k ail.hr1,k,* alum.bg1 ambr.hr1,k,* anac.bg2,k,* androc.srj1 apis *Bar-c.*bg2,k,* bufo **Cact.**bg2,k,* calc.bg1 cham.bg2,k,* cinnb.hr1,k cupr-ar.hr1,k,* glon.hr1,k,* *Graph.* kali-c.h kali-n.h kalm. kreos.bg2,k lac-c.hr1,k *Lach.*hr1,k lat-m. mag-s.br1 *Med.*hr1,k meph.a1 mill.bg2,k,* naja nat-m.bg1,h nux-v.hr1,k petr.bg2,k,* *Phos.*a1,k psor.bg1 rhod.bg2,k,* rhus-t.bg1 sulph.bg1 sumb.a1,k tarax.hr1,k tarent.hr1,k thlas.bg1 xan.hr1,k,*
  • **Herzens**; bei Erkrankung des ◆: **Acon.** **Cact.** cimic. dig. *Glon.* kalm. *Lach.* lat-m. *Naja* phos. **Rhus-t.** *Spig. Sumb.*
  • **Liegen** darauf, durch: cact. *Nat-m.*
 ○ **rechtes** Bein; linker Arm und: tarent.
 • **rechts**: am-c. am-m. ars.bg2,k,* bamb-a.stb2 calc.bg1 carb-an.h castor-eq. chel.bg2,k,* chin.bg1 graph.bg1 *Hep.*hr1,k kali-bi.bg2,k,* kali-n.h kali-p.bg1 lach.bg2,k,* *Lil-t.*bg2,k *Lyc.*hr1,k lyss. mag-m.bg2,k merc-i-f.bg2,k,* nat-p.a1,k nit-ac.h phos.bg1,h phys.hr1,k *Sil.*hr1,k thuj.
  • **Herzens**; bei Erkrankung des: lil-t.
  • **Liegen**, beim:
   • **Seite**, auf der:
    • **linken** Seite; auf der: *Mag-m.*
    • **rechten** Seite; auf der: *Am-c. Ars. Carb-v.* fl-ac. petr. *Spig.*
 • **tagsüber**: ambr. anac.
  • **Ruhe**, in der: ambr.
 • **morgens**: am-c.h crot-h.a1,k fl-ac.a1,k mag-m.hr1,k,* nux-v. peti.a1 phos.a1,k psor.a1,k puls. zinc.
  • **Bett**, im: *Kali-c.*
   • **Erwachen**:
    • **nach**: mag-s.br1
  • **Erwachen**; beim: aur. calad. fl-ac. kali-c.h *Mag-m.* mag-s. nit-ac. psor. teucr. zinc.
  • **Liegen**, beim:
   • **Arm**, auf dem: arg-met.
   • **Arm** unter dem Kopf; mit dem: ph-ac.
  • **Schmerz** in der Herzgegend; mit: pall.hr1,k
 • **vormittags**: fl-ac.a1,k mill.a1,k zing.a1,k
  • **10** h: zing.
 • **nachmittags**: alum-sil.k2 calc-p.a1,k carl.a1,k nicc.hr1,k teucr.a1,k
 • **abends**: borx.h bry.a1,k lyss. merc-c.a1,k phos.a1,k plb.a1,k
  • **19** h: *Phys.*
  • **20** h: cinnb.
  • **Hinlegen**, beim: mag-m.h
 • **nachts**: am-c.h *Ambr.*hr1,k,* carb-v.a1,k cop.a1,k *Croc.*a1,k hep.a1,k hyper.a1,k *Ign.*hr1,k kali-c.a1,k

- **nachts**: ...
kali-n.$_{h}$ *Lyc.* mag-m.$_{a1,k}$ merc.$_{a1,k}$ nit-ac.$_{a1,k}$ *Nux-v.*$_{a1,k}$ *Pall.*$_{hr1,k,*}$ petr.$_{a1,k}$ ph-ac.$_{a1,k}$ phos.$_{a1,k}$ puls. sep.$_{h}$ sil.
  - **Mitternacht**, vor:
    - **22** h: fl-ac.
  - **Liegen** darauf, beim: cop.$_{a1,k}$ hep.$_{a1,k}$ petr.$_{a1,k}$
  - **Schlaf**, im: croc.$_{a1,k}$
- **Abkühlung**, Kaltwerden; bei: sumb.
- **Anlehnen** auf den Arm; beim: ambr.$_{c1}$ hep. petr. sil. sumb.$_{a1,k}$
- **Anstrengung**; krampfartige Gefühllosigkeit bei: alum.
- **Arbeit** agg.: phos.$_{bg1}$
- **Auflegen** des Armes auf den Tisch; beim: bar-c.$_{h,k}$
- **Aufstützen**, beim:
  - **auf** den Arm: ambr. carb-an. fl-ac.$_{a1,k}$ *Sil.*$_{hr1}$
  - **Kopfes** auf den Arm; des: ph-ac.$_{h}$ *Phos.*$_{a1,k}$ *Rhus-t.*$_{a1,k}$ sep.$_{h,k,*}$
- **Bett**:
  - **im**: androc.$_{srj1}$ carb-an. *Ign.*$_{hr1,k}$ mag-m. phos.$_{a1,k}$
  - **Einschlafen**, beim: psor.
- **Bettdecke**; wenn unter der: sep.$_{a1,k}$
- **Bewegung**:
  - **agg.**: plb.$_{a1,k}$ ruta
  - **amel.**: *Ambr. Apis* aur. dros. merc.$_{a1,k}$ mim-h.$_{c1}$ phos.$_{h}$ rumx. sep.$_{a1,k}$ sulph.
- **epileptischen** Anfällen; zwischen den: cupr.
- **Essen**:
  - **beim**: cocc.$_{a1,k}$
  - **nach**: cocc.$_{a1,k}$ *Kali-c.*
- **Fahren** im Wagen; beim: form.$_{a1,k}$
- **Gebrauch** der Arme; beim: *Puls.*$_{hr1,k,*}$ *Spig.*
- **Greifen** von etwas; beim festen: am-c.$_{h}$ **Cham.**$_{hr1,k,*}$ chin. cocc.
- **Halten** von etwas in den Händen; beim: *Apis* com.$_{a1,k}$ puls.$_{h}$
- **Heben** der Arme; beim: lyc.$_{h}$
  - **senkrecht** nach oben: *Puls.* sep.
    - **amel.**: ars.
- **Herunterhängen**, beim: berb.$_{hr1,k}$
- **Kolik**, bei: aran.$_{hr1,k}$
- **Körperübungen**, nach: sulph.$_{h}$
  - **heftigen**, nach: *Kali-c.*
- **Kratzen**, nach: sulph.
- **Liegen**:
  - **beim**: aur. merc. rumx. sulph.
  - **Arm**, auf dem ●: *Ambr.* arg-met. ars. bamb-a.$_{stb2}$ *Bar-c.* bufo *Calc.* calc-sil.$_{k2}$ carb-an. *Carb-v.* cop. *Graph.* hep. ign. *Kali-c. Lach. Nat-m.* pall. petr. *Phos.* **Puls. Rhus-t.** sep. *Sil. Spig.* sulph.$_{bg1}$ sumb.
  - **Rücken**, auf dem: kali-n.$_{h}$
- **Masern**, bei: zinc.$_{hr1,k}$
- **Menses**, während: graph. kali-n. sec.
- **Mittagsschlaf**, beim: graph.$_{a1,k}$
- **Schmerz** im Arm; mit: kali-n.$_{h}$ phos.$_{h}$
- **Schreiben**, beim: cere-b.$_{a1,k}$ *Merc-i-f.*$_{hr1,k,*}$ spig.$_{a1,k}$
- **Seite**, auf der er nicht liegt: fl-ac. mag-m.

– **Arme**: ...
- **Sitzen**, im: alum.$_{k2}$ *Graph.*$_{hr1,k,*}$ lyc. nicc.$_{hr1,k}$ *Teucr.*$_{a1,k}$
- **Stützen** auf den Arm; beim
  ☞ *Aufstützen - auf*
- **Tragen** von etwas; beim: *Ambr.*$_{hr1,k}$
- **Wechselfieber**, bei: agar.$_{hr1,k}$ am-m.$_{hr1,k}$ ars-s-r.$_{hr1,k}$ cocc.$_{hr1,k}$ merc-sul.$_{hr1,k}$ zinc.
- **Wetter**, bei kaltem: *Kali-c. Sumb.*

▽ **erstreckt** sich zu:
- **Daumen**: sumb.

○ **Vorderseite**: plan.

– **Schulter**: alumn.$_{a1,k}$ cocc.$_{k2}$ merc.$_{bg2,k,*}$ ox-ac.$_{hr1,k,*}$ plb.$_{bg2,k,*}$ *Puls.* sep.$_{bg2,k,*}$ *Urt-u.*$_{hr1,k}$ zinc.$_{bg2,k,*}$
- **links**: merc-i-f.$_{a1,hr1}$ xan.$_{c1,hr1}$
- **morgens**: zinc.$_{a1,k}$
- **nachts**: sep.$_{a1,k}$

▽ **erstreckt** sich zu:
- **Finger**:
  - **Fingerspitzen**: ox-ac.$_{k2}$

– **Oberarm**: am-c.$_{a1,k}$ bry.$_{a1,k}$ carb-ac. carbn-s. croc.$_{bg2,k}$ fl-ac.$_{a1,k}$ hura inul.$_{a1}$ kali-c.$_{h}$ merc.$_{a1,k}$ plat.$_{a1,k}$
- **morgens** im Bett: merc.
- **Sitzen**, im: merc.$_{a1,k}$

○ **Deltoids**, Gegend des: plb.$_{a1,k}$

– **Ellbogen**: all-c.$_{hr1,k,*}$ bell.$_{bg2}$ cinnb.$_{bg2,k,*}$ dig.$_{a1,k}$ dios.$_{a1,k}$ graph.$_{a1,h}$ jatr-c. kali-bi.$_{bg2}$ kali-n. kreos.$_{a1}$ nat-s.$_{bg3}$ phos.$_{bg2,k,*}$ pip-m.$_{a1,k}$ puls.$_{bg3}$ sulph.$_{bg2}$
- **abends**, im Liegen: phos.
- **Bewegung** agg.: all-c.$_{hr1,k}$
- **liegt**, auf dem er: graph.$_{h}$

▽ **erstreckt** sich zu den Fingerspitzen: jatr-c.

○ **Ellbogenbeuge**: hura plb. sulph.

– **Unterarm**: **Acon.** aesc.$_{a1,k}$ agar. ail. aloe alum.$_{bg2,k,*}$ am-m.$_{bg2,k,*}$ ars-met. bapt.$_{a1,k}$ berb.$_{a1,k}$ carb-an. carb-v. *Carbn-s.* cedr.$_{a1,k}$ *Cham.* chin.$_{bg2,k,*}$ chinin-ar. cinnb.$_{hr1,k,*}$ *Cocc.*$_{bg2,k,*}$ coloc.$_{bg2,k,*}$ com.$_{a1,k}$ *Crot-c. Cupr.* dios.$_{hr1,k}$ euphr.$_{bg2,k,*}$ *Fl-ac.*$_{bg2,k,*}$ *Gels. Glon.* **Graph.**$_{bg2,k}$ helo. hydrc.$_{a1,k}$ hydrog.$_{srj2}$ *Kali-c.*$_{h,k,*}$ kali-n.$_{bg2,k}$ *Lyc.*$_{a1,k}$ lyss. mag-m.$_{bg2,k,*}$ med.$_{hr1,k}$ merc.$_{bg2,k,*}$ merc-sul. *Nat-m.*$_{bg2,k,*}$ *Nit-ac.*$_{bg2,k,*}$ nux-v.$_{bg2,k,*}$ *Op.*$_{bg2,k,*}$ *Pall.*$_{hr1,k,*}$ *Plb.*$_{a1,k}$ *Psor.* puls.$_{h,k,*}$ rheum rhus-t.$_{bg2,k,*}$ sec.$_{a1,k}$ sep. stront-c. *Sulph.*$_{bg2,k,*}$ tell.$_{a1,k}$ thuj.$_{hr1,k}$ zinc.
- **links**: **Acon.** alum.$_{a1,k}$ cinnb.$_{hr1,k,*}$ dios.$_{hr1}$ fl-ac.$_{a1,k}$ kali-c.$_{h,k,*}$ med.$_{hr1,k}$ onos.
- **rechts**: *Am-m.*$_{a1,k}$ *Chin.* coloc.$_{a1,k}$ euphr.$_{a1,k}$ hep. *Nit-ac.*$_{hr1,k,*}$ sulph.$_{a1,k}$
- **morgens**: mag-m.$_{a1,k}$ nux-v.$_{a1,k}$
  - **Aufstehen**, nach dem: mag-m. nux-v.
  - **Erwachen**, beim: kali-c.$_{h,k,*}$
- **vormittags**: fl-ac.$_{a1,k}$ zinc. zing.$_{a1}$
- **nachmittags**, 17 h: phys.
- **nachts**: arg-n.$_{nh}$ rhus-t.$_{a1,k}$ sulph.$_{h}$
  - **Mitternacht**, vor:
    - **22** h: tell.
  - **Mitternacht**, nach:
    - **5** h: fl-ac.
      - **Liegen** auf der rechten Seite; beim: fl-ac.

• **Beugen**, beim: chin.a1,k
• **Bewegung** amel.: *Cinnb.*a1,k puls.h,k,*
• **Greifen** von etwas; beim: **Cham.**hr1,k
• **Heben** des Armes agg.: *Puls.* sep.
• **Herunterhängenlassen** des Unterarmes; beim: berb.a1,k
• **Liegen**, beim: puls.h,k,*
  • **linken** Seite, auf der: sulph.h
  • **Tisch** liegt; wenn der Unterarm beim Schreiben auf dem: lyc.
• **ödematös**: chel.
• **Reiben** amel.: sulph.h
• **schmerzhaft**: com.a1,k euphr.h
• **Sitzen**, im: fl-ac. merc.a1,k
▽ **erstreckt** sich zu:
  • **Finger**: pall.a1,k
    • **kleinen** Fingers; Spitze des: cinnb.
○ **Radialseite**: fl-ac.a1,k
• **Rückseite**: berb.a1,k caj.a1,k peti.a1 plb.a1,k
• **Ulnarseite**: rheumh
• **Vorderseite**: aloe cham. fl-ac.a1,k

– **Handgelenk**: acon.bg2,k,* bov.bg2,k,* carb-v.a1,k corn.hr1,k croc.bg2 fil.hr1 hura ign.a1,bg2 kali-n.a1,k lyc.bg2 *Plb.*bg2,k,* **Zinc.**hr1,k
• **Masern**, bei: **Zinc.**

– **Hände**: abrot.bg2,k,* *Acon.*bg2,k,* aesc. aeth.br1 agar.a1,k aloe alum.bg2,k,* alum-sil.k2 am-c.bg2,k,* ambr.bg2,k androc.srj1 *Apis* arg-n.bg2,k *Ars.*bg2,k,* ars-h.hr1,k ars-i.k2 ars-s-r.hr1 asaf.bg2,k asc-t.a1,k aster.hr1,k,* atro.a1,k bapt.a1,k bar-c.bg2,k,* bell.hr1,k borx. bry.bg2,k,* bufo cact. cadm-met.gm1 cadm-s.k2 *Calc.*a1,k calc-i.a1,k calc-p.hr1,k,* calc-s.a1,k calc-sil.k2 *Camph.* cann-s.bg2,k,* carb-ac.hr1,k **Carb-an.**bg2,k,* *Carb-v.*bg2,k,* carbn-o. *Carbn-s.* *Caust.*bg2,k,* cedr.a1,k cench.k2 chel.bg2,k,* cimic. *Coca* **Cocc.**bg2,k,* cod.a1,hr1 *Colch.*bg2,k,* com.a1,k *Con.* croc.bg2,k,* **Crot-c.** cub.a1,k *Cupr.*bg2,k,* cycl.bg2,k,* dios.hr1,k,* *Dulc.* elaps euphr.bg2,k,* eupi.a1,k *Ferr.*bg2,k,* ferr-ar. ferr-p.hr1,k *Fl-ac.*bg2,k,* *Gels.* gins.a1,k **Graph.**bg2,k,* guare.a1,k hell.bg2,k,* helo. hep.h hydrc. *Hyos.*bg2,k,* *Hyper.*hr1,k *Kali-ar.*a1,k **Kali-c.**h,k,* kali-cy.gm1 **Kali-n.**bg2,k,* kali-p. *Kali-s.* kali-sil.k2 *Lach.*bg2,k,* **Lyc.**bg2,k,* lyss.hr1,k,* manc.hr1,k med. merc.bg2,k,* merc-c.bg2,k,* merc-i-f.hr1,k,* merc-sul.hr1,k *Mez.*hr1,k,* naja *Nat-m.*bg2,k,* *Nit-ac.*bg2,k,* nux-m.bg2,k,* *Nux-v.*bg2,k,* *Onos.* *Op.*bg2,k,* ox-ac. **Phos.**bg2,k,* phys.hr1,k,* pic-ac.a1,k plat.k2 *Plb.*bg2,k,* *Psor.* ptel.hr1,k,* *Puls.*bg2,k pyrog. raph.a1,k sarr.a1,k *Sec.*bg2,k,* sep.bg2,k,* *Sil.*bg2,k,* *Spig.*bg2,k stram.bg2,k,* stront-c. stry.a1,k strych-g.br1 sulph.bg2,k,* sumb.a1,k *Thuj.* verat-v.a1,k vip. *Zinc.*bg2,k,* zinc-p.k2
• **abwechselnde** Seiten: **Cocc.**
• **links**: acon.hr1,k agar.bg1 aloe asc-t.a1 aster.hr1,k cact. carb-an.h con.h *Crot-h.*hr1,k dig. dios.hr1,k euphr. ferr.a1,k fl-ac.a1,k *Glon.* *Graph.*hr1,k *Lac-c.*hr1,k *Lach.*hr1,k *Lat-m.* med.hr1,k merc-sul. mez.a1,k naja nat-c.h *Nit-ac.* phys.hr1 phyt. *Rhus-t.*hr1,k sars.hr1 stry.
  • **Kälte** der rechten Hand; mit: *Ferr.*
  • **Menses**, während: *Graph.*

– **Hände**: ...
• **rechts**: alum.bg1 am-c.a1,k asc-t.hr1,k cann-s.a1,k cycl.hr1,k,* elaps *Ferr-p.*hr1 *Gels.*hr1,k graph.a1,k *Hep.*hr1,k hydrog.srj2 kali-p. lil-t. lyss.hr1,k merc.a1,k nat-m. nat-p.k2 nit-ac.a1,k phos.bg1,h rhus-t.hr1 sil.h spig. thuj.
  • **dann** links: *Cocc.*hr1,k
• **tagsüber**: apis *Zinc.*
• **morgens**: *Carb-an.*a1,k fl-ac.a1,k *Kali-c.*h,k,* mag-c.h *Nit-ac.*hr1,k,* *Phos.*a1,k sil. *Spig.* *Thuj.*
  • **7** h: dios.
  • **Bett**, im: *Carb-an.*a1,k fl-ac. lyc.a1,k nat-c.h2 nit-ac.a1,k *Phos.*a1,k
  • **Erwachen**, beim: alum. calc-p. *Ferr.* *Kali-c.*h,k,* *Phos.*hr1,k,* *Zinc.*hr1,k,*
  • **Waschen**, beim: *Carb-v.*hr1,k,*
• **nachmittags**: mez.
• **abends**: borx. nux-m.hr1,k,*
• **nachts** ●: agar.h ambr. ars-i.bg1 bry.a1,k carb-v.a1,k kali-n.h lyc.a1,k mag-m.a1,k merc-pr-r.bg1 pall.hr1,k,* sep.a1,k **Sil.**hr1,k,*
  • **Mitternacht**, nach:
    • **4** h: nat-c.
    • **5** h: fl-ac.
  • **Greifen** von etwas; beim: sep.a1,k
  • **liegt**; auf der er: am-c.a1,k petr.a1,k
  • **Schlaf**, im: croc.a1,k
• **Aufstützen**, beim:
  • **Hand** auf etwas; der: nit-ac.a1,k
  • **Kopfes** auf die Hand; des: squil.a1,k
• **Befeuchten**:
  • **amel.**: spig.a1,k
  • **beim**: *Rhus-t.*hr1,k
• **Bewegung**:
  • **amel.**: am-c.a1,k *Apis* cann-s.a1,k carb-an.a1,k *Ferr.* nat-m. puls.h spig.a1,k stront-c.
  • **bei**: bapt.a1,k
• **Brust**; mit Beschwerden der: carb-an.ptk1
• **eine** Hand taub, die andere eingeschlafen: *Phos.*
• **Erregung**, bei: *Sulph.*
• **Erwachen**, beim: alum.a1,k calc-p. form.a1,k manc.hr1,k mez.
• **Essen**, nach dem: con.h lyc.
• **Fahren** im Wagen; beim: form.a1,k
• **Frost**; während: *Apis* *Cimx.*hr1,k ferr. guare.a1,k *Lyc.*hr1,k nux-m. nux-v. ph-ac. **Puls.** sec. **Sep.** stann.
• **Gebrauch** der Hand; beim: graph.a1,k
• **Gehen**, beim: rhod.a1,k
• **Greifen** von etwas; beim ●: *Calc.*hr1,k *Cham.* sep.a1,k
  • **amel.**: spig.a1,k
• **Hitze** im Magen; mit: con.h
• **Körperübungen**, durch: ruta
• **lähmungsartig**: nit-ac.
• **Liegen**, beim: ambr. mag-c. nat-m. puls.h
  • **Hartem**, auf etwas: nat-m.
• **liegt**; auf der er: am-c. ambr. graph. *Kali-c.* petr.
• **Luft**; in kalter: lyc.
• **Menses**, während: *Graph.*a1,k kali-n. sec.
• **Nähen**, beim: *Crot-h.*hr1,k

- **Prosopalgie**; auf der Seite der: cocc.hr1
- **schmerzhaft**: euphr.h mag-m.a1,h
- **Schreiben**, beim: agar.a1,k *Zinc*.hr1,k
- **Sitzen**, beim: am-c.a1,k cadm-met.gm1 graph.a1,k merc.a1,k
- **Sprechen**, beim: lyc.a1,k
- **Tasche**; beim Stecken der Hand in die: nat-m.a1,k
- **Tragen** von etwas; beim: ambr. sep.a1,h
- **Wasser**; nach Tauchen in: carb-v. sulph.a1,k

▽ **erstreckt** sich zum Arm: agar. aster.a1,k dios.a1,k fl-ac.a1,k

○ **Handfläche**: acon.a1,k bry.bg2,k,* con.h kali-c.a1 lob-s.a1,k op.a1,k phos.a1,k plb.k2 psor.a1,k stram. syph.
  - **morgens**: psor.a1,k
- **Handrücken**: caj.a1,k lam.a1 laur. med. phos.a1,k
- **Nervus** radialis; im Gebiet des: ph-ac.a1,k
- **Ulnarseite**: aran.c1,ptk2 dig.h plb.a1,k
  - **Schreiben**, nach: agar.

– **Finger**: abrot.bg2,k,* *Acon*.bg2,k,* act-sp.hr1,k,* agar.bg2,k,* ail.hr1,k,* alum.bg2,k,* alum-sil.k2 am-c.bg2,k,* am-m.bg2,k ambr.bg2 *Aml-ns*. anac.bg2,k,* androc.srj1 ang.bg2,hr1 ant-t.bg2,k *Apis* aran.bg2,hr1 *Ars*.hr1,k,* *Ars-i*. aster.a1,k atro.a1,k *Bar-c*.bg2,k,* bar-i.k2 bar-m. bar-s.k2 bell. bry.bg2,k bufo **Calc**.bg2,k,* calc-i.a1,k calc-sil.k2 cann-s.bg2 *Carb-an*.bg2,k,* carbn-o. *Carbn-s*. *Carl*. *Caust*.bg2,k,* cham.bg2,k,* chel.bg2 chlf.hr1 *Cic*.bg2,k,* *Cimic*. *Cimx*.hr1,k,* cocc.k2 coff.bg2,k,* colch.bg2,k *Con*.bg2,k,* cop.bg2 croc.bg2 crot-h.bg2,k cub.hr1,k,* *Cupr*.bg2,k,* **Dig**.bg2,k,* dios.bg2,k euph.a1,k euphr.bg2,k,* *Ferr*.bg2,k,* ferr-ar. *Ferr-i*. ferr-p. fl-ac. gels.k2 gins.a1,k **Graph**.bg2,k,* *Hep*.bg2,k,* hydrc.a1,k *Iod*.bg2,k,* *Kali-ar*. kali-c.bg2,k,* *Kali-chl*.hr1,k kali-n. kali-sil.k2 *Kreos*.bg2,k,* lach.bg2,k,* lil-t.hr1,k lipp.a1 **Lyc**.bg2,k,* mag-m.bg2,k merc.bg2,k,* merc-c. merc-i-f.a1,k morph.a1,k mosch.bg2,k,* *Mur-ac*.bg2,k nat-m.bg2,k nat-p.a1,k nit-ac.bg2,k,* nux-m. nux-v.bg2,k,* ol-an.bg2,k,* olnd. op.bg2 paeon.a1,k *Par*.bg2,k,* ph-ac.bg2,k,* **Phos**.bg2,k,* **Plat**.bg2,k,* *Plb*.bg2,k,* podo.hr1,k psor.bg2 ptel.hr1,k puls.bg2,k,* rhod.bg2,k **Rhus-t**.bg2,k,* sabin.bg2 sarr. sars.bg2,k,* **Sec**.bg2,k,* *Sep*.bg2,k,* *Sil*.bg2,k,* spong.bg2,k stann.a1,k staph.bg2,k stram.hr1,k stront-c. sul-ac.bg2 sul-i.k2 *Sulph*.bg2,k,* ter.a1,k *Thuj*.bg2,k,* verat.bg2,k,* zinc.
  - **eine** Seite: cact. ph-ac.
  - **rechts**: cann-i.hr1 hydrc.a1,k hydrog.srj2 *Lil-t*.hr1 nat-p.a1,k *Plat*.hr1 sep. sulph.bg1 thuj.bg1
  - **morgens**: am-c. caust.a1,k cham.hr1,k dios.a1,k *Ferr*. kreos. lyc.h merc. phos.a1,k puls. rhus-t.hr1,k *Sulph*.hr1,k,*
    - **Aufstehen**, beim: stram.hr1,k zinc.h
    - **Bett**, im: puls.a1,k
  - **vormittags**: fl-ac.a1,k sulph.a1,k
  - **abends**: lipp.a1 sep.a1,k ter.a1,k
    - **Hinlegen**, beim: mag-m.
  - **nachts**: am-c. kali-n.h *Mur-ac*.hr1,k puls.a1,k
  - **Brust**; mit Beschwerden der: *Carb-an*.
  - **epileptischem** Anfall, bei: cupr.hr1,k
  - **Essen**, nach dem: *Con*.

– **Finger**: ...
  - **Fieber**:
    - **vor** einem Anfall von intermittierendem Fieber: puls.hr1,k
    - **während**: thuj.a1,k
  - **Frost**; während: cedr. *Cimx*. ferr. ph-ac.h **Sep**. stann. thuj.
  - **Greifen** von etwas; beim: acon.a1,k am-c. calc.
  - **Klavierspielen**, beim: sulph.a1,k
  - **Konvulsionen**, zwischen den: *Sec*.
  - **Kopfschmerzen**, bei: podo.c1
  - **Luft**; in kalter: nit-ac.a1,k
  - **Schreiben**, nach: carl.
  - **Schweiß**, beim: nux-v.
  - **Sitzen**, im: *Cham*.hr1,k,*
  - **Tragen** einer Last auf dem Arm; beim: carl.a1,k

  ▽ **erstreckt** sich zu:
    - **oben**; nach: *Ars*. iber.c1

  ○ **Fingerspitzen**: acon.bg2 act-sp.bg2 ang.bg2 ant-t.bg2,k,* *Apis* arg-n.hr1,k ars.bg2,k,* bamb-a.stb2 cann-s.bg2,k,* carb-an.hr1,k carb-v.bg1 carbn-s. *Caust*. cham.bg2 chel. coff.bg2 ferr.bg2 graph.bg2,k,* hydrog.srj2 iber.a1,hr1 kali-bi.bg2 kali-c.h,k,* kali-p. *Lach*.bg2,k,* lath.br1 lyc.bg2 mag-m.bg2,k,* mag-p.bg2,br1 mez.a1,k mur-ac.a1,k ox-ac.k2 ph-ac.bg2,k **Phos**.bg2,k,* plb.bg2 rhus-t.k2 *Sec*.bg2,k,* *Spong*.bg2,k,* stann.bg2,k,* *Staph*.bg2,k,* sumb.hr1,k syph.bg1 tab.bg2,k,* tell.hr1,k,* thuj.hr1,k
    - **links**, beim Liegen auf der linken Seite: iber.c1
    - **morgens**: kali-c.h,k,* *Lach*.hr1,k
    - **Frost**; während: mur-ac.h stann.
    - **Herzen**; mit Schmerz im: iber.c1
    - **Keuchhusten**, bei: *Spong*.hr1,k
    - **Naßwerden**, nach: rhus-t.
    - **Reiben** amel.: mag-m.a1,h
    - **Strecken** der Hände; beim: tell.hr1,k
  - **Gelenke**: euphr.h
  - **Zeigefinger**: agar.a1,k apis bar-c.h calc.h *Caust*.hr1,k euphr.a1,k hura kreos. lyc.a1,k nat-m.a1,k *Par*.a1,k phos.hr1,k rhod.a1,k *Rhus-t*.a1,k
    - **linke** Hand: anac. nat-m. rhus-t. thuj.h
    - **morgens**: lyc. nat-m.a1,k *Rhus-t*.a1,k
    - **Frost**; während: ph-ac.h

    ▽ **erstreckt** sich die Radialseite des Armes nach oben: anac. carb-an. phos.
    - **Fingerspitze**: graph.a1,k spong.a1,k thuj.h
    - **Seite**: ph-ac.h
  - **Mittelfinger**: bamb-a.stb2 calc. carbn-o. dig.a1,k euphr.a1,k gamb.a1,k hydrog.srj2 lipp.a1 lyc.a1,k mur-ac.a1,k nat-m.a1,k phos.a1,k rat.a1,k rhus-t.hr1,k,*
    - **morgens**: bamb-a.stb2 lyc.a1,k nat-m.a1,k rhus-t.hr1,k,*
    - **nachts**: mur-ac.a1,k
    - **Luft**; in kalter: phos.

    ○ **Fingerspitze**, links: thuj.h
  - **Ringfinger**: alum.h anac.hr1,k ang.a1,h *Aran*.hr1,k,* arg-n. bamb-a.stb2 calc.a1,k carbn-o. com.a1,k dig.h eupi.a1,k lipp.a1 lyc.a1,k nat-m.a1,k nicc.a1,k op.a1,k phys.a1,k rat.a1,k sabad.a1,k sars.hr1,k sulph.a1,k sumb. thuj.a1,k
    - **links**: sumb. thuj.a1,k

• **Ringfinger**: ...
• **rechts**: lipp.$_{a1}$ rat.$_{a1,k}$
• **morgens**: lyc.$_{a1,k}$
• **Erwachen**, beim: bamb-a.$_{stb2}$ lyc.$_{a1,k}$
• **nachmittags**: nicc.$_{a1,k}$
• **abends**: lipp.$_{a1}$
• **19** h: phys.
• **Bett**, im: sulph.
• **nachts**: nat-c.$_{h}$
• **Aufstehen** amel.: nat-c.$_{h}$
• **Schreiben**, beim: com.$_{a1,k}$
• **Sitzen**, nach dem: alum.$_{a1,h}$
○ **Fingerspitze**: thuj.$_{h}$
• **kleiner** Finger: alum.$_{h,k,*}$ anac.$_{hr1,k}$ *Aran.*$_{hr1,k,*}$ arg-n. calad.$_{hr1,k}$ calc-s.$_{a1,k}$ coca com.$_{a1,k}$ dig.$_{h}$ dios.$_{bg2,k,*}$ eupi.$_{a1,k}$ inul.$_{a1,k}$ lipp.$_{a1}$ lyc.$_{a1,k}$ med.$_{hr1,k}$ nat-c.$_{a1,k}$ nat-m.$_{a1,k}$ op.$_{bg2,k,*}$ *Plat.*$_{hr1,k,*}$ sars. sulph.$_{a1,k}$ sumb. thuj.$_{a1,k}$
• **links**: calad.$_{hr1}$ dios.$_{bg2,k,*}$ sumb. thuj.$_{a1,k}$
• **rechts**: inul.$_{hr1,k}$ lipp.$_{a1}$
• **morgens**: calc-s.$_{a1,k}$ lyc.$_{a1,k}$
• **Erwachen**, beim: lyc.
• **nachmittags**: calc-s.$_{a1,k}$ nicc.$_{a1,k}$
• **abends**: lipp.$_{a1}$ sulph.$_{a1,k}$
• **Bett**, im: sulph.$_{a1,k}$
• **nachts**: nat-c.$_{h}$
• **Aufstehen** amel.: nat-c.$_{h}$
• **Erwachen**, beim: coca lyc.$_{a1,k}$
• **Reiben** amel.: lipp.$_{a1}$ nat-c.$_{a1,k}$
• **Schreiben**, beim: com.$_{a1,k}$
• **Sitzen**, nach dem: alum.$_{h,k,*}$
○ **Fingerspitze**: choc.$_{srj3}$ plb.$_{a1,k}$

– **Daumen**: alum.$_{a1,k}$ calad.$_{hr1,k}$ cann-i.$_{a1,k}$ *Caust.*$_{hr1,k}$ euphr.$_{a1,k}$ hura kali-c.$_{h,k,*}$ nat-m.$_{a1,k}$ op.$_{a1,k}$ plat.$_{bg2,k,*}$ plb.$_{bg2,k,*}$ stront-c. stry.$_{a1,k}$ verb.$_{bg2,k,*}$ zinc.$_{bg2}$
• **links**: alum.$_{a1,k}$ calad. nat-m.$_{a1,k}$
• **rechts**: cann-i.$_{c1}$ ox-ac. plb.$_{a1,k}$
• **morgens**: kali-c.$_{h}$ nat-m.$_{a1,k}$ plat.$_{h}$
• **nachmittags**: alum.$_{a1,k}$
• **schmerzhaft**: *Caust.*
○ **Daumenballen**: coll.$_{a1}$ gamb.$_{a1,k}$ lam.$_{a1}$
• **Daumenspitze**: cina hydrog.$_{srj2}$ phos.$_{a1,k}$ zinc.$_{hr1,k,*}$
• **Grundgelenk**: cina$_{h}$

– **Beine**: acet-ac. acon.$_{bg2,k}$ agar.$_{bg2,k}$ ail. *Alum.*$_{bg2,k}$ alum-p.$_{k2}$ alum-sil.$_{k2}$ alumn. am-c.$_{bg2}$ *Ambr.*$_{bg2,k,*}$ ang.$_{bg2}$ ant-c. ant-t. *Apis* *Arg-met.* *Arg-n.* arn.$_{bg2}$ ars.$_{a1,k}$ ars-i. ars-s-f.$_{k2}$ asaf.$_{bg2}$ asar.$_{bg2}$ aster. aur.$_{bg2,k}$ aur-ar.$_{k2}$ aur-s.$_{k2}$ *Bar-c.*$_{bg2}$ bell.$_{bg2}$ berb.$_{bg2,k}$ bov.$_{bg2,k}$ bufo **Calc.**$_{bg2,k}$ calc-i.$_{k2}$ *Calc-p.*$_{hr1,k,*}$ calc-s. camph.$_{bg2}$ cann-i.$_{a1,k}$ *Canth.*$_{bg2,k}$ *Carb-an.*$_{bg2,k}$ *Carb-v.* carbn-s. caust.$_{bg2,k}$ cham.$_{bg2,h}$ *Chel.*$_{bg2,k}$ chin.$_{bg2,k,*}$ chinin-ar. *Chinin-s.* cic.$_{a1,k}$ cimic. cocc.$_{bg2,k}$ colch.$_{bg2,k}$ coloc.$_{bg2}$ *Con.*$_{bg2,k,*}$ croc.$_{bg2,k}$ cupr.$_{a1,k}$ cupr-ar. der.$_{a1}$ dulc.$_{bg2,h1}$ euph.$_{bg2,k,*}$ euphr. ferr.$_{bg2}$ fl-ac. **Gnaph.**$_{bg2}$ **Graph.**$_{bg2,k}$ guaj.$_{bg2}$ guare.$_{a1,k}$ hyper.$_{bg2}$ ign. iod.$_{bg2,k,*}$ kali-ar.$_{a1,k}$ *Kali-bi.*$_{bg1,bg2}$ *Kali-br.* **Kali-c.**$_{h,k,*}$ kali-n.$_{a1,k}$ kali-p. *Kali-s.* kali-sil.$_{k2}$ kreos. lac-c. lact. lat-m. led. *Lyc.*$_{bg2,k}$ lyss. mang.$_{bg2}$ med.$_{k2}$ *Merc.*$_{bg2,k}$ merc-c. mez.$_{a1,k}$

– **Beine**: ...
morph.$_{a1,k}$ mosch.$_{bg2,k,*}$ naja nat-m.$_{bg2,k,*}$ nat-s. nux-m.$_{a1,k}$ *Nux-v.*$_{bg2,k,*}$ olnd.$_{bg2,k}$ *Onos.* op.$_{bg2,k,*}$ ox-ac.$_{a1,k}$ *Petr.*$_{bg2,k}$ ph-ac.$_{a1,k}$ *Phos.*$_{bg2,k,*}$ *Pic-ac.*$_{a1,k}$ plat.$_{bg2,k}$ **Plb.**$_{bg2,k,*}$ psil.$_{ft1}$ psor. **Puls.**$_{bg2,k,*}$ rheum *Rhod.* *Rhus-t.*$_{bg2,k}$ *Sec.*$_{bg2,k}$ *Sep.*$_{bg2,k,*}$ sil.$_{h,k,*}$ *Spong.*$_{bg2,k}$ squil.$_{bg2,k,*}$ sul-ac.$_{bg2,k,*}$ sulph.$_{bg2,k,*}$ **Tarent.**$_{a1,k}$ ter.$_{hr1,k}$ teucr.$_{bg2,k,*}$ thuj.$_{bg2,k}$ verat.$_{bg2}$ vip.$_{a1,k}$
• **links**: cupr-ar. kreos. lac-c. med.$_{bg1}$ *Meny.*$_{vh}$ nat-m.$_{bg1,h}$ phos.$_{bg1,h}$ psor.$_{bg1}$ sep. sulph.$_{h}$ thlas.$_{bg1}$
• **rechts**: alumn.$_{a1,h}$ **Kali-c.**$_{bg2,h,*}$ sil.$_{h}$ sul-ac.$_{h}$ sulph.$_{h}$
• **Arm**; und linker: tarent.
• **morgens**: phos.$_{a1,k}$
• **Bett**, im: *Aur.* *Sulph.*$_{a1,k}$ teucr.$_{a1,k}$
• **nachmittags**, im Sitzen: teucr.
• **abends**: mez.$_{a1,k}$ sil.$_{h,k,*}$ sulph.$_{a1,k}$
• **Bett**; agg. im: hydrog.$_{srj2}$
• **Sitzen**, im: sil.$_{h,k,*}$
• **nachts**: alum.$_{hr1,k}$ *Calc-p.*$_{hr1,k}$ graph.$_{h}$ ph-ac.$_{h}$
• **Anstrengung**; krampfartige Gefühllosigkeit bei: alum.
• **Essen**, nach dem: kali-c.
• **Fahren** oder Reiten, beim: *Calc-p.*$_{hr1,k}$
• **Frost**; während: con.
• **Gehen**, beim: *Alum.*$_{hr1,k}$ **Kali-n.** *Plb.* *Rhus-t.* *Sep.* *Thuj.*
• **gichtige** Glieder: *Acon.*
• **Knien**, nach dem: op. opun-v.$_{a1}$
• **Liegen**, beim: aur. kali-c.$_{a1,h}$ sulph.$_{a1,k}$
• **liegt**; auf denen er: alumn. am-c. bufo *Carb-an.* *Rhus-t.*
• **Menses**:
• **vor**: ang.
• **während**: *Kali-n.* **Puls.**$_{a1,k}$ *Sec.*
• **Mittagsschlaf**, beim: *Nat-m.*
• **Ruhe**, nach: op. opun-v.$_{a1}$
• **Schmerzen**, nach: cocc.
• **Sitzen**:
• **beim**: *Ant-c.* *Ant-t.* calc. *Calc-p.*$_{hr1,k}$ calc-sil.$_{k2}$ chin.$_{a1,k}$ con. crot-h. euph.$_{a1,k}$ euphr. *Graph.* kali-c.$_{h,k,*}$ lyc.$_{h}$ lyss. nux-v.$_{a1,k}$ ph-ac.$_{a1,k}$ plat.$_{h}$ sep.$_{a1,k}$ sil. sulph. teucr.
• **nach**: sep.$_{a1,h}$
• **Stehen**, im: sep.$_{a1,k}$
• **Stuhlgang**, nach: trios.
• **Treppensteigen**, beim: nux-m.$_{a1,k}$
• **Übereinanderlegen** der Beine; beim: agar. ambr.$_{k2}$ ang. *Carb-an.* *Crot-h.* fl-ac. laur. plat.$_{h}$ rad-br.$_{bg1}$ rheum sep. squil.$_{a1,k}$
▽ **erstreckt** sich zur Taille: *Calc-p.*
○ **Gelenke**: mosch.$_{a1,k}$
• **Seite** des erkrankten Ovars; auf der: apis$_{gsy1}$

– **Gesäß**: *Alum.*$_{bg2,h,*}$ *Calc-p.*$_{bg2,k,*}$ caust.$_{bg2}$ dig.$_{bg2,k,*}$ plb.$_{a1,k}$ raph.$_{a1,k}$ spong.$_{hr1,k,*}$ sulph.$_{bg2,k,*}$
• **Aufstehen** nach dem Sitzen; beim: calc-p.
• **Sitzen**, im: *Alum.*$_{h,k,*}$ *Calc-p.*$_{hr1,k,*}$ dig.$_{a1,k}$ guaj. *Sulph.*$_{a1,k}$

– **Hüfte**: agar.$_{hr1,k,*}$ *Apis* ars-met. bapt.$_{a1,k}$ calc.$_{a1}$ rhus-t.$_{hr1,k}$ sep.$_{bg1}$ staph.$_{h,k,*}$

▽ **erstreckt** sich beim Stehen zum Abdomen: staph.$_{a1,h}$ sulph.

– **Oberschenkel**: acon.$_{a1,k}$ *Ars.*$_{hr1,k,*}$ asar.$_{bg2,k,*}$ aster.$_{a1,k}$ berb.$_{a1,k}$ bry.$_{bg1,bg2}$ cadm-s. *Calc.*$_{hr1,k,*}$ canth.$_{a1,k}$ carb-v.$_{bg2,k,*}$ carbn-s. carc.$_{jl2,mg1}$ chel.$_{bg2,k,*}$ chin.$_{bg2}$ cic.$_{bg2,k,*}$ colch.$_{bg2}$ *Con.*$_{hr1,k,*}$ crot-h.$_{bg2}$ dig.$_{bg2,k}$ euph.$_{bg2,k,*}$ euphr. *Ferr.*$_{bg2,k,*}$ *Fl-ac.*$_{a1,k}$ glon.$_{hr1,k,*}$ **Graph.**$_{bg1,k,*}$ guaj.$_{a1,k}$ ign.$_{bg2}$ iod.$_{hr1,k}$ kali-bi.$_{bg2}$ *Kreos.*$_{hr1,k}$ *Lac-d.*$_{hr1,k}$ *Med.* meny.$_{bg2}$ merc.$_{bg2,k,*}$ nit-ac.$_{bg2}$ nux-m.$_{a1,k}$ nux-v. oci.$_{a1,k}$ ox-ac.$_{a1,k}$ plat.$_{bg2,k}$ *Plb.*$_{bg2,k,*}$ podo. samb.$_{bg2}$ sec.$_{bg2,k}$ *Spong.*$_{bg2,k,*}$ tep.$_{a1,k}$ thuj.$_{bg2}$

- **links**: bamb-a.$_{stb2}$ lyc.$_{bg1}$ med. phos.$_{hr1,k}$
  - **Sitzen**; beim: bamb-a.$_{stb2}$
- **rechts**: bry.$_{bg1}$ calc-f.$_{bg1}$ fl-ac.$_{bg1}$
- **nachmittags**: bamb-a.$_{stb2}$
- **abends**, beim Übereinanderlegen der Beine: fl-ac.$_{a1,k}$
- **nachts**: plb.
- **Anstrengung**; große körperliche:
  - **agg.**: carc.$_{sp1}$
  - **amel.**: carc.$_{mg1}$
- **Aufstehen** vom Sitzen, beim: chin.$_{a1,k}$ sulph.$_{a1,k}$
- **Essen** agg.: ferr.$_{bg1}$
- **Gehen**, beim: carb-v.$_{hr1,k,*}$
- **Hitze**; während: spong.$_{hr1,k}$
- **lähmungsartig**: acon.$_{a1,k}$
- **Liegen**, beim: merc.$_{a1,k}$
- **liegt**; auf dem er: tell.$_{a1,k}$
- **Menses**, vor den: podo.
- **Schlaf**, bei kurzem: carc.$_{sp1}$
  - **amel.**: carc.$_{jl2,mg1,*}$
- **Sitzen**, im: graph.$_{a1,k}$ merc.$_{a1,k}$ puls.$_{hr1,k}$ sil.$_{h,k,*}$ thuj.$_{a1,k}$
  - **Essen**, nach dem: ign.
- **Stehen**, im: chin.$_{a1,k}$
- **Übereinanderlegen** der Beine; beim: fl-ac.$_{a1,k}$ nux-m.$_{hr1,k,*}$

▽ **erstreckt** sich zum Fuß: con.$_{a1,k}$

- **Außenseite**: caj.$_{a1,k}$ lac-d. *Plb.* stram.$_{a1}$
- **Vorderseite**: chel.$_{a1,k}$ *Lac-d.* plan. plat.$_{a1}$ plb.$_{bg1}$ sec.$_{bg1}$

– **Knie**: alum.$_{h,k,*}$ calc.$_{bg2,k,*}$ carb-v.$_{bg2,k,*}$ caust.$_{a1,k}$ chin.$_{bg2}$ cinnb.$_{bg2,k,*}$ clem.$_{a1}$ *Coloc.*$_{hr1,k,*}$ fl-ac.$_{a1,k}$ graph.$_{bg2,k,*}$ kali-c.$_{h,k,*}$ lach. merc-i-f.$_{bg1}$ nat-p.$_{bg2}$ onos. petr.$_{bg2}$ phys.$_{bg1}$ *Plat.*$_{bg2,k,*}$ sep.$_{bg2}$ sulph.$_{bg1,bg2,*}$ thuj.

- **morgens**: caust.$_{a1,k}$
  - **Sitzen**, im: sulph.
- **abends**, beim Bücken: *Coloc.*$_{a1,k}$
- **nachts**: graph.
- **Gehen**; bei schnellem: kali-c.$_{h,k,*}$
- **Schlaf**, im: graph.
- **Sitzen**:
  - **nach**: alum.

▽ **erstreckt** sich zu:

- **Skrotum**: bar-c.$_{br1}$
  - **Hinsetzen**:
    - **amel.**: bar-c.$_{bro1}$
- **Kniekehle**: onos.

– **Unterschenkel**: acet-ac. *Acon.*$_{bg2,k,*}$ agar.$_{bg2,k,*}$ ail.$_{hr1,k,*}$ aloe *Alum.*$_{bg2,k,*}$ alum-p.$_{k2}$ alum-sil.$_{k2}$ alumn.$_{a1,k}$ *Am-c.*$_{bg2,k,*}$ am-m.$_{bg2,k,*}$ ambr.$_{hr1,k}$ anac.$_{bg2,k}$ anan. ang.$_{bg2,k}$ *Ant-c.* ant-t.$_{hr1,k,*}$ *Apis* *Aran.*$_{hr1,k}$ *Arg-met.* *Arg-n.*$_{hr1,k}$ arn. *Ars.*$_{bg2,k,*}$ ars-i. asaf.$_{bg2}$ asar.$_{bg2,k,*}$ aster. atro.$_{a1,k}$ bapt.$_{a1,k}$ bell.$_{a1,k}$ borx. bov.$_{a1,k}$ bry.$_{bg2}$ bufo cact.$_{hr1,k}$ *Calc.*$_{hr1,k,*}$ calc-i.$_{k2}$ *Calc-p.*$_{hr1,k}$ camph.$_{bg2,k,*}$ canth.$_{hr1,k}$ *Carb-an.*$_{a1,k}$ carb-v.$_{a1,k}$ *Carbn-s.* *Caust.*$_{bg2,k,*}$ cedr.$_{hr1,k,*}$ cham.$_{hr1,k,*}$ chin.$_{bg2,k,*}$ chinin-ar. chlol.$_{a1}$ cic.$_{bg2}$ *Cocc.*$_{hr1,k,*}$ *Coloc.*$_{bg2,k,*}$ **Con.**$_{a1,k}$ *Crot-h.*$_{hr1,k,*}$ cupr.$_{bg2,k,*}$ cupr-ar.$_{a1,hr1}$ dig.$_{bg2}$ dios.$_{a1,k}$ dulc.$_{bg2,k,*}$ eup-per.$_{a1,k}$ *Eup-pur.*$_{hr1,k}$ euph.$_{bg2}$ euphr.$_{bg2}$ fago.$_{a1,k}$ ferr.$_{a1,k}$ ferr-ar. ferr-i. ferr-p. glon.$_{a1,k}$ gnaph.$_{bg2}$ **Graph.**$_{bg2,k,*}$ *Ham.*$_{hr1,k}$ hydrog.$_{srj2}$ *Hyper.*$_{hr1,k,*}$ ign.$_{bg2,k,*}$ iod.$_{hr1,k,*}$ ip.$_{bg2}$ *Kali-c.*$_{h,k,*}$ kali-p. kali-sil.$_{k2}$ kalm.$_{bg2}$ lac-c.$_{hr1,k}$ lach.$_{a1,k}$ lact.$_{hr1,k}$ laur.$_{bg2,k,*}$ **Lyc.**$_{hr1,k,*}$ mag-m.$_{bg2,k,*}$ med.$_{hr1,k}$ meph.$_{a1}$ *Merc.*$_{bg2,k,*}$ *Merc-c.*$_{hr1,k,*}$ mez.$_{hr1,k,*}$ nat-c.$_{k2}$ *Nat-m.*$_{hr1,k}$ nit-ac.$_{a1,k}$ nux-m.$_{a1,k}$ **Nux-v.**$_{bg2,k,*}$ *Onos.* *Op.*$_{hr1,k,*}$ *Ox-ac.*$_{hr1,k}$ peti.$_{a1}$ *Phos.*$_{bg2,k,*}$ *Phys.*$_{hr1,k,*}$ *Phyt.*$_{hr1,k}$ pic-ac.$_{hr1,k}$ **Plat.**$_{bg2,k}$ plb.$_{bg2,k,*}$ *Psor.*$_{hr1,k}$ *Puls.*$_{bg2,k,*}$ rhod.$_{bg2,k,*}$ **Rhus-t.**$_{hr1,k}$ rumx. samb.$_{bg2,k,*}$ sec.$_{hr1,k}$ **Sil.**$_{bg2,k,*}$ spong.$_{bg2,hr1}$ stram.$_{hr1,k}$ sul-i.$_{k2}$ sulph.$_{bg2,k,*}$ tab.$_{a1,k}$ *Tarent.*$_{hr1,k,*}$ thuj.$_{bg2,k,*}$ verat-v.$_{hr1,k,*}$ vip.$_{a1,k}$ zinc.$_{bg2,k,*}$

- **links**: *Arg-n.*$_{hr1,k}$ asar. borx. cann-i.$_{hr1,k}$ *Crot-h.*$_{hr1}$ *Crot-t.* dios.$_{hr1,k,*}$ fl-ac.$_{hr1,k}$ hep.$_{bg1}$ *Hyper.*$_{hr1,k,*}$ lac-c. *Lil-t.* lyc.$_{bg1}$ med.$_{hr1,k}$ nicc.$_{a1,k}$ onos. *Phos.* plb.$_{bg2}$ puls.$_{hr1,k}$ sep. stram.$_{hr1,k}$ thlas.$_{bg1}$
  - **Liegen**, beim:
    - **Rücken**, auf dem: nicc.
    - **Seite**; auf der linken: *Phos.*
- **rechts**: alum.$_{a1,h}$ alumn.$_{a1,k}$ apis$_{bg1}$ cedr.$_{bg1}$ dios.$_{a1,k}$ eup-per. eup-pur.$_{hr1}$ kali-c.$_{h,k,*}$ lac-c.$_{hr1,k}$ lyss.$_{hr1,k}$ sabad.$_{hr1,k}$ tarent.$_{hr1,k}$ zinc.$_{a1,k}$
  - **dann** links: spong.$_{hr1,k}$
- **tagsüber**: *Carb-an.*$_{a1,k}$
- **morgens**: *Ambr.* caust.$_{a1,k}$ dios.$_{a1,k}$ hep.$_{a1,k}$ nicc.$_{a1,k}$
  - **Bett**, im: *Ambr.* hep.$_{a1,k}$ nicc.$_{a1,k}$
- **mittags**: spong.$_{a1,k}$
  - **Schlaf**, nach: spong.
- **nachmittags**: bov.$_{a1,k}$ fago.$_{a1,k}$ nicc.$_{hr1,k}$
- **abends**: *Calc.*$_{hr1,k,*}$ dios.$_{a1}$ hyper.$_{a1,k}$ merc-c.$_{a1,k}$ *Plat.*$_{a1,k}$
  - **Liegen** darauf, beim: alum.
  - **Sitzen**, im: *Calc.* dios. graph. *Plat.*
- **nachts**: alum.$_{hr1,k}$ *Am-c.*$_{hr1,k,*}$ kali-c.$_{a1,k}$ merc.$_{a1,k}$ nit-ac.$_{a1,k}$ phos.$_{a1,k}$ zinc.$_{a1,k}$
  - **Zubettgehen**, beim: psor.$_{hr1,k}$
- **Aufstehen**:
  - **beim**: puls. ~~sulph.$_{kl,xxx}$~~
  - **Sitzen**, vom: *Puls.*
- **ausgestreckt**, wenn: cham.$_{hr1,k}$
- **Bett**, im: plat.$_{a1,k}$ zinc.
- **Bewegung**, bei: laur.$_{a1,k}$
- **Diarrhoe**, nach: merc-sul.$_{c1}$
- **einem**, Schmerz im anderen Unterschenkel; in: sil.

• **Erregung**, bei: *Sulph.*
• **Freien** amel.; im: pic-ac.
• **Frost**; während: eup-pur. *Nux-v.*
• **Gehen**:
  • **beim**: *Coloc. Rhus-t. Sep.* thuj.
  • **Sitzen**, nach dem: nux-v.
• **gichtig**: *Acon.*hr1,k
• **Konvulsionen**, vor: plb.
• **Liegen**:
  • **beim**: aloe bell.a1,k phos.a1,k sumb.a1,k
  • **auf** dem Unterschenkel; beim Liegen: alumn.
• **liegt**; auf dem er: am-c.hr1,k
• **Menses**, während: **Puls.**hr1,k
• **Reiben** amel.: stram.a1,k
• **Schlaf**, nach: *Spong.*hr1,k
• **Sitzen**:
  • **beim**: acon.bg1 agar.a1,k am-c.hr1,k,* am-m.a1,k *Ant-c.*hr1,k bad.hr1,k brom.bg1 *Calc.*hr1,k calc-sil.k2 chin.c1 con.a1,k *Crot-h.*hr1 grat.a1,k ign.a1,k lyc.a1,k nicc.hr1,k nux-v.a1,k *Phos.*a1,k *Plat.*a1,k *Puls.*hr1,k sul-ac.a1,k
  • **nach**: **Acon.**hr1,k *Graph.*hr1,k lyss.hr1,k
• **Stehen**, im: am-c.hr1,k,* nux-v.a1,k
• **Übereinanderlegen** der Beine; beim ◆: *Agar.* carb-an.a1,k *Crot-h.*hr1,k,* laur. phos.a1,k sep.
• **Wetter** agg.; kaltes: apis

▽ **erstreckt** sich zu:
  • **Oberschenkel**: hydrog.srj2

○ **Schienbeins**; in der Gegend des: kalm.a1,k
• **Wade**: acon.bg2,k,* ars.bg2,k,* ars-s-r.hr1 berb.bg2,k,* *Bry.*bg2,k,* cham.a1,k coll.a1 *Coloc.*bg2,k,* dulc.bg2,k,* graph. lach.a1,k nux-v.a1,k phos.a1,k sil.bg2,k,* trios.bg1,bro1 verat.bg2 verat-v.hr1,k
  • **nachmittags**: dulc.a1,k
  • **abends**: dulc.a1,k

– **Knöchel**: caust.hr1,k glon.a1,k hep.bg2,k,* *Lac-c.*hr1,k nat-m.bg2,k,* par.bg2 rhus-t.hr1,k sulph.a1,k thuj.bg2
  • **Schwellung**, bei Rheumatismus; mit: lac-c.kr1
  • **nachts**: *Sulph.*a1,k
  ○ **Malleolus**:
  • **Schmerzen**, mit: caust.kr1

– **Füße**: abrot.hr1,k acet-ac.a1,k *Acon.*bg2,k,* aeth.br1 agar. *Alum.*bg2,k,* alum-p.k2 alum-sil.k2 alumn.hr1,k am-c.bg2,k,* am-m.bg2,k,* ambr.a1,k ang.bg2,k,* ant-c.bg2,k,* ant-t.bg2,k,* *Apis Arg-met.* **Arg-n.**bg2,k arn.bg2,k,* **Ars.**bg2,k,* ars-h.hr1,k,* ars-i.k,k2 ars-s-f.k2 arund.a1,k asaf.bg2,k,* asar.bg2,k *Bapt.*hr1,k,* bar-c.k2 bell.a1,k bry.bg2,k,* cact.hr1,k cadm-met.gm1 *Calc.*hr1,k,* calc-p.hr1,k,* calc-s. *Camph.*a1,k cann-i.a1,k *Carb-an.*a1,k *Carb-v.*a1,k carbn-o. *Carbn-s.* *Caust.*bg2,k,* cench.k2 cham.bg2,k,* cinnb.hr1,k,* coca **Cocc.**bg2,k,* cod.hr1 *Coff.*bg2 colch.hr1,k,* *Coloc.*bg2,k,* **Con.**bg2,k,* croc.a1,k cub.a1,k cupr.hr1,k dig. digin.a1 dios.hr1,k,* euph.bg2,k,* euphr.a1,k fago.a1,k ferr.hr1,k,* ferr-ar. ferr-i. ferr-p. fl-ac.k2 *Form.*bg2 gels.k2 glon.hr1,k,* **Graph.**bg2,k,* grat.a1,k ham.bg2 hell.hr1,k,* helon.hr1,k,* hyper.hr1,k ign.bg2,k,* iod. *Kali-ar.* kali-bi.bg2 kali-c.h,k,* kali-n. kali-p. kali-s. kali-sil.k2 lach. lact.br1 laur.bg2,k,* **Lyc.**bg2,k,* mag-m.bg2,k,* mag-s.a1,k mang.a1,k marb-w.es1 merc.bg2 merc-c.a1,k mez.hr1,k,*

– **Füße**: ...
mill.hr1,k,* nat-ar. nat-c.bg2,k,* nat-m.bg2,k,* nat-p. *Nit-ac.*hr1,k,* **Nux-v.**bg2,k,* *Olnd.*bg2,hr1 op.hr1,k,* **Ph-ac.**bg2,k,* **Phos.**bg2,k,* phys.hr1,k,* pic-ac.a1,k *Plat.*bg2,k,* *Plb.*bg2,k,* psor.hr1,k *Puls.*hr1,k,* pyrog.k2 rhod.bg2,k,* rhus-t.bg2,k,* sabad.hr1,k *Sec.*bg2,k,* sep.bg2,k,* sil.bg2,k,* sphing.k,kk3 spig.a1 stann.bg2 stram.a1,k strych-g.br1 sul-ac.bg2,k,* sulph.bg2,k,* sumb.a1,k *Thuj.*bg2,k,* upa.a1,k verat-v.hr1,k,* vip.a1,k zinc.a1,k zinc-p.k2
• **links**: bapt.bg1,hr1 *Glon.*a1,k graph.bg1,bg3 kali-c.bg1,bg3 lac-c.hr1 nat-c.bg1 *Nat-m.*a1,k ph-ac. phos.bg1 puls.hr1 *Thuj.*hr1,k,* xan.c1
  • **dann** rechts: coloc.bg1,hr1,* mill.hr1,k
  • **Gehen**, nur beim: ph-ac.
• **rechts**: alum.a1,k am-c.bg1,bg2,* ant-c. ant-t.bg1 ars.a1,k bar-c.bg1 *Kali-bi.*bg1,bg3 laur.bg1 lyc.bg1 mang.a1,k nux-m.bg1 petr.bg1 rhus-t.bg1 sep.a1,k zinc.
  • **dann** links: coloc. mill.
• **tagsüber**: *Carb-an.*
• **morgens**: alum. dios. nux-v.a1,k sil.a1,k
  • **Bett**, im: alum. calc-p. mag-s.a1,k
• **vormittags**: am-m.a1,k nat-c.a1,k
• **nachmittags**: fago.a1,k mang.a1,k mez.a1,k phos.
  • **14** h: mang.
  • **16** - 20 h, mit Frost: lyc.
• **abends**: *Calc.*hr1,k phos. puls.a1,k zinc.a1,k
  • **Bett**, im: carb-an.
• **nachts**: am-m.a1,k bry.a1,k *Ferr.*hr1,k,* lyc.a1,k mag-m.a1,k zinc.
  • **Bett**, im: alumn. *Calc.*hr1,k

◇ **abwechselnd** mit Gefühllosigkeit der Hände: **Cocc.**
• **Bewegung**:
  • **amel.**: helm.c1 mill.c1
  • **bei**: bapt.
• **Bücken**, beim: coloc.a1,k
• **Diarrhoe**:
  • **nach**: merc-sul.c1
• **Drücken** auf die Wirbelsäule; beim: *Phos.*
• **Erregung**, bei: sulph.
• **Essen**, nach dem: **Kali-c.**h,k,*
• **Fahren**:
  • **beim**: *Calc-p.*
  • **Wind**, in kaltem: ham.
• **Frost**, mit: cedr. *Cimx.*hr1,k ferr. *Lyc.*hr1,k nux-m. **Puls.** sep. stann. stram.
• **Gehen**:
  • **beim**: ant-c.a1,k graph. ph-ac.a1,k *Sec.*
  • **nach**: rhod.hr1,k,*
  • **Freien** amel.; im: *Thuj.*
• **Liegen**, beim: caust.a1,k sulph.a1,k
• **Menses**, vor den: hyper.
• **Mittagessen**:
  • **beim**: kali-c.h,k,*
  • **nach**: *Kali-c.*h,k,* mill.a1,k
• **schmerzhaft**: mag-m.a1 puls.
• **Sitzen**, beim: am-c.a1,k *Ant-t.*hr1,k,* cadm-met.gm1 *Calc.* calc-p.hr1,k,* calc-sil.k2 cann-s.a1,k caust.a1,k cham.a1,k coloc.a1,k euph.hr1,k,* graph.a1,k grat.a1,k helon.hr1,k,*

• **Sitzen**, beim: ...
jug-c.$_{a1,k}$ laur.$_{hr1,k,*}$ lyc.$_{a1,k}$ mill. nat-c.$_{a1,k}$ *Phos.* *Plat.*$_{hr1,k,*}$ *Puls.* rhod.$_{hr1,k}$ sep.$_{a1,k}$ sul-ac.$_{a1,k}$
• **Stehen**, beim: mang.$_{a1,k}$ merc. merc-sul.$_{hr1}$ *Sec.*
• **Strecken**, beim: cham.$_{a1,k}$
• **Treppensteigen**, beim: nat-m.
• **Übereinanderlegen** der Glieder; beim: laur.$_{hr1,k,*}$ *Phos.*$_{k,kl2}$●
• **Außenseite**: ars-s-f.$_{k2}$
• **Ferse**: *Alum.*$_{h,k,*}$ alum-sil.$_{k2}$ arg-met. ars-s-f.$_{k2}$ caust.$_{bg2,k,*}$ chel. con.$_{bg2,k,*}$ graph. ign.$_{bg2,k}$ lyc.$_{a1,k}$ nux-v.$_{bg2,k,*}$ rhus-t.$_{bg2,k,*}$ sep.$_{bg2,k,*}$ stict.$_{bg1}$ *Stram.*$_{hr1,k}$ thuj.$_{hr1,k}$
  • **morgens** beim Aufstehen: stram.
  • **Auftreten**, beim: *Alum.*$_{hr1,k,*}$ arg-met. caust.$_{a1,k}$ rhus-t.$_{a1,k}$
  • **Sitzen**, im: *Con.*$_{a1,k}$
• **Fußrücken**: graph.$_{a1,k}$ thuj.$_{a1,k}$
  • **Gehen** im Freien; beim: graph.
• **Fußsohle**: *Alum.* alumn. *Ars.*$_{bg2,k,*}$ bry.$_{bg2,k,*}$ *Cann-i.*$_{bg2,k,*}$ cham.$_{bg2,k,*}$ chel.$_{bg2,k,*}$ **Cocc.**$_{hr1,k,*}$ cupr. eupi.$_{a1,k}$ fl-ac. helo.$_{c1}$ helo-s.$_{c1}$ hydrog.$_{srj2}$ laur.$_{a1,k}$ merc-sul. nat-c. *Nux-v.*$_{hr1,k,*}$ olnd.$_{hr1,k,*}$ *Phos.*$_{bg1,bg2}$ plb.$_{a1,k}$ puls.$_{bg2,k,*}$ raph.$_{a1,k}$ sapin.$_{bg1}$ *Sec.*$_{bg2,k,*}$ sep. sulph.$_{bg2,k,*}$ syph.$_{hr1,k}$ thuj.$_{bg2,k}$ xan.$_{bg1}$ zinc.$_{bg2,k,*}$
  • **links**: cann-i.$_{hr1,k,*}$
  • **abends**: sulph.$_{a1,k}$
  • **nachts**: cham.$_{hr1,k}$
  • **Gehen**:
    • **amel.**: puls.$_{a1,k}$ zinc.$_{a1,k}$
    • **beim**: cham.$_{hr1,k}$ helo.$_{c1}$ helo-s.$_{c1}$ hydrog.$_{srj2}$ olnd.$_{hr1,k,*}$ *Sec.*
  • **Nadeln** laufen würde; als ob er auf: eupi.$_{c1}$
  • **Sitzen**, beim: **Cocc.**$_{hr1,k,*}$ laur.$_{a1}$ thuj.$_{a1,k}$
  • **Stehen**, beim: puls.$_{a1,k}$ *Sec.*
  ▽ **erstreckt** sich zu den Oberschenkeln: ars.$_{a1,k}$
  • **Wölbung** der Fußsohle: bry. merc-sul.
• **Gelenke**: cann-i.$_{a1,k}$
• **Zehen**: *Acon.* alum-sil.$_{k2}$ apis **Arn.**$_{bg1,bg2}$ *Ars.* benz-ac. *Calc.* camph. carb-v.$_{k2}$ *Caust.* *Cham.* *Chel.* *Con.* crot-h. cub. cycl. fago. glon. **Graph.** lach.$_{bg1}$ lyc. *Nat-s.*$_{bg1,bg2}$ ph-ac. *Phos.* plb. puls. **Sec.** thuj.
  • **morgens**: lyc.
  • **Gehen**, beim: *Acon.* *Caust.* cycl. ph-ac.
  • **Prickeln**; heißes: acon.$_{hr1,k,*}$
  ▽ **erstreckt** sich nach oben: *Ars.*
  • **Zehenspitzen**: acon. tab.
    • **beginnt** in den: tab.
  • **große** Zehe: cham. nat-c. nat-s. nux-v. rad-br.$_{bg1}$
    • **morgens**: nat-s.
      • **Sitzen**, im: nat-s.
    • **nachmittags**: nat-c.

Gehen:
– **barfuß**:
  • **gerne** barfuß; geht: sil.$_{dgt}$
  • **leichter**; fällt: psor.$_{bg1}$
  • **unmöglich**: mag-m.$_{dgt}$

Gehen: ...
– **Hahnengang**, Hahnentritt (= Gressus gallinaceus): *Aur.* helo.$_{c1}$ helo-s.$_{c1}$ *Ign.* **Lach.** mag-p. **Sil.**
– **hartem** Steinpflaster; auf: con.$_{bg3}$
– **Nachschleppen** der Beine
  ☞ *Nachschleppen - Unterschenkel - Gehen*
– **rückwärts**: mang.$_{br1,bro1}$ oxyt.$_{br1,bro1}$
– **Scherengang**, Gang wie eine Kuh (= Gressus vaccinus): calc.$_{hr1}$ *Cic.*$_{hr1}$ *Iod.*$_{hr1,k}$ **Phos.**$_{hr1}$ *Sec.* zinc.$_{bro1}$
– **schräg**; geht unbewußt: cann-i.$_{a1}$
– **schwierig**; ist: aur. chin. iod.$_{k2}$ kali-i.$_{k2}$ olnd. ter.
  • **Bein** in eine Richtung gehen würde, die nicht beabsichtigt ist; als ob das: hydrog.$_{srj2}$
  • **konzentrieren**; muß sich: hydrog.$_{srj2}$
– **spätes** Gehenlernen ●: *Agar.* ars-s-f.$_{c1,kr1}$ *Bar-c.* bell. **Calc.** **Calc-p.** **Caust.** lyc.$_{kr1}$ merc.$_{sf1}$ **Nat-m.** nux-v. ph-ac.$_{gl1}$ phos.$_{sf1}$ pin-s.$_{sf1}$ *Sanic.* *Sil.* sulph.
– **unbeholfen**
  ☞ *Ungeschicklichkeit*
– **unebenem** Boden; auf: hyos.$_{bg3}$ lil-t.$_{bg3}$
– **unmöglich**; mit geschlossenen Augen: arg-n.$_{br1}$
– **unsicher**: caust. kali-c. mag-c. *Mag-p.* nat-c. ol-an. phos. sulph.
– **unsicher**, besonders wenn unbeobachtet: arg-n.$_{br1}$
– **weiten** Schritten, mit
  ☞ *Koordination*
○ **Außenkante** des Fußes; auf der: cic.
– **Zehenspitzen**; geht auf den:
  • **muß** auf den Zehenspitzen gehen: lath.$_{br1}$

Gehoben, angehoben:
○ **Arme**:
  • **Schlaf**, im: sep.
– **Schulter**: ferr. nat-m. sep.$_{h}$
  • **Atemnot**, bei: ant-c. eup-per.
– **Oberarm**: ferr.$_{hr1,k,*}$ nit-ac.$_{a1,k}$ *Sang.*$_{hr1,k}$

Gehören würden; als ob seine Beine nicht zu ihm: *Agar.* *Bapt.* op. sumb.

Gekrümmte Fingernägel
  ☞ *Nägel; Beschwerden - gekrümmte*

Genu valgum
  ☞ *Knie - innen*

Genu varum
  ☞ *Knie - außen*

Gerunzelt: ars. *Sec.*$_{hr1,k}$
○ **Hände**:
  ○ **Handflächen**: sang.$_{k2}$
  • **Handrücken**: mur-ac. *Ph-ac.*
– **Finger**: ambr. cupr. *Ph-ac.* psil.$_{ft1}$ sol-ni.
– **Unterschenkel**: rhod.
– **Füße**: ars.

Geschlossen:
○ **Finger**: lyc.$_{a1,k}$ stry.$_{a1,k}$
  • **Schlaf**, im: hyos. sul-ac.
– **Daumen**: cocc.$_{h,k,*}$ hyos.$_{a1,k}$

Geschrumpelt
☞ *Runzelig*

Geschwüre: calc-sil.k2 merc-c. plb.k2
– **Varizen**: **Card-m.**vh merc-c.
○ **Gelenke**: *Sep.*
– **Nägel**: alum. ant-c. **Ars.** aur. aur-ar.k2 bar-c. borx. bov. calc. caust. con. crot-h. *Fl-ac.* **Graph.** *Hep. Lach.* lyc. *Merc. Nit-ac. Puls.* ran-b. *Sang.* sec. sep. **Sil.** squil. **Sulph.** thuj.
– **Arme**: *Anan.* kali-bi. kali-i. rhus-t. sil. stront-c.
• **bösartig**: lach.
• **phagedänisch**: rhus-v.
• **schmerzlos**: carb-v. plat. *Ran-b.* sep.
• **syphilitisch**: phyt. rhus-v.
– **Ellbogen**: *Calc.* hydr. lach. nat-s.
• **Blasen** werden zu Geschwüren: *Calc.*
– **Unterarm**: anac.br1 kali-bi.
– **Handgelenk**: dor. kali-bi. lac-c. mez. psor.
– **Hände**: *Anan. Ars.* caust. kali-bi. naja psor. rhus-v. sep. sil. stront-c. sul-ac.
• **rissig**: *Merc.*
○ **Handfläche**: *Lyc.* pip-m. psor.
• **Handrücken**: dros. *Hydr.* psor. syph.
• **Blut** sickert ohne viel Schmerz aus: cadm-met.gm1 formal.gm1 kali-tcy.gm1
• **blutend**: formal.gm1 x-raygm1
• **schmerzhaft**: formal.gm1 x-raygm1
◆ **begleitet** von:
• **Schwäche**; allgemeine: x-raygm1
• **übelriechend**: formal.gm1 x-raygm1
– **Finger**: alum. *Ars. Borx. Bov. Bry. Calc.* carb-an. carb-v. caust. cupr-ar. *Kali-bi.* kreos. lyc. mag-c. mang. mez. nat-m. petr. plat. *Ran-b. Sep.* sil. *Sulph.*
• **schmerzhaft**: lyc.h
○ **Fingernägel**: alum. bar-c. *Borx. Bov.* caust. con. *Hep.* iod. kali-c. lach. lyc. *Merc. Nat-m.* nat-s.k2 plat. puls. sang.c2,k sep. **Sil.** sul-ac. **Sulph.** tet.c2 *Thuj.*
○ **unter** den: **Ars.**
• **um** die: alum-sil.k2 **Carbn-s.** chlol. con. hell. *Nat-s.* phos.c2,k *Rhus-t. Sang.* **Sil.** *Sulph.*
• **Fingerspitzen**: alum. ant-t. **Ars.** borx.k2 carb-v. fl-ac. *Nat-c. Petr.* plat. psor.bro1 sars. *Sec. Sep.*
• **brennend**: **Ars.** *Sep.*
• **übelriechend**: *Petr.*
• **Gelenke**: ars.k2 *Borx.*c2,k mez. nat-c.k2 *Sep.*
• **Zeigefinger**: *Calc.* kali-bi. lyc.h
○ **Fingernagel**: iod. nat-s.
• **Mittelfinger**: aloe
– **Daumen**: caust. kali-bi. nat-c.h
○ **Daumennagel**, unter dem: kali-bi.
• **Daumenspitze**: caust. kali-i.
– **Beine**: am-c. anac. anan. *Anthraci.* **Ars.** *Asaf.* bell. *Calc.* calc-sil.k2 canth. **Carb-v.** *Carbn-s.* card-m. caust. *Cist. Com.* con.k2 *Crot-h. Ferr-m. Graph. Grin.* ham.hr1 *Hydr. Hydr-ac.* ip. jac-c. kali-ar. *Kali-bi. Kali-c. Kali-i.* **Kali-s.** *Lac-c.* **Lach. Lyc.** *Merc. Mez. Mur-ac.* murx. *Nat-c. Nat-m.* nux-m. paeon. pall. petr. ph-ac. phos. *Phyt.* **Psor.** *Puls.* ran-b. *Rhus-t.* rumx-p.j ruta *Sabin.* sang. **Sec.** sel. *Sep.* **Sil.** *Sin-n.* still. *Sul-ac. Sulph.* tep. thuj.

Geschwüre - Beine: ...
• **atonisch**: pall.
• **aufgedunsen**: *Sabin.*
• **ausbreitend**, sich: paeon.
• **bläulicher** Hof: aesc. **Ars. Carb-v. Lach.** *Puls.* **Sil.**
• **blutend**, leicht: carb-v. **Merc.** ph-ac.
• **brennend**: **Anthraci. Ars.** carb-ac. **Carb-v. Carbn-s.** *Caust.* **Lyc.** mag-c. **Merc. Puls. Sil.** sulph. zinc.
• **Berührung**, durch: *Merc.*
• **erhabene** Ränder: petr.
• **fistulös**: calc. ruta
• **flach**: lach. sel.
• **fressende** Bläschen: nat-c. sep.
• **gangränös**: **Arn. Ars.** *Carb-v.* **Lach. Lyc. Sec.**
• **glatt**: sel.
• **hartnäckig**: petr. sulph.
• **Heben** des Gliedes amel.: *Bell. Calc. Carb-v.*
• **hohe** Ränder: hydr.
• **indolent**: *Carb-v. Hydr.* **Lach.** *Still.* sulph.k2
• **jauchig**: *Com.* sulph.
• **juckend**: **Lyc.** nat-c.a1 *Ph-ac. Psor.* **Sil.**
• **marmoriert**: **Carb-v. Lach. Puls.**
• **nässend**, auslaufend: petr.
• **oberflächlich**: lach. petr.
• **phagedänische** Blasen (Freßblasen): *Lach.* nat-c. rhus-t. sep.
• **reißend**: lyc.
• **reizbar**: *Hydr.*hr1,k *Phyt.*
• **rote** Basis: lac-c. petr.
• **schmerzhaft**, nachts: *Lyc.*
• **schmerzlos**: ars. carb-v. graph. plat. sep. sil. sulph.
• **schmutzige** Basis: lach.
• **schwarze** Basis: *Anthraci.* **Ars.** *Asaf.* **Carb-v.** ip. **Lach. Lyc. Sec.** *Sil. Sul-ac.*
• **schwielige** Ränder: kali-chl.
• **stechend**; fein: ars. nat-c. sabin. sil.
• **stinkend**: *Bry.* **Carb-v. Lach. Merc.** *Mur-ac.* **Psor. Puls.** sul-ac.k2
• **tief**: **Ars.** *Aur.* **Calc. Calc-s.** com. **Merc.** *Nit-ac.* **Psor.** *Puls.* **Sil. Sulph.**
• **Varizen**: *Aesc.*bg2,k aq-sil.hsa1 *Carb-v.*bg2,k,* card-m.bg2,k,* *Fl-ac.*k2 *Graph.*hr1,k *Ham.*hr1,k hydr-ac. kali-s. *Nat-m.* paeon.gm1 sars.k2 **Sulph.**k2 syph.
• **Wärme** agg.: *Carb-v. Sabin.*
– **Gesäß**: borx. sabin. sulph. vinc.
• **brennend**: vinc.
○ **oben**: sabin.
– **Oberschenkel**: *Calc.* crot-h. kali-c. merc. *Mez. Nat-s.* nit-ac. sil. syph. thuj. *Zinc.*
• **Kratzen**, durch: kali-c.h
○ **Außenseite**: *Nat-s.*
– **Knie**: anac. *Calc.* ph-ac. *Phos.*
– **Unterschenkel**: am-c. anac. anan. ant-t.k2 *Anthraci.* **Ars.** ars-s-f.k2 *Asaf. Aur.* bar-c. bar-m. bar-s.k2 *Calc.* calc-p.k2 *Calc-s.* calc-sil.k2 canth. **Carb-v. Carbn-s.** *Card-m.*bg1,k,* caust. *Cist.* clem. *Crot-h. Ferr-m. Graph. Grin.* hydr. ip. jac-c. *Kali-ar. Kali-bi. Kali-c. Kali-i.* kali-m.k2 **Kali-s.**

– **Unterschenkel**: ...
kali-sil.$_{k2}$ *Lac-c.* **Lach.** **Lyc.** **Merc.** *Mez.* *Mur-ac.* murx. *Nat-c.*$_{hr1}$ *Nit-ac.* nux-m. petr. *Ph-ac.* phos. *Phyt.* *Psor.* *Puls.* ran-b. *Rhus-t.* ruta sabin.$_{bg1,k}$ sel. **Sil.** *Sin-n.* staph. still. *Sulph.* syph. tep. vip.
• **ausbreitend**; sich: kali-ar.$_{k2}$
• **brennend**: **Anthraci.** **Ars.** *Carb-v.* hydr.$_{k2}$ kali-ar.$_{k2}$ kali-bi.$_{k2}$ *Lyc.* *Merc.* *Nit-ac.* puls. **Sil.** syph.
  • **Schienbein**, am: asaf.$_{hr1}$
• **flach**: staph.$_{h}$
• **gangränös**: **Anthraci.** **Ars.** *Carb-v.*
• **juckend**: lyc.$_{h}$ nat-c.$_{h2}$
• **kariös**: asaf.
• **Reiben**, durch: staph.$_{h}$
• **reißend**: lyc.$_{h}$
• **Rupia**: kali-br.
• **schmerzhaft**: **Anthraci.** **Ars.** hydr.$_{k2}$ nat-c.$_{h2}$ sil. staph.$_{h}$
  • **nachts**: *Anthraci.* *Carb-v.* caust.$_{h}$ hydr.$_{k2}$ *Lyc.* *Nit-ac.* *Sil.*
• **stechend**: ars.$_{h}$ nat-c.$_{h}$
• **Wärme** agg.: *Carb-v.* *Hydr.* *Merc.* mez.
○ **Schienbein**, am: arg-n.$_{hr1}$ *Asaf.* *Cinnb.* cist. dulc.$_{k2}$ fl-ac.$_{k2}$ *Graph.* lach. *Mez.* nit-ac. *Ph-ac.* **Psor.** *Sabin.* sang. sulph. *Syph.* vip.

– **Knöchel**: *Calc-p.* carb-ac. cist. fl-ac.$_{bg1}$ *Hydr.* merc-i-f. merc-sul. puls. rhus-t. sars. sel.$_{bg1,k2}$ sep.$_{bg3}$ sil. sulph. *Syph.*
• **nachts**: hydr.$_{k2}$
• **ausbreitend**; sich: *Merc.*
• **chronisch**: *Carb-ac.* hydr.$_{k2}$
• **fistulös**: *Calc-p.* sil.
• **schmerzhaft**: hydr.$_{k2}$ *Lach.* rhus-t.
• **schmerzlos**: *Calc.*
• **stinkend**: *Calc-p.* *Carb-ac.* *Lyc.* sulph.
○ **Malleolus**: *Calc-p.*

– **Füße**: *Anan.* **Ars.** bar-c. canth. *Carb-ac.* carbn-s. caust. cham. clem. *Con.* crot-h. *Fl-ac.* *Graph.* ip. *Kali-bi.* kali-c. lyc. merc. nat-c. nit-ac. paeon.$_{gm1}$ petr. *Phos.* *Psor.* *Puls.* sel. sep. sil. sol-ni. sul-ac. *Sulph.* vip. *Zinc.*
• **links**: aran.
• **ausbreitenden** Blase entstanden; aus einer sich: *Caust.* *Nat-c.* *Sep.*
• **Blasen**, entstehen aus: **Sulph.** zinc.
• **blutend**: *Ars.*
• **Eiter**, mit blutigem: ars.$_{h,hr1}$
• **Reibung** der Schuhe; durch: all-c. borx. paeon.$_{gm1}$
○ **Ferse**: am-c. anac. aran. *Ars.* *Caust.* kali-bi.$_{k2}$ laur. *Nat-c.* *Sep.* **Sil.**
• **Fußrücken**: *Psor.* *Sep.* *Sulph.*
• **Fußsohle**: anan. *Ars.* calc. caust. lach. phyt. pip-m. ruta sec. **Sep.** sulph.
  • **Blasen**, entstehen aus: **Ars.**

– **Zehen**: *Ars.* borx.$_{k2}$ *Bry.* carb-v. caust. cupr-ar. *Graph.* *Nit-ac.* *Petr.* plat. *Sep.* *Sil.* *Sulph.* thuj.
• **Blasen**, entstehen aus: ars.$_{h}$ *Graph.* *Petr.*
• **bohrend**: caust.$_{h}$
• **brennend**: caust.$_{h}$
• **gangränös**: *Lach.*

Geschwüre - Zehen: ...
• **leprös**: *Graph.*
○ **Gelenk**: *Ars.* *Borx.* nat-c. *Sep.*
  • **phagedänisch**: *Borx.*
• **Zehennägel**: *Caust.* graph. hep. *M-aust.* merc. sang.$_{c2}$ *Sep.* **Sil.** **Sulph.** tet.$_{c2}$
  • **wildem** Fleisch; mit: caust.$_{h}$
○ **um** die: *Phos.*$_{c2}$
• **Zehenspitzen**: ant-t. *Carb-v.*
• **große** Zehe: *Paeon.* *Sil.*
  ○ **Rand**, am: graph.
• **fünfte** Zehe: ant-t.

Gespaltene Nägel
☞ *Nägel; Beschwerden - gespaltene*

Gespreizt:
– **liegt** mit gespreitzten Gliedern: **Cham.**$_{k,kl2}$● *Psor.* sulph.
• **Konvulsionen**, während den: cupr. nux-v.
○ **Arme**: haliae-lc.$_{srj5}$
– **Finger**, krampfhaft: *Glon.* kali-cy.$_{c,c1}$ lac-c. lyc.$_{bg2,bg3,*}$ **Sec.**
– **Beine**: colch.$_{a1,k}$ nux-v. plat. stry.
• **Stehen**, im: pic-ac.
• **zusammengezogen**; erst gespreizt, dann: lyc.$_{h}$
– **Zehen**, in Krämpfen: camph. *Glon.*

Gestoßen; die Beine werden im Schlaf nach vorne: lyc.$_{h}$

Gestreckt: verat.$_{h}$
☞ *Ausstrecken / Strecken*
○ **Arme**: ben-n. *Chin.* dig. nux-v. sep. *Stram.* stry.
• **abwechselnd** gebeugt und: carbn-o. *Cic.* *Cupr.* hyos. **Lyc.** nux-v. sec. *Tab.*
  • **periodisch**:
    • **Woche**, jede: lyc.
  • **Sitzen**, im: nit-ac.
• **Anfällen**, bei den: *Cic.* **Cina** stry.
• **greifen** wollte; als ob er etwas: dulc. phos.
• **starr**, rigide: merc.

Getrennt, wie
☞ *Abgetrennt*

Gewellte Nägel
☞ *Nägel; Beschwerden - gewellte*

Gewichtes, Gefühl eines
☞ *Schweregefühl*

Geworfen; Schulter nach hinten: acon.

Gezogen:
☞ *Gebeugt*
– **auseinandergezogen**
☞ *Ballen / Gebeugt / Gespreizt*
– **außen**, nach:
○ **Hand** beim Klavierspielen; linke: merl.$_{a1,k}$
• **Zeigefinger**, linker: dig.$_{h}$
– **hinten** gezogen; Unterschenkel werden nach: bufo plb.
• **Gefühl** wie nach hinten gezogen: androc.$_{srj1}$
• **Sitzen**, im: spong.

– **hinten** gezogen; Unterschenkel nach: ...
• **Oberschenkel**, an den: canth. op. plb.
• **gehen**; beim Versuch zu: spong.
– **innen**, nach:
○ **Arme**: nit-ac.$_{h}$
• **Daumen**: *Aeth. Apis* ars. art-v. arum-t. *Bell.* brach. *Bufo Camph. Caust. Cham. Cic. Cocc.* **Cupr.** *Glon.* hell. hyos. ign. *Lach.* mag-m.$_{h,k,*}$ mag-p. merc. oena. phyt. *Sec.* stann. staph. stram. sulph. viol-t.
• **Beine**: acon.$_{a1,h}$
• **Zehen**: graph.$_{h}$ mag-m.$_{h}$ petr.$_{h}$ sars.$_{h}$
– **krumm** gezogen, deformiert:
○ **Finger**: zinc.$_{k2}$
– **oben**, nach: acon. agar. am-c. amyg. *Arg-n. Ars.* carb-an. *Carb-v.*$_{a1,k}$ caust. *Cham.* crot-h. cupr. *Hell. Hep. Hyos.* jatr-c. *Merc. Nat-m.* nux-v. op.$_{a1,k}$ ox-ac. *Phos. Phyt.* plat. *Plb.*$_{a1,k}$ pyrus sec. stann. stry. sul-ac. tab. zinc.
• **morgens**: plat.
• **Erwachen**, beim: plat.
• **abends**: carb-an.
• **Stehen**, beim: carb-an.
• **nachts**: merc.$_{h,k1}$ stann.
• **Erwachen**, beim: stann.
◇ **abwechselnd** mit Streckung: carbn-o. *Cic. Cupr. Lyc.* nux-v. sec. tab.
• **Abdomen**, an das: arg-n. *Ars.* carb-v.$_{a1,k}$ cham. *Cina Cupr. Hyos.* jatr-c. *Merc-c. Mur-ac.* ox-ac. *Plb. Verat.* zinc.
• **Nekrose** des Oberschenkelknochens; bei: *Sil.*
• **Auftreten**, beim: caust.
• **Bewegung**, bei: tab.
• **Frost**; während: *Caps.* cimx.
• **Gehen**, beim: am-c. ign. *Plb.* spong.
• **konvulsivisch**: *Arg-n. Cupr. Hyos.* nux-v. *Plb.* tab.
• **Lagewechsel**, bei jedem: *Hell.*
• **periodisch**: *Sec.*
• **Schlaf**; im: carb-v.$_{k2}$
• **unwillkürlich**: carb-v. *Ign.*
– **zusammengezogen**: ars.$_{a1,k}$ lyc.
• **krampfhaft**: lyc. merc.

Gicht
☞ *Gichtknoten / Schmerz - Gelenke - gichtig*

Gichtknoten: abrot.$_{hr1,k}$ agn. alum.$_{k2}$ am-p.$_{c2}$ *Ant-c.*$_{hr1,k}$ ant-t.$_{k2}$ **Apis** arg-met.$_{k2}$ arn. *Aur.* **Benz-ac.**$_{hr1,k}$ *Bry.*$_{hr1,k}$ **Calc.**$_{hr1,k}$ **Calc-f.** *Calc-p. Calc-s.* caps.$_{k2}$ carb-an.$_{hr1,k}$ *Caust. Cic. Clem. Colch. Dig. Elaps* fago. *Form.*$_{hr1,k}$ **Graph.**$_{hr1,k}$ *Guaj.* hep. iod. *Kali-i.* kali-s. **Led.**$_{hr1,k}$ **Lith-c.** **Lyc.**$_{hr1,k}$ mang. *Meny. Merc.* nat-lac.$_{c2}$ nat-m. nux-v.$_{hr1,k}$ plb. *Puls.* ran-b. *Rhod.*$_{hr1,k}$ *Rhus-t.* sabin.$_{hr1,k}$ sars.$_{k2}$ *Sil.*$_{hr1,k}$ *Staph.*$_{hr1,k}$ sul-ac. *Sulph.* tub-r.$_{vn}$ *Urt-u.*
– **schmerzhaft**: **Led.**$_{hr1,k}$ nit-ac.$_{h,k1}$
– **zwickend** und knackend bei Bewegung: **Led.**
○ **Gelenkköpfen**, an den: *Calc-p.*
– **Haut** über den Gelenken; in der: cal-ren.$_{c2}$ **Led.**
– **Schulter**: *Calc. Kali-i.*

Gichtknoten: ...
– **Ellbogen**: eup-per.$_{k2}$
• **Steifheit**: lyc.
○ **Ellbogenhöcker**, am: still.
• **oberhalb**: eup-per.$_{k2}$ mag-c.
– **Unterarm**: am-c.
– **Handgelenk**: am-m.$_{a1}$ *Benz-ac. Calc. Led.* lyc. mag-m.$_{a1}$ petr.$_{a1,k}$ rhod.
○ **Rückseite** des Handgelenks: petr.$_{a1,k}$
– **Hände**: ant-c. *Benz-ac. Calc.* carbn-s. *Hep. Led.* plb.
– **Fingergelenke** ◆: *Aesc.* agn. *Ant-c.* **Apis** aur-s.$_{k2}$ **Benz-ac.** berb.$_{k2}$ **Calc.** *Calc-f. Calc-p.* calc-sil.$_{k2}$ **Caust.** *Clem. Colch. Dig.* eup-per.$_{k2}$ **Graph.** hep. **Led. Lith-c. Lyc.** med.$_{br1}$ ox-ac. ran-s. *Rhod. Sil. Staph.* sul-i.$_{k2}$ *Sulph. Urt-u.*
• **Steifheit**, mit ◆: *Carb-an. Graph.* **Lyc.**
– **Knie**: *Bufo Calc. Led. Nux-v.* phyt.$_{k2}$
– **Füße**: bufo *Kali-i.* **Led.** *Nat-s.*
– **Zehen**: asaf. caust. *Graph.* led.$_{k2}$ ran-s. sabin. sulph. thuj.$_{hr1,k}$
• **fibrös**, an der großen Zehe: *Rhod.*

Glucksen:
○ **Arme**: ambr.$_{h}$
– **Daumen**: rhus-t.$_{h}$
– **Beine**: bell.$_{h}$
– **Oberschenkel**: meny.$_{h}$
– **Knie**, beim Sitzen: bell.$_{h}$
○ **Außenseite**: arg-met.$_{h}$
• **Kniekehle**: asar.$_{h}$
– **Unterschenkel**:
○ **Wade**: sulph.$_{h}$
○ **Außenseite**: rhus-t.$_{h}$
• **Schienbein**: con.$_{h}$
– **Füße**:
▽ **erstreckt** sich zu:
• **Kopf**: calc.$_{h}$

Glucksendes Gefühl
☞ *Blubberndes*

Glühens vom Fuß zum Kopf; Gefühl eines: *Visc.*

Gressus gallinaceus
☞ *Gehen - Hahnengang*

Gressus vaccinus
☞ *Gehen - Scherengang*

Groß
☞ *Vergrößerung*

Haarausfall am Handrücken: lyc.$_{st1}$ *Mez.*$_{st1}$ phos.$_{st1}$ sulph.$_{st1}$

Hahnengang
☞ *Gehen - Hahnengang*

Halbseitenlähmung
☞ *Lähmung - Hemiplegie*

Hände:
– **warm**:
• **Gefühl** einer warmen Hand:
• **Unterschenkel**, am: agar.$_{h}$

Hängen; als würde etwas Schweres am Oberarm
☞ *Schweregefühl - Oberarm - hängen*

Härte:
☞ *Hornhaut*
○ **Oberarmes**; Muskeln des: mag-c.h
– **Hände**; Haut der: am-c. choc.srj3 **Graph.** rhus-v. **Sulph.**
– **Fingernägel**
☞ *Nägel; Beschwerden - Härte - Fingernägel*
– **Waden**: ars.h,kl
– **Fußsohlen**; Haut der: **Ars.**
• **Empfindung**, ohne: ars.bg2,k1

Hausmädchenknie
☞ *Entzündung - Knie - Bursitis*

Hautausschläge: agar. alumn. *Am-c.* am-m. anac. *Apis* **Ars.** ars-s-f.k2 arund. *Bar-c.* bar-m. bell. bov. brom. *Bry.* **Calc.** calc-p. calc-s. canth. carb-v. carbn-o. carbn-s. **Caust.** chel. chin. chinin-ar.k2 chinin-s. chlor. cimic. cob. con. cop. crot-c. crot-t. cupr. cupr-ar. elaps euph. fago. fl-ac. *Graph.* guare. hep. iod. jug-r. *Kali-ar.* kali-bi. kali-br. **Kali-c.** kali-m.k2 kali-p. kali-s. *Kreos.* lach. led. **Lyc.** mag-s. manc. **Merc.** **Mez.** mur-ac. murx. nat-ar.k2 nat-c. **Nat-m.** nat-p. *Nit-ac.* nux-v. oena. petr. ph-ac. phos. pip-m. plan. podo. *Psor.* *Puls.* **Rhus-t.** rhus-v. *Rumx.* ruta sabad. sars. sec. sel. **Sep.** **Sil.** staph. stram. stront-c. **Sulph.** tab. tarax. tep. *Thuj.* til.
– **abblätternd**, bräunlich: am-m. bar-m. cinnb. merc.
– **abschilfernd**: agar. *Am-c.* am-m. arn. *Ars.* ars-s-f.k2 bar-c. calc. chinin-s. choc.srj3 *Crot-t.* elaps ferr. hydr. kreos. merc. **Mez.** rhus-v. sep. sulph. thuj.
– **absondernd**; Flüssigkeit: carb-v.k2 crot-h. cupr. hell. *Kali-s.* *Merc.* *Nat-m.* rhus-v. sol-ni.
☞ *feucht*
• **Wasser**:
• **blutiges**: carb-v.k2
• **dünnes**: crot-h. tarent-c.
• **gelbes**: cupr. hell. hydrog.srj2 *Rhus-v.* sol-ni.
– **Bläschen**: acon. am-m. anac. **Ant-c.** **Ant-t.** arg-n. arn. **Ars.** ars-i. ars-s-f.k2 bell. bov. brom. bufo calad. *Calc.* calc-p. calc-s. cann-s. canth. *Carb-v.* carbn-o. *Caust.* chin. chlor. cit-v. clem. crot-h. cupr. cupr-ar. daph. *Dulc.* elaps fl-ac. graph. hep. hura indg. iod. iris kali-ar. kali-bi. kali-chl. kali-i. kali-m.k2 kali-s. *Lach.* lachn. mag-c. manc. mang. *Merc.* mez. nat-ar.k2 nat-c. **Nat-m.** nat-p. nit-ac. ph-ac. **Phos.** **Ran-b.** rhus-r. **Rhus-t.** **Rhus-v.** ruta sabad. sars. sec. sel. sil. sol-ni. spong. sul-i.k2 *Sulph.* verat. vip. zinc. zinc-p.k2
• **weiß**: agar.
– **Blasen**: *Ars.* carb-v.k2
• **Blutblasen** werden gangränös: *Sec.*
– **blutend**: *Calc.*
• **Kratzen**, nach: alum.h cupr-ar.
– **brennend**: **Ars.** bov. carb-v.k2 fago. lac-ac. **Merc.** nux-v. **Rhus-t.** til.

Hautausschläge - brennend: ...
• **Kratzen**, nach: staph. til.
– **Ekzem**: *Anil.* arn. *Ars.* ars-i.k2 graph.k2 kali-br. merc. *Psor.* tarent.k2
– **Erhabenheiten**: alumn. anac. aur. cic. cop. crot-h. crot-t. cupr. cupr-ar. dros. gent-c. kali-br. merc. nat-m. nit-ac. petr. plan. plb. puls. sul-ac. thuj. urt-u.
– **erythematös**: ars. thuj.
☞ *❑ Haut - Hautausschläge - Erythem*
– **Exanthem**, flüchtiges: alum. alum-sil.k2 ant-t. *Apis* ars. bell. bry. calad. *Chlol.* cop. cupr. daph. *Dig.* form. kali-ar. led. mez. nat-m. nux-v. *Petr.* phyt. **Puls.** rheum *Rhus-t.* sep. sil. sul-i. *Sulph.* tep. *Vesp.* zinc.
– **feucht**: bry. *Merc.* nat-m.
☞ *absondernd*
– **Flecken**, entzündete: ant-c. aur. berb. carb-v. cimx. cocc. hura lach. merc. mur-ac. nat-c. nat-m. sars. sulph. zinc.
– **Flecken**; große: ail.k2 *Carb-v.* iris jug-c. phos. *Puls.* *Sars.* thuj. viol-t.
– **Flohbisse**, wie: sec.
– **Furunkel**: all-c. alum-sil.k2 am-c. apoc. ars. ars-s-f.k2 aur-m. *Bell.* *Brom.* calc. carbn-s. clem. cob. elaps graph. guare. **Hep.** hyos. iris kali-bi. kali-n. *Lyc.* *Merc.* mez. nat-m. nit-ac. nux-v. petr. ph-ac. psor. rat. *Rhus-t.* rhus-v. sec. sep. stram. **Sulph.** thuj.
– **grießartig**: nat-m.
– **Gruppen**, in: nat-m.
– **hart**: bov.
– **heiß**: fago.
– **Herpes**: alum. borx. caust. com. *Con.* cupr. *Dulc.* *Graph.* led. *Lyc.* manc. mang. merc. mur-ac. *Nat-m.* nicc. nux-v. petr. psor. sars. sec. sep. staph. thuj. zinc.
– **Hof**, roter: nat-m.
– **Impetigo**: carbn-s.k2
– **juckend**: agar. androc.srj1 arg-n. *Bov.* bry. calc. cortiso.gse fago. gent-c. lac-ac. lach. led. lunakg1 mag-s. merc. nat-m. nux-v. phos. puls. *Rhus-t.* rumx. sep. sulph. tarax. til. urt-u.
• **ohne** Jucken: alum-sil.k4 lunakg1
– **Knötchen**: petr. sep.
– **Knoten**; rötliche, harte: kali-bi.
– **krätzeartig**: ars. bry. *Sulph.* tarent.k2
– **Masern**, wie: cop. rhus-t.
– **Petechien**: *Ars.* aur-m. berb.
– **Pickel**: acon. agar. am-c. am-m. anac. ant-c. ant-t. arg-n. arn. **Ars.** ars-s-f.k2 asc-t. bar-c. bar-m. bar-s.k2 bell. berb. bov. **Bry.** bufo calc. *Calc-p.* *Calc-s.* cann-s. carb-an. carbn-s. castm. **Caust.** chel. chinin-s. cit-v. clem. cob. com. *Con.* crot-c. cupr-ar. elaps fago. *Fl-ac.* *Graph.* hura iris iris-foe. jatr-c. kali-ar. kali-br. *Kali-c.* kali-chl. kali-m.k2 kali-p. kali-s. kreos. lac-ac. *Lach.* *Lyc.* mag-c. mag-m. mang. *Merc.* mez. morph. mur-ac. *Nat-m.* *Nat-s.* nicc. ol-an. op. osm. ph-ac. plan. plat. psor. puls. rat. **Rhus-t.** rhus-v. rumx. sabad. sars. sel. **Sep.** spig. stann. staph. stront-c. *Sulph.* tab. tarax. thuj. til. valer. *Verat.* zinc. zinc-p.k2

– **Pusteln**: am-c. anac. ant-c. arg-n. ars. ars-s-f.$_{k2}$ asc-t. bry. chel. chlor. cocc. cop. crot-c. cupr. cupr-ar. elaps fl-ac. hyos. iris jug-c. kali-bi. kali-br. lach. lyc. merc. mez. rhod. *Rhus-t.* rhus-v. rumx. ruta sars. sil. squil. staph. stram. **Sulph.** tab. tarent. thuj. vac. verat.
– **rauh**: rhus-v.
– **rissig**: phos.
– **Roseola** nach Mißbrauch von Quecksilber: *Kali-i.*
– **rot**: bell. bov. chlol. crot-c. gins. jug-r. kali-bi. mag-s. merc. nat-m. rhus-v. valer.
– **schmerzhaft**: **Arn.** bar-s.$_{k2}$ bov. hep. merc.
– **Schorfe**: arn. ars. cit-v. iris-foe. kali-br. **Kali-s.** *Mez.* mur-ac. phos. plb. podo. rhus-t. rhus-v. **Sil.** staph. sul-ac. zinc.
– **Schuppen**: arn. *Ars-i.* calc-s.$_{k2}$ *Kali-s.* *Merc.* *Mez.* nat-ar.$_{k2}$ phos. pip-m. rhus-t. rhus-v. sec. sulph. zinc.
– **schwarz**: *Ars.* *Sec.*
– **sondern** Flüssigkeit ab
☞ *absondernd*
– **trocken**: bry. merc. tarent.$_{k2}$
– **Tuberkel**: ant-c. caust. crot-h. nat-c.
– **Urtikaria**: acon. ant-c. *Apis* *Bell.* berb. *Calc.* chinin-s. **Chlol.** *Cop.* dulc. hydrc. hyper. indg. kali-br. kali-i. *Lach.* lyc. merc. *Nat-m.* *Rhus-t.* *Rhus-v.* *Sulph.* tarax. *Urt-u.*
– **Verhärtungen** nach Hautausschlägen: kali-br.
– **Windpocken**, wie: *Ant-t.*
– **zusammenfließend**: *Cop.* phos. rhus-v.
○ **Gelenke**: aeth. ant-c. *Apis* calc-p. hura *Merc.* *Nat-m.* nat-p. phos. **Psor.** **Rhus-t.** sep. ust.
• **Abschilferung** der Haut: phos.
• **Bläschen**: nat-p. phos. **Rhus-t.**
• **Ekzem**: led. phos.
• **Herpes**: dulc. *Kreos.* staph.
• **juckend**: phos.
• **Pickel**: *Calc-p.* sep.
• **Schorfe**: *Staph.*
• **Urtikaria**: clem. verat.
• **Winter**, im: *Merc.* *Phos.* *Rhus-t.*
○ **Gelenkbeugen** ●: carc.$_{cd}$ caust. **Graph.** *Hep.* led. *Nat-c.* *Nat-m.*$_{k,kl2}$● *Psor.* sep.$_{kl,kl2}$● staph. tub.$_{al}$
• **Ekzem**: am-c. **Graph.** led. merc. *Sep.* *Sulph.*
• **juckend**: sep.$_{h}$
• **Pickel**: sep.$_{h}$
– **Arme**: agar. alum. alumn. *Ant-c.* ant-t. arn. **Ars.** brom. bry. **Caust.** chel. cimic. cinnb. cob. com. con. cop. crot-h. cupr. elaps euph. fl-ac. graph. guare. hep. jug-r. kali-ar. kali-br. lach. **Lyc.** mag-s. merc. **Mez.** mur-ac. nat-c. **Nat-m.** nit-ac. nux-v. oena. petr. ph-ac. phos. *Psor.* **Rhus-t.** *Rhus-v.* rumx. sars. **Sep.** **Sil.** **Sulph.** tab. thuj. til. valer. vip. zinc.
• **abblätternd**, bräunlich: am-m. cinnb.
• **abschilfernd**: agar. *Am-c.* am-m. arn. bar-c. calc. chinin-s. crot-t. ferr. hydr. led. *Merc.* **Mez.** **Rhus-t.** *Rhus-v.* sep. *Sulph.*
• **dicke**, weißliche Schuppen: crot-t.

– **Arme**: ...
• **absondernd**; Wasser:
• **dünnes**: crot-h.
• **gelbes**: cupr. hell. *Rhus-t.* sol-ni.
• **Bläschen**: am-m. anac. anag. *Ant-c.* *Ant-t.* arn. *Ars.* asc-t. bell. bov. brom. bruc. bufo calad. calc. calc-p. calc-sil.$_{k2}$ canth. caust. chin. chlor. cinnb. cit-v. com. *Crot-h.* cupr-ar. cycl. daph. dulc. elaps fl-ac. hipp. hura indg. iod. iris *Kali-ar.* kali-bi. *Kali-c.* kali-chl. *Kali-i.* *Lach.* *Mag-c.* mang. medus.$_{brl}$ *Merc.* merc-c. mez. *Nat-c.* *Nat-m.* phos. psor. *Puls.* *Ran-b.* **Rhus-t.** *Rhus-v.* ruta sars. **Sep.** *Sil.* sol-ni. *Spong.* *Staph.* *Sulph.* tell.$_{c1}$ ter. vip.
• **absondernd**; scharfes Serum: rhus-t.
• **faulig**: *Ars.*
• **Geschwüren**; werden zu: calc.
• **juckend**: daph. nat-m.$_{h}$
• **kalt**:
• **Luft**, bei kalter: dulc.
• **Wasser** agg.; kaltes: clem.
• **Kratzen**, nach: *Calc.*
• **periodisch**:
• **Woche**:
• **vier** bis sechs Wochen; alle: *Sulph.*
• **Reiben**; nach: ant-c.$_{h}$
• **rot**, klein: *Nat-m.*
• **schießender** Schmerz: mag-c.
• **schwarz**: *Ars.*
• **blutend**:
• **Kratzen**, nach: cupr-ar.
• **brennend**: con. merc. *Nat-c.* **Rhus-t.** spig.
• **Kratzen**, nach: sil. staph.
• **Ekzem**: bougv.$_{gm1}$ *Canth.* graph. hell.$_{h}$ *Merc.* mez. phos. *Psor.* *Sil.*
• **Erhabenheiten**: alumn. anac. carb-v. cic. crot-h. crot-t. dros. graph. hep. kali-br. kreos. merc. nat-m. nit-ac. plb. sul-ac. urt-u.
• **bluten** nach Kratzen: cupr-ar.
• **Flecken**: syph.
• **glänzend**: crot-t.
• **weißlich**: crot-t.
• **Spitzen** werden weiß und schuppig: merc.
• **erythematös**: bor-ac.$_{c1}$
☞ *Urtikaria* / ◻ *Haut - Hautausschläge - Erythem*
• **Exanthem**, flüchtiges: alum. ant-t. bell. berb. bry. calad. chlol. cupr. daph. dig. elaps form. kali-ar. led. mag-p. *Merc.* *Mez.* nux-v. phyt. *Puls.* rheum *Rhus-t.* sec. *Sep.* *Sil.* stram. *Sul-i.* *Sulph.* tep.
◈ **abwechselnd** mit Asthma: calad. mez.
• **bräunlich**: mez.
• **juckend**: alum. caust. nux-v. rheum sep. sul-i.
• **rot**: mez. stram.
• **Exkoriation**: arn. ruta sul-ac.
• **feucht**: alum. bov. con. kreos. rhus-t.
• **eitrige** Absonderung: lyc. rhus-t.
• **Flecken**: cimx. hura mur-ac. nat-m.
• **Furunkel**: aloe am-c. ars. bar-c. *Bell.* *Brom.* *Calc.* calc-sil.$_{k2}$ carb-an. carb-v. cob. coloc. elaps graph. guare. iod. iris *Kali-n.* *Lyc.* mag-m. *Mez.* **Petr.** ph-ac. **Rhus-t.** *Sil.* sulph. syph. *Zinc.*

- **gelblich**: hell.h
- **Granulationen**
  ☞ *Erhabenheiten*
- **Gruppen**, in: rhus-t.
- **hart**: caust. mez. sep. sil.
- **Herpes**: alum. borx. **Bov.** calc. caust. *Con.* cupr. dol. *Dulc.* *Graph.* kali-c. kreos. *Lyc.* mag-s. *Manc.* *Mang.* **Merc.** *Nat-c.* *Nat-m.* nux-v. *Phos.* *Psor.* sars. sec. *Sep.* *Sil.*
  - **kleieartig**: merc. phos.
  - **Krusten**, mit: con. thuj.
  - ○ **Gelenken**, an den: *Calc.* merc.
- **juckend**: agar. anag. ant-c. ant-t. berb. bov. calad. cann-s.h carb-an. carb-v. *Caust.* cupr. dulc. *Jug-c.* kali-c. kali-chl. kali-i. kreos. lach. *Laur.* *Led.* lyc. mag-c. mag-s. mang. *Merc.* *Mez.* nat-m. nat-s. nux-v. phos. psor. *Puls.* **Rhus-t.** **Sep.** spig. *Sulph.* tab. til. urt-u. zinc.
- **kleieartig**: *Borx.*
- **Knötchen**: hippoz. petr. sep.
- **Knoten**: phos.
  - **bläulich**, nässend und schorfbildend; hart: *Calc-p.*
- **krätzeartig**: alum. berb. graph. *Lach.* merc. nit-ac. phos. rhus-t. sars. sel. *Sep.* *Sulph.*
- **kribbelnd**: lach.
- **Krusten**
  ☞ *Schorfe*
- **lepraartig**: *Meph.* *Phos.*
- **Masern**, wie: cop. rhus-v.
- **miliar**: alum. ant-t. bry. cop. merc. nux-v. rhus-v. sel. sulph.
  - **Kratzen**, nach: kali-c.h
- **Papeln**: *Crot-h.* *Kali-bi.*
  - **roseolaartige** Papeln ohne Fieber oder Jucken: cub.cl
- **Pemphigus**: sep. ter.
  ☞ ❑ *Haut - Hautausschläge - Pemphigus*
- **Petechien**: berb.
- **Pickel**: acon. *Agar.* am-c. am-m. anac. ant-t. arg-n. arn. **Ars.** arum-t. asc-t. bar-c. bell. berb. bov. bry. bufo-s. *Calc-p.* calc-s. cann-s. canth. *Carb-an.* *Carb-v.* carbn-s. **Caust.** chel. chin. chinin-s. cob. com. crot-c. cupr-ar. dulc. elaps *Fl-ac.* hura *Iod.* jatr-c. kali-ar. kali-bi. kali-c. kali-chl. kali-n. kreos. lac-ac. lach. lyc. mag-c. mag-m. mang. merc. mez. mur-ac. nat-s. nit-ac. ol-an. op. osm. ph-ac. plat. psor. puls. rat. **Rhus-t.** rhus-v. sabad. sars. sel. **Sep.** spig. staph. *Sulph.* tab. tarax. thuj. til. valer. *Zinc.*
  - **blutet** beim Kratzen: cob.
  - **brennend**: agar.h am-c. bov. mag-m. nat-s. *Rhus-t.*
    - **Kratzen**, nach: canth. carb-an.
  - **empfindlich**: *Calc-s.*
  - **entzündet**: calc-s.
  - **hart**: arg-n. bov. calc-s. rhus-t. rhus-v. valer.
  - **indolent**: chel.
  - **juckend**: acon. agar.h am-c. am-m. asc-t. bar-c. cann-s. carb-an. carbn-s. caust. hura iod.h kreos. lyc. mag-c. *Mag-m.* *Merc.* sabad. sel. sulph. ziz.
- **Pickel**: ...
  - **Kopf**; mit schwarzem, eingedelltem: calc-s.
  - **Menses**, während: sulph.
  - **rot**: acon. anac. ars. bov. chel. com. elaps hura iod.h kali-chl. mag-s. rhus-t. sulph. til.
    - **schmerzhaft**: kali-chl. thea
  - **stechend**, fein: acon. arg-n.
  - **verschwinden** durch Kratzen: mag-c.h
  - **weiß**: til. valer.
    - **Kratzen**, nach: kali-c.h
- **Psoriasis**: *Iris* kali-ar. *Kali-s.* rhus-t. sil.
- **Pusteln**: anac. ant-c. arg-n. *Ars.* arund. asc-t. bell.h borx. calc. chel. chlor. cocc. cop. crot-h. cupr. elaps fl-ac. iris jug-c. *Kali-bi.* *Kali-br.* *Merc.* *Mez.* *Nat-m.* phos. *Psor.* *Rhod.* *Rhus-t.* rhus-v. ruta sars. sec. *Sep.* *Sil.* spig. squil. *Staph.* still. **Sulph.** tab. tarent.
  - **Ekthym**, wie: phos.
  - **entzündetem** Hof, mit: chlor. rhus-v. sep.
  - **groß**: sep.
  - **Haar** in der Mitte; mit einem: kali-br.
  - **heilen** sehr langsam: *Psor.*
  - **schwarz**: anthraci. *Ars.* lach. sec.
  - **Spitze**:
    - **dunkle** Spitze in der Mitte: kali-bi.
    - **rote** Spitze: crot-t. mez.h
- **rissig**: phos.
- **rot**: am-c. ant-c. arg-met. cycl. dulc. gins. jug-r. mag-c. mag-s. *Merc.* *Mez.* nat-m. phos. sep. *Staph.* *Sulph.* valer.
  - **Scharlach**, wie: cocc.
- **schmerzhaft**: ars. kali-c. lyc. merc. petr.
- **Schorfe**: *Alum.* am-m. *Ars.* *Calc.* cit-v. *Jug-c.* *Jug-r.* *Mez.* mur-ac. phos. plb. podo. *Rhus-t.* rhus-v. *Sep.* *Staph.* sul-ac. *Sulph.*
  - **feucht**: alum. staph.
  - **gelblichbraun**: rhus-t.
  - **juckend**: sep.
  - **Serum**, aus: rhus-t. rhus-v.
  - **weiß**: mez.
- **Schuppen**: agar. anthraci. arn. **Ars.** berb. cupr. *Fl-ac.* *Iris* *Kali-s.* *Merc.* *Phos.* pip-m. puls. *Rhus-t.* sec. *Sil.* *Sulph.*
  - **blättern** beim Kratzen ab: sulph.
  - **Stellen**, an kleinen: merc.
- **schwarz**: sec.
- **stechend**; fein: mag-c. puls.
- **trocken**: dol. hyper. merc. **Psor.**
- **Tuberkel**: ars. crot-h. *Nat-c.* phyt. rhus-t.
  - **geschwürig**, werden: *Nat-c.*
  - **schmerzhaft**: ars.
- **Urtikaria**: acon. ant-c. *Apis* berb. calad. cann-s.h *Carb-v.* chinin-s. *Chlol.* cop. dulc.h hep. hydrc. hyper. indg. kali-i. lach. lyc. merc. *Nat-c.* *Nat-m.* nat-s. *Phos.* rhus-v. **Sulph.** thuj. *Urt-u.*
  ☞ *erythematös*
  - **rot** nach Kratzen: nat-m.h
  - **weiß**: nat-m.h
- **weiß**: agar. kali-c. kali-chl. merc. nat-m.
- **Windpocken**, wie: led.
- **Wucherungen**: *Ars.* *Lach.* *Thuj.*
- **wund** beißend: anag. hyper. urt-u.

    - • **zusammenfließend**: cop. phos.
- – **Schulter**: alumn. ars. choc.$_{srj3}$ nux-v. sep.
  - • **Abschilferung** der Haut: *Ferr.* merc.
  - • **Bläschen**: am-m. ant-c. chlor. crot-h. lach. mag-c. mang. medus.$_{brl}$ *Merc.* rhus-t. vip.
    - • **brennend**: am-m.
    - • **Kratzen**, nach: mag-c. mang.
  - • **Ekzem**: petr.
  - • **Erhabenheiten**: alumn.
  - • **Exanthem**, flüchtiges: berb. *Calc.* puls. tep.
  - • **Flecken**: marb-w.$_{es1}$
  - • **Furunkel**: am-c. am-m. bell. hydr. *Kali-n.* nit-ac. ph-ac. sulph.
    - • **Blutbeulen**, große: *Calc.* jug-r. lyc. zinc.
  - • **Herpes**: kali-ar.
  - • **juckend**: marb-w.$_{es1}$
  - • **Pickel**: *Ant-c.* berb. chel. *Cist.* cob. cocc. com. fl-ac. hura jug-r. kali-c. kali-chl. kali-n.$_{h}$ mag-c. mag-m. puls. sulph. tab. zinc.
    - • **blutet** beim Kratzen: cob. mosch.
    - • **brennend**: mag-m.
      - • **Kratzen**, nach: kali-c.$_{h}$
    - • **Furunkel**, wie: zinc.
    - • **indolent**: chel.
    - • **juckend**: choc.$_{srj3}$ hura mag-m.
      - • **Kratzen**, nach: kali-c.$_{h}$ mag-c.$_{h}$
    - • **rot**: ant-c.$_{h}$ chel. com. hura jug-r. kali-chl.
    - • **schmerzhaft**: kali-chl. thea
    - • **stechend**: kali-n.$_{h}$
  - • **Pusteln**: ant-c. *Calc.* kali-bi. rhod.
  - • **rot**: marb-w.$_{es1}$
  - • **Schorfe**: ars.
  - • **schwarze** Poren: *Dros.*
  - • **Tuberkel**: crot-h. kali-chl. phos. rhus-t.
  - • **Urtikaria**: lach.
- – **Oberarm**: ant-t. cinnb. grat. led. merc. nux-v. sep.
  - • **Bläschen**: aran. sep.$_{h}$
  - • **Exanthem**, flüchtiges: ant-c. bry. mez. rheum
  - • **Flecken**: sep.$_{h}$
    - • **abblätternd**: berb.
  - • **Furunkel**: aloe *Bar-c.* carb-v. coloc. *Crot-h.* iod. jug-r. mez. *Sil. Zinc.*
  - • **Herpes**: kali-c. mang. nat-m. sulph.
  - • **juckend**: mag-s. sep.$_{h}$
  - • **kribbelnd**: lach.
  - • **Krusten**: anac.
  - • **Pickel**: anac. ant-c. ant-t. arn. carb-v. dulc. iod. *Kali-c.* lach. *Laur.* mang. mosch. sep. sulph. tax. til. valer.
    - • **blutet** nach Kratzen: mosch.
    - • **juckend**: carb-v.$_{h}$ kali-c.$_{h}$
  - • **Pusteln**: anac. merc.
  - • **schuppig**, weiß: ars-i.$_{k1}$
  - • **Tuberkel**: ars. caust. cocc. dulc. mang.
- – **Ellbogen**: aster. berb. *Brom.* cact. cupr. hep. iris *Kali-s.* kreos. lach. merc. *Phos. Psor.* sabin. *Sep. Staph.* sulph. syph.$_{xxb}$ tep. thuj. zinc.
  - • **Abschilferung** der Haut: sulph.
  - • **Bläschen**: *Ars.* calad. nat-p. sulph.
    - • **eiternd**: sulph.
    - • **gelb**: sulph.
    - • **schwarz**: *Ars.*
- – **Ellbogen - Bläschen**: ...
    - • **weiß**: sulph.
  - • **Blasen**: crot-h.
    - • **schwarz**: ars.
  - • **eiternd**: sulph.
  - • **Ekzem**: brom.
  - • **Erhabenheiten**: merc.
    - • **juckend** und schorfig: merc.
  - • **Exanthem**, flüchtiges: calad. *Mez.* sulph.
  - • **Herpes**: borx. cact. **Cupr.** hep. *Kreos. Phos.* psor. *Sep. Staph. Thuj.*
    - • **circinatus**
      - ☞ *Tinea*
  - • **juckend**: merc. *Sep.* syph.$_{h,xxb}$
  - • **Knoten**: eupi. mur-ac.
  - • **Pickel**: ant-c. asc-t. berb. bry. *Dulc. Hyos.* kali-n. lach. merc. nat-c. ol-an. sabin. sep. *Staph.* sulph. tarax. thuj.
    - • **beißend**: kali-n.
    - • **brennend**: kali-n.
    - • **entzündeter** Basis, auf: tarax.
  - • **Psoriasis**, in großen Flecken: *Iris* kali-ar. *Kali-s. Phos.*
  - • **Pusteln**: eup-per. hep. jug-r.$_{a1,k}$ lach.
    - • **gelb**: jug-r.$_{a1,k}$
    - • **juckend**: hep.
  - • **rot**: cinnb. rhus-t.
  - • **schmerzhaft**: merc.
  - • **Schuppen**: calc. jug-r. *Kali-s.* merc. *Sep. Staph.* sulph.
  - • **Tinea**: cupr. tub.$_{c1}$
  - • **Tuberkel**: am-c. caust. mag-c. mur-ac.
  - • **Urtikaria**: aran.
  - • **Ellbogenbeuge** ●: am-m. bry. calad. calc. *Cupr. Graph. Hep.* merc. *Mez.* nat-c. nat-m.$_{k,kl2}$● *Psor.* sep.$_{k,kl2}$● staph. sulph.
    - • **Bläschen**: *Calc. Nat-c.* rhus-v. sulph.
      - • **rot**: *Nat-c.*
    - • **Ekzem**: *Cupr. Graph.* kali-ar.$_{vg}$ *Mez.* **Psor.**
    - • **Exanthem**, flüchtiges: calad. *Hep.* sep. zinc.
    - • **Exudation**: sulph.
    - • **Fissuren**: *Kali-ar.*
    - • **gelb**, schuppig: cupr.$_{ptk1}$
    - • **Herpes**: cupr. graph. kreos. **Nat-m.** sep. thuj.
    - • **juckend**: limest-b.$_{es1}$ sulph.$_{h}$ zinc.$_{h}$
      - • **abends**: cupr.$_{h}$
      - • **fressend**: ant-c.$_{h}$
    - • **Kratzen**, nach: nat-c.$_{h}$
    - • **Krusten**: *Cupr. Mez.* **Psor.**
    - • **Pickel**: am-m.$_{h}$ ant-c. dulc.$_{h1}$ hura hyos. nat-c.$_{h}$ ol-an. phos. *Sep.* thuj.
      - • **morgens**: dulc.$_{h1}$
      - • **abends** im warmen Zimmer: dulc.$_{h1}$
    - • **Pusteln**: asc-t.$_{a1}$ sulph.
    - • **rot**: *Cor-r.* rhus-t.
    - • **schmerzhaft**: am-m. ant-c. dros. dulc. hura lachn. nat-c. ol-an. phos. rhus-t. sep.
    - • **Skabies**: bry. merc.
    - • **trocken**: *Mez.*
  - ○ **Ellbogenhöcker**: berb.
    - • **Pickel**: berb.
    - • **trocken**, kleieartig: aster. sep.

– **Unterarm**: *Alum.* ant-t. ars. bry. calad. *Carb-an.* *Caust.* cinnb. con. cupr. granit-m.es1 *Graph.* mag-s. mang. *Merc.* *Mez.* phos. rhus-t. sel. spong. *Tarax.* zinc.
- **Abschilferung**, kleieartige: agar.h
- **Bläschen**: anac. ant-t. arn. ars. calad. carbn-o. caust. chin. cit-v. hura merc. petr. phos. rhus-r. rhus-t. rhus-v. sars. sil. spong. *Staph.* sulph.
  - **brennend**: sil.
  - **durchsichtig**: rhus-t.
  - **juckend**: sil.h
  - **Kratzen**, nach: sars.
  - **stechend**, fein: rhus-t.
  - **weiß**: calad.
- **eitrige** Absonderung: rhus-t.
- **Ekzem**: aur-i.k2 *Graph.* *Merc.* *Mez.* *Sil.* thuj.
- **Exanthem**, flüchtiges: am-c. ant-t. bry. calad. merc. mez. rheum sel.
  - ◇ **abwechselnd** mit Asthma: calad.
- **exkoriiert**: rhus-t.
- **feucht**: *Alum.* *Merc.* *Mez.* rhus-t.
- **Flecken**; trockene, rote:
  - **juckend**; heftig: granit-m.es1
- **Furunkel**: *Calc.* carb-v. cob. *Iod.* *Lach.* lyc. mag-m. *Nat-s.* petr. sil.
- **Herpes**: *Alum.* *Con.* mag-s. mang. **Merc.** nat-m. sulph.
- **juckend**: carb-an.h choc.srj3 kali-n.h mang.h *Mez.*
- **Knoten**:
  - **rot**, juckend: nat-m.h
  - **Beugemuskeln**, an den: hippoz.
- **Kratzen**:
  - **agg.**: mang. *Mez.*
  - **nach**:
    - **Knoten**; erhabene: granit-m.es1
- **Krusten**: *Mez.*
- **Pickel**: am-c. am-m. amph.a1 ant-t. ars. asc-t. bell. borx. bry. calad. calc-p. *Carbn-s.* *Caust.* cit-v. fago. gamb. iod. *Kali-bi.* kali-n. lach. laur. lyc. mag-c. mag-i.a4 *Mag-s.* mang. merc. nat-m. *Nat-s.* ol-an. osm. ph-ac. rat. rhod. sabad. sars. staph.h *Sulph.* *Tax.* thuj. valer. *Zinc.*
  - **morgens**: mang.
  - **nachmittags**: mag-c.
  - **abends**: am-c. fago.
  - ◇ **abwechselnd** mit Asthma: calad.
  - **brennend**: am-c. calad. mang. nat-s.
  - **juckend**: am-c.h am-m. calad. carbn-s. caust. gamb. lyc. mag-c.h nat-s. sabad. staph.h sulph. *Zinc.*
    - **tagsüber**: zinc.h
  - **Kratzen**, nach: am-m. kali-n.h mag-c.h
    - **nässend**: kali-n.
  - **Menses**, während: sulph.
  - **Waschen**; durch: mag-c.
- **Psoriasis**: *Rhus-t.*
- **Pusteln**: anac. ant-t. *Calc.* cop. lyc.h rhod. rhus-t. *Staph.* tarent.
  - **schmerzhaft**: tarent.
- **roh**: petr. rhus-t.
- **rot**: petr. ph-ac.h
- **Rupia**: kali-i.

– **Unterarm**: ...
- **Schuppen**: alum. merc. petr.
  - **gelb**: rhus-t.
  - **weißlich**: *Merc.*
    - **Käse**, riecht wie: *Calc.*
- **Sonne**; durch Aufenthalt in der: **Sulph.**vh
- **stechend**, bei Berührung: petr.h
- **Tuberkel**: *Agar.* am-c. jug-r. kali-n. lach. mur-ac. ph-ac.
  - **Kratzen**, nach: agar.h
- **Urtikaria**: am-c. calad. chin. clem. lyc. *Nat-m.* sil.
  - **morgens**: chin.
  - **abends**: lyc.
  - **Hitze**; während: calad.
  - **Kratzen**, nach: calad. calc. chin.

– **Handgelenk**: am-m. *Ant-c.* ant-t. apis ars. *Ars-i.* *Calc.* caust. cimic. crot-h. dros. euph. hep. led. merc. *Mez.* olnd. *Psor.* *Rhus-t.* sulph. tarax.
- **abblätternd**: sars.h
  - **bräunlich**: am-m.
- **abschilfernd**: am-m.gsy1 rhus-v.
- **Bläschen**: am-m. bufo calad. calc-p. *Crot-h.* hep. iris kali-i. merc. *Mez.* nat-m. *Rhus-t.* rhus-v. sars.h *Sulph.*
  - **brennend**: am-m. bufo *Mez.* sars.h
    - **gekratzt** wird, wenn: am-m.
  - **erysipelatös**: rhus-t. rhus-v.
  - **gelb**: rhus-t. *Sulph.*
  - **harte** Basis: am-m.
  - **juckend**: am-m. bufo calc-p. kali-i. nat-m. sars.h
  - **Kratzen**, nach: nat-m.h
  - **schuppig** durch Kratzen: am-m.
  - **symmetrisch**: sep.hr1
  - **Wasser** enthaltend, trübes: rhus-t.
  - **weiß**: calad.
- **Blasen**, schorfbildende: am-m.
- **brennend**: merc.
- **Ekzem**: *Jug-c.* *Mez.* *Psor.*
- **Erhabenheiten**: merc.
- **Exanthem**, flüchtiges: calad. elaps hydr. led.
  - **brennt** nach Kratzen: calad.
  - **juckend**: calad. led.
- **Fissuren**: *Kali-ar.*
- **Flecken**: *Apis* *Calc.* dros. jac-c. *Merc.*
- **Flecken**, entzündete: aur-m. carb-v. cocc.
- **Furunkel**: *Iod.* sanic.c2,k
- **Herpes**: ip. merc. *Psor.*
- **juckend**: merc. *Mez.* *Psor.* rhus-t. sars.h stann.h
  - **nachts**: sars.h
- **krätzeartig**: ant-t. olnd. *Psor.* *Sulph.*
- **Krusten**: *Mez.*
- **Pemphigus**: sep.

  ☞ ❑ *Haut - Hautausschläge - Pemphigus*
- **Pickel**: *Ant-t.* arg-n. arn. asc-t. bar-c. bry. bufo-s. calc-p. carb-an. crot-c. cycl. elaps hura jatr-c. mag-c. op. plan. psor. **Rhus-t.** *Rhus-v.* sep. staph. sulph. tarax. ziz.
  - **absondernd**; Wasser: hura psor. rhus-v.
    - **Druck**, bei: mag-c.
  - **brennend**; nach Kratzen: carb-an.

- **Pickel**: ...
  - **harte** Basis: arg-n.
  - **juckend**: bar-c. carb-an. hep.$_{h}$ mag-c. ziz.
  - **stechend**, fein: arg-n.
  - **wund**: sep.
- **Pusteln**: *Ant-c.* arg-n. cocc. *Crot-h.* elaps iris sep. sulph.
  - **hart**: cocc.
  - **juckend**: asc-t.$_{a1}$ cocc.
  - **rot**: lyc.
    - **Hof**: cocc.
  - **Tumoren**, mit: cupr-ar.
  - **zusammenfließend**: rhus-v.
- **Schorfe**: am-m. mez. rhus-t.
- **Schuppen**: ars-i. merc. rhus-t.
- **trocken**: merc. *Psor.*
- **Tuberkel**: am-c. am-m.$_{h}$ crot-h. mag-c.
  - **juckend**: mag-c.$_{h}$
- **Urtikaria**: hep.$_{h}$ stann.$_{h}$

○ **Vorderseite**: bry.
- **Bläschen**: rhus-t.
- **Erhabenheiten**: anac.
- **Pickel**: mang.
- **Pusteln**: anac.

- **Radialseite**:
  - **Bläschen**: ant-c.$_{h}$ merc. nat-m. sars.
  - **Pickel**: ant-c.
- **Rückseite**:
  - **Bläschen**: rhus-v.
  - **Pickel**: calc-p. cimic. *Mez.*

– **Hände**: alum. am-m. anag. ant-t. ars. bar-m. **Carb-v.** *Cic.* cist. *Clem.* cocc. com. con. cop. dulc. **Graph.** *Hep. Kali-s.* kalm. kreos. *Lach.* **Lyc.** med. *Merc. Mez. Mur-ac.* nat-c. *Nat-m. Nat-s. Nit-ac.* oena. *Petr.* phos. pix$_{c2}$ psor. puls. *Rhus-t.* rhus-v. ruta sanic. *Sars.* sel. sep. *Staph.* still. *Sul-ac. Sulph.* zinc.

- **Abschilferung** der Haut: all-s. alum. am-c. am-m. bar-c. ferr. *Graph.* laur. merc. mez. nat-m. *Ph-ac.* phos. rhus-t. *Sep.* sulph.
- **Abwerfen** der Haut; mit: *Ars.* kali-bi.
- **Bläschen**: *Anag.* ant-c. aran. arn. ars. borx. bov. **Carb-ac.** carbn-s. caust. chin. clem. cocc. com. hell. hep. kali-ar. kali-bi. kali-c. kali-i. *Kali-s.* kali-sil.$_{k2}$ lac-ac. *Lach.* mag-c. mag-m. *Merc.* merl. mez. *Nat-m. Nat-s. Petr.* phos. plan. *Psor.* ptel. *Ran-b. Rhus-t. Rhus-v.* ruta sanic. sars. sec. *Sel. Sep. Sil.* spig. *Squil. Sulph.* ter. vip.
  - **Abheilen** erscheinen neue Bläschen; nach dem: *Anag.*
  - **brennend**: *Canth.* rhus-v.
  - **entzündet**: *Rhus-t.*
  - **erhabene** Basis: kali-bi.
  - **Flecken**; in größeren: rhus-t.
  - **fressend**: clem. *Graph.* kali-c. mag-c. nit-ac. sil.
  - **gelblich**: rhus-v. *Sulph.*
  - **Gruppen**, in: *Anag.*
  - **hart**: lach.
  - **Hof**, roter: bov. ruta
  - **juckend**: **Carb-ac.** nat-m.$_{h}$ sep.$_{h}$

– **Hände - Bläschen**: ...
  - **phagedänisch**: graph. kali-c. *Mag-c. Nit-ac.* sil.
  - **rohen** Stellen ohne Oberhaut, an: nat-m.
  - **schwarz**: *Sec.*
  - **stechend**, fein: mag-c.$_{h}$
  - **Stellen**, an kleinen: cic.
  - **wäßrig**: anag. *Ars. Nat-c. Psor.* rhus-t. ruta
  - **weiß**, mit rotem Hof: sanic. uran-n.
  - **zusammenfließend**: ruta
- **blutend**: *Alum. Lyc. Merc. Petr.*
- **braun**: nat-m.
- **brennend**: bufo nit-ac.$_{h}$ rhus-t.
  - **Berührung**, bei: canth. **Cic.**
  - **Kratzen**, nach: *Mez.* **Staph.**
- **Ekzem**: ars. berb.$_{ptk1}$ borx.$_{br1}$ calc.$_{vh}$ *Canth.* clem. **Graph.** *Jug-c.* lyc. *Merc. Mez. Nit-ac.* phos. sabal$_{c1}$ *Sil.*
- **erhaben**: bar-m. **Cic.** kali-c. lach. merc. nat-m. nit-ac. rhus-v. sul-ac. urt-u.
- **Exanthem**, flüchtiges: *Agar.* bry. *Carb-v.* cupr. dig. kali-ar. led. **Lyc.** phyt. rhus-t. stram. verat.
- **Exsudat**, gelbes: *Rhus-v.*
- **fein**: **Carb-v.**
- **feucht**: cist.$_{k2}$ *Clem.* kali-c. kali-s. mang. merc. *Mez. Petr.* ran-s. rhus-t.
- **Flecken**: *Apis*
  - **rot**: zinc.$_{bg1}$
  - **weißlich**: nat-m.
- **Flecken**; entzündete: arg-n. ars. carb-an. indg. kali-chl. merc. rhus-t. rhus-v. sep. spig. stann. sulph. urt-u.
- **Furunkel**: *Calc.* coloc. iris lach. led. *Lyc. Psor.*
  - **klein**: iris
- **hart**: am-m. bov. led. ph-ac. rhus-t. spig.
- **Herpes**: *Borx. Bov. Calc.* cist.$_{k,k2}$ *Con.* **Dulc.** *Graph.* kreos. merc. *Mez. Nat-c.* nat-m. ran-b. sars. sep. *Staph.* verat. **Zinc.**
- **Hirsekörner**, wie: bar-m.
- **juckend**: androc.$_{srj1}$ ars.$_{h}$ **Carb-v.** cist.$_{k2}$ daph. *Graph.* jug-r. *Mez.* mur-ac.$_{h}$ nit-ac.$_{h}$ phos. psor. sanic. sep.$_{h}$ staph. sulph.$_{k2}$ urt-u. zinc.
  - **Mitternacht**, nach: sul-ac.$_{h}$
- **kleieartig**: *Alum.*
- **Knoten**: *Petr.* sep.
- **krätzeartig**: *Anan. Psor. Sep.*
- **Pickel**: acon. *Agar.* am-c. anac. ant-c. arg-n. ars. bell. *Bov.* bry. *Canth. Carb-v.* carbn-s. chinin-s. *Cic.* cupr-ar. dig. elaps hep. iod. kali-ar. kali-chl. *Kreos.* lac-ac. *Lyc.* merc. mur-ac. nit-ac. ol-an. op. psor. *Rhus-t.* rhus-v. sarr. *Sel. Sulph. Tarax. Zinc.*
  - **brennend**: bov. rhus-t.
  - **eiternd**: anac. elaps
  - **grünlich**: cupr-ar.
  - **hart**: bov. *Rhus-t.* rhus-v.
  - **juckend**: acon. am-c. bov. hep.$_{h}$ kreos. *Lyc.* sel. sulph. tarax.$_{h}$
    - **periodisch**: sulph.
    - **Warmwerden** im Bett; beim: mur-ac.
- **rot**: acon. anac. ars. bov. sulph. til.
- **schorfbildend**: mur-ac.

- **Pickel**: ...
  - **stechend**; fein: acon.
- **Psoriasis** diffusa: *Ars. Calc.* carc.$_{dtp}$ *Clem. Graph. Kali-bi. Lyc.* mez. **Petr.** *Rhus-t.* sars.$_{k2}$ sel.$_{c1}$ *Sulph.*
- **purpurn**, blaurot: *Petr.*
- **Pusteln**: *Anac.* asc-t. *Carbn-s.* chel. cic. fl-ac. *Kali-bi. Merc.* nat-m. phos. *Psor.* rhus-t. rhus-v. ruta sanic. sars. *Sep.* sil. squil. staph. **Sulph.**
  - **eitrig**: anac. sars.
  - **juckend**: asc-t. squil. **Sulph.**
  - **krätzeartig**: ruta *Sulph.*
  - **rot**, abends: **Sulph.**
  - **Schwellung**: *Rhus-t.*
  - **wäßrig**: rhus-t.
  - **zusammenfließend**: anac. rhus-v.
- **rissig**: *Alum. Lyc. Merc. Petr.*
- **Roheit**: *Petr. Sulph.*
- **rot**: androc.$_{srj1}$ bell. berb. bov. canth. carb-an. cic. cycl. jug-r. lyc. *Merc. Ran-s.* spig. spong. sul-ac. sulph. verat.
- **schorfig** und voller Risse: *Anthraci.* **Graph.** *Petr. Sanic.*
- **Schuppen**: anac. *Anthraci.* arn. *Clem. Graph.* hep. *Merc.* mur-ac. *Petr. Psor.* sars. sec. *Sep.* sulph.$_{k2}$
  - **weiß**: *Graph. Sep.*
  - **Winter** agg.; im: *Petr. Sep.*
- **schuppig**: sars. sep.
- **schwarz**: *Sec.*
- **trocken**: anag. bov. lyc. merc. *Psor.*
- **Tuberkel**: ars. carb-an. hydrc. kali-chl. *Merc.* nit-ac. rhus-t. rhus-v. sep. spig. stram.
- **Urtikaria**: apis berb. bufo *Carb-v. Hep.* hyper. nat-c. *Nat-m.* nat-s. *Sars.* **Sulph.** *Urt-u.*
  - **morgens**: chin.
  - **rot** nach Kratzen: nat-m.$_{h}$
- **violett**
  ☞ *purpurn*
- **Wetter**, bei kaltem: sep.$_{k,kl2}$●
- **zusammenfließend**: cic. cop. genist. phos.

○ **Handfläche**: anag. androc.$_{srj1}$ arn. aur. crot-h. *Graph.* kali-c. *Nat-s.* ran-b.$_{k2}$ sel.$_{br1}$ *Sep. Sulph.*
  - **Abschilferung** ●: am-c. arn. bry.$_{sys}$ chinin-s. elaps$_{bg3}$ **Graph.**$_{bg1,bg2,*}$ hydr. psil.$_{ft1}$ rhus-t.$_{bg3,kl2}$● sabad. *Sep.*$_{k,kl2}$● *Sulph.*$_{k,kl2}$●
  - **Absonderung**; dünne, wäßrige: crot-h. *Nat-s.*
  - **aufgesprungen**
    ☞ *rissig*
  - **Bläschen**: anag.$_{bg1}$ *Anthraci.* bufo canth. caust. *Kali-c.* mag-c. *Merc.* ran-b. rhus-t. rhus-v. ruta
    - **durchsichtig**: merc.
    - **gelb**: anthraci. bufo rhus-t. rhus-v.
    - **groß**: anthraci.
    - **juckend**: caust.$_{h}$ *Kali-c.* rhus-t.
      - **Bettwärme** agg.: *Rhus-v.*$_{vh}$
      - **Waschen** agg.: *Rhus-v.*$_{vh}$
    - **Kratzen**, nach: mag-c.$_{h}$
    - **wäßrig**: bell.$_{h}$
  - **Blasen**: bufo$_{br1,k}$ ran-b.
  - **Handfläche**: ...
    - **erhabene**, rote Flecken: *Fl-ac.*
    - **Exanthem**, flüchtiges: form.
    - **Flechte**: ran-b.$_{c1}$
    - **glatte** Flecken: cor-r.
    - **Herpes**: *Aur. Kreos.* psor. ran-b. *Sep.*
    - **kupferfarbene** Flecken: cor-r.
    - **Pickel**: nat-s. psor. spig. thuj.
      - **hart**, juckend, mit harter Absonderung: thuj.
    - **Psoriasis**: aur. calc.$_{c2,k}$ *Clem.* cor-r.$_{br1,bro1}$ crot-h.$_{c2,k}$ graph. hep. kali-s. *Lyc. Med.*$_{bro1,c1,*}$ *Merc.* mez.$_{bg1}$ *Mur-ac. Nat-s.* petr. **Phos.** *Psor.* sars. *Sel.*$_{c2,k}$ sil. sul-ac. *Sulph.* x-ray$_{alj}$
    - **Pusteln**: *Lach.*
    - **rissig**: ran-b.$_{br1}$
    - **roh**: *Nat-s.*
    - **rote** Flecken: apis
    - **Schuppen**: hep. *Lyc. Nat-s.* petr. pip-m. rhus-t. sabad. sars. *Sel.* sep. *Sulph.*
    - **schuppige** Flechten: cinnb. *Lyc. Nat-s.* sulph.
    - **syphilitische** Psoriasis: *Ars. Ars-i.* aur. *Merc.* phos. *Sel.*
    - **trockene** Flechte: *Caust. Nat-s. Sel. Sulph.*
    - **Urtikaria**: rhus-v. stram.$_{h}$
  - ○ **Handballen**: ant-c.$_{h}$ mez.
- **Handrücken**: berb. bov. chel. cupr. jug-r. kali-chl. *Kali-s.* kreos. *Merc. Mez.* mur-ac. nat-c. phos. pix$_{bg3,br1}$ puls.$_{bg3}$ sanic. *Sep.* **Sulph.**
  - **abschilfernd**: am-m. bar-c. calc. *Graph.* merc.
  - **Bläschen**: anac. arg-n. brom. *Calc. Canth.* cic. *Graph.* indg. kali-chl. *Kali-s. Mez.* phos. psor. **Rhus-t.** rhus-v. sol-ni. **Sulph.** zinc.
    - **absondernd**; Flüssigkeit:
      - **gelbliche**: sol-ni.
      - **saure**: sol-ni.
    - **brennend**: mez.
    - **Erkältung**, durch: zinc.
    - **feucht**: mez.
    - **gelb**: arg-n.
    - **juckend**: cic. kali-chl. **Mez.** phos. sulph.$_{h}$
      - **nachts** agg.: phos.$_{h}$
    - **rot**: psor.
    - **Stellen**, an kleinen: rhus-t.
    - **wäßrig**: calc. rhus-v.
  - **Ekzem**: *Graph. Jug-c.* kreos.$_{br1}$ *Merc.* **Mez.** nat-c. phos. *Sep.*
  - **Erhabenheiten**: anac. dros. plb. sul-ac.
  - **Exanthem**, flüchtiges: *Dig.*
  - **feucht**: bov. kreos. *Mez.*
  - **Flecken**, rote: bell.$_{h}$
  - **Furunkel**: calc.
  - **Herpes**: *Carbn-s. Graph.* lyc. nat-c. petr. sep. thuj.
  - **juckend**: am-m. *Merc. Mez.* sanic. **Sulph.** tarax.$_{h}$
    - **nachts**: *Merc.*
  - **Krusten**, gelbe: *Merc. Mez.*
  - **kupferfarben**: psor.
  - **Masern**, wie: cop.

- **Handrücken**: ...
  - **Pemphigus**: sep.
    ☞ ❐ *Haut - Hautausschläge - Pemphigus*
  - **Petechien**: berb.
  - **Pickel**: acon. **Agar.** am-m. calc-p. canth. carb-v. *Carbn-s.* cic. kali-chl. mur-ac.h tarax.h zinc.
    - **juckend**: am-m. zinc.
  - **Psoriasis**, chronische: *Ars.* aur. bar-c. **Graph.** hep. *Lyc. Maland.* **Petr.** *Phos.* phyt. *Rhus-t.* sars. *Sulph.*
  - **Pusteln**: anac. cimic. sanic. *Sil.* sulph.
  - **Risse**: *Merc.*
  - **rot**: jug-r. nat-c.h2 sul-ac.h
    - **Flecken**: bell.h
    - **Flecken**, große: calc.
  - **Schorfe**: mur-ac. plb. *Sep.* sul-ac. sulph.
  - **schuppige** Flechte: lyc. sars. *Sep.* sulph.
  - **syphilitische** Psoriasis: *Ars.* aur. *Merc.* phos.
  - **Tuberkel**; weiße, juckende: carb-an.h
  - **Urtikaria**: acon. apis berb. cop. hyper. indg. *Sulph.* thuj.
    - **Abkühlung** der Hände; bei: thuj.
  - **Wetter**:
    - **kaltem** Wetter, bei: *Sep.*k,kl2●
  - **Wucherungen**, warzenartige: **Thuj.**
  - **zusammenfließend**: cop.
- **Ulnarseite**:
  - **Bläschen**: ant-c. lach. sel.
  - **Furunkel**: coloc.
- **zwischen** den Fingern: *Canth.* carbn-s. *Graph.* hell. lach. lyc. nit-ac. olnd. phos. *Psor.* puls. rhus-v. sep. sul-ac. *Sulph.*
  - **Abschilferung** der Haut: am-m.
  - **Bläschen**: anag. *Apis* ars.h *Calc. Canth.* carbn-s.k2 *Hell.* iod. laur. mag-c.h *Nat-m.* olnd. phos. **Psor.** *Puls.* rhus-t. rhus-v. ruta *Sel.* **Sulph.**
    - **brennend**: canth.
    - **juckend**: canth. phos.h,kl2● *Psor.* **Sulph.**k,kl2●
      - **Bettwärme**: *Rhus-v.*vh
      - **Waschen** agg.: *Rhus-v.*vh
  - **brennend**: nit-ac.h
  - **feucht**: *Graph.*
  - **Herpes**: ambr. graph. merc. *Nit-ac.*
  - **juckend**: ambr.c1 ars.h bry.bg1 canth. lyc. mag-c.h nit-ac.h **Psor. Sulph.**
    - **Mitternacht**, nach: sul-ac.h
  - **Pickel**: ars. lyc. mag-c.h ph-ac. puls.
  - **Pusteln**: caps. rhus-t.
  - **schuppig**: laur.
  - **Urtikaria**: hyper. merc.
- **zwischen** Daumen und Zeigefinger: bruc. iod.h
  - **Abschilferung** der Haut: am-m.
  - **Bläschen**: grat. *Nat-s.* **Sulph.**
  - **Blutbeule**: ars.h
  - **Herpes**: ambr.
  - **juckend**: ambr.h
  - **Pickel**: agar. bry. canth. ham. sulph. thuj.
    - **brennend**; bei Berührung: canth.
    - **juckend**: ars. sulph.

– **Hände**: ...
- **zwischen** Zeigefinger und Mittelfinger: cic.
- **zwischen** Mittelfinger und Ringfinger: *Sulph.*k,kl2●
  - **Bläschen**: *Sulph.*
- **zwischen** Ringfinger und kleinem Finger: mag-c.
  - **Bläschen**: hell.h mag-c.
  - **Pickel**: canth.

– **Finger**: arn. ars. borx. canth. caust. choc.srj3 *Cist.* cupr. cycl. fl-ac. graph. hep. *Kali-s. Lach.* mez. mur-ac. nat-s.k2 petr.k2 ph-ac. prim-f.bro1 ran-b. rhus-t. rhus-v. sars. sep. sil. spig. sulph. tab. tarax. thuj.
- **Abschilferung** der Haut ●: agar. bar-c. chlol.hr1 elaps *Graph.* merc. *Mez. Rhus-v.* sabad. *Sep.* still. *Sulph.*
- **Bläschen**: bell. borx. calc. calc-sil.k2 *Cit-v. Clem.* cupr. cupr-ar. cycl. fl-ac. *Graph.* hell.h hep. *Kali-c. Kali-s.* lach. mag-c. mang. *Mez. Nat-c. Nat-m.* nat-s. *Nit-ac.* petr.k2 *Ph-ac.* phos. *Plb. Puls. Ran-b. Rhus-t.* rhus-v. *Sars. Sel. Sep. Sil. Sulph.*
  - **Geschwüren**; werden zu: calc. graph. kali-c. mag-c. nit-ac. petr.k2 ran-b. sil.
    - **bläulich**: *Ran-b.*
    - **brennend**: ran-b.
    - **juckend**: ran-b. sars.h sil.h
- **brennend**: caust.h ran-b.
- **Ekzem**: borx.br1 *Calc.*vh kreos.bro1 *Lyc.* sil. staph.
  - ◆ **begleitet** von:
    - **Ausfallen** der Fingernägel: borx.br1,ptk1
  - **schmerzhaft**: arn.
- **erhabene** Flecken: syph.
- **Exanthem**, flüchtiges: hydr. sil.
- **feucht**: nat-s.k2
- **Flecken**; entzündete: ant-c. arg-n. ars. berb. caust. cocc. con. lach. led. nat-c. rhus-t. verat.
- **Furunkel**: calc. *Lach.* sil.
- **Herpes**: ambr. caust. *Cist.* **Graph.** *Kreos.* merc. nit-ac. psor. ran-b. thuj. zinc.
- **juckend**: caust.h ran-b.
- **kupferfarbene** Flecken: cor-r.
- **Pemphigus**: lyc.
  ☞ ❐ *Haut - Hautausschläge - Pemphigus*
- **phagedänische** Blasen (Freßblasen): calc. *Graph.* hep. kali-c. *Mag-c.* nit-ac. ran-b. sil. sulph.
- **Pickel**: anac. ant-c. arn. ars. bar-c. berb. canth. carb-ac. cycl. elaps graph. *Kali-c. Lyc.* mez. mur-ac. *Ph-ac.* sars. *Spig.* tab. tarax. *Ther. Zinc.*
  - **rot**: ph-ac.h
- **Psoriasis**: graph.k2 lyc. teucr.
- **Pusteln**: anac. bar-c. borx. cinnb. cocc. cupr. hydrog.srj2 kali-bi. rhus-t. sang. sars. spig. zinc.
- **schmerzhafte** Knoten: *Calc.*
- **Schorfe**: anag. cit-v. kali-bi. lyc. mur-ac. rhus-v. thuj.
- **Schuppen**, weiße: lyc. *Sep.*
- **trocken**: anag. psor.
- **Tuberkel**: berb. caust. *Con.* hydrc. *Lach. Led.* lyc. nat-c. rhus-t. verat. zinc.

- **Urtikaria**: hep. thuj. urt-u.
  - **Abkühlung**, bei: thuj.
- **Wucherungen**: ars. thuj.
  - **grünlich**: ars.
  - **warzenartig**: thuj.
- ○ **Beugeseite**:
  - **Abschilferung** der Haut: psil.$_{ft1}$
- **Fingernägel**; in der Gegend der: eug. merc. psor.$_{bro1}$ sel. tub.$_{xxb}$
  - **Abschilferung** der Haut: chlol.
  - **Bläschen**: ail. *Nat-c.*
  - **Geschwüre**: *Ars.*
  - **Krusten**: *Ars.*
  - **Psoriasis**: graph.$_{bro1}$ sep.$_{bro1}$
  - **Pusteln**: bell.$_{h}$
  - **Pusteln** breiten sich über die Hand zum Handgelenk aus: *Kali-bi.*
- **Fingerrücken**: mur-ac.$_{h}$
- **Fingerspitzen**: ars. bar-c. *Cist.* cupr. elaps *Nat-c.* psor.
  - **aufgesprungen**
    ☞ *rissig*
  - **Abschilferung** der Haut ●: all-c.$_{dgt}$ bar-c. elaps ph-ac. phos.
  - **Bläschen**: ail. *Ars. Cupr. Nat-c.*
    - **Blut** gefüllt, mit: **Ars.**
  - **Blasen**: ail.$_{k2}$ alum. cupr.
  - **Pickel**: elaps
  - **Pusteln**: *Psor.*
  - **rissig**: ran-b.$_{brl}$
- **Gelenke**: cycl. hydr. *Mez.* nat-c.$_{k2}$ **Psor.**
  - **Geschwüre**, juckende: *Mez.*
  - **trocken**: **Psor.**
- **Seiten**: *Mez.* sabad. tarax.$_{h}$ tax. tub.$_{dgt}$
- **Zeigefinger**: agar. *Calc.* kali-c. mag-c. nat-c. sil.
  - **Bläschen**: *Calc.* kali-c. mag-c. nat-c. sil. sulph.
    - **absondernd**; Wasser: kali-c.
    - **brennend**: nat-c.$_{h}$
    - **fressend**: mag-c.$_{h}$
    - **kaltem** Waschen, nach: ~~nat-c.$_{kl,xxx}$~~
    - **phagedänisch**: *Calc.*
    - **Waschen** amel.: nat-c.$_{kl}$
  - **Pickel**: anac.$_{h}$ sulph.
  - **Psoriasis**: anag. teucr.
  - **Pusteln**: anac.$_{h}$
  - **Tuberkel**: lyc.$_{h}$
  - **warzenartig**: lyc.$_{h}$
- **Mittelfinger**, Psoriasis: anag.
- **Ringfinger**: cycl.
- **kleiner** Finger: cycl.
  - **Bläschen**: graph. kali-c.$_{h}$ nat-m.$_{h}$
    - **juckend**: nit-ac.$_{h}$

– **Daumen**: choc.$_{srj3}$ hep. sanic.

- **Bläschen**: *Hep. Lach.* mang.$_{h}$ mez. *Nat-c.* nat-s. nit-ac. *Ph-ac. Sep.*
  - ○ **Daumenballen**: ph-ac.$_{h}$
- **Blasen**: hep.
- **Furunkel**: hep. kali-n.
- **Pemphigus**: lyc.
  ☞ ❑ *Haut - Hautausschläge - Pemphigus*

– **Daumen**: ...

- **Pickel**: ant-c. berb. *Kali-c. Lyc. Ther.*
  - **juckend**: kali-c.$_{h}$
  - ○ **Daumenballen**, neben dem: berb. ther.
- **Pusteln**: cic. sanic.
- **Tuberkel**: *Ars.* caust.$_{h}$
- ○ **Daumenspitze**: ail.
  - **Bläschen**: ail. nit-ac.
- **zwischen** Daumen und Zeigefinger:
  - **Abschilferung** der Haut: am-m.$_{h}$
  - **Pickel**: arn. bry. canth.
  - **trocken**: verat.$_{h}$
  - **Tuberkel**: *Ars.*

– **Beine**: agar. am-c. am-m. *Ant-c.* apis arn. **Ars.** arund. *Bar-c.* bar-m. bell. *Bov.* bry. **Calc.** *Calc-p.* calc-sil.$_{k2}$ *Carb-v.* carbn-o. **Caust.** chel. chin. chinin-ar. chinin-s. chlor. *Clem.* con. cop. crot-c. *Crot-t.* cupr. cupr-ar. dulc. elaps *Euph.* fago. *Graph.* iod. jug-r. *Kali-ar.* kali-bi. kali-br. *Kali-c. Kali-s.* kreos. lach. led. *Lyc.* mag-c. manc. mang. *Merc.* murx. nat-c. nat-m. nat-p. nit-ac. nux-v. **Petr.** ph-ac. phos. phyt. plan. **Psor.** *Puls.* **Rhus-t.** *Rhus-v.* rumx. ruta sabad. sars. sec. sel. **Sep. Sil.** staph. stram. stront-c. **Sulph.** tarax. tep. thuj. til.

- **abblätternd**: bar-m. *Merc. Petr.*
  - **Stellen**, an kleinen: *Merc.*
- **Abschilferung** der Haut: agar. ars. calc-p. chinin-s. crot-t. elaps kreos. mag-c. merc. sulph. thuj.
- **Baden**:
  - **kaltes** Baden amel.: *Lyc.*
- **Bläschen**: acon. am-c. *Ant-c.* apis arn. **Ars.** aster. bell. *Bov. Bufo Calc.* cann-s. carb-v. carbn-o. **Caust.** chin. clem. cupr. elaps *Graph.* hyos. iod. kali-ar. kali-bi. lach. lachn. manc. **Nat-c. Nat-m.** nat-p. **Nit-ac.** *Petr.* ph-ac. phos. **Rhus-t.** rhus-v. sabad. sars. sec. sel. *Sep. Sil.* **Sulph.** tell.$_{c1}$ verat. zinc.
  - **ausbreitend**; sich: nit-ac.
  - **blutiges** Serum: *Nat-m.*
  - **brennend**: verat.
  - **fressend**: borx. caust. graph. sep. sil. sulph.
  - **gelbe** Flüssigkeit: ars. bufo
  - **geschwürig**: sulph. zinc.
  - **juckend**: *Calc.* carb-v.
  - **Kratzen**, nach: sars. sep.
  - **rot**: *Calc.*
  - **stechend**, fein: *Rhus-t.*
  - **Wasser**, mit stinkendem: ars.
  - **weiß**: mez. thuj.
    - **roten** Rändern, mit: corn-s.
  - **Wetter**:
    - **kaltem** Wetter, bei: dulc.
  - **Windpocken**, wie: ant-c.
- **bluten** nach Kratzen: calc. cupr.
- **brennend**: bov. fago. lac-ac. *Merc.* nux-v. til.
  - **Kratzen**, nach: til.
- **Ekzem**: *Anil.* apis arn. ars. *Bov.* chel. jug-r. kali-br. merc. *Petr. Psor. Rhus-t.*
- **Erhabenheiten**: aur. cop. cupr. kali-br. mag-c. petr. puls. thuj.
- **Essen**: nux-v. *Sulph.*

• **Exanthem**, flüchtiges: alum.h bry. mez. nat-m. nux-v. rhus-t. sep. tep. zinc.
 • **juckend**: alum.h
• **feucht**: *Bov.* bry. chel. kreos. merc. nat-m.
• **Flecken**: ant-c. lach. nat-c. sulph.
• **Flohbisse**: sec.
• **Furunkel**: all-c. am-c. apoc. *Ars.* aur-m. bell. carbn-s. clem. **Hep.** hyos. kali-bi. nat-m. nit-ac. nux-v. petr. ph-ac. phos. *Rhus-t.* rhus-v. sec. sep. sil. stram. *Sulph.* thuj.
• **gangränös**: hyos.
• **geschwürig**: ph-ac. sel.c1
• **glatt**: mag-c.
• **grießartig**: nat-m.
• **Gruppen**, in: nat-m.
• **hart**: aur. bov.
• **heiß**: chel. fago.
• **Herpes**: *Alum.* **Bov.** caust. clem. com. **Graph.** kali-c. lach. led. **Lyc. Merc.** mur-ac. **Nat-m.** nicc. *Petr.* sars. *Sep.* sil. staph. **Tell.** zinc.
• **juckend**: *Agar.* anac. arg-n. bov. bry. *Calc.* calc-sil.k2 caust. daph. dulc. fago. jug-r. *Kali-c.* lac-ac. lach. led. mang. marb-w.es1 *Merc.* mur-ac. *Nat-c.* **Nat-m.** nat-p. nicc. *Nux-v.* petr. puls. rhus-t. rumx. sel. **Sep.** *Sil.* **Staph.** sulph. tarax. til.
• **Knötchen**: petr. ther. thuj.
• **Knoten**; rötliche, harte: kali-bi.
• **knotig**: petr. ther. thuj.
• **krätzeartig**: ars. bry. chel. sulph.
• **miliar**: alum. ars. bov. daph. merc. nux-v. sil. sulph.
• **Papeln**: lach. lachn. merc. nux-v. ph-ac. rhus-t. sel. sep. thuj.
 • **roseolaartige** Papeln ohne Fieber oder Jucken: cub.c1
• **Petechien**: agav-a.br1 am-m. ars. kali-i. solid.br1
• **phagedänisch**: ars. nux-v. sulph.
• **Pickel**: agar. am-c. am-m. ant-c. arg-n. arn. asc-t. bar-c. bell. berb. bov. bry. calc. calc-p. calc-sil.k2 cann-s. castm. chel. chinin-s. clem. con. crot-c. elaps fago. fl-ac. *Graph.* hura iris iris-fl. kali-bi. kali-br. kali-c. kali-chl. *Kali-s.* kali-sil.k2 mag-c. mang. merc. mez. morph. nat-m. nat-p. nicc. petr. ph-ac. *Puls.* rumx. *Sars.* sep. sil. stann. staph. stront-c. sulph. thea thuj. til. verat. zinc.
 • **blutend**: agar. thea
 • **brennend**: mang.
  • **gekratzt** wird, wenn: staph.
 • **flach**: ant-c. plan.
 • **gelb**: ant-c.
 • **hart**: plan.
 • **indolent**: chel.
 • **juckend**: asc-t. bell. elaps *Hep.* kali-bi. mang. *Petr. Ph-ac.* sel. *Sep.* stann. staph. sulph.
  • **Kratzen**, nach: mag-c.
 • **rot**: asc-t. chel. clem. graph. kali-c. sars. sulph. thea til.
 • **schmerzhaft**: bry. thea
 • **weiß**: plan.
• **Pusteln**: am-c. ars. bry. clem. crot-c. cupr-ar. dulc. hyos. jug-c. kali-bi. kali-br. lyc. mez.

– **Beine - Pusteln**: ...
rhus-t. rumx. sars. stram. thuj. verat.
 • **brennend**: mez.
 • **eiternd**: con. thuj.
 • **Gruppen**, in: hyos.
 • **rot**: lyc. mez.
  • **Hof**: ant-c.
 • **schwarz**: *Ars.* nat-c. sec.
• **rauh**: rhus-v.
• **rot**: bell. bov. chel. crot-c. kali-bi. mag-c. merc. nat-m. rhus-v.
• **schmerzhaft**: arn. bov.
• **Schorfe**: arn. ars. bell.h *Bov.* calc. iris-fl. *Kali-br. Lach.* mez. podo. rhus-v. *Sabin. Sil.* staph. zinc.
 • **erhaben**, weiß: mez.
• **Schuppen**: calc-p. clem. kali-ar. *Kali-s.* pip-m. rhus-v.
 • **Stellen**, an kleinen: *Merc.* zinc.
• **schwarz**: sec.
• **stechend**; fein: ant-c. nux-v. petr. sabin.
• **trocken**: bry.
• **Tuberkel**: syph.k2
• **Urtikaria**: *Apis Calc.* **Chlol.** clem. kali-i. marb-w.es1 merc. plan. sulph. zinc.
 • **Kratzen**, nach: clem. spig.h zinc.
• **Verbrennung**; Flecken wie bei einer: lach.
• **weiß**: agar.
• **Windpocken**, wie: ant-t.
• **wund**: merc.
• **zusammenfließend**: cop. rhus-v.

– **Gesäß**: ant-c. borx. canth. caust. *Graph.* mez. *Nat-c.* nat-m. nux-v. sel. thuj. *Til.*
• **Bläschen**: borx. cann-s. carb-an. crot-t. iris olnd. ph-ac. rhus-t.
 • **fressend**: borx.
• **Erhabenheiten**: mez.
• **Exkoriation**: *Rhus-t.* thuj.
• **Flecken**: ant-c. bry. sars.
• **Furunkel**: acon.bg1 agar. alum. alum-p.k2 am-c. aur-m. bar-c. bart. borx.h cadm-s. calad. graph. *Hep.* indg. *Lyc.* nit-ac. *Ph-ac.* phos. plb. psor. *Rat.* sabin. sars. sec. sep. *Sil. Sulph.* thuj.
 • **Blutbeule**: aur-m. hep.h lyc.h
• **Herpes**: borx. caust. kreos. *Nat-c.* nicc.
• **juckend**: calc-p. caust. graph. mag-m.h *Nat-c.*h2 thuj. til.
• **Knoten**: ther.
• **Kratzen**, nach: kali-n.h
• **lepraartige**, jährlich wiederkehrende Flekken: *Graph.*
• **Papeln**: cub.c1
 • **roseolaartige** Papeln ohne Fieber oder Jucken: cub.c1
• **Pickel**: ant-c. ars-h. bar-c. berb. calc. canth. chel. cob. graph. ham. hura kali-n. lyc. mag-c. mang. meph. merc. mez.h nat-p. nux-v. *Petr.* plan. rhus-t. sel. sulph. thuj. *Til.*
 • **links**: lachn.c1
 • **juckend**: kali-n. lyc. mag-c.h mag-m.a1 thuj.h *Til.*
 • **Kratzen**, nach: mag-c.h

- **Pickel**: ...
  - **schmerzhaft**: ham. lyc.$_{h}$ sulph.
  - **wäßrig**: lachn.$_{c1}$
- **Pusteln**: ant-c. calc. grat. hyos. jug-c. ph-ac.
- **rot**: mag-m.$_{h}$
- **schmerzhaft**: graph.
- **Schorfe**: chel. *Graph.* psor.
- **schuppig**: calc-p.
  - **Tuberkel**: hep. mag-m.$_{h}$ mang. phos.
- **trocken**: nat-c.$_{h}$
- **Urtikaria**: hydr. lyc.
- o **Rima** ani: olnd.
  - **Exanthem** bei Kindern, Säuglingen; rotes, flüchtiges: **Med.**$_{vh,vh/dg}$
  - **Feuchtigkeit**: arum-t. thuj.
  - **Pickel**: sulph.
  - **Pusteln**: phos.
  - **Roheit**
    - ☞ *Exkoriation - Rima*
- o **oberer** Teil: hep.

– **Hüfte**: *Nat-c.* nicc. osm. sel.$_{c1}$
  - **Blasenausschlag**: calc.
  - **Furunkel**: alum. am-c. bar-c. graph. hep. jug-r. lyc. *Nit-ac.* *Ph-ac.* rat. sabin.
  - **Herpes**: *Nat-c.* nicc. *Sep.*
  - **Pickel**: hyper.
  - **Tuberkel**: rat. rhus-t.

– **Oberschenkel**: agar. ars. aster. bar-m. *Calc.* chinin-s. choc.$_{srj3}$ crot-t. fago. *Graph.* kali-ar. kali-bi. kali-c. kali-sil.$_{k2}$ kreos. merc. *Nat-c.* nat-m. nit-ac. nux-v. osm. petr. phos. plan. *Psor.* *Rhus-t.* rhus-v. *Sil.* staph. sulph. thuj. *Til.*
  - **abblätternd**: bar-m. merc. *Mez.*
    - **Stellen**, an kleinen: *Merc.*
  - **Abschilferung** der Haut: chinin-s. crot-t. kreos. sulph.
  - **Bläschen**: ant-c. aster. cann-s. caust. clem. *Crot-t.* *Kali-c.* lach. nat-c. olnd. sars. sel. sulph. verat. vip.
    - **brennend**: verat.
    - **Geschwüren**; werden zu: aster.
    - **Hof**, roter: psil.$_{ft1}$ sulph.
    - **juckend**: aster. clem. psil.$_{ft1}$
    - **Kratzen**, nach: sars.
    - **schwarz**: *Anthraci.*
    - **stechend**: psil.$_{ft1}$
    - **weiß**, mit rotem Rand: cann-s.
  - **Blasen** nach Kratzen: lach.
  - **blaue** Flecken: *Arn.*
  - **brennend**: fago. til.
    - **Kratzen**, nach: til.
  - **Ekzem**: graph.$_{k2}$ petr. *Rhus-t.*
  - **erhaben**: plan.
  - **Exanthem**, flüchtiges: bry. caust. cub. merc. mez. nat-m. *Nux-v.* ol-an. osm. *Petr.* rhus-t. **Sulph.** ter.
    - **bräunlich**: mez.
    - **brennend**, während den Menses: nux-v.$_{a1}$
    - **juckend**:
      - **brennend**, während den Menses: rhus-v.
      - **Kratzen**; agg. nach: mez.
    - **nagend**, wühlend nach Kratzen: mez.

– **Oberschenkel**: ...
  - **feucht**: *Crot-t.* graph.$_{k2}$ merc. nat-m.
  - **Flecken**: aur. carb-v. crot-h. merc. rhod. zinc.
  - **Furunkel**: acon.$_{bg1}$ agar. all-s. alum. alum-p.$_{k2}$ am-c. androc.$_{srj1}$ apoc. aur-m. *Bell.* *Calc.* calc-sil.$_{k2}$ carbn-s. *Clem.* *Cocc.* *Hep.* *Hyos.* *Ign.* kali-bi. *Lach.* *Lyc.* mag-c. *Nit-ac.* *Nux-v.* *Petr.* ph-ac. phos. plb. puls.$_{bg1}$ rhus-v. *Sep.* **Sil.** thuj.
    - **rechts**: calc. hell. kali-bi. kali-c. rhus-v.
  - **heiß**: fago.
  - **Herpes**: *Clem.* *Graph.* kali-c. *Lyc.* **Merc.** mur-ac. nat-c.$_{k2}$ **Nat-m.** nit-ac. petr. sars. *Sep.* staph. zinc.
  - **Hof**, roter: nat-m.
  - **juckend**: agar. alum.$_{h}$ *Carb-v.* fago. kali-c.$_{hr1}$ mag-m.$_{h}$ merc. nat-m. petr.$_{h}$ sep. *Til.*
  - **Knoten**: nat-c.$_{h}$
    - **rötlich**, hart: kali-bi.
  - **Krusten**: anac. *Clem.* graph. *Ph-ac.*
  - **kupferfarbene** Flecken: *Mez.*
    - **Menses**, während: mez.$_{kr1}$
  - **Petechien**: *Ars.*
  - **Pickel**: agar. ant-c. asc-t. bar-m. berb. bov. bry. calc. cann-s. castm. chel. choc.$_{srj3}$ clem. cocc. elaps fago. fl-ac. graph. *Kali-c.* *Kali-chl.* kali-cy. *Lach.* lyc. mag-c. *Mang.* meph. *Merc.* *Mez.* *Nat-m.* *Petr.* *Phos.* plan. rumx. sars. *Sel.* *Stann.* staph. *Sulph.* thea *Thuj.* *Til.* zinc.
    - **beißend**: agar.$_{h}$
    - **brennend**: mang.
      - **morgens** und abends: mang.
      - **gekratzt** wird, wenn: agar.$_{h}$ *Staph.* *Til.*
    - **flach**: ant-c. plan.
    - **indolent**: chel.
    - **juckend**: asc-t. chel.$_{h}$ mag-m.$_{a1}$ nat-m.$_{h}$ stann. staph. sulph. zinc.
      - **morgens**: mang.
      - **abends**: mang. sulph.
      - **Kratzen**, nach: mag-c.
    - **rot**: asc-t. chel. clem. graph. kali-c. mag-m.$_{a1}$ sars. sulph. thea *Til.*
      - **Hof**, mit rotem: nat-m.$_{h}$
    - **schmerzhaft**: bry. thea
      - **Berührung**, bei: phos.$_{h}$
    - **weiß**: plan.
    - **wund** durch Kratzen: mang.$_{h}$ nat-m.$_{h}$
  - **Pusteln**: am-c. *Ant-c.* dulc. grat. *Hyos.* *Jug-c.* lach. lyc. mez. staph. stram. *Thuj.* verat.
    - **brennend**: mez.
    - **gelb**: *Ant-c.*
    - **Gruppen**, in: hyos.
    - **rot**: lyc. mez.
    - **Spitzen**, mit eingesunkenen: verat.
  - **rauh**: kreos. rhus-v.
  - **rot**: mag-m.$_{h}$ merc. rhus-v.
    - **Flecken**: calc. cycl.$_{gt1}$
  - **schuppig**: mez.
  - **schwarze** Blasen: *Anthraci.*
  - **Tuberkel**: mag-m.$_{h}$ *Nat-c.*
  - **Urtikaria**: all-c. caust.$_{h}$ clem. iod. merc. sulph.$_{h}$ *Zinc.*
    - **juckend**: caust.$_{h}$ dulc.$_{h}$

- **Urtikaria**: ...
  - **Kratzen**, nach: clem. *Zinc.*
- ○ **Innenseite**: gels.psa
  - **Menses**; während: kali-c.h nux-v.krl sil.
    - **Pickel**: sulph.h
- **Rückseite** des Oberschenkels rauh: kreos.
- **zwischen**: *Carb-v.* hep. kali-c.h nat-m. nat-s. *Petr.* puls. sel.

– **Knie**: anac. ant-c. arn. canth. carb-v. *Dulc.* iod. kreos.bgl *Lac-c.* lach. merc. *Nat-m.* nat-p. *Nux-v.* petr.bgl ph-ac. phos. *Psor.* rhus-t. sabad. samb. sars. sep. *Thuj.*
- **Bläschen**: ant-c. arn. carb-v. *Caust.* iod. iris nat-p. phos. rhus-t. sabad. sars. sep.
  - **grünlich**: iod.
  - **juckend**: carb-v.
  - **Kratzen**, nach: sars. sep.
  - **stechend**; fein: *Rhus-t.*
  - **Windpocken**, wie: ant-c.
- **brennend**: nux-v.
- **Ekzema** rubrum: anil. arn. rhus-t.
- **Exanthem**, flüchtiges: *Iod. Led.* nux-v. sep. ter. zinc.
- **Flecken**: ant-c. sulph.
- **Furunkel**: am-c. *Calc. Nat-m. Nux-v.*
- **grießartig**: nat-m.
- **Herpes**: ars. carb-v. *Dulc. Graph.* kreos. merc. nat-c. **Nat-m.** *Petr.* phos. *Sulph.*
- **juckend**: anac.h hep.h nat-m. nux-v. ph-ac.h thuj.h zinc.h
- **Knoten**; rötliche, harte: psil.ft1
- **Krusten**, mit: *Psor.* sil.
- **kupferfarben**: stram.
- **Pickel**: ant-c. bry. hep. hura nicc. ph-ac. puls. sars. sep. sulph. *Thuj.* zinc.
- **Psoriasis**: *Iris Phos.*
- **Pusteln**: *Iris* thuj.a
- **roter** Flecken: petr.h
- **schmerzhaft**: arn.
- **schuppig**: *Hydr.*
- **Urtikaria**: zinc.
- **Wasserbläschen**, kleine: *Anthraci.*
- **Windpocken**, wie: thuj.h
- ○ **Kniekehle** ●: **Ars.** *Bov.* bry. calc. *Carbn-s.* chin. dulc. **Graph.** *Hep.* kali-c. kreos.bgl led. *Merc. Nat-m.* petr. phos. *Psor.* sars. sep. tep. thuj.bgl zinc.
  - **Bläschen**: chin. iod. phos. puls. sars. sep.
  - **brennend**: *Merc.*
  - **Ekzem**: *Graph.*
  - **Exanthem**, flüchtiges: *Hep.* sep. zinc.
  - **feucht**: *Graph.* **Merc. Sep.**
  - **Flecken**: petr.
  - **Herpes**: **Ars.** calc. *Con.* **Graph.** kreos. led. nat-c. **Nat-m.** *Petr.* phos. *Psor. Sulph.*
  - **juckend**: agar. **Ars.** bry. led. *Psor.* zinc.
  - **Krusten**, mit: *Bov.*
  - **Pickel**: puls.h sep.
  - **Pusteln**: bry. *Carbn-s. Cinnb.*
  - **Roheit**: ambr.
  - **rot**: merc. nat-m.
  - **Schorfe**: puls.

– **Knie - Kniekehle**: ...
  - **Skabies**: ars. bry. merc.
  - **trocken**: bry. *Psor.*
  - **Urtikaria**: *Zinc.*
  - **wund**: merc.

– **Unterschenkel**: agar. alum. alum-p.k2 am-m. ars. arund. bov. bry. calc. *Caust.* chinin-s. chlor. cupr. cupr-ar. daph. fago. kali-ar. kali-bi. kali-br. kali-c. lach. merc. mez. murx. *Nat-c. Nat-m.* nit-ac. *Petr.* ph-ac. *Podo.* puls. *Rhus-t.* rumx. *Sec.* sep. staph. stram. sulph. thuj. zinc.
- **abschilfernd**: agar. *Carb-an.* kali-s.k2 mag-c.h merc. *Sulph.* thuj.
- **Bläschen**: *Ant-c.* bov. **Caust.** com. dulc. hyos. kali-bi. *Kali-c.* mang. *Psor.* **Rhus-t.** *Sec.* staph. stram. *Sulph.* vip.
- **Blasen**, schwarze: *Ars.*
- **blutet** nach Kratzen: *Cupr-ar.*
- **brennend**: aur.h calc.h lac-ac. *Rhus-t.*
- **Ekzem**: *Apis* **Ars.** carb-v. **Graph.** kali-br. *Lach.* led. *Lyc. Merc. Nat-m.* **Petr.** *Rhus-t. Sars.* **Sulph.**
- **Erhabenheiten**: aur. cupr. kali-br.
  - **Flecken**: *Syph.*
- **Exanthem**, flüchtiges: calc. daph. hyos. *Nat-m.* sil.
- **Exkoriation**, Abschürfung: *Graph. Tarent-c.*
- **feucht**: apis bry. *Calc. Graph. Merc. Petr. Rhus-t.* tarent-c.
- **Flecken**: ant-c. arg-n. aur. carb-v. cocc. hura jug-r. kreos. lac-ac. merc. nat-c. petr. phos. rhod. thuj.
- **Flecken** von der Größe einer Hand: caust.
- **Furunkel**: *Anan. Anthraci. Ars. Calc.* castor-eq. *Mag-c. Nit-ac.* nux-v. **Petr. Rhus-t.** *Sil.*
  - **Blutbeule**: mag-c.
- **Gruppen**, in: nat-m.
- **Herpes**: ars. calc. calc-p. com. *Graph.* kali-c. *Lach.* lyc. lyss. mag-c. merc. nat-m. *Petr.* sars. *Sep.* staph. *Zinc.*
- **juckend**: arund. aur.h *Calc.* carb-v. lac-ac. lunakgl psor. puls. *Rhus-t.* rumx.
  - **fressend** bei Berührung: nat-m.h
- **Knoten**: agar. *Merc.*
- **kupferfarbene** Flecken: graph.
- **lepraartige** Flecken: *Graph. Nat-c.*
- **Petechien**: am-m. phos.
- **Pickel**: agar. am-c. arg-met. arn. arum-t. bell. bov. chinin-s. elaps fl-ac. hura iris-fl. kali-bi. kali-chl. merc. morph. *Nat-m.* nicc. *Puls.* sars. *Sep.* staph. stront-c. sul-ac. thuj. verat.
  - **blutend**, leicht: agar.
  - **brennend**: arg-met.h puls.h staph.h
  - **feucht**: puls.
  - **juckend**: asc-t. bell. elaps kali-bi. sep. staph.h stront-c. ziz.
  - **Kratzen**, nach: agar.h nat-c.h
  - **rot**: iris-fl. kali-chl. rumx.
  - **weiß**: agar.h staph.
- **Psoriasis**: kali-ar. **Phos.**
- **Pusteln**: arg-n. ars. *Dulc. Kali-bi.* kali-br. *Lach.* mez. *Psor.* rumx. staph. stram. **Sulph.** *Thuj.*
  - **Impfung**, nach: sulph.

• **Pusteln**: ...
  • **juckend**: *Arg-n.* asc-t.
• **rohe** Stellen ohne Oberhaut: calc.
• **rot**: bell. kali-bi. mag-c.$_{h}$ merc. sulph.
  • **Flecken**: *Calc.* sil. sul-ac.
• **schmerzhaft**: luna$_{kgl}$
  • **Flecken**: luna$_{kgl}$
• **Schorfe**: arn. calc-p. iris-fl. kali-br. *Lach.* **Nit-ac.** ph-ac. podo. *Sep.* staph. **Sulph.** zinc.
• **Schuppen** an einzelnen Stellen: *Merc.* syph.$_{k2}$ zinc.
• **schuppig**: ars. calc. *Kali-bi.* sabin. sep. staph. zinc.
• **Stellen** während den Menses; einzelne, schmerzhafte: *Petr.*
• **trocken**: calc-p. clem. *Dol.*
• **Tuberkel**: ant-c. caust. crot-h. nat-c. petr.
  • **geschwürig**, werden: *Nat-c.*
• **Urtikaria**: *Calc.* *Chlor.* marb-w.$_{es1}$ rhus-t. **Sulph.**
• **weiß**: agar.
  • **Flecken**: *Calc.*
• **Windpocken**, wie: ant-t.
• **wund** schmerzend
  ☞ *schmerzhaft*

○ **Schienbein**:
  • **Bläschen**, wäßrige: bell.$_{h}$
  • **papulös**: sul-ac.$_{h}$
• **Wade**: apis bell. caust. kali-ar.$_{a1}$ mag-c. petr. phyt. sars. sep. *Sil.* thuj.
  • **Abschilferung** der Haut: mag-c.
  • **Bläschen**: caust. sars. sep.
  • **Ekzem**: *Graph.*
  • **erhaben**: mag-c.
  • **Exanthem**, flüchtiges: *Calc.* hyos.$_{h}$ nat-m.$_{h}$ sil.$_{h}$
  • **Flecken**: aur. carb-v. lach. merc. petr. phos. thuj.
  • **Furunkel**: bell. **Sil.**
  • **glatt**: mag-c.
  • **Herpes**: cycl. *Lyc.* sars.
  • **juckend**: carb-v.$_{h}$ petr.$_{h}$ ph-ac.$_{h}$ sars.$_{h}$ sep.$_{h}$ sil. thuj.$_{h}$ zinc.$_{h}$
  • **Klumpen**: nit-ac.
  • **Knoten**, weiße: thuj.
  • **Pickel**: agar. arg-n. asc-t. bov. bry. elaps hura kali-bi. lach. nat-c. ph-ac. puls. rumx. sabin. sars. *Sep.* staph. zinc.
    • **Geschwüre**, werden: ph-ac.
  • **Pusteln**: kali-bi. kali-br.
  • **rot**: hyos.$_{h}$ mag-c.
    • **Flecken**: *Con.* *Lyc.* phyt.
  • **Schorfe**: kali-br.
  • **stechend**: sep.$_{h}$
  • **Tuberkel**: petr.
  • **Urtikaria**: carb-v.

– **Knöchel**: cact. *Calc.* calc-p. *Chel.* graph.$_{bg1}$ nat-m.$_{bg1}$ osm. petr.$_{bg1}$ *Psor.* puls. rhus-v. sel. sep. stront-c. sulph.$_{bg1}$ tep.
• **Bläschen**: aster. rhus-v. sel.
• **Ekzem**: *Chel.* nat-p. *Psor.*
• **Exanthem**, flüchtiges: osm. tep.

– **Knöchel**: ...
• **feucht**: chel.
• **Flecken**: puls.
• **Flecken**, große: *Calc.*
• **Furunkel**: merc.
• **Herpes**: cact. cycl. *Kreos.* nat-c. *Nat-m.* *Petr.* sulph.
• **Pickel**: calc-p. sep. stront-c. sulph.$_{h}$
• **Pusteln**: cupr-ar. *Lach.*
• **rot**: calc. chel. sars.
• **trocken**: cact.
• **Urtikaria**: *Nat-m.*

○ **Malleolus**: *Cact.*

– **Füße**: *Anan.* *Ars.* aster. bar-c. bov. *Calc.* carbn-o. *Caust.* chinin-s. con. cop. crot-c. dulc.$_{bg1}$ elaps genist. lach. med. *Mez.* phos. *Rhus-t.* rhus-v. samars.$_{gm1}$ sec. sep. stram. sulph.
• **abblätternd**: *Sil.*
• **Abschilferung** der Haut: agar.$_{bg1}$ ars.$_{bg1,bg2}$ berb.$_{bg1}$ chin.$_{bg1,bg2}$ chinin-s. dulc.$_{bg1,k,*}$ **Manc.**$_{bg1,bg2}$ merc.$_{bg1}$ **Mez.** sulph.$_{bg1,bg2}$ thlas.$_{bg2}$ thuj.$_{bg1}$
• **Bläschen**: *Ars.* aster. carbn-o. *Caust.* *Con.* elaps *Graph.* lach. *Manc.* nit-ac. *Phos.* rhus-v. *Sec.* sel. sep. sulph. tarax. vip. zinc.
  • **eiternd**: *Con.* *Graph.* *Nat-c.* *Sel.*
  • **phagedänisch**: *Con.* *Sel.* *Sulph.* *Zinc.*
  • **Reiben**, durch: caust.
  • **schwarz**: **Ars.** nat-m.
  • **wäßrig**: rhus-v.
  • **weiß**: *Cycl.* *Graph.* *Lach.* sulph.
• **blutend**: *Calc.*
• **brennend**: bov. mez.
• **Erhabenheit**: cop.
• **Exanthem**, flüchtiges: bov. bry.
• **Flecken**: ant-c. jug-r. kreos. lyc. sep. sulph.
• **Flohbiß**, wie ein: sec.
• **Furunkel**: anan. calc. led. lyc.$_{h}$ sars. sil. **Stram.**
• **hart**: bov. *Lach.*
• **Herpes**: **Alum.** *Mez.* *Nat-m.* *Petr.* **Sulph.**
• **juckend**: androc.$_{srj1}$ aster. bov. calc. con. *Mez.* sep. sil.
  • **beißend**: *Calc.*
  • **brennend**: bov. *Mez.*
• **Knoten**: *Ang.*
• **kupferfarbene** Flecken: *Graph.*
• **miliar**: ars.
• **Pickel**: ars. bar-c. bov. bry. *Carbn-s.* con. crot-c. cupr. led. mosch. sel. sep. sulph. zinc.
• **Pusteln**: *Calc.* *Con.* *Merc.* *Rhus-t.* sep.
• **rot**: androc.$_{srj1}$ bov. crot-c.
• **schmerzhaft**: lyc. phos. spig. sulph.
• **Schorfe**: *Calc.* rhus-v. *Sil.*
• **schuppig**: rhus-v.
• **schwarz**: *Ars.* *Sec.*
• **trocken**: *Mez.*
• **Tuberkel**: carb-an. rhus-t.
• **Urtikaria**: *Calc.* sulph.
• **zusammenfließend**: cop. rhus-v.

○ **Ferse**:
  • **abschilfernd**: elaps

• **Ferse**: ...
  • **Blasen**: calc. *Caust.*$_{c2,k}$ graph. *Lach.* led. *Nat-c.*$_{c2,k}$ nat-m. *Petr. Phos.* sep. *Sil.*
  • **Furunkel**: calc. lach.
  • **geschwürig**: lam.$_{brl}$ nat-c.
  • **juckend**: caust.$_{h}$ sil.$_{h}$
  • **Pusteln**: *Nat-c.*
    • **schwarz**, geschwürig: nat-c.$_{a1}$
• **Fußballen**, Knoten: zinc.$_{h}$
• **Fußrücken**: aster. bov. carbn-o. *Caust.* lach. led. med. merc. petr. *Psor.* puls. sars. tarax. thuj. zinc.
  • **Bläschen**: aster. bov. carbn-o. lach. zinc.
    • **geschwürig**: zinc.
    • **juckend**: aster. sep.$_{h}$ tarax.$_{h}$
  • **Ekzem**: merc. *Psor.*
  • **Erhabenheiten**: petr. puls. thuj.
  • **Impetigo**: *Carbn-s.*
  • **juckend**: aster. *Calc.* carb-an.$_{h}$ lach. led.$_{h}$ *Psor.* sep.$_{h}$ tarax.
  • **Knoten**: carb-an.$_{h}$ petr.
  • **Pickel**: *Caust.* led. mosch. sep.$_{h}$
  • **Pusteln**: calc. con. sars. sep.
  • **schmerzhaft**: bov. psor.
  • **schuppig**: psor.
• **Fußsohle**: anan. androc.$_{srj1}$ ars. bell. bry. bufo chinin-s. con. elaps kali-bi. manc. nat-m. pip-m. sulph.
  • **abschilfernd**: ars. chinin-s. elaps *Manc.* psil.$_{ft1}$ sulph.
  • **Bläschen**: *Ars.* bell. *Bufo Calc.* kali-ar.$_{k2}$ kali-bi. *Kali-c. Manc.* nat-c.$_{bg1}$ nat-m. sulph.
    • **ausbreitend**; sich: **Ars.** *Calc.*
    • **blutiges** Serum: nat-m.
    • **fressend**, korrodierend: *Ars.* sulph.
    • **gelber** Flüssigkeit, mit: *Ars. Bufo*
    • **geschwürig**: **Ars.** *Calc.* psor. sulph.
    • **stinkendem** Wasser, mit: *Ars.*
  • **Blasen**: ars. bufo$_{bg1,brl,*}$ calc.
    • **Reiben** agg.; leichtes: lam.$_{brl}$
  • **Furunkel**: rat.
  • **Pickel**: con.
  • **Psoriasis**: cor-r.$_{brl}$ *Phos.*
  • **Schuppen**: pip-m.

– **Zehen**: am-c. borx.$_{brl}$ crot-c. cupr. cupr-ar. graph. kali-bi. lach. med. nat-c. nit-ac. ph-ac. rhus-v. ruta *Sil. Sulph.* zinc.
  • **Bläschen**: *Caust.* cupr. graph. *Lach. Nat-c.* nit-ac. *Petr.* ph-ac. rhus-v. *Sel. Sulph.* zinc.
    • **ausbreitend**; sich: graph. *Nit-ac.* petr.$_{h}$
    • **wäßrig**: rhus-v.
    • **weiß**: graph.
  • **Blasen**: ars. graph.$_{bg1,k2}$ nit-ac. ph-ac. plb.$_{k2}$ sel.$_{c1,k2}$
  • **Ekzem**:
    ◆ **begleitet** von:
      • **Ausfallen** der Nägel: borx.$_{brl}$
  • **Flecken**: ant-c. lach. sulph. zinc.
  • **Herpes**: alum.
  • **Pickel**: am-c. borx. sulph. zinc.
  • **Pusteln**: crot-c. cupr-ar. cycl. graph. kali-br. ph-ac.

Hautausschläge - Zehen:...
  • **Schorfe**: med.$_{c1}$ **Sil.**
    ○ **zwischen**: psor.$_{bg1}$
  • **Spitzen**, Stacheln; mit
    ☞ *Wucherungen - hornig - Zehen - Spitzen*
  • **wund** schmerzend; bei Berührung: androc.$_{srj1}$ zinc.$_{h}$
  ○ **Zehenspitzen**, Bläschen: nat-c.$_{h}$
  • **zwischen**: alum. bamb-a.$_{stb2}$ *Petr.* psor.$_{bg1}$
    • **abschilfernd**: bamb-a.$_{stb2}$
    • **Bläschen**: hell. sil.
      • **Gehen**, durch: sil.
    • **Exanthem**, flüchtiges: rhus-t.
    • **Herpes**: alum. graph.
    • **Pickel**: mosch. sulph.
    • **schmerzhaft**: sulph.$_{h}$
    • **weiß**: sulph.$_{h}$
    • **Wundheit**: berb. carb-an. *Graph.* lyc. merc-i-r. mez. nat-c. ph-ac. ran-b.

Heben:

– **betroffenen** Gliedes agg.; des
  ☞ *Herunterhängenlassen - Glieder - amel.*

○ **Arme**:
  • **schwierig**; ist: alum.$_{k2}$ dig. gran. mag-c. phys.
  • **unmöglich**; ist: alum. cann-i. ferr. glon. lyc. mag-m. merc. nat-c. nat-m. nux-v. plb. sol-t-ae. *Sulph.*

– **Beine**; der:
  • **unmöglich**; ist:
    • **Liegen**; beim: lath.$_{c1}$

– **Unterschenkel**:
  • **schwierig**; ist: chel. sulph.

– **Füße**:
  • **Atmen**; bei tiefem: carb-v.$_{h}$
  • **schwierig**; ist: tab. zinc.
    • **vormittags**: mang.
  • **unmöglich**; ist: ars. nux-v.
  • **Verlangen**, die Füße zu heben, hoch zu lagern: cench.$_{k2}$

Hemiplegie

☞ *Lähmung - Hemiplegie*

Herabsinken des Armes: acon.$_{a1,k}$ kali-cy.$_{a1}$ *Nat-m.*$_{h,k,*}$

Herumwerfen

☞ *Ruhelosigkeit*

Herunterhängenlassen:

○ **Glieder**, der:
  • **agg.**: *Alum. Am-c.* ang.$_{bg}$ bar-c.$_{bg}$ bell.$_{bg}$ berb. **Calc.** *Carb-v. Caust.* cina con.$_{bg}$ dig. hep. ign. lyc. m-aust.$_{c1}$ nat-m. nux-v. ox-ac. par. ph-ac. phos. phyt. plat. plb. *Puls.* ran-s. ruta *Sabin.* sil.$_{bg}$ stann. stront-c.$_{bg,sf1}$ sul-ac. sulph. thuj. valer. *Vip.*
  • **amel.**: acon. am-m. anac. ant-c. arg-met. arg-n. *Arn.* asar. *Bar-c. Bell.* berb.$_{bg1}$ borx. *Bry.* calc.$_{bg}$ camph. caps. caust. chin. cic. cina *Cocc.* coff. colch. coloc. **Con.** cupr. dros. euph. ferr. graph. hep. ign. *Iris Kali-c.* kreos. *Lach. Led.* lyc. *Mag-c. Mag-m.* mang.$_{bg1}$ merc. *Mez.* nat-c. nat-m. nit-ac. nux-v. olnd. *Petr.* phos. plb. puls.

– **Glieder**, der - **amel.**: ...
ran-b. rat.$_{bg1}$ *Rhus-t.* ruta *Sil.* stann. sul-ac. sulph. teucr.$_{bg1,k}$ thuj. verat. verb.
– **Arme** amel.: *Acon.* anac. *Bar-c.* borx. bry. caps. chin. **Con.** cupr. *Ferr.* graph. lac-d. lach. *Led.* lyc. phos. plb. ran-b. *Rhus-t. Sulph.* thuj.

Hervorstehen würde; als würde die Schulter weiter
☞ *Schmerz - verrenkt - Schulter - hervorstehen*

Hitze: agar. aloe$_{k2}$ bapt.$_{a1,k}$ brom.$_{a1,k}$ bufo carb-ac.$_{a1,k}$ cupr. fl-ac.$_{k2}$ *Guaj.* lil-t.$_{a1,k}$ nat-m.$_{h,kl}$ psil.$_{ft1}$ sec.$_{k2}$ stann. *Sulph.* verat. *Zinc.*
– **abends**: fl-ac.$_{k2}$
– **nachts**: arn.$_{a1,k}$
• **Bett**, im: fago. *Led.*
◇ **abwechselnd** mit Kälte: bell.$_{a1,k}$ *Lyc.* stram.$_{a1,k}$
– **Bettwärme** ist unerträglich: agar. *Led.*
– **entblößen**, muß sich: agar. glon.$_{bg1}$
☞ *Entblößen; Neigung*
– **gelähmtes** Glied: *Alum.* phos.
– **Hautausschlag**, vor: nat-m.$_{h,kl}$
– **kribbelnd**: op.$_{a1,k}$
– **Schauder** über den Rücken; bei: gins.$_{a1,k}$
○ **Gelenke**: bell.$_{k2}$ *Cimic.* guaj. guare. kali-bi.$_{k2}$ *Kalm.* **Led.** *Stict.*
– **Arme**: aesc.$_{a1,k}$ alum.$_{a1,k}$ alumn.$_{a1,k}$ arund.$_{a1,k}$ aur.$_{a1,k}$ cann-i.$_{a1,k}$ chin.$_{a1,k}$ cic. con. graph.$_{a1,k}$ guare.$_{a1,k}$ *Lach.* lil-t.$_{a1,k}$ lyc.$_{a1,k}$ mez.$_{h,kl}$ *Nat-m.*$_{a1,k}$ nux-v. ol-an.$_{a1,k}$ par.$_{a1,k}$ *Phos.* phys.$_{a1,k}$ rhus-t.$_{a1,k}$ ruta$_{h}$ spong. stram. tarent.$_{a1,k}$ verat.$_{a1,k}$ vip.$_{a1,k}$ zinc.
• **links**: rhus-t.$_{h,kl}$
• **morgens**: alumn.$_{a1,k}$
• **nachts**: *Lach.* phos.
• **äußerlich**: mez.$_{a1,k}$ *Petr.*$_{a1,k}$ rhus-v. ruta stram.$_{a1,k}$
• **brennende** Hitze: guare. urt-u.
• **Hitzewallungen**: caps. nux-v. rhod. sil.
• **prickelnd**: apis lach.$_{a1}$
• **Wasser** hindurchlaufen würde; als ob heißes: *Rhus-t.*
– **Schulter**: aesc. brom. nux-v. sars.$_{h,kl}$ spong. urt-u.$_{a1,k}$
○ **Akromion**: phos.
– **Oberarm**: calc-p. cic.$_{a1,k}$ nat-m.$_{a1,k}$
– **Ellbogen**: alum. arg-met. arund. berb. kali-c.$_{h,kl}$ sep.
– **Unterarm**: anac.$_{a1,k}$ apis aur-m-n.$_{a1,k}$ bry.$_{a1,k}$ nit-ac.$_{a1,k}$ *Rhus-t.*$_{a1,k}$ tarent.$_{a1,k}$
○ **Rückseite**: bell.$_{a1,k}$
• **Vorderseite**; Gefühl von Hitze an der: lyc.
– **Handgelenk**: ang.$_{h,kl}$ arund.$_{a1,k}$ colch.$_{a1,k}$ hep.$_{a1,k}$ hydr.$_{a1,k}$ lac-ac.$_{a1,k}$ nit-ac.$_{a1,k}$ **Rhus-t. Sulph.**
– **Hände**: acon.$_{a1,k}$ aesc.$_{a1,k}$ **Agar.**$_{a1,k}$ aloe alum.$_{h,k,*}$ alum-p.$_{k2}$ alum-sil.$_{k2}$ alumn.$_{a1,k}$ anac.$_{a1,k}$ *Ant-t.*$_{a1,k}$ apis arg-n.$_{a1,k}$ ars-i. arum-d.$_{a1,k}$ arund.$_{a1,k}$ asaf. *Bar-c.*$_{hr1,k,*}$ bar-i.$_{k2}$ bar-m. bar-s.$_{k2}$ **Bell.**$_{a1,k}$ berb.$_{a1,k}$ bol-la. borx. brom.$_{a1,k}$ bufo cadm-s. calad.$_{a1,k}$ calc.$_{h,k,*}$ calc-i.$_{k2}$ calc-s. calc-sil.$_{k2}$ camph.$_{a1,k}$ cann-s. caps.$_{a1,k}$ carb-an.$_{a1,k}$ *Carb-v.* carbn-s. castm. cench.$_{k2}$ *Cham.*$_{a1,k}$ **Chel.**$_{a1,k}$ chin. chinin-ar. chinin-s. chlor.$_{a1,k}$ cina clem.$_{a1,k}$ cocc.$_{a1,k}$

Hitze - Hände: ...
coff. colch.$_{a1,k}$ com.$_{a1,k}$ corn.$_{a1,k}$ croc.$_{a1,k}$ crot-t.$_{a1,k}$ cub.$_{a1,k}$ cur. *Cycl.*$_{a1,k}$ daph.$_{a1,k}$ dig.$_{a1,k}$ dros.$_{a1,k}$ dulc.$_{a1,k}$ eup-per. euphr.$_{a1,k}$ fago.$_{a1,k}$ ferr.$_{a1,k}$ ferr-i. ferr-ma.$_{a1,k}$ ferr-p. *Fl-ac.*$_{a1,k}$ form.$_{a1,k}$ gad.$_{a1,k}$ gamb. gels.$_{a1,k}$ *Glon.* gran.$_{a1,k}$ *Graph.*$_{a1,k}$ grat.$_{a1,k}$ *Guaj.* ham.$_{a1,k}$ hep.$_{a1,k}$ hura hydr.$_{a1,k}$ hyos.$_{a1,k}$ ign.$_{a1,k}$ *Iod.*$_{a1,k}$ iris *Kali-bi.*$_{a1,k}$ *Kali-c.*$_{a1,k}$ kali-m.$_{k2}$ kali-n.$_{h,k,*}$ *Kali-p.* kali-s. kali-sil.$_{k2}$ kreos.$_{a1,k}$ lac-ac. **Lach.**$_{a1,k}$ lact. laur.$_{a1,k}$ **Led.** *Lil-t.*$_{a1,k}$ **Lyc.**$_{a1,k}$ *Mag-c.*$_{a1,k}$ mang.$_{a1,k}$ merc.$_{a1,k}$ merl.$_{a1,k}$ mez.$_{a1,k}$ mill.$_{a1,k}$ morph.$_{a1,k}$ mur-ac.$_{a1,k}$ murx.$_{a1,k}$ **Nat-c.**$_{a1,k}$ nat-m. nat-p. nat-s.$_{a1,k}$ nicc. **Nit-ac.**$_{a1,k}$ **Nux-m.**$_{a1,k}$ *Nux-v.*$_{a1,k}$ ol-an.$_{a1,k}$ **Op.**$_{a1,k}$ ox-ac.$_{a1,k}$ *Petr.* *Ph-ac.*$_{a1,k}$ phel.$_{a1,k}$ **Phos.**$_{a1,k}$ phys.$_{a1,k}$ pip-m.$_{a1,k}$ *Plan.*$_{a1,k}$ psil.$_{ft1}$ *Psor.* ptel.$_{a1,k}$ **Puls.**$_{a1,k}$ raph.$_{a1,k}$ rat.$_{a1,k}$ rheum **Rhod.**$_{a1,k}$ rhus-t.$_{a1,k}$ rhus-v.$_{a1,k}$ ruta *Sabad.*$_{a1,k}$ sabin.$_{k2}$ sang.$_{a1,k}$ sarr. sars.$_{a1,k}$ **Sep.**$_{a1,k}$ sil.$_{a1,k}$ sol-t-ae.$_{a1,k}$ *Spig.*$_{a1,k}$ spong.$_{a1,k}$ *Stann.*$_{a1,k}$ **Staph.**$_{a1,k}$ stront-c. sul-i.$_{k2}$ **Sulph.**$_{a1,k}$ sumb.$_{a1,k}$ tab.$_{a1,k}$ **Tarax.**$_{a1,k}$ til.$_{a1,k}$ tub.$_{xxb}$ verat.$_{a1,k}$ zinc.$_{a1,k}$
• **einer** Hand, Kälte der anderen: chin.$_{h,k,*}$ cocc.$_{a1,k}$ *Dig.* hep.$_{bg1}$ *Ip.* lyc.$_{bg1,bg3}$ mez.$_{bg1,bg3}$ mosch. *Puls.*$_{a1,k}$ tab.$_{a1,k}$
• **links**: aesc.$_{bg1}$ alum.$_{bg1}$ arg-n.$_{bg1}$ carb-an.$_{bg1}$ com.$_{bg1}$ stann.$_{bg1,h,*}$
• **rechts**: arum-d.$_{bg1}$ chin.$_{bg1}$ cocc.$_{bg1}$ euphr.$_{bg1}$ gamb.$_{bg1}$ mang.$_{bg1}$ *Puls.*$_{bg1}$ staph.$_{bg1,h,*}$
• **morgens**: alumn.$_{a1,k}$ bamb-a.$_{stb2}$ calc.$_{a1,k}$ chinin-s. cycl.$_{a1,k}$ fago.$_{a1,k}$ hura kali-c.$_{h,kl}$ nux-m.$_{a1,k}$ *Nux-v.*$_{a1,k}$ sulph.$_{a1,k}$
• **8** h: fago.
• **Kälte**, bei: calc.$_{a1,k}$ fago.$_{a1,k}$ nux-m.$_{a1,k}$ nux-v.$_{a1,k}$ sulph.$_{a1,k}$
• **Schreiben**, beim: chinin-s.
• **vormittags**, 10 h: fago. gels. pip-m.
• **mittags**: mag-c.$_{a1,k}$
• **nachmittags**: *Apis* berb.$_{a1,k}$ cench.$_{k2}$ fago.$_{a1,k}$ gels.$_{a1,k}$
• **14** h: lyc.
• **15** h, bei kaltem Schweiß: hura
• **15** - 17 h: sulph.
• **16** h: fago.
• **17** h: petr.
• **abends**: aloe alum.$_{h,kl}$ asaf.$_{a1,k}$ bell.$_{a1,k}$ cann-s.$_{a1,k}$ carb-an.$_{a1,k}$ dros.$_{a1,k}$ euphr.$_{a1,k}$ ferr.$_{a1,k}$ kali-c.$_{h,kl}$ lac-ac.$_{a1,k}$ *Led.*$_{a1,k}$ *Lyc.*$_{a1,k}$ murx.$_{a1,k}$ nat-m.$_{a1,k}$ nux-m.$_{a1,k}$ nux-v.$_{a1,k}$ petr.$_{h,kl}$ rhus-t.$_{a1,k}$ sars. sep.$_{a1,k}$ *Stann.* sulph.
• **18** h: asaf.
• **19** h: cocc.
• **20** h: nicc.
• **21** h: sarr.
• **Bett**, im: kali-c.$_{h,kl}$
• **brennend**: petr.$_{h,kl}$
• **Freien**, im: carb-an.$_{a1,k}$
• **Frösteln**, beim: asaf.$_{a1,k}$
• **Lesen**, beim: ferr-p.$_{a1,k}$
• **Liegen**:
• **beim**: asar. sulph.$_{a1,k}$
• **nach**: carb-v.$_{a1,k}$

– **Hände - abends**: ...
• **Schauder**, bei: *Sulph.*$_{a1,k}$
• **nachts**: arg-n.$_{a1,k}$ *Calc.*$_{h,k,*}$ com.$_{a1,k}$ *Ign.*$_{a1,k}$ nit-ac.$_{h,kl}$ psil.$_{ft1}$ sil. staph.$_{a1,k}$ sulph. til.$_{a1,k}$
• **1.30** h: chinin-s.
• **2 - 5** h: ign.
• **3** h: clem.
• **Bett**, im: *Sil.*$_{a1,k}$
• **Gehen** im Freien, nach: alum.
• **kalten** Füßen, mit: *Sulph.*
• **kalten** Unterschenkeln und Füßen; mit: com.$_{a1,k}$
◇ **abwechselnd** mit:
• **Kälte**: cench.$_{k2}$ chin.$_{bg1}$ cocc. sec.
• **Schauder**: phos.$_{h}$
• **Angst**, mit: carb-v. lyc.$_{h,kl}$ phos.
• **Einschlafen**, beim: alum.
• **Erbrechen**, nach: verat.
• **Erregung**, durch: graph. phos. sep.
• **Erwachen**; beim: hydrog.$_{srj2}$
• **Essen**; heiß und brennend nach dem: lyc. phos. sulph.
• **Fieber**; während: zinc.$_{h,kl}$
• **Freien** amel.; im: phos. verat.
• **Frost**:
• **während**: agar.$_{h,kl}$ alum.$_{h,h1,k,*}$ *Apis Chin. Cina* coff. kali-c.$_{h,kl}$ mez.$_{h,kl}$ *Nat-c.* nux-v. ph-ac. phos. puls. spong.
• **nach**: sep. sulph.$_{h,kl}$
• **Hitzewallungen**: calc.$_{h,kl}$ colch.$_{a1,k}$ hydr.$_{a1,k}$ pip-m.$_{a1,k}$ **Sulph.**
• **beginnen** in den Händen: *Phos.*
• **kalt**:
• **innerlicher** Kälte; bei
☞ *Frost - während*
• **nach** Kälte
☞ *Frost - nach*
• **blaß**, die andere heiß; und: mosch.
• **Kälte**:
• **bei**: apis cadm-s. nat-s. puls. rat.
• **Armes**; des linken: sep.
• **Gesichtes**, des: cench.$_{k2}$ cina nat-c.
• **Füße**, der ●: acon. aloe$_{k2}$ calad. com. mur-ac.$_{h}$ *Nux-m. Sep.*
• **oder** heiße Füße und kalte Hände: **Sep.**
• **Liegen** auf dem Rücken; beim: ign.$_{a1,k}$
• **Menses**, während: carb-v. petr.$_{a1,k}$ sec.
• **Niesen** verursacht, durch: senn.$_{c1}$
• **plötzlich**: ferr-m. ferr-ma.$_{a1}$ glon.$_{a1,k}$
• **Schauder**, bei: ign.$_{a1,k}$
• **Schreck**, nach: calc.
• **Schreiben**, beim: chinin-s. mez.$_{a1,k}$
• **Schweiß**, bei kaltem: hura
• **Sitzen**, im: calc.$_{a1,k}$
• **Sprechen**, durch: graph.$_{a1,k}$
• **stechenden** Schmerzen, bei: gamb.$_{a1,k}$
• **Stuhlgang**, beim: hep.
• **trocken**: bell.$_{h,kl}$
• **Wetter**; sogar bei kaltem und regnerischem: chin-b.$_{c1}$ rhod.$_{ptk1}$
○ **Handballen**: carb-v.$_{a1,k}$

– **Hände**: ...
• **Handfläche**: **Acon.**$_{a1,k}$ ail.$_{k2}$ alum.$_{h,kl}$ am-m.$_{a1,k}$ anac.$_{a1,k}$ arg-n.$_{a1,k}$ ars.$_{h,kl}$ ars-met. **Asar.** bad.$_{a1,k}$ berb.$_{a1,k}$ *Borx.* **Bry.**$_{a1,k}$ *Calc.* calc-sil.$_{k2}$ carb-an. carb-v. carbn-o. carbn-s. chinin-ar. coff. colch.$_{a1,k}$ com.$_{a1,k}$ corh.$_{br1}$ crot-h. cub.$_{a1,k}$ *Eup-per. Ferr.*$_{a1,k}$ ferr-p. *Fl-ac.*$_{a1,k}$ *Gels.*$_{a1,k}$ graph.$_{k2}$ ham. hep.$_{a1,k}$ hydr.$_{a1,k}$ ind.$_{a1,k}$ **Ip.** iris kreos.$_{a1,k}$ lac-c. **Lach.**$_{a1,k}$ laur.$_{a1,k}$ *Lil-t.*$_{a1,k}$ *Lyc.*$_{a1,k}$ mag-m. *Med.* merc.$_{a1,k}$ **Mur-ac.**$_{a1,k}$ naja nat-c.$_{h,h2,*}$ nit-ac.$_{a1,k}$ *Nux-v.*$_{a1,k}$ ol-an.$_{a1,k}$ ol-j.$_{a1,k}$ *Petr.* ph-ac.$_{a1,k}$ **Phos.**$_{a1,k}$ raph.$_{a1,k}$ rheum rhus-v.$_{a1,k}$ *Samb.*$_{a1,k}$ sang.$_{k2}$ *Sep.* sil. *Stann.* **Sulph.**$_{a1,k}$ sumb.$_{a1,k}$ tab.$_{a1,k}$ tarent.$_{a1,k}$ tax.$_{a1,k}$ til.$_{a1,k}$ verat.$_{a1,k}$ zinc.$_{a1,k}$ zinc-p.$_{k2}$ zing.$_{a1,k}$
• **morgens**: carb-an.$_{a1,k}$ sil.$_{a1,k}$
• **Bett**, im: nux-v.
• **vormittags**: calc.$_{h,kl}$ fl-ac.$_{a1,k}$
• **nachmittags**: arg-n.$_{a1,k}$ gels.$_{a1,k}$ stann. *Sulph. Zinc.*$_{a1,k}$
• **17** h: chel. lil-t. til.
• **abends**: acon.$_{a1,k}$ cench.$_{k2}$ iod. mag-m.$_{a1,k}$
• **Hinlegen**, nach dem: am-m. nux-v.
• **nachts**: **Lach.** nit-ac.$_{h,kl}$ *Ol-j.*$_{a1,k}$
• **breitet** sich von dort aus: chel.$_{a1,k}$
• **Frost**, nach: sulph.$_{h,kl}$
• **Gehen** im Freien, nach: lyc.
• **Hitzewallungen**: cub.$_{a1,k}$
• **Kälte**:
• **nach**: asar.$_{a1,k}$ merc.$_{a1,k}$ sulph.$_{a1,k}$
• **Handrücken**; mit Kälte der: anac. coff.
• **Menses**, während: carb-v. *Petr.*
• **Sitzen**, im: ferr-p.
• **trockene** Hitze: ars-met. chinin-ar. corh.$_{br1}$ ferr-p.$_{a1,k}$ gad.$_{a1,k}$ gels. ptel.$_{a1,k}$
○ **Ulnarseite** der Hand: laur.
• **Handrücken**: all-c. all-s. ang.$_{a1,k}$ *Apis* chel.$_{a1,k}$ cycl.$_{a1,h,*}$ med.$_{k2}$ **Nat-c.** nux-v. **Rhus-t.**$_{a1,k}$ sep. sulph. thuj.
• **innerlich**: spig.$_{h,kl}$
– **Finger**: apis borx. fago.$_{a1,k}$ lact.$_{a1,k}$ mag-c. mang.$_{h,kl}$ par.$_{a1,k}$ rhus-t.$_{a1,k}$ thuj.$_{a1,k}$
• **abwechselnd** heiß und leichenkalt: par.
• **Gefühl** von: lyc.$_{h,kl}$
○ **Fingernägel**: hura
• **Fingerspitze**: daph. fago. hura nat-c. rhod.
– **Daumen**: ox-ac.$_{k2}$ phos.$_{a1,k}$ zinc.$_{a1,k}$
– **Beine**: acon.$_{a1,k}$ bapt.$_{a1,k}$ bry.$_{a1,k}$ coloc.$_{a1,k}$ eupi.$_{a1,k}$ lil-t.$_{a1,k}$ mang.$_{a1,k}$ *Mez.*$_{a1,k}$ morph.$_{a1,k}$ nat-m.$_{a1,k}$ nit-ac.$_{a1,k}$ op.$_{a1,k}$ phys.$_{a1,k}$ plat.$_{a1,k}$ sol-t-ae.$_{a1,k}$ spig.$_{a1,k}$ stram.$_{a1,k}$ sulph.$_{h,kl}$ verat.$_{a1,k}$
• **nachts**: acon. plat.
• **Mitternacht**:
• **nach**: nit-ac.$_{h}$
• **1** h: mang.
• **Erwachen**, beim: coloc. spig.
• **Frösteln**, nach: nit-ac.$_{a1,k}$
• **Gefühl** von: *Mez.*$_{a1,k}$
◆ **begleitet** von:
• **Schwere** der Beine
☞ *Schweregefühl - Beine - begleitet von - Hitze*
• **hier** und da: graph.$_{h,kl}$

– **Beine**: ...
• **trocken**: sulph.$_{h,kl}$
○ **Gelenke**: eupi.
– **Hüfte**: *Chel.* phos. rhus-t.$_{a1,k}$ valer.$_{a1}$ zinc.$_{h,kl}$
– **Gesäß**:
• **rechts**: psil.$_{ft1}$
– **Oberschenkel**: all-c. borx. carbn-o. caust.$_{a1}$ clem.$_{a1,k}$ coc-c.$_{a1,k}$ dros.$_{a1,k}$ kali-c. murx. nit-ac.$_{a1,k}$ podo.$_{c1}$ rhus-t. stann.$_{h,kl}$ staph.$_{a1,k}$ sulph. zinc.$_{h,kl}$
• **nachts**: nit-ac.$_{a1,k}$
◇ **abwechselnd** mit Kälte: nit-ac.$_{h,kl}$
• **Ameisenlaufen**; mit
☞ *Ameisenlaufen - Oberschenkel - Hitze*
• **innerlich**: chin.$_{h,kl}$ staph.$_{h,kl}$
• **kalt**:
• **Rücken**; mit kaltem: *Sulph.*$_{a1,k}$
• **Händen** und Füßen; mit kalten: **Thuj.**$_{a1,k}$
• **kribbelnd**: chin.$_{h,k,*}$
• **prickelnd**, kribbelnd: osm.$_{a1,k}$
• **Schwangerschaft**; während der: podo.
• **Sitzen** agg.; nach: graph.
• **Stuhlgang**, nach: *Lyc.* trom.
• **trocken**: *Sulph.*$_{a1,k}$
– **Knie**: apoc.$_{h,k}$ apoc-a.$_{a1}$ arund.$_{a1,k}$ aur-m.$_{a1,k}$ *Bar-m.* bry.$_{a1,k}$ camph.$_{a1,k}$ cina coc-c.$_{a1,k}$ colch.$_{a1,k}$ hyos.$_{a1,k}$ ign.$_{a1,k}$ kali-c.$_{h,kl}$ *Lach.* *Lyc.* meny.$_{a1,k}$ ol-j.$_{a1,k}$ phos.$_{a1,k}$ *Sars.* sulph.$_{a1,k}$ verat.$_{a1,k}$
• **morgens**: sulph.$_{a1,k}$
• **Sitzen**, im: sulph.$_{a1,k}$
• **nachts**: coc-c.$_{a1,k}$
• **Luft** hindurchwehen; als würde heiße: *Lach.*
○ **Kniekehle**: dros.$_{a1,k}$
– **Unterschenkel**: acon. apoc.$_{h,k}$ apoc-a.$_{a1}$ ars.$_{a1,k}$ bapt. berb.$_{a1,k}$ *Borx.*$_{h,k,*}$ bov.$_{a1}$ calc.$_{a1,k}$ *Calc-p.* cic.$_{a1,k}$ *Crot-c.* crot-h.$_{a1,k}$ crot-t. cycl.$_{a1,k}$ graph.$_{a1,k}$ guaj.$_{a1,k}$ *Ham.* hyos.$_{a1,k}$ iod.$_{a1,k}$ kali-br.$_{a1,k}$ lil-t.$_{a1,k}$ *Lyc.* mang.$_{a1,k}$ *Meph.*$_{a1,k}$ mez. *Nat-s.*$_{a1,k}$ nit-ac.$_{a1,k}$ ox-ac.$_{a1,k}$ ph-ac. spig.$_{a1,k}$ staph.$_{a1,k}$ sulph.$_{a1,k}$ *Verat.*
• **links**: cycl.$_{h,kl}$
• **morgens**: nat-s. plat.
• **nachmittags**, 15 h: gels.
• **abends**: cycl.$_{a1,k}$ *Nat-s.*$_{a1,k}$
• **20** h: sulph.
• **nachts**: lath.$_{c1}$ *Meph.*$_{a1,k}$
• **erwacht** durch Blutandrang zu den Unterschenkeln: meph.$_{br1}$
• **Zubettgehen**, nach dem: fago.
• **abwechselnd** heiß und kalt: *Verat.*
• **angenehme** Hitze: neon$_{srj5}$
• **entblößt** sie: crot-c.
• **Gehen**, nach dem: rhus-t.
• **Hitzewallungen**: cob.
• **innerlich**: staph.$_{h,kl}$
• **Sitzen** agg.: berb.$_{a1,k}$
○ **Innenseite**: mang.$_{h,kl}$
– **Knöchel**: ang.$_{a1,k}$ cycl.$_{h,kl}$ euph.$_{h,kl}$ hyos.$_{a1,k}$ *Kali-bi.* laur.$_{a1,k}$ lyc.$_{a1,k}$ osm.$_{a1,k}$ rat.
– **Füße**: acon.$_{a1,k}$ agar. ang.$_{a1,k}$ *Apis* arn.$_{a1,k}$ ars.$_{a1,k}$ ars-h. ars-s-f.$_{k2}$ arund.$_{a1,k}$ aster. bamb-a.$_{stb2}$ bell.$_{h,kl}$ brom.$_{a1,k}$ bufo calad. calc.$_{a1,k}$ calc-sil.$_{k2}$ camph.$_{a1,k}$ carb-an.$_{a1,k}$ carb-v.$_{a1,k}$ carbn-s. *Caust.* **Cham.**$_{a1,k}$ cimic.$_{a1,k}$ *Cocc.*$_{h,k,*}$ coff.$_{a1,k}$ coloc.$_{a1,k}$ crot-h.$_{a1,k}$

– **Füße**: ...
cub.$_{a1,k}$ gink-b.$_{sbd1}$ *Glon.* hydrog.$_{srj2}$ hyos.$_{a1,k}$ ign.$_{a1,k}$ kali-ar. *Kali-bi.*$_{a1,k}$ kali-chl.$_{a1,k}$ kali-i.$_{a1,k}$ kali-m.$_{k2}$ lach.$_{a1,k}$ laur.$_{a1,k}$ led. *Lyc.*$_{a1,k}$ merc.$_{a1,k}$ mez.$_{a1,k}$ mill.$_{a1,k}$ morph.$_{a1,k}$ nat-c. nat-m.$_{a1,k}$ nat-p. *Nat-s.* nit-ac.$_{a1,k}$ *Nux-v.*$_{a1,k}$ ox-ac.$_{k2}$ par.$_{a1,k}$ *Petr.*$_{a1,k}$ ph-ac. phos.$_{a1,k}$ phyt.$_{a1,k}$ psil.$_{ft1}$ *Psor.* ptel.$_{a1,k}$ **Puls.**$_{a1,k}$ rheum rhus-t.$_{a1,k}$ rhus-v.$_{a1,k}$ *Ruta* sabin.$_{k2}$ sang.$_{k2}$ *Sec.* *Sep.* *Sil.* sphing.$_{kk3}$ spig.$_{a1,k,*}$ spong.$_{a1,k}$ stann.$_{a1,k}$ staph. **Sulph.**$_{a1,k}$ sumb.$_{a1,k}$ til.$_{a1,k}$ vip.$_{a1,k}$ zinc. zinc-p.$_{k2}$
• **links**: ang.$_{bg1}$ carb-v.$_{bg1}$ cham.$_{bg1}$ coloc.$_{bg1}$ get.$_{bg1}$ lyc.$_{bg1}$
• **rechts**: mez.$_{bg1}$ pip-m.$_{bg1}$
• **morgens**: apis nat-s. *Nux-v.*$_{a1,k}$ ptel.$_{a1,k}$
• **vormittags**:
• **11** h: bamb-a.$_{stb2}$
• **nachmittags**: gels.$_{a1,k}$ hura
• **abends**: alum.$_{a1,k}$ bell.$_{a1,k}$ bry.$_{a1,k}$ carbn-s. caust.$_{a1,k}$ kali-c.$_{a1,h,*}$ *Led.*$_{a1,k}$ mag-m. *Nat-s.* nit-ac.$_{a1,k}$ nux-m.$_{a1,k}$ *Sil.*
• **20** h: nicc.
• **Hinlegen**, nach dem: stront-c.
• **kalter** Hand, mit: aloe
• **nachts**: bamb-a.$_{stb2}$ calc. *Ign.*$_{a1,k}$ mag-m.$_{k2}$ *Nat-s.* ph-ac.$_{a1,k}$ *Sep.*$_{a1,k}$ *Sil.*$_{a1,k}$ staph.$_{a1,k}$ **Sulph.**$_{a1,k}$
• **Bett**, im: *Sil.*
• **Gehen** im Freien, nach: *Alum.*
• **Liegen** auf dem Rücken, beim: ign.$_{a1,k}$
• **Mitternacht**:
• **vor**: mag-m.
• **nach**: calad.
• **3** h: clem.
• **3** - 5 h: hyper.
• **abwechselnd** heiß und kalt: *Gels.* graph. sec. sulph.$_{k2}$
• **Bett**, im: calc. fago.$_{a1,k}$ helo.$_{c1}$ helo-s.$_{c1}$ hep. hura merc. mez.$_{a1,k}$ *Sang.* *Sil.*$_{a1,k}$ stront-c. **Sulph.**
• **brennend**: *Agar.* apoc-a.$_{vh}$ ars. aster. bamb-a.$_{stb2}$ calc. cham. cocc. eup-per.$_{k2}$ fl-ac. *Graph.* helo.$_{c1}$ helo-s.$_{c1}$ kali-ar. kali-c. *Lyc.* mag-m.$_{k2}$ **Med.** *Nat-s.* **Ph-ac.** phyt. plan. **Puls.** sabin.$_{k2}$ *Sang.* sanic. **Sec.** *Sep.* stann. **Sulph.** *Zinc.*
• **entblößt** sie ●: agar. aloe$_{k2}$ apoc-a.$_{vh}$ calc.$_{k2}$ *Cham.* clem.$_{a1}$ fl-ac.$_{k2}$ helo.$_{c1}$ helo-s.$_{c1}$ mag-c. mag-m.$_{vh}$ **Med.** *Phos.*$_{vh}$ **Puls.** sabin.$_{k2}$ *Sang.* *Sanic.* **Sulph.**
• **Stellen**; an einzelnen: bamb-a.$_{stb2}$
• **eines** Fußes, Kälte des anderen: chel. dig. hydrog.$_{srj2}$ ip. **Lyc.**$_{k,kl2}$● *Puls.*$_{k,kl2}$● sulph.$_{cr}$
• **rechter** Fuß kalt, linker warm: chel.$_{c1}$
• **linker** Fuß kalt, rechter warm: lyc.$_{c1}$
• **Einschlafen**, beim: alum.
• **entblößt** die Füße: mag-m.$_{h}$ sulph.$_{h}$
• **Erfrierung**, wie nach: bamb-a.$_{stb2}$ kali-c.$_{a1,h,*}$
• **Essen**, nach dem: calen.
• **Feuer** zum Kopf drängen würde; als ob: zinc.
• **Frost**; während: agar.$_{h,kl}$ cann-s.$_{a1,k}$ nit-ac.$_{h,kl}$ rat.$_{a1,k}$ *Spong.*
• **Gehen**, nach dem: carl.$_{a1,k}$ puls.$_{a1,k}$

– **Füße**: ...
• **Hitzewallungen**: colch.al,k stann.al,k **Sulph.**k,kl2●
• **kalt**:
• **Berührung** kalt; aber bei: bamb-a.stb2
• **Händen**, mit kalten: *Aloe Calc.* coloc. ph-ac. *Sep.*al,k
• **Körper**, mit kaltem: *Calad.*
• **Schweiß** der Hände; mit kaltem: hura
• **kribbelnd**: berb.al,k merc.al,k sumb.al,k
• **Liegen** auf dem Rücken, beim: ign.al,k
• **Mittagessen**, nach dem: calen. phos.al,k
• **Schweiß**, nach kaltem: hura
• **stechend**, wie mit einer Nadel: rhus-v.
• **trockene** Hitze: bell.al,k crot-t.brl phos.al,k
○ **Ferse**: kali-bi. spong.
• **links**: psil.ftl
• **Fußrücken**: calc.al,k coloc.al,k cupr-s.al,k plb.al,k *Puls.* rhus-t.al,k thuj.h,kl
• **plötzlich**: calc.al,k
• **Fußsohle**: ail.k2 aloek2 am-m.al,k apoc. ars-s-f. bell.al,k berb.al,k *Calc.* carb-v. carbn-s. *Carl.*al,k *Cham.* clem.al,k coc-c.al,k *Cocc.* corh.brl cub.al,k dulc. eup-per.al,k *Ferr.*al,k ferr-p. fl-ac.al,k *Graph.*al,k kali-n.al,k *Lach.*al,k *Lil-t.*al,k lith-c. **Lyc.**k,kl2● *Manc.* mang. med. mur-ac.al,k *Nat-c.*al,k nat-m.al,k nit-ac. nux-m. *Nux-v.*al,k ox-ac. *Petr.*al,k *Ph-ac.*al,k *Phos.* plb.al,k psor.al,k *Puls.* samb.al,k *Sang. Sanic.* sars.al,k *Sep. Sil.* spig. stann. stram. **Sulph.**al,k *Thyr.*vh verat. zinc.al,k
• **rechts**: fl-ac.bgl nat-c.bgl
• **morgens**: eup-per.al,k
• **Bett**, im: bamb-a.stb2 mag-m.k2 nux-v.
• **vormittags**: nat-c.al,k
• **nachmittags**, im Sitzen: lyc.al,k
• **abends**: **Lach.** *Phos. Sang.* zinc.al,k
• **18** h: bamb-a.stb2
• **Hinlegen**, nach dem: am-m. nux-v. *Sulph.*
• **Wein**, nach: psor.
• **nachts**: bar-c.bg2,bg3,* fl-ac. **Lach.** petr. thyr.vh
• **Bewegung** amel.: sars.h,kl
• **brennend**: bamb-a.stb2
• **entblößt** sie ●: *Calc.* **Cham.** cur. fl-ac. glon.bg2 mag-m.vh *Petr. Phos.*vh **Puls.** *Sang. Sanic.* **Sulph.**
• **Fieber**; während: aesc. canth. corh.brl cupr. *Ferr.* graph. *Lach.* **Sulph.**
• **Frost**, nach: sulph.h,kl
• **Hitzewallungen**: cub.al,k
• **Menses**, während: carb-v. cham. *Petr.*al,k *Sulph.*
• **Sitzen**, nach dem: coc-c.al cocc.
– **Zehen**: apis asaf. aster.al,k bamb-a.stb2 berb.al,k borx. coc-c.al,k cycl.al,k hura kali-bi.al,k lach.al,k mag-m.al,k zinc.al,k
• **nachmittags**: asaf.
• **nachts**: coc-c.al,k
• **brennend**: borx.
• **kalten** Füßen, mit: apis
• **kribbelnd**: berb.al,k

Hitze - Zehen: ...
○ **Zehenspitzen**, Hitze schießt wie elektrische Funken zum Kopf: sep.al,k
• **große** Zehe: am-c.h,k,* aster. *Nit-ac.*al,k rhus-t.al,k
○ **Zehenballen**: am-c.h,k carb-an.al,h *Nit-ac.*al
• **fünfte** Zehe: bamb-a.stb2

Holz, hölzernes Gefühl; Gefühl wie aus: thuj.ptk2
☞ ❑ *Gemüt - Wahnideen - Holz - er* / ❑ *G~ Wahnideen - Zunge - Holz*
○ **Hände**: **Kali-n.**h,k,*
– **Beine**: *Arg-n.*hrl,k *Ars.*al,k chinin-s. nux-v.hrl phos.hrl rhus-t.hrl,ptk2 sec.hrl thuj.hrl
• **Gehen**, beim: **Kali-n.** plb.hrl,k rhus-t.hrl,k thuj.hrl,k
– **Füße**: carl.al,k plb.hrl rhus-t.h,hrl,*
○ **Fußsohle**: ars.hrl,k,* plb.al

Hornhaut, Schwielen: rutak2
☞ *Härte / Nägel; Beschwerden - hornig* / ❑ *Haut - Wucherungen - hornig*
○ **Nägel**:
○ **unter** den: ant-c.k2
– **Händen**, an den: *Am-c.* borx.h **Graph.**k,kl2● kali-ar. rhus-v. sil. **Sulph.**k,kl2●
• **Rissen**, mit tiefen: cist. graph.
– **Fußsohlen**; an den: **Ant-c.**c2,k *Ars.* bar-c.bgl *Calc.* lyc.bgl plb. ~~sil.kl,xxx~~ sulph.k,kl2● tub.pd
• **empfindlich**: *Alum.* bar-c.cl lyc.bg2 med. *Nat-s.* sil.h
– **Zehen**, an den: ant-c. *Graph.*k,kl2●

Hornige Wucherungen
☞ *Wucherungen - hornig*

Horripilation
☞ *Gänsehaut*

Hüftgelenksentzündung: acon.cl,c2 am-c. anac. *Ang.* apis *Arg-met.*c2,k arn. *Ars.* ars-i. *Asaf.* asar. *Aur.* aur-i.k2 aur-s.k2 *Bell. Bry.* **Calc. Calc-p.** *Calc-s.* calc-sil.k2 *Canth. Caps.* carb-ac. *Carb-v.* carbn-s. carc.xxb **Card-m.** *Caust.*c2,k *Cham.* **Chin.**c2,k chinin-ar. cist.c2,k colch. **Coloc.** dig. dros.tl *Fl-ac.* get.c2 graph. hecla *Hep.*c2,k hippoz.c2,k hydr. iod. iris **Kali-c.**c2,k *Kali-i. Kali-p.* **Kali-s.** kali-sil.k2 lac-c. *Lach. Lyc. Merc. Nat-m.* **NAT-S.**k,vh,* *Nit-ac. Nux-v. Ol-j. Petr.* **Ph-ac.**c2,k *Phos. Phyt. Puls. Rhus-t.* sep. **Sil.**c2,k staph.c2,k still.c2 **Stram.** *Sulph.*c2,k **Tub.**
☞ *Eiterung - Hüfte / Schmerz - Hüfte*
– **links**: *Stram.*
– **rechts**: **Led.** *Phyt.*

Hühneraugen: *Acet-ac.*c2,k *Agar.* alum-p.k2 *Am-c.* anac-oc.c2 **Ant-c.**c2,k *Arn.*c2,k *Bar-c.*al,k *Borx.*c2,k bov.hrl,k,* *Bry.*al,k *Calc.*k,kl2● calc-caust.c2 *Calc-s.* calc-sil.k2 *Carb-an.*al,k *Caust.*al,k cench.k2 chin. chin-b.c2 coloc. *Cur.*c2,k ferr-pic.c2 *Graph.*al,k *Hep.*al,k *Hydr.*c2 hyper.c2 *Ign.* kali-ar.k2 kiss.c2 **Lyc.**k,kl2●,* lyss. med.c2 nat-c.al,k,* *Nat-m.*al,k nit-ac.al,k,* *Nux-v.* petr.al,k *Ph-ac.*k,k2,* *Phos.* pimp.c2 plb.k2 *Psor.* ran-b.c2,k2 *Ran-s.*c2,k rhod.al,k *Rhus-t.*k,kl2● rumx.c2 sal-ac.c2 sang.k2 **Sep.**k,kl2●

Hühneraugen: ...
Sil.$_{a1,k}$ staph. sul-ac.$_{c2}$ *Sulph.*$_{a1,k,*}$ ter. wies.$_{c2}$
– **bohrend**: borx.$_{h}$ calc. caust.$_{a1,k}$ kiss.$_{a1}$ nat-c. *Nat-m.*$_{a1,k}$ phos.$_{a1,k}$ *Ran-s. Sep. Sil.* thuj.
– **brennend**: *Agar. Alum.* am-c. *Ant-c. Arg-met.* bar-c. bar-s.$_{k2}$ *Bry.*$_{a1,k}$ *Calc.*$_{a1,k}$ *Calc-s.* carb-v. caust.$_{a1,k}$ cench.$_{k2}$ graph.$_{a1,k}$ *Hep.*$_{a1,k}$ **Ign.** lipp.$_{a1}$ lith-c. *Lyc.* meph.$_{a1,k}$ nat-c.$_{a1}$ *Nat-m.* nit-ac.$_{h,k1}$ *Nux-v.* *Petr.*$_{a1,k}$ *Ph-ac.*$_{a1,k}$ phos. pimp.$_{a1}$ *Ran-b.* *Ran-s.* *Rhus-t.*$_{a1,k}$ sang.$_{k2}$ **Sep.**$_{a1,k}$ sil. *Sulph.*$_{a1,k}$ thuj.$_{a1,k}$
• **nachts**: nat-m.$_{a1,h,*}$
– **drückend**: agar. *Ant-c.* bov. *Bry.* calc. *Calc-s.* carb-v. *Caust.* graph.$_{a1,k}$ iod. **Lyc.** ph-ac. phos.$_{h,k1}$ *Sep.*$_{a1,k}$ sil. **Sulph.**
– **eiternd**: thuj.$_{bg1}$
– **empfindlich**
☞ *wund*
– **entzündet**: *Ant-c.* calc. *Lyc. Puls. Sep.*$_{a1,k}$ **Sil.** *Staph.* **Sulph.**$_{a1,k}$
– **hornig**: *Ant-c.* graph. ran-b. sulph.
☞ ❑ *Haut - Wucherungen - hornig*
– **pulsierend**: calc. ham.$_{a1}$ kali-c. *Lyc.* sep. sil. sulph.
– **reißend**: am-c. arn. ars.$_{a1,h,*}$ *Bry.* calc. calc-s. cocc.$_{a1,k}$ kali-c. **Lyc.** mag-m.$_{h,k1}$ *Sep.* **Sil.** sul-ac.$_{a1,k}$ **Sulph.** thuj.
• **nachts**: ars.$_{a1,h,*}$
– **ruckend**: cocc.$_{h}$ dios. phos. **Sep.** sul-ac. *Sulph.*
– **schießend**: *Bov.*$_{hr1,k}$ hep.$_{c1}$ **Nat-m.**
• **Wetter**; bei regnerischem: borx.$_{c1}$
– **schmerzhaft**: *Agar.* alum.$_{a1,k}$ alum-p.$_{k2}$ ambr.$_{a1,k}$ *Ant-c.* arn. asc-t.$_{a1}$ aster. *Bar-c.* bar-s.$_{k2}$ bov.$_{hr1,k,*}$ bry.$_{a1,k}$ calad. calc. *Calc-s.* calc-sil.$_{k2}$ carl.$_{a1}$ caust. cench.$_{k2}$ chin-b.$_{c1}$ fl-ac.$_{a1}$ gran.$_{a1}$ ham.$_{a1}$ *Hep.* ign. *Iod.* kali-ar.$_{k2}$ kali-c. kiss.$_{a1}$ lach. lith-c. *Lyc.*$_{a1,k}$ lyss.$_{c2}$ mag-m.$_{a1}$ med.$_{c1}$ meph.$_{a1,k}$ nat-c.$_{h2}$ nat-m. *Nit-ac.*$_{a1,k}$ nux-v. paeon.$_{a1}$ phos.$_{a1,k}$ phyt.$_{a1}$ puls. ran-b.$_{c1,k2}$ ran-s. raph.$_{a1}$ rhus-t. sang.$_{a1}$ sep.$_{a1,k}$ sil. spig. sul-i.$_{k2}$ **Sulph.**$_{a1,k}$ verat.$_{a1}$
• **Berührung**, bei: asc-t.$_{a1}$ bry. kali-c.
• **exkoriiert**, wie: ambr.$_{c1}$
• **geschwürig**, wie: am-c. borx.
– **stechend**; fein: *Agar.* **Alum.**$_{a1,k}$ alum-p.$_{k2}$ am-c. ant-c. ars.$_{h,k1}$ *Bar-c.*$_{a1,k}$ bar-s.$_{k2}$ borx. *Bov.* **Bry.**$_{a1,k}$ calad.$_{a1,k}$ **Calc.** **Calc-s.** calc-sil.$_{k2}$ carb-an.$_{a1,k}$ carb-v.$_{h,k1}$ caust. chel.$_{a1}$ cic.$_{a1}$ hep.$_{a1,k}$ ign. kali-c.$_{a1,k}$ kiss.$_{a1}$ *Lyc.* mag-m. **Nat-c.**$_{a1,k}$ **Nat-m.**$_{a1,k}$ nat-p. *Petr.*$_{a1,k}$ ph-ac.$_{a1,k}$ *Phos.*$_{a1,k}$ ptel. *Puls.* ran-b.$_{k2}$ *Ran-s.* *Rhod.*$_{a1,k}$ **Rhus-t.** rumx. sel.$_{a1}$ *Sep.*$_{a1,k}$ *Sil.*$_{a1,k}$ staph. sul-ac.$_{a1,k}$ **Sulph.**$_{a1,k}$ *Thuj.*$_{a1,k}$ verat.$_{a1,k}$
• **nachts**: ars.$_{h,k1}$ bart.$_{a1}$ nat-m.$_{a1,h,*}$ rhod.$_{a1}$ sulph.$_{a1,h,*}$
• **Gehen**, beim: phos.$_{a1,h,*}$
• **Wetter**, bei regnerischem: borx.$_{h}$
– **warm**:
• **Bett**; agg. im warmen: sulph.$_{k2}$
– **Wehtun**; mit (= unbestimmter, drückender Schmerz): ant-c. lyc. sep. sil. sul-ac.$_{h,k1}$ sulph.
– **wund** schmerzend: aesc.$_{a1,k}$ *Agar.* ambr.$_{a1,k}$ ant-c. *Arn.* *Bar-c.* bar-s.$_{k2}$ *Bry.*$_{a1,k}$ *Calc.*$_{a1,k}$ *Calc-s.*

Hühneraugen - wund schmerzend: ...
calc-sil.$_{k2}$ *Camph.*$_{a1,k}$ **Carb-an.**$_{a1,k}$ fl-ac.$_{a1,k}$ *Graph.*$_{a1,k}$ *Hep.* **Ign.** kali-c.$_{a1}$ lith-c. **Lyc.**$_{a1,k}$ med. nat-c. nat-p. nit-ac.$_{a1}$ *Nux-v.* petr. phos. *Puls.* *Ran-b.* ran-s. *Rhus-t.*$_{a1,k}$ *Sep.* **Sil.**$_{a1,k}$ *Spig.* *Sulph.* thuj. verat.$_{a1,k}$
– **ziehend**: lyc.$_{h,k1}$ nat-c.$_{a1,h,*}$ sep.$_{a1,h,*}$
• **nachts**: sep.$_{a1,h,*}$
– **zwickend**: bar-c.$_{a1,k}$
○ **Ferse**: *Phos.*
– **Fußsohlen**:
• **hornig**: **Ant-c.** *Ars.* *Calc.* kali-ar. sil.
☞ ❑ *Haut - Wucherungen - hornig*

Humpeln: abrot.$_{bg2}$ acon.$_{bg2}$ ant-c.$_{bg2}$ *Bell.*$_{bg2}$ *Calc.*$_{bg2}$ **Caust.**$_{bg2}$ *Dros.*$_{bg2}$ hep.$_{bg2}$ hydrog.$_{srj2}$ kali-bi.$_{bg2}$ kali-c.$_{bg2}$ lyc.$_{bg2}$ *Merc.*$_{bg2}$ nit-ac.$_{bg2}$ phos.$_{bg2}$ sabin.$_{bg2}$ sep.$_{bg2}$ sulph.$_{bg2}$
– **Schmerzen** im Knie; durch: spig.$_{h}$

Hyperästhesie
☞ *Empfindlichkeit*

Hypertrophie
☞ *Dick*

Infiltration mit blutigem Serum:
○ **Beine**: dig.$_{a1,k}$
– **Gesäß**: vip.$_{a1,k}$

Intertrigo
☞ *Exkoriation*

Ischialgie
☞ *Schmerz - Beine - Ischialgie*

Jucken: abrot.$_{a1,k}$ **Agar.**$_{a1,k}$ aloe *Alum.* alum-sil.$_{k2}$ alumn. am-c.$_{a1,k}$ am-m. ambr. anac. ant-c. ant-t. apis arn. *Ars.*$_{a1,k}$ ars-i. ars-s-f.$_{k2}$ arund.$_{br1}$ asc-t. aster. aur. aur-ar.$_{k2}$ aur-i.$_{k2}$ bar-c. bar-i.$_{k2}$ bar-m. bar-s.$_{k2}$ bell. berb. *Bism.* bov.$_{a1,k}$ brach. bry. *Calc.* calc-i. *Calc-s.* calc-sil.$_{k2}$ cann-s. canth. carb-ac. carb-v. carbn-s. *Caust.* chel. chin. chinin-ar. choc.$_{srj3}$ cimic. cinnb. clem. coc-c. cocc. coloc. com.$_{a1,k}$ con.$_{a1,k}$ corn. cupr. cycl. dig. dios. dulc. fago.$_{a1,k}$ gran. graph. grat. ham.$_{a1,k}$ hura ign. indg.$_{a1,k}$ iod. jug-c. jug-r. *Kali-ar.* kali-bi. kali-br.$_{a1,k}$ kali-c. kali-i. kali-n. kali-p. kali-s. lac-ac.$_{a1,k}$ lach. lachn. laur. led. lyc.$_{a1,k}$ mag-c. mag-m. mag-s. mang. merc.$_{a1,k}$ merc-i-f. mez. mill. mur-ac. nat-ar. nat-c. nat-m. nat-p.$_{a1,k}$ **Nat-s.** nicc. nit-ac. *Nux-v.*$_{a1,k}$ ol-an. olnd. op. osm. paeon.$_{a1,k}$ pall. ph-ac. *Phos.* phyt. plat. *Plb.* prun. *Psor.* puls. ran-b. *Rhus-t.* rhus-v. rumx. ruta sabad. sars. sel. *Sep.* *Sil.* *Spig.* spong. **Sulph.** tarent. **Tell.** thuj. til. verat. zinc.$_{a1,k}$ zinc-p.$_{k2}$
– **links**: sulph.$_{h,k1}$
– **morgens** beim Aufstehen: *Rumx.*
– **vormittags**: com.$_{a1,k}$
– **nachmittags**: fago.$_{a1,k}$
– **abends**: alum-p.$_{k2}$ com.$_{a1,k}$ daph.$_{a1,k}$
• **Bett**, im: sulph.$_{h,k1}$
– **nachts**, im Bett: rumx.
– **Bett**, im: fago.$_{a1,k}$ lyc.$_{a1,k}$ nux-v.$_{a1,k}$ rumx.

– **brennend**, beim Kratzen: lach. nat-p. phos. rumx. sabad. sabin. **Sulph.**
– **Entkleiden**, beim: *Nat-s.* rumx.
– **gelähmtes** Glied: phos.
– **Hautausschläge**
☞ *Hautausschläge - juckend*
– **Koitus**, nach: agar.
– **Kratzen**:
• **agg.**: *Alum.* alum-p.$_{k2}$ ars. ars-s-f.$_{k2}$ *Bism.* corn. ham. *Led.* petr. ph-ac. rhus-v. stront-c. **Sulph.**
• **amel.**: alum. ant-t. bov. camph. cann-i. chel. chin. coloc. graph. *Jug-c.* *Kali-c.* laur. led. *Mag-c.* mag-m. *Mang.* merc. mill. **Nat-c.** nat-s. nicc. ol-an. olnd. pall. ph-ac. tarax. *Thuj.*
– **warmen** Bett; im: sulph.$_{k2}$
○ **Gelenke**: apis clem.$_{a1,k}$ merc.$_{a1,k}$ nat-p.$_{a1,k}$ nux-v.$_{a1,k}$ pin-s.$_{a1}$ sel.$_{c1}$ sep.$_{a1,k}$ *Spig.* til.$_{a1}$ zinc.$_{a1,k}$
○ **Gelenkbeugen**: nit-ac. *Ph-ac.* sel. sep.$_{h,kl}$ zinc.
– **Streckseite**: coc-c.$_{a1,k}$
– **Arme**: *Agar.*$_{a1,k}$ aloe alum.$_{a1,k}$ alum-p.$_{k2}$ alum-sil.$_{k2}$ alumn. am-c. am-m. ambr. amgd-p. anac. ang.$_{a1,k}$ ant-c.$_{a1,k}$ ant-t. anthraci. apis arg-met. arn.$_{a1,k}$ ars.$_{a1,k}$ ars-i. arund.$_{br1}$ asc-t. aur.$_{a1,k}$ aur-m. aur-s.$_{k2}$ bar-c. bar-s.$_{k2}$ benz-ac. borx. **Bov.**$_{a1,k}$ bry. calad. calc. calc-i. calc-p. camph. cann-s. canth. carb-ac.$_{a1,k}$ carb-an. carb-v.$_{a1,k}$ carbn-s. **Caust.**$_{a1,k}$ chel.$_{a1,k}$ chin.$_{a1,k}$ chinin-s. cimic. cina cinnb. cit-v.$_{a1,k}$ cob. coc-c. cocc. colch. coloc. com. con.$_{a1,k}$ cop. corn. cupr-ar.$_{a1}$ cycl. dig. dios. dulc. euph. eupi. fago. fl-ac.$_{a1,k}$ form.$_{a1,k}$ gels. glon. gran. graph.$_{a1,k}$ grat. ham.$_{a1,k}$ hep. hura hydr. hydr-ac.$_{a1,k}$ ign. ind. iod.$_{a1,k}$ jatr-c. jug-c.$_{a1,k}$ jug-r.$_{a1,k}$ kali-bi.$_{a1,k}$ kali-br. kali-c.$_{a1,k}$ kali-i.$_{a1,k}$ kali-n.$_{a1,k}$ kali-p. kali-sil.$_{k2}$ lach.$_{a1,k}$ lachn. lact. laur. led.$_{a1,k}$ lyc. *Lyss.* mag-c. mag-m. mag-s. manc. mang. merc. merc-i-f. merc-i-r. mez.$_{a1,k}$ mill. morph. mur-ac. myric. nat-ar. nat-c.$_{a1,k}$ nat-m.$_{a1,k}$ nat-p. nat-s. nicc. nit-ac. *Nux-v.* ol-an. olnd. op. osm. pall.$_{a1,k}$ petr. ph-ac. phos.$_{a1,k}$ phys. phyt. plan. plat. plb. podo.$_{a1,k}$ prun. psor.$_{a1,k}$ ptel. puls. ran-b. rat. rhod. *Rhus-t.*$_{a1,k}$ rhus-v.$_{a1,k}$ rumx. ruta sabad. sars. sel. *Sep.*$_{a1,k}$ *Sil.*$_{a1,k}$ sin-a. sol-ni. spig. spong. staph. stront-c. stry.$_{a1,k}$ sul-i.$_{k2}$ **Sulph.**$_{a1,k}$ tarent.$_{a1,k}$ tax. **Tell.**$_{a1,k}$ teucr. *Thuj.*$_{a1,k}$ til. *Urt-u.*$_{a1,k}$ verat.$_{a1,k}$ verb. vesp. zinc.
• **tagsüber**: calc.$_{a1,k}$
• **morgens**: am-m. ham. hell.$_{h,kl}$ mag-c. ol-an. rhus-v. sulph. tax.
• **Ankleiden**; beim: mag-m. nux-v. rhus-t. *Sulph.*
• **Waschen**, beim: bov.
• **vormittags**: mag-c. sulph.
• **nachmittags**: aloe cimic. coc-c. fl-ac. form. jug-r. mag-c. nat-m. sulph.
• **14** h: ol-an.
• **Menses**, während: mag-c.
• **abends**: am-m. bov.$_{a1,k}$ calc-p. chin.$_{a1,k}$ cimic. dios. fago.$_{a1,k}$ fl-ac. hura mag-c. merl. ol-an. sin-a.$_{a1,k}$ *Sulph.*$_{a1,k}$ thuj.$_{a1,k}$
• **Bett**, im: hell.$_{h,kl}$
• **nachts**: agar.$_{a1,k}$ am-m. anac. ars.$_{a1,k}$ asc-t.$_{a1,k}$ canth. carb-v. chin.$_{h,kl}$ cupr.$_{a1,k}$ cupr-ar.$_{a1}$ dig.

– **Arme - nachts**: ...
hydr. kali-br.$_{a1,k}$ merc. phos.$_{a1,k}$ rhus-v. ruta sabad. sulph. *Thuj.*$_{a1,k}$ til.$_{a1,k}$
• **21** h: asc-t. calc-p. hydr.
• **22** h: mag-c.
• **Mitternacht**, um: rhus-t.
• **beißend**: *Berb.*
• **Berührung** agg.: crot-t.$_{a1,k}$ psor.
• **Bett**, im: *Alum.* cinnb.$_{a1,k}$ cupr-ar.$_{a1,k}$ kali-bi. kali-br. mag-c. mur-ac. nat-m. ph-ac. phos. rhus-v. sars. **Sulph.**$_{a1,k}$ **Tell.**$_{a1,k}$
• **Bewegung**:
• **agg.**: crot-t.$_{a1,k}$
• **amel.**: com. sars.
• **brennend**: *Agar.*$_{a1,k}$ berb. calc.$_{h,kl}$ cupr.$_{h,kl}$ dulc. mez. nux-v. ran-b. spig. stann.
• **Entkleiden**, beim: crot-t.$_{a1,k}$ cupr-ar.$_{a1,k}$ kali-br. mur-ac. nux-v. ph-ac.
• **Flohbisse**, wie durch: nat-c. tab.$_{a1,k}$ thuj.$_{a1}$
• **fressend**: chel.$_{a1,k}$ hell.$_{h,k,*}$ led. merc. ruta$_{h}$
• **Hautausschläge**:
• **ohne**: alum-sil.$_{k4}$
• **unterdrückten**; nach: *Hep.*
• **heißes** Wasser amel.: *Rhus-t.* rhus-v.
• **hier** und da: ph-ac.$_{a1}$ plat.$_{a1,k}$
• **Hinlegen** agg.; nach dem: calad.
• **kitzelnd**: kali-n. staph.
• **Kratzen**:
• **agg.**: ars. cupr-ar.$_{a1}$ ham. ph-ac.$_{a1,k}$ rhus-v.$_{a1,k}$ stront-c. **Sulph.**
• **amel.**: alum.$_{a1,k}$ ant-t. bov. camph. chel. coloc.$_{a1,k}$ graph. jug-c.$_{a1,k}$ led. mag-c. mang. merc. ol-an. olnd. ph-ac.$_{a1,k}$
• **wund** ist; kratzt bis es: psor.$_{k2}$
• **kribbelnd**: berb. thuj.$_{h,k,*}$
• **kühl**, wenn: thuj.$_{a1,k}$
• **Menses**, während: mag-c.
• **Nesseln**, wie durch: lach. nit-ac. **Urt-u.**
• **plötzlich**: ph-ac.$_{a1}$ phos.
• **Quecksilber**; nach Mißbrauch von: *Hep.*
• **Reiben**:
• **agg.**: crot-t.$_{a1,k}$ *Nat-m.*$_{a1,k}$ rhus-v.
• **amel.**: ang.$_{a1,k}$ berb. cupr-ar.$_{a1,k}$ ham. mag-s. ol-an.
• **Sitzen** in der Kirche; beim: com.$_{a1,k}$
• **stechend**: berb. caust.$_{a1,k}$ lach. merc-i-f.
• **stechend**; fein: ars-i. phos. ran-b. ran-s.
• **Stellen**, an einzelnen: berb. cop.$_{a1,k}$ kali-bi. kali-n. merc.$_{a1,k}$ nat-m.$_{a1,k}$ psor. sulph.
• **Wärme** agg.: chin.$_{h,kl}$ sulph.
• **warmen** Zimmer agg.; im: nux-v.
• **Wasser**; beim Tauchen in: rhus-v.$_{a1,k}$
• **wollüstig**: merc. *Sulph.*
○ **Gelenke**: merc. sep. zinc.
– **Schulter**: alumn.$_{a1,k}$ am-c. ars.$_{a1,k}$ bamb-a.$_{stb2}$ bar-c. berb.$_{a1,k}$ bov.$_{a1,k}$ brom. carb-ac.$_{a1,k}$ carbn-s.$_{k2}$ caust.$_{a1,k}$ cent.$_{a1}$ cob.$_{a1,k}$ coloc.$_{a1,k}$ cund.$_{a1,k}$ cycl.$_{a1,k}$ dios.$_{a1,k}$ dol.$_{br1}$ fl-ac.$_{a1,k}$ *Gels.* hep. jug-c.$_{a1,k}$ kali-bi.$_{a1,k}$ kali-br.$_{a1,k}$ kali-c.$_{a1,k}$ mag-c. mag-m.$_{a1,k}$ mang.$_{a1,k}$ mez. *Mill.*$_{a1,k}$ myric.$_{a1,k}$ nat-c.$_{a1,k}$ nicc.$_{a1,k}$ op.$_{a1,k}$ osm. pall. puls. sars. stront-c. sulph. ther. thuj.$_{a1,k}$ *Urt-u.*$_{a1,k}$

- **links**: bamb-a.$_{stb2}$
- **morgens**: fl-ac.
  - **Ankleiden**; beim: mag-c.$_{h,kl}$ mag-m.$_{a1,k}$
- **vormittags**: mag-c.$_{a1,k}$
- **nachmittags**: bamb-a.$_{stb2}$ fl-ac.$_{a1,k}$ mag-c.$_{a1,k}$
  - **14** h: ol-an.
  - **Menses**, während: mag-c.$_{a1,k}$
- **abends**: fl-ac. hura osm.
  - **Einschlafen**, vor dem: mag-c.$_{a1,k}$
  - **Hinlegen**, beim: mur-ac.$_{a1,k}$ osm.
- **brennend**: mez.$_{a1,k}$
- **Kratzen**:
  - **agg.**: stront-c.
  - **amel.**: bov.$_{a1,k}$ ol-an.$_{a1,k}$
- **Menses**, während: mag-c.

– **Oberarm**: acon.$_{a1,k}$ anac. anag. arn.$_{a1,k}$ berb.$_{a1,k}$ bov.$_{a1,k}$ bry.$_{a1,k}$ canth. carbn-s. chel.$_{a1,k}$ coc-c.$_{a1,k}$ cocc.$_{a1}$ dulc.$_{a1,k}$ euph. kali-bi.$_{a1,k}$ kali-i.$_{a1,k}$ kali-n.$_{a1,k}$ lach.$_{a1,k}$ laur.$_{a1,k}$ led.$_{a1,k}$ lyc.$_{a1,k}$ mang.$_{a1,k}$ mez. *Nux-v.*$_{a1,k}$ olnd.$_{a1,k}$ pall. ph-ac. phos. *Psor.* ruta sep.$_{a1,k}$ spong. stront-c. thuj.$_{a1,k}$
- **morgens** beim Ankleiden: nux-v.
- **abends** beim Entkleiden: nux-v.$_{a1,k}$
- **Bewegung**, bei: anac.$_{h,kl}$
- **brennend**: berb.$_{a1,k}$ dulc.$_{a1,k}$ nux-v.$_{a1,k}$
- **fressend**: led.$_{a1,k}$
- **Kälte**, bei: spong.
- **Kratzen**:
  - **agg.**: stront-c.
  - **amel.**: chel. led.$_{a1,k}$ mang. pall.
- **kribbelnd**: thuj.$_{a1,k}$
- **stechend**; fein: euph.$_{h,kl}$ led.$_{h,kl}$ ran-s.$_{a1,k}$
- **Stellen**, an einzelnen: berb.$_{a1,k}$
- ○ **Außenseite**: mang.$_{a1,k}$
  - **Kratzen** amel.: chel.$_{a1,k}$ mang.$_{a1,k}$
- **Innenseite**: acon.$_{a1,k}$ bov.$_{a1,k}$ carb-v.$_{h,kl}$ kali-i.$_{a1,k}$
- **Rückseite**: tax.$_{a1,k}$

– **Ellbogen**: agar. alum. arg-met. berb. calc-i.$_{a1,k}$ caust. crot-h.$_{a1,k}$ cycl.$_{a1,k}$ dol.$_{br1}$ fago.$_{a1,k}$ ign.$_{a1,k}$ indg.$_{a1,k}$ kali-n.$_{a1,k}$ lachn.$_{a1,k}$ laur. mang. med. *Merc.*$_{a1,k}$ merc-i-f. mur-ac.$_{a1,k}$ **Nat-c.** nat-p. ol-an.$_{a1,k}$ pall.$_{a1,k}$ petr. phos.$_{a1,k}$ psor.$_{a1,k}$ rhus-v.$_{a1,k}$ *Sep. Sulph.*$_{a1,k}$
- **abends** agg.: *Sulph.*$_{a1,k}$
- **Kratzen** amel.: ol-an.$_{a1,k}$
- **Reiben** amel.: ol-an.$_{a1,k}$
- ○ **Ellbogenbeuge**: canth.$_{a1,k}$ carbn-s. cupr. *Hep.*$_{a1,k}$ laur.$_{a1,k}$ nat-c.$_{a1,k}$ nit-ac.$_{a1,k}$ ol-an. olnd.$_{a1}$ petr.$_{a1,k}$ phos.$_{h,kl}$ psor. rumx. **Sep.**$_{h,k,*}$ spig.$_{h,kl}$ sulph.$_{a1,k}$ ter.$_{a1,k}$
  - **nachmittags**: sulph.$_{a1,k}$
  - **abends**: cupr.$_{a1,k}$ sulph.$_{h,kl}$
- **Ellbogenhöcker**: agar.$_{a1,k}$ ars-met. mag-m.$_{a1,k}$ nit-ac.$_{h,k,*}$ olnd.$_{a1,k}$ puls.$_{a1,k}$ sep.$_{h,kl}$

– **Unterarm**: *Agar.*$_{a1,k}$ am-c.$_{a1,k}$ am-m.$_{a1,k}$ anac.$_{a1,k}$ berb.$_{a1,k}$ bol-la. borx. bov.$_{a1,k}$ *Carb-an.*$_{a1,k}$ carb-v.$_{h,kl}$ carbn-s. caust.$_{a1,k}$ chinin-s. choc.$_{srj3}$ cit-v.$_{a1,k}$ clem.$_{a1,k}$ colch.$_{a1,k}$ con.$_{h,kl}$ cop.$_{a1,k}$ dulc. euph. gels. hura kali-bi.$_{a1,k}$ kali-n.$_{a1,k}$ laur.$_{a1,k}$ mag-c.$_{a1,k}$ mag-m.$_{a1,k}$ mag-s.$_{a1,k}$ mang. merc-i-f.$_{a1,k}$ mez.$_{a1,k}$ mill.$_{a1}$ mur-ac.$_{a1,k}$ myric.$_{a1,k}$ ol-an.$_{a1,k}$

– **Unterarm**: ... ped.$_{a1}$ peti.$_{a1}$ psor. *Puls.*$_{a1,k}$ rat.$_{a1,k}$ *Rhus-t.*$_{a1,k}$ rhus-v. rumx. sars.$_{a1,k}$ spig.$_{a1,k}$ stront-c. sulph. tax.$_{a1,k}$ til.$_{a1,k}$ verb.$_{a1,k}$ wies.$_{a1}$
- **morgens**: am-m.$_{a1,k}$ mag-c.$_{a1,k}$ peti.$_{a1}$ tax.$_{a1,k}$
- **abends**: am-m.$_{a1,k}$ ped.$_{a1}$
  - **Bett** agg.; im: sars.
  - **Entkleiden**, beim: mag-c.$_{h,kl}$
- **nachts**: am-m.$_{a1,k}$ anac.$_{a1,k}$ asc-t.$_{a1,k}$ *Mez.* psil.$_{ft1}$
  - **amel.**: tax.$_{a1,k}$
- **brennend**: agar.$_{a1,k}$ calad. carb-v.$_{h,kl}$ euph.$_{h,kl}$ *Kali-bi.*
- **fressend**: ars.$_{h,kl}$
- **Hinlegen**, nach dem: kali-bi.$_{a1,k}$
- **Kratzen** amel.: choc.$_{srj3}$ dulc.$_{h1}$ mag-c.$_{a1,k}$ mill.$_{a1,k}$ ol-an.$_{a1,k}$
- **Reiben**; nach: sulph.$_{h,kl}$
- **roter** Fleck beim Kratzen: mag-c.$_{h,kl}$
- **Stellen**, an kleinen: kali-n.$_{a1,k}$
- **Waschen**, beim: mag-c.$_{h,kl}$
- **wollüstig**: merc.$_{a1,k}$
- ○ **Vorderseite**: am-c.$_{a1,k}$ am-m. berb.$_{a1,k}$ bov.$_{a1,k}$ carb-an.$_{a1,k}$ mag-c.$_{a1,k}$ ol-an.$_{a1,k}$ sars.$_{a1,k}$

– **Handgelenk**: agar.$_{a1,k}$ alum. *Anac.* apis ars. asc-t.$_{a1,k}$ aur.$_{a1,k}$ bar-c. berb.$_{a1,k}$ bism.$_{h,kl}$ calc-p.$_{a1,k}$ cimic.$_{a1,k}$ cinnb. dios.$_{a1,k}$ hep.$_{a1,k}$ hydr.$_{a1,k}$ ign.$_{a1,k}$ kali-bi.$_{a1,k}$ kali-c.$_{a1,k}$ kali-i.$_{a1,k}$ mag-c.$_{a1,k}$ manc.$_{a1,k}$ mez.$_{a1,k}$ ped.$_{a1}$ plat.$_{a1,k}$ psor.$_{a1,k}$ rhus-t.$_{a1,k}$ rhus-v.$_{a1,k}$ sars.$_{a1,k}$ sel.$_{c1}$ *Sulph.*$_{a1,k}$ zinc.
- **nachmittags**: sulph.$_{a1,k}$
- **abends**: calc-p.$_{a1,k}$ cimic.$_{a1,k}$ *Sulph.*$_{a1,k}$
  - **21** h: calc-p.
- **nachts**: asc-t.$_{a1,k}$ hydr.$_{a1,k}$
- **beißend**: berb.$_{a1,k}$
- **Kratzen** agg.: **Sulph.**$_{a1,k}$
- **Stellen**, an einzelnen: kali-bi.$_{a1,k}$ psor.$_{a1,k}$
- ○ **Außenseite**: anac.$_{h,kl}$
- **Innenseite**: nat-m.$_{a1,k}$ plat.$_{h,kl}$ plb.$_{a1,k}$ scroph-n.$_{c1}$ upa.$_{a1,k}$ verat.$_{a1,k}$
- **Rückseite**: cimic.$_{a1,k}$ con.
- **Vorderseite**: arg-met.$_{h}$ com.$_{a1,k}$ con.$_{a1,k}$ mag-c.$_{a1,k}$ mang. rhus-v.$_{a1,k}$ sars.$_{a1,k}$ sel.$_{a1,k}$

– **Hände**: **Agar.**$_{a1,k}$ aloe *Alum.*$_{a1,k}$ alum-p.$_{k2}$ alum-sil.$_{k2}$ ambr. **Anac.**$_{a1,k}$ ant-s-aur. *Anthraci.* apis arg-met. ars.$_{a1,k}$ asc-t.$_{a1,k}$ aur.$_{a1,k}$ aur-m.$_{a1}$ bar-c.$_{a1,k}$ *Berb.*$_{a1,k}$ bomb-pr.$_{a1}$ *Bov.*$_{a1,k}$ bry.$_{a1,k}$ calc. *Camph.* cann-s.$_{a1,k}$ canth.$_{a1,k}$ *Carb-an. Carb-v.*$_{a1,k}$ carbn-s. *Caust.*$_{a1,k}$ chinin-s. *Cit-v.*$_{a1,k}$ colch.$_{a1,k}$ dios.$_{a1,k}$ fago.$_{a1,k}$ fl-ac.$_{a1,k}$ glon.$_{a1,k}$ gran. graph. ham.$_{a1,k}$ *Hep.*$_{a1,k}$ jug-r.$_{a1,k}$ kali-ar. kali-bi.$_{a1,k}$ *Kali-c.*$_{a1,k}$ *Kali-s.* kali-sil.$_{k2}$ kreos. *Lach.*$_{a1,k}$ *Lyc.* med. *Merc.* mur-ac. *Nat-m.*$_{a1,h}$ *Nit-ac.*$_{h,k,*}$ ol-an.$_{a1,k}$ osm.$_{a1,k}$ paull.$_{a1}$ *Petr. Ph-ac.*$_{a1,k}$ *Phos.*$_{a1,k}$ phyt.$_{a1,k}$ plan.$_{a1,k}$ plat. *Psor.*$_{a1,k}$ ran-b.$_{a1,k}$ *Rhus-t.*$_{a1,k}$ rhus-v.$_{a1,k}$ ruta sabad.$_{a1,k}$ sars.$_{h,k,*}$ sel. *Sep.*$_{a1,k}$ sil. stann. **Sulph.**$_{a1,k}$ tarax.$_{a1,k}$ tell.$_{br1}$ zinc.$_{a1,k}$
- **morgens** beim Aufstehen: rhus-v. sulph.
  - **Erwachen**, beim: ham. *Sulph.*
- **abends**: *Sulph.*$_{a1,k}$
  - **10** h: mag-c.
  - **Bett**, im: phos.$_{a1,k}$
  - **Hinlegen**, nach dem: ph-ac.$_{a1,k}$

- **nachts**: canth.$_{a1,k}$ *Lith-c.* ruta sabad.$_{a1,k}$
- **Mitternacht**: rhus-t.$_{a1,k}$
  - **Hinlegen**, nach dem: kali-bi.$_{a1,k}$
- **Aufstehen** vom Bett; beim: rhus-t. sulph.$_{a1,k}$
- **beißend**: berb.$_{a1,k}$
- **Berührung**, bei: psor.$_{a1,k}$
- **Bewegung** amel.: sars.$_{a1,k}$
- **brennend**: **Agar.** apis arg-met. *Kali-bi.* kali-c.$_{h,kl}$ nat-m.$_{a1,h}$
- **Frostbeulen**, wie durch: **Agar.** arg-met. *Cit-v.* *Puls.*
- **heißes** Wasser amel.: *Rhus-t.* rhus-v.$_{a1,k}$
- **Kratzen**:
  - **agg.**: ars.$_{a1,k}$ fago.$_{a1}$ ham.$_{a1,k}$ *Ph-ac.* rhus-v.$_{a1}$ **Sulph.**
  - **amel.**: alum.$_{a1,k}$ anac. camph. merc. ol-an.
- **kribbelnd**: berb.$_{a1,k}$
- **Nesseln**, wie durch: *Arum-dru.*$_{a1,c1}$ nat-m.$_{a1,h}$ nit-ac.$_{h,k}$ urt-u.
- **Reiben**:
  - **nach**: *Nat-m.*$_{a1,k}$ nit-ac.$_{a1,h}$
  - **amel.**: berb.$_{a1,k}$ ham.$_{a1,k}$ nit-ac.$_{h,kl}$
- **stechend**: berb.$_{a1,k}$ lach.$_{a1,k}$ merc-i-f. merc-i-r.$_{a1}$
- **Wasser**; beim Tauchen in: rhus-v.$_{a1,k}$
- ○ **Handballen**: con.$_{a1,k}$ graph.$_{a1,k}$ *Sep.*$_{a1,k}$
  - **Stellen**, an einzelnen: *Sep.*$_{a1,k}$
- **Handfläche**: agar.$_{a1,k}$ alum. ambr.$_{a1,k}$ **Anac.**$_{a1,k}$ ant-t.$_{a1}$ apis arg-met.$_{h}$ arg-n. ars. aur. aur-ar.$_{k2}$ *Benz-ac.*$_{a1,k}$ berb.$_{a1,k}$ calc. *Camph.*$_{a1,k}$ carb-v.$_{a1,k}$ *Caust.*$_{a1,k}$ chel.$_{a1,k}$ cinnb.$_{a1,k}$ com.$_{a1,k}$ con.$_{a1,k}$ crot-h. dios.$_{a1,k}$ form.$_{a1,k}$ gink-b.$_{sbd1}$ *Gran.*$_{a1,k}$ graph. grat.$_{a1,k}$ *Hep.*$_{a1,k}$ hydr.$_{a1,k}$ ind.$_{a1,k}$ jatr-c. *Kali-c.* *Kali-p.* kali-sil.$_{k2}$ lyc. mag-c.$_{a1,k}$ mag-s.$_{a1,k}$ mang.$_{a1,k}$ merc. *Mur-ac.*$_{a1,k}$ nat-m.$_{a1,k}$ ol-an.$_{a1,k}$ peti.$_{a1}$ petr.$_{a1,k}$ phys.$_{a1,k}$ psil.$_{ft1}$ ran-b.$_{a1,k}$ *Rhus-t.*$_{a1,k}$ *Rhus-v.*$_{a1,k}$ *Sel.* sil.$_{a1,k}$ spig.$_{a1,k}$ staph.$_{a1,k}$ stram. stry.$_{a1,k}$ **Sulph.**$_{a1,k}$ ther. tub-a.$_{br1}$
  - **links**: cench.$_{k2}$
  - **morgens**: mag-c.$_{a1,k}$ ol-an.$_{a1,k}$
  - **nachmittags**: form.$_{a1,k}$ nat-m.$_{a1,k}$ tet.$_{a1}$
  - **abends**: dios.$_{a1,k}$ mag-c.$_{a1,k}$ mang.$_{h,kl}$ ol-an.$_{a1,k}$ sulph.$_{a1,k}$ ther.
  - **nachts**: **Acon.** **Anac.** carb-v.$_{a1,k}$ hydr.$_{a1,k}$
  - **Mitternacht**: rhus-t.$_{a1,k}$
  - **brennend**: agar.$_{a1,k}$ aur-m. petr.$_{k2}$ ran-b.$_{a1,k}$ spig.$_{a1,k}$
    - **Reiben**; nach: **Sulph.**
  - **Herumgehen** amel.: com.$_{a1,k}$
  - **Kratzen**, beim: mang.$_{h}$
    - **amel.**: ant-t.$_{a1}$ chel.$_{a1,k}$ graph.$_{h,k}$ grat.$_{a1}$ mag-c.$_{a1,k}$ mang.$_{a1,k}$ ol-an.$_{a1,k}$
  - **Lecken** amel.: mang.$_{h,kl}$
  - **periodisch**, in Abständen von zehn bis zwölf Stunden: rhus-v.
  - **Reiben** amel.: anac.$_{a1}$ **Anag.**$_{h,k}$ mag-s.$_{a1,k}$ ol-an.$_{a1}$
  - **stechend**; fein: ran-b.$_{a1,k}$ ruta$_{h}$
  - **Waschen**; nach: rhus-v.$_{a1,k}$
- ○ **Fingerwurzeln**, nahe den: kali-c. lyc.
- **Handrücken**: **Agar.** alum. anag. apis ars-i.$_{a1,k}$ borx. calc.$_{a1,k}$ *Camph.*$_{a1,k}$ carb-an.$_{a1,k}$ caust.$_{a1,k}$ cent.$_{a1}$ *Cimic.*$_{a1,k}$ cina com.$_{a1,k}$ *Dig.*$_{a1,k}$ *Euph.*$_{a1,k}$

– **Hände - Handrücken**: ...
eupi.$_{a1,k}$ fago.$_{a1,k}$ franz.$_{a1}$ gran.$_{a1,k}$ indg.$_{a1,k}$ jug-r.$_{a1,k}$ lepi.$_{a1}$ limest-b.$_{es1}$ merc. merc-i-r.$_{a1,k}$ mez.$_{a1,k}$ nat-c.$_{a1,k}$ nat-s. ol-an.$_{a1,k}$ *Ph-ac.*$_{a1,k}$ phos. plat.$_{h,k,*}$ ptel.$_{a1,k}$ *Puls.*$_{a1,k}$ rhus-v.$_{a1,k}$ rumx. *Scroph-n.*$_{bro1,c1}$ spira.$_{a1}$ stann. **Sulph.**$_{a1,k}$

- **vormittags**: *Sulph.*$_{a1,h}$
- **nachmittags**: cimic.$_{a1,k}$
- **abends**: cimic.$_{a1,k}$ merl.$_{a1,k}$ **Sulph.**$_{a1,k}$
- **nachts**: dig.$_{a1,k}$ phos.$_{a1,k}$ sulph.$_{a1,k}$
  - **Reiben**; nach: rhus-v.$_{a1,k}$
- **brennend**: stann.$_{a1,k}$
- **Flohbisse**, wie durch: borx.$_{h}$ nat-c.$_{a1,k}$
- **fressend**: merc.$_{a1,k}$
- **Kratzen**:
  - **agg.**: ph-ac.$_{a1,k}$
  - **amel.**: alum. camph.$_{a1,k}$ merc.$_{a1,k}$ ol-an.$_{a1,k}$ plat.$_{h,kl}$
- **stechend**, fein: ars-i.$_{a1,k}$ camph.$_{h,kl}$ phos.$_{a1,k}$
- **Stellen**, an einzelnen: sulph.$_{a1,k}$
- **Wärme** agg.: *Sulph.*$_{a1,k}$

- **zwischen** den Fingern: alum. anac.$_{a1,k}$ aur. brom.$_{a1,k}$ camph.$_{h,kl}$ carb-v. carbn-s. caust. cycl. grat. mag-c.$_{h,kl}$ nat-s.$_{a1,k}$ *Ph-ac.* *Psor.*$_{a1,k}$ *Puls.*$_{a1,k}$ rhod. rhus-v.$_{a1,k}$ scroph-n.$_{c1}$ sel. **Sulph.**$_{a1,k}$
  - **morgens**: **Sulph.**$_{a1,k}$
    - **Erwachen**, beim: rhus-v.$_{a1,k}$ sulph.$_{a1,k}$
  - **abends**: ran-s.$_{a1,k}$
  - **nachts**: anac.$_{h,kl}$
- **zwischen** Daumen und Zeigefinger: *Agar.*$_{a1,k}$ ambr.$_{a1,k}$ aur.$_{a1,k}$ grat.$_{a1,k}$ hura iod. jatr-c. kreos.$_{a1,k}$ plb.$_{a1,k}$ sumb.$_{a1,k}$
  - **nachts**: *Agar.*$_{a1,k}$

– **Finger**: *Agar.*$_{a1,k}$ *Alum.*$_{a1,k}$ alum-sil.$_{k2}$ am-c. **Anac.** apis ars.$_{a1,k}$ ars-h. arum-d.$_{a1,k}$ arum-i.$_{a1}$ arum-t.$_{k2}$ asc-t. aur. berb.$_{a1,k}$ calad.$_{a1,k}$ calc.$_{h,k,*}$ cann-s.$_{a1,k}$ carb-an.$_{h,kl}$ carb-v. *Caust.* cent.$_{a1}$ cit-v.$_{a1,k}$ coc-c.$_{a1,k}$ *Con.* euph. hep.$_{a1,k}$ jatr-c. jug-r.$_{a1,k}$ lach.$_{a1,k}$ lact.$_{a1,k}$ lyc.$_{a1,k}$ mag-c.$_{a1,k}$ mang.$_{a1,k}$ merc. mez. nat-c. nat-m. nux-v.$_{a1,k}$ ox-ac. paull.$_{a1}$ petr. phos. plan.$_{a1,k}$ plat. prun. puls. ran-b. *Rhod.*$_{a1,k}$ rhus-v.$_{a1,k}$ sel.$_{c1,k}$ sil.$_{a1,k}$ stry.$_{a1,k}$ *Sul-ac.* **Sulph.**$_{a1,k}$ tarent.$_{a1,k}$ thuj. **Urt-u.**$_{a1,k}$ zinc.

- **nachmittags**: coc-c.$_{a1,k}$ jug-r.$_{a1,k}$
- **abends**: calad. sulph.$_{a1,k}$
  - **Bett**, im: nat-m.$_{a1,k}$
- **brennend**: calc.$_{a1}$ euph.$_{h,kl}$
- **erfroren**; als seien sie: *Agar.* spig.$_{h,kl}$
  - **früher** erfroren gewesen: lyc.$_{h,kl}$
- **Kratzen** agg.: alum.$_{h,kl}$ ars.$_{a1,k}$ arum-d.
- **kühl**, wenn: thuj.$_{a1,k}$
- **Liegen**, beim: calad.$_{a1,k}$
- **Rauchen**, durch: calad.
- **warmen** Zimmer agg.; im: nux-v.$_{a1,k}$
- **Zubettgehen**, beim: nux-v.
- ○ **Fingernägel**:
- ○ **Nagelwurzel**: upa.$_{br1}$
  - **um** die: *Hep.* merc.$_{a1,k}$
  - **unter**: sep.$_{h,kl}$
- **Fingerrücken**: ars.$_{a1,k}$ berb. carb-an.$_{a1,k}$ caust.$_{h,kl}$ **Con.**$_{a1,k}$ merc-i-r.$_{a1,k}$ nat-m.$_{a1,k}$ sars.$_{h,k,*}$ sulph.$_{a1,k}$

- **Fingerspitzen**: ambr.$_{a1,k}$ plat. prun.$_{a1,k}$ spig.$_{a1,k}$ *Sul-ac.*
  - **erfroren**; wie: prun.$_{bro1}$
- **Gelenke**: alum. apis *Borx.* bry. *Camph.*$_{a1,k}$ caust.$_{h,k1}$ hydr.$_{a1,k}$ nux-v.$_{a1,k}$ petr.$_{a1,k}$ sel.$_{c1,k2}$
  - ○ **Rücken** der; am: *Borx.*
- **zwischen** den Fingern: scroph-n.$_{c1}$
- **Zeigefinger**: agar.$_{a1,k}$ anac.$_{a1,k}$ calc. carb-an.$_{a1,k}$ caust.$_{a1,k}$ crot-h.$_{a1,k}$ fl-ac.$_{a1,k}$ hell. hura lach.$_{a1,k}$ lyc.$_{h,k1}$ nat-c.$_{h2}$ nat-m.$_{a1,k}$ ped.$_{a1}$ plat.$_{h,k1}$ sil. teucr.$_{a1,k}$
  - **abends**: fl-ac.$_{a1,k}$
  - ○ **Fingerglied**, Mittel- und Endglied: lyc.$_{h,k1}$
  - **Gelenke**:
    - ○ **Metacarpale**: berb.$_{a1,k}$ fl-ac.$_{a1,k}$ verat.$_{h,k}$ verat-v.$_{a1}$
    - **Mittelgelenk**: euph.$_{h,k1}$ manc.$_{a1,k}$ nat-m.$_{h,k1}$
    - **Endgelenke**: nat-c.$_{h,k1}$ petr.$_{a1,k}$ viol-t.$_{a1}$
  - **Fingerspitze**: am-m.$_{a1,k}$ nat-m.$_{a1,k}$
    - **morgens**: am-m.$_{a1,k}$
    - **Kratzen** amel. nicht: am-m.$_{a1,k}$
- **Mittelfinger**: ars.$_{a1,k}$ ars-h. chel.$_{a1,k}$ crot-h.$_{a1,k}$ crot-t.$_{a1,k}$ gran.$_{a1,k}$ kali-n.$_{a1,k}$ lith-c. nat-m.$_{a1,k}$ olnd.$_{a1,k}$ ph-ac.$_{a1,k}$ rhod.$_{a1,k}$ teucr.$_{a1,k}$ verat.$_{a1,k}$ verb.$_{a1,k}$
- **Ringfinger**: asc-t. crot-h. crot-t. lith-c. *Rhod.* teucr. ther.
- **kleiner** Finger: anac.$_{h,k1}$ asc-t.$_{a1,k}$ con.$_{a1,k}$ lach.$_{a1,k}$ lyc.$_{a1,k}$ ol-an.$_{a1,k}$ peti.$_{a1}$
  - **nachts**: sulph.$_{a1,k}$

– **Daumen**: aur-m. carb-v.$_{h,k1}$ chel.$_{a1,k}$ cimic.$_{a1,k}$ con.$_{a1,k}$ kali-n.$_{a1,k}$ lach.$_{a1,k}$ mez.$_{a1,k}$ olnd.$_{a1,k}$ sep.$_{a1,k}$ vesp.$_{a1,k}$
- **abends**: cimic.$_{a1,k}$
- **brennend**: aur-m. mang.$_{h,k1}$
- **kitzelnd**: kali-n.$_{a1,k}$
- **Kratzen** amel.: chel.$_{a1,k}$ olnd.$_{a1,k}$
- **Nesseln**, wie: lach.$_{a1,k}$
- ○ **Daumenballen**: *Agar.*$_{a1,k}$ aloe cocc.$_{h,k1}$ gamb.$_{a1,k}$ manc.$_{a1,k}$ nat-c.$_{h,h2,*}$ spong.$_{a1,k}$ verat.$_{a1,k}$
- **Daumennagel**, unter dem: sep.$_{h,k1}$
- **Daumenspitze**: ant-c.$_{h,k1}$

– **Beine**: **Agar.**$_{a1,k}$ aloe *Alum.* alum-p.$_{k2}$ alum-sil.$_{k2}$ alumn. *Am-c.* am-m.$_{a1,k}$ *Ambr.* anac. *Ant-c.* ant-s-aur. ant-t. **Apis** arn. **Ars.** ars-i. arund. asaf. asc-t. aster. aur. aur-ar.$_{k2}$ aur-i.$_{k2}$ aur-s.$_{k2}$ *Bar-c.* bar-s.$_{k2}$ bell. berb. *Bism.* *Bov.* brach. bry. bufo cact. *Calc.* calc-i. cann-i. cann-s. canth. carb-ac. **Carb-v.** carbn-s. **Caust.** cham. **Chel.** chin. chinin-ar. cinnb. clem. coc-c.$_{a1,k}$ *Cocc.* coloc. com.$_{a1,k}$ con. corn. crot-c. cupr. cycl. dig. dios. dulc. elaps euphr. fago.$_{a1,k}$ gins. gran. **Graph.** grat. hep. hura ign. iod. iris-foe.$_{a1,k}$ jug-c. jug-r. kali-ar. kali-bi. kali-c. kali-i. kali-n. kali-p. kali-sil.$_{k2}$ kalm. lach.$_{a1,k}$ lachn. lact. laur. led. lith-c. **Lyc.** mag-c. mag-m. mag-s. mang. **Merc.**$_{a1,k}$ merc-i-f. **Mez.** mur-ac. nat-ar. nat-c.$_{a1,k}$ **Nat-m.**$_{a1,k}$ nat-p. *Nat-s.* nicc. *Nit-ac.* nux-v. ol-an. *Olnd.* osm. paeon. pall. *Petr.* ph-ac. *Phos.*$_{a1,k}$ phyt. plat. plb. prun. **Psor.** **Puls.** ran-b. ran-s. **Rhus-t.** rhus-v.$_{a1,k}$ rumx. ruta sabad. sars. sec.$_{a1,k}$ sel. seneg. **Sep.** **Sil.**$_{a1,k}$ *Spig.* **Spong.** stann. **Staph.** stram. stront-c. stry. sul-i.$_{k2}$

– **Beine**: ...
Sulph. tab. tarax. **Tarent.** *Tell.* thea ther. *Thuj.* til. verat. *Zinc.*$_{a1,k}$
- **tagsüber**: calc. ind.
- **morgens**: alumn. ant-c. nat-c. rumx. sabad. sars. sep. sulph.
- **mittags**: nicc.
- **nachmittags**: coc-c. fago. nat-c.
  - **13** h: ars-s-f.$_{k2}$
  - **14** h: ol-an.
  - **17** h: fago.
- **abends**: alum. am-m. aster. clem. cycl. fago.$_{a1,k}$ ind. kali-c. kali-n. lyc. mag-c. mag-m. mang. merc.$_{a1,k}$ mez.$_{a1,k}$ nat-m.$_{a1,k}$ *Nat-s.* nicc. nit-ac.$_{a1,k}$ nux-v. phos. rhus-v. rumx. sars. sel. sep. stront-c. sulph. tarax. tell. thuj.$_{a1,k}$ zinc.
  - **18** h: aster. fago.
  - **20** h: con.
  - **22** h: plan.
- **nachts**: am-m.$_{a1,k}$ bar-c. canth. cinnb. cocc. cupr-ar. dig. hep. hura merc-i-f. *Mez.* nat-m. phos.$_{a1,k}$ phyt. **Rhus-t.** rhus-v. rumx. sabad. *Sulph.* til. zinc.
  - **Mitternacht**: puls.
- **Abkühlung**, bei: dios. tarent.
- **Anfälle**: corn.
- **Ankleiden**; beim: nux-v.
- **beißend**: alum. bell. *Berb.* spig. spong.
- **Berührung** agg.: nat-m.
- **Bett**, im: cupr-ar. kali-c. lyc. merc-i-f. nux-v. *Puls.* rhus-t.$_{k2}$ sil. staph. tarax. til. zinc.
- **Bewegung** amel.: mur-ac. olnd. psor. spig.
- **brennend**: *Agar.* alum. anac. apis *Berb.* calc. dulc. hep. kali-n. led. lith-c. mez. mur-ac. nat-c. nit-ac.$_{h,k1}$ nux-v. paeon. rhus-t. sars.
  - **Einschlafen**, beim: mur-ac.
  - **Kratzen**, nach: mag-c.
  - **Stellen**, an einzelnen: rhus-t.
- **Einschlafen**, beim: mag-m. mur-ac. sep.
- **Entkleiden**, beim: agar. apis cact. cupr. cupr-ar. dios. fago. ham.$_{a1,k}$ jug-r. mag-c. **Nat-s.** *Rumx.* still.
- **erfroren**, wie: kali-c.
- **Erwachen**, beim: sulph.
- **Freien**, im: alum. aster. rumx. still.
- **fressend**: ars. bufo chel. euph. led. tax.
- **frieren** beginnt; wenn er zu: rhus-t.
- **Furunkels**; an der Stelle eines früheren: graph.
- **Gehen**:
  - **beim**: asaf. chel. chin. cocc. dios. mur-ac. nux-v. sulph.
  - **nach**: alum.
- **Hautausschläge**; ohne: alum-sil.$_{k4}$
- **Hitze**, nach: *Rhus-v.* **Sulph.**
- **kitzelnd**: alum. bry. cocc. coloc. euph. ign. kali-n. lach. pall.
- **Kratzen**, beim: *Alum.* *Bism.* corn. *Led.*
  - **amel.**: alum. bov. cann-i. chin. kali-c. laur. led. mag-c. mag-m. nat-c. nat-s. nicc. olnd. pall. tarax. thuj.
    - **wund** ist; kratzt bis es: psor.$_{k2}$

• **kribbelnd**: ars.
• **Menses**, während: inul.
• **Mittagessen**, nach dem: laur. mag-c.
• **Prickeln**, Kribbeln: crot-t.
• **prickelnd**: com.
• **Reiben**:
  • **agg.**: corn.
  • **amel.**: cupr. paeon.
• **Schmerzen**; bei den: fl-ac.
• **Sitzen**, beim: asaf. chin. fago.
• **stechend**: ant-c. *Berb.* calc. caust. graph. lach. plat. rhus-t. staph. zinc.
  • **Stellen**, an kleinen: calc.
• **stechend**; fein: dios. merc-i-f.
• **Stehen**, im: mang. verat.
• **Stellen**, an einzelnen: calc. graph. osm. phos. sars.
• **Varizen**: graph.
• **Wärme**:
  • **agg.**: rhus-v.
  • **amel.**: cocc.
• **warmen** Bett agg.; im: *Agar. Alum.* led. *Sulph.*
• **Wein**, nach: psor.
• **wollüstig**: euphr. rat. *Sulph.*
– **Gesäß**: *Am-c.*$_{a1,k}$ ant-t. asc-t.$_{a1,k}$ bar-c.$_{a1,k}$ calc.$_{a1,k}$ *Calc-p.* carb-ac.$_{a1,k}$ *Caust.* cham.$_{a1,k}$ con.$_{a1,k}$ dulc.$_{a1,k}$ gran.$_{a1,k}$ kali-c. lyc.$_{a1,k}$ *Mag-c.*$_{a1,k}$ mag-m.$_{a1,k}$ mez.$_{a1,k}$ olnd. *Petr.* prun.$_{a1,k}$ sel.$_{a1,k}$ *Sil.*$_{a1,k}$ staph. stront-c. **Sulph.** ther.$_{a1,k}$ thuj.$_{a1,k}$ zinc.
• **morgens** beim Aufstehen: nat-c.
• **abends**: sars.$_{a1,k}$
  • **Bett**, im: lyc.$_{a1,k}$ staph.$_{h,kl}$
  • **Entkleiden**, beim: mag-c.$_{a1,k}$
• **nachts**: con.$_{h,kl}$ petr.
  • **Bett**, im: merc-i-f.$_{a1,k}$
• **Bett**, im: rumx.
• **brennend**: am-c.
• **Freien**, im: rumx.
• **fressend**: sulph.$_{h,kl}$
• **kaltes** Wasser amel.: petr.
• **Kratzen**:
  • **agg.**: petr.
  • **amel.**: kali-i.$_{a1,k}$ olnd.$_{a1,k}$ thuj.$_{a1,k}$
• **Mittagessen**, nach dem: laur.$_{a1,k}$
○ **Rima** ani: alum. *Bar-c.* con.$_{a1,k}$ kali-c.$_{h,kl}$
– **Hüfte**: agar. alum. aur.$_{a1,k}$ *Bov.*$_{a1,k}$ bry.$_{a1,k}$ caust.$_{a1,k}$ chel. dig. dios.$_{a1,k}$ lach.$_{a1,k}$ led.$_{a1,k}$ mag-c.$_{a1,k}$ mag-m.$_{a1,k}$ merc. nat-c.$_{a1,k}$ nat-m.$_{a1,k}$ nat-p.$_{a1,k}$ nicc.$_{a1,k}$ osm.$_{a1,k}$ ph-ac.$_{a1,k}$ phos.$_{a1,k}$ puls. sars.$_{a1,k}$ *Sep.*$_{a1,k}$ sulph.$_{a1,k}$ zinc.$_{a1,k}$
• **morgens**: alumn.$_{a1,k}$
  • **Abkühlung** agg.: dios.
• **mittags**: nicc.$_{a1,k}$
• **abends**: mag-m.$_{a1,k}$ nicc.$_{a1,k}$ zinc.$_{a1,k}$
  • **Hinlegen**, vor dem: mag-m.
• **brennend**: chel.$_{h,kl}$
  • **Kratzen**, nach: mag-c.
• **fressend**: led.$_{a1,k}$
• **Gehen**, beim: chel.$_{a1,k}$
• **stechend**, fein: dios.$_{a1,k}$ led.$_{h,kl}$
• **Stehen**, beim: mag-c.
• **Stellen**, an einzelnen: osm.$_{a1,k}$

– **Hüfte**: ...
• **warm** im Bett; wenn: *Sulph.*$_{a1,k}$
○ **Gesäßgegend**: coloc.$_{a1,k}$ fl-ac.$_{a1,k}$ mur-ac.$_{a1,k}$ ph-ac.$_{a1,k}$ tarax.$_{a1,k}$
• **Tuber** ischiadicum: agar.$_{h}$
– **Oberschenkel**: agar. *Alum.*$_{a1,k}$ alum-sil.$_{k2}$ anac.$_{h,kl}$ androc.$_{srj1}$ ang.$_{h,kl}$ ant-c. *Ars.*$_{a1,k}$ ars-h. ars-s-f.$_{k2}$ asc-t.$_{a1,k}$ aster.$_{a1,k}$ **Bar-c.** *Bar-m.* bar-s.$_{k2}$ berb.$_{a1,k}$ bry.$_{a1,k}$ **Calc.**$_{a1,k}$ calc-sil.$_{k2}$ carb-ac.$_{a1,k}$ *Carb-v.*$_{a1,k}$ carbn-s. *Caust.*$_{a1,k}$ chin. cinnb.$_{a1,k}$ clem.$_{a1,k}$ con.$_{a1,k}$ corn.$_{a1,k}$ crot-c.$_{a1,k}$ crot-t. dios.$_{a1,k}$ *Euph.* fago. gran. *Guaj.* kali-c.$_{a1,k}$ *Kali-i.*$_{a1,k}$ kali-n.$_{h,kl}$ kali-sil.$_{k2}$ lach.$_{a1,k}$ lachn.$_{a1,k}$ lith-c. lyc.$_{a1,k}$ lyss. mag-m.$_{h,h2,*}$ merc.$_{a1,k}$ mur-ac.$_{a1,k}$ nat-c.$_{a1}$ nat-m.$_{a1,k}$ nit-ac.$_{a1,k}$ nux-v.$_{a1,k}$ osm. pall.$_{a1,k}$ petr. phos.$_{a1,k}$ plb.$_{a1,k}$ ran-b. rhus-v.$_{a1,k}$ *Sars.*$_{a1,k}$ sep.$_{a1,k}$ sil.$_{a1,k}$ *Spig.*$_{a1,k}$ spong. stann.$_{a1,k}$ stront-c. **Sulph.**$_{a1,k}$ tab.$_{a1,k}$ thea *Thuj.*$_{a1,k}$ til. *Zinc.*
• **tagsüber**: calc.
• **morgens** beim Ankleiden: mag-c.$_{h}$ nux-v.
• **nachmittags**: nat-c.$_{a1,k}$
  • **17 h**: dios. fago.
• **abends**: anac.$_{h,kl}$ *Ant-c.*$_{a1,k}$ aster. bamb-a.$_{stb2}$ fago.$_{a1,k}$ lyc.$_{a1,k}$ stront-c. *Zinc.*$_{a1,k}$
  • **Bett**, im: nux-v.$_{a1,k}$ sil.$_{a1,k}$ zinc.$_{a1,k}$
  • **Einschlafen**, vor dem: mag-c.$_{h,kl}$
  • **Freien**, im: aster.
• **nachts**: *Bar-c.* dulc.$_{h,kl}$ led.$_{h,kl}$ nit-ac.$_{h,kl}$ rhus-v. **Sulph.** til. zinc.
  • **Entkleiden**, beim: nux-v.
• **beißend**: alum.$_{a1,k}$ berb.$_{a1,k}$ chel.$_{h,kl}$ lyc. spig.$_{a1,k}$
• **Bettwärme**, in der: *Alum.* bar-c. *Caust. Sulph.*
• **brennend**: agar. *Alum.* anac.$_{a1,k}$ apis *Bar-c.* berb.$_{a1,k}$ calc.$_{a1,k}$ cic.$_{h,kl}$ dulc.$_{a1,k}$ led.$_{a1,k}$ mang.$_{h,kl}$ nux-v.$_{a1,k}$ rhus-t.$_{a1,k}$ sars.$_{a1,k}$
  • **Kratzen**, nach: mag-m.$_{h,kl}$ phos.$_{h,kl}$ samb.$_{h,kl}$
  • **Stellen**, an einzelnen: rhus-t.$_{a1,k}$
• **Einschlafen**, beim: sep.$_{a1,k}$
• **Freien**, im: aster.
• **fressend**: agar.$_{h,kl}$ ars.$_{a1,k}$ chel.$_{a1,k}$ dig.$_{h,kl}$ euph.$_{a1,k}$ led.$_{a1,k}$ ph-ac.$_{h,kl}$ tarax.$_{a1,k}$
• **frieren** beginnt; wenn er zu: dios.$_{a1,k}$
• **Furunkels**; an der Stelle eines ehemaligen: graph.
• **Gehen**, beim: euphr.$_{h,kl}$ nux-v.$_{a1,k}$
• **Hautausschläge**; ohne: alum-sil.$_{k4}$
• **kitzelnd**: cocc. coloc.$_{a1,k}$ kali-n.$_{a1,k}$ lach.$_{a1,k}$ pall.
• **Knoten** nach dem Kratzen: mag-m.$_{h,kl}$
• **krätzeartig**: ol-an.$_{a1,k}$
• **Kratzen**: ars. mag-m.$_{h}$
  • **amel.**: *Alum.*$_{a1,k}$ cic.$_{h,kl}$ led.$_{a1,k}$ pall.$_{a1,k}$ sep.$_{h,kl}$ spig.$_{h,kl}$
  • **nicht** amel. durch: mag-m.$_{h,kl}$ nit-ac.$_{h,kl}$
• **kribbelnd**: sulph.$_{h,kl}$
• **Reiben** amel.: anac.$_{h,kl}$ ang.$_{h,kl}$
• **Schmerzen**, bei den: fl-ac.$_{a1,k}$
• **schmerzhaft** nach Kratzen: euphr.$_{h,kl}$
• **stechend**: ant-c.$_{a1,k}$ berb.$_{a1,k}$ calc.$_{a1,k}$ caust.$_{a1,k}$ graph.$_{h,kl}$ rhus-t.$_{a1,k}$ stann.$_{h,kl}$
  • **Stellen**, an einzelnen: calc.$_{a1,k}$
• **Stellen**, an einzelnen: phos.$_{a1,k}$

- ○ **Außenseite**: mag-m.h,kl nit-ac.h,kl stann.h,kl zinc.h,kl
- • **Genitalien**; nahe den: ars.h bamb-a.stb2 bar-c. *Carb-v.* caust. *Graph.* kali-c.h lyc.h mag-m.h rhus-t. sabin.
- • **Innenseite**: alum.h,kl androc.srj1 *Cinnb.*a1,k mang.h,kl samb.h,kl sil.h,kl sulph.h,kl
- • **Leistengegend**; nahe der
  ☞ *Genitalien*
- • **zwischen** den: ars.a1,k *Carb-v.* cinnb. *Kali-c.* nat-m. nit-ac.a1,k petr. rhod. stann. sulph.

– **Knie**: acon. ambr.a1,k ant-c.h,kl ars-met. asc-t. aster. aur.a1,k berb.a1,k bov.a1,k bry. calc-i.a1,k *Caust.* cinnb.a1,k cob. *Coloc.* dol.br1 fago.a1,k hep.a1,k hura ign.a1,k kali-c.a1,k kali-n.h,k,• kalm.a1,k lach.a1,k lachn.a1,k lith-c. lyc. mag-m.a1,k *Mang.*a1,k merc-i-f.a1,k *Mez.* mur-ac.a1,k nat-c. nat-m.a1,k nat-p. nit-ac. petr. phos. *Psor.*a1,k rhus-t. sars.a1,k **Sulph.** thuj.a1,k *Zinc.*a1,k

- • **abends**: *Mang.*a1,h zinc.h,k
- • **nachts**: cinnb.a1,k
- • **brennend**:
  - • **Einschlafen**, beim: mur-ac.
  - • **Kratzen**, nach: nat-c.h,kl
- • **Kratzen** amel.: bov.a1,k mag-m.a1,k
- • **schmerzhaft** nach Kratzen: rhus-t.h
- • **Sitzen**, im: fago.a1,k
- • **stechend**, fein: merc-i-f.a1,k
- • **Kniebeuge**: ars. bov.a1,k caust.a1,k chin.h,kl coloc.h,kl *Con.*a1,k lyc.h,kl mang.a1,k *Nat-c.*a1,k nat-m. nit-ac.h,kl phos.h,kl *Psor.* rat.a1,k *Sars.*a1,k *Sep.* spong. **Sulph.**a1,k **Zinc.**
  - • **abends**: rat. rhus-t.h,kl sars.h,kl *Zinc.*a1,k
  - • **nachts**: mang.h,kl
  - • **beißend**: lyc.h,kl
  - • **brennend**: chin.h,kl lyc.h,kl
    - • **Kratzen**, nach: coloc.h rat.
- ○ **Kniescheibe**: aloe asaf.a1,k bufo caust.a1,k hydr. nit-ac.a1,k phos.a1,k samb.a1,k sars.
- • **Sehnen**: rhus-t.h,kl

– **Unterschenkel**: **Agar.**a1,k aloe *Alum.* anac. ant-t. arund.a1,k asc-t. aster. bell.a1,k berb.a1,k bism. brom. bufo cact. **Calc.**a1,k calc-sil.k2 **Caust.**a1,k chel.a1,k coc-c.a1,k coloc.a1,k con.a1,k corn.a1,k crot-h. cupr-ar.a1,k dulc. euph. hura iod.a1,k iris-fl. jug-r.a1,k kali-bi.a1,k kali-c.a1,k kali-n.a1,k kali-p. kali-sil.k2 lach. laur.a1,k *Lyc.*a1,k merc.a1,k **Mez.**a1,k nat-c.a1,k nat-m.a1,k nicc.a1,k nux-v.a1,k osm.a1,k pall. *Petr.* *Phos.*a1,k phyt.a1,k *Rhus-t.* rumx. sabad.a1,k sars. seneg.a1,k **Sil.**a1,k staph. stram. stront-c. **Sulph.**a1,k tarent.a1,k thuj. verat.a1,k zinc.

- • **morgens**: sabad.a1,k
  - • **Gehen**, nach dem: sulph.
- • **nachmittags**: coc-c.a1,k fago.a1,k
- • **abends**: agar.h,kl fago.a1,k kali-c.a1,k kali-n.a1,k rumx. sulph.a1,k
  - • **18** h: aster.
  - • **20** h: con.
  - • **Bett**, im: ambr.h,kl staph.h,kl
- • **nachts**: cupr-ar.a1,k hura *Mez.*a1,k nat-m.a1,k phyt.a1,k **Rhus-t.**a1,k rumx. **Sulph.**a1,k
- • **Anfällen**; in: corn.a1,k

– **Unterschenkel**: ...

- • **Berühren** des Fußes; beim: **Kali-c.**
- • **Berührung** agg.: nat-m.a1,k
- • **Bett**, im: carbn-s. *Cupr-ar.*a1,k sulph.
- • **brennend**: agar.h,kl calc.h,kl kali-c.h,kl
- • **Entkleiden** agg.: agar. cact. cupr-ar.a1,k dios.a1,k *Rumx.*
- • **Erwachen**, beim: *Sulph.*a1,k
- • **Freien**, im: aster.
- • **fressend**: bism. bufo dig.h,kl euph.h,kl ph-ac.h,kl
  - • **Menses**, während: inul.
- • **Insektenbisse**; wie durch: lunakg1
- • **kalt**, wenn: dios.a1,k
- • **Kratzen** amel.: laur.
- • **Luft** ausgesetzt; wenn der: still.a1,k
- • **Reiben**:
  - • **agg.**: corn.a1,k
  - • **amel.**: cupr-ar.a1,k
- • **Stellen**, an einzelnen: calc.a1,k lunakg1
- ○ **Achillessehne**: staph.h,kl
- • **Schienbein**, über dem: agn.a1,vh alum.k2 ant-c.h,kl aster. bism.a1,k cact. *Calc.*a1,k chel.a1,k choc.srj3 cocc.a1,k crot-t. grat. hep.a1,k kali-c.a1,k kali-n.h,kl lach.a1,k mag-m.h,kl *Mang.*a1,k *Nit-ac.* *Ph-ac.*a1,k phos.a1,k plb.a1,k *Rumx.* sars.a1,k sep.a1,k spig.h,kl staph.h,kl stront-c.
- • **Wade**: aloe alum.a1,k berb.a1,k cact. calc. carb-ac.a1,k carbn-s. **Caust.**a1,k chel.a1,k cinnb. cocc. crot-c.a1,k cycl.a1,k euphr. graph. *Hep.* hura ip. kali-bi.a1,k laur.a1,k lyc.a1,k mag-c.a1,k mag-m.a1,k *Mang.* mez. mur-ac.h,kl nat-c.a1,k nat-m.a1,k *Nit-ac.* ol-an.a1,k paeon.a1,k phos.a1,k phyt.a1,k rhus-t.h,kl rumx. sabad. *Sars.*a1,k sul-i. *Sulph.* tarax. ther.a1,k thuj.a1,k verat. verat-v. zinc.
  - • **morgens**: cycl.h,kl rumx. sars.a1,k
  - • **abends**: cycl.a1,k daph. euphr.h,kl sars.a1,k
    - • **Gehen**; beim: euphr.h,kl
    - • **Hinlegen**; beim: tarax.a1,k
  - • **nachts**: rumx. *Zinc.*a1,h
    - • **Gehen**; beim: cocc.a1,h,•
  - • **blutet** nach Kratzen: cycl.h,kl mez.h,kl
  - • **brennend**: berb.a1,k mez.a1,k
    - • **Kratzen**, nach: cycl.h,kl sars.h,kl
  - • **Entkleiden**, beim: cact.a1,k
  - • **Gehen**, beim: cocc.h,k,•
  - • **Hinlegen**; beim
    ☞ *abends - Hinlegen*
  - • **Kratzen** amel.: laur.a1,k mag-c.a1,k mag-m.a1,k nat-c.a1,k
  - • **Reiben** amel.: paeon.a1,k
  - • **Stehen**, beim: verat.
  - • **Stellen**, an einzelnen: graph.a1,k sars.a1,k
  - • **wollüstig**: euphr.a1,k *Mang.*

– **Knöchel**: agar.h,kl ambr.h,kl apis aur.h,kl berb.a1,k borx.h bov.a1,k cact.a1,k calc.a1,k carb-ac.a1,k *Chel.*a1,k cocc.a1,k com.a1,k cycl.h,kl dios.a1,k hep.a1,k jug-c.a1,k kali-c.a1,k *Lach.* **Led.**a1,k lith-c. lyc.a1,k *Nat-p.* olnd.a1,k osm.a1,k pall.a1,k ped.a1 ph-ac.h,kl ran-b. rhus-t.a1,k rhus-v.a1,k *Sel.*a1,k sep.a1,k sulph. thea vinc.

- • **morgens**: sep.a1,k
  - • **Bett**, im: kali-c.a1,k

• **abends**: rhus-v.a1,k *Sel.* sep.a1,k sulph.a1,k
• **nachts**: hep.a1,k
• **beißend**: berb.a1,k
• **brennend**: berb.a1,k calc.h,kl *Lith-c.* petr.h,kl staph.h,kl
  • **Einschlafen**, beim: mur-ac.h
• **fressend**: dig.h,kl
• **Gehen**, beim: aur.h,kl cocc.a1,k dios.a1,k
• **Kratzen** agg.: *Led.*
• **prickelnd**: com.a1,k
• **rot** durch Kratzen: ph-ac.h,kl
• **stechend**: berb.a1,k
• **Stellen**, an einzelnen: vinc.
• **Wärme**:
  • **agg.**: **Led.** rhus-v.a1,k
  • **amel.**: cocc.a1,k
○ **äußerer**: petr.h,kl
• **innerer**: tarax.h,kl
  • **rechts**: staph.h,kl
• **um** die Malleoli: arist-m.br1
• **unter**: ant-c.h,kl

– **Füße**: *Agar.*a1,k alum.a1,k am-c.a1,k anac. ant-s-aur.c1 apis *Ars.*a1,k arum-t. aur.a1,k aur-ar.k2 *Bell.*a1,k *Berb.*a1,k bism. *Bov.*a1,k bry.a1,k *Calc.*a1,k cann-i.a1 cann-s. canth.a1,k *Caust.*a1,k cer-s.a1 cham.a1,k *Chel.*a1,k *Cocc.*a1,k coloc. con.a1,k corn.a1,k crot-c.a1,k dios.a1,k dulc. fago.a1,k hep.a1 hipp.a1 hura hydrog.srj2 *Ign.* jug-r.a1,k kali-ar. kali-c.h,k,* kali-n.a1 *Lach.*a1,k **Led.** lyc. mag-c. merc-i-f.a1,k mur-ac. nat-m.a1,k nat-p.a1,k nit-ac.a1,k nux-v.a1,k ol-an.a1,k phyt.a1,k psor.a1,k puls.h,k,* ran-s.a1,k *Rhus-t.*a1,k rhus-v.a1,k sabad.a1,k sars.a1,k *Sel.*a1,k **Sep.** spong.a1,k stram.a1,k sul-i. **Sulph.**a1,k tarent.a1,k *Tell.*a1,k thuj.a1,k verat.a1,k verat-v. *Zinc.*a1,k
• **nachmittags**: fago.a1,k
• **abends**: corn.a1 kali-c.h,k,* nux-v.a1,k sel.a1,k zinc.a1,k
• **nachts**: *Apis* canth.a1,k **Led.** *Lith-c.* puls.h,kl *Rhus-t.* sabad.a1,k
  • **Mitternacht**, vor: puls.a1,k
• **beißend**: bell.a1,k berb.a1,k spong.a1,k
• **Bett**, im: *Apis* **Led.** merc-i-f.a1,k *Sulph.* tub.c1 zinc.
• **Bewegung** amel.: psor.a1,k rhus-v. spig.
• **brennend**: berb.a1,k stram.
• **erfroren**, wie: **Agar.** kali-c.h,kl,*
  • **gewesen**; als sei er erfroren: caust.h kali-c.h
• **Erwärmung** agg.: rhus-v.a1,k
• **Gehen**, nach dem: alum.
• **Kälte**, durch: tarent.a1,k
• **kitzelnd**: bry.a1,k
• **Kratzen**:
  • **agg.**: bism. corn.a1,k *Led.*
  • **amel.**: cann-i.a1,k
• **Reiben** agg.: corn.a1,k
• **stechend**: berb.a1,k lach.a1,k puls.h,kl zinc.
○ **Außenseite**: grat.a1,k merc-i-f.a1,k sars.a1,k
  • **stechend**, fein: merc-i-f.a1,k
• **Ferse**: berb.a1,k bov.a1,k calc.h,kl card-m. *Caust.*a1,k cham.a1,k fl-ac.a1,k lach.a1,k lob.a1,k lyc. mur-ac.h,kl nat-c.a1,k nicc.a1,k olnd.a1,k *Ph-ac.*a1,k *Phos.* puls.h,kl rat. sabin.a1,k staph. tarent.bg1

– **Füße - Ferse**: ...
verat.a1,k
• **links**: nicc.a1,k
• **Bettwärme**: caust.
• **Kratzen** amel.: caust.h,kl
• **Reiben** amel.: mur-ac.h,kl
• **Fußrücken**: agar.a1,k alum.a1,k anac.a1,k apis asaf.a1,k bell. berb.a1,k *Bism.*a1,k calc.a1,k **Caust.**a1,k chel.a1,k coloc.h,kl dig.a1,k hep.a1,k lach.a1,k **Led.**a1,k mag-m.a1,k nat-c.a1,h nat-m.a1,k nat-s. nit-ac.a1,k olnd.a1 ped.a1 puls.h,k,* ran-s. *Rhus-t.*a1,k sars.a1,k spig.a1,k stann.a1,k *Tarax.*a1,k thuj.
  • **morgens** im Bett: *Puls.*
  • **abends**: nat-s.a1,k
    • **Entkleiden**, beim: apis *Nat-s.*a1,k
  • **nachts**: dig.a1,k
  • **beißend**: berb.a1,k
  • **Bettwärme**, in der: apis **Led.**a1,k merc-i-f. sulph. zinc.
  • **brennend**: berb.a1,k
  • **fressend**: agar.h,kl
  • **Kratzen**:
    • **agg.**: berb.a1,k *Bism.*a1,k *Led.*a1,k
    • **amel.**: mag-m.a1,k nat-s.a1,k tarax.a1,k
  • **stechend**: berb.a1,k mur-ac.h,kl
• **Fußsohle**: *Agar.*a1,k *Alum.*h,k,* alum-sil.k2 *Am-c.*a1,k am-m.a1,k *Ambr.*a1,k ammc. anth.vh aur.a1,k *Berb.*a1,k bov.a1,k brach.a1,k *Calc-s.* cann-i.a1,k caust. cer-s.a1 cere-b.a1 cham.a1,k *Chel.*a1,k cimic.bg1 con.a1,k crot-c.a1,k cupr.h,k,* elaps euph.a1,k ferr-ma. gins.a1,k graph. *Hep.*h,k,* *Hydrc.* kali-n.a1,k *Kali-p.* kreos. lith-c. mang.h,kl med. merc-i-f.a1,k mur-ac.a1,k nat-c.h,k,* nat-m.a1,k ol-an.a1,k ped.a1 petr.k2 phos.a1,k psil.ft1 psor.a1,k ran-s.a1,k rat.a1,k rheumh sars.a1,k sel.a1,k sep.h,kl *Sil.* spig.h,kl stry.a1,k *Sulph.*a1,k *Zinc.*a1,k
  • **nachmittags**, 14 h: ol-an.
  • **abends**: am-c.a1,k am-m.a1,k phos.a1,k sel.a1,k
  • **nachts**: sars.h,kl *Zinc.*a1,k
  • **beißend**: berb.a1,k
  • **Bewegung** amel.: mur-ac.a1,k olnd.a1,k sars.h,kl
  • **brennend**: berb.a1,k kali-n.a1,k petr.k2
    • **Kratzen**, nach: am-c.
  • **Gehen**, beim: chin.a1,k mur-ac.a1,k **Sulph.**a1,k
  • **Hautausschläge**; ohne: alum-sil.k4
  • **kitzelnd**: alum.a1,k euph.a1,k kali-n.a1,k
  • **Kratzen** amel.: chin.a1,k
  • **prickelnd**, kribbelnd: crot-t.a1,k
  • **Sitzen**, beim: chin.a1,k
  • **stechend**: berb.a1,k
  • **Wein**, nach: psor.a1,k
  • **wollüstig**: rat.a1,k
    • **Kratzen**, nach: sil.
• **Gelenke**: aur.a1,k calc. dig. kali-c. *Mez.* mur-ac. ph-ac. stann.
• **Innenseite**: *Ambr.* bov.a1,k bufo laur.a1,k

– **Zehen**: *Agar.*a1,k *Alum.*a1,k am-c.a1,k *Ambr.*a1,k *Arg-met.* arn.a1,k ars. ars-s-f.k2 arum-t.k2 bamb-a.stb2 *Berb.*a1,k bry.a1,k *Carb-an.*a1,k caust. chel.a1,k *Clem.*a1,k *Colch.* *Cycl.*a1,k euphr.h,kl

– **Zehen**: ...
Graph.a1,k *Hep*.a1,k ind.a1,k iod.a1,k jatr-c. lach.a1,k lact.a1,k *Mag-c*.a1,k mag-s.a1,k *Merc*. *Mez*. mur-ac.a1,k nat-c. nat-m.a1,k nat-s.a1,k nit-ac. nux-v. paeon.a1,k ph-ac. phos.a1,k plat. *Puls*.h,k,• rhod. rhus-v. ruta sep.a1,k sil. *Staph*.a1,k *Stront-c*. **Sulph**.a1,k thuj.a1,k verat. *Zinc*.
• **tagsüber**: ind.a1,k
• **morgens**:
 • **Einschlafen**, beim: mur-ac.a1,k
 • **Erwachen**, beim: spong.h,kl
• **abends**: *Alum*.a1,k ind.a1,k merc.a1,k nat-s.a1,k nit-ac. phos.a1,k zinc.
 • **Entkleiden**, beim: nat-s.
 • **Hinlegen**, nach dem: *Clem*.a1,k
 • **Kratzen**; agg. nach: *Alum*.
• **nachts**: bamb-a.stb2 hep.h,kl puls.h,kl
• **beißend**: berb.a1,k
• **brennend**: arg-met.k2 berb.a1,k hep.a1,k ind. mur-ac. nat-c. paeon.a1,k staph.h,kl
• **Entkleiden**, beim: *Nat-s*.a1,k
• **erfrorene** Zehen, früher: **Agar**. **Alum**. carb-an.h,kl nat-c. nux-v.a1,k paeon. *Puls*.h,k,• *Sil*. staph. sulph.a1,k zinc.
• **Freien**, im: alum.a1,k
• **Gehen**, nach dem: alum.
• **Hitze** agg.: rhus-v.a1,k
• **Kratzen**:
 • **agg**.: *Alum*. *Arg-met*. *Zinc*.
 • **amel**.:
  • **nicht** amel. durch: bamb-a.stb2
 • **bluten**; muß kratzen bis sie: *Arg-met*.
• **Mittagessen**, nach dem: mag-c.a1,k
• **stechend**: berb.a1,k graph. plat. puls.h,kl staph.
• **warm**, wenn: alumn.a1
• **wollüstig**: spong.h,kl thuj.a1,k
○ **unter** den: kali-c.h,hr1,• phos.a1,h,•
• **Zehennägel**:
 ○ **Nagelwurzel**: upa.br1
 • **unter** den: sil.h,hr1,•
• **zwischen** den Zehen: bamb-a.stb2 cycl.a1,k graph.a1,k jatr-c. mang. med. merc.a1,k mosch.a1,k *Nat-m*. *Nat-s*.a1,k thuj.
• **große** Zehe: alum.a1,k am-c.a1,k ant-c.h,kl ars.h,k,• cycl.a1,k graph.a1,k *Kali-c*. merc-i-f.a1,k nat-c.a1,k nit-ac.a1,k plat.a1,k ruta staph.a1,k verat.a1,k *Zinc*.
 • **abends**: nit-ac.a1,k zinc.h,kl
 • **brennend**: nat-c.a1,k
 • **Erfrierung**, nach: am-c. zinc.
 • **kribbelnd**: ars.h,k,•
 • **stechend**: graph.a1,k plat.a1,k rhus-t.h,kl staph.a1,k zinc.h,kl
 ○ **Endgelenk**: caust.h sep.h
 • **Zehenballen**: am-c.a1,k brach.a1 mur-ac.h,kl *Nat-s*. rhus-t.h,kl zinc.h,kl
 • **Zehenspitze**: am-m.a1,k ambr.h,kl kali-c.a1,k sep.h,kl
• **zweite** Zehe, Zehenballen: puls.h
• **dritte** Zehe: cench.k2 nicc.a1,k
 • **Kratzen** amel.: nicc.a1,k
• **vierte** Zehe: hydrog.srj2 nicc.a1,k tarax.a1,h
 • **Kratzen** amel.: nicc.a1,k

Jucken - Zehen: ...
• **fünfte** Zehe: bamb-a.stb2 borx. nicc.a1,k rheum.h staph.a1,k
 • **abends**: staph.a1,k
  • **16** h: ol-an.
 • **Kratzen** amel.: nicc.a1,k
○ **Zehenballen**: borx. puls.a1,h

Kalkablagerungen in Gelenken
☞ *Gichtknoten*

Kälte: *Acon*.a1,k adam.srj5 aeth. *Agar*.a1,k agn.k2 alum.a1,k alumn.k2,ptk1 ambr.k2,ptk1 androc.srj1 *Ant-c*. **Ant-t**.hr1,k,• anthraci. *Apis* *Arg-n*.a1,k **Ars**.a1,k *Ars-h*.a1,k *Ars-i*. ars-s-f.k2 atro.a1,k *Aur-m*. **Bamb-a**.stb2 bell.a1,k bism.a1,k both.a1,k brom.k2 bry.a1,k bufo *Cact*. **Calc**.h,k,• *Calc-p*.a1,k calc-s. calc-sil.k2 **Camph**.hr1,k,• cann-i.a1,k cann-s.a1,k *Canth*.a1,k *Caps*.a1,k carb-ac.a1,k carb-an.a1,k **Carb-v**.h,k,• *Carbn-h*. *Carbn-s*. cass.a1 caust.hr1,k,• cedr. *Cham*.a1,k *Chel*.a1,k chen-a.a1,k chin.a1,k chinin-ar. chinin-s. *Cic*.a1,k cina.k2 cocc.a1,k cocc-s.kr1 *Coff*. coff-t.a1 **Colch**.a1,k *Coloc*.a1,k con.a1,k *Croc*. *Crot-h*.hr1,k,• *Crot-t*.a1,k **Cupr**.a1,k cupr-ar.a1,k cupr-m.a1 cycl.a1,k **Dig**.hr1,k,• dros. *Dulc*.hr1,k,• echi. *Eup-per*. *Eup-pur*.hr1 *Ferr*. ferr-ar. *Ferr-p*. *Gamb*. *Gels*.a1,k gins.a1,k glon.a1,k *Ham*. hell.a1,k helon.a1,k hep.h,k,• hydr-ac.a1,k *Hydrog*.srj2 *Hyos*.a1,k *Iod*.a1,k ip.a1,k *Iris* jatr-c. jug-r.a1,k *Kali-bi*.a1,k *Kali-br*.a1,k *Kali-c*.a1,k kali-chl.hr1,k,• kali-m.k,k2,• kali-n.a1 *Kali-p*. kali-s. *Kalm*.a1,k *Lach*. *Laur*.a1,k *Led*.a1,k *Lept*. lil-t.a1,k *Lyc*.a1,k *Lycps-v*. lyss.hr1,k manc.a1,k *Med*. *Merc*.a1,k *Merc-c*.a1,k *Mez*.a1,k morph.a1,k *Mur-ac*.a1,k naja *Nat-c*.a1,k *Nat-m*.hr1,k,• nat-p. nit-ac. nux-m.a1,k *Nux-v*.a1,k olnd.a1,k *Op*.a1,k *Ox-ac*.a1,k paeon.a1,k pall. petr.a1,k *Ph-ac*.a1,k *Phos*.hr1,k,• phys.a1,k *Phyt*.a1,k *Pic-ac*.a1,k plb.a1,k *Puls*.a1,k pyrog.k2 raph.a1,k *Rhus-t*.hr1,k,• ruta *Sabad*.a1,k sabin.a1,k sarr.a1,k **Sec**.a1,k *Sil*.hr1,k,• spig.a1,k spong. stann.a1,k **Stram**.a1,k stront-c. stry.a1,k sul-ac.a1,k sulph.h,k,• *Tab*.a1,k tarent. ter. tril-p.zr **Verat**.hr1,k,• *Verat-v*.a1,k verb.a1,k vip.a1,k *Zinc*.hr1,k,• zinc-p.k2
– **links**: carb-v.bg1,h,• caust. *Elaps*
– **tagsüber**: fl-ac.k2 spig.a1,k
– **morgens**: anac.a1,k bry.a1,k calc-p.a1,k con.a1,k crot-h.a1,k fl-ac.k2 hep.h,kl lyc.a1,k *Nux-v*.a1,k *Sulph*.a1,k thuj.a1,k
– **vormittags**: sulph.h,kl
– **nachmittags**: ars.a1,k chinin-s. lyc.a1,k thuj.a1,k
– **abends**: ars.h,k calc-sil.k2 chin.h,k jatr-c. merc-cy.a1,k nux-v.a1,k phyt.a1,k puls.a1,k rhus-t.a1,k sulph.a1,k
 • **Stuhlgang**, beim: sulph.a1,k
 • **warmen** Zimmer, im: brom.
– **nachts**: calc-sil.k2 carb-v.a1,k stram.a1,k
 • **Bett**, im: carb-an.a1,k
 • **Hitze** der anderen Seite; mit: *Puls*.a1,k
◆ **abwechselnd** mit:
 • **Hitze**: bell. *Lyc*. stram.
  • **brennende** Hitze: helo.c1 helo-s.c1
– **Atemnot**; mit: gels.hr1
– **Bewegung** amel.: *Acon*.a1,k

– **Diarrhoe**, bei: **Ars. Camph.** *Carb-v.* cop. *Laur.* nux-m. podo. *Sec. Tab.* **Verat.**
– **Eis** an einzelnen Stellen; wie: **Agar.**
– **Erregung**, bei: *Lach.*
– **Erwachen**; beim: carb-v.k2
– **Fieber**; während: *Bell.*vh,vh/dg carb-an. *Eup-pur.*hr1 ferr.br1 gels.k2 kali-ar. sep. **Stram.**
– **Gehen**; beim:
• **kalter** Luft; in: calc.k2
– **geistiger** Anstrengung, bei: *Lach.*
– **gelähmte** Glieder: *Ars.* caust. cocc. dulc. *Graph. Nux-v.* **Rhus-t.** zinc.
– **Gesellschaft**, in: aur.
– **Hitze**, mit:
• **Gesichtes**, des: cham. chin. hell. led.k2
• **Kopfes**, des
☞ *❑ Kopf - Hitze - Kälte - Extremitäten*
• **Körpers**, des: chin. *Colch. Rhus-t.*
– **innerlich**: rhus-t.h
– **Konvulsionen**, bei: aeth. **Bell.** *Cic.* hell.kr1 hydr-ac.bro1 nicot.bro1 oena.bro1
– **Kopfschmerzen**; mit: carbn-s.k2
– **Luft**:
• **Freien**, im: chin.
• **Körperübungen** im, bei: plb.
• **Zugluft**, bei: carc.tp1
– **Menses**, während: arg-n.k2 arn. *Calc.* cham. lach.k2 *Sec. Sil.* verat.k2
– **Schmerz**:
• **Abdomen**; mit Schmerz im: ars.
• **Rücken** und Hüfte; mit Schmerz in: pall.c1
– **schmerzhafte** Teile: led. mez. sil.
– **Sitzen**, im: kreos.a1,k
– **Verletzungen**; nach: led.k2
– **warmes** Bett ist jedoch unerträglich: **Camph. Led.** *Mag-c. Med.* **Sec.**
○ **Gelenke**: *Camph.*hr1,k cinnb.hr1,k,* *Nat-m.*hr1,k,* petr. rhus-t. sumb.a1,k
• **morgens**: sumb.a1,k
• **Bett**, im: sumb.a1,k
• **Freien**, im: nat-m.
– **Arme**: acon.a1,k am-c.bg2,k,* ambr.bg2 amyg.hr1,k,* ant-t.hr1,k aran.bg2 ars.a1,k arund.hr1,k asaf.a1,k aster.hr1,k bar-act. **Bell.**bg2,k,* berb.hr1,k,* bry.a1,k *Calc.* calc-i.k2 *Camph.*bg2,k,* carb-v.bg2,k,* carbn-s. cass.a1 *Caust.* chel.a1,k chin.a1,k chinin-ar. cic.bg2,k,* cimic.a1,k colch.bg2 con. crot-h.hr1,k,* dig.hr1,k,* *Dulc.*bg2,k,* euphr.h,kl fl-ac.a1,k *Graph.* hell.a1,k helon.bg2 hep. hyper.a1,k ign.a1,k iod.a1,k ip.bg2,k kali-bi.a1,k kali-c.bg2,k kali-chl.hr1,k,* kali-s. kreos.a1,k *Led.* lyc.a1,k marb-w.es1 merc-c. merl.a1,k *Mez.*a1,k mosch. naja nat-c.a1,k nat-m.a1,k nux-v.a1,k *Op.*bg2,k,* ox-ac.a1,k pall. paull.a1 **Phos.**hr1,k,* *Plb.*a1,k **Puls.**bg2,k,* raph.bro1 *Rhus-t.*bg2,k ruta sars.a1,k sec. sep.bg2,k *Sil.*hr1,k spig.a1,k staph.a1,k sul-i.k2 sulph.hr1,k,* sumb.a1,k tep.a1,k thuj. verat.bg2,k,* vip.a1,k zinc.hr1,k,* zinc-p.k2
• **links**: ars.a1,k aster.hr1,k *Carb-v.*a1,k fl-ac.a1,k naja nux-m. rhus-t.hr1,k sumb.a1,k
• **rechts**: am-c.a1,k ant-t.hr1,k berb.a1,k chel.a1,k dulc.a1,k hell.a1,k merl.a1,k pall.

– **Arme**: ...
• **morgens**: aur.h,kl caust.a1,k chel.a1,k dulc.a1,k hep.a1,k staph.h,kl
• **vormittags**: berb.a1,k
• **nachmittags**: euphr.a1,h,* nux-v.a1,k sil.a1,k
• **14** h: euphr.
• **17** h: chel.
• **abends**: nux-v.a1,k
• **Hinlegen**, nach dem: nux-v.a1,k
• **nachts**: am-c.a1,k
• **1** h: mang.
• **Menses**, vor den: mang.
• **Augen**; mit starrenden: cic.c1
• **Essen**, nach dem: ars. camph.h
• **Fieber**, nach: sil.
• **Frost**; während: bell. dig. hell. mez.
• **Gehen**:
• **Freien**; nach Gehen im: sil.h
• **warmen** Zimmer; im: squil.
• **gelähmter** Arm: am-c. *Dulc.*hr1,k *Rhus-t.*
• **Heben** der Arme; beim: verat.hr1,k,*
• **Husten**, beim: ars. calc. ferr. *Hep.* kali-c. *Rhus-t.* rumx. sil.
• **innerlich**: rutah
• **kalt**:
• **Luft**, kalte: kali-c. lyss.
• **blasen** würde; als ob kalte Luft auf den linken Arm: aster.
• **herabströmen** würde; als ob kalte Luft die Finger: fl-ac.
• **Liegen** auf dem Rücken, beim: ign.a1,k
• **Menses**:
• **vor**: mang.a1,k
• **während**: mang.
• **Rheumatismus**, bei: *Sang.*hr1,k
• **Ruhe**, in der: *Dulc.*hr1,k
• **Schauder** den Arm hinab; ein kalter: *Lyss.*
• **Schmerzen**; bei den: chel. fl-ac.a1,k
• **Sitzen**, im: chin.a1,k
• **Steifheit** und Gefühllosigkeit; mit: aster.hr1,k sulph.
• **Wasser** bespritzt; wie mit kaltem: mez.a1,k
• **Wind**; wie durch kalten: aster.hr1,k,*
– **Schulter**: arg-n.a1,k arund.hr1 aur.a1,k bamb-a.stb2 bry.a1,k *Caust.*hr1,k cocc.a1,k hell.a1,k hydr.a1,k hyper.a1,k *Kali-bi. Kreos.*a1,k lyc.a1,k phos.a1,k sep.a1,k sil.a1,k spig.a1,k stry.a1,k tep.a1,k verat.a1,k
• **rechts**: granit-m.es1
◆ **begleitet** von:
• **Schulter**; Wehtun in der rechten
☞ *Schmerz - Wehtun - Schulter - rechts - begleitet von - Kälte*
• **morgens**: aur.a1,k sil.a1,k
• **vormittags**: bamb-a.stb2
• **abends**:
• **21** h: hydr.
• **Abendessen**, nach dem: ran-b.
• **nachts**:
• **22** h: sep.
• **Epilepsie**, bei: *Caust.*hr1,k
• **Essen**, nach dem: arg-n.a1,k

• **Wärme**:
  • **amel.**:
    • **nicht** amel. durch: bamb-a.stb2
  ▽ **erstreckt** sich zu:
    • **Kreuz**; zum: kreos.
– **Oberarm**: carbn-s.k2 cass.a1 coloc.a1,k graph.a1,k *Ign.*a1,k marb-w.es1 mez. nat-m.a1,k ph-ac.a1,k puls.a1,k ran-b.a1,k rhus-t. sulph.a1,k sumb.a1,k tep.a1,k
  • **Abendessen**, nach dem: ran-b.a1,k
  • **Brennen**, mit: graph.a1,k
  • **Essen**, nach dem: coloc.a1,k
  • **Mittagessen**, nach dem: *Puls.*a1,k
  • **Wind** darauf blasen; als würde: nat-m. tep.
– **Ellbogen**: *Agar.*hr1,k,* cedr.a1,k gins.a1,k graph. iris-foe.
  ▽ **erstreckt** sich gegen Mittag zu den Händen: cedr.
  ○ **Ellbogenhöcker**: *Agar.*hr1,k,*
– **Unterarm**: *Arg-n.* ars.a1,k *Brom.*hr1,k bry.a1,k *Calc.*hr1,k carb-v.bro1 caust.h,k,* *Cedr.*hr1,k con. *Crot-c.* **Graph.** hydrc.a1,k kali-chl.a1,k med.bro1,hr1 nat-c.k2 nux-v.a1,k **Phos.** plb.a1,k rhus-t.hr1,k,* verat-v.a1,k
  • **rechts**: caust.a1,h,* kali-chl.a1 med.
  • **morgens**: nux-v.a1,k
    • **Aufstehen**, nach dem: nux-v.
  • **eiskalt**: **Brom.**hr1,k nat-c.k2 rhus-t.hr1,k thuj.hr1,k
  • **Menses**, während: *Arg-n.*
  • **tödlich**: arn.br1
– **Handgelenk**: calc-f.ptk1 *Gels.*hr1,k rhus-t.bg2,k,* sang.a1,k
  • **Kindbettfieber**, bei: puls.hr1,k
– **Hände**: abies-c.a1,k acet-ac.hr1,k,* *Acon.*hr1,k,* *Agar.*hr1,k,* agn.c1 aloe alum.h,k,* alum-p.k2 alum-sil.k2 alumn.hr1,k,* am-c.a1,k ambr.a1,k amyg.hr1,k,* anac.a1,k androc.srj1 ang.hr1,k,* *Ant-t.*hr1,k,* anth.a1,k *Apis* apoc.a1,k aran.hr1 *Arg-n.*hr1,k *Arn.*hr1,k **Ars.**hr1,k,* **Ars-i.** ars-s-f.k2 ars-s-r.hr1 asaf.hr1,k,* asar.hr1,k,* atha.a1 atro.hr1,k,* **Aur.**hr1,k,* aur-ar.k2 aur-m-n.a1,k aur-s.k2 bamb-a.stb2 *Bar-c.*hr1,k,* bar-i.k2 *Bar-m.* bar-s.k2 bart.a1 *Bell.*hr1,k,* benz-ac.hr1,k,* berb.hr1,k,* *Bov.*a1,k brach.a1,k *Brom.*hr1,k,* bry.a1,k *Cact.*hr1,k,* *Calc.*h,k,* **Calc-ar.**hr1,k calc-i.k2 **Calc-p.**hr1,k calc-s. calc-sil.k2 calen.a1,hr1 **Camph.**hr1,k,* cann-i.hr1,k,* cann-s.hr1,k,* canth.a1 *Carb-ac.*hr1,k *Carb-an.*a1,k **Carb-v.**hr1,k,* carbn.a1 *Carbn-s.* cass.a1 *Caust.*hr1,k,* *Cedr.*hr1,k,* cench.k2 cham.a1,k **Chel.**a1,k **Chin.**hr1,k,* chin-b.c1,hr1 *Chinin-ar.* *Chinin-s.* choc.srj3 chr-ac.hr1 cimic.a1,k *Cina* cinnb.a1,k cocc.hr1,k,* coff.hr1,k,* coff-t.a1,hr1 colch.hr1,k,* coloc. com.a1,k con.hr1,k,* conin.a1 cop.a1,k corn.hr1 cot.a1 crat.br1 *Croc.*hr1,k,* *Crot-c.*a1,k crot-h.hr1,k,* crot-t.a1,k *Cupr.*hr1,k,* cupr-s.a1,k **Cycl.**hr1,k,* *Dig.*hr1,k,* digin.a1 dor.hr1,k,* *Dros.*hr1,k,* elaps *Eup-per.*hr1,k eup-pur.hr1,k euph.a1,k euph-c.a1 euphr.hr1,k,* fago.a1,k **Ferr.**hr1,k,* ferr-ar. **Ferr-i.** **Ferr-p.** fl-ac.k2 *Gels.*hr1,k gins.a1,k glon.a1,k **Graph.**a1,k grat.a1,k *Hell.*hr1,k,* hep.a1,k hura hydrc.a1,k *Hydrog.*srj2 hyos.a1,k iber.hr1,k,* *Ign.*hr1,k ind.hr1,k,* indg.hr1,k,* inul.hr1,k,* **Iod.**hr1,k,* **Ip.**hr1,k,* iris jatr-c. **Kali-ar.**a1,k kali-bi.hr1,k,* **Kali-c.**hr1,k,*

– **Hände**: ...
kali-cy.a1 kali-i.a1,k kali-m.k2 kali-n.a1,k **Kali-p.** kali-s. kali-sil.k2 kreos.hr1,k,* lac-ac.a1,k lac-d.hr1,k **Lach.**hr1,k lact.hr1,k,* laur.a1,k *Led.*hr1,k,* lil-t.hr1,k,* limest-b.es1 lob-s.a1,k **Lyc.**hr1,k,* **Lycps-v.** mag-s.a1,k manc.a1,k *Mang.*a1,k *Med.*hr1,k **Meny.**a1,k **Merc.**hr1,k,* merc-c.hr1,k,* merc-i-r.a1,k merc-sul.a1,k *Mez.*hr1,k,* morph.a1,k mosch.a1,k **Mur-ac.**hr1,k,* muru.a1 naja narcot.a1 nat-ar.k2 **Nat-c.**hr1,k,* **Nat-m.**hr1,k,* **Nat-p.** nat-s. *Nit-ac.*hr1,k,* nit-s-d.a1 **Nux-m.**hr1,k,* *Nux-v.*a1,k oena.a1,k ol-an.a1,k **Olnd.**hr1,k,* *Op.*hr1,k,* *Ox-ac.*hr1,k,* *Pall.*hr1,k peti.a1 **Petr.**hr1,k,* **Ph-ac.**hr1,k,* *Phos.*hr1,k,* phys.a1 *Phyt.*hr1,k,* pic-ac.a1 pimp.a1 plan.a1 plat.a1 *Plb.*a1,hr1 plect.a1 plumbg.a1 ptel.a1,hr1,* **Puls.**hr1,k,* *Pyrog.* ran-b.hr1,k,* raph.a1,k *Rhus-t.*hr1,k,* *Rob.*hr1,k,* rumx. **Ruta** **Sabin.**hr1,k,* **Samb.**hr1,k,* *Sang.*hr1,k sars.hr1,k,* **Sec.** **Sep.**hr1,k,* sil.a1,k spig.hr1,k,* spira.a1 spong.hr1,k,* squil.hr1,k,* stann.hr1,k,* staph.hr1,k,* *Stram.*hr1,k,* stry.a1,k sul-ac.a1,k sul-i.k2 **Sulph.**hr1,k,* *Sumb.*a1,k *Tab.*hr1,k,* tarax.hr1,k tep.a1,k teucr.a1 ther.hr1,k *Thuj.*hr1,k,* trif-p.a1 **Verat.**hr1,k,* *Verat-v.*hr1,k,* verb.a1,k vip.a1,k *Zinc.*hr1,k,* zinc-p.k2 ziz.a1,hr1
  • **amel.**: puls.k2
  • **abwechselnde** Seiten: cocc.h
  • **links**: ambr.bg1,h,* chin.h,k1 kali-chl.bg2 kali-m.bg3 thyr.bg2,bg3,*
  • **rechts**: am-c.a1 ant-t.c1,hr1 ars.a1 *Calc.*hr1 cann-i.a1,hr1,* chel.c1,k ferr.a1,c1 *Gels.*c1,hr1 med.c1,hr1 mosch.a1 pall.c1,k sec.c1,hr1 thuj.a1
    • **dann** links: med.hr1,k
    • **Gefühllosigkeit**, Taubheit der linken Hand; mit: ferr.
    • **Wärme** der linken Hand; mit: lac-ac. mez.hr1,k mosch.
  • **tagsüber**: ars-met. phos.a1,k
  • **morgens**: bell.h,k1 chel.a1,k chin.a1,k cina coloc.a1,k cycl.a1,k fago.a1,k gels.hr1,k lyc.a1,k mang.a1,k spong.a1,k stram.hr1,k sumb.a1,k
    • **7.30 h**: ferr.
    • **8 h**: ferr.
    • **8.30 h**: mez.
    • **Aufstehen**, nach dem: coloc.
  • **vormittags**: calc.h,k,* calen.a1 chin.a1,k grat.a1,k mez.a1,k nat-m.a1,k
    • **9 h**: dros. mez.
    • **10 h**: con. fago. led.
  • **mittags**: kali-c.h,k1 ped.a1 zing.a1,k
  • **nachmittags**: alumn.a1,k chinin-s. gels.hr1,k nux-v.a1,k sulph.a1,k
    • **13 h**: chel.
    • **14 - 15 h**: chel.
    • **15 h**, nach: eup-pur.
    • **16 h**: petr.
    • **16.30 h**: mez.
    • **17 h**: *Rhus-t.*
  • **abends**: *Acon.*a1,k agar.a1,k aloe alumn.a1,k ambr.a1,k ars.a1,k aur.a1,k bamb-a.stb2 carb-an.a1,k *Carb-v.*hr1,k,* carl.a1,k chel.a1,k chin.a1,k colch.a1,k coloc. graph.a1,k hep.a1,k nat-c.a1,k ox-ac.a1,k peti.a1 phos.a1,k spira.a1 sulph.a1,k thuj.a1 verat.a1,k

- **abends**: ...
  - **19** h: *Lyc.* phos.
  - **20** h: hep. tarax.
  - **Bett**, im: aur. carb-an. colch.$_{a1,k}$
  - **Freien**, im: mang.$_{a1,k}$
  - **Hitze**:
    - **während**: agar.$_{h,kl}$ sabad.
    - **nach**: thuj.$_{a1,k}$
- **nachts**: *Aur.* bry.$_{a1,k}$ ferr-i.$_{k2}$ *Phos.*$_{hr1,k}$ sep.$_{a1,k}$ thuj.
- ◆ **abwechselnd** mit:
  - **Hitze**: bell. cench.$_{k2}$ chin. cimic. cocc. fago. gels.$_{hr1}$ helo.$_{c1}$ helo-s.$_{c1}$ par.
    - **Kopfes**, des: nit-ac.$_{h}$
  - **kalte** Füße: aloe sep. zing.
- **Abdomen**; mit Schneiden und Reißen im: *Ars.*
- **alten** Menschen, bei: bar-c.$_{hr1,k}$
- **Anstrengung**; bei der geringsten: crat.$_{br1}$
- **Ärger**, Verdruß; nach: phos.
- **Aufstehen**, nach dem: fago.$_{a1,k}$
- **Bewegung**, nach: alumn.$_{a1,k}$ *Cocc.*
- **blau**: *Arg-n.* ben-n. borx.$_{h}$ *Cact. Camph.* cocc. con. *Crot-h.* crot-t. elaps inul. morph. *Nux-v.* oena. plb. stram. stry. **Verat.**$_{hr1}$ zinc.
- **Diarrhoe**: apis brom. dig. **Phos.**
- **eine** Hand: *Chin.*$_{hr1,k}$ dig.$_{hr1,k}$ ferr. ip.$_{ptk1}$ lyc.$_{bg2,bg3,*}$ *Mosch.* puls.$_{bg3,ptk1}$ rhus-t.$_{bg2,bg3,*}$ sulph.$_{bg2,bg3,*}$
  - **heiß**:
    - **andere** Hand kalt; und: *Chin.* cocc. *Dig. Ip. Mosch. Puls. Tab.*
    - **blaß**, die andere kalt und rot; und: mosch.
  - **Schwitzen** der anderen; mit: ip. mez. mosch.
  - **Finger** der anderen heiß: thuj.$_{h,kl}$
- **eisige** Kälte: *Acon.*$_{hr1,k}$ agar.$_{bg2,k,*}$ alum-sil.$_{k2}$ *Ambr.*$_{bg2,k,*}$ anac.$_{hr1,k}$ ant-t.$_{bg2}$ *Arg-n.*$_{hr1,k}$ ars.$_{hr1,k}$ asar. aur. aur-ar.$_{k2}$ bamb-a.$_{stb2}$ bell.$_{h,k2,*}$ *Cact.*$_{hr1,k}$ calc.$_{h,k2,*}$ *Camph.*$_{hr1,k}$ *Carb-v.*$_{hr1,k}$ cass.$_{a1}$ *Caust.*$_{hr1,k}$ cedr.$_{hr1,k}$ cench.$_{k2}$ chin.$_{bg2,h,*}$ coloc.$_{hr1,k}$ dor.$_{hr1}$ dros.$_{hr1}$ *Eup-per.*$_{hr1,k}$ euphr.$_{bg2}$ helo.$_{c1}$ helo-s.$_{c1}$ hep.$_{h,hr1,*}$ hydr-ac.$_{ptk1}$ hydrog.$_{srj2}$ ip.$_{h,kl}$ lach. lyc.$_{hr1,k}$ *Manc.*$_{hr1,k}$ mang.$_{hr1}$ marb-w.$_{es1}$ *Meny.*$_{hr1,k}$ *Merc.*$_{hr1}$ merc-sul.$_{c1,hr1}$ mez.$_{h,kl}$ *Nat-c.* **Nux-m.**$_{bg2,k,*}$ *Nux-v.*$_{bg2,k}$ *Ph-ac.* phos.$_{h,hr1,*}$ *Plb. Puls.*$_{hr1}$ sabin.$_{bg2}$ sanic. sep.$_{bg2,h,*}$ sil.$_{h,kl}$ squil.$_{bg2,k,*}$ *Tab.*$_{hr1}$ thuj.$_{h,hr1,*}$ thyr.$_{ptk1}$ vario.$_{hr1}$ **Verat.**$_{bg2,k,*}$
  - **Fieber**, mit: cact.$_{br1}$
- **Entblößen**, beim: mag-c.$_{ptk1}$
- **Erregung**, durch: crat.$_{br1}$ lil-t.
- **Erwachen**, beim: dig. digin.$_{a1}$
- **Essen**, nach dem: aloe camph.$_{hr1,k}$ caps.$_{a1,k}$ con.$_{a1,k}$
- **Fieber**; während: arn. asaf. canth. cycl. dros.$_{h,kl}$ euphr. gels.$_{c1}$ hell.$_{a1,k}$ ip. nit-ac. puls.$_{a1,k}$ ran-b.$_{a1,k}$ sabad.$_{hr1,k}$ sul-ac.$_{h,kl}$ thuj.$_{ptk2}$
- **Frost**; während: agn.$_{hr1}$ ars.$_{h,kl}$ asar.$_{h,kl}$ aur. bell.$_{h,kl}$ cact. *Camph.* canth. *Carb-v.* cedr. cench.$_{k2}$ chel. *Cimx.*$_{hr1}$ colch. con. crat.$_{br1}$ dros.$_{h,hr1,*}$ gels.$_{c1}$ hep.$_{hr1,k}$ hyos.$_{h,kl}$ ip. led.$_{h,kl}$ lyc.$_{hr1,k}$ mang.$_{h,kl}$ *Meny.* **Mez.** mur-ac.$_{h,kl}$

- **Frost**; während: ...

  nat-c.$_{h,kl}$ *Nat-m.* **Nux-v.** *Op.*$_{hr1,k}$ petr.$_{hr1,k}$ **Phos.** plb. *Puls.*$_{hr1}$ sabad.$_{bro1}$ samb. **Sec.** sep.$_{h,kl}$ spong.$_{h,kl}$ stann.$_{h,kl}$ staph.$_{h,kl}$ stram. sulph.$_{h,kl}$ thuj.$_{h,kl}$ **Verat.**
- **Frühstück**, nach dem: verat.$_{a1,k}$
- **gefühllos** und kalt: chel. hydrog.$_{srj2}$ *Lach. Ox-ac.*
- **Gehen**, beim: asaf. camph. chin.
  - **Freien**, im: mang.$_{h}$ phos. plb.
- **geistiger** Anstrengung, bei: lach. *Ph-ac.*
- **Hitze**, mit:
  - **Finger**, der: thuj.$_{h}$
  - **Füße**, der ●: *Aloe Calc.* coloc. ph-ac. *Sep.*
  - **Gesichtes**, des: agar. **Arn.** ars. asaf. camph.$_{h}$ chin. con. cycl.$_{h}$ euph. graph.$_{h}$ hyos. ign. ruta sabin. sil.$_{h}$ spig.$_{h}$ **Stram.** sumb. *Thuj.*
  - **Kopfes**, des

    ☞ ☐ *Kopf - Hitze - Kälte - Hände*
  - **Körpers**, des: ars-met. puls.$_{a1,kr1}$ tab.$_{bro1}$
    - **eine** Seite: *Ran-b.*
    - **innerlich**: *Arn.* hydrog.$_{srj2}$
  - **Mund** und Hals; von: jatr-c.$_{c1}$
  - **Oberschenkel**, der: thuj.
  - **Stirn**, der: ars. asaf. asar.
- **hüllt** sie ein: petr.$_{h,kl}$
- **Husten**, beim: rumx. *Sulph.*$_{hr1,k,*}$
- **Kopfschmerz**:
  - **während**: ambr.$_{h,kl,*}$ ars.$_{a1}$ carb-v.$_{h,kl}$ lac-d.$_{c1,k2}$ **Meli.**$_{hr1}$ sars.$_{hr1}$ vario.$_{ptk1}$ verat-v.$_{a1}$
  - **nach**: cupr.$_{h,kl}$
- **Lesen**, beim: lyc.$_{a1,k}$
- **Liegen**, beim: kali-c.
  - **amel.**: phos.
- **Menses**, während: aesc. *Arg-n.* ferr. *Graph.*$_{hr1,k}$ kali-i. *Phos.*$_{hr1,k,*}$ sabin.$_{hr1,k}$ sec. sulph. verat.
  - **Schmerzen**, mit: *Calc. Graph. Sabin.*
- **Mittagessen**, nach dem: cann-i.$_{a1,k}$
- **Rauchern**, bei: sec.$_{ptk1}$
- **Sakrum**; bei Schmerzen im: hura
- **Samenabgang**, nach: *Merc.*$_{hr1,k}$
- **Schlaf**, im: ign.$_{a1,k}$ merc.$_{a1,k}$ samb.$_{hr1,k}$
- **schmerzhaft**: caust.$_{h,kl}$
- **Schreiben**:
  - **beim**: chinin-s. mez.$_{a1,k}$
  - **nach**: agar.
- **Schweiß**, beim: chin.$_{h,k}$ dig.$_{hr1,k}$ fago.$_{a1,k}$ *Lil-t.*$_{hr1,k}$ merc-c.$_{a1,k}$ nit-ac.$_{h,kl}$ thuj.$_{ptk}$
- **Schwindel**, mit: merc.$_{a1,k}$ sep.$_{h,kl}$
- **Sprechen**, beim: am-c. ph-ac.$_{a1,k}$
- **Übelkeit**, bei: gran.$_{a1,k}$
- **Urinieren**, beim: dig.
  - **reichlich**: dig.$_{h}$
- **warm**:
  - **Berührung**; Gefühl von Kälte, jedoch warm bei: phos.$_{h}$
  - **Zimmer**, im warmen: mez.$_{h}$ *Nux-v.* plan. sep.$_{ptk1}$
- **Wasser**, in:
  - **agg.**: con.$_{ptk1}$ lac-d.$_{ptk1}$ mag-c.$_{ptk1}$ mag-p.$_{ptk1}$ phos.$_{ptk1}$ tarent.$_{ptk1}$
  - **amel.**: fl-ac.$_{ptk1}$ gels.$_{ptk1}$ jatr-c.$_{ptk1}$

- **Wein**, nach: verat.al,k
- **Wetter**, bei heißestem: *Asar.*
- ○ **Füße**, und: crat.brl gink-b.sbdl
- **Handfläche**: *Acon.*al,k calc-sil.k2 dig. digin.al hyos.al,k jatr-c.
- **Handrücken**: alum.k2 anac. chinin-s. naja phos.al,k rhus-t.al,k
  - **nachmittags**: chinin-s.
  - **Hitze** der Handflächen; mit: anac.al,k coff. *Ferr.*hrl

– **Finger**: *Acon.*al,k act-sp.hrl,k,* ang.bg2,k,* apis asar.bg2 brass.al calad.al,k *Calc.* *Calc-p.*hrl,k *Carbn-s.* caust.al,k *Cham.*bg2,k,* **Chel.**bg2,k,* cic.bg2,k cocc.al,k colch.hrl,k,* coloc. con.al,k crat.brl crot-h.hrl,k,* *Dig.*al,k gels. gins.al,k **Graph.**hrl,k *Hell.*hrl,k,* hydr-ac.al,k **Kali-c.**al,k *Lac-c.*hrl,k *Lac-d.* lyc.bg2,k,* med.hrl,k *Meny.*al,k merc.al,k mosch. mur-ac.bg2,k,* par.bg2,k,* *Ph-ac.*bg2,k,* plan.hrl,k plb.al,k ptel.hrl,k rat.al,k rhod.bg2,k *Rhus-t.* rumx. sars. sec.al,k *Sep.* sulph.bg2,k,* sumb.al,k **Tarax.**bg2,k **Thuj.** verat.al,k vip.al,k
- **links**: thuj.h,kl
- **rechts**: ang.h,hrl,*
- **morgens**: chinin-s. rat.al,k
- **nachmittags**, 14 h: plan.
- **abends**: sulph. thuj.al,k
- **nachts**: *Mur-ac.*hrl,k
- ◇ **abwechselnd** mit:
  - **Kopf**; Schmerz im
    - ☞ ❑ *Kopf - Schmerz - abwechselnd mit - Fingern*
- **Anstrengung** agg.: crat.brl
- **blau**, und: crat.brl
- **Chorea**, bei: laur.ptk2
- **Erregung** agg.: crat.brl
- **Frost**; während: *Apis* *Cact.* crat.brl dig. meny. *Nat-m.* nux-v. par. ph-ac. *Rhus-t.* *Sep.* verat.
- **Herzens**; bei Erkrankung des: laur.ptk2
- **Sitzen**, im: cham.al,k
- ▽ **erstreckt** sich zu:
  - **Handflächen** und Fußsohlen: dig.al,k
  - **Mitte** des Oberarmes: graph.hrl,k
  - **Nacken**: coff.al,k
- ○ **Fingernägeln**; unter den: cann-s.h
- **Fingerspitzen**: abrot. acon.hrl *Ant-t.*al,k *Arn.*hrl,k brom.al,k *Caps.*hrl,k carb-v.al,k *Carl.*al,k **Chel.**bg2,k,* cist.al,k coloc.al,k hell.al,k jatr-c. lac-d.hrl,k lob.hrl,k meny.bg2,k merc.al,k mur-ac.al,k petr.bgl ph-ac.al,k ran-b.al,k sal-ac. sars. spig.al,k sulph. sumb.hrl,k,* *Tarax.*hrl,k,* *Thuj.*bg2,k,* verat.k2 *Zinc.*al,k zinc-p.k2
  - **morgens** nach dem Aufstehen: coloc.al,k
  - **eisige** Kälte: marb-w.esl
  - **empfindlich** gegen Kälte: sec.hrl,k
  - **Freien**, im: ph-ac.
  - **Frost**; während: acon.hrl mur-ac.h,kl ran-b.al,k
  - **Hitze**; während: *Caps.*hrl,k
  - **Schreiben**, nach: carl.al,k
  - **übrige** Körper ist heiß; der: thuj.
  - ○ **Daumenspitze**: mang.h
- **Gelenke**: chel.hrl,k
- **Zehen**, und: crat.brl
- **Zeigefinger**: rhod.al,k

– **Finger**: ...
- **Mittelfinger**: mur-ac.al,k phos.al,k rhod.al,k
  - ○ **Gelenke**: agar.al,k
- **Ringfinger**: rhod.al,k sulph.al,k
  - **abends**: sulph.al,k
- **kleiner** Finger: lyc.al,k

– **Beine**: *Aeth.* agar. apis *Ars.* *Ars-i.* asaf. bamb-a.stb2 bapt. **Bell.** **Calad.** calc. calc-s. calc-sil.k2 carb-an.h,kl carb-v.k2 carbn-s. *Chel.* cic. coff. crot-c. crot-t. *Dig.* glon.k2 ip. **Lac-c.** *Led.* lyc. marb-w.esl *Mez.* mosch. mur-ac. nat-c. nat-m. **Nit-ac.** nux-v. ol-an. **Op.** *Ox-ac.* par. petr. *Phos.* plb. **Puls.** rhod. rhus-t. sars.h,kl *Sec.* **Sep.** sil. spong. *Stram.* stront-c. stry. *Sulph.* tarent. thlas.bgl verat.
- **links**: agar.h,kl sulph.h,kl
- **rechts**: echi.c,cl nit-ac.h,kl petr.h,kl
- **tagsüber**: nat-c.h2,k
- **morgens**: con.h,kl
- **vormittags**: rumx.
  - **Schlafenszeit**, bis zur: sep.
- **mittags**: nit-ac.
  - **Bett**, im: chel. lyc. sars.
  - **Heben** der Bettdecken; beim: lyc.
- **nachts**: agar.h,kl carb-v.h,kl *Lac-c.* petr. phos.
  - **Erwachen**, beim: *Nit-ac.*
- ◇ **abwechselnd** mit Hitze im Kopf: sep.
- **Bett**; im: hydrog.srj2
- **eiskalt**: apis *Sep.*
  - **Stellen**, an einzelnen: agar. berb.
- **Gefühl** von: agar. berb. carb-v. caust. chin.h,kl euph. *Merc.* mez. nat-c. petr. rhod. spong.h,kl
- **gelähmtes** Glied: *Ars.* *Cocc.* dulc. graph. *Nux-v.* *Rhus-t.*
- **Menses**, während: bufo calc. cham. lil-t. *Sec.* *Sil.*
- **schmerzhaftes** Glied: *Led.* merc.
- **Übelkeit**, bei: arg-n.
- **Ischiasnerv**:
  - **links**:
    - ◆ **begleitet** von:
      - **Dysurie**
        - ☞ ❑ *Blase - Urinieren - Dysurie - begleitet von - Ischiasnerv - Kälte*
- ○ **Knochen**, in den: nit-ac.bgl sep.bgl

– **Gesäß**: agar. cench.k2 daph.brl,k hydr.
- **vormittags**:
  - **11** h: hydr.
- **nachts**, im Bett: *Cench.*
- **Menses**, vor den: mang.
- ○ **Gesäßgegend**: agar. calc.

– **Hüfte**: agar. caust.h,kl gad. gran. ham. hura merc. merl. mez. morph. tax. ther. valer.
- **links**: carb-v. caust. thuj.
- **rechts**: bell.h,kl bry. kali-bi. merl. rhus-t.
- **morgens**:
  - **9** h: ham.

– **Oberschenkel**: aloe arn.al,k ars.al,k bar-c. berb.al,k bry.al,k *Calc.*al,k camph.al,k chin.al,k cimic.al,k coc-c.al,k cop.al,k hura ign.al,k kali-bi.al,k lyc.al,k *Merc.*al,k nit-ac.al,k nux-v.al,k op.al,k phos. puls.al,k ran-b.al,k rhod.al,k sabad.al,k sars.al,k **Spong.**al,k *Sulph.*al,k tax.al,k tep.al,k *Thuj.*al,k

• **rechts**: camph.$_{a1,k}$ kali-bi.$_{bg1}$
• **tagsüber**: lyc.$_{a1,k}$ tax.$_{a1,k}$
• **morgens**: arn.$_{a1,k}$ sulph.$_{h,kl}$ zinc-p.$_{k2}$
• **nachmittags**: lyc.$_{a1,k}$
• **abends**: bry.$_{a1,k}$ *Calc.*$_{a1,k}$
  • **18** h: puls.
  • **Aufstehen** vom Sitzen; beim: rhod.$_{a1,k}$
• **nachts**: coc-c.$_{a1,k}$ cop.$_{a1,k}$ ign.$_{a1,k}$ merc. nux-v.$_{a1,k}$
• **Augen**; mit starrenden: cic.$_{c1}$
• **eiskalt**, als würde Eiswasser den Ischiasnerv hinabgegossen: acon.$_{a1,k}$
• **Frost**; während: *Thuj.*
• **Hitze**; während: spong.$_{h,kl}$
• **kalte** Luft darauf blasen; als würde: camph.
• **Kolik**, bei: *Calc.*
• **Konvulsionen**, mit: *Calc.*
• **Menses**, nach den: colch.$_{bro1}$
• **Schütteln**, mit: *Thuj.*$_{a1,k}$
• **Sitzen**, im: chin.$_{a1,k}$ ran-b.$_{a1,k}$
• **Stehen**, im: berb.$_{a1,k}$
○ **Rückseite**: agar.$_{a1,h,*}$

– **Knie**: acon. **Agn.**$_{c2,k}$ alumn.$_{k2}$ ambr. *Apis* **Ars.** *Asar.* aur. *Benz-ac.* calc.$_{bro1}$ calc-p.$_{k2}$ camph. cann-s. **Carb-v.** carbn-s. *Card-m.* cass.$_{a1}$ *Chin.* *Chinin-ar.* *Chinin-s.* *Cimx.* *Colch.* coloc. cop. daph. euphr. graph. hydrog.$_{srj2}$ *Ign.* *Lach.* *Merc.* nat-c.$_{bro1}$ *Nat-m.* *Nit-ac.* petr. **Phos.** *Puls.* raph.$_{a1,k}$ rhod. *Sec.* *Sep.* **Sil.** stann. sulph. *Verat.*
• **rechts**: ambr.$_{bg1}$ chel.
• **vormittags**: thuj.
• **abends**: agn. euphr.
  • **Bett**, im: ars.$_{h}$ aur.$_{h}$
  • **Erwachen**, beim: euphr.
• **nachts**: **Carb-v.** cop. euphr. **Phos.**$_{k,kl2}$● raph.$_{a1,k}$ sep. *Verat.*
  • **Bett**, im: **Phos.** sep.
  • **Erwachen**, beim: euphr.
• **Erwachen**; beim: carb-v.$_{k2}$
• **Frost**; während: **Apis** **Carb-v.** ign. **Phos.** sil.
• **Gehen** im Freien, nach: sil.
• **geschwollenes** Knie: *Led.*
• **heißem** Körper, mit: ars.$_{h}$
• **kaltem** Schweiß, mit: ars.$_{k1,k13}$
• **Liegen**, beim: ars.
• **Menses**, während: cop.
• **Stelle**; an einer einzelnen: petr.$_{h,kl}$
• **warm**; Gefühl von Kälte obwohl: *Coloc.*
• **warmwerden**; kann nicht: ars.$_{a1,k1}$
• **Wasser** darübergegossen würde; als ob kaltes: verat.
• **Wetter**, bei heißestem: *Asar.*
• **Wind**, wie durch: benz-ac. *Cimx.*
▽ **erstreckt** sich zu:
  • **Wade**: helo.$_{c1}$
○ **Außenseite**: dig.$_{h,kl}$
• **Kniekehle**: agar. ars-h.
• **Kniescheibe**: aur. nat-m. verat.$_{h,kl}$

– **Unterschenkel**: acon. agar. aloe alum. alum-p.$_{k2}$ alum-sil.$_{k2}$ alumn. ambr. ant-t. anthraci. aphis *Apis* *Arg-n.* *Ars.* ars-i. ars-s-f.$_{k2}$ aur. aur-ar.$_{k2}$ aur-i.$_{k2}$ aur-s.$_{k2}$ bar-c. bar-i.$_{k2}$ bell. brom. bry. **Calc.**

– **Unterschenkel**: ... calc-i.$_{k2}$ calc-p. calc-s. calc-sil.$_{k2}$ *Camph.* *Carb-an.* **Carb-v.** *Carbn-s.* *Caust.* cedr. *Cham.* *Chel.* *Chin.* *Chinin-ar.* *Chinin-s.* cic. cocc. coff. *Colch.* com. *Crot-c.* *Cupr.* **Dig.** dios. *Dulc.*$_{vh}$ elaps euph. euphr. *Ferr.* gels.$_{k2}$ graph. ham. *Hep.* hura hydrc. *Hydrog.*$_{srj2}$ hyper. ign. iod. kali-ar. kali-i. **Lac-c.** **Lach.** lact.$_{br1}$ *Laur.* *Led.* lyc. mang. marb-w.$_{es1}$ *Med.* *Meny.* *Merc.* mez. mosch. *Naja* *Nat-c.* nat-m. *Nat-p.* *Nit-ac.* *Nux-m.* *Nux-v.* *Op.* *Ox-ac.* *Petr.* *Ph-ac.* *Phos.* pic-ac. plan. plat. plb. psor. puls. **Rhus-t.** samb. sang. *Sec.* *Sep.* **Sil.** spong. **Stram.** stront-c. *Stry.* sul-i.$_{k2}$ *Sulph.* sumb. *Tab.* ther. thuj. *Tub.* **Verat.**
• **links**: chin.$_{h,kl}$ euph.$_{h,kl}$ *Hyper.* ol-an. sang. tub.
  • **abends** im Bett: tub.$_{k2}$
  • **Frost**; während: carb-v. caust. thuj.
• **rechts**: ambr. chel.$_{h,kl}$ *Elaps* hydrog.$_{srj2}$ mang.$_{h,kl}$ nit-ac.$_{bg1}$ sabin.
▽ **erstreckt** sich zu:
  • **Knie**; nach oben zum: ambr.$_{k1}$ hydrog.$_{srj2}$
  • **Frost**; während: *Bry.* chel. elaps sabad. *Sep.*
• **morgens**: hep. hura
  • **7** h: hura
• **mittags**: nit-ac.$_{h,kl}$
• **nachmittags**: aloe alumn. nux-v.
  • **16** h: chel. sang.
  • **18** h: puls.
• **abends**: aloe chel. colch. euphr. mang.$_{h,kl}$ puls. sang. *Sil.* sulph.
  • **Bett**, im: aur.$_{h}$ colch. ph-ac. **Sep.** sil.$_{h}$ tub.
  • **Erwachen**, beim: euphr. *Nit-ac.*
• **nachts**: agar. aloe com. kali-ar. *Merc.* thuj. verat.
  • **Erwachen**, beim: nit-ac.
  • **Schneewasser**; wie durch: verat.
• **Ankleiden**, beim: anth.$_{a1,k}$
• **Brennen** in den Oberschenkeln; mit: tab.
• **eisig**: *Apis* aur.$_{h,kl}$ **Calc.** chel.$_{h,kl}$ chin-b.$_{c1}$ gels.$_{k2}$ kali-ar.$_{k2}$ nat-c.$_{k2}$ *Sep.* *Sil.* *Tab.*
• **Entblößen** amel.: *Camph.* *Med.* **Sec.** *Tub.*
• **Fieber**; während: carb-an. *Eup-pur.* meph. sep. **Stram.**
• **Gehen**, beim: *Nit-ac.* plan.
  • **Sonne**, in der: *Lach.*
• **gerötetem** Gesicht, mit: *Op.*
• **Hitze**, mit:
  • **Gesichtes**, des: *Arn.*
  • **Körpers**, des: tab.
• **Koitus**, nach: *Graph.*
• **Liegen**, beim: chinin-s.
• **Luft**:
  • **blasen**; als würde kalte Luft darauf: hydrog.$_{srj2}$
  • **Freien**; im: ham.
• **Menses**:
  • **vor**: *Lyc.*
  • **während**: arg-n. bufo *Calc.* lil-t. *Sec.* *Sil.*
• **Mittagessen**, nach dem: cedr.
• **Schnee**; wie durch Aufenthalt im: verat.
• **Schweiß**; mit kaltem: *Ars.*$_{a1}$
• **Sitzen**, im: camph. hyper. led. mang.$_{h,kl}$

- **Stehen**, im: nat-m. samb.
- **warm**:
  - **Bedecken** amel. nicht; warmes: ars.$_{a1,k1}$
  - **Zimmer**, im warmen: acon. meny. **Sil.**
- **warmwerden**; kann nicht: ars.$_{a}$
- **Wind**, wie durch: bar-c. samb.

▽ **erstreckt** sich zu:
  - **Oberschenkel**: hydrog.$_{srj2}$

○ **Innenseite** des Oberschenkels: ruta$_{h}$
- **Schienbein**: mosch.$_{h,k2,*}$ rhus-t.$_{h,k1}$ samb.
- **Wade**: ars. berb. bufo chel. hyper. lach. mang. rumx.
  - **vormittags**: berb.
  - **abends**: mang.
    - **Sitzen**, amel. durch Aufstehen; Kälte beim: mang.
  - **Stellen**; an einzelnen: stront-c.$_{c1}$

– **Knöchel**: *Acon.*$_{hr1,k}$ agar.$_{hr1,k}$ berb.$_{hr1,k}$ calc-f.$_{ptk1}$ caust. chin. ign.$_{bg1}$ lach. med.$_{bg1}$
  - **Gehen** im Freien; beim: chin.
  - ○ **inneren** Malleolus an einzelnen Stellen; am: berb.

– **Füße**: abrot. absin.$_{a1,k}$ acet-ac.$_{a1,k}$ *Acon.*$_{hr1,k,*}$ agar.$_{hr1,k,*}$ **Agn.**$_{hr1}$ aloe alum. alum-p.$_{k2}$ alum-sil.$_{k2}$ alumn.$_{hr1,k}$ *Am-br.*$_{a1,k}$ *Am-c.*$_{a1,k}$ am-m.$_{hr1,k}$ ambr.$_{hr1,k,*}$ *Anac.*$_{a1,k}$ androc.$_{srj1}$ ang.$_{a1,k}$ **Ant-c.**$_{hr1,k,*}$ **Ant-t.**$_{hr1,k,*}$ anth.$_{a1,k}$ aphis **Apis** apoc.$_{a1,k}$ *Arg-n.*$_{hr1,k}$ *Arn.*$_{a1,k}$ **Ars.**$_{hr1,k,*}$ **Ars-i.** ars-s-f.$_{k2}$ ars-s-r.$_{hr1}$ asaf.$_{hr1,k}$ *Asar.* asc-t.$_{a1,k}$ atha.$_{a1}$ **Aur.**$_{a1,k}$ aur-ar.$_{k2}$ aur-i.$_{k2}$ aur-s.$_{k2}$ bamb-a.$_{stb2}$ bapt.$_{a1,k}$ *Bar-c.*$_{hr1,k,*}$ bar-i.$_{k2}$ bar-m. bar-s.$_{k2}$ **Bell.**$_{hr1,k,*}$ benz-ac.$_{hr1,k,*}$ berb.$_{hr1,k,*}$ *Bov.*$_{a1,k}$ brach.$_{hr1,k,*}$ **Brom.**$_{hr1,k,*}$ bry.$_{a1,k}$ bufo *Cact.*$_{hr1,k}$ calad.$_{a1,k}$ **Calc.**$_{hr1,k,*}$ calc-i.$_{k2}$ calc-p.$_{hr1,k}$ calc-s. calc-sil.$_{k2}$ calen.$_{hr1}$ *Camph.*$_{hr1,k,*}$ cann-i.$_{a1,k}$ cann-s.$_{a1,k}$ *Canth.*$_{a1,k}$ *Caps.*$_{hr1,k}$ *Carb-ac.*$_{hr1,k}$ *Carb-an.*$_{hr1,k,*}$ *Carb-v.*$_{hr1,k,*}$ carbn-o. **Carbn-s.** cass.$_{a1}$ *Caul.* **Caust.**$_{hr1,k,*}$ cedr.$_{hr1,k,*}$ *Cham.*$_{hr1,k,*}$ *Chel.*$_{hr1,k,*}$ **Chin.**$_{a1,k}$ *Chinin-ar.* choc.$_{srj3}$ chr-ac.$_{a1,hr1}$ cic.$_{a1,k}$ cimic.$_{a1,k}$ *Cimx.*$_{hr1,k}$ *Cina* cinnb.$_{hr1,k}$ *Cist.*$_{a1,k}$ *Cocc.*$_{hr1,k}$ coff.$_{hr1,k,*}$ *Coff-t.*$_{a1,hr1}$ *Colch.*$_{hr1,k,*}$ **Con.**$_{hr1,k}$ cot.$_{a1}$ crat. *Croc.*$_{hr1}$ *Crot-c.*$_{a1,k}$ crot-h.$_{a1,k}$ *Crot-t.*$_{hr1,k,*}$ **Cupr.**$_{hr1,k,*}$ cupr-ar.$_{a1,k}$ cupr-s.$_{a1,hr1}$ daph.$_{hr1,k,*}$ **Dig.**$_{hr1,k,*}$ digin.$_{a1}$ dor.$_{hr1,k,*}$ **Dros.**$_{hr1,k}$ *Elaps* eup-per.$_{hr1,k}$ *Eup-pur.*$_{hr1}$ euph-c.$_{a1}$ fago.$_{a1,k}$ **Ferr.**$_{hr1,k,*}$ ferr-ar. **Ferr-i.** ferr-p. fl-ac.$_{k2}$ form.$_{a1,k}$ *Gels.*$_{hr1,k,*}$ *Glon.*$_{hr1,k,*}$ **Graph.**$_{hr1,k,*}$ *Hell.*$_{hr1,k,*}$ *Hep.*$_{hr1,k,*}$ hipp.$_{hr1,k,*}$ hura hydrc.$_{a1,k}$ *Hydrog.*$_{srj2}$ hyos.$_{hr1,k,*}$ hyper.$_{a1,k}$ iber.$_{hr1,k,*}$ ign.$_{hr1,k,*}$ ind.$_{hr1,k,*}$ **Iod.**$_{hr1,k,*}$ **Ip.**$_{a1,k}$ iris **Kali-ar.**$_{a1,k}$ kali-bi.$_{a1,k}$ kali-br.$_{hr1}$ **Kali-c.**$_{hr1,k,*}$ kali-chl.$_{hr1,k,*}$ kali-i.$_{a1,k}$ **Kali-m.**$_{k,k2,*}$ **Kali-n.**$_{a1}$ **Kali-p.** **Kali-s.** kali-sil.$_{k2}$ kiss.$_{a1}$ **Kreos.**$_{hr1,k,*}$ lac-ac.$_{a1,k}$ lac-d.$_{hr1,k}$ **Lach.**$_{hr1,k,*}$ lact.$_{hr1,k,*}$ lapa.$_{a1}$ laur.$_{hr1,k,*}$ led.$_{hr1,k,*}$ lil-t.$_{a1,k}$ limest-b.$_{es1}$ **Lyc.**$_{hr1,k,*}$ *Lycps-v.* mag-c.$_{a1,k}$ mag-m.$_{dgt,k}$ mag-s.$_{a1,k}$ manc.$_{a1,k}$ *Mang.*$_{a1,k}$ *Med.*$_{hr1,k}$ **Meny.**$_{hr1,k,*}$ **Merc.**$_{hr1,k,*}$ *Merc-c.*$_{a1,k}$ mez.$_{h,k,*}$ morph.$_{a1,k}$ *Mur-ac.*$_{hr1,k,*}$ **Naja** narcot.$_{a1}$ *Nat-ar.*$_{k2}$ **Nat-c.**$_{hr1,k,*}$ **Nat-m.**$_{hr1,k,*}$ *Nat-p.*$_{a1,k}$ *Nat-s.*$_{dgt,k}$ **Nit-ac.**$_{hr1,k,*}$ nitro-o.$_{a1}$ *Nux-m.*$_{a1,k}$ *Nux-v.*$_{hr1,k,*}$ oena.$_{a1,k}$ ol-an.$_{a1,k}$ ol-j.$_{a1,k}$ olnd.$_{hr1,k}$ op.$_{hr1,k,*}$

– **Füße**: ...
Ox-ac.$_{a1,k}$ pall.$_{hr1,k}$ **Par.**$_{a1,k}$ peti.$_{a1}$ **Petr.**$_{hr1,k,*}$ **Ph-ac.** **Phos.**$_{hr1,k,*}$ *Phyt.*$_{hr1,k,*}$ *Pic-ac.*$_{hr1,k,*}$ pimp.$_{a1}$ pip-m.$_{a1,k}$ plan.$_{hr1,k,*}$ plat.$_{hr1,k}$ *Plb.*$_{hr1,k,*}$ *Podo.*$_{hr1,k,*}$ *Psor.* ptel.$_{a1,k}$ **Puls.**$_{hr1,k,*}$ raph.$_{a1,k}$ **Rhod.**$_{a1,k}$ *Rhus-t.*$_{hr1,k,*}$ rob.$_{hr1,k,*}$ rumx. **Ruta** sabad.$_{a1,k}$ *Sabin.*$_{a1,k}$ *Samb.*$_{a1,k}$ sang.$_{hr1,k}$ *Sars.*$_{a1,k}$ *Sec.*$_{c2}$ **Sep.**$_{hr1,k,*}$ **Sil.**$_{a1,k}$ spira.$_{a1}$ spong.$_{hr1,k}$ **Squil.**$_{a1,k}$ *Stann.*$_{hr1,k,*}$ staph. **Stram.**$_{hr1,k,*}$ *Stront-c.*$_{c2,k}$ stry.$_{a1,k}$ sul-ac.$_{hr1,k,*}$ **Sulph.**$_{hr1,k,*}$ sumb.$_{a1,k}$ tab.$_{a1,k}$ *Tarent.*$_{hr1,k,*}$ tell.$_{a1,k}$ **Thuj.**$_{hr1,k,*}$ trif-p.$_{a1}$ tub.$_{bg}$ tus-p.$_{a1}$ *Verat.*$_{hr1,k,*}$ *Verat-v.*$_{hr1,k,*}$ verb.$_{a1,k}$ vesp.$_{hr1,k,*}$ *Zinc.*$_{hr1,k,*}$ ziz.$_{a1,hr1}$
- **links**: aeth. bamb-a.$_{stb2}$ carb-v.$_{bg2,bg3}$ chin.$_{a1}$ euph.$_{h,k1}$ hydrc.$_{a1,k}$ laur.$_{bg1}$ nat-n.$_{bg2,bg3}$ pip-m.$_{a1,k}$ psor.$_{bg2,bg3}$ raph.$_{a1}$ rhus-t.$_{bg2,bg3,*}$ stann.$_{bg1}$ sulph.$_{bg2,bg3}$ sumb.$_{a1,k}$ *Tub.*
- **rechts**: ambr.$_{br1,k}$ bar-c.$_{br1,hr1}$ *Chel.*$_{br1,hr1}$ con.$_{bg2,bg3,*}$ gink-b.$_{sbd1}$ hydrog.$_{srj2}$ *Lyc.*$_{a1,br1}$ nat-m.$_{bg1}$ pimp.$_{a1,bg1}$ puls.$_{bg2,bg3,*}$ sabin.$_{bg2,bg3,*}$ *Sulph.*$_{br1,k}$
  - **Gehen**, beim: bar-c.
  - **Hitze** des linken Fußes; mit: hydrog.$_{srj2}$
- **tagsüber**: chr-ac.$_{hr1}$ **Hep.** mag-s.$_{hr1,k,*}$ nat-p.$_{k2}$ nit-ac. phos.$_{a1,k}$ *Sep.* *Sil.*$_{a1,k}$ sulph.$_{hr1,k}$
  - **Menses**, während: nat-p.
- **morgens**: anac.$_{hr1,k,*}$ caps.$_{a1,k}$ chel.$_{a1,k}$ chin.$_{h,k1}$ coc-c.$_{a1,k}$ graph.$_{a1,k}$ hura lyc. mag-m.$_{a1,k}$ mang.$_{a1,h,*}$ merc.$_{a1,k}$ nat-c.$_{h,k1}$ nux-v.$_{a1,k}$ **Sep.**$_{hr1,k,*}$ *Spig.* stram.$_{hr1,k,*}$ **Sulph.**$_{hr1}$ sumb.$_{a1,k}$
  - **5** h: hura
  - **7.30** h: ferr.
  - **Frühstück**, nach dem: verat.
    - **Kopfschmerzen**, bei: **Sep.**
- **vormittags**: *Carb-an.*$_{h,k,*}$ chinin-s. cop. fago.$_{a1,k}$ hura mez.$_{a1,k}$ petr.$_{a1,k}$ sep.$_{a1,k}$
  - **8** h: ferr. hura meny.
  - **9** - **15** h: *Carb-an.*
  - **10** h: fago. med.
  - **11** h, Hinlegen amel.: *Sep.*
  - **15** h, bis: petr.
- **mittags**: chinin-s. chr-ac.$_{a1}$ kali-c.$_{h,k1}$ nit-ac.$_{a1,k}$ zing.$_{a1,k}$
  - **andere** brennt; während der: hura
  - **Hitze** und Röte des Gesichtes; bei: sep.
- **nachmittags**: bar-c. chel.$_{a1,k}$ chinin-s. coca colch.$_{a1,k}$ *Gels.*$_{hr1,k}$ mez.$_{a1,k}$ nux-v.$_{a1,k}$ sang.$_{hr1,k}$ *Sep.*$_{a1,k}$ squil.$_{a1,k}$ *Sulph.*$_{hr1,k,*}$ zinc.$_{h,k1}$
  - **13** h: chel.
  - **14** h: chel. lyc. sars.
  - **15** h: eup-pur. lyc.
  - **16** h: coff. sang.
    - **Freien** amel.; im: coff.
  - **17** h: alum.$_{h}$ graph.
  - **heißem** Gesicht, mit: hura
- **abends**: **Acon.**$_{a1,k}$ aloe am-br.$_{a1,k}$ *Am-c.*$_{hr1,k,*}$ androc.$_{srj1}$ ars.$_{a1,k}$ bar-c.$_{h,k1}$ bell.$_{h,k1}$ **Calc.** carb-an.$_{a1,k}$ *Carb-v.*$_{hr1,k,*}$ carbn-s. cham.$_{a1,k}$ chel.$_{a1,k}$ chin.$_{a1,k}$ con.$_{a1,k}$ graph.$_{hr1,k,*}$ hell.$_{a1,k}$ *Ign.*$_{hr1}$ kali-s. lyc.$_{a1,k}$ mag-c.$_{a1,k}$ mang.$_{a1,k}$ nat-c.$_{h,k1}$ nat-n.$_{a1,k}$ nux-v.$_{a1,k}$ ox-ac.$_{a1,k}$ peti.$_{a1}$ petr.$_{hr1,k,*}$ ph-ac.$_{a1,k}$ plan.$_{a1,k}$ puls.$_{a1,k}$ rhod.$_{hr1,k,*}$

- **abends**: ...
  Sep.$_{hr1,k,*}$ **Sil.**$_{hr1,k}$ stront-c. sulph.$_{a1,k}$ til.$_{a1,k}$ verat.$_{a1,k}$ *Zinc.*$_{hr1,k,*}$
  - **18** h: cedr.
  - **20** h: bar-c. hep.
  - **21** h: aloe kreos.
  - **23** h: fago.
  - **Bett**; im: aloe **Am-c.** *Am-m.* aur. **Calc.** carb-an. *Carb-v.* carbn-s. carl. chel. *Ferr.* ferr-p. gink-b.$_{sbd1}$ **Graph.** kali-ar. *Kali-c.* kali-s. lyc. meny.$_{h,kl}$ merc. nat-c. nit-ac. nux-v. par. petr. ph-ac. *Phos.* psor.$_{kl}$ raph. rhod. rhus-t.$_{h,kl}$ sars.$_{h,kl}$ senec.$_{kl}$ **Sep.**$_{bg2,k}$ **Sil.** staph. sulph. thuj. tub.$_{bg,k2,*}$ *Zinc.*
    - **amel.**: sulph.
  - **Freien**, im: mang.$_{a1,k}$
- **nachts**: aloe am-c. am-m. ant-c.$_{a1,k}$ *Aur.* bov.$_{a1,k}$ bry. calad. **Calc.**$_{hr1,k}$ *Carb-v.* *Carbn-s.* chel. com.$_{a1,k}$ cop.$_{a1,k}$ *Ferr.*$_{a1,k}$ ferr-i. iod.$_{a1,k}$ kali-ar. nit-ac.$_{a1,k}$ par.$_{a1,k}$ petr.$_{a1,k}$ *Phos.*$_{a1,k}$ psor.$_{a1,k}$ raph.$_{a1,k}$ rhod.$_{a1,k}$ sars.$_{a1,k}$ sep. *Sil.* sul-i.$_{k2}$ sulph.$_{a1,k}$ thuj.$_{a1,k}$ verat.$_{a1,k}$ *Zinc.*$_{hr1,k}$ zinc-p.$_{k2}$
  - **Mitternacht**: calad.
  - **Bett**, im: am-m. *Aur.* bamb-a.$_{stb2}$ **Calc.**$_{hr1,k}$ carb-v. chel. *Ferr.* nit-ac. petr. phos. psor.$_{bg1}$ raph.$_{a1,k}$ rhod.$_{a1,k}$ rhus-t.$_{bg1}$ sars.$_{bg1}$ sil. sulph. thuj.$_{a1,k}$ tub.$_{c1}$ zinc.
  - **Erwachen**; und beim: *Nit-ac.*$_{kl}$ zinc.$_{kl}$
- ◇ **abwechselnd** mit:
  - **Hitze**: alum.$_{a1,k}$ fago.$_{a1}$
  - **kalten** Händen, mit: aloe sep.$_{a1,k}$ zing.$_{a1,k}$
  - **Schmerzen** in den Gliedern: rhus-t.
- **Abendessen**:
  - **beim**: ign.
  - **nach**: lyc.$_{a1,k}$
- **Angst**, bei: cupr. graph.$_{a1,k}$ puls. sulph.$_{hr1,k}$
- **Anstrengung**, durch: plb.$_{bg1}$
  - **geringste**, durch: crat.$_{br1}$
- **Baden**; warmes:
  - **nach**: lach.$_{k2}$
- **Bett**, im: alum.$_{a1,k}$ *Ferr.*$_{a1,k}$ kali-c. lach.$_{h,k}$ naja$_{pd}$ phos.$_{h,kl}$ raph. rhod.$_{a1,k}$ senec.$_{bg1}$ sep.$_{bg1}$ thuj.$_{a1,k}$ tub.$_{ptk}$ zinc.$_{bg1}$
  - **amel.**: mez.$_{h,kl}$
- **Bewegung**, nach: *Cocc.*
- **Diarrhoe**, mit: dig. *Lyc.* nit-ac.
- **Dysenterie**; von den Füßen bis zum Knie, bei: aloe$_{kl}$
- **einer** kalt, der andere heiß: chel.$_{hr1,k}$ chin.$_{h,kl}$ con.$_{bg1,h,*}$ dig. hydrog.$_{srj2}$ ip. lac-f.$_{c1}$ **Lyc.** psor.$_{a1}$ *Puls.* raph.$_{ptk}$
- **eiskalt**: *Acon.*$_{hr1}$ agar.$_{hr1,k}$ alum.$_{h,kl}$ anac.$_{h,hr1,*}$ androc.$_{srj1}$ ant-c.$_{h,hr1,*}$ *Apis* ars.$_{h,hr1,*}$ aur. bamb-a.$_{stb2}$ bell.$_{k2}$ berb.$_{hr1}$ cact.$_{hr1,k}$ calad.$_{hr1,k}$ calc.$_{k2}$ **Camph.**$_{hr1,k}$ **Carb-v.** cass.$_{a1}$ cedr.$_{hr1,k}$ cench.$_{k2}$ chin.$_{h,kl}$ chin-b.$_{c1}$ choc.$_{srj3}$ coloc.$_{hr1}$ **Crot-c.** *Cupr.*$_{hr1,k}$ dor.$_{hr1,k}$ **Elaps** *Eup-per.*$_{hr1,k}$ ferr.$_{k2}$ *Gels.*$_{hr1,k}$ graph.$_{hr1,k}$ *Hep.*$_{hr1,k}$ hydrog.$_{srj2}$ ip.$_{h,kl}$ kali-ar.$_{k2}$ kali-i.$_{c,c1}$ kali-n.$_{c1}$ lac-d.$_{k2}$ **Lach.**$_{hr1,k}$ lact.$_{hr1}$ *Lyc.*$_{hr1,k}$ manc.$_{hr1,k}$ mang.$_{h,hr1,*}$ marb-w.$_{es1}$ meny.$_{hr1,k}$ *Merc.* *Merc-c.*$_{hr1,k}$ mez.$_{h,kl}$ nat-c.$_{h,h2,*}$ nat-p. nit-ac.$_{bg1}$ *Nux-m.*$_{hr1,k}$ par.$_{hr1,k}$

- **eiskalt**: ...
  Phos.$_{hr1,k}$ plb.$_{k2}$ *Psor.*$_{hr1,k}$ raph.$_{a1}$ rhod.$_{hr1}$ rhus-t.$_{h,kl}$ sabad.$_{bro1}$ sabin.$_{bg1}$ samb.$_{hr1,k}$ sars.$_{hr1,k}$ **Sep.**$_{hr1,k}$ **Sil.**$_{hr1,k}$ squil.$_{hr1,k}$ stront-c.$_{bg1}$ *Sulph.*$_{hr1,k}$ tub.$_{xxb}$ **Verat.**$_{hr1,k}$ zinc.$_{hr1,k}$ zinc-p.$_{k2}$
  - ◇ **abwechselnd** mit Hitze: helo.$_{c1}$ helo-s.$_{c1}$
  - ◆ **begleitet** von brennenden Fußsohlen: *Cupr.*
  - **Fieber**:
    - **während**:
      - **Typhus** abdominalis; bei: chinin-ar.$_{gm1}$
  - **Frost**; während: ant-c. aur. cench.$_{k2}$ crat.$_{br1}$ *Eup-per.*$_{hr1}$ *Ferr.* *Hep.*$_{hr1}$ *Lyc.*$_{hr1}$ **Meny.** *Phos.* sep. **Verat.** *Zinc.*
  - **gefolgt** von:
    - **Hitze** des rechten Fußes und Unterschenkels: androc.$_{srj1}$
  - **kalte** Luft amel.: camph.$_{h,kl}$ led.$_{h,kl}$
- **Erbrechen**, nach: sin-a.$_{hr1,k,*}$
- **erkältet** sich über die Füße: con. *Sil.*
- **Erregung**, bei: crat.$_{br1}$ mag-c.
- **Erwachen**, beim: *Chel.* puls.$_{h,kl}$ *Samb.* verat.$_{a1,k}$ zinc.
- **Essen**:
  - **beim**: ign.$_{a1,k}$ sulph.$_{h,kl}$
  - **nach**: aloe calc.$_{a1,k}$ *Camph.*$_{hr1,k}$ caps.$_{a1,k}$ cor-r.$_{a1}$
- **Fieber**; während: am-c. apis$_{kr1}$ *Arn.*$_{a1,k}$ ars.$_{a1,k}$ bar-c.$_{a1,k}$ bell. bufo calad. calc. caps. carb-an. carb-v. cedr.$_{hr1}$ chin.$_{a1,k}$ chin-b.$_{hr1}$ gels.$_{c1}$ hell.$_{a1,k}$ ign.$_{hr1,k}$ ip.$_{hr1,k}$ *Iris* kali-c. kali-s. *Lach.*$_{hr1,k}$ meny.$_{hr1,k,*}$ nit-ac.$_{k2}$ nux-v. petr.$_{hr1,k}$ ph-ac.$_{c1}$ ptel. puls.$_{hr1,k}$ ran-b.$_{a1,k}$ rhod.$_{a1,k}$ *Sabad.*$_{hr1}$ samb. sil.$_{hr1}$ squil.$_{h,kl}$ stann. *Stram.*$_{a1,k}$ *Sulph.*$_{a1,k}$ tarent.$_{ptk2}$ *Zinc.*$_{h,kl}$
- **Frost**; während
  ☞ *eiskalt - Frost*
- **Fußbad** amel.; heißes: glon.
- **Fußschweiß**; bei unterdrücktem: con. *Sil.*
- **Gehen**:
  - **amel.**: aloe
  - **nach**: nit-ac.$_{a1,k}$
  - **beim**: *Anac.*$_{a1,k}$ *Aran.* asaf.$_{a1,k}$ carb-an.$_{a1,h,*}$ *Chin.* mang.$_{a1,k}$ mez.$_{a1,k}$ sil.$_{a1,k}$
  - **Freien**, im: *Anac.* bar-c. mang.$_{h}$ plan. plb.
    - **schnellem**, bei: *Phos.*
  - **Sonne**, in der: *Lach.*
- **geistiger** Anstrengung, bei: agar. *Am-c.* ambr. *Anac.* **Aur.** bell. **Calc.** calc-p. *Carb-v.* *Caust.* chin. cocc. *Cupr.* gels. kali-c. *Lach.* *Lyc.* **Nat-c.** *Nat-m.* nit-ac. **Nux-v.** petr. *Ph-ac.* **Phos.** psor. **Puls. Sep. Sil.**
- **Haus** amel.; im: mang.
- **Hitze**, mit:
  - **Gesichtes**, des
    ☞ ❑ *Gesicht - Hitze - kalt - Füßen*
  - **Hände**; der
    ☞ *Hitze - Hände - Kälte - Füße*
  - **Hitzewallungen**: hydrog.$_{srj2}$
  - **Kopfes**; des
    ☞ ❑ *Kopf - Hitze - Kälte - Füße*

- **Hitze**, mit: ...
  - **Körpers**; des:
    - **einer** Seite des Körpers: ran-b.
    - **Schlaf**; im: **Samb.**
    - **Oberkörpers**; des: anac.$_{c1}$
  - **Oberschenkel**, der: cocc. hydrog.$_{srj2}$ thuj.
- **kalt**:
  - **Händen** und heißem Gesicht; mit kalten: apis$_{kr1}$ arn.$_{pd}$ asaf.$_{pd}$ cham.$_{pd}$ chin.$_{c1}$
  - **Luft** darauf blasen; als würde kalte: hydrog.$_{srj2}$
  - **Schweiß**, mit kaltem: ars.$_{a1,k1}$
- **Kopfschmerz**:
  - **während**: *Arg-n.* ars. aur. aur-ar.$_{k2}$ *Bell.*$_{hr1,k}$ bufo cact. *Calc.*$_{hr1,k}$ camph. *Carb-v.* carbn-s. chin. chr-ac. coca cot.$_{a1,c1}$ dirc.$_{a1,k}$ *Ferr.*$_{a1,k}$ ferr-p. **Gels.**$_{hr1,k}$ lac-d.$_{k,k2,*}$ lach. laur. **Meli.**$_{hr1,k}$ *Meny.*$_{hr1,k}$ *Naja* nat-m.$_{hr1,k}$ phos. plat.$_{hr1,k}$ *Psor.* sars.$_{hr1,k}$ **Sep.**$_{hr1,k,*}$ stram. *Sulph.* verat-v.$_{a1,k}$
    - **kalten** Händen, mit: bell.$_{bro1}$ calc.$_{bro1}$ ferr.$_{bro1}$ lach.$_{bro1}$ meli.$_{bro1}$ meny.$_{bro1}$ naja$_{bro1}$ sep.$_{bro1}$ verat.$_{bro1}$
    - **Menses**, nach den: *Ferr.*
  - **nach**: cupr.$_{h,hr1,*}$
- **Liegen**, beim: tell.
  - **amel.**: phos.
- **Menses**:
  - **vor**: calc. hyper.$_{hr1,k,*}$ *Lyc.*$_{hr1,k,*}$ *Nux-m.*
  - **während**: *Arg-n.* *Calc.*$_{hr1,k}$ cop.$_{a1,k}$ *Crot-h.*$_{hr1,k,*}$ *Graph.*$_{hr1,k}$ nat-p. *Nux-m.*$_{hr1,k}$ *Phos.*$_{hr1,k,*}$ sabin.$_{hr1,k}$ **Sil.**$_{a1,k}$ tarent.$_{hr1}$
  - **nach**: *Carb-v.* *Chinin-s.*
- **Mittagessen**:
  - **beim**: sulph.$_{a1,k}$
  - **nach**: cann-i.$_{a1,k}$ carb-v. *Cor-r.*$_{hr1}$ phyt.$_{hr1}$ *Sulph.*$_{a1,k}$
- **Samenabgang**, nach: aloe nux-v.$_{a1,k}$
- **Schlaf**, im: bell.$_{k2}$ samb. zinc.
  - **Hitze** des Körpers; mit: samb.
- **Schreiben**, beim: chinin-s. sep.$_{a1,k}$
- **Schwangerschaft**; während der: *Lyc.*$_{hr1,k}$ rhus-t.$_{hr1}$ **Verat.**$_{hr1,k}$
- **Schwindel**, bei: sep.$_{h,kl}$
- **Sitzen**:
  - **amel.**: mang.$_{a1,k}$
  - **beim**: ars.$_{hr1,k,*}$ mez.$_{a1,h,*}$ puls.$_{h,kl}$ *Sep.*$_{a1,k}$
- **Sprechen**, beim: am-c.
- **Stuhlgang**, nach: sulph.
- **Urinieren**, beim: dig.
- **warm**:
  - **Berührung**; Gefühl von Kälte, jedoch warm bei: *Sulph.*
  - **Zimmer**, im warmen: bamb-a.$_{stb2}$ kali-br. mez.$_{h}$ rhod.$_{ptk}$
- **warmwerden**; kann nicht: ars.$_{a1,k1}$
- **Wasser**, wie in: carb-v.$_{bg1}$ chin.$_{bg1}$ form.$_{bg1}$ gels. lyc.$_{bg1}$ mag-c.$_{h}$ meny. merc. puls.$_{bg1}$ sabin.$_{bg1}$ **Sep.** verat.$_{bg1}$
  - **kaltes** Wasser in den Fuß laufen; als würde: verat.$_{h}$
- **Wein**, nach: lyc.$_{a1,k}$
- **Wetter**, bei heißestem: *Asar.*

Kälte - Füße: ...

▽ **erstreckt** sich zu:
  - **Knie**: aeth.$_{a1,k}$ aphis$_{c1}$ chel.$_{a1,k}$ ign.$_{a1,k}$ mang.$_{h,kl}$ *Meny.*$_{a1,k}$ nat-m.
  - **Waden**: aloe crot-t.$_{a1,k}$

○ **Fersen**: merc.$_{bg1}$ sang.$_{bg1,bg2}$ sep.$_{bg1,bg2,*}$
  - **links**: psil.$_{ft1}$
  - ◆ **begleitet** von:
    - **Dysurie**
      ☞ ❑ *Blase - Urinieren - Dysurie - begleitet von - Ferse*
  - **Fieber**; während: lyc.$_{dgt}$
- **Fußrücken**: graph.$_{h,k,*}$ mez.$_{a1}$
  - **Gehen**, beim: graph.$_{h,k,*}$
- **Fußsohle**: acon.$_{hr1,k,*}$ ars.$_{hr1,k,*}$ card-m.$_{hr1}$ caust.$_{a1,k}$ chel.$_{a1,k}$ chinin-s. colch.$_{a1,k}$ *Coloc.*$_{hr1,k,*}$ dig.$_{h,kl}$ hyper.$_{a1,k}$ lach.$_{bg1}$ laur.$_{a1,k}$ lith-c. merc.$_{a1,k}$ *Nit-ac.* nux-v.$_{a1,k}$ phos.$_{bg1}$ rhod.$_{bg1}$ *Sulph.*$_{hr1,k,*}$ thuj.$_{bg1}$
  - **morgens**: chinin-s.
    - **5** h, mit heißem Gesicht: con.
  - **abends** im Bett: *Aur.*$_{a1,k}$ verat.$_{a1,k}$
  - **nachts**: nit-ac.$_{a1,k}$
  - **eiskalt**: *Nit-ac.*$_{hr1,k}$
  - **Freien**, im: laur.
  - **Gefühl** von Kälte, obwohl nicht wirklich kalt: coloc.$_{a1,k}$
  - **Menses**, während: *Calc.* *Graph.* *Nux-m.* *Phos.* *Sil.* verat.
  - **schmerzhaft**: caust.$_{h,kl}$
  - ○ **Fersen**: sep.
- **Hände**, und: crat.$_{br1}$
- **Knochen**: chin.$_{h,kl}$

– **Zehen**: **Acon.**$_{a1,k}$ agar. brass.$_{a1}$ card-m. *Carl.*$_{a1,k}$ chel.$_{a1,k}$ chinin-s. choc.$_{srj3}$ cinnb. coff. coff-t.$_{a1}$ con.$_{a1,k}$ crat.$_{br1}$ daph.$_{a1,k}$ dig. *Ferr.*$_{a1,k}$ gels. lyc.$_{a1,k}$ *Med.* meny. nux-v.$_{a1,k}$ ol-an.$_{a1,k}$ *Sec.* spira.$_{a1}$ *Sulph.*$_{a1,k}$
  - **morgens**: chinin-s.
  - **Anstrengung** agg.: crat.$_{br1}$
  - **Berührung**, bei: ant-t.
  - **blau**, und: crat.$_{br1}$
  - **eisige** Kälte: *Ferr.*
  - **Fieber**; während: lyc.$_{dgt}$
  - **Gehen** amel.; beim: bry.
  - **Sitzen**:
    - **beim**: bry.
    - **nach**: *Carl.*$_{a1,k}$
  - ○ **Finger**, und: crat.$_{br1}$
  - **Zehenspitzen**: aloe
  - **große** Zehe: ant-t.$_{a1,k}$ brom.$_{a1,k}$ iod.$_{a1,k}$ ran-b.$_{a1,k}$
    - ○ **Gelenk**: nat-m.$_{h,kl}$

Karbunkel: **Anthraci.** *Arn.* **Ars.** *Hep.* **Lach.** **Sil.** **Sulph.** tarent-c.

○ **Unterarm**: hep.

– **Gesäß**: agar. thuj.

– **Oberschenkel**: agar. *Arn.* asim. *Hep.*

Karies der Knochen; Knochenfraß: ang.$_{c1}$ *Ars.*$_{bg2,k,*}$ **Asaf.**$_{hr1,k}$ aur.$_{bg2,k,*}$ aur-s.$_{k2}$ *Calc.*$_{bg2,k,*}$ calc-f. calc-p.$_{hr1,k}$ calc-sil.$_{k2}$ *Con.*$_{hr1,k}$ *Fl-ac.*$_{hr1,k}$ graph. *Guaj.*$_{hr1,k}$ *Hep.*$_{bg2,k,*}$ **Lyc.**$_{bg2,k,*}$ **Merc.**$_{bg2,k,*}$

Karies der Knochen; Knochenfraß: ...
*Mez.*hr1,k **Nit-ac.**bg2,k,* *Ph-ac.*bg2,k,* *Phos.*hr1,k *Puls.*bg2,k ruta sec. *Sep.*bg2,k **Sil.**hr1,k *Staph.*bg2,k,* *Sulph.*hr1,k *Ther.*
○ **Gelenke**: aur-m.k2 *Nit-ac.*
– **Arme**: *Sil.*
– **Schultergelenk**: sil.
– **Oberarm**: *Sil.*
– **Ellbogen**: *Sil.*hr1,k
– **Handgelenk**: *Sil.*hr1,k
– **Hände**, Mittelhandknochen: sil.hr1,k
– **Finger**: *Sil.*hr1,k
– **Beine**: aur. aur-m.hr1,k aur-m-n. *Calc. Mez. Nit-ac. Sep.* **Sil.**hr1,k
– **Hüfte**
☞ *Hüftgelenksentzündung*
– **Oberschenkelknochen**: *Calc.* calc-f.st1 fl-ac.k2 **Sil.** *Stront-c.*c2,k
– **Knie**: sil.hr1,k
– **Unterschenkel**:
○ **Schienbein**: *Asaf. Aur. Calc.* dulc.k2 *Guaj. Hecla* kali-i. *Lach.* ph-ac. *Phos.* **Sil.**
• **Wadenbein**: **Sil.**
– **Knöchel**: asaf. *Calc. Guaj.* plat-m. *Puls. Sil.*
○ **innerer** Knöchel: *Sil.*
– **Wadenbein**
☞ *Unterschenkel - Wadenbein*
– **Füße**: asaf.hr1,k calc. *Hecla Merc.*hr1,k **Sil.**hr1,k
○ **Ferse**: *Calc-p.*hr1,k,* plat-m. *Sil.*hr1,k
– **Zehen**:
• **linke** große Zehe: **Sil.**

Karpaltunnel-Syndrom: calc.vh calc-p.vh caust.vh form.br1 guaj.vh lach.dgt lyc.dsp1 **Med.**dsp1 *Nat-m.*dsp1 *Nux-v.*dsp1 *Puls.*dsp1 rhus-t.dsp1 zinc.dsp1
– **Haut**; mit linienförmig zurückgezogener: caust.vh plb.vh rutavh

Katalepsie: acon.c,c1

Keils; Gefühl eines
☞ *Schmerz - Keils*

Kitzeln
☞ *Jucken*

Klein; Gefühl wie zu:
○ **Unterschenkel**: kali-c.
– **Füße**: kali-c. raph.

Knoten in der Wade: merc. nit-ac.

Knacken in Gelenken: acon. agar. am-c. anac. *Ang. Ant-c.* benz-ac.bg1 brom. calad. *Calc.* calc-f.c2 *Camph.* **Caps.** carb-an. carbn-s. card-b.c2 carl. caul. caust.bg1,k2 *Cham.* chin. chlf. clem. *Cocc.* croc. *Ferr.* gins. graph.bg1 guare. haliae-lc.srj5 ip.h *Kali-bi. Kali-c.* kali-m.c2,k2 *Kali-s.* **Led.**c2,k *Lyc.* lyss. med.c1 *Merc. Nat-c. Nat-m.* nat-p. *Nat-s.* **Nit-ac.** *Nux-v.* **Petr.** *Phos.* plb. raph. **Rhus-t.** *Sabad.* sabin.c1 *Sep. Sulph. Thuj.*c2,k tub.xxb *Zinc.*c2
– **morgens**: brom.
• **Aufstehen**, nach dem: brom.
– **Beugen**, beim: lyc.h
– **Drehen**, beim: caul.
– **Gehen**, beim: am-c. bry. caul. cocc.

Knacken in Gelenken: ...
– **Konvulsionen**, bei den: acon.
– **warmen** Bett agg.; im: led.br1
○ **Armgelenke**: anac.h ant-t. benz-ac. brach. chinin-s. *Croc.* kali-bi. merc. mur-ac. sep.h thuj.
• **Anlehnen** auf den Arm; beim: thuj.
– **Schulter**: aloe anac. ant-t. bar-c. brach. *Calc.* carbn-s. *Cic.* cinnb. *Croc.* ferr. gins. *Kali-c.* merc. mez. nat-ar. nat-m. phos. sabad. sars. thuj.
• **rechts**: carbn-s. sars.h
• **morgens**: aloe
• **nachts**, im Bett: mez.
• **Hochheben** des Armes: bamb-a.stb2 *Kali-c.* nat-ar.
• **zerbrechen** würde; als ob sie: mur-ac.h
• **Strecken**, beim: sabad.
– **Ellbogen**: am-c. ant-c. brom. cinnb. con. dios. *Kalm.* med.c1 merc. mur-ac. nat-m. sulph. tep. thuj. zinc. zing.
• **nachmittags**: kalm.
• **Strecken**, beim: thuj.
– **Handgelenk**: *Arn.* cic. *Con.* kali-bi. merc. ox-ac. phos. sel. tep.
• **abends**: con.
• **Reißen** in den Händen, nachts; und: sel.
• **Strecken**, beim: sel.
– **Hände**: sep.h
○ **Handrücken**:
○ **Sehnen**: kali-m.k2
– **Fingergelenke**: alum-p.k2 ars-met. bar-c.h benz-ac.k2 caps. *Carb-an.* kali-n. merc. sulph.
• **muß** mit ihnen knacken: meph.
• **Schließen** der Hände; beim: ars-met.
○ **Endgelenk**: hydr. phos.
– **Daumen**: ant-t.h bar-c.h kali-n.h nux-v.
– **Beine**, Gelenke der: *Benz-ac.* brach. bry. *Camph.* caust. *Cham.* cocc. con. led. nux-v. petr. puls. ran-b. sel. *Sep.* tab. thuj.
• **Auftreten**, beim: euphr. mag-s.
• **Bücken**, beim: croc.
• **Gehen**, beim: bry.
– **Hüfte**: aloe anac. *Camph. Cocc. Croc.* glon. nat-m.
• **morgens** beim Aufstehen: aloe
– **Knie**: acon. alum. am-c. *Ars.* aster. *Benz-ac.* bry. calad. *Calc. Camph.* caps. **Caust.** *Cham. Cocc. Con.* cop. *Croc.* gins. glon. haliae-lc.srj5 hura ign. lach. *Led.* mag-s. *Mez.* nat-ar. nat-m. nit-ac. *Nux-v.* petr. podo. *Puls.* ran-b.c1 raph. sel. *Sep.* **Sulph.** tab. tep. thuj. verat.
• **links**: aster. calad.
• **rechts**: mez.
• **Beugen** des Knies; beim: calad. nat-ar. sel.
• **Gehen**: alum. *Ars.* bry. calad. *Calc.* **Caust.** cocc.br1 glon. hura led. mag-s. nat-m. nit-ac. nux-v. podo.c1 tab.
• **Hinlegen**, beim: sel.
• **Meniskus** heraustreten würde; als ob: petr.
• **schmerzlos**: acon.
• **Strecken**, beim: con.h cop. mag-s. ran-b. rhus-t. thuj.
• **Treppen**; beim Hinabsteigen von: **Caust.** hura

– **Knie**: ...
• **Treppensteigen**, beim: hura
▽ **erstreckt** sich zu:
• **Bein**: nat-ar.
• **Kniescheibe**: con. ran-b.
– **Knöchel**: am-c. ant-c. aster. *Camph.* **Canth.** carbn-s. caust. hep. kali-bi. mag-s. *Nit-ac.* nux-v. petr. ph-ac. sars.$_{h}$ *Sep.* sulph. thuj.
• **abends**: am-c.
• **Auftreten**, beim: euphr.$_{h}$
• **Beugen**, beim: ant-c.
• **Seite** zur anderen, von einer: caust.
• **Fehltritt**, bei einem: caust.
• **Gehen**, beim: carbn-s. *Nit-ac.* nux-v. sulph.
• **Strecken**, beim: ant-c. thuj.
– **Füße**: caust. petr. ph-ac. sars. sulph. thuj.
– **Zehen**:
• **große** Zehe: ant-c.$_{h}$

Knie, Lage der:
– **außen**, nach (= Genu varum): calc.$_{st}$ nux-v.$_{st}$ sulph.$_{st}$
– **innen**, nach (= Genu valgum): bar-c.$_{st}$ lach.$_{st}$ maland.$_{c2}$ nux-v.$_{st}$

Knirschen in Gelenken
☞ *Knacken*

Knochenbrüche: *Calc.*$_{st1}$ **Calc-p.**$_{st1}$ *Calen.*$_{st1}$ **Ruta**$_{st1}$ *Sil.*$_{st1}$ **Symph.**$_{st1}$
☞ *❑ Allgemeines - Verletzungen - Knochenbrüche*
– **offene** Brüche: *Calen.*$_{st1}$
• **Eiterung**; mit: **Arn.**$_{st1}$
– **Unterschenkel**:
• **Schienbein**: anthraci.$_{hr1}$
• **offener** Bruch: *Anthraci.*$_{hr1,st1}$

Knochenerweichung:
– **Oberschenkelknochen**: sil.
– **Unterschenkel**:
• **Schienbein**: *Guaj.*

Knoten: *Agar.* ars. calc-f.$_{c2}$ carb-an. caust. form.$_{c2}$ *Kali-bi.*$_{c2}$ *Kali-i.*$_{c2}$ lyc. mag-c. *Mez.* mur-ac. nat-m. nit-ac. ph-ac. sil.$_{c2,k}$ still.$_{c2}$ zinc.
☞ *Exostosen*

Knotenförmige Schwellungen:
– **Verletzungen**; nach: ruta$_{k2}$
– **Muskeln**: syph.$_{k2}$
• **Rheumatismus**; mit: syph.$_{xxb}$
– **Unterarm**: calc. mur-ac.
– **Zeigefingers**; Beugefläche des: con.$_{h}$
– **Beine**: *Agar.* carb-an. carb-v. *Caust.* chin.$_{h}$ dulc. hep. kali-c. mag-m. mang. merc. mez. petr. rhod. stront-c. thuj.
• **drückend** und reißend: kali-c.$_{h}$
– **Knie**: chin.$_{h}$

Knotig:
– **Fingerspitzen**: *Laur.*
– **Zehenspitzen**: laur.$_{br1}$

Kontraktion von Muskeln und Sehnen: abrot.$_{br1}$ acon. acon-c. androc.$_{srj1}$ ant-c.$_{c1}$ *Ars.* *Bar-c.* *Bell.* bry. **Calc.** canth. carb-v. carbn-s. **Caust.**$_{c2,k}$ cedr.

Kontraktion von Muskeln und Sehnen: ... cimx.$_{c2}$ **Coloc.** con. *Crot-c.* *Crot-h.* *Cupr.* ferr. ferr-m. **Graph.** *Guaj.* hydr-ac. hydrc. jatr-c. kali-ar. *Kali-i.* **Lyc.** *Merc.* mez.$_{c2}$ mill. mur-ac. *Nat-c.* *Nat-m.* *Nux-v.* oena. op. ph-ac.$_{h}$ *Phos.* plb. *Ruta* **Sec.** *Sep.* *Sil.* still. stram. sulph. syph. vib.
☞ *❑ Allgemeines - Verkürzte*
– **links**: rhus-t.$_{h}$
– **morgens**: am-m.$_{h}$
– **nachts**: plb.
– **Erkältung**; nach: guaj.$_{k2}$
– **Frost**; während: **Cimx.**
– **Gefühl** von: am-m.$_{k2}$
– **hysterisch**: sec.$_{k2}$ valer.$_{k2}$ zinc.$_{k2}$
– **Lähmung** der Streckmuskeln; durch: *Ars.* **Plb.**
– **langsam**: stram.
– **periodisch**: *Sec.*
– **plötzlich**: sec.
– **steif** bei neuerlicher Verschlimmerung der Schmerzen: guaj.$_{h}$ *Phos.*
○ **Gelenke**: *Anac.* *Aur.* *Caust.* *Colch.* *Form.* *Graph.* *Merc.* *Nat-m.* *Nit-ac.* petr. sec. stront-c.
– **Haut**: cupr.
– **Arme**: agar. all-s. ant-t. *Ars.* atro. bell. *Calc.* cann-i. carbn-s. ferr. *Hydr-ac.* *Ip.* *Lyc.* merc. merc-c. nux-v. olnd. op. ox-ac. phos. plb. ran-b. rhod. *Rhus-t.* sec. tab. valer.$_{k2}$
• **Lähmung**, bei: carbn-s.
• **Schreiben**; beim: sul-ac.$_{h}$
• **spasmodisch**: *Ip.* tab.
• **trinken**; beim Versuch zu: atro.
○ **Beugesehnen**: crot-h. ruta$_{k2}$ sil.
• **Streckmuskeln** beim Schreiben: nat-p.
– **Schulter**: brom. elaps kali-c. *Mag-c.* plb. rhod.
• **morgens**: mag-c.
▽ **erstreckt** sich zum Rücken: mag-c.
• **konvulsivisch**: cit-v.
• **plötzlich**: alum.
▽ **erstreckt** sich zu:
• **Hand**: elaps
• **Rücken**: mag-c.
– **Oberarm**: calc. *Nat-m.* rhod. stram. sulph.
○ **Sehnen**: **Caust.**
– **Ellbogen**: ars. glon. lyc. nux-v. tep.
• **gebeugt**, als seien die Sehnen zusammengezogen: *Apis* *Caust.*
○ **Ellbogenbeuge**: *Caust.* elaps graph.$_{h}$ *Puls.* sars. sulph.
– **Unterarm**: calc. calc-ar. *Caust.* cina coloc. con. hydrc. *Meny.* mez. nat-c. nat-p.$_{k2}$ plb. ran-b.$_{c1}$ rheum rhod. sep. stann. verat.
• **Gehen**, beim: viol-t.
• **Schreiben**; beim: nat-p.$_{k2}$
○ **Beugemuskeln**: arn.$_{h}$
• **Handgelenk**, nahe dem: caust.$_{h}$ sil.
– **Handgelenk**: jatr-c.
• **Verkürzung** der Sehnen: carb-v. *Caust.*
– **Hände**: *Anac.* ars. aur. bell. bism. calc. calc-sil.$_{k2}$ cann-s. carb-v. carbn-s. *Caust.* cina cinnb. colch. coloc. euphr. ferr-s. hydr-ac. kali-bi. lyc. mag-s. merc. merc-c. mur-ac. *Nat-c.*$_{hr1}$ *Nux-v.* op. ph-ac. phos. *Sec.* *Sil.* sol-ni. *Stann.* sulph. tab. valer.$_{k2}$

– **Hände**: ...
zinc.
⬖ **abwechselnd** mit Kontraktion der Füße: stram.
• **anfallsweise**: cann-s. cina phos.
• **Dupuytren**-Kontraktur: *Gels.*$_{c1}$ lappa$_{c1}$ tub-r.$_{dgt}$
• **reißend**: sulph.
• **umklammert** unwillkürlich Gegenstände, die er ergriffen hat: ambr. dros. sulph.
▽ **erstreckt** sich über den Unterarm: coloc.
○ **Handfläche**: anac.$_{h}$ carb-an. *Caust.* nux-v. sabad. stann. stry. tub-r.$_{jl,vn}$ *Verat.*
• **Sehnen**: carb-v. *Caust.* lach. ~~sulph.$_{kl,xxx}$~~ tub-r.$_{jl,vn}$
○ **Beugesehnen**: *Plb.* psil.$_{ft1}$ ruta$_{k2}$ sulph.$_{h}$
– **Finger**: aeth. alum. am-c. ambr. anac. *Ant-t. Apis* arg-met. *Arg-n. Ars.* bell. *Calc.* calc-sil.$_{k2}$ cann-s.$_{c2,k}$ carb-v. carbn-s. **Caust.** chel. chin. cina cocc. coff. colch. crot-t. *Cupr.* cycl. *Dros. Ferr.* ferr-ar. ferr-p. gins. *Graph.* hyos. kali-bi.$_{k2}$ kali-cy. kali-i. lyc. mag-s. mang. med. *Merc.* morph. *Nat-c.* nux-v. oena. op. ox-ac. par. ph-ac. phos. *Plat.* plb. rhod. rhus-t. ruta sabad. sabin. *Sec.* sel. sep. *Sil.* spig. stann. sulph. tarent. tell.
• **morgens**: phos.
• **nachmittags**: morph.
• **Cholera**, bei: cupr.
• **Epilepsie**, bei: *Lach. Mag-p. Merc.*
• **Erbrechen** von Blut; nach: ars.
• **Frost**, vor: *Cimx.*
• **Gähnen**, beim: crot-t. nux-v.
• **Greifen**, beim: arg-n. *Dros.* stry.
• **nach**: graph.$_{h}$
• **hysterisch**: zinc.$_{ptk2}$
• **Konvulsionen**; in den Pausen zwischen den: sec.
• **krampfartig**: calc.$_{h}$
• **Liegen** auf dieser Seite; beim: crot-t.
• **periodisch**: *Phos.*
• **spasmodisch**: *Anac.* arg-n.$_{a1}$ *Bell. Calc.* caust. *Cic. Cina* colch. *Dros.* gels.$_{c1}$ *Glon. Hydr-ac. Ip.* kali-c. *Lach. Laur.* **Mag-p.**$_{k,k1,*}$ med. meny. mosch. phos. phyt. *Sec.* ter.
○ **Adduktoren**: arg-n.
• **Flexoren**: *Ars. Caust.* cimx. *Sil.* spig.$_{h}$
• **Daumen**: colch. *Hell.* sec. staph.
• **rechts**: cycl.
• **Zeigefinger**: alum. caps.$_{h}$ cycl. graph.
• **Mittelfinger**: cina sil.
• **Ringfinger**: *Benz-ac.*$_{vh}$ sabad.
• **kleiner** Finger: sabad. sulph.
– **Beine**: aesc. am-c.$_{h}$ **Am-m.** ambr. anac.$_{h}$ *Ars.* aster. *Bar-c.* bism. canth. **Caust.** *Coloc. Guaj.* hydr-ac. nat-c. nat-m. nux-v. olnd. ph-ac. *Phos.* puls. *Rhus-t.* sec. sil. stry. tarent. tell. zinc.
• **abends**: olnd.
• **Aufstehen**, beim: olnd.
• **Menses**, während: phos.
• **Stehen**, beim: bar-c.$_{h}$
– **Gesäß**: rhus-t.
– **Hüfte**: am-m. carb-v. coloc. euph. meny.
– **Oberschenkel**: ambr. asar. berb. carb-v. cham. mag-c. ol-an. plat. puls. *Rhus-t.* ruta sabin.
• **Abszeß**, nach: *Lach.*
• **Frost**; während: cimx.
• **Gehen**, beim: carb-an. **Nux-v.** pall. *Rhus-t.*
• **Hinsetzen**, beim: sabin.
• **Menses**:
• **vor**: cham.
• **nach**: nat-p.
• **spasmodisch**: asar.
• **zusammengezogen**, wie: cann-s.
○ **Kniesehnen**: *Acon.* agar. am-c.$_{h}$ *Am-m. Ambr.* ant-c. ant-t. asar. *Bar-c. Calc-p.* carb-an. **Caust.** *Cimx.* graph. **Guaj.** kali-ar. led. *Lyc.* lyss. med. nat-c. **Nat-m.** nat-p. *Nit-ac.* **Nux-v.** phos. *Phyt.* puls. *Rhus-t. Ruta* samb. sulph.
• **Oberschenkelbeuge**: agar. carb-an. *Caust. Rhus-t.*
• **Gehen**, beim: *Rhus-t.* thuj.
• **unterer** Teil des Oberschenkels: sul-ac.$_{h}$
– **Kniekehle**: *Am-m.* ang.$_{h}$ ars. bell. berb. calc.$_{h}$ carb-an. carb-v. **Caust.** *Cimx.* coloc. con. euphr. ferr. *Graph.* **Guaj.** kreos. lach. led. med. merc. *Mez. Nat-c.* **Nat-m.** nat-p.$_{k2}$ nat-s. nit-ac. nux-v. ol-an. ox-ac. petr. phos. *Rhus-t.* rhus-v. ruta samb. sars.$_{h}$ *Staph. Sulph.* syph. *Tell.* verat.
• **Aufstehen** vom Sitzen; beim: ruta$_{h}$ staph.$_{h}$ sulph.$_{h}$
• **Beugen**, beim: rhus-t.$_{h}$
• **Frost**; während: *Cimx.*
• **Gehen**, beim: am-m.$_{h}$ carb-an.$_{h}$ phos.$_{h}$
• **Liegen**, beim: staph.$_{h}$
• **Rücken**, auf dem: nat-s.
– **Unterschenkel**: am-c. **Am-m.** apoc. *Aster.* bad. cann-i. canth. cedr. *Cic.* ferr. merc-c. mez. *Nat-m.* nux-v. ox-ac. *Phyt.* puls. sulph. syph.$_{k2}$
• **abends**: cedr.
• **Gehen**, beim: ferr.
◆ **begleitet** von:
• **Ischiasnerv**; Schmerz im
☞ *Schmerz - Beine - Ischialgie - begleitet von - Kontraktion*
• **Ischialgie**, bei
☞ *Schmerz - Beine - Ischialgie - begleitet von - Kontraktion*
○ **Achillessehne**: acon. *Calc. Cann-s. Carb-an.* cimic. *Colch.* euphr. *Graph. Kali-c. Sep.* zinc.
• **Wade**: agar. agn. arg-n. ars. *Bov.* calc-p. caps. *Caust.* guaj.$_{h}$ jatr-c. led. med. nat-c. nat-m. puls. sars.$_{h}$ sil. sulph.$_{h}$
• **Gehen**, beim: agar. alum.$_{h}$ kali-n.$_{h}$ *Lyc.* nat-m.$_{h}$ sil.$_{h}$ sulph.$_{h}$
• **krampfartig**: ferr.
• **spasmodisch**: ars. bart. merc. sil.
☞ *Krämpfe - Unterschenkel - Wade*
– **Knöchel**, Sehnen der: sep.$_{h}$ spig.$_{h}$
– **Füße**: acon. alum.$_{h}$ *Cann-s.* carb-an. *Caust.* ferr-s. guare. ind. merc-c. nat-c. nat-m. plat. *Sec.* sep. zinc.$_{h}$
• **links**: cycl.
• **krampfartig**: *Nat-m.* phos.
• **spasmodisch**: acon. bism.

– **Füße**: ...
○ **Ferse**: am-m.h *Colch.* coloc.kl,rbo,* led. sep.
• **konvulsivisch** an der Ferse; abends im Bett: am-m.
• **Fußsohle**: berb. cham. nux-v. rhus-t. spig.h sulph.h *Syph.* verat.h zinc.h
• **Knochen**: staph.h
– **Zehen**: androc.srj ars. asaf. crot-c. *Ferr.* ferr-ar. gamb. gels. guare. jatr-c. kali-n. mag-s. merc. paeon. phyt. plat. *Sec.*
• **nachts**: merc.
• **Sitzen**, beim: kali-n.
• **Gähnen**, beim: nux-v.
• **Gehen**, beim: hyos.
• **gezogen**, werden:
• **oben**, nach: apis *Camph.* ferr-s. *Lach.* sec.
• **unten**, nach: *Ars.* chel. phyt.
• **krampfartig**: cham.h nux-v. rhus-t.h
• **Sitzen**, beim: kali-n.
○ **Beugemuskeln**: ruta.k2

Konvulsionen: absin.al,k *Acon.*al,k aesc.al,k *Agar.*al,k ant-c.al,k ant-t. aran.al,k *Ars.*al,k ars-i.k2 *Art-v.* aster. atro.al,k *Bell.*al,k bism. brom. *Bufo Calc. Camph.* canth.al,k *Carb-ac.* carbn-h. carbn-o. carbn-s.k2 *Caust. Cham.* chinin-ar. *Chlf. Chlor.* **Cic. Cina** *Cocc.*al,k *Con.* cori-m.al *Crot-c.* **Cupr.** cupr-ar.al,k *Cupr-s. Dig.* dol.c1 glon. *Hydr-ac.*al,k **Hyos.**al,k *Hyper. Ip.* jatr-c. kali-cy.al kali-i. *Lach. Lyc. Merc-c. Merc-cy.*al,k morph.al,k *Mosch.* naja.gm1 *Nux-m.* **Nux-v.**al,k *Oena.*al,k olnd.al,k **Op.**al,k ox-ac. phos.al,k *Picro.*vh *Plb.*al,k *Puls.* ran-s.al,k sabad.al,k sabin.c1 santin. *Sec.*al,k *Sil.* **Stram.**al,k **Stry.**al,k tab. tarent.al,k thea valer. *Verat.* verat-v.
☞ *Krämpfe*
– **eine** Seite: dulc.hr1 elaps plb.
• **andere** Seite gelähmt: apis *Art-v.* hell. *Stram.*
– **links**: *Ip.*
• **gelähmten** Seite, der: *Art-v.*
– **rechts**: chen-a.
– **morgens**: squil.
◆ **abwechselnd** mit:
• **Zittern** des Körpers; mit: nux-v.
– **abwechselnd** einzelne Muskeln: bell.
– **abwechselnd** gestreckt und gebeugt: bell.k2 ~~carb-ac.kl,xxx~~ carbn-o.kl *Cic. Cupr.* lyc. nux-v. *Sec. Tab.*
– **Bewegung** agg.: cocc. nux-v.al,k
– **Essen**, beim: plb.al,k
– **Essig** amel.: stram.al,k
– **Frost**; während: *Lach.* merc. nux-v.
– **Husten**, beim: *Cupr.* dros.k2
– **Kaffee** agg.: stram.al,k
– **klonisch**: *Ars.* atro.al,k bell.k2 brom.al,k carb-ac. carbn-o. coc-c. cocc.al,k cupr. cupr-s. dol.c1 ign. nux-m. op.al,k phos.al,k *Picro.*vh *Plb.* **Sec.** *Stram.* **Stry.** sul-ac. tanac.bro1
– **Koitus**, beim: bufo
– **Menses**:
• **vor**: puls.
• **während**: nux-m. tarent.

Konvulsionen: ...
– **Schluckauf**, nach: bell.al,k
☞ ❑ *Allgemeines - Konvulsionen - epileptisch - nach - Schluckauf* / ❑ *Magen - Schluckauf - begleitet von - Konvulsionen*
– **Schwindel** beim Aufstehen vom Sitzen; Konvulsionen nach: nux-v.
– **Strecken** des Gliedes amel.: sec.
– **tetanisch**: *Ars.* hydr-ac.al,k *Hyper.* mag-p.brl mill.
– **tonisch**: bell.k2 carbn-o. plb. *Sec.*al,k
– **unterbrochen** durch schmerzhafte Erschütterungen: stry.al,k
○ **Beugemuskeln**: *Bell.*
– **Streckmuskeln**: **Cina**
– **Arme**: acon.al,k agar.al,k agar-ph.al am-c.h,k,* apis.al,k1 ars.al,k arum-t. **Bell.**al,k bry. camph.h,k,* cann-i.al,k carb-ac.c1 caust.h,k,* *Cham.* chinin-ar. *Cic. Cocc.*al,k *Crot-c.* cupr. cupr-s.al,k hydr-ac.al,k hyos.al,k *Ign. Iod.*al,k *Ip.* jatr-c. kali-i.al,k linu-c.al lyc. lyss. meny. *Merc-c.*al,k nat-m. *Op.* phos.al,k *Plat.* plb.al,k ruta sabad.al,k *Sec.*al,k *Sil.* squil. *Stram.*al,k **Stry.**al,k sul-ac.al,k sul-i.k2 *Sulph.*h,k,* tab.al,k verat. verat-v.
• **links**: caust.h,k,*
• **rechts**:
• **nach** links: visc.
• **eine** Seite: sabad.
• **nachts**: bell.al,k nux-v. sulph.
• **1** - 4 h: tab.
◆ **abwechselnd** mit:
• **Beine**, Konvulsionen der: *Hyos.* stram.
• **Abort**, nach: ruta
• **Arbeit** mit den Händen amel.; harte: agar.
• **epileptische** Konvulsionen; Auffahren durch: *Sulph.*
• **klonisch**: cocc.al cupr-s.al,k stry.al,k sul-ac.al,k
• **Versuch** sie zu gebrauchen; beim: plb.
• **Prosopalgie**, bei: plat.
• **Rotation**, konvulsivische: *Camph.*h,k,*
• **stärker** als die Beine: camph.al,k *Stram.*
• **tetanisch**: anthraci. camph. cann-s.h,k,*
• **ziehen** die Arme:
• **hinten**, nach: *Am-c.*h,k,*
• **hin** und her: nit-ac.al,h,*
▽ **erstreckt** sich zu:
• **auf** und ab, nach Anstrengung: caust.
• **Finger**: acon.
• **Rumpf**: agar-ph.al,k
– **Unterarm**: aphis ~~apis.al,xxx~~ chen-a.al sec.al,k zinc.h,k zinc-m.al
• **tetanisch**: zinc.h,k zinc-m.al
○ **Beugemuskeln**: carbn-o. cham.al,k
• **Radialseite**: merc.al,k
– **Handgelenk**, 8 - 11 h: *Nat-m.*
– **Hände**: acon.al,k ambr. anac. apis.al arum-t. bar-m. *Bell.*al,k bism. calc. *Camph.*al,k cann-s. carb-v. carbn-s. caust. coloc. dros. graph. *Iod.* kali-bi. kali-i.al,k *Merc.* mosch. nat-m. paeon. plat. plb.al,k *Sec. Stram.*al,k *Stry.*al,k sul-ac. tab. *Zinc.*h,k zinc-m.al
• **Ergreifen** von etwas; beim: ambr. *Dros.* stry. sulph.

– **Hände**: ...
• **klonisch**: *Stry.*al,k
• **Menses**, während: hyos.al,k
• **tetanisch**: camph. zinc.h,k zinc-m.al
– **Finger**: agar.bg1 am-c. arn. ars. *Bell. Calc.* camph.bg1 cann-s. cham. **Chel.** *Cic.* clem. cocc. coff. *Cupr.* dros. ferr. hell. *Ign.* iod. ip. kali-n. lach. lyc. merc-c. mosch. nat-m. nux-v. phos. plb. rheumbg1 santin. *Sec.* spig.bg1 stann. staph. sulph. tab. verat.
• **Strecken** der Finger; mit: staph.h,kl
• **tonisch**: ars.al,k
○ **Zeigefinger**: cycl.h,k,*
– **Daumen**: aesc. arum-t. *Bell.*al,k *Cocc.*h,k,* *Cupr.*al,k cycl.h,k,* nat-m. plb.al
– **Beine**: alco.al ars.al,k cann-i.al,k *Cic. Cina* cocc. *Crot-c. Cupr.* gamb.al,k hydr-ac.al,k *Hyos. Ign. Ip. Lach. Lyss.* meny.bg1 *Merc-c.*al,k mosch. nux-v. *Op.* phos.al,k *Plb.* sec.al,k spong. *Squil. Stram.* **Stry.**al,k tab.al,k
• **rechts**: sep.al,h,*
• **nachts**: plb.
• **1 - 4 h**: tab.
◇ **abwechselnd** mit:
• **Arme**
☞ *Arme - abwechselnd mit - Beine*
• **abwechselnd** gebeugt und gestreckt: *Cic. Cupr.* lyc. nux-v. tab.
• **dann** in den Armen: phos.
• **klonisch**: coc-c.al cocc.hr1,k *Plb.* sep.al,k
• **krampfhaft** zusammengezogen: lath.c1 lyc. *Merc.*
• **schmerzhaft**: stry.al,k
• **tonisch**: phos.al,k plb.
– **Gesäß**: bar-c. calc. nux-v. sep.
– **Hüfte**: phos.
– **Oberschenkel**: ars. dig. podo.
– **Knie**: ars.h,kl berb.
– **Unterschenkel**: acet-ac. ant-t. ars. cann-i. card-m.hr1,k cupr-s. *Jatr-c.* kali-i. *Merc-c.* podo. sep.hr1,k stram.hr1,k stry. tab.hr1,k tarent.hr1,k tell.hr1,k
• **rechts**: acet-ac. podo. stram.
• **tetanisch**, beginnen im Unterschenkel und erstrecken sich über den Körper: strych-g.c1
○ **Wade**: berb.hr1,k cupr.hr1,k ferr-m.
– **Füße**: bar-m. *Calc.* camph. *Cupr.* iod. *Merc-c. Nat-m. Nux-v.* op. phos.al,k plb.k2 *Sec.* stram. *Zinc.*
• **nachts**: iod.
• **Berührung**: *Nux-v.*
• **Menses**, während: hyos.
• **tetanisch**: *Camph. Nux-v.*
• **tonisch**: phos.al,k
▽ **erstreckt** sich zu den Knien: stram.
– **Zehen**: **Chel.** *Cupr. Sec.*
○ **große** Zehe: apis

Koordination; fehlende, gestörte: *Agar.* **Alum.** alum-p.k2 alum-sil.k2 alumin-m.br1 apisk2 arag.br1,vh *Arg-n.* ars. aur-s.c1 bell. bufobr1 *Calc.* carbn-s. *Caust.* chlol. coca *Cocc.* **Con.** crot-c. *Cupr. Fl-ac. Gels. Graph. Hell. Helo.* helo-s.c1 *Kali-br. Lach. Lil-t.* mag-m.al merc. naja nat-c.k2 nux-m. *Nux-v.*

Koordination; fehlende, gestörte: ...
Onos. pedclr.br1 *Ph-ac. Phos.* phys.br1 pic-ac.k2 *Plb.* psil.ft1 sec. *Sil. Stram. Sulph. Zinc.*
◆ **begleitet** von:
• **Schwindel**
☞ ❑ *Schwindel - Begleitet von - Taumeln*
– **Erregung**; nach: gels.k2
– **Essen**:
• **amel**.: nat-c.k2
○ **Arme**: bell. cupr. *Gels. Merc. Onos.* plb.
• **Gehen**, beim: hyos.
– **Beine**: *Alum.* bell. bufobr1 chlol. crot-c. *Nux-m. Onos. Phos. Plb. Sil. Sulph.*
• **stolpert** beim Gehen: bufobr1

Krabbeln, Kribbeln
☞ *Ameisenlaufen*

Krachen
☞ *Knacken*

Kraft:
○ **Hände** fühlen sich kräftig: choc.srj3

Krallen, Gefühl von:
○ **Arme**: lach.al,k
– **Handgelenk**: rhod.al,k
– **Oberschenkel**: bry.al,k
– **Unterschenkel**, morgens: stront-c.

Krallenartige Fingernägel: ars. tub.xxb

Krampfadern:
☞ *Schwellung* / ❑ *Allgemeines - Krampfadern*
– **Erschütterung**: ham.k2
– **purpurne**, blaurote Umgebung: aesc.k2
○ **Arme**: **Ferr-p.**c1 *Nux-v. Plb.* **Puls.** stront-c.
– **Beine**: *Ambr.* arg-n. **Arn.** *Ars.* aur-m.k2 bufobr1 **Calc.** calc-f. calc-p. calc-s.k2 calc-sil.k2 **Carb-v.** *Carbn-s.* card-m. *Caust.* cench.k2 clem. con.k2 *Crot-h. Ferr.* ferr-ar. **Fl-ac.** *Graph.* **Ham.** *Hep. Kali-ar. Kreos.* lac-c. *Lach.* **Lyc. Lycps-v.** mill.k2 *Nat-m.* paeon.gm1 *Plb.* **Puls.** sabin. sars. scir.c1,hbh sil. spig. sul-ac. *Sulph. Thuj.* vip. **Zinc.**
• **geschwollen**, aufgetrieben:
• **Menses**:
• **während**: ambr. con.k2 lach. puls.
• **krampfartig**: graph.h
• **schmerzhaft**, Wärme agg.: **Fl-ac. Sulph.**
• **Schwangerschaft**; während der: acon. apis *Arn. Ars.* **Carb-v.** *Caust. Ferr.* **Fl-ac.** *Graph. Ham.* lach.k2 *Lyc. Mill. Nux-v.* **Puls.** sulph.bro1 *Zinc.*
• **ziehend**: graph.h
– **Oberschenkel**: aesc.k2 *Calc. Ferr.*hr1,k **Ham.** lac-c. *Puls.* sep. *Zinc.*
– **Knie**: thuj.bg1
– **Unterschenkel**: aesc.k2 *Calc.* **Carb-v. Carbn-s. Caust.** coloc. ferr. *Fl-ac.* graph. **Ham. Lyc.** *Mill. Nat-m.* **Puls.** sil. *Sulph.* **Zinc.**
• **links**: fl-ac.
• **Menses**, während: ambr.
• **blutend**: calc.k2 *Ham.* mill.k2 *Puls.* sulph.k2
• **empfindlich**: *Fl-ac.* graph. *Ham.* lach. puls.

– **Unterschenkel**: ...
  • **entzündet**: arn. *Ars.* *Calc.* *Ham.* kreos. lyc. lycps-v. *Puls.* sil. spig. sulph. zinc.
  • **Gehen** amel.: ruta$_{sf1}$
  • **Geschwüre** ●: ars. fl-ac.$_{k2}$ **Lach.** lyc. mill.$_{k2}$ puls. sil. sulph.$_{k2}$
  • **juckend**: *Graph.*
  • **nässend**: calc.$_{k2}$
  • **pulsierend**: ruta$_{sf1}$
  • **reißend**: sul-ac.
  • **schmerzhaft**: brom. *Caust.* coloc.$_{h}$ *Ham.* *Lyc.* *Mill.* **Puls.** *Zinc.*
    • **brennend**: calc.$_{k2}$
    • **Menses**, während: ambr.$_{k2}$ graph.
    • **Schwangerschaft**; während der: mill.$_{hr1}$
  • **schmerzlos**: calc.
  • **Schwangerschaft**; während der: **Ferr.** *Ham.* *Lyc.* *Lycps-v.* *Mill.* **Puls.** *Zinc.*
  • **Spannung**: graph.$_{h}$
  • **stechend**, fein: *Apis* graph. *Ham.* **Puls.**
  • **Venesektion**, nach: lach.$_{cpy}$
  • **wund** schmerzend (= wie zerschlagen, empfindlich etc.): arn.$_{gsy1}$
  ○ **Wade**: clem. *Plb.*
– **Knöchel**: sulph.$_{h}$
  • **links**: ferr.$_{a1}$
– **Füße**: ant-t. *Ferr.* lac-c. lach. **Puls.** sul-ac. sulph. *Thuj.*

Krämpfe: anan. *Ars.*$_{a1,k}$ ars-s-f.$_{k2}$ atro.$_{a1,k}$ **Bell.**$_{a1,k}$ bufo *Calc.* calc-s. camph.$_{a1,k}$ carbn-o. carbn-s. card-m.$_{k2}$ *Caust.* cedr. chin.$_{k2}$ cic.$_{k2}$ *Cocc.* colch. **Coloc.** *Con.* *Crot-c.* crot-h. **Cupr.** *Dios.* dros.$_{k2}$ *Dulc.*$_{a1,k}$ eup-per. ferr. *Graph.* *Hell.* *Hyos.* ign.$_{a1,k}$ jatr-c. kali-bi.$_{a1,k}$ *Kali-c.* kali-m.$_{k2}$ kali-p. kali-s. kiss.$_{a1}$ lim.$_{a1}$ **Lyc.** **Merc.** merc-c.$_{a1,k}$ merc-sul.$_{a1,k}$ *Mur-ac.* nat-m.$_{a1,k}$ *Nit-ac.* nux-v.$_{a1,k}$ olnd.$_{a1,k}$ op.$_{a1,k}$ ox-ac. *Petr.*$_{a1,k}$ phos.$_{a1,k}$ phys.$_{br1}$ *Phyt.*$_{a1,k}$ **Plat.** *Plb.*$_{a1,k}$ *Rhus-t.* *Rob.* *Sec.*$_{a1,k}$ sel.$_{a1,k}$ **Sep.** *Sil.* staph.$_{a1,k}$ **Sulph.** *Tab.* tarent.$_{a1,k}$ *Verat.* *Zinc.*$_{a1,k}$ zinc-s.$_{a1,k}$
☞ *Konvulsionen / Schmerz - krampfartig*
– **rechts**: elaps
– **morgens**: sulph.
– **nachmittags**: sulph.
– **nachts**: merc.
– **Anstrengung**, nach: mag-p.
– **Bewegung**, bei: nux-v.$_{a1,k}$
– **Druck** agg.: zinc. zinc-s.$_{a1}$
– **Ejakulation**: bufo
– **Entbindung**; während der: plat.$_{k2}$
– **Frost**; während: cupr. *Sil.*
– **Geburt** des Kindes; bei der
☞ *Entbindung*
– **Husten**; nach: dros.$_{k2}$
– **intermittierend**: phyt.$_{a1,k}$
– **kalte** Luft agg.: bufo
– **Koitus**, beim: coloc.$_{ptk1}$
– **Menses**: cimic.$_{k2}$
– **plötzlich**: cortiso.$_{gse}$
– **Schwangerschaft**, während der: *Cupr.* *Verat.* vib.

Krämpfe: ...
– **Stuhlgang**, beim: bell.$_{a1,k}$
○ **Gelenke**: acon.$_{bg2}$ am-m.$_{bg2}$ *Anac.*$_{bg2,k}$ ang.$_{bg2,k}$ arn.$_{bg2}$ ars.$_{bg2}$ aur.$_{bg2,k}$ bar-c.$_{bg2}$ *Bell.*$_{bg2,k}$ bov.$_{bg2}$ *Bry.*$_{bg2,k}$ **Calc.**$_{bg2,k}$ camph.$_{bg2,k}$ cann-s.$_{bg2}$ canth.$_{bg2,k}$ carb-an.$_{bg2}$ caust.$_{bg2,k}$ cham.$_{bg2}$ chel.$_{bg2}$ chin.$_{bg2}$ cic.$_{bg2,k}$ cocc.$_{bg2,k}$ colch.$_{bg2}$ coloc.$_{bg2}$ con.$_{bg2}$ cupr.$_{bg2}$ dulc.$_{bg2}$ euph.$_{bg2}$ hep.$_{bg2}$ hist.$_{jl3}$ *Hyos.*$_{bg2,k}$ *Ign.*$_{bg2,k}$ kali-c.$_{bg2}$ kali-n.$_{bg2}$ kreos.$_{bg2}$ lach.$_{bg2,k}$ laur.$_{bg2,k}$ led.$_{bg2}$ lyc.$_{bg2}$ merc. mez.$_{bg2}$ nux-v.$_{bg2}$ olnd.$_{bg2}$ op.$_{bg2,k}$ *Par.*$_{bg2,k}$ petr.$_{bg2}$ ph-ac.$_{hr1,k}$ phos.$_{bg2}$ **Plat.**$_{bg2,k}$ plb.$_{bg2,k}$ rhus-t.$_{bg2,k}$ *Sec.*$_{bg2,k}$ sel.$_{bg2}$ spig.$_{bg2}$ spong.$_{bg2}$ staph.$_{bg2}$ *Stram.*$_{bg2,k}$ *Sulph.*$_{bg2,k}$ tab.$_{bg2}$ verat.$_{bg2,k}$ verb.$_{bg2}$
– **Arme**: agar.$_{a1,k}$ alum.$_{a1,k}$ **Am-c.** ant-t. ars.$_{a1,k}$ ars-i.$_{k2}$ *Bell.*$_{a1,k}$ bufo cact. **Calc.**$_{a1,k}$ caps.$_{a1,k}$ carb-v.$_{a1,k}$ carbn-s. caust.$_{a1,k}$ cimic.$_{a1,k}$ cit-v.$_{a1,k}$ **Coloc.** crot-c.$_{a1,k}$ cupr.$_{a1,k}$ dios.$_{a1,k}$ eupi.$_{a1,k}$ fl-ac.$_{a1,k}$ graph.$_{a1,k}$ guare.$_{a1,k}$ hura hyper.$_{a1,k}$ iod.$_{a1,k}$ *Jatr-c.* kali-i.$_{a1,k}$ kali-s.$_{a1,k}$ lach.$_{a1,k}$ lyc.$_{a1,k}$ lyss. merc.$_{a1,k}$ *Nat-m.* nux-v.$_{a1,k}$ phos.$_{a1,k}$ plb.$_{a1,k}$ sec.$_{a1,k}$ sulph.$_{a1,k}$ *Tab.* tril-p. valer.
  • **links**: alum.$_{bg1}$ bell.$_{bg1}$ cact. caps.$_{bg1,h,*}$ cit-v.$_{bg1}$ corn.$_{bg1}$ hyper.$_{bg1}$
  • **rechts**: am-c.$_{bg1}$ bufo carb-v.$_{bg1}$ fl-ac.$_{bg1}$ hura$_{bg1}$ merc.$_{bg1}$
  • **morgens**: fl-ac.$_{a1,k}$
  • **abends**:
    • **21** h: lyc.
  • **nachts**: cit-v.$_{a1}$
    • **Mitternacht**:
      • **vor**:
        • **Erwachen**, beim: caust.$_{k,k1}$
      • **nach**: sulph.
– **Schulter**: cimic.$_{a1,k}$ elaps lil-t.$_{a1,k}$ *Naja*$_{hr1}$ *Plat.*$_{a1,k}$
  • **abends**: orig.$_{a1}$
    • **18** h: elaps
  ▽ **erstreckt** sich zu:
    • **Hand**: elaps
– **Oberarm**: agar. arg-met. bell.$_{a1,k}$ com.$_{a1,k}$ jatr-c.$_{kr1}$ kali-bi.$_{a1,k}$ lact.$_{a1}$ lil-t.$_{a1,k}$ lyc. mag-c.$_{h,k1}$ mur-ac.$_{a1,k}$ petr.$_{a1,k}$ *Ph-ac.* rhus-t. sulph.$_{a1,k}$ valer.$_{a1,k}$
  • **Anstrengung**, bei: mur-ac.$_{a1,k}$
  • **Bewegung** agg.: petr.$_{h}$
  • **Halten** eines Gegenstandes in der Hand; beim: petr.$_{h}$ rhus-t. valer.
  • **Heben** des Armes; beim: arg-met.
  ○ **Bizeps**: ruta valer.$_{a1,k}$
  • **Deltoid**: petr.$_{h,k1}$ urt-u.$_{a1}$
  • **Innenseite**: sulph.$_{a1,k}$
– **Unterarm**: am-c. anac.$_{a1,k}$ arn.$_{a1,k}$ berb.$_{a1,k}$ *Calc.* calc-p.$_{a1,k}$ cina coloc.$_{a1,k}$ corn. ferr-ma. gels.$_{br1}$ graph.$_{h,k1}$ kali-i. lyc.$_{a1,k}$ mur-ac.$_{a1,k}$ nat-c.$_{h2}$ ph-ac. plat.$_{a1,k}$ plb.$_{a1,k}$ ruta sep.$_{a1,k}$
  • **links**: anac.$_{bg1}$ coloc.$_{bg1}$ meny.$_{bg1}$ plat.$_{bg1}$ ruta$_{bg1}$
  • **morgens**: calc.
  • **nachmittags**: lyc.$_{a1,k}$
  • **nachts**, im Bett: anac.$_{a1,k}$
  • **Aufstützen** des Ellbogens; beim: plat.
  • **Beugen** des Unterarmes; beim: arn.$_{a1,k}$ mur-ac.$_{a1,k}$
  • **Bewegung** agg.: kali-i. plb.

- **Gehen**, beim: sep.
- **Schreiben**; beim: gels.$_{c1}$
- **Außenseite**: nat-c.$_{h,kl}$
- **Beugemuskeln**: chinin-s.
- **Streckmuskeln**: merc.
- **Vorderseite**: berb.$_{a1,k}$ plat.$_{a1,k}$ plb.$_{a1,k}$

– **Handgelenk**: aml-ns. anac. calc-p.$_{a1,k}$ cina cit-v.$_{a1,k}$ com.$_{a1,k}$ euphr.$_{a1,k}$ hura nat-p.$_{a1,k}$ *Ph-ac.* plb. staph.$_{a1,k}$ sulph.
- **links**: sulph.$_{a1,k}$
- **rechts**: hura staph.$_{a1,k}$
- **ausgestreckt** sind; wenn die Arme: cina
- **Bewegung**, bei: calc-p.$_{a1,k}$
- **Kälte** im Teil: plb.
- **Schreiben**, beim: aml-ns. brach.

– **Hände**: acon.$_{a1,k}$ aeth.$_{a1,k}$ *Agar.* ambr.$_{a1,k}$ anac.$_{a1,k}$ ars.$_{a1,k}$ bamb-a.$_{stb2}$ **Bell.**$_{a1,k}$ bism.$_{a1,k}$ **Calc.**$_{a1,k}$ calc-s.$_{a1,k}$ calc-sil.$_{k2}$ carb-v. caust. cina cocc.$_{a1,k}$ *Coloc.*$_{a1,k}$ *Cupr.* dios.$_{a1,k}$ dulc.$_{a1,k}$ euphr.$_{a1,k}$ ferr-ar. ferr-ma. *Graph.* hep. jatr-c. *Kali-bi.* *Kali-c.* kali-sil.$_{k2}$ kiss.$_{a1}$ lact.$_{a1,k}$ lepi.$_{a1}$ lyc.$_{a1,k}$ mag-p. mang.$_{a1,k}$ merc.$_{a1,k}$ merc-c.$_{a1,k}$ merc-i-f.$_{a1,k}$ mosch.$_{k2}$ mur-ac.$_{a1,k}$ naja *Nat-m.*$_{a1,k}$ nat-p.$_{a1,k}$ nit-ac.$_{a1,k}$ olnd.$_{a1,k}$ paull.$_{a1}$ *Phys.* plat.$_{a1,k}$ plb.$_{a1,k}$ puls. ruta sabad.$_{a1,k}$ sec.$_{a1,k}$ sil.$_{a1,k}$ spig.$_{h,kl}$ stram.$_{a1,k}$ stry.$_{a1,k}$ sul-ac.$_{a1,k}$ sulph.$_{a1,k}$ tab. valer.$_{k2}$ zing.$_{a1}$
- **links**: calc.$_{a1,k}$ euphr.$_{a1,k}$ merc.$_{a1,bg1}$ nat-p.$_{a1,k}$ olnd.$_{bg1}$ sulph.$_{a1,k}$
- **rechts**: acon.$_{a1,k}$ gent-l.$_{a1}$ lyc.$_{bg1}$ merc-i-f.$_{a1}$ merc-i-r. plb.$_{a1,k}$ sabad.$_{a1,k}$
- **morgens**: *Calc.* peti.$_{a1}$
- **nachmittags**: calc-s.$_{a1,k}$ dios.$_{a1,k}$
  - **15** h: dios.
- **abends**: lyc.$_{a1,k}$
  - **21** h: lyc.
- **nachts**: *Calc.*$_{a1,k}$ valer.$_{k2}$
  - **Bett**, im: plb.$_{a1,k}$
- ◆ **abwechselnd** mit:
  - **Füße**; mit Krämpfen der: stram.
  - **Trübsichtigkeit**: bell.$_{a1,k}$
- **Anstrengung**, bei: plat.$_{a1,k}$ sec. *Sil.*$_{a1,k}$
- **Aufstützen** der Hand; nach: plb.$_{a1,k}$
- **Beugen**, nach: merc.$_{a1,k}$
- **Bewegung**: ars.$_{a1,k}$ gent-l.$_{a1}$ merc.$_{a1,k}$ sec.
  - **amel.**: acon.$_{a1,k}$
- **Cholera**, bei: **Cupr.** *Sec.*
- **Greifen**, beim: ambr. **Dros.** graph. lyc.$_{a1,k}$ nit-ac.$_{a1,k}$ plat.$_{a1,k}$ stann. thlas.$_{bg1}$
  - **Steines**, eines kalten: nat-m.
- **Musizieren**; beim:
  - **Geigespielen**; beim: bamb-a.$_{stb2}$
  - **Klavierspielen**; beim: bamb-a.$_{stb2}$
- **quer** über die Hand: ruta
- **Schlaf**, verhindert den: valer.$_{pd}$
- **Schließen** der Hand; beim: chin.
- **Schreiben**, beim: *Alum-sil.* *Anac.* arg-met.$_{bro1}$ bamb-a.$_{stb2}$ *Cycl.* dros.$_{k2}$ euph.$_{hr1,k}$ gels. **Mag-p.** *Nat-p.* phos.$_{h,kl}$ pic-ac. plat. ran-b.$_{c1}$ salol.$_{c1}$ sil.$_{a1,k}$ stann.$_{k2}$ tril-p.$_{c1}$
- **Schreibmaschineschreiben**; beim: bamb-a.$_{stb2}$

– **Hände**: ...
- **Strecken** agg.: plb.$_{a1,k}$

○ **Handballen**: plat.$_{a1,k}$
- **Handflächen**: coloc.$_{a1,k}$ mur-ac.$_{a1,k}$ naja paull.$_{a1}$ scroph-xyz.$_{c2}$ spig.$_{h,kl}$ stann.$_{h,kl}$ stry.$_{a1,k}$ zing.$_{a1,k}$
- **Handrücken**:
  - **nachts**, im Bett: anac.
- **Mittelhandknochen**: aur.$_{h}$
- **Ulnarseite**: anac.$_{h,kl}$ cocc.$_{a1,k}$ puls.

– **Finger**: am-c.$_{h,kl}$ ambr.$_{br1}$ anac.$_{a1,k}$ *Arn.*$_{a1,k}$ ars.$_{a1,k}$ calc.$_{a1,k}$ *Carb-v.* card-m. **Chel.**$_{a1,k}$ com. con.$_{a1,k}$ *Cupr.* *Cupr-ar.* cycl. der.$_{a1,k}$ dios.$_{br1}$ dulc.$_{a1,k}$ euph.$_{a1,k}$ euphr.$_{h,kl}$ ferr.$_{a1,k}$ gels.$_{k2}$ graph.$_{a1,k}$ hyper.$_{a1,k}$ ign.$_{a1,k}$ kali-c. lil-t.$_{a1,k}$ lyc. mag-c.$_{a1,k}$ **Merc.**$_{a1,k}$ *Nat-m.* nux-v.$_{a1,k}$ plb.$_{a1,k}$ sabad.$_{a1,k}$ *Stann.*$_{a1,k}$ staph.$_{h,kl}$ *Sulph.* tab.$_{a1,k}$ tril-p. verat.
- **morgens**: orig.$_{a1}$ tab.$_{a1,k}$
- **abends**: ars. orig.$_{a1}$
- **nachts**:
  - **Mitternacht**; um:
    - **Bett**; im: nux-v.
  - **Bett**, im: ars.
- **aufzuheben**; beim Versuch etwas Kleines: *Stann.*
- **beginnen** im: cupr.$_{bg1}$
- **Bewegung**, bei: merc.$_{a1,k}$
- **Cholera**, bei: *Colch.* **Cupr.** sec. **Verat.**
- **Entbindung**, bei der: **Cupr.** **Dios.**
- **kalter** Luft, in: am-c.$_{h,kl}$
- **Klavierspielen** oder beim Geigenspielen; beim: *Mag-p.*
- **Nähen**, beim: kali-c.
- **periodisch**: *Phos.*
- **Schneiden** mit einer Schere; beim: con.
- **Schreiben**, beim: brach. caust.$_{bg1}$ cycl. dros.$_{k2}$ *Mag-p.* **Stann.** tril-p.
- **Schuhmacherarbeit**, bei: *Stann.*
- **Strecken** der Finger; beim: ars.

○ **Fingerspitzen**: ars.$_{a1,h,*}$ vinc.$_{a1}$
- **Gelenke**: euphr.$_{h,kl}$ mag-c.$_{bg1,h,*}$ plat.$_{h,kl}$
  - ○ **Grundgelenk**: ars.$_{h}$ calc.$_{h}$
    - **Metakarpophalangealgelenk**: anac.$_{h}$
- **Zeigefinger**: anac.$_{a1,h,*}$ cycl.$_{a1,k}$ graph.$_{h,kl}$ kali-chl.$_{a1,k}$ nat-p.$_{a1,k}$ pana.$_{a1}$ sulph.$_{h,kl}$
  - **Schreiben**, beim: *Cycl.*
- **Mittelfinger**: am-m.$_{a1,k}$ caust.$_{h,kl}$ hura lil-t.$_{a1,k}$ plb.$_{a1,k}$ *Sulph.*
- **Ringfinger**: arg-n.$_{a1}$ ars.$_{a1}$ hura sep.$_{a1,k}$ *Sulph.*$_{a1,k}$
  - **abends**: sep.$_{a1,k}$ *Sulph.*$_{a1,k}$
  - ▽ **erstreckt** sich zu:
    - **Ellbogen**: sep. sulph.
- **kleiner** Finger: calc.$_{h,kl}$ cocc.$_{a1,k}$ com.$_{a1,k}$ peti.$_{a1}$ *Sulph.*
  - **Schreiben**, beim: cocc.

– **Daumen**: agar.$_{a1,k}$ aml-ns. anac.$_{h,kl}$ anag.$_{hr1}$ asaf.$_{a1,k}$ conin.$_{c1}$ mang.$_{a1,k}$ nat-m.$_{a1,k}$ plat.$_{h,kl}$ valer.$_{a1,k}$
- **Halten** von Gegenständen; beim: graph.$_{h,kl}$
- **Klavierspielen**, beim: zinc.$_{h,kl}$
- **Schreiben**, beim: agar.$_{h}$ aml-ns. bell.$_{h}$ brach. *Cycl.* mur-ac.$_{h}$

  • **Zuckungen**, mit: valer.$_{a1,k}$
○ **Adduktor**: merc.$_{h}$
  • **Streckmuskeln**: zinc.$_{h}$
– **Beine**: ambr. ant-t.$_{a1,k}$ ars.$_{a1,k}$ ars-i.$_{k2}$ bar-c.$_{h,kl}$ cain. *Calc.* calc-sil.$_{k2}$ cedr.$_{a1,k}$ cimic. cina **Coloc.** crot-h. **Cupr.** cupr-ar.$_{a1}$ elaps eup-per. *Ferr.* *Ferr-m.* graph. hyos. iod. jatr-c. kali-bi.$_{a1,k}$ kali-s.$_{a1,k}$ meny.$_{bg1}$ merc-n.$_{a1}$ merc-ns. merc-pr-r. mur-ac.$_{a1,k}$ oena.$_{a1,k}$ ph-ac. phos. phyt.$_{a1,k}$ pic-ac.$_{a1,k}$ plb. sec. sep. sil. tarent.$_{a1,k}$ valer.$_{k2}$ vip.$_{a1,k}$ zinc. zinc-m.$_{a1}$ zinc-p.$_{k2}$
  • **rechts**: bufo
  • **morgens**: bov. bry. nit-ac.
  • **abends**: jatr-c. sil.
  • **nachts**: *Ambr.* ars. bry. calad. carb-v. eug. *Eup-per.* iod. ip. lachn. lyc. mag-c. mag-m. nit-ac. nux-v. *Rhus-t.* sec. sep. staph. sulph.
  • **Anziehen** der Stiefel; beim: *Calc.*
  • **Ausschreiten**, beim: alum.$_{h,k,*}$
  • **Beugen** des Fußes nach vorne; beim: coff.
  • **Gehen**:
    • **beim**: am-c. carb-v. *Lyc.* nit-ac. rhus-t. sep.
    • **nach**: nit-ac.
    • **Sitzen**, nach dem: nit-ac.$_{h}$
  • **Heben** der Beine; beim: coff.
  • **Koitus**; beim: ign.$_{dgt}$
  • **Kolik**, mit: coloc.
  • **Sitzen**, beim: olnd. paeon. *Rhus-t.*
  • **Stehen**, beim: euph. euphr.
  • **Treppen**; beim Hinabsteigen von: arg-met.
  • **Übereinanderlegen** der Glieder; beim: alum.
  ▽ **erstreckt** sich zu:
    • **Unterschenkel**: bar-c. *Calc.*
– **Gesäß**: bamb-a.$_{stb2}$ bell. bry. cann-s.$_{a1,k}$ caust.$_{a1,k}$ graph. rhus-t.$_{a1,k}$ *Sep.*
  • **nachts**, im Bett: *Sep.*
  • **Ausstrecken** der Glieder; beim: sep.$_{h,kl}$
  • **Bücken**, beim: bell.$_{h}$ cann-s.
  • **Stehen**, beim: bamb-a.$_{stb2}$ rhus-t.
– **Hüfte**: agn.$_{a1}$ *Ang.* arg-met. aur. bell.$_{a1,k}$ cann-s. carb-an.$_{h,kl}$ carb-v. caust. cimic.$_{a1,k}$ coloc. cop.$_{a1,k}$ cur. jug-c.$_{a1,k}$ nat-m.$_{a1,k}$ *Ph-ac.*$_{a1,k}$ *Phos.* ruta *Sep.*$_{a1,k}$ sul-ac.$_{a1,k}$ valer.
  • **links**: jug-c.
  • **rechts**: sul-ac.$_{a1,k}$
  • **nachts**: jug-c.$_{a1,k}$ sep.$_{h,kl}$
  • **Entbindung**, bei der: *Cimic.*
  • **Essen**, beim: ph-ac.
  • **Gehen**, beim: carb-an.$_{h,kl}$ nat-m.$_{a1}$ sep.$_{a1,h,*}$
  • **Menses**, während: form.$_{a1,k}$
  • **Sitzen**, beim: ph-ac.
  ○ **Gesäßmuskeln**: agar.$_{a1,k}$ bell.$_{a1,k}$ gels.$_{a1,k}$ hyos.$_{a1,k}$ *Hyper.*$_{a1,k}$
– **Oberschenkel**: *Agar.*$_{a1,k}$ alum.$_{a1}$ ambr. *Arg-met.* *Ars.*$_{a1,k}$ ars-i.$_{k2}$ *Asar.* bamb-a.$_{stb2}$ bell.$_{a1,k}$ brach.$_{a1,k}$ cann-s.$_{a1,k}$ carb-an.$_{a1,k}$ carb-v.$_{h,k}$ *Carbn-s.* chel.$_{bg1}$ cina **Coloc.**$_{a1,k}$ crot-h.$_{a1,k}$ cycl. dig. digin.$_{a1}$ *Ferr.*$_{a1,k}$ ferr-ar. ferr-p. gels.$_{a1}$ hep.$_{a1,k}$ *Hyos.*$_{a1,k}$ iod.$_{a1,k}$ ip. kali-ar. *Kali-bi.*$_{a1,k}$ *Kali-c.*$_{a1,k}$ kali-m.$_{k2}$ kali-p. *Lyc.*$_{a1,k}$ lyss. mag-m.$_{h2}$ mang. merc-c.$_{a1}$ mur-ac.$_{a1,k}$ naja ol-an. *Petr.* ph-ac. *Plat.*$_{a1,k}$ plb.$_{a1,k}$ podo.$_{c1}$ *Puls.* ran-b. rhus-t.$_{a1,k}$ ruta sabin. *Sec.*

– **Oberschenkel**: ...
Sep.$_{a1,k}$ stry.$_{a1,k}$ sul-i.$_{k2}$ **Sulph.**$_{a1,k}$ tarent.$_{a1,k}$ tep.$_{a1,k}$ ter. valer.$_{a1,k}$ verat. *Verb.*$_{a1,k}$ wies.$_{a1}$
  • **links**: cina rhus-t.$_{a1,k}$ zinc-i.$_{bg1}$
  • **rechts**: sulph.$_{a1,k}$ tarent.$_{a1,k}$
  • **tagsüber**: petr.
  • **abends**: bell.$_{a1,k}$
    • **Bett**, im: *Ars.*
  • **nachts**: *Ambr.* carb-an.$_{a1,k}$ hep.$_{a1,k}$ *Ip.* kali-c.
  • **Bett**, im: mur-ac.$_{h,kl}$
  • **Beugen** des Beines; beim: plat.$_{h,kl}$
  • **Gehen**, beim: agn.$_{a1}$ carb-v.$_{h}$ *Sep.*
    • **Freien**; im: *Verb.*
  • **Heben** des Oberschenkels; beim: carb-v.$_{h,kl}$ hep.$_{h,kl}$
  • **intermittierend**: plat.$_{h,kl}$
  • **Menses**, während: wies.$_{a1,k}$
  • **pulsierend**: plat.$_{a1,h,*}$
  • **Schlaf**:
    • **im**: *Kali-c.*
    • **Einschlafen**, beim: tep.
  • **Sitzen**, beim: iod. plat.
  • **Treppensteigen**, beim: carb-v.
  ○ **Außenseite**: ant-c.$_{h,kl}$ carb-v.$_{a1}$
  • **Innenseite**: gels.$_{a1,psa}$ kali-bi.$_{a1}$ plat.$_{a1,h,*}$ sep.$_{a1,h,*}$
  • **Rückseite**: ang.$_{a1}$ cann-s.$_{a1}$ dios.$_{a1}$ plat.$_{a1,h,*}$
– **Knie**: ang. arg-met. arn.$_{a1,k}$ arund.$_{a1,k}$ berb. bry.$_{a1,k}$ cadm-s. *Calc.* carb-an.$_{a1,k}$ carb-v. *Coloc.*$_{a1,k}$ crot-t.$_{a1,k}$ dios.$_{a1,k}$ hep.$_{a1,k}$ hyper.$_{a1,k}$ lach.$_{a1,k}$ led. petr.$_{a1,k}$ plb.$_{a1,k}$ sulph.$_{a1,k}$ tab.$_{a1,k}$ yuc.$_{a1}$ *Zinc.*
  • **abwechselnde** Seiten: sulph.
  • **morgens**: dios.$_{a1,k}$
  • **nachmittags**:
    • **15** h: dios.
  • **nachts**: bry.$_{a1,k}$
    • **Mitternacht**:
      • **vor**:
        • **22** - 23 h: sulph.
  • **Anziehen** der Stiefel; beim: calc.
  • **Bewegung** amel.: arg-met.$_{h}$
  • **Erwachen**, beim: lach.$_{a1,k}$
  • **Gehen**, beim: ang. carb-an. chin. petr.
  • **Sitzen**:
    • **beim**: bell.$_{a1}$ bry.$_{a1,k}$ paeon.$_{a1,k}$
    • **nach** langem Sitzen: chin.
  • **Stehen**, beim: ang.
  ○ **Kniekehle**: bell. berb. *Calc.*$_{a1,k}$ cann-s. caust. kali-n. lyc.$_{a1,k}$ paeon. petr. phos.$_{bg1,bg2}$ phys. plb. sulph.
    • **Aufstampfen** mit dem Fuß; beim: berb.
    • **Strecken** des Beines; beim: *Calc.*$_{a1,k}$
  • **Kniescheibe**: hep.$_{bg1}$
  • **über** dem Knie: arg-met.$_{h}$
– **Unterschenkel**: acet-ac.$_{a1,k}$ agar. agar-ph.$_{a1}$ alum.$_{a1,k}$ am-c.$_{a1,k}$ ambr. amph.$_{a1}$ anag. ang. *Ars.*$_{a1,k}$ ars-i.$_{k2}$ arum-t.$_{a1,k}$ arund.$_{a1,k}$ bar-c.$_{a1,k}$ bell.$_{a1,k}$ blatta-o. *Bov.*$_{a1,k}$ bry. bufo *Calc.*$_{a1,k}$ camph. *Carb-an.* *Carb-v.* *Carbn-s.* caust. **Cham.**$_{a1,k}$ chlor.$_{a1,k}$ cina cit-v.$_{a1,k}$ *Colch.* **Coloc.** crot-h.$_{a1,k}$ **Cupr.** dig. dios.$_{a1,k}$ elat.$_{hr1}$ eug. *Ferr.*$_{a1,k}$ ferr-p. gels. glon.$_{a1,k}$ graph.$_{a1,k}$ iod.$_{a1,k}$ *Jatr-c.* kali-bi.$_{a1,k}$

– **Unterschenkel**: ...
Kali-chl. kali-m.$_{k2}$ kali-ox.$_{a1}$ lach.$_{a1,k}$ lact. lath.$_{br1}$ lil-t.$_{a1,k}$ lyc.$_{a1,k}$ *Mag-p.* manc.$_{a1,k}$ merc-c.$_{a1,k}$ nat-c. *Nat-m.* *Nit-ac.* olnd. orig.$_{a1}$ petr.$_{a1,k}$ *Ph-ac.* plat. plb.$_{a1,k}$ podo.$_{a1,k}$ *Puls.*$_{a1,k}$ *Rhus-t.*$_{a1,k}$ sars. sec. stry.$_{a1,k}$ sul-i.$_{k2}$ **Sulph.**$_{a1,k}$ tab. tub-r.$_{jl}$ verat. verat-v.$_{a1,k}$ verb. zinc-s.$_{a1,k}$
• **tagsüber**: *Ferr-m.* ox-ac.$_{a1,k}$
• **morgens**: ars.$_{h,kl}$ arum-t.$_{a1,k}$ crot-h.$_{a1,k}$ orig.$_{a1}$
  • **4** - 5 h: bufo
  • **Bett**, im: zinc.$_{h}$
  • **Erwachen**, beim: arum-t.
• **vormittags**:
  • **Bett**, im: rhus-t.
• **abends**: orig.$_{a1,k}$ sep.$_{a1,k}$
  • **21** h: lyc.
  • **Bett**, im: nit-ac.$_{h}$
  • **Gehen**; beim: ferr.$_{a1}$
  • **Hinlegen**, nach dem: *Puls.*
• **nachts**: ambr. carb-an.$_{a1,k}$ carb-v. merc. merc-d.$_{a1,k}$ nat-m.$_{a1,k}$ pall. *Sulph.*
• **Anstrengung**, bei körperlicher: alum.$_{a1,k}$
• **Anziehen** des Beines; beim: zinc.$_{h,kl}$
• **Ausstrecken** des Beines; beim: *Sulph.*
• **Bett**, im: cupr-ar.$_{br1}$ dios.$_{a1,k}$ nux-v.$_{a1,k}$ plb. *Puls.* rhus-t.$_{a1,k}$
• **Bewegung**, bei: verat-v.$_{a1,k}$
• **Drücken**:
  • **amel.**: ox-ac.$_{a1,k}$ rhus-t.$_{a1,k}$
  • **Flexoren**, auf die: lyc.
• **Einschlafen**, beim: hyper.
• **Entbindung**:
  • **während**: bell.$_{hr1}$ cupr. mag-p. nux-v.$_{yl1}$
• **Frost**; während: cupr. elat. *Nux-v.*
• **Gehen**, beim: arag.$_{br1}$ carb-ac.$_{br1,bro1}$ *Carb-an.* *Carb-v.* cina dulc.$_{a1}$ gels. hep.$_{h}$
• **Heben** einer Last; beim: calc. iod.
• **Husten**, beim: dros.
• **Kälte** agg.: lath.$_{br1}$
• **Liegen**; beim: am-c.
• **Menses**, während: *Gels.* *Graph.*
• **Schwangerschaft**; während der: *Gels.* ham. *Vib.*
• **Sitzen**, beim: iod.$_{a1,h,*}$
  • **agg.**: calc.$_{bg1}$
  • **amel.**: cina
• **Strecken**, beim: *Calc.* plb.
• **Stuhlgang**, beim: colch. cupr. sec.$_{bg1}$ *Sulph.* verat.
• **urinieren**; beim Versuch zu: *Pareir.*
○ **Schienbein**: agar.$_{bg1,bg2}$ ars.$_{bg1,bg2}$ calc.$_{bg1,bg2}$ carb-an.$_{bg1}$ caust.$_{bg1,bg2}$ con.$_{bg1}$ merc.$_{bg1}$ mosch.$_{bg1,bg2}$ nat-m.$_{bg1,bg2}$ petr.$_{bg1,bg2}$ sars.$_{bg1,bg2}$
  ○ **Gegend** des Schienbeins; in der: *Am-c.* arag.$_{br1}$ calc.$_{h}$ carb-ac.$_{br1}$ carb-an.$_{h}$ coloc.$_{h}$
    • **Gehen**; beim: carb-ac.$_{br1}$
  ▽ **erstreckt** sich zu den Zehen: sars.$_{h}$
• **Wade**: *Acon.*$_{a1,k}$ *Agar.*$_{a1,k}$ agar-ph.$_{a1}$ *Alum.*$_{h,k,*}$ alum-p.$_{k2}$ alum-sil.$_{k2}$ alumn. am-c.$_{a1,k}$ *Ambr.*$_{a1,k}$ *Anac.*$_{a1,k}$ anag. ant-t.$_{a1,k}$ arg-met. **Arg-n.**$_{a1,k}$ *Ars.*$_{a1,k}$ ars-s-f.$_{k2}$ aspar.$_{a1,k}$ bapt.$_{a1,k}$ bar-c.$_{a1,k}$ bar-s.$_{k2}$ bell.$_{a1,k}$ berb.$_{a1,k}$ bov.$_{a1,k}$ bry.$_{a1,k}$ bufo

• **Wade**: ...
cadm-s. **Calc.**$_{a1,k}$ *Calc-p.*$_{a1,k}$ calc-s. calc-sil.$_{k2}$ *Camph.* cann-i.$_{a1,k}$ carb-ac.$_{a1,k}$ carb-an.$_{a1,k}$ carb-v. carbn-s. card-m. carl.$_{a1,k}$ *Caust.*$_{a1,k}$ **Cham.**$_{a1,k}$ chel.$_{a1,k}$ chin.$_{a1,k}$ chinin-ar. clem.$_{a1,k}$ cocc.$_{a1,k}$ coff.$_{a1,k}$ *Colch.* **Coloc.**$_{a1,k}$ *Con.* conin.$_{a1}$ *Crot-h.*$_{a1,k}$ **Cupr.**$_{a1,k}$ dig.$_{a1,k}$ dulc.$_{a1,k}$ elaps euphr.$_{a1,k}$ eupi.$_{a1,k}$ *Ferr.*$_{a1,k}$ ferr-ar. ferr-m. ferr-p. gins.$_{a1,k}$ *Gnaph.* **Graph.**$_{a1,k}$ guaj.$_{a1,k}$ **Hep.**$_{a1,k}$ hydrc.$_{a1,k}$ hyos. ign.$_{a1,k}$ *Iris* jatr-c. kali-ar. kali-bi.$_{a1,k}$ kali-br.$_{a1,k}$ *Kali-c.*$_{a1,k}$ kali-i.$_{a1,k}$ kali-p. kali-sil.$_{k2}$ kiss.$_{a1}$ lac-ac.$_{a1,k}$ lach.$_{a1,k}$ lachn. lact.$_{a1,k}$ lath.$_{c1}$ led.$_{a1,k}$ limest-b.$_{es1}$ lob. **Lyc.**$_{a1,k}$ lyss. *Mag-c.*$_{a1,k}$ *Mag-m.*$_{a1,k}$ *Mag-p.* manc.$_{a1,k}$ *Med.* merc.$_{a1,k}$ merc-c. nat-ar. *Nat-c.* *Nat-m.*$_{a1,k}$ nat-p. *Nit-ac.*$_{a1,k}$ nux-m.$_{a1,k}$ *Nux-v.*$_{a1,k}$ oena. olnd.$_{a1,k}$ *Petr.*$_{a1,k}$ *Ph-ac.* *Phos.*$_{a1,k}$ **Plb.**$_{a1,k}$ podo.$_{c1}$ puls.$_{a1,k}$ *Rhus-t.*$_{a1,k}$ rhus-v.$_{a1,k}$ sang.$_{a1,k}$ sars.$_{a1,k}$ **Sec.**$_{a1,k}$ *Sel.* *Sep.*$_{a1,k}$ **Sil.**$_{a1,k}$ sin-n.$_{a1,k}$ sol-ni. sol-t.$_{a1}$ spig.$_{a1,k}$ stann.$_{a1,k}$ staph.$_{a1,k}$ stry.$_{a1,k}$ **Sulph.**$_{a1,k}$ tab. tarent.$_{a1,k}$ thuj.$_{a1,k}$ tril-p.$_{c1}$ valer.$_{k2}$ *Verat.*$_{a1,k}$ *Verat-v.*$_{a1,k}$ *Zinc.*$_{a1,k}$ zinc-p.$_{k2}$
☞ *Kontraktion - Unterschenkel - Wade - spasmodisch*
• **links**: agar.$_{a1,bg1}$ arg-n.$_{bg1}$ aspar.$_{bg1}$ berb.$_{bg1}$ bry.$_{bg1}$ coloc.$_{bg1}$ kali-n.$_{bg1}$ lyc.$_{bg1}$ mag-s.$_{bg1}$ nat-m.$_{bg1}$ ph-ac.$_{bg1}$ phos.$_{bg1}$ sang.$_{bg1}$ spig.$_{bg1}$ sulph.$_{bg1}$ zinc.$_{bg1}$
  • **Bett**; im: phys.$_{ptk}$
• **rechts**: acon.$_{bg1}$ agar.$_{a1,k}$ kali-c. lachn.$_{a1}$ lyss. merc.$_{bg1}$ trom.
• **tagsüber**: graph.$_{h,k,*}$ *Petr.*$_{a1,k}$
  • **Sitzen**; bei gebeugtem: *Lyc.*
• **morgens**: bry.$_{a1,k}$ carb-an.$_{a1,k}$ lach.$_{a1,k}$ nit-ac.$_{a1,k}$
  • **Aufstehen**, beim: ferr. lac-ac.
  • **Bett**, im: bov.$_{a1,k}$ *Caust.*$_{a1,k}$ graph.$_{h,k,*}$ hep.$_{a1,k}$ ign.$_{a1,k}$ lac-ac.$_{a1,k}$ lach.$_{a1,k}$ lachn.$_{a1}$ nat-c.$_{a1,h}$ nit-ac. sil.$_{h,k,*}$ *Sulph.*$_{a1,k}$
  • **Erwachen**, beim: lob.$_{a1,k}$
  • **Strecken** des Beines; beim: carl.$_{a1}$ nat-c.$_{a1,h}$
• **vormittags**: nat-m.$_{a1,k}$ sulph.$_{a1,k}$
• **nachmittags**: alum.$_{h,kl}$ ant-t.$_{a1,k}$ elaps hyos.$_{a1,h}$
• **abends**: kali-n.$_{a1,k}$ mag-c.$_{a1,k}$ nux-v.$_{a1,k}$ sel.$_{a1,k}$ sil.$_{h,kl}$ sulph.$_{a1,k}$
  • **Bett**, im: *Ars.* bell.$_{h,kl}$ mag-c.$_{a1,k}$ nit-ac.$_{h,kl}$ *Puls.*
  • **Einschlafen**, beim: berb.$_{a1,k}$ nux-m.
• **nachts**: *Ambr.*$_{a1,k}$ anac.$_{a1,k}$ androc.$_{srj1}$ arg-n.$_{a1,k}$ ars.$_{a1,k}$ berb.$_{a1,k}$ bry.$_{a1,k}$ **Calc.**$_{a1,k}$ carb-an.$_{a1,k}$ carb-v. caust.$_{a1,k}$ cham.$_{bg1}$ coca cocc.$_{a1,k}$ dig. digin.$_{a1}$ *Eupi.*$_{a1,k}$ *Ferr.* *Ferr-m.* *Graph.*$_{a1,k}$ *Kali-c.*$_{a1,k}$ led.$_{a1,h,*}$ **Lyc.**$_{a1,k}$ lyss. *Mag-c.*$_{a1,k}$ *Mag-m.*$_{a1,k}$ med. *Nit-ac.*$_{a1,k}$ nux-m. *Nux-v.* peti.$_{a1}$ petr.$_{a1,k}$ plb.$_{a1,k}$ rhus-v.$_{a1,k}$ sars.$_{a1,k}$ sep.$_{a1,k}$ stann.$_{a1,k}$ **Sulph.**$_{a1,k}$ zinc.$_{a1,k}$
  • **Beugen** des Fußes; beim: chin.
• **Abwärtsbewegung**, bei: coca
• **Anstrengung**, nach: sil.$_{h,kl}$
• **Anziehen** der Stiefel; beim: *Calc.* conin.$_{a1}$ nit-ac.$_{h,kl}$

- **Wade**: ...
  - **Aufstehen**, beim:
    - **Bett**, vom: ferr. mag-c.
    - **Sitzen**, vom: alum. *Anac.*
  - **Auftreten**, beim: *Sulph.*$_{a1,k}$
  - **Ausziehen** der Stiefel; beim: conin.$_{c1}$
  - **Bett**, im: androc.$_{srj1}$ ars.$_{a1,k}$ bov.$_{a1,k}$ **Calc.** **Carbn-s.** *Caust.*$_{a1,k}$ cupr-ar.$_{br1}$ *Eupi.* *Ferr.* *Ferr-m.* graph.$_{a1,k}$ hep.$_{a1,k}$ ign.$_{a1,k}$ *Kali-c.* lac-ac.$_{a1,k}$ lach.$_{a1}$ lachn. mag-c.$_{a1,k}$ nux-v.$_{a1,k}$ phys.$_{a1,k}$ **Rhus-t.**$_{a1,k}$ sep. sil.$_{a1,k}$ **Sulph.**$_{a1,k}$
    - **Beugen** des Oberschenkels; beim: nux-v.$_{a1,k}$
    - **Herumdrehen**, beim: mag-c.$_{ptk1}$
  - **Beugen**, beim:
    - **Knies**, des: cocc.$_{a1,k}$ hep.$_{a1,k}$ ign.
      - **amel.**: calc.$_{h,kl}$ cham.$_{a1,h}$ rhus-t.$_{h,kl}$
    - **Oberschenkels**, des: bell.$_{h,kl}$
  - **Beugen** des Beines; beim: cocc. coff.$_{a1,k}$ kali-c.$_{a1,k}$ nux-v.$_{a1,k}$
  - **Bewegung**:
    - **amel.**: androc.$_{srj1}$ arg-met. bry.$_{a1,k}$ ferr.$_{a1,k}$ rhus-t.$_{a1,k}$
    - **bei**: bapt.$_{a1,k}$ bufo calc.$_{a1,k}$ coca hyos. ign.$_{a1,k}$ lyc.$_{a1,k}$ nux-m.$_{a1,k}$
    - **Füße**, der: cham.$_{h}$
    - **Liegen**; beim: nux-m.
  - **Cholera**, bei: *Ant-t.* *Camph.* *Colch.* **Cupr.** *Jatr-c.* *Kali-p.* *Mag-p.* **Sulph.** **Verat.**
  - **Denken** daran, beim: spong. staph.
  - **Diarrhoe**, mit: jatr-c.$_{kr1}$
  - **Drehen**, beim:
    - **Bett**; beim Herumdrehen im: mag-c. zinc.$_{h}$
    - **Fußes** im Sitzen; des: nat-m.$_{a1,k}$
  - **Dysenterie**, bei: merc-c.$_{ptk1}$
  - **Entbindung**, bei der: nux-v.
  - **Erwachen**, beim: graph.$_{kl}$ lob.$_{kl}$ staph.$_{kl}$ verat-v.$_{kl}$
  - **Furcht** agg.: lach.$_{bg1}$
  - **Gehen**:
    - **amel.**: verat.$_{ptk1}$
    - **beim**: agar.$_{a1,k}$ am-c.$_{a1,k}$ **Anac.**$_{a1,k}$ arg-met. arg-n.$_{a1,k}$ ars.$_{a1,k}$ berb.$_{a1,k}$ **Calc-p.**$_{a1,k}$ cann-s.$_{a1,k}$ cinnb.$_{ptk1}$ coca dulc.$_{a1,k}$ ign.$_{a1,k}$ kali-n.$_{h,kl}$ lact.$_{a1,k}$ lyc.$_{a1,k}$ mag-m.$_{a1,k}$ nat-m.$_{a1,k}$ nit-ac. puls.$_{a1,k}$ sul-ac.$_{a1,k}$ **Sulph.**$_{a1,k}$
    - **nach**: carb-an.$_{a1,k}$ plat. **Rhus-t.**$_{k,kl2}$●
  - **Heben** des Fußes; beim: agar.$_{a1,k}$
  - **Koitus**:
    - **während**: cupr. *Graph.*$_{h,k,*}$
    - **nach**: coloc.$_{a1,k}$
    - **Versuch** zum; beim: *Cupr.*
  - **Kolik**; mit: coloc.$_{ptk1}$ plb.$_{ptk1}$
  - **Kränkung**, nach: *Coloc.*
  - **Liegen**:
    - **amel.**: anac.
    - **beim**: bry.$_{a1,k}$ led.$_{a1,k}$ mag-c. sel.
    - **auf** der er liegt; der Wade: staph.
  - **Menses**:
    - **vor**: *Phos.* vib.$_{bg2,bg3,*}$
    - **während**: cupr. phos. verat. wies.$_{a1,zr}$

– **Unterschenkel - Wade**: ...
  - **Pressen** des Fußes auf den Boden:
    - **amel.**: cupr.$_{bg1}$ ign.$_{bg1}$ nux-m.$_{bg1}$ zinc-i.$_{ptk1}$
  - **Schlaf**:
    - **vor**: *Nux-m.*
    - **im**: ant-t.$_{a1,k}$ graph. inul.$_{a1,k}$ *Kali-c.* nat-m. tep.$_{a1,k}$
  - **Schneidern**, bei: anac.$_{ptk1}$ mag-p.$_{ptk1}$
  - **Schwangerschaft**; während der: cham.$_{bro1}$ *Cupr.*$_{bro1}$ mag-p.$_{bro1}$ nux-v.$_{bro1}$ *Sep.*$_{k,kl2}$● *Verat.*$_{bro1}$ vib.$_{kl,sf}$
  - **Sitzen**, beim: ign. lyc. olnd. plat. **Rhus-t.**
    - **Gehen**, nach dem: plat. **Rhus-t.**
  - **Stehen**, im: euphr.$_{a1,k}$ ferr.$_{a1,k}$ nat-m.$_{a1,k}$
    - **amel.**: cupr-ar.$_{ptk1}$
    - **langem**, bei: euphr.$_{a1,k}$
    - **Zehen**, auf den: alum.$_{h}$
  - **Steigen**, beim: berb.$_{a1,k}$ conin.$_{c1}$
  - **Stiefelausziehen**
    ☞ *Ausziehen*
  - **Strecken**, beim:
    - **Bett**, im: **Calc.**$_{k,kl2}$● carl. cham. lyss. nat-c. pin-s. *Sulph.*
    - **Erwachen**, beim: aspar.
    - **Fußes**, des: chin. nit-ac. thuj.
    - **Gehen**, beim: phos.
    - **Unterschenkel**, der: bar-c. bufo **Calc.**$_{k,kl2}$● carl. lyc.$_{k,kl2}$● nat-c.$_{h}$ nux-v.$_{k,kl2}$● sep.$_{k,kl2}$● *Sulph.*$_{k,kl2}$●
      - **amel.**: bell.$_{h}$ *Cupr.*$_{ptk1}$
  - **Stuhlgang**:
    - **während**: apis$_{ptk1}$ podo.$_{c1,ptk1}$ sec.$_{ptk1}$ verat.$_{ptk1}$
    - **nach**: med.$_{c1}$ ox-ac. trom.
  - **Tanzen**, beim: *Sulph.*
  - **Tragen** einer Last; beim: graph.$_{h}$
  - **Übereinanderlegen** der Beine; beim: alum.
  - **ziehen**:
    - **Knie** nach oben; das: coff.
    - **Bein** nach oben; das: kali-c. nit-ac.
  - ▽ **erstreckt** sich zu:
    - **Ferse**: valer.$_{ptk1}$

– **Knöchel**: agar. calc-p. carl.$_{a1,k}$ cupr. dulc.$_{h,h1,*}$ *Plat.* sel.$_{a1,k}$
  - **rechts** innen:
    - **nachts** beim Erwachen: dulc.$_{h}$
    - **Gehen** amel.: dulc.$_{h}$
  - **abends**: sel.$_{a1,k}$
    - **Liegen**, beim: sel.
  - **nachts**: iod.$_{bg1,h,*}$
    - **Erwachen**, beim: dulc.$_{h1}$
    - **Gehen** amel.: dulc.$_{h,h1,*}$
  - **Gefühl**, als würden die Extremitäten einschlafen; mit dem: *Plat.*
  - ▽ **erstreckt** sich zu:
    - **Ferse**, über die: agar.
    - **Wade**: cupr.
    - **Zehen**: nat-c.$_{h}$

– **Füße**: *Acon.* *Agar.* agar-ph.$_{a1}$ am-c. *Ang.*$_{a1,k}$ arg-cy. arg-met. ars.$_{a1,k}$ ars-i.$_{k2}$ ars-s-f.$_{k2}$ *Asc-t.* **Bell.**$_{a1,k}$ berb. bism.$_{a1,k}$ bry.$_{a1,k}$ *Calc.*$_{a1,k}$ calc-i.$_{k2}$ calc-p.$_{a1,k}$ calc-sil.$_{k2}$ *Camph.* **Carbn-s.** card-m.$_{k2}$

– **Füße**: ...
Caust.$_{a1,k}$ *Colch.*$_{a1,k}$ *Coloc.* **Cupr.** dig. digin.$_{a1}$ euph.$_{h}$ ferr.$_{a1,k}$ ferr-ar. ferr-i. ferr-p. form.$_{a1,k}$ gels.$_{a1,k}$ gnaph.$_{a1,k}$ graph.$_{a1,k}$ hep.$_{a1,k}$ hipp.$_{a1}$ hyper.$_{a1,k}$ iod.$_{a1,k}$ *Jatr-c.* *Lac-c.* lach.$_{a1,k}$ lachn.$_{a1,k}$ lil-t.$_{a1,k}$ *Lyc.*$_{a1,k}$ mag-m. manc.$_{a1,k}$ meph.$_{a1,k}$ mosch.$_{k2}$ *Nat-c.*$_{h,k,*}$ *Nat-m.*$_{a1,k}$ nat-p. nux-m. nux-v. olnd. ox-ac.$_{a1,k}$ *Petr.*$_{a1,k}$ *Ph-ac.*$_{a1,k}$ phos.$_{a1,k}$ phys.$_{a1,k}$ plat. plb.$_{a1,k}$ podo.$_{c1}$ ran-b. *Rhus-t.* sanic. *Sec.*$_{a1,k,*}$ *Sep.* *Sil.* spig.$_{a1,k}$ *Stram.*$_{a1,k}$ stry.$_{a1,k}$ sul-ac.$_{a1,k}$ sul-i.$_{k2}$ *Sulph.* til.$_{a1,k}$ valer.$_{k2}$ verat.$_{a1,k}$ verat-v. verb. zinc.$_{a1,k}$ zinc-p.$_{k2}$

- **links**: hyper.$_{a1}$ lachn.$_{hr1}$ meph.$_{a1}$ nat-m.$_{a1,h,*}$ til.$_{a1}$ zinc.$_{a1}$
- **rechts**: ferr.$_{a1}$ gels.$_{a1,psa}$ nat-c.$_{a1,h}$ stry.$_{a1}$
- **tagsüber**: ox-ac.$_{a1,k}$ *Petr.*$_{a1,k}$ *Sep.*
- **morgens**:
  - **9** h: lachn.
- **abends**:
  - **21** h: lyc.
  - **Anziehen** der Glieder; beim: ferr.$_{a1,k}$
  - **Gehen**, beim: verat.
- **nachts**: form.$_{a1,k}$ lachn.$_{a1,k}$ lyc.$_{a1,k}$ nat-c.$_{h,k,*}$ sanic. valer.$_{k2}$

◈ **abwechselnd** mit Trübsichtigkeit: bell.$_{a1,k}$
- **Bett**, im: bry.$_{a1,k}$ gnaph.$_{a1,k}$ sanic.
- **Bewegung**, bei: calc.$_{a1,k}$ ph-ac.$_{a1,k}$
  - **ersten** Bewegung nach Ausruhen; bei der: plb.
- **Cholera**, bei: **Cupr.** sec. **Verat.**
- **Frost**; während: *Cupr.* elat. nux-v.
- **Gehen**, beim: sil.
  - **schwierig**; Gehen ist: card-m.$_{k2}$
- **Koitus**; beim Versuch zum: *Cupr.*
- **Menses**, während: lachn. sulph. wies.$_{a1,zr}$
- **Schlaf**:
  - **Einschlafen**, beim: hyper.
  - **verhindert**: valer.$_{ptk}$
- **Sitzen**, im: euph.$_{a1,k}$
- **Stehen**, beim: euph.
- **Strecken**, beim: caust.$_{h,k,*}$ verat.$_{a1,k}$

○ **Außenseite**: nicc.$_{a1,k}$
  - **Sitzen**, während den Menses; im: nicc.$_{a1,k}$
- **Ferse**: alum.$_{bg1}$ *Anac.* bry.$_{a1,k}$ cann-s.$_{h,k1}$ caust.$_{bg1,bg2}$ crot-c.$_{a1,k}$ eug. led. mag-c.$_{a1,h,*}$ sel.$_{a1,k}$ sep.$_{bg1,h,*}$
  - **morgens** im Bett: mag-c.$_{a1,h}$
- **Fußrücken**: anac.$_{bg1}$ com.$_{a1,k}$ plb.$_{a1,k}$ ran-b.$_{a1,k}$ rhus-v.$_{a1,k}$ verat-v.$_{bg1}$
  - **Gehen**, beim: ran-b.
- **Fußsohle**: acon.$_{a1,k}$ *Agar.*$_{a1,k}$ *Alumn.* *Am-c.* anac.$_{h,k1}$ ang. *Apoc.* apoc-a.$_{vh}$ arn.$_{a1}$ ars.$_{a1,k}$ ars-s-f.$_{k2}$ bar-c. bell. berb.$_{a1,k}$ bry.$_{a1,k}$ cact.$_{a1,k}$ calad.$_{a1,k}$ **Calc.**$_{a1,k}$ calc-sil.$_{k2}$ **Carb-v.**$_{a1,k}$ **Carbn-s.** card-m. **Caust.**$_{a1,k}$ cham. chel.$_{a1,k}$ coff. *Colch.*$_{a1,k}$ com.$_{a1,k}$ crot-t.$_{a1,k}$ *Elat.* eug.$_{a1,k}$ *Ferr.*$_{a1,k}$ ferr-ar. form.$_{a1,k}$ gent-c.$_{a1,k}$ graph.$_{bg1}$ *Hep.*$_{a1,k}$ hipp.$_{a1,k}$ kali-c. kali-p. lob.$_{a1}$ med. mur-ac.$_{h,k1}$ nat-ar. nat-c.$_{h2}$ nat-m.$_{a1,k}$ *Nit-ac.* nit-m-ac.$_{a1}$ nux-v.$_{a1,k}$ olnd.$_{a1,k}$ *Petr.* *Phos.*$_{a1,k}$ plb.$_{a1,k}$ rhus-t. ruta sang. sanic.$_{bg1}$ sec. sel.$_{a1,k}$ sep.$_{a1,k}$ **Sil.**$_{a1,k}$ stann.$_{a1,k}$ staph. *Stront-c.* *Stry.*$_{a1,k}$

– **Füße - Fußsohle**: ...
Sulph. *Syph.* tarent.$_{a1,k}$ thuj.$_{a1,k}$ til.$_{a1,k}$ *Verat.* *Verb.* zing.$_{a1,k}$
- **links**: calc.$_{bg1}$ thuj.$_{bg1}$
- **rechts**: stann.$_{bg1}$
- **tagsüber**: nux-v.$_{a1,k}$
  - **aufzustehen**, beim Versuch: nux-v.
- **abends**: hipp.$_{a1,k}$ nat-m.$_{a1,k}$ zing.$_{a1,k}$
  - **19** h: nat-ar.
  - **Hinlegen**, nach dem: *Carb-v.*$_{a1,k}$
- **nachts**: *Agar.*$_{a1,k}$ bry.$_{a1}$ calad.$_{a1,k}$ calc.$_{h,k}$ cupr.$_{br1}$ eug.$_{br1}$ med. *Nit-ac.* *Nux-v.* *Petr.*$_{a1,k}$ **Sulph.** zing.$_{br1}$
  - **Mitternacht**:
    - **nach**:
      - **3** h: ferr. form.
  - **Anziehen** der Glieder; beim: kali-c.$_{a1,k}$ nux-v.$_{a1,k}$
  - **Aufstehen**, beim: plat.
  - **Cholera**, bei: **Sulph.**
  - **Hinlegen**:
    - **beim**: bry.
  - **Liegen**:
    - **beim**: sel.
- **Anziehen** der Stiefel; beim: *Calc.*
- **Auftreten**, beim: chel. sulph.
- **Bett**:
  - **im**: bell. carb-v. sep. thuj.$_{a1,k}$
  - **Herausstrecken** des Fußes aus dem Bett
    ☞ *Herausstrecken - Bett*
- **Beugen** des Oberschenkels; beim: bell.$_{h,k1}$
- **Bewegung**, bei: eug.$_{a1,k}$ petr.
- **Fahren** im Wagen; beim: thuj.
- **Gehen**:
  - **amel.**: calc.$_{h}$ nit-m-ac.$_{a1}$ *Verb.*
  - **beim**: *Bar-c.* petr. *Sil.*$_{a1,k}$ *Sulph.*$_{a1,k}$ vib.
    - **Freien**; im: carb-v.
  - **nach**: calc.$_{h,k}$
- **Herausstrecken** des Fußes; beim: chel. coff.
  - **Bett**, aus dem: chel.
- **Herunterhängenlassen** des Fußes; beim: berb.$_{a1,k}$
- **Kolik**, vor: plb.$_{a1,k}$
- **Menses**, während: sulph.
- **Rauchen**, durch: calad.
- **Schwangerschaft**; während der: **Calc.**
- **Sitzen**, beim: bry. hipp. stann.
- **Stehen**, beim: verb.
- **Strecken**, beim: caust.$_{h,k,*}$
- **Tanzen**, beim: bar-c.
- **Wechselfieber**, bei: elat.
- **Seite** auf der er liegt; auf der: staph.
- **Inneren** des Fußes; im: crot-t.$_{a1,k}$
- **Rand** des Fußes; innerer:
  - **Biegen** des Fußes nach Innen; beim: nat-c.$_{h}$ sep.$_{h}$

– **Achillessehne**: arist-m.$_{a1}$ *Calc.* *Caust.*$_{a1,k}$ dios.$_{a1}$ petr.$_{a1,h,*}$
- **nachts**, im Bett: *Caust.*

– **Zehen**: *Am-c.* arn.$_{a1,k}$ *Ars. Asaf.* bar-c. *Bar-m.*$_{a1,k}$ **Calc.**$_{h,k,*}$ calc-sil.$_{k2}$ cann-s.$_{a1,k}$ carb-an.$_{a1,k}$ carbn-h. carbn-s. **Caust.** *Cham. Chel.* coc-c.$_{a1,k}$ *Crot-h. Cupr. Cupr-ar.* dig. digin.$_{a1}$ dios.$_{brl}$ *Ferr.*$_{a1,k}$ ferr-p. gels. *Hep.*$_{a1,k}$ hura hyos.$_{k2}$ *Kali-c.* lil-t.$_{a1,k}$ *Lyc.* mosch. nat-c.$_{a1,k}$ nicc.$_{a1,k}$ *Nux-v.*$_{a1,k}$ ol-an.$_{a1,k}$ ox-ac.$_{bg1}$ petr.$_{h,kl}$ *Ph-ac.* phos.$_{a1,k}$ phyt. plat. plb.$_{a1,k}$ psor. rhus-t. sang. *Sec.*$_{a1,k}$ sep.$_{a1,k}$ sil. stry.$_{a1,k}$ sulph.$_{a1,k}$ tab.$_{a1,k}$ tarent.$_{a1,k}$ v-a-b.$_{jl}$ verat-v.

• **rechts**: coc-c.$_{a1,bg1}$
• **morgens**:
 • **Bett**; im: nicc.
• **nachmittags**:
 • **17** h: lil-t.
• **abends**: petr.$_{h,kl}$
 • **Bett**, im: ars.
• **nachts**: calc.$_{h,k}$ coc-c.$_{a1,k}$ form.$_{a1}$ kiss.$_{a1}$
 • **Mitternacht**:
  • **Bett**, im: nux-v.
 • **Bett**, im: *Ars.* merc-i-f.
◇ **abwechselnd** mit Glottisspasmus: *Asaf.*
• **Ausstrecken** des Fußes; beim: bar-c.$_{h,kl}$ psor.$_{a1,k}$ sulph.$_{a1,k}$
• **Entbindung**, bei der: cupr.
• **Liegen** agg.: coc-c.$_{bg1}$
• **Menses**, während: sulph.$_{a1,k}$
• **Schwangerschaft**; während der: *Calc.*
○ **Beugesehnen**: dios.
• **Rückseite**: merc.$_{bg1}$ ox-ac.$_{bg1}$
• **große** Zehe: calc-p. coloc.$_{a1,k}$ gamb.$_{a1,k}$ kali-c.$_{a1,k}$ nux-v.$_{a1,k}$ plat.$_{h,kl}$ psor.$_{a1,k}$ sil.$_{a1,k}$ tarent.$_{a1,k}$
 • **nachts**:
  • **Liegen**, beim: chin-b.$_{kr1}$
 • **Ausstrecken** des Fußes; beim: psor.
 • **Bett**, im: gamb.$_{a1,k}$
 • **Gehen**, beim: gamb. *Sil.*
• **zweite** Zehe: sep.$_{a1,k}$
• **dritte** Zehe: coc-c.$_{a1,k}$ iod.
 • **nachts**: coc-c.$_{a1,k}$
  • **Liegen**, beim: coc-c.
• **vierte** Zehe: coc-c.$_{a1,k}$
 • **nachts**: coc-c.$_{a1,k}$
  • **Liegen**, beim: coc-c.
• **fünfte** Zehe: coc-c.$_{a1,k}$
 • **nachts**: coc-c.$_{a1,k}$
  • **Liegen**, beim: coc-c.

Kratzendes Gefühl am Knie: stann.$_{h}$

Krebs:
○ **Knochen** (= Knochenkrebs): merc-k-i.$_{gm1}$ methyl.$_{gm1}$ toxi.$_{gm1}$
 • **Osteosarkom**: euph.$_{gm1}$ hecla$_{c2}$ merc-k-i.$_{gm1}$ symph.$_{gm1}$
○ **Oberarmknochen**: cadm-met.$_{gm1}$
• **Oberschenkelknochen**: methyl.$_{gm1}$
• **Schienbein**:
 • **rechts**:
  • **Osteosarkom**: syph.$_{c1}$
 • **Osteosarkom**: syph. toxi.$_{gm1}$
• **Wadenbein**: toxi.$_{gm1}$

Kribbeln (= Prickeln, wie eingeschlafen): **Acon.** *Alum.* alum-sil.$_{k2}$ *Alumn. Ambr.* anac. apoc.$_{k2}$ arg-n. *Arn.* ars. atro. bell. calc-sil.$_{k2}$ camph. *Carb-an. Carb-v.* carbn-o. *Carbn-s.* con. croc.$_{brl}$ *Cupr. Gels.* **Graph.** *Ign.* kali-ar.$_{k2}$ kali-bi. *Kali-c.*$_{k,k2}$ kreos. lach. *Led.* **Lyc.** *Merc.* morph. *Nat-m.* nux-m.$_{k2}$ op. ox-ac. **Petr.** *Ph-ac.* **Phos.** pic-ac.$_{k2}$ plb. psor. **Puls.** *Rhod.* **Rhus-t.** *Sec. Sep. Sil. Stram.* stry. *Sulph.* sumb. tanac. tep. teucr. thuj. *Verat.* verat-v. zinc.
☞ *Gefühllosigkeit*

– **morgens**: kali-bi. teucr.
 • **Liegen**, beim: kali-c.
 • **Ruhe**, in der: anac. carb-an.
– **nachmittags**: teucr.
– **nachts**: *Merc.*
 • **Liegen**, beim: *Sulph.*
– **gelähmten** Körperteilen; in: cann-i.$_{c1}$
○ **Arme**: acet-ac. *Acon.* ail. *Alum.* alum-p.$_{k2}$ alum-sil.$_{k2}$ am-c. am-m. *Ambr.* androc.$_{srj1}$ apis arn. ars. *Aur.* bapt. bell. cann-i. cann-s. caps. *Carb-an. Carb-v. Carbn-s.* caust. chel. *Cocc.* con. corn. *Dig.* fl-ac. **Graph.** hyos. ign. kali-c. kali-n. *Mag-m.* merc. mez. mill. morph. nat-s. ol-an. paeon. *Ph-ac.* **Phos.** plat. puls. rhod. rhus-v. sabad. *Sec.* **Sil.** stry. sulph. thuj. ust.
• **links**: dig.$_{c1}$ elaps
 • **Liegen** auf dem Rücken; beim: kali-n.
• **rechts**: am-c.$_{h}$ am-m. carb-an. kali-bi. sil.
 • **nachts**; rechter Arm und linkes Bein: kali-c.
 • **Liegen** auf der linken Seite; beim: mag-m.
• **morgens**: ail. *Mag-m.*
 • **Erwachen**, beim: ail. *Mag-m.*
• **vormittags**: mill.
• **nachts**:
 • **Mitternacht**:
  • **vor**: caust.
• **Schreiben**, beim: spig.
• **Seite**:
 • **liegt**; auf der er: ambr. arg-met. ars. *Bar-c.* bufo *Calc.* carb-an. *Carb-v. Chin.* cop. *Croc.* glon. *Graph.* hep. *Ign.* kali-c. *Lach. Phos.* **Puls.** *Rheum* **Rhus-t.** samb. sep. sil.
 • **nicht** liegt; auf der er: fl-ac. mag-m.
• **Sitzen**, im: *Graph.* teucr.
• **Tragen** von etwas; beim: *Ambr.*
▽ **erstreckt** sich zu den Fingern: carb-ac.
– **Schulter**: cham. mez.$_{h}$ verat. zinc.
– **Oberarm**: hydrog.$_{srj2}$ sep.
– **Ellbogen**: meny. verat.
– **Unterarm**: aesc. alum. am-m. ars. caps. *Cham. Cocc.* coloc. con. croc. *Gels.* hydrog.$_{srj2}$ lac-c. *Lyc.* mag-m. merc. nat-m. *Nit-ac.* nux-v. *Ph-ac.* phys. pip-m. psor. puls. sec. sep. sulph.
 • **links**: alum.
 • **rechts**: am-m. coloc.
▽ **erstreckt** sich zu den Fingern: carb-ac. phys. pip-m.
○ **Ulnaris**, rechter: lycpr.$_{bro1}$
– **Hände**: acet-ac. **Acon.** aesc. agar. ail. *Alum.* alum-p.$_{k2}$ alum-sil.$_{k2}$ am-c. androc.$_{srj1}$ *Apis* arn. ars. arum-d. bapt. bar-c. bell. *Calc.* calc-p.

– **Hände**: ...
Carb-an. Carbn-s. **Cocc.** colch. croc. crot-h. eupi. form. graph. hell. hyos. *Kali-c. Kali-n.* lac-c. *Lach.* lil-t. *Lyc. Mag-c.* meny. *Mez.* mur-ac. nat-c. nat-m. nat-s. *Nit-ac. Nux-v. Ph-ac. Phos.* ptel. *Rhod.* rhus-t. ruta *Sel.* sep. stram. stry. ust. *Verat.*
• **links**: cact. *Crot-h.* hydrog.srj2 *Lach.*
• **rechts**: carb-an.
• **morgens**: calc-p. form. kali-c. nit-ac. *Phos.*
• **nachts**: mag-m. sep. *Sil.*
• **Mitternacht**: rhus-t.
◆ **abwechselnd** mit Kribbeln der Füße: carb-an. cocc.
• **Bewegung**:
• **agg.**: bapt.
• **amel.**: am-c. carb-an. sep.
• **Erwachen**, beim: croc. *Phos.*
• **Fahren** oder Reiten, beim: form.
• **Greifen** von etwas; beim: cham. hydrog.srj2 rhus-t.
• **Klavierspielen**, beim: sulph.
• **liegt**; auf der er: am-c. ambr. ars. *Chin.* kali-c. petr.
• **schmerzhaft**: mag-m.
• **Schreiben**, beim: agar.
• **Sitzen**, im: am-c. *Graph.* sulph.
• **Stehen**, im: agar.
• **Waschen**; nach: aesc. ars.
▽ **erstreckt** sich zu:
• **Ellbogen**: hydrog.srj2
○ **Handfläche**: apis calad. cupr. *Rhus-t.* ruta seneg. stry. sumb.
• **Handrücken**: apis jatr-c. plat.
– **Finger**: **Acon.** ail. *Alum.* alum-p.k2 alum-sil.k2 *Am-m.* ambr. apis *Ars. Bar-c.* bell. *Calc.* calc-s. *Carbn-s.* con. croc. cupr-ar. *Dig.* form. *Glon.* kali-c. lac-c. lact. lil-t. lob. *Lyc.* mag-c. *Mag-m.* mag-s. merc. nat-c. **Nat-m.** ol-an. ox-ac. paeon. *Par.* ph-ac. ptel. *Puls. Ran-b.* rat. rhod. *Rhus-t. Sec.* sep. **Sil.** spig. stry. sul-ac. sulph. tab. *Thuj. Verat.*
• **rechts**: hydrog.srj2
• **morgens**: dios.
• **Erwachen**, beim: ail.
• **nachts** beim Erwachen: bar-c.
• **Greifen**; beim: rhus-t.k2
• **Sitzen**, im: alum.
○ **Gelenke**: verat.
• **Fingernagel**: colch.a1,bg2,*
○ **unter** dem: cann-s. colch. *Nat-s.*
• **Fingerspitzen**: acon. acon-c. acon-f. **Am-m.** cact. cann-s. *Colch.* croc. fl-ac. *Hep.* **Kali-c.** lach. nat-m. *Nat-s.* rhod. *Rhus-t. Sec.* sep. sulph. *Thuj.*
• **morgens**: *Kali-c.*
• **Greifen** von etwas; beim: *Rhus-t.*
• **Herunterhängenlassen** des Armes; beim: sulph.
• **Zeigefinger**: plat.
• **Mittelfinger**: apis
• **Ringfinger**: alum. sil.
• **kleiner** Finger: alum. carb-an.
• **Sitzen**, beim: alum.

– **Daumen**: alum. ambr. fl-ac. nat-c.h
○ **Daumenspitze**: am-m. ambr.
– **Beine**: agar. *Alum.* alum-p.k2 alum-sil.k2 am-c. arn. aur. bamb-a.stb2 *Calc-p.* carb-ac. carb-an. *Carb-v.* carbn-s. caust. com. dig. **Graph.** grat. guaj. hyper. ign. **Kali-c.** lachn. **Lyc.** mag-m. *Merc.* merc-i-f. nat-m. nit-ac. nux-v. op. **Petr.** *Ph-ac.* rumx. sanic. *Sep. Sil.* spig. sul-ac. *Sulph.* thuj. til.
• **rechts**: carb-an. kali-c.h
• **links**: nat-c.k2
• **morgens** im Bett: *Sulph.*
• **nachts**, im Bett: sanic.
• **Aufstehen** vom Sitzen: caps.h
• **Ausruhen**, nach: op.
• **Hitze** agg.: lachn.c1
• **Knien**, nach dem: op.
• **Kratzen** amel.: sil.h
• **Liegen**, beim: *Kali-c. Sulph.*
• **darauf**: carb-an.
• **Menses**, während: *Graph. Puls.* sec.
• **Sitzen**, im: *Calc-p.* chin. *Graph.* guaj.h ign. kali-c. lyc. mosch. nux-v. *Op. Ph-ac.* sep. *Sil.*
• **warmen** Zimmer agg.; im: com.
– **Gesäß**: *Alum.* calc-p. dig. sulph.
• **Sitzen**, im: *Alum.* calc. dig. sulph.
– **Hüfte**: bar-c. rhus-t.
• **nachts**: bar-c.
○ **Gesäßmuskeln**: calc-p.
– **Oberschenkel**: arg-met. canth. caust. cic.h coc-c. hep.h *Merc.* nit-ac. ox-ac. sabad. sec. sil. thuj. verat.
• **Aufstehen** vom Sitzen; beim: chin.h
• **Menses**, während: sec.
• **schmerzhaft**: caust.
• **Sitzen**, im: cic.h sil.
▽ **erstreckt** sich zu den Hoden: sabad.
– **Knie**: alum. ant-t. aur. hyper. plat. rhus-t.
• **Aufstehen** vom Sitzen; beim: chin.h
• **Sitzen**, im: alum.
– **Unterschenkel**: acet-ac. agar. am-c. arn. asaf. bapt. bar-c. *Calc. Calc-p. Carb-an. Carbn-h.* carbn-s. cic.h con. corn. *Crot-h.* dig. euph. fl-ac. gels. hydrog.srj2 hyper. ind. iod. *Kali-c.* kreos. lachn. lil-t. mag-m. manc. merc. merc-i-f. mez. naja nux-m. nux-v. petr.h puls. *Rhus-t. Sec. Sulph.* thuj. verat.h
• **tagsüber**: *Carb-an.*
• **nachmittags**: *Gels.*
• **abends**: *Calc.* ign. manc.
• **Aufstehen** nach dem Sitzen; beim: *Puls.*
• **Bett**; im: hydrog.srj2
• **Erregung**, durch: calc-p.
• **Gehen**, beim: asaf.
• **Sitzen**, beim: am-c. bar-c. *Calc.* camph. cic.h crot-h. ign.
• **übereinandergelegten** Beinen; mit: agar. carb-an. *Crot-h.* fl-ac. laur. *Phos.* sep.
• **Stehen**, beim: am-c. naja
▽ **erstreckt** sich zu:
• **Oberschenkel**: hydrog.srj2
• **unten**; nach: hydrog.srj2

– **Unterschenkel**: ...
○ **Wade**: ambr.$_{c1}$ bar-c. berb. caust.$_{h}$ cham. lach. onos.
– **Knöchel**:
• **nachts**:
• **Erwachen**, beim: bar-c.
– **Füße**: **Acon.** ail. all-s. *Alum.* alum-p.$_{k2}$ alum-sil.$_{k2}$ am-c. am-m. ambr. ammc. arn. ars. arum-d. bamb-a.$_{stb2}$ bapt. bar-c. berb. *Calc.* calc-p. *Carbn-s.* caust. chel. cob-m.$_{homp}$ **Cocc.** *Coch.* *Colch.* *Coloc.* con. croc. dig. dulc. euph. ham. hell. hydrog.$_{srj2}$ hyos. hyper. *Kali-c.* lachn. lyc. mag-m. manc. merc-i-f. mez. naja nat-c. nat-m. *Nit-ac.* onos. *Ph-ac.* *Phos.* *Puls.* ran-s. *Rhod.* *Sec.* *Sep.* sil. stann. stry. sul-ac. sulph. sumb. thuj. zing.
• **links**: crot-h. grat.
• **rechts**: alum. carb-an.
• **morgens**: calc-p.
• **Bett**, im: nat-c.$_{h}$
• **abends** im Bett: carb-an.
• **nachts**: am-m. mag-m. phos.$_{h}$
◇ **abwechselnd** mit Kribbeln der Hände: **Cocc.**
• **Aufstehen** nach dem Sitzen; beim: *Puls.*
• **Essen**, nach dem: kali-c.
• **Gehen**:
• **beim**: ant-c. berb. *Sec.*
• **amel.**: am-c. *Puls.*
• **Hitze** agg.: lachn.
• **Liegen** im Bett; beim: carb-an. *Hyper.*
• **schmerzhaft**: mag-m.
• **Sitzen**, beim: euph.$_{h}$ grat. nat-c.$_{h2}$
• **Stehen**, im: naja *Puls.* *Sec.*
▽ **erstreckt** sich zu:
• **Knie**:
• **auf** und ab; läuft: hydrog.$_{srj2}$
• **oben**; nach: **Acon.**
○ **Fußrücken**: am-c. chin.$_{h}$ ran-s.
• **Fußsohle**: alum.$_{h}$ am-c.$_{a1,k}$ arg-n. ars. bell.$_{h}$ *Berb.* bry. cain. cann-i.$_{k2}$ **Caust.** cic. *Cocc.* coloc. cub.$_{c1,k}$ ferr. *Hep.* hydrog.$_{srj2}$ lyc. nat-c. *Nux-m.* *Nux-v.* *Olnd.* *Rhus-t.* ruta *Sec.* sep. *Sil.* staph. stry. zing.
• **abends**: rhus-t. zing.
• **Aufstehen**, beim:
• **Bett**, aus dem: lyc.
• **Sitzen**, vom: *Puls.*
• **Gehen**, beim: berb. bry. *Olnd.* *Rhus-t.* *Sec.* zing.
• **Kratzen**, nach: sil.
• **Sitzen**, im: arg-n. cic.$_{h}$ **Cocc.** staph. zing.
• **Stelle**, an einer: ol-an.
• **wollüstig**: *Sil.*
○ **Ferse**: alum. am-c. caust.$_{h}$ ferr-ma. *Nux-m.* rhod.
• **abends** im Bett: nit-ac.$_{h}$
• **Sitzen**, im: alum. con.
– **Zehen**: ail. ars. arum-d. berb. cic. *Colch.* con. hell. *Hep.* *Lach.* merc. merc-i-f. *Nux-m.* sabad. sec. stry. verat. vip.
• **rechter** Fuß:
• **tagsüber**: vip-l-f.$_{a1}$
○ **Zehennägeln**; unter den: elaps

Kribbeln - Zehen: ...
• **Zehenspitzen**: acon-c. **Am-m.** *Nat-m.*
• **große** Zehe: berb. bufo-s. camph. carb-ac. chin.$_{h}$ cic. nat-c.$_{h2}$ ran-s.
○ **Zehenspitze**: mez.$_{h}$
• **zweite** Zehe: crot-t.
• **vierte** Zehe, Außenseite: onos.

Kriechen
☞ *Ameisenlaufen*

Krümmung und Biegung ●: *Calc.* *Calc-p.* lyc. *Sil.* syph.$_{k2}$

Krümmung von Knochen: am-c.$_{h,kl}$ hep.$_{h,kl}$

Kugeln in den Fersen; Gefühl von:
– **morgens**: kreos.

Kurz; Gefühl wie zu:
○ **Arme**: aeth. alum. bell. sep.
– **Unterarm**: cham.
– **Handgelenk**: carb-v.
– **Beine**: ambr.
• **links**: cinnb.
• **rechts**: merc.
– **Oberschenkel**: sabin.$_{c1}$
– **Wade**: carl. *Sil.*
• **Treppen**; beim Hinabsteigen von: arg-met.$_{h}$

Kürzer als das andere; ein Bein ist: bry.$_{bg1}$ caust. cinnb. lycps-v. mez.$_{h}$ nat-m. sulph. til.
– **rechtes** Bein scheint kürzer: ambr.$_{rb2}$ crot-c.
• **Menses**, während: tub.$_{rb2}$

Lahmheit: abrot.$_{a1,k}$ acet-ac.$_{k2}$ *Agar.*$_{hr1,k}$ aloe *Apis* arn.$_{k2}$ *Ars.*$_{hr1,k}$ *Aster.*$_{hr1,k}$ berb.$_{k2}$ bov.$_{hr1,k}$ bry.$_{hr1,k,*}$ cann-i.$_{a1,k}$ *Carl.*$_{a1,k}$ *Caust.*$_{hr1,k}$ *Cham.*$_{hr1,k}$ chel.$_{hr1,k}$ *Chin.*$_{hr1,k}$ **Cinnb.**$_{hr1,k}$ *Cocc.* **Colch.**$_{hr1,k}$ *Con.*$_{hr1,k}$ cupr.$_{a1,k}$ dios.$_{br1}$ *Dros.*$_{hr1,k,*}$ *Form.*$_{hr1,k}$ kali-bi.$_{k2}$ kali-chl.$_{hr1,k}$ kali-n.$_{a1,k}$ kreos.$_{a1,k}$ med.$_{k2}$ **Merc.** nat-ar.$_{k2}$ nat-c.$_{a1,k}$ pic-ac.$_{k2}$ *Rhus-t.*$_{hr1,k,*}$ *Ruta* *Sil.*$_{h,k,*}$ *Spong.*$_{hr1,k}$ stram.$_{hr1,k}$ verat.$_{a1,k}$ *Zinc.*
– **linker** Arm und Fuß nach Schreck: stann.
– **morgens**, beim Erwachen: abrot. nat-c. *Zinc.*
– **abends**: sil.$_{h,hr1,*}$
– **nachts**: *Cham.*$_{hr1,k}$
– **Bewegung**; zu Beginn der: rhus-t.$_{k2}$
– **Schweiß**:
• **unterdrückten**; durch: calc-sil.$_{k2}$
○ **Beugemuskeln**: calc-p.$_{hr1,k,*}$
– **Gelenke**: abrot. arn.$_{k2}$ berb.$_{k2}$ brom. cinnb. **Rhus-t.** **Ruta** *Sil.*
☞ *Schmerz - Gelenke - rheumatisch*
• **Erwachen**, nach dem: hydrog.$_{srj2}$ nat-c.$_{a1,k}$
• **Fieber**; während: *Rhus-t.* *Tub.*
• **Frost**; während: *Rhus-t.* *Tub.*
• **Schweiß**:
• **unterdrückten**; durch: rhus-t.$_{k2}$
• **Verstauchung**, nach: calc. **Rhus-t.** **Ruta**
– **Arme**: abrot.$_{a1,k}$ *Agar.*$_{a1,k}$ alum. ars.$_{a1,k}$ **Bell.** berb. bism. bov.$_{a1,k}$ *Brom.* **Calc.** calc-p. carb-v.$_{a1,k}$ carl.$_{a1,k}$ *Caust.* *Cinnb.*$_{a1,k}$ *Cocc.* com. *Cycl.* dig. *Dulc.* *Ferr.*$_{k,k13}$ *Fl-ac.*$_{a1,k}$ glon.$_{a1,k}$ graph. hyper. kali-c.$_{a1,k}$ kreos. lyc. *Mag-c.* merc-i-f.$_{a1,k}$ mez. nat-s.$_{a1,k}$ ol-an. *Phyt.* plb. *Psor.* *Rhus-t.* *Sep.* **Sil.**

– **Arme**: ...
stann. sul-ac. thuj.al,k verat.al,k
• **links**: agar.al,k brom.gt1 hyper. kali-c.h lach. merc-i-f.al *Rhus-t.*
• **rechts**: acet-ac. **Ferr.**al,k fl-ac.al,k kali-c.h merc-i-f.al,k nit-ac.h **Sang.** sulph.h
• **morgens**: fl-ac.al,k
 • **Erwachen**, beim: abrot.al,k
• **vormittags**: *Fl-ac.*al,k
• **nachmittags**: agar.al,k
• **nachts**, 22 h: fl-ac.
• **Erwachen**, beim: abrot.al,k
• **Gehen**, beim: dig. digin.al
• **geschlagen**, wie: anthraci.kr1 plat.h verat.al,k
• **Heben** der Arme; beim: syph.
• **Körperübungen**, bei mäßigen: sil.h
• **Liegen** darauf, beim: fl-ac.
• **Neuralgie**, nach: ars.al,k
• **rheumatisch**: *Calc-p.* carb-v.al,k **Rhus-t.**
• **Schreiben**, nach: *Agar.* fl-ac. *Merc-i-f.*al,k
• **Stelle**; an einer kleinen: plat.h
• **Wetter**:
 • **kaltem** Wetter, bei:
  • **naßkaltes** Wetter agg.: **Rhus-t.**
– **Schulter**: abrot.al,k aesc.hr1,k *All-c.* ambr. bism.hr1,k bry.al,k cann-i.al carb-ac.al,k cer-s.al cimic.al,k cinnb.al coc-c.al,k dios.al,k *Fl-ac.*hr1,k kali-i.hr1,k *Lach.*hr1,k laur.hr1,k *Merc-i-f.*hr1,k,* *Nat-m.*hr1,k phyt.al,k psor.hr1,k *Rhus-t.*hr1,k sep.al,k til.al zing.hr1,k
• **rechts**: merc-i-f.hr1,k,*
• **morgens**, beim Erwachen: abrot. calc-ar.
• **abends**, bei Erhitzung: coc-c.
• **nachts** beim Erwachen: coc-c.
• **Gehen**, beim: carb-ac.al,k
• **Heben** des Armes; beim: bry.al,k
• **Rauchen**, beim: carb-ac.al,k
• **Schreiben**, beim: merc-i-f.h,k
– **Oberarm**: abrot.al,k act-sp. *Agar.*al,k bell. bry.al,k colch.al,k com.al,k iris plat.h plect.al puls-n. thuj.al,k zing.al,k
• **links**: agar.al,k
• **Fahren** oder Reiten, beim: abrot.al,k
• **Heben** des Oberarmes; beim: bry.al,k
• **Schreiben**, durch: agar.h,k,*
▽ **erstreckt** sich zum Nacken: iris
– **Ellbogen**: *All-c.* dios.al,k dulc.al,k hydr.al,k iris merc-i-f.al,k mez. petr. sars.h
• **morgens**: dios.al,k
– **Unterarm**: agar. bell. berb.al,k *Caust.* cere-b.al colch.al,k dulc.al,k fl-ac.al,k merc-i-f.al,k myric.al,k nat-m. *Sil.* stront-c. sulph. thuj.al,k
○ **Handgelenk**; nahe am: cere-b.al myric.al,k
– **Handgelenk**: acet-ac.hr1,k all-c. asar.hr1,k calc-p.hr1,k,* cimic.al,k com.al,k dios.al,k hipp.al *Kali-c.*hr1,k lac-c. lept.al lyss.hr1,k *Merc.* mez. nux-v. plb.al,k rhus-t. **Ruta** sil.al,k
• **morgens**: plb.al,k sil.al,k tanac.al
• **Verstauchung**, nach: **Rhus-t. Ruta**
• **zerschlagen**, wie: calc-p.hr1,k **Ruta**
– **Hände**: abrot.al,k acet-ac.hr1,k agar.al,k ars.hr1,k,* *Cupr.*al,k fl-ac.al,k hipp.al *Kali-bi.*hr1,k,* nat-m.

– **Hände**: ...
nat-s.al,k phos. rhus-t.hr1,k *Sil.*hr1,k,* stront-c. sulph.hr1,k tab.hr1,k *Zinc.*hr1,k
• **10** h: abrot.
• **Anstrengung**, nach: *Sil.*hr1,k,*
• **Krämpfen**, vor: kali-bi.hr1
• **plötzlich**: cann-s.hr1,k,*
• **Schreiben**, beim: *Sil.*hr1,k,*
– **Finger**: bov.al,k *Calc.* carb-v. hipp.al hyper.al,k kali-c. merc-i-f.al *Sep.*hr1,k
○ **Mittelfinger**: cimic.al,k rhus-t.hr1,k
• **Ringfinger**: bry.al,k
 • **Schreiben**, nach: bry.al,k
– **Daumen**: calc-s.al,k kali-c.h
– **Beine**: aesc-g. apis arn. ars. *Bell.* berb.al,k calc-p.al,k carb-v. caust. **Colch.** dig. fl-ac. hydrog.srj2 iod. kali-bi.bg1,bg2 lyc.al,k **Nat-m.**al,k ox-ac.al,k ph-ac. *Phos. Plb.*al,k *Rhus-t.* sep. sil. stann. **Sulph.** zinc.
• **rechts**: sil.h
• **morgens**: nat-m.al,k *Sil.*
 • **Erwachen**; beim: hydrog.srj2
• **nachmittags**: myric.al,k
• **abends**: *Lyc.*h,k
• **Aufstehen** vom Sitzen; beim: sil.h
• **Fieber**; während: *Rhus-t. Tub.*
• **Frost**; während: ign. *Lyc. Rhus-t. Tub.*
• **Gehen**, beim: ammc. bell. calc. carb-an. *Colch.* coloc. dros. eup-per. kali-i. lyc.al,k nit-ac. puls. *Rhus-t.* zinc.
 • **amel.**: sil.h
• **Menses**:
 • **vor**: nit-ac.
 • **während**: mag-m. phos.
• **Schweiß**, unterdrückter: **Colch. Rhus-t.**
– **Hüfte**: abrot.al,k ammc. arn. ars-n. bry.al,k cham.bg1 cocc.hr1,k dios.hr1,k,* dulc.al fl-ac.hr1,k,* ph-ac.al rhus-t.al,k sars.h zing.hr1,k,*
• **links**: am-m. *Fl-ac.*hr1,k,*
• **nachmittags**, 14 h: dios.
• **Aufstehen** vom Sitzen; nach: ars-met.
• **Auftreten**, beim: euph.h
• **Baden**, beim: ars-met.
• **Gehen**:
 • **amel.**: ars-met.
 • **beim**: dios.al,k euph.al,k
– **Oberschenkel**: aloe *Ars.*hr1,k *Ars-met.* aur. bar-c. *Calc.*hr1,k *Carb-v.* card-m.hr1,k caust. *Chin.*hr1,k cinnb.hr1,k cocc.hr1,k dirc.al dros.hr1,k hep.h hyper. *Iris Kali-c.* lyss.hr1,k *Merc.* nux-v. puls.hr1,k sarr.hr1,k sil.h *Stann.* sulph.hr1,k *Zinc.*
• **rechts**: sil.h
• **Bewegung** amel.: cocc.
• **Flatus**, durch: carb-v.h
• **Gehen**: bar-c. cinnb. zinc.
 • **Freien**, im: nux-v.
• **Menses**, während: *Carb-an.*hr1,k
• **Treppensteigen**, beim: bar-c.
– **Knie**: abrot. *All-c.*hr1,k ars. aur. *Bar-c.*hr1,k berb.hr1,k bry. *Calc.*hr1,k calc-s.hr1,k caps. carb-v. cinnb. cocc.hr1,k com.hr1,k dios.hr1,k fl-ac. *Kali-c.* lath.br1 merc. rheum sep. *Spong.*hr1,k *Sulph.*h,k

– **Knie**: ...
 • **links**: *Calc.*hr1,k calc-s.hr1,k
 • **rechts**: com.hr1,k lyss. spong.hr1,k
 • **morgens**: abrot. caps. dios. lyss.hr1,k
 • **Abwärtsbewegung**, bei: sulph.h
 • **Aufstehen** vom Sitzen; nach: *Berb.*hr1,k
 • **Gehen**, beim: bry. cinnb. merc. merc-sul.c1
  • **nach**: carb-v.h
 • **Knien**, beim: ars-h.hr1,k
 • **Sitzen**, beim: kali-c.h
 ○ **Unterschenkel**: carb-v.h hep.h kali-bi.bg1
– **Wade**: ars-i.a1,k pic-ac.a1,k
– **Knöchel**: abrot. aesc.hr1,k am-br.a1 *Arn.* bry. caps.a1,k cedr.a1,k com.hr1,k,• dios.a1,k fl-ac.a1,k lath.br1 laur.a1,k lil-t.a1,k lyss.hr1,k plb.a1,k **Ruta**
 • **morgens**: dios.a1,k hipp.a1 plb.a1,k
  • **Aufstehen**, nach dem: caps.a1,k
 • **abends**, beim Gehen: fl-ac.
 • **Gehen**:
  • **beim**: *Nat-m.*hr1,k
  • **Freien**, im: com.
 • **plötzlich**: com.a1,k
 • **Sitzen**, im: *Nat-m.*hr1,k
 • **Verstauchung**, nach: *Rhus-t.* **Ruta**
– **Füße**: abrot.a1,k am-br.a1,k *Aur.* bell.hr1,k *Colch.* com.a1,k fl-ac.a1,k hydrog.srj2 hyper.hr1,k lath.a1 merc-i-f.hr1,k,• nat-m. *Rhus-t.* sil.hr1,k thuj.a1,k tub.hr1,k
 • **nachmittags**: thuj.a1,k
 • **Schwangerschaft**; während der: sil.hr1,k
 ○ **Fußsohle**: cupr. kali-p.hr1,k
– **Zehen**: *Aur.* rutabg1

Lähmung: abrot. absin.br1 **Acon.**bg2,k,• **Agar.**bg2,k *All-c.*hr1,k,• aloe **Alum.**bg2,k,• alum-p.k2 alumn.k2 am-m.bg2 ambr.bg2,k *Anac.*bg2,k ang.bg2,hr1 apoc.k2 arag.br1 *Arg-n.*hr1,k,• arn.bg2 *Ars.*bg2,k,• ars-s-f.k2 *Art-v.* asar.bg2 *Aur.*bg2,k *Bapt.* bar-act.br1 *Bar-c.*bg2,k,• bar-m. *Bell.*bg2,k,• bov.bg2 *Bry.*bg2,k,• **Bufo** *Calc.*bg2,k,• calc-s. cann-s.bg2 carb-v.bg2,k carbn-o. carbn-s. **Caust.**bg2,k,• cham.bg2 *Chel.*bg2,k *Chin.*bg2,k *Cic.*hr1,k,• **Cocc.**bg2,k,• coff. *Colch.*bg2,k coloc.bg2 *Con.*bg2,k,• *Crot-c.* crot-h. *Cupr.*bg2,k,• *Cur.* cycl.bg2 dig.bg2 *Dros.*bg2,k *Dulc.*bg2,k,• elec.c1 ferr.bg2,k fl-ac.bg2 *Form.*hr1,k *Gels.*hr1,k graph.bg2 guaj.bg2 *Guare.* *Hell.*bg2 helo.c1 helo-s.c1 hep.bg2 hydr-ac.a1,k hyos.bg2,k ign.bg2 iod.bg2 ip.bg2,hr1 *Kali-ar.* *Kali-c.*bg2,k *Kali-i.* kali-n.bg2,k,• *Kali-p.*hr1,k *Kalm.*hr1,k *Lach.*bg2,k,• laur.bg2,k,• led.bg2 lyc.bg2,k meph.a1,k merc.bg2,k,• *Merc-c.*bg2,k,• mez.bg2 mill.hr1,k morph.a1,k mur-ac.bg2 *Naja* nat-c.bg2 *Nat-m.*bg2,k *Nit-ac.*bg2,k nux-m.k2 *Nux-v.*bg2,k,• *Olnd.*bg2,k,• *Op.*bg2,k,• ox-ac.k2 petr.bg2 ph-ac.bg2,k *Phos.*bg2,k,• pic-ac. *Plat.*hr1,k **Plb.**bg2,k,• puls.bg2,k rhod.bg2,k,• **Rhus-t.**bg2,k,• *Ruta* sabin.bg2 sars.bg2 *Sec.*bg2,k,• sel.bg2 seneg.bg2 *Sep.*bg2,k **Sil.**bg2,k,• spig.bg2 spong.hr1,k stann.bg2,k staph.bg2 *Stram.*bg2,k,• stront-c. sul-ac.bg2 **Sulph.**bg2,k syph.k2 tab.a1,k tarax.bg2 *Tarent.*hr1,k tax.a1,k thuj.hr1,k *Verat.*bg2,k,• verin.a1 vip.a1,k xan.br1 *Zinc.*bg2,k
 ☞ *Nachschleppen*

Lähmung: ...
– **eine** Seite
 ☞ *Hemiplegie*
– **rechts**: ars.bg1 carbn-s.bg1 merc.bg1
– **morgens** im Bett: phos. zinc.
– **nachmittags**:
 • **17** - 18 h: *Con.*
– **abends**: cur. sil. stront-c.
– **Abdomens**; mit Beschwerden des: arg-n.br1
– **absteigend**: *Bar-c.*hr1,k merc.
– **alten** Menschen, bei: *Bar-c.*hr1,k *Con.*hr1,k *Kali-c.*hr1,k op.st
– **Anstrengung**, nach: *Arn.*hr1 ars.hr1,k *Caust.* *Gels.* nux-v. plb.k2 *Rhus-t.*hr1,k
– **Apoplexie**, nach: *Alum.* anac. apis *Bar-c.*bg2,k,• cadm-s. *Caust.*bg2,k,• *Cocc.*bg2,k,• *Crot-c.* *Crot-h.* *Cupr.*bg2,k *Gels.*bg2,k,• ip.hr1 **Lach.**bg2,k,• *Laur.*hr1,k *Nux-v.*hr1,k **Op.**bg2,k *Phos.*bg2,k *Plb.*bg2,k,• sec. stann. *Stram.* zinc.bg2,k
– **Aufstehen**:
 • **agg.**: ~~phos.kl,xxx~~
 • **amel.**: phos.kl
– **aufsteigend**: agar. *Ars.* bar-act.br1 *Con.*bg2,k hydr-ac. *Kali-c.* karw-h.jl3 lyss.c,mg mang. phos.st plb.bg2 sulfon.c
– **Bad** im Fluß, im Sommer; nach einem: *Caust.*
– **Cholera**, nach: verat.
– **Diphtherie**; nach
 ☞ *postdiphtherisch*
– **einzelne** Teile: anac.hr1,k *Ars.* *Dulc.*hr1 karaa1 nux-v.k2 plb.k13,k2 xan.hr1
– **Erkältung**, nach: dulc.hr1,k rhod.hr1,k rhus-t.k2
– **erscheint** allmählich: **Caust.**
– **Gefühl** von: *Abrot.* *Aesc.* *Alum.* apis ars.a1,k bell.a1,k *Bry.*hr1,k,• carbn-h. *Chel.*hr1,k,• cinnb.a1,k *Cocc.* *Con.*hr1,k cupr. *Dig.*hr1,k digin.a1 dros.a1,k ferr. ferr-i.a1 *Gels.* **Graph.**hr1,k,• grat.a1 hell.a1,k hep.a1,k *Kali-i.*hr1,k lach.bg1 laur.a1,k meph.a1 merc.a1,k *Mez.*hr1,k *Nit-ac.*a1,k *Rhus-t.*hr1,k sabad.a1,k sil.hr1,k,• zinc.
 • **rechts**: arn.bg1 phos.bg1
 • **morgens**: dulc.h nat-c.h2 sil.a1,k zinc.
 • **nachts**: *Led.*
 • **bandagiert**; wie: anac.br1,c1
 • **Bewegung** agg.: plb.a1,k
 • **Druck**, bei: nit-ac.h
 • **Fieber**, nach: sil.a1,k
 • **Gehen**, beim: **Rhus-t.**a1,k
 • **Kopfschmerzen**, mit: mez.h
 • **Beugemuskel**: colch.
 • **Gelenke**: acon. arn. *Caps.* cham.a1,k croc. graph.h *Led.* par.a1,k plb. rhus-t. sulph.
  • **nachts**: *Led.*
– **Gemütsbewegungen**; durch: *Apis* gels.k2 **Ign.** nat-m. nux-v. stann.
– **Gemütssymptomen**, mit: arg-n.br1
– **Hautausschlägen**; nach unterdrückten: caust. *Dulc.* hep. *Psor.* *Sulph.*
– **Hemiplegie**: acon. *Alum.*hr1,k alum-p.k2 *Anac.*hr1,k *Apis* arg-n.hr1,k *Arn.*hr1 *Ars.* ars-s-f.k2 bapt. bar-m. bell.hr1 *Both.* *Cadm-s.* caj.hr1 carbn-s.c2 **Caust.**hr1,k chen-a.c2 chin.hr1 coc-c. *Cocc.*hr1,k conin.c2 cop.hr1,k

– **Hemiplegie**: ...
dulc.hr1 elaps.c2,k *Graph*.hr1,k hell.k2 hydr-ac.c2,hr1 hyos.hr1,k *Kali-c*.hr1,k *Kali-i*.hr1,k kali-m.k2 kali-p. *Lach*.hr1,k,* merc.hr1 *Mur-ac*.hr1,k nat-c. nux-v.hr1 *Ph-ac*.hr1,k *Phos*. pic-ac.c2 plb.hr1,k **Rhus-t.**hr1,k *Sars*. sec.k2 sep.hr1 *Stann*.hr1,k,* staph.hr1,k stram.hr1 stront-c. stry-xyz.c2 *Sul-ac*.hr1,k syph.hr1 tab. thuj.hr1,k xan.br1,c1,*
☞ ❑ *Allgemeines - Lähmung - eine*
• **links**: acon. anac. **Apis** arg-n. arn.hr1,k ars.hr1 *Bapt*. bar-m. bell.hr1,k brom. caust.hr1,k *Elaps* hydr-ac.hr1 **Lach.**hr1,k lyc. nit-ac.hr1,k **Nux-v.**hr1,k ox-ac.hr1,k petr.hr1,k phys.c2 podo. **Rhus-t.**hr1,k santin.c2 *Stann*. stram.hr1,k sulph.
• **rechts**: *Apis* arn.hr1,k bell.hr1,k calc. **Caust.**hr1,k colch. **Crot-c.** *Crot-h*. elaps *Graph*. irid-met.c2 iris-fl.c2 nat-c. op.hr1,k phos. *Plb*. *Rhus-t*.hr1,k sang. sil.hr1,k stront-c. sulph.
• **Erregung**, bei geistiger: stann.
• **Gefühllosigkeit** einer Seite, die andere ist gelähmt: cocc.
• **Krämpfen**, nach: stann.
• **Masturbation**, durch: stann.
• **Schmerz** verursacht, durch: nat-m.
• **Schock**; nach: apis
• **Zorn**, nach: staph.hr1,k
• **Zucken** einer Seite, die andere ist gelähmt: *Apis* art-v. *Bell*. *Stram*.
– **hysterisch**: asaf.bg2 caust.bg2 cham.bg2 cimic.bg2 con.bg2 cur. **Ign.**bg2,k mag-m.bg2 mosch.bg2 nux-m.bg2,k2,* nux-v.bg2 phos.bg2 plb. sabin.bg2 tarent. valer.bg2
– **Kälte** der Teile; mit: caust. *Cocc*.hr1,k dulc. graph. *Nux-v*. *Rhus-t*.
– **Kleinkindern**; bei: rhus-t.k2
– **Koitus**, nach: phos.
– **Naßwerden**, nach: **Caust.**hr1,k *Dulc*.hr1 *Gels*.hr1 *Nux-v*.hr1 *Rhus-t*.hr1,k
– **partiell**: **Arn.**hr1 *Ars*.a1,k atro.hr1 *Cocc*.hr1 *Nux-v*.
– **postdiphtherisch**: ant-t. apis arg-met. arg-n.bg2,hr1,* arn.hr1,k *Ars*.hr1,k *Bar-c*.hr1 *Camph*. carb-ac. *Caust*.bg2,k,* *Cocc*.bg2,k,* *Con*.hr1 *Crot-h*.hr1,k cupr.hr1 diph.bg2 gels.bg2,k,* helon.hr1 *Hyos*.hr1 kali-br. kali-p.bg2,k,* lac-c.bg2,k,* *Lach*.bg2,k,* *Nat-m*.hr1,k nux-v.hr1,k phos.bg2,k,* phys.bg2,hr1 phyt.hr1 plb.bg2,hr1 rhus-t.bg2,hr1 sec.bg2,k sulph.hr1,k thuj.hr1 zinc.hr1
– **rheumatisch**: acon.bg2 ang.bg2 ant-t.bg2,hr1 *Arn*.bg2,hr1 bar-c.hr1,k bry.hr1 calc-p.hr1 canth.hr1 caul.hr1 *Caust*.bg2,k cham.bg2 chin.bg2,hr1 *Cocc*.bg2,k,* colch.bg2,hr1 dulc.bg2 ferr.bg2,hr1 form.hr1 gels.hr1 kali-chl.hr1 kalm.bg2 lath.c2 lyc.hr1,k puls.bg2 rhod.bg2 rhus-t.bg2,k,* sulph.bg2,k,*
– **Schmerzen**, durch: nat-m.
– **schmerzlos**: abies-c. acon. aeth. alum.bg2,k alum-p.k2 ambr.bg2,k *Anac*.bg2,k ang.bg2 *Arg-n*. arn.bg2,k *Ars*.bg2,k ars-s-f.k2 *Aur*.bg2,k aur-ar.k2 aur-s.k2 *Bapt*. bar-c.bg2,k bar-s.k2 bell.bg2 bov.bg2 bry.bg2,k cadm-s. calc.bg2 camph.bg2 **Cann-i.** cann-s.bg2 carb-v.bg2 caust.bg2 cham.bg2 chel.bg2 chin.bg2 cic.bg2 **Cocc.**bg2,k colch.bg2,k coloc.bg2 **Con.**bg2,k crot-h.hr1,k *Cupr*. cur. ferr.bg2 **Gels.**

– **schmerzlos**: ...
graph.bg2,k hell.bg2 **Hyos.**bg2,k ign.bg2 ip.bg2 kali-c.bg2 kalm. *Laur*.bg2,k led.bg2 **Lyc.**bg2,k *Merc*.bg2,k nat-m.bg2,k nux-m.bg2 *Nux-v*.bg2,k **Olnd.**bg2,k *Op*.bg2,k *Ph-ac*.bg2,k *Phos*.bg2,k **Plb.**bg2,k *Puls*.bg2,k rhod.bg2,k **Rhus-t.**bg2,k *Sec*.bg2,k sil.bg2,k staph.bg2 stram.bg2,k sulph.bg2,k *Verat*.bg2,k *Zinc*.bg2,k
– **Schreck**, durch: stann.h
– **Schweiß**, nach unterdrücktem: *Colch*. *Rhus-t*.
– **sexuelle** Exzesse, durch: *Calc*.hr1 *Nat-m*.hr1,k *Nux-v*.hr1,k **Phos.**hr1 *Rhus-t*.hr1,k sil.bg2
– **spastisch**: *Ben-d*.vh gels.vh *Hyper*.vh *Lach*.vh lath.br1 *Nux-v*.vh plect.vh sec.vh *Stry*.vh
– **Steifheit**, mit: caust. con. lach. lyc. nat-m. rhus-t. sil.
– **Typhus** abdominalis; bei: *Agar*. *Lach*. *Rhus-t*.
– **Urtikaria**, nach Verschwinden der: cop.
– **vasomotorisch**: alumn.k2
– **Vergiftung**, durch: *Apis* *Ars*. bapt. crot-h.hr1 gels. lac-c. *Lach*. mur-ac. rhus-t.
– **Wechselfieber**, nach unterdrücktem: nat-m. rhus-t.
– **Zorn**, nach: nat-m.hr1,k *Nux-v*.hr1,k staph.hr1,k
○ **Beugemuskeln**: caust. *Nat-m*.hr1,k
– **Streckmuskeln**: alum.hr1,k ang.hr1 ars. calc. *Cocc*. *Crot-h*. cur.k2,st **Plb.**
– **Arme**: absin.bg2 *Acon*.bg2,k,* aesc.a1,k **Agar.** ant-c.bg2 ant-t.bg2,k *Apis* arg-met. arn. *Ars*.bg2,k,* ars-s-f.k2 asar.bg2 *Bar-c*. bar-m. bar-s.k2 *Bell*.bg2,k,* both.a1,k bry.bg2,k *Calc*.bg2,k,* calc-p.bg2,k,* calc-s. **Cann-i.**bg2,k,* carb-ac.bg2 carb-v.bg2 carbn-o. **Caust.**bg2,k chel.a1,k chin.bg2,k cimic.bg2 coc-c.bg2 *Cocc*.bg2,k,* colch.bg2,k,* *Con*.bg2,k,* *Crot-c*. cupr.a1,k dios.bg2 *Dulc*.bg2,k elec.a12 ferr.bg2,k ferr-i. gast.a1 *Gels*. graph.bg2 *Hell*. hep. *Iod*.bg2 kali-ar. *Kali-c*. kali-n.bg2,k,* kali-sil.k2 kalm. led.a1,k lepi.a1 *Lyc*.bg2,k,* mag-c.a1,k *Merc*. *Merc-c*.a1,k mez.bg2 morph.a1,k nat-m.bg2 *Nit-ac*.a1,k *Nux-v*.bg2,k ol-an.bg2 *Op*.bg2,k,* phos.a1,k phyt.bg2,k plat.a1,k **Plb.**bg2,k,* plect.a1 **Rhus-t.**bg2,k sec.bg2,k,* sep.bg2,k sil.bg2,k *Stann*.bg2,k,* sul-ac.bg2 *Sulph*.a1,k tep.a1,k thyr.c2 verat.bg2,k verat-v. vip.a1,k
• **links**: brom. cact. *Calc*.a1,k **Dig.** lac-c. lat-m. pall. par.
  • **Apoplexie**, nach: ars.
  • **Gefühllosigkeit** des rechten; und: tarent.
  • **Hysterie**, bei: sep.
  • **Schwindel**, bei: *Arg-n*.hr1,k
• **rechts**: *Aesc*.a1,k **Am-c.**bg2,k arn. ars-s-f.k2 ars-s-r. bell.h bism. cann-i.a1,k *Caust*. colch.a1,k ferr-i. kali-bi.bg1 **Lyc.** nit-ac.a1,k nux-v. *Plb*. sang. sil. **Sulph.**a1,k tep.a1 ter.
  • **Lähmung** der Zunge; mit: *Caust*.
  • **Arm** und linkes Bein: ter.
• **nachts**: *Nux-v*.
• **Apoplexie**, bei: aesc. ars. bar-c. op. **Phos.**
• **Blei**, durch: alumn. plb.
• **Brachialneuralgie**, nach: crot-t.
• **Diphtherie**, nach: *Caust*.
• **Gefühl** von: *Abrot*. acon.a1,k **Aesc.** agar. *Alum*.a1,k am-c.a1,k **Am-m.** ang.c1,h *Ars*. ars-i. bell.a1,k berb.a1,k brom.a1,k bufo *Calc*. calc-sil.k2

- **Gefühl** von: ...
camph. *Caust.* cham. chel.$_{al,k}$ chen-a.$_{al}$ chim.$_{al}$ *Chin.* cina **Cocc. Colch.**$_{al,k}$ coloc.$_{al,k}$ croc.$_{al,k}$ *Crot-c.* crot-t. *Cycl.*$_{al,k}$ dig. dros.$_{al,k}$ dulc.$_{al,k}$ eupi.$_{al,k}$ *Ferr.*$_{al,k}$ ferr-i.$_{al,k}$ *Gran.*$_{al,k}$ graph.$_{al,k}$ grat.$_{al,k}$ hipp.$_{al}$ hyper.$_{al,k}$ *Ign.* *Iod.*$_{al,k}$ kali-c.$_{al,k}$ kiss.$_{al}$ *Lach.* lepi.$_{al}$ lipp.$_{al}$ *Lith-c.* lob.$_{al,k}$ meny. mez.$_{al,k}$ nat-m. nat-s. *Nux-v.* ol-an.$_{al,k}$ par.$_{al,k}$ *Phos.*$_{al,k}$ *Plat.*$_{al,k}$ plb.$_{al,k}$ psor. rhod.$_{al,k}$ rhus-v.$_{al,k}$ sars. sec.$_{al,k}$ *Sep.*$_{al,k}$ *Sil.* stann. sul-ac. sulph.$_{al,k}$ *Tab.*$_{al,k}$ tep.$_{al,k}$ thuj.$_{al,k}$ til. *Verat.*$_{al,k}$ *Zinc.* zing.
  - **links**: am-c.$_{bg1}$ *Calc.* nux-v. pall.$_{c1}$ *Plat.*$_{al,k}$ sep.$_{bg1,h}$ til.$_{c1}$
    - **Arm** und rechter Fuß; linker: hyper. stann.
  - **rechts**: aesc.$_{c1,k}$ **Am-c.**$_{al,c1}$ **Am-m.**$_{c1,k}$ *Caust.*$_{c1,k}$ cina$_{c1}$ ferr-i.$_{k2}$ fl-ac.$_{c1,k}$ sil.$_{c1,h}$
  - **morgens**: chel.$_{al,k}$ gast.$_{al}$ *Nux-v.* sil.$_{h}$
    - **Bett**, im: chel.
    - **Erwachen**, beim: sulph.$_{al,k}$
  - **nachmittags**:
    - **Gehen**: brom.
    - **Schlummer**, nach einem: phos.$_{al,k}$
  - **abends**: ferr-i.$_{al,k}$ grat.$_{al,k}$
  - **nachts**: *Nux-v.* **Rhus-t.**$_{al,k}$ til.$_{al,k}$
    - **22** h: carbn-s.
  - **Bett**, im: til.$_{c1}$
  - **Bewegung**:
    - **während**: arg-met.
    - **amel.**: dulc.$_{al,k}$
  - **Essen**, nach dem: cocc.$_{al,k}$
  - **Legen** des Armes auf den Stuhl agg.: plat.$_{h}$
  - **Schlaf**, im: plat.
  - **Schreiben**:
    - **beim**: cocc. ferr-i.$_{k2}$ sul-ac.$_{al,k}$
    - **viel** Schreiben; durch: agar. *Caust.*
  - **Strecken** des Armes; beim: ang.$_{h}$
- **Hautausschläge**, durch unterdrückte: hep.
- **Kälte**:
  - **eisige** Kälte in der Ruhe: *Dulc.*
  - **mit**: caust. cocc. *Dulc.* nux-v. plb. *Rhus-t.* zinc.
- **Meningitis**, bei: *Acon.*
- **partiell**: atro.$_{hr1,k,*}$ cic.$_{al,k}$ kali-act. kali-ar.$_{al}$ lac-c. *Lat-m.* merc. *Nux-v.* phos. plb.$_{al,k}$
- **plötzlich**: *Nux-v.*
- **Quecksilber**; nach Mißbrauch von: *Hep. Nit-ac.*
- **Schlaf**, im: mill.$_{al,k}$
- **Schlägen**, Schocks; mit: **Nux-v.**
- **Schmerzen** im Herzen; mit: crot-h. *Lat-m.* pall.
- **Schreck**, durch: stann.$_{al,k}$
- **Schreiben**, durch: cocc.$_{al,k}$
- **Schütteln** der Arme; nach: nit-ac.$_{h}$
- **Unempfindlichkeit**, mit: plb. *Rhus-t.* zinc.

– **Schulter**: *Caust.*$_{hr1,k}$ *Cur.*$_{hr1,k}$ lach.$_{bg2}$ puls.$_{bg2}$
- **links**: caust.$_{bg1}$
- **Gefühl** von: aeth. ambr. aur-m. bry. elaps euph.$_{al,k}$ *Ferr-i.* kreos. lact.$_{al,k}$ mang. mez. mur-ac. nat-m. nux-v. puls.$_{al,k}$ *Rhus-t.*$_{hr1,k}$ sars. sep. stann. staph. sulph. tep. valer. verat.
  - **links**: aur-m. brom. *Ign.* *Rhus-t.*$_{hr1,k}$
  - **rechts**: laur.$_{hr1,k}$ merc-c. pall. psor.$_{hr1,k}$
  - **morgens** beim Aufstehen: lach.

– **Schulter - Gefühl** von: ...
  - **abends**: *Ambr.*
  - **Aufstehen**, nach dem: aur-m.
  - **Gehen**, beim: arn.

– **Oberarm**: agar.$_{bg2,k}$ am-m.$_{bg2}$ arg-met. bell.$_{bg2}$ calc.$_{al,k}$ calc-p. chel.$_{bg2,k}$ nux-v. olnd.$_{bg2}$
- **morgens**: am-m.$_{al,k}$
- **abends**: am-m.$_{al,k}$
- **Gefühl** von: **Bell.**$_{hr1,k,*}$ *Chin.*$_{hr1,k}$ ferr-i.$_{al,k}$ mez.$_{h}$ *Plat.*$_{al,k}$ sulph.$_{al,k}$ zinc.$_{hr1,k}$
  - **morgens** nach dem Aufstehen: sulph.$_{al,k}$
  - **abends**: sulph.$_{al,k}$
    - **Heben** des Armes im Bett; beim: mez.
  - ◆ **abwechselnd** mit Ziehen und Reißen: sulph.$_{al,k}$
  - **Bewegung** amel.: dulc.$_{al,k}$
  - **Heben** des Armes; beim: mez.$_{h}$
  - **Schreiben**, beim: agar.$_{al,k}$ *Caust.* dulc.
  - **Sitzen**, im: cycl.$_{al,k}$
- **partiell**: calc.$_{al,k}$
- ○ **Bizeps**: plb.$_{al,k}$
- **Deltoid**: *Caust.*$_{hr1,k}$ *Cur.*$_{hr1,k}$ plb.$_{al}$

– **Ellbogen**: dulc.$_{bg2}$ fago. mez.$_{bg2}$ petr.$_{bg2,k}$ sabin.
- **Gefühl** von: ambr. arg-met. dulc.$_{h1}$ mez.$_{al,k}$ samb. stront-c. sulph.$_{al,k}$ valer.
  - **nachmittags**: *Sulph.*$_{al,k}$
  - **nachts**: stront-c.
  - **Bewegung**, bei: arg-met.
  - **Heben** der Arme; beim: mez.$_{al,k}$

– **Unterarm**: acon.$_{bg2}$ bar-c. bell.$_{bg2}$ calc-p. caust.$_{bg2,k,*}$ colch. dulc.$_{bg2}$ nat-m.$_{bg2}$ phos. plat.$_{al,k}$ *Plb.*$_{hr1,k}$ **Sil.**$_{bg2,k}$ sulph.$_{bg2}$
- **links**: bar-c.$_{hr1,k}$ calc. calc-p.
- **rechts**: *Plb. Rhus-t.*
- **Druck**, wie durch: cham.$_{al,k}$
- **Gefühl** von: acon. all-s.$_{al,k}$ ambr. apis bism. bov. chel. cocc. dulc.$_{h1}$ fl-ac.$_{al,k}$ kali-n.$_{h}$ kreos. par.$_{al,k}$ plat.$_{h}$ prun. **Rhus-t.** seneg. staph. stront-c. sulph.$_{al,k}$
  - **Schreiben**, beim: cocc. ferr-i.
- ○ **Beugemuskeln**: ars. *Gels.*
  - **Supination**, bei: plb.
- **Streckmuskeln**: colch. merc. **Plb.**

– **Handgelenk**: *Acon.*$_{hr1,k}$ calc-p.$_{bg2}$ hipp.$_{hr1,k,*}$ *Kali-c.*$_{bg2}$ merc.$_{bg2,k,*}$ mez.$_{bg2}$ **Plb.**$_{hr1,k}$ ruta
- **rechts**, und linker Knöchel: nat-p.
- **morgens**: hipp.$_{hr1,k,*}$
- **Gefühl** von: acet-ac.$_{al}$ agar. bism. bov. carb-v.$_{hr1,k}$ kali-c. lipp.$_{al}$ merc. mez.$_{al,k}$ petr. thuj.$_{al,k}$
  - **rechts**: euphr.$_{al,k}$ laur. lyc. mez.$_{al}$ nat-p. ox-ac.
  - ▽ **erstreckt** sich zum Ellbogen: euphr.$_{al,k}$
  - **morgens**: sil.$_{h}$
- ○ **Streckmuskeln**: carbn-s. cur. **Plb.** rhus-t.
  - **Klavierspielen**, durch: cur. *Plb.* rhus-t.

– **Hände**: acon.$_{bg2}$ act-sp. agar. ambr.$_{bg2,k,*}$ *Apis* ars.$_{hr1,k,*}$ bar-c.$_{hr1,k}$ bar-m.$_{al,k}$ calc. calc-caust. calc-p.$_{al,k}$ cann-s.$_{bg2,k}$ carbn-o. **Caust.**$_{bg2,k,*}$ *Cocc.*$_{hr1,k}$ colch.$_{al,k}$ cupr.$_{bg2,k,*}$ ferr.$_{hr1,k}$ *Gels.*$_{hr1,k}$ guare.$_{hr1}$ hydr-ac.$_{al,k}$ kali-bi.$_{bg1}$ kali-c. lach. laur.$_{al,k}$ merc.$_{al,k}$ nat-m.$_{bg2,k,*}$ nux-v. ox-ac.$_{k2}$ phos.$_{bg2,k,*}$ *Plb.*$_{bg2,k,*}$ *Rhus-t.*$_{hr1,k}$ ruta *Sil.*$_{bg2,k,*}$

– **Hände**: ...
tab.$_{a1,k}$ *Zinc.*$_{bg2,k}$
• **links**: bar-c.$_{hr1,k}$ calc-p. *Cocc.*$_{hr1}$
• **rechts**: **Caust.** cupr.$_{bg1}$ elaps **Plb.**$_{hr1,k,*}$ zinc.$_{bg1}$
• **Gefühl** von: acon.$_{a1,k}$ acon-a.$_{a1}$ am-m.$_{a1,k}$ ambr. bism. calc-sil.$_{k2}$ *Carb-an.*$_{hr1,k}$ **Caust.**$_{hr1,k,*}$ chel.$_{a1,k}$ *Chin.* elaps kali-n.$_{a1,k}$ *Kalm.*$_{hr1,k,*}$ lob.$_{a1,k}$ meny. nat-s.$_{hr1,k}$ nit-ac.$_{a1,k}$ nux-v. phos.$_{a1,k}$ pip-m.$_{a1,k}$ prun. sil.$_{hr1,k}$ staph. stront-c. sulph.$_{hr1,k}$ *Tab.*
• **morgens** nach dem Aufstehen: phos.
• **3** h: plb.
• **Bewegung** amel.: acon.$_{a1,k}$
• **Druck**, bei: nit-ac.$_{a1,k}$
• **Klavierspielen**, beim: carb-an. cur. plb. rhus-t. zinc.
• **Reiben** amel.: chel.$_{a1,k}$
• **Schlaf**, im: plat.$_{hr1,k}$
• **Schreiben**, beim: acon.$_{a1,k}$ agar. *Caust.* chel.$_{a1,k}$ *Cocc.*$_{hr1,k}$
• **Stricken**, beim: am-m.$_{a1,k}$
○ **Handfläche**: plb.$_{a1,k}$
– **Finger**: bry.$_{bg2}$ *Calc.*$_{bg2,k,*}$ calc-p.$_{bg2,k}$ carb-v.$_{bg2}$ *Caust.* *Cocc.*$_{bg2,k,*}$ hell.$_{bg2}$ kali-c.$_{bg2}$ mag-c.$_{bg2}$ *Mez.*$_{hr1,k}$ *Phos.*$_{bg2,k,*}$ *Plb.*$_{hr1,k}$ sabin.$_{bg2}$ sil.$_{bg2}$
• **Gefühl** von: acon. ars.$_{a1,k}$ asaf. asar. aur. aur-ar.$_{k2}$ bry.$_{a1,k}$ *Carb-v.*$_{a1,k}$ *Chin.* cycl. dig. euon. gran.$_{a1,k}$ kreos. lact. lil-t.$_{a1,k}$ meny. *Mez.* phos.$_{a1,k}$ plb.$_{a1,k}$ staph.
• **Greifen** von etwas; beim: carb-v.$_{a1,k}$ *Mez.*
▽ **erstreckt** sich über die ganze Seite: both.$_{a1,k}$
○ **Gelenke**: *Aur.* calc-p.$_{a1,k}$ par.$_{a1,k}$ ptel.$_{a1,k}$ verb.
○ **Beugemuskel**: *Mez.*$_{hr1,k}$
• **Streckmuskeln**: alum.$_{k2}$ *Ars.* *Caust.* *Cocc.*$_{hr1,k}$ *Lach.* **Plb.**$_{hr1,k}$
• **Zeigefinger**: mag-c.$_{a1,k}$
• **Krämpfen**, mit: carbn-s.
• **partiell**: mag-c.$_{a1,k}$
• **Mittelfinger**: plb.$_{a1,k}$
• **Gefühl** von: nat-m.$_{a1,k}$
• **kleiner** Finger: plb.$_{a1,k}$
• **Gefühl** von: hell.$_{a1,k}$ lact.$_{a1,k}$ nat-m.$_{a1,k}$
• **Ruhe** amel.: hell.$_{a1,k}$
– **Daumen**: kali-c.$_{a1,k}$ mag-c.$_{bg2,k,*}$
• **abends**: mag-c.$_{a1,k}$
• **Gefühl** von: lachn. merc-i-f.$_{a1,k}$
• **rechts**: lachn.
• **Ausstrecken** und Greifen; beim: sulph.
• **Stricken**, beim: kali-c.$_{a1,k}$
– **Beine**: *Abrot.* acon.$_{bg2}$ aesc.$_{bg2}$ **Agar.**$_{a1,k}$ *Alum.*$_{hr1,k}$ alum-p.$_{k2}$ alum-sil.$_{k2}$ anac.$_{hr1,k}$ ang.$_{bg2,k,*}$ apis apoc.$_{hr1,k}$ **Arg-n.**$_{bg2,k}$ arn.$_{hr1,k}$ **Ars.**$_{bg2,k,*}$ ars-i. ars-s-f.$_{k2}$ bar-c. bar-m.$_{hr1,k}$ *Bell.*$_{bg2,k,*}$ berb.$_{a1,k}$ bry.$_{bg2,k,*}$ *Calc.*$_{hr1,k}$ calc-s. calc-sil.$_{k2}$ *Camph.*$_{hr1,k}$ **Cann-i.**$_{bg2,k,*}$ canth. *Caps.*$_{hr1,k}$ *Carb-ac.*$_{hr1,k}$ carb-v.$_{bg2,k,*}$ carbn-s. caul.$_{hr1,k}$ caust.$_{bg2}$ cham.$_{bg2}$ chinin-s. *Cic.*$_{hr1,k}$ *Cocc.*$_{bg2,k,*}$ colch.$_{bg2,k,*}$ *Con.*$_{a1,k}$ *Crot-c.* crot-t. *Cupr.*$_{a1,k}$ dig.$_{bg2}$ *Dulc.*$_{hr1,k}$ elec.$_{a12}$ ferr.$_{bg2}$ form.$_{hr1,k}$ *Gels.*$_{hr1,k}$ graph.$_{k2}$ hydr-ac.$_{bg1}$ hyos.$_{a1,k}$ *Ign.* iod.$_{bg2,k}$ iris kali-ar.$_{a1,k}$ *Kali-c.*$_{hr1,k}$ kali-sil.$_{k2}$ *Lach.*$_{hr1,k}$ *Lath.* lith-c. lyc. lycps-v. mang.$_{bg2,k}$ merc.$_{hr1,k}$ *Merc-c.*$_{bg2,k,*}$ morph.$_{a1,k}$

– **Beine**: ...
Mygal. nat-m.$_{bg2,k}$ *Nux-m.*$_{hr1,k}$ **Nux-v.**$_{bg2,k,*}$ ol-an.$_{bg2,k,*}$ *Olnd.*$_{hr1,k}$ *Op.*$_{hr1,k}$ *Ox-ac.*$_{hr1,k}$ ph-ac.$_{bg2}$ *Phos.*$_{bg2,k,*}$ *Pic-ac.*$_{hr1,k,*}$ **Plb.**$_{bg2,k,*}$ *Psor.*$_{a1,k}$ **Rhus-t.**$_{bg2,k,*}$ *Ruta* sars. *Sec.*$_{bg2,k,*}$ sep.$_{bg2,k,*}$ *Sil.*$_{bg2,k,*}$ stann.$_{bg2,k}$ *Stram.*$_{hr1,k,*}$ sul-i.$_{k2}$ *Sulph.*$_{bg2,k,*}$ tab.$_{a1,k}$ *Tarent.*$_{hr1,k,*}$ ter. *Thal.*$_{a1,k}$ thal-s.$_{c1}$ *Verat.*$_{hr1,k}$ verat-v.$_{hr1,k}$ zinc.$_{bg2,k}$
• **links**: arn.$_{hr1}$ *Lach.*$_{hr1}$ nat-c.$_{k2}$ sulph.$_{hr1}$ ter.
• **dann** rechter Arm und rechtes Bein: mag-c.$_{h}$
• **rechts**: abrot. *Arn.*$_{hr1}$ lac-c.$_{hr1,k}$ ox-ac. plb.$_{hr1,k}$ rhus-t.$_{hr1}$ thuj.$_{bg1,hr1}$
• **dann** links: *Ox-ac.*
• **nachts**: phos.$_{a1,k}$
◆ **begleitet** von:
• **Uterus**; Beschwerden des: caul.$_{c1,hr1}$
• **Anstrengung**, folgt auf: **Nux-v.**$_{hr1,k}$ rhus-t.
• **Apoplexie**, nach: **Nux-v.** *Phos.*
• **blitzartigen** Schmerzen im Abdomen; mit: *Thal.*
• **Entbindung**, nach der: *Caust.* *Plb.* **Rhus-t.**
• **Gefühl** von: acon. **Aesc.** *Alum.* am-c. **Aur.** berb. *Calc-p.* *Chel.* *Dig.* hyper. lach. phos.$_{h}$ rheum *Rhus-v.* stront-c. *Verat.*
• **rechts**: phos.$_{h}$
• **dann** links: *Verat.*
• **nachts**: *Calc-p.* phos.$_{h}$
• **Sitzen**, im: *Calc-p.*
• **Hautausschläge**, durch unterdrückte: *Psor.*
• **hysterisch**: ign.$_{a1,hr1}$
• **Impfung**, nach: *Thuj.*
• **Kälte**, durch: *Cocc.*$_{hr1,k}$ *Rhus-t.*
• **Kolik**, mit: *Plb.*$_{hr1,k,*}$
• **Krämpfen**, nach: stram.
• **Arme**, der: agar.
• **Kummer**, durch: nat-m.$_{hr1,k}$
• **Naßwerden**, beim: *Nux-v.*$_{hr1,k}$ **Rhus-t.**$_{hr1,k}$
• **plötzlich**: *Nux-v.* *Phos.*$_{hr1}$
• **postdiphtherisch**: **Ars.** *Cocc.* *Con.* gels.$_{hr1,k}$ *Lach.* nat-m. nux-v.$_{hr1,k}$ *Phos.* *Plb.* *Sec.* *Sil.*
• **Quecksilber**; durch Mißbrauch durch: cocc.$_{k2}$
• **Rucken** der Augen; mit: alumin. arg-n.
• **schmerzlos**: *Alum.* alum-sil.$_{k2}$ *Arg-n.* *Ars.* bar-c. bell. calc. camph. cann-i. *Carb-ac.* carb-v. carbn-s. cic. **Cocc.** **Con.** *Cupr.* *Gels.* kali-c. *Lath.*$_{c1,k}$ lyc. *Merc.* nat-m. nux-m. nux-v. **Olnd.** *Op.* *Phos.* **Plb.** **Rhus-t.**$_{hr1,k}$ *Sec.*$_{hr1,k}$ sil. stram. sulph. zinc. zinc-p.$_{k2}$
• **Schwindel**; mit: thuj.$_{bg1}$
• **sexuelle** Exzesse, durch: *Nat-m.*$_{hr1,k}$ **Nux-v.**$_{hr1,k}$ *Phos.*
• **Sitzen**, nach dem: sil.$_{a1,k}$
• **Stehen**, beim: sep.
• **Tetanus**, gefolgt von: nux-v.
• **Wetter**:
• **nassem** Wetter, bei: lath.
• **kaltem** Wetter; und bei: lath.$_{c1}$
• **Zorn**, nach: *Nat-m.*
▽ **erstreckt** sich zu:
• **Arme**: agar. *Ars.* *Con.* hydr-ac. *Kali-c.* mang.
– **Gesäß**:
• **Gefühl** von: sulph.$_{h}$

– **Hüfte**:
- **Gefühl** von: brom. con.k2 nat-m. phos. plb. *Verat.*
  - **abwechselnde** Seiten: verat.
  - **links**:
    ▽ **erstreckt** sich beim Gehen nach unten: lact.br1
  - **abends**: phos.
  - **Gehen**, beim: verat.
    - **amel.**: ph-ac.
  - **Liegen** amel.: phos.
  - **Sitzen** amel.: phos.

– **Oberschenkel**: acon.bg2 ang.bg2 aur.bg2 caust.bg2 *Chel.*bg2,k,* cocc.bg2 kali-c.a1,k kali-t.a1 manc.a1,k *Olnd.*bg2 stram.a1,k sulph.bg2,k,* tart-ac.a1
- **Gefühl** von: agar.a1,k aur.hr1,k,* bar-c.hr1,k berb. *Chel.* cocc.a1,k crot-t.a1,k lach. nux-v.hr1,k *Rhus-t.*hr1,k sulph.h verat.h zinc.a1,k
  - **Gehen**, beim: caust.a1,k dros.a1,k
  - **Liegen**, beim: sulph.h
  - **Sitzen**, im: caust.a1,k *Chel.*a1,k
  ▽ **erstreckt** sich zu:
    - **Knie**: ferr-i.a1,k thuj.a1,k
- **Sitzen**, im: chel.a1,k

○ **Innenseite**: *Nux-v.*
- **Rückseite**, Muskeln der: led.h
- **Streckmuskeln**: *Calc.*a1,k
- **Vorderseite**, Muskeln der: ang.h

– **Knie**: ambr.bg2,k,* ars.bg2,k,* aur.bg2 bar-c.bg2 carb-v.bg2 chel.bg2,k,* colch.bg2 lath.a1,k mim-h.a1 *Sulph.*bg2
- **Gefühl** von: anac.a1,k aur.hr1 berb.a1,k brom.hr1 *Chel.*a1,k chr-ac.hr1 gels.a1,k jug-r.a1,k kali-c.a1,k op.a1,k phos.a1,k plb.hr1
  - **vormittags**, beim Gehen: bry.
  - **abends** im Bett: colch.
  - **Aufstehen** vom Sitzen, beim: berb.a1,k1 plb.h,k
  - **Gehen**:
    - **amel.**: lach.a1,k
    - **beim**: berb.a1,k brom.a1,k
    - **nach**: aur. berb.a1,k *Carb-v.*a1,k croc.a1,k *Hyper.* lach.
  - **Sitzen**, im: *Chel.*a1,k kali-c.h
  - **Treppensteigen**, beim: plb.a1,k
- **Sitzen**, im: chel.a1,k

– **Unterschenkel**: ars.h
- **Gefühl** von: *Acon.* **Aesc.** amyg. atro. bell. both. brom. camph. *Carb-v.* carbn-o. chel. chin. con.k2 lath. mag-c. manc. med. morph. *Nat-m. Nit-ac.* olnd. plb. *Rhus-v.* sep. tab. vip.
  - **links**: carb-v.bg1
  - **Frost**; während: ars. ign. stram.
  - **Gehen**:
    - **beim**: stront-c.
    - **nach**: croc.
  - **rheumatisch**: chel. ph-ac.

– **Knöchel**: *Abrot.* ang.bg2,k,* nat-m.bg2,k,* ruta
- **Gefühl** von: *Dros.*a1,k nat-m.
  - **Gehen**; beim: *Dros.*a1,k
- **Gehen**; beim: nat-m.a1,k
- **Sitzen**, im: nat-m.a1,k

Lähmung: ...

– **Füße**: ang. apis arn.a1,k *Ars.*bg2,k,* bar-m.a1,k *Bell.* carbn-o. caust.bg2 *Chin.*bg2,k,* *Cocc.*hr1,k colch.a1,k *Con.* crot-h.hr1,k hydr-ac.a1,k kali-bi.bg2 laur.a1,k *Lyc.*hr1,k nux-v.hr1,k *Olnd.*bg2,k,* *Phos.*bg2,k,* *Plb.*a1,k rhus-t. stram.hr1,k,* sulph. vip.a1,k *Zinc.*hr1,k
- **Gefühl** von: asaf. asar.hr1,k,* *Cham.*hr1,k,* *Chel.*hr1,k,* eug.hr1,k,* kali-bi.a1,k led.a1,k lipp.hr1 mur-ac.a1,k nat-m.a1,k phos.hr1,k,* sil.hr1,k tab.a1,k zinc.hr1,k,*
  - **morgens**:
    - **Aufstehen**, nach dem: *Phos.*
    - **Bett**, im: nat-m.
  ◇ **abwechselnd** mit Reißen: hyper.a1,k
  - **Auftreten**, beim: asaf. asar.a1
- **partiell**: plb.a1,k
- **plötzlich**: *Cham.*a1,k
- **Schreck**, durch: *Stann.*a1,k

○ **Beugemuskel**: *Bar-c.*hr1,k
- **Ferse**: graph.

– **Zehen**: ars. olnd.bg1
- **knicken** beim Gehen nach innen ein: *Bad.*hr1,k

○ **Streckmuskeln**: crot-h. plb.hr1,k

Länger:

○ **Finger**: kali-n.h

– **Unterschenkel**: *Kali-c.* kreos. stram. thuj.
- **Gefühl**, als wären sie: alum.bg1,bg2 aster.bg1,bg2 coloc.bg1,bg2 lac-c.bg1,bg2 phos.bg1,bg2 rhus-t.bg1,bg2 sulph.bg1,bg2 tab.bg1 thuj.bg2
  - **nachts** beim Liegen: carb-an. phos.k13

– **Zehen** scheinen: thuj.bg1

Langsames Wachstum der Fingernägel

☞ *Nägel; Beschwerden - Wachstum - langsam - Fingernägel*

Lebendigem; Gefühl von etwas: ign.

☞ *Maus / Ratte*

○ **Arme**: *Ign.*
- **hüpfen**, springen würde; als ob Lebendiges in den Armen: croc.

– **Schulter**: berb.

– **Oberschenkel**, im: meny.h

– **Unterschenkel**: sil.

Leichtigkeit, Gefühl von: agar. *Asar.* cann-i. carl. chin. *Coff.* dig. gins. hyos. lact.br1 nat-m. nux-m.a1,k *Op.* **Ph-ac.** rhus-t. spig. stict.hr1,k *Stram.* thuj.

☞ *Schweben*

– **trotz** vielen Gehens oder einer schlimmen Nacht: gins.c1

○ **Beine**: *Ph-ac.* stict.hr1,k
- **Gehen**, nach dem: valer.hr1,k

Lockerheit:

○ **Gelenken**; Gefühl von Lockerheit in den: croc. **Stram.** wildb.c1

– **Fingernägel**; der

☞ *Nägel; Beschwerden - Abblättern*

– **Hüftknochen**; Gefühl von Lockerheit der: lyss.c1

– **Kniegelenke**: phos.h

Lokomotorische Ataxie
☞ *Allgemeines - Lokomotorische*

Lose, abgelöst; als sei das Fleisch: staph.h *Thuj.*
○ **Oberschenkel**: nat-c.h
– **Fuß**, linker: arg-met.h

Luft:
○ **Schulter**:
• **Finger** nach unten strömen; Gefühl, als würde Luft von der Schulter zum: *Fl-ac.*
– **Unterschenkel**:
• **warmer** Luft; Gefühl von: sulph.h

Lupus eines Ellbogens: hep.

Mattigkeit
☞ *Schweregefühl*

Maus die Glieder hinauflaufen; Gefühl als würde eine: *Calc.* sep. *Sil. Sulph.*
☞ *Lebendigem / Ratte*
○ **Arme**: **Bell.** *Calc. Sulph.*
• **epileptischem** Anfall, vor: **Bell.** calc.brol sil.brol **Sulph.**
• **linker** Arm: sil.brol
• **hinunterlaufen**: caust.h
– **Beine**: calc.brol *Sep.* sil.brol **Sulph.**
• **hinunterlaufen**: lyss.

Müde
☞ *Schweregefühl / Schwäche*

Musizieren, durch Spielen eines Instruments; Beschwerden durch:
– **Geigenspielen**, durch: calc. *Kali-c.* mag-p. viol-o.
– **Klavierspielen**, durch: anac. calc. cur. gels. kali-c. mag-p. *Nat-c. Sep.* sulph. zinc.
• **Schweregefühl**: anac.
– **Orgelspielen**, durch: lyc.

Nachschleppen: con. naja *Sulph.*
☞ *Lähmung*
– **Gehen**, beim: naja
○ **Unterschenkel**, der: bar-c. con. merc. *Nux-v. Op.* **Phos.** plb. *Sec.*
• **Gehen**, beim: atro. *Bell.*bg1,bg2 con. merc. *Nux-v. Op. Plb. Sec.* ter.
– **Füße**:
• **links**:
• **Schwindel**; nach: cypr.c1

Nägel; Beschwerden der:
– **Abblättern** der Nägel: alum. ant-c. apis ars. borx.kr1 castor-eq. chlor. crot-h. form. **Graph.** *Hell.* hep.k2 *Merc.* pyrog.bg3 rhus-t. sabin. *Sec.* sep. *Sil.* squil. sulph. thuj. *Ust.*
☞ *spröde*
– **Abszeß**:
○ **Fingernägel**; um die
☞ *Abszeß - Finger - Fingernagel*
– **Atrophie** der Nägel: sil.brol
– **Ausfallen** der Nägel: *Ant-c.*bg2 *Ars.*bg2,h borx.bg2,br1 brass.brol but-ac.brol canth.bg2 chlol.bg2 croc.bg2 form.bg2 *Graph.*bg2 *Hell.*bg2,h,* hell-f.brol,c2 *Merc.*bg2 pyrog.ptk2 *Sec.*bg2 *Sil.*bg2 *Squil.*bg2 sulph.bg2 thuj.bg2 *Ust.*bg2,st
◆ **begleitet** von:
• **Ekzem**:
○ **Finger**
☞ *Hautausschläge - Finger - Ekzem - begleitet von - Ausfallen*
• **Zehen**
☞ *Hautausschläge - Zehen - Ekzem - begleitet von - Ausfallen*
• **granulierte** Oberfläche; hinterläßt eine krankhafte und: sec.a1,c1,*
• **Gefühl** von: apisbg2,hr1,* pyrog.al2,bg2,*
– **Blut**:
• **Blutandrang** zu den Fingernägeln
☞ *Blut - Blutandrang - Finger - Fingernägel*
• **sickert** aus den Fingernägeln
☞ *Blut - sickert*
– **brennendes** Gefühl
☞ *Schmerz - brennend - Finger - Fingernägel - unter*
– **brüchige** Nägel
☞ *spröde*
– **deformiert**: alum.brol,k anan.brol,k *Ant-c.*brol *Ars.*brol bamb-a.stb2 calc. caust.brol dios.brol *Fl-ac.*brol,k **Graph.**brol,k merc.brol,k nat-m.brol nit-ac.k2 sabad.brol,k sec.brol senec.brol *Sep.*brol,k **Sil.**brol,k sulph. syph.xxb *Thuj.*brol,k x-raybrol
○ **Zehennägel**: anan. **Graph.** merc. sep. thuj.
– **dicke** Nägel: alum.brol,k anan.brol *Ant-c.*brol,k *Ars.*brol calc. calc-f.ptk1 caust.brol dios.brol fl-ac.brol,k2 **Graph.**hr1,k,* laur.ptk1 merc.brol,k nat-m.brol sabad.brol,k sec.brol senec.brol sep.brol,k **Sil.**brol,k sulph. thuj.brol *Ust.* x-raybrol
○ **Fingernägel**: alum. **Graph.** sabad. ust.al2,hr1,*
• **Zehennägel**: *Graph.*hr1,k sec.
– **dünne** Nägel: ars. calc-f.gm1 fl-ac.k2 op.
– **Entzündung**:
○ **Fingernägel**
☞ *Entzündung - Finger - Fingernägel*
• **Nagelbett**
☞ *Nagelgeschwür - Nagelwurzel*
• **Zehennägeln**; unter den
☞ *Entzündung - Zehen - Zehennägel*
– **eingewachsene** Zehennägel: alum. alum-p.k2 *Caust.* colch. fl-ac.ptk1 **Graph.** hep.ptk1 kali-c. kali-chl. kali-m.c2 **M-aust.**c2,k *Nat-m. Nit-ac.*c2,k *Ph-ac.* plb. sang.alj **Sil.** staph.brol,c2 sul-i.ptk1 *Sulph.* tet.c2 **Teucr.**c2,k *Thuj.* tub.
• **Granulation**; mit krankhafter: *Lach.*k,kl2● sang.
• **Lähmung**: alum.st
• **Ulzeration**; mit: *Nit-ac.* **Sil.** *Teucr.*
– **Eiterung**:
○ **Fingernägel**
☞ *Nagelgeschwür - Nagel*
• **Zehennägel**:
• **linken** großen Zehe; unter dem Nagel der: caust.
– **empfindliche** Nägel:
○ **Fingernägel**
☞ *Empfindlichkeit - Finger - Fingernägel*

– **empfindliche** Nägel: ...
 • **Zehennägel**
 ☞ *Empfindlichkeit - Zehen - Zehennägel*
– **ernährungsbedingt**: rad-br.$_{bro1}$
– **Farbe**:
 ○ **Fingernägel**
 ☞ *Farbe - Finger - Fingernägel*
 • **Zehennägel**
 ☞ *Farbe - Zehen - Zehennägel*
– **fleckige** Nägel
 ☞ *Farbe - Finger - Fingernägel - weiß - Flecken*
– **Gefühllosigkeit**
 ☞ *Kribbeln - Finger - Fingernagel | Kribbeln - Zehen - Zehennägeln*
– **gefurchte** Nägel
 ☞ *Rauheit - gefurcht*
– **gekrümmte** Fingernägel: *Nit-ac.*
 • **Schwindsucht**; bei: med. tub.
– **geriefte** Nägel
 ☞ *Rauheit - gefurcht*
– **gerippte** Nägel
 ☞ *Rauheit - gefurcht*
– **Geschwüre**
 ☞ *Geschwüre - Nägel*
 ○ **Fingernägel**
 ☞ *Geschwüre - Finger - Fingernägel*
 • **Daumennägel**
 ☞ *Geschwüre - Daumen - Daumennagel*
 • **Zehennägel**
 ☞ *Geschwüre - Zehen - Zehennägel*
– **gespaltene** Nägel: **Ant-c.**$_{k,ptk1}$ fl-ac.$_{ptk1}$ gink-b.$_{sbd1}$ lept.$_{bg1,ptk1}$ nat-m.$_{bg2}$ ruta$_{bg1,ptk1}$ **Sil.**$_{k,ptk1}$ *Squil.* stann.$_{c2}$ sulph. thuj.$_{ptk1}$
– **gewellte** Nägel: ars. calc.$_{k2}$ fl-ac. sabad. **Sil.** *Thuj.*
 • **quer** gewellt: ars. med.$_{ez}$
 ○ **Fingernägel**: calc-f.$_{gm1}$
– **Härte**:
 ○ **Fingernägel**: ars. calc-sil.$_{k2}$ hep.$_{k2}$
– **Haut** zieht sich unter Bildung von Eiter von den Nägeln zurück: eug.$_{br1}$
– **Hautausschläge** in der Gegend der Fingernägel
 ☞ *Hautausschläge - Finger - Fingernägel*
– **Hautfalte** bleibt fest am wachsenden Nagel haften
 ☞ *Wachstum - Hautfalte*
– **Hitze**:
 ○ **Fingernägel**
 ☞ *Hitze - Finger - Fingernägel*
– **hornig**, verhornt: sabad.$_{br1}$
 ☞ *Hornhaut*
 ○ **Fingernägel**: ant-c.$_{hr1,nh3,*}$
 • **Zehennägel**: graph.$_{hr1}$ sulph.$_{a1}$
– **Jucken**:
 ○ **Fingernägel**
 ☞ *Jucken - Finger - Fingernägel*
 • **Daumennagel**; unter dem
 ☞ *Jucken - Daumen - Daumennagel*
 • **Zehennägeln**; unter den
 ☞ *Jucken - Zehen - Zehennägel - unter*
– **Kälte** unter den Fingernägeln
 ☞ *Kälte - Finger - Fingernägeln*

– **krallenartige** Fingernägel
 ☞ *Krallenartige*
– **Kribbeln**:
 ○ **Fingernägeln**; unter den
 ☞ *Kribbeln - Finger - Fingernagel*
 • **Zehennägeln**; unter den
 ☞ *Kribbeln - Zehen - Zehennägeln*
– **kurz** geschnitten; wie: sulph.$_{bg2,hr1,*}$
– **lockere** Nägel
 ☞ *Ausfallen*
– **mandelförmige** Nägel: tub.$_{hr1}$
– **Möndchen** der Nägel fehlt: sulph.$_{a1}$
– **Nagelgeschwür**:
 • **beginnend**; im Nagel
 ☞ *Nagelgeschwür - Nagel*
 • **Niednägel**; durch
 ☞ *Nagelgeschwür - Niednägel*
 • **Onychie**
 ☞ *Nagelgeschwür - Nagelwurzel*
 • **Panaritium**
 ☞ *Nagelgeschwür*
 • **Paronychie**
 ☞ *Nagelgeschwür - Nagel*
 • **Stich** mit einer Nadel unter den Nagel; durch einen
 ☞ *Nagelgeschwür - Stich*
 • **Umlauf**
 ☞ *Nagelgeschwür*
 ○ **Nagelwurzel**; an der
 ☞ *Nagelgeschwür - Nagelwurzel*
 • **unter** dem Nagel
 ☞ *Nagelgeschwür - unter*
– **Nägelkauen**
 ☞ *□ Gemüt - Beißen - Nägel*
– **Niednagel**: *Calc.* kali-chl.$_{c2}$ lyc. *Merc.* **Nat-m.** nat-s.$_{bg3,ptk1}$ *Rhus-t.* sabad. sanic.$_{c1}$ sep. *Sil.* *Stann.* **Sulph.** *Thuj.* upa.$_{bro1,c2}$
 • **entzündet**: kali-chl. lyc.$_{h}$ upa.$_{bro1}$
 • **schmerzhaft**: lyc.$_{h}$ sel. stann.
 ○ **Ringfingers**; Nagel des:
 • **rechts**: wye.$_{c1}$
– **Prickeln**
 ☞ *Kribbeln - Finger - Fingernagel*
– **Pulsieren**:
 ○ **Daumennagel**; unter dem
 ☞ *Pulsieren - Daumen - Daumennagel*
 • **Fingernägel**
 ☞ *Pulsieren - Finger - Fingernagel*
– **Rauheit**:
 • **gefurcht**, gerieft: ars.$_{bg2}$ *Sabad.*$_{bg2}$
 ○ **Fingernägel**: *Graph.* **Sil.**
 • **gefurcht**, gerieft: thuj.
 • **Längsriefen**: fl-ac.
– **Schmerz**:
 ○ **Nägel**
 ☞ *Schmerz - Nägel*
 • **Fingernägel**
 ☞ *Schmerz - Finger - Fingernägel | Schmerz - Finger - Ringfinger - Fingernagel | Schmerz - Finger - Zeigefinger - Fingernagel*
 • **Daumennägel**
 ☞ *Schmerz - Daumen - Daumennagel*

– **Schmerz**: ...
• **Zehennägel**
☞ *Schmerz - Zehen - dritte - Zehennagel / Schmerz - Zehen - große - Zehennagel / Schmerz - Zehen - Zehennägel*
• **bohrend**
☞ *Schmerz - bohrend - Finger - Fingernägel*
• **brennend**
☞ *Schmerz - brennend - Finger - Fingernägel / Schmerz - brennend - Finger - Mittelfinger - Fingernagel / Schmerz - brennend - Finger - Ringfinger - Fingernagels / Schmerz - brennend - Nägel / Schmerz - brennend - Zehen - große - Zehennagel / Schmerz - brennend - Zehen - Nagelwurzel*
• **drückend**
☞ *Schmerz - drückend - Finger - Fingernägel / Schmerz - drückend - Zehen - große - Zehennagel / Schmerz - drückend - Zehen - Zehennägel*
• **nagend**
☞ *Schmerz - nagend - Finger - Fingernägeln*
• **neuralgisch** unter den Fingernägeln
☞ *Schmerz - neuralgisch - Finger - Fingernägel - unter*
• **reißend**
☞ *Schmerz - reißend - Daumen - Daumennagel / Schmerz - reißend - Finger - Fingernägeln / Schmerz - reißend - Finger - Mittelfinger - Fingernagel / Schmerz - reißend - Finger - Ringfinger - Fingernagel / Schmerz - reißend - Finger - Zeigefinger - Fingernagel / Schmerz - reißend - Nägel / Schmerz - reißend - Zehen - große - Zehennagel / Schmerz - reißend - Zehen - Zehennägel*
• **schießend**
☞ *Schmerz - schießend - Finger - Fingernägel*
• **schneidend**
☞ *Schmerz - schneidend - Finger - Fingernägeln / Schmerz - schneidend - Zehen - Zehennägeln*
• **stechend**
☞ *Schmerz - stechend - Daumen - Daumennagel / Schmerz - stechend - Finger - Fingernägel / Schmerz - stechend - Finger - Zeigefinger - Fingernagel / Schmerz - stechend - Nägel / Schmerz - stechend - Zehen - große - Zehennagel / Schmerz - stechend - Zehen - Zehennägel / Schmerz - stechend - Zehen - zweite - Zehennagels*
• **Wehtun**
☞ *Schmerz - Wehtun - Finger - Fingernägeln / Schmerz - Wehtun - Zehen - große - Nagelwurzel*
• **wühlend**
☞ *Schmerz - Finger - Fingernägel*
• **wund** schmerzend
☞ *Schmerz - wund schmerzend - Finger - Fingernägel*

– **Schwellung** nahe den Fingernägeln
☞ *Schwellung - Finger - Fingernägeln*

– **spröde**, brüchige Nägel: alum.bro1 anan.bro1 *Ant-c.*bro1 *Ars.*bro1 caust.bro1 dios.bro1 fl-ac.bro1 gink-b.sbd1 *Graph.*bro1 lept.ptk1,ptk2 merc.bro1 nat-m.bro1 plb.bro1,ptk1 sabad.bro1 sec.bro1 senec.bro1 sep.bro1 *Sil.*bro1 thuj.bg2,bro1,* x-raybro1
☞ *Abblättern*
○ **Fingernägel**: *Alum.* alum-sil.k2 *Ambr.* ant-c. ars. calc. calc-f.gm1 calc-sil.k2 castor-eq. chin.sma *Cupr.*vh *Dios.*br1,k *Fl-ac.* **Graph.** hep.k2

– **spröde**, brüchige Nägel - **Fingernägel**: ...
hydrog.srj2 *Lyc.*vh med.vh merc. *Nit-ac. Phos.*vh **Psor.** sabad.st1 *Senec.*c1,c2 sep. *Sil.* squil. *Sulph. Thuj.* tub.xxb
• **bröckelig**: but-ac.br1,vh1,*
• **Zehennägel**: castor-eq. senec.c2 *Sil. Thuj.*
• **bröckelig**: ars. sep. *Sil. Thuj.*

– **Trockenheit**:
○ **Fingernägel**; in der Gegend der
☞ *Trockenheit - Finger - Fingernägel*
• **Zehennägel**
☞ *Trockenheit - Zehen - Zehennägel*

– **verformte** Nägel
☞ *deformiert*

– **verkrüppelte**, verkümmerte Nägel:
○ **Fingernägel**: alum. but-ac.br1 *Caust.*c2,k fl-ac.k2 **Graph.** *Nit-ac. Sabad. Sep.* **Sil.** sulph. *Thuj.*
• **Zehennägel**: ars. *Caust.*c2,k fl-ac.k2 **Graph.** *Nat-ar. Nit-ac.* sabad. sep. **Sil.** *Thuj.*

– **verkümmerte** Nägel
☞ *verkrüppelte*

– **Verletzungen**:
○ **Fingernägel**; der
☞ *Verletzungen - Finger - Fingernägel*
• **Zehennägel**; der
☞ *Verletzungen - Zehen - Zehennägel - Nagelwurzel*

– **Verlust** der Nägel
☞ *Ausfallen*

– **Verwachsung** der Hautfalte mit dem wachsenden Nagel
☞ *Wachstum - Hautfalte*

– **Wachstum** der Nägel:
• **angehalten**: *Ant-c.* rad-br.ptk1
☞ *unterbrochen*
• **Hautfalte** bleibt fest mit dem wachsenden Nagel verbunden: osm.br1,ptk1
• **langsam**:
○ **Fingernägel**: *Ant-c.*bg2,k sil.bg2
• **schnell**: fl-ac. wies.c1
○ **Fingernägel**: ozonesde
• **unterbrochen**: kali-s.ptk1
☞ *angehalten*

– **Warzen**:
○ **Fingernägeln**; nahe an den
☞ *Warzen - Finger - Fingernägeln*

– **Wucherungen**:
• **hornige** Wucherungen unter den Nägeln
☞ *Wucherungen - hornig - Nägeln*

– **wühlender**, grabender Schmerz
☞ *Schmerz - wühlend - Finger - Fingernägel*

– **zäh**:
○ **Fingernägel**: chin-b.kr1 chinin-s.

– **zuckendes** Gefühl: alum.bg2 *Calc.*bg2 *Caust.*bg2 *Graph.*bg2 mosch.bg2 *Nat-m.*bg2 nit-ac.bg2 *Nux-v.*bg2 *Puls.*bg2 *Rhus-t.*bg2 sep.bg2 *Sil.*bg2 sulph.bg2

– **Zurückziehen** der Haut
☞ *Haut zieht*

– **Zusammenschnürung**:
○ **Fingernägel**:
• **krampfartige** Zusammenschnürung unter den
☞ *Zusammenschnürung - Finger - Fingernägeln*

Nagelbetteiterung
☞ *Nagelgeschwür - Nagel - Umlauf*

Nagelgeschwür (= Panaritium, Umlauf): *All-c.*$_{bro1,k,*}$ alum.$_{bro1,k}$ **Am-c.**$_{bro1,k}$ *Am-m.* ammc.$_{c2}$ *Anac.* **Anthraci.**$_{bro1,k}$ **Apis**$_{bro1,k,*}$ arn. **Ars.**$_{bg2}$ asaf. bar-c. bell.$_{bro1}$ *Benz-ac.* berb. bov. *Bry.*$_{bro1}$ *Bufo*$_{bro1,k,*}$ *Calc.* calc-f.$_{bro1}$ calc-s.$_{bro1}$ calc-sil.$_{k2}$ calen.$_{bro1}$ *Caust.* chin. *Cist.*$_{c2,k}$ con. cur. **Dios.**$_{bro1,k,*}$ eug. ferr. **Fl-ac.**$_{bro1,k}$ gins. **Hep.**$_{bro1,k}$ *Hyper.*$_{bro1,k,*}$ *Iod.*$_{k,kl2}$● *Iris* kali-c. kali-sil.$_{k2}$ kalm. *Lach.* led.$_{bro1,k}$ *Lyc.*$_{c2,k}$ m-arct.$_{c2}$ *Merc.*$_{bro1,k}$ **Myris.**$_{bro1,c1}$ *Nat-c.* *Nat-hchls.* *Nat-m.* *Nat-s.*$_{bro1,k,*}$ **Nit-ac.** ol-myr.$_{bro1}$ par.$_{c2,k}$ petr. phos.$_{bro1}$ *Phyt.* plb. puls. *Rhus-t.* *Sang.* *Sep.* **Sil.**$_{k,kl2}$●$_{*}$ *Sulph.*$_{k,kl2}$● **Tarent-c.**$_{bro1,k}$ teucr.
– **Abwerfen** der Nägel; mit: **Anthraci.** *Ars.* *Carb-ac.* *Euph.* *Lach.*
– **beginnt** im Nagel
☞ *Nagel beginnend*
– **bösartig**: anthraci.$_{bro1}$ *Ars.*$_{bro1}$ carb-ac.$_{bro1}$ *Lach.*$_{bro1}$
• **Brennen**; mit: *Anthraci.* *Ars.* **Tarent-c.**
– **brennend**: **Anthraci.** con.$_{h}$
– **Eiterungsstadium**, im: *Calc.* calc-s.$_{c1}$ **Hep.** **Sil.**
– **Entbindung**:
• **während**: all-c.$_{gsy1}$
• **nach**: all-c.$_{ptk1}$
– **fehlbehandelt**: *Hep.* phos. *Sil.* stram. *Sulph.*
– **Freien**; amel. im: nat-s.$_{k2}$
– **gangränös**: *Ars.* *Lach.*
– **Gefühl** von Nagelbettentzündung, ohne Eiter: iris$_{pd}$
– **geschwüriger** Schmerz: con.$_{h,kl}$
– **juckend**: **Apis**
– **kalt**:
• **Anwendung** amel.; kalte: *Apis* *Fl-ac.* *Led.* **Nat-s.** **Puls.**
• **Wasser** amel.; kaltes: apis$_{ptk1}$ fl-ac.$_{ptk1}$ led.$_{ptk1}$ *Nat-s.*$_{ptk1}$ *Puls.*$_{ptk1}$
– **Lymphgefäße**, entzündete: all-c. *Bufo* *Hep.* *Lach.* rhus-t.
– **Neigung** zu
☞ *wiederkehrend*
– **Niednägel**, durch: lyc. *Nat-m.* sulph.
– **Onychie**
☞ *Nagelwurzel*
– **Paronychie**
☞ *Nagel beginnend*
– **Panaritium**
☞ *Nagelgeschwür*
– **periodisch**:
• **Winter**, jeden: **Hep.**
– **pulsierend**: con.$_{h,kl}$ sep.$_{h,kl}$
– **purpurn**, blaurot: *Lach.*
– **Schwefel**; nach Mißbrauch von: apis
– **Splitter**:
• **durch**: *Bar-c.*$_{hr1,k}$ hep. iod. lach. *Led.* nit-ac. petr. sil. sulph.
• **Gefühl** von: hep.$_{k2}$ nit-ac.
– **stechender** Schmerz: **Apis** **Lach.** sep. **Sil.**

Nagelgeschwür: ...
– **Stich** mit einer Nadel unter den Nagel; durch den: all-c. bov. *Led.* sulph.
– **tiefsitzend**: bry. calc.$_{ptk1}$ hep. lyc. merc-c.$_{ptk1}$ rhus-t. *Sil.*$_{ptk1}$ sulph.$_{ptk1}$
– **Umlauf**
☞ *Nagel beginnend - Umlauf*
– **Verletzung**; durch: *Led.*
– **wiederkehrend**: dios.$_{bro1}$ hep.$_{bro1}$ sil.$_{bro1}$
○ **Daumen**: all-c.$_{hr1,k}$ am-m. borx. *Bufo* eug. fl-ac. gran. *Hep.*$_{hr1,k}$ kali-c. kali-i. nux-v.$_{hr1,k}$ op. sep.$_{hr1,k}$ *Sil.* sul-ac. *Sulph.*$_{hr1,k}$
○ **Beugeseite**: hep.$_{hr1,k}$
– **Hände**:
○ **Handfläche**: lach. *Sil.* sulph.
– **Knochen**:
• **Karies**: asaf. aur. fl-ac. *Lach.* lyc. merc. mez. ph-ac. **Sil.** sulph.
• **übelriechendem** Eiter; mit: fl-ac.
• **tiefsitzender** Schmerz, warmes Bett agg.: sep.
– **Nagel** beginnend; im (= Paronychie): alum.$_{bro1}$ ars.$_{bg2}$ bufo$_{bro1}$ calc-s.$_{bro1}$ *Dios.*$_{bro1}$ graph.$_{bro1}$ hep.$_{bro1}$ *Nat-s.*$_{bro1}$ par. petr. *Phyt.* plb. puls. *Rhus-t.* sep. **Sil.** *Sulph.*
• **Umlauf**: all-c. alum. *Apis* bov. bufo *Caust.* con. crot-t. dios.$_{br1,k}$ eug. ferr. *Fl-ac.* graph. *Hep.* lach. *Merc.* *Nat-hchls.* *Nat-m.* *Nat-s.* par. phos. plb. puls. ran-b. rhus-t. ruta *Sang.* sep. *Sil.* sulph. syph.
• **Impfung**; nach: **Thuj.**
• **Lymphgefäße**; entzündete: all-c. hep. lach. op. rhus-t. sin-n.
– **Nagelbettes**; Entzündung des
☞ *Nagelwurzel*
– **Nagelwurzel**, an der (= Onychie): arn.$_{bro1}$ calen.$_{bro1}$ caust. *Fl-ac.*$_{bro1}$ graph.$_{bro1,k}$ hep.$_{k2}$ phos.$_{bro1}$ psor.$_{bro1}$ sars.$_{bro1}$ sil.$_{bro1}$ upa.$_{bro1}$
– **Periost**: *Am-c.* asaf. calc. calc-p. canth. dios. *Fl-ac.* mez. phos. sep. **Sil.** sulph.
– **Sehnen** sind angegriffen: graph. *Hep.* lach. *Led.* *Merc.* nat-s. *Nit-ac.* ran-b. rhus-t. **Sil.** sulph.
– **unter** dem Nagel: alum. caust. coc-c. sulph.

Nägelkauen
☞ *❑ Gemüt - Beißen - Nägel*

Narben an den Händen stechen; tiefe: kali-bi.
☞ *❑ Haut - Narben*

Nässen aus ödematösen Unterschenkeln: *Graph.* **Lyc.** tarent-c.

Naßwerden der Füße agg.: cham. merc. *Nat-c.* *Nat-m.* *Phos.* *Puls.* rhus-t. *Sep.* **Sil.** xan.

Nervöses Gefühl
☞ *Ruhelosigkeit*

Niednagel
☞ *Nägel; Beschwerden - Niednagel*

Ödem
☞ *Schwellung*

Onychie
☞ *Nagelgeschwür - Nagelwurzel*

Onychophagie
☞ *❑ Gemüt - Beißen - Nägel*

Panaritium
☞ *Nagelgeschwür*

Paronychie
☞ *Nagelgeschwür - Nagel*

Pelziges Gefühl: hyper.$_{a1,k}$ **Sec.**$_{a1,k}$
☞ *Gefühllosigkeit*
○ **Hände**: hell.$_{a1,k}$ *Hyper.*$_{a1,k}$ merc.$_{a1,k}$
• **morgens**: hyper.$_{a1,k}$
– **Finger**: ars.$_{a1,k}$ colch.$_{a1,k}$
– **Füße**: ars.$_{a1,k}$ hyper.$_{a1,k}$
• **morgens**: *Hyper.*$_{a1,k}$

Phlegmasia alba dolens ●: *Acon.*$_{c2}$ *All-c.*$_{hr1,k}$ ant-c. apis *Arn.*$_{bg2,k,*}$ *Ars.*$_{bg2,k,*}$ *Bell.*$_{k,kl2}$●,$_{*}$ *Bism.*$_{c2}$ both.$_{st1}$ **Bry.**$_{hr1,k,*}$ *Bufo*$_{c2,k}$ **Calc.**$_{k,kl2}$● carbn-s. *Cham.* *Chin.* crot-h.$_{hr1,k,*}$ graph. *Ham.*$_{hr1,k,*}$ hep. hippoz.$_{c2}$ *Iod.*$_{bg2,k}$ *Kali-c.*$_{hr1,k}$ **Lach.**$_{k,kl2}$●,$_{*}$ *Led.* *Lyc.*$_{k,kl2}$●,$_{*}$ merc. *Nat-s.*$_{hr1,k,*}$ nux-v.$_{bg2,k,*}$ *Puls.*$_{k,kl2}$●,$_{*}$ rhod. **Rhus-t.**$_{k,kl2}$● *Sep.*$_{k,kl2}$● *Sil.*$_{bg2,k}$ *Sulph.*$_{k,kl2}$●,$_{*}$ urt-u.$_{c2}$ verat.
☞ *❑ Allgemeines - Entzündung - Blutgefäße - Venen*
– **Entbindung**; nach der: ham.$_{bro1}$
– **Kontraktionen**, mit: *Sil.*$_{hr1,k}$

Picken, pickendes Gefühl:
○ **Arme**: mez.$_{h}$
– **Hände**: mez.$_{h}$

Prickelndes Gefühl
☞ *Kribbeln*

Pronation des Armes: cupr.$_{a1,k}$ plb.$_{a1,k}$

Pulsieren: aesc.$_{k2}$ ambr.$_{k2}$ ant-t. ars. bar-c. bar-m.$_{k2}$ berb. cact.$_{k2}$ calc-s.$_{k2}$ chinin-ar. *Ferr.* ferr-i.$_{k2}$ glon.$_{k2}$ graph.$_{k2}$ *Ign.* iod.$_{k2}$ *Kali-c.* kali-p.$_{k2}$ kali-sil.$_{k2}$ kreos.$_{k2}$ *Lach.* nat-ar. ol-an. *Rhus-t.* sep. sul-i.$_{k2}$ zinc.
– **nachts**: *Ferr.* sep.
– **Erwachen**; beim: ferr-i.$_{k2}$
– **Frost**; während: zinc.
– **Gehen** amel.; langsames: ferr.
– **Musik**; durch: kreos.$_{k2}$
– **Ruhe**, in der: *Ferr.*
○ **Gelenke**: am-m.$_{bg2,k}$ arg-met. brom. dros.$_{bg2}$ led.$_{a1,k}$ *Merc.*$_{bg2,k,*}$ mez.$_{bg2}$ mill. olnd.$_{bg2}$ ph-ac.$_{bg2}$ rhod.$_{bg2,k}$ rhus-t.$_{bg2,k}$ *Ruta* sabad.$_{bg2,k}$ spig.$_{bg2}$ thuj.$_{bg2,k}$
– **Arme**: alum. anac.$_{h}$ asc-t. aster. berb. carb-v. caust. coloc. con. dig. hura iod.$_{k,k2}$ *Kali-c.* lach. lyss. mag-c. mag-m. manc. merc-i-f. merc-sul. mur-ac. nat-c. nat-m. nux-v. petr. phys. sep. sil. sulph. thuj. zinc.
• **links**: nux-v. xan.
• **rechts**: sil.$_{h}$
• **brennend**: phys.
• **Essen**, nach dem: sel.$_{k2}$ sil.
• **Heben** des Armes; beim: sil.$_{h}$

Pulsieren - Arme: ...
• **synchron** mit dem Puls: graph.$_{h}$
– **Schulter**: am-m. arg-met. bar-c. bar-m. berb. brach. cocc. *Coloc.* dig. hura *Kali-c.* *Led.* mez. mur-ac. ph-ac. *Rhod.* rhus-t. sol-t-ae. stann. sulph. tab. tarax. thuj.
• **rechts**: am-m. *Led.*
• **abends**: dig. mez.
◆ **abwechselnd** mit Reißen: bar-c.
• **Bewegung**:
• **agg.**: mez.
• **amel.**: am-m. arg-met.
• **Gehen**, beim: dig.
• **amel.**: rhus-t.
• **kalte** Luft amel.: rhus-t.
• **Wärme** agg.: rhus-t.
○ **Akromion**: merc.
– **Oberarm**: ars-h. dig. *Kali-c.* kali-n. rhod. sars. squil. tarax.
• **links**: xan.$_{c1}$
• **nachts**: kali-c.
• **intermittierend**: kali-c.$_{h}$ tarax.$_{a1,k}$
○ **Deltoid**: nat-m.
• **nahe** der Schulter: sars.
– **Ellbogen**: agar. grat.$_{a1,k}$ hura indg.$_{a1,k}$ rhus-t.$_{a1,k}$ *Still.*$_{a1,k}$ ter.$_{a1,k}$ thuj.$_{a1,k}$
• **abends**: still.$_{a1,k}$
○ **Ellbogenhöcker**: agar.
– **Unterarm**: bell. bufo caust.$_{h}$ hura hydrog.$_{srj2}$ kali-bi. lyss. olnd. plat. sabad.
○ **Innenseite**, nahe dem Handgelenk: olnd.
– **Handgelenk**: bov. brach. grat. hura *Lach.* merc. phos.
• **abends**: bov.
• **Bewegung** agg.: phos.
▽ **erstreckt** sich zum Ellbogen: kali-n.$_{h}$
– **Hände**: am-m. bry. cact.$_{k2}$ carb-v. cic. coc-c. fago. glon. hydrog.$_{srj2}$ phys. plb. rhus-t. sumb. thuj.
• **links**: gels.$_{psa}$
• **rechts**: hydrog.$_{srj2}$
• **morgens**: fago.
• **Bett**, im: thuj.
• **vormittags**: nicc.
• **Berühren** von etwas; beim: glon.
• **Bewegung** amel.: am-m.
• **brennend**: phys.$_{a1,k}$
• **Hitze**; während: sumb.
• **Mittagessen**, nach dem: plb.
• **Schreiben** amel.: nicc.
• **stechend**: thuj.
• **Stuhl**; beim Pressen zum: cic.
○ **Handrücken**: dros. nat-s.
• **Bewegung** amel.: nat-s.
– **Finger**: *Am-m.* anan. apis bar-c. borx. fago. ferr-ma. fl-ac. glon. hura kali-bi. kali-c.$_{k2}$ lith-c. plat. *Sulph.* teucr. xan.
• **links**: xan.$_{c1}$
• **rechts**:
○ **Mittelfinger**: hydrog.$_{srj2}$
• **abends**: fl-ac.
○ **Fingernagel**:
○ **unter** dem: am-m. *Graph.* sep. sulph.$_{bg2}$

– **Finger** - **Fingernagel**: ...
• **um** *den*: con.
• **Fingerspitzen**: aml-ns. bell. berb.$_{bg1,bg2}$ borx.$_{bg1}$ carb-v. crot-h. gels. glon.$_{bg2,k}$ hura$_{bro1}$ iod.$_{k2}$ kreos.$_{k2}$ nat-s.$_{bg1}$ phyt. sep.$_{bg1}$
• **mittags**: gels.
• **Gelenke**: bufo gels.$_{psa}$ *Hep.*
• **Zeigefinger**: gymno. hura mag-s. sulph. til.
○ **Fingerspitze**: hura nat-m.
• **abends**: nat-m.
• **Mittelfinger**: bar-c.$_{h}$ dios. hura sabad.
• **Ringfinger**: crot-h. sol-t-ae.
• **kleiner** Finger: berb.$_{bg1}$ hura zinc.$_{h}$
○ **Fingerspitze**: nat-s. sep.
– **Daumen**: borx. carb-v. *Hep.* hura nat-m. sars. stront-c. zinc.
• **rechts**: hydrog.$_{srj2}$
• **nachts**: sars.
• **Essen**, nach dem: nat-m.
• **Sitzen**, im: nat-m.
○ **Daumennagel**, unter dem: **Am-m.**
• **Daumenspitze**: borx. chinin-s. ferr-ma. mag-c. zinc.
– **Beine**: androc.$_{srj1}$ ars-met. *Kali-c.* nat-m. nux-v. *Sars.* sep. *Sulph.*
• **Sitzen**; nach: sel.$_{k2}$
– **Gesäß**: cench.$_{k2}$ phos. prun. ptel.$_{c1}$ rumx. sol-t-ae. zinc.
• **16** h: sol-t-ae.
– **Hüfte**: am-c.$_{a1,k}$ ars. ars-h. *Coloc.*$_{a1,k}$ crot-h. hep. *Ign.* mag-m.$_{a1,k}$ merc. rhod. sil. staph. til.$_{a1,k}$
• **morgens**: ars-met.
• **abends**: am-c.$_{a1,k}$
– **Oberschenkel**: ars.$_{a1,k}$ berb.$_{a1,k}$ bry. cench.$_{k2}$ choc.$_{srj3}$ com. dig.$_{h}$ murx. nit-ac.$_{a1,k}$ plat. ruta sec.$_{h,k}$ *Sil.*$_{a1,k}$ spong. stann. tarent.$_{a1,k}$ verat-v.$_{bro1}$
• **nachts**: ars.$_{a1,k}$
○ **Sehnen**, der: caust.$_{h}$
– **Knie**: *Acon.* arg-met. bamb-a.$_{stb2}$ brach.$_{a1,k}$ brom.$_{a1,k}$ calad.$_{hr1,k}$ *Kali-c.*$_{a1,k}$ kali-n.$_{a1,k}$ merc.$_{a1,k}$ merc-i-f.$_{a1}$ tarent.$_{a1,k}$ thuj.$_{a1}$ verat-v.$_{a1,k}$ zinc.$_{a1,k}$
• **morgens**, beim Erwachen: verat-v.$_{a1,k}$
• **abends**: calad.$_{hr1,k}$ kali-c.$_{a1,k}$ merc-i-f.$_{a1}$
• **nachts**: kali-n.$_{h}$
• **Bewegung** amel.: kali-c.$_{a1,k}$
• **Gehen**, nach dem: thuj.$_{a1}$ zinc.
• **Liegen**, beim: calad.$_{hr1,k}$
• **schmerzlos**: merc.$_{a1,k}$
• **Sitzen**, im: bamb-a.$_{stb2}$ brom.$_{a1,k}$ thuj.$_{a1}$ zinc.$_{a1,k}$
• **Stehen**, beim: arg-met.
○ **Kniekehle**: coloc.$_{a1,k}$ olnd.$_{a1,k}$
• **Kniescheibe**: coloc.$_{a1,k}$ spig.$_{a1,k}$
• **abends**: coloc.$_{a1,k}$
– **Unterschenkel**: anac. ant-t.$_{a1,k}$ arg-met. ars-h. ars-met. brom.$_{a1,k}$ kreos.$_{a1,k}$ med. merc-i-f. nat-s.$_{a1,k}$ ph-ac.$_{a1,k}$ pic-ac.$_{a1,k}$ plat.$_{a1,k}$ rhus-t.$_{a1,k}$ sil.$_{a1,k}$ stann. still.$_{a1,k}$ stront-c.
• **abends**: still.$_{a1,k}$
• **Gehen**, beim: nat-s.$_{a1,k}$
• **Ruhe**, in der: arg-met. ph-ac.$_{a1,k}$
• **Stellen**, an kleinen: plat.$_{a1,k}$
○ **Achillessehne**: prun.$_{a1,k}$ zinc.

Pulsieren - Unterschenkel: ...
• **Wade**: alum.$_{a1,k}$ bov.$_{bg1}$ cench.$_{k2}$ graph.$_{bg1}$ jatr-c. nat-m.$_{a1,k}$ nux-m.$_{bg1}$ plat.$_{a1,k}$ plb.$_{bg1}$ rhod.$_{bg1}$
• **morgens**: alum.$_{a1,k}$
• **Sitzen**, im: nat-m.$_{h}$ plat.$_{a1,k}$
○ **Außenseite**: graph.$_{h}$
– **Knöchel**: am-m.$_{h}$ arg-met.$_{h}$ bamb-a.$_{stb2}$ cench.$_{k2}$ dros.$_{a1,k}$ kali-c.$_{a1,k}$ ruta
• **nachts**: dros.$_{a1,k}$
• **Liegen**, beim: dros.$_{a1,k}$
– **Füße**: am-m.$_{a1,k}$ ang.$_{a1,k}$ arg-met. asaf. cact.$_{k2}$ cann-s. carbn-s. caust. eup-per. gels.$_{a1,k}$ hydrog.$_{srj2}$ kali-i.$_{a1,k}$ lil-t.$_{a1,k}$ mygal.$_{a1,k}$ nat-m.$_{a1,k}$ nux-m. plb.$_{a1,k}$ rhus-v.$_{a1,k}$
• **rechts**: eup-per.
• **abends**: carbn-s.
• **Liegen**, beim: gels.$_{a1,k}$
• **Mittagessen**, nach dem: plb.$_{a1,k}$
○ **Außenseite**: sulph.$_{h}$
• **Ferse**: ars-met. *Nat-c.*$_{a1,k}$ nat-s.$_{bg3}$ phos.$_{a1,k}$ ran-b.
• **abends**: nat-c.$_{a1,k}$
• **nachts**: phos.$_{a1,k}$
• **Fußrücken**: cann-s.$_{a1,k}$ rhus-t.$_{a1,k}$
• **Fußsohle**: arund.$_{a1,k}$ cod.$_{bg1}$ kali-n.$_{a1,k}$ petr.$_{a1,k}$ puls.$_{bg1}$ sars.$_{a1,k}$ sulph.
• **abends**: sulph.$_{h}$
• **Ruhe**, in der: petr.$_{a1,k}$
• **Sitzen**, im: sars.$_{a1,k}$
○ **Wölbung** der Fußsohle: sulph.$_{a1,k}$
• **Gelenke**: arg-met.
– **Zehen**: am-m. asaf. cycl. gamb. glon.$_{k2}$ iod.$_{k2}$ kali-bi. kali-c.$_{k2}$ ph-ac. plat. zinc.
○ **große** Zehe: ars. *Asaf.* meph. ph-ac. plat. rhus-t.
• **rechts**: hydrog.$_{srj2}$
○ **Gelenk**: chin-b.$_{kr1}$
• **Zehenspitze**: asaf.
• **zweite** Zehe: gamb. mur-ac.$_{h}$
• **dritte** Zehe: gamb. mur-ac.$_{h}$
• **vierte** Zehe: gamb. mur-ac.$_{h}$
• **fünfte** Zehe: agar. plat.$_{h}$

Ratte die Glieder hinauflaufen; Gefühl als würde eine: ail. *Calc.*
☞ *Lebendigem / Maus*

Radialislähmung
☞ *Fallhand*

Rauheit:
○ **Arme**: crot-h.$_{a1,k}$
– **Unterarm**: rhus-t.$_{a1,k}$
• **abends**: peti.$_{a1,k}$
– **Handgelenk**: rhus-t. rhus-v.$_{a1}$
– **Hände**: alum. bar-c. cench.$_{k2}$ *Graph.* **Hep.** kali-c. laur. med. nat-c. nit-ac. *Petr.* ph-ac. phos. psor.$_{k2}$ *Rhus-t.* rhus-v. sabad. sul-ac. *Sulph. Zinc.*
☞ *Aufgesprungene*
• **abends**: sulph.$_{a1,k}$
• **abgestorbene** Haut: mez.
• **Stellen**, an einzelnen: zinc.
• **Wetter**, bei kaltem: *Zinc.*
○ **Handfläche**: tab.$_{a1,k}$

– **Hände**: ...
• **Handrücken**: *Nat-c.*
– **Finger**: ph-ac. zinc.
○ **Fingernägel**
☞ *Nägel; Beschwerden - Rauheit - Fingernägel*
• **Fingerspitze**: **Petr.**
– **Unterschenkel**:
▽ **erstreckt** sich zu:
• **Schienbein**; über das: alum.$_{k2}$

Raynaud-Krankheit: ail.$_{bro1}$ bac.$_{c2}$ ferr-p.$_{c2}$ sec.$_{c2}$

Reifen
☞ *Bandagiert*

Rhagaden
☞ *Rissige*

Rheumatische Arthritis
☞ *Schmerz - Gelenke - rheumatisch*

Rheumatische Beschwerden
☞ *Schmerz - rheumatisch*

Rissige Haut:
○ **Gelenkbeugen**: **Graph.** hippoz. psor.$_{bl1}$ squil.$_{bg2}$
– **Arme**: kali-ar. sil.
– **Schultern**: petr.
– **Handgelenk**: kali-ar.
– **Hände**: *Aesc.* **Alum.** *Am-c.* anan. ant-c. arn. *Aur. Aur-m.* aur-s.$_{k2}$ bar-c. bar-s.$_{k2}$ **Calc.** calc-f.$_{st1}$ calc-s.$_{k2}$ calc-sil.$_{k2}$ *Carbn-s.* cench. *Cist.* cycl. **Graph.** *Hep.* kali-c. kali-s. kreos. *Lach. Lyc. Mag-c.* maland. *Merc. Nat-c. Nat-m.* **Nit-ac. Petr.** phos. *Psor. Puls. Rhus-t.* rhus-v. ruta sanic. **Sars.** sec. *Sep.* **Sil. Sulph. Zinc.**
☞ *Aufgesprungene*
• **brennend**: *Petr.* sars. zinc.
• **juckend**: merc. *Petr.*
• **Kälte**, durch: sanic. zinc.
• **Naßwerden**, durch: alum. ant-c. **Calc.** calc-s.$_{k2}$ *Cist.* kali-c. nit-ac. petr.$_{k2}$ *Puls. Rhus-t.* rhus-v. sars. **Sep. Sulph.** zinc.
• **tief** und blutend: alum. *Merc.* **Nit-ac. Petr.** sanic. *Sars.*
• **Winter**, im ●: alum. **Calc.** calc-s.$_{k2}$ *Cist. Merc.* **Petr.** *Psor. Sanic.* **Sep. Sulph.**
○ **Handballen**: hep.
• **Handflächen**: *Cist. Merc-i-r. Petr.* sulph.
• **Handrücken**: *Merc.* mur-ac.$_{h,k1}$ nat-c. petr. *Rhus-t. Sanic.* **Sep.**$_{k,kl2}$●
– **Finger**: am-m. arund.$_{br1}$ bar-c. bar-s.$_{k2}$ **Calc.** calc-sil.$_{k2}$ *Cist. Hep.* kali-c. mag-c. *Merc.* nat-m.$_{ptk1}$ **Petr.** phos. sanic.$_{ptk1}$ **Sars.** sil. zinc.
○ **Basis** der Finger; an der: sulph.$_{h}$
• **Gelenke**: *Graph.* mang.$_{h,k,*}$ merc. phos. *Sanic. Sulph.*
• **geschwürig**, wird: *Merc.*
• **Fingernägel**:
○ **Ecken**; an den: lach.$_{ptk2}$
• **um** die: **Ant-c.** ars. graph.$_{bro1}$ lach.$_{bg3}$ *Nat-m.*$_{bro1,k}$ petr.$_{bro1}$ *Sil.*
• **Fingerspitzen**: am-m.$_{ptk1}$ *Aur-m.* bar-c. bell.$_{ptk1}$ **Graph.** med.$_{ptk1}$ merc.$_{ptk1}$ nat-m.$_{bg1,ptk2,*}$ **Petr.**

Rissige Haut - **Finger** - **Fingerspitzen**: ... ran-b.$_{ptk1}$ *Sars.*$_{ptk1}$ sil.$_{ptk1}$
• **Zeigefinger**: sil.
• **zwischen** den Fingern: *Ars. Aur-m. Graph.* sulph. zinc.
– **Daumen**: sars.$_{a1,k}$
• **Beuge** des Daumengelenkes: mang.$_{h}$
– **Beine**: *Alum. Aur. Aur-m.* bar-c. *Calc.* **Hep.** lach. merc. nat-c. nat-m. petr. *Sulph. Zinc.*
– **Füße**: *Aur-m.* com. *Hep.* kali-p.$_{bg2}$ **Sars.** sulph.
○ **Fersen**: ars.$_{bg1}$ arund.$_{br1}$ coc-c.$_{bg1}$ kali-p.$_{bg1}$ *Lyc.*
• **Fußsohlen**: ars. merc-c.$_{bg1}$
– **Zehen**:
○ **unter**: hydrog.$_{srj2}$ sabad.
• **zwischen**: aur-m. carb-an. eug. *Graph.* hydrog.$_{srj2}$ *Lach. Nat-m.*$_{k,kl2}$● psor.$_{bg1}$ sabad.$_{ptk1}$ *Sars.* **Sil.**
• **juckend**, heftig: *Nat-m.*$_{k,kl2}$●
• **tief**: *Hydr.*

Rollen; Gefühl etwas würde:
○ **Arm** nach unten; den: rhus-t.
– **Unterarm**: ph-ac.$_{h}$
– **Hand**, in der: op. ph-ac.$_{h}$
– **Finger**: ph-ac.$_{h}$

Rucken: acon. aesc. *Agar. Alum.*$_{hr1,k}$ alum-p.$_{k2}$ alum-sil.$_{k2}$ *Am-m. Ambr. Anac.*$_{hr1,k}$ *Apis* arg-met. *Arg-n. Ars.*$_{hr1,k}$ aster.$_{hr1}$ *Bar-m.* bell. cadm-s. calc-sil.$_{k2}$ cann-i. card-m.$_{k2}$ *Caust.*$_{hr1,k}$ **Cham.**$_{hr1,k}$ chel. *Chin.*$_{hr1,k}$ **Cic.**$_{hr1,k}$ cimic. **Cina** cocc.$_{k2}$ colch. crot-h.$_{hr1,k}$ *Cupr.*$_{hr1,k}$ dulc.$_{a1}$ eucal.$_{hr1}$ gal-ac.$_{a1,c1}$ *Glon.*$_{hr1,k}$ graph. **Hyos.**$_{hr1,k}$ hyper.$_{hr1,k}$ *Ign.*$_{hr1,k}$ iod. ip.$_{bg1}$ *Kali-i.*$_{hr1,k}$ *Kali-n.* kali-p.$_{k2}$ kali-s. *Lach.*$_{bg1,bg2}$ *Lil-t. Lyc.*$_{hr1,k}$ mag-c.$_{bg1,bg2}$ **Merc.**$_{hr1,k}$ mur-ac. nat-c. *Nat-m.* nux-m. onos. op.$_{hr1,k}$ phos. phyt. **Plb.**$_{hr1,k}$ sec.$_{hr1,k}$ *Sep.*$_{hr1,k}$ sil.$_{hr1,k}$ *Stram.*$_{hr1,k}$ sul-i.$_{k2}$ sulph. sumb.$_{hr1,k}$ *Tarent. Valer.*$_{hr1,k}$ verat.$_{hr1,k}$ *Visc. Zinc.*
☞ *Zucken*
– **eine** Seite, die andere ist gelähmt: apis art-v. bell. *Stram.*
– **linke** Seite gelähmt, rechte in Konvulsionen: art-v.
– **rechts**: ars.$_{bg1}$ calc.$_{bg1}$ sep.
– **abends**: graph.
• **Bett**, im: kali-n.
– **nachts**: *Ambr.* dig.$_{k2}$ hep.$_{c1}$ *Kali-i.*$_{hr1,k}$ mag-c.$_{bg1}$ phos. sec.$_{hr1,k}$ sep. sulph.$_{hr1}$ *Visc.*
– **abwechselnd** Beugemuskeln und Streckmuskeln: *Plb.*
– **Abkühlung**, Kaltwerden; bei: cimic.$_{k2}$
– **Bewegung**:
• **amel.**: *Merc. Thuj.* valer.$_{hr1,k}$ zinc.
• **bei**: sep.
– **Druck**; durch: cimic.$_{k2}$
– **ein** Bein und ein Arm: apis apoc. hell. stram.
– **Einschlafen**, beim: *Agar. Alum.* arg-met. **Ars.**$_{hr1,k}$ cham.$_{hr1}$ cob.$_{hr1,k}$ *Gels.* hyper. **Ign.**$_{hr1,k}$ **Kali-c.** *Nat-ar.* nat-m. nux-v.$_{k2}$ *Phys.*$_{hr1,k}$ *Sel.* sil. *Sulph.*$_{hr1,k}$ *Thuj.*
– **Gehen** amel.: valer.

– **gelähmte** Teile: arg-n. merc. *Nux-v. Phos. Sec. Stry.*
– **Gemütsbewegung**; durch: cimic.k2
– **Liegen**, beim: *Anac.*
• **Rücken**, auf dem: calc-p.
• **Seite**, auf der: onos.
– **Menses**; während: cimic.k2
– **periodisch**: bar-m.
– **Schlaf**:
• **amel.**: agar.k2
• **im**: *Ail.* cann-i. cann-s. colch. *Cupr. Kali-c. Lyc.* merc-c. nat-c. nux-v.k2 phos. puls. sep.k2 *Sil.* **Zinc.**
– **schmerzhaft**: am-m.hrl cupr.h,kl plat.hrl sec.hrl,k *Verat.*hrl
– **Seite**:
• **liegt**; auf der er: cimic.
• **nicht** liegt; auf der er: onos.
○ **Knochen**: cham.h,hrl,*
– **Sehnen**: cham.h,hrl,* *Ign.*hrl *Kali-i.*hrl
– **Arme**: aesc. *Alum.*hrl,k amyg.hrl,k *Anac.* ant-c.brl aran.hrl,k *Arg-n.* ars. asaf.hrl,k aur. aur-m. *Bar-m.*hrl,k bell.hrl,k berb.hrl,k camph.hrl,k cham. chel. **Cic.**h,k,* **Cina** cocc.hrl,k coff.hrl,k crot-h.hrl,k *Cupr.*hrl,k dulc. *Graph.*hrl,k *Hyos.*hrl,k hyper.hrl,k *Ign.*hrl,k inul.hrl,k *Ip.*hrl,k kali-br.hrl,k kali-c. *Lil-t. Lyc.* meny.hrl,k mez. mygal.hrl,k nat-c. nit-ac. onos. plat. *Puls.*hrl,k ran-b.hrl,k sil.hrl,k *Stann.*h,k,* **Stram.**hrl,k stront-c. *Stry.* sul-ac. **Sulph.**hrl,k *Tarent. Thuj.*hrl,k valer.hrl,k verat.hrl,k verat-v.hrl,k *Zinc.*
• **links**: androc.srj1 *Cic.*hrl,k stann.h,kl
• **rechts**: aesc. sep.
• **und** Finger: mez.h
• **tagsüber**: *Thuj.*hrl,k
• **abends**: graph. sil.
• **nachts**: am-c.h,kl bar-m.hrl,k graph.hrl,k lyc.
• **Bewegung** des Armes; bei: dulc.h,kl
• **Einschlafen**, beim: alum. graph. hyper.hrl,k kali-c. lyc.bg1 sil. stront-c. *Stry.*
• **gelähmter** Arm: arg-n. *Merc. Nux-v.* phos. sec.
• **hinten**, nach: alum. mez.bg1
• **kalter** Luft, in: sulph.hrl,k
• **Schlaf**, im: ip. *Lyc.* nat-c.
• **Sprechen**, beim: cic.h,kl
• **warmes** Zimmer amel.: sulph.hrl,k
• **Wind**, in kaltem: sulph.hrl
– **Schulter**: alum.hrl,k ars.hrl,k *Lyc.* puls.hrl,k sil. spig. zinc.
• **plötzlich**: alum.hrl,k
– **Oberarm**: anac. ant-c.h,kl dulc.a1 kali-bi. *Lyc.* meny. nat-m. nit-ac. ph-ac.
• **links**: cupr.h,kl
• **rechts**: am-c. kali-n. ran-b.
• **abends**: kali-bi.
– **Ellbogen**: agn.a1 nat-m. stram.hrl,k zinc.
• **Bewegung** amel.: agn.a1
– **Unterarm**: caps. **Cic.** *Cupr.* hyper. *Ign.*hrl,k jal. staph.
• **abends**: *Ign.*hrl,k
– **Handgelenk**: anac. arund.hrl,k pall.hrl,k
• **rechts**: nat-c.a1 pall.hrl,k
– **Handgelenk**: ...
• **plötzlich**: pall.hrl,k
• **schmerzhaft**: pall.hrl,k
– **Hände**: bar-m.hrl,k brom. *Cina Cocc.*hrl,k *Coff.*hrl,k *Cupr.*hrl,k *Graph.* hyos.hrl,k jug-r. *Merc.*hrl,k nat-c. *Nat-m.* nux-v. pall.hrl,k ran-b. sec.hrl,k **Stram.**hrl,k
• **Anstrengung**, bei: *Merc.*
• **Einschlafen**, beim: nat-c.
• **elektrische** Schläge; wie durch: jug-r.
• **Greifen**, beim: nat-c.
• **konvulsivisch**: bar-m.hrl,k merc.
• **rechte** Hand: colchin.c1
– **Finger**: cadm-s. *Calc.*hrl,k **Cic.**hrl,k **Cina** *Cocc.*hrl,k dulc.a1 *Merc.*hrl,k *Merc-c.* mez.h,kl *Nat-c.*hrl,k nit-ac.h,kl *Op.* stram.hrl,k
• **Epilepsie**, bei: **Cic.**hrl,k
• **gastrischem** Fieber, bei: stram.hrl,k
• **Schlaf**, im: sul-ac.ptk1
• **schmerzhaft**: cocc.
• **Schreiben**, beim: stann.hrl,k sul-ac.ptk1
▽ **erstreckt** sich zu:
• **Arme** bei Chorea; beide: *Cupr.*
• **Schulter**: *Ars.*
○ **Gelenke**: carbn-s. *Nat-c.*hrl
• **rheumatisch**: carbn-s.
• **Mittelfinger**: stann.h,kl
• **kleiner** Finger: com.hrl,k meny.
– **Beine**: *Agar.*hrl,k *Alum.* alum-p.k2 am-c. ambr. anac. ant-t.hrl,k apoc. *Arg-met. Arg-n. Ars.* ars-s-f.k2 asaf. bar-c. bar-s.k2 berb. calc.bg1,bg2 carb-v. *Carbn-s.* chel. chinin-s. **Cic.**hrl,k **Cina** cinnb. cocc. coff. crot-h.hrl,k *Cupr.*hrl,k *Gels.*hrl,k *Glon.*hrl,k guare.hrl,k helo. hep. *Ign.*hrl,k ip.bg1 *Kali-c.*hrl,k kali-i. kali-sil.k2 *Lil-t. Lyc.*bg1,k,* mag-c. *Manc.*hrl,k meny.hrl,k merc. *Mygal.*hrl,k *Nat-ar. Nat-c.*hrl,k *Nat-m.*hrl,k nit-ac. **Nux-v.**hrl,k onos. *Op.*hrl,k ph-ac. *Phos. Plat.* puls. sep. sil. squil. stann. **Stram.**hrl,k stront-c. *Sul-ac.* **Sulph.**bg1,k,* *Tarent.* thuj. *Verat.*hrl,k **Zinc.**hrl,k zinc-p.k2
• **links**: cod. kali-br.bg1 lach.bg1 mag-c. nat-c.h,kl nit-ac. puls.bg1 sep.bg1,h,*
• **rechts**: meny.hrl,k mez. sep. zinc.hrl,k
• **Einschlafen**, beim: *Arg-met.*
• **Fremder** ins Zimmer eintritt; wenn ein: zinc.
• **vormittags**: sep.h,kl
• **nachmittags**: *Ars.*
• **abends**: am-c. cinnb. hep. mag-c.
• **nachts**: *Arg-n. Phos.*
• **Ausschreiten**, beim: coff.a1,k rhus-t.
• **Bewegung**:
• **amel.**: hep. *Thuj.* valer.hrl,k
• **bei**: mang.
• **herunterhängen** lassen; muß das Bein: *Verat.*
• **Husten** im Sitzen; beim: *Stram.*hrl,k
• **Liegen**:
• **beim**: alum. am-c. anac. arg-n. *Verat.*
• **Rücken**, auf dem: nat-s.
• **oben**, nach: calc.bg1 lach.bg1
• **Schlaf**:
• **im**: *Ant-t.*hrl,k *Arg-n.* cann-i.c1 cinnb. con. cupr. *Kali-c.*hrl,k *Lyc.*hrl,k mag-c. nat-c. *Nat-m.*hrl,k

– **Beine - Schlaf - im**: ...
nit-ac. ph-ac. *Phos.* *Sulph.*hrl,k **Zinc.**hrl,k zinc-p.k2
• **Einschlafen**, beim: *Agar.* *Anac.* *Arg-met.* cham. hyper. **Kali-c.** mag-c. nat-c.h *Nat-m.* *Sulph.* *Thuj.* *Zinc.*
• **ein** Bein ruckt nach oben: sulph.
• **Schlaflosigkeit**, bei: thuj.
• **Schmerz** im Oberschenkel; durch: lyc.h,kl
• **schmerzhaft**: hep. *Meny.*hrl,k
• **Sitzen**, im: *Ars.* lyc. *Meny.*hrl,k sep.h,kl
• **Stehen**, im: mygal.hrl,k
• **Stiche** in der großen Zehe; durch: sil.h,kl
– **Hüfte**: *Ars.*hrl,k cann-s.hrl,k graph. mag-c. *Pall.*hrl,k *Puls.*hrl,k valer.
◆ **begleitet** von:
• **Ischiasnerv**; Schmerz im
☞ *Schmerz - Beine - Ischialgie - begleitet von - Hüfte*
• **Ischialgie**, bei
☞ *Schmerz - Beine - Ischialgie - begleitet von - Hüfte*
○ **Gelenk**: bell. nux-v. puls. sulph.
– **Oberschenkel**: anac.cl *Arg-n.* caps. kali-bi. *Kali-c.*hrl,k *Kali-i.*hrl,k lach.hrl,k lact. laur. lyc. *Meny.*hrl,k nat-c. nat-m. nux-v. phos. plat. rhus-t.hrl,k sep. stram.hrl,k
• **rechts**: lyc. *Meny.*hrl,k
• **Anziehen** des Beines oder Stehen amel.: *Meny.*hrl,k
• **abends**: kali-bi.
• **Gehen**, beim: sep.
• **Sitzen**, im: meny.hrl,k
○ **Rückseite**: manc. phos.h,kl
• **Gehen**, beim: phos.h,kl
– **Knie**: anac.cl *Arg-n.* *Ars.* colch. meny. *Mez.*hrl,k **Puls.**hrl,k spig.hrl,k stram.hrl,k *Sul-ac.*
• **oben**, nach:
• **Husten**, beim: ther.
• **Sitzen**, im: *Ars.* lyc. *Meny.*
• **Schlaf**, im ersten: ars.h
• **Sitzen**, beim: mez.
○ **Kniescheibe**: spig.h
• **unter** dem: anac.h
– **Unterschenkel**: *Agar.*hrl,k anac.cl *Arg-n.* ars. carb-v. dig. hyper. *Kali-i.* lyc. med.cl *Meny.*hrl,k nat-c.hrl,k *Phos.* plat. sep. sil. sul-ac. tab.c2
• **nachmittags**: ars.
• **Einschlafen**, beim: *Ars.* hyper. **Kali-c.** nat-c. sep.
• **Gehen**, beim: phos.h,kl
• **Liegen** auf dem Rücken, beim: nat-s.
• **Bewegung** amel.: carb-v.al,k
• **Schlaf**, im: cinnb.
• **Sitzen**, im: ars. carb-v. *Meny.*hrl,k
• **ziehenden** Schmerzen, nach: phos.h,kl
○ **Achillessehne**, nachts: rat.
– **Wade**: anac.cl *Graph.* mag-m.al **Op.** tarax.
• **Berührung**:
• **amel.**: tarax.cl
– **Knöchel**: *Calc.*hrl,k spig.h stann.h,kl
– **Füße**: anac. ars. *Bar-c.* bar-m.hrl,k *Cic.* cina *Graph.*hrl,k hyos.hrl,k ip. *Kali-bi.* *Kali-br.* lyc. nat-c. nat-s. nux-v. phos.h,kl puls.hrl,k *Sep.* sil.h,kl **Stram.**

Rucken - Füße: ...
sul-ac.
• **Schlaf**:
• **im**: nat-c. phos. sep.
• **Einschlafen**, beim: *Bell.* *Kali-c.* phos.h *Zinc.*
• **spasmodisch**: *Cina*
○ **Fußrücken**: anac.h,kl
• **Fußsohle**: crot-t. ferr-ma. kali-n.cl
– **Zehen**: **Agar.**hrl,k anac. *Arg-n.*hrl berb.hrl,k *Calc.*hrl,k calc-p.hrl,k *Merc.* nat-c.al

Ruhelosigkeit: acon. ail. all-c. *Alum.* aml-ns. **Ars.** ars-s-f.k2 aster. aur-ar.k2 bamb-a.stb2 bell. cadm-s.cl canth. carb-v. *Carl.* *Caust.* chel. **Chin.** *Chinin-ar.* cic. *Cimic.* *Cimx.* colch. coloc. *Cupr.* *Dulc.* eupi. fago. **Ferr.** *Ferr-ar.* *Glon.* graph. hyos. *Iod.* jal. **Kali-br.** *Kali-c.* *Kali-p.* **Lyc.** mag-c. med. merc. merc-i-r. nat-ar. nat-c. *Nat-m.* *Nit-ac.* **Nux-v.** op. ox-ac. petr. phys. *Phyt.* *Plat.* **Puls.** **Rhus-t.** *Ruta* sanic. sep. **Sil.** squil. *Stann.* **Stram.** stry. sumb. **Tarent.** tub.k2 **Zinc.** zinc-p.k2
☞ *◻ Gemüt - Ruhelosigkeit*
– **abends**: calc. **Caust.** *Kali-c.* mag-c. meph.al merc-i-r. nat-c. *Nit-ac.* tarent.k2
• **Bett**, im: **Ars.** carb-v. con. **Kali-c.** *Lyc.* tarent.k2
• **Sitzen**, nach dem: *Mag-c.*
– **nachts**: *Alum.* bell. bufo **Caust.** *Colch.* hep. *Lyc.* nat-s.k2 *Nit-ac.* phyt. **Rhus-t.** *Sep.* spig. **Zinc.**
• **Mitternacht**, vor: nux-v.
• **Zubettgehen**, vor dem: **Ars.** **Kali-c.** *Lyc.*
– **Bedecken** agg.: aster.hrl,k,*
– **bedeckt** ist; wenn die Ellbogenbeuge: aster.
– **Bewegung** amel.: fago.
– **Gehen** im Freien amel.: sumb.
– **geistige** Anstrengung amel.: *Nat-c.*
– **Konvulsionen**, vor: bufo
– **Liegen**, beim: ars. merc.
– **Musik** amel.: **Tarent.**
– **Schlaf**, im: **Caust.** coloc.h
– **Sitzen**, im: merc.
– **warmen** Bett agg.; im: aster.hrl,k *Lach.*
○ **Gelenke**: sil.h sulph.
– **Arme**: acon. agar. ant-t.bg1 ars. aster. atro. brom. bufo canth. **Caust.** cham. cina coloc. dig. dirc. ferr. *Glon.* lac-ac. lac-c. lyc. *Meph.* merc. *Mur-ac.* naja nat-ar. nat-c. nux-v. op. phos. phys. psor. rumx. sep. sil. stram. *Tarent.* zinc.
• **links**: meph.al
• **rechts**: merc.bg1,h sil.h
• **morgens**: alum. glon.
• **Erwachen**, beim: nit-ac.h
• **vormittags**: cham.
• **Bewegung** amel.: cham.
• **Freien** amel.; im: cham.
• **abends**: mur-ac. nux-v.
• **nachts**: caust. kali-bi. merc. nux-v.h
• **Schlaf**, im: abrot. **Caust.** merc.
• **Gelenke**: calc.h
– **Oberarm**: agar.
– **Handgelenk**: calc.
– **Hände**: acet-ac. *Alum.* arg-n. *Ars.* bell. calc. calc-ar. calc-s. camph. fago. fl-ac. glon. *Hyos.* ip.k2

– **Hände**: ...
Kali-br. kali-c. lac-c. mygal.$_{bg1}$ nat-m. phos. plb. rhus-t. stram. **Tarent.**
• **tagsüber**: rhus-t.
• **nachts**: arg-n. kali-c.$_{h}$
  • **Bett**, im: lac-c.
  • **Schlaf**, im: rhus-t.
• **Delirium**, im: stram. sulph.$_{sf1}$
• **Schlaf**, im: acet-ac. ars. calc. rhus-t.
– **Beine**: ail. am-c.$_h$ ambr.$_{c1}$ *Anac.* ant-t.$_{bg1}$ **Ars.** aster. aur-ar.$_{k2}$ *Bell.* calc.$_h$ *Calc-p.* **Carb-v.**$_{bg1,h,*}$ *Caust.* chin. *Chinin-ar.* con.$_h$ cop. graph. hep. iod.$_h$ kali-ar. **Kali-c.** kali-p.$_{k2}$ *Lyc.* mag-m.$_{k2}$ marb-w.$_{es1}$ med. *Mez.* mosch. mur-ac.$_h$ nat-ar. nat-c. *Nat-m.* nit-ac.$_{bg1}$ petr.$_h$ *Phos.* phys.$_{bg1}$ *Phyt.* *Plat.* prun. rat.$_{bg1}$ **Rhus-t.** ruta$_h$ *Sep.* stann. staph.$_{bg1,bg2}$ *Sulph.* tab. **Tarent. Zinc.**
• **links**:
  • **nachts**: nat-c.$_h$
    • **entblößt** sie: mag-c.$_h$
• **morgens**:
  • **Bett**; im: **Caust.**
• **abends**: alum.$_h$ caust.$_h$ graph. kali-c. lyc.$_{bg1,h}$ mag-c.$_h$ *Nit-ac.* phos.$_h$ sec. *Sep.* stann. *Sulph.* tab. **Tarent.**
  • **Bett**, im: calc.$_h$ carb-v.$_h$ **Caust.** hep. *Lyc.* mez. *Nat-m.* **Tarent.**
  • **Schmerz** in den Waden; durch: staph.$_h$
• **nachts**: **Ars. Caust.** graph.$_h$ hep. *Lyc.* nat-c. nat-m. *Phyt.* rhod. **Tarent.** zinc.
  • **Mitternacht**, vor: nux-v.$_h$
  • **Bett**, im: **Caust. Rhus-t. Tarent.**
• **Bettwärme**, in der: aster. **Lach.** mez.
• **Bewegung** amel.: **Rhus-t. Tarent.**
• **Liegen**, beim: alum. fago. hep. lyc. zinc.$_{bg1}$
  • **amel.**: ars.$_h$
• **Menses**, während: lac-c.
• **Schlaf**:
  • **im**: coloc.$_h$
  • **Einschlafen**, vor dem: **Ars. Kali-c.** *Lyc. Nat-m.*
  • **verhindert** den Schlaf: nux-v.$_h$
• **Schmerz** in den Waden; durch: staph.$_h$
• **Sitzen**, im: alum. anac. caust.$_h$ *Lyc.* mosch. nat-m. plat. **Rhus-t.**
• **Stehen**, im: anac. plat.
• **Zimmer**; in einem engen: aster.
– **Hüfte**:
• **rechts**:
  • **Liegen**; im: bamb-a.$_{stb2}$
• **Sitzen**: form.
– **Oberschenkel**: *Anac.*$_{a1,k}$ arist-m.$_{a1}$ *Camph.* carb-v.$_{a1,k}$ caust. form.$_{a1,k}$ kali-c.$_{a1,k}$ *Lyc.*$_{bg1,bg2}$ *Mag-m.*$_{a1,k}$ ph-ac.$_{a1,k}$ *Plat.*$_{a1,k}$ puls. squil.$_{a1,k}$
• **abends** im Bett: mez.$_h$
• **Sitzen**, im: anac.$_{a1,k}$ form.$_{a1,k}$ ph-ac.$_{a1,k}$ plat.$_{a1,k}$
• **zittrig**: plat.$_{a1,k}$
– **Knie**: alumn.$_{a1,k}$ *Anac.* asar.$_{a1,k}$ lach.$_{a1,k}$ *Lyc.*$_{a1,k}$ *Rhus-t.*$_{a1,k}$ spig.$_{a1,k}$ staph.$_{a1,k}$ thuj.
• **nachts**, im Bett: lyc.$_{a1,k}$
– **Unterschenkel**: acon.$_{a1,k}$ agar. alum. **Am-c.**$_{a1,k}$ ambr.$_{gsy1}$ *Anac.*$_{a1,k}$ *Arg-n.* **Ars.**$_{a1,k}$ ars-s-f.$_{k2}$ aster.
– **Unterschenkel**: ...
Bell. cact. *Calc.*$_{a1,k}$ *Calc-p.*$_{a1,k}$ *Camph.* *Carb-v.*$_{a1,k}$ carbn-s. *Caust.*$_{a1,k}$ chel. *Chin.*$_{a1,k}$ *Chinin-ar.* cimic. *Cimx.* con.$_{a1,k}$ eupi.$_{a1,k}$ **Ferr.** ferr-ar. ferr-p. *Glon.* *Graph.* hep.$_{a1,k}$ hydrog.$_{srj2}$ hyos.$_{a1,k}$ *Kali-c.* kali-n.$_h$ kali-s. lac-c. *Lach.* lil-t.$_{br1}$ *Lyc.*$_{a1,k}$ *Mag-c.*$_{a1,k}$ **Med.** *Meph.*$_{a1,k}$ merc.$_{a1,k}$ *Mez.* *Mosch.*$_{a1,k}$ naja nat-ar. nat-c.$_{a1,k}$ *Nat-m.*$_{a1,k}$ nat-p. *Nit-ac.* *Nux-m.*$_{a1,k}$ osm.$_{a1,k}$ ox-ac. *Phos.* *Plat.* prun. *Psor.* **Rhus-t.** *Ruta* *Sep.*$_{a1,k}$ spong.$_{a1,k}$ squil.$_{a1,k}$ stann.$_{a1,k}$ *Sulph.*$_{a1,k}$ *Tarax.* **Tarent.**$_{a1,k}$ **Tub.** ust. **Zinc.** zinc-p.$_{k2}$
• **tagsüber**, in der Ruhe: hep.$_{a1,k}$
• **morgens** im Bett: **Caust.** hep.$_{a1,k}$ *Psor.*$_{a1,k}$
• **abends**: alum. carb-v.$_{a1,k}$ *Caust.*$_{a1,k}$ kali-c. lyc.$_{a1,k}$ *Merc.*$_{a1,k}$ nat-c.$_{a1,k}$ *Plat.* *Sep.*$_{a1,k}$ stann.$_{a1,k}$ **Tarent. Zinc.**
  • **Schlaf**:
    • **Einschlafen**, vor dem: *Ars. Lyc. Nat-m. Tarent.*
    • **verhindert**: stann.$_h$
• **nachts**: *Ars.* **Caust.**$_{a1,k}$ *Cham.* con.$_{a1,k}$ eupi.$_{a1,k}$ hydrog.$_{srj2}$ mag-c. phos. *Zinc.*
  • **Bett**:
    • **im**: *Bell.* *Carb-v.* *Caust.* hydrog.$_{srj2}$ *Lyc.* *Puls-n.* **Rhus-t.** *Ruta* **Tarent.**
    • **treibt** aus dem Bett: hydrog.$_{srj2}$
  • **herausstrecken**, um ihn abzukühlen; muß ihn aus dem Bett: mag-c. *Sulph.*
  • **Kreisen** mit den Beinen in der Luft amel.; heftiges: hydrog.$_{srj2}$
  • **Liegen**, beim: ruta
  • **Schmerzen**, durch: ph-ac.$_h$
• **Anstrengung**; nach: bry.$_{sys}$
• **Aufstehen**, nach dem: *Psor.*$_{a1,k}$
• **Gehen**, beim: anac.$_{a1,k}$
• **Geisteskrankheit**, bei: **Tarent.**$_{k1}$
• **Hitze**; während: bell. borx. **Calc.** *Nux-v.* **Rhus-t. Sabad.** sep. sulph.
• **Schlaf**:
  • **vor**: **Ars.** *Lyc. Nat-m.*
  • **im**: **Caust.** *Nat-m.*
• **Schlaflosigkeit**, mit: agar.$_{bg}$ graph.$_{bg}$ med.$_{bro1}$ rhus-t.$_{a1}$ stann.$_{bg}$
• **Sitzen**, im: alum. anac. *Plat.*$_{a1,k}$
– **Füße**: agar. *Alum.* arn. *Ars.* ars-s-f.$_{k2}$ bar-c. calc.$_h$ carb-v. carbn-s. caust. *Cham.* chin. chinin-ar. choc.$_{srj3}$ cimic. croc. ferr-i. fl-ac. glon. ip.$_{k2}$ kali-p.$_{c2,k}$ lil-t. mag-m. **Med.** *Meph.* nat-c. *Nat-m.* nat-s. ox-ac. phyt.$_{bg1}$ plat. prun. *Puls.* puls-n.$_{c2}$ **Rhus-t.** sil. still. *Stram. Sulph. Tarent.* thuj. **Zinc.** zinc-p.$_{k2}$
• **abends**: arn. mag-m. nat-m.
  • **Bett**, im: sulph. **Zinc.**
  • **Bier**, nach: nat-m.
• **nachts**: *Cham.* lyc.$_h$ nat-c. puls. sulph.$_h$ thuj. *Zinc.*
• **Bier**, nach: nat-m. **Sulph.**
• **Erwachen**, beim: ferr-i.
• **Gehen** amel.: *Nat-m.*
• **Hitze**, nach: **Sulph.**
• **Liegen**, beim: alum. **Sulph.**

– **Füße**: ...
• **Menses**, während: thuj. *Zinc.*
• **Sitzen**, im: alum. bar-c. hydrog.$_{srj2}$ *Puls.* **Zinc.**
• **spasmodisch**: cina
• **zittrig**: plat.$_{h}$
○ **Fußsohle**: croc.

Runzelig, geschrumpelt: ars. helo.$_{cl}$ helo-s.$_{cl}$ phyt. *Rhod.*
○ **Hände**: abies-c.$_{al,k}$ ang. *Ars.* bism. camph. hep.$_{al,k}$ *Lach.* *Lyc.* merc-c.$_{al,k}$ *Ph-ac.* **Phos.** **Verat.** verat-v.$_{al}$
○ **Haut**: aeth.$_{al,k}$ mez.$_{al,k}$
• **Handrücken**: mur-ac.$_{h}$
– **Finger**: ambr.$_{al,k}$ ant-c.$_{al,k}$ crot-t.$_{al,k}$ cupr.$_{al,k}$ merc.$_{al,k}$ ph-ac.$_{al,k}$ *Phos.* sec.$_{al,k}$ *Verat.*
• **Cholera**, bei: *Camph.* **Verat.**
• **Schweiß**, beim: ant-c.$_{al,k}$ canch. canth. **Merc.**$_{al,k}$ ph-ac. pyrog. **Verat.**
○ **Fingerspitzen**: ambr.$_{al,k}$ sulph.$_{h}$
• **morgens**, beim Erwachen: ambr.$_{al,k}$
– **Füße**: ars. merc-c.$_{al,k}$ verat. verat-v.$_{al}$

Rußiges Aussehen: ars.$_{al,k}$ sil.

Sand an den Zehen; Gefühl von: lyc.$_{h}$

Schauder:
☞ *Erbeben*
○ **Arme**: mag-m.$_{h}$ mez.$_{h}$
▽ **erstreckt** sich zu den Füßen: mag-m.$_{h}$
– **Schulter**: mag-m.$_{h}$ verat.
– **Oberarm**: chin.$_{h}$ mez.$_{h}$
– **Hände**: chel. kali-i. laur. nicc. ran-b.
– **Gesäß**: croc.
• **Sitzen**, im: croc.
– **Hüfte**: gran. lyc. ptel.
– **Oberschenkel**: phos.$_{h}$ ran-b.
• **nachmittags**: lyc.
• **Frösteln**, mit: ang. arn. bry. cann-s. chin. cina ign. kali-bi. lyc.
– **Knie**: lyc. nat-m.
• **Gehen** amel.: nat-m.
– **Unterschenkel**, mit Frösteln: cinnb. con. dig. *Graph.* hura kali-c. meny. mez. plat.$_{h}$
– **Knöchel**: lyc.
– **Füße**: mez.$_{h}$

Scherengang
☞ *Gehen - Scherengang*

Schläge, Erschütterungen: *Agar.*$_{al,k}$ ail. alum. ars.$_{bg1}$ bell.$_{al,k}$ *Cic.* *Cocc.*$_{al,k}$ **Lyc.** plat.$_{h}$ verat-v.
☞ *Elektrischem*
– **blitzartig**: plb.$_{al,k}$
– **Einschlafen**, beim: *Agar.* alum. **Arg-met.** **Ars.** ip.$_{al,k}$ *Nit-ac.* tub.$_{k13}$
– **Erschütterung** des Wagens; durch die: *Arn.*$_{al,k}$
– **Erwachen**, beim: lyc.
– **Geräusche**, durch: bar-c.
– **pulsierend**: plat.$_{h}$
○ **Arme**: *Agar.*$_{al,k}$ aloe apis *Arg-met.* arn.$_{al,k}$ aur-m.$_{al,k}$ **Cic.** fl-ac.$_{al,k}$ lyss. manc.$_{al,k}$ nat-m.$_{al,k}$ *Nux-v.* op. phos. phyt. puls. tarax.
• **links**: agar.$_{al,k}$ arg-met. *Cic.* manc.$_{al,k}$

Schläge, Erschütterungen - **Arme**: ...
• **abends**: manc.$_{al,k}$
• **gelähmtes** Teil: *Nux-v.*
• **Schreiben**, beim: manc.$_{al,k}$
▽ **erstreckt** sich zu:
• **Hände**: fl-ac.
– **Schulter**: arg-met. manc.$_{al,k}$
• **links**: agar. hydrog.$_{srj2}$
• **rechts**: *Alum.* stann.$_{h}$ sul-ac.$_{h}$
• **abends**, beim Schreiben: manc.$_{al,k}$
• **Schreiben**, beim: sul-ac.$_{h}$
– **Oberarm**: *Agar.*$_{al,k}$ arg-met. ruta tarax.$_{h}$ *Valer.*
– **Ellbogen**: agar. nat-m. phos.$_{h}$ verat.$_{al,k}$
• **Kopf**, zum: agar.
– **Handgelenk**: calc.$_{h}$
– **Hände**: *Agar.* stann.$_{h}$ sul-ac. valer. zinc.
– **Finger** etwas berühren; wenn die: *Alum.*
– **Daumen**, Grundgelenk: con.$_{h}$
– **Beine**: agar. *Ars.* *Cic.* der. nux-v. op. phos. plb. sulph. thuj. *Verat.* zinc.
• **rechts**, beim Einschlafen: *Arg-met.*
• **heftig**, läßt die Unterschenkel rucken: cic.
• **Schlaf**, im: *Agar.* **Ars.** zinc.
• **schmerzhaft**: ars.
– **Gesäß**: cocc.
– **Hüfte**: agar. aloe arg-met. arn.$_{h}$ bell. nat-m. verat.
• **links**, dann rechts: *Arg-met.*
– **Oberschenkel**: *Agar.* dios. euphr. fl-ac. sep.
▽ **erstreckt** sich zu:
• **oben**, nach: agar. euphr.
• **unten**, nach: graph.
– **Knie**: agar. arg-met. carl. sul-ac. verat.
• **Einschlafen**, beim: *Agar.* *Arg-met.*
– **Unterschenkel**: agar. plat. sep.
– **Knöchel**, unter dem: sul-ac.$_{h}$
– **Füße**: agar. all-s. cadm-s. *Phos.* spig. stann.
• **Schlaf**:
• **im**: all-s. cadm-s.
• **Einschlafen**, vor dem: *Phos.*
○ **Ferse**: mag-m.$_{h}$

Schlange die Glieder hinauflaufen; Gefühl als würde eine: ail.

Schlegelförmige Finger: laur.$_{brl}$

Schmerz (= Gliederschmerzen):
Abrot.$_{al,k}$ absin.$_{brl}$ *Acon.* *Aesc.* aeth.$_{al,k}$ **Agar.**$_{al,k}$ all-s.$_{al,k}$ *Alum.* alum-sil.$_{k2}$ alumn. am-c. anac. *Androc.*$_{srj1}$ ant-t. anthraci. *Apis* apoc. arg-met. arist-m.$_{brl}$ *Arn.* **Ars.**$_{al,k}$ ars-h.$_{al,k}$ ars-i. asaf. asc-t. aster. *Aur.* aur-ar.$_{k2}$ aur-i.$_{k2}$ aur-s.$_{k2}$ **Bamb-a.**$_{stb2}$ *Bapt.* bar-c. bar-s.$_{k2}$ **Bell.**$_{al,k}$ berb. *Bol-la.* both.$_{al,k}$ **Bry.**$_{al,k}$ but-ac.$_{brl}$ cact. *Calc.* calc-i.$_{k2}$ calc-p. calc-s. cann-i. canth.$_{al,k}$ caps. carb-an. carb-v. carbn-h. carbn-o. carbn-s. *Carl.* *Caul.* **Caust.** cedr. *Cham.* **Chel.** *Chin.* chinin-ar. cimic.$_{al,k}$ *Cina* cinnb.$_{al,k}$ coca cocc. coff. **Colch.**$_{al,k}$ *Coloc.* con. cop. crot-h.$_{al,k}$ crot-t.$_{al,k}$ cupr.$_{al,k}$ dig. digin.$_{al}$ dios. *Dros.*$_{al,k}$ *Dulc.*$_{al,k}$ elaps **Eup-per.** eup-pur.$_{al,k}$ euph.$_{h,k,*}$ fago.$_{al,k}$ *Ferr.*$_{al,k}$ ferr-ar. ferr-i.$_{k2}$ form.$_{al,k}$ *Gels.* glon. *Graph.* *Guaj.* ham. *Hell.* hep. hydr.$_{al,k}$ hyos.$_{al,k}$ ign. ind.$_{al,k}$ indg.$_{al,k}$ *Ip.* iris jatr-c.

Schmerz: ...
jug-c. **Kali-ar.** *Kali-bi.* *Kali-c.*a1,k *Kali-i.* kali-m.k2 kali-n. kali-p. **Kali-s.** **Kalm.**a1,k *Kreos.*a1,k lac-ac. lach.a1,k lact.a1,k led.a1,k lepi. lith-c. **Lyc.**a1,k lycps-v. *Lyss.* *Mag-p.* **Med.** meph.a1,k **Merc.**a1,k *Merc-c.*a1,k merc-i-f.a1,k merc-i-r. merl.a1,k mez. mosch.k2 *Mur-ac.* naja *Nat-ar.* *Nat-c.* nat-m. *Nat-p.* nat-s.k2 *Nit-ac.* **Nux-v.** op. osm. ox-ac.a1,k *Ph-ac.* *Phos.*a1,k phys.a1,k **Phyt.**a1,k plan. plat. **Plb.**a1,k podo. psor. ptel.a1,k **Puls.** pyrog.k2 **Rhod.** **Rhus-t.** *Ruta* sabad. sabin. *Sang.*a1,k *Sars.* *Sec.*a1,k sel. sep.a1,k sil.a1,k sol-ni. squil.a1,k staph.a1,k stram.a1,k stront-c. *Stry.*a1,k sul-ac. **Sulph.**a1,k sumb. tab.a1,k tarent.a1,k tax.a1,k tell. thuj. *Valer.* **Verat.** vip.a1,k zinc. zinc-p.k2 zinc-s.a1

– **abwechselnde** Seiten: bamb-a.stb2 **Lac-c.**

– **rechts**:
☞ *neuralgisch - rechte*
• **dann** links: bell.br1 **Lyc.**br1 mez.br1 sang.br1 sulph.br1

– **links**: nat-ar.hr1
• **dann** rechts: *Colch.* elaps kali-c. *Kreos.* **Lach.** naja nit-m-ac. phyt. *Plan.* rhus-t.

– **morgens**: androc.srj1 arg-n. calc-p. cinnb.a1,k clem. kali-bi. lyc. phos. sulph.
• **4** h: gels.
• **gegen** Morgen zu: *Ars.* bov. *Kali-c.* *Nux-v.* rhus-t. thuj.
• **Bett**, im: *Nux-v.* **Puls.**a1,k *Rhus-t.*
• **Erwachen**, beim: aesc. arg-n.k2 aur. *Hep.* op.a1,k *Puls.* sulph. tell. zinc.

– **vormittags**: am-c. mag-m. merc. nat-ar. plan.a1,k

– **mittags**: bry. sulph.
• **Mitternacht**; bis: bell. mag-s. rhus-t.

– **nachmittags**: calc. cina glon.a1,k kali-c. lyc.a1,k lycps-v. nit-ac. ptel. staph. thuj.

– **abends**: am-c. apoc.a1,k *Ars.* ars-s-f.k2 *Bell.* cact.a1,k calc. calc-p. colch. dulc.k2 *Kali-s.* *Kalm.* *Led.* mag-s. petr. ph-ac. plan. **Plb.**a1,k *Puls.* *Rhus-t.* sol-ni. sulph.
• **Hinlegen**, nach dem: *Ars.*

– **nachts**: acon. *Agar.* alum. alum-p.k2 alum-sil.k2 am-c.a1,k androc.srj1 arn. *Ars.* ars-s-f.k2 *Asaf.* *Aur.* aur-ar.k2 bry. calc. carb-v. **Cham.** cinnb. dulc. *Ferr.* *Fl-ac.* gels.a1,k graph. *Hep.* kali-bi. *Kali-c.* *Kali-i.* kali-m.k2 kalm. *Lach.* led.k2 lyc. **Merc.** *Merc-i-f.* merc-sul.a1,k *Mez.* nat-m. *Nit-ac.* *Nux-v.* phos. *Phyt.* **Plb.**a1,k podo. *Puls.* *Rhod.* *Rhus-t.* sabin. *Sars.* *Sulph.*a1,k syph. thuj.
• **Mitternacht**: sulph.
  • **vor**: bry.
  • **nach**: **Ars.** ars-s-f.k2 gels. *Merc.* *Sars.* *Sulph.* *Thuj.*
    • **2** - 3 h: **Kali-c.**
• **Bett**; treibt aus dem: aur.k2 **Cham.** *Ferr.* **Merc.** syph.k2
• **bewegen**; muß sich: syph.xxb
• **krampfartig**: phos.
• **Sonnenuntergang** bis Sonnenaufgang; von: syph.k2

◇ **abwechselnd** mit:
• **Frost** und Hitze: brom.
• **abwechselnd** in Armen und Beinen: merc-i-r.

– **Amputation**; nach (= Amputationsschmerz): all-c.k2

– **anfallsweise**: **Carbn-s.** caul. *Caust.* *Cocc.* *Mag-p.* **Nux-v.** phos. **Plb.**a1,k **Puls.** *Sec.*

– **Anstrengung**, nach geringer: *Agar.* alum. ang.c1 bar-c. berb. calc. **Caust.** cimic. con. gels. ign. kali-c. kali-n. mag-c. nat-c. *Nat-m.* phos. *Rhus-t.* *Ruta* sabin. *Sep.* sil. stann. sul-ac. sulph. zinc.

– **Aufstoßen** amel.: carb-v.k2

– **Berührung**:
• **agg.**: **Chel.** *Chin.* cocc. mez.k2 sabin.c1 tarent.k2 vip.
• **wechselt** den Ort bei Berührung: *Sang.*

– **Bewegung**, bei: aesc. alum-sil.k2 berb. **Bry.** calc-p. caps. chin. cinnb.k2 *Cocc.* **Colch.** *Coloc.* dulc. *Euphr.* *Guaj.* kali-bi.k2 *Kalm.* lac-c.k2 *Led.* med.k2 merc-c. naja *Nat-m.* *Nux-m.* *Nux-v.* *Ox-ac.* *Phyt.* *Plb.* *Ran-b.* sabin.c1 *Sil.* squil. zinc.
• **amel.**: agar. ang.c1 *Arg-met.* *Aur.* cham. chin. *Con.* dig. *Dulc.* *Ferr.* *Kali-c.* kali-i.k2 kali-p. **Kali-s.** lach. *Lyc.* *Med.* merc. *Mur-ac.* *Nat-s.* psor.a1,k **Puls.** **Pyrog.** *Rat.* **Rhod.** **Rhus-t.**a1,k *Ruta* sep. thuj. *Tub.* *Valer.* *Zinc.*
• **Abwärtsbewegung**; bei: borx.k2
• **Beginn** der Bewegung; zu: agar. caps. carb-v. *Caust.* **Ferr.** fl-ac. graph. *Kali-p.* lach. *Led.* **Lyc.** *Med.* nit-ac. petr. *Ph-ac.* **Phos.** plb. psor. **Puls.** pyrog. rhod. **Rhus-t.** ruta *Sil.* valer.
• **fortgesetzte** Bewegung amel.: agar. **Cham.** **Rhus-t.**

– **Bier**; nach: bamb-a.stb2

– **Denken** daran, beim: ox-ac.

– **Druck**:
• **agg.**: ang.c1 cina cocc. merc. *Plb.*
• **amel.**: *Ars.* bry. chin.k2 *Mag-p.* *Plb.*a1,k

– **Entbindung**, nach: rhod.

– **Erkältung**; nach: guaj.k2

– **Erregung**; bei: alum-sil.k2

– **erscheint** und verschwindet allmählich: *Stann.*

– **Essen**:
• **amel.**: nat-c.
• **nach**: bry. *Indg.* kali-bi. sep.

– **Fahren** oder Reiten, beim: bry.

– **Fieber**; während ●: *Arn.* ars. bell. **Bry.** *Calc.* *Chin.* elat.c1 **Eup-per.** *Ferr.* gink-b.sbd1 mang.k2 *Merc.* mur-ac.k2 nat-m. nat-s.k2 **Nux-v.** phos. ptel.a1,k puls. *Pyrog.* *Rhod.* *Rhus-t.* sec. sep.a1,k sulph. tub. valer.

– **Frost**:
• **vor**: **Arn.** *Calc.* *Carb-v.* *Cina* **Eup-per.** lyc. nux-v. rhus-t. tub.k2
• **während**: ang. aran. arn. **Ars.** ars-s-f.k2 asaf. aur. aur-ar.k2 bar-c. **Bov.** bry. *Calc.* calc-s. *Caps.* carbn-s. caust. *Chinin-s.* *Cimx.* *Cina* *Cocc.* **Coloc.** cycl. **Dulc.** **Eup-per.** *Eup-pur.* *Euph.* *Ferr.* form. *Gels.* *Graph.* hell. *Hep.* *Ign.* **Ip.** *Kali-ar.* *Kali-c.* **Kali-n.** *Kali-s.* kali-sil.k2 lach. led. **Lyc.** **Mez.** mur-ac. *Nat-ar.* nat-c. nat-m. nat-s.k2 **Nux-v.** *Op.* petr. *Ph-ac.* plb. *Psor.* **Puls.** **Pyrog.** ran-b. **Rhus-t.** sabad. **Sep.** sil. squil.

– **Sitzen**, beim: **Arg-met.**hr1,k2 kali-s.k2 kalm.k2 *Pyrog.* tub.k2 **Valer.**
– **Stuhlgang**, beim: tell.bg1
– **Treppensteigen**, beim: *Calc.* phos.
– **Trinken** agg.: **Crot-c.**
– **undulierend**
☞ *Wellen*
– **Verletzungen**; lange nach: gink-b.sbd1
– **Wachstumsschmerzen**
☞ *❑ Allgemeines - Schmerz - Wachstumsschmerzen*
– **wandernd**, sich verschiebend: acon. aesc.k2 agar. alum-sil.k2 **Am-m.** *Arn.* ars.a1,k ars-s-f.k2 asaf. aur-ar.k2 bamb-a.stb2 bapt.a1,k bell. berb.k2 bry. *Calc-p.*a1,k **Carbn-s.** *Caul.* *Caust.* cedr. cham. chinin-ar. cinnb. colch. coloc. ferr-p.c1 form. gels.c1 gink-b.sbd1 ign. *Kali-bi.* kali-n. **Kali-s.** *Kalm.*a1,k lac-ac.a1,k **Lac-c.** laur. *Lyc.* *Mag-p.* merc-i-r. *Merl.* mosch.a1,k nat-ar. nat-s. nit-s-d.a1 *Nux-m.* nux-v. *Phyt.* *Plb.*a1,k **Puls.** ran-a.a1 *Rhod.* sabin. sars. sep. *Sil.* *Still.* sulph. *Tarent.* tax.a1 *Tub.* valer. *Verat-v.*
– **warme** Anwendungen:
• **agg.**: ant-t. apis *Bry.* *Guaj.* iod. kali-i. kali-s.k2,pd lac-c.k2 ptel. *Puls.* **Sec.** sep. stel. *Sulph.* thuj.
• **amel.**: aesc. agar. am-c. ant-c. arg-met. **Ars.** ars-s-f.k2 *Bry.* cact. calc-p.k2 *Caust.* cham. chin. *Colch.*k,k2 *Coloc.* ferr.k2 *Graph.* kali-ar.k2 **Kali-bi.** *Kali-c.* **Kali-p.** kali-sil.k2 kalm. lac-d.k2 *Lyc.* **Mag-p.** merc. *Nux-v.* *Ph-ac.* phos.k2 phyt.k2 podo.c1 pyrog. rhod.k2 **Rhus-t.** **Sil.** *Sulph.* syph.c1,k2 tub.k2
– **warmen** Bett; im:
• **agg.**: apis kali-m.k2 *Lac-c.* *Led.* mag-c.c1 **Merc.** mez.k2 phyt. stel. *Sulph.* syph.k2 *Verat.*
• **amel.**: am-c.k2 **Ars.** ars-s-f.k2 *Kali-bi.* lyc.k2 *Nux-v.* *Ph-ac.* *Pyrog.* **Rhus-t.**
– **Wein**, nach: led. mez. zinc.
• **saurem**, nach: *Ant-c.*
– **Wellen**; in: *Bamb-a.*stb2
• **Beine**: bamb-a.stb2
• **Knie**: bamb-a.stb2
– **Wetter**:
• **nassem** Wetter, bei: am-c. ant-c. *Arg-met.* ars-s-f.k2 bell. borx. bry. **Calc.** calc-sil.k2 carb-v. caust. cimic.k2 **Colch.** con. *Dulc.* hep. lyc. **Merc.** nat-s. *Nit-ac.* nux-m. *Phyt.* **Puls.** **Rhod.** **Rhus-t.** ruta *Sars.* *Sep.* *Sil.* sulph. *Tub.* **Verat.**
• **Wetterwechsel**, bei: *Calc-p.* chel.k2 cinnb.k2 nat-c.k2 **Rhod.** *Sil.* tub.k2
○ **Ansatzstelle** der Muskeln: phyt. rhod.
– **Beugemuskeln**: anac. arn. carbn-s. caust. cic. dros. gels. kalm. merc. mez. op. *Phos.* plan. plb. rhus-t. scroph-n.bro1 sep.
• **morgens**: caust.
• **vormittags**: caust.
• **Anstrengung**, durch: gels.
• **Bewegung** agg.: nux-v.
• **Erwachen**, beim: sep.
• **rheumatisch**: merc-i-r.
– **Gelenke**: abrot.k2 acon.a1,k *Acon-c.*a1 act-sp.bro1 aesc.hr1,k,* agar. agar-ph.a1 all-c.hr1,k *Alum.*hr1,k alum-p.k2 alum-sil.k2 alumn.hr1 anh.sp1 *Apis*

– **Gelenke**: ...
*Apoc.*a1,k *Apoc-a.*a1 aran.hr1,k **Arg-met.** **Arn.** *Ars.*a1,k *Ars-i.* ars-s-f.k2 asaf.hr1,k asc-t.a1,k aster.a1,k aur.hr1,k aur-ar.k2 aur-i.k2 aur-s.k2 bar-c. bar-i.k2 bar-m.bg2 *Bell.*hr1,k,* benz-ac.k2 berb.bg2 *Bol-la.* **Bry.**a1,k cadm-met.gm1 caj.a1,k,* *Calc.*hr1,k calc-i.k2 **Calc-p.**hr1,k,* calc-s.hr1,k cann-i.a1,k *Caps.*hr1,k,* carb-ac.a1,k carb-an.a1,k *Carbn-s.* casc.hr1 *Caust.* cedr.hr1,k,* *Cham.*hr1,k,* *Chin.*a1,k chinin-ar. *Cimx.* *Cinnb.*a1,k cist.hr1,k,* *Cit-v.*hr1 *Cocc.* *Coch.*hr1 *Colch.*bg2,k,* *Coloc.* con.hr1,k,* cop.hr1,k cot.br1 croc.a1,k crot-t.hr1,k,* cycl.a1,k daph.hr1,k,* dig.a1,k dios.a1,k *Dulc.*hr1,k *Ferr.*a1,k *Ferr-ar.* ferr-i. *Ferr-p.* gels.hr1,k,* *Guaj.*hr1,k hell.hr1,k,* hippoz.hr1 hist.sp1 hydr.a1,k hydrc.a1,k ign. *Iod.* ip.a1,k iris jac-c.a1,k jatr-c. *Kali-bi.*a1,k *Kali-c.*hr1,k kali-n. kali-p. kali-s.k2 kali-sil.k2 *Kalm.*hr1,k *Lac-ac.*a1,k *Lac-c.*hr1,k **Led.**bg2,k,* luna.kg1 *Lyc.*hr1,k,* lyss.hr1,k,* mag-f.jl3 mand.jl3,sp1 *Mang.*hr1,k marb-w.es1 *Merc.*a1,k mez.bg2,k,* morph.a1,k *Nat-ar.*hr1,k nat-f.jl3 nat-m.a1,k *Nat-s.*a1,k nit-ac. **Nux-v.**hr1,k,* ol-an. par. petr.k2 *Ph-ac.*bg2,k *Phos.*bg2,k,* *Phyt.*hr1,k,* **Plb.**hr1,k,* psil.ft1 **Puls.**a1,k ran-s.hr1,k raph.a1,k *Rheum* *Rhod.* **Rhus-t.**hr1,k,* rumx.k2 *Ruta* sabad.a1,k *Sabin.*hr1,k *Sang.* sel.a1,k senec.hr1,k *Sil.*bg2,k,* sol-ni. sol-t-ae.a1,k *Staph.*hr1,k stroph-s.jl3 sul-ac.a1,k *Sulph.*a1,k syph.k13,k2 tarent.k2 ter.a1,k thala.jl3 thuj.hr1,k tub.k2 tub-r.mg,vn,* v-a-b.jl verat-v.hr1,k,*
☞ *❑ Allgemeines - Entzündung - Gelenke*
• **abwechselnde** Seiten: *Lac-c.* mang.
• **morgens**: *Aur.* caust. coch.hr1 dios.a1,k **Nux-v.**a1,k staph. viol-o.
• **Bett**, im: **Aur.** *Chin.* **Nux-v.** **Puls.**a1,k
• **Erwachen**, beim: sol-ni. verat. verat-v.a1
• **vormittags**: ars.a1,k caust. sabad.a1,k
• **Sitzen**, im: ars.a1,k
• **nachmittags**: dig.a1,k
• **Schlafen**, nach: dig.a1,k
• **abends**: hydr.a1,k *Kalm.*hr1,k lac-ac. *Led.* nat-c. stront-c. teucr.hr1,k
• **nachts**: *Carb-an.*a1,k cedr. dios.a1,k gels. hell.a1,k **Iod.**hr1,k *Kali-bi.* lac-ac. *Led.* *Mang.*hr1,k **Merc.** nat-c. plb.a1,k *Rhod.* sil. stront-c. *Sulph.*hr1,k
• **Mitternacht**, vor:
• **22** h: cedr.
• **22** - 6 h: *Rhus-t.*
• **Mitternacht**, nach: nux-v.
• **amel.**: *Ars.* *Mag-p.* *Plb.*
◆ **abwechselnd** mit:
• **Augen**; Entzündung der: bry.k2
• **Gliedern**; Schmerzen in: bry.
• **Haut**; Beschwerden der: arb.bro1
• **Herzens**; Beschwerden des: abrot.k2 aur.k2 aur-m.k2 kalm.k2 led.k2
• **Kolik**: plb.
• **Schweiß**:
• **Füße**; der: merc.k2 sil.k2
• **Stirn**; Schmerz in der: sulph.
• **Uterus**; Blutung des: sabin.
• **Amenorrhoe**: *Lach.*
• **Anstrengung**, nach: androc.srj1 *Calc.* sabin.
• **Berührung** agg.: cocc. *Mang.* petr.k2

- **Bett**, im: calc-p.hr1,k,* hell. *Kalm.*hr1,k *Led.* stront-c. *Sulph.*
- **Beugen**, beim: *Cocc. Ran-a.*a1,k *Ran-b. Ruta*
- **Bewegung**, bei: acon. *Ant-t.*hr1,k *Arn.*hr1,k bell.k2 **Bry.**hr1,k caps.hr1,k,* *Cham.*hr1,k,* *Cocc.* **Colch.** croc.a1,k cycl.a1,k ferr-p. *Guaj. Kali-bi. Kalm.*hr1,k *Lac-ac. Lac-c.*hr1,k **Led.**hr1,k,* lyc.a1,k *Mang.*hr1,k nux-v.a1,k par.hr1,k petr.k2 phos.a1,k *Phyt.* plb.a1,k rheum *Ruta*
  - **amel.**: *Arg-met.* **Aur.** caps.a1,k cedr. chel. chin. coch.a1,hr1 dros. *Dulc.*hr1 *Ferr.* kali-i.k2 kali-p.k2 nat-s.a1,k *Phos.*hr1,k *Rhod.* **Rhus-t.** sulph. teucr.hr1,k tub-r.vs,zs
- **Druck** amel.: bry. form.
- **Erkältung**:
  - **durch**: *Calc-p.* caps. guaj.k2 *Mang. Nux-m.* **Rhus-t.**
- **Ermüdung**, wie durch: dig.
- **Erwachen** amel.; nach dem: sul-ac.
- **Essen**, nach dem: *Bry.*
- **falschen** Lage; beim Liegen in der: staph.
- **Freien**, im: kali-i.k2 *Phyt. Rhus-t.*a1,k
  - **amel.**: iod.k2
- **Frost**; während: **Cimx.** *Ferr. Hell.*hr1,k nat-ar.k2
- **gebeugt**; wenn:
  - **Ausstrecken**; nach vollständigem: cocc.k2
- **Gefühllosigkeit**, mit: *Lyc.*
- **Gehen**:
  - **beim**: caps.hr1 nat-s.a1,k *Ran-b.*
  - **nach**: bry.a1,k caj.a1,k calc-p.a1,k cann-i.a1,k caps.a1,k carb-ac.a1,k carbn-s. cedr.a1,k cinnb.a1,k cist.a1,k crot-t.a1,k dios.a1,k *Ferr.*a1,k gels.a1,k jac-c.a1,k kali-bi.a1,k lac-ac.a1,k *Led.*a1,k lyss.a1,k merc.a1,k nat-m.a1,k nat-s.a1,k *Nux-v.*a1,k olnd.a1,k phys.a1,k phyt.a1,k plb.a1,k raph.a1,k rhus-t.a1,k ruta sel.a1,k sol-t-ae.a1,k sulph.a1,k
- **gichtig**: *Abrot.* aesc.k2 agar. **Agn.** *Alum.* am-be.c2 am-c. am-m. am-p.c2 ambr. ambro.c2 anac. anag.hr1,k,* ant-c.hr1,k ant-t.k2 anthraco.c2 *Apis*c2,k arb.c2 **Arg-met. Arn.**hr1,k *Ars.*hr1,k,* ars-h. *Ars-i. Asaf.* asar. aur. aur-ar.k2 aur-i.k2 *Bapt.*hr1,k *Bar-c.* bar-i.k2 **Bell.**hr1,k,* bell-p.c2 *Benz-ac.*hr1,k,* berb.k2 bism. borx. bov. **Bry.**hr1,k *Bufo* cact.k2 caj.c2 cal-ren.c2 **Calc.**hr1,k calc-f.k2 calc-i.k2 **Calc-p.**hr1,k **Calc-s.**hr1,k canth. caps.k2 carb-an. carb-v. *Carbn-s.*c2,k carl.c2 **Caust.**hr1,k cedr.c2 cham.c2,k *Chel. Chim. Chin.*hr1,k *Chinin-ar.* chr-o.c2 *Cinnb.*c2,k *Cocc.*hr1,k **Colch.**hr1,k,* *Coloc.*hr1,k *Cupr.*c2 daph.c2 dros. *Dulc.* eucal.c2 eup-per.hr1,k,* *Ferr.*hr1,k ferr-ar. ferr-i. ferr-p. *Form.*hr1,k,* gast.c2 gent-l.c2 gnaph.c2 *Graph.* grat.c2 *Guaj.*hr1,k,* hell. *Hep.*hr1,k hera.c2 hydrc.c2 *Hyos. Ign. Iod.*hr1,k irid-met.c2 jal.c2 *Kali-ar.*hr1,k kali-bi.c2,k2 **Kali-c.**hr1,k *Kali-i.*hr1,k,* kali-n. kali-p. kali-sil.k2 *Kalm.*c2,k kiss.c2 lappa.c2 *Laur.* **Led.**hr1,k,* lith-c.c2 **Lyc.**hr1,k,* lycpr.c2 lysd.c2 **Mag-c.**hr1,k mag-m. mag-p.k2 malar.c2 *Mang.*hr1,k,* meny. **Merc.**a1,k,* *Mez. Nat-ar.* *Nat-c.* nat-lac.c2 *Nat-m.*c2,k nat-p.c2,k *Nat-s.*hr1,k nit-ac.a1,k nux-m. **Nux-v.**hr1,k,* ol-j.hr1,k *Ox-ac.*c2 pancr.c2 petr. *Ph-ac.*hr1,k,* *Phos.*hr1,k *Phyt.*c2,k pin-s.c2 pipe.c2 plat.c2 *Plb.*hr1,k plb-xyz.c2 **Psor.**c2,k
- **gichtig**: ... *Puls.*hr1,k,* pyrus.c2 quer-r.c2 *Ran-b.* ran-s.c2,k *Rhod.*hr1,k,* **Rhus-t.**c2,k ruta **Sabin.**hr1,k,* sacch-l.c2 *Sal-ac.*hr1,k samb. *Sang. Sars.*hr1,k,* sec. **Sep.** *Sil.*hr1,k solid.c2 spig. **Spong.** squil. *Stann.* **Staph.** stel.c2 stram. *Stront-c.* sul-ac. sul-i.k2 **Sulph.**hr1,k,* tarax. tax.c2 tep.c2 *Thuj.* ur-ac.c2 urea.c2 *Urt-u.*c2 valer. verat. verb. vichy-g.c2 viol-o. viol-t.hr1,k,* wies.c2 wildb.c2 zinc.

◈ **abwechselnd** mit:
  - **Angst**
    ☞ ❏ *Gemüt - Angst - abwechselnd mit - Gelenken - gichtig*
  - **Asthma**: sulph.
  - **Kopf**, Schmerz im: eup-per.pd
    - **Stirn**; Schmerz in der: eup-per.k2 sulph.
- **Erschütterung**: bell.k2
- **geschwächten** Männern, bei: *Staph.*hr1,k
- **Magens**; mit Beschwerden des: *Ant-c.*
- **steigt**, sobald der Husten sinkt
  ☞ *Husten wird*
- **Wein** agg.; saurer: ant-c.k2
- **Wetterwechsel**; bei: bry.k2
- **Zimmer**; im geheizten: sabin.br1

▽ **erstreckt** sich von links nach rechts: *Colch.*
- **Husten**; beim: caps.k2
- **Husten** wird amel., wenn der Schmerz zunimmt: coloc.
- **Kälte**:
  - **Einwirkung** von Kälte; nach: arg-met.k2 *Calc.* **Calc-p.** con. **Dulc.** *Kalm. Ph-ac.* **Rhus-t.** rumx.k2,pd
  - **Kopfes**; nach Abkühlung, Kaltwerden des: bell.k2
- **Koitus** amel.: bamb-a.stb2
- **lähmungsartig**: am-c. apis arg-met. **Arn.**a1,k asar. **Aur.** bov. *Calc.* **Caps.** *Carb-v. Chin.* **Colch.** *Croc. Dros.* **Euph.** kali-c. *Led.*a1,k *Mez.* nat-c. *Par. Plb. Puls. Rhus-t. Sabin.*a1,k sars. *Seneg.* **Staph.** stram. **Valer.**
- **Liegen**, beim: chin.a1,k ruta
  - **linken** Seite; auf der: phos.
  - **rechten** Seite; auf der: merc.
- **Pflock** hineingetrieben würde; als ob ein: bufo.br1
- **rheumatisch**: abrot.hr1,k *Acon.*hr1,k act-sp.hr1,k aesc.k2 agn.hr1,k all-c.a1,k *Ant-t.*hr1,k apoc.a1,k arg-met. *Arn.*hr1,k ars.hr1,k ars-i. *Ars-s-f.*hr1,k asc-c.c1 asc-t.hr1,k **Aur.**hr1,k aur-m.k2 bar-act.br1 *Bell.*hr1,k *Benz-ac.*hr1,k berb.hr1,k **Bry.**hr1,k *Cact.*hr1,k caj.oss *Calc.*hr1,k **Calc-p.**hr1,k,* *Calc-s.* cann-s.hr1,k carbn-s.k2 caul.hr1,k **Caust.**hr1,k cedr. *Cham.*hr1,k *Chel.*hr1,k *Chim.*hr1,k *Chinin-s.* chlf.hr1,k *Cimic.*hr1,k clem.hr1,k *Cocc.*hr1,k **Colch.**hr1,k *Coloc.*hr1,k,* dig.br1 *Dulc.*hr1,k euphr.k2 *Ferr.* ferr-i. **Ferr-p.**hr1,k ferr-pic.c2 **Form.** gels. *Guaj.* ham.hr1,k *Hep.*hr1,k ign.hr1,k indg. **Iod.**hr1,k **Kali-bi.**hr1,k,* kali-c. *Kali-chl.*hr1,k *Kali-i.* kali-m.k2 kali-p.k2 *Kali-s.*hr1,k *Kalm.*hr1,k kreos. *Lac-ac.*hr1,k *Lac-c. Lach.*hr1,k *Led.* **Lyc.**hr1,k *Mang.*hr1,k *Merc.*hr1,k *Nat-m.*hr1,k nat-p.hr1,k *Nat-s.* *Nux-v.*hr1,k ol-j.hr1,k ox-ac.hr1,k petr.k2 *Phos.*hr1,k

• **rheumatisch**: ...
*Phyt.*hrl,k pic-ac. *Puls.*hrl,k ran-b. rheum *Rhod.*hrl,k **Rhus-t.**hrl,k rumx.k2 *Ruta* sabin. *Sal-ac.*hrl,k *Sang.*hrl,k sec.hrl,k senec.hrl,k,* sep. **Spig.**hrl,k spong. *Staph.* stict.hrl,k stront-c. sul-i.k2 *Sulph.*hrl,k *Ter.*hrl,k teucr.hrl,k thuj.hrl,k *Verat-v.*hrl,k viol-t.hrl,k
☞ *rheumatisch / Lahmheit - Gelenke*
◇ **abwechselnd** mit:
• **Augen**; Entzündung der
☞ ❑ *Auge - Entzündung - abwechselnd mit - Gelenken*
• **Gonorrhoe**; nach unterdrückter: clem. con. cop. lyc. **Med.** merc. phyt. psor. **Thuj.**
▽ **erstreckt** sich von den Armen zu den Beinen: *Kalm.*
• **ruckend**: mang. nat-c. plat. sul-ac. verat.
• **Schlaf**, im: sul-ac.al,k
• **Schweiß**:
• **unterdrückten**; durch: rhus-t.k2
• **Schwellung**, ohne: iod.
• **Seite**, auf der er nicht liegt: nux-v.
• **Stehen**, beim: calc-sil.k2
• **Tuberkulose** in der Familiengeschichte; bei: dros.tl1
• **Urinieren**:
• **reichliches** Urinieren amel.: benz-ac.k2
• **spärlich**: benz-ac.k2
• **verrenkt**; wie: agar. anac. *Arn.* caps. kali-i. merc. nit-ac. phos. puls.k2 stram. sulph.
• **wandernd**: aesc.k2 anag.hrl,k *Ant-t.*hrl,k apoc.bro1 *Ars.* **Aur.**hrl,k berb.k2 *Calc-p. Camph.* cedr. chel. choc.srj3 *Cinnb.*hrl,k *Coca Cocc. Colch.*hrl,k ferr-p.k2 form.hrl,k gink-b.sbd1 hell.al,k *Hyper.*hrl,k *Iris* **Kali-bi.**al,k *Kali-s.*hrl,k *Kalm.* lac-ac.al,k **Lac-c.** *Lach.*hrl,k *Mang.*hrl,k *Merc-c.*hrl,k nat-ar. nat-s. phyt. **Puls.**hrl,k *Rhod.* sabin.hrl,k tub.k2
• **kalte** Anwendungen amel.: sabin.c1
• **Wärme**:
• **agg.**: caust. cedr. *Guaj.* iod.k2 *Lac-c.*hrl,k **Led. Puls.**
• **amel.**: aesc.k2 arg-met.k2 **Ars.** *Bry.*hrl,k *Caust.* kali-p.k2 *Lyc. Nux-v.* phos.k2 rhod.k2 *Rhus-t. Sulph.*
• **Bettwärme** agg.: calc. lac-c. **Led.** *Plb. Sabin. Sulph.*
• **Wein**, nach: *Led.*
• **saurem**, nach: **Ant-c.**
• **Wetter**:
• **kaltem** Wetter, bei: **Calc. Calc-p. Dulc.** nux-m.c1 *Ph-ac.*
• **naßkaltem** Wetter, bei: ant-t. arg-met.k2 calc.k2 cimic.k2 **Colch.** gink-b.sbd1 mang.k2
• **nassem** Wetter; bei: gink-b.sbd1
• **Winter**, im: calc-p. *Kalm.*
○ **kleine** Gelenke: led.br1
• **Menses** amel.; nach den: *Caul.*vh
– **Knochen**: agar.k2 ang.c1 *Arg-met. Arn. Ars.* ars-s-f.k2 **Asaf.** *Aur.* bamb-a.stb2 *Calc. Calc-p.* carb-v. caust. *Cham.* chin. choc.srj3 cinnb. *Cocc. Colch. Con. Cupr.* **Eup-per.** *Ferr. Fl-ac.* gels. graph. *Guaj. Hep.* iod. *Ip.* kali-c. *Kali-i.* lach. *Led.*

– **Knochen**: ...
Lyc. mag-s. mang. **Merc.** *Merc-i-f.* mez. mur-ac. nat-m. **Nit-ac. Nux-v. Ph-ac.** *Phos.* phyt.k2 **Puls. Pyrog.** *Rhod. Rhus-t.* **Ruta** *Sars. Sep. Sil. Staph.* sul-i.k2 *Sulph.* tarent.k2 ther.
• **Knochenbrüchen**; in alten: bamb-a.stb2
○ **Mitte** der langen Knochen: bufo *Phyt.*
– **Nägel**: am-m. ant-c. bell. *Caust. Graph. Hep.* kali-c. *Merc.* nat-m. *Nit-ac. Nux-v.* par. *Petr.* puls. ran-b. rhus-t. sabad. sep. *Sil. Squil.* stann. sulph. zinc.
○ **Rand** der Nägel: calc-p.bg1 rad-br.bg1
– **Sehnen**: anac. ant-c.c1 calc-p. *Rhod. Rhus-t.*
• **Dehnung** der Sehnen; bei: agar. thuj.
○ **Ansatzstellen** der Sehnen: *Phyt. Rhod. Rhus-t.*
– **Arme**: abrot. acon. *Aesc.* agar. *Alum.* alum-p.k2 alum-sil.k2 alumn. am-m.bg3 aml-ns. ammc. apis apoc. arg-n. *Ars.* ars-h. ars-i. ars-s-f.k2 arund. asaf. asc-t. aur. aur-ar.k2 aur-i.k2 aur-m. bad. bapt. *Bar-c.* bar-m. bar-s.k2 bell. berb. *Bol-la.* bov. **Bry.** bufo *Cact.* caj. calc. *Calc-p.* calc-s. calc-sil.k2 camph. carb-an. carb-v. carbn-s. cass.al castor-eq. caul. *Caust. Cham.* chel. chinin-ar. cimic. cina cinnb. cit-v.al,k cocc. *Coff.* **Colch.** coloc. com. crot-c. crot-h. cupr. cupr-ar. *Cycl.* dios. dirc. dros. dulc. elaps **Eup-per.** ferr. ferr-ar. ferr-i. fl-ac. form. *Gels. Glon.* gran. *Graph. Guaj.* gymno. ham. hell. *Hep.* hura hydr. hydrog.srj2 ign. ind. iodof.al,k kali-bi. kali-c.bg3 kali-n. kali-p. *Kalm.* lach. *Led.* lil-t. lyc. *Mag-p.* mag-s. mang. med.k2 *Meph.* merc. merc-c. merc-i-f. mez. mill. morph. mosch. mur-ac. myric. naja *Nat-ar.* nat-m. *Nux-v.* ol-j. op. ox-ac. pall. par. petr. ph-ac. *Phos.* phys. *Phyt. Pip-m.* plan. plat. *Plb.* ptel. **Puls.** ran-b.k2 *Ran-s.* rhod. **Rhus-t.** rumx. *Sang.* sarr. sep.bg3 sil. sphing.kk3 *Spig.*k,kk3 staph. stram. stry. sul-i.k2 *Sulph.* syph.k2 tab. *Tarent.* tax. tep. thuj. trom. urt-u. *Verat.* vip. wye. xan. zinc. zinc-p.k2
• **abwechselnde** Seiten: **Lac-c.** sulph.
• **links**: *Aesc.* agar. anac.bg3 arg-n. arn.bg3 arum-t.k2 asaf.bg3 asc-t. aster. aur. *Cact.*bg3 carbn-s.k2 cass.al cimic.bg3 cur. fl-ac. *Guaj.* ind. iod. iodof.al jac-c. kali-c.bg3 *Kalm. Lach. Lat-m.* meny. merc-i-r. **Rhus-t.** squil.bg3 stann.bg3 stram. sulph.bg3 tab.
• **Angina** pectoris, bei: cimic. dig. *Lat-m.*
• **Bein**; und rechtes: asc-t.hrl
• **epileptischem** Anfall, vor: calc-ar.
• **Herzens**; mit Beschwerden des: acon. agar. aur. **Cact.** calc-ar. chim. *Cimic. Crot-h. Dig.* iber. **Kalm.** *Lat-m.* lyc. med. **Rhus-t.** spig. *Tab.*
▽ **erstreckt** sich nach rechts: cham.bg1 form.
• **rechts**: asc-t.al bell.bg3 bism.bg3 bry.bg3 calc.bg3 castor-eq. *Caust.* cimic. cina coloc.bg3 *Cycl.* eupi. fl-ac. graph.bg3 kalm. lil-t.br1 *Lyc. Merc-i-f.* nat-ar.k2 pall. phos. *Phyt.* pip-m. ran-s.bg3 **Sang.** sars.bg3 sec.bg3 sil.bg3 *Spig.* stroph-h. xan.
• **dann** linker Arm: fl-ac.
• **Herzens**; mit Beschwerden des: lepi.br1 *Lil-t.*

- **rechts**: ...
  - **und**:
    - **linkes** Knie: asc-t.$_{a1}$
    - **linkes** Bein: asc-t.$_{hr1,k}$
- **tagsüber**: borx. plb. sulph.
- **morgens**: ars. ars-i. ars-s-f.$_{k2}$ chel. crot-h. dios. dulc. fago. jac-c. merc-i-f. ptel. rhus-t. staph. stict.
  - **Aufstehen**, beim: merc-i-f. phos. staph.
  - **Bewegung**, bei: ars. crot-h.
  - **Erwachen**, beim: *Aur.* chel.
- **vormittags**: bry. carbn-s. cham. fago. kalm. sulph.
- **mittags**, nach dem Gehen: pall.
- **nachmittags**: calc-p. chel. coloc. fago. naja rumx. thuj. zinc.
- **abends**: calc. cimic. fl-ac. hyos. kalm. led. merc-c. merc-i-f. nat-ar. phos. psor. *Puls.* rhus-t. stann. staph.
  - **18** h: arg-n. elaps
  - **Bett**, im: carb-v. kreos. mag-m.
- **nachts**: am-m. ambr. aran. *Ars.* asaf. bry. *Calc.* calc-s. calc-sil.$_{k2}$ *Carb-v.* carbn-s. cass.$_{a1}$ castor-eq. caust. cham. cit-v.$_{a1,k}$ coloc. croc. crot-t. dig. *Dulc.* gels. ign. *Iod.* kali-n. *Lyc.* mag-c. *Merc.* merc-i-f. mur-ac. nux-v. phos. phyt. puls. **Rhus-t.** **Sang.** *Sil.* staph. sulph.
  - **Mitternacht**:
    - **nach**: nux-v.
      - **2** h: *Ferr.*
      - **3** h: dios.
      - **3** - 4 h: gels.
      - **3** - 6 h: thuj.
      - **4** h: verat.
  - **Liegen** darauf, beim: acon. *Ars.* *Carb-v.* *Iod.*
- ◇ **abwechselnd** mit:
  - **Beine**; mit Schmerz der: merc-i-r.
- **Amputation**, nach: all-c.$_{k2}$ arn.$_{kr1,sf1}$ *Hyper.* kalm.$_{kr1,sf1}$ ph-ac.$_{kr1,sf1}$
- **anfallsweise**: arg-met. *Caust.* *Cina* *Kalm.* lach. lyc. *Mag-p.* meny. *Ran-b.* sul-ac.
- **Anlehnen**, beim: ruta sil. thuj.
- **Anstrengung**:
  - **bei**: alum. androc.$_{srj1}$ cimic. iod. *Merc.* sulph.
  - **nach**: gels. ruta *Sep.* sil.
- **Ausstrecken**, beim: alum. caust. sulph.
- **Berührung**, bei: agar. berb. carb-an. **Chin.** cocc. euph. lob.
- **Bett**, im: cycl. *Ferr.* ign. iodof. *Sulph.* verat.
  - **Gewicht** der Kleidung; durch das: ferr.
- **Beugen** des Armes:
  - **amel.**: ferr.
  - **beim**: aeth.
- **Bewegung**, bei: aml-ns. *Ant-t.* berb. **Bry.** bufo calc-sil.$_{k2}$ cann-s. *Cham.* chel. chin. cimic. cinnb. **Colch.** *Coloc.* dros. ferr. *Guaj.* hyos. iod. iris kali-c. *Kalm.* led. mag-c. mag-m. meph. merc-i-f.$_{k2,kr1}$ merc-i-r. mez. *Nux-v.* op. *Ox-ac.* ph-ac. phys. *Phyt.* *Plb.* *Ran-b.* sil. staph. sul-i.$_{k2}$ sulph. syph.$_{k2}$
  - **amel.**: abrot.$_{a1,k}$ acon. agar. aur-m-n. camph. cina cupr. cycl.$_{a1,k}$ *Dulc.* kali-p. *Lyc.* meph.

- **Bewegung - amel.**: ...
  phos. *Puls.* *Rhod.* **Rhus-t.** sphing.$_{a1,k,•}$ spig.$_{a1}$ stel. thuj.
  - **behindert** die Bewegung: nux-v.
  - **langsame** Bewegung amel.: *Ferr.*
- **Denken** daran, beim: *Ox-ac.*
- **Drehen**, beim:
  - **amel.**: sphing.$_{k,kk3}$
  - **Bett**, im: *Sang.*
- **Druck** agg.: berb. merc-i-f. rhus-v. sil. *Spig.*
- **Entblößen** amel.: lac-c. **Led.** lyc.$_{bg1}$ **Puls.** sulph.
- **epileptischem** Anfall; vor einem: *Calc-ar.*
- **Ergreifen** von etwas; beim: am-c. arn. calc. calc-sil.$_{k2}$ carb-v. caust. cham. dros. led. plat. puls. **Rhus-t.** sil. verat.
  - **amel.**: lith-c.
- **Erwachen**, beim: abrot.
- **Essen**, beim: cocc.
  - **nach**: ars. *Indg.*
- **Frost**:
  - **vor**: *Eup-per.* *Phel.*
  - **während**: bry. chin. lyc. nux-v. ph-ac. phos. puls. rhus-t.
- **Gähnen**, beim: nux-v.
- **Gehen**:
  - **amel.**: daph. merc-i-f.$_{k2}$ *Valer.* verat.
  - **beim**: arg-n.
  - **nach**: pall.
  - **langsames** Gehen amel.: *Ferr.*
- **gelähmtes** Glied: agar. *Ars.* bell. calc. caust. *Cocc.* crot-t. *Kali-n.* lat-m. plb. sil. sulph.
- **geschwollenen** Achseldrüsen; mit: **Bar-c.**
- **geschwürig**: berb. thuj.
- **Heben**, beim:
  - **Arme**; der
    ☞ *Heben der*
  - **Last**, einer: ruta sep.
    - **amel.**: sphing.$_{kk3}$ spig.$_{k,kk3}$
- **Heben** der Arme; beim: *Apis* caj. calc. cocc. eup-pur. **Ferr.** kali-p. lac-c. olnd. phyt. *Sang.* sulph. syph. tab. zinc.
- **Herbst**, im: rhus-t.
- **Herunterhängenlassen**, beim: alum. alum-p.$_{k2}$ am-m. ang. berb. *Bry.* canth. *Cina* ign. kali-n. nat-m. nux-v. ol-an. par. ph-ac. phos. plat. ruta sabin. sep. stront-c. sul-ac. sulph. thuj. valer.
  - **amel.**: *Acon.*$_{bg1,bg2}$ arn.$_{bg1,bg2}$ asar.$_{bg1,bg2}$ berb.$_{bg1}$ con.$_{bg1}$ lyc.$_{bg1}$ mag-c.$_{bg1}$ mag-m.$_{bg1,bg2}$ mang.$_{bg1}$ phos.$_{bg1}$ rat.$_{bg1}$ rhus-t.$_{bg1}$
- **Herzklopfen**, mit: agar. *Cact.* *Calc.* cimic.
- **Husten**, beim: dig. *Puls.*
- **kalt**: merc-i-f.$_{k2}$
  - **Luft**, bei kalter: *Ars.* ign. nit-ac. *Ran-b.* *Rhod.*
  - **Wasser**, durch kaltes: am-c. *Ars.*
- **Kälte**:
  - **amel.**: thuj.
- **Klavierspielen**, beim: *Gels.*
- **Kratzen**, beim: berb. lach.
- **lähmungsartig**: alum. arg-n. *Calc.* carbn-s. *Chel.* cimic. cina cocc. **Colch.** coloc. crot-h. cur. guaj. kalm. mang. meph.$_{a1}$ *Merc.* phos. *Rhus-t.*

• **lähmungsartig**: ...
staph.
• **Liegen** darauf, beim: acon. **Ars.** *Calc.* *Carb-v.* cocc. dros. *Graph.* *Ign.* *Iod.* **Kali-c.** *Spig.* urt-u.
• **Luft**:
• **Freien** amel.; im: cham. merc-i-f.$_{k2}$
• **Menses**:
• **vor**: lyc.$_{bg2}$ nit-ac.$_{bg2}$ puls.$_{bg2}$ sep.$_{bg2}$ sil.$_{bg2}$
• **während**: agar. bry. *Calc.* elaps eup-pur. nux-v. spong. stram. verat.
• **Mittagessen**, beim: kali-n.
• **Mittagsschlaf**, beim: lyc.
• **müde**, wie: *Lach.* *Nux-v.* verat.
• **Nähen**, beim: eupi.
• **neuralgisch**: *Acon.* aesc. arn. ars. calc.$_{c2}$ corn-f.$_{br1}$ crot-h. *Crot-t.* dirc.$_{c1}$ *Ferr.* graph. hyper.$_{c2}$ ign. indg.$_{c2}$ iod. lyc. merc-i-f.$_{k2}$ mez.$_{k2}$ par.$_{c2}$ phos. ran-b. *Rhus-t.* sep. *Staph.* sulph. ter.$_{c2,k}$ verat.
• **periodisch**:
• **Jahr**, jedes: vip.
• **Pronation**, bei: petr.
• **Reiben**:
• **agg.**: berb. kalm. merc-i-f.
• **verläßt** die Arme und geht zu den Beinen: *Kalm.*
• **rheumatisch**: abrot. *Aesc.* alumn. ammc. *Ant-c.* *Ant-t.* arg-n. ars. ars-i. ars-s-f.$_{k2}$ asc-t.$_{a1}$ astac.$_{a1,k}$ bell.$_{a1,k}$ berb. **Bry.** *Cact.* **Calc-p.** *Chel.*$_{a1,k}$ chin. *Cimic.*$_{a1,k}$ **Colch.** *Coloc.* com. dros. *Dulc.* **Ferr.** ferr-ar. *Ferr-i.* fl-ac. grat. *Guaj.*$_{k,k2}$ ham.$_{a1,k}$ hydr.$_{k2}$ iod.$_{a1,k}$ iodof.$_{a1}$ kali-bi. *Kalm.* lach.$_{a1,k}$ *Led.* *Lyc.* med. meph.$_{a1,k}$ **Merc.**$_{a1,k}$ *Merc-i-f.* mez. *Nat-ar.* nat-c. nit-ac. *Nux-v.* phel. phos. *Phyt.*$_{a1,k}$ podo. *Puls.* *Ran-b.* *Rhod.* **Rhus-t.** rhus-v. **Sang.**$_{a1,k}$ squil. stel. stict. *Sulph.* syph.$_{k2}$ teucr. thuj. ust. *Valer.* verat. viol-o.
• **ruckend**: *Arn.* bell. ran-b. rhus-v. *Valer.*
• **Schlaf**, nach: morph.
• **Schreiben**, beim: cer-s. cere-b. cere-s. *Cycl.* **Mag-p.** *Merc-i-f.* *Pip-m.* sul-ac.
• **Schweiß** amel.: thuj.
• **Strecken** der Arme; beim: carbn-s. hura sulph.
• **amel.**: merc.
• **Supination** des Unterarmes; bei: cinnb.
• **vibrierend**: berb.$_{hr1,k}$
• **wandernd**: ars. ars-s-f.$_{k2}$ asaf. cact. castor-eq. *Caul.* chel. ery-a. fl-ac. *Lac-c.* med. *Phyt.* *Pip-m.* psil.$_{ft1}$ *Puls.* sol-ni. sulph.
• **Wärme**:
• **agg.**: ant-t. apis bry. calc. caust. cham. dulc. *Guaj.* *Lac-ac.* **Led.** lyc.$_{bg1}$ merc-i-f.$_{k2}$ nux-v. **Puls.** sabad. *Stel.* stront-c. *Sulph.* thuj. zinc.
• **amel.**: **Ars.** ars-s-f.$_{k2}$ cinnb. *Graph.* *Mag-p.* *Sil.*
• **Waschen**, durch: am-c. *Sulph.*
• **Wechsel** der Lage amel.: agar.$_{bg1}$
• **Wetter**:
• **kaltem** Wetter, bei: agar. **Calc-p.** calc-sil.$_{k2}$ kali-c. kalm.
• **nassem** Wetter, bei: *Dulc.* *Phyt.* *Ran-b.* *Rhod.* *Rhus-t.* verat.

– **Arme - Wetter**: ...
• **stürmischem** Wetter, bei: **Rhod.** **Rhus-t.**
• **Winter**, im: petr.
▽ **erstreckt** sich zu:
• **Brust**: caust.$_{bg1,bg2}$ sulph.$_{bg2}$ vip.
• **Finger**: hydrog.$_{srj2}$
• **Gesicht**, vom: *Coff.*
• **Herzen** zu den Fingern; vom: *Aur.* *Cocc.* *Cycl.* *Guaj.* lat-m.
• **Ringfinger**: xan.$_{c1}$
• **kleiner** Finger: hura nat-ar.
• **Achselhöhle** zum kleinen Finger; von der: nat-ar.
• **Kopf**: aloe$_{bg1}$
• **oben**, nach: bufo$_{br1}$
• **unten**; und nach: con.$_{bg1}$ sil.$_{bg1}$
• **Rücken**: ars. caust. dios.
• **unten**, nach: aran. *Arn.* *Aspar.* carb-an. *Guaj.* kalm. lach.$_{bg1}$ nat-ar. **Rhod.**
○ **Beugemuskeln**, beim Greifen von etwas: *Nat-s.*
• **Gelenke**: aur-m-n. **Calc.** caust.$_{bg3}$ cupr. kali-c.$_{bg3}$ led. lyc.$_{bg3}$ mang. merc.$_{bg3}$ nat-m. plb. rhus-t.$_{bg3}$ sep.$_{bg3}$ sulph. teucr.
• **abends**: ign.
• **anfallsweise**: mang.
• **Beugen**, beim: stann.
• **Bewegung**:
• **bei**: nat-m.
• **amel.**: aur-m-n.
• **rheumatisch**: anan. asaf. bry. hep. kali-bi. lach. *Led.* *Lyc.* *Merc.* *Petr.* *Phos.* rhod. *Rhus-t.* sabin. sars. spig. stann.
• **Schreiben**, beim: cinnb.
• **Seite**, auf der er liegt: *Ign.*
• **Knochen**: apis ars. asaf.$_{bg3}$ calc-p. chin.$_{bg3}$ cocc.$_{bg3}$ *Iod.* kali-bi. **Lyc.** mag-c. merc. plat. rhus-t.$_{bg3}$ sabad. sil.$_{bg3}$ stroph-h.$_{bg3}$ teucr.
• **rechter** Arm: asc-t.$_{a1}$
• **linker** Arm: asc-t.$_{a1}$
• **Plexus** brachialis (= Armgeflecht): mez.$_{k2}$
• **Streckmuskeln**: bufo *Iod.* plan. plb.
– **Schulter**: abrot. acon. aesc. *Agar.* all-c. *Alum.* alum-sil.$_{k2}$ alumn. am-c. am-m. ammc. anag. apis *Arg-met.* arn. *Ars.* asc-t. aspar. aster. aur. aur-ar.$_{k2}$ aur-m. aur-s.$_{k2}$ bad. bamb-a.$_{stb2}$ bapt. bar-c.$_{hr1,k}$ bar-s.$_{k2}$ *Berb.* brom. *Bry.* *Cact.* *Calad.* *Calc.* *Calc-p.* *Calc-s.* calc-sil.$_{k2}$ carb-ac. carb-v. *Carbn-s.* card-m. casc.$_{a1}$ *Caust.* cham. **Chel.** chin. chinin-ar. chinin-s. *Cimic.* cimx. *Cist.* coc-c. *Colch.* coloc. com. cop. *Crot-c.* *Crot-h.* cupr. daph. dig. dios. dirc. dros. *Dulc.* *Echi.* eup-per. fago. **Ferr.** *Ferr-ar.* **Ferr-m.** *Ferr-p.* fl-ac. gels. gins. glon. granit-m.$_{es1}$ *Graph.* guaj. *Ham.* hell. *Hep.* hura *Hydrog.*$_{srj2}$ hyper. *Ign.* ind. *Iod.* iodof.$_{a1}$ *Iris* jatr-c. jug-c. kali-ar. *Kali-bi.* kali-c. *Kali-i.* *Kali-n.* kali-p. kali-sil.$_{k2}$ *Kalm.* kreos. lac-ac. lac-c. *Lach.* lachn. laur. lec. *Led.* lil-t. lob.$_{c2,k}$ *Lyc.* lyss. *Mag-c.* *Mag-m.* mang. *Med.*$_{c2,k}$ *Merc.* merc-c. merc-i-f. merc-sul. *Mez.* mosch. mur-ac. myrt-c. naja *Nat-ar.* *Nat-c.* nat-m. nat-s. nit-ac. nux-m. *Nux-v.* ol-an. olnd. pall. ph-ac. *Phos.* phys. *Phyt.* plan. *Plb.*

– **Schulter**: ...
prun. psor. ptel. *Puls.* *Ran-b.* raph. *Rhod.* **Rhus-t.** rumx. sabin.$_{c1}$ salol.$_{c1}$ **Sang.** sars. sep. sil. spig.$_{k2}$ *Staph.* stram. stront-c. stry. **Sulph.** tab. tarent. *Thuj.* tril-p. trom. tub-r.$_{jl}$ urt-g.$_{a1}$ verat. vesp. vip. zinc. zinc-p.$_{k2}$

- **abwechselnde** Seiten: **Lac-c.** lyc.$_{bg3}$
- **links**: *Agar.* alum-p.$_{k2}$ alumn. ammc. arg-met. *Arg-n.*$_{hr1}$ asc-t.$_{a1}$ bamb-a.$_{stb2}$ cinnb. graph.$_{k2}$ guaj. ind. *Iod.* iodof.$_{a1}$ kali-m.$_{k2}$ *Kalm.* **Led.** mag-c.$_{bg3}$ mang-m. med.$_{c1}$ merc-c. nat-m. nux-m.$_{bg3,c1}$ *Ph-ac.* *Rhus-t.*$_{k,kl2}$● **Sang.**$_{bg3}$ **Sulph.**$_{k,kl2}$● tril-p.$_{c1}$ tub.$_{a1}$
  - ◆ **begleitet** von:
    - **Hüfte**; Schmerz in der rechten: **Led.** nux-m.
    - **Unterarm**; Schmerz im rechten: asc-t.$_{a1}$
  - **elektrischen** Schlag; wie durch einen: hydrog.$_{srj2}$
  - **Husten**, beim: *Ferr.* rhus-t. rumx.$_{ptk1}$
  - **Liegen** auf der schmerzlosen Seite agg.: nat-m.
  - ▽ **erstreckt** sich zu:
    - **Hypochondrium**:
      - **links**: bamb-a.$_{stb2}$
    - **rechts**, nach: asc-t. *Calc-p.* lach. lyc.$_{bg3}$ *Med.* naja
- **rechts**: am-m. ammc. apis asc-t.$_{a1}$ bamb-a.$_{stb2}$ berb. *Calc.*$_{k,kl2}$● carb-ac.$_{c1}$ carb-v. card-m.$_{k2}$ casc.$_{a1}$ **Chel.** chen-a.$_{hr1}$ cimic. cimx. *Coloc.* *Crot-c.* ferr.$_{bg3,k2}$ **Ferr-m.** ferr-p.$_{k2}$ fl-ac. gink-b.$_{sbd1}$ inul.$_{br1}$ iris *Kalm.* lact. *Led.* *Lept.* lob. *Lyc.*$_{k,kl2}$● lyss. mag-c. med. nat-p.$_{k2}$ *Nit-ac.* pall. *Phyt.* plect.$_{c2}$ psil.$_{ft1}$ puls-n.$_{c2}$ pyrog.$_{pd}$ **Sang.**$_{c2,k}$ thuj. urt-u.$_{c2}$ xan.$_{c1}$
  - **Liegen** auf der schmerzhaften Seite agg.: bamb-a.$_{stb2}$
  - ◆ **begleitet** von:
    - **Knie**; Schmerz im linken: asc-t.$_{a1}$
    - **Unterschenkel**; Schmerz im linken: asc-t.$_{a1}$
  - **gefolgt** von Schmerz in der linken Schulter: am-m. *Apis* bad. *Ferr.*$_{bg3}$ ferr-p.$_{bg3}$ jatr-c. lac-c. lob. *Lyc.* lyss.
  - **Husten**, beim: pyrog.$_{ptk1}$
  - ▽ **erstreckt** sich zu:
    - **Brust**; durch die: chen-a.$_{hr1}$
    - **Hand**: bamb-a.$_{stb2}$
- **morgens**: arg-met. arg-n. ars. *Caust.* dios. kalm. ol-an. *Phos.* ran-b. sumb.
  - **5** - 6 h: fago.
  - **Aufstehen**, beim: kalm. phos. ran-b.
  - **Bett**, im: mez. ol-an. staph.
  - **Erwachen**, beim: fl-ac. kali-bi. kali-c. kalm.
- **vormittags**: cham. dios. hyper. *Lyc.*
  - **9** h, bis abends: lyc.
  - **10** h: kalm.
  - **11** h: lac-ac.
- **mittags**: bamb-a.$_{stb2}$
- **nachmittags**: cham. chel. cupr. dios. mag-c.
- **abends**: chel. cist. fl-ac. led. lyc. mag-c. *Mez.* nat-s. pall. puls. sang. stry.
- **abends**: ...
  - **18** h, beim Gehen: rhus-t.
  - **19** h: dios. stry.
  - **Bett**, im: nux-v.
- **nachts**: abrot. bell. calc. castm. *Caust.* dig. ferr.$_{k2}$ *Kali-bi.* kali-c. *Kali-n.* mag-c. *Merc.* *Phos.* **Sang.** sep. sil. stict. sulph.
  - **2** - 8 h: *Ph-ac.*
  - **Bett**, im: naja *Sang.*
  - **Drehen**, beim:
    - **Bett**, im: **Sang.**
  - **Liegen** darauf, beim: sulph.
  - **warmes** Einhüllen amel.: sil.
- ◇ **abwechselnd** mit:
  - **Hüfte**; Schmerz in der: kalm.
- **Abduktion** des Armes agg.: *Chel.*
- **anfallsweise**: ind. lyc. *Puls.* sarr.
- **Ärger**, Verdruß; nach: *Coloc.*
- **Atmen**, beim: bry. sulph.
- **Aufstoßen** amel.: sep.$_{bg1}$
- **Berührung**, bei: acon. bry. ferr-p.$_{k2}$ mang.
- **Beugen** des Kopfes; beim: puls.
- **Bewegung**:
  - **amel.**: alumn. arg-met. bapt. calc. cham. colch. dios. dros. euph. **Ferr.** *Ferr-p.* kali-p. *Lyc.* mag-m.$_{a1}$ mez. mur-ac. *Ph-ac.* **Rhus-t.** *Sep.* stann. verb.
  - **bei**: asc-t. *Bry.* carb-v. caust. chel. echi. fago. *Ferr.* ferr-p. *Guaj.* iris kali-bi. kali-i. kali-n. kalm. lac-ac. *Led.* *Mag-m.*$_{hr1,k}$ med.$_{k2}$ nat-m. *Phos.* *Ran-b.* *Staph.*
  - **Armes**, des: asar. bell. calc. cann-s. caust. chel. croc. *Ferr.* *Iris* *Kali-bi.* kali-c. kali-n. kreos. lac-ac. *Lach.* *Led.* mag-c. med. merc. mur-ac. nat-ar. olnd. petr. phyt. puls. *Rhod.* ruta *Sang.* sep. spig.$_{k2}$
    - **hinten**, nach: berb. dros. *Ign.* *Kali-bi.* laur. puls. sep. zinc.
  - **Schulter** amel., der: ph-ac.
- **Denken** daran; beim: bapt.
- **Drehen**:
  - **Bett**, im: *Sang.*
  - **nach** Herumdrehen amel.: nux-v.
- **Druck** amel.: coc-c. nat-c.
- **Erwachen**, beim: abrot. rumx. zinc.
- **Fahren** oder Reiten, beim: cund. *Rhus-t.*
- **Festhalten** von etwas mit der Hand; beim: bry.
- **Gehen**, beim: arg-met. aur-m-n. brom. hydr. kali-n. nat-s. pall. phos. sulph.
  - **amel.**: calc-s. euph. *Rhod.* **Rhus-t.**
  - **langsames** Gehen amel.: *Ferr.*
- **geschwürig**: berb. thuj.
- **Gewitter**, vor: *Rhod.*
- **Heben** der Arme; beim: carb-ac.$_{c1}$
  - **agg.**: *Alum.* *Bar-c.*$_{hr1,k}$ *Bry.* calc. card-m. chel. cocc. dros. *Ferr.* hep. *Ign.* *Iris* *Kali-bi.* kali-n. kreos. lac-c. *Led.* lyc. mag-c. mag-m. nat-c. nat-m. *Nit-ac.* petr. *Phos.* phyt. prun. puls. *Rhus-t.* **Sang.** *Sanic.* sep. sul-ac. *Sulph.* syph. thuj. zinc.
  - **amel.**: ph-ac.

- **Heben** einer Last; beim: coloc. *Ferr.* ind. *Sang.* sep. stann. staph.
- **Herunterhängenlassen** des Armes; beim: mez. nux-v. ruta thuj.
  - **amel.**: *Phos.*
- **Husten**, beim: am-c. ars. *Bry.* chin. dig. *Ferr. Lach. Phos. Puls.* pyrog.$_{pd}$ rhus-t. sang. thuj. xan.
- **kalt**:
  - **Abkühlung**, bei: *Calc. Calc-p. Chel. Dulc.* **Hep.** *Kali-c. Merc.* **Nux-v.** *Phos. Psor. Rhod.* **Rhus-t. Sil.** *Sulph.*
  - **Luft** amel.; kalte: thuj.
- **lähmungsartig**: asar. *Berb.* brom. *Caust. Chel. Ferr.* ind. kali-bi. kali-i. kali-n. laur. lyc. lyss. mang. mez. mur-ac. *Nat-m.* nux-v. ph-ac. phos. prun. *Rhod.* stann. staph. stront-c. valer.
- **Legen** des Armes hinter den Körper agg. ●: **Ferr.** *Rhus-t.* **Sanic.**
- **Liegen**, beim:
  - **Rücken** amel.; auf dem: bamb-a.$_{stb2}$
  - **ruhigem**, bei:
    - **amel.**: sang.
  - **schmerzhaften** Seite, auf der:
    - **agg.**: *Lach.* nat-m. nux-v. *Ph-ac. Rhod. Thuj.*
    - **amel.**: coc-c. kali-bi. *Lyc.* nux-v. puls.
- **Menses**, während: mag-c.
- **Mittagessen**, nach dem: asc-t. mez. phos. phys.
- **pulsierend**: *Led.* mur-ac. ph-ac. thuj.
- **rheumatisch**: acon. agar. alumn. am-m. ammc. ant-t. apis ars. aur. aur-ar.$_{k2}$ bapt. *Berb.* brom. *Bry. Cact. Calc. Calc-p.* carb-ac. carb-v. carbn-s. card-m. *Caust. Chel. Chim. Chin.* chinin-s. *Cimic.* **Colch.** coloc. crot-c. dig. *Dulc.* ery-a. fago. **Ferr.** *Ferr-i. Ferr-m. Ferr-p. Fl-ac.* form. graph. grat. *Guaj. Ham.* ign. ind. *Iod. Iris* jatr-c. jug-c. *Kali-bi. Kali-c. Kali-i.* kali-m.$_{k2}$ *Kali-n. Kalm. Lac-ac. Lac-c.* lach. *Led. Lyc.* lyss. mag-c. *Mag-m.*$_{hr1,k}$ mang. **Med.** *Merc.* merc-i-f. naja *Nat-ar. Nat-c. Nat-m.* nat-p. nit-ac. nux-m. nux-v. ol-an. olnd. pall. ph-ac. *Phos. Phyt.* plan. ptel.$_{c1}$ *Puls.* ran-b. **Rhod. Rhus-t.** sabin. *Sang.*$_{c2,k}$ *Sanic.*$_{c2,k}$ *Staph.* stict. stram. stront-c. stry. **Sulph.** syph.$_{k2}$ *Thuj.* trom. ust. wildb.$_{c2}$ zinc.
  - ▽ **erstreckt** sich den Hals hinauf: lac-ac.
  - **Muskelgewebe** und Sehnengewebe: arn.$_{br1}$
- **ruckend**: arn. ars. fl-ac. mez. mosch. puls. sil. tarax.
- **Schlucken** von Speisen; beim: *Rhus-t.*
- **Schreiben**, beim: fl-ac. *Merc-i-f. Valer.*
- **Schweiß** amel.: thuj.
- **Seite**:
  - **liegt**; auf der er: rhod.
  - **nicht** liegt; auf der er: kali-bi.
- **Sitzen**, nach langem: all-c. aur. coloc. led. rhod.
- **Sprechen** agg.: pyrog.$_{ptk1}$
- **verrenkt**; wie: ant-t. caps. cor-r. *Croc.* fl-ac. ign. mag-c. mag-m. mez. myrt-c. nicc. olnd. psil.$_{ft1}$ **Rhus-t.**
- **wandernd**: cact. hyper. *Kali-s. Phyt.* senec.

– **Schulter**: ...
- **warm**:
  - **Anwendungen**; warme:
    - **agg.**: *Guaj.*
    - **amel.**: echi. *Ferr.* **Hep.** *Lyc.* **Rhus-t.** *Sil.* spig.$_{k2}$ *Thuj.*
  - **Bett**, im warmen: thuj.
- **Wein** agg.: *Ph-ac.*
- **Wetter**:
  - **nassem** Wetter; bei: **Dulc.** *Phyt. Ran-b.* **Rhus-t.**
  - **Wetterwechsel**; bei: chel.$_{k2}$

▽ **erstreckt** sich zu:
- **Arme**: ars. bapt. brom. bry. cimx. glon. ind. psil.$_{ft1}$
- **Brust**: kali-bi.$_{bg1}$ sars. sulph.$_{bg1}$
- **Deltoid**: bol-la. chel. ferr-p.$_{k2}$
- **Ellbogen**: abrot. cupr-ar. cupre-au.$_{c1}$ ferr. fl-ac. ind. petr. phos. plb.
- **Finger**: apis *Calc-p. Cocc.* elat. ferr. fl-ac. kalm.$_{k2}$ med.$_{a1}$ naja nux-v. rhus-t. thuj.
- **Hals**: anag. apis lac-ac. sang.$_{k2}$
  - **und** Hinterkopf: arg-met.$_{bg1}$ berb.$_{bg1}$ crot-h.$_{bg1}$ elaps$_{bg1}$ eup-per.$_{bg1}$ mang.$_{bg1}$ meny.$_{bg1}$ phos.$_{bg1}$ thuj.$_{bg1}$ verat.$_{bg1}$
- **Hand**: *Arn.* chinin-s. glon. jatr-c. lat-m. *Mag-m.*$_{hr1,k}$ tril-p.$_{c1}$
- **Handgelenk**: chel. *Cimic. Guaj.* lyc. *Puls.*
- **Kopf**: ind.
- **Ohr**: kali-i.$_{bg1}$
- **Rücken**: ars. dios.
- **Seite** nach unten; die: fago.$_{a1,k}$

○ **Akromion**: cham.

– **Oberarm**: abrot. alumn. **Anac.** anag. androc.$_{srj1}$ ang. ant-c. apis aran. arg-met. arg-n. ars-h. ars-i. ars-met. asaf. aspar. aur. aur-s.$_{k2}$ bamb-a.$_{stb2}$ *Bar-c.* **Bell.** berb. bov. brach. bry. cact. calc. calc-sil.$_{k2}$ canth. card-m. cass.$_{a1}$ caust.$_{gm1}$ cham. chel. chim. *Chin.* chinin-s. cic. cinnb. clem. colch. crot-h. crot-t. *Cycl.* dulc. euon. euph. eupi. *Ferr.* ferr-i. ferr-p.$_{k2}$ fl-ac. form. gels. ham. ign. *Iod.* iodof.$_{a1}$ iris jal. kali-bi. *Kali-c.* kali-p. *Kalm.* lach. led. lil-t. lyc. mag-c. *Mag-p. Mang.* merc-i-f. mez. mosch. mur-ac. murx. nat-ar. nat-c. nat-m. nit-ac. nux-m. osm. paeon. phos. phyt. plb. plumbg. *Puls. Rhod. Rhus-t.* sabad. sabin. *Sang.* sarr. sil. *Staph.* stry. sulph. sumb. tarax. tarent. tep. thuj. urt-u. *Verat.* verat-v. xan.
- **links**: *Arg-n.*$_{hr1}$ bamb-a.$_{stb2}$ cass.$_{a1}$ marb-w.$_{es1}$ **Rhus-t.**$_{k,kl2}$●
  - ▽ **erstreckt** sich zu:
    - **Unterarm**: psil.$_{ft1}$
    - **Zeigefinger**: psil.$_{ft1}$
- **rechts**: canth. crot-h. *Cycl.* eupi. ferr-i.$_{k2}$ ferr-p.$_{k2}$ fl-ac.
- **morgens**: ars-i. chel. euph. lyc. mez. rhus-t.
  - **Aufstehen**, nach dem: dulc.
  - **Erwachen**, beim: ars-s-r. mez.
- **vormittags**: agar. bov. com.
- **mittags**: sulph.
  - **Hinlegen**, nach dem: *Rhus-t.*

- **nachmittags**: abrot. fl-ac. phos. stry.
  - **13** h, beim Fahren: hydr.
  - **14** h: **Rhus-t.**
  - **15** h: dios. phos. **Rhus-t.** sarr.
- **abends**: anac. bamb-a.$_{stb2}$ chin. colch. kali-bi. ox-ac. stry. sulph. zinc.
  - **Bett**, im: dulc. led.
- **nachts**: androc.$_{srj1}$ ars. *Cact.* cass.$_{a1}$ *Castm.* cham. crot-t. *Ferr.* mang. *Merc.* nat-m. nux-v. *Phyt.* puls. *Sang.* stry. sulph.
  - **Mitternacht**:
    - **nach**:
      - **4** h: verat.
  - **Liegen** darauf, beim: nat-m.
  - **Schlaf**, im: sep.
- **anfallsweise**: bamb-a.$_{stb2}$ gels. mur-ac.
- **Berührung** agg.: agn. arg-met. *Chin.* ferr-p.$_{k2}$ sabin. *Staph.*
- **Bett**, im: dulc. led. *Rhus-t.*
- **Beugen**, beim:
  - **Arme**, der: ant-c.
    - **hinten**, nach: **Rhus-t.**
- **Bewegung**:
  - **amel.**: *Arg-met.* aur-m-n. cina cocc. cupr. *Dulc.* kali-bi. meph. ox-ac. paeon. **Rhus-t.** thuj.
  - **bei**: anag. berb. *Bry.* bufo calc. caust.$_{gm1}$ *Cocc.* *Colch.* crot-t. *Euph.* *Ferr.* ferr-p. fl-ac. iris *Kalm.* lac-c. *Led.* mag-c. *Merc.* nux-v. phyt. sabad. sabin. staph.
  - **langsame** Bewegung amel.: *Ferr.*
- **Druck**, bei: berb. calc. phyt. sil.
  - **amel.**: bov. indg. laur.
- **Einschlafen** agg.; beim: *Kali-c.* *Kalm.*
- **elektrische** Schläge, wie: tarax.
- **Erregung**, bei: coloc.
- **Frost**, nach: ars-h.
- **Gehen**, beim: arg-n. merc-c.
- **Heben** des Armes; beim: agar. *Bar-c.*$_{hr1,k}$ *Bry.* bufo calc. *Calc-p.* cocc. colch. *Ferr.* kali-p.$_{k2}$ nat-c. nat-m. olnd. phos. plb. *Rhus-t.* *Sang.* syph. teucr. zinc.
- **Heben** einer Last; nach: berb.
- **Herumdrehen** im Bett agg.: *Sang.*
- **Herzens**; bei Beschwerden des: cact.
- **intermittierend**: asaf. led. sars.
- **kalter** Luft, in: *Kalm.*
- **lähmungsartig**: aloe alum. arg-met. arg-n. *Bell.* bry. cham. *Chel.* *Chin.* cina cocc. con. ferr. kali-bi. mur-ac. nit-ac. *Phos.* sep. *Staph.* thuj.
- **Legen** des Oberarmes; beim:
  - **Mantel**, an den: bry. chel. rhus-t. sang.
  - **Rücken**; quer über den: calc.
- **Liegen**, beim:
  - **schmerzhaften** Seite, auf der: *Mang.*
  - **Oberarm**, auf dem: carb-an. *Nat-m.*
- **Menses**, während: berb.
- **neuralgisch**: corn-f.$_{br1}$ hyper.
- **pulsierend**: ign. **Kali-c.** mur-ac. nat-m.
- **rheumatisch**: alumn. *Ars.* aspar. bry. calc. calc-p. carbn-s. chel. *Chim.* coff. *Colch.* crot-t. dulc. **Ferr.** *Ferr-i.* ferr-p. *Fl-ac.* hyos. iod. iris *Kalm.* merc. nat-m. phos. *Phyt.* ptel. *Rhod.*

– **Oberarm - rheumatisch**: ... **Rhus-t.** **Sang.** urt-u. verat. zinc.

- **ruckend**: anac. chin. kali-bi. lact. puls. *Ran-b.* rhus-t. ruta sil. tarax. valer.
- **Schlag**; wie durch einen: *Anac.*
- **Schreiben**, beim: ars-i. *Cycl.* *Fl-ac.* *Valer.*
- **Schweiß** amel.: thuj.
- **Singen**, beim: stann.
- **spasmodisch**: agar. lact. mosch. olnd. valer.
- **Splitter**; wie durch einen: agar. *Nit-ac.*
- **Strecken** des Armes; beim: phyt. plat.$_{h}$
- **verrenkt**; wie: thuj.$_{rb2}$
- **wandernd**: phyt.
- **Wärme** amel.: ferr.
- **Wetter**, bei nassem: *Phyt.* rhod. rhus-t. sanic.
- ▽ **erstreckt** sich zu:
  - **Ellbogen**: caust.$_{bg1}$
  - **Finger**: arn.$_{bg1}$ chel. hydrog.$_{srj2}$ rhus-t.$_{bg1}$
  - **Hals**, während den Menses; zum äußeren: berb.
  - **Hand** und Daumen hinein; in: kali-bi. *Puls.*
  - **unten**, nach: agar. berb. carb-v. chin.$_{h}$ dros. kali-bi. lach. *Lyc.* rhus-t.$_{bg1}$ sulph.
- ○ **Außenseite**: phyt.
- **Bizeps**, nach Heben einer Last: berb. chinin-ar. **Rhus-t.** stict.
  - **morgens**: agar.
- **Deltoids**, Gegend des: *Asar.* aur. *Bar-c.*$_{hr1,k}$ bufo calc. caul. chel. coc-c. *Colch.* **Ferr.** kali-bi. *Kalm.* lac-c. merc-c. nat-m. phos. phyt. rhod. *Rhus-t.* **Sang.** stict.$_{br1,c1}$ viol-o. zinc. zinc-o.$_{c2}$ zinc-val.$_{c2}$
  - **links**: nux-m.
    - **nach** rechts: ox-ac.
  - **rechts**: agar. card-m. *Cedr.* *Kalm.* lob. *Lycpr.*$_{c1}$ psil.$_{ft1}$ *Urt-u.*
  - **Hand** auf dem Tisch liegt; während die: asar.
  - **Heben** des Armes; beim: zinc.$_{ptk2}$
- **Innenseite**: bov. chel. crot-t. led. sil. tarent.
  - ▽ **erstreckt** sich zu den Fingern: chel.
- **Knochen**: alumn. anac. ars-s-r. arum-d. aur. bar-c. berb. bry. carb-v. euon. ferr. *Fl-ac.* ham. hyos. ign. iod. kali-bi. *Lyc.* mag-s. mang. merc. *Mez.* murx. nit-ac. osm. ox-ac. phos. phyt. rhod. rhus-t. sarr. staph. sulph.
  - **nachmittags**: fl-ac.
    - **15** h: sarr.
  - **nachts**: dros.
  - **Berührung** agg.: staph.
  - **gelähmt**, wie: nit-ac.
  - **geschwürig**: bar-c.
  - **liegt**; auf dem er: *Iod.*
  - **rheumatisch**: *Ars-i.* *Ferr.* fl-ac.
- **Rückseite**: hyos. *Stict.* stry.
- **Trizeps**: *Stict.*

– **Ellbogen**: abrot.$_{a1,k}$ acon.$_{a1,k}$ aesc.$_{k2}$ agar. agn. all-s.$_{a1}$ aloe *Alum.*$_{a1,k}$ alum-p.$_{k2}$ alum-sil.$_{k2}$ *Alumn.* am-c. ant-c. ant-t.$_{a1,k}$ arg-met. ars-h. ars-i. aster.$_{a1,k}$ aur. aur-i.$_{k2}$ aur-s.$_{k2}$ bapt. *Bry.*$_{a1,k}$ calc.$_{a1,k}$ calc-p.$_{a1,k}$ calc-s. cann-i. carbn-s. cass.$_{a1}$ castor-eq. *Caust.*$_{a1,k}$ cedr.$_{a1,k}$ cer-s.$_{a1}$ cham.$_{a1,k}$ chel. chin. chr-ac.$_{a1}$ cic. cimic.$_{a1,k}$ clem. *Coloc.*$_{a1,k}$ *Corn.*

– **Ellbogen**: ...
crot-c. crot-h. cupr.$_{a1,k}$ cycl.$_{a1,k}$ dig.$_{a1,k}$ dios.$_{a1,k}$ dulc.$_{a1,k}$ elaps fago.$_{a1,k}$ ferr.$_{a1,k}$ ferr-ar. ferr-i. fl-ac.$_{a1,k}$ foen.$_{a1,a4}$ form.$_{a1,k}$ gels.$_{a1,k}$ gink-b.$_{sbd1}$ glon. grat.$_{a1,k}$ *Guaj.*$_{a1,k}$ hep.$_{a1,k}$ hyos.$_{a1,k}$ hyper.$_{a1,k}$ *Iod.*$_{a1,k}$ iris jac-c.$_{a1,k}$ jug-c.$_{a1,k}$ kali-ar.$_{a1,k}$ *Kali-bi.*$_{a1,k}$ kali-c.$_{a1,k}$ kali-m.$_{k2}$ kali-n.$_{a1,k}$ kalm.$_{a1,k}$ *Lac-ac.*$_{a1,k}$ lach.$_{a1,k}$ lachn.$_{a1,k}$ laur.$_{a1,k}$ lept.$_{a1,k}$ lob.$_{a1,k}$ *Lyc.*$_{a1,k}$ lyss. mag-c.$_{a1,k}$ mag-s. manc.$_{a1,k}$ mang.$_{a1,k}$ merc.$_{a1,k}$ merc-i-f.$_{a1,k}$ mez.$_{a1,k}$ nat-ar. nat-c. nat-s.$_{a1,k}$ nit-s-d.$_{a1}$ nux-m. nux-v. osm. peti.$_{a1}$ petr.$_{a1,k}$ ph-ac.$_{a1,k}$ phos. phys.$_{a1,k}$ phyt. pip-m.$_{a1,k}$ plan.$_{a1,k}$ plat.$_{a1,k}$ plb.$_{a1,k}$ prun. puls.$_{a1,k}$ ran-b. *Rhus-t.*$_{a1,k}$ rhus-v.$_{a1,k}$ rumx. ruta seneg.$_{a1,k}$ sep.$_{a1,k}$ *Sil.* spong. still.$_{a1}$ stry.$_{a1,k}$ sul-ac. sul-i.$_{k2}$ sulph.$_{a1,k}$ tarent.$_{a1,k}$ tell.$_{a1,k}$ tep.$_{a1,k}$ ter.$_{a1,k}$ thuj.$_{a1,k}$ valer.$_{a1,k}$ verat.$_{a1,k}$ xan.$_{a1,k}$ zinc. zinc-o.$_{c2}$
• **links**: cass.$_{a1}$ gels.$_{c1}$ gink-b.$_{sbd1}$ xan.$_{c1}$
 • **Herzens**; bei Beschwerden des: arn.$_{br1}$
• **rechts**: asc-t.$_{a1}$ tub.$_{k2}$
• **morgens**: brach.$_{a1,k}$ dios.$_{a1,k}$ lyc. ran-b. sep.$_{a1,k}$ sumb. thuj.
 • **6** h: dios.
• **vormittags**: abrot.$_{a1,k}$ dios.$_{a1,k}$ plan.$_{a1,k}$
• **mittags**: arg-met. cedr.$_{a1,k}$
• **nachmittags**: sulph.$_{a1,k}$
 • **16** h: dios.
• **abends**: castor-eq. cop. dios.$_{a1,k}$ dulc.$_{a1,k}$ fl-ac. jac-c.$_{a1,k}$
 • **17** h: stry.
 • **19** h: chinin-s. dios.
 • **21** h: calc-p. lyc.
 • **Liegen**, beim: nat-c.$_{a1,k}$ phos.$_{a1,k}$
 • **Zuziehen** der Tür; beim: bell. chinin-s.
• **nachts**: dig.$_{a1,k}$ gels.$_{a1,k}$ kali-n. merc-i-f.$_{a1,k}$ *Phos.* ter.$_{a1,k}$
 • **23** h, bis morgens: *Sulph.*
 • **Herausstrecken** des Armes aus dem Bett; durch: am-c.
◆ **abwechselnd** mit:
 • **Knien**; Schmerz in den: dios.
 • **Schulter**; Schmerzen in der: kalm.
• **anfallsweise**: kreos. rat.
• **Anlehnen** auf den Ellbogen; beim: camph.
• **Ausstrecken** des Armes vor dem Körper; beim: am-c.
• **Berührung**, bei: ambr. calc-p. dulc.$_{a1,k}$ gink-b.$_{sbd1}$ hyos.$_{a1,k}$ ph-ac.$_{a1,k}$
• **Beugen** des Armes; beim: all-s.$_{a1,k}$ chel. dulc.$_{a1,k}$ mag-c.$_{a1,k}$ mur-ac. puls.$_{a1,k}$
• **Bewegung**:
 • **agg**.: agn. **Bry.**$_{a1,k}$ *Calc-s. Carbn-s. Guaj.* kali-bi. led. plb. sulph. ust.
 • **amel**.: *Arg-met. Aur-m-n.* bism. dulc.$_{a1,k}$ *Lyc.* mez. **Rhus-t.**
• **Druck** amel.: gink-b.$_{sbd1}$
• **Exanthems**; beim Verschwinden eines flüchtigen: *Lept.*
• **Fahren** oder Reiten, nach: verat.$_{a1,k}$
• **Frost**; während: ang. **Podo.**
• **Gehen**, nach dem: acon-c.$_{a1}$ valer.$_{a1,k}$
• **Glassplitter**; wie durch einen: hydrog.$_{srj2}$
• **Gicht**, bei: ars-h. caust.$_{a1,k}$ kali-i.
• **krampfartig**: verb.
• **lähmungsartig**: *Bry.* cham. graph. lyss. prun.
• **Liegen**:
 • **beim**: carb-an. kreos. nat-c. phos.
 • **gegenüberliegenden** Seite; auf der: nux-v.
• **Luft**:
 • **Zugluft**: gels.$_{c1}$
• **rheumatisch**: acon.$_{a1,k}$ aesc.$_{k2}$ ammc.$_{a1,k}$ ant-t.$_{a1,k}$ ars.$_{a1,k}$ bapt. *Bry.* calc.$_{a1,k}$ carbn-s. *Colch.* coloc. cupr. *Ferr.* form. grat. guaj.$_{a1,k}$ hydr. hyper.$_{a1,k}$ iris *Kali-bi.*$_{a1,k}$ kali-m.$_{k2}$ kalm.$_{a1,k}$ lach.$_{a1,k}$ lob.$_{a1,k}$ mag-s. mez. nat-ar. *Nat-c.* nicc. prun. ran-b. rhus-v.$_{a1,k}$ sal-ac. sep.$_{a1,k}$ tub.$_{k2}$ ust. zinc.$_{a1,k}$
• **ruckend**: rhus-t.
• **Schmerz** in der Seite; mit: fl-ac.$_{a1,k}$
• **Sitzen**, im: phos.
• **Strecken** des Armes; beim: hep.$_{a1,k}$ kali-c. puls.$_{a1,k}$ ruta
• **Tragen** einer Last; nach: *Cham.*
• **wandernd**: cact.
• **Wärme**:
 • **agg**.: *Guaj.*
 • **amel**.: *Caust.* **Rhus-t.**
• **Zubettgehen**, nach dem: dios.$_{a1,k}$
▽ **erstreckt** sich zu:
 • **Hand**: kali-bi.$_{a1,k}$ lach.$_{a1,k}$ nicc. tarent.$_{a1,k}$
 • **Handgelenk**: ars.$_{a1,k}$ guaj. kali-n.$_{a1,k}$ peti.$_{a1}$ phyt. prun. rhus-t.
 • **kleiner** Finger: aesc. arund. jatr-c. lyc. phyt. puls. seneg.
 • **Schulter**: cycl.$_{a1,k}$ phos. still.$_{a1,k}$
○ **Ellbogenbeuge**: alumn. anac.$_{a1,k}$ arg-met. aur-m-n.$_{a1,k}$ carb-an.$_{a1,k}$ caust.$_{a1,k}$ chel. cina clem.$_{a1,k}$ cocc.$_{a1,k}$ gels.$_{a1,k}$ glon. graph.$_{a1,k}$ hep. hura hyos.$_{a1,k}$ iod.$_{a1,k}$ lyc.$_{a1,k}$ merc-i-f.$_{a1,k}$ nat-c.$_{a1,k}$ plb.$_{a1,k}$ *Puls.*$_{a1,k}$ spig.$_{a1,k}$ still.$_{a1,k}$ thuj.$_{a1,k}$ valer.$_{a1,k}$ verat.$_{a1,k}$
 • **morgens**: alum.$_{a1,k}$ lyc.$_{a1,k}$ merc-i-f.$_{a1,k}$
 • **anfallsweise**: plb.$_{a1,k}$
 • **Berührung**, bei: nat-c.$_{a1,k}$
 • **Bewegung**:
  • **amel**.: coc-c.$_{a1,k}$
  • **bei**: hura plb.$_{a1,k}$ *Puls.*$_{a1,k}$
 • **Druck** amel.: arg-met.
 • **Gehen**, beim: gels.$_{a1,k}$
 • **Herunterhängenlassen**, beim: still.$_{a1,k}$
 • **lähmungsartig**: cina cocc.$_{a1,k}$
 • **Schreiben**, nach: gels.$_{a1,k}$
 • **Strecken** des Armes; beim: alumn. **Caust.**$_{a1,k}$ clem. graph. *Hep. Puls.* thuj.
 ▽ **erstreckt** sich zu:
  • **Finger**: hura
   • **Zeigefinger**: psil.$_{ft1}$
  • **Handfläche**: carb-an.$_{a1,k}$
  • **Schulter**: plb.$_{a1,k}$
• **Ellbogenhöcker**: alum.$_{h,k,*}$ am-c. carb-an.$_{a1,k}$ caust.$_{a1,k}$ chinin-ar. hep.$_{a1,k}$ kali-n.$_{a1,k}$ raph.$_{c2}$ rhod.$_{a1,k}$ spong.$_{a1,k}$ verat.$_{a1,k}$
 • **Bewegung**, bei: hep.$_{a1,k}$

– **Unterarm**: acon.$_{a1,k}$ *Aesc.*$_{a1,k}$ agar.$_{a1,k}$ all-c.$_{a1,k}$ alum.$_{a1,k}$ alum-sil.$_{k2}$ am-c.$_{a1,k}$ am-m.$_{a1,k}$ anag. apis apoc.$_{a1,k}$ *Arg-n.*$_{a1,k}$ ars.$_{a1,k}$ ars-i. arum-d.$_{a1,k}$ asaf.$_{a1,k}$ asc-t.$_{a1,k}$ aur.$_{a1,k}$ aur-ar.$_{k2}$ aur-m-n.$_{a1,k}$ aur-s.$_{k2}$ bapt.$_{a1,k}$ bar-c.$_{a1,k}$ bar-s.$_{k2}$ berb.$_{a1,k}$ bism.$_{a1,k}$ borx. bry.$_{a1,k}$ calad.$_{a1,k}$ calc.$_{a1,k}$ calc-sil.$_{k2}$ *Carb-v.*$_{a1,k}$ castor-eq. caul.$_{a1,k}$ cedr.$_{a1,k}$ *Cham.*$_{a1,k}$ chel.$_{a1,k}$ chin.$_{a1,k}$ cimic.$_{a1,k}$ coca cocc.$_{a1,k}$ **Colch.**$_{a1,k}$ coloc.$_{a1,k}$ cor-r.$_{a1,k}$ croc.$_{a1,k}$ cupr.$_{a1,k}$ *Cycl.*$_{a1,k}$ dios.$_{a1,k}$ euph.$_{a1,k}$ fl-ac.$_{a1,k}$ gels.$_{a1,k}$ hell.$_{a1,k}$ hura hyper.$_{a1,k}$ iod.$_{a1,k}$ kali-bi.$_{a1,k}$ kali-chl.$_{a1,k}$ kerose.$_{a4}$ lach.$_{a1,k}$ led.$_{a1,k}$ lil-t. *Mag-p.* mang.$_{a1,k}$ med. merc.$_{a1,k}$ merc-i-f.$_{a1,k}$ *Mez.*$_{a1,k}$ murx.$_{a1,k}$ nat-m.$_{a1,k}$ *Nit-ac.*$_{a1,k}$ ph-ac.$_{a1,k}$ phys.$_{a1,k}$ phyt.$_{a1,k}$ plan.$_{a1,k}$ plat.$_{a1,k}$ plb.$_{a1,k}$ *Podo.* prun.$_{a1,k}$ puls.$_{a1,k}$ **Rhod.**$_{a1,k}$ *Rhus-t.*$_{a1,k}$ sabin.$_{a1,k}$ sars.$_{a1,k}$ sil.$_{a1,k}$ sphing.$_{a1,kk3}$ spig.$_{a1,k,*}$ spong.$_{a1,k}$ *Staph.*$_{a1,k}$ still.$_{a1,k}$ stront-c. sulph.$_{a1,k}$ tarent.$_{a1,k}$ tep.$_{a1,k}$ teucr.$_{a1,k}$ thuj.$_{a1,k}$ trom.$_{a1,k}$ upa. verat-v.$_{a1,k}$ verb.$_{a1,k}$
- **links**: agar. asc-t.$_{a1}$ *Med.*
  - **dann** rechts: psil.$_{ft1}$
- **rechts**: asc-t.$_{a1}$ cench.$_{k2}$ *Cycl.*$_{a1,k}$ *Merc-i-f.*
  - **Knie**; und linkes: asc-t.$_{a1}$
  - **Rückseite**: psil.$_{ft1}$
- **tagsüber**: plb.$_{a1,k}$ sulph.$_{a1,k}$
- **morgens**: ars.$_{a1,k}$ bar-c.$_{a1,k}$ bry.$_{a1,k}$ chinin-s. coloc.$_{a1,k}$ dios.$_{a1,k}$ kali-bi. *Lyc.*$_{a1,k}$ nat-ar. thuj.$_{a1,k}$
  - **Erwachen**, beim: alum.$_{a1,k}$ kali-bi.
- **vormittags**: sil. trom.$_{a1,k}$ verat-v.
- **mittags**: cedr.$_{a1,k}$ trom.$_{a1,k}$
- **nachmittags**: agar. nat-s.$_{a1,k}$ sulph.$_{a1,k}$ thuj.$_{a1,k}$
- **abends**: all-c.$_{a1,k}$ alum. am-c. calc-s. castor-eq. fl-ac.$_{a1,k}$ stront-c. sulph.$_{a1,k}$
  - **20** h: phys.
- **nachts**: agar. aloe *Arg-n.* choc.$_{srj3}$ *Lyc.* *Mez.* plan.
  - **23** h: trom.
- **anfallsweise**: ang. arg-met. berb. calc. choc.$_{srj3}$ ferr. kreos. mosch. mur-ac. *Ph-ac.* plat. plb. ruta verb.
- **Berührung**:
  - **agg**.: cupr. sabin.$_{a1,k}$ *Staph.*
  - **amel**.: bism. meny.$_{a1,k}$
- **Bett**, im: aloe am-c. am-m.$_{a1,k}$ *Mez.* sulph.$_{a1,k}$
- **Beugen** des Armes; beim: chin. sabad.$_{a1,k}$
- **Bewegung**:
  - **amel**.: alum. aur-m-n.$_{a1,k}$ bar-c. *Bism.* camph. cocc. **Rhus-t.** sphing.$_{a1}$ spig.$_{a1,k}$ stront-c.
  - **bei**: anac.$_{a1,k}$ *Calc.* chel. croc. led. rhus-t.$_{a1,k}$ sabin.$_{a1,k}$ *Staph.*
  - **Fingers**, des: asaf.
- **Erwachen**, beim: agar. lycps-v.
- **Greifen**, beim: chel. choc.$_{srj3}$ lach.
- **Herabhängen**, beim: berb.$_{a1,k}$ hydrog.$_{srj2}$ nat-m.$_{a1,k}$ zinc.
- **lähmungsartig**: aeth. bar-c. berb. caust. *Cham.* **Colch.** graph.$_{a1,k}$ *Med.* ph-ac. sil. *Staph.* sulph.
- **Liegen**, beim: aur-m-n.
- **neuralgisch**: chinin-s. corn-f.$_{br1}$ iod.$_{a1,k}$
- **pulsierend**: lyss. merc-i-f.
- **rheumatisch**: *Aesc.* agar. asc-t. bapt. chel.$_{a1,k}$ chinin-s. *Colch.* form. *Hydr.* hyos.$_{a1,k}$ iris

– **Unterarm - rheumatisch**: ... lycps-v. merc.$_{a1,k}$ merc-i-f.$_{a1,k}$ merc-i-r.$_{a1}$ *Nit-ac.* *Phyt.*$_{a1,k}$ *Podo.* psil.$_{ft1}$ *Rhus-t.* stry.$_{a1,k}$
- **ruckend**: led. sil.
- **Schreiben**, beim: acon. anac.$_{a1,k}$ *Cycl.* fago. fl-ac. **Mag-p.** *Merc-i-f.*
- **Sitzen**, im: aur-m-n.$_{a1,k}$ led.$_{a1,k}$
- **wandernd**: nat-ar.
- **warme** Anwendungen amel.: *Chel.* *Chin.* *Dulc.* ferr. gran. *Kali-c.* kalm. lyc. *Nit-ac.* **Nux-v.** **Rhus-t.** *Sil.* *Zinc.*

▽ **erstreckt** sich zu:
- **Ellbogen**: spig.
- **Finger**: asc-t. cocc. con. *Cycl.* puls.
  - **Daumen**: agar. croc.
  - **kleiner** Finger: agar. kreos.
- **Hand**: psil.$_{ft1}$

○ **Beugemuskeln**: arn.$_{a1,k}$ *Calc.* gels.$_{a1,k}$ nux-v.$_{a1,k}$

○ **Radialseite**: chinin-ar. chinin-s.
- **Elle**: *Arg-n.*$_{a1,k}$ calc. calc-s.$_{a1,k}$ *Caust.*$_{a1,k}$ cham.$_{a1,k}$ chin.$_{a1,k}$ form.$_{a1,k}$ plat.$_{a1,k}$ *Podo.* tub.$_{c1}$ verat-v.$_{a1,k}$

○ **unterer** Teil, beim Schreiben: chinin-s.
- **Handgelenk**; nahe am: asc-t.$_{a1,k}$ *Calc.* cham.$_{a1,k}$ com.$_{a1,k}$ mez.$_{a1,k}$ olnd.$_{a1,k}$ spira.$_{a1}$ zing.$_{a1,k}$
- **Radialseite**: agar.$_{a1,k}$ berb.$_{a1}$ fl-ac. merc.$_{a1,k}$ rhus-t.$_{a1,k}$
  - **morgens**: merc.$_{a1,k}$
- **Rückseite**: berb.$_{a1,k}$
- **Sehnen**: *Calc.* chel.$_{a1,k}$ chin.$_{a1,k}$ chinin-s. kali-m.$_{c1}$ sil.$_{a1,k}$
- **Speiche**: all-c.$_{a1,k}$ fl-ac.$_{a1,k}$ gymno. jac-c.$_{a1}$ *Lyc.* *Mez.*$_{a1,k}$ nat-c. nat-m. osm.$_{a1,k}$ rhus-t.$_{a1,k}$ sabin.$_{a1,k}$ verat-v.$_{a1,k}$
  - **Herunterhängenlassen** des Armes; beim: nat-m. osm.

○ **Gelenkkopf**: fl-ac.$_{a1,k}$ hyper.$_{a1}$ verat-v.$_{a1}$
  - **Periost**: cycl.$_{a1,k}$ *Merc.* *Mez.*$_{a1,k}$ phos.$_{a1,k}$
- **Streckmuskeln**: coloc.$_{a1,k}$ hep.$_{a1,k}$ mur-ac.$_{a1,k}$ sil.
- **Ulnaris**; rechter: xan.$_{c1}$
- **Vorderseite**: asaf.$_{a1,k}$ gels. plb.$_{a1,k}$ sphing.$_{kk3}$ spong. tarent.
- **zwischen** den Knochen: calad.

– **Handgelenk**: abrot.$_{br1}$ act-sp. am-c. anag. *Ant-c.* ant-t. *Arg-n.*$_{a1,k}$ ars.$_{a1,k}$ arund.$_{a1,k}$ asc-t.$_{a1,k}$ bar-s.$_{k2}$ bell. brach.$_{a1,k}$ bry.$_{a1,k}$ bufo-s. *Calc.*$_{a1,k}$ calc-p.$_{a1,k}$ calc-s.$_{a1,k}$ camph. cann-i.$_{a1,k}$ carb-v.$_{a1,k}$ carbn-s. castor-eq. *Caul.*$_{a1,k}$ cham.$_{a1,k}$ chel.$_{a1,k}$ cimic.$_{a1,k}$ cina cist.$_{a1,k}$ clem.$_{a1,k}$ cob.$_{a1,k}$ cocc. colch.$_{a1,k}$ coloc. cop.$_{a1,k}$ cor-r.$_{a1,k}$ crot-c.$_{a1,k}$ cub.$_{a1,k}$ dios.$_{a1,k}$ dulc.$_{a1,k}$ *Eup-per.* euph.$_{a1,k}$ ferr.$_{a1,k}$ ferr-ar. ferr-p.$_{k2}$ fl-ac.$_{a1,k}$ form.$_{a1,k}$ gels.$_{a1,k}$ gink-b.$_{sbd1}$ grat. *Guaj.* *Hep.*$_{a1,k}$ hipp. hom.$_{c2}$ hura hyos.$_{a1,k}$ inul. jug-c.$_{a1,k}$ *Kali-bi.* *Kali-n.*$_{a1,k}$ *Kalm.*$_{a1,k}$ lac-ac.$_{a1,k}$ lac-d.$_{k2}$ lach.$_{a1,k}$ led.$_{a1,k}$ lil-t.$_{a1,k}$ *Lyc.* lycps-v. mag-s. manc.$_{a1,k}$ mang. merc.$_{a1,k}$ merc-i-f.$_{a1,k}$ mez.$_{a1,k}$ nat-s.$_{a1,k}$ osm. *Ox-ac.*$_{a1,k}$ pall.$_{a1,k}$ phys.$_{a1,k}$ plan. plb.$_{a1,k}$ plect.$_{c2}$ podo. prop.$_{c2}$ ptel.$_{a1,k}$ *Puls.* *Rhod.*$_{a1,k,*}$ **Rhus-t.**$_{a1,k}$ rhus-v.$_{a1,k}$ *Ruta* sabad.$_{a1,k}$

– **Handgelenk**: ...
Sabin.al,k sal-ac.al,k salol.c1 sars.al,k sol-ni. squil.al,k stann.al,k still.al,k stry.al,k sul-ac.al,k **Sulph.** tab.al,k tarent.al,k tep.al,k trom. urt-u.al,k vario.br1 *Viol-o.* xan.al,k zinc.al,k
• **links**: asc-t.al,k brach.al,k camph. cann-i.al cop.al,k crot-c. dios.al,k ferr.al,k *Guaj.* kalm.al,k mag-s.
• **Knöchel**; und rechter: lach.
• **rechts**: act-sp. arund.al,k bufo-s. calc-p.al,k chinin-s. cimic.al,k colch.al,k gink-b.sbd1 lac-ac.al lac-c.h,k *Lyc.* med.c1 nat-p. *Ox-ac.*al,k petr. plb.al,k *Rhus-t.*al,k sulph. **Viol-o.**
• **morgens**: am-c. calc-p.al,k carb-v. cupr. dios.al,k dulc.al,k hura iod. kali-c. mag-m. merc-i-f.al,k nux-v. osm.al,k plb.al,k puls. staph. sulph. zinc.
• **Bett**, im: calc. hyper. nat-c.
• **Erwachen**, beim: dulc.al,k merc-i-f.al,k
• **Verdrehen** des Handgelenks; beim: merc-i-f.al,k
• **nachmittags**: calc-s.al,k lycps-v. nux-v. sulph.al,k
• **abends**: dios.al,k *Led.*al,k nat-s. phys.al,k pip-m.al,k rhod.al,k rhodi.al sars.al,k verat-v.al,k
• **nachts**: choc.srj3 kali-n. sil. tab.al,k tarent.al,k
• **Erwachen**, beim: mez.
• **abwechselnd** in dem einen oder anderen: arund.al,k *Lac-c.*
• **anfallsweise**: *Anac. Aur.* bov. spig.
• **Anstrengung**, nach: alum.al,k berb.al,k kali-n.al,k sulph.
• **Berührung**, bei: merc.
• **Beugen**, beim: arg-n.al,k
• **Bewegung**:
• **amel.**: *Arg-met.* aur-m-n.al,k bism. hyos.al,k nat-s.al,k prun.al,k *Rhod.*al,k **Rhus-t.**al,k sulph.al,k
• **bei**: act-sp. arn.al,k *Bry.*al,k calo.al,k carb-v.al,k euph.al,k *Guaj.* hep. hyper.al,k kali-c.al,k *Kalm.* merc.al,k *Mez.*al,k ox-ac.al,k plb. rhod.al,k ruta sabad.al,k staph. stict.c1 still.al,k sulph.al,k tarent.
• **heftige** Bewegung amel.: sulph.al,k
• **Drehen** der Hand; beim: agn.h,k,*
• **Druck**, bei: merc.
• **Greifen** von etwas; beim: bov.al,k **Rhus-t.**al,k
• **Heben** einer Last, beim: alum.h,k,* *Rhus-t.*
• **Hinlegen**, nach dem: nat-s.al,k
• **lähmungsartig**: acon.al,k agn.al,k arg-met. asar.al,k carb-v.al,k cham. coc-c.al,k con.al,k euph.al,k *Kalm.* mez. nat-p.al,k rhus-v.al,k
• **Nähen**, beim: kali-c. lach.
• **pulsierend**: brach.al,k kali-n.al,k polyg-h.
• **Mittagessen**, beim: kali-n.
• **rheumatisch**: *Act-sp.* aesc. ammc. asc-t.al,k *Caul.* chel.al,k clem.al,k *Colch.* crot-c.al,k ery-a.al,k ferr-p.al,k form.al,k grat. *Guaj.* hipp.c2 *Jug-c.*al,k *Kali-bi.* kalm. lac-ac.al,k *Lach.*al,k mag-s. nat-ar. nat-p. ptel.al,k *Puls.* **Rhus-t.**al,k **Ruta** stict. ulm-c.bro1 urt-u.al,k *Vac. Viol-o.*c2,k
• **Schreiben**, nach: chinin-s.
• **ruckend**: anac. rhus-t.al,k
• **Schnur**; wie durch eine: manc.

– **Handgelenk**: ...
• **Schreiben**: hydrog.srj2
• **beim**: ferr-p.al,k lyc. **Mag-p.**
• **wie** nach vielem, schnellem Schreiben: cor-r.al,k
• **Stuhlgang**, nach: osm.al,k
• **Verdrehen** des Handgelenks agg.: merc-i-f.al,k
• **verrenkt**; wie: *Arn. Eup-per.* phos.
• **wandernd**: *Kalm.* polyg-h. *Puls.*
• **Wärme** agg.: *Guaj. Puls.*
• **Wetter**, bei stürmischem: rhod.
• **Wind**, im: carb-v.
• **Zuckungen**, mit: arund.al,k calc.al,k carbn-s. kali-n.al,k
▽ **erstreckt** sich zu:
• **Arm**: arn. jug-c. plb.
• **Ellbogen**: lach.
• **Finger**:
• **Zeigefinger**: asaf. xan.c1
• **Hand**: fago. rhod.
• **Knöchel**: kali-n.
• **Unterarm** hinein; in den: ferr-p. pall. stann.
• **Schreiben**, beim: ferr-p.
○ **Radialseite**: arg-met. merc-i-f.al sabin.al,k stann.al,k
• **Rückseite**: agar.al,k all-c.al,k
• **abends**: all-c.al,k
• **Ulnarseite**: calc.h chel. ferr-p. phys. rumx. sulph.
• **rheumatisch**: ferr-p.
• **Schreiben**; beim: ferr-p.
• **Vorderseite**: com.al,k plb.al,k tarent.al,k
• **Bewegung** agg.: plb.al,k
• **Gehen** im Freien, nach: com.al,k
• **plötzlich**: com.al,k

– **Hände**: abrot. acon. *Act-sp.* aesc. agar. alum-sil.k2 alumn. am-m. anac. anag. apis ars. arum-d. bamb-a.stb2 bar-c. bar-s.k2 bell. benz-ac. bol-la. brom. *Calc.* calo.c2 carb-v. carbn-s. caul. cham. cic. cist. clem. cocc. *Colch.* com. crot-c. crot-h. cupr. *Dig.* dios. ery-a. euphr. fago. ferr. ferr-ar. fl-ac. gels. gent-l. grat. *Guaj.* gymno. *Hep.* hura iodof. kali-bi. kalm. kreos. lach. led.c2,k lil-t. lith-c. lyc. *Merc-i-f.* merc-i-r. *Mez.* mosch. naja nat-c. nat-s. phos. phys. phyt. plb. ptel. puls.c2,k ran-b.k2 ran-s. **Rhus-t.**c2,k rhus-v. rumx. rutac2,k sabin. sang. sars. sol-ni. *Staph.* stry. *Sulph.* tab. tarent. tell. ust. vesp.
• **links**: asc-t.al
◆ **begleitet** von:
• **Knie**; Schmerz im rechten
☞ *Knie - rechts - begleitet von - Hand*
• **rechts**: asc-t.al
• **Licht** darüber tanzen; als würde: hydrog.srj2
• **morgens**: calc. dios. kali-bi. lyc. nat-c. ph-ac. sang.
• **Erwachen**, beim: agar.
• **vormittags**: dios. fago. hura
• **Schreiben** auf einem kalten Tisch; durch: fago.
• **nachmittags**: cist. rumx.

• **abends**: abrot. acon. cist. dios. led. nat-s. nit-ac. ph-ac. ptel.
• **nachts**: am-c. dios. merc-i-f. phos. sel. sulph.
◆ **abwechselnd** mit Beschwerden des Kopfes: hell.
• **anfallsweise**: ang. arg-n. calc. cina coloc. euph. *Euphr.* ferr-m. lyc. mang. *Meny.* merc. ph-ac. plat. ruta sec. sil. tab. verb.
• **Berührung**, bei: myric. myris. nit-ac. *Sulph.*
• **Bett**, im: iodof. merc-i-f.
• **Bewegung**:
  • **amel.**: com. dios.
  • **bei**: bapt. caps. form. gent-l. *Guaj.* laur. meny. plb. puls. sep.
• **Druck**; bei: kali-bi.$_{k2}$
• **Entblößen** der Hände während Fieber; durch: *Nux-v.* stram.
• **epileptischem** Anfall; vor:
  • **linke** Hand: *Calc-ar.*
• **Erwachen**, beim: nit-ac.
• **Frost**; während: nux-v.
• **Fußbad**, nach einem: calc-caust.$_{c1}$
• **gichtig**: *Carbn-s.* gins. lyc.
• **Greifen** von etwas; beim: get. kali-c. *Nat-s.*
• **Halten** von etwas; beim: coff. guaj. phos. sep. sil.
• **Kälte** amel.: guaj. lac-c. *Led. Puls.*
• **Klavierspielen**, beim: merc.
• **lähmungsartig**: *Act-sp.* agar. cham. mez. nit-ac. sel. tab.
• **Laufen** agg.: agar.
• **pulsierend**: am-m. carb-v. gels. rhus-t. sulph.
• **rheumatisch**: act-sp. aesc. alumn. ammc. asc-t. bapt. **Caul.** *Clem.* **Colch.** com. ery-a. euphr. *Guaj. Lac-c.* lach. lyc. med. *Merc-i-f.* phyt. psil.$_{ft1}$ ptel. *Puls.* **Rhus-t.** sang. *Stry.* ust. *Viol-o.* zinc.
• **ruckend**: chin. mez. nat-c. nat-n. puls.
• **Schließen** der Hand; beim: ~~calli-h.$_{kl,xxx}$~~ calo.$_{k,kl,*}$ caul.$_{kl}$ dios. med. merc.
• **Schreiben**, beim: acon. agar. ant-c. ars-i. bar-c. cinnb. euph. fl-ac. kali-c. **Mag-p.** meny. *Merc-i-f.* sabin. samb. *Sil.* sul-ac. thuj. valer. zinc.
• **wandernd**: ars-h. choc.$_{srj3}$ *Iris* tell.
• **Wärme** agg.; äußerliche: bry. caust. *Guaj.* lac-c. led. *Puls.*
• **Waschen**, beim: alum. iod. merc. sulph.
• **Wetter**, bei nassem: *Rhus-t.*
▽ **erstreckt** sich zur Schulter: fl-ac. ham. lat-m. vesp.
○ **Gelenke**: **Anac.** bamb-a.$_{stb2}$ bell. clem. coloc. con. kali-c. kalm. *Lac-c.* lach. nat-s. phos. phys. plb. *Puls.* thuj.
  • **links**: bamb-a.$_{stb2}$
  • **Erwachen**, beim: lach.
  • **gichtig**: pin-s. plb.
  • **Tragen** von etwas; beim: bamb-a.$_{stb2}$
• **Handballen**: aur. nat-c.
  • **Schreiben**, beim: nat-c.
• **Handfläche**: anac. asc-t. aur-m. berb. calc. crot-c. crot-h. ille. led. merc-i-f. mez. *Nat-ar.*

– **Hände - Handfläche**: ...
nat-s. phyt. psil.$_{ft1}$ *Rhus-t.* sabin. stry. tarent.
  • **links**: cench.$_{k2}$
  • **rechts**: asc-t.$_{a1}$
  • **abends**: nat-s.
  • **Bewegung**, bei: anac.
  • **Brotschneiden**, beim: *Calc.*
  • **pulsierend**: berb. merc-i-f.
  ▽ **erstreckt** sich zu den Fingern: sabin.
• **Handrücken**: am-c. arg-met. arg-n. arn. asar. bamb-a.$_{stb2}$ bar-c. berb. carb-v. cycl. ferr. ham. hep. kali-bi. kali-c. merc. merc-i-f. nat-c. phys. tarent. verb. zing.
  • **rechts**: gink-b.$_{sbd1}$ psil.$_{ft1}$
  • **nachts**: am-c.
  ▽ **erstreckt** sich zur Schulter: ham.
  ○ **metacarpal**: psil.$_{ft1}$
• **Kleinfingerballen**; rechter:
  • **rheumatisch**: psil.$_{ft1}$
• **Knochen**: kali-bi.$_{k2}$
• **Ulnarseite**: arum-d. nicc. rhus-t. sep.
  • **nachts**: nicc.
  • **ruckend**: arn.

– **Finger**: *Acon.*$_{a1,k}$ agar.$_{a1,k}$ alum. alum-sil.$_{k2}$ alumn. am-c. ant-c. apis ars.$_{a1,k}$ arund.$_{a1,k}$ aur-i.$_{k2}$ bar-c. benz-ac.$_{a1,k}$ bol-la. bry. cact. *Calc.* calc-p.$_{a1,k}$ calc-s. calc-sil.$_{k2}$ *Carb-an.* **Caul.**$_{a1,k}$ caust. chinin-s. cist.$_{a1,k}$ clem.$_{a1,k}$ *Colch.* crot-h.$_{a1,k}$ *Dios.*$_{a1,k}$ elat.$_{a1,k}$ gink-b.$_{sbd1}$ grat. *Guaj. Hep.* hydr. iodof.$_{a1,k}$ iris kali-bi. kali-c. kali-sil.$_{k2}$ kalm.$_{a1,k}$ lach.$_{a1,k}$ lact.$_{a1,k}$ laur.$_{a1,k}$ lil-t.$_{a1,k}$ lith-c.$_{a1}$ lyc.$_{a1,k}$ mang. mez.$_{a1,k}$ mosch.$_{a1,k}$ *Nat-ar.* nat-s. nicc. *Nit-ac.*$_{a1,k}$ nux-m. olnd.$_{a1,k}$ ox-ac. petr. *Phyt.* plat. *Plb.*$_{a1,k}$ raph.$_{a1,k}$ **Rhod.** *Rhus-t.*$_{a1,k}$ *Sars.* sep. *Sil.* spig. *Stry.*$_{a1,k}$ sulph.$_{a1,k}$ tarent.$_{a1,k}$ tell.$_{a1,k}$ thuj.$_{a1,k}$ upa. urt-u.$_{a1,k}$ verat. vip.$_{a1,k}$
• **rechts**: viol-o.$_{bg1}$
• **morgens**: coloc.$_{a1,k}$ crot-h.$_{a1,k}$ kali-c.$_{a1,k}$ merc-i-r.$_{a1,k}$
  • **Aufstehen**, nach dem: coloc.$_{a1,k}$
  • **Bewegung**; zu Beginn der: *Rhus-t.*
• **vormittags**: thuj.$_{a1,k}$
• **abends**: lyc.$_{a1,k}$ sulph.$_{a1,k}$
  • **Schreiben**, beim: calc-p.$_{a1,k}$
• **nachts**: borx. kali-n. *Mag-s. Merc.* puls.$_{a1,k}$ sulph.
• **anfallsweise**: agar. ang. calc. *Euphr. Meny.* mur-ac. olnd. ph-ac. plat. rat. ruta sil. verb.
• **Anstrengung**, bei: bry.
• **Bewegung**: *Guaj.* hep. kali-c. nit-ac. rhus-t. sabad.$_{bcn}$
  • **amel.**: lith-c.
• **Druck** amel.: kali-bi.$_{k2}$ lith-c.
• **Frost**; während: nux-v.
• **Gehen**, nach dem: croc.
• **geschlossen**, wenn: nat-s. verat.
• **geschwürig**: am-m. berb. sars. **Sil.** *Sulph.*
• **Greifen** amel.; etwas: lith-c.
• **kalt**:
  • **Luft**, in kalter: agar.
• **Kälte**:
  • **agg.**: stram.

- **Kälte**: ...
  - **amel.**: caust. *Lac-c.*
- **krampfartig**: lil-t.
- **kribbelnd**: acon.
- **lähmungsartig**: benz-ac. sil.
- **Menses** amel.; nach den: *Caul.*$_{vh}$
- **Nägelkauen**:
  - **amel.**: am-br.$_{bg1,br1}$
- **pulsierend**: anag.
- **rheumatisch**: alumn. bapt. benz-ac.$_{k2}$ *Calc.* *Caul.* clem.$_{a1,k}$ **Colch.** grat. kali-bi.$_{k2}$ nicc. *Phyt.* psil.$_{ft1}$ sabad.$_{bcn}$ ust.
  - **syphilitisch**: *Nit-ac.*
- **ruckend**: *Am-c.* ars. *Chin.* meny. mez. ph-ac. ran-s. rheum staph.
- **Schreiben**, beim: acon. bry. calc-p. cist.$_{a1,k}$ iris mur-ac.
- **Spreizen** der Finger; beim: am-c.
- **Verletzung**; nach:
  - **lange** nach der Verletzung: gink-b.$_{sbd1}$
- **vibrierend**: berb.
- **wandernd**: ars-h. iris nat-ar.
- **Wärme** amel.: agar. *Ars.* *Bry.* *Calc.* **Hep.** lyc. rhus-t. stram.
- **warmes** Wasser; durch Stecken der Hände in: *Caust.* *Phos.*$_{a1,k}$
- **weckt** aus dem Schlaf: sabad.$_{a1,k}$
- **Windpocken**, bei: *Thuj.*
- ▽ **erstreckt** sich zu:
  - **Ellbogen**: nat-m. plat.$_{a1,k}$ *Plb.*$_{a1,k}$
  - **oben**; vom verletzten Finger nach: bufo$_{br1}$ hydrog.$_{srj2}$
  - **Schulter**: nux-m. *Plb.*
- ○ **Beugesehnen**: aster.
- **Fingernägel**: alum. ant-c. *Calc-p.* *Caust.* colch. *Graph.* hep. merc. myris.$_{a1,c1}$ naja nat-m. *Nit-ac.* nux-v. *Petr.*$_{a1,k}$ puls. raph.$_{a1,k}$ **Sil.** squil. sulph. teucr.
  - **Berührung**, bei: caust. petr.$_{a1,k}$
  - **geschwürig**: **Am-m.**$_{bg2}$ bell.$_{bg2}$ berb.$_{bg2}$ *Calc-p.*$_{bg2,k,*}$ *Caust.*$_{bg2}$ *Chin.*$_{bg2}$ **Graph.**$_{bg2}$ *Hep.*$_{bg2}$ *Kali-c.*$_{bg2}$ *Merc.*$_{bg2}$ mosch.$_{bg2}$ mur-ac.$_{bg2}$ **Nat-m.**$_{bg2}$ nat-s. *Nux-v.*$_{bg2}$ **Puls.**$_{bg2,k}$ ran-b.$_{bg2}$ **Rhus-t.**$_{bg2}$ ruta$_{bg2}$ **Sep.**$_{bg2}$ **Sil.**$_{bg2}$ sul-ac.$_{bg2}$ *Sulph.*$_{bg2}$ *Thuj.*$_{bg2}$
  - ○ **Nagelwurzel**: calc. *Calc-p.*$_{a1,k}$ sang.$_{a1,k}$
  - **um** die Fingernägel: hydrog.$_{srj2}$ lith-c.
  - **unter** den Fingernägeln: **Alum.**$_{a1,k}$ ant-c. berb. bism. calc-p. caust.$_{a1,k}$ elaps naja *Nat-s.* *Nit-ac.* ran-b. raph.$_{a1,k}$ sars. *Sep.*$_{c2}$ *Sil.* *Sulph.*
    - **Berührung**; bei: caust.
    - **Druck**, bei: sars.
    - **hornige** Wucherungen; durch: *Ant-c.* *Graph.*
    - **Splitter**; wie durch: bell. calc-p.$_{bg2,ptk2,*}$ carb-v. coc-c.$_{bg2,ptk2,*}$ colch.$_{bg2}$ *Fl-ac.*$_{bg2,k,*}$ *Hep.*$_{bg2,k}$ nat-m.$_{bg2}$ **Nit-ac.**$_{bg2,k}$ *Petr.*$_{bg2,k}$ plat.$_{bg2,k}$ ran-b.$_{bg2,k}$ *Sil.*$_{bg2,k}$ *Sulph.*$_{bg2,k}$
- **Fingerspitzen**: berb. caust. cist.$_{a1,k}$ colch.$_{a1,k}$ hyper.$_{a1,k}$ merc-i-f.$_{a1,k}$ nat-s.$_{k2}$ paeon.$_{a1,k}$ *Sars.* sec. *Sil.* stry.$_{a1,k}$ sulph.$_{a1,k}$
  - **morgens**: sulph.$_{a1,k}$

- **Fingerspitzen**: ...
  - **abends**: caust. merc-i-f.$_{a1,k}$
  - **geschwürig**: **Sil.**
  - **Klavierspielen**, beim: *Gels.*
  - ▽ **erstreckt** sich zur Schulter: gels.
- **Gelenke**: **Ant-c.** ars.$_{a1,k}$ arund. aur.$_{a1,k}$ aur-i.$_{k2}$ benz-ac.$_{a1,k}$ bry. *Calc.* calc-p. calc-sil.$_{k2}$ carb-v. **Caul.**$_{a1,k}$ **Caust.** cist.$_{a1,k}$ *Colch.*$_{a1,k}$ coloc. fl-ac.$_{a1,k}$ *Guaj.* hydr-ac. iris kali-bi.$_{a1,k}$ kali-c.$_{k2}$ kali-n. lac-ac.$_{a1,k}$ led. lith-c. manc. mez. nat-s.$_{a1,k}$ onos. ox-ac. phos. polyg-h. pyrus rhod. sep. sil. staph. still.$_{a1,k}$ sul-ac.$_{k2}$ sulph.$_{a1,k}$ *Tarent.*$_{a1,k}$ upa.$_{a1,k}$
  - **abends**: *Calc.* staph.
  - **anfallsweise**: anac. kali-n. mag-c.
  - **bewegt** werden; wenn sie: ang. ars.$_{a1,k}$ sep.
  - **Erwachen**, beim: *Calc.*
  - **gichtig**: berb.$_{k2}$ *Calc.* calc-p.$_{k2}$ *Hep.*$_{a1,k}$ **Lyc.** *Sulph.*
  - **kurz** wären; als ob die Sehnen zu: nux-v.$_{a1,k}$
  - **lähmungsartig**: arg-met.
  - **pulsierend**: polyg-h.
  - **rheumatisch**: *Act-sp.* *Aesc.* alumn.$_{a1,k}$ ant-c.$_{c1}$ *Calc.* **Caul.** *Colch.* *Coloc.* ferr.$_{a1,k}$ *Glon.* *Gran.*$_{a1,k}$ *Guaj.* *Kali-bi.* lac-ac. lach. lith-c. *Manc.* plan.$_{a1,k}$ *Podo.* psil.$_{ft1}$ tell. teucr. ulm-c.$_{bro1}$
    - **nachmittags**: chinin-s.
    - **Herzen**, geht zum: nat-p.
  - **ruckend**: anac. nat-m. rhus-t.
  - **wandernd**: coloc.$_{a1,k}$ polyg-h. psor.$_{a1,k}$ sulph.$_{a1,k}$
  - **Wetter**:
    - **kaltem** Wetter; bei: calc-p.$_{k2}$
  - ▽ **erstreckt** sich nach oben: brom.$_{a1,k}$
  - ○ **Grundgelenk**: arund.$_{a1,k}$ iris upa.$_{a1,k}$
    - **links**: gink-b.$_{sbd1}$
    - **abends**: iris
    - **pulsierend**: polyg-h.
    - **rheumatisch**: arg-n. ferr.$_{a1,k}$ plan.$_{a1,k}$
    - **verrenkt**; wie: alum. ruta
    - **wandernd**: polyg-h.
  - **Mittelgelenk**: jac-c.$_{a1}$ jac-g. lil-t.$_{a1,k}$
  - **Endgelenk**: ang.$_{a1,k}$ sep.$_{a1,k}$
    - **Bewegung**, bei: ang.$_{a1,k}$ sep.$_{a1,k}$
- **Knochen**: alum.$_{a1,k}$ apis ars.$_{a1,k}$ crot-h.$_{a1,k}$ dios.$_{a1,k}$ kali-bi.$_{k2}$ mez.$_{a1,k}$ **Sil.** verat.$_{a1,k}$
  - **Greifen** von etwas; beim: verat.$_{a1,k}$
- **zwischen** den Fingern, abends: *Rhus-t.*
- **Zeigefinger**: acon.$_{a1,k}$ ammc.$_{a1,k}$ cham. chel.$_{a1,k}$ chin. cocc.$_{a1,k}$ con. crot-h.$_{a1,k}$ *Fl-ac.*$_{a1,k}$ hura hydr.$_{a1,k}$ ind. indg.$_{a1}$ iris jug-r.$_{a1,k}$ kali-n.$_{a1,k}$ kalm.$_{a1,k}$ lil-t.$_{a1,k}$ lyc.$_{a1,k}$ lyss. mag-m.$_{a1,k}$ mang. med. merc-i-f.$_{a1,k}$ nat-ar. nat-p.$_{a1,k}$ pall.$_{a1,k}$ plan.$_{a1,k}$ psil.$_{ft1}$ **Sil.** spig.$_{a1,k}$ thuj.
  - **vormittags**: thuj.
  - **abends**: kalm.$_{a1,k}$ mang.
  - **geschwürig**: **Sil.**
  - **lähmungsartig**: agar. *Caust.* crot-h.$_{a1,k}$ plan.$_{a1,k}$ sabad. verb.
  - **rheumatisch**: *Hydr.*
  - ○ **Endglied**: mosch.$_{a1,k}$

• **Zeigefinger**: ...
• **Fingerballen**: calc-p.$_{a1,k}$ kreos.$_{a1,k}$
• **Fingernagel**: berb.$_{a1,k}$ con.$_{a1,k}$ kali-c.$_{a1,k}$ puls.$_{a1,k}$ ran-b.$_{a1,k}$ **Sil.**
• **Fingerspitze**: berb.$_{a1,k}$ nat-m.$_{a1,k}$ teucr.$_{a1,k}$ zinc.$_{a1,k}$
• **Gelenke**: acon.$_{a1,k}$ **Act-sp.** arg-n.$_{a1,k}$ berb.$_{a1,k}$ caul. *Coloc.* nat-m.$_{a1,k}$ nat-p.$_{a1,k}$ nat-s.$_{a1,k}$ phys.$_{a1,k}$ rhus-t. spong.$_{a1,k}$ verat-v. viol-o. zinc.
○ **metacarpal**: bry.$_{a1,k}$ calc.$_{a1,k}$ ham.$_{a1,k}$ jatr-c. mang.$_{a1,k}$ puls.$_{a1,k}$ rhus-t.$_{a1,k}$
• **Mittelgelenk**: berb.$_{a1,k}$ rhod.$_{a1,k}$ rhus-t.$_{a1,k}$
• **Grundglied**: osm. plat.$_{a1,k}$
• **Mittelglied**: staph.$_{a1,k}$
• **Mittelfinger**: all-c.$_{a1,k}$ alum.$_{a1,k}$ bamb-a.$_{stb2}$ bapt. carbn-s. cinnb.$_{a1,k}$ crot-h.$_{a1,k}$ hura iris lact.$_{a1,k}$ lith-c. lyc.$_{a1,k}$ med. myric.$_{a1,k}$ nat-c.$_{a1,k}$ nat-p.$_{a1,k}$ nux-m. osm.$_{a1,k}$ ran-s.$_{a1,k}$ rhus-v. sil.$_{a1,k}$ sulph. upa. verat.$_{a1,k}$
• **Bewegung**, bei: alum.$_{a1,k}$ verat.$_{a1,k}$
• **Zusammenkrümmen**; beim: bamb-a.$_{stb2}$
○ **Fingerballen**: psil.$_{ft1}$
• **Fingerspitze**: lyc. merl. par. zinc.
• **Gelenke**: carb-ac.$_{a1,k}$ iris nat-ar. nat-m.$_{a1,k}$ puls-n. stann.$_{a1,k}$ verat-v.$_{a1,k}$
○ **Endgelenk**: ant-t.$_{a1,k}$ bell.$_{a1,k}$ crot-h.$_{a1,k}$ iris
• **metacarpal**: nat-m.$_{a1,k}$ puls.
• **Mittelgelenk**: carb-ac.$_{a1,k}$ stann.$_{a1,k}$ stict.$_{a1,k}$ verat. verat-v.$_{a1}$
• **Ringfinger**: all-c.$_{a1,k}$ *Arn.* colch. crot-h.$_{a1,k}$ *Gymno.* led. lil-t.$_{a1,k}$ naja pip-m.$_{a1,k}$ thuj.$_{a1,k}$
• **Kälte**, bei: crot-h.$_{a1,k}$
• **rheumatisch**: thuj.$_{a1,k}$
○ **Fingerglied**:
○ **Grundglied**: *Arn.*$_{a1,k}$
• **Mittelglied**: chel.$_{a1,k}$
• **Fingernagel**: nat-m.$_{a1,k}$
• **Fingerspitze**: cham.$_{a1,k}$ nat-ar.
• **Gelenke**: *Calc.* merc-c. op. rhus-t.$_{a1,k}$ stann.$_{a1,k}$ tarent.$_{a1,k}$ thuj.$_{a1,k}$ verat-v.$_{a1,k}$
• **rheumatisch**: sang.$_{a1,k}$ thuj.$_{a1,k}$
• **Innenseite**: glon.$_{a1,k}$
• **Metacarpale**: lyss. verat-v.
• **Mitte**: rhus-t. stann.
○ **Endglied**: plan.
• **kleiner** Finger: all-c.$_{a1,k}$ aloe canth.$_{a1,k}$ chel.$_{a1,k}$ cinnb.$_{a1,k}$ coca coloc.$_{a1,k}$ con.$_{a1,k}$ dios.$_{a1,k}$ gels.$_{a1,k}$ hydrog.$_{srj2}$ hyos.$_{a1,k}$ kalm.$_{a1,k}$ lith-c. naja nat-p.$_{a1,k}$ phyt.$_{a1,k}$ psil.$_{ft1}$ rhod.$_{a1,k}$ rhodi.$_{a1}$ rhus-t.$_{a1,k}$ stry.$_{a1,k}$ tarent.$_{a1,k}$
• **morgens**: nat-ar. nux-m.$_{a1,k}$
• **nachmittags**: calc-p.$_{a1,k}$ chinin-s.
• **Gebrauch** der Finger; beim: tarent.$_{a1,k}$
• **rheumatisch**: tell.$_{a1,k}$
• **Sitzen** und Lesen; beim: com.$_{a1,k}$
○ **Fingerspitze**: ambr.$_{a1,k}$ carb-v.$_{a1,k}$ kali-c.$_{a1,k}$ myric.$_{a1,k}$ nat-ar. nat-c.$_{a1,k}$ spig.$_{a1,k}$ zinc.$_{a1,k}$
• **Gelenke**: aeth.$_{a1,k}$ aloe ant-c.$_{a1,k}$ arg-met. aur.$_{a1,k}$ calc.$_{a1,k}$ colch. crot-h. kalm.$_{a1,k}$ lach.$_{a1,k}$ lyc.$_{a1,k}$ mur-ac.$_{h,k,*}$ nat-p.$_{a1,k}$ rhod.$_{a1,k}$ sabad.$_{a1,k}$ teucr.$_{a1,k}$
• **Beugen** der Finger; beim: mur-ac.

– **Finger - kleiner** Finger **- Gelenke**: ...
• **rheumatisch**: hyper.$_{a1,k}$ *Lach.*$_{a1,k}$
○ **Endgelenk**: aloe hyper.$_{a1,k}$
• **metacarpal**: calc.$_{a1,k}$ lach.$_{a1,k}$ teucr.$_{a1,k}$
• **Mittelgelenk**: rhod.$_{a1,k}$

– **Daumen**: agar.$_{a1,k}$ am-c. anac.$_{br1}$ anag.$_{a1,k}$ aster.$_{a1,k}$ bry.$_{a1,k}$ calc-p.$_{a1,k}$ calc-s.$_{a1,k}$ cham.$_{a1,k}$ chel.$_{a1,k}$ chin. chinin-s. cinnb.$_{a1,k}$ coc-c.$_{a1,k}$ con. conin.$_{a1}$ dios.$_{a1,k}$ dulc.$_{a1,k}$ ferr.$_{a1,k}$ jac-c. kali-bi.$_{a1,k}$ **Kreos.**$_{a1,k}$ laur.$_{a1,k}$ led.$_{a1,k}$ mag-m.$_{a1,k}$ mang-m.$_{a1,k}$ merc.$_{a1,k}$ merc-i-f.$_{a1,k}$ nat-c.$_{a1,k}$ ox-ac.$_{k2}$ pall.$_{a1,k}$ phos.$_{a1,k}$ rumx. sang.$_{a1,k}$ *Spong.*$_{a1,k}$ stry.$_{a1,k}$ tarent.$_{a1,k}$ vip.$_{a1,k}$
• **links**: anag. **Kreos.**$_{a1,k}$ merc-i-f.$_{a1,k}$
• **rechts**: guaj.$_{k2}$ ol-an.$_{a1,k}$ ox-ac.$_{k2}$ psil.$_{ft1}$ *Spong.*$_{a1,k}$
• **morgens** nach dem Aufstehen: mag-m.
• **nachmittags**: calc-s.$_{a1,k}$ sulph.$_{a1,k}$
• **abends**: dios.$_{a1,k}$ stry.$_{a1,k}$ tarent.$_{a1,k}$ thuj.$_{a1,k}$
• **Adduktion**, bei: con. conin.$_{a1}$
• **anfallsweise**: agar. prun.$_{a1,k}$
• **Bewegung**:
• **amel.**: jac-c. jac-g.
• **bei**: cham. coc-c.$_{a1,k}$ ferr.$_{a1,k}$ kali-bi.$_{a1,k}$ phos.
• **Druck** amel.: tarent.$_{a1,k}$
• **Heben** einer Last; beim: ruta
• **lähmungsartig**: acon.$_{a1,k}$ *Caust.* laur.$_{a1,k}$ prun.$_{a1,k}$ rhod.$_{a1,k}$
• **pulsierend**: fl-ac.$_{a1,k}$ merc-i-f.
• **rheumatisch**: jac-c. jac-g.
• **Schreiben**, beim: thuj.$_{a1,k}$
• **zuckend**: acon.$_{a1,k}$
▽ **erstreckt** sich zu:
• **Hand**: xan.$_{c1}$
• **Ellbogen**: calc-s.$_{a1,k}$
• **Schulter**: aster.$_{a1,k}$ psil.$_{ft1}$
○ **Daumenballen**: arn.$_{a1,k}$ bry.$_{a1,k}$ calc-p.$_{a1,k}$ lach.$_{a1,k}$ ox-ac.$_{a1,k}$ sang.$_{a1,k}$ *Spong.*$_{a1,k}$ xan.
• **abends**: chinin-s.
▽ **erstreckt** sich zu:
• **Rückseite** von Kopf und Hals: plb.$_{a1,k}$
• **Unterarm**: spong.
• **Daumennagel**:
• **geschwürig**: am-m. nat-s.
○ **unter** dem: berb.$_{bg1}$ bism.$_{bg1}$
• **Splitter**; wie durch einen: hura.$_{c1}$
• **Daumenspitze**: carb-v.$_{a1,k}$ lyc.$_{a1,k}$ nat-m.$_{a1,k}$ sulph. zinc.$_{a1,k}$
• **pulsierend**: borx.
• **Gelenke**: ambr.$_{a1,k}$ asaf.$_{a1,k}$ aur-i.$_{k2}$ berb.$_{a1,k}$ cench.$_{k2}$ dios.$_{a1,k}$ erig. kali-c.$_{a1,k}$ kali-i.$_{a1,k}$ kali-n.$_{a1,k}$ mang-m.$_{a1,k}$ nat-m.$_{a1,k}$ osm.$_{a1,k}$ petr.$_{a1,k}$ pip-m.$_{bro1}$ sul-ac.$_{a1,k}$ *Sulph.*$_{a1,k}$ verat.$_{a1,k}$
• **gichtig**: carb-v.$_{a1,k}$ lyc.
• **pulsierend**: caust.$_{a1,k}$ nat-m.$_{a1,k}$
• **rheumatisch**: ambr.$_{a1,k}$ caul. *Graph.*$_{a1,k}$
• **Splitter**; wie durch einen: colch.
▽ **erstreckt** sich zu:
• **Schulter**: aster.

– **Beine**: abrot. aesc.$_{a1,k}$ **Agar.** alum.$_{bg3}$ alum-sil.$_{k2}$ alumn. *Anac.* ant-c. *Apis* *Arg-met.* arn.$_{a1,k}$ *Ars.*$_{a1,k}$ *Ars-h.*$_{a1,k}$ ars-i. ars-s-f.$_{k2}$ *Aur.* aur-s.$_{k2}$ bad.$_{a1,k}$

– **Beine**: ...
Bamb-a.stb2 bar-c.k2 bar-s.k2 *Bell.* berb.al,k *Bol-la. Bov. Bry.* cact. *Calc. Calc-p.*al,k *Calc-s.* calc-sil.k2 carb-ac. *Carb-v.* carbn-s. carc.hbh *Caust.* cedr.al,k *Cham. Chel.*al,k *Chin.* chinin-ar. cimic. *Coloc.*al,k con. cupr. dig.al,k echi. elaps erio.al *Ferr.* ferr-ar. *Gels.*al,k graph. *Guaj.* ham.al,k hedy.al hell. *Indg.* inul.brl kali-ar. kali-c.bg3 kali-n.al,k kali-p. *Kalm.*al,k *Lac-c.* lacer.al lach.al,k led.bg3 *Lil-t.*al,k *Lith-c. Lyc. Mag-p. Med. Merc.*al,k merc-c. merc-i-f.al,k merc-i-r.al,k *Mez.*al,k mit.al myric.al,k nat-ar. *Nat-c.*al,k *Nat-m.*al,k *Nit-ac.*al,k nit-s-d.al *Nux-v.*al,k ox-ac.k2 *Petr.*al,k ph-ac. *Phos.*al,k *Phys.*al,k *Phyt.* pic-ac.al,k plan.al,k *Plat.* **Plb.**al,k plumbg.al,k prun. psor. ptel.al,k *Puls.*al,k *Ran-b.* rhod.al,k **Rhus-t.**al,k rutak2 sang.al,k sars. sec.al,k seneg. *Sep.*al,k *Sil.*al,k sol-ni. **Stann.**al,k stront-c. *Sulph.*al,k syph.k2 *Tarax.* tarent. ter.al,k thal.al thuj.k2 tub.k2 *Valer.* vip.al,k xan.al,k *Zinc.*al,k zinc-p.k2
• **tagsüber**: phos. plumbg.al,k
• **morgens**: anac. caust. phos.al,k sang.al,k sil. stann.al,k
  • **amel.**: aur. colch. merc. mez. nux-v. syph.
  • **Aufstehen**, beim: **Rhus-t.** stann.al,k
  • **Bett**, im: ant-t. bov. bry. nit-ac. sulph.
  • **Erwachen**, beim: aur.
• **vormittags**:
  • **9** h: phys.
• **nachmittags**: bell. sang.
  • **16** h: *Coloc.*
• **abends**: ambr. calc. ferr-ma. kali-c. **Kali-s.** *Led. Lyc.* mez.al,k *Nat-m.* nat-s. nit-ac. plan.al,k plumbg.al,k puls. sep. sil. stront-c. zinc.al,k
  • **Bett**, im: carb-an. ferr-ma. *Kali-s.* phos. sulph.
• **nachts**: alum.al,k alumn. ambr. arn.al,k *Ars.* bamb-a.stb2 *Bell. Bry.* carb-an. carb-v. cham. coloc. ery-a. *Ferr.* graph. hep. iod. kali-c. *Lac-c. Lyc.* mag-c. *Mag-p.* mag-s. mang. *Med.* **Merc.** *Mez. Nat-c. Nat-m.* **Nit-ac.**al,k *Nux-v. Phos.* **Phyt. Rhus-t.** sang. sep. staph. *Sulph.* ter.
  • **Mitternacht**:
    • **vor**: **Ferr.** prun.
      • **22** h: plan.
      • **23** - 7 h: *Sulph.*
    • **nach**: *Ars.* nux-v.
      • **3** - 5 h: *Kali-c.* sep.
      • **4** h: coloc.
  • **Bett**, im: **Merc.** *Mez. Sulph. Verat.*
◆ **abwechselnd** mit Beschwerden der Augen: kreos.
• **anfallsweise**: *Ars.* **Bell.** *Caust.* chinin-s. *Coff. Coloc. Gels.*al,k *Ign. Kali-i. Lyc. Mag-p.* nat-m.al,k **Plb.**al,k **Rhus-t.** *Tarent. Tub.*
• **Anstrengung**, bei: alum. androc.srj1 bar-c. **Calc.** *Caust.* ign. phos. **Rhus-t.** stann.
  • **amel.**; starke körperliche Erschöpfung: carc.sp1
• **Ärger**, Verdruß; nach: sep.
• **Aufstoßen** amel.: thuj.bg1
• **Ausschreiten**, beim: berb.
• **Baden**, beim: sulph.
• **Berührung**, durch: *Bell.* berb. *Bry. Chin.* guaj. lac-c.bg2 mez. nux-v. plat. puls. ruta sulph.
• **Beugen** des Gliedes; beim: cocc.brl nux-v.al,k
• **Bewegung**:
  • **agg.**: acon. alum. alum-sil.k2 *Apis* berb. **Bry.** calc-p.al,k carbn-s. carc.sp1 cocc. *Guaj.* kali-p. kreos. *Lac-c. Led.* mang. *Merc.* nat-s. *Nux-v. Phos. Phyt. Plb.*al,k puls. *Ran-b.* sulph.
  • **amel.**: *Agar. Arg-met. Aur-m-n. Bell. Calc.* calc-p. caps. carc.sp1 *Coloc.* cupr. euph. **Ferr.** gels. *Indg. Kali-bi.* kali-p. **Kali-s. Lyc.** *Merc.* merc-i-r.al,k *Mur-ac. Nat-s. Ph-ac. Plan.* **Puls.** *Rat.* **Rhod. Rhus-t.** ruta *Sep.* stront-c. sulph. *Tarax.* **Tub.** *Valer. Zinc.*
  • **Beginn** der Bewegung; zu: calc. carb-v. *Caust. Ferr.* gels. indg. *Kali-p.* **Lyc.** mag-c. nit-ac. *Petr. Plat. Rhod.* **Rhus-t.** thuj.
• **Druck**:
  • **agg.**: ham.k2 *Phos.* plb.
  • **amel.**: *Ars.* **Mag-p.**
• **endet** in Rucken: *Sil.*
• **Entkleiden**, beim: nat-s.
• **Erregung**: alum-sil.k2
• **Essen**, nach dem: *Indg.* kali-c.
• **Federbett**, im: *Asaf.*hrl,k
• **Fieber**; während: nat-s.k2
• **Freien**, im: *Cocc.* graph. *Mag-p.*
• **Frost**:
  • **vor**: *Nux-v.*
  • **während**: arn. **Ars.** bry. caps. **Chin.** *Ferr.* led. lyc. mez. nat-m. nat-s.k2 **Nux-v.** phos. *Puls.* **Pyrog.** *Rhus-t.* sep. sulph. tarent.k2 thuj.
• **Gähnen** agg.: zinc.bg2
• **Gehen**: am-m. ambr. anac. ant-c. arn. asaf.al,k berb. bry. calc-p. cann-i.k2 *Coloc.*al,k gels. ham.k2 hep. hyos. led. lyc. merc.al,k nit-ac. nux-m. *Nux-v.* ol-an. petr. *Phos. Phyt.* plb.al,k *Ran-b.* sep.al,k stann. stram. *Sulph.*al,k tab. tarent.al,k thuj. viol-t.
  • **amel.**: *Agar.* am-c. *Am-m. Arg-met. Ars. Bell.* calc-s.k2 chin. dig. *Dulc.* **Ferr.** *Indg. Kali-i. Kali-s.* **Lyc.** nat-s.k2 *Puls.* **Pyrog. Rhus-t.** *Seneg.* sep. *Tub. Valer. Verat.*
  • **Freien**; nach Gehen im: phos.
• **geschwürig**: benz-ac.
• **gichtig**: *Bry.*
• **Heben** des Fußes, Schmerz verhindert das Beugen; beim: berb.
• **Herunterhängenlassen** des Gliedes amel.: bell. **Con.** verat.
• **Hitze**; während der: calc-s.k2
• **Ischialgie**: acon.hrl,k agar.hrl,k *Am-m.*hrl,k,* anan.hrl,k,* ang.hrl,k ant-ar.c2 *Arg-n.*hrl,k *Arn.*hrl,k *Ars.*hrl,k,* ars-met.c2 ars-s-f.k2 ars-s-r.c2 asar.hrl,k auran.hrl *Bamb-a.*stb2 bar-c. *Bell.*hrl,k berb. **Bry.**hrl,k **Bufo** *Calc.*hrl,k,* *Calc-p.* calc-s.k2 calc-sil.k2 caps.hrl,k,* carbn-o.c2 *Carbn-s.*c2,k carc.tp1 card-m.hrl,k,* carl.c2 *Caust.*hrl,k cerv.c2 *Cham.*hrl,k,* chel. chim. chinin-s. cho.hsa1 *Cimic.*hrl,k,* cinnb.c2 cist.hrl,k cit-v.hrl coc-c.al,k cocc. *Coff.*hrl,k,* **Coloc.**hrl,k,* cot.brl cur.hrl,k,* der.al *Dios.*hrl,k,* dros.hrl,k,* *Elaps Elat.*hrl,k,*

- **Ischialgie**: ...
  eup-pur.hr1,k,* euph.hr1,k,* *Ferr.*hr1,k *Ferr-ar.* ferr-p. fl-ac. gaul.c2 *Gels.*hr1,k gins.c2 glon.c2 *Gnaph.*hr1,k,* *Graph.*hr1 *Guaj.*hr1,k,* hep.hr1,k hydr.c2 hymos.bro1 hyper.c2,k *Ign.*hr1,k,* *Indg.*hr1,k,* inul.c2 **Iris**c2,k *Kali-ar.* *Kali-bi.*hr1,k,* kali-c.hr1,k,* **Kali-i.**hr1,k,* *Kali-p.*hr1,k,* kali-sil.k2 kalm.k2 lac-ac.hr1,k,* *Lac-c.*hr1,k,* lac-d.c2,k *Lach.*hr1,k,* lachn.hr1,k *Led.*hr1,k lob-s.c2 *Lyc.*hr1,k,* lyss.c2,k **Mag-p.**hr1,k,* med.c2,k2 *Meny.*hr1,k merc.hr1,k mez.hr1,k nat-ar. *Nat-m.*hr1,k *Nat-s.*hr1,k,* nit-ac.hr1,k *Nux-m.*hr1,k **Nux-v.**hr1,k *Nyct.*br1,c1,* oena.c2 *Ol-j.*hr1,k,* pall.hr1,k,* passi.c2 *Petr.*hr1,k ph-ac.hr1,k,* *Phos.* *Phyt.*hr1,k,* plan.hr1,k *Plb.*hr1,k,* plb-xyz.c2 *Podo.*hr1,k,* polyg-pe.c2 psor.hr1,k,* *Puls.*hr1,k puls-n.c2 pyrusc2 *Ran-b.*hr1,k **Rhus-t.**hr1,k,* *Ruta*c2,k sacch-l.c2 sal-ac.hr1,k,* *Sal-mo.*c1,c2 senec.c2 *Sep.*hr1,k,* sil.hr1,k sol-t-ae.c2 solid.c2 *Staph.*hr1,k,* *Still.*hr1,k stram.hr1,k stront-c.c2 *Sulph.*hr1,k,* syph.c2 **Tell.**hr1,k,* tep.c2 ter.hr1,k,* thuj.c2,k2 trom.c2 upa.c2 *Valer.*hr1,k,* *Verat.*hr1,k visc.c2 xan.hr1,k,* *Zinc.*hr1,k zinc-p.k2
  ☞ *schießend - Beine - Ischialgie*
  - **abwechselnde** Seiten: **Lac-c.**
  - **links**: *Am-m.*a1,k arag.br1,vh bamb-a.stb2 *Bapt-c.*c1 cimic. elat. eup-pur.hr1,k iris *Kali-bi.*hr1,k *Kali-c.* kali-i.vh lach.hr1,k lyss.c1 meny.bg1 phos.k,kl2● sel.bg1 tell. thuj.hr1,k
    - ◆ **begleitet** von:
      - **Dysurie**: *Agar.*
  - **rechts**: bamb-a.stb2 carbn-s. chel. chinin-s. *Coloc.*hr1,k *Dios.*hr1,k,* graph.bg1,bg2 kali-cy.gm1 lac-ac.c1 lac-c.bro1 *Lach.*hr1,k *Lyc.*k,kl2● mand.sp1 *Phyt.* plan. rhus-t.bg1 sep. *Tell.*hr1,k
  - **tagsüber**: coloc. sep.
  - **morgens**: arg-n. ars. bamb-a.stb2 *Bry.*hr1,k kali-bi. lac-d.k2 nux-v. staph. sulph.
  - **vormittags**: sep.
  - **mittags**: bamb-a.stb2 coloc.hr1,k nat-m.
  - **nachmittags**: am-m. bell. bry. chel. coff.hr1,k indg.hr1,k kali-bi. nux-v.
  - **abends**: am-m. bry.hr1,k chel. coloc. ferr. hyper. indg.hr1,k iris kali-bi. *Kali-i.* led. meny. mez. pall.hr1,k *Phos.* *Puls.*hr1,k valer.
  - **nachts**: arg-n. *Ars.* bamb-a.stb2 bell. cham. coff.hr1,k *Coloc.*hr1,k ferr.hr1,k *Ferr-ar.* gels.hr1,k gnaph. hyper. indg. kali-bi. kali-c.hr1 *Kali-i.* led. *Merc.* *Mez.* nux-v.hr1,k pall.hr1,k phyt. plb. *Puls.*hr1,k *Rhus-t.*hr1,k sep. staph. *Syph.* tell. verat. zinc.
    - **Mitternacht**: ferr. *Nux-m.*
      - **vor**: ferr. led.
      - **nach**: *Ars.* rhus-t.
        - **4** h: coloc.
    - **amel.**: staph.
  - ◇ **abwechselnd** mit:
    - **Gefühllosigkeit**, Taubheit: *Gnaph.*
  - ◆ **begleitet** von:
    - **Frösteln** in den Unterschenkeln: bamb-a.stb2 *Nux-v.*
    - **Hüfte**; Rucken in der: *Kali-bi.*

- **Ischialgie - begleitet** von: ...
  - **Kälte**:
    - **Gesichtes**; des: bamb-a.stb2
    - **Gliedes**; des schmerzhaften: *Led.* merc. sil.
  - **Kontraktion** von Muskeln und Sehnen der Beine: *Nux-v.*
  - **Übelkeit**: bamb-a.stb2
  - **Zittern** der Beine: bamb-a.stb2
- **Abwärtsbewegung**: am-m. ruta
- **Ärger**, Verdruß; nach: coloc.
- **Atrophie**, mit: *Ol-j.*hr1,k *Plb.*k,kl2●
- **Aufstehen** vom Sitzen; beim: cham. chel.bg1 coloc. ferr. kali-p. lach. *Lyss.* *Nat-s.* rhus-t. ruta sep. staph. sulph. thuj.
- **Auftreten** agg.: asar. bar-c. gnaph. nux-m. sulph.bg1
- **beginnt** am Knöchel: ars. cimic. plat.
- **Berührung** agg.: bell. berb. caps. **Chinin-s.** cocc. *Coloc.*hr1,k ferr. gels. guaj. *Kali-c.* **Lach.** *Led.* *Mag-p.* mez. sulph. verat.
- **Bett**, im: hyper. kali-bi. *Kali-i.* lyc. ruta sep.
- **Beugen** des Beines; beim:
  - **amel.**: *Ars.*hr1,k coloc. graph.vh guaj. *Kali-bi.*hr1,k *Kali-i.*hr1,k puls.bg1 tell. *Valer.*hr1,k
  - **Abdomen** amel.; zum: *Coloc.*k,kl2●
- **Beugen** des Körpers; beim:
  - **hinten**, nach: caps.
  - **vorne**, nach: thuj.
- **Bewegung**:
  - **agg.**: acon. **Bry.**hr1,k calc. card-m.k2 chel. *Cocc.* *Coff.*hr1,k *Coloc.*hr1,k *Dios.*hr1,k,* eup-pur.hr1,k gels.hr1,k gnaph. *Guaj.* indg.c1 *Iris* *Kali-c.* lac-c. lach. led. mag-p. merc. mez. nux-m.hr1,k nux-v. pall.hr1,k *Phos.* *Phyt.* plb. puls.hr1,k *Ran-b.*hr1,k sep. *Staph.*hr1,k syph.
  - **amel.**: acon. agar. *Arg-met.* caps. cham. coc-c. *Dulc.* *Euph.*hr1,k **Ferr.**hr1,k gels.hr1,k indg.hr1,k *Kali-bi.*hr1,k *Kali-i.* *Kali-p.*hr1,k kreos. lac-c.hr1,k *Lyc.*hr1,k mand.sp1 meny. merc-i-f.kr1 nat-s. *Puls.* rhod. **Rhus-t.**hr1,k *Ruta* sep. sil. sulph. ter.hr1,k valer.
  - **Beginn** der Bewegung; zu: *Gels.* **Rhus-t.** ruta thuj.
  - **fortgesetzte**:
    - **agg.**: coloc.
    - **amel.**: med.k2
  - **langsame** Bewegung agg.: *Ferr.* kali-p. *Puls.*
- **braune** Flecken auf der Haut: *Sep.*
- **Brennen**, mit: ars. bufo coloc. gels.hr1,k lach.hr1,k lyc.hr1,k *Phos.* *Rhus-t.*hr1,k ruta
- **Bücken** agg.: agar.hr1,k card-m. dros. nat-s. *Tell.*a1,k
- **chronisch**: ran-b.br1
- **drehen**, bevor er aus dem Bett aufstehen kann; muß sich auf die gesunde Seite: *Kali-c.*
- **Druck**:
  - **agg.**: *Coloc.*hr1,k dros. *Kali-bi.* kali-c. *Kali-i.* *Lyc.* phyt. plb. *Podo.*hr1

- **Ischialgie - Druck**: ...
  - **amel.**: ars. coff. coloc. **Mag-p.** meny. phyt. *Rhus-t.*
  - **Entblößen** des Gliedes; beim: *Mag-p.*
  - **Erkältung**:
    - **durch**: carbn-s.$_{k2}$
  - **Erschütterung** agg.: bamb-a.$_{stb2}$ **Bell.** *Nux-m.*$_{hr1,k}$ *Tell.*
  - **Fahren** in der Straßenbahn agg.: bamb-a.$_{stb2}$ coc-c.$_{bg1}$
  - **Freien** amel.; im: **Kali-i.** mez. **Puls.** thuj.
  - **Gähnen**:
    - **agg.**: zinc.$_{bg1}$
  - **Gefühllosigkeit**, mit ●: acon.$_{ptk1}$ caust.$_{ptk1}$ cham.$_{ptk1,vh}$ *Coloc.*$_{k,kl2}$● *Gnaph.* nux-v. *Phyt.*$_{k,kl2}$● *Rhus-t.*$_{k,kl2}$●
  - **Gehen**:
    - **agg.**: bamb-a.$_{stb2}$ bar-c. berb. *Chinin-s.* coff. *Coloc.* ign. iris$_{a1}$ lach. *Led.* nat-ar. nat-s. psor. *Sulph.* zinc.
    - **amel.**: agar. am-m. ars.$_{bg1}$ caps. *Coc-c.* **Ferr.** indg. *Kali-bi.*$_{hr1,k}$ *Kali-i.*$_{hr1,k}$ kali-p. **Lyc.** ph-ac. **Rhus-t.**$_{hr1,k}$ ruta sep. syph. *Valer.*
    - **gebeugtem** Gehen; bei: bamb-a.$_{stb2}$
  - **gehen**, muß: ars.$_{bg1}$ sep.$_{bg1}$ sulph.$_{bg1}$
  - **geistiger** Anstrengung, bei: mag-p.
  - **Heben** des Beines; beim: bamb-a.$_{stb2}$
    ☞ *hochgehoben*
  - **Herumdrehen** im Bett agg.: *Nat-s.*$_{hr1,k}$
  - **Herunterhängenlassen** agg.: valer.
  - **Herunterhängenlassen** der Beine über die Bettkante; beim: *Verat.*
  - **hinlegen**, muß sich: indg.$_{c1}$
  - **Hitze** agg.: *Led.* verat. zinc.
  - **hochgehoben**, wenn: nux-v.
    ☞ *Heben*
  - **Hüfte** zum Knie; von der
    ☞ *erstreckt sich - Knie*
  - **Husten** agg.: *Caps.* caust. sep. *Tell.*$_{a1,k}$
  - **Influenza**, nach: iris$_{c1}$
  - **kalt**:
    - **agg.**; Kälte: *Ars.* asar. caust. coloc. *Mag-p.* mez.$_{k2}$ pall.$_{hr1,k}$ *Phos.* *Ran-b.* **Rhus-t.** sil.
    - **Anwendungen** agg.; kalte: *Ars.* *Bry.*$_{hr1,k}$ *Mag-p.* *Nux-v.* *Phos.* **Rhus-t.** ruta
    - **naßkaltem** Haus; durch Leben in einem: *Ars.* *Nat-s.* *Rhus-t.*
    - **Wasser**, durch kaltes: *Calc.* **Rhus-t.** sulph.
  - **Kälte** des schmerzhaften Gliedes; mit
    ☞ *begleitet von - Kälte - Gliedes*
  - **Lachen** agg.: *Tell.*$_{a1,k}$
  - **Liegen**, beim: coloc. ferr. gnaph. kali-bi.$_{hr1}$ *Kali-i.*$_{hr1,k}$ meny. *Nat-m.* ruta sep. tell. valer.
    - **amel.**: **Am-m.** bar-c. *Bry.* *Dios.* lach.
    - **ausgestreckten** Glied; mit: cham.
    - **Rücken**, auf dem: kali-i. rhus-t.
      - **amel.**: *Phos.*
    - **Seite**, auf der:
      - **linken** Seite; auf der: kali-c. *Phos.*
      - **rechten** Seite; auf der: rhus-t.
        - **amel.**: *Phos.*

- **Ischialgie - Liegen - Seite**, auf der: ...
      - **schmerzhaften** Seite; auf der ●: bamb-a.$_{stb2}$ dros. *Kali-c.* **Kali-i.** **Lyc.** nux-v. *Phos.* **Rhus-t.** sep. *Tell.*
        - **amel.**: **Bry.** *Coloc.*
  - **Niesen**, beim: sep. *Tell.*
    - **agg.**: ferr.$_{bg1}$
  - **periodisch**: *Chinin-s.* *Lyc.* lyss.$_{hr1,k}$ *Rhus-t.*$_{hr1,k}$
    - **regelmäßigen** Abständen; in: carbn-s.
    - **vier** Tage; alle: *Lyc.*
  - **plötzlich**; kommt und geht: **Bell.** **Kali-bi.**$_{hr1,k}$ *Mag-p.* sulph.
  - **pulsierend**: coloc. *Ign.*$_{hr1}$ lac-ac.$_{hr1,k}$
  - **Schlaf** agg.; nach: **Lach.** led.
  - **Schmerz** in der Wirbelsäule und am ganzen Körper; mit: *Petr.*$_{hr1,k}$
  - **Schneuzen** der Nase agg.: graph.$_{bg1}$
  - **Schwangerschaft** amel.: sep.$_{ptk1}$
  - **Sitzen**:
    - **agg.**: **Am-m.**$_{a1,k}$ apoc.$_{bg1}$ berb. *Bry.*$_{hr1,k}$ coloc. dios. ferr. indg.$_{hr1,k}$ iris kali-bi.$_{hr1,k}$ kali-i.$_{hr1,k}$ lach. **Lyc.** lyss. *Meny.* merc. ruta sep. staph. *Valer.*
    - **amel.**: gnaph. guaj. kali-i.
  - **Sommer**, mit Husten im Winter; im: staph.$_{hr1,k}$
  - **Stehen**:
    - **agg.**: *Aesc.* agar. bar-c. ferr. kali-bi.$_{hr1,k}$ kali-i.$_{hr1,k}$ lach.$_{bg1,bg2}$ nux-v.$_{hr1,k}$ *Sulph.* *Valer.*$_{hr1,k}$
    - **amel.**: bell. mag-p. meny. staph.
  - **Steigen**, beim: acon. agar. bamb-a.$_{stb2}$ podo. ruta
  - **Strecken** des Beines; beim:
    - **agg.**: arn. berb. calc-s.$_{k2}$ *Caps.* cham. guaj. *Valer.*
    - **amel.**: cupr.$_{bg1}$ dulc.$_{bg1}$ ferr.$_{bg1}$ hep.$_{bg1}$
  - **Stuhlgang**:
    - **vor**: kali-bi.$_{bg1}$
    - **Pressen**; beim: *Nux-v.* plat.$_{bg1}$ *Rhus-t.* *Sep.* *Tell.*
  - **tonische** Kontrakturen; chronische: *Nat-m.* tell.
  - **Überhitzung**, durch: zinc.
  - **Urinieren** amel.: tell.
  - **Verletzung**; nach: *Arn.* *Hyper.*$_{hr1,k}$
  - **wandernd**: ant-ar.$_{c1}$
  - **Wärme**:
    - **agg.**: *Guaj.* **Led.** verat. zinc.
    - **amel.**: **Ars.** bell. caust. *Coloc.*$_{hr1,k}$ kali-c. *Kali-p.* **Lyc.** **Mag-p.** mand.$_{sp1}$ nat-m. *Nux-v.* pall.$_{hr1,k}$ *Phos.* **Rhus-t.**$_{hr1,k}$ *Sil.* staph. thuj.
    - **Bettwärme**:
      - **agg.**: *Coloc.* led. *Merc.*
      - **amel.**: *Ars.* caust. kali-bi.$_{k2}$ **Lyc.** *Mag-p.* *Nux-v.* *Phos.* *Sil.*
  - **warmen** Zimmer agg.; im: **Puls.**$_{hr1,k}$
  - **Wetter**:
    - **nassem** Wetter, bei: mez.$_{k2}$ *Phyt.* ran-b. **Rhus-t.** ruta
      - **amel.**: asar.

• **Ischialgie - Wetter**: ...
  • **warmem** Wetter, bei: kali-bi. xan.brl
  • **Wetterwechsel**, bei: *Kali-bi.* lach.
 • **Wind**; vor einem kräftigen: berb.
 • **Winter**, im: ign.hr1,k
 • **Wirbelsäule**, mit empfindlicher: tell.brol
▽ **erstreckt** sich zu:
 • **Knie**: bamb-a.stb2
  • **Hüfte** zum Knie; von der: coloc. elat. *Lach.* plan.
 • **oben**; nach: bell.bg1 dulc.bg1 hep.bg1 mag-c.bg1 phos.bg1 ran-b.bg1
 • **unten**, nach: carbn-s.vh dios.brl
○ **Ferse**; lokalisiert sich in der ●: anan. sep.k,kl2●
• **Kälte**:
 • **amel.**: *Apis Coff. Guaj. Lac-c.* **Led. Puls. Sec.** syph.k2
 • **Abkühlung**, Kaltwerden; bei: *Agar. Ars.* bry. calc. *Dulc.* graph. *Kalm.* **Nux-v.** ph-ac. *Phos.* **Rhus-t.** *Tarent. Tub.*
• **lähmungsartig**: aeth.c1 agar. *Am-m.* carb-v. *Cham.* chel. chin. cimic. cina *Cocc.* dig. mez.a1,k *Nat-m.* podo. prun.a1,k *Seneg. Sep. Sil. Stann.* stront-c. *Sulph.* verat.
• **Liegen** amel.: am-m. *Dios.* ham.a1,k
• **Menses**:
 • **vor**: berb. *Caul.* gels.bg1 lach. nit-ac. nux-m.bg1 nux-v. phos.a1,k sep.a1,k syph. vib.
 • **während**: ambr. bell. bry. caul. *Cham.* con. cycl. graph. ham. kali-n.a1,k mosch. nux-m. nux-v. phos. rhus-t. sec. sep. spong. stram. verat.
• **Neuralgie** des Nervus cruralis
 ☞ *Oberschenkel - Nervus*
• **neuralgisch**: bamb-a.stb2 cupr.a1,k ferr. nat-ar. plb.a1,k ter.a1,k xan.c1
• **periodisch**: *Ars.* lyc. lyss. rhus-t.
• **rheumatisch**: ant-c. ant-t. *Apis* arg-met. cact. cadm-s. calc-s. *Carb-v. Carbn-s. Caust.* cimic. *Clem.* colch. coloc. graph. *Guaj.* hydr.k2 *Kali-c.* kali-n. *Kalm. Lac-c.* lact. **Led.** *Lith-c.* mang. meph. merc-c.a1,k nat-m. nit-ac. *Ph-ac. Phos. Phyt.* plb. *Rhod.* rhus-r. *Rhus-t.* sang.a1,k *Sep.* stann. stront-c. sul-ac. *Verat. Zinc.*a1,k
 • **abwechselnde** Seiten: *Lac-c.*
 • **verläßt** die Beine und geht zu den Armen: *Led.*hr1,k
• **ruckend**: *Valer.*
• **Schwäche**, mit: plb.a1,k
• **Schweiß**:
 • **amel.**: *Gels.*
 • **unterdrückten**; durch: rhus-t.k2
• **Sitzen**, im: *Agar.*a1,k am-m. ant-c. **Arg-met.** *Aur-m-n.* calc. cham. chin. cob. croc. ham.a1,k *Indg.* iod. led. **Lyc.** mag-m. nit-ac.a1,k olnd. paeon. ph-ac. plat. *Sep.* staph. sulph. *Valer.* verat.
• **Stehen**:
 • **beim**: aesc.a1,k *Agar.* ham.k2 phyt. ptel.a1,k stann.a1,k *Valer.*
 • **aufrechtem** Stehen, bei: agar. bry. graph. puls.

• **Stehen - aufrechtem** Stehen, bei: ...
  • **amel.**: bell.
• **Stuhlgang**:
 • **vor**: bapt.
 • **während**: coloc. *Nux-v. Rhus-t. Tell.*
 • **nach**: agar.k2
• **Tanzen** amel.: *Sep.*a1,k
• **Übereinanderlegen** der Glieder im Bett; beim: aur.bg1 phos.a1,k
• **Wachstumsschmerzen**
 ☞ ☐ *Allgemeines - Schmerz - Wachstumsschmerzen*
• **wandernd**: aesc. ars-h. *Caul. Iris Kali-bi. Kalm. Lac-c. Lach.* mag-p. psil.ft1 *Sang.* vib.
• **warm**:
 • **Anwendungen**; warme: hell. **Lac-c.** *Led. Puls.* verat. zinc.
  • **amel.**: agar.k2 *Ars. Bar-c. Caust.* graph. *Lyc.* nat-c. ph-ac. *Phos.* stront-c. sulph.
 • **Bett**; im warmen: coloc. *Ferr. Guaj.* led. **Merc.** plb. *Sulph.* syph. **Verat.**
  • **amel.**: *Agar. Ars.* bell. carc.sp1 caust. *Dulc.* **Lyc.** *Mag-p.* **Nux-v.** *Ph-ac. Phos.* **Pyrog. Rhus-t.**
• **wehenartig**: aloe
• **Wetter**:
 • **nassem** Wetter, bei: borx. *Ran-b. Rhod. Rhus-t.* ruta *Ter.* **Verat.**
 • **veränderlichem**, wechselhaftem Wetter; bei: *Berb. Kali-bi.* lach. *Ran-b. Rhod.*
 • **windigem** Wetter, bei: lach.
▽ **erstreckt** sich zu:
 • **Fuß**: *Apis Colch.* lach. merc-i-f. phyt. sang. zinc.
 • **Herzgegend**: alum-sil.k2
 • **oben**, nach: acon. agar. alum-sil.k2 cimic. eup-pur. guaj. kali-p. lach. **Led.** *Nux-v. Phyt. Plb.* podo. ran-b.bg2 rhus-t. ruta verat. zinc.
 • **Schläfe**: alum-sil.k2
 • **unten**, nach: aeth. aloe am-c. am-m. *Apis* arg-n. ars. bar-c. bell.k2 berb. bry. *Calc.* cann-s. caps. carb-an. *Carb-v.* card-m. caust. cham. cocc. coloc. crot-h. dios. elat. eup-pur. ferr. gnaph. guaj. hyper. ind. iris kali-ar. kali-bi. kali-c. *Kali-i.* kali-p. **Kalm.** lac-c. **Lach.** lyc. mag-p. mur-ac. nat-m. nit-ac. nux-m. *Nux-v.* ph-ac. *Phyt. Plb.* puls. *Rhus-t.* ruta sep. staph. still. *Sulph.* tell. ther. thuj. verat. zinc.
○ **Gelenke**: ambr. arn. *Ars.*a1,k *Bar-c.* bry. calc.bg3 chel.a1,k cimic. *Dig. Guaj.* kali-c.bg3 *Kalm. Led. Lyc. Mang.* nat-m.bg3 ph-ac.a1 phos. *Phyt.* psil.ft1 *Puls.* rhod. *Rhus-t.* sabin. *Sep. Sil.* stront-c. sul-ac. *Sulph.*
• **Innenseite**: petr.a1,k
• **Knochen**: **Agar.**a1,k aran. bond.a1 calc-p.a1 carb-v. chin. coloc.a1,k con. guaj. **Ip.** kali-bi.a1,k kali-c. lil-s.a1 lyc.a1,k mag-m. *Merc.* mez.a1,k olnd. petr. *Rhod.* sabin. *Sulph.* tub.k2 valer. zinc.
 • **Gehen**, beim: mag-m.
– **Gesäß**: agar.a1,k *Bamb-a.*stb2 bry.a1,k *Calc.*a1,k calc-p.a1,k caust.a1,k cina cist.a1,k coca coloc.a1,k cupr.a1,k eup-per. euph. iod. kali-bi.a1,k kali-c. kalm.a1,k med.k2 merc.a1,k mez.a1,k mill.a1,k

– **Gesäß**: ...
nit-ac.a1,k *Phos.* plb.a1,k *Puls.* sep. staph.a1,k **Sulph.**a1,k tarent.a1,k thuj.k2
• **links**: bamb-a.stb2 psil.ft1
• **morgens**: kali-p.k2 mill.a1,k
  • **6** h, bis nachts: tarent.
• **nachmittags**:
  • **17** h:
    • **Freien**; im: coca
• **abends**: mill.a1,k
• **nachts**:
  • **Fahren** im Wagen; beim: nit-ac.
  • **Sitzen**, nach dem: staph.a1,k
• **Aufrichten** vom Bücken; beim: bamb-a.stb2
• **behindert** bei der Arbeit: *Kali-c.*
• **Druck** agg.: hydrog.srj2 mill.a1,k
• **Gehen**, beim: agn.a1 *Mez.*
• **geschwürig**: calc. phos. *Puls.*
• **Liegen** auf dem Rücken; beim: kali-p.k2
• **Menses**; während: cench.k2
• **Sitzen**, im: chin.a1,k cina cycl. **Hep.** *Phos.* sep. *Staph.* sulph.
• **Stelle**; an einer kleinen: bamb-a.stb2
▽ **erstreckt** sich zu:
  • **Fuß**: bamb-a.stb2
  • **Knie**: bamb-a.stb2
○ **Sitzbeinhöcker**: bamb-a.stb2

– **Hüfte**: abrot.a1,k *Acon.*a1,k act-sp.a1,k *Aesc.* *Agar.* ail.a1,k alum. am-c. am-m.a1,k ammc. *Anag.* ant-t. apis *Arg-met.* *Arg-n.*hr1 *Arn.* **Ars.** *Ars-i.* arum-t. asar.a1,k asc-t. aster.a1,k *Aur.* aur-i.k2 aur-s.k2 bad.a1,k *Bamb-a.*stb2 bapt.a1,k *Bar-c.* bar-i.k2 bar-s.k2 *Bell.*a1,k benz-ac.a1,k *Berb.* bov.a1,k brom.a1,k *Bry.*a1,k **Calc.** *Calc-p.*a1,k *Calc-s.* calc-sil.k2 cann-i.a1,k *Canth.* carb-ac.a1,k *Carb-an.*a1,k carbn-s. **Card-m.** *Caust.* cham.a1,k **Chel.**a1,k *Cimic.* cimx. cinnb.a1,k clem.a1,k cocc.a1,k coff. **Colch.**a1,k **Coloc.**a1,k con. cop.a1,k *Crot-t.* cupr. dig. dios.a1,k dros. euon. *Euph.* fago. *Ferr.* *Ferr-i.* *Fl-ac.*a1,k form.a1,k gels. gran.a1,k grat. ham.a1,k helon. **Hep.**a1,k hura *Hydr.* hyper. *Indg.* *Iod.* jug-c. *Kali-ar.* *Kali-bi.*a1,k *Kali-c.*a1,k *Kali-i.* kali-n.a1,k *Kali-p.* *Kali-s.* kali-sil.k2 *Kalm.*a1,k *Kreos.* lac-c. *Lac-d.* *Lach.*a1,k **Led.** *Lil-t.*a1,k lith-c. lob-s.a1,k *Lyc.*a1,k *Lyss.* mag-c.a1,k mag-s.a1,k *Med.* *Merc.* merc-i-f.a1,k merc-i-r.a1,k mez.a1,k *Murx.*a1,k nat-ar. *Nat-hchls.* nat-m.a1,k *Nat-s.* nit-ac.k2 nux-m. ox-ac.a1,k pall.a1,k *Ph-ac.* *Phos.* phys. *Phyt.* plat. plb.a1,k plumbg.a1,k podo. prun.a1,k psor. ptel.a1,k **Puls.**a1,k rhod. **Rhus-t.**a1,k rhus-v. ruta sabad.a1,k sabin. sang. *Sars.* seneg.a1,k *Sep.*a1,k **Sil.**a1,k sin-n.a1,k stann.a1,k staph. **Stram.** sul-i.k2 *Sulph.*a1,k tarent.a1,k tax.a1,k tell.a1,k ter. *Thuj.*a1,k til.a1,k tong.c2 trom.c2,k tub.a1,c1 ust. *Valer.* *Verat.* verat-v.a1,k xan.a1,k zing.
☞ *Hüftgelenksentzündung*
• **abwechselnde** Seiten: **Lac-c.** verat.
• **links**: *Acon.* agn. *Am-m.* ant-c. apisbg1 arg-n. ars-met. asc-t.a1 benz-ac. brom.a1,k **Caust.** cocc. coloc.bro1 eup-per. gels.psa irid-met.bro1 irisc1 laur. lyc. *Nat-s.* onos. ovi-p.bro1,c2 pall.a1,k podo.c1 psil.ft1 sang. *Sanic.* sol-ni.bro1 *Stram.* sulph. xan.a1,k

– **Hüfte - links**: ...
  • **Liegen** auf der rechten Seite; beim: bell. *Cham.*
• **rechts**: aesc. *Agar.* alum. androc.srj1 ant-t.bro1 asc-t.a1,c1 bamb-a.stb2 bar-c. carb-an.a1,k *Chel.*bro1 corn. daph. graph.bro1 indg. kali-bi. *Kali-c.* lac-c. **Led.** lil-t. lim.bro1 **Lyss.** merc-i-r. mez. *Murx.* nat-s.k2 pall. phos. ptel.c1 sep. stram.bro1
  • **Stelle**; an einer einzelnen:
    • **Freien**; im: vip-l-f.a1
  ▽ **erstreckt** sich zu:
    • **linken** Hüfte, zur: lith-c.
    • **Oberschenkel**: lil-t.
    • **Zehen**: gins.c1
• **tagsüber**: kali-bi.a1,k lyss.
• **morgens**: aesc. agar.a1,k am-c. aster. coloc.a1,k dios.a1,k ferr-ma. fl-ac.a1,k lyc. **Rhus-t.** sabin. staph. stront-c.
  • **Aufstehen** amel.: phos.
  • **Bett**, im: *Puls.*
  • **Erwachen**, beim: am-c. kali-n.a1,k *Med.*
• **vormittags**: equis-h. prun.
• **nachmittags**: abrot.a1,k agar. chel.a1,k naja sulph.a1,k
  • **13** h: hura
  • **15** h: *Lach.*
• **abends**: agar. ant-c. aster. dios.a1,k fago.a1,k *Ferr.* *Kali-bi.* merc-i-r. *Tarent.*a1,k ther. valer.
  • **21** h: erig.
  • **Gehen**, beim: ant-c. con.a1,k crot-h. erig.a1,k ran-b.a1,k
• **nachts**: bell.a1,k cham. *Coloc.* euph. ferr. ferr-ma. kali-bi. *Kali-c.* *Kali-i.* lach. merc. nat-s. petr.a1,k prun.a1,k *Rhus-t.* sin-n.a1,k *Sulph.* syph. tarent.a1,k
  • **Mitternacht**:
    • **vor**: *Ferr.* prun.
    • **nach**:
      • **5** h: verat.
  • **Bett**, im: hyper. *Phos.*
◆ **begleitet** von:
  • **Diarrhoe**: elat.br1
• **anfallsweise**: *Bell.*a1,k bov.a1,k caust. cocc.a1,k coloc.a1,k zing.
• **Anstrengung**, nach: **Calc.** **Rhus-t.**
• **Ärger**, Verdruß; nach: *Coloc.*
• **Aufstehen**, beim: aesc. sarr.
  • **Sitzen**, vom: agar. *Aur.* card-m. chel. con. kali-n. led. lyc. nat-c. *Nat-s.* ph-ac. *Rhus-t.*
• **Auftreten**, beim: arg-n. asar. *Caust.* kali-c. **Rhus-t.** sabin.
• **Ausstrecken** des Gliedes; beim: ruta
• **Berührung**, bei: *Bell.*a1,k ruta *Sulph.*a1,k
• **Beugen**; beim:
  • **rechts**, nach: *Rhus-t.*
  • **hinten**; des Rumpfes nach: caps. *Puls.*
• **Beugen** des Beines amel.: kali-bi.
• **Bewegung**:
  • **agg.**: acon. agar. agn. all-s. ant-t.bg1 *Carbn-s.* card-m.k2 *Coloc.* euph. fl-ac. gels. helon. kali-bi. *Kalm.* *Lac-c.* *Led.* mag-c. merc. *Nat-s.* *Nux-v.* sanic. *Sulph.* zinc.

- **Bewegung**: ...
  - **amel.**: am-m.$_{bg1}$ arg-met. ferr. *Gels.* lil-t. *Lyc.* nat-ar. *Puls. Rhus-t. Valer.*
  - **Beginn** der Bewegung; zu: bamb-a.$_{stb2}$ *Caust.* con. *Ferr. Lyc. Ph-ac. Puls. Rhus-t.* sabin.
  - **Bett**, im: *Agar.* nat-s. valer.
- **Bücken**, beim: agar. card-m. coloc. gent-l. lyc. *Nat-s.* sil.
- **Denken** an die Schmerzen; beim: *Ox-ac.*
- **Drehen** des Unterschenkels nach innen; beim: *Coloc.*
- **Entbindung**:
  - **während**: *Cimic.*
  - **nach**: **Hyper.**
    - **instrumenteller**: hyper.
- **Essen**:
  - **beim**: ph-ac.
  - **nach**: *Indg.*
- **Frost**; während: ail.$_{k2}$ arn. calc. lyc. nux-v. rhus-t. sep.
- **Gähnen**, beim: arg-met.
- **Gehen**: aesc.$_{k2}$ agar. *Am-m.* ammc. androc.$_{srj1}$ ant-c. arg-met. arg-n. ars-h. asar. asc-t.$_{a1}$ *Aur.* calc. carb-an. carb-v. *Coloc.* con. dros. euph. ham. *Hep. Hydr.* iris kali-bi.$_{k2}$ lac-c. *Led.* lyc. *Med.* mez. nat-s. pall. *Ph-ac.* psor. rhod. rumx. sep. stann. staph. *Sulph.*
  - **amel.**: am-c. androc.$_{srj1}$ *Ferr.* kali-bi. **Kali-s. Lyc. Puls.** *Rhus-t. Valer.*
  - **nach**: tell.$_{a1,k}$
    - **amel.**: am-c.
  - **Freien**, im: bar-c.
    - **amel.**: *Acon.* lyc.
- **geschwürig**: coloc.$_{bg1}$ ph-ac.$_{bg1}$ sulph.$_{bg1}$
- **gichtig**: bell. *Led. Nit-ac.* petr.$_{a1,k}$
- **Herumdrehen** im Bett; beim: am-c. *Nat-s.*$_{a1,k}$
- **Hinsetzen**; beim:
  - **während** des Hinsetzens: nat-s.
- **Husten**, beim: arg-met. bell. **Caust.** rhus-t. sulph. *Valer.*
- **Lachen**, beim: arg-met.
- **lähmungsartig**: acon. am-m.$_{a1,k}$ arg-met. *Aur. Bell.* cham. chel. cocc. dros. euon. led. lyc. plb. sol-ni.
- **Liegen**, beim: coloc. kali-i. murx. plb. *Valer.*
  - **amel.**: androc.$_{srj1}$
  - **nach**: acon.
  - **Hüfte**, auf der: ars-met. bapt. kali-bi. rhod. **Rhus-t.**$_{k,k12}$● verat-v.
  - **Seite**, auf der: prun. **Rhus-t.**
    - **gegenüberliegenden** Seite; auf der: bell. cham.
    - **schmerzhaften** Seite; auf der: bell. *Coloc.* ferr-ma.
- **Menses**:
  - **vor**: aesc.$_{k2}$ calc. *Cimic.* lach. sars. thuj. ust.
  - **während**: *Calc.* cop.$_{a1,k}$ *Graph.* sep. tarent.$_{a1,k}$
- **Nachwehen**: *Sil.*
- **Niesen**, beim: arg-met.
- **Ovarialbeschwerden**, bei: *Nat-hchls.*
- **plötzlich**: lyc.
- **pulsierend**: polyg-h. ptel.$_{a1,k}$
- **rheumatisch**: abrot.$_{a1,k}$ *Acon.* all-s.$_{c2,k}$ ant-t.$_{a1,k}$ arn.$_{a1,k}$ cact. *Carb-ac. Carbn-s.* chel.$_{k2}$ **Colch.** form.$_{a1,k}$ hydr.$_{a1,k}$ *Kali-bi.*$_{a1,k}$ *Kalm. Lac-c. Led. Lyc.* mag-s. *Med.* meph.$_{a1,k}$ merc-i-f. merc-i-r.$_{a1,k}$ nat-m. *Nit-ac.* ph-ac. *Phos. Phyt.* plb. podo.$_{a1,k}$ *Puls.* **Rhus-t.**$_{a1,k}$ sabad. sang.$_{a1,k}$ sin-n.$_{a1,k}$ stann. stram. sulph. tarent.$_{a1,k}$ *Valer.* verat-v. zinc.
  - **links**: *Acon.* lyc. sang. *Sanic. Stram.*
    - **und** rechte Schulter: *Ferr.*
  - **rechts**: calad. carb-ac. erig. nux-m. *Sep.*
    - **und** linke Schulter: **Led.**
- **Rucken** der Glieder; mit: *Lyc.*
- **ruckender** Schmerz:
  ☞ *ruckend - Hüfte*
- **Schlaf**, nach: acon. *Lach.*
- **Sitzen**:
  - **amel.**: aur. tarent.
  - **beim**: arn. asar. caust. chin. eup-per. petr. ph-ac. *Rhus-t.* staph. sulph. tarent.$_{k2}$ ther.
- **Stehen**, beim: androc.$_{srj1}$ *Led. Valer.*
  - **amel.**: staph.
- **Stuhlgang**:
  - **während**: nux-v.$_{bg1}$ pall. tell.$_{bg1}$
- **Treppensteigen**, beim: bry. nat-s. *Plb.* podo. rhus-t. thuj. verb.
- **Übereinanderlegen** der Glieder; beim: all-s.
- **Urinieren**, beim: berb.
- **wandernd**: *Colch. Iris* med.
- **warme** Anwendungen amel.: androc.$_{srj1}$ *Rhus-t.*$_{hr1,k}$ staph.
- **Wetter**:
  - **nassem** Wetter; bei: *Phyt. Rhus-t. Sil.*
  - **Wetterwechsel**; bei: chel.$_{k2}$
- **zerfallen**; als würde die Hüfte in Stücke: tril-p.$_{c1,zr}$
  - **Bandage**; feste, enge:
    - **amel.**: tril-p.$_{zr}$
- **Zubettgehen**, beim: fl-ac.

▽ **erstreckt** sich zu:
  - **Ferse**: ars-met. *Kali-i.*
  - **Füße**: berb. cact. fago. kalm.$_{k2}$ lach. lyc. mag-p.
  - **Hoden**: staph.
  - **Hüfte** zur anderen; von einer: thuj. ust.
  - **Knie**: arg-n. bar-c. caps. carb-ac. coloc. *Hydr. Kali-bi. Kali-c. Kalm.* lach. *Med. Nat-s.* nux-m. *Ph-ac.* puls. rhus-t. rhus-v. *Sep.* xan.
    - **Kniekehle**: bamb-a.$_{stb2}$
  - **Lebergegend**: grat.
  - **Leiste**: phys.
  - **Oberschenkel**: am-m. carb-ac.$_{c1}$ kreos. lil-t.
  - **Rücken**: fago. lyc.$_{bg1}$ rhus-t.
  - **Sakrum**: ant-c. lyss.
  - **unten**, nach: am-c. bar-c. *Indg.* kali-i.$_{k2}$ **Kalm.** *Med.* merc-i-r. plan. rhus-t.
  - **Unterschenkels**; zur Vorderseite des: dios. *Phyt.*
  - **Zehen**: *Kalm.* nat-ar.

○ **Gesäßgegend**: eup-per.$_{a1,k}$ euph.$_{a1}$ euphr.$_{a1,k}$ hura kalm.$_{a1,k}$ laur.$_{a1,k}$ lepi.$_{a1,k}$ med. nit-ac.$_{a1,k}$ puls.$_{a1,k}$ rhus-t.$_{a1,k}$ sol-t-ae.$_{a1,k}$ spig.$_{a1,k}$ tab.$_{a1,k}$

• **Gesäßgegend**: ...
  • **rechts**: hydrog.$_{srj2}$
    • **Druck** agg.: hydrog.$_{srj2}$
  • **Gehen**, beim: spig.$_{a1,k}$ tab.$_{a1,k}$
  • **Sitzen**, nach dem: laur.$_{a1,k}$ puls.$_{a1,k}$
  • **Trochanter**: verat-v.$_{k13}$

– **Oberschenkel**: abrot. aesc. *Agar.* aloe *Alum.* alum-p.$_{k2}$ alum-sil.$_{k2}$ alumn. am-c. ammc. *Anac.* anis.$_{c2}$ ant-t. apis arg-met. arn. *Ars.* ars-h. ars-i. arum-t. asc-t. aster. aur. *Aur-m.* bamb-a.$_{stb2}$ bar-c. bar-i.$_{k2}$ bar-m. bar-s.$_{k2}$ *Bell.* benz-ac. *Berb.* brach. *Bry.* *Cact.* calc. calc-i.$_{k2}$ calc-p. calc-s. calc-sil.$_{k2}$ camph. cann-i. *Caps.* carb-ac. *Carb-v.* *Carbn-s.* carc.$_{jl2}$ carl. cass.$_{a1}$ *Castm.*$_{a1,k}$ cham. chel. *Chin.* *Chinin-s.* *Cimic.* *Cimx.* *Cist.* cob. cocc. coff. colch. *Coloc.* com. cupr. cupr-ar. daph. dig. dios. dros. *Dulc.* echi. eug. euph.$_{h,k,*}$ euphr. ferr. ferr-ar. ferr-i. ferr-p. fl-ac. form. *Gels.* *Guaj.* hell. *Hep.* hura hydr. *Hyper.* *Indg.* iod. iris jal. jug-c. kali-ar. *Kali-bi.* *Kali-c.* *Kali-i.* kali-n. kali-sil.$_{k2}$ *Kalm.* lac-ac. lach. laur. *Led.* lil-t. lith-c. *Lyc.* mag-c. mag-m. mag-s. *Med.* meny. *Merc.* merc-i-f. *Mez.* mosch. mur-ac. *Murx.* myric. naja *Nat-ar.* *Nat-m.* *Nit-ac.* nux-m. op. *Petr.* *Ph-ac.* phos. phys. *Phyt.* pic-ac. **Plb.** podo. puls. **Pyrog.** *Rhus-t.* sabin. sarr. *Sars.* *Sep.* sil. spong. stann. *Staph.* stram. stront-c. stry. sul-ac. sul-i.$_{k2}$ *Sulph.* syph. tarent. *Thuj.* trom. valer.$_{k2}$ verat. *Verb.* xan. zinc. zinc-p.$_{k2}$
• **links**: asc-t.$_{a1}$ bamb-a.$_{stb2}$ gels.$_{psa}$ hura iris *Rhus-t.* xan.$_{c1}$
  ◆ **begleitet** von:
    • **Ellbogen**; Schmerz im:
      • **rechts**: asc-t.$_{a1}$
    • **Schulter**; Schmerz in der:
      • **rechts**: asc-t.$_{a1}$
• **rechts**: agar. ars-s-f.$_{k2}$ asc-t.$_{a1}$ cass.$_{a1}$ cist. *Coloc.* kali-c. kalm. lith-c. psil.$_{ft1}$ stram.
• **tagsüber**: kali-c. mag-c.
• **morgens**: am-c. aur. caust. dios. sulph. sumb. viol-t.
  • **9** h: trom.
  • **Aufstehen**, beim: ars. *Lac-d.*
  • **Erwachen**, beim: sulph.
• **vormittags**: jug-c.
• **mittags**: stry.
  • **Gehen**, nach dem: phys.
• **nachmittags**: agar. coff. lyc. sep. sulph.
• **abends**: agar. asc-t. aur. colch. dios. ferr. hyper. kali-c. murx. nit-ac. **Puls.** stry. sulph. thuj. zinc.
  • **16** - 20.30 h: rhus-t.
  • **Hinlegen**, nach dem: sep.
  • **Sitzen**, im: stront-c.
• **nachts**: aur. cham. cinnb. coff. dros. euph. ferr. kali-bi. lach. mag-s. *Merc.* *Mez.* nux-v. sep. stry. sulph. syph.$_{k2}$
  • **Schlaf**, im: sep.
◇ **abwechselnd** mit:
  • **Armen**; mit krampfhaftem Schmerz in den: sil.
  • **Lumbalregion**; Schmerz in der: am-c.
• **Abwärtsbewegung**, bei: **Sabin.**

– **Oberschenkel**: ...
• **anfallsweise**: *Anac.* *Aur-m.* bell. *Kali-i.* nit-ac. *Plb.* *Rhod.* sul-ac.
• **Anstrengung**, durch: am-c. anac. *Caust.* kali-c. *Nat-c.*
• **Anziehen** der Beine amel.: cinnb. rhus-t.
• **arthritisch**: asc-t.
• **Aufstehen**:
  • **beim**: arn. carbn-s. cham. chin. *Ferr.* lycps-v. *Rhus-t.*
  • **Sitzen**, vom: cham. chel.$_{bg1}$ *Ferr.* nit-ac. ph-ac. thuj.
• **Auftreten**, beim: asar. petr.
• **Berührung**, bei: aur. nux-v.
• **Bett**, im: iodof.
• **Beugen** des Knies amel.: ars.
• **Bewegung**:
  • **amel.**: aeth. *Agar.* caps. cham. con. *Dulc.* **Ferr.** hyos. *Indg.* kreos. *Lyc.* merc-i-f. mosch. **Puls.** *Rhod.* **Rhus-t.** sabin. valer.$_{k2}$
  • **bei**: *Berb.* cocc. coff. colch. dig. gels. *Guaj.* iod. merc. nat-m. petr. plb. sanic. sep. sil. spig. *Staph.*
• **Fahren**, beim: asc-t.
• **flüchtig**: trom.
• **Freien**, im: ant-t. **Caust.**
• **Frost**; während: ars. **Borx.** chin. *Cimx.* *Dulc.* nat-m. puls. **Pyrog.**
• **Gehen**: agar. *Am-m.* *Arn.* *Ars.* asar. aur. *Berb.* brach. calc-p. cham. chin. cist. *Coloc.* dios. *Dros.* euph. *Guaj.* kali-c. led. mag-s. *Med.* meny. nat-ar. nat-m. nux-m. ph-ac. plat. *Pyrog.* sabin. *Spig.* stann. *Staph.* sulph. tarent.
  • **amel.**: *Agar.* *Bell.* *Dulc.* *Ferr.* *Indg.* **Kali-s.** **Lyc.** *Merc.* *Puls.* **Rhod.** **Rhus-t.** valer.$_{k2}$
• **geschwürig**: arg-met. kali-c. sep. staph.
• **Heben** des Gliedes; beim: carb-v. cocc.
• **Husten**, erstreckt sich zum Knie; beim: *Caps.*
• **Koitus**, nach: nit-ac.
• **Kratzen**, nach: euphr.
• **lähmungsartig**: aeth. agar. am-m. ars. bell. bry. carb-v. cham. chel. chin. *Cina* cocc. colch. dios. *Ferr.* ferr-ar. guaj. kali-c. kali-i. laur. nit-ac. nux-v. sil. staph. stront-c. sul-ac. tep. verat. zinc.
• **Liegen**, beim: am-c.
• **Menses**:
  • **vor**: cham. crot-h. mag-m. spong. vib.
  • **während**: am-c. *Berb.* bov. *Carb-an.* carl. castm. *Cham.* cimic. con. *Crot-h.* *Kali-i.* kali-n. *Kalm.* lac-c. *Mag-m.* *Nit-ac.* nux-v. *Puls.* *Sars.* *Xan.*
• **Mittagessen**, nach dem: carbn-s. sulph.
• **Narbe**; in einer alten: lach.
• **neuralgisch**: carbn-s.$_{k2}$ *Phyt.* plb.
  • **Amputation** des Oberschenkels; nach: asaf.$_{hr1}$
• **pulsierend**: bry. com. ol-an. tarent.
• **Reiben** amel.: tarent.
• **rheumatisch**: agar. ant-t. *Arg-n.* *Ars.* asc-t. bapt. bell. *Carb-v.* carbn-s. cass.$_{a1}$ daph.$_{br1}$ dulc. *Guaj.* hydr. iod. kali-bi. *Kali-c.* lach. lyc. mag-s. meph.$_{a1}$ merc. mez. naja ph-ac. plb. sabin.

- **rheumatisch**: ... salol.cl sang. sanic. sep. *Stann.* stry. *Zinc.*
- **ruckend**: ang. cinnb. *Gels.* led. mang. mez. nat-c. puls. rat. rhus-t. sil. valer.
- **Samenabgang**, nach: *Agar.*
- **Schlaf**:
  - **im**: bar-c. sep.
  - **nach**: acon. *Lach.*
    - **amel.**: sep.
  - **kurzer** Schlaf:
    - **amel.**: carc.jl2
- **Schütteln** des Gliedes; beim: merc-i-f.
- **Sitzen**:
  - **amel.**: aur.
  - **beim**: *Agar.* am-c. anac. arn. cist. coloc. dulc.a1 *Ferr.* *Guaj.* *Hep.* ind. kali-bi. kali-i. *Kali-s.* *Lach.* led. lil-t. **Lyc.** mag-m. mill. mur-ac. **Pyrog.** *Rhod.* ruta sep. stront-c. *Sulph.* thuj. valer.k2 verb.
  - **Gehen**, nach dem: hydr.
- **Stehen**:
  - **amel.**: euph.
  - **beim**: aur. berb. calc. mag-s. syph. valer. verat. *Zinc.*
- **Stellen**, an einzelnen: mang.
- **Strecken** des Gliedes; beim: *Ars.* *Caps.* cham. cimx. ruta
  - **amel.**: agar. dros. *Ferr.*
  - **Drehen** von einer Seite auf die andere amel.; und: merc-i-f. **Rhod.** **Rhus-t.**
- **Stuhlgang**:
  - **während**: *Rhus-t.*
  - **Pressen** zum Stuhl; nach: sep.
- **Treppensteigen** agg.: bar-c. kali-c. sep.
- **Übereinanderlegen** der Glieder; beim: *Agar.* aur. dig.
- **Urinieren**:
  - **Pressen** zum Urinieren; beim: carb-an. pareir.
- **wandernd**: fl-ac. hydr. *Iris* *Kali-bi.* trom.
  - **9 h**: trom.
- **Wetter**:
  - **nassem** Wetter, bei: kali-c.
  - **Wetterwechsel**, bei: berb.
- **Wind**; vor einem kräftigen: berb.
- **zerbrechen**; als würde er: thuj.
- **zuckend**: *Coloc.* phos.

▽ **erstreckt** sich zu:
  - **Brust**: puls.
  - **Hüfte**: valer.k2
  - **Knie**: *Aur-m.* *Guaj.* indg.c1
  - **Knöchel**: nat-ar.
  - **oben**, nach: puls. sabin.
  - **unten**; den Oberschenkel nach:
    - **Husten**, beim: caps.
    - **Stuhlgang**, beim: *Rhus-t.*
    - **Urinieren**; beim Pressen zum: pareir.
  - **unten**, nach: *Aur-m.* *Guaj.* *Kali-c.* *Kalm.* *Murx.* *Nit-ac.* sars.
    - **Menses**, während: berb. kali-i. *Nit-ac.* xan.
    - **Ferse**: *Lac-d.*

– **Oberschenkel**: ...

○ **Außenseite**: agar. am-m. anag. chinin-s. com. fl-ac. kreos. lil-t. merc-i-f. *Phyt.*
- **Innenseite**: aloe am-c. ars-h. calc-p. cass.a1 nat-ar. nat-s. ol-an.a1,k podo.hr1 sabin.a1,k sang. sars.a1,k sil.a1,k spong.a1,k sulph.a1,k tarax. verb.a1,k

▽ **erstreckt** sich zur Brust: puls.
- **Knie**; über dem: alumn. ammc. calc-p. cann-i. chel. cina dig. fl-ac. kreos. lil-t. puls. stry. sul-ac.
- **Knie**; über dem: *Ph-ac.* sul-ac.c1 thuj. *Tub.*
- **Kniesehnen**: *Am-m.*
- **Knochen**, im: **Agar.** am-c. aur. bry. cann-i. dros. *Euph.* fl-ac. *Indg.* ip. kali-bi. *Led.* *Mez.* naja nat-m. nat-s. nit-ac. phos. puls. sarr.c2 sep. thuj. verat. zinc.
  - **vormittags**: verat.
  - **abends**, nach dem Hinlegen: ip. verat.
  - **nachts**: aur. dros. *Mez.*
    - **Schlaf**, im: dros.
    - **Strecken** des Unterschenkels amel.: dros.
  - **Sitzen**, im: sep.
  - **Übereinanderlegen** der Glieder; beim: aur.
- **Leistengegend**; nahe der: euph. *Rhus-t.*
- **Mitte** des Oberschenkels: aeth. ars. asar. chel. chin. cocc. *Indg.* kali-i. lach. mag-m. murx. staph. sulph.
  - **abends**: *Kali-i.* murx.
  - **Gehen** agg.: staph.
  - **innen** im Oberschenkel: lil-t. ol-an. sulph. verat.
  - **Menses**, vor den: mag-m.
  - **pulsierend**: bry.
  - **schnappen**, springen wollte; als ob die Sehne beim Auftreten: plb.
  - **Sitzen**, beim: kali-i.

▽ **erstreckt** sich zum Knie: ind.ptk1

○ **Rückseite**: am-br. dios. laur.
- **Vorderseite**: cob. **Sabin.** sulph.
  - **Gehen**, beim: **Sabin.**
  - **Ruhe**, in der: sulph.
- **Nervus** cruralis: *Apis* ars. coff. gels.c1 **Gnaph.** iodof.a1 lycpr.bro1 podo.hr1 *Staph.*hr1,k xan.hr1,k,*

○ **anterior**: gels.c1 gnaph.c1 sanic.c1
- **Rückseite**: *Agar.* *Am-m.* *Ars.* camph. caps. carb-ac. cham. dios. dros. *Hep.* ind. lach. led. mez. naja nit-ac. nux-m. sep. *Sulph.*
  - **Entspannen** der Muskeln amel.: *Ars.*
  - **Sitzen**, im: *Am-m.*
- **Vorderseite**: all-c. ars.a1,k *Aur-m.* berb.a1,k bry.a1,k carl.a1,k clem.a1 *Coff.* cupr. cupr-ar.a1,k dig.a1,k hell. *Hyper.*a1,k kalm.a1,k led.a1,k *Lil-t.*a1,k lyss. naja nat-s. pic-ac.a1,k *Plb.*a1,k *Puls.*a1,k *Rhus-t.*a1,k sanic. staph. sulph.a1,k syph. *Thuj.*
  - **morgens**: ars.a1,k
  - **Gehen**, beim: euph. staph.
  - **Leiste**, nahe der ☞ *Leistengegend*
- **Vorderseite**, unten: agar. anac.a1,k *Calc-p.* *Lyc.* mag-c.a1,k *Thuj.*a1,k *Tub.*

– **Knie**: abrot. *Acon.* act-sp.bro1 *Aesc.* agar. *All-c.* aloe alumn. am-c. anag. *Ang.* ant-c. *Ant-t.* *Apis*

– **Knie**: ...
apoc. *Arn.* *Ars.* *Ars-i.* ars-s-f.$_{k2}$ asaf. asc-t. aster. **Aur.** aur-ar.$_{k2}$ aur-m-n. bad. *Bamb-a.*$_{stb2}$ bapt. *Bar-c.* bar-i.$_{k2}$ bar-s.$_{k2}$ *Bell.* **Benz-ac.**$_{c2,k}$ berb.$_{c2,k}$ *Bol-la.* brom. bry. cact. cain. caj. calad. **Calc.** calc-f.$_{gm1}$ calc-i.$_{k2}$ *Calc-p.* *Calc-s.* calc-sil.$_{k2}$ cann-i.$_{a1,br1}$ cann-s. *Canth.* caps. carb-ac. carb-an. carb-v. carbn-s. card-m. **Caust.** cedr. cham. **Chel.** *Chin.* chinin-ar.$_{k2}$ *Cimx.* *Cinnb.* cist. clem. *Cocc.* cod. colch. *Coloc.* *Com.* *Con.* *Cop.* crot-c. cupr. daph. dig. dios.$_{c2,k}$ elaps$_{c2,k}$ erig. euon. ferr. ferr-ar. fl-ac. form. gamb. *Gels.* gink-b.$_{sbd1}$ glon. *Guaj.* guare. ham. hell. hura hydr. hyper. indg. *Iod.* iodof.$_{a1}$ jac-c. jug-c. kali-ar. kali-bi. **Kali-c.** kali-chl. kali-i. kali-p. *Kali-s.* kali-sil.$_{k2}$ *Kalm.* *Lac-ac.* *Lac-c.* *Lach.* **Led.** lil-t. lob. *Lyc.* lyss. mag-c. med. meli. *Merc.* merc-i-f. merc-i-r. *Mez.* mosch. murx. *Myrt-c.* nat-ar. *Nat-m.* nat-p. *Nat-s.* nit-ac. *Nux-v.* ol-j. op. ox-ac. petr. *Phos.* phys. *Phyt.* pic-ac. pip-m. *Plat.* *Plb.* podo. psil.$_{ft1}$ *Psor.* *Puls.* *Pyrog.* *Rhod.* **Rhus-t.** *Rhus-v.* rumx. ruta sanic. *Sars.* seneg. sep. sil. stel.$_{bg1}$ *Stict.* *Stront-c.* stry. sul-ac. sul-i.$_{k2}$ *Sulph.* sumb. syph. tarent. tax. thuj. tub.$_{a1,c}$ valer. **Verat.** verat-v. *Verb.* xan. zinc.

• **links**: apis$_{bg1}$ asc-t.$_{a1}$ aster. *Bamb-a.*$_{stb2}$ bapt. benz-ac. brom. carb-ac. caul.$_{a1}$ chin. kalm. pall. *Plat.* xan.$_{c1}$
  • **dann** rechts: androc.$_{srj1}$ *Calc-p.* psil.$_{ft1}$
• **rechts**: agar. *Chin.* cimic.$_{bg1}$ elat.$_{hr1}$ fl-ac. gink-b.$_{sbd1}$ grin.$_{vh}$ lyc.$_{k2}$ meli. *Puls.*$_{vh}$ *Sulph.*$_{bg1,vh,*}$ tub.$_{c1}$ *Verb.*
  • **dann**:
    • **links**: benz-ac. calc-p.$_{hr1}$ iris$_{a1}$
  ◇ **abwechselnd** mit Schmerz in der rechten Schläfe: meli.
  ◆ **begleitet** von:
    • **Hand**; Schmerz in der linken: *Agar.*
  • **Gehen** amel.: psil.$_{ft1}$
  • **Herunterhängenlassen**, beim: *Psor.*$_{vh}$
  ▽ **erstreckt** sich zu:
    • **Zehen**: elat.$_{hr1}$
• **morgens**: abrot. ant-t. asc-t. bry. calc. carb-ac. coloc. dios. hyper. kali-bi. *Lach.* mez. nat-ar. *Nux-v.* phos. sep. sumb.
  • **Aufstehen**: agar. kali-bi. led. *Rhus-t.*
    • **beim**: ~~agar.$_{kl,xxx}$~~ kali-bi. led. lyc.$_{h}$ *Rhus-t.*
    • **nach**: agar.$_{h}$
• **vormittags**: coloc. dios. jug-c. merc-i-r. thuj.
  • **9** h: trom.
• **mittags**: arund. cinnb. dios.
• **nachmittags**: abrot. arund. dios. erig. lycps-v. mag-c. *Nat-m.* phyt. rumx. sep. sulph.
• **abends**: carb-an. castor-eq. cist. cob. coloc. cycl. dios. dulc. erig. *Kali-i.* *Led.* lyc. lycps-v. murx. plan. *Rhod.* zinc.
  • **Bett**, im: calad. colch.
• **nachts**: cact. caj. calc-p. castm. coc-c. dios. gels. *Kali-bi.* *Kali-i.* lach. *Lyc.* *Merc.* mez. *Nat-m.* *Petr.* phyt. *Rhod.* *Sulph.* tub.$_{c1}$ zinc.
  • **23** - 7 h: *Sulph.*
◇ **abwechselnd** mit:
  • **Ellbogen**; Schmerz im: dios.
  • **abwechselnd** mit: ...
    • **Stirn**; Hitze in der und Druck auf der: hell.
• **anfallsweise**: bamb-a.$_{stb2}$ bell. nux-v. *Plb.*
• **Anstrengung**, nach: caust. con. dulc. graph. *Mag-c.* nat-c. zinc.
• **Anziehen** der Beine amel.: cham.
• **Aufstehen**, beim:
  • **Knien**, vom: *Spig.*
  • **Sitzen**, vom: asc-t. berb. carb-v. fago. kali-c. mez. *Nux-v.* **Rhus-t.** rumx. **Sulph.** *Verat.*
• **Auftreten**, beim: caust. con.
• **Berührung**, bei: acon. *Chin.* hyper.
• **Beugen**, beim: canth. *Spig.* stann.
• **Beugen** des Gliedes; beim: phys.
  • **amel.**: ferr.
• **Bewegung**, bei: berb. bol-la. **Bry.** bufo cact. *Carbn-s.* **Chel.** *Cocc.* *Guaj.* ign. iris kali-bi. *Kalm.* lac-ac. lac-c. *Led.* merc. nat-ar. petr. plan. *Plb.* rheum staph. verat.
  • **amel.**: agar. androc.$_{srj1}$ calc. colch. cycl. dios. indg. *Jac-g.* lob. **Lyc.** mez. nat-s. pic-ac. **Puls.** ran-b. *Rhod.* *Rhus-t.* sep. *Stict.* sulph. *Verat.*
  • **Beginn** der Bewegung; zu: calc.$_{bg1}$ *Led.* *Puls.* *Rhus-t.* verat.
  • **fortgesetzte** Bewegung amel.: equis-h.$_{c1}$ *Jac-c.* *Jac-g.*
• **Bücken**, nach: anac. croc. graph. plan.
• **Denken** daran, beim: ox-ac.
• **Drehen** des Gliedes; beim: am-c. calc. verat-v.
• **Druck**:
  • **agg.**: ol-j. ran-b.
  • **amel.**: acon-c. ars. tarax.$_{bro1}$
• **Erwachen**, beim: zinc.
• **Feuer**, nahe einem: sumb.$_{a1,k}$
• **Freien**, im: **Caust.** *Phyt.*
  • **amel.**: pic-ac. sumb.
• **Frost**:
  • **während**: agar. ars-h. chin. *Cimx.* *Cocc.* hell.$_{bg1}$ *Nat-m.* *Nat-s.* *Nux-v.* podo. puls. pyrog.$_{k2}$ rhus-t. sep. sulph.
• **Frühstück**; beim: gels.$_{psa}$
• **Gehen**, beim: ammc. anac. ant-t. arg-n. asaf. asc-t. *Aur.* aur-m-n. *Berb.* *Bry.* *Calc-p.* caps. caust. **Chel.** *Cinnb.* cist. clem. *Coloc.* crot-h. cycl. dig. dios. dros. euph. form. gels. grat. *Guaj.* hydr. iris jac-g. jatr-c. kali-bi. *Kali-c.* *Lac-ac.* *Lach.* **Led.** lil-t. *Mag-c.* *Med.* merc. merc-i-r. merc-sul.$_{c1}$ mez. *Mygal.* nat-c. nat-m. nat-s. nit-ac. petr. phys. plan. staph. stront-c. thuj. verb. vip.
  • **amel.**: *Agar.* grat. *Kali-s.* **Lyc.** nat-c. nat-s. *Puls.* *Pyrog.* *Rhod.* sulph. *Valer.* *Verat.*
  • **nach**: alum. berb. cycl. hydr. kali-n. mosch. phys. *Rhus-t.* valer.
  • **fortgesetztem**, bei:
    • **amel.**: calc.$_{bg1}$ dios.
    • **Freien** amel.; im: sumb.
• **gichtig**: **Benz-ac.** **Calc.** *Eup-per.* *Guaj.* *Lach.* *Led.* *Nux-v.*
• **Hautausschlägen**; nach unterdrückten: *Sep.*
• **Hocken**, Kauern; beim: calc.
• **Husten**, beim: bry. caps.

- **Kälte**:
  - **amel.**: *Led.* plb. *Puls.*
  - **Einwirkung** von Kälte; bei: *Calc-p.* *Kalm.* *Sep.*
- **Knien**, beim: *Bar-c.* tarent.[ptk1,ptk2]
- **konvulsivisch**: nux-v.
- **lähmungsartig**: all-c. anac. arg-met. berb. carb-v. chel. *Chin.* cocc. colch. coloc. crot-h. *Euon.* fago. *Kali-c.* mag-m. mosch. phys. plb. puls. ruta sulph. verat.
  - **links**: lach.
- **Liegen**: bamb-a.[stb2] calad. carb-an. *Kali-i.* lil-t.
  - **amel.**: caj. mag-c.[bg2] psil.[ft1] sulph.
  - **Seite**; auf der rechten: verat-v.
- **Menses**:
  - **während**: cop. mag-c.[bg1]
- **neuralgisch**: bell. iodof.[a1] lac-ac. nat-ar. symph.[bro1] tarax.[bro1]
- **pulsierend**: calad. calc. tarent.
- **Reiben** amel.: castm. cedr. *Phos.* tarent.
- **rheumatisch**: *Acon.* *Agar.* aml-ns. ammc. apoc. *Ars.* ars-h. asc-t. aur. bapt. *Benz-ac.* *Berb.* bol-la. brom. **Bry.** cact. **Calc.** *Calc-p.* *Caust.* *Cimic.* *Cinnb.* *Clem.* *Cocc.* con. cop. daph.[br1] ferr-p. form. gels. graph. *Guaj.* hydr. hyper. iris *Jac-g.* jug-r. *Kali-bi.* **Kali-c.** *Kalm.* lac-ac. *Lac-c.* *Lach.* *Led.* *Lyc.* *Med.* merc-i-r. mez. nat-m. nicc. *Nux-v.* ol-j. *Petr.* *Phos.* *Phyt.* plb. ptel. puls-n.[c2,k] ran-b.[k2] *Rhod.* **Rhus-t.** sal-ac. sanic. sep. *Stict.* stry. *Thuj.* trom. *Verat-v.* zinc.
  - **links**: bapt. *Berb.* *Glon.* helia.[bro1,c1] *Phyt.*
  - **rechts**: cinnb. gels.[hr1] grin.[vh] jac-g. kali-bi. led. lob. nicc. phos. *Phyt.*
    - **Herunterhängenlassen**, beim: *Psor.*[vh]
- **ruckend**: *Am-c.* *Anac.* *Chin.*
- **Sitzen**:
  - **beim**: *Agar.* asaf. asc-t. aur-m-n. bell. calc. camph. carb-v. castor-eq. cist. coloc. crot-h. graph. indg. lach. led. mez. nat-s. phys. **Rhus-t.**
  - **nach**: bell. berb. con. dig. nit-ac. nux-v. **Rhus-t.** sep. zinc.
- **Stehen**, im: alumn. arg-met. calc. carb-an. iod. lach. nux-v. podo. stront-c. *Sulph.* valer.
- **Strecken**:
  - **agg.**: ant-c. calc-p. med.
  - **amel.**: dros.
  - **Neigung**, das Knie zu strecken: meli.[vh]
- **Strecken** des Gliedes; beim: chel. ferr. *Kali-c.*
  - **amel.**: ferr.
- **Stuhlgang**, nach: dios.
- **Sturz**; nach einem: stict.[c1]
- **Treppen**; beim Hinabsteigen von: arg-met. *Bad.* cann-s. eupi. merc. nit-ac. rhus-t.[k,kl2]● verat.
- **Treppensteigen**, beim: agar. *Alum.* arn. *Bad.* bell. cann-s. *Carb-v.* colch. dios. lith-c. nux-m. phos.[bg1] *Plb.*
- **Übereinanderlegen** der Glieder; beim: anag. petr.
- **wandernd**: clem. dios. iris kali-bi. *Kalm.* lil-t. lycps-v. nat-s. osm. psil.[ft1] *Puls.* ran-a. tarent.
  - **von** einem zum anderen Knie: dios. **Lac-c.**
- **Wärme**:
  - **agg.**: *Guaj.* **Led.**
  - **amel.**: androc.[srj1] canth. gink-b.[sbd1]
- **warmen** Bett, im: dios. **Led.** mosch. *Petr.* plb. *Puls.* *Sulph.*
- **Wetter**, bei nassem: *Calc.* *Phyt.* *Rhus-t.*
- ▽ **erstreckt** sich zu:
  - **Bein** nach oben; das: dios. rhus-t.
  - **Füße**: *Phos.* *Tarent.*
  - **Fußsohle**: plb.
  - **Hüfte**: lach. *Led.* sol-ni. tarent.
  - **Leiste**: rhus-t.
  - **Schienbein**: indg.
  - **Spann**: elat.
  - **unten**, nach: kali-p. *Phos.* rhus-t.
  - **Zehen**: valer.
- ○ **Kniekehle**: agar. *Alum.* anag. arg-met. ars. ars-h. berb. brom. calc. calc-p. carb-an. carbn-s. card-m. castor-eq. chel. chin. colch. con. cupr. dios. dros. fago. fl-ac. gels. graph. gymno. hep. hydrog.[srj2] ip. jatr-c. kali-bi. kali-chl.[bg1] kalm. lac-c. mag-c. manc. mang. nat-ar. *Nat-c.* nat-m. *Nit-ac.* olnd. op. ox-ac. par. *Plb.* rhus-t. rhus-v. rumx.
  - **links**: ars-h. nat-p.
  - ◆ **begleitet** von:
    - **Dysurie**: *Agar.*
  - **rechts**: berb. hydrog.[srj2]
    - **Gehen** amel.: psil.[ft1]
  - **nachts**: alum.
  - **Aufstehen** vom Sitzen, beim: ars-h.
  - **Beugen** des Knies; beim: calc-p. castor-eq. chin. rhus-t.
  - **Bewegung**, bei: *Nat-c.* *Plb.*
  - **Gehen**, beim: ars. card-m. *Caust.* chel. colch. fago. gels. mag-c. nat-ar. nat-c.[k2] *Nux-v.* rhod. *Rhus-t.*
  - **Gehens**; zu Beginn des: *Nit-ac.*
  - **lähmungsartig**: con.
  - **pulsierend**: olnd.
  - **Sitzen**, im: berb.
  - **Stehen**; beim: graph. par. rumx.
    - **kurz** wären; als ob die Sehnen zu: graph.
  - **strecken**; Neigung, das Knie zu: hydrog.[srj2]
  - ▽ **erstreckt** sich zu:
    - **Achillessehne**: kali-bi.
    - **Ferse**: *Alum.*
    - **unten**, nach: *Alum.* mang. merl.
    - **Unterschenkel**: ~~carb-an.[st,xxx] *Rhus-t.*[st,xxx]~~
- **Kniescheibe**: am-c. aml-ns. ars-h. asaf. bell. berb. bry. cact. calc. *Carb-ac.* chel. clem. coc-c. kali-n. kalm. kreos. lac-ac. led. nat-c. *Nit-ac.* psor. rhus-t. sarr. stram. thlas.[bg1] valer. zinc.
  - **vormittags**: nat-c.
  - **abends**: coc-c. zinc.
  - **nachts**: zinc.
  - **Aufstehen** vom Sitzen, beim: calc.
  - **Auftreten** oder Steigen; beim: thlas.[bg1]
  - **Beugen**, beim: nit-ac. pyrog.
  - **Bewegung**, bei: aml-ns. coc-c. ery-a.
    - **amel.**: psor.
  - **Druck** agg.: coc-c.

- **Kniescheibe**: ...
  - **Gehen**, beim: acon. berb. coc-c. led. *Nit-ac.*
  - **geschwürig**: asaf.
  - **lähmungsartig**: kali-n.
  - **rheumatisch**: clem.
  - **Sitzen**, im: bell. calc.
  - **wandernd**: psor.
  - ▽ **erstreckt** sich zum Rücken: tarent.
- **Sehne**: *Chel. Zinc.*
  - **Gehen**, beim: *Zinc.*

– **Unterschenkel**: abrot. acet-ac. *Aesc.* **Agar.** *Alum.* alum-p.k2 alum-sil.k2 am-c. am-m. *Anac. Apoc. Arn. Ars.* ars-s-f.k2 asc-t. bad. bamb-a.stb2 bapt. bar-c. bar-s.k2 **Bell.** benz-ac. berb. blatta-o. bov. calc.bg3 calc-p. *Caps. Carb-an.*c2 carb-v. carbn-s. carc.jl2 caul. *Caust.* cham. *Cimx.* cina cinnb. coc-c. cocc. *Coff.* colch. coloc. crot-c. dios.c2,k *Dulc. Eup-per.* fago. fl-ac. form. *Gels.* glon. **Guaj.** gymno. hell. *Hydr.* indg. *Iod.* jac-c. jac-g. kali-ar. *Kali-bi. Kali-c. Kali-i. Kali-n.* **Kali-s.** *Kalm. Kreos.* **Lach.** *Led. Lyc.* lycps-v. lyss. mag-c. mag-s. manc. *Merc.* merc-c. merc-i-f. merl. *Mez.* murx. naja nat-ar. nat-c. nat-m. nat-p. nit-ac. *Nux-m. Nux-v.* op. *Petr.* ph-ac. *Phos.* phys. *Phyt. Plat. Plb.* podo. *Puls. Pyrog.* **Rhod. Rhus-t.** *Rhus-v.* rumx. *Sang.* sarr. *Sep.* sil.bg3 *Stann. Staph. Stry. Sulph. Syph.* tarent. ter. teucr. thuj. *Tub.* valer. *Verat.* xan. zinc-p.k2
- **links**: dirc.al nat-c.
  - ▽ **erstreckt** sich zu:
    - **unten**; nach: dirc.al
- **rechts**: benz-ac. bov. nat-c.hr1
- **tagsüber**: murx.
- **morgens**: aesc. agar. aur. dios. *Eup-pur.* lach. led. rhod. *Sulph.*
  - **5** h: kali-p.
  - **Bett**, im: psor.
  - **Erwachen**, beim: aur. kali-p.
- **nachmittags**: *Coff.* elaps lycps-v. nux-m. podo. ptel. rumx. sep.
- **abends**: ars. caust. chel. cinnb. crot-h. fl-ac. kali-n. kalm. lyc. merc-c. *Phos.* plan. **Puls.** staph. *Sulph.*
  - **18** h: elaps ptel.
  - **19** h: nat-ar.
  - **Bett**, im: alum. staph.
- **nachts**: **Agar.** am-m. aur.pd aur-m.k2 *Bar-c.* caust. *Coff.* croc. kali-bi. *Kali-c. Kali-i.* lyc. med.brl **Merc.** mez. mur-ac. **Nit-ac.** *Petr. Ph-ac. Phos.* **Phyt.** *Plb. Rhus-t.* sec. spong. *Sulph.* **Syph.** thuj.
  - **amel.**: *Puls.*
  - **Bett**, im: *Phos.* syph.k2
- ◆ **abwechselnd** mit:
  - **kalte** Füße: rhus-t.
  - **Schwere** des Kopfes: hell.
- **anfallsweise**: cocc. *Gels.* plb. *Rhod.* **Rhus-t.** sul-ac. thuj.
- **Anstrengung**:
  - **bei**: lycps-v.
  - **nach**: ign. ing. *Nat-m.* sul-ac.
- **Ärger**, Verdruß; nach: sep.

– **Unterschenkel**: ...
- **aufschreien**, läßt ihn: sep.
- **Aufstehen**, beim: agar. plan. puls.
- **Berührung**, bei: acon. borx. med.k2 puls.
- **Beugen**, beim: plan.
  - **Fußes**, des: bad.
- **Bewegung**: acon. alum. berb. *Carbn-s. Colch. Guaj.* iod. kali-br. *Kalm.* laur. merc. nux-v. op. *Staph. Tarax.*
  - **amel.**: *Agar.* coloc. dios. *Dulc. Gels.* indg. *Kali-p.* **Kali-s.** nit-ac. plan. **Puls.** *Pyrog. Rhod.* **Rhus-t.** *Tub.*
  - **schnelle** Bewegung agg.: carc.jl2,mg1,*
  - **vorsichtige** Bewegung amel.: carc.jl2,mg1,*
- **Bücken**, beim: plan.
- **Diarrhoe**, bei: manc.
- **einem**, Gefühllosigkeit im anderen; in: sil.
- **Erkältung**:
  - **durch**: *Iod.*
- **Erwachen**, beim: abrot. aur. kali-p.
- **Essen**:
  - **beim**: ph-ac.
  - **nach**: *Kali-c.*
- **Fieber**, mit: alum-sil.k2 *Puls.* pyrog.k2 ran-a. ran-s. **Rhus-t.** *Spong.*
- **Frost**:
  - **vor**: *Eup-per.* eup-pur. *Puls.*
  - **während**: *Ars. Cimx.* lyc. *Nat-m. Puls.* **Pyrog.** sep. *Spong.* tub.
- **Gehen**, beim: am-m. bar-c. bry. carb-an. chel. cupr-ar. fago. ferr. *Guaj.* hep. ign. mag-s. nat-p. nux-v. petr. phyt. puls. tab.
  - **amel.**: *Agar.* am-c. *Dulc. Indg.* kali-n. **Kali-s.** **Lyc.** *Puls.* pyrog.k2 **Rhus-t.** *Tub. Valer.* **Verat.**
  - **nach**: alum.al
- **geschwürig**: *Kreos.* osm. puls.
- **gichtig**: anan. *Apis Bry.* psor. sars.
- **Heben** des Fußes amel.: bar-c. dios.
- **Herunterhängenlassen**, beim: bar-c. hep. *Puls.*
- **Husten**, beim: bell. caps. *Nux-v. Sulph.*
- **kalt**:
  - **Abkühlung**, bei: *Agar. Dulc. Kalm.* ph-ac. *Phos. Rhus-t. Tub.*
  - **Anwendung** amel.; kalte: *Led. Puls. Syph.* thuj.
  - **Luft** agg.; kalte: ars. *Kalm. Rhus-t.* tub.
- **lähmungsartig**: acon. *Agar.* am-c. bar-c. cham. chel. chin. cocc.al,k eug. kali-n. mosch. nat-m. *Nit-ac. Phos.* ruta stront-c. sul-ac. sulph.
- **Liegen**, beim: calc. *Kali-i.*
- **Menses**:
  - **während**: *Ambr. Bell.* bov. carb-an. con. spong.
  - **nach**: calc-p.
- **Mittagessen**, beim: sulph.
- **Naßwerden**, durch: *Rhus-t.*
- **Neuralgie** des Nervus cruralis
  - ☞ *Oberschenkel - Nervus*
- **neuralgisch**: ars. dirc. kalm. nat-ar.
- **rheumatisch**: am-c. aml-ns. anac. anan. asaf. asc-t.al *Bell.* berb. *Cact.* carb-v. *Carbn-s.* carc.tpl

- **rheumatisch**: ...
  card-m. cimic. clem. com. *Dulc.* *Elaps* *Guaj.* ham. hyper. iod. *Kali-c.* kali-n. *Kalm.* *Lach.* *Led.* *Lith-c.* *Lyc.* lycps-v. lyss. mag-m. *Med.* meph.$_{a1}$ mez. nat-m. *Nit-ac.* pall. petr. ph-ac. phos. *Phyt.* *Rhod.* *Rhus-t.* rumx. sep. stront-c. stry. ust. *Verat.* zinc.
  - **links**: elaps mag-s. zinc.
  - **rechts**: *Kalm.* lach. ruta viol-t.
  - **Gonorrhoe**, nach: **Med.** *Sars.*
  - **Strecken** der Füße; beim: meph.$_{a1}$
- **ruckend**: am-c. anac. cinnb. mez. nit-ac. phos. rat. rhus-t.
- **Schlaf**:
  - **nach**, amel.: plan.
  - **Einschlafen**, beim: kali-c. *Kalm.* *Lach.*
- **Sitzen**:
  - **amel.**: *Puls.*
  - **beim**: agar. am-m. arg-met. arg-n. ars. brom. carb-v. caust. clem. crot-h. dios. *Dulc.* gink-b.$_{sbd1}$ **Kali-s.** led. lob. mosch. nat-m. nat-s. *Pyrog.* *Rhod.* valer.$_{k2}$
- **Stehen**, beim: *Agar.* berb. *Kali-bi.* mez. nat-s. podo.
- **Strecken**, beim: ars. dros. plan. ruta
- **Treppensteigen**, beim: bad.
- **Übereinanderlegen** der Glieder; beim: anag. phos. *Rhus-t.*
- **unerträglich**: dros.$_{tl1}$
- **Wachstumsschmerzen** ●: agar.$_{k2,zr,*}$ asaf.$_{ih1}$ *Aur.*$_{lmj}$ bell.$_{bg2,k}$ calc.$_{lmj}$ calc-f.$_{lmj}$ calc-p.$_{dm,k2}$ cimic.$_{hr1,k}$ *Eup-per.* fl-ac.$_{ggd}$ **Guaj.**$_{bg2,k}$ kali-p.$_{dm,st}$ mag-p.$_{dm,st}$ mang.$_{dm,st,*}$ *Merc.*$_{lmj}$ nit-ac.$_{lmj}$ **Ph-ac.**$_{hr1,k}$ plan.$_{ggd}$ sulph.$_{lmj}$ *Syph.*$_{lmj}$
- **warm**:
  - **Bett**; warmes: *Guaj.* **Merc.** mez. petr. plb. psor. staph. *Sulph.* **Syph.** **Verat.**
    - **amel.**: agar. *Merc.* mez. pyrog.$_{k2}$
- **Wärme**:
  - **amel.**: agar. am-c. ars. carc.$_{jl2,mg1,*}$ cist.$_{bg1}$ **Nux-v.** *Ph-ac.* *Pyrog.* *Tub.*
- **wehenartig**: carb-v.
- **Wellen** nach unten; wie in: cocc.
- **Wetter**:
  - **nassem** Wetter, bei: *Dulc.* *Rhus-t.* **Verat.**
  - **Wetterwechsel** agg.: lach.$_{bg1}$
- ▽ **erstreckt** sich zu:
  - **Füße**: kalm. pic-ac. ptel. *Rhod.* still.
  - **Hüfte**: nit-ac. nux-v.
  - **Knöchel**: kali-bi. ptel.
  - **Zehen**: kali-n. *Rhod.*
- ○ **Achillessehne**: aesc. anac.$_{bg3}$ arist-m.$_{br1,c2}$ aur-m-n. benz-ac. berb. bry. calad. *Calc.* *Cann-s.* carb-ac. *Carb-an.* cimic. *Cinnb.* coc-c. *Colch.* euphr. ign. *Kali-bi.* laur. *Led.* *Merc.* merl. mill. mur-ac. myric.$_{c2}$ nat-s. rat. rhod. rhus-t. sep.$_{bg3}$ tarent.$_{k2}$ tet.$_{c2}$ thuj. upa.$_{c2}$ valer.$_{bg3,k2}$ *Zinc.*
  - **morgens**: sulph.
  - **nachts**: mur-ac.
  - **Anstrengung**, bei: *Ign.*
  - **Gehen**: berb. bry. cimic. *Cinnb.* coc-c. *Ign.*
    - **nach**: cinnb. coc-c. merc.
- **Achillessehne - Gehen**: ...
  - **Auftreten** auf die Zehen; beim: kali-bi.
  - **fortgesetztes** Gehen amel.: *Kali-bi.* *Rhod.* *Rhus-t.* valer.$_{k2}$
  - **rheumatisch**: bry. cimic.
  - **Stehen**, beim: benz-ac. berb.
  - **Treppensteigen**, beim: rhus-t.
- **Knochen**: **Agar.** alum-sil.$_{k2}$ cocc.$_{k2}$ dios. *Dulc.* *Guaj.* *Kali-bi.* *Kali-i.* *Led.* *Lyc.* *Merc.* *Mez.* nux-v. *Phyt.* **Syph.**
  - **rechts**: asc-t.$_{a1}$
  - **zerschlagen**; wie in Stücke: nux-m.$_{c1}$
- **Schienbein**: **Agar.** anac. anag. arg-met. ars. ars-s-f.$_{k2}$ *Asaf.*$_{bg3}$ *Aur.* *Aur-m-n.* bad.$_{c2,k}$ bamb-a.$_{stb2}$ bapt. bar-c. berb. calc. *Calc-p.* carb-ac. *Carb-an.* carb-v. card-m. *Castor-eq.* caust. cina *Clem.* *Dulc.*$_{c2,k}$ ferr.$_{br1}$ ferr-i. gels.$_{hr1}$ guaj.$_{k2}$ hyper. *Iod.* kali-ar. *Kali-bi.* *Kali-i.* kali-s.$_{k2}$ kalm. **Lach.** *Led.* mang. mang-o.$_{c2}$ *Merc.* *Mez.* nat-m. *Nit-ac.*$_{k,k2}$ nit-s-d.$_{c2}$ *Nux-m.* *Ph-ac.* *Phos.* *Phyt.* pic-ac. *Puls.* **Rhus-t.** sarr. sep. sil. stann. staph.$_{c2,k}$ still.$_{bg3}$ syph.$_{c2}$ tarent. thuj. trom.$_{c2}$ tus-p.$_{c2}$ verat. zinc.
  - **rechts**: asc-t.$_{a1}$ ferr-i.$_{k2}$
  - **morgens**: *Agar.*
  - **abends**: *Led.*
  - **nachts**: *Aur.* *Kali-i.* kalm.$_{k2}$ *Ph-ac.* *Phyt.* **Rhus-t.**
    - **Bett**, im: *Aur.* carb-an. *Merc.* *Mez.* psor. **Rhus-t.**
  - **Bewegung**:
    - **amel.**: *Agar.* arg-met. ars-s-f.$_{k2}$ aur-m-n. *Dulc.* psor. *Rhus-t.* verat.
    - **bei**: berb.
  - **Drücken** agg.: asc-t.$_{a1}$
  - **Gehen**:
    - **amel.**: **Agar.** aur-m-n. *Dulc.* *Tub.* verat.
    - **beim**: bry. carb-an. clem. coc-c. ign. merc. merl. mez. nat-m. nat-s. *Nux-m.* petr. phos. rhod. stry.
  - **Heben** des Beines amel.: aur. bar-c.
  - **lähmend**: card-m.
  - **pulsierend**: arg-met.
  - **rheumatisch**: rumx.
  - **Schmerzen** im Hinterkopf; mit: carb-v.
  - **Sitzen**, im: *Agar.* anac.
  - **Stehen**, beim: aur-m-n. rat.
  - **Stellen**, schmerzhafte: ambr.
  - **Strecken** des Beines; beim: aur.
  - **Übereinanderlegen** der Glieder; beim: **Rhus-t.**
  - **Wetter**, bei nassem: *Dulc.* mez. *Phyt.* *Verat.*
  - ○ **oberer** Teil, vor dem Schienbein: psil.$_{ft1}$
- **Sehnen**, beim Gehen: chinin-s.
- **Wade**: agar. alum.$_{bg3}$ *Anac.* androc.$_{srj1}$ ant-t. arg-n. *Arn.* *Ars.* arund. benz-ac. borx. *Cact.* **Calc.** calc-p. calc-sil.$_{k2}$ cann-i.$_{br1}$ canth. cham. chel. cic. colch. cupr. dig. *Elaps* eug. eupi. *Gels.* glon. graph.$_{bg3}$ hell. hyper. ign. iod. jug-c. *Kali-bi.* kali-br. kalm. lach. lith-c. lyc. mag-c. merc-c. merc-cy. *Merc-i-r.* mez. nat-p. nit-ac.$_{bg3}$ *Nux-v.* ox-ac. phos. pic-ac. pip-m. plb. *Puls.* *Rhus-t.*

- **Wade**: ...
  sabad. sang. sec. sel. sep.$_{bg3}$ sil. sin-n. stann.$_{bg3}$ staph.$_{bg3}$ stry. sul-ac. sul-i.$_{k2}$ sulph. tarent. *Ter.* thuj. tub.$_{c1}$ upa. valer.$_{bg3}$ verat. verat-v. xan.
  - **links**: gels.$_{a1}$
  - **rechts**: gels.$_{a1}$ xan.$_{c1}$
  - **morgens**: calc-p.
    - **Erwachen**, beim: gels.
    - **Treppen**; beim Hinabsteigen von: rhus-t.
  - **nachmittags**: rhus-t.
    - **16** h, beim Liegen auf dem Rücken mit gebeugtem Bein: nat-m.
  - **abends**: alum. calc. nux-v. *Puls.* staph. verat.
    - **Bett**, im: staph.
    - **Sitzen** mit gebeugten Knien; beim: coca
  - **nachts**: anac. androc.$_{srj1}$ arg-n. calc.$_{oss}$ cham. *Gels.* lyc. nux-v. pic-ac. sabad. sulph.
  - **Aufstehen**, beim ersten: nat-p.
  - **Baden**; nach: pip-m.
  - **Berührung**, bei: *Calc.*
  - **Bettwärme** amel.: *Nux-v.*
  - **Beugen** des Fußes; beim: calc.
  - **Bewegung**:
    - **amel.**: agar. am-c. ars-i. cupr. *Rhus-t.*
    - **bei**: bry. *Nux-v.* rumx.
    - **Füße**, der: cham.
  - **Druck** amel.: eupi.
  - **Frost**; während: *Ars.* thuj.
  - **Gehen**, beim: alum. anac. arg-n.$_{a1}$ *Ars.* arund. **Calc.** caps. *Carb-an.* gymno. ign. iris jatr-c. lyc. mur-ac. nit-ac.$_{bg1}$ *Nux-v.* onos. puls. spig. sulph. verat-v. zinc.
    - **nach**: am-m. cinnb. *Rhus-t.*
  - **geschwürig**: agar.
  - **Hochziehen** der Füße amel.: cham.
  - **Husten**, beim: *Nux-v.*
  - **Menses**, während: berb.
  - **rheumatisch**: ant-t. jal. lach. lycps-v. plb. puls.
  - **Schlag**; wie durch einen: nux-m.$_{c1}$
  - **Sitzen**, im: agar. puls. sul-ac. sulph.
  - **spannend**: berb. cupr.
  - **spasmodisch**: raph.
  - **Stehen**, beim: arg-n.$_{a1}$ arn. arund. euphr. iris nux-m.
  - **Treppen**; beim Hinabsteigen von: *Arg-met.* puls-n.
  - **Treppensteigen**, beim: arg-n. rhus-t. sulph.
  - **Übereinanderlegen** der Beine; beim: dig. valer.
  - **Wallungen**: xan.
  - ▽ **erstreckt** sich das Schienbein nach unten: led.
  - ○ **tief** in der Wade: glon.

– **Knöchel**: abrot. acon. agar. *All-c.* alum. alumn. ant-c. *Ant-t.* *Arn.* ars. asc-t. aster. bamb-a.$_{stb2}$ bapt. bell. benz-ac. berb. *Bol-la.* bov. bry. but-ac.$_{br1}$ cact. cann-i. *Carb-an.* *Caul.* *Caust.* *Cham.* *Chel.* colch. *Cop.* croc.$_{br1}$ dios. dros. ferr. ferr-ar. ferr-p. form. gels. graph. *Guaj.* inul.$_{br1}$ jatr-c. kali-n. *Kalm.* *Lac-ac.* lac-c. lac-d.$_{k2}$ lach. **Led.** lil-t. *Lith-c.* lob-s. *Lyc.* lyss. mang-m.$_{c2}$ med. merc. *Mez.* nat-m. nat-p. nat-s. osm. ph-ac. *Phos.* *Phyt.* plat. plb. podo. prop.$_{c2}$ puls. ran-b. rhus-v. rumx. ruta$_{k2}$ *Sal-ac.* seneg. sep. sin-n. spig. spong. stict. stry. sulph. thuj. tub.$_{c1}$ valer. verat. xan. zinc.

- **links**: cann-i.$_{a1}$ caul.$_{a1}$ gels.$_{psa}$
  - **dann**:
    - **rechts**: bamb-a.$_{stb2}$
- **rechts**: cann-i.$_{a1}$
- **morgens**: all-c. alumn. carb-ac. carbn-s. dios. *Led.* mez. sep. sulph.
  - **Gehen**, beim: alumn. mez. plb. psor.
    - **amel.**: sulph.
- **nachmittags**: dios. rhus-v. verat.
  - **15** h: lyc. tab. tax.
- **abends**: dios. led. nat-c. nat-s. plan.
  - **Liegen**, beim: nat-s. plan.
- **nachts**: *Sulph.*
  - **2** h: agar.
  - **23** - 7 h: sulph.
- **anfallsweise**: bamb-a.$_{stb2}$ coloc. hep. sil.
- **Anstrengung**; nach: valer.$_{k2}$
- **Auftreten**, beim: bry. **Led.** *Mez.* nat-m. rhus-t. sil.
- **Berührung**, bei: ars. graph.$_{h}$ kali-n.$_{h}$ lyc. nat-m. sep.
- **Bewegung**: *Arn.* bol-la. bry. bufo *Cham.* *Chel.* cocc. *Guaj.* *Kalm.* *Led.* lil-t. sulph. zinc.
  - **amel.**: aur-m-n. dios. nat-s. plan. valer.
- **Erschütterung**, bei: lil-t.
- **Erwachen**, beim: ambr. mez.
- **Fehltritt**, durch einen: caust. chel. coloc. **Led.**
- **Gehen**:
  - **amel.**: ph-ac. *Rhus-t.* sulph. **Valer.**
  - **beim**: alumn. aster. bry. calc-p. caust. chel. cycl. *Dros.* fl-ac. kali-n. *Kalm.* *Led.* lith-c. mez. nit-ac. *Phos.* puls. rhus-v. ruta stront-c. stry. sulph.
- **Gehen**, beim: rhus-t.
- **geschwürig**: **Nat-m.**$_{bg1,bg2}$
- **gichtig**: **Led.** petr.
- **Gonorrhoe**; nach unterdrückter: *Med.* thuj.
- **lähmungsartig**: caust. nat-p. par. ph-ac. plb.
- **Laufen**, beim: mez.
- **Menses**, nach den: nat-p.
- **pulsierend**: lith-m. *Ruta*
- **rheumatisch**: am-c. bapt. cact. calc-p.$_{k2}$ *Chel.* chinin-s. clem. colch. gnaph. *Guaj.* *Kalm.* *Lac-c.* *Lyc.* *Ol-j.* plan. sang. stict. syph. urt-u. *Verat-v.* viol-o. zinc.
- **Sitzen**, beim: arg-n. aur-m-n. bry. *Caust.* led. nat-s. **Valer.**
- **Stehen**, beim: cycl. led. rhus-v. stront-c. *Sulph.* **Valer.**
- **Treppensteigen**, beim: alumn. *Plb.* valer.$_{k2}$
- **verrenkt**; wie: bry. *Calc-p.*
- **Wärme**:
  - **agg.**: *Guaj.* lac-c. **Led.** **Puls.**
  - **amel.**: chel.
- ▽ **erstreckt** sich zu:
  - **außen**, nach: *Lith-c.*
  - **Fußsohlen**: stann.

• **erstreckt** sich zu: ...
 • **oben**, nach: bell. but-ac.brl ferr. nat-s. phos. plb. puls.
 • **Zehen**: lil-t.
○ **Achillessehne**: mur-ac.c1
• **Außenseite**: abrot. arg-n. fl-ac. rhus-t. verat.
 • **abends**: fl-ac.
• **Innenseite**: ang. com. dios. hyper. lob-s. merc. trom.
• **Malleolus**: bry. calc. coloc. plb. sulph. verat-v.
 ○ **äußerer**: am-c. carb-ac. cic. lach. laur. thuj.
  • **Gehen**, beim: arg-met.
 • **innerer**: berb. bov. chel. hura kali-bi. mez. verat-v.
  • **rechts**: tarent.
• **Vorderseite**: acon. berb. calc-p. chel. ruta
 • **brennend**: berb.
 • **pulsierend**: ruta
 • **rheumatisch**: acon.

– **Füße**: abrot. agar. ail. aloe *Alum.* alum-p.k2 alum-sil.k2 alumn. am-m.c2,k ambr. *Anac.* anag. ant-c. ant-t. *Apis Arn. Ars.* ars-h. ars-i. arum-t. arund. asaf. asc-t. aster. *Aur. Aur-m.* bamb-a.stb2 bar-s.k2 bell. berb. bism. blatta-o. *Brom.*c2 *Calc.* calc-s. calc-sil.k2 calo.c2 *Cann-s.* carb-ac. *Carb-v.* carbn-o. *Caul. Caust. Chin.* cob. cocc. coff. colch.c2,k *Coloc.* con. crot-c. crot-h. crot-t. *Cupr. Dig.* dios. dirc. *Dulc.* eup-per. fago. ferr. ferr-ar. ferr-i. gels. *Guaj.* hell. hura inul.brl iod. jatr-c. kalm. *Lach. Led.*c2,k *Lith-c. Lyc. Merc.* merc-c. merc-i-f. *Mez.* mill. mosch. mur-ac. nat-ar. nat-c. *Nat-m. Nat-s.* nit-ac. nux-m. *Nux-v.* osm. *Petr.* phos. *Phyt.* pip-m. plan. plat. *Plb.* podo. polyg-h. psil.ft1 psor. puls. ran-b.c1,k2,* *Rhod.* **Rhus-t.**c2,k rhus-v. rumx. *Ruta* sabin. sang. sars. sec. sel. *Sil.* sol-ni. spig. spong. stann. *Staph.* stram. stry. sul-i.k2 sulph. *Syph.* tarent. ter. teucr. *Thuj.* ust. valer.k2 *Verat.* verat-v. wies. zinc.
• **links**: ail. androc.srj1 asc-t.a1 crot-h. hyper. mur-ac. murx. sang.
• **rechts**: cypr.hrl kalm. lith-c.
• **morgens**: cench.k2 dios. **Rhus-t.** sulph.
 • **8** h, bis nachmittags: coloc.
 • **11** h: hura
 • **Aufstehen**, beim: **Rhus-t.**
 • **Erwachen**, beim: *Sulph.* tarent.
• **mittags**: arund.
• **nachmittags**: lith-c. mez. phos. rhus-v.
• **abends**: acon. all-c. ars-h. bamb-a.stb2 ferr-m. fl-ac. led. lyc. mag-c. phos. puls. sil. sulph.
• **nachts**: caul. cham. kali-c. lyc. *Mez.* phos. sil. spong. stront-c. *Syph.* verat.
• **abwechselnd** in beiden: *Lac-c.* nat-p.
• **anfallsweise**: sec.
• **Anstrengung**, durch: bar-c. caust. phos. **Rhus-t.**
• **Auftreten**; beim: ambr.bg1 bry. caust. cench.k2 **Ruta** thuj.
• **Baden**; warmes:
 • **amel.**: cench.k2
• **Berühren** agg.: acon. borx. bry. chin. ferr-ma.
• **Beugen**, beim: coff. sel.

– **Füße**: ...
• **Bewegung**:
 • **amel.**: abrot. calo. cur. dios. psor. *Rhod.* **Rhus-t.** *Verat.*
 • **bei**: acon. ars.bg1,h aur-m.k2 bry. bufo caust. cench.k2 coff. *Guaj. Led.* ph-ac.bg1 puls. sel. thuj.
• **Druck** der Stiefel agg.: coloc.bg1 nux-v.bg1
• **Entblößen**; beim: stront-c.
• **Erwachen**, beim: abrot. sep.
• **Frost**; während: cupr.
• **Frostbeulen**, wie durch: berb. borx. caust. cham. nux-v.
• **Fußbad**, nach einem: calc-caust.c1
• **Gehen**:
 • **amel.**: bor-ac.h dig. *Puls.* **Rhus-t.** *Verat.*
 • **beim**: agn. am-m.h ambr. ang. ant-t. ars-h. bamb-a.stb2 bar-c. carbn-s. caust. clem. coloc. crot-h. ferr. *Guaj.* lith-c. mag-c. nat-c. nat-m.h nit-ac. petr. phyt. plb. puls. rhus-v. sabad. stry. sulph. tax.
 • **Freien**, im:
  • **nach**: *Rhus-t.*
 • **unebenem** Boden, auf: hyos.bg1
• **gelähmt**: am-m.h,k,*
• **geschwürig**: am-m.h bry. caust. hep. lyc. *Mag-c.* **Nat-m.** nat-s.
• **Gewicht** am Fuß; bei einem: calo.a1,k
• **gichtig**: *Led. Nat-s.*
• **Heben**, beim: berb.
• **Hitze**: ran-a.a1,k
• **Kaffee** amel.; nach: calo.
• **lähmungsartig**: acon. ang. cham. *Chin.* eug. kalm. nat-m. ol-an. olnd. par. *Plb.* **Rhus-t.** tab.
 • **links**: hyper.
• **Menses**, während: am-m. ars. mag-c.
• **Mittagessen**, nach dem: carbn-s.
• **rheumatisch**: ant-c. *Aur.* calc. *Caust.* colch. ferr-i. *Guaj.* **Hep.** *Lach.* **Led.** lith-c. mag-m. *Merc.* merc-i-r. nat-s. *Nit-ac.* phos. *Phyt.* plb. *Rhod. Ruta* sars. stram. stry. zinc.
• **ruckend**: kali-n. rat.
• **Sitzen**, im: alum. aur-m-n. dig. nat-c. **Rhus-t.** stann.h tarax. valer.
 • **amel.**: stront-c.bg1
• **Stehen**, im: chin. eup-per. *Puls.* rhus-v. tarax.
• **Steigen**, beim: **Led.** mag-c.
• **wandernd**: ars-h. choc.srj3 coloc. iris *Puls.*
• **warm**:
 • **Anwendungen**; warme: aur-m.k2 *Guaj.*
 • **Bett**; warmes:
  • **amel.**: **Caust.**hrl,k
  • **im** warmen Bett: aur-m.k2 *Mag-c.* verat.
• **Wetter**, bei nassem: *Dulc. Rhod. Rhus-t.*
▽ **erstreckt** sich zu:
 • **Hüfte**: *Nux-v.*
 • **Knie**: dirc. guaj.k2 xan.bg1
 • **Körper**: *Plb.*
 • **oben**, nach: dirc. dros. ferr-i. **Led.** nat-m. nit-ac. nux-v. *Plb. Sil.* sulph.
 • **Schienbein**: bamb-a.stb2 nat-m.
 • **Waden**: dros.

- **erstreckt** sich zu: ...
  - **Zehen**: chel.
- ○ **Ferse**: acon. agar.$_{a1,k}$ alum. am-c. *Am-m.* ambr.$_{bg2}$ anag. aran. arist-m.$_{br1}$ ars. ars-h. aur. aur-ar.$_{k2}$ bad.$_{c1}$ bamb-a.$_{stb2}$ bapt. berb. borx. *Calc.* *Calc-caust.*$_{c2}$ calc-p. caps. *Carb-an.* castor-eq. cedr. cham. *Chel.* cinnb. clem. *Coloc.* crot-h. cycl.$_{c2}$ dios. eup-per. euph. *Ferr.*$_{br1,k}$ *Ferr-ar.* fl-ac. graph. hell. ign. jatr-c.$_{c1,kr1}$ kali-bi.$_{k2}$ kali-c. *Kali-i.* lac-c.$_{bg1}$ lac-d.$_{k2}$ led. lyc. lyss. mang. meph. merc-i-f. *Nat-c.* nat-m. nat-s. osm. *Petr.* phos. phyt. **Puls.** ran-b. ran-s. raph.$_{c2,k}$ **Rhod.** *Rhus-t.* rhus-v. ruta sabin.$_{c2}$ sang. sep. spong. sulph. tart-ac.$_{c2}$ thuj. upa.$_{c2,k}$ *Valer.*$_{c2,k}$ verat. xan. *Zinc.*$_{c2,k}$ zinc-p.$_{k2}$ zing.
  - **links**: bry. xan.
  - **rechts**: *Am-m.* ars-h. bad.$_{c1}$ lyss. valer.
    - **Gehen**; beim: gink-b.$_{sbd1}$
  - **morgens**: am-c.
    - **Erwachen**, beim: am-c. ars.
  - **nachmittags**: clem.
  - **abends**: am-m. *Nat-c.* **Puls.** zinc.
  - **nachts**: *Am-m.*
    - **3** h: *Am-m.*
    - **Bett**, im: *Am-m.*
  - **Aufstehen** vom Sitzen, beim: graph.
  - **Aufstützen** der Ferse: valer.$_{k2}$
    - **ausgezogenen** Schuhen amel.; mit: raph. valer.
  - **Druck** agg.; der geringste: bad.$_{c1}$
  - **Exkoriation**; wie durch: borx.$_{c1}$
  - **Gehen**, beim: acon. agar. am-c. ambr. *Ars.* berb. *Caust.* cinnb. euph. jatr-c. kali-bi. lyc. nit-ac. raph. spong. *Zinc.*
    - **amel**.: laur.$_{a1,k}$ **Valer.**
  - **Gehens**; zu Beginn des: puls.
  - **geschwürig**: am-c. *Am-m.* aur. berb. carb-an. *Caust.* graph. *Kali-i.* laur.$_{a1,k}$ nat-c.$_{bg1}$ *Nat-s.* *Zinc.*
  - **gichtig**: calc. kali-i. lyc. meph. sabin.
  - **Heben** der Füße amel.: phyt.
  - **lähmungsartig**: caust. puls.
  - **Nägel** unter der Haut; wie: *Rhus-t.*
  - **pulsierend**: *Nat-c.*
  - **Reiben** amel.: *Am-m.*
  - **rheumatisch**: anan. bapt. mang.$_{c2,k}$ meph. phyt. **Rhod.** sabin.
  - **Sitzen**, beim: **Valer.**$_{h,k,*}$
  - **Splitter**; wie durch einen: *Petr.* *Rhus-t.* sulph.
  - **Stehen**, beim: agar.$_{a1,k}$ am-c. androc.$_{srj1}$ berb. cham.
  - **Treppensteigen**, beim: carbn-s.
  - **Wärme** amel.: stram.
  - **Wein**, nach: **Zinc.**
- ○ **Knochen**: berb. caps. coloc. crot-h. ign.
- **Fußrücken**: aesc. agar. alum. asaf. aur. card-m. chel. coloc. *Cop.* eup-per. ferr. ferr-i. guaj. hell. lach. lil-t. merc-i-f. mez. nat-s. nux-m. *Phyt.* plan. plb. puls. sang. sil. syph. *Tarax.* xan.
  - **abends**: agar. ferr. ferr-i.$_{k2}$ led.
    - **Gehen**, beim: agar.
  - **nachts**: syph.$_{k2}$

- **Fußrücken**: ...
  - **Auftreten** agg.: nux-m.
  - **Ausstrecken**, beim: bry.
  - **Berührung**, bei: puls.
  - **Bettwärme** amel.: **Caust.**
  - **Bewegung**, bei: cop.
  - **Gehen**, beim: agar. arg-met.$_{pd}$ bry. calc. coloc.
  - **Menses**, während: lyss.
  - **rheumatisch**: chin. ferr. ferr-i. ol-j. rhus-t. syph. vesp.
  - **Sitzen**, im: asaf. *Tarax.*
  - ▽ **erstreckt** sich zu:
    - **Becken**: ferr-i.
    - **Zehen**: syph.
- **Fußsohle**: agar. aloe$_{bg2}$ alum. alum-p.$_{k2}$ am-c. anac. anag. ang.$_{bg2}$ *Ars.* *Bamb-a.*$_{stb2}$ bar-c. berb. bov. bry. cact. calc. cann-i.$_{br1}$ *Canth.* carb-v. **Caust.** chin.$_{bg1,bg2}$ croc.$_{br1,k}$ *Crot-t.* cupr. dios. ferr.$_{br1}$ gels. graph. hyos. *Led.* lith-c. *Lyc.* lyss. med.$_{k2}$ merc. merc-i-f. merc-i-r. mez. *Mur-ac.*$_{c2}$ nat-p. nat-s.$_{k2}$ pareir. *Petr.*$_{c2,k}$ *Phos.* pip-m. plat. plb. puls.$_{c2,k}$ ran-s. sec. *Sil.* *Stann.* *Still.* sulph. thuj.$_{k2}$ zinc.
  - **morgens**: dios. zinc.
  - **nachmittags**: crot-t.
    - **16** h: plan.
  - **abends**: berb. mag-m. sil.
  - **nachts**: sil. sulph.
  - **Aufstehen**:
    - **beim**: sulph.
    - **Sitzen**, vom: graph.
  - **Auftreten**, beim: *Alum.* ars-h. berb. brom. bry. *Cann-i.* *Canth.* nat-c. puls. sulph. *Zinc.*
  - **Berührung** agg.: crot-t. puls.
  - **Bewegung** amel.: aloe coloc. puls.
  - **blitzartig**: daph.
  - **Gehen**, beim: aloe alum. ambr. androc.$_{srj1}$ ant-c. *Ars.* ars-h. bamb-a.$_{stb2}$ bar-c. berb. bry. cact. *Cann-i.* canth. carb-v. caust. coc-c. gels. hydrc. ign. kali-c. *Led.* lyc. med. merc. nat-c. olnd. par. phos. plb. puls. rhus-t. sil. sulph. viol-t. *Zinc.*
  - **geschwürig**: ambr. bar-c. calc. *Canth.* graph. ign.$_{br1}$ kreos. lyc. *Nat-s.* phos. *Puls.* sulph. thuj. zinc.
  - **Konvulsionen**, bei: ars.
  - **konvulsivisch**: bar-c.
  - **lähmungsartig**: par.
  - **rheumatisch**: aphis calc. med. sil.$_{k2}$
  - **Sitzen**, im: asaf.
  - **Spitzen** treten; als würde er auf scharfe: *Cann-i.*$_{a1,k}$
  - **Splitter**; wie durch einen: agar.
  - **Stehen**:
    - **amel**.: euph.
    - **beim**: anac. androc.$_{srj1}$ berb. croc. sul-i. syph.
  - **wandernd**: psor.
  - ▽ **erstreckt** sich zu:
    - **große** Zehe: *Crot-t.* merc-i-f.
    - **Hüfte**: cann-i.$_{c1}$
    - **Knie**: kali-p.
    - **Lumbalregion**: plb.

• **Fußsohle - erstreckt** sich zu: ...
  • **Zehen**: sep.
  ○ **Wölbung** der Fußsohle: anag. cham. lith-c. mur-ac. myric. psil.fl1 rhus-t. sanic.
• **Gelenke**: ambr. aster. bell. *Bry. Calc.* cedr. clem. coloc. con. graph. *Guaj.* hell. *Kali-c.* mez. nat-m. nat-s. osm. ph-ac. *Phos. Staph.* stront-c. tarent. valer.k2 verat.
  • **wandernd**: coloc.
• **Knochen**: acon. agar. *Alum.* ars. *Asaf.* aur. bell. bism. *Carb-v. Chin.*bg1,k cocc. *Cupr.* lach. led. *Merc.* mez. nit-ac. plat. *Ruta Sabin.* spig. stann. *Staph. Syph.*bg1 teucr. verat. zinc.
• **Mittelfußknochen**:
  • **Gehen** agg.: caul.a1
• **Seiten**: arg-met.
  ○ **Außenseite**: caust. zinc.

– **Zehen**: am-m. androc.srj1 aster. *Aur. Benz-ac.* berb. brom. *Calc.* calc-p. calc-sil.k2 *Caul. Caust.* chel. cocc. *Coloc.* crot-h. dig. dulc. ferr. hell. hura iod. kali-bi. kali-i. kali-p. lach. lact. lil-t. *Lith-c. Lyc.* merc. mez. naja nat-m. nux-v. *Phos. Phyt.* pip-m. *Plat.* plb. puls. ran-b.k2 **Rhod.** rhus-t. rumx. sabad. sang. sec. sel. sep. *Sil.* sphing.kk3 spig.kk3 *Stict.* stry. *Sulph. Syph.* tarent. tell. thuj. *Zinc.*
• **links**: caul.a1
• **rechts**: cench.k2 daph.br1
• **abends**: androc.srj1 cist.
• **nachts**: *Am-c.* androc.srj1 coc-c. kali-c. led. merc. merc-i-f. nat-c. plat. *Syph.*
• **Auftreten**, beim: *Borx.*a1,kl ~~bov.kl,xxx~~ bry. led. thuj.
• **Berührung**, bei: androc.srj1 *Chin.* ph-ac.
• **Bewegung**, bei: am-c. thuj.
• **erfroren**, früher: phos.
• **Gehen**, beim: agn. am-c. ant-c. ars. bry. camph. caust. *Kali-c.* lyc. mez. nat-m. phos. sil. thuj.
• **geschwürig**: berb. carb-an. carb-v. caust. *Kali-i.* nat-c. ph-ac. sil. valer. zinc.
• **lähmungsartig**: aur. *Chin.*
• **periodisch**, jedes Jahr: tarent.
• **rheumatisch**: arg-met. asc-t.a1 **Aur.** kali-c. stict. stront-c. *Teucr.*
• **ruckend**: *Am-m.* mez. par. ran-s.
• **Schlaf**, im: led.
• **Sitzen**, im: dig.
• **Stehen**, im: ars. calc. nat-m.
• **wandernd**: clem.
▽ **erstreckt** sich zu:
  • **Hüfte** hinein; in die: *Nux-v. Pall.*
○ **Gelenke**, der: ambr. *Arn. Colch.* con. graph. kali-c.k2 *Led.* plb. *Sabin.* sang. *Sulph.* upa.
  • **Auftreten**, beim: borx.
  • **gichtig**: arn. asaf. calc.k2 calc-p.k2 *Caust. Dulc.* graph. ran-s. *Sabin.* sulph. thuj.
  • **Wetter**; bei kaltem: calc-p.k2
  ○ **kleine** Gelenke: caul.
• **Knochen**: mez. sep.
• **Zehenballen**: am-c. gels.psa nat-p.k2 tab.
  • **Gehen**, beim: am-c.
• **Zehennägel**: caust. *Graph.* hura merc-sul. *Teucr.*

– **Zehen - Zehennägel**: ...
  • **Gehen**, beim: camph.
  • **Splitter**; wie durch einen: ars-h. coc-c. *Nit-ac. Sil. Sulph.*
  ○ **unter**: caust. eup-per. hep. merc. *Sep.*c2 *Sil.* thuj.
    • **Wechselfieber**, bei: eup-per.
• **große** Zehe: *All-c. Am-c.* ammc. anag. asaf. aster. *Aur.* bapt. *Benz-ac. Berb.* both. bry. calc-p. carb-ac. carb-v. chin. *Cimic. Colch.* coloc. dios. *Dulc.* elat. *Eup-per.* gnaph. *Graph.* hell. hura ind. *Iod.* jal.br1 lac-ac. **Led.** *Lyc.* mang. meph. merc-i-f. merc-i-r. mez. nat-p. nat-s. ph-ac. phos. phys. *Phyt. Pip-m.* plat. *Plb.* puls. *Ran-s. Rhod.* sabin. *Sil.* sulph. tarent. tub.c1 *Zinc.*
• **links**: *Am-c. Eup-per.* tub.c1
• **rechts**: gink-b.sbd1
  • **dann** links: *Dulc. Pip-m. Ran-s.*
• **morgens**: anag. **Led.** lyc. merc-i-r.
  • **Gehen**, beim: *Led.*
• **mittags**: pip-m.
• **abends**: nat-s. stry.
  • **Bett**, im: *Am-c.*
• **nachts**: *Benz-ac.* mang. *Plb.*
◇ **abwechselnd** mit:
  • **Herzen**; Schmerz im: nat-p.
• **Berührung** agg.: chin. lyc.bg1 mang. nux-v.bg1 ph-ac.bg1,h sabin. tarent.bg1
• **Bewegung**:
  • **agg.**: aster. chin. sabin.
  • **amel.**: ind.
• **blitzartig**: daph.
• **erfroren**, wie: bry. phos.
• **geschwürig**: am-c. caust. nat-c. ol-an.hr1,k zinc.
  • **Auftreten**, beim: sil.
  • **Gehen**, beim: aur. bry. calc-p. chin. **Led.** pip-m. **Sil.**
• **kalte** Anwendungen amel.: sabin.
• **Liegen** amel.: puls.
• **neuralgisch**: phyt.
• **plötzlich**: bry.
• **pulsierend**: asaf.
• **rheumatisch**: apoc. cinnb. crot-t. *Led.* ol-an. sabin.
  • **links**: agn. *Led.*
  • **rechts**: *Benz-ac.* bry. cist. lac-c.
• **ruckend**: agar.
• **Schluckauf**, durch: ph-ac.
• **warm** im Bett; wenn: *Am-c.*
• **Wetter**:
  • **nassem** Wetter, bei: am-c.
○ **Gelenke**: *Apoc.* aster. *Benz-ac. Cann-i.* carb-v. *Caust.* coff. dulc. *Eup-per.* ind. *Iris* **Led.** nat-s. phos. prun. sabin. sang. sil. upa.
  • **gichtig**: ambr. ammc. *Arn.* ars. asaf. aster. *Benz-ac. Bry.* calc. *Calc-p. Caust. Cimic. Dulc.* elat. eup-per.k2 *Gnaph.* kalm. **Led. Lyc.** phos. plat. *Sabin. Sil.* sulph. zinc.
    • **links**: ammc.
• **Zehenballen**: am-c. ambr. *Bry. Colch.* **Led.** tab.

• **große** Zehe: ...
• **Zehennagel**:
• **entzündet**, wie: lyc. *Sil.*
• **Fleisch** eindringen; als würde der Nagel ins: colch. *Graph.* kali-c. teucr.
• **herausgerissen** würde; als ob der Nagel: thuj.
• **Splitter**; wie durch einen: agar. **Nit-ac.**
○ **unter** dem: *Agar.* **Nit-ac.** *Sil. Sulph.*
• **Zehenspitze**: asaf. berb. calc.
• **zweite** Zehe: berb. bry. coloc. fl-ac. mur-ac. nat-s.
• **dritte** Zehe: aloe berb. chel. fl-ac. form. mag-m. mur-ac. thuj.
• **morgens**: mag-m.
• **geschwürig**: berb.
• **pulsierend**: mur-ac.
○ **Zehennagel**; wie durch einen Splitter unter dem: ars-h.
• **vierte** Zehe: asc-t. brom. calc-s. chel. dios. fl-ac. form. merc-i-f. mur-ac.
• **links**: asc-t.al
• **pulsierend**: mur-ac.
• **fünfte** Zehe: aloe anag. asaf. asar. asc-t. blatta-o. chel. con. fl-ac. hura lith-c. merc-i-f. rumx. staph. ther.
• **links**: asc-t.al
• **rechts**: psil.ft1
• **morgens**: anag.
• **Frostbeulen**, wie durch: aloe
• **Schuhe** tragen; kann keine: androc.srj1
○ **Zehenballen**: nit-ac.
• **Gehen**, beim: nit-ac.

– **beißend**
☞ *stechend*

– **bohrend**: bamb-a.stb2 *Carb-v.* cocc.c1 coloc. *Mez.* plan.a1,k
• **Frost**, vor: *Carb-v.*
• **rheumatisch**: plan.a1,k
○ **Beugemuskeln**: plan.
• **Gelenke**: arg-met. bell.a1 clem.a1,k coloc. mang. *Rhod.* thuj.
• **Karies**, bei: aur-m.
• **Knochen**: arg-met. aur.k2 calc-p.k2 *Carb-v.* mang. phos.
• **Arme**: aran. arg-n.bg1 aur. bar-c. bov. carb-v. caust. coloc. gran. mang. mez. nat-c. *Nat-m.* phos. plb. *Rhod.* stann. *Thuj.*
• **morgens**: aran. plb.
• **nachmittags**: coloc.
▽ **erstreckt** sich zu den Fingern: gran.
○ **Knochen**: ars. kali-bi. sabad.
• **Schulter**: arg-met. arg-n. aur. aur-m-n. coloc. *Ferr.* hell. *Mez.* nat-s. ph-ac. phos. *Rhod.*
• **links**: aur. ph-ac.
• **rechts**: arg-met. arg-n. ferr.k2
• **morgens**: arg-met. arg-n.
• **Bett**, im: mez.
• **16** h: arg-n.
• **Bewegung**:
• **agg.**: *Ferr.* phos.
• **amel.**: mez.

– **bohrend - Schulter**: ...
• **Gehen**, beim: mez.
• **Gewicht** der Bettdecke; durch das: *Ferr.*
• **Hitze** amel.: ferr.
• **Liegen** auf der schmerzhaften Seite; beim: ph-ac.
• **Mittagessen**, nach dem: mez. phos.
• **Sitzen**, im: aur.
▽ **erstreckt** sich zu:
• **Ellbogen**: ferr.
• **Fingerspitzen**: ferr.
• **Oberarm**: act-sp.bg1 aur. aur-m-n. bamb-a.stb2 canth. *Cina Mang.* merc-i-f. mez.
• **rechts**: bamb-a.stb2 merc-i-f.
• **morgens**: mez.
• **Erwachen**, beim: mez.
• **nachts**: mang.
• **Bewegung** amel.: cina mang.
• **Liegen** auf der schmerzhaften Seite: mang.
○ **Knochen**: *Carb-v.* cocc. kali-bi. *Mang.* tep.
• **Ellbogen**: alum. am-c. aur. bufo clem. crot-t. dulc. mez. nat-s. nux-m. nux-v. spong. thuj.
• **mittags**: crot-t.
• **Bewegung** amel.: dulc.
• **Liegen** auf der anderen Seite; beim: nux-v.
▽ **erstreckt** sich zur Schulter: phos.
○ **Ellbogenbeuge**: led.
• **Ellbogenhöcker**: alum.a1,k am-c. caust.a1,k
• **Unterarm**: am-c. arg-n. asaf. aur. aur-m-n. bov. calc. coloc. dulc. hell. hep. led. mez. nat-c. *Ph-ac.* plan. plb. ran-s. thuj.
• **nachts**: arg-n.
• **Sitzen**, im: led.
○ **Elle**: arg-n.
• **Knochen**: nat-c. *Ph-ac.*
• **Vorderseite**: asaf. plb. spong.
• **Handgelenk**: cina coloc. *Hell.* mez. nat-s. plan. rhod.
• **8** h: arg-n.
• **Gehen**, beim: mez.
• **Sitzen**, im: mez.
• **Hände**: bism. daph. *Nat-c.* pall. ran-s.
○ **Handfläche**: mez.
• **Handrücken**: hep.
• **Gelenke**: coloc.
• **Finger**: carb-v. cocc. daph. hell. lach. mag-c. mez. ran-s.
○ **Fingernägel**: colch.
• **Fingerrücken**: lach.
• **Fingerspitzen**: sulph.
• **Gelenke**: aur. aur-m-n. carb-v. coloc. daph. hell. mez. nat-s.
• **Knochen**: aur-m-n. ran-s.
• **Zeigefinger**, Gelenke: nat-s.
○ **metacarpal**: aur-m-n.
• **Mittelgelenk**: carb-v.
• **Mittelfinger**:
○ **Endgelenk**: carb-v.
• **Endglied**: mez.
• **Mittelgelenk**: hell.
• **Daumen**: *Led.* ol-an.hr1

- **Beine**: act-sp. aeth. am-m. apis aran. cadm-s. canth. coloc. *Ign.* kali-bi. *Merc.* ran-b. ran-s. *Rhod.*
  - **rechts**, nachts, erstreckt sich zu den Zehen: gins.$_{br1}$
  - **Strecken** amel.: act-sp.
  - ○ **Gelenke**: alum. coloc. mag-c. *Zinc.*
    - **abends**: coloc.
    - **Gehen**, beim: coloc.
  - **Knochen**: *Carb-v.* coloc. kali-bi. nat-c. rhod.
- **Gesäß**: cina coloc. merc.$_{a1,k}$
  - **Sitzen**, im: cina
- **Hüfte**: arn. *Coloc.* kali-i. *Kreos.* lil-t. *Mez.* rhod.
  - **nachts**: *Kali-i.*
    - **4** h: *Coloc.*
  - ○ **Gesäßmuskeln**: merc.$_{a1,k}$ staph.$_{a1,k}$
- **Oberschenkel**: act-sp. agar. ang. *Apis* carb-an. hell. ign. led. merc. merc-i-f. mez. nat-p. ran-b. rhus-t. sabad. spig. spong. staph. tarax.
  - **Sitzen**, im: agar.
  - ○ **Knochen**: carb-an. kali-bi. led. mez. phos.
    - **Nervus** cruralis: *Apis*
- **Knie**: agar. alum. am-c. aur. *Aur-m-n.* bamb-a.$_{stb2}$ bufo calc-p. canth. *Caust.* chel. coloc. crot-t. grat. *Hell.* indg. mag-c. mez. nat-c. nat-p. nat-s. plan. ran-s. sep. zinc.
  - **links**: bamb-a.$_{stb2}$
  - **abends**: coloc. zinc.
  - **nachts**: *Calc-i.* calc-p.
    - **Strecken**, beim: calc-p.
  - **Bewegung**:
    - **agg.**: bufo
    - **amel.**: sep.
  - **Gehen**, beim: mez.
    - **amel.**: indg.$_{br1}$
  - **Liegen**; im: bamb-a.$_{stb2}$
  - **Sitzen**, im: agar. *Aur-m-n.* coloc. grat. indg. mez.
  - **Strecken agg.**: calc-p.
  - **wandernd**: nat-s.
  - ○ **Kniescheibe**: am-c. kreos. led. nat-c.
    - **vormittags**: nat-c.
    - **unter**: arg-n.$_{a1}$
- **Unterschenkel**: aeth. *Anac.* aran. ars. bov. caust. hell. *Ign.* merc. merc-i-f. mez. *Nux-m.* phos. rhod. sil. stann. sulph.
  - **morgens**: aran.
  - **Stehen**, beim: coloc.
  - ○ **Achillessehne**: aur-m-n. bell.$_{h}$
  - **Malleolus**: cic. mez.
    - ○ **äußerer**, morgens im Bett: arg-n.
    - **innerer**: led. sulph.
      - **abends** im Bett: led.
  - **Schienbein**: anac. ars. asc-c. **Aur.** *Aur-m-n.* brom. chel. cina *Clem.* coloc. grat. led. mang. **Merc.** *Mez.* nat-c. nit-s-d.$_{c1}$ trom.
    - **links**: asc-c. aur-m-n.
    - **morgens**: clem.
    - **vormittags**: trom.
    - **abends**: grat. nat-c.
    - **nachts**: **Aur. Merc.** *Mez.*

– **bohrend - Unterschenkel - Schienbein**: ...
  - **Gehen**:
    - **amel.**: *Aur-m-n.* nat-c.$_{h2}$
    - **beim**: mez. nat-s.
  - **Sitzen**, im: agar. *Aur-m-n.* mez. nat-c.$_{h2}$
  - **Wade**: coloc. *Cupr.* mez. sulph.
    - **abends**: sulph.
- **Knöchel**: agar. am-c. ang. apis aur. aur-m-n. bufo chel. clem. coloc. graph. grat. hell. led. *Mez.* nat-s. plan.
  - **morgens**: mez.
    - **Erwachen**, beim: mez.
  - **abends**, beim Hinlegen: plan.
  - **Bewegung** agg.: bufo mez.
  - **Gehen**, beim: coloc. *Mez.*
  - **rheumatisch**: plan.
  - **Sitzen**, beim: agar. coloc. grat. led.
  - **Stehen**, beim: aur-m-n. *Mez.*
  - ○ **Außenseite**: arg-n.
  - **Knochen**: *Mez.*
  - **Vorderseite**: chel. merc-i-f.
- **Füße**: aesc. ang. *Bell.* bufo *Caust.* cocc. merc. mur-ac. *Ran-s.* sulph. *Zinc.*
  - **Bewegung** agg.: bufo
  - ○ **Ferse**: act-sp.$_{bg1}$ agar. aran. aur. aur-m-n. led. **Puls.** *Zinc.*
    - **abends**: **Puls.**
    - **Wein**, nach: **Zinc.**
  - **Fersenbein**, fortgesetzte Bewegung amel.: aran.
  - **Fußballen**: ran-s.
  - **Fußrücken**: aesc. aur. aur-m-n. coloc. lil-t. mez. nat-s.
    - **Gehen**, beim: coloc.
  - **Fußsohle**: bell. mez. nux-m. ran-s. tarax.
    - **morgens**: nux-m.
    - **nachts**: merc-i-f.
  - **Gelenke**: coloc. *Hell.*
    - **Gehen**, beim: mez.
  - **Knochen**: *Bism.* led. mez.
    - **morgens**: led.
    - **Gehen**, beim: mez.
  - **Seiten**: arg-met.
- **Zehen**: aesc. coloc. merc. mez. *Ran-s.*
  - ○ **große** Zehe: agar. aur-m-n. ind. **Led.** *Nux-m. Ran-s. Sil.*
    - **rechts**: *Ran-s.*
    - **morgens**: **Led.**
    - **abends**: ind.
    - **Hinlegen**, nach dem: *Nux-m.*
    - **Ruhe**, in der: ind.
    - ○ **Gelenke**: ind. nat-s.
  - **fünfte** Zehe: dios.

– **brennend**: abrot. agar.$_{k2}$ aloe$_{k2}$ alum-sil.$_{k2}$ anac.$_{a1,k}$ *Ars.*$_{a1,k}$ arund.$_{br1}$ bamb-a.$_{stb2}$ *Bell.*$_{a1,k}$ cann-i.$_{a1,k}$ carb-an.$_{a1,k}$ *Carb-v.*$_{a1,k}$ carbn-s.$_{k2}$ cham.$_{k2}$ chin.$_{a1,k}$ chinin-ar.$_{k2}$ cocc.$_{a1,k}$ coloc. *Kali-ar.* kali-br.$_{a1,k}$ kali-c.$_{a1,k}$ kali-p. kreos.$_{a1,k}$ laur.$_{a1,k}$ led.$_{a1,k}$ marb-w.$_{es1}$ nit-ac.$_{a1,k}$ *Ph-ac.* phos.$_{a1,k}$ plan.$_{a1,k}$ plat.$_{a1,k}$ plb.$_{a1,k}$ sec.$_{k2}$ staph.$_{a1,k}$ tarent.$_{k2}$ vip.$_{a1,k}$
- **morgens**: phos.$_{a1,k}$

- **nachmittags**: gels.$_{al,k}$
- **abends** im Bett: carb-v.$_{al,k}$
- **nachts**: kali-c.
- **Bett**, im: carb-v. fago.$_{al,k}$ led.$_{al,k}$
- **Kälte**; durch Einwirkung von: phos.$_{k2}$
- **Kratzen**, nach: kreos.$_{al,k}$
- **Menses**, während: *Carb-v.*
- **Säfteverlust**, bei: *Ph-ac.*
- **Stellen**, an einzelnen: agar.$_{k2}$ plan.$_{al,k}$
- **wandernd**: plat.$_{al,k}$
- **äußerlich**: carb-an.$_{al,k}$

○ **Gelenke**: abrot.$_{bg2,k,*}$ ant-t.$_{bg2,k,*}$ arg-n.$_{bg2}$ bell.$_{k2}$ berb.$_{bg2}$ *Carb-v.*$_{bg2,k}$ caust.$_{bg2}$ cimic.$_{bg2}$ guare.$_{al,k}$ hist.$_{jl3}$ ign.$_{j5}$ kali-c. kali-n.$_{bg2}$ lyc.$_{bg2}$ *Mang.*$_{hr1,k}$ *Nat-c.* nat-n. *Nit-ac.*$_{bg2,k,*}$ *Plat.*$_{bg2,k}$ rhus-t.$_{bg2}$ sabin.$_{k13}$ sulph.$_{bg2}$ thuj.$_{bg2,k,*}$ zinc.$_{bg2,k}$

- **Nägel**: alum. ant-c. calc. caust. **Graph.** hep. merc. nat-m. nux-v. puls. *Sep.* sulph.
  - ○ **Seiten**: calc-p.$_{ptk2}$
- **Venen**: puls.$_{k2}$
- **Arme**: agar. alum. alum-p.$_{k2}$ alum-sil.$_{k2}$ *Ars.* ars-h. arum-t. arund. *Asaf. Aur.* aur-m. aur-m-n. *Bell.* berb. bov. bry. bufo calc. *Carb-v.* chin. *Com. Con.* corn. crot-t. *Cur.* dig. graph. hep. jug-c. jug-r. kali-bi. kali-c. lith-m. lyc. lyss. mag-m. med. merc. mez. mur-ac. nat-m. petr. *Ph-ac.* phos. plat. plb. puls. *Rhus-t.* rhus-v. sil. spong. stann. stram. sulph. thuj. *Urt-u.* zinc. zinc-p.$_{k2}$
  - **links**: cocc.
  - **rechts**: plb.
  - **morgens**: agar.
  - **vormittags**: castm.
  - **abends**: *Puls.*
  - **nachts**: chin. til.
    - **Bett**, im: chin.
  - **anfallsweise**: cocc. *Plb.*
  - **Ärger**, Verdruß; nach: nat-m.
  - **Bedecken** agg.: rhus-v.
  - **Berührung** agg.: crot-t.
  - **Bewegung**, bei: crot-t.
  - **Dampf** agg.; durch Einwirkung von: kali-bi.
  - **Entblößen** agg.: crot-t.
  - **Erregung**; bei: alum-sil.$_{k2}$
  - **Kratzen**:
    - **amel.**: jug-c.
    - **nach**: kreos. led. merc. til.
  - **lähmungsartig**: calc.
  - **Reiben**, beim: crot-t.
  - **Stellen**, an einzelnen: am-c. bry. merc. ph-ac.
  - **Waschen**; nach: bov.
  - ▽ **erstreckt** sich zu:
    - **Finger**: mag-m.
    - **Hand**: fl-ac.
    - **Körper**, über den: apis
  - ○ **Gelenke**: *Carb-v.* graph. *Nat-c.* stront-c.
- **Schulter**: alumn. am-m. ant-t. *Ars.* aur-m-n. berb. *Carb-v.* carbn-s.$_{k,k2}$ clem. cocc. dios. graph. grat. *Iris* kali-bi. kali-c. mag-m. mang. merc. mur-ac. par. ph-ac. *Phos.* puls. *Rhus-t.* sep. spong. stront-c. sulph. tab. tep. urt-g.$_{al}$
  - **links**: hydrog.$_{srj2}$

- **Schulter**: ...
  - **rechts**: am-m. *Carb-v.* marb-w.$_{es1}$
    - **Bewegung** agg.: marb-w.$_{es1}$
    - **Drehen** des Armes hinter den Rücken unmöglich: marb-w.$_{es1}$
  - **abends**: alumn. dios. sep. sulph.
    - **Gehen**, beim: rhus-t.
    - **Hinlegen**, nach dem: sulph.
  - **nachts**: puls.
  - **Kratzen**, nach: kali-c.
  - **Sitzen**, im: merc.
  - **Stellen**, an einzelnen: kali-bi. mang.
  - ▽ **erstreckt** sich zu:
    - **Arm**: puls. sulph.
    - **Hüfte**: mag-m.
  - ○ **Akromion**: mez.
    - **oben** auf der Schulter: *Carb-v.*
    - **unterhalb**: **Ail.** lyc. sulph.
- **Oberarm**: *Agar.* alum. am-c. arg-n. arn. berb. borx. carb-v. carbn-s. caust. colch. coloc. dig. dulc. graph. hura kali-bi. kali-c. mang. mur-ac. nat-c. nat-m. nat-s. ph-ac. rhus-t. sep. sulph. thuj. zinc.
  - **links**: hydrog.$_{srj2}$
  - **nachts**, im Bett: arg-n.
  - **Kratzen**, nach: mosch.
  - **stechend**, bei Bewegung: coloc.
  - **Stellen**, an einzelnen: berb. graph. sulph.
  - ▽ **erstreckt** sich nach unten: all-c.
  - **äußerlich**: fl-ac.
  - ○ **Bizeps**, im Bett: rhus-t.
  - **Deltoid**: nux-v.
  - **Haut**: arg-n. aur. nat-c. phos. sep. sulph.
  - **Innenseite**: berb. tarent.
  - **Rückseite**: mur-ac. zinc.
  - **unterer** Teil: led. mez.
  - **Vorderseite**: zinc.
- **Ellbogen**: agar. alum.$_{al,k}$ *Arg-met.* arund.$_{al,k}$ asaf. bell.$_{al,k}$ berb.$_{al,k}$ calc-p.$_{al,k}$ carb-an.$_{al,k}$ carb-v.$_{al,k}$ coc-c. colch. coloc.$_{al,k}$ kali-n. merc.$_{al,k}$ mur-ac.$_{al,k}$ ph-ac. phos. *Plat.*$_{al,k}$ sep. sulph. ter.$_{al,k}$ tong.$_{al}$
  - **vormittags**, 9 h: sulph.
  - **abends**: arg-met. carb-an.$_{al,k}$
  - **nachts**: sep.
  - ○ **Ellbogenbeuge**: kali-n.$_{al,k}$ laur.$_{al,k}$ led.$_{al,k}$ rat.$_{al,k}$ rhus-v.$_{al,k}$ sulph.$_{al,k}$ tep.$_{al,k}$ teucr.$_{al,k}$
  - **Ellbogenhöcker**: chel.$_{al,k}$ ph-ac.$_{al,k}$
- **Unterarm**: *Agar.* alum. am-c. am-m. asaf. aur. aur-m. aur-m-n. bell. *Berb.* borx. bov. calad. carb-an. carb-v. carbn-s. card-m. *Caust.* chel. con. *Graph. Kali-bi.* laur. lyc. mag-m. mang. merc. mez. mosch. mur-ac. nat-m. nat-s. ol-an. osm. ph-ac. phos. plb. prun. ran-s. rat. rhus-t. rhus-v. *Spong.* staph. stram. *Sulph.* tarax. tarent. *Thuj. Urt-u.* vip. zinc. zinc-p.$_{k2}$
  - **nachts**: graph. *Zinc.*
    - **Liegen** darauf, beim: graph.
  - **Bewegung**, bei: thuj.
  - **Druck** agg.: bell.
  - **Kratzen**, nach: borx. caust. clem. laur. sulph.
  - **Reiben** amel.: ol-an.

- **Unterarm**: ...
  - **stechend**, an einzelnen Stellen: ran-s.
  - **Stellen**, an einzelnen: am-c. graph. sulph.
- ○ **Außenseite**: osm.
  - **rechts**: osm.
  - **äußerlich**: aur-m-n. con. mur-ac.
  - **Handgelenk**; nahe am: agar. bov. caust. kali-bi. rhus-v. zinc.
  - **Rückseite**: berb. euph. ol-an. osm. prun.
  - **Vorderseite**: agar. am-c. berb. calad. chel. ol-an. plb.
- **Handgelenk**: agar. arg-met. arum-t. arund. asar. berb. bufo calc-p. cocc. merc. mez. naja nat-c. phos. plat. plb. stront-c. sulph. thuj. *Tub.* zinc.
  - **nachmittags**: sulph.
  - **abends**: stront-c.
  - **Kratzen**, nach: calc-p. plb.
  - **Reiben** agg.: berb.
- ▽ **erstreckt** sich zu:
  - **kleiner** Finger: **Sulph.**
  - **Zeigefinger**: arund.
    - **Daumen**, und: agar. asar.
- **Hände**: **Agar.** am-c. anac. ant-t. apis arg-met. arg-n. *Ars.* ars-h. ars-s-f.$_{k2}$ arund. aur-m. berb. bry. *Calc.* *Calc-s.* calc-sil.$_{k2}$ cann-s. canth. *Caps.* carb-v. *Carbn-s.* cedr. cench.$_{k2}$ cham. chel. con. corn. daph. elaps fago. *Fl-ac.* graph. hep. hura hyos. jug-r. kali-ar. kali-bi. kali-c. *Kali-s.* lach. laur. led. lil-t. lyc. mag-c. **Med.** merc. mez. nat-c. nat-m. nat-p. nat-s. nit-ac. nux-m. nux-v. ox-ac. pall.$_{bg1,k}$ *Petr.* ph-ac. *Phos.* plat. *Puls.* ran-s. rhod. *Rhus-t.* rhus-v. sabin.$_{k2}$ sars. sel. *Sep.* sol-t-ae. *Spong.* *Stann.* stront-c. **Sulph.** thuj. zinc.$_{a1,k}$
  - **links**: fl-ac.$_{bg1}$ nat-m.$_{bg1}$ rhus-t.$_{bg1}$ zinc.$_{bg1}$
  - **rechts**: fago.$_{bg1}$ phos.$_{bg1}$
  - **morgens**: petr. sulph.
    - **Erwachen**, beim: petr.
  - **vormittags**: fago. nat-s.
    - **Kälte** der anderen; bei: fago.
  - **mittags**: am-c. mag-c.
  - **nachmittags**: cham. fago. phos.
    - **14** h: laur.
  - **abends**: cedr. phos. **Puls. Sulph.**
  - **nachts**: lac-c. pall.
  - **Dampf**, durch: kali-bi.
  - **eine** Seite heiß und blaß, die andere kalt und rot: mez.$_{c1}$ mosch.
  - **Ekzem**, bei: *Merc.*
  - **Erwärmung** durch schnelles Gehen; bei: dulc.
  - **Essen**, nach dem: sulph.
  - **Fieber**; während: hura
  - **Frost**; während: *Spong.*
  - **kalt**:
    - **gefühllos**; oder kalt und: *Lyc.*
  - **Menses**, während: carb-v. sec.
  - **Naßwerden** und Kaltwerden der Füße; nach: phos.
  - **Nesseln**, wie durch: arum-dru.$_{a1}$ carl. nat-m.
  - **Stellen**, an kleinen: arg-n.$_{a1}$ cop. fl-ac. mang.
  - **Waschen** in kaltem Wasser agg.: *Caps.*
- ○ **Gelenke**: nat-c.
- **Hände - Gelenke**: ...
  - **abends**: nat-c.
- **Handballen**: zinc.$_{h,k,*}$
- **Handfläche**: aesc. ail. all-s.$_{a1,k}$ apis ars. *Calc.*$_{a1,k}$ *Calc-s.* *Canth.*$_{a1,k}$ *Carb-v.* carbn-s. chel.$_{a1,k}$ cop. fl-ac. form.$_{a1,k}$ graph.$_{a1,k}$ ham.$_{a1,k}$ *Ip.* lac-c. *Lach.* *Lachn.*$_{a1,k}$ lil-t. *Lyc.*$_{a1,k}$ mag-c.$_{a1,k}$ *Med.* merc. mez. mur-ac. nat-c.$_{a1,k}$ nat-m. ol-j.$_{bg1}$ ox-ac. *Petr.*$_{a1,k}$ *Phos.*$_{a1,k}$ phys.$_{a1,k}$ rhus-t.$_{a1,k}$ rumx. sabad. *Sang.*$_{a1,k}$ sanic. sars. sec.$_{a1,k}$ *Sep.* **Stann. Sulph.**$_{a1,k}$ tarent.$_{a1,k}$ tep.$_{a1,k}$ upa.$_{a1,k}$
  - **links**: graph.$_{bg1}$ rhus-t.$_{bg1}$
  - **abends**: **Lach.** rumx. upa.$_{a1,k}$
  - **nachts**: **Lach.**
    - **Mitternacht**: rhus-t.
    - **Fußsohlen**; und: *Lach.*
  - **Menses**, während: carb-v. petr.
  - **Reiben**; nach: **Sulph.**$_{a1,k}$
  - **stechend**; fein: borx.
  - **warmen** Bad; nach einem: nat-c.
- ○ **Radialseite** der Hand: phos.
  - **Ulnarseite** der Hand: sep.
- **Handrücken**: agar. alum-sil.$_{k2}$ apis aur-m. berb. bry. *Calc.* carl. cop. dulc. fl-ac. laur. nat-s. nux-v. rhus-v. *Sulph.*
  - **morgens**: sulph.
  - **nachmittags**: nat-s.
  - **abends**: **Sulph.**
  - **Erwärmung** durch Gehen; bei: dulc.
  - **Nesseln**, wie durch: carl.
  - **Stellen**, an einzelnen: cop. fl-ac.
- **innerlich**: ph-ac.
- **zwischen** den Fingern: alum. rhus-v.
- **zwischen** Mittelfinger und Daumen: alum. berb. iod. rhus-t. sulph.
- **Finger**: *Agar.* alum. anan. apis ars. asaf. bamb-a.$_{stb2}$ *Berb.* borx. calc. carb-v. carl. caust. coff. coloc. con. croc. dig. fago. fl-ac. gamb. gran. graph. kali-ar. *Kali-c.* lyc. merc. mez. mosch. *Nat-c.* nicc. nit-ac. nux-v. *Olnd.* petr. plat. rhod. rhus-v. sec. *Sil.* staph. sul-ac. *Sulph.* tep. teucr. ther. vip.
  - **vormittags**: fago.
  - **abends**: alum.
  - **erfroren**, wie: agar. lyc.
- ○ **äußerlich**: ars. fl-ac.
  - **Fingerballen**: *Sulph.*$_{a1,k}$
  - **Fingernägel**:
    - ○ **um** die: con.
    - **unter**: calc. *Caust.*$_{bg2,k}$ con.$_{bg2}$ elaps$_{bg2,k}$ kali-c. merc. nit-ac.$_{bg2,k}$ *Sars.*$_{bg2,k}$ vinc.$_{bg2}$
  - **Fingerrücken**: brom.$_{a1,k}$ cocc.$_{a1,k}$ ran-s.$_{a1,k}$ sil.$_{a1,k}$
  - **Fingerspitze**: am-m. anthraci. apis bell. canth.$_{bg1}$ caust. con. corn.$_{bg1}$ croc. crot-c. gins. mag-m. mur-ac. nat-s. sabad. *Sars.* *Sil.* *Sulph.* tab.
  - **Gelenke**: apis bufo cann-i. carb-v. caust. vinc.
  - **Innenfläche**: zinc.$_{h,k,*}$
  - **Seiten**: sars.

- **Finger**: ...
  - **Zeigefinger**: acon. *Agar.* alum. arund. berb. card-m. chel. ferr-ma. hura *Kali-c.* nat-c.h2 olnd. sil.
    - **kribbelnd**, und: *Agar.*
    - ○ **äußerlich**: chel.
    - **Fingerrücken**: acon. berb.
    - **Fingerspitze**: kali-c. olnd.
    - **Gelenke**, metacarpal: berb. fl-ac.
      - ○ **Endgelenk**: berb. nat-c.
      - **Mittelgelenk**: berb.
  - **Mittelfinger**: apis bamb-a.stb2 coloc. *Kali-c.* mez. sul-ac.
    - **Stellen**, an einzelnen: sul-ac.
    - ○ **Außenseite**: berb.
    - **Fingernagel**: kali-c.
    - **Fingerrücken**: nat-c.
    - **Gelenke**, metacarpal: berb. carb-v.
  - **Ringfinger**: osm. tarax.
    - ○ **Fingernagels**; am inneren Rand des: osm.
    - **Gelenke**:
      - ○ **metacarpal**: berb. carb-v.
      - **Mittelgelenk**: nat-p. sil.
        - **9** h: sil.
  - **kleiner** Finger: spig. stann. tarax. ther.kr1
    - ○ **Außenseite**: apis prun.
    - **Fingerspitze**: apis aur-m-n. fl-ac. kali-c. sul-ac.
    - **Gelenke**, metacarpal: sabad.
    - **Innenseite**: fl-ac. mill.
- **Daumen**: agar. arum-t. arund. berb. chel. gran. graph. *Hep.* lach. laur. m-arct. m-aust. merc. nux-v. ol-an. olnd. sars. staph. vesp. zinc.
  - **nachmittags**: agar.
  - **nachts**: sars.
  - **reißend**: agar.
  - **Stellen**, an einzelnen: lach.
  - ○ **Daumenballen**: laur. lith-c. nux-v.
  - **Daumenspitze**: con. croc. gymno. lach. mur-ac. olnd. sil. sulph. teucr.
  - **Gelenke**: spig.
- **Beine**: agar. alum. anac. *Apis* ars. bapt. bar-c. bufo carb-v. castor-eq. caust. chin. chinin-ar. dulc. gels. *Kali-c.* lach. led. *Lyc.* mag-c. mag-m. mang. nat-c. nit-ac. ph-ac. *Phos.* plat. plb.k2 prun. ptel. puls. *Rhus-t.* ruta *Sil.* thuj. *Zinc.* zinc-p.k2
  - **mittags**: agar.
  - **nachts**: fago.
    - **Bett**, im: kali-c.
  - **Entkleiden**, beim: mez.
  - **rheumatisch**: apis
  - **Stellen**, an einzelnen: lyc. mag-c. ph-ac.
  - ○ **Gelenke**: bar-c. nat-c. phos. stront-c.
    - **Stellen**, an einzelnen: *Mang.*
  - **Ischiasnerv**: *Ars.* bufo gels. lach. lyc. *Phos.* ran-b.k2 rhus-t. ruta
  - **Knochen**: euph.
  - **Rückseite**: *Helon.* **Pic-ac.**
- **Gesäß**: bar-c. bry. calc-p. coloc. lyc. mag-m. mang. **Merc.** mez. sep. stront-c. sulph.
  - **abends**, nach dem Hinlegen: sulph.
  - **Sitzen**, im: mang.
- **Gesäß**: ...
  - ○ **Rima** ani: arg-met. sep. thuj.
- **Hüfte**: *Ars.* arund.a1,k aur-m-n.a1,k bell. berb. *Carb-v.*a1,k cur. *Euph.* gels. hell.a1,k iod. *Kali-c.* kali-n.a1,k kreos. lith-c. mag-m.a1,k nicc.a1,k rhus-t.a1,k tarent.a1,k valer. *Zinc.*
  - **mittags**: nicc.a1,k
    - **Kratzen**, nach: nicc.
  - **nachmittags**: mag-m.a1,k
  - **abends**: mag-m.a1,k nicc.a1,k
    - **Hinlegen**, nach dem: mag-m.
    - **Kratzen**, nach: mag-m. nicc.
  - **nachts**: bell. *Euph.* mag-m.a1,k
  - **Bewegung** amel.: kali-c.h
  - **juckend**: lith-c.
  - **Menses**:
    - **vor**: *Kali-c.*
    - **während**: med.
  - **Prickeln**, Kribbeln: caust.h
  - **Ruhe**, in der: kali-n.
  - **Stellen**, an einzelnen: rhus-t.a1,k
  - ▽ **erstreckt** sich zu:
    - **Ferse**: arund.
    - **Schulter**: mag-c.h
  - ○ **äußerlich**: aur-m-n.a1,k carb-v.a1,k
  - **Gelenk**: iris kali-n. nux-v.
    - **reißend**: kali-n.
  - **Gesäßmuskeln**: agar.a1,k euphr.a1,k
    - **rechts**: euphr.a1,k
- **Oberschenkel**: agar. alum. am-c. androc.srj1 *Apis* arg-met. *Ars.* arund. aur-m-n. *Berb.* borx. bov. carb-an. carb-v. carbn-s. clem. coloc. con. crot-c. crot-t. dulc. eup-per. *Euph.* grat. kali-i. lachn. laur. *Lyc.* *Manc.* merc. *Mez.* mur-ac. nat-c. olnd. ph-ac. *Phos.* plb. psor. rhod. rhus-t. sul-ac. *Sulph.* tab. til. *Zinc.* zinc-p.k2
  - **nachts**, im Bett: carb-v. *Euph.* graph.h
  - **Aufstehen** vom Sitzen; beim: chin.h
  - **Band** um: borx.
  - **Berührung** agg.: androc.srj1 borx.h phos.
  - **Gehen**, beim: coloc. ~~ph-ac.kl,xxx~~
    - **amel.**: ph-ac.h
  - **Husten** agg.: borx.h
  - **kalt**; jedoch sind sie: ph-ac.
  - **Kratzen**:
    - **amel.**: alum.
    - **nach**: grat. mag-m.h plan.
  - **Reiben**: sulph.
    - **amel.**: phos.h
  - **Sitzen**, im: asaf. grat. phos.h
  - **Stehen**, beim: ph-ac.h,k,*
  - ▽ **erstreckt** sich zu den Knöcheln: apis arund.
  - ○ **Außenseite**: zinc.h
  - **Genitalien**, nahe den:
    - **männlichen**, nahe den: bar-c. crot-t. ferr-ma. rhus-t.h
    - **weiblichen**, nahe den: borx. kreos. laur. sulph.
  - **Innenseite**: agar. bry. cocc. *Lachn.* *Lyc.* mez. sars. sulph.
    - **abends**: agar. bry.
    - **Berührung**, bei: *Lyc.*

- **Oberschenkel - Innenseite**: ...
  - **Gehen**, beim: agar. *Lyc.*
  - **Menses**, während: sars.
  - **Reiben**; nach: samb.
    - **amel.**: sulph.h
  - ○ **oben**: rutah
  - **Oberschenkelbeuge**: bar-c. mag-m.h mang.h nat-c.h2 nat-s.
    - **abends**: nat-s.
    - **Gehen**, beim: nat-s.
    - **Sitzen**, im: bar-c.
  - **Rückseite**: agar. mag-m.h mez.h ph-ac. staph.h
  - **Vorderseite**: chin.h
- **Knie**: am-c. anac. apis *Arg-met.* arund. asaf. bar-c. bell. berb. brom. bry. cann-s. carb-v. **Chel.** fl-ac. kali-n. lach. lachn. lyc. *Mur-ac.* nat-s.k2 nit-ac. petr. ph-ac. phos. plat. plb. *Rhus-t.* sabad. stann. stront-c. sul-ac. sulph. tab. tarax. tarent. tep. thuj.
  - **morgens**: phos.
  - **nachmittags**: lyc.
  - **Gehen**:
    - **amel.**: phos.
    - **beim**: stram.
  - **stechend**, fein: bell.
  - **Treppensteigen**, beim: sulph.
  - ○ **Kniekehle**: am-c.h,k,* ars-h. *Bar-c.* berb.a1,k castor-eq. *Chel.* grat.a1,k indg. *Iod.* lith-c. petr.a1,k sul-ac.a1,k sulph. thuj.a1,k
    - **nachts**, im Bett: bell. chin.h,k,* *Sep.*
    - **Aufstehen** vom Sitzen: chin.h
    - **Gehen** amel.: grat.a1,k
    - **kalte** Hände agg.: am-c.h,k,*
    - **Sitzen**, im: bar-c. grat.a1,k
    - **warm**, wenn: chin.h,k,*
    - **Wundheit**, bei: bar-c.
    - ▽ **erstreckt** sich die Rückseite des Unterschenkels nach unten: *Bar-c.*
  - **Kniescheibe**: bar-c. lachn.c1 tarax. thuj.h
- **Unterschenkel**: *Agar.*a1,k alum. anac. *Apis* **Ars.** *Asaf.*a1,k bapt. bell. berb.a1,k borx. bov.a1,k calc.a1,k castor-eq. caust. chel.a1,k coc-c.a1,k con. crot-h.a1,k dig. hyos.a1,k jug-r.a1,k *Kali-bi.*a1,k kali-br.a1,k *Kali-c.* *Led.* lyc. mang.h merc-c.a1,k merl.a1,k mez.a1,k nat-c. *Nat-s.* pall.a1,k *Petr.* *Pic-ac.* prun.a1,k psil.ft1 rhus-t. *Sep.* staph.h stront-c. *Sulph.*a1,k tarax. tarent.a1,k tep.a1,k thuj. *Zinc.*a1,k
  - **rechts**: *Agar.*a1,k
  - **morgens**: agar.a1,k nat-s. sulph.a1,k
    - **Körperübungen**, nach: sulph.
  - **nachmittags**, im Sitzen: sulph.a1,k
  - **abends**: agar.a1,k *Nat-s.* sang.a1,k seneg.a1,k sulph.a1,k
  - **nachts**: sep.
  - **Aufstehen**, beim: sulph.a1,k
  - **Berührung** agg.: borx.k1 bov.a1,k1,* con.
  - **Funken**; wie durch: anac.
  - **Herunterhängenlassen**, beim: graph.h
  - **Kratzen**, beim: chel.h corn.a1,k iris-foe. seneg.a1,k sulph.a1,k
  - **Mittagessen**, nach dem: agar.a1,k
  - **Strecken** des Beines agg.: berb.
- **Unterschenkel**: ...
  - **warmen** Bett, im: sep.
  - ○ **Schienbein**: agar.a1,k ang.h arg-met.h arn. bamb-a.stb2 bry. *Caust.* *Kali-bi.* lach.a1,k *Mag-c.*a1,k ph-ac. rhus-t.h sabad.a1,k tarax.h verat.h **Zinc.**a1,k,*
    - **rechts**: bamb-a.stb2
    - **nachts**: *Caust.* *Ph-ac.*
    - **erscheinend**; plötzlich:
      - **verschwindend**; und plötzlich: bamb-a.stb2
    - **Stelle**, an einer einzelnen: *Mag-c.*a1,k
  - **Wade**: agar. alum. am-c. aur. dig. eupi. mang.h mez. plb. ran-s. rhus-t. sars. sulph. tarax.h tarent. zinc.h
    - **rechts**: *Agar.*
    - **abends**: alum.h sulph.h
    - **Gehen** im Freien; beim: mez.
- **Knöchel**: agar. berb. euph. kali-bi.k2 kreos. laur. manc. nat-c. nit-ac.h plat. *Puls.* sulph. verat.h *Zinc.*
  - **abends**: sulph.
  - **Gehen**, beim: agar.
  - **Reiben** agg.: sulph.
  - ▽ **erstreckt** sich zu:
    - **Zehen**; über die Fußsohlen zu den: kreos.
  - ○ **Außenseite**: all-c. ang.
  - **äußerer**: kali-n.h
    - **Stehen**, beim: ruta
  - **Ferse**; über der: agar.
  - **Knochen**: ruta
  - **Malleolus**:
    - ○ **innerer**: berb. laur. spig.h zinc.
      - ○ **hinter** dem inneren Knöchel: rheumh
  - **oben** am: *Puls.*
  - **über** dem: meny.h nit-ac.bg1
- **Füße**: agar. alum-sil.k2 *Am-c.* anac. ant-c. apisc2,k *Arn.* *Ars.* ars-s-f.k2 aster. aur-m. *Berb.* borx.h bry. *Calc.* *Calc-s.* cann-s. caps. *Carbn-s.* *Caust.* cham. chel. chin. chinin-ar. *Cocc.* coloc. colocin.c2 con. corn.a1,k croc. dulc. eup-per. fago. *Graph.* *Hep.* hyos. kali-ar. *Kali-c.* kali-i. kali-p. *Kali-s.* kreos. *Lach.* lachn. led. lil-t. *Lyc.* **Med.** *Merc.* merl. *Mez.* nat-ar. *Nat-c.* *Nat-m.* *Nat-s.* *Nit-ac.* ox-ac. petr. *Ph-ac.* *Phos.* phyt. plan. *Puls.* rat. rhus-t. rhus-v. sabin.k2 sang. *Sec.*c2,k *Sep.* *Sil.*c2,k *Spig.* squil. *Stann.* *Staph.* *Stram.* stront-c. **Sulph.**c2,k tarax. thuj. vesp. *Zinc.* zinc-p.k2 zing.
  - **links**: borx.bg1 cham.bg1 coloc.bg1 hurabg1 sang.bg1
  - **rechts**: mez.bg1 sulph.bg1
  - **morgens** im Bett: hep.a1,k *Nat-s.*
  - **mittags**: am-c.a1,k hura
    - **links**, bei Kälte des rechten: hura
  - **abends**: calc.a1,k *Nat-s.* sang.a1,k *Sulph.*a1,k
    - **Bett**, im: calc. hep. merc. stront-c. **Sulph.**
  - **nachts**: ars-met. coloc. lac-c. *Nat-c.* *Sep.*a1,k sil.a1,k **Sulph.**
    - **Bett**, im: nat-p.a1,k **Sulph.**
      - **Menses**, während: nat-p.
    - **Schlaf**, im: ars-met.
  - **Berührung** agg.: borx.

- **Füße**: ...
  - **Bettwärme**; durch: agar.$_{a1,k}$ calc. merc. stront-c. **Sulph.**
  - **entblößt** ihn: androc.$_{srj1}$ sulph.$_{h}$
  - **Gehen**:
    - **beim**: carb-an.$_{a1,k}$ *Nat-c.*$_{a1,k}$ nat-m.$_{a1,k}$ phyt.
    - **nach**: kali-c.$_{a1,k}$ puls.$_{h}$
  - **Klimakterium**, im: sang.
  - **Schweiß**, mit: *Sil.*
  - ○ **Ferse**: ant-c.$_{c1}$ arg-met. arund. carl. *Cycl.* eupi. fago. *Graph. Ign. Kali-n.* puls. raph. rhus-t. sep. sul-ac. tep. verat. vip. zinc.
    - **links**: psil.$_{ft1}$
    - **morgens**: eupi.
      - **Bett**, im: fago. *Graph.*
    - **nachts**:
      - **Bett**, im: kali-n.
    - **Auftreten**, beim: con.$_{h}$ zinc.$_{h}$
    - **Gehen**, beim: cycl.$_{h}$ zinc.$_{h}$
    - ▽ **erstreckt** sich zur Zunge: vip.
  - **Fußballen**: mez.$_{h}$ squil.$_{h}$
  - **Fußrücken**: agar. alum.$_{h}$ bamb-a.$_{stb2}$ bapt. berb. calc. canth. chin. hep. ign. lyc.$_{h}$ mag-m. manc. **Puls.** rhus-t. sil. spig. stram. *Sulph.* tarax. thuj.
    - **morgens** im Bett: hep.
    - **mittags**: bamb-a.$_{stb2}$
    - **abends**: agar.
  - **Fußsohle**: aesc. ail. all-s. aloe alum. alum-p.$_{k2}$ alum-sil.$_{k2}$ am-c. *Ambr. Anac.* ars. ars-s-f. ars-s-r. arum-d. aur-m. bar-c. bell. berb. bov. **Calc.** *Calc-s.* calc-sil.$_{k2}$ *Canth. Carb-v. Carbn-s. Caust. Cham.* chel. clem. coc-c. *Cocc. Coloc.* con.$_{h}$ cop. croc. crot-h. crot-t. *Cupr.* dulc. eup-per. fl-ac. *Graph.* guare. hep. hydrog.$_{srj2}$ jal. kali-ar. kali-bi. kali-c. kali-m.$_{k2}$ kali-n. kali-p. *Kali-s.* kali-sil.$_{k2}$ kreos. lac-c. *Lach. Lachn. Lil-t.* **Lyc.** mag-c. *Mag-m. Manc. Mang.* med. merc. merl. mur-ac. myric. nat-ar. *Nat-c.* nat-m. nat-p. *Nat-s.* nux-v. ox-ac. petr. *Ph-ac. Phos.* phyt. *Plb. Puls. Sang.* sanic. sec. sep. *Sil.* squil. stann. *Sul-i.* **Sulph.** tab. tarax. tarent.$_{k2}$ tep. *Zinc.* zinc-p.$_{k2}$
    - **links**: am-c.$_{bg1}$ bov.$_{bg1}$
    - **rechts**: camph.$_{bg1,st}$ crot-h.$_{bg1,st}$ crot-t.$_{bg1,st}$ fl-ac.$_{bg1,st}$ led.$_{bg1,st}$ sil.$_{bg1,st}$ tarax.$_{bg1,st}$
    - **morgens**: ph-ac. phyt. zinc.
      - **Bett**, im: hep. nicc-s.$_{bro1}$
    - **nachmittags**: gels. ol-an.
    - **abends**: berb. **Lach.** lyc. mag-m. merc. nat-c. ph-ac.$_{h}$ *Phos.* sulph.$_{h}$ zinc.
      - **Kratzen**, nach: am-c.
    - **nachts**: aloe bar-c. *Calc.* **Cham.** fl-ac. **Lach.** lyc. mag-m. nat-s. petr. *Ph-ac. Sang.* sil. **Sulph.**
      - **Aufsetzen** auf den Fußboden; beim: mur-ac.
      - **Handflächen** und Fußsohlen: *Lach.*
    - **Aufsetzen** des Fußes auf den Fußboden agg.: mur-ac.$_{h}$
    - **Bett**, im: canth. **Cham.** hep. mag-m.$_{k2}$ *Ph-ac. Plb. Sang.* **Sulph.**

- **Füße - Fußsohle - Bett**, im: ...
  - **amel.**: nat-c.
    - **Herausstrecken**; nicht amel. durch: hydrog.$_{srj2}$
  - **Essen**, nach dem: sil.
  - **Gehen**:
    - **amel.**: ol-an.
    - **beim**: carb-v. coc-c. graph. kali-c. lyc. *Nat-c.* **Sulph.**
    - **Freien**, im: hep.
    - **Sitzen**, nach langem: **Sulph.**
  - **kalt**, bei Berührung: *Sulph.*
  - **Liegen** agg.: hydrog.$_{srj2}$
  - **Menses**, während: carb-v. petr.
  - **Migräne**, mit: *Sang.*
  - **Reiben** amel.: kali-n.$_{h}$
  - **Sitzen**:
    - **agg.**: anac. carb-v. hydrog.$_{srj2}$ lyc. mur-ac. tarax.$_{h}$
  - **Sommer**, im: vesp.
  - **Stehen**, nach: carb-v. merc. sul-i.
- **Gelenke**: carbn-s.$_{k2}$
- **Knochen**: *Ruta*
- **zwischen** den Zehen: *Nat-c.*
- **Zehen**: aesc. *Agar.* alum. ant-c. **Apis** arn. ars. arund. *Asaf.* aur. aur-ar.$_{k2}$ *Aur-m. Berb. Borx.* calad. calc. carb-an. caust. *Con.* dulc. *Ferr-p.* fl-ac. *Hep.* ind. *Kali-c.* kali-p. lith-c. *Lyc.* merc. mez. mosch. mur-ac. nat-c. nit-ac. nux-v. paeon. ph-ac. phos. plat. *Puls.* sabin. sec. *Staph. Tarax.* thuj.
  - **tagsüber**: ind.
  - **nachts**: plat.
  - **anfallsweise**: *Tarax.*
  - **erfroren**, vor kurzem: agar. carl. phos.$_{h}$
  - **erfroren**, wie: borx.$_{h}$
  - **Gehen**, beim: phos.
  - **intermittierend**: dulc.$_{h}$
  - **kalten** Füßen, mit: apis
  - **Naßwerden** der Füße; nach: nit-ac.
  - **stechend**: dulc.$_{h}$
  - **warmen** Bett agg.; im: nux-v.
  - ○ **Gelenke**: berb.
  - **Nagelwurzel**: *Asaf.*$_{k,k1}$
  - **unter** den: alum.$_{h}$ con.$_{h}$
  - **Zehenspitzen**: *Mur-ac.* sars.
  - **große** Zehe: aesc. am-c. ant-c. ars. benz-ac. borx. *Cimic. Colch.* con. form. lachn. ph-ac. plat.$_{h}$ *Ran-s.* ruta$_{h}$ verat. viol-t.$_{h,k,*}$
    - **links**: aesc. lachn.
    - **rechts**: ant-c. *Cimic.* con. *Ran-s.* verat.
    - **morgens** im Bett: ars.
    - **nachts**: form.
    - **drückend**: viol-t.$_{h,k,*}$
    - **Erfrierung**, wie nach: zinc.$_{h}$
    - **Gehen**, beim: borx. brach.
    - ○ **Gelenke**: *Cimic.* ph-ac.
    - **Zehenballen**: ant-c. *Caust. Kali-c.* zinc.$_{h}$
    - **Zehennagel**, unter dem: calc.$_{h}$ *Nit-ac.*
      - **links**: lachn.$_{c1}$
    - **Zehenspitze**: calc. con. mez.$_{h}$ olnd. staph.$_{h}$
  - **zweite** Zehe, Zehenballen: puls.$_{h}$

• **Zehen**: ...
• **fünfte** Zehe: androc.$_{srj1}$ ars. carb-an. meph. staph. til.
• **Gehen**, beim: nat-c.$_{kl}$
• **nachmittags**: ~~nat-c.$_{kl,xxx}$~~
○ **Zehenballen**: puls.$_{h}$
– **drückend**: agar.$_{a1,k}$ alum-sil.$_{k2}$ arund. *Asaf.* bar-c. bell. *Carb-v.* card-m.$_{k2}$ chin. dig. digin.$_{a1}$ dros.$_{a1,k}$ *Gels.* guare.$_{a1,k}$ kali-c.$_{a1,k}$ *Led.* *Nat-m.* nux-m.$_{a1,k}$ olnd.$_{a1,k}$ petr.$_{a1,k}$ phyt. rhus-t.$_{k2}$ ruta spig. thuj.$_{a1,k}$
• **Bewegung** amel.: rhus-t.$_{k2}$
• **Erwachen**, beim: *Bar-c.*
• **Gehen** im Freien, nach: *Chin.*
• **krampfartig**: dros.
• **rheumatisch**: *Merc.*
• **wandernd**: agar.$_{a1,k}$ kali-c. nux-m.$_{a1,k}$
• **ziehend**: sulph.$_{h}$ thuj.$_{a1,k}$
• **zusammenschnürend**: arund.$_{h,k}$ *Chin.*$_{h,k}$
○ **Beugemuskeln**: arn. cic. *Dros.*
• **Gelenke**: agn.$_{bg2,k}$ *Alum.*$_{bg2,k,*}$ anac.$_{bg2}$ asaf.$_{bg2}$ asar.$_{bg2}$ bar-c.$_{bg2}$ bell.$_{bg2}$ calc.$_{bg2,k,*}$ camph.$_{bg2}$ carb-an.$_{bg2,h}$ caust.$_{bg2}$ cham.$_{bg2}$ chel.$_{bg2}$ chin.$_{bg2,k,*}$ clem.$_{bg2,k}$ colch.$_{bg2}$ coloc.$_{a1,k}$ dulc.$_{bg2}$ graph.$_{bg2}$ hep.$_{bg2}$ hyos.$_{bg2}$ ign.$_{bg2}$ iod.$_{bg2}$ *Kali-c.*$_{bg2,k,*}$ *Led.*$_{bg2,k,*}$ lyc.$_{h,j5}$ meny.$_{bg2}$ merc.$_{bg2}$ mez.$_{bg2}$ mosch.$_{bg2}$ nat-s.$_{a1,k}$ nit-ac.$_{bg2,j5}$ nit-s-d.$_{a1}$ nux-v.$_{bg2}$ par.$_{a1,k}$ petr.$_{bg2}$ rhus-t.$_{bg2}$ sabad.$_{bg2}$ sabin.$_{bg2}$ sep.$_{bg2}$ sil.$_{bg2}$ spong.$_{bg2}$ stann.$_{bg2}$ staph.$_{bg2}$ sulph.$_{bg2}$ tarax.$_{bg2}$ thuj.$_{bg2}$ viol-o.$_{bg2}$ viol-t.$_{bg2}$ zinc.$_{bg2}$
• **Bewegung**:
• **agg.**: led.$_{a1,k}$
• **amel.**: *Kali-c.*
• **reißend**: led.
• **Knochen**: *Alum.* coloc. kali-c.
• **Arme**: *Anac.* arg-met. arg-n.$_{a1}$ asaf.$_{a1}$ asar. bell. berb. bism. calc. camph. carb-v.$_{a1,k}$ *Caust.* cham. clem. coloc.$_{a1,k}$ *Cycl.* dig. dros.$_{h}$ *Dulc.* *Fl-ac.*$_{a1,k}$ ind.$_{a1,k}$ iod. kali-c. *Kalm.*$_{a1,k}$ lach.$_{a1,k}$ led.$_{a1,k}$ lil-t.$_{a1,k}$ lyc. manc.$_{a1,k}$ mur-ac. nat-s.$_{a1,k}$ nit-ac.$_{a1,k}$ nit-s-d.$_{a1}$ petr.$_{a1,k}$ phos.$_{a1,k}$ puls. sars. sil. stann. staph.$_{a1,k}$ sul-i.$_{k2}$ *Sulph.*$_{a1,k}$ tarent. thuj.$_{a1,k}$
• **links**: **Kalm.**$_{a1,k}$ sil.$_{h}$
• **rechts**: *Caust.* *Cycl.* nit-ac.$_{h}$
• **vormittags**: tarent.
• **nachmittags**: thuj.$_{a1,k}$
• **abends**: fl-ac.$_{a1,k}$
• **nachts**: *Dulc.* merc.
• **außen**, nach: lil-t.$_{a1,k}$ thuj.$_{h}$
• **Berührung** agg.: staph.$_{a1,h}$
• **Bewegung**, bei:
• **agg.**: led.$_{h}$ staph.$_{a1,k}$ sulph.
• **amel.**: camph. dulc.
• **Armes**, des: dig.$_{h}$
• **Heben** des Armes; beim: sulph.$_{a1,k}$
• **Husten**, beim: dig.
• **innen**, nach: lach.$_{a1,k}$
• **krampfartig**: dros.$_{h}$ petr.
• **lähmungsartig**: cham. coloc.$_{a1,k}$ staph.
• **Liegen**, beim: iod.
• **reißend**: asar.$_{h}$ led.$_{a1,k}$
• **rheumatisch**: dulc.

– **drückend - Arme**: ...
• **Stellen**, an einzelnen: nux-m.$_{a1}$ nux-v.
• **Strecken** des Armes; beim: sulph.$_{a1,k}$
• **ziehend**: thuj.$_{a1,k}$
○ **Gelenke**: anac. calc. cham.$_{h}$ kali-c. mez. nit-ac. sep. sulph. zinc.
• **Innenseite**: tarax.$_{h}$
• **Knochen**: *Anac.* cham.$_{h}$ *Coloc.* con. kali-c. *Mez.* phos. sil.$_{h}$ thuj.
• **Bewegung** amel.: coloc.
• **Schulter**: acon.$_{a1,k}$ aloe am-c.$_{a1,k}$ am-m. ammc.$_{a1,k}$ *Anac.* ang.$_{a1,k}$ *Arg-met.* arg-n.$_{a1,k}$ arum-t. astac.$_{a1}$ aur-m-n.$_{a1,k}$ bamb-a.$_{stb2}$ *Bell.* bism.$_{h}$ borx. bov. brom.$_{a1,k}$ *Bry.*$_{a1,k}$ calc.$_{a1,k}$ camph.$_{a1,k}$ carb-an. card-m. casc.$_{a1}$ **Caust.**$_{a1,k}$ chel.$_{a1,k}$ clem.$_{a1,k}$ coloc.$_{a1,k}$ cop. cor-r. crot-t. dig. digin.$_{a1}$ fl-ac.$_{a1,k}$ *Hell.*$_{a1,k}$ hydr. hyper. ind.$_{a1,k}$ kali-bi. kali-c.$_{a1,k}$ kali-m.$_{k2}$ kali-n.$_{a1,k}$ kali-p. kalm.$_{a1,k}$ lach.$_{a1,k}$ *Laur.*$_{a1,k}$ **Led.**$_{h,k,*}$ *Lyc.* mag-c.$_{a1,k}$ mag-m. merc. mez.$_{a1,k}$ mur-ac.$_{a1,k}$ *Nat-c.* nat-m. nat-p. *Nat-s.*$_{a1,k}$ *Nit-ac.* nit-s-d.$_{a1}$ nux-m. olnd.$_{a1,k}$ petr.$_{a1,k}$ ph-ac.$_{a1,k}$ phos.$_{a1,k}$ plat.$_{h}$ prun. puls.$_{a1,k}$ *Ran-b.*$_{a1,k}$ *Rhus-t.*$_{a1,k}$ sabad.$_{a1,k}$ **Sep.** sil. stann. *Staph.*$_{a1,k}$ stront-c. **Sulph.** thuj.$_{a1,k}$ verat.$_{a1,k}$ verb. zinc.$_{a1,k}$
• **links**: anac.$_{h}$ bamb-a.$_{stb2}$ bell. staph.$_{h}$ sul-ac.$_{h}$
• **dann**:
• **rechts**: bamb-a.$_{stb2}$
• **rechts**: apis bamb-a.$_{stb2}$ casc.$_{a1}$ laur. ph-ac.$_{h}$ prun. sil.$_{h}$
• **morgens**: *Phos.*$_{a1,k}$ staph.$_{h}$
• **vormittags**, 10 h: kalm.
• **abends**: chel.$_{a1,k}$ fl-ac.$_{a1,k}$ nat-s.$_{a1,k}$
• **Sitzen**, im: mez.$_{a1,k}$ *Rhus-t.*
• **nachts**: cop.$_{a1,k}$ sep.$_{a1,k}$ spira.$_{a1}$
• **Abkühlung**, Kaltwerden durch Entblößen; durch: sil.$_{h}$
• **Bewegung**, bei: staph.$_{h}$
• **amel.**: verb.$_{h}$
• **Armes**, des: chel. dig.$_{h}$ kali-bi. led.
• **amel.**: calc.
• **Drücken** amel.: nat-c.$_{a1,k}$
• **Einatmen**, beim: kali-c.$_{h}$
• **Erwachen**, beim: zinc.$_{a1,k}$
• **Gehen**:
• **beim**: aur-m-n.$_{a1,k}$ hydr.$_{a1,k}$ *Led.* nat-s.$_{a1,k}$ staph.$_{h}$ sulph.$_{a1,k}$
• **Sitzen**, nach dem: ran-b.
• **Heben** des Armes; beim: kali-bi. sep.$_{h}$
• **Heben** einer Last; beim: coloc. ind. sep.$_{h}$ staph.
• **Husten**, beim: dig.
• **intermittierend**: sul-ac.$_{h}$
• **reißend**: *Led.* zinc.$_{a1,k}$
• **zittrig**: sul-ac.$_{h}$
▽ **erstreckt** sich zu:
• **Ellbogen**: sil.$_{h}$
• **Hand**: sil.$_{h}$
• **Oberarm**: acon.$_{a1,k}$ *Agn.*$_{a1,k}$ **Anac.**$_{a1,k}$ asaf.$_{a1,k}$ **Aur.**$_{a1,k}$ aur-m-n.$_{a1,k}$ **Bell.**$_{a1,k}$ berb.$_{a1,k}$ bism.$_{a1,k}$ bry.$_{a1,k}$ *Calc.* camph. carbn-s. *Caust.* chel.$_{a1,k}$ cic.$_{a1,k}$ clem.$_{a1,k}$ colch. coloc.$_{a1,k}$ con.$_{a1,k}$

- **Oberarm**: ...
  crot-t.al,k cupr. *Cycl.*al,k euph. fl-ac.al,k gins.al,k hell.al,k indg.al,k jatr-c. kalm.al,k *Led.*al,k **Mez.**al,k mosch. mur-ac. nat-s.al,k nit-s-d.al nux-m.al,k petr.al,k ph-ac. *Sabin.* sars. **Stann.**al,k *Staph.*al,k teucr.al,k zinc.al,k
  - **links**: *Asaf.* carbn-s. tarax.h
  - **rechts**: *Cycl.*
  - **morgens**: con.h fl-ac. mez.al,k
    - **Bett**, im: euph.h
    - **Erwachen**, beim: euph. mez.al,k
  - **abends**: anac.h
    - **Bett**, im: staph.h
  - **Anlehnen** auf den; beim: am-m.h carbn-s.
  - **Berührung**, bei: *Agn.*al,k arg-met.h ph-ac.h sabin. spig.h *Staph.*al,k
  - **Bewegung**, bei:
    - **agg.**: agn.hrl ang. berb. *Colch.*al,k fl-ac.al,k led. *Sabin. Staph.*
    - **amel.**: aur-m.h aur-m-n.
    - **Beginn** der Bewegung; zu: mez.
  - **Gehen**, beim:
    - **Freien**, im: anac.h
      - **amel.**: thuj.
  - **grabend**: clem.al,k
  - **intermittierend**: anac.h asaf.al,k led.al,k
  - **krampfartig**: anac.h asaf.
  - **lähmungsartig**: **Bell.**al,k bism.al,k chel.al,k mez.h ph-ac.h staph.al,k
  - **Menses**, während: berb.
  - **reißend**: arg-met.h aur.al,k bell.h camph.h led.h stann.h thuj.al,k
  - **Sitzen**, beim: anac.h
    - **amel.**: cycl. jal.
  - **verdreht**, wie: clem.al,k
  - **zusammenschnürend**: coloc.al,k
  - ▽ **erstreckt** sich zu:
    - **Ellbogen**: fl-ac.al,k mez.al,k
    - **Hals**, während den Menses: berb.
  - ○ **Deltoid**: staph.h sulph.h
  - **Innenseite**: spig.h stann.h
  - **Knochen**, im: *Anac.*al,k ang.h bry.al,k con.h mez.h stann.h
  - **Rückseite**: acon.al,k aur.al,k camph.h stann.h
  - **Vorderseite**: bell.h
- **Ellbogen**: acon.al,k agar.al,k agn.al,k ang.al,k aur-m-n.al,k camph.al,k *Caust.* clem.al,k coc-c. coloc.al,k cop.al,k dig.al,k digin.al gins.al,k graph.al,k hell.al,k hep. indg.al,k iod.al,k *Led.*al,k lyc.h mang.h mez.al,k nat-s.al,k nit-s-d.al rat. ruta *Sars.* spong. ter.al,k tong.al verat.al,k verb.h zinc.al,k
  - **abends**: cop.al,k
  - **Anlehnen** auf den; beim: camph.al,k
  - **Bewegung**: agn.al,k led.al,k sulph.al,k
    - **amel.**: aur-m-n.al,k bism. mez.al,k
  - **Gehen**, beim: ang.h
    - **nach**: acon.al,k
    - **amel.**: gins.
    - **Freien**, im: anac.
  - **Herunterhängenlassen** des Armes; beim: ang.h
- **Ellbogen**: ...
  - **lähmungsartig**: graph.h
  - **Mittagsschlaf**, nach dem: graph.al,k
  - **prickelnd**, kribbelnd: verat.al,k
  - **rheumatisch**: zinc.al,k
  - **Sitzen**, beim: gins.al,k
  - **Strecken** des Armes; beim: ruta
  - **Wärme** amel.: *Caust.*
  - ▽ **erstreckt** sich zu:
    - **Hand**: camph.h
    - **Unterarm**: aur-m-n. verb.h
  - ○ **Ellbogenbeuge**: anac.al,k arg-met.h aur-m-n.al,k carb-an.h clem.h hyos.al,k iod.al,k rat. sep.h
    - **Ausstrecken**, beim:
      - **Armes** amel.; des: rat.
      - **Oberarm**: clem.al,h
    - **Gehen**, beim: aur-m-n.al,k
  - **Ellbogenhöcker**: hep.h
- **Unterarm**: agar.al,k am-m.al,k *Anac.*al,k ant-c.al,k arg-met. asaf.al,k **Aur.**al,k aur-m-n.al,k *Bell.*al,k berb.al,k bism.h,k,* brom. bry.al,k calc. camph.al,k clem.al,k cocc.al,k coloc.al,k con.al,k crot-t. *Cycl.*al,k dig.al,k ferr-ma.al,k fl-ac.al,k gins.al,k graph.al,k hell.al,k hep. hyper.al,k indg.al,k jatr-c. *Led.*al,k lil-t. lyc.al,k **Mang.**al,k meny.al,k *Merc. Merl.*al,k mez.al,k mosch.al,k mur-ac. nat-s.al,k nit-s-d.al *Olnd.*al,k osm. ph-ac. *Plat.* prun.al,k puls.al,k rhod. ruta sabin. *Sars.* sep.al,k spig.h spong.h stann.al,k *Staph.*al,k stront-c. tarax.al,k tong.al *Verat.*al,k verb.
  - **links**: carbn-s.k2
  - **rechts**: *Cycl.*
  - **morgens**: bry.al,k
  - **abends**: fl-ac.al,k
  - **anfallsweise**: arg-met.
  - **Anlehnen** auf den Unterarm; beim: carbn-s.k2
  - **Berührung**, bei: anac.h staph.h
    - **amel.**: bism. meny. *Staph.*
  - **Bett**, im: am-m.al,k
  - **Bewegung**:
    - **bei**: anac.al,k led.al,k *Staph.*
    - **amel.**: am-m. aur-m-n.al,k *Bism.*h,k,* camph.al,k cocc.al,k
  - **Gehen**, beim: calc.h
  - **Greifen** von etwas agg.: prun.al,k
  - **krampfartig**: *Anac.* arg-met.h meny.h plat.h
  - **lähmungsartig**: bell.h bism.h *Cycl.* graph.al,k ruta.h staph.
  - **Liegen**, beim: am-m.al,k aur-m-n.al,k
  - **Mittagsschlaf**, nach dem: graph.h
  - **Schreiben**, beim: am-m. anac. *Cycl.*
  - **Sitzen**, im: aur-m-n.al,k
  - ▽ **erstreckt** sich zu den Fingern: con.al,k *Cycl.*al,k
  - ○ **Elle**: sars.h
  - **Flexoren**: plat.h
  - **Innenseite**: camph.h mang.h tarax.h
  - **Rückseite**: petr.h
  - **Speiche**: camph.h phos.h
  - **Ulnarseite**: hyper.pd

- **Handgelenk**: aloe ang.$_{a1,k}$ arg-met. arg-n.$_{a1,k}$ aur.$_{a1,k}$ aur-m-n.$_{a1,k}$ bell. berb. *Bism.*$_{a1,k}$ brom.$_{a1,k}$ calc-p. camph. cann-i.$_{a1,k}$ card-m. coloc.$_{a1,k}$ dig. digin.$_{a1}$ *Guaj.* hell.$_{a1,k}$ hep. jatr-c. *Led.*$_{a1,k}$ lil-t.$_{a1,k}$ meny.$_{a1,k}$ *Mez.*$_{a1,k}$ nat-s.$_{a1,k}$ nit-ac. nit-s-d.$_{a1}$ *Sars. Spig.* stann. thuj.$_{a1}$ viol-o.$_{a1,k}$
  - **links**: camph.
  - **rechts**: ang.$_{h}$ led.$_{a1,h}$ nit-ac.$_{h}$
  - **abends**: ang.$_{h}$ led.$_{a1,k}$ nat-s.$_{a1,k}$
    - **Hinlegen**, nach dem: nat-s.
  - **auseinanderdrückend**: aloe
  - **Bewegung**:
    - **agg.**: ruta staph.$_{a1,k}$
    - **amel.**: aur-m-n.$_{a1,k}$
  - **Gehen**, beim: nat-s.$_{a1,k}$
  - **krampfartig**: bar-c.$_{h}$ meny.
  - **reißend**: bism.$_{h}$ ruta
  - **Schlummers**, während des: nit-ac.$_{h}$
  - **Sitzen**, im: aur-m-n. coloc.$_{a1,k}$ led.
  - **ziehend**: coloc.$_{a1,k}$ hyos.$_{h}$ spong. staph.
  - ○ **Ulnarseite**: zinc.$_{h}$
- **Hände**: anac. ang.$_{a1,k}$ arg-met. arg-n.$_{a1,k}$ arn.$_{a1,k}$ asaf.$_{a1,k}$ aur. bell. bry.$_{a1,k}$ carb-v. clem. coloc.$_{a1,k}$ cupr. cycl.$_{a1,k}$ dulc. fl-ac.$_{a1,k}$ hell.$_{a1,k}$ hep. kali-c. *Lach.*$_{a1,k}$ *Led.*$_{a1,k}$ lil-t.$_{a1,k}$ *Mang. Merc.*$_{a1,k}$ *Mez.*$_{a1,k}$ mur-ac. nat-m. nat-s.$_{a1,k}$ olnd.$_{a1,k}$ ph-ac. *Plat.* plb.$_{a1,k}$ puls.$_{a1,k}$ rhod. ruta sars. sil. stann. staph. thuj.$_{a1,k}$ verb. zinc.$_{a1,k}$
  - **auseinanderdrückend**: *Led.*$_{a1,k}$
  - **außen**, nach: lil-t.$_{a1,k}$
  - **Berührung** agg.: cupr.$_{h}$ staph.$_{h}$
  - **Bewegung** agg.: led.$_{h}$ staph.$_{h}$ verb.$_{h}$
  - **Gehen**, beim: nat-s.$_{a1,k}$
  - **innen**, nach: lach.$_{a1,k}$
  - **Schließen** der Hand; beim: merc.$_{a1,k}$
  - ○ **Gelenke**: ang.$_{a1,k}$ asaf.$_{a1,k}$ coloc.$_{a1,k}$ hell.$_{a1,k}$ kali-c.
    - **Bewegung** amel.: kali-c.
    - **Erwachen**, beim: asaf.$_{a1,k}$
  - **Handballen**: cupr.$_{h}$ zinc.$_{a1,k}$
  - **Handfläche**: asaf.$_{a1,k}$ olnd.$_{a1,k}$ plb.$_{a1,k}$
  - **Handrücken**: anac.$_{h}$ ang.$_{a1,k}$ arg-met. arg-n.$_{a1}$ arn.$_{a1,k}$ asaf.$_{a1,k}$ berb. carb-v.$_{h}$ cycl.$_{a1,k}$ ille.$_{c1}$ kali-c.$_{h}$ staph.$_{h}$ verb.$_{h}$
    - **abends**: ang.$_{a1,k}$
      - **rheumatisch**: ang.$_{a1,k}$
    - **Druck** agg.: ille.$_{c1}$
  - **Knochen**: arg-met.$_{h}$ aur.$_{h}$ sars.$_{h}$ staph.$_{h}$
  - **Ulnarseite**: led.$_{a1,k}$ nat-s.$_{a1,k}$ stann.$_{h}$
  - **zwischen** den Fingern: led.$_{a1,k}$ puls.$_{a1,k}$ thuj.$_{a1,k}$
- **Finger**: *Agar. Anac.* ang.$_{a1,k}$ arg-met. asaf.$_{a1,k}$ bell. bry.$_{a1,k}$ coloc.$_{a1,k}$ con.$_{a1,k}$ cycl. dig. digin.$_{a1}$ euph. euphr.$_{h}$ hell.$_{a1,k}$ *Led.*$_{a1,k}$ **Lyc.** merc. *Mez.*$_{a1,k}$ mur-ac. *Nat-s.*$_{a1,k}$ nit-s-d.$_{a1}$ nux-v.$_{a1,k}$ olnd.$_{a1,k}$ ph-ac. phos. *Plat.* rhod. ruta sabin. *Sars.* sep. stann. staph. sulph.$_{a1,k}$ tarax. verb. zinc.
  - **Bewegung**, bei: hyos.$_{h}$
  - **zerquetscht**, zermalmt; als würden die Knochen: olnd.
  - ○ **Fingernägel**: m-arct.$_{bg2}$
    - ○ **unter** den: caust.$_{h}$

- **Finger**: ...
  - **Gelenke**: arg-met. arn. asaf.$_{a1,k}$ coloc.$_{a1,k}$ con.$_{a1,k}$ hell.$_{a1,k}$ mez.$_{a1,k}$ nat-s.$_{a1,k}$ nit-s-d.$_{a1}$ *Sars.* spong.$_{h}$ stann.
    - **Bewegung** amel.: coloc.
    - ○ **Grundgelenk**: ruta$_{h}$
    - **Mittelgelenk**: ruta$_{h}$
  - **Zeigefinger**: chel.$_{a1,k}$ nat-s.$_{a1,k}$ tarax. zinc.$_{h}$
    - ○ **Gelenke**: nat-s.$_{a1,k}$
      - ○ **Endgelenk**: bell.$_{h}$
  - **Mittelfinger**: nat-s.$_{a1,k}$ tarax.
    - ○ **Gelenke**: nat-s.$_{a1,k}$ spong.
  - **Ringfinger**, Außenseite: thuj.$_{h}$
  - **kleiner** Finger: arg-n.$_{a1,k}$ aur.$_{a1,k}$ aur-m-n.$_{a1}$ led.$_{a1,k}$ nat-s.$_{a1,k}$ ph-ac.$_{h}$ ruta$_{h}$ tarax. thuj.$_{h}$
    - **Beugen** amel.: ph-ac.$_{h}$
    - **Bewegen** der Hand; beim: spig.$_{h}$
    - **Gehen**, beim: nat-s.$_{a1,k}$
    - **Ruhe**, in der: aur.$_{a1,k}$
    - **Sitzen**, im: arg-n.$_{a1,k}$
    - ○ **Fingerballen**: staph.$_{h}$ sulph.$_{h}$
    - **Fingerspitze**: spig.$_{h}$
    - **Gelenke**: ruta$_{h}$
- **Finger**; wie mit einem: carb-an.$_{h}$
- **Daumen**: arg-met.$_{h}$ bamb-a.$_{stb2}$ hell.$_{a1,k}$ nat-s.$_{a1,k}$ nit-s-d.$_{a1}$ phos. verb.
  - **rechts**:
    - **dann**:
      - **links**: bamb-a.$_{stb2}$
  - **nachts**: bamb-a.$_{stb2}$
  - ○ **Daumenballen**: agn.$_{a1}$ ang.$_{h}$ euph.$_{h}$ meny.$_{a1,k}$
  - **Gelenke**: asaf.$_{a1,k}$ aur.$_{a1,k}$ graph.$_{h}$ indg.$_{a1,k}$ *Led.*$_{a1,k}$ mez.$_{a1,k}$ nat-s.$_{a1,k}$
    - **morgens**: mez.$_{a1,k}$
    - **abends**: nat-s.$_{a1,k}$
    - **Ruhe**, in der: aur.$_{a1,k}$
  - **Innenseite**: asaf.$_{a1,k}$
- **Beine**: anac.$_{h}$ *Arg-met.* asaf.$_{a1,k}$ cic.$_{a1,k}$ cimic. cycl. dros.$_{a1,k}$ kalm. led. mez. nat-s. nit-s-d.$_{a1}$ *Olnd.* ph-ac. ran-s.$_{a1,k}$ *Rhod.*$_{a1,k}$ ruta *Sars. Stann. Staph.* sulph.$_{a1,k}$ *Verat.* zinc.
  - **links**: phos.$_{h}$
  - **abends**: nit-ac.$_{h}$
  - **nachts**: kali-n.$_{h}$
  - **Gehen**, beim: arg-n.$_{a1}$ asaf.
    - **amel.**: kali-n.$_{h}$
    - **nach**: anac.$_{h}$
  - **greifend**: *Stront-c.*
  - **krampfartig**: dros.
  - **Sitzen**, im: *Arg-met.*
  - **ziehend**: ran-s.$_{a1,k}$
  - ▽ **erstreckt** sich nach unten: nit-ac.$_{h}$ rhod.$_{a1,k}$
  - ○ **Gelenke**: bar-c. naja sep. stront-c.
  - **Knochen**: con. *Guaj.* kali-c. kali-n.
- **Gesäß**: chin.$_{a1}$ cupr.$_{h}$ iod.$_{a1,k}$ lyc.$_{h}$ mill.$_{a1,k}$ sars.$_{h}$ sep.$_{a1,k}$ zinc.$_{h}$
  - **vormittags**: mill.$_{a1,k}$
  - **Gehen**, beim: mill.$_{a1,k}$
  - **Pflock**; wie durch einen: *Anac.*
  - **pulsierend**: chin.$_{h}$
  - **Sitzen**, im: chin.$_{a1,h}$ phos.$_{h}$ stann.$_{h}$

- **Hüfte**: acon.$_{a1,k}$ aesc.$_{k2}$ agar.$_{a1,k}$ arg-met. asar.$_{a1,k}$ aur-m-n.$_{a1,k}$ berb. carb-v.$_{h}$ caust. *Cimic.* *Coloc.*$_{a1,k}$ crot-c.$_{a1}$ crot-t. *Euph.* ferr-ma. hell.$_{a1,k}$ hep. kali-bi. *Led.*$_{a1,k}$ lyc.$_{a1,k}$ lyss.$_{c1}$ mez.$_{a1,k}$ mosch. nat-c. nat-s.$_{a1,k}$ nit-ac. nit-s-d.$_{a1}$ petr.$_{a1,k}$ *Puls.*$_{a1,k}$ **Rhus-t.** sabad.$_{a1,k}$ *Sep.*$_{a1,k}$ *Stann.* *Zinc.*
  - **links**: acon. cocc. coloc.$_{a1,k}$ hell.$_{a1,k}$ lyc.$_{h}$ puls.$_{h}$
    - **Kugel**; wie durch eine: *Con.*
  - **rechts**: arg-met.$_{h}$ *Asar.*$_{a1,h}$ *Kali-bi.*$_{h,k}$ *Led.*$_{h,k}$ **Lyss.**$_{h,k}$ nat-c.$_{h2}$ nit-ac.$_{h,k}$ sabad.$_{h,k}$ *Sep.*$_{a1,h}$
    - **Auftreten** mit dem linken Bein; beim: arg-met.$_{h}$
    - **festgehalten**, wie: phos.$_{h}$
  - **morgens** im Bett: agar.$_{a1,k}$
  - **vormittags**: puls.$_{h}$
  - **anfallsweise**: cocc. coloc.$_{a1,k}$
  - **Aufstehen** vom Sitzen; beim: nit-ac.$_{h}$
  - **Auftreten**, beim: arg-met.$_{h}$ **Rhus-t.**
  - **Bewegung**: *Led.*
    - **amel.**: puls.$_{h}$
  - **Entbindung**, bei der: *Cimic.*
  - **Gehen**, beim: acon. aesc.$_{k2}$ asar.$_{h}$ caust.$_{h}$ coloc.
    - **Beginn** des Gehens; zu: nit-ac.$_{h}$
  - **Husten**, beim: *Caust.*
  - **lähmungsartig**: cocc.
  - **Liegen** auf der rechten Seite; beim: sabad.$_{a1,k}$
  - **Reiben** amel.: nat-s.
  - **reißend**: led.$_{h}$
    - **hinten**; von vorne nach: sep.
  - **Sitzen**, im: arn. aur-m-n.$_{a1,k}$ caust.$_{h}$ petr.$_{a1,k}$ staph.$_{h}$
  - **steigt** und sinkt langsam: sep.$_{h}$
  - **Stuhlgang**, beim: pall.
  - ▽ **erstreckt** sich zu:
    - **Knöchel**: led.$_{h}$
    - **Sakrum**: carb-v.$_{h}$
  - ○ **Gesäßgegend**: cact.$_{a1,k}$ cimic.$_{a1,k}$ iod.$_{h}$ mez.$_{a1,k}$
  - **über** der Hüfte: con.$_{h}$ sep.$_{h}$
- **Oberschenkel**: acon.$_{a1,k}$ *Agar.*$_{a1,k}$ all-c.$_{a1,k}$ *Aloe* *Anac.*$_{a1,k}$ ang.$_{a1,k}$ arn.$_{a1,k}$ asar.$_{a1,k}$ camph.$_{a1,k}$ caps.$_{a1,k}$ caust.$_{h}$ chel.$_{a1,k}$ chin.$_{h}$ coloc.$_{a1,k}$ con. crot-t.$_{a1,k}$ cupr. cycl.$_{h}$ dros. eupi.$_{a1,k}$ *Guaj.* hell.$_{a1,k}$ ign.$_{a1,k}$ ind. kali-c. *Kali-i.* kali-p. kali-sil.$_{k2}$ *Led.*$_{a1,k}$ merc.$_{a1,k}$ mez.$_{a1,k}$ *Mur-ac.*$_{a1,k}$ nat-s.$_{a1,k}$ nux-v. *Olnd.*$_{a1,k}$ *Ph-ac.*$_{a1,k}$ phyt. prun. *Ruta* sabin.$_{a1,k}$ *Sars.*$_{a1,k}$ sil. *Stann.*$_{a1,k}$ sul-ac.$_{a1,k}$ tarent. thuj.$_{a1,k}$ verat. verb.
  - **morgens**: con.$_{h}$
  - **nachts**: ruta sulph.$_{h}$
  - **abwärtsdrängend**: con. merc.$_{a1,k}$
  - **anfallsweise**: **Acon.** **Anac.**
  - **Anziehen** der Beine amel.: guaj.$_{h}$
  - **Aufstehen** vom Sitzen; beim: ang.$_{h}$
  - **Auftreten**; beim: arg-n.$_{a1}$
  - **außen**, nach: aloe
  - **bandagiert**, wie: tarent.
  - **Bewegung** amel.: eupi.$_{a1,k}$ ind. spig.$_{h}$
  - **Druck** agg.: spig.$_{h}$
  - **Gehen**, beim: anag.$_{h}$ aur.$_{h}$ *Led.* meny.$_{h}$
- **Oberschenkel**: ...
  - **Husten**, beim: caps.
  - **krampfartig**: anac.$_{h}$ rhus-t.$_{h}$ verat.$_{h}$
  - **Menses**, während: *Carb-an.* kali-i. lyc. nux-v.
  - **Pflock**; wie durch einen: *Agar.* **Anac.**
  - **pulsierend**: stann.$_{a1,k}$
  - **rhythmisch**: **Anac.**$_{a1,k}$
  - **schießend**: sabin.$_{a1,k}$
  - **Sitzen**, im: coloc.$_{a1,k}$ *Guaj.* ind. led. mang.$_{h}$ mur-ac.$_{a1,k}$ rhus-t.$_{h}$ sars.$_{h}$ spig.$_{h}$ verb.$_{h}$
    - **amel.**: aur.$_{h}$
  - **stechend**: olnd.$_{a1,k}$ sul-ac.$_{h}$
  - **Strecken** des Beines; beim: ang.$_{h}$
  - **Stuhlgang**, nach: *Lyc.*
  - **tiefsitzend**: ign.$_{a1,k}$ merc.$_{a1,k}$
  - ○ **Außenseite**: anac.$_{h}$ ang.$_{h}$ olnd.$_{a1,k}$ ph-ac.$_{h}$ ruta$_{h}$ spig.$_{h}$ sul-ac.$_{h}$
  - **Innenseite**: anac.$_{a1,k}$ calc.$_{h}$ mosch.$_{a1,k}$ nit-ac.$_{h}$ sars.$_{a1,k}$ spong.$_{a1,k}$ stann.$_{h}$ sul-ac.$_{h}$ tarax.$_{a1,k}$
    - **plötzlich**: mosch.$_{a1,k}$
    - **Sitzen**, im: calc.$_{h}$
    - ▽ **erstreckt** sich nach hinten: spong.$_{a1,k}$
    - **oben**: rhus-t.$_{h}$
  - **Knochen**: con.$_{h}$ guaj. *Led.* merc. nat-s.
    - ○ **Periost**: spig.$_{h}$
  - **Oberschenkelbeuge**: am-c.$_{a1,k}$ ang.$_{h}$ bar-c. dig.$_{a1,k}$ rhus-t. ruta
  - **Rückseite**: dros. ind. *Led.*$_{a1,k}$ zinc.$_{h}$
    - **Bücken**, beim: dros.
    - **Gehen** amel.: zinc.$_{h}$
    - **Sitzen**, im: ind.
  - **unten**: bism.$_{a1,k}$ hell.$_{a1,k}$ nit-ac.$_{h}$ ph-ac.$_{a1,k}$ sars.$_{h}$ spig.$_{h}$ spong.$_{h}$ thuj.$_{a1,k}$ *Tub.* verb.$_{h}$
    - ○ **Rückseite**: asar.$_{h}$ petr.$_{h}$ sars.$_{h}$
  - **unter** der Leiste: rhus-t.$_{a1,k}$
  - **Vorderseite**: bell.$_{h}$ dig.$_{h}$ lyc.$_{h}$ mang.$_{h}$
- **Knie**: alum. *Anac.*$_{a1,k}$ ang.$_{a1,k}$ arg-met. arg-n.$_{a1,k}$ asaf.$_{a1,k}$ *Aur.*$_{a1,k}$ aur-m-n.$_{a1,k}$ bar-act.$_{h}$ borx. brom.$_{a1,k}$ cadm-s. calad. *Calc.* *Camph.*$_{a1,k}$ carb-v.$_{h}$ chel. cic.$_{a1,k}$ clem.$_{a1,k}$ coloc.$_{a1,k}$ com.$_{a1,k}$ cop.$_{a1,k}$ cupr. cycl.$_{a1,k}$ dig.$_{a1,k}$ digin.$_{a1}$ fl-ac.$_{a1,k}$ gins.$_{a1,k}$ hell.$_{a1,k}$ jatr-c. kali-c.$_{a1,k}$ lac-c. **Led.**$_{a1,k}$ *Mag-m.* mang-m.$_{a1,k}$ mez.$_{a1,k}$ mur-ac.$_{h}$ nat-m.$_{h}$ nat-s.$_{a1,k}$ nit-ac.$_{h}$ nit-s-d.$_{a1}$ ox-ac.$_{a1,k}$ rheum sabin.$_{c1}$ sars.$_{a1,k}$ **Sil.** spig.$_{h}$ stann.$_{a1,k}$ stront-c. **Sulph.**$_{a1,k}$ tab.$_{a1,k}$ *Thuj.*$_{a1,k}$ verb.
  - **abends**: coloc.$_{a1,k}$ fl-ac.$_{a1,k}$ led.$_{a1,k}$ nat-s.$_{a1,k}$
    - **Sitzen**, im: *Led.* nat-s.$_{a1,k}$
  - **nachts** beim Erwachen: led.$_{a1,k}$
  - **anfallsweise**: coloc.
  - **Berührung**, bei: staph.$_{h}$
  - **Beugen**, beim: tarax.$_{h}$
  - **Bewegung**:
    - **amel.**: arg-met. aur-m-n.$_{a1,k}$ com.$_{a1,k}$ cycl.$_{h}$ kali-c. mez.$_{a1,k}$ ran-a.$_{a1}$ tab.$_{a1,k}$
    - **bei**: hep. lac-c. *Led.*$_{a1,k}$ *Sulph.*$_{a1,k}$
  - **Druck** amel.: mez.$_{h}$
  - **Gehen**:
    - **beim**: anac.$_{a1,k}$ arg-n.$_{a1,k}$ asaf.$_{a1,k}$ cop.$_{a1,k}$ cycl.$_{a1,k}$ *Led.* nat-s.$_{a1,k}$
    - **nach**: acon.$_{a1,k}$

- **Knie**: ...
  - **plötzlich**: nat-s.$_{a1,k}$
  - **reißend**: led.$_{a1,k}$
  - **Sitzen**, im: *Anac.* arg-met.$_{h}$ asaf.$_{a1,k}$ *Aur-m-n.*$_{a1,k}$ bar-act.$_{h}$ camph.$_{a1,k}$ coloc.$_{a1,k}$ gins.$_{a1,k}$ led.$_{a1,k}$ mez.$_{a1,k}$ nat-s.$_{a1,k}$ nit-s-d.$_{a1}$ ran-a.$_{a1,k}$ verb.
  - **Stehen**, im: verb.
  - **verdreht**, wie: clem.$_{a1,k}$
  - **wellenartig**: dulc.$_{h}$
  - **ziehend**: camph.$_{h}$ nat-s.$_{a1,k}$
  - **zusammenschnürend**: *Anac.* *Aur.* cann-s.$_{a1,k}$ **Sil.**
  - ▽ **erstreckt** sich nach unten: mang-m.$_{a1,k}$
  - ○ **Kniekehle**: alum.$_{a1,k}$ arg-met.$_{h}$ bell.$_{h}$ brom. chin.$_{a1,k}$ plat.$_{a1,k}$ *Sulph.*$_{a1,k}$
    - ◆ **abwechselnd** mit Drücken in der Achselhöhle: spong.$_{h}$
    - **Beugen** des Knies; beim: spong.$_{h}$
    - **Bewegung**, bei: hep.$_{h}$
    - **Gehen**, beim: alum.$_{a1,k}$ spong.
    - **krampfartig**: sulph.
    - **ruckend**: spong.$_{h}$
    - **Sitzen**, beim: plat.$_{a1,k}$ sulph.$_{a1,k}$
    - **ziehend**: spong.$_{h}$
    - ▽ **erstreckt** sich nach unten: rheum$_{h}$ *Sulph.*$_{a1,k}$
    - ○ **Außenseite** des Knies: staph.$_{h}$ tarax.$_{h}$
    - **Sehne**; äußere: spong.$_{h}$
  - **Kniescheibe**: alum.$_{a1,k}$ bell.$_{h}$ calc.$_{h}$ coc-c. led.$_{a1,k}$ *Sulph.*$_{a1,k}$
- **Unterschenkel**: *Agar.*$_{a1,k}$ *Anac.*$_{a1,k}$ ang.$_{a1,k}$ arg-met. aur.$_{a1,k}$ *Bell.*$_{a1,k}$ camph.$_{a1,k}$ carb-an.$_{a1,k}$ carb-v.$_{h}$ carl.$_{a1,k}$ chel. cic.$_{a1,k}$ clem.$_{a1,k}$ euph.$_{a1,k}$ hell.$_{a1,k}$ indg.$_{a1,k}$ kali-c. kalm.$_{a1,k}$ lach.$_{a1,k}$ *Led.*$_{a1,k}$ lil-t.$_{a1,k}$ *Mang.*$_{a1,k}$ nat-c. nat-s.$_{a1,k}$ *Ph-ac.*$_{a1,k}$ ran-s.$_{a1,k}$ ruta$_{h}$ sars. *Stann.*$_{a1,k}$ teucr.$_{a1,k}$ thuj.$_{a1,k}$ verat.$_{a1,k}$ verb. zinc.
  - **morgens**: led.$_{a1,k}$
  - **abends**: lach.$_{a1,k}$
    - **Sitzen**, im: nat-s.$_{a1,k}$
  - **Gehen**, beim: anac.$_{a1,k}$
    - **amel.**: sep.$_{h}$
  - **Menses**, während: ambr.$_{h,k2,*}$ carb-an.$_{a1,k}$
  - **rheumatisch**: anac.$_{a1,k}$
  - **Sitzen**, im: agar.$_{h}$ anac.$_{a1,k}$ arg-met. nat-s.$_{a1,k}$
  - **Stellen**; an früher geschwürigen: petr.
  - **ziehend**: agar.$_{a1,k}$ anac.$_{h}$
  - ○ **Knochen**: zinc.$_{h}$
  - **Schienbein**: agar.$_{h}$ ang.$_{h}$ asaf.$_{a1,k}$ aur.$_{a1,k}$ bell.$_{a1,k}$ brom.$_{a1,k}$ calc.$_{h}$ carb-an.$_{a1,k}$ caust.$_{a1,k}$ coloc.$_{h}$ cycl.$_{h}$ kali-n. kalm.$_{a1,k}$ led.$_{a1,k}$ meny.$_{h}$ *Merc.* mez. nat-c.$_{h}$ petr.$_{h}$ ph-ac.$_{a1,k}$ puls.$_{a1,k}$ sep.$_{h}$ sil. stann.$_{a1,k}$ staph. thuj.$_{h}$ zinc.
    - **Beugen** des Knies; beim: rhus-t.$_{h}$
    - **Bewegung**, bei: cycl.$_{h}$
    - **Gehen**:
      - **amel.**: asaf. *Ph-ac.*
      - **beim**: calc.$_{h}$ carb-an.$_{a1,k}$ cycl.$_{h}$
    - **pulsierend**: stann.$_{h}$
    - **Sitzen**, im: chin.$_{h}$ coloc.$_{h}$ con.$_{h}$ cycl.$_{h}$ staph.$_{h}$
    - **Stehen**; beim: agn.$_{a1}$

- **Unterschenkel - Schienbeim**: ...
  - **Strecken** des Beines; beim: aur.$_{a1,k}$ chin.$_{h}$ con.$_{h}$
  - **unter** dem Knie: *Chel.* cupr.$_{h}$ ph-ac.$_{h}$
  - **Wade**: agar.$_{a1,k}$ *Anac.* ars.$_{h}$ calc.$_{h}$ *Led.* mur-ac.$_{h}$ sep.$_{h}$ stann.$_{h}$ staph.$_{h}$ tarax.$_{h}$ verat.$_{h}$
    - **krampfartig**: anac.$_{h}$ verat.$_{h}$ verb.$_{h}$
- **Knöchel**: *Agar.* all-c.$_{a1,k}$ ambr.$_{a1,k}$ arg-n.$_{a1,k}$ aur.$_{a1,k}$ aur-m-n.$_{a1,k}$ berb. brom.$_{a1,k}$ camph.$_{a1,k}$ *Chel.*$_{a1,k}$ clem.$_{a1,k}$ coloc.$_{a1,k}$ crot-t.$_{a1,k}$ dig.$_{a1,k}$ digin.$_{a1}$ gins.$_{a1,k}$ graph.$_{h}$ hell.$_{a1,k}$ ign.$_{a1,k}$ indg.$_{a1,k}$ lac-c. *Led.*$_{a1,k}$ mang-m.$_{a1,k}$ mez.$_{a1,k}$ nat-m. nat-s.$_{a1,k}$ nit-ac. nit-s-d.$_{a1}$ seneg.$_{a1,k}$ sep.$_{a1,k}$ spig.$_{a1,k}$ sul-ac.$_{a1,k}$ verat.$_{a1,k}$ verb.$_{a1,k}$
  - **tagsüber**: mang-m.$_{a1,h}$
  - **morgens**: ang.$_{h}$ *Led.* nit-s-d.$_{a1}$
    - **Erwachen**, beim: mez.$_{a1,k}$
  - **abends**: crot-t.$_{a1,k}$ nat-s.$_{a1,k}$
    - **Hinlegen**, nach dem: nat-s.
  - **nachts**:
    - **Mitternacht**:
      - **Bewegung** agg.: *Led.*
      - **Erwachen**, beim: ambr.
  - **anfallsweise**: coloc.$_{a1,k}$ indg.
  - **Auftreten**, beim: borx.$_{h}$
  - **Bewegung**:
    - **agg.**: lac-c. *Led.* nat-s.$_{a1,k}$
    - **amel.**: aur-m-n.$_{a1,k}$ indg.$_{a1,k}$ nat-s.$_{a1,k}$
  - **Erwachen**, beim: ambr. mez.
  - **Gehen**, beim: ang.$_{h}$ camph.$_{a1,k}$ coloc.$_{a1,k}$ gins.$_{a1,k}$ merc.$_{h}$ nat-s.$_{a1,k}$ nit-s-d.$_{a1}$
    - **nach**: sep.$_{h}$
  - **krampfartig**: verb.
  - **Mittagessen**, nach dem: indg.$_{a1,k}$
  - **Sitzen**, beim: agar.$_{h}$ arg-n.$_{a1,k}$ aur-m-n.$_{a1,k}$ chel.$_{h}$ coloc.$_{a1,k}$ led.$_{a1,k}$ nat-s.$_{a1,k}$
  - **Stehen**, beim: spig.$_{a1,k}$
  - ○ **Knochen**: *Bism.* cupr. *Led.*$_{a1,k}$ sabin. staph.
    - **unter**: zinc.$_{h}$
- **Füße**: *Alum.* anac. ang. arg-n. asaf. aur. aur-m-n. *Bell.* brom. caust. cinnb. dig. fl-ac. graph. kali-n. lach. *Led.* lil-t. lyc. *Mang-m.* mez. mur-ac. naja nat-s. olnd. petr.$_{h}$ *Ph-ac.* *Plat.* *Sars.* spig.$_{h}$ *Stann.* stront-c. *Sul-ac.* thuj. verb.
  - **abends**: fl-ac. lach. led.
  - **außen**, nach: lil-t.
  - **Bewegung** agg.: staph.$_{h}$
  - **Essen**, nach dem: graph.
  - **Gehen**, beim: ang.$_{h}$
    - **amel.**: *Coloc.*
  - **innen**, nach: lach.
  - **Schreiben**, beim: coloc.
  - **Sitzen**, im: aur-m-n. tarax.
  - **spannend**: stront-c.
  - **springt** zum Knie: asaf.
  - **stumpfen** Körper; wie durch einen: ang.
  - **ziehend**: bry. staph.$_{h}$
  - ○ **Außenseite**: ang.$_{h}$ bism.$_{h}$
  - **Ferse**: alum. anac.$_{h}$ ang. bamb-a.$_{stb2}$ carbn-s. eup-pur. graph.$_{h}$ hell.$_{h}$ hep.$_{h}$ kali-c.$_{h}$ lac-d.$_{k2}$ petr.$_{h}$ ruta$_{h}$ spong. stann.$_{h}$
    - **Auftreten**, beim: stann.$_{h}$

• **Füße - Ferse**: ...
• **reißend**: stann.$_{h}$
• **Schraubstock**; wie in einem: alum.
• **Fußrücken**: ang. arg-n. aur-m-n. brom. cain. caust. ferr-m. hell. jatr-c. *Led.* mur-ac.$_{h}$ *Nat-c.* plat.$_{h}$ sul-ac.$_{h}$ tarax. thuj.
• **abends**: led.
• **22** h: arg-n.
• **Gehen** im Freien; beim: acon.
• **amel.**: coloc.
• **Schreiben**; beim: coloc.
• **reißend**: camph.
• **Sitzen**, im: cycl. *Tarax.*
• **ziehend**: bry.
• **zittrig**: plat.$_{h,k,*}$
• **zwickend**: thuj.
○ **Knochen**: bism. cupr.$_{h}$ dig. mez. staph.$_{h}$
• **Fußsohle**: anac.$_{h}$ aur. bell.$_{h}$ camph. graph.$_{h}$ jatr-c. led. nux-m. olnd. ph-ac. plat. rhus-t. ruta$_{h}$ sabad. sars.$_{h}$ tarax.$_{h}$
• **anfallsweise**: ph-ac.
• **Auftreten**, beim: kali-c.$_{h}$
• **Bewegung**, bei: led.
• **brennend**: led.$_{h}$
• **Druck** amel.: bell.$_{h}$
• **Gehen**, beim: kali-c.$_{h}$ led.
• **amel.**: *Verb.*
• **krampfartig**: nat-c.
• **Ruhe**, in der: staph.$_{h}$
• **Sitzen**, im: hell.$_{h}$ plat. sars.$_{h}$ stann.$_{h}$ tarax.$_{h}$
• **Stehen**, im: sabad.
• **zwickend**: ph-ac.
▽ **erstreckt** sich zu:
• **große** Zehe: ph-ac.
• **Innenseite**: cupr.$_{h}$ mur-ac.$_{h}$
• **Oberschenkel**: led.
• **Gelenke**: *Agar.* ang. asaf. aur. coloc. graph. hell. kali-c. led. lyss. merc. *Mez.* nat-m. nat-s. sep. stront-c.
• **Bewegung**, bei: led.$_{h}$
• **amel.**: kali-c.
• **Innenseite**: *Led.*
• **Zehen**: ang. brom. camph. caust. chel. clem. *Colch.* coloc. cupr.$_{h}$ gins. graph. guare. hell. mez. nat-s. olnd. ph-ac.
• **nachmittags**: coloc.
◇ **abwechselnd** mit Ziehen: gins.
• **Auftreten**, beim: borx.$_{h}$
• **Bewegung** amel.: coloc.
• **erfroren**, vor kurzem: phos.$_{h}$
• **Gehen**, beim: mez.$_{h}$ phos.$_{h}$ sil.$_{h}$
• **zerquetscht**, wie: olnd.
○ **Gelenke**: coloc. con. led.$_{h}$ nat-s.
• **Zehennägel**: sars.$_{h}$
• **Zehenspitzen**: led. mosch.
• **große** Zehe: arg-met.$_{h}$ borx.$_{h}$ carb-ac. coloc. cycl. gins. graph.$_{h}$ jatr-c. **Led.** *Nat-s.* *Plat.* rhus-t.$_{h}$ sep. sulph.
• **Auftreten**, beim: borx.$_{h}$
• **eingewickelt**; wie fest: *Plat.*
○ **Gelenke**: asaf. *Caust.* *Coloc.* **Led.** nat-s. rhod.

– **drückend - Zehen - große** Zehe: ...
• **Zehenballen**: borx.$_{h}$ *Caust.* lyc.$_{h}$ petr.$_{h}$
• **Zehennagel**, unter dem: calc.$_{h}$
• **Zehenspitze**: bism.$_{h}$
• **vierte** Zehe: ph-ac.
• **fünfte** Zehe: cycl.$_{h}$ ferr-ma. *Led.* nat-s. olnd. paeon. ph-ac. ther.
• **Gehen**; beim: ther.$_{hr1}$
– **dumpf**: bamb-a.$_{stb2}$
○ **Schulter**: urt-g.$_{a1}$
• **rechts**: bamb-a.$_{stb2}$
• **Ellbogen**:
• **links**: xan.$_{c1}$
▽ **erstreckt** sich zu:
• **Hand**: xan.$_{c1}$
• **Schulter**: xan.$_{c1}$
• **Oberschenkel**: bamb-a.$_{stb2}$
• **Knie**:
• **links**: xan.$_{c1}$
• **rechts**: xan.$_{c1}$
• **Füße**:
• **links**:
○ **Fußrücken**: xan.$_{c1}$
– **durchdringend** stechend
☞ *stechend*
– **gesägt**; als würde daran:
○ **Knochen**: syph.$_{ptk2}$ tarent.$_{ptk2}$
– **geschlagen**, wie: arn.$_{br1}$
– **glucksend**:
○ **Fußrücken**: chel.$_{h}$
– **grabend**
☞ *bohrend / wühlend*
– **Keils**, Gefühl eines:
○ **Schulter**, linke: mag-m.$_{h}$
– **kneifend**:
○ **Arme**:
○ **Knochen**: nat-c.$_{h}$
• **Oberarm**: mag-c.$_{h}$
• **Daumen**: am-c.$_{h}$
• **Wade**: led.$_{h}$ mang.$_{h}$
• **Füße**:
○ **Ferse**: graph.$_{h}$
• **Fußsohle**: kali-n.$_{h}$
– **kneifend**, stechend, zuckend:
○ **Arme**: pyrus *Rhus-t.* teucr.$_{a1,k}$
• **Oberarm**: chinin-s. hipp.$_{a1,k}$ sulph.
• **abends**: chinin-s.
• **Schreiben**, beim: chinin-s.
○ **Gelenkköpfe**: merc.
• **Ellbogen**: carb-an.$_{a1,k}$
• **abends**: carb-an.$_{a1,k}$
• **Unterarm**: chinin-s. mang.
▽ **erstreckt** sich zu den Fingern: stram.$_{a1,k}$
○ **Streckmuskeln**: stram.$_{a1,k}$
• **Handgelenk**:
• **Schreiben**; nach: hydrog.$_{srj2}$
• **Finger**: berb.$_{k2}$ rhus-t.$_{a1,k}$
○ **Fingerrücken**: rhus-t.$_{a1,k}$
• **Hüfte**: colch.$_{bg2}$ ph-ac.$_{bg2}$ sulph.$_{bg2}$
• **Wade**, im Sitzen: **Valer.**
• **Füße**:
• **links**:

• **Füße - links**: ...
 ○ **Mittelfußknochen**:
  • **Bewegung** amel.: hydrog.$_{srj2}$
  • **Erwachen**; beim: hydrog.$_{srj2}$
 • **Ferse**: nat-c.$_{bg2}$
• **Zehen**: berb.$_{k2}$
– **krallend**:
○ **Oberschenkel**, Rückseite: con.$_{h}$
• **Wade**: mang.$_{h}$
– **krampfartig**: agar.$_{h}$ carb-v.$_{h}$ chin.$_{h}$ sul-ac.$_{h}$
☞ *Krämpfe*
○ **Oberarm**: calc-act.$_{h}$ mez.$_{h}$
 ○ **Vorderseite**, Muskeln der: bism.$_{h}$
• **Unterarm**: con.$_{h}$ meny.$_{h}$ mur-ac.$_{h}$ nat-c.$_{h}$ spong.$_{h}$
• **Handgelenk**: xan.$_{c1}$
• **Hände**: anac.$_{gsy1}$ euph.$_{h}$ mang.$_{h}$
○ **Handfläche**: coloc.$_{h}$
 • **Handrücken**: stann.$_{h}$
 • **Knochen**: aur.$_{h}$
• **Finger**: meny.$_{h}$
 • **links**: ph-ac.$_{h}$
 ○ **Daumen**: mang.$_{h}$
  ○ **Daumenballen**: dulc.$_{h}$ spong.$_{h}$
   • **Schreiben**, beim: mang.$_{h}$
  • **Gelenk**: sil.$_{h}$
 • **Zeigefinger**: mag-m.$_{h}$ mang.$_{h}$
 • **Mittelfinger**: dulc.$_{h}$ mang.$_{h}$
 • **Ringfinger**: mang.$_{h}$
 • **kleiner** Finger, Fingerballen: staph.$_{h}$
• **Bein**, rechtes: sulph.$_{h}$
• **Hüfte**: bar-c.$_{h}$ meny.$_{h}$
• **Oberschenkel**: ph-ac.$_{h}$ sul-ac.$_{h}$
 • **links**: granit-m.$_{es1}$
 • **Gehen** im Freien; beim: verb.$_{h}$
○ **Innenseite**: mag-m.$_{h}$
 • **Knie**, über dem: thuj.$_{h}$
 • **Rückseite**: ang.$_{h}$
 • **Vorderteil**, beim Gehen im Freien: con.$_{h}$
• **Knie**: bell.$_{h}$ chin.$_{h}$ petr.$_{h}$ xan.$_{c1}$
• **Unterschenkel**: hep.$_{h}$ meny.$_{h}$ nit-ac.$_{h}$ sul-ac.$_{h}$
 • **morgens**: ars.$_{h}$
○ **Wade**: cupr.$_{h}$ led.$_{h}$
• **Knöchel**, äußerer: mez.$_{h}$
 • **Gehen** amel.: euph.$_{h}$
• **Füße**:
 • **links**, beim Gehen: nat-m.$_{h}$
 • **Bewegung**; bei: ph-ac.$_{h}$
 ○ **Fußsohle**: bar-c.$_{h}$ stann.$_{h}$
 • **Mittelfußknochen**: plat.$_{h}$
• **Zehen**:
▽ **erstreckt** sich zu:
 ○ **Fußwurzel**: iod.$_{h}$
  • **Spann**: anac.$_{gsy1}$
– **kratzig**, scharf:
○ **Schulter**: meny.$_{h}$
• **Zeigefinger**: mag-c.$_{h}$ nat-m.$_{h}$
• **Oberschenkel**: staph.$_{h}$
• **Knie**: kali-c.$_{h}$
• **Unterschenkel**:
○ **Wade**: dulc.$_{h}$
• **Füße**:
○ **Fußsohle**: zinc.$_{h}$

– **kribbelnd**, Fußsohle, beim Auftreten: con.$_{h}$
– **lanzinierend**
☞ *schneidend / stechend*
– **nagend**: *Ars.* cocc. dros. eup-per. eup-pur.$_{a1}$ lach.$_{a1,k}$ merc. nit-ac.
• **nachts**: nit-ac.
○ **Beugemuskeln**: merc.
• **Gelenke**: am-c.$_{bg2}$ canth.$_{bg2}$ colch.$_{bg2}$ *Dros.*$_{bg2,k,*}$ dulc.$_{bg2}$ graph.$_{bg2}$ mag-c.$_{bg2,k}$ mang.$_{bg2,k}$ phos.$_{bg2}$ **Ran-s.**$_{bg2,k}$ zinc.$_{bg2,k}$
 • **Karies**, bei: *Aur-m.*
• **Arme**: alum. *Ars.*$_{a1,k}$ bry. canth. dros. dulc. graph. kali-bi. laur. mag-c. mang. phos. ran-s. sars. stront-c. sulph.
 • **tagsüber**: sulph.
• **Schulter**: am-c.$_{a1,k}$ cot.$_{a1}$ nicc.$_{a1,k}$ plect.$_{a1}$ sulph.$_{a1,k}$ urt-g.$_{a1}$
 • **nachts**: sulph.$_{a1,k}$
• **Oberarm**: canth.$_{a1,k}$ ferr. laur.$_{a1,k}$ mang. phos.
 • **links**: *Ferr.*
 • **rechts**: canth.$_{a1,k}$
 • **nachts**: mang.$_{h}$
 • **Bewegung** agg.: *Ferr.*
 • **Druck** amel.: laur.$_{a1,k}$
○ **Knochen**: canth.$_{a1,k}$ mang.$_{h}$
• **Ellbogen**: dulc.$_{a1,k}$ indg.$_{a1,k}$ mag-c.$_{a1,k}$ phos.$_{a1,k}$ ran-s.$_{a1,k}$ stront-c.
 • **Sitzen**, im: phos.
▽ **erstreckt** sich zur Schulter: phos.
• **Unterarm**: bry.$_{a1,k}$ *Graph.*$_{a1,k}$
 • **abends**: stront-c.
○ **Elle**: kali-n.$_{h}$ stront-c.
 • **Knochen**: *Graph.*$_{a1,k}$
• **Handgelenk**: berb.$_{a1,k}$ *Graph.* phys.$_{a1}$ plat. verat.
• **Hände**: bar-c. berb. cadm-s. gran. laur. merc. plat.
○ **Handballen**: kali-n.$_{h}$
 • **Handfläche**: kalm.$_{a1,k}$ *Ran-s.*$_{a1,k}$
  • **abends**: ran-s.$_{a1,k}$
 • **Ulnarseite** der Hand, erstreckt sich in den Zeigefinger: sulph.
• **Finger**: berb. cina mag-c. olnd. ph-ac. *Ran-s.*$_{bg1,bg2}$ santin. stront-c.
 • **Konvulsionen**, bei den: santin.
○ **Fingernägeln**; unter den: **Alum.**$_{h,k,*}$
 • **Fingerspitzen**: berb.$_{bg1}$ fago.$_{a1,k}$ nat-m.$_{bg2}$
 • **Gelenke**, Grundgelenk: kalm.$_{a1,k}$
 • **Knochen**: ran-s.$_{a1,k}$
 • **Zeigefinger**: kali-bi.$_{a1,k}$ phos. ran-s.$_{a1,k}$
  ○ **Knochen**: ran-s.$_{a1,k}$
• **Daumen**: kali-bi.$_{a1,k}$ mag-c.$_{a1,h}$ olnd.$_{a1,k}$
 • **Kratzen**, durch: olnd.$_{a1,k}$
○ **Daumenspitze**: nat-m.$_{a1,k}$
• **Beine**: alum.$_{h}$ *Ars.* *Bell.*$_{a1,k}$ lyc. nit-ac. plat. ran-s. ruta
 • **Gehen** amel.: **Bell.**$_{a1,k}$
• **Gesäß**:
 • **fressendes** Jucken: staph.$_{h}$
 • **Hunden** angenagt; wie von: hura
• **Hüfte**: am-c.$_{a1,k}$ *Am-m.*$_{h,k,*}$ benz-ac.$_{a1,k}$ *Elat.*$_{hr1,k}$ **Eup-pur.**$_{a1,k}$ *Kali-i.*$_{a1,k}$ pall.$_{a1,k}$

• **Hüfte**: ...
• **nachts**: *Kali-i.*
• **Sitzen**, im: am-m.
• **Oberschenkel**: benz-ac.$_{a1,k}$ berb.$_{bg2,k,*}$ *Elat.*$_{hr1}$ kali-bi. kali-i. kreos.$_{a1,k}$ nux-v.$_{a1,h}$ par.$_{bg2,k,*}$ stront-c. stry.
○ **Außenseite**: kreos.$_{a1,k}$
• **Sitzen**, im: kreos.
• **Knochen**, im: bell.$_{h,k,*}$ canth.$_{a1}$ dros.$_{h}$ led.$_{a1,k}$ nit-ac.
• **Knochenmark**: bell. stront-c.
• **Mitte** des Oberschenkels, abends, beim Sitzen: kali-i.$_{a1,k}$
• **Rückseite**: berb.$_{a1,k}$ par.$_{a1,k}$
• **Vorderseite**: berb.$_{a1,k}$
• **Knie**: benz-ac.$_{a1,k}$ kali-i.$_{a1,k}$ *Merc.* *Nat-m.* nux-v.$_{a1,h}$ ran-s.$_{a1,k}$ zinc.$_{a1,k}$
• **nachts**: *Kali-i.* *Nat-m.*
• **Unterschenkel**: alum.$_{a1,k}$ ars.$_{a1,k}$ *Aur.*$_{a1,k}$ aur-ar.$_{k2}$ bell. brom.$_{a1,k}$ choc.$_{srj3}$ *Kali-i.*$_{a1,k}$ nat-c.$_{a1,k}$ nit-ac. phys.$_{a1,k}$ stront-c. tarax.$_{a1,k}$
• **Stehen**, im: tarax.$_{a1,k}$
○ **Knochen**: dros.$_{h}$
○ **Schienbein**: berb.$_{a1}$ carb-ac.$_{c1}$ *Carb-an.* *Kali-i.* laur.$_{a1}$ nit-ac. phys.$_{a1}$
• **Wade**: euph.$_{a1,k}$
• **Knöchel**: berb.$_{a1,k}$ graph.$_{a1,k}$ laur.$_{a1,k}$ ran-s.$_{a1}$ sars. sulph.$_{a1,k}$
• **morgens**, beim Erwachen: sulph.$_{a1,k}$
○ **äußeren** Knöchel; hinter dem: meny.$_{h}$
• **Knochen**: graph.$_{a1,k}$
• **Vorderseite**: berb.$_{a1,k}$
• **Füße**:
○ **Ferse**:
• **links**: xan.$_{bg1}$
• **rechts**: nat-m.$_{bg2}$
• **Fußballen**: ran-s.
• **Zehen**: benz-ac.$_{a1,k}$ hyper.$_{a1,k}$ kali-c.
○ **große** Zehe: kali-c.$_{h}$ *Ran-s.*$_{a1,k}$

– **pickend**:
○ **Füße**:
○ **Fußsohle**: phos.$_{h}$
• **Zehen**: plat.$_{h}$

– **pochend**, klopfend
☞ *pulsierend*

– **reißend**: **Acon.**$_{a1,k}$ aesc.$_{k2}$ **Agar.**$_{a1,k}$ alum. *Am-c.* *Am-m.* *Ambr.* anac. ant-c. ant-t. *Arg-met.* arg-n.$_{k2}$ *Arn.*$_{a1,k}$ *Ars.*$_{a1,k}$ ars-s-f.$_{k2}$ asar. **Aur.** aur-ar.$_{k2}$ aur-i.$_{k2}$ aur-m. aur-s.$_{k2}$ *Bar-c.* bar-s.$_{k2}$ bell.$_{a1,k}$ benz-ac.$_{a1,k}$ *Berb.*$_{a1,k}$ bism. bov. *Bry.*$_{a1,k}$ cact. *Calc.*$_{a1,k}$ calc-s. calc-sil.$_{k2}$ canth. *Caps.* *Carb-v.* *Carbn-s.* *Carl.*$_{a1,k}$ *Caust.*$_{h,k,*}$ cedr. *Cham.*$_{a1,k}$ *Chel.* **Chin.**$_{a1,k}$ *Chinin-ar.* *Cina* coc-c.$_{a1,k}$ *Cocc.* *Colch.* *Coloc.* *Con.*$_{a1,k}$ crot-h.$_{a1,k}$ *Cupr.* *Dulc.* eup-per.$_{k2}$ *Euph.* eupi.$_{a1,k}$ *Ferr.* form. *Gels.* *Graph.*$_{a1,k}$ *Guaj.* hell.$_{a1,k}$ hyos.$_{a1,k}$ iris kali-ar. kali-bi.$_{a1,k}$ *Kali-c.* *Kali-i.* *Kali-n.*$_{a1,k}$ kali-p. kali-s. kali-sil.$_{k2}$ kalm.$_{a1,k}$ kiss.$_{a1}$ **Lach.**$_{a1,k}$ lachn.$_{a1,k}$ lam. laur. led. *Lyc.*$_{a1,k}$ *Lyss.* *Mag-c.* *Mag-m.* mag-s.$_{a1,k}$ meph.$_{a1,k}$ **Merc.**$_{h,k,*}$ *Merc-c.*$_{a1,k}$ merc-d.$_{a1}$ merl.$_{a1,k}$ mill. mur-ac. naja nat-ar. *Nat-c.*$_{a1,k}$ nat-p. **Nat-s.** *Nit-ac.*$_{a1,k}$ *Nux-v.*$_{a1,k}$ *Ol-an.* osm. paeon.$_{a1,k}$ *Ph-ac.*

– **reißend**: ...
Phos.$_{a1,k}$ plb.$_{a1,k}$ plect.$_{a1}$ *Psor.*$_{a1,k}$ *Puls.*$_{a1,k}$ **Rhod.** **Rhus-t.** ruta sabin. sars.$_{a1,k}$ *Sec.*$_{a1,k}$ sel.$_{a1,k}$ sep.$_{a1,k}$ sil. **Spig.** squil. sul-ac.$_{a1,k}$ sulph. *Tab.* tarent.$_{k2}$ thuj.$_{a1,k}$ **Tub.** tub-r.$_{j1,zs}$ vinc.$_{a1,k}$ *Zinc.*$_{a1,k}$ zinc-p.$_{k2}$
• **eine** Seite: ambr.$_{c1}$ **Ars.**
• **links**:
• **Arm** und linkes Bein; linker: form.
• **Arm** und rechter Oberschenkel; linker: agar.$_{h}$
• **morgens**: hep. lyc.$_{a1,k}$ meph.$_{a1,k}$
• **Erwachen**, beim: carb-v. *Hep.*
• **abends**: *Ars.* *Dulc.* *Ferr.* mag-s. *Puls.* sul-ac.$_{a1,k}$ sulph.
• **Bett**, im: con.$_{a1,k}$ *Ferr.*
• **Sitzen**, im: am-m.
• **nachts**: *Calc.* carb-v. *Cham.* *Dulc.* eupi.$_{a1,k}$ *Ferr.* *Hep.* *Lyc.* nux-v. *Puls.* *Rhod.* **Rhus-t.** sabin. sars.$_{a1,k}$ *Tub.*
• **Bett**; treibt ihn aus dem: *Cham.* *Ferr.* *Merc.*
◇ **abwechselnd** mit Zahnschmerzen: merc.
• **anfallsweise**: anac. paeon. **Plb.**$_{a1,k}$
• **Anstrengung**, nach: zinc.$_{a1,k}$
• **auseinandergerissen**; als würden sie: nat-c.
• **Ausstrecken** der Glieder; beim: cham. hipp.$_{a1,k}$
• **Berührung** agg.: *Chin.*$_{a1,k}$
• **Bewegung**, bei: guaj.$_{h}$ naja plb.$_{a1,k}$
• **amel.**: **Agar.**$_{k,k2,*}$ *Arg-met.* *Ars.* *Cham.* *Euph.* *Ferr.* kali-p.$_{k2}$ kali-s.$_{k2}$ *Lyc.* mur-ac. psor.$_{a1,k}$ *Puls.* *Rhod.* **Rhus-t.** sep.$_{a1,k}$ *Sulph.* thuj.$_{a1,k}$ *Tub.*
• **langsame** Bewegung amel.: *Ferr.* **Puls.**
• **Bewegung**; zu Beginn der: agar.
• **brennend**: *Ars.* dig.$_{c1}$ merl.$_{a1,k}$
• **Druck** agg.: merc.$_{h,k,*}$ plb.$_{a1,k}$
• **Erhitzung**; nach: zinc.$_{a1,k}$
• **Erkältung**:
• **nach** Erkälten: *Dulc.* *Guaj.* sel.
• **Essen**, nach dem: *Cocc.*
• **Federbett** agg.: sulph.$_{a1,k}$
• **Fieber**; während: **Calc.** **Carb-v.** **Chin.** *Dulc.* *Ferr.* *Kali-c.* **Lyc.** *Nux-v.* phos. *Puls.* *Rhus-t.* *Sep.*$_{a1,k}$ *Sil.* *Sulph.* **Tub.**
• **Frost**:
• **vor**: carb-v.
• **während**: **Ars.** **Bell.** *Caps.* *Ferr.* graph. hell.$_{a1,k}$ *Hep.* *Kali-c.* kali-s. led. **Lyc.** *Nux-v.* ph-ac. phos. *Puls.* **Rhus-t.** *Sabad.* sulph. *Tub.*
• **Gehen**:
• **Freien** amel.; im: kali-s.$_{k2}$
• **gelähmte** Teile: arn. *Ars.* bell. calc. caust. **Cham.** *Cocc.* crot-t. *Kali-n.* lat-m. *Nux-v.* *Phos.* *Plb.* rhus-t. sil.
• **Gewitter**, bei: *Nat-c.*
• **Herausstrecken** des Gliedes aus dem Bett; beim: merc.
• **Herumwerfen** im Bett amel.: cham.$_{a1,k}$
• **kalt**:
• **Abkühlung**, bei: *Phos.*
• **Speisen** und Getränke; durch kalte: *Cocc.*
• **krampfartig**: nat-c.$_{h}$ ruta$_{h}$

- **lähmungsartig**: **Cham.** *Chin.* **Colch.** kali-p.k2 *Mag-m.* *Phos.* *Plb.*
- **Liegen**, beim:
  - **amel.**: **Am-m.**a1,k
  - **Seite** agg.; auf der schmerzhaften: **Ars.**
- **Menses**:
  - **vor**: *Berb.*a1,k
  - **während**: sul-ac.a1,k
  - **unterdrückt**: dig.
- **Nässe**:
  - **Naßwerden**, nach: *Dulc.* **Rhus-t.**
- **periodisch**: *Gels.* lyc.a1,k
- **plötzlich**: carbn-s.
- **Reiben** amel.: canth. *Phos.*
- **rheumatisch**: am-m. *Colch.* *Guaj.* *Puls.* **Rhus-t.** *Sulph.*
- **ruckend**: asar.h **Chin.** paeon.
- **Schnupfen**, mit: nit-ac.h
- **Sitzen**, im: **Agar.** **Am-m.**a1,k zinc.a1,k
- **Überhitzung**
  ☞ *Erhitzung*
- **wandernd**: **Am-m.**a1,k arg-met. *Carbn-s.* *Caust.*a1,k cham.a1,k *Colch.* con.h *Ferr.* *Kali-bi.*a1,k kali-s.k2 laur.a1,k lyc.a1,k *Merc.*h,k,* nat-s.a1,k *Puls.* rhod.a1,k
- **Wärme** amel.: aesc.k2 agar.k2 *Lyc.*
- **warmen** Bett, im: sulph.
- **Wetter**:
  - **nassem** Wetter, bei: *Dulc.* lyc. *Rhod.* *Rhus-t.*
  - **warmes** Wetter amel.: *Colch.*
  - **Wetterwechsel**, bei: *Gels.*
- **zuckend**: *Am-m.* cact.a1,k chin.a1,k ph-ac.h

▽ **erstreckt** sich zu:
  - **Füße**: mag-s.
  - **Kopf**: carb-v.h
  - **unten**, nach: rhus-t.k2 *Sulph.*

○ **Gelenke**: *Acon.*bg2,k agar.bg2 *Agn.*bg2,k aloe alum.bg2 am-c.bg2,k am-m.bg2 *Ambr.*bg2,k anac.bg2 ang.bg2 ant-s-aur. ant-t.bg2,k,* apis **Arg-met.** arist-cl.sp1 arn.bg2,j5 *Ars.*bg2,k *Ars-i.* asaf.bg2 asar.bg2 *Aur.*bg2,k aur-ar.k2 aur-s.k2 bar-c.bg2 **Bell.**bg2,k,* bism.bg2 *Bov.*bg2,k *Bry.*bg2,k cact.a1,k *Calc.*bg2,k,* calc-i.k2 *Camph.*bg2,k,* canth.bg2 carb-an.bg2 carb-v.bg2 carbn-s.k2 *Carl.* **Caust.**bg2,k,* cham.bg2 chel.bg2 *Chin.*bg2,k cic.bg2 cist.hr1,k,* clem.bg2 cocc.bg2 *Colch.*bg2,k,* *Coloc.* *Con.*bg2,k cupr.bg2 cycl.bg2 dig.bg2 *Dros.*bg2,k dulc.bg2 euphr.bg2 ferr.bg2 *Graph.*bg2,k grat.a1,k **Guaj.**bg2,k hell.bg2 hep.bg2 hera.j5 *Hyos.*bg2,k ign.bg2 *Iod.*bg2,k *Kali-bi.* **Kali-c.**bg2,k *Kali-n.*bg2,k kali-s. kali-sil.k2 kreos.bg2,k lach.j5 laur.bg2 *Led.*bg2,k **Lyc.**bg2,k mag-c.bg2 mag-m.bg2 mang.bg2 meny.bg2 **Merc.**bg2,k mez.bg2 mosch.bg2 mur-ac.bg2 nat-c.bg2,k nat-m.bg2,k nat-p. *Nat-s.*a1,k *Nit-ac.*bg2,k,* nit-s-d.a1 nux-m.bg2 *Nux-v.*bg2,k olnd.bg2 par.bg2 petr.bg2,k *Ph-ac.*bg2,k *Phos.*bg2,k *Plat.* plb.bg2 **Puls.**bg2,k ran-b.bg2 rhod.bg2,k **Rhus-t.**bg2,k sabad.bg2 *Sabin.*bg2,k samb.bg2 *Sars.*bg2,k,* sec.bg2,j5,* *Sep.*bg2,k *Sil.*bg2,k spig.bg2,k spong.bg2 stann.bg2 *Staph.*bg2,k *Stram.* **Stront-c.** **Sulph.**bg2,k tarax.bg2 tep. teucr.bg2,k thuj.bg2,k,* *Tub.* valer.bg2 verat.bg2 verb.bg2 viol-o.bg2

- **Gelenke**: ....
  Zinc.bg2,k zinc-p.k2
  - **abends**: *Merc.* nat-c.h stront-c.
    - **Hautausschlägen**, bei den: *Merc.*
  - **nachts**, im Bett: hell. *Hep.* *Led.* **Merc.** nat-c.h
  - **Bewegung**, bei: hyos.h led.
    - **amel.**: *Coloc.*
  - **Fieber**; während: *Calc.* caust. *Hell.* lyc. merc. ph-ac. phos. **Rhus-t.** *Sulph.* *Tub.*
    - **liegt**; in Gliedern auf denen er nicht: nux-v.
  - **Frost**; während: *Cimx.* *Hep.* led. lyc. nux-v. phos. **Rhus-t.**
  - **lähmungsartig**: **Bell.**bg2,k carb-v.bg2 chel.bg2 chin.bg2,k cocc.bg2,k con.bg2 dig.bg2,k kali-c.bg2 meny.bg2 nat-m.bg2 nit-ac.bg2 phos.bg2 sars.bg2 stann.bg2 **Staph.**bg2,k
  - **Liegen** auf der linken Seite; beim: phos.
  - **ruckend**: acon.bg2,k caust.bg2,k **Chin.**bg2,k cupr.bg2 laur.bg2 mang.bg2 olnd.bg2 **Rhus-t.**bg2,k sulph.bg2,k
  - **stechend**: agn.bg2 bar-c.bg2 chin.bg2 colch.bg2 dulc.bg2 graph.bg2 hyos.bg2 **Led.**bg2,k,* mag-c.bg2 merc.bg2 mur-ac.bg2 nat-c.bg2 nat-m.bg2 puls.bg2 sabin.bg2 sep.bg2 staph.bg2 *Zinc.*bg2,k
  - **unten**, nach: *Sulph.*
  - **wandernd**: *Camph.* *Kali-bi.*
  - **Wärme** agg.: *Led.*
  - **warmen** Zimmer agg.; im: *Sabin.*
  - **ziehend**, bei Anstrengung: calc-caust.
  - **zuckend**: led.

  ▽ **erstreckt** sich in die langen Knochen: *Caust.*
- **Knochen**: agar.h cham.h cocc.c1 spig.h
  - ○ **Mitte** der langen Knochen: tub.k2 *Zinc.*
  - **Periost**: bry. *Mez.* ph-ac. *Rhod.*
- **Nägel**: colch. *Fl-ac.* hep. *Nit-ac.* petr. plat. ran-b. *Sil.* *Sulph.*
  - ○ **unter** den: bism.ptk2
- **Sehnen**: cham.h
- **Streckmuskeln**, beim Sitzen: verat.h
- **Arme**: *Acon.* aesc. agar. *Alum.* alum-p.k2 alum-sil.k2 am-c. *Am-m.* *Ambr.* anac. ang.h ant-t. *Arg-met.* *Arg-n.* arn. *Ars.* ars-h. ars-s-f.k2 asaf. asar. aur. aur-ar.k2 aur-m. aur-s.k2 *Bell.* benz-ac. berb. bism. borx. bov. brom. bry. bufo *Cact.* *Calc.* calc-i.k2 *Calc-p.* camph. canth. *Caps.* carb-an. carb-v. carbn-s. **Caust.** cham. chel. *Chin.* chinin-ar. cic. *Cina* cinnb. clem. *Cocc.* coff. *Colch.* *Coloc.* *Con.* crot-h. crot-t. *Cupr.* dig. dulc. *Ferr.* ferr-i. ferr-m. form. grat. *Guaj.* hep. *Hyper.* ign. indg. iod. *Kali-ar.* *Kali-bi.* *Kali-c.* *Kali-n.* *Kali-p.* kali-s. kalm. kreos. lach. lachn. *Led.* *Lyc.* lyss. *Mag-c.* **Mag-m.** mag-s. mang. meny. *Merc.* mez. mur-ac. nat-ar. **Nat-c.** nat-m. *Nat-p.* **Nat-s.** nicc. *Nit-ac.* nux-v. ol-an. par. *Ph-ac.* phel. *Phos.* plat. **Plb.** *Psor.* puls. ran-b. raph. *Rhod.* **Rhus-t.** ruta sabin. *Sars.* sep. **Sil.** stann. staph.h stront-c. stry. sul-ac. sul-i.k2 **Sulph.** tep. *Teucr.* *Thuj.* **Valer.** verb. *Zinc.* zinc-p.k2
  - **abwechselnde** Seiten: lac-c. sulph.
  - **links**: asar. cic. kali-c. kali-n. phos.h puls.h
  - **rechts**: calc. chel. *Cina* nat-c. phos. **Sulph.**
    - **Liegen** auf der linken Seite; beim: *Mag-m.*

- **Arme**: ....
  - **tagsüber**: *Sulph.*
  - **morgens**: cham. hyper. thuj.
    - **Bett**, im: carb-v. eupi. mag-m.
    - **Erwachen**, beim: cact.
  - **vormittags**:
    - **11** h: sars.
  - **mittags**:
    - **Menses**, während: nux-v.
  - **nachmittags**: kali-n. sars.
  - **abends**: alum. hyper. kali-n.
    - **Luft**; durch Einwirkung von: cham.
  - **nachts**: alum. am-c.$_{h}$ ars. *Calc.* *Ferr.* hyper. kali-n. merc. nat-c.$_{h}$ plb. sep.$_{h}$ stront-c.
    - **Mitternacht**:
      - **vor**:
        - **22** h: form.
      - **nach**:
        - **3** h: am-c.
    - **Bett**, im: stront-c.
  - **anfallsweise**: **Calc.** kali-n. sep.
  - **Aufstehen** amel.: nat-c.$_{h}$
  - **Ausstrecken** der Arme; beim: hipp.
  - **Berührung**, bei: *Chin.*
  - **Bewegung**:
    - **amel.**: *Agar.* am-m. arg-met. *Ars.* cina *Lyc.* **Rhus-t.** thuj.
    - **bei**: chel. dros. kali-n.$_{h}$ nit-ac. sep.$_{h}$ *Sil.* stann.$_{h}$
  - **Druck**, bei: plb.
  - **Frost**; während: *Ars.* ars-h. *Rhus-t.*
  - **Gefühllosigkeit**, mit: sep.$_{h}$
  - **Gehen** amel.: arg-met. *Kali-s.* *Rhod.* **Rhus-t.** **Valer.**
  - **intermittierend**: kali-n.$_{h}$
  - **kalt**:
    - **Luft**, durch kalte: ign.
  - **körperliche** Arbeit, durch: iod. *Rhus-t.*
  - **krampfartig**: aur. bell.$_{h}$ bism.$_{h}$ nat-c. ruta
  - **lähmungsartig**: *Cham.* *Chin.* *Cina* *Ferr-m.* mag-m. stann.
  - **Liegen**:
    - **beim**: sabin.
    - **Stilliegen**, beim: *Rhus-t.*
    - **Seite**, auf der: kali-n.
      - **linken**, auf der: *Phos.*
      - **schmerzhaften**, auf der: *Ars.*
  - **Menses**, während: bell. kali-n.$_{h}$
  - **ruckend**: **Chin.** puls. sil.
  - **Ruhe**, in der: ang.$_{h}$ nat-c.$_{h}$
  - **Schreiben**, beim: cinnb.
  - **Sitzen**, im: nicc. **Valer.**
  - **Speisen** und Getränke:
    - **kalte**, durch: *Cocc.*
  - **wandernd**: *Kali-bi.*
  - **zuckend**: ph-ac.$_{h}$ sul-ac.$_{h}$
  - ▽ **erstreckt** sich zu:
    - **allen** Teilen: chin.
    - **Daumen**: camph. cham. lyc. sil.
    - **Finger**: alum. am-m. camph. caps. cham. *Chin.* *Coloc.* crot-t. kali-n.$_{h}$ lyc. mag-m. nat-c.

- **Arme - erstreckt** sich zu **- Finger**: ....
    - **Zeigefinger**: aesc.
    - **kleiner** Finger: aur-m.
  - **Handgelenk**: kali-c. kali-n. nat-c.
  - **oben**, nach: arn. *Ars.* sep.
  - **Rücken**: caust.
  - **Ulnaris** entlang, den: aesc. thuj.
  - **unten**, nach: *Aesc.* bell.$_{k2}$ calc. camph. caust.$_{h}$ cham. *Chin.* crot-t. kali-c. kali-n. lach. lyc. nat-c. puls. sabin.
- ○ **Außenseite**: mag-m.$_{h}$
- **Gelenke**: alum. am-c. bov. cact. calc. carb-v. caust. cham.$_{h}$ chin. coloc. con. dig. **Graph.** grat. iod. kali-bi. **Kali-c.** kali-n. lact. *Lyc.* nat-c. nit-ac. **Ph-ac.** phos. puls. sep. sil. stram. *Stront-c.* *Sulph.* *Teucr.* *Zinc.*
  - **morgens**: stront-c.
  - **Sitzen**, beim: stront-c.
  - **wandernd**: kali-bi.
- **Knochen**: ang.$_{h}$ aur. benz-ac. cact. carb-v. caust. cham.$_{h}$ *Chin.* hell.$_{h}$ iod. *Kali-bi.* meph.$_{a1}$ *Merc.* mez. phos. *Rhod.* ruta$_{h}$ stront-c. sulph. *Zinc.*
- **Schulter**: acon. aesc. agar. agn. *Alum.* alum-p.$_{k2}$ alum-sil.$_{k2}$ alumn. am-c. *Am-m.* *Ambr.* arg-met. *Ars.* ars-s-f.$_{k2}$ aur-m. bar-c. *Bell.* *Berb.* bism. borx. *Bov.* *Bry.* cact. calc. calc-p. calc-sil.$_{k2}$ cann-s. carb-an. *Carb-v.* carbn-s. caust. cham. chel. *Chin.* chinin-ar. cic. cist. coc-c. cocc. colch. coloc. crot-t. dulc. *Euon.* **Ferr.** ferr-ar. *Ferr-m.* *Ferr-p.* *Gamb.* *Graph.* grat. hell. hep. *Hyper.* inul. iod.$_{h}$ kali-ar. kali-bi. **Kali-c.** kali-i. kali-m.$_{k2}$ *Kali-n.* kali-p. kali-sil.$_{k2}$ kalm. lach. lachn. *Laur.* *Led.* **Lyc.** *Lyss.* *Mag-c.* *Mag-m.* mag-s. *Mang.* *Merc.* merc-c. *Mez.* mosch. mur-ac. nat-c. *Nat-m.* nat-p. *Nat-s.* nicc. nux-m. nux-v. par. ph-ac. phel. *Phos.* plb. psor. *Puls.* *Rat.* *Rhod.* *Rhus-t.* sang. sars. sec. sep. sil. stann. *Staph.* *Stront-c.* sul-ac. **Sulph.** tep. *Thuj.* verat. verb. **Zinc.** zinc-p.$_{k2}$
  - **links**: alumn. cic. ferr. graph. nat-c.$_{h2}$ *Phos.*
  - **rechts**: agar. am-c. arg-met. cact. carb-v. *Coc-c.* ferr.$_{k2}$ *Ferr-p.* mag-c.$_{h}$ mag-m. *Rat.*
  - **morgens**: bry. coloc. lyc. mag-c.$_{h}$
    - **2** - **5** h: kali-n.
    - **6** h: bry.
    - **Bett**, im: am-m. rhod. sulph.
    - **Erwachen**, beim: *Carb-v.* puls. sulph. verat.
  - **vormittags**: mag-c.
  - **nachmittags**: chel. kali-n. mag-s. psor.
    - **16** h: indg. *Lyc.*
    - **17** h: arg-met. mag-c. sulph.
    - **Heben** des Armes; beim: nicc.
  - **abends**: kali-n. lyc. mez. psor. rhod. zinc.
    - **Bett**, im: nat-m. rhod. sil. zinc.
  - **nachts**: bell. coloc. *Crot-t.* graph. kali-bi. kali-n.$_{h}$ lyc.$_{h}$ *Merc.* *Sulph.* tep.
    - **Mitternacht**: ammc. castm.
    - **Bett**:
      - **im**: bar-c. coloc. *Phos.*
      - **Zubettgehen**, vor dem: am-m.
    - **warm** im Bett; wenn: caust. *Merc.* thuj.
  - ◈ **abwechselnd** mit Pulsieren: bar-c.

- **Schulter**: ....
  - **Abkühlung**, bei: **Hep.** *Lyc.* **Nux-v.** *Phos.* **Rhus-t.** *Sil. Sulph.*
  - **Aufstehen** aus dem Bett amel.: kali-n.h
  - **Aufstoßen** amel.: sep.h
  - **Berührung**, bei: *Chin.* ferr-p.k2 mur-ac.
  - **Bewegung**:
    - **amel.**: arg-met. carb-an. cocc. *Ferr.* ferr-p. kali-c.h lyc. mag-s. nat-c. psor. **Rhus-t.** sulph. thuj. verb.h
    - **bei**: agn. am-m.h berb. *Camph.* carb-v. chel. *Ferr-m.* ferr-p. *Graph. Led.* mag-m. *Merc.* mez. nat-c. sil. stann. sulph. verat.
    - **langsame** Bewegung amel.: *Ferr. Ferr-m. Ferr-p. Puls.*
  - **Bücken**, beim: borx.
  - **Einatmen**, beim: agn.
  - **Gehen** amel.; langsames: *Ferr. Ferr-m.*
  - **Haus**; beim Eintreten ins: bry.
  - **heben**; kann den Arm nicht: **Ferr.** *Ferr-m.* mag-m.h
  - **Herunterdrücken** des Armes; beim: mag-m.h
  - **Herunterhängenlassen** des Armes; beim: thuj.
    - **amel.**: mag-m.a1,h
  - **lähmungsartig**: agar. carb-v. chin.h *Ferr. Ferr-m.* kali-n. rhod. stann.h
  - **Legen** des Armes über den Kopf; beim: thuj.
  - **Liegen**, beim:
    - **Seite**, auf der:
      - **linken** Seite amel.; auf der: nux-v.
      - **schmerzhaften**, auf der:
        - **agg.**: thuj. zinc.
        - **amel.**: lyc. puls.
  - **Luft**:
    - **Freien**, im: lact.
    - **kalte** Luft amel.: thuj.
  - **Mittagessen**, nach dem: phos. sep.h
  - **pulsierend**: sil.
  - **Reiben** amel.: carb-an.h laur.
  - **rheumatisch**: *Bry. Ferr. Ferr-m.* ferr-p. grat. kali-bi. nat-m. nux-m. puls. **Rhus-t.**
  - **ruckend**: am-c.h *Chin.* sulph.
  - **Seite**:
    - **liegt**; auf der er: zinc.
    - **nicht** liegt; auf der er: kali-bi.
  - **Stricken**, beim: kali-c.
  - **Wärme**:
    - **amel.**: graph.h
    - **Bettwärme**, in der: caust. *Ferr. Thuj.*
  - **Wetter**, bei naßkaltem: **Rhus-t.**
  - **ziehend**: alum. coc-c. dulc.
  - ▽ **erstreckt** sich zu:
    - **Arme**: ars. calc-p. coc-c. ferr. lach. *Lyss.* mag-m.h mang. nat-c. ol-an. rat. stront-c. sulph.
    - **Brust**: am-c. mag-c.h
    - **Ellbogen**: ars. *Crot-c. Ferr-m.* mag-c.h nat-c. sars.
    - **Finger**: chin.h kali-n.c1 *Lachn.* lyss. mag-m. nat-c.h2 par. thuj. zinc.
- **Schulter - erstreckt** sich zu **- Finger**: ....
  - **Gelenke**: mag-c.h
  - **kleiner** Finger: nat-c.h
  - **Hals**: arg-met. berb.
  - **Handfläche**: mag-m.a1,h
  - **Handgelenk**: kali-n.h mag-c. rat.
  - **Handrücken**: *Crot-t.*
  - **Hinterkopf**: berb.
  - **Kopf**: kali-n.h
  - **Oberarm**:
    - **Knochen**: sulph.h
    - **Mitte** des Oberarmes: mag-c.h
  - **Ohr**: kali-i.bg1
  - **Schlüsselbein**: arg-met.h mag-c. par. sars.
  - **Schulterblatt**: mag-c. mag-m.
  - ○ **Rückseite**: nat-m.h
- **Oberarm**: aesc. *Agar. Alum.* alum-p.k2 alum-sil.k2 am-c. *Am-m.* arg-met. arn. **Ars.** ars-h. aur. aur-ar.k2 aur-s.k2 **Bell.** *Berb.* bism. bov. *Bry.* calc. calc-sil.k2 camph. canth. carb-an. *Carb-v.* carbn-s. card-m. castm. caust. chel. *Chin.* cic. cimic. cina clem. coc-c. colch. coloc. con. crot-t. dig. eupi. ferr. ferr-ar. ferr-p. *Grat.* guaj. hyos. hyper. ign. *Indg. Kali-ar.* kali-bi. *Kali-c.* kali-n. kali-p. kali-sil.k2 kalm. *Lach.* lachn. laur. *Led.* lil-t. *Lyc. Lyss.* mag-c. *Mag-m.* mag-s. mang. meny. *Merc.* merl. mez. *Mur-ac.* myric. *Nat-c.* nat-m. nat-p. **Nat-s.** ol-an. olnd. petr. ph-ac. phel. phos. **Plb.** psor. *Puls. Rat.* rheum *Rhus-t.* rhus-v. ruta sabin. sars. sec. sep. **Sil.** *Stann. Staph.* sul-ac. *Sulph.* tep. *Thuj. Valer.* **Zinc.** zinc-p.k2
  - **links**: agar. *Am-m.* aur.h bov. caust. puls.
  - **rechts**: canth. coc-c. eupi. ign. petr.h *Ran-b.*
  - **morgens**: eupi. mag-s. sulph.a1,k
    - **6** h: bry.
  - **vormittags**: agar. alum. chel.
    - **11** h: bry.
  - **mittags**: nicc.
  - **nachmittags**: bov. canth. nat-s. thuj.
  - **abends**: agar. alum. clem. con.a1,k kali-c. lyc.a1,k sars. sulph.a1,k
    - **amel.**: nat-s.a1,k
    - **Liegen** amel.: am-m.
  - **nachts**: am-m.h caust.h
    - **Mitternacht**:
      - **vor**:
        - **23** h: am-m.
      - **nach**: carb-an.
        - **3** h: nat-c.h
    - **Seite**, auf der er nicht liegt; auf der: kali-bi. puls.
    - **warmen** Bett, im: caust.h
  - ◇ **abwechselnd** mit reißenden Schmerzen in der Hüfte: bry.a1,k
  - **Abkühlung**, bei: phos.
  - **anfallsweise**: carb-v.h led. *Zinc.*
  - **Anstrengung**, durch: **Rhus-t.**
  - **Arbeit** agg.: *Rhus-t.*
  - **Aufstehen** amel.: bry.a1,k nat-c.a1,k sulph.a1,k
  - **Ausstrecken** des Armes amel.: mur-ac.a1,k
  - **Berührung**, bei: thuj.
    - **agg.**: spig.h

• **Oberarm**: ....
• **Bett**, im: caust.$_{a1,k}$ con.$_{a1,k}$ *Lyc.* mag-s. sulph.$_{a1,k}$ til.$_{a1,k}$
• **Beugen** des Oberarmes agg.: rat.
• **Bewegung**:
• **agg.**: carb-v. ferr. ferr-p. *Sil.* thuj.
• **amel.**: am-m. *Arg-met.* coc-c. con.$_{a1,k}$ *Lyc.* mur-ac.$_{a1,kl,*}$ psor. *Rhus-t.* sars. staph.$_{h}$ thuj. valer.
• **Armes** amel.; des: mur-ac.$_{h}$ sulph.
• **verhindert**: tep.
• **Druck** amel.: cina indg.
• **drückend**: arg-met.$_{h}$ aur. merl. stann.$_{h}$
• **Entblößen** des Oberarmes; beim: aur.
• **Freien**, im: calc.
• **amel.**: sulph.
• **Frost**; während: *Rhus-t.*
• **Gehen**:
• **amel.**: mur-ac.
• **beim**: bry.$_{a1,k}$ dig. led. sulph.
• **Halten** eines Buches; beim: coc-c.
• **Heben** der Arme; beim: *Agar.* carb-an. *Ferr.* mag-c.
• **Herunterhängenlassen** amel.: rat.$_{a1,k}$ *Rhus-t.*
• **Husten**, beim: alum.
• **intermittierend**: zinc.$_{h}$
• **krampfartig**: meny.$_{h}$
• **lähmungsartig**: **Bell.** carb-v. *Chin.* phos.
• **Liegen**, beim:
• **gesunden** Seite amel.; auf der: castm.
• **Oberarm**, auf dem: carb-an. castm.
• **Niesen**, beim: alum.
• **periodisch**: grat.
• **plötzlich**: crot-t. kali-c. meny.
• **Reiben** amel.: canth.$_{a1}$ nat-c.$_{a1,k}$
• **rheumatisch**: ferr-p. nat-m.
• **ruckend**: *Chin.* mag-c.$_{h}$ ph-ac. sulph.
• **Schreiben**, beim: mur-ac.$_{a1,k}$ *Valer.*
• **Sitzen**, im: *Am-m.* mur-ac.$_{a1,k}$ *Staph.*
• **Seite**, auf der er liegt: castm.
• **nicht** liegt; auf der er: kali-bi.
• **Stehen**, beim: nat-c.$_{h}$
• **steigt** und sinkt schnell: stann.$_{h}$
• **wandernd**: merl.
• **warm**:
• **Bett**, im warmen: caust.
• **windend**, drehend: cham.$_{a1,k}$
• **ziehend**: bry. cina coc-c. mur-ac.$_{h}$ *Thuj.*
• **zuckend**: camph.$_{h}$ mag-c. merc. merl. sulph.
• **zusammenschnürend**: merl.
▽ **erstreckt** sich zu:
• **Achselhöhle**: ars.
• **Ellbogen**: rat.
• **Finger**: alum. am-m. aur-m.
• **Handgelenk**: am-m. mag-c. ol-an. sars.$_{h}$
• **oben**, nach: **Ars.** kali-c. lach. led.
• **Schulter**: kali-c. lachn.
• **Schulterblatt**: alum.
• **unten**; den Arm nach: alum. am-m. canth. castm. caust. ferr. guaj. *Lach.* mag-c. merc. merl. mur-ac. ol-an. *Rat.* til. *Zinc.*

• **Oberarm**: ....
○ **Außenseite**: mag-m.$_{h}$ phos.$_{h}$
• **Deltoid**: kali-n.$_{h}$ nat-c. staph. zinc.$_{h}$
• **Innenseite**: berb. camph. laur. lyc. mang. merl. nat-s. phel. spig.$_{h}$ zinc.
• **Knochen**: acon. agar. alum. *Am-m.* ang. arn. bell. berb. bov. canth. carb-an. caust. *Chin.* cocc.$_{h}$ eupi. kali-n. led. mag-m. merc. nat-c. *Nat-s.* phos. psor. rhus-t.$_{h}$ ruta *Valer.* zinc.
• **morgens**: eupi.
• **vormittags**: agar. alum. nat-s.
• **mittags**: nicc.
• **nachmittags**: nat-s.
• **abends**: sulph.
• **nachts**:
• **Mitternacht**; vor:
• **23** h: am-m.
• **Bewegung** amel.: cocc.$_{h}$ psor.
• **Druck** amel.: canth.
• **Gehen**, beim: psor. sulph.
• **lähmungsartig**: phos.
• **Sitzen**, im: *Am-m.* indg.
▽ **erstreckt** sich zum Ellbogen: caust.
○ **Gelenkköpfen**, in den: thuj.
• **Rückseite**: agar. alum. camph. hyos. nat-c. sil. sul-ac.$_{h}$ zinc.$_{h}$
• **Vorderseite**: sulph.$_{h}$
• **Ellbogen**: acon. agar. *Alum.* alum-p.$_{k2}$ alum-sil.$_{k2}$ am-c. am-m. ambr. arg-met. arg-n. **Ars.** ars-h. *Ars-i.* ars-s-f.$_{k2}$ **Aur.** aur-ar.$_{k2}$ aur-m-n. bar-c. *Berb.* **Bov.** bry. cact. *Calc.* calc-i.$_{k2}$ calc-sil.$_{k2}$ *Carbn-s.* *Caust.* chin. *Chinin-ar.* cina clem. coc-c. cocc.$_{h}$ colch. coloc. con. croc. cycl. euphr. graph. *Grat.* hyper. indg. **Iod.** **Kali-ar.** kali-bi. **Kali-c.** kali-i. *Kali-n.* kali-p. kali-sil.$_{k2}$ kalm. *Lachn.* lact. led. **Lyc.** mag-c. mag-m. mag-s. *Merc.* *Mez.* mur-ac. nat-c. nat-p. *Nat-s.* nicc. nit-ac. par. ph-ac. phel. *Phos.* psor. puls. rat. **Rhus-t.** rhus-v. ruta sars. sep. sil. spong. *Stront-c.* sul-i.$_{k2}$ **Sulph.** tab. tell. tep. thuj. til. verb. *Zinc.*
• **links**: agar. *Iod.*
• **rechts**: arg-n. coloc. phos.$_{h}$ zinc.
• **morgens**: bov. lyc. *Zinc.*
• **vormittags**: alum.
• **10** h, beim Stricken: mag-c.
• **Sitzen**; amel. im: indg.
• **nachmittags**, 13 h: grat.
• **abends**: alum. lyc. merc. mez.$_{h}$ psor. rat. stront-c.
• **nachts**: am-c. **Ars.** *Phos.*
• **Bett**, im: ars.
◆ **abwechselnd** mit Reißen in der Schulter: tep.
• **Beugen** des Armes; beim: mez.$_{h}$ puls. rat.$_{a1,k}$ spong. stront-c.
• **Bewegung**:
• **amel.**: am-m. aur-m-n. castm. cocc.$_{h}$ *Lyc.* **Rhus-t.** **Sulph.**
• **bei**: chin. graph. lyc. sil. thuj.
• **Ergreifen** von etwas; beim: **Calc.**
• **Freien**, im: lact.

- **Ellbogen**: ....
  - **Gehen** im Freien; beim: con.
  - **Heben** des Armes; beim: graph. rat.
  - **Herunterhängenlassen** des Armes amel.: rat.
  - **krampfartig**: aur.$_{h}$
  - **Liegen** auf der linken Seite: *Phos.*
  - **Reiben** amel.: phos.$_{h}$ *Zinc.*
  - **rheumatisch**: *Ars. Calc. Lyc.* **Rhus-t.**
  - **Stricken**, beim: mag-c.
  - **Wärme** amel.: caust. **Rhus-t.**
  - **zuckend**: rhus-t.$_{h}$
  - **Strecken** des Armes; beim: lyc.
  - ▽ **erstreckt** sich zu:
    - **Achselhöhle**: *Ars.*
    - **Finger**: am-c. am-m. kalm. nat-c. puls. thuj.
    - **Hand**: am-c. berb. kali-bi. merc. phos.$_{h}$
    - **Handgelenk**: **Calc.** colch. guaj.$_{h}$ lyc. nicc. nit-ac. **Rhus-t.**
    - **oben**, nach: sulph.$_{h}$ zinc.$_{h}$
    - **Schulter**: lachn. phos. rhus-v.
    - **unten**, nach: am-c. berb. colch. kali-bi. kalm. lyc. merc. nat-c. nicc. nit-ac. rhus-t. rhus-v. ruta sulph.$_{h}$ thuj. til. zinc.$_{h}$
    - **Unterarmes**; Mitte des: mag-c.$_{h}$
  - ○ **Ellbogenbeuge**: bar-c. canth.$_{a1,k}$ **Kali-c.**$_{a1,k}$ laur.$_{a1,k}$ nat-s.$_{a1,k}$ olnd.$_{a1,k}$ rat. sep.$_{h}$ zinc.$_{a1,k}$
    - **rechts**: canth.
    - **Ausstrecken** des Armes; beim: hep.
  - **Ellbogenhöcker**: bov.$_{a1,k}$ lyc.$_{a1,k}$ mur-ac.$_{h}$ nat-c.$_{a1,k}$ valer.$_{a1,k}$
    - **Ruhe**, in der: agar.$_{a1,k}$
    - ▽ **erstreckt** sich zur Ellbogenbeuge: nat-c.$_{h}$
  - **Rückseite**: mag-c.$_{a1,k}$
- **Unterarm**: *Acon. Aesc.* aeth. *Agar. Alum.* alum-p.$_{k2}$ alum-sil.$_{k2}$ am-c. am-m. *Ambr.* anac.$_{h}$ arg-met. *Ars.* ars-s-f.$_{k2}$ asaf. aur. aur-m. bar-c. bell. *Berb. Bism.* borx. bov. brom. *Bry.* cact. **Calc.** calc-p. calc-sil.$_{k2}$ camph. canth. **Carb-v.** *Carbn-s.* **Caust.** *Cham.* chel. *Chin.* cic. *Cina* cinnb. clem. cocc. *Colch. Coloc.* crot-t. cupr. cycl. *Dig.* dulc.$_{h1,k}$ *Graph. Grat. Guaj.* hell. hyos. *Hyper.* indg. *Kali-bi.* **Kali-c.** kali-chl. kali-n. kali-p. kali-sil.$_{k2}$ kalm. lach. lact. laur. led. lyc. mag-c. *Mag-m.* mag-s. mang. meny. *Merc. Merl. Mez. Mur-ac.* myric. nat-c. nat-m. **Nat-s.** *Nicc. Nit-ac.* ol-an. op. par. ph-ac. phel. *Phos.* plb. *Puls.* ran-b. rat. rheum *Rhod. Rhus-t.* ruta sabin. *Sars.* sep. *Sil.* stann. staph. *Stront-c. Sulph.* tab. tarax. tep. teucr. *Thuj.* til. *Valer.* verb. *Zinc.* zinc-p.$_{k2}$
  - **links**: *Asaf.* camph. *Carb-v.* coloc. nit-ac.$_{h}$ rat. sil.$_{h}$
  - **rechts**: arg-met.$_{h}$ aur.$_{h,k}$ *Bism.*$_{h,k}$ canth.$_{h,k}$
    - **dann** links: arg-met.
  - **morgens**: alum. mez.$_{a1,k}$ phos.
    - **Erwachen**, beim: alum. cact.
  - **vormittags**: agar. ol-an.
    - **11** h: mag-s.
  - **nachmittags**: *Nat-s.* nicc. thuj.$_{a1,k}$
    - **Fahren**, beim: thuj.
  - **abends**: alum. brom. nat-s. op.$_{a1,k}$ rhod.
- **Unterarm**: ....
  - **nachts**, im Bett: *Ars.* kali-n.$_{h}$ *Merc. Rhod.*$_{a1,k}$
  - **anfallsweise**: arg-met. aur. *Calc.* cocc.
  - **Berührung** agg.: chin.$_{h}$ nit-ac.
  - **Beugen** des Fingers; beim: asaf.$_{a1,k}$
  - **Bewegung**, bei:
    - **agg.**: carb-v.$_{h}$
    - **amel.**: *Agar.*$_{a1,k}$ am-m. arg-met. bism. cina cocc. *Lyc. Rhod. Rhus-t.* sars. sulph.$_{h}$ *Valer.*
    - **heftige** Bewegung amel.: am-m.
    - **Armes**, des: staph.$_{h}$
    - **Hand**, der: staph.$_{h}$
    - **Finger**, der: asaf.
  - **Druck** amel.: mag-m.$_{h}$ sulph.
  - **Greifen** von etwas; beim: *Calc.*
  - **Herunterhängenlassen** des Armes; beim: stront-c.
  - **kalt**, wenn: phos.$_{a1,k}$
  - **krampfartig**: calc.$_{h}$ cina gran. ruta
  - **lähmungsartig**: *Bism.* cocc. *Colch.* kali-n.$_{h}$ nat-m. phos. sars.$_{h}$ sil.$_{h}$ stann.
  - **Ofenwärme** amel.: cinnb.
  - **Reiben** amel.: chin.$_{h}$ phos.$_{h}$
  - **ruckend**: mur-ac.$_{h}$
  - **Schreiben**, beim: cic. cinnb. *Ran-b.*$_{a1,k}$
  - **Sitzen**, im: cina nat-s.
  - **Waschen**; nach: lyc.$_{h}$
  - **Wetter**, bei nassem: *Rhod.*
  - **zuckend**: cupr.$_{h}$ dulc.$_{h}$
  - **zwickend**: dulc.$_{h1}$
  - ▽ **erstreckt** sich zu:
    - **Daumen**: mag-m.$_{h}$
    - **Finger**: alum.$_{h}$ carb-v.$_{h}$ nat-c.$_{h2}$ sars.$_{h}$
      - **Fingerspitzen**: alum. asaf. aur-m. sep.
      - **Gelenke**: *Coloc.*
      - **Ringfinger**: rat.
    - **Hand**: *Agar.* alum. am-m. *Berb. Carb-v.* caust. cham. coloc. grat. lyc. mag-m. mur-ac. rat. zinc.
    - **Handgelenk**: alum.$_{h}$ bar-c. *Calc.* guaj.$_{h}$ kali-n.$_{h}$
    - **oben**, nach: mur-ac.$_{h}$ thuj.$_{h}$
  - ○ **Außenseite**: thuj.$_{h}$
  - **Ellbogen**, nahe dem: carb-v.$_{h}$ caust.$_{h}$ sars.$_{h}$ zinc.$_{h}$
  - **Elle**: *Agar.*$_{a1,k}$ bry.$_{a1,k}$ caust. chin.$_{a1,k}$ cupr.$_{a1,k}$ kali-bi.$_{a1,k}$ kali-chl.$_{a1,k}$ lyc. mez.$_{a1,k}$ phel.$_{a1}$ sars.$_{a1,k}$ verb.$_{a1,k}$ *Zinc.*
    - ○ **Ellbogen**; nahe dem: phel.$_{a1,k}$ sil.$_{a1,k}$
    - **Mitte** der Elle:
      - **vormittags**: thuj.
      - **Schreiben**, beim: thuj.
    - **Rückseite**: dig. thuj.
  - **Flexoren**: *Colch.*
  - **Handgelenk**, nahe dem: mag-m.$_{h}$ mez.$_{h}$ sep.$_{h}$
  - **Innenseite**: camph.$_{h}$ mag-m.$_{h}$ nat-m.$_{h}$ phos.$_{h}$ sars.$_{h}$ thuj.$_{h}$ zinc.$_{h}$
  - **Knochen**: bar-c.$_{h}$ carb-v.$_{h}$ caust.$_{h}$ ph-ac.$_{h}$ puls.$_{h}$ sulph.$_{h}$ zinc.$_{h}$
  - **Sehnen**: *Calc.* caust.$_{a1,k}$ coc-c.$_{a1,k}$ kali-n.$_{a1,k}$ mag-s.$_{a1,k}$ tab.$_{a1,k}$

- **Unterarm**: ....
  - **Speiche**: agar. arg-met. berb.$_{a1,k}$ calc. camph. carb-v.$_{a1,k}$ caust. chin.$_{h}$ kali-bi. mang.$_{h}$ *Zinc.*
  - ○ **Ellbogenhöcker**: kali-c.$_{a1,k}$ kali-n.$_{a1,k}$ merl.$_{a1}$ ol-an.$_{a1}$
  - **Streckmuskeln**: hep.$_{h}$ mur-ac.
- **Handgelenk**: *Acon.* agar. alum. am-c. am-m. ammc. anac. *Arg-met.* arn. ars. **Aur.** aur-ar.$_{k2}$ bar-c. bell. berb. *Bism.* borx. bov. *Calc. Calc-p.* calc-sil.$_{k2}$ **Carb-v.** carbn-s. caust. chel. chin. chinin-ar. colch. cycl. euphr. gran. grat. *Guaj.* inul. kali-ar. kali-bi. *Kali-c.* kali-chl. kali-i. *Kali-n.* kali-sil.$_{k2}$ lach. lact. laur. led. lyc. *Mag-m.* mag-s. meny. *Merc.* merl. mez. mur-ac. nat-c. nat-m. **Nat-s.** nit-ac. ol-an. *Ph-ac.* phos. plb. ran-b. *Rat.* rhod. **Rhus-t.** ruta sabin. *Sars.* sep. *Sil.* **Stann.** staph. **Stront-c.** *Sulph.* tarax. teucr. thuj. *Zinc.* zinc-p.$_{k2}$
  - **links**: am-m. bism.$_{h}$ sep.$_{h}$
  - **rechts**: bism. calc-p. caust. *Rat.*
  - **morgens**: lyc.
  - **vormittags**: ran-b. sil. sulph.
  - **nachmittags**: am-m. lyc. mag-s.
    - **14** h: sars.
  - **abends**: bov. lyc. phos. stront-c.
    - **19** h: lyc.
  - **nachts**: am-c. **Ars.** *Aur.* kali-n.$_{h}$ *Merc.* sep.
    - **23** h: nat-s.
    - **Bett**, im: **Ars.** *Merc.* nat-m.
  - ◇ **abwechselnd** mit dem gleichen Schmerz in der Hand: berb.
  - **Aufstützen** auf der Hand; beim: merl.$_{a1,k}$
  - **Bettwärme** amel.: am-c. *Ars.* calc-p. **Rhus-t.** *Sil.*
  - **Bewegung**:
    - **amel.**: arg-met. *Bism.* mur-ac. rhod. **Rhus-t.** sulph.
    - **bei**: *Calc.* kali-bi. meny. *Merc.* merl. *Sil.* stann.
    - **Handgelenks**, des: phos. sep.
  - **drückend**: arg-met. guaj. stann.
  - **dumpf**: lyc.$_{h}$
  - **Frost**; während: ph-ac.$_{h}$
  - **Gehen** im Freien; beim: rhod.
  - **Greifen** von etwas; beim: *Carb-v.*
  - **Herabhängen**, beim: *Sabin.*$_{a1,k}$
  - **konvulsivisch**: ph-ac.
  - **krampfartig**: aur.$_{h}$
  - **lähmungsartig**: bell. *Bism.* meny. stann.
  - **plötzlich**: bar-c.
  - **quer** über das Handgelenk: ph-ac.
  - **rheumatisch**: gran. zinc.
  - **ruckend**: chin.$_{h}$
  - **Schreiben**, beim: arn.
  - **stechend**: *Arn.* calc. sep. staph.
  - **Stricken**, beim: kali-c.
  - **ziehend**: guaj. kali-bi. mez. **Rhus-t.**
  - **Zubettgehen**, beim: stront-c.
  - **zuckend**: colch. laur. **Rhus-t.**
  - ▽ **erstreckt** sich zu:
    - **Finger**: am-c. bar-c. caust. phos.$_{h}$ plb. tarax.$_{h}$ zinc.$_{h}$
- **Handgelenk - erstreckt** sich zu **- Finger**: ....
  - **Fingerspitzen** des Ringfingers und des kleinen Fingers: chel.
  - **Ringfinger**: kali-c.
  - **kleiner** Finger: am-c.
  - **Handrücken**: ran-b.
  - **Knöchel**: kali-n.$_{h,k,*}$
  - **oben**, nach: sars.$_{h}$
  - **Schulter**: sep. *Sil.*
  - ○ **Knochen**: *Arg-met. Aur.* bell. bism.$_{h}$ chin. cupr. lach. lact. nat-c. sabin. spig. teucr.
  - **Rückseite**: berb. caust. merl.
  - ▽ **erstreckt** sich zum Mittelfinger: caust.
  - **Ulnarseite**: kali-c.$_{h}$ lach.$_{a1,k}$ merl. zinc.$_{h}$
  - ▽ **erstreckt** sich zu den Fingerspitzen der beiden äußeren Finger: lach.$_{a1,k}$
- **Hände**: *Acon. Agar.* alum. alum-p.$_{k2}$ alum-sil.$_{k2}$ am-c. am-m. *Ambr.* ammc. anac. arg-met. arn. ars. *Aur.* bapt. bar-c. *Bell.* berb. *Bism.* borx.$_{h}$ brom. calc. *Calc-p.* calc-sil.$_{k2}$ canth. carb-an. *Carb-v.* carbn-s. **Caust.** chel. *Chin.* chinin-ar. chinin-s. *Cina Colch.* coll. *Coloc.* cupr. dig. dulc. euph. *Graph.* indg. kali-ar. kali-bi. **Kali-c.** kali-m.$_{k2}$ *Kali-n.* kali-p. kali-sil.$_{k2}$ kalm. kreos. lach. laur. led. *Lyc.*$_{h,k,*}$ *Mag-m.* mag-s. *Mang.* meny. merc. merl. *Mez.* mur-ac. nat-c. nat-m. **Nat-s.** *Nit-ac. Ol-an. Petr.* ph-ac. *Phos.* plat. plb. puls. ran-b.$_{k2}$ *Rat.* rheum *Rhod.* rhus-t. ruta sabin.$_{c1}$ sars. sec. *Sel.* sep. *Sil. Stann.* staph. stront-c. *Sulph.* tab. tep. teucr. thuj. verb. *Zinc.* zinc-p.$_{k2}$
  - **links**: nit-ac.$_{h}$ ph-ac.$_{h}$ phos.$_{h}$
  - **rechts**: canth. rat.
  - **morgens**: ars.$_{h}$ carb-v.
  - **vormittags**: thuj.
  - **mittags**: thuj.
  - **nachmittags**: kali-bi.
    - **14** h: laur.
  - **abends**: *Alum.* brom. graph. kali-n. led. lyc. nat-c. rhod. *Sel.* thuj.
    - **Bett**, im: mag-m.
  - **nachts**: lyc.$_{a1,h}$ merc. *Sel.*
    - **Bett**, im: phos.
  - **abwechselnd** in beiden: caust.
  - **anfallsweise**: rhod. thuj.
  - **Berührung** agg.: *Chin.* nit-ac.$_{h}$
  - **Bett**, nur im: *Lyc.*$_{h,k,*}$
  - **brennend**: merl.
  - **Druck** agg.: chel.
  - **drückend**: stann.$_{h}$
  - **Entblößen** amel.: lyc.$_{h}$
  - **Fahren** im Wagen; beim: zinc.
  - **Federbett**, unter dem: lyc.$_{h,k,*}$
  - **Herunterhängenlassen** des Armes amel.: arn.
  - **Liegen** auf der linken Seite; beim: *Phos.*
  - **Reiben** amel.: kali-n. laur.
  - **rheumatisch**: ammc. chel. *Graph.* puls.
  - **ruckend**: chin.$_{h}$
  - **Sitzen**, im: nat-s.
  - **stechend**: zinc.
  - **wandernd**: berb. stann.

• **Hände**: ....
 • **Wellen**; in: mez.
 • **zuckend**: cupr.$_{h}$ rat. stann.
 ▽ **erstreckt** sich zu:
  • **Finger**: kali-c. lyc.
  • **Oberarm**: *Ars.* lach. lat-m.
  • **Rücken**, in den: caust.
  • **Schulter**: lat-m.
 ○ **Gelenke**: cadm-s. *Coloc.* indg. lach. spig. sulph.
  • **abends**: sulph.
  • **nachts**: *Phos.*
  • **Bewegung**, bei: sulph.
  • **pulsierend**: spig.$_{h}$
 • **Handballen**: anac.$_{h}$ kali-n.$_{h}$ mag-m. mang.$_{h}$ sil.
  • **abends** im Bett: mag-m.
 • **Handfläche**: anis. bapt. bell. berb. calc. carb-v. caust. inul. lyc. mang.$_{h}$ spig. stront-c. sulph. thuj. zinc.
  • **links**, mit Unfähigkeit, die Finger zu kreuzen: inul.$_{br1}$
  • **abends**: stront-c.
  ▽ **erstreckt** sich zum Unterarm: stront-c. sulph.$_{a1,k}$
  ○ **Radialseite**: canth. caust. kali-bi. ol-an. sulph.
   • **Fleisch** vom Knochen gerissen würde; als ob das: ol-an.
   ▽ **erstreckt** sich zum Finger: sulph.
   ○ **Knochen**, wie im: caust.
  • **zwischen** Daumen und Zeigefinger: zinc.
 • **Handrücken**: anac.$_{h}$ caust.$_{h}$ chel.$_{h}$ kali-c.$_{h}$ kali-n.$_{h}$ mez.$_{h}$ sulph.$_{h}$ verb.$_{h}$ zinc.$_{h}$
 • **Knochen**: arg-met.$_{h}$ ars.$_{h}$ aur.$_{h}$ bism.$_{h}$ caust.$_{h}$ chel.$_{h}$ chin.$_{h}$ cupr.$_{h}$ dig.$_{h}$ graph.$_{h}$ kali-c.$_{h}$ nat-c.$_{h}$ ph-ac.$_{h}$ phos.$_{h}$ stann.$_{h}$ zinc.$_{h}$
 ○ **Metacarpale** II: iod.$_{h}$
 • **Strecksehnen**: merl.
 • **Ulnarseite**: arn. berb. bism.$_{h}$ castm. lyc. mur-ac.$_{h}$ nat-m.$_{h}$ nicc. rhod. sep.
  • **anfallsweise**: rhod.
  • **Bewegung** amel.: nicc.
  • **Schreiben**, beim: nicc.
  ▽ **erstreckt** sich zu:
   • **Ellbogen**: sep.
   • **Handgelenk**: lyc.
   • **kleiner** Finger: rhod.
 • **zwischen**:
  ○ **Handgelenk** und Knöchel des Daumens: lyc.
  • **Fingern**; den: alum. cycl.
  • **Zeigefinger** und Daumen: agar. *Kali-c.* lyc. ran-b. rat.
   • **Schreiben**, beim: *Ran-b.*
  • **Mittelfinger** und Ringfinger: nat-c.$_{h2}$ nat-s. phel.
  • **Ringfinger** und kleiner Finger: aeth.

• **Finger**: *Acon.* *Agar.* agn. alum. alum-p.$_{k2}$ alum-sil.$_{k2}$ am-c. *Am-m.* *Ambr.* anac. apis *Arg-met.* arn. *Ars.* ars-i. ars-s-f.$_{k2}$ asaf. *Aur.* aur-ar.$_{k2}$ aur-s.$_{k2}$ bar-c. *Bell.* berb. bism. brom.

• **Finger**: ....
bry. cact. calc. calc-p. calc-sil.$_{k2}$ carb-an. **Carb-v.** *Carbn-s.* **Caust.** chel. *Chin.* *Chinin-ar.* clem. coff. *Colch.* *Coloc.* crot-t. cupr. daph. *Dig.* dios. gran. graph. guaj. hell. ign. iod. kali-ar. kali-bi. *Kali-c.* kali-m.$_{k2}$ *Kali-n.* kali-p. kali-sil.$_{k2}$ kreos. *Led.* *Lyc.* *Mag-c.* mag-m. *Mag-s.* manc. *Mang.* meny. *Merc.* merc-c. *Mez.* mur-ac. nat-c. nat-m. nat-p. *Nat-s.* nicc. ol-an. olnd. *Ph-ac.* **Phos.** plb. psor. puls. rhod. *Rhus-t.* ruta sabad. sabin. samb. *Sars.* sep. *Sil.* *Stann.* *Staph.* *Stront-c.* sul-ac. **Sulph.** tep. teucr. thuj. verb. *Zinc.* zinc-p.$_{k2}$
 • **rechts**: *Bism.* chel.
 • **morgens**: hell.$_{h}$ mez. nat-s.
 • **vormittags**: ars. sulph.
 • **abends**: brom. carb-v. lyc. stront-c. zinc.$_{h}$
  • **18** h: lyc.
  • **20** h, beim Spinnen: am-m.
  • **Bett**, im: lyc.
  • **Bewegung** der Finger; bei: sulph.
  • **Einschlafen**, vor dem: sulph.
 • **nachts**, im Bett: mag-s. phos. puls.$_{h}$
 • **Berührung**, bei: *Chin.*
 • **Bewegung**, bei: led. stann.
 • **drückend**: stann.$_{h}$
 • **kalt**:
  • **Waschen**, durch kaltes: ol-an.
 • **Kälte**:
  • **amel.**: led. puls.
 • **lähmungsartig**: dig. meny.
 • **Liegen** auf der linken Seite: *Phos.*
 • **pulsierend**: spig.$_{h}$
 • **ruckend**: chin.$_{h}$ dig.$_{h}$ zinc.$_{h}$
 • **Schreiben**, beim: nat-s.
 • **zuckend**: am-m.$_{h}$ staph.$_{h}$
 ▽ **erstreckt** sich zu:
  • **Arm**: alum. merc.
  • **Brust**, Schulter, Ellbogen und Handgelenk: vip.
  • **Handgelenk**: mag-c. vip.
 ○ **Fingernägeln**, unter den: *Bism.* calc-p. fl-ac. kali-c. kali-n. naja
 • **Fingerrücken**: berb. carb-an.$_{h}$ hell.$_{h}$ nat-c. sars.$_{h}$ zinc.
 • **Fingerspitzen**: **Am-m.** ambr. arn. *Ars.* berb. *Bism.* calc. caust. chel. cupr. mag-c. mag-s. *Staph.* zinc.
  • **morgens** nach dem Aufstehen: mag-c.
  • **abends**: **Am-m.**
  • **nachts**: mag-s.
  • **Druck** agg.: chel.
  ▽ **erstreckt** sich zur Schulter: *Ars.*
 • **Gelenke**: acon. *Agar.* agn. am-c. am-m.$_{h}$ arg-met. asaf. **Aur.** aur-s.$_{k2}$ berb. bry. calc. calc-sil.$_{k2}$ carb-v. carbn-s. cist. clem. colch. *Coloc.* dig.$_{c1,k}$ hell. kali-bi. kali-c. kali-n. kali-sil.$_{k2}$ lachn. led. **Lyc.** mag-c. merc. merc-c. ph-ac.$_{h}$ phos. psor. puls. rheum *Rhus-t.* sabin. samb. sars. **Sil.** stann. stront-c. *Sulph.* teucr. thuj. zinc.
  • **vormittags**: ars. mag-c. sulph.
  • **abends**: lyc. stront-c.

- **Finger - Gelenke**: ....
  - **nachts**, im Bett: *Phos.*
  - ◇ **abwechselnd** mit Kopfschmerzen: kali-n.$_h$
  - **Aufstehen**, nach dem: asaf.
  - **Bewegung**, bei: *Led.*
  - **drückend**: stann.$_h$
  - **Einschlafen**, vor dem: sulph.
  - **Gichtknoten**, in: agn.
  - **krampfartig**: kali-n.$_h$
  - **lähmungsartig**: dig.
  - **zuckend**: ph-ac.$_h$
  - ▽ **erstreckt** sich zu:
    - **Handgelenk**, ins: mag-c.
    - **Schulter**: *Ars.*
  - ○ **Endgelenk**: agar.$_{a1,h,*}$ brom.$_{a1,k}$ kali-i.$_{a1,k}$ lyc.$_{a1,kl,*}$ mag-c.$_{a1,h,*}$ ~~zinc.$_{kl,xxx}$~~
    - **abends**: kali-i.$_{a1,k}$
  - **Grundgelenk**: agar.$_{h,kl}$ aur.$_{a1,k}$ bism.$_{a1,k}$ carb-v.$_{a1,k}$ lyc.$_{h,kl}$ mag-c.$_{h,kl}$ zinc.$_{h,kl}$
  - **Mittelgelenk**: carb-v.$_{a1,k}$ sabin. staph.$_h$
  - **zwischen** den Grundgelenken: mez.$_h$
- **Knochen**: ph-ac.$_h$
- **Strecksehnen**: hep.$_h$ puls.$_h$
- **Zeigefinger**: agar.$_{a1,k}$ am-m. ambr. bell. *Bism.* calc. caust. chel. dig.$_h$ gamb. iod. kali-bi. kali-c.$_h$ kali-i. kali-n. lyc. mang.$_h$ nat-c. nat-m. nicc. par. ran-b. rhod. sabad. sep.$_h$ til.
  - **nachmittags**, beim Spinnen: nat-s.
  - **abends**: agar.$_{a1,k}$ mag-c.
    - **Bett**, im: mez.
  - **nachts**: kali-n.$_h$
  - **lähmungsartig**: dig.$_h$
  - **Schreiben**, beim: ran-b.
  - **Splitter**; wie durch einen: agar.
  - **Strecken** des Zeigefingers; beim: am-m.
  - **zuckend**: dig.$_h$ mag-m.$_h$
  - ▽ **erstreckt** sich zu:
    - **Ellbogen**: kalm.
    - **Unterarm**: nat-m.$_h$
  - ○ **Fingernagel**: am-m. colch. con. kali-c. sep.
    - **nachmittags**: am-m.
    - **unter** dem Fingernagel, kaltes Wasser agg.: sul-ac.$_h$
  - **Fingerrücken**: grat.
  - **Fingerspitze**: kali-c. nat-m. zinc.
  - **Gelenke**: ambr. **Bell.** berb. calc. carb-v. caust. kali-c. nat-m. nux-v.
    - **nachmittags**: lyc.
      - **Wetter**, bei rauhem: rhod.
    - **abends**: agar.$_{a1,k}$ am-m.
    - **lähmungsartig**: bell.$_h$ chel.$_h$
    - ○ **metacarpal**: berb. calc. carb-v.$_h$ chel.$_h$ lyc. mag-m.$_h$ merc-c. spig.$_h$ stann.$_h$
      - **Bewegung** amel.: stann.$_h$
      - **Druck** amel.: mag-m.$_h$
    - **Mittelgelenk**: agar.$_{a1,k}$ **Bell.** calc. carb-v.$_h$ kali-c. nat-m.
    - **Endgelenk**: am-m. ambr. bell.$_h$ ~~carb-v.$_{kl,xxx}$~~ nux-v.
  - **Sehnen**: nat-m.
  - **Seite**: berb.$_{a1,k}$ plb.$_{a1,k}$
    - ○ **Außenseite**: merc.
- **Finger - Zeigefinger - Seite**: ....
    - **Innenseite**: mez.$_h$
- **Mittelfinger**: agar.$_{a1,k}$ am-m. ang.$_h$ aur-m. *Bism.* calc. calc-p. carb-v.$_h$ caust. cycl. form. hell.$_h$ iod. kali-i. kali-n. lyc.$_{h,k,*}$ mag-m. mang.$_h$ merc. nat-s. plb. ruta$_h$ sabad. *Sil.* sulph. til.
  - **nachmittags**: nat-s.
    - **15 h**: caust.
    - **Spinnen**, beim: nat-s.
  - **abends**: kali-i.
  - **nachts**: lyc.$_{h,k,*}$
  - **Entblößen** amel.: lyc.$_h$
  - **Federbett**, unter dem: lyc.$_{h,k,*}$
  - **Mittagessen**, nach dem: aur-m.
  - **zuckend**: mag-m.$_h$
  - ○ **Außenseite**: merl.
  - **Fingerglied**:
    - ○ **Endglied**: mez.$_h$ zinc.$_h$
    - **Grundglied**: ph-ac.
    - **Mittelglied**: nicc. ph-ac. ruta$_h$
  - **Fingernagel**: ambr. teucr.
    - ○ **unter** dem: lyc.$_h$
  - **Fingerspitze**: lyc. merl. zinc.
  - **Gelenke**: agar. berb. brom.$_{a1,k}$ laur. lyc. mag-m. merl. par. sil.
    - ○ **Endgelenk**: am-m. arg-met.
    - **metacarpal**: berb. lachn.$_{c1}$ laur. lyc. merl.
    - **Mittelgelenk**: berb. brom.$_{a1,k}$ hell.$_h$ kali-c.$_h$ mag-m. ruta$_h$ sil.
  - **Innenseite**: mez.$_h$
  - **Sehnen**: merl. sil.
    - **Beugen**, beim: sil.
- **Ringfinger**: agar.$_{a1,k}$ aloe *Bism.* brom. calc. camph. carb-v. cycl. kali-i. mag-m. merl. ol-an. sabad. *Sulph.* til.
  - **vormittags**: sulph.
  - **abends**: ambr. kali-i.
  - **nachts**: nat-c.$_h$
    - **Aufstehen** amel.: nat-c.$_h$
  - **ruckend**: agar.$_h$
  - ○ **Fingerglied**:
    - ○ **Endglied**: colch. zinc.$_h$
    - **Grundglied**: arn.
  - **Fingernagel**, hinter dem: sulph.$_h$
  - **Fingerspitze**: arn.
  - **Gelenke**: calc. carb-v.$_h$ merc-c. op. teucr. thuj.
    - ○ **Endgelenk**: teucr.
    - **metacarpal**: *Benz-ac.*
    - **Mittelgelenk**: calc. op. thuj.
      - ○ **Grundgelenk**; bis zum: mur-ac.$_h$
- **kleiner** Finger: agar.$_{a1,k}$ am-m. anac. arg-met.$_h$ ars.$_h$ bar-c.$_h$ bell.$_h$ bism. brom. canth. carb-v.$_h$ chel. coc-c. colch. cycl.$_h$ inul. kali-c.$_h$ laur. mag-c. merc. mez. nat-c. nit-ac. phos.$_h$ sulph. tab. thuj.
  - **vormittags**: sulph.
  - **nachmittags**: canth. indg.
  - **abends**: ambr. arn.
  - **nachts**: nat-c.$_h$
    - **Aufstehen** amel.: nat-c.$_h$

- **Finger - kleiner** Finger: ...
  - **Bewegung**:
    - **agg.**: carb-v. sars.$_{h}$
    - **amel.**: kali-c.$_{h}$
  - **lähmungsartig**: hell.$_{h}$
  - **rheumatisch**: hell.
  - **ruckend**: agar.$_{h}$
  - ○ **Fingerballen**: mur-ac.
  - **Fingerrücken**: mag-c.
  - **Fingerspitze**: ambr.$_{h}$ anthraci. arn. carb-v. kali-c. nat-c. spig. zinc.
  - **Gelenke**: agar.$_{al,k}$ arg-met. aur. calc. carb-v.$_{h}$ kalm. lyc.$_{h,k,*}$ nat-s. sabin. teucr.
    - ○ **Endgelenk**: aeth. arg-met. aur. kalm. lyc. sabin. teucr.
    - **metacarpal**: agar.$_{al,k}$ *Benz-ac.* calc. lyc.$_{h,k,*}$ sabin.
    - **Mittelgelenk**: agar. calc. iod.$_{h}$ mur-ac. sabin.
  - **Knochen**: sars.$_{h}$
- **Daumen**: agar.$_{al,k}$ am-c. am-m. ambr.$_{h}$ anac. arg-met.$_{h}$ arg-mur. astac. aur.$_{h}$ berb. bov. brom. calc. carb-v. clem. hyper. indg. kali-bi. kali-c. kali-i. kali-n. laur. lyc. mag-c. mag-m. mang.$_{h}$ nat-m. nat-s. nicc. par. phel. phos. plb. rat. rheum rhod. sil. spig. *Staph.* sul-ac. sulph. zinc.
  - **abwechselnde** Seiten: rat.
  - **links**: borx.$_{h}$ bov. kali-c.$_{h}$ lyc.$_{h}$
  - **abends**: hyper. mag-c.
  - **nachts**: kali-n.$_{h}$
  - **anfallsweise**: nat-m.
  - **ausgerissen** würde; als ob er: kali-i.
  - **brennend**: agar.$_{al,k}$
  - **plötzlich**: ran-b.
  - **Schreiben**, beim: ran-b.
  - **ziehend**: anac. clem. mag-m. zinc.
  - **zuckend**: brom. rat. staph.$_{h}$ sul-ac.
  - ▽ **erstreckt** sich zu:
    - **Brust**: sul-ac.$_{h}$
    - **Ellbogen**: anac.
    - **Spitze** im Sitzen; zur: nat-s.
  - ○ **Daumenballen**: am-m. anac. berb. bism. dros. gamb. kali-c. lyc. merl. ph-ac.$_{h}$ ran-b. *Sil.* staph. teucr.
    - **Bewegung** amel.: staph.$_{h}$
  - **Daumenglied**:
    - ○ **Endglied**: aur.$_{h}$
    - **Grundglied**: sep.$_{h}$
  - **Daumennagel**, unter dem: bar-c.$_{h}$ carb-v. fl-ac. kali-c. zinc.
    - **nachts**, im Bett: sulph.
    - ▽ **erstreckt** sich nach oben: berb.
  - **Daumenspitze**: ambr.$_{h}$ carb-v. lyc. phel. *Staph.* zinc.
    - **brennend**: carb-v.
  - **Gelenke**: am-c.$_{h}$ am-m. arg-n.$_{al}$ aur. aur-m. aur-m-n. benz-ac. calc. castm. chel. chin. cupr. graph.$_{h}$ iod. kali-bi. *Led.* *Lyc.* merc. merc-c. nat-m. nat-s. **Sil.** sul-ac. sulph. tell. thuj. zinc.
    - **anfallsweise**: lyc.
    - **Beugen** ist unmöglich: lyc.$_{h}$
    - **Bewegung** amel.: led.$_{h}$
- **Daumen - Gelenke**: ...
  - **lähmungsartig**: chel.
  - **Schreiben**, beim: grat.
  - ○ **Endgelenk**: bar-c.$_{h}$ zinc.$_{h}$
  - **Knochen**: carb-v.$_{h}$ chel.$_{h}$ sul-ac.$_{h}$
  - **Rand**: mang.
    - ○ **äußerer**: mang.
    - **innerer**: kali-i.
  - **zwischen** Daumen und Zeigefinger: agar.$_{h}$ rat.
- **Beine**: *Acon.* aeth. *Agar.* agn. **Alum.** alum-p.$_{k2}$ alum-sil.$_{k2}$ ambr. anac. ant-c. ant-t. *Arg-met.* arn. **Ars.** *Aur-m.* bar-c. *Bell.* berb. *Calc.* *Calc-ar.* calc-p.$_{k2}$ canth. *Caps.* carb-v. carbn-s. **Caust.**$_{h,k,*}$ *Cham.* *Chin.* *Chinin-ar.* *Cic.* cina *Colch.* **Coloc.** *Con.* dulc. eupi. *Ferr.* gels.$_{k2}$ *Graph.* hep. *Ign.* *Indg.* **Kali-ar.** *Kali-bi.* **Kali-c.** kali-n. kali-p. *Kali-s.* **Kalm.**$_{al,k}$ kreos. lach. **Lyc.** mag-c. *Mag-m.* mag-s. merc. mez. nat-ar. *Nat-c.* nat-p. **Nat-s.** nicc. **Nit-ac.** nux-m. nux-v. par. ph-ac. phos. **Plb.** *Puls.* rhod. **Rhus-t.** ruta$_{k2}$ sars. sep. *Sil.* stann. *Stront-c.* *Sulph.* *Tarax.* teucr. thuj. *Tub.* valer. *Verat.* verb. *Zinc.* zinc-p.$_{k2}$
  - **links**: con.$_{h}$ lyc.$_{h}$ sil.$_{h}$
    - **rechts**; nach: ambr.
  - **rechts**: sulph.$_{h}$
  - **morgens**: hep. stront-c.
  - **abends**: alum. mag-s. nat-c.
    - **Bett**, im: *Ferr.* *Sulph.*
    - **Gehen**, beim: sulph.
  - **nachts**: alum. anac. *Ars.* *Cic.* kali-c.$_{h}$ lyc.$_{h}$ *Merc.* **Nit-ac.** *Rhod.* *Verat.*
    - **4** h: coloc.
    - **Herausstrecken** der Füße aus dem Bett amel.: sulph.
    - **Liegen** darauf; beim: **Ars.**
  - **Abkühlung**, bei: *Phos.* *Rhus-t.*
  - **anfallsweise**: sulph.$_{h}$
  - **Aufstehen** vom Sitzen amel.: mag-c.
  - **Berührung** agg.: *Chin.*
  - **Bewegung**:
    - **amel.**: agar.$_{h}$ *Arg-met.* *Ars.* bell.$_{k2}$ euph. *Puls.* *Rhod.* **Rhus-t.** sep.$_{h}$ *Tarax.* valer. zinc.
    - **bei**: alum. ars.$_{h}$ *Bry.* *Kalm.*
  - **Essen**, beim: ph-ac.
  - **Flatus**, durch eingeklemmten: carb-v.$_{h}$
  - **Freien** agg.; im: **Caust.**
  - **Frost**; während: *Ars.* **Rhus-t.**
  - **Gehen**:
    - **amel.**: bar-c.$_{h}$ **Bell.** *Ferr.* *Lyc.* **Rhus-t.** sulph. *Valer.* verat.
    - **beim**: nicc. sep. *Sil.* stront-c. sulph.$_{h}$
  - **Herunterhängenlassen** über den Bettrand amel.: verat.
  - **Husten**: *Caps.*
  - **lähmungsartig**: *Cham.*
  - **Liegen** auf der schmerzhaften Seite agg.: **Ars.**
  - **Menses**, während: *Bell.* *Berb.* bry. cham. con. rhus-t. sep. sul-ac.
  - **Sitzen**, im: agar. *Alum.* arn. **Bell.** ph-ac. valer.
    - **tief** sitzt; wenn er: sulph.$_{h}$

• **Beine**: ...
  • **Stehen**, im: sulph.
  • **strecken**; muß das Bein: sulph.h
  • **Stuhlgang**, beim: *Rhus-t.*
  • **Sturm**, bei: caust.h,k,*
  • **Wärme**:
    • **amel.**: **Caust.** *Coloc.* **Lyc.** *Rhus-t.*
    • **Bettwärme**, in der: *Sulph.*
  • **warme** Anwendungen amel.: *Caust. Cham.*
  • **Wetter**:
    • **nassem** Wetter, bei: *Dulc. Rhod. Rhus-t.*
  ▽ **erstreckt** sich zu:
    • **oben**, nach: *Bell.* nat-c.h *Nux-v.* sep. stront-c.
    • **unten**, nach: *Ars.* bar-act.h *Bar-c.* bell.k2 *Cham. Cic.* eupi. *Kalm.* mag-s. nat-c.h *Sulph.* valer. verat. verb.
  ○ **Gelenke**: bar-act.h *Bell.* calc. kali-c. merc. *Stront-c. Teucr.* zinc.
  • **Ischiasnerv**: rutak2
  • **Knochen**: **Agar.** am-m. arg-met. ars. aur. bar-c. carb-v. chin. *Kali-c. Kali-n.* lyc. mag-c. mag-s. *Merc.* mez. **Nit-ac.** phos. *Rhod.* stront-c. teucr. thuj. *Zinc.*
    ○ **Periost**, erstreckt sich zu den großen Zehen; wie im: ars.a1
• **Gesäß**: agar. ambr. *Bar-c.* berb. chin.h cina colch. dros. kali-c. kali-n. lyc. mag-m. merl. mez. mill. nat-c. thuj. zinc.
  • **vormittags**: mill.
  • **abends**: nat-c.h
  • **Aufstehen**:
    • **amel.**: agar.
    • **beim**: dros.
  • **Bewegung**:
    • **amel.**: kali-n.
  • **Erwachen**, beim: agar.h
  • **Gehen**, beim: berb. mag-m.
  • **kribbelnd**: kali-c.h
  • **periodisch**: *Bar-c.*
  • **Sitzen** amel.: mag-m. nat-c.h2
  • **Stehen**, im: nat-c.
  ▽ **erstreckt** sich zu:
    • **Anus**: colch.
    • **Hüfte** und Leisten: nat-m.h
    • **unten**, nach: aur-m. *Bar-c.* thuj.
  ○ **Innenseite**: sep.h
  • **Rima** ani: ambr.
• **Sitzbein**:
  • **rechts**: lachn.c1
• **Hüfte**: *Acon.* aesc. agar. all-s. alum. alum-p.k2 alum-sil.k2 am-m. ambr. *Arn. Ars.* aur-m. bar-c.h bell.k2 *Berb.* bry. *Calc.* calc-p. cann-s. *Canth. Caps. Carb-v. Caust.* cham.bg1 cina clem. colch. *Coloc.* dios. dulc. elat.hr1 *Euph. Ferr.* ferr-i. ferr-p. gamb. graph. hep. *Iod.* iris *Kali-ar.* kali-bi. **Kali-c.** *Kali-n. Kali-p.* kali-sil.k2 *Kalm.*a1,k lach. led. *Lyc.* mag-c. **Mag-m.** mag-s. merc. merc-c. merc-i-f. *Mez. Nat-c.* nat-p. nicc. ol-an. par. ph-ac. *Rat.* rhod. *Rhus-t.* sabin. *Sep. Sil.* stann. stram. *Syph.* tab. tax. ter. thuj. *Zinc.* zinc-p.k2
  • **links**: acon. lyc.h mag-c.

• **Hüfte**: ...
  • **rechts**: agar. agn. coc-c. daph. lachn. *Mag-m. Nat-c.* ter.
  • **morgens**: *Ars. Mag-m.* stront-c.
  • **vormittags**: nat-c.
  • **nachmittags**: kali-n. mag-m.
    • **16** h, die ganze Nacht anhaltend: mag-c.
  • **abends**: kali-n. mag-m. mag-s. sulph.h
    • **Zubettgehen**, nach dem: *Ferr.* lyc. *Mag-m.* nat-c.
  • **nachts**: agar.h arn. mag-c. mag-m. *Merc.* nat-s.k2 sep.h syph.k2
  ◇ **abwechselnd** mit Reißen im rechten Oberarm: bry.
  • **Anfällen**; in: *Alum.* carb-v. *Coloc.*
  • **Atmen**, beim: alum.
  • **Bettwärme**, in der: **Merc.**
  • **Bewegung**:
    • **amel.**: agn. alum. *Euph. Ferr.* kali-n. nat-c.h **Rhus-t.**
    • **bei**: acon. *Calc. Coloc. Iod. Merc.* sil.
  • **Druck** amel.: *Merc-i-f.*
  • **drückend**: ambr.h zinc.
  • **Gehen**:
    • **amel.**: bell.k2 *Ferr.* stront-c.
    • **beim**: *Aesc.* caust. *Coloc.* mag-m. *Rhus-t.* samb. *Sil.* sulph.h
  • **Husten** agg.: *Caps.*
  • **Liegen**, beim: ferr. mag-m. nat-c.
    • **gesunden** Seite amel.; auf der: mag-m.
  • **Menses**, während: nat-c.
  • **pulsierende** Schmerzen: *Merc.*
  • **Reiben** amel.: ol-an.
  • **rheumatisch**: *Acon. Calc.* graph. *Kalm. Rhus-t.*
  • **Sitzen**, im: am-m. caust. euph. kali-c. par. ph-ac.
  • **Stehen**, im: *Coloc. Rhus-t.*
  • **ziehend**: acon. ars. aur-m. dulc. kali-bi. kreos. ter. zinc.h
  ▽ **erstreckt** sich zu:
    • **Fuß**: caps. *Kalm.* lyc. mag-s. sep.
      • **Husten**, beim: caps.c1
    • **Hypogastrium**: zinc.h
    • **Ischiasnerv** nach unten; den: calc. *Coloc.* lyc.
    • **Knie**: canth. *Caps.* colch. *Coloc. Kali-c. Lyc. Mag-m.* nat-s.k2 *Rat. Rhus-t.* sil.
      • **Husten**, beim: *Caps.*
    • **Knöchel**: calc.h
    • **Lumbalregion**: alum.
    • **Magen**: bry.
    • **Sakrum**: *Carb-v.*
    • **unten**, nach: *Alum.* am-m. bell.k2 caust. *Coloc. Kalm.* led. lyc. mag-m. mag-s. *Rat.* tep.
    • **Zehen**: nicc.
  ○ **Gesäßmuskeln**: agar.a1,k coc-c.a1,k tep.a1
  • **über** der: sep.h
• **Oberschenkel**: *Agar.* aloe **Alum.** alum-p.k2 alum-sil.k2 *Am-c. Am-m.* anac.h ang.h **Ars.** ars-s-f.k2 asaf. asar. aur. aur-ar.k2 *Aur-m.* aur-s.k2

- **Oberschenkel**: ...
  Bar-c. Bell. benz-ac. berb. borx. bry. *Calc.* calc-sil.$_{k2}$ *Camph.* canth. caps. *Carb-an.* carb-v. carbn-s. *Caust.*$_{h,k,*}$ cham. chel. *Chin. Chinin-ar. Cic.* cina cinnb. *Clem.* coc-c. cocc.$_{bg1}$ coff. *Colch. Coloc.* con. cycl. *Dulc.* elat.$_{hr1}$ *Euph.* ferr. *Ferr-ar. Graph.* grat. *Guaj.* hep. hyper. *Kali-ar.* kali-bi. *Kali-c. Kali-i.* kali-m.$_{k2}$ kali-s. kali-sil.$_{k2}$ *Kalm.* lach. laur. led. **Lyc.** lyss. mag-c. mag-m. mag-s. mang. *Merc. Merl. Mez.* mur-ac. nat-ar. *Nat-c. Nat-m.* **Nat-s.** nicc. nit-ac. nux-v. ol-an. par. petr. *Ph-ac.* phel. phos. *Phyt.* plat.$_{bg1,bg2}$ **Plb.** prun. puls. *Rat.* rhod. *Rhus-t.* sabad. sabin. *Sars.* sec. sep. *Sil. Spig. Stann. Stront-c.* sul-ac. *Sulph. Syph.* tax. tep. ter. thuj. trom. *Valer. Zinc.* zinc-p.$_{k2}$
  - **links**: *Am-m.* kali-i. mag-m.$_{h}$ sep.
  - **rechts**: *Am-m.* clem. *Phyt.* sep.$_{h}$
  - **morgens**: graph. ran-b. rhod. sulph.
    - **Aufstehen**, nach dem: bar-c.
  - **nachmittags**: *Coff.* graph. nat-c.
    - **Menses**, während: nux-v.
    - **Schlaf**, nach: nux-v.
  - **abends**: am-m. colch. graph. kali-c.$_{h}$ lyc. nat-c. ran-b. stront-c.
    - **Bett**, im: mag-m.$_{h}$
  - **nachts**, im Bett: *Alum.* carb-an.$_{h}$ coff. colch. kali-c.$_{h}$ puls. sulph. *Syph.*
    - **amel.**: tax.
  - **Abendessen**, nach dem: sep.
  - **anfallsweise**: alum. carb-v. carbn-s. *Chin.* coff. *Coloc.* **Plb.**
  - **Aufstehen**, beim:
    - **amel.**: carb-an.$_{h}$ caust. kali-c. mag-c. sil.$_{h}$
    - **Sitzen**, vom: cic. thuj.
  - **Berührung**, bei: *Chin.*
  - **Bewegung**:
    - **agg.**: aur. berb. bry. calc. coff. *Coloc. Kalm. Merc. Plb.* sec.
    - **amel.**: *Alum.* coc-c. *Dulc. Euph.* merc-i-f. mur-ac. *Rat. Rhod.* **Rhus-t.** sep. *Sulph. Valer.* zinc.
  - **brennend**: merl.
  - **Druck** amel.: coff.
  - **Essen**, nach dem: dros.
  - **Fahren** oder Reiten, nach: nat-m.
  - **Freien** agg.; im: *Caust.*
  - **gebeugten** Knien, bei: lyc.
  - **Gefühllosigkeit**, mit: agar. hep.$_{h}$ rhod.
  - **Gehen**:
    - **amel.**: *Alum.* coc-c. *Dulc.* euph. **Lyc.** mur-ac. rat. *Rhod.* **Rhus-t.** sulph. syph. *Valer.*
    - **beim**: agar. ars. aur. bar-c.$_{h}$ cic. *Coff.* con. dulc. lyc.$_{h}$ mur-ac.$_{h}$ *Nit-ac.* ran-b. sep.
      - **nach**: clem.
  - **Hinsetzen**:
    - **beim**: nit-ac.$_{h}$
  - **intermittierend**: nat-c.$_{h}$
  - **kalte** Luft agg.: *Kalm. Rhus-t.*
  - **krampfartig**: nat-c.$_{h}$
  - **Kratzen**, beim: caust.$_{h}$
  - **lähmungsartig**: bell.$_{h}$ caust.$_{h}$ lyc.$_{h}$ mez. sep.$_{h}$

- **Oberschenkel**: ...
  - **Liegen**:
    - **amel.**: *Phyt.*
    - **beim**: *Alum.* clem.
  - **Menses**, während: carb-an. kali-c. nux-v. *Petr.*
  - **Mittagessen**, nach dem: sep. sulph.
  - **pulsierend**: caust. lyc.$_{h}$ phos. sec. sil.
  - **Reiben** amel.: sul-ac.
  - **ruckend**: chin.$_{h}$ mag-c.$_{h}$ *Rhus-t.*
  - **Sitzen**:
    - **amel.**: aur. nit-ac.$_{h}$
    - **beim**: agar. *Alum.* **Am-m.** asaf. bell.$_{h}$ calc.$_{h}$ carb-an.$_{h}$ clem. coloc. *Dulc.* euph. hep. kali-c. **Lyc.** mag-c. mur-ac. ph-ac. *Phyt. Rat. Spig.* stann.$_{h}$ zinc.$_{h}$
  - **stechend**: coloc. dulc. iod. lyc. mag-c.$_{h}$ mur-ac. sep.
  - **Stehen**, beim: carb-an. euph.$_{h}$ kali-c.$_{h}$ mez. nat-c. *Phyt.* ran-b.
  - **Strecken** des Gliedes amel.: agar.
  - **Übereinanderlegen** der Beine; beim: agar.
  - **Wärme**:
    - **amel.**: bar-c. *Caust.* **Lyc.**
    - **Bettwärme**, in der: kali-c.$_{h}$ kali-m.$_{k2}$ merc.
  - **wund** beißend: graph. lyc.
  - **ziehend**: *Acon.* agar.$_{h}$ *Anac. Ars.* carb-an. *Chin.* clem. *Coloc.* dulc. merc. nux-v. **Rhus-t.** spig. stann. tep. thuj.
  - **zuckend**: asaf. bell.$_{h}$ *Chin.* guaj.$_{h}$ mag-c. nicc. stront-c.
  - ▽ **erstreckt** sich zu:
    - **Hüfte**: graph.$_{h}$
    - **Knie**: ars.$_{h}$ dulc.$_{h1}$ guaj.$_{h}$ nat-c.$_{h}$ sulph.$_{h}$
    - **Knöchel**: ars.$_{h}$
    - **oben**, nach: colch. nux-v. *Valer.* zinc.
    - **unten**, nach: agar. *Am-m.* ant-t. *Aur-m.* canth. carb-v. caust. cham. *Cic.* kali-i. *Kalm.* lach. led. lyc.$_{h}$ mag-c. mag-m. nat-c.$_{h2}$ ph-ac. **Plb.** rat. *Rhus-t.* sec. sil. tep. thuj.
  - ○ **Außenseite**: *Am-m.*$_{a1,k}$ anac.$_{h}$ berb.$_{a1,k}$ carb-an.$_{a1,k}$ caust.$_{a1,k}$ cycl.$_{a1,k}$ euph.$_{h}$ kali-n.$_{a1,k}$ led.$_{a1,k}$ lyc.$_{h}$ mez.$_{h}$ nat-c.$_{h2}$ ph-ac.$_{h}$ *Phyt.* ran-b.$_{a1,k}$ *Rhus-t.*$_{a1,k}$ sars.$_{h}$ spig.$_{h}$ *Valer.*$_{a1,k}$ zinc.$_{a1,k}$
  - **Innenseite**: *Am-m.* berb.$_{a1,k}$ calc.$_{h}$ caps.$_{a1,k}$ kali-bi.$_{a1,k}$ kali-c.$_{a1,k}$ merl.$_{a1,k}$ plb.$_{a1,k}$ sulph.$_{a1,k}$ zinc.$_{a1,k}$
  - **Knie**; über dem: aloe alum.$_{a1,k}$ carb-an.$_{a1,k}$ castm. colch.$_{a1,k}$ hep.$_{a1,k}$ indg.$_{c1}$ kali-c.$_{a1,k}$ kali-i.$_{a1,k}$ kreos.$_{a1,k}$ led.$_{a1,k}$ mag-c.$_{a1,k}$ mag-m.$_{a1,k}$ mang.$_{a1,k}$ mez.$_{a1,k}$ *Nit-ac.* ol-an.$_{a1,k}$ puls.$_{a1,k}$ *Rhus-t.*$_{a1,k}$ sars.$_{h}$ sil.$_{a1,k}$ teucr.$_{a1,k}$ tong.$_{a1}$
    - **morgens** im Bett: aphis$_{c1}$ hep.$_{a1,k}$
    - **abends**: colch.$_{a1,k}$ mag-m.$_{a1,h,*}$ sars.$_{h}$
      - **Bett**, im: colch.$_{a1,k}$ mag-m.$_{a1,h}$
    - **nachts**: mag-m.$_{a1,k}$ sars.$_{h}$ sil.$_{a1,k}$
    - **anfallsweise**: alum.$_{a1,k}$
    - **Gehen**, beim: mez.$_{a1,k}$
    - **Stehen**, beim: plb.$_{a1,k}$
    - **vor** und zurück: sil.$_{a1,k}$

- **Oberschenkel - Knie**; über dem: ...
  - **ziehend**: dulc.h kreos.a1,k
  - **zuckend**: *Rhus-t.*a1,k
  - ▽ **erstreckt** sich zu den Knöcheln: indg.c1
- **Knochen**: *Am-m.* ang.h mur-ac. *Nit-ac.* stann.h sulph.h thuj. *Zinc.*
  - ○ **Periost**: spig.h
- **oben**: arn.a1,k colch.a1,k kali-c.a1,k lyc.a1,k mez.a1,k puls. thuj.a1,k
- **Oberschenkelbeuge**: ant-t. gamb.
- **Rückseite**: agar.h bell.h canth.a1,k dulc.h eupi. graph.a1,k hep. kali-bi.a1,k kali-c.h kali-i.a1,k *Lam.* mag-m.h phos.a1,k rat.a1,k *Sel.*a1,k
  - **rhythmisch**, abends nach dem Hinlegen: phos.a1,k
  - **Übereinanderlegen** der Beine; beim: rat.a1,k
- **Vorderseite**: am-m.h ars.h bar-c.h chin.h *Coff.* con.h euph.h mag-c.h mur-ac.h **Plb.**

- **Knie**: *Acon. Agar.* **Alum.** alum-p.k2 *Alum-sil.*k4 am-c. am-m. ambr. ammc. arg-met. *Arg-n. Arn.* ars-h. asar. asc-t. aur-m. **Bar-c.** bar-i.k2 *Bell. Berb.* bry. *Calc.* calc-i.k2 calc-sil.k2 camph. cann-i. canth. carb-an. carb-v. carbn-s. *Caust.* cham. *Chin. Cist. Clem.* coc-c. cocc. *Colch.* coloc. con. crot-t. dios. dulc. euph. fl-ac. gran. grat. guaj. hep. hyper. ign. *Indg.* iod. iris jatr-c. kali-bi. **Kali-c.** kali-i. kali-m.k2 *Kali-n.* kali-p. kali-sil.k2 *Lach.* lachn. lact. laur. **Led. Lyc.** lyss. mag-c. *Mag-m.* mag-s. mang. *Merc.* merl. mez. mill. *Mur-ac. Nat-c.* nat-m. nat-p. *Nat-s.* nicc. nit-ac. op. par. petr. *Phos. Plb.* psor. **Puls.** rat. *Rhod.* **Rhus-t.** *Sars. Sep. Sil. Spig. Stann. Stront-c.* sul-ac. sul-i.k2 *Sulph.* teucr. thuj. til. vip. **Zinc.** zinc-p.k2
  - **abwechselnde** Seiten: ars. mag-m. puls.
  - **links**: calad. *Kali-i.* lachn. *Psor.* sulph. zinc.h
  - **rechts**: agar. *Coloc.* kali-n.h lachn.a1 rat. spig. zinc.
  - **morgens**: lyc. stront-c. zinc.
    - **Aufstehen**, beim: asc-t.
    - **Bett**, im: merl.
  - **mittags**: *Sulph.*
  - **nachmittags**: alum. carbn-s. lyc. nicc.
    - **13** h: sars.
    - **14** h: sars.
    - **15** h: sulph.
    - **16** h: fago.
    - **17** h: chin.
  - **abends**: alum. ammc. caust.h *Cist.* coloc. kali-bi. kali-c. kali-n. led. **Lyc.** mag-c.h petr. phos. *Puls. Sulph.*
    - **Gehen** amel.: *Coloc.*
    - **Liegen**, nach dem: alum. *Nat-s.*
  - **nachts**: carb-an. *Kali-i.* **Lyc.** *Puls.*
    - **Mitternacht**: stront-c.
    - **Bett**, im: carb-an. *Merc.* nat-c. nat-s. nit-ac. *Puls.* rhod. **Sulph.**
  - **Abendessen**, nach dem: sep.
  - **abgerissen**:
    - **wie**: phos.

- **Knie**: ...
  - **Abkühlung**, bei: *Calc. Kali-c. Lyc. Merc.* phos. **Rhus-t.** sep. *Sil.*
  - **anfallsweise**: castm.
  - **aufgerissen**:
    - **wie**: calad. mag-c.
  - **Aufstehen** vom Sitzen; beim: calc.h caust. mur-ac.
    - **amel.**: sil.h
  - **Auftreten**, beim: caust.h
  - **Berührung**, bei: *Chin.*
  - **Bett**:
    - **im**: **Sulph.**
    - **Zubettgehen**, vor dem: ammc.
  - **Bewegung**:
    - **amel.**: *Agar.* asar. *Bell.* kali-n. psor. *Rat.* **Rhus-t.** *Sil.*
    - **bei**: ars. asar. *Chin.* kali-bi. **Led.** *Merc.* plb.
  - **bohrend**: agar.h canth.
  - **Druck**:
    - **amel.**: plb.
    - **bei**: plb. spig.
  - **Einhüllen** amel.; warmes: nat-c.h
  - **Essen**, nach dem: bry.
  - **Freien** agg.; im: **Caust.** phos.h
  - **Gähnen**, beim: sars.
  - **Gehen**:
    - **amel.**: *Agar.* alum. bar-c. bell. coloc. grat. *Indg.* kali-n.h mur-ac. **Puls. Rhus-t.** sulph.h
    - **beim**: *Am-m.* asc-t. bar-act.h berb. calc. camph. grat. lachn. **Led.** merc. nit-ac. *Spig.* stront-c. *Sulph.* zinc.
    - **nach**: clem. nit-ac.
    - **Freien**, im: dulc.
  - **lähmungsartig**: *Chin.*
  - **Liegen**, beim: con.h
    - **nach** dem Hinlegen amel.: sulph.
  - **Mittagessen**:
    - **amel.**: phos.
    - **nach**: mag-c.h phos. sep.
  - **plötzlich**: lyc. op.
  - **Reiben** amel.: canth. castm. ol-an. *Phos.* plb. sul-ac.h *Zinc.*
  - **rheumatisch**: ars-h. asar. hyper. *Lach.* **Rhus-t.**
  - **ruckend**: puls.h
  - **Schlaf**, verhindert den: caust.h lyc.h
  - **Sitzen**:
    - **amel.**: zinc.
    - **beim**: *Agar. Arg-met.* bar-c. con. dulc. kali-c. led. mag-m. merl. *Mur-ac.* puls. *Rat.* sep.h *Sil.* stann.h thuj.
  - **Stehen**:
    - **amel.**: sil.
    - **beim**: *Agar.* berb. mag-c. sars.h sulph.h
  - **Stiche**, wie: alum. calc. sil.
  - **Strecken**, beim: petr.h
  - **Übereinanderlegen** der Glieder; beim: mur-ac.
  - **wandernd**: lact.
  - **Wärme**:
    - **amel.**: **Caust.**

- **Knie - Wärme**: ...
  - **Bettwärme**, in der: *Led.* **Merc.** plb.
  - **Wetterwechsel**, bei: vip.
  - **ziehend**: arg-n. caust.$_{h}$ cham.$_{h}$ stann.$_{h}$ *Sulph.* thuj.
  - **zuckend**: brom. kali-i. kreos. plb.
- ▽ **erstreckt** sich zu:
  - **Darmbeinkamm**: sulph.
  - **Füße**: lyc.$_{h}$ sil.$_{h}$ sulph.$_{h}$
  - **Hüfte**: caust. mur-ac. nit-ac. puls.
  - **Knöchel**: bry. caust.$_{h}$ cham.$_{h}$ indg. rhus-t.$_{h}$
  - **Lumbalregion**: fago. stront-c.
  - **oben**, nach: caust. *Chin.* dulc. fago. fl-ac. mez. mur-ac. nat-c. nicc. nit-ac. phos. puls. spig. stann.$_{h}$ stront-c. sulph. zinc.
  - **Oberschenkel**: chin. mag-c.$_{h}$ nicc.
  - **unten**, nach: **Alum.** *Bar-c.* bry. canth. chin.$_{h}$ indg. *Lyc.* merl. nat-c. nat-s. op. phos.$_{h}$ thuj.
  - **Unterschenkel**: arg-n.$_{al}$
  - **Zehen**: *Alum.* caust.$_{h}$ sulph.$_{h}$
- ○ **Außenseite**: canth. caust. hep. hyper. iod. kali-i. kali-n. spig.$_{h}$
  - **Sitzen**, im: kali-i.
- **Innenseite**: alum. bar-c. calc. ol-an. ran-b. stann.$_{h}$
  - **Gehen**, beim: ran-b.
    - **amel.**: bar-c.
- **Kniekehle**: ars. berb. calc. calc-caust. iod. kali-c. kali-n. lyc.$_{h}$ mag-c. merl. mez.$_{h}$ *Mur-ac.* nat-m. ph-ac. phos. plb. sars.$_{h}$ *Tarax. Valer. Zinc.*
  - **morgens**: zinc.
  - **abends**: lyc.$_{h}$
  - **nachts**: mur-ac.$_{h}$ phos.
  - **Aufstehen** vom Sitzen; beim: mur-ac.$_{h}$
  - **Gehen** agg.: berb. kali-n.$_{h,k}$ *Zinc.*
  - **Sitzen**:
    - **amel.**: *Valer. Zinc.*
    - **beim**: mur-ac. tarax.
  - **ziehend**: ars.
  - ▽ **erstreckt** sich zu:
    - **Hüfte**: mur-ac.$_{h}$
    - **Oberschenkel**: mag-c. mez.$_{h}$ ph-ac.
    - **Wade**: zinc.$_{h}$
- **Kniescheibe**: **Alum.** arg-met.$_{h}$ berb. caust. clem. *Colch.* con. kreos. lachn. merl. phos. psor. stront-c. *Sulph.* zinc.
  - **rechts**: lachn.$_{al}$
  - **nachts**: caust.
  - **Bewegung**:
    - **amel.**: psor.
    - **bei**: berb.
  - **Erwachen**, beim: clem.
  - **Gehen** amel.: sulph.$_{h}$
  - **Mittagessen**, nach dem: phos.
  - **Reiben** amel.: phos.
  - **ruckend**: chin.$_{h}$
  - **Sitzen**, im: con. merl.
  - **ziehend**: cocc. merl.
- **Unterschenkel**: *Acon.* agar.$_{al,k}$ agn. **Alum.**$_{al,k}$ alum-p.$_{k2}$ *Alum-sil.*$_{k4}$ *Ambr.* anac.$_{h}$ anag. arg-met. *Arg-n. Ars.*$_{al,k}$ ars-s-f.$_{k2}$ asaf. aur-m. bar-c. bar-i.$_{k2}$ **Bell.**$_{al,k}$ berb.$_{al,k}$ borx. brom. bry.$_{al,k}$ cadm-s. *Calc.*$_{al,k}$ calc-p. calc-sil.$_{k2}$ camph. caps. *Carb-an. Carb-v.*$_{al,k}$ carbn-s. **Caust.**$_{h,k,*}$ *Cham.*$_{al,k}$ chel. chin. chinin-ar. chinin-s. *Cic.* cina *Cinnb.* colch. *Coloc.* con.$_{al,k}$ croc. crot-t. cupr. cycl.$_{al,k}$ *Dulc. Euph. Ferr. Graph.*$_{al,k}$ *Guaj.* hell. hep.$_{al,k}$ *Hyper.*$_{al,k}$ *Ign. Indg.* iod. ip. kali-ar. kali-bi. *Kali-c. Kali-i. Kali-n.*$_{al,k}$ kali-p. kali-s. kali-sil.$_{k2}$ *Kalm.*$_{al,k}$ lach.$_{al,k}$ lachn. lact. *Led. Lob. Lyc.*$_{h,k,*}$ mag-c. *Mag-m. Merc.* merl. *Mez.* mill. nat-ar. nat-c. nat-m. nat-p. **Nat-s.** nicc.$_{al,k}$ *Nit-ac.* nux-v. ol-an.$_{al,k}$ op. pall. petr. ph-ac. phos. *Puls.* rat. *Rhod.* **Rhus-t.** sabad. samb. *Sars.* sel. *Sep.*$_{al,k}$ *Sil.*$_{al,k}$ spong. *Stann. Staph.* sul-i.$_{k2}$ **Sulph.**$_{al,k}$ tab. *Tarax.* teucr. thuj.$_{al,k}$ til. verat. verb. *Zinc.* zinc-p.$_{k2}$
  - **rechts**: rat.
  - **morgens**: ambr. dulc. sulph.$_{al,k}$
    - **Bett**, im: sulph.$_{al,k}$
  - **vormittags**: sil.
  - **mittags**: sulph.$_{al,k}$
  - **nachmittags**: alumn. indg. led. nicc.$_{al,k}$ nux-v. sulph.
    - **14** - 17 h: sil.
    - **Gehen**, beim: nicc.$_{al,k}$
  - **abends**: alum.$_{al,k}$ caust. kali-bi. kali-i. kali-n. led. *Lyc.*$_{h,k}$ nicc.$_{al,k}$ *Sulph.*$_{al,k}$
  - **nachts**: *Alum.* am-m.$_{h}$ anag. *Ferr.* kali-c.$_{h}$ *Lyc.*$_{h,k,*}$ *Merc.* **Nit-ac.** sulph.$_{al,k}$
    - **Mitternacht**: lyc.
      - **vor**:
        - **22** h: form.
  - **anfallsweise**: aur-m.
  - **arthritisch**: sil.$_{al,k}$
  - **Bewegung** amel.: agar. *Alum.* arg-met. **Bell.** ferr. kalm. *Rat. Rhod.* **Rhus-t.** sil. *Tarax. Tub.*
  - **brennend**: bell.$_{al,k}$
  - **Entblößen** amel.: *Sulph.*
  - **Essen**, beim: ph-ac.$_{al,k}$
  - **Freien** agg.; im: **Caust.** con.$_{h}$
  - **Frost**; während: *Ars. Ferr.* kali-n.$_{h}$ *Rhus-t. Sulph. Tub.*
  - **Gefühllosigkeit** im anderen Unterschenkel; mit: *Sil.*
  - **Gehen**, beim: bar-c. *Sil.* stann. **Sulph.**
    - **amel.**: agar. *Alum.* arg-met. asaf. *Bar-c.* **Bell.** *Euph. Ferr.* grat. *Indg.* kali-n.$_{h}$ **Lyc. Rhus-t.** *Tub.* **Valer.**
    - **Freien**, im: euph.$_{h}$
      - **amel.**: cina
  - **konvulsivisch**: lyc.$_{al,h,*}$
  - **krampfartig**: stann.$_{h}$
  - **lähmungsartig**: agar. bell.$_{h}$ *Cham.* til.$_{al,k}$
  - **Liegen**, beim: *Alum.*
  - **Menses**, während: mag-m.
  - **pulsierend**: arg-met.
  - **Reiben** amel.: phos.
  - **rheumatisch**: ambr.$_{al,k}$ *Calc.* **Caust.** colch. graph.$_{al,k}$ *Kalm. Lyc. Merc.* nit-ac. petr.$_{al,k}$ rhod. **Rhus-t.** *Zinc.*

- **Unterschenkel**: ...
  - **ruckend**: lyc.$_{h}$
  - **Schwangerschaft**; während der: verat.
  - **Sitzen**, im: agar. *Alum.*$_{a1,k}$ am-c.$_{h}$ caust.$_{h}$ cina euph. *Indg.* ph-ac. sil. stann.$_{a1,k}$ staph. **Sulph.**$_{a1,k}$ **Valer.**
  - **wandernd**: lact.$_{a1,k}$ rhod.
  - **warm**:
    - **Bett**, im warmen: **Merc.** plb. sil. *Sulph.*
      - **amel.**: *Agar.* **Caust.** *Cham.* **Lyc.** *Tub.*
    - **Kleidung** amel.; warme: agar. ars. **Lyc.**
  - ▽ **erstreckt** sich zu:
    - **oben**, nach: **Bell.** caust.$_{h}$ con.$_{h}$ guaj.$_{h}$ lach. sulph.
    - **unten**, nach: agar. agn. ars. aur-m. *Bar-c.* calc-p. carb-an.$_{h}$ caust. *Cham.* chel. *Lyc.* nicc. nux-v. thuj. verb. *Zinc.*
    - **Zehen**: **Alum.** nux-v. zinc.
  - ○ **Achillessehne**: *Alum.* bell. berb. *Calc. Caust.* cic. *Colch. Ign. Kali-c.* mez. nat-s. rat. thuj. *Zinc.*
    - **abends**: *Alum.*
    - **Anstrengung**, bei: *Ign.*
    - **Gehen**, beim: *Ign.*
    - **Liegen** im Bett; beim: hep.$_{h}$
    - **Stehen**, beim: rat.
    - ▽ **erstreckt** sich nach oben: rat.
    - **Ansatzstelle**, an der: bism.$_{h}$ colch.
  - **Knie**; unter dem: cupr.$_{h}$
  - **Knochen**: carb-v.$_{h}$ kali-c.$_{h}$
  - **Schienbein**: agar. alum. am-c. ambr. *Arg-met.* arg-n. *Ars.* bell. berb. *Bry.* carb-an. *Caust. Colch.* con. cycl.$_{h}$ dulc. euph. *Ferr.* graph. grat. guaj. *Kali-bi.* **Kali-c.** *Kali-i.* kali-n. kalm.$_{k2}$ lachn. *Led.* lyc. merl. mur-ac. nat-c. nat-s. **Nit-ac.** *Ph-ac. Phos. Puls.* rat. *Rhod.* sars.$_{h}$ sep. *Sil.* spong. staph. *Sulph.* thuj. verat.$_{h}$ *Zinc.*
    - **rechts**: agar. arg-met. lachn.$_{hr1}$ rat.
    - **morgens**: dulc.$_{a1}$ kali-n.$_{h}$ phos.$_{h}$
    - **abends**: kali-i. kali-n. led. *Sulph.*
      - **Bett**, im: con. lyc.$_{h}$ mez.$_{h}$
    - **nachts**: agar. carb-an. caust. hep. kalm.$_{k2}$ *Ph-ac.*
    - **Bewegung**, bei: cycl.$_{h}$
      - **amel.**: arg-met. *Rhod.*
    - **Gehen**, beim: con. sulph. thuj.
    - **krampfartig**: con.$_{h}$
    - **lähmungsartig**: mez.$_{h}$
    - **Menses**, während: kali-c. *Sep. Sil.*
    - **rhythmisch**: phos.$_{h}$
    - **Sitzen**, im: euph. grat. led. mang. mur-ac.
      - **amel.**: mur-ac.$_{h}$
    - **zuckend**: lyc.$_{h}$
    - ▽ **erstreckt** sich zu:
      - **unten**, nach: guaj.$_{h}$ kali-n.$_{h}$ sars.$_{h}$ verat.$_{h}$ zinc.$_{h}$
      - **Zehe**, große: nat-c.$_{h}$
  - **Venen**: cham.$_{h}$
  - **Wade**: agar. *Alum. Alum-sil.*$_{k4}$ am-m. ambr. anac.$_{c1}$ arn. ars. aur-m. berb. bry. calc. *Calc-p.* calc-sil.$_{k2}$ canth. carb-v. carbn-s. castm. *Caust.* chin. cic. cina colch. *Coloc.* croc. euph. *Ign.*

- **Unterschenkel - Wade**: ...
  Indg. kali-bi. kali-c. kali-i. kali-m.$_{k2}$ kali-n. kali-sil.$_{k2}$ laur. led. lob. mag-c. mag-m. mang. merc. mez. mur-ac. nat-c. nat-m. **Nat-s.** olnd. par. phel. plb. ran-b. raph. rat. sabad. sil. staph. sulph. tab. teucr. *Valer.*$_{h,k,*}$ *Zinc.*
  - **rechts**: agar. *Caust.* rat.
  - **nachmittags**: mag-c. nat-c. **Valer.**$_{h,k,*}$
    - **16** h, beim Legen des rechten Beines über den linken: *Valer.*
    - **17** h: castm. valer.
  - **abends**: am-m. mag-m. nat-s. ran-b. sulph.
    - **Bett**, im: anac.$_{c1}$ sil.
  - **nachts**: mur-ac. sabad.
  - **anfallsweise**: ambr. aur-m. plb.
  - **Bett**, im: am-m.
  - **Bewegung**:
    - **agg.**: berb. plb.
    - **amel.**: dulc.$_{h1}$ indg. *Rat.* sabad. sulph. *Valer.*
    - **Fußes** und der Zehen agg.; des: caust.$_{h}$
  - **Druck** amel.: plb.
  - **drückend**: berb.
  - **Essen** agg.; nach dem: bry.
  - **Frost**, mit: sil.$_{h}$
  - **Gehen**:
    - **amel.**: agar. kali-i. **Valer.**
    - **beim**: canth. *Ign.* olnd. plb. ran-b.
  - **krampfartig**: ran-b.
  - **Liegen** mit überkreuzten Gliedern; beim: *Valer.*$_{h,k,*}$
  - **Mittagessen**, nach dem: canth.
  - **pulsierend**: **Valer.**$_{h,k,*}$
  - **Reiben** amel.: castm. nat-s.
  - **Sitzen**, im: agar. am-m. ars. cina coloc. euph. indg. mur-ac. rat. sulph. **Valer.**
  - **stechend**: staph.
  - **Stehen**, im: berb. coloc. euph. *Ign.* kali-i. mag-m.$_{h}$ sulph.
  - **Übereinanderlegen** der Beine; beim: valer.$_{k2}$
  - **warm**:
    - **amel.**; äußerliche Wärme: ars.$_{h}$
    - **Bett**: plb.
  - **zerreißend**: plb.
  - **ziehend**: calc. kali-n.
  - **zuckend**: am-m. zinc.$_{h}$
  - ▽ **erstreckt** sich zu:
    - **Ferse**: *Coloc.* mag-m.$_{h}$
    - **Kniekehle**: nat-s.
    - **oben**, nach: arn. mag-m.
    - **unten**, nach: arn. carb-v. caust. dulc.$_{a1}$ mag-m. phel. sulph. zinc.
    - **Zehen**: sulph.
  - **über**: sep.$_{h}$
  - **unter**: lyc.$_{h}$ sep.$_{h}$
- **Knöchel**: *Acon. Agar.* alum. alum-sil.$_{k2}$ am-c. am-m. ambr. ammc. *Arg-met.* arg-n.$_{a1}$ *Arn. Ars.* bar-act.$_{h}$ **Bell.** berb. bism. calc. *Calc-p.* camph. carb-an. carbn-s. cham. *Chin.* chinin-ar. cic.$_{h}$ clem. *Colch.* coloc. con. *Dros.* euph. gins. *Guaj.* hell. indg. kali-bi. **Kali-c.** kali-n. kali-sil.$_{k2}$ lac-c.

• **Knöchel**: ...
lact. led. *Lyc.* mang-m. mez. nat-ar. nat-c. *Nat-s.* puls. rat. **Rhus-t.** rumx. sabin. samb. sil. spong. stann. staph. stront-c. sulph. tarax.h tep. *Teucr.* thuj. trom. *Zinc.*
• **rechts**: agar. dros. kali-n.h nat-m.h rat. samb.h
• **morgens**: puls.
• **Bewegung** des Fußes; bei: puls.h
• **Erwachen**, beim: nat-s.
• **mittags**: con. kali-bi.
• **abends**; bis: con.
• **nachmittags**: carbn-s. con. trom.
• **17** h: lyc.
• **abends** im Bett: samb.h
• **nachts**: phos.h
• **Mitternacht**: stront-c.
• **Erwachen**, beim: coloc.
• **Erwachen**, beim: kali-c.h *Lyc.* nat-m.
• **Bewegung**:
• **agg.**: ars.h kali-bi.
• **amel.**: arg-met. cham. dros. **Rhus-t.** sulph.
• **Gehen**, beim: camph. *Dros.* plan. puls.h
• **amel.**: *Bell.* teucr.
• **krampfartig**: kali-c.h
• **lähmungsartig**: dros.h til.
• **Liegen**:
• **amel.**: sil.
• **beim**: ars. sep.h
• **pulsierend**: ol-an.
• **Reiben** amel.: zinc.h
• **Sitzen**, im: agar.h am-m. arg-met. coloc. con.h kali-n.h sep.h stann.h teucr.
• **Stehen**, im: kali-n.h rat.
• **wandernd**: lact.
• **Wärme** amel.: am-c. ars.
• **warme** Füße amel.: kali-c.h
• **ziehend**: dulc.h1
• **Zubettgehen**, vor dem: ammc.
• **zusammenschnürend**: stront-c.
▽ **erstreckt** sich zu:
• **Knie**: ars. *Guaj.* kreos. spong.
• **oben**, nach: **Bell.** caust.h con.h samb.h
• **Zehen**: am-c.h hell. stann.h
○ **Außenseite**: berb. bism. caust.h dulc.h kali-n. merl. nat-c.h rat. thuj.
• **Innenseite**: dulc.h mez.h thuj.
• **Malleolus**: alum. am-c. ambr. arn. berb. grat. mez. nat-m. par. phos. sil. spong.
○ **äußerer**: arn. canth. con.h dulc.al kali-n. mag-m. nat-c.h2 par. rhod. samb.h stront-c. zinc.
• **innerer**: *Agar.* arg-met. berb. dulc.al puls. zinc.
• **Vorderseite**: agar. berb. rumx.
• **Füße**: *Agar.* agn. all-s. alum. alum-p.k2 alum-sil.k2 am-c. am-m. ambr. ammc. ant-c. *Arg-met.* arn. **Ars.** ars-s-f.k2 bar-c. *Bell.* berb. *Bism.* borx.h bov. bry. cain. *Calc.* calc-sil.k2 *Camph.* carb-v. carbn-s. **Caust.** *Cham.* *Chin.* chinin-ar. chinin-s. cocc. *Colch.* *Coloc.* crot-t. *Dulc.* *Graph.* hep. hyper. kali-ar. kali-bi. *Kali-c.* *Kali-n.* kali-p. kali-sil.k2 *Kalm.* lach. *Lyc.* *Merc.*

• **Füße**: ...
Merc-i-r. merl. *Mez.* nat-ar. *Nat-c.* *Nat-m.* nat-p. **Nat-s.** nit-ac. ol-an. *Phos.* *Puls.* *Rat.* *Rhod.* sabin.c1 sars. sec. sep. *Sil.* spig. spong. *Stann.* *Stront-c.* sul-ac. *Sulph.* tep. *Ter.* thuj. trom. verat. *Zinc.*
• **links**: ars.h nat-m.h puls.h
• **rechts**: nit-ac.h *Rat.* sep.h sulph.h
• **morgens**: ars.h nit-ac.h
• **nachmittags**: kali-bi.
• **abends**: graph. lach.
• **nachts**: *Ars.* hep. *Merc.* phos. rhod. *Sulph.*
◇ **abwechselnd** mit Gefühl von Lähmung: hyper.
• **Auftreten**, beim: carb-v.h
• **Berührung**, bei: *Chin.*
• **Bettwärme** amel.: *Am-c.* *Caust.* *Cham.*
• **Bewegung** agg.: bar-c. *Cham.* nat-c.al
• **Zehen** agg.; der: nat-c.h
• **Freien** agg.; im: *Caust.*
• **Frost**, nach: *Cham.*
• **Gehen**:
• **agg.**: agn. *Sil.*
• **amel.**: am-m. *Bell.*
• **gichtig**: graph.h
• **Menses**, während: am-m.
• **Mittagessen**, nach dem: cain.
• **Naßwerden**, nach: *Dulc.*
• **Reiben** amel.: zinc.h
• **rheumatisch**: crot-t. *Graph.* puls.
• **ruckend**: chin.h
• **Schwangerschaft**; während der: phos.
• **Stiche**, wie: bry.
• **Sturm**, bei: caust.
• **wandernd**: merl.
• **Wetterwechsel**; bei: vip.
• **ziehend**: ars. bov. kali-c.h stann.h zinc.h
• **Zudecken** im Bett agg.: cham.
▽ **erstreckt** sich zu:
• **Knie**: bar-c. bry.
• **Oberschenkel**: caust.
• **Zehen**: graph.h kali-bi. kali-c.
○ **Außenseite**: am-m. ambr.h bism.h graph. stann.h *Zinc.*
• **Ferse**: aeth. am-c. **Am-m.** anac. *Arg-met.* *Arg-n.* arn. *Ars.* bapt. berb. bism. calc-caust. caps. carb-an.h caust.h cina *Colch.* graph. kali-i. kreos. led. *Lyc.* merl. mez. mur-ac.h nat-s. par. petr. phyt. sep. *Sil.* staph. sul-ac. sulph. *Ter.* zinc.
• **morgens**: petr. sul-ac.
• **Bett**, im: am-m. anac.
• **Erwachen**, beim: petr. sul-ac.
• **nachmittags**, beim Stehen: nat-s.
• **abends**, beim Sitzen: stront-c.
• **21** h, beim Spinnen: nat-s.
• **Bett**, im: mag-c.h stann.h
• **nachts**: am-m.
• **Mitternacht**:
• **nach**:
• **3** h: am-m.
• **Bett**, im: am-m.

- **Füße - Ferse**: ...
  - **anfallsweise**: caps.
  - **Auftreten**:
    - **agg.**: sep.
    - **beim**: berb. sep.$_{h}$
  - **ausgerissen**, wie: stann.
  - **Bett**, im: anac.
  - **Bewegung**, bei: dros.
  - **Gehen**:
    - **amel.**: sulph.
    - **beim**: berb. dros. nat-s.
  - **krampfartig**, wenn die Glieder geschlossen aneinanderliegen: ang.
  - **plötzlich**: caust.$_{h}$
  - **Reiben** amel.: am-m.$_{h}$ nat-s.
  - **Sitzen**, im: cina kali-i. mur-ac.$_{h}$
  - **Spinnen**, beim: mur-ac.$_{h}$
  - **stechend**: merl. staph.$_{h}$
  - **Stehen**, im: berb. kali-i.
  - **zuckend**: am-c.$_{h}$ mag-c.$_{h}$ merl.
  - ▽ **erstreckt** sich zu:
    - **Gesäß**: merc.$_{h}$
    - **oben**, nach: plb. sulph.
  - ○ **Periost**: coloc.$_{h}$
- **Fußballen**: hell.$_{h}$ kali-n.$_{h}$ lyc.$_{h}$
  - **nachts**: plat.$_{h}$
- **Fußrücken**: aeth. ang. *Arg-met.* *Arn.* ars. berb. bry. *Camph.* canth. caust. colch. coloc. *Con.* cupr. graph. ign. jatr-c. kali-bi. kali-c. kali-n.$_{h}$ led. lyc. mag-m.$_{h}$ merc. merl. mez. nat-c.$_{h}$ *Nat-s.* plat. plb. *Puls.* rat. rheum$_{h}$ sabin. sil. sol-ni. spig. sulph. tab. thuj. zinc.
  - **rechts**: rat.
  - **vormittags**: ars.
  - **abends**: kali-n.$_{h}$
    - **Bett**, im: con. nat-s.
  - **anfallsweise**: plb.
  - **arthritisch**: sil.
  - **Berührung** agg.: sabin.
  - **Bettwärme**, in der: plb.
  - **Bewegung** agg.: ang. plb.
  - **Gehen**, beim: mag-m.$_{h}$ plb.
    - **amel.**: zinc.
  - **krampfartig**: nat-c.$_{h}$
  - **Liegen**, beim: ars.
  - **Sitzen**, im: nat-s.
  - **stechend**: berb.
  - **ziehend**: berb. merl.
  - **zuckend**: cupr.$_{h}$ spig. tab.
  - ▽ **erstreckt** sich zu:
    - **Fersen**: puls.
    - **oben**, nach: *Camph.*
    - **Oberschenkel**: *Camph.*
    - **Zehen**: kali-c. mag-m.$_{h}$ merl.
- **Fußsohle**: agar. *Alumn.* am-c. ammc. ang.$_{h}$ *Arg-met.* *Ars.* aur. aur-ar.$_{k2}$ aur-m-n. bell. berb. calc. calc-sil.$_{k2}$ cic. *Colch.* coloc. con. crot-t. cupr. graph. hep. hyos. **Kali-c.** kali-n. kali-sil.$_{k2}$ mag-m. *Merc-i-r.* merl. mez.$_{h}$ mur-ac.$_{h}$ nat-c. *Nat-s.* olnd. par. phos. plb. psor. puls. sep. sil. *Ter.* valer. zinc.
  - **vormittags**: nat-c.

- **Füße - Fußsohle**: ...
  - **nachmittags**: kali-n. nux-v.
    - **Liegen**, beim: nux-v.
  - **abends**: mag-m. sil. sulph.
    - **18** h; bis: sil.$_{a1,k}$
  - **nachts**: kali-n.$_{h}$
  - **Mitternacht**: sars.
  - **anfallsweise**: plb.
  - **Bettwärme**: plb.
  - **Bewegung**:
    - **agg.**: plb.
    - **amel.**: coloc. hyos. psor. sabin.
  - **blitzartig**: phel.
  - **brennend**: sabin.
  - **Druck**:
    - **agg.**: plb.
    - **amel.**: plb.
  - **Gehen**, beim: agar. bell. berb. con. graph. merl.
  - **Menses**, während: kali-n.$_{h}$
  - **plötzlich**: ang. cic.
  - **Reiben** amel.: plb. sulph.
  - **Sitzen**, im: agar.$_{h}$ ang.$_{h}$ merl. mur-ac.$_{h}$ nat-s. phos.$_{h}$
  - **Spinnen**: mur-ac.$_{h}$
  - **stechend**: zinc.
  - **ziehend**: colch.
  - **zuckend**: cupr.$_{h}$ kali-n.
  - **Zusammenschnürung**, mit: stront-c.
  - ▽ **erstreckt** sich zu:
    - **Knie**; über die: puls. sil.
    - **Rücken**: puls.
- **Innenseite**: caust.$_{h}$ cina colch. **Kali-c.** phos.$_{h}$
- **Knochen**: arg-met.$_{h}$ carb-v.$_{h}$ chin.$_{h}$ spig.$_{h}$ staph.$_{h}$
- **Zehen**: *Acon.* agar. *Agn.* am-c. *Am-m.* *Anac.* *Arg-met.* asaf. aur. aur-s.$_{k2}$ *Benz-ac.* berb. bism. bry. calc. calc-sil.$_{k2}$ camph. carb-an. *Carb-v.* carbn-s. *Caust.*$_{h,k,*}$ *Chin.* cic. cocc. *Colch.* *Coloc.* con. croc. crot-t. dios. *Graph.* hell. indg. jatr-c. **Kali-c.** kali-sil.$_{k2}$ laur. *Led.* lyc. mag-m. mag-s. merl. mez. *Nat-c.* nat-m. nat-p. nat-s. nicc. ol-an. par. phos. *Plat.* plb. psor. *Rat.* sep. sil. *Stront-c.* sulph. tarent. tep. teucr. thuj. valer. zinc. zinc-p.$_{k2}$
  - **links**: *Agn.* mag-c.$_{h}$ spig.$_{h}$
  - **abends**: **Am-m.** lyc.
    - **18** h: arg-met.
    - **20** h: am-m.
  - **nachts**: plat. sulph.
    - **amel.**: nicc.
  - **anfallsweise**: plb.
  - **Aufstehen**, nach dem: asaf.
  - **Berührung**, bei: *Chin.*
  - **Bett** amel.; im: am-m.
  - **Bettwärme** agg.: plb.
  - **Bewegung**: plb.
    - **amel.**: anac.$_{h}$ cocc. psor.
  - **Erwachen**, beim: nat-s.
  - **Gehen**, beim: *Agn.* *Camph.* carb-v. crot-t. mag-c.$_{h}$ nat-s. plb.
  - **gichtig**: *Benz-ac.* *Graph.*
  - **krampfartig**: *Anac.*

• **Zehen**: ...
• **Reiben** amel.: laur. nicc. phos.
• **rheumatisch**: *Graph.*
• **ruckend**: chin.$_{h}$
• **Sitzen**, im: *Am-m.* berb. phos.
• **stechend**: zinc.
• **Stehen**, beim: am-m. anac.$_{h}$ stann.$_{h}$
• **verstaucht**: crot-t.
• **wund** beißend: merl.
• **ziehend**: carb-an. clem. sulph. zinc.
• **zuckend**: chin.
▽ **erstreckt** sich nach oben: anac.$_{h}$ stann.$_{h}$
○ **Zehenballen**: plat.$_{h}$
• **Zehennägel**: *Camph. Carb-v.* caust. graph. hep. hura thuj.
• **Gehen**, beim: *Camph.*
• **Zehenspitzen**: **Am-m.** *Camph.*
• **große** Zehe: agar. am-c. *Am-m.* anac. *Ant-c.* arg-met.$_{h}$ aur-m. bar-c. *Benz-ac.* calc. calc-sil.$_{k2}$ carb-an. carbn-s. caust. cic. coc-c. cocc. con. crot-t. dulc. graph. hep. indg. kali-bi. *Kali-c.* kali-i. kali-n. kali-sil.$_{k2}$ lachn. lyc. mag-c. mag-m. mag-s. merc. merl. mez. mur-ac. nat-c. nat-m. ol-an. par. plat. plb. rat. ruta sang. sars. sep. *Sil. Sulph.* tarent. tep. thuj. *Zinc.*
• **links**: coc-c. rat.
• **rechts**: cic.$_{h,k}$ lachn.$_{hr1}$ mag-c.$_{h}$ mag-m.$_{h}$ mur-ac.$_{h}$ sil.$_{h}$ *Zinc.*$_{h,k}$
• **vormittags**: nat-c.
• **11** h: sil.
• **nachmittags**: am-m.
• **14** h: ol-an.
• **abends**: sars. sil.
• **Bett**, im: mag-m.
• **Hinlegen**, vor dem: mag-s.
• **nachts**: kali-i.
• **anfallsweise**: merc.
• **Berührung** agg.: arg-met.
• **Bewegung** amel.: cocc. dros. plb.
• **brennend**: con. rat. ruta$_{h}$
• **Druck** agg.: ruta
• **Gehen**, beim: con. hep. mag-m. nat-m.
• **geschwürig**: ol-an.$_{hr1,k}$ plat.
• **gichtig**: ant-c. benz-ac.
• **pulsierend**: dulc.
• **Reiben** amel.: nat-c.$_{h}$
• **rheumatisch**: crot-t.
• **Sitzen**, im: agar. *Am-m.* con.$_{h}$ mag-m.$_{h}$ par.
• **Spinnen**, beim: mur-ac.$_{h}$
• **stechend**: berb. zinc.
• **Stehen**, im: *Am-m.* con. nat-m.
• **ziehend**: agar.$_{h}$ kali-bi. mez. sars.$_{h}$
• **zuckend**: am-m.$_{h}$ brom.
▽ **erstreckt** sich zu:
• **Ferse**: nat-c.
• **Knie**: merc.
○ **Grundgelenk**: con.$_{h}$
• **Strecksehne**: nat-c.$_{h}$
• **Zehennagel**: colch. hep. *Thuj.*
○ **unter** dem: iod.$_{h}$ zinc.$_{h}$
• **links**: coloc.$_{h}$

– **reißend - Zehen - große** Zehe: ...
• **Zehenspitze**: arn. bar-c. bism. caust. **Kali-c.** sars.$_{h}$ zinc.$_{h}$
• **Zehenballen**: agar.$_{h}$ caust.$_{h}$ con.$_{h}$ dros.$_{h}$ petr.$_{h}$ ph-ac.$_{h}$
• **zweite** Zehe: canth. carb-v. dulc. kali-i. lyc. plb. rat.
• **rechts**: zinc.$_{h}$
• **pulsierend**: dulc.
○ **Gelenke**: berb. stront-c.
• **dritte** Zehe: ambr. bry. carb-v. lyc. mez. rat.
• **vierte** Zehe: carb-v. gamb. mag-c.
• **fünfte** Zehe: arn. caust. graph. kali-bi. lyss. mag-c. mag-m. mez. nat-s. sep. thuj. zinc.
• **abends**: zinc.

– **ruckend**, reißend: am-m. **Carbn-s.** *Puls.* sulph.$_{h}$
○ **Schulter** wird nach unten bewegt: sulph.$_{h}$
• **Oberarm**: ruta$_{h}$
• **rechts**: sil.$_{h}$
• **Ellbogen** wird nach unten bewegt: sulph.$_{h}$
• **Unterarm**, linker: sil.$_{h}$
• **Handgelenk**: spig.$_{h}$ squil.$_{h}$
• **Hände**:
○ **Knochen** der: anac. chin.
• **Finger**:
○ **Grundgelenke**: spig.$_{h}$
• **Mittelfinger**, links, brennend ruckend: sulph.$_{h}$
• **kleiner** Finger, links: chin.$_{h}$
• **Daumen**: am-c.$_{h}$
• **Hüfte**: kali-bi. *Lyc.* mag-m. **Mez.** *Puls.* sil. sulph.$_{h,k}$
• **Oberschenkel**: mag-m.$_{h}$
○ **Knie**; über dem: mang.$_{a1}$
• **Kniescheibe**: alum.$_{h}$
• **Unterschenkel**:
○ **Schienbein**: meny.$_{h}$
• **Wade**: cupr.$_{h}$
• **Füße**: hyos.$_{h}$
• **Zehen**: cic.$_{h}$

– **scharrig**, schabend: bry. **Chin.** coloc. **Ph-ac.** plb.$_{k2}$ **Rhus-t.** *Sabad.*
○ **Gelenke**: bry. *Sabad.*
• **Knochen**: **Ph-ac.** spig.$_{h}$
• **Arme**: sulph.
• **Ellbogen**: coc-c.
• **Unterarm**: anac.$_{h}$ bry.
○ **Ellbogenhöcker**: asaf.
• **Handgelenk**: cist.
• **Oberschenkel**: am-c. *Chin.* grat.
• **abends**: am-c.
• **Knie**: samb.
○ **Kniescheibe**: samb.
• **Unterschenkel**, Knochen: am-c. **Ars.** *Asaf.* led. **Ph-ac. Rhus-t.**
• **abends**: am-c.
• **Gehen** amel.: am-c.
• **hochzucken**; muß die Beine: am-c.

– **schießend**: *Acon. Aesc. Agar.* arg-n.$_{k2}$ aur. bufo *Calc. Con. Hep.* iris *Kali-bi. Merc.* plan. spig. xan.
☞ *stechend*
• **links**: aesc.

- **morgens**: kali-bi.
- **Bewegung**:
  - **Beginn** der Bewegung; zu: agar.
  - **fortgesetzte** Bewegung amel.: agar.
- **Geräusche**, durch: cocc.
- **Husten**, beim: caps.
- **kalte** Luft agg.: daph.brl
- **krampfartig**: plat.
- **Niesen**, beim: caps.
- **wandernd**: daph.brl
- ▽ **erstreckt** sich zu:
  - **oben**; nach:
    - **Verletzungen**; nach: hyper.k2
- ○ **Gelenke**: *Camph. Hep.* plan. tep. trom. verat.
  - **elektrische** Schläge, wie: verat.
- **Arme**: aesc. brach. calc-p. cann-s. cinnb. *Con. Crot-t.* cupr. daph. *Ferr. Lith-c.* nat-ar.k2 phos. pic-ac. ran-b.c1 *Rhus-t.* sabin.c1 sep. sol-ni. *Still.* sulph. valer.
  - **rechts**: acon.bg2
  - **abends**: sep. sulph.
  - **Husten**, beim: puls.
  - **periodisch**: cinnb.
  - **Ruhe**, in der: sep.
  - ▽ **erstreckt** sich zu:
    - **Arme** hinab; die: aesc. nat-ar.k2
    - **Handgelenk**: aesc.
    - **unten**, nach: aesc. cann-s. daph. *Ferr. Manc.* phos. pic-ac. still.
      - **links**: cimic.bg1 rhus-t.bg1
- **Schulter**: ail. alum. alumn. asc-t. bell. *Calc.* calc-p. crot-t.hr1 elat. *Ferr.* form. iris lith-c. phys. ptel. *Rhus-t.* sulph. trom.
  - **links**: hydrog.srj2
    - **Bewegung** agg.: asc-t.a1
  - **rechts**: asc-t.c1 gels.a1 iris
  - **morgens**: phys. trom.
    - **Bett**, im: sulph.
    - **Frühstück**, nach dem: gels.
  - **abends**: sulph.
  - **nachts**, vor dem Einschlafen: sulph.
  - ◇ **abwechselnd** mit Schießen im Ellbogen: tep.
  - **Gehen**, beim: lac-ac.
  - **Hitze** agg.: rhus-t.
  - **Liegen** auf der Seite; beim: rhus-t.
  - **unten**, nach: *Ferr.*
  - ▽ **erstreckt** sich zu:
    - **Wirbelsäule**: gels.c1
  - ○ **Gelenk**: am-c. ferr. ox-ac. tep.
    - ▽ **erstreckt** sich zum Arm: calc-p. ferr.
- **Oberarm**: *Ferr.* puls.bg1 sars.bg1 sulph. tep.
  - **links**: mez.bg1 rhus-t.bg1
    - ○ **Außenseite**: vip-l-f.a1
  - **rechts**: acon.bg1
  - **abends**: sulph.
  - **Gehen**, beim: sulph.
  - ○ **Knochen**, im: arum-d. sulph.
  - **Rückseite**: acon.
- **Ellbogen**: acon. bell. *Calc-p.* naja plb. tarent. tep. trom.
  - **links**, dann rechts: *Calc-p.*
- **Ellbogen**: ...
  - **morgens**: trom.
  - **mittags**: tarent.
  - **nachmittags**: naja
  - ◇ **abwechselnd** mit Schießen in der Schulter: tep.
  - ▽ **erstreckt** sich zu:
    - **Finger**: plb. thuj.
    - **Handgelenk**: acon. *Guaj.*
- **Unterarm**: *Acon.* aur-m.k2 bell. form. ham. plb. sabin.c1 still. thuj. trom.
  - **Bewegung**, bei: acon.
  - ▽ **erstreckt** sich zu den Fingern: plb. still. thuj.
- **Handgelenk**: *Acon.* bell. brach. ferr. merc-sul. sol-ni. tarent. trom.
  - **abends**: tarent.
  - ▽ **erstreckt** sich entlang der Elle zum Ellbogen: acon. bell.
- **Hände**: acon. apis calc-s. form. irisc1 nicc-s. pic-ac. sulph.
  - **Bewegung** amel.: acon.
  - ○ **Handballen**: sulph.
  - **Handfläche**: sulph.
    - **nachts**:
      - **Mitternacht**, vor:
        - **22** h: sulph.
  - **Handrücken**: berb. ferr.
- **Finger**: agar. choc.srj3 ind. nicc-s. phyt. sabin.c1 tep. trom.
  - ○ **Fingernägel**:
    - ○ **unter** den: caust.
    - **um** die: lith-c. merc.
  - **Fingerspitzen**: *Am-m.* bell. berb. elat. lept. *Sulph.*
    - **abends**: *Am-m.*
    - **nachts**: *Sulph.*
    - **Fieber**; während: elat.c1
    - **Frost**; während: bell.
  - **Gelenke**: *Acon.* caust.h phyt. tep. trom.
    - **vormittags**: trom.
  - **Daumen**: arum-d. dulc. sang.
    - **rechts**: gels.psa
    - ○ **Daumenballen**: tarent.
    - **Daumenspitze**: phyt.
  - **Zeigefinger**: nat-p. stann. tarent.
  - **Mittelfinger**: cinnb. nat-p. sumb.
    - ○ **Gelenke**: sumb.
  - **Ringfinger**: crot-h. trom.
- **Beine**: aesc. aeth. *Alum.* **Bell.** *Coloc.* gels. *Lach.* mag-s. nat-c.h2 *Nux-v.* phos. **Plb.**
  - **Gehen** amel.: **Bell.**
  - **Ischialgie**:
    ☞ *Beine - Ischialgie*
    - **links**:
      - ▽ **erstreckt** sich zu:
        - **unten**; den Ischiasnerv nach: elat.c1 irisc1
    - ▽ **erstreckt** sich zu:
      - **unten**; den Ischiasnerv nach: *Coloc.* lach. *Ruta*
  - **Stuhlgang**, beim: rhus-t.
  - **warmen** Bett amel.; im: *Mag-p.*

- **Beine**: ...
  - ▽ **erstreckt** sich zu:
    - **abwärts**: aesc. anac. **Plb.**
- **Gesäß**: carbn-o.
- **Hüfte**: ail. **Ars.** bell. bry. *Calc.* calc-p. *Chel.* cinnb. *Ferr.* form. lach. sabad. sabin.cl *Sulph.* thuj.
  - **rechts**: chel. sabad. sulph.
    - **Aufstehen** vom Sitzen, beim: chel.
  - **abends**: *Ferr. Sulph.*
    - **19** h: form.
  - **nachts**, vor dem Einschlafen: *Sulph.*
  - **Bewegung** amel.: sulph.
  - **Gehen** amel.: *Ferr.*
  - **Husten**, beim: caps.
  - **reißend**, erstreckt sich zum Unterschenkel: colch.
  - ▽ **erstreckt** sich zu:
    - **Abdomen**, ins: chel.
    - **Fuß**: *Caps.* lach. sulph.
    - **Knie**: *Caps. Nux-v.*
    - **Oberschenkelknochen** nach unten; den: *Sulph.*
    - **Wade**: thuj.
  - ○ **Gelenk**: colch. *Ferr.* sulph.
    - **tagsüber**: sulph.
    - **morgens**: *Sulph.*
    - **abends** im Bett: *Ferr.*
    - **nachts**: sulph.
  - **Trochanter**, erstreckt sich zur Kniekehle: pall.cl
- **Oberschenkel**: acon. aesc. *Alum.* anac. *Apis* **Ars.** ars-i. arum-d. aur-m. **Bell.** *Calc-p.* cinnb. form. iris kali-bi. *Kali-c.* lec. myric. naja sep. sil. stram. sulph. tarent. trom.
  - **mittags**: form.
  - **nachts**: kali-bi.
    - **Einschlafen**, vor dem: sulph.
  - **Gehen** amel.: sulph.
  - **plötzlich**: sep.
  - **Sitzen**, beim: bell.
  - ▽ **erstreckt** sich zu:
    - **Fuß**: anac.gsy1
    - **unten**, nach: aesc. apis aur-m. calc-p. form. kali-bi. *Kali-c.* lec. sep.
    - **Zehen**: *Apis* sep.
  - ○ **Nervus** cruralis: apis podo.hr1
  - **Rückseite**: choc.srj3 ind. *Kali-c.*
  - **über** dem Knie: mang.h
- **Knie**: *Acon.* agar. ant-c.cl apis *Bar-c.* brach. bufo *Coloc. Ferr-p. Iod. Kali-bi.* lyss. **Nit-ac.** podo. rhus-t. sulph. tep. trom.
  - **Seite** zur anderen; von einer: rhus-t.
  - **nachts**: ferr-p.k2 *Kali-bi.*
  - **Bewegen** agg.: bufo *Coloc. Ferr-p.*
  - **Gehen**, beim: *Coloc.* sulph.
    - **Freien**, im: sulph.
  - **Husten**, beim: nit-ac.
  - **Knien**, beim: *Bar-c.*
  - **Stehen** agg.: nit-ac. sulph.
  - **Treppensteigen**, beim: agar.

– **schießend - Knie**: ...
  - ○ **Kniekehle**: agn. bell. cupr-ar. sulph.
    - **Sitzen**, beim: sulph.
    - **Stehen**, beim: agn.
  - **Kniescheibe**: bell. carb-v.bg1 cupr-ar.
- **Unterschenkel**: *Acon.* aesc. aeth. anac. bell. cann-i. *Con. Ferr. Gels.* guaj. *Hyper.* iod. naja *Rhus-t. Sil.*
  - **rechts**: iod.
    - ▽ **erstreckt** sich zu:
      - **unten**; nach: hydrog.srj2
  - **abends** im Bett: *Ferr.*
  - **Anfällen**, in: *Gels.*
  - **oben**, nach: *Guaj.* xan.
  - ○ **Achillessehne**: tarent.k2
  - **Periost**, im: hyper.
  - **Wade**: alum. bell. *Calc-p. Lyc. Plb.* sulph. tarent.
    - **rechts**: gels.a1
    - **abends**: sulph.
    - **Anziehen** der Stiefel; beim: graph.
- **Knöchel**: *Acon.* apis aur. berb. bufo *Calc-p.* choc.srj3 *Ferr-p.* naja nux-v. osm. sep. trom. xan.
  - **Bewegung** agg.: bufo
  - ▽ **erstreckt** sich zu:
    - **Fersen**, über die: agar.
    - **Knie**: guaj.
    - **oben**, nach: aur. guaj. nux-v.
- **Füße**: arg-met. aster. bell. daph. ferr. iris **Kali-c.** tarent. xan.
  - **rechts**: irisa1
  - **Gehen**, beim: bell. nat-c.h2 tarent.
  - **stechend**, endet in elektrischen Schlägen: daph.
  - ▽ **erstreckt** sich zu den Knien: xan.
  - ○ **Ferse**: ant-c.cl puls.bg1,bg2 sabin.br1 trom.
    - **rechts**: hydrog.srj2
  - **Fußsohle**: agar. alum. bell. borx.cl calc-p. daph. plb. sulph.
    - **nachts**, vor dem Zubettgehen: sulph.
    - **Gehen**, beim: agar. bell. plb.
    - **Splitter**, wie: *Agar.*
    - ▽ **erstreckt** sich zur Hüfte: plb.
  - **Mittelfußknochen**: sabin.br1
- **Zehen**: *Acon.* agar. ambr.cl apis aster. calc-p. daph. dulc. *Elat.* med.
  - **Fieber**; während: elat.cl
  - ▽ **erstreckt** sich zur Hüfte: nux-v. *Pall.*
  - ○ **Gelenke**: *Cann-i.*
    - **links**: cann-i.cl
  - **Zehenballen**: alum. calc-p. daph.
  - **Zehenspitzen**: *Am-m.*
    - **abends**: am-m.
  - **große** Zehe: alum. daph. pip-m. sulph. tarent.
    - ○ **Gelenke**: *Cann-i.* kali-bi. *Stann.*
    - **Zehennagel**: sulph.
      - **nachts**, im Bett: sulph.
    - **Zehenspitze**: stann.

– **schneidend**: apis cina
- **Husten**: caps.
- **Niesen**, beim: caps.

- ○ **Gelenke**: cadm-s. guare.$_{hr1,k,*}$ hyos.$_{a1,k}$ *Sabad.*$_{a1,k}$ vesp.$_{a1,k}$
- **Arme**: am-c. am-m. *Anac.* apis ars-h. arund. bell. caust. con. dig. kali-c. manc. mang. mur-ac. *Nat-c.* ox-ac. petr. ph-ac. sars. stann. stry. sul-ac.
- **Schulter**: anac. *Bell.* colch. *Coloc. Dig.* dios.$_{bg1}$ eup-per. eup-pur. manc. merc-i-f. sil. sul-ac. sulph. thuj. verat.
  - **rechts**: caust.$_{bg1}$ sulph.
  - **vormittags**: sulph.
    - **Gehen**, beim: sulph.
  - **Beugen** des Armes nach vorne; beim: ign.
  - **durchbohrend**; von innen nach außen: bell.
- **Oberarm**: anac. bar-c. caust. *Chel.* lac-c. manc. *Plat.* spig.
  - **Beugen** des Armes; beim: anac.
  - **Schreiben**, beim: ars-i.
  - **Strecken** des Armes; beim: anac.
  - ○ **Bizeps**: hydr. iris
  - **Deltoids**, Gegend des: caust. spig.
- **Ellbogen**: **Alum.**$_{bg1,bg2}$ caust. cedr.$_{a1,k}$ graph.$_{h}$ hep. hydr.$_{a1,k}$ manc. med. ph-ac.$_{a1,k}$ plb.$_{bg1}$ tell.
  - **Bewegen**, beim: med.
  - **Gehen**, beim: bell.
  - **lähmend**: graph.$_{h}$
  - ○ **Ellbogenbeuge**: con.$_{a1,k}$ mur-ac.$_{a1,k}$
    - **Beugen**, beim: mur-ac.
- **Unterarm**: ars-met. bism. *Bov.* mosch. mur-ac. *Teucr.*
  - ○ **Ellbogen**; nahe dem: bell. mur-ac.
  - **Handgelenk**; nahe dem: bell.$_{h}$ dros. *Teucr.*
  - **Streckmuskeln**: mur-ac.
- **Handgelenk**: bell. ph-ac. rhus-v. spig.$_{h}$ stry.
  - **abends**: rhus-v.
  - ▽ **erstreckt** sich in die Finger: rhus-v.
- **Hände**: ambr.$_{c1}$ mur-ac. *Nat-c.* stann. stry. ust.
  - ○ **Gelenke**:
    - **Schließen** der Hand; beim: caul.$_{br1,c1}$
  - **Knochen**: anac.$_{h}$
- **Finger**:
  - ○ **Fingernägeln**; unter den: sars.$_{bro1,ptk2}$
  - **Fingerspitzen**: hyper. petr.
  - **Gelenke**: bapt. dios.$_{bg1}$ mur-ac. ph-ac.
    - ○ **Mittelgelenk**: caul.
      - **Schließen** der Hand agg.: caul.$_{a1}$
  - **Zeigefinger**: mang.$_{h}$
  - **kleiner** Finger: bell.$_{h}$
    - ○ **Fingerballen**: stann.$_{h}$
- **Daumen**: con.$_{h}$ merc-i-f. stry.
- **Beine**: alum. bell. calc. dros. dulc. *Graph.* ign. lyc. mag-m. mur-ac. *Nat-c.* sep. sil. stann. sul-ac.
- **Gesäß**: alum.
  - **vormittags**: alum.
- **Hüfte**: agn. alum. berb. *Bry.* calc. dig. dios.$_{bg1}$ gamb. gins. graph. *Ign.* kali-bi. lyc. mur-ac. nat-s. *Phyt.* tell.
  - **links**: kali-i.
    - ▽ **erstreckt** sich zum Knie: lepi.$_{br1}$
  - **rechts**: agn. kali-c.$_{bg1}$
  - **Bewegung**, bei: lyc.
  - **Sitzen**, im: calc. mur-ac.$_{h}$
- **Hüfte**: ...
  - ▽ **erstreckt** sich zu:
    - **Abdomen**, ins: gins.
    - **Knie**; in die: nat-s.$_{k2}$
    - **Hüfte**: bell.$_{bro1}$
- **Oberschenkel**: ant-t. *Aur-m. Bell. Calc.* dig. dros.$_{h}$ gels. graph.$_{bg1}$ stann. *Stry. Sul-ac.*
  - **links**: gels.$_{psa}$
  - **Bewegung**, bei: calc.
  - **Menses**, während: stram.
  - **Sitzen**, im: bell.
  - **Übereinanderlegen** der Glieder; beim: dig.
- **Knie**: *Acon.* ant-t.$_{bg1}$ arg-met. arg-n.$_{bg1}$ bar-c. bufo$_{bg1}$ *Calc.* calc-p. canth.$_{bg1}$ form. graph. kali-bi. manc. mez. nat-p. plat. sep.$_{bg1}$ stry. *Sul-ac.* tax. thuj.$_{bg1}$ verat.
  - **nachts**: form.
  - **Gehen**, beim: *Calc-p.*
  - ○ **Kniebeuge**: sep. thuj.$_{bg1}$
- **Unterschenkel**: agar. *Anac.* ars-h. bell. calc. coloc. con. gamb. guare. mur-ac. ph-ac. *Plat. Rhus-t. Thuj.*
  - **anfallsweise**: thuj.
  - **Bewegung**, bei: con.
  - **Stehen**, im: arg-met.
  - ○ **Schienbein**: calc.$_{h}$ carb-ac. mag-c.
  - **Wade**: alum.$_{h}$ *Chel.* coloc.$_{h}$ dros.$_{h}$ ph-ac.$_{h}$ stry. *Thuj.*
    - **Gehen**, beim: *Thuj.*
      - **Freien**; im: nat-c.$_{hr1}$
    - **Sitzen**, beim: mur-ac.$_{h}$
- **Knöchel**: arg-met. benz-ac. *Coloc.* eup-per. hyos.$_{h}$ iodof. lyss. merc-i-f. rhus-t. sang. stry. tell. tep.
  - **Gehen** im Freien; beim: benz-ac. iodof.
  - ○ **äußerer**: meny.$_{h}$
- **Füße**: alum. ambr. ars. bamb-a.$_{stb2}$ calc. *Chinin-s.* coloc. dulc. lyc. mag-m. mur-ac. *Nat-c.* osm. plat. thuj.
  - **Frost**; während: *Chinin-s.*
  - **Gehen**, beim: thuj.$_{h}$
  - **quer** über den Fuß: plat.
  - ○ **Ferse**: am-c. crot-h.$_{bg1}$ eup-per. mag-m. nat-s. puls. sulph.
  - **Fußsohle**: alum. ars. calc.$_{h}$ coloc. dios. dulc. elaps mur-ac. ol-an. sil. sulph.
    - **links**: bamb-a.$_{stb2}$
    - **nachts**: sulph.
    - **Sitzen**, im: elaps
    - ▽ **erstreckt** sich zu den Oberschenkeln: ars.
    - ○ **Wölbung** der Fußsohle: bamb-a.$_{stb2}$ mur-ac.
- **Zehen**: aur-m. calc. carb-an.$_{h}$ cina coloc. dios. led. paeon. ph-ac. puls. sep. *Sil.*
  - **nachts**, im Schlaf: led.
    - **Liegen** auf dem Rücken, beim: sep.
  - **Gehen**, beim: aur-m.
  - ○ **Zehennägeln**; unter den: sil.$_{h}$
  - **große** Zehe: alum. ant-c. aur-m-n. con. ph-ac.$_{h}$ sang. sphing.$_{kk3}$ stry. sulph.
    - **rechts**: iris$_{a1}$
    - **morgens**: alum. sulph.

- **Zehen - große** Zehe: ...
  - **Auftreten**, beim: alum.h
  - **Berührung**, bei: ph-ac.h
  - **Gehen**, beim: alum. aur-m.
  - **rhythmisch**: ant-c.
  - **ruckend**: ph-ac.h
  - ▽ **erstreckt** sich in die Ferse: alum.

– **schraubend**: carb-an.h

○ **Hüfte**: sulph.h

– **stechend**: abrot.a1,k *Acon. Aesc. Agar.*a1,k *Alum.* alum-p.k2 am-m.k2 anan. androc.srj1 ant-t. *Apis Arg-met.* arn.a1,k *Ars.*a1,k ars-s-f.k2 asar. aur. aur-ar.k2 **Bamb-a.**stb2 bar-c. bell. benz-ac.a1,k *Berb.* bov. *Bry. Calc.*a1,k calc-i.k2 calc-s. calc-sil.k2 cann-i.a1,k carb-v. *Carbn-s.* carl.a1,k caust. cham.k2 chin. chinin-ar.k2 cimic. cina cocc. *Colch.* coloc.a1,k *Con.* dros. *Dulc. Elat.* eucal.a1 eup-per.k2 *Ferr.* ferr-ar. ferr-i. ferr-p. *Gels. Guaj. Hep.* hyper.k2 *Iris Kali-ar. Kali-bi.* **Kali-c.**a1,k *Kali-i.* kali-n. kali-p. **Kali-s.** kali-sil.k2 kalm.a1,k *Laur. Lyc.*a1,k mag-p.br1 med.k2 *Merc.* merc-c.a1,k merl.a1,k nat-hchls. *Nat-p. Nat-s. Nit-ac.* paeon.a1,k par. ph-ac.a1,k phos.a1,k phyt.a1,k plan.a1,k *Plb. Psor. Puls.*a1,k rhod.a1,k **Rhus-t.**a1,k sec.a1,k senec. *Sep.* sil.a1,k *Spig.* staph.a1,k *Stel. Sulph.* tanac.a1 *Tarent.* thea thuj. tub.k2 **Valer.** xan. zinc.a1,k zinc-p.k2 zing.a1,k

  ☞ *schießend*
  - **links**: *Aesc.*
  - **morgens**: *Kali-bi.* phos.a1,k
    - **Bett**, im: *Nat-hchls.*
  - **nachmittags**: plan.a1,k
    - **16** h: elaps
  - **abends**: *Ars.* calc.a1,k *Dulc. Led.* par. plan.a1,k plb. sil.a1,k
    - **Schlaf**, vor dem: sulph.
  - **nachts**: *Dulc. Ferr. Hep. Sil.*
    - **2** - 3 h: **Kali-c.**
  - **anfallsweise**: gels. ph-ac.
  - **Bewegung**, bei: *Guaj.* hyos. *Plb.*
    - **amel.**: agar.k2 alum. *Arg-met. Ferr. Kali-c.* **Kali-s.** *Phos.*a1,k psor. **Rhus-t.** *Stel. Tub.* *Valer.*
    - **fortgesetzte** Bewegung amel.: agar.
  - **brennend**: **Ars.** aur. bar-act.br1 spig.
  - **Druck**:
    - **amel.**: ars. plb.
    - **durch**: phos.a1,k plb.
  - **Erhitzung**, nach: zinc.a1,k
  - **Fieber**; während: *Dulc.* psor. **Rhus-t.** sulph.
  - **Frost**:
    - **vor**: calc. *Plb.* rhus-t.
    - **während**: *Ars. Hep.* lyc. psor. *Rhus-t.*
  - **Gehen** amel.: *Alum. Ars. Kali-c. Kali-s. Phos.*a1,k psor. *Rhus-t.*
  - **gelähmte** Teile: ars. nux-v.
  - **Geräusche** agg.: cocc.
  - **Hautausschlag**, nach: *Dulc.*
  - **heiß**, in gelähmten Teilen: **Ars.**
  - **Husten**, beim: caps.
  - **kalt**, in gelähmten Teilen: agar.
  - **Körperübungen** im Freien amel.: plan.a1,k
  - **krampfartig**: cimic. *Cina* plat.

– **stechend**: ...
  - **Menses**, während: *Graph.*
  - **Nadeln**, wie durch: plb.bg1
  - **Niesen**, beim: caps.
  - **Reiben** amel.: *Plb.*
  - **reißend**: *Ars. Carbn-s.* coloc. *Sec.*
  - **ruckend**: **Carbn-s.**
  - **Sitzen**, im: plan.a1,k zinc.a1,k
  - **Splitter**; wie durch: hydrog.srj2 *Nit-ac.*
  - **Stellen**, an kleinen: rhus-t.a1,k
  - **wandernd**: arg-met. arn.a1,k aur. ferr. kali-n. *Kali-s.* kalm.a1,k lyc.a1,k merl.a1,k psor. *Puls. Stel.* tanac.a1
  - **warm**:
    - **Anwendungen** amel.; warme: agar.k2
    - **Bett** agg.; im warmen: *Carb-v. Led.* stel.
    - **Zimmer**, im warmen: plan.a1,k stel.
  - **Wetter**:
    - **Wetterwechsel**; bei: carbn-s.k2
    - **kaltem** Wetter; bei: nit-ac.k2
  - **ziehend**: *Puls.*a1,k
  - ▽ **erstreckt** sich zu:
    - **innen**; nach: phyt.
    - **oben**; nach: hyper.k2

○ **Gelenke**: abrot.k2 acon.bg2,k,* agar.bg2,k,* *Agn.*bg2,k aloe alum.bg2 am-c.bg2 am-m.bg2 anac.bg2 androc.srj1 ang.bg2 ant-c.bg2 ant-t.bg2 *Apis* arg-n.bg2 arist-cl.sp1 *Arn.*bg2,k,* ars.bg2 *Asaf.*bg2,k asar.bg2 *Bar-c.*bg2,k,* *Bell.*bg2,k benz-ac.bg2 berb.bg2 *Bov.*bg2,k **Bry.**bg2,k,* **Calc.**bg2,k,* calc-f.bg2 calc-sil.k2 *Camph.*bg2,k cann-s.bg2 canth.bg2 caps.bg2 carb-an.bg2 carb-v.bg2 *Carbn-s.* carl.a1,k *Caust.*j5,k,* cedr. cham.a1,k chel.bg2 chin.bg2 clem.bg2,k,* *Cocc.*bg2,k *Colch.*hr1,k coloc.bg2 *Con.*bg2,k crot-t.bg2 dig. *Dros.*j5,k,* dulc.bg2 euph.bg2 euphr.bg2 ferr.bg2 gast.a1 *Graph.*bg2,k *Guaj.*bg2,k **Hell.**bg2,k *Hep.*bg2,k,* hydr.bg2 *Hyos.*bg2,k *Ign.*bg2,k ind. indg.a1 iod.bg2 **Kali-c.**bg2,k,* *Kali-i.*bg2,k *Kali-n.*bg2,k kali-p. *Kali-s.* kali-sil.k2 *Kreos.*bg2,k,* lac-ac.a1,k laur.bg2 *Led.*bg2,k lyc.bg2 mag-c.bg2 *Mag-m.*bg2,k **Mang.**bg2,k *Meny.*bg2,k **Merc.**bg2,k *Merc-c.*bg2,k mez.bg2 mill. mosch.bg2 mur-ac.bg2 nat-c.bg2,j5 *Nat-m.*bg2,k,* nat-p.bg2 nit-ac.bg2 nit-s-d.a1 nux-m.bg2 nux-v.bg2,j5 olnd.bg2 par.bg2,k,* petr.bg2 ph-ac.bg2 *Phos.*bg2,k,* phys. *Plan.* plat.bg2 plb.bg2 plect.a1 *Puls.*bg2,k ran-b.bg2,k2 *Rhod.*bg2,k **Rhus-t.**bg2,k sabad.bg2 **Sabin.**bg2,k samb.bg2 sang.bg2 *Sars.*bg2,k,* *Sep.*bg2,k **Sil.**bg2,k,* **Spig.**bg2,k *Spong.*bg2,k squil.bg2 *Stann.*bg2,k *Staph.*bg2,k stict.bg2,k *Stront-c.* stroph-s.sp1 *Sul-ac.*bg2,k **Sulph.**bg2,k **Tarax.**bg2,k **Thuj.**bg2,k,* trom. valer.bg2 verat.bg2,k verb.bg2 viol-t.bg2 vip.bg2 **Zinc.**bg2,k,*

  - **abends**: acon.a1,k par.a1,k
  - **nachts**: cedr. *Kali-i.* sil.
  - **Aufstehen** vom Sitzen, beim: *Rhus-t.*
  - **Berührung**, bei: bry.a1,k
  - **Bewegung**:
    - **amel.**: dros.a1,k *Rhus-t.*a1,k
    - **bei**: *Bry.*a1,k *Hyos.* sars.hr1,k
  - **brennend**: ign.a1,k mez.bg2 plat.bg2 plb.bg2 sul-ac.bg2 thuj.bg2

- **Gelenke**: ...
  - **Druck**, bei: zinc.$_{a1,k}$
  - **Erkältung**, nach einer: caust.$_{a1,k}$
  - **Fieber**; während: *Hell.* merc. **Rhus-t.** sil. thuj.
  - **Frost**:
    - **vor**: *Calc.*
    - **während**: *Calc.* **Hell.**$_{a1,k}$
  - **Husten**; beim: caps.$_{k2}$
  - **Körperübungen**, bei: calc.$_{a1,k}$
  - **pulsierend**: led.
  - **quer** über die Gelenke: **Zinc.**
  - **reißend**: ang.$_{bg2}$ ars.$_{bg2}$ asaf.$_{bg2}$ *Asar.*$_{bg2}$ *Calc.*$_{a1,k}$ camph.$_{a1,k}$ carb-v.$_{bg2}$ caust.$_{bg2}$ clem.$_{bg2}$ dulc.$_{bg2}$ ferr.$_{bg2}$ merc.$_{bg2}$ mur-ac.$_{bg2}$ *Puls.*$_{bg2}$ sabin.$_{bg2,k,*}$ stann.$_{bg2}$ **Staph.**$_{bg2}$ sul-ac.$_{bg2}$ sulph.$_{bg2}$ tarax.$_{bg2}$ *Thuj.*$_{bg2}$ verb.$_{bg2}$ zinc.$_{bg2}$
  - **Schläge**, Schocks; wie: verat.
  - **wandernd**: acon.$_{a1,k}$ cedr.
  - **ziehend**: puls.$_{a1,k}$
  - **zuckend**: carbn-s.
  - ▽ **erstreckt** sich in die Knochen: cham.$_{a1,k}$
- **Gelenkköpfe**: agar.
- **Muskeln**: dig.$_{c1}$
- **Nägel**: alum. *Calc.* caust. *Graph.* mosch. *Nat-m.* nit-ac. nux-v. *Puls.* rhus-t. sep. sil. sulph.
- **Sehnen**: **Kali-c.**
- **Arme**: acon. aesc. all-c. alum. alum-p.$_{k2}$ alum-sil.$_{k2}$ am-c. ang. ant-c. ant-t. *Apis* arg-met. arn. ars-h. asaf. asar. aur. aur-m. benz-ac. berb. bov. brach. bry. bufo calc. calc-p. cann-s. canth. carb-v. carbn-o. *Carbn-s.* castor-eq. caust. cham. chel. chlor. **Cic.** *Cina* cinnb. cist. clem. *Cocc.* coloc. *Con.* *Crot-t.* *Cupr.* cycl. dor. dros. *Dulc.* elaps euphr. eupi. fago. *Ferr.* ferr-i.$_{k2}$ ferr-p. fl-ac. form. glon. graph. guaj. hell. hyper. ind. iod. kali-bi. *Kali-c.* kali-i. lac-c. lach. led. lept. *Lith-c.* *Lyc.* *Mag-m.* manc. mez. nat-c. nat-m. nit-ac. nux-v. ol-an. ox-ac. pall. petr. ph-ac. phel. *Phos.* phys. *Phyt.* pic-ac. plat. plb. psor. puls. *Ran-b.* raph. rat. rheum *Rhod.* **Rhus-t.** rhus-v. ruta sabad. sabin. sacch. *Sars.* senec. *Sep.* sil. sol-ni. spong. stann. *Stict.* *Still.* stry. *Sulph.* *Tarent.* *Thuj.* urt-u. valer. viol-t. zinc. zinc-p.$_{k2}$
  - **rechts**: *Caust.*
  - **morgens**, 7.30 h: fago.
  - **abends**: *Ars.* fl-ac. gamb. lact. sep. sulph.
    - **17** h: phys.
    - **19** h: sulph.
  - **nachts**: alum. calc. cham. dulc.
    - **22** h: fl-ac.
  - **Bewegung**:
    - **amel.**: arg-met. ars. dulc. sep.
    - **bei**: urt-u. zinc.
  - **eingeschlafen**, wie: *Sil.*
  - **Erkältung** beim Schwitzen; durch: *Dulc.*
  - **Frost**; während: ars-h.
  - **Gehen**, beim: ant-c.
  - **Husten**, beim: *Puls.*
  - **krampfartig**: *Cina*
  - **periodisch**: cist.
  - **wandernd**: arg-met. ars-h. castor-eq. lac-c. *Puls.* sulph.
- **Arme**: ...
  - ▽ **erstreckt** sich zu:
    - **Fingerspitzen**: cist. puls.
    - **Handgelenk**: asc-t.
    - **unten**, nach: aesc. cann-s. cupr. daph. *Ferr.* fl-ac. *Manc.* petr. phos. pic-ac. puls. **Rhus-t.** still.
  - ○ **Außenfläche**: benz-ac. tarax.
  - **Beugemuskeln**: asaf.
  - **Gelenke**: bry. *Calc.* dros. ferr. graph. kali-n. laur. led. lyc. phos. puls. sars. *Sep.* *Stann.* staph. *Sul-ac.* *Sulph.* tab. thuj. viol-t.
  - **Innenseite**: arn. benz-ac. carbn-o. chel. lept.
  - **Knochen**: bufo calc. merc. mez. petr. *Sars.*
- **Schulter**: acon. aesc. *Agar.* ail. **Alum.** alum-sil.$_{k2}$ alumn. am-c. ambr. ammc. ang. ars. ars-i. asaf. asar. asc-t. aur. aur-ar.$_{k2}$ aur-i.$_{k2}$ aur-s.$_{k2}$ **Bell.** berb. borx. brom. *Bry.* **Calc.** calc-i.$_{k2}$ calc-p. calc-s. calc-sil.$_{k2}$ camph. canth. carb-an. *Carb-v.* **Carbn-s.** caust. cham. *Chel.* *Chin.* chinin-ar. *Cic.* cina clem. *Cocc.* colch. crot-h. crot-t. cupr. dig. dulc. elat. euphr. **Ferr.** ferr-ar. *Ferr-i.* ferr-p. form. glon. *Graph.* grat. *Guaj.* hell. hura hydr. hyper. indg. inul. iod. iodof.$_{a1}$ *Iris* *Kali-c.* kali-n. kali-p. kali-sil.$_{k2}$ kreos. lach. *Laur.* *Led.* lith-c. lob. *Lyc.* mag-c. mag-m. med. *Merc.* mez. mill. mur-ac. nat-c. nat-m. nat-p. nat-s. nicc. nit-ac. nux-m. *Nux-v.* ox-ac. pall. petr. *Phos.* phys. phyt. plat. plb. ptel. puls. **Ran-b.** ran-s. raph. *Rhus-t.* ruta sabad. sars. senec. *Sil.* squil. stann. *Staph.* stront-c. stry. sul-ac. sulph. tab. tep. *Thuj.* trom. *Valer.* verat. verb. viol-t. zinc. zinc-p.$_{k2}$
  - **links**: agn.$_{hr1}$ androc.$_{srj1}$ *Bell.* *Graph.* iodof.$_{a1}$ med.
    - **Husten**, beim: sulph.
  - **rechts**: *Apis* brom. carb-v. carbn-s. caust. *Chel.* colch. iris limest-b.$_{es1}$ merc-i-f. pall. **Ran-b.**
    - **Husten**, beim: borx.
  - **morgens**: carb-an. carb-v. colch. gels. hura lyc. nat-m. phys. sil. trom.
    - **10** h: sil.
    - **Bett**, im: sulph.
    - **Bewegen** des Armes; beim: puls.
    - **Essen**, nach dem: gels.
    - **Husten**, beim: carb-an.
  - **mittags**, vor dem Essen: senec.
  - **nachmittags**: canth. chel. euphr. indg. kreos. mag-c. nicc. stront-c.
    - **14** h: hyper. laur.
    - **16** h: indg. ptel.
  - **abends**: calc-s. fl-ac. lyc. merc. mur-ac. puls. sulph.
  - **nachts**: alum. graph. phyt. *Sulph.*
  - **Atmen**, beim: berb. nit-ac. stann.
  - **Ausatmen**, beim: caust.
  - **Bewegen**; beim:
    - **Armes**; des: *Puls.* **Rhus-t.** staph.
    - **Kopfes** von einer Seite auf die andere; des: cupr.

- **Schulter**: ...
  - **Bewegung**:
    - **amel.**: *Cocc.* iod. *Kali-c.* med. **Rhus-t.**
    - **bei**: carb-v. ign. *Iris* staph. sulph.
  - **brennend**: graph. plb. stann.
    - **Akromion**, im: berb.
  - **Einatmen**, beim: berb. hyper.
  - **fröstelt**, wenn er: nit-ac.
  - **Frost**; während: *Hell.*
  - **Gehen**:
    - **amel.**: **Rhus-t.** thuj.
    - **beim**: dig. lac-ac.
  - **Heben** des Armes; beim: agar. cic. *Iris Led.* mag-m. sars. sul-ac.
  - **Husten**, durch: borx. carb-an. hyper. merc. puls. *Sep.* sulph. verat.
  - **Liegen**:
    - **beim**: **Rhus-t.**
    - **darauf**, beim Liegen: sulph.
  - **Menses**, anstatt den: ars.
  - **Mittagessen**, nach dem: calc. phos. zinc.
  - **reißend**: asar. caust. mosch. petr.
  - **Schlaf**, vor dem: sulph.
  - **Sitzen**, im: ox-ac.
  - **warmen** Bett, im: *Sulph.*
  - **Wetter**, bei naßkaltem: carbn-s.
  - ▽ **erstreckt** sich zu:
    - **Brust**: *Camph.* pall.cl *Sulph.*
    - **Finger**: *Kreos. Rhus-t.*
    - **Halsmuskeln**: cham. chel.
    - **Hand**: caust.
    - **unten**, nach: carbn-s. caust. *Ferr. Kreos. Rhus-t.* sabad. sil. squil. sulph.
- **Oberarm**: abrot. agar. agn. all-c. *Alum.* alum-p.k2 alum-sil.k2 anac. ant-c. arg-met. arn. ars-met. asaf. aur-m-n. bar-c. bell. berb. *Bry.* calc. calc-p. calc-sil.k2 cann-s. canth. *Carbn-s.* caust. chel. chin. chinin-ar. cina coc-c. *Cocc.* coloc. con. dig. dulc. elaps euphr. *Ferr.* form. graph. grat. *Guaj.* hell. ind. indg. *Kali-c.* kali-n. kali-sil.k2 lact. laur. *Led.* lyc. mag-c. mang. merc-i-f. mez. nat-s. nux-m. olnd. ph-ac. *Plat.* plb. puls. rhod. *Rhus-t.* rumx. sabad. sabin. *Sars.* sil. stann. staph. stry. sulph. tarax. tep. ther. *Thuj.* zinc.
  - **links**: xan.cl
  - **rechts**: caust. *Cocc.*
  - **morgens**: zinc.
  - **nachmittags**: form.
  - **abends**: calc. elaps stry. sulph.
    - **amel.**: nat-s.
  - **nachts**: caust.
  - **anfallsweise**: carbn-s. tarax.
  - **Berührung** amel.: thuj.
  - **Bewegung**, bei: **Bry.** caust.
    - **amel.**: chin. *Cocc. Kali-c.* **Rhus-t.** sabad. tarax.
  - **bohrend**: asaf. rhus-t.
  - **brennend**: asaf. berb. calc-p. dig. rhus-t. zinc.
  - **Gehen**, beim: dig. sulph.
    - **amel.**: cina
  - **Halten** eines Buches; beim: coc-c.

- **Oberarm**: ...
  - **Heben** des Armes; beim: agar. bry. caust.
  - **krampfartig**: cina
  - **Mittagessen**, nach dem: canth. zinc.
  - **Reiben** amel.: caust. tarax.
  - **ruckend**: *Carbn-s.*
  - **Sitzen**, im: calc.
  - **Strecken** des Armes agg.: ind.
  - **wandernd**: lyc.
  - **ziehend**: plb. thuj.
  - ▽ **erstreckt** sich zu:
    - **Ellbogen**: lyc.
    - **Finger**: *Rhus-t.*
    - **Schulter**: mang. ther.
    - **Unterarm**: chel.
  - ○ **Deltoid**: agar. caust.
  - **Innenseite**: asaf. berb. chel. con. led. mang. nux-m. rumx. tarax.
  - **Knochen**: bry. calc. canth. coloc. mez. sulph.
    - ○ **Gelenkköpfe**: ant-t. brom. indg. mang. merc. ~~sabad.kl,xxx~~ *Sabin.*kl
      - ○ **äußerlich**: chinin-s. stram.
        - **abends**: chinin-s.
  - **Rückseite**: acon.
- **Ellbogen**: acon. agar. aloe alum. alum-p.k2 alum-sil.k2 am-c. ammc. androc.srj1 apis *Arg-met. Asaf.* aster. bell. berb. bov. brom. *Bry.* calc. *Calc-p.* calc-s. calc-sil.k2 caps. carbn-s.k2 caust. cedr. cham. chel. coc-c. colch. com. con. cupr. euphr.a1 eupi. graph. grat. guare. hell. hep. hura hydr. indg. iris kali-bi. kali-c. kali-n. kalm. laur. lyc. mag-c. mag-m. *Merc.* mez. mur-ac. naja phos. phys. plb. raph. rhod. sabin.c1 sars. *Sep.* sil. *Spig.* spong. stry. tab. tarax. tep. ter. ther. *Thuj.* trom. viol-t. zinc.
  - **links**: ferr.a1 kali-bi. limest-b.es1
    - **dann** rechts: *Calc-p.*
  - **rechts**: foen-an.a1
  - **morgens**, 8 h: mag-c. trom.
  - **vormittags**: cham.
  - **mittags**: cham. lyc. tarent.
  - **nachmittags**: com. kali-n. naja
  - **abends**: bov. eupi. lyc. mag-m. thuj. zinc.
    - **17** - 22 h: chel.
  - **Bewegung**:
    - **amel.**: arg-met.
    - **bei**: mag-c. spong.
  - **brennend**: *Arg-met.*
  - **fein** stechend: arg-met. berb. sil.
  - **Frost**; während: hell.
  - **Gehen**, beim: merc.
  - **Strecken** des Armes; beim: mez.
  - ▽ **erstreckt** sich zu:
    - **Finger**: bov. cupr. thuj.
    - **Handgelenk**: acon. *Guaj.*
    - **Schulter**: colch. indg.
    - **unten**, nach: acon. bov. caps. cupr. *Guaj.* thuj.
  - ○ **Ellbogenbeuge**: asaf. coc-c. coloc. grat. kali-c. led. merc-i-f. nat-c. rat. *Spig.* tarent.
    - **rechts**: merc-i-f. rat.
    - **morgens**: kali-c.

• **Ellbogen - Ellbogenbeuge**: ...
  • **Frost**, vor: rat.
  • **Ruhe**, in der: coc-c. coloc.
  ▽ **erstreckt** sich zur Spitze des Ellbogens: grat.
 • **Ellbogenhöcker**: agar.$_{al,k}$ arg-met. arg-n.$_{al,k}$ bry.$_{al,k}$ calc.$_{al,k}$ coc-c.$_{al,k}$ mur-ac.$_{al,k}$ nat-m.$_{al,k}$ sep.$_{al,k}$ spig.$_{al,k}$ spong.$_{al,k}$
  • **nachts**: sep.$_{al,k}$
  • **Beugen** des Armes; beim: bry.
  • **Ruhe**, in der: arg-n.$_{al,k}$
 • **Gelenkköpfe**: ant-t. brom. indg. merc. sabin.
 • **Rückseite**: laur.$_{al,k}$ sabad.$_{al,k}$ thuj.$_{al,k}$
  • **Bewegung** amel.: sabad.$_{al,k}$
• **Unterarm**: *Acon.* aesc. aeth. alum. anac. ant-c. apis arg-met. asaf. asar. aur-m. bamb-a.$_{stb2}$ bapt. bell. benz-ac. *Berb.* borx. *Bov.* bufo calc. camph. *Carb-an.* carbn-s. *Caust.* cham. chel. **Cic.** clem. coloc. cupr. cycl. *Dig.* dios. *Eupi.* fl-ac. form. graph. *Guaj.* ham. iris kali-i. kalm. lyc. mag-c. mag-m. merc. mez. myric. nat-ar.$_{k2}$ nat-c. ox-ac. *Ph-ac.* plb. psil.$_{ft1}$ *Ran-b.* *Ran-s.* raph. rhod. sabad. sabin. *Sars.* senec. *Sil.* spig. *Spong.* staph. still. stram. stront-c. sul-ac. tab. tarax. *Thuj.* trom. viol-t. *Zinc.*
 • **links**: aesc.
 • **rechts**: bamb-a.$_{stb2}$ mag-c.
 • **morgens**: mez.
  • **Erwachen**, beim: kali-bi.
 • **vormittags**: mag-c.
 • **mittags**, vor dem Essen: senec.
 • **abends**: fl-ac. thuj.
 • **nachts**: alum.
 • **Anstrengung**, bei: tab.
 • **Berührung** agg.: cupr.
 • **Bewegung**, bei: acon. spig.
 • **brennend**: *Berb.* spig.
 • **fein**: stram. tarax.
 • **scharf**, akut: berb. castm. merc. ph-ac.
 • **Schreiben**, beim: berb. lyc. ox-ac. thuj.
 • **Sitzen**, im: sabin. thuj.
 • **ziehend**: clem.
 ▽ **erstreckt** sich zu:
  • **Finger**: eupi. plb. still. thuj.
  • **oben**, nach: asaf. zinc.
  • **unten**, nach: chel. *Ran-s.* sars.
 ○ **Ellbogen**; nahe dem: arn. eupi. meny. ol-an. thuj.
  • **Flexoren**: tarent.
  • **Speiche**: bapt.
  • **Streckseite**: agar.
  • **Ulnarseite**: berb. cham. chinin-s. con. ox-ac. psil.$_{ft1}$ thuj.
• **Handgelenk**: *Acon.* alum. alum-sil.$_{k2}$ anac. ang.$_{al}$ apis arg-met. arn. ars. ars-i. aster. aur.$_{al,k}$ aur-ar.$_{k2}$ aur-i.$_{k2}$ aur-m.$_{al,k}$ aur-s.$_{k2}$ bapt. bar-c. bell. berb.$_{al,k}$ *Bov.*$_{al,k}$ brach. *Bry.*$_{al,k}$ calc.$_{al,k}$ calc-ar. calc-sil.$_{k2}$ canth. carbn-s. caust.$_{al,k}$ cham.$_{al,k}$ chel.$_{al,k}$ chin. chinin-s. clem. cob.$_{al,k}$ colch.$_{al,k}$ com. con. corn. dulc. euphr.$_{al,k}$ ferr. graph. ham. *Hell.*$_{al,k}$ hura hyper. indg.$_{al,k}$ inul. iod.$_{al,k}$ kali-bi. kali-c.$_{al,k}$ kali-n. kali-sil.$_{k2}$ kalm.$_{al,k}$ laur. *Led.* lyc.$_{al,k}$ lycps-v. mang. mela.$_{al}$ meny.$_{al,k}$ *Merc.*$_{al,k}$ merc-sul.$_{al,k}$ *Nat-m.* nit-s-d.$_{al}$ op. ox-ac.$_{al,k}$ phos. plat. plect.$_{al}$ rhod.$_{al,k}$ ruta sabin. samb. sars. *Sep.* *Sil.*$_{al,k}$ sol-ni. spig. spong.$_{al,k}$ squil. staph. *Sulph.* tarent. thuj.$_{al,k}$ trom. zinc.
 • **rechts**: canth.
 • **morgens**: lyc.$_{al,k}$
 • **nachmittags**: canth. lyc.$_{al,k}$
 • **abends**: euphr.$_{al,k}$ rhod.$_{al,k}$ tarent.
  • **Gehen** im Freien; beim: hell.$_{al,k}$
 • **nachts**: calc.$_{al,k}$
 • **abwechselnd** in beiden: lyc.
 • **Arbeit**, bei der: caust.$_{al,k}$
 • **Bewegung**, bei: arn. calc.$_{al,k}$ indg.$_{al,k}$ kali-c.$_{al,k}$
  • **amel.**: bar-c. dulc. samb. spong.$_{al,k}$
 • **Gehen** im Freien; beim: clem.
 • **Greifen** von etwas; beim: aur-m.$_{al,k}$ bov. iod.$_{al,k}$ nat-m.$_{al,k}$
 • **Heben** von etwas; beim: iod.$_{al,k}$
 • **plötzlich**: lyc.
 • **pulsierend**: canth.
 • **Reiben** amel.: laur.
 • **reißend**: calc. rhus-t. sabin.
 • **scharf**, akut: arn. bov. phos.
 • **Schreiben**, beim: lyc. ox-ac. sil.$_{al,k}$
 • **synchron** mit dem Puls: samb.
 • **Warmwerden** der Hände; beim: *Bry.*$_{al,k}$
 • **Waschen**, beim: alum.
 • **zuckend**: *Bry.* carbn-s.
 • **Zusammenbringen** von Daumen und Zeigefinger; beim: bov.
 ▽ **erstreckt** sich zu:
  • **Finger**: lyc. sep.
  • **oben**, nach: bell. bry. canth. cham. sabin. staph.
   • **Schulter**: staph.
 ○ **Radialseite**: arg-met. sars.
  • **Rückseite**: chinin-s. led.
  • **Vorderseite**: colch.
  • **Ulnarseite**: bell. berb.
• **Hände**: acon. aesc. am-c. am-m. ambr. anac. ang. apis arn. ars. arum-d. arund. asaf. bamb-a.$_{stb2}$ bapt. bar-c. *Bell.* berb. bov. bry. cain. calc-s. camph. caps. carb-ac. *Carb-an.* carb-v. carbn-s. *Caust.* cham. chel. chin. *Cina* *Coloc.* con. cycl. dios. euphr. ferr. form. gins. glon. graph. guaj. hell. hyper. ign. *Kali-c.* kali-sil.$_{k2}$ *Kalm.* lac-ac. lach. led. lil-t. lyc. mag-c. *Mag-m.* mag-s. manc. mez. mosch. mur-ac. nat-m. *Nat-s.* nit-ac. nux-v. ol-an. par. petr. ph-ac. phos. pic-ac. plat. *Plb.* puls. *Ran-b.* *Rhus-t.* sabad. samb. *Sars.* seneg. sep. sil. *Spong.* stann. staph. *Sulph.* tab. thuj. *Verb.* vip. *Zinc.* zinc-p.$_{k2}$
 • **morgens**, beim Erwachen: thuj.
 • **vormittags**: thuj.
 • **abends**: lac-ac. mag-m. rhod.
  • **Bett**, im: mag-m. plat.
 • **nachts**, 22 h: cham.
 • **Atemzug**, bei jedem: am-c.

- **Hände**: ...
  - **Berührung**, bei: lyc.
  - **Bewegung**:
    - **bei**: am-m. vip.
    - **amel.**: acon. *Rhus-t.*
  - **brennend**: gamb. rhod. sulph.
  - **fein**: arn. arund. clem. led. nat-m.
  - **fein** stechend: aesc. ambr. led. merc. sulph.
  - **Gehen** im Freien; beim: am-m.
  - **juckend**: nat-m.
  - **kaltes** Wasser amel.: apis
  - **Nadel**; wie mit einer: plat.
  - **reißend**: zinc.
  - **scharf**, akut: merc-i-f.
  - **Schlägen** im Herzen; bei: glon.
  - **Schreiben**, beim: *Coloc.*
  - **Splitter**, durch:
    - **Haut**, unter der: par.
    - **wie** durch Splitter, bei Berührung der Haare auf der Hand: ign.
  - **verschiebt** sich: euphr.$_{a1,k}$
    - **Kehlkopf** und Handrücken; zum: euphr.
  - **wandernd**: con. plat.
  - **Waschen**; nach: aesc.
  - **zuckend**: *Cina* lyc. mez.
  - ▽ **erstreckt** sich zu:
    - **Ellbogen**: ang. *Caust.*
    - **Finger**: cina euphr. gels. petr.
    - **Oberarm**: canth.
  - ○ **Gelenke**: bamb-a.$_{stb2}$ bry. sars. *Sep.* *Spig.* squil.
    - **links**: bamb-a.$_{stb2}$
    - **Greifen** von etwas; beim: bamb-a.$_{stb2}$
  - **Handballen**: carb-an. cham. cupr. mag-m. ran-s. sil. sulph.
    - **abends** im Bett: mag-c.$_{k,kl,*}$ mag-m.$_{a1,kl}$
  - **Handfläche**: apis bamb-a.$_{stb2}$ berb. borx. calad. carb-an. caust. clem. *Con.* eupi. gamb. kali-act. lyc. mag-c. nat-ar.$_{k2}$ nat-m. nat-s. nicc. nit-ac. par. ph-ac. rhus-t. sel. seneg. sep. staph. **Sulph.** thuj. verb.
    - **morgens**:
      - **Bett**; im: calc.
    - **abends**: borx. calad. lyc. thuj.
      - **22** h: sulph.
    - **Mitternacht**: rhus-t.
    - **kaltes** Wasser amel.: apis
    - **kribbelnd**: anis.
    - **prickelnd**: staph.
    - ▽ **erstreckt** sich zu:
      - **Ellbogen**: eupi.
      - **Rückseite** des Unterarmes: gamb.
    - **reißend**: verb.
    - **scharf**, akut: gamb.
    - **ziehend**: ph-ac.
    - ○ **Kleinfingerballen**; linker: psil.$_{ft1}$
      - **Mitte** der: bamb-a.$_{stb2}$
  - **Handrücken**: berb. ferr.
  - **Hohlhand**: acon. cann-s.
    - **pulsierend**: acon.
  - **Radialseite**: cham. phos.
  - **Ulnarseite**: berb. carb-an. merc-i-f. mill. tarent.
  - **zwischen** den Fingern: carbn-s. cycl. puls.
    - ○ **Zeigefinger**:
      - ○ **Daumen**, und: ol-an.
      - **Mittelfinger**, und: ran-s.
- **Finger**: abrot.$_{br1}$ aesc. agar. agn. am-c. *Am-m.* ambr. *Anac.* *Apis* arn. ars. arund. bamb-a.$_{stb2}$ bapt. bar-c. berb. bov. brom. bry. *Calc.* calc-sil.$_{k2}$ cann-i. carb-an. *Carb-v.* carbn-s. *Caust.* **Cic.** con. daph. *Dig.* dios. elaps fl-ac. graph. hep. ind. jug-r. **Kali-c.** kali-sil.$_{k2}$ kalm. lil-t. lyc. *Mag-m.* mag-s. mang. merc. *Mez.* mur-ac. nat-ar.$_{k2}$ *Nat-m.* nat-p. *Nat-s.* nit-ac. pall. par. petr. ph-ac. phos. phyt. plat. plb. ran-s. *Rhod.* *Rhus-t.* sabad. sabin. *Sars.* sep. sil. *Stann.* staph. *Sul-ac.* sulph. tab. tarent. tep. *Thuj.* trom. verb. viol-t. vip. xan. zinc.
  - **links**: elat.$_{hr1}$ xan.$_{c1}$
  - **morgens**: dios. mez.
    - **7** h: dios.
  - **vormittags**: trom.
  - **nachmittags**: thuj.
  - **abends**: ang. thuj.
  - **anfallsweise**: ust. verb.
  - **Atemzug**, bei jedem: am-c.
  - **Aufstehen** vom Sitzen: carb-v.
  - **Bewegung** amel.: am-m.
  - **brennend**: caust. iod.
  - **fein** stechend: ambr. *Apis* arund. sil.
    - **Reiben** der Finger; beim: arum-dru.$_{a1}$
  - **juckend**: arum-dru.$_{a1}$
  - **Kälte**, bei: gins.
  - **kalter** Luft, in: am-c.
  - **ruckend**: *Carbn-s.*
  - **Schreiben**, beim: bapt. *Bry.*
  - **Splitter**; wie durch einen: **Arn.** arum-dru.$_{a1}$ *Bell.* carb-v. colch. hep. hydrog.$_{srj2}$ lach. **Nit-ac.** petr. puls. ran-s. sil. sulph.
    - **rechten** Hand; Finger der: arum-dru.$_{a1}$
    - **Abszeß**; im: hydrog.$_{srj2}$
  - ▽ **erstreckt** sich zu den Fingerspitzen: berb.
  - ○ **Beugeseite**: **Rhus-t.**
  - **Fingernägel**: led.$_{a1}$
    - ○ **unter** den: calc. caust. con. graph. led.$_{a1,bg2}$ nat-m. nat-s. puls. sil. sulph.
    - **um** die: lith-c. merc.
  - **Fingerrücken**: caust. sabad.
  - **Fingerspitzen**: abrot. alum. am-c. **Am-m.** ambr. arund. aur-m-n. bamb-a.$_{stb2}$ bell. berb. bufo-s. carb-an. chin. coc-c. con. elat. graph. hyos. *Lach.* led. lept. mag-m. merc. merl.$_{a1}$ mez. mur-ac. nicc. osm. **Petr.** puls. **Rhus-t.** sec. spig. *Stann.* **Sulph.** *Thuj.* vip.
    - **abends**: *Am-m.*
    - **nachts**: bamb-a.$_{stb2}$ *Sulph.*
    - **erfroren**; als seien sie früher: spig.
    - **Frost**; während: bell.
    - **Gehen** im Freien; beim: *Am-m.*
    - **Greifen** von etwas; beim: **Rhus-t.**
    - **Herunterhängenlassen** agg.: sulph.
    - ▽ **erstreckt** sich den Arm nach oben: fago.

• **Finger**: ...
• **Gelenke**: *Acon.* aloe am-m. asaf. aur-m-n. bar-c. calc. camph. *Carb-v.* carbn-s. cham. con. ferr-ma. *Hell.* hyper. indg. iod. mang. mosch. nat-m. nit-ac. paeon. ph-ac. phyt. plat. sars. *Sep.* spig. stann. stict. sul-ac. *Sulph.* tep. thuj. trom. zinc.
○ **Grundgelenk**: aloe calc. com. kali-bi.
• **Zeigefinger**: aeth. agar. ambr. bamb-a.stb2 bapt. berb. calc. camph. carb-v. cham. chel. croc. dig. hura kali-c. kalm. lyc. lyss. merc. nat-m. nat-p. par. phos. rhod. sabad. *Sil.* stann. tarent. thuj. verb.
• **morgens**: lyc.
• **abends** im Bett: rhod.
• **17** h: thuj.
• **20** h: hura
• **Bewegung**, bei: verb.
• **Distel**; wie durch eine: aeth.
• **erscheinend**; plötzlich:
• **verschwindend**; und plötzlich: bamb-a.stb2
▽ **erstreckt** sich nach außen: meny.
○ **Fingernagel**: coc-c. sep. thuj.
• **Fingerrücken**: grat. nat-m. par. rhus-t.
• **Fingerspitze**: bamb-a.stb2 berb. nat-c. nat-s. sulph. zinc.
• **Greifen** von etwas; beim: *Rhus-t.*
• **Gelenke**: bov. calc. nat-m. nat-s.
• **abends**: nat-m.
• **Arbeiten**, beim: bov.
○ **Endgelenk**: agn. bar-c.k,kl,* cham. gamb. hura lyc. petr. sulph.
• **metacarpal**: agar. bapt. berb. carb-ac. mag-c.
• **Mittelgelenk**: arn. carb-v. indg. kali-c.
• **Haut**: berb. camph. carb-v. nat-m.
• **Mittelfinger**: arn. bamb-a.stb2 calc. carb-an. chel. cinnb. cupr. dios. euphr. gamb. kali-bi. kali-c. lach. lyc. merc. nat-p. olnd. ox-ac. sil. sul-ac. sulph. sumb. thuj. verat.
• **nachmittags**, 17 h: thuj.
• **abends**: bamb-a.stb2 lyc.
○ **Gelenke**:
○ **metacarpal**: carb-v. mang.
• **Mittelgelenk**: sep. thuj.
• **Endgelenk**: ant-t. arn. carb-v.
• **Fingerspitze**: arn. castm. lyc. merl.a1 mez. stann. viol-o.
• **21** h: castm.
• **Ringfinger**: ant-c. arg-n. cann-s. carbn-s. caust. crot-h. hura kali-c. nat-c. phyt. thuj. trom. viol-t.
• **Bewegung** amel.: viol-t.
○ **Gelenke**: sil.
• **9** h: sil.
• **kleiner** Finger: asaf. berb. brom. cact. caps. carbn-s. *Caust.* cham. hydrog.srj2 kali-c. laur. led. merc-i-f. nat-m. phyt. sang. sil. tarax. verb. zinc.
○ **Fingerballen**: berb. caps.

• **Finger - kleiner** Finger: ...
• **Fingerspitze**: am-m. arg-n. aur-m-n. fl-ac. merl.a1,k
• **Gelenke**: aloe bry. sars.
○ **metacarpal**: aloe anac. merc-i-f.
• **Mittelgelenk**: brom. bufo
• **Daumen**: agar. ambr. ars. asaf. bapt. berb. bry. carbn-s. cham. colch. dulc. elat. *Guaj.* hura lith-c. lob-s. lyc. lycps-v. mag-c. meny. merc. nat-m. nat-s. pall. ran-b. sabad. sang. sil. *Staph.* stram. sulph. tab. tarent. thuj. *Zinc.*
• **links**: lith-c. ox-ac.
• **rechts**: guaj.
• **morgens**: ars.
• **Bett**, im: ars. stram.
• **nachmittags**: lyc.
◇ **abwechselnd** mit Stichen in der großen Zehe: sulph.
• **brennend**: stram.
• **Druck** amel.: mag-c. tarent.
• **intermittierend**: berb.
• **juckend**: *Staph.*
• **Nadel**; wie von einer: zinc.
• **prickelnd** beim Schreiben: sabad.
• **ruckend**: *Carbn-s.*
• **Schreiben**, beim: ox-ac. sabad.
• **ziehend**: bry.
• **zuckend**: nat-s.
▽ **erstreckt** sich zum Handrücken: asaf.
○ **Daumenballen**: am-m. anac. berb. carb-an. carb-v. dig. elat.hr1 gamb. graph. hura lith-c. manc. ox-ac. petr. ph-ac. *Sil.* tarent. verat.
• **abends**, beim Schreiben: ox-ac.
• **gestochen**, wie (von einem Insekt): hura
• **Daumennagel**:
○ **Nagelwurzel**: fl-ac. nat-c.h2
• **unter**: am-m. bapt. coc-c. *Graph. Thuj. Zinc.*
• **Daumenspitze**: agar. am-m. ambr. bar-c. berb. calc-p. graph. mag-s. mez. nat-m. nat-s. phyt. sabad. sep. staph. vip. *Zinc.*
• **abends**:
• **Gehen**, beim: merc-c.
• **Sitzen**, im: am-m.
• **Ergreifen** von etwas agg.: mez.
• **Erwachen**, beim: nat-m.
• **Mittagessen**, nach dem: mag-s.
• **Gelenke**: clem. thuj.
○ **Endgelenk**: am-m. bar-c. gran. ign. laur. nat-c. spong. thuj.
• **Grundgelenk**: agn. bry. cham. grat. ign. led. nat-m. sars. thuj. til.
• **Beine**: aesc. aeth. *Agar.* ail. alum. alum-p.k2 apis *Arg-met.* ars. ars-h. asar. bamb-a.stb2 bar-c. **Bell.** bov. bry. cain. calc. calc-p.k2 carb-v. carbn-s. castor-eq. caust. chinin-ar.k2 chlor. cic. cinnb. *Cocc.* coloc. con. dros. dulc. euphr. *Ferr.* gels. *Grat.* kali-ar. *Kali-c. Kali-s.* kalm. kreos. led. *Lyc. Mag-c. Manc.* mang. *Merc.* merc-c. mur-ac. nat-c. nat-m. *Nat-p.* nit-ac. nux-v. op. ph-ac. phos. phyt. **Plb.** prun. *Puls.* **Rhus-t.** *Sars. Sep. Sil. Stann.* staph. *Sulph. Tarent. Thuj.* tub. zinc. zinc-p.k2

- **Beine**: ...
  - **abends**: *Ars.* nat-m.
  - **nachts**: *Merc.*
  - **anfallsweise**: *Gels.*
  - **Aufstehen** vom Sitzen, beim: mag-c.
  - **Auftreten**, bei hartem: merc.h,k,*
  - **Berührung**, bei: cot.brl merc. *Nit-ac.*
  - **Bewegung** amel.: arg-met. *Kali-c.* *Kali-s.* stel.
  - **brennend**: thuj.
  - **eiskalte** Nadeln; wie durch: agar.
  - **Frost**; während: ferr. *Tub.*
  - **Gehen**:
    - **amel**.: arg-met. ars. **Bell.** *Cocc.* **Kali-c.** **Kali-s.** *Lyc.* **Puls.** **Rhus-t.** *Stel.* *Tub.*
    - **Frösteln**, beim: sep.
  - **Knien**, nach dem: op.
  - **Kratzen**, durch: prun.
  - **Reibung** der Hosen; durch die: cot.brl
  - **Ruhe**; nach: op.
  - **Splitter**; wie durch: *Nit-ac.*
  - **Stuhlgang**, beim: *Rhus-t.*
  - ▽ **erstreckt** sich zu:
    - **oben**, nach: bar-c. med.k2
    - **unten**, nach: aesc. anac. *Kali-c.* *Sil.*
  - ○ **Gelenke**: acon. bar-c. cadm-s. calc. colch. dulc. mag-c. merc. nux-v. petr. phos. *Sil.* spig. stront-c. thuj.
  - **Innenseite**: plb.
  - **Knochen**: ars. *Bell.* carb-v. caust. graph. *Iod.* lyc. *Merc.* nit-ac. sil. stront-c. zinc.
    - ○ **Periost**, erstreckt sich zu den großen Zehen; wie im: ars.a1
  - **Muskeln**: psil.ft1
- **Gesäß**: *Alum.* ant-c. bamb-a.stb2 bar-c. berb. *Calc.* **Calc-p.** carbn-o. cham. dulc. euphr. *Guaj.* laur. merc. ol-an. par. plb. prun. staph. sulph.
  - **rechts**: bamb-a.stb2
  - **nachmittags**:
    - **15.30 h**: ol-an.
  - **abends** im Bett: staph.
  - **Kratzen**:
    - **amel**.: staph.
    - **durch**: prun.
  - **Mittagessen**, beim: laur.
  - **Sitzen**, im: alum. calc-p. guaj.
  - **Stehen**, im: berb.
  - **Stellen**, an kleinen: **Calc-p.**
- **Hüfte**: acon. aeth. *Agar.* agn. ail. **Alum.** alum-p.k2 alum-sil.k2 am-m. ammc. anan. ant-t. *Apis* apoc. arg-met. **Ars.** aster. bar-c. *Bell.* *Berb.* *Bry.* *Calc.* calc-p. calc-sil.k2 canth. caps. **Carb-an.** *Carbn-s.* castm. *Caust.* cham. *Chel.* chin. *Chinin-ar.* cic. *Cina* cinnb. clem. coca cocc. colch. *Coloc.* con. crot-h. cupr. dulc. euon. euph. euphr. *Ferr.* ferr-ar. ferr-p. *Fl-ac.* form. gran. graph. grat. ham. *Hell.* hyos. ign. *Kali-bi.* *Kali-c.* *Kali-i.* kali-n. *Kalm.* kreos. lac-c. laur. led. lil-t. *Lyc.* *Mag-c.* mag-m. manc. mang. meny. *Merc.* *Merc-c.* mez. nat-ar. nat-c. *Nat-m.* nat-p. *Nat-s.* *Nit-ac.* nux-v. ox-ac. par. ph-ac. phos. phyt. **Plb.** ptel. raph. *Rhus-t.* sabad. sabin. *Sep.* *Sil.* sol-ni.

- **Hüfte**: ...
  sulph. tab. tell. teucr. thuj. verat-v. *Zinc.* zinc-p.k2
  - **links**: am-m. **Carb-an.** cic. cocc. med.c1 nat-s. rumx.bg1 sars.bg1 sep. stram.
  - **rechts**: androc.srj1 chel. *Coloc.* fl-ac. lil-t. *Lyc.* merc-c. ptel.c1 sabad. sep. sulph.
    - **Aufstehen** vom Sitzen, beim: chel.
  - **morgens** beim Aufstehen: nat-m. sabin.c1 *Sulph.*
  - **nachmittags**: canth. merc-c.
    - **16** h: ptel.
    - **Bewegen** des rechten Armes nach links; beim: plb.
  - **abends**: sulph. tab.
    - **Bett**, im: ant-t. *Sep.*
  - **nachts**: *Am-m.* **Lyc.** *Merc.* *Sep.* sulph.
  - **akut**: caust.
  - **anfallsweise**: alum. castm. nat-c. par.
  - **Aufstehen** vom Sitzen, beim: chel.
  - **Berührung** agg.: bry.
  - **Bewegung**:
    - **amel**.: caust. laur. *Meny.* *Merc-c.* nat-c. sabad. stel.
    - **bei**: agn. calc. *Coloc.* *Merc.* merc-c. nat-ar. *Sulph.*
  - **brennend**: mag-c.
  - **Bücken**, beim: calc. *Thuj.*
  - **Druck** amel.: *Am-m.* sulph.
  - **Einatmen**, beim: alum. sabin.c1
  - **Frost**; während: ail.hr1
  - **Gehen**:
    - **amel**.: *Ferr.* *Kali-i.* plb.
    - **beim**: arg-met. berb. calc. cocc. *Coloc.* dulc.a1 euphr. gran. ham. merc. nat-c. *Nat-s.* sol-mm.
    - **gebeugtem**, bei: *Bry.*
    - **langsames** Gehen amel.: *Sep.*
  - **Gehens**; zu Beginn des: ph-ac.
  - **Husten**, beim: bell. sulph.
  - **juckend**: led. mag-c.
    - **Kratzen** agg.: led.
  - **krampfartig**: cina
  - **periodisch**: *Merc.*
  - **plötzlich**: bar-c.
  - **pulsierend**: arg-met.
  - **Reiben** amel.: phos.
  - **reißend**: colch. ph-ac.
  - **rheumatisch**: chel. *Lyc.*
  - **Sitzen**, im: **Carb-an.** euph. kali-c. *Kali-i.* laur.
  - **Stehen**, im: kali-c. *Kali-i.* kali-n. laur.
  - **Stuhlgang**, beim: cinnb.
  - **Tragen**, beim: caps.
  - **Treppensteigen**, beim: carbn-s.k2 ph-ac.
  - **Wärme**:
    - **agg**.: still.
    - **amel**.: *Coloc.*
  - **zuckend**: cina
  - ▽ **erstreckt** sich zu:
    - **Abdomen**: chel. coca
    - **außen**, nach: merc-c.
    - **Brust**: phos.
    - **Darmbein** zum anderen; von einem: lil-t.

- **Hüfte - erstreckt** sich zu: ...
  - **Ferse**: *Kali-i.*
  - **Fuß**: bry. *Caps.* sulph.
  - **Genitalien**: eupi.
  - **hinten**, nach: laur.
  - **Knie**: *Bry.* caps. colch. *Coloc. Kali-c. Kali-i.* mez. nat-ar. **Plb.**
  - **Kreuz**: alum.
  - **Leiste**: dulc.$_{al}$
  - **Schienbein**: ferr.
  - **unten**, nach: aeth. aster. *Bry.* calc-p. cinnb. colch. ferr. *Kalm.* **Plb.** *Sil. Sulph.*
- ○ **Gesäßmuskeln**: asaf.$_{a1,k}$ aur.$_{a1,k}$ cham.$_{a1,k}$ chinin-s. con.$_{a1,k}$ cot.$_{a1}$ gels.$_{a1}$ meny.$_{a1,k}$ staph.$_{a1,k}$ tab.$_{a1,k}$ viol-t.$_{a1,k}$
  - **rechts**: psil.$_{ft1}$
- **Oberschenkel**: acon. aesc. **Agar.** agn. *Alum.* ammc. *Anac.* ang. apis *Arg-met.* **Ars.** ars-i. arund. asaf. asar. aster. *Aur-m.* bar-c. **Bell.** berb. *Bov. Bry.* calc. *Calc-p. Carb-an.* carb-v. carbn-s. caust. cham. chel. chin. chinin-ar. chinin-s. cinnb. coff. *Coloc.* con. dig. dros. dulc. eupi. *Ferr.* ferr-ar. ferr-ma. form. gels. graph. *Guaj.* hell. *Ind.* inul. ip. iris *Kali-c. Kali-i. Kali-s.* kali-sil.$_{k2}$ *Kalm.* kreos. lach. laur. lith-c. lyc. mag-c. mag-m. manc. *Mang.* meph. *Merc.* merl. mez. *Mur-ac.* myric. naja nat-ar. *Nat-c.* nat-m. nat-p. nit-ac. nuph. *Nux-v.* olnd. ox-ac. *Pall.* ph-ac. *Phos.* phyt. plb. *Ptel.* rat. rhod. *Rhus-t. Sabad. Samb. Sars. Sep. Sil. Spig.* spong. squil. *Stann.* staph. stict. stram. stront-c. sulph. tab. *Tarax. Tarent. Thuj.* trom. *Zinc.* zinc-p.$_{k2}$
  - **morgens**:
    - **Aufstehen**, beim: nat-m.
    - **Sitzen**, im: nat-c.
  - **vormittags**: bry.
  - **mittags**: form.
  - **nachmittags**, beim Gehen: nat-c.
  - **nachts**: ars. calc. *Cinnb.* coff. kali-bi. nat-m. nit-ac.
    - **Bett**, im: *Ferr.* graph. zinc.
      - **amel.**: *Kali-c. Staph.*
  - **Anziehen** der Beine amel.: mag-m.
  - **Aufstehen** vom Bett; beim: nat-c.
  - **Auftreten**, beim: *Calc.*
  - **Bett**, im: lach. zinc.
  - **Bewegung**:
    - **amel.**: alum. arg-met. *Kali-c. Kali-s. Rhus-t.*
    - **bei**: coff. *Coloc.* iris kreos. merc. nat-ar. ph-ac. plb. staph.
  - **brennend**: **Ars.** arund. berb. carb-an. graph. iris mur-ac. olnd. sulph.
  - **Druck** amel.: dulc. nuph. plb.
  - **elektrische** Schläge, wie durch: agar.$_{a1,k}$
  - **Gehen**:
    - **amel.**: *Agar.* alum. *Arg-met. Dulc. Ferr. Kali-c. Kali-s.* lach. *Rhus-t.* sulph.
    - **beim**: berb. calc. carb-v. coc-c. cocc.$_{h1,k}$ con. kali-c. *Kali-i.* lyc. nat-c. plb. sabad. sep. sil. *Spig.* staph.
    - **Beginn** des Gehens agg.; zu: ferr. ph-ac.
    - **gebückt**, wenn: *Bry.*
- **Oberschenkel**: ...
  - **juckend**: *Spig. Staph.*
  - **Liegen**, beim: puls.
  - **Menses**, vor den: staph.
  - **plötzlich**: chinin-s. sep.
  - **quer** über den Oberschenkel: **Zinc.**
  - **Reibung**:
    - **amel.**: anac. mosch.
    - **Hosen**; durch Reibung der: cot.$_{br1}$
  - **reißend**: hell. kali-c. kali-i. ph-ac. sep. zinc.
  - **rheumatisch**: bapt.
  - **Schlaf**:
    - **vor**: *Sulph.*
    - **nach**: **Lach.**
  - **Sitzen**:
    - **beim**: **Bell.** *Con. Dulc.* kali-c. *Kali-i.* mur-ac. nat-c. ph-ac. *Spig.*
    - **Hinsetzen**, beim: bov.
  - **Stehen**, im: calc. carb-an. euphr. rhus-t. stann.
  - **synchron** mit dem Puls: *Anac.*
  - **wandernd**: graph.
  - **ziehend**: sabad.$_{a1,k}$ thuj.
  - **zuckend**: ang. carbn-s. mag-m. sabad. stann. stram.
  - ▽ **erstreckt** sich zu:
    - **außen**, nach: berb. rhus-t.
    - **Brust**: caust.
    - **Fußsohle**: kreos.
    - **oben**, nach: *Lach.*
    - **unten**, nach: aesc. apis *Ars. Aur-m. Bry.* calc-p. carb-v. cinnb. coloc. *Kali-c. Kali-i. Kalm.* mur-ac. *Nux-v.* pall. *Sil.* staph.
    - **Zehen**: *Apis*
  - ○ **Außenseite**: asaf. bar-c. bell. cham. cocc. iris-foe. mang. mur-ac. rhod.
    - **abends**: cham.
    - **Bewegung** amel.: rhod.
    - **Gehen**, beim: mang. mur-ac.
    - **pulsierend**: cocc.
    - **Sitzen**:
      - **amel.**: mang.
      - **beim**: bell. cocc. mur-ac.
  - **Genitalien**; nahe den männlichen: nat-m.
  - **Innenseite**: arn. bar-c. calc. carbn-s. chel. cocc. lac-ac. laur. nat-m. sabin. spong. stann. *Staph.* sulph. verb.
    - **nachmittags**: stry.
    - **Auftreten**, beim: berb.
    - **Berührung**, bei: cocc.
    - **Druck** agg.: laur.
    - **Sitzen**, im: calc. tarax.
    - **zuckend**: sabad.$_{a1,k}$
  - **Knie**; über dem: arn. asaf. **Bell.** berb. cham. ferr. grat. guaj. kreos. led. mang. meny. nux-v. olnd. ruta sars. spong. staph. *Zinc.*
    - **rechts**: psil.$_{ft1}$
    - **abends**: *Mang.* nux-v.
    - **anfallsweise**: alum.
    - **Gehen** im Freien; beim: sars.
    - **pulsierend**: spong.
    - **quer** über den Oberschenkel: **Zinc.**
    - **Sitzen**, beim: **Bell.** phos. spong.

- **Oberschenkel**: ...
  - **Knochen**: psil.$_{ft1}$
  - **Nervus** cruralis: *Apis* ars. *Coff. Staph.*$_{hr1,k}$
  - **oberer** Teil: aeth. carb-v. cham. kali-i. mez. sil. spong. thuj.
    - ▽ **erstreckt** sich nach oben: cham.
  - ○ **Oberschenkelbeuge**: cann-s. caust. dig. gamb. grat. sil. spong.
    - **Gehen**, beim: dig. spong.
  - **Rückseite**: canth. con. dulc.$_{a1}$ euphr. iris *Kali-bi. Kali-c. Kali-i.* laur. merc-i-f. nuph. sil. staph. zinc.
    - **abends**, beim Gähnen: zinc.
    - **Gehen** im Freien; beim: con.
    - **pulsierend**: berb.
    - **Sitzen**, im: con.
    - **Stehen**, beim: euphr.
- **Knie**: acon. aeth. *Agar.* aloe **Alum.** alum-p.$_{k2}$ alum-sil.$_{k2}$ am-m. ammc. anac. androc.$_{srj1}$ ant-c. ant-t. *Apis* apoc. *Arg-met.* arn. ars. ars-i. arund. asaf. asc-t. aur. aur-ar.$_{k2}$ aur-m. aur-m-n. *Bamb-a.*$_{stb2}$ bapt. *Bar-c.* bar-i.$_{k2}$ bar-m. bar-s.$_{k2}$ **Bell.** berb. bov. brach. *Bry.* bufo *Calc.* calc-i.$_{k2}$ *Calc-s.* calc-sil.$_{k2}$ canth. *Carb-an.* carbn-s. caust. cedr. cham. chel. chin. chinin-ar. cina cinnb. clem. coc-c. cocc. *Coloc.* con. *Elaps* euph. euphr. ferr-ma. ferr-p. gran. graph. grat. *Guaj.* gymno. ham. *Hell.* hep. hura hydr. hyper. ign. indg. *Iod.* iris *Kali-ar.* **Kali-c.** kali-chl. kali-m.$_{k2}$ kali-n. kali-p. *Kali-s.* kali-sil.$_{k2}$ *Kalm.* lac-ac. lac-c. lach. laur. *Led.* lith-c. lyc. lyss. mag-c. mag-m. manc. mang. med. meny. *Merc.* merc-c. mez. mur-ac. myric. nat-ar. nat-c. *Nat-m.* nat-p. nat-s. **Nit-ac.** nux-v. ol-an. olnd. *Petr.* ph-ac. *Phos.* phys. phyt. pip-m. plb. podo. ptel. *Puls.* rat. rheum rhod. *Rhus-t.* sabad. sanic. *Sars. Sep. Sil.* spig. spong. *Stann. Staph.* stict. stront-c. stry. sul-ac. sul-i.$_{k2}$ **Sulph.** tab. tarax. tep. *Thuj.* trom. valer. verat. verb. viol-t. vip. zinc.
  - **links**: asc-t.$_{a1}$ bamb-a.$_{stb2}$
  - **morgens**: bamb-a.$_{stb2}$ calc. ign. lyc. nat-c. *Staph.*
    - **4** - 8 h: ign.
    - **Aufstehen**, nach dem: phos. rhod. *Staph.*
    - **Bewegung**, bei: ign.
    - **Gehen**, beim: nat-c.
    - **Sitzen**, im: nat-c.
  - **vormittags**: bamb-a.$_{stb2}$ bov. calc.
  - **mittags**, beim Fahren: calc.
  - **nachmittags**, 16 h, beim Gehen: pip-m.
  - **abends**: aeth. *Alum. Am-m.* ant-t. calc. kali-c. lyc. plb. spong. stront-c. thuj.
    - **21** h: ptel.
    - **Bett**, im: ant-t.
    - **Liegen**, beim: spong.
  - **nachts**: bell. *Calc. Camph.* carb-an. *Kali-bi.* phos.
    - **22** h: chel.
  - **anfallsweise**: bamb-a.$_{stb2}$ phos.
  - **Auffahren** beim Einschlafen, durch Stiche; mit: merc.
- **Knie**: ...
  - **Aufstehen** vom Sitzen, beim: agar. bov. rhus-t.
  - **Auftreten**, beim: verb.
  - **Berührung**, bei: ant-c. *Arn.* cot.$_{br1}$ tab.
  - **Bett**, im: thuj.
  - **Beugen**, beim: cham. mur-ac. tab.
  - **Bewegung**, bei: *Bry.* bufo cham. coloc. *Elaps* ferr-p. led. merc-c. plb. spong. *Staph. Sulph.*
    - **amel.**: *Calc.* camph. *Cham. Kali-c.* merc-c. phos. viol-t.
  - **bohrend**: hell.
  - **brennend**: apis *Arg-met.* lith-c. mur-ac. *Staph.* sul-ac.
  - **erscheinend**; plötzlich: bamb-a.$_{stb2}$ lyc.
    - **verschwindend**; und plötzlich: bamb-a.$_{stb2}$
  - **Gehen**:
    - **amel.**: alum. *Kali-c.* nat-m. phos. *Rhus-t.*
    - **beim**: agar. aloe am-m. aur-m-n. *Bry.* bufo *Calc.* calc-caust. caust. cinnb. cocc. coloc. euphr. lach. *Led.* lyc. merc. mur-ac. petr. rheum spig. sulph. thuj. *Valer.*
    - **Freien**, im: hell. merc. sulph.
      - **amel.**: *Alum.*
  - **Gewitter**, bei: med.
  - **Husten**, beim: nit-ac.
  - **juckend**: viol-t.
  - **Knien**, beim: bar-c. *Bar-m.*
  - **plötzlich**
    - ☞ *erscheinend*
  - **quer** über das Knie: rhus-t.
  - **reißend**: berb. bry. *Calc.* lyc. merc.
  - **rheumatisch**: acon. asar. chel. **Kali-c.** *Lach.*
  - **schießend**: berb.
  - **Sitzen**:
    - **amel.**: mur-ac. rat. sil.
    - **beim**: alum. *Am-m.* asaf. aur-m-n. *Calc.* euph. indg. merc. *Rhus-t.* stann. staph.
  - **Stehen**:
    - **beim**: aeth. hell. nit-ac. plb. rat. rhus-t. rumx. sulph.
    - **Sitzen**, nach dem: rhus-t.
  - **Strecken**:
    - **amel.**: mur-ac.$_{h,k,*}$
    - **beim**: bov. laur. med.
  - **Treppensteigen**, beim: agar. bar-c. bry. sulph.
  - **verschiebt** sich: cham. lyc.
    - **Sitzen**, im: asaf.
  - **verstaucht**: *Arn.* petr.
  - **Vor**- und Zurückbewegen des Knies amel.: plb.
  - **warmes** Zudecken; durch: bry.$_{a1,k}$ *Elaps*
  - **Wetterwechsel**, bei: vip.
  - **wund**: bry.
  - **wund** beißend: sep.
  - **Ziehen**, nach: guaj.$_{a1,k}$ *Staph.*
  - **zuckend**: euphr.
  - ▽ **erstreckt** sich zu:
    - **außen**, nach: cham.
    - **Fuß**:
      - **Fußsohle**: bamb-a.$_{stb2}$

- **Knie - erstreckt** sich zu: ...
  - **Hüfte**: *Lach.* lyc.
  - **Unterschenkel**, in den: ferr-p. mez.
  - **Zehen**: bamb-a.stb2
- ○ **Außenseite**: ant-c. cham. nicc. sabad. stann. staph. tarax. thuj.
  - **Berührung**, bei: staph.
  - **brennend**: merl. staph.
  - **Gehen**, beim: cham. cocc. nit-ac. staph.
  - **Sitzen**, beim: sabad.
  - **Stehen**, im: nicc. stann.
- **Innenseite**: bamb-a.stb2 bar-c. berb. bry. canth. cham. cinnb. euph. laur. meny. sars. staph. zinc.
  - **morgens**: ammc.
  - **Bewegung** amel.: zinc.
  - **Gehen**, beim: rhus-t.
  - **Mittagessen**, nach dem: grat.
  - **Nägel**, wie durch: nat-m.
  - **Schritt**, bei jedem: phos.
  - **Sitzen**, im: euph. plb.
  - **Stehen**, im: thuj.
  - ▽ **erstreckt** sich zur großen Zehe: carbn-s.
- **Kniekehle**: agar. agn. ammc. bell. berb. *Bry.* carb-an. carbn-s. chel. coc-c. coloc. cupr-ar. mang. merc-i-f. mill. nat-m. ol-an. plb. rat. sep. stann. sul-ac. sulph. tab. thuj.
  - **nachmittags**, beim Gehen: bry.
  - **nachts**: lyc. nit-ac.
  - **Aufstehen** vom Sitzen, beim: rat.
  - **Bewegung**, bei: agn. coloc.
  - **Frost**; während: *Lyc.*
  - **Gehen**, beim: berb. *Bry.* carb-an. mang.
  - **heiß**: sulph.h,k,*
  - **Sitzen**, im: mang. stann. sulph.
  - **Stehen**, im: agn. berb.
- **Kniescheibe**: bamb-a.stb2 *Bar-m.* bell. *Camph.* carb-v. cham. cina coc-c. cupr-ar. graph. kreos. lac-ac. lachn. nat-m. nicc. ph-ac. staph. thuj.
  - **rechts**: bamb-a.stb2 nicc.
  - **nachmittags**: nicc.
  - **nachts**: bamb-a.stb2
  - **Aufstehen** vom Sitzen; nach: carb-v.
  - **Bewegung**:
    - **agg.**: ph-ac. staph.
    - **amel.**: viol-t.
  - **brennend**: asaf. lachn.
  - **elektrische** Funken, wie: coc-c.
  - **Gehen**:
    - **beim**: calc. coloc.
    - **fortgesetztes** Gehen amel.: coloc.
  - **Knien**, beim: *Bar-m.*
  - **Reiben** amel.: manc.
  - **reißend**: arg-met.
  - **Sitzen**, im: camph. merl. spig.
  - **spannend**: spig.
  - **Treppensteigen**, beim: thuj.
  - **ziehend**: calc.
  - ▽ **erstreckt** sich zur Hüfte: calc.
- **Sehnen**: ant-t. berb. con. euphr. merl. nat-m. ph-ac. phos. raph. *Rhus-t.* samb.
  - **abends**: ant-t.

- **Knie - Sehnen**: ...
  - **Aufstehen** vom Sitzen, beim: *Rhus-t.*
  - **Berührung**, bei: *Rhus-t.*
  - **Bewegung**, bei: ph-ac. *Rhus-t.*
  - **Gehen**, beim: ant-t. berb. euphr.
    - **Freien**, im: con.
  - **Stehen**, im: berb.
- **Unterschenkel**: acon. aesc. aeth. *Agar.* agn. *Alum.* alum-p.k2 alumn. am-c. *Anac.* ant-c. *Apis* ars. aster. atro. *Bell.* berb. bov. *Bry. Calc.* cann-i. caps. *Carb-an.* carb-v. carbn-s. *Caust.* cham. chel. *Chin.* clem. cob. coc-c. *Cocc. Coloc. Con.* dig. dulc. echi. *Euph.* euphr. *Ferr. Gels.* glon. *Graph.* grat. *Guaj.* hell. *Hyper.* ind. jug-r. kali-c. *Kali-i.* kali-m.k2 kali-s. kali-sil.k2 *Kalm.* lac-ac. lach. led. *Lyc. Merc.* merc-c. *Mez.* mosch. *Mur-ac.* naja nat-ar. nat-c. nat-m. nit-ac. *Nux-v.* pall. petr. ph-ac. phos. pic-ac. *Plat. Plb.* ran-s. raph. rheum *Rhus-t.* rhus-v. samb. sars. sec. senec. *Sep.* **Sil.** spong.bg1,bg2 staph. stram. sulph. tarax. tarent. *Thuj. Tub.* verb. viol-t. vip. zinc.
  - **rechts**: stict.
  - **nachmittags**: lyc.
    - **Sitzen**, im: alumn.
  - **abends**: *Ferr.* lac-ac. lyc.
    - **Bett**, im: alum. *Ferr.*
  - **anfallsweise**: *Gels.*
  - **Aufstehen**, beim: carb-an.
  - **Bewegung**:
    - **bei**: coloc. merc. sars.
    - **amel.**: alum. *Kali-c. Kali-s. Lyc. Rhus-t. Tub.*
  - **Einschlafen**, beim: *Lach.*
  - **Essen** amel.: *Nat-c.*
  - **Fahren** im Wagen; beim: nat-m.
  - **Frost**; während: ferr. lyc.
  - **Gehen**:
    - **amel.**: agar. *Kali-c. Kali-s.* lyc. *Rhus-t. Tub.*
    - **beim**: *Sulph.*
  - **Menses**, während: raph.
  - **pulsierend**: coc-c.
  - **Reibung** der Hosen; durch die: cot.br1
  - **ruckend**: *Carbn-s.*
  - **Schneuzen** der Nase; beim: graph.
  - **Sitzen**, im: euph. phos.
  - **Stehen**, im: phos. sil. tarax.
  - **Stuhlgang**, beim: rhus-t.
  - **Übereinanderlegen** der Beine; beim: nux-v. phos.
  - ▽ **erstreckt** sich zu:
    - **oben**, nach: *Guaj.* xan.
    - **unten**, nach: chel. *Kalm. Sil.*
- ○ **Achillessehne**: am-c. aur. berb. camph. cimic. hep. mur-ac. nat-m. rhus-t. sil. sul-ac. tarent. thuj.
  - **herunterhängt**; wenn das Bein: berb.
  - **Ruhe**, in der: aur.
- **Schienbein**: alum. am-m. *Ant-c.* aur. bamb-a.stb2 berb. bov. bry. cham. chel. *Chin.* guaj. hyper. kali-c. kali-i. led. mez. puls. rhus-t. samb. **Sulph.** thuj. *Zinc.*
  - **links**: aur. bov.
  - **rechts**: alum. bamb-a.stb2 hydrog.srj2

• **Unterschenkel - Schienbein**: ...
  • **nachmittags**: bamb-a.stb2
  • **abends** im Bett: alum.
  • **erscheinend**; plötzlich:
    • **verschwindend**; und plötzlich: bamb-a.stb2
• **Wade**: *Agar.* aloe *Alum.* alum-sil.k2 am-c. am-m. ang. arg-n. asaf. bell. berb. bry. calc. *Calc-p.* calc-sil.k2 camph. carb-v. caust. chel. clem. coc-c. coloc. con. dros. dulc. eupi. gamb. *Graph.* grat. *Guaj.* hell. *Indg.* jatr-c. kali-n. led. *Lyc.* meny. merc. nat-p. nux-v. ph-ac. *Plb.* puls. *Rhus-t.* sars. sil. *Spig.* spong. *Staph.* *Sulph.* tarax. *Tarent.* thuj. upa.
  • **nachmittags**: grat.
  • **abends**: sulph.
  • **anfallsweise**: caust. plb.
  • **Anziehen** der Stiefel; beim: graph.
  • **Auftreten**, beim: sil.
  • **Bettwärme** amel.: plb. upa.
  • **Beugen** des Beines; beim: chel.a1,k
  • **Bewegung**, bei: berb. calc.
  • **Druck** amel.: plb.
  • **Gehen**:
    • **beim**: arg-n. ~~chin.k1,xxx~~ grat. nat-p. spong. staph.
    • **amel.**: *Dros.* *Rhus-t.*
    • **Freien**, im: merc.
  • **Liegen**, beim: puls.
  • **Mittagessen**, nach dem: grat.
  • **Reiben**; nach: thuj.
  • **reißend**: calc.
  • **Sitzen**:
    • **beim**: am-m. asaf. *Dros.* mang. *Rhus-t.*
    • **amel.**: tarax.
  • **Spaziergang**, nach einem: am-m.
  • **wandernd**: berb.
  • **Zimmer** amel.; im: grat.
  ▽ **erstreckt** sich zu:
    • **außen**; von innen nach: berb.
    • **oben**, nach: *Guaj.* xan.
    • **unten**, nach: chel. eupi. ph-ac. *Sulph.*
• **Knöchel**: abrot. *Acon.* agar. *Alum.* ambr. androc.srj1 ang. ant-c. apis apoc. arg-n. arn. ars-i. asar. aur. bapt. bar-c. berb. *Bov.* bufo *Calc.* calc-p. calc-sil.k2 cann-s. carb-v. carbn-s. caust. cham. chel. chinin-s. clem. coff. colch. coloc. crot-t. dios. dros. ferr-p. form. gins. gran. graph. guaj. ham. *Hell.* hep. ign. indg. kali-c. kali-sil.k2 kreos. lach. led. *Lith-c.* lyc. mang. merc. mosch. naja nat-c. nat-m. nux-v. ol-an. osm. petr. phos. psor. puls. rhod. *Rhus-t.* *Ruta* sang. sep. sil. spig. staph. stront-c. sulph. thuj. trom. verb. viol-t. xan. zinc.
  • **morgens**, bei jedem Schritt: graph. psor.
  • **vormittags**: chinin-s.
  • **abends**: merc. stront-c.
    • **Bett**, im: lyc. zinc.
  • **nachts**, im Liegen: dros.
  • **Auftreten**, beim: alum. graph. kali-c. psor.
  • **Bewegung**:
    • **amel.**: *Cham.*
• **Knöchel - Bewegung**: ...
    • **bei**: bar-c. bufo kreos.
  • **Gehen**, beim: agar. berb. *Lach.* lyc. sulph.
  • **Laufen**, beim: berb.
  • **plötzlich**: indg.
  • **reißend**: caust.
  • **Stehen**, beim: berb.
  • **Steigen**; beim: carbn-s.k2
  • **Stuhlgang**; beim: verb.c1
  • **Waschen** mit kaltem Wasser amel.: cann-s.
  ▽ **erstreckt** sich zu:
    • **außen**, nach: lith-c. mosch.
    • **Ferse**, über die: agar.
    • **Fuß**: hell. kreos.
    • **Knie**: guaj.
    • **oben**, nach: aur. caust.h guaj. mang.h nux-v.
    • **Schienbein**: ph-ac.h
    • **Wade**: con.h
    • **Zehen**: graph.h hell. kreos.
  ○ **Innenseite**: berb. ph-ac.h
  • **Knochen**: aur. puls.
  • **Malleolus**: bapt. berb. iod. kali-c. lach. nit-ac. phos. valer.
    ○ **äußerer**: agar.h apis arg-met. arg-n. *Bov.* bry. chinin-s. clem. dios. mang. sars. sil.h sulph. thuj.
      • **brennend**: thuj.h
      • **Gehen**, beim: mang. sulph.
      • **Sitzen**, im: agar.h arg-met.h arg-n.h,k,*
      ○ **unter** dem äußeren Knöchel, beim Gehen: nat-c.h
    • **innerer**: berb. chel. coc-c. coff. indg. nat-m. rhus-t. spig.h tarax.h verb.c1
      • **Gehen**, beim: puls.
      • **Sitzen**, im: berb. par. tarax.
  • **über** dem: meny.h
  • **Vorderseite**: berb.
• **Füße**: abrot.br1 acon. agar. agn. ail. *Alum.* am-c. ambr. *Anac.* androc.srj1 ant-c. apis arg-met. arg-n. arn. ars. arum-d. asaf. aster. aur. aur-ar.k2 aur-s.k2 *Bamb-a.*stb2 bar-c. *Bell.* berb. *Bov.* bry. calc. *Calc-p.* calc-sil.k2 *Canth.* carb-an. *Carb-v.* carbn-s. caust. cham. chel. chin. chinin-ar. cina coloc. con. cupr. dig. dor. eup-per. euph. fago. *Ferr-p.* *Fl-ac.* *Graph.* *Guaj.* *Hell.* hep. hura hyos. hyper. iris kali-ar. **Kali-c.** **Kali-s.** kali-sil.k2 *Kalm.* lyc. mag-c. mag-m. manc. mang. meli. meph. *Merc.* mez. **Mur-ac.** *Nat-c.* nat-m. nat-s. *Nit-ac.* *Nux-v.* ol-an. olnd. par. petr. ph-ac. *Phel.* phos. pic-ac. puls. ran-b. ran-s. raph. rhod. rhus-t. rhus-v. ruta samb. *Sars.* senec. *Sep.* *Sil.* spig. stann. stront-c. stry. sul-ac. *Sulph.* tarax. tarent. *Thuj.* verb.h viol-t. vip. xan. zinc. zing.
  • **links**: asc-t.a1
    • **dann**:
      • **rechts**: psil.ft1
  • **morgens**:
    • **Erwachen**, beim: thuj.
  • **vormittags**:
    • **10 h**: sil.
  • **nachmittags**: mez.a1,k
  • **nachts**: phos.a1,k sulph.h

• **Füße**: ...
 • **Aufsetzen** des Fußes auf den Boden: tarent.
 • **Auftreten**, beim: ars. bell.h *Berb.*k,k1 calc-p. *Nat-m.*a1,k tarent.
  • **gefolgt** von Taubheit: berb.hr1
 • **Bewegung**, bei: bar-c. bufo calc. chin. sulph.
  • **amel.**: guaj. *Kali-c.* *Kali-s.* *Lyc.* *Rhus-t.* verb.c1
 • **brennend**: bufo coloc. rhus-t. *Sulph.* zinc.h
 • **Druck**, wie: *Cina*
 • **eingeschlafen**, wie: lyc.a1,k
 • **Essen**, nach dem: graph.a1,k
 • **Exkoriation**, bei: phos.h
 • **Fahren** im Wagen Stiche von innen nach außen; beim: *Berb.*k1
 • **Frost**; während: *Eup-per.*
 • **gefolgt** von Taubheit: *Berb.*k13
 • **Gehen**: nat-m.h tarent.
  • **nach**: kali-c.a1,k
  • **Freien**, im: bell. lyc.
   • **amel.**: nat-m.
 • **krampfartig**: cina
 • **reißend**: guaj. sil.a1,k
 • **rhythmisch**: nat-m.
 • **Ruhe**; in der: verb.c1
 • **Schocks**, Schlägen; endet in: daph.
 • **Sitzen**, im: asaf. manc.a1,k
 • **Stehen**, im: agn. nat-m.a1,k *Puls.*a1,k sil.a1,k
 • **Wetterwechsel**; bei: vip.
 • **zuckend**: carbn-s. *Cina*
 ▽ **erstreckt** sich zu:
  • **Fußballen**: lyc.h mez.h plat.h sulph.h zinc.h
  • **Knie**: bell.h xan.
  • **oben**, nach: bar-c. *Plb.* ruta xan.
 ○ **Ferse**: aeth. agar. am-c. am-m. ambr. ang. ars. arund. bad. bamb-a.stb2 bar-c. berb. bry. calc. calc-sil.k2 carl. chel. chin.h cic. cina con. eup-per. euphr. eupi. ferr-ma. *Graph.* hep. ign. kali-ar. kali-c. kali-n. kali-sil.k2 kreos. lyc. mag-c. *Manc.* meny. merc. nat-c. nat-m. nat-p. *Nat-s.* nit-ac. nux-v. ol-an. olnd. *Petr.* ph-ac. *Puls.* *Ran-b.* rhod. *Rhus-t.* ruta *Sabin.* sang. sars. *Sep.* *Sil.* spong. stry. sulph. thuj. trom. **Valer.** zinc.
  • **links**: nicc. thuj.
  • **rechts**: agar. bamb-a.stb2 chel. sulph.
  • **morgens**: bamb-a.stb2 eupi. ign. *Rhus-t.*
   • **Bett**, im: bry. puls. sang.
  • **nachmittags**: nat-m. *Ran-b.*
   • **Sitzen**, im: nat-s.
  • **abends**: ang.h merc. sep.h thuj.
   • **Bett**, im: mag-c.h nit-ac.h
  • **nachts**: am-m.h calc. euphr. sep.
   • **Bett**, im: am-m.
  • **anfallsweise**: sep. spong.
  • **Aufsetzen** der Ferse; beim: graph.
  • **Aufstehen** amel.: bry. puls.
  • **Auftreten**, beim: ars.h *Nit-ac.* *Rhus-t.* sep.
  • **Bewegung**, bei: kreos.
   • **amel.**: spong.
  • **bohrend**: *Puls.*

• **Füße - Ferse**: ...
  • **brennend**: agar. puls.h sep. sul-ac.
  • **fein** stechend: bad. berb. sep.
  • **Gehen**:
   • **beim**: berb. con. nat-s. thuj.
   • **nach**: berb. spong.
  • **juckend**: berb. nat-m.
  • **Kratzen**, beim: sars.
  • **kribbelnd**: berb.
  • **prickelnd**, kribbelnd: carl.
  • **pulsierend**: *Ran-b.*
  • **Reiben** amel.: am-m. nat-s.
  • **reißend**: sil.
  • **rhythmisch**: carl.
  • **schießend**: eupi.
  • **schneidend**: berb. eupi. lyc.h
  • **Sitzen**, im: agar.h ang.h berb. cic. cina *Rhus-t.* ruta sep.h sil. spong. **Valer.**
  • **Splitter**, durch: mang. nat-c. nit-ac. *Petr.* ph-ac. sulph.h
  • **Stehen**, im: berb. con. ran-b. *Rhus-t.* sil. spong.
  • **zuckend** stechend: rhod.
  ▽ **erstreckt** sich zu:
   • **außen**; nach: sabin.c1
   • **Fuß**:
    • **Fußrücken**: sars.h
    • **Fußballen**: aeth.
   • **oben**, nach: agar. spong.
   • **Oberschenkel**: ars.h
 • **Fußrücken**: agar.h *Anac.* ang.h aur.h bamb-a.stb2 chin.h coloc.h guaj.h hep.h kali-c.h lyc.h podo.c1 *Puls.* rheumh rhus-t.h ruta spig.h sulph.h tarax.h zinc.h
  • **Bewegung** agg.: sulph.h
  • **Gehen** auf Steinpflaster; beim: sep.h
  • **Schlaf**, im: asar.h
  • **Sitzen**, beim: bell.h
  • **Stehen** und Sitzen; beim: mur-ac.h
 • **Fußsohle**: aeth. *Agar.* agn. ail. alum. alum-p.k2 alum-sil.k2 ang. ant-c. arn. ars. arum-t. asar. bamb-a.stb2 bell. berb. **Borx.** bry. calc. calc-caust. calc-p. calc-sil.k2 camph. carb-an. chin. cic. clem. coc-c. cocc. coloc. con. crot-h. cub. daph. dig. dros. elaps eup-per. eupi. *Fl-ac.* gamb. gent-l. graph. hura *Ign.* iris-foe. jatr-c. kali-n. *Kalm.* led. lob-s. lyc. mag-m. mag-s. meny. *Nat-c.* nat-m.h nat-p. nat-s. nicc. nit-ac. nux-v. ol-an. olnd. par. ph-ac. phos. plb. psil.ft1 *Puls.* raph. rheum *Rhus-t.* rhus-v. sabin. sars. sep. sil. spig. stry. sulph. tarax. thuj.
  • **rechts**:
   • **dann**:
    • **links**: bamb-a.stb2
  • **morgens**: alum.h
   • **Aufstehen** aus dem Bett, beim: fl-ac. nicc.
  • **nachmittags**: bamb-a.stb2 *Nat-c.*
  • **abends**: alum.h dig. ph-ac.h *Rhus-t.* sulph.
   • **Bett**, im: ant-c.h
  • **nachts**:
   • **22.30** h: hura

- **Füße - Fußsole**: ...
  - **Auftreten**, beim: berb.$_{c1}$ bry. nat-c.$_{h}$ nicc. nit-ac.$_{h}$ spig.$_{h}$ staph. sulph.
  - **Berührung**, durch: sep.
  - **Bewegung**:
    - **amel.**: olnd.
    - **bei**: spig.
  - **brennend**: alum. berb. *Fl-ac.* ph-ac.$_{h}$
  - **Gehen**, beim: agar. bell. cocc. con. eupi. gent-l.$_{a1,k}$ meny.$_{h}$ plb. *Rhus-t.* sep.$_{h}$
    - **nach**: ant-c.$_{h}$
    - **Nadeln** laufen würde; als ob er auf: *Rhus-t.*
  - **juckend**: dros. spig.$_{h}$ tarax.
  - **kribbelnd**: arn. berb. mag-m.
  - **Menses**, während: raph.
  - **Nadeln**; wie durch: bamb-a.$_{stb2}$
  - **prickelnd**, kribbelnd: ant-c. bell.$_{h}$ sep.
  - **pulsierend**: berb. clem. con.$_{h}$
  - **Reiben** amel.: alum. ant-c.$_{h}$ gamb. kali-n.
  - **reißend**: chin. phos.
  - **ruckend**: ph-ac.$_{h}$
  - **Schweiß**, mit: **Nit-ac.**$_{h,k,*}$
  - **Sitzen**, im: dros. jatr-c. sars. sep. spig. tarax.
  - **Splitter**, wie ein: agar.
  - **Stehen**, im: berb.
  - **wundfressend**: plat.$_{h}$
  - **zuckend**: bamb-a.$_{stb2}$ dig. nat-s. ph-ac.
  - ▽ **erstreckt** sich zu:
    - **außen**, nach: *Tarax.* thuj.
    - **Hüfte**: plb.
    - **Wade**: puls.$_{h}$
  - ○ **äußerer** Rand: ars.$_{h,k,*}$ rheum$_{h}$
  - **Fußballen**; am: am-c.$_{h,k,*}$ aur-m-n.$_{a1,k}$
  - **innerer** Rand: mur-ac.$_{h}$
  - **Wölbung** der Fußsohle: bamb-a.$_{stb2}$
- **Zehen**: *Acon.* *Agar.* ail. *Alum.* alum-p.$_{k2}$ alum-sil.$_{k2}$ am-c. *Am-m.* ang. ant-t. apis arg-n. arn. arum-d. arund. aster. aur. *Aur-m-n.* aur-s.$_{k2}$ bamb-a.$_{stb2}$ bar-c. *Berb.* bov. bry. bufo-s. cadm-s. *Calc.* calc-p. calc-sil.$_{k2}$ cann-i. *Carb-v.* *Carbn-s.* *Caust.* chel. cina cist. cocc. *Coloc.* crot-t. cycl. dulc. elat. fago. ferr-ma. graph. *Hell.* *Hep.* hyper. kali-bi. kali-c. kali-sil.$_{k2}$ *Kalm.* lach. led. *Lyc.* mag-c. mag-s. med. merc. merl. mez. nat-m. nat-s. **Nit-ac.** *Nux-v.* olnd. *Pall.* par. petr. ph-ac. phos. plat. plb. *Puls.* ran-b. *Ran-s.* rhus-t. sabad. sabin. *Sil.* *Stict.* stry. sul-ac. *Sulph.* tarax. tarent. thuj. *Verat.* verb. zinc.
  - **mittags**, beim Beugen des Körpers nach links: thuj.
  - **nachmittags**: mez.
  - **abends**: cist. lyc. nat-s.
    - **Einschlafen**, beim: merl.
  - **nachts**: *Nux-v.*
  - **anfallsweise**: calc.
  - **beißend**: *Hyper.*
  - **Bett**, im: agar.
  - **Beugen** des Körpers nach links; beim: thuj.
  - **Bewegung**: nux-v.
    - **amel.**: agar. cocc.
  - **brennend**: arund. chel.

- **Zehen**: ...
  - **Frost**; während: lyc.
  - **Gehen**:
    - **amel.**: calc.
    - **beim**: arn. carbn-s. crot-t.$_{a1,k}$ dros.$_{h}$ *Lyc.* ran-b.
  - **heiß**
    ☞ *warm*
  - **juckend**: ran-s. spig.$_{h}$
  - **Kälte** amel.: aster.
  - **krampfartig**: calc. cina sil.
  - **Nadel**; wie von einer: calc. petr.$_{h}$
  - **reißend**: tarax.
  - **ruckend**: carbn-s.
  - **sinkt** allmählich: am-m.
  - **Sitzen**, im: aur-m-n. calc.
  - **stechend**, fein: *Verat.*
  - **Stehen**, im: *Agar.* calc. *Verat.*
  - **steigt** allmählich: am-m.
  - **Stuhlgang**, beim: nux-v.
  - **verstaucht**: crot-t.$_{a1,k}$
  - **warm**: *Acon.*
  - **wund** beißend: nat-m.
  - **zuckend**: berb. carbn-s. *Cina* merl.
  - ▽ **erstreckt** sich zu:
    - **außen**; nach: berb.$_{bg1}$
    - **Fußsohle**; Wölbung der: psil.$_{ft1}$
    - **Hüfte**: *Nux-v.* pall.
    - **oben**, nach: lach. *Nux-v.* pall.
  - ○ **Gelenke**: asaf. berb. cann-i.
  - **Zehennägel**:
    - ○ **Nagelwurzel**: nat-m.$_{a1}$
  - **Zehenspitzen**: am-c. am-m. aur-m-n. bamb-a.$_{stb2}$ berb. caps. chin. dig. fl-ac. kali-c. merc. merl.$_{a1,k}$ mez. nat-s. puls. ran-b.$_{c1}$ stry. sulph.
    - **morgens**: bamb-a.$_{stb2}$
    - **abends**: am-m. puls. ran-b.
    - **außen**, nach: caps.$_{h}$
    - **bohrend**: chin.$_{h}$
    - **Einschlafen**, beim: merl.
    - **Gehen** im Freien: am-m.
    - **Liegen**, beim: sulph.
    - **Sitzen**, im: aur-m-n. sulph.
  - **große** Zehe: agar. agn. alum. alumn. am-c. am-m. ammc. arn. ars. *Asaf.* aster. *Aur-m.* bamb-a.$_{stb2}$ bar-c. *Benz-ac.* *Berb.* bov. bry. calc. calc-sil.$_{k2}$ *Cann-i.* caps. carb-v. carl. castm. *Caust.* chel. *Cist.* coloc. crot-t. daph. euphr. ferr-ma. form. gamb. gins. graph. *Hep.* hura hyper. jatr-c. *Kali-c.* kali-n. kali-sil.$_{k2}$ *Kalm.* lach. laur. *Led.* *Lyc.* mag-c. mag-s. merl. nat-m. nat-s. nit-ac. ph-ac. phos. pip-m. puls.$_{h}$ *Ran-s.* rat. rhus-t. sabin. sang. sep.$_{h}$ *Sil.* sphing.$_{kk3}$ sul-ac. sulph. tarax. tarent. thuj. verat. zinc.
    - **links**: agn. alum. coc-c. kalm. led. phos.$_{h}$
    - **rechts**: alumn. bamb-a.$_{stb2}$ benz-ac. *Cist.* lyc. phos.$_{h}$ *Ran-s.*
    - **morgens** im Bett: ars.
    - **abends**: alumn. *Cist.* euphr. lyc. mag-c.$_{h}$ nat-m. phos.
      - **Bewegung**, bei: phos.$_{k,k1,*}$

- **Zehen - große** Zehe: ...
  - **nachts**: alum. form. kali-n.h
    - **Bett**, im: thuj.
  - ◇ **abwechselnd** mit Stechen im Daumen: sulph.
  - **anfallsweise**, plötzlich: lyc.
  - **Aufstampfen** amel.: caps.
  - **Auftreten**, beim: asaf. *Aur-m.* berb.
  - **Bewegung** agg.: phos.h
  - **bohrend**: sabin.
  - **brennend**: alum. berb. *Caust.*h,k,* mag-c. plat.h tarax.h
  - **Druck**, bei: *Hep.* nat-s.
  - **Erfrierung**, wie nach: *Nit-ac.* zinc.h
  - **fein**: am-m.a1,h caust.h,k,* kali-c. led. mag-s. rhus-t. sulph.
  - **Gehen**, beim: alumn. am-m. euphr. nat-m.h phos. tarax.
  - **heiß**: thuj.
  - **kitzelnd**, wie elektrische Schläge: sabin.
  - **kribbelnd**: berb. plat.h
  - **lang**: arn.h,k,* caust.h,k,*
  - **Mittagessen**, nach dem: mag-s.
  - **plötzlich**: lyc. nat-m. nat-s.
  - **prickelnd**, kribbelnd: sul-ac.h zinc.
  - **pulsartig**: berb. hep.
  - **reißend**: am-c.
  - **rheumatisch**: hyper.
  - **schneidend**: sil.
  - **Sitzen**, im: *Con.* graph. nat-m. sabin. sil.h
  - **Splitter**, wie: agar. coc-c.
  - **Stehen**, im: am-m. nat-m.h rhus-t.h sil.
  - **steigt** und sinkt langsam: am-m.h,k,*
  - **ziehend**: bry.
  - **zuckend**: berb. hell.h kali-n.
  - ▽ **erstreckt** sich zu:
    - **Brust**: rhus-t.
    - **Hüfte**: *Hep.*
    - **Knöchel**: bov.
    - **oben**, nach: benz-ac. *Hep.*
  - ○ **Gelenke**: *Benz-ac.* berb. calc.h *Cann-i.* kali-bi. *Led.* nat-m.h nat-s. sep.h sil. stann.
  - **Zehenballen**: alum. am-c. ambr.h *Cann-i.* *Caust.*h,k,* *Kali-c.*h mag-m.a1,h mur-ac.h ph-ac.h phos.h rhus-t.h zinc.h
  - **Zehennagel**: coc-c. *Sil.* sulph. *Thuj.*
    - ○ **unter** dem: cain. caust.h,k,* coc-c. iod.h
  - **Zehenspitze**: aur-m-n. bar-c.h bry. carl. coc-c. colch. *Con.* kali-c.h *Led.* mez. nat-s. olnd. par. *Ran-s.* sep. stann. staph.h sulph. zinc.
    - **brennend**: sep.
    - **pulsierend**: mez.h zinc.
    - **Sitzen**, im: *Con.*
- **zweite** Zehe: canth. cham. dros.h kali-n.h *Led.* spig.
  - ○ **Zehenballen**: puls.h
  - **Zehennagels**; in der Gegend des: bamb-a.stb2
- **dritte** Zehe: agar. asaf. chel. dros. *Led.* nat-s. sep. sulph.

– **stechend - Zehen**: ...
- **vierte** Zehe: agar. berb. chel. dros.h mez. nat-s. ran-b. rhus-t. thuj.
  - **zwickend**, ziehend: berb.
- **Zehenballen**: alum. calc-p. daph. dros.h spig.h
  - **links**: cann-i.c1
- **fünfte** Zehe: agar.h am-m. apis asaf. calc. cann-s. chel. con. hep.h hura lyc. ph-ac. rheumh ruta thuj.
  - **morgens**: lyc.h
  - **erfroren**, wie: lyc.h
  - **Gehen**, beim: am-m.
  - **krampfartig**: rutah
  - **pulsierend**: con.
  - **Stehen**, beim: am-m.
  - ○ **Zehenballen**: puls.h

– **stechend**; fein:
- ○ **Knie**:
  - ○ **Kniescheibe**: lachn.c1
- **Oberschenkel**: calc.bg1

– **verbrannt**; wie:
- ○ **Ellbogen**: bell.h
- **Zehe**, große: caust.h

– **verrenkt**; wie:
☞ *verstaucht / Verstauchungen*
- ○ **Gelenke**: agn.c1,rb2 caps.h *Ign.* med.c1 puls.
  - **links**: cain.
- **Arme**: *Ant-t.* merc. rhus-t.
- **Schulter**: agar. agn.a1 alum.h anac.h ant-t. caps.h caust. *Ign.* *Mag-c.* mag-m. merc. olnd.h puls.h *Sep.* sulph. ter.rb1
  - **hervorstehen** als normal; als würde die Schulter weiter: kali-n.h
  - **Menses**, während: mag-c.h
- **Unterarm**:
  - ○ **Elle**: cocc.h
- **Handgelenk**: bar-p.bg gels.psa
  - **links**: get.a1
  - **Bewegung**, bei: *Arn.* *Bry.* *Mez.* rhus-t.h tub.c1
- **Hände**; Gelenke der:
  - **links**: get.a1,rb2
- **Finger**:
  - ○ **Fingerspitze**:
    - **rechts**: mag-c.bg1
  - **Gelenke**: kiss.rb2 mag-c.h phos.
    - **rechts**: mag-c.bg1
- **Daumengelenk**: calc-p. cupr. laur.rb2 puls.h
- **Beine**: merc. sarr.
- **Hüfte**: agar. am-c.bg2 ang.bg2,h,* *Arn.*bg2 bamb-a.stb2 bell.bg2 bry.bg2 *Caust.*bg2,k con.bg2 *Euph.*bg2 fl-ac.bg2 hep.bg2 *Ign.* ip. *Iris*bg2 kreos.bg2,rb2 laur. lina.rb2 mag-m.bg1,h2 merc. mosch. **Nat-m.**bg2 nux-v.bg2 osm.bg2 pall. petr.bg2 *Phos.*bg2 psor.bg2,k **Puls.**bg2,k sanic.bg1,bg2 stann.bg2 sulph. thuj. zinc.bg2
  - **links**: caust.bg1 chel.bg2 dulc.bg1,bg2 hurabg2 irisbr1,c1 *Kreos.* laur.bg1,bg2,* pall.bg2 sulph.
  - **rechts**: agar.bg2 con.bg2 nat-m.bg1 sulph.bg1 thuj.bg1,bg2
  - **Auftreten**, beim: *Caust.* dulc.a1 psor. sulph.
  - **Gehen**, beim: bry.rb2
  - **Sitzen**, im: ip.

- **Knie**: *Arg-met.* *Arn.* bufo$_{bg2}$ gels. *Ign.* merc. pip-m. puls.$_{h}$ thuj.
- **Knöchel**: ang.$_{h}$ *Bry.* calc.$_{bg1,bg2}$ calc-p. kali-bi. sulph.$_{h}$ verat-v.
- **Fußgelenke**: ang.$_{bg2}$ arum-t. bell. bufo$_{bg2}$ calc.$_{bg2}$
  - **rechts**: eupi.$_{c1}$ syph.$_{rb2}$
- **Zehen**: syph.

– **verstaucht**; wie: *Agn.*$_{st1}$ *Am-c.*$_{st1}$ androc.$_{srj1}$ **Arn.**$_{br1,st1}$ asaf.$_{st1}$ bell-p.$_{st1}$ *Carb-an.*$_{st1}$ carb-v. **Led.**$_{st1}$ **Mill.**$_{st1}$ rhod. **Rhus-t.** **Ruta**$_{st1}$

☞ *verrenkt / Verstauchungen*

- **chronisch**: *Stront-c.*$_{kr1,st1}$
- ○ **Gelenke**: agar. agn. alum. am-c. *Ambr.* arg-met. *Arg-n.* **Arn.** ars. *Arum-t.* bar-c. bell. *Bry.* *Calc.* *Calc-p.* caps. carb-ac. *Carb-an.* carb-v. *Caust.* cham. chel. chin.$_{h}$ cocc. *Con.* *Cor-r.* dig. ferr. fl-ac. *Graph.* *Ign.* kali-c. *Kali-n.* kali-sil.$_{k2}$ *Lach.* **Led.** *Lyc.* mag-c. *Merc.* mez. *Nat-m.* nux-v. par. *Petr.* **Phos.** *Prun.* **Puls.** ran-b. *Rhod.* **Rhus-t.** *Ruta* sabin.$_{a1,k}$ sars. *Sep.* sil. *Spig.* spong. *Stann.* staph. **Sulph.** thuj. valer. verat.
  - **Bewegungen**, durch schnelle: phos.$_{h}$
  - **Gehen**, nach dem: nit-ac.$_{h}$
- **Arme**: *Ambr.* *Arn.* aur-m. bell. borx. bov. *Ign.* jug-c. lach. lact. merc. mez.$_{h}$ nit-ac. olnd. petr.$_{h}$ *Phos.* prun. ter. thuj.
  - **links**: nit-ac.$_{h}$
  - **vormittags**: petr.
  - **Bewegung** agg.: mez.$_{h}$
  - ○ **Gelenke**: stann.$_{h}$
- **Schulter**: agar. **Alum.** *Ambr.* arg-met. arn. asar. berb. bry. caust. coc-c. croc. cycl. hep. *Ign.* lyc. mag-c. mang. merc. mur-ac. *Nat-m.* nicc. pall. petr. phos. puls. rhod. **Rhus-t.** ruta *Sabin.*$_{a1,k}$ sep. spig. stann.$_{h}$ *Staph.* *Sulph.* ter. thuj.
  - **abends**: *Ambr.*
  - **nachts**: sep.
  - **Aufstützen** des Armes auf den Tisch; beim: sep.$_{h}$
  - **Bewegung**, bei: mag-c.$_{h}$
    - **amel.**: arg-met. mur-ac. nicc. stann.$_{h}$
    - **Armes**, des: asar. mag-c.$_{h}$ petr. ruta sep. *Staph.* vesp.
  - **Gehen** amel.; arg-met.
  - **Heben** der Arme; beim: **Alum.** alumn. mag-c.$_{h}$ petr.$_{h}$ phos. *Sulph.*
    - **amel.**: ruta$_{h}$
  - **lähmungsartig**: stann.$_{h}$
  - **Liegen**, beim: coc-c.
  - **Mittagessen**, nach dem: sep.$_{h}$
  - **Schreiben**, beim: sep.$_{h}$
  - ▽ **erstreckt** sich zum Handgelenk: puls.
- **Oberarm**: alum.$_{h}$ caust.$_{h}$ euph.$_{h}$ *Rhus-t.* ter.
- **Ellbogen**: *Ambr.* cur. ferr-m. gels. lach. mang. nicc. puls. tab. tell.
  - **links**: psil.$_{ft1}$
  - **rechts**: gels.$_{c1}$
- **Unterarm**: aur-m. led.$_{h}$ nat-c. tab.
  - ○ **Handgelenk**; nahe dem: *Calc.*
- **Handgelenk**: agar. alumn. *Am-c.* ambr. arg-n. **Arn.** *Bov.* *Bry.* **Calc.** calc-sil.$_{k2}$ **Carb-an.** carb-v.

– **verstaucht**; wie - **Handgelenk**: ... castor-eq. *Caust.* *Cina* cist. dios. ferr. graph. hep. hipp.$_{bro1}$ jug-c. kali-n. *Lach.* laur. lyc. mag-c. mez. nat-m. nux-v. *Ox-ac.* petr. phos. puls. *Rhod.* **Rhus-t.** **Ruta** sabin. sars. seneg. sil. stann. *Stront-c.* *Sulph.* tep. thuj. *Verb.* zinc.

- **links**: *Agar.* *Rhus-t.*
- **rechts**: **Calc.** gels. *Lyc.* mez.$_{h}$ *Ox-ac.*
- **morgens**: lyss.
- **vormittags**: ox-ac.
- **mittags**: alumn.
- **abends**: lach.
  - **Anstrengung**, bei: lach.
- **nachts**: arg-n.
- **Arbeit**, bei der: caust.
- **Bewegung**:
  - **bei**: bov. *Bry.* hyper. mez.$_{h}$
  - **amel.**: prun. rhod.
  - **schnelle** Bewegung amel.: sulph.$_{h}$
- **gebeugt**: ferr-m. ferr-ma.$_{a1}$
- **Greifen** von etwas; beim: **Rhus-t.**
- **Schreiben**, beim: lyc.
- **Wetter**, bei rauhem: *Rhod.*
- ▽ **erstreckt** sich beim Herunterhängenlassen des Armes in den Ringfinger und den kleinen Finger: castor-eq.

- **Hände**: acon. *Am-c.* ambr. anac.$_{h}$ *Arn.* bar-c. bov. *Bry.* **Calc.** *Carb-an.* carb-v. *Caust.* dios. hep. kali-n. kalm. nit-ac.$_{h}$ phos. prun. puls. rhod. *Rhus-t.* *Ruta* sabin. seneg. sil. sulph. thuj. verb. zinc.
  - ○ **Gelenke** der:
    - **Bewegung**; bei: bamb-a.$_{stb2}$
  - **Handrücken**: am-m.$_{h}$ bar-c.$_{h}$
- **Finger**: aloe graph. kali-n. nat-m. phos. puls. sulph.
  - ○ **Gelenke**, Grundgelenk: nat-m.
  - **Zeigefinger**: alum. cham. lachn.$_{c1}$ spig.$_{h}$ stann.
  - **Mittelfinger**: mag-c.$_{h}$
  - **Ringfinger**: phos.$_{h}$
  - **kleiner** Finger: lyc.$_{h}$ nux-m. phos.$_{h}$
- **Daumen**: calc-p. camph.$_{a1,h}$ cham. kali-n. **Kreos.** lachn. nat-m. phos. prun. rhod.
  - **links**: *Kreos.*
  - **Bewegung**, bei: phos.$_{h}$
  - **Greifen**, beim: phos.
  - **Schreiben**, beim: prun.
  - ○ **Gelenke**: ang.$_{h}$ calc-p. camph.$_{a1,h}$ con.$_{h}$ cupr.$_{h}$ graph.$_{h}$ kali-n. nat-m.$_{h}$ petr.$_{h}$ phos.$_{h}$ rhod. spig.$_{h}$ sulph. verat.$_{h}$
    - ○ **carpometacarpalis**, Articulatio: verb.$_{h}$
- **Beine**: *Arn.* berb. carb-v. caust. nat-m. olnd. puls. rhus-t. thuj.$_{h}$
  - **Gehen**, beim: am-c.$_{h}$
  - **Sitzen**, im: ip.
- **Hüfte**: *Aesc.*$_{bro1}$ am-m. *Arg-met.* *Arn.* ars.$_{h}$ bamb-a.$_{stb2}$ bar-c. *Calc.* *Calc-p.*$_{bro1}$ *Caust.* cham. chin. coloc.$_{bro1}$ con. *Euph.* hep. *Ign.* ip. kali-n. laur. lyc. merc-i-r. mez. *Nat-m.* nit-ac. nux-v. petr. *Phos.* psor. *Puls.* *Rhod.* **Rhus-t.** rhus-v. sarr.$_{bro1}$ seneg. sol-t-ae. stann. *Sulph.* tell.

- **Hüfte**: ...
  - **links**: laur. lyc.$_{h}$ nat-m.$_{h}$
  - **rechts**: pall. rhod.
  - **morgens**: ars.$_{h}$ kali-n. lyc.
  - **abends**: cham. con. merc-i-r.
  - **nachts**: ars.$_{h}$
  - **anfallsweise**: caust.
  - **Atmen**, bei tiefem: nat-m.
  - **Aufstehen** vom Sitzen; beim: anac.$_{h}$
  - **Auftreten**, beim: arg-met.$_{a1,k}$ arg-n.
  - **Bewegung**, bei: ang.$_{h}$ *Euph.* lyc.$_{h}$ petr. sulph.$_{h}$
  - **Gehen**:
    - **beim**: arg-met. calc. con. lyc. mez. rhod. stann.
    - **nach**: tell.
    - **Freien**, im: cham. hep. mez.
  - **Niesen**, beim: arg-met.
  - **plötzlich**: lyc.
  - ▽ **erstreckt** sich zum Kreuz: lyc.
  - **Sitzbeinhöcker**: hep.$_{a1,h}$
- **Oberschenkel**: am-c. caps.$_{h,k,*}$ laur.$_{br1}$ led.$_{h}$ stann.$_{h}$ staph.$_{h}$
  - **Abduktion**, bei: caps.$_{h}$
  - **Ausstrecken** der Glieder; beim: caps.$_{h,kl,*}$
  - **Gehen**, beim: stann.$_{h}$
  - ○ **Innenseite**, oben: rhus-t.$_{h}$
  - **Oberschenkelbeuge**: euph.$_{h}$
- **Knie**: agar. am-c. arg-met. ars.$_{h}$ calc. *Calc-p.* carbn-s. caust. chin.$_{h}$ cod. con. elaps gent-l.$_{a1,k}$ graph. hipp. *Ign.* kali-bi. kreos. *Lach. Lyc.* meny.$_{h}$ nat-m. nit-ac. phos. prun. rhod. **Rhus-t.** sars. spig. sulph.
  - **links**: ars.$_{h}$ gent-l.$_{a1}$ sulph.$_{h}$
  - **rechts**: arg-met. calc.$_{h}$ nat-c.$_{h}$ nux-m. sulph.$_{h}$
  - **morgens**: cod. sulph.$_{h}$
    - **Aufstehen**, nach dem: arg-met.
  - **vormittags**, beim Gehen: nat-c.
  - **abends**: petr.$_{h}$ sulph.$_{h}$
  - **Aufstehen**:
    - **beim**: ars.$_{h}$ kali-c.
    - **Sitzen**, nach langem: kali-bi.
  - **Auftreten**, beim: plat.$_{h}$ sulph.$_{h}$
  - **Bewegung**, bei: arg-met. nux-m.
  - **Drehen** des Beines; beim: am-c.
  - **Gehen**:
    - **beim**: agar. *Calc-p.* graph. ip. lyc. nat-c.$_{h2}$ nat-m. petr.$_{h}$ spig.$_{h}$ *Sulph.*
    - **nach**: tell.
    - **ebenem** Boden amel.; auf: nit-ac.
  - **Hinlegen**:
    - **amel.**: *Sulph.*
  - **Hitze**; während: lach.
  - **Liegen**; beim: petr.$_{h}$
  - **plötzlich**: lyc.
  - **Sitzen**; beim: am-c. calc.$_{h}$
  - **Treppen**; beim Hinabsteigen von: nit-ac.
  - **Treppensteigen**, beim: nux-m.
  - ▽ **erstreckt** sich zum Oberschenkel: kali-n.
  - ○ **Kniescheibe**: calc.$_{h}$ kali-n.$_{h}$ nit-ac.$_{h}$
    - **über** dem: ambr.$_{h}$
- **Unterschenkel**: agar. am-c. ars.$_{h}$
  - **Gehen**, beim: am-c.
- **Unterschenkel**: ...
  - ○ **Achillessehne**: kreos.
    - **Knöchel**; nahe dem inneren: meny.$_{h}$
    - **Schienbeinmuskeln**: calc.$_{h}$
    - **Wade**: graph.$_{h}$
- **Knöchel**: agar. all-s. aloe **Anac.** ang. ant-c.$_{h}$ **Arn.** ars. asc-t. bar-c. *Calc.* calc-sil.$_{k2}$ camph.$_{h,k,*}$ carb-v.$_{h}$ caust. chel. chin.$_{h}$ chinin-s. coca cocc. cycl. dig. dros. eup-per. fl-ac. gran. graph. hell. hep. ign. kali-bi. kali-n. laur. **Led.** lyc. *Merc.* mosch. nat-m. nat-s. nit-ac. nux-v. ph-ac. *Phos.* plat. plb. *Prun.* psor. puls. **Rhus-t. Ruta** sep.$_{h}$ *Sil. Stront-c.*$_{k,k1,*}$ sulph.$_{h}$ tep. thuj. *Valer.* verat. zinc.
  - **links**: asc-t.$_{a1}$
  - **morgens**: plb.
    - **Aufstehen**:
      - **beim**: dig. nat-s. nit-ac.
        - **Gehen**, nach dem: camph.
      - **nach**: rheum$_{h}$
    - **Gehen**:
      - **beim**: ign. nux-v. plb. psor.
      - **verhindert**: dig. nat-s.
    - **Stehen**, beim: coca
  - **abends**: gran.
    - **Gehen**, beim: verat.
  - **nachts**, beim Stehen: coca
  - **anfallsweise**: hep.
  - **Auftreten** mit dem linken Fuß; beim: **Anac.**$_{hr1,k}$
  - **Beugen**, beim: chinin-s.
    - **Seite** auf die andere; beim Beugen von einer: caust.
  - **Bewegung**, bei: cocc. zinc.
  - **Bücken**, beim: cycl.
  - **Fehltritt**, bei einem: caust.
  - **Gehen**:
    - **amel.**: **Valer.**
    - **beim**: caust. cycl. *Dros.* fl-ac. *Phos.* psor. puls. sulph.
    - **Freien**, im: graph.
  - **heraufläuft**, wenn er Treppen: **Valer.**
  - **Liegen** im Bett; beim: aloe
  - **Ödem**, mit: *Stront-c.*$_{vh}$
  - **Sitzen** amel.: cycl.
  - **Stehen**, beim: chinin-s. cycl. sulph. **Valer.**
  - **Strecken**, beim: dig.
  - **Zimmer**; amel. im: graph.
- **Füße**: ang. **Arn.** ars. bar-c. berb. *Bry.* calc. *Camph.* carb-v. carbn-s. caust. cop. crot-t. *Cycl.* dros. ferr-ma. *Hep.* hyper. *Kalm.* kreos. merc. nat-m. nux-v. phos. prun. puls. **Rhus-t.** sanic. sil. sulph. til. valer. zinc.
  - **links**: hyper. sanic.
  - **morgens**: **Rhus-t.**
  - ○ **Ferse**: laur.$_{br1}$ led.$_{bg1}$
  - **Fußrücken**: bar-c.
  - **Fußsohle**: cham. cupr. *Cycl.* mur-ac.
- **Zehen**: am-c. berb. bry.$_{bg1}$ coloc. zinc.
  - **abends**: coloc.
  - **Treppensteigen**, beim: coloc.
  - ○ **Gelenke**: all-s. bry.

- **Zehen**: ...
  - **große** Zehe: aloe *Arn.* jug-r. lyc. mez. mosch. sil.
    - **morgens**: jug-r.
      - **Bett**, im: jug-r.
    - **nachts**: aloe
    - **Bett**, im: aloe jug-r.
    - **Bewegung** agg.: mosch.
    - **plötzlich**: lyc.
    - ○ **Gelenke**: *Arn.* prun. rat.
  - **vierte** Zehe: berb.

– **Wehtun** (= unbestimmt, drückend): **Agar.** alum-sil.$_{k2}$ am-c.$_{a1,k}$ androc.$_{srj1}$ *Ant-c.* apoc. *Arn.* *Ars.*$_{a1,k}$ *Aur.* *Bapt.*$_{a1,k}$ *Bell.* bov. *Bry.* *Calc-p.*$_{a1,k}$ calc-sil.$_{k2}$ cann-i.$_{a1,k}$ *Carb-v.* *Carl.*$_{a1,k}$ *Cham.* chin. chinin-ar. *Cimic.*$_{a1,k}$ *Cocc.* cupr. *Cur.* **Eup-per.** fago.$_{a1,k}$ ferr.$_{a1,k}$ ferr-ar. *Gels.*$_{a1,k}$ glon. ham.$_{a1,k}$ hell.$_{a1,k}$ *Hydr.* hydrc. **Ip.** jal.$_{br1}$ jug-c.$_{a1,k}$ lac-ac.$_{a1}$ lac-c. lach.$_{a1,k}$ lec.$_{br1}$ led.$_{a1,k}$ *Lyc.* lyss. *Merc.* merc-c.$_{a1,k}$ mez.$_{a1,k}$ mosch. *Mur-ac.* naja nat-ar. *Nat-m.* nit-ac.$_{a1,k}$ **Nux-v.** osm.$_{a1,k}$ *Phyt.* plb.$_{a1,k}$ podo.$_{a1,k}$ ptel.$_{a1,k}$ *Puls.* *Pyrog.* **Rhus-t.** *Samb.* staph. still.$_{a1,k}$ stram.$_{a1,k}$ stront-c. sumb.$_{a1,k}$ *Syph.* tell.$_{c1}$ *Tub.* tub-m.$_{vn,zs}$ *Verat.* zinc.$_{a1,k}$
- **links**: *Sumb.*$_{a1,k}$
- **morgens**, 7 h: myric.
- **vormittags**: am-c.$_{a1,k}$ nat-ar.
- **nachmittags**: aq-pet.$_{a1}$ nit-ac.$_{a1,k}$ ptel.$_{a1,k}$
- **nachts**: am-c.$_{a1,k}$ *Aur.* *Merc.* *Nux-v.* podo.$_{a1,k}$
- **Bett**, im: carl.$_{a1,k}$ **Merc.**
- **Bewegung** amel.: am-c.$_{a1,k}$ carc.$_{tp1}$ ferr.$_{k2}$ *Mur-ac.* *Puls.* **Rhus-t.** thuj.$_{k2}$ *Tub.*
- **Erkältung**, wie durch: nit-ac.
- **Erwachen**, beim: ptel.$_{bg1}$ puls. tell.$_{a1,k}$
- **Fieber**; während: puls. *Pyrog.* *Rhus-t.* *Tub.*
- **Frost**; während: aran. arn. ars. **Eup-per.** *Ip.* nat-m. *Nux-v.* **Pyrog.** *Rhus-t.* sabad. tub.
- **Gehen**:
  - **amel.**: nat-ar. **Pyrog.** **Rhus-t.** *Tub.*
  - **beim**: op.$_{a1,k}$
- **Koitus**, nach: tub.
- **Liegen** auf den Gliedern; beim: dros.$_{h,k,*}$
- **wandernd**: chinin-ar.$_{k2}$
- **warme** Anwendungen:
  - **amel.**: carc.$_{mg1}$
- **Wetter**; bei naßkaltem: calc-sil.$_{k2}$
- ○ **Flexoren**: ptel.
- **Gelenke**: aesc. all-c. bol-la. carb-an. *Carl.* *Chinin-s.* choc.$_{srj3}$ clem. cot.$_{br1}$ dios.$_{br1}$ erig. *Gels.* kali-c. *Kalm.* led. luna$_{kg1}$ merc. mosch. phos. ptel. pyrus rhod. rhus-t.
  - **Frost**; während: cann-i.
- **Knochen**: calc-p.$_{k2}$ **Eup-per.** form. **Ip.** *Lyss.* *Mur-ac.* nit-ac. pyrog.$_{k2}$ sphing.$_{kk3}$ tarent.$_{k2}$ *Tub.*
  - **Frost**; während: *Arn.* *Ars.* arum-t.$_{k2}$ chin. **Eup-per.** *Ferr.* **Ip.** mag-c. mur-ac. nat-m. *Puls.* *Pyrog.* *Rhus-t.*
- **Muskeln**: luna$_{kg1}$
- **Streckmuskeln**: calc-p. luna$_{kg1}$
- **Arme**: alum. androc.$_{srj1}$ arg-n. *Ars.* asaf. benz-ac. berb. *Bry.* *Cact.* *Calc.* calc-p. cann-i. *Carb-ac.* carbn-s. caust. cham. chinin-s. choc.$_{srj3}$ com.

– **Wehtun** - **Arme**: ...
croc. dios. dirc. dol. *Dulc.* **Eup-per.** euphr. fl-ac. gamb. gels. glon. granit-m.$_{es1}$ ham. ip. jug-c. kalm. lac-c. lach. lil-t. lob-s. lyc. lyss. merc. merc-i-f. mosch. myric. naja nat-ar. *Nit-ac.* ph-ac. phyt. pip-m. puls-n. raph. rhod. staph. *Sumb.* tarax. thuj. verat-v. zing.
- **links**: carb-ac.$_{bg1}$ croc.$_{bg1}$ dios.$_{bg1}$ fl-ac.$_{bg1}$ iber.$_{bg1}$ ip.$_{bg1}$ nat-ar.$_{bg1}$ rhod.$_{bg1}$ sumb.$_{bg1,k}$
- **morgens**: fago.
- **vormittags**: jac-c. jug-c. verat-v.
- **nachmittags**: erig. verat-v.
- **Berührung** agg.: ip.
- **Bewegung** agg.: nat-ar.
- **Essen**, nach dem: cocc.
- **Schreiben**, beim: merc-i-f.
- **Singen**, beim: stann.
- **wandernd**: plan.
- ▽ **erstreckt** sich zu:
  - **Finger**: calc-p. euphr. hydrog.$_{srj2}$
  - **unten**, nach: sumb.
  - **Unterarm** hinein; in den: dios.
- ○ **Knochen**: apis *Calc-p.* **Eup-per.** glon.
- **Schulter**: abrot. acon. aesc. agar. ail. arg-met. asaf. borx. *Calc.* calc-p. calc-sil.$_{k2}$ cann-i. carb-ac.$_{c1}$ carb-an. carc.$_{tp1}$ *Caust.* chel. coca coloc. crot-t. cur. dios. ferr-i. granit-m.$_{es1}$ hura hydr. jatr-c. jug-c. kali-bi. kali-p. lac-c. lach. laur. led. lil-t. lob-s. lyss. merc-i-f. mez. mosch. myric. naja *Nat-m.* *Nit-ac.* pip-m. plan. prun. sep. sil. sin-n. *Staph.* sumb. teucr. trom. ust. verat. verat-v. zinc.
  - **links**: hydrog.$_{srj2}$
  - ▽ **erstreckt** sich zu:
    - **Hand**:
      - **abends**: luna$_{kg1}$
  - **rechts**:
  - ◆ **begleitet** von:
    - **Kälte** der Schulter: granit-m.$_{es1}$
  - **morgens**:
    - **4** h: fago.
    - **Bett**, im: sumb.
    - **Erwachen**, beim: coca
  - **mittags**: phyt.
  - **nachmittags**: coloc. dios.
    - **13** h: dios.
    - **13**.30 h: chel.
  - **abends**: mez. still.
    - **Beugen** nach vorne; beim: carb-ac.
  - **nachts**: sil.
  - **Abkühlung**, bei: sil.
  - **Atmen**, bei tiefem: *Chel.*
  - **Bett**, im: fago. sumb.
  - **Beugen** des Armes; beim: laur.
  - **Bewegung**, bei: calc-sil.$_{k2}$
    - **amel.**: calc. carc.$_{tp1}$ kali-p. verb.
    - **Beginn** der Bewegung; zu: ind.
    - **Armes**, des: calc. croc. nat-ar.
  - **Gehen**, beim: arg-met. brom.
  - **Heben** des Armes; beim: coloc.
  - **Liegen** auf der schmerzhaften Seite agg.: nat-m.

- **Schulter**: ...
  - **rheumatisch**: *Caust.* nat-ar. plan.
  - **Wärme** amel.: carc.$_{tp1}$
  - ▽ **erstreckt** sich zu:
    - **Arm**: brom.
    - **Ellbogen**: abrot. plb.
    - **Finger**: elat. hydrog.$_{srj2}$
- **Oberarm**: abrot. anac. arg-met. arg-n. calc. cass.$_{a1}$ chinin-ar.$_{k2}$ cinnb. com. cupr. **Eup-per.** gels. kali-n. kali-p. led. lob. merc-i-r. mez. paeon. **Rhus-t.** rumx. sabad. sabin. stram. tep. vesp. zinc.
  - **links**: hydrog.$_{srj2}$
  - **morgens** im Bett: euph.
  - **vormittags**: com.
  - **abends**: anac. ox-ac.
    - **Gehen** im Freien; beim: anac.
    - **Sitzen**, beim: anac.
  - **Berührung**, bei: arg-met. sabin.
  - **Bewegung**:
    - **agg.**: sabad. *Sabin.*
    - **amel.**: kali-p.
  - **Fahren** oder Reiten, beim: abrot.
  - **rheumatisch**: granit-m.$_{es1}$
  - **Singen**, beim: stann.
  - ▽ **erstreckt** sich zu:
    - **Finger**: hydrog.$_{srj2}$
  - ○ **Knochen**: hyos. iod. mag-s. ox-ac. phyt. rhod. sulph.
    - **abends**: ox-ac.
    - **Bewegung** agg.: phyt.
    - ○ **Ellbogen**, nahe dem: still. verat.
    - **Gelenkkopf**; äußerer: asaf. sil. verat-v.
  - **Rückseite**: jatr-c.
- **Ellbogen**: aesc. ang. asaf. caul. coc-c. dios. fl-ac. gels. glon. gymno. ham. hydr. led. merc-i-f. ol-j. phos. *Podo.* rumx. ruta sep. thuj. ust. xan.
  - **rechts**: marb-w.$_{es1}$
  - **morgens**: sumb.
    - **Bett**, im: sumb.
  - **abends**: fl-ac. *Still.*
  - ◆ **abwechselnd** mit Schmerz in den Knien: dios.
  - **Bewegung**, bei: hydr. prun.
    - **amel.**: ol-an. ust.
  - **Wetter**, bei nassem: erig.
  - ▽ **erstreckt** sich zum Unterarm: dios. xan.
  - ○ **Ellbogenbeuge**: arg-met. clem.$_{a1,k}$
    - **Druck** amel.: arg-met.
    - **Strecken** des Armes; beim: clem.$_{a1,k}$
  - **Ellbogenhöcker**: spong.$_{a1,k}$
    - **Bewegung**, bei: hep.$_{a1,k}$
  - **Gegend** des Ellbogens: gels.
- **Unterarm**: agar. aloe bell. *Calc-p. Carb-ac.* carb-an. carbn-s. chlor. cic. cinnb. cocc. com. dios. elat. **Eup-per.** fl-ac. hell. hyos. jatr-c. *Merc. Merc-i-f.* merc-i-r. nux-m. phys. phyt. *Rhus-t.* sabad. *Sabin.* sep. sil. spig. sulph. tarent. trom.$_{a1,k}$ verat-v.
  - **links**: *Carb-ac.*
  - **morgens**: nat-ar.
  - **vormittags**: trom.
- **Unterarm**: ...
  - **nachmittags**: lycps-v. nat-s.
    - **16** h: sulph.
  - **abends**: com. dios.
    - **Zubettgehen**, nach dem: phyt.
  - **nachts**: aloe
    - **23** h: com.
  - **Berührung** agg.: *Sabin.*
  - **Beugen** des Armes; beim: sabad.
  - **Bewegung**:
    - **bei**: sabad. *Sabin.*
    - **amel.**: **Rhus-t.** spig.
  - **Erwachen**, beim: lycps-v.
  - **intermittierend**: trom.$_{a1,k}$
  - **Schreiben**, beim: anac.
  - **Sitzen**, im: led. **Rhus-t.**
  - ▽ **erstreckt** sich zu:
    - **außen**, nach: nux-v.
    - **Hand**: elat. fl-ac. nit-ac. trom.
  - ○ **Elle**: verat-v.
  - **Rückseite**: berb. chinin-s.
    - **vormittags**: chinin-s.
  - **Speiche**: *Sabin.*
- **Handgelenk**: asaf. bar-c. bol-la. bry. calc-p. carb-ac. castor-eq. *Caul.* cic. conv.$_{br1}$ dios. lac-d.$_{kr1}$ lach. *Led.* mang. mez. naja nit-ac. phys. pip-m. ptel. rhus-t. rhus-v. rumx. sil. stann. still. tarent.
  - **links**: lycps-v. sulph.
  - **morgens**: stry. sulph.
    - **Stuhlgang**, nach: osm.
  - **vormittags**: lycps-v. pip-m.
  - **nachmittags**: lycps-v.
  - **abends**: led. verat-v.
    - **21** h: gels.
    - **Sitzen**, beim: **Led.**
  - **nachts** beim Erwachen: mez.
  - **Frost**, vor: arn. podo.
  - **krampfartig**: com.
  - **lähmungsartig**: nat-p.
  - **Menses**, während: nat-p.
  - **rheumatisch**: nat-ar.
  - **Schreiben** agg.: pip-m.
  - ▽ **erstreckt** sich zu:
    - **Ellbogen**: lach.
    - **Finger**:
      - **Zeigefinger**: asaf.
- **Hände**: aesc. ang. asaf. calc-p. choc.$_{srj3}$ croc. dios. euphr. ham. kalm. led. mez. nit-ac. ptel.
  - **morgens**: dios.
  - **nachmittags**:
    - **13** h, beim Sitzen: lycps-v.
  - **abends**: led.
  - **nachts**: dios.
  - **Körperübungen** amel.: dios.
  - ▽ **erstreckt** sich zu:
    - **Ellbogen**: cer-s. cere-s.
    - **Finger**: elat.
  - ○ **Gelenke**: clem. *Kali-c.* phys.
  - **Handfläche**: merc-i-f. nat-s.
  - **Handrücken**: arg-n. carb-v. hep. kali-c. merc. verb.

• **Hände - Handrücken**: ...
  • **Mitternacht**, nach: hep.
• **Finger**: abrot. ang. apis bry. cic. dios. euphr. gymno. ham. hell. kalm. lob-s. mez. rhus-t.
  • **morgens**: merc-i-r.
  • **Schreiben**, beim: fago.
  ○ **Fingernägeln**, unter den: caust.
  • **Fingerspitzen**: com. phyt.
  • **Gelenke**: bry. cann-i. coloc. com. kali-bi. led. tax.$_{a1,k}$
   ○ **Grundgelenk**: tax.$_{a1,k}$
  • **Zeigefinger**: abrot. carb-ac. com. fl-ac. rhus-v. sabad. stann.
   • **abends**: dios. rhus-v.
   • **Bewegung**, bei: sabad.
   ○ **Gelenke**: phys. spong. sumb.
    ○ **Endgelenk**: sumb.
    • **metacarpal**: am-m. nat-m.
    • **Mittelgelenk**: zinc.
   • **Fingerballen**: calc-p.$_{a1,k}$
   • **Fingerspitze**: teucr.
  • **Mittelfinger**: phos. pip-m. rhus-t.
   • **morgens** im Bett: rhus-t.
  • **Ringfinger**: *Arn.* led. naja pip-m.
  • **kleiner** Finger: arn.
   ○ **Gelenke**: arn. gamb.
• **Daumen**: calc-p. chel. chin. laur. sang.
  • **21** h: dios.
  • **Gebrauch** des Daumens; beim: phos.
  ○ **Daumenballen**, rechter: sang.
  • **Gelenke**: asaf. berb. osm.
• **Beine**: aesc. agar.$_{k2}$ androc.$_{srj1}$ ars-i.$_{bg1}$ aur. *Calc-p.* *Cimic.* cob. **Eup-per.** **Gels.** granit-m.$_{es1}$ *Med.* merc. merc-i-f. nat-ar. nit-ac.$_{bg1}$ ptel. **Rhus-t.** rumx. sep.$_{bg1}$ spir-n-d.$_{bg1}$ tell.$_{bg1}$ *Tub.* vac.$_{bg1}$ vario.$_{bg1,br1}$
  • **morgens**, beim Erwachen: androc.$_{srj1}$ aur.
  • **abends**: still.
  • **nachts**: med.
  • **Bewegung**:
   • **amel.**: agar.$_{k2}$ *Puls.* **Rhus-t.**
   • **nach**: calc-p.
  • **Fahren** oder Reiten, beim: rumx.
  • **Fieber**; während: nat-s.$_{k2}$ *Puls.* **Rhus-t.**
  • **Frost**; während: nat-s.$_{k2}$ nux-v. **Rhus-t.** tarent.$_{k2}$
  • **Gehen**:
   • **amel.**: nat-s.$_{k2}$ *Tub.*
   • **beim**: merc. nux-m.
  • **Menses**, während: calc-p. caul. cimic.
  • **Stehen**, beim: aesc.
  • **warme** Anwendungen amel.: agar.$_{k2}$
  • **Wetter**, bei nassem: *Calc-p.*
  ○ **Gelenke**: ferr-i.
  • **Knochen**: lyc. mag-m. *Mez.* nit-ac.$_{bg1}$ ph-ac. phos. *Puls.* rumx. still.$_{bg1}$ zinc.
  • **Rückseite**: *Helon.* **Pic-ac.**
• **Gesäß**: bry. *Calc.* calc-p. cupr. staph.
• **Hüfte**: aesc. ail. bapt. bry. carb-ac. carb-an. *Caust.* dios. eup-per. gamb. ham. lyss. med. merc-i-f. mosch. *Phos.* *Phyt.* puls. *Rhus-t.* staph. still. tab. tarent.
• **Hüfte**: ...
  • **morgens**: aesc.
   • **Aufstehen** amel.: phos.
  • **abends**: dios.
  • **nachts** beim Erwachen: puls-n.
  • **Bücken**, beim: gent-l.
  • **Erwachen**, beim: hep.
  • **Gehen**, beim: ham. staph.
  • **Menses**, vor den: lach.
  • **Mittagessen**, nach dem: kali-bi.
  • **Sitzen**, im: eup-per. *Rhus-t.* sabad. staph. verat.
  ▽ **erstreckt** sich zu:
   • **Ischiasnerv** entlang; den: carb-an.
   • **Knöchel**: aesc. merc-i-r. plan.
• **Oberschenkel**: agar. anac. bol-la. calc-p. caust. chim. cinnb. cob. cot.$_{br1}$ daph. furf-i.$_{sna1}$ granit-m.$_{es1}$ ham. hep. *Ip.* kali-i. *Lach.* med.$_{k2}$ merc-i-f. mur-ac. nat-ar. nat-p. phyt. *Pyrog.* **Rhus-t.** sabad. sep. spig. still. stry. *Thuj.* *Tub.* verat-v.
  • **morgens** im Bett: sumb.
  • **nachmittags**: lycps-v.
  • **abends**:
   • **19** h: gels.
   • **Schlaf**, nach: cycl.
  • **nachts**: cinnb. *Kali-bi.* sulph.
  • **Anstrengung**; bei großer körperlicher: carc.$_{sp1}$
   • **amel.**: carc.$_{mg1,sp}$
  • **Aufstehen**, beim: lycps-v.
  • **Bewegung**, bei: dig.
   • **amel.**: mur-ac. **Rhus-t.** tub.
  • **Fieber**; während: *Ip.* pyrog. **Tub.**
  • **Gehen**, beim: calc-p. meny. staph.
  • **gelähmt**, wie: verat.
  • **rheumatisch**: granit-m.$_{es1}$
  • **Schlaf** amel.; kurzer: carc.$_{sp1}$
  • **Schmerz** im Rücken; und unbestimmt drükkender: cot.$_{br1}$
  • **Treppensteigen**, beim: sep.
  ▽ **erstreckt** sich zu:
   • **Knie**, beim Husten: caps.
   • **unten**, nach: caps. nat-ar. phys.
  ○ **Außenseite**: nat-ar. still.
   ▽ **erstreckt** sich zum Fuß: still.
  • **Knochen**: bry. fl-ac. **Ip.** *Merc-i-r.* phos. tep.
  • **Mitte** des Oberschenkels: asar. chin. cocc. lach.
  • **Rückseite**: carb-ac. dros. ind. led. mez. naja ptel.$_{hr1,k}$
  • **Vorderseite**: cupr. dig. hell. nat-ar. nat-s. pic-ac.
   ▽ **erstreckt** sich zum Knöchel: nat-ar.
   • **unterer** Teil: lyc. *Thuj.* tub.
• **Knie**: *Aesc.* androc.$_{srj1}$ apoc. asc-t. bell. brom. bry. calc. calc-p. cann-i. carb-ac. chel. cic. clem. cob. com. cop. corn. dios. dulc.$_{h1}$ *Eug.* fago. fl-ac. gamb. glon. hell. *Hydr.* jatr-c. lach. led. lil-t. lob-s. lyc. lyss. mang-m. med. *Merc.* mez. *Mur-ac.* nat-m. nux-v. *Ol-j.* op. osm. petr. phys. *Podo.* ptel. puls-n. pyrus **Rhus-t.** rhus-v. *Stram.*

• **Knie**: ...
stront-c. syph. tab. upa. verat-v. xan. zinc.
• **morgens**: bry. carb-ac. dios. sumb.
• **Bett**, im: sumb.
• **Gehen**: bry. *Lach.*
• **mittags**: dios.
• **nachmittags**: dios. lycps-v.
• **abends**: cob. cycl. dios. erig. *Led.* lycps-v.
• **nachts**: coc-c. *Kali-bi.*
• **abwechselnd** in beiden: cycl.
• **Auftreten** agg.; hartes, kräftiges: calc.$_{bg1}$
• **Bewegung**:
• **agg.**: lycps-v.
• **amel.**: *Agar.* bar-c. cycl. dios. *Mur-ac.* **Rhus-t.**
• **Feuer**, nahe einem: sumb.$_{a1,k}$
• **Frost**; während: *Nat-m.* nux-v. *Rhus-t.*
• **Gehen**, beim: *Hydr.* nat-m. stront-c.
• **Luft** amel.; in kalter: sumb.
• **Hinlegen**, nach dem: lil-t.
• **Sitzen**, im: agar. bar-c. led. **Rhus-t.**
• **Stehen** agg.: stront-c.
• **wandernd**: clem.
○ **Kniekehle**: androc.$_{srj1}$ arg-met. berb. brom. hep. ip. plb. rumx.
• **Stehen**, im: rumx.
• **Kniescheibe**: acon. calc. coc-c. tep.
• **Unterschenkel**: aesc. agar. alum. alum-p.$_{k2}$ alum-sil.$_{k2}$ anac. *Ars.* aur. aur-ar.$_{k2}$ bapt. bol-la. *Bry. Carb-ac. Carb-an.* chel. chlol. com. conv.$_{br1}$ dios. *Eup-per.* fago. ferr-s. fl-ac. gamb. ham. **Ip.** *Kali-c. Kali-i.* kali-sil.$_{k2}$ *Lac-ac.* **Lach.** laur. *Led.* lil-t. med. *Merc.* merc-i-f. *Mur-ac.* **Ph-ac.** phos. *Phyt.* ptel. puls. **Pyrog. Rhus-t.** rumx. sep. sil. sin-n. still. sul-i. sumb. syph. **Tub.** vac. verat-v. zinc.
• **rechts**: limest-b.$_{es1}$
• **morgens**: agar. aur.
• **Erwachen**, beim: aur.
• **vormittags**: ptel.
• **8** h: lach.
• **mittags**: com.
• **nachmittags**: erig. lycps-v. ptel. sep.
• **abends**: erig. *Still.* uran-met.
• **22** h: fago.
• **nachts**: caust. med.
• **Bewegung**: dig. laur. merc-i-r.
• **amel.**: dios. *Mur-ac.* puls. **Rhus-t.**
• **Fieber**; während: puls. *Pyrog.* **Rhus-t. Tub.**
• **Frost**:
• **vor**: *Eup-per.* puls.
• **während**: **Eup-per.** *Nat-m.* nux-v. **Rhus-t.** *Tub.*
• **Gehen**:
• **amel.**: kali-n. pyrog.$_{k2}$ **Rhus-t.**
• **beim**: bry. cupr-ar. phyt.
• **Hühneraugen**, wie durch: asc-t.$_{hr1,k,*}$
• **Husten**, mit: *Carb-an.*
• **Liegen** auf der linken Seite: com.
• **Menses**:
• **während**: ambr.
• **nach**: calc-p.

• **Unterschenkel**: ...
• **Sitzen**, im: agar. brom. led. **Rhus-t.**
• **wandernd**: chinin-ar.
▽ **erstreckt** sich zu:
• **Ferse**: kalm.
• **Hüfte**: nit-ac.
• **Zehen**: kali-n.
○ **Maleolus**: chinin-s. graph.
○ **äußerer**: cic. laur.
• **innerer**: berb. mez. verat-v.
• **Schienbein**: agar. anac. berb. bufo *Carb-ac.* chinin-ar. clem. com. fago. fl-ac. gamb. hydrog.$_{srj2}$ ign. **Lach.** mez. nat-m. nit-ac. **Ph-ac.** sep. sil. stry.
• **tagsüber**: clem.
• **morgens**: lycps-v.
• **vormittags**: agar.
• **nachmittags**, im Sitzen: agar.
• **Gehen**, beim: clem. ign. stry.
• **Sitzen**, im: agar. anac.
• **Stehen**, beim: agn.
• **Wade**: androc.$_{srj1}$ ang. ars. berb. chlol. eup-per. fago. *Gels.* granit-m.$_{es1}$ jatr-c. *Kali-bi.* led. lycps-v. lyss. merc. mur-ac. ptel. *Puls.* sep. sin-n. tarax. teucr.
• **morgens**, beim Erwachen: lycps-v.
• **Bewegung** agg.: rumx.
• **Gehen**, beim: myric.
• **Freien**, im: fago.
• **Knöchel**: *Agar.* cann-i. carb-ac. castor-eq. coloc. con. conv.$_{br1}$ dios. hell. jug-c. *Lac-d.* laur. *Led.* naja nat-p. ox-ac. plan. *Podo.* ptel. puls-n. *Rhus-t.* rhus-v. sep. sin-n. stront-c. stry. sul-i. tab. zinc.
• **morgens**: carb-ac.
• **Bewegung** amel.: plan. **Rhus-t.**
• **Gehen**:
• **beim**: calc-p. cycl. stront-c.
• **nach**: *Rhus-t.*
• **Menses**, nach den: nat-p.
• **Sitzen**:
• **amel.**: cycl.
• **beim**: bry. chel. phys. **Rhus-t.**
• **Stehen**, beim: cycl. stront-c.
○ **Achillessehne**: *Cimic.*
• **Füße**: ang. bov. bry. calc. caust. clem. *Coloc. Cur.* dios. fago. gymno. ham. *Kali-c.* kalm. lac-ac. mez. nit-ac. olnd. petr. phos. phyt. ptel. still. *Sulph.* verat. vip.
• **nachmittags**: ptel.
• **nachts**:
• **Erwachen**, beim: bar-c.
• **Sitzen**, im: olnd.
• **Gehen**, beim: phyt. stry.
• **Körperübungen** amel.: dios.
• **Liegen** im Bett; beim: *Cur.*
▽ **erstreckt** sich zur Hüfte: nit-ac.
○ **Ferse**: agar. calc-p. carbn-s. carl. ferr. kali-c. phyt. puls. spong. zinc.
• **erfroren**, vor kurzem: carl.
• **Gehen**, beim: spong.
• **Heben** des Fußes amel.: phyt.

• **Füße - Ferse**: ...
  • **intermittierend**: sabin.c1
  • **Stehen**, nach langem: zing.
  ▽ **erstreckt** sich zum Oberschenkel: ferr.
 • **Fußrücken**: asaf. chel. *Coloc.* jatr-c. lil-t. merc-i-f. mez. xan.
  • **Sitzen**, im: asaf.
 • **Fußsohle**: asaf. caust. croc. dios. hydr. kali-c. *Rhus-t.* stry. sul-i. sumb. viol-t.
  • **morgens**: dios. hydr.
  • **Gehen**, beim: kali-c. *Rhus-t.* viol-t.
  • **Sitzen**, im: asaf.
  • **Stehen**, beim: croc. sul-i.
 • **Gelenke**: clem. *Kali-c.* phos.
 • **Periost**, im: *Coloc.*
 • **Wölbung** der Fußsohle: rhus-t.
• **Zehen**: arn. carl. coc-c. cupr. dios. euon. ham. hell. led. mez. mosch. phos. puls-n. pyrus sulph.
 • **erfroren**, vor kurzem: carl.
 • **Gehen**, beim: mez. phos.
 • **pulsierend**: arn.
 ○ **Zehenballen**: sulph.
 • **große** Zehe: calc. carb-ac. coc-c. conv.br1 graph. *Kali-c.* mag-c. phys.
  ○ **Gelenke**: *Cann-i.* choc.srj3 cimic. nat-s.
   ▽ **erstreckt** sich die Glieder nach oben: cimic.
  • **Nagelwurzel**: calc-p.
 • **fünfte** Zehe: dios.
  ○ **Gelenke**: coloc.

– **wühlend**:
○ **Oberarm**: nat-m.h
 • **Finger**:
 ○ **Fingernägel**: caust.bg2
 • **Knie**: spig.h
 • **Unterschenkel**:
 ○ **Schienbein**: spig.h
 • **Wade**: spig.h
 • **Füße**: spig.h

– **wund** beißend:
○ **Oberschenkel**: lyc.h
 • **Füße**: ph-ac.h

– **wund** schmerzend (= wie zerschlagen, empfindlich etc.): abrot. *Acon.* aesc. *Agar. All-c. Alum.* alum-p.k2 alum-sil.k2 alumn. am-c. ammc. anac. androc.srj1 ang.c1 anthraci. aphis.c1 *Apis* apoc. *Arg-met.* arg-n. **Arn.** ars. ars-s-f.k2 asar.h aster. *Aur.* aur-m-n. aur-s.k2 *Bad.* bamb-a.stb2 **Bapt.** *Bar-c.* bar-s.k2 **Bell.** bov. *Bry.* bufo *Calc.* calc-sil.k2 camph. *Carb-ac. Carb-an.* **Carb-v. Carbn-s.** *Caust.* cham. **Chel.** *Chin. Chinin-s.* chlor. **Cimic.** cinnb.k2 *Cist. Clem.* cob. cocc. *Colch. Con.* cupr. *Daph. Dros.* dulc. elaps elat. **Eup-per.** ferr. ferr-ar. ferr-i. ferr-p. *Gels.* gins. graph. *Ham.* hell. *Hep.* hyper. **Ip.** kali-bi. kali-br. kali-c. kali-n. kali-p. kali-sil.k2 *Kalm. Kreos. Lac-ac. Lac-c. Lach.* lact. *Lec. Led.* lil-t. limest-b.es1 *Lyc. Lyss.* mag-c. mag-s. manc. **Mang.** med.k2 *Merc.* merc-i-f. mez. nat-ar. nat-c. **Nat-m.** nat-p. **Nit-ac. Nux-v.** petr. *Ph-ac. Phos. Phyt. Pic-ac.* plb. *Puls.* pyrog.k2 ran-s. rhod.k2 **Rhus-t.** rhus-v. **Ruta** sars. sec. sel. **Sil.** sol-ni. **Spong.** *Stann.* **Staph.** sul-ac. **Sulph.** tarax.

– **wund** schmerzend: ...
Thuj. til. *Tub.* valer. *Zinc.* zinc-p.k2
◆ **begleitet** von:
 • **Kopf**; Schmerz im: bamb-a.stb2
• **rechts**: caust.h
• **tagsüber**: sulph.
• **morgens**: aesc. apoc. arg-n. *Aur.* clem. **Nux-v.** sulph.
 • **4** h: *Lyc.*
 • **6** h: ptel.
 • **Aufstehen**:
  • **nach**: carb-v.h *Nat-m.* sulph.
  • **amel.**: *Aur.*
 • **Bett**, im: *Aur. Rhus-t. Staph. Zinc.*
 • **Erwachen**, beim: zinc.h
• **vormittags**: mag-m.
• **mittags**: sulph.
• **nachmittags**: cina cob. kali-c. pall. *Staph.* thuj.
 • **Schlaf**, nach: con.h
• **abends**: am-c. ferr-i. petr. sil.h
 • **Hinlegen**, beim: petr.
• **nachts**: nat-m. *Nux-v.*
 • **Schlaf**, nach: cycl.
• **Abkühlung**, Kaltwerden; durch: *Ph-ac.*
• **Anstrengung**, nach: *Agar.* cimic. **Rhus-t.**
• **Aufstehen**:
 • **beim**: ant-t.
 • **nach**; amel.: naja *Nux-v.*
• **Berührung**, bei: graph.h
• **Bettes**; bei Berührung des: **Arn.** aur. merc-ns. *Nux-v.* pyrog.k2 *Rhus-t.*
• **Bewegung**:
 • **amel.**: aur. pyrog.k2 **Rhus-t.** *Tub.*
 • **bei**: aesc. agar. androc.srj1 bamb-a.stb2 *Bry.* carb-an. chin. croc. graph.h *Ham.* lach. nat-ar.k2 *Nux-v.*
 • **fortgesetzter** Bewegung, bei: nat-ar.hr1,k2
  • **amel.**: **Rhus-t.**
• **Druck**, bei: *Cina* dulc.k2
• **Erwachen**, beim: aesc. naja sulph. *Zinc.*
• **Frost**; während: *Arn. Bapt. Nux-v. Rhus-t. Tub.*
• **Gehen**: apoc.
 • **amel.**: agar. *Aur.* ruta
 • **nach**: raph. rhod. **Ruta**
 • **Freien** amel.; im: clem.
• **gelähmten** Teilen, in: plb.
• **Geschwür** befindet oder geheilt ist; Glied, an dem sich ein: graph.h
• **Herzens**; bei Erkrankung des: arn.br1
• **Hitze**; während: arn. ars. bell. **Chin.** dulc.k2 mang.k2 *Nat-m. Nux-v.* phos. **Puls.** pyrog.k2 *Rhod.* sulph.h *Tub.*
• **Kälte**, bei: gins.
• **Koitus**, nach: **Sil.**
• **Liegen**:
 • **beim**: lyc. *Nux-v.*
 • **auf** dem er liegt; im Glied: **Arn.** graph. **Ruta**
 • **Seite**, auf der er nicht liegt: *Rhus-t.*
• **Menses**:
 • **vor**: nit-ac.h phos.
 • **während**: cimic.k2 nit-ac. phos. sep.
  • **spärlichen** Menses; bei: carb-v.

- **Mittagessen**, nach dem: nit-ac.h
- **Schlaf**, nach: *Arg-n.* ptel.
- **Schreck**, bei: merc.
- **Sitzen**:
  - **beim**: asaf. bry. pyrog.k2 sabad.
  - **Spaziergang**, nach einem: *Ruta*
- **Stehen**, im: alum. sulph.
- **Stellen** hier und da; an einzelnen: **Kali-bi.**
- **Treppensteigen**, beim: phos.
- **Überanstrengung**, nach: arn.brl
- **Wärme** amel.: *Nux-v.* **Rhus-t.**

○ **Gelenke**: abrot. *Agar. Alum.* alum-p.k2 alumn. anac. ang. *Apis* apoc. **Arg-met. Arn. Aur.** bar-s.k2 *Bell.* berb.k2 *Bov.* bufo calad. *Calc.* carb-an. *Carb-v. Carbn-s. Caust. Cham.* chel. chel-g.homp **Chin.** chlor. *Cist.* clem. cob. coff. colch.k2 coloc. *Con. Crot-h.* cupr. *Dig. Dros. Ferr.* guaj.k2 hyos. *Hyper.* kali-i. *Lac-c. Led. Lith-c.* mang.k2 *Mez. Mur-ac. Nat-m.* nat-n. nat-p. *Nit-ac.* **Nux-v.** par. petr.k2 **Ph-ac.** phos. phys. pic-ac. plb. **Puls. Rhus-t.** *Ruta Salol.*c1 *Sep. Spig.* squil. *Sulph.* tub. *Verat.* viol-o. zinc.
  - **morgens**: aur. caps.h cob. nit-ac. **Ph-ac.** pyrus verat.
    - **Bett**, im: anac. androc.srj1 aur. carb-v. chin. coff. **Nux-v.** *Rhus-t.*
    - **Erwachen**, beim: abrot.
  - **vormittags**: aur.
  - **abends**: cham.
    - **19 h**: cham.
  - **nachts**: *Con.* spig.
  - **Abkühlung**, Kaltwerden; durch: *Ph-ac.*
  - **Abwärtsbewegung**, bei: *Arg-met.*
  - **Aufstehen** amel.; beim: aur. coff. *Nux-v.*
  - **Berührung**, bei: dulc.h petr.k2
  - **Beugen**, nach dem: coff.
  - **Bewegung**:
    - **amel.**: caps.h *Chin.* coloc. **Con. Rhus-t. Tub.**
    - **bei**: agar. *Arg-met. Arn. Calc.* chin.h nux-v. petr.k2
  - **lähmungsartig**: *Arn. Calc.*
  - **Liegen**:
    - **agg.**: aur. *Nux-v.*
    - **Seite** amel.; auf der schmerzhaften: *Nux-v. Rhus-t.*
  - **Menses**:
    - **während**: cimic.k2
  - **Nasenbluten**, nach: agar.
  - **Schlummer**, nach einem: dig.h
  - **Sitzen**, im: coloc.
- **Knochen**: anac. androc.srj1 arg-met. *Crot-h.* **Eup-per.** graph.h **Ip.** *Kali-bi. Lyss. Mang.* meph.a1 *Nit-ac.* **Nux-v.** rhus-t.k2 sulph. tub.k2 verat.
  - **morgens** im Bett: **Nux-v.**
  - **lähmungsartig**: *Calc.*
  - **lange** Knochen: agar.h *Calc.*
  - **Sitzen**, beim: am-m.
- **Sehnen**: bry. *Calc-p.*
- **Arme**: acon. aesc. agar. all-c. alum. am-c. aml-ns. ammc. anac. ang. apis arg-met. *Arn.* ars. asaf. aster. berb. borx. *Bry. Calc.* calc-p. calc-s.
- **Arme**: ...
  cann-s. *Carb-ac.* carb-v. carbn-s. card-m. castor-eq. **Caust.** chinin-s. chlor. cist. clem. cocc. coloc. com. *Con.* cot.brl *Croc.* crot-h. crot-t. *Cur. Dulc.* **Eup-per.** *Ferr.* ferr-ar. graph. grat. hep. hyper. indg. kali-bi. kali-sil.k2 kreos. *Lach.* laur. led. lyc. lyss. mag-c. meph. merc. merc-i-f. merc-i-r. mez. nat-m. nat-s. *Nit-ac.* nux-v. ol-an. *Ph-ac.* phos. pip-m. *Plat.* plb. plumbg. *Puls. Rhus-t.* rhus-v. rob. *Ruta* sang. sarr. *Sep.* sil. spong. stry. *Sulph.* sumb. tep. *Verat.* vip. zinc.
  - **links**: arum-t.k2 merc-i-f. sumb.
  - **rechts**: limest-b.es1 *Merc-i-f.* nit-ac.h
  - **tagsüber**: sulph.
  - **morgens**: ign. nux-v. *Ph-ac.* tab. zinc.
  - **mittags**: merc-i-r.
  - **abends**: mag-m. zinc.
    - **amel.**: merc-i-r.
  - **nachts**: anac. merc-i-f. plb.
  - **Anziehen** des Mantels; beim: merc-i-r.
  - **Arbeit** amel.: caust.
  - **Bewegung**:
    - **amel.**: caust. *Dulc.*
    - **bei**: arg-met. *Calc.* croc. ferr. kali-bi. limest-b.es1 plb. sulph.
    - **passive** Bewegung agg.: merc-i-f.
  - **Druck**, bei: *Cina Merc-i-f.*
  - **Ergreifen** der Arme; beim: *Calc.*
  - **Erwachen**, beim: chel. mag-s. rumx. sulph.
  - **Essen**, nach dem: clem.
  - **Freien** amel., im: caust.h
  - **Gehen**:
    - **amel.**: verat.
    - **beim**: dios.
  - **Heben** der Arme agg.: *Nit-ac.* verat.h zinc.h
  - **Hitze** amel.: *Ferr.*
  - **lähmungsartig**: alum. coloc.h dulc.
  - **Liegen**, beim:
    - **Arm**, auf dem: anac. cocc.
    - **erkrankten** Seite; auf der: merc-i-f.
  - **Reiben**, beim: *Merc-i-f.*
  - **Schreiben**, beim: *Merc-i-f.*
  - **Sitzen**, im: berb. bry. caust. coloc.
  ○ **Gelenke**: alum. alumn. aur-m-n. ph-ac.
    - **Beugen** nach hinten; beim: ign.
- **Schulter**: abrot. acon. aesc. alum. am-c. aml-ns. arg-met. arn. aur. bapt. berb. brach. brom. calc-p. calc-s. camph. cann-s. chel. *Chin. Cic.* cinak2 cocc. coloc. *Con.* cop. crot-c. crot-h. cupr. *Dros.* elaps fago. *Ferr.* fl-ac. gels. *Gran.* granit-m.es1 ham. hep. *Ign.* ind. iod. *Kali-c.* kali-i. kali-n. laur. *Led. Lyc.* lyss. mag-c. merc-i-f. mez. mur-ac. nat-c. nat-m. nit-ac. **Nux-v.** phos. pic-ac. plat. *Podo.* psor. ruta sanic. sarr. sep. spig.h staph. stram. stry. sul-i.k2 sulph. thuj. verat.
  - **links**: ind. kali-c.h *Kali-i.* mag-c.h sulph.
  - **rechts**: coloc. ferr-p.k2 *Merc-i-f.* psor.
  - **morgens**: kali-n.
    - **Aufstehen**, beim: cupr.
    - **Erwachen**, beim: abrot. calc-s. chel. fl-ac.
  - **abends**: am-c. calc-s. mag-c.h
  - **nachts**: *Sulph.*

- **Schulter - nachts**: ...
  - **Liegen** auf der Seite; beim: acon. merc-i-f.
- **anfallsweise**: crot-h.
- **Aufstoßen** amel.: mag-c.h
- **Berührung**, bei: ferr-p.k2 kali-c.h
- **Beugen** des Armes; beim: crot-h.
- **Bewegung**, bei:
- **amel.**: kali-c.h
- **Armes**, des: *Arg-met.* cann-s. dros. fago. *Ham.* ign. kali-c. mag-c.h nat-m. sanic. sars. stram. sulph.h
  - **amel.**: *Lyc.* sulph.h
- **Erwachen**, beim: acon. chel. fl-ac. nux-v.
- **Freien** amel.; im: calc-s.
- **Gähnen**, beim: mag-c.
- **Gehen**, beim: arg-met. carb-ac.
- **Heben** der Arme; beim: dros.h gran. nat-m.
- **Heben** einer Last; beim: nat-m.h
- **Körperübungen**, durch: pic-ac.
- **lähmungsartig**: *Led.* mag-c.
- **Legen** des Armes hinter den Rücken ist unmöglich: *Ferr.*
- **Liegen**, beim: *Lyc.*
- **liegt**; auf der er: dros.h *Ign.* *Lach.*
- **rheumatisch**: granit-m.es1
- **Schlafen**, nach: acon.
- **Sitzen**, im: coloc.
- **Warten**, beim: merc-i-f.
- ▽ **erstreckt** sich zu:
  - **Hand**: sarr.
  - **Handgelenk**: brach. verat.
- ○ **Gelenk**: cic. cupr. ign. *Nux-v.*
- **unter** der:
  - **links**: kali-i.
  - **rechts**: kali-c.
- **Oberarm**: aesc. agar. *Agn.* am-m. ammc. anac. arg-met. ars-h. arum-t. asaf. bar-c. bell. bov. *Calc.* canth. cedr. cina cinnb. cocc. coff. cot.br1 crot-h. cupr. cycl. **Eup-per.** eupi. ferr-i. fl-ac. granit-m.es1 graph. grat. ham. hell. *Hep.* ign. indg. iod. iris kali-c.bg1,h kreos. laur. led. lyc. lyss. mag-m. mez. mur-ac. nat-c. *Nat-m.* nicc. *Nit-ac.* ox-ac. petr. *Ph-ac.* *Phos.* phyt. plan. plat. sarr. *Sep.* *Stann.* stry. sul-i.k2 *Sulph.* *Sumb.* tep. thuj. verat. zinc.
  - **links**: sulph.h
  - **rechts**: cinnb.
  - **morgens**: bov. ham.
  - **abends**: stry.
  - **nachts**: sep.h
  - **Ausstrecken** des Armes; beim: phyt.
  - **Berührung**, bei: cycl. kreos. mag-c.h mez. nat-c.
  - **Bewegung**, bei: cocc. cycl. grat. ham. nat-c. plan. plat. sep.
    - **amel.**: cupr. kali-c. *Lyc.* mur-ac.
    - **Armes** nach vorne und hinten; des: *Nat-m.*
  - **Druck** amel.: bov.
  - **Erwachen**, beim: fl-ac.
  - **Heben** des Armes; beim: grat. kali-c. nat-m. nit-ac. plan.
  - **Heben** einer Last; beim: nat-m.h
- **Oberarm**: ...
  - **Mittagessen**, nach dem: thuj.
  - **Schlaf**, im: sep.h
  - **Sitzen**, im: phos.
  - **Strecken** des Armes agg.: plat. verat.
  - **Treppensteigen**, beim: *Calc.*
  - ▽ **erstreckt** sich zu:
    - **Handgelenk**: verat.
    - **Schulter**: laur.
  - ○ **Bizeps**: brach. ham.
  - **Deltoid**: petr.h
  - **Gelenkköpfe**: glon. graph. laur. phos. thuj.
  - **Knochen**, im: ang. bov. *Cocc.* croc. ham. **Hep.** phos. sarr. *Sil.* thuj. zinc.
  - **Streckmuskeln**: mur-ac.
- **Ellbogen**: agar. all-c. alumn. am-c. ang. asaf. aur-m-n. bar-c. bov. brom. calc-p. camph. *Carb-v.* caust. cedr. cinnb. clem. colch. con. cycl. dros. dulc. hep. ind. iod. lach. led. mag-s. merc-i-f. nat-s. *Ol-j.* phos. plat.h puls. ruta sul-ac. *Sulph.* tell. ter. thuj. verat. zinc.
  - **links**: agar. phos.h
  - **morgens**: carb-v. puls.
    - **Bett**, im: *Carb-v.*
    - **Bewegung**, bei: puls.
  - **vormittags**: thuj.
  - **abends**: am-c. still.
  - **nachts**: merc-i-f.
  - **Aufstützen** auf den Arm; beim: ang.h
  - **Berührung** agg.: cycl.h dros.h dulc.h
  - **Beugen** des Ellbogens; beim: dulc.
  - **Bewegung**: clem. cycl.h
    - **amel.**: aur-m-n.
    - **Armes**, des: ang.h
  - **Faust** ballt; wenn er die: sulph.h
  - **Gehen**, nach dem: tell.
  - **Heben**, beim: sulph.
  - ▽ **erstreckt** sich zum Unterarm: led.
  - ○ **Ellbogenbeuge**: caust. valer. zinc.
    - **Schreiben**, beim: valer.
    - **Strecken** des Armes; beim: hep.
  - **Ellbogenhöcker**: carb-an.h hep.h stann.
    - **Beugen** des Armes; beim: stann.
- **Unterarm**: acon. ail. aloe **Arn.** ars-met. aur-m-n. bamb-a.stb2 bar-act. *Calc.* calc-p. camph. canth. carb-an. **Caust.** cedr. chel. *Cic.* coca com. con. cot.br1 croc. crot-t. cupr. *Cycl.* dig. **Eup-per.** ham. hep. hura iod. kali-bi. led. lyc. merc. merc-i-f. merc-i-r. mur-ac. nit-ac. ol-an. *Ph-ac.* phos. plan. prun. *Rhus-t.* ruta sabin. sal-ac. sil. sul-ac. sulph. thuj. *Zinc.*
  - **links**: nat-m.h
  - **rechts**: *Cycl.* merc-i-f.
  - **vormittags**: led.
  - **nachts**: cycl.
  - **Berührung**, bei: nit-ac.h zinc.h
  - **Bewegung**:
    - **amel.**: aur-m-n.
    - **bei**: nit-ac. zinc.
  - **Drehen** des Armes; beim: zinc.
  - **Druck**, bei: nat-m.h
  - **Koitus**; beim Beugen nach dem: sabin.

• **Unterarm**: ...
  • **Legen** des Unterarmes auf den Tisch; beim: ph-ac.
 ▽ **erstreckt** sich zu den Fingern: iod.
 ○ **Außenseite**: nit-ac.h
 • **Elle**: ars. bism.h ruta
  ○ **Ellbogen**; nahe dem: mez.
  • **Handgelenk**; nahe dem: *Calc.*
 • **Knochen**: nat-m.h
 • **Rückseite**: bar-act.h con.
 • **Speiche**: bism.h phos. *Rhus-t.* sil.
• **Handgelenk**: alumn. ammc. arg-met. asaf. aur-m-n. bov. brach. *Calc.* camph. caust. cham. *Dros.* **Eup-per.** hep.h led. lyss. mez.h nat-m. nat-p. nit-ac. pip-m. podo. **Ruta** *Salol.*cl sep. tanac. thuj. zinc.
 • **rechts**: limest-b.es1
 • **Bewegung** agg.: limest-b.es1
 • **Ruhe**, in der: aur-m-n.
 • **Wetter**, bei naßkaltem: ruta
• **Hände**: abrot. arg-n.bg1 *Arn.* ars. bell. bism. calc-p. carb-v. crot-h. cupr-ar. dros.h ferr. *Hep.* *Kali-bi.* lil-t. mag-c. mez. nat-c. nat-m. nicc. olnd. ph-ac. phos. rhus-v. *Ruta* sars.h sil. sulph. vip.
 • **morgens**:
  • **Erwachen**, beim: mag-c.h
  • **Liegen** amel.: mag-c.h
 • **Bewegen** der Hand; beim: sil.
  ☞ *Drehen*
 • **Drehen** der Hand agg.: bamb-a.stb2
  ☞ *Bewegen*
 • **gelähmt**, wie: ph-ac.
 • **Schreiben**; beim: bamb-a.stb2
 ▽ **erstreckt** sich zu:
  • **Arm**, wenn er bewegt wird; in den: hep.
  • **Ellbogen**: dros.h
 ○ **Gelenke**: alumn. *Arg-met.* asaf.
 • **Handfläche**: am-m. ars. nat-c. nat-s.k2
 • **Handrücken**: bamb-a.stb2 carb-v. con.bg1 graph. hep. hura *Ruta*
 • **Metacarpale** I: iod.h
 • **Metacarpale** IV: verb.h
 • **Ulnarseite**: carb-an.h
 • **zwischen** den Fingern: *Ars.* graph.
• **Finger**: alum. am-c. apis arg-n.bg1 brach. bry. camph. com. croc. fl-ac.bg1 kali-c.bg1 **Led.** mez. nat-m. nit-ac. petr. rhus-t. ruta sec. sep. sulph.
 • **links**, morgens: merc-i-r.
 • **Bewegung** amel.: ruta
 ○ **Endglieder**: nat-m.h
 • **Fingernägel**: *Petr.*
  ○ **unter** den: caust.h kali-n.h
 • **Fingerspitzen**: calc-p. nat-c. *Sars.* sulph.bg1
 • **Gelenke**: alum. bry. caul. iod. kali-c.k2 lac-ac. lyc. nat-m. sep. sulph.
  ○ **Endgelenk**: alum. sep.
 • **Periost**: **Led.**
 • **Zeigefinger**, Gelenke: caust. crot-h. lac-ac.
  ○ **Grundgelenk**: spig.h
 • **Mittelfinger**: cann-s. dios. kali-c.h
  ○ **Gelenke**: agar. carb-an.

• **Finger**: ...
 • **Ringfinger**: ruta
  ○ **Gelenk**; Mittelgelenk: sulph.h
 • **kleiner** Finger: chinin-s. nit-ac.h verb.
  ○ **Gelenke**: chinin-s.
   ○ **Mittelgelenk**: sulph.h
 • **Daumen**: am-c. brach. coc-c. cupr.h kreos. vip.
  • **links**: am-c. kreos.
   • **Abkühlung**, bei: am-c.
   ○ **Daumenwurzel**: phos.
  • **rechts**: limest-b.es1
   ○ **Daumenspitze**: vip-l-f.a1
  ○ **Daumenballen**: arn. hura ran-b.
  • **Daumennagel**, unter dem: mez.h
  • **Daumenspitze**: calc-p. vip.
  • **Endgelenk**: spong.h
  • **Grundgelenk**: spig.h
• **Beine**: aesc. agar. alum. alum-p.k2 alum-sil.k2 alumn. ant-t. apis *Arn.* asar. aster. *Bell.* *Berb.* bufo *Calc.* carb-an. *Carb-v.* carbn-s. caul. **Caust.** *Chel.* *Cocc.* *Con.* cot.br1 crot-t. cupr. **Eup-per.** ferr-i. form. graph. ham. kali-bi. kali-sil.k2 *Led.* lyc.h mag-c. mag-m. manc. mang. merc. myric. *Nat-c.* nat-m. nat-p. nat-s. *Nit-ac.* *Nux-v.* *Ph-ac.* *Phos.* pic-ac. plb. ptel. puls. **Rhus-t.** *Rhus-v.* **Ruta** sanic. *Sep.* sil. spig. spong. *Stann.* *Sulph.* valer. verat. zinc.
 • **rechts**: ang.h
 • **morgens**: carb-an. *Caust.* *Ph-ac.*
  • **Aufstehen**, beim: nux-v. stann.h
 • **vormittags**: nat-s. ptel.
 • **nachmittags**: myric.
 • **abends**: sulph.
 • **nachts**: phos.
 • **anfallsweise**: plb.
 • **Aufstehen** zum Gehen; beim: cycl.h *Eup-per.*
 • **Bewegung**, bei: calc.h
 • **Gehen**, beim: aesc. *Chel.*
  • **nach**: agar. *Berb.* **Ruta**
  • **Freien**; nach Gehen im: *Sulph.*
 • **lähmungsartig**: calc.h
 • **liegt**; Bein, auf dem er: graph.h
 • **Menses**:
  • **vor**: caul.
  • **während**: caul. mag-m.h nit-ac. sep.
 • **Sitzen** agg.: apis
 • **Stehen**, im: alum. alumn.
 • **Tanzen** amel.: sep.
 • **Treppensteigen**, beim: nat-m.h stann.
 ○ **Gelenke**: agar. *Arg-met.* calc. *Dig.* nat-c. ph-ac. sarr. sep.
  • **Abwärtsbewegung**, bei: arg-met.
 • **Innenseite**: petr.
 • **Knochen**: calc.h *Led.* *Mang.* *Nit-ac.*
• **Gesäß**: agar. arg-met. *Ars.* calc-p. card-m. caust. cist. *Hep.* lyc. mag-m. mag-s. merc. nat-m. nit-ac. nux-v. *Puls.* sanic. sel. sulph. thuj.k2 zinc.
 • **Berührung**, bei: sulph.h
 • **Bewegung** agg.: hydrog.srj2
 • **Gehen**, beim: mag-s.

- **Gesäß**: ...
  - **Menses**:
    - **während**: cench.k2
  - **Sitzen**:
    - **beim**: agar. caust. cench.k2 *Hep.* phos.h sel. sep.
    - **nach**: agar.h puls.h
  - o **Rima** ani: sulph.h
- **Hüfte**: abrot. *Acon.* aesc. agar. all-c. alum. am-c. am-m. anac. apis *Arg-met. Arn.* ars.h bamb-a.stb2 bov. bry. carb-ac. carb-an. *Caust. Cina* cob. cop. croc. crot-h. dulc.a1,h *Ferr.* fl-ac. form. gins. hura kali-bi. *Kali-c.* kali-sil.k2 kreos. *Laur.* lil-t. mag-m. manc. mang. *Nat-c.* nat-m. **Ph-ac.** phyt. puls. **Ruta** sarr.bro1 sars. **Sep.** *Sil. Staph. Sulph.* tarent. tell. thuj. zinc. zing.
  - **links**: nat-m.h
  - **rechts**: lil-t. nat-c.h,hr1 *Sep.*
  - **morgens**: agar. alum. ars.h bry. fl-ac. rat.
    - **Aufstehen**, nach dem: agar. fl-ac.
    - **Erwachen**, beim: mag-m.
  - **vormittags**: am-m. equis-h.
    - **Menses**, während: nat-c.
  - **nachts**: ars.h nat-m.
    - **Bett**, im: form. phos.
    - **Liegen** darauf, beim: *Caust.* kali-bi.
  - **Aufstehen** vom Sitzen; beim: anac. kali-bi. nat-c. sep.h tarent.
  - **Berührung**, bei: rutah sulph.h
  - **Beugen** zur schmerzhaften Seite hin agg.: mag-c.h
  - **Bewegen** des Körpers auf eine Seite hin; beim: sulph.
    - **Sitzen**, im: euph.h
  - **Bewegung**, bei: *Arg-met.* cob. croc. fl-ac. *Kali-c.* ph-ac.h sulph.h
  - **Bewegung**; zu Beginn der: *Sep.*
  - **Bücken**, beim: *Sil.*
  - **Druck**, bei: alum.h alumn. caust. *Cina*
  - **Frost**; während: **Arn.**
  - **Gehen**:
    - **amel.**: agar. nat-c.h2 sep.
    - **beim**: alum. bry. caust. cop. hep.c1 kali-bi. mag-m. tarent. tell.
  - **Gehens**; zu Beginn des: ph-ac.
  - **Liegen**:
    - **beim**: staph.
    - **darauf**, beim Liegen: *Caust.* cop. kali-bi. nat-m. sep.
  - **Menses**:
    - **vor**: calc. *Lach.*
    - **während**: *Mag-m. Nat-c.*
  - **Niesen**, beim: *Kali-c.*
  - **Sitzen**:
    - **beim**: kali-bi. mang.h sang. sulph.
    - **amel.**: tarent.
  - **Stehen**, im: tarent.
  - **Treppensteigen**, beim: ph-ac.
  - ▽ **erstreckt** sich zu:
    - **Knie**: abrot.
    - **Knöchel**: manc.
    - **Schulter**: mag-c.h
- **Hüfte - erstreckt** sich: ...
  - **unten**, nach: aesc.
  - o **Gesäßmuskeln**: arg-met. euph. ham. *Puls.* seneg. zinc.
- **Oberschenkel**: *Acon.* all-c. *Am-c.* am-m. anac.h androc.srj1 ang. arg-met. *Arn.* ars. asar.h aur. bapt. bar-c. **Bell.** berb. bry. *Calc. Calc-p.* calo. *Camph.* caps. carb-an. carbn-s. **Caust.** cham. *Chel.* chin. clem. *Cocc. Coff.* crot-h. dig. dulc. ferr-i. fl-ac. gels. graph. grat. *Guaj. Ham. Hep.* hyper. iod. kali-bi. kali-c. kali-n. lach. lact. laur. *Led. Lyc.* lyss. mag-c. *Mag-m.* mang. *Meny. Merc.* merc-i-f. mez. mosch. murx. nat-ar. *Nat-c.* nat-s. nicc. *Nit-ac. Nux-v.* ol-an. olnd. *Ph-ac.* phos. *Plat.* plb. *Puls.* **Rhus-t. Ruta** sabin. sang. sanic. seneg. *Sep. Sil.* spig. squil. staph. sul-i.k2 *Sulph.* tab. *Thuj.* valer. viol-t. zinc.
  - **rechts**: calc.bg1 *Camph.*
  - **morgens**: lyc. nat-c.h *Sulph.* viol-t.
    - **Aufstehen**, nach dem: valer.
    - **Bett**, im: **Caust.**
    - **Erwachen**, beim: kali-n.h *Sulph.*
  - **nachmittags**, beim Gehen: hyper. nat-s. valer.
  - **abends**: kali-c.h mag-m.h
    - **Bett**, im: mag-c. mag-m.a1
    - **Sitzen**, beim: meny.h
  - **nachts**: aur.h sep.h sulph.h
    - **Seite**, auf der er liegt: *Caust.*
  - **anfallsweise**: sul-ac.
  - **Anstrengung**, bei: ol-an.
  - **Aufstehen** aus dem Bett, beim: gins.c1
  - **Ausstrecken**, beim: caps. **Ruta**
  - **Berührung** amel.: am-c.h lyc.h mang.h nat-c.h rutah sep.h sulph.h tarax.h
  - **Beugen** des Knies; beim: *Puls.*
  - **Bewegung**:
    - **amel.**: caps.
    - **bei**: arg-met. cocc.c1 dig. lyc.h nux-v. phos.
  - **Ergreifen** des Oberschenkels; beim: merc.
  - **Erschütterung** agg.: valer.
  - **Frost**; während: *Ars.* eup-per.
  - **Gehen**:
    - **amel.**: **Bell.** caps.
    - **Beginn** des Gehens; zu: ph-ac. **Rhus-t.**
    - **beim**: am-c.h arn. calc.h chel. *Guaj.* mag-c. nat-c. nat-s. olnd. ph-ac. *Sil.* spig.
    - **nach**: *Arn.* calc. *Camph.* crot-h. mag-c. meny. merc. ph-ac. *Ruta*
      - **Freien**, im: guaj.
      - **schnellem**, nach: staph.
    - **Sitzen**, nach dem: cocc.
  - **Heben** des Beines beim Sitzen; beim: cocc.
  - **Herumdrehen** im Bett; beim: kali-n.h
  - **hochgezogen**, wenn: sabin.
  - **Kratzen**, nach: mang.h
  - **Liegen**:
    - **beim**: sil. staph.
    - **darauf**, beim Liegen: *Caust.* kali-bi.
  - **Menses**, während: *Am-c.* bov. *Nit-ac.*
  - **Reiben** amel.: am-c.

- **Oberschenkel**: ...
  - **Schlaf**:
    - **im**: sep.h
    - **nach**, agg.: ph-ac.h
  - **Schlittschuh** gelaufen; als sei er zu viel: crot-h.
  - **Schreiten** nach vorne; beim: nit-ac.h
  - **Schweiß** amel.: *Gels.*
  - **Sitzen**, im: chin. ign. kali-c. kreos. meny. sil. sulph.
  - **Stehen**, im: grat. kali-c.h
  - **Treppensteigen**, beim: calc. *Ph-ac.*
  - **Wetter**, bei naßkaltem: **Calc-p.**
  - ▽ **erstreckt** sich zu:
    - **Lumbalregion**: kali-n.h
    - **Waden**: chel. valer.
  - ○ **Außenseite**: anac.h aur.h meny.h sulph.h zinc.h
  - **Genitalien**; nahe den: **Graph.** *Merc.* rhod.
    - ○ **männliche** Genitalien: caust. *Crot-t.* nat-m. nit-ac.
    - **weibliche** Genitalien: kreos.
  - **Innenseite**: bell.h *Camph.* cocc. fl-ac. mez. nat-p. phel. spig. staph.h thuj.h
    - **abends**: sulph.h
    - **Gehen**, schnelles: mez.
    - **Herumdrehen** nach links im Kreis; beim: cocc.
    - **Lehnen** auf die linke Seite amel.: phel.
    - **Menses**, während: phel.
    - **Reiten**, nach: spig.h
    - **Treppensteigen**, beim: nat-p.
  - **Knochen**: bry. *Calc.* graph. mag-c.h meny. *Mez.* nit-ac. phos. **Puls. Ruta** sabin. *Sil.* sulph.
    - ○ **Periost**: led.h
  - **Mitte** des Oberschenkels: ant-c. bar-c. bry. *Calc.* chel. cocc. graph. hep. kali-bi. laur. mag-m. nat-c.h nat-s. nicc. ph-ac. phos. plat. rutah sabin. thuj. valer.
    - **nachmittags**, im Sitzen: nicc.
    - **abends** im Bett: mag-m.
    - **Berührung**, bei: kali-c.h
    - **Gehen** im Freien: thuj.
    - **Gehens**; zu Beginn des: ph-ac.
    - **Menses**, während: am-c. indg.
    - **Sitzen**, im: nicc. plat.
    - **Stehen**, beim: valer.
    - **Treppensteigen**, beim: *Calc.*
  - **Oberschenkelbeuge**: berb. bov. dig. laur. mang. nat-s. sars.
    - **abends**: nat-s.
    - **Gehen**, beim: nat-s.
    - **Menses**:
      - **vor**: sars.
      - **während**: bov.
  - **Rückseite**: chin. fl-ac. ign. *Indg.* mang. mez.h phos.h **Ruta** zinc.h
  - **unterer** Teil, über dem Knie: cupr.h kali-c.h lyc.h nit-ac.h sul-ac.h
  - **Vorderseite**: arg-met. cham. *Hep.* laur. *Lyss.* nat-c.h nux-v. plb. **Ruta** sabin.br1,k *Sulph.* zinc.
    - **abends**: *Sulph.*
    - **Druck**, bei: *Sulph.* zinc.h
  - **Oberschenkel - Vorderseite**: ...
    - **Gehen**, beim: nat-c.h2 olnd. spig.h
    - ○ **oberer** Teil: tarax.h
  - **zwischen** den: am-c. ambr.k2 ars. calc. **Caust.** graph. kali-c. lyc. *Nat-c. Nit-ac.* rhod. *Sep.* squil. sulph.
- **Knie**: acon. aesc. ambr. ang. *Arg-met.* **Ars.** ars-h. asaf. asar. *Aur.* bar-c. berb. brach. *Bry.* bufo calc. calc-p. camph. canth. carb-ac. carb-an. caust. chel. *Chin.* chinin-s. cic. cist. coloc. *Con.* cupr. cycl. elaps **Graph.** ham. hell. *Hep.* hura hyos. jatr-c. *Kali-ar.* kali-bi. *Kali-c.* kali-p. lac-ac. lac-c. lach. **Led.** lyc. mag-c. *Meph.* mez. mur-ac. myric. nat-c. nat-m. nat-p. nat-s. *Nux-v.* ol-an. *Ol-j.* petr. phos. *Plat.* plb. *Puls.* rhod. rhus-v. rumx. ruta sabad. *Salol.*c1 sarr. sep. spig. *Stann.* staph. sulph. tarent. tax. tell. thuj. urt-u. verat. zinc.
  - **links**: *Con.* limest-b.es1 phos.h plat.h
  - **morgens**: graph. nux-v. zinc.
    - **Aufstehen** amel.; nach dem: aur. graph.h
    - **Bett**, im: aur. graph. nux-v.
  - **abends**: abrot. dios. lach.
    - **Bett**, im: thuj.
  - **nachts**: **Graph.** puls.h
  - **abwechselnd** in beiden Knien: cycl.
  - **anfallsweise**: plb.
  - **Aufstehen**, beim:
    - **nach**, amel.: aur. graph.
    - **Sitzen**, vom: ars. *Berb.* sulph. verat.h
      - **amel.**: phos.
  - **Berührung**, bei: ars.h spig.h
  - **Beugen** des Knies; beim: aspar. carb-an. hell. spig. sulph.
  - **Bewegung**:
    - **amel.**: carb-ac. cycl. *Puls.* sulph.
    - **bei**: *Arg-met.* chin. *Kali-c.* puls.h verat.h
  - **Bewegung**; zu Beginn der: nat-ar.
  - **Druck**, bei: caust. chel. hell.
  - **Frost**:
    - **vor**: chinin-s.
    - **während**: chinin-s. phos.
  - **Gehen**:
    - **amel.**: ars. *Puls.*
    - **beim**: *Arg-met. Bry. Calc-p.* carb-an. cycl. dios. mag-c.h mur-ac. nat-s. thuj. zinc.
    - **nach**: *Berb.* tell.
    - **Freien**, im: con.
  - **Heben** des Beine im Sitzen; beim: phos.
  - **Liegen** auf der wunden Seite; beim: nat-m.
  - **Menses**, während: mag-c.
  - **Niesen**, beim: *Kali-c.*
  - **Sitzen**:
    - **amel.**: zinc.
    - **beim**: ang. arg-met. ars. asaf. bry. coloc. jatr-c. sabad. sep.
  - **Stehen** im Freien; beim: con.
  - **Treppen**; beim Hinabsteigen von: sulph. verat.
  - **Treppensteigen**, beim: mur-ac.
- ○ **Kniekehle**: ambr. kali-n. manc. mez. plb. stann. zinc.h

- **Knie - Kniekehle**: ...
  - **morgens**: zinc.$_{h}$
  - **Gehen**, beim: zinc.$_{h}$
- **Kniescheibe**: acon. alum. *Arg-met.* bry. *Carb-ac.* chin. ery-a. hell. *Led.* nit-ac. petr. sil.
  - **Beugen** des Knies; beim: hell. nit-ac.$_{h}$
  - **Gehen**:
    - **beim**: arg-met. *Led.* nit-ac.
    - **ebenem** Boden amel.; auf: nit-ac.
  - **Sitzen** amel.: arg-met.
    - **Treppen**; beim Hinabsteigen von: nit-ac.
  - ○ **unter** der: calc-act.$_{h}$ zinc.$_{h}$
- **Sehnen**: sep.$_{h}$
- **Seite**: puls.$_{h}$
- **Unterschenkel**: acon. agar. alum. alum-p.$_{k2}$ alum-sil.$_{k2}$ alumn. am-m. ang. apis asar. aur-m. bad. **Bell.** *Berb.* brach. bry. *Calc.* canth. carb-ac. carb-an. carbn-s. card-m. castor-eq. **Caust.** chel. chin. chlor. cic. cimic. clem. coff. *Coloc.* con. cot.$_{br1}$ croc. dig. **Eup-per.** ferr. ferr-i. gels. graph. *Guaj.* hura hyos. iod. **Kali-c.** kali-n. kali-p. kali-sil.$_{k2}$ *Led.* lyc. lyss. mag-c. mag-m. med.$_{k2}$ merc. *Mez.* nat-ar. *Nat-c.* nat-m. nat-p. nat-s. *Nit-ac.* nux-m. osm. petr. *Ph-ac.* phos. *Phyt.* pic-ac. plb. prun. psor. *Puls. Rhus-t.* **Ruta** *Sep.* sil. stann. *Sulph.* tarent. tep. thuj. valer. zinc.
  - **morgens**: chlor.$_{h}$ prun.$_{h}$
    - **Aufstehen**, nach dem: plb.
    - **Bett**, im: **Caust.** ferr.
    - **Erwachen**, beim: kali-n.
  - **abends**: alum. bry. lyss. mag-m.
    - **Bett**, im: puls.$_{h}$
  - **nachts**: gels. *Merc. Mez.* nux-v. sulph.
  - ◆ **abwechselnd** mit zerschlagenem Gefühl in den Armen: cic.
  - **Aufstehen** amel.; nach dem: ferr.
  - **Berührung**, bei: con.$_{h}$
  - **Bewegung**, bei: *Bufo* dig. nux-v. *Puls.*
  - **Drücken** mit den Händen amel.: puls.$_{h}$
  - **Ermüdung**, nach: clem.
  - **gefühllos**: bad.
  - **Gehen**:
    - **beim**: *Aesc.* aur-m. berb. canth. carb-an. chlor. coloc. con.$_{h}$ ferr. graph. ph-ac.$_{h}$ sol-ni.
    - **nach**: guaj. **Ruta**
  - **Hinlegen**, beim: alum. calc.
  - **Menses**, während: petr.
  - **Sitzen**, im: bry. ruta sep.
  - **Stehen**, im: alumn. dig.$_{h}$
  - **Stellen**, an einzelnen: sil.
  - **Treppensteigen**, beim: bad. nat-m.
  - **Urinieren**, beim: *Nat-c.*
  - ○ **Achillessehne**: *Aesc. Bry.* carb-ac. *Cimic.* coc-c. mill.
  - **Innenseite**: sulph.$_{h}$
  - **Knochen**: chin.$_{h}$
  - **Periost**: chin.$_{h}$
  - **Schienbein**: agar. alum. alum-sil.$_{k2}$ asaf. *Asar. Aur. Aur-m. Calc.* calc-p.$_{k2}$ carb-an. caust. coff. con. graph. hyos. iod.$_{h}$ *Kali-bi.* kali-c. *Kali-s.* mag-c. *Mang. Mez.* nat-m. *Nit-ac.* nux-v. petr. **Phos.** psor. *Puls. Rhus-t.*
- **Unterschenkel - Schienbein**: ...
  Ruta sep. *Sil. Syph.* thuj.
  - **morgens** im Bett: psor.
  - **abends**: alum.
  - **nachts**: *Mez.* nit-ac. nux-v.
    - **Bett**, im: *Merc. Mez.*
  - **Bewegung**, bei: sep.$_{h}$
  - **Gehen**, beim: alum.$_{h}$ carb-an. mag-c.
  - **Hochziehen** der Zehen; beim: puls.$_{h}$
  - **Sitzen** agg.: sep.$_{h}$
  - **Stehen**, beim: alum. mag-c. mang.$_{h}$
- **Wade**: *Aesc.* alum. ant-c.$_{h}$ ant-t. arn. ars-i. berb. *Bry.* caust. *Chel.* chim. clem. coca croc. crot-h. **Eup-per.** fago. *Ferr.* ferr-i. *Gels.* jatr-c. *Kali-c.* lac-ac. limest-b.$_{es1}$ mag-m. merc-cy. mez.$_{h}$ mosch. nat-m. *Nux-m.* nux-v. pic-ac. plb. puls-n. rhus-t. sep.$_{h}$ stann.
  - **abends**: ferr-i. stann.
    - **Bett**, im: mag-m.
  - **nachts**: *Gels.*
  - **Berührung**, bei: ant-c.$_{h}$
  - **Essen**, nach dem: clem.
  - **Gehen**, beim: alum. *Chel.* staph.$_{h}$
  - **lähmungsartig**: mag-m.$_{h}$
  - **Menses**, während: mag-m.$_{h}$
  - **Sitzen**, im: jatr-c.
- **Knöchel**: agar. agn. am-m. arg-met.$_{h}$ arn.$_{k2}$ ars. berb. cann-s. cham. chlor. cinnb. clem. con. dig.$_{h}$ hep.$_{h}$ hyos. mag-c. med.$_{k2}$ *Mez.* nat-m. plat. rhus-v. ruta sel. spig. thuj.$_{k2}$ valer.
  - **morgens**: mag-c.
  - **nachmittags**: hyos. *Valer.*
  - **Auftreten**, beim: mag-c.$_{h}$ nat-m.$_{h}$
  - **Berührung**, bei: ars.$_{h}$ mur-ac.$_{h}$ nat-m. plat.$_{h}$
  - **Bewegung** amel.: mez.
  - **Erschütterung** agg.: *Valer.*
  - **Gehen**:
    - **beim**: am-m. mag-c. mez. nat-m.
    - **langes** Gehen amel.: mag-c.
  - **plötzlich**: valer.
  - **Sitzen**, im: arg-met.$_{h}$ gins.
  - **Stehen**, im: mag-c.$_{h}$ mez. valer.
  - ○ **äußerer** Malleolus: valer.
  - **innerer** Malleolus: *Arg-met.*
  - **unter** dem: mur-ac.$_{h}$
- **Füße**: alumn. *Ant-c.*$_{c2}$ ant-t. *Arg-met.* arn.$_{c2,k}$ arund. bar-c. bell. berb. bry. calc. calc-s. carb-ac. carb-an. carb-v. cham. chin. *Cina* clem. com. ferr. *Graph.* hyos. kali-ar. kali-bi. kali-n. laur. led.$_{c2}$ lil-t. **Lyc.** mag-c. mag-m. mag-p.$_{br1}$ merc. *Mez.* nat-c. nat-m. nat-s. ol-j. op. ph-ac.$_{c2,k}$ phos. plb. puls. ran-b. rumx.$_{c2,k}$ **Ruta** sars.$_{h}$ sep. **Sil.** sulph. thuj. zinc.
  - **morgens**:
    - **Auftreten**, beim: puls.
    - **Erwachen**, beim: mag-c. nat-s.
    - **Liegen** amel.: mag-c.
  - **nachmittags**: phos.
  - **abends**: *Arn.* mag-c.$_{h}$
  - **nachts**: plb. *Sulph.*
  - **Druck**, bei: cina
  - **Essen**, nach dem: graph.

• **Füße**: ...
• **Gehen**:
• **amel.**: arg-met. sep.
• **beim**: alumn. cham. **Ruta Sil.**
• **gelähmt**, wie: ph-ac.
• **Laden** arbeiten; bei Mädchen, die in einem: squil.$_{ptk1}$
• **Schweiß**, durch: graph. **Lyc.**
• **Sitzen**, im: *Arg-met.*
• **Stehen**, beim: ang. **Ruta**
• **Steigen**, beim: mag-c.$_{h}$
○ **Außenseite**: hep.$_{h}$
• **Ferse**: agar. am-m. arg-met.$_{h}$ bell. berb. borx. calc-p. caps. carl. caust. *Cimic.* cocc. *Cycl.* fago. jatr-c. kali-bi. **Led.** mag-m. *Mang.* med.$_{bro1}$ nux-m. nux-v. ph-ac. ran-b. sep. teucr. valer.$_{bg1}$ zinc.
• **links**: puls.
• **rechts**: euph.
• **anfallsweise**: caps.$_{h}$
• **Auftreten** mit dem Fuß; beim: agar. arg-met.$_{h}$ bell. ph-ac.$_{h}$ zinc.$_{k2}$
• **Gehen**, beim: am-m. bell. caust. *Cycl.* euph. fago. jatr-c. *Kali-bi. Led.* lyss. mang. nux-v. ph-ac. puls. sep.
• **Stehen**, im: agar. berb. mang.
• **Fußballen**: nat-c.$_{h}$
• **Fußrücken**: carb-an. chin. cocc. com. eup-per. indg. kali-i. laur. mag-m.$_{h}$ sil. thuj.$_{h}$
• **links**: kali-i.
• **Fußsohle**: **Alum.** *Alum-sil.*$_{k4}$ alumn. ambr. **Ant-c.** *Arg-met.* arum-t. aster. **Bar-c.** bell.$_{bg1}$ berb. brach. calc. canth. *Carbn-s.* caust. cham. *Coloc.* crot-h. fago.$_{bg1}$ graph. hep. *Ign.* kali-c. *Lac-c.* lact. **Led.** lil-t. lyc. **Med.** merc. **Nat-c.** *Nux-m.* nux-v. phos. plb. psor. *Puls.* rhus-v. sabad. sars. *Sil.* stann. sul-ac. sul-i. sulph. syph. thuj.
• **morgens**:
• **Aufstehen**, nach dem: plb.
• **Auftreten**, beim: spig.$_{h}$
• **Bett**, im: psor.
• **nachts**: bar-c.
• **entzündet**, wie: nit-ac.
• **Erwachen**; beim: hydrog.$_{srj2}$
• **Gehen**:
• **amel.**: bar-c.
• **beim**: *Aloe* **Alum.** alumn. ambr. **Ant-c.** *Arg-met. Ars.* arum-t. *Bar-c.* calc. *Canth.* carb-v. carbn-s. cham. chr-ac. *Con.* eup-per. graph. **Hep.** lac-c. **Led. Lyc. Med.** *Mez. Nat-c. Nit-ac.* nux-v. phos. *Puls.* **Ruta** sabad. *Sil.* squil. *Staph.* sulph. thuj. *Zinc.*
• **Körperübungen** amel.: plb.
• **ruckend**: sul-ac.$_{h}$
• **Sitzen**, beim: thuj.
• **Stehen**, im: sul-i.
• **Steinpflaster** agg.: *Ant-c.*
• **Wärme** amel.: plb.
• **Knochen**: hyper.$_{bg1}$ phos.$_{bg1,bg2}$ puls.$_{bg1,bg2}$ ther.$_{bg1,bg2}$

– **wund** schmerzend: ...
• **Zehen**: *Ars.* aster. aur. berb. calc. *Canth.* caust. *Cina* coff. *Coloc.* cycl. daph. graph. lyc. mur-ac.$_{a1}$ nat-c. *Nat-m.* **Nit-ac.** ph-ac. plat. ran-b. ruta sep. sulph. thuj.$_{h}$ zinc.
• **Beugen** des Fußes; beim: hipp.
• **brennend**: lyc.
• **Druck**, bei: *Cina*
• **Gehen**, beim: cycl.$_{h}$ hydrog.$_{srj2}$ lyc. zinc.
• **geschwürig**, wie: ph-ac.
• **Schweiß**, durch: graph. sep.
• **Springen**, beim: cycl.
• **Stellen**, an einzelnen: ph-ac.
○ **Gelenke**: *Camph.* kali-c.$_{k2}$ puls.
• **Zehenspitzen**: con.$_{h}$ zinc.$_{bg1}$
• **abends**: ran-b. zinc.$_{bg2}$
• **zwischen**: berb. carb-an. *Fl-ac. Graph.* lyc. merc-i-r. mez. *Nat-c. Nat-m.* ph-ac. ran-b. **Zinc.**
• **große** Zehe: alum. *Arn. Bry.* clem.$_{h}$ *Nat-c. Sulph.*
• **Gelenke**: aur.$_{h}$ bry. lob-s. nat-m.$_{h}$
○ **Zehenballen**: **Led.** lyc. pic-ac.
• **Gehen**, beim: lyc.$_{h}$
• **Zehenspitze**: zinc.
• **dritte** Zehe: mez.$_{h}$
• **vierte** Zehe: dios.
• **Zehenballen**: med.$_{c1}$ ph-ac. sil.
• **erfroren**, früher: plat.$_{h}$
• **Gehen**, beim: *Ars.* caust. ph-ac. plat.$_{h}$ sil.
• **fünfte** Zehe: agar. bry. mur-ac. staph.
– **zerbrochen**, wie: aeth.$_{a1,k}$ agar.$_{k2}$ carl.$_{a1,k}$ **Cocc.**$_{a1,k}$ **Eup-per.** *Ip.* nat-m.$_{k2}$ plb.$_{a1,k}$ raph.$_{a1,k}$ ther.$_{k2}$ tril-p.
○ **Gelenke**: bov.$_{bg2}$ calc.$_{bg2}$ carb-an.$_{bg2,k,*}$ caust.$_{bg2}$ dros.$_{bg2}$ hep.$_{bg2}$ merc.$_{bg2}$ mez.$_{bg2}$ par.$_{bg2,k,*}$ sep.$_{bg2}$
• **Bewegung**, bei: par.$_{a1,k}$
• **Arme**: chel.$_{a1,k}$ nat-m. *Puls.*$_{a1,k}$ sphing.$_{kk3}$ verat.
• **links**: cain.
• **Bewegung** agg.: *Puls.*$_{a1,k}$
• **Druck** agg.: *Puls.*$_{a1,k}$
• **Schulter**: *Chel.*$_{a1,k}$ *Cocc.*$_{a1,k}$ nat-m.$_{a1,k}$
• **Oberarm**: cocc.$_{a1,k}$ cupr.$_{a1,k}$ samb.$_{a1,k}$ sulph.
• **Heben** des Oberarmes; beim: **Cocc.**
• **würde**; als ob er zerbrechen: borx. cinnb.
• **Ellbogen**: *Bry.*$_{a1,k}$ coc-c.$_{a1,k}$ phos.$_{a1,k}$
• **Unterarm**: arn.$_{a1,k}$ calc-p.$_{a1,k}$ cupr.$_{a1,k}$
○ **Speiche**: gymno.
• **Handgelenk**: **Eup-per.**$_{a1,k}$ *Ruta* sil.$_{a1,k}$
• **Hände**: borx.$_{bg1}$
• **Zeigefinger**: cham.$_{a1,k}$
• **Daumen**: cham.
• **Beine**: agar.$_{k2}$ ars.$_{a1,k}$ pip-m.$_{a1}$ **Ruta**
• **Aufstehen** nach dem Sitzen; beim: **Ruta**
• **Hüfte**: pimp.$_{a1}$ zing.$_{a1,k}$
• **auseinanderfallen** würde; als ob das Bekken: aesc.$_{bro1}$ *Tril-p.*$_{bro1}$
• **Bandagieren** amel.: tril-p.$_{hr1}$
• **Oberschenkel**: am-c.$_{bg1}$ anis. cocc.$_{a1,k}$ dros.$_{a1,k}$ nat-c.$_{h2}$ nit-ac. nux-v. plat.$_{a1,k}$ puls. pyrog.$_{k2}$ ruta$_{bg1}$ *Sulph.*$_{a1,k}$ tep.$_{a1,k}$ *Tub.* valer. verat.$_{a1,k}$
• **Sitzen**, im: anis. verat.$_{a1}$

• **Oberschenkel**: ...
• **Stehen**:
• **amel.**: anis.
• **beim**: valer.
○ **Mitte** des Oberschenkels: ille.$_{c1}$
• **Knie**: chel.$_{a1,k}$ colch.$_{a1,k}$ cupr.$_{a1,k}$ dros.$_{a1,k}$ hep.$_{a1,k}$ lyc.$_{a1,k}$ merc.$_{a1,k}$
• **Gehen**, beim: dros.$_{a1,k}$
• **Liegen**, beim: merc.$_{a1,k}$
• **Treppensteigen**, beim: colch.
○ **Kniescheibe**: bry.$_{a1,k}$ con.$_{a1,k}$
• **Unterschenkel**: ang.$_{a1}$ carb-an.$_{a1,k}$ graph. hep.$_{bg1}$ thuj. vac. valer.$_{c1}$ *Verat.*$_{a1,k}$
• **nachts**: *Merc.*
• **Erwachen** und beim Herumdrehen im Bett; beim: carb-an.
• **Treppensteigen**, beim: *Ars.* thuj.
• **würde** der Unterschenkel zerbrechen; als: thuj.$_{rb2}$
○ **Schienbein**: agar.$_{k2}$
• **Knöchel**: calc.$_{a1,k}$ carbn-s. caust.$_{a1,k}$ hep.$_{a1,k}$
• **morgens** im Bett: carbn-s.
• **Gehen**, beim: caust.$_{a1,k}$ hep.$_{a1,k}$
• **Füße**: hep.$_{bg1}$ kali-bi.$_{a1,k}$ kali-c.$_{a1,k}$ lac-d. psor. zinc.$_{ptk}$
• **Zehen**: cocc.$_{a1,k}$ lach.$_{bg1}$
– **zerreißend**
☞ *reißend*
– **zerrend**:
○ **Hüfte** zur Leiste, als würde alles herausgedrückt; von der: ox-ac.
– **zerschlagen**; wie
☞ *wund schmerzend*
– **zertrümmert**, wie:
○ **Oberarm**: stann.$_{h}$
• **Knöchel**: caust.$_{h}$
– **ziehend**: acon.$_{a1,k}$ agar.$_{a1,k}$ *Alum.*$_{a1,k}$ alum-p.$_{k2}$ *Am-c.* am-m.$_{k2}$ anac.$_{a1,k}$ ang. ant-t.$_{a1,k}$ *Arg-met.* *Ars.*$_{a1,k}$ asaf. aur.$_{a1,k}$ aur-ar.$_{k2}$ aur-m. aur-s.$_{k2}$ *Bamb-a.*$_{stb2}$ *Bapt.* bar-c. bell. *Bry.*$_{a1,k}$ calc. calc-p.$_{a1,k}$ calc-s. cann-s. canth.$_{a1,k}$ caps. carb-an. **Carb-v.**$_{a1,k}$ *Carbn-s.* card-m.$_{k2}$ carl.$_{a1,k}$ *Caul.* caust.$_{h,k,*}$ cham.$_{a1,k}$ *Chel.*$_{a1,k}$ *Chin.* chinin-ar. cic.$_{k2}$ cimic.$_{a1,k}$ cinch.$_{a1}$ cit-v.$_{a1,k}$ *Cocc.*$_{a1,k}$ colch.$_{a1,k}$ *Coloc.*$_{a1,k}$ con.$_{a1,k}$ *Cupr.* dig.$_{h}$ *Dulc.* ferr. *Graph.* guaj.$_{k2}$ *Hep.*$_{a1,k}$ hyos.$_{a1,k}$ hyper.$_{a1,k}$ ip.$_{a1,k}$ jatr-c. kali-ar. *Kali-bi.*$_{a1,k}$ *Kali-c.*$_{a1,k}$ kali-n.$_{a1,k}$ kali-p. kali-s. kali-sil.$_{k2}$ lach.$_{a1,k}$ lact.$_{a1,k}$ *Led.*$_{a1,k}$ *Lyc.*$_{a1,k}$ mag-m. mag-s. med. meph.$_{a1}$ *Merc.*$_{a1,k}$ *Mez.*$_{a1,k}$ mill. naja *Nat-m.* nat-p. **Nit-ac.**$_{a1,k}$ nux-m. *Nux-v.* petr. ph-ac. phos.$_{a1,k}$ phyt.$_{k2}$ *Plat.* plb.$_{a1,k}$ *Puls.*$_{a1,k}$ *Rhod.*$_{a1,k}$ **Rhus-t.** rhus-v. sabad.$_{a1,k}$ *Sec.*$_{a1,k}$ sep.$_{a1,k}$ sil.$_{a1,k}$ spong. stram. **Sulph.**$_{a1,k}$ ther.$_{k2}$ *Thuj.*$_{a1,k}$ tub.$_{k2}$ *Valer.* verat.$_{a1,k}$ zinc.$_{a1,k}$ zinc-p.$_{k2}$ zing.
• **links**: cocc.$_{h}$ mez.$_{h}$
• **morgens**: acon. acon-l.$_{a1}$ calc-p.$_{a1,k}$
• **Erwachen**, beim: *Aur. Hep. Nux-v.*
• **vormittags**: merc.
• **nachmittags**: calc.$_{a1,k}$ lyc.$_{a1,k}$
• **abends**: calc-p.$_{a1,k}$ coloc.$_{a1,k}$ led. mag-s.$_{a1,k}$ ph-ac.$_{a1,k}$ *Puls.* rhus-t.$_{a1,k}$ **Sulph.**$_{a1,k}$
• **18** h: **Rhus-t.**
– **ziehend - abends**: ...
• **21** h: mag-s.
• **nachts**: bell.$_{a1,k}$ calc.$_{a1,k}$ **Carb-v.**$_{a1,k}$ *Cham.* cit-v.$_{a1,k}$ graph.$_{h}$ hep. *Lyc.* merc.$_{a1,k}$ *Nux-v. Puls. Rhod.* **Rhus-t.**$_{a1,k}$ sabin.
• **anfallsweise**: *Cocc.*
• **beginnt** mit einem Ruck: *Cocc.*
• **Bewegung**:
• **amel.**: *Arg-met.* ferr. kali-p.$_{k2}$ led. *Lyc.*$_{a1,k}$ meph.$_{a1}$ nux-m. *Rhod.* **Rhus-t.** thuj.$_{a1,k}$ tub.$_{k2}$ **Valer.**
• **durch**: cann-s. caps.$_{a1,k}$ *Led.* naja *Nux-v.* sabad. thuj.$_{a1,k}$ verat.$_{a1,k}$
• **Erkältung**, nach einer: nit-ac.$_{h}$ zing.$_{a1,k}$
• **Federbett** agg.: sulph.$_{h}$
• **Freien** amel.; im: sabin.
• **Frost**:
• **vor**: tub.$_{k2}$
• **während**: *Ars.*$_{a1,k}$ ferr. hell.$_{h}$ lyc.$_{h}$ *Merc. Nux-v.* ph-ac.$_{h}$ *Puls.* **Rhus-t.** tub.$_{k2}$
• **nach**: puls.
• **Gehen**:
• **amel.**: *Lyc.* tub.$_{k2}$ **Valer.** verat.$_{a1,k}$
• **beim**: coloc.$_{a1,k}$ verat.$_{a1,k}$
• **gelähmte** Glieder: *Cocc.*
• **Kälte**, bei: graph.$_{a1,k}$ *Puls.* ther.$_{k2}$
• **Konvulsionen**, vor: ars.$_{a1,k}$
• **krampfartig**: asaf. *Graph.* kali-n. petr. *Plat.* sil.$_{h}$
• **lähmungsartig**: *Aur. Cocc. Hep.* kali-p.$_{k2}$ *Mag-m.* mez.$_{h}$ *Nux-v.* **Rhus-t.** sabad.
• **Liegen**, beim: **Rhus-t.**$_{a1,k}$
• **Menses**, während: con. **Nux-m.**$_{a1,k}$ *Spong.* stram.$_{a1,k}$
• **Sitzen**, im: coloc.$_{a1,k}$ led. **Valer.**
• **Strecken** amel.: nit-ac.$_{a1,k}$
• **wandernd**: caust.$_{a1,k}$ *Chin. Cocc. Colch.* jatr-c. kali-n. puls.$_{h}$ *Sulph.*$_{a1,k}$
• **Wärme** amel.: cham. kali-p.$_{k2}$ *Nux-v. Rhus-t.* ther.$_{k2}$
• **warmen** Bett, im: sulph.
• **Wein** agg.: *Led.* mez.
• **Wetter**:
• **nassem** Wetter; bei: gels.$_{psa}$
▽ **erstreckt** sich zu:
• **oben**, nach: mag-c.$_{h}$
• **unten**, nach: lyc.
○ **Gelenke**: acon.$_{bg2,k,*}$ agn.$_{bg2}$ am-c.$_{h,j5}$ ang.$_{bg2}$ *Ant-c.*$_{bg2}$ ant-s-aur. ant-t.$_{bg2,k,*}$ arg-met. asaf.$_{bg2}$ asar.$_{bg2}$ bar-act.$_{h}$ bar-c.$_{bg2}$ bell.$_{bg2}$ *Bry.*$_{hr1,k,*}$ calc.$_{h,j5}$ cann-s.$_{bg2}$ canth.$_{bg2}$ caps.$_{bg2}$ *Carl.*$_{a1,k}$ *Caul.*$_{bg2}$ cham.$_{bg2,k,*}$ chel.$_{bg2}$ chin.$_{bg2}$ *Cimx. Cist.*$_{a1,k}$ clem.$_{a1,k}$ coc-c.$_{bg2,k,*}$ cocc.$_{bg2}$ colch.$_{bg2}$ coloc. cupr.$_{bg2}$ cycl.$_{bg2}$ graph.$_{j5}$ hep.$_{j5}$ hyos.$_{bg2,k,*}$ ign.$_{bg2}$ kali-bi. kali-c.$_{j5}$ *Led.*$_{bg2,k}$ lyc.$_{a1,k}$ meny.$_{bg2}$ merc.$_{bg2}$ mez.$_{bg2,k,*}$ nat-c.$_{bg2,k}$ nat-m.$_{a1,k}$ nat-p.$_{k2}$ nat-s.$_{a1,k}$ nit-ac.$_{a1,k}$ nit-s-d.$_{a1}$ *Nux-m.*$_{hr1,k}$ nux-v.$_{bg2}$ olnd.$_{bg2}$ *Par.*$_{bg2,k}$ phos.$_{a1,k}$ plat.$_{bg2,k}$ plb.$_{bg2}$ *Puls.*$_{bg2,k}$ rhod.$_{bg2,k,*}$ rhus-t.$_{bg2}$ sabad.$_{bg2,j5}$ sabin.$_{bg2,j5}$ sec.$_{bg2,k,*}$ seneg.$_{bg2}$ sep.$_{j5}$ spig.$_{bg2}$ spong.$_{bg2}$ **Staph.**$_{bg2,j5}$ sulph.$_{h}$ tarax.$_{bg2}$ tep. teucr.$_{bg2}$ valer.$_{bg2}$ verat.$_{bg2}$ viol-o.$_{bg2}$

- **Gelenke**: ...
  - **morgens**: cham.$_{a1,k}$
    - **Aufstehen**, nach dem: phos.
  - **abends**: nat-c.$_{a1,k}$ nat-s.$_{a1,k}$ *Puls.*
  - **Bewegung** amel.: coloc. phos.$_{a1,k}$
  - **Erwachen**, nach dem: nat-c.$_{a1,k}$
  - **Frost**:
    - **vor**: calc.
    - **während**: **Cimx.**
  - **Gehen**, beim: ang.$_{a1,k}$
  - **krampfartig**: *Par. Plat.*
  - **Lage** hält; wenn er sie lange in falscher: staph.$_{h}$
  - **lähmungsartig**: cham.$_{a1,k}$ nat-m.$_{a1,k}$ staph.$_{h}$
  - **Muskeln**, nahe den: hyos.$_{h}$
  - **reißend**: coloc.$_{a1,k}$
  - **Sitzen**, im: coloc.
  - **stechend**: calc.$_{a1,k}$
  - **wandernd**: acon.$_{a1,k}$ cham.$_{a1,k}$
  - **Wein**, nach: *Led.*$_{hr1,k}$
- **Knochen**: cham. *Chin. Cocc.* gels. kali-c. led. merc. *Mez.* puls.$_{h}$ sulph. tub.$_{k2}$
  - **lange** Knochen: bry.$_{a1}$ *Led.*$_{a1,k}$ sabin.$_{hr1}$
  - ○ **Periost**: nit-ac.$_{h}$
- **Sehnen**: cham.$_{h}$
- **Arme**: acon.$_{a1,k}$ aesc. *Agar.* am-c. anac. ant-c. apis *Arg-met. Arg-n. Ars.* ars-h.$_{a1,k}$ asaf. aster. aur-ar.$_{k2}$ bapt. *Bar-c.* bar-s.$_{k2}$ bell.$_{a1,k}$ bry. cact. calad. *Calc.* calc-p. camph. caps. carb-ac. carb-an. *Carb-v.*$_{a1,k}$ carbn-h. carbn-s. castor-eq. **Caust.** *Chel.*$_{a1,k}$ chin.$_{a1,k}$ chinin-ar. cic. cimic. *Cina* cinnb. cist. cit-v.$_{a1,k}$ *Clem.* cocc. *Coloc.* con. crot-h. crot-t.$_{a1,k}$ *Cupr.* cycl. dig. dulc. elaps euph. ferr. ferr-ar. form. gins.$_{a1,k}$ gran. graph. grat. *Guaj.* ign. indg.$_{a1,k}$ kali-bi. kali-c. *Kali-n.*$_{a1,k}$ kali-p. kali-sil.$_{k2}$ kalm. kreos. lach. laur. led. *Lyc.* *Mag-c.* mag-m. mang. meph. merc. merc-c. merl. mez. nat-m. nat-s. *Nit-ac.* nux-m. *Nux-v.* ol-an. pall. petr. ph-ac. phos. *Phyt. Plat.* plb.$_{a1,k}$ *Puls.* *Rhod.*$_{a1,k}$ **Rhus-t.**$_{a1,k}$ *Rhus-v.* sang. sec. seneg. *Sep.*$_{a1,k}$ *Sil.* sol-ni. stann. staph.$_{a1,k}$ stry.$_{a1,k}$ sul-ac.$_{a1,k}$ *Sulph.*$_{a1,k}$ tab. tell. *Teucr. Thuj.*$_{a1,k}$ til. *Valer.* verat.$_{a1,k}$ zinc. zinc-p.$_{k2}$ zing.$_{a1,k}$
  - **abwechselnde** Seiten: sulph.
  - **links**: aur.$_{h}$ carb-v.$_{h}$ cycl.$_{h}$ kali-c.$_{h}$ lyc.$_{h}$ nat-m.$_{h}$ plat.$_{h}$ **Rhus-t.**$_{a1,k}$
  - **rechts**: *Arg-n.*$_{a1,k}$ bamb-a.$_{stb2}$ bar-c. caust.$_{a1,k}$ phos.$_{h}$
  - **morgens**: lyc.
  - **vormittags**: sulph.$_{a1,k}$
  - **nachmittags**: elaps thuj.$_{a1,k}$ zinc. zing.$_{a1,k}$
  - **abends**: crot-t.$_{a1,k}$ kali-n.$_{h}$ phos.$_{h}$ staph.$_{a1,k}$ thuj.$_{h}$ zing.$_{a1,k}$
  - **nachts**: acon. *Ars. Calc.* **Carb-v.** caust. phos.$_{a1,k}$ puls.$_{a1,k}$ **Rhus-t.**$_{a1,k}$
    - **Liegen** darauf, beim: acon.$_{a1,k}$ *Carb-v.*$_{a1,k}$
  - **Berührung** agg.: staph.$_{a1,k}$
  - **Bewegung**:
    - **agg.**: con.$_{h}$ meph.$_{a1,k}$ sulph.$_{a1,k}$
    - **amel.**: arg-met. aur.$_{h}$ bell.$_{a1,k}$ camph. coloc. lyc. *Rhod.* **Rhus-t.** sep.$_{h}$ *Valer.*
  - **epileptischem** Anfall, vor: cupr.
- **Arme**: ...
  - **Faden**; wie mit einem: plat.$_{h}$
  - **Frost**; während: ars-h.$_{a1,k}$
  - **Gehen** amel.: **Valer.**
  - **gezogen**, beim Langen nach unten; Gefühl wie nach vorne: phos.
  - **heben**; beim Versuch, den Arm nach vorne zu: plb.$_{a1,k}$
  - **Heben** der Arme; beim: cocc. sulph.$_{h}$
  - **Herabhängen**, beim: *Cina* kali-n.$_{a1,k}$
  - **innen**, nach: laur.$_{a1,k}$
  - **katarrhalischem** Fieber, bei: sep.$_{h}$
  - **krampfartig**: anac. elaps kali-n. nux-m.
  - **lähmungsartig**: am-c. arg-n.$_{a1,k}$ chel.$_{a1,k}$ chin. cina cist. mag-m.$_{h}$ meph. *Nux-v.* **Rhus-t.** *Rhus-v.* seneg. sep.$_{h}$ staph.$_{a1,k}$ sul-ac.$_{h}$
  - **Liegen**, beim:
    - **Arm** unter dem Kopf; mit dem: staph.$_{h}$
    - **Rücken**, auf dem: cham.
    - **Seite** amel.; auf der schmerzhaften: cham.
  - **liegt**; Arm, auf dem er: **Carb-v.** cina$_{h}$
  - **liegt**; Stelle auf der er: cina$_{h}$
  - **Luftzug**: chin. verat.
  - **Menses**, während: spong. *Stram.*
  - **oben**, nach: *Ars.* con.$_{h}$ mag-c.$_{a1,k}$ nux-v.$_{a1,k}$ plat.$_{h}$ sep.$_{h}$
    - **auf** und ab, bei Bewegung: con.$_{a1,k}$
  - **reißend**: *Ars.* carb-v. *Caust.* cham.$_{a1,k}$ *Cina* colch. coloc.$_{a1,k}$ grat.$_{a1,k}$ hell. ol-an.$_{a1,k}$ puls.$_{a1,k}$
  - **rheumatisch**: chel.$_{a1}$ elaps gran.$_{a1,k}$ *Phyt.* puls.
  - **ruckartig**: nux-m.$_{a1,k}$
  - **Schreiben**:
    - **beim**: **Mag-p.** sul-ac.$_{a1,k}$
    - **nach**: thuj.$_{a1,k}$
  - **Sitzen**, im: **Valer.**
  - **spannend**: arg-met.
  - **stechend**: am-c.$_{a1,k}$
  - **Strecken**, beim:
    - **Armes**, des: sulph.$_{h}$
    - **muß** die Arme strecken: nat-m.$_{h}$
  - **unten**, nach: agar.$_{a1,k}$ apis aur.$_{h}$ con.$_{h}$ cycl.$_{a1,k}$ form.$_{a1,k}$ kali-c.$_{a1,k}$ lyc.$_{a1,k}$ *Nux-v.* pall.$_{a1,k}$ ph-ac.$_{a1,k}$ puls.$_{a1,k}$ rhus-t.$_{a1,k}$ rhus-v.$_{a1,k}$ seneg.$_{a1,k}$ *Sep.*$_{a1,k}$ sil.$_{a1,k}$
    - **Hand**, zur: kali-c. rhus-v.
    - **Fingern**, zu den: agar. apis cist. cycl. lyc. ol-an. puls. rhus-t. rhus-v. *Sep.* sil.
  - **verstaucht**: nit-ac.$_{a1,k}$
  - **wandernd**: rhus-v.$_{a1,k}$
  - **warmes** Zimmer: zing.$_{a1,k}$
  - **Wetter**:
    - **nassem** Wetter, bei: *Rhod. Rhus-t.*
    - **stürmischem** Wetter, bei: *Rhod.*
  - ▽ **erstreckt** sich zu:
    - **Brust**, in die: lach.
    - **Finger**: aesc. bry. carbn-h. chel. crot-h. cycl.$_{h}$ *Lyc. Rhus-t. Sep.* thuj.$_{h}$
      - **kleiner** Finger: sil.$_{h}$
    - **Hand**: kali-c.$_{h}$
    - **Handgelenk**: am-c. *Puls.*
  - ○ **Beugemuskeln**: asaf. bol-la. ham.

- **Arme**: ...
  - **Gelenke**: carb-v.$_{h}$ caul. caust.$_{h}$ cham.$_{h}$ kali-bi. kreos. *Mang.* rhod.
    - **Bewegung** agg.: caust.$_{h}$
    - **gichtig**: caust.$_{h}$
    - **zuckend**: sulph.$_{h}$
  - ○ **einem** Gelenk zum anderen; von: sulph.$_{h}$
  - **innerlich**: euph.$_{a1,k}$ sulph.$_{a1,k}$
  - **Knochen**: alum. bar-c. carb-an. carb-v. caust. cham.$_{h}$ cocc.$_{h}$ coloc.$_{h}$ lyc. mag-c. nat-m. nit-ac. *Rhod.* sep. *Thuj.* *Valer.*
- **Schulter**: *Acon.* aeth. agar. am-c. am-m. ambr. anac. anag. ang. apis *Arg-met.* *Arg-n.* arn. ars. aur-m. aur-m-n. bapt. berb. borx. brom. *Bry.* camph. canth. *Carb-v.* carbn-s. caust. cham. chel.$_{a1,k}$ cimx. clem. coc-c. colch. coloc. crot-h. cupr. dios. dros. dulc. elaps euph. ferr-m. ferr-p. gent-c. gins. glon. hell. hep. ign. iod. *Iris* jatr-c. kali-bi. *Kali-c.* kali-sil.$_{k2}$ kreos. lact. led. lil-t. *Lyc.* *Mag-m.* mang. mez. naja nat-c. *Nat-m.* nat-p. nat-s. nux-v. ol-an. pall. petr. ph-ac. *Phos.* phys. *Plat.* *Puls.* ran-s. *Rhod.* rhus-t. sabad. sang. sanic. *Sep.* sil. stann. staph. *Sulph.* tab. teucr. thuj. verat. zinc.
  - **abwechselnde** Seiten: mag-m.$_{h}$
  - **links**: nat-p.
    - **dann** rechts: aeth.
  - **rechts**: am-c.$_{h,k}$ am-m.$_{h,k}$ carb-v.$_{h,k}$ coc-c.$_{h,k}$ euph.$_{h,k}$ ferr-p.$_{h,k}$ *Lyc.*$_{h,k}$ nat-c.$_{h}$ sep.$_{h}$ thuj.$_{h,k}$
  - **morgens**: carb-v.$_{h}$ dios. hyper. kali-c. naja rhod. *Sep.* staph.
    - **Bett**, im: *Nat-m.* staph.
    - **Erwachen**, beim: coloc. kali-c. *Nat-m.*
  - **vormittags**: cham. lyc.
  - **abends**: ambr. chel. lach. lyc. nat-m. nat-s.
  - **nachts**: acon. coloc. thuj. zing.
    - **Bett**, im: coloc.
  - ◇ **abwechselnd** mit:
    - **Schaben**, Scharren im Rachen: sulph.
    - **ziehenden** Schmerzen in der Hüfte; mit: bry.
  - **anfallsweise**: lyc.
  - **Aufstehen**, nach dem: cocc. coloc. thuj.
  - **Bett** agg.; im: aur-m. coloc. lyc. nat-m. staph.
  - **Bewegung**:
    - **agg.**: caust. ferr-p. *Iris* mag-m. staph.
    - **amel.**: am-m. *Arg-met.* aur-m.$_{k2}$ carb-v.$_{h}$ cocc. ign. *Rhus-t.* sep. thuj.
    - **Armes**, des: staph.$_{h}$
  - **Bücken**, beim: borx.
  - **Druck** agg.: crot-h.
  - **Entblößen** des Teils; beim: nat-m.
  - **Faden**; wie mit einem: plat.$_{h}$
  - **Freien**, im: nat-c.
  - **Gehen** im Freien; beim: brom.
    - **amel.**: euph.
    - **nach**: pall.
  - **Heben** der Arme; beim: anag. bry. calc. coc-c. cocc. *Iris* mag-m. sanic. zinc.$_{h}$
    - **Essen**, nach dem: cocc.
  - **krampfartig**: *Plat.*
- **Schulter**: ...
  - **lähmungsartig**: chel.$_{a1,k}$ kali-bi. *Phos.* staph. thuj.
  - **Liegen**, beim:
    - **agg.**: stann.
    - **Arm** unter dem Kopf; mit dem: staph.$_{h}$
    - **Seite**; auf der schmerzhaften: thuj.
  - **Mittagessen**, nach dem: sep.$_{h}$
  - **rheumatisch**: agar.$_{h}$ carb-v. chel.$_{a1}$ lyc. naja phys.
  - **Sitzen**, im: coloc. led.
  - **Stehen**, beim aufrechten: arn.
  - **Strecken** des Armes; beim: anag.
  - **warmen** Bett; im: aur-m.$_{k2}$
  - **Wind**, im: carb-v.$_{h}$
  - ▽ **erstreckt** sich zu:
    - **Arm**: bry. chel. cimx. mang.$_{h}$
    - **Deltoids**, Gegend des: zinc.$_{h}$
    - **Ellbogen**: carb-ac. petr.
    - **Finger**:
      - **Fingerspitzen**: apis chel. elaps *Nux-v.* *Rhus-t.*
    - **Hals**: anag.
      - **Nacken**: anag. apis
    - **Hand**: lyc. plat.$_{h}$
    - **Handgelenk**: chel. *Puls.*
    - **Kopf**: nat-m.$_{h}$
    - **Lunge**; zur Rückseite der: dios.$_{a1,k}$
    - **Oberschenkel**: nux-v.
- **Oberarm**: acon.$_{a1,k}$ *Agar.*$_{a1,k}$ aloe alum. alum-p.$_{k2}$ alum-sil.$_{k2}$ am-m.$_{a1,k}$ anac.$_{a1,k}$ ang.$_{a1,k}$ ant-c.$_{a1,k}$ ant-t.$_{a1,k}$ arg-met. arg-n.$_{a1,k}$ *Ars.* ars-h. asaf.$_{a1,k}$ aster. aur. aur-m.$_{a1,k}$ aur-m-n.$_{a1,k}$ *Bell.*$_{a1,k}$ *Berb.*$_{a1,k}$ *Bry.* bufo *Calc.*$_{a1,k}$ calc-sil.$_{k2}$ camph.$_{a1,k}$ canth.$_{a1,k}$ carb-ac.$_{a1,k}$ *Carb-v.*$_{a1,k}$ carbn-s. card-m. *Caust.* chel.$_{a1}$ clem.$_{a1,k}$ coc-c.$_{a1,k}$ cocc. coloc.$_{a1,k}$ com.$_{a1,k}$ con.$_{a1,k}$ dig.$_{a1,k}$ *Dulc.* ferr-ma.$_{a1,k}$ ferr-p. gins.$_{a1,k}$ graph. grat.$_{a1,k}$ hep.$_{a1,k}$ indg.$_{a1,k}$ ip. kali-bi.$_{a1,k}$ kali-c. *Kali-n.*$_{a1,k}$ lach.$_{a1,k}$ lact.$_{a1,k}$ led.$_{a1,k}$ **Lyc.**$_{a1,k}$ mag-c. mag-m. mang.$_{a1,k}$ mez.$_{a1,k}$ mur-ac.$_{a1,k}$ nat-m.$_{a1,k}$ nat-s.$_{a1,k}$ nit-ac. *Nux-v.* ol-an.$_{a1,k}$ par.$_{a1,k}$ petr. *Ph-ac.*$_{a1,k}$ *Phos.* phyt.$_{a1,k}$ *Plat.* plb. *Rhod.*$_{a1,k}$ *Rhus-t.* sabin.$_{a1,k}$ sanic. *Sep.* *Sil.*$_{a1,k}$ sin-n. spong.$_{a1,k}$ *Stann.* stram.$_{a1,k}$ sul-ac. *Sulph.*$_{a1,k}$ *Thuj.*$_{a1,k}$ *Valer.*$_{a1,k}$ vinc. zinc.$_{a1,k}$ zinc-p.$_{k2}$
  - **links**: *Agar.* alum. coloc.
  - **rechts**: arg-met. arg-n.$_{a1,k}$ **Bell.** *Caust.* coloc.$_{a1,k}$ ferr-p. staph.$_{h}$
  - **tagsüber**: coloc.$_{a1,k}$
  - **morgens**: lyc.$_{a1,k}$
    - **Erwachen**, beim: agar. kali-c.
  - **vormittags**: agar. com.
  - **abends**: com.$_{a1,k}$ kali-bi.$_{a1,k}$ sulph.$_{a1,k}$ zinc. zing.$_{a1,k}$
    - **Bett**, im: led. lyc. staph.$_{h}$
  - **nachts**: *Ars.*
    - **Mitternacht**: sulph.
  - **anfallsweise**: ant-t.$_{a1,k}$ mag-c.
  - **Aufstehen**, nach dem: arg-n.
  - **Bewegung** amel.: *Arg-met.* aur. camph. coc-c.$_{a1,k}$ cocc. con.$_{a1,k}$ *Valer.*

- **Oberarm**: ...
  - **Druck**:
    - **agg.**: *Arg-met.* spig.$_{h}$
    - **amel.**: mag-c.
  - **epileptischem** Anfall, vor: cupr.
  - **Gehen**, beim: camph.$_{a1,k}$
  - **Heben** des Armes; beim: *Rhus-t.*
  - **Hinlegen**, nach dem: ip.
  - **krampfartig**: grat. mag-c. nat-m. ruta$_{h}$ *Valer.*
  - **lähmungsartig**: aloe arg-met. arg-n. **Bell.** bry.$_{a1,k}$ *Caust.* chel.$_{a1}$ cina cocc. con.$_{a1,k}$ kali-c. *Phos.* rhus-v. sabin.$_{a1,k}$ sep.
  - **Luftzug** agg.: ant-c.$_{h}$
  - **Mittagessen**, beim: canth.$_{a1,k}$
  - **pulsierend**: ign.$_{a1,k}$
  - **rheumatisch**: anac.$_{a1,k}$ card-m. chel.$_{a1,k}$ dulc. nat-m.$_{a1,k}$ sanic.
  - **Schreiben**, beim: anag. *Valer.*
  - **Sitzen**, im: calc.$_{a1,k}$ dig.$_{a1,k}$
  - **stechend**: spong.$_{a1,k}$
  - **Wärme** amel.: ant-c.$_{a1,k}$
  - **Wetter** agg.; nasses: rhod. sanic.
  - ▽ **erstreckt** sich zu:
    - **oben**, nach: ph-ac.
    - **unten**, nach: *Agar.* anac. berb. carb-ac. carb-v. kali-bi. lach. *Lyc.* sulph.
  - ○ **Außenseite**: ant-t.$_{a1}$ berb.$_{a1}$ *Sanic.* stann.$_{h}$ thuj.$_{a1}$
  - **Bizeps**: mang. ruta *Valer.*
  - **Deltoids**, Gegend des: arg-met. asar. bell.$_{a1,k}$ card-m. caust. kali-n.$_{h}$ sanic. spig.$_{h}$ stann.$_{h}$ staph.$_{h}$
  - **Innenseite**: bell.$_{a1,k}$ bry.$_{a1,k}$ camph. carb-v.$_{h}$ con.$_{a1,k}$ led.$_{a1,k}$ *Lyc.*$_{a1,k}$ mang.$_{a1,k}$ nat-s.$_{a1,k}$ rhus-t.$_{h}$
    - ▽ **erstreckt** sich zum Handgelenk: lyc.$_{a1,k}$
  - **Knochen**: agar.$_{a1,k}$ alum.$_{a1,k}$ aur. bar-c. carb-v.$_{a1,k}$ caust.$_{a1,k}$ cocc.$_{a1,k}$ euph.$_{a1,k}$ ip.$_{a1,k}$ kali-bi.$_{a1,k}$ mez.$_{a1,k}$ nit-ac.$_{a1,k}$ plb.$_{a1,k}$ sabin.$_{a1,k}$ *Sulph.*$_{a1,k}$ ter.$_{a1,k}$ verat.$_{a1,h}$ zinc.$_{a1,k}$
    - **morgens**: ter.$_{a1,k}$
    - **vormittags**: agar.$_{a1,k}$
    - **Mitternacht**, nach: *Sulph.*$_{a1,k}$
    - **Bewegung** amel.: aur.
    - **Hinlegen**, nach dem: ip.$_{a1,k}$
    - ○ **Gelenkköpfe**: arg-met. coc-c.
      - **nachts**: coc-c.
  - **Rückseite**: acon.$_{a1,k}$ con.$_{a1,k}$ lyc.$_{a1,k}$
  - **unterer** Teil: agar. caust.$_{h}$ grat.$_{a1,k}$ sil.$_{a1,k}$ zinc.$_{h}$
- **Ellbogen**: acon. agar. aloe ambr.$_{c1}$ *Arg-met.* **Ars.** aur-m. aur-m-n. *Bell.* berb. *Bry.* canth. carb-v. carbn-s. caul. caust. cham. chel. coc-c. coloc. com. con. dig. dios. dulc. elaps euphr. graph. grat. hell. kali-bi. *Kali-c.* kali-n. kali-sil.$_{k2}$ lach. lact. led. lyc. *Mang.* mez. *Mur-ac.* *Nat-c.* nat-s. petr. ph-ac. phos.$_{h}$ rhod. *Rhus-t.* rhus-v. ruta sabad. sec. seneg. sil. stann. staph. stront-c. *Sulph.* tab. thuj. viol-o. zinc.
  - **links**: agar.
  - **rechts**: canth. phos.$_{h}$ sulph.$_{h}$
  - **morgens**: carb-v.$_{h}$ lyc.$_{a1,k}$ thuj.$_{a1,k}$

- **Ellbogen**: ...
  - **nachmittags**: sulph.$_{a1,k}$
    - **15 h**: gels.
  - **abends**:
    - **Bett**, im: mag-c. *Nat-c.*$_{a1,k}$
    - **Liegen**, beim: *Nat-c.*$_{a1,k}$
  - **nachts**: *Ars.* *Phos.*
  - **Berührung** agg.: sil.
  - **Beugen**, beim: chel. dulc.$_{a1,k}$
  - **Bewegung**:
    - **amel.**: carb-v.$_{h}$ dulc.$_{a1,k}$ graph. mez. ran-a.$_{a1}$ *Rhus-t.*
    - **bei**: **Bry.**$_{a1,k}$ *Coloc.*$_{a1,k}$ rhus-t.$_{a1,k}$ sil. staph.$_{a1,k}$
  - **Drehen**, beim: tab.$_{a1,k}$
  - **krampfartig**: *Rhus-t.*
  - **lähmend**: graph.$_{a1,k}$
  - **lähmungsartig**: bell.$_{h}$ cham.$_{h}$
  - **rheumatisch**: caust. euphr.$_{a1,k}$ mez. *Rhus-t.* zinc.$_{a1,k}$
  - **Sitzen**, im: plect.$_{a1}$ *Rhus-t.* sulph.$_{a1,k}$
  - **Strecken** des Armes; beim: ruta
  - **Wind**, im: carb-v.$_{a1,k}$
  - ▽ **erstreckt** sich zu:
    - **Achselhöhle**: **Ars.**
    - **Handgelenk**: dulc.$_{h}$ guaj.$_{h}$ rhus-t. sulph.$_{h}$
    - **oben**, nach: kali-n.$_{h}$ stann.
    - **unten**, nach: kali-bi. lach. mez. sec. seneg. thuj.
  - ○ **Ellbogenbeuge**: arg-met. *Caust.* chin.$_{h}$ hell. kali-n.$_{a1,k}$ *Puls.* *Rat.* thuj.$_{a1,k}$ valer.$_{a1,k}$ verat.$_{a1,k}$
    - **Schreiben**, beim: valer.
    - **Strecken** des Armes amel.: rat.
  - **Ellbogenhöcker**: carb-an.$_{a1,k}$ lact.$_{a1,k}$
  - **Gelenkköpfe**: arg-met. arg-mur.$_{a1}$ coc-c.$_{a1,k}$
  - **Knochen**, im: sil.$_{a1,k}$
- **Unterarm**: acon. *Agar.*$_{a1,k}$ aloe alum. alum-p.$_{k2}$ alum-sil.$_{k2}$ am-c. am-m. ambr.$_{a1,k}$ anac.$_{a1,k}$ ang.$_{a1,k}$ *Ant-c.*$_{a1,k}$ arg-met. arg-n. ars. asaf. bar-c. bell. berb. brom. bry.$_{a1,k}$ bufo **Calc.** calc-p. calc-sil.$_{k2}$ canth. *Carb-v.*$_{a1,k}$ carbn-s. **Card-m.** **Caust.**$_{a1,k}$ cham. *Chel.*$_{a1,k}$ chin.$_{a1,k}$ cimic. cina cist. *Clem.* coc-c. coloc.$_{a1,k}$ com.$_{a1,k}$ con.$_{a1,k}$ croc. crot-t.$_{a1,k}$ cupr. *Cycl.* dios.$_{a1,k}$ *Dulc.*$_{a1,k}$ euph. ferr-ma.$_{a1,k}$ fl-ac.$_{a1,k}$ gels. gins. gran. graph. hell.$_{a1,k}$ hep. ind. kali-bi.$_{a1,k}$ kali-c.$_{a1,k}$ kali-chl.$_{a1,k}$ kali-sil.$_{k2}$ kalm. kreos.$_{a1,k}$ laur. led.$_{a1,k}$ lyc. mag-c.$_{a1,k}$ *Mag-p.* mang. *Meny.* merc-i-f. *Mez.*$_{a1,k}$ mosch. mur-ac. nat-c. nat-m.$_{a1,k}$ nat-p. nat-s. nit-ac. *Nux-v.*$_{a1,k}$ op.$_{a1,k}$ osm. pall.$_{a1,k}$ petr. phos.$_{a1,k}$ *Phyt.* *Plat.* polyp-p.$_{a1}$ *Puls.* ran-s. *Rhod.*$_{a1,k}$ **Rhus-t.** *Rhus-v.*$_{a1,k}$ ruta seneg. *Sep.*$_{a1,k}$ sil.$_{a1,k}$ spong.$_{a1,k}$ stann. staph. *Sulph.*$_{a1,k}$ tarax.$_{a1,k}$ tell.$_{a1,k}$ *Thuj.*$_{a1,k}$ *Valer.* *Verat.* zinc.$_{a1,k}$ zinc-p.$_{k2}$ zing.
  - **links**: *Agar.* chel.$_{a1,k}$ clem.$_{bg1}$ kali-c.$_{bg1,h}$ kreos.$_{bg1}$ led.$_{bg1}$ pall.$_{bg1}$ rhus-v.$_{bg1}$ sil.$_{bg1}$ thuj.$_{bg1}$
  - **rechts**: ant-c. coloc. ferr-ma. mag-c.
  - **morgens**: bry.$_{a1,k}$ eupi. lyc.$_{a1,k}$ thuj.
    - **Erwachen**, beim: alum.
  - **vormittags**: sil.
  - **nachmittags**: ind. sulph.$_{a1,k}$ thuj.$_{a1,k}$
  - **abends**: alum.$_{a1,k}$ bufo kali-c.$_{h}$ op.$_{a1,k}$

- **Unterarm - abends**: ... sulph.$_{a1,k}$
  - **Bett**, im: mosch.
- ◇ **abwechselnd** mit Druck: gins.$_{a1,k}$
- **Anstrengung**
  - **bei**: berb.
  - **nach**: berb.
- **Beugen** des Armes; beim: dulc.$_{h}$ mur-ac.
- **Bewegung**:
  - **agg.**: carb-v.$_{a1,k}$ staph.$_{h}$
  - **amel.**: alum. am-m.$_{h}$ *Arg-met.* calc.$_{a1,k}$ cina con. dulc.$_{a1}$ mag-c.$_{a1,k}$ mosch.$_{a1,k}$ **Rhus-t.** thuj.
- **Fahren** oder Reiten, beim: bry.
- **Freien**, im: pall.
- **intermittierend**: croc.$_{a1,k}$ lyc.$_{a1,k}$ nat-c.$_{h}$
- **Kopfschmerzen**, mit: verat.
- **krampfartig**: anac. ang. arg-met.$_{h}$ calc-p. cina graph.$_{h}$ kalm. laur. lyc. *Meny.* mur-ac. nat-c. plat. *Rhod.* zinc.
- **lähmungsartig**: ant-c.$_{a1,k}$ arg-n. ferr-ma. kali-c.$_{h}$ mosch. nit-ac.$_{a1,k}$ petr.$_{h}$ ran-s.$_{a1,k}$ *Rhus-v.*
- **Liegen**: laur.
- **periodisch**: cist. gran.$_{a1,k}$
- **Pflaster**; wie durch ein: nat-c.$_{h}$
- **rheumatisch**: chel.$_{a1,k}$ chinin-s. lyc. *Phyt.*$_{a1,k}$ **Rhus-t.**
- **Schreiben**, beim: **Mag-p.**
- **Strecken** des Armes; beim: cina
- **warme** Anwendungen amel.: *Chel.* *Chin.* *Dulc.* ferr. gran. *Kali-c.* kalm. lyc. *Nit-ac.* **Nux-v.** **Rhus-t.** sil. *Zinc.*
- ▽ **erstreckt** sich zu:
  - **Daumen**: cupr.
  - **Finger**: agar. am-m. carb-v.$_{h}$ clem. ind. kreos. mur-ac.$_{h}$ phos. sars.$_{h}$
    - **kleiner** Finger: *Cist.*
  - **Hand**: alum.$_{h}$ carb-v.$_{h}$ cocc. kali-c. lyc. mag-c.
  - **Handfläche**: chel. *Meny.*
  - **Handgelenk**: carb-v.$_{h}$ cham.
  - **oben**, nach: anac. ars. brom.
  - **unten**, nach: am-m. ant-c. calc. cham. chel. clem. cocc. com. cupr. ind. kali-c. kreos. nat-m. phos. *Rhod.* sulph. thuj.
- ○ **Beugemuskeln**: com.$_{a1,k}$ *Hep.*$_{h,k,*}$
- **Ellbogen**; nahe dem: carb-v.$_{h}$ com.$_{a1}$ eupi.$_{a1,k}$ hell.$_{a1,k}$ staph. sulph.$_{a1,k}$
- **Handgelenk**; nahe dem: ant-c.$_{h}$ indg.$_{a1,k}$ mez.$_{a1,k}$ olnd.$_{a1,k}$ zing.$_{a1,k}$
- **Knochen**: acon.$_{a1,k}$ *Arg-n.*$_{a1,k}$ arn.$_{a1,k}$ bar-c. calad.$_{a1,k}$ canth.$_{a1,k}$ carb-v.$_{h}$ chin. kali-bi.$_{a1,k}$ led.$_{a1,k}$ *Merc-i-f.*$_{a1,k}$ puls.$_{h}$ sabin. zinc.
  - **links**: merc-i-f.$_{a1,k}$
  - ○ **Elle**: chin. *Cycl.* dulc.$_{a1,k}$ euph.$_{a1,k}$ kreos.$_{a1,k}$ lyc.$_{a1,k}$ nat-m.$_{a1,k}$ phyt.$_{a1,k}$
  - **Speiche**: carb-v.$_{h}$ euph. indg.$_{a1,k}$ samb.$_{a1,k}$ sulph.$_{a1,k}$ thuj.$_{a1,k}$
    - ○ **unter** dem Ellbogen: staph.
- **Oberseite**: nat-c.$_{h}$
- **Radialseite**: **Card-m.** pall.$_{a1}$ *Thuj.*

- **Unterarm**: ...
- **Rückseite**: acon.$_{a1,k}$ mang.$_{a1,k}$ petr.$_{a1,k}$
- **Sehnen**: hep.$_{h,k,*}$ nat-c.$_{a1,k}$
- **Streckmuskeln**: hep.$_{h,k,*}$ mur-ac.$_{a1,k}$
- **Ulnarseite**: arn.$_{a1,k}$ aster. cham. chinin-s.
  - **nachmittags**, beim Schreiben: chinin-s.
- **Vorderseite**: aloe ant-c.$_{h}$ arg-met. asaf.$_{a1,k}$ berb.$_{a1,k}$ carb-v.$_{a1,k}$ *Hep.* meny.$_{a1,k}$ nat-s.$_{a1,k}$ sars.$_{h}$ thuj.$_{a1,k}$
  - **morgens**: thuj.$_{a1,k}$

- **Handgelenk**: acon.$_{a1,k}$ aml-ns. ammc.$_{a1,k}$ anag. ang.$_{h}$ arg-met. *Ars.* *Asaf.* asar.$_{a1,k}$ aster. bapt.$_{a1,k}$ bar-c.$_{a1,k}$ bov.$_{a1,k}$ calc.$_{a1,k}$ calc-p. calc-sil.$_{k2}$ carb-v.$_{a1,k}$ carbn-s. *Caul.*$_{a1,k}$ *Caust.*$_{a1,k}$ cham.$_{a1,k}$ chel.$_{a1,k}$ cina cist.$_{a1,k}$ clem.$_{a1,k}$ com.$_{a1,k}$ con. *Cycl.*$_{a1,k}$ dig. digin.$_{a1}$ dios.$_{a1,k}$ euph. euphr.$_{a1,k}$ fl-ac.$_{a1,k}$ guaj. ham. hell.$_{a1,k}$ hyos.$_{a1,k}$ hyper.$_{a1,k}$ kali-bi.$_{a1,k}$ kali-c. kali-chl.$_{a1,k}$ kali-m.$_{k2}$ kali-n.$_{a1,k}$ kali-sil.$_{k2}$ led.$_{a1,k}$ *Lyc.*$_{a1,k}$ *Mang.* mez.$_{a1,k}$ morph.$_{a1,k}$ nat-m.$_{a1,k}$ nat-p.$_{a1,k}$ nat-s.$_{a1,k}$ nit-ac.$_{a1,k}$ nit-s-d.$_{a1}$ ph-ac. polyp-p.$_{a1}$ ptel.$_{a1,k}$ *Rhod.*$_{a1,k}$ **Rhus-t.** *Rhus-v.*$_{a1,k}$ sabin.$_{a1,k}$ samb. sars. sep.$_{a1,k}$ sil.$_{a1,k}$ spong.$_{a1,k}$ squil.$_{a1,k}$ stann.$_{h}$ staph.$_{a1,k}$ stront-c. sul-ac.$_{a1,k}$ *Sulph.*$_{a1,k}$ tarax.$_{a1,k}$ tep.$_{a1,k}$ thuj.$_{a1,k}$ upa.$_{a1,k}$ verb. zinc.$_{a1,k}$
  - **rechts**: gels.$_{psa}$
  - **morgens**: carb-v.$_{a1,k}$
    - **Bett**, im: calc. hyper. lyc.$_{h}$
  - **nachmittags**: aster. ptel.$_{a1,k}$
  - **abends**: ang.$_{h}$ ars.$_{h}$ com.$_{a1,k}$ euphr. lyc.$_{a1,k}$ *Rhod.* staph.$_{a1,k}$
  - **nachts**: *Ars.* fl-ac.$_{a1,k}$ nat-m.$_{a1,k}$
    - **20** - 23 h: fl-ac.
  - ◇ **abwechselnd** mit Schmerz in der Stirn: sulph.$_{a1,k}$
  - **anfallsweise**: borx.
  - **Anstrengung** der Hand; bei: sulph.$_{a1,k}$
  - **Aufstehen**, nach dem: coloc.$_{a1,k}$
  - **Bewegung**:
    - **amel.**: *Arg-met.* carb-v.$_{a1,k}$ con.$_{a1,k}$ *Rhod.*$_{a1,k}$ **Rhus-t.** samb. zinc.
    - **bei**: calc-p. caust.$_{a1,k}$ kali-c.$_{h}$ staph.$_{a1,k}$
  - **gichtartig**: caust.$_{a1,k}$
  - **intermittierend**: ferr-ma.$_{a1,k}$ stann.$_{h}$
  - **krampfartig**: calc-p.
  - **lähmungsartig**: arg-met. con.$_{a1,k}$ *Rhus-v.*$_{a1,k}$ sabin.
  - **Menses**, während: nat-p.
  - **reißend**: guaj. kali-bi.$_{a1,k}$ mez. **Rhus-t.**
  - **rheumatisch**: chel.$_{a1,k}$ euphr.$_{a1,k}$ **Rhus-t.** zinc.$_{a1,k}$
  - **stechend**: squil.$_{a1,k}$
  - **Syphilitikern**, bei: *Asaf.*
  - **verstaucht**; wie: zinc.$_{a1,k}$
  - **Wetter**, bei stürmischem: rhod.
  - **Wind**, im: carb-v.$_{a1,k}$
  - **zuckend**: calc.$_{a1,k}$
  - ▽ **erstreckt** sich zu:
    - **Arm**: arg-met. bar-c. calc.$_{h}$ com.
    - **außen**, nach: caust.
    - **Ellbogen**: kali-n.$_{h}$ rhus-v. sulph.$_{h}$
    - **Elle**: samb.$_{h}$

- **Handgelenk - erstreckt** sich zu: ...
  - **Finger**: caust. grat. *Rhus-v.* squil.$_{h}$ tarax. thuj.
    - **Fingerspitzen**: thuj.
    - **Zeigefinger**: hell.
      - **Daumen**, und: asar.
  - **Hand**: stann.$_{h}$
- **Beugeseite**: kali-c.$_{h}$ kali-n.$_{h}$
- **Periost**, beim Heben des Armes; wie im: coloc.
- **Radialseite**: arg-met. hydr.$_{a1,k}$ sabin.$_{a1,k}$ stann.$_{a1,k}$
- **Ulnarseite**: stann.$_{h}$
- **Hände**: aesc. agar. agn. aloe am-c.$_{a1,k}$ ambr.$_{c1}$ anac. ang.$_{a1,k}$ arg-met. arg-n.$_{a1,k}$ asaf. aur. bry.$_{a1,k}$ calc.$_{a1,k}$ calc-sil.$_{k2}$ cann-s. canth.$_{a1,k}$ carb-an.$_{a1,k}$ carb-v.$_{a1,k}$ carbn-s.$_{k,k2}$ card-m. **Caust.** cham.$_{a1,k}$ chel.$_{a1,k}$ chin.$_{a1,k}$ chinin-s. *Cina* cist. *Clem.* coloc.$_{a1,k}$ dios.$_{a1,k}$ euph.$_{a1,k}$ *Euphr.*$_{a1,k}$ gent-l.$_{a1}$ grat.$_{a1,k}$ ham.$_{a1,k}$ kali-bi.$_{a1,k}$ kali-c.$_{a1,k}$ kali-sil.$_{k2}$ led. lyc.$_{a1,k}$ mag-c.$_{a1,k}$ mag-m.$_{a1,k}$ merc.$_{a1,k}$ mez.$_{a1,k}$ mur-ac.$_{a1,k}$ nat-c. nat-p.$_{a1,k}$ nat-s.$_{a1,k}$ *Nit-ac.*$_{a1,k}$ ol-an.$_{a1,k}$ petr.$_{a1,k}$ ph-ac.$_{a1,k}$ phos.$_{a1,k}$ plat.$_{a1,k}$ ptel.$_{a1,k}$ *Rhod.*$_{a1,k}$ **Rhus-t.** sabin.$_{c1}$ sec.$_{a1,k}$ *Sil.*$_{a1,k}$ spig.$_{h}$ stann. staph. *Stront-c.* *Sulph.*$_{a1,k}$ tell.$_{a1,k}$ thuj.$_{a1,k}$ zinc.
  - **morgens**: ars.$_{h}$ dios.$_{a1,k}$ kali-bi.$_{a1,k}$ lyc.$_{a1,k}$ ph-ac.
  - **abends**: nat-s. nit-ac.$_{a1,k}$ ph-ac. ptel.$_{a1,k}$
  - **anfallsweise**: cann-s. lyc.
  - **außen**, beim Klavierspielen; nach: merl.$_{a1,k}$
  - **Benetzen** mit warmem Wasser; nach dem: *Phos.*$_{a1,k}$
  - **Bewegung**, bei: caps.$_{a1,k}$ meny.$_{a1,k}$
  - **Einschlafen**, beim: nit-ac.$_{h}$
  - **Erkältung**, wie durch: cham.$_{a1,k}$
  - **Erwachen**, beim: nit-ac.$_{a1,k}$
  - **Greifen** von etwas; beim: chin.$_{h}$
  - **innen**, nach: mag-c. mag-s.$_{a1,k}$ nux-v.$_{a1,k}$ sec.$_{a1,k}$
  - **krampfartig**: anac. ang. arg-met. aur. cann-s. chin. *Cina* euphr. grat. lact. lyc. mosch. ph-ac. *Plat.* *Sil.*
  - **lähmungsartig**: cham.$_{h}$ mez.$_{a1,k}$ nit-ac.$_{a1,k}$ sil.
  - **Mittagessen**, nach dem: kali-bi.$_{a1,k}$
  - **rheumatisch**: ant-t.$_{a1,k}$ euphr.$_{a1,k}$ puls. **Rhus-t.** zing.$_{a1,k}$
  - **ruckartig**: plat.$_{a1,k}$
  - **Schläge**, Erschütterungen; durch: phyt.$_{a1,k}$
  - **Schließen** der Hand; beim: chin.$_{a1,k}$
  - **Schreiben**, beim: euph. meny. *Sil.*
    - **nach**: thuj.$_{h}$
  - **Stellen**, an einzelnen: arn.$_{a1,k}$
  - **verstaucht**: nit-ac.$_{h,k,*}$
  - ▽ **erstreckt** sich zu:
    - **Arm**: nat-s.
    - **Ellbogen**: phyt. sep.$_{h}$ tab.
    - **Finger**: canth. colch. nat-s.
    - **oben**, nach: nux-v.
    - **Ringfinger**: elaps
  - ○ **Gelenke**: **Anac.** ang.$_{a1,k}$ ars.$_{a1,k}$ aur-m-n. chel.$_{a1,k}$ clem.$_{a1,k}$ coloc.$_{a1,k}$ *Mang.*$_{a1,k}$ nat-p. nat-s.$_{a1,k}$ phos. thuj.$_{a1,k}$
- **Hände - Gelenke**: ...
  - **Ruhe**, in der: aur-m-n.
- **Handballen**: aur-m.$_{a1,k}$ nat-c.$_{a1,k}$
  - **Schreiben**, beim: nat-c.
- **Handfläche**: aloe aur-m. *Caust.* chin.$_{a1,k}$ *Coloc.* led.$_{a1,k}$ nat-s.$_{a1,k}$ *Rhus-t.*$_{a1,k}$ sabin.$_{a1,k}$ zinc.$_{h}$ zing.$_{a1,k}$
  - **abends**: nat-s.$_{a1,k}$
  - ▽ **erstreckt** sich zu den Fingern: *Caust.* sabin.$_{a1,k}$
- **Handrücken**: *Anac.* arg-met. asaf.$_{a1,k}$ chel.$_{a1,k}$ chin.$_{h}$ *Ferr-i.* jatr-c. kali-bi.$_{a1,k}$ lyc.$_{a1,k}$ staph.$_{a1,k}$ viol-o. zing.$_{a1,k}$
  - **Bewegung**, bei: staph.$_{h}$
  - **krampfartig**: anac. arg-met.
  - **rheumatisch**: zing.$_{a1,k}$
- **Knochen**: agar.$_{h}$ ars.$_{h}$ carb-v.$_{h}$ mang.$_{h}$ nat-c.$_{h}$
- **Sehnen**: spig.$_{a1,k}$
  - ○ **Strecksehnen**: ferr-i.$_{a1,k}$ led.$_{h}$ nat-c.$_{h2}$
- **Ulnarseite**: anac.$_{h}$ arn. carb-an.$_{h}$ sep.$_{a1,k}$
- **zwischen** Daumen und Zeigefinger: agar.$_{a1,k}$
- **Finger**: acon. agar. am-c. ambr.$_{a1,k}$ ang.$_{a1,k}$ **Ant-c.** ant-t.$_{a1,k}$ arg-n.$_{a1}$ arn. ars. asar.$_{a1,k}$ aur. aur-m-n.$_{a1,k}$ bar-c. *Bell.*$_{a1,k}$ bry.$_{a1,k}$ cact.$_{a1,k}$ *Camph.* carb-an.$_{h}$ *Carb-v.* carbn-s. *Caul.*$_{a1,k}$ *Caust.*$_{a1,k}$ cina *Cit-v.*$_{a1,k}$ clem. *Coloc.* com. con.$_{a1,k}$ dig.$_{a1,k}$ digin.$_{a1}$ dios.$_{a1,k}$ ham. hell.$_{a1,k}$ hep. indg.$_{a1,k}$ kali-c.$_{a1,k}$ kali-sil.$_{k2}$ lyc.$_{a1,k}$ mag-s.$_{a1,k}$ mang. merc.$_{a1,k}$ mez.$_{a1,k}$ mosch.$_{a1,k}$ mur-ac. nat-c. nat-s.$_{a1,k}$ nit-ac.$_{h,k,*}$ nit-s-d.$_{a1}$ nux-m.$_{a1,k}$ nux-v.$_{a1,k}$ *Petr.*$_{a1,k}$ plat.$_{a1,k}$ plb. puls-n. **Rhus-t.**$_{a1,k}$ rhus-v.$_{a1,k}$ sep.$_{a1,k}$ *Sil.*$_{a1,k}$ stann. staph. *Stront-c.* sulph.$_{a1,k}$ thuj.$_{a1,k}$ zinc.
  - **morgens**: kali-c.$_{a1,h}$
  - **vormittags**: thuj.$_{a1,k}$
  - **nachmittags**: sulph.$_{a1,k}$
  - **abends**: lyc.$_{a1,k}$ sulph.$_{a1,k}$
    - **Bett**, im: asar.$_{a1,k}$
  - **nachts**: *Merc.* phos. puls.$_{h}$
  - **anfallsweise**: lyc.$_{h}$
  - **Benetzen** mit warmem Wasser; nach dem: phos.$_{a1,k}$
  - **Bewegung**, bei: hyos.$_{h}$
  - **krampfartig**: zinc.$_{h}$
  - **lähmungsartig**: bell.$_{h}$ *Sil.*
  - **reißend**: carb-an.$_{h}$
  - **ruckend**: sulph.$_{h}$
  - **Schlaf**, im: rheum
  - **Sitzen**, im: aur-m-n.$_{a1,k}$ **Rhus-t.**
  - ▽ **erstreckt** sich zu:
    - **Ellbogen**: eupi.$_{a1,k}$ nat-m. plat.$_{a1,k}$
    - **Schulter**: nux-m.
  - ○ **Fingerspitzen**: am-c.$_{h,k,*}$ *Ars.*$_{a1,k}$ kreos.$_{a1,k}$ petr.$_{a1,k}$ zinc.$_{a1,k}$
    - ▽ **erstreckt** sich zu:
      - **Arm** hinauf; den: *Ars.* zinc.
      - **Hand**: am-c.
  - **Gelenke**: aloe aml-ns. **Ant-c.**$_{a1,k}$ asaf.$_{a1,k}$ aur. *Bar-c.* carb-v. **Caust.**$_{a1,k}$ cist.$_{a1,k}$ *Coloc.*$_{a1,k}$ euon.$_{a1,k}$ hyos.$_{a1,k}$ nat-s.$_{a1,k}$ ph-ac. phos. plan.$_{a1,k}$ plat. rhod. *Rhus-t.* seneg.$_{a1,k}$ sep.$_{a1,k}$ sil.$_{a1,k}$ stann. staph.$_{a1,k}$ sulph. tep.$_{a1,k}$ ust.$_{a1,k}$

- **Finger - Gelenke**: ...
  - **abends**: staph.al,k
  - **Bewegung**: staph.h
    - **amel.**: coloc. **Rhus-t.**
  - **lähmungsartig**: staph.h
  - ○ **Grundgelenk**: card-m. com.al,k croc.al,k kali-c.al,k ol-an. ph-ac.al,k staph.al,k
    - **Bewegung**, bei:
      - **agg.**: staph.al,k
      - **amel.**: com.al,k
    - **rheumatisch**: card-m.
  - **Mittelgelenk**: rutah
- **Streckmuskeln**: hep.h
- **Zeigefinger**: acon.al,k agar.al,k alum.al,k anac.al,k bar-c.h calc.h carb-v.al,k caust.al,k chel.al,k chin.h dig.al,k kali-bi.al,k mang.al,k par.al,k petr.al,k plat.al,k sabad.al,k sulph.al,k thuj.al,k verb.al,k
  - **vormittags**: thuj.al,k
    - **11 h**: thuj.
  - **abends**: anac.al,k mang. sabad. verb.
    - **Bett**, im: kali-bi.al,k
  - **krampfartig**: plat.h
  - **lähmungsartig**: agar. bar-c.h chel.al sabad.al,k verb.al,k
  - **ruckartig**: plat.h
  - ▽ **erstreckt** sich nach oben: chin.al,k
  - ○ **Endglied**: stann.h
  - **Gelenke**: ruta
    - ○ **metacarpal**: arg-met.h euon.al,k
    - **Mittelgelenk**: arg-n.al,k berb.al,k calc.al,k camph.al,k lyc.al,k staph.h ust.al,k
  - **Strecksehne**: nit-ac.h
- **Mittelfinger**: am-m.al,k ars.al,k bamb-a.stb2 calc.h carb-v.al,k chel.al,k chin.al,k cocc.al,k crot-t.al,k mang.al,k par.al,k stann.al,k sulph.al,k thuj.al,k zinc.h
  - **nachmittags**: sulph.al,k
  - **abends** im Bett: ars.
  - **gichtig**: bamb-a.stb2
  - **krampfartig**: stann.h
  - **ruckend**: stann.h
  - ○ **Gelenke**: arg-met. bell.al,k upa.al,k
    - ○ **Endgelenk**: carb-v.h
- **Ringfinger**: *Calc.*al,k cina kali-bi.al,k kreos.al,k rat. stann.al,k sulph.al,k zinc.h
  - **Ruhe**, in der: cina rat.
  - ○ **Gelenke**: arg-met. mur-ac.h rutah upa.al,k
    - **nachts**: rutah
- **kleiner** Finger: arn.al,k bry.al,k calad.al,k chel.al,k com.al,k kali-n.al,k nat-s.al,k ph-ac.h phos.al,k sil.al,k sulph.al,k thuj.al,k
  - **morgens** beim Aufstehen: kali-bi.
  - **abends**: arn.al,k
  - **Beugen** amel.: ph-ac.al,k
  - **Bewegung** amel.: thuj.al,k
    - **agg.**: sars.h
  - **krampfartig**: phos.h
  - ○ **Fingerspitze**: kali-c.h
  - **Gelenke**: caust.al,k ruta
    - **nachts**: ruta
  - **Knochen**: sars.h
- **Daumen**: acon.al,k alum.al,k ambr.al,k anac. *Arn.*al,k bry.al,k chin.h *Coloc.* con.al,k indg.al,k kali-bi.al,k nat-c.h2 nat-m.al,k nat-s.al,k ol-an.hrl par.al,k puls.al,k rhus-v.al,k spong. stann.h sulph.al,k thuj.al,k
  - **nachmittags**: sulph.al,k
  - **abends**: thuj.al,k
  - ◆ **abwechselnd** mit Ziehen zum Hinterkopf: arg-met.
  - **anfallsweise**: ferr-ma.al,k thuj.al,k
  - **Anstrengung** agg.: sulph.al,k
  - **Bewegung**: *Coloc.*
    - **amel.**: nat-c.h2 thuj.al,k
  - **krampfartig**: anac. dulc.hl meny.h
  - **lähmungsartig**: mosch.al,k nit-ac.h sabad.al,k
  - **plötzlich**: coc-c.al,k ol-an.al,k
  - **Rucken** der Arme; beim: cocc.
  - **Schreiben**, beim: thuj.al,k
  - ▽ **erstreckt** sich zu:
    - **Arm** hinauf; den: ars. chin. colch. spong. zinc.
    - **Handgelenk**: nat-c.h
  - ○ **Daumenballen**: cupr. dulc.al,h *Spong.*
  - **Daumennagel**, unter dem: bar-c.al nat-m.
  - **Daumenspitze**: zinc.
  - **Gelenke**: aloe ang.h chel.al,k nat-s.al,k
    - ○ **Endgelenk**: bar-c.al,k chel.al nat-c.al thuj.al
    - **Grundgelenk**: colch.al,k coloc.al,k nit-ac.al,k spig.al,k thuj.al,k
      - **Einschlafen**, beim: nit-ac.h
      - **Erwachen**, beim: nit-ac.h
- **Beine**: *Acon.* *Agar.* *Alum.* am-c. am-m. ambr.c1 anac. *Ang.* ant-c. ant-t. *Arg-met.* *Arg-n.* ars. ars-i. bamb-a.stb2 *Bapt.* **Bar-c.** bar-s.k2 bell.h berb. *Bry.* calc. calc-p. **Carb-v.** carbn-s. *Caust.*h,k,* *Cham.* **Chel.** chin. cina cinnb. cist. clem. *Con.* dig. *Dulc.* *Ferr.* ferr-i. *Gels.* **Graph.** grat. **Hep.** hyper.al *Iod.* kali-ar. kali-bi. *Kali-c.* kali-n. kali-sil.k2 kreos. lach. led. *Lyc.* mag-c. *Merc.* mez. nat-ar. *Nat-c.* *Nat-m.* *Nit-ac.* *Nux-v.* par. petr. ph-ac. *Phos.* pic-ac. plat. *Puls.* rat. **Rhus-t.** rhus-v. sars.h *Sep.* *Sil.* stann. *Stront-c.* sul-i.k2 *Sulph.* tarent.k2 thuj. *Tub.* *Valer.* verat. *Zinc.*
  - **links**: bamb-a.stb2 bar-act.brl *Bar-c.* *Carb-v.* con.h nat-m.h petr.h
  - **rechts**: *Chel.* nit-ac.h phos.h
  - **morgens**:
    - **Aufstehen**, nach dem: kali-bi.
    - **Bett**, im: *Sulph.*
  - **abends**: caust.h *Nat-m.* nit-ac. **Puls.** sil. stront-c. sulph. zinc.
    - **Bett**, im: carb-v.h puls.k2 *Sulph.*
    - **Bewegung** amel.: stront-c.
  - **nachts**: *Nat-c.* nat-m. phos.h *Tub.* zinc.h
  - **anfallsweise**: nat-m.
  - **Bewegung**:
    - **amel.**: *Arg-n.* ferr. iod. lyc.h merc-i-f. **Rhus-t.** sep.h stront-c. *Tub.* **Valer.**
    - **bei**: *Gels.*
  - **Fieber**, mit: kali-n.h
  - **gefolgt** von Rucken: *Sil.*

- **Beine**: ...
  - **Gehen**:
    - **amel.**: *Lyc.* **Rhus-t.** *Tub.* **Valer.**
    - **beim**: asaf. coloc. *Gels. Hep.*
    - **nach**: anac.$_{h}$
  - **Gewitter**; bei: caust.$_{h2}$
  - **Kälte**; bei Einwirkung von: *Calc-p. Phos.* rhus-t.$_{k2}$
  - **krampfartig**: *Arg-n.* chin. gels. graph. *Hep.* iod. merc-i-f. nat-m.$_{h}$ phos. *Sulph.*
  - **lähmungsartig**: carb-ac.$_{c1}$ **Carb-v.** *Chel.*$_{h,k,*}$ mez. par.
  - **Menses**:
    - **vor**: phos. sep.
    - **während**: con. nit-ac.$_{h}$ nux-m. rhus-t. sep. *Spong.*
  - **rheumatisch**: iod. *Zinc.*
  - **Schweiß**; durch unterdrückten: rhus-t.$_{k2}$
  - **Sitzen**, beim: *Arg-n.* chin. iod. **Valer.**
  - **Stehen**; beim: valer.$_{k2}$
  - **Wetter**; bei nassem: rhus-t.$_{k2}$
  - ▽ **erstreckt** sich zu:
    - **Kopf**: thuj.
    - **oben**, nach: sep.$_{h}$
    - **Schulter**: bell.$_{h}$
    - **unten**, nach: chel. gels. graph.$_{h}$ nat-m.$_{h}$ nit-ac. *Puls.* sil.
    - **Zehenspitzen**, zu den: calc.$_{h}$
  - ○ **Gelenke**: chel. lyc. *Rhod.* sep. stront-c.
  - **Knochen**: anac. bar-c. calc. caust.$_{h}$ *Chin. Con.* graph. *Kali-c.* mag-c. *Rhod.* sabin. sep. **Valer.** zinc.
  - **Periost**: rhod.
    - **nachts**: rhod.
    - **Bewegung** amel.: rhod.
    - **Wetter**, bei nassem: rhod.
- **Gesäß**: agar. aloe bamb-a.$_{stb2}$ bar-c. berb. bry. calc. *Camph. Chin.* crot-t. cupr. dig.$_{h}$ mang. mez. nat-m. nit-ac. ph-ac. *Rhus-t.* sep.$_{h}$ sil. zinc.
  - **links**: agar.$_{h}$ bamb-a.$_{stb2}$ ph-ac.
  - **rechts**: *Rhus-t.* sep.$_{h}$
  - **Aufstehen** vom Sitzen; beim: mang.$_{h}$
  - **Bewegung** agg.: bamb-a.$_{stb2}$
  - **Druck** amel.: bamb-a.$_{stb2}$ *Rhus-t.*
  - **Erwachen**, beim: agar.$_{h}$
  - **Gehen**, beim: bamb-a.$_{stb2}$ ph-ac.
  - **krampfartig**: calc.$_{h}$ mang. ph-ac.$_{h}$
  - **Sitzen**:
    - **amel.**: mang.
    - **beim**: *Chin.* cycl.
  - **Stehen**:
    - **amel.**: cycl.
    - **beim**: chin. mang.
  - **Wein**, nach: zinc.
  - ▽ **erstreckt** sich zu:
    - **Füße**: nit-ac.
    - **Oberschenkel**: bamb-a.$_{stb2}$
- **Hüfte**: acon. aeth. am-c. am-m. *Ant-c.* arg-met. *Arg-n. Arn. Ars.* asar. aster. aur. bamb-a.$_{stb2}$ bapt. benz-ac. bry. *Calc.* calc-p. *Caps. Carb-an. Carb-v. Carbn-s.* caust. cham. **Chel.** chin. cinnb. coc-c. *Cocc.* colch. *Coloc. Con.* crot-h. *Dig.* *Dulc.* ferr-ma. gels. hell. *Hep. Kali-bi. Led.* lil-t. lyc. mang. meph. naja nat-c. *Nat-m.* nat-p. *Nit-ac.* nux-v.$_{k2}$ par. petr. ph-ac. *Phyt.* plat. plb. **Puls.** ran-b. rhod. *Rhus-t.* ruta *Sep.* sil.$_{h}$ spig. stann. *Stront-c. Sulph.* ter. ther. *Thuj.* til. verat. **Zinc.**
  - **links**: *Acon.* aeth. *Am-m.* **Ant-c.** stann.$_{h}$ *Sulph.*
  - **rechts**: bamb-a.$_{stb2}$ *Chel.* kali-bi. lil-t. nit-ac. sep.$_{h}$ ther.
  - **morgens**: ars.$_{h}$ colch. stront-c.
  - **vormittags**: sulph.
  - **nachmittags**: chel. sulph.
  - **abends**: *Ant-c.* ran-b. ther.
    - **Gehen**, beim: ant-c. calc.$_{h}$ crot-h. ran-b.
  - **nachts**: *Coloc.*
  - **anfallsweise**: arg-n.$_{a1,k}$ cocc. coloc. zing.
  - **Aufstehen** vom Sitzen, beim: nit-ac.
  - **Berührung** agg.: *Caps.*
  - **Beugen** des Körpers nach hinten; beim: *Caps.*
    - **Beines** nach hinten; beim Beugen des: ant-c.
  - **Bewegung**, bei: *Acon.* gels. sep.
    - **amel.**: *Arg-met.* lil-t. **Rhus-t.** ther.
    - **verhindert**: sil.$_{h}$
  - **Bewegung**; zu Beginn der: nit-ac.
  - **brennend**: til.
  - **Druck** amel.: *Bry.*
  - **Gehen**:
    - **amel.**: chin. cinnb. *Rhus-t.* ther.
    - **beim**: *Am-m. Ant-c.* asaf. asar. bry. calc. *Carb-v.* caust.$_{h}$ coloc. *Hep.* ran-b. *Sulph.*
  - **krampfartig**: aur. *Coloc.* plat. verat.
  - **Liegen**, beim:
    - **gebeugtem** Bein amel.; mit: *Coloc.*
    - **Seite** amel.; auf der schmerzhaften: ferr-ma.
  - **Menses**, während: nit-ac.$_{h}$
  - **rheumatisch**: lyc. meph. *Rhod. Rhus-t.*
  - **Schnupfen**, bei: sep.
  - **Sitzen**, im: caust. chin. **Rhus-t.** ther.
    - **gestrecktem** Oberschenkel, mit: *Arn.*
  - **stechend**: arg-n.$_{a1,k}$ clem.
  - **Stehen**, im: valer.$_{k2}$ verat.
    - **amel.**: chin.$_{h}$
  - **Stellen**, an einzelnen: til.
  - **wandernd**: bry.
  - **Ziehen** des Beines nach hinten; beim: ferr-ma.
  - **zuckend**: colch. sil.$_{h}$
  - ▽ **erstreckt** sich zu:
    - **Fuß**: thuj.
    - **innen**, nach: thuj.
    - **Knie**: arg-n.$_{a1}$ rhus-t.$_{h}$
    - **rechte** Seite: stann.$_{h}$
    - **Sakrum**: ant-c. stann.$_{h}$
    - **unten**, nach: aeth. am-c. bamb-a.$_{stb2}$ cann-s. *Carb-an. Carb-v.* carbn-s. cinnb. crot-h. kali-bi. lil-t. nat-m. nit-ac.$_{h}$ *Puls. Rhus-t.* sep. ther. thuj.

- **Hüfte**: ...
  - ○ **Gesäßmuskeln**: camph.$_{a1,k}$ cycl.$_{a1,k}$ gels.$_{a1,k}$ mosch.$_{a1,k}$ *Sulph.*$_{a1,k}$ verat.$_{a1,k}$
- **Oberschenkel**: acon. *Agar.* agn. *Alum.* alum-p.$_{k2}$ alum-sil.$_{k2}$ am-c. ambr. *Anac.* ang. ant-c. apis *Arg-n.* *Arn.* ars. ars-i. asaf. asar. asc-t. aster. aur. bar-c. bar-m. bar-s.$_{k2}$ *Bell.* berb. bry. calc-p. *Camph.* canth. carb-ac. carb-an. *Carb-v.* *Carbn-s.* *Caul.* *Caust.*$_{h,k,\bullet}$ cham. **Chel.**$_{a1,k}$ *Chin.* *Chinin-ar.* cinnb. *Clem.* coc-c. cocc. colch. *Coloc.* con. cupr. *Cycl.* dig. *Dulc.* euon. eupi. *Ferr.* ferr-ar. ferr-i. *Gels.* graph.$_{h}$ grat. *Guaj.* *Hep.* hyos. ind. iod. kali-bi. **Kali-c.** kali-chl. kali-m.$_{k2}$ kali-n. kali-p. kali-sil.$_{k2}$ kreos. lach. led. *Lyc.* mag-c. mang-m. meny. *Merc.* merc-c. *Mez.* mur-ac. nat-ar. nat-c. *Nat-m.* nat-s. *Nit-ac.* *Nux-m.* *Nux-v.* *Ol-an.* phos. *Plat.* plb. **Puls.** *Ran-b.* rat. *Rhod.* **Rhus-t.** rhus-v. ruta sabad. sabin. samb. sars. *Sep.* *Sil.* spig. spong. squil. *Stann.* staph. *Stram.* sul-i.$_{k2}$ **Sulph.** tab. ter. *Thuj.* tub.$_{k2}$ valer. verb. viol-t. *Zinc.* zinc-p.$_{k2}$ zing.
  - **rechts**: *Camph.* *Chel.*$_{a1,k}$ nat-m.$_{h}$
  - **morgens**: kali-n. *Sulph.*
  - **nachmittags**: agar. lyc. *Ran-b.* sep. sulph.
  - **abends**: colch. kali-c. meny.$_{h}$ nit-ac. **Puls.** rat. *Sulph.* thuj. *Zinc.* zinc-p.$_{k2}$
    - **Bett**, im: carb-v. colch. kali-c. *Sulph.*
    - **Gehen**, beim: *Sulph.*
    - **Schlafen**, nach: cycl.
  - **nachts**: ars. kali-c. nat-m. **Puls.**
    - **Mitternacht**, nach: merc.
  - **abwechselnd** rechts und links: sulph.
  - **anfallsweise**: arg-n. ars. grat. nat-m. *Rhod.* sep. squil.
  - **Anziehen** der Beine amel.: *Caust.* cinnb. guaj. *Rhus-t.*
  - **Aufstehen** vom Sitzen, beim: ang.$_{h}$ chin. graph.$_{h}$ rat. rhus-t.$_{h}$ thuj.
    - **amel.**: aur.$_{h}$
  - **Auftreten**, beim: plat.$_{h}$
  - **Bewegung**:
    - **agg.**: iod. nat-m.
    - **amel.**: arg-n. con. *Dulc.* *Ferr.* hyos. iod. **Puls.** **Rhod.** **Rhus-t.** zinc-p.$_{k2}$
  - **brennend**: rat.
  - **Bücken**, beim: sulph.
  - **Freien** agg.; im: **Caust.**
  - **Frost**:
    - **vor**: *Nux-v.*
    - **während**: ferr. *Puls.* sep.$_{h}$
  - **Gehen**:
    - **amel.**: bar-c.$_{h,k}$ dulc.$_{h}$ *Lyc.*$_{h,k}$ phos.$_{h,k}$ **Rhus-t.**$_{h,k}$ *Sulph.*$_{h,k}$ *Valer.*$_{h,k}$ zinc-p.$_{k2}$
    - **beim**: agn. ang. asar. berb. carb-v. *Carbn-s.* clem. **Coloc.** con. gels. hyos.$_{h}$ ind. kali-bi. kreos. nat-m. *Nux-v.* plan. plat. squil. *Sulph.* *Verb.* *Viol-t.*
    - **nach**: camph.$_{h}$
    - **Sitzen**, nach dem: agar.$_{h}$
  - **hinten**, nach: sulph.
    - **vorne**, und nach: phos.
  - **Koitus**, nach: nit-ac.
- **Oberschenkel**: ...
  - **krampfartig**: anac. arg-n. ars. aur.$_{h}$ carb-v. chin. *Cycl.* dig.$_{h}$ *Gels.* iod. kali-n.$_{h}$ lyc. *Meny.* mur-ac.$_{h}$ plat. rhus-v. ruta$_{h}$ samb.$_{h}$ *Sep.* *Sulph.* thuj. valer. verat. *Verb.*
  - **lähmungsartig**: agar. bell. chel.$_{a1}$ cocc. colch. dulc.$_{h1}$ *Hep.* hyos.$_{h}$ **Kali-c.** *Nux-v.* staph. ter.
  - **Liegen** darauf amel.: carb-v.
  - **Menses**:
    - **vor**: cham. spong. *Vib.*
    - **während**: *Cham.* con.$_{h}$ *Puls.* spong. *Stram.*
    - **erscheinen**; als würden sie: bry.
  - **Mittagessen**:
    - **beim**: sulph.
    - **nach**: sulph.
  - **Mittagsschlaf**, beim: phos.$_{h}$
  - **reißend**: *Acon.* *Anac.* *Chin.* clem. *Coloc.* *Dulc.* *Guaj.* merc. nux-v. **Rhus-t.** spig. stann. tep. thuj.
  - **rheumatisch**: agar.$_{h}$ ang. carb-v. iod. meph. **Rhod.** **Rhus-t.** sep.$_{h}$ verat. *Zinc.*
  - **Schnupfen**, beim: sep.
  - **Sitzen**:
    - **amel.**: aur. kali-bi. nit-ac.$_{h}$ rhus-t.$_{h}$ sulph.
    - **beim**: am-c. anac.$_{h}$ arg-n. aur.$_{h}$ chin. dig. dulc.$_{h}$ iod. led. mang-m. meny. mur-ac. plat. ran-b. **Rhod.** **Rhus-t.** spig.$_{h}$ squil. *Sulph.* *Thuj.* valer.$_{k2}$ verb.$_{h}$ zinc-p.$_{k2}$
    - **Hinsetzen**; beim: nit-ac.$_{h}$
  - **stechend**: am-c.$_{h}$ hyos.
  - **Stehen**, im: kali-c. rhus-t.$_{h}$ verat.$_{h}$ viol-t.
  - **Steigen**, beim: *Bar-c.* hyos. kali-bi. kali-c. lyc.
  - **Strecken** des Gliedes amel.: agar.
  - **Übereinanderlegen** der Glieder; beim: agar. *Rhus-t.*
  - **verstaucht**: carb-v.
  - **wandernd**: dulc. mez. nux-m. rhus-v.
  - **warmes** Bett:
    - **amel.**: **Caust.** *Lyc.*
    - **im** warmen Bett: kali-c. *Lyc.* *Merc.* *Nat-m.* **Puls.**
  - **Wellen**; wie in: mez.
  - **zuckend**, erstreckt sich in den Penis: clem.
  - ▽ **erstreckt** sich zu:
    - **außen**, nach: bell.
    - **Füße**: asaf. *Sil.*
    - **Fußsohle**: kreos.
    - **Hüfte**: bry. ruta$_{h}$
    - **Knie**: *Agar.* coloc. grat. guaj.$_{h}$ nat-m.$_{h}$
    - **oben**, nach: graph.$_{h}$ sep.$_{h}$
    - **Penis**: clem.
    - **Sakralregion**: ruta$_{h}$
    - **unten**, nach: *Agar.* anac. apis asaf. bar-c. bell. bry. *Calc-p.* carb-v.$_{h}$ coc-c. coloc. kreos. merc. mez.$_{h}$ mur-ac. nux-v. *Ran-b.* sil.
    - **Zehen**: apis *Gels.*
  - ○ **Außenseite**: agar. anac. ang.$_{h}$ arg-mur. aster. berb. carb-v. cic. coloc. led. meny.$_{h}$ op. stann.$_{h}$ ter. thuj. valer. zinc.
    - **drückend**: stann.$_{h}$

- **Oberschenkel - Außenseite**: ...
  - **Übereinanderlegen** der Glieder; beim: stann.$_{h}$
  - **Innenseite**: am-c. ant-c. asaf. berb. caul. chel. chin. *Coloc.* dig. gels. kali-bi. nat-p. nit-ac. par. ran-b. sil. stann. sulph. thuj. zinc.
    - **links**: caul.$_{al}$
    - **vormittags**: sulph.
    - **nachmittags**: *Coloc.* sulph.
    - **abends**: kali-bi.
    - **drückend**: stann.$_{h}$
    - **reißend**: berb.
    - **Sitzen**, im: dig. ran-b.
  - **Knie**; über dem: am-c. caust.$_{h}$ chel.$_{al}$ kali-n.$_{h}$ led. mez. myric. nat-m. plat. sars.$_{h}$ thuj.
    - **ruckend**: plat.$_{h}$
    - **Sitzen**, im: nat-m. thuj.
  - **Mitte** des Oberschenkels: guaj.$_{h}$ kali-bi. mez. staph.$_{h}$ sulph. thuj. verb.$_{h}$
    - **Ruhe**, in der: thuj.
  - **oben**: arg-met.$_{h}$ carb-an. euph.$_{h}$ mez.$_{h}$ mosch. *Plat.* thuj.
  - ▽ **erstreckt** sich nach oben: euphr.$_{h}$
  - **Oberschenkelbeuge**: ang.$_{h}$ arg-met.$_{h}$ chin. gamb. graph. merl. nat-m. thuj.
  - **Oberschenkelknochen**: alumn. asar. bar-c. berb. carb-an.$_{h}$ *Chin.* cob. colch. coloc. graph. guaj.$_{h}$ ip.$_{h}$ kali-bi. meny. merc-c. mez.$_{h}$ nat-m. sabin. sep.
  - **Rückseite**: *Agar.* *Am-m.* ant-c. asar. bry. calc. *Cycl.* dig.$_{h}$ dulc.$_{h}$ led. lyc. *Nat-m.* ran-b. zinc.
    - **abends**: calc.
    - **Bewegung** amel.: caps.$_{h}$
    - **Gehen**:
      - **amel.**: dig.$_{h}$ zinc.
      - **beim**: *Agar.* am-m. *Ran-b.* samb.$_{h}$
    - **Liegen**, beim: asar.
    - **Sitzen**, beim: *Am-m.* dig.$_{h}$ led.
  - **Vorderseite**: agar. ant-c. arg-met. arg-n. bar-c. bry. dig. dulc. kali-bi. lyc. *Meny.* rat. samb.$_{h}$ staph.$_{h}$ stram. *Sulph.* *Vib.*
    - **abends**: sulph.
    - **Gehen** amel.: bar-c. *Sulph.*
    - **krampfartig**: meny.
    - **lähmungsartig**: dulc.
    - **Menses**, vor den: *Vib.*
  - ▽ **erstreckt** sich zum Knie: agar. bar-c.
- **Knie**: *Acon.*$_{al,k}$ *Agar.*$_{al,k}$ aloe *Alum.*$_{al,k}$ alum-p.$_{k2}$ alum-sil.$_{k2}$ am-c.$_{al,k}$ ambr.$_{al,k}$ ammc.$_{al,k}$ *Anac.*$_{al,k}$ ang.$_{h,k,*}$ ant-c.$_{al,k}$ arg-met. arg-n.$_{al,k}$ ars.$_{al,k}$ ars-i. asar.$_{al,k}$ aster. aur.$_{al,k}$ aur-ar.$_{k2}$ aur-i.$_{k2}$ aur-m-n.$_{al,k}$ aur-s.$_{k2}$ bapt. benz-ac.$_{al,k}$ **Bry.**$_{al,k}$ cact.$_{al,k}$ *Calc.* calc-sil.$_{k2}$ camph.$_{h}$ cann-i.$_{al,k}$ *Caps.* carb-v. carbn-s. card-m. *Caul.*$_{al,k}$ **Caust.**$_{al,k}$ cham.$_{al,k}$ *Chel.*$_{al,k}$ *Chin.*$_{al,k}$ *Chinin-ar.* cist.$_{al,k}$ clem.$_{al,k}$ cocc.$_{al,k}$ coloc.$_{al,k}$ com.$_{al,k}$ croc. crot-h.$_{al,k}$ cupr. cupr-ar.$_{al,k}$ cycl.$_{al,k}$ dig.$_{al,k}$ dios.$_{al,k}$ gran.$_{al,k}$ graph.$_{al,k}$ grat.$_{al,k}$ *Guaj.*$_{al,k}$ hell.$_{al,k}$ hep.$_{al,k}$ indg.$_{al,k}$ iod.$_{al,k}$ jug-r.$_{al,k}$ kali-ar. kali-bi.$_{al,k}$ kali-c.$_{al,k}$ kali-m.$_{k2}$ kali-n.$_{al,k}$ kali-p. kali-s. kali-sil.$_{k2}$ lach.$_{al,k}$ *Led.*$_{al,k}$ *Lyc.*$_{al,k}$ mag-c.$_{al,k}$ mag-m. med. merc-c. mez.$_{al,k}$ mur-ac. naja nat-ar. nat-c.$_{al,k}$ *Nat-m.* nat-p. *Nat-s.*$_{al,k}$ nit-ac.$_{al,k}$ nit-s-d.$_{al}$ nux-v.$_{al,k}$ ol-an.$_{al,k}$ olnd.$_{al,k}$ osm. *Ox-ac.* par. ph-ac. *Phos.*$_{al,k}$ plat.$_{al,k}$ polyp-p.$_{al}$ ptel.$_{al,k}$ **Puls.**$_{al,k}$ rat. *Rhod.*$_{al,k}$ *Rhus-t.*$_{al,k}$ rhus-v.$_{al,k}$ sabad. sabin.$_{al,k}$ sec.$_{al,k}$ sep.$_{al,k}$ sil.$_{al,k}$ spig.$_{al,k}$ spong.$_{al,k}$ stann.$_{al,k}$ staph.$_{al,k}$ *Stront-c.* sul-i.$_{k2}$ sulph.$_{al,k}$ thuj.$_{al,k}$ verat.$_{al,k}$ *Zinc.*$_{al,k}$ zinc-p.$_{k2}$
  - **links**: nat-m.$_{h}$ sil.$_{h}$
  - **morgens**: dios.$_{al,k}$ kali-bi. nux-v.$_{al,k}$ plect.$_{al}$
    - **Aufstehen**, nach dem: kali-bi.$_{al,k}$
    - **Bett**, im: nux-v.$_{al,k}$
  - **vormittags**: coloc.$_{al,k}$
  - **nachmittags**: ammc.$_{al,k}$ cycl.$_{al,k}$ dios. lyc.$_{al,k}$ plect.$_{al}$ ptel.$_{al,k}$ sep.$_{al,k}$ stront-c. sulph.$_{al,k}$
    - **Schlaf**, nach: cycl.$_{al,k}$
  - **abends**: cham.$_{h}$ nat-c.$_{h}$ nat-m.$_{h}$ sep.$_{h}$ sulph.$_{h}$
    - **19** h: lyc.
  - **nachts**: polyp-p.$_{al}$ spong.$_{al,k}$ sulph. zinc.$_{al,k}$
  - **abwechselnd** in beiden: bry. coloc. puls.
  - **anfallsweise**: coloc.$_{al,k}$ croc. lyc. phos.
  - **arthritisch**: sep.$_{al,k}$
  - **Aufsetzen** des Fußes auf den Boden; beim: aur.
  - **Aufstehen**:
    - **nach**: coloc.$_{al,k}$
    - **Sitzen**, vom: chin.$_{h}$ cocc. sep.
  - **Auftreten**, beim: aur.$_{h}$
  - **Bett**, im: rhod.$_{al,k}$
  - **Bettwärme**: **Caust.** *Lyc.*
  - **Beugen**, beim: anac.$_{al,k}$
  - **Bewegung**:
    - **amel.**: agar. arg-met. *Rhod.*$_{al,k}$ *Rhus-t.*
    - **bei**: coloc.$_{al,k}$ iod.$_{h}$ staph.$_{al,k}$
  - **bohrend**: mez.$_{al,k}$
  - **endet** mit einem Ruck: nit-ac.$_{h}$
  - **Erwachen**, beim: agar.$_{al,k}$
  - **Freien** agg.; im: **Caust.**
  - **Gehen**:
    - **amel.**: *Agar.* chin.$_{al,k}$ *Lyc.* **Puls.** **Rhod.** **Rhus-t.**
    - **beim**: anac.$_{h}$ ang.$_{h,k,*}$ aur. *Calc.* chin.$_{h}$ clem. coloc.$_{al,k}$ *Cupr.*$_{al,k}$ kali-c. *Led.* ph-ac.$_{h}$ phos.$_{al,k}$ sep.$_{al,k}$ spig.$_{al,k}$ staph.$_{al,k}$ verat.$_{al,k}$
    - **nach**, amel.: grat.$_{al,k}$ plect.$_{al}$
  - **gichtig**: *Ant-c.* crot-h.$_{al,k}$ sep.$_{h}$
  - **krampfartig**: arg-n.$_{al,k}$ lyc. olnd. phos.$_{h}$ sulph.
  - **lähmungsartig**: chel.$_{al,k}$ gran.$_{al}$ mag-m.$_{h}$ nat-m.$_{al,k}$ plect.$_{al}$ staph.$_{al,k}$
  - **Liegen** agg.: *Agar.*$_{al,k}$
  - **Menses**, während: zinc.
  - **periodisch**: sec.
  - **reißend**: bry. clem.$_{al,k}$ ol-an.$_{al,k}$
  - **rheumatisch**: iod.$_{al,k}$ mez.$_{h}$ *Rhus-t.* *Zinc.*
  - **ruckend**: stann.$_{h}$
  - **Schwellung**, mit: lach.$_{al,k}$
  - **Sitzen**:
    - **amel.**: chin.$_{al,k}$ kali-c.
    - **beim**: *Agar.* anac.$_{h}$ chin.$_{al,k}$ coloc.$_{al,k}$ cycl.$_{al,k}$ dig.$_{al,k}$ lach.$_{al,k}$ led.$_{al,k}$ mez.$_{al,k}$ *Nat-m.*$_{al,k}$ plect.$_{al}$ **Rhus-t.** staph.$_{h}$ verat.$_{al,k}$

- **Knie**: ...
  - **stechend**: nat-c.$_{a1,k}$ nat-m.$_{h}$ sil.$_{a1,k}$
  - **Stehen**:
    - **amel**.: chin.$_{a1,k}$
    - **beim**: ang.$_{a1,k}$ *Calc.* carb-v.$_{a1,k}$ chin.$_{a1,k}$ cupr.$_{a1,k}$ cycl.$_{a1,k}$ stann.$_{a1,k}$ verat.$_{a1,k}$
  - **Steigen**, beim: alum.$_{h}$
  - **Strecken**:
    - **agg**.: caust.$_{a1,k}$
    - **amel**.: anac.$_{a1,k}$
  - **Stützen** des Körpers auf das Knie; beim: ph-ac.$_{h}$
  - **Übereinanderlegen** der Beine; beim: ~~anag.$_{kl,xxx}$~~ ang.$_{kl}$
  - **Wein**, nach: benz-ac.$_{a1,k}$ zinc.
  - **zuckend**: stann.$_{a1,k}$
  - ▽ **erstreckt** sich zu:
    - **Füße**: kali-n. nat-c.$_{h}$ phos.$_{h}$
    - **Fußsohlen**: mag-c.
    - **Knöchel**: rhus-t.$_{h}$
    - **oben**, nach: indg. kali-c. nit-ac.
    - **unten**, nach: cham. kali-n. lach. mag-c. nat-s. ph-ac. rhus-v. sec.
  - ○ **Kniekehle**: agn.$_{a1,k}$ alum.$_{h,k,*}$ *Arg-met.* *Bry.* calc-p. cann-s.$_{a1,k}$ canth.$_{a1,k}$ carb-an.$_{a1,k}$ carbn-s. *Caust.* chin. cycl. graph. *Led.* lyc.$_{a1,k}$ mag-c.$_{a1,k}$ meny.$_{a1,k}$ mosch.$_{a1,k}$ mur-ac. *Nat-m.*$_{a1,k}$ nat-s.$_{a1,k}$ nit-s-d.$_{a1}$ *Nux-v.* ol-an.$_{a1,k}$ ph-ac. phel.$_{a1,k}$ *Phyt.* rhod.$_{a1,k}$ *Rhus-t.*$_{a1,k}$ stann.$_{a1,k}$ staph.$_{a1,k}$ thuj. verat.$_{a1,k}$ zinc.
    - **abends** im Bett: asar.$_{h}$
    - **Aufstehen** vom Sitzen, beim: *Nux-v.* *Rhus-t.*
    - **Beugen** des Knies; beim: *Rhus-t.*$_{a1,k}$
    - **Bewegung** amel.: nat-s.$_{a1,k}$ staph.
    - **Druck** amel.: arg-met.
    - **Gehen**, beim: *Caust.* graph. mag-c.$_{a1,k}$ nat-m. *Nux-v.* *Phyt.* rhod.$_{a1,k}$ zinc.
    - **Hinlegen**, beim: staph.$_{a1,k}$
    - **reißend**: nat-m.$_{a1,k}$
    - **ruckend**: chin.$_{h}$
    - **Sitzen**; beim: meny.$_{h}$ mur-ac. nat-s.$_{a1,k}$
      - **übereinandergelegten** Beinen, mit: *Lyc.*
    - **Stehen**, im: cycl. graph. meny.$_{h}$ verat.$_{h}$
    - **Steigen**, beim: alum.$_{h,k,*}$
    - **synchron** mit dem Puls: chin.$_{h}$
    - **Zittern**, mit: staph.$_{a1,k}$
    - ▽ **erstreckt** sich zu:
      - **Oberschenkel**: verat.
      - **unten**, nach: agar. mosch. phel. stann.
      - **Wade**: mosch. stann.
    - ○ **Außenseite**: tarax.$_{h}$
    - **Sehnen**: asar.$_{h}$ chin.$_{h}$
  - **Kniescheibe**: berb.$_{a1,k}$ calc.$_{h}$ caust.$_{a1,k}$ crot-h.$_{a1,k}$ cycl.$_{a1,k}$ goss.$_{a1}$ plect.$_{a1}$
    - **Gehen**, beim: crot-h.$_{a1,k}$
    - **gichtig**: crot-h.$_{a1,k}$
    - ▽ **erstreckt** sich in den Unterschenkel: berb.$_{a1,k}$
- **Unterschenkel**: acon.$_{a1,k}$ *Agar.*$_{a1,k}$ *Alum.*$_{a1,k}$ am-c.$_{a1,k}$ *Am-m.* *Anac.* ant-c.$_{a1,k}$ arg-met. arg-n. *Ars.*$_{a1,k}$ asaf.$_{a1,k}$ *Bapt.*$_{a1,k}$ *Bar-c.*$_{a1,k}$ bar-s.$_{k2}$ *Bell.*

- **Unterschenkel**: ...
  bism.$_{h}$ borx. *Bry.*$_{a1,k}$ *Calc.* calc-sil.$_{k2}$ camph. caps.$_{h}$ carb-an. carb-v.$_{a1,k}$ carbn-s. *Caul.*$_{a1,k}$ *Caust.*$_{h,k,*}$ cham.$_{a1,k}$ **Chel.**$_{a1,k}$ chin. cic.$_{a1,k}$ cina cist. clem. coloc.$_{a1,k}$ con.$_{a1,k}$ crot-h.$_{a1,k}$ *Cycl.* dig. digin.$_{a1}$ dulc.$_{a1,k}$ euph.$_{a1}$ *Ferr.* ferr-m.$_{a1,k}$ fl-ac.$_{a1,k}$ *Gels.* goss.$_{a1,k}$ graph.$_{a1,k}$ *Guaj.* ham.$_{a1,k}$ hell.$_{a1,k}$ *Hep.*$_{a1,k}$ hyos. indg.$_{a1}$ iod. jug-r.$_{a1}$ kali-bi.$_{a1,k}$ *Kali-c.*$_{a1,k}$ kali-m.$_{k2}$ kali-n.$_{a1,k}$ kali-p. kali-s. kali-sil.$_{k2}$ kreos.$_{a1,k}$ lach.$_{a1,k}$ lact. *Led.*$_{a1,k}$ *Lyc.*$_{a1,k}$ *Mag-c.* mang. *Meny.* meph.$_{a1}$ *Merc.* merc-c. *Mez.*$_{a1,k}$ mosch. mur-ac. nat-c.$_{a1,k}$ *Nat-m.*$_{a1,k}$ *Nat-s.*$_{a1,k}$ nit-ac. nit-s-d.$_{a1}$ *Nux-v.*$_{a1,k}$ ol-an.$_{a1,k}$ olnd. petr. ph-ac. phos.$_{a1,k}$ phyt.$_{a1,k}$ plat. **Puls.**$_{a1,k}$ rat.$_{a1,k}$ *Rhod.*$_{a1,k}$ **Rhus-t.** *Rhus-v.*$_{a1,k}$ sabad.$_{a1,k}$ sars.$_{a1,k}$ *Sep.*$_{a1,k}$ *Sil.*$_{a1,k}$ sol-t-ae.$_{a1,k}$ spong.$_{a1,k}$ squil.$_{a1,k}$ stann. staph. stront-c. stry.$_{a1,k}$ sulph. *Tarax.* thuj.$_{a1,k}$ til.$_{a1,k}$ *Tub.* valer.$_{k2}$ viol-t. zinc.$_{a1,k}$ zinc-p.$_{k2}$
  - **rechts**: *Agar.* *Chel.* nat-m.$_{h}$
  - **morgens**: ang.$_{a1,k}$ ars.$_{a1,k}$ indg.$_{a1,k}$ *Sulph.*
  - **nachmittags**: elaps
  - **abends**: ant-c.$_{a1,k}$ arg-met. bar-c.$_{a1,k}$ caust.$_{a1,k}$ cham.$_{a1,k}$ cycl.$_{h}$ fl-ac.$_{a1,k}$ lyc.$_{a1,k}$ mag-c.$_{h}$ nat-c.$_{h2}$ phos.$_{a1,k}$ **Puls.**$_{a1,k}$ rat. *Sil.*$_{a1,k}$ *Sulph.* zinc.$_{a1,k}$
  - **nachts**: anac. carb-an.$_{a1,k}$ cham.$_{a1,k}$ kali-c.$_{h}$ *Lyc.*$_{a1,k}$ ph-ac.$_{h}$ phos.$_{a1,k}$ thuj.$_{a1,k}$ *Tub.* verat.$_{a1,k}$
    - **23** h: com. mill.
  - **Abkühlung**, bei: *Phos.*
  - **anfallsweise**: merc.$_{a1,k}$ ph-ac.$_{a1,k}$ thuj.$_{a1,k}$
  - **Anziehen** des Gliedes amel.: cinnb.
  - **Aufsetzen** der Füße auf den Fußboden im Sitzen: *Ars.*
  - **Aufstehen**:
    - **nach**: coloc.
    - **Sitzen**, vom: rat.
  - **aufstehen**; muß vom Sitzen: ph-ac.$_{h}$
  - **Bett**, im: ign.$_{a1,k}$ *Lyc.*
  - **Beugen** nach hinten; beim: clem.$_{a1,k}$
  - **Bewegung**:
    - **agg**.: *Gels.* iod.$_{a1,k}$
    - **amel**.: *Iod.* ph-ac. **Puls.** **Rhod.** **Rhus-t.** *Tarax.*
  - **brennend**: rat.
  - **endet** in Rucken: *Sil.*
  - **Fahren** oder Reiten; beim: lyc.$_{a1,k}$
  - **Freien**, im:
    - **agg**.: *Caust.* graph.$_{a1,k}$
    - **amel**.: *Mez.*
  - **Frost**:
    - **vor**: *Nux-v.*$_{a1,k}$
    - **während**: *Puls.* *Rhus-t.* *Tub.*
  - **Gehen**:
    - **amel**.: agar. am-m.$_{h}$ *Lyc.* ph-ac. *Puls.* **Rhod.** **Rhus-t.** sep.$_{a1,k}$ *Tub.* valer.$_{k2}$
    - **beim**: anac.$_{a1,k}$ ang.$_{a1,k}$ coloc.$_{a1,k}$ *Gels.* hep.$_{h}$ hyos.$_{a1,k}$ nat-s.$_{a1,k}$ *Nux-v.* stront-c. tarax.$_{h}$
    - **Freien**, im: cina *Lyc.*
    - **gebeugtes** Gehen amel.: am-m.$_{gsy1}$
  - **krampfartig**: anac.$_{h}$ caust. chin. cina dulc.$_{h}$ graph. hep.$_{h}$ *Meny.* mosch. nat-c. nat-m.$_{h}$ petr.

- **Unterschenkel - krampfartig**: ... ph-ac.h rhod.
- **lähmungsartig**: acon.a1,k agn.a1,k arg-met. bell.a1,k chel. hep. hyos.a1,k kali-c.h meny. nat-m.a1,k nit-ac. *Phos.* plect.a1 *Rhus-v.* rutah
- **Liegen**, beim: am-m.gsy1
- **Menses**, während: *Con.* spong.a1,k
- **rheumatisch**: ang.a1,k carb-v.a1,k cimic.a1,k elaps iod.a1,k lyc. mez.h *Phos.*
- **ruckend**: thuj.h
- **Sitzen**:
  - **amel.**: cina
  - **beim**: agar.a1,k am-c. am-m.h anac.h ant-c.h arg-n.a1,k *Ars.*a1,k bar-c.h caust. chin. coloc.a1,k cycl.a1,k dig. digin.a1 iod. led.a1,k meny. mez.a1,k rhus-t.h stann.h *Tarax.*a1,k valer.k2
    - **Herunterhängenlassen** des Fußes; beim: *Ars.*
- **Sprechen**, beim: ol-an.a1,k
- **Stehen**:
  - **amel.**: cina
  - **beim**: caust.h mez.a1,k nat-s.a1,k tarax.a1,k
- **Übereinanderlegen** der Glieder; beim: kali-n.h
  - **Bett**, im: *Phos.*
- **Wärme**:
  - **amel.**: **Caust.**
  - **Bettwärme** agg.: *Lyc.*

▽ **erstreckt** sich zu:
  - **Ferse**: sep.h
  - **Knie**: nit-ac.h
  - **oben**, nach: carb-an.h lach. lact. meny.h nat-m.h nit-ac.
  - **unten**, nach: anac.h bism.h calc. dulc.h kali-c. lach. lyc.bg1 mag-c. mag-m. meph.a1 rhod. sil.h spig. thuj.h
  - **Zehen**: agar. calc. rhod. sep.

○ **Achillessehne**: aesc. alum.a1,k benz-ac. berb.a1,k *Calc.* cann-s.k2 *Carb-an.* chel. graph.a1,k *Kali-bi.* lyc. mag-c. mur-ac.a1,k nat-m.a1,k nat-s.a1,k sulph.a1,k thuj. valer.k2 *Zinc.*a1,k
  - **abends**: carb-an.
  - **Bewegung** amel.: alum.a1,k **Valer.**a1,k
  - **Gehen**, beim: mur-ac.h
    - **amel.**: alum.bg2
    - **schnellem**, bei: mag-c. thuj.
  - **Ruhe**, in der: alum.h
- **Knochen**: kali-c.h nit-ac.h zinc.h
- **Schienbein**: acon.a1,k *Agar.*a1,k **Anac.**a1,k ang.a1,h *Ant-c.* *Arg-met.* arg-n.a1 ars.a1,k asaf.a1,k aur-m-n.a1,k bar-c. bell.h brom.a1,k bry. calc.a1,k *Calc-p.* carb-an.a1,k carb-v. caust. chel.a1,k *Chin.*a1,k clem.a1,k *Coloc.*a1,k crot-h.a1,k dig.a1,k graph.a1,k hyper. indg.a1,k kali-ar. kali-bi.a1,k *Kali-c.* kali-n.a1,k *Led.*a1,k mag-s.a1,k *Mang.*a1,k *Merc.*a1,k mez.h mill.a1,k mosch. nat-s.a1,k nit-ac. nit-s-d.a1 nux-v. petr.a1,k *Puls.* ran-a.a1,k *Rhus-t.* sabin. sars. sil.a1,k *Staph.*a1,k sulph.a1,k zinc.a1,k
  - **morgens**: kali-bi.a1,h
  - **mittags**: *Agar.*a1,k
  - **nachmittags**, im Sitzen: agar.a1,k

- **Unterschenkel - Schienbein**: ...
  - **abends**: ang.a1,k chin.a1,k *Sulph.*a1,k thuj.a1,k
    - **18** h: arg-met.
    - **19** h: sulph.
    - **21** h: thuj.
  - **Bewegung** amel.: arg-n. **Aur-m-n.**a1,k *Mang.* **Valer.**
  - **brennend**: nat-c.h
  - **Gehen**:
    - **amel.**: *Agar.* *Aur-m-n.* bar-c. chin. cycl.h *Mang.* **Valer.**
    - **beim**: ang.h crot-h.a1,k cycl.h thuj.a1,k
  - **Hinabsteigen** eines Berges; beim: bar-c.
  - **krampfartig**: nat-c.h petr.h
  - **lähmungsartig**: petr.h
  - **rheumatisch**: zinc.a1,k
  - **ruckend**: carb-an.
  - **Sitzen**, im: *Agar.* chin.a1,k coloc.a1,k cycl.h mang.h nit-s-d.a1 staph.a1,k **Valer.**
    - **amel.**: cycl.h mang.h
  - **Stehen**, im: agar. mang.a1,k
  - **Strecken** des Beines; beim: chin.h

  ▽ **erstreckt** sich zu:
    - **Füße**: mag-m.h sulph.a1,k
    - **Knöchel**: brom.a1,k
    - **oben**, nach: sars.h
    - **unten**, nach: nat-c.h zinc.h
- **Sehnen**: nat-s.a1,k phys.a1,k pyrus
- **Wade**: acon.a1,k agar. agn. *Alum.*a1,k *Anac.* ang.a1,k ant-c.h ant-t. *Arg-met.* *Arg-n.*a1,k *Ars.* asaf.a1,k aster. aur-m-n.a1,k bamb-a.stb2 bapt.a1,k berb.a1,k bism.h bry.a1,k cain. calc.a1,k *Calc-p.*a1,k camph.a1,k *Cann-i.*a1,k caps. **Carb-an.** carbn-s. castm. caul. caust.a1,k chel.a1,k *Cic.* cist. coc-c.a1,k cocc. colch.a1,k coloc.a1,k con.a1,k *Cupr.*a1,k dios.a1,k dulc.h1 eupi.a1,k fl-ac.a1,k gels.a1,k gins.a1,k graph.a1,k *Guaj.* hell.a1,k hyper.a1,k *Kali-bi.* kali-i.a1,k kali-n. *Kali-p.* *Led.* lipp.a1 lyc. manc. med. meny.h *Mez.*a1,k nat-ar. nat-c. nat-s.a1,k nit-ac.h nit-s-d.a1 nux-m.a1,k *Nux-v.* plat. *Puls.*a1,k pyrus quas.a1 rat.a1,k *Rhus-t.* rhus-v.a1,k rumx. sabin.a1,k sang. sec. **Sil.** spig.a1,k stann.h *Sulph.*a1,k tab. thuj.a1,k upa. verat.a1,k viol-t.a1,k zinc.a1,k
  - **links**: gels.psa
  - **rechts**: *Agar.* gels.psa
  - **nachmittags**: agar.h castm.
  - **abends**: alum. bamb-a.stb2 calc.a1,k *Puls.* rat.a1,k verat.a1,k
  - **nachts**: ars.h graph.h

  ◈ **abwechselnd** mit:
    - **Druck**: gins.a1,k
    - **Fußsohle**; Ziehen in der: sulph.
  - **anfallsweise**: ant-t.a1,k cist.a1,k coc-c.a1,k graph.a1,k thuj.a1,k
  - **Aufstehen**, beim: graph.a1,k
  - **Bewegung**, bei: cocc.
  - **drückend**: bry.a1,k gins.a1,k nat-c.a1,k
  - **Frost**; während: *Ars.* thuj.a1,k
  - **Gehen**, beim: alum. *Anac.* cann-i.a1,k **Carb-an.** *Lyc.* nat-c. *Nux-v.* *Sil.* spig.a1,k verat-v.a1,k viol-t.a1,k

- **Unterschenkel - Wade - Gehen**: ...
  - **amel.**: agar. arg-met. sulph.$_{h}$
  - **Hinabsteigen** von Treppen; beim: arg-met.
  - **kneifend**: sulph.$_{a1,k}$
  - **krampfartig**: **Anac.** ang. arg-met. *Carb-an.* coloc. graph.$_{h}$ manc. plat. *Sil.* sulph.
  - **lähmungsartig**: *Nux-v.*
  - **Liegen** amel.: nux-m.$_{a1,k}$
  - **reißend**: calc.$_{a1,k}$ kali-n.
  - **Sitzen**:
    - **beim**: castm. coloc. kali-i. puls. sulph.
    - **Gehen**; beim Hinsetzen nach dem: plat.$_{h}$
  - **Stehen**, im: arn.$_{a1,k}$ nat-s. nux-m.$_{a1,k}$
  - **Strecken**, beim: graph.$_{h}$
  - **Treppensteigen**, beim: arg-n.$_{a1,k}$
  - **zuckend**: mez.$_{h}$
  - ▽ **erstreckt** sich zu:
    - **Achillessehne**: fl-ac.
    - **Fersen**: sang.
    - **Knie**: chel.
      - **Kniekehle**: rhus-t.
    - **oben** zum Rücken; nach: manc.
    - **Oberschenkel**: chel.
    - **unten**, nach: agar.$_{h}$ alum. bism.$_{h}$ chel. coc-c. fl-ac. sang. thuj. zinc.
  - ○ **Mitte** der Wade: nit-ac.$_{h}$
- **Knöchel**: abrot. *Agar.* alum. alum-sil.$_{k2}$ ambr.$_{h}$ anac.$_{h}$ ang. arg-met. *Ars.* aster. aur-m-n. bapt. cact. camph. cann-s. *Caul.* caust. cham. chel. coloc. com. cupr. dig. dios. erig. fl-ac. indg. kali-bi. kali-c. kali-sil.$_{k2}$ kreos. *Led.* lyc. mang-m. med. mez. naja nat-m. nat-s. nit-ac. ptel. puls-n. rhod. rhus-t. rhus-v. sil. spig. spong. staph. stram. stront-c. sulph. tarax. thuj. **Valer.** zinc.
  - **tagsüber**: mang-m.
  - **morgens**: lyc. sulph.
    - **Erwachen**, beim: sulph.
    - **Gehen**, beim: ang.
  - **vormittags**: cham. kali-c.$_{h}$
  - **nachmittags**: indg. ptel.
  - **abends**: fl-ac. indg. kali-c.$_{h}$ lyc. nat-s. ptel. stram.$_{h}$ sulph.
    - **Gehen**, beim: fl-ac.
  - **nachts**: cham. nat-m.
    - **Erwachen**, beim: kali-c.$_{h}$ nat-m.
  - **anfallsweise**: coloc.
  - **Aufstehen**, nach dem: coloc.
  - **Auftreten**, beim: kali-c. nat-s.
  - **Bewegung**, bei: fl-ac. staph.
    - **amel.**: arg-met. bism.$_{h}$ indg. *Valer.*
  - **Gehen**:
    - **amel.**: arg-met. **Valer.**
    - **beim**: ang.$_{h}$ coloc. erig.
  - **krampfartig**: arg-met. sulph.
  - **lähmungsartig**: phos.$_{h}$
  - **Liegen**, beim: aur-m-n.
  - **reißend**: clem. kali-bi. spong. tarax.
  - **rheumatisch**: stram.
  - **Sitzen**, im: ang.$_{h}$ caust. dig. indg.$_{kl}$ ~~jug-r.$_{kl,xxx}$~~ nat-s. **Valer.** verat.$_{h}$
- **Knöchel**: ...
  - **Stehen**, im: anac.$_{h}$ camph. kali-n.$_{h}$ spig.
  - ▽ **erstreckt** sich zu:
    - **Knie**: lyc.$_{h}$
    - **oben**, nach: ars. fl-ac. guaj.$_{h}$ kreos. phos.$_{h}$ rhus-v. spong.$_{h}$
    - **Wade**: thuj.$_{h}$
  - ○ **äußerer** Malleolus: am-c.$_{h}$ kali-n.$_{h}$
- **Füße**: agar.$_{a1,k}$ alum. am-c. ammc.$_{a1,k}$ *Anac.* ang.$_{a1,k}$ arn.$_{a1,k}$ *Ars.*$_{a1,k}$ asaf. *Aur.*$_{a1,k}$ aur-ar.$_{k2}$ aur-m-n.$_{a1,k}$ aur-s.$_{k2}$ bapt.$_{a1,k}$ bar-c.$_{a1,k}$ bell.$_{a1,k}$ borx. bov.$_{a1,k}$ bry.$_{a1,k}$ calc.$_{a1,k}$ camph.$_{a1,k}$ cann-s.$_{a1,k}$ canth. carb-v.$_{a1,k}$ carbn-s. *Caul.*$_{a1,k}$ *Caust.*$_{a1,k}$ **Chel.** chin.$_{a1,k}$ chinin-ar. chinin-s. clem.$_{a1,k}$ coc-c.$_{a1,k}$ cocc.$_{a1,k}$ *Coloc.*$_{a1,k}$ con. cupr.$_{a1,k}$ dig. dios.$_{a1,k}$ dros.$_{a1,k}$ ferr. ferr-i. fl-ac.$_{a1,k}$ ham.$_{a1,k}$ hep.$_{a1,k}$ hyper.$_{a1,k}$ indg. kali-ar. kali-bi.$_{a1,k}$ kali-c.$_{a1,k}$ kali-sil.$_{k2}$ kreos.$_{a1}$ lach.$_{a1,k}$ led. *Lyc.* *Mag-c.* mang. merc. *Mez.*$_{a1,k}$ mur-ac. naja nat-c. nat-m. nat-p.$_{a1,k}$ nat-s. nit-ac.$_{a1,k}$ nux-v.$_{a1,k}$ *Ol-an.* olnd. petr.$_{a1,k}$ ph-ac.$_{a1,k}$ plb.$_{a1,k}$ plect.$_{a1}$ polyp-p.$_{a1}$ **Puls.**$_{a1,k}$ ran-b. rat. *Rhod.* **Rhus-t.** rhus-v.$_{a1,k}$ sars. sec.$_{a1,k}$ sil.$_{a1,k}$ sol-ni. spong. stann.$_{a1,k}$ *Stront-c.* *Sulph.*$_{a1,k}$ tanac.$_{a1}$ tarax.$_{a1,k}$ thuj.$_{a1,k}$ valer.$_{k2}$ verat. vinc.$_{a1,k}$ zinc.
  - **links**: ars.$_{h}$ ferr-i.$_{k2}$ nat-m.$_{h}$
  - **rechts**: *Chel.*
  - **morgens**: ang.$_{a1,k}$ ars.$_{h}$ kali-bi.$_{a1,k}$ ph-ac.$_{h}$
  - **nachmittags**: com.
  - **abends**: caust.$_{a1,k}$ ph-ac.$_{h}$
    - **Bett**, im: ars.$_{a1,k}$ hep.$_{h}$
    - **Gehen**, beim: agar.
  - **nachts**: agar.$_{a1,k}$ calc.$_{a1,k}$
  - **23** h, beim Liegen auf der anderen Seite: com.
  - **anfallsweise**: coc-c.$_{a1,k}$ nat-m.$_{a1,k}$ ph-ac.$_{a1,k}$
  - **arthritisch**: arg-n.$_{a1,k}$
  - **Aufstehen**, nach dem: bry.$_{a1,k}$
  - **Bettwärme** amel.: **Caust.** **Rhus-t.**
  - **Bewegung** agg.: nit-ac.$_{h}$
  - **brennend**: tarax.
  - **Ermüdung**, wie durch: kali-c.$_{h}$
  - **Freien** agg.; im: **Caust.**
  - **Gehen**, beim: bar-c.$_{a1,k}$ clem.$_{a1,k}$ coloc. crot-h. ferr.$_{c1}$ nit-ac.$_{a1,k}$ petr.$_{a1,k}$
  - **gehen**; muß vorsichtig: ars.$_{h}$
  - **krampfartig**: arg-met. chin.$_{h}$ hyper. nat-m.$_{h}$ ph-ac.
  - **lähmungsartig**: acon.$_{a1,k}$ aur. **Rhus-t.**$_{a1,k}$
  - **reißend**, zerrend: ars. bov.$_{a1,k}$
  - **schneidend**: bell.$_{a1,k}$
  - **Sitzen**:
    - **amel.**: tarax.
    - **beim**: aur-m-n. carb-v.$_{a1,k}$ chin.$_{h}$ coloc.$_{a1,k}$ **Rhus-t.**$_{a1,k}$ valer.$_{k2}$
  - **Stehen**, im: chin. tarax.
  - **Stellen**, an einzelnen: arn.$_{a1,k}$
  - **zwickend**: kali-c.$_{a1,k}$
  - ▽ **erstreckt** sich zu:
    - **Hüfte**: sulph.
    - **Knie**: nit-ac. sil.

• **Füße - erstreckt** sich: ...
• **oben**, nach: dros. led.h nit-ac. *Sil. Spong.* sulph.
• **Rücken**: nit-ac.
• **Schultern**: bell.h
• **Waden**: dros.
○ **Ferse**: acon.bgl anac.al,k ang.al,k *Ant-c.*al,k aur.al,k aur-m-n.al,k bell.bgl berb. cann-s.al,k carb-an.h chin.al,k con.al,k crot-h.bgl indg.bgl kreos.al,bgl led. lyc.al,k merc.al,k nit-s-d.al,bgl par. *Plat.*al,k ptel.bgl,k,* rhus-t.al,k sep. sulph.al,k thuj.al,k
• **abends** im Bett: acon. lyc. sulph.h
• **Einschlafen**, beim: aur.al,k
• **Gehen**, beim: berb. led.
• **krampfartig**: plat.h
• **Sitzen**, im: cann-s.al,k chin.h indg.al,k
• **Stehen**, nach: berb.
• **Fußrücken**: arg-met. arg-n.al asaf.al,k aster. bamb-a.stb2 *Bry.* camph.al,k *Caust.* cer-s.al chel.al,k chin.al,k coloc. con.al,k dig. digin.al ferr. ferr-i.k2 gins.al,k ham. indg.al,k jatr-c. kali-bi.al,k led.al,k mang.h mur-ac.h nat-c.h nat-s.al,k nit-s-d.al nux-v.al,k ran-b.al,k rhus-v.al,k sars.al,k tarax.al,k zing.al,k
• **nachmittags**: com.al,k
• **abends**: nat-c.h
• **Bewegung**, bei: camph.
• **amel.**: mang.h
• **erscheinend**; plötzlich:
• **verschwindend**; und plötzlich: bamb-a.stb2
• **Gehen**:
• **amel.**: arg-met.
• **beim**: coloc.al,k
• **krampfartig**: arg-met.
• **pulsierend**: arg-met.
• **Reiben** amel.: nat-c.h
• **Sitzen**, im: cycl.h mur-ac.h
• **Stehen**, beim: chin.al,k mur-ac.h nat-c.h tarax.al,k
○ **Außenseite**: ang.h arn.
• **Fußsohle**: *Alumn.* ammc.al,k *Anac.*al,k aphis asc-t. aster.al,k aur-m-n.al,k bar-c. *Bell.* cact. caust.al,k cham.al,k cic.al,k colch. coloc.al,k com.al,k con.al,k crot-h. cupr.al,k *Hep.*al,k hyos. ign.al,k *Kali-p.* led.al,k mag-c.al,k nit-ac.h nux-v.al,k sars.al,k sil.al,k sulph.al,k
• **morgens** im Bett: sulph.
• **abends**: com.al,k
• **Gehen**:
• **amel.**: ~~cupr.kl,xxx~~
• **beim**: chr-ac.brol cupr.kl
• **krampfartig**: cact.
• **rheumatisch**: jatr-c.
• **Treten** darauf; beim: mez.
▽ **erstreckt** sich zu:
• **Oberschenkel**: spong.al,k
• **Zehen**: aur-m-n.al,k caust.h jatr-c.
• **Gelenke**: am-c. *Anac.* ang.al,k ars.al,k bov. caust. dulc. merc. mosch.al,k stront-c. thuj.al,k valer.k2

– **ziehend - Füße**: ...
• **Innenseite** des Fußes: chin.h dig.h
• **Knochen**: cupr.h
• **Zehen**: agar.al,k anac.al,k ang.al,k arg-n.al,k asaf.al,k asc-t. aster.al,k *Aur.*al,k *Aur-m-n.*al,k bar-c.al,k berb.al,k cact.al,k *Camph. Caul.*al,k caust.h,k,* chel.al,k cic.h clem.al,k cocc.al,k colch.al,k coloc.al,k con.al,k dig.al,k digin.al gels.psa ham. hell.al,k indg.al,k led.al,k mag-m.al,k mez.al,k nat-c. nat-s.al,k nit-s-d.al ol-an. plat.al,k polyp-p.al rat. rhus-v.al,k ruta sabin.cl sars. *Sep.* sil.al,k stront-c. *Thuj.*al,k vinc.al,k
• **abends**: nat-s.al,k
• **Bett**, im: asar.al,k con.al,k
• **Bewegung** amel.: lyc.al,k
• **Gehen**, beim: aur-m-n.al,k
• **krampfartig**: *Anac.* plat. vinc.
• **lähmungsartig**: aur.
• **reißend**: carb-an.al,k clem.al,k sulph. zinc.
• **Sitzen**, beim: *Aur-m-n.*al,k
• **verschiebt** sich: arg-n.al,k
▽ **erstreckt** sich nach oben: anac.al,k caust.h,k,* dig. digin.al *Thuj.*al,k
○ **Gelenke**: aur.al,k berb.al,k sabin.al,k sil.al,k verat.al,k
• **große** Zehe: agar.h *Ant-c.*al,k aur. bry.al,k caust.al,k chel.al,k colch.al,k coloc.al,k com.al,k con.al,k cycl.al,k jatr-c. kali-bi. nat-m.al,k plat.al,k plb.al,k rhus-t.al,k sars.al,k sep.h sulph.al,k *Thuj.*al,k
• **abends**: com.al,k thuj.al,k
• **Bewegung**:
• **amel.**: plb.al,k
• **bei**: caust.al,k
• **krampfartig**: plat.
• **lähmungsartig**: aur.
• **plötzlich**: coc-c.al,k
• **Sitzen**, beim: agar.h
▽ **erstreckt** sich nach oben: bry.al,k
○ **Gelenke**: led.al,k nat-s.al,k *Sulph.*al,k
• **nachmittags**: sulph.
• **Zehenballen** der großen Zehe: am-c.h petr.h
• **Zehenspitze**: bar-c.al,k
• **zweite** Zehe: caust.al,k colch.al,k plb.al,k
• **dritte** Zehe: colch.al,k
• **vierte** Zehe: colch.al,k tarax.h
• **fünfte** Zehe: cycl.h

– **zuckend**
☞ *stechend*

– **zusammenziehend**:
○ **Oberarm**: mez.h
• **Unterarm**: mez.h
• **Oberschenkel**: sul-ac.h
• **Unterschenkel**: sul-ac.h
• **Füße**: chin.h

– **zwickend**: carb-an.al,k rhod.
○ **Gelenke**: kreos. meny.
• **Arm**, rechter: ip.h
• **Schulter**: cinah colch.al,k kali-c.h mez.h ph-ac.h puls.al sep.h sulph.h
○ **Deltoid**, rechts: *Ferr.*

• **Oberarm**: arg-met. calc. cina form.$_{a1}$ kali-n.$_{a1,k}$ nat-c.$_{a1,h2}$ nux-m.$_{a1,k}$ olnd.$_{h,k,*}$ osm. ph-ac.$_{a1,k}$ plat.$_{a1}$
 • **Bewegung** amel.: cina
 • **Gehen** im Freien; beim: calc.
 • **Reiben** amel.: nat-c.$_{a1,h}$
○ **Deltoid**: caust.$_{h}$
 • **Knochen**: gamb.$_{a1,k}$
• **Ellbogen**: bufo-s. merc-i-f.$_{a1,k}$ prun.$_{a1,k}$
• **Unterarm**: calad. dulc.$_{a1,k}$ fl-ac.$_{a1,k}$ mang.$_{a1,k}$ nat-m.$_{a1,k}$ osm. ph-ac.$_{a1,k}$ spig. staph.$_{h}$ sulph.$_{a1,k}$
 • **abends**: fl-ac.$_{a1,k}$
 • **Druck** amel.: mang.$_{a1,k}$
 • **Ruhe**, in der: spig.
○ **Elle**: dig.$_{h}$
 • **Rückseite**: berb.$_{a1,k}$ merc-i-f.$_{a1,k}$
• **Handgelenk**: nat-m.$_{a1,k}$ nit-ac.$_{h}$ ph-ac.$_{a1,k}$ stann.$_{h}$
○ **Rückseite**: caust.$_{a1,k}$ dig.$_{h}$
• **Hände**: bar-c.$_{a1,k}$ euphr.$_{a1,k}$ ol-an. ph-ac.$_{h}$
○ **Handfläche**: mang.$_{a1,k}$ spong.$_{h}$
 • **Handrücken**: chel.$_{h}$ euphr.$_{a1,k}$ ol-an.
• **Finger**: am-c.$_{a1,k}$ caust.$_{a1,k}$ colch.$_{a1,k}$ euphr.$_{a1,k}$ olnd.$_{a1,h}$ stront-c.
 • **abends**: colch.$_{a1,k}$
○ **kleiner** Finger, Fingerballen: sulph.$_{h}$
• **Daumen**: bry.$_{a1,k}$ kali-i.$_{a1,k}$ kali-n.$_{h}$ mang.$_{a1,k}$ meny.$_{a1,h}$
• **Beine**: anac. bell. *Calc.* carb-an.$_{h}$ carb-v. graph. iod. kali-c. mez.$_{a1,k}$ *Nat-c.* nit-ac. ph-ac. phos. sep. sil. sulph. zinc.
 • **abends**: mez.$_{a1,k}$
• **Gesäß**: kali-c.$_{h}$ sulph.$_{h}$
○ **Sitzbeinhöcker**: aur.$_{h}$
• **Hüfte**: caust.$_{h}$ dulc.$_{h1}$ kali-c.$_{h}$ led.$_{h}$ mag-c.$_{h}$ zinc.$_{h}$
 • **Ruhe**; nur in der: nat-s.
 • **Sitzen**, nur im: mur-ac.$_{h}$
• **Oberschenkel**: anac.$_{h}$ arn.$_{a1}$ asaf.$_{a1}$ berb.$_{a1}$ colch.$_{a1,k}$ dros.$_{h}$ dulc.$_{a1,k}$ *Led.* mag-m.$_{a1,k}$ mang.$_{h}$ meny.$_{a1}$ mosch.$_{a1}$ ol-an.$_{a1}$ ph-ac.$_{a1,k}$ prun.$_{a1,k}$ sul-ac.$_{a1,k}$ zinc.$_{h}$
○ **Innenseite**: mag-m.$_{a1,k}$ mang.$_{h}$ meny.$_{a1,h}$ sul-ac.$_{a1,k}$
• **Knie**: ang.$_{h}$ card-b.$_{a1}$ merc-i-f.$_{a1,k}$ sil.$_{a1,k}$
○ **Kniekehle**: bell.$_{h}$ prun.$_{a1}$
• **Unterschenkel**: hyos.$_{a1,k1,*}$ nux-m.$_{a1,k}$ ph-ac.$_{h}$ sabad.$_{a1,k}$ sil.$_{a1,k}$
 • **Gehen**, beim: sabad.
 • **stechend**: hyos.$_{h}$
○ **Schienbein**: mez.$_{h}$ sil.$_{h}$
 • **Wade**: ant-c.$_{h}$ dig. digin.$_{a1}$ hyos.$_{a1,k}$ mang.$_{a1,k}$ myris.$_{a1,k}$ nat-c.$_{a1,k}$ ph-ac.$_{a1,k}$ stann.$_{h}$ thuj.$_{a1,k}$
  • **Bewegung**, bei: nat-c.$_{h}$
  • **krampfartig**: ph-ac.$_{h}$
  • **Liegen**, beim: berb.$_{a1,k}$
  • **Reiben** amel.: ph-ac.$_{h}$
  • **Sitzen**, im: asaf.$_{a1,k}$ berb.$_{a1,k}$
• **Knöchel**: sulph.$_{h}$
 • **rechts**: osm.
• **Füße**: chin.$_{h}$ hyos.$_{a1,k}$ ip.$_{a1,k}$ sulph.$_{h}$
○ **Ferse**: alum. *Chel.* nat-c.$_{a1,h2}$ osm.$_{a1}$ ran-b.$_{a1}$ raph.$_{a1}$

Schmerz - zwickend - Füße: ...
 • **Fußrücken**: *Camph.*$_{a1,k}$ par.$_{a1,k}$ sulph.$_{h}$ thuj.$_{a1,k}$
  • **Bewegung** agg.: *Camph.*$_{a1,k}$
 ▽ **erstreckt** sich zum Oberschenkel: *Camph.*$_{a1,k}$
 • **Fußsohle**: bry.$_{a1,k}$ upa.$_{a1,k}$
• **Zehen**: bar-c.$_{a1,k}$ puls.$_{a1,k}$ sul-ac.$_{h}$
 • **Ausstrecken** des Fußes; beim: bar-c.
 • **zuckend**: sul-ac.$_{h}$
○ **große** Zehe: meph.
 • **vierte** Zehe: ph-ac.$_{h}$
 • **fünfte** Zehe: mosch.$_{a1,k}$ ph-ac.$_{h}$

Schnüre entlang der Arme und Beine gespannt wären; als ob: lach.$_{bro1,rb2}$

Schnurren: sep.$_{h,k,*}$
○ **Arme**: sep.$_{h,k,*}$
– **Beine**: sep.$_{h,k,*}$

Schreiben ist schwierig und langsam:
– **Frühstück**, nach dem: carb-v.$_{h}$

Schütteln: kali-br.$_{a1,k}$ *Op.*
– **mittags**, nach dem Essen: graph.$_{h,k,*}$
– **abends**: nux-v.$_{a1,k}$
– **nachts**: stram.$_{a1,k}$
– **Ohnmacht**, nach: arn.$_{a1,k}$ asaf.$_{a1,k}$ colch.$_{a1,k}$ kali-br. kreos.$_{a1,k}$ lyc.$_{a1,k}$ merc-c.$_{a1,k}$ sec.$_{a1,k}$ stry.$_{a1,k}$
– **Schlaf** nach dem Mittagessen; im: nux-v.
○ **Arme**: *Agar.* bell.$_{a1,k}$ bry. bufo merc.$_{a1,k}$ op.$_{a1,k}$ **Plb.**
– **Schulter**: agar.
– **Hände**: androc.$_{srj1}$ atro.$_{a1,k}$ cann-i.$_{a1,k}$ helo.$_{c1}$ helo-s.$_{c1}$ kali-c.$_{h}$ lyc.$_{a1,k}$ mag-p.$_{br1}$ **Plb.**
– **Beine**: *Merc.*$_{a1,k}$ tarent.$_{a1,k}$
 • **rechts**:
  • **dann** links: lyc.$_{h}$
– **Unterschenkel**: con.$_{a1,k}$ lyc.$_{a1,k}$ stry.$_{a1,k}$ tarent.$_{a1,k}$
– **Füße**: kali-c.$_{h}$ tab.

Schwäche: abrot.$_{a1,k}$ acet-ac.$_{a1,k}$ acon.$_{a1,k}$ acon-f.$_{a1}$ *Agar.*$_{a1,k}$ agar-ph.$_{a1}$ agn.$_{k2}$ alco.$_{a1}$ all-c.$_{a1,k}$ *Alum.*$_{a1,k}$ alum-p.$_{k2}$ alum-sil.$_{k2}$ alumn.$_{k2}$ am-c.$_{a1,k}$ am-m.$_{a1,k}$ aml-ns. ammc.$_{a1}$ *Anac.*$_{a1,k}$ ang.$_{a1}$ *Ant-c.*$_{a1,k}$ *Ant-t.*$_{a1,k}$ *Apis* apoc. apom.$_{a1}$ arag.$_{br1}$ **Arg-met.** **Arg-n.**$_{a1,k}$ **Ars.**$_{a1,k}$ *Ars-h.*$_{a1,k}$ *Ars-i.* ars-s-f.$_{k2}$ aster. atro.$_{a1,k}$ aur.$_{a1,k}$ aur-m.$_{a1,k}$ aur-s.$_{k2}$ bamb-a.$_{stb2}$ bar-c.$_{a1,k}$ *Bar-m.*$_{a1,k}$ bell.$_{a1,k}$ berb.$_{a1,k}$ borx. bov.$_{a1,k}$ brach.$_{a1,k}$ **Bry.**$_{a1,k}$ cain. **Calc.**$_{a1,k}$ *Calc-p.*$_{a1,k}$ calc-s. calc-sil.$_{k2}$ cann-i.$_{a1,k}$ cann-s.$_{a1,k}$ *Canth.*$_{a1,k}$ caps.$_{a1,k}$ *Carb-v.*$_{a1,k}$ carbn-h. carbn-o. carbn-s. carl.$_{a1,k}$ casc.$_{a1}$ **Caust.**$_{a1,k}$ *Cham.*$_{a1,k}$ chel.$_{a1,k}$ chin.$_{a1,k}$ chinin-ar. *Chinin-s.* chlf.$_{a1}$ *Cic.* cimic.$_{a1,k}$ cimx.$_{a1,k}$ cinch.$_{a1}$ cinnb. cit-v.$_{a1}$ clem.$_{a1,k}$ cob.$_{a1,k}$ *Coc-c.*$_{a1,k}$ cocc. coff.$_{a1,k}$ colch.$_{a1,k}$ **Con.**$_{a1,k}$ cot.$_{a1}$ croc.$_{a1,k}$ *Crot-t.* *Cupr.*$_{a1,k}$ cupr-ar. cyt-l.$_{a1}$ dig.$_{a1,k,*}$ digin.$_{a1}$ digox.$_{a1}$ *Dulc.*$_{a1,k}$ elaps eucal.$_{a1}$ eup-pur.$_{a1,k}$ euphr.$_{a1,k}$ **Ferr.**$_{a1,k}$ ferr-ar. *Ferr-i.*$_{a1,k}$ *Ferr-m.* ferr-p. gast.$_{a1}$ **Gels.**$_{a1,k}$ gent-l.$_{a1,k}$ gins.$_{a1,k}$ glon.$_{a1,k}$ *Graph.*$_{a1,k}$ grat.$_{a1,k}$ guaj.$_{k2}$ ham.$_{a1,k}$ hell.$_{a1,k}$ *Hep.*$_{a1,k}$ hipp.$_{a1}$ hura hydr.$_{a1,k}$ hydr-ac.$_{a1,k}$ hyos.$_{a1,k}$ hyper.$_{a1,k}$ ign.$_{a1,k}$ ind. indg.$_{a1}$ iod.$_{a1,k}$ iris jac-c.$_{a1,k}$

Schwäche: ...
jatr-c. *Kali-ar.* *Kali-bi.*al,k *Kali-br.* **Kali-c.**al,k kali-m.k2 *Kali-n.*al,k *Kali-p.* *Kali-s.* *Kalm.*al,k keroso.al kreos.al,k *Lach.*al,k lact.al,k lec.brl lil-s.al lim.al lipp.al lob.al,k **Lyc.**al,k mag-c.al,k manc.al,k meny.al,k **Merc.**al,k *Merc-c.*al,k merc-i-f.al,k merl.al,k mez.al,k morph.al,k mur-ac.al,k *Naja* nat-ar. *Nat-c.*al,k *Nat-m.*al,k nat-p. nat-s.k2 *Nit-ac.*al,k *Nux-v.*al,k oena.al olnd.al,k op.al,k osm.al,k ox-ac.al,k pall. *Petr.*al,k *Ph-ac.*al,k **Phos.**al,k phys.al,k pic-ac.al,k pin-s.al plat.al,k **Plb.**al,k psor. ptel.al,k *Puls.*al,k *Ran-b.*al,k raph.al,k rham-f.al **Rhus-t.**al,k rumx. ruta *Sabad.*al,k sabin.al,k sapin.al sars.al,k *Sec.*al,k sep.al,k **Sil.**al,k sin-n.al,k sol-t-ae.al spig.al,k spira.al spong.al,k squil.al,k *Stann.*al,k **Staph.**al,k stry.al,k sul-i.k2 *Sulph.*al,k sumb.al,k tab.al,k *Tarent.*al,k tep.al,k ter.al,k *Thuj.*al,k til.al,k upa.al,k valer.al,k **Verat.**al,k verat-v.al,k wies.al xan.cl *Zinc.*h,k,* zinc-p.k2 zing.al,k
- **tagsüber**: sulph.
- **morgens**: alum. brach.al,k cham.al,k cinnb.al,k colch.al,k dulc.al,k *Nit-ac.* ox-ac.al,k pall.al,k peti.al phos.al,k sulph.al,k til.al,k
  - **Aufstehen**, beim: bov.al,k coc-c.al,k hep.al,k nat-ar. *Nat-m.* phos.al,k puls.al,k
  - **Bett**, im: canth.al,k nat-m.al,k phos.
  - **Erwachen**, beim: arg-met. bar-c. crot-t.al,k euphr.al,k *Lyc.*al,k nat-c. pic-ac.al,k sep.al,k *Zinc.*al,k
    - **vormittags**: ant-t. cham. grat. lach.
- **mittags**: gels.al,k zinc.al,k
- **nachmittags**: acon.al,k bar-c.al,k brach.al,k mag-m.al,k til.al,k
  - **16** h: pic-ac. **Rhus-t.**
  - **Gehen**, beim: gins.al,k
  - **Sitzen**, im: thuj.al,k
  - **Spaziergang**; nach einem kurzen: ol-an.al,k
- **abends**: *Agar.*al,k am-c.al,k bar-c.al,k *Calc.*al,k dulc.al,k euphr.al,k kali-bi.al,k lyc.al,k mez.al,k naja *Nuph.*al,k paeon.al,k phos.al,k *Rhus-t.*al,k sabad.al,k
  - **Hinlegen**, beim: naja
  - **Spaziergang**; nach einem kurzen: nat-m.al,k
- **nachts**: *Cham.*al,k *Merc.*al,k til.al,k
  - **Zahnschmerzen**, bei: clem.al,k
- **Mitternacht**: pic-ac.al,k

◆ **abwechselnd** mit Trübsichtigkeit: bell.h
- **Anstrengung**; nach der geringsten: *Anac.* **Ars.** bry. *Calc.* **Carb-v.** cic. guaj.k2 *Kali-c.* nux-m.brl *Phos.*
- **Aufstehen**, beim:
  - **amel.**: arg-met. lyc.al,k nat-m.al,k
  - **nach**: chel.al,k
  - **Bett**, vom: phos. *Puls.*
  - **Sitzen**, vom: caust. dig.
- **Baden** im Fluß; nach: ant-c.
- **Bewegung**:
  - **amel.**: caps.al,k cham.al,k *Lyc.* phos.al,k pimp.al **Rhus-t.**al,k
  - **bei**: rumx.
- **Druck**, bei: nit-ac.al,k
- **Erwachen**, beim: chin.al,k kali-n.al,k sol-t-ae.al,k tep.al,k
- **Essen**:
  - **nach**: *Bar-c.* cann-s.al,k *Clem.*
    - **amel.**: paeon.
- **Fieber**; während: bell.h
- **Frost**; während: ant-t.al,k cann-i.al,k rhus-t.h sep.al,k thuj.al,k verat.al,k
- **Gebrauch** der Hände; durch: ferr-i.k2
- **Gehen**: *Anac.* **Arg-met.** berb.al,k *Bry.* cob.al,k colch.al,k ferr-i.k2 ham.al,k lyc. naja nat-p. petr.al,k
  - **amel.**: gins.al,k hipp.al phos.al,k sulph.al,k
  - **Freien**, im: am-c.h colch. *Dig.* euph. ferr. mag-m. merl. nux-v. pic-ac. raph. sang. *Zinc.*
    - **amel.**: am-c. cham. clem.
- **geistige** Anstrengung, durch: ph-ac. phos.k2
- **Gicht**, nach: bell-p.brol,cl
- **Hitze**, durch: coloc.al,k
- **Kindern**; bei: nat-c.k2
- **lähmungsartig**: agar.k2 alum.al,k am-m.h ambr.k2 *Anac.* ars.al,k bar-c.k2 bell.al,k cann-i.k2 carb-v. **Caust.**al,k *Cham.*al,k cimic.k2 cocc.k2 ferr.k2 ferr-ar. gels.k2 graph.k2 *Kali-bi.* *Kali-br.* *Kali-c.* merc-c.al,k nux-m.k2 nux-v.al,k phos.al,k rhus-t.k2 ruta.k2 sabad.al,k **Verat.**
- **Liegen**, beim:
  - **Bett**, im: carl. sulph.
  - **Seite**; auf der linken: merc-i-f.
- **Menses**, während: calc-p.al,k mag-m.al,k
- **Mittagessen**, nach dem: nit-ac.al,k tub.cl
- **periodisch**: ars. *Calc.* kreos.al,k
- **plötzlich**: **Cham.**al,k lyc.al,k naja nat-p.
  - **Gehen**; beim: nat-p.k2
  - **Hunger**, mit: *Zinc.*
- **rheumatisch**: bov.
- **Rückens**; nach Verrenkung des: ruta.k2
- **Samenabgang**, nach: *Ph-ac.*
- **Schlaf**, nach: merc-c.
  - **wenig** Schlaf; nach zu: am-c.
- **Schwangerschaft**; während der: calc-p.al,k
- **sexuelle** Exzesse; durch: phos.k2
- **Sitzen**:
  - **beim**: arg-met. chel.al,k merc.al,k nux-v.al,k ruta thuj.
  - **langem** Sitzen, nach: sars.al,k
- **Sonnenstich**; durch: phos.k2
- **Stehen**, im: anac. berb.al,k dirc.al,k hell.al,k stann.al,k zinc.al,k
- **Steifheit**, mit: caust. con. lach. lyc. nat-m. rhus-t. sil.
- **Stuhlgang**, nach: *Ars.*al,k colch.al,k
- **Überhitzung**; durch: phos.k2
- **Überraschung**; durch: gels.k2
- **Urinieren** amel.; nach dem: spira.
- **Weinen**, nach: con.

▽ **erstreckt** sich während Frost durch den Rükken: thuj.al,k

○ **Gelenke**: *Acon.*bg2,k aesc.hrl,k,* agar.bg2 agn.bg2,cl *Aloe* alum.bg2 am-c.bg2 anac.bg2 ang.bg2 *Ant-t.*bg2 *Arg-met.* **Arn.**bg2,k ars.al,k ars-s-f.k2 asar.bg2 aur.bg2,k aur-ar.k2 aur-s.k2 bar-c.bg2,h bell.bg2 borx. bov.bg2,k,* *Bry.*bg2,k **Calc.**bg2,k calc-p.bg2 calc-sil.k2 cann-s.bg2 canth.bg2 caps.k2 *Carb-an.*h,k,* carb-v.bg2,k,* carbn-s. *Caust.*bg2,k cent.al cham.al,k

– **Gelenke**: ...
chel.$_{a1,k}$ *Chin.*$_{bg2,k,*}$ chinin-ar. cimic.$_{a1,k}$ clem.$_{bg2,k,*}$ cocc.$_{bg2}$ colch.$_{bg2}$ coloc.$_{a1,k}$ **Con.**$_{h,k,*}$ cupr.$_{bg2}$ cycl.$_{bg2}$ dig.$_{bg2,c1}$ dios.$_{hr1}$ dros.$_{bg2}$ dulc.$_{bg2}$ euph.$_{bg2,k,*}$ *Ferr.*$_{bg2,k,*}$ ferr-ar. ferr-p. graph. hep.$_{bg2}$ hyos.$_{bg2}$ ign.$_{bg2}$ **Kali-c.**$_{bg2,k}$ kali-n.$_{bg2}$ *Kali-s.* kali-sil.$_{k2}$ kreos.$_{bg2}$ *Lach.*$_{bg2,k}$ *Led.*$_{bg2,k}$ **Lyc.**$_{bg2,k}$ mang.$_{bg2,k,*}$ **Merc.**$_{bg2,k}$ merc-c.$_{a1,k}$ mez.$_{bg2,k,*}$ morph.$_{a1,k}$ mosch.$_{bg2}$ murx.$_{hr1,k}$ *Nat-c.*$_{bg2}$ *Nat-m.*$_{bg2,k}$ *Nit-ac.*$_{bg2,k,*}$ nux-m.$_{bg2}$ *Nux-v.*$_{bg2,k}$ olnd.$_{bg2}$ par.$_{bg2}$ *Petr.*$_{bg2,k,*}$ *Ph-ac.*$_{bg2}$ *Phos.*$_{bg2,k}$ plat.$_{bg2}$ plb.$_{bg2,k,*}$ podo.$_{hr1,k,*}$ **Psor.**$_{bg2,k,*}$ *Puls.*$_{bg2,k,*}$ ran-b.$_{bg2}$ raph.$_{a1,k}$ rhod.$_{bg2,k}$ **Rhus-t.**$_{bg2,k,*}$ sabad.$_{bg2}$ sars.$_{bg2}$ **Sep.**$_{bg2,k,*}$ *Sil.*$_{bg2,k,*}$ spong.$_{bg2}$ stann.$_{bg2}$ *Staph.*$_{bg2,k,*}$ sul-ac.$_{bg2}$ **Sulph.**$_{bg2,k}$ tarax.$_{bg2}$ thuj.$_{bg2}$ valer.$_{bg2}$ *Verat.*$_{bg2,k}$ viol-o.$_{bg2}$ zinc.$_{bg2}$ zing.$_{hr1,k}$
☞ *Verstauchungen*
- **morgens** im Bett: carb-v.
  - **Bewegung**, bei: cimic.
- **vormittags**: ars.$_{a1,k}$
- **Aufstehen** amel.: carb-v.$_{a1,k}$
- **Bewegung**:
  - **Beginn** der; zu: *Euph.*$_{hr1,k}$
  - **bei**: chlf.$_{a1}$ chlor. con.$_{a1,k}$
- **Bücken**, beim: graph.
- **Diarrhoe**, nach: borx.
- **Frost**; während: raph.$_{a1,k}$
- **Gehen**:
  - **amel.**: borx.
  - **nach**: borx.$_{h}$ zing.$_{hr1,k,*}$
- **Schwangerschaft**; während der: murx.$_{ptk1}$
- **Sitzen**, im: ars.$_{a1,k}$ graph.$_{a1,k}$ phos.$_{a1,k}$
- **Verstauchung**; nach: phos.$_{k2}$ rhus-t.$_{k2}$

– **Arme**: abrot. *Acon.*$_{a1,k}$ **Aesc.** agar.$_{a1,k}$ *All-c.*$_{a1,k}$ *Alum.*$_{a1,k}$ alum-p.$_{k2}$ alum-sil.$_{k2}$ alumn.$_{a1,k}$ *Am-c.*$_{a1,k}$ ammc. *Anac.*$_{a1,k}$ ant-c. *Apis* arg-met. arn.$_{a1,k}$ *Ars.*$_{a1,k}$ ars-i. ars-s-f.$_{k2}$ arund. asar.$_{a1,k}$ aur.$_{a1,k}$ aur-ar.$_{k2}$ aur-i.$_{k2}$ aur-s.$_{k2}$ bapt. **Bell.**$_{a1,k}$ berb.$_{a1,k}$ *Bism.*$_{a1,k}$ borx. bov. brach.$_{a1,k}$ brom. bry. bufo cact.$_{a1,k}$ *Calc.*$_{a1,k}$ calc-i.$_{k2}$ calc-p.$_{a1,k}$ *Calc-s.* camph.$_{a1,k}$ carb-v.$_{a1,k}$ *Carbn-s.* *Caust.* cere-b.$_{a1}$ cham. *Chel.*$_{a1,k}$ *Chin.*$_{a1,k}$ chinin-ar. chinin-s. **Cic.**$_{a1,k}$ cod.$_{a1}$ coloc.$_{a1,k}$ com.$_{a1,k}$ **Con.** corn. *Crot-c.*$_{a1,k}$ *Crot-t.*$_{a1,k}$ *Cupr.* *Cur.* **Dig.**$_{a1,k}$ dios.$_{a1,k}$ dros.$_{a1,k}$ euph.$_{a1,k}$ eupi.$_{a1,k}$ ferr.$_{c1}$ ferr-m.$_{a1,k}$ *Gels.*$_{a1,k}$ gins.$_{a1,k}$ *Glon.*$_{a1,k}$ *Gran.*$_{a1,k}$ granit-m.$_{es1}$ graph. grat.$_{a1,k}$ *Guaj.* ham.$_{a1,k}$ hep.$_{a1,k}$ hipp.$_{a1}$ hura hyper.$_{a1,k}$ ign.$_{a1,k}$ *Iod.*$_{a1,k}$ kali-ar.$_{a1,k}$ kali-bi.$_{a1,k}$ **Kali-c.**$_{a1,k}$ kali-i.$_{a1,k}$ kali-n.$_{a1,k}$ kali-s. *Kalm.* *Lach.*$_{a1,k}$ lact.$_{a1,k}$ led.$_{a1,k}$ lil-t.$_{a1,k}$ *Lyc.*$_{a1,k}$ lyss. macro.$_{a1}$ mag-p.$_{br1}$ mang.$_{a1,k}$ merc-i-f.$_{a1,k}$ merc-sul.$_{a1,k}$ mez.$_{a1,k}$ nat-ar. nat-c.$_{a1,k}$ *Nat-m.*$_{a1,k}$ nat-p.$_{a1,k}$ nat-s. nit-ac.$_{a1,k}$ nit-s-d.$_{a1}$ *Nux-v.*$_{a1,k}$ ol-an.$_{a1}$ par. peti.$_{a1}$ *Petr.* *Ph-ac.* *Phos.*$_{a1,k}$ phyt. plat.$_{a1,k}$ plb.$_{a1,k}$ psil.$_{ft1}$ psor. *Rhod.*$_{a1,k}$ *Rhus-t.* ruta sabad. sars. sec. *Sep.* *Sil.*$_{a1,k}$ spong.$_{a1,k}$ **Stann.**$_{a1,k}$ *Staph.*$_{a1,k}$ stict. stram.$_{a1,k}$ stront-c. *Sulph.*$_{a1,k}$ sumb.$_{a1,k}$ tab.$_{a1,k}$ tarent.$_{a1,k}$ ter.$_{a1,k}$ *Thuj.*$_{a1,k}$ til.$_{a1,k}$ tub.$_{a1}$ valer.$_{a1,k}$ zinc.$_{h,k,*}$
- **links**: agar.$_{a1,k}$ alumn. arn. brom. *Calc.*$_{a1,k}$ *Dig.*$_{a1,k}$ nat-s. *Nux-v.* sars. *Sumb.* *Tab.*

– **Arme**: ...
- **rechts**: am-c.$_{h}$ anac.$_{bg1}$ *Bism.*$_{a1,k}$ carb-v. *Caust.* chel.$_{bg1}$ colch.$_{bg1}$ eup-per.$_{bg1}$ ferr-i.$_{bg1}$ gins.$_{bg1}$ ham.$_{bg1}$ lyc.$_{bg1}$ merc-i-f.$_{bg1}$ plat.$_{h}$ rhod. zinc.$_{bg1}$
- **morgens**: carbn-s. dulc. *Kali-c.* lyc.$_{a1,k}$ *Nux-v.*$_{a1,k}$ peti.$_{a1}$ sil.$_{a1,k}$ sulph. valer.$_{a1,k}$
  - **Aufstehen**, beim: caj.$_{a1,k}$ card-m.
  - **Bett**, im: kali-c. sil.$_{a1,k}$
  - **Erwachen**, beim: arg-met. nit-ac.$_{a1,k}$ sep.
- **vormittags**: indg.$_{a1,k}$ ph-ac.$_{a1,k}$ plect.$_{a1}$
- **mittags**: colch.$_{a1,k}$ con.$_{a1,k}$
- **nachmittags**: chinin-s. nux-v.$_{a1,k}$
  - **14** h: sarr.
- **abends**: brach.$_{a1,k}$ ferr-i.$_{a1,k}$ nat-m.$_{a1,k}$ plect.$_{a1}$
  - **Bett**, im: phos.$_{a1,k}$
  - **Erbrechen**, nach: sulph.$_{a1,k}$
- **nachts**: ambr. lyc.$_{a1,k}$
- **Anstrengung**, nach geringer: *Cic.* *Lach.* *Stann.*
- **Bewegung**:
  - **amel.**: acon. *Lyc.* plat. *Rhod.*$_{a1,k}$ stront-c.
  - **bei**: carb-v.$_{a1,k}$ *Stann.*
  - **lähmungsartig**: ph-ac.$_{h}$ stann.$_{h}$
  - **Schmerz** in der Brust; durch extremen: stict.$_{c1}$
- **Ejakulation**, nach: staph.
- **Ergreifen** von etwas; beim: arn. **Ars.** bov. carb-v. choc.$_{srj3}$ cina colch. nat-m. sil.
- **Essen**, nach dem: bar-c.
- **Faust**; beim Ballen der: chin.$_{a1,k}$
- **Frösteln**, beim: gins.$_{a1,k}$ *Ph-ac.*
- **Herunterhängenlassen** amel.: asar.$_{a1,k}$
- **Kälte**; bei Einwirkung von: *Rhod.*
- **Klavierspielen**, beim: gels.
- **Krämpfen**, nach: **Cic.**
- **Lachen**, beim: carb-v.$_{h}$
- **Mittagessen**, nach dem: grat.$_{a1,k}$ plect.$_{a1}$
- **plötzlich**: calc.
- **Schreiben**, beim: acon. agar. brach. carb-v.$_{a1,k}$ *Caust.* cocc. kali-c.$_{a1,k}$ lyss.$_{c1}$ merc-i-f.$_{a1,k}$ mez.$_{a1,k}$ sabin.
- **Treppensteigen**, beim: nux-v.
- **Wetter**, bei stürmischem: *Rhod.*
- **Zorn**; nach einem Ausbruch von: nat-m.

– **Schulter**: acon. aloe alumn. arg-met. bapt.$_{a1,k}$ borx. bov.$_{a1,k}$ brom.$_{a1,k}$ carb-an.$_{a1,k}$ carb-v. cedr.$_{a1,k}$ chinin-ar. cic.$_{a1,k}$ clem.$_{a1,k}$ *Com.*$_{a1,k}$ cupr-ar.$_{a1,k}$ gins.$_{a1,k}$ kali-n.$_{a1,k}$ laur.$_{a1,k}$ mag-c.$_{a1,k}$ nat-m.$_{a1,k}$ nit-s-d.$_{a1}$ nux-v.$_{a1,k}$ phos.$_{h}$ pic-ac.$_{a1,k}$ plat.$_{a1,k}$ plect.$_{a1}$ ran-s.$_{a1,k}$ sep.$_{a1,k}$ sil.$_{a1,k}$ stry.$_{a1,k}$ thlas.$_{bg1}$ thuj.$_{a1,k}$ zing.
- **links**: alumn.
- **rechts**: carb-v.$_{a1,k}$
- **morgens**, beim Erwachen: arg-met.
- **Beugen** nach vorne; beim: alumn.
- **Gehen**, nach dem: bapt.$_{a1,k}$
- **lähmungsartig**: arg-met. carb-v.$_{a1,k}$ ferr.$_{c1}$
- **schmerzhaft**: cedr.$_{a1,k}$ chinin-ar. *Lach.*

– **Oberarm**: acon.$_{a1,k}$ *Arg-met.* arg-n. bell.$_{a1,k}$ brach.$_{a1,k}$ bry.$_{a1,k}$ carl.$_{a1,k}$ cic.$_{a1,k}$ clem.$_{a1,k}$ colch.$_{a1,k}$ crot-t.$_{a1,k}$ gins.$_{a1,k}$ guaj.$_{a1,h}$ jatr-c. kali-n.$_{a1,k}$ lact.$_{a1,k}$ mang.$_{a1,k}$ nat-m.$_{a1,k}$ *Phos.*$_{a1,k}$ phyt. sep.$_{a1,k}$ sil.

– **Oberarm**: ...
stann. *Sulph.*a1,k *Thuj.*a1,k
• **morgens**, beim Erwachen: arg-met.
• **nachts**, im Schlaf: sep.h
• **Anstrengung**, nach: *Arg-met.*
• **Aufstehen**, beim: thuj.a1,k
• **Beugen** agg.: phyt.
• **Bewegung**:
  • **amel.**: arg-met.
  • **bei**: grat.a1,k phyt.
• **Erwachen**, nach dem: arg-met.
• **gehobenem** Oberarm, bei: grat.a1,k
• **lähmungsartig**: *Arg-met.* bell.h ferr.c1 kali-n.a1,k
• **plötzlich**: mang.h
• **Schreiben**, beim: carl.a1,k cic.a1,k con.a1,k
▽ **erstreckt** sich zur Hand: crot-t.a1,k
– **Ellbogen**: adeps-s.k1 ang.a1,k caj.a1 chinin-s. coloc.a1,k dios.a1,k fago.a1,k glon.a1,k hyper.a1,k kali-m.bg1 led.a1,k nat-s.a1,k op.a1,k phos.bg1,h plb.a1,k raph.a1,k sars.h2,k,* staph.a1,k *Sulph.* thuj.a1,k valer.a1,k
• **17** h: valer.
• **Mittagessen**, nach dem: nit-ac.h
○ **Ellbogenbeuge**: cann-i.a1,k
– **Unterarm**: aeth.a1,k agar.a1,k ang.a1,k arg-met. **Ars.**a1,k aur.a1,k aur-m-n.a1,k **Bell.**a1,k bufo camph.a1,k cham.a1,k chel.h chinin-ar.k2 coloc.a1,k con.a1,k *Dig.*a1,k dulc.a1,k indg.a1,k kali-n.a1,k merc.a1,k mez.a1,k nat-m.a1,k nit-ac. nux-v.a1,k op.a1,k osm.a1,k phos.a1,k plb.a1,k rhod.a1,k **Rhus-t.**a1,k sabin.a1,k stront-c. sumb.a1,k thuj.a1,k verat.a1,k
• **rechts**: arg-met. *Sil.*
• **morgens**, beim Erwachen: arg-met.
• **abends**: *Dig.*
• **nachts**: kali-n.a1,k
• **lähmungsartig**: kali-n.h
• **Herzens**; bei Erkrankung des: dig.c1
• **Schreiben**, beim: agar.a1,k arg-met. coloc.a1,k
• **Stricken**, beim: aeth.a1,k
– **Handgelenk**: aloe arn.a1,k ars.a1,k brach.a1,k *Carb-v.* *Caust.* choc.srj3 cot.a1 *Cur.* dig.a1,k dor. *Glon.* hura kali-bi.bg1 kali-c.a1,k kalm.a1,k lil-t.a1,k lyc.a1,k *Merc.*a1,k mez.a1,k nat-m.a1,k nat-p.a1,k phos.a1,k phys.a1,k *Plb.*a1,k podo.a1,k rhod.a1,k sep.a1,k *Sil.*a1,k spong. sul-ac.a1,k sulph.a1,k valer.bg1
• **rechts**: *Sil.*
  • **und** linker Knöchel: nat-p.
• **morgens**: lil-t.a1,k
• **abends**: phos.a1,k
• **Bewegung**:
  • **agg.**: dig.a1,k
  • **amel.**: rhod.a1,k
• **Gebrauch** der Hände; beim: sep.a1,k
• **lähmungsartig**: *Carb-v.* phos.a1,k
• **Menses**, nach den: nat-p.
• **Schreiben**, beim: calad. *Kali-br.*
• **verstaucht**; wie: kali-c.a1,k
– **Hände**: acon. acon-a.a1 alum.k2 alumn.a1,k ang.a1,k arg-met.k2 arn.a1,k ars.a1,k aven.br1 bell.a1,k bism.a1,k *Bov.*a1,k bufo canth.a1,k caps. carb-v.a1,k caust.a1,k cham.a1,k chin. chinin-s. cimic.a1,k *Cina* colch.a1,k

– **Hände**: ...
com.a1,k croc.a1,k cupr.a1,k cur. dios.a1,k *Fl-ac.*a1,k gels.a1,k get.a1 glon.a1,k hell.a1,k hipp.a1,k jug-r.a1,k *Kali-bi.*a1,k kali-c.a1,k *Kali-n.*a1,k kreos.a1,k lach.a1,k lyc.a1,k menth-pu.a1 *Merc.*a1,k merc-i-f.a1,k merc-n.a1 **Mez.**a1,k nat-ar. nat-c.a1,k nat-m.a1,k nat-p. *Nat-s.*a1,k *Nit-ac.*a1,k nit-s-d.a1 nux-m.a1,k nux-v.a1,k phos.a1,k phys.a1,k plb.a1,k rhod.a1,k rhus-t. *Ruta* sabin.a1,k sec.a1,k sep.a1,k sil.a1,k *Stann.*a1,k sulph.a1,k sumb.a1,k tab.a1,k verat.bg1,h zinc.h,k,*
• **links**: cact.k2
• **morgens**: calc.h caust.h dios.a1,k lyc.a1,k nat-m.a1,k sapin.a1
  • **Aufstehen**, beim: nat-m.a1,k plb.a1,k sulph.a1,k
  • **Bett**, im: nat-m.a1,k
  • **Erwachen**, beim: caust.a1,k mag-c.a1 mag-m.a1
• **nachmittags**: bov.a1,k
  • **17** h: cham.
  • **Schlaf**, nach: nux-v.
• **abends**: dios.a1,k
• **nachts**: kali-n.a1,k
  • **Erwachen**, beim: mez.h
  • **Fieber**, nach: nat-s.
• **Abendessen**, nach dem: nat-m.a1,k
• **Aufstehen**, nach dem: nux-m.a1,k plb.a1,k
• **Bewegung**, bei: plb.a1,k thuj.a1,k
• **Druck**, bei: mez.a1,k nit-ac.a1,k
• **Erwachen**, beim: mez.a1,k
• **Essen**, nach dem: bar-c. nat-c.h
• **Frost**; während: laur.a1,k
• **gefühllos**, wie durch elektrische Schläge: fl-ac.a1,k
• **Gehen**, beim: grat.a1,k plb.a1,k
• **Greifen** von Gegenständen; beim: get.a1 hydrog.srj2 nat-m.a1,k *Nat-s.*
• **Kopfschmerzen**, bei: ol-an.a1,k
• **krampfartig**: caust.h
• **Lachen**, beim: carb-v.h
• **lähmungsartig**: act-sp. **Alumn.**k,k1 ang.a1,k **Ars.** bism. *Bov.* crot-h.a1,k gels.k2 nat-m.a1,k *Sil.* *Stann.*
• **Liegen**, beim:
  • **amel.**: mag-c.
  • **Hartem**, auf etwas: nat-m.
  • **Tisch**; beim Liegen der Hand auf dem: stann.
• **Menses**: alumn.a1,k ol-an.a1,k zinc.h,k,*
• **Mittagessen**, nach dem: mag-m.a1,k
• **Schreiben**:
  • **beim**: *Aesc.* aml-ns. ant-c.br1 bamb-a.stb2 bism. brach.a1,k caps. carb-v.h chel.a1,k *Lol.*a1 **Mez.**a1,k plect.a1 sabin.a1,k *Stann.*a1,k *Zinc.*h,k,*
  • **nach**: plb.a1,k
• **verstaucht**; wie: indg.a1,k
• **warmen** Zimmer, im: *Caust.*a1,k
• **zittrig**: lycps-v. *Stann.*
– **Finger**: ambr. **Ars.**a1,k *Bov.*a1,k carb-an. *Carb-v.*a1,k cic.a1,k crot-h.a1,k cur. fago.a1,k hipp.a1,k hura kali-bi.k2 *Kali-n.*a1,k lact. led.a1,k lyc.a1,k *Nat-m.* par. phos.a1,k **Rhus-t.**a1,k sil. zinc.
• **tagsüber**: nit-s-d.a1 phos.a1,k
• **nachts**: ambr.

• **fallen**, läßt Dinge: *Ars.* carb-an. *Nat-m.* *Sil.* *Stann.*
• **Greifen** von etwas; beim: **Ars.** carb-an. carb-v.$_{a1,k}$ kali-br. *Sil.*
• **Klavierspielen**, beim: *Cur.*$_{k,k2}$ *Stann.* *Zinc.*
• **lähmungsartig**: **Ars.** carb-v.
• **Schreiben**, beim: fago.$_{a1,k}$ kali-c.
○ **Fingerspitzen**: *Mez.*
• **Zeigefinger**: alco.$_{a1}$ kali-c.$_{a1,k}$ nat-m.$_{a1,k}$
  • **Schreiben**, beim: kali-c.$_{a1,k}$
• **Mittelfinger**: nat-m.$_{a1,k}$
• **Ringfinger**: plb.$_{a1,k}$
– **Daumen**: alco.$_{a1}$ kali-c.$_{a1,k}$ nat-m.$_{a1,k}$ plb.$_{a1}$ sil.$_{a1,k}$ sulph.$_{a1,k}$
  • **Schreiben**, beim: kali-c.$_{a1,k}$
– **Beine**: acet-ac. acon.$_{a1,k}$ **Aesc.** aeth.$_{a1,k}$ *Agar.*$_{a1,k}$ ail.$_{a1,k}$ all-s.$_{a1,k}$ aloe **Alum.** alum-p.$_{k2}$ *Alum-sil.*$_{k4}$ alumn. am-c. *Am-m.* ambr. androc.$_{srj1}$ *Ang.*$_{a1,k}$ *Apis* **Arg-met.** **Arg-n.**$_{a1,k}$ **Ars.**$_{a1,k}$ ars-s-f.$_{k2}$ asar. **Aur.** aur-ar.$_{k2}$ aur-i.$_{k2}$ aur-s.$_{k2}$ bamb-a.$_{stb2}$ *Bapt.* bar-c. bar-s.$_{k2}$ bell. benz-ac.$_{a1,k}$ berb.$_{a1,k}$ borx. brach.$_{a1,k}$ *Bry.*$_{a1,k}$ *Bufo* calad. **Calc.**$_{a1,k}$ calc-ar.$_{k2}$ calc-i.$_{a1,k}$ calc-s. cann-i.$_{a1,k}$ cann-s.$_{a1,k}$ **Carb-ac.** *Carb-v.*$_{a1,k}$ *Carbn-s.* castm. **Caust.** cham.$_{a1,k}$ chel. *Chin.* *Chinin-ar.* *Cic.* *Cina* cist.$_{a1,k}$ coc-c.$_{a1,k}$ **Cocc.** colch. **Con.**$_{a1,k}$ *Corn.* *Crot-c.* *Crot-t.*$_{a1,k}$ *Cupr.* dig. dulc.$_{h1}$ ery-a.$_{a1,k}$ euphr.$_{a1,k}$ ferr.$_{a1}$ *Ferr-i.*$_{a1,k}$ **Gels.**$_{a1,k}$ **Glon.** granit-m.$_{es1}$ *Graph.* grat. guaj. ham.$_{a1,k}$ *Hell.* hipp. *Hydr.*$_{a1,k}$ *Hyos.* ind.$_{a1,k}$ ip.$_{a1,k}$ *Kali-ar.* kali-bi.$_{a1,k}$ *Kali-br.* *Kali-c.* *Kali-n.* kali-ox.$_{a1}$ *Kali-p.* lapa.$_{a1}$ lil-t.$_{a1,k}$ lob-c.$_{a1}$ luna$_{kg1}$ *Lyc.* mag-c.$_{h}$ *Mag-m.*$_{a1,k}$ mang.$_{h}$ *Med.* merc. *Mez.*$_{a1,k}$ **Mur-ac.**$_{a1,k}$ murx. *Nat-ar.* **Nat-c.**$_{a1,k}$ *Nat-m.*$_{a1,k}$ nat-p. nat-s.$_{k2}$ nicc.$_{a1,k}$ *Nit-ac.*$_{a1,k}$ *Nux-m.*$_{a1,k}$ **Nux-v.**$_{a1,k}$ olnd. *Op.*$_{a1,k}$ ox-ac.$_{a1,k}$ *Petr.* *Ph-ac.* **Phos.**$_{a1,k}$ **Pic-ac.**$_{a1,k}$ *Plat.* **Plb.**$_{a1,k}$ podo.$_{c1}$ psil.$_{ft1}$ ptel.$_{hr1}$ puls. *Ran-b.*$_{a1,k}$ rhod.$_{a1,k}$ **Rhus-t.**$_{a1,k}$ *Ruta* sang.$_{a1,k}$ *Sars.*$_{a1,k}$ *Sec.* sel.$_{c1,k2}$ seneg.$_{a1,k}$ *Sep.*$_{a1,k}$ **Sil.**$_{a1,k}$ spong.$_{a1,k}$ *Stann.* *Stront-c.* stry. *Sul-ac.* *Sulph.*$_{a1,k}$ tab.$_{a1,k}$ tarent.$_{a1,k}$ thal.$_{a1}$ *Thuj.*$_{a1,k}$ til. verat. verb.$_{h,k,*}$ vip.$_{a1,k}$ wies.$_{a1}$ xan.$_{a1,k}$ **Zinc.**$_{a1,k}$ zinc-p.$_{k2}$
☞ *Schwankender*
• **links**: petr.$_{k2}$
• **rechts**: nat-m.$_{h}$ stann.$_{h}$ sulph.$_{h}$
• **morgens**: ambr.$_{h}$ ant-t. *Arg-met.* bar-c. carb-an.$_{a1,k}$ iod.$_{h}$ mur-ac.$_{a1,k}$ *Nat-m.*$_{a1,k}$ **Nux-v.**$_{a1,k}$ *Phos.*$_{a1,k}$ plect.$_{a1}$ *Rhus-t.* sep.$_{h}$ *Sil.*$_{a1,k}$ solin.$_{a1}$ sulph.$_{a1,k}$
  • **Bett**, im: nat-m.$_{a1,k}$ plb.$_{a1,k}$ sulph.$_{a1,k}$ *Zinc.*$_{a1,k}$
  • **Erwachen**, beim: *Arg-met.* nat-m.$_{a1,k}$ sep.$_{h}$
• **vormittags**: arg-n. nat-m. ptel.$_{a1,k}$ *Ran-b.*$_{a1,k}$
  • **11** h: arg-n. nat-m. zinc.
• **mittags**: *Calc.*$_{a1}$ kali-c.$_{h}$
• **nachmittags**: *Arg-n.*$_{a1,k}$ bamb-a.$_{stb2}$ carb-v.$_{h}$ mag-m.$_{h}$ nat-c. nux-v.$_{a1,k}$ pip-m.$_{a1,k}$ plb.$_{a1,k}$ rumx. zinc.
  • **13** h: ham.
• **abends**: bamb-a.$_{stb2}$ hydr-ac.$_{a1,k}$ indg.$_{a1,k}$ nit-ac.$_{h}$ plect.$_{a1}$ rhus-g.$_{a1}$ sulph.$_{a1,k}$ zinc.$_{a1,k}$
  • **Gehen**, beim: sang.$_{a1,k}$ thuj. verat.
  • **Menses**, während: kali-n.$_{h}$ mag-m.$_{a1,k}$

– **Beine**: ...
• **nachts**:
  • **22** h: plan.
• **Anstrengung**, nach: *Anac.* **Calc.** **Gels.**$_{a1,k}$ **Rhus-t.**
• **Ärger**, Verdruß; nach: caust. lyc. nat-m. *Nux-v.*
• **Aufstehen** vom Sitzen, beim: *Glon.* mag-c.$_{a1,k}$ nat-m. ruta zinc.$_{a1,k}$
• **Diarrhoe**, bei: borx.$_{h}$
• **Entbindung**, nach: *Rhus-t.*
• **Essen**, nach dem: mur-ac.
• **Fehltritt**, durch einen: ph-ac.
• **Gehen**:
  • **amel.**: borx.$_{h}$ cann-s.$_{a1,k}$ dros.$_{h}$ nat-m. zinc.$_{a1,k}$
  • **nach**: **Aesc.** **Arg-met.** bapt.$_{a1,k}$ berb. *Bry.* **Calc.** *Calc-s.* carl.$_{a1,k}$ **Con.** **Gels.** glon.$_{a1,k}$ hell.$_{a1,k}$ kali-n. led. **Mag-m.** mosch. *Mur-ac.* nux-v.$_{a1,k}$ phos.$_{k2}$ *Plb.* *Ran-b.*$_{a1,k}$ **Rhus-t.** *Ruta* *Sil.* stann.$_{a1,k}$ sulph.$_{a1,k}$ zinc.$_{a1,k}$
  • **Freien**, im: grat. mag-m.$_{a1,h}$ sang. seneg. verat.
    • **fortgesetztes** Gehen amel.: zinc.
• **Gehenlernen** bei Kindern; spätes: **Calc.**
• **Hunger**, bei: *Zinc.*
• **katarrhalischem** Fieber, bei: sep.
• **Koitus**, nach: *Calc.* cob.$_{bro1}$
• **lähmungsartig**: agar.$_{k2}$ ambr.$_{k2}$ anac. arg-n.$_{a1,k}$ **Cocc.** dig.$_{h}$ rhus-t.$_{k2}$ sars.$_{k2}$
• **Menses**, während: arg-n. *Cocc.* kali-n. mag-m. *Nit-ac.* nux-m.$_{a1,k}$ sulph. *Zinc.*
• **Mittagessen**, nach dem: am-c.$_{h}$
• **Naßwerden** der Füße; nach: phos. *Rhus-t.*
• **Rauchen**, durch: *Clem.*$_{a1,k}$
• **Schmerz** in den Knien; mit: xan.$_{c1}$
• **schmerzhaft**: aloe nux-m.$_{a1,k}$ plan.$_{a1,k}$ stann.$_{h}$
• **Schwangerschaft**; während der: agar.$_{k2}$ plb.$_{a1,k}$
• **Schwindel**, mit: con.$_{bg1}$
• **Sitzen**, im: ars. bar-act.$_{h}$ led. mag-c.$_{a1,k}$ plat.$_{h}$
• **Stehen**, im: agar. *Anac.* berb. *Bry.* dirc. hell. nat-m.$_{h}$ **Nux-m.** plat.$_{a1,k}$ stann. zinc.
• **Stuhlgang**, nach: plect.$_{a1,k}$
• **Temperaturveränderung**, bei: act-sp.
• **Treppen**; beim Hinabsteigen von: nux-m. *Ruta* sep.$_{bg1}$ sil. stann. sulph.
• **Treppensteigen**, beim: agar. *Ars.* asar. bell.$_{h}$ **Calc.** lyc. nicc. nux-v. phos. pic-ac. rhus-t.$_{k2}$ *Ruta* sars. sep.$_{bg2}$ thuj.
• **zittrig**: bamb-a.$_{stb2}$ caps.$_{h}$ dig.$_{h}$
○ **Gelenke**: cinnb.$_{a1,k}$ nit-ac.$_{a1,k}$ plumbg.$_{a1}$ rhus-t.$_{a1,k}$ stront-c.
• **Knochen**, beim Sitzen: sulph.$_{h}$
– **Hüfte**: adeps-s.$_{k1}$ agar.$_{a1,k}$ *All-c.*$_{a1,k}$ apis arg-met. brach.$_{a1,k}$ calc-p.$_{bg1}$ carb-v.$_{a1,k}$ chin.$_{a1,k}$ cinnb.$_{a1,k}$ der.$_{a1}$ ham.$_{a1,k}$ ign.$_{a1,k}$ *Kali-c.*$_{a1,k}$ mang.$_{a1,k}$ murx. *Ox-ac.*$_{a1,k}$ *Pic-ac.* podo.$_{a1,k}$ prun.$_{a1}$ sars.$_{a1,k}$ sep.$_{a1,k}$ syph. tarent.$_{a1,k}$ thuj. *Verat.* zing.$_{a1,k}$
• **links**: podo.$_{c1}$
• **rechts**: *Arg-met.*
  • **dann** links: *Verat.*
• **morgens**: chin.$_{a1,k}$ mang.$_{a1,k}$
  • **Erwachen**, beim: arg-met.

- **abends**: ammc.$_{al}$ tarent.$_{al,k}$
  - **Zubettgehen**, vor dem: chinin-s.
- **Aufstehen** vom Sitzen agg.: sep.$_{al,k}$
- **Bewegung** amel.: chin.$_{h}$
- **Gehen**, beim: chinin-s. coca *Verat.*
  - **fortgesetztes** Gehen amel.: sep.
- **Koitus** zu vollenden; verhindert, den: all-c.$_{al,k}$
- **lähmungsartig**: arg-met. *Kali-c.* mang.$_{h}$
- **Schwindel**, mit: acon.$_{bgl}$ arg-met.$_{h}$ con.$_{bgl}$ olnd.$_{bgl}$
- **Stehen**, beim: zing.$_{al,k}$
- **Treppensteigen**, beim: podo.$_{al,k}$

– **Oberschenkel**: acon. agar.$_{al,k}$ all-c. aloe *Alum.* alum-p.$_{k2}$ alum-sil.$_{k2}$ am-c.$_{al,k}$ ammc.$_{al,k}$ anac. androc.$_{srj1}$ arg-met. *Ars.* arund.$_{al,k}$ asar.$_{h}$ borx.$_{h}$ brach.$_{al,k}$ bry.$_{al,k}$ *Calc.*$_{al,k}$ calc-sil.$_{k2}$ caps.$_{al,k}$ carb-an. carbn-s. caust.$_{al,k}$ cham.$_{al,k}$ chel.$_{al,k}$ *Chin.*$_{al,k}$ chinin-ar. chinin-s. clem.$_{al,k}$ coc-c.$_{al,k}$ **Cocc.** coloc.$_{al,k}$ **Con.** croc.$_{al,k}$ crot-h.$_{al,k}$ cycl.$_{h}$ dulc.$_{al,k}$ euph. ferr.$_{c1}$ gins.$_{al,k}$ *Glon.*$_{al,k}$ graph.$_{al,k}$ *Guaj.*$_{al,k}$ ham.$_{al,k}$ hell.$_{al,k}$ hipp.$_{al}$ hura ip.$_{al,k}$ kali-bi.$_{al,k}$ *Kali-c.* kali-i.$_{al,k}$ kali-m.$_{k2}$ kali-sil.$_{k2}$ lac-ac.$_{al,k}$ lil-t.$_{al,k}$ lyc.$_{al,k}$ mag-s.$_{al,k}$ mang.$_{al,k}$ *Merc.*$_{al,k}$ *Merc-c.*$_{al,k}$ mez.$_{al,k}$ **Mur-ac.**$_{al,k}$ nat-ar. nat-c.$_{al,k}$ nat-m.$_{al,k}$ nat-p. **Nat-s.** nit-ac. *Nux-v.* *Olnd.* ph-ac.$_{al,k}$ *Phos.*$_{al,k}$ pip-m.$_{al,k}$ *Plat.*$_{al,k}$ *Plb.*$_{al,k}$ puls.$_{al,k}$ raph. rat.$_{al,k}$ *Rheum* *Ruta* sars.$_{al,k}$ *Seneg.* sep.$_{al,k}$ sil.$_{al,k}$ sol-ni. spig. squil.$_{al,k}$ *Stann.*$_{al,k}$ staph.$_{al,k}$ stront-c. sulph.$_{al,k}$ tarent.$_{al,k}$ thuj.$_{al,k}$ verat.$_{al,k}$ verb.$_{h,k,*}$

- **links**: brach.$_{bgl}$ chel. cic.$_{bgl}$ glon. ham.$_{bgl}$ hura$_{bgl}$ nit-ac.$_{bgl}$ sulph.$_{bgl}$ tarent.$_{bgl}$
- **rechts**: *Con.* *Kali-c.*
- **morgens**: brach.$_{al,k}$ *Calc.* nat-c.
  - **Aufstehen**, nach dem: phos.$_{al,k}$ rhod.$_{al,k}$ squil.$_{al,k}$
  - **Frost**; während: verat.$_{al,k}$
  - **Gehens**; zu Beginn des: *Calc.*
- **nachmittags**: fago.$_{al,k}$ kali-c.$_{h}$
- **abends**: *Agn.*$_{hr1}$ chin. cinch.$_{al}$ fago.$_{al,k}$ mag-c.$_{al,k}$ stront-c. tarent.$_{al,k}$
- **nachts**: ham.$_{al,k}$
  - **Schlaf**, im: sep.
- **Mitternacht**, nach: merc.
- **Anstrengung** amel.; starke körperliche: carc.$_{jl2,mg1,*}$
- **Aufstehen**, beim: thuj.
  - **Sitzen**, vom: ruta
- **Erwachen**, am beim: sep.
- **Gehen**:
  - **amel.**: mag-m.$_{al,k}$ rat.
  - **beim**: anac. arg-met. aur.$_{al,k}$ bufo *Calc.*$_{al,k}$ caust.$_{h}$ chel. chin. con.$_{al,k}$ euph-a.$_{al}$ hep.$_{al,k}$ *Kali-i.* lycps-v. mag-c. mag-s.$_{al,k}$ merc. mez.$_{al,k}$ *Olnd.*$_{al,k}$ puls.$_{al,k}$ *Ruta* stach.$_{al}$
  - **nach**: ind.$_{al,k}$ nit-ac.$_{al,k}$ sol-t-ae.$_{al,k}$
  - **Freien**, im: ang. arg-met. spig.$_{h}$
- **Koitus**, nach: agar.$_{gsy1}$ *Calc.*
- **lähmungsartig**: arg-met. ferr.$_{c1}$ puls.$_{al,k}$
- **Menses**, während: am-c.$_{al,k}$ am-m.$_{al,k}$ bov.$_{al,k}$ carb-an.$_{al,k}$ castm. nicc.$_{al,k}$ sars.$_{al,k}$
- **plötzlich**: cic.$_{al,k}$ hep.$_{h}$

– **Oberschenkel**: ...

- **Samenabgang**, nach: *Agar.* calc.
- **Schlaf** amel.; kurzer: carc.$_{jl2,mg1,*}$
- **schmerzhaft**: stann.$_{h}$
- **Schwangerschaft**; während der: *Ip.*
- **Sitzen**, nach dem: acon.$_{al,k}$ anac. arg-met. croc.$_{al,k}$ mag-c.$_{al,k}$ mag-s.$_{al,k}$ mang-m.$_{al,k}$ ph-ac.$_{al,k}$ plat.$_{al,k}$
- **Stehen**, im: mag-m.$_{al,k}$ plat.$_{al,k}$ stann.$_{h}$
- **Stuhlgang**, nach: lyc.$_{al,k}$
- **Treppensteigen**, beim: ars. *Bry.*$_{al,k}$ coloc.$_{al,k}$ mez. sep.$_{al,k}$

○ **Knochen**: stann.$_{h}$

- **Vorderseite**: arn.$_{bgl}$

– **Knie**: abrot.$_{al,k}$ acon. act-sp.$_{al,k}$ *Agar.*$_{al,k}$ alco.$_{al}$ all-s. *Alum.* alum-p.$_{k2}$ *Ambr.* *Anac.*$_{al,k}$ androc.$_{srj1}$ ang.$_{al,k}$ ant-t.$_{al,k}$ *Arg-met.* *Arg-n.*$_{al,k}$ arn. *Ars.*$_{al,k}$ ars-h. ars-i. ars-s-f.$_{k2}$ arund.$_{al,k}$ asar.$_{al,k}$ aur. aur-ar.$_{k2}$ aur-i.$_{k2}$ aur-s.$_{k2}$ bamb-a.$_{stb2}$ bapt.$_{al,k}$ *Bar-c.* bar-i.$_{k2}$ bart.$_{al}$ bell.$_{al,k}$ *Bol-la.* borx. *Bov.*$_{al,k}$ *Bry.*$_{al,k}$ cain. caj.$_{al,k}$ calad.$_{al,k}$ *Calc.*$_{al,k}$ calc-ar. calc-i.$_{k2}$ calc-s. calc-sil.$_{k2}$ *Camph.*$_{al,k}$ *Cann-i.*$_{al,k}$ *Canth.*$_{al,k}$ carb-v.$_{al,k}$ carbn-s. carl.$_{al,k}$ *Caust.*$_{al,k}$ cham.$_{al,k}$ chel.$_{al,k}$ *Chin.*$_{al,k}$ *Chinin-ar.* *Chinin-s.* cimic.$_{al,k}$ cinnb. clem.$_{al,k}$ cob.$_{al,k}$ **Cocc.**$_{al,k,*}$ colch.$_{al,k}$ *Coloc.*$_{al,k}$ **Con.**$_{al,k}$ conin.$_{al}$ cor-r. cot.$_{al}$ croc.$_{al,k,*}$ *Cupr.*$_{al,k}$ cycl.$_{al,k}$ *Dig.*$_{al,k}$ *Dios.*$_{al,k}$ *Dulc.*$_{al,k}$ euphr.$_{al,k}$ fago.$_{al,k}$ *Ferr.*$_{al,k}$ ferr-ar. *Ferr-p.* *Gels.*$_{bgl,k,*}$ gins.$_{al,k}$ *Glon.*$_{al,k}$ graph.$_{al,k}$ *Hell.* hura *Hydr.* hyos.$_{al,k}$ *Ign.* indg.$_{al,k}$ iod.$_{al,k}$ iodof.$_{al}$ *Ip.* *Iris* jac-c.$_{al,k}$ jatr-c. kali-bi. kali-br.$_{al,k}$ *Kali-c.*$_{al,k}$ *Kali-n.*$_{al,k}$ kali-s. kali-sil.$_{k2}$ kreos.$_{al,k}$ lac-ac.$_{al,k}$ *Lach.*$_{al,k}$ lact. *Lec.* *Led.*$_{al,k}$ lim.$_{al}$ lith-c. *Lyc.*$_{al,k}$ mag-m.$_{al,k}$ mang. med. *Merc.*$_{al,k}$ merc-i-r.$_{al,k}$ merc-sul.$_{al}$ mez.$_{al,k}$ mosch.$_{al,k}$ **Nat-m.**$_{al,k}$ **Nat-s.**$_{al,k}$ *Nit-ac.* *Nux-m.* *Nux-v.*$_{al,k}$ ol-an.$_{al,k}$ olnd. op.$_{al,k}$ osm.$_{al,k}$ ox-ac. petr.$_{al,k}$ *Ph-ac.* *Phos.*$_{al,k}$ pic-ac.$_{al,k}$ *Plat.*$_{al,k}$ **Plb.**$_{al,k}$ podo.$_{al,k}$ *Psor.* puls.$_{al,k}$ ran-b.$_{al,k}$ *Rhus-v.*$_{al,k}$ *Ruta* sabad.$_{al,k}$ sarr. *Sars.*$_{al,k}$ sep.$_{al,k}$ *Sil.*$_{al,k}$ sphing.$_{kk3}$ spirae.$_{al}$ *Stann.*$_{al,k}$ *Staph.*$_{al,k}$ stry.$_{al,k}$ sul-ac. sul-i.$_{k,k2,*}$ sulph.$_{al,k}$ syph. tab.$_{al,k}$ tax.$_{al,k}$ tell.$_{al,k}$ thea *Thuj.*$_{al,k}$ verat.$_{al,k}$ zinc.

- **abwechselnde** Seiten: cic.
- **links**: chel.
- **rechts**: ars.$_{bgl}$
- **morgens**: chin.$_{al,k}$ *Dios.*$_{al,k}$ *Nat-m.*$_{al,k}$
  - **Aufstehen**, nach dem: petr.$_{al,k}$ phos.$_{al,k}$ staph.$_{al,k}$
  - **Bett**, im: sulph.
- **vormittags**: sulph.$_{al,k}$ valer.$_{al,k}$
- **nachmittags**: caust.$_{al,k}$ chinin-s. ham.$_{al,k}$ ped.$_{al}$
  - **Gehen**, beim: caust.$_{al,k}$
- **abends**: anac.$_{al,k}$ bry.$_{al,k}$ dios.$_{al,k}$ nat-m.$_{al,k}$ sang.$_{al,k}$ sarr.
- **nachts**: calc.$_{al,k}$
- **Ärger**, Verdruß; nach: caust.
- **Aufstehen**, nach dem: ferr-ma.
  - **Sitzen**, vom: bamb-a.$_{stb2}$ berb. laur. puls.
- **Bad**; nach einem warmen: calc.
- **Berührung**, bei: chin.$_{al,k}$

- **Bewegung**:
  - **amel.**: chin.$_{a1,k}$ phos.$_{a1,k}$
  - **bei**: cycl.$_{a1,k}$ phos.$_{a1,k}$
- **Essen**, nach dem: anac.$_{a1,k}$ *Lach.*$_{a1,k}$
- **Gehen**, beim: acon. agar. anac.$_{h}$ bell.$_{h}$ *Bry.* calc. carb-v. caul. chel. *Chin.* **Cocc. Coloc.** con. *Cupr.* cycl. dig. dios. hyos. kali-c. kali-n.$_{h}$ *Lec. Led.* lil-t. mag-c. nat-n. *Nat-s.* petr. plat. puls. spong. stann.$_{bg1}$ staph. zinc.
  - **amel.**: cham. dios. petr. phos. ruta$_{h}$
  - **nach**: aur. calc-s. caust. clem.$_{h}$ ind. phyt. *Rhus-t.* ruta
  - **Freien**, im: calad. hyos. *Zinc.*
  - **Sonne**, in der: stann.$_{bg1}$
- **geistige** Anstrengung; durch: borx.$_{h}$
- **Heben** des Beines; beim: colch.$_{a1,k}$
- **Knien**, beim: *Tarent.*
- **Koitus**, nach: agar. **Calc.** con. dios.$_{bg1}$ kali-c. lyc. petr. *Sep.*$_{a1,k}$ sil.
- **Körperübungen**, durch: cob.$_{a1,k}$ equis-h.
- **lähmungsartig**: mosch.$_{a1,k}$ stann.$_{a1,k}$
- **Mittagessen**, nach dem: nit-ac.$_{h}$ phel.$_{a1,k}$ til.$_{a1,k}$
- **plötzlich**: cham.$_{a1,k}$
- **Pollutionen** im Schlaf; durch: dios.$_{bro1}$
- **Ruhe** amel.: **Bry.**$_{a1,k}$
- **Schreck**, nach: cinnb. merc.
- **Sitzen**:
  - **amel.**: staph.$_{a1,k}$
  - **beim**: camph.$_{a1,k}$ cic.$_{a1,k}$ coloc.$_{a1,k}$ mag-c.$_{a1,k}$ mosch. phos.$_{a1,k}$
- **Spaziergang**; wie nach einem langen: cocc.$_{a1,k}$ cor-r.$_{a1,k}$ dulc.$_{a1,k}$ euph. euphr.$_{a1}$
- **Stehen**, im: acon. *Anac.*$_{a1,k}$ calad.$_{a1,k}$ carb-v.$_{a1,k}$ chin.$_{h}$ *Cic.*$_{a1,k}$ *Cupr.* dios.$_{a1}$ hipp.$_{a1}$ iod.$_{a1,k}$ iodof.$_{a1}$ merc.$_{a1,k}$ *Mosch.* plat.$_{a1,k}$ prun.$_{a1,k}$ sul-ac.$_{a1,k}$
- **Strecken** und Beugen amel.: ferr.$_{a1,k}$
- **Stuhlgang**, nach: trom.$_{a1,k}$
- **Treppen**; beim Hinabsteigen von: bell. dios.$_{a1}$ hura *Kali-c.* lac-ac.$_{a1,k}$ merc.$_{a1}$ ruta$_{bg1}$
- **Treppensteigen**, beim: *Bry.*$_{a1,k}$ *Canth.* cass.$_{a1}$ caust.$_{a1,k}$ **Con.**$_{a1,k}$ dig.$_{a1,k}$ dios. hura hyos.$_{a1,k}$ iod.$_{a1,k}$ iodof.$_{a1}$ *Kali-c.* merc. ox-ac.$_{a1,k}$ *Plat.*$_{a1,k}$ plb.$_{a1,k}$ *Ruta Stann. Sulph. Thuj.*
- **verschiebt** sich von einer Seite auf die andere
  ☞ *abwechselnde*
- **zusammenschlagen** würden; als ob sie: *Agar.* arg-met.$_{k2}$ berb. cinnb. *Cocc.*$_{a1,k}$ *Colch.* **Nux-v.**

○ **Kniekehle**: adeps-s.$_{k1}$ aur. blatta-o.$_{bg1}$ bov.$_{a1,k}$ ferr.$_{a1,k}$ ham.$_{bg1}$ laur.$_{bg1}$ led.$_{bg1}$ plat.$_{a1,k}$ rad-br.$_{bg1}$ rheum staph.$_{a1,k}$ valer.$_{a1,k}$ zinc.$_{a1,k}$
  - **morgens**: valer.$_{a1,k}$
  - **Aufstehen** vom Sitzen, beim: ferr.$_{a1,k}$ staph.$_{a1,k}$
  - **Gehen**:
    - **beim**: zinc.
    - **Stehen**, nach: ferr.
    - **unmöglich**: adeps-s.$_{k1}$
  - **Sitzen**, im: plat.$_{a1,k}$

– **Knie - Kniekehle**: ...
  - **Stehen**, im: rheum

– **Unterschenkel**: acet-ac.$_{a1,k}$ acon.$_{a1,k}$ act-sp.$_{a1,k}$ *Aesc.*$_{a1,k}$ *Agar.*$_{a1,k}$ all-c. aloe *Alum.* alum-sil.$_{k2}$ alumn.$_{a1,k}$ *Am-c.* am-m.$_{a1,k}$ ambr.$_{a1,k}$ amyg.$_{a1}$ anan. androc.$_{srj1}$ ant-t.$_{bg1}$ *Arg-met.* *Arg-n.*$_{a1,k}$ *Ars.*$_{a1,k}$ arund.$_{a1,k}$ asaf. aspar.$_{a1,k}$ atro.$_{a1,k}$ *Bar-c.*$_{a1,k}$ bell.$_{a1,k}$ benz-ac. borx. *Bov.*$_{a1,k}$ brom.$_{a1,k}$ bry. bufo *Cact.*$_{a1,k}$ *Calc.*$_{a1,k}$ *Calc-p.*$_{a1,k}$ *Calc-s.* calc-sil.$_{k2}$ camph. *Cann-i.*$_{a1,k}$ *Canth.*$_{a1,k}$ carb-v. carbn-o. carbn-s. *Caust.* cent.$_{a1}$ cerv.$_{a1}$ cham.$_{a1,k}$ chinin-ar.$_{k2}$ chinin-s. chlor.$_{a1,k}$ choc.$_{srj3}$ *Cic.*$_{a1,k}$ cimic. clem.$_{a1,k}$ **Cocc.** coloc. **Con.**$_{a1,k}$ conin.$_{a1}$ cop. corn.$_{a1,k}$ croc.$_{br1,bro1}$ *Cupr.* cycl.$_{a1,k}$ dig.$_{a1,k}$ digin.$_{a1}$ dios.$_{a1,k}$ dub.$_{a1}$ dulc. elaps eup-per.$_{a1,k}$ euph.$_{a1,k}$ *Ferr.* ferr-ar.$_{k2}$ *Ferr-m.* ferr-p. fl-ac.$_{a1,k}$ form. gels.$_{a1,k}$ gins.$_{a1,k}$ *Glon.* grat.$_{a1,k}$ guaj. haem.$_{a1}$ *Ham.*$_{a1,k}$ hell.$_{a1,k}$ hura *Hydr.* *Hydrog.*$_{srj2}$ hyos.$_{a1,k}$ ind. indg.$_{a1,k}$ iris jab.$_{a1,k}$ jatr-c. *Kali-bi.*$_{a1,k}$ *Kali-c.*$_{a1,k}$ *Kali-cy.*$_{a1,k}$ *Kali-n.*$_{a1,k}$ kalm.$_{a1,k}$ kreos.$_{a1,k}$ *Lach.*$_{a1,k}$ lat-m. led.$_{a1,k}$ lepi.$_{a1}$ lil-t.$_{a1,k}$ *Lyc.*$_{a1,k}$ *Mag-c.* mag-s.$_{a1,k}$ mang. med. *Merc.*$_{a1,k}$ mez.$_{a1,k}$ murx.$_{a1,k}$ *Nat-ar.* *Nat-c.* nat-m. nat-p. **Nat-s.**$_{a1,k}$ nit-ac. nuph.$_{a1,k}$ **Nux-m. Nux-v.** *Olnd.* onos. *Op.*$_{a1,k}$ ox-ac. paull.$_{a1}$ peti.$_{a1}$ *Petr.* **Ph-ac.** *Phos.* phys.$_{a1,k}$ phyt. *Pic-ac.*$_{a1,k}$ *Plat.* **Plb.**$_{a1,k}$ psor.$_{a1,k}$ puls. **Rhus-t.**$_{a1,k}$ rumx. ruta sabad.$_{a1,k}$ sabin.$_{a1}$ sars.$_{a1,k}$ seneg. *Sep.* *Sil.*$_{a1,k}$ staph. stront-c. stry.$_{a1,k}$ *Sulph.*$_{a1,k}$ sumb.$_{a1}$ tanac.$_{a1}$ tarent.$_{a1,k}$ *Thuj.*$_{a1,k}$ tub.$_{c1}$ valer. verat.$_{a1,k}$ vip.$_{a1,k}$ xan.$_{a1,k}$ *Zinc.* zinc-p.$_{k2}$
  - **rechts**: bov.$_{bg1}$ con.$_{bg1}$ tarax.$_{br1,h}$
  - **morgens**: acon.$_{a1,k}$ ambr.$_{a1,k}$ *Arg-met.* ars.$_{a1,k}$ bar-c.$_{a1,k}$ brach.$_{a1,k}$ chlor.$_{a1,k}$ dios.$_{a1,k}$ nux-v. stach.$_{a1}$ sulph.$_{a1,k}$
    - **Aufstehen**, beim: *Arg-met.* hura ran-a.$_{a1}$ rat.$_{a1,k}$ rhod.$_{a1,k}$
    - **Bett**, im: ran-a.$_{a1}$ sulph.$_{a1,k}$
    - **Erwachen**, beim: *Arg-met.* caust.$_{a1,k}$ sumb.$_{a1,k}$
  - **vormittags**: coloc.$_{a1,k}$ ptel.$_{a1,k}$ ran-b. rhus-t.$_{a1,k}$ sars.$_{a1,k}$
  - **mittags**: *Rhus-t.*$_{a1,k}$
  - **nachmittags**: am-m.$_{a1,k}$ erio.$_{a1}$ hura nat-c.$_{a1,k}$ peti.$_{a1}$ rat.$_{a1,k}$
    - **Gehen**, beim: *Rhus-t.*$_{a1,k}$
  - **abends**: abrot.$_{a1,k}$ brach.$_{a1,k}$ coc-c.$_{a1,k}$ kali-n.$_{a1,k}$ merc.$_{a1,k}$ onos. phys.$_{a1,k}$ stach.$_{a1}$
    - **Gehen**, beim: onos.
    - **Treppensteigen**, beim: rhus-t. rumx.
  - **nachts**: am-m.$_{a1,k}$ sulph.$_{a1,k}$
  - **Anstrengung**, nach geringer: cic. ziz.
  - **Aufstehen**:
    - **beim**: bry.$_{a1,k}$
    - **nach**; amel.: caust.$_{a1,k}$
    - **Sitzen**, vom: atro. puls.
  - **Auftreten**, beim: plat.$_{h}$
  - **Bewegung**:
    - **amel.**: aur-m-n.$_{a1,k}$ cham.$_{a1,k}$ dios.$_{a1,k}$ nat-s.$_{a1,k}$ stront-c.
    - **bei**: clem.$_{a1,k}$ nat-s.$_{a1,k}$ pic-ac.$_{a1,k}$
  - **Diarrhoe**, nach: borx.$_{k1}$ ~~bov.$_{k1,xxx}$~~
  - **Entbindung**, nach: *Caust. Rhus-t.*
  - **Erwachen**, beim: arg-met.

- **Essen** agg.: hyos.$_{a1,k}$
- **Gehen**, beim: agar.$_{a1,k}$ am-c.$_{a1,k}$ *Caust.*$_{a1,k}$ chel.$_{a1,k}$ chin.$_{a1,k}$ *Con.*$_{a1,k}$ ery-m.$_{a1}$ *Gran.*$_{a1,k}$ ind.$_{h,k}$ indg.$_{a1}$ lyc.$_{a1,k}$ mez.$_{a1,k}$ nat-p.$_{a1}$ nat-s.$_{a1}$ nit-ac.$_{a1,k}$ **Nux-m.** onos. ph-ac.$_{h}$ plat.$_{a1,k}$ plb.$_{a1,k}$ *Rhus-t.*$_{a1,k}$ stram. *Sulph.*$_{a1,k}$ tarax.$_{a1,k}$ tarent.$_{a1,k}$ zinc.$_{a1,k}$
  - **nach**: kali-n.$_{h}$
  - **Freien**, im: grat.
- **Gehens**; zu Beginn des: *Bry.*$_{a1,k}$
- **lähmungsartig**: bell.$_{a1,k}$ cod.$_{a1,k}$ kali-n.$_{a1,k}$
- **Menses**, während: bov.$_{a1,k}$ sars.$_{a1,k}$ sulph. zinc.
- **Mittagessen**, nach dem: agar.
- **Reise**, nach einer: pic-ac.$_{a1,k}$
- **Schlaf** amel.: tell.$_{a1,k}$
- **schmerzhaft**: calc.$_{a1,k}$ cann-i.$_{a1,k}$ crot-h.$_{a1,k}$ plat.$_{h}$
- **sexuellen** Exzessen, nach: staph.
- **Sitzen**:
  - **amel.**: valer.$_{a1,k}$
  - **beim**: acon.$_{a1,k}$ alumn.$_{a1,k}$ aur-m-n.$_{a1,k}$ camph.$_{a1,k}$ cic.$_{a1,k}$ diosm.$_{bro1}$ indg. plat.$_{a1,k}$ **Rhus-t.**$_{a1,k}$ sulph.$_{a1,k}$ *Thuj.*
- **Stehen**, im: aster.$_{a1,k}$ chin. cinch.$_{a1}$ nat-p.$_{a1,k}$ ol-an.$_{a1,k}$ samb.$_{a1,k}$ valer.$_{a1,k}$
- **Steigen**:
  - **beim**: lyss.$_{c1}$ *Ruta*
  - **Treppensteigen**, beim: acon.$_{a1,k}$ alum-sil.$_{k2}$ *Bry.*$_{a1,k}$ corn. *Hura* hyos. ruta tarax.$_{a1}$
- **Stuhlgang**, nach: con.$_{a1,k}$
- **Temperaturveränderung**, bei: act-sp.
- **Übereinanderlegen** der Beine; beim: verb.$_{h}$
- **Zimmer** amel.; im: grat.

○ **Achillessehne**: lyc.$_{a1,k}$ valer.$_{a1,k}$
  - **morgens**: lyc.$_{a1,k}$
  - **Sitzen**, im: valer.$_{a1,k}$
- **Wade**: aesc. aloe *Arg-n.*$_{a1,k}$ calc.$_{a1,k}$ calc-i.$_{a1,k}$ *Calc-p.* calc-s.$_{a1,k}$ calc-sil.$_{k2}$ carb-v.$_{a1,k}$ castm. cham.$_{a1,k}$ chinin-s. coc-c.$_{a1,k}$ croc.$_{a1,k}$ dulc.$_{a1,k}$ ferr.$_{a1,k}$ ferr-i.$_{a1,k}$ hipp.$_{a1}$ hydrog.$_{srj2}$ kali-c.$_{a1,k}$ kali-n.$_{a1,k}$ *Kalm.* kreos.$_{a1,k}$ *Nat-m.* nicc.$_{a1,k}$ osm. plb.$_{a1,k}$ sil.$_{a1,k}$ stront-c. sulph.$_{a1,k}$ thuj.$_{a1,k}$ valer.$_{a1,k}$ zinc.$_{a1,k}$
  - **nachmittags**: castm. valer.$_{a1,k}$
  - **abends**: dulc.$_{a1,k}$ eupi.$_{a1,k}$
  - **nachts**: *Sulph.*$_{a1,k}$
  - **Aufstehen** vom Sitzen, beim: zinc.$_{a1,k}$
  - **Bewegung**, bei: castm.
  - **Frost**; während: thuj.$_{a1,k}$
  - **Gehen**:
    - **amel.**: plb.$_{a1,k}$
      - **nach**: calc-s.
    - **beim**: aloe croc.$_{a1,k}$ gran.$_{a1,k}$ nicc.$_{a1,k}$ osm.
  - **Knien**, beim: ars-i.$_{a1,k}$
  - **Sitzen**:
    - **amel.**: nicc.$_{a1,k}$
    - **beim**: stront-c.
  - **Steigen**, beim: bell.$_{h}$

– **Knöchel**: abrot.$_{a1,k}$ agn. aloe arg-n. arn. ars.$_{a1,k}$ ars-s-f.$_{k2}$ arund.$_{a1}$ calc.$_{a1,k,*}$ *Calc-p.*$_{c2}$ calc-s. **Carb-an.** carbn-s. carc.$_{fb}$ *Caust.* chlf.$_{a1,k}$ cic.$_{a1,k}$ com. cori-r.$_{a1}$ dios.$_{a1,k}$ *Ferr.* ferr-ar. glon.$_{a1,k}$ *Ham.*$_{c2}$ hipp.$_{a1}$ kali-c.$_{a1,k}$ kali-sil.$_{k2}$ *Lac-d.* led.$_{br1}$ mang.$_{c2}$ mang-m.$_{c2}$ med. merc.$_{a1,k}$ mez.$_{a1,k}$ **Nat-ar.** **Nat-c.**$_{c2,k}$ *Nat-m.* **Nat-p.**$_{a1,k}$ **Nat-s.** **Nit-ac.** nux-v. ph-ac.$_{k2}$ phys.$_{a1,k}$ pin-s.$_{c2}$ plb.$_{a1,k}$ polyp-p.$_{a1}$ puls. *Rhus-t.*$_{a1,k}$ *Rhus-v.*$_{a1,k}$ *Sep.* **Sil.**$_{a1,k,*}$ sphing.$_{kk3}$ *Sul-ac.* *Sulph.*$_{a1,k}$ valer.$_{a1,k}$
  - **morgens**: agn. coca
    - **Gehen**, beim: agn. com.$_{a1}$ valer.$_{a1,k}$
  - **nachts**: sulph.$_{a1,k}$
  - **Auftreten**, beim: phos.$_{h}$
  - **Bewegung**, bei: laur.$_{a1,k}$ nux-v.$_{a1,k}$
  - **Gehen**:
    - **amel.**: caust.$_{a1,k}$
    - **beim**: agn. aloe *Calc-p.*$_{st1}$ carb-an.$_{a1,k}$ com.$_{a1,k}$ med. *Nat-c.* **Nit-ac.** nux-v.$_{a1,k}$ plb.$_{a1,k}$ sulph.$_{h}$
    - **Beginn** des Gehens; zu: mez.$_{h}$
    - **Freien**, im: mez.$_{h}$
  - **Kindern**, beim Gehenlernen; bei: **Carb-an.** nat-c.$_{k2}$ nat-p.
  - **Laufen**, beim: mez.$_{a1,k}$
  - **plötzlich**: com.$_{a1,k}$
  - **Sitzen**:
    - **beim**: paeon.$_{a1,k}$
    - **Gehen**, nach dem: caust.
  - **Stehen**, im: calc.$_{a1,k}$
  - **warmen** Bad; nach einem: calc.

  ○ **äußerer**: petr.$_{h}$

– **Füße**: agar.$_{a1,k}$ am-c.$_{a1,k}$ ambr.$_{a1,k}$ ant-c.$_{bg1,bg2}$ ant-t.$_{a1}$ arg-met.$_{k2}$ **Ars.**$_{a1,k}$ ars-s-f.$_{k2}$ aspar.$_{a1}$ bell.$_{a1,k}$ borx. *Bov.*$_{a1,k}$ bry.$_{a1}$ *Calc.*$_{a1,k}$ calc-sil.$_{k2}$ canth.$_{a1,k}$ carb-ac.$_{a1,k}$ carbn-o. carbn-s. *Cham.*$_{a1,k}$ *Chin.*$_{a1,k}$ chinin-s. chlf.$_{a1,k}$ cinch.$_{a1}$ clem.$_{a1,k}$ coca coff.$_{a1,k}$ colch.$_{a1,k}$ croc.$_{a1,k}$ crot-t.$_{a1,k}$ cycl.$_{a1,k}$ eup-per. eup-pur.$_{a1}$ ferr.$_{a1,k}$ ferr-ar.$_{k2}$ franz.$_{a1}$ gamb.$_{a1,k}$ gels.$_{a1,k}$ gins.$_{a1,k}$ glon.$_{a1,k}$ graph.$_{a1,k}$ grat.$_{a1,k}$ *Hell.*$_{a1,k}$ hyos.$_{a1,k}$ ign.$_{a1,k}$ indg.$_{a1,k}$ ip.$_{a1,k}$ *Lach.*$_{a1,k}$ lath.$_{a1,k}$ laur.$_{a1,k}$ lipp.$_{a1}$ *Lyc.*$_{a1,k}$ mag-c.$_{a1,k}$ mag-s.$_{a1,k}$ merc. *Mez.* narz.$_{a1}$ nat-ar. nat-c.$_{a1,k}$ *Nat-m.*$_{a1,k}$ nicc. nit-ac.$_{a1,k}$ nux-v.$_{a1,k}$ *Ol-an.*$_{a1,k}$ *Olnd.*$_{a1,k}$ petr. phel.$_{a1,k}$ *Phos.*$_{a1,k}$ phys.$_{a1,k}$ *Plat.*$_{a1,k}$ plb.$_{a1,k}$ plect.$_{a1}$ polyp-p.$_{a1}$ *Puls.*$_{a1,k}$ rad-br.$_{bg1}$ ran-r.$_{c2}$ ran-s.$_{a1,k}$ *Rhus-t.*$_{a1,k}$ ruta sabad.$_{a1,k}$ sars.$_{a1,k}$ sec.$_{a1,k}$ seneg.$_{a1,k}$ *Sil.*$_{a1,k}$ stann. stram.$_{a1,k}$ stront-c. *Sulph.*$_{a1,k}$ sumb.$_{a1,k}$ *Tab.*$_{a1,k}$ tep.$_{a1,k}$ thuj.$_{a1,k}$ verat.$_{a1,k}$ xan.$_{a1,k}$ zinc.$_{a1,k}$
  - **rechts**: agar.$_{bg1}$
  - **morgens**: caust.$_{a1,k}$ lyc.$_{a1,k}$ mag-m.$_{a1,k}$ sapin.$_{a1}$
    - **Aufstehen**, beim: nat-m.$_{a1,k}$
    - **Bett**, im: zinc.$_{a1,k}$
    - **Gehen**, beim: lyc.$_{a1,k}$ mag-c.$_{a1,k}$ mag-m.$_{a1,k}$
  - **vormittags**: seneg.$_{a1,k}$
  - **mittags**: kali-bi.$_{a1,k}$
  - **nachmittags**: alum.$_{a1,k}$ bov.$_{a1,k}$ hydr-ac.$_{a1,k}$ lith-c. lyc.$_{a1,k}$ nux-v.$_{a1,k}$
    - **16** h: **Lyc.**
    - **17** h: cham.
    - **Gehen**, beim: lyc.$_{a1,k}$
  - **abends**: agar.$_{a1,k}$ ign.$_{a1,k}$ merc-c.$_{a1,k}$ pic-ac.$_{a1,k}$ puls.$_{a1,k}$
    - **19** h: ant-c.$_{bg1,k}$

• **abends**: ...
 • **Gehen**:
  • **beim**: mag-m.$_{h}$
  • **nach**: coc-c.
• **nachts**: *Carb-an.*$_{a1,k}$ cham.$_{h}$ mag-s.$_{a1,k}$ nit-ac.$_{a1,k}$
 • **Mitternacht**:
  • **nach**:
   • **4** h: plb.
 • **Menses**, vor den: mang.$_{a1,k}$
• **Beugen**, beim: led.$_{h,k,*}$
• **Erwachen**, beim: nat-m.$_{a1,k}$
• **Essen**, nach dem: cain. ferr.$_{a1,k}$ nat-c.$_{h}$
• **Fahren** amel.; beim: *Nat-m.*
• **Fieber**, nach: nat-s.$_{a1,k}$
• **Frösteln**, beim: hell.$_{a1,k}$
• **Gehen**:
 • **amel**.: laur.$_{a1,k}$ nat-m.$_{a1,k}$ zinc.$_{a1,k}$
 • **Beginn** des Gehens; zu: mag-m.$_{h}$
 • **beim**: camph.$_{a1,k}$ chin. clem.$_{a1,k}$ croc.$_{a1,k}$ *Graph.* grat.$_{a1}$ ham.$_{a1,k}$ kali-n.$_{a1,k}$ par.$_{a1,k}$ **Rhus-t.**$_{a1}$ thuj.$_{a1}$
 • **Freien**, im: agar. arn. olnd. thuj.
  • **nach**: borx.$_{h}$
• **heben**; beim Versuch, ihn zu: merc.$_{a1,k}$
• **Koitus**, nach: calc-p.$_{a1,k}$
• **Kopfschmerzen**, bei: ol-an.$_{a1,k}$
• **lähmungsartig**: cham.$_{a1,k}$ nat-m.$_{a1,k}$ olnd.$_{a1,k}$ tab.$_{a1,k}$
• **Liegen** amel.: mag-c.$_{a1,k}$ *Nat-m.*$_{a1,k}$
• **Menses**, während: ant-t.$_{a1,k}$ castm. *Graph.* mang. ol-an.$_{a1,k}$ zinc.$_{a1,k}$
• **Mittagessen**, nach dem: mag-m.$_{a1,k}$
• **Sitzen**: anac.$_{a1,k}$ card-b.$_{a1}$ coc-c.$_{a1,k}$ *Led.*$_{a1,k}$ plat.$_{a1,k}$ *Rhus-t.*$_{a1,k}$ thuj.$_{a1,k}$
 • **amel**.: *Nat-m.*$_{a1,k}$
• **Stehen**, im: kali-n.$_{a1,k}$ *Nat-m.*$_{a1,k}$ sars.$_{a1,k}$
• **Treppensteigen**, beim: acon.$_{a1,k}$ borx. bry.$_{a1,k}$ lyc.$_{a1,k}$ mag-c.$_{a1,k}$ nux-v.$_{a1,k}$
• **zittrig**: caps.$_{a1,k}$
○ **Fußsohle**: cain. calc-f.$_{sha}$ carbn-s. croc.$_{a1,k}$ hipp.$_{a1}$ kreos.$_{a1,k}$ led.$_{a1,k}$ nux-v.$_{a1,k}$ olnd.$_{a1,k}$ plb.$_{a1,k}$ sumb.$_{a1,k}$ tep.$_{a1,k}$ thuj.$_{a1,k}$
 • **Gehen**, beim: nux-v.$_{a1,k}$ olnd.$_{a1,k}$ thuj.$_{a1,k}$
 • **Mittagessen**, nach dem: carbn-s.
 • **Sitzen**, im: plb.$_{a1,k}$ thuj.$_{a1,k}$
– **Zehen**: ars.$_{a1,k}$ crot-h.$_{a1,k}$ glon.$_{a1,k}$

Schwankender Gang: aesc. *Agar.* **Alum.** *Am-m.* *Ambr.* *Anac.* *Apis* **Arg-met.** arg-n. *Ars.* **Aur.** **Bar-c.** *Calc.* camph. *Carb-ac.* carb-an. *Carb-v.* **Caust.** *Chin.* cic. **Cocc.** **Con.** *Fl-ac.* *Gels.* *Glon.* *Hell.* hyos. ign. *Iod.* *Lath.* *Mag-p.* *Merc.* *Mur-ac.* *Nat-c.* *Nat-m.* **Nux-v.** *Op.* ox-ac. *Ph-ac.* **Phos.** **Pic-ac.** **Plb.** rhod. **Rhus-t.** *Sars.* sec. *Sil.* stram. *Stry.* *Sulph.* *Tarent.* teucr. verb.
 ☞ *Schwäche - Beine / Ungeschicklichkeit - Beine*

Schweben; als würden sie in der Luft: calc-ar.$_{wd}$ nux-m. *Ph-ac.* stict.
 ☞ *Leichtigkeit*

Schweiß: aur. aur-m. *Carb-v.* *Con.* cupr. glon. *Lac-ac.* ol-j. op. plb.$_{k2}$ stram.

Schweiß: ...
– **linker** Arm und linkes Bein: lac-d.
– **morgens**: *Carb-v.* con.
– **nachts**: calc. carl. con. kali-n.
– **gelähmtes** Glied: ars. caust. cocc. *Merc.* *Rhus-t.* stann.
– **kalt**: *Ars.* *Asaf.* aur.$_{kl}$ ~~aur-fu.$_{kl,xxx}$~~ aur-i. aur-m. bell. *Cact.* calc-sil.$_{k2}$ canth. dros. glon.$_{k2}$ *Lach.* lachn. *Merc-c.* *Morph.* ox-ac.$_{k2}$ phos. *Sec.* spong. stram. *Tab.* *Verat.* *Verat-v.*
 • **Menses**, während: ars. phos. sec. **Verat.**
– **klebrig**: ars. *Cact.* chinin-s. lil-t. merc-c. nux-m. op. phos. plb. *Tab.*
 • **Menses** erscheinen sollten; wenn die: *Lil-t.*
– **Stuhlgang**, beim: gamb.
○ **Gelenke**: **Am-c.** ars. bell. bry. calc. dros. led. *Lyc.* mang. nux-v. ph-ac. *Rhus-t.* sars. stann. sulph.
 • **morgens**: am-c. lyc.
 • **kalt**: rhus-t.
 • **nur**: *Am-c.*$_{bg2}$ *Ars.*$_{bg2}$ bell.$_{bg2}$ *Bry.*$_{bg2}$ *Calc.*$_{bg2}$ dros.$_{bg2}$ *Led.*$_{bg2}$ *Lyc.*$_{bg2}$ *Mang.*$_{bg2}$ *Nux-v.*$_{bg2}$ *Ph-ac.*$_{bg2}$ *Rhus-t.*$_{bg2}$ *Stann.*$_{bg2}$ *Sulph.*$_{bg2}$
 • **schmerzhaft**: am-c. lyc.
○ **Gelenkbeugen**: carc.$_{cd}$ sep.$_{h}$ zinc.$_{bg2}$
 • **morgens**: lyc.$_{h}$
 • **nachts**: sars.$_{h}$
– **Arme**: agar. asaf. asar. bry. caps. guare. hyos. ip. jab. merc. **Petr.** ph-ac.$_{k2}$ stann. stront-c. zinc.
 • **nachts**: ol-j.
 • **kalt** und klebrig: *Zinc.*
 • **Koitus**, nach: agar.
○ **Innenseite**: arn.
– **Schulter**: chin.
 • **Koitus**, nach: agar.
○ **unter** der Schulter, Mittagessen amel.: phos.
– **Ellbogenbeuge**: sep.$_{bg1}$
– **Unterarm**: *Petr.*
– **Handgelenk**: petr. syph.
– **Hände**: acon. **Agn.** ambr. aml-ns. anac. *Ant-t.* **Ars.** ars-i. bamb-a.$_{stb2}$ bar-c. bar-i.$_{k2}$ bar-s.$_{k2}$ bell. brom. **Calc.** calc-i.$_{k2}$ *Calc-s.* camph. canth. caps. carb-v. carbn-o. carbn-s. *Caust.* cham. chel. *Cina* *Cit-v.* cocc. coff. *Coloc.* *Con.* cupr. dig. dirc. dulc. *Fago.*$_{c2,k}$ ferr.$_{bg1,k}$ *Fl-ac.*$_{c2,k}$ glon. graph. guare. hell. *Hep.* hura *Ign.* iod. *Ip.* *Kali-bi.* kreos. lac-ac. laur. *Led.* lith-c. *Lyc.* marb-w.$_{es1}$ *Merc.* *Merc-c.* naja$_{k2}$ nat-ar. nat-c. *Nat-m.* nat-p. **Nit-ac.** *Nux-v.* oena. ol-an. op. ox-ac. *Petr.* ph-ac. phel. **Phos.** phys. pic-ac.$_{c2,k}$ puls. pyrus rhod. *Rhus-t.* sanic. sars. **Sep.** **Sil.** spig. stict. sul-i.$_{k2}$ **Sulph.** syph. tab. **Thuj.** tub.$_{bg}$ verat. *Zinc.* zinc-p.$_{k2}$
 • **tagsüber**: nit-ac.$_{bg2,k}$ ol-an.$_{bg2,k}$ pic-ac.$_{bg2,k}$
 • **morgens**: lyc. phos. puls. sulph.
  • **Aufstehen**, nach dem: puls.
  • **Bett**, im: phos.
 • **vormittags**: fago.
 • **mittags** bis abends, jeden Tag: lac-ac.
 • **nachmittags**: bar-c.
 • **abends**: glon. ign. sulph.
  • **Hinlegen**, vor dem: sulph.
 • **nachts**: coloc.

– **Hände**: ...
◇ **abwechselnd** in der einen oder der anderen: cocc.
• **Angst**; mit:
◆ **begleitet** von:
• **Zittern** der Hand
☞ *Zittern - Hände - Angst - begleitet von - Schweiß*
• **Aufstehen**, beim: am-m. fago.
• **Dysmenorrhoe**, bei: tarent.
• **Einschlafen**, beim: ars.
• **Erregung**; durch: bamb-a.stb2
• **erschöpfend**: nat-c.
• **Freien**, im: agn.
• **Frost**; während: eup-per. *Ip. Puls.*
• **Gehen** im Freien; beim: agn.
• **Hitze**, mit: nit-ac.
• **Husten**, beim: ant-t.
• **Jucken**, mit: sulph.
• **kalt**: acon. ambr. ant-c. ant-t. *Ars.* ars-i. ars-s-f.k2 *Atro.* bell. *Brom.* calc.pf *Calc-s.* calc-sil.k2 **Canth.** caps. carb-ac. cham. *Cimic. Cina* cocc. ferr.bg1 *Hep.* iod. *Ip. Kali-bi.* kali-cy. kali-sil.k2 *Lach. Lil-t. Lyc.* merc-c. morph. **Nit-ac.** nux-v. *Ox-ac.* petr.h *Ph-ac. Phos.* phyt. pic-ac. plb. *Psor.* rheum *Rhus-t.* sanic.pf sars. *Sec.* **Sep.** *Spig. Sulph. Tab. Thuj.* **Tub.**al2 *Verat. Verat-v.* zinc. zinc-p.k2
• **warmen** Zimmer, im: ambr.
• **Kälte**, bei innerer: tab.
• **kalter** Nase, mit: *Nux-v.*
• **klebrig**: anac. *Ars.* carb-ac. ind. lyss.c1 merc. nux-v. **Phos.** pic-ac. plan. pyrog. spig. sulph. zinc.
• **Migräne**:
• **bei**: *Calc.*
• **nur** an der Hand: agn. verat.h
• **Ophthalmie**, bei: brom. cadm-s. *Calc. Con. Dulc.* **Fl-ac.** gymno. ind. *Iod. Led. Petr.* **Sulph.**
• **Prolaps** des Uterus; bei: *Lil-t.*
• **reichlich**: bamb-a.stb2 *Ip.* kali-sil.k2 naja.k2 nat-c.h2 *Nit-ac.* **Sil.**
• **Schreiben**, beim: coff.
• **Schwefel**, riecht nach: sulph.
• **Sitzen**, im: calc.
• **Stuhlgang**, nach: *Sulph.*
• **übelriechend**: calc-s. coloc. hep. nit-ac.
• **Urin**, riecht nach: coloc.
• **Verletzungen** der Wirbelsäule; bei: **Nit-ac.**
○ **Handfläche**: *Acon.* agar. *All-c.* all-s. am-m. aml-ns. anac. ant-t. bar-c. bar-i.k2 bar-s.k2 brom. bry. cadm-s. *Calc.* calc-i.k2 calc-p. camph. cann-i. caps. carb-v. caust. cench.k2 *Cham.* chel. coff. *Con.* dig. **Dulc.** fago. ferr.bg1 *Fl-ac.* glon. granit-m.es1 gymno. hell. hep. hyos. **Ign.** ind. *Iod.* jatr-c. *Kali-c.* kali-s. kali-sil.k2 kreos. laur. *Led.* lil-t. lob. lyc. manc. *Merc.* naja nat-m. nit-ac. **Nux-v.** petr. *Phos. Psor.* rheum rhus-t.h **Sep. Sil.** spig. **Sulph.** tab. tarent. *Tub.*
• **tagsüber**: dulc.
• **morgens**: am-m.h
• **nachmittags**: bar-c.
• **abends**: tab.
• **nachts**: *Psor.*

– **Hände - Handfläche**: ...
• **Mitternacht**, nach: merc.
• **Anstrengung**, bei: *Calc. Psor.*
• **Gehen** im Freien: nux-v. rhus-t.
• **Husten**; beim: naja.k2
• **kalt**: *Acon.* calc-sil.k2 *Cham.* coff. con.bg1 hydrog.srj2 nux-v. rheum spig. sul-i.k2 **Tub.**al2 zinc-i.bg1
• **Kälte**:
• **während** der: gran.
• **Handrückens**; mit Kälte des: hell.
• **Rücken**; bei Kälte am: all-c.
• **klebrig**: anac. coff. spig.
• **Suppe**, nach der: phos.
• **Zimmer**, im: caust.
• **zusammendrückt**; wenn er die Handflächen: rheum
• **Handrücken**: lil-t. lith-c.
• **kalt**: chion.bg1 lil-t. zinc-s.bg1
• **Körperübungen**, bei: thuj.
• **zwischen** den Fingern: sulph.
– **Finger**: agn. ant-c. bar-c. carb-v. ign. rhod. sulph.
○ **Fingerspitzen**: carb-an. carb-v. phos.bg1 sep.bg1,h sulph.bg1
• **zwischen** den: sulph.h
– **Beine**: ars. asaf. borx. calc. coc-c. coloc. con. croc. hep. **Hyos. Kali-n.** mang. merc. nux-v. *Phos. Rhod.* sec. *Sep.* ter. *Verat. Zinc.* zinc-p.k2
• **morgens**: lyc.
• **Bett**, im: rhod.
• **Erwachen**, nach dem: con.h *Sep.*
• **abends** im Bett: ter.
• **nachts**: am-c.h ars. calc.bg1 coloc. con.h kali-n.h mang. *Merc.* rumx. ter. *Zinc.*
• **außer** an den Beinen: lyc.h,k12●
• **Dysmenorrhoe**, bei: ant-t.
• **Gehen**, beim: ery-a.
• **gelähmte** Glieder: stram.
• **Menses**, während: calc. lil-t.
• **stinkend**: *Phos.*
– **Gesäß**: thuj.
– **Oberschenkel**: acon. **Ambr. Ars.** *Borx.* caps. *Carb-an.* coloc. crot-t. dros. eup-per. eup-pur. euph. *Hep.* hyos. *Kali-bi.* merc. *Nux-v.* ran-g.c2 rhus-t. *Sep.* sulph. **Thuj.**
• **morgens**: euph. rhus-t. thuj.
• **nachts**: *Carb-an.* coloc.h *Merc. Sep.*
• **Mitternacht**, nach: ars. nux-v.
• **außer** am Oberschenkel: lyc.h,k12●
• **Gefühl** von: caps.h
• **Gehen** im Freien; beim: caps.h
• **kalt**: crot-t. *Merc. Sep.*
• **Schlafs**; zu Beginn des: ars.
• **Stellen**, an kleinen: caps.
○ **Genitalien**, nahe den: thuj.
○ **männliche** Genitalien: crot-t.
• **übelriechend**: *Crot-t.*
• **Innenseite**: sulph.k2 *Thuj.*
• **zwischen**: aur. *Cinnb.* hep. nux-v.
• **morgens**: carb-an. nux-v.
• **nachts**: aur. carb-an.
• **Gehen**, beim: ambr. *Cinnb.*

– **Oberschenkel - zwischen**: ...

  • **übelriechend**: *Cinnb.*

  • **wundfressend**: cinnb.

– **Knie**: am-c. ars. bry. *Calc.* clem. dros. led. *Lyc.* plb. sep. spong. *Sulph.*

• **nachts**: ars. carb-an.h

• **Fieber**, nach: plb.

• **kalt**: ars.

• **Schwellung**, mit: lyc.

• **umschrieben**: clem.

○ **Kniekehle**: bry.bg1 bufo *Carb-an.* con.bg1 dros.bg1 ign.bg1 sep.bg1

– **Unterschenkel**: agar. am-c. ars. bry. *Calc. Calc-p. Caps.* coc-c. coloc. **Euph.** hyos. kali-bi. **Mang.** merc. mez. nux-v. **Petr. Podo.** *Psor.* puls.bg1 rhod. rumx. *Sep. Stram. Sulph.* thuj. til.c1

• **rechts**: coc-c.bg1

• **morgens**: ars. euph. sulph.

  • **5** h: sulph.

  • **Erwachen**, beim: coloc.

• **abends** im Bett: agar. ter.

• **nachts**: *Agar.* am-c. *Calc.* coloc. kali-bi.bg1 mang. *Merc.* rumx.bg1 *Sulph.* thuj.

• **außer** an den Unterschenkeln: lyc.h,k12●

• **kalt**: *Caps.* euph. *Merc. Phos. Psor.* thuj.h

• **klebrig**: *Calc.*

• **klebrig**, kühl: rumx.

• **stinkend**: *Phos.*

○ **Innenfläche**: agar.

– **Füße**: acon. am-c. am-m. ang. apis arn. *Ars. Ars-i.* **Bar-c.**c2,k bar-i.k2 *Bar-m. Bell.* benz-ac. brom. bry. **Calc.** calc-i.k2 **Calc-s.** camph. cann-s. *Canth.* carb-an. **Carb-v. Carbn-s.** carc.cd *Caust.* cham. chel. coc-c. **Cocc.** coff. **Coloc.** croc. *Cupr.* cycl. dros. euph. fago. *Fl-ac.* **Graph.** hell. hep. hura hyper. ind.c2,k **Iod.** ip. jab. kali-ar. *Kali-bi. Kali-c.* kali-m.k2 kali-p. kali-s. kalm. kreos. *Lac-ac.*c2,k lach. lact. led. **Lyc.**c2,k *Mag-m.*c2,k mang. med. **Merc.** mez. mur-ac. naja nat-ar. nat-c. *Nat-m.* nat-p. *Nit-ac.*c2,k ox-ac. *Petr.* ph-ac. *Phos.* phyt. pic-ac. plb. podo.c1 *Psor.* **Puls.** rhus-t. sabad. sabin. sanic.c2,k sec. sel. **Sep. Sil.**c2,k *Squil. Staph.* sul-i.k2 **Sulph.**c2,k tarent. **Thuj.** *Verat.* **Zinc.**c2,k zinc-p.k2

• **links**: cham. nit-ac.

• **rechts**: plect.vh sulph.vh

• **tagsüber**: pic-ac.

• **morgens**: am-m. bry. coc-c. euphr.vh lyc. merc. *Sulph.*k,vh,*

  • **Aufstehen**, nach dem: am-m.

  • **Bett**, im: bry. lach. merc. phos. *Puls.*h *Sabin.*k,vh,*

• **vormittags**: fago.

• **nachmittags**: graph. lac-ac. plect.vh

• **abends**: **Calc.** coc-c.vh cocc. graph. *Mur-ac.* pic-ac. podo.

  • **Bett**, im: calc. clem.k,vh *Mur-ac.*

• **nachts**: coloc. mang.h merc.bg1 *Nit-ac.* staph.h *Sulph.* thuj.

  • **Mitternacht**:

    • **vor**:

      • **23** h: hura

– **Füße - nachts - Mitternacht**: ...

    • **nach**:

      • **2** h: *Ars.*

  • **Erwachen**, beim: mang.vh

  • **Fußrücken**: iod.bg2

• **aashaft**: sil.alj

• **anhaltend**: **Sil.** *Thuj.*

• **außer** an den Füßen: chin.h,k12● phos.h,k12●

• **Brennen**, mit: *Calc. Lyc.* mur-ac. petr. sep. *Sulph.* thuj.

• **Diarrhoe**, bei: sulph.

• **Eier**; riecht wie faule: staph.

• **Erwachen**, beim: mang.

• **Frost**; während: cann-s.

• **Gehen**, beim: carb-v. graph. nat-c.

• **Hitze**; während: ars.h

• **kalt**: acon. ars. ars-i.k2 ars-s-f.k2 **Bar-c.** bell. benz-ac. **Calc.** calc-p.bg1 *Calc-s.* calc-sil.k2 *Canth.* **Carb-v. Carbn-s.** *Caust.* cimic. *Cocc. Cupr. Dig. Dros.* fago. graph. *Hep.* hura ind. *Ip. Kali-c.* kali-m.k2 *Kali-p. Kali-s.* laur. *Lil-t.* **Lyc.** *Mag-m.* med. *Merc.* mez. **Mur-ac.** nit-ac. ox-ac. phos. pic-ac. plb. *Psor.* **Puls.** *Sanic.* sec. *Sep. Sil.* squil. **Staph.** stram. *Sulph.* thuj. **Verat.**

  • **Zimmer**; im kalten: calc.k2

• **klebrig**: calc.bg1 kali-c.bg1 lyc.bg1 sanic.bg1

• **klebrig**, kühl: acon. calc.bg1 cann-i. pic-ac. sep. sulph.

• **Menses**:

  • **vor** und während: *Calc.*

  • **während**, durch die Heftigkeit der Schmerzen: verat.vh

  • **nach**: *Calc.* lil-t. *Sep. Sil.*

• **reichlich**: ars. arund. but-ac.br1 carb-an. carb-v. *Carbn-s.* carc.zzh cench.k2 cham. coloc. fl-ac. *Graph.* ind. *Ip. Kali-c.* kreos. *Lac-ac.* lach. **Lyc.** merc. naja.k2 **Nit-ac.** petr. phyt. *Psor.* puls. sabad. sal-ac. *Sanic.* sec. *Sep.* **Sil.** staph. sulph. *Thuj. Zinc.*

• **sauer**: *Calc.* calc-sil.k2 cob. nat-m. *Nit-ac.* sil.

  • **abends**: *Sil.*

• **Schuhleder**, wie derbes: cob.

• **Schwellung** der Füße; mit: graph. iod. kali-c. kreos. *Lyc.* petr. ph-ac. plb. sabad.

• **Sitzen**, im: bell.vh

• **Stuhlgang**, nach: sulph.

• **übelriechend**: am-c. am-m. anan. arg-n. ars. ars-i. ars-s-f.k2 arund. bamb-a.stb2 **Bar-c.** bar-s.k2 bufo but-ac.br1 *Calc. Calc-s.* carb-ac. *Carbn-s.* carc.cd chlol.c1 cob. coloc. cycl. *Fl-ac.* **Graph. Kali-c.** kali-sil.k2 kalm. **Lyc.** nat-m. **Nit-ac.** *Petr. Phos. Plb. Psor.* **Puls.** *Rhus-t. Sanic. Sec. Sep.* **Sil.** staph. *Sulph.* **Tell.**c2,k **Thuj.** *Zinc.* zinc-p.k2

• **unterdrückt**: am-c. apis ars. bad. **Bar-c.** *Bar-m.* bar-s.k2 cham. coch. colch. *Cupr. Form.* graph. haem. *Kali-c.* lyc. merc. nat-c. *Nat-m.* nit-ac. ol-an.bro1 ph-ac. phos. plb. *Puls.* rhus-t. sal-ac.c2 sel. **Sep. Sil.**c2,k sulph. *Thuj.* **Zinc.**c2,k zinc-p.k2

• **Urin**, wie: canth. coloc.

• **Verletzung** der Wirbelsäule; bei: **Nit-ac.**

• **warm**: *Led.*

• **Winter**; agg. im: arg-n. *Med.*al2

– **Füße**: ...
- **wundfressend**: *Bar-c. Calc. Carb-v.* coff. **Fl-ac.** graph. hell. *Iod. Lyc. Nit-ac.* ran-b. *Sanic. Sec. Sep. Sil.* squil. zinc.
- **zerstört** die Schuhe: sil.ptk

○ **Ferse**: ol-an.bg1 phos.bg1 thuj.
- **Fußrücken**: iod.bg1
- **Fußsohle**: acon. **Am-m.** arn. *Calc.* chel. fago. fl-ac.k2 hell. kali-c. maland.bg1 *Merc. Nat-m.* **Nit-ac.** *Nux-m.* petr. *Plb. Puls.* sabad. **Sil.** *Sulph.*
  - **juckend**: **Sil.** *Sulph.*
  - **kalt**: acon. *Sulph.*
  - **Roheit**, verursacht: bar-c.k2 *Calc.* nit-ac.h sil.h
  - **übelriechend**: *Petr. Plb. Sil.*

– **Zehen**: acon. arn. clem. kali-c. lach. *Phyt. Puls.* sep. **Sil.** squil. tell. *Thuj.* zinc.
- **morgens** im Bett: lach.
- **Gehen**, beim: graph.

○ **unter** den Zehen: phyt. tarax.
- **zwischen** den: acon. anac. arn. *Bar-c.* carb-v. *Clem.* cob. cupr. cycl. ferr. *Fl-ac. Kali-c.* kali-sil.k2 *Lyc. Nit-ac. Puls.* sep. **Sil.** squil. tarax. thuj. *Zinc.*
  - **abends**: clem.
  - **Roheit**, verursacht: **Bar-c.** *Carb-v.* fl-ac.k2 *Graph. Nit-ac. Sanic. Sep. Sil.* **Zinc.**
    ☞ *Exkoriation - Zehen*
  - **übelriechend**: *Bar-c.* cob. cycl. fl-ac.k2 *Kali-c.* lyc. nit-ac. *Puls. Sep.* **Sil.** *Thuj. Zinc.*

Schwellung: absin. acet-ac.k2 apis *Arn.* ars.a1,k aur-ar.k2 *Bamb-a.*stb2 *Bar-c.* both.a1,k carb-v.k2 cary.a1 chin.a1,k chinin-s. conch.a1 crot-h.a1,k *Dulc.*a1,k kali-ar.a1,k kali-p. *Kalm.* lach.a1,k merc.a1,k **Merc-sul.** nat-ar. op.a1,k *Petr.* plb.a1,k rhus-t.a1,k *Sec.*a1,k *Sil.* spig.k2 still. vip.a1,k
☞ *Krampfadern*

– **Gefühl** von: ant-c.a1,k ars-met. chin.a1,k *Glon.*a1,k
- **plötzlich**: tanac.c1

– **Krampf**, nach einem: graph.h

– **ödematös**
☞ *wassersüchtig*

– **periodisch**, jedes Jahr bei heißem Wetter, anfangs dunkelrot: vip.

– **schlaff**, livid: both.a1,k

– **teigig**: kali-s.k2 vip.a1,k

– **wassersüchtig**: acet-ac.k2 ant-c. **Apis** apoc. **Ars.** *Ars-i.* ars-s-f.k2 *Aur.* aur-ar.k2 aur-i.k2 aur-m.k2 bell. bry. *Cact.* carbn-s.k2 chel. *Chin.* chinin-ar. *Colch.*k,k2 **Coll.** *Con. Crot-h. Dig. Dulc. Eup-per. Ferr.* ferr-p. *Fl-ac. Hell. Iod.* kali-ar. kali-c. kali-n. kali-p. *Kalm.* led. *Lyc.* med.k2 *Merc. Merc-sul.* mur-ac. *Naja Nat-ar.* nit-ac.k2 op. plb. prun. puls. pyrog.k2 sabin. samb. seneg. *Sep.* squil. sul-i.k2 *Sulph. Ter.* xan.
☞ ❐ *Allgemeines - Wassersucht - äußere*
- **Säfteverlust**; durch: ferr.br1

○ **Gelenke**: *Abrot.* acon.hr1,k **Act-sp.**hr1,k agn. ammc.hr1 anag.hr1,k *Ant-t.*hr1,k *Apis* apoc.hr1,k *Arn.*bg2,k,* *Ars.*hr1,k,* ars-s-f.k2 asc-c.c1 asc-t.hr1,k aur. aur-ar.k2 *Aur-m.*hr1,k **Bell.**hr1,k berb.hr1,k **Bry.**bg2,k,* bufo *Calc.*hr1,k calc-f.hr1,k caust.hr1,k13 chin.bg2,k,*

Schwellung - Gelenke: ...
*Cimic.*hr1,k clem.hr1,k *Cocc.* **Colch.**hr1,k con.a1,k dig.br1 dulc.k13,k2 eup-per.k2 *Ferr-p.*hr1,k *Guaj.*hr1,k *Ham.*hr1,k **Hep.**hr1,k hip-ac.sp1 hippoz.hr1 kali-ar.k13,k2 kali-bi.k13,k2 *Kali-chl.*bg2,k,* kali-i.bg2,k,* *Kalm.*hr1,k *Lac-ac.* lac-c.k13,k2 *Lach.* **Led.**hr1,k *Lyc.*hr1,k mang.hr1,k med.hr1,k *Merc.*hr1,k,* *Nat-m.*hr1,k *Nux-v.*hr1,k *Rhod.*hr1,k,* *Rhus-t.*hr1,k sabin. *Sal-ac.*hr1,k sil. sol-t-ae.a1,k stict.hr1,k **Sulph.**hr1,k tarent.a1,k *Ter.*hr1,k thuj.hr1,k *Verat-v.*hr1,k
- **nachmittags**: chin.hr1,k
- **Anstrengung**, nach: act-sp.hr1,k,*
- **bläulich**: **Lach.**hr1,k
- **Ermüdung**, durch geringe: act-sp.bro1
- **Gefühl** von: caj. caps. *Par.* sabin.
- **ödematös**: *Led. Thuj.*
- **wassersüchtig**: ant-t.hr1,k apisk,sf1 apoc.k2 arn.sf1 ars-s-f.k2 *Bry.*sf1 canth.sf1 *Caust.* cedr.sf1 chin.sf1 chinin-s.sf1 iod.sf1 kali-m.sf1 *Nat-m. Ran-b.*sf1 samb.sf1
  ☞ ❐ *Allgemeines - Wassersucht - innere*
- **weiß**: *Caust.*hr1,k kali-s.hr1,k led.br1 *Sulph.*hr1,k

– **Arme**: acon. agar. alum. anac. *Anthraci. Apis Aran. Ars.* ars-s-f.k2 bar-c. *Bell.* both. *Bry. Bufo* cadm-s. *Chin.* chinin-s. chlol. cinnb.a1,k colch. cop. *Crot-h.* crot-t. *Cur.* dig. dor. dulc. elaps ferr. ferr-ar. *Ferr-p.* form. graph. *Hydr.* iod. kali-bi. kali-i.a1,k *Lach.* led.hr1 *Lyc.* manc. merc. merc-c. *Mez.* naja nat-s. *Phos.* **Rhus-t.**a1,k rhus-v. sep. sil. sol-ni. stry. sul-ac. *Sulph.* syph.k2 vario. verat. vesp. vip.a1,k
- **links**: lach.bg1
- **nachmittags**: nat-c.
- **abends**: *Cur.* rhus-t. stann.
- **nachts**: *Aran.* dig. kali-n. phos.
- **Blasen**; schwarze, eitrige: *Ars.*
- **blaß**: *Apis* bry. nux-v.
- **bläulich**: ars. bufo elaps **Lach.** samb.
- **brennend**: mur-ac. olnd. sulph.
- **Bücken**, beim: sil.h
- **Entblößen** amel.: chim.hr1,k
- **glänzend**: bry. sulph.
- **hart**: ars. carb-an. graph.h lach. led. sulph.a1,k
- **heiß**: ant-c. *Apis* bry. bufo *Cocc. Hep. Merc.* mez. rhus-t. sulph.a1,k
- **Herzens**; bei Erkrankung des: lycps-v.
- **kalt**: lach. *Puls.*
- **knotige** Schwellungen: *Agar. Ars.* carb-an. *Caust.* dulc. lyc. *Mag-c.* mag-m. mang. *Mez.* mur-ac. nat-m. nit-ac. sil. stann. zinc.
- **Krämpfen**, nach: graph.h
- **Lähmung**, nach: sulph.
- **Lymphgefäße**, der: berb.a1,k
- **ödematös**: *Apis* ars-s-f.k2 *Aur.* aur-m. cact. calc-ar. crot-h. *Ferr. Lach. Lyc. Merc-c. Phos.* sil.
- **rot**: alum.h ant-c. **Bell.** *Bry. Bufo* graph.h *Hep.* lac-d. *Lyc.* mag-c. *Merc.* sep. spong. *Thuj.*
- **schmerzhaft**: amph.a1 ant-c. chin. hep. kali-c. *Lach. Mosch.* nux-v. sep. *Sulph. Thuj.*
- **schmerzlos**: euphr. lyc.
- **schwarz**: *Carb-v. Mur-ac.*

• **Starre**, Rigidität; mit: sulph.
• **wassersüchtig**
☞ *ödematös*
• **weiß**: *Apis*
○ **Gelenke**: calc.
• **Knochen**: calc. dulc. lyc. mez. *Sil.* *Sulph.*
• **Periost**: *Aur.* *Merc.* mez.
– **Schulter**: acon. apis bry. calc. calc-p. carbn-o. *Coloc.* crot-h.$_{a1,k}$ crot-t. ferr-p.$_{k2}$ kali-br.$_{a1}$ kali-c.$_{h,k}$ kali-chl. kali-i. lac-c. lach.$_{a1,k}$ merc. merc-d.$_{a1}$ thuj.$_{a1,k}$ vip.$_{a1,k}$
• **Impfung**, nach: apis thuj.
• **Pusteln**, nach: kali-br.$_{a1}$ kali-c.$_{h,k}$
– **Oberarm**: acon. anac. *Apis* aran. arn.$_{a1,k}$ berb. *Bry.*$_{a1,k}$ calc-p. coloc.$_{a1,k}$ *Graph.*$_{a1,k}$ kali-c.$_{a1,k}$ puls. sang. sep. sulph.$_{a1,k}$ tep.$_{a1,k}$ vip.
• **hart**: *Sulph.*$_{a1,k}$
• **heiß**: *Sulph.*$_{a1,k}$
• **Impfung**: **Sil.** *Sulph.* **Thuj.**
• **knotige** Schwellungen: ars. nat-m. zinc.
• **schmerzhaft**: *Puls.*
○ **Knochen**: guare.$_{a1,k}$ tep.$_{a1,k}$
– **Ellbogen**: acon. agar. benz-ac. *Bry.*$_{a1,k}$ calc-f. chel. cic. colch.$_{a1,k}$ *Coloc.* con.$_{a1,k}$ dios. *Hep.*$_{bg1}$ hydr. *Lac-ac.*$_{a1,k}$ lac-c. lach.$_{bg1}$ **Merc.**$_{a1,k}$ petr.$_{a1,k}$ puls. sil. spig. tep.$_{a1,k}$ ter.$_{a1,k}$ verat.$_{bg1}$
• **abends**: sep.$_{h}$
• **heiß** und rot: **Merc.**$_{a1,k}$
• **rheumatisch**: agar. **Bry.** chel. coloc. com. lyc.
○ **Ellbogenbeuge**, Gefühl von: verat.$_{h}$
• **Gelenkköpfe**: **Calc-p.** *Mez.*
– **Unterarm**: aeth.$_{c1}$ anac.$_{a1,k}$ ant-c. apis aran.$_{a1,k}$ arn. *Ars.*$_{a1,k}$ aur. aur-ar.$_{k2}$ berb.$_{a1,k}$ bufo cadm-s. calc.$_{a1,k}$ caust. crot-c.$_{a1,k}$ crot-t.$_{a1,k}$ dig. *Ferr-p.* *Graph.* *Lach.* lyc. *Merc.* nux-v. op.$_{a1,k}$ plb. *Rhus-t.*$_{a1,k}$ sep.$_{a1,k}$ sulph. vesp. vip.$_{a1,k}$
• **dunkelblau**: samb.
• **gangränös**: **Lach.**
• **Gefühl** von: aran.$_{c1}$
• **knotige** Schwellungen: eupi. mez. mur-ac. nat-m. zinc.
• **rot**: lac-d. sep.$_{a1,k}$ **Sil.**
 • **Linie**, in einer: *Lach.*
○ **Ellbogen**; nahe dem: lyc.
• **Rückseite**: plb.
• **Speiche**: *Calc.*
• **Venen**: puls.$_{k2}$
– **Handgelenk**: *Act-sp.* am-c. am-m.$_{a1,k}$ *Apis* aur. aur-m.$_{a1,k}$ *Bufo* *Calc.* carb-v. *Crot-h.* cub.$_{a1,k}$ dulc.$_{a1,k}$ euphr. kali-bi.$_{a1,k}$ kreos. *Lac-ac.*$_{a1,k}$ *Lach.* mag-c. med.$_{c1}$ *Merc.*$_{a1,k}$ phos.$_{a1,k}$ plb.$_{a1,k}$ rhod. **Rhus-t.**$_{a1,k}$ *Rhus-v.*$_{a1,k}$ sabin. sec.$_{a1,k}$ sep.$_{a1,k}$ stict.$_{c1}$ stry.$_{a1,k}$ sul-ac.$_{a1,k}$ tarent.$_{a1,k}$ tep.$_{a1,k}$ vip.$_{a1,k}$
• **morgens**: lac-ac.$_{a1,k}$
• **abends**: sep.$_{a1,k}$
◇ **abwechselnd** mit Schwellung des Knies: kreos.
• **Bewegung**, bei: act-sp.$_{bro1}$ merc.$_{a1,k}$ phos.$_{a1,k}$
• **knotige** Schwellungen: stann.
• **plötzlich**: rhod.
• **rheumatisch**: act-sp. med.$_{c1}$
• **rot**: mag-c.$_{h}$

– **Handgelenk**: ...
• **Schleimbeutels**; wie Schwellung des: *Aur.*
• **Schmerzen**, nach: cub.$_{a1,k}$
• **schmerzhaft**, weiß und wäßrig: *Sec.*$_{a1,k}$
• **Stellen**, an einzelnen: kali-bi.$_{a1,k}$
○ **Beugeseite**: carb-v.$_{a1,k}$ rhus-t. rhus-v.$_{a1}$
– **Hände**: acon. aesc. aeth.$_{c1}$ *Agar.*$_{a1,k}$ am-c.$_{a1,k}$ anac.$_{a1,k}$ ang.$_{a1,k}$ **Apis**$_{c2,k}$ apoc-a.$_{a1}$ aran.$_{a1,k}$ *Arg-n.*$_{c2}$ arn. *Ars.*$_{a1,k}$ ars-i. ars-s-f.$_{k2}$ arum-d. arum-t. arund. atro. *Aur.* aur-ar.$_{k2}$ aur-i.$_{k2}$ bar-m.$_{a1,k}$ bart.$_{a1}$ *Bell.*$_{a1,k}$ *Bry.*$_{c2,k}$ *Bufo* *Cact.*$_{a1,k}$ *Calc.*$_{a1,k}$ calc-ar.$_{k2}$ calc-i.$_{k2}$ calc-sil.$_{k2}$ carb-ac.$_{a1,k}$ carb-v.$_{k2}$ carbn-s. caust.$_{a1,k}$ cham.$_{a1,k}$ chel.$_{a1,k}$ chin.$_{a1,k}$ chinin-ar. chinin-s. cit-v.$_{a1,br1}$ clem. *Cocc.* **Colch.** com.$_{a1,k}$ corn. crot-c.$_{a1}$ crot-h.$_{a1,c1}$ crot-t.$_{a1,k}$ cub.$_{a1,k}$ cupr.$_{a1,k}$ *Dig.*$_{a1,k}$ elaps euphr. *Ferr.*$_{a1,k}$ ferr-ar. ferr-p.$_{c2,k}$ fl-ac.$_{a1,k}$ get.$_{a1}$ grat.$_{a1,k}$ guare.$_{a1,k}$ *Hep.*$_{a1,k}$ hipp.$_{a1}$ hyos.$_{a1,k}$ iod. kali-ar. kali-c.$_{a1,k}$ kali-p. lac-c. *Lach.*$_{a1,k}$ led.$_{k2}$ *Lyc.*$_{a1,k}$ manc.$_{a1,k}$ *Merc.*$_{a1,k}$ mez.$_{a1,k}$ *Mosch.*$_{a1,k}$ mur-ac.$_{a1,k}$ naja nat-c.$_{a1,k}$ nat-m.$_{a1,k}$ *Nit-ac.*$_{a1,k}$ nux-v.$_{a1,k}$ op. ped.$_{a1}$ ph-ac. *Phel.* *Phos.*$_{a1,k}$ plan. plb.$_{a1,k}$ *Psor.* rhod.$_{a1,k}$ *Rhus-t.*$_{a1,k}$ *Rhus-v.*$_{a1,k}$ ruta *Samb.*$_{a1,k}$ sanic. *Sec.*$_{a1,k}$ sil. sol-ni. spira.$_{a1}$ spong.$_{a1,k}$ *Stann.*$_{a1,k}$ *Stict.* stram.$_{a1,k}$ sul-ac.$_{a1,k}$ *Sulph.*$_{a1,k}$ tep.$_{a1,k}$ thuj. vesp.$_{a1,k}$ vip.$_{a1,k}$
• **rechts**: bamb-a.$_{stb2}$ *Dig.* hep. lyc.$_{a1,k}$ nat-m.$_{a1,k}$ phos.
• **links**, mit Beschwerden des Herzens: *Cact.*
• **tagsüber**: nat-m.
• **morgens**: bamb-a.$_{stb2}$ coc-c.$_{bg1}$ nat-m.$_{a1,k}$
 • **Erwachen**, beim: sanic.
• **nachmittags**: *Nat-c.*$_{a1,k}$
• **abends**: aloe lyc.$_{a1,k}$ rhus-t.$_{h}$ *Stann.*$_{a1,k}$ sulph.$_{a1,k}$
• **nachts**: aran. ars. caust.$_{a1,k}$ dig.$_{a1,k}$ kali-n.
 • **Erwachen**, nach dem: samb.
• **Bewegung** amel.: nat-c.$_{h}$
• **blaß**: bell.$_{a1,k}$ lyc.$_{a1,k}$ nux-v.$_{a1,k}$
• **dunkel**: *Bell.*$_{a1,k}$ **Lach.** *Vip.*
• **Ekzem**, mit: psor.
• **Endokarditis**, bei: *Aur-m.* *Cact.*
• **entzündlich**: aur. cupr.
• **erysipelatös**: **Rhus-t.** *Rhus-v.*$_{a1,k}$
• **gangränös**: **Ars.** **Lach.** **Sec.**
• **Gefühl** von: aesc.$_{a1,k}$ aeth.$_{a1,k}$ ang.$_{bg1}$ aran. bamb-a.$_{stb2}$ bapt.$_{bg1}$ bell.$_{bg1}$ chel.$_{a1,k}$ chinin-s. clem.$_{bg1}$ cocc.$_{bg1}$ coll.$_{bg1}$ gins.$_{a1}$ hyos.$_{bg1}$ kali-n.$_{br1}$ laur.$_{a1,k}$ lyc.$_{bg1}$ manc.$_{bg1}$ mang.$_{a1,k}$ med.$_{bg1}$ mez.$_{a1,k}$ *Op.*$_{a1,k}$ pen.$_{a1}$ ptel.$_{bg1}$ raph.$_{a1,k}$ rhus-t.$_{bg1}$
 • **nachts** beim Erwachen: aran.$_{bro1}$
 • **Gehen** im Freien, nach: aeth.$_{c1}$ mang.$_{a1,k}$
 • **Greifen** von etwas; beim: **Caust.**
• **Gehen** im Freien; beim: mang.$_{h}$
• **glänzend**: bell. vip.$_{a1,k}$
• **hart**: graph.$_{h}$
• **heiß**: *Bell.* *Bry.* chel. *Cist.* *Rhus-t.*$_{a1,k}$
• **juckend**: sol-ni. *Urt-u.*$_{a1,k}$
• **knotige** Schwellungen: ars. nat-m. nit-ac. sul-ac.
• **Menses**, während: *Graph.* *Merc.*

- **ödematös**: **Apis** ars-i.k2 ars-s-f.k2 *Aur.* *Cact.* *Calc-ar.*k,k2 *Canth.* chinin-ar. crot-h. ferr.k2 iod.k2 kali-c.k2 kali-i.k2 *Lyc.* nat-c.k2 *Phos.*k,k2 sul-i.k2
- **phlegmonös**: plb.a1,k
- **rot**: lyc.h
- **rötlich**: graph.h
- **schmerzhaft**: ars.a1,k *Cur.* dig.a1,k **Lach.** vesp.
- **Schwellungsgefühl**
  ☞ *Gefühl*
- **Schwindsucht**, bei: *Stann.*
- **Warme**; beim Gehen vom Kalten ins: sulph.k2
- **Waschen**, durch: aesc.
- **Wechselfieber**, bei: *Lyc.*
- **Zimmer**; beim Eintreten in ein: aeth.

▽ **erstreckt** sich zu:
  - **Brustmuskeln**: crot-h.a1,k
  - **Ellbogen**: crot-c.a1,k crot-h.a1,k kali-c.k2 ruta

○ **Daumen**; hinter dem: am-m.a1,k

- **Handfläche**: cham. *Lyc.*
  - **nachts**: ars.
  - **Gefühl** von: ars.
- **Handrücken**: calc.h mez.h mur-ac.h
  - **linke** Hand: am-m.h *Calc-ar.* chin.
- **Knochen**: *Aur.*
- **Sehnen**: plb.a1,k
- **Venen**: alum.a1,k *Arn.*a1,k ars-h. bar-c.hr1,k,* bond.a1 calc.a1,k castm. cent.a1 *Chel.*a1,k *Chin.*a1,k *Cic.*a1,k crot-t.a1,k cycl.a1,k *Fl-ac.* gast.a1 *Ham.* *Laur.*a1,k *Led.* manc.a1,k meny.a1,k merc.a1,k nit-s-d.a1 *Nux-v.*a1,k olnd.a1,k *Op.* ph-ac.a1,k *Phos.*k,k12● pilo.a1 plan.a1,k plb.a1,k **Puls.**k,k12● rheum rhod.a1,k *Rhus-t.* sars.a1,k spira.a1 spirae.a1 staph.h stront-c. sulph.k,k12● sumb.a1,k thuj.a1,k
  - **vormittags**: indg.a1,k
  - **nachmittags**: alum.a1,k mez.a1,k
    - **17** h: chel.
  - **Essen**, nach dem: ruta
  - **Herunterhängenlassen** der Hand; beim: phos.h
  - **Waschen** in kaltem Wasser, nach: am-c.a1,k

– **Finger**: act-sp. aeth.a1,k agar.a1,k alum. alum-sil.k2 am-c. ammc. ant-c. *Apis* *Ars.*a1,k ars-s-f.k2 benz-ac. borx. *Bry.* bufo calc-s.a1,k carb-an.a1,k carb-v. carbn-s. *Cit-v.*a1,k cupr.a1,k *Dig.*a1,k euphr. get.a1 *Graph.*a1,k hep.a1,k *Kali-bi.*a1,k kali-c.k2 *Kali-n.* lach.a1,k *Lyc.* *Mag-c.*a1,k *Merc.* mur-ac. nat-c.a1,k nat-p. nat-s. *Nit-ac.* nux-v.a1,k olnd. *Phos.* *Phyt.* plb.a1,k psor. ran-b.c1 ran-s. **Rhus-t.** rhus-v.a1,k sec. sil.a1,k spong. *Sulph.*a1,k sumb.a1,k tab.a1,k tep.a1,k *Thuj.*a1,k triat.br1 verat-v. vip.a1,k

- **links**, bei Erkrankung des Herzens: lycps-v.c1
- **morgens**: *Ars.* bamb-a.stb2 calc-s.a1,k nat-c.a1,k nit-ac.a1,k ran-s. sec.a1,k sulph.a1,k
- **vormittags**: calc-s.a1,k
- **nachmittags**: calc-s.a1,k
- **abends**: stront-c. sulph.a1,k
- **nachts**: carb-an.h dig.a1,k,*
- **Mitternacht**: carb-an.a1,k
- **Brennen**, mit: olnd.
- **Gefühl** von: hydrog.srj2
- **Gehen**, nach dem: act-sp.
- **hart**: ars.h

– **Finger**: ...
- **Hautausschlägen**, mit: anac.br1 psor.
- **Herunterhängenlassen** des Armes; beim: am-c. phos.
- **knotige** Schwellungen: anac. *Lyc.* mag-c.
- **Krampf**, nach einem: graph.h
- **Obstipation**, bei: mag-c.h
- **rot**: mag-c.h
- **Sektionsverletzung**, durch: **Ars.** *Lach.*

○ **Fingernägeln**; nahe den: psil.ft1

- **Fingerspitzen**: calc.bg1 calc-i.k2 fl-ac.a1,k kreos.a1,k mur-ac.a1,k *Rhus-t.* tab. *Thuj.*
- **Gelenke**: agn.hr1 am-c. anag. ang. apis *Ars.* berb. *Bry.* bufo *Calc.*a1,k *Caul.* caust. *Cham.* chin. colch. euphr. *Hep.*a1,k hyos.a1,k iod.a1,k *Lac-ac.* *Lyc.*a1,k med. *Merc.*a1,k *Nit-ac.*a1,k *Phyt.* rhod. *Rhus-t.* spong. sulph.h
  - **brennend** und pulsierend: bufo
  - **Gefühl** von Schwellung, beim Greifen: bry.
  - **gichtig**: agn.hr1 anag. *Kali-i.* **Lyc.** *Sulph.*
  - **heiß**: bry. *Hep.*
  - ○ **Mittelgelenk**: lyc.h
  - **Grundgelenk**: eucal.a1 merc.a1,k vinc.a1,k
- **Knochen**: *Carb-an.*
- **Zeigefinger**: chinin-s. *Fl-ac.* lac-ac.a1,k *Lach.* *Lyc.* mag-c.a1,k merc. phos. staph. sulph.a1,k thuj.a1,k
  - **links**:
    - ○ **Gelenke**: gink-b.sbd1
- **Mittelfinger**: apis borx. calc-s.a1,k iris mag-c.h phos. sulph.a1,k syph. thuj.a1,k
  - **nachmittags**: calc-s.a1,k
  - **17** h: thuj.
  - ○ **Gelenke**: berb.a1 calc-s.a1 graph.a1 lyc.a1,k
    - ○ **Endgelenk**: carb-v.h
    - **Mittelgelenk**: graph.h
- **Ringfinger**: bry.a1,k calc. olnd.a1,k sulph.a1,k thuj.a1,k
  - ○ **Mittelgelenk**: sulph.h
- **kleiner** Finger: bry.a1,k hyos.a1,k *Mang.* rhus-t.a1,k
  - ○ **Mittelgelenk**: sulph.h

– **Daumen**: berb. coc-c.a1,k cupr.a1,k hep. naja nux-v.a1,k rhus-t.a1,k sang. spig. sulph.a1,k trach.a1 vesp.a1,k vip.a1,k
- **Eiter**, enthält: sulph.
- **Gefühl** von: berb.a1,k plb.a1,k
- ○ **Gelenke**: nux-v.a1,k phos.h spig. sulph.

– **Beine**: act-sp.a1,k am-c. apis *Ars.*a1,k arund.a1,k aur-ar.k2 aur-m. *Bar-m.* *Berb.*a1,k brass.a1 bry. *Calc.* *Carb-v.* carbn-s. caust. *Chel.* con. *Dulc.* *Graph.* iod. *Kali-ar.*a1,k kali-bi. *Kali-c.* *Kali-m.*hr1,k *Kali-n.* lac-c.k2 lach.a1,k *Led.* *Lyc.* merc.a1,k nat-c.a1,k nat-m.a1,k nat-p. nit-ac. nux-v. petr. *Phos.*a1,k plb.a1,k polyg-h. puls. *Rhus-t.* rhus-v.a1,k *Sep.* **Sil.** sol-t-ae.a1,k sul-i.k2 **Sulph.**a1,k verat. vip.a1
- **links**: sang.bg1
- **tagsüber**: dig.
- **morgens**: sil.
- **abends**: am-c. cocc. hyper. nat-m.a1,k phos. puls. rhus-t. stann.
- **bläulich**: lach.

- **China**; nach Mißbrauch von: **Puls.** *Sulph.*
- **durchsichtig**: *Apis* sulph.
- **entzündlich**: acon. calc. iod. puls. rhus-t. sil.
- **Gehen**, beim: phos. rhus-t.
  - **Freien**, im: phos.
- **glänzend**: acon. arn. ars. bell. bry. merc. sabin. sulph.
- **groß**: sulph.
- **hart**: ars. aur. bov. chin. graph. led. mag-c. mez. rhus-t.
  - **Zellgewebes**, des (= Zellulitis): bad.$_{c1}$
- **heiß**: acon. am-c. *Arn.* ars. *Bry.* calc. carb-an. *Chin.* coc-c. cocc. colch. graph. iod. kali-c. led. lyc. petr. puls. sars. sec. sep. stann.
- **juckend**: cocc.
- **kalt**: asaf.
- **Lymphgefäße**, der: bar-c. berb.$_{a1,k}$
- **Menses**, während: apis apoc. ars. calc. graph. lyc.
- **ödematös**
  ☞ *wassersüchtig*
- **Phlegmasia** alba dolens
  ☞ *Phlegmasia*
- **rheumatisch**: hep.
- **rot**: acon. am-c. ant-c. arn. bry. calc. carb-v. chin. hep. lach. nat-c. nux-v. petr. puls. sabin. sars. sil. stann. thuj.
  - **hellrot**: iod.
  - **Stellen**, an einzelnen: acon. chin.
    - **Blasen**; oder bläulichschwarze: ars.
- **schmerzhaft**: acon. ant-c. arn. ars. carb-an. chin. con. daph. lach. mag-c. merc. nux-v. puls. sep. sil.
  - **brennend**: ant-c. *Ars.* mur-ac. petr. ph-ac. puls.
  - **drückend**: led.
  - **gespannt**: bry. chin. led. sars. thuj.
  - **pulsierend**: ph-ac. plat.
  - **reißend**: colch. led. merc. plat. puls.
  - **schneidend**: ph-ac.
  - **stechend**: acon. am-c. arn. bry. carb-v. cocc. graph. iod. led. lyc. merc. petr. *Puls.* sars.
  - **ziehend**: arn. led. puls.
- **stechend**, fein: **Apis** graph. **Led.** *Puls.*
- **wächsern**: apis
- **wassersüchtig**: acet-ac. aeth.$_{gsy1}$ **Apis** *Apoc.* arg-met. **Ars.** *Ars-i.* arund. aur. *Aur-m. Cact.* cain. *Calc.* calc-ar. calc-s. *Carb-ac. Carbn-s. Cench. Chel. Chim.* **Chin.** cocc. *Colch. Dig. Dulc.* eup-per. *Ferr.* ferr-i. *Fl-ac. Graph. Hell. Hippoz. Hydr.* iod. *Kali-c. Lach. Led.* **Lyc.** *Mag-m. Med. Merc.* mur-ac. nat-m.$_{k2}$ onos. phos. *Phyt.* plb. puls. rhod. *Rhus-t.* ruta **Samb.** sanic. sars. *Senec.* sul-i.$_{k2}$ sulph. *Ter.* xan. *Zinc.*
  ☞ ☐ *Allgemeines - Wassersucht - äußere*
  - **Albuminurie**, bei ●: *Apis Ars. Calc-ar. Ferr. Lach. Sars. Ter.*
  - **Scharlach**, nach: **Apis** bar-m. crot-h. *Hell.*
- **weich**: chin. led.
- **weiß**: apis ars. bell. *Calc.* graph. iod. kreos. lyc. merc. nux-v. rhus-t. sulph.

– **Gesäß**: *Coloc.* crot-t.$_{a1,k}$ dulc.$_{a1,k}$ ph-ac. sulph.

– **Hüfte**: plb.$_{a1,k}$
- **Gefühl** von: lil-t.$_{a1,k}$

– **Oberschenkel**: agn. arn.$_{a1,k}$ ars. both.$_{a1,k}$ calad.$_{k,k1}$ calo. carbn-o. chin.$_{a1,k}$ con.$_{h}$ *Ham.* kali-c. kali-n.$_{h}$ *Lach.*$_{a1,k}$ led. lyc.$_{a1,k}$ merc.$_{a1,k}$ puls. ter. vip.$_{a1,k}$
- **abends**: agn.
- **Gefühl** von: prun.$_{a1,k}$
- ○ **Drüsen**: *Calc.*
- **Oberschenkelbeuge**: dig.$_{a1,k}$
- **Oberschenkelknochen**: *Mez.* **Sil.** *Stront-c.*

– **Knie**: acon. *Aesc.* ammc. anil.$_{a1}$ ant-c. ant-t. *Anthraci. Apis Arn.*$_{a1,k}$ *Ars. Ars-i.* ars-s-f.$_{k2}$ arund.$_{a1,k}$ aur-m.$_{a1,k}$ *Bar-m.* benz-ac. **Berb.**$_{a1,k}$ **Bry.** bufo **Calc.**$_{a1,k}$ calc-f.$_{gm1}$ calc-i.$_{k2}$ *Calc-p.* calc-s. calc-sil.$_{k2}$ *Chin.*$_{a1,k}$ *Cic. Clem.* coc-c.$_{a1,k}$ *Cocc. Colch.*$_{a1,k}$ con.$_{a1,k}$ *Cop.* elat.$_{hr1}$ ferr.$_{a1,k}$ ferr-ar. *Fl-ac.* **Hep.**$_{a1,k}$ *Iod.* kali-ar. *Kali-c.* kali-s. kali-sil.$_{k2}$ kreos. lac-ac.$_{a1,k}$ *Lac-c.*$_{bg1,k}$ *Lach.*$_{a1,k}$ **Led.**$_{a1,k}$ **Lyc.**$_{a1,k}$ merc. mur-ac.$_{a1,k}$ *Nat-m.* nit-ac. *Nux-v.*$_{a1,k}$ *Phyt.* plb.$_{a1}$ **Puls.**$_{a1,k}$ *Rhod.* **Rhus-t.** *Sal-ac. Sars.*$_{a1,k}$ *Sep.*$_{a1,k}$ **Sil.** *Sulph.* tarent.$_{a1,k}$ ter. *Tub.*$_{hr,k}$
- **links**: *Aesc. Cic.* colch.$_{bg1}$
- **rechts**: *Benz-ac.* chin.$_{a1,k}$ *Elat.* **Sulph.** tarent. *Ter. Tub.*
- **nachts**: *Calc.*
- ◇ **abwechselnd** mit:
  - **Handgelenkes**; Schwellung des: kreos.
- **entzündlich**
  ☞ *Entzündung - Knie*
- **fettig**: dig.
- **Gefühl** von: alum.$_{a1,k}$ ammc.$_{a1,k}$ canth.$_{a1,k}$ carb-v.$_{a1,k}$ dig. *Kali-i.*$_{a1,k}$ *Lach.* merc. nit-ac. pyrus$_{rb2}$
  - **nachmittags**: alum.$_{a1,k}$
  - **nachts**: *Kali-i.*$_{a1,k}$
  - **Sitzen**, im: ammc.$_{a1,k}$
  - ○ **Kniekehle**: *Nit-ac.*
- **Gelenktuberkulose**; bei (= Tumor albus, Fungus articuli): *Ant-c.* arn. *Calc. Iod.* kali-c.$_{c2}$ *Kali-i. Lyc. Ol-j. Phos. Puls. Rhus-t. Sil. Sulph. Verat-v.*
- **gichtig** ●: *Benz-ac.*$_{k,kl2}$● **Calc.**$_{k,kl2}$● *Kali-i.*$_{k,kl2}$● **Led.**$_{k,kl2}$● *Lyc.*$_{k,kl2}$● plb.$_{k,kl2}$●
- **Gonorrhoe**, nach: *Clem.* **Med.**
- **heiß**: *Bell. Calc. Chin.*$_{a1,k}$ *Ferr-p. Iod.* **Puls. Verat-v.**
- **ödematös**
  ☞ *wassersüchtig*
- **purpurn**, blaurot: aran.$_{a1,k}$
- **rheumatisch**: *Acon. Apis Ars.* berb. **Bry.** calc-s. clem. **Led.** *Lyc. Rhus-t.* sal-ac. verat-v.
  - **kalte** Anwendungen amel.: *Lac-c.* **Led.** *Puls.*
- **schmerzhaft**: *Apis* aur-m. chin.$_{h}$ *Cic. Led. Mag-c. Nit-ac. Nux-v.* **Puls.** *Rhus-t.* sal-ac. sars. sep.
- **schmerzlos**: *Lyc.* **Puls.**
- **schwammig**: *Calc. Kali-i.* **Sil.**
- **skrofulös**: arn. *Ars.* **Calc.** *Ferr. Iod. Lyc.* **Puls.** *Sil.* **Sulph.**

- **violett**
  ☞ *purpurn*
- **wassersüchtig**: *Ant-t. Apis* ars-s-f.k2 *Bry. Calc. Con.* dig. *Fl-ac.* hyper. *Iod. Merc.* **Rhus-t.** *Sil.* sul-i.k2 **Sulph.**

○ **Kniekehle**: ars. *Mag-c.*a1,k *Rhus-t.*
- **Laufen**; Gefühl allmählich zunehmender Schwellung beim: nit-ac.dgt
- **schmerzhaft**: *Mag-c. Rhus-t.*
- **Kniescheibe**: coloc. sep.

– **Unterschenkel**: acet-ac.a1,k *Acon.* agn. anil.a1 arn. **Ars.**a1,k ars-i. ars-s-f.k2 *Aur.*a1,k aur-ar.k2 aur-i.k2 *Aur-m. Bad.* borx. bov.a1,k *Bry.*a1,k bufo *Cact.*a1,k *Calc.*a1,k calc-i.k2 calc-s. calc-sil.k2 carbn-s. *Caust. Cench.* chel.a1,k *Chin.* clem.a1,k *Colch.* coloc.a1,k cop.a1,k *Crot-c. Crot-h.*a1,k *Dig.*a1,k dulc.a1,k elae.a1 *Ferr.*a1,k ferr-i. *Graph.*a1,k guaj.k2 *Hell.* iod.a1,k kali-ar. *Kali-bi.*a1,k kali-c. *Kali-chl.* kali-i.a1,k kali-m.k2 kali-n.a1,k kali-p. kali-s. kali-sil.k2 *Lach.*a1,k **Led. Lyc.**a1,k manc.a1,k *Med. Merc.*a1,k morph.a1,k nat-ar. *Nat-c.*a1,k nat-s.k,k2 nux-v.a1,k plb.a1,k *Puls.*a1,k *Rhod.*a1,k rhus-t.a1,k rhus-v.a1,k ruta **Samb.** sec.a1,k *Sep.* **Sil.**a1,k *Stann.* stront-br.c2 sulph.a1,k *Syph.* tanac.a1 *Ter.* toxi.a1 vip.a1,k *Zinc.*a1,k
- **morgens**: arist-m.a1 *Aur.*
- **nachmittags**: chel.a1,k
  - **16** h: sang.
- **abends**: agn. bufo dulc.a1,k haem.a1 mez.a1,k nat-m. sang.a1,k stront-c.
- **Anstrengung**, durch: rhod.a1,k
- **bläulich**: **Lach.** *Led. Puls.*
- **Fahren**; beim: guaj.k2
- **Gehen** amel.: *Aur. Sep.*a1,k
- **hart**: aur.h bov.a1,k graph.h
- **Herunterhängenlassen** des Unterschenkels: lath.br1
- **kalt**: nux-v.a1,k
- **Lymphgefäße**; Schwellung der: berb.hr1
- **Menses**, während: sulph.
- **ödematös**: ars-i.k2 aur-s.k2 ferr-i.k2 kali-m.k2 nat-ar.k2
- **rot**: aur.h bov.a1,k
- **schmerzhaft**: dig.a1,k **Led.** med.k2
- **Sitzen**, im: sep.a1,k
- **Stehen**, im: merc-cy.a1,k mez.a1,k sep.a1,k

○ **Achillessehne**: berb. kali-bi. *Mur-ac. Sep. Zinc.*
- **Schienbein**: *Aur-m. Calc-p.* graph. lach. *Merc. Phos.* rhus-t. *Sil.*hr1,k stann. sulph. thuj. tub.c1
- **Wade**: berb. bry. *Calc.* carb-v. chin. *Dulc.* graph. hyos. *Led.*a1,k mez. phos.h puls. sil. sulph.
  - **Venen**: cycl.h

– **Knöchel**: ambr.h ant-s-aur. **Apis**c2,k apoc. *Arg-met.*bro1,c1 arn. *Ars.*a1,k ars-s-f.k2 *Asaf.* aur-m. bamb-a.stb2 benz-ac. *Cact. Calc.* calc-sil.k2 carbn-s.k2 cass.a1 celt.a1 *Cench. Chel. Coloc. Cop. Dig. Eup-per. Ferr.*a1,k ferr-ar. *Graph.*a1,k *Hep. Hydr.* hyos.a1,k kali-c.bg1 kali-m.k2 *Lac-c.* lac-d. *Lach.* lat-k.a1 *Led.* lil-t.a1,k *Lyc.*a1,k manc.a1,k mang. **Med.** merc.a1,k merc-sul. mim-h.c2 *Ol-j.* onos. *Phos.*a1,k *Phyt.* plb.a1,k plect.a1 podo. prun. *Psor.*

– **Knöchel**: ,,,
*Puls. Rhus-t.*a1,k rhus-v.a1,k *Ruta* sal-ac. samb. sel.a1 sep.a1,k sil. stann.a1,k stict. sulph. verat-v. xan. zinc. ziz.a1,k
- **abends**: kali-chl.ptk1 sep.a1,k stann.a1,k
  - **Gehen**, beim: merc.a1,k
- **Atemnot**, mit: hep.
- **chronisch**, nach Verstauchung: bov.c1
- **Diabetes**, bei: arg-met.ptk1
- **Gefühl** von: laur.a1,k ox-ac.a1,k *Phos.* plat.h
- **heiß**: kali-c.h
- **kalt**: asaf.
- **Menses**, während: eup-per.
- **ödematös**: acetan.br1 bamb-a.stb2 kali-m.k2
- **plötzlich**: stann.a1,k
- **rheumatisch**: cact. *Chel.* hep.c1 *Kalm. Lach.*
- **schmerzhaft**: ars.h *Led.* plb.a1,k
- **Sitzen**, nach langem: rhus-t.ptk1
- **stechend**: phos.h

○ **Knochen**: merc. staph.
- **Malleolus**; um den: arist-m.br1
- **Sehnen**: phos.h
- **Venen**: *Lac-c. Lyc.* sars.

– **Füße**: acet-ac.a1,k acon. aesc.a1,k alum. am-c.a1,k ambr. ant-c. **Apis** apoc. apoc-a.a1 arg-met. *Arn.*a1,k **Ars.**a1,k *Ars-i.* ars-s-f.k2 arund.a1,k asaf. *Aur.* aur-ar.k2 aur-i.k2 aur-m.a1,k aur-s.a1 bar-c. bar-m.a1,k bart.a1 *Bell.*a1,k berb. borx.c1 bov.a1,k **Bry.**a1,k *Cact.*a1,k *Calc.*a1,k *Calc-ar.* calc-i.k2 calc-s.a1,k calc-sil.k2 cann-s. *Canth. Carb-an.* carb-v.a1,k *Carbn-s.* **Caust.**a1,k cedr.a1,k celt.a1 *Cench.* cham.a1,k *Chel. Chin.*a1,k chinin-s. *Cocc.*a1,k *Colch.* coloc.a1,k con.a1,k cop.a1,k corn. crot-h.a1,k *Dig.* dor.a1,k elae.a1 *Elaps* eup-per. *Ferr.* ferr-ar. *Ferr-m.* ferr-p. fl-ac. get.a1 *Glon. Graph.*a1,k hep.a1,k *Hyos.*a1,k hyper. iod. kali-ar. *Kali-c.*a1,k kali-i.a1,k kali-n.a1,k kali-p. kali-s. kali-sil.k2 kreos. lac-c. *Lach.*a1,k lat-k.a1 **Led. Lyc.**a1,k mang.a1,k **Med.** *Merc.*a1,k naja.k2 *Nat-ar. Nat-c. Nat-m.*a1,k nat-p. *Nit-ac.*a1,k nux-v. op.a1,k pareir. *Petr.*a1,k ph-ac.a1,k *Phos.*a1,k *Phyt.*a1,k plb.a1,k prun. **Puls.**a1,k *Rhod.*a1,k *Rhus-t.*a1,k rhus-v.a1,k ruta sabad.a1,k *Samb.* sars.a1,k *Sec.*a1,k *Sep.*a1,k **Sil.**a1,k sol-ni. spira.a1 stann. staph. *Stict.* stram.a1,k *Stront-c.* sul-ac. sulph.a1,k ter. ther.a1,k thuj.a1,k verat.a1,k vesp.a1,k vip.a1,k wies.a1 zinc.
- **links**: *Apis* com. *Elaps* kreos.bg1 lach. lyc. sang. sil.
  - **nach** rechts: *Kali-c.* lach.bg1 rhus-r.bg1
- **rechts**: ars.bg1 bov.bg1 crot-h.bg1 elaps.bg1 kali-p.bg1 lyc.bg1,h ox-ac.bg1 phos.bg1 sars.bg1 sec. spig.bg1,k sulph.
- **tagsüber**: dig.
- **morgens**: *Apis Aur.* just.bg1 *Manc.* phos.bg1 phyt.a1,k sabad.a1,k sil.a1,k ust.bg1
- **abends**: am-c.bg1 *Apis* ars.bg1 bell.a1,k **Bry.**a1,k carbn-s. caust.a1,k chinin-s. cocc.h crot-h.a1,k ferr.bg1 graph.bg1 kali-c.bg1 lach.bg1 led.bg1 nat-c.bg1 petr.bg1 *Phos.*a1,k puls.a1,k *Rhus-t.*a1,k sang.a1,k sars. sep.bg1 sil.bg1 stann.bg2,k sulph.bg1 thuj.a1,k zinc.bg1
- **amel.**: dig. sil.a1,k

• **abends**: ...
  • **Bett**, im: am-c.$_{al,k}$
  • **Gehen**, beim: mang.$_{al,k}$
• **nachts**: **Apis** *Carb-v.*
• **Anstrengung**, bei ungewohnter: rhod.$_{al,k}$
• **blau** mit roten Flecken: elaps *Lach.*
• **brennend**: canth. con.$_{h}$ puls.$_{h}$
• **Chlorose**, bei: *Ferr.*
• **entzündet**: calc. carb-an.$_{al,k}$ zinc.$_{al,k}$
• **Gefühl** von: **Apis** ars-met. helo.$_{c1}$ helo-s.$_{c1}$ mang.$_{h}$ merc.$_{al,k}$ nat-m.$_{al,k}$ nat-p.$_{al}$ ox-ac.$_{al,k}$ phos.$_{al,k}$ sars.$_{al,k}$ sep.$_{al,k}$ til.$_{al,k}$
• **Gehen**: sil.
  • **nach**: aesc.$_{al,k}$ *Lach.* *Phos.*$_{al,k}$ sep.$_{al,k}$
  • **Freien**, im: nit-ac. sulph.
    • **nach**: mang.$_{h}$
• **gelblichgrün**: ars.$_{al,k}$
• **glänzend**: alum. **Ars.**$_{al,k}$ *Sabin.* *Sulph.*
• **hart**: *Ars.* chin.$_{h}$ graph.$_{h}$ vip.$_{al,k}$
• **heiß**: *Ars.* **Bry.**$_{al,k}$ chin. *Lyc.* puls.$_{al,k}$ rhus-t.
• **Herausstrecken** des Fußes aus dem Bett amel.: sulph.
• **Hydrothorax**, bei: *Apis* merc-sul.
• **juckend**: ars.$_{al,k}$ puls.$_{k2}$ sol-ni.
• **kalt**: *Apis* *Calc.* kreos.
• **Krampf**, nach einem: graph.$_{h}$
• **kribbelnd**: puls.$_{h}$
• **Menses**:
  • **vor**: bar-c. *Lyc.*
  • **während**: *Calc.* *Graph.*$_{al,k}$ *Lyc.*$_{al,k}$ *Merc.* puls.$_{bro1,k2}$ sulph.
• **ödematös**: acet-ac. acetan.$_{br1}$ *Anthraci.* **Apis** *Apoc.* *Arg-met.* *Arg-n.* **Ars.** ars-i.$_{k2}$ arund. asaf. *Aur.* *Aur-m.* aur-s.$_{k2}$ bov. *Bry.* *Cact.* cain. *Calc.* *Calc-ar.* calc-i.$_{k2}$ calc-s.$_{k,k2}$ *Camph.* *Canth.* carb-ac. carbn-s.$_{k2}$ card-m. *Cench.* **Chel.** *Chin.* chinin-ar. *Cocc.* *Colch.* *Dig.*$_{br1,k}$ dulc.$_{k2}$ *Eup-per.* *Ferr.* *Ferr-i.* *Ferr-m.* **Graph.** *Hell.* *Hydr.* *Iod.* *Kali-c.* kali-i. *Lach.* led.$_{k2}$ **Lyc.** *Lycps-v.* mag-c. *Mag-m.* **Med.** *Merc.* **Merc-c.** *Nat-ar.* nat-c.$_{k2}$ *Nat-m.* *Nat-s.* *Nit-ac.* *Nux-m.* petr. *Phos.* *Plb.* prun. puls. pyrog. rhod. rhus-t. **Samb.** sars. senec. sin-n. stann. *Stront-c.* sul-i.$_{k2}$ thuj. vesp. *Zinc.* zinc-p.$_{k2}$
  • **ein** Fuß, nur: *Kali-c.*$_{bro1}$ phos.$_{bro1,h}$ puls.$_{bro1,h}$
• **plötzlich**: am-c.$_{h}$ arn.$_{al,k}$ cham.$_{al,k}$ verat.$_{al,k}$
• **rheumatisch**: calc-s.$_{k2}$ *Chel.*
• **rot**: ars. bry. *Carb-v.* chin. con. graph.$_{h}$ hep. kali-c. merc.$_{al,k}$ mur-ac. nit-ac. *Puls.*$_{al,k}$ rhus-t. sil. stann.$_{al,k}$ thuj.
• **rötlichblau**: ars.$_{al,k}$
• **schmerzhaft**: apis ars.$_{al,k}$ aur.$_{al,k}$ chin.$_{al,k}$ con.$_{h}$ *Led.* *Merc.* ph-ac. phos. rhus-t. sabad. sars.$_{h}$ sil.$_{h}$ *Sulph.* thuj.$_{h}$
• **Schwangerschaft**: *Merc-c.* *Zinc.*
• **Sitzen**, im: carb-an.$_{al,k}$ lach.$_{al,k}$
• **stechend**, fein: *Carb-v.* lyc. merc. *Phos.* **Puls.**
• **Tanzen**, nach: *Borx.*$_{al,k}$ bov.$_{al}$
• **Treppensteigen**, beim: *Nat-m.*
• **Tuberkulose**, bei: acet-ac. *Stann.*

Schwellung - Füße: ...
• **warm**:
  • **Bett**; im warmen: sulph.
  • **Gehen** vom Kalten ins Warme; beim: sulph.$_{k2}$
• **Waschen**; nach: aesc.
▽ **erstreckt** sich zu:
  • **Wade**: am-c. puls.
○ **Ferse**: ant-c. berb. con.$_{al,k}$ hyper.$_{al,k}$ kali-i.$_{al,k}$ merc.$_{al,k}$ petr. plb.$_{al,k}$ raph.$_{al,k}$
  • **rot**: con.$_{h}$
• **Fußrücken**: ars. **Bry.**$_{al,k}$ calc.$_{al,k}$ canth.$_{al}$ carb-an.$_{h}$ lat-k.$_{al}$ lyc.$_{al,k}$ *Merc.*$_{al,k}$ nux-v.$_{bg1,h,*}$ *Puls.*$_{al,k}$ rhus-t. staph.$_{al,k}$ sulph.$_{bg1}$ *Thuj.*$_{al,k}$ vip.$_{al}$
• **Fußsohle**: arund.$_{al,k}$ bamb-a.$_{stb2}$ *Bry.*$_{al,k}$ *Calc.* cham.$_{al,k}$ *Chin.*$_{al,k}$ *Coloc.* kali-c.$_{al,k}$ **Lyc.** med. *Nat-c.*$_{al,k}$ *Petr.* *Puls.*
  • **morgens**: nux-v.$_{al,k}$
  • **abends**: petr.$_{h}$
  • **Auftreten**, beim: kali-c.$_{h,k,*}$
  • **Gefühl** von: *Alum.*$_{al,k}$ androc.$_{srj1}$ *Coloc.*$_{al,k}$ zinc.$_{al,k}$
  • **plötzlich**: cham.$_{al,k}$
  • **weich**: chin.$_{al,k}$
• **Gelenke**: ars. *Calc.* ferr.$_{c1}$ hep. lyc. mang. merc. phos. *Rhod.* stann. sulph.
• **Knochen**: staph.$_{h}$
– **Zehen**: am-c.$_{al,k}$ ammc. *Apis* *Arn.* *Aur-m.* bamb-a.$_{stb2}$ bar-c. *Carb-an.*$_{al,k}$ *Carb-v.*$_{al,k}$ chin. coc-c.$_{al,k}$ *Coloc.* crot-h.$_{al,k}$ *Daph.* **Graph.**$_{al,k}$ hydrog.$_{srj2}$ hyper.$_{al,k}$ *Led.* *Merc.*$_{al,k}$ mur-ac.$_{al,k}$ *Nat-c.* *Nit-ac.*$_{al,k}$ *Paeon.*$_{al,k}$ *Ph-ac.* *Phos.*$_{al,k}$ plat.$_{al,k}$ pyrus *Sabin.* *Sulph.*$_{al,k}$ syph. tarent.$_{al,k}$ *Thuj.*$_{al,k}$ vip.$_{al,k}$ zinc.
  • **links**:
  ○ **vierte** Zehe: hydrog.$_{srj2}$
  • **rechts**: daph.$_{br1}$
  • **abends**: am-c.$_{al,k}$
  • **nachts**: coc-c.$_{al,k}$
  • **Gefühl** von: **Apis** pyrus$_{rb2}$ sars.$_{h}$
  • **Naßwerden** der Füße; nach: nit-ac.$_{al,k}$
  • **rot**: am-c.$_{al,k}$ *Aur-m.* carb-v. thuj.
  ○ **Gelenke**: plb.$_{al,k}$
  • **Zehenballen**: graph.$_{h}$ plat.$_{h}$
  • **Zehenspitzen**: chin. mur-ac.$_{al,k}$ thuj.
  • **große** Zehe: *Am-c.*$_{al,k}$ *Apis* aster. bar-c. *Benz-ac.* bry.$_{al,k}$ chin. coc-c.$_{al,k}$ *Led.*$_{al,k}$ *Mang.* med. nat-c.$_{al,k}$ plb. ruta sabin. sulph.$_{al,k}$ tep.$_{al,k}$
    • **links**: eup-per.
    • **rechts**: *Benz-ac.*
    • **abends**, im Bett agg.: *Am-c.*
    • **nachts**: chin.
    • **gichtartig**: aster. *Benz-ac.* eup-per. plb.$_{al,k}$ *Rhod.* sabin.
    • **schmerzhaft**: am-c.$_{gsy1}$ bar-c.
  ○ **Gelenke**: apis benz-ac.$_{al,k}$ get.$_{al}$ ph-ac.$_{al,k}$ sang.$_{al,k}$
    • **Zehenballen**: both.$_{br1}$ carb-an.$_{h}$ led.$_{br1}$
  • **dritte** Zehe: crot-c.$_{al,k}$
  • **fünfte** Zehe: androc.$_{srj1}$ bamb-a.$_{stb2}$ phos.$_{al,k}$
    • **Gefühl** von: mur-ac.$_{al,k}$

Schweregefühl: acon. adam.srj5 aesc. *Agar.* ail. *Aloe* *Alum.* alum-sil.k2 alumn.k2 am-c. ambr. ammc. amyg. anac. androc.srj1 ant-c. ant-t. *Apis*hr1,k **Arg-met.** *Arg-n.* *Arn.* **Ars.** *Ars-i.* asaf. atro. aur-ar.k2 aur-i.k2 *Bamb-a.*stb2 bar-c. bar-i.k2 bar-m. **Bry.** bufo cact.bg1 calad. *Calc.* calc-i.k2 calc-p. calc-sil.k2 camph. cann-i. cann-s. caps. carb-an. *Carb-v.* *Carbn-s.* *Caust.* *Cham.* **Chel.** *Chin.* chinin-ar. choc.srj3 cimic. *Clem.* coff. *Coloc.* **Con.** cor-r. *Crot-h.* crot-t. *Cupr.* cycl. dig. dulc. eupi. ferr. ferr-ar. ferr-i. ferr-p. **Gels.** gins. glon. gran. *Graph.* **Hell.** hep. hipp. hyos. hyper. iod. ip. *Kali-ar.* kali-bi. *Kali-c.* **Kali-p.** kali-s.k2 kalm. kreos. lach. lact. led. *Lyc.* *Lyss.* mag-c.h manc. marb-w.es1 **Merc.** *Merc-c.* merc-i-f. *Mez.* morph. nat-ar.k2 nat-c.h2 *Nat-m.* nat-p.k2 nit-ac. **Nux-v.** *Onos.* op. osm. paeon. pall.br1 par. petr. **Ph-ac.** **Phos.** phys. *Pic-ac.* pin-s. plb. psil.ft1 *Puls.* ruta *Sabad.* sabin. *Sec.* sel. *Sep.* *Sil.* spig. stann. stram. sul-i.k2 *Sulph.* tep. ter. ther. thuj. trom. valer.k2 verat. zinc. zinc-p.k2 zing.

– **links**: anac.h,kl carb-v.h,kl
– **tagsüber**: sabad.a1 sulph.a1,k
– **morgens**: calad. carb-an.a1,k caust.a1,k iod.h,kl nat-m. *Nit-ac.*h,k,* pall. *Zinc.*
 • **6** h: pic-ac.
 • **Aufstehen**:
  • **beim**: phos.a1,k
  • **nach**, amel.: lyc. nat-m.
 • **Bett**, im: dulc.h,kl nat-m.a1,k *Nit-ac.*h,k,* phos.a1,k *Zinc.*
 • **Erwachen**, beim: bamb-a.stb2 bar-c. clem.a1,k lyc. nat-m. phos.a1,k pic-ac.a1 *Sulph.*a1,k verat.a1,k *Zinc.*
 • **Frühstück**, nach dem: verat.
 • **Gehen**, beim: nux-v.a1,k pic-ac.h,k
– **vormittags**: caust.a1,k cham.a1,k grat.a1,k phos.h,kl *Sabad.*a1,k stront-c.
– **mittags**, beim Gehen: dig.
– **nachmittags**: mag-m.a1,k
 • **15** h: plan.
 • **16** h: pic-ac.
– **abends**: am-c. ammc.a1,k par.a1,k phos.a1,k *Sabad.*a1,k
 • **21** h: cocc.
– **nachts**: carb-v.a1,k caust.h,k,* petr.a1,k sep.
 • **3** h, beim Erwachen: mez.
 • **4** h: lyc.
– **Anstrengung**, bei: *Lach.*
– **Aufstehen**, beim:
 • **amel.**: merc. nat-m.
 • **Sitzen**, nach dem: carb-v.
– **Bewegung**:
 • **amel.**: caps. cham.a1,k
 • **bei**: *Lach.* mez.a1,k sabad.a1
– **Ejakulation**, nach: ph-ac. puls.
– **Erwachen**, beim: cham.a1,k sep.h,kl tep.a1,k
– **Fieber**; während ●: **Calc.**a1,k **Gels.** **Nux-v.** **Rhus-t.** sulph.
– **Frost**:
 • **vor**: ther.a1,k
 • **während**: coc-c.a1,k sep.h,kl
– **Frühstück**, nach dem: ther.a1,k
– **Gehen**:
 • **beim**: acon.a1,k anac.h,kl *Calc.* paeon.a1,k **Pic-ac.**a1,k
 • **Freien**, im: lyc. sil. zinc.
  • **amel.**: carb-v.h
– **geistige** Anstrengung, durch: *Ph-ac.*
– **Gewitter**:
 • **bei**: *Phos.*
– **Klavierspielen**, nach dem: anac.
– **Koitus**, nach: bufo
– **Krämpfe**:
 • **vor**: plb.bg1
– **lähmungsartig**: plb.
– **Liegen**:
 • **amel.**: granit-m.es1
 • **linken** Seite; auf der: merc-i-f.
– **Menses**:
 • **vor**: bar-c. com. con.h2,k *Lyc.*a1,k merc. nit-ac. zinc.
 • **während**: cocc. nat-m.a1,k
 • **unterdrückt**: graph.h,kl
– **Mittagessen**, nach dem: ant-c.a1,k sulph.a1,k
– **Ruhe**, in der: caps.h,kl
– **schmerzhaft**: agar.h,kl
– **Schwangerschaft**; während der: *Calc-p.*
– **sexuelle** Exzesse, durch: *Puls.*
– **Sitzen**, im: caps.h,kl rutah
– **Sturm**
 ☞ *Gewitter*
– **Treppensteigen**, beim: clem.a1,k lyc.
○ **Gelenke**: *Cham.* *Chin.*h,k,* *Mez.* nit-ac.a1,h *Ph-ac.* plb.a1,k sabad.a1 *Staph.*
 • **morgens**: carb-v.h,kl
– **Arme**: acon.a1,k aesc.a1,k *Agar.* aloe *Alum.* alum-p.k2 alum-sil.k2 *Am-c.*h,k,* *Am-m.*a1,k anac.a1,k *Ang.*a1,k ant-c. ant-s-aur.bg1 *Ant-t.*a1,k *Apis* **Arg-n.** arn. ars-h. *Ars-met.* arund.a1,k aster. aur. aur-ar.k2 bar-c.hr1,k,* bar-s.k2 *Bell.*a1,k benz-ac. berb.a1,k bism. brach. bry.a1,k bufo cact.a1,k cadm-s. *Calc.* camph.a1,k cann-i.a1,k *Carb-ac.*a1,k carb-an.a1,k carb-v.a1,k carbn-s. **Caust.**h,k,* chel.a1,k cic.a1,k cinnb.a1,k cocc.a1,k colch.a1,k **Con.**a1,k cor-r. corn. cot.br1 croc.a1,k crot-h.a1,k crot-t.a1,k *Cur.* cycl.a1,k dig.a1,k dulc.a1,k elec.a12 *Ferr.*a1,k ferr-p. fl-ac. **Gels.** *Glon.*a1,k granit-m.es1 *Ham.* hep.h,kl hura kali-i. **Kali-p.** *Lach.*a1,k laur.a1,k *Lec.* led.a1,k limest-b.es1 *Lyc.*a1,k lyss. mag-c.h,kl manc. *Merc.* *Merc-c.* *Mez.*a1,k mur-ac.a1,k *Nat-c.*a1,k **Nat-m.**a1,k nat-p.a1,k nat-s.a1,k nit-ac.h,kl *Nux-m.*a1,k nux-v.a1,k *Onos.* op.a1,k par.a1,k petr.a1,k *Ph-ac.* *Phos.*a1,k phys. *Pic-ac.*a1,k pip-m.a1,k plan.a1,k plat.a1,k **Plb.**a1,k **Puls.**a1,k rad-br.bg1 rhod.a1,k rhus-t. *Sabad.* sarr. sep.a1,k *Sil.*a1,k sol-ni. sphing.a1 spig.a1,k spong. *Stann.* *Stram.*a1,k sul-ac.h,k,* *Sulph.* *Sumb.*a1,k *Tarent.*a1,k tep.a1,k teucr.a1,k thuj.a1,k til.a1,k valer.a1,k verat.a1,k zinc. zing.a1,k
 • **links**: arg-n. arund.a1,k bar-c.hr1,k *Calc.* camph.a1,k carb-v.a1,k conin.c1 *Dig.*a1,k led.a1 merc-i-f. plat.h,kl spig.h,kl thuj.a1,h,*

- **rechts**: *Am-c.*h,k,* **Am-m.**a1,k anac.h,kl androc.srj1 *Apis* *Caust.*a1,k *Fl-ac.*a1,k mag-c.h,kl nat-c.a1,h,* *Phos.*bg1,bg2 rhod.
- **tagsüber**: sulph.a1,k
- **morgens**: ant-s-aur. *Iod.* *Sulph.*
  - **Erwachen**, beim: fl-ac.a1,k *Iod.*
  - **Schreiben**, beim: phos.a1,k
  - **Waschen**, beim: *Phos.*a1,k
- **vormittags**, 11 h: zing.
- **mittags**: sulph.a1,k
- **nachmittags**: nux-v.a1,k
  - **15 h**: plan.
- **abends**: *Am-m.* mur-ac.h,kl
- **nachts**: *Merc.* stann.a1,k
- **Anstrengung**, bei: *Phos.* *Pic-ac.* *Stann.*
- **Bett**, im: staph.a1,k til.a1,k
- **Bewegung**:
  - **amel.**: *Apis* camph. led.a1,k *Rhod.*a1,k
  - **bei**: carb-v.a1,k grat.a1,k nat-c. *Stann.*a1,k
- **Gefühllosigkeit**, mit: *Ambr.* *Apis* *Bufo* cham. croc. fl-ac. graph. kali-c. lyc. mag-m. *Nux-v.* puls. *Sep.* sil.
- **Gehen**, beim: anac.a1,k ang.a1,k spig.h,kl
- **Heben** der Arme; beim: cic. cocc. mag-c.h merc. mur-ac. phos.
  - **rechten** Armes; des: limest-b.es1
- **Herunterhängen**, beim: ang.h,kl valer.
- **Klavierspielen** agg.: *Cur.* *Gels.* merc-i-f.
- **Menses**, bei unterdrückten: graph.
- **Mittagessen**, nach dem: plect.a1,k
- **plötzlich**: carc.svb
- **Samenabgang**, nach: staph.a1,k
- **Schreiben**, beim: caps. *Carb-v.* *Caust.* ferr-i. fl-ac. kali-c. mez. phos.a1,k spig.
- **Treppensteigen**, beim: *Nux-v.*
- **Waschen**, beim: phos.a1,k
- **wund** schmerzend, und: cot.br1

– **Schulter**: carb-an. *Carbn-s.*bg1,bg2 chin.bg1 *Ferr.* hep. hipp.a1 kali-c.bg1,bg2 kali-n.h,kl led.a1 limest-b.es1 lyss.c1 mag-m.h,kl *Nat-m.* nat-s. *Nux-m.* par. phos.h,kl plb.a1 *Puls.* *Rhus-t.*bg1,bg2 sulph. thuj. zinc.
- **rechts**: kali-m.bg1
- **Bewegung**, bei: led.a1 mur-ac.h,kl
- **Erwachen**, beim: zinc.
- **Mantel** zu schwer; als wäre der: bamb-a.stb2

– **Oberarm**: carb-v.a1,h,* cot.br1 guaj.h,kl phos.h,kl plb.a1 spira.a1 stann.h,kl sulph.h
- **nachts**: sep.h,kl
- **hängen**; als würde etwas Schweres am Oberarm: sulph.h
- **wund** schmerzend, und: cot.br1

– **Ellbogen**: am-c.a1,h cer-s.a1 chinin-ar. cic.a1 coll.a1 con.h,k,* led.a1 phos.a1,h,* plb.a1 samb.a1,k sars.h,kl

– **Unterarm**: acon.a1,k aeth.a1,k alum.a1,k am-m.a1,k anac. ant-s-aur.bg1 aran.a1,k **Arg-n.** aur.a1,k berb.a1,k cann-i.a1,k caust.a1,h coll.a1 cot.br1 *Croc.*a1,k cur.bg1 kali-n.h,kl laur.a1,k lyc.a1,k *Mur-ac.* myric.bg1 nat-m.h,kl nux-v. ph-ac.a1,k plb.a1 sabad.a1,k sabin.bg1,bg2 spig.a1,k spong.a1,k sulph.a1,k *Tell.*a1,k teucr. thuj.a1,k
- **links**: tell.bg1

– **Unterarm**: ...
- **vormittags**: lyc.a1,k
- **nachts**, 22 h: tell.
- **Erwachen**, beim: aran.a1,k
- **Koitus**, nach: sabin.a1,k
- **Ruhe**, in der: aur.a1,k
- **wund** schmerzend, und: cot.br1

– **Handgelenk**: hipp.a1 led.a1 plb.a1 sul-ac.h,kl
- **rechts**: limest-b.es1

– **Hände**: acet-ac. acon.a1,k aesc.a1,k *Alum.*a1,k alum-sil.k2 am-c. ang.a1,k *Ars.*a1,k *Bar-c.* **Bell.**a1,k *Bov.*a1,k bry.a1,k cann-s.a1,k *Caust.*h,k,* chel.a1,k coll.a1 cycl.a1,k hipp.a1 iris *Kali-n.*a1,k *Lyc.*a1,k manc. nat-m.a1,k nicc.a1,k ol-an. ox-ac.a1,k *Ph-ac.*a1,k **Phos.**a1,k phyt.a1,k pic-ac. plb.a1,k puls. rhod.a1,k sars. sil. spira.a1 spong. stann. sul-ac.a1,k tell.a1 teucr. *Zinc.*a1,k
- **rechts**: bov.h,k cann-s.a1,h sulph.h,kl
- **abends**: lyc.a1,k
- **nachts**: kali-n.
- **Bettwärme** agg.: goss.
- **Bewegung** amel.: cann-s. nicc.a1,k
- **Herunterhängen** des Armes; beim: sul-ac.h
  - **amel.**: goss.bg1
- **Menses**:
  - **vor**: bar-c. kreos. zinc.
  - **während**: zinc.h,kl
- **Schreiben**, beim: caps. *Caust.* *Chel.* lyc.a1,k

– **Finger**: berb. coll.a1 hipp.a1 par. phos. *Plb.*a1,k rhus-v.

○ **Fingerspitzen**: plb.bg1,bg2

– **Beine**: acet-ac. acon.a1,k *Agar.*a1,k all-s. aloe **Alum.** alum-p.k2 alum-sil.k2 alumn. am-c. am-m. ambr. anac. androc.srj1 ang.a1,h,* ant-t.a1,k *Aran.* **Arg-met.** *Arg-n.* *Arn.* *Ars.* ars-s-f.k2 asaf. asar. bamb-a.stb2 bar-c. bar-s.k2 *Bell.* **Berb.**a1,k bov. brom. bry.a1,k cact. cain. **Calc.** calc-ar. calc-p. calc-s. *Camph.* **Cann-i.** caps. *Carb-ac.* **Carb-v.** *Carbn-s.* castm. caust.h,k,* cham.a1,k *Chel.* chin. chinin-ar. choc.srj3 cic. *Cimx.* clem.a1,k coc-c. **Cocc.** colch. *Coloc.*a1,k **Con.** cor-r. cot.br1 crot-h. dig. dios. *Dulc.* elec.a12 eupi. ferr-i. fl-ac. **Gels.** gins.a1,k granit-m.es1 *Graph.*a1,k guaj.h,kl *Ham.* *Hell.* *Hep.* *Ign.*a1,k ind. indg. iod. ip.bg1,h,* *Kali-ar.* kali-bi. *Kali-c.* kali-n. **Kali-p.** kali-s. kali-sil.k2 kreos. **Lach.** laur. *Lec.* led. limest-b.es1 luna.kg1 *Lyc.* lyss. *Mag-m.* *Med.* *Merc.*a1,k *Merc-c.* *Merc-i-f.* *Mez.* murx. nat-ar. **Nat-c.**a1,k *Nat-m.* nat-p. nat-s. *Nit-ac.*a1,k *Nux-m.* *Nux-v.* *Onos.* op. osm. *Petr.*a1,k *Ph-ac.* *Phos.* phyt. **Pic-ac.**a1,k *Plat.* plb.a1,k psil.ft1 ptel. *Puls.* rad-br.bg1 rat. rhod.a1,k **Rhus-t.** *Ruta* *Sabad.* sanic. sars.h,kl sec. senec. *Seneg.* *Sep.* **Sil.**a1,k sin-a.a1,k spig.a1,k spirae.a1 spong. *Stann.* staph. stram.h,kl stry. sul-ac. **Sulph.**a1,k *Tarent.* *Thuj.* til. verat.a1,k verb. xan. *Zinc.*
- **links**: carb-v.bg1
- **rechts**: thuj.bg1
- **tagsüber**: *Puls.*
- **morgens**: ambr. ars. calc.h,kl card-m. kreos. lec. mur-ac.h,kl phos.h,kl *Sil.* sulph.a1,k verat.
  - **Bett**, im: caust. mag-m. sulph.a1,k zinc.h
  - **Erwachen**, beim: calc.h,kl phos.a1,k sumb.

- **vormittags**: *Merc.* puls.
  - **11** h: zing.
- **nachmittags**: **Arg-n.** bamb-a.$_{stb2}$ bry. fago. nux-v.$_{a1,k}$ phyt.$_{a1,k}$ spirae.$_{a1}$ zinc.$_{a1,k}$
  - **15** h: plan.
  - **16** h: kali-cy.
- **abends**: alum.$_{a1,k}$ am-c. bamb-a.$_{stb2}$ clem.$_{a1,k}$ *Coloc.* fago. indg.$_{c1}$ kali-n.$_{h,kl}$ nat-m.$_{a1,k}$ nicc. op. thuj.
  - **18** h: op.
  - **21** h: pic-ac.
  - **Bett**, im: indg.
- **nachts**: carb-an.$_{h,kl}$ carb-v. caust.$_{h,kl}$ petr.$_{h,kl}$ *Sulph.* thuj.
  - **Mitternacht**, nach: crot-t.
  - **Bett**, im: sulph.

◆ **begleitet** von:
  - **Hitze**; Gefühl von: bamb-a.$_{stb2}$
- **Anstrengung**, nach: **Con. Gels. Lach. Pic-ac. Rhus-t.**
- **Ärger**, Verdruß; nach: lyc. nux-v.$_{a1,k}$
- **Aufstehen** vom Sitzen; beim: mag-c.$_{h,kl}$
- **Bewegung**, bei: **Lach.**
  - **amel.**: mag-c.$_{h,kl}$ nat-m. nit-ac.
- **Ermüdung**, wie durch: aphis arg-n. calc.$_{h,kl}$ *Hydrog.*$_{srj2}$ kreos. lact. mag-m. merc-i-f. mosch. murx. nat-s. psor. puls. ruta sulph.
- **Fahren**, beim: rumx.
- **Freien**, im: graph.
- **Gehen**:
  - **Beginn** des Gehens; zu: zinc.$_{h}$
  - **beim**: acon.$_{a1}$ anac. arn. bamb-a.$_{stb2}$ bell. **Berb.** bry. *Calc.* **Cann-i. Carb-v.** chin.$_{h,kl}$ chinin-s. **Con.** crot-t. **Gels.** hep. kali-c.$_{h,kl}$ **Lach.** *Lec.* lyc. *Mag-m. Med.* petr. phos.$_{a1,k}$ pip-m. puls. rhod. rhus-t. sars. spig.$_{h,kl}$ *Stann.*$_{a1,k}$ *Sulph.*$_{a1,k}$ thuj. zinc.
  - **nach**: anac.$_{h,kl}$ **Arg-met.** kali-bi. kali-n. murx. ruta sil.$_{h,kl}$ stann.$_{h,kl}$ *Sulph.*
    - **amel.**: nit-ac.$_{h,kl}$ rat. rhod.
  - **Freien**, im: lyc.$_{h}$ sil.$_{h}$
- **Kränkung**, nach: puls.
- **Liegen**, beim: nit-ac.$_{h,kl}$
- **Menses**:
  - **vor**: *Carl. Con. Graph.* lach. *Lyc.* phel.
  - **während**: *Am-c.* calc-p. cocc. *Graph.* kali-n. nicc. nit-ac. *Sep.* sulph. *Zinc.*$_{a1,k}$
  - **nach**: nat-m.$_{h,kl}$
  - **unterdrückt**: *Graph.* nat-m. nux-v. phos. rhus-t. ruta verat.
- **Mittagessen**, nach dem: kali-n.$_{h,kl}$ sulph.$_{a1,k}$
- **Obstipation**, bei: tep.
- **periodisch**: *Aran.*
- **Schlaf**, nach: *Sep.*
- **Sitzen**, im: **Alum.** croc. mag-c.$_{h,kl}$ mag-m. nat-c.$_{a1,k}$ nit-ac. plat. sars. spig. stann.$_{a1,k}$
- **Stehen**, im: bry. stann.$_{h,kl}$ sulph. valer.
- **Strecken** des Unterschenkels amel.: anac.$_{h}$
- **Treppen**; beim Hinabsteigen von: verb.$_{h}$
- **Treppensteigen**, beim: bamb-a.$_{stb2}$ bry. lyc. *Med.* phos.$_{h}$ stann.$_{h}$ thuj. verb.
- **wund** schmerzend, und: cot.$_{br1}$

– **Beine**: ...
  - **zerschlagen**; mit Schwere wie: **Berb.**$_{hr1,k2}$

○ **Gelenke**: calc.$_{h,kl}$ nit-ac.$_{h,kl}$ ph-ac.$_{a1,h,*}$
  - **Knochen**: sulph.$_{h}$
    - **Sitzen**, beim: sulph.$_{h}$

– **Hüfte**: agar. all-c. *Alum.* androc.$_{srj1}$ ant-t. ars-met. *Con.* kali-c.$_{h,kl}$ kreos. mag-m.$_{a1,h,*}$ mag-s.$_{a1,k}$ nat-ar. nat-m.$_{a1}$ ph-ac.$_{a1,k}$ sars.$_{h,kl}$

◈ **abwechselnd** mit Schwere in den Lenden: mag-s.$_{c1}$
  - **Gehen** amel.: ph-ac.

– **Oberschenkel**: agar.$_{a1,k}$ *Agn.* am-c. androc.$_{srj1}$ **Ang.** aran.$_{a1,k}$ *Arn.* ars. asar.$_{h,kl}$ *Bell.*$_{a1,k}$ *Bry. Calc.* camph.$_{h,kl}$ caust.$_{h,kl}$ cham. *Chin.*$_{a1,k}$ cic.$_{bg1,bg2}$ croc. crot-t. *Dulc.*$_{a1,k}$ graph.$_{h,kl}$ *Guaj.* hell.$_{h,kl}$ *Ip. Kali-c.* lach. laur.$_{bg1}$ *Lyc.*$_{a1,k}$ lyss. mag-c.$_{h,kl}$ mag-m.$_{a1,h,*}$ *Merc.*$_{a1,k}$ murx. nat-m.$_{a1}$ nat-s. nux-v.$_{a1,k}$ petr.$_{a1,k}$ ph-ac.$_{h,kl}$ phos.$_{h,kl}$ *Puls.* rat.$_{bg1}$ rheum *Rhod.*$_{a1,k}$ *Sars.*$_{a1,k}$ *Sep.*$_{a1,k}$ squil.$_{h,kl}$ *Stann. Thuj.* verb. zinc.$_{bg1,k,*}$
  - **rechts**: rat.
  - **morgens**: *Calc.* kali-c.$_{h,kl}$
  - **nachts**: kali-c.$_{h,kl}$ sep.$_{h,kl}$
    - **Mitternacht**, nach: crot-t.
  - **anfallsweise**: thuj.$_{h,kl}$
  - **Gehen**: bell.$_{h}$ cic.$_{h}$ mag-c.$_{h}$ sars.$_{h}$ zinc.$_{h}$
    - **nach**: ang.$_{h,kl}$
  - **lähmungsartig**: kali-c.$_{h,kl}$ kali-n.$_{h,kl}$
  - **Liegen**, beim: staph.$_{h,kl}$
  - **Menses**:
    - **vor**: bell. brom. carb-an. cocc. kali-n.$_{h,kl}$ nux-m.
    - **während**: *Am-c.* carb-an. *Castm.* cub. *Graph.* nit-ac. *Sars.*
  - **Sitzen**, im: kali-c.$_{h,kl}$ kali-n.$_{h,kl}$ mag-c.$_{h,kl}$ rat. sars.$_{a1,h,*}$
  - **Stuhlgang**, nach: lyc.$_{h,kl}$
  - **Treppensteigen**, beim: asar.$_{h}$

– **Knie**: act-sp. anac. apis asar. berb. camph. cann-s. caust. clem.$_{a1}$ cocc.$_{h,kl}$ *Con.*$_{a1,k}$ euphr.$_{h,kl}$ graph.$_{a1,h,*}$ hydrog.$_{srj2}$ *Hyos.* kali-n.$_{h,kl}$ lach. ~~lec.$_{kl,xxx}$~~ *Led.*$_{kl}$ lyc.$_{h,kl}$ mag-m.$_{a1,h,*}$ merc. nat-m.$_{a1,k}$ nit-ac. **Nux-m.** ox-ac. phos.$_{a1,h,*}$ *Plat.* podo.$_{c1}$ puls. rhus-t.$_{a1,k}$ ruta sanic. sars. spong.$_{a1,k}$ *Stann.*$_{a1,k}$ staph. sulph.$_{a1,k}$ verat.$_{a1,k}$
  - **links**: phos.$_{h,kl}$
  - **rechts**: kali-bi.$_{bg1}$
  - **morgens** im Bett: sulph.$_{h,kl}$
  - **nachmittags**: mag-c.$_{a1,h,*}$
  - **Aufstehen** vom Sitzen; nach: berb. puls.$_{h,kl}$
  - **Gehen**, beim: mag-c.$_{h}$
    - **nach**: berb. calc-s. ruta$_{h}$
    - **amel.**: kali-n.$_{h,kl}$ ruta$_{h}$
  - **Menses**, während: sars.$_{h,kl}$
  - **Ruhe** agg.; in der: **Nux-m.**
  - **Sitzen**, beim: camph.$_{a1,k}$ mag-c.$_{h,kl}$
  - **Treppensteigen**, beim: caust.$_{h}$ dig.$_{h}$ hyos.

– **Unterschenkel**: acon.$_{a1}$ adam.$_{srj5}$ *Aeth. Agar.* **Alum.** am-c.$_{a1,k}$ am-m. *Ambr.*$_{a1,k}$ ang. ant-t. *Arg-n.* ars.$_{a1,k}$ arum-t. asar. *Bell.*$_{a1,k}$ berb.$_{a1,k}$ brach. *Bry.*$_{a1,k}$ bufo cact.$_{a1,k}$ cain. *Calc. Calc-p.* calc-sil.$_{k2}$ *Camph.*$_{a1,k}$ **Cann-i.** cann-s. *Carb-ac. Carb-v.*

– **Unterschenkel**: ...
Carbn-s. *Caust.*$_{h,k,*}$ *Cham.* *Chel.* *Chin.* *Cimx.* clem. *Colch.* *Coloc.* cot.$_{brl}$ croc. crot-t. cupr.$_{h,kl}$ dig.$_{a1,k}$ *Ferr.* ferr-p. *Gels.* *Graph.*$_{a1,k}$ hep.$_{h,kl}$ ind. *Kali-bi.*$_{a1,k}$ *Kali-c.*$_{a1,k}$ kali-n. kali-sil.$_{k2}$ lach.$_{a1}$ lact. led.$_{a1,h,*}$ limest-b.$_{es1}$ lyc.$_{h,kl,*}$ *Lyss.*$_{a1,k}$ *Mag-m.*$_{a1,k}$ *Med.* *Merc.* nat-ar. *Nat-c.* *Nat-m.*$_{a1,k}$ nat-p.$_{a1,k}$ nit-ac.$_{a1,h,*}$ **Nux-m.** *Nux-v.* *Onos.* *Petr.* *Phos.*$_{a1,k}$ *Phyt.* *Pic-ac.*$_{a1,k}$ plat. *Plb.* *Puls.*$_{a1,k}$ **Rhus-t.** ruta sarr. sars. sec.$_{a1,k}$ sep.$_{h,kl}$ *Sil.* spong. stann. stront-c. *Sulph.*$_{a1,k}$ tarax.$_{h,kl}$ *Tarent.*$_{a1,k}$ thuj.$_{a1,k}$ tub-r.$_{jl}$ valer. verat.$_{a1,k}$ verb. zinc.$_{a1,k}$

• **links**: thuj.$_{h,kl}$
• **morgens**: ars.$_{a1,h,*}$
  • **Erwachen**; beim: adam.$_{srj5}$
• **vormittags**: puls.$_{a1,h,*}$
• **nachmittags**: nat-c.$_{h,kl}$
• **abends**: alum. am-c.$_{a1,k}$ *Apis* puls.$_{h,kl}$ uran-met.
• **nachts**: *Caust.*$_{h,k,*}$ hydrog.$_{srj2}$ kali-c.$_{h,kl}$
• **Anstrengung** agg.: **Gels.** pic-ac.$_{a1,k}$
• **Aufstehen** vom Sitzen; beim: puls.$_{h}$
• **Essen**, nach dem: arn. dros.$_{h,kl}$
• **Frost**, vor: *Cimx.*
• **Gehen**:
  • **amel.**: kali-n.$_{h,kl}$ nit-ac.$_{h,kl}$ rhus-t.$_{h,kl}$ sec.
  • **beim**: alum.$_{h,kl}$ bell.$_{a1,h,*}$ coloc.$_{h,kl}$ *Nat-c.* rhus-t.$_{a1,h,*}$ stann. *Sulph.*
  • **nach**: kali-n.$_{h,kl}$ nit-ac.$_{h,kl}$
• **Menses**:
  • **vor**: *Lyc.* sulph.$_{zr}$
  • **während**: *Calc-p.* nicc. *Sars.*
• **Ruhe**, in der: nit-ac.$_{a1,h,*}$
• **schmerzhaft**: plat.$_{h,kl}$
• **Sitzen**, im: **Alum.** *Mag-m.* plat.$_{h,kl}$ rhus-t.$_{h,kl}$ spig.$_{a1,h,*}$ thuj.$_{h,kl}$
• **Stehen**, beim: alum.$_{h,kl}$ samb.$_{h,kl}$
• **Treppensteigen**, beim: hep.$_{h}$ **Nat-m.** *Phos.*
• **Übereinanderlegen** der Beine; beim: bell.$_{h,kl}$ stann.$_{h,kl}$ verb.$_{h,kl}$
• **wund** schmerzend, und: cot.$_{brl}$
○ **Schienbein**: dig.$_{a1,h,*}$ kali-n.$_{h,kl}$ spong.$_{h,kl}$
  • **Gehen**, bei schnellem: spong.$_{h}$
• **Wade**: acon.$_{a1}$ agar.$_{a1,k}$ *Aloe* *Arg-n.* ars-i. berb.$_{a1,k}$ cham.$_{a1,k}$ euphr.$_{a1,k}$ hydrog.$_{srj2}$ kali-c.$_{h,kl}$ lyss. mag-m.$_{a1,h,*}$ plat.$_{h,kl}$ rhus-t.$_{a1,k}$ sep. stann.$_{a1,h,*}$ staph.$_{a1,h,*}$ sulph.

– **Knöchel**: alum.$_{h,kl}$ caust.$_{h,kl}$ crot-t.$_{bg1,bg2}$ cupr.$_{a1,k}$ kali-c.$_{h,kl}$ led.$_{bg1,bg2}$ nat-m.$_{h,kl}$ nit-ac.$_{bg1,h,*}$ sil.$_{h,kl}$ sulph.$_{a1,h,*}$

– **Füße**: acon.$_{a1,k}$ *Agar.*$_{a1,k}$ *Agn.*$_{a1,k}$ **Alum.**$_{a1,k}$ alum-sil.$_{k2}$ am-c. anac.$_{a1,k}$ ant-c.$_{a1,k}$ apis aran. *Arn.* **Ars.**$_{a1,k}$ *Ars-i.*$_{a1,k}$ ars-s-f.$_{k2}$ *Aur.* aur-ar.$_{k2}$ aur-s.$_{k2}$ bar-c. *Bell.*$_{a1,k}$ berb.$_{a1,k}$ borx. *Bov.*$_{a1,k}$ bry.$_{a1,k}$ cadm-s. *Calc.*$_{a1,k}$ calc-ar. calc-i.$_{k2}$ calc-sil.$_{k2}$ cann-i.$_{a1,k}$ cann-s.$_{a1,k}$ canth.$_{a1,k}$ carb-ac.$_{a1,k}$ *Carb-v.* carbn-s. carl.$_{a1,k}$ caust.$_{a1,k}$ cham.$_{h,kl}$ chin.$_{h,kl}$ clem.$_{a1,k}$ coca *Cocc.* colch.$_{a1,k}$ coloc.$_{a1,k}$ croc.$_{a1,k}$ crot-h.$_{a1,k}$ *Cycl.*$_{a1,k}$ eup-per. ferr. ferr-ar. ferr-i. gamb.$_{a1,k}$ *Graph.*$_{a1,k}$ hell.$_{a1,k}$ *Ign.*$_{a1,k}$ ind. iod.$_{a1,k}$ *Kali-ar.* *Kali-c.*$_{a1,k}$ kali-n.$_{h,kl}$ kali-p. kali-sil.$_{k2}$ kreos.$_{a1,k}$ lach. *Led.*$_{a1,k}$ lyc.$_{a1,k}$ **Mag-c.**$_{a1,k}$ mag-m.$_{a1,k}$ mang. merc.$_{a1,k}$ nat-ar.$_{k2}$ *Nat-c.*$_{a1,k}$

Schweregefühl - Füße: ...
Nat-m.$_{a1,k}$ nat-p. nat-s.$_{a1,k}$ nicc.$_{a1,k}$ nit-ac.$_{a1,k}$ nux-v.$_{a1,k}$ *Ol-an.*$_{a1,k}$ op.$_{a1,k}$ *Petr.*$_{a1,k}$ **Phos.**$_{a1,k}$ **Pic-ac.** *Plat.* plb.$_{a1,k}$ **Puls.**$_{a1,k}$ rhus-v.$_{a1,k}$ *Sabad.*$_{a1,k}$ sabin.$_{a1,k}$ *Sars.* **Sep.**$_{a1,k}$ *Sil.* spong.$_{a1,k}$ stann. stram.$_{a1,k}$ sul-ac. sul-i.$_{k2}$ **Sulph.**$_{a1,k}$ tab.$_{a1,k}$ tep.$_{a1,k}$ thuj.$_{a1,k}$ verat. verb. xan. zinc.$_{a1,k}$

• **links**: cypr.$_{c1}$
  • **Schwindel**; nach: cypr.$_{c1}$
• **rechts**: *Agn.*$_{a1,k}$
• **morgens**: apis carl.$_{a1,k}$
  • **Bett**, im: mag-m.$_{a1,k}$ *Nat-m.* sep. sulph.$_{a1,k}$
  • **Erwachen**, beim: nat-s.$_{a1,k}$
• **vormittags**: bry.$_{a1,k}$ coloc.$_{a1,k}$
• **nachmittags**: lyc. nux-v.$_{a1,k}$
  • **Gehen**, beim: lyc.$_{a1,k}$
  • **Sitzen**, im: lyc.$_{a1,k}$
• **abends**: am-c. apis borx. mag-c.$_{h,kl}$ mang. nat-m.$_{a1,k}$ plat.$_{h,kl}$ thuj.$_{a1,k}$
  • **18 h**: mang.
  • **Entkleiden**, beim: *Apis*
  • **Gehen**, beim: lyc.
• **nachts**: apis carb-an.$_{h,kl}$ caust.$_{h,k,*}$ nit-ac.$_{h,kl}$
  • **Bett**, im: caust.$_{h,k,*}$
• **Ärger**, Verdruß; nach: nat-m.$_{h,kl}$
• **Aufstehen** nach einer Mahlzeit; beim: bry.$_{a1,kl}$
• **Auftreten**, beim: nit-ac.$_{h,kl}$
• **Bewegung** amel.: nicc.$_{a1,k}$ zinc.
• **Essen**, nach dem: bry. cann-s.$_{a1,k}$ op.$_{a1,k}$
• **Frösteln**, beim: hell.$_{a1,k}$
• **Gehen**:
  • **amel.**: ars-i. led.$_{h,kl}$ **Mag-c.** *Nat-m.* *Sulph.*
  • **beim**: cann-i.$_{a1,k}$ kali-n.$_{h,kl}$ kreos.$_{a1,k}$ lyc.$_{h,kl}$ manc.$_{a1,k}$ nat-c.$_{hr1}$ phos.$_{a1,k}$ plb.$_{a1,k}$ *Sep.*$_{a1,k}$ *Sulph.*$_{a1,k}$ verat.$_{a1,k}$
  • **nach**: alum. *Arn.* cann-s. caust.$_{a1,k}$ *Con.* murx. *Rhus-t.* ruta
  • **Freien**, im: nit-ac.$_{h}$
  • **Fußsohle**: ph-ac.$_{h}$ thuj.$_{h}$
  • **Knochen**: staph.$_{h}$
• **Krümmen** des Fußes; beim: led.$_{h,kl}$
• **Liegen**, beim: led.$_{h,kl}$
• **Menses**:
  • **vor**: bar-c. cycl. lyc. zinc.
  • **während**: colch. nat-m.$_{a1,k}$ sars.$_{h,kl}$ *Sulph.* zinc.
    • **amel.**: **Cycl.**$_{a1,k}$
• **Mittagessen**, nach dem: *Carb-v.*$_{a1,k}$
• **Sitzen**, im: alum. anac.$_{a1,k}$ led.$_{h,kl}$ **Mag-c.** *Plat.* **Rhus-t.**$_{a1,k}$
• **Stehen**, im: kali-n.$_{h,kl}$ *Nat-m.*$_{a1,k}$ phos.$_{a1,k}$
• **Treppensteigen**, beim: borx.$_{h}$ cann-s.$_{a1,k}$ lyc. mag-c.$_{a1,k}$

Schwingen des Beines beim Stehen; hin und her: cycl.

Sehnenhüpfen
☞ *Zucken*

Spannung: alum-sil.$_{k2}$ ang.$_{c1}$ bov. *Bry.*$_{a1,k}$ calc. *Carl.*$_{a1,k}$ *Cimx.* *Cupr.* gast.$_{a1}$ gent-l.$_{a1}$ hep.$_{a1,k}$ iod.$_{a1,k}$ mag-m.$_{a1,k}$ nux-v.$_{a1,k}$ pin-s.$_{a1}$ *Plat.* plb.$_{a1,k}$ *Puls.* *Rhus-t.* sec.$_{a1,k}$ sulph.$_{a1,k}$ *Thuj.* valer.$_{k2}$

– **morgens**: *Nux-v.*$_{a1,k}$
– **nachmittags**: calc.
– **abends**: *Puls.*$_{hr1}$
– **nachts**: hep.$_{a1,k}$ *Puls.* rhod. sulph.$_{a1,k}$
– **Aufstehen** vom Sitzen, beim: *Rhus-t.*
– **Frost**:
 • **vor**: *Rhus-t.*
 • **während**: rhus-t.
– **Gehen**, nach dem: sulph.$_{h}$
– **steigt** allmählich und sinkt plötzlich: **Puls.**
○ **Gelenke**: am-c. *Am-m.*$_{hr1,k}$ anac.$_{bg2,k}$ ant-t.$_{bg2}$ apis arg-met. arn.$_{bg2}$ ars.$_{bg2}$ asaf.$_{bg2}$ bell.$_{bg2}$ *Bov.*$_{bg2,k}$ *Bry.*$_{bg2,k,*}$ cact.$_{k2}$ calc.$_{bg2}$ *Caps.*$_{bg2,k}$ carb-an.$_{bg2}$ carb-v.$_{bg2}$ *Carl.*$_{a1,k}$ *Caust.*$_{bg2,k}$ cham.$_{bg2}$ clem.$_{a1,k}$ colch.$_{bg2}$ coloc.$_{bg2}$ con.$_{bg2}$ croc.$_{bg2,k}$ dig.$_{bg2}$ dros.$_{bg2}$ euph.$_{bg2}$ euphr.$_{bg2}$ graph.$_{bg2}$ hell.$_{bg2}$ hep.$_{bg2}$ iod.$_{bg2,k}$ *Iris* *Kali-c.*$_{bg2,k}$ kali-n.$_{bg2}$ kreos.$_{bg2}$ lach.$_{bg2}$ laur.$_{bg2}$ **Led.**$_{bg2,k,*}$ *Lyc.*$_{bg2,k,*}$ *Mag-c.*$_{bg2,k}$ *Mag-m.* manc.$_{a1,k}$ *Mang.*$_{bg2,k}$ merc.$_{bg2}$ *Mez.*$_{bg2,k}$ mur-ac.$_{bg2,k}$ **Nat-m.**$_{bg2,k,*}$ *Nit-ac.*$_{bg2,k}$ nux-v.$_{bg2}$ par.$_{bg2}$ petr.$_{bg2}$ phos.$_{bg2}$ plat.$_{bg2}$ *Puls.*$_{bg2,k,*}$ rhod.$_{bg2,k}$ *Rhus-t.*$_{bg2,k}$ samb.$_{bg2}$ *Seneg.*$_{bg2,k,*}$ *Sep.*$_{bg2,k}$ sil.$_{bg2}$ spig.$_{bg2}$ spong.$_{bg2}$ stann.$_{bg2,k}$ sul-ac.$_{bg2,k}$ *Sulph.*$_{bg2,k}$ *Teucr.*$_{bg2,k}$ verat.$_{bg2,k}$ verb.$_{bg2}$ zinc.$_{bg2,k}$
 • **abends**: *Iris*
 • **verschiebt** sich: iris
– **Arme**: *Alum.*$_{h,k,*}$ alum-sil.$_{k2}$ anac.$_{a1,k}$ arg-met. aur. bar-c.$_{hr1,k}$ berb.$_{a1,k}$ carb-v. caust. chin. cic.$_{a1,k}$ coloc. **Dig.**$_{a1,k}$ dulc. graph.$_{h}$ hyper.$_{a1,k}$ kali-c.$_{a1,k}$ lach.$_{a1,k}$ mag-p. mang. meny. mez. mur-ac. nat-c. nat-m. nat-s.$_{a1,k}$ nit-ac.$_{a1,k}$ petr. phos. prun. puls. rhus-t. rhus-v.$_{a1,k}$ sep. sil.$_{a1,k}$ *Sulph.* tab.$_{a1,k}$ thuj. vip.$_{a1,k}$ zinc.$_{a1,k}$
 • **links**: kali-c.$_{h}$
 • **Erkältung**, wie durch: alum.$_{h,k,*}$
 • **Gefühllosigkeit**, mit: sep.$_{h}$
 • **Gehen**, beim: cic.$_{a1,k}$
 • **Heben** einer Last; beim: alum-sil.$_{k2}$
 • **Hochlagerung** des Armes agg.: kali-c.$_{h}$
 • **Schreiben**, beim: **Mag-p.**
 • **Strecken**, beim: anac.$_{h}$ cimx.$_{a1,k}$
 ▽ **erstreckt** sich zu:
  • **Fingerspitzen**: puls.
  • **Hals**:
   • **Menses**, während: berb.
 ○ **Gelenke**: mang.
– **Schulter**: aeth. anac. androc.$_{srj1}$ *Apis* asar. berb. *Bov.* *Bry.* carb-v. casc.$_{a1,k}$ coc-c. coloc. crot-h. dig. *Euph.* eupi. granit-m.$_{es1}$ hyos. iris kali-bi. *Kali-c.* kali-i. kali-n. lach. lact. laur. *Lyc.* mag-m. mang. marb-w.$_{es1}$ mez. nat-c. nat-m. nat-p. nit-ac. petr. phos. *Sep.* staph.$_{h}$ sulph. verat. *Zinc.*
 • **rechts**: sulph.$_{h}$
 • **morgens**: calc. kali-c. sulph.
  • **Aufstehen**, nach dem: euph.$_{h}$
  • **Bett**, im: nat-m.$_{h}$
  • **Bewegen** des Armes; beim: coloc. crot-h. euph. phos.
  • **Freien**, im: nat-c.
 • **Bewegung**, bei:
  • **amel.**: sep.
  • **Armes**, des: dig.

– **Schulter**: ...
 • **brennend**: mag-m.
 • **Bücken** agg.: mag-c.$_{h}$
 • **Entblößen**: nat-m.$_{h}$
 • **Erwachen**, beim: coloc.
 • **Gehen** im Freien; beim: lyc.
  • **amel.**: euph.$_{h}$
 • **Heben** des Armes; beim: bry. euph.$_{h}$ hyos. *Iris*
 • **lähmungsartig**: euph.
 • **Menses**, während: berb.
 • **rheumatisch**: *Lyc.* puls. zinc.$_{h}$
 • **Ruhe**, in der: euph.$_{h}$
 • **Schließen** des Mundes agg.: mag-c.$_{h}$
 • **Schreiben**, beim: bov.
 • **Zähneputzen**, beim: phos.
 ▽ **erstreckt** sich zum Winkel des Unterkiefers: mag-c.$_{h}$
– **Oberarm**: agar.$_{hr1,k}$ alum. berb. bry. bufo carl. crot-t. prun. rhus-t. spig. sulph. zinc.
 • **morgens** im Bett: crot-t.
 • **Bewegung**:
  • **bei**: carl.
  • **bestimmter** Bewegung, bei: agar.$_{a1,k}$
 • **Freien**, im: rhus-t.
 • **Gehen**, beim: spig.
 ▽ **erstreckt** sich zu:
  • **Finger**: crot-t.
  • **Unterarm**: phos.
 ○ **Bizeps**: agar.$_{a1,k}$
 • **unten**: kali-c.$_{h}$
– **Ellbogen**: acon. all-s. alum. berb. dros. kali-c. kali-n. kreos. lach. laur. manc. mang. *Mez.* *Mur-ac.* puls. rhus-t. *Sep.* stann. sul-ac. sulph. tab. ter. zinc.
 • **abends**, beim Gähnen: zinc.
 • **Beugen** agg.; und: berb. dros.$_{h}$ *Merc.*
 • **Heben** des Armes; beim: mez.$_{h}$
 • **Strecken** des Armes; beim: mang.$_{h}$
 ○ **Ellbogenbeuge**: arg-met. kali-n.$_{h}$ nat-m.$_{a1,k}$ *Puls.* rhus-t. sep.$_{h}$ sulph.$_{a1,k}$ thuj.$_{a1,k}$
  • **morgens**: sulph.$_{a1,k}$
  • **Schreiben**, beim: thuj.$_{a1,k}$
  • **Strecken** des Armes; beim: **Caust.** *Rhus-t.*
 • **Ellbogenhöcker**: arg-met. stann.$_{a1,k}$
  • **Beugen** des Armes; beim: arg-met. stann.$_{h}$
– **Unterarm**: agar. ant-c. cadm-s. calc. camph. *Caust.* choc.$_{srj3}$ coloc. com. *Crot-h.* crot-t. graph.$_{h}$ kali-c. lach. led.$_{h}$ mag-p. mang. nat-c. rat. sep.$_{h}$ stront-c. sulph.$_{h}$ teucr. thuj. zinc.
 • **abends**: camph.
 • **Bewegung**, bei: calc.
 • **Strecken** des Armes; beim: mang.$_{h}$
  • **amel.**: nat-c.$_{h}$
 ○ **Beugemuskel**: nat-c.$_{h}$
 • **Streckmuskel**, beim Schreiben: **Mag-p.** thuj.
– **Handgelenk**: am-c. am-m. aml-ns. arg-n. aur-m. bar-c. carb-an. carb-v. kali-c. lach. lyc. mang. *Merc.* nat-p. phos. puls. spong. thuj. verb. zinc.
 • **morgens** im Bett: lyc.
 • **abends** amel.: arg-n.
 • **Beugen**, beim: arg-n. aur-m.
 • **Bewegung**, bei: am-c. carb-an. spong.

– **Hände**: aesc.k2 alum.h,k,* am-c. apis arg-met. bar-c.bg1,bg2 bell. calen.bg1 canth. carb-v. caust. chin. clem. crot-h.bg1,bg2 ferr-ma. hyper. ind.bg1 kali-c. lach. laur. lyc. mang. meny. merc. nat-c. nat-p. nat-s.bg1 plb. prun. psor. sep. stront-c. sul-ac. sulph. thuj. zinc.
- **abends**: sulph.
- **Herunterhängenlassen** des Armes; beim: sul-ac.h
- **konvulsivisch**: lyc. *Zinc.*
- **Strecken**, beim: laur.
  - **amel.**: nat-c.
- ○ **Gelenke**: mang.h
- **Handrücken**: alum.h
- **Knochen**: mang.h

– **Finger**: aeth. alum.a1,k ambr. aml-ns. apis arg-met. benz-ac.a1,k carb-an. caust.a1,k coc-c. *Crot-h.* hep. hyos.a1,k iod. kali-c. lach. mag-c. mang. nat-m. nat-s.a1,k nit-ac. ph-ac.a1,k *Phos.*a1,k psor. *Puls.* rhod. sulph.a1,k thuj.
- **links**: phos.h
- **abends**: sulph.a1,k
- **Beugen**, beim: caust.h sep.h thuj.a1,k
- **Bewegung**:
  - **bei**: hep.a1,k ph-ac.
  - **behindert**, erschwert: *Coloc.*
- **gedrückt**, wenn: phos.a1,k
- **Hautausschlag**, mit: psor.
- ○ **Gelenke**: carb-an. *Caust.* croc. iod.h kali-c. kali-n. mag-c. *Nat-m.* nit-ac. phos. puls. sep. spong. sulph.
- **Zeigefinger**: nat-m.h sep.
- **Ringfinger**: mang.h phos.h
- **kleiner** Finger: canth. hyper. phos.

– **Daumen**: *Coloc.*a1,k prun.a1,k sulph.a1,k thuj.a1,k
- ○ **Daumenballen**: cupr.h

– **Beine**: adam.srj5 *Alum.* am-m.k2 ambr.h ang. ant-t. aur. *Bar-c.* berb. bry.bg1 calc. *Carb-an.* carb-v. caust.h,k,* clem. *Coloc.* hep. mag-c. *Mag-m.* mang. med.k2 merc. mez. mur-ac. *Nat-c. Nat-m.* nit-ac. *Nux-v.* ph-ac. phos. plat. *Puls.* rhus-t. sars. *Sep.* sil.h stann. sulph. *Zinc.*
- **rechts**: mang.h phos.h
- **nachts**: hep.h merc. nat-c. *Puls.*
- **Bettwärme**, in der: *Puls.*
- **Gehen**, beim: mang.h nat-c. nat-m.
  - **amel.**: bar-c.h mag-m.a1,h
- **gelähmtes** Glied: *Nux-v.*
- **krampfartig**: stram.h
- **Sitzen**, im: nat-c.
- **Stehen**, beim: *Bar-c.*

– **Gesäß**: ant-c. arg-met. arn. bell. berb. *Merc.* sil.
- **nachts**: merc.
  - **Schlaf**, im: merc.
- **Bücken**, beim: bell.h
- **Liegen** auf dem Rücken amel.: merc.
- ○ **Gesäßgegend**: spig.h

– **Hüfte**: aeth. agar. *Bell.* berb. bry. calc.h *Carb-v.* coc-c. *Coloc.* con. crot-t. euph. ferr-ma. *Lyc.* mez.h *Nat-m.* nit-ac. ph-ac.h plat. *Rhus-t.* sep. stront-c. sulph. thuj.
- **links**: *Lyc.*h *Rhus-t.* sulph.

– **Hüfte**: ...
- **rechts**: nit-ac.
- **morgens**, beim Erwachen: carb-v.h
- **nachmittags**: aeth.
- **abends** amel.: coc-c.
- **Bewegung** agg.: ph-ac.h
- **Gehen**, beim: bell.h calc.h carb-v. lyc. nit-ac. sep.h *Sulph.* thuj.
- **rheumatisch**: lyc.h
- **Sitzen**, im: *Rhus-t.*
- **Stehen**, im: lyc.
- ▽ **erstreckt** sich zu:
  - **Leiste**: thuj.
  - **unten**, nach: berb. sulph. thuj.

– **Oberschenkel**: *Agar. Alum.* alum-p.k2 **Am-m.** ambr. ant-c. ant-t. arn. aur. aur-s.k2 *Bar-c.*a1,k bar-m. bar-s.k2 berb.a1,k bry.a1,k *Camph. Carb-v.*a1,k **Caust.** cham.a1,k chel. chin. choc.srj3 cic. *Clem.*a1,k *Coloc.* crot-t. eupi.a1,k *Guaj.* hell. hep. ind. *Kali-bi. Kreos. Lac-d. Lach. Lyc. Mag-m.*a1,k mang. meny. *Merc.* mez. *Nat-m. Nux-v.* ol-an. olnd. op. petr. *Plat.* prun. **Puls.** rat. rhod. *Rhus-t.* ruta *Sabin.*a1,k *Sep.* spig. *Spong.* staph. sulph.a1,k tab. tarax. *Tarent. Thuj.* zinc-p.k2
- **morgens**: carb-v.
  - **Aufstehen**, beim: caust.h
- **vormittags**: sulph.a1,k
  - **Gehen**, beim: sulph.a1,k
- **nachmittags**: nat-m.
- **abends**: ant-c. lyc. **Puls.**a1,k rat. sulph. zinc-p.k2
- **nachts**: *Alum. Lyc.* sulph.h
- **Auftreten**, beim: spong.h
- **Bettwärme**, in der: *Puls.*
- **Beugen** des Knies; beim: ang.h caust.h
- **Bewegung** amel.: *Bar-c.* mag-m. *Puls.*
  - **Unterschenkels** amel.; des: mag-m.h
- **brennend**: olnd.
- **Gehen**; beim: ambr. aur.h berb. chin. *Guaj.* ind. lyc. meny. nat-m. puls. *Rhus-t.* sep. spig. staph. sulph. thuj. til.
  - **amel.**: zinc-p.k2
- **Gewichtes** auf das Bein, mit gebeugtem Knie; beim Verlagern des: cham.a1,k
- **Hochziehen** der Unterschenkel amel.: zinc-p.k2
- **Liegen** amel.: bar-c.
- **Menses**, während: nat-m. spong.
- **rheumatisch**: mez.
- **Sitzen**:
  - **amel.**: aur.h guaj.
  - **beim**: ant-c. *Camph.* lyc. meny.a1,k merc.a1,k *Plat.* spig.a1,k *Tarent.* zinc-p.k2
- **Stehen**, im: *Bar-c.* nux-v. rat.
- **Treppensteigen**, beim: hyos.h nat-m.
- **ziehend**: coloc. **Puls.**
- ▽ **erstreckt** sich nach unten: *Alum. Nat-m.* rhus-t. sep. sulph.
- ○ **Kniesehnen**: agar. *Am-m.*k,k2 *Ambr.* ant-c. ant-t. asar. bar-c. *Calc-p.* carb-an. **Caust.** cimx. dig.c1 graph. **Guaj.** kali-ar. led. *Lyc.* lyss. med. nat-c. **Nat-m.** nat-p. *Nit-ac.* phos. *Phyt.* puls. *Rhus-t.* *Ruta* samb. sulph.

– **Oberschenkel - Kniesehnen**: ...
  • **Übereinanderlegen** der Beine; beim: rhus-t.h
 • **Knochen**: lyc.
 • **Oberschenkelbeuge**: agar. arg-met.h berb. carb-an. *Caust.* zinc.
 • **Rückseite**: euph.h petr.h
 • **Vorderseite**: ang.h
– **Knie**: acon. aesc. alum.h ant-t. *Arn.* ars. *Bar-m.* berb. *Bry.* calc. canth. caps. carb-v. *Caust.* cham. clem. coc-c. coloc. con.bg1 croc. crot-t. dig. euphr. hell. ign. kali-bi. kali-c. kali-m.k2 kali-sil.k2 lach. laur. *Led.* lyc.h *Mag-c.* merc. mez. mur-ac. **Nat-m.** *Nit-ac.* nux-v. ol-an. pall. par. *Petr.* *Phos.* puls. rhod. *Rhus-t.* *Seneg.* *Sep.* sil. stann. *Sulph.* tab. thuj. zinc.
 • **rechts**: sulph.h zinc.h
 • **morgens**, beim Erwachen: carb-v.h
 • **abends**: coloc.
 • **nachts**: sulph.h
 • **Auftreten**: petr.h spig.h
  • **unmöglich**: lyc.h
 • **Aufstehen** vom Sitzen; beim: calc.h petr. **Rhus-t.** *Sulph.* thuj.
 • **Bewegung**: berb. kreos. nit-ac.
 • **Gehen**, beim: ammc. berb. carb-v. kali-c.h *Led.* sep. sil. *Sulph.* tab. thuj. zinc.
 • **Knien**, beim: sep.
 • **rheumatisch**: mez.h
 • **Schlaf**, nach: carb-v.
 • **Sitzen**, im: cycl.
  • **nach**: petr.h
 • **Stehen**, im: croc. cycl.
 • **Strecken**:
  • **agg.**: berb. *Ign.*
  • **unmöglich**: sulph.h
 • **Treppensteigen**, beim: nux-v. sep.h spig.h *Sulph.*
 ○ **Kniekehle**: aesc. *Am-m.* anag. ang.h ant-c. ant-t. arg-met.h ars. bell. *Berb.* *Bry.* *Calc-p.* *Caps.* carb-an. carb-v. carbn-s. **Caust.** cham. cic. *Cimx.* coc-c. coloc. corn. cycl.h dig. *Graph.* hep. kali-ar. *Lach.* lact. *Lyc.* lyss. *Mag-c.* mag-s. med. meny. *Nat-c.* **Nat-m.** nit-ac. *Nux-v.* olnd. pall. petr. ph-ac.h phos. *Phyt.* plat. *Puls.* rheum **Rhus-t.** *Ruta* samb. sang. sep. stann. **Sulph.** *Thuj.* valer. verat. vip. zinc. zinc-p.k2
  • **tagsüber**: nat-m.
  • **morgens** beim Aufstehen: caust. *Lyc.*
  • **nachmittags**: nit-ac.h
  • **Aufstehen** vom Sitzen, beim: calc-p. lact. nat-m. **Nux-v.** **Rhus-t.**
  • **Auftreten**, beim: mag-c.h
  • **Berührung** agg.: ph-ac.h
  • **Bewegung** agg.: ph-ac.h
  • **Bücken**, beim: *Sulph.*
  • **Gehen**, beim: carb-an. *Caust.* cic. coloc. euphr.h graph. lact. mag-c. mag-s. merc. nat-m. *Nux-v.* *Phyt.* **Sulph.** verat.
   • **Beginn** des Gehens; zu: *Caust.*
   • **fortgesetztes** Gehen amel.: *Calc-p.* carb-an. *Caust.* *Rhus-t.*

– **Knie - Kniekehle - Gehen**, beim: ...
   • **Freien**, im: plat. zinc.
  • **krampfartig**: phos.
  • **Menses**, während: nat-p.
  • **Sitzen**, im: ars. *Caust.*
  • **Stehen**, im: ars. *Bar-c.* graph. nux-v. samb. verat.
  • **Zimmer**; beim Eintreten in ein: mag-c.h
 ○ **Sehnen**: sep.h
 • **unter** dem Knie, beim Hocken, Kauern: calc.h
– **Unterschenkel**: *Agar.* *Alum.* alum-p.k2 am-c. am-m. *Anac.* ant-c. ant-t. bar-c. bar-m. borx. bov. *Bry.* *Calc.* carb-an. carbn-s. caust.h,k,* cham. chel. cimx. coloc. con. dulc. graph. hep. ign. kali-bi. kali-c. laur. mag-m. mang. mez. mur-ac. **Nat-m.** nux-v. ph-ac. phos. psor. *Puls.* rhod. *Rhus-t.* *Sep.* sil. spong. stann. stram. stry. sulph. tab. tarax. *Thuj.* *Zinc.* zinc-p.k2
 • **links**: borx.
 • **rechts**: *Agar.* tarax.h
 • **morgens**: sulph.
 • **mittags**: thuj.
 • **nachmittags**: bry. sulph.
 • **abends**: ant-c. dulc. kali-bi. led.h **Puls.**
 • **nachts**: agar. alum. thuj.
 • **Aufstehen**, nach dem: agar.
 • **Gehen**:
  • **amel.**: *Am-m.* bar-c.
  • **beim**: graph. kali-c.h mang. rhod. *Sulph.* tarax.h thuj.
 • **Hocken**, Kauern; beim: calc.h
 • **Knien**, beim: calc.k,kl,*
 • **Liegen**, beim: *Am-m.*
 • **Menses**, während: spong.
 • **Mittagessen**, nach dem: sulph.
 • **rheumatisch**: mez. puls.
 • **Sitzen**, im: *Am-m.* anac. ant-c. carl. *Nat-c.*hr1 rhus-t.h
 • **Stehen**, beim: bar-c.
 ○ **Wade**: acon. *Alum.*a1,k alum-sil.k2 am-c.h *Anac.* ang.h *Arg-met.* ars. asaf. bar-c. bell. berb. bov. *Bry.*a1,k calc. canth. caps. carb-an. card-m. castor-eq. caust.h,k,* *Cham.* chel. cic. *Cimx.* cocc. colch. con. cupr. dulc. ign. *Kali-bi.* *Kali-c.* kali-i. kali-m.k2 kali-n. kali-sil.k2 kreos. laur. led. lyc. mag-m. mur-ac. nat-c. **Nat-m.**a1,k nat-p. nux-v. ox-ac. pall. *Phos.* plat. *Puls.* *Rhus-t.* rhus-v. *Sabad.* sep.a1,k *Sil.* sol-t-ae.bg1 staph. sulph.a1,k valer. zinc. zinc-p.k2
  • **morgens**: ferr-ma.a1,k sulph.a1,k
   • **Gehen**, beim: sulph.a1,k
  • **vormittags**: sulph.a1,k
  • **nachmittags**: ox-ac.a1,k
   • **17 h**: **Valer.**
   • **Gehen**, beim: ox-ac.a1,k
   • **Stehen**, im: valer.a1,k
  • **abends**: *Alum.* caust.h,k,* chel.a1,k dulc.a1,k
  • **Aufstehen** vom Sitzen, beim: alum. kali-c.a1,k
  • **Beugen** des Beines; beim: chel.a1,k
  • **Bewegung**, bei: berb. cocc.a1,k kali-n.a1,k nat-c.a1,k

– **Unterschenkel - Wade - Bewegung**, bei: ...
• **Füße**, der: cham.$_{h}$
• **brennend**: asaf.$_{a1,k}$
• **Erkältung**, bei: am-c.$_{h}$
• **Gehen**:
• **amel.**: alum. kali-i.$_{a1,k}$ *Rhus-t.* stann.$_{a1,k}$
• **beim**: *Alum.* *Anac.* bar-c.$_{a1,k}$ berb.$_{a1,k}$ caps.$_{a1,k}$ *Carb-an.*$_{a1,k}$ colch.$_{a1,k}$ ign.$_{a1,k}$ led.$_{a1,k}$ nat-c.$_{a1,k}$ *Nat-m.*$_{a1,k}$ nit-ac.$_{h}$ pall.$_{c1}$ phos.$_{a1,k}$ psor. *Rhus-t.*$_{a1,k}$ sabad.$_{a1,k}$ *Sil.*$_{a1,k}$ spig.$_{h}$ zinc.
• **Freien**, im: bar-c. zinc.
• **krampfartig**: rhus-v. sil.
• **Mittagessen**, nach dem: canth.$_{a1,k}$
• **Sitzen**, im: lyc.$_{a1,k}$ mur-ac.$_{h}$ **Nat-m.** plat.$_{a1,k}$ **Valer.**
• **Stehen**, im: alum. kali-c. kali-i.$_{a1,k}$ stann.$_{a1,k}$
• **Strecken**:
• **amel.**: chel.$_{a1,k}$
• **beim**: ign.$_{a1,k}$
• **Stuhlgang**, nach: ox-ac.$_{a1,k}$
• **Treppen**; beim Hinabsteigen von: *Arg-met.*
• **Treppensteigen**, beim: *Arg-met.* prun. sulph.$_{a1,k}$
• **ziehend**: puls.$_{a1,k}$
○ **Achillessehne**: berb. *Caust.* chin.$_{h}$ cimic. graph. mag-c. mur-ac. phos. ran-b. *Sep.* sulph. teucr. *Zinc.*
• **Gehen**, beim: mur-ac.$_{h}$
• **schnellem**, bei: mag-c.$_{h}$
• **Schienbein**: zinc.$_{h}$
• **Abwärtsbewegung**, bei: bar-c.$_{h}$
• **unten**: nit-ac.$_{h}$
– **Knöchel**: aesc. aur.$_{h}$ bell. bry. calc. carb-v.$_{h}$ *Caust.* con. lyc. mang-m. med. *Merc.* nat-m.$_{h}$ *Phos.* seneg. sep. sil. sulph. tep. thuj. vip. zinc.
• **morgens**: con. lyc.
• **Bewegung**: **Bry.**
• **amel.**: calc. zinc.
• **Gehen**, beim: phos. sep. sulph. thuj.
• **Freien**, im: bell.
• **rheumatisch**: zinc.
• **schmerzhaft**: seneg.
• **Sitzen**, im: nat-m.$_{h}$ sil.
• **ziehend**, drückend: calc.
○ **äußerer**: euphr.$_{h}$
• **innerer**: calc.$_{h}$ ph-ac.$_{h}$
– **Füße**: aesc.$_{k2}$ agar. ail. *Alum.*$_{h,k,*}$ alum-sil.$_{k2}$ ambr. ant-t. bell. borx. bry. cann-s. carb-an. *Caust.*$_{h,k,*}$ cham. clem. eupi. kali-c. *Lyc.* mag-m. mez. nat-m. petr. ph-ac.$_{h}$ phos. plat. puls. rhus-t. sabad. sars. *Seneg.* *Sep.* stront-c. *Sulph.* thuj. zinc.
• **morgens**: sars.$_{h}$ *Sulph.*
• **Frühstück**; nach einem herzhaften: puls.
• **mittags**: ambr.
• **nachmittags**: nat-m.
• **abends**: *Bry.* plat. thuj.
• **nachts**: agar.
• **Auftreten**, beim: **Bry.** thuj.$_{h}$
• **Bewegen** der Zehen; beim: *Sulph.*
• **Bewegung**:
• **amel.**: mag-m.
• **bei**: thuj.

Spannung - Füße: ...
• **brennend**: alum.$_{h,k,*}$
• **Gehen**, beim: ail. ant-t. bell. clem. petr. ph-ac.$_{h}$ thuj.
• **Steinpflaster** agg.: sep.
• **Mittagessen**, nach dem: *Sulph.*
• **Sitzen**, im: **Bry.** mag-m. plat. **Rhus-t.**
○ **Außenseite**: *Zinc.*
• **Ferse**: berb. *Caust.*$_{h,k,*}$ led. nicc. phos. thuj.
• **morgens** im Bett: phos.
• **Aufstehen** nach langem Sitzen; beim: thuj.
• **Gehen**, beim: berb. led.$_{h}$ thuj.
• **stechend**, agg. durch Aufsetzen des Fußes nach dem Aufstehen aus dem Bett: nicc.
• **Stehen**, beim: berb.
• **Fußrücken**: alum.$_{h,k,*}$ ant-t. borx.$_{h}$ *Bry.* carb-an. caust. lyc.$_{h}$ mag-m.$_{h}$ nat-c.$_{h}$ sec. sep.$_{h}$ thuj.
• **Fußsohle**: *Alum.*$_{h,k,*}$ bell. berb. *Caust.* hyper. lyc. plat.$_{h}$ rhus-t.$_{h}$ sil.$_{h}$ spig. sulph. *Zinc.*
• **vormittags**: alum.$_{h,k,*}$
• **mittags**: sulph.
• **Gehen**, beim: sulph.
• **nachmittags**: lyc.
• **abends**: zinc.
• **Auftreten**, beim: berb. bry. *Caust.* spig. sulph. zinc.
• **Bücken**, beim: plat.$_{h}$
• **Druck** amel.: bell.
• **Sitzen**, im: lyc.
○ **Ferse**; nahe der: bell.
• **Sehnen** des Fußes, nach dem Gehen: sulph.$_{h}$
– **Zehen**: mez. nat-s. ph-ac. phos. plat. prun. sars.$_{h}$ sulph. thuj.
• **morgens**: sars.$_{h}$
• **Auftreten**, beim: thuj.
• **Bewegung**, bei: sulph. thuj.
• **Gehen**, beim: ph-ac. sulph.
○ **große** Zehe: plat. sulph.

Spasmen der Glieder
☞ *Konvulsionen*

Spielen eines Instruments; Beschwerden durch
☞ *Musizieren*

Spinnwebe an den Händen; Gefühl einer: borx.

Springen würde; als ob etwas Lebendiges
☞ *Lebendigem - Arme - hüpfen*

Stärke
☞ *Kraft*

Stampfen mit den Füßen im Schlaf
☞ ❑ *Gemüt - Gesten - stampft - Schlaf*

Starre, Rigidität
☞ *Steifheit*

Stehen:
– **unsicher**:
• **unbeobachtet**; wenn: arg-n.$_{br1}$

Steifheit: abrot. absin.$_{a1,k}$ acon.$_{a1,k}$ aeth. *Agar.* am-c. am-m. ambr.$_{k2}$ androc.$_{srj1}$ ang.$_{c1,h}$ apoc.$_{k2}$ *Aran.* arg-met.$_{k,k2}$ **Ars.**$_{a1,k}$ ars-i. ars-s-f. **Asaf.** aur-ar.$_{k2}$ bamb-a.$_{stb2}$ bar-s.$_{k2}$ *Bell.*$_{a1,k}$ bov. brom.$_{a1,k}$

Steifheit: ...
Bry.$_{a1,k}$ *Calc.* calc-i.$_{k2}$ calc-p. calc-s. calc-sil.$_{k2}$ camph. cann-i.$_{a1,k}$ cann-s. canth. *Caps.* *Carb-ac.* *Carb-an.*$_{a1,k}$ carb-v.$_{a1,k}$ carbn-o. *Carbn-s.* carl. **Caust.** *Cham.* **Chel.** *Chin.* chinin-ar. *Cic.* *Cimic.* cinnb.$_{k2}$ **Cocc.**$_{a1,k}$ *Colch.* con.$_{h}$ **Cupr.** cycl.$_{a1,k}$ dig.$_{a1,k}$ *Dulc.* eucal.$_{a1}$ eup-per. ferr-ar. gink-b.$_{sbd1}$ graph.$_{a1,k}$ *Guaj.* *Hell.*$_{a1,k}$ hydr-ac.$_{a1,k}$ *Hyos.*$_{a1,k}$ iod.$_{a1,k}$ kali-ar. kali-bi. *Kali-c.*$_{a1,k}$ kali-cy.$_{a1}$ kali-p. kali-sil.$_{k2}$ **Kalm.** *Lach.*$_{a1,k}$ lath.$_{a1,k}$ *Laur.* **Led.** lil-s.$_{a1}$ lith-c. **Lyc.**$_{a1,k}$ *Med.* meny. *Merc.*$_{a1,k}$ *Merc-c.*$_{a1,k}$ merc-i-r.$_{a1,k}$ merc-sul. morph.$_{a1}$ mosch.$_{a1,k}$ naja nat-ar. nat-c. *Nat-m.* *Nat-s.* nit-ac. nux-m.$_{a1,k}$ *Nux-v.*$_{a1,k}$ olnd.$_{a1,k}$ op.$_{a1,k}$ ox-ac. **Petr.**$_{a1,k}$ ph-ac. *Phos.* *Phyt.*$_{a1,k}$ pin-s.$_{a1}$ plan. *Plat.* plb.$_{a1,k}$ psor. *Puls.* **Rhus-t.**$_{a1,k}$ *Sang.*$_{a1,k}$ sars. *Sec.*$_{a1,k}$ sel.$_{a1,k}$ **Sep.** **Sil.**$_{a1,k}$ *Spong.* *Stram.*$_{a1,k}$ *Stry.*$_{a1,k}$ sul-i.$_{k2}$ **Sulph.** tab.$_{a1,k}$ *Thuj.*$_{a1,k}$ verat.$_{a1,k}$ verat-v.$_{a1,k}$ *Zinc.*$_{a1,k}$

– **links**: nit-ac.$_{h}$ rhus-t.$_{h}$
– **rechts**: am-m. kali-bi.
– **morgens**: am-c. am-m.$_{h}$ androc.$_{srj1}$ cact. calc-p. caps. chlor. cimic. *Kali-bi.* *Lach.* *Led.* *Petr.*$_{a1,k}$ *Phos.* sel.$_{a1,k}$ sep.
• **Aufstehen**, nach dem: kali-bi.$_{k2}$ mag-c. *Petr.*$_{a1,k}$
• **Bett**, im: calc-p. *Chin.* *Lach.* *Led.* **Rhus-t.** staph.
• **Erwachen**, beim: alum.$_{k2}$ am-c. ox-ac. *Zinc.*
• **kaltes** Bad amel.: led.
– **vormittags**:
• **11** h: brom.
• **Stehen**, nach: verat.
– **mittags**: am-c. bov.
– **nachmittags**: thuj.$_{a1,k}$
– **abends**: calc-s. *Puls.* *Sil.* thuj.$_{a1,k}$
• **Schlaf**, nach: cycl.$_{a1,k}$
– **nachts**: calc.$_{k2}$ *Nux-v.* plat.$_{bg1}$ *Sil.* tus-p.$_{a1}$
– **Anstrengung**, nach: arn. calc. calc-sil.$_{k2}$ mag-p.$_{k2}$ med.$_{k2}$ **Rhus-t.** *Tub.*
– **Aufstehen**, beim: agar. calc.$_{k2}$ op.$_{a1,k}$ plan.$_{a1,k}$ psor. **Rhus-t.**
– **Bewegen**; beim:
• **Beginn** der Bewegung; zu: *Agar.* calc.$_{k2}$ *Caps.* kali-p. *Lyc.* phos.$_{k2}$ podo.$_{c1}$ *Psor.* **Rhus-t.** tub.$_{k2,nh}$
• **Bett**; im: calc-p.$_{k2}$
– **Bewegung**:
• **amel.**: cortiso.$_{gse}$
– **epileptischem** Anfall, vor: bufo
– **Freien**, im: acon.$_{a1,k}$
– **Frost**:
• **vor**: *Chinin-s.* psor. *Rhus-t.*
• **während**: *Chinin-s.* eup-per. *Nat-s.* op. *Rhus-t.*
– **Gehen**:
• **amel.**: am-m.$_{h}$ calc. carb-v.$_{a1,k}$ *Lyc.* *Rhus-t.*
• **beim**: acon.$_{a1,k}$ ter.
• **nach**: med.$_{k2}$ **Rhus-t.**$_{a1,k}$ verat.$_{h}$
– **Greifen**, beim: am-c. cham.
– **Husten**:
• **vor**: **Cina**
• **beim**: bell. caust. cina *Cupr.* ip. led. mosch.
– **kalter** Luft, in: calc-sil.$_{k2}$ kali-c. rhus-t.
– **Konvulsionen**:
• **während**: acon. alum. am-c. arg-met. ars. *Asaf.* *Bell.* *Camph.* canth. caust. cham. chin. *Cic.* *Cina* *Cocc.* coloc. *Dros.* hell. hyos. *Ign.* **Ip.** kali-c. *Laur.* led. *Lyc.* mag-p.$_{k2}$ *Merc.* **Mosch.** nit-ac. nux-m. *Oena.* *Op.* *Petr.* phos. **Plat.** plb. sec. sep. sil. stram. sulph. thuj. *Verat.* *Zinc.*
• **nach**: led.$_{gt1}$
– **Kopfschmerz** im Hinterkopf: *Petr.*
– **lähmungsartig**: *Cocc.* lith-c. merc-c.$_{a1,k}$ nat-m. plb.$_{a1,k}$
– **Menses**, während: calc-p. *Rhus-t.*
– **Ohnmacht**, bei: bov.$_{a1,k}$
– **Ruhe**; nach: calc-p.$_{k2}$
– **Schlaf**, nach: *Lach.* morph. ox-ac. **Rhus-t.** *Sep.*
– **Schreck**, nach: *Bry.*
– **Schweiß**; nach: calc-sil.$_{k2}$
– **Sitzen**, nach dem: carb-an.$_{h}$ carb-v.$_{h}$
– **Stehen**, beim: chin.$_{h}$
– **tetanisch**: absin.$_{a1,k}$ ars.$_{h}$ dulc.$_{a1}$ hyos.$_{a1,k}$ *Phyt.* sang.$_{a1,k}$ zinc.$_{a1,k}$
– **warmen** Ofen; beim Näherkommen an einen: *Laur.*
○ **Gelenke**: abrot. aesc. *Agar.* ang.$_{c1}$ ant-s-aur. apis **Ars.** ars-s-f.$_{k2}$ *Aur.* aur-ar.$_{k2}$ bapt. bar-s.$_{k2}$ *Bell.* cact. *Calc.*$_{k,k2}$ calc-sil.$_{k2}$ canth. *Caps.* *Carb-an.* carb-v.$_{k2}$ *Carbn-s.* **Caust.** chin.$_{bg1}$ *Chinin-s.* cimic. clem. *Cocc.* *Colch.* *Coloc.* dios.$_{br1}$ ferr-ar. *Form.* graph. kali-ar. *Kali-bi.* *Kali-c.* *Kali-i.* kali-s. kali-sil.$_{k2}$ lac-ac. *Lac-c.* lach. **Led.** limest-b.$_{es1}$ **Lyc.** marb-w.$_{es1}$ *Nat-ar.* *Nat-m.* nat-p. *Nux-v.* ol-j.$_{c2}$ **Petr.** *Phos.* pin-s.$_{c2}$ psor. *Puls.* rhod.$_{k2}$ **Rhus-t.** *Salol.*$_{c1}$ **Sep.** **Sil.** *Staph.* *Stict.* **Sulph.** syph.$_{k2}$ trios.$_{c2}$ tub-r.$_{jl,vn,*}$ *Zinc.*
• **morgens**: ant-s-aur. caps.$_{h}$ cimic. get.$_{vh}$ *Kali-bi.* *Led.* staph.
• **nachmittags**, nach Schlaf: chin.
• **abends**, 21 h: phys.
◆ **abwechselnd** mit:
• **Schweiß** an den Füßen: merc.$_{k2}$ sil.$_{k2}$
• **Aufstehen**, beim: agar. *Calc.* *Carb-an.* **Rhus-t.** staph. tub-r.$_{vn,zs}$
• **Bewegung**, bei: cham.$_{h}$
• **Frost**; während: bry. *Calc.* **Caust.** led. *Lyc.* nux-v. *Op.* petr. rhus-t. sep. sulph. thuj.
• **Gefühllosigkeit**, mit: colch.
• **Hinlegen**, nach dem: caps. caust.
• **Hitze** agg.: *Lac-c.*
• **kalt**:
• **Abkühlung**, Kaltwerden: phos.$_{k2}$
• **Anwendungen** amel.; kalte: *Led.*
• **lähmungsartig**, beim Aufstehen vom Schlaf: caps.$_{h}$ chin.
• **Ödem**, mit: kali-ar.$_{hr1}$
• **rheumatisch**: *Calc.* kali-ar.$_{k2}$ *Lyc.* **Rhus-t.**
• **Schlaf**, nach: chin.
• **schmerzhaft**: *Cocc.*
• **Sitzen**, im: caust.
• **warmen** Bad; nach einem zu: rhus-t.
– **Arme**: agar. *Am-c.* am-m. anac. ars-h. aur-m. bell. bry.$_{bg2}$ calc. camph. canth. caps. *Caust.*$_{bg2,k}$ *Cham.* con. dulc. *Ferr.* ferr-ar. *Ham.* hyos. kali-bi. kali-c.

– **Arme**: ...
kali-i. kali-n.$_{h}$ lil-t. lyc. manc. meny.$_{bg2,k}$ merc. merc-i-r. nat-c. nat-m. *Nux-v.* *Op.* par. petr. ph-ac. phos.$_{bg2,k}$ plat. puls-n. *Rhus-t.*$_{bg2,k}$ sars. *Sep.* sil. stann. thuj.$_{bg2,k}$ verat. zinc.
• **links**: bry.$_{bg1,hr1}$ caust.$_{bg1,hr1}$ meny.$_{bg1,hr1}$ merc-i-r.$_{bg1,hr1}$ nat-ar.$_{bg1}$ par.$_{bg1,hr1,*}$ phos.$_{bg1,hr1}$ rhus-t.$_{bg1,hr1}$ thuj.$_{bg1,hr1}$
• **rechts**: **Am-m.** arn. bell.$_{h}$ kali-bi. kali-c.
• **morgens**: *Petr.*
• **abends**: am-m. petr.$_{h}$
• **nachts**: am-c. bell.$_{h}$ caust. kali-c. *Nux-v.*
• **Abkühlung**, bei: am-c. kali-c. phos.$_{h}$ *Tub.*
• **Bewegung**:
 • **amel.**: kali-n.$_{h}$
 • **bei**: sars.$_{h}$
 • **nach**: kali-c. *Rhus-t.*
• **epileptischem** Anfall, vor: *Bufo*
• **Frost**; während: eup-per.
• **Greifen** von etwas; beim: am-c. cham.
• **hängen** herab: sep.$_{h}$
• **Heben** des Armes:
 • **Kopf**; beim Heben des Armes über den: caust.$_{h}$
 • **unmöglich**: nat-c.$_{h}$
• **körperlicher** Arbeit, nach: **Rhus-t.**
• **lähmungsartig**: *Caust.* kali-i. nit-ac. plat.
• **Schreiben**, beim: *Caust.*
• **Strecken** ist unmöglich: caps.$_{h}$
– **Schulter**: bamb-a.$_{stb2}$ bapt. **Calc-s.** caust. com. *Cupr.* elaps euph. *Fl-ac.* graph. guaj. *Ham.* *Ind.* jatr-c. kali-bi. kali-c. kali-sil.$_{k2}$ *Lyc.* *Merc-i-f.* *Nat-c.* nat-s. *Petr.* *Phos.* **Rhus-t.** sep. sil. spig.$_{k2}$ staph. stry. tub-r.$_{jl}$ verat.
• **links**: bamb-a.$_{stb2}$ sep.$_{h}$
• **rechts**: limest-b.$_{es1}$ *Merc-i-f.*
• **morgens**: calc-s. phos. staph.
• **abends**: calc-s. com.
• **nachts**: calc.$_{h}$ kali-c.
• **Arm** über den Kopf legen; muß den: calc.$_{h}$
• **Gehen**, beim:
 • **amel.**: calc-s.
 • **Freien**, im: lyc.
– **Oberarm**:
• **lähmungsartig**: acon.
• **rheumatisch**: anac.
○ **Bizeps**: agar.
– **Ellbogen**: acon. aeth. alum. am-c. anac. ang. asaf. bell. **Bry.** *Calc.* *Chel.* ham. *Kali-c.* lac-ac. lach. *Led.* *Lyc.* phos. pip-m. puls. *Sep.* spig. stann. sulph. thuj. zinc.
• **rechts**: limest-b.$_{es1}$
• **morgens**: dios.
• **abends**: com. sep. valer.
• **Strecken** des Armes; beim: kali-c.$_{h}$
– **Unterarm**: aur-m. bry. calc-s. *Caust.* *Cham.* coloc. hydr-ac. plat. prun. *Rhus-t.* stann. thuj.
• **Greifen** von etwas; beim: *Cham.*
• **krampfartig**: plat. stann.
• **schmerzhaft**: **Rhus-t.** thuj.
• **Schreiben**, beim: *Caust.* prun.
– **Handgelenk**: *Apis* arg-n. ars. *Bell.* *Chel.* cub. dios. ham. ign. kali-c. lact. *Led.* *Lyc.* merc. merl. nat-ar. nat-c. nat-s. ph-ac. *Phos.* plb. *Puls.* rhod. **Rhus-t.** rhus-v. ruta *Sabin.* sel. *Sep.* staph. *Sulph.* thuj. wye. zinc.
• **rechts**: ran-b.$_{c1}$
• **morgens**: plb. sel. sep. *Sulph.*
• **abends**: chel. sep.
 • **amel.**: arg-n.
• **Bewegung** agg.: ph-ac.$_{h}$
• **Halten** eines Glases; beim: nat-c.
• **lähmungsartig**: ruta
• **Wetter**, bei naßkaltem: **Rhus-t.** ruta
– **Hände**: *Agar.* alum.$_{a1,k}$ androc.$_{srj1}$ *Ars.*$_{a1,k}$ ars-met. arum-t.$_{a1,k}$ arund.$_{a1,k}$ asaf.$_{a1,k}$ aster. aur. aur-m. bamb-a.$_{stb2}$ bell.$_{h}$ bov.$_{a1,k}$ bry.$_{a1,k}$ *Calc.* *Calc-s.*$_{a1,k}$ calc-sil.$_{k2}$ carb-ac.$_{a1,k}$ *Carb-an.* carbn-s. cham.$_{a1,k}$ chinin-ar. cocc.$_{a1,k}$ *Coloc.*$_{a1,k}$ *Cupr.* cur. dios.$_{a1,k}$ *Ferr.*$_{a1,k}$ ferr-ar. ham.$_{a1,k}$ hyos.$_{a1,k}$ kali-ar.$_{a1,k}$ kreos.$_{a1,k}$ lil-t.$_{a1,k}$ *Lyss.* merc.$_{a1,k}$ mosch.$_{a1,k}$ nit-ac. *Nux-v.* phos.$_{a1,k}$ plat.$_{a1,k}$ plb.$_{a1,k}$ ptel.$_{a1,k}$ sanic. sars.$_{a1,k}$ sep.$_{a1,k}$ sil. *Stict.* *Stry.*$_{a1,k}$ thuj.$_{a1,k}$ vip.$_{a1,k}$ wye.$_{a1,k}$ zinc.
• **morgens**, beim Erwachen: alum. *Ars.* bamb-a.$_{stb2}$ *Ferr.* *Lach.* *Led.* sanic.
• **vormittags**: calc-s.$_{a1,k}$
• **nachmittags**: calc-s.$_{a1,k}$
• **abends**: calc-s.$_{a1,k}$
• **Arbeit**, bei der: merc.$_{a1,k}$
• **bedeckt** war; nachdem die Hand: sep.$_{a1,k}$
• **Erwachen**, beim: alum.$_{a1,k}$ lach. led.
• **Frösteln**, mit: kali-chl.
• **Gehen** amel.: alum.
• **Greifen** von etwas; beim: nit-ac.$_{h}$
• **Halten** von etwas; beim: mosch.$_{a1,k}$ nit-ac.$_{a1,h,*}$
• **Kälte**, durch: cham.$_{a1,k}$ phos.$_{a1,k}$
• **Klavierspielen**, beim: *Zinc.*
• **krampfartig**: plat. stann.
• **lähmungsartig**: cham.$_{a1,k}$
• **rheumatisch**: *Agar.* *Ars.* bell. chel. *Ferr.* *Kali-c.* *Lyc.* *Merc.* nat-c. ph-ac. puls. **Rhus-t.** *Ruta* sabin. sanic. sep. staph. *Sulph.* thuj. viol-o.
• **Schreiben**, beim: cocc.
– **Finger**: *Agar.* am-c. aml-ns. ant-t. *Apis* *Ars.* ars-i. aur-m. bamb-a.$_{stb2}$ *Bell.* berb. bov. bry. *Calc.* *Calc-s.* calc-sil.$_{k2}$ camph. cann-i. *Carb-an.* *Carbn-s.* *Caul.* *Caust.* chin. chinin-ar. coloc. con. *Cupr.* dig. dios. *Dros.* dulc. eup-per. *Ferr.* ferr-ar. fl-ac. graph. ham. hell. hep. hydr-ac. hydrog.$_{srj2}$ iod. kali-n. **Led.** lil-t. **Lyc.** lyss. *Manc.* *Merc.* merc-i-f. nat-m. nat-s. olnd. ox-ac. *Petr.* plb. ptel. puls. **Rhus-t.** rhus-v. sang. sec. *Sil.* sol-ni. spong. stann. stry. sul-i.$_{k2}$ sulph. verat. vinc.
• **links**: stry.$_{bg1}$
• **morgens**: am-c. *Ars.* *Calc.* calc-s. *Ferr.* *Lach.* *Led.* *Rhus-t.* thuj.
• **vormittags**: fl-ac.
• **abends**: petr.
• **Anstrengung**, nach: mag-p.$_{k2}$ **Rhus-t.** *Stann.*
• **Arbeit**, bei der: lyc.$_{h}$ merc.$_{h}$
• **Ausstrecken** des Armes; beim: dulc.
• **Frost**; während: eup-per. ferr. *Rhus-t.*

– **Finger**: ...
• **gichtig**: **Agar.** *Carb-an.* *Lyc.* petr.$_{h}$ sulph.
• **Greifen** von etwas:
• **beim**: am-c. *Carb-an.* *Dros.*
• **nach**: graph.
• **Halten** eines Buches; beim: lyc.
• **Liegen**, beim: hep.
• **schmerzhaft**: manc.
• **Schneiden** mit einer Schere; beim: con.
• **Schreiben**, beim: aesc. cocc. stann.
• **Strecken** der Finger; mit: carbn-s.
• **Wirbelsäule**; bei Beschwerden der: apis
○ **Zeigefinger**: acon. am-m.$_{h}$ arg-n. *Calc.* *Kali-c.* sabad.
• **Schreiben**, beim: *Kali-c.*
• **Mittelfinger**: borx. calc-s. carb-an. dros. *Phos.* **Sil.**
○ **Endgelenk**: bell.$_{h}$
• **Ringfinger**: mur-ac. sulph. til.
• **abends**: sulph.
• **nachts**: mur-ac.
• **kleiner** Finger: aloe *Calc-s.* con. hell. mur-ac. *Sil.*
• **morgens**: calc-s.
• **nachts**: mur-ac.$_{h}$ sil.
• **Ruhe** amel.: hell.
– **Daumen**: aeth. *Calc-s.* cann-i. ferr. *Kali-c.* **Kreos.** *Led.* puls. sabad.
• **rechts**: limest-b.$_{es1}$
• **nachmittags**: calc-s.
• **Nähen**, beim: aeth.
• **schmerzhaft**: ferr. kreos. sabad.
• **Schreiben**, beim: *Kali-c.*
– **Beine**: *Acon.* agar. alum. alum-p.$_{k2}$ alum-sil.$_{k2}$ am-m. ambr.$_{c1}$ aml-ns. anac. ang. ant-t. apoc. *Arg-met.* arg-n. ars. ars-h. **Atro.** aur. aur-ar.$_{k2}$ *Aur-m.* bar-c. *Bell.* **Berb.** brom. *Bry.* bufo *Calc.* calc-s. calc-sil.$_{k2}$ caps. carb-an. *Carb-v.* carbn-o. *Carbn-s.* chel. chin. chinin-ar. *Cic.* *Cina* *Coc-c.* *Cocc.* con. cupr. dig. dros. **Eup-per.** *Ferr.* ferr-ar. ferr-p. *Ham.* *Hydr-ac.* ign. jatr-c. kali-c.$_{bg1,h,*}$ kali-i. *Lac-c.* lact. *Lath.* *Lyc.* *Mag-p.* *Mang.* marb-w.$_{es1}$ *Merc.* merc-c. *Nat-m.* *Nat-s.* nit-ac. **Nux-v.** ol-an. op. ox-ac. *Petr.* phos. phys. **Plat.** plb. podo. puls. ran-b. rhod. **Rhus-t.** sars. sec. **Sep.** **Sil.** *Spong.* stram. *Stry.* sulph. tab. ter. thuj. tub.$_{k2}$ *Verat.* *Zinc.* zinc-p.$_{k2}$
• **links**: *Arg-n.* phos.$_{h}$ stram.
• **rechts**: *Coc-c.* hydrog.$_{srj2}$ mang.$_{h}$
• **morgens**: bell. *Petr.* rhod. **Rhus-t.** staph. *Verat.*
• **nachmittags**: brom.
• **abends**: arg-met. calc-s. *Lyc.* *Phos.* *Plat.* *Puls.* sil. tub.$_{k2}$
• **Aufstehen** amel.; beim: mang.
• **Nickerchen**, nach einem: *Carb-v.*
• **nachts**: alum. *Lyc.* nit-ac.
• **Anfälle**: stry.
• **Aufstehen**, beim: agar. caps.$_{h}$ cycl.$_{h}$ **Eup-per.** *Hep.* hydrog.$_{srj2}$ psor.
• **bandagiert**; wie: anac.$_{c1}$
• **Beugen**, beim: phos. plan.
• **epileptischem** Anfall, vor: *Bufo*

– **Beine**: ...
• **Frost**:
• **vor**: petr. *Phos.* psor. rhus-t.
• **während**: *Nat-s.* *Tub.*
• **Gehen**:
• **amel.**: *Carb-v.* dig.
• **beim**: ol-an. ran-b. thuj.
• **nach**: berb.$_{c1}$ **Rhus-t.**
• **Freien**, im: **Berb.** mang.$_{h}$ puls. **Rhus-t.**
• **Ischiasnerv**: cur. *Lyc.* *Nux-v.*
• **Lähmung**, mit: *Cocc.*
• **Reiben** amel.: stram.
• **Schlaf**, nach: *Sep.*
• **schmerzhaft**: cic. sec.
• **Sitzen**:
• **beim**: mang. plat.
• **nach**: bell. *Calc.* carb-an. dig. nux-v. *Puls.* **Rhus-t.** *Sep.* zinc.
• **Stehen**, beim: verat.
• **Strecken** amel.: hydrog.$_{srj2}$ stram.
• **Hinabsteigen** der Treppe; beim: *Rhus-t.* stry.
• **Treppensteigen**; beim: hydrog.$_{srj2}$
• **Wetter**:
• **naßkaltem** Wetter, bei: *Lath.*
• **Wundheit** in der Achillessehne; durch: cimic.
▽ **erstreckt** sich zu:
• **Hüftgelenk**: sep.
– **Hüfte**: acon. agar. androc.$_{srj1}$ ang.$_{h}$ arg-met. ars. aur. *Bapt.* bar-c. *Bell.* chinin-s. euphr. *Ham.* hell. *Lyc.* med. nat-m. *Ph-ac.* phys. rheum *Rhus-t.* *Sep.* **Sil.** *Staph.* *Stry.* sulph. *Zinc.*
• **morgens**: arg-met. ars. chinin-s. *Staph.*
• **Aufstehen** vom Sitzen, beim: agar.
• **Bewegung**; zu Beginn der: *Ph-ac.* **Rhus-t.** staph.
• **Gehen** amel.: *Ph-ac.*
• **Herumdrehen**, beim: *Sulph.*
– **Gesäß**:
• **rechts**:
• **Bewegung**; bei: hydrog.$_{srj2}$
– **Oberschenkel**: am-c. am-m. ars. aur. aur-m. aur-s. bry. *Calc.* calc-s. carb-v. cham. cic. cocc. colch. *Coloc.* dig. dirc. gins. *Graph.* hell. hydr-ac. ign. lac-c. lil-t. merc. *Nat-m.* petr. phos. puls.$_{h}$ rhod. rhus-t. sars. sec. *Stry.* thuj.
• **morgens**: bry. *Calc.*
• **Aufstehen**, beim: carb-v.$_{bg1}$ ign.
• **nachmittags**: *Calc-s.*
• **abends**, beim Aufstehen vom Sitzen: rhod.
• **Gehen**, beim: am-c. bell. *Calc.* cic. graph. petr. *Stry.*
• **Gehens**; zu Beginn des: *Calc.*
• **krampfartig**: bry.
• **lähmungsartig**: cham. cocc.
• **Stehen**, im: carb-v.
• **zusammengezogen**, wie: sars.
○ **Rückseite**:
▽ **erstreckt** sich zum Knie: hydrog.$_{srj2}$
• **Vorderseite**, Muskeln der: *Calc.* *Stry.*
– **Knie**: aesc. alum. *Am-m.* *Anac.* ang. ant-c. *Apoc.* *Ars.* ars-met. ars-s-f.$_{k2}$ **Atro.** aur. aur-ar.$_{k2}$ aur-m. aur-s.$_{k2}$ bell. *Berb.* bov. **Bry.** bufo calc. *Calc-s.*

– **Knie**: ...
calc-sil.$_{k2}$ *Cann-i.* *Carb-v.* carbn-s. card-m. **Caust.** *Chel.* clem. cocc. *Coloc.* con. dig. dios. elaps euph. ferr-ar. ferr-ma. *Graph.* hell. hydr. hyos. *Ign.* kali-ar. *Kali-bi.* kali-c. kali-m.$_{k2}$ kali-sil.$_{k2}$ lac-ac. lach. lath.$_{br1,k}$ **Led.** lob. **Lyc.** merc. merc-sul. mez. mur-ac. *Nat-m.* *Nat-s.* *Nit-ac.* *Nux-v.* ol-an. op. *Petr.* *Phos.* phys. phyt. pin-s. pip-m. plan. **Plat.** plb. podo. *Psor.* *Puls.* rheum **Rhus-t.** sang. sars. *Sep.* **Sil.** spig. *Stann.* *Staph.* **Stry.** **Sulph.** sumb. tarent. tep. *Ter.* vip. *Zinc.*
- **abwechselnde** Seiten: coloc. nat-m.
- **morgens**: calc-s. stry.
  - **Aufstehen**, beim: *Aesc.* caps.$_{h}$ ign. *Lyc.*
- **abends**: *Plat.*
- **nachts**: *Lyc.*
- ◆ **abwechselnd** mit reißenden Schmerzen: *Ars.*
- **Aufstehen** vom Sitzen, beim: aesc. mur-ac. nat-m. **Sulph.**
- **Ausstrecken**, beim: bov. *Puls.*
- **bandagiert**, wie: *Anac.*
- **Bewegung**; zu Beginn der: *Carb-v.* *Caust.* *Euph.* *Lyc.* puls. **Rhus-t.**
- **Gehen**:
  - **beim**: bell. *Caust.* kali-bi. *Led.* ol-an. phyt. **Puls.** sil. sumb.
  - **nach**: **Rhus-t.**
  - **Freien**, im: hell.$_{h}$ hyos.
- **Hinabsteigen** der Treppe; beim: merc.
- **Hocken**, Kauern; verhindert das: *Coloc.* *Graph.*
- **Knien**, beim: sep.
- **lähmungsartig**: aur.
- **plötzlich**: stann.
- **rheumatisch**: **Bry.** *Lyc.* merc. *Phos.* **Rhus-t.**
- **schmerzhaft**: ant-c. **Bry.** *Nit-ac.*
- **Sitzen**:
  - **beim**: anac. coloc. stry.
  - **nach**: *Lach.* *Lyc.* **Rhus-t.** stict. **Sulph.**
- **Stehen**, im: sil.
- **Treppensteigen**; nach: hydr. ign.
- **wund**: stry.

○ **Kniekehle**: ambr.$_{h}$ caust.$_{h}$ dros.$_{h}$ graph.$_{h}$ lyc.$_{h}$ mez.$_{h}$ nit-ac.$_{h}$ petr.$_{h}$ scroph-n.$_{bg1}$ stann.$_{h}$ sulph.$_{h}$
- **Sehnen**: hell.$_{h}$

– **Unterschenkel**: arist-m.$_{br1}$ bell.$_{h}$ ferr.$_{bg1}$ mang.$_{h}$ nat-m.$_{h}$ petr.$_{h}$ plat.$_{h}$
- **Ausstrecken**:
  - **agg.**: marb-w.$_{es1}$
- **Knien** agg.: marb-w.$_{es1}$
- **Sitzen** agg.: marb-w.$_{es1}$

○ **Achillessehne**: cimic.$_{hr1}$

– **Wade**: *Arg-n.* con.$_{h}$ zinc.$_{h}$

– **Knöchel**: ars. carb-an. **Caust.** **Chel.** cocc. *Coloc.* con. dios. dros. graph. hep. *Hyper.* kali-c.$_{h}$ lath. led. *Lyc.* med. nat-m. *Petr.* plb. *Rhus-t.* ruta sep. **Sil.** sul-ac. **Sulph.** ter. verb. *Zinc.*
- **morgens** beim Aufstehen: caps.$_{h}$ carb-an.
- **abends**: sep.
- **Gehen**, beim: led. sul-ac. sumb.
- **Körperübungen** amel.: dios. sulph.

Steifheit - Knöchel: ...
- **Sitzen**, nach dem: zinc.$_{h}$

– **Füße**: all-s.$_{a1,k}$ alum.$_{a1,k}$ ambr.$_{a1,k}$ ang.$_{a1,k}$ ant-t. **Apis** ars.$_{a1,k}$ ars-met. asaf. bry.$_{a1,k}$ calc-s.$_{a1,k}$ caps.$_{a1,k}$ caust. cham.$_{a1,k}$ chel. cic.$_{a1,k}$ *Coloc.* dios.$_{a1,k}$ dros. *Ferr.*$_{a1,k}$ ferr-ar. ferr-p. graph.$_{a1,k}$ ign.$_{a1,k}$ kali-ar. kali-bi. *Kali-c.*$_{a1,k}$ kali-s. kreos.$_{a1,k}$ laur.$_{a1,k}$ *Led.*$_{a1,k}$ merc. mosch.$_{a1,k}$ nat-m.$_{a1,k}$ nux-v.$_{a1,k}$ *Op.*$_{a1,k}$ *Petr.*$_{a1,k}$ phos.$_{a1,k}$ ran-b. **Rhus-t.**$_{a1,k}$ sanic. *Sec.*$_{a1,k}$ *Sep.* *Stict.* stry.$_{a1,k}$ sul-ac. *Sulph.*$_{a1,k}$ tep.$_{a1,k}$ thuj.$_{a1,k}$ *Zinc.*
- **morgens**: apis ign.$_{a1,k}$ *Led.*$_{a1,k}$
  - **Erwachen**, beim: alum.
- **abends**: calc-s.$_{a1,k}$ kali-s.
  - **Entkleiden**, beim: apis
  - **Sitzen**, beim: plat.$_{h}$
- **nachts**: **Apis** sulph.$_{h}$
- ◆ **abwechselnd** mit reißenden Schmerzen: ars.$_{h}$
- **Aufstehen**:
  - **amel.**: alum.$_{a1,k}$
  - **Sitzen**, nach dem: bry. ~~caps.$_{k1,xxx}$~~ laur.
- **Erwachen**, beim: alum.$_{a1,k}$
- **Essen**, nach dem: graph.$_{a1,k}$
- **Freien**, im: nux-v.
- **Gehen**:
  - **amel.**: alum.$_{a1,k}$ laur.$_{a1,k}$
  - **beim**: ign.
- **Kälte**, durch: cham.$_{h}$
- **Reißen** darin, nach: sulph.$_{a1,k}$
- **Sitzen**, beim: plat.$_{h}$

– **Zehen**: agar.$_{k2}$ **Apis** ars. brom. *Carl.* *Coloc.* dios. ferr. *Graph.* *Led.* nux-v. *Sil.* stry. *Sulph.*
- **morgens**: dios. hydrog.$_{srj2}$ rat.$_{bg1}$
  - **Bewegung** amel.: hydrog.$_{srj2}$
- **Sitzen**, nach dem: carl.

○ **große** Zehe: **Atro.** coloc. sulph.
- **nachmittags**: sulph.
- **zweite** Zehe: colch.

Stolpern

☞ *Koordination - Beine - stolpert | Ungeschicklichkeit - Beine - stolpert*

Strecken:

☞ *Ausstrecken | Gestreckt*

○ **Finger**, schwierig: arn. *Ars.* *Camph.* carbn-s. *Coloc.* cupr. *Cupr-ar.* hyos. merc. mosch. plat. plb. stram. syph. tab.

– **Unterschenkel**:
- **Anfälle**:
  - **vor**: bufo
  - **während**: nux-v. stry.
- **notwendig**, ist: sul-ac.
- **schwierig**: carbn-o. dig.$_{h,kl}$ pic-ac. stry.
- **spasmodisch**: bufo cina
  - **Erwachen**, beim: **Bell.**
- **unmöglich**: con. plb.
  - **Sitzen**, im: *Lath.*$_{br1,k}$

– **Füße**: phyt. plat.

Strecken; Verlangen, den Arm zu: am-c. bell. sabad. tab. verb.

Sumsen im Oberschenkel; dröhnendes: bell.h

Taubheit
☞ *Gefühllosigkeit / Pelziges*

Taumeln
☞ *Koordination / ❑ Schwindel - Begleitet von - Taumeln / ❑ S~ Taumeln*

Tennisarm
☞ *Verletzungen - Ellbogen - Tennisarm*

Thrombose der Beine: *Apis* bufo.k2

Trägheit
☞ *Schweregefühl*

Trauma
☞ *Verletzungen*

Trockenheit:
○ **Gelenke**: canth.a1,k croc. ferr.k2 lyc. m-arct.bg **Nux-v.** ph-ac. **Puls.**
– **Hände**: acet-ac.a1,k aesc.a1,k aeth.a1,k all-c.a1,k **Anac.**h,k,* anag. *Ars.*a1,k atro.a1,k **Bar-c.**hr1,k,* bar-s.k2 bell.a1,k brass.a1 *Calc-p.*a1,k cann-s. chel.a1,k cimic.a1,k clem.a1,k crot-h. fago.a1,k gad.a1 gua.bg1 ham.a1,k *Hep.*a1,k iris lach.a1,k lob.h,k **Lyc.**a1,k *Nat-c.*a1,k *Nat-m.*a1,k ol-j.a1,k op. *Ph-ac.*a1,k phos.h,k,* pip-m.a1 plb.a1,k polyp-p.a1 ptel. puls. rhod. *Rhus-t.* rhus-v.a1,k sabad. *Sul-ac.*a1,k **Sulph.**a1,k sumb.a1,k *Thuj.*a1,k *Zinc.* zinc-p.k2
• **morgens**: fago.a1 zinc.h,k13,*
• **vormittags**: sabad.a1,k
• **10** h: gels.
• **nachmittags**: fago.a1,k gels.a1,k
• **nachts**: til.a1,k
• **pergamentartig**: *Anac.* **Bar-c.** crot-h. *Sulph.*
○ **Handfläche**: bad.a1,k bell.a1,k bism. cham.bg1,bg2 chinin-ar.k2 ferr-p.a1 gels.bg1,bg2 haem.a1,k ham.bg1,bg2,* kali-bi.bg1,bg2 laur.a1,k *Lyc.* pip-m.a1,k polyp-p.a1 rhus-v.a1,k sabad. sang.k2 tax.a1,k
• **Handrücken**: alum.k2
– **Finger**: anac.h,k1 anag. nat-m.a1,k puls.a1,k *Sil.* zinc-p.k2
• **nachmittags**: *Sil.*
• **abends**: puls.a1,k
○ **Fingernägel**; in der Gegend der: graph.bro1 nat-m.bro1,k petr.bro1 *Sil.*
• **Fingerspitzen**: ant-t.a1,k *Sil.*a1,k
– **Beine**: agar. lact.bg1 op.a1,k
– **Kniegelenk**: ars-met. nux-v.a1,k
• **Gefühl** von: benz-ac.
– **Füße**: ars. chel. gua.bg1 manc. ~~phos.k1,xxx~~ ptel. sep. sil.
○ **Fußsohlen**: bism. manc. phos.bg1,h,*
– **Zehen**:
○ **Zehennägel**: *Sil. Thuj.*

Tropfen in den Beinen herabfallen würden; Gefühl als ob: bell.h

Tuberkel
☞ *Hautausschläge - Tuberkel*

Tumoren:
○ **Schulter**, fettig: am-m.

Tumoren: ...
– **Ellbogen**:
• **schmerzhaft**: puls.h
○ **Ellbogenspitze**, Steatom: hep.
– **Handgelenk**: *Cupr-ar. Led.*
– **Hände**:
• **Atherom**: ph-ac. plb. sil.
• **zwischen** den Mittelhandknochen: ph-ac. tarent.
– **Finger**, Enchondrom: sil.hr1
– **Oberschenkel**: merc. phos.
○ **zwischen** Oberschenkel und Vulva: goss.
– **Knie**: ant-c.
○ **Kniekehle**: calc-f. phos. sil.
– **Unterschenkel**: tarent.
• **Varizen**: arn.
○ **Schienbein**:
• **Osteosarkom**
☞ *Krebs - Knochen - Schienbein - Osteosarkom*
• **Wade**: kali-br. *Sulph.*
– **Knöchel**: cupr-ar.
– **Füße**, gutartig: hecla.bc
– **Zehen**, Enchondrom: sil.hr1

Übereinanderlegen:
○ **Beine**, der:
• **amel.**: sep.bg1,bg2 *Thuj.*bg1,bg2
• **normale** Lage bringen; kann sie im Liegen oder Sitzen nicht wieder in: ther.ptk
• **unbewußt**: cench.k2
• **unmöglich**: *Lath.*
• **Sitzen**; im: lath.br1

Überkreuzen sich beim Gehen; die Beine: lath.

Umherwerfen der Hände im Schlaf: nat-c.h

Umlauf
☞ *Nagelgeschwür*

Unbehaglichkeit
☞ *Ruhelosigkeit*

Unbeholfenheit
☞ *Ungeschicklichkeit*

Ungeschicklichkeit: aeth.bg2,k,* **Agar.**bg2,k,* alum-sil.k2 ambr.bg2,k anac. androc.srj1 **Apis**c2,k ars. asaf.bg2,k asar. bell.bg2,k **Bov.**bg2,k,* bry. **Calc.**bg2,k calc-s. calc-sil.k2 camph. cann-i.bg2,sf *Caps.*bg2,k carb-v.k2 *Caust.* choc.srj3 cocc.bg2,k *Con.*a1,k dig.h,k1 gels.bg2,k2 **Hell.**bg2,k hep. *Hydrog.*srj2 *Ign.*bg2,k,* **Ip.**bg2,k,* kali-bi.k2 kali-c.bg2 kali-chl.c,c2 **Lach.**bg2,k,* levo.jl3 limest-b.es1 *Lol.*bg2,j5 lyc.bg2,sf mag-p.k2 med.k2 mez.h,k1 mosch.bg2,sf nat-ar.k2 *Nat-c.*bg2,k,* *Nat-m.*h,k,* nat-s.j5 *Nux-v.*bg2,k,* op. ph-ac.bg2,h phos.h,k1 plb.bg2,k *Puls.* sabin. sars.bg2,k,* sep.h,k1 sil. spong.c2,k stann.bg2,k staph. stram. sulph.bg2,k thuj.a1,k verat-v.a1 vip.
☞ *❑ Gemüt - Ungeschicklichkeit*
○ **Hände**: *Agar. Apis* **Bov.**a1,k carbn-s. *Con.* gels.k2 graph. kali-n. *Lach. Manc.*bg2,k,* *Phos.*hr1,k plb. ptel.hr1,k,* rhus-v.a1,k sep. sil.
• **Ablenkung** oder beim Sprechen; bei: **Hell.**hr1,k nit-ac.h,k1

– **Hände**: ...
• **fallen**, läßt Dinge ●: abrot. agar.bg1,k2 alumn. androc.srj1 **Apis** bamb-a.stb2 bell. **Bov.** bry. choc.srj3 cocc.k2 *Con.* cycl. gins. hell. hydrog.srj2 hyos. kali-bi. *Lach.* limest-b.es1 *Nat-m.* nux-v. sep. sil.h *Stram. Sulph.*
• **Kopf**; während der Schmerzen im: gink-b.sbd1
• **Zügel**, beim Reiten; die: abrot. con.a1 lyc.
• **greift** immer daneben: asaf.hr1
• **Menses**, während: alumn.
– **Finger**: agar. alumn.k2 *Apis* asaf.hr1,k benz-ac.k2 **Bov.** *Calc.*hr1,k calc-s. carbn-s. graph. *Hell.* hyos. kali-bi.k2 nat-m.hr1,k *Nux-v.*hr1,k plb. ptel.hr1,k sep. *Sil.*
• **Daumen**; als seien die Finger: **Phos.**
– **Beine**: **Agar.** *Alum.* alum-sil.k2 bell.bg2 **Caust.** *Con.* gels. *Nux-m.* sabad. *Sil. Verat.*
☞ *Schwankender*
• **stolpert** beim Gehen: **Agar.**bg2,k,* alco.a1 alum.bg2 ambr.bg2 anac.bg2 androc.srj1 *Arg-n.*bg2 ars.a1 aur-s.k2 *Bar-c.*bg2 bell.a1 *Calc.* cann-i.a1 caps. *Carl.*a1 **Caust.** chel.a1 cocc.bg2 *Colch.*hr1,k *Con.* gels.a1,k *Hyos.* *Ign.*bg2,k,* iod. **Ip.** kali-br.bg2,hr1 kali-p.k2 *Lach.*hr1,k,* lact.bg1,bg2 lil-t. mag-c. *Mag-p.* med.k2 mygal.bg2 *Nat-c.*h2,k2,* *Nat-m.* nux-v.bg2,k op.a1,k *Ph-ac.* *Phos.*hr1,k,* sabad. sec.bg2 sil. stann.bg2 verat. zinc.ptk2
☞ *Koordination - Beine - stolpert / ❑ Gemüt - Ungeschicklichkeit*
• **gehen**; kann nicht auf unebenem Boden: lil-t.br1
• **stößt** an Gegenstände an: bamb-a.stb2 caps. choc.srj3 *Colch.* hyos.bg2,j5 ip.bg2,k kali-n.h,k1 nat-m.h,k,* nux-v. op. sep.gl1 vip.
• **verfehlt** die Stufen beim Herabsteigen von Treppen: *Stram.*

Unruhe
☞ *Empfindlichkeit / Ruhelosigkeit / Schmerz - wund schmerzend*

Unsicherheit der Gelenke: mez.
○ **Arme**: cocc.br1 phos.
– **Hände**: bell. chlor. elaps lyc.
• **Schreiben**, beim: agar. hep. hydrog.srj2 morph.
– **Beine**: acon. ambr.c1 **Arg-n.**bg1,bg2 bamb-a.stb2 **Bar-c.**bg1,bg2 caust. lycps-v. *Nux-v.* phos. rhod. stram. *Verb.*
• **Gehen**; beim: hydrog.srj2 nat-c.a1 phos.k2
• **Stehen**; im: bamb-a.stb2
– **Hüfte**: nat-m.
– **Oberschenkel**: calc. ruta
– **Knie**: *Acon.* ars. bamb-a.stb2 carb-v. chin. cycl. laur. mang. merc. phys. puls. stry.
– **Unterschenkel**: agar. bry. merc. ptel. *Sulph.*
• **nachmittags**: sulph.
• **Gehen**; beim: hydrog.srj2
• **Tanzen**; beim: hydrog.srj2
○ **Wade**: nat-m.h
– **Füße**: agar. camph. mag-m.a1 merc. sumb.

Verfärbung
☞ *Farbe*

Verfehlen von Stufen
☞ *Ungeschicklichkeit - Beine - verfehlt*

Verformte Nägel
☞ *Nägel; Beschwerden - deformiert*

Vergrößerung:
– **Gefühl** von: alum. ant-c. cann-i.k2 carb-v.k2 sep.
○ **Knochen**: mez.k2
• **Arme**: *Cupr.* hyos. *Lyc.* manc. ptel. sep. verat.
• **Hände**: ang.bg1,bg2 aran. bapt. bell.bg1,bg2 cann-i. chel.bg1,bg2 clem. cocc.bg1 *Cupr.* kali-n. laur.bg1,bg2 manc.bg2 mang.bg1,bg2 mez.bg1,bg2 nux-m.tl1 *Op.*bg1,bg2 ptel. rhus-t.bg1,bg2
• **Finger**: benz-ac. calad.
• **Berühren** von etwas; beim: *Caust.*
• **Knie**: alum.
• **Unterschenkel**: cedr. nux-m. *Plat.* sep.
• **Füße**: **Apis** *Coloc.* daph. mang.
• **Gehen** im Freien, nach: mang.
• **Zehen**: apis
– **Tabesarthropathie**, hypertrophe: thuj.st
○ **Gelenke**, der
☞ *Gichtknoten*
– **Hände**; Venen der: cic.c1
– **Zehen**: *Laur.*

Verhärtung (= Induration):
○ **Knochen**:
○ **Periost**: rutak2
– **Arme**: mag-c. petr. tab.
– **Unterarm**: *Sil.*
– **Hände**: ars. *Sulph.*
○ **Handfläche**: *Cist. Lyc.*k,kl2●
○ **Sehnen**: sulph.h,kl
– **Finger**: caust. crot-h. graph.a1,k med. petr.k2 phyt.
○ **Sehnen**, der: carb-an. **Caust.**k,kl2● gels.c1
– **Gesäß**: ph-ac. thuj.a1,k
– **Unterschenkel**: graph. *Mag-c.* sulph.
– **Füße**:
○ **Ferse**: aur. lyc.a1,k
• **Fußsohlen**: **Ars.**

Verkrüppelt:
– **Poliomyelitis**; nach: calc-p.gm1 calc-s.gm1 nat-ar.gm1

Verkrüppelte Nägel
☞ *Nägel; Beschwerden - verkrüppelte*

Verkürzte Muskeln und Sehnen: am-c.k1 **Am-m.**k1 ambr.k1 anac.k1 ars.k1 aur.k1 *Bar-c.*k1 calc.k1 carb-an.k1 carb-v.k1 **Caust.**k1 cic.k1 cimic.k1 **Coloc.**k1 con.k1 cupr.k1 dig.k1 dros.k1 **Graph.**k1 *Guaj.*k1 hell.k1 hep.k1 hyos.k1 kali-c.k1 kreos.k1 lach.k1 led.k1 *Lyc.*k1 mag-c.k1 *Merc.*k1 mez.k1 mosch.k1 *Nat-c.*k1 **Nat-m.**k1 nit-ac.k1 *Nux-v.*k1 ox-ac.k1 petr.k1 ph-ac.k1 phos.k1 plb.k1 puls.k1 ran-b.k1 rheumk1 *Rhus-t.*k1 rutak1 samb.k1 *Sep.*k1 sil.k1 stann.k1 sul-ac.k1 sulph.k1

Verkürzung
☞ *Kontraktion*

Verlängerung
☞ *Länger*

Verletzungen:
○ **Gelenke**: arn.$_{k2}$ bry.$_{k2}$
– **Nerven**:
○ **Sinnesnerven**: hyper.$_{k2}$
– **Schultern**: *Ferr-m.* *Rhus-t.* zinc.
• **rheumatischer** Lahmheit, mit: *Ferr-m.*
• **Überanstrengung**, nach: *Rhus-t.*
– **Ellbogen**:
• **Tennisarm**, Epikondylitis: agar.$_{st}$ ambr.$_{st}$ *Rhus-t.*$_{st}$ symph.$_{bg}$
– **Handgelenk** ●: *Arn.* *Calc.* *Rhus-t.* *Ruta* sil. *Stront-c.*
– **Hände**:
• **Knochenbruch** mit Lazeration ●: *Hyper.*
• **Quetschung** ●: *Arn.*
• **Rißwunden**: **Calen.** hyper.
• **Verstauchung** ●: **Arn.** *Bell-p.*$_{st1}$ *Calc.* *Rhus-t.* *Ruta*
– **Finger**: bufo$_{br1}$
• **Amputationsstumpf** ist schmerzhaft ●: *All-c.*$_{k2}$ ph-ac.$_{hr1}$ phos. *Staph.*
• **Sektionsverletzungen** ●: *Apis* **Ars.** hydrog.$_{srj2}$ **Lach.**
• **schmerzhaft**:
• **unbestimmt** drückender Schmerz: led.$_{k2}$
• **schießender** Schmerz: hyper.$_{k2}$
○ **Fingernägel** ●: hydrog.$_{srj2}$ hyper. *Led.*
• **Glassplitter** ●: *Sil.*
• **Rißwunden** ●: **Hyper.**
○ **Nagelbett**
☞ *Nagelwurzel*
• **Nagelwurzel**: hyper.$_{bro1}$
• **Fingerspitzen**; gequetschte und lazerierte: arist-cl.$_{sp1}$ *Carb-ac.*$_{st}$ **Hyper.** *Led.* *Ruta*$_{bg2,st}$
– **Daumen**, Katzenbisse ●: *Lach.* *Led.*
– **Hüfte**: con. *Rhus-t.* sil. tarent.
– **Knöchel**: *Arn.* *Calc.* *Rhus-t.* *Ruta* *Stront-c.*
– **Zehen**:
• **Rißwunde**: hyper.$_{k2}$
○ **Zehennägel**:
○ **Nagelwurzel**: hyper.$_{bro1}$

Verrenkt; wie
☞ *Schmerz - verrenkt*

Verrenkung: drym-cor.$_{jsx1}$ oxal-c.$_{jsx1}$ rham-pr.$_{bta1}$
☞ *Verstauchungen* / ❑ *Allgemeines - Verletzungen - Verrenkungen*
– **leichtes**, spontanes Verrenken: ars.$_{ptk1}$ *Calc.*$_{ptk1}$ carb-an.$_{ptk1}$ chel.$_{ptk1}$ graph.$_{ptk1}$ lyc.$_{ptk1}$ nat-c.$_{ptk1}$ prun.$_{ptk1}$ rhus-t.$_{ptk1}$ ruta$_{ptk1}$ sep.$_{ptk1}$
• **Lahmheit**:
• **nach**: rheum$_{ptk1}$
○ **Schulter**: thuj.$_{h,k1}$
– **Fingergelenke**:
• **leichtes** Verrenken: bell.$_{bg3}$ hep.$_{bg3,c1}$ teucr.$_{bg3}$
– **Hüfte**; spontanes Verrenken der: bell. bry. **Calc.** *Calc-f.*$_{c1}$ **Caust.** *Coloc.* lyc. puls. *Rhus-t.* sulph. *Thuj.* zinc.
• **Hinsetzen**; beim: ip.

Verrenkung - Hüfte; spontanes Verrenken: ...
• **Schmerz**; durch: carb-an. dros. kali-i. nit-ac.
– **Kniescheibe**: gels.
• **Treppensteigen**, beim: cann-s.
– **Knöchel**: bry. nat-c. nux-v. ruta sulph.
• **links**: kali-bi.

Verstauchungen, Verrenkungen:
☞ *Schmerz - verrenkt / Schmerz - verstaucht / Schwäche - Gelenke / Verrenkung /* ❑ *Allgemeines - Verletzungen - Verstauchungen*
○ **Knöchel**: stront-c.$_{c2}$

Verstümmelte Nägel
☞ *Nägel; Beschwerden - verkrüppelte*

Verwachsung der Hautfalte mit dem wachsenden Nagel
☞ *Nägel; Beschwerden - Wachstum - Hautfalte*

Vibration; Gefühl von:
○ **Arme**: am-c. dig. mosch. nit-ac. olnd. sep.
○ **Muskeln**: nit-ac.$_{h}$
– **Ellbogen**: dig.$_{h}$
– **Unterarm**: caps.$_{h}$
– **Hände**: berb. caps.$_{h}$ carbn-s.
– **Finger**: agn.$_{a1}$
– **Beine**: con.$_{h}$ spig.$_{h}$
– **Oberschenkel**: arg-met.$_{h}$ bell.$_{h}$ caust.$_{h}$
– **Unterschenkel**: ambr. ars.$_{h}$ berb. caust.
○ **Wade**: ambr.$_{h}$ phel.
– **Füße**: ambr.$_{h}$ graph.$_{h}$
○ **Ferse**: iod.$_{h}$
• **Fußsohle**: cic.$_{h}$ olnd.

Völle: aesc.$_{k2}$ apoc.$_{k2}$ *Aur.* aur-m. nux-m. phos.$_{a1,k}$ *Puls.* rhus-t.$_{h,k1}$ sul-i.$_{k2}$
– **Herzens**; bei Erkrankung des: arn.$_{br1}$
○ **Gelenke**: cinnb.$_{a1,k}$ ham.$_{a1,k}$
• **Gefühl** von: mang.$_{h}$
– **Venen**: arg-n.$_{k2}$ aur.$_{k2}$ phos.$_{k2}$
– **Arme**: alumn.$_{a1,k}$ verat.
– **Schulter**: bry.$_{a1,k}$
– **Hände**: aesc.$_{k2}$ brom.$_{a1,k}$ *Caust.*$_{a1,k}$ fl-ac.$_{a1,k}$ naja$_{k2}$ nat-s.$_{a1,k}$ *Nux-m.*$_{a1,k}$ puls. sumb.$_{a1,k}$
• **nachmittags**, beim Stricken: nat-s.
• **abends**: nux-m.$_{a1,k}$
• **Ergreifen** von etwas; beim: *Caust.*$_{a1,k}$
• **Menses**:
• **während**: aesc.$_{a1}$
○ **Handfläche**: ars.
• **nachts**: ars.
• **Venen**, der: alum.$_{h,k,*}$ alumn. am-c. arn. bar-c. calc.$_{h,k,*}$ castm. cham.$_{bg1}$ **Chel.** *Chin.* chin-b.$_{c1}$ *Cic.* cycl.$_{bg1}$ ind. laur. merl.$_{c1}$ nux-v. olnd. op. *Phos.* plb.$_{bg1}$ **Puls.** rheum rhod. rhus-t. ruta sul-ac. sulph. sumb. *Thuj.* **Vip.**
• **nachmittags**: alum.$_{h,k,*}$
• **abends**: alum.$_{h,k,*}$
• **Fieber**; während: chin. hyos. *Led.* meny.
• **Frost**; während: **Chel.** *Meny.*
• **Waschen** in kaltem Wasser; nach: *Am-c.*$_{a1,k}$
– **Hüfte**: borx.$_{h}$

– **Unterschenkel**: bell. clem. com.$_{a1,k}$ ham.$_{a1,k}$ merc.$_{bg1}$ mez. nat-c. osm.$_{a1,k}$ ph-ac. pic-ac. staph.$_{h,kl}$
• **Fieber**; während: **Chinin-s.**
• **Herunterhängenlassen**, beim: *Carb-v.*
• **Menses**, während: ambr.
○ **Gelenke**: *Ham.*
• **Venen**, der: *Calc. Carb-v. Chinin-s.* puls. sulph. *Vip.*
– **Füße**: aesc. naja$_{k2}$ rhus-v. sumb.
• **Menses**:
• **während**: aesc.$_{al}$
○ **Fußsohlen**, Durchzeichnung des Venennetzes wie marmoriert: caust. lyc. thuj.
• **Venen**, der: *Ant-t.* ars. *Carb-v.* sul-ac. sumb.

Wachstum der Nägel
☞ *Nägel; Beschwerden - Wachstum*

Wachstumsschmerzen
☞ ❑ *Allgemeines - Schmerz - Wachstumsschmerzen*

Warzen:
○ **Arme**: ars.$_{bg2,k}$ bar-c.$_{k2}$ bov. **Calc.**$_{bg2,k,*}$ carb-an.$_{bg2,k}$ *Caust.*$_{bg2,k}$ dulc.$_{bg2,k}$ kali-c.$_{bg2,k}$ lyc.$_{bg2,k}$ merc. **Nat-c.**$_{bg2,k}$ nat-m.$_{bg2,k}$ *Nat-s.* *Nit-ac.*$_{bg2,k}$ petr.$_{bg2,k}$ phos.$_{bg2,k}$ rhus-t. **Sep.**$_{bg2,k}$ *Sil.*$_{bg2,k}$ *Sulph.*$_{bg2,k}$ thuj.
– **Ellbogenbeuge**: calc.$_{al}$ calc-f.
– **Unterarm**: *Sil.*$_{bg2,k}$
– **Handgelenk**: ferr-ma.$_{a1,k}$
– **Hände**: anac.$_{bg2,k}$ *Ant-c.*$_{hr1,k}$ **Bar-c.**$_{hr1,k}$ berb.$_{bg2,k,*}$ bov. bufo **Calc.**$_{bg2,k}$ calc-sil.$_{k2}$ carb-an.$_{bro1}$ **Caust.** **Dulc.**$_{bg2,k,*}$ *Ferr.*$_{bg2,k}$ ferr-ma.$_{a1,k}$ ferr-pic. *Fl-ac.* kali-c. kali-chl. kali-m.$_{c1,k2}$ *Lach.*$_{bg2,k}$ *Lyc.*$_{bg2,k}$ mag-s.$_{c1}$ *Nat-c.* *Nat-m.*$_{bg2,k}$ nat-s.$_{k2}$ **Nit-ac.**$_{bg2,k}$ *Ph-ac.* phos.$_{bg2,k}$ *Psor.* *Rhus-t.*$_{bg2,k}$ *Ruta*$_{bro1}$ *Sep.*$_{bg2,k,*}$ sil. **Sulph.** **Thuj.**$_{bg2,k}$ verr.$_{cea1}$
• **empfindlich**: nat-c.
• **flach**: berb.$_{a1,k}$ **Dulc.** lach.$_{a1,k}$ ruta *Sep.*
• **groß**: calc-sil.$_{k2}$ dulc.
• **hornig**: *Ant-c.*$_{hr1,k,*}$ *Caust. Sep. Thuj.*
☞ ❑ *Haut - Wucherungen - hornig*
• **juckend**: *Sep.*
• **wund**: ambr.$_{hr1,k,*}$ fl-ac. ruta
○ **Handfläche**: *Anac.* berb.$_{hr1,k,*}$ borx.$_{h}$ *Dulc.* nat-c. *Nat-m.*$_{bg2,k}$ ruta
• **flach**: dulc. nat-m. ruta
• **schmerzhaft** bei Druck: nat-m.
• **Knöchel**: pall.
– **Finger**: ambr.$_{hr1,k,*}$ *Bar-c.*$_{hr1,k}$ berb.$_{hr1,k,*}$ *Calc.* carb-an.$_{bg2,k}$ *Caust.*$_{h,k,*}$ *Dulc. Ferr. Fl-ac.* **Lac-c.** lach.$_{bg2,k,*}$ lyc.$_{bg2,k}$ *Nat-m. Nit-ac.* petr.$_{bg2,k}$ psor. ran-b. *Rhus-t.*$_{bg2,k}$ sang. sars. *Sep.*$_{bg2,k}$ sulph.$_{bg2,k}$ *Thuj.*
○ **Gelenke**: sars.
• **Fingernägeln**, nahe den: **Caust.**$_{k,kl2}$● dulc. fl-ac. graph.$_{lt1}$ lyc.$_{kl,kl2}$● sep.$_{kl}$
• **Fingerspitzen**: **Caust.**$_{bg2,k}$ dulc. nit-ac.$_{bg1}$ thuj.
• **Zeigefinger**: *Caust.*$_{h,k,*}$ thuj.
• **hornig**: *Caust.*
☞ ❑ *Haut - Wucherungen - hornig*
• **Mittelfinger**: berb.$_{hr1,k,*}$ lach.

Warzen - Finger: ...
• **Ringfinger**: *Nat-s.*$_{hr1,k}$
• **kleiner** Finger: lac-c.$_{kr1}$
– **Daumen**: berb.$_{hr1,k,*}$ calc-sil.$_{k13,k2}$ lach.$_{bg2,k,*}$ mur-ac.$_{bg1,bg2}$ ran-b.$_{hr1,k}$ thuj.
– **Gesäß**: con.
– **Beine**: bar-c.$_{k2}$
– **Oberschenkel**: med.
– **Knöchel**: pall.$_{c1}$
– **Füße**: sulph.$_{h}$
○ **Fußsohle**: ant-c.$_{kl}$ calc.$_{kl,spa}$ carc.$_{zzh}$ con.$_{kl,ks}$ lyc.$_{kl}$ nat-m.$_{kl,wt}$ sep.$_{kl,wt}$ sil.$_{kl,wt}$ sulph.$_{kl,wt}$
• **hornig**: ant-c.$_{br1}$
– **Zehen**: spig.$_{bg2,k}$ sulph.$_{h,kl}$

Wäscht sich:
– **häufig** die trockenen, heißen Hände: *Phos.*
– **ständig** die Hände
☞ ❑ *Gemüt - Waschen - Verlangen - Hände*

Wasser:
– **herabfließen**:
• **kaltes** Wasser:
○ **Schlüsselbein** entlang einer schmalen Linie zu den Zehen; vom: caust.
– **Tauchen** der Hände in kaltes Wasser agg.: lac-d.$_{st}$ phos.$_{st}$
– **warmes** Wasser durch das Knochenmark fließen würde; als ob: hydrc.$_{c1}$
○ **Arme**:
• **warmes** Wasser:
• **auf** Händen und Armen; als wäre warmes Wasser: androc.$_{srj1}$
• **durch** die Arme laufen; als würde warmes Wasser: rhus-t.$_{h}$
– **Ellbogen**:
• **durch** die Ellbogen laufen; als würde: graph.
• **kaltes** Wasser davon herabtropfen; als würde: stry.
– **Hüfte**:
• **kaltes** Wasser zu den Zehen herablaufen würde; als ob: bell.
• **warmem** Wasser gebadet; wie in: coc-c.
– **Oberschenkel**:
• **kalten** Wassers die Vorderseite herabrinnen würden; als ob Tropfen: acon.
• **warmes** Wasser herabfließen würde; als ob: borx.
– **Unterschenkel**:
• **sickert** aus den Unterschenkeln: graph. **Lyc.** sacch. tarent-c.
○ **Wade**:
• **entlanglaufen**; als würde Wasser daran: dulc.$_{h1}$ sulph.$_{st}$
– **Füße**:
• **heißes** Wasser gesteckt worden wären; als ob die kalten Füße in: raph.
• **kaltes** Wasser:
• **eingetaucht** in kaltes Wasser; wie: carb-v.
• **übergossen** mit kaltem Wasser; wie: verat.
○ **Fußsohle**: merc.$_{h}$

Wassersucht
☞ *Schwellung - wassersüchtig*

Weich:
○ **Hände**: cact.$_{brl}$
– **Fußsohlen**; Gefühl als wären die: *Alum.* sulph.$_{h}$

Welk, abgezehrt:
☞ *Abmagerung*
○ **Glieder**: phyt.$_{al}$
– **Hände**; Haut der: **Lyc.** nat-c. nat-m. ph-ac.

Wind, Gefühl von:
○ **Arme** wehen; als würde kalter Wind auf die: aster.
– **Schulter**, an der:
• **blasen** würde; als ob Wind darauf: lyc.
• **darüberströmen** und bis zu den Fingern gehen würde; als ob Wind: fl-ac.
– **Oberarm**, Streckmuskeln, Kälte wie durch Wind: phos.
– **Hände**: plat.$_{h}$
– **Beine**, Gefühl wie kalter Wind: bar-c.$_{h}$ calc.$_{h}$ chin-b.$_{c1}$ helon.$_{c1}$ lil-t.
– **Unterschenkel**: samb.$_{h}$
– **Zehen**: cupr.$_{h}$

Winden; Gefühl von:
○ **Arme**: **Bell.** cit-v. graph.$_{h}$ iod. stry.
– **Schulter**: hura
– **Handgelenk**: plb.
– **Beine**: graph.$_{h}$
– **Knie**: dios. sep. zinc.$_{bg1,bg2}$

Wirbeln, Gefühl von: glon.$_{a1,k}$

Wucherungen: ars. thuj.
– **hornig**: thuj.
☞ □ *Haut - Wucherungen - hornig*
○ **Nägeln**; unter den: *Ant-c.* graph.
• **Hände**:
• **rissig**, aufgesprungen; an der Basis: thuj.
• **Fußsohlen**: **Ant-c.** *Graph.*
• **Zehen**:
• **Spitzen**, Stacheln; mit: androc.$_{srj1}$
– **Hände**: lach.
– **Finger**: ant-c.$_{k2}$

Wundgerieben
☞ *Exkoriation*

Wunden
☞ *Verletzungen*

Wundheit
☞ *Exkoriation*

Zähe Fingernägel
☞ *Nägel; Beschwerden - zäh - Fingernägel*

Zerbrechen:
○ **Oberarm** zerbrechen; Gefühl, als würde der: samb.$_{h}$
– **Oberschenkel** zerbrechen; Gefühl, als würde der: ang.$_{h}$

Zerbrochen; als wäre der Oberarmknochen
☞ *Gebrochen - Oberarm*

Zerren:
– **Gefühl** an der Hüfte; zerrendes
☞ *Schmerz - zerrend - Hüfte*

Ziehen: bell.$_{a1,k}$
○ **Arme**: agar.$_{a1,k}$ hura plb.$_{a1,k}$ raph.$_{a1,k}$
• **Schwangerschaft**; während der: plb.$_{a1,k}$
– **Schulter**:
• **links**: luna$_{kg1}$
– **Unterarmes** gezogen würde; als ob an den Haaren des: thuj.

Zittern: absin.$_{a1}$ *Acon.*$_{a1,k}$ acon-f.$_{a1}$ aconin.$_{a1}$ aeth. *Agar.*$_{a1,k}$ agar-ph.$_{a1}$ alco.$_{a1}$ *Alum.* alum-p.$_{k2}$ alum-sil.$_{k2}$ alumn. *Ambr.* *Anac.*$_{a1,k}$ androc.$_{srj1}$ ant-c.$_{a1,k}$ *Apis* **Arg-n.**$_{a1,k}$ arn.$_{a1,k}$ **Ars.**$_{a1,k}$ **Ars-i.** ars-s-f.$_{k2}$ *Asaf.* atro.$_{a1}$ aur-s.$_{k2}$ bapt.$_{k2}$ bar-m.$_{a1,k}$ bar-s.$_{k2}$ bell.$_{a1,k}$ borx. brom.$_{k2}$ bry. bufo *Calc.*$_{a1,k}$ calc-p.$_{k2}$ calc-sil.$_{k2}$ camph.$_{a1,k}$ cann-i.$_{k2}$ *Canth.*$_{a1,k}$ caps.$_{a1,k}$ carb-ac.$_{a1,k}$ carb-an. *Carb-v.*$_{a1,k}$ carbn-o. *Carbn-s.* carl.$_{a1,k}$ cass.$_{a1}$ castm. **Caust.**$_{a1,k}$ **Chel.**$_{a1,k}$ *Chin.* chinin-ar. *Chinin-s.* *Cic.*$_{a1,k}$ *Cimic.*$_{a1,k}$ cinch.$_{a1}$ cob.$_{a1,k}$ **Cocc.**$_{a1,k}$ coff. coff-t.$_{a1}$ coffin.$_{a1}$ colch.$_{a1,k}$ *Con.*$_{a1,k}$ cop.$_{a1,k}$ *Crot-c.*$_{a1,k}$ crot-h.$_{a1,k}$ cupr.$_{a1,k}$ cupr-ar.$_{a1,k}$ cypr.$_{c1}$ cyt-l.$_{a1}$ dig. digin.$_{a1}$ dor.$_{a1,k}$ dulc.$_{a1,k}$ euphr.$_{a1,k}$ eupi.$_{a1,k}$ ferr-i. ferr-ma. **Gels.**$_{a1,k}$ glon.$_{a1,k}$ graph. hep. hydr-ac.$_{a1,k}$ *Hyos.* hyper.$_{a1,k}$ iber.$_{a1}$ *Ign.* **Iod.**$_{a1,k}$ jab.$_{br1}$ kali-ar.$_{a1,k}$ kali-c.$_{a1,k}$ kali-i.$_{a1,k}$ kali-n.$_{a1,k}$ kali-p. kali-s. kali-sil.$_{k2}$ *Kalm.* *Lach.* lact.$_{a1,k}$ laur.$_{a1,k}$ lob.$_{a1,k}$ lyc.$_{a1,k}$ lyss. *Mag-p.* mang.$_{a1,k}$ med. meph. **Merc.**$_{a1,k}$ *Merc-c.*$_{a1,k}$ *Mez.*$_{a1,k}$ morph.$_{a1,k}$ naja$_{k2}$ nat-m.$_{a1,k}$ nat-s.$_{k2}$ nicot.$_{a1}$ **Nit-ac.** **Nux-v.**$_{a1,k}$ **Op.**$_{a1,k}$ ox-ac.$_{a1,k}$ *Petr.* *Phos.*$_{a1,k}$ pilo.$_{a1}$ *Plat.*$_{a1,k}$ **Plb.**$_{a1,k}$ *Puls.*$_{a1,k}$ ran-b.$_{a1,k}$ raph.$_{a1,k}$ rhod. **Rhus-t.** *Rhus-v.*$_{a1,k}$ sabad.$_{a1,k}$ *Sec.*$_{a1,k}$ *Sil.*$_{a1,k}$ spig. spira.$_{a1}$ *Spong.* squil.$_{a1,k}$ **Stram.**$_{a1,k}$ stront-c. sul-i.$_{k2}$ *Sulph.*$_{a1,k}$ *Tab.*$_{a1,k}$ thuj. til.$_{a1,k}$ tub.$_{c1}$ *Verat.*$_{a1,k}$ verin.$_{a1}$ viol-o.$_{a1,k}$ vip.$_{a1,k}$ *Visc.* wies.$_{a1}$ zinc.$_{h,k,*}$ zinc-m.$_{a1}$ zinc-p.$_{k2}$ zinc-s.$_{a1}$
– **rechts**: ars.$_{bg1}$ dor.$_{c1}$
– **morgens**: carb-v.$_{a1,k}$ euphr.$_{a1,k}$ kali-act. kali-c. nat-c. nat-m.$_{a1,k}$ **Nit-ac.** *Sil.* staph.$_{h}$
• **Gehen**, beim: euphr.$_{a1,k}$
– **nachmittags**: anac.$_{a1,k}$ carb-v. *Gels.*$_{a1,k}$
• **Gehen**, beim: ran-b.$_{a1,k}$
– **abends**: agar.$_{a1,k}$ chel.$_{a1,k}$ *Cocc.*$_{a1,k}$ mez.
• **Einschlafen**, beim: carb-an.$_{h}$
• **Gehen**, beim: dig.
– **nachts**: calc.$_{a1,k}$ hep.$_{a1,k}$ rhod.$_{a1,k}$
• **Gehen**, beim: nat-m.$_{h,k}$
– **Alkoholikern**; bei: **Ars.** *Bar-c.* *Nux-v.*
– **ängstlich**: merc.$_{a1,k}$ *Puls.*
– **Anlehnen** gegen etwas amel.: plb.$_{a1,k}$
– **Anstrengung**, nach: *Merc.* nat-m.$_{a1,k}$ *Phos.*$_{a1,k}$ **Rhus-t.** sec.$_{a1,k}$
– **Auffahren** aus dem Schlaf; mit: petr.$_{h}$
– **Ausgestreckt**, wenn: merc-c.$_{a1,k}$
– **Bewegung**, bei: **Merc.** sulph.$_{a1,k}$
– **Erbrechen**, nach: ars.$_{a1,k}$ eupi.$_{a1,k}$
– **Erregung**: gels.$_{k2}$ **Merc.** phos.$_{a1,k}$
– **erschreckt**, wie: **Op.** paeon. tarent.
– **etwas** getan werden muß, wenn: **Kali-br.**

– **Fieber**; während: *Zinc.*$_{a1,k}$
– **Frost**; während: anac. ang. ars. bry.$_{a1,k}$ chin. chinin-s. cina **Cocc.** con.$_{a1,k}$ eup-per. ferr. *Gels.* merc.$_{a1,k}$ *Par.* petr. plat. sabad. sul-ac. zinc.
– **Gebrauch** der Hände; beim: ferr-i.$_{k,k2}$
– **Gehen**, beim: acon. ars. cupr. ferr-i. **Merc.** phos.$_{k2}$ sulph.
 • **nach**: cupr.$_{h}$
 • **Freien**, im: *Nux-v. Phos.*
– **geistiger** Anstrengung; nach: plat.$_{k2}$
– **gelähmte** Teile: **Caust.** merc.$_{ptk1}$ nux-v.$_{pd}$ plb.$_{a1,k}$
– **Gemütssymptomen**; mit
 ☞ ❑ *Gemüt - Gemütssymptome - Zittern*
– **Gespräche**, durch: *Ambr.*
– **Halten** der Glieder in einer Lage; bei langem: staph.$_{h}$
– **Husten**, durch: bell. *Cupr. Phos.*
– **Koitus**, nach: *Agar.*
– **Kolik**, nach: plb.$_{a1,k}$
– **konvulsivisch**: acon.$_{a1,k}$ asaf. carbn-h. crot-h.$_{a1,k}$ op.$_{a1,k}$
– **Kränkung**, Demütigung; durch: ran-b.
– **Menses**:
 • **vor**: hyos. kali-c. lyc. *Nat-m.*
 • **während**: *Hyos.* nat-m. *Nit-ac.*$_{a1,k}$ plat. stram.
– **Mittagessen**, nach dem: nit-ac.$_{a1,k}$
– **Nachdenken**, beim: borx.
– **periodisch**: *Merc.*$_{a1,k}$
– **Samenabgang**, nach: **Nat-p.**
– **Schreck**, nach: **Op.**
– **Schwäche**, mit allgemeiner: arg-n.$_{br1}$
– **sexueller** Erregung, bei: graph.
– **Stehen**, im: dirc.$_{a1,k}$ *Merc-c.*$_{a1,k}$ *Zinc.*
– **Stuhlgang**, nach: ars.$_{a1,k}$ carb-v. *Con.*
– **unsichtbar**: *Chin.*
– **Verdruß**, bei
 ☞ *Kränkung*
– **Weinen**, beim: tarent.$_{a1,k}$
– **Widerspruch**, bei: nit-ac.
– **ziehend**: lyc.$_{h}$
– **Zigarre**; nach einer: op.$_{a1,k}$
– **Zorn**, nach: *Nit-ac.*
○ **eines** Gliedes: stram.$_{h}$
– **Gelenke**: cycl. mang. nit-ac.$_{h}$
– **innerlich**: carb-an.$_{a1,h}$ *Chin.*$_{a1,k}$ gins.$_{a1,k}$ staph.$_{a1,k}$ sul-ac.$_{k2}$
– **Arme**: acon. *Agar.* alumn. ambr. anac. *Arg-n. Ars.* ars-s-f.$_{k2}$ bar-c. bell. bry. calc. calc-i.$_{k2}$ *Calc-p.* calc-sil.$_{k2}$ caps. *Carbn-s.* caust. chel. *Cic. Cocc.* coff. colch. com. crot-h. *Cupr.* dor. eupi. ferr-m. graph. helo.$_{c1}$ helo-s.$_{c1}$ *Hyos.* hyper. ind. iod. kali-ar. kali-c. kali-s. lact.$_{br1}$ lil-t. lyc. manc. med. meph. **Merc.** murx. **Nit-ac.** ol-an. onos. **Op.** paeon. petr. ph-ac. *Phos.* phys. plan. **Plb.** rhod. *Rhus-t.* sabad. sabin. seneg. *Sil. Spig.* spong. *Stram.* sulph. tab. thuj. verat. viol-o. zinc.$_{h,k,*}$
 • **links**: com.$_{bg1}$ hyper. lac-c.$_{bg1}$ puls.$_{h}$ stann.$_{bg1}$ sulph.$_{h}$
 • **rechts**: caust.$_{bg1,bg2}$ eupi. graph.$_{bg1}$ nit-ac.$_{bg1}$ sil.$_{h}$ sulph.$_{bg1,h}$
 • **morgens**: *Sil.* sulph.

– **Arme**: ...
 • **vormittags**: paeon.
  • **11** h: phys. plb.
 • **abends**: *Hyos.* phys. plan.
  • **19** h: phys.
 • **nachts** beim Erwachen: verat.
 • **anfallsweise**: *Op.*
 • **Anlehnen** auf die Arme; beim: astac. meph.
 • **Anstrengung**, bei:
  • **mäßiger** Anstrengung, nach: *Hyos.* **Rhus-t.** sil.
 • **Arbeit**, Ermüdung; durch: *Cupr. Plb.*
 • **Aufstehen**, nach dem: alumn.
 • **Bewegung**:
  • **amel.**: com. **Rhus-t.**
  • **bei**: bell. led. plb.
  • **nach**: hyos.
  • **leichter**, bei: bell. gels. iod. *Mag-p.*
 • **epileptischem** Anfall, vor: *Sil.*
 • **Ergreifen** von etwas; beim: verat.
 • **Essen**: sec. stram.
  • **nach**: bism.
 • **feiner** Arbeit, bei: sulph.
 • **geistiger** Anstrengung, bei: vinc.
 • **Halten** von etwas; beim: coff. led. lyc. phos.
  • **Abduktion** des Armes; mit: caust.$_{h}$
 • **Konvulsionen**, bei den: sulph.
 • **liegt**; Arm auf dem er: *Camph.*
 • **Schlaf**, im: merc.
 • **Schreiben**:
  • **beim**: agar. ant-c. bar-c. caust. chin. cimic. coff. colch. hep. kali-c. **Merc.** nat-m. nat-s. olnd. ph-ac. sabad. samb. sep. sulph. thuj. valer. zinc.$_{a1,k}$
  • **nach**: thuj.
 • **Sitzen**, im: merc.
 • **Stehen**, im: merc.
 • **Urinieren**; bei Schwierigkeiten beim: dulc.
 • **Weinbrand**, Brandy amel.: plb.
 ○ **innerlich**: petr.$_{h}$
 • **Muskeln**: carc.$_{jl2}$
– **Schulter**: aesc. asaf. com. dros. sulph.
 • **Ruhe**; nur in der: dros.$_{tl1}$
– **Oberarm**: agar. ant-c. aran. asaf. carbn-s. fl-ac. nit-ac.
 • **Bewegung** amel.: asaf.
– **Ellbogen**: caust.$_{bg1}$
– **Unterarm**: agar. bar-c. *Calc-p.* carbn-s. caust. cimic. colch. fl-ac. merc. nat-c.$_{h2}$ nit-ac. *Onos.* plb. spong. zing.
 • **rechts**: *Dulc. Nit-ac.*
 • **greift**; wenn er etwas: verat.
 • **Schreiben**, beim: *Caust.* com. **Merc.**
 ▽ **erstreckt** sich zum Daumen: agar.
– **Handgelenk**: acon. chel. glon. olnd. plb.
 • **Bewegung**, durch: acon. plb.
 • **Gemütsbewegung**, durch: plb.
 • **Kopfschmerzen**, bei: glon.
– **Hände**: *Acon.* **Agar.** all-c. alum. alum-p.$_{k2}$ alum-sil.$_{k2}$ alumn. am-c. *Aml-ns. Anac.* androc.$_{srj1}$ *Ant-c.* **Ant-t.** *Apis Arg-n.* arn. *Ars. Ars-i.* ars-s-f.$_{k2}$ atro. aur-m. bapt. bar-c. *Bell.* bism. bov. bry. cain.

– **Hände**: ...
Calc. calc-i.$_{k2}$ **Calc-p.** *Calc-s.* calc-sil.$_{k2}$ camph. cann-i. carb-ac. *Carb-an.* *Carbn-h.* *Carbn-s.* **Caust.** chel. *Chin.* chinin-ar. *Cic.* cimic. cist. coca *Cocc.* *Coff.* colch. conv.$_{br1}$ *Cop.* *Crot-c.* *Crot-h.* crot-t. cupr. cycl. dig. dios. dulc. elaps *Ferr.* *Gels.* *Glon.* guare. helo. hydr-ac. *Hyos.* *Ign.* ind. *Iod.* kali-ar. kali-br. *Kali-c.* kali-i. kali-n. *Kali-p.* kali-s. kali-sil.$_{k2}$ *Lac-c.* lac-d. *Lach.* lact. laur. led. lil-t. lith-met.$_{stj2}$ *Lol.*$_{bg1,bg2}$ lyc. lyss. mag-c. mag-m. *Mag-p.* mag-s. manc. med. **Merc.** mez. morph. nat-ar. nat-c. **Nat-m.** nat-p. nat-s. nicc. **Nit-ac.** *Nux-m.* **Nux-v.** *Onos.* *Op.* ox-ac. par. ph-ac. **Phos.** phys. *Phyt.* *Plat.* **Plb.** *Psor.* ptel.$_{c1}$ *Puls.* rheum rhod. rhus-t. sabad. samb. sars. sep. *Sil.* spig. spong. **Stann.** *Stram.* stry. **Sulph.** tab. ter. thea *Thuj.* tub. valer. **Zinc.**$_{h,k,*}$
☞ ❑ *Gemüt - Beschwerden durch - schlechte*
• **links**: calc. *Glon.* lac-c. puls. stann.$_{h}$
• **rechts**: all-c.$_{a1,k}$ anac. caust. hydr-ac.$_{bg1}$ mez.$_{a1,k}$ sep.$_{h}$ sulph.$_{bg1,h}$
• **morgens**: ars.$_{a1,k}$ aur-m. *Kali-c.*$_{a1,k}$ lyc. *Nat-c.*$_{a1,k}$ *Nat-m.* nat-s.$_{k2}$ phos.$_{a1,k}$ sulph.$_{a1,k}$
  • **Aufstehen**, beim: crot-t.$_{a1,k}$
  • **Frühstück**, beim: *Carb-an.*
• **vormittags**: sars.$_{a1,k}$ sulph.$_{a1,k}$ valer.$_{a1,k}$
• **mittags**: cic.$_{h}$ sulph.$_{h}$
• **nachmittags**: *Calc.*$_{a1,k}$ lyc.$_{h}$ lycps-v. mez.$_{a1,k}$ nat-c.$_{a1,k}$
• **abends**: *All-c.*$_{a1,k}$ caust. ferr.$_{a1,k}$ mez.$_{a1,k}$ plan.$_{a1,k}$ *Plb.*
  • **Bett**, im: nat-m.$_{a1,k}$
• **nachts**: am-c.$_{a1,k}$ bufo carb-v.$_{a1,k}$
  • **weckt** sie: nat-c.$_{h2}$
◆ **begleitet** von:
  • **Schweiß**:
    • **Angst**; bei
      ☞ *Angst - begleitet von - Schweiß*
• **Angst**, mit: am-c. bov. cic. granit-m.$_{es1}$ *Plat.* puls.
  ◆ **begleitet** von:
    • **Schweiß**: granit-m.$_{es1}$
• **Aufstehen**, nach dem: nux-m.$_{a1,k}$
• **Ausstrecken**:
  • **beim**: caust. *Cocc.* *Coff.* *Gels.* ign. **Merc.** *Merc-c.* *Phos.* plat. **Plb.**$_{a1,k}$ *Puls.* tab.$_{a1,k}$
• **Bewegen** der Hände; beim: agar.$_{a1,k}$ ant-c. *Camph.*$_{hr1,k}$ iod. *Kali-br.*$_{hr1,k,*}$ *Led.*$_{a1,k}$ *Plb.* puls.
  • **Typhus** abdominalis; bei: *Gels.*
• **Bewegung** amel.: *Crot-h.* zinc.
• **Bleivergiftung** (bei Schriftsetzern); bei: plb.$_{a1,k}$
• **Delirium** tremens: *Coff.*$_{hr1,k}$ *Kali-br.* *Lach.* **Nux-v.** *Stram.*
• **Einfädeln** der Nadel; beim: ran-b.$_{a1,k}$ *Sil.*
• **Erbrechen**, beim: calc.$_{hr1}$ calc-p.$_{a1,k}$ *Nat-s.* *Sulph.*
• **Erwachen**, beim: ant-c.$_{a1,k}$ *Nat-s.*$_{a1,k}$
• **Essen**, beim: bism. **Cocc.**$_{a1,k}$ olnd.$_{a1,k}$ stram.$_{a1,k}$
• **feiner** Arbeit, bei: sulph.$_{h}$
• **Frost**; während: canth.$_{a1,k}$ chin.
• **Gebrauch** der Hände; durch: *Phos.*$_{a1,k}$ *Sil.*

– **Hände**: ...
• **Gehen**:
  • **beim**: *Led.*
  • **nach**: sulph.$_{a1,k}$ ust.$_{a1,k}$
• **geistige** Anstrengung; durch: borx.$_{h}$
• **Gemütsbewegungen**, durch: nat-m. plb.$_{a1,k}$
• **Greifen** amel.; etwas: stann.$_{h}$
• **Halten**:
  • **Gegenständen**, von: *Agar.* bism. cann-s. com. **Merc.** **Plb.** sabad. *Sil.* spig. *Staph.* stram.
  • **Greifen**, beim: cann-s. cocc.$_{k2}$ *Led.* lyss. **Merc.** *Sil.* stram. verat.
  • **offen**, ohne etwas zu halten: cocc. **Merc.** plat.
  • **Stillhalten**, beim: *Coff.*
• **Herunterhängen**, beim: phos.$_{a1,k}$
• **Herzklopfen**, mit: bov.$_{ptk1}$
• **Hochheben**, beim weit: **Cocc.**$_{a1,k}$ gels.$_{c1,hr1}$ **Merc.**
• **Hunger**, mit: olnd.$_{h,k,*}$
• **intermittierend**: *Calc.*$_{hr1,k}$
• **konvulsivisch**: colch.$_{a1,k}$ *Hyos.* *Plb.*
• **Kopfschmerzen**, mit: androc.$_{srj1}$ calc-p. carb-v.$_{h}$ glon.$_{k2}$
• **körperliche** Arbeit: **Merc.** plb. *Sil.*
• **Körperübungen**, nach: ferr-ma. hyos.
• **lähmungsartig**: ant-c. bell.$_{k2}$ *Cocc.* **Merc.** **Plb.**
• **Legen** der Hände auf den Tisch; beim: stann.$_{a1,k}$ *Zinc.*$_{h,k,*}$
• **Menses**, während: agar. *Hyos.* *Zinc.*$_{h,k,*}$
• **Mittagessen**:
  • **beim**: grat.$_{a1,k}$ ~~mag-m.$_{kl,xxx}$~~ tab.$_{a1,k}$
  • **nach**: ant-c.$_{h}$ mag-m.$_{a1,h}$
• **Mund** führt; wenn er etwas zum: kali-br. **Merc.** **Plb.**
• **Nephritis**, bei: lycps-v.
• **Nervosität**, durch: kali-p.$_{c1}$
• **Reiben** amel.: *Nat-m.*$_{hr1,k}$
• **Schlafen**, nach: morph.$_{a1,k}$
• **Schmerzen**, mit: **Caust.**
• **Schreck**, nach: op. samb.
• **Schreiben**:
  • **beim**: agar. *All-c.* alum. *Ant-c.* bar-c. bism. camph. caps. *Carb-ac.* **Caust.** chel. *Chin.* *Cimic.* *Colch.* ferr. hep. hydrog.$_{srj2}$ hyos. *Ign.* kali-br. *Kali-c.* lycps-v. *Lyss.* **Merc.** morph. *Nat-m.* *Nat-p.* *Nat-s.* olnd. *Ph-ac.* *Phos.* **Plb.** *Puls.* sabad. samb. *Sil.* stann. **Sulph.** thuj.$_{h}$ valer.$_{c1}$ *Zinc.*
    • **Flatulenz**; gefolgt von übelriechender: ant-c.$_{br1}$
  • **nach**: thuj.$_{h}$
  • **schnelles** Schreiben amel.: ferr.$_{hr1}$
• **Schwäche**, mit: *Led.*$_{a1,k}$ **Merc.** plb.$_{a1,k}$ *Stann.*
• **Schwindel**:
  • **nach**: *Zinc.*$_{a1,k}$
  • **durch**: gran.$_{a1,k}$
• **Sitzen**, im: *Led.* sil.$_{a1,k}$
• **Sorgen**, Kummer agg.: plb.
• **Tabak**, durch: *Nux-v.*
• **Typhus** abdominalis; bei: *Arg-n.* *Zinc.*

– **Hände**: ...
- **unangenehmen** Nachrichten, nach: nat-m.$_{a1,k}$
  ☞ ❑ *Gemüt - Beschwerden durch - schlechte*
- **Wetter**:
  - **kaltem** Wetter; bei:
    - **naßkaltem** Wetter; bei: dulc.$_{h1}$
  - **nassem** Wetter; bei: *Dulc.*
- **Widerspruch**, nach: cop.$_{a1,k}$ *Nit-ac.*
- **Zorn**, nach: hydrog.$_{srj2}$ sep.$_{a1,k}$

– **Finger**: ars. bry. cic. cupr-ar. *Glon.* hyper. iod. *Merc.* morph. nat-m. nit-ac. olnd. phos. plat. plb. rhus-t. sep. stront-c.
- **nachts**: olnd.
- **Bewegung**, bei: plb.
- **Schreiben**, beim: *Cimic.*

○ **Zeigefinger**: *Calc.*
- **konvulsivisch**: *Calc.*
- **Mittelfinger**: stann.$_{h}$

– **Daumen**: ambr.$_{h}$ plat.
- **abends**: ambr.$_{c1}$

– **Beine**: acon. *Agar.* am-m.$_{h}$ *Ambr.* anac. apis *Arg-met.* **Arg-n.** arn. *Ars.* ars-i. ars-s-f.$_{k2}$ bamb-a.$_{stb2}$ bell. *Calc.* calc-i.$_{k2}$ calc-s. calc-sil.$_{k2}$ canth. caps. carb-v. carbn-s. *Caust.* chin. chinin-ar. chinin-s. *Cic. Cimic.* cist. cob. cocc. coloc. *Con.* corn. *Crot-h.* cupr. fl-ac. *Glon.* helo. hep. hyos. iod. ip. kali-ar. kali-bi. kali-c. kali-s. **Lach.** lact. *Lath. Led.* lyc. manc. *Med. Merc.* nat-ar. nat-c. *Nat-m.* **Nit-ac. Nux-v.** olnd. **Op.** petr. phos. phys. *Phyt.* pic-ac.$_{k2}$ pip-m. *Plb.* ptel.$_{hr1}$ *Puls.* ran-b. raph. rhus-t. sars. sec. seneg. sep. sil. sol-ni. spig.$_{h}$ stram. sulph. thal-s.$_{c1}$ thuj.$_{bg1}$ *Verat.* zinc.
- **morgens**: *Arg-met. Nit-ac.* puls.$_{a1,k}$
- **vormittags**:
  - **10** h: gels. ptel.
- **abends**: lyc. plb.$_{a1,k}$ puls.
- **nachts**: hep.

◆ **begleitet** von:
- **Ischialgie**
  ☞ *Schmerz - Beine - Ischialgie - begleitet von - Zittern*
- **Alleinsein** amel.: ambr.
- **angesprochen**, wenn: merc.
- **Angst**, bei: borx. rhus-t. sars.
- **Anstrengung**, nach: iber.$_{c1}$
- **Ärger**, Verdruß; nach: ran-b.
- **Aufstehen** nach dem Sitzen; beim: *Nat-m.* nux-m.
- **Bewegung**:
  - **amel.**: **Rhus-t.**
  - **nach**: phos.$_{a1,k}$
- **Bücken** agg.: ars.$_{bg1}$
- **erst** Arme, dann Beine: spig.$_{h}$
- **Freien**, im: caust.$_{h}$
- **Frost**, wie durch: caust.$_{h}$
- **Gehen**:
  - **amel.**: *Nat-m.*
  - **beim**: caust.$_{h}$ *Con.* cur. lath.$_{br1}$ led. merc. nux-m. **Nux-v.**
  - **schwierig**; ist: cimic.$_{k2}$
- **Koitus**, nach: **Calc.**
- **Kränkung**, Demütigung; durch: ran-b.

– **Beine**: ...
- **Liegen**, beim: plb.
- **Menses**, während: agar. caust. graph. hyos. mag-c. nat-c.
- **rhythmisch**: *Ign.*
- **ruckend**: lyc.$_{h}$
- **Sitzen**, im: plan. plb.
- **Stehen**, beim: caust.$_{h}$
  - **nach** längerem Stehen: *Led.* olnd.
- **Stuhlgang**, nach: ars.
- **Tragen** einer Last; beim: graph.$_{h}$
- **Treppensteigen**, beim: *Caust.* corn. nat-m.$_{a1,k}$ nux-m.
- **Verdruß**, durch
  ☞ *Kränkung*
- **Zurücklehnen**, beim: fl-ac.$_{a1,k}$

– **Oberschenkel**: act-sp. *Anac.* apis ars-h. asaf.$_{a1,k}$ bar-c. carbn-s. cocc.$_{a1,k}$ *Con.*$_{a1,k}$ kali-c. laur. mag-m. ph-ac. phos.$_{h}$ *Plat.* rat. sep.$_{a1,k}$ sol-ni.
- **rechts**: con. lac-c. rat.
- **abends**: rat.
- **Gefühl** von: caust.$_{h}$
- **Gehen**, beim: *Con.*
- **Heben** des Oberschenkels; beim: act-sp.$_{a1,k}$
- **Knien**, beim: cocc.$_{a1,k}$
- **Koitus**, nach: **Calc.**
- **Sitzen**, im: plat.

○ **Muskeln**: carc.$_{jl2}$

– **Knie**: acon. agar.$_{a1,k}$ *Alum.* alum-p.$_{k2}$ alum-sil.$_{k2}$ *Anac.* androc.$_{srj1}$ ant-t. arg-met.$_{k2}$ bell. cadm-s. calad. calc. *Camph.* caps. cass.$_{a1}$ *Chel.* chinin-s. con. dios. *Glon.* hep. iris kali-c. lach. laur. *Led.* lil-t. lyss. mang. merc. mur-ac. nat-m. nicc.$_{a1,k}$ nux-v. olnd. op. phos. *Plat.* plb. psor. *Puls.* rhus-t. *Ruta* sep. sil. stann. staph. stry. tarent. verb.
- **nachmittags**: nicc.$_{a1,k}$
- **abends**:
  - **Gehen**, beim: mang.$_{a1,k}$
  - **Hinlegen**, nach dem: puls.$_{h}$
  - **Stehen**, im: nux-v.$_{a1,k}$
- **nachts** beim Erwachen: chel.$_{a1,k}$
- **Aufstehen** vom Sitzen; beim: chin.$_{a1,k}$ nat-p.$_{a1,k}$
- **Gehen**:
  - **amel.**: chin.$_{a1,k}$
  - **beim**: dios.$_{a1,k}$ dros.$_{a1,k}$ *Ind.*$_{a1,k}$ *Led.*$_{a1,k}$ mang. tarent.
  - **nach**: zinc.$_{h}$
  - **Freien**, im: *Hep.* laur.
- **Hochsteigen** einer Stufe; beim: nat-m.$_{a1,k}$
- **Samenabgang**, nach: nat-p.
- **Sitzen**:
  - **beim**: bell. *Led.*$_{a1,k}$
  - **amel.**: laur.$_{a1,k}$
- **Stehen**: calad.$_{a1,k}$ nux-v. ol-an.$_{a1}$ olnd.$_{hr1,k}$ tarent.
- **Treppen**; beim Hinabsteigen von: coff.
- **Treppensteigen**, beim: dros. nat-m.

○ **Kniescheibe**: mur-ac.$_{h}$

– **Unterschenkel**: ail. am-m. arg-met. ars. bar-c. bell. bufo canth. carbn-s. *Caust.* cic.$_{c1,k}$ coca coff. coloc. *Cycl.* dig. dios. dor. ferr. ferr-m. fl-ac. kali-c.

– **Unterschenkel**: ...
kali-sil.$_{k2}$ lact. lyc. manc. med. merc. nat-c. *Nat-m.* ol-an. onos. *Phos.* pic-ac. *Plat. Plb. Puls. Ruta Sil. Stry.* sulph. tarent. zinc.
• **links**: *Cic.* psil.$_{ft1}$
• **morgens**: bufo phys.$_{a1,k}$
 • **Aufstehen**, nach dem: *Arg-met.*
• **vormittags**:
 • **11** h: arg-n. nat-m.
• **abends**: plat. puls.$_{h}$ sil.$_{h}$
 • **Hinlegen**, nach dem: plat. *Puls.*
• **nachts**: bufo
• **Bewegung**, bei: canth.$_{a1,k}$
• **Einschlafen**, beim: *Cham.*
• **Gehen**:
 • **beim**: *Led.* puls.$_{h}$
 • **Freien**, im: coloc.
• **Hochsteigen** einer Leiter; beim: *Caust.*$_{a1,k}$
• **Koitus**, nach: **Calc.**
• **Menses**, vor den: kali-c.
• **Sitzen**, im: *Plat.*
• **Stehen**, im: kali-c.$_{h}$
• **Stuhlgang**, nach: ars.$_{a1,k}$
• **Treppen**; beim Hinabsteigen von: lac-c.$_{kr1}$
• **Zimmer** amel.; im: caust.
• **Wade**: meny.$_{a1,k}$ nat-c.$_{h2}$ nat-m.$_{a1,k}$ sulph.$_{a1,k}$

– **Füße**: am-c. apis ars. ars-s-f.$_{k2}$ *Bar-c.* bell. borx. bov. calc. camph. canth. carbn-s. chinin-s. coff. coloc. crot-t. *Cupr.* cycl. *Hyos.* ip. kali-c. kali-n. kali-s. lyc. mag-c. mag-m. **Merc.** mur-ac. nat-c. *Nat-m.* nicc. nux-m. ol-an. op. ox-ac. *Plat. Psor.* **Puls.** sars. sec. *Stram. Sulph.* sumb. *Tab. Thuj.* verat. zinc.
• **links**: puls.$_{h}$
• **morgens**: ars. nat-m.
 • **Aufstehen**, beim: con. crot-t. merc-c.
• **vormittags**: nat-m. sars.
 • **11** h, beim Aufstehen aus dem Bett: nat-m.
• **abends**:
 • **Bett**; im: canth. nat-m.
 • **Stehen**; im: nux-v.
• **nachts**:
 • **weckt** sie auf: nat-c.$_{h2}$
• **Bewegung**:
 • **amel.**: mag-m.
 • **bei**: *Camph.* puls.$_{h}$
• **Einschlafen**, beim: croc.
• **Erbrechen**, beim: sulph.$_{h}$
• **Frost**; während: canth.
• **Gehen**:
 • **beim**: merc. nat-c.$_{h2}$ par. puls.
 • **Freien**, amel. im: borx.
• **Heben** des Fußes; beim: zinc.
• **konvulsivisch**: hyos. kali-cy.
• **Menses**:
 • **während**: *Hyos.* zinc.
 • **nicht** erscheinen; wenn Menses: puls.$_{h}$
 • **unterdrückten** Menses, bei: *Puls.*
 • **wie** durch: coloc.
• **Mittagessen**, nach dem: mag-m.
• **Musik**, durch: thuj.$_{k,kr1}$
• **Schreck**, wie durch: coloc.

Zittern - Füße: ...
• **Sitzen**:
 • **amel.**: ol-an.
 • **beim**: mag-m. plat.$_{h}$ zinc.
• **Stehen**, im: *Bar-c.* ol-an.
• **Treppen**; beim Hinabsteigen von: thuj.
○ **Fußballen**: mur-ac.$_{h}$
• **Fußrücken**: kali-c.$_{h}$

Zucken: *Agar.*$_{a1,k}$ *Alum.*$_{h,k,*}$ alum-p.$_{k2}$ alum-sil.$_{k2}$ alumn.$_{a1,k}$ ambr.$_{a1,k}$ *Apis* arn.$_{a1,k}$ *Ars.*$_{a1,k}$ ars-i. asaf. bamb-a.$_{stb2}$ **Bell.**$_{a1,k}$ calad.$_{a1,k}$ calc. cann-i.$_{a1,k}$ carb-ac.$_{a1,k}$ carb-v. carbn-s.$_{k2}$ carc.$_{mg1,sp1}$ carl.$_{a1,k}$ caust. *Cham.*$_{a1,k}$ **Chel.**$_{a1,k}$ *Chin. Chinin-s.* chlf.$_{a1}$ *Cic.* cic-m.$_{a1}$ cimic. **Cina** *Cocc. Coff.* coff-t.$_{a1}$ colch.$_{a1,k}$ coloc. *Crot-c. Cupr.*$_{a1,k}$ cupr-ar.$_{a1}$ cypr. cyt-l.$_{a1}$ dol.$_{c1}$ dros.$_{a1,k}$ dulc.$_{a1,k}$ ferr-p.$_{bg1}$ graph. *Hell.* **Hyos.**$_{a1,k}$ hyosin.$_{a1}$ **Ign.**$_{a1,k}$ kali-ar. kali-c.$_{a1,k}$ kali-i.$_{a1,k}$ kali-m.$_{k2}$ kali-n.$_{a1,k}$ kali-p. kali-s. kali-sil.$_{k2}$ kreos.$_{a1,k}$ lach.$_{a1,k}$ laur.$_{k2}$ lipp.$_{a1}$ lyc.$_{h}$ lyss.$_{c1}$ mag-p.$_{br1}$ *Merc.*$_{a1,k}$ *Merc-c.*$_{a1,k}$ morph.$_{a1,k}$ mur-ac.$_{a1,k}$ *Mygal.* nat-ar. *Nat-c.*$_{a1,k}$ *Nat-m.*$_{a1,k}$ nat-p. nat-s. nit-ac.$_{a1,k}$ *Nux-m.*$_{a1,k}$ *Nux-v.*$_{a1,k}$ **Op.**$_{a1,k}$ paeon.$_{a1,k}$ petr.$_{a1,k}$ ph-ac.$_{a1,k}$ phos.$_{a1,k}$ plb.$_{a1,k}$ puls. ran-s.$_{a1,k}$ **Rhus-t.**$_{a1,k}$ *Rhus-v.* scut.$_{c1}$ sec.$_{a1,k}$ *Sep. Sil.* **Stram.**$_{a1,k}$ **Stry.**$_{a1,k}$ sul-i.$_{k2}$ sulph.$_{a1,k}$ **Valer.** *Visc. Zinc.* zinc-p.$_{k2}$
☞ *Rucken* / ❏ *Gemüt - Gesten - Tics*

– **Seite** zuckt, die andere ist gelähmt; eine: *Apis* art-v. *Bell. Stram.*
– **tagsüber**: carb-v. petr.$_{a1,k}$ *Sep.* sil.$_{h}$
– **morgens**: phos.$_{h}$ sulph.$_{a1,k}$
• **Aufstehen**, nach dem: alumn.
• **Schlaf**, im: cham.
– **vormittags**: alumn.$_{a1,k}$
– **nachmittags**, beim Versuch zu schlafen: alum.$_{h,k,*}$
– **abends**: caust.$_{a1,k}$ graph.$_{a1,k}$
• **Bett**, im: *Carb-v.* kali-n.$_{h}$ nux-v.$_{a1,k}$
• **Sitzen**, im: am-m.$_{h}$
– **nachts**: ambr. calc.$_{a1,k}$ mag-c.$_{h}$ nat-c.$_{a1,k}$ phos. sep.$_{a1,k}$ sil.$_{h}$ staph. stront-c.
• **Bett**, im: **Ars.** merc-ns. stry.
– **anfallsweise**: stram.$_{a1,k}$
– **Ärger**, Verdruß; nach: ign. petr.
– **Berührung**, bei: puls.$_{h,k,*}$
– **Bett**, im: merc-n.$_{a1}$ merc-ns. nux-v. stry.$_{a1,k}$
– **Bewegen** der Glieder; beim: *Lyc.* sep.$_{a1,k}$
– **Bewegung** amel.: *Ars.* cop.$_{a1,k}$ phos.$_{a1,k}$ valer.
– **blitzartig**: stry.$_{a1,k}$
– **elektrische** Schläge; wie durch: agar. *Ars.* bamb-a.$_{stb2}$ colch.$_{a1,k}$ nat-m.$_{a1,k}$ plat.$_{a1,k}$ *Ter. Verat.*$_{h}$
– **Erbrechen**, beim: stram.$_{a1,k}$
– **Erwachen**, beim: op.$_{a1,k}$
– **Frost**:
• **während**: acon. dig. jatr-c. lyc. nux-m. *Nux-v.* op. ox-ac. stram.$_{a1,k}$ tab.
• **nach**: puls.
– **Gefühllosigkeit**, Taubheit; gefolgt von: **Rhus-t.**
– **gelähmte** Teile: apis *Arg-n.* merc. nux-v. phos. *Sec.* stram. *Stry.*
– **Gewitter**, bei: phos.

– **hinten** und innen; nach: cupr.$_{h}$
– **Hitze**; während: all-s.$_{a1,k}$
– **Husten**, beim: cupr.$_{h}$
– **Konvulsionen**:
• **während**: *Op.*$_{a1,k}$
• **nach**: nux-v.$_{a1,k}$
– **körperliche** Arbeit amel.: agar.
– **krampfartig**: plat.$_{h}$
– **lähmungsartig**: cina
– **Menses**, während: *Coff.* oena.
– **plötzlich**: arn.
– **Schlaf**:
• **amel.**: agar.$_{k2}$
• **vor**: alum.$_{a1,k}$
• **im**: acon.$_{a1,k}$ *Alum.*$_{st}$ ambr. *Ars.* bell. cham. cob.$_{a1,k}$ *Colch.* cupr. *Hell.* hep. *Kali-c.*$_{a1,k}$ *Lyc.*$_{a1,k}$ mag-c.$_{h}$ morph.$_{a1,k}$ nat-c. nat-m.$_{a1,k}$ petr.$_{h}$ puls.$_{a1,k}$ *Sep.* sil. *Stram.*$_{a1,k}$ sulph. thuj. *Zinc.*
• **Einschlafen**, beim: *Alum.*$_{st}$ **Ars.** *Cham.* mag-c. *Nat-m.* puls.$_{h}$ tub.$_{k13}$
• **Erwachen**, beim: nit-ac.$_{h}$
– **schreiben**; beim Versuch zu: nat-m.$_{h}$
– **Sitzen**, im: **Valer.**
– **synchron** mit der Atmung: hyos.
– **wandernd**: am-m.$_{h}$ castm. cocc. coloc.$_{a1,k}$ graph.$_{a1,k}$ *Merc.*$_{a1,k}$ nat-s.$_{a1,k}$ plat.
○ **Beugemuskeln**: op.
– **Gelenke**: alum. bell. bry. graph. nat-c.$_{h}$ nat-m. nit-ac.$_{h}$ puls. sil. spig. spong. *Sul-ac.* sulph. *Verat.*
– **Muskelgruppen**; einzelner: croc.$_{br1}$
– **Arm** und ein Bein; ein: apis apoc. chen-a.$_{c1}$ hell. stram. tub.
– **Arme**: aesc. agar. aloe alumn. am-c. ambr. *Ant-t.* ars. ars-i. *Asaf.* atro. bamb-a.$_{stb2}$ bar-c. bar-m. bell. berb. brom. bry. calc. calc-i.$_{k2}$ calc-sil.$_{k2}$ carb-ac. carb-v. carbn-s.$_{k2}$ castm. *Caust.* *Chel.* chlf. **Cic.** *Cina* *Coff.* con. *Cupr.* dulc. fl-ac. *Graph.* hell. hep. hyos. ign. iod. *Kali-c.* kali-n. lach. lact. *Lyc.* mag-c. mag-m. *Meny.* *Merc.* *Merc-c.* mez. morph. mosch. mygal. nat-ar. nat-c. nat-m. nit-ac. *Nux-v.* olnd. *Op.* ox-ac.$_{k2}$ petr. phos. phyt. plan. plat. plb. ran-b. rheum *Rhod.* rhus-t. rumx. sabad. santin. sep. sil. squil. *Stann.* stram. stry. sul-ac. tarax. tarent. teucr. **Thuj.** *Valer.* verat. zinc. zinc-p.$_{k2}$ zing.
• **links**: zinc.$_{h}$
• **tagsüber**: nat-c.$_{a1,k}$
• **morgens**: bamb-a.$_{stb2}$ caust.$_{a1,k}$ rheum$_{h}$
• **Aufstehen**, nach dem: alumn.$_{a1,k}$
• **Bett**, im: zinc.$_{h}$
• **Schlaf**, im: zinc.
• **vormittags**: fl-ac.$_{a1,k}$
• **nachmittags**: bamb-a.$_{stb2}$
• **abends**:
• **Bett**, im: carb-v.$_{a1,k}$ graph.$_{a1,k}$
• **Einschlafen**, beim: castm. kali-c.$_{h}$ sil.
• **nachts**: aloe bar-c. bar-m.$_{a1,k}$ calc.$_{a1,k}$ mag-c.$_{a1,k}$
• **Bett**, im: hyos.$_{a1,k}$
• **Einschlafen**, beim: con. nat-c. stry.
• **Arbeit** mit den Händen amel.; harte: agar.
• **außen**, nach: nat-m.$_{h}$
• **Beugen**, beim: dulc.$_{a1,k}$
• **Bewegen** des Gliedes; beim: chel.

– **Arme**: ...
• **gehalten** werden; wenn die Beine: sep.$_{h}$
• **Greifen**, beim: nat-c.
• **hinten** und innen; nach: cupr.$_{h}$
• **Schlaf**, im: con.$_{h}$ cupr.$_{a1,k}$ graph.$_{a1,k}$ kali-c.$_{h}$ lyc. nat-c.$_{h}$ puls.$_{h}$ zinc.$_{a1}$
• **schmerzhaft**: meny.$_{h}$
– **Schulter**: agar.$_{a1,k}$ alum.$_{a1,k}$ alum-sil.$_{k2}$ arg-met. arn.$_{a1,k}$ ars-h. asaf.$_{a1,k}$ bell.$_{a1,k}$ calc.$_{a1,k}$ chel.$_{a1,k}$ cic.$_{a1,k}$ dios.$_{a1,k}$ *Dros.*$_{a1,k}$ fl-ac. graph.$_{a1,k}$ hyos.$_{a1,k}$ ign. *Lyc.*$_{a1,k}$ mag-c.$_{a1,k}$ merc.$_{a1,k}$ mez.$_{a1,k}$ ox-ac. petr.$_{a1,k}$ puls.$_{a1,k}$ sep. sil.$_{a1,k}$ spig.$_{a1,k}$ *Spong.*$_{a1,k}$ stry.$_{a1,k}$ sul-ac.$_{a1,k}$ sulph.$_{a1,k}$ tarax.$_{a1,k}$ zinc.$_{a1,k}$
• **rechts**: dros.
• **Ruhe**, in der: **Dros.**$_{a1,k}$
• **Schlaf**, im: hyos.$_{a1,k}$
• **Schreiben**, beim: sul-ac.$_{a1,k}$
○ **hinterer** Rand der Achselhöhle: arg-met.
– **Oberarm**: agar. am-c. arn. asaf. bamb-a.$_{stb2}$ *Calc.* caust. *Cina* clem. cocc. crot-t. cupr. dig. dulc. hell. kali-bi. kali-c. kali-n. *Lyc.* mag-m.$_{a1,k}$ mang. meny. merc. mez.$_{a1,k}$ mur-ac. nat-m. nit-ac. olnd. ph-ac. phos. phyt. *Ran-b.* *Sep.*$_{a1,k}$ sil. spig. squil. stann. tarax. teucr.$_{a1,k}$ thuj. zing.
• **links**: kali-c.$_{h}$ lyc.$_{h}$
• **rechts**: am-c.
• **Auflegen** des Armes; beim: stann.$_{h}$
• **Berührung** agg.: mez.$_{h}$
• **Beugen**, beim: dulc.$_{a1,k}$
• **Bewegung** amel.: ph-ac. stann.
• **Mittagsschlaf**, beim: bamb-a.$_{stb2}$ mez. seneg.$_{a1,k}$
• **Wärme** amel.: ant-c.$_{h}$
• **zieht** ihn nach hinten: dulc.$_{a1,k}$
○ **Außenseite**: mang.$_{h}$ tarax.$_{h}$
• **Bizeps**: mag-m.$_{a1,k}$ sep.$_{a1,k}$ teucr.$_{a1,k}$
• **Deltoid**: ant-c.$_{h}$ ign. nit-ac.$_{h}$ *Sulph.*
• **Innenseite**: caust.$_{h}$ stann.$_{h}$
• **Streckmuskeln**: tarax. zing.
– **Ellbogen**: agn. aloe am-c. arg-met. bell. carbn-s. caust. graph.$_{a1,k}$ lact.$_{a1,k}$ *Nat-m.*$_{a1,k}$ phos.$_{h}$ rheum ruta sabad.$_{a1,k}$ sulph.$_{a1,k}$ zinc.$_{a1,k}$
• **morgens**: nat-m.$_{a1,k}$
• **mittags**, beim Liegen: zinc.$_{a1,k}$
• **nachmittags**: nat-m.
• **15 h**: arg-met.
• **Aufstützen** darauf, beim: caust.$_{h}$
• **Bewegung** amel.: agn. arg-met.
• **Strecken** des Armes amel.: nat-m.$_{a1,k}$
▽ **erstreckt** sich zum Handgelenk: nit-ac.$_{h}$
○ **Ellbogenbeuge**: arg-met. bar-c.$_{a1,k}$
– **Unterarm**: agar.$_{a1,k}$ aloe alum.$_{a1,k}$ ars. asaf.$_{a1,k}$ atro. bar-c. calc. caps.$_{a1,k}$ castm. caust.$_{a1,k}$ fl-ac. graph. *Led.*$_{a1,k}$ merc. mez. nat-c.$_{a1,k}$ nat-m.$_{a1,k}$ nit-ac. nux-m. nux-v. olnd. phos.$_{h}$ plat. plb. puls.$_{h,k,*}$ rhod. rhus-v. sabad.$_{a1,k}$ sars.$_{a1,k}$ sil.$_{a1,k}$ *Spig.*$_{a1,k}$ staph. stram.$_{a1,k}$ stry. *Tarax.*$_{a1,k}$ thuj.$_{a1,k}$ zing.$_{a1,k}$
• **morgens**:
• **Gehen**; nach: ~~puls.$_{kl,xxx}$~~
• **Erwachen**, nach dem: puls.$_{kl}$
• **nachmittags**, 16 h: zing.

– **Unterarm**: ...
• **Frost**; während: nux-m.
• **Greifen** von etwas; beim: *Nat-c.*
• **krampfartig**: anac.$_{h}$ asaf.
• **Niesen**, beim: castm.
• **Ruhe**, in der: asaf.$_{a1,k}$ *Spig.* staph.$_{a1,k}$
• **Schreiben**, beim: caust.$_{a1,k}$ ox-ac.
○ **Streckseite**: agar.$_{h}$
– **Handgelenk**: agar.$_{a1,k}$ *Bar-c.* calc.$_{h}$ eupi.$_{a1,k}$ nat-c.$_{a1,k}$ pall.$_{a1,k}$ rhus-t.$_{a1,k}$ sulph. verat.$_{a1,k}$
• **Bewegung**, bei: *Rhus-t.*$_{a1,k}$
• **elektrische** Schläge, wie: agar.$_{a1,k}$
• **plötzlich**: pall.$_{a1,k}$
○ **Beugesehnen**: am-m.$_{h}$ anac.
• **Ulnarseite**: plat.$_{h}$
– **Hände**: aloe alumn. ant-t. *Asaf.* bar-m.$_{a1,k}$ *Bell.*$_{a1,k}$ brom. canth.$_{a1,k}$ carbn-s.$_{k2}$ caust. *Cina* *Cocc.* *Coff.* colch. con.$_{a1,k}$ *Cupr.*$_{a1,k}$ dulc.$_{a1,k}$ *Graph.* **Hyos.**$_{a1,k}$ ign. iod.$_{a1,k}$ kreos. *Lach.*$_{a1,k}$ lact.$_{a1,k}$ lyss.$_{a1,k}$ mag-s.$_{a1,k}$ manc.$_{a1,k}$ mang.$_{h}$ meph. merc.$_{a1,k}$ mez.$_{a1,k}$ *Nat-c.*$_{a1,k}$ nat-m.$_{a1,k}$ nat-s.$_{a1,k}$ nit-ac.$_{a1,k}$ nux-m. *Nux-v.*$_{a1,k}$ oena.$_{a1,k}$ *Op.*$_{a1,k}$ ph-ac.$_{a1,k}$ phyt. *Plat.* plb.$_{a1,k}$ ran-b.$_{a1,k}$ rheum rhod.$_{a1,k}$ sabad.$_{a1,k}$ santin. sec.$_{a1,k}$ sep.$_{a1,k}$ *Stann.*$_{a1,k}$ *Stram.*$_{a1,k}$ stry.$_{a1,k}$ *Sul-ac.* sulph.$_{a1,k}$ thuj. valer.$_{a1,k}$ viol-t.$_{a1,k}$ zinc.$_{a1,k}$
• **tagsüber**: sulph.$_{a1,k}$
• **morgens**: cupr.$_{a1,k}$ nat-c.$_{a1,k}$ rheum$_{h}$
  • **Aufstehen**, nach dem: cupr.$_{a1,k}$
• **nachmittags**, im Sitzen: lach.
• **nachts**: canth.$_{a1,k}$ con.$_{a1,k}$ nat-c.$_{a1,k}$ nat-s.$_{a1,k}$
  • **Erwachen**, beim: stann.$_{a1,k}$
  • **Schlaf**, im: con.$_{a1,k}$ nat-s.$_{a1,k}$
• **Mitternacht**:
  • **vor**: nat-c.$_{a1,k}$
  • **nach**: nat-c.$_{a1,k}$
  • **Schlaf**, im: nat-s.
• **anfallsweise**: rhod.$_{a1,k}$
• **Anstrengung** agg.: *Merc.*$_{a1,k}$
• **Aufstehen**, beim: cupr.$_{a1,k}$ nat-m.$_{a1,k}$
• **Ergreifen** von etwas; beim: nat-c.$_{a1,k}$
• **Frost**; während: nux-m. nux-v.
• **Husten**, beim: *Cina*
• **konvulsivisch**: brom.$_{a1,k}$ colch. colchin.$_{a1}$ nux-v.$_{a1,k}$ phyt.$_{a1,k}$
• **Krampfs**; zu Beginn eines: sulph.
• **Liegen**, beim: merc.$_{a1,k}$
• **Schlaf**, im: con.$_{a1,k}$ cupr.$_{a1,k}$ ign.$_{a1,k}$ nat-s.$_{a1,k}$ ph-ac.$_{a1,k}$ viol-t.$_{a1,k}$
• **Schreck**, nach: op.
• **Sitzen**, im: lach.
• **zittrig**: sec.$_{a1,k}$
○ **Handfläche**: caps.$_{h}$ chel.$_{a1,k}$ sep.$_{a1,k}$
• **Handrücken**: nat-c.$_{h}$
• **Hohlhand**: caps.$_{a1,k}$
• **Ulnarseite**: fago.$_{a1,k}$ ox-ac.$_{a1,k}$
• **zwischen** Daumen und Zeigefinger: mag-s.$_{a1,k}$ stann.$_{a1,k}$
– **Finger**: *Acon.*$_{a1,k}$ *Agar.*$_{a1,k}$ *Alum.* am-c. *Anac.*$_{a1,k}$ ars.$_{a1,k}$ bism.$_{a1,k}$ bry.$_{a1,k}$ cadm-s. *Caust.*$_{a1,k}$ cham. chel.$_{a1,k}$ *Chin.*$_{a1,k}$ *Cic.* *Cimic.*$_{a1,k}$ *Cina* *Cocc.* crot-t. **Cupr.**$_{a1,k}$ dig. dulc. ign. iod.$_{a1,k}$ kali-bi.$_{a1,k}$ kali-br. kali-c. lach.$_{a1,k}$ lith-c. lyc.$_{a1,k}$ mag-c.$_{a1,k}$ mang.

– **Finger**: ...
Merc.$_{a1,k}$ *Nat-c.*$_{a1,k}$ nux-v.$_{a1,k}$ op.$_{a1,k}$ *Osm.* ox-ac. ph-ac.$_{a1,k}$ **Phos.**$_{st}$ plat. plb.$_{a1,k}$ puls.$_{a1,k}$ rhod. rhus-t. sabad.$_{a1,k}$ spig.$_{a1,k}$ *Stann.*$_{a1,k}$ stront-c. *Sul-ac.*$_{a1,k}$ sulph.$_{a1,k}$ tab.$_{a1,k}$
• **tagsüber**: phos.$_{a1,k}$
• **morgens**: pall.
  • **Aufstehen**, nach dem: mag-c.$_{a1,k}$
• **abends**: lyc.$_{a1,k}$ puls.$_{a1,k}$ sulph.$_{a1,k}$
  • **Hinlegen**, nach dem: puls.$_{a1,k}$
• **nachts**: mag-c.$_{a1,k}$ nat-c.$_{a1,k}$
  • **Schlaf**, im: nat-c.
• **Bewegung**, bei: bry.
• **Greifen** von etwas; beim: *Nat-c.*$_{hr1}$
• **krampfartig**: anac.$_{h}$
• **Nähen**, beim: kali-c.
• **Schlaf**, im: anac.$_{a1,k}$ cupr.$_{a1,k}$ lyc.$_{a1,k}$ nat-c.$_{a1,k}$ puls.$_{h}$ rheum$_{h}$ sul-ac.$_{k2}$ sulph.$_{a1,k}$
• **Schreiben**, beim: caust.$_{a1,k}$
• **synchron** mit dem Puls: anac.$_{h}$
• **Zahnschmerzen**, mit: mag-c.
○ **Fingerspitzen**: am-m.$_{h}$ **Ars.**$_{a1,k}$ merc.$_{a1,k}$ phos.$_{a1,k}$ staph.$_{a1,k}$ sul-ac.$_{a1,k}$ thuj.$_{a1,k}$
• **Gelenke**: nat-c.$_{h}$
• **Knochen**: mez.$_{h}$
• **Zeigefinger**: am-m. dig.$_{a1,k}$ lyc.$_{a1,k}$ mang.$_{a1,k}$ nat-ar. pall.$_{a1,k}$ rhod.$_{a1,k}$ sil.$_{a1,k}$
  • **abends**: am-m. mang.$_{a1,k}$
  • **Sitzen**, im: pall.$_{a1,k}$
• **Mittelfinger**: arn. chin.$_{h,k}$ cinch.$_{a1}$ dulc.$_{h}$ fl-ac.$_{a1,k}$ kali-n.$_{a1,k}$ nat-ar. sil.$_{a1,k}$ stann.$_{a1,k}$ thuj.$_{a1,k}$
• **Ringfinger**: chin.$_{h,k}$ cinch.$_{a1}$ kali-n.$_{a1,k}$ mang.$_{a1,k}$ nat-c.$_{a1,k}$
  • **nachmittags**: mang.$_{a1,k}$
• **kleiner** Finger: chin.$_{a1,k}$ com.$_{a1,k}$ kali-bi.$_{a1,k}$ meny.$_{a1,k}$ nat-c.$_{h}$ phos.$_{a1,k}$
– **Daumen**: aeth.$_{a1,k}$ agar.$_{a1,k}$ alum.$_{h}$ am-c.$_{a1,k}$ anag. apis arg-met. ars.$_{a1,k}$ asaf. calc.$_{a1,k}$ fl-ac.$_{a1,k}$ hell.$_{a1,k}$ lach.$_{a1,k}$ mosch.$_{a1,k}$ nat-c.$_{a1,k}$ phos.$_{a1,k}$ plb.$_{a1,k}$ rhus-t.$_{a1,k}$ sul-ac.$_{h}$
• **morgens** im Bett: ars.
• **nachmittags**: arg-met.
  • **Schreiben**, beim: arg-met.
• **lähmungsartig**: mosch.$_{a1,k}$
• **Schreiben**, beim: arg-met. phos.$_{a1,k}$
• **sichtbar**: am-c.$_{a1,k}$
○ **Grundgelenk**: zinc.$_{h}$
• **zwischen** Daumen und Zeigefinger: stann.$_{h}$
– **Beine**: agar. *Alum.* alum-sil.$_{k2}$ *Ambr.* arg-met. ars. asaf. asar. bamb-a.$_{stb2}$ bar-c. bell. berb. calc. camph. carb-an. *Carb-v.* carbn-s.$_{k2}$ caust. *Chel.* cic. *Cina* cocc. *Cupr.* dig. dulc.$_{h1}$ glon. graph. *Hell.* hep. ign. ip. jatr-c. kali-c. lach. mag-c. manc. mang. merc. mez. nat-c. nat-m. nit-ac. *Nux-v.* *Op.* ph-ac. **Phos.** plat. rheum *Rhus-t.* sec. sep. *Sil.* spong. *Stront-c.* *Sulph.* *Teucr.* thuj. *Verat.* viol-t. *Zinc.*
• **links**: sil.$_{h}$
• **rechts**: sep.$_{h}$ sil.$_{h}$
• **vormittags**, im Sitzen: sep.$_{a1,k}$
• **abends**: alum. am-c.$_{h}$ mez.$_{a1,k}$

– **Beine - abends**: ...
• **Bett**, im: carb-v.
• **Einschlafen**:
• **beim**: sil.$_{h}$
• **nach**: mag-c.
• **nachts**: thuj.$_{al,k}$
• **Bett**, im: *Ambr.* mag-c. nit-ac.$_{al,k}$ *Phos.* rhus-t. stront-c. *Verat.*
• **Einschlafen**, beim: stront-c.
• **Ausschreiten**, beim: *Rhus-t.*
• **Bettwärme** agg.: *Rhus-t.* *Verat.*
• **Bewegung**, bei: chel. mang.$_{al,k}$
• **Einschlafen**, beim: *Agar.* *Arg-met.* *Ars.* carb-an. sep.$_{h}$
• **Erwachen**, beim: nat-m.$_{al,k}$
• **Gehen**:
• **amel.**: *Valer.* *Verat.*
• **nach**: cocc.$_{al,k}$ plat.$_{al,k}$
• **gelähmtes** Glied: *Nux-v.*
• **Körperübungen**, bei: mang.
• **Liegen**, beim: merc.$_{al,k}$
• **Menses**, während: cocc.
• **Ruhe**, in der: *Valer.*
• **Schlaflosigkeit**, bei: thuj.$_{al,k}$
• **Schlummers**, während des: nat-m.$_{h}$
• **schmerzhaftes** Glied: rhus-t.
• **Sitzen**, im: sep.
• **Heraushängenlassen** der Glieder aus dem Bett amel.; und: *Verat.*
• **Stuhlgang**, beim: verat.$_{al,k}$
– **Gesäß**: **Agar.**$_{al,k}$ ant-c.$_{al,k}$ calc.$_{al,k}$ kali-c.$_{al,k}$ mag-c.$_{h}$ mag-m.$_{al,k}$ nat-c.$_{al,k}$ ph-ac. phos.$_{al,k}$ prun.$_{al,k}$ sep.$_{al,k}$ spong.$_{al,k}$ stann.$_{al,k}$ tarax.$_{h}$
• **abends**: ant-c.$_{al,k}$
• **Sitzen**, im: ant-c.$_{al,k}$ calc.$_{al,k}$ nat-c.$_{al,k}$
– **Hüfte**: *Ars.*$_{al,k}$ *Calc.* cocc.$_{al,k}$ *Coloc.*$_{al,k}$ mag-c.$_{al,k}$ *Mag-m.*$_{al,k}$ mez. ph-ac. pic-ac.$_{al}$ sep. sil.$_{al,k}$ stann. sulph.$_{al,k}$ valer.$_{al,k}$
• **abends** im Bett: mag-m.$_{h}$ sil.$_{al,k}$
• **Bewegung** amel.: sulph.$_{al,k}$
– **Oberschenkel**: *Anac.* ant-t.$_{al,k}$ arg-met. arn. ars.$_{al,k}$ ars-s-f.$_{k2}$ asaf.$_{al,k}$ aur. bar-c. bar-m. berb. calc.$_{al,k}$ calc-i.$_{k2}$ calc-sil.$_{k2}$ caps. carb-an. carb-v. carbn-s.$_{k2}$ *Caust.*$_{al,k}$ chin.$_{al,k}$ cimic.$_{al,k}$ dig. *Graph.* guaj. iod. *Kali-ar.* kali-bi. **Kali-c.**$_{al,k}$ kali-m.$_{k2}$ *Kali-s.* kali-sil.$_{k2}$ lach. lact. laur. lyc.$_{al,k}$ *Lyss.* mag-c. *Mang.* meny. merc.$_{al,k}$ *Mez.* mur-ac. nat-ar. nat-c.$_{al,k}$ *Nat-m.* nux-v.$_{al,k}$ petr. ph-ac.$_{al,k}$ phos. plb. puls. rat.$_{al,k}$ rheum *Rhus-t.* sabad. *Sep.* sil.$_{al,k}$ squil.$_{al,k}$ stann.$_{al,k}$ stram.$_{al,k}$ stront-c. sul-i.$_{k2}$ *Sulph.* tarax.$_{h}$ tep. verat.$_{al,k}$ zinc.$_{al,k}$ zinc-p.$_{k2}$ zing.$_{hr1,k}$
• **morgens**: rat.$_{al,k}$
• **vormittags**: merc.$_{al,k}$
• **nachmittags**: lyc.$_{al,k}$
• **abends**: kali-bi.$_{al,k}$ mang.$_{h}$ puls.$_{al,k}$ zinc. zing.$_{al}$
• **Bett**, im: *Berb.* carb-v. puls.$_{al,k}$
• **Berührung**, bei: **Kali-c.**
• **Bewegung** amel.: kreos.$_{al,k}$ *Rhus-t.* squil.
• **Frösteln**, beim: sep.$_{al,k}$
• **Gehen**, beim: sep.$_{al,k}$
• **plötzlich**: nat-c.$_{al,k}$
– **Oberschenkel**: ...
• **pulsierend**: ph-ac.$_{h}$
• **Schlaf**, im: **Kali-c.**
• **Sitzen**, im: squil.$_{al,k}$
• **Stehen**, beim: mez.$_{h}$
• **synchron** mit dem Puls: verat.$_{h}$
○ **Außenseite**: laur.$_{al,k}$ verat.$_{h}$
• **Innenseite**: anac.$_{al,k}$ asaf.$_{al,k}$ chel.$_{al,k}$ mang.$_{h}$ mosch.$_{al,k}$ plb. zinc.$_{al,k}$
• **nachmittags**: plb.
• **Gehen**, nach dem: mang.$_{h}$
• **intermittierend**: asaf.$_{al,k}$
• **lähmungsartig**: mosch.$_{al,k}$
○ **Genitalien**; nahe den: arn.$_{al,k}$
• **oberer** Teil: mosch.$_{al,k}$ thuj.$_{al,k}$
• **Oberschenkelknochen**, wie im: sulph.$_{h}$
• **Rückseite**: aur.$_{al,k}$ canth.$_{al,k}$ carb-v.$_{al,k}$ lyc.$_{al,k}$ ol-an.$_{al,k}$ olnd.$_{al,k}$ phos. rheum
• **morgens** im Bett: carb-v.$_{al,k}$
• **Gehen** im Freien; beim: phos.
• **Sitzen**, im: rheum
• **Übereinanderlegen** der Glieder; beim: aur.$_{al,k}$
• **unterer** Teil: mez.$_{h}$
• **Vorderseite**, unten: *Berb.*
– **Knie**: *Agar.* aloe am-c. anac. arg-met. asaf. *Bell.* brom. calc. carb-an. caust. chel. chin. eupi. graph. *Laur.*$_{bg1,bg2}$ lyc. m-aust.$_{bg1}$ mag-c. meny. merc. mez. nat-p. nit-ac. ox-ac. phos. prun. puls. rhod. staph. sul-ac. thuj. verat.
• **nachmittags**: caust.
• **abends**: carb-an.$_{h}$ lyc.
• **Bewegung** amel.: meny.
• **Einschlafen**, beim: carb-an.
• **konvulsivisch**: lyc.
• **Sitzen**, im: anac.$_{h}$ arg-met. *Mez.* staph.$_{h}$
• **Stehen**, beim: sul-ac.
○ **Außenseite**: arg-met. *Asaf.* canth.
• **intermittierend**: canth.$_{al,k}$
• **Sitzen**, im: arg-met.
• **Innenseite**: agar. *Asaf.* brom. canth. sul-ac.
• **Erregung**; durch: hydrog.$_{srj2}$
• **Kniekehle**: agar. am-m.$_{h}$ bell. dig. laur. nux-v. spong.
• **Berührung** amel.: dig.
• **Beugen** des Knies; beim: spong.
• **Gehen** im Freien; nach: nux-v.
• **rhythmisch**: dig.$_{h,k,•}$ puls.
• **Stehen**, im: nux-v.
• **Kniescheibe**: am-c. caust. mez. spig. thuj.
• **abends**: am-c.
• **juckend**: stann.$_{h}$
• **Stehen**, beim: mez.
○ **unter** der Kniescheibe: stann.$_{h}$
• **unter** dem Knie: cycl.$_{h}$
– **Unterschenkel**: agar. agn. *Alum.* alum-sil.$_{k2}$ am-c. **Anac.** ant-t. ars. ars-i. asaf. atro. bell. berb. bry. calc. calc-i.$_{k2}$ calc-sil.$_{k2}$ *Camph.* carb-an. carb-v. carbn-s.$_{k2}$ carl. caust. cedr. *Chel.* con. crot-t. *Cupr.* dig. goss. *Graph.* guaj. guare. *Hell.* hyos. ign. iod. *Ip.* kali-n. kreos. *Lach.* lyc. lyss. mag-c. mag-m. mang. merc. *Merc-c.* mez. morph.

– **Unterschenkel**: ...
Mosch. mygal. nit-ac. *Op.* petr. phos. phyt. plan. plat. *Rhus-t.* rumx. sep. sil. squil. stram. stry. sulph. teucr. til. valer. *Verat.*
• **nachmittags**, im Sitzen: ars. lach.
• **abends**: alum. am-c. dig. lyc. mez.
  • **Bett**, im: carb-an.$_{h}$ carb-v. kali-n.
  • **Sitzen**, im: carb-an.
• **nachts**: bry. con. iris-foe. mag-c. stry.
• **Anstrengung**, durch: mang.
• **Ausschreiten**, beim: *Rhus-t.*
• **Berührung**, bei: agn. ars.
• **Bewegung** amel.: *Valer.*
• **Gehen**:
  • **beim**: agn. petr.$_{h}$ phos.
  • **nach**: plat.$_{h}$
• **konvulsivisch**: ars. bad. phyt. stram.
• **Mittagsschlaf**, beim: crot-t.
• **oben**, nach: kreos. morph.
• **Ruhe**, in der: calc.$_{h}$ meny.$_{h}$
• **Schlaf**, im: *Agar.* cinnb. crot-t. lyc. sep. verat.
• **schmerzhaft**: bell. petr.$_{h}$ *Rhus-t.*
• **Sitzen**, beim: anac. plat. squil.
• **Stechen**, mit: calc.
• **Stiche** in der Fußsohle; durch: dig.
▽ **erstreckt** sich zu:
  • **Magen**: lyc.
  • **unten**, nach: plat.
○ **Achillessehne**: cedr. merc. tab.
  • **sichtbar**: merc.
• **Schienbein**: mez.$_{h}$
• **Wade**: agar. ant-t. asar. bar-c. chel. coloc. dig.$_{h}$ eupi. **Graph.** jatr-c. kali-bi. laur. mag-m. merc. mez.$_{h}$ nat-c. nit-ac.$_{h}$ olnd. op. phos.$_{h}$ puls. ran-s. rat. rhus-t. tarax. viol-t. zinc.
  • **morgens**: eupi.
    • **Bett**, im: laur. puls. zinc.
  • **vormittags**, im Sitzen: nat-c.
  • **anfallsweise**: nit-ac.$_{h}$
  • **Ausstrecken** des Fußes; beim: laur.
  • **Berührung**: tarax.
    • **amel.**: dig.$_{h}$
  • **Bewegung** amel.: coloc.$_{h}$
  • **konvulsivisch**: *Op.*
  • **krampfartig**: *Jatr-c.*
  • **Sitzen**, beim: nat-c.$_{h}$
  • **synchron** mit dem Puls: dig.$_{h}$
– **Knöchel**: agar. asaf. carbn-s. iod.$_{h}$ mag-m. mez.
– **Füße**: *Alum.* alum-sil.$_{k2}$ arg-met. arn. asaf. bar-c. bar-m. canth. carb-an. carbn-s. cedr. chel. cimic. cina crot-t. cupr. dulc. *Graph.* **Hyos.** iod. *Ip.* laur. led. mag-c. merc. mur-ac. *Nat-c.* nat-s. nux-v. petr. phos. puls.$_{k2}$ ruta santin. *Sep.* sil. **Stram.** stry. sulph. *Thuj.* verat.
• **tagsüber**: sulph.
• **morgens** nach dem Aufstehen: mag-c.
• **nachmittags**, im Schlaf: ruta sep.$_{h}$
• **abends**: alum. arg-met. sulph.$_{h}$
  • **Einschlafen**, beim: carb-an.
• **nachts**: canth. lyc.$_{h}$ mag-c. nat-s.
• **Mitternacht**: nat-c.
  • **nach** Mitternacht im Schlaf: nat-s.

Zucken - Füße: ...
• **Bett**, im: arg-met. cimic. nat-c.
• **Beugen** des Fußes; beim: led.
• **Kribbeln**, mit: thuj.
• **Liegen**, beim:
  • **Rücken**, auf dem: nux-v.
  • **schmerzlosen** Seite amel.; auf der: nux-v.
• **oben**, nach: mag-c. thuj.
• **Schlaf**:
  • **im**: hyos. nat-s. sulph.
  • **Einschlafen**, beim: carb-an.
• **Sitzen**, im: crot-t. sulph.$_{h}$
• **stechend**: nux-v.
• **Stehen**; beim: plat sulph.$_{h}$ verat.
• **Stiche** im Schienbein; durch: arg-met.$_{h}$
○ **Ferse**: all-c. am-c. eupi. kalm. lith-c. mag-c. mag-m. nat-c.
• **Fußrücken**: sars.$_{h}$
• **Fußsohle**: crot-t. cupr. graph. plat. sul-ac. sulph. thuj.$_{h}$
  • **Bewegung** amel.: sulph.$_{h}$
  • **Sitzen**, beim: jatr-c. plat.$_{h}$
– **Zehen**: acon. agar. anac. calc-p. cic. *Cimic. Cupr.* hyper. jatr-c. *Merc.* merl. nat-c. ph-ac. phos. stram.
• **abends**: merc.
• **nachts**: hyper.
  • **Einschlafen**, beim: hyper.
• **Berührung** der großen Zehe; bei: ph-ac.
• **sichtbar**: merc.
• **ziehend**: cic.
○ **Zehenspitzen**: *Am-m.* thuj.
  • **abends**: *Am-m.*
• **große** Zehe: agar. am-c. anac. ars. asaf. calc. calc-p. carl. ferr-ma. hell. mez. nat-c. par. phos. puls. ran-s. tep.
  • **morgens**: ars. mez.
    • **Bett**, im: ars. mez.
  • **nachmittags**: nat-c.
  • **abends**: calc.
    • **Bett**, im: calc.
    • **Sitzen**, beim: par.
  • **Gehen**, beim: carl.
  • **intermittierend**: anac.$_{h,k,*}$
  • **reißend**: ars. puls.
  • **schießend**: tep.
  • **Sitzen**, im: par. phos.
  • **stechend**: hell.
  ○ **Zehenballen**: am-c.$_{h}$
• **zweite** Zehe: iris-foe.
• **dritte** Zehe: sul-ac.$_{h}$

Zupfen, Picken
☞ *Picken*

Zupft an den Fingern
☞ *❏ Gemüt - Gesten - Finger - zupft*

Zusammendrücken: led.$_{a1,k}$ nat-s.$_{a1,k}$
○ **Gelenke**: coloc.$_{a1,k}$ merc.
– **Oberarm**: am-m.$_{a1,k}$ brom.$_{a1,k}$ led.$_{a1,k}$ nat-s.$_{a1,k}$
– **Ellbogen**: chlf.$_{a1}$ chlor. nat-s.$_{a1,k}$
• **abends**: nat-s.$_{a1,k}$

– **Unterarm**: led.$_{a1,k}$ nat-s.$_{a1,k}$
• **links**: led.$_{a1,k}$ nat-s.$_{a1,k}$
– **Handgelenk**: led.$_{a1,k}$ nat-s.$_{a1,k}$
– **Hüfte**: tarent.
– **Oberschenkel**: led.$_{a1}$ *Plat.* sabad.$_{a1,k}$ stront-c.
• **Bewegung**, bei:
• **agg.**: sabad.$_{a1,k}$
• **fortgesetzte** Bewegung amel.: sabad.$_{a1,k}$
– **Knie**: aur.$_{h,k,*}$ led.$_{a1,k}$ nat-m.$_{h,k,*}$ nat-s.$_{a1,k}$ plat. spig.$_{h,k,*}$
• **Gehen**, beim: spig.$_{h,k,*}$
– **Unterschenkel**: arg-n.$_{a1,k}$ coloc.$_{a1}$ led.$_{a1,k}$ nat-s.$_{a1,k}$
– **Wade**: jatr-c. led. sol-ni.
– **Knöchel**: chlf.$_{a1,k}$ led.$_{a1,k}$ nat-m.$_{h,k,*}$ nat-s. sep.$_{h,k,*}$ thuj.
• **Gehen** im Freien, nach: sep.
– **Füße**: ang.$_{a1,k}$ cimic.$_{a1,k}$
○ **Ferse**: alum.$_{h,k,*}$
– **Zehe**, erste: plat.

Zusammenschnürung: alumn. ars-i.$_{k2}$ arund. cact.$_{k2}$ carbn-s. *Chin.* con. *Lyc.* nit-ac. pic-ac.$_{k2}$ plat.$_{k2}$ rhus-t.
☞ *Bandagiert*
– **bandagiert**; wie: cact.$_{k2}$
– **Binde**; wie mit einer
☞ *bandagiert*
○ **Gelenke**: acon.$_{bg2}$ am-m.$_{bg2}$ *Anac.*$_{bg2,k}$ *Aur.*$_{bg2,k}$ cact.$_{k2}$ calc.$_{bg2,k}$ carb-an.$_{bg2,k}$ chin.$_{bg2}$ *Coloc.*$_{bg2,k}$ ferr.$_{bg2,k}$ **Graph.**$_{bg2,k}$ kreos.$_{bg2}$ *Lyc.*$_{bg2,k}$ meny.$_{bg2}$ **Nat-m.**$_{bg2,k}$ **Nit-ac.**$_{bg2,k}$ nux-m.$_{bg2}$ nux-v.$_{bg2}$ *Petr.*$_{bg2,k}$ sil.$_{bg2,k}$ spig.$_{bg2}$ squil.$_{bg2}$ stann.$_{bg2}$ *Stront-c.* sulph.$_{bg2}$ zinc.$_{bg2}$
– **Knochen**: con.$_{h,kl}$
– **Arme**: alumn. brom. *Chin.* coloc. nit-ac. *Nux-m.*$_{hr1,k}$ raph.
• **links**: cimic.$_{bg1}$
• **rechts**: cupr.
• **krampfhaft** beim Schreiben: sul-ac.
○ **Knochen**: con.
– **Schulter**: agar. bov. *Cact.* nit-ac. plat.$_{h,kl}$ sep.$_{h,kl}$
• **links**: agar.
– **Oberarm**: alumn. bism. manc. mez. phys. plat.$_{h,kl}$
• **links**: iris$_{a1}$
• **rechts**: *Alumn.*
○ **Ellbogen**, über dem: phys.
• **Schulter**, nahe der: alumn.
– **Ellbogen**: agar. caust. lach. mang. peti.$_{a1,k}$ petr. rat. sep.
• **links**: agar.
• **morgens**: peti.$_{a1,k}$ petr.
• **Schnur**; wie mit einer: rat.
○ **Ellbogenbeuge**: elaps rat.
• **Beugen**, beim: rat.
– **Unterarm**: cupr. gins.
• **links**: iris$_{a1}$
• **rechts**: cupr.
• **Gehen** im Freien; beim: mez.
• **Schraubstock**; wie in einem: brom.
– **Handgelenk**: *Cocc.* manc. sil.
○ **Sehnen**, der: carb-v. ign. lach.

Zusammenschnürung: ...
– **Hände**: cocc. *Cupr.* nux-v. prun.
– **Finger**: aeth. carb-an. croc. dros. elaps lach. nux-v. phos. sep. spong.
• **periodisch**: *Phos.*
○ **Fingernägeln**; krampfhafte Zusammenschnürung unter den: elaps
– **Beine**: alum. alumn. am-br. *Anac.* ars. carb-an. carbn-s. chin. graph. **Lyc.** mur-ac. petr. *Phos.* *Plat.* stront-c. sul-ac. sulph.
– **Gesäß**: plat. thuj.
– **Hüfte**: anac. anag. ang. *Coloc.* eug. lyc.
– **Oberschenkel**: acon. anac. carb-v. granit-m.$_{es1}$ lyc. manc. med.$_{c1}$ mur-ac. nit-ac. **Plat.** sul-ac. sulph.
• **links**: iris$_{a1}$
• **Band**, wie mit einem: *Coloc.* nit-ac.$_{h}$ sulph.
• **Knies**; oberhalb des linken: chim.$_{bro1}$
• **Bandage**; wie durch eine festgezogene, enge: acon. **Plat.**
• **Gehen**, beim: lyc. olnd.
• **Schnur**; wie mit einer: am-br. lyc. manc.
• **Sitzen**, beim: *Plat.*
– **Knie**: alumn.$_{k2}$ *Anac.* nat-m. *Nit-ac.* *Plat.* sil. sulph. zinc.
• **nachmittags**: nit-ac.$_{h,kl}$
• **abends**: sulph.$_{h,kl}$
○ **Kniebeuge**: nit-ac.$_{h}$
– **Unterschenkel**: *Anac.* ars. benz-ac. **Chin.** guaj. *Lyc.* manc. nit-ac. petr. *Plat.* stann. sul-ac. *Sulph.*
• **schmerzhaft**: ant-c.
• **Strumpfband**; wie mit einem: alumn. ant-c. card-m. **Chin.** *Cocc.* *Manc.* raph.
– **Knöchel**: acon. cham. graph. helo. petr.$_{h,kl}$ *Plat.*
• **Schnur** gebunden; wie mit einer: acon. am-br.
– **Füße**: anac. graph. nat-m. nit-ac. *Petr.* stront-c.
– **Zehe**, große: *Plat.*
○ **Ballen**: graph.$_{h}$

Zusammenstoßen, Zusammenschlagen: agar. *Con.*
○ **Knie**, der: agar. arg-met. *Arg-n.* bry. *Caust.* chel. clem. coff. *Colch.* *Con.* *Glon.* nux-v.
• **Schreck**, nach: cinnb.
– **Füße**, der: *Cann-s.*
– **Zehen**, der: *Asaf.* plat.

Ängstlich: acon.bg2 agar.bg2 ang.bg2 arn.bg2 **Ars.**bg2 aster.bg2,kr1 *Bell.*bg2 bry.bg2,j5 camph.bg2 castm.bg2 cham.bg2 *Cocc.*bg2 con.bg2 cycl.bg2 dig.bg2 dor.a1,bg2 dulc.bg2 ferr.bg2 *Graph.*bg2 hep.bg2 ip.bg2 *Kali-c.*bg2 *Kali-i.*bg2,kr1 kali-n.bg2,j5 lat-m.bg2,jl *Lyc.*bg2 mag-c.bg2,j5 merc.bg2 *Merc-c.*bg2,kr1 *Nat-c.*bg2,j5 *Nat-m.*bg2 *Nit-ac.*bg2 nux-v.bg2 op.bg2 petr.bg2 *Phos.*bg2 phys.bg2 puls.bg2 rhus-t.bg2 samb.bg2 sil.a1,bg2 *Spong.*bg2 stram.bg2 verat.bg2 zinc.bg2,kr1
☞ ❑ *Träume - Alpträume* / ❑ *T~ Ängstlich*

– **Morgen** zu, gegen: inul.a1

Aufstehen:
☞ *Unerquicklich*

– **Abneigung** gegen: aesc.j5,kr1 ambr.j5 androc.srj1 ars.j5 bry.j5 canth.j5 *Carb-v.*j5,kr1 *Card-m.*j5,kr1 cob-n.j5,mg1 crot-h.j5 cycl.j5,k2 dros.j5 ferr-ma.j5 graph.j5 lach.j5 *Nat-m.*j5 *Nux-v.*j5 saroth.j5,mg1 *Sep.*j5,kr1 *Sulph.*j5,kr1 *Thuj.*j5 verat.j5
☞ *Unerquicklich*
• **Erwachen**, nach dem: bry.j5 nux-v.j5 puls.j5

– **bleiben**; Verlangen, im Bett zu: alum. alumn. *Arg-n.* choc.srj3 con. *Hyos.* merc. psor. *Puls.*sf1 rob. *Sil.*kr1 verat-v.

– **muß** aufstehen: acon.j5 *Ars.*j5 bry.j5 carb-an.j5 *Carb-v.*j5 cham.j5 choc.srj3 con.j5 *Graph.*j5 hydrog.srj2 *Lyc.*j5 *Mag-c.*j5 mag-m.j5 nat-c.j5 nat-m.j5 nicc.j5 nit-ac.j5 puls.j5 *Rhus-t.*j5,kr1 sep.j5 sil.j5 ther.j5
• **abends**:
• **Einschlafen**, vor dem: *Carb-v.*j5 puls.j5
• **nachts**:
• **Mitternacht**:
• **nach**: mag-m.j5
• **Erwachen**, beim: anac.j5 *Lac-c.*kr1
• **Gewitter**, bei: nat-m.j5
• **Schlaflosigkeit**, bei: con.j5 *Nux-v.*j5 phos.j5 *Rhus-t.*j5

Bedrückend, beklemmend: am-c.h,k,* cham.h,k,* mur-ac.a1,k
☞ *Benommen* / *Komatös* / *Schwer* / *Tief*

– **nachts**:
• **Mitternacht**:
• **nach**: des-ac.jl

– **Arbeit**, bei der: mur-ac.

Beeinträchtigt
☞ *Gestört*

Benommen, dumpf: aesc.j5,sf1,* anac.j5 ant-t.j5 bell.a1,j5,* bry.j5,sf1,* calad.j5 calc.j5 chin.j5,sf1,* *Con.*j5,sf1,* cupr-act.a1,j5 dig.a1,j5 eug.a1,j5 *Graph.*j5,sf1,* grat.j5 *Hep.*j5 kali-n.j5 led.j5,sf1,* lyc.j5,sf1,* merc.j5 nux-v.j5,sf1,* op.j5 petr.j5,sf1,* *Phos.*j5 *Puls.*a1,j5 zinc.j5,sf1,*
☞ *Bedrückend* / *Schwer*

– **tagsüber**: *Hep.*j5

– **morgens**: alum.j5 euphr.j5 graph.j5 phos.j5

– **Essen**, nach dem: carb-v.a1

Coma vigile: **Acon.**bg2 *Agar.*bg2 alum.bg2 *Anac.*bg2 ang.bg2 ant-c.bg2 ars.bg2,j5 bell.bg2 *Bry.*bg2 *Cham.*bg2,j5,* *Cocc.*bg2,j5 croc.bg2 cur.bg2,c1,* cycl.bg2

Coma vigile: ...
hydr-ac.bg2,j5 hyos.bg2,j5,* ign.bg2,j5 lach.bg2 laur.bg2,j5 lon-x.bg2,c1,* lyc.bg2 merc-c.bg2 nat-m.bg2 nux-m.bg2 **Op.**bg2,j5,* petr.bg2 *Phos.*bg2 plat.bg2 rheumbg2 sep.bg2 sil.bg2 spig.bg2 *Spong.*bg2 stann.bg2 stram.bg2 *Sulph.*bg2 teucr.bg2 verat.bg2,j5
☞ *Komatös*

Delirös: ail.k13,k2 morph.a1

Dösen: acon.a1,k alum.j5 ambr.j5 anac.j5 ant-c.j5 arn. *Ars.* aur.h bell. borx.h bry. calc.j5 canth.a1,k *Cham.*a1,k chel.h cic. cob.st coc-c.a1 *Cocc.* coloc.j5 dig. dulc.a1,k euph. ferr.j5 graph. *Hep.*a1,k hyos.a1,k ign.a1,k juni-v.a1 kali-bi. kali-br.a1 kali-c. *Kali-n.*h,j5 *Lach.* merc. naja narcot.a1 nat-c.h nat-m.h nit-ac.a1,k op. *Par.* *Petr.* phos.a1,k plat.h *Puls.*j5 ran-s. raph.j5 rhus-t. sabad. samb. sel.hr1,k,* sil. sol-mm.a1 staph.j5 sul-ac.a1,k sulph.h
☞ *Halbschlaf* / *Leicht*

– **tagsüber**: anac.j5 coloc.j5 euph.j5 *Hep.*j5 ign.j5 *Nux-v.*j5 raph.j5

– **morgens**: aloe coff.a1,k pic-ac.a1,k

– **mittags**: aloea1

– **nachmittags**: chinin-s.a1 euph.j5
◆ **abwechselnd** mit Erwachen: cann-i.a1

– **nachts**:
• **Mitternacht**:
• **nach**: coff.j5 ran-s.j5
• **3** h:
• **nach**: *Coff.*
• **Morgen** zu, gegen: aloea1,j5 ambr.j5 coff.j5 nux-v.j5 ran-s.j5

– **anhaltend**: merc.a1

– **Erbrechen**, nach: *Aeth.*a1,k

– **Erwachen**, nach dem: aloea1 clem.a1

– **geschlossen** werden; sobald die Augen: adon.st

– **Konvulsionen**, mit: aeth.k2

– **Menses**, während: *Goss.*st

– **Sitzen**: narcot.a1
• **Lesen** oder Studieren: cocaa1

– **Stuhlgang**, nach: aeth.k2

Dumpf
☞ *Benommen*

Durcheinander, verworren: dios.a1 kali-bi.a1 lyc.a1 op.a1
☞ *Schlecht*

◆ **abwechselnd** mit:
• **Wahnideen** am Morgen, vor 6 h
☞ ❑ *Gemüt - Wahnideen - nachts - gegen - abwechselnd mit - Schlaf*

Einschlafen:
☞ *Schläfrigkeit - überwältigend*

◆ **abwechselnd** mit:
• **Raserei**, Tobsucht
☞ ❑ *Gemüt - Raserei - abwechselnd mit - Schlaf*

– **tagsüber**: erig.a1,mg1,* granit-m.es1 meph.a1 merc.a1 thuj.a1
☞ *Schläfrigkeit - überwältigend*

– **morgens**: *Atro.*hr1,kr1 coca hep.a1,k kali-c.h lyc.a1,k spig.h
  • **Lesen** im Sitzen; nach: cocaa1
– **vormittags**: ant-t.a1 *Calc.*a1,k
  • **9** h: cocaa1
  • **Lesen**, beim: agar.h nat-s.
– **mittags**: aloe op.a1
  • **Essen**, beim: puls.
– **nachmittags**: aur.h bar-c. cina dios.a1,k fago.a1,k hyos.a1,k mag-c.a1,k nat-m.a1,k phys.a1,k pip-m.a1 sabad.a1,k scroph-n.a1 sep.a1,k sin-a.a1
  • **13**.30 - 14.30 h: pip-m.a1
  • **16** h: cass.a1
  • **16**.30 h: ferr-p.a1
  • **Arbeit**, bei der: zinc.h
  • **Sitzen**, im: aur.h nat-m.
  • **Studieren**, beim: gels.a1
– **abends**: am-c. graph.h mez.a1,k plat.h plb.a1 sol-mm.a1
  • **17** h, nach: nat-m.a1
  • **Dämmerung**, in der: borx.a1,h1,*
  • **Essen**, nach dem: am-c. gels.
  • **Lesen**, beim: mez.
  • **Sitzen**, im: apis hep. **Nux-v.**k,kl2● plat.h tell.
    • **17** h: nat-m.
– **Anstrengung**; durch die geringste geistige: **Ars.** chlor. ferr. **Hyos.** ign. kali-br. *Kali-c.* nat-s. *Nux-v.* tarax.
– **Antworten**, beim
  ☞ ❑ *Gemüt - Antworten - Stupor*
– **Arbeit**, bei der: bism.hr1,j5,* lact.a1,j5 mur-ac.a1,j5 ol-an.a1 phel.a1,j5 ran-b.a1,j5 sulph.a1,j5 zinc.hr1,j5,*
– **Bier**, nach: thea
– **Denken**, nach: nat-s.a1
  • **intensivem**, nach: theaa1
– **Erbrechen**:
  • **beim**: *Aeth.*
  • **nach**: aeth.bg2 ant-t.bg2 bell. cupr.bg2 nat-m.bg2 sanic.k1 stram.kr1
– **Erstickungsgefühl**, mit: *Am-c.*hr1,kr1 ars.bro1 bad.hr1,kr1 bell.sf,sf1 carb-an.sf,sf1 *Cur.*bro1 *Dig.*sf,sf1 graph.bro1 **Grin.**hr1,kr1,* kali-i.bro1 lac-c.bro1 **Lach.**hr1,kr1,* *Merc-pr-r.*bro1 morph.bro1 najabro1 *Op.*hr1,kr1 *Samb.*bro1 *Spong.*hr1,kr1 stront-c.bro1 sulph.bro1 teucr.bro1 valer.hr1,kr1,*
– **Essen**, nach dem: arum-t. bov.a1,k calc-p.a1,k der.a1 gamb.a1,k graph.h *Hed.*mg,mg1 lyc.a1,k mur-ac.a1,k nat-m.a1,k rutah
– **fallen**, zu stürzen; mit dem Gefühl zu: calen.kr1
– **Frost**:
  • **während**: ambr. ant-c. ant-t. **Apis** cimx. gels. *Kali-i.* lyc. merc. *Mez.* *Nat-m.* **Nux-m.** nux-v.k1 **Op.**a1,k *Phos.*kr1 podo. psor. sil. *Verat.*kr1
    ☞ *Hitze - während*
  • **nach**: *Ars.*kr1 *Camph.*kr1 gels.kr1 *Lyc.*bg2,kr1 *Mez.*kr1 spong.kr1 *Verat.*kr1
– **früh**: alum.a1,k am-m.a1,k ant-c. borx. graph.h,k,* grat.a1,k lach.a1 lact.a1,k mez.a1 nat-m.a1,k ph-ac.a1,k sep. spong. stann.a1,k sulph.a1,k
  ☞ *Schlafbedürfnis - groß / Verlängert*
  • **Abendessen**, nach dem: gels.a1
  • **Schwäche**, wie aus: ph-ac.a1
– **Frühstück**, nach dem: sumb.
– **Gehen**, beim: acon.sf1 nit-ac.sf1
– **Gesellschaft**, in: caust.h meph.a1,k
– **Gespräches**, während eines: caust. tarax.
– **Herzklopfen**, mit: calc.sf,sf1 nat-m.sf,sf1 sil.sf,sf1 **Sulph.**hr1,kr1,*
– **Hitze**:
  • **während**: *Acon.*bg1 anac.bg2 **Ant-t.** *Apis* *Arn.*bg2 *Bell.*bg2 **Calad.**bg2,k,* caps.hr1,k cedr. chel.a1,k *Chin.* chinin-ar.k2 dulc.bg2 **Eup-per.**hr1,k gels.hr1,k *Hep.*bg2 *Ign.* **Lach.**hr1,k lachn. laur. lyc.hr1,k med.kr1 merc.bg2 merc-c.bg2 **Mez.**hr1,k **Nat-c.**bg2 **Nat-m.** *Nux-m.* **Op.**a1,k *Petr.*bg2 **Podo.**hr1,k rhus-t.hr1,k **Rob.** *Sabad.*bg2 **Samb.** stram.hr1,k *Verat.*bg2
    ☞ *Frost - während*
    • **alten** Menschen, bei: *Op.*kr1
    • **betäubender** Schlaf: *Acon.*bg2 **Ant-t.**bg2 **Apis**bg2 *Bell.*bg2 calc.bg2 *Camph.*bg2 cic.bg2 con.bg2 croc.bg2 hep.bg2 hyos.bg2 ign.bg2 led.bg2 *Nux-m.*bg2 **Op.**bg2 *Ph-ac.*bg2 *Phos.*bg2 puls.bg2 rhus-t.bg2 sec.bg2 *Spong.*bg2 *Stram.*bg2 valer.bg2 *Verat.*bg2
    • **Kindern**, bei: *Op.*kr1
  • **nach**: *Apis*kr1 *Ars.*kr1 *Sep.*kr1
  • **Frost**; zwischen Hitze und: **Nux-v.**bg2,kr1 rhus-t.bg2
  • **Hitzewallungen**, mit: *Carb-v.*kr1
– **Koitus**:
  • **während**: bar-c.h,k,* *Lyc.*hr1,k,*
  • **nach**: bov.bg2
– **Konvulsionen**:
  ☞ *Komatös - Konvulsionen*
  • **während**: rheum
  • **nach**: *Art-v.*kr1 cupr.kr1 *Hyos.*kr1 *Lach.*kr1 **Nux-v.**kr1 *Oena.*kr1 **Op.**kr1 *Tarent.*kr1
– **Lachen**, nach: phos.a1,k
– **leicht**, schnell, problemlos: keroso.a1 lyc.a1 mag-c.a1 mit.a1 plat.a1
  • **tagsüber**: sapin.a1
  • **abends**: form.a1
  • **11** - 15 h: nat-c.
  • **Störung**, nach einer: form.a1
  • **Stricken** und Reden; beim: plb.a1
– **Lesen**, beim: ang. aur.h cimic. *Colch.* ign. iris lyc. mez. *Nat-m.* nat-s. phos.h plat. prun. ruta sep. sil.h
– **Liegen** auf dem Rücken, wobei der rechte Arm zwischen die Beine geklemmt wird, beim: plb.a1
– **Menses**, während: phos.h
– **Mittagessen**, nach dem: ant-t.a1,k aur.h calc.h caust.a1,k coca cur. **Kali-c.**hr1,kr1 *Mag-c.*a1,k ph-ac.h tab.a1,k
– **Nähen**, beim: ferr.
– **Ohnmacht**:
  • **Herzklopfen** ein; schläft nach Ohnmacht mit: *Nux-m.*kr1
– **problemlos**
  ☞ *leicht*
– **Schläfrigkeit**, ohne: cob-n.mg,mg1
– **Schlägen** wie durch Strom; mit: agar.a1 ant-t.bro1 *Arg-met.*kr1 *Ars.*hr1,kr1 *Cupr.*bro1 ign.bro1 *Ip.*hr1,kr1 nat-m.a1,hr1 **Nit-ac.**hr1,kr1

– **Schmerz**:
 • **während**: bell.bg2 kali-c.bg2 kali-n.bg2 mur-ac.bg2 nit-ac.bg2 petr.bg2 phos.bg2 sulph.bg2
  • **mittags**: kali-i.a1
 • **nach**: phyt.
– **schnell**
☞ *leicht*
– **Schreiben**, beim: ph-ac. thuj.
– **Schwäche**, aus: crot-t.a1 petr.a1,k phos.a1,k pilo.a1 psil.ft1
– **Schweiß**:
 • **während**: acon.bg2 anac.bg2 *Ant-t.*bg2 *Apis*bg2 arn. *Ars.* bell. *Calad.*bg2 calc.bg2 *Camph.*bg2 **Caps.**bg2 carb-an. chel. chin. cic. cina con.bg2 croc.bg2 cupr.sf1 cycl. dulc.bg2 euphr. ferr. hep.bg2 hyos. ign. kali-c. lach.bg2 led.bg2 lob. merc.bg2 merc-c.bg2 mez. mur-ac. nat-c.bg2 nat-m.bg2 nit-ac. nux-m.bg2 nux-v. **Op.** petr.bg2 ph-ac. phos. plat. **Podo.** psor. *Puls.* **Rhus-t.** sabad. sec.bg2 *Spong.*kr1 stram.bg2 valer.bg2 verat.bg2
  • **betäubender** Schlaf: acon.bg2 **Ant-t.**bg2 *Apis*bg2 bell.bg2 calc.bg2 camph.bg2 *Chin.*bg2 cic.bg2 con.bg2 croc.bg2 hep.bg2 hyos.bg2 ip.bg2 led.bg2 nux-m.bg2 **Op.**bg2 ph-ac.bg2 phos.bg2 **Puls.**bg2 **Rhus-t.**bg2 sec.bg2 spong.bg2 stram.bg2 valer.bg2 verat.bg2
 • **nach**: *Ant-t.*bg2 arn.bg2 **Ars.**bg2,kr1 ars-h.bg2,kr1 borx.bg2 *Calad.*bg2 *Cham.*bg2 ign.bg2 mez.bg2 nat-m.bg2 nux-m.bg2 **Op.**bg2 plb.bg2 *Rhus-t.*bg2 sabad.bg2 sep.bg2
 • **mit**: **Ars.**kr1,sf1 tarax.kr1,sf1 *Thuj.*kr1,sf1 verat.kr1,sf1
– **schwierig**: *Arg-met.*a1,kr1 carbn-s.a1 carc.sst *Carl.*a1 cham.a1 clem.a1 cupr.a1 des-ac.a1,jl dig.a1 digin.a1 ferr.h1 granit-m.es1 hep.a1 lach.a1 laur.a1,bg2 lyc.a1 mag-c.a1 mag-m.a1 mag-s.a1 merc.a1 mez.a1 mur-ac.a1 nat-ar.a1 *Nat-c.*a1 nat-m.a1 nit-ac.hr1,kr1,* onop.a1,jl *Phos.*a1 plan.a1 ptel.a1 ruta.a1 saroth.a1,sp1 sel.a1 sil.a1 *Sulph.*hr1,kr1,* thyr.a1,jl3,* upa.a1 ust.a1
☞ *Schlaflosigkeit*
 • **Erwachen**, nach dem: mag-s.a1,jl3,* nat-c.a1 *Nat-m.*hr1,kr1,* ph-ac.a1 *Phos.*hr1,kr1,* thal.a1,jl3,*
 ☞ *Schlaflosigkeit*
  • **3** h: pic-ac.a1
 • **Gedanken**; viele unklare, verschwommene: carc.az1
 • **Kindern**, bei: agre.jl
 • **Koitus**, nach: bov.j5
 • **Schläfrigkeit**, bei: nat-c.a1
 • **Schweiß**, mit: *Sulph.*hr1,kr1
– **Schwindel**, mit: tell.hr1,kr1
– **Sitzen**, beim: acon. ang. ant-t. apis ars. arum-t. aur. calc-p. chin. cimx. *Cina* fago. ferr. ferr-ma. form. hep. ign. kali-br. kali-c. lyc. merc. mur-ac. nat-c. *Nat-hchls. Nat-m.* nat-p. **Nux-v.** petr.h phos.h puls. *Sep.* staph.h sulph.h tarent. tell. thuj. verat.h
 • **Arbeit**, bei der: nat-c.a1
 • **Boden**, auf dem: tarent.a1
 • **Hitze**; während: chel.a1
 • **Suppe**, nach der: form.a1
– **spät**: acon.bg2,j5 agar.bg2,j5 agn.bg2,j5 agre.bg2,j5,* alum.bg2,j5,* alum-p.j5,k2,* *Am-c.*bg2,j5,* *Am-m.*bg2,j5 *Ambr.*bg2,j5,* ammc.bg2,j5,* anac.bg2,j5 anag.bg2,j5,*

– **spät**: ...
*Ang.*bg2,j5 *Anh.*bg2,j5,* ant-c.bg2,j5,* ant-t.bg2,j5 apis.bg2,j5 aran-ix.bg2,j5,* arn.bg2,j5 **Ars.**bg2,j5 ars-s-f.j5,k2,* asar.bg2,j5 asc-t.bg2,j5,* aur.bg2,j5 bapt.bg2,j5 bar-c.bg2,j5,* bar-s.j5,k2,* bart.bg2,j5,* *Bell.*bg2,j5,* berb.bg2,j5 bism.bg2,j5 *Borx.*bg2,j5,* **Bry.**bg2,j5 *Calad.*bg2,j5 **Calc.**j5,k2,* camph.bg2,j5 cann-i.bg2,j5 canth.bg2,j5 caps.bg2,j5 *Carb-an.*bg2,j5 **Carb-v.**bg2,j5,* carbn-s.j5,k2,* carc.jl2 *Carl.*bg2,j5,* cass.bg2,j5,* castm.bg2,j5 caust.bg2,j5 cench.j5,k2,* cham.bg2,j5 chel.bg2,j5 *Chin.*bg2,j5,* chinin-ar.j5,k2,* chr-ac.bg2,j5,* cimic.bg2,j5,* clem.bg2,j5,* cob.bg2,j5,* cob-n.bg2,j5,* *Cocc.*bg2,j5 *Coff.*bg2,j5,* coloc.bg2,j5 *Con.*bg2,j5 cor-r.bg2,j5 *Crot-t.*bg2,j5 cupr.bg2,j5 *Cur.*bg2,j5,* cycl.j5,k2,* dig.bg2,j5 dirc.bg2,j5,* dulc.bg2,j5 euph.bg2,j5 euphr.bg2,j5,* *Ferr.*bg2,j5 *Ferr-act.*bg2,j5,* *Ferr-p.*j5,k2,* fl-ac.bg2,j5 gels.bg2,j5 *Gent-l.*bg2,j5 *Graph.*bg2,j5,* grat.bg2,j5 guaj.bg2,j5,* *Hep.*bg2,j5 hipp.bg2,j5,* hyos.bg2,j5 hyper.bg2,j5,* *Ign.*bg2,j5 indg.bg2,j5,* ip.bg2,j5 *Kali-ar.*j5,k2,* *Kali-c.*bg2,j5,* kali-n.bg2,j5 kreos.bg2,j5,* *Lac-c.*bg2,j5,* *Lach.*bg2,j5 *Lam.*bg2,j5 *Laur.*bg2,j5 *Led.*bg2,j5 *Lyc.*bg2,j5,* lycpr.bg2,j5 m-arct.bg2,j5 *Mag-c.*bg2,j5,* *Mag-m.*bg2,j5,* *Mag-s.*bg2,j5 mang.bg2,j5 meph.bg2,j5,* **Merc.**bg2,j5,* *Mez.*bg2,j5,* mill.bg2,j5,* mosch.bg2,j5 *Mur-ac.*bg2,j5 nat-ar.k2 *Nat-c.*bg2,j5,* *Nat-m.*bg2,j5,* nat-n.bg2,j5,* *Nat-s.*bg2,j5 nat-sil.j5,k2,* *Nit-ac.*bg2,j5 nux-m.bg2,j5 **Nux-v.**bg2,j5,* *Ol-an.*bg2,j5,* *Op.*bg2,j5 opl.bg2,j5,* par.bg2,j5 perh.bg2,j5,* *Petr.*bg2,j5 *Petros.*bg2,j5,* *Ph-ac.*bg2,j5,* phel.bg2,j5 **Phos.**j5,k2,* *Plat.*bg2,j5,* *Plb.*bg2,j5,* *Prun.*bg2,j5 **Puls.**bg2,j5 *Ran-b.*j5,k2,* ran-s.bg2,j5 rat.bg2,j5 rheum.bg2,j5 rhod.bg2,j5 **Rhus-t.**bg2,j5,* sabad.bg2,j5 sabin.bg2,j5 samb.bg2,j5 sarcol-ac.bg2,j5,* saroth.bg2,j5,* *Sars.*bg2,j5 *Sel.*bg2,j5 seneg.bg2,j5 **Sep.**bg2,j5,* *Sil.*bg2,j5 *Spig.*bg2,j5,* spira.bg2,j5,* spong.bg2,j5 *Stann.*bg2,j5,* *Staph.*bg2,j5,* stront-c.bg2,j5 *Sul-ac.*j5,k2,* *Sulph.*bg2,j5,* tab.bg2,j5,* tarax.bg2,j5 ter.bg2,j5 *Teucr.*bg2,j5,* thea.bg2,j5,* ther.bg2,j5,* *Thuj.*bg2,j5,* *Valer.*bg2,j5 verat.bg2,j5,* verb.bg2,j5 viol-t.bg2,j5,* visc.bg2,j5,* *Zinc.*bg2,j5,* zinc-p.j5,k2,*
☞ *Schlaflosigkeit - abends*
 • **einer** Stunde, nach: sulph.j5
 • **eineinhalb** Stunden, nach: sil.j5
 • **zwei** Stunden, nach: ferr.j5 graph.j5 *Merc.*j5 phos.j5 ran-b.j5 ter.j5 thuj.j5
 • **drei** Stunden, nach: ferr.j5
 • **vier** Stunden, nach: phos.j5 ran-b.j5
 • **Aufstehen**, und spätes: aster.hr1,kr1
 • **Erregung**, nach: chlor.a1
 • **Erwachen**:
  • **frühem** Erwachen, mit: borx.j5 cycl.j5,kr1,* dios.j5,kr1 guaj.j5 *Lyc.*j5,kr1 ol-an.j5 prun.j5 puls.j5 ran-b.j5 sel.j5 sep.j5 staph.j5 sul-ac.j5,kr1 sulph.j5 visc.j5,jl zinc.j5
  • **Träume**, durch: bell.kr1 lach.kr1 sil.kr1 sulph.kr1
 • **Hitze**; durch: caust.a1
 • **Koitus**, nach: bov.bg2
 • **Schläfrigkeit** am Tage; mit: ammc.a1 carb-v.a1
  • **abends**; und: ang.j5 borx.j5 clem.a1,j5 nat-n.j5,sf1 *Nux-v.*j5 sel.j5
 • **Zubettgehen**, nach spätem: am-c.j5 sep.a1,j5

– **Sprechen**: caust. *Chel.* mag-c. morph. ph-ac. plat.h
• **nach**:
• **lebhaftem** Gespräch, nach einem: thea.al
• **mit** ihm spricht; während man mit: arn.gt bapt.gt hyos.gt
• **Mittagessen**, nach dem: *Mag-c.* ph-ac.h
– **Stehen**, im: acon. cor-r. mag-c. morph. nit-ac.sfl
• **Mittagessen**, nach dem: *Mag-c.*
– **Stuhlgang**, nach: *Aeth.*hrl,k elaps sabad.al *Sulph.*hrl,k
– **Wein**, nach: thea
– **Zuhören** eines Gespräches, beim: cinnb. tarax.

Erbrechen ein; schläft nach dem
☞ *Einschlafen - Erbrechen - nach*

Erfrischend; kurzer Schlaf ist
☞ *❑ Allgemeines - Schlaf - kurzer*

Erschöpfend: aeth.j5,k2 cann-s.j5 colch.al hydrog.srj2 phos.j5 sec.j5 zinc.j5
☞ *Unerquicklich*
– **Pollutionen**, nach: cann-s.bg2
– **tief**, mit Träumen: zinc.krl

Erwachen:
– **morgens**:
• **6** h: *Arg-n.*krl
• **Traum**, aus einem: rhus-t.al
• **Einschlafen**; unmittelbar beim: nat-m.al
• **Hitze** des Gesichtes, Kälte der Hände und Fußsohlen; mit: con.al
• **Sonnenaufgang**, bei: lyc.k,kl2● lycps-v.
• **Träume**, durch: lyc.al
– **nachmittags**:
• **16** - 17 h: *Kali-i.*krl
– **abends**:
• **Einschlafen**; bald nach dem: ambr.j5 bry.j5 ferr.j5 hydr-ac.j5 kali-c.j5 phos.j5 *Prun.*j5 puls.j5 sul-ac.j5
– **nachts**: alum.al astac.al cann-i.al *Kali-c.*hrl,krl,* merc-c.al mim-h.al *Mur-ac.*al *Puls.*al
• **Mitternacht**:
• **vor**: borx. chel.bg2 chin.bg2 merc.j5 mez.j5 mur-ac. nat-m. nicc.j5 phel. phos.j5 plb.j5 puls. sil. tab.
• **23** h: *Bell.*krl chel. cimic. **Coc-c.**krl nat-m. sil.al,h ther.krl
• **Schwindel**, mit: ther.al
• **Stuhldrang**, mit: mag-c.al
• **23**.30 h: lyss.krl
• **um**: agar. am-m.j5 amph.al ant-t.j5 *Arg-n.*krl bar-c.j5 bry.j5 *Calc.*j5,krl camph. chel. cimic. con.j5 crot-t.j5 gent-l. graph.j5 laur.j5 *Lyc.*krl m-arct.j5 *Mag-c.*j5 mang.j5 merc-c. nat-c. nat-m. nat-p. nicc.krl nit-ac.krl phos.j5 plat. plect.al rat.j5 rhus-t.j5 ruta.krl sep.j5 sil. spong. sul-ac.bg2 sulph. thuj.j5 vac.krl
• **Traum**, nach einem: fl-ac. zinc.
• **nach**: alum.h,j5 *Am-c.*j5 am-m.krl calc.h canth. caps. carb-an.j5 chin.bg2 euphr.bg2 *Graph.*krl grat.j5 *Ign.*krl kreos.j5 *Lach.*krl lam.bg2 laur.bg2 *Lyc.*j5 m-arct.j5 mag-c.j5 *Merc.*krl *Mez.*j5,krl

Erwachen - nachts - Mitternacht - nachts: ... nat-m.j5 nux-v. phel. phos.h ran-b.j5 *Ran-s.*j5,krl sabin.bg2 sars.j5 sel.j5 *Sep.*bg2 *Sil.*h,j5 spig. **Spong.**bg2,krl squil.bg2 staph.bg2 sul-ac. sulph.gt syph.krl
• **0** - 1 h: adlu.jl
• **1** h: ant-t.j5 borx. caul.krl *Cocc.*krl **Kali-c.** kali-n.j5 *Mag-c.*j5 mang.j5 *Merc.*krl merc-sul.krl nat-c. nat-m. nit-ac.j5 nux-v. ph-ac. phos.j5 rat. *Sep.*j5 spig.j5 squil.j5 stann.j5 stront-c. ter.krl
• **1** - 2 h: *Rumx.*krl
• **1** - 3 h: *Ph-ac.*krl,vh
• **1** - 5 h: rauw.spl
• **1** h oder 2 h: lach.al
• **1**.30 - 2.30 h: sel.jl
• **2** h: agar.krl *All-c.*krl *Am-m.*j5,krl,* ant-c.h,j5 arist-cl.mgl bamb-a.stb2 *Bapt.* *Benz-ac.* carb-an.j5 *Caust.* *Dios.*krl ferr. flor-p.jl graph. hydrog.srj2 *Kali-bi.*krl **Kali-c.** kreos.j5 lach. lachn.krl lyc. *M-arct.*j5 mag-m.j5 merc.j5 mez. nat-c.j5 nat-s. **Nit-ac.** phys. **Ptel.** *Rat.* rumx. sars. sil.h,j5 staph. stront-c. sulph.sfl ven-m.jl
• **2** - 3 h: arist-cl.spl bamb-a.stb2 bapt.sfl choc.srj3 kali-bi.sfl mag-c. nat-c.h sep.sfl
• **2** - 4 h: berb. **Kali-c.** merc.
• **2** - 6 h: arist-cl.spl visc.spl
• **vor**: ferr.al
• **Frost**; durch: *Nat-m.*krl
• **grundlos**: staph.al
• **Hitze**; durch: benz-ac.al
• **Husten**, durch: sulph.al
• **Traum**, aus einem: mez.al
• **Zahnschmerzen**, durch: nat-s.al
• **2** oder 3 h: *Samb.*krl
• **2**.30 h - 4.30 h: hydroph.jl
• **3** h: am-c.j5 am-m.j5,krl arist-cl.mgl ars. bell-p.spl,st benz-ac.sfl *Borx.*kl bry.sfl calc.j5 calc-f.spl carb-v.h,j5 carl. *Chin.*kl *Coff.* euphr.bg2,j5 ferr-ma.j5 glon. graph. ham.krl *Hed.*jl,mgl jug-c.sfl kali-bi.sfl *Kali-c.* lil-t. *Lyc.*h,j5 *Mag-c.*j5 mag-m. mag-s.mgl,st,* methys.jl mez. nat-c.j5 nat-m. nicc. nit-ac.j5 **Nux-v.** *Phyt.*krl *Pic-ac.* plat. ran-s.j5 *Raph.*j5 *Rat.*j5 rauw.spl rhus-t.j5 saroth.spl sarr. sel.j5 seneg.j5 sep. sil.h,j5 **Sulph.** zinc-p.k2 zing.
• **3** - 4 h: bad. bamb-a.stb2 bufo fago. ind. nat-m. *Nux-v.* rauw.spl *Sulph.*
• **Zusammenschnürung** des Herzens, mit: saroth.mgl
• **3** - 5 h: mand.mgl saroth.mgl **Sulph.**krl,mgl
• **Gedankenandrang**, durch: calc-f.spl
• **Husten**, durch: cain.al op.al
• **Stuhldrang**, mit: mag-c.al
• **3** h oder 4 h: bufo.al fago.al ind.al
• **3**.30 h: ind.al nat-m.al
• **4** h: ars.krl aur.sfl bamb-a.stb2 borx. carb-v.h carc.fb,tpl,* caust.j5,sfl chel.st coloc.krl con.h cortico.mgl cortiso.mgl cycl.sfl hydrog.srj2 kali-c.h,j5,* *Lyc.* *Mag-c.*j5,krl mang.h,j5 merc.j5 mur-ac. nat-m. nit-ac. *Nux-v.* penic.jl,srb2 perh.jl peti.al petr.j5 phos. plb. ptel. ruta.j5

• **Mitternacht - nachts**: ...
sars.sfl sep. sil.j5 stann.jl staph. *Sulph.* tab.sfl thuj.j5 trom. *Verb.*c1,j5 zinc.j5
• **4** - 5 h: sulph.sfl verat.kr1
• **agg.**; mit: cycl.sfl
• **Kopfschmerzen**, durch: stram.a1
• **Stuhldrang**, mit: rumx.a1
• **Zahnschmerzen**, mit: nat-c.a1
• **4**.30 h: cortico.sp1
• **5** h: aloe aml-ns.kr1 androc.srj1 aspar.kr1 bamb-a.stb2 chr-ac.kr1 con. fago. helon. hydrog.srj2 kali-i.kr1 lyc. lycps-v. mez. nat-m. nat-p. *Sulph.* tub.a1,k13
• **5** - 6 h: *Kali-c.*kr1
• **Stuhldrang**, mit: *Aloe* op. **Sulph.**
• **Morgen**, gegen: *Am-m.*kr1 arg-n.kr1 arum-d.kr1 bell-p.kl,st chel.kr1 chr-ac.kr1 *Form.*kr1 mur-ac.kr1 phel. phos. squil.kr1 staph. stront-c.a1
• **Menses**, nach den: kali-c.j5
• **Zahnschmerzen**, mit: nat-m.a1
– **Abdomens**; durch Beschwerden des: kali-c.jl
– **alarmiert**: *Agn.*hr1,kr1 cact.hr1,kr1
– **Ameisenlaufen** in den Extremitäten; durch: bamb-a.stb2
– **Angst**, wie aus: agar.h con.h dig.h lyc.ptk1 spong.ptk1 zinc.h
☞ ☐ *Gemüt - Angst - Erwachen*
– **ausgeschlafen** habe; als ob er: agar.a1,j5 calc-act.a1,j5 caps.j5 choc.srj3 cycl.bg2,j5 dig.j5 dros.bg2,j5 *Ferr.*j5 *Form.*j5,kr1,* ip.bg2,j5 kreos.j5 *Lyc.*j5 **Merc.**bg2,j5,* prun.j5 *Puls.*j5 *Ran-b.*bg2,j5 ran-r.j5 ran-s.j5 *Ruta*j5,kr1,* samb.bg2,j5 *Sel.*j5 spig.j5 stann.j5 sul-ac.j5 tarax.bg2,j5,* viol-t.bg2,j5
☞ *häufig - genügend*
• **nachts**:
• **Mitternacht**:
• **nach**:
• **3** h: form.a1
• **muß** aufstehen und sich beschäftigen: *Lac-c.*kr1
• **kurzem** Schlaf; selbst nach: med.bg2,kr1 meph.bg2 ph-ac.bg2
☞ *Kurz*
– **Berührung**; durch die geringste: rutah
– **Bett** in Bewegung; als sei das: *Lac-c.*kr1
– **bewegen**; unfähig sich zu: erig.hr1,kr1 lyc.hr1,kr1 sil.j5,kr1
– **Bewegungen** des Fötus während der Schwangerschaft; durch: *Thuj.*hr1,kr1
– **Blutandrang**, mit: am-c.bg2 calc.bg2 kali-c.bg2 mag-c.bg2 *Nat-m.*bg2,hr1,* nux-v.bg2 sep.bg2 sil.bg2 sulph.bg2
– **Durst**, durch: aloej5,kr1,* ant-t.bg2,j5,* berb.hr1,j5,* borx.j5 *Calad.*hr1,j5,* carb-v.j5 chinin-s.j5 **Coff.**bg2,j5,* dros.hr1,j5,* eug.a1,j5 gamb.a1 kali-n.j5 *Lil-t.*hr1,j5,* mag-c.j5 *Nat-s.*hr1,j5,* nit-ac.a1,j5 plat.j5 ran-s.j5 *Rat.*j5 rhus-t.bg2,j5 *Sel.*bg2,j5 sep.j5 *Stram.*hr1,j5,* sul-ac.bg2,j5 sulph.j5 thuj.j5
– **eben** aufgewacht zu sein; Gefühl: cycl.a1
• **Traum**, aus einem: atro.a1
– **eng**; alles erscheint zu: *Guaj.*kr1
– **Erektionen**, durch: ambr.bg2,j5 arn.hr1,j5,* borx.j5 carb-v.j5 *Card-m.*hr1,j5,* gnaph.hr1,j5,* *Hep.*hr1,j5,* kali-c.j5 lach.j5 nat-c.j5 nat-m.j5 ox-ac.a1,j5 petr.j5 *Ph-ac.*hr1,j5,* sil.hr1,j5,* stann.j5 thuj.j5
– **Erschütterungen**, durch: *Arg-met.* ars-h.kr1 *Mag-m.* manc. merc.a1
– **Erstickungsgefühl**, mit: ant-t.a1,k1 bry.bg2 graph.a1 puls.bg2 xan.bg2
• **Einschlafen**; beim: najak2
– **fallen**, mit dem Gefühl zu: bell.kr1,sfl bism.kr1 dig.kr1,sfl *Guaj.*k2,kr1 *Ph-ac.*kr1 sang.kr1
– **Frost**; mit: sil.h
– **früh**; zu: acon.bg2 agar. aloea1 alum. alum-sil.k2 am-c.bg2 am-m. ambr. anag. androc.srj1 ang.bg2 ant-c. ant-t. arist-cl.sp1 arn. *Ars.* ars-i. ars-s-f.k2 asaf. astac.a1 *Aur.* aur-ar.k2 aur-i.k2 bar-c.bg2 bart.a1 bell. bell-p.sp1 berb.j5 *Borx.* brach.kr1 brom. bry. bufobg2 cadm-met.sp1 calad.bg2 *Calc.* calc-f.sp1 calc-i.k2 calc-p. calc-sil.k2 cann-s.bg2 canth.bg2 caps. carb-an.j5 carb-v. carbn-s. *Caust.* cham. chel. chin. chinin-ar. chinin-s. chr-ac.a1,kr1 cob. coca *Cocc.* *Coff.* con. cop. corn. cortico.mg1,sp1 cortiso.mg1 croc. cycl. dios. dros. *Dulc.* ery-a. euphr. ferr. ferr-ar. ferr-i.k2 fl-ac. *Form.* gast.a1 gels. glon. *Graph.* grat.j5 guaj. hell. hep. hura hydr. hydrog.srj2 hyos. hyper. ign. ind. iod. junc-e.a1 *Kali-ar.* kali-bi. **Kali-c.** kali-m.k2 kali-n. kali-p. kali-s. kali-sil.k2 kreos. *Lach.* *Lyc.* lycps-v. *Mag-c.* mag-s.sp1 mang. menth-pu.a1 *Meph.* *Merc.* merc-i-f. mez. morph. *Mur-ac.* **Nat-ar.** **Nat-c.** *Nat-m.* *Nat-p.* nat-sil.k2 nep.jl,mg1,* **Nit-ac.** **Nux-v.** ol-an. olnd.bg2 ped.a1 penic.jl *Ph-ac.* phel. phos. **Pic-ac.** plat. plb.bg2 prun. ptel.kr1 puls. **Ran-b.** ran-s. rauw.sp1 rhod. rhus-t. sabad.bg2 sabin.bg2 samb.bg2 sang. saroth.mg1,sp1 sars. *Sel.* seneg.bg2 *Sep.* *Sil.* sphing.a1,kk3 spong. squil.bg2 staph. *Sul-ac.* sul-i.k2 **Sulph.** syph.kr1 thiop.jl *Thuj.* trom.kr1 tub.br1,ih verat. verb. viol-t. *Zinc.* zinc-p.k2 zing.
• **einschläft**; fühlt sich agg., wenn er wieder: *Nux-v.*kr1
• **Einschlafen**; und spätes: borx.j5 cycl.j5,kr1,* dios.j5,kr1 guaj.j5 *Lyc.*j5,kr1 ol-an.j5 prun.j5 puls.j5 ran-b.j5 sel.j5 sep.j5 staph.j5 sul-ac.j5,kr1 sulph.j5 visc.j5,jl zinc.j5
• **hinlegt**; wenn sie sich abends nicht früh: sep.a1
– **Gähnen**, durch
☞ *Gähnen - Erwachen*
– **Gedanken**, mit:
• **besorgten**: *Ambr.*sfl *Calc.*sfl
• **Geschäft**, vom: hyos.a1
– **Gefühl**, als würde er erwachen:
• **tiefem** Schlaf; nach: phys.a1
– **Gefühl**, stundenlang geschlafen zu haben, obwohl es nur eine halbe Stunde war
☞ *ausgeschlafen - kurzem*
– **Gefühllosigkeit**, mit: ambr.j5 bry.j5 *Erig.*hr1,k lyc.j5 mez.bg2,j5 phel.j5 puls.j5
– **genug** geschlafen; als habe er
☞ *ausgeschlafen*

– **Geräusche**:
☞ *leicht*
• **geringes** Geräusche, durch: acon.bg2 alum.bg2 alumn.kr1 am-c. ang.a1 apiskr1 ars.bg1,j5,* *Asar.* bamb-a.stb2 *Bell.*bro1 *Calad.* calc-br.bro1 carb-v.bg2,j5 cham.bro1 chin. cocc. *Coff.*bg1,bg2,* grat. *Ign.*bg2,kr1,* kali-n.j5 lach.bg2,j5 marb-w.es1 *Merc.*bg2,j5 narcot.a1 nat-p. nux-v. ol-an. *Op.*bg1,sf1 phos. rutaj5 saroth.jl,mg1 sel. sep.st sul-ac.j5 sulph.st tarent.bro1 valer.bro1 zinc-val.bro1
☞ *Gestört - Geräusch*
• **Rascheln** von Papier, durch: calad.
• **wie** durch: bell.kr1 merc.j5 nat-c.h,j5 nat-m.j5 sars.h,j5
– **gerufen** hätte; als ob man ihn: dulc.j5 kreos.j5 rhod.hr1,j5,* *Sep.*hr1,j5,*
– **gezogen**; als würde er an der Nase: nat-c.h
– **gleichen** Stunde; zur
☞ *periodisch - Stunde - selben*
– **Glottisspasmus**; durch: chlor.gt
– **grundlos**: ang.bg2 caust.bg2 *Cina*bg2 ign.a1,bg2 mag-c.bg2 merc.bg2 nat-c.bg2 sul-ac.bg2 sulph.a1,bg2 thyr.bg2,jl3,* viol-t.bg2
– **Harndrang**, mit: ant-c.bg2,kr1 ant-t.bg2,kr1 aran.kr1 carb-v.bg2,kr1 card-m.kr1 caust.bg2,kr1 croc.bg2,kr1 *Hep.*bg2,kr1 *Kali-bi.*kr1 *Kali-c.*kr1 kreos.kr1 mag-c.bg2,kr1 nat-m.kr1 sarr.kr1 sil.bg2,kr1
– **häufig**: *Acon.*bg2,k,* aeth.a1,k agar.bg2,k,* agn.bg2,k,* all-s.a1,k allox.sp1 **Alum.**bg2,k *Alum-p.*k13,k2 *Alum-sil.*k13,k2 am-c.bg2,k am-m.bg2,k *Ambr.*bg2,k,* aml-ns. ammc.a1 anac.bg2,k,* androc.srj1 ang.a1,k *Ant-c.*bg2,k,* ant-t.bg2,k,* anth.a1 apis aran.a1,k *Arg-n.* arn.bg2,k,* *Ars.*bg2,k,* ars-s-f.k13,k2 asaf.j5 atro.a1,k aur.bg2,k,* aur-ar.k2 aza.jl,jl3 *Bamb-a.*stb2 bapt.hr1,kr1 bar-act.a1 **Bar-c.**bg2,k,* *Bar-m.* bart.a1 *Bell.*bg2,k,* benz-ac. berb.hr1,k bism.bg2,k,* bomb-pr.a1 *Borx.* *Bov.*bg2,k,* *Bry.*bg2,k,* bufo buni-o.jl,jl3 cain.kr1 calad.bg2,k **Calc.**bg2,k,* *Calc-ar.* calc-p.j5 calc-sil.k13,k2 calen.hr1,j5,* cann-s.bg2,k,* canth.bg2,k,* caps.h,k,* *Carb-ac.*hr1,kr1,* *Carb-an.*bg2,k,* *Carb-v.*h,k,* *Carbn-s.* carc.mg1,sp1 *Card-m.*hr1,k,* *Carl.*a1,k caste.jl castm. *Caust.*bg2,k cedr.a1,k cerv.a1 cham.bg2,k,* chel.bg2,k,* *Chin.*bg2,k,* chinin-ar. chinin-s.a1 choc.srj3 *Cic.*h,k,* cimic.a1,k *Cimx.*hr1,k cina cinch.a1 cinnb.a1,k clem.bg2,k,* cob-n.mg,mg1 coca cocc.h,k,* cod.a1 *Coff.*bg2,k,* colch.bg2,k,* coloc.a1,k con.bg2,k cop.a1,k croc.bg2,k,* culx.k13,k2 cupr.a1,k cycl.h,k,* daph.j5 des-ac.jl *Dig.*bg2,k,* digin.a1 *Dros.*bg2,k,* dulc.bg2,k esp-g.jl *Euph.*bg2,k,* *Euphr.*bg2,k ferr.h,h1,* ferr-i.hr1,k,* fl-ac.a1,k franz.a1 gins.a1,j5 granit-m.es1 *Graph.*h,k,* grat.j5 guaj.bg2,k guare.hr1,k,* ham.st hed.sp1 **Hep.**bg2,k hura hydr-ac.j5 *Hydrog.*srj2 hyos.bg2,k,* ign.bg2,k indg.a1,k ip.bg2,k,* kali-ar. *Kali-c.*bg2,k kali-chl.j5 *Kali-i.*hr1,j5,* kali-n.bg2,k kali-s. kali-sil.k13,k2 kreos.bg2,j5 *Lach.*bg2,k,* lact.j5 lam.j5 laur.bg2,j5 led.bg2,k,* lipp.a1 *Lyc.*bg2,k,* lycpr.j5 lyss.hr1,kr1 m-arct.j5 m-aust.j5 *Mag-c.*bg2,k,* mag-m.bg2,k,* mag-s.a1,k mang.bg2,k,* meny.bg2,k **Merc.**k1,st merc-c.a1,k merl.a1,k methys.jl mez.bg2,k,* mosch.bg2,k **Mur-ac.**bg2,k,* myric.a1,k naja nat-ar. nat-c.bg2,k,* *Nat-m.*bg2,k,* nat-p. nat-s.a1,k nat-sil.k13,k2 nicc.a1,k *Nit-ac.*bg2,k,*

– **häufig**: ...
nux-m.bg2,k *Nux-v.*bg2,k,* *Ol-an.*a1,j5 olnd.bg2,k op.bg2 orig.a1 ox-ac.a1,k par.bg2,k ped.a1 petr.bg2,k,* ph-ac.bg2,k phel.a1,k **Phos.**bg2,k,* phys.a1,k plan.a1,k *Plat.*bg2,k,* plect.a1 **Puls.**bg2,k,* *Ran-b.*bg2,k ran-s.bg2 raph.j5 rat.a1,k rheumbg2 rhod.bg2,k *Rhus-t.*bg2,k ruta sabad.bg2,k sabin.bg2,k,* sal-p.a1 samb.bg2,k,* sang.a1,k sarcol-ac.bro1 sars.bg2,k,* sel.bg2,k,* senec.a1,k seneg.bg2,k,* **Sep.**bg2,k,* *Sil.*bg2,k,* *Spig.*bg2,k,* spong.bg2,k,* squil.bg2,k,* *Stann.*bg2,k,* *Staph.*bg2,k,* stram.bg2,k,* *Stront-c.* sul-ac.bg2,k,* **Sulph.**bg2,k,* *Tab.*j5,sf1,* tarax.bg2,k,* ter.a1,k teucr.bg2,k,* thal.jl,jl3 thea thuj.bg2,k,* til.a1,k upa.a1,k valer.bg2,sf1,* verat.bg2,k,* viol-o.bg2,k,* viol-t.bg2,k,* wies.a1 wildb.a1 *Zinc.*bg2,k,* zinc-p.k13,k2
☞ *Gestört / Ruhelos / Unterbrochen*
• **nachmittags**: cann-i.a1
• **nachts**:
• **Mitternacht**:
• **vor**: alum.h chel.
• **gegen**: bell.a1
• **nach**: am-m. *Bamb-a.*stb2 caps.h gink-b.sbd1 grat. lyc.h mag-s. mez. sep. sil. spig.h staph.h **Sulph.**
• **2** h: gink-b.sbd1
• **3** h: euphr.h gink-b.sbd1
• **4** h:
• **nach**: aur.h gink-b.sbd1
• **morgens**:
• **gegen**: chinin-s.a1 coff.a1,j5 myric.a1 rhod.a1
• **periodisch**:
• **Stunden**; alle zwei: bamb-a.stb2
• **Angst**, mit: *Dig.*hr1,kr1,* lyc.a1,k
• **Brustbeklemmung**, mit: stann.jl
• **fallen** würde; als ob er: guaj.a1
• **Gedanken** an die Geschäfte; mit: ham.a1
• **genügend** Schlaf; wie durch: calc-act.a1 **Merc.**a1,st tarax.a1
☞ *ausgeschlafen*
• **grundlos**: caust.a1 granit-m.es1
• **Hitze**:
• **Bettwärme**, in der: culx.k2
• **wie** durch: cocc.a1
• **Menses**, während: mag-c.a1
• **Neugeborenen**, bei: *Borx.*kr1
• **Ruhelosigkeit**, mit: *Lach.*hr1,kr1
• **Schmerzen**, durch:
• **Mitternacht**, vor: *Ars.*a1
• **Schreck**, wie durch: *Agn.*hr1 cocc.a1,h coff.a1 graph.a1,h guaj.a1 merc.a1 nat-c.a1
• **Stunde**, zur selben
☞ *periodisch - Stunde - selben*
• **Träume**, durch: *Alum.*hr1,kr1,* bry.a1 cedr.a1 cinaa1 euphr.a1 granit-m.es1 lyc.a1 nat-m.a1 stront-c.a1,sf1 tab.a1,sf1,*
– **Herzklopfen**, mit ●: agar.sf1 alum.k2,kr1,* am-c. *Ars.*kr1 benz-ac. bufobg2 *Calc.* *Camph.*kr1 *Cann-i.*kr1 *Carb-an.*kr1,sf1 chin.bg2 coc-c.a1 hyos.a1 irisbg2 kali-bi. *Lyc.*h,kr1 macro.a1 mag-s.jl,mg1,* *Merc.* *Merc-c.* mur-ac.h *Nat-c.* nat-m.bg1,j5 nit-ac.j5 ox-ac.bg2,k2,* petr.j5 *Phos.*sf1 rhus-t.j5,kr1 sars.h *Sep.*

– **Herzklopfen**, mit: ...
Sil.$_{j5}$ *Spong.*$_{kr1}$ stram.$_{a1}$ sulph. thuj.$_{sf1}$ zinc.
☞ ❑ *Brust - Herzklopfen - Erwachen*
– **Herzens**; mit Beschwerden des: chr-ac.$_{hr1,kr1}$ *Kali-i.*$_{hr1,kr1}$ *Lach.*$_{hr1,kr1}$ *Merc.*$_{hr1,kr1}$ *Phyt.*$_{hr1,kr1}$ *Stict.*$_{hr1,kr1}$
• **nachts**:
• **Mitternacht**:
• **nach**: **Spong.**$_{kr1}$
– **Hitze**:
• **morgens**: alum.$_{kr1}$ *Arn.*$_{kr1}$
• **nachts**:
• **Mitternacht**:
• **nach**:
• **2** h: *Benz-ac.*
• **3** h: *Ars.*$_{kr1}$ bapt.$_{kr1}$
• **durch** und mit: alum. anac. ars. bamb-a.$_{stb2}$ **Bar-c.** *Bell.*$_{j5,kr1}$ *Benz-ac.* borx.$_{j5}$ calc. carb-v.$_{j5}$ caust. chinin-s.$_{j5}$ choc.$_{srj3}$ cina$_{j5}$ con. ferr.$_{j5}$ graph. *Kali-bi.*$_{kr1}$ kali-c.$_{j5}$ kali-n.$_{j5}$ *M-arct.*$_{j5}$ *Mag-c.* mag-m.$_{h,j5}$ mosch.$_{j5}$ nat-m. nicc.$_{j5}$ **Nit-ac.** petr. ph-ac. **Phos.** puls.$_{h,j5,*}$ ran-s.$_{j5}$ sabad.$_{j5}$ sep. sil. sul-ac. sulph. teucr.$_{j5}$ thuj.
• **Kopf**, durch Hitze im: arn.$_{h}$
• **vergeht**; was: calad.$_{kr1}$
– **Hunger**, durch: *Aeth.*$_{sf1}$ alum.$_{sf1}$ am-c.$_{sf1}$ *Ant-c.*$_{kr1}$ *Aran.*$_{sf1}$ bamb-a.$_{stb2}$ chin. *Ign.*$_{kr1}$ **Lyc.** *Lyss.*$_{kr1}$ *Petr.*$_{h,kr1,*}$ *Ph-ac.* psil.$_{ft1}$ *Psor.*
– **Husten**, durch: **Acon.**$_{hr1,kr1}$ alum.$_{bg2,k}$ alum-sil.$_{hr1,kr1}$ *Anac.*$_{hr1,kr1}$ *Arg-n.*$_{hr1,kr1}$ ars.$_{hr1,k,*}$ *Bell.*$_{hr1,kr1}$ bism.$_{a1,k}$ brom.$_{hr1,kr1}$ calc.$_{hr1,k,*}$ card-m.$_{hr1,kr1}$ caust.$_{bg2,k,*}$ *Chel.*$_{hr1,kr1}$ chin.$_{bg2}$ coc-c.$_{hr1,k,*}$ cocc.$_{bg2}$ con.$_{hr1,kr1}$ *Dios.*$_{hr1,kr1}$ graph.$_{a1,k}$ *Hep.*$_{bg2,k}$ **Hyos.**$_{bg2,k,*}$ *Kali-c.*$_{bg2,hr1,*}$ *Lach.*$_{hr1,kr1}$ mag-m.$_{bg2,k,*}$ mang. mang-o.$_{a1}$ nit-ac.$_{a1,k}$ *Nux-v.*$_{bg2,k,*}$ *Op.*$_{a1,k}$ *Phos.*$_{hr1,kr1}$ psor.$_{a1,k}$ **Puls.**$_{bg2,k,*}$ rhus-t.$_{bg2,k,*}$ *Rumx.*$_{kr1}$ *Ruta*$_{kr1}$ *Sang.*$_{hr1,kr1}$ *Sel.*$_{hr1,kr1}$ sep.$_{hr1,k,*}$ sil.$_{hr1,k,*}$ spong.$_{sf,sf1}$ stront-c. **Sulph.**$_{hr1,k,*}$ tab.$_{a1,k}$ tell.$_{jl,jl3}$ thuj.$_{a1,k}$
• **Menses**, während: zinc.$_{a1,k}$
– **Jucken**, durch: agar.$_{hr1,kr1}$ ant-c.$_{bg2,h,*}$ dulc.$_{h,kr1}$ gamb.$_{a1,kr1}$ *Jug-c.*$_{hr1,kr1}$ *Led.*$_{hr1,kr1}$ *Merc.*$_{hr1,kr1}$ sabad.$_{bg2,kr1}$ *Stram.*$_{hr1,kr1}$
– **Kälte**, durch: all-s.$_{hr1,kr1}$ ambr. arn.$_{j5}$ clem.$_{j5}$ con.$_{bg2,k}$ ferr-ma.$_{a1,j5}$ mang.$_{bg2,k}$ sabad.$_{bg2,j5}$ sars.$_{bg2,k}$ sulph.$_{j5}$
• **Füße**, der: puls.$_{bg2}$
• **Glieder**, der: **Carb-v.**
• **Unterschenkels**, des linken: agar.$_{h}$
– **Kleider** fühlen sich feucht oder eng an: *Guaj.*$_{kr1}$
– **Kratzen** im Kehlkopf; durch: bov.$_{bg2,j5}$
– **Lähmungsgefühl**, mit: ferr-i.$_{j5,kr1}$ kreos.$_{j5}$ nat-c.$_{j5}$ phos.$_{j5}$
– **Lebersymptomen**, mit: bry.$_{hr1,kr1}$ *Carb-v.*$_{hr1,kr1}$ ptel.$_{hr1,kr1}$
• **nachts**:
• **Mitternacht**:
• **nach**:
• **4** h: ptel.$_{kr1}$
– **leicht**: ars-s-f.$_{a1,k2}$ aur-s.$_{a1,k2}$ brom.$_{a1}$ euph.$_{a1}$ fl-ac.$_{a1}$ merc.$_{a1}$ merc-cy.$_{a1}$ *Petr.*$_{a1}$ sul-ac.$_{a1}$
☞ *Geräusche*

– **leicht**: ...
• **nachts**:
• **Mitternacht**:
• **vor**: puls.$_{a1}$
– **Liegen** auf der schmerzhaften Seite; beim: *Borx.*$_{kr1}$
– **Luft** zu bekommen; um: ant-t.$_{k1}$
– **Menses**:
• **vor**: sars.$_{h}$ sul-ac.
• **während**: mag-c.
• **Schmerzen**, durch: sel.$_{jl}$
• **Schwall**, in Güssen; durch Ausfluß in einem: coca$_{kr1}$
– **Niesen**, durch: dig.$_{a1}$ hep.$_{a1}$
– **periodisch**:
• **Stunde**:
• **Viertelstunde**, jede: cic.$_{j5}$ lact.$_{j5}$ merc.$_{a1,j5}$ mur-ac.$_{j5}$
• **halbe** Stunde, jede: agar.$_{a1,j5}$ am-c.$_{a1,j5}$ mosch.$_{j5,kr1,*}$ *Nat-m.*$_{a1,j5}$ *Sulph.*$_{a1,j5}$
• **jede**: allox.$_{j5,sp1}$ *Arg-n.*$_{j5,kr1}$ arn.$_{a1,j5}$ ars-h.$_{j5,kr1}$ carb-v.$_{j5}$ ferr.$_{a1,j5}$ marb-w.$_{es1}$ nat-m.$_{j5}$ staph.$_{j5}$ *Sulph.*$_{a1,j5}$
• **zwei** Stunden, alle: nat-m.$_{j5}$
• **drei** Stunden, alle: nat-m.$_{j5}$ puls.$_{j5}$
• **selben**, zur: rhod.$_{j5}$ *Sel.*$_{j5,k,*}$
– **plötzlich**: ars.$_{a1,k}$ bry.$_{a1,k}$ carb-ac.$_{a1,k}$ cinnb.$_{h,j5,*}$ crot-t.$_{a1,k}$ ferr-ma.$_{a1,k}$ kali-c.$_{jl}$ *Kali-i.*$_{hr1,kr1}$ kreos.$_{a1,k}$ m-arct.$_{j5}$ nat-c.$_{h2,j5}$ phys.$_{a1,k}$ sec.$_{a1,k}$ spira.$_{a1}$ spirae.$_{a1}$ sulph.$_{j5}$ til.$_{a1,k}$
• **nachts**:
• **Mitternacht**:
• **nach**: ant-s-aur.$_{a1}$
• **2** h; oder um: benz-ac. kreos.
• **3** h; oder um: bry.
• **Alptraum**, durch einen: thea$_{a1}$
• **gerufen**, wie: kreos.$_{a1}$
• **Pollution**, nach einer: crot-t.$_{a1}$
• **Stuhlgang**, durch:
• **nachts**:
• **Mitternacht**:
• **nach**:
• **1** h: caul.$_{kr1}$
• **5** h: **Sulph.**$_{kr1}$
• **6** h: arg-n.$_{kr1}$
• **Stuhldrang**, mit: *Bry.*$_{kr1}$ *Dios.*$_{kr1}$ *Kali-bi.*$_{kr1}$
• **Traum**, wie aus einem: cinnb.$_{a1,h}$
• **Tröpfeln** von den Choanen; durch: hydr.$_{st}$
– **Pollutionen**, durch: aloe$_{a1,j5}$ arn.$_{bg2,j5}$ cain.$_{a1,j5}$ crot-t.$_{j5}$ cycl.$_{j5}$ dig.$_{j5}$ petr.$_{j5}$ phos.$_{j5}$ *Sel.*$_{j5,kr1}$ sil.$_{j5}$ *Thuj.*$_{j5,kr1}$
• **Gefühl** wie vor einer Pollution; mit einem: mur-ac.$_{a1}$
– **Reden**, mit: arn.$_{a1}$ bry.$_{a1,bg2}$ *Sulph.*$_{hr1,kr1,*}$
– **Rucke**, durch: **Bell.**$_{bg2}$ cann-i.$_{c1}$
– **Ruhelosigkeit**; durch:
• **Beines**; des: hydrog.$_{srj2}$
– **Schmerzen**, mit: *Aml-ns.*$_{kr1}$ **Ars.**$_{hr1,kr1}$ ars-h.$_{hr1,kr1}$ bapt.$_{hr1,kr1}$ cham.$_{bg2,h,*}$ *Chin.*$_{hr1,kr1}$ chr-ac.$_{hr1,kr1}$ *Eup-per.*$_{hr1,kr1}$ hydrog.$_{srj2}$ *Kali-c.*$_{hr1,kr1}$ kali-n.$_{j5,kr1}$ **Lach.**$_{hr1,kr1}$ merc-c.$_{a1,kr1}$ mur-ac.$_{j5,kr1}$ myric.$_{hr1,kr1}$ *Nat-m.*$_{hr1,kr1}$ ph-ac.$_{hr1,kr1}$ ran-a.$_{a1,kr1}$ raph.$_{hr1,kr1}$

– **Schmerzen**, mit: ...
sel.jl3,kr1,* staph.bg2,kr1 tell.jl3,kr1,*
• **Mitternacht**, besonders um: **Ars.**kr1
– **Schreck**, wie durch: achy.jl,jl3 acon.bg2,j5 aesc.st agn.bg2,k alum.k13,k2 *Am-c.*bg2,k *Am-m.*j5 *Ambr.*hr1,k anac.j5 *Ant-c.*bg2,k,* ant-t.j5 *Apis*kr1 arn.j5,k2,* *Ars.*j5 aur.bg2,k bar-c.j5 *Bell.*bg2,k,* *Bism.*bg2,k,* **Borx.** bov.bg2,j5,* *Bry.*j5 bufobg2 cact.k13,k2 **Calc.**hr1,j5,* calc-s.hr1,kr1 cann-s.bg2 canth.bg2,j5 *Caps.*hr1,k carb-ac.bg2 *Carb-an.*j5 *Carb-v.*j5 castm.j5 *Caust.*bg2,j5 *Cham.*hr1,j5,* chel.hr1,k *Chin.* chinin-ar.k2 chlol.hr1,k *Cic.*brol cimic.hr1,k cina *Cocc.*h,k,* coff.bg2,k,* colch.bg2,j5 *Con.*bg2,hr1,* crot-h.k13 *Cupr-ar.*brol *Cypr.*brol daph.j5 *Dig.*bg2,k,* *Dros.*j5 *Dulc.*bg2,j5 *Euphr.*bg2,k,* ferr-ma.j5 gins.j5 graph.h,k,* guaj.bg2,k,* *Hell.*brol hydrog.srj2 **Hyos.**bg2,j5,* *Ign.*hr1,j5,* *Indg.*j5 iodof.brol *Ip.*j5 kali-bi.sf,sf1 kali-br.sf,sf1 *Kali-c.*bg2,k kali-i.j5 kali-n.j5 kali-p.hr1,k *Lach.*bg2,hr1,* laur.hr1,k led.bg2,j5 limest-b.es1 **Lyc.**bg2,k *M-arct.*j5 *M-aust.*j5 *Mag-c.*j5 *Mag-m.*j5 *Mag-s.*j5 *Med.*hr1,kr1 meny.h merc.bg2,k,* mez.j5 *Murx.*j5 nat-ar. nat-c.bg2,k,* *Nat-m.*bg2,k,* nat-p.bg2 nat-s.j5,kl,* nicc.j5 *Nit-ac.*j5 nux-m.brol *Nux-v.*bg2,k,* op.bg2,sf1,* *Petr.*j5 *Ph-ac.*j5 *Phos.*bg2,j5 plat.j5 psor.brol *Puls.*bg2,k,* rat. rutabg2 *Sabad.*bg2,j5 sabin.bg2 *Samb.*hr1,j5,* sang. sars.bg2,j5,* sec.j5 *Sep.*bg2,k *Sil.*bg2,j5,* *Spong.*bg2,k,* stann.j5,jl staph.j5 *Stram.*bg2,k,* *Stront-c.*j5 sul-ac. **Sulph.**bg2,k,* tell.jl,jl3 ter.bg2 teucr.j5 *Thuj.*j5 **Tub.**al,brol,* *Verat.*bg2,j5,* xan.c1 **Zinc.**bg2,j5,*
• **nachts**:
• **Mitternacht**:
• **vor**:
• **23** h: cimic.
• **Geräusch**; durch das geringste: apiskr1 *Nux-v.*hr1,kr1 sars.a1,kr1
• **Kleinigkeit**, wegen einer: *Lach.*hr1,kr1
• **Klumpen** verschluckt, der im Hals steckenbleibt; glaubt, sie habe einen: *Sep.*kr1,st
• **Träume** erschreckt, durch: bell.a1,k2 casc.kr1 corn.a1 dicha.mg1 *Erig.*mg1 **Lyc.**kr1 *Meph.*a1,kr1 *Sulph.*a1,kr1
• **Zittern**, mit: abrot.k1,k13
– **Schweiß**, durch: am-m.j5 androc.srj1 ant-c.hr1,kr1 ant-t.hr1,kr1 astac.hr1,kr1 bamb-a.stb2 bar-c.j5 *Bell.*sf,sf1 berb.hr1,kr1,* calc.j5 calc-p.hr1,kr1 *Caust.*j5,sf1,* *Chel.*hr1,j5,* chin.hr1,j5,* *Chinin-ar.*kr1 choc.srj3 *Cic.*hr1,j5,* clem.j5 **Con.**hr1,k croc.j5 daph.j5 **Dros.**hr1,j5,* euphr.j5,sf1,* *Ferr.*hr1,kr1 ferr-ma.a1,j5 form.hr1,kr1 gamb.hr1,kr1 *Hep.*sf,sf1 kreos.j5 *Lac-c.*hr1,kr1 *Lac-d.*hr1,kr1 *Lach.*hr1,kr1,* laur.j5 *Led.*hr1,j5,* *Lyc.*hr1,kr1 merc.j5 *Nat-m.*hr1,j5,* nat-s.j5 nicc.j5 *Ptel.*hr1,kr1 *Puls.*hr1,kr1 ran-b.j5 *Rat.*j5 rumx.kr1 sabad.j5 *Samb.*hr1,kr1,* sep.j5 *Sil.*j5 sulph.sf,sf1 tarax.h,sf1,* ther.j5 tub.c1
– **schwierig**: agar.a1,k aloe *Alum.*j5 amyg.a1 *Ant-t.*j5 arge.a1 bell.j5 berb.hr1,k,* bry.a1,k *Calc.*hr1,k calc-f.jl,jl3 *Calc-p.*hr1,k *Camph.*hr1,k *Carb-v.*hr1,k carbn-s. *Cench.*st cham.a1,k *Cic.*hr1,k clem.a1,k *Con.*j5 cupr-act.a1 ferr.j5 gels.a1,k gins.a1,j5 *Glon.*hr1,k,* granit-m.es1 graph.h,k,* hydr.hr1,kr1,* hyos.a1,k iodof.hr1,kr1 *Kali-br.*hr1,k kreos. lact.j5 led.j5 lob.a1,k

– **schwierig**: ...
*Luna*kg1 lyc.a1,k mag-m.a1,k mur-ac.a1,k nat-c.a1,k nat-m.a1,k nit-ac.a1,k *Nux-v.*a1,k *Op.*j5 ph-ac. phos. phys.a1 podo.a1,k ruta *Sep.*hr1,k,* stram.a1,kl,* sulph.a1,k sumb.a1,k *Tab.*j5 teucr.a1,k thiop.jl viol-t.j5 visc.sp1
☞ *Komatös / Schwer / Tief*
• **morgens**: *Alum.*a1,k *Calc.*a1,k **Calc-p.**hr1,k caust. cham.a1 clem.a1 cortiso.gse ferr.h1 granit-m.es1 lyc.h nit-ac.h *Nux-v.*k,kl2● *Ph-ac.*a1,k psil.ft1 stram. thuj.hr1,k
• **nachmittags**: ferr.a1
• **Mittagsschlaf**, nach dem: eug.hr1,kr1,*
– **Schwindel**, wegen: ant-t.hr1,j5,* chin.hr1,j5,* *Dulc.*hr1,j5,* euphr.j5 *Hyper.*hr1,j5,* *Kali-c.*hr1,j5,* kali-i.hr1,j5,* lach.j5 lyc.j5 *Med.*hr1,j5,* merc.j5 nicc.j5 **Nux-v.**hr1,j5,* op.j5 *Phos.*j5 sil.j5 stram.j5 *Sulph.*j5 ther.hr1,j5,*
– **sexuelle** Erregung, durch: carb-ac.hr1,kr1 lyc.bg2
– **Singen** im Schlaf; durch: sulph.bg2
– **spät**, zu: agar. alum. ambr. *Anac.* androc.srj1 ang.bg2 ant-c. ant-t. *Apis* arn. asaf. aster. atha.a1 bell. berb. bism.bg2 borx. brom. bry. bufo **Calc.** **Calc-p.** canth.bg2 carb-v. carbn-s. *Caust.* cham. clem. *Coca* cocc. coloc. *Con.* corn. croc.bg2 cur. *Cycl.* dig. dulc. *Euphr.* ferr.j5 fl-ac. glon. **Graph.** hep. hyos. hyper. ign. indg. kali-c. kali-n. kreos.bg2,j5 *Lach.* laur. led. lyc. mag-c. *Mag-m.* mag-s.j5 manc. menis.a1 *Merc.* mez. morph. nabal.a1 *Nat-c.* nat-m. *Nat-p.* nit-ac. **Nux-v.** ol-an. peti.a1 petr. *Ph-ac.* phel. *Phos.* plat. puls.bg2,j5 ran-b. rhod. rhus-t. sang. scut.a1 **Sep.** *Sil.*bg2,sf1 spig. stann. stram. sul-ac. **Sulph.** sumb. verat. verb. zinc.
☞ *Schlafbedürfnis - groß / Verlängert / ❑ Gemüt - Bett - bleiben - morgens*
– **Störung**; wie durch eine: calc-act.a1
– **Träume**, durch: *Acon.*j5,kr1 agar. am-c.j5 *Am-m.*h,j5 ang.kr1 ant-c.h *Ant-t.*j5,kr1 arg-met.j5 arg-n.k2,kr1 *Arn.* *Ars.*h,j5 asc-t.kr1 atro. aur. bad. bar-c. *Bell.* *Bov.*j5 bry. cain.kr1 *Calc.*h,j5,* calc-f.kr1,sp1 calc-p.k2 *Camph.*kr1 cann-s.j5,kr1 carb-v.h,j5,* carc.sp1 casc.a1,kr1 cench.k2 *Cham.* chel.bg2 *Chin.*h,j5,* chr-ac.kr1 *Cic.*bg2 *Cina*bg2,j5 cinnb.j5 clem.h coca coff.bg2 colch. coloc. con.h corn.a1 cupr.j5 cycl.j5 dicha.mg1 *Dig.*h,j5,* dros.j5 dulc.j5 *Erig.*mg1 euph.h,j5 *Ferr-ma.*j5 gink-b.sbd1 gran. graph. grat.j5 *Hep.* hyper. *Ign.*bg2,j5 indg.j5 ip.j5 kali-bi.bg2 *Kali-c.*j5 *Kali-chl.*j5 *Kali-i.*j5 kali-n.h,j5,* kreos.j5 *Lach.*bg2,j5 lam.j5 laur.j5 led.h,j5,* lob.kr1 lyc. lycpr.j5 lyss. *M-arct.*j5 m-aust.j5 mag-c.k1 *Mag-s.*j5 *Mang.*j5 *Meph.*a1,kr1 *Merc.* *Mez.*j5,kr1 mur-ac.j5 murx.j5 *Nat-c.*j5 nat-m. *Nat-s.*j5,kr1 *Nicc.*j5 nit-ac.j5 *Nux-v.* olnd.j5 *Op.*j5 par.j5 *Petr.*j5 *Ph-ac.* phos. plan. plat.h puls. rat.j5 rheumbg2 rhus-t.j5 rutah sabad.j5 *Sabin.*bg2,j5 sars. *Sep.*h,j5 sil. *Spig.*j5 spong.j5 stann. staph. *Stront-c.*bg2,j5,* **Sulph.** tab.j5,sf1 *Teucr.*j5 *Thuj.*h,j5,* verat.h,j5,* verb.j5 *Zinc.*h,j5,*
☞ *❑ Träume - Schrecklich - wecken / ❑ T~ Wecken*
• **ängstliche**
☞ *❑ Gemüt - Angst - Träume*
• **traurige**: gink-b.sbd1

– **Übelkeit**, durch: alum.$_{j5}$ am-c.$_{bg2}$ *Ambr.*$_{bg2,j5}$ ars.$_{j5}$ arund.$_{hr1,kr1}$ aspar.$_{hr1,kr1}$ bry.$_{bg2,j5}$ calad.$_{hr1,kr1}$ calc.$_{bg2}$ caust.$_{bg2}$ *Con.*$_{hr1,kr1}$ cupr-ar.$_{hr1,kr1}$ *Dig.*$_{bg2}$ euphr.$_{j5}$ ferr-p.$_{hr1,kr1}$ *Goss.*$_{hr1,kr1}$ graph.$_{bg2}$ *Ham.*$_{hr1,kr1}$ *Hyper.*$_{hr1,kr1}$ lach.$_{j5}$ lyc.$_{bg2,j5}$ mag-c.$_{j5}$ merc.$_{bg2,k,*}$ mez.$_{j5}$ nicc.$_{j5}$ olnd.$_{j5}$ op.$_{bg2,j5}$ phel.$_{j5}$ phos.$_{bg2,j5}$ *Rat.*$_{j5}$ rhus-t.$_{bg2}$ ruta$_{j5}$ seneg.$_{bg2}$ sep.$_{j5}$ sil.$_{j5}$ squil.$_{bg2,j5}$ *Sulph.*$_{j5}$ *Ther.*$_{j5}$ thuj.$_{j5}$

– **Umherwerfen**, beim: ant-s-aur.$_{kr1}$

– **unangenehme** Gedanken; durch: calc.$_{gt}$

– **unmöglich**: acon.$_{a1,k}$ bell.$_{a1,k}$ chlf.$_{a1,k}$ chlol.$_{a1}$ coff.$_{a1,k}$ con.$_{a1,k}$ *Crot-h.*$_{hr1,k}$ op.$_{a1,k}$ tab.$_{a1,k}$

• **morgens**: bell.$_{a1}$ *Ph-ac.*$_{a1}$ tab.$_{a1}$

– **Verwirrung**, mit: chin.$_{bg2}$ *Granit-m.*$_{es1}$

– **Wärme**, durch: cocc.$_{j5}$ kreos.$_{j5}$ sep.$_{j5}$

• **Bettwärme**, durch: culx.$_{k2}$

– **Weinen**; mit: cic.$_{c1}$

– **Würmer**, durch: calc-f.$_{hr1,kr1,*}$

– **Zahnschmerzen**, durch: am-m.$_{j5}$ ars.$_{j5}$ bell.$_{hr1,j5,*}$ *Calc.*$_{hr1,j5,*}$ *Carb-an.*$_{hr1,j5,*}$ castm.$_{j5}$ cham.$_{j5}$ *Glon.*$_{hr1,j5,*}$ lach.$_{j5}$ mez.$_{a1,j5}$ nat-c.$_{j5}$ nat-m.$_{j5}$ phos.$_{j5}$ sabin.$_{bg2,j5}$ sep.$_{a1,j5}$ spig.$_{bg2,j5}$

– **Zerschlagenheit**, mit: aesc.$_{a1,hr1}$ *Arn.*$_{hr1,kr1}$ *Rhus-t.*$_{bg2,kr1,*}$

– **Zorn**, mit

☞ ❑ *Gemüt - Zorn - morgens - Erwachen*

– **Zucken**; durch: carc.$_{mg1,sp,*}$

Fest

☞ *Tief*

Frost; schläft während dem

☞ *Einschlafen - Frost*

Gähnen: abies-c.$_{a1,k}$ abrot.$_{a1}$ *Acon.*$_{bg2,k,*}$ acon-c.$_{a1}$ *Aesc.*$_{a1,k}$ agar.$_{bg2,k,*}$ all-c.$_{hr1,k,*}$ alum.$_{bg2,k,*}$ alum-sil.$_{k13,k2}$ *Am-c.*$_{bg2,k1,*}$ am-m.$_{bg2,k}$ ambr.$_{bg2,k}$ ammc.$_{a1,k}$ amyg.$_{hr1,kr1,*}$ anac.$_{bg2,k}$ androc.$_{srj1}$ ang.$_{bg2,k,*}$ ant-c.$_{bg2,k,*}$ *Ant-t.*$_{bg2,k,*}$ *Apis* apom.$_{a1}$ *Aran.*$_{hr1,kr1}$ arg-met. *Arg-n.*$_{bg2,k,*}$ *Arn.*$_{bg2,k,*}$ **Ars.**$_{bg2,k,*}$ ars-h.$_{hr1,kr1}$ ars-i.$_{hr1,k,*}$ arum-t.$_{a1,k}$ arund.$_{hr1,kr1,*}$ asaf.$_{bg2,k,*}$ asar.$_{bg2,k,*}$ aspar.$_{hr1,k,*}$ astac.$_{a1}$ atro.$_{a1,k}$ aur.$_{bg2,k}$ aur-m.$_{a1,k}$ bamb-a.$_{stb2}$ bar-c.$_{bg2,k,*}$ bart.$_{a1}$ bell.$_{bg2,k,*}$ *Bol-la.*$_{a1}$ bond.$_{a1}$ borx. bov.$_{bg2,k,*}$ brach.$_{hr1,kr1}$ *Brom.*$_{bg2,k,*}$ *Bry.*$_{bg2,k,*}$ bufo cain. caj.$_{a1}$ calad.$_{bg2,k}$ *Calc.*$_{bg2,k,*}$ *Calc-ar.* calc-caust.$_{a1}$ *Calc-p.*$_{bg2,k,*}$ calc-sil.$_{k13,k2}$ camph.$_{bg2,k,*}$ cann-s.$_{bg2,k,*}$ canth.$_{bg2,k,*}$ caps.$_{h,k,*}$ carb-ac.$_{hr1,k,*}$ carb-an.$_{bg2,k,*}$ carb-v.$_{h,k,*}$ carbn-s. card-b.$_{a1}$ card-m.$_{hr1,kr1}$ *Carl.*$_{a1,k}$ castm.$_{a1,kr1,*}$ **Caust.**$_{h,k,*}$ cedr.$_{hr1,kr1,*}$ cere-b.$_{a1}$ cerv.$_{a1}$ *Cham.*$_{h,k,*}$ **Chel.**$_{bg2,k,*}$ chen-v.$_{hr1,kr1}$ chin.$_{h,k,*}$ chinin-ar. chinin-s.$_{a1,k}$ chlf.$_{hr1,k,*}$ cic.$_{h,j5,*}$ cimic.$_{a1}$ cimx.$_{hr1,k,*}$ **Cina** cinch.$_{a1}$ *Cit-v.*$_{hr1,k,*}$ *Clem.*$_{h,k,*}$ cob.$_{a1,k}$ coc-c.$_{hr1,k,*}$ coca *Cocc.*$_{h,k,*}$ coff.$_{bg2,k,*}$ colch.$_{bg2,k,*}$ coloc.$_{hr1,k,*}$ con.$_{h,k,*}$ cor-r.$_{hr1,k,*}$ **Croc.**$_{bg2,k,*}$ crot-c.$_{a1}$ crot-h.$_{a1,k}$ crot-t.$_{a1,k}$ cryp.$_{a1}$ *Cupr.*$_{bg2,k,*}$ cupr-act.$_{a1}$ cycl.$_{bg2,k,*}$ daph.$_{hr1,k,*}$ dig.$_{bg2,k,*}$ digin.$_{a1}$ dros.$_{bg2,k,*}$ dulc.$_{bg2,k,*}$ elat.$_{hr1,k,*}$ eup-pur.$_{hr1,k,*}$ euph.$_{bg2,k,*}$ euphr.$_{bg2,k,*}$ eupi.$_{a1,k}$ eys.$_{sp1}$ fago.$_{a1,k}$ ferr.$_{h,k,*}$ ferr-ma.$_{a1,k}$ form.$_{bg2,k,*}$ gamb.$_{hr1,k,*}$ gast.$_{a1}$ gels.$_{bg2,k,*}$ gent-l.$_{a1,k}$ germ-met.$_{srj5}$ gins.$_{a1}$ glon.$_{bg2,k,*}$ gran.$_{a1,k}$ **Graph.**$_{h,k,*}$ grat.$_{a1,k}$ guaj.$_{bg2,k,*}$

Gähnen: ... *Haem.*$_{a1,sf1,*}$ haliae-lc.$_{srj5}$ hecla$_{jl}$ hell.$_{bg2,k,*}$ hep.$_{bg2,k,*}$ hipp.$_{hr1,kr1,*}$ hura hydr.$_{a1,k}$ hydr-ac.$_{a1,k}$ hydrc.$_{a1,k}$ hydrog.$_{srj2}$ hyos.$_{a1,k}$ hyosin.$_{a1}$ hyper.$_{a1,k}$ **Ign.**$_{bg2,k,*}$ ind. *Indg.*$_{a1,j5}$ iod.$_{a1,k}$ ip.$_{bg2,k,*}$ jab.$_{a1,k}$ jatr-c. jug-c.$_{a1,k}$ jug-r.$_{a1,k}$ **Kali-ar.** kali-bi.$_{bg2,k,*}$ *Kali-c.*$_{bg2,k,*}$ kali-cy.$_{a1}$ kali-i.$_{hr1,k,*}$ kali-n.$_{bg2,k,*}$ kali-p.$_{hr1,k}$ kiss.$_{a1}$ **Kreos.**$_{bg2,k,*}$ lach.$_{bg2,k,*}$ lachn.$_{hr1,k}$ lact.$_{a1,k}$ lact-v.$_{c1,c2}$ *Laur.*$_{bg2,k,*}$ led.$_{bg2,k,*}$ lepi.$_{a1}$ levo.$_{jl,jl3}$ lil-s.$_{a1}$ *Lil-t.*$_{a1,k}$ lim.$_{a1}$ lina.$_{a1}$ lipp.$_{a1}$ lob.$_{a1,k}$ lol.$_{sf,sf1}$ *Lyc.*$_{bg2,k,*}$ lycps-v. lyss.$_{hr1,k,*}$ *Mag-c.*$_{bg2,k,*}$ mag-m.$_{bg2,k,*}$ *Mang.*$_{bg2,k,*}$ med.$_{hr1,k}$ *Menis.*$_{a1}$ meny.$_{bg2,k}$ meph.$_{hr1,k}$ merc.$_{bg2,k,*}$ *Merc-c.*$_{bg2,hr1,*}$ merc-sul.$_{hr1,kr1}$ merl.$_{a1,k}$ mez.$_{bg2,k,*}$ mill.$_{hr1,k,*}$ mim-h.$_{a1}$ morph.$_{a1,k}$ mosch.$_{bg2,k}$ *Mur-ac.*$_{bg2,k,*}$ naja nat-ar. nat-c.$_{bg2,k,*}$ nat-lac.$_{a1}$ *Nat-m.*$_{bg2,k,*}$ nat-s.$_{hr1,k,*}$ neon$_{srj5}$ nep.$_{srb2}$ nicc.$_{hr1,k,*}$ nit-ac.$_{bg2,k,*}$ nux-m.$_{a1,k}$ **Nux-v.**$_{bg2,k,*}$ *Ol-an.*$_{a1,k}$ *Olnd.*$_{bg2,k,*}$ **Op.**$_{bg2,k,*}$ ost.$_{a1}$ ox-ac.$_{hr1,k,*}$ *Par.*$_{bg2,k,*}$ peti.$_{a1}$ petr.$_{bg2,k,*}$ ph-ac.$_{bg2,k,*}$ phel.$_{a1,k}$ *Phos.*$_{bg2,k,*}$ phys.$_{hr1,k,*}$ phyt.$_{hr1,k,*}$ pimp.$_{a1}$ plat.$_{bg2,k,*}$ plb.$_{bg2,k,*}$ podo.$_{hr1,kr1,*}$ polyp-p.$_{a1}$ psor.$_{a1,k}$ ptel.$_{a1,c1}$ *Puls.*$_{bg2,k,*}$ puls-n.$_{a1}$ quas.$_{a1}$ ran-b.$_{bg2,k,*}$ raph.$_{a1,k,*}$ rat.$_{a1,k}$ rheum rhod.$_{bg2,k,*}$ **Rhus-t.**$_{bg2,k,*}$ rosm.$_{a1}$ rumx. ruta *Sabad.*$_{bg2,k}$ sabin.$_{bg2}$ *Sal-ac.*$_{hr1,kr1}$ sang.$_{a1,k}$ *Sars.*$_{h2,k,*}$ sec.$_{bg2,k,*}$ sedi.$_{a1}$ sel.$_{a1,k}$ senec.$_{a1,k}$ seneg.$_{bg2,k,*}$ *Sep.*$_{bg2,k,*}$ sieg.$_{mg,mg1}$ *Sil.*$_{bg2,k,*}$ sphing.$_{a1}$ spig.$_{bg2,k,*}$ spong.$_{bg2,k}$ *Squil.*$_{bg2,k,*}$ *Stann.*$_{bg2,k,*}$ *Staph.*$_{bg2,k,*}$ stram.$_{bg2,k,*}$ stront-c. sul-ac.$_{bg2,k}$ sulph.$_{bg2,k,*}$ tab.$_{a1,k}$ tarax.$_{bg2,k,*}$ tarent.$_{a1,k}$ tart-ac.$_{a1}$ tax.$_{a1,k}$ tell.$_{hr1,k,*}$ ter.$_{a1,k1}$ teucr.$_{bg2,k,*}$ thea thuj.$_{bg2,k,*}$ til.$_{a1,k}$ tong.$_{a1}$ trom.$_{hr1,kr1}$ valer.$_{bg2,k,*}$ *Verat.*$_{bg2,k,*}$ verb.$_{bg2,k,*}$ vinc.$_{hr1,k,*}$ *Viol-o.*$_{bg2,k,*}$ *Viol-t.*$_{hr1,kr1}$ vip.$_{a1}$ xan.$_{hr1,k,*}$ zinc.$_{bg2,k,*}$ zinc-val.$_{bg3}$

– **tagsüber**: agar. aspar.$_{j5,sf1}$ brach.$_{a1,k}$ croc.$_{a1,k}$ kreos.$_{j5}$ lyc.$_{a1,k}$ mag-m.$_{j5}$ *Nat-c.*$_{a1,k}$ **Nux-v.**$_{a1,k}$ ph-ac.$_{j5,k,*}$ phys.$_{a1,k}$ phyt.$_{a1,k}$ *Sulph.*$_{a1,k}$ zinc.$_{j5}$

– **morgens**: agar.$_{a1,k}$ alum.$_{h}$ am-m.$_{hr1,k}$ ang.$_{a1,k}$ ant-t.$_{a1,k}$ apis$_{a1}$ aspar.$_{a1,k}$ bar-c.$_{a1,k}$ brom.$_{a1,k}$ bry.$_{a1,k}$ carl.$_{a1,k}$ cedr. *Cocc.*$_{hr1,j5,*}$ croc.$_{a1,h}$ crot-t.$_{st}$ cycl.$_{a1,k}$ ferr.$_{h,k,*}$ hyper.$_{a1,k}$ ign.$_{a1,k}$ kreos.$_{j5}$ lach.$_{a1,k}$ m-arct.$_{j5}$ mag-c.$_{a1,k}$ mag-m.$_{j5}$ mang.$_{a1,k}$ mur-ac.$_{a1,k}$ nat-c.$_{a1,k}$ nat-m.$_{a1,k}$ nicc.$_{a1,k}$ *Nux-v.*$_{a1,k}$ rat.$_{j5}$ rhus-t.$_{a1,k}$ sep.$_{h}$ tab.$_{a1,k}$ tarent.$_{a1,k}$ verat.$_{a1,k}$ viol-o.$_{a1,k}$ zinc.$_{h,j5}$ zing.$_{hr1,k,*}$

• **7** h: cedr.$_{a1}$

• **8** h: nicc.$_{a1}$

• **9** h, bis: mag-c.$_{a1}$

• **mittags**; bis: hep.$_{a1}$

• **Aufstehen**:

 • **beim**: acon.$_{a1,k}$ alum.$_{a1,k}$ ign.$_{j5}$ m-arct.$_{j5}$ mag-m.$_{j5}$ plat.$_{a1,k}$ rhus-t.$_{a1,k}$ senec.$_{a1,k}$

 • **nach**: apis mag-c.$_{h}$ *Nux-v.*$_{a1,k}$

• **Bett**, im: m-arct.$_{j5}$ mag-m.$_{j5}$ sep.$_{a1,k}$

• **Erwachen**, beim: agar.$_{a1,k}$ alum.$_{j5}$ bar-c.$_{j5}$ cocc.$_{j5}$ mag-m.$_{h,j5}$ nux-v.$_{j5}$ verat.$_{j5}$

• **Freien**, im: croc.$_{a1}$

• **Gehen** im Freien; beim: agar.$_{a1,k}$

• **periodisch**, jeden Morgen: viol-o.$_{a1,j5}$

• **unablässig**: *Cocc.*$_{hr1,kr1}$

• **Zimmer**, im: croc.$_{a1}$

– **vormittags**: agar.al,k aloe ant-t.al,k bart.al *Calc-p.*al,k *Carb-an.*al,k caust.h,k,* cham.al,k coca crot-t.al,k graph.h,k,* hell.al,k hep.h,k,* hyos.al,k indg.al,j5 kali-c.h kali-n.h,j5 lyc.h mag-c.al,k mag-m.al,k mez.al,k nat-c.h2,j5 rhus-t.al,k sars.h,j5,* senec.al,k spig.h,j5 zinc.al,k
• **9** h: carl.al lyc.al,h
• **10** h: arg-n.
• **11** h: arum-t. caust. mit.al rhus-t.
– **mittags**: bry.al,k ign.al,k menis.al merc.j5 psor.al,k sep.j5 verat.al,k
• **nachmittags**, und: ars.j5 asar.j5 bell.j5 bov.j5 bry.j5 canth.j5 caust.h,j5,* *Ign.*j5 lact.j5 laur.j5 mag-c.j5 mag-m.j5 merc.j5 nat-c.j5 nicc.j5 nit-ac.j5 par.j5 phel.j5 phos.j5 plat.j5 plb.j5 rat.j5 sep.j5 sul-ac.j5 tab.j5 tong.j5
• **Fahren** oder Reiten; beim: mill.al
• **Gehen**, nach dem: sep.al,k
• **Mittagsschlaf**, nach dem: bar-c.al,j5 ign.al verat.al
– **nachmittags**: *Arg-n.*al,k arum-t.hr1,k,* *Asar.*al,k bamb-a.stb2 bell.j5 bov.al,k canth.al,k caust.h,k,* erig.al ign.al,k *Ip.*hr1 jug-r.al,k kali-c.h kali-chl.al,k laur.j5 mag-c.h,j5 nat-ar. nat-c.h2,j5 nicc.j5 nux-v.al,k par.al,k plat.al,k ran-s.al,k sang.al sep.j5 spirae.al *Spong.*al,k stry.al,k tong.j5 trom.c1
• **amel.**: phel.al
• **13** h: form.
• **14** h: chel. grat.
• **15** h: com.
• **15** - 20 h: ped.al
• **16** h: plan.al
• **16** - 18 h: ph-ac.
• **Gehen** im Freien:
• **amel.**: plan.al
• **17** h: arg-n. euphr.
• **17** - 18 h: fago.al
• **Gehen**, nach dem: sep.al,k
• **Sitzen**, im: nicc.al,k
– **abends**: aloe am-c.h,k,* am-m.al,k *Arn.*bg2,j5,* bell.al,k bov.al,k *Calc.*hr1,kr1 cann-s.al,k carl.al,k castm. caust.h,j5,* *Cedr.*hr1,kr1,* chel.al,k chinin-s. coc-c.al,k cocc.h,k,* cupr.al,k cycl.al,k erig.al euphr.al,k graph.h,j5 heclajl *Hep.*hr1,kr1 hura ign.j5 ip.hr1,j5 lach.al,k lyc.al,k mag-c.h,j5 merc.j5 mez.al,k nat-c.h2,j5 nit-ac.h,j5 nux-v.h,k,* ox-ac.al,k ph-ac.j5,sf1,* phos.al,k psor.al,k rat.al,k rhus-t.al,k sulph.al,k sumb.al,k thuj.al,k verat.al,k zinc.h
• **19** h: mag-c.
• **nach**:
• **amel.**: nat-m.al
• **20** h: aloe
• **21** h: *Cedr.*kr1
• **21** - 22 h: ph-ac.
• **21**.30 h: lyc.al
• **agg.**: mill.al ph-ac.al
• **Bett**, im: cocc.j5 nat-m.al,k
• **Dämmerung**, in der: bell.h1,j5,*
• **Lesen**, nach dem: lyc.al,k
– **nachts**: bell.h *Caust.*h,k,* nit-ac.h
• **Mitternacht**:
• **nach**: *Thuj.*kr1

– **nachts**: ...
• **Essen**, nach dem: rutaal
◆ **abwechselnd** mit:
• **Aufstoßen**: berb.hr1,kr1
• **Husten**: *Ant-t.*hr1,kr1,*
– **Abdomens**; mit Beschwerden des: bov.bg1,bg2,* *Castm.*bg2,kr1,* caust.bg2,st haem.bg1,bg2,* hep.j5,st m-arct.j5,st puls.bg2,st
– **Abendessen**:
• **vor**: merc.al,k
• **nach**: coca croc.al *Lyc.*al,k ruta
– **Abort**, bei drohendem: *Cham.*hr1,kr1
– **Anämie**, bei: *Graph.*kr1
– **anfallsweise**: agar.h,sf1,* ang.j5 ferr.j5 til.al
– **Angst**, bei: *Plb.*hr1,kr1
– **anhaltend**: aesc.al am-m.j5 asar.j5 *Bry.*j5 calc.j5 caps.h,j5,* carb-ac.al card-b.al carl.al chin.j5 chinin-s.al,j5 *Cocc.*h,j5,* crot-c.al eug.j5 hep.j5 lath.br1 mag-c.j5 nat-c.j5 nux-v.j5 op.j5 par.j5 phos.al,j5 plat.j5 sars.j5 spig.j5 staph.j5 sulph.j5 trom.al,j5 zinc.j5
• **Hinlegen**, nach dem: *Cocc.*h,hr1,*
– **Appetit**; mit Mangel an: kreos.al,j5
– **Arbeit**:
• **Abneigung** gegen Arbeit, mit: ang.j5 mag-m.j5 tong.j5
• **außerhalb** der Arbeit: mosch.al
– **Atemnot**:
• **mit**: bapt.kr1 *Brom.*bg2,kr1 sulph.
• **nach**: sulph.al
– **Atmen**:
• **nach**: sulph.al
• **schwierigem**, mit: bapt.kr1 *Brom.*bg2,kr1 sulph.
– **Aufstoßen**:
• **amel.**: thuj.bg1
• **mit** Gähnen: berb.bg2,kr1 lol.bg2,sf1 nat-m.bg2 phos.bg2
– **Beschwerden**, während anderer: agar.c1 castm.c1 cinabg2,c1 kreos.c1 sars.c1
– **Betäubung**, mit: jatr-c.kr1 meph.j5
– **Brustbeklemmung**, mit: croc.bg2 ign.bg2 stann.
– **Delirium**, vor dem: agar.st
– **Diarrhoe**:
• **während**: *Caps.*kr1 *Cupr.*kr1
• **nach**: nux-v.
– **Durst**, mit: bry.bg2,j5
– **Ehrgefühl**, durch verletztes: *Nux-v.*hr1,kr1
– **Entbindung**, nach: *Plat.*hr1,kr1
– **Erbrechen**, zwischen dem: apom.al
– **Erstickung**, wie durch: *Cit-v.*al
– **Erwachen**, beim: alum.j5 bar-c.j5 cocc.j5 dig.al,j5 mag-m.al,j5 nux-v.j5 verat.j5
– **Essen**, nach dem: ambr.c1 *Aran.*kr1 ars. aur-m. caps.h chin.bg2 chinin-s.sf1 con. ign. ip. *Kali-c.*h,kr1 *Nat-c.*bg2,sf1 nit-ac. plat. squil.bg2,bg3,* *Sulph.*bg2,bg3,*
• **amel.**: chen-v.kr1 hydrog.srj2
– **Freien**, im: eug.hr1,j5,* euphr.h,j5,* stann.h,j5,*
• **amel.**: clem.al ol-an.al,j5
• **Gehen**, nach dem: sep.j5
– **Frost**:
• **vor**: aesc. ant-t. *Aran.*hr1,kr1 arn.hr1,k ars. chin. elat. *Eup-per.* ign.hr1,k ip.hr1,k nat-m. nicc.hr1,k

• **vor**: ...
nux-v. rhus-t.
• **Mund** bleibt lange Zeit offen: ant-t.
• **während**: acon.bg2 agar.h,hr1,* am-c.j5 ant-t.bg2 apisbg2 arn.bg2 ars.bg2,k ars-h.a1,k bol-la. **Brom.**bg2 bry. calad.bg2,k caps.bg2,k caust.bg2,k chin.bg2,h,* cimx. cina cob.a1,k croc.bg2,k,* cycl.bg2 dig.bg2,sf1,* **Elat.** **Eup-per.** gamb.a1,k graph.bg1,h,* ip.bg2 kali-c.bg2 *Kreos.*j5,sf1,* laur.bg2,k lyc.bg2,k,* m-aust.j5 mag-m.a1,k *Meny.*bg2,k,* merc. mez.bg2,k,* *Mur-ac.*bg2,k,* murx. **Nat-m.**bg2,k,* nat-s.a1,k **Nux-v.**bg2,j5,* *Olnd.*bg2,k,* par.bg2,k,* phos.bg2,k plat.bg2 puls.bg2 rhus-t.bg2 ruta *Sep.*bg2,k,* sil.bg2,k teucr.bg2 thuj.bg2,k,* zinc.h
– **Frösteln**, mit: acon.bg2 am-c.bg2 ant-t.bg2 ars.bg2 bar-act.h bol-la.kr1 *Bry.*bg2 *Calc.*bg2,kr1 caps.bg2 chin.bg2,sf1 chinin-s.j5 *Cina*kr1 cob.kr1 croc.bg2 daph.kr1 dig.j5,sf1 *Gels.*kr1 *Ip.*kr1 *Kreos.*bg2 lyc.bg2 mag-m.h merc-sul.kr1 *Nat-m.*kr1 *Nat-s.*kr1 olnd. par. phos.sf1 puls.kr1 rhus-t.bg2 rutabg2 sep. sil.bg2 teucr.bg2
• **Menses**, vor den: **Puls.**hr1,kr1
– **Frühstück**:
• **agg.**: carl.a1
– **Gehen**:
• **beim**: bart.a1 camph.a1,k chlf.a1,k
• **Freien**, im: eug. euphr. kali-c.h lycps-v. stann.
• **amel**.: berb.kr1 ox-ac. plan.
• **nach**:
• **Freien**, im: alum.h nat-m.
– **Gespräch**; beim Zuhören bei einem: *Caust.*st *Lyss.*hr1,kr1
– **häufig**: *Acon.*a1,k agar.h,j5 alum.h,j5 am-c.h am-m.h ang.h,j5 ant-c.h,j5 ant-t.a1,k *Arn.*j5 *Ars.*h,j5 asar.h bar-act.a1 bar-c.a1,k *Bell.*j5 blatta-a.a1 bov.j5 *Brom.*a1,k bry.a1,k calc.h,j5,* camph.h,j5 cann-s.a1,k canth.j5 *Caps.*h,k,* *Carb-v.*h,j5,* caust.a1,k *Cham.*h,j5,* **Chel.**a1,k chin.st chinin-ar.k2 chinin-s.j5 cic.h,j5,* cimx.hr1,k,* cinaj5 *Cit-v.*a1,k clem.a1 cob.a1 *Cocc.*a1,k coff.a1,k colch.a1,j5 con.j5 cor-r.a1,k croc.a1,k crot-h.j5 *Crot-t.*j5 *Cupr.*a1,k cycl.a1 dig.j5 dros.j5 dulc.h1,j5 elat.a1,k euph.a1,k euphr.j5 *Gran.*j5 **Graph.**h,k,* grat.a1,k *Guaj.*j5 haem.j5 *Hep.*h,j5 hera.a1 *Hydr-ac.*a1,j5 *Ign.*a1,k1 ip.k1 kali-c.h,j5 kali-i.a1,k kali-sil.k13,k2 kreos.a1,k lach.j5 *Lact.*j5 laur.a1,k *Lyc.*a1,k lyss. *M-arct.*j5 m-aust.j5 mag-c.a1,k mag-m.a1,k *Mang.*h,j5 marb-w.es1 meny.h meph.a1,k merc.a1,k *Merc-c.*a1,k merc-sul.a1 mosch.a1,k myric.a1,k nat-ar. nat-c.h2,k,* nat-m.a1,k nat-s.a1 nit-ac.h nux-v.j5 ol-an.a1,k *Olnd.*a1,k onis.a1,j5 par.j5 ph-ac.a1,k phel.a1,k *Phos.*j5 plat.j5 *Plb.*j5 *Puls.*j5 rheumj5 rhod.j5 rhus-t.a1,k rutaj5 sabad.j5 sars.a1,k *Sep.*j5 *Sil.*h,j5 solin.a1 spig.a1,k,* squil.a1,k stann.a1,k staph.a1,k stront-c.j5 sul-ac.j5 **Sulph.**a1,k tab. tarax.j5 tart-ac.j5 tax.j5 *Verat.*j5 verb.j5 vinc.j5 xan.c1 zinc.a1,k zinc-act.a1
• **morgens**: *Cocc.*a1,k lycps-v. rhus-t.a1
• **vormittags**: caust.a1 indg.a1,k lyc.a1,k nat-c.a1,k nat-m.a1,k ph-ac.a1,k sars.a1,k
• **nachmittags**: caust.a1 hera.a1 mag-c.a1,k
• **Menses**, während: nat-m.a1,k

– **häufig**: ...
• **abends**: bell.h hep.a1,k lyc.a1,k mag-c.a1,k nat-c.a1,k ph-ac.a1,k
• **18** h, nach: mag-c.a1
• **Fahren** im Wagen; beim: nat-m.a1,k
• **Lesen**, nach dem: lyc.a1,k
• **Ruhelosigkeit**, mit: aran.kr1
• **Schläfrigkeit** und Ruhelosigkeit; mit: *Con.*kr1 *Kali-i.*kr1
• **Abendessen**, nach dem: *Lyc.*a1
• **Ausschlafen** des Rausches; nach dem: alco.a1
• **Menses**, während: mag-m.a1
• **Mittagessen**, nach dem: *Lyc.*a1
• **Schlaf**, nach: ign.a1
• **Wein**, durch:
• **amel**.: nat-m.a1
– **Haus**, im: rutaa1,kr1
– **heftig**, vehement: agar. am-c.j5 ant-t.j5,sf1 ars.h caust. cham.j5 cina *Cocc.*j5 coff. *Cor-r.* croc.j5 dulc.a1 euphr.j5 ferr-ma.j5 gran.j5 hep. hyos. *Ign.* indg.j5 lach.j5 *M-arct.*j5 mag-c. mez.j5 mosch. nat-m. nit-ac.j5 nux-v.j5 *Plat.* rat.j5 rhus-t. staph.bg3 sulph.j5 til. verat.j5
• **Mittagsschlaf**, nach dem: aloea1
• **Wein**:
• **amel**.: nat-m.a1
– **Heißhunger**, Bulimie; mit: *Lyc.*hr1,kr1
– **Hinlegen**, nach dem: *Cocc.*hr1,k,* plan.a1,k
– **Hitze**:
• **vor**: ars.h,kr1 *Elat.*hr1,kr1 *Ip.*hr1,kr1 *Nux-v.*hr1,kr1 *Rhus-t.*h,hr1,*
• **während**: aesc. *Apis*kr1 arn.bg2 *Ars.*bg2,sf1,* bry.bg2 calc. calc-p.hr1,k carl.a1 chinin-s. cina croc.bg2 *Elat.*hr1,kr1,* eup-per.hr1,kr1 *Ign.*bg2 kali-c.hr1,k kreos.bg2 **Nit-ac.**bg2 nux-v.sf,sf1 *Op.*bg2 *Phos.*bg2 plat.bg2 *Rhus-t.*bg2,k ruta sabad.a1,k sep.bg2 thuj.a1,k
– **Husten**:
• **beim**: anac.bg2 *Ant-t.*bg2 arn.bg2 *Bell.* brom.bg2 cham.bg2 ign.bg2 kreos.bg2 lyc.bg2 nat-m.bg2 nux-v.bg2 *Op.*bg2,hr1,* phos.bg2 puls.bg2,kr1 rhus-t.bg2 zinc.bg2
• **nach**: *Anac.*bg2,hr1,* ant-c.hr1,k **Ant-t.**hr1,k arn.hr1,kr1,* *Ip.* **Kreos.** *Nux-v.*k1 op.hr1,k sang.hr1,kr1,*
• **Kindern**; besonders bei: **Ant-t.**kr1
• **verursacht** Husten: arn.sf1 *Nux-v.*kr1
– **Hysterie**, bei: *Kali-p.*hr1,kr1 tarent.hr1,kr1
– **Kälte**, mit: caust.h nat-c.
– **Kindern**, bei: *Cham.*hr1,kr1 ign.j5
– **Kirche**, in der: pic-ac.a1
– **Koma**; im: aml-ns.ptk1
– **Konvulsionen**:
• **vor**: agar.h,hr1,* *Tarent.*hr1,kr1
• **bei**: agar.h,kr1 *Aml-ns.*kr1 *Graph.*hr1,kr1 hep.c1 *Ign.*hr1,kr1 kali-bi.k1,kr1 *Op.*hr1,kr1
– **Kopfschmerz**:
• **vor**: agar.h,hr1,*
• **mit**: *All-c.*hr1,kr1 am-c.h,kr1 chinin-ar.kr1 cycl.bg2,h,* form.bg1,bg2,* *Glon.*hr1,kr1,* ign.h,kr1 nux-v.bg2,j5,* *Phos.*hr1,kr1 staph.bg2,kr1
– **Krämpfen**, vor: merc.bg1

– **krampfhaft**: acon.$_{hr1,k,*}$ agar.$_{a1,k}$ am-c.$_{a1,k}$ ang.$_{bg2,k}$ ant-t.$_{bg2,k}$ arn.$_{bg2,k}$ ars.$_{hr1,kr1}$ bov.$_{hr1,kr1}$ bry.$_{bg2,k}$ calc. carl.$_{a1}$ chinin-ar.$_{h,st}$ *Cina* cocc.$_{hr1,k}$ coloc.$_{a1,k}$ *Cor-r.* croc.$_{bg2,k}$ cupr.$_{bg2,k}$ euphr.$_{a1,k}$ gran.$_{a1,j5}$ *Hep.*$_{bg2,k,*}$ hipp.$_{a1}$ *Ign.*$_{bg2,k,*}$ lach.$_{a1,j5}$ laur.$_{bg2,k}$ *M-arct.*$_{j5}$ *Mag-p.*$_{hr1,k}$ med.$_{hr1,k}$ mosch.$_{bg2,k,*}$ *Nat-m.*$_{bg2,k,*}$ nux-v. pana.$_{a1}$ **Plat.**$_{bg2,k,*}$ **Rhus-t.**$_{bg2,k,*}$ sep.$_{bg2,k}$ squil.$_{bg2,k}$ *Staph.*$_{bg2,k,*}$ sulph.$_{bg2,k,*}$ tarent.$_{a1,k}$ til.$_{a1}$

• **morgens**: ign.$_{a1,k}$

• **abends**: am-c.$_{a1,k}$ ign.$_{a1,k}$ sulph.$_{a1,k}$

• **Amenorrhoe**, bei: *Cina*$_{kr1}$

• **Hitze**; während: ars.$_{sf,sf1}$ nux-v.$_{sf,sf1}$ rhus-t.$_{sf,sf1}$

• **Schlaflosigkeit**, bei: croc.$_{bg2,sf1,*}$ plat.$_{bg2,sf1,*}$

• **Schlaf**, nach tiefem: nat-m.$_{a1}$

• **Wein**:

  • **amel.**: nat-m.$_{a1}$

– **Lachen**; gefolgt von unwillkürlichem: agar.

– **laut**: ferr-ma.$_{j5}$

• **Mittagsschlaf**, nach dem: aloe$_{a1}$

– **Leere** im Magen, bei: ammc.$_{a1}$

– **Lesen**, beim: euphr.$_{a1,k}$ nat-c.$_{a1,k}$ thuj.

• **lauten**, beim: hyos.$_{a1,k}$ thuj.$_{a1,k}$

– **Magenkrämpfen**, mit: calc.$_{h}$

– **Menorrhagie**, bei: *Apis*$_{kr1}$

– **Menses**:

• **vor**: am-c.$_{bro1}$ carl.$_{a1,k}$ phel.$_{a1,k}$ **Puls.**$_{hr1,k,*}$

• **während**: *Am-c.*$_{a1,k}$ bell.$_{a1,k}$ *Carb-an.*$_{a1,k}$ *Dig.*$_{hr1,kr1}$ kali-i.$_{j5}$ mag-m.$_{a1,k}$ nat-m. puls.$_{bro1}$

• **nach**: carb-an.$_{bg2,sf1,*}$

– **Metrorrhagie**, bei: *Apis*$_{kr1}$

– **Mittagessen**:

• **vor**: alum.$_{a1,k}$ *Bry.*$_{a1,k}$ *Calc-p.*$_{hr1,kr1}$ lyc.$_{a1,k}$ merc.$_{a1,k}$

• **beim**: *Calc-p.*$_{hr1,kr1}$ ign.$_{j5}$ lact.$_{j5}$ zinc.$_{hr1,k,*}$

• **nach**: ant-t.$_{sf,sf1}$ ars.$_{a1,k}$ bry.$_{j5}$ canth.$_{a1,k}$ cob.$_{a1,k}$ colch.$_{a1,k}$ dig.$_{a1,k}$ *Ign.*$_{j5,sf1,*}$ kali-bi.$_{a1,k}$ laur.$_{j5}$ *Lyc.*$_{a1,k}$ mag-c.$_{a1,k}$ mag-m.$_{a1,k}$ nat-c.$_{a1,k}$ nat-m.$_{a1,k}$ nit-ac.$_{j5}$ phel.$_{a1,k}$ phos.$_{j5,sf1,*}$ plat.$_{j5,sf1,*}$ plb.$_{a1,k}$ rat.$_{a1,j5}$ *Squil.*$_{sf,sf1}$ sul-ac.$_{a1,k}$ tab.$_{a1,k}$ zinc.$_{hr1,k,*}$

– **Müdigkeit**, mit: *Am-c.*$_{hr1,j5,*}$ ars.$_{j5}$ bar-c.$_{j5}$ *Calc.*$_{hr1,j5,*}$ choc.$_{srj3}$ crot-t.$_{j5}$ dulc.$_{j5}$ eug.$_{a1,j5}$ graph.$_{j5}$ grat.$_{j5}$ kali-n.$_{j5}$ kreos.$_{j5}$ laur.$_{j5}$ mag-c.$_{j5}$ mag-m.$_{j5}$ nit-ac.$_{j5}$ nux-v.$_{a1,j5}$ *Olnd.*$_{j5,sf1,*}$ *Plan.*$_{hr1,j5,*}$ rat.$_{j5}$ *Rhus-t.*$_{hr1,j5,*}$ sulph.$_{j5}$ zinc.$_{j5}$

– **Munterkeit**, mit: cham.$_{j5}$ kali-bi.$_{bg2}$

– **Neigen** des Körpers nach links; beim:

• **amel.**: phel.$_{a1}$

– **Neuralgie**; vor dem Anfall von: *Chel.*$_{hr1,kr1}$

– **periodisch**: arum-t.$_{a1}$

– **Pulsieren**, mit:

• **Brust**, in der: calc.$_{bg2}$

• **Kopf**, im: calc.$_{bg2}$

– **Rausch**; wie durch einen: bell.$_{a1}$

– **Rheumatismus**, bei: *Bry.*$_{hr1,kr1}$

– **Ruhelosigkeit**, mit: *Lach.*$_{hr1,kr1}$ plb.$_{hr1,kr1}$

– **Schaudern**, beim: arn.$_{j5}$ calad. *Cina* hydr-ac.$_{j5}$ ip.$_{h}$ kali-c.$_{h}$ laur. mag-m.$_{j5}$ mez.$_{h}$ nux-v.$_{j5}$ *Olnd.* phos.$_{h}$ sars.$_{h,j5}$ sep.$_{a1}$

– **Schlaf**, im: *All-c.*$_{hr1,kr1}$ castm.

– **Schläfrigkeit**:

• **während**: *All-c.*$_{bg2,j5,*}$ alum.$_{bg2,j5}$ am-c.$_{bg2,j5}$ ars.$_{bg2,j5}$ aspar.$_{bg2,j5}$ bar-c.$_{bg2,j5}$ bell.$_{bg2,j5}$ bov.$_{bg2,j5}$

– **Schläfrigkeit - während**: ...
calc.$_{bg2,j5}$ carb-an.$_{bg2,j5}$ carb-v.$_{h,j5,*}$ cham.$_{bg2,j5}$ chel.$_{bg2,j5}$ *Chin.*$_{bg2,j5,*}$ cic.$_{bg2,j5,*}$ cina$_{bg2,j5,*}$ clem.$_{bg2,j5}$ coff.$_{bg2,j5}$ con.$_{bg2,j5}$ croc.$_{bg2,j5}$ *Cupr.*$_{bg2,j5}$ dulc.$_{bg2,j5}$ euphr.$_{bg2,j5}$ *Graph.*$_{bg2,j5,*}$ grat.$_{bg2,j5}$ haem.$_{bg2,j5,*}$ hell.$_{bg2,j5}$ indg.$_{bg2,j5}$ kali-bi.$_{bg2,j5}$ *Kali-c.*$_{bg2,j5}$ *Kali-n.*$_{bg2,j5,*}$ *Kreos.*$_{bg2,j5,*}$ lact.$_{bg2,j5}$ *Laur.*$_{bg2,j5,*}$ lyc.$_{bg2,j5}$ *M-arct.*$_{bg2,j5}$ *M-aust.*$_{bg2,j5}$ *Mag-c.*$_{bg2,j5}$ *Mag-m.*$_{bg2,j5,*}$ mag-s.$_{bg2,j5,*}$ mang.$_{bg2,j5,*}$ merc.$_{bg2,j5,*}$ mez.$_{bg2,j5}$ mill.$_{bg2,j5,*}$ mosch.$_{bg2,j5}$ mur-ac.$_{bg2,j5}$ *Nat-c.*$_{bg2,j5,*}$ nat-m.$_{bg2,j5}$ nicc.$_{bg2,j5}$ *Nux-v.*$_{bg2,j5,*}$ *Ol-an.*$_{bg2,j5,*}$ *Par.*$_{bg2,j5}$ ph-ac.$_{bg2,j5}$ phel.$_{bg2,j5}$ phos.$_{bg2,j5}$ plb.$_{bg2,j5}$ rat.$_{bg2,j5}$ *Rhus-t.*$_{bg2,j5,*}$ ruta$_{bg2,j5}$ senec.$_{bg2,j5,*}$ spig.$_{bg2,j5}$ *Spong.*$_{bg2,j5,*}$ *Squil.*$_{bg2,j5,*}$ stann.$_{bg2,j5}$ *Sulph.*$_{bg2,j5,*}$ verb.$_{bg2,j5}$ zinc.$_{bg2,j5}$

• **ohne**: acon.$_{bg2,k,*}$ alum.$_{bg2,k}$ am-m.$_{bg2,k,*}$ ang.$_{bg2,h,*}$ ant-t.$_{bg2,k}$ arn.$_{bg2,k,*}$ bry.$_{bg2,k}$ canth.$_{bg2,k,*}$ caust.$_{bg2,k,*}$ cham.$_{h,k,*}$ chin.$_{h,k,*}$ *Croc.*$_{bg2,sf1,*}$ cupr.$_{bg2,k,*}$ cycl.$_{bg2,k,*}$ grat.$_{j5,sf1,*}$ hep.$_{bg2,k}$ *Ign.*$_{bg2,k}$ indg.$_{j5}$ kali-i.$_{a1,k}$ lach.$_{bg2,k}$ lact.$_{j5}$ laur.$_{bg2,k,*}$ lyss. m-arct.$_{j5}$ mag-c.$_{bg2,k,*}$ mang.$_{h,j5}$ mosch.$_{bg2,k}$ nat-m.$_{bg2,k}$ ol-an.$_{a1,j5}$ phel.$_{a1,j5}$ phos.$_{bg2,k}$ **Plat.**$_{bg2,k}$ rat.$_{a1}$ rhod.$_{j5}$ **Rhus-t.**$_{bg2,k,*}$ *Sep.*$_{bg2,k}$ spig.$_{bg2,k,*}$ squil.$_{bg2,k}$ staph.$_{bg2,k}$ sulph.$_{bg2,k}$ tax.$_{a1,j5}$ viol-o.$_{bg2,k,*}$ zinc.$_{j5}$

– **Schluckauf**, mit: aml-ns.$_{bg2}$ carl.$_{a1}$ caust.$_{bg2}$ crot-t.$_{a1}$ mag-c.$_{a1,bg2}$ nat-m.$_{bg2}$

– **Schmerz**:

• **Schmerzanfälle**:

  • **vor**: agar.$_{h}$

  • **mit**: agar.$_{h}$ ph-ac.$_{h}$

• **während** dem: nux-v.$_{bg2}$ phos.$_{bg1,bg2,*}$ puls.$_{bg2}$

– **Schnupfen**, beim: bry.$_{bg2}$ carb-an.$_{bg2}$ cupr.$_{bg2}$ hell.$_{bg2}$ laur.$_{bg2}$

– **Schwäche**, mit: alum.$_{h}$ camph.$_{h}$

– **Schweiß**, beim: arn.$_{bg2}$ *Ars.*$_{bg2}$ bry.$_{bg2}$ calad.$_{a1,hr1}$ caust.$_{bg2}$ cina$_{bg2}$ croc.$_{bg2}$ ign.$_{bg2}$ *Kali-c.*$_{bg2}$ kreos.$_{bg2}$ *Nit-ac.*$_{bg2}$ **Nux-v.**$_{bg2}$ op.$_{bg2}$ phos.$_{bg2}$ plat.$_{bg2}$ *Rhus-t.*$_{bg2}$ *Sabad.*$_{bg2}$ **Sep.**$_{bg2}$

– **Schwindel**, mit: agar. apoc. petr.

– **seufzend**: ign.$_{bg2}$

– **Sitzen**, im: atro.$_{hr1,kr1}$ borx.$_{j5}$ carl.$_{a1,k}$ clem.$_{h,k,*}$ coca nat-c.$_{a1,k}$ nicc.$_{j5}$ tarax.$_{a1,k}$

– **sommerlicher** Diarrhoe von Kleinkindern; bei: *Ars.*$_{hr1,kr1}$

– **spasmodisch**

☞ *krampfhaft*

– **Strecken**, mit: acon.$_{bg2,j5}$ aesc.$_{bg2,j5,*}$ *Agar.*$_{h,j5,*}$ all-c.$_{bg2,j5}$ *Alum.*$_{bg2,j5}$ *Am-c.*$_{bg2,j5}$ ambr.$_{bg2,j5}$ ang.$_{bg2,j5}$ ant-t.$_{bg2,j5}$ arn.$_{bg2,j5}$ **Ars.**$_{h,j5,*}$ asar.$_{bg2,j5}$ bar-c.$_{bg2,j5}$ *Bell.*$_{h,j5,*}$ borx.$_{bg2,j5}$ bov.$_{bg2,j5}$ *Bry.*$_{bg2,j5,*}$ calc.$_{bg2,j5}$ camph.$_{h,j5,*}$ cann-s.$_{bg2,j5}$ canth.$_{bg2,j5}$ caps.$_{bg2,j5}$ *Carb-v.*$_{h,j5,*}$ carl.$_{a1}$ castm.$_{bg2,j5}$ *Caust.*$_{bg2,j5}$ **Cham.**$_{h,j5,*}$ *Chin.*$_{h,j5,*}$ chinin-s.$_{bg2,j5}$ cocc.$_{h,j5,*}$ cur.$_{bg2,j5,*}$ daph.$_{hr1}$ dig.$_{h,j5,*}$ dros.$_{bg2,j5}$ elat.$_{bg2,j5}$ ferr.$_{h,j5,*}$ *Form.*$_{bg2,j5,*}$ gran.$_{bg2,j5}$ *Graph.*$_{h,j5,*}$ *Guaj.*$_{h,j5,*}$ hell.$_{bg2,j5}$ hep.$_{bg2,j5}$ *Ign.*$_{bg2,j5}$ *Ip.*$_{h,j5,*}$ kreos.$_{bg2,j5}$ *Lach.*$_{bg2,j5,*}$ lact.$_{bg2,j5}$ laur.$_{bg2,j5}$ led.$_{bg2,j5}$ mag-c.$_{bg2,j5}$ mang.$_{bg2,j5}$ meph.$_{bg2,j5}$ merc.$_{bg2,j5}$ merc-c.$_{bg2,j5}$ mez.$_{h,j5,*}$ mur-ac.$_{bg2,j5}$

– **Schwindel**, durch: am-c.j5 calc.j5 caust.j5 chin.j5 cor-r.j5 lach.j5 lyc.j5 merc.j5 nat-c.j5 nicc.j5 op.j5 *Phos.*j5 sep.j5 *Sil.*j5 stront-c.j5 *Sulph.*j5 *Ther.*j5

– **Träume**, durch: acon.bg2,k,* agar.bg2,k alco.a1 allox.jl,jl3,* *Alum.*kr1 *Alumn.*hr1 am-m.j5 ambr.bg2,k,* ammc.hr1,j5,* ang.hr1,j5,* ant-s-aur.kr1 **Ant-t.**hr1,j5,* *Apis*kr1 aran-ix.mg,mg1,* arg-met.jl *Arg-n.*hr1,kr1 arn.bg2,k,* *Ars.*bg2,k,* ars-s-r.hr1,kr1 atro.a1,k bell.a1,k benz-ac.a1,k berb.hr1,kr1 bol-la.a1,kr1 bond.a1 bov.hr1,kr1 brach.hr1,kr1 bruc.j5 bry.bg2,k,* cact.a1,k cain.kr1 *Calc.*j5,k2,* calc-ar.k2 calc-f.hr1,kr1,* calc-p.a1,k calc-s.hr1,kr1 calen.hr1,kr1 cann-i.hr1,kr1 *Caps.*bg2,hr1,* carb-an.j5 *Carb-v.*bg2,h,* carbn-s. *Card-m.*hr1,kr1,* carl.a1,k castor-eq.kr1 caust.j5 cham.a1,k *Chel.*bg2,hr1,* *Chin.*bg2,j5 chinin-s.j5 cimic.a1,k cit-v.hr1,kr1 *Clem.*hr1,j5,* cob.a1 coc-c.a1,k cocc.hr1,j5,* coff.j5 coloc.bg2,k,* com.hr1,kr1 *Con.*h,j5,* cor-r.j5 *Corn.*hr1,kr1,* croc.j5 crot-t.a1,k cupr. cupr-act.a1 *Cycl.*a1,k cyt-l.sp1 daph.j5 dig.bg2,k,* digin.a1 digox.a1 dios.hr1,kr1 dulc.bg2,k,* euphr.a1,k *Ferr.*h,k,* ferr-i.a1,k gamb.a1,k gast.a1 glon.a1,k *Gran.*j5 *Graph.*a1,k guare.hr1,kr1 ham.a1 hell.a1,k *Hep.*j5 hir.jl,jl3 hydrog.srj2 iber.hr1,kr1,* ign.bg2,k,* ind.a1 iod.hr1,kr1 iodof.hr1,kr1 jab.a1 kali-ar.k13,k2 kali-c.jl kali-chl.a1,j5 kreos.j5 kres.mg,mg1 *Lach.*bg2,hr1,* *Laur. Lob.*j5 lyc.bg2,k,* lycps-v.kr1 lyss. m-arct.j5 mag-c.a1,k mag-m.j5 mag-s.a1,k mand.jl,jl3,* *Menis.*a1 merc.a1,k merc-sul.hr1,kr1 mez.j5 mosch.bg2,j5 mur-ac.h,k,* *Murx.*hr1,kr1 myric.a1 nat-c.bg2,j5 nat-m.a1,k *Nat-s.*j5 nicc.j5 nit-ac.bg2,k,* nux-m.j5 nux-v.bg2,k,* op.bg2,k,* paeon.a1,k par.bg2,k,* peti.a1 petr.bg2,j5 ph-ac.j5 *Phos.*hr1,j5,* pip-m.a1 plan.hr1,kr1 plat.j5 plb.bg2,k,* prun.j5 psil.ft1 psor.a1,k ptel.a1,k *Puls.*hr1,j5,* *Raph.*hr1,kr1 rauw.sp1 rhod.bg2,k,* rhus-g.a1 *Rhus-t.*hr1,j5,* rhus-v.hr1,kr1 sabad.bg2,j5 sabin.hr1,j5,* sec.bg2,j5 sel.bg2,j5,* seneg.bg2,j5 *Sep.*hr1,j5,* *Sil.*hr1,j5,* sin-n.a1,k sol-ni. solin.a1 spig.bg2,k,* *Spong.*bg2,k,* stront-c.j5 sulph.bg2,k,* tab.a1,k tarax.hr1,kr1 *Tarent.*hr1,kr1 *Ter.*hr1,j5,* teucr.bg2,j5 *Thuj.*hr1,j5,* tril-p.c1 v-a-b.jl,jl3 valer.bg2,k,* vario.hr1,kr1 verat.j5 verb.bg2,j5 wies.a1 *Zinc.*hr1,j5,* zinc-o.j5 zinc-ox.j5
  • **morgens**: aur.hr1,kr1 cham.a1 *Cycl.*hr1,kr1 *Fl-ac.*hr1,kr1 jab.a1 *Kali-chl.*a1,hr1 *Kali-m.*kr1
    • **5** h: ham.a1
  • **mittags**: ther.hr1,kr1
    • **Mittagsschlaf**, beim: **Nat-m.**hr1,kr1
  • **Mitternacht**:
    • **vor**: *Chel.*hr1,kr1
    • **nach**: ph-ac.hr1,kr1 stront-c.a1
  • **Menses**, während: *Kali-c.*hr1,kr1
  • **schreckliche**, durch: alumn.hr1,kr1 aran-ix.mg,mg1 calc-f.sp1 kres.mg,mg1 lach.k2 petros.hr1,kr1

– **Übelkeit**, durch: am-c.j5 ambr.j5 bar-c.j5 bry.j5 carb-v.j5 cham.j5 con.j5 cycl.a1,j5 *Graph.*j5 hell.a1,j5 hep.j5 kali-c.j5 *Lach.*j5 lyc.j5 mang.j5 mez.j5 *Mur-ac.*j5 nicc.j5 nit-ac.j5 phel.j5 phos.j5 rat.j5 rhus-t.j5 ruta.j5 seneg.j5 *Sep.*j5 sil.j5 squil.j5 *Sulph.*j5 ther.j5 thuj.j5 vip.j5

– **Unbehaglichkeit**, durch: agar.j5 cina.j5 clem.j5 cocc.j5 gast.a1,j5 lach.j5 merc.j5 nat-c.j5 nicc.j5 petr.j5

Gestört - Unbehaglichkeit, durch: ... puls.j5 sabad.j5
  • **4** h:
    • **agg.**: plan.a1

– **Visionen**, Phantasiebilder; durch: acon. alum. alum-sil.k13,k2 apis *Arg-n. Arn.* bell. *Calc.* camph.j5 *Carb-an.* carb-v. *Cham.*j5 chin. coff. dulc.j5 *Graph.*j5 hell.j5 ign. lach. led. lyc.h,k,* merc. nat-c.j5 nat-m.j5 nit-ac.j5 nux-m.j5 *Op.*j5 ph-ac. phos. plat.j5 puls.j5 rhus-t. *Sep.*j5 sil. spong. sulph. thuj.
  • **ängstliche**: calc.j5 phos.j5 sep.j5
  • **erotische**: ambr.j5 calc. sil.j5
  • **Schließen** der Augen, beim: apis bell.j5 *Calc.* camph.j5 *Graph.*j5 lach. led. lyc. spong. *Sulph.*j5 *Thuj.*
  • **schreckliche**: bell. calc. *Carb-an.* carb-v. chin.j5 lyc.j5 merc. *Nux-v. Op.*j5 sil. spong.j5 sulph.

– **Vollmond**, bei: nat-c.j5 sulph.j5

– **Wahnideen**, durch: bell.j5 canth.j5 carb-v.j5 cham.j5 colch.j5 dulc.j5 merc.j5 par.j5 *Plb.*hr1,j5,* sulph.j5

– **Wochenbett**, im: lyc.j5

– **Ziffern** vor den Augen; durch: ph-ac. sulph.j5

– **Zuckungen**, durch: alum.j5 ant-t.j5 *Ars.*j5 *Bell.*j5 calc.j5 carb-v.j5 castm.j5 crot-h.j5 *Cupr.*j5 dulc.j5 *Graph.*j5 hyos.j5 *Kali-c.*j5 *Lyc.*j5 mag-c.j5 nat-c.j5 *Nat-m.*j5 *Nit-ac.*j5 *Op.*j5 *Puls.*j5 rhus-t.j5 sel.j5 *Sep.*j5 *Sil.*j5 sul-ac.j5 *Sulph.*j5 viol-t.j5 zinc.j5

Halbschlaf: *Acon.*sf,sf1,* agar.sf,sf1 alum.j5,st ambr.j5,st anac.j5,sf1,* ant-c.j5 ars.j5,st aur.st bapt.hr1,kr1 **Bell.** berb.a1,k bry.a1,k calc. canth.j5,st carb-v.a1 casc.a1,k **Cham.**j5,st chel.st chin.a1 chinin-s. choc.srj3 cocc.hr1 *Coff.*sf,sf1,* coloc.j5,st con.a1 dig.a1,k ferr.j5,st *Gels. Graph.*j5,st grat.sf,sf1 hipp.a1 hydr-ac.j5 hyos.j5 ign.a1,k kali-br.a1 *Kali-c.*a1,k1,* *Kali-n.*j5,st lach.j5,st led.j5 *M-arct.*bg2,j5,* manc.a1 merc.j5,st merc-i-r.a1,k morph.a1 nat-c.j5 nat-m.h *Nit-ac.*j5,sf1,* olnd. *Op.*j5,sf1,* *Par.*j5 paro-i.jl,jl3 *Petr.*j5,st phos.sf,sf1 plat.a1 prun.j5 *Puls.*h,j5,* ran-s. raph.j5,st rhus-t.j5,st ruta sabad.j5 sec.hr1,kr1 *Sel.*sf,sf1,* sil.j5,st spig.j5 spong.sf,sf1 staph.j5,st stront-c.bg2,j5 *Sulph.*sf,sf1,* sumb.a1 *Verat.*j5
  ☞ *Dösen / Leicht*

– **tagsüber**: verat.j5

– **abends**: bamb-a.stb2 rhus-t.j5 sabad.j5 verat.j5
  • **ersten** Schlaf; und im: bell.h

– **nachts**:
  • **Mitternacht**: mang.a1
    • **vor**: bamb-a.stb2 rhus-t.j5 sabad.j5 verat.j5
    • **nach**: coff.j5 pip-m.a1,j5 ran-s.j5
  • **schläfrig** tagsüber: bry.sf1

– **hört** alles: acon.bg2 alum.bg2 alumn.kr1 am-c. ang.a1 apis.kr1 ars.bg2,j5 *Asar. Bell.*bro1 *Calad.* calc-br.bro1 carb-v.bg2,j5 cham.bro1 chin. cocc. *Coff.*bg2,kr1,* grat. *Ign.*bg2,kr1,* kali-n.j5 lach.bg2,j5 *Merc.*bg2,j5 narcot.a1 nat-p. nux-v. ol-an. op. phos. ruta.j5 saroth.jl,mg1 sel. sep.st sul-ac.j5 *Sulph.*h,st tarent.bro1 valer.bro1 zinc-val.bro1
  • **Gespräche** um ihn herum wahr; nimmt halb bewußt: dios.a1

– **Sitzen**, aber schläfrig im: ign.al

Hellsichtiger Zustand, wie ein: com.al stann.j5

Hitze:

– **Schläfrigkeit** während der Hitze

☞ *Schläfrigkeit - Hitze - während*

– **schläft** während der Hitze

☞ *Einschlafen - Hitze - während*

Komatös: acon.bg2,k aeth.hr1,k1 *Agar.*hr1,k *Agn.*bg2,k,* **Ail.**bg2 alco.al anac.bg2,j5 ang.bg2 *Ant-c.*bg2,k,* **Ant-t.**bg2,k,* *Anthraci.*kr1 *Apis* **Arg-n.**hr1,k *Arn.*bg2,k *Ars.*bg2,k ars-s-f.k13,k2 *Art-v.*hr1,kr1 *Asaf.*bg2,k atro.hr1,kr1 aur. aur-ar.k2 aur-m.hr1,k aur-s.k2 **Bapt.**hr1,k *Bar-c.*bg2,k **Bell.**bg2,k,* *Borx.* *Bry.*bg2,k,* *Bufo* *Calad.* *Calc.*bg2 *Camph.*bg2,k,* canth.j5 *Caps.*hr1,j5,* carb-ac.hr1,k carb-v.bg2,j5 casc.j5 *Caust.*bg2,k,* *Cench.*st cerv.al cham.bg2,k *Chin.*hr1,k chlf. *Chlol.*k,k1 *Chlor.* *Cic.*bg2,k,* *Cimic.* clem.bg2,j5 cocc.bg2,k *Colch.* coloc.bg2,k *Con.*bg2,k,* **Croc.**bg2,k *Crot-c.* *Crot-h.*hr1,k cub.al,k *Cupr.*bg2,k,* cupr-act.kr1 cupr-c.j5 cycl.bg2 cyt-l.mg,mg1 *Dig.*bg2,k,* *Dor.*hr1,k dulc.al euph.bg2 euphr.bg2,j5 ferr.bg2 ferr-p.bg2 *Gels.* *Graph.*bg2,j5 *Grat.*hr1,j5,* *Hell.*bg2,k,* *Hep.*bg2,j5,* hydr-ac.j5 hyos.bg2,k,* *Ign.*bg2,j5,* *Iris*kr1 kali-br.hr1 kali-c.bg2,j5 kali-chl.j5 *Kali-i.*hr1,kr1 kali-n. *Kali-perm.*kr1 *Lach.*bg2,k *Lact.*hr1,j5,* *Laur.*bg2,k,* *Led.*bg2,k lup.j5 *Lyc.*bg2,k,* m-arct.j5 merc.bg2,k,* merc-c.bg2 *Merc-cy.*hr1,kr1 mosch.bg2,k *Mur-ac.*hr1,kr1 najagm1 *Nat-m.*hr1,k nit-ac.bg2 **Nux-m.** nux-v.bg2,k,* olnd.bg2,j5 **Op.**bg2,k,* petr.bg2,j5 *Ph-ac.*bg2,k,* *Phos.*bg2,k *Phys.*hr1,kr1 plat.hr1,j5 *Plb.*bg2,k,* *Puls.*bg2,k,* ran-b.bg2 *Rhus-t.*bg2,k,* rutabg2 sabad.j5 *Sec.*bg2,k,* *Seneg.*bg2,j5 sep.bg2,k spig.bg2,j5 spong.hr1,kr1 stann.bg2 *Stram.*bg2,k *Sulph.*bg2,k,* tab.bg2 *Tarent.*hr1,kr1 ter.hr1,k ther.hr1 urt-u.hr1,kr1 valer.bg2 **Verat.**bg2,k,* vip.j5 *Zinc.*bg2,k zinc-p.k2 zing.hr1,k

☞ *Bedrückend / Coma / Erwachen - schwierig / Schwer / Tief / Verlängert*

– **Tag** und Nacht: anac.j5 bar-c. lup.j5

• **periodisch**, jeden dritten Tag: sep.

– **tagsüber**: aeth.j5 dig.j5 hep.j5 lup.j5 plb.hr1,j5,* sabad.j5

– **morgens**: *Nux-v.*hr1,kr1 phos.

• **Sonnenaufgang**, nach: euphr.bg2 merc.bg2 nux-v.bg2 puls.bg2

– **vormittags**: ant-c.j5 ant-t. verat.j5

• **ganzen** Vormittag; den: sel.al

– **mittags**: ther.hr1,kr1

– **nachmittags**: euph.j5 kali-c.j5 zing.hr1,k

– **abends**: ant-t. ars. asaf.j5 verat.j5

• **darauffolgenden** Abend; von einem Abend bis zum: lup.j5

– **nachts**: **Puls.**hr1,kr1

◈ **abwechselnd** mit:

• **Delirium**

☞ ❑ *Gemüt - Delirium - abwechselnd mit - Schlaf - komatösem*

• **Schlaflosigkeit**: *Camph.*

– **anhaltend**: anac.j5 lach.j5 op.j5

☞ *Verlängert*

Komatös - anhaltend: ...

• **zwei** Tage: hyos.j5

• **drei** Tage: *Hyos.*kr1 *Verat.*j5

• **Woche**, eine ganze: *Hell.*hr1,kr1

– **Apoplexie**, bei: *Crot-h.*hr1,kr1 *Op.*j5

– **Atmung**; mit Beschwerden der: acon.j5 cham.j5 op.j5 stram.j5 vip.j5

– **Augen**:

• **ein** Auge offen: verat.j5

• **offenen**, mit: caps.j5 coloc.j5 samb.j5

• **Öffnen**, schwieriges: aeth.j5 cham.j5 cocc.j5 m-arct.j5

– **Delirium**, mit: acon.j5 ant-c.j5 **Ant-t.**hr1,j5,* arn.j5 **Bapt.**hr1,j5,* *Bry.*hr1,j5,* camph.j5 coloc.j5 puls.j5 sec.j5 *Verat.*hr1,j5,*

– **Durst**, mit: anac.j5 bell.j5 cham.j5 op.j5 verat.j5

– **Entbindung**, bei der: lach.

– **Erbrechen**:

• **nach**: *Cupr.*hr1,kr1

• **mit**: dig.j5 vip-r.j5

– **Gähnen**, mit: laur.j5

– **Hautausschlägen**; nach unterdrückten: *Zinc.*

– **Hitze**; mit: *Agar.*hr1,j5,* anac.j5 bell.j5 bry.j5 cham.j5 coloc.j5 gels.j5,k2 *Op.*hr1,j5,* *Puls.*j5 spong.j5,kr1 *Tarent.*hr1,j5,*

– **Hunger**, mit: bell.j5

– **Kindern**, bei: sep.j5

– **Konvulsionen**:

☞ *Einschlafen - Konvulsionen*

• **vor**: *Sulph.*hr1,kr1

• **während**: op.j5,kr1 *Plat.*hr1,kr1 *Sulph.*hr1,kr1 vip-r.j5,kr1

☞ *Einschlafen - Konvulsionen - während*

• **nach**: *Atro.*hr1,kr1 *Bufo*kr1 *Caust.*hr1,kr1 *Ign.*hr1,kr1 *Kali-br.*hr1,kr1 plb.hr1,kr1

☞ *Einschlafen - Konvulsionen - nach*

• **zwischen**: agar. aur. *Bufo* *Ign.* **Oena.** **Op.** plb.

– **Mittagessen**, nach dem: dig.j5 ign.j5

– **plötzlich**: m-arct.j5

– **Schmerzen**, nach: lach.j5

– **Schnarchen**, mit: bell.j5 carb-v.j5 laur.j5 *Op.*hr1,j5,* rhus-t.j5 *Stram.*j5

– **Schweiß** in der Nacht; mit: **Puls.**kr1

– **Sitzen**, im: aur.j5

– **Sonnenstich**, durch: *Op.*hr1,kr1

– **Urämie**, bei: agar.kr1 anac.kr1 ars.kr1 aur.kr1 lach.kr1,st lact.kr1 op.kr1 ter.kr1

Konvulsionen; schläft während der

☞ *Einschlafen - Konvulsionen*

Kurz: acon.al,k agar.al,k anag.al,k ange-s.jl ant-c.al,k ant-t.hr1,k,* *Anthraci.*kr1 apiskr1 *Arg-n.*hr1,k arn.al,k ars.bg1 ars-i.al,k *Bar-c.*hr1,kr1 *Borx.*j5 bov.al,k *Bry.*j5 *Calc.*bg1,j5 *Camph.*hr1,kr1 carb-ac.hr1,kr1 *Caust.*j5 cerv.al chin.bg1,j5 *Croc.*j5 cund.al cupr.al,k *Fl-ac.*hr1,kr1,* kali-c.al,k *Lach.*hr1,kr1 *Laur.*hr1,kr1,* lyc.al,k lyss.hr1,kr1 mag-c.al,k mag-m.j5 marb-w.es1 meph.jl merc.al,k morph.al,k myric.al,k nat-ar. nat-c.al,k nit-ac.al,k nux-v.al,k *Ol-an.*j5 ox-ac.al,k par.al,k ped.al *Petr.*hr1,kr1 *Ph-ac.*hr1,j5,* phos.al,k plat.al,k plb.j5 *Prun.*j5 *Rhus-t.*hr1,kr1 *Rumx.*al,kr1 ruta *Sal-ac.*hr1,kr1 *Sec.*hr1,kr1 sep.j5 sin-n.al,k spong.hr1,k,*

Kurz: ...
staph.j5 sul-ac.bg2 ther.j5 thuj.a1,k tus-fr.a1 verat-v.a1,k verb.c1,j5 *Zinc.*hr1,j5,*
☞ *Erwachen - ausgeschlafen - kurzem / Schlaflosigkeit*
– **amel.**
☞ *❑ Allgemeines - Schlaf - kurzer*
– **nachmittags**: teucr.a1
– **abends**: castm.a1
– **nachts**:
• **Mitternacht**:
• **vor**:
• **22** - 4 h: sep.j5
• **23** - 4 h: staph.j5
• **um**:
• **morgens**; bis: merc.j5
• **nach**:
• **4.30** - 6.30 h: ham.a1
• **5** h:
• **nach**: phys.a1
– **erfrischend**; kurzer Schlaf ist
☞ *❑ Allgemeines - Schlaf - kurzer*
– **Gefühl**, nur kurz geschlafen zu haben: dig.a1 dros.a1 glon.a1 mosch.a1 myric.a1 ost.a1
• **morgens**: *Ars.*a1 carb-an.a1 con.a1 grat.a1 kali-bi.a1 kali-c.a1 phos.a1 til.a1
• **vormittags**: viol-t.a1
• **abends**: grat.a1
• **Erwachen**, beim: myric.a1 trif-p.a1
• **Sitzen** und Lesen, beim: euphr.a1
– **Mittagessen**, nach dem: aloe.a1
– **Nickerchen**, in kurzen: androc.srj1 *Camph.*hr1,kr1 carb-ac.hr1,kr1 *Rhus-t.*hr1,kr1 rumx.a1,kr1 *Sec.*hr1,kr1 *Sel.*bg2,k2,* sulph.hr1,kr1
– **Schmerzen**, durch: plb.a1
– **wiederholt**, im Sitzen: narcot.a1

Lage:
– **Aufsetzen**:
• **plötzliches** Aufsetzen, dann wieder Liegen auf dem Rücken: hyos.gt
– **bewegungslos**: lyc.a1
– **diagonal**: con.bg2,sf1,*
– **genupektoral**: *Calc-p.*mg1,st,* *Carc.*cd,mg1,* con.sf,sf1,* euph.sf,sf1,* *Lyc.*sf,sf1,* **Med.**hr1,k2,* *Phos.*mg1,st,* sep.mg1,st,* *Tub.*mg1,st
– **gerade**: abrot.a1
– **hart**; jede Lage erscheint: laur.j5 mag-c.j5 phos.j5
– **kniend**: *Med.*st stram.
– **merkwürdig**, sonderbar: berb.a1 calc-p.dgt cina.bg2 plb.bg2,k2,*
– **nackt**: fl-ac.a1 merc.st puls.st **Sulph.**st
– **Sitzen** ●: acon.bg2 *Ars.*bg2,k,* bar-c. bell.hr1,k borx.bg2 cann-s.bg2,k caps.bg2,k carb-v.bg2,k chin.bg2,k cic.bg2,k *Cina* dig.bg2,k hep.bg2,k *Kali-c.* kali-n.bg2,k *Lyc.*k,kl2● phos.k,kl2● puls.k,kl2● *Rhus-t.*k,kl2● sabin.bg2,k spig.bg2,k *Stram.*hr1,kr1 *Sulph.*k,kl2●
• **Kopf**:
• **gebeugtem**, mit:
• **Seite**, zur:
• **rechts**, nach: *Cina*a1
• **vorne**, nach: acon.a1
• **Seite**, oder zur: puls.a1

Lage - Sitzen - Kopf: ...
• **hinten** gehalten; sitzt aufrecht mit dem Kopf etwas nach: *Cina*bg2,kr1,* *Phos.*st
• **Tisch**, auf dem: *Ars.*st
• **nur** im Sitzen unmöglich; Schlaf: acon.j5 puls.j5 sulph.j5
• **Würgen**; Aufsetzen und: rhus-t.h
– **sonderbar**
☞ *merkwürdig*
– **steif**: *Cham.*st mag-s.st plat.st
– **umgekehrt**: coff.j5
– **unmöglich**; Liegen ist: *Cham.* glon.a1 lyc. sulph. tarent.a1
– **unruhig**
☞ *verändert*
– **verändert** häufig die Lage: **Ars.**sf,sf1,* aur.j5 *Bad.*hr1,kr1 *Cact.*hr1,kr1 calen.hr1,j5,* caste.j1 caust.ptk1 *Eup-per.*sf,sf1 form.hr1,kr1 *Hep.*hr1,kr1,* *Ign.*hr1,j5,* kali-c.j5 lach.j5 lyc.j5,sf1,* lycpr.j5 m-aust.j5 mosch.hr1,kr1,* *Nat-s.*sf,sf1 phos.j5 plat.j5 *Pyrog.*sf,sf1 rhus-t.sf,sf1 sabin.j5
☞ *Ruhelos*
• **morgens**: aur.j5
• **abends**: kali-c.j5 lach.j5
• **nachts**:
• **Mitternacht**:
• **nach** Mitternacht; und: plat.j5
• **Herzklopfen**; aufgrund von: cact.st
– **wechselt** häufig die Lage
☞ *verändert*
– **zusammengerollt** wie ein Hund: ars. bapt. bry. psor.dgt
– **Abdomen**, auf dem: abrot.st acet-ac.a1,k am-c.st ars.a1,k *Bell.*bg2,k,* *Bell-p.*sf,sf1 bry. cadm-s.bg2 calc.bg2,k *Calc-p.*a1,k1,* carc.cd,sk1,* caust.vh cina cocc.h,k,* *Coloc.*bg2,k crot-t.a1,k cupr.a1 halo.j1 ign.bg2,k *Lac-c.*hr1,k1,* lach.a1 *Lyc.*st,vh **Med.**bg2,br1,* *Nat-m.*vh *Phos.*st,vh phyt.a1,bg2 *Plb.*a1,bg2,* podo.hr1,k psil.ft1 *Puls.*k1,st **Sep.**a1,vh,* stann.hr1,k *Stram.*bg2,k,* *Sulph.*vh *Tub.*st,vh
• **Arm** über dem Kopf; mit einem: dig.
• **Arm** unter dem Kopf; mit einem: androc.srj1 cocc.
• **Becken** krampfhaft nach oben; wirft das: *Cupr.*st
• **Einschlafen**, beim: lac-c.h,st
• **Hände** über dem Kopf: carc.cd
• **Schwangerschaft**; während der: podo.gk,st
○ **Arme**:
• **Abdomen**, auf dem: bell.bg2 calc.bg2 cocc. coloc.bg2 ign.bg2 **Puls.**gt,k stram.bg2
• **Kopf**:
• **über** den Kopf ausgestreckt: castor-eq.gt verat.gt
• **Fingern** im Schlaf; knackt mit den: castor-eq.gt
• **über** dem Kopf: *Arg-met.*st ars.st bry.gt calc. castor-eq.kr1,st chin. cimic.bg2 coloc. euph. ferr-ma. *Lac-c.* med. nit-ac. *Nux-v.*k,kl2● *Plat.*k1,st **Puls.**k,kl2● rheum ruta sulph.k,kl2● thuj. verat. viol-o.
• **ein** Arm oder beide: nux-v.gt

– **Arme - Kopf**: ...
  • **unter** dem Kopf: acon. ambr. ant-t. ars. bell. caj.a1 cedr.bg2 chin.st cocc. coloc. ign. meny. *Nux-v.* plat. *Puls.* rhus-t. sabad. sanic.vh spig. viol-o.
    • **ein** Arm oder beide: nux-v.gt
– **Beine**:
  • **angezogen**: abies-c.a1 anac. *Carb-v. Cham.* chin. *Hell. Lac-c.* mang. meny. **Merc-c.** nat-m. op. ox-ac. *Plat.* plb. **Puls.**k1,st rhod. *Stram.* viol-o.
    • **links**: stann.j5
  • **ausgestreckt**: agar. bell. cham. chin. dulc. plat. *Puls.* rhus-t. *Stann.*j5
    • **ein** Bein ausgestreckt:
      • **rechte**, das: stann.j5
      • **andere** hochgezogen; das: lac-c. stann.
  • **entblößt** haben; möchte die Beine: con.st plat.
  • **gekreuzt**: rhod.
  • **gespreizt**: bell.st *Cham.* mag-c. nux-v. plat. *Puls.*k1,st rhod.bg2 rhus-t.st viol-o.
– **Finger** gespreizt: lac-c.st *Lach.*st *Sec.*st
– **Gesicht**, auf dem: *Lac-c.*kr1
– **Hände**:
  • **Kopf**:
    • **auf** dem: cham.a1
    • **über** dem:
      • **linke** Hand: dig.a1,j5 viol-o.kr1
      • **eine** Hand: rheumkr1
        • **eine** Hand unter dem Kopf: coloc.a1,j5 ign.j5
      • **beide** Hände: ars.bro1 castor-eq.a1 nit-ac.a1 nux-v.bro1 plat.a1 puls.bro1 rheuma1 sulph.bro1 verat.bro1 viol-o.a1
    • **unter** dem: acon.bro1 ars.a1 bell.bro1 cadm-s.a1 chin.bro1 coloc.bro1 ign.a1 iris-foe.a1 phos.a1 plat.bro1
      • **morgens**: cocc.j5 ph-ac.j5
  • **Magengrube**; eine Hand auf der: plat.a1,j5
    • **linke** Hand: ant-t.j5 m-aust.j5 phos.j5 viol-o.j5
    • **rechte** Hand: acon.j5 plat.j5
  • **Nacken**; am: *Nux-v.*a1
  • **auf** Händen und Knien: cinast
– **Knie**:
  • **Ellbogen** gebeugt, Knie und: ambr.bg2 lyc.bg2 stram.bg2 viol-o.bg2
  • **gebeugt**: ambr.a1,k *Plat.*hr1,kr1 viol-o.a1,k
  • **Gesicht** ins Kissen gepreßt; und: *Calc-p.*st,vh *Carc.*st1,vh cinah eup-per.h *Lyc.*st,vh **Med.**k1,st *Phos.*st,vh *Sep.*st,vh *Tub.*st,vh,* zinc.h
  • **gespreizt**: *Cham.*bg2,hr1,* *Plat.*bg2,hr1,* puls.bg2,kr1 viol-o.bg2,kr1,*
– **Kopf**:
  • **aufgerichtetem** Kopf, mit: ant-t.a1,j5 led.a1
  • **gebohrt**; ins Kissen: *Apis*sf1,st arn.st bell.a1,sf1,* *Hell.*sf,sf1,* *Hep.*st hyper.st lach.sf,sf1,* *Spong.*st stram.a1 verat.sf,sf1,* *Zinc.*sf,sf1,*
    • **Hinterkopf**: *Zinc.*hr1,kr1
  • **hinten** gebeugt; nach ●: alum.kr1,st *Bell.* chin. cic. *Cina* cupr. dig. *Hep.*k1,st hyos. hyper.bg2 ign. *Nux-v.* rheumh,j5,* sep. *Spong.* stann. viol-t.
  • **Hinterkopf** zu liegen ist unmöglich; auf dem: dulc.j5

– **Kopf**: ...
  • **Seite**, nach einer: cina spong. tarax.
    • **rechts**: cinaj5
  • **tief** liegendem; mit: absin.a1 arn. cadm-s. cedr.bg2 *Dig.* hep. *Nux-v.* sil. **Spong.**k1,st sulph. zinc.
    • **Abneigung** dagegen: m-aust.j5
    • **unmöglich**, nach Mitternacht: m-aust.j5
  • **Tisch**, auf dem: *Ars.*kr1,st
  • **vorne** gebeugt; nach: acon. cic. crot-h.j5 cupr. phos.j5 puls.j5 *Stann.*kr1 staph. viol-o.
  • **zugedeckt**: *Cor-r.*st
– **Rücken**, auf dem: acet-ac.a1 acon.bg2,k,* aloe am-c.st ambr.bg2,k,* androc.srj1 ant-c.bg2,k,* ant-t.bg2,k,* *Apis* arn.bg2,k ars.bg2,k,* aur.bg2,k bism.bg2,k,* **Bry.**bg2,k *Calc.*bg2,k carbn-h.a1 carc.cd cham.a1 chin.h,k,* chlor.a1 choc.srj3 *Cic.*bg2,k cinast *Coca Colch.*a1,k coloc.bg2,k,* crot-t.a1,j5 cupr.a1 cupr-act.a1 cupr-ar.a1 dig.a1,k digin.a1 dros.bg2,k *Ferr.*h,k,* gink-b.sbd1 guaj.j5 *Hell.*hr1,k hep.hr1,k,* hyos.hr1 hyper.a1 *Ign.*bg2,k,* iris-foe.a1 kali-chl.a1,j5 kali-p. kreos.bg2,k *Lac-c.*hr1,k *Lyc.*bg2,k,* m-arct.j5,st m-aust.j5 mang.a1,k med.hr1,k **Merc-c.**a1,k mez.a1,k morph.a1 mur-ac.h,j5,* nat-ar.a1 nat-m. nit-ac.j5 *Nux-v.*k,kl2● op.a1,k ox-ac.a1,k par.bg2,k *Phos.*bg2,k,* *Plat.*bg2,k,* **Puls.**k,kl2● rhod.bg2,k,* **Rhus-t.**k,kl2● ruta sabad.bg2,k sars.a1,k sol-ni. spig.bg2,k stann.bg2,k,* *Stram.*bg2,k1,* *Sulph.*k,kl2● verat.bg2,k viol-o.bg2,k,* zinc.a1,k
  • **abends** unmöglich: mag-m.j5
  • **nachts**:
    • **Mitternacht**:
      • **nach**: mez.j5
  • **Arm** über dem Kopf; den linken: dig.a1
    • **klemmt** den rechten Arm beim Einschlafen zwischen die Beine: plb.a1
  ◆ **abwechselnd** mit plötzlichem Aufsetzen, dann wieder Liegen auf dem Rücken: hyos.gt
  • **Füße** hochgezogen: *Puls.*a1
  • **Hände**:
    • **Kopf**:
      • **auf** dem: carc.jl2
      • **über** dem: carc.cd,fb *Lac-c.* med.k2,kr1 nux-v.bg2 plat.h **Puls.**a1,bg2,* viol-o.st
        • **Oberschenkel** zum Abdomen hochgezogen, Beine entblößt: *Plat.*kr1,st
    • **flach** unter dem Hinterkopf: ambr.h ars. coloc.h ign. *Nux-v.*k1,st phos.h
      • **linke** Hand, nur die: acon.a1
        • **anderen** Arm über dem Kopf; den: coloc.a1
    • **gekreuzt**; über dem Abdomen: **Puls.**j5,kr1,*
  • **Knie** gebeugt: **Merc-c.**a1
  • **Kopf**:
    • **aufgerichtetem**, mit: m-aust.st
    • **niedrig** liegendem, mit: cench.st *Dig.* nux-v.
  • **nur** auf dem Rücken: dig.j5 *Ferr.*j5,kr1,* rhus-t.j5 sulph.j5
  • **unmöglich**: acet-ac.hr1,k acon.bg2,j5,* lact.j5 mag-m.j5 *Sulph.*k,vh,*
– **Seite**, auf der: acon. alum. *Arn.*kr1 **Bar-c.** borx. *Calc-s.*vh caust. *Colch.* ferr. kali-n. merc. mosch.

– **Seite**, auf der: ... nat-c. *Nat-s.*vh nux-v. *Phos.* ran-b. sabad. sabin. spig. sulph.
• **linken** Seite, auf der: acon.al am-c.al atro.al bar-c. borx. bry.vh bufoal calc.vh carc.pd cench.k2 chin.vh gels.al irisvh *Mag-m.*k1,st nat-c.al,h *Nat-s.*vh *Phos.*vh psor.al sabin. sep.vh *Sulph.*kr1,vh,*
• **Füße** hochgezogen: phos.al
• **Kopf** auf dem linken Arm: cob.al
• **unmöglich** ●: *Ars.*vh cean.gk2 *Cocc.* colch. coloc.vh kali-c.k2 *Kali-s.*vh *Lach.* lyc. najaal,k2 nat-c.j5 op.al **Phos.** puls.k2 sep.k2 tab.al theaal
• **rechten** Seite, auf der: ail. *Ars.*vh carc.zzh cham.al chin.vh ign.vh iris-foe.al kali-c.jl *Kali-s.*vh lach. limest-b.es1 *Lyc.*st,vh merc.vh *Nat-s.*vh *Phel.*vh **Phos.** *Sulph.*vh sumb.al
• **Rücken**, aber beim Erwachen, auf dem: *Lyc.*kr1,st
• **unmöglich**: *Acet-ac.*st arg-n.k2,st aur.j5 *Borx.*k,k1,* bry. chin.vh merc.j5,vh,* prun.al psor. puls.j5 ran-b.al sulph.al
• **schmerzhaften** Seite, auf der: bry.sf1 coloc.sf1 *Cupr-act.*kr1,st
• **unmöglich**: acon. aur. ferr. *Lach.*st *Merc.* mosch. nat-c.j5 **Phos.**k1,st puls.j5 ran-b. rhus-t. sabad. sulph.

Langer Schlaf
☞ *Verlängert*

Leicht, nicht tief: *Acon.*hr1,j5,* agar.bg2,j5,* *Alum.*bg2,hr1,* alumn.al,hr1 am-c.bg2,j5,* anac.bg2,j5,* ant-t.bg2,j5,* *Ars.*bg2,hr1,* bell.al bond.al brom.al bruc.al,j5 **Bry.**al,bg2 buni-o.al,jl3,* calad.bg2,j5,* *Calc.*hr1,kr1,* cann-s.al,bg2 canth.bg2,j5,* carb-an.bg2,j5,* carl.al caust.al,j5 cerv.al *Cham.*hr1,kr1,* *Chin.*al,bg2 choc.srj3 *Coff.*bg2,j5,* com.al cortiso.al,jl3,* crot-t.al des-ac.al,jl dig.al,bg2 *Ferr.*h,j5,* ferr-act.al,sf1 *Gels.*hr1,kr1,* *Graph.*hr1,kr1,* grat.al,j5 **Hell.**hr1,kr1,* hydrog.srj2 hyos.al,bg2 *Ign.*hr1,j5,* itual kali-n.hr1,j5,* **Lach.**bg2,j5,* *Lyc.*bg2,j5,* *Merc.*bg2,j5,* merc-c.al mur-ac.al nabal.al narcot.al nat-m.al,h nep.al,mg1,* nicc.al,j5 nux-m.al,bg2 *Nux-v.*bg2,j5,* ol-an.al,j5 *Op.*al,bg2,* penic.al,jl3,* phos.al,j5 puls.bg2,j5,* *Ran-s.*hr1,kr1,* raph.al *Rhus-t.*hr1,kr1,* rutaal,bg2 sarcol-ac.al,jl saroth.al,mg1,* sec.hr1,kr1,* *Sel.*bg2,hr1,* senec.al,sf1,* sep.al,j5 *Sil.*bg2,j5,* sol-t-ae.al *Stram.*hr1,kr1,* sul-ac.al,bg2 *Sulph.*hr1,j5,* sumb.al tab.al tarent.al thal.al,jl3,* *Zinc.*hr1,kr1,*
☞ *Dösen / Gestört / Halbschlaf*
– **morgens**: clem.al kali-n.hr1,kr1,* lycps-v.al mag-s.al
– **mittags**: ang.al
– **nachts**:
• **Mitternacht**:
• **vor**: canth.al
• **nach**: ant-s-aur.al carl.al coc-c.al grat.al ran-s.al,kr1
• **agg.**: carl.al
• **5 h**:
• **bis**: pip-m.al
• **Morgen** zu, gegen: *Ars.*kr1

Leicht, nicht tief: ...
– **Aufstehen** zum Urinieren; nach dem: sapin.al
– **Frühstück**, nach dem: peti.al
– **hört** jedes Geräusch: acon.bg2 alum.bg2 alumn.kr1 am-c. ang.al apiskr1 ars.bg2,j5 *Asar.* *Bell.*bro1 *Calad.* calc-br.bro1 carb-v.bg2,j5 cham.bro1 chin. cocc. *Coff.*bg2,kr1,* grat. *Ign.*bg2,kr1,* kali-n.j5 lach.bg2,j5 *Merc.*bg2,j5 narcot.al nat-p. nux-v. ol-an. op. phos. rutaj5 saroth.jl,mg1 sel. sep.st sul-ac.j5 *Sulph.*h,st tarent.bro1 valer.bro1 zinc-val.bro1

Neuralgie
☞ *Schläfrigkeit - Schmerz - nach - Neuralgie*

Ohnmacht
☞ *Einschlafen - Ohnmacht*

Plötzlich: pisc.al,c1,*
– **tagsüber**: *Chin.*j5
– **abends**: fl-ac.al
• **19** - 21 h: calc.al
– **Sitzen**, im: chin.j5

Ruhelos: abrot.al acet-ac.hr1,kr1 **Acon.**bg2,k,* acon-c.al adlu.jl adon.bg2,sf1,* aeth.hr1,k,* agar.bg2,k,* agn.bg2,k,* agre.jl *Ail.*hr1,kr1 alco.al *All-c.*hr1,k,* all-s.hr1,k,* aloe *Alum.*bg2,k,* alum-p.k13,k2 alum-sil.k13,k2 alumn.al,k *Am-c.*bg2,k,* am-caust.j5 am-m.bg2,k,* *Ambr.*bg2,k,* aml-ns. ammc.al,j5 amn-l.sp1 anac.bg2,k,* anag.hr1,k,* androc.srj1 ang.bg2,k,* ant-c.bg2,k,* ant-s-aur.kr1 *Ant-t.*bg2,k,* *Anthraci.*kr1 *Apis* apoc.al,k aran.hr1,k,* aran-sc.al *Arg-met.* *Arg-n.*bg2,k,* arist-cl.mg,mg1 arist-m.al *Arn.*bg2,k,* **Ars.**bg2,k,* ars-h.hr1,kr1 *Ars-i.*hr1,k,* ars-s-f.k13,k2 arum-t.al,k *Asaf.*bg2,k,* asar.bg2,k,* asc-t.hr1,kr1 aspar.hr1,kr1 astac.hr1,kr1,* aster.al,k atro.hr1,k,* *Aur.*bg2,k,* aur-ar.k2 aur-i.k13,k2 aur-s.k13,k2 bad.hr1 *Bamb-a.*stb2 *Bapt.*hr1,kr1 bar-act.al **Bar-c.**bg2,k,* *Bar-m.* bar-s.k2 bart.al **Bell.**bg2,k,* berb.hr1,k,* *Bism.*hr1,k,* borx. bov.bg2,k,* brach.hr1,k,* brom.al,k *Bry.*bg2,k,* bufobg2 buni-o.jl,jl3 but-ac.jl,jl3,* *Cact.*hr1,k,* cadm-met.sp1 cain. calad.bg2,k,* *Calc.*bg2,k,* **Calc-ar.**hr1,k,* calc-i.k13,k2 calc-p.hr1,k,* calc-s. calc-sil.k13,k2 calen.hr1,j5,* camph.bg2,k,* *Cann-i.*bro1 cann-s.bg2,k,* canth.bg2,j5 caps.bg2 carb-ac.hr1,k,* carb-an.bg2,k,* *Carb-v.*h,k,* *Carbn-s.* carc.cd,mg1,* *Card-m.*hr1,k,* *Carl.*al,k casc.al,j5 caste.jl castm. castor-eq. *Caust.*bg2,k,* cedr.al,k cench.k13,k2 cerv.al *Cham.*bg2,k,* *Chel.*bg2,k,* **Chin.**h,k,* *Chinin-ar.* chinin-s.al,k chlol.hr1 choc.srj3 chr-ac.hr1,kr1 cic.bg2,k,* *Cimic.*bg2,k,* cimx.hr1,k **Cina** cinch.al *Cinnb.*hr1,k,* cit-v.hr1,kr1 clem.h,k,* *Cob.*hr1,kr1,* cob-n.sp1 coc-c.hr1,k,* coca cocain.bro1 **Cocc.**bg2,k,* cod.hr1,kr1 coff.bg2,k,* coff-t.al colch.bg2,k,* *Coloc.*bg2,k,* colocin.al con.h,k,* convo-s.sp1 *Cop.*hr1,k,* cor-r.j5 cortiso.sp1 croc.bg2,k,* crot-t.al,k culx.k13,k2 cund.al **Cupr.**bg2,k,* cupr-act.al,kr1 cupr-ar.hr1,kr1 *Cur.*hr1,kr1 *Cycl.*h,k,* cypr.sf,sf1 daph.j5 del.al delphin.al des-ac.jl dicha.mg,mg1 *Dig.*bg2,k,* digin.al dios.hr1,k dirc.al,k dor.hr1,k,* dros.bg2 *Dulc.*bg2,k,* elaps *Erig.*mg,mg1 erio.al esp-g.jl eup-per.bro1 *Eup-pur.*hr1,k euph.j5 euphr.bg2,k,* *Ferr.*h,k,* ferr-ar. ferr-i.hr1,k,* ferr-m. ferr-p.bg2,k,* fil.hr1,kr1 flor-p.jl,jl3 form.hr1 gamb.al,k

Ruhelos: ...
gast.a1 *Gels.*bg2,k,* gent-c.a1 gent-l.a1,j5 *Glon.*hr1,kr1 gran.a1,k **Graph.**bg2,k,* *Guaj.*bg2,k2,* ham.hr1,k,* hell.bg2,k,* hell-f.a1 *Hep.*bg2,k,* hipp.a1 hir.mg,mg1 hura *Hydr.*hr1,k,* hydrog.srj2 hydroph.jl,jl3 *Hyos.*bg2,k,* hyper.hr1,k,* iber.jl,jl3 *Ign.*bg2,k,* *Indg.*j5 inul.hr1,k *Iod.*k1 iodof.hr1,kr1,* ip.bg2,k,* iris iris-foe.a1 jac-c.a1,k *Jal.*bro1 jug-c.a1,k jug-r.a1,k **Kali-ar.** *Kali-bi.*bg2,k2,* kali-br.sf,sf1 *Kali-c.*bg2,k,* kali-chl.a1,k kali-i.hr1,k,* kali-m.k2 *Kali-n.*bg2,k,* kali-p. *Kali-s.* kali-sil.k13,k2 *Kalm.*hr1,kr1 *Kreos.*bg2,k,* kres.mg,mg1 lac-ac.hr1,kr1 *Lac-c.*hr1,kr1 lac-d.bro1,hr1 *Lach.*hr1,k,* lachn.a1,k lact.hr1,k lam.j5 lat-m.jl,jl3,* *Laur.*hr1,j5,* led.bg2,k,* lil-t.hr1,k,* limest-b.es1 *Lith-c.*kr1 *Lob.*j5 lob-s.a1 **Lyc.**bg2,k,* lycpr.j5 lyss.hr1,kr1 m-arct.j5 m-aust.j5 *Mag-c.*bg2,k,* *Mag-m.*bg2,k,* *Mag-p.*hr1,kr1 mag-s.a1,k manc.a1,k mand.mg,mg1 mang.bg2,k,* marb-w.es1 med. mentho.bro1 meny.bg2,k,* meph.jl merc.bg2,k,* merc-c.a1,k *Merc-cy.*hr1,kr1 merc-sul.hr1,kr1 merl.a1,k mez.bg2,k,* morph.a1,k mosch.bg2,k,* *Mur-ac.*bg2,k,* muru.a1 *Murx.*hr1,kr1 *Mygal.*hr1,kr1 myris.a1 najabg2,sf1,* *Nat-ar.* *Nat-c.*bg2,k,* *Nat-m.*bg2,k,* nat-p.hr1,k,* *Nat-s.*a1,k nat-sil.k13,k2 nep.jl,jl3,* nicc.a1,k *Nit-ac.*bg2,k,* *Nuph.*hr1,kr1 nux-m.bg2,k,* *Nux-v.*bg2,k,* ol-an.a1,k olnd.hr1,j5,* onop.jl **Op.**bg2,k,* osm.hr1,kr1,* ox-ac.a1,k paeon.a1,k par.bg2,k,* passi.br1 paull.a1 ped.a1 penic.srb2 *Petr.*bg2,k,* ph-ac.bg2,k,* phos.bg2,k,* phys.a1,k phyt.a1,k *Pic-ac.*a1,k pimp.a1 plan.hr1,k,* plat.bg2,k,* *Plb.*bg2,k,* plect.a1 *Podo.*bg2,k,* polyg-h.a1 polyp-p.a1 prun.a1,k psil.ft1 psor.a1,k ptel.hr1,k,* **Puls.**bg2,k,* pyrog.bg2,sf1,* rad-br.br1 ran-b.bg2,k,* *Ran-s.*bg2,k,* *Raph.*a1,k rat.a1,k *Rheum* rhod.bg2,k,* rhus-g.a1 **Rhus-t.**bg2,k,* rhus-v.a1,k rob.a1,k *Rumx.* ruta *Sabad.*bg2,k,* *Sabin.*bg2,k,* samb.bg2,k,* sang.a1,k santin.a1 sarcol-ac.bro1 sars.bg2,k,* *Scut.*bro1 sec.bg2,k,* sel.bg2,jl3,* senec.a1,k seneg.bg2,k,* *Senn.*j5,sf1,* *Sep.*bg2,k,* **Sil.**bg2,k,* sol-t-ae.a1 solin.a1 *Spig.*bg2,k,* spong.bg2,k,* *Squil.*bg2,k,* *Stann.*bg2,k staph.bg2,k,* *Stram.*h,k,* *Stront-c.* sul-ac.h,j5,* sul-i.k13,k2 sulfon.bro1 **Sulph.**bg2,k,* *Syph.*hr1,kr1 tab.a1,k *Tarax.*hr1,j5,* tarent.a1,k tax.a1,k ter.a1,k teucr.bg2,k,* theabro1 *Ther.* thiop.jl *Thuj.*bg2,k,* til.a1,k tril-p.c1 trom.hr1,k,* tub.hr,hr1,* tus-p.a1 upa.a1,k uran-n.sf1 ust.hr1,kr1 v-a-b.jl,jl3,* vac.hr1,kr1,* valer.bg2,k,* ven-m.jl,jl3 verat.bg2 verat-v.hr1,kr1,* verb.bg2,k,* vesp.hr1,kr1 vib.hr1,kr1 vinc.j5 viol-t.bg2,k,* wildb.a1 zinc.bg2,k,* zinc-m.a1 zinc-o.j5 zinc-ox.j5

☞ *Erwachen - häufig / Gestört / Lage - verändert / Schlaflosigkeit - Ruhelosigkeit / Schlecht / Unterbrochen*

– **morgens**: aur.j5 calc.a1,k dulc.j5 ham.a1,k hell.a1,k inul.a1 kali-bi.a1,k kreos.j5 mag-s.a1,k mygal.sf,sf1 nit-ac.h ran-b.j5 ran-s.j5 rhod.j5 sulph.j5 teucr.j5 zinc.j5
– **nachmittags**: colch.a1,k glon.a1,k mez.a1,k tarent.a1,k
– **abends**: caust.j5,sf1,* mur-ac.j5 pin-s.a1,j5 thuj.j5
• **23** h:
• **bis**: pic-ac.a1
– **nachts**:
• **Mitternacht**:
• **vor**: aeth. alum. *Arg-n.*kr1 *Ars.*bro1 ars-h.kr1 asc-t.a1,kr1 *Bell.* *Calc-p.*kr1 *Chel.* coloc. cor-r.j5

– **nachts - Mitternacht - vor**: ...
euph.j5 lach.bro1 *Lil-t.*bro1 mur-ac.h,j5 nat-m.bro1 nux-v. op. ph-ac.bro1 phos.bro1 pic-ac. *Puls.*bro1 *Rhus-t.*bro1 sel.bro1 teucr.j5 thuj.j5
• **2** h; bis: puls.
• **um**: zinc.a1
• **nach**: alum. am-m. aster. bry. **Caps.**bg1,bg2 coc-c. **Coff.**bg1,bg2 coloc. dor.a1 dulc.bg2,hr1 gast.a1 *Gels.*kr1 iodof.kr1 *Kali-c.*bg1,bg2,* kreos.j5 *Lach.*kr1 lyc. mag-c.j5 mag-s. *Nit-ac.*kr1 **Nux-v.**bg1,bg2 pic-ac. pip-m.a1 ran-b.j5 ran-s. **Rhus-t.** sabin.c1 sep. **Sil.**bg1,bg2 sulph. teucr.j5 verat. zinc.j5,kr1
• **1** - 4 h: mag-c.h
• **2** h:
• **nach**: bapt. dios.kr1
• **bis**: puls.a1
• **3** h:
• **3** - 5 h: cimic.
• **bis**: verat.
• **nach**: **Ars.** *Dulc.*kr1 sulph.
• **4** h:
• **nach**: aur. dulc. plan.a1
• **Morgen** zu, gegen: *Gels.*kr1
• **Anfall**; vor dem: *Chin.*
– **Abdecken**, Entblößen; mit: alum.hr1,kr1 calad.hr1,kr1 mosch.hr1,kr1 *Rhus-t.*hr1,kr1
– **Angst**, mit: cham.sf,sf1
– **Apoplexie**, bei: *Arn.*hr1,kr1
– **Bett**:
• **früh** zu Bett geht; wenn er: am-c.a1
• **treibt** ihn vor Hitze aus dem Bett; es: clem.a1
– **Chorea**, bei: *Chlol.*hr1,kr1 *Mygal.*hr1,kr1
– **Epilepsie**, bei: *Cic.*hr1,kr1
– **Erektionen**, mit: ol-an.a1,st
– **Essen**, nach dem: carb-v.a1,k
• **Sättigung**, bis zur: phos.h
– **Frost**:
• **vor**: anthraci. arn. *Chin.*
• **während**: *Anthraci.*kr1
• **nach**: *Eup-pur.*hr1,kr1 spong.hr1,k
– **Füße**:
• **bewegen**; muß sie ständig: zinc.bro1
• **Herausstrecken** der Füße gegen Morgen; mit: *Cur.*kr1
– **Geistesgestörtheit**, bei: *Con.*hr1,kr1
– **Gliederzucken**, mit: ambr.
– **Hitze**:
• **vor**: *Chin.*hr1,kr1
• **während**: **Ars.**hr1,kr1 *Calc.*hr1,kr1 *Carb-v.*hr1,kr1 *Cimx.*hr1,kr1 *Dig.*hr1,kr1 mag-c.h,kr1 ph-ac.h,kr1 rhod.a1,kr1 sabin.hr1,kr1 sep.h,hr1,* spong.hr1,kr1
– **Impfung**, nach: *Thuj.*hr1,kr1
– **Kälte** des Körpers; durch: ambr.a1,k
– **Kindern**, bei: agre.j5,jl bell.j5 bry.j5 *Cina*j5,kr1 coff.j5 hyos.j5 ign.hr1,j5,* *Jal.*j5 kali-c.j5 lach.j5 rheumj5 senn.j5 sil.j5 staph.j5 valer.j5
– **Kränkung**, nach: *Ign.*hr1,kr1
– **kühlen** Platz; sucht einen: *Sulph.*hr1,kr1
– **Leber**; bei Beschwerden der: *Podo.*hr1,kr1 *Sep.*hr1,kr1
– **Liegen** auf der linken Seite; beim: lyc.

– **Menses**:
• **vor**: alum.a1,k arist-cl.mg,mg1 calc.j5 caust.sf,sf1 con.sf,sf1 *Kali-c.*sf,sf1 sep.k1
• **während**: am-c.a1,k calc.a1,k goss.st kali-c.a1,k nat-p.a1,k
• **agg.**: am-c.a1 calc.a1
• **nach**: nat-p.a1,k
– **Metrorrhagie**:
• **während**: *Sabin.*hr1,kr1
• **nach**: *Sep.*hr1,kr1
– **periodisch**:
• **nachts**:
• **zweite** Nacht, jede: asar.a1
– **Pollutionen**, nach: aloe
• **amel.**: phos.a1
– **Ruhelosigkeit**, durch körperliche: alum.bg2 am-c.bg2 anac.bg2 ars.bg2 asaf.bg2 *Bar-c.*bg2 bell.bg2 bov.bg2 bry.bg2 calc.bg2 *Cann-s.*bg2 caust.bg2 chin.bg2 cinabg2 graph.bg2 hell.bg2 ign.bg2 kali-n.bg2 laur.bg2 mag-c.bg2 merc.bg2 mur-ac.bg2 nat-c.bg2 nat-m.bg2 petr.bg2 ph-ac.bg2 phos.bg2 rhus-t.bg2 rutabg2 seneg.bg2 *Sep.*bg2 sulph.bg2 thuj.bg2
– **Schlafmangel**, durch: *Lac-d.*kr1
– **Schmerzen**, mit: aur.a1 glon.a1
• **Glieder**, der: sil.
– **Schweiß**, beim: *Sulph.*kr1
• **Kopf**, am: *Calc.*kr1
– **Schwere** im Abdomen; durch: mag-m.h
– **sexuellen** Ursachen, aus: cann-i.bro1 *Canth.*bro1 *Kali-br.*bro1 *Raph.*bro1
– **sommerlicher** Diarrhoe von Kleinkindern; bei: *Ferr-p.*hr1,kr1
– **Träume**, durch: acon.a1,bg2 agar.bg2 ambr.bg2 ang.bg2 ant-c.bg2,j5 arn.a1,bg2 *Asaf.*bg2 aster.bg2,jl *Aur.*bg2,hr1,* berb.a1 *Bry.*a1,bg2 calad.bg2,k2,* caps.bg2 carb-v.a1,bg2 chel.bg2 **Chin.**bg2 clem.bg2,h,* *Coloc.*a1,bg2 dig.bg2,j5,* dulc.a1,bg2 euph.bg2 ferr.bg2,h,* *Ferr-p.*bg2,k2,* gran.bg2,j5 guaj.bg2 ign.a1,bg2 ip.bg2 *Kali-c.*bg2,j5 *Lach.*bg2 led.bg2 lyc.bg2,j5,* m-arct.bg2,j5 meph.bg2,jl merc-sul.bg2,hr1,* mosch.bg2 nat-c.bg2 nat-m.bg2,j5,* nit-ac.bg2 *Nux-v.*bg2 *Olnd.*bg2 op.a1,bg2 par.bg2 petr.bg2 phos.bg2,j5,* plb.bg2,j5 *Puls.*bg2 pyrog.bg2 ran-s.bg2,j5 rhod.a1,bg2 rhus-t.bg2,j5 rutabg2 *Sabad.*bg2 sabin.bg2,j5 samb.bg2 sars.bg2 sec.a1,bg2 sel.bg2 seneg.bg2 *Sep.*bg2,j5,* sil.bg2,hr1,* *Spig.*bg2,j5,* spong.bg2 *Stann.*bg2,j5 staph.bg2 stram.j5,k2,* stront-c.bg2 sulph.a1,bg2 teucr.bg2,j5 thiop.bg2,jl thuj.a1,bg2 valer.a1,bg2 verb.bg2 zinc.a1,bg2
☞ *Gestört*
– **Überanstrengung**, durch geistige: *Cupr-act.*kr1
– **Übermüdung**, durch: arn.br1
– **Verdauungsbeschwerden**, durch: but-ac.jl
– **Verdruß**, nach: petr.h
– **Visionen**, Phantasiebildern; mit: *Stram.*hr1,kr1
– **Wasser** gehen; bildet sich ein, er müsse durch tiefes: carb-v.kr1
– **Würmer**, durch: *Nat-p.*hr1,kr1
– **Zahnschmerzen**, durch: alum.a1,bg2
– **Zubettgehen**; bei frühem
☞ *Bett - früh*

Schlafbedürfnis:
☞ *Verlängert*
– **groß**: *Caust.*gl1,st chin.gl1,st gink-b.sbd1 nux-v.gl1,st saroth.gl1,mg1,* *Staph.*gl1,st *Sulph.*gl1,st
☞ *Einschlafen - früh / Erwachen - spät / Verlängert*
– **kein**: cinnb.a1 iod.a1 sin-n.a1
– **gering**, klein: cob-n.mg,mg1 gink-b.sbd1 pulm-a.srb2
☞ ☐ *Allgemeines - Schlaf - kurzer*

Schlaf fallen, in
☞ *Einschlafen*

Schlaflosigkeit: abrom-a.bnj1 abrot.bg2,k absin.a1,k,* achy-a.bnj1 *Acon.*bg2,k,* acon-c.a1 acon-f.a1 adon.bg2,sf1,* aeth.a1,k,* aethera1 *Agar.*bg2,k agav-t.jl,jl3 *Agn.*hr1,k agra.bro1 alco.a1 alet.sf,sf1 alf.bro1 allox.sp1 *Aloe* alum.bg2,k alum-p.k13,k2 alumn.hr1,k,* am-br.a1,k am-c.bg2,k,* am-caust.a1 am-m.bg2,k ambr.bg2,k,* *Ammc.*hr1,kr1 anac.bg2,k,* *Androc.*srj1 ang.bg2,k,* anh.jl,jl3,* anil.a1 ant-c.bg2,k,* ant-o.a1 **Ant-t.**bg2,k1,* anthraci. anthraco.kr1 aphisa1,kr1 *Apis* apoc.hr1,k,* apoc-a.a1 apom.bro1 aqui.st aran.bg2,k aran-ix.mg,mg1,* arg-cy.a1 arg-met. **Arg-n.**a1,k arist-cl.sp1 *Arn.*bg2,k,* **Ars.**bg2,k,* ars-h.hr1,kr1,* *Ars-i.*hr1,k,* **Ars-s-f.**k13,k2 *Arum-t.*hr1,k arund.hr1,k,* asaf.bg2 asar.bg2 asc-t.hr1,k,* asim.hr1,kr1 *Aster.*hr1,kr1 *Atro.*a1,k *Aur.*bg2,k,* aur-m.a1,k aur-s.a1 *Aven.*bg1,bg2,* aza.jl,jl3 **Bamb-a.**stb2 *Bapt.*bg2,k,* bar-c.bg2,k,* bar-m. bar-s.k13,k2 **Bell.**bg2,k,* bell-p.c1,c2,* ben.a1,c2 *Benz-ac.*hr1,k benzo.c,c1 bism.bg2,sf1,* blum-o.bnj1 bond.a1 *Borx.* brach.a1 brucin.a1 **Bry.**bg2,k,* bufo-s. but-ac.br1 buth-a.sp1 **Cact.**bg2,k,* cadm-met. cadm-s. cain. calad.bg2,k **Calc.**bg2,k,* calc-ar.hr1,kr1 calc-br.sf,sf1,* calc-caust.a1,sf1 calc-hp.sf1 calc-i.k13,k2 *Calc-p.*bg2,k,* calc-s.hr1,k calc-sil.k13,k2 calo.a1 *Camph.*bg2,k,* *Camph-br.*bro1 canch.a1 cann-i.a1,k cann-s.bg2,k,* *Canth.*bg2,k,* caps.h,k,* carb-an.bg2,k *Carb-v.*h,k,* *Carbn-s.* *Carc.*mg,mg1,* *Carl.*a1,k castm.bg2,sf1 caul.k13,k2 *Caust.*bg2,k cean.sf,sf1 cedr.a1,k cench.k13,k2 cere-b.a1 cerv.a1 **Cham.**bg2,k,* chel.bg2,sf1,* **Chin.**h,k,* *Chinin-ar.* *Chinin-s.* chlf.hr1,kr1 chlol.hr1,k,* chrysan.bro1 *Cic.*bg2,k,* cimic.bg2,k,* *Cina* cinnb.h,k,* **Cit-v.**a1,k clem.bg2,k,* cob.hr1,k,* cob-n.sp1 coc-c.a1,k coca cocain.bro1 *Cocc.*h,k,* *Cocc-s.*hr1,kr1 coch.hr1,kr1 cod.a1 **Coff.**bg2,k,* coff-t.a1 coffin.a1 colch.bg2,k,* colchin.c1,c2,* *Coloc.*hr1,k,* *Con.*h,k,* conch.a1 convo-s.sp1 cop.a1,k corn.hr1,kr1 corn-f.hr1 cortico.mg,mg1,* cortiso.mg,mg1,* cot.a1 croc.bg2,sf1,* crot-c.a1 *Crot-h.*a1,k,* crot-t.a1,k *Cupr.*bg2,k,* cupr-act.a1 cupr-ar.hr1,kr1,* **Cycl.**bg2,k,* **Cypr.**hr1,kr1,* cyt-l.a1,sp1 daph.hr1,k,* *Dig.*bg2,k,* digin.a1 dios.a1,k dip.bro1 dirc.a1,k *Dros.*bg2,k,* *Dulc.*bg2,k,* eauxa1 elaps ergot.jl,jl3 ery-a.a1,k eucal.hr1,kr1,* eug.a1,k eup-per.bg2,sf1,* eup-pur.a1,k euph. euph-pe.a1 euphr.bg2 fago.a1,k *Ferr.*h,k,* *Ferr-ar.* ferr-i.a1,k ferr-p.bg2,k,* ferul.a1 fil.hr1,kr1 *Fl-ac.*a1,k form.a1,k gad.a1 gamb.a1,k gast.a1 *Gels.*bg2,k,* get.a1 *Glon.*hr1,k,* gran.a1,k *Graph.*h,k,* grin.sf,sf1 *Guaj.*bg2,k,* guar.hr1,kr1,* guat.sp1 haem.a1 hedy.a1 *Hell.*bg2,k,* helon.bg2,sf1,* **Hep.**bg2,k,* hipp.a1 hippoz.hr1,kr1 hist.sp1 hura hydr.a1,k hydr-ac.a1 *Hydrog.*srj2 **Hyos.**bg2,k,* *Hyosin.*a1,c1,*

Schlaflosigkeit: ...
hyosin-hbr.br1 iber.a1 *Ign.*bg2,k,* inul.a1 *Iod.*bg2,k,* iodof.a1 *Ip.*bg2,k,* iris iris-t.c1,c2 jab.a1,k jac-c.a1,k *Jal.* jatr-c. jug-c.a1,k jug-r.a1,k **Kali-ar.**a1,k *Kali-bi.*hr1,k,* *Kali-br.*bg2,k,* **Kali-c.**bg2,k,* kali-chl.k13 kali-cy.a1,k *Kali-i.*a1,k kali-m.k2 kali-n.bg2,k,* kali-p.bg1,k,* kali-perm.a1 *Kali-s.* kalm.a1,k kiss.a1 *Kreos.*bg2,k,* lac-ac.a1,k *Lac-c.*hr1,k *Lac-d.*k13,k2,* **Lach.**bg2,k,* *Lachn.*a1,k lact.a1,k lam.a1 lat-m.jl,jl3,* laur.bg2,k,* lec.bro1 *Led.*bg2,k,* lepi.a1 lept.a1,k lil-t.a1,k linu-c.a1 lipp.a1 *Lith-c.*kr1 lob-s.a1 *Lup.*sf,sf1 *Lyc.*bg2,k,* *Lycps-v.*kr1 lyss.hr1,kr1,* *Mag-c.*bg2,k,* *Mag-m.*bg2,k,* mag-p.bro1 *Mag-s.*a1,k manc.a1,k mand.sp1 mang.bg2 matea1 *Med.*hr1,k menis.a1 meph.hr1,kr1,* **Merc.**bg2,k,* **Merc-c.**a1,k merc-cy.a1,k merc-i-f.a1,k merc-i-r.hr1,k,* merc-n.a1 merc-ns.a1 merc-sul.a1 merl.a1,k mez.bg2,k,* morph.a1,k mosch.bg2,k,* mur-ac.bg2,k,* myris.a1,k naja nat-ar. *Nat-c.*bg2,k,* nat-hchls.a1 *Nat-m.*bg2,k,* *Nat-p.* *Nat-s.*hr1,k,* nep.srb2 nicc.hr1,k,* nicot.a1 *Nit-ac.*bg2,k,* nitro-o.a1 *Nux-m.*bg2,k,* **Nux-v.**bg2,k,* ol-an.a1 ol-j.c2 olnd.bg2,k,* **Op.**bg2,k,* osm.a1 ost.a1 *Passi.*bg1,bg2,* paull.a1 peti.a1 petr.bg2,k,* *Ph-ac.*bg2,k,* phel.c,c1 **Phos.**bg2,k,* phys.a1,k,* phyt.a1,k pic-ac.bg2,k,* pin-s.a1 pip-m.a1 plan.a1,k *Plat.*bg2,k,* **Plb.**bg2,k,* plb-chr.a1 plect.a1 *Podo.*hr1,kr1 prun.a1,k psor.bg2,k ptel.a1,k **Puls.**bg2,k,* puls-n.a1 ran-b.bg2,k ran-g.a1 ran-s.bg2,k raph.a1,k,* rauw.sp1 rheumbg2 rhod.bg2,k **Rhus-t.**bg2,k,* rhus-v.a1,k rosm.a1 *Rumx.* rumx-act.a1 rutabg2 sabad.bg2,k sabin.bg2,k sacch.a1 *Samb.*bg2 sang.hr1,k,* sapin.a1,c2 sarcol-ac.sp1 saroth.sp1 sarr.a1,k sars.bg2,k,* scopin-hbr.br1 scopla.br1 *Scut.*c1,c2,* *Sec.*bg2,k,* *Sel.*bg2,k,* *Senec.*hr1,k,* senn.sf,sf1,* **Sep.**bg2,k,* **Sil.**bg2,k,* sin-n.a1,k sol-t-ae.a1,k spig.bg2,k,* spira.a1 spong.bg2,k,* squil.bg2,k,* **Stann.**bg2,k,* **Staph.**bg2,k,* stict.sf,sf1,* stram.bg2,k,* stront-c.bg2 stry.a1,k sul-ac.bg2,k,* sulfon.bro1 **Sulph.**bg2,k,* sumb.bg2,k,* **Syph.**hr1,k1,* *Tab.*bg2,k,* tarax.bg2 *Tarent.*bg2,k,* tax.a1,k telac1,c2 tell.hr1,kr1,* term-a.bnj1 teucr.bg2 thal.sf,sf1 theac2,k thiop.jl **Thuj.**bg2,k,* thyreotr.jl,jl3 til.a1,k trach.a1 tril-c.a1 tril-p.a1,c1,* trion.bwa3 *Tub.*bg2,sf1,* uran-n.c2 *Ust.*hr1,kr1 *Valer.*bg2,k,* verat.bg2,k,* verb.bg2 vesp.hr1,k,* vinc.hr1,k,* viol-o.bg2 *Viol-t.*bg2,hr1,* vip.bg2,k,* wies.a1 x-raysp1 xan.bro1,hr1 yohim.bro1 zinc.bg2,k,* zinc-m.a1 zinc-o.c1,c2 zinc-ox.c zinc-p.k2,sf1,* zinc-val.bg1,bg2,* zing.hr1,k,* ziz.a1

☞ *Einschlafen - schwierig | Einschlafen - schwierig - Erwachen | Einschlafen - spät | Kurz*

– **tagsüber**:
- **Kindern**, bei: chel.a1
  ☞ *völlig*
  - **nachts**, und: psor.st

– **morgens**: cinnb.h,k,* cycl.a1,k dulc.a1,k kali-i.a1,k merc-i-r.a1,k *Nat-m.* ol-an.a1,k sol-t-ae.a1,k
- **Bilder**, sieht: acon.

– **nachmittags**: *Ars-s-f.*a1,k2,* pip-m.a1 sil.a1
- **13** h:
  - **13** - 14 h: pip-m.a1
- **14**.30 h: pall.a1
- **16** h:
  - **bis**: nat-p.a1

– **abends**: aloe *Arn.*hr1,k,* *Ars-s-f.*k13,k2 borx. brom.a1,k bry.a1,k cact.a1,k calc.a1,k calc-p.a1,k calc-s.a1,k canth.a1,k carb-an.a1,k clem.a1,h cob.a1,k coca *Coff.*a1,k dios.hr1,kr1 dor.hr1,kr1,* *Ferr.*hr1,kr1 fl-ac.a1,k grat.a1,k guaj.a1,k **Lach.**hr1,k,* lyc.a1,k lycps-v.a1 *Mag-c.* merc.a1,k mez.a1,k nat-c.a1,k ol-an.a1,k petr.a1,k *Phos.*hr1,k,* psor.a1,k **Puls.**hr1,k,* *Rhus-t.*a1,k sang. spirae.a1 staph.a1,k stront-c. **Sulph.**a1,k tab.a1,k tub-m.ih *Valer.*a1,k zing.a1,k
☞ *Einschlafen - spät*
- **21** h: kali-cy.a1
- **Auffahren**, durch: *Puls.*a1,k
- **Blutandrang**, durch: rhus-t.a1
- **erfreuliche** Nachrichten, durch: aloea1
- **Gedankenandrang**, durch: bar-c.a1 fl-ac.a1,st rhus-t.a1 sabad.a1 sil.a1
- **Hitze**; durch: calc. **Puls.** rhus-t.
- **Husten**, durch: phos.a1
- **Menses**, während: mag-m.a1,k
- **Pulsieren** in den Gefäßen; durch: rhus-t.a1
- **Ruhelosigkeit**, mit: phos.a1
- **Schläfrigkeit** am Morgen; mit: *Teucr.*sf1
- **Spaziergang**, nach einem: fl-ac.a1,k
- **Wein**, nach: fl-ac.a1,k
- **Zahnschmerzen**, durch: rat.a1
- **Zubettgehen**, nach dem: **Ambr.** bamb-a.stb2 bell.sf1,st borx. carb-v. carc.mg1,sp1,* cham.k2 cob-n.mg,mg1,* cortiso.sp1 mag-c. *Mag-m.* *Ph-ac.* *Phos.*
  - **Ruhelosigkeit**; durch körperliche: bamb-a.stb2
  - **Schließen** der Augen; und: *Mag-m.*

– **nachts**: am-c.j5 ambr.j5 ant-t.j5 aphisj5 *Ars.*j5 aur.j5 borx.j5 bry.j5 camph.j5 caps.j5 carb-v.h,j5,* *Caust.*j5 cham.a1,j5 *Chin.*j5 *Cina*j5 cinnb.h,j5,* clem.j5 cocc.j5 *Coff.*j5 coloc.j5 *Con.*j5 dros.j5 dulc.j5 *Ferr.*j5 granit-m.es1 *Graph.*j5 hep.j5 hydr-ac.j5 *Hyos.*j5 ign.j5 jal.j5 *Kali-c.*j5 kali-chl.k13 kali-i.j5 kali-m.j5,k2 kreos.j5 lach.j5 lact.j5 laur.j5 m-aust.j5 *Mag-c.*j5 merc.j5 *Mosch.*j5 *Nat-m.*j5 *Nit-ac.*j5 *Nux-v.*j5 *Olnd.*j5 *Op.*j5 petr.j5 *Phos.*j5 *Plb.*j5 prun.j5 rat.j5 *Rhus-t.*j5 rutaj5 sabin.j5 sec.j5 sel.j5 sep.j5 *Sil.*j5 *Spig.*j5 *Squil.*j5 stram.j5 stront-c.j5 sul-ac.j5 *Sulph.*j5 theaj5 *Thuj.*j5 valer.j5 vinc.j5 vip-r.j5 zinc.j5
- **Mitternacht**:
  - **vor**: acon. *Agar.* *Aloe* *Alum.* *Alum-p.*k2 alum-sil.k2 am-c. am-m. **Ambr.** anac. *Ang.*bg2,j5 ant-c. ant-t. *Arg-n.* arn. **Ars.** ars-s-f.k2 asar. aur. aur-ar.k2 aur-s.k2 bamb-a.stb2 bar-c. bar-m. bar-s.k2 *Bell.* bism. *Borx.* **Bry.** bufobg2 cact. *Calad.* **Calc.** **Calc-p.** calc-s. *Calc-sil.*k2 camph. cann-s. canth. caps. *Carb-an.* **Carb-v.** *Carbn-s.* caust. cench.k2 *Cham.* chel. *Chin.* chinin-ar. cinnb. clem. coc-c.a1 cocaa1 cocc. **Coff.** coloc. **Con.** cor-r. cortico.sp1 cupr. cycl. dig. dor. dulc. euph. euphr. *Ferr.* ferr-ar. ferr-p. form. frax.a1 *Gels.* gent-l. *Graph.* *Guaj.* guar. ham. *Hep.* *Hydr.*kr1 hyos. *Ign.* ip. kali-ar. **Kali-c.** kali-n. kali-s. kali-sil.k2 kreos. *Lac-c.* lach. laur. *Led.* lil-t. **Lyc.** lycps-v. *M-aust.*j5 mag-c. **Mag-m.** mag-s. mang.bg2 *Med.* **Merc.** merc-i-f. *Mez.*

- **Mitternacht - vor**: ...
mosch. *Mur-ac.* **Nat-ar.** **Nat-c.** *Nat-m.* *Nat-p.* nat-sil.k2 nit-ac. nux-m.bg2 *Nux-v.* par. petr. *Ph-ac.* **Phos.** phys. **Pic-ac.** pip-m.a1 plat. plb. *Podo.*kr1 **Puls.** *Ran-b.* ran-s. rheumbg2 rhod.bg2 **Rhus-t.** sabad. sabin.bg2 samb.bg2 sars. *Sel.* seneg. **Sep.** **Sil.** sin-n.a1 *Spig.* spong. *Stann.* *Staph.* *Stront-c.* *Sul-ac.* **Sulph.** tab. tarax. tarent.k2 ter. *Teucr.* ther. *Thuj.* *Valer.* verat. verb. viol-t. zinc. zinc-p.k2
  - **22** h:
    - **22** - 1 h, außer um: nux-v.a1
    - **22** - 2 h: theaa1
    - **22** - 4 h, außer um: sep.a1
    - **nach**: pip-m.a1
  - **23** h:
    - **23** - 1 h: am-c. carb-v.j5 kali-c.j5 kreos.j5 laur.j5 merc.j5 nit-ac.j5
      - **außer** um: nux-v.a1
    - **23** - 2 h: coca
      - **oder** 23 - 2 h: arn.kr1
    - **bis** 23 h: chel. *Kali-c.*j5 laur.j5 mag-m.j5 *Nux-v.*j5 staph.a1,j5
    - **nach** 23 h: chel.
  - **0** h:
    - **bis** 0 h: aloea1,j5 alum.a1,j5 *Am-m.*j5 ambr.a1,j5 *Ang.*j5 ant-c.j5 ant-t.a1,j5 ars.a1,j5 *Bry.*a1,j5 caust.j5 chin.a1,j5 coc-c.a1,j5 cocaa1,j5 coff.j5 con.a1,j5 cor-r.a1,j5 dor.j5,kr1,* euph.a1,j5 euphr.a1,j5 graph.j5 guare.a1,j5 kali-c.j5 kali-n.a1,j5 kreos.j5 lach.j5 led.j5 *Lyc.*a1,j5 *M-aust.*j5 mag-c.a1,j5 mag-s.a1,j5 merc.a1,j5 mur-ac.a1,j5 *Nux-v.*j5 phos.a1,j5 phys.a1,j5 plat.a1,j5 puls.j5 *Rhus-t.*a1,j5 sars.j5 sep.j5 sil.a1,j5 sin-n.a1,j5 spig.a1,j5 spong.a1,j5 *Staph.*a1,j5 **Sulph.**a1,j5 teucr.j5 thuj.j5 verat.j5
    - **Gedanken**, Ideen; durch:
      - **fixe** Ideen, durch: puls.a1
      - **Gedankenandrang**, durch: calc.a1
    - **Hitze** und Angst; durch: graph.a1
    - **Schläfrigkeit**, bei: bar-s.k2
  - **1** h:
    - **bis**: am-c. atra-r.j1 atro. bamb-a.stb2 bry. calad. *Carb-v.* caust. cench.k2 con. cortico.j1,sp1 gels. kali-c.j5 kreos. laur. mag-c. merc. merc-i-f. nat-p. nit-ac. phos. plan. thuj.
    - **Gefühl** von Hitze; durch: still.a1
    - **Ruhelosigkeit**, durch: phos.a1
  - **1** oder 2 h:
    - **bis**: bry. kreos. *Sulph.*
  - **2** h:
    - **bis**: all-c. allox.j1,sp1 anac. arn.j5 berb. borx.j5 bry. calc.j5 calc-p.j5 carb-an.j5,st *Cham.* choc.srj3 coca com. cupr. cupr-ar.a1 dulc. euphr. graph. hist.mg1,sp1 kali-c.j5 kreos.j5 lyss. macro.a1 *Merc.*j5 morph. nat-m. pall. phel. phos.j5 *Puls.* raph.j5 sil.
    - **Gedankenandrang**, durch: *Sil.*a1
  - **2** oder 3 h:
    - **bis**: *Arn.* calc. calc-p. hist.j1,mg1

- **Mitternacht - vor**: ...
  - **3** h:
    - **3** - 5 h:
      - **außer**: chin.j5
    - **bis**: am-m. arn.j5 ars. *Bell-p.*st bry. calc.j5 calc-p.j5 cench.k2 chin. chinin-ar. choc.srj3 cob-n.sp1 com. euphr. eupi. hist.mg1 mag-c. mand.sp1 *Merc.* mez. mill. nat-p. psil.ft1 ran-s. rhus-t.
      - **Aufstehen**, nach dem: aloea1
      - **Gedankenandrang**, durch: nat-p.a1
  - **3** h oder 4 h:
    - **bis**: cupr-s.a1 nit-ac.a1
  - **4** h:
    - **bis**: acon-c. aloe *Am-c.* *Borx.* bry.j5 calc.k2 *Chel.*kr1 cupr-s. kreos.j5 nit-ac. psil.ft1 tarent. thuj. wildb.a1
  - **4** oder 5 h:
    - **bis**: aloea1
  - **5** h:
    - **bis**: arn.j5 carb-an. tarent.
      - **außer** zwei Stunden am Abend: arn.a1
  - **morgens**; bis: agn.h **Ant-t.**kr1,st *Arn.* *Atro.*kr1 **Aur.** buni-o.j1 *Cact.*kr1,st cain. chin. chinin-s. cimic. *Coff.* crot-h. cycl. *Fl-ac.* hyos. kali-i.j5 *Kreos.* *Lyss.* m-aust.j5 meph. merc. *Nat-c.* nat-m. nit-ac.h *Prun.*j5 *Psor.*kr1,st *Puls.*h,j5,* sil. spirae.a1 *Staph.* sul-ac.j5 sulph.h thuj.a1 *Valer.* zinc. zing.a1,st
  - **Mitternacht**, bis nach: lyc.j5 plat.j5
  - **Durst**, mit: bry.kr1
  - **Gedankenandrang**, durch: cact.a1 calc.a1
  - **Hitze** und Angst; durch: graph.a1
  - **Redseligkeit**, mit: *Lach.*kr1
  - **Schwäche**:
    - **mit**: *Lach.*j5,kr1 mosch.j5
    - **ohne**:
      - **morgens**: cinnb.j5
  - **Sonnenaufgang**, bis zum: hyos.j5 *Nux-v.*j5
- **nach**: abies-c.gt *Acon.* adlu.j1 alum.bg2 am-c.bg2,j5 am-m. ambr.bg2 androc.srj1 ang.bg2 ant-c. ant-t.bg2 apis arn.bg2 **Ars.** ars-i.k2 ars-s-f.k2 *Asaf.* *Asar.* *Aur.* aur-ar.k2 aur-s.k2 *Bamb-a.*stb2 bar-c.bg2 bell. *Benz-ac.* borx.bg2 bry. calad.bg2 calc.bg2 camph.j5 *Cann-s.* canth.bg2,j5 **Caps.** carb-v.bg2 caust. cham.bg2 chin. cocc.bg2 **Coff.** colch. con.bg2 croc.bg2 cycl.bg2 cypr.gbk dros.bg2 *Dulc.* esp-g.j1 euphr. ferr.bg2 graph.bg2 guaj.bg2 hell.bg2 **Hep.** ign.bg2 *Iod.* **Kali-ar.** **Kali-c.** kali-n.bg2,kr1 kali-p. kali-sil.k2 kreos.bg2 lach.bg2 laur. lyc. *Mag-c.* mang.bg2,j5 merc.bg2,j5 merc-sul. mez.bg2 mosch.j5 mur-ac. *Nat-ar.* *Nat-c.* nat-m. nat-p. *Nat-sil.*k2 nit-ac.bg2,j5 **Nux-v.** olnd. **Ph-ac.** phos.bg2 plat.bg2,j5 plb.bg2 *Psor.* puls. *Ran-b.* *Ran-s.* rat. *Rhod.* *Rhus-t.* sabad.bg2 sabin. samb.bg2 sars.bg2 sel.bg2 *Sep.* **Sil.** spong.bg2 squil.bg2 staph.bg2 *Sul-ac.* sul-i.k2 sulph.bg2,j5,* *Syph.* thuj.k1 v-a-b.j1,srb2 verat.bg2 verb.bg2 viol-t.bg2
  - **1** h: spig.

- **Mitternacht - nach - 1** h: ...
  - **1** - 2 h: *Sulph.*
    - **außer** um: calc.a1
  - **1** - 3 h: am-m.h,jl chlorpr.jl
    - **außer** um: calc.a1
  - **1** - 4 h: borx. phos.
  - **1** - 5 h: mag-c.
  - **bis**: ambr. *Carb-v.*kr1 cench.k2 *Cocc.* kali-n. merc-i-f. nat-c. sep.
  - **nach**: ambr.j5,kr1,* cocc.a1,j5 kali-n.a1,j5 mag-c.a1,j5 nat-c.j5 nit-ac.h,j5 nux-v.h,j5 sep.a1,j5
- **1** oder 2 h:
  - **bis**: sulph.kr1,st
  - **nach**: **Kali-c.**
- **1**.30 - 2.30 h: agar. perh.jl
- **2** h: *Cham.*kr1 *Puls.*kr1
  - **2** - 3 h: bapt.sf1 gink-b.jl kali-c.sf1 mag-m.a1 merc.bg1
  - **2** - 4 h: am-m.h arist-cl.mg1 mag-m. merc.j5 ph-ac.
  - **2** - 5 h: arist-cl.mg1 *Bell.*k1,st borx. chloram.jl sulph.sf1
  - **bis**: borx. calc.k2 cham.st cupr. lyss.st mag-c. pall.kr1,st *Puls.*kr1,st
  - **nach**: all-c. bapt. benz-ac. caust. coff. dios. graph. kali-bi. **Kali-c.** kali-sil.k2 *Lec.* *Mag-c.* mag-m. mez. nat-m. **Nit-ac.** pall. *Ptel.* puls.st sars.h *Sil.* thuj. *Verat.*h,kr1,*
- **2** oder 3 h:
  - **bis**: *Calc.*kr1,st
  - **nach**: ap-g.bro1 ars-s-f.k2 bamb-a.stb2 bapt.bro1 bell-p.bro1 bry.bro1 *Calc.*bro1 chin.bro1 *Coff.*bro1 gels.bro1 *Kali-c.*bro1 kalm.bro1 mag-c. nat-c.bro1 nat-m.bro1 nit-ac.bro1 *Nux-v.*bro1 *Sel.*bro1 *Sep.*bro1
- **2**.30 h:
  - **bis**: lyc.a1 pip-m.a1
  - **nach**: carb-an.h
- **3** h: bry.bg1 tub.c,dp
  - **3** - 4 h: arist-cl.mg1 chel. nux-v.sf1 rib-ac.jl
  - **3** - 5 h: arist-cl.mg1 bell-p.jl,mg1 calc-f.jl,mg1 cob-n.mg1 kali-c.k2 mand.jl
    - **außer** um: chin.a1
    - **Hitze**; durch: **Borx.**
  - **bis**: ars.st cench.k2 hist.mg1 merc.st nat-p. sulph.
  - **nach**: am-m.j5,st ammc. **Ars.**k1 ars-s-f.k2 bamb-a.stb2 *Bapt.*kr1,st *Bell-p.*st *Borx.* bry.bg1,st *Calc.*k,k2 calc-ar. *Calc-s.* *Chin.* clem. coff. euphr. graph. jug-c. kreos. **Mag-c.** mag-m. mag-s.mg1 mez. nat-m.sf1 nicc. *Nux-v.*k,kl2● ol-an. op. plat. *Psor.* ran-s. raph.j5 rhus-t.k,kl2● *Sel.* **Sep.**k,kl2● staph. **Sulph.**k,kl2● **Thuj.**k1,st **Tub.**k1,st zinc-p.k2
- **3**.30 h, nach: arg-met.st
- **4** h: carc.fb puls-n.a1
  - **4** - 6.30 h: cycl.a1
  - **bis**: am-c. calc.k2 chel.kr1 hep. *Nicc.*kr1,st op. thuj.

– **nachts - Mitternacht - nach - 4** h: ...
  - **nach**: borx. bufo caust. cycl. hyper.st lyc.h,kl2● *Mur-ac.* *Petr.*j5 ph-ac. phos. plan. ruta sapin.a1 sep.k,kl2● staph. **Sulph.**k,kl2● tab.sf1 thuj.j5 trom. verb. zinc.j5
    - **Pollutionen**, nach: pip-m.a1
- **4**.30 h:
  - **nach**: sep.a1
- **5** h:
  - **bis**: aloe ran-b.
  - **nach**: androc.srj1 chin.h fago. nat-m.k,kl2● *Ph-ac.* **Sulph.**k,kl2●
- **5**.30 h:
  - **nach**: sapin.a1
- **morgens**:
  - **bis**: **Ant-t.**kr1,st *Atro.*kr1,st *Cact.*kr1,st chinin-s.a1,kr1,* cycl.a1,kr1,* *Fl-ac.*a1,kr1,* hydrog.srj2 *Hyos.*kr1,st merc.a1,kr1,* nat-c.a1,kr1,* *Psor.*kr1,st puls.kr1,st *Sil.*j5,kr1,* spirae.a1,kr1,* valer.kr1,st zing.st
  - **gegen** Morgen: calc-ar.a1,k2 lina.a1 pip-m.a1 zing.a1,kr1
- **erster** Teil der Nacht
  ☞ *Mitternacht - vor*
- **Hitze**; während: nat-sil.k2
- **Mitte** der Nacht
  ☞ *Teil - Mitte*
- **Schläfrigkeit**, mit
  ☞ *Schläfrigkeit - mit - tagsüber*
- **schläft** tagsüber: ferr.bg2 lach.bg2 mosch.bg2 op.bg2 ph-ac.bg2 rhus-t.bg2 sil.bg2 staph.bg2
- **Teil** der Nacht:
  - **erster**
    ☞ *Mitternacht - vor*
  - **Mitte**: sel.a1
    - **außer** in der Mitte: *Crot-h.*kr1
    - **Lesen**, beim:
      - **amel.**: sel.a1
  - **zweiten** Hälfte der Nacht; in der
    ☞ *Mitternacht - nach - morgens - gegen*
- **Zubettgehen**, nach dem: form.a1 gent-l.a1 ham.a1 lycps-v.a1 ran-b.a1 wies.a1
- **zweite** Nacht, jede
  ☞ *periodisch - nachts - zweite*

◈ **abwechselnd** mit:
- **Delirium**
  ☞ ❑ *Gemüt - Delirium - abwechselnd mit - Schlaflosigkeit*
- **Koma**: *Camph.*hr1,kr1
- **Schlaf**: crot-h.k2
- **Schläfrigkeit**: asim.hr1,kr1 *Hyos.*hr1,kr1
- **Träume**: coff-t.a1

◆ **begleitet** von:
- **Herzens**; Beschwerden des: *Aur-m.*kr1 **Borx.**a1 *Colch.*kr1 crat.bg2,st *Dig.*c1,kr1 merc.a1 merc-c.a1 naja.bg2 *Op.*kr1 spig.bg2 *Tab.*kr1 verat.a1
- **Schläfrigkeit**:
  - **tagsüber**: *Acon.* *Agar.*k,kr1,* am-c.bg1,k,* am-m. ambr.sf1 ammc.sf1 anh.mg1,sf1,* ant-c.sf1,st *Ant-t.*kr1 apis apoc. *Arg-n.*bg1,bg2,* arn.bg2,k,* ars. ars-met.a1,kr1 aur-s.a1,sf1 bar-act.sf1 bar-c. bar-s.k2 **Bell.**bg2,k,* borx.c1,k *Bry.*bg2,k,* bufo.kr1

• **Schläfrigkeit - tagsüber**: ...
calad. *Calc.* calc-sil.k2 camph. cann-i. canth. carb-an.h carb-v.bg1,k,* carbn-s.bg1,k,* *Caust.* **Cham. Chel.** chin.bg1,k,* chr-ac.a1,kr1 cic. cina cinnb.bg1,sf1 clem.bg1,k,* cob-n.mg1 cocabro1 cocc. cod.a1 *Coff. Con.* corn. *Crot-h.* crot-t.j5 *Cupr.* daph. dirc. elapskr1 epil.a1 euphr. eupi. *Ferr.*bg1,k,* ferr-ar. ferr-p. fl-ac.bg1,sf1 *Gels.*bg,c1 gent-l.j5 *Graph.*bg2,k,* guat.sf1,sp1 *Hep.* huraa1,sf1 hyos.bg1,k,* kali-ar. *Kali-c.*bg2,k,* kali-p. kali-sil.k2 lac-d.sf1,st *Lach.*bg2,k,* lact.j5 laur. lil-s.a1 lyc. m-aust.j5 mag-c.k1,k2,* mag-m. med. *Merc.*bg1,k,* morph.bro1 mosch.bg2,k,* mur-ac.bg1,sf1 nat-ar. *Nat-c.* nat-hchls.a1,sf1 *Nat-m.*bg1,k,* nat-p. nat-sil.k2 nit-ac. *Nux-m.*kr1,st *Nux-v.*bg2,k,* **Op.**bg1,k,* *Petr.*kr1,sf1 *Ph-ac.*bg1,k,* **Phos.**bg1,k,* *Phys.*kr1 pic-ac.k2,sf1 plan.bg1,sf1 plb. polyg-h.kr1 psor.sf1,st **Puls.**bg2,k,* ran-b.bg1,k,* rhod. *Rhus-t.*bg1,k,* sabad. sabin. *Samb.* sapin.a1 sel. *Senec.*sf1 **Sep.**bg2,k,* *Sil.*bg2,k,* sol-mm.a1,j5 solin.a1 spig.bg1,k,* **Staph.**bg2,k,* *Stram.*bg1,k,* sul-ac. sul-i.k2,sf1 **Sulph.**bg1,k,* syph. *Tarent.*kr1,sf1 ter.sf1 teucr.j5 thuj. verat. viol-o. vip-r.j5 zinc.
☞ *Müdigkeit*

– **Abdomens**; durch Beschwerden des: *Alum.*bg2,kr1 ambr.bg2,kr1 ant-t.kr1 ars.bg2,kr1 bar-c.bg2,kr1,* calad.bg2,kr1 calc.bg2,kr1 canth.bg2,kr1 caust.j5,kr1 cham.bg2,kr1 cinabg2,kr1 coff.bg2,j5,* coll.kr1 *Coloc.*kr1 cupr.kr1 cycl.a1,kr1 *Dulc.*j5,kr1 ferr.bg2,kr1 gent-l.j5,kr1 graph.bg2,kr1 kali-c.bg2,kr1 *Lach.*j5,kr1 *Lyc.*kr1 *Mag-c.*j5,kr1,* mag-m.bg2,kr1 mag-s.j5,kr1 mang.bg2,kr1 nat-m.bg2,j5,* nit-ac.bg2,kr1 nux-m.bg2,kr1 ox-ac.k2,kr1 phos.bg2,kr1 plan.kr1 *Plb.*j5,kr1,* sars.bg2,kr1 sep.bg2,kr1 sulph.bg2,kr1,* verat.bg2,j5,*

– **Abendessen**; nach zu spätem: *Puls.*hr1,kr1
☞ *Essen*

– **Absonderungen**; durch unterdrückte: *Lach.*sf1

– **Abstillen**, beim: bell.bro1

– **abwechselnden** Nächten, an
☞ *periodisch - nachts - zweite*

– **Agonie**, in der: *Acet-ac.*kr1

– **Alkohol**:
• **agg.**: agav-t.j1

– **Alkoholikern**; bei: ars.bro1 aven.bro1 cann-i.bro1 *Cimic.*bro1 *Gels.*bro1 *Hyos.*bro1 lach.bg2 *Nux-v.*bro1 op.bg2 passi.sf1 *Sec.*bro1 stram.bro1 *Sumb.*c1
☞ *Betrunkenheit*

– **allein**, wenn: kali-c.k13,k2

– **alten** Menschen, bei: *Acon.*kr1 ars.bro1 *Bar-c.* op.bro1 passi.bro1 *Phos.*bro1 sulph.st **Syph.**st

– **Ameisenlaufen**, durch: bamb-a.stb2 bufobg2 carb-v.bg2 guare.a1,bg2 lyc.bg2 osm.a1,bg2
• **Beine**, der: sulph.bro1 zinc.

– **Amenorrhoe**, bei: *Senec.*kr1 *Xan.*kr1

– **angenehm**: cortico.mg,mg1 cortiso.mg,mg1

– **Angst**, aus: abrot.sf,sf1 *Acon.*hr1,j5,* agar.h,j5 alum.bg2,sf1,* apisk2 arg-n.k13,k2 arn.bg2,k **Ars.**bg2,k atro.sf,sf1 bar-c.j5 bell.bg2,k,* bry.bg2,k calc.bg2,j5 calc-br.sf,sf1 carb-an. carb-v.bg2,k2,* *Caust.*bg2,k,* cench.k13,k2 *Cham.*hr1,j5,* **Cocc.**bg2,k coff.j5 coloc.hr1,kr1 con.h,j5 *Crot-h.*hr1,kr1 cupr. cupr-ar.sf,sf1

– **Angst**, aus: ...
*Dig.*bg2,sf1,* *Ferr.*j5 graph.h,j5,* haliae-lc.srj5 *Hyos.*h,j5,* ign.hr1,kr1 *Kali-br.*hr1,kr1,* kali-c.bg2,j5 kali-i. *Lach.*hr1,kr1 laur. lyss. m-arct.j5 mag-c.bg2,k mag-m.bg2,k mang.h merc.bg2,k,* merc-c.bg2,hr1,* nat-c. nat-m.bg2,k nux-v.bg2,k phos.bg2,k2,* puls.bg2 ran-b.a1,j5 ran-s.bg2,j5 rhus-t.bg2,k sabin.j5 samb.hr1,kr1 *Sep.*bg2,j5 *Sil.*h,j5,* stram. sulph.bg2,k thuj.bg2,k verat.bg2,j5 vip.bg2,sf1,* wies.a1
☞ *Gestört - Angst* / ❑ *Gemüt - Angst*
• **Mitternacht**:
• **nach**: ars.bro1
• **Menses**, nach den: agar.hr1,kr1

– **Anstrengung**; nach: arn.br1,kr1,* **Ars.**bg2,kr1 *Calc.*sf1 chin.sf1 *Chlol.*hr1,kr1,* cimic.sf1 *Dig.*sf1 helon.sf1 *Nux-v.*sf1 *Sil.*sf1
• **geistiger**; nach
☞ *geistiger Anstrengung*

– **Aorta**; bei Erkrankung der: crat.bro1

– **Apoplexie**, vor einer: *Aster.*hr1,kr1

– **Ärger**, Verdruß; nach: acon. ars. calc.hr1,kr1 cham. *Coloc.*j5 kali-p. nux-v. petr. *Staph.*

– **Atmung**, mit erschwerter: *Arg-n.*hr1,kr1 ars.bg2,kr1,* *Borx.*kr1 carb-an.j5,kr1 *Cham.*hr1,kr1 *Chlol.*hr1,kr1,* grin.bg2,kr1 *Kali-br.*hr1,kr1 *Kali-c.*bg2,kr1 *Kali-i.*hr1,kr1 *Lach.*bg2,kr1 lact.j5,kr1 *Morph.*hr1,kr1 *Ran-b.*h,k2,* *Stann.*hr1,kr1 *Syph.*hr1,kr1
• **Kindern**, bei: *Kali-br.*hr1,kr1

– **Auffahren**, durch: am-m.bg2 ambr.bg2 arn.bg2 *Ars.*bg2 bell.bg2 bism.bg2 bry.bg2 calc.bg2 canth.bg2 *Chin.*bg2 *Dig.*bg2 dulc.bg2 hyos.bg2,j5 ign.bg2 kali-bi.bg2 kali-c.bg2 led.bg2,j5 lyc.bg2 mag-c.bg2 merc.bg2 nat-c.bg2 nit-ac.bg2 nux-v.bg2 phos.bg2 plb.bg2 psor.bg2,j5,* *Rhus-t.*bg2 sars.bg2 sel.bg2 sep.bg2 stront-c.bg2 sulph.bg2 verat.bg2

– **Aufstoßen**, durch: bar-c.bg2,h carb-v.bg2

– **Augen**:
• **geschlossenen** Augen, mit: dulc.h1 staph.h
• **öffnen**; mit Unfähigkeit sie zu: carb-v.
• **schließen**; wegen Gefühl, die Augen würden sich nicht: phos.bg1

– **Beinen**; außer mit übereinandergelegten: *Rhod.*hr1,kr1

– **Beklemmung**, durch:
• **Brust**, der: kali-c.bg2,j5 nux-v.bg2 physal-al.bg2 ran-b.bg2 ran-s.bg2
• **Hypogastriums**, des: mag-c.h

– **Betäubung**, mit: calc.j5 *Nux-v.*j5

– **Betrunkenheit**; bei: coff.gl1 hyos.gl1,sf1 kali-p.gl1,sf1 nux-v.gl1
☞ *Alkoholikern*

– **Bett**:
• **aufsetzen**; muß sich im: ars.bg1
• **hart**; fühlt sich zu: arn.bro1 bry.bro1 mag-c.bg2 *Pyrog.*bro1
• **heiß**; fühlt sich zu: op.bro1
• **spät** zu Bett geht; wenn er: am-c.h

– **Bewegung**:
• **Fötus**, des
☞ *Fötus*
• **Gefühl** als sei das Bett in: clem.bg2

• **Verlangen** nach Bewegung; wegen
☞ *Ruhelosigkeit*
– **Bier**:
• **amel**.: theaa1
– **Blähungen**, durch: ambr.bg2 cocc.bg2 coff.bg2 *Nux-m.*bg2 nux-v.bg2
– **Blut** durch den Körper rauschen; durch das Gefühl, als würde: alumn.k2
– **Blutandrang**, durch: acon.bg2 alumn. am-c.bg2,sf1 ambr.sf1 asar. bry. *Calc.* calc-br.sf1 *Carb-v.*bg2,kr1,* dulc.bg2 eucal.sf1 graph.a1 hep.a1 ign. kali-c.bg2 mag-c. *Merc.* mosch.j5 mur-ac.h nat-m.bg2 nit-ac.a1,bg2 *Phos.* *Puls.* ran-b. rhus-t. sabin.bg2,j5 sars.bg2 senn.sf1 *Sep.* **Sil.** spong.kr1 *Sulph.* wies.a1
• **Kopf**, zum: *Borx.*bg2,kr1 *Carb-v.*bg2,k2,* cycl.bg2 *Puls.*bg2 sil.bg2
– **Blutungen**, durch: *Chin.* phos.hr1,sf1,*
– **Blutverlust**, nach: phos.sf1
– **Brennen**, durch:
• **Fußsohlen**; der: *Lach.*kr1
• **Geschwüren**, wunden Stellen; in: staph.bg2
• **Magen**, im: am-c.h
• **Venen**, in den: *Ars.*
– **Cholera** infantum, bei: *Cadm-s.*kr1
– **chronisch**: apiskr1 *Ars-h.*hr1,kr1 *Crot-h.*hr1,kr1 cupr-ar.kr1,sf1,* hydr-ac.hr1,kr1 *Hyos.*hr1,kr1 **Lach.**hr1,kr1 *Plat.*hr1,kr1 *Verat.*hr1,kr1
– **Delirium**:
• **mit**: acon.bg2 ail.bg2,k2 aur.bg2,j5 *Bapt.*bg2,hr1,* *Bell.*bg2,hr1,* bry.bg2 cact.bg2 calc.bg2 *Cann-i.*bg2 chin.bg2 cimic.bg2,sf1,* coloc.bg2 cyt-l.bg2,mg1,* dig.bg2 dulc.bg2 *Gels.*bg2,hr1,* *Hyos.*bg2,sf1,* ign.bg2 kali-br.bg2 lyc.bg2 nat-c.bg2 nux-v.bg2 op.bg2 passi.bg2,sf1,* ph-ac.bg2 phos.bg2 plat.bg2 *Plb.*bg2,hr1,* puls.bg2 rhus-t.bg2 sabad.bg2 sel.bg2 spong.bg2 *Stram.*bg2,hr1,* sulph.bg2 *Tub.*bg2,hr1,* verat.bg2
• **Wahnideen**, mit: arg-n.kr1 *Bell.*kr1 op.kr1
– **Delirium** tremens; bei: aven.br1 *Cimic.*kr1,sf1 **Gels.**k1 hyos.sf1 kali-p.sf1 *Nux-v.*
– **Denken** amel.: theaa1
– **Diabetikern**, bei: *Uran-n.*kr1
– **Diarrhoe**, bei: **Bufo**kr1 *Coloc.*kr1 *Dulc.*kr1 gast.a1,kr1 *Merc-c.*kr1 *Nat-s.*kr1 **Phos.**kr1
• **Herbst**, im: *Merc.*kr1
– **Diphtherie**, bei: *Chinin-ar.*kr1 *Kali-chl.*hr1 *Kali-m.*kr1
– **Durst**; durch: all-s.bg2,hr1,* *Calad.*bg2 ign.bg2,hr1,* mag-m.bg2 nit-ac.bg2
• **Menses**, während: *Sep.*a1
– **Dysmenorrhoe**, bei: *Cocc.*kr1
– **Erbrechen**:
• **mit**: chinin-s.bg2
– **Erektionen**, durch: ant-c.j5 *Plat.*kr1 sep. *Thuj.*kr1
• **schmerzhafte**: **Thuj.**kr1
– **Erkältung**:
• **nach**: *Jatr-c.*kr1
– **Ermüdung**
☞ *Müdigkeit*
– **Erregung**, durch: abrot.bg2,sf1,* agar.bg2,sf1,* *Ambr.* anac.sf,sf1 *Arg-n.* *Aur-m.*hr1,k2,* *Calc.*bg2,sf1,* camph.bg2,k canth.a1,k caps. carb-an.h,j5 chin.

– **Erregung**, durch: ... cimic.bg2,hr1,* cocakr1 **Coff.**bg2,k,* *Colch.* croc.bg2,sf1,* cupr-ar.sf,sf1 cypr.sf,sf1 ferr.sf,sf1 gels.k13,k2,* haliae-lc.srj5 *Hep.*k1 hydrog.srj2 **Hyos.**bg2,k kali-p.hr1,k *Lach.* laur. *Lyc.* lyss.hr1,kr1 mag-c.bg2,sf1,* meph.bg2,sf1,* *Merc.* mez.j5 mosch.hr1,k nit-ac. **Nux-v.**bg2,k *Op.*bg2 *Phos.*hr1,k2,* plat.bg2,hr1,* *Puls.*bg2,k ran-b. senec.bg2,sf1,* *Sep.* spong.bg2,sf1,* staph.bg2 sul-ac. sulph. teucr.bg2,k
• **Theater**, im: *Phos.*kr1
– **erschöpft**, jedoch völlig: aur.kr1
– **Erschöpfung**: cypr.hr1 gels.br1,hr1
– **erschreckt** leicht: am-m.bg2 arn.bg2 bism.bg2 bry.bg2 canth.bg2 *Chin.*bg2 guaj.bg2 hep.bg2 ign.bg2 kali-c.bg2 led.bg2 merc.bg2 nat-m.bg2 nux-v.bg2 phos.bg2 plb.bg2 *Rhus-t.*bg2 sep.bg2
– **Erschütterungen**, durch: agar.a1,k alum. **Arg-met.** **Ars.** *Bell.*hr1,k hyper.a1 ip. nat-ar. *Nat-m.* *Nit-ac.*h,k,* *Phos.*
– **Erwachen**, nach dem: aeth.k1 agar.h am-c. am-m.j5 androc.srj1 **Ars.** ars-s-f.k13,k2 *Aur.* aur-ar.k2 *Bamb-a.*stb2 bar-c. *Bell.* bell-p.st berb.j5 borx. brach.a1,k calc. calc-f.j1,j13 calc-sil.k13,k2 caps.a1,k carb-v. carbn-s. carc.az1 caust. chr-ac.hr1,kr1,* clem. cocc. con.bg2,j5 cycl.bg2,j5 *Dulc.* *Ferr.* ferr-m. ferr-ma.a1 ferr-p. graph. jug-c.sf,sf1 kali-ar. kali-c. kali-n.j5 kali-sil.k13,k2 **Lach.** laur. led.bg2,h lyc. **Mag-c.**k,k1,* mag-m. mang. *Merc.* mez. mur-ac. *Nat-c.*h,j5 **Nat-m.** *Nit-ac.*h,j5 nux-m.bg2 *Nux-v.* ol-an.a1,k ox-ac. petr.j5 ph-ac. *Phos.* phyt.a1,k pip-n.bg2 prun.a1,j5 psor.sf,sf1 puls. *Ran-b.* ran-s. rat. rhod.j5 rhus-t. ruta sabin. *Sars.* sel. *Sep.* **Sil.** spong. stront-c.j5 sul-ac. *Sulph.* zinc. zinc-p.k13,k2
• **Mitternacht**, vor: *Mur-ac.*j5
• **Geräusch**, durch ein: ox-ac.a1
– **Erysipel**, bei einem: *Apis*kr1 *Verat-v.*hr1,kr1
– **Essen**, nach dem: acon.bg2 agar.bg2 am-c.bg2 anac.bg2 arn.bg2 ars.bg2 aur.bg2 bar-c.bg2 bell.bg2 borx.bg2 bov.bg2 bry.bg2 *Calc.*bg2 canth.bg2 carb-an.bg2 *Carb-v.*bg2 castm.bg2 caust.bg2 cham.bg2 chel.bg2 **Chin.**bg2 cic.bg2 clem.bg2 croc.bg2 crot-h.bg2 cycl.bg2 dig.bg2 euph.bg2 fela1,bg2 ferr.bg2 graph.bg2 grat.bg2 kali-c.bg2 **Lach.**bg2 laur.bg2 lyc.bg2 mag-c.bg2 mag-m.bg2 nat-c.bg2 *Nat-m.*bg2 *Nit-ac.*bg2 nux-m.bg2 **Nux-v.**bg2 ph-ac.bg2 **Phos.**bg2 plb.bg2 prun.bg2 *Puls.*bg2 ran-b.bg2 *Rhus-t.*bg2 rutabg2 seneg.bg2 sep.bg2 **Sil.**bg2 squil.bg2 staph.bg2 verb.bg2 zinc.bg2
☞ *Abendessen*
• **amel**.: hed.mg1 *Phos.*bg2,k2,*
• **spät** und zu viel; zu: *Puls.*kr1
– **Fahren** im Wagen; beim: alum.gl1,st calc.gl1,st sel.gl1,st
• **amel**.: tarent.a1
– **fallen**, zu stürzen; Gefühl zu: *Bell.*bg2
– **Fehlgeburt**:
• **während**: *Helon.*hr1,kr1
• **nach**: *Cypr.*hr1,kr1
– **Fieber**, bei schleichendem: *Cact.*kr1 *Stram.*
– **finanzielle** Verluste, durch
☞ *Geldverlust*
– **Fluor**, vor: *Senec.*kr1

– **Fötus**; durch schmerzhafte Bewegung des: arn.k2
– **Frauen**, besonders bei: ergot.jl
• **entkräfteten**, erschöpften; bei: castm.sf1
• **erregten**, bei: senec.sf1
– **Freude**, durch übermäßige: **Coff.**
☞ ❑ *Gemüt - Beschwerden durch - Freude - übermäßige / ❑ G~ Beschwerden durch - Überraschungen - angenehme*
– **Frost**; mit: acon.bg2 am-c.bg2 ambr.bg2 anac.bg2 ant-c.j5,kr1 **Aran.**kr1 ars.bg2 bell.bg2 borx.bg2 bry. calc.bg2 carb-v.bg2 *Cham.*bg2 chin.bg2 coff.bg2 euphr.bg2 graph.h *Hep.*bg2 ip.bg2 kreos.bg2,j5 *Lach.*kr1 lyc. mang.bg2 merc.bg2 *Mur-ac.* nat-m.bg2 nit-ac.bg2 nux-v.bg2 phos.bg2 plat.bg2 *Puls.*bg2 rhod.bg2 rhus-t.bg2 sabin.j5 sep.bg2 sil.bg2 sulph.bg2 thuj.j5
– **Frösteln** mit: graph.a1,h *Lac-c.*hr1,kr1 *Lyc.*hr1,kr1
– **Furcht**, durch: **Acon.**bg2,hr1,* alum.bg2 am-c.bg2 androc.srj1 arn.bg2 ars.bg2 bamb-a.stb2 bell.bg2 *Bry.*bg2 calc.bg2 carb-v.bg2 caust.bg2 cham.bg2 *Cocc.*bg2,hr1,* coff.bg2 dig.bg2 graph.bg2 hyos.bg2 *Ign.*bg2,hr1,* kali-c.bg2 laur.bg2,k lyc.bg2 mag-c.bg2 mag-m.bg2 merc.bg2 merc-c.bg2 nat-m.bg2 nit-ac.bg2 nux-v.bg2 phos.bg2 *Puls.*bg2,hr1,* ran-s.bg2 *Rhus-t.*a1,bg2 sep.bg2 sil.bg2 sulph.bg2 thuj.bg2,j5 *Verat.*bg2 vip.bg2 zinc.bg2
• **fallen**, zu: cimic.bg2
• **sterben**, sie müsse: cench.k2
– **Gähnen**, mit krampfhaftem: croc.bg2,sf1,* plat.bg2,sf1,*
– **Gedanken**:
• **Morgen** zu, gegen: ars.h
• **derselbe** Gedanke, immer: bar-c. *Calc.* *Coff.* *Graph.* petr. plat. **Puls.** thuj.bg2
• **erotische**: calad.st
• **Gedankenandrang**, durch: acon.bro1 *Aesc.* agar. aloe alum. *Ambr.* anh.mg1,sp1 ant-t. ap-g.bro1 apisbg2 aran-ix.jl,mg1 *Arg-n.* **Ars.** aur.kr1 *Bamb-a.*stb2 bar-c. bell. borx. *Bry.* cact. calad.bg2 **Calc.** calc-f.jl *Calc-s.* calc-sil.k2 canth.bg2 *Carbn-s.* *Carc.*mg1,sp1,* caust. *Chin.* cinnb. *Cocc.* **Coff.** coloc. con. cortico.mg1,sp1 cortiso.mg1,sp1 cupr-act.a1 *Cypr.*hr1,k,* dios. fago. *Ferr.* *Fl-ac.* *Gels.* *Graph.* grat. ham. hell. **Hep.** hist.jl,mg1 hydrog.srj2 *Hyos.* hyper. hypoth.jl ign. jatr-c.bg2 kali-ar. *Kali-c.* kali-n.j5 kali-sil.k2 *Lach.* lil-t.oss *Lyc.* marb-w.es1 meph.bro1 *Nat-m.* nat-p. nux-m.bg2 **Nux-v.** **Op.**bg2 *Pic-ac.* plat.j5,sf1 plb. podo.c1 *Psor.* **Puls.** *Pyrog.* *Rhus-t.*bg2 sabad. saroth.mg1,sp1 *Sep.* *Sil.* spig. *Staph.* *Sulph.* teucr. theaa1 thuj. *Tub.* verat.bg2 viol-o. viol-t.j5,kr1 yohim.bro1 *Zinc.*
• **Geschäft**, an das: bell.a1 *Cocc.*a1,kr1 phos.a1,k2
☞ *Sorgen - Geschäft*
• **laszive**: calad.k2
• **Melodie**; denkt die ganze Zeit an dieselbe: puls.h
• **Träumen** der vorangegangenen Nacht; von: cench.k2
– **Gefühllosigkeit**, durch: cimic.hr1,k cina
– **Gehen** im Freien; nach: kali-c.j5
– **Geisteskranken**, bei: bell.gl1,st *Hyos.*gl1,st *Lach.*hr1,kr1 *Manc.*hr1,kr1 op.j5 *Tarent.*hr1,kr1
– **geistiger** Anstrengung; nach: agar. ambr. arn.br1,kr1,* **Ars.** *Aur-m.* aven.sf1 calc.sf1 *Chlol.*hr1,kr1,* cocc.sf1 *Coff.* ferr. **Hyos.** ign. kali-br. *Kali-c.* *Kali-p.* *Lach.* *Lyc.* **Nux-v.** *Ph-ac.* *Pic-ac.* *Sil.*sf1
– **Geldverlust**; durch: stann.gl1
– **Geräusch**, durch geringes: acon.bg2 alum.bg2 alumn.kr1 am-c. ang.a1 apiskr1 ars.bg2,j5 *Asar.* *Bell.*bro1 *Calad.* calc-br.bro1 carb-v.bg2,j5 cham.bro1 chin. cocc.bro1 *Coff.*bg2,kr1,* grat. ign.bg2,kr1,* kali-n.j5 lach.j5,k2,* *Merc.*bg2,j5 narcot.a1 nat-p. *Nux-v.* ol-an. **Op.**k2,kr1 phos. rutaj5 *Sel.* sep.st sul-ac.j5 *Sulph.*h,st tarent.bro1 valer.bro1 zinc-val.bro1
– **Gespräch**:
• **amel.**: theaa1
• **nach** einem: **Ambr.** hep.a1,j5
– **getragen**, außer wenn: cham.
– **gewiegt** werden; Kind muß: *Carc.*st cina *Stict.*st
– **Gewitter**, vor: agar. sil.
– **Gicht**, bei: *Mang.*hr1,kr1
– **Gonorrhoe**, bei: *Tarent.*kr1
– **grundlos**: ambr.bg2,hr1,* aur.bg2 kali-c.bg2 mag-c.bg2 merc.bg2 mur-ac.bg2 spig.bg2 *Squil.*bg2,sf1,* sulph.bg2
– **Hämorrhoiden**, durch: *Ars.*kr1 *Kali-c.*kr1
– **Harndrang**, mit: bamb-a.stb2 dig.j5,kr1 graph.j5 nat-c.j5 ran-b.bg2,j5 rutaj5
– **Heimweh**, aus: **Caps.**hr1,k,*
☞ ❑ *Gemüt - Heimweh / ❑ G~ Sentimental*
– **Herzens**; bei Erkrankung des
☞ *begleitet von - Herzens*
– **Herzgeräusche**, durch: x-raysp1
– **Herzklopfen**, durch: acon.bg2 adon.bg2,sf1,* alum.bro1 am-c.bro1 *Aur-m.*hr1,k bell.bg2 *Benz-ac.* *Cact.*st *Calc.*bg2,k *Coff.*hr1,kr1 crot-t.hr1,k dig. digin.a1 *Iod.*bro1 jatr-c.bg2 kali-bi. *Kali-p.*hr1,kr1 lact.j5 lil-t.bro1 lyc.bg2 lycps-v.k1 *Nat-m.*bg2,k,* psor.hr1,k puls.bg2 rhus-t.bro1 saroth.mg,mg1 sars. sep.bro1 sil.
– **Hitze**:
• **während**: acon.bg2,sf1,* ail.k13,k2 aloekr1 alum.bg2,k,* alumn.a1,hr1 am-c.h,j5,* am-m.bg2 **Anac.**bg2 ang.h ant-t.bg2,k **Apis**bg2,kr1 *Aran.*hr1,kr1 arg-met.bg2 arn.hr1,j5,* *Ars.*bg2,k,* *Ars-h.*hr1,kr1 *Bapt.*hr1,kr1 *Bar-c.*bg2,k,* bell.bg2 **Borx.** *Bry.*bg2,k,* *Cact.*hr1,kr1 *Calc.*bg2,k cann-s.bg2,k *Carb-v.*bg2,k carbn-s. *Caust.*bg2,k,* *Cham.*bg2,h,* chin.bg2 chinin-s. *Cina*kr1 cit-v.hr1,kr1 clem.bg2,k coc-c.a1,k cocc.bg2,k,* *Coff.*hr1,j5,* colch.a1,k *Coloc.*hr1,kr1 con.h,k,* eucal.a1 *Ferr.* graph.h,k,* hep.bg2,k,* *Hyos.*hr1,kr1 ign.bg2,hr1,* iod.sf,sf1 kali-n.bg2 kreos.bg2,j5 *Lachn.*hr1,kr1 laur.bg2,j5 led.bg2 *Mag-c.*bg2 mag-m.bg2,k,* mang.bg2 merc.bg2,hr1 merc-c.bg2 mosch.bg2,j5 nat-m.bg2,k,* nat-p.a1,k nat-sil.k2 *Nit-ac.*bg2,k,* nux-m.bg2 nux-v. ol-an.a1 *Ol-j.*hr1,kr1 *Op.*sf,sf1 *Petr.*bg2,j5 *Ph-ac.*bg2,k *Phos.*bg2,k,* plect.a1 puls.bg2,k ran-b.bg2,k2,* ran-s.bg2,k **Rhod.**bg2 *Rhus-t.*bg2,k sabad.bg2 *Sabin.*bg2 sars.bg2,k sec.j5 sep.bg2,k,* *Sil.*bg2,hr1 spong.hr1 *Staph.*bg2 *Stram.*hr1,kr1 stront-c.bg2 **Sulph.**bg2,hr1,* thuj.bg2,k,* verat.bg2 wies.a1
• **ängstliche**: bry.a1,kr1 ign.hr1,kr1 *Puls.*hr1,kr1
• **Kopf**, im: am-m. **Borx.** verat.

• **während**: ...
• **trockene**: *Caust.*hr1,j5,* nit-ac.a1 sulph.hr1 wies.a1
• **nach**: *Hell.*hr1,kr1
• **Gefühl** von, mit: bry.bg2 iod.bg2 op.bg2 puls.bg2 ran-b.bg2,st
• **Hitzewallungen**, durch: puls.k2
– **Hitzewallungen**, durch: puls.k2 ran-b.k2
– **Hunger**, durch: abies-n.hr1,k ap-g.bro1 *Chin.* *Cina*bro1 *Ign.*bg2,k,* *Lyc.*k1,kl2●,* nat-c.k2 *Phos.*k,kl2● psor.bg2,k2 sanic. sulph.bro1 teucr.hr1,k,* tub.kl
– **Husten**, durch: am-m.bg2,kr1 *Apis*kr1 ars.bg2,kr1 bism.bg2,kr1 calad.bg2,hr1,* *Caps.*hr1,kr1 *Caust.*bg2,hr1,* *Chlol.*hr1,kr1 *Daph.*hr1,kr1 eup-per.bg2,kr1,* *Gels.*hr1 *Hyos.*bg2,kr1 *Kali-bi.*hr1,kr1 *Kali-cy.*hr1,kr1 lyc.bg2,j5,* **Nit-ac.**bg2,hr1,* *Nux-v.*bg2,hr1,* *Ol-j.*hr1,kr1 *Phel.*hr1,kr1 *Phos.*bg2,hr1,* puls.bg2,kr1,* *Rhus-t.*bg2,hr1,* sabad.bg2,kr1 sep.bg2,j5,* *Stict.*bg2,hr1,* *Sulph.*bg2,hr1,* *Syph.*hr1,kr1 teucr.bg2,kr1
• **Mitternacht**, nach: *Kali-c.*hr1,kr1
• **Hinlegen**, beim: *Ol-j.*hr1,kr1
• **Hustenreiz**, durch: ars.bg2
• **Keuchhusten**, bei: *Caust.*hr1,kr1
• **Kindern**, bei: *Stict.*st
– **Hypochondrie**, bei: *Arg-n.*hr1,kr1 *Bar-c.*hr1,kr1 graph.j5,kr1 valer.hr1,kr1
– **hysterisch**: *Croc.*sf,sf1 mosch.hr1,k *Senec.*hr1,kr1 *Stict.*hr1,kr1
– **Impfung**, nach: *Mez.*hr1,kr1 *Thuj.*hr1,kr1
– **Influenza**, nach: *Aven.*bg2,sf1,*
– **intermittierend**: carbn-s.a1
☞ *periodisch*
– **Jucken**, durch: acon.bro1 *Agar.*bro1 alum.bro1 am-c.h,j5 anac.hr1,k ant-c. *Apis*kr1 *Arn.*bg2,j5 bar-c.bg2,k,* bell.bg2 *Bov.*hr1,kr1 calad.k13,k2,* carb-v.h,k,* caust.hr1,kr1 chlol.hr1,k *Cit-v.*a1 cocc.j5 con.bg2 cop.hr1,kr1 dol.c1 dulc.h1,j5 elae.a1 euphr.bg2 *Gels.*hr1,k gink-b.sbd1 kali-c.j5 kreos.j5 lach.a1,k lyss.hr1,k *Merc.*hr1,k *Mez.*a1,k **Psor.**hr1,k *Puls.*bg2,k ran-b.a1,bg2 raph.a1,k sars.bg2 staph.bg2,hr1,* *Sulph.*bg2,hr1,* teucr.bro1 valer.bro1 zinc.hr1,k
• **Anus**, des: *Aloe*k2 alum.bro1 coff.bro1 ferr.gt ign.bro1 *Indg.*bro1
• **Arme**, der: ign.br1
• **Herpes**: staph.bg2
• **Kopfes**; des: gels.c1
• **Schwangerschaft**, während der: *Dol.*hr1,kr1
• **senilis**; Pruritus: *Mez.*hr1,kr1
• **Skrotum**: urt-u.kr1
– **Kaffee**:
• **außer** er trinkt: merc.h
• **Mißbrauch** von; nach: cham.bro1 **Coff.**kr1 nux-v.
– **Kälte**, durch: *Acon.*bro1 aloe alum. am-c. ambr.bg2,k arg-n. ars.bg2,k bov. calc. camph.bro1 carb-v. cist.bro1 daph. euph.bg2 ferr. gink-b.sbd1 graph.a1,k kreos. lac-c. mag-s. merc. mur-ac. nat-m.bg2,k nat-s. nux-v. phos.bg2,k plect.a1 puls.bg2 staph. sulph.bg2,k thuj.bg2,k *Verat.*bro1
• **Füße**, der: aloe am-m. aran.bg2,sf1,* *Carb-v.* chel. nit-ac. petr. *Phos.* raph. rhod. sil. verat.a1 zinc.
• **Hände**, der: aloekr1 verat-v.a1
– **Kälte**, durch: ...
• **Knie**, der: apisbro1 *Carb-v.*bro1 verat.a1
– **Kindern**, bei: *Absin.*bro1 *Acon.*bro1 *Ars.*st arund.a1 *Bell.*hr1,kr1 calc-br.bro1 **Carc.**mg,mg1,* *Cham.*st *Cina*bro1 **Coff.**hr1,kr1 *Cypr.*hr1,kr1,* hyos.bro1 kali-br.bro1 *Mag-m.*st *Passi.*sf,sf1 phos.bro1 puls.bro1 *Stict.*hr1,kr1,* sulph.bro1
• **abends**: lyc.a1
• **Babies**; bei: carc.fb,svb
• **getragen** werden, Kind muß: cham.
• **gewiegt** werden, Kind muß: *Carc.*st1 cina *Stict.*st
• **Lachen**, mit: cypr.sf,sf1
• **liebkost** werden; Kind muß: *Kreos.*kr1
• **spielen** und lachen; Kind möchte: cypr.st
• **verdrießlich** vom Zubettgehen bis zum Morgen; am nächsten Tag lebhaft: *Psor.*kr1
• **Weinen**; mit: carc.cd
– **Knochenbruchs**; nach der Reposition eines: *Stict.*st
– **Koitus**, nach: bov.bg2 calc. cop.a1,k kali-c.k13,k2 nit-ac. sep. sil.
– **Konvulsionen**, mit: alum.kr1 art-v.hr1,kr1 bell.kr1 bry.kr1 calc.kr1 carb-an.kr1 carb-v.kr1 *Cic.*hr1,kr1 cupr.kr1 cypr.hr1,kr1 hep.kr1 hyos.bg2,j5,* ign.kr1 ip.kr1 **Kali-br.**hr1,kr1 kali-c.kr1 merc.kr1 mosch.kr1 nux-v.kr1 ph-ac.kr1 phos.kr1 puls.kr1 rheumkr1 rhus-t.kr1 sel.kr1 sep.kr1 sil.kr1 stront-c.kr1 thuj.kr1
– **Kopf**; durch wildes Gefühl im: lil-t.br1
– **Kopfschmerzen**, durch: acon.a1,kr1 am-c.bg2,kr1 ammc.hr1,kr1,* *Arg-n.*hr1,kr1 ars-i.hr1,kr1 **Aur.**hr1,kr1 brach.hr1,kr1 bufobg2,kr1,* calc-caust.kr1,sf1 carbn-o.a1,kr1 carc.zzh caust.bg2,kr1 *Chel.*hr1,kr1 **Chin.**bg2,j5,* *Chlol.*hr1,kr1 chloram.jl3,kr1,* *Croc.*hr1,kr1 elapskr1 *Lach.*hr1,kr1 lyc.bg2,kr1,* mag-s.hr1,j5,* manc.hr1,kr1 *Merc.*bg2,kr1,* *Merl.*hr1,kr1 mosch.j5,kr1 mur-ac.bg2,h,* nat-m.bg2,kr1 nicc.j5,kr1 nit-ac.j5,kr1 osm.bg2,kr1,* pall.hr1,kr1 *Phys.*hr1,kr1 *Puls.*hr1,kr1 sars.bg2,kr1,* *Sil.*bg2,kr1 sol-ni.bg2,kr1 *Spig.*hr1,kr1 spong.j5,kr1 staph.bg2,kr1 stram.bg2,kr1 **Sulph.**hr1,k2,* *Syph.*hr1,kr1 tarax.bg2,kr1 verat.bg2,h,*
– **kräftigen** Schlag; nach einem: *Ambr.*sf1 *Con.*sf1
– **Krämpfe**, durch: arge.bro1 coloc.bro1 cupr.bro1
• **Händen** und Füßen, in: valer.k2
• **Waden**, in den: cham.kr1,st coff.kr1,st *Cupr-act.*kr1,st ferr.kr1,st *Meny.*kr1,st *Mez.*kr1,st nux-v.kr1,st staph.bg2,kr1,* *Verat.*kr1,st
– **Krankenpflege**, durch: **Cocc.**hr1,k *Coff.*hr1,k zinc-act.st
☞ *Schlafmangel - nach*
– **Kränkung**, nach: *Calc.*hr1,kr1 *Coloc.* *Ign.*hr1,kr1 staph.k2
☞ *❑ Gemüt - Beschwerden durch - Kränkung*
– **Kribbeln** in Waden und Füßen; durch: sulph.h
– **Kummer**, durch ●: *Gels.*hr1,kr1 graph.h,j5 *Ign.*hr1,k *Kali-br.* lach.k13,k2 **Nat-m.**hr1,k *Sulph.*j5,st
☞ *❑ Gemüt - Beschwerden durch - Kummer*
– **Lage** ist recht, keine: kali-c.j5 lach.bg2,j5 laur.j5 lycpr.j5 nat-c.j5 plat.j5 ran-b.j5 staph.j5
– **Land**; auf dem: prot.jl
– **lange** sich hinziehend: cadm-s.br1

– **längerem** Aufbleiben als gewöhnlich; bei: grat.al
– **Leber**; bei Beschwerden der: acet-ac.hr1,kr1 *Dol.*hr1,kr1
– **Lebhaftigkeit**, durch: *Ang.*j5 ant-c.bg2,j5 *Apis*bg2 arn.j5 aur. bamb-a.stb2 borx.j5 *Calc.* caps.h,j5 caust.bg2 chin.bg2 *Coff.*bg2,j5 cypr.sf,sf1 graph. hyos.bg2 kali-c. lach.bg2,j5 lam.j5 lyc.j5 m-aust.j5 merc. mez. *Nat-m.*h,j5 *Nit-ac.* nux-v.j5 phos.j5 *Prun.*j5 *Puls.*bg2,j5 *Ran-b.*bg2,j5 *Ran-s.*bg2,j5 rhus-t.bg2,j5 rutabg2 sel.j5 sep. sil. spig.j5 staph.j5 sul-ac.h,j5 *Sulph.* teucr.bg2 verat.h
☞ ❑ *Gemüt - Lebhaft*
– **Lesen**, nach dem: sel.a1,j5
– **liebkost**, außer wenn: *Kreos.*hr1,kr1
– **Liegen**; beim: *Cham.* chin. lyss. puls.bg2
• **Rücken**, auf dem: sulph.oss
• **Seite**, auf der: card-m.a1,bg2 ferr.a1,bg2
• **linken**, auf der: ter.bg2 thuj.bg2 x-rayspl
• **Unfähigkeit**, auf der linken Seite zu liegen; aufgrund von: *Colch.*
• **rechten**, auf der: merc.bg2
• **unbequem**: mag-c.bg2
– **Mädchen**, bei: puls.st
– **Manie**, bei: *Apis*kr1 *Cocc.* *Nux-v.*kr1 *Stram.*kr1 *Verat-v.*kr1
– **Masern**, bei: *Ferr-p.*hr1,kr1
– **Medikamenten**, nach: chlol.kr1 mosch.kr1
☞ *Narkotika*
• **Opium**: *Bell.*hr1,kr1 *Nux-v.*hr1,kr1
• **Quecksilber**: *Kali-br.*hr1,kr1
– **Menopause**; während der: *Acon.*kr1,st *Arn.*kr1,st *Bell.*kr1,st *Cimic.*kr1,sf1,* cocc.kr1,sf1,* *Coff.*kr1,st dig.bg1,kr1,* *Gels.*kr1,st *Kali-br.*kr1,st *Senec.*kr1,st *Sulph.*kr1,st valer.kr1,st *Zinc.*kr1,st
☞ ❑ *Allgemeines - Blutwallungen - nachts* / ❑ *A~ Hitze - Hitzewallungen - nachts*
– **Menses**:
• **vor**: agar.bg2,hr1,* carc.sst cycl.bg2,k,* goss.st kreos.j5 senec.brol tub.kl
• **Beginn** der, zu: agar.kr1,st
• **während**: agar.bg2,k am-c.a1,k cimic. eupi.a1,k gent-c.a1,k ign.bg2,k mag-m.bg2,k,* nat-m.a1,k senec.bg2,k sep.bg2,k,*
• **Dysmenorrhoe**, mit: *Cocc.*kr1
• **Menorrhagie**, bei: cann-i.hr1,kr1
• **nach**: kali-br.hr1,kr1,* thuj.hr1,kr1,*
– **Mond**:
• **Neumond**; bei: *Sep.*bg2,sf1
• **Vollmond**; bei: bamb-a.stb2 nux-v.vh *Sil.*vh
– **Müdigkeit**:
☞ *begleitet von - Schläfrigkeit - tagsüber*
• **durch**: **Ars.** cact.hr1,kr1 *Chlol.*hr1,kr1,* helon.sf,sf1
• **Beine**; der: agar.h
• **ohne** Müdigkeit: bamb-a.stb2
• **trotz** Müdigkeit: ambr.bg2,sf1 apisbg2,sf1 apoc.bg2,sf1 *Bell.*bg2,sf1 calc.bg2,j5,* *Cham.*bg2,sf1 dulc.bg2,j5,* helon.bg2,sf1 hep.bg2,sf1 kali-c.bg2,sf1 kreos.bg2,j5,* lach.bg2,j5,* meph.bg2,sf1 mur-ac.bg2,sf1 nat-m.bg2,sf1 nux-v.bg2,sf1 op.bg2,sf1 ph-ac.bg2,sf1 phos.bg2,sf1 pic-ac.bg2,sf1 puls.bg2,sf1 ran-s.bg2,j5,* *Senec.*bg2,sf1 *Sep.*bg2,sf1 sil.bg2,sf1 stann.bg2,sf1

– **Müdigkeit - trotz**: ...
sulph.bg2,sf1 *Tarent.*bg2,sf1 ter.bg2,sf1
☞ *Schlaflosigkeit - Schläfrigkeit - mit / Schläfrigkeit*
– **Murmeln**, mit: **Hyos.**hr1,kr1
– **Nachrichten**, nach überraschenden: *Coff.*kr1
– **Nachtwachen**, durch: cocc.k2
– **Narkotika**:
☞ *Medikamenten*
• **nach**: *Bell.*kr1 *Nux-v.*kr1 stram.a1,kr1
• **ohne**: *Kali-i.*kr1
• **trotz**: lyss.hr1,kr1
– **Neugeborenen**, bei: *Bell.*j5,kr1 cham.j5,kr1 coff.kr1 cypr.kr1 op.kr1 psor.kr1 sulph.kr1
– **Nierenleiden**, bei: *Hyos.*hr1,kr1,* *Plb.*hr1,kr1
– **Ohnmacht**; mit: ars.j5 calc.j5 graph.j5
– **Operationen**:
• **nach**: *Stict.*st
• **chirurgische** Eingriffe:
• **nach**: stict.c1
– **periodisch**:
☞ *intermittierend*
• **nachts**:
• **zweite** Nacht, jede: anac. chin.brol lach.
• **Stunden**:
• **drei** Stunden, alle: puls.a1
☞ *Unterbrochen*
• **halbe** Stunde lang; jeweils eine: anac.a1
– **Phantasien**, durch: alum. ambr.k2 anh.mg1 ant-t.bg2 arg-n. *Bell.* *Cham.*bg2 chin.bg2 coff.bg2 ign.bg2 led.bg2,j5 merc. nat-c. *Op.*j5,kr1 petr.j5 ph-ac. phos. rhus-t.bg2 *Sil.*j5 spong.a1 thuj.
– **plötzlich**: scut.a1
– **Pneumonie**:
• **bei**: *Ant-t.*hr1,kr1 *Bell.*hr1,kr1 *Chel.*hr1,kr1 *Elaps*kr1 *Merc.*hr1,kr1
• **nach**: *Kali-c.*hr1,kr1
– **Pocken**, bei: *Sarr.*hr1,kr1
– **Pulsieren**, durch: acon.brol ammc.a1 *Bell.*brol *Cact.*bg2,sf1,* *Glon.*brol pall.a1 rhus-t.bg2,j5,* sabad.bg2 sec.brol *Sel.*bg2,st sulph.brol theabrol
• **Beinen**, in den: agar.h
• **Kopf**, im: ars.h
• **Körper**, im: kali-c.k2
• **Abdomen**, besonders im: *Sel.*k1
• **Ohr**, im: sil.
• **verschiedenen** Körperteilen, in: cact.br1
– **Reizbarkeit**, durch: *Acon.*hr1,kr1 *Arg-n.*bg2,hr1,* *Bapt.*hr1,kr1 *Chinin-s.*kr1 *Chlol.*hr1,kr1 *Coff.*bg2,kr1,* *Gels.*hr1,kr1 hydrog.srj2 **Hyos.**hr1,kr1 *Kali-p.*hr1,kr1 *Lach.*hr1,kr1 lyss.hr1,kr1 mosch.hr1,kr1 *Nat-m.*hr1,kr1 plat.hr1,kr1 *Stict.*hr1,kr1,* valer.bg2,kr1
– **Rekonvaleszenz**, während der: alf.kr1 aven.kr1,sf1,* castm.kr1,sf1 coff.hr1,kr1 cypr.kr1 *Hyos.*hr1,kr1 kali-br.hr1,kr1 scut.kr1 stann.kr1 *Tub.*kr1 tub-a.kr1
– **Ruhelosigkeit**, durch: abies-n.bg2,hr1,* abrot.bg2,hr1,* **Acon.**bg2,j5,* *Alum.*h,j5,* am-c.h,j5,* anac.h,j5,* anthraco.bg2,j5 **Apis**bg2,kr1 aran-ix.bg2,mg1,* arn.bg2,hr1,* **Ars.**h,j5,* arum-t.bg2,sf1,* asaf.bg2 asar.bg2 aur.bg2,j5 bamb-a.stb2 bell.bg2 borx.bg2,j5 *Bry.*bg2,j5 calc.bg2 canth.bg2 carb-an.bg2,j5 *Carb-v.*h,k2,* caust.h,j5,* **Cham.**bg2 *Chin.*bg2,j5 *Cic.*bg2 *Cina*bg2,j5

– **Ruhelosigkeit**, durch: ...
cocc.$_{bg2,j5}$ *Coff.*$_{bg2,hr1,*}$ coloc.$_{bg2}$ *Con.*$_{h,j5,*}$ cor-r.$_{bg2,j5}$ *Cupr.*$_{bg2,j5,*}$ *Cypr.*$_{bg2,hr1,*}$ dicha.$_{bg2,mg1,*}$ dulc.$_{bg2,j5}$ euph.$_{bg2,j5,*}$ euphr.$_{bg2,kr1}$ eupi.$_{a1,bg2}$ ferr.$_{bg2}$ gent-l.$_{bg2,j5}$ graph.$_{bg2,j5,*}$ guaj.$_{bg2}$ hyos.$_{bg2}$ *Ign.*$_{bg2,hr1,*}$ ind.$_{a1}$ iod.$_{bg2,j5,*}$ *Ip.*$_{bg2}$ jal.$_{bg2,j5}$ kali-c.$_{bg2,sf1,*}$ kali-n.$_{bg2,j5}$ *Kreos.*$_{bg2,j5,*}$ *Lach.*$_{bg2,j5,*}$ lam.$_{bg2,j5}$ laur.$_{bg2,j5}$ *Led.*$_{bg2,j5,*}$ *Lyc.*$_{bg2,j5,*}$ lycpr.$_{bg2,j5}$ m-aust.$_{bg2,j5}$ mag-c.$_{bg2}$ mag-m.$_{bg2,j5}$ mag-s.$_{a1,bg2}$ mang.$_{h,j5,*}$ *Meph.*$_{bg2,hr1,*}$ *Merc.*$_{bg2,j5,*}$ **Merc-c.**$_{bg2,hr1,*}$ mosch.$_{a1,bg2}$ mur-ac.$_{bg2,j5,*}$ nat-c.$_{bg2,j5}$ *Nat-m.*$_{bg2,h,*}$ nat-s.$_{bg2,j5}$ *Nit-ac.*$_{bg2,j5}$ nux-m.$_{bg2}$ nux-v.$_{bg2}$ olnd.$_{bg2,j5}$ *Op.*$_{bg2,j5}$ par.$_{bg2}$ *Petr.*$_{bg2,j5,*}$ *Phos.*$_{h,j5,*}$ *Plat.*$_{bg2}$ *Psor.*$_{bg2,hr1,*}$ *Puls.*$_{bg2,j5,*}$ ran-b.$_{bg2,j5,*}$ *Rhod.*$_{bg2}$ *Rhus-t.*$_{bg2,j5,*}$ ruta$_{bg2,j5}$ sabin.$_{bg2,j5}$ sars.$_{h,j5,*}$ sec.$_{bg2,j5}$ senn.$_{bg2,sf1,*}$ *Sep.*$_{h,j5,*}$ *Sil.*$_{bg2,hr1,*}$ *Spig.*$_{bg2,j5}$ spong.$_{bg2}$ stann.$_{a1,bg2}$ *Stram.*$_{bg2}$ sulph.$_{bg2,j5}$ tarax.$_{bg2}$ tarent.$_{a1,bg2}$ ter.$_{bg2,hr1,*}$ thal.$_{bg2,jl3,*}$ *Thuj.*$_{h,j5,*}$ vinc.$_{bg2,j5}$ zinc-val.$_{bg2,sf1,*}$
☞ *Ruhelos*
- **Unterschenkeln**, in: agar.$_{bg2}$ graph.$_{bg2,h}$ lyc.$_{bg2,k2}$ med.$_{bg2}$ perh.$_{bg2,jl}$ rhus-t.$_{a1,bg2}$ saroth.$_{bg2,mg1}$ stann.$_{bg2}$
  - **Zuckungen** im Abdomen; und: caust.$_{h}$

– **Scharlach**, bei: *Ail.*$_{hr1,kr1}$ *Merc-i-r.*$_{hr1,kr1}$ *Phyt.*$_{hr1,kr1}$ *Verat-v.*$_{hr1,kr1}$

– **Schauder**, durch: bry.$_{a1,k}$

– **Schlafengehen**, nach
☞ *abends - Zubettgehen*

– **Schlafmangel**:
- **nach**: cocc.$_{bg2,sf1}$
  ☞ *Krankenpflege*
- **Gefühl** wie durch Schlafmangel: euph.$_{a1}$ guaj.$_{a1}$ op.$_{a1}$ ost.$_{a1}$ puls.$_{a1}$
  - **morgens**: graph.$_{a1}$ naja$_{a1}$ sol-ni.$_{a1}$
  - **Aufstehen**, nach dem: merc.$_{a1}$

– **Schläfrigkeit**:
- **mit**: *Acon.* *Agar.*$_{a1}$ am-c. am-m. ambr.$_{sf}$ *Ant-t.*$_{hr1}$ apoc.$_{a1}$ arg-n.$_{a1,bg2}$ arn. ars.$_{a1}$ bar-c. **Bell.** *Bry.* calad. *Calc.* *Calc-sil.*$_{k13}$ camph. cann-i. canth. carb-v. *Caust.* **Cham.**$_{a1}$ **Chel.** chin. chr-ac.$_{a1,hr1}$ cic. clem. cob-n.$_{mg}$ cocc. cod.$_{a1}$ *Coff.*$_{hr1}$ *Con.*$_{a1}$ corn.$_{hr1}$ corn-f.$_{hr1}$ *Crot-h.*$_{hr1}$ crot-t.$_{j5}$ *Cupr.* daph.$_{a1,hr1}$ dirc.$_{a1}$ epil.$_{a1}$ euphr.$_{a1}$ eupi. *Ferr.* ferr-ar. ferr-p. gels.$_{bg1}$ gent-l.$_{j5}$ graph. *Hep.* hyos. kali-ar. *Kali-c.* kali-p. kali-sil.$_{k13}$ *Lach.* lact.$_{j5}$ laur. lil-s.$_{a1}$ lyc. mag-m. med. *Merc.* mosch. *Nat-c.* *Nat-m.*$_{a1,hr1}$ nat-p. nat-sil.$_{k13}$ nit-ac. *Nux-m.*$_{hr1,st}$ *Nux-v.* **Op.**$_{a1}$ *Petr.*$_{hr1}$ *Ph-ac.* **Phos.** *Phys.*$_{hr1}$ plb. **Puls.**$_{a1}$ ran-b. rhod. *Rhus-t.* sabad. sabin. *Samb.*$_{a1}$ sapin.$_{a1}$ sel. *Senec.*$_{sf}$ **Sep.** *Sil.* solin.$_{a1}$ spig. staph. *Stram.* sul-ac. sul-i.$_{k13}$ *Sulph.* syph. *Tarent.*$_{bg2,hr1,*}$ ter.$_{sf}$ teucr.$_{j5}$ thuj.$_{a1}$ verat. viol-o. vip-r.$_{j5}$ zinc.
  ☞ *Müdigkeit - trotz*
  - **tagsüber**:
    - **geistiger** Anstrengung, nach: pic-ac.$_{k2}$
    - **Körper** schmerzt; der ganze
      ☞ *Schmerzen - Körper schmerzt - Schläfrigkeit*
  - **morgens**: cycl.$_{a1}$ hydrog.$_{srj2}$
    - **Sonnenuntergang**, und nach: **Sulph.**$_{hr1,kr1}$

– **Schläfrigkeit - mit**: ...
- **nachmittags**: abrot.$_{a1}$
  - **abends**, und: **Sulph.**$_{st}$
- **nachts**:
  - **Mitternacht**:
    - **nach**:
      - **5 h**: myric.$_{a1}$
- **Gedanken**, durch: agar.$_{a1}$
- **Hitze**; während: **Puls.**$_{a1}$
- **Masern**, nach: *Caust.*$_{hr1,kr1}$
- **Mond**; bei Neumond: sep.$_{sf1}$
- **Ruhelosigkeit**, mit: *Graph.*$_{hr1,kr1}$ *Petr.*$_{hr1,kr1}$
- **Schwangerschaft**; während der: *Nux-m.*$_{hr1,kr1}$
- **ohne**: ars-s-r.$_{hr1,kr1}$ aur.$_{hr1,kr1}$ chin-b.$_{hr1,kr1}$ *Fl-ac.*$_{hr1,kr1}$

– **Schluckauf**, mit: *Nux-v.*$_{hr1,kr1}$

– **Schmerzen**, durch: acon.$_{a1,j5}$ ars.$_{a1}$ arum-t.$_{a1,bg2,*}$ bufo$_{a1,bg2}$ cann-i.$_{a1}$ **Cham.**$_{a1,bg2}$ cimic.$_{a1,bg2}$ coloc.$_{a1,bg2}$ *Dol.*$_{a1}$ eup-per.$_{a1,bg2,*}$ eupi.$_{a1}$ *Ferr-p.*$_{hr1,kr1,*}$ *Iris*$_{a1,kr1}$ kreos.$_{a1,j5}$ *Lach.*$_{hr1,kr1,*}$ mag-c.$_{a1,j5}$ mag-m.$_{a1}$ *Merc.*$_{hr1,j5,*}$ passi.$_{a1}$ phyt.$_{a1}$ plb.$_{a1}$ ptel.$_{a1}$ puls.$_{a1}$ *Rhus-t.*$_{hr1,kr1,*}$ sin-n.$_{a1}$ stram.$_{a1}$ *Sulph.*$_{hr1,kr1,*}$ syph.$_{k13,k2}$ vip-r.$_{a1,j5}$
- **Einschlafen**, beim: lil-t. **Merc.**$_{kr1}$
- **rheumatische** Schmerzen: *Ant-t.*$_{kr1}$ *Ars.*$_{kr1}$ atro.$_{kr1}$ cact.$_{kr1}$ *Caul.*$_{kr1}$ *Coloc.*$_{kr1}$ *Dulc.*$_{kr1}$ *Puls.*$_{kr1}$ *Stict.*$_{kr1}$
- **Abdomen**, im: bar-c.$_{h}$
- **Armen**, in den: calc.$_{bg2,h}$ caust.$_{bg2}$ mag-s.$_{a1,bg2}$ mosch.$_{bg2}$ thea$_{a1,bg2}$
- **Augen**, in den: carb-v.$_{bg2}$ rheum$_{bg2}$
- **Brust**, in der: lyc.$_{bg2}$ mag-m.$_{bg2}$ nux-v.$_{bg2}$
- **Füßen**, in den: lach.$_{bg2}$ phos.$_{a1}$
- **Gelenke**, in den: sol-t-ae.$_{a1}$
- **Gesicht**, im: caps.$_{bg2}$ plan.$_{a1,bg2}$ verb.$_{bg2}$
- **Gliedern**, in den: aeth.$_{a1,bg2,*}$ bar-c.$_{bg2}$ bell.$_{bg2}$ caust.$_{bg2}$ cham.$_{bg2}$ chin.$_{bg2}$ con.$_{bg2}$ hep.$_{bg2}$ kali-c.$_{bg2}$ kreos.$_{bg2,j5}$ mag-c.$_{bg2,j5}$ merc.$_{bg2}$ nat-c.$_{bg2}$ nit-ac.$_{bg2}$ phos.$_{bg2}$ plb.$_{bg2}$ *Puls.*$_{bg2}$ ran-s.$_{bg2}$ *Rhod.*$_{bg2}$ rhus-t.$_{bg2}$ spig.$_{bg2}$ sulph.$_{bg2}$ syph.$_{k2}$ zinc.$_{bg2}$
  - **Beinen**, in den: agar.$_{h}$
  - **wunder** Schmerz: cham.$_{h}$
- **Haut**, in der: petr.$_{a1}$
- **Herzen**, im: mand.$_{sp1}$
- **Hüfte**; in der: sin-n.$_{a1}$
- **Knie**, im: spig.$_{a1,bg2}$
- **Knochen**, in den: anac.$_{j5,kr1}$ daph.$_{hr1,j5,*}$ *Kalm.*$_{hr1,kr1}$ *Merc.*$_{hr1,kr1}$ plb.$_{hr1,kr1}$
- **Kopf**, im: acon.$_{a1,kr1}$ am-c.$_{bg2,kr1}$ ammc.$_{a1,kr1}$ *Arg-n.*$_{kr1}$ ars-i.$_{kr1}$ **Aur.**$_{kr1}$ brach.$_{kr1}$ bufo$_{bg2,kr1,*}$ calc-caust.$_{kr1,sf1}$ carbn-o.$_{a1,kr1}$ caust.$_{bg2,kr1}$ *Chel.*$_{kr1}$ **Chin.**$_{bg2,j5,*}$ *Chlol.*$_{kr1}$ chloram.$_{jl,kr1}$ *Croc.*$_{kr1}$ elaps$_{kr1}$ *Lach.*$_{kr1}$ lyc.$_{bg2,kr1,*}$ mag-s.$_{j5,kr1,*}$ manc.$_{kr1}$ merc.$_{bg2,kr1}$ *Merl.*$_{kr1}$ mosch.$_{j5,kr1}$ mur-ac.$_{bg2,kr1}$ nat-m.$_{bg2,kr1}$ nicc.$_{j5,kr1}$ nit-ac.$_{j5,kr1}$ osm.$_{bg2,kr1,*}$ pall.$_{kr1}$ *Phys.*$_{kr1}$ *Puls.*$_{kr1}$ sars.$_{bg2,kr1,*}$ *Sil.*$_{bg2,kr1}$ sol-ni.$_{bg2,kr1}$ *Spig.*$_{kr1}$ spong.$_{j5,kr1}$ staph.$_{bg2,kr1}$ stram.$_{bg2,kr1}$ **Sulph.**$_{kr1}$ *Syph.*$_{kr1}$ tarax.$_{bg2,kr1}$ verat.$_{bg2,kr1}$

• **Körper** schmerzt wund; der ganze: caust.h
 • **Schläfrigkeit** den ganzen Tag über; mit: am-c.vh ant-c.dm arg-n.dm lac-d.dm mag-c.k2 mosch.dm pic-ac.k2 **Staph.** sulph.dm
• **Körperteilen**, auf denen man liegt; in den: *Thuj.*hr1,kr1
• **Lumbalregion**, in der: mag-m.h
• **Magen**, im: carbn-o.a1,bg2 cocc.a1,bg2 ox-ac.k13,k2 phos.a1,bg2 rhus-t.a1,bg2
• **Mund**, im: merc-pr-r.a1
• **Muskeln**, in den: helon.bro1
• **Rektum**, im: am-c.kl
• **Rücken**, im: am-m.bg2,kr1 bell.bg2,kr1 con.hr1,kr1 *Dulc.*hr1,kr1 lac-ac.hr1,kr1 *Lac-c.*hr1,kr1 mag-s.hr1,kr1 nat-m.bg2,kr1 ptel.a1,kr1 sin-n.hr1,kr1 *Syph.*hr1,kr1
• **Unterschenkeln**, in den: agar.j5,kr1 carb-v.bg2,kr1 daph.kr1 *Kali-bi.*hr1,kr1 med.hr1,kr1 *Mez.*hr1,kr1 *Rhus-t.*hr1,kr1 staph.j5,kr1 *Syph.*hr1,kr1
• **Wade**, in der: staph.h
• **Zähnen**, in den: *Aur.*a1,kr1 *Bar-c.*a1,bg2 canth.a1 *Cham.*a1,kr1 *Cocc-s.*a1,kr1 hell.a1 mag-m.bg2,h,* merc-c.a1 rat.a1 **Sep.**a1,kr1 *Sil.*bg2,kr1,* spig.bg2,h,* staph.a1,kr1 trom.a1,kr1
• **Zahnfleisch**, im: *Dol.*c1,st stann.h,st
– **Schnupfen**, durch: *Ars.*a1,bg2 mag-m.a1
– **Schreck**, nach: **Acon.**hr1,kr1 bamb-a.stb2 *Ign.*hr1,kr1
 • **Schwangerschaft**; während der: *Ign.*kr1
– **Schreien**, mit: cinaj5 hyos.j5 jal.j5 senn.j5
 • **Kindern**, bei: passi.sf,sf1
– **Schwäche**, aus: ammc.a1,kr1 aven.bg2,kr1 cocabg2,kr1 cocc.bg2,kr1 *Coff.*bg2,kr1 cypr.hr1,kr1 *Gels.*hr1,kr1 gran.a1,kr1 helon.kr1,sf1,* *Kali-br.*hr1,kr1 *Kreos.*hr1,kr1 *Mag-p.*hr1,kr1 meph.kr1,sf1,* merc.j5,kr1 *Ph-ac.*kr1,sf1,* phos.kr1,sf1,* *Pic-ac.*hr1,kr1 stann.kr1,sf1,* *Tub.*hr,hr1,*
– **Schwangerschaft**; während der: *Acon.*hr1,kr1,* ambr.hr1,kr1,* *Bell.*hr1,kr1,* cact.hr1,kr1,* cham.hr1,kr1,* chin.hr1,kr1,* *Cimic.*hr1,kr1,* *Coff.*hr1,kr1,* cypr.hr1,kr1,* gels.hr1,kr1,* hyos.hr1,kr1,* ign.hr1,kr1,* *Kali-br.*hr1,kr1,* lyc.hr1,kr1,* mag-p.hr1,kr1,* mosch.hr1,kr1,* nux-v.hr1,kr1,* *Op.*hr1,kr1,* *Puls.*hr1,kr1,* rhus-t.hr1,kr1,* staph.hr1,kr1,* stram.hr1,kr1,* sulph.kr1,st tarent.hr1,kr1,*
 • **Schläfrigkeit**, mit: *Nux-m.*st
 • **Wadenkrämpfe**, durch: cham.kr1,st coff.kr1,st *Cupr-act.*kr1,st ferr.kr1,st nux-v.kr1,st *Verat.*kr1,st
– **Schweiß**:
 • **durch**: *Ars.* bry.bg2,h,* cham.bg2 chel.bg2 chinin-s.j5 *Coff.*bg2 **Con.** dulc.j5 ferr. graph.j5 mosch.j5 *Nux-v.*hr1,kr1 petr.j5 ph-ac.bg2 ran-b.bg2,j5 *Rhus-t.*h,j5,* sabad.bg2 sabin.bg2 *Sel.*bg2 sulph. tarax. verat.
  • **Stirn**, an der: sars.bg2
 • **mit**: alum.bg2 am-c.bg2 am-m.bg2 **Anac.**bg2 *Apis*bg2 arn.bg2 *Ars.*bg2 bar-c.bg2 bell.bg2 borx.bg2 *Bry.*bg2 *Calc.*bg2 canth.bg2 carb-v.bg2 caust.bg2 *Cham.*bg2 *Chel.*bg2 **Chin.**bg2 cic.bg2,h,* *Clem.*bg2 cocc.bg2 **Coff.**bg2 con.bg2 graph.bg2 hep.bg2 ign.bg2 kali-n.bg2 kreos.bg2 laur.bg2 led.bg2 mag-c.bg2 mag-m.bg2 mang.bg2 *Merc.*bg2 *Merc-c.*bg2 mosch.bg2 nat-m.bg2 *Nit-ac.*bg2 nux-m.bg2 nux-v.bg2 petr.bg2 **Ph-ac.**bg2 *Phos.*bg2 *Puls.*bg2 *Ran-b.*bg2 ran-s.bg2 *Rhod.*bg2 **Rhus-t.**bg2 *Sabad.*bg2

– **Schweiß - mit**: ... *Sabin.*bg2 sars.bg2 *Sel.*bg2 sep.bg2 sil.bg2 staph.bg2 stront-c.bg2 *Sulph.*bg2 *Tarax.*bg2 *Thuj.*bg2 *Verat.*bg2
– **Schweregefühl**, durch:
 • **Armen**, in den: alum.
 • **Gliedern**, in den: *Caust.*j5 gran.a1 mag-c.bg2,j5
  • **Beinen**: caust.h
– **Schwindel**, wegen: am-c. arg-met.bg2 arg-n. calad. calc. lac-ac.hr1,kr1 *Merc-c.*hr1,k nat-c. nat-m. phos. rhus-t.bg2 spong. sulph. tell. ther.
– **Sekretionen**, durch unterdrückte
 ☞ *Absonderungen*
– **sexuell**:
 • **Erregung**, durch sexuelle: ant-c.hr1,j5,* kali-br.sf,sf1,* ph-ac.bg2 raph.st
 • **Gedanken**, durch sexuelle: calad.bg2,st calc.bg2,k2 dros.bg2
 • **Verlangen**, durch sexuelles: calc.k13,k2
– **Skrupeln**, wegen: ferr.j5
– **Sorgen**, durch:
 ☞ *❑ Gemüt - Angst / ❑ G~ Sorgen*
 • **eingebildete**: **Hyos.**hr1,kr1
 • **Geschäft**; in bezug auf das: *Ambr.*hr1,kr1,* *Calc.*sf,sf1 **Hyos.**hr1,kr1
 ☞ *Gedanken - Geschäft*
 • **gewöhnliche**, alltägliche: *Ambr.*bg2,hr1,* bamb-a.stb2 *Calc.*bg2,sf1,* graph.j5 ign.hr1,kr1 kali-p.hr1,kr1
– **Speichel**:
 • **hinunterläuft**; durch Speichel, der den Hals: kali-c.bg1
 • **Speichelfluß**, mit anhaltendem: *Ign.*kr1
– **spielt** und lacht, Kind: cypr.sf1,st
– **sprechen**; mit Verlangen zu: *Cypr.*hr1,kr1
– **Stillen** des Kindes; nach dem: *Cimic.*hr1,kr1
– **Streitgesprächen**; nach: staph.k13,k2
– **Tabak**; nach Mißbrauch von: gels.br1 nux-v. plan.bro1
– **Tee**; nach Mißbrauch von: camph-br.bro1 chin.bro1 *Nux-v.*bro1 puls.bro1
– **Tollwut**, bei: *Lyss.*hr1,kr1
– **total**
 ☞ *völlig*
– **Träume**, durch: ambr.h carb-an.h
– **traurige** Ereignisse, durch: *Nat-m.*kr1
– **Traurigkeit**, durch: acet-ac.kr1 *Aur.*kr1 *Ign.*bg2,kr1 *Kali-br.*kr1 kali-c.j5,kr1 rhus-t.j5,kr1 sulph.j5,kr1 *Thuj.*kr1
– **Trinkern**; bei
 ☞ *Alkoholikern*
– **Tuberkulose**, bei: *Iod.*hr1,kr1 *Sang.*hr1,kr1
– **Übelkeit**, durch: am-c.j5 ambr.bg2,j5 cham.j5 chinin-s.bg2,j5 cocc.hr1,j5,* *Graph.*h,j5,*
– **Übermüdung**; durch körperliche und geistige
 ☞ *Anstrengung / geistiger*
– **Unbehaglichkeit**, durch: agar.h,j5,* alum.a1 am-c.a1 *Bry.*hr1,j5,* *Carb-v.*hr1,j5,* *Cina*j5 cycl.bg2,j5 hell.bg2,j5 *Merc.*hr1,j5,* nat-c.h,j5 petr.j5 phos.h,j5 *Puls.*bg2,j5 rhus-t.bg2,j5
 • **Angst** mit Hitze führt; muß sich entblößen, was zu Frösteln und: *Mag-c.*
– **Unfall**, nach einem: *Stict.*st

– **Unglück**, Katastrophe; nach einem häuslichen: *Lach.*$_{hr1,kr1}$
– **Unordnung** ist; wenn das Zimmer in: ars.$_{k2}$
– **Uteruskolik**; verursacht durch: cann-i.$_{br1,c1}$
– **Verdauungsstörungen**, durch: mag-p.$_{br1}$
– **Verletzungen**, durch: *Arn.*$_{hr1,kr1}$ *Rhus-t.*$_{hr1,kr1}$ *Stict.*$_{hr1,kr1}$
– **Verzweiflung**, aus: lyss.$_{kr1}$ psor.$_{sf1}$
– **Visionen**, Phantasiebilder; durch: ambr.$_{k13,k2}$ androc.$_{srj1}$ *Arg-n.* bry. calc. carb-an. *Cham.*$_{hr1,kr1}$ *Ign.*$_{hr1,kr1}$ lyc. merc. *Op.*$_{hr1,kr1}$ sulph.
• **ängstlich**: androc.$_{srj1}$ *Carb-an.*$_{hr1,kr1}$
• **Schließen** der Augen; beim: *Led.*$_{kr1}$ *Thuj.*$_{kr1}$
– **völlig**: am-c.$_{j5}$ ambr.$_{j5}$ ars.$_{j5}$ aur.$_{j5}$ *Calc.*$_{j5}$ *Canth.*$_{j5}$ carc.$_{sst}$ chin.$_{j5}$ cic.$_{j5}$ clem.$_{j5}$ coloc.$_{j5}$ *Daph.*$_{hr1,j5}$ dulc.$_{j5}$ *Graph.*$_{j5}$ hep.$_{j5}$ iod.$_{j5}$ ip.$_{j5}$ *Kreos.*$_{j5}$ mag-c.$_{j5}$ merc.$_{j5}$ mosch.$_{j5}$ nat-c.$_{j5}$ *Nit-ac.*$_{j5}$ *Nux-v.*$_{j5}$ phel.$_{c2}$ prun.$_{j5}$ rhus-t.$_{j5}$ sars.$_{j5}$ sep.$_{j5}$ sil.$_{j5}$ spong.$_{j5}$ staph.$_{j5}$ *Sul-ac.*$_{j5}$ *Sulph.*$_{j5}$ tax.$_{j5}$ vip.$_{j5}$
☞ *tagsüber - Kindern*
– **Wagen**, im: *Alum.*$_{gl1,st}$ *Calc.*$_{gl1,st}$ sel.$_{gl1,st}$
– **warm** zugedeckt, jedoch sind die Glieder kalt; wenn: **Camph.** **Led.** *Med.* **Sec.**
– **Wärme**, durch: carb-an.$_{h}$ kali-n.$_{h}$ mag-c.$_{h}$ mur-ac.$_{h}$
• **Bettwärme**, durch: *Puls.*$_{bg2}$ **Sulph.**$_{bg2}$
– **Wehen**:
• **während**: *Coff.*$_{hr1,kr1}$ *Con.*$_{hr1,kr1}$
• **nach**: *Nat-s.*$_{hr1,kr1}$
– **Wein**; nach Mißbrauch von: coff. fl-ac.$_{a1,k}$ **Nux-v.**
☞ ❑ *Gemüt - Zügellosigkeit*
– **Wetter**; bei windigem: adam.$_{srj5}$
– **Wochenbett**, im: *Acon.*$_{bg2}$ bell.$_{bg2}$ *Coff.*$_{bg2,hr1,*}$ hyos.$_{bg2}$ ign.$_{bg2}$ mosch.$_{bg2}$ nux-v.$_{bg2}$ op.$_{bg2}$ puls.$_{bg2}$
– **Wundheit**; mit: carb-v.$_{j5}$ mag-s.$_{j5}$
• **Mund** und Hals; in: arum-t.$_{bro1}$ merc.$_{bro1}$
– **Würmer**, durch: *Ferr.*$_{hr1,kr1}$ teucr.$_{hr1,kr1}$ *Valer.*$_{hr1,kr1}$
– **Zahnschmerzen**, durch: *Aur.*$_{hr1,kr1,*}$ *Bar-c.*$_{a1,bg2}$ canth.$_{a1,bg2}$ *Cham.*$_{hr1,kr1,*}$ *Cocc-s.*$_{hr1,kr1,*}$ hell.$_{a1}$ mag-m.$_{bg2,h,*}$ merc-c.$_{a1}$ rat.$_{a1}$ **Sep.**$_{hr1,kr1,*}$ *Sil.*$_{bg2,hr1,*}$ *Spig.*$_{bg2,h,*}$ staph.$_{hr1,kr1,*}$ trom.$_{hr1,kr1,*}$
– **Zahnung**; während der: acon.$_{bg2,sf1}$ bell.$_{bg2,sf1}$ borx.$_{bg2,sf1}$ calc-br.$_{bg2,sf1}$ *Cham.*$_{bg2,hr1,*}$ coff.$_{bg2,sf1}$ cypr.$_{bg2,sf1}$ ferr-p.$_{bg2,sf1}$ *Gels.*$_{bg2,hr1,*}$ mag-c.$_{bg2,sf1}$ phos.$_{bg2,sf1}$ ter.$_{bg2,hr1,*}$
– **Zerschlagenheit**; mit: carb-v.$_{j5}$ mag-s.$_{j5}$
– **Ziehen** in den Beinen; durch: carb-v.
– **Zimmer**, im:
• **dunklen**, im: calc. grin.$_{vh}$ **Puls.**$_{gl1,st}$ staph.$_{gl1,st}$ **Stram.** *Sulph.*$_{gl1,st}$
• **erleuchteten**, im: *Coff.*$_{gl1,kr1,*}$ lach.$_{gl1,st}$ nux-v.$_{gl1,st}$ **Staph.**$_{gl1,st}$
– **Zittern**, durch: calc.$_{j5}$ euph.$_{j5}$ lyc.$_{h,j5,*}$ sil.$_{bg2,j5}$
– **Zorn**, nach: *Acon.*$_{sf,sf1}$ *Cham.*$_{bg2,sf1,*}$ coff.$_{sf,sf1}$ **Coloc.**$_{hr1,j5,*}$ lyc.$_{bg2,sf1}$ *Nux-v.*$_{sf,sf1}$ op.$_{sf,sf1}$
– **Zubettgehen**, nach
☞ *abends - Zubettgehen*
– **Zucken** der Glieder; durch: *Alum.* ambr. arg-n.$_{bg2}$ **Ars.** bell. calc. canth. carb-v.$_{bg2}$ *Cypr.*$_{kr1}$ ign. *Kali-c.* lyc.$_{bg2}$ merc-c. nat-m.$_{bg2}$ op.$_{bg2}$ **Puls.**

Schlaflosigkeit - Zucken der Glieder; durch: ... rhus-t. sel. sep. stront-c. sulph.$_{bg2}$ tab.$_{bg1,bg2}$
– **Zuckungen**, durch: alum.$_{bg2}$ arg-met.$_{bg2}$ arg-n.$_{bg2}$ *Ars.*$_{bg2}$ **Bell.**$_{bg2}$ calc.$_{bg2}$ carb-v.$_{bg2}$ cham.$_{bg2}$ cimic.$_{bg2,k2}$ colch.$_{bg2}$ dulc.$_{bg2,j5}$ hyos.$_{bg2,j5}$ *Ign.*$_{bg2}$ *Kali-c.*$_{bg2}$ lyc.$_{bg2}$ nat-m.$_{bg2}$ op.$_{bg2}$ *Puls.*$_{bg2}$ *Rhus-t.*$_{bg2}$ sel.$_{bg2}$ *Sep.*$_{bg2}$ sulph.$_{bg2}$
– **Zweifel**, durch: psor.$_{bg2}$

Schlafmuster:
– **umgekehrt**
☞ *Schlaflosigkeit - nachts - schläft*

Schläfrig
☞ *Schläfrigkeit*

Schläfrigkeit: abel.$_{jl,jl3}$ abies-c.$_{a1,k}$ abies-n.$_{a1,k}$ abrot.$_{a1,k}$ *Acon.*$_{a1,k}$ acon-a.$_{a1}$ acon-c.$_{a1}$ acon-f.$_{a1}$ acon-l.$_{a1}$ aconin.$_{a1}$ adam.$_{srj5}$ adlu.$_{jl}$ adox.$_{a1}$ aesc.$_{a1,k}$ *Aeth.*$_{a1,k}$ *Agar.*$_{a1,k}$ agar-cpn.$_{a1}$ agar-cps.$_{a1}$ agar-pa.$_{a1}$ agar-ph.$_{a1}$ agar-pr.$_{a1}$ agn.$_{a1,k}$ ail.$_{a1,k}$ alet.$_{hr1,kr1}$ all-c.$_{a1,k}$ *Aloe* **Alum.**$_{a1,k}$ alum-p.$_{k13,k2}$ am-br.$_{a1,k}$ *Am-c.*$_{a1,k}$ am-caust.$_{a1}$ am-m.$_{a1,k}$ ambr.$_{a1,k}$ aml-ns. *Ammc.*$_{hr1,j5,*}$ amyg.$_{hr1,kr1,*}$ *Anac.*$_{a1,k}$ *Anag.*$_{hr1,kr1}$ *Androc.*$_{srj1}$ ang.$_{bg2,j5,*}$ anh.$_{mg,mg1,*}$ anil.$_{a1}$ *Ant-ar.*$_{sf1}$ **Ant-c.**$_{a1,k}$ ant-m.$_{a1,kr1}$ **Ant-t.**$_{a1,k}$ **Apis** *Apoc.*$_{a1,k}$ apoc-a.$_{a1}$ apom.$_{a1}$ arg-met. arg-n.$_{a1,k}$ *Arn.*$_{a1,k,*}$ **Ars.**$_{a1,k}$ *Ars-h.* ars-i.$_{a1,k}$ ars-met.$_{a1,kr1}$ ars-s-r.$_{hr1,kr1}$ arum-m.$_{a1,sf1,*}$ arum-t.$_{a1,k}$ arund.$_{a1,k}$ *Asaf.*$_{a1,k}$ asar.$_{a1,k}$ asc-c.$_{a1,k}$ asc-t.$_{a1,k}$ aspar.$_{hr1,j5,*}$ aster.$_{a1}$ atro.$_{a1,k}$ aur. aur-ar.$_{k2}$ aur-i.$_{k13,k2}$ aur-m.$_{a1,k}$ bamb-a.$_{stb2}$ **Bapt.**$_{a1,k}$ bar-act.$_{a1}$ *Bar-c.*$_{a1,k}$ *Bar-m.* bart.$_{a1}$ **Bell.**$_{a1,k}$ ben-n.$_{a1}$ benz-ac.$_{a1,k}$ *Berb.*$_{a1,k}$ beryl.$_{jl,jl3,*}$ bism.$_{a1,k}$ bomb-pr.$_{a1}$ bond.$_{a1}$ borx. both.$_{a1,k}$ *Bov.*$_{a1,k}$ brach.$_{a1,k}$ *Brom.*$_{a1,k}$ bruc.$_{j5}$ *Bry.*$_{a1,k}$ bufo bufo-s.$_{a1}$ buth-a.$_{sp1}$ cact.$_{a1,k}$ cadm-met.$_{sp1}$ cain. calad.$_{bg2,j5,*}$ *Calc.*$_{a1,k}$ calc-ar.$_{a1,k}$ calc-f.$_{sp1}$ *Calc-p.*$_{a1,k}$ calc-s.$_{a1,k}$ calen.$_{hr1,kr1}$ *Camph.*$_{a1,k}$ **Cann-i.**$_{a1,k}$ cann-s.$_{a1,k}$ *Canth.*$_{a1,k}$ caps.$_{a1,k}$ carb-ac.$_{a1,k}$ carb-an.$_{bg2,j5,*}$ **Carb-v.**$_{h,k,*}$ carbn-chl.$_{a1}$ carbn-o. **Carbn-s.** *Carl.*$_{a1,k}$ casc.$_{a1,k}$ cass.$_{a1}$ castm. catal.$_{a1}$ **Caust.**$_{a1,k}$ cedr.$_{a1,k}$ cench.$_{a1}$ cent.$_{a1}$ cere-b.$_{a1}$ cerv.$_{a1}$ *Cham.*$_{h,k,*}$ **Chel.**$_{h,k,*}$ chim.$_{a1,k}$ **Chin.**$_{h,k,*}$ *Chinin-ar.* chinin-s.$_{a1,k}$ chlf.$_{a1,k}$ chlol.$_{a1,k}$ chlor.$_{a1,k}$ choc.$_{srj3}$ chr-ac.$_{a1}$ cic.$_{h,k,*}$ cic-m.$_{a1}$ cich.$_{a1}$ cimic.$_{a1}$ *Cimx.*$_{hr1,k,*}$ cina cinch.$_{a1}$ cinnb.$_{a1,k}$ cinnm.$_{a1}$ cist.$_{a1,k}$ *Clem.*$_{h,k,*}$ cob-n.$_{sp1}$ coc-c.$_{a1,k}$ coca *Cocc.*$_{h,k,*}$ cod.$_{a1,k}$ coff.$_{a1,k}$ *Colch.*$_{a1,k}$ colchin.$_{a1}$ coll.$_{hr1,k,*}$ *Coloc.*$_{a1,k}$ *Con.*$_{h,k,*}$ convo-d.$_{a1}$ convo-s.$_{sp1}$ *Cop.*$_{hr1,k,*}$ *Cor-r.*$_{a1,k}$ corn.$_{hr1,k,*}$ corn-f.$_{bro1}$ cot.$_{a1}$ **Croc.**$_{a1,k}$ *Crot-c.*$_{a1,k}$ *Crot-h.*$_{hr1,j5,*}$ crot-t.$_{a1,k}$ cryp.$_{a1}$ cupr.$_{a1,k}$ cupr-act.$_{a1}$ cupr-ar.$_{a1}$ *Cycl.*$_{h,k,*}$ cyt-l.$_{a1}$ dat-f.$_{a1}$ dat-m.$_{a1}$ *Dig.*$_{a1,k}$ digin.$_{a1}$ dirc.$_{a1,k}$ dros.$_{bg2}$ dub.$_{a1,c2,*}$ dubo-h.$_{a1}$ dubo-m.$_{a1,c1}$ *Dulc.*$_{a1,k}$ echi.$_{bg2,sf1,*}$ elae.$_{a1}$ elaps emetin.$_{a1}$ equis-h. ery-a.$_{a1,k}$ eucal.$_{hr1,kr1,*}$ eug.$_{a1,k}$ *Eup-pur.*$_{a1,k}$ *Euph.*$_{a1,k}$ euph-hy.$_{a1}$ euphr.$_{a1,k}$ eupi.$_{a1,k}$ eys.$_{sp1}$ *Ferr.*$_{h,k,*}$ ferr-ar. ferr-i.$_{a1,k}$ ferr-ma.$_{a1,j5}$ *Ferr-p.*$_{a1,k}$ ferul.$_{a1}$ *Fl-ac.*$_{a1,k}$ form.$_{a1,k}$ *Gamb.*$_{a1,k}$ gast.$_{a1}$ *Gels.*$_{a1,k}$ gent-l.$_{j5}$ germ-met.$_{srj5}$ gins.$_{a1,j5,*}$ *Glon.*$_{a1,k}$ gran.$_{a1,k}$ **Graph.**$_{h,k,*}$ *Grat.*$_{a1,k}$ guaj.$_{a1,k}$ guare.$_{a1,k}$ guat.$_{sp1}$ *Haem.*$_{a1,sf1,*}$ haliae-lc.$_{srj5}$ halo.$_{jl}$ ham.$_{a1,k}$ hecla$_{jl}$ hell.$_{a1,k}$ *Helon.*$_{a1,k}$ *Hep.*$_{a1,k}$ hip-ac.$_{sp1}$

Schläfrigkeit: ...
hipp.a1,kr1 hura hydr.a1,k hydr-ac.a1,k hydrc.a1,k *Hydrog*.srj2 hydroph.jl,jl3 *Hyos*.a1,k hyosin.a1 hyper.a1,k iber.a1 ign.a1,k *Ind*.hr1,k,* indg.a1,k *Indol*.bro1 iod.a1,k iodof.hr1,kr1,* ip.a1,k iris iris-fl.a1 jab.a1,k jac-c.a1,k jatr-c. jug-c.a1,k jug-r.a1,k **Kali-ar.** *Kali-bi*.a1,k *Kali-br*.a1,k *Kali-c*.a1,k kali-chl.hr1,k,* kali-cy.a1,k kali-i.a1,k *Kali-m*.kr1 *Kali-n*.a1,k kali-p. kali-s. kali-tel.a1 kalm.a1,k kiss.a1 *Kreos*.a1,k lac-c. lac-d.hr1,k **Lach**.a1,k lachn.a1,k lact.a1,k lath.br1 *Laur*.a1,k *Led*.a1,k lepi.a1 levo.jl,jl3 lil-s.a1 lil-t.a1,k lim.a1 lina.a1 linu-c.a1 lip.jl lipp.a1 lob.a1,k lob-c.a1 lob-p.bro1 lob-s.a1 lobin.a1 lol.a1 lon-x.a1 lup.j5 *Lyc*.a1,k lyss.hr1,k *M-arct*.j5 m-aust.j5 *Mag-c*.a1,k *Mag-m*.a1,k mag-p.bg2 mag-s.a1,k *Manc*.a1,k mand.a1,sp1 *Mang*. mec.a1 med.hr1,kr1 mela.a1 meph.a1,k *Merc*.a1,k **Merc-c**.a1,k merc-cy.a1,k merc-d.a1 merc-i-f.a1,k merc-pr-a.a1 merc-sul.a1,k *Merl*.a1,k methys.jl mez.a1,k mill.a1,k mit.a1 morph.a1,k *Mosch*.a1,k *Mur-ac*.a1,k muru.a1 murx.bg2,j5,* myric.a1,k naja narc-ps.a1 narcin.a1 narcot.a1 narz.a1 nat-ar. nat-br.a1 *Nat-c*.a1,k *Nat-hchls*. nat-lac.a1 *Nat-m*.a1,k *Nat-n*.a1,bg2,* nat-p.a1,k nat-s.a1,k nicc.a1,k nicot.a1 nid.jl *Nit-ac*.a1,k nit-s-d.a1,sf1,* nitro-o.a1 **Nux-m**.a1,k1,* **Nux-v**.a1,k oci-sa.sp1 oena.a1,k *Ol-an*.a1,k olnd.a1,k **Op**.a1,k,* osm.a1,k ox-ac.a1,k pall.bg2,sf1,* pana.a1 *Par*.a1,k paro-i.jl,jl3 paull.a1 ped.a1 peti.a1 petr.a1,k **Ph-ac**.a1,k phal.a1 *Phel*.a1,k **Phos**.a1,k phys.a1,k phyt.a1,k **Pic-ac**.a1,k picro.a1 pin-s.a1 pip-m.a1 pip-n.a1,bg2 plan.a1,k plat.a1,k *Plb*.a1,k plect.a1 plumbg.a1 **Podo**.a1,k psil.ft1,jl psor.a1,k ptel.a1,k **Puls**.a1,k puls-n.a1 pyrog.bro1 ran-b.a1,k ran-s.a1,k raph.a1,k rat.a1,k rauw.sp1 reser.jl,jl3 rham-f.a1 rheum *Rhod*.a1,k *Rhus-t*.a1,k rib-ac.jl ric.a1 rob.a1,k rosm.a1 rumx. *Ruta* sabad.a1,k sabin.bg2 *Samb*.a1,k sang.a1,k santin.a1 sapin.a1 sarcol-ac.bro1 saroth.mg,mg1 sarr.a1,k sars.a1,k scor.a1,c1 *Scroph-n*.j5 scroph-xyz.c2 *Sec*. sel. *Senec*.a1,k seneg.a1,k *Sep*.a1,k serp.a1 sieg.mg,mg1 *Sil*.a1,k sol-mm.j5 sol-ni.a1 sol-ps.a1,c1,* solin.a1 sphing.a1 spig.a1,k,* spig-m.a1 spira.a1 spirae.a1 spong.a1,k squil.a1,bg2 *Stann*.a1,k *Staph*.a1,k still.a1,k *Stram*.a1,k stront-c. stry.a1,k *Sul-ac*.a1,k sul-i.a1,k sulfon.bro1 **Sulph**.a1,k,* sumb.a1,k tab.a1,k tanac.a1 tarax.a1,k tarent.a1,k tax.a1,k tep.a1,k ter.a1,k teucr.bg2,j5,* thea ther.a1,k thev.a1,c1,* thiop.jl **Thuj**.a1,k thymol.sp1 til.a1,k tong.a1 trios.a1 trom.a1,k tub. tub-r.jl,srb2 uran-n.bg2,kr1,* valer.a1,k *Verat*.a1,k verat-v.a1,k verb.a1,k vesp.hr1,kr1 vichy-g.a1 viol-o.a1,k vip.a1,k vip-a.jl vip-r.j5 visc.a1,sp1 voes.a1 wies.a1 x-rayjl,sp1 xan.hr1,k,* zinc.a1,k,* zinc-act.a1 zinc-s.a1 zing.a1,k ziz.hr1,kr1,*
☞ *❑ Gemüt - Erschöpfung*

– **tagsüber**: hydrog.srj2
- **abends** munter, nachts schlaflos: puls.sf,sf1
- **ängstlich**; nachts: haliae-lc.srj5
- **Einschlafen**; und spätes: ammc.a1 carb-v.a1
- **Mond**; bei Neumond: sep.sf1
- **Schlaflosigkeit** nachts; und
  ☞ *Schlaflosigkeit - Schläfrigkeit - mit - tagsüber*

– **tagsüber - Schlaflosigkeit** nachts; und: ...
- **schmerzt**; der ganze Körper
  ☞ *Schlaflosigkeit - Schmerzen - Körper schmerzt - Schläfrigkeit*
- **Schwäche**, mit Schwindel; durch: **Nit-ac**.st
- **unruhiger** Schlaf in der Nacht: hyos.a1 mag-m.a1,br1

– **morgens**: aesc. *Agar*.hr1,k,* ail.hr1,k,* *All-c*.hr1,k,* aloekr1 alum.a1,k alum-p.k13,k2 alum-sil.k13,k2 am-c.bg2,j5,* ambr.bg2 ammc.hr1,j5,* anac.a1,k ang.bg2 ant-c.a1,k *Ant-t*.bg2,j5,* *Apis* aq-pet.a1 arn.bg2 ars.bg2,j5,* arum-i.a1 asaf.bg2 asar.hr1 *Asc-t*.a1,k aspar.a1 aur.h bamb-a.stb2 bart.a1,k bell.bg2,j5 berb.a1,k bism.a1,k borx.bg2 bry.bg2,j5 cact.a1,k cain. calad.a1,k **Calc**.a1,k calc-act.a1 calc-ar. **Calc-p**.a1,k calc-sil.k13,k2 camph.a1,k canth.a1,k carb-v.a1,bg2 **Carbn-s**.k2 *Carl*.a1,k castor-eq.a1 *Caust*.a1,k chin.bg2,sf1,* chlorpr.jl,jl3 cinnb.a1,k cinnm.a1 *Clem*.h,k,* cob-n.sp1 coc-c.a1 coca cocc. *Con*.h,k,* corn.a1 cortico.sp1 croc.bg2 crot-c.a1,k cur. cycl.h,k,* dig.bg2 dros.h dulc.bg2 *Echi*.bg2,sf1,* equis-h.a1 *Euphr*. ferr-i.a1,k fl-ac.a1,k form.a1,k gamb.a1,k granit-m.es1 **Graph**.a1,k grat.a1,j5 guare.a1,k hell.j5 hep. hydrog.srj2 hyos. ign.bg2 ind.hr1,k,* indg.j5 kali-c.bg2,j5,* kali-n.bg2,h,* kreos.bg2 lach.a1,k laur.a1,k led.a1,k lith-c. lyc.a1,k lyss.hr1,kr1 *M-arct*.j5 m-aust.j5 mag-c.a1,k *Mag-m*.a1,k menis.a1 *Meph*.hr1,k,* *Merc*. merc-d.a1 mur-ac.a1,k myric.a1,k *Nat-c*.hr1,k,* nat-m.a1,k *Nat-n*.bg2,sf1,* *Nat-s*. nit-ac.bg2,j5 nux-m.a1,k **Nux-v**.a1,k op.a1,k ox-ac.a1,k petr.a1,k *Ph-ac*.a1,k *Phos*. phys.hr1,k,* plat.a1,k *Podo*.hr1,k,* *Puls*.a1,k ran-b.bg2 rat.a1,k rhod.bg2 rhus-t.a1,k sabad.hr1,k scroph-n.j5 sel.c1 **Sep**.hr1,k,* *Sil*. sin-n.a1 *Spig*.a1,k staph.a1,k stram.bg2 sul-ac.a1,k sul-i.k13,k2 **Sulph**.a1,k sumb.a1,k tarent.a1,k *Teucr*.bg2,sf1,* ther.hr1,k,* thuj.a1,k **Tub**.k1 upa.a1,k verat.bg2,j5 verb.bg2,j5,* wies.a1 xan.hr1,k,* zinc.hr1,k,* zing.hr1,k,*
☞ *Unerquicklich*
- **agg.**: castm.a1
- **6** h: hyos.a1
  - **Erwachen**, beim: sep.a1
- **7** h: calad.a1 wies.a1
- **8** h: op. sulph.
- **Aufstehen**:
  - **beim**: aesc. ammc.hr1,k cact.hr1,k cob-n.sp1 con.h,k,* merc-sul.a1,k nit-ac.j5 nux-v.j5 ph-ac.j5 rhod.hr1,k
  - **nach**: agar.a1,k all-c.a1,k ant-c.a1,k ars. ars-met.a1,kr1 bell.a1,k bism.hr1,k,* calad.a1,k cocc.bg2 con.bg2 kali-n.a1,k mag-c.bg2 mur-ac.a1,k nat-m.bg2 nit-ac.a1,k plat.bg2 sil.bg2 spig.a1,k sulph.a1,k verb.hr1,k,* zinc.bg2
    - **amel.**: kali-c.a1,h nat-m.a1
- **Bett**, im: con.h hell.h hep.h petr.h
  - **Herumdrehen** amel.: meph.a1
- **Diarrhoe**, nach: *Nux-v*.a1
- **Erwachen**:
  - **beim**: bamb-a.stb2 bry. carb-v. clem. con. grat. hura limest-b.es1 sep.
    ☞ *Unerquicklich*
  - **nach**: neonsrj5 sul-ac.h
- **Essen**, nach dem: lach.

• **Fahren**, beim: phys.
• **Freien**, im:
  • **amel**.: asc-t.krl
• **Frühstück**, vor dem: *Calc*.krl
• **Hitze**; nach: nit-ac. sep.al,k
• **Lesen** oder Schreiben; beim: nat-s.krl
• **schlaflos** nachts: *Teucr*.sf,sfl
• **Sitzen**, im: cimx. phos.
• **Übelkeit**, mit: calad.hrl,krl,*
• **unruhige** Nacht: zinc.sf,sfl

– **vormittags**: agar.al,k ail.hrl,k,* alum.al,k alum-p.k13,k2 alum-sil.k13,k2 am-c.al,k ang.al,k **Ant-c.**al,k ant-t.al,k arn.al,k ars.h bar-c.h,j5,* bart.al,k bell.j5 *Bism.* bruc.j5 cadm-s. *Calc*.al,k *Calc-p*.al,k calc-sil.k13,k2 *Cann-s*.al,k *Carb-an*.al,k *Carb-v*.h,k,* chel. chinin-s. con.bg2 crot-h. cycl.h,k,* dros.bg2 dulc.bg2 fl-ac.al,k gels.al,k graph.h,k,* hell.al,k hydr. kali-c.bg2,h,* kali-n.h,j5,* lach.al,k lipp.al lyc.al,k mag-c.al,k mag-m.al,k merc-sul.al,k *Mosch.* myric.al,k narcot.al *Nat-c*.al,k nat-m.al,k *Nat-p*.al,k *Nat-s*.al,k nicc.j5 *Nux-v*.al,k *Phos.* phys.al,k pin-s.al plat.al,k *Podo*.al,k puls.bg2,h rhus-t.al,k ruta **Sabad.**al,k sars.al,k scor.al scroph-n.j5 sel.bg2,j5 sep.al,k sil.al,k sol-ni. spig.h,j5,* spong.j5 staph.bg2 sul-ac.bg2 tab.al,k thuj.al,k til.al,k zinc.bg2,h,*
• **agg**.: nat-p.al pin-s.al podo.al sabad.al *Sep*.al
• **9** h: cench.k2 phys. pip-m.al sep.
  • **Sitzen**, im: indg.
• **10** h: ant-t. chel. hydr. merc. merc-d.al nat-p.
  • **10** - 12 h: calc-s.
• **10**.30 h: equis-h.
• **11** h: ars-met.krl arum-t. cench.k2 hydr. nux-v. rhus-t. thuj.
  • **11** - 12 h: kali-n.
  • **bis**: phos.
  • **Zuhören** einer Vorlesung, beim: cinnb.
• **11**.30 h: crot-h. phys. stry.
• **Bewegung**:
  • **agg**.: *Carb-v*.al
• **Gehen**, beim: rhus-t.
• **Lesen**, beim: agar. carb-v. nat-s.
• **Rauchen**, nach: bufo
• **Rumoren** in den Därmen; mit: *Podo*.al,k
• **Schreiben**, beim: nat-s.
• **Sitzen**, im: carb-v. indg. nicc.
• **Stehen**, im: chinin-s.

– **mittags**: acon.al,k agar. aloe asc-t.al,k aur. bamb-a.stb2 borx. bry.al,k bufo bufo-s.al calc. calc-ar. camph.al,k *Chin.* clem.al,k coloc.al,k crot-h.al,k crot-t.al,k dros. eupi.al,k ferr-i.al,k graph.h,k,* gymno. hura hydr-ac.al kali-bi.al kali-c.al,h kali-n.al lach.al lyc.al ol-an. op.al,k pana.al petr.al,k phys.al,k sep.al,k sulph.al,k tab. verat.al
• **12** - 15 h: hyos.
• **bis**: bamb-a.stb2
• **Essen**, nach dem: cycl.al,k euph.al,k *Graph*.h,k,* *Puls*.al,k
• **Frösteln**, bei: ferr-i.al,k
• **Gehen**, nach dem: puls.al,k

– **nachmittags**: *Acon*.al,k adlu.jl aeth.al,k *Agar*.al,k alum.bg2 am-c.al,k amyg.al *Anac*.al,k androc.srj1 ant-c.al,k ant-t.bg2 apoc.hrl,k *Arg-n*.al,k *Ars.* ars-s-f.k13,k2 *Arum-t*.hrl,krl,* asc-t. aur.al,k aur-ar.k2 aur-s.k13,k2 bar-act.al bar-c. bar-m. bar-s.k13,k2 bart.al bell.bg2,hrl,* borx.h bov.al,k brom.al,k *Bruc*.j5 bry.al,k buth-a.spl cain. calc.bg2 calc-s.al,k cann-i.al,k canth.al,k caps.bg2 carb-ac.al,k carb-an. carb-v.h,k,* carbn-s.k,k2 caust.al,k chel.al,k **Chin.** chinin-ar. chinin-s. chloram.jl,jl3 cic. cimic.al,k cina clem.al,k coc-c.al,k coff.bg2 colch.al,k con.h,k,* *Croc.* crot-t.j5 cur.al cycl.al,k dios.al,k dulc.bg2 euph.bg2,j5,* euphr.al,k eys.jl,jl3,* fago.al,k *Ferr*.h,k,* ferr-ar. fl-ac.al,k form.al,k gels.al,k granit-m.esl graph.h,k,* *Grat*.al,k guaj.al,k ham.al,k hera.al hydrog.srj2 hyos.al,k ign.bg2 ind.hrl,k,* indg.al,k kali-ar. kali-bi.al kali-c.al,k kali-chl.k13 kali-i.al,k kali-m.k2 kali-n.h,j5,* kali-s. kali-sil.k13,k2 *Lach*.al,k laur. lec. limest-b.esl lyc.al,k lyss.hrl,krl,* mag-c. meli.al merc.bg2,j5,* merc-c.al,k merc-sul.al,k mez.bg2 mosch.al,k mur-ac.al,k *Nabal*.al nat-ar. nat-c.al,k nat-m.al,k nat-p.al,k nat-s.al,k nicc.j5 nit-ac.al,k nux-m.bg2 **Nux-v.** ol-an.al,j5 paeon.al,k pall. par.al,k petr.bg2 ph-ac.k1 *Phos*.k1 phys.al,k pip-m.al plat.bg2 plumbg.al psil.ft1 ptel.al *Puls*.al,k puls-n.al ran-b.al,k raph.al,k rheumbg2 rhod.al,k **Rhus-t.**al,k *Ruta* sabad.al,k sapin.al sep.al,k sil.al,k sin-a.al spig.bg2 *Spong*.al,k squil.bg2 *Staph*.al,k stront-c. sul-ac.bg2 **Sulph.**al,k sumb.al,k teucr.j5 thuj.al,k verat.al,k verb. viol-o.j5 viol-t.al,k zinc. zinc-p.k13,k2 zing.al,k
• **agg**.: arum-t.al ery-a.al
• **13** h: corn.al huraal mag-c.al phys.al
  • **13** - 14 h: ail.
• **14** h: *Chel.* elapsal,k equis-h. glon. hura ign. kali-cy.al lyc. zinc.
  • **14** - 15 h: sulph.
  • **14** - 16 h: ign.al,k staph.
  • **14** - 17 h: clem. sil.
  • **bis**: clem.al
  • **nach**: gels.al kali-i.al
  • **Freien**, im:
    • **amel**.: castm.al
  • **Haus**, im: lyc.al
  • **Straßenbahn**, in der: chinin-s.al
• **14**.30 h: carb-v. grat.
• **15** h: arum-t.al bry.al carbn-s.k2 choc.srj3 kalm. murx. nit-m-ac.al pall. phys. pip-m.al pneu.jl ptel.al tell.
  • **agg**.: nit-m-ac.al
  • **15** - 16 h: pall.st
  • **15** - 19 h: carbn-s. nat-m.
  • **nach**: carbn-s.al
  • **abends**:
    • **bis**: nat-p.al
• **16** h: cocaal ol-an.al
  • **16** - 18 h: ind.
• **16**.30 h: arum-t.al ery-a.al ferr-p. sep.
• **17** h: arg-n. bov. chloram.jl clem. dios. equis-h. hyper. jab. lach. nat-m. thuj.
  • **17** - 23 h: bell.al
• **18** h; oder: cocaal
• **nach**: nat-m.al

- **17**.30 h: coca.al
- **abends**, bis: asc-c.al
- **Arbeit**, bei der: nat-ar.al
- **Essen**, nach dem: chin-b.kr1 hyper.al rumx. sep.al,k
- **Freien**, im:
  - **amel**.: myric.al zing.al
- **Gehen**, beim: ars-met.al
- **Kirche**, in der: chinin-s.
- **Lesen**, beim: anac.al
- **periodisch**, jeden zweiten Tag: **Lach.**hr1,kr1,*
- **schlaflos**; jedoch abends und nachts: **Sulph.**st
- **Sitzen**, im: anac.al ant-c.al nicc.al staph.al
- **Sonnenuntergang** und schlaflos nachts; beim: **Sulph.**kr1
- **Studieren**, beim: gels.al
- **Vorlesung**, während einer: myric.al
- **Wagen**, im: chinin-s.al lyc.al

– **abends**: *Agar.*hr1,k,* aloe *Alum.*al,k alum-p.k13,k2 alum-sil.k13,k2 am-c.bg2,j5,* **Am-m.**al,k **Ambr.** anac.al,k ang.h,j5,* **Ant-c.**al,k1,* **Ant-t.**k1,st *Apis* arg-n.al *Arn.*al,k *Ars.*hr1,k ars-i. ars-met.al arum-t.al,k asaf.hr1,k,* bapt.al,k bar-c.al,k bar-m. bar-s.k13,k2 bell.al,k benz-ac.hr1,k,* berb.al,k borx. *Bov.*al,k brom.al,k bruc.j5 bry.j5 cain.st calad.al,k **Calc.**al,k calc-act.al *Calc-ar.* calc-caust.al calc-i.k13,k2 *Calc-p.*hr1,k,* **Calc-s.** *Calc-sil.*k13,k2 camph.hr1,k cann-i.al,k canth.j5 carb-an.al,k *Carb-v.*h,k,* *Carbn-s.* castor-eq.kr1 caust.al,k cench.k13,k2 chel.al,k chin.al,k chinin-ar. chinin-s. chlol.al,k chr-ac.hr1,kr1,* *Cic.* cimic.al,k cimx.al,k cina *Clem.*al,k cob.al,k coca cocc.bg2 coff.al,k colch.al,k *Con.*h,k,* convo-d.al *Croc.*al,k crot-h.al,k cub.al cycl.h,k,* dig.al,k dros. dulc.bg2 euphr.al,k eys.jl,jl3,* fago.al,k ferr.al,k ferr-ar. ferr-i.al,k ferr-p. *Fl-ac.*al,k form.al,k glon.hr1,k gran.al,k *Graph.*h,k,* grat.al,j5 heclajl hell.al,k *Hep.*al,k hipp.al hura hydrog.srj2 ictod.j5,kr1 ign.bg2,j5 ind.hr1,k,* indg.al,k iod.al,k kali-ar. kali-bi.al,k **Kali-c.**al,k kali-chl.k13 kali-m.k2 kali-p. *Kali-s.* *Kali-sil.*k13,k2 lac-c. *Lach.*al,k lact.j5 *Laur.*al,k lil-t.al,k lith-c. lyc.al,k mag-c. mag-m.al,k mag-s.al,k mang. merc.j5 merc-c.al,k merc-i-r.al,k merl.al,k mez.al,k mim-h.al mosch.bg2 mur-ac.al,k murx.al,k *Nabal.*al naja *Nat-c.*bg2,j5 nat-m.al,k nat-n.bg2 nat-s.j5 nit-ac.al,k nux-m.al,k **Nux-v.**h,k,* pall.hr1,k,* par.al,k *Petr.*al,k *Ph-ac.*al,k *Phos.*al,k phys. pic-ac.al,k pip-m.al plat.al,k plb.al,k podo.al,k polyp-p.al psor.al,k **Puls.**al,k ran-b.al,k ran-s.al,k rhod.bg2,hr1,* rhus-t.al,k ruta sapin.al sars.hr1,k sel.al,k seneg.al,k *Sep.*al,k *Sil.*hr1,k,* sol-mm.al spig.al,k squil.al,k *Stann.*al,j5 staph.al,k still.al stram.al,k sul-i.k13,k2 *Sulph.*hr1,k,* tab.al,k tarent.al,k ter.al,k thuj.al,k valer.al,k vichy-g.al wildb.al xan.al,k yuc.al zinc.bg2,j5 zing.al,k
- **agg**.: bell.al ph-ac.al
- **18** h: ant-c. bamb-a.stb2 hyper. laur. myric. *Nat-m.* sumb.
- **18**.30 h: pip-m.al
- **19** h: *Ant-c.* sil.
  - **19** - 21 h: chel.al narcot.al
- **19**.30 h: sol-t-ae.al

– **abends**: ...
- **20** h: agar. kali-cy. lyc. mang.h sep. sol-t-ae.al tarax. trom.
- **21** h: cench.k2 coca lyss.kr1 nat-m. nat-s. pic-ac. plumbg.al
  - **bis**: ang.al sil.al
- **23** h:
  - **bis**: nit-m-ac.al
- **früh** abends: adlu.jl,kr1 am-m.hr1,kr1,* ant-t.al *Apis*kr1 *Arn.*hr1,kr1,* ars-i.hr1,kr1,* berb.hr1,kr1 bov.hr1,kr1,* calad.hr1,kr1,* calc.al,kr1 *Carb-v.*h,hr1,* castor-eq.kr1 caust.al chel.al cimx.al cinnb.hr1 crot-h.al dig.al euphr.al fago.al fl-ac.al glon.hr1,kr1 hipp.al ictod.kr1 *Kali-c.*hr1,kr1,* kali-cy.al lil-t.hr1,kr1,* lyc.al mag-m.al mang.hr1,kr1 mez.al nat-m.al *Nux-v.*kr1 par.al ph-ac.al phos.al,kr1 plb.al podo.al puls.al,kr1 sel.al *Sep.*hr1,kr1,* sil.al squil.al still.al *Sulph.*kr1 tell.al
- **Dämmerung**; in der: **Am-m.** borx.h
- **Durst**, mit: benz-ac.hr1,kr1,* ferr.al
- **Einschlafen**; spätes und schwieriges: ang.j5 borx.j5 clem.al,j5 nat-n.j5,sf1 *Nux-v.*j5 sel.j5
- **Essen**, nach dem: chin-b.hr1 rumx.al
- **Fahren** im Wagen: pall.al
- **Freien**, im:
  - **amel**.: myric.al pic-ac.al
- **Gehen**, nach dem: nat-m.al sumb.al
- **Gespräche** amel.: fago.al
- **Hitze**; nach: nit-ac.al
- **Lesen**, beim: ang.sf1 brom.al nux-v.bro1
- **Licht** amel.; durch: am-m.al,j5
- **periodisch**, jeden zweiten Tag: lach.
- **schlaflos** im Bett: des-ac.jl
- **Schreiben**, beim: brom.al
- **Sitzen**, beim: ang.al arg-n.al bamb-a.stb2 *Nux-v.*al,kr1 petr.al
  - **Lesen**, und: nux-v.bro1
- **Sonnenuntergang**, beim: anis.al arum-t.kr1 dros. **Sulph.**kr1
- **warmen** Zimmer; im: ant-t.kr1
- **Wein**, nach: carbn-s.al fl-ac.al
- **Zimmer**, im warmen: ind.kr1
  - **agg**.: merl.al
- **Zorn**; nach: puls.

◊ **abwechselnd** mit:
- **Erregung**
  ☞ ❑ *Gemüt - Erregung - abwechselnd mit - Schläfrigkeit*
- **Ruhelosigkeit**
  ☞ ❑ *Gemüt - Ruhelosigkeit - abwechselnd mit - Schläfrigkeit*
- **Schlaflosigkeit**: asim.hr1,kr1 benz-ac.k13,k2 caust.hr1,k *Hyos.*hr1,k,* lach. sep.
- **Schwindel**: ant-t.hr1,kr1

– **Abendessen**, nach dem: am-c. arum-t. **Calc.** carb-v. chim-m. chin. clem. colch. hep.kr1 lach. mag-c. mez. nit-ac.

◆ **begleitet** von:
- **Prolaps** des Uterus: *Agar.*kr1
- **Schlaflosigkeit**
  ☞ *Schlaflosigkeit - begleitet von - Schläfrigkeit - tagsüber*

– **Abdomens**; bei Beschwerden des: ant-c.kr1 cupr-s.kr1 *Nux-m.*kr1 podo.kr1
– **Albuminurie**, bei: *Helon.*hr1,kr1
– **Alkohol**; nach Trinken von: *Glon.*kr1
– **Alkoholismus**; mit
☞ *Betrunkenheit*
– **allein**, wenn: *Bry.*hr1,k,* *Hell.*hr1,k
– **alten** Menschen; bei: ant-c.br1
– **Anämie**, bei: hyper.sf1 *Sabin.*kr1
– **Angst**, mit: ars.j5 asaf.a1 bell.a1 led.j5 merc.a1 nux-v.j5 rhus-t.a1,j5
– **anhaltend**: *Bell.*j5 *Bruc.*j5 caust.j5 chin.a1,j5 clem.a1,j5 croc.a1 ferr.a1,j5 fl-ac.a1 hipp.a1 hydr-ac.hr1 hyper.a1,hr1 kali-br.a1 kali-c.a1,j5 kreos.j5 m-arct.j5 nux-m.hr1 puls.a1 rhus-t.a1 spig.j5 thuj.a1,j5 zinc.a1,j5
– **Anstrengung**: nux-m.kr1 sel.bg2,kr1
• **amel**.: phys.a1
• **nach**; wie: anac.j5
• **geistige** Anstrengung
☞ *geistige Anstrengung*
• **geringste** Anstrengung; durch die: nux-m.c1
– **Apoplexie**:
• **bei**: apisbg2,kr1 *Bar-c.*hr1,kr1 hell.bg2,kr1 *Hyos.*hr1,kr1 kali-i.bg2,kr1 *Nux-v.*hr1,kr1 *Op.*hr1,kr1
• **wie** vor einem apoplektischen Anfall: coff.j5
– **Arbeit**:
• **während**: am-c.j5 aur-m.a1,k bism.hr1,k,* caust.a1,k euphr.a1 ign.a1,bg2 lact.a1,j5 lyc.a1,k mez.a1 mur-ac.h,j5,* nat-c.a1,k phel.a1,j5 ran-b.a1,j5 sulph.a1,k tarent.a1 til.a1 zinc.bg2,j5,*
• **amel**.: am-c.bg2,j5 bar-c.j5 nat-c.h2
• **Abneigung** gegen Arbeit, mit: am-m.j5 clem.j5 colch.j5 coloc.j5 mag-m.j5 ther.bg2,j5,*
• **außerhalb** der Arbeit: am-c.a1,h mosch.
• **wissenschaftlicher** Arbeit, bei: tarax.j5
• **amel**.: croc.j5
– **Atemnot**, aus: ran-b.k2
– **Auffahren**, mit: am-m.a1 ang.j5 ant-t.j5 bell.a1 *Cham.*hr1,j5,* chel.j5 kali-i.j5 mag-c.a1,j5 merc.a1,j5 plat.a1,j5 *Puls.*hr1,j5,* sars.a1,j5 seneg.j5 *Tarent.*hr1,j5,* verat.hr1,j5,*
– **Aufstehen**, beim: merc.a1
• **amel**.: nat-m.a1 nicc.j5
– **Augen**:
• **geschlossen**: *Acon.*kr1
• **halbgeschlossen**: *Bry.*kr1 *Kreos.*kr1
• **Hitze**; mit Gefühl von: kreos.j5 plat.bg2
• **Öffnen**, schwieriges: am-m.j5 ant-c.j5 ant-t.j5 ars-h.j5,kr1 bar-c.j5 canth.j5 castm.j5 chin.j5 cic.j5 cocc.j5 coff.j5 *Con.*j5 grat.j5 hell.j5 ign.j5 *Lach.*j5,kr1 m-arct.j5 merc.j5 mosch.j5 mur-ac.j5 nux-m.j5 ph-ac.j5 *Phel.*j5 prun.j5 *Sabad.*j5 spig.j5 stann.j5 *Staph.*j5 tarax.j5 thuj.j5 verb.j5
– **Beschwerden** verursacht; durch andere: ant-t.bg3 nux-m.bg3,br1,* op.bg3 rhus-t.bg3 verat.bg3
– **Betäubung**, mit
☞ ❑ *Gemüt - Betäubung - Schläfrigkeit*
– **Betrunkenheit**; bei: bell.gl1 *Op.*gl1,kr1
– **Bett**:
• **im**: eupi.a1
• **hart**; Bett ist zu: psor.sf1
• **Furcht** vor dem Bett: cann-s.kr1
– **Bett**: ...
• **Zubettgehen** amel.; beim: euphr.a1
– **Bewegung**, bei: *Carb-v.*kr1 sil.bg2
• **amel**.: caps.bg2 carb-v.bg2,j5 *Mur-ac.*kr1 nicc.j5 phos.a1 tarax.a1,bg2
• **verringert** sich beim Herumgehen: mosch.gt
– **Bier**, nach: sulph.a1,k thea
– **Blicken** auf eine Stelle, bei längerem: cic.h,k,*
– **Brüten**, mit: carb-an.j5
– **Cholera** infantum:
• **bei**: *Arn.*hr1,kr1
• **nach**: *Chin.*hr1,kr1
– **Delirium**, im: acon. ant-c.j5 arn. *Bell.*hr1,kr1 *Bry.* camph.a1,k coloc. *Crot-h.*hr1,kr1 hyos.bg2 **Op.**hr1,kr1 *Puls.* sec.j5
– **Diarrhoe**:
• **während**: *Ant-t.*kr1 asim.kr1 *Calc.*kr1 *Corn.*kr1 *Nux-m.*kr1
• **Kindern**, bei: *Ant-t.*kr1
• **nach**: ars-met.kr1 *Nux-v.*
• **Tenesmus**, nach: *Colch.*kr1 **Sulph.**kr1
– **Dunkelheit**, bei: cench.k13,k2
– **Entkräftung**, mit: acon.a1 ant-t.a1 calc-p.hr1 cann-s.j5 canth.j5 chel.a1 con.h,j5,* croc.a1,j5 crot-t.a1 kali-bi.a1 lach.a1 mur-ac.a1
– **Erbrechen**:
• **während**: ant-t.bg2 *Apoc.*bg2,kr1 dig.sf,sf1 ran-b.bg2 urt-u.bg2 vip-r.j5
• **nach**: *Aeth.*hr1,k ant-c.hr1,k ant-t.bg2 apom.bg2 ars.bg2 bell.hr1,k cupr.hr1,k dig. **Ip.**hr1,k,* kali-bi.bg2
• **Schwäche** und langsamem Puls, mit: apoc.k1,k13
– **Erregung**, nach: *Nux-m.*hr1,k *Podo.*hr1,kr1 stram.a1,k ziz.a1
– **Erwachen**:
• **beim**: bell.a1 bry.a1,j5 calad.a1,kr1 calc.a1,j5 calc-f.a1,sp1 caust.a1,j5 chel.a1 choc.srj3 laur.a1,j5 lyc.a1 *Nux-m.*a1,kr1 stram.a1
• **nach**: bell.h neonsrj5 sul-ac.h
☞ *Unerquicklich*
– **Essen**:
• **vor**: calad. lach.a1 nat-m.a1,k
• **beim**: agar.hr1,k bov.hr1,kr1 *Calc-p.*hr1,kr1,* cham.bg2,h,* chin.bg3 **Kali-c.**hr1,k,* *Nux-v.*bg3 *Phos.*a1,k ptel.c1 puls.bg2 rhus-t.bg3 sarr.hr1,kr1,* *Sulph.*bg3
• **nach**: acon.a1,k **Agar.**hr1,k all-s.hr1,k,* aloe am-c. *Anac.*a1,k ant-c.hr1,k ant-t.bg2,hr1,* *Apis* arn.bg2,sf1,* ars.h arum-m.hr1,k,* *Arum-t.* asaf.a1,bg2 aur.bg2,hr1,* bar-act.sf1 bar-c.bg2 berb.hr1,kr1,* beryl.sp1 bism.bro1 *Bov.*hr1,k,* bry.a1,k bufo **Calc.**hr1,k,* calc-p.hr1,k,* *Calc-sil.*k13,k2 canth.a1,k caps.hr1,k,* *Carb-v.*h,k,* *Carbn-s.* *Carl.*a1,k caust.bg2 chel.hr1,k,* *Chin.*h,k,* chinin-s.kr1 choc.srj3 cic.h,k,* cinnb.hr1,k clem.a1,k coc-c.a1,k coff.bg2 con.bg2 cortiso.gse croc.hr1,k,* cub.a1 cycl.h,k,* dig.a1,k *Echi.*sf,sf1 ferr.bg2,h,* fruc-m-s.yl1 gamb.a1,k granit-m.es1 graph.h,k,* grat.hr1,k guar.bro1 hyos.a1,k ign.hr1,kr1,* *Kali-c.*hr1,k,* *Kali-chl.*k13 *Kali-m.*k2 kali-p.k,k2 kali-s. lach.hr1,k,* laur.a1 *Lyc.*hr1,k,* lyss.hr1,k meph.a1,k *Mur-ac.*hr1,k *Nat-c.*bg2,sf1,* *Nat-hchls.*a1 *Nat-m.*hr1,k,* nit-ac.a1,k *Nux-m.*bg2,hr1,*

• **nach**: ...
Nux-v.hr1,k,* *Op.*hr1,k,* par.bg2 petr.hr1,k ph-ac.a1,k *Phos.*hr1,k,* plat.bg2 psil.ft1 puls.bro1 ran-b.bg2 rheumbg2 *Rhus-t.*hr1,k,* rumx. *Ruta* scroph-n.bro1 sep.a1,bg2 *Sil.*hr1,k,* sin-a.a1 *Squil.*bg2,sf1,* *Staph.*a1,k still.hr1,kr1 *Sulph.* tarax.hr1,k *Tell.*hr1,k *Thuj.*a1,k *Verb.*hr1,k vib.hr1,k wildb.a1 zinc.hr1,k zinc-p.k13,k2
• **Bewegung** amel.: *Caps.*sf,sf1
• **Trinken**, und: ph-ac.j5
– **Fahren**:
• **beim**: bapt. brom. carb-ac. carc.dgt card-m. chinin-s. lyc. op. pall. phys. sulph. tet.a1
• **Freien**, im: ant-t.
• **Reiten**, beim: lyc.
• **Straßenbahn**, in der: chinin-s.
– **Freien**, im: acon. ant-t. bufo chel. guare. kali-bi. mosch.j5 nux-v.j5 plat.h
• **amel**.: aeth.a1,j5,* agar.a1 alum.bg2,j5,* castm.j5 chel.a1 clem.a1 *Ol-an.*a1,j5 plb.a1,j5 tab.j5,kr1,* zinc.j5
• **Aufenthalt** im, nach: bufobg2
• **Gehen**, beim:
• **amel**.: asar.jl
– **Frost**:
• **vor**: ars.hr1,k nicc.hr1,k,* puls. sabad.hr1,k ther.a1,k
• **während**: acon.bg2 aeth. am-c.j5 ambr.bg2,k,* ant-c.hr1,k *Ant-t.*bg2,k,* apisbg2 ars.bg2 aster.hr1,kr1,* bell.bg2 borx.bg2,h *Calad.*bg2,j5 calc.j5 camph.bg2 caps.bg2 cham.bg2 cimic.a1,bg2 cimx.hr1,k cinabg2 croc.a1,j5 cycl.bg2,j5 *Gels.*bg2 hell.bg2,k,* hyos.bg2 hyper.sf,sf1 ign.bg2 iris kali-bi.hr1,k *Kali-i.*hr1,k,* kali-n.sf,sf1 led.bg2 lept.bg2 lyc.j5 merc.bg2 mez.bg2,k,* *Nat-m.*bg2,k,* nit-ac.j5 *Nux-m.*bg2,k,* nux-v.bg2,k,* **Op.**bg2,k,* ph-ac.bg2 phos.bg2,k plan.bg2 plat.bg2 puls.bg2 *Rhus-t.*bg2 sabad.bg2 *Sabin.*bg2 sars.h sep.bg2 staph.bg2 tarax. ter.bg2 verat.bg2
• **nach**: gels.hr1,kr1 hipp.a1 nux-v.a1 *Sabin.*bg2
• **zwischen** den Anfällen: *Nux-m.*a1,k
– **Frösteln**: am-m.a1 ang.j5 ars.a1 aspar.a1 calad.j5 calc.a1,hr1 chlf.a1 croc.j5 crot-h.hr1 cycl.a1,hr1 hell.a1 kali-c.a1,hr1 led.sf lyc.a1,hr1 nat-m.a1 sumb.a1 thuj.a1
• **während**: ang.j5 ars. aspar. calad.j5 croc.j5 cycl.kr1 hell. led.sf1 mez.h nat-m. phos.h plat.h sabin.kr1 sumb. thuj. uran-n.sf1
• **nach**: nux-v.a1,k sabin.hr1
– **Frühstück**:
• **vor**: *Calc.*hr1,kr1
• **nach**: bapt.a1 calad.hr1,k,* clem.a1,k lach.a1,k manc.a1,k nat-s.a1,k peti.a1 still.a1,k sumb. ther.a1,k verat.a1,k
– **Gähnen**, mit
☞ *Gähnen - Schläfrigkeit - während*
– **Gedankenandrang**, mit: agre.j5,jl teucr.j5
– **Gehen**:
• **amel**.: merc.a1 nat-m.a1 ph-ac.h,j5,*
• **beim**: acon.a1,k arg-met.j5 caust.a1,k chinin-s. kali-n.a1,k lyc.a1,h nat-c.h nit-ac.bg2,j5,* rhus-t.a1,k verat.a1,k
• **Luft**:
• **Freien**, im: ant-t.bg2 ars. ars-met.kr1 *Chel.* con. eug. kali-c.h mosch. nux-v. rhus-t.h sil. stann.bg2
• **amel**.: asar.jl
• **kalter** Luft, in: nux-m.k2

– **Gehen**: ...
• **wie** nach: rhus-t.j5
• **Freien**, im: arn. carb-an. con. lach. lyc. nat-m. phos. phys. puls.bg2 rhus-t.bg2 sep.bg2 stann. *Sulph.* sumb.
• **langen** Spaziergang; einem: anac.j5
– **geistige** Anstrengung: **Ars.** ferr.a1,h *Gels.*hr1 *Hyos.* nat-s. nux-m.hr1 nux-v. *Podo.*hr1 sabad.hr1,k13 tarax.
• **amel**.: croc.bg2,j5
• **durch**: **Ars.** ferr. *Gels.* *Hyos.* nat-s. nux-m.kr1 nux-v. *Podo.*kr1 sabad.k2,kr1 tarax.
– **Gesellschaft**, in: caust.h meph.hr1,k,*
– **Gesicht**:
• **blassem**, mit sehr: *Glon.*bg2,kr1
• **heißem** Gesicht, mit: *Glon.*bg2,kr1
• **rotem** Gesicht; mit: am-m.bg2
– **Gespräches**, während eines: caust.a1,k cench.k13,k2 chinin-s. lach.a1 tarax.a1,k
– **Gewitter**, bei: sil.
☞ *Sturm*
– **Gleichgültigkeit**, mit: corn.hr1,kr1
– **Grübeln**, beim: am-c.bg2 nat-m.bg2
– **Halluzinationen**, mit: lachn.hr1,kr1
– **Haus**, im: plat. tab.
– **Heiterkeit**, nach: bell. calc.
– **Herzklopfen**, mit: aur.h chin. crot-t. merc.j5 nux-v.j5 *Podo.*kr1 tab.j5
– **Hitze**:
• **vor**: *Puls.*hr1,kr1 rhus-t.h,kr1
• **während**: *Acon.*bg2 ail.bg2,sf1 *Ambr.*kr1 *Ant-c.* **Ant-t.**bg2,kl,* *Apis* aran.kr1 **Arn.**bg2,kr1 *Ars.*bg2 asaf. aspar.a1 bell.bg2 borx.bg2 **Calad.** calc. camph. caps.bg2 cedr. *Cham.*bg2 chel. chin. cocc.kr1 croc.bg2 crot-h. cycl.bg2 **Eup-per.** *Gels.* *Hell.* hep. hyos.kr1 ign. kali-c.bg2 *Kali-i.*kr1 **Lach.** lachn. laur. *Lyc.* **Mez.** mosch.bg2 nat-c. **Nat-m.** nit-ac. *Nux-m.* nux-v.bg2 **Op.** petr.bg2 *Ph-ac.* *Phos.* **Plb.**bg2,kr1 **Podo.** *Puls.* ran-b.k2 rhus-t. **Rob.** ruta sabad. **Samb.** *Sep.*bg2 stram. sulph.bg2 *Ter.*kr1 thuj. verat. verat-v. viol-t.bg2
– **Husten**:
• **mit**: ant-c. **Ant-t.** *Ip.* *Kreos.* nux-m.bg2 op.
• **nach**: *Anac.*bg2,kr1,* *Ant-t.*kr1 *Ign.*
• **Keuchhusten**, nach: *Ant-t.*kr1 *Caust.*kr1
– **Hypochondrie**, bei: *Arg-n.*hr1,kr1
– **Hysterie**, bei: **Nux-m.**hr1,kr1
– **Influenza**, bei: *Gels.*hr1,kr1 *Sabad.*hr1,kr1
– **intermittierend**: ars.a1 cann-i.a1 carbn-s.a1 guare.a1
• **nachmittags**: fl-ac.a1
– **Kaffee**:
• **nach**: bart.a1
– **Kälte**, mit: crot-h.j5
– **Kindern**, bei: all-s.hr1,kr1 borx.j5,kr1 podo.hr1,kr1
– **Koitus**:
• **während**: bar-c.a1,k *Lyc.*hr1,k,*
• **nach**: agar.a1,k sep.
– **Konvulsionen**:
• **vor**: *Nux-v.*hr1,kr1
• **und** nach: glon.hr1 *Nux-m.*hr1,kr1

– **Konvulsionen**: ...
• **während**: *Hydr-ac.*hr1,kr1 *Op.*hr1,kr1 **Tarent.**hr1,kr1 vip.j5,kr1
• **nach**: aeth.c1 cic.oss cur.hr1,kr1 *Stram.*hr1,kr1
– **Kopf** auf eine Seite hängen; Kind läßt den: *Cina*kr1
– **Kopfschmerzen**, bei: acon. aesc. agar. ail. aml-ns. ammc.kr1 ars. arund.kr1 asar. *Bell.*kr1 bism.kr1 *Bruc.*k1,st calc.j5 calc-p.kr1 camph. cham. chel.j5 chinin-s. *Coll.*kr1 con. *Corn.* *Crot-h.*kr1 cub.kr1 equis-h. *Gamb.*kr1 gels. gins. glon. grat. hipp. hydr. hydrog.srj2 ign. ind. iodof.kr1 ip. jug-r. kali-n. kreos. *Lach.* laur. lob. merc-i-r. mur-ac. myric. *Nat-m.*kr1 nat-s. *Nux-m.* *Nux-v.*kr1 **Op.**k1,st pall.kr1 *Ph-ac.*kr1 phos. plb. psil.ft1 puls. ran-b. rhus-t.bg2 sep.j5 *Stann.* still.kr1 stront-c. sul-ac. tanac. ter.bg2 vip. vip-r.j5 xan.c1 zinc.
– **Kummer** bedrückt; wenn durch: *Op.*hr1,kr1
– **Lachen**; mit Neigung zu: *Nux-m.*j5,kr1
– **Leber**; bei Beschwerden der: **Chel.**kr1 *Lept.*kr1 *Myris.*kr1 *Nat-m.*kr1 *Sil.*kr1
– **Lektrophobie** (Bett-Phobie); mit
☞ *Bett - Furcht*
– **Lesen**, beim: alum.k2 anac. ang. aster. aur.bg2,j5 bism.h brom. *Carb-v.* *Carbn-s.* cimic. *Colch.* coloc. *Con.* *Ferr.*hr1 *Gels.* ign. iris lyc. mang. mez. mosch.bg2 nat-c.h2,j5,* *Nat-m.* nat-s. pimp.a1 plat. prun. ruta *Sabad.*bg2,k2 sang. sel.bg2 sep. sil.h *Sulph.* tab. tarax. urt-u. verat.
– **Lider**; mit Zusammenziehen der: acon.bg2 agar.bg2 *Ant-t.* chel.bg2 chin.bg2 cic.bg2 cocc.bg2 *Con.* croc. euphr.bg2 ferr.bg2 ham.bg2 kali-c. merc.bg2 plat.bg2 sabad.bg2 staph.bg2 tarax.bg2 thuj. verb.bg2 viol-o.bg2 viol-t.bg2
– **Liegen**:
• **agg.**: sel.bg2,sf1
• **beim**: ferr-ma.a1 lyc.bg2 plat.bg2
• **hinzulegen**, Neigung sich: *Alum.*hr1,j5,* am-c.j5 berb.j5 bism.j5 calad.j5 **Caust.**hr1,j5,* cina.j5 clem.j5 *Cocc.*hr1,j5,* coff.j5 coloc.j5 con.h,j5,* crot-t.j5 cycl.j5 *Graph.*hr1,j5,* *Hell.*j5 hep.j5 *Ign.*hr1,j5,* kali-c.j5 lact.j5 led.j5 *Mur-ac.*hr1,j5,* nat-c.j5 nat-m.j5 ol-an.a1,j5 olnd.j5 petr.j5 rhus-t.j5 staph.j5
• **Stilliegen** amel.: phos.a1
– **Mahlzeit**; nach einer
☞ *Essen - nach*
– **Masern**, bei: *Apis*kr1 xan.kr1
– **Menses**:
• **vor**: calc-p.a1,k puls.bg2
• **während**: choc.srj3 eupi.a1,k *Kali-c.*hr1,k,* mag-c.bg1,h,* **Nux-m.**hr1,k *Phos.*hr1,k *Sulph.*hr1,k,* uran-n.
• **unterdrückten**, bei: *Cycl.*kr1 nux-m.br1
– **Metrorrhagie**, bei: *Sec.*hr1,kr1
– **Milch**; nach Trinken von: agar.zr
– **Mittagessen**:
• **vor**: calad.hr1,k calc-p.hr1,k,* lach.a1,k nux-v.a1 phos.h scroph-n.a1 sil.a1 thuj.a1,k
• **beim**: ang.a1,k borx. bov.a1,k *Calc-p.*hr1,k,* cham.a1,k chin.bg2 hyper.a1,k *Kali-c.* kali-n.a1 nux-v.bg2 puls.hr1,k,* rat.a1,k rhus-t.bg2 sarr.hr1,k,*

– **Mittagessen**: ...
• **nach**: acon.a1,k adlu.jl **Agar.**a1,k alum.a1,k alum-p.k13,k2 alum-sil.k13,k2 *Am-c.*j5 *Anac.*a1,k androc.srj1 ant-c. ant-t.a1,k *Apis* arn.j5 ars.h,j5 arum-m.a1,j5 *Aur.*hr1,k,* aur-s.k13,k2 bapt.a1,k1 bar-c.a1,k bar-m. bar-s.k13,k2 bell.j5 berb.hr1,k borx.j5 *Bov.*a1,k bruc.j5 bry.j5 cadm-met.mg,mg1 calc.a1,k *Calc-p.*a1,k calc-sil.k13,k2 cann-s.a1,k canth.a1,k caps. carb-an.a1,k *Carb-v.*h,k,* carbn-s. caust.a1,k cham.j5 chel.a1,k *Chin.*h,k,* *Cic.* cimic.a1,k cinnb.hr1,k clem.a1,k coca croc.a1,k crot-h.j5 crot-t.j5 cur. cycl.h,k,* dios.hr1,k eug.a1,j5 euph.h,j5,* euph-a.a1 euphr.a1,k ferr.h,k,* graph.h,k,* grat.a1,k ham.a1,k hura hydr-ac.j5 ign.a1,k kali-bi.a1,k kali-c.a1,k kali-chl.k13 kali-m.k2 kali-n.a1,k kali-sil.k13,k2 *Lach.*hr1,k,* laur.hr1,k,* levo.jl,jl3 linu-c.a1 lipp.a1 **Lyc.**a1,k mag-c.a1,k mag-m.a1,k mez.a1,k mur-ac. nat-c.bg2,h *Nat-m.*a1,k nat-p.a1,k nat-s.a1,k nep.srb2 nit-ac.j5 *Nux-m.*a1,k **Nux-v.** ol-an.a1,k ox-ac.a1,k par.a1,k peti.a1 ph-ac.a1,k *Phos.*a1,k phys.a1,k plat.a1,k plb.a1,k prun.a1,j5 *Puls.*j5 ran-b.a1,k *Rat.*a1,j5 reser.jl,jl3 *Rhus-t.* *Ruta*j5 scroph-n.j5 seneg.j5 sep.j5 sil. sphing.a1,kk3 squil.a1,k staph.j5 stict.c1 sulph.a1,k tab.a1,k tarax.a1,k thuj.a1,k til.a1,k tong.a1 **Tub.**st verb.a1,k vib.hr1,k zinc.a1,k
• **16 h**:
• **bis**: coca.a1
• **Duschen** amel.; kaltes: cadm-met.mg1
• **Freien**, amel. im: kali-c.a1 ol-an.a1 rat.a1
• **Lesen**, beim: prun.a1
• **Schreiben**, beim: coca.a1
– **Mond**; bei Neumond: sep.sf1
– **Müdigkeit**, mit: am-c.j5 anac.j5 ant-c.j5 ars.j5 bar-c.j5 berb.j5 borx.j5 calad.j5 calc.j5 camph.j5 caust.j5 chen-v.j5,kr1 *Cic.*j5,kr1 clem.j5 **Coca**j5,kr1 croc.j5 dig.j5 ferr.j5 **Gels.**j5,kr1 graph.j5 grat.j5,kr1 hell.j5 hep.j5 ign.j5 ip.j5 *Kreos.*j5,kr1 lact.j5 laur.j5 led.j5,sf1 m-aust.j5 mang.j5 murx.j5,sf1 nat-c.j5 nat-m.j5 *Nux-v.*j5,kr1 pall.j5,sf1 petr.j5 ph-ac.j5 sang.j5,kr1 sel.j5,sf1 sep.j5 sil.j5,kr1 sin-n.j5,kr1 sol-mm.j5 spig.j5 staph.j5 still.j5,kr1 *Sulph.*j5,kr1 ther.j5 uran-n.j5,sf1 ziz.j5,kr1
– **mürrischem** Wesen, mit: calc.j5 calen.j5 carb-an.j5 carb-v.j5 hyos.j5 kali-c.j5 ol-an.j5 ph-ac.j5 sabad.j5 sep.j5
– **Musik**, durch: stann.a1,k
– **Nachrichten**, nach traurigen: ign.
☞ *❑ Gemüt - Beschwerden durch - schlechte*
– **Nähen**, beim: ferr.
– **Ohnmacht**:
• **nach**: kali-n.hr1 merc.bg2
• **Freien**, im: *Crot-t.*kr1
• **mit**: stram.j5
– **periodisch**: fl-ac.a1,bg2
• **morgens**:
• **zwei** Stunden, alle: fl-ac.a1
• **nachmittags**: fl-ac.a1
• **jeden** Tag:
• **zweiten** Tag; jeden: bry.bg2 lach.bg2
• **dritten** Tag; jeden: sep.a1
– **Plappern**, Geschwätz; mit: lach.bg2

– **plötzlich**: *Fl-ac.*bg2,j5,* grat.j5 hydrog.srj2 m-arct.j5 merc.j5 rumx.bg2,j5
- • **abends**: fl-ac.a1
  - • **18** h: rhus-t.a1
- • **Wein**, nach: fl-ac.a1

– **Pneumonie**, bei: *Ant-t.*bg2,st chel.bg2,st *Op.*bg2,st phos.bg2,st
– **Pocken**, bei: *Nat-m.*hr1,kr1
– **Pollutionen**, nach: aq-mar.j1 *Sep.*kr1
– **Purpura**, nach: *Hell.*hr1,kr1
– **Rauchen** (von Tabak); beim: bufo
– **Rausch**, wie durch einen: agar.hr1,kr1 *Led.*hr1,k **Nux-m.**hr1,k
– **Reizbarkeit**, mit: ind.hr1,kr1,*
– **Rheumatismus**, bei: *Lyc.*hr1,kr1 *Puls.*hr1,kr1
– **Ruhe**, in der: kali-n.a1,j5
– **Ruhelosigkeit**, mit: ars.j5,kr1 bufokr1 coloc.j5,kr1 *Con.*hr1,kr1 crot-h.j5,kr1 *Hep.*hr1,kr1 lact.hr1,kr1 *Merc.*hr1,kr1 *Petr.*hr1,kr1 rhus-t.hr1,j5,* *Sep.*hr1,kr1 *Stram.*hr1,kr1 tab.a1
– **Scharlach**:
- • **bei**: *Nat-m.*hr1,kr1,*
- • **nach**: *Ter.*hr1,kr1

– **Schlaflosigkeit**, bei
  ☞ *Schlaflosigkeit - begleitet von - Schläfrigkeit - tagsüber / Schlaflosigkeit - Schläfrigkeit - mit*
– **Schlafmittel**; wie nach einem: *Mand.*mg1
– **Schmerz**:
- • **während**: carb-an.bg1,bg2 nux-m.hr1,k,* *Op.*bg2 phos.bg2 psil.ft1
  - • **Abdomen**, im: ant-t.
  - • **Hypochondrium**, im: sep.st
  - • **Zähnen**, in den: sulph.bg2
- • **nach**: lach.bg2 phyt.a1,k
  - • **Neuralgie**; nach einem Anfall von: *Cocc-s.*kr1

– **Schnupfen**, beim: *Cham.*bg2 **Gels.**bg2 nux-v.bg2 petr.bg2
– **Schock**, nach geistigem: *Pic-ac.*hr1,kr1
– **Schreck**, mit: merc.j5
– **Schreiben**, beim: bapt. brom. nat-s.bg2,j5 ph-ac. thuj.
– **Schwäche**:
- • **Krankenpflege** oder Nachtwachen; nach: *Sulph.*kr1
- • **Lesen** abends amel.: *Croc.*kr1
- • **mit**: aeth.j5 am-c.bg2,j5,* anac.j5 ang.j5 ant-t.a1 arg-met.j5 aur.j5 bar-c.a1 bism.bg2,j5 brom.a1 bruc.j5 canth.j5 chin.j5 cic.a1 clem.j5 *Croc.*hr1,j5,* cupr.a1,j5 *Cycl.*hr1,j5,* echi.bg2,j5 eucal.bg2,j5,* grat.a1,j5 hell.j5 kali-bi.a1 kali-n.a1,j5 lach.j5 lact.j5 laur.a1,j5 lyc.a1 mag-c.a1 merc-sul.bg2,j5,* merl.a1 *Mez.*hr1,j5,* mur-ac.a1 nat-c.j5 nat-m.a1 *Nit-ac.*hr1,j5,* pall.bg2,j5 petr.j5 ph-ac.a1,j5 phel.j5 plat.j5 puls.a1,j5 ran-b.a1,j5 scroph-n.j5 sil.j5 squil.j5 *Sulph.*hr1,j5,* thuj.a1 uran-n.bg2,j5 valer.j5 verat.a1,j5 vip-r.j5
- • **Schwindel**, mit: **Nit-ac.**kr1,st
- • **wie** durch: anac.j5

– **Schwangerschaft**; während der: gels.hr1,k *Helon.*hr1,k *Nux-m.*hr1,k
– **Schweiß**:
- • **mit**: *Acon.*bg2 ant-c.bg2 **Ant-t.**bg2,kr1 *Apis*bg2 arn.bg2 ars.bg2 *Asaf.*bg2,kr1 **Bell.**bg2 borx.bg2 **Calad.**bg2 caps.bg2 **Cham.**bg2 *Cina*bg2 *Corn.*bg2,kr1 croc.bg2 cycl.bg2 *Hep.*bg2 *Ign.*bg2 kali-c.bg2 lach.bg2 lyc.bg2 **Mez.**bg2 mosch.bg2 nat-c.bg2 nat-m.bg2 *Nit-ac.*bg2 *Nux-m.*bg2,kr1 nux-v.bg2 **Op.**bg2 petr.bg2 *Ph-ac.*bg2,kr1 *Phos.*bg2 *Plb.*bg2 podo.bg2 **Puls.**bg2 rhus-t.bg2 **Sabad.**bg2 sep.bg2 stram.bg2 sulph.bg2 verat.bg2 viol-t.bg2
- • **Arbeit**, nach der:
  - • **amel.**: phys.a1
- • **Gesichtes**, des: calc-p.kr1

– **Schwere**, mit: aesc.hr1,kr1 apoc-a.a1 atro.a1 carb-ac.hr1,kr1,* caust.j5,kr1 *Kreos.*hr1,kr1 morph.a1 *Puls.*hr1,kr1 sil.a1 staph.j5,kr1 tarent.a1
- • **Kopfes**, des: *Bar-c.*kr1 corn.kr1 hydr.a1,kr1

– **Schwindel**, mit: *Aeth.*br1,kr1 alum.bg2,kr1 aml-ns.kr1 ang.bg2,kr1 ant-t.bg2,kr1 arg-met.bg2,kr1 arg-n.bg2,kr1 bell.bg2,kr1 *Con.*kr1 crot-h.j5,kr1 *Crot-t.*kr1 *Gels.*bg2,kr1 *Glon.*kr1 *Kali-br.*kr1 *Kali-n.*kr1 laur.bg2,kr1 myric.kr1 nit-ac.j5,kr1 *Nux-m.*kr1 phos.bg2,j5,* puls.bg2,kr1 rhod.bg2,kr1 *Sil.*bg2,kr1 *Stram.*bg2,kr1
– **Sehen**; mit beeinträchtigtem, gestörtem: zinc.bg2
– **sitzender** Lebensweise; bei Menschen mit: *Gels.*kr1
– **Sitzen**, im: acon. aesc. agar. am-c.j5 anac. ang. ant-c. ant-t. apis aran-sc.a1 arg-met.j5 arg-n. ars. ars-met.kr1 arum-t. aur. bapt. bruc.j5 cadm-s. calc.h calc-p. carb-v.bg2,j5 caust.bg2,h *Cham.* chin. chinin-s. cimx. cina clem. coca coff.bg2 cycl. fago. ferr. ferr-ma. form. gels. *Hep.* ign. indg.j5 kali-br. kali-c. lyc. merc. mez. mur-ac. narcot.a1 nat-c. *Nat-hchls.* *Nat-m.* nat-p. nicc. *Nux-m.*bg2,j5 **Nux-v.** par. petr. phel.j5 plat.j5 plb.bg2 psor. puls. ran-b.j5 rat. rhus-t.bg2 *Sabad.*bg2,j5 *Sep.* spig.j5 staph. *Sulph.*bg2,j5 tarax. tarent. tell. thuj. verat.j5 *Zinc.*kr1
- • **Arbeit**, bei der: *Sulph.* *Zinc.*kr1
- • **Erwachen**, nach dem: rhus-t.
- • **Gespräches**, während eines: chinin-s.a1
- • **schlaflos** im Liegen; und: cham.
- • **Zimmer**, im warmen: ind.a1

– **Sommerhitze** mit allgemeiner Schwäche; in der: *Corn.*kr1
– **sommerlichen** Erkältungen, bei: *Gels.*kr1
– **Sopor**: anh.mg,mg1 cyt-l.mg,mg1
– **Sprechen**, beim: ars.j5 caust. *Chel.* *Mag-c.* morph. ph-ac. plat.j5 plb.j5
– **Sprechen**, mit schwierigem: arn.j5
– **Stehen**: acon.a1,k alum.a1,k cor-r.a1,k mag-c.a1,k merc.bg2,j5,* merl.a1 morph.a1,k nit-ac.bg2,j5,* phel.a1,k
- • **Arbeit**, bei der: phel.

– **Stöhnen**, mit: *Cham.*hr1,kr1
– **Strecken**, mit: am-c.j5 ant-t.j5 bar-c.j5 bell.a1,j5 chel.a1 chin.a1,j5 hell.j5 lach.a1,j5 laur.a1 mag-c.a1,j5 meph.a1,j5 nit-ac.a1,j5 ol-an.a1 ph-ac.j5 phos.a1,j5 sabad.j5
– **Studenten**, bei: *Gels.*hr1,k
– **Stuhlgang**:
- • **amel.**: grat.a1

• **während**: ant-t.$_{bg2}$ bry.$_{hr1,k}$ elaps *Manc.*$_{hr1,kr1,*}$ nux-m.$_{hr1,k}$ puls.$_{bg2}$
• **nach**: aeth.$_{hr1,k}$ bry.$_{hr1,k}$ colch.$_{a1,k}$ coloc.$_{a1,k}$ elaps ferr-p.$_{bg2}$ *Nux-m.*$_{hr1,k}$ nux-v.$_{bg2}$ *Sulph.*$_{hr1,k}$
– **Stumpfheit**, mit: arn.$_{j5}$ bell.$_{a1}$ cact.$_{hr1,j5,*}$ calad.$_{j5}$ calc-p.$_{hr1,j5,*}$ carb-an.$_{j5}$ caust.$_{j5}$ coff.$_{j5}$ *Cupr.*$_{hr1,j5,*}$ dig.$_{a1,j5}$ ferr.$_{j5}$ *Gels.*$_{hr1,j5,*}$ *Hyos.*$_{hr1,j5,*}$ kreos.$_{j5}$ lac-ac.$_{hr1,j5,*}$ *Merc.*$_{hr1,j5,*}$ nat-m.$_{j5}$ nux-m.$_{j5}$ *Phos.*$_{hr1,j5,*}$ plb.$_{a1,j5}$ sep.$_{j5}$ staph.$_{j5}$ zinc.$_{j5}$
– **Stupor**, mit: cyt-l.$_{mg,mg1}$ gels.$_{a1}$ nat-m.$_{hr1}$
– **Sturm**:
☞ *Gewitter*
• **vor**: form. gels.$_{a1,bg2}$ sil.$_{bg2,h,*}$
• **während**: sil.$_{a1,h}$
– **Syphilis**, bei: *Syph.*$_{hr1,kr1}$
– **Trägheit**, mit: acon.$_{a1,j5}$ alum.$_{a1}$ am-m.$_{j5}$ ammc.$_{j5}$ *Ant-t.*$_{j5}$ ars.$_{j5}$ carb-an.$_{a1,j5}$ carb-v.$_{a1,j5}$ chel.$_{a1,j5}$ cinnb.$_{j5}$ colch.$_{a1}$ croc.$_{a1,j5}$ dig.$_{a1,j5}$ dulc.$_{a1,j5}$ grat.$_{j5}$ ip.$_{j5}$ laur.$_{a1,j5}$ lyc.$_{a1,j5}$ mag-c.$_{a1,j5}$ mag-m.$_{a1,j5}$ nat-c.$_{a1,j5}$ nat-m.$_{a1}$ nat-s.$_{a1}$ rat.$_{a1,j5}$ sars.$_{j5}$ tong.$_{a1,j5}$ verb.$_{a1,j5}$ *Zinc.*$_{a1,j5}$
– **traurigen** Nachrichten, nach: ign.
– **Traurigkeit**, mit: calc.$_{bg2,kr1}$ calc-p.$_{kr1}$ *Corn.*$_{kr1}$ eup-pur.$_{kr1}$ murx.$_{j5,kr1}$ rhus-t.$_{j5,kr1}$
– **Trinken**, nach dem: nux-m.$_{hr1,kr1}$ ph-ac.$_{a1,k}$
– **Übelkeit**:
• **nach**: chinin-ar.$_{k2}$ ip.$_{sf,sf1}$
• **mit**: ant-t.$_{bg2,kr1}$ calad.$_{hr1,kr1}$ ind.$_{hr1,kr1,*}$ ip.$_{bg2,kr1}$ *Nux-m.*$_{hr1,j5,*}$ plan.$_{hr1,kr1}$ ran-b.$_{bg2,hr1,*}$ seneg.$_{j5,kr1}$
– **Überschätzung** von Zeit und Entfernungen; mit: nux-m.$_{j5}$
– **überwältigend**: aeth.$_{c1}$ agar.$_{a1,j5}$ agar-pa.$_{a1}$ alco.$_{a1}$ all-c.$_{a1}$ alum.$_{a1,k2}$ androc.$_{srj1}$ *Ant-c.*$_{j5}$ **Ant-t.**$_{a1,j5,*}$ *Ars.*$_{j5}$ arum-i.$_{a1}$ arum-m.$_{j5}$ *Aur.*$_{a1,k}$ bar-act.$_{a1}$ bar-c. brom.$_{a1}$ buth-a.$_{mg,mg1}$ calc.$_{a1,k}$ camph.$_{a1,k}$ cann-s.$_{a1,k}$ canth.$_{j5}$ carb-v.$_{h,k,*}$ carbn-s. *Caust.*$_{j5}$ *Chin.*$_{h,j5,*}$ *Cimx.*$_{hr1,k}$ cina$_{j5}$ clem.$_{a1}$ cocc.$_{hr1,k1}$ coff.$_{a1,k}$ colch.$_{a1}$ coloc.$_{a1,k}$ conin.$_{a1}$ *Cor-r.*$_{a1,k}$ *Crot-h.*$_{bg2,j5,*}$ crot-t.$_{hr1,j5,*}$ cycl.$_{j5}$ cyn-d.$_{st}$ euph.$_{a1,j5}$ euphr.$_{a1}$ ferr.$_{a1,k}$ gels. grat.$_{a1,j5}$ *Haem.*$_{j5,sf1,*}$ hep.$_{a1}$ *Hydr-ac.*$_{a1,j5}$ hydrog.$_{srj2}$ hyos.$_{a1,k}$ hypoth.$_{jl,jl3}$ kali-bi.$_{a1}$ kali-c.$_{bg1,bg2,*}$ *Kali-n.*$_{a1,bg2,*}$ *Lach.*$_{a1,k}$ lact.$_{a1,k}$ laur.$_{hr1,k,*}$ lina.$_{st}$ lyc.$_{a1,k}$ mag-s.$_{a1,j5,*}$ *Merc.*$_{j5}$ merl.$_{a1}$ *Mez.*$_{a1,k}$ naja nat-c.$_{a1,k}$ nat-m.$_{a1,k}$ nat-n.$_{a1}$ nit-ac.$_{a1,k}$ **Nux-m.**$_{a1,k,*}$ *Nux-v.*$_{a1,k}$ **Op.**$_{a1,k}$ osm.$_{a1}$ pall.$_{a1}$ petr.$_{h}$ phos.$_{a1,k}$ *Phys.*$_{a1}$ pimp.$_{a1}$ pip-m.$_{a1}$ pisc.$_{st}$ plb.$_{j5}$ psil.$_{ft1}$ psor.$_{st}$ *Puls.*$_{a1,j5}$ rauw.$_{sp1}$ rhod.$_{a1,j5}$ *Rhus-t.*$_{bg1,j5,*}$ *Sabad.*$_{a1,j5}$ scroph-n.$_{j5}$ sel.$_{jl,jl3}$ *Sep.*$_{j5}$ *Sil.*$_{a1,j5}$ sol-t-ae.$_{a1}$ spig.$_{a1,k}$ stann.$_{a1,k}$ sulph.$_{hr1,k,*}$ tab.$_{j5}$ *Tarax.*$_{a1,j5}$ tarent.$_{a1,k}$ tub.$_{br1}$ verb.$_{j5}$ viol-t.$_{a1}$ voes.$_{a1}$ *Zinc.*$_{a1,j5}$
☞ *Einschlafen / Einschlafen - tagsüber*
• **morgens**: clem.$_{a1}$ mag-s.$_{a1,k}$ nux-v.$_{a1,k}$
• **vormittags**: cann-s.$_{a1,k}$ lyc. spig.$_{a1,k}$
• **mittags**: kali-n.$_{a1}$ lyc.$_{a1,k}$
• **nachmittags**: colch.$_{a1}$ kali-c.$_{a1,h}$ nat-c.$_{a1,k}$ **Puls.**$_{a1,k}$
  • **13** h: lyc.$_{a1}$
  • **15** h: pall.$_{a1}$
  • **17** h: hyos.$_{a1}$
• **abends**: carb-v.$_{h,k,*}$ hep.$_{a1}$ kali-bi.$_{a1}$ kali-c.$_{a1,h}$ lyc.$_{a1,k}$ mag-s.$_{a1,k}$ spig.$_{a1,k}$

– **überwältigend**: ...
• **Arbeiten**, beim: bism.$_{j5}$ lact.$_{j5}$ mur-ac.$_{j5}$ phel.$_{j5}$ ran-b.$_{j5}$ sulph.$_{j5}$ tarent.$_{a1,j5}$ zinc.$_{j5}$
• **Erwachen**, beim: ferr.$_{a1}$
• **Essen**, nach dem: calc.$_{a1}$ carb-v.$_{a1,h}$ lyc.$_{a1}$ nit-ac.$_{a1}$ *Nux-v.*$_{a1}$
• **Freien**, im: merl.$_{a1}$
• **Lesen** bei Licht, beim: mang.$_{a1}$
• **Mittagessen**, nach dem: aur.$_{a1}$ carb-v.$_{a1,h}$ kali-bi.$_{a1}$ laur.$_{a1}$ lyc.$_{a1}$ mez.$_{a1}$ phos.$_{a1}$
• **periodisch**:
  • **Stunde**:
    • **wiederkehrend**; zur selben Stunde: tarent.$_{a1}$
– **Unbehaglichkeit**, mit: am-c.$_{j5}$ nat-m.$_{a1}$ nicc.$_{a1,j5}$ phos.$_{a1}$
– **Unentschlossenheit**, mit: hyos.$_{j5}$
– **Ungeduld**, mit: nit-ac.$_{a1,j5}$
– **Prolaps** des Uterus; mit
☞ *begleitet von - Prolaps*
– **Veranstaltung**; bei einer interessanten: pip-m.$_{a1}$
– **Verwirrung**, mit: echi.$_{bg2}$
– **Völlegefühl**, mit: scroph-n.$_{j5}$
– **Wassersucht**, bei: apoc.$_{bg2}$ *Hell.*$_{hr1,kr1}$
– **Wehen**, während der: *Puls.*$_{hr1,k}$
• **Kontraktion**; nach jeder: gels.$_{st}$
– **Weinerlichkeit**, mit: cham.$_{hr1,kr1}$
– **Wein**, nach: ail.$_{k,kr1,*}$ carbn-s. phos.$_{bg2,h}$
– **Wetter**:
• **Gewitter**:
  • **vor**: gels.$_{bg1}$ sil.$_{bg1,bg2}$
• **bewölktem** Wetter, bei: physal-al.$_{bg1}$
• **heißem** Wetter, bei: **Ant-c.**$_{kr1}$ *Corn.*$_{kr1}$ *Gels.*$_{hr1}$ *Nux-v.*$_{kr1}$ sel.$_{bg2,kr1}$
  • **ersten** heißen Wetter; beim: vip.$_{a1}$
– **Würmern**, bei: *Nux-m.*$_{kr1}$
– **Zerschlagenheit**, mit: eug.$_{j5}$ m-arct.$_{j5}$
– **Zimmer**, im: asar.$_{bg2,jl}$ plb.$_{bg2}$
• **warmen**, im: ant-t. chinin-s. cinnb. ind. merl.

Schläft ein
☞ *Einschlafen*

Schlecht: acet-ac.$_{sf,sf1}$ *Agar.*$_{a1,k}$ aloe ange-s.$_{jl}$ arist-cl.$_{mg,mg1}$ asar.$_{j5,jl}$ **Bamb-a.**$_{stb2}$ bell.$_{j5}$ bell-p.$_{mg,mg1}$ caj.$_{a1}$ canth.$_{a1,k}$ chin.$_{a1}$ choc.$_{srj3}$ des-ac.$_{jl}$ dirc.$_{a1,k}$ ferr-i.$_{a1,k}$ gran.$_{a1}$ gymno. ham.$_{a1,k}$ inul.$_{a1,k}$ iod.$_{a1,k}$ lach.$_{a1,k}$ lyc.$_{a1}$ lycps-v.$_{a1}$ mag-c.$_{a1,k}$ mec.$_{a1}$ meli.$_{a1}$ merc.$_{a1,k}$ merc-c.$_{a1}$ mill. mit.$_{a1}$ morph.$_{a1}$ naja nat-ar. nit-ac.$_{a1,k}$ nux-v.$_{a1}$ rib-ac.$_{jl}$ tab.$_{a1,k}$ trif-p.$_{a1}$
☞ *Durcheinander / Gestört / Ruhelos / Unerquicklich / Unterbrochen*
– **morgens**:
• **amel.**: lyc.$_{a1}$
– **Mitternacht**:
• **vor**: naja$_{a1}$
• **nach**: arum-d.$_{a1}$ merc.$_{a1}$ **Rhus-t.**$_{a1}$
– **Menses**, vor den: arist-cl.$_{mg,mg1}$
– **Schläfrigkeit** am Abend, nach: aloe$_{a1}$

Schmerz:
– **Schläfrigkeit** während der Schmerzen
☞ *Schläfrigkeit - Schmerz - während*
– **schläft** während der Schmerzen
☞ *Einschlafen - Schmerz - während*

Schweiß:
– **schläft** während dem Schweiß
☞ *Einschlafen - Schweiß - während*
– **während** des Schlafes
☞ *❑ Schweiß - Schlaf - im*

Schwer (= wie benommen): acon.a1,k aesc.a1,k agar.a1,k ail.a1,k all-c.a1,k ant-c. ant-t.a1 asc-c.a1,k bell.a1,k berb.a1,k bufo carb-ac.a1,k carbn-s. coloc.a1,k crot-t.j5 cyn-d.jl,jl3 ferr.h,j5,* gast.a1 gink-b.jl,jl3 glon.a1,k hoit.jl,jl3 hydr-ac.j5 hydrc.a1,k iodof.a1 jab.a1,k kali-c.jl kali-n.j5 lach.j5 lact.a1,k lepi.a1 lob.a1,k lol.a1 lyc.a1,k manc.a1,k morph.a1,k nat-c.a1,k nit-ac.a1,k nux-v.j5 op.a1,k penic.jl,jl3,* phys.a1,k pic-ac.a1 pip-m.a1 plan.a1,k *Podo.*a1,k ptel.a1,k rhus-t.st spig.a1,k stann.jl sulph.a1,k tab.a1,k thuj.hr1,k til.a1,k verat.a1,k xan.a1,k
☞ *Bedrückend / Benommen / Erwachen - schwierig / Komatös / Tief*
– **morgens**: ferr.h,k,* glon.a1,k hydr-ac.j5 iber.a1 kali-i.a1,k *Lach.*a1,k meny.a1,k nat-hchls.a1 thuj.hr1,k
– **nachmittags**:
• **14** h: pip-m.a1
– **abends**:
• **Hinlegen**, nach dem: seneg.kr1
– **Delirium**, nach dem: sec.a1,k
– **Kindern**, bei: lach.j5

Somnolenz
☞ *Schläfrigkeit*

Sopor
☞ *Tief*

Stupor, schläfrig: arg-n.br1

Tief: acon.a1,bg2 aesc.a1,k aeth.a1,k aether.a1 agar.a1,k agar-cit.a1 agn.bg2 ail.hr1,k alco.a1 all-c.a1,k *Alum.*bg2,k1,* alum-p.k13,k2 am-c.bro1 ambr.j5 ampe-qu.a1 amyg.a1 anac.bg2,k,* androc.srj1 ant-c.bg2,k,* ant-s-aur.a1,kr1 **Ant-t.**bg2,k,* *Apis.* apoc. aran.hr1,k **Arg-n.**a1,k *Arn.*h,k,* *Ars.*bg2,k,* ars-s-f.k13,k2 atha.a1,j5 atro.hr1,k,* aur. aur-ar.k2 **Bapt.**a1,k *Bar-c.*bg2,k bar-s.k13,k2 **Bell.**bg2,k,* ben-n.a1 benz-ac.a1,k berb. borx.bg2,j5 bov.j5 brom.a1,k brucin.a1 *Bry.*bg2,k cact. *Calad.* *Calc.*bg2,k *Camph.*bg2,k,* cann-i. canth.j5 carb-ac.a1,k **Carb-v. Carbn-h. Carbn-o. Carbn-s.** carc.zzh *Carl.*a1,k *Caust.*bg2,k cedr.a1,k *Cench.*k2,st cere-b.a1 cham.bg2,k,* *Chel.*a1,k *Chin.*h,k,* chin-b.hr1 chinin-ar. chinin-s.a1,k chlf.a1,k chlol.a1,k *Chlor.*hr1,kr1 choc.srj3 *Cic.*bg2,k *Cina* *Cinch.*a1 cinnm.hr1,k cob-n.jl,jl3,* coca cocc.bg2,k,* coch.hr1,kr1 coff.j5 *Colch.*a1,k **Con.**h,k,* corn.a1,k **Croc.**bg2,k crot-c.a1 *Crot-h.* crot-t.a1,k cund.a1 *Cupr.*bg2,k,* cupr-act.a1 *Cycl.*bg2,k,* dat-m.a1 dig.bg2,k,* digin.a1 dios.hr1,kr1 elaps erig.mg,mg1 eug.a1,k euph.a1,k ferr-ma.a1 *Fl-ac.*a1,k *Gels.*hr1,k gins.a1,j5 glon.a1,k granit-m.es1 **Graph.**hr1,k,* grat.hr1,k,* guan.a1 *Hell.*bg2,k *Hep.* hydr-ac.hr1,kr1

Tief: ... *Hydrog.*srj2 *Hyos.*bg2,k,* *Ign.*bg2,k,* jab.hr1,k,* jac-c.a1 jal.a1 kali-bi.bg2 kali-br.hr1,k,* kali-i.a1,k *Kali-n.* kali-p. **Kreos.**bg2,k *Lach.*hr1,k,* *Lact.*a1,k *Laur.*bg2,k **Led.**bg2,k,* lepi.a1 linu-c.a1 lob.a1,k lol.a1 lon-x.a1 luna.kg1 lup.bro1 *Lyc.*hr1,k,* *M-arct.*j5 mag-c.mg,mg1 **Merc.**bg2,k1,* *Merc-c.*a1,k mez.j5 morph.a1,k *Mosch.*bg2,j5 *Naja* nat-ar. nat-c.a1,k *Nat-m.* nat-p. nep.srb2 **Nux-m.**bg2,k,* **Nux-v. Op.**bg2,k,* ox-ac.a1,k peti.a1 petr.bg2 *Ph-ac.*bg2,k,* *Phos.*bg2,k,* *Phys.*a1,k pip-m.a1,k pisc.a1 plat.j5 *Plb.*bg2,k,* *Podo.*hr1,k psor. ptel.hr1,kr1 **Puls.**bg2,k,* *Rhod.*bg2,k,* *Rhus-t.*bg2,k,* ruta.bg2 sabad.bg2,j5 *Sec.*bg2,k,* sel.bg2,j5 *Seneg.*bg2,k,* *Sep.*bg2,j5 sol-mm.a1,j5 sol-ni. spig.bg2,k,* spong. stann.bg2,k,* *Stram.*h,k,* sul-ac. *Sulph.*bg2,k,* tab.hr1,k,* tarent.hr1 tax.a1,k ther.hr1,k,* thuj.hr1,kr1 *Valer.*a1,k vario.hr1 **Verat.**bg2,k,* verat-v.a1 xan.hr1,kr1 *Zinc.*bg2,k,*
☞ *Bedrückend / Erwachen - schwierig / Komatös / Schwer*
– **tagsüber**: ant-t.j5 borx.j5 dig.j5 erig.mg,mg1 eug.a1,j5 ign.j5 *Lact.*j5 led. manc.a1,k *Merc.*j5 *Ph-ac.*h,j5 phos.a1,k sel.j5 tab.j5
– **morgens** ●: alum.a1,k bell. brom. bry. calc. calc-ar.a1,k **Calc-p.** carbn-s. con.h,k,* cortiso.gse gels.hr1,kr1 gins.a1,k *Graph.*hr1,k hep. led. lyc.h,j5 m-arct.j5 nat-c.j5 *Nux-v.*k,kl2● op. ph-ac.j5 phos. sulph.k,kl2● thuj.hr1,k
• **5** h:
• **nach**: phys.
• **6** h: atro.kr1 calad. euphr.
– **vormittags**:
• **10** h: peti.a1
– **mittags**: eug.a1,k eup-per.hr1,kr1
• **nachmittags**, und: borx.j5 eug.j5 ign.j5 sel.j5 tab.j5
– **nachmittags**: borx.j5 euph.a1,kl ~~euphr.kl,xxx~~ ign.j5 merc-i-r.a1,k sel. sil.a1,k
• **Hitze**, nach: cina
• **Katalepsie**, nach: grat.a1,k
– **abends**: arg-n.a1,k *Ars.* astac.a1 *Lyc.*hr1,kr1,*
• **ersten** Schlaf, im: ambr.h aur.h bell.h cycl.h mang.h puls.h thuj.h
– **nachts**: asc-c.hr1,kr1 tab.hr1,kr1
• **Mitternacht**:
• **vor**: rhod.
• **nach**: nat-m. stram.j5
• **Morgen**, gegen:
• **amel.**: op.a1
• **3** h:
• **bis**: bapt.a1
• **Schlaflosigkeit**, nach: *Nep.*mg,mg1,*
◊ **abwechselnd** mit:
• **Delirium**
☞ *❑ Gemüt - Delirium - abwechselnd mit - Schlaf - tiefem*
• **Erregung**: phos.a1
• **Kopfschmerzen** und Atemnot: plb.a1
• **Schlaflosigkeit**, Perioden von: benz-ac.k2
– **Amenorrhoe**, bei: *Cina*kr1
– **Anfälle** von tiefem Schlaf mit Schnarchen und röchelnder Atmung: laur.br1
– **betrunken**, wie: kali-n.a1

– **Bier**, nach: sulph.a1
– **Coma** vigile, nach: hell.a1
– **Delirium**:
• **während**: cocc. plb. stram. vip.
• **nach**: bry. phos. stram.a1
– **Erbrechen**:
• **nach**: crot-t.
• **zwischen**: cic-m.a1
– **Erregung** oder Anstrengung; durch: *Podo.*hr1,kr1
– **erschöpfend**:
• **Träumen**, mit: zinc.kr1
– **Frost**:
• **während**: bell. *Hep.* laur. *Nat-m.* *Nux-m.*hr1,kr1 **Op.**
• **nach**: *Ars.*
– **gestört**, jedoch: kali-br.hr1,kr1
– **Herzklopfen**, mit: *Podo.*hr1,kr1
– **Hitze**; während: *All-c.* **Apis** aran. *Arn.* ars. cact. *Calad.* chinin-ar. con. gels.k2 ign. *Lach.*hr1,kr1 laur. *Mez.* *Nux-m.*hr1,kr1 *Nux-v.* **Op.** *Phos.* **Rob.** sec. sep. spong.
– **Kindern**, bei: cupr. cupr-act.a1
– **Konvulsionen**:
• **nach**: aeth.bro1,sf *Bufo* canth. *Caust.* cupr-act.bro1 dat-s.a1 *Hell.* *Hyos.*hr1,k *Ign.* kali-br.bro1 *Lach.* **Nux-v.** *Oena.* **Op.** plb. sec. *Sulph.* tarent. zinc.bro1
• **zwischen**: agar. *Bufo* *Ign.* **Oena.** **Op.** plb.
– **Menses**, während: **Nux-m.** *Phos.* sulph.
– **Mittagessen**, nach dem: agar.a1,k chel.a1,k til.a1,k
– **nicht** tief
☞ *Leicht*
– **plötzlich**: chin-b.hr1,kr1
– **Raserei**, nach: sec.hr1,kr1
– **Schreiben**, beim: ph-ac.
– **Sitzen**, im: ox-ac.
– **Todesfurcht**, nach: vario.hr1,kr1
– **unerquicklich**: *Granit-m.*es1 *Zinc.*hr1,kr1
– **unterbrochen** von Träumen, mit Frösteln: *Lyc.*hr1,kr1
– **Urämie**, bei: agar. anac. ars. aur-m.kr1 bell. lach.st lact. op. ter.kr1

Träume
☞ *❑ Träume*

Träumen; mit:
☞ *❑ Träume - Viele*
– **tagsüber** im Schlaf: aur.j5 bism.j5 carb-v.j5 eug.j5 ign.j5 lach.j5 lyc.j5 nux-m.j5 *Nux-v.*j5 par.j5 petr.j5 plat.j5 sel.j5 stann.j5 tarax.j5 ther.j5
• **periodisch**: cann-i.kr1
– **morgens**: ambr.a1,j5 ang.a1,j5 atro.a1,j5 aur.hr1,j5,* calc.j5 chel.a1,j5 chr-ac.a1,j5 chr-o.a1 con.j5 *Cycl.*h,j5,* *Fl-ac.*hr1,j5,* glon.a1,j5 goss.a1,j5 hell.j5 *Kali-chl.*a1,hr1 *Kali-m.*j5,kr1 lact.j5 led.j5 lyc.j5 m-arct.j5 m-aust.j5 methys.j5,jl mez.j5 nat-m.a1,j5 nit-ac.j5 *Nux-v.*j5 ph-ac.j5 phos.j5 puls.j5 ran-b.j5 rhod.j5 rhus-t.j5 sabin.a1,j5 spig.j5 zinc.j5
• **5** h: ham.a1 lycps-v.a1
– **vormittags**: bism.j5 lact.a1
• **Einschlafen**, beim: nat-m.a1
– **mittags**: ther.a1

Träumen; mit - **mittags**: ...
• **nachmittags**, und: nux-v.j5 sel.j5 ther.j5
• **Mittagsschlaf**, beim: aur.j5 eug.j5 ign.j5 lach.j5 lyc.j5 **Nat-m.**j5,kr1 *Nux-v.*j5 par.j5 petr.j5 pip-m.a1,j5 plat.j5 sel.a1,j5 *Ther.*j5,kr1,*
– **abends**:
• **Bett**:
• **im**: arn.j5 aur.a1,j5 calc.j5 chin.j5 ferr-ma.j5 hell.j5 kali-i.j5 merc.j5 nat-c.j5 nux-v.j5 puls.j5 *Sep.*j5
• **Schlafengehen**, vor dem: ign.j5 nat-m.j5 nux-v.j5 plat.j5 sulph.j5
– **nachts**:
• **Mitternacht**: m-arct.j5 sep.j5
• **vor**: am-m.a1 ambr.j5 ant-c.j5 arn.j5 aur.j5 bell.j5 calc.j5 *Chel.*j5,kr1 chin.j5 ferr-ma.j5 fl-ac.a1 hell.j5 hep.j5 hyos.j5 ign.j5 kali-c.j5 kali-i.j5 kali-n.a1 kreos.j5 lyc.a1 m-arct.j5 mag-m.j5 merc.j5 nat-c.j5 nux-v.j5 puls.j5 sep.j5 *Sil.*j5 spong.j5 staph.j5 stront-c.a1 *Sulph.*a1,j5 tarax.j5 teucr.j5 thuj.j5
• **nach**: am-m.a1,j5 ang.j5 cinnb.j5 con.j5 fl-ac.a1,j5 hell.j5 kali-n.a1,j5 lyc.a1,j5 mang.j5 merc.j5 merc-act.j5 ph-ac.j5 plat.j5 plb.j5 puls.j5 rhus-t.j5 sil.a1,j5 spig.j5 stront-c.a1,j5 *Sulph.*j5 teucr.j5
• **3** h: eupi.a1 *Rhus-t.*a1
• **Einschlafen**, beim: bell.a1 hep.a1 sil.a1 staph.a1 stram.a1 thuj.a1
– **Alptraum**: arn.br1
– **Bett** treibend; aus dem: sep.h
– **Durst**, gefolgt von: mag-c.j5 rat.j5 sulph.j5
– **Einschlafen**, beim: ambr.j5 ant-c.j5 aur.j5 bell.j5 calc.j5 chin.bg2,j5 cocc.j5 cor-r.j5 ferr-ma.j5 hep.j5 hyos.j5 *Kali-c.*j5 kreos.j5 laur.bg2,j5 m-arct.j5 mag-m.j5 mang.j5 mur-ac.j5 *Nat-m.*j5 phos.j5 rhus-t.j5 *Sil.*j5 *Spong.*j5 *Staph.*j5 tarax.j5 *Thuj.*j5 verat.j5 zinc.j5
– **Erbrechen**, gefolgt von: verat.j5
– **Frost**; mit: sil.j5 spong.j5 sulph.j5
– **Gefühl**, als würde er träumen: buth-a.jl,jl3
– **Herzklopfen**, mit: ign.j5 merc.j5 rhus-t.j5 *Sil.*j5 zinc.j5
– **Hitze**; während: *Acon.*bg2,j5 bry.bg2,j5 chin.bg2,j5 ferr-ma.j5 ign.j5 lact.j5 *Nat-m.*j5 **Nux-v.**bg2,j5 *Ph-ac.*bg2,j5 phos.bg2,j5 **Puls.**j5 *Rhus-t.*bg2,j5 sabad.bg2,j5 sep.bg2,j5 sil.bg2,j5 **Spig.**bg2,j5 staph.bg2,j5 sulph.bg2,j5
– **Koitus**, nach: rhod.a1
– **Kopfschmerzen**; vor: murx.
– **Liegen**, beim:
• **Rücken**, auf dem: *Arn.*j5,kr1,* kali-chl.j5 m-arct.j5 mag-c.j5
• **Seite**, auf der: ign.j5 mag-c.j5 thuj.j5
• **linken**, auf der: lyc.bg2 phos.bg2 puls.bg2 sep.bg2,st sulph.dgt thuj.bg2
– **Menses**:
• **vor**: alum. calc. canth. caust. con. kali-c. *Merc.*bg2 spong.bg2 sul-ac.
• **Einschlafen**, nach dem: ferr-ma.a1 glon.a1
• **während**: agar.bg alet.bg alum. am-c.bg bell.bg cact.bg calc. cann-s.bg carb-an.bg castm. caust. con. ham.bg helon.bg ign.bg kali-c. laur.bg lyc.bg mag-c. mag-m.bg merc.bg nat-c. *Nat-m.* **Nux-m.**bg *Phos.*bg plat.bg puls.bg rhus-t.bg senec.bg sep.bg

– **Menses - während**: ...
spong.bg sulph.bg thuj. uran-n.bg
– **Schließen** der Augen, beim: graph.j5 led.j5 lyc.j5 plat.j5 *Sep.*j5 *Spong.*j5 stann.j5 sulph.a1
– **Schweiß**, mit: acon.bg2,j5 **Ars.**bg2,j5 bar-c.j5 bry.bg2,j5 chin.bg2,j5 dulc.j5 ferr-ma.j5 ign.j5 kali-n.j5 kreos.j5 *Led.*j5 mag-s.j5 mur-ac.j5 *Nat-m.*j5 nat-s.j5 nicc.j5 nit-ac.j5 *Nux-v.*bg2,j5 petr.j5 ph-ac.bg2,j5 **Phos.**bg2,j5 *Puls.*bg2,j5 rat.j5 rhus-t.bg2,j5 sabad.bg2,j5 **Sep.**bg2,j5 *Sil.*bg2,j5 *Spig.*bg2,j5 staph.bg2,j5 *Sulph.*bg2,j5 thuj.bg2,j5 zinc-o.j5 zinc-ox.j5
• **kaltem** Schweiß beim Erwachen; mit: sabad.j5 sil.j5
– **Schweiß**; mit kaltem: nat-m.j5 nicc.j5
– **sexuelle** Befriedigung: arg-n.br1
– **Übelkeit**, gefolgt von: sulph.j5
– **verlängert**: ign.br1
– **Wachen**, im: *Acon.* all-s.a1 am-c.bg2,j5,* anac.bg2 ang.bg2 ant-t.a1,j5 arn. ars.bg2 *Bell.*bg2 berb.j5 bry. calc.bg2,j5,* camph.bg2 carbn-chl.a1 cedr.a1 cham. chin. cinnb.a1 graph. ham.a1 hell.bg2 hep. hyos.bg2 *Ign.* lach.bg2 led.j5 lil-t.a1 m-arct.j5 merc. narcot.a1 nux-m.bg2 *Nux-v.* olnd.bg2 *Op.* petr. *Ph-ac.*bg2 *Phos.* puls.a1,bg2 ran-r.j5 ran-s.bg2 rheum samb.bg2 sel.bg2 sep. *Sil.* spig.j5 spong.j5 stram. *Sulph.* thuj.bg2 ust.a1 verat.bg2
☞ ☐ *Gemüt - Gedanken*

Traumlos
☞ ☐ *Träume - Unerinnerlich*

Übermäßig viel
☞ *Verlängert*

Überwältigend
☞ *Schläfrigkeit - überwältigend*

Umgekehrte Schlafphasen
☞ *Schlaflosigkeit - nachts - schläft*

Umgekehrtes Schlafmuster
☞ *Schlaflosigkeit - nachts - schläft*

Unerquicklich: abrot.a1,k acon.bg2,k,* aesc.sf,sf1 agar.bg2,k,* ail.hr1,k,* alco.a1 *Alum.*bg2,k,* alum-p.k13,k2 alum-sil.k13,k2 *Am-c.*bg2,k,* am-m.bg2 ambr.bg2,k ammc.a1,j5 anac.bg2 anag.hr1,kr1 androc.srj1 ant-c.bg2,k,* ant-o.a1 ant-s-aur.a1 ant-t.bg2,k,* anthraci.kr1 ap-g.bro1 apis apoc-a.a1 *Arg-met.*k2,kr1 *Arg-n.*hr1,k,* arn.bg2,k,* *Ars.*bg2,k,* ars-h.hr1,kr1 ars-s-f.k13,k2 asaf.bg2,j5 asim.hr1,kr1,* aster.hr1,kr1 aur.bg2,k,* aur-ar.k2 aur-m.hr1,kr1 bar-act.a1 *Bar-c.*bg2,k *Bell.*bg2,k,* berb.hr1,k bism.bg2,k,* borx. bov.bg2,j5 brom. bry.bg2,k calad.hr1,kr1 **Calc.**bg2,k1,* calc-f.hr1,k,* calc-s.hr1 calc-sil.k13,k2 camph.bg2,k,* cann-s.bg2,k *Caps.*bg2,j5 carb-ac.hr1,k,* *Carb-an.*h,j5,* carb-v.h,k,* carbn-s. carc.tp1 *Carl.*a1,k **Caust.**bg2,k1,* cham.bg2,k,* *Chel.*bg2,k,* *Chin.*h,k,* chinin-ar. chinin-s.a1,k chlol.a1,k chlorpr.jl,jl3 cic.bg2,k cinabg2 cinch.a1 cinnb.a1,k *Clem.*bg2,k,* *Cob.*hr1,k,* cob-n.mg,mg1,* *Cocc.*h,k,* cod.a1,hr1 coff.bg2 colch.a1,k coloc. con.bg2,k,* corn.hr1,k,* cortiso.jl,jl3,* croc.bg2 culx.k13,k2 cupr.hr1,k cupr-act.a1,kr1 cupr-ar.hr1,k,* *Cycl.*hr1,k,* daph.hr1,k des-ac.jl *Dig.*bg2,k,* dros.hr1,j5,* dulc.j5 *Echi.*bg2,sf1,* equis-h. *Erig.*mg,mg1 euph.bg2

Unerquicklich: ...
euphr.bg2,k,* ferr.h,j5,* ferr-ma.a1,k *Fl-ac.*hr1,kr1,* form.a1,k gast.a1 glon. gnaph.a1,k graph.bg2,hr1 *Guaj.*bg2,k,* halo.jl ham. **Hell.**hr1,kr1 hell-v.a1 *Helon.*hr1,kr1 hep.bg2,k hipp.a1 hydrog.srj2 hyos.a1,k hyper.hr1,kr1 ign.bg2,k,* ind.a1 ip.bg2,hr1 jac-c.a1,k jug-c.a1,k kali-bi.bg2,k,* kali-c.bg2,h,* kali-i.a1,k kali-n.bg2 kiss.a1 kreos.bg2,k **Lach.**bg2,k,* lact.a1,k laur.bg2,j5 *Lec.* led.bg2 lil-t.bro1 *Luna*kg1 **Lyc.**k,vh/dg *M-aust.*j5 **Mag-c.**bg2,k,* **Mag-m.**bg2,k,* mand.jl,jl3,* meny.bg2 *Meph.*j5,jl merc.bg2 merc-c.bro1 merl.a1,k mez.bg2,k,* mit.a1 mosch.bg2 mur-ac.bg2 myric.a1,k nabal.a1 nat-ar. nat-c.bg2,k *Nat-m.*bg2,k,* nat-n.a1,k nat-p.a1,k nat-sil.k13,k2 nicc.j5 **Nit-ac.**bg2,k,* nux-m.bg2 *Nux-v.*bg2,k,* olnd.bg2 *Op.*bg2,k,* paeon.a1,k *Petr.*bg2,k *Ph-ac.*bg2,j5,* **Phos.**bg2,k,* pic-ac.a1,k plan.a1,k plat.h,j5 *Podo.*hr1,k,* polyg-h.a1 prun.j5 psil.ft1 psor.bg2,k,* ptel.hr1,k,* *Puls.*bg2,k,* puls-n.a1 ran-b.bg2,k,* rheumbg2 rhod.bg2 rhus-t.hr1,j5,* rib-ac.jl rumx. rutabg2 sabad.bg2,k,* *Sal-ac.*hr1,kr1 samb.bg2,j5 santin. sarcol-ac.jl saroth.mg,mg1,* sarr.a1,k sars.a1,k sec.bg2,j5,* sel.bg2,k *Sep.*bg2,k,* *Sil.*bg2,k,* skat.br1 *Spig.*bg2,k,* spong.bg2 squil.bg2 stann.bg2,k staph.bg2,k *Stram.*bg2,hr1,* stront-c.bg2 sul-ac.j5 sul-i.a1,k *Sulph.*bg2,k,* syph.bro1 tarax.bg2 teucr.bg2,k thuj.bg2,k,* thymol.bro1 **Tub.**br1,st upa.a1,k valer.bg2,j5 verat.bg2 vib.hr1,kr1 viol-t.bg2 visc.sp1 wies.a1 x-raysp1 xan.br1 *Zinc.*bg2,k,* zinc-p.k13,k2 zing.a1,k
☞ *Aufstehen / Aufstehen - Abneigung / Erschöpfend / Schlecht / Schläfrigkeit - Erwachen - nach / Schläfrigkeit - morgens / Schläfrigkeit - morgens - Erwachen - beim*
– **tagsüber**: caust.j5 ign.j5
– **morgens**: aml-ns.kr1 ang.h brom.a1 bry. *Clem.*hr1,kr1 *Cocc.*hr1,kr1 *Cod.*hr1,kr1 con. *Gnaph.*a1,k *Graph.* hep. marb-w.es1 mill.hr1,kr1 *Nat-m.*hr1,kr1,* *Nux-v.* op. *Podo.*hr1,kr1 *Sep.*hr1,kr1 **Sulph.** zinc-p.k13,k2
☞ *Schläfrigkeit - Erwachen - beim*
• **müder** am Morgen als am Abend: **Mag-c.**kr1
– **mittags**: digin.a1 ign.a1
• **nachmittags**, und: ign.j5
– **nachmittags**: bar-c.a1,k colch.a1 glon.a1 ign.h nat-m.h
• **3** - 4 h: rutaa1
• **3** - 5 h: cimic.a1
– **aufstehen**, möchte nicht: aesc.j5,kr1 ambr.j5 ars.j5 bry.j5 canth.j5 *Carb-v.*j5,kr1 *Card-m.*j5,kr1 cob-n.j5,mg1 crot-h.j5 cycl.j5,k2 dros.j5 ferr-ma.j5 graph.j5 lach.j5 *Nat-m.*j5 *Nux-v.*j5 saroth.j5,mg1 *Sep.*j5,kr1 *Sulph.*j5,kr1 *Thuj.*j5 verat.j5
☞ *Aufstehen*
– **Fieber**, bei: *Ars.*hr1,kr1 *Dig.*hr1,kr1 *Ip.*hr1,kr1 *Phos.*hr1,kr1
– **Menses**, während: *Nux-m.*hr1,kr1
– **Mittagsschlaf**, nach dem: calc-s.hr1,kr1 cob-n.mg,mg1
– **müder** beim Aufstehen als beim Zubettgehen: mag-c.br1
– **tiefer** Schlaf
☞ *Tief - unerquicklich*

– **Träume**, durch: calc-f.hr1,kr1,* *Chel.*hr1,kr1 *Cod.*hr1,kr1
– **Überanstrengung**, durch geistige: *Cupr-act.*kr1

Ungenügend
☞ *Kurz*

Unterbrochen: acet-ac.a1,k acon.a1,k agar.a1,k *Alum.*a1,k alum-sil.k13,k2 am-c.a1,k *Am-m.*j5 ambr.a1,k *Anac.*j5 ang.j5 ant-s-aur.a1 ant-t.a1,k aran.j5 ars. asaf.j5 *Bamb-a.*stb2 *Bar-c.*j5 berb.j5 bov.j5 cact.a1,k *Calc.*j5 calen.j5 *Camph.*hr1,kr1 cann-i.a1,k *Cann-s.*j5 canth.a1,k caps.h,j5,* carb-ac.hr1,kr1 carb-an.j5 *Carb-v.*j5 caust.j5 *Chin.*a1,j5 chinin-ar. chlol.a1,k cob-n.mg,mg1 coc-c.a1,k coca cocc.h,k,* *Coff.*j5 colch.j5 con.h,k,* croc.j5 cund.a1 cycl.h,k,* dig. digin.a1 *Dros.*j5 dulc.a1,k equis-h. *Euph.*j5 euphr.a1,k ferr.a1,k form.a1,k *Graph.*j5 grat.j5 hell-v.a1 hura hydr-ac.j5 *Hyos.*j5 ign.j5 indg.j5 ip.a1,k kali-c.a1,k kali-chl.a1,j5 kali-cy.a1 kali-i.j5 kali-n.j5 kreos.j5 kres.jl,jl3,* lach.a1,k lact.j5 led.j5 lyc.a1,k mag-c.j5,mg1,* mag-m.j5 mag-s.j5 mang.j5 merc.a1,k merc-c.a1,k mez.j5 morph.a1,k mosch.j5 *Mur-ac.*bg2,j5 myric.a1,k nabal.a1 naja nat-c.j5 nat-m.h,k,* nat-s.j5 nicc.j5 nit-ac.a1,k *Nux-v.*j5 *Ol-an.*j5 op.a1,k par.a1,k petr.a1,k ph-ac.a1,k phel.j5 phos.a1,k psil.ft1 ptel.a1,k *Puls.*j5 *Ran-b.*j5,k ran-g.a1 ran-s.a1,k raph.j5 *Rat.*j5 *Rhod.*j5 rhus-t.bg2,hr1,* rumx. rutaj5 sabin.j5 samb.j5 sars.h,j5,* *Sec.*hr1,kr1 sel.hr1,kr1 *Seneg.*j5 *Sep.*j5 sil.a1,k sol-ni.a1 sol-t.a1 *Spig.*j5 spong.j5 squil.j5 stann.j5 *Staph.*bg2,j5 *Stram.*a1,k *Stront-c.*j5 sul-ac.j5 sulph.a1,k sumb.a1 tab.a1,k tarax.j5 *Ter.*j5 teucr.j5 thuj.a1,k verat.bg2 viol-t.j5 zinc.a1,k
☞ *Erwachen - häufig | Gestört | Ruhelos | Schlecht*

– **morgens**: ambr.j5 arist-cl.j5,sp1 ars.j5 coff.j5 euph.j5 merc-c.a1,j5 mez.j5 stront-c.j5 teucr.j5
– **nachts**:
• **Mitternacht**:
• **vor**: tab.j5
• **nach**: ars.j5 euph.j5 lyc. mez.j5 nat-m. pip-m.a1 ran-s. teucr.j5
• **2** - 4 h: arist-cl.sp1
– **Brennen** in den Venen, durch: verat.
– **Brustbeklemmung**, durch: seneg.
– **Durst**, durch: nat-m.a1,k
– **Frühstück**, nach dem: peti.a1
– **Gliederzucken**, durch: merc.a1 sumb.
– **Hitze**; durch Gefühl von: *Bar-c.*
• **Händen** und Kopf; von: verat-v.a1
– **Kindern**, bei: borx.j5
– **Krämpfe**, durch:
• **Kiefers**, des: carbn-h.a1
• **Zehen**, der: carbn-h.
– **Menses**:
• **während**: am-c.h,k,*
• **nach**: agar.hr1,kr1
– **Pollutionen**, durch: petr.
– **Ruhelosigkeit**, durch: agar.a1
– **Schmerzen**, durch: stann.a1
– **Urinieren**, durch:
• **Harndrang**, durch: nat-m.a1 petr.a1,h
– **Wetter**, bei heißem: sel.a1
– **Zahnschmerzen**, durch: castm.

Unterbrochen: ...
– **Zusammenfahren**, durch: caps.a1,h carbn-s.a1 merc.a1,h op.a1

Verlängert: acon-l.a1 aeth.k13,k2 agar.a1,k alum.bg2,j5,* anac.bg2,k,* anan.a1 androc.srj1 *Ant-c.*bg2,j5 *Apis* arn.bg2,j5,* atha.j5 bamb-a.stb2 bell.bg2 berb.a1,k *Borx.* brom.a1 calc.bg2,j5,* camph.a1,k cann-i.a1,k carb-an.a1,k carb-v.bg2 carbn-h. carbn-o. carbn-s. carl.a1,k *Caust.*bg2,j5,* chin.gl1 chinin-s. chlol.a1,k choc.srj3 *Cob.*hr1,kr1,* cocc.a1,bg2 daph.a1 dig.a1,bg2 ferr.j5 fl-ac.a1 gels.hr1,k,* gins.a1,j5 goss.a1 granit-m.es1 haliae-lc.srj5 ham.a1,k *Hep.*a1,k hura hydr-ac.a1,k *Hyos.*bg2,k,* hypoth.jl,jl3 ign.bg2 indg.a1 *Kali-c.*bg2,j5,* kreos.a1,j5 *Lach.*j5 lact.a1,j5,* lact-v.c2 laur.a1,bg2 led.bg2,j5,* limest-b.es1 linu-c.a1 lunakg1 *M-arct.*j5 m-aust.j5 mag-m.j5 mag-s.a1,k **Merc.**k1,st merl.a1,k mez.a1,k mill.a1 morph.a1,k nat-c. nat-hchls.a1 nat-m.bg2 *Nux-m.*hr1,kr1 nux-v.bg2,k ol-an.a1,k op.bg2,k ox-ac.a1,k peti.a1 petr.j5 ph-ac.bg2 phel.a1,k phos.bg2,k,* plat.bg2,k,* *Puls.*bg2,j5,* *Sec.*a1,j5 sel.bg2 senec.bg2 sep.bg2,k,* sil.a1,bg2 sol-o.c2 *Stann.*j5,jl *Staph.*gl1 stram.h,k,* *Sulph.*bg2,k,* sumb.a1,k tarent.a1,k ther.a1,k verat.bg2,k,* vichy-g.a1 vip-a.jl zinc.j5
☞ *Einschlafen - früh | Erwachen - spät | Komatös | Komatös - anhaltend | Schlafbedürfnis - groß*

– **Tag** und Nacht: mag-c.mg,mg1
– **tagsüber**: calc.j5 eug.a1,j5 *Hep.*j5 *Hyos.*j5 *Lact.*j5 meph.j5 merc.j5 saroth.j5,mg1,* scroph-n.j5 ther.j5 verat.j5
– **morgens**: apiskr1 *Cycl.*hr1,kr1 ol-an.a1 phos.a1 plat.h,kr1 sumb.a1 zinc.h,kr1
– **mittags**: calc.a1,k spig.a1,k
• **nachmittags**, und: calc.j5 eug.j5 *Hyos.*j5 scroph-n.j5 ther.j5
• **Mittagsschlaf**, beim: eug.a1
– **Amenorrhoe**, bei: *Cycl.*kr1
– **anhaltend**: anac.j5 lach.j5 merc.j5 petr.j5
– **Gefühl** wie nach langem Schlaf: bapt.a1
– **Kindern**, bei: *Borx.*j5,kr1
– **Mittagessen**, nach dem: agar.a1 til.a1
– **Tage** lang; einige: *Verat.*j5,kr1

Verwirrt, verworren
☞ *Durcheinander*

Vorgetäuscht: *Sep.*hr1,kr1

Abdomen
☞ *Körperteile - Abdomen*

Abgrund: *All-c.*kr1 *Lac-ac.*kr1
☞ *Fallen - Abgrund / Fallen - Höhe*
– **steiler** Abgrund: anac.h,j5,*

Abhänge: anac.j5
☞ *Klettern / Steigen*

Abreise
☞ *Weggehen - möchte*

Absurd: apis chin. cina colch.jl coloc. ferr-ma. *Glon.* mag-m.h mygal. pip-m. plan.a1 psil.ft1 rumx. *Sulph.* thuj.
☞ *Merkwürdig / ❑ Gemüt - Albernes Benehmen*
– **Mitternacht**, nach: *Chin.*a1

Adlig; sie wäre: irid-met.srj5

Akrobaten, die an Trapezen schwingen: hydrog.srj2

Aktiv: bell.gt

Alarme: hipp.a1

Albern: merc-i-r.a1

Alleinsein
☞ *Verlassen*

Alpträume, Alpdrücken: achy.jl *Acon.* aether.a1 aloe *Alum.* *Alum-sil.*k2 alumn. *Am-c.* am-m. ambr. ammc.j5 ange-s.jl ant-t. arg-n.a1,k2 arn.j5,k2,* ars. ars-i. ars-s-f.k2 arum-t. asar.jl *Aur-br.*sf1 aur-m.a1,kr1 aur-s.c1,c2 bamb-a.stb2 *Bapt.* bell. berb.a1,j5 *Borx.* *Bry.* bufo cadm-s. *Calc.* calc-i.k2 calc-sil.k2 *Camph.* *Cann-i.* canth. carb-v.k2 carc.fb card-m.kr1 *Carl.*a1 castm.a1,j5 cench.c1,c2 *Cham.* chel. *Chin.*bg2,j5,* chinin-s.a1 chlol.bro1 cina *Cinnb.* clem.a1 colch.a1 *Con.* cot.a1 *Crot-t.*j5 *Cycl.* cypr.sf1 daph. dig. dulc.bg2,j5,* elaps *Ferr.* ferr-i. ferr-p. gels. gink-b.jl *Guaj.* hep. hir.jl hydr-ac.j5 hydroph.jl hyos.a1,bg2 ign. ind. *Iod.* iris kali-ar. kali-bi.c2,k *Kali-br.*bg2,sf1,* kali-c. kali-chl.a1,j5 *Kali-i.* kali-n. kali-p.k2 kali-s.k2 kali-sil.k2 kres.jl,mg1,* lach.bg2 lact.a1 laur.bg2,j5,* *Led.* lob.j5 lyc. mag-c.bg2,sf1 mag-m. mag-s.jl mang.a1,j5 med.kr1 meph. merc. *Merc-c.*j5 merc-i-f.a1,kr1 mez. murx.j5 naja.jl nat-ar. *Nat-c.* nat-m. nat-p. nat-s.j5,kr1,* nat-sil.k2 *Nit-ac.* nitro-o.a1 *Nux-v.*c2,k op. osm.a1 **Paeon.**c2,k pariet.a1,c2 *Ph-ac.*bg2 phos.c2,k pic-ac.sf1 plb. polyg-h.bg2 ptel.c2,k puls. rhod.bg2,c1,* rhus-t. ruta sars.bg2,j5,* scut.bro1 sec.bg2,j5,* *Sil.* sol-ni.bro1 staph.gl1 stram.bg2,sf1 sul-ac.bg2,kr1,* sul-i.k2 **Sulph.** tab. tell. ter. thea.a1 thiop.jl thuj. valer. *Zinc.*
☞ *Erfolglose - schreien / Ängstlich / ❑ Gemüt - Weinen - Alptraum / ❑ Schlaf - Ängstlich*
– **morgens**: phos.a1
– **nachmittags**: mez.a1
– **nachts**:
• **Mitternacht**: merc-act.a1 mez.a1
• **vor**: cycl.j5 kali-c.j5
• **nach**: cinnb.j5 *Mez.*j5,kr1
• **4** h: alum.kr1 kali-bi.a1

Alpträume, Alpdrücken:...
– **Einschlafen**, beim: am-c.h,j5,* *Cann-i.*bg2,j5,* canth.bg2,j5,* cycl.bg2,j5,* digin.bg2,j5,* gels.bg2,j5,* nit-ac.h,j5,* ter.bg2,j5,*
– **erotischen** Träumen, bei: nit-ac.a1
– **Erwachen**, beim: ptel.a1
– **Fieber**; während: hydrog.srj2
– **Kindern**, bei: achy.jl borx.k2 kali-p.jl,k2
– **Liegen** auf dem Rücken, beim: card-m. guaj. ind.a1,kr1 **Sulph.**
– **Menses**:
• **vor**: sul-ac.
• **nach**: sul-ac.k2 thuj.
• **Ende** der Menses; am: sul-ac.k2
– **periodisch**:
• **nachts**:
• **Einschlafen**; beim: cann-i.c1
– **Vollmond**, bei: nat-c.a1,j5
– **Zimmer** muß durchsucht werden:
• **beruhigt**; bevor er sich: *Cham.*kr1

Ameisen; von Millionen von: gink-b.sbd1

Amputation:
– **Armes**, des: irid-met.srj5 lob.kr1
☞ *Arme - schneiden*
– **Beines**, des: atro.a1

Andere Person liegt mit ihm im Bett; eine
☞ *Menschen - Bett*

Anfall zu haben; einen: iris mag-c. sil.

Angegriffen zu werden: adam.srj5 germ-met.srj5
– **wilden** Bestie; von einer: haliae-lc.srj5

Angeln, Fischen: arg-met. chin-b.hr1,kl,* chinin-s.k,kl cinch.kl mag-c.a1,k verat-v.a1,k

Angenehm: acon. aether.a1 agar.h,j5,* agn. all-c.a1 alum.j5,k alum-sil.k2 am-c. am-m. ambr. *Ant-c.* ant-t. *Arn.* ars. ars-h.kr1 asaf. atro.a1 *Aur.*k1 aur-s.k2 bamb-a.stb2 bar-c. bar-m. bell. bism. borx. bov. bry. **Calc.** cann-i.a1 cann-s. canth. *Carb-an.* carb-v. caust. cench.k2 cham. chel. chin. cic. cinnb.a1 clem. cocc. cod.a1 *Coff.* coloc. com. *Con.* *Croc.* cycl. dig. dros. erig.a1 eug.j5 euph. fago.a1 gins.a1 *Graph.* grat. hell. hura.a1 hyos. ign. *Kali-c.* kali-cy.a1 kali-i. kali-m.k2 kali-n. kali-p. kreos. *Lach.* laur. led. luna.kg1 lyc. *Mag-c.* mag-m.j5,k mag-s. manc. mang. menis.a1 meny. merc. mez. morph.a1 mur-ac. nat-ar. **Nat-c.** *Nat-m.* *Nat-p.* nat-s.j5 nat-sil.k2 nicc. nit-ac. nitro-o.a1 nux-m. *Nux-v.* ol-an.j5 olnd. **Op.** ox-ac.a1 par. ped.a1 petr. *Ph-ac.* phel.a1 *Phos.* phys.a1 *Plat.* plb. **Puls.** ran-b. rhod. *Sabad.*k1 samb.k1 saroth.jl,mg1,* sars.k1 senec.k1 **Sep.**k1 *Sil.*k1 spig.k1 spong. squil. stann. **Staph.** stram. stront-c. *Sulph.* sumb.a1 tarax. tarent. tep. *Teucr.*bg2,j5,* thuj. valer. verat. **Viol-t.** zinc. zing.
☞ *Friedlich / Lustig / Ruhig / Wundervolle*
– **nachmittags**: mez.a1
– **abends**: zing.a1
– **nachts**:
• **Mitternacht**:
• **vor** Mitternacht angenehm, nach Mitternacht schrecklich: ph-ac.h,j5

– **nachts - Mitternacht**: ...
  • **nach**:
    • **2** h, nach: tarent.a1

– **Lachen**; führt zum: bell.gt

Ängstlich: abies-n.bro1 abrot. **Acon.** adam.srj5 adlu.jl aesc. aeth. agar. agn. all-c. all-s. **Alum.** alum-p.k2 alum-sil.k2 **Am-c.** **Am-m.** *Ambr.* aml-ns. ammc. *Anac.* anag. anan. androc.srj1 ang. ant-c. ant-o.a1 ant-s-aur.a1 ant-t. apis *Arg-met.* *Arg-n.* **Arn.** **Ars.** *Ars-i.* ars-s-f.k2 asar. asc-t. astac.kr1 *Aur.* aur-ar.k2 aur-i.k2 aur-m. aur-s.k2 *Bapt.* **Bar-c.** bar-i.k2 *Bar-m.* bar-s.k2 bart. *Bell.* benz-ac.gt berb. bism. *Borx.* bov. bruc.j5 *Bry.*c2,k bufobg2 calad. **Calc.** calc-caust.a1 calc-i.k2 calc-p. calc-s. *Calc-sil.*k2 *Camph.* cann-i. cann-s. *Canth.* caps. carb-ac. carb-an. *Carb-v.* **Carbn-s.** carc.sst carl. caste.gt *Caust.* *Cham.* chel. *Chin.* chinin-ar. chinin-s.a1 chr-ac.a1,kr1 cic. *Cimic.* cina cinnb. *Cist.* clem. coc-c.a1 coca **Cocc.** coff. colch. coloc. com. *Con.* cor-r. cortico.jl *Croc.* crot-h. crot-t. cupr. cupr-act.a1 cycl. cyt-l.jl,mg1 dig. digox.a1 dios. *Dros.* elaps erio.a1 ery-a. euph. euph-l.bro1 euphr. eupi. *Ferr.* *Ferr-ar.* ferr-i.0,*Ferr-p.* *Gamb.* gink-b.sbd1 glon. **Graph.** guaj. guare. *Hell.* *Hep.* hipp.a1 hydr. hydr-ac.j5 *Hyos.* *Hyper.* *Ign.* indg.j5 *Iod.* ip. iris jal.a1 jug-c. *Kali-ar.* **Kali-c.** kali-chl. kali-i. *Kali-m.*bg2,k2,* kali-n. kali-p. kali-s. *Kali-sil.*k2 *Kreos.* kres.mg1 *Lach.* lachn. lact. lam.a1,j5 *Laur.* *Led.* levo.jl lil-t. linu-c.a1 lipp.a1 lob. **Lyc.** lycps-v. **Mag-c.** *Mag-m.* *Mag-s.* mand.mg1 *Mang.* menth-pu.c1 *Merc.* merc-c. merc-i-r. mez. mosch.gt *Mur-ac.* murx. *Nat-ar.* **Nat-c.** **Nat-m.** nat-p. *Nat-s.* **Nat-sil.**k2 nicc. **Nit-ac.** **Nux-v.** *Ol-an.*j5 *Op.* orig.a1 oxyt.bro1 paeon. palo.jl par. *Petr.* petros.j5,kr1 *Ph-ac.* **Phos.** plan. *Plat.* plb. *Psor.* **Puls.** *Pyrog.*bg2,sf1 *Ran-b.* *Ran-s.* raph. rat.j5 rauw.sp1 *Rheum* rhod. **Rhus-t.** rumx. sabad. sabin. sang. *Sars.* sec. sel. *Sep.* **Sil.** sin-a.kr1 spig. **Spong.** squil. stann. staph. *Stram.* stront-c. *Sul-ac.* sul-i.k2 **Sulph.** tab. tarax. ter. teucr. **Thuj.** thyreotr.jl til. tub.br1,c ust. valer. *Verat.* verat-v.bg2 verb. wildb.a1 *Zinc.* zinc-p.k2 zing.
  ☞ *Alpträume / Schrecklich / Unangenehm / ❑ Gemüt - Angst / ❑ Schlaf - Ängstlich*

– **morgens**: alum.a1 calc.a1,h lyc.a1 nit-ac.a1,h phos.a1,h puls.a1,h zinc.a1,h
  • **Erwachen**, beim:
    • **amel.**; Angst ist: am-c.j5 arg-met.j5 bov.j5 calc.j5 cann-s.j5 caust.j5 *Chin.*j5 *Graph.*j5 lach.j5 led.j5 nat-m.j5 nit-ac.j5 *Phos.*j5 *Sil.*j5 *Sulph.*j5
    • **hält** an; die Angst: zinc.kr1

– **nachmittags**: adlu.jl

– **nachts**:
  • **Mitternacht**: all-s.a1
    • **vor**: mez.a1 sulph.a1,h
    • **nach**: merc.a1 *Sulph.*a1,h
      • **Morgen**, gegen: *Kali-m.*kr1 zinc.kr1
      • **3.30** h: *Nat-m.*a1

– **aufschreit**, so daß er: nat-m.a1

– **Einschlafen**, beim: ars.h cori-r.a1 dig. fl-ac. mez. *Nat-c.* nat-m. nit-ac. phos.h staph.h thuj.h

Ängstlich: ...

– **Erwachen** durch ängstliche Träume
  ☞ *❑ Gemüt - Angst - Träume*

– **Kindern**, bei: *Ambr.*kr1

– **Kränkung**, nach: *Puls.*

– **Liegen** auf der linken Seite; beim: lyc. phos. *Puls.* sep. *Thuj.*

– **Menses**:
  • **vor**: canth. *Caust.* con.
  • **während**: alum. calc. caust. con. kali-c. mag-c. nat-c. nat-m. thuj.

– **Mittagsschlaf**, beim: nat-m.h

– **Schweiß**; mit: nat-m.j nicc.j

– **Weinen** im Schlaf; mit: *Nat-m.*kr1

Anhaltend: anac.j5 bar-c.j5 mosch.j5 nat-s.j5 *Phos.*j5 plat.j5 sabin.j5
  ☞ *Hartnäckig*

Anmutig:

– **muß** still und anmutig sein; sie: marb-w.es1

Anstößiges Verhalten von Männern und Frauen: cench.k2

Anstrengung; geistige
  ☞ *Geistige Anstrengung*

Anstrengung; von körperlicher: apisbro1,gt *Ars.*k,kl2● atro.a1 bapt.bro1 brom.kr1 *Bry.*bro1 dicha.mg1 med.kr1 nat-m.bro1 nux-v.bro1 phos.bro1 puls.bro1 rhus-t.k,kl2●,* sel.bro1 staph.bro1
  ☞ *Arbeit / Mühevoll*

Anstrengungen; erfolglose
  ☞ *Erfolglose Anstrengungen*

Applaudiert; ihm wird: ars-h.hr1

Arbeit: ambr.j5 carc.mg1,sp1,* gels.a1 rhus-t.sf1 sel.jl
  ☞ *Anstrengung; von / Geistige Anstrengung / Mühevoll*

– **Nacht**, behandelt Patienten; die ganze: carc.az1

– **Schnee**; Arbeiten im: bapt.

Arche Noah: bamb-a.stb2

Arme (Körperteil):

– **schneiden**; er würde sich in den Arm: gink-b.sbd1
  ☞ *Amputation - Armes*

Armeen; von: ptel.c1

– **Gräbern** steigen; die aus ihren: ptel.a1
  ☞ *Gräber*

Armut: gink-b.sbd1

Arzt: cannaa1 mang.a1
  ☞ *Kranken / Krankheit*

Atmung; mit Beschwerden bei der: cinnb.j5 ign.j5 kali-chl.j5 thuj.j5

Auferstehung: allox.jl

Aufgestanden und angezogen zu sein: sumb.a1

Aufregend: bell-p.mg1,sp1 cact.k2 carc.mg1,tp1 choc.srj3 cob-n.sp1 cod.a1 coloc. dicha.mg1 hydrog.srj2 kali-cy. lyss.c1 mag-s.sp1 nat-m. nux-v. orig.a1 *Phos.*kr1 pip-m.a1 saroth.mg1,sp1

Aufregend: ...
☞ *Beeinflußt das Gemüt*

– **Auffahren**, mit: saroth.$_{mg1}$

Aufruhr: bry. con. guaj. indg. kali-c. lyc. merc.$_{j5}$ nat-c. nat-m. phos. puls. stann.
☞ *Aufstände / Revolution*

Aufschluß über unerklärliche Angelegenheit; gibt ihm: acon.$_{g11,j5}$

Aufstände: ped.$_{a1}$
☞ *Aufruhr / Revolution*

Ausland: ind.$_{j5,kr1}$ plat.$_{j5}$ sil.$_{j5}$
☞ *Land / Reisen*

Aussätziger zu sein; ein: paull.$_{a1}$

Außerordentliches zu leisten, sich hervorzutun:

– **geistiger** Arbeit; bei: acon. anac. arn. *Bry.* camph. carb-an. graph. *Ign.* lach. *Nux-v.* puls. rhus-t. sabad. *Sabin. Thuj.*
☞ *Geistige Anstrengung*

Aussöhnung: mang.$_{h,j5,*}$
☞ *Streitigkeiten*

Ausziehen aus der Wohnung; ängstliche Träume vom: merc-i-r.$_{a1}$

Autopsien: rumx.
☞ *Sezieren - Leichen*

– **Sezieren** von Leichen: cench.$_{k2}$ chel.$_{a1}$ iris ped.$_{a1}$ sang.

Autos: choc.$_{srj3}$

– **fährt** selbst Auto
☞ *Fahren*

– **Hälften** zerbrochen, fahren an Häusern vorbei; in zwei: hydrog.$_{srj2}$

– **Räder** lösen sich von der Karosserie: choc.$_{srj3}$

Autounfall: mand.$_{mg1}$

Baden:
☞ *Wasser*

– **kochendem** Wasser; Kind badet in: mag-c.

– **Leute** baden: chin-b.$_{kr1,st}$

Bälle (Tanzveranstaltungen): mag-c.$_{a1}$ mag-s.$_{a1}$
☞ *Tanzen / Unterhaltung*

Bäume: *Lyc.*$_{kr1}$

Bankett: irid-met.$_{srj5}$ mag-s. nit-ac.$_{j5}$ ph-ac.
☞ *Essen / Schwelgerei / Trinkgelage*

Bankraub durchzuführen; einen
☞ *Überfall - Banküberfall*

Basketball: atro.$_{a1}$

– **spielen**; zu: atro.$_{a1}$

Bedürftigkeit: am-c.$_{a1}$

Beeindruckend: acon.$_{bg2}$ arn.$_{bg2}$ camph.$_{bg2}$ carb-an.$_{bg2}$ graph.$_{bg2}$ ign.$_{bg2}$ lach.$_{bg2}$ nux-v.$_{bg2}$ puls.$_{bg2}$ sabin.$_{bg2}$ thuj.$_{bg2}$

Beeinflußt das Gemüt: bry. chin. *Ign. Lach.* nat-m. *Nux-v.* olnd. ph-ac. phos. sabad. sabin. sulph. thuj. viol-t.
☞ *Aufregend*

Beerdigungen: adam.$_{srj5}$ allox.$_{sp1}$ alum. ange-s.$_{jl}$ bart. brom. *Chel.* form. hura lach.$_{hr1}$ mag-c. nat-c.$_{h2,j5}$ nicc. rat.
☞ *Begraben / Friedhof / Gräber / Särge / Tod - Sterben - er stirbt*

– **eigene** Beerdigung, seine: lach.$_{hr1}$

• **lebendig** begraben zu sein
☞ *Begraben - lebendig*

• **Totenglocke**; hört das Läuten seiner eigenen: aether$_{a1}$

– **Leiche** wird nach der Beerdigung wieder lebendig: allox.$_{sp1}$

Begraben zu werden:
☞ *Beerdigungen*

– **lebendig** begraben zu sein: adam.$_{srj5}$ *Arn.* chel. ign.

Behandlung, ärztliche: canna$_{a1}$

Beißen: androc.$_{srj1}$

Bekannte: choc.$_{srj3}$

– **entfernte**: fl-ac. plat.$_{a1}$ plb. sel.

– **gehen** auf dem Wasser: ped.$_{a1}$

Beleidigungen: asar. nat-s. tarent.
☞ *Beschimpft / Streitigkeiten*

Beleuchtung: crot-c.

Beobachter als daran teilzunehmen; sie ist in den Träumen mehr ein: haliae-lc.$_{srj5}$

Beschäftigt zu sein; sehr: ambr. anac. androc.$_{srj1}$ apis bell. **Bry.** camph. canth. carb-ac. carc.$_{zzh}$ *Carl.* coca hydr. *Hydrog.*$_{srj2}$ hyos. hyper. ign. kalm. lach. led. lil-t.$_{a1}$ lyc. mosch. osm. phos. pip-m.$_{a1}$ polyg-h.$_{a1}$ rad-br.$_{gk1}$ sabad. sabin. sang. sep. spig.$_{h}$
☞ *Beschäftigt / Eile / ❑ Gemüt - Geschäftig*

Beschämend: acon.$_{a1}$ alum. am-c.$_{bg2}$ arn.$_{bg2,j5}$ *Asar.*$_{bg2}$ con. erech.$_{a1}$ hydrog.$_{srj2}$ led.$_{h,j5,*}$ mag-m.$_{h,j5,*}$ *Mosch.*$_{bg2}$ mur-ac.$_{bg2,h}$ staph.$_{bg2}$ tub.$_{a1,bg2,*}$
☞ *Erniedrigung*

Beschimpft zu werden; er ist zu schwach, um sich zu wehren: ambr.$_{a1}$
☞ *Beleidigungen / Streitigkeiten*

Beschmiert sich: aloe castn-v. iod. zinc.

Beschmiert zu sein; mit Exkrementen: zinc.

Beschuldigungen: clem.$_{j5}$ lach.$_{j5}$ nat-m.$_{j5}$ thuj.$_{j5}$
☞ *Diebstahl - beschuldigt / Verleumdung*

– **Verbrechens** beschuldigt zu werden; fälschlich eines: choc.$_{srj3}$ clem. hydrog.$_{srj2}$ sil.$_{k13}$
☞ *Verleumdung*

Besuche:

– **Bruders**; des: nicc.$_{a1,j5}$

– **jemanden** zu besuchen: mag-s.$_{a1,j5}$

Beten: ars-h. pip-m.$_{a1}$
☞ *Kirchen / Religiös*

Betrunkene
☞ *Menschen - betrunkene*

Bett:
– **andere** Person würde mit ihm im Bett liegen
☞ *Menschen - Bett*
– **klein**; wäre zu: ferr-i.$_{a1}$
☞ *Liegen*

Bettler: mag-c.$_{j5}$

Beunruhigend
☞ *Unangenehm*

Bienen: puls.$_{a1,j5}$
☞ *Insekten*

Blindheit: haliae-lc.$_{srj5}$

Blitz: *Arn.* euphr. phel. spig.
☞ *Gewitter*
– **getroffen** zu werden; vom: *Arn.*
☞ *Gewitter / Stürme / Unfälle - Blitz*
• **Schulter** wäre getroffen worden; seine: spig.$_{j5}$

Blumen: irid-met.$_{srj5}$ mag-c. nat-s.

Blut: irid-met.$_{srj5}$ *Phos.*$_{bg1}$ rad-br.$_{bg}$ rhus-t.$_{bg1}$ sol-t-ae.$_{bg1}$
– **Blutlachen**: sol-t-ae.$_{a1,st}$
– **Blutvergießen**
☞ *Blutvergießen*

Blutvergießen: plat.$_{a1,j5}$ thuj.$_{gt}$ verb.$_{gt}$
☞ *Krieg / Schlachten*

Bomben; Detonation von
☞ *Explosion - Bomben*

Boot sinkt: alum. bamb-a.$_{stb2}$ lyc. sil.
☞ *Unfälle - Boot*

Brennendem; von:
– **Schwefel** zu riechen; träumt davon, brennenden
☞ *Riechen - Schwefel*
– **Zunder** zu riechen; träumt davon, brennenden
☞ *Riechen - Zunder*

Bruchstückhaft: haliae-lc.$_{srj5}$

Brunnen: *All-c.* merc-c.

Brust sitzen; ein Geist oder eine Gestalt würde auf der
☞ *Gespenster - Brust*

Bücher: irid-met.$_{srj5}$

Bürgerkrieg: op.$_{gl1}$
☞ *Krieg*

Charmant, sie würde andere bezaubern; sie sei: irid-met.$_{srj5}$

Computer: choc.$_{srj3}$

Daheim: lach.$_{a1}$ mur-ac.$_{a1}$
☞ *Haushalt / Häuser*

Davonlaufen
☞ *Fliehen*

Denkmale, Monumente:
– **große**; sehr: bamb-a.$_{stb2}$

Detektiv; sie wäre ein: haliae-lc.$_{srj5}$

Diebstahl:
– **begangen** zu haben; einen Diebstahl: alum. plb.
☞ *Stehlen*
– **beschuldigt** zu werden; eines Diebstahls: choc.$_{srj3}$ lach.
☞ *Beschuldigungen / ❑ Gemüt - Ermahnungen - agg.*

Dinge:
☞ *Gestalten*
– **fixiert**, Träume sind auf denselben Inhalt: acon. ign. petr.$_{h}$ puls. spig.$_{a1,h}$ stann.
– **gewünschte**, nach denen er sich sehnt: sil.$_{h}$
– **größer** und überwältigend; Dinge sind: bamb-a.$_{stb2}$
– **klein**, erscheinen: ferr-i.$_{a1}$
– **schwarze**: nat-ar.$_{a1}$
☞ *Gestalten*
– **verändernde**, sich: am-c.$_{a1,j5}$ cann-i.$_{a1}$ carl.$_{a1}$ coloc.$_{a1}$ equis-h.$_{a1}$ *Gran.*$_{a1}$ iber.$_{a1}$ iris-foe.$_{a1}$ lachn.$_{a1}$ mang.$_{a1}$ mez.$_{a1}$ *Nat-c.*$_{a1,j5}$ *Nat-m.*$_{a1,j5}$ op.$_{a1}$ pip-m.$_{a1}$ plan.$_{a1}$ stram.$_{a1}$ zing.$_{a1}$
– **verändern** sich schnell: *Mang.*$_{h,j5,*}$
– **wachsen**: kali-n.$_{a1}$ kreos.$_{j5}$
– **wichtigen** Dingen; von sehr: lach.$_{a1}$
• **vergessen** hat; die er beim Erwachen: lach.$_{a1}$

Dominosteine: adam.$_{srj5}$

Down-Syndrom; von einem Baby mit: neon$_{srj5}$

Drachen: op.

Drehen:
– **herumdrehen**: lact.$_{a1,j5}$
– **Mittelpunkt**, um den sich alles drehen muß; er ist der: thuj.$_{a1}$

Drogen verkaufen; sein Sohn würde: bamb-a.$_{stb2}$

Drohungen, Androhungen: anac.$_{j1}$ ars. sep.
– **Vergewaltigung**, von: sep.

Duelle: asc-t.
☞ *Feinde / Kämpfe*

Dunkelheit: ars. aur. choc.$_{srj3}$ neon$_{srj5}$
☞ *❑ Gemüt - Dunkelheit - agg. / ❑ G~ Licht - Verlangen*

Durchnäßt zu werden; vom Regen: mag-c.

Durstig zu sein: dros. mag-c. **Nat-m.**

Düster: plan.$_{bg2}$

Ehrgeiz: zing.$_{a1}$

Eifersucht: androc.$_{srj1}$ bamb-a.$_{stb2}$ lyc.$_{gl1}$

Eile: choc.$_{srj3}$ coca hydrog.$_{srj2}$ merc-c.
☞ *Beschäftigt*
– **Arbeit** durchzuführen; um eine harte: rhus-t.$_{gt}$

Einfallsreich
☞ *Erfinderisch*

Eingeengt zu sein: ruta

Einkaufen: hura.al
☞ *Haushalt*

Einschüchterung; von: con.gt

Einswerden, Vereinigung; von: adam.srj5

Ejakulation
☞ *Erotisch - Pollutionen / Pollution*

Ekelhaft: alet.bg2 aloe alumn. am-c. anac. arg-met. arist-m.al borx.al castn-v. chel. *Chin.* chin-b.kr1 chr-ac.kr1,st con. eupi.al hydrog.srj2 inul. kali-n.h,j5 *Kreos.* lach.al,bg2 mag-m. mag-s.j5 merc.bg2 mur-ac. nat-m. ~~nux-m.kl,xxx~~ *Nux-v.*kl phos. plan.al *Puls.* rheum.al sil.h,j5,* sulph. zinc.
☞ *Unangenehm / ❑ Gemüt - Gedanken - abscheuliche / ❑ G~ Widerwillen*
- **morgens**: inul.al
- **beschmiert**, mit Exkrementen: zinc.
- **beschmutzt** sich selbst mit Exkrementen: aloe castn-v. iod. zinc.
- **Schmutz**: kreos.j5 prun.j5
- **schmutzige** Wäsche: kali-n.al *Kreos.*kl,st
- **Waten** in Exkrementen (= Kot): iod.j5

Endlos: sep.h

Entbinden; ein Baby zu: choc.srj3 granit-m.es1

Entblößen; mit: kreos.j5 nat-m.j5

Entertainment; von
☞ *Unterhaltung*

Entführer, Kidnapper: bamb-a.stb2

Entkräftend
☞ *Erschöpfend*

Enttäuschungen: cann-s. ign. rumx. ust.
☞ *Erbitterung / ❑ Gemüt - Beschwerden durch - Liebe*

Erbitterung: staph.j5
☞ *Enttäuschungen*

Erbrechen:
- **Blut**; von: bamb-a.stb2
- **Eiter**; von: bamb-a.stb2
- **Stuhl** auszuscheiden; und gleichzeitig: adam.srj5
- **Würmern**; von: *Chin-b.*

Erdbeben: rat. sil.

Ereignisse: aster.al crot-t.al plan.al
- **dauern**; als würden die Ereignisse in den Träumen Wochen oder Monate: sang.gt
- **gelesene**: *Bry.*kr1 calc-f.kr1 *Calc-p.*al,kr1
  - **früher** gehört, gelesen, gesprochen oder nachgedacht hat; über die man: *Ant-t.*al asaf.al bov.al bry.al calc-p.al carbn-s.al coca.al fl-ac.al graph.al,h jatr-c.al nat-c.al nux-v.al *Rhus-t.*al sars.al thuj.al
- **schmerzhafte**: osm.kr1
☞ *Krankheit / Schmerz*

Ereignisse: ...
- **stattgefunden** haben; die noch nicht
☞ *zukünftige*
- **unheilvolle**: cocc.al sulph.al
☞ *Unglück*
- **vergangene**, längst: acon.al am-c. anac.al,j5,* androc.srj1 bov.al,j5 calad. calc.j5 cere-b.al chin.al ferr. ferr-i. gink-b.sbd1 hydrog.srj2 nat-c.al,j5 senec. **Sil.** spig. sulph.al sumb.al
☞ *Historisch*
  - **setzt** den gleichen Traum fort; nach dem Erwachen schläft er wieder ein und: calad. nat-c.
- **vergessene**; längst: acon.al am-c.al anac.al bov.al calad. cere-b.al chin.al ferr-i.al gink-b.sbd1 nat-c.al sel. senec.al **Sil.**al spig.al sulph.al sumb.al
- **wichtige**: osm.al
- **Zimmer**; im benachbarten: sumb.al
- **zukünftige**: **Acon.**kl,st asaf. bov.j5 *Cann-i.* cortico.sp1 hydrog.srj2 m-arct.j5 mang. ph-ac. phos. rad-met.bg2 *Sulph.*
☞ *Hellsichtig / ❑ Gemüt - Furcht - geschehen / ❑ G~ Hellsehen*
- **zurückliegende**, kurz: *Acon.* aeth. am-c. anac. *Ant-t.* arg-met. asaf. aster. bov. *Bry.* calad. calc.h,j5 *Calc-p.* caps.h carbn-s. chel. chin. *Cic.* coca cocc. *Croc.* crot-t. elaps euph. ferr-i. fl-ac. graph. ind. jatr-c. kali-c. kali-chl. kali-m.k2 kali-sil.k2 *Lach.* nat-c. nat-p. nat-sil.k2 nit-ac. nux-v. osm. ph-ac. phos. plan. *Rhus-t.* sang. sars. sel. senec. sep. **Sil.** sol-t-ae. spig. sulph. sumb. thuj.
  - **Morgen**, vom: *Camph.*kr1
  - **Vorabend**, vom: nat-c.h2 ph-ac. thuj.al
  - **Vortag**, vom: *Acon.* aeth.al agav-t.jl arg-met.j5,k,* bals-p.al **Bry.** calc-f. calc-p.al chel. *Cic.* *Croc.*al cur. elaps.al euph.al,j5 ferr. fl-ac. graph. hep.bg1 ind.al kali-c. kali-chl. kali-sil.k2 lach. lyc. mag-c. merc. methys.jl nat-c.j5 nit-ac.al *Nux-v.* ph-ac.j5 phos.al *Puls.* rhus-t. sars. sel.bg2,j5,* senec.al sep. sil. sol-t-ae.al stann.
☞ *Geschäft - Tage*

Erfinderisch; einfallsreich: apis kali-n.j5 lach. sabin.

Erfolglose Anstrengungen: am-m. androc.srj1 cadm-m.jl,mg1 calc. calc-f. cann-s.j5 carl. cham.j5 choc.srj3 croc. dig. ign. mag-c. mag-s. mosch. mur-ac.h nat-c.j5 op. ph-ac. plat. stann.j5 staph.dtp tab.
☞ *Gefahr - entkommen - vergebliche / Geschäft - erfolglos / Reisen / Schwierigkeiten / Schwierigkeiten - Reisen / Verlegenheit / Verpassen - Zug / Versagen*
- **anzuziehen**; sich:
  - **Ball**, für einen: mag-c. mag-s.
  - **Theater** zu gehen; um ins: mag-s.al,kr1
- **Bremsen** des Autos funktionieren nicht mehr; die: bamb-a.stb2
- **entkommen**; einer Gefahr zu: ind.al
- **erreichen**; einen entfernten Ort zu: croc. plat.
- **Geschäften**, in: mag-m. *Phos.* sabin.
- **Koitus**, beim: ind.al,kr1,* iod.al
- **laufen**, zu: croc.j5 ind.al
☞ *Laufen - vergebliches*

– **öffnen**; den Mund zu: agar.kr1
– **schreien**; zu: am-m.a1,j5 ars.j5 castm.j5 mag-m.j5 sil.j5 tab.a1,j5
☞ *Alpträume*
– **sprechen**; zu: mag-c.
– **weg** zu gehen: bell.h
– **zurechtzufinden**; sich in seinem eigenen Haus: mag-c.

Erfrieren: grat.

Erinnerlich, bleiben im Gedächtnis: adam.srj5 ammc.a1 bell.a1,j5 brom.a1 bry.bg2,j5,* cann-s.bg2,j5,* carb-v.a1,j5 carl.a1 casc.a1 caust.a1 cham.a1 clem.a1,j5 cob-n.a1,mg1,* con.a1,j5 fl-ac.a1 franz.a1 gins.a1 glon.a1 graph.a1,j5 indg.a1 lyc.a1 mag-c.a1 mag-s.a1 mang.a1,j5 mez.a1,j5 *Nat-m.*a1,j5 *Nuph.*a1 nux-v.bg2,j5,* pall.a1 phos.a1,j5 plat.a1 sin-a.a1 *Sulph.*a1 tarent.a1
– **morgens**, was sehr ungewöhnlich für ihn ist: nat-m.a1
– **nicht** an sie erinnern; kann sich
☞ *Unerinnerlich*

Erinnert sich
☞ *Ereignisse - vergessene*

Erkrankung
☞ *Krankheit*

Ermorden:
☞ *Töten*
– **Knaben** und Mädchen; von: thea.a1
– **Vater**, ihren: castm.a1

Ermordet:
– **Männer**, ermordete: rumx.
– **werden**, zu: am-m. chel. chr-ac.kr1 guaj. ign. kali-i. *Kreos.*kr1 *Lach.* lact. lyc. mag-m.a1 merc. merc-act.j5 merc-c.a1 phos.j5 sil. zinc.
☞ *Vergiftet*

Ermüdend
☞ *Erschöpfend*

Erniedrigung: alum. am-c. arn. *Asar.* con. ign. led. mag-m. mosch. mur-ac. *Sil.* staph.
☞ *Beschämend / Kränkung*

Ernsthafter Natur, von: but-ac.br1

Erotisch: acon. adam.srj5 aesc. aether.a1 agn.c1 *Alum.* alum-sil.k2 am-c. **Am-m.** ambr. anag.kr1 *Androc.*srj1 ang. **Ant-c.**bg2,k aphis.a1,j5 *Arg-n.* arist-m.a1 arn. ars. ars-i. ars-s-f.k2,kr1 astac. aster.j1 *Aur.* aur-ar.k2 aur-i.k2 aur-s.k2 bamb-a.stb2 bar-c. bar-i.k2 *Bar-m.* bell.bg2 *Bism.*bg2,k borx. bov.a1,bg2 cact. cain. caj.a1 *Calc.* calc-ar. calc-i.k2 calc-p. calc-sil.k2 *Camph.* *Cann-i.* cann-s. **Canth.**bg2,k *Carb-ac.* carb-an. carb-v. carbn-s. carl. castm. caust. *Cench.*k2,st cent.a1 chel. *Chin.*bg2,j5,* chinin-s.a1 *Cic.* cinnb. clem. *Cob.* cob-n.j1,mg1,* coc-c. coca *Cocc.*bg2 coloc. **Con.**bg2,k cop. *Cycl.* des-ac.j1 *Dig.* *Dios.* dros.bg2 ery-a. euph. form. gal-ac.a1 gast.a1 *Gels.* germ-met.srj5 gins.a1 goss.st **Graph.**bg2,k haliae-lc.srj5 ham. hipp.a1 hura hydr. hydrog.srj2 **Hyos.**bg2,k hyper. **Ign.**bg2,k ind. inul. iod. irid-met.srj5 *Iris* kali-ar. *Kali-br.* *Kali-c.* kali-chl.

Erotisch: ... kali-fcy.a1 kali-m.k2,kr1 kali-n. kali-p. *Kalm.* kreos. lac-ac. **Lach.** lact.a1 *Led.*bg2,k *Lil-t.* linu-c.a1 lith-c. luna.kg1 *Lyc.* lyss.kr1 m-ambo.h m-arct.j5 *Mag-c.*bg2 mag-m. mag-s. meny. *Merc.*bg2,k merc-c. merc-i-f. merc-i-r.kr1 merc-sul.a1,kr1 mez. mur-ac. myric. nat-ar. **Nat-c.** *Nat-m.* nat-p. nicc.a1,j5 nit-ac. nitro-o.a1 nux-m. **Nux-v.** **Olnd.**bg2,k **Op.** orig.a1 *Orig-v.*kr1 ox-ac. paeon. par. ped.a1 pen.a1 *Petr.* **Ph-ac.** **Phos.**bg2,k phys. pic-ac. pip-m. plan. **Plat.**bg2,k plb. psil.ft1 *Psor.* **Puls.**bg2,k ran-b. raph. rauw.j1 *Rhod.*bg2,k rhus-v. **Sabad.**bg2,k *Samb.*bg2,k sanic.bg1 sapin.a1 *Sars.* sel. senec. **Sep.**bg2,k serp.a1 **Sil.**bg2,k sin-n. sol-t-ae. *Spig.*bg2,k spira.a1 spirae.a1 squil. *Stann.*bg2,k **Staph.** *Stram.*bg2,k sul-ac. sul-i.k2 *Sulph.*bg2,k sumb. *Tarax.* **Thuj.**bg2,k thymol.sp1 trom. ust. v-a-b.j1,srb2 valer. *Verat.*bg2 verat-v.bro1 vinc. viol-o.j5 **Viol-t.** x-ray.sp1 yuc.a1 zinc.bg2 *Zinc-pic.*bg2,sf1
☞ *Koitus* / ☐ *Gemüt - Erotisch*
– **morgens**: aloe colch. grat. lil-t. plb. sabad. sil. sumb.
 • **5** h: merc-i-r.a1
– **nachmittags**: par.a1
– **abends**: coloc.a1 puls.a1,h sil.a1
– **nachts**:
 • **Mitternacht**:
  • **vor**: coloc.a1
  • **nach**: cann-s.kr1 des-ac.j1 paeon.a1
   • **3** h: pip-m.a1
– **Erektionen**:
 • **mit**: aur.j5 cact.j5,kr1,* camph.j5,st cann-i.j5,kr1,* clem.a1,j5 coloc.j5 kreos.j5 lac-ac.j5,kr1,* led.j5 merc.j5 mur-ac.h,j5 *Nat-c.*j5 nat-m.j5 par.j5 ph-ac.h,j5,* pic-ac.j5,st plat.h,j5 plb.a1,j5 ran-b.j5 rhod.j5,kr1,* *Sars.*j5,kr1,* sep.a1,j5 sil.h,j5,* sin-n.j5,kr1,* *Spig.*a1,j5 stann.h,j5 thuj.j5
 • **ohne**: sars.gt
 • **Priapismus**; mit: *Camph.*kr1 *Pic-ac.*kr1
– **Fluor**, bei: *Petr.*bg2,kr1,*
– **Koitus**, nach: kali-c.j5
– **Liegen**, beim:
 • **Rücken**, auf dem: coloc.a1
 • **Seite**; auf der rechten: sars.a1
– **Menses**:
 • **vor**: *Calc.* *Kali-c.*
 • **während**: bamb-a.stb2 calc.sf1 goss.st
– **Orgasmus**; mit: bamb-a.stb2
– **Pollutionen**, mit: *Alum.*bg2,j5,* ambr.bg2,j5,* ang.bg2,j5,* *Ant-c.*bg2,j5,* aphis.bg2,j5,* arist-m.bg2,j5,* arn.bg2,j5,* ars.bg2,j5,* ars-s-f.bg2,j5,* aur.bg2,j5,* bar-c.bg2,j5,* bell.bg2,j5,* bism.bg2,j5,* borx.bg2,j5,* bov.bg2,j5,* cain.bg2,j5,* *Calad.*bg2,j5,* *Calc.*bg2,j5,* calc-act.bg2,j5,* calc-p.bg2,j5,* *Camph.*bg2,j5,* cann-i.bg2,j5,* cann-s.bg2,j5,* canth.bg2,j5,* carb-ac.bg2,j5,* carb-an.bg2,j5,* caust.bg2,j5,* chin.bg2,j5,* *Cic.*bg2,j5,* *Cob.*bg2,j5,* coloc.bg2,j5,* con.bg2,j5,* cycl.j5,k2,* *Dig.*bg2,j5,* dios.bg2,j5,* euph.bg2,j5,* ferr.bg2,j5,* form.bg2,j5,* *Gels.*bg2,j5,* *Graph.*bg2,j5,* grat.bg2,j5,* ham.j5,k2,* hura.bg2,j5,* hydr.bg2,j5,* ind.bg2,j5,* iod.j5,k2,* *Iris*bg2,j5,* *Kali-br.*bg2,j5,* *Kali-c.*bg2,j5,* kali-chl.bg2,j5,*

– **Pollutionen**, mit: ...
Kali-m.$_{bg2,j5,*}$ kali-s.$_{j5,k2,*}$ lach.$_{bg2,j5,*}$ lact.$_{bg2,j5,*}$ led.$_{bg2,j5,*}$ *Lil-t.*$_{bg2,j5,*}$ lipp.$_{bg2,j5,*}$ lyc.$_{bg2,j5,*}$ lyss.$_{bg2,j5,*}$ merc-i-f.$_{bg2,j5,*}$, merc-sul.$_{bg2,j5,*}$ myric.$_{bg2,j5,*}$ *Nat-c.*$_{bg2,j5,*}$ nat-m.$_{bg2,j5,*}$ nat-p.$_{bg2,j5,*}$ **Nux-v.**$_{bg2,j5,*}$ *Olnd.*$_{bg2,j5,*}$ op.$_{bg2,j5,*}$ paeon.$_{bg2,j5,*}$ par.$_{bg2,j5,*}$ *Ph-ac.*$_{bg2,j5,*}$ *Phos.*$_{bg2,j5,*}$ *Pic-ac.*$_{bg2,j5,*}$ plat.$_{bg2,j5,*}$ plb.$_{bg2,j5,*}$ *Puls.*$_{bg2,j5,*}$ ran-b.$_{bg2,j5,*}$ rhod.$_{bg2,j5,*}$ sabad.$_{bg2,j5,*}$ samb.$_{bg2,j5,*}$ *Sars.*$_{bg2,j5,*}$ sel.$_{bg2,j5,*}$ senec.$_{bg2,j5,*}$ *Sep.*$_{bg2,j5,*}$ *Sil.*$_{bg2,j5,*}$ sin-n.$_{bg2,j5,*}$ *Spig.*$_{bg2,j5,*}$ spira.$_{bg2,j5,*}$ stann.$_{bg2,j5,*}$ staph.$_{bg2,j5,*}$ stram.$_{bg2,j5,*}$ sulph.$_{bg2,j5,*}$ thuj.$_{bg2,j5,*}$ thymol.$_{bg2,j5,*}$ ust.$_{bg2,j5,*}$ *Viol-t.*$_{bg2,j5,*}$
☞ *☐ Männliche Genitalien - Pollutionen - Träume*
– **Schwäche**; mit: plat.$_{gt}$
– **verliebt**; er hat sich: bamb-a.$_{stb2}$
– **vielen** Menschen Geschlechtsverkehr zu haben und gleichzeitig gleichgültig zu sein; mit: carc.$_{az1}$

Erreicht zu haben; etwas: adam.$_{srj5}$

Erschöpfend: aeth. alum. ant-c. ant-o.$_{a1}$ ant-t. arn.$_{j5,k}$ ars.$_{j5}$ asc-t. atro. aur. bell. bov.$_{a1}$ bry. carbn-s. carc.$_{sst}$ cina$_{bg2,j5}$ croc.$_{j5}$ equis-h.$_{a1}$ ferr.$_{j5}$ graph. hyper. iod. lach. lyc. lyss.$_{kr1}$ mag-c. mang.$_{j5}$ med.$_{c1,kr1,*}$ nat-m.$_{a1}$ op.$_{j5}$ petr.$_{j5}$ ph-ac. phos. polyg-h.$_{a1}$ *Puls.* rhod.$_{j5}$ rhus-t.$_{bg2,j5}$ ruta sabin.$_{bg2}$ sep.$_{a1}$ spig. spong. valer.$_{j5}$ verat. vichy-g.$_{a1}$ *Zinc.*$_{j5}$

Erschütternd: bell.$_{bro1}$ hyos.$_{bro1}$ ph-ac.$_{a1}$

Erstechen:
– **andere** erstechen, will: lach.$_{j5}$
– **Freund**, seinen: allox.$_{jl,sp1}$
– **Gegner**, seinen: nat-c.$_{a1}$

Ersticken: arn. iris kali-bi. kali-c.$_{h}$ xan.$_{c1}$
☞ *Erwürgt*

Erstickt zu werden
☞ *Ersticken / Erwürgt*

Erstochen zu werden: chin. guaj. lil-s.$_{a1}$ nat-c. op.
☞ *Kämpfe / Messer*
– **Furcht**, erstochen zu werden: lach.

Ertränkt zu werden: ign.$_{j5}$
☞ *☐ Gemüt - Furcht - Ertrinken*

Ertrinken: aether$_{a1}$ alum. bov. ign. kali-c. lyc. mag-s.$_{j5}$ merc. merc-act.$_{a1,j5}$ merc-i-f. nicc. ran-b. rauw.$_{sp1}$ rumx. samb. sil. verat. verat-v.$_{kr1}$ zinc.
☞ *Wasser*
– **Boot**, auf einem untergehenden: alum. lyc. sil.
– **Gefahr** zu: bov.$_{a1}$
– **Leute** ertrinken: mag-s.$_{j5}$ verat.$_{a1}$
– **Mann** ertrinkt: sol-t-ae.
– **Mutter** ertrinkt: nicc. rauw.$_{sp1}$

Erwachen; zu:
– **Gefühl**, aus einem Traum zu erwachen; im Traum das: glon.$_{a1}$

Erwürgt zu werden: phos. sil. zinc.
☞ *Ersticken*

Essen: *Iod.*
☞ *Bankett / Kochen / Picknicks / Speisen / Trinkgelage*
– **Hundefleisch**: alum.$_{j5}$
– **Menschenfleisch**: sol-t-ae.
– **Tiere** zu essen; lebende
☞ *Tiere - essen*

Euphorisch
☞ *Angenehm*

Exkremente: aloe castn-v. iod. psor. sars. zinc.
☞ *Toilette*
– **beschmiert** sich selbst mit Exkrementen: aloe castn-v. iod. zinc.
– **beschmiert** zu sein; mit Exkrementen: zinc.
– **Fäzes**, Stuhl: aloe castn-v. psor. sars. zinc.
☞ *Stuhlgang*
– **Toiletten**: psor.$_{a1}$
– **waten**; in Exkrementen zu (= Kot): iod.$_{j5}$

Explosion: stann.
☞ *Unfälle*
– **Bomben**; von: gink-b.$_{sbd1}$ irid-met.$_{srj5}$

Fahren (Mitfahren): chr-ac.$_{kr1}$ nat-c. ther.
– **Wagen**, im: bell.$_{a1,j5}$ indg.$_{j5}$ nat-s.$_{j5}$

Fahren (als Fahrer); ein Auto zu: choc.$_{srj3}$ *Hydrog.*$_{srj2}$
– **steilen**, rauhen Straße zu fahren; in einem großen Auto auf einer: marb-w.$_{es1}$

Fahrradfahren fällt schwer: visc.$_{sp1}$

Fallen, zu stürzen; zu: acon. allox.$_{jl,sp1}$ alum. alum-p.$_{k2}$ *Am-m.* ange-s.$_{jl}$ aur. **Bell.** bism. *Cact.*$_{k,k2}$ cain. calc. canth. caps.$_{bg1,k,*}$ chel. chin. choc.$_{srj3}$ cimic.$_{bg2}$ cob-n.$_{jl}$ *Dig.* dulc. elaps eupi. ferr. ferr-p. *Guaj.* hell.$_{bg1}$ *Hep.*$_{k1}$ ign. kali-c. kali-i. kali-n.$_{bg2}$ kali-p. *Kreos.* m-arct.$_{j5}$ mag-m. *Merc.* mez. nat-s. nicc. nux-m. nux-v. op. ph-ac. phos.$_{bg2}$ plb. *Puls.* rumx. sabad. sabin. sang. *Sars.* sep. sol-t-ae. *Sulph.* sumb. tab.$_{bg2}$ **Thuj.** zinc. zinc-o.$_{j5}$ zinc-p.$_{k2}$
– **Abgrund**, in einen: *Cham.* elaps eupi. hep.$_{a1}$
☞ *Höhe / Abgrund*
– **Abhang** hinab, einen
☞ *Abgrund / Abgrund*
– **Aufzug**; in einem: gink-b.$_{sbd1}$ staph.$_{dtp}$
– **Dachboden**, vom: nicc.$_{a1}$
– **Fenster**:
• **Freunde** stürzen aus einem Fenster: choc.$_{srj3}$
– **Fluten**, in die: am-m.
☞ *Überschwemmung*
– **Gefahr** zu: alum.$_{a1}$ am-m.$_{a1}$ macro.$_{a1}$
– **Grab**, in ein: iris
– **Grube**, in eine: elaps$_{a1}$
– **hochgelegenen** Orten, von
☞ *Höhe*
– **Höhe** herab, von einer: acon. alum. am-m. anan. arn.$_{bro1}$ aur. bell.$_{bro1}$ calc.$_{bro1}$ chin. cimic.$_{bg1,bg2}$ *Dig.*$_{bro1,k}$ guaj. hep. kali-c. kali-n.$_{a1}$ *Kreos.* lyc.$_{bro1}$ merc. merc-c.$_{a1}$ *Mez.* nat-s. nicc. nit-ac.$_{bro1}$ nux-m. op. ph-ac.$_{h}$ phos. sep. sil.$_{bro1}$ sin-a.$_{a1}$ sol-t-ae. *Sulph.* sumb. **Thuj.** verat.$_{bro1}$ zinc.
☞ *Abgrund / Abgrund*

– **Höhe** herab, von einer: ...
• **getötet**; Männer werden durch Sturz aus der Höhe: sabin.$_{a1,j5}$
– **Pferd**, vom: tarent.$_{a1}$
– **Wasser**, ins: *Am-m.* *Dig.* eupi. *Ferr.* ign. iod. mag-m. mag-s. merc. nicc. ph-ac.$_{h}$
☞ *Wasser*
• **Kind** fällt, ihr: eupi.
• **Mutter** fällt: nicc.
• **Tochter** fällt: iod.

Familie, die eigene: *Androc.*$_{srj1}$ ant-c.$_{j5}$ choc.$_{srj3}$ germ-met.$_{srj5}$ granit-m.$_{es1}$ haliae-lc.$_{srj5}$
☞ *Großeltern / Verwandte*
– **Eltern** trennen sich; die: germ-met.$_{srj5}$
– **verlieren**; seine Familie zu
☞ *Verlieren - Familie*

Farbig: adam.$_{srj5}$ bamb-a.$_{stb2}$ gink-b.$_{sbd1}$ hydrog.$_{srj2}$ nat-m.$_{jsa}$ neon$_{srj5}$ saroth.$_{jl,mg1,*}$ sulph.$_{jsa}$
☞ *Phantastisch*
– **gelb**: androc.$_{srj1}$
– **grün**: irid-met.$_{srj5}$ neon$_{srj5}$
– **orange**: androc.$_{srj1}$
– **rot**: androc.$_{srj1}$

Federbetten: haliae-lc.$_{srj5}$

Fehler, Irrtümer: am-m.$_{bg2}$

Fehler zu machen: haliae-lc.$_{srj5}$

Fehlgeburt: m-arct.$_{bg2,j5}$

Feierlichkeiten: ant-c.$_{h2,j5,*}$

Feinde: arg-met. con. hydrog.$_{srj2}$ ptel.
☞ *Duelle / Krieg / Kämpfe / Schlachten*

Fenster: neon$_{srj5}$
– **einzuwerfen**, ein Fenster: am-c.$_{j5}$
– **Menschen** wären vor dem: merc.$_{h}$
– **springen**; aus dem Fenster zu: mag-m.
– **stoßen**; jemanden aus dem Fenster zu: bry.$_{a1}$
– **zerbrochene**: hep. neon$_{srj5}$

Fertig zu sein; nicht
☞ *Versagen*

Festmahl
☞ *Bankett / Schwelgerei / Trinkgelage*

Feuer: alum. am-c.$_{bg2}$ **Anac.** ant-t.^{a} *Ars.* bar-c. *Bell.* calc. *Calc-p.* calc-sil.$_{k2}$ cann-i.$_{sf1}$ cann-s.$_{bg2}$ *Carb-ac.* carb-v. cass.$_{a1}$ cench.$_{k2}$ chin. choc.$_{srj3}$ clem. *Croc.* *Cur.* daph. euphr. fl-ac. graph. **Hep.** irid-met.$_{srj5}$ iris kali-ar. kali-c. kali-n. kali-sil.$_{k2}$ kiss.$_{a1}$ *Kreos.* lach.$_{bro1}$ **Laur.** *M-aust.*$_{j5}$ **Mag-c.** **Mag-m.** *Mag-s.* *Meph.* merc-c. merc-sul. naja nat-c. *Nat-m.* nat-p. nat-s. nit-s-d.$_{a1}$ osm. *Phos.* pip-m.$_{a1}$ plat. rhod. *Rhus-t.* sel.$_{jl}$ sil. sol-t-ae.$_{a1}$ spig. spong. stann. stront-c. sul-ac. *Sulph.* zinc. zinc-o.$_{j5}$ zing.
– **Blitz**, durch: euphr.$_{a1}$
– **Feuersbrunst** (= Großbrand): anac.$_{h}$ nat-m.$_{a1,h}$
– **Feuergefahr**: ant-t.$_{a1}$ bell.$_{a1}$ clem.$_{a1}$ merc-act.$_{a1}$
– **Haus** anzuzünden, Feuer zu legen; ein: gink-b.$_{sbd1}$

Feuer: ...
– **Himmel** herab; kommt vom: *Sulph.*
– **Kirche** brennt, die: kali-c.$_{a1}$
– **Stadt**, zerstört eine: sol-t-ae.$_{a1}$
– **Welt** steht in Flammen; die: *Rhus-t.*

Feuersbrunst
☞ *Feuer - Feuersbrunst*

Fiebrig: euphr.$_{a1}$ lachn.$_{a1}$

Finger
☞ *Gepackt*

Fische: adam.$_{srj5}$ arg-n.$_{a1,k}$ chin-b.$_{kr1,st}$ haliae-lc.$_{srj5}$ kali-c.$_{bg2}$
☞ *Wasser*
– **goldene**, metallene Fische: choc.$_{srj3}$

Fixe Ideen
☞ *Hartnäckig - fixe*

Fledermaus fliegt im Zimmer: ham.$_{a1,st}$

Fleisch in den Mund gesteckt; bekommt: alum.$_{a1,j5}$

Fliegen: adam.$_{srj5}$ *Apis* asc-t.$_{a1}$ atro. bell.$_{bg1,bg2}$ choc.$_{srj3}$ convo-d.$_{a1}$ indg. lyc. nat-s. *Rhus-g.*$_{bg1,bg2,*}$ stict.$_{k1}$ xan.
☞ *Schweben*
– **Amerika**; quer durch: haliae-lc.$_{srj5}$
– **Flugzeug**; in einem: adam.$_{srj5}$ allox.$_{sp1}$ hydrog.$_{srj2}$
– **Menschen**; fliegende: hydrog.$_{srj2}$
– **wegzufliegen**: lat-m.$_{dp}$

Fliehen, davonzulaufen; zu: asc-t.$_{a1}$ hydrog.$_{srj2}$ zinc.
☞ *Verfolgt*
– **Kloster**; aus einem buddhistischen: marb-w.$_{es1}$

Flüsse werden zu Ozeanen: neon$_{srj5}$

Fortsetzung:
☞ *Hartnäckig*
– **Gedanken**, vorheriger: ant-t. asaf. ign. puls. rhus-t.
– **Träumen**, von:
• **Einschlafen** fortgesetzt; der vorherige Traum wird beim: ars. calad. carl.$_{k1}$ gink-b.$_{sbd1}$ hydrog.$_{srj2}$ lam.$_{j5}$ nat-c. nat-m.$_{j5}$ nit-ac.$_{h,j5}$ petr.$_{j5}$
• **Erwachen**, nach dem: acon.$_{bg2}$ all-s. anac.$_{bg2}$ arg-met. arn.$_{bg2}$ bry.$_{bg2,j5,*}$ calad.$_{gt}$ calc. carl.$_{a1}$ *Chin.* euph.$_{bg2}$ graph.$_{bg2,st}$ ign. *Lyc.* merc.$_{bg2}$ nat-c. *Nat-m.* nit-ac.$_{st}$ psor. puls.$_{bg2}$ sep.$_{bg2}$ sil.$_{bg2,st}$ zinc.

Fratzen, schreckliche: op.$_{j5}$
☞ *Schrecklich*

Frauen: *Dios.*$_{kr1,st}$
– **verwandelt**; in Tiere: sol-t-ae.$_{a1}$

Freund (= im Sinne von Partner einer Frau): hydrog.$_{srj2}$
– **alter** Freund: hydrog.$_{srj2}$
– **verläßt** sie: adam.$_{srj5}$

Freunde: ant-c.$_{h}$ ferr. oci.$_{a1}$ rumx.

– **alten** Freunden, von: ant-c.$_{h,j5,*}$ bamb-a.$_{stb2}$ ferr. granit-m.$_{es1}$ rumx.
☞ *Wiedersehen*
– **Besuchen** von Freunden: rumx.$_{a1}$
☞ *Wiedersehen*
– **stürzen** aus einem Fenster
☞ *Fallen - Fenster - Freunde*
– **Tod** von Freunden
☞ *Tod - Freundes*
– **toten** Freunden, von: arg-n. cedr.$_{a1}$ coca$_{a1}$ con.$_{h}$ ferr. nat-c.
– **Treffen** von Freunden: calc-p.$_{a1}$

Freundlich zu sein: ped.$_{a1}$

Friedhof: crot-h.$_{k2}$ gink-b.$_{sbd1}$ hura$_{a1}$
☞ *Beerdigungen / Gräber*

Friedlich: nux-m.$_{a1}$ spig.$_{a1}$
☞ *Angenehm / Ruhig*

Frisieren, muß sich in Gesellschaft: mag-c.

Fröhlich: asaf.$_{gt}$ op.$_{gt}$

Frosch im Bett: allox.$_{jl,sp1}$

Furcht:
– **gefolgt** von: alum.$_{j5}$ *Am-m.*$_{j5}$ *Chin.*$_{j5}$ *Cocc.*$_{j5}$ *Con.*$_{j5}$ hep.$_{j5}$ lyc.$_{j5}$ mag-s.$_{j5}$ mur-ac.$_{j5}$ nat-c.$_{j5}$ ph-ac.$_{j5}$ sil.$_{j5}$ sulph.$_{j5}$ zinc.$_{j5}$

Fürchterlich: ant-c.$_{gt}$ graph.$_{gt}$
☞ *Schrecklich*

Gänse: zinc.$_{h,j5}$
– **beißen** ihn: zinc.$_{a1}$

Gärten: com.$_{a1,j5}$ nat-s.$_{a1,j5}$ phel.$_{a1,j5}$
– **Wassergärten**: irid-met.$_{srj5}$

Gebäude: *Androc.*$_{srj1}$ choc.$_{srj3}$ hura$_{a1}$ myris.$_{a1}$ pall.$_{a1,c1}$
☞ *Häuser / Häuser - große*
– **bewundernswerte**: graph.$_{gl1}$
– **große** Gebäude zu sehen: nat-m.$_{dgt}$

Gebirge zu gehen; im: neon$_{srj5}$

Gebissen zu werden:
– **Arme**, in die: am-m.$_{a1}$ m-aust.$_{j5}$ nicc.$_{j5}$
– **Gans**; von einer: zinc.$_{j}$
– **Hunden**, von: calc. lyss. merc. *Sulph.* verat.
– **Pferd**, von einem: am-m.
– **Schlangen**, von: bov. cench.$_{k2}$
– **Tieren**, von: am-m. bov.$_{j5}$ calc.$_{j5}$ cench.$_{k2}$ daph. gink-b.$_{sbd1}$ lyss. m-aust.$_{j5}$ merc. nicc.$_{j5}$ *Phos.* puls. sulph.$_{j5}$ verat.$_{j5}$ zinc.$_{j5}$
– **Wespen**; von: marb-w.$_{es1}$

Gebunden
☞ *Mund - Kette*

Gedächnis; bleiben im
☞ *Erinnerlich*

Gefahr: adam.$_{srj5}$ aloe am-c. anac. *Ars.* ars-met.$_{a1,kr1}$ bell. calc-f. calc-p. *Cann-i.* carbn-s. chin. con. graph. *Hep.* hydrog.$_{srj2}$ indg.$_{j5}$ iod. kali-bi. kali-c. kali-i. kali-n. *Lach.* linu-c.$_{a1}$ lyc. macro.$_{a1}$ mag-c. mag-s. mang. nat-c. nat-s.$_{j5}$ nux-v.

Gefahr: ...
phos. psor. puls. ran-b. rumx. sin-a.$_{a1}$ sul-ac.$_{h,j5}$ sulph. tarent. thuj.
☞ ❑ *Gemüt - Furcht - Gefahr*
– **entkommen**; einer Gefahr zu: hep.
• **vergebliche** Anstrengungen zu fliehen; macht: ind.$_{a1}$
☞ *Erfolglose Anstrengungen - entkommen*
– **Ertrinken**, von: bov.$_{a1}$
– **fallen**, zu: alum.$_{a1}$ am-m.$_{a1}$ macro.$_{a1}$
• **Fluten**, in die
☞ *Fallen - Fluten*
• **Höhe** herab, von einer: alum.$_{a1}$
– **Feuer**, Feuersbrunst; durch: ant-t.$_{a1}$ bell.$_{a1}$ clem.$_{a1}$ merc-act.$_{a1}$
– **Liegen** auf der linken Seite; beim: thuj.
– **Todesgefahr**: bell.$_{bg2}$ mag-m.$_{bg2,j5}$ mang.$_{a1,bg2}$ ran-b.$_{bg2,j5}$ sul-ac.$_{bg2}$ sulph.$_{bg2,j5}$ thuj.$_{bg2}$
– **Wasser**, Überschwemmungen; durch: ars. ars-met.$_{kr1,st}$ *Graph.* kali-n. *Mag-c.* mag-m.$_{h,j5}$ merc. merc-act.$_{a1,j5}$ nat-c.$_{h2,k,*}$ sulph.
☞ *Vampire / Wasser*

Gefangener:
– **Freilassung** von Gefangenen: hura$_{a1}$
– **gefangengenommen** zu werden: allox.$_{jl,sp1}$ haliae-lc.$_{srj5}$ nat-m.
☞ *Haft / Verhaftung*

Gefressen zu werden:
– **Tieren**; von: gink-b.$_{sbd1}$
• **Katze**; von einer schwarzen: gink-b.$_{sbd1}$

Gegenden, schöne: ol-an.$_{a1}$ rumx.$_{a1}$
☞ *Land - schönes / Schöne*

Gegenstände
☞ *Dinge*

Gehalten:
– **Finger** gehalten, am
☞ *Gepackt*
– **Hand** gehalten zu werden; fest an der: am-m.$_{a1}$

Gehen: agar.$_{kr1}$ bell.$_{a1}$ canth.$_{a1,j5}$ cench.$_{k2}$ elaps$_{a1}$ med. nat-c.$_{a1}$ nat-s.$_{j5}$ pall.$_{a1}$ rhus-t.
☞ *Umherzustreifen / Wandern*
– **Boden**, auf einem heißem: apis$_{a1,kr1}$
– **Kot**, in: iod.
– **lesend** im Zimmer auf und ab; er geht: agar.$_{hr1}$
– **Ruinen**, zwischen: hura$_{a1}$ iod.$_{a1}$
– **Straßen**, auf schmutzigen: apis$_{a1}$
– **Treppenhäusern**, in: pall.$_{a1}$
– **Wald**, im: canth.$_{a1}$
☞ *Wald*
– **Wasser**:
☞ *Wasser*
• **auf** dem Wasser
☞ *Wasser - Gehen*
• **im** Wasser
☞ *Wasser - waten*
– **Wohnungen**, durch: pall.$_{a1}$

Gehenkt zu werden: am-m.
– **Gehenkten**, von: merc-sul.

– **stürzt** einen endlosen Fahrstuhlschacht hinab; ein gehenkter Mann: choc.srj3

Geistige Anstrengung: *Acon.* alum. ambr. *Anac.* *Arn.* ars.h,j5,* aur.h,j5 bell.h,j5 berb.j5 *Bry.* calc-p.j5 camph. carb-an.h,j5,* cham.j5 *Chin.* cic. clem. coff.j5 coloc. dulc.bg2 *Graph.* **Ign.** iod.bg2 kali-n.bg2 *Lach.* laur. led. m-aust.j5 mosch. *Nat-m.* **Nux-v.** *Olnd.* op.bg2,j5 par.bg2 *Ph-ac.* *Phos.* plb.bg2 *Puls.*k,kl2● *Rhus-t.* *Sabad.* sabin. sars. sec. spong. staph. *Sulph.* *Thuj.* *Viol-t.* zinc. zinc-p.k2
☞ *Arbeit / Außerordentliches - geistiger / Nachdenken*

Gejagt zu werden
☞ *Verfolgt*

Gekitzelt zu werden, an der Fußsohle: phos.a1,j5

Geld: alum. bamb-a.stb2 *Cycl.* hydrog.srj2 mag-c. mag-m. phos. puls. zinc.bg2 zinc-o.j5
– **erhalten**, zu bekommen; Geld zu: mag-c.a1
– **Falschgeld**: zinc-o.
– **Gold**, aus: *Cycl.* puls.
– **Streit** um Geld: chin.
☞ *Streitigkeiten - Geld*

Gelesen hat; von dem, was er am vorangegangenen Tag: bry.gt

Gemüse: androc.srj1

Gemütsbewegungen, Emotionen:
– **unterdrücken**; Emotionen zu: hydrog.srj2

Genarrt zu werden: verat-v.a1

Genealogie; von: haliae-lc.srj5

Gepackt, festgehalten zu werden; am Finger: sil.h,j5,*

Gepeitscht zu werden: ptel.a1

Geräusch: atro.a1 cere-b.a1 lyc.a1 stann.a1

Gereizt, mürrisch: nat-m.a1

Gericht zu stehen; vor: bamb-a.stb2

Gerüche
☞ *Riechen*

Geschäft: aether.a1 anac. apis arist-m.a1 asaf. bell. *Bry.* bufo calc. calc-act.a1 calc-sil.k2 camph. canth. carb-v. carl. *Chel.* cic. cina.j croc. *Cur.* elaps gels. hep. hura hyper.a1 kali-c. *Lach.* *Lyc.* merc. **Nux-v.** phos. psor. *Puls.* pyrog. **Rhus-t.** sang. sars. sel.bg2,sf1,* *Sil.* staph. tarent.
– **Einschlafen**, beim: rhus-t. staph.a1
– **erfolglos**, ist: mag-m. *Phos.* sabad.
☞ *Erfolglose Anstrengungen*
– **Tage**, vom: acon. alum.bg2 anac.bg2,j5,* *Apis*bg2 arg-met. asaf.bg2 asc-t.bg2 *Bapt.*bg2 *Bell.*bg2,j5 **Bry.**bg2,k calc.bg2 calc-f. camph.bg2 canth.bg2 carb-v.bg2 chel. *Cic.*bg2,k *Cina*bg2,j5 croc.j5 cur. euph.bg2 fl-ac. gels.bg2 graph. *Hep.*bg2 kali-c. kali-chl. **Lach.**bg2,k *Lyc.*bg2,k **Mag-c.**bg2,k mag-m.bg2 *Merc.*bg2,k nit-ac.h **Nux-v.**bg2,k ph-ac.bg2 *Phos.*h,j5,* plat.bg2 psor.bg2 **Puls.**bg2,k **Rhus-t.**bg2,k sabin.bg2 sars. sel.bg2,sf1 sep. **Sil.**bg2,k stann. staph.bg2,j5 *Sulph.*bg2

Geschäft - Tage, vom: ...
☞ *Ereignisse - zurückliegende - Vortag*
• **morgens**: nit-ac.h
– **vergessen** hat; Geschäfte, die er am Tage: sel.j1
– **vernachlässigte**: hyper. myris. sil. stann.

Geschehen, passieren; ihm werde alles: arg-n.k2

Geschehnisse im benachbarten Zimmer
☞ *Ereignisse - Zimmer*

Geschlagen zu werden: kali-c.a1 kali-n. nat-m.a1,h
– **Kinder**
☞ *Kindern - geschlagen*

Geschnitten zu werden: frax.a1 guaj. nat-s.a1
☞ *Messer*
– **Stücke**, in: lil-s.a1

Geschunden zu werden: arn.a1

Gespenster: aesc. alum. am-c. *Arg-n.* asc-t. atro. bell. bov. *Camph.* *Carb-v.* carbn-s. cham. chlol.kr1 cina.k2 convo-d.a1 *Crot-c.* eupi. *Graph.* haliae-lc.srj5 ign. *Kali-c.* kali-s. kali-sil.k2 lach.j5 mag-s. manc. *Med.* nat-c. nat-m. nat-sil.k2 *Ol-j.*kr1 op. paeon. puls. sars. sep. *Sil.* spig. *Sulph.*
– **Brust**; sitzen auf der: paeon.gt
– **elende** Phantome: bell.a1
– **kämpfen**; mit Gespenstern zu: sars. sep. sil.j5
– **schwarze**: ars. cerv.a1
– **verfolgt** zu werden; von Gespenstern: sil.
– **weiße**: sars.

Gespräche:
☞ *Sprechen; mit / Unterhaltung*
– **Frauen**, mit: cedr.j5
– **führt** Gespräche fort; er: cham.h
• **Schwester**, obwohl sie weit weg wohnt; mit der: germ-met.srj5
– **Vortages**, des: nat-c.j5

Gestalten: bry.bg2,sf1 calc.bg2,sf1 cina.bg2,sf1
☞ *Dinge*
– **groteske** Gestalten tanzen vor ihr: narcot.a1
– **schreckliche** Gestalt reicht ihm eine Flasche: merc-c.a1
– **schwarze**: arn. ars. op.br1 puls.
• **verdunkelt** die Sonne; eine schwarze Gestalt: ped.a1
– **sitzen** auf der Brust: paeon.a1,kr1

Gestochen zu werden; von einem Insekt: marb-w.es1 phos.
☞ *Wespen*

Gestorben; jemand ist
☞ *Tod*

Getroffen zu werden; vom Blitz
☞ *Blitz - getroffen*

Gewalttätigkeit: adam.srj5 androc.srj1 apoc-a.a1 aran-ix.mg1 arg-n.k2 aur.a1 bell.k2 cact.k2 germ-met.srj5 granit-m.es1 led. ven-m.j1
☞ *Grausamkeit / Mißhandlung*

Gewehre, Schußwaffen: choc.srj3

Gewissensbisse: aether.a1 arn.a1,j5 ars.h elaps.a1 fl-ac.a1 hyper.a1 lach.j5 led.j5 nat-c.j5 nat-m.a1 sanic.
☞ *Religiös / Tadelt*

Gewitter: *Arn. Ars.* euphr. nat-c. phel.j5 spig.bg2,j5
☞ *Blitz*

Geworfen zu werden:
– **Grab**, in ein: mag-c.a1
– **Wagen**, vom: nat-s.a1

Gezwickt zu werden; in Rücken und Brust: phos.a1,h

Gift genommen zu haben: *Kreos.*

Glücklich: sphing.kk3

Gott, von:
– **verstößt**, der ihn: hyper.a1

Gräber: anac. *Arn.* hura iris mag-c. ptel.
☞ *Armeen - Gräbern / Beerdigungen / Friedhof / Särge*
– **fallen**; in ein Grab zu: iris
– **geworfen** zu werden; in ein Grab: mag-c.a1
– **Kerzen** auf Gräber zu stellen: hura
– **leben**; in Gräbern zu: nicc.
– **steigen** aus ihren Gräbern auf; Heere: ptel.a1

Grausamkeit: *Ign.*j5 lil-t.a1 nat-m. nux-v. sel. sil. stann.
☞ *Gewalttätigkeit / Mißhandlung / Verstümmelung*

Grell, intensiv
☞ *Lebhaft - grell*

Groß zu sein, sehr: ferr-i.

Großbrand
☞ *Feuer - Feuersbrunst*

Größe: bufo.a1,bg2

Großeltern; von: granit-m.es1
☞ *Familie*

Grotesk: lil-t.
☞ *Komisch*

Gymnastikübungen; er macht: bell.a1 hydrog.srj2

Haar:
– **fallen** aus; Haare: mag-c.
– **geschnitten** zu bekommen:
  • **Hinterkopf**, am: cob.a1
  • **kurz**: gink-b.sbd1
  • **Sohnes** werden geschoren; die Haare des: brass-n-o.srj5
– **graues**: gink-b.sbd1

Haft: bov.j5 cerv.a1 hydrog.srj2
☞ *Gefangener - gefangengenommen / Verhaftung*

Hals wächst; der äußere: xan.c1

Hartnäckig: *Acon.*bg2 agav-t.bg2,j1 anac.bg2,j5 ant-t.bg2 arn.bg2 asaf.bg2 bar-c.bg2,j5 *Bry.*bg2 *Calc.*bg2 *Chin.*bg2 coff.bg2 euph.bg2 graph.bg2 **Ign.**bg2 lach.bg2 merc.bg2 mosch.bg2,j5 *Nat-c.*bg2 nat-m.bg2 nat-s.bg2,j5 *Phos.*bg2,j5 plat.bg2,j5 *Puls.*bg2 sabin.bg2,j5 sep.bg2

Hartnäckig: ...
sil.bg2 spig.bg2 staph.bg2 zinc.bg2
☞ *Anhaltend / Fortsetzung / Lange - Gegenstand*
– **fixe** Ideen in Träumen: acon.j ign.j puls.j stann.j

Häuser: pall.kr1
☞ *Daheim / Gebäude*
– **große**: gink-b.sbd1
☞ *Gebäude*

Haushalt: bell. *Bry.*
☞ *Daheim / Einkaufen*

Heeren; von
☞ *Armeen*

Heimatland: ant-c.j5 gink-b.sbd1 lach.h,j5 mur-ac.j5

Heimweh: *Glon.*a1,kr1

Helfen; Menschen zu
☞ *Hilfe - Menschen*

Hellsichtig: **Acon.**k1,st adam.srj5 asaf. bov. *Cann-i.* carc.zzh cortico.sp1 m-arct.j5 mang.j5,k ph-ac. phos. rad-br.bg,j5 ~~rad-met.j5,xxx~~ *Sulph.*j5,k
☞ *Ereignisse - zukünftige / Prophetisch / Visionär / ❑ Gemüt - Furcht - geschehen / ❑ G~ Hellsehen / ❑ G~ Prophezeit*
– **Betrunkenheit**; bei: lach.gl1

Herausgefordert zu werden: verat-v.a1
☞ *Streitigkeiten*

Herzklopfen: merc.h

Hexen: sol-t-ae.a1

Hilfe:
– **Menschen** zu helfen: sabad.j5
– **schreien**; nach Hilfe
☞ *Schreien - Hilfe*

Hilflosigkeit; Gefühl von: gink-b.sbd1
– **Ende** der Welt; als wäre es das: hydrog.srj2

Hinrichtung auf dem elektrischen Stuhl: hydrog.srj2

Hinunterfahren in einem Fahrstuhl ohne einen Weg nach oben finden zu können: brass-n-o.srj5

Hirsche: canth.j5

Historisch: acon.bg2 am-c. ant-t. brom.bg2 caust. *Cham.* cic.bg2 croc. graph.bg2 hell. hyos.j5 m-arct.j5 *Mag-c.* merc. *Phos.* sel. *Sil.* stram.
☞ *Ereignisse - vergangene*

Hochgelegene Orte: all-c. anac. brom. chin. cortico.sp1 hydrog.srj2 laur. lyss. macro.a1
– **Herunterfallen**, Hinabstürzen von
☞ *Abgrund / Fallen - Höhe*

Hochzeit: alum. bamb-a.stb2 chel. haliae-lc.srj5 irid-met.srj5 mag-c. mag-m.h,j5 mag-s. nat-c. nat-s. neon.srj5
– **alle** gehen hin, nur sie nicht: hydrog.srj2
– **spirituelle** Hochzeit: irid-met.srj5
– **wiederholt** werden, da nur eine Hälfte des Körpers verheiratet wurde; die Hochzeit muß: bamb-a.stb2

– **zwei** Frauen; mit: nat-c.j5

Hört Sprechen: stram.a1

Hügel hinaufsteigen und von oben überall hinsehen können; sie würde einen: brass-n-o.srj5

Hunde: abrot. am-c.bg2 *Arn.* calc. cere-b.a1 cinak2 graph. haliae-lc.srj5 hyos.bg2 lyc. lyss. merc. nux-v. op.bro1 paull. puls. rumx. *Sil. Sulph.* verat. zinc.
– **drängen**; als würden sich viele junge Hunde dich an ihn: lyc.h
– **erschreckt** von einem schwarzen Hund: puls.
– **gebissen** zu werden; von Hunden: calc. lyss. merc. *Sulph.* verat.
– **schwarze**: *Arn.* puls.a1,h
– **tollwütiger** Hund: abrot. rumx.
 • **töten**; einen tollwütigen Hund zu: rumx.
– **verfolgt** zu werden; von Hunden: *Nux-v.* sil. verat.
– **wird** zu einem Hund; sie: irid-met.srj5

Hunger: adam.srj5 *Arg-n.* bry. calc. ign.
 ☞ *Hungertod*

Hungertod überlassen zu sein, entkommt durch Herauskriechen; im Kerker dem: ped.a1
 ☞ *Hunger*

Indianern zu sein, unter: jug-c.

Insekten: arg-n. hist.jl,mg1 phos.a1 sarr.a1 ~~sphing.a1,xxx~~ spig.a1,kk3
 ☞ *Bienen / Käfer / Läuse / Ungeziefer / Wanzen / Wespen*
– **Ferse** ein; graben sich in seine: arg-n.a1
– **herausgeschnitten** werden; mußten aus seiner Ferse: arg-n.a1
– **stechen** ihn
 ☞ *Gestochen / Wespen*

Intellektuell: all-s.a1 anac.a1 ars.a1 bufo-s.a1 carb-ac.a1 carb-an.a1 cham.a1 cinnb.a1 coloc.a1 ferr.a1 fl-ac.a1 guaj.a1 ign.a1 ind.a1 kali-n.a1,j5 lyc.a1 nat-p.a1 phos.a1 sabin.a1 *Senec.*a1,kr1 sil.a1 thuj.a1 ust.a1
 ☞ *Literatur / Wissenschaftlich*
– **morgens**: ign.a1
– **nachts**:
 • **Mitternacht**, nach: mag-c.a1

Intrigen, Verschwörungen: lach.

Inzest: marb-w.es1

Iridologie; von: neonsrj5

Irrenanstalt: lyss.kr1

Irrtümer
 ☞ *Fehler zu machen*

Jagd: hura hyper. junc-e.a1 merc-i-r. verat.

Jugend, von der: gink-b.sbd1 sil.a1,j5

Käfer: cocaa1 kres.jl,mg1,*
 ☞ *Insekten / Wanzen*

Kamele: hydrog.srj2

Kämpfe: aesc. *All-c.* allox.sp1 aza.jl bapt. bell. brass-n-o.srj5 brom. bry. calad. ceph.a1 coca con. crot-c. culx.k2 elaps *Ferr.* ferr-i.k,k2 gink-b.sbd1 guaj. guare. hyper. indg. iris jab. jac-c. kali-bi. kali-c.j5 kali-n.j5 lyc. lyss.kr1 m-aust.j5 mag-c. mag-s.j5 mosch. nat-ar. nat-c.j5 *Nat-m.* nat-s. nicc.j5 phel.j5 phos. pip-m. plat. ptel. puls.j5 *Ran-s.* rat. sars.j5 senec. sil. sol-t-ae. stann. *Staph. Stram.*kr1 term-a.bnj1 verb.
 ☞ *Duelle / Erstochen / Feinde / Kanonenschüsse / Krieg / Luftangriffe / Schlachten / Streitigkeiten / Verwundet*
– **Gespenstern**, mit: sars. sep. sil.j5
– **Lesen** angeregt; durch: cocaa1
– **Räubern**, mit: ferr-i. jac-c.a1 mag-c. nat-c. sil.
– **siegt** immer: bapt.

Kanonen: choc.srj3

Kanonenschüsse: menis.a1
 ☞ *Krieg / Kämpfe / Schlachten*

Katzen: ars. calc-p. *Daph.* graph. hydrog.srj2 hyos. lac-c. mez. nux-v. op.bro1 puls. thuj.bg1
– **schwarze**: arn.a1 daph.
 • **gefressen** zu werden; von einer schwarzen Katze
 ☞ *Gefressen - Tieren - Katze*
– **verfolgen** ihn: *Nux-v.* sil. verat.

Keine Träume
 ☞ *Unerinnerlich*

Keller eingeschlossen und die Wände stürzen ein; ist im: bov.
 ☞ *Zerquetscht*

Kidnapper
 ☞ *Entführer*

Kindern; von: am-m. bamb-a.stb2 cass.a1 choc.srj3 hura *Hydrog.*srj2 kali-n. lipp.a1 mag-c. ~~mere.a1,xxx~~ merl.a1,k oci.a1
– **Aids**; ihr Kind habe: irid-met.srj5
– **Babies**; von: *Adam.*srj5 choc.srj3 granit-m.es1
 • **behinderten**; von: adam.srj5
 • **beschützen**; sie vor Schaden zu: adam.srj5
 • **toten**; von: adam.srj5
– **ermordet**; werden: theaa1
– **geschehen**; etwas sei ihnen: hydrog.srj2 kali-n.a1
– **geschlagen**; werden: kali-c.a1 kali-n. nat-m.a1
– **geworden**; sie wäre ein dreijähriges Kind: mag-c.a1
– **retten**; Kinder zu: cass.a1 *Hydrog.*srj2
– **toten**; von
 ☞ *Verstorbenen - Kinder*
– **verloren** gehen; die in der Menge: bamb-a.stb2
– **vernachlässigen**; ihre Kinder zu: bamb-a.stb2

Kirchen: asc-t. coc-c. lyss. zing.
 ☞ *Beten / Predigen / Religiös*

Klar: fl-ac.a1
– **Aufschluß** über unerklärliche Angelegenheit; gibt ihm: acon.h1,j5,*
 ☞ *Komplizierter*

Klavier:
– **Klavierspielen**:
• **Öffentlichkeit**; in der: marb-w.$_{esl}$

Kleid, das am Vortag angefertigt wurde: aeth.$_{al}$

Kleidung: adam.$_{srj5}$
– **tragen**; viele Schichten von Kleidungsstücken zu: hydrog.$_{srj2}$
– **Unterwäsche**; schmutzige, unreine: marb-w.$_{esl}$
– **versteckt**; jemand hat ihre Kleidung: bamb-a.$_{stb2}$
– **zurechtmachen**; will die Kleidung nicht: mag-c.$_{al}$

Klettern: androc.$_{srj1}$ brom. hyper. mur-ac. rhus-t.
☞ *Abhänge*

Kochen: canth.$_{j5}$
☞ *Essen / Speisen*

Koitus: am-c.$_{gt}$ am-m.$_{j5}$ bamb-a.$_{stb2}$ borx.$_{j5,kr1,*}$ ind.$_{al}$ iod.$_{al}$ lac-ac.$_{kr1,st}$ lyc.$_{j5}$ sil.$_{al,j5}$ sul-ac.$_{al}$ sumb.$_{ptk1}$ thuj.$_{j5}$ *Zinc-pic.*$_{sf1}$
☞ *Erotisch*
– **erfolgloser**, vergeblicher: ind.$_{al,kr1,*}$ iod.$_{al}$

Komisch: choc.$_{srj3}$ *Glon.* lach.$_{j5}$ *Sulph.*
☞ *Grotesk / Lachen / Lustig / Lächerlich*
– **Gestalten**; komische: glon.$_{gt}$
– **Lachen**; mit lautem: sulph.$_{gt}$

Komplizierter, verwickelter Traum, der seine Erklärung enthält: asc-t.$_{al}$
☞ *Klar - Aufschluß*

Köpfe: glon.$_{al}$ jac-c.$_{al}$
☞ *Schneiden*

Körper:
– **deformiert**: sep.$_{h}$
– **einbalsamiert**: carb-ac.
– **gelähmt**:
• **rechte** Seite: irid-met.$_{srj5}$
– **geschwollen**: squil.
– **magert** ab: kali-n.$_{al}$ kreos.
– **Stücken**; der Körper wäre in: dict.$_{bg1}$

Körperteile:
– **Abdomen**:
• **schmerzhaft**: apis$_{al}$
• **Warzen** und Geschwüren; bedeckt mit: junc-e.$_{al}$
• **zusammengeschnürt**; als sei das Abdomen: nat-m.$_{al}$
– **Arm**:
• **Amputation**
☞ *Amputation - Armes*
• **Blasen**; bedeckt mit: castm.$_{al,j5}$
• **gelähmt**: nicc.$_{al}$
• **schmerzhaft**: nicc.$_{al}$
• **Verätzen** des Armes; vom: bomb-pr.$_{al}$
• **verletzt**; Arm der Mutter ist: chin.$_{al}$
– **Augen**, Stiche in den: *Calc.*$_{kr1}$
– **Bein**:
• **Amputation**
☞ *Amputation - Beines*

Körperteile - Bein: ...
• **keine** Beine; sie habe: haliae-lc.$_{srj5}$
– **Brüche** von Gliedmaßen: cimic.
– **Brust**:
• **gedrückt**, wird: am-m.$_{al}$
• **öffnen** und hineinschauen; möchte die Brust: paull.$_{al}$
– **Finger** steif: calc-s.$_{j5,kr1}$
– **Fuß**, Stechen im: asar.$_{al}$
– **Fußsohlen** werden gekitzelt: phos.$_{al,j5}$
– **Gesicht**:
• **abgeschnitten**; eine Gesichtshälfte würde ihm: mag-m.$_{al}$
• **entstellt**: sep.$_{h,st}$
• **geschwollen**: kali-n.$_{j5}$
• **Pusteln**, bedeckt mit: anac.
– **Haarausfall**: mag-c.
– **Hals**:
• **Halsentzündung**: bar-c.$_{al}$ borx.$_{h,j5,*}$ pip-m.$_{al}$
• **Klumpen** im Hals; hat einen: cinnb.$_{al}$
• **Verschluß** des Halses: kreos.$_{al}$
– **Hände**:
• **brennen** durch Waschen: mag-m.$_{al}$
• **zerschnitten**; werden in Stücke: sol-t-ae.$_{al}$
– **Kieferbruch**: rauw.$_{sp1}$
– **Knie**:
• **geschwollen**: *Cocc.*
• **schmerzhaft**: zinc.$_{al}$
– **Kopf**: glon.$_{al}$ jac-c.$_{al}$
• **abgeschnitten**: androc.$_{srj1}$ hura$_{al}$ nicc.$_{al}$
– **Lider**; Jucken der: upa.$_{al}$
– **Mund**:
• **Öffnen** des Mundes ist unmöglich: agar.$_{kr1}$
– **Muskeln** von Pfeilen durchbohrt: bomb-pr.$_{al}$
– **Nase** gezogen zu werden; an der: nat-c.$_{al}$
– **Ohren** abgeschnitten zu bekommen; die: nat-c.
– **Penis**:
• **bricht** ab: kali-n.$_{al}$
• **Eichel** bricht ab: kreos.$_{j5}$
• **Vorhaut** fällt ab: linu-c.
– **Rücken**:
• **gezwickt** zu werden; in Rücken und Brust: phos.$_{al}$
• **verbrannt**: mag-c.$_{al}$
• **Warzen**; bedeckt mit: mez.$_{al}$
– **Schläfen** sind schmerzhaft: lyc.$_{al}$
– **Wange**:
• **geschwollen**: kali-n.$_{al,h}$
• **verbrannt**: mag-c.$_{al}$
– **Zähne**:
• **brechen** ab: kali-n. rauw.$_{sp1}$ sul-ac.$_{j}$ ther. thuj.
• **fallen** aus: bamb-a.$_{stb2}$ coca$_{al}$ cocc. convo-d.$_{al}$ nicc. nux-v. sul-ac.$_{j}$ tab.
• **Füllung** fällt heraus: nux-v.$_{al}$
• **gezogen**, werden: cench.$_{k2}$ nat-m.
– **Zehe** abgeschnitten: nat-s.$_{j5}$
– **Zunge** zu groß: tab.$_{j5}$

Kräftig, beeindruckend: adam.$_{srj5}$

Kranken, von: calc. calc-sil.$_{k2}$ castor-eq.$_{al}$ ign. mosch. nat-s.$_{al}$ peti.$_{al}$ rat. rheum staph.
☞ *Arzt / Krankheit*

Krankheit: am-c.bg2,j5 am-m. anac. anan. apis asar. bar-c. borx. cadm-met.gm1 *Calc.* calc-act.a1 calc-sil.k2 castor-eq.a1,kr1 caust. cocc.bg2,c1 con. dros. eupi. fago. graph. hep. kali-c. kali-n. kali-s.k,k2 *Kreos.* lac-c. *Lyc.* mag-c. meph. nat-m.bg2 nat-s. **Nux-v.** peti.a1 phos. prun. rat. sil. squil.bg2 sulph. sumb. syph. upa. ven-m.jl zinc.bg2
☞ *Arzt / Ereignisse - schmerzhafte / Kranken / Leiden / Schmerz*
– **Abdomen**; Schmerz im: apisa1
– **Abmagerung**: kreos.
☞ *❑ Gemüt - Wahnideen - Abmagerung*
– **Absonderung** aus der Nase; wäßrige: ped.a1
– **Aids**: bamb-a.stb2
– **apoplektischen** Anfall; die Tochter hat einen: nat-s.
– **Arm**; Schmerz im: nicc.a1
– **aussätzig** zu sein: paull.a1
– **Ausschlag**: am-c.j5 am-m.bg2,j5,* anac.j5 bamb-a.stb2 castm.j5
– **Auswurf**, eitriger: hep.h,j5
– **Bewußtlosigkeit**: graph.h,j5,*
– **Blähungskolik**: fago.a1
– **Blasen** auf den Armen: castm.a1,j5
– **blind** zu sein: phys.
– **Blutspucken**: hep. meph. phos.j5
– **Blutung**: phos. sol-t-ae.st
– **brennen**:
• **Blasen**: castm.a1,j5
• **Hände** brennen durch Waschen: mag-m.a1
– **Cholera**: linu-c.a1
– **Diarrhoe**: allox.sp1 apisa1 psil.ft1
– **eigenen** Krankheit; von seiner: *Syph.*kr1
– **ekelerregende** Krankheit: anac.
– **Epilepsie**: iris-foe. mag-c.k1 sil.
– **Erbrechen** von Würmern: *Chin-b.*
– **Ersticken**: arn. iris kali-bi.
– **Exanthem**, flüchtiges: am-m.
– **Fehlgeburt**: m-arct.bg2,j5
– **Fieber**: kali-chl.j5 sulph.
– **Furunkel**: prun.
– **Geschwüre**, Abdomen: choc.srj3 junc-e.a1
– **Haarausfall**: mag-c.
– **Halsentzündung**: bar-c. borx.h,j5 pip-m.a1
– **Harnzwang**: chr-ac.a1,kr1
– **Husten**: eupi.
– **Jucken** der Lider: upa.a1
– **Kiefergelenk**; Schmerz im: agar.kr1
– **Klumpen** in Hals und Ohr: cinnb.a1
– **Knie**; Schmerz im: zinc.a1
– **Knochenbrüche**:
• **Glieder**, der: cimic.
• **Kiefers**; des: rauw.sp1
– **Konvulsionen**: calc-s.kr1,st
– **Kopfschmerz**: hydrog.srj2 pip-m.a1 polyg-h.a1
• **Erwachen** mit Kopfschmerzen; vor dem: hydrog.srj2
– **Kranken**, von: calc-sil.k2
– **Krebs**: halo.jl
– **Lethargie**: graph.h,j5,* op.j5
– **Ohnmacht**: bamb-a.stb2 graph.
– **Pocken**: anac.h

Krankheit: ...
– **Pusteln**, Gesicht: anac.
• **weiß** und häßlich: anac.j5
– **Schläfen**; Schmerz in den: lyc.a1
– **Schwellung**:
• **Gesicht**: kali-n.j5
• **Knie**: cocc.
• **Körper**
☞ *Körper - geschwollen*
• **Wange**: kali-n.a1
– **Schwindel**: *Sil.*k1,st
– **Steifheit** der Finger: calc-s.j5,kr1
– **Stiche**:
• **Augen**: *Calc.*kr1
• **Fuß**: asar.a1
– **Tollwut**: anan.
– **Übelkeit**: *Arg-met.*
– **Vergiftung**: chr-ac.a1 kali-n.a1 *Kreos.* nat-m. oci.
– **Verletzungen**: allox.sp1 am-m. ant-c. chel.a1 chin. cortico.sp1 lob.kr1 *Mag-s.*j5 nat-s. nicc.j5 phos. sumb.
• **selbst** zugefügten; von sich: nicc.
– **Verschluß** des Halses: kreos.a1
– **wahnsinnig** zu werden: aloea1 ferr-p.bg2
– **Warzen**: mez.
• **Abdomen**: junc-e.a1
• **Rücken**: mez.a1
– **Wucherungen**: mez.j5
– **Wunden**: ant-c. chel.a1 *Mag-s.*j5
☞ *Verwundet*
• **Schuß**; verwundet durch einen
☞ *Schuß - verwundet*
– **Zähne**:
• **Abbrechen**: kali-n. rauw.sp1 ther. thuj.
• **Ausfallen**: cocaa1 cocc. convo-d.a1 nicc. nux-v. tab.

Kränkung, Kummer etc.: asar.bg2,kr1 ign.bg2 mosch.bg2 rheumbg2 staph.bg2
☞ *Erniedrigung / Sorgen*

Kreuzungen: adam.srj5

Krieg: ferr.j5,kr1 germ-met.srj5 gink-b.sbd1 *Meny.*vh plat.bg2,j5 stann.jl thuj.bg2 verb.bg2,j5 visc.jl
☞ *Blutvergießen / Bürgerkrieg / Feinde / Kanonenschüsse / Kämpfe / Luftangriffe / Schlachten*
– **Bürgerkrieg**: op.gl1

Kriminellen, Verbrechern; von: haliae-lc.srj5

Krokodile: sedi.a1
– **niesen**, um sie davonzujagen; zu: sedi.a1

Krönung: upa.a1

Kröte im Bett: allox.jl,sp1

Kühe:
– **sterbende** Kühe: hydrog.srj2

Kummer
☞ *Kränkung*

Lachen: caust. coca croc. kreos.
☞ *Komisch / Lächerlich*

Lächerlich: bell. cod.$_{al}$ glon. grat.$_{al}$ iber.$_{al,krl,*}$ jug-c. lach. merc-c. merc-i-r.$_{al}$ mez. mygal. phos. sedi.$_{al}$ sol-t-ae. *Sulph.*
☞ *Komisch / Lachen / Lustig*

– **Liegen**, im:
• **linken** Seite, auf der: sep.$_{st}$
• **Rücken**, auf dem: *Arn.*$_{st}$

Lamas; ein Zoo voller: bamb-a.$_{stb2}$

Land: asc-t.$_{al}$
☞ *Ausland / Gegenden*
– **fremdes**: ind.$_{j5,krl}$ plat.$_{j5}$ sil.$_{j5}$
– **schönes**: ol-an.$_{al}$
☞ *Gegenden / Schöne*
– **Vaterland**: ant-c.$_{al,h}$ lach.$_{al,h}$ mur-ac.$_{al,h}$

Landkarten:
– **alte**: haliae-lc.$_{srj5}$

Landschaften:
– **schöne**: gink-b.$_{sbd1}$
☞ *Schöne*

Landwirtschaft: mag-s. merc-i-r.

Lange Zeit: *Acon.* androc.$_{srj1}$ bry. calc. chin. *Coff.* euph.$_{al,h}$ hydrog.$_{srj2}$ *Ign.* naja$_{al}$ nat-c. puls. spig.$_{j5}$ tarent.$_{al}$ thuj.$_{h,j5,*}$
– **Gegenstand**; vom selben: petr.$_{h}$ spig.$_{h}$
☞ *Hartnäckig*
– **Wochen** und Monate; Ereignisse in ihren Träumen dauern nicht Stunden, sondern: sang.$_{rb2}$

Lästig, nervend: absin.$_{gt}$

Laufen: bell.$_{al}$ sep.$_{al}$
☞ *Verfolgt*
– **auf** und ab zu laufen: ambr.$_{st}$
– **jemandem** hinterher zu laufen: cadm-met.$_{sp1}$
☞ *Männern*
– **Männern** hinterher zu laufen:
☞ *jemandem*
• **er** läuft Männern hinterher: *Nicc.*$_{al}$
– **Schnee**; im
☞ *Schnee - rennen*
– **vergebliches**: croc.$_{j5}$ ind.$_{al}$
☞ *Erfolglose - laufen*

Läuse: am-c. chel. gamb. mur-ac. *Nux-v.* ped.$_{al}$ phos.
☞ *Insekten / Ungeziefer*

Lebhaft: *Acon.* adam.$_{srj5}$ agar. alco.$_{al}$ all-s.$_{krl}$ am-c. ambr. **Anac.** *Androc.*$_{srj1}$ ang. *Ant-t.*$_{bg2,j5}$ aran-ix.$_{mg1,sp1}$ arg-met. *Arg-n.*$_{bro1}$ *Arn.* ars. ars-i. ars-s-f.$_{k2}$ ars-s-r.$_{krl}$ asaf. aster. **Aur.** aur-ar.$_{k2}$ aur-i.$_{k2}$ aur-s.$_{k2}$ bamb-a.$_{stb2}$ bapt.$_{krl}$ bar-act.$_{al}$ bar-c. bar-i.$_{k2}$ bar-m. bar-s.$_{k2}$ *Bell.* bism. brom. bruc.$_{j5}$ *Bry.* calad. *Calc.* calc-act.$_{al}$ calc-f. calc-i.$_{k2}$ *Calc-p.* calc-sil.$_{k2}$ cann-i. cann-s. canth. caps.$_{bg2}$ *Carb-an.* **Carb-v.** *Carbn-s.* carl. *Cench.*$_{k2,st}$ *Cham.* *Chel.* chin. chinin-ar. choc.$_{srj3}$ chr-ac.$_{krl}$ chr-o.$_{al}$ *Cic.* cinnb. clem. cob. cob-n.$_{mg1}$ coc-c. coca *Cocc.* *Coff.* colch. coloc. *Con.* croc. *Cycl.* daph.$_{bro1}$ dig. dios.$_{bro1}$ dros. euph. *Ferr.* *Ferr-i.* ferr-p. fl-ac. form. franz.$_{al}$ gast.$_{al}$ gins.$_{al}$ **Graph.** guaj.

Lebhaft: ...
haliae-lc.$_{srj5}$ ham.$_{al}$ hydr-ac.$_{j5}$ hydrog.$_{srj2}$ *Hyos.*$_{bg3}$ hyper. ign. ind. indol.$_{bro1}$ *Iod.* ip. irid-met.$_{srj5}$ jug-c. kali-ar. kali-bi. kali-c. kali-cy. kali-m.$_{k2}$ kali-n. kali-p. kali-s. kali-sil.$_{k2}$ lac-c.$_{mrr}$ lach. lact. *Lam.*$_{al,j5}$ laur. led. lipp.$_{al}$ lob.$_{krl}$ **Luna**$_{kgl}$ **Lyc.** *M-arct.*$_{j5}$ m-aust.$_{j5}$ *Mag-c.* mag-m. mag-s.$_{jl}$ *Mang.* meny. meph. *Merc.* merc-c. merc-sul. mez. mosch. mur-ac. naja nat-ar. *Nat-c.* **Nat-m.** *Nat-p.* **Nat-sil.**$_{k2}$ nit-ac. nux-m. *Nux-v.* ol-j. op. orig.$_{al}$ ox-ac. paeon. *Petr.* *Ph-ac.* **Phos.** phys. pin-s.$_{al}$ plan. plat. psil.$_{ft1}$ psor. ptel. *Puls.* pyrog.$_{bro1}$ rad-br.$_{ptk2}$ ran-b. ran-s. raph. *Rheum* rhod.$_{j5}$ **Rhus-t.** rhus-v. rumx. *Ruta* *Sabad.* samb. senec. *Sep.* **Sil.** sin-n.$_{al,krl}$ spig. spirae.$_{al}$ squil.$_{j5}$ *Stann.* *Staph.*$_{bg2,j5}$ stram. *Stront-c.*$_{bg2,sf1}$ sul-i.$_{k2}$ **Sulph.** sumb. tab. tarax. *Teucr.* thuj. til. tub.$_{bg2,br1}$ valer. verat.$_{bg2}$ verat-v. viol-o.$_{j5}$ viol-t. visc.$_{sp1}$ zinc. zinc-p.$_{k2}$ zing.
☞ *Wild*
– **morgens**: chinin-s.$_{al}$ kali-bi.$_{al}$ mag-c.$_{al}$ sulph.$_{al}$ sumb.$_{al}$
• **gegen** Morgen zu: mez.$_{h}$ staph.$_{h}$
– **nachmittags**: ang.$_{al}$ sin-a.$_{al}$
– **nachts**:
• **Mitternacht**: zinc.$_{al}$
• **vor**: mez.$_{al}$
• **nach**: coloc.$_{al}$ mez.$_{al}$ nat-m.$_{al}$ *Puls.*$_{al,h}$ zinc.$_{al,h}$
– **Erektionen**, mit: sulph.$_{al}$
– **grell**, sehr intensiv: luna$_{kgl}$
– **Liegen** mit tief gelagertem Kopf: plat.$_{al}$

Lehrer; von einem spirituellen: neon$_{srj5}$

Leichen: alumn. am-c. **Anac.**$_{al,k}$ aur. bar-c.$_{h,j5}$ bry.$_{j5}$ *Calc.* *Calc-sil.* cann-i.$_{k2,krl}$ cann-s. carb-ac. *Chel.* *Crot-c.* crot-h.$_{k2}$ dirc. elaps gink-b.$_{jl,sbd1}$ granit-m.$_{es1}$ grat.$_{j5}$ hura hydr-ac.$_{j5}$ iod.$_{j5}$ iris jac-c. kali-c.$_{j5}$ lac-v.$_{al}$ laur.$_{j5}$ mag-m. mag-s. merc. nat-c. nat-p. neon$_{srj5}$ nit-ac. peti.$_{al}$ ph-ac.$_{j5}$ phos.$_{h}$ ran-s. rumx. sol-t-ae. sulph.$_{j5}$ tarent. *Thuj.* verb. zinc.
☞ *Skelette / Särge - unbekannten*
– **lebendig**; werden nach der Beerdigung: allox.$_{sp1}$
☞ *Leichen*
– **lebendig**; werden wieder: rumx.$_{al}$
– **Leichengeruch**: calc. crot-h.$_{k2}$
– **Sezieren** von Leichen: cench.$_{k2}$ chel.$_{al}$ iris ped.$_{al}$ sang.

Leiden: cimic.$_{al}$
☞ *Krankheit / Schmerz*

Leidenschaft, Ausbruch von: mag-c.$_{bg2,j5}$

Lesen:
– **geht** im seinem Zimmer auf und ab und liest; er
☞ *Gehen - lesend*

Liebevoll: androc.$_{srj1}$ coc-c.$_{al}$

Liegen:
☞ *Bett - klein*
– **Bett**; liegt mit einer anderen Person im: petr.
– **unter** ihm; jemand liegt: nit-ac.$_{h}$

Literatur: ign.$_{bg2}$
☞ *Intellektuell*

Lotterie: mag-c.$_{a1}$ nat-s.$_{a1,j5}$

Löwen:
– **beißen**; die nicht: crot-c.$_{a1}$
– **sein**; ein Löwe zu: phys.

Luftangriffe: germ-met.$_{srj5}$ visc.$_{jl,sp1}$
☞ *Krieg | Kämpfe | Schlachten*

Lustig: ant-t.$_{bg2,j5,*}$ ars.$_{bg2,j5,*}$ caust.$_{bg2,j5,*}$ croc.$_{gt}$ dig.$_{bg2,j5,*}$ dros.$_{bg2,j5,*}$ grat.$_{bg2,j5,*}$ lach.$_{gt}$ laur.$_{bg2,j5,*}$ mag-c.$_{bg2,j5,*}$ mag-m.$_{bg2,j5,*}$ **Op.**$_{bg2,j5,*}$ palo.$_{bg2,j5,*}$ ph-ac.$_{h,j5,*}$ phos.$_{bg2,j5,*}$ squil.$_{h,j5,*}$
☞ *Angenehm | Komisch | Lächerlich*

Mädchen:
– **schönen** Mädchen; von: caust.$_{a1}$
☞ *Schöne*
– **sein**; ein Mädchen zu: apis

Mähende Menschen
☞ *Menschen - mähende*

Mangel zu leiden
☞ *Armut | Bedürftigkeit*

Männer: frax.$_{a1}$ nicc. *Puls.*$_{k1,st}$
– **folgen** ihr, um sie zu vergewaltigen: *Cench.*$_{st}$ kali-n.$_{a1}$ kreos.
– **grüne**: sol-t-ae.$_{a1}$
– **läuft** Männern hinterher; er
☞ *Laufen - Männern*
– **nackte**: cench.$_{k2}$ eupi. *Puls.*

Märkte: choc.$_{srj3}$
– **indische** Märkte: choc.$_{srj3}$

Maschinen:
– **Perpetuum** mobile oder Erdbebenmeßgerät: haliae-lc.$_{srj5}$

Masken: kali-c.$_{h,j5,*}$ mag-c.$_{a1,j5}$ ran-r.$_{j5}$

Maultier zu treiben; ein: chin-b.$_{hr1,k,*}$ ~~cinch.hr1,xxx~~

Mäuse: colch. mag-s. sep.
– **gelbe**: mag-s.
– **Kopf** und einer Masse von Innereien; mit einem:
• **umbringen**; muß darauftreten und sie: marb-w.$_{es1}$

Meer: adam.$_{srj5}$ all-c. androc.$_{srj1}$ chin. chin-b.$_{kr1,st}$ choc.$_{srj3}$ hydrog.$_{srj2}$ murx.$_{j5}$
☞ *Stürme - See | Wasser*

Menschen: apis$_{a1,kr1}$ ars-h.$_{kr1,st}$ art-v.$_{kr1}$ aster.$_{a1}$ bell. calc-ar. choc.$_{srj3}$ coc-c.$_{a1}$ *Dios.*$_{kr1}$ **Equis-h.**$_{a1,kr1,*}$ gels.$_{a1}$ lyss.$_{kr1}$ merc. nat-m.$_{a1}$ *Puls.*$_{j5,kr1}$
– **abgemagerte**: gink-b.$_{sbd1}$
– **andere** Person liegt mit ihm im Bett; eine
☞ *Bett*
– **baden**: chin-b.
– **betrunkene**: cench.$_{k2}$
– **Bett**; eine andere Person liegt mit ihm im: petr.
– **einflußreiche** Personen: lyss.$_{kr1}$

Menschen: ...
– **Fenster**; Menschen wären vor dem
☞ *Fenster - Menschen*
– **Firmen**: canth.$_{j5}$ phel.$_{j5}$
– **gesehen** hat; Menschen, die er seit Jahren nicht: calad.$_{kr1}$ calc-ar.$_{kr1,st}$ hydrog.$_{srj2}$
– **liebe** Menschen, lebhafte Träume, an zwei aufeinanderfolgenden Nächten; ihm: nat-m.$_{a1}$
– **mähende**: glon.$_{a1}$
– **Menschenmengen**: apis$_{kr1,st}$ ars-h.$_{kr1,st}$ canth.$_{j5}$ cere-b.$_{a1}$ choc.$_{srj3}$ **Equis-h.**$_{kr1,st}$ hydrog.$_{srj2}$ phel.$_{j5}$
– **Merkwürdiges**; tun: hydrog.$_{srj2}$
– **Parties**: crot-c.$_{a1}$ hura$_{a1}$ nat-c.$_{a1}$ phel.$_{a1}$ pip-m.$_{a1}$
– **Picknicks**: nat-s.$_{a1}$
– **springende**: hydrog.$_{srj2}$
– **unbekannte**: hydrog.$_{srj2}$
– **Versammlung** von
☞ *Menschenmengen*
– **vielen** Menschen beschäftigt; sie ist mit: bell.$_{h}$

Menschenmengen
☞ *Menschen - Menschenmengen*

Menses erscheinen wieder: lam.$_{a1}$ ~~laur.a1,xxx~~

Merkwürdig, wunderlich: acon.$_{a1}$ ant-t.$_{a1}$ bar-act.$_{a1}$ chinin-s.$_{a1,j5}$ *Lach.*$_{j5,kr1,*}$ lact.$_{a1,j5}$ nit-ac.$_{a1,j5}$ ph-ac.$_{a1,j5}$ sarr.$_{a1}$ stram.$_{a1}$
☞ *Absurd*

Messer: am-m.$_{bg2}$ guaj. lach. nat-c.
☞ *Erstochen | Geschnitten*

Metall; von: bamb-a.$_{stb2}$

Mißhandlung: ambr.$_{j5}$ dros.$_{a1,j5}$
☞ *Gewalttätigkeit | Grausamkeit | Schikanieren | Verstümmelung*

Mittellos zu sein
☞ *Armut*

Monströse: arg-n.$_{st}$

Mord: am-m. androc.$_{srj1}$ *Arn.* aur-s.$_{c1,k2}$ bamb-a.$_{stb2}$ bell. calad. calc. calc-sil.$_{k2}$ carb-an. carc.$_{mg1,sp1}$ castm. chel. choc.$_{srj3}$ crot-h.$_{k2}$ guaj. hura hydrog.$_{srj2}$ ign. kali-i. kali-s.$_{k2}$ kalm. kiss.$_{a1}$ *Kreos.* lach. lact. led. lyc. *M-arct.*$_{j5}$ *Mag-m.* *Mand.*$_{mg1}$ *Merc.* *Merc-c.* *Naja* *Nat-ar.* *Nat-c.* *Nat-m.* nat-sil.$_{k2}$ nicc. ol-an. *Petr.* puls. rhus-t. rhus-ver.$_{j5}$ rumx. sanic. saroth.$_{jl,sp1}$ sedi.$_{a1}$ sel.$_{jl}$ sep.$_{a1,gt}$ *Sil.* sol-a.$_{a1}$ spong. *Staph.* sulph. thuj. ven-m.$_{jl}$ zinc.
☞ *Töten | Verbrechen - angeklagt*

Mühevoll, müht sich ab: cina$_{bg2,j5}$ croc.$_{j5}$ graph.$_{h2,j5}$ nux-v.$_{bg2}$ rhus-t.$_{h1,j2,*}$ sabin.$_{bg2}$
☞ *Anstrengung; von | Arbeit | Verdrießlich*

Mund:
– **Kette** quer über den Mund gebunden; mit einer: bapt.$_{a1}$

Musik: mag-s.$_{j5}$ sarr.

Mutter: adam.$_{srj5}$ granit-m.$_{es1}$ hydrog.$_{srj2}$
– **fliegt** um die Welt: hydrog.$_{srj2}$
– **schwingen**; mit der Mutter an einem Pendel zu: hydrog.$_{srj2}$

Nachbarn: bamb-a.stb2 irid-met.srj5

Nachdenken, mit: acon.bg2 anac.bg2 arn.bg2 bry.bg2 camph.bg2 carb-an.bg2 graph.bg2 *Ign*.bg2 lach.bg2 *Nux-v*.bg2 puls.bg2 rhus-t.bg2 sabad.bg2 sabin.bg2 thuj.bg2
☞ *Geistige Anstrengung*

Nackte Menschen: cench.k2 haliae-lc.srj5

Nacktheit: androc.srj1 cench.k2 erech.a1 kali-p.k2 rumx.

Nadeln, verschluckt: merc.a1,j5

Nervend
☞ *Lästig*

Neue Schauplätze, Orte etc.: calc-f.kr1
☞ *Orte*

Not
☞ *Bedürftigkeit*

Obst: castor-eq. choc.srj3 jac-c.a1 mag-c.a1,bg2

Ochsen:
– **verfaulte**: hura.a1
– **verfolgen** ihn
☞ *Verfolgt - Ochsen*

Ofen, heißer: apis.a1

Ohne Träume
☞ *Unerinnerlich*

Organisieren; etwas zu: adam.srj5

Orgasmus; mit
☞ *Erotisch - Orgasmus*

Orte:
☞ *Neue*
– **hochgelegene** Orte
☞ *Hochgelegene*
– **öffentliche**: equis-h.a1 lyc.a1 merc-i-r.a1
• **neu**: calc-f.kr1
• **verändern** sich häufig: all-s. led. lyc.

Paläste: irid-met.srj5

Panzer (Fahrzeug):
– **Kampfpanzer**: bamb-a.stb2

Parallel:
– **Linien**; parallele: haliae-lc.srj5

Parties: crot-c.a1 hura.a1 nat-c.a1 phel.a1 pip-m.a1
☞ *Picknicks*

Personen
☞ *Menschen*

Pferde: alum. am-c.bg2 am-m. asc-t. atro. bamb-a.stb2 choc.srj3 crot-c. gink-b.sbd1 hyper.a1 indg. m-aust.j5 mag-m.j5 mag-s. merc. phos. senec.a1 sul-ac.bg2 tarent. ther. zinc.
– **beißen** ihn in den Arm: am-m.
– **ertrinken**: crot-h.a1
– **fallen**; vom Pferd zu: tarent.a1
– **häßliche**: ~~merc.a1,xxx~~ merl.a1,k phos.
– **Diebstahl** von Pferden: aether.a1 rumx.
– **Reiten**: bamb-a.stb2 chr-ac.kr1 nat-c. ther.

Pferde: ...
– **rennende**, laufende: atro. indg. lipp.a1
– **schlagen** aus, treten: *Mag-s.*
– **verletzt** zu werden; von Pferden: mag-s.a1
– **verfolgen** ihn: allox.jl,sp1 alum.
– **verwandeln** sich in Hunde: zinc.
– **wilde**: marb-w.es1

Phantastisch: acon. am-c. ambr. ant-t. arg-n. ars. ars-h.kr1 bamb-a.stb2 bar-c. bufo.kr1 **Calc.** calc-i.bg2 calc-sil.k2 **Carb-an.** *Carb-v.* *Carbn-s.* cench.k2 *Cham.* *Chin*.j5 coff.j5 *Con.* ferr-i. *Graph.* hell. hydrog.srj2 *Ign*.j5 kali-ar. *Kali-c.* kali-n. kali-sil.k2 kalm. **Lach.** lact.j5 led.j5 lyc. merc. morph. mur-ac.j5 *Nat-c.* **Nat-m.** *Nat-s.* nicc.j5 nit-ac. nux-v. **Op.** pen.a1 petr.j5 plan. prun.j5 ptel. puls.j5 *Sep*.bg2,j5 sil. spong. *Sulph.* zinc. zinc-o.j5
☞ *Farbig / Visionär*

Picknicks: nat-s.a1
☞ *Essen / Parties*

Pilze:
– **bunte** Pilze: psil.ft1

Poetisch: ars-h.kr1 bufo-s. lach. nat-m.j5 til.

Politisch: asc-t.a1

Polizei: bamb-a.stb2 frax.a1

Pollution, die nicht stattgefunden hat: thuj.a1

Postmeister: hydrog.srj2

Pracht: stann.j5

Prahlerei: asc-t.a1 m-ambo.h

Predigen: allox.jl,sp1 anac. ant-t.
☞ *Kirchen / Religiös*

Prellung zuzuziehen; sich eine: nicc.a1

Prinzessin; der Partner hätte ein Verhältnis mit einer: irid-met.srj5

Projekte; Pläne: anac.j5 bufo.bg2,j5 camph.j5 rhus-t.j5
– **vermischt** mit den Projekten, die er gemacht hat: anac.a1,h,*
– **wahr**; werden in den Träumen: rhus-t.j5

Prophetisch: **Acon.**k1,st asaf. bov. *Cann-i.* cortico.sp1 m-arct.j5 mang. ph-ac. phos. rad-br.bg *Sulph.*
☞ *Hellsichtig / ❑ Gemüt - Furcht - geschehen / ❑ G~ Hellsehen*
– **Tod** voraus; sagt den: kali-c.j5 kali-chl.j5

Prozesse (vor Gericht): sep.h

Prozessionen: irid-met.srj5

Prüde zu sein: **Tub.**st

Prüfen eines Arzneimittels: merc-i-f.a1,a2 pip-m.a1

Purzelbäume: zing.a1,kr1

Putzen, Reinigen: hydrog.srj2
– **alles** zu putzen: carc.az1

Rache: lach.a1,j5

Ratten: allox.$_{jl,sp1}$ sep.
– **kriechen** unter die Kleider: menis.$_{a1,st}$

Räuber: allox.$_{jl,sp1}$ **Alum.** alum-p.$_{k2}$ *Arn.* *Aur.* aur-s.$_{c1,k2}$ bamb-a.$_{stb2}$ bell. calc-p. carb-v. castm. cench.$_{k2}$ ferr-i.$_{k,k2}$ germ-met.$_{srj5}$ jac-c. *Kali-c.* kali-s.$_{k2}$ lil-s.$_{a1}$ **Mag-c.** mag-m. mag-s. *Merc.* merc-act.$_{a1,j5}$ nat-c. **Nat-m.** neon$_{srj5}$ petr. phel. phos. plb.$_{bg2}$ psil.$_{ft1}$ psor. ptel. rumx.$_{a1}$ *Sanic.* sel.$_{jl}$ *Sil.* sin-n. verat. *Zinc.*
– **entdecken**, Räuber zu: merc-i-r.
– **gejagt**; werden aus dem Haus: germ-met.$_{srj5}$
– **kämpfen**; mit Räubern zu: ferr-i. jac-c.$_{a1}$ mag-c. nat-c. psil.$_{ft1}$ sil.
– **Menses**, während: *Nat-m.*
– **schläft** nicht wieder ein, bevor nicht das Haus durchsucht ist; und: **Nat-m.** sanic.
– **Vaters**; im Haus seines: mag-s.$_{a1}$
– **verfolgen** sie
☞ *Verfolgt - Räubern*

Rauchen (von Tabak): tell.

Rechnen: sel.$_{a1}$ sep.$_{k1}$

Rede zu halten; eine: hydrog.$_{srj2}$
– **lange** Rede; eine: arn.$_{j5}$ cham.$_{j5}$

Regenbogen: coff-t.$_{a1}$ irid-met.$_{srj5}$ neon$_{srj5}$

Reime, er dichtet: nat-m.$_{a1}$

Reisen: all-s.$_{kr1}$ am-c. am-m. anan. *Apis* bamb-a.$_{stb2}$ bart.$_{a1}$ brom. bufo calc-f. *Calc-p.* *Carb-ac.* carc.$_{sp1}$ chel. chin. chin-b.$_{kr1,st}$ choc.$_{srj3}$ cortico.$_{sp1}$ *Crot-h.* elaps haliae-lc.$_{srj5}$ hura hydr. hydrog.$_{srj2}$ hyper. ind. indg. **Kali-n.** lac-c. lac-d. *Lach.* linu-c.$_{a1}$ *Mag-c.* mag-m. mag-s. merc. merc-c.$_{k1}$ merc-i-r. mez. *Nat-c.* nat-m. neon$_{srj5}$ *Op.* pip-m.$_{a1}$ psor. rauw.$_{sp1}$ *Rhus-t.* sang. sel. *Sil.* sin-a.$_{a1}$ ther. *Tub.*$_{st}$
☞ *Ausland / Schiff fahren / Schwierigkeiten*
– **Auto**; mit dem
☞ *Fahren*
– **China**; nach: bamb-a.$_{stb2}$
– **lange**: nat-m.$_{a1}$
– **Nacht**; in der: adam.$_{srj5}$
– **Pferd**, zu: nat-c. ther.
– **Schiff**, mit dem: alum.$_{j5}$ chin-b.$_{j5,kr1,*}$ nat-s.$_{j5}$ sang.$_{j5}$ valer.$_{j5}$
☞ *Schiff fahren / Wasser*
– **Schwierigkeiten**, unter
☞ *Schwierigkeiten - Reisen*
– **Weltreise**: bamb-a.$_{stb2}$
– **Zug**, mit dem: adam.$_{srj5}$ apis cortico.$_{sp1}$ haliae-lc.$_{srj5}$

Religiös: hydrog.$_{srj2}$ sol-t-ae.$_{a1}$
☞ *Beten / Gewissensbisse / Kirchen / Predigen*

Retten; jemanden zu:
– **Kinder**; er rettet
☞ *Kindern - retten*

Reue: ars.$_{a1,j5}$

Revolution: hura$_{a1}$ merc.$_{a1}$
☞ *Aufruhr / Aufstände*

Riechen; etwas zu:
– **Schwefel**; brennenden: anac.$_{gt,k}$
– **Zunder**; brennenden: anac.$_{gt,k}$

Riesen: bamb-a.$_{stb2}$ bell. lyc.
– **verfolgt** zu werden; von Riesen: bell.

Romantisch: am-c. luna$_{kg1}$

Rowdy aufzuführen; aufgelegt zu sein, sich wie ein: caj.$_{a1}$

Rudern: rhus-t.
☞ *Wasser*

Rufen: kali-c. thuj.
☞ *Stimme*
– **Hilfe**, um: kali-c. lil-s.$_{a1}$
– **jemand** ruft ●: ant-c. merc. sep.

Ruhelos: ambr.$_{bg2,j5,*}$ anac.$_{a1,jl}$ ange-s.$_{a1,jl}$ arg-n.$_{a1}$ *Ars.*$_{a1,bg2}$ brom.$_{a1}$ bry.$_{a1}$ calad.$_{a1}$ calc.$_{a1,j5}$ calc-caust.$_{a1}$ carb-v.$_{a1,j5}$ carbn-s.$_{a1}$ carl.$_{a1}$ caste.$_{a1,jl}$ cham.$_{a1}$ cic.$_{bg2,j5,*}$ *Clem.*$_{bg2,j5,*}$ colch.$_{a1}$ esp-g.$_{a1,jl}$ euph.$_{a1}$ graph.$_{a1,bg2}$ indg.$_{a1}$ *Iod.*$_{bg2,j5,*}$ jug-r.$_{a1}$ *Kali-c.*$_{a1,j5,*}$ kali-n.$_{a1,j5}$ *Led.*$_{bg2,j5,*}$ lith-c.$_{a1}$ lyc.$_{a1}$ mez.$_{a1}$ mosch.$_{a1,bg2}$ mur-ac.$_{a1,bg2}$ nat-c.$_{a1,j5}$ nat-m.$_{a1,j5}$ nid.$_{a1,jl}$ nux-v.$_{bg2,j5,*}$ *Olnd.*$_{bg2,j5,*}$ op.$_{bg2,j5,*}$ par.$_{a1,bg2}$ ph-ac.$_{a1,j5}$ phos.$_{bg2,j5,*}$ psor.$_{a1}$ ptel.$_{a1}$ sabad.$_{bg2,j5,*}$ *Sil.*$_{a1}$ stann.$_{a1}$ staph.$_{bg2,j5,*}$ *Sulph.*$_{a1,bg2}$ tab.$_{a1}$ teucr.$_{bg2,j5,*}$ thuj.$_{a1}$ *Viol-t.*$_{a1,bg2}$ visc.$_{a1,sp1}$

Ruhig: atro.$_{kr1}$
☞ *Angenehm / Friedlich*

Rußland zu sein; in: marb-w.$_{es1}$

Rüstung:
– **Männer** in Rüstungen: sarr.$_{a1}$

Särge: brom.$_{gt,k}$ crot-c.$_{wn}$ form.$_{a1}$ lipp.$_{a1}$ merc-i-f.
☞ *Beerdigungen / Gräber*
– **unbekannten** Leiche; mit einer: gink-b.$_{sbd1}$
☞ *Leichen*

Schädel:
– **brechen**; würde: gink-b.$_{sbd1}$

Schaudern: calc-act.$_{a1}$

Schaukeln: hydrog.$_{srj2}$ sang.$_{j5}$

Schauplätze, neue: calc-f.$_{kr1}$
– **vulgäre**: chin-b.$_{kr1,st}$

Schießen, vom: *Am-m.* hep. mag-s.$_{j5}$ *Merc.* merc-i-r.$_{a1,kr1}$ spong.$_{j5}$

Schiff fahren, mit dem: adam.$_{srj5}$ alum.$_{j5}$ chin. hura nat-s. sang. senec. valer.$_{j5}$ verat-v.
☞ *Reisen - Schiff / Wasser*

Schiffe: bamb-a.$_{stb2}$ gink-b.$_{sbd1}$
– **Krieg**; im: hydrog.$_{srj2}$

Schikanieren, Drangsalieren: peti.$_{a1}$
☞ *Mißhandlung*

Schlachten: *All-c.* bamb-a.$_{stb2}$ bell. bry. ferr. guaj. hyos.$_{j5}$ *Meny.*$_{vh}$ nat-m.$_{a1}$ plat. ran-s. sil. stann. thuj. verb.

Schlachten: ...
☞ *Blutvergießen / Feinde / Kanonenschüsse / Krieg / Kämpfe / Luftangriffe / ❑ Gemüt - Sprechen - Schlachten*

Schlafen; in der Luft zu: acon.$_{a1}$

Schläfrigkeit: graph.$_{j5}$ op.$_{j5}$

Schlafwandlerisch: sil.$_{a1}$

Schlammiges, trübes Wasser
☞ *Wasser - schlammiges*

Schlangen: alum. arg-met.$_{gt}$ *Arg-n.*$_{br1,k}$ bov. carc.$_{fb}$ cench.$_{k2}$ grat. iris kali-c. kalm.$_{kr1,st}$ *Lac-c.* lach.$_{st}$ merl.$_{a1}$ ptel. *Ran-b.*$_{kr1,st}$ *Ran-s.* rat. sep. sil. sol-ni. sphing.$_{k,kk3}$ tab. teucr-s.$_{bg1}$ tub.$_{a1}$
– **beißen** ihn: bov. cench.$_{k2}$ irid-met.$_{srj5}$

Schlittenfahrten: sars.$_{a1}$ tril-c.$_{a1}$ tril-p.$_{a1,c1,*}$

Schlittschuhlaufen; sieht Menschen im Sommer im Wasser: ped.$_{a1}$

Schlüsselloch zu schauen, zu spionieren; durch ein: neon$_{srj5}$

Schmerz: asar.$_{bg2}$ bry.$_{a1}$ cain.$_{kr1}$ carbn-h.$_{a1}$ cocc.$_{bg2}$ lyc.$_{h}$ *Med.*$_{kr1,st}$
☞ *Ereignisse - schmerzhafte / Krankheit / Leiden*
– **Abdomen**: apis$_{a1}$ choc.$_{srj3}$
– **Arm**: nicc.$_{a1}$
– **Kiefergelenk**: agar.$_{kr1}$
– **Knie**: zinc.$_{a1}$
– **Kopf**:
  • **bevor** die Kopfschmerzen erscheinen: hydrog.$_{srj2}$
– **Ovarien**: choc.$_{srj3}$
– **Schläfen**: lyc.$_{a1}$
– **Uterus**: choc.$_{srj3}$

Schmuck: irid-met.$_{srj5}$

Schmuggel
☞ *Schmuggelware*

Schmuggelware: mag-c.$_{a1}$

Schmutz: kreos.$_{j5}$ prun.$_{j5}$

Schmutzig:
– **Straßen**: apis$_{a1}$
– **Tisch**: prun.
– **Wäsche**: kali-n.$_{a1}$ *Kreos.*$_{k1,st}$

Schnee: art-v. bapt. brass-n-o.$_{srj5}$ hydrog.$_{srj2}$ kali-n.$_{a1}$ *Kreos.*
– **Arbeiten** im Schnee: bapt.
– **rennen**, zu laufen; durch tiefen: rhus-t.$_{gt}$
– **Schneestürme**: *Kreos.*
– **waten**; durch tiefen Schnee zu: rhus-t.$_{gt}$

Schneiden: androc.$_{srj1}$ calc-f. chin. hura mag-m. nat-c. nicc. op.
☞ *Köpfe*
– **Andere** zu schneiden oder zu verstümmeln: ant-c.$_{gt}$
– **Frau** wird zum Pökeln zerschnitten: calc-f.
– **Körperteile**
☞ *Körperteile*

Schneiden: ...
– **Mensch** wird zerschnitten: merc-sul.

Schöne Träume: bamb-a.$_{stb2}$ irid-met.$_{srj5}$
☞ *Gegenden / Land - schönes / Landschaften - schöne / Mädchen - schönen*

Schrecklich: abrot. acon. adon.$_{st}$ aeth. aether$_{a1}$ agar. agn. alco.$_{a1}$ alet.$_{sf1}$ all-c. all-s. alum.$_{bg2,sf1}$ alumn. am-c. **Am-m.** ambr.$_{bg2}$ ammc.$_{k1}$ *Anac.*$_{bg2,sf1,*}$ androc.$_{srj1}$ ang. *Ant-c.* ant-t.$_{bg2}$ apis *Aran.* aran-ix.$_{j1,mg1}$ *Arg-met.* *Arg-n.*$_{k,k2}$ *Arn.* **Ars.** ars-i.$_{k2}$ ars-s-f.$_{k2}$ asar.$_{bg2}$ asc-t.$_{kr1}$ atro. **Aur.** aur-ar.$_{k2}$ aur-i.$_{k2}$ aur-m. aur-s.$_{a1,k2,*}$ bad. *Bapt.* bar-c. bar-m. bar-s.$_{k2}$ *Bell.* *Bism.* bol-la.$_{a1}$ **Borx.** bov. bruc.$_{j5}$ *Bry.* bufo cact.$_{br1}$ **Calc.** calc-act.$_{a1}$ **Calc-ar.** *Calc-f.* *Calc-p.* *Calc-s.* *Calc-sil.*$_{k2}$ *Camph.* cann-i. *Cann-s.* canth.$_{bg2}$ caps.$_{bg2}$ carb-an. **Carb-v.** carbn-s. *Carl.*$_{k1}$ casc. castm. caust. *Cench.*$_{k2,st}$ *Cham.* *Chel.* *Chin.* chinin-ar. chinin-s. *Chlol.* cimic. **Cina** clem. **Cocc.** cod. coff. *Colch.* coloc. **Con.** cop. corn. *Croc.* **Crot-c.** crot-h.$_{bg2,k2,*}$ *Cycl.* dig. digin.$_{a1}$ digox.$_{a1}$ dios. dor. dros. dulc. elaps *Erig.*$_{mg1}$ *Eup-pur.* euph.$_{bg2}$ euphr. eupi.$_{bro1}$ ferr.$_{bg2}$ fl-ac. gink-b.$_{sbd1}$ **Graph.** grat. guaj. ham.$_{a1}$ hell.$_{bg2}$ hep. hipp.$_{a1}$ hydr. hydrog.$_{srj2}$ *Hyos.* hyper. iber. ign. indg. ip. iris jac-c. jug-c. jug-r. **Kali-ar.** kali-bi. **Kali-br.** **Kali-c.** kali-cy.$_{a1}$ *Kali-i.* kali-m.$_{k2}$ kali-n. kali-p. *Kali-s.* *Kali-sil.*$_{k2}$ kalm. kiss.$_{a1}$ kreos. lach. *Laur.* led.$_{bg2,j5}$ lil-s.$_{a1}$ lil-t. **Lyc.** lyss. *Mag-c.* *Mag-m.* mag-s.$_{j5}$ manc. mand.$_{j1}$ mang. *Med.* *Merc.* merc-c. merc-i-f. merc-i-r. merc-sul. mez. mit.$_{a1}$ morph.$_{a1}$ mosch. mur-ac. myric. naja *Nat-ar.* *Nat-c.* **Nat-m.** nat-p. *Nat-s.* nat-sil.$_{k2}$ **Nicc.** *Nit-ac.* nux-m. *Nux-v.* op. ox-ac. paeon. *Par.*$_{bg2,kr1}$ petr. ph-ac. phel. *Phos.* phys. plan. plat. plb.$_{bg2,j5}$ psil.$_{ft1}$ *Psor.*$_{k1}$ ptel. **Puls.** *Pyrog.*$_{bg2,k2,*}$ *Ran-b.*$_{bg2,sf1}$ *Ran-s.* rat. rheum$_{bg2}$ rhod.$_{bg2}$ rhus-t. sabad. sabin.$_{bg2}$ sang. sarr. sars. scroph-n.$_{a1}$ scut.$_{a1}$ sec. sel.$_{kr1}$ sep. serp.$_{a1}$ **Sil.** sin-n. sol-ni.$_{a1}$ spig. *Spong.*$_{bg2,j5}$ squil.$_{bg2}$ stann. staph. stram. stront-c. *Sul-ac.*$_{bg2}$ *Sulph.* tab. *Tarax.*$_{bg2,kr1}$ teucr.$_{bg2}$ thea thuj. til. tub.$_{bg2}$ ust. valer.$_{bg2}$ verat. verat-v. verb. wildb.$_{a1}$ *Zinc.* zinc-p.$_{k2}$ zing.
☞ *Fratzen / Fürchterlich / Ängstlich*
– **morgens**: *Con.*$_{a1}$ ign.$_{a1}$
– **nachmittags**: ign.$_{a1}$
– **nachts**:
  • **Mitternacht**: all-s.$_{a1}$
    • **nach**: dor.$_{a1}$ ph-ac.$_{h,j5,*}$ plan.$_{a1}$ stront-c.$_{a1}$
◆ **abwechselnd** mit Kopfschmerzen: chin.
– **allein**, wenn: kali-c.$_{k2}$
– **Dysmenorrhoe**, bei: *Cycl.*$_{kr1}$
– **Einschlafen**, beim: chin.
– **Schließen** der Augen; beim: chin.$_{a1}$
– **Sturz** von einer Treppe; nach: *Rhus-t.*$_{kr1}$
– **wahr**:
  • **Erwachen** wahr; erscheinen nach dem: cina$_{a1,k2}$ nat-m.$_{a1}$
– **wecken** ihn: bell.$_{a1}$ casc.$_{a1,kr1}$ corn.$_{a1}$ dicha.$_{a1,mg1}$ *Erig.*$_{a1,mg1}$ **Lyc.**$_{a1,kr1}$ *Meph.*$_{a1,kr1}$ *Sulph.*$_{a1,kr1}$
☞ *❑ Schlaf - Erwachen - Träume*

Schreiben: senec.
– **Füller**; mit einem: irid-met.$_{srj5}$
– **schmutzigem** Tisch; auf: prun.

Schreien:
– **Hilfe**; nach: kali-c.$_{a1,h}$
– **unfähig** zu schreien
☞ *Erfolglose Anstrengungen - schreien*

Schuld: androc.$_{srj1}$ asar.$_{jl}$
☞ *Verbrechen*

Schuß: haliae-lc.$_{srj5}$
– **hört** Schüsse: hep.
– **Soldat** wird erschossen, ein: am-m.
– **verwundet** zu werden; von einem Schuß: bell. irid-met.$_{srj5}$ lact.$_{j5}$ lob.$_{k,kr1}$ mag-s. mang.$_{h}$

Schutzdach, Unterschlupf zu sein; unter einem: merc-i-r.$_{a1}$

Schwäche: ambr.$_{j5}$

Schwanger zu sein: choc.$_{srj3}$ granit-m.$_{es1}$ hydrog.$_{srj2}$ neon$_{srj5}$ pic-ac.

Schweben, zu: hell.
☞ *Fliegen*

Schwefel zu riechen; träumt davon, brennenden
☞ *Riechen - Schwefel*

Schwelgerei, Festmahl: anan. ant-c. asaf. hura mag-s. nit-ac.$_{h2,k}$ ph-ac.$_{h1,k}$ tril-p. zinc.
☞ *Bankett / Trinkgelage*

Schwer: nat-m.$_{a1}$

Schwierigkeiten: alum.$_{bg2}$ **Am-m.** anac. ant-t. **Ars.** bell.$_{bg2}$ cann-s. caps. croc. echi.$_{bg2}$ gink-b.$_{sbd1}$ *Graph. Mag-c.* mag-m. mur-ac. *Phos.* plat. rhus-t. sep.$_{bg2}$
☞ *Erfolglose Anstrengungen / Verlegenheit*
– **Radfahren**, beim: visc.$_{sp1}$
– **Reisen**, auf: am-m.$_{a1}$ calc-p.$_{a1}$ mag-s.$_{a1}$ merc.$_{a1,kr1}$ mez.$_{a1}$ nat-c.$_{a1}$
☞ *Erfolglose Anstrengungen*

Schwimmen: adam.$_{srj5}$ *Bell.* chin-b.$_{kr1,st}$ hura iod. lyc. merc-i-r. ran-b. rhus-t. sol-t-ae.
☞ *Wasser*

Schwindel: sil.

Schwören, Hang zum: caj.$_{a1}$

Selbstmord: hydrog.$_{srj2}$ naja term-a.$_{bnj1}$

Selbstverherrlichung: saroth.$_{mg1}$

Sezieren:
– **Leichen**, von: cench.$_{k2}$ chel.$_{a1}$ iris ped.$_{a1}$ sang.
☞ *Autopsien*
– **Menschen**, von: cench.$_{k2}$

Seziert zu werden: gink-b.$_{sbd1}$

Siebte Sohn eines siebten Sohns; der: irid-met.$_{srj5}$

Singen politischer Lieder: asc-t.$_{a1,bg2}$

Skelette: op.
☞ *Leichen*

Soldat: bry.$_{j5}$ chel. haliae-lc.$_{srj5}$ nat-c.$_{j5}$
– **erschossen**, wird: am-m.
– **sein**; ein Soldat zu: chel.$_{a1}$
– **verfolgt** ihn: mag-s.

Sonne zu sein; in der: haliae-lc.$_{srj5}$

Sorgen, voller: alum.$_{a1,bg2}$ am-m.$_{bg2}$ apis$_{gt}$ *Ars.*$_{bg2,j5}$ caps.$_{bg2}$ carl.$_{a1,bg2}$ castm.$_{bg2,j5}$ caust.$_{bg2}$ crot-t.$_{bg2,j5}$ hydr.$_{a1}$ ign.$_{bg2}$ laur.$_{bg2}$ lyc.$_{bg2}$ mur-ac.$_{bg2,j5}$ nat-c.$_{bg2}$ nat-m.$_{bg2}$ nux-v.$_{bg2,j5}$ op.$_{bg2}$ phos.$_{bg2}$ rheum$_{bg2}$ rhus-t.$_{bg2}$ sabad.$_{a1}$ spong.$_{bg2}$ stront-c.$_{a1,bg2}$
☞ *Kränkung / Traurig*

Speisen: adam.$_{srj5}$ choc.$_{srj3}$ irid-met.$_{srj5}$ ptel.$_{a1}$
☞ *Essen / Kochen*
– **grüne** Speisen: neon$_{srj5}$

Spinnen (Handwerk): lachn.$_{a1,k}$ sars.

Spinnen (Tiere): carc.$_{zzh}$ cinnb. crot-c. sars.$_{h}$ ven-m.$_{jl}$
– **enorme**, behaarte Spinnen: *Crot-c.*$_{a1}$
– **Ochse**; so groß wie ein: cinnb.

Sprechen, lateinisch zu: lyss.$_{a1,kr1}$

Sprechen; mit jemandem zu: plb.$_{a1}$
☞ *Gespräche / Unterhaltung*

Springen: verat.
– **Höhe** herab; von einer: haliae-lc.$_{srj5}$
• **landen**; und problemlos, mühelos zu: marb-w.$_{es1}$
– **große** Sprünge: apis$_{a1}$ hydrog.$_{srj2}$
• **Luft**; wie ein Vogel durch die: apis$_{a1}$
– **Wasser**:
☞ *Wasser*
• **er** springt ins: tarent.$_{a1}$
• **Männer** springen ins: mag-s.

Sprünge; große
☞ *Springen - große*

Städte: bamb-a.$_{stb2}$ nat-m.$_{a1}$
– **schöne** Städte: bamb-a.$_{stb2}$
– **zerstört**, vom Feuer
☞ *Feuer - Stadt*

Stehlen:
☞ *Diebstahl - begangen*
– **Geld**: marb-w.$_{es1}$
– **Obst**: plb.
– **Pferd**, ein: rumx.
• **jemand** stiehlt sein: aether$_{a1}$

Steigen, zu: adam.$_{srj5}$ brass-n-o.$_{srj5}$ brom. hydrog.$_{srj2}$ hyper. mur-ac. rhus-t.

Steilhang
☞ *Abgrund*

Stein liege auf ihm; ein: kali-c.

Sterne: irid-met.$_{srj5}$ neon$_{srj5}$
– **Quasare**: neon$_{srj5}$
– **Sternschnuppen**: alum.

Stiere verfolgen ihn: ind. tarent.

Stimme, eine: rhus-t.al
☞ *Rufen*

– **abwesender** Personen; Stimmen: cham.gt

Stoßen; jemanden aus dem Fenster zu
☞ *Fenster - stoßen*

Streitigkeiten: alum. alum-sil.k2 am-c. am-m.bg2 anan. ant-c. apis aran-ix.jl *Arn.* ars.bg2,kr1 aur. aza.jl *Bapt.* bar-c. *Bell.* brom. *Bry.* calc. calc-act.al canth. carl. castm. *Caust.* cham. chin.bg2 con. *Crot-h.* culx.k2 ferr-p.bg2 guaj. guare. hep. hydr.bg2 indg.j5 kali-c.j5 *Kali-n.* lyc.bg2 m-aust.j5 *Mag-c.* mag-s. *Merc.*j5 mosch. nat-c. nat-m. nat-s. nicc. nit-ac.bg2 **Nux-v.** op. oxyg.st paeon. ph-ac. *Phos.* plat. *Puls.* raph.bg1 rat.j5 rheumbg2 sabin. *Sel.*k1 sep. sil. spig. *Stann.* staph. *Stram.*bg2 tarax. verat. zinc.
☞ *Aussöhnung / Beleidigungen / Beschimpft / Herausgefordert / Kämpfe / Verdrießlich / Versöhnung / Zorn*

– **Geld**, um: chin.
☞ *Geld - Streit*

– **Toten**; mit: kali-c.h,j5

– **Vater**, mit seinem: crot-h.al

Strom (Gewässer): com.
☞ *Wasser*

– **durchqueren**, einen Fluß zu Pferd: chr-ac.al,kr1

Stuhlgang: aloe androc.srj1 castn-v. psor. sars. zinc.
☞ *Exkremente - Fäzes*

– **Inkontinenz**: haliae-lc.srj5

Stürme: all-s. *Ars.* jac-c. mag-c. *Sil.*

– **Gewitter**
☞ *Blitz / Gewitter*

– **Schneestürme**
☞ *Schnee - Schneestürme*

– **See**, auf: all-c. sil.
☞ *Meer / Wasser*

Suchen; jemanden zu: carc.mg1,sp1,*

Sumpfschildkröte: cench.k2

Tadelt sich selbst; macht sich Vorwürfe: nat-m.al,h
☞ *Gewissensbisse*

Tanzen: gamb. mag-c. mag-m. mag-s. zing.
☞ *Bälle / Unterhaltung / ❑ Gemüt - Tanzen*

Telefone: irid-met.srj5

Teufel: apis arg-met. kali-c. lac-c. nat-c. nicc. op.gl1 sin-n.

Theater gehen zu sollen, aber nicht mit dem Ankleiden fertig zu werden; ins: mag-s.al,kr1

Tiefgehend, ausführlich: saroth.sp1

Tiere: adam.srj5 aloe alum.h am-c. *Am-m.* arg-n.bro1 **Arn.** bamb-a.stb2 bell. bov. cench.k2 cham. chlorpr.jl choc.srj3 cimic.al daph. gran. hura hydr. hydrog.srj2 hyos. hyosin.c1 lac-c.bro1 lyc. mag-m.j *Merc.* merl.c1 nicc.j *Nux-v.* op.bro1 *Phos.* phys. *Puls.* ran-s. sedi.al sil. staph.h sul-ac. sulph. tarent. verat.j

Tiere: ...
zinc.j

– **beißen**
☞ *Gebissen - Tieren*

– **essen**; lebende Tiere zu: hydrog.srj2

– **Form**; verändern ihre: adam.srj5

– **gefressen** zu werden; von Tieren
☞ *Gefressen - Tieren*

– **kopulierende**: cench.k2

– **leidende** Tiere: hydrog.srj2

– **schwarze**: arn.j5 *Puls.*

– **tote**: ptel.al,c1

– **verwandelt**; Frauen werden in
☞ *Frauen - verwandelt*

– **wilde**: guan.al huraal hyos.j5 lyc.al nux-v. sil. sulph. tarent.al
• **Spielen** mit: guan.al
• **verfolgen** ihn
☞ *Verfolgt - Tieren - wilden*

Tod: allox.sp1 alum. alum-p.k2 alum-sil.k2 alumn. am-c. anac.c1 arn. ars. ars-s-f.k2 aur. aur-ar.k2 aur-s.k2 brom. *Calc.* calc-f. calc-sil.k2 camph. carbn-s.k2 castm. chel. chin. chin-b.kr1,st chinin-ar. cocc. coff. con. cortico.sp1 crot-c.bro1 crot-h.k2 ferr-i. fl-ac. grat. haliae-lc.srj5 hura *Hydrog.*srj2 kali-ar. kali-c. kali-chl. kali-m.k2 kali-n. kali-s. kali-sil.k2 **Lach.** lyc. mag-m. mag-s. merc-c. nat-m. nat-s.j5 neonsrj5 nicc.j5 nit-ac. paeon. plan. plat.j5 raph. rat. rauw.sp1 rheumj5 rhus-v. saroth.sp1 sil. spong.al *Sulph.* tarent. thuj.al,j5 ven-m.jl

– **morgens**: calc.al

– **Freundes**, eines: allox.jl,sp1 bamb-a.stb2 coff. coff-t.al con. cortico.jl,sp1 fl-ac. kali-n. lach.al nicc.

– **Furcht** vor dem Tode zu verlieren; die: irid-met.srj5

– **Liegen** auf der linken Seite; beim: thuj.al,j5

– **Schatten** des Todes; vom: haliae-lc.srj5

– **steht** bevor: kali-c. kali-chl. sil. *Sulph.* tab.

– **Sterben**:
• **er** muß sterben: lach.k2 nit-ac. sil.
• **er** stirbt: am-c. arn. bov.j5 brom. camph. chel. cocc.j5 cortico.sp1 dulc. fl-ac. gels.c1 kali-chl.j5 rauw.sp1 sulph. *Thuj.*
☞ *Beerdigungen*
• **Entfernung** der Leiche aus dem Haus an; und ordnet die sofortige: fl-ac.

– **Vaters**; des
☞ *Verwandten*

– **Verwandten**, von: alumn. aran-ix.jl *Calc-f.* castm. chin. choc.srj3 fl-ac. gink-b.sbd1 grat. hydrog.srj2 levo.jl mag-s. mur-ac. nicc. paeon. plan. plat.
• **Vaters**; seines: alumn.al hydrog.srj2 mag-s.al
• **Mutter**; seiner: chin.al mur-ac.al

Toilette zu sein; auf der: psor.al
☞ *Exkremente*

Töten: adam.srj5
☞ *Ermorden / Mord*

– **Freund**, einen: allox.sp1
☞ *Mord*

– **tollwütigen** Hund, einen: rumx.
– **Vater**, ihren: castm.$_{a1}$

Toten; von
☞ *Leichen*

Totenglocke
☞ *Beerdigungen - eigene - Totenglocke*

Träumen; träumt davon zu: adam.$_{srj5}$

Traurig: alum.$_{bg2}$ ant-c.$_{bg2}$ *Ars.* asar.$_{bg2}$ asc-t. aur. aur-m.$_{k2,kr1}$ bamb-a.$_{stb2}$ cann-i. caps. carb-an. carbn-s. castm.$_{j5}$ caust. chin.$_{bg2}$ crot-t.$_{j5}$ graph. guare. ign. junc-e.$_{a1}$ laur. lepi. lyc. mag-c. manc. mosch.$_{bg2}$ mur-ac. nat-c.$_{j5}$ *Nat-m.* nit-ac. *Nux-v.* op. paeon. paull.$_{a1}$ peti.$_{a1}$ phos. plan. *Puls.* rat.$_{j5}$ *Rheum* rhus-t.$_{bg2}$ ruta$_{bg2}$ spong. stront-c. tarent. ust. zinc.
☞ *Sorgen / Weinen*

Treiben; ein Maultier zu
☞ *Maultier*

Treppen:
– **breite** Treppen: pall.$_{c1}$
– **Treppensteigen**: neon$_{srj5}$

Trinken: ars.$_{bro1}$ dros. med. nat-m.$_{bro1}$ phos.$_{bro1}$
☞ *Trinkgelage*
– **unmöglich**: arist-m.$_{a1}$

Trinkgelage: ars.$_{j}$ calc.$_{j}$ carb-an.$_{j}$ carb-v.$_{j}$ cham.$_{j}$ chin.$_{j}$ con.$_{j}$ graph. kali-c. kali-n.$_{j}$ led.$_{j}$ lyc. mur-ac.$_{j}$ nat-c. nat-m. nit-ac. nux-v. petr. sep.$_{j}$ sil. spong.$_{j}$ sulph. zinc.
☞ *Bankett / Essen / Schwelgerei / Trinken*

Triumph: bapt.$_{a1}$

Türen; Klopfen an: neon$_{srj5}$

Überfall durchzuführen; einen: hydrog.$_{srj2}$
– **Banküberfall**; einen: hydrog.$_{srj2}$

Überlegungen: *Ign.*$_{kr1}$

Übernatürlichem; von: asc-t.$_{a1}$

Überschwemmung: bamb-a.$_{stb2}$ mag-c. merc. nat-c. rumx. *Sil.*
☞ *Fallen - Fluten / Gefahr - Wasser / Wasser*

Umherzustreifen, querfeldein: **Rhus-t.**
☞ *Gehen / Wandern*

Umzug: lyc.$_{gt}$

Unangenehm: abies-n.$_{a1,kr1}$ agar. alum. ang. ant-t. apis aran-ix.$_{sp1}$ arg-met. arg-n.$_{k2}$ ars.$_{a1}$ asar.$_{j1}$ *Bell.*$_{kr1}$ bry. calc. calc-caust.$_{a1}$ calc-f.$_{kr1}$ cann-i.$_{a1}$ *Cann-s.*$_{gt,k}$ carbn-s. caust.$_{gt}$ cham. chin.$_{bg2}$ chr-ac.$_{a1}$ cic. *Cimic.* cina$_{bg2,j5}$ cit-v.$_{a1}$ cob-n.$_{j1}$ coca coff. coff-t.$_{a1}$ con.$_{a1}$ *Corn.*$_{a1,kr1}$ dig. fago. ferr. ferr-i. fl-ac. *Gels.*$_{a1,k}$ glon. hall$_{a1}$ ham. hydrog.$_{srj2}$ iber.$_{j1}$ ign.$_{bg2}$ iod. iris$_{a1}$ kali-bi.$_{gt,k}$ kalm. *Lac-c.*$_{kr1}$ lach. laur. levo.$_{j1}$ lil-t. luna$_{kg1}$ lyc.$_{a1,j5}$ lyss.$_{kr1}$ mand.$_{j1}$ merc. merc-c. merc-d.$_{a1}$ myric.$_{a1}$ nat-m. *Nat-s.*$_{kr1}$ nux-m. nux-v.$_{bg2}$ op.$_{bg2}$ ox-ac. peti.$_{a1}$ *Petr.*$_{kr1}$ plan. polyg-h.$_{a1}$ psil.$_{ft1,j1}$ ptel. rhus-t.$_{bg2}$ rumx. sang.$_{gt,k}$ senec.$_{kr1}$ sep. sil.$_{a1}$ staph. stry. **Sulph.**$_{gt,k}$ tarent. tell.$_{j1}$ tep.$_{a1}$ til.$_{a1}$ ust. wildb.$_{a1}$ ziz.$_{a1}$

Unangenehm: ...
☞ *Ekelhaft / Verdrießlich / Ängstlich*
– **Einschlafen**, beim: lyss.$_{kr1}$

Unerinnerlich, bleiben nicht im Gedächtnis: agar. agn. aloe arg-met. *Arn.* ars.$_{j5}$ *Aur.* bamb-a.$_{stb2}$ bapt. *Bell.* bov. *Bry.* bufo-s. cact. calc. calc-ar. calc-caust.$_{a1}$ canth. *Carb-ac.* carb-an. carb-v. *Carl.* *Chel.* choc.$_{srj3}$ chr-ac.$_{a1,kr1}$ *Cic.* cinnb. cob. coca cocc. con. croc.$_{bg2}$ eupi. fl-ac. franz.$_{a1}$ goss.$_{st}$ gran. haliae-lc.$_{srj5}$ *Hell.* hipp.$_{a1}$ hydr. *Hydrog.*$_{srj2}$ hyper. ign.$_{bg2}$ iod. ip. kali-i. lach. lact.$_{j5}$ laur. lipp.$_{a1}$ *Lyc.* *M-arct.*$_{j5}$ mag-c. mag-m. mang. meny. merc. mez. mur-ac. myric. naja nat-c. *Nat-m.* nat-s. nicc. nux-m.$_{j5}$ ol-an. ox-ac. paeon. peti.$_{a1}$ petr.$_{h,j5}$ ph-ac. phel. phos. pip-m.$_{a1}$ plan. plat. plect.$_{a1}$ rhus-t.$_{bg2}$ *Sabad.*$_{j5,k}$ samb. sars.$_{bg2}$ *Sel.* seneg. sin-a.$_{a1}$ *Spig.* spirae.$_{a1}$ stann. staph. stram.$_{bg2}$ sul-ac. *Sulph.* *Tarax.* tarent. til. *Verat.*

Unfälle: allox.$_{j1,sp1}$ am-m. androc.$_{srj1}$ ant-c. arn. **Ars.** bamb-a.$_{stb2}$ bell. calc.$_{bro1}$ cham. chin. cinnb. con. *Dig.*$_{bro1}$ germ-met.$_{srj5}$ **Graph.** ind. iod. iodof. jab. kali-c. kali-s.$_{k2}$ kreos. lyc. mag-m.$_{h}$ mand.$_{mg1}$ mez.$_{bro1,h}$ nat-s. nit-ac.$_{bro1}$ *Nux-v.* puls. rumx. sars. sil.$_{bro1}$ sul-ac. sulph. thuj. verat.$_{bro1}$
☞ *Explosion / Unglück / Unheil*
– **Blitz** getroffen zu werden; vom: *Arn.*
☞ *Blitz - getroffen*
– **Boot** geht unter: alum. bamb-a.$_{stb2}$ lyc. sil.
☞ *Boot*
– **Ertrinken**: aether$_{a1}$ alum. bov. ign. kali-c. lyc. mag-s.$_{j5}$ merc. merc-act.$_{a1,j5}$ merc-i-f. nicc. ran-b. rauw.$_{sp1}$ rumx. samb. sil. verat. verat-v.$_{kr1}$ zinc.
• **Mann** ertrinkt: sol-t-ae.
• **Menschen** ertrinken: mag-s.$_{j5}$ verat.$_{a1}$
• **Mutter** ertrinkt, seine: nicc. rauw.$_{sp1}$
– **Explosion**: stann.
– **Flugzeugabsturz**: graph.$_{dgt}$ mand.$_{mg1}$ sulph.$_{dgt}$
– **tödlicher** Unfall: cham.$_{hr1}$ **Graph.**$_{gt,hr1}$ *Nux-v.*$_{hr1}$ puls.$_{gt}$ sars.$_{gt,hr1}$ sul-ac.$_{gt}$

Ungeheuer: aloe hydr.

Ungeziefer: alum.$_{bg2}$ am-c. bell.$_{bg2}$ bov.$_{j}$ chel. colch. gamb. kali-c.$_{j}$ lac-c. mag-s. mur-ac. *Nux-v.* ped.$_{c1}$ phos. ran-s.$_{j}$ sep. sil.$_{bg2}$ sphing.$_{kk3}$
☞ *Insekten / Läuse*

Unglück: alum. *Am-m.* anac. ant-c. *Arn.* *Ars.* ars-s-f.$_{k2}$ aur-m.$_{a1}$ bamb-a.$_{stb2}$ bar-c. bar-m. bar-s.$_{k2}$ *Bell.* cann-s. carb-an. *Cham.* *Chin.* chinin-ar. clem. cocc. croc. **Graph.** guaj. ign. iod.$_{j5}$ *Kali-ar.* kali-bi.$_{gt}$ *Kali-c.* kali-m.$_{k2}$ kali-n. kali-p. kali-s. kreos.$_{j5}$ laur. led. **Lyc.** mag-c. mag-m.$_{j5}$ mang. *Merc.* mur-ac. nat-s.$_{j5}$ nicc.$_{j5}$ **Nux-v.** op. petr.$_{bg2}$ ph-ac. *Phos.* **Puls.** ran-b. rhus-t. rhus-v.$_{a1}$ rhus-ver.$_{j5}$ sars. sel. spong. stann. staph. *Sul-ac.* *Sulph.* tarent. **Thuj.** verat. verb. zinc. zinc-p.$_{k2}$
☞ *Ereignisse - unheilvolle / Unfälle / Unheil / Verlust*

Unheil: sars.
☞ *Unfälle / Unglück*

Unrat fällt auf sie herab: mag-m.

Unrecht zu tun: cocc.bg2
☞ *Verbrechen / Verbrechen - angeklagt*
– **Andere** würden Unrecht tun: dros.gt
– **er** habe Unrecht getan: germ-met.srj5

Unsichtbar; sie wäre: adam.srj5

Untergehendes Boot
☞ *Boot*

Unterhaltung; von (= Entertainment): nat-c.a1
☞ *Bälle / Gespräche / Tanzen*

Unternehmungslustig: bar-c.j5 senec.a1,j5 sulph.j5
– **Tage**; von den Abenteuern am: bry.gt cic.gt rhus-t.gt

Unterwäsche
☞ *Kleidung - Unterwäsche*

Unterwürfigkeit wie ein Diener: lyss.a1,kr1,*

Unwichtig: alum.bg2 anac.bg2 arg-met.bg2 ars.bg2 bell.bg2 *Bry.*bg2 canth.bg2 cham.bg2 chel.bg2 *Chin.*bg2 cic.bg2 cinabg2 clem.bg2 cocc.bg2 coff.bg2 con.bg2 euph.bg2 ferr-i.a1,bg2 hep.bg2 ign.bg2 kali-c.bg2 kali-n.a1,bg2 lach.bg2 lyc.bg2 lycps-v.a1,bg2 *Mag-c.*a1,bg2 merc.bg2 nat-m.bg2 *Nux-v.*bg2 peti.a1,bg2 *Ph-ac.*a1,bg2 phos.bg2 plat.bg2 *Puls.*bg2 rhod.bg2 *Rhus-t.*bg2 sabin.bg2 sars.bg2 sel.bg2 *Sep.*bg2 sil.bg2 stann.bg2 staph.bg2 stront-c.a1,bg2 *Sulph.*bg2 viol-t.bg2

Unzusammenhängend, zusammenhanglos: agar. *Apis*kr1 *Arn.* cadm-s.a1,kr1 chel. chin. cina cinnb. coca crot-t. equis-h. grat. guare.a1 hir.jl lyc. *Lyss.*kr1 myris. phos. plan. plat. *Puls.* sil. sol-t-ae. sulph.
☞ *Verworren*

Urin beschmutzt zu sein; mit: zinc.j5

Urinieren: am-br. bamb-a.stb2 bell.k2 chr-ac.kr1 *Kreos.* lac-c.a12,k lyc. merc-i-f. sapin.a1 *Seneg. Sep.* sulph.
– **Harndrang**: kali-n.a1 kreos.a1,j5 merc-i-f.a1
– **Nachtgeschirr**; in das: sep.a1 sulph.a1
– **Strangurie**; er hätte einen Anfall von: chr-ac.hr1

Vampire: psil.ft1

Vater: alumn.a1 am-m.a1 castm.a1 crot-h.a1 granit-m.es1 kali-c.a1 mag-s.a1

Verachtung: tarent.a1

Verätzen des Armes
☞ *Körperteile - Arm - Verätzen*

Verbrechen: carbn-s.a1 cocc.j5 hura hydrog.srj2 nat-m. nat-s. nit-ac. petr.j5 rumx.
☞ *Schuld / Unrecht / Verleumdung*
– **angeklagt** zu werden; fälschlich eines Verbrechens: choc.srj3 clem. sil.h
☞ *Mord / Unrecht*
– **begehen**; ein Verbrechen zu: hydrog.srj2
• **er** hätte ein Verbrechen begangen: cocc. germ-met.srj5 nat-s. nit-ac.a1 petr.
– **spricht** ihn vom Verbrechen frei; sein Gewissen: thuj.a1

Verdrießlich: acon.bg2,j5 *Aeth.*a1 agar. *Alum.* alum-p.k2 alum-sil.k2 am-c. am-m. *Ambr.* anac. ang.bg2 ant-c. ant-t.a1 apis arn.bg2 *Ars.* ars-s-f.k2 **Asar.** asc-t.a1 aur.a1 aur-m.a1 aur-s.a1 bapt.a1 bell-p.mg1,sp1 borx. bov. *Bry.* calc. calc-sil.k2 *Cann-i.* cann-s.bg2 carbn-s.k2 *Caust.* cham. chel.bg2 chin. chinin-ar. choc.srj3 *Cimic.*a1,bg2 cina cinnb.a1 cocaa1 cocc.bg2 coloc.a1 *Con.* dig. dros. elapsa1 erio.a1 *Gamb. Gels.* **Graph.** grat.j5 hep. hydr.a1 hydrog.srj2 *Ign.* irisa1 jug-c.a1 junc-e. kali-chl. kali-m.k2 kali-n. kiss.a1 kreos.bg2 lach.bg2 led.bg2 lil-t.a1 linu-c.a1 lyc. lycps-v.a1 *M-arct.*j5 m-aust.j5 macro.a1 mag-c. mag-m. mag-s. mang. menth-pu.a1 merc-i-r.a1 mit.a1 *Mosch.* mur-ac. murx.a1 nat-ar. nat-c. *Nat-m.* nat-p. nat-s. *Nit-ac.* *Nux-v.* op. petr.h,j5,* ph-ac. phel.j5 phos. plan. plat. plb.a1 ptel. puls.bg2,j5 rat. rheumj5,kr1 rhus-g.a1 *Rhus-t.* rumx.a1 rutah,j5,* sabad.a1 sabin.bg2 sang.a1 sars. scut.a1 sep. sil. sol-t-ae. spong. *Staph.* stront-c.bg2 sul-ac.j5 **Sulph.** tarent.a1 thuj.a1 ust.a1 zinc.
☞ *Mühevoll / Streitigkeiten / Unangenehm / Zorn / ❑ Gemüt - Beschwerden durch - Tadel*
– **Kindern**, bei: *Ambr.*kr1

Verfolgt zu werden: adam.srj5 allox.jl,sp1 androc.srj1 arg-met. atro. bell. germ-met.srj5 hir.jl hydr.a1 kreos. mag-m.dgt mag-s.j5 nux-m. nux-v. ped.a1 ph-ac. sep. *Sil. Sulph.* verat. *Zinc.*
☞ *Fliehen / Laufen*
– **Feinden**, von: con.
– **Gespenstern**, von: sil.
– **Katzen** und Hunden; von: *Nux-v.* sil. verat.
– **Krokodilen**, von: sedi.a1
– **laufen**, muß rückwärts: sep.
– **Mann**, von einem:
• **vergewaltigen**; um sie zu: *Cench.*st kali-n.a1 kreos.
☞ *Vergewaltigung*
– **Ochsen**, von einem: eupi. hipp.a1 ~~manc.a1,xxx~~ tet.a1
– **Pferden**, von: allox.jl,sp1 alum.
– **Polizei**; von der: mag-m.dgt marb-w.es1
– **Räubern**, von: mag-m.
– **Riesen**, von: bell.
– **Soldaten**, von: mag-s.
– **Stieren**, von: ind. tarent.
• **wütenden**: ind.
– **Tieren**, von: allox.jl,sp1 alum. cench.k2 eupi. hipp.a1 ind. nux-v. sil. *Sulph.* tarent. tet.a1 verat.
• **wilden**: allox.jl,sp1 alum. cench.k2 eupi. hipp.a1 hydr.a1 ind. led.a1 nux-v. sil. *Sulph.* tarent. tet.a1 verat.

Vergangenheit
☞ *Ereignisse - vergangene*

Vergewaltigung: *Cench.*k2,st germ-met.srj5 haliae-lc.srj5 kreos.j5 petr. sep.j5
– **Androhung** von Vergewaltigung: cench.k2 sep.
– **verfolgt** zu werden, um vergewaltigt zu werden
☞ *Verfolgt - Mann - vergewaltigen*
– **werden**; vergewaltigt zu: granit-m.es1

Vergiftet zu werden: chr-ac.$_{a1}$ *Kreos.* nat-m. oci.

☞ *Ermordet - werden*

– **selbst**; durch sich: kali-n.$_{a1}$

Verhaftung: clem. mag-c.

☞ *❑ Gemüt - Wahnideen - eingesperrt*

– **Haft**

☞ *Gefangener - gefangengenommen / Haft*

– **werden**; verhaftet zu: clem.$_{gt}$

Verirren, sich zu: adam.$_{srj5}$ irid-met.$_{srj5}$ mag-c.$_{j5}$ mag-m.$_{j5}$ nat-c.$_{h,j5,*}$ sep.$_{j5}$

☞ *Verirrt - Gebirge / Wald - verirren*

Verirrt zu haben; sich:

– **Gebirge**, im: ind.$_{a1,kr1}$

☞ *Verirren*

– **Hause**, zu: choc.$_{srj3}$ mag-c.$_{h,j5}$

– **Wald**, in einem: am-m. ind. mag-c. mag-m. mag-s. sep.

Verlassen zu sein:

– **Mutter**; von ihrer: gink-b.$_{sbd1}$

– **Vater** nicht auf einer Reise begleiten; er kann seinen: mag-s.$_{a1}$

Verlegenheit: allox.$_{sp1}$ alum. *Am-m.* *Ars.* graph. mag-c. phos.

☞ *Erfolglose Anstrengungen / Schwierigkeiten / ❑ Gemüt - Beschwerden durch - Verlegenheit*

Verletzungen: allox.$_{sp1}$ am-m. ant-c. cench.$_{k2}$ chel.$_{a1}$ chin. choc.$_{srj3}$ cortico.$_{sp1}$ lob.$_{kr1}$ *Mag-s.*$_{j5}$ nat-s. nicc.$_{j5}$ phos. sumb.

☞ *Verwundet*

– **Maschinen**, durch: cortico.$_{sp1}$

– **selbst** zugefügte; sich: nicc.

Verleumdung: mosch.

☞ *Beschuldigungen / Beschuldigungen - Verbrechens / Verbrechen*

Verliebt zu haben; sich

☞ *Erotisch - verliebt*

Verlieren; etwas zu:

– **Familie**; seine: choc.$_{srj3}$

Verlust, entmutigender: *Meph.*$_{a1}$

☞ *Unglück*

Vernachlässigen; andere zu:

– **Kinder**

☞ *Kindern - vernachlässigen*

Vernünftig: aur.$_{a1}$

Verpassen; etwas zu:

– **Zug**; den: lac-c.$_{hr1}$ lac-d.$_{al2}$

☞ *Erfolglose*

Verraten worden zu sein: adam.$_{srj5}$ sil.$_{h}$

Verrückt zu sein: aloe ferr-p.$_{bg2}$

☞ *❑ Gemüt - Geisteskrankheit*

– **Mann**, ein: apis

Versagen, Fehlschlägen; von: am-m.$_{a1}$ fago.$_{a1,j5}$ ign.$_{j5}$ mosch.$_{j5}$ op.$_{j5}$

☞ *Erfolglose Anstrengungen*

Verschlucken; Stecknadeln zu: merc.$_{a1,j5}$

Verschwörungen: mosch.$_{a1}$ ped.$_{a1}$

Versöhnung: bamb-a.$_{stb2}$

Verstorbenen, von: alum.$_{bg2}$ am-c.$_{kr1}$ *Anac.* ange-s.$_{jl}$ ant-c.$_{bg2}$ *Arg-n.* *Arn.* **Ars.** ars-i. ars-s-f.$_{k2}$ aur. aur-ar.$_{k2}$ aur-s.$_{k2}$ bar-act.$_{a1}$ bar-c. bry. calad. *Calc.* calc-ar. calc-f. calc-i.$_{k2}$ *Calc-sil.* cann-i. carbn-s. caust. cench.$_{k,k2}$ *Chel.*$_{k1}$ chin-b.$_{k1}$ coca$_{a1}$ cocc.$_{bg2}$ cod.$_{a1}$ con. convo-d.$_{a1}$ *Crot-h.* culx.$_{k2,st}$ elaps ferr. ferr-i.$_{k2}$ goss.$_{st}$ *Graph.* hydrog.$_{srj2}$ iod. iris kali-ar. *Kali-c.* kali-n.$_{j5}$ kali-sil.$_{k2}$ laur. lepi.$_{a1}$ lipp.$_{a1}$ *Lyc.* **Mag-c.** mag-m. mag-s. *Med.*$_{k,k2}$ mur-ac.$_{bg2}$ nat-c.$_{a1,j5}$ nat-p.$_{a1,k2}$ nat-s.$_{j5}$ nicc.$_{j5}$ nit-ac.$_{bg2}$ nux-v.$_{j5}$ ol-an. paull.$_{a1}$ ph-ac. *Phos.* plat. plumbg.$_{a1}$ ran-b.$_{bg2}$ ran-s.$_{bg2}$ rat.$_{j5}$ rauw.$_{sp1}$ rheum$_{bg2,j5}$ saroth.$_{jl,mg1,*}$ sars.$_{bg2,j5}$ sil. sin-n. spong.$_{bg2}$ sul-ac. sul-i.$_{k2}$ *Sulph.* **Thuj.** verb.$_{bg2}$ vip-a.$_{jl}$ zinc.$_{bg2}$

– **Ehefrau**: aran-ix.$_{mg1}$

– **Frau** erwacht wieder zum Leben; eine tote: hydrog.$_{srj2}$

– **Freunde**:

• **längst** verstorbene: *Arg-n.*$_{hr1,k}$ cedr.$_{a1}$ coca$_{a1}$ con.$_{h}$ ferr. nat-c.

• **sprechen**; mit verstorbenen Freunden zu: lepi.$_{a1}$

– **Kinder**: granit-m.$_{es1}$

– **Kleinkinder**: cench.$_{k2}$

– **Menses**, während: goss.$_{st}$

– **Schlafen** auf dem Rücken, beim: arn.

• **linken** Seite, auf der: *Thuj.*

– **Verwandte**: caust.$_{h}$ ferr. fl-ac. hydrog.$_{srj2}$ kali-c.$_{h}$ mag-c. mag-s. rheum sars.

Verstümmelung: adam.$_{srj5}$ androc.$_{srj1}$ ant-c. arn.$_{br1,j5}$ con. hura m-arct.$_{j5}$ mag-c. mag-m.$_{h,j5}$ merc. *Nux-v.*

☞ *Grausamkeit / Mißhandlung*

– **anderer**

☞ *Schneiden - Andere*

Verwandte: merc-i-r.$_{a1}$ oci.$_{a1}$

☞ *Familie*

– **Tod** von Verwandten

☞ *Tod - Verwandten*

– **verstorbene** Verwandte

☞ *Verstorbenen - Verwandte*

Verwirrung:

– **sexuelle** Identität; in bezug auf die: irid-met.$_{srj5}$

Verworren: *Acon.* agar. agar-ph.$_{a1}$ aloe *Alum.* alum-sil.$_{k2}$ am-c. ammc. anag. androc.$_{srj1}$ ang.$_{h,j5,*}$ ant-t. apis arg-n. asc-t.$_{kr1}$ bamb-a.$_{stb2}$ bar-act.$_{a1}$ bar-c. bart.$_{a1}$ bism. brach. bruc.$_{j5}$ *Bry.* cadm-s.$_{kr1}$ calad. *Calc.* calc-act.$_{a1}$ calc-f. calc-sil.$_{k2}$ camph. *Cann-s.* canth. carb-an. carl. caust. cedr. cench.$_{k2}$ *Chel.* *Chin.* chinin-s. choc.$_{srj3}$ *Cic.* cina$_{bg2,j5}$ clem. *Coff.* coff-t.$_{a1}$ coloc. con. *Croc.* *Cupr-act.*$_{kr1}$ cycl. cyt-l.$_{mg1}$ dig. digin.$_{a1}$ digox.$_{a1}$ *Dulc.* equis-h. erig. ery-a. eug.$_{j5,kr1}$ euph. euphr. eupi. *Ferr.* ferr-i. ferr-ma.$_{j5}$ ferr-p. gast.$_{a1}$ *Glon.* granit-m.$_{es1}$ grat.$_{j5}$ *Hell.* hydr. hydr-ac.$_{bro1}$ hydrog.$_{srj2}$ hyper. *Ign.* iod.

Verworren: ...
iodof.kr1 *Kali-br.* kali-cy.a1 kiss.a1 laur. led. lina.a1 *Lyc.* *Lyss.*kr1 m-aust.j5 mag-c. mag-s. mang. *Menis.*a1 mez. nat-ar. *Nat-c.* *Nat-m.* nat-p. nicc. nit-ac. *Nux-v.* petr. phos. plat. plb.bg2,j5 podo.c1 **Puls.** puls-n.a1 rumx. ruta *Sabad.* sabin. sel. senec. *Sep.* sil. sin-a.a1 sol-t-ae.a1 spig. spirae.a1 *Stann.* stram. sul-i. *Sulph.* thuj. til. valer. verat. wildb.a1
☞ *Unzusammenhängend*
– **morgens**: chinin-s.a1
– **nachmittags**:
• **14** h: sulph.a1
• **Mittagsschlaf**, beim: plat.h
– **nachts**:
• **Mitternacht**:
• **nach**: chin.
– **Einschlafen**, beim: nat-c.h

Verwundet zu werden: ant-c. chel.a1 lob.kr1 *Mag-s.*j5
☞ *Krankheit - Wunden / Kämpfe / Verletzungen*

Viele: abrot.a1 acon. aconin.a1 agar. agn.bg2 alco.a1 all-c.a1 **Alum.**k1,st *Am-c.*k1,st *Am-m.*k1,st ambr.bg2,j5,* aml-ns.a1 ammc.a1 anac.bg2 ang. ant-c.bg2,h,* ant-s-aur.a1 ant-t.a1,bg2 *Apis* arg-met.a1,bg2 arg-n.a1 arist-m.a1 *Arn.*k1,st *Ars.*bg2,j5,* asaf. asar.bg2 asc-t.a1 astac.a1 atro.a1 aur.bg2 bals-p.a1 bapt.a1 bar-c. bart.a1 **Bell.**k1,st benz-ac.a1 berb.a1 bism.bg2 bol-la.a1 bond.a1 borx.bg2 bov. brach.a1 brom.bro1 **Bry.**k1,st bufo-s.a1 cact.a1 caj.a1 calad.a1,bg2 **Calc.**k1,st calc-caust.a1 calc-f.a1 calc-p.a1,j5 camph.bg2,j5 cann-i.a1 canth.bg2,j5 caps. carb-ac.a1 carb-an.bg2 *Carb-v.* carbn-s.a1 card-m.a1 carl.a1 casc.a1 castor-eq.a1 *Caust.*h,j5,* celt.a1 *Cham.*bg2,j5,* chel.bg2,j5,* **Chin.**k1,st chinin-s.a1 chr-ac.a1 cic. cimic.a1,j1 cina bg2,j5 cinnb.a1 clem. cob.a1 coc-c.a1 coca a1 cocc.bg2 cod.a1 coff.a1,bg2 coff-t.a1 colch.a1 *Coloc.*k1,st com.a1 **Con.**h,j5,* cor-r.j5 cori-r.a1 cortico.mg1 cortiso.mg1 croc.bg2,j5 crot-t.a1,j5 culx.k2 cund.a1 cupr.h,j5,* cupr-act.a1 *Cycl.*a1,bg2 dig.h,j5,* digin.a1 digox.a1 dios.a1 dirc.a1 dros.bg2 dulc.a1,bg2 equis-h.a1 euph.bg2 euphr.a1,bg2 eupi.a1 fago.a1 *Ferr.*k1,st ferr-i.a1 ferr-p.k2 fl-ac.a1 form.a1 franz.a1 gal-ac.a1 gamb.a1 gast.a1 gels.a1 gins.a1 glon.a1 *Gran.*a1,j5 *Graph.*k1,st grat.j5 guaj.h,j5,* hall a1 ham.a1 *Hell.*a1,bg2 *Hep.*h,j5,* hipp.a1 hydr.a1 hyos.a1,bg2 hyosin.a1 hypo.a1 *Ign.*k1,st ind.a1 iod.h,j5,* ip.bg2 jab.a1 jal.a1 jug-r.a1 kali-bi.a1 kali-br.a1 **Kali-c.**k1,st kali-cy.a1 kali-n.h,j5 kali-s.k2 kiss.a1 **Kreos.**bg2,j5,* lac-ac.a1 *Lach.* lact.a1,j5 laur.bg2 led.bg2 lil-t.a1 lob.j5 lob-c.a1 **Lyc.**k1,st lycps-v.a1 *M-arct.*j5 *Mag-c.* mag-m. mag-s. *Mang.* menis.a1 meny.bg2 meph.j1 *Merc.*k1,st merc-i-r.a1 merc-sul.a1 merl.a1 *Mez.*bg2,j5,* mosch.a1,bg2 mur-ac.a1,bg2 myric.a1 naja a1 nat-ar.a1 nat-c. *Nat-m.*k1,st nat-p.a1 *Nat-s.*j5 nicc.j5 **Nit-ac.**k1,st nux-m.bg2 **Nux-v.**k1,st olnd.bg2 op.a1,bg2 ox-ac.a1 paeon.a1 *Par.* peti.a1 petr. **Ph-ac.**k1,st **Phos.**k1,st phys.a1 pic-ac.a1 pimp.a1 pip-m.a1 plan.a1 plat.a1,bg2 plb. polyg-h.a1 prun.a1,j5 psor.a1 ptel.a1 **Puls.**k1,st puls-n.a1 ran-b.bg2,j5,* ran-s.bg2 rheum bg2 *Rhod.*bg2,j5,* rhus-g.a1 *Rhus-t.* rhus-v.a1 ruta a1,bg2 sabad. sabin.bg2 samb.bg2,j5,* sars.bg2 sec.bg2 sel.bg2,j5,* senec.a1,bg2 seneg.bg2,j5,* *Sep.*k1,st **Sil.**k1,st sin-n.a1 sol-ni.a1 solin.a1 spig.h,j5,* *Spong.*h,j5,* squil.bg2 *Stann.* *Staph.*k1,st stram. stront-c. sul-ac.bg2,j5,* **Sulph.**k1,st sumb.a1 tab.a1 tarax. tarent.a1 *Ter.* teucr.bg2,j5,* ther. thuj. tril-c.a1 ~~tril-p.a1,xxx~~ **Tub.**k1,st tus-p.a1 valer.a1,bg2 verat.a1,c1 verat-v.a1 verb.bg2 viol-t.bg2 wies.a1 wildb.a1 *Zinc.*h,j5,* zing.a1
☞ ❑ *Schlaf - Träumen*
– **Kindern**, bei: valer.j5
– **stürmen** auf ihn ein, drängen sich auf: kali-c.j5 sep.j5 *Sil.*j5,kr1 thuj.j5

Visionär: aloe am-c. ambr.bg2 *Anh.*mg1,sp1 ant-t.bg2 arn. ars.bg2,j5 bar-c.bg2 bell. bufo bg2 *Calc.* calc-sil.k2 camph. carb-an. *Carb-v.*bg2,j5 cham. chin. coloc. *Con.*bg2,j5 graph. hell.bg2 *Kali-c.* *Kali-n.* kali-sil.k2 *Lach.* lachn. led.j5 *Lyc.* merc.bg2 mur-ac. nat-c. *Nat-m.* nicc. nit-ac.bg2,j5 *Nux-v.* *Op.* *Petr.* plan. prun.j5 sep. *Sil.* *Spong.* sulph. zinc.bg2,j5 zinc-o.j5
☞ *Hellsichtig / Phantastisch /* ❑ *Gemüt - Furcht - geschehen /* ❑ *G~ Hellsehen /* ❑ *G~ Prophezeit*
– **schrecklich**: bell.a1

Vögel: com.a1
– **große** schwarze Vögel: choc.srj3
– **Kraniche**; weiße: irid-met.srj5

Vulgäre Szenen: chin-b.kr1,st

Wachsende Dinge: choc.srj3 kreos.j5

Waggons: nux-v.gl1 senec.a1

Wahnsinnig:
– **Mann** wird wahnsinnig: apis a1
– **werden**, zu: aloe a1 ferr-p.bg2

Wahr; Träume erscheinen beim Erwachen: am-m. anac.j5,j1 *Arg-met.* arn.j5 cina k2 hydrog.srj2 hyos.k2 nat-c. nat-m. verat.

Wahr; Träume werden
☞ *Hellsichtig*

Wald: canth. com.a1 mag-m. sep.
☞ *Gehen - Wald*
– **verirren**; sich im Wald zu: mag-m.j5 sep.j5

Wale: irid-met.srj5

Wandern: cench.a1,k2 stram.a1 zing.a1
☞ *Gehen / Umherzustreifen*

Wanzen: kres.j1,mg1 myric.a1
☞ *Insekten / Käfer*

Warzen: mez.

Wasser: adam.srj5 *All-c.* *All-s.* alum. **Am-m.** androc.srj1 arg-n. arn.k2 *Ars.* *Bamb-a.*stb2 *Bell.* bol-la.a1 bov. carb-v. chin. chr-ac.a1,kr1 com. *Dig.* eupi. *Ferr.* gink-b.sbd1 *Graph.* hura ign. iod. *Kali-c.* kali-n. kali-sil.k2 kalm. *Lyc.* mag-c. mag-m. mag-s. *Meph.* *Merc.* merc-i-r. murx. nat-c. nat-m. nat-s. neon srj5 nicc. ox-ac. ran-b. rhus-t. sang. *Sil.* sol-t-ae. sulph. tarent. valer. verat. *Verat-v.* zinc.
☞ *Baden / Ertrinken / Fallen - Wasser / Fische / Gefahr - Wasser / Gehen - Wasser / Meer / Reisen - Schiff ...*

Wasser: ...
  ☞ *Rudern / Schiff fahren / Schwimmen / Springen - Wasser / Strom / Stürme - See / Vampire / Waten*
– **mittags**: nat-m.$_{a1}$
– **Boot** sinkt
  ☞ *Boot*
– **fauliges**: *Arg-n.*$_{hr1,k}$
– **gegossen**; wird auf ihn: ox-ac.
– **Gehen** auf dem Wasser:
  • **Bekannte**, die auf dem Wasser gehen; sieht: ped.$_{a1}$
– **gelbes**: hura
– **schlammiges**, trübes: ars.$_{gt}$
– **schwarzes**: *Ars.*
– **Tochter** ist im Wasser und schreit um Hilfe: nat-s.
– **Wasserfall**: adam.$_{srj5}$
– **waten**; in Wasser zu: ant-t.$_{j5}$ merc-i-r.
  • **Schlangen**; mit: alum.
– **Wellen**:
  • **Abflußrohr**; kommen aus dem: bamb-a.$_{stb2}$
  • **Kopf**; im:
    • **Schwindel**; verursachen: bamb-a.$_{stb2}$

Wasserski zu laufen: adam.$_{srj5}$

Waten:
– **Exkrementen**; in: iod.
– **Schnee**; in
  ☞ *Schnee - waten*
– **Wasser**, in
  ☞ *Wasser - waten*

Wecken den Patienten: *Acon.*$_{j5,kr1}$ agar. am-c.$_{j5}$ *Am-m.*$_{h,j5}$ aml-ns.$_{gt}$ ang.$_{kr1}$ ant-c.$_{h}$ *Ant-t.*$_{j5,kr1}$ arg-met.$_{j5}$ arg-n.$_{kr1}$ *Arn.* *Ars.*$_{h,j5}$ asc-t.$_{kr1}$ atro. aur. bad. bar-c. *Bell.* *Bov.*$_{j5}$ bry. cain.$_{kr1}$ calad.$_{gt}$ *Calc.*$_{h,j5,*}$ calc-f.$_{kr1,sp1}$ *Camph.*$_{kr1}$ cann-s.$_{j5,kr1}$ carb-v.$_{h,j5,*}$ carc.$_{sp1}$ casc.$_{a1,kr1}$ *Cham.* chel.$_{bg2}$ *Chin.*$_{j5,k1,*}$ chr-ac.$_{kr1}$ *Cic.*$_{bg2}$ *Cina*$_{bg2,j5}$ cinnb.$_{j5}$ clem.$_{h}$ cob.$_{gt}$ coca coff.$_{bg2}$ colch. coloc. con.$_{h}$ corn.$_{a1}$ cupr.$_{j5}$ cycl.$_{j5}$ dicha.$_{mg1}$ *Dig.*$_{j5,kr1}$ dros.$_{j5}$ dulc.$_{j5}$ *Erig.*$_{mg1}$ euph.$_{j5}$ *Ferr-ma.*$_{j5}$ gran. graph. grat.$_{j5}$ *Hep.* hyos.$_{gt}$ hyper. *Ign.*$_{bg2,j5}$ indg.$_{j5}$ ip.$_{j5}$ kali-bi.$_{bg2}$ *Kali-c.*$_{j5}$ *Kali-chl.*$_{j5}$ *Kali-i.*$_{j5}$ kali-n.$_{h,j5,*}$ kreos.$_{j5}$ *Lach.*$_{bg2,j5}$ lam.$_{j5}$ laur.$_{j5}$ led.$_{h,j5,*}$ lob.$_{kr1}$ lyc. lycpr.$_{j5}$ lyss. *M-arct.*$_{j5}$ m-aust.$_{j5}$ mag-c.$_{k1}$ *Mag-s.*$_{j5}$ *Mang.*$_{j5}$ *Meph.*$_{a1,kr1}$ *Merc.* *Mez.*$_{j5,kr1}$ mosch.$_{gt}$ mur-ac.$_{j5}$ murx.$_{j5}$ *Nat-c.*$_{j5}$ nat-m. *Nat-s.*$_{j5,kr1}$ *Nicc.*$_{j5}$ nit-ac.$_{j5}$ *Nux-v.* olnd.$_{j5}$ *Op.*$_{j5}$ par.$_{j5}$ *Petr.*$_{j5}$ *Ph-ac.* phos. plan. plat.$_{h}$ puls. rat.$_{j5}$ rheum$_{bg2}$ rhus-t.$_{j5}$ ruta$_{h}$ sabad.$_{j5}$ *Sabin.*$_{bg2,j5}$ sars. *Sep.*$_{h,j5}$ sil. *Spig.*$_{j5}$ spong.$_{j5}$ stann. staph. *Stront-c.*$_{bg2,j5,*}$ **Sulph.** tab.$_{j5,sf1}$ *Teucr.*$_{j5}$ *Thuj.*$_{h,j5,*}$ verat.$_{h,j5,*}$ verb.$_{j5}$ *Zinc.*$_{h,j5,*}$
  ☞ *❑ Schlaf - Erwachen - Träume*
– **tagsüber** im Sitzen: acon.$_{a1}$
– **morgens**: lyc.$_{a1}$
  • **6** h: rhus-t.$_{a1}$
– **vormittags**, im Sitzen: ant-t.$_{a1}$
– **abends**: sulph.$_{a1}$
– **nachts**:
  • **Mitternacht**: fl-ac.$_{a1}$ zinc.$_{a1}$
    • **nach**: mez.$_{a1}$

Wecken den Patienten **- nachts**: ...
  • **Hinlegen**, nach dem: acon.$_{a1}$
– **Ejakulation**; träumt von Koitus, nach dem Erwachen Gefühl, wie nach einer: am-c.$_{gt}$
– **häufig**: alum.$_{a1,kr1}$ cina$_{a1}$ euphr.$_{a1}$ lyc.$_{a1}$ nat-m.$_{a1}$ stront-c.$_{a1,sf1}$ tab.$_{a1,sf1}$

Weggehen:
– **möchte**; sie: bell.$_{h}$

Wegwerfen, will alles: rhus-t.$_{j5}$

Wegzugeben; Dinge: adam.$_{srj5}$

Wehen zu liegen; in den: neon$_{srj5}$

Weinen; vom: ang. elaps fl-ac.$_{bg2}$ *Glon.* kali-c. *Kreos.* mag-c. nat-m.$_{a1}$ nux-v.$_{bg2}$ plan.$_{bg2}$ *Sil.* sol-mm.$_{a1}$ spong. stram.$_{bg1,bg2}$
  ☞ *Traurig / ❑ Gemüt - Weinen - Träumen*

Wellen:
  ☞ *Wasser - Wellen*
– **Flutwellen**: germ-met.$_{srj5}$ haliae-lc.$_{srj5}$

Welt steht in Flammen; die: *Rhus-t.*

Weltfrieden; von: haliae-lc.$_{srj5}$

Werfen; jemanden aus dem Fenster zu: bry.$_{a1}$

Wespen: rauw.$_{sp1}$
  ☞ *Gestochen / Insekten*

Wichtige Person; sie wäre eine: irid-met.$_{srj5}$

Widerspruch zu seinen Absichten; die Handlungen stehen im: bamb-a.$_{stb2}$
  ☞ *❑ Gemüt - Widersprüchlich - Handlungen*

Wiederholende, sich: *Arn.* bamb-a.$_{stb2}$ cere-b.$_{a1}$ eupi.$_{a1}$ ign. nat-m. petr.$_{h}$

Wiedersehen eines alten Schulfreunds: ant-c.$_{a1,j5}$ ferr.$_{a1}$
  ☞ *Freunde - alten / Freunde - Besuchen*

Wiesen: murx.$_{a1}$

Wild (Emotion): aloe apis cann-i. dor. glon. kalm. op. pip-m.$_{a1}$ tab.
  ☞ *Lebhaft*

Wildschweine: ~~merc.$_{a1,xxx}$~~ merl.$_{a1}$

Wissenschaftlich: carb-an.$_{h,j5}$ guaj.$_{h,j5,*}$ *Ign.*$_{j5}$ m-arct.$_{j5}$ spong.$_{j5}$
  ☞ *Intellektuell*

Witz, erzählt einen: coca$_{a1}$

Wucherungen: hydrog.$_{srj2}$

Wundervolle: bamb-a.$_{stb2}$ chinin-s.$_{a1}$ op.$_{a1}$ paeon.$_{a1}$ ph-ac.$_{a1}$
  ☞ *Angenehm*

Würmer:
– **bedeckt** zu sein; von Würmern: gink-b.$_{sbd1}$
– **erbrochen**, werden: *Chin-b.*
– **kriechende**: alum.$_{j}$ am-c. bov.$_{j}$ choc.$_{srj3}$ esp-g.$_{j1}$ kali-c.$_{j}$ mur-ac. nux-v. phos. ran-s.$_{j}$ sil.$_{j}$

Wüste (Landschaft): sil.$_{j5}$

Zähne:
- **brechen** ab: irid-met.$_{srj5}$ kali-n. rauw.$_{sp1}$ sul-ac.$_{j5}$ ther. thuj.
- **fallen** aus: cocc. nicc. nux-v. sul-ac.$_{j5}$ tab.
- **Füllungen**; der Sohn bekommt: brass-n-o.$_{srj5}$
- **gezogen**, werden: cench.$_{k2}$ nat-m.

Zauber, Magie; von: sol-t-ae.$_{a1}$

Zeit verloren; hat die Vorstellung vom Begriff der: bamb-a.$_{stb2}$

Zelt:
- **aufzustellen**; ein großes Zelt: hydrog.$_{srj2}$

Zerquetscht, zermalmt zu werden: *Sulph.*
☞ *Keller*
- **Menschen** werden zerquetscht, zermalmt: choc.$_{srj3}$

Zeuge; sie wäre ein: haliae-lc.$_{srj5}$

Ziegen: choc.$_{srj3}$

Zigeuner: choc.$_{srj3}$

Zimmern; von vielen: pall.$_{c1}$

Zirkus: hydrog.$_{srj2}$

Zorn: agar.$_{j}$ all-c. alum.$_{j,k}$ am-c. ambr.$_{h}$ androc.$_{srj1}$ ant-c. apis *Arn.* ars.$_{j}$ asar. aster. aur. bell-p.$_{jl}$ borx.$_{j}$ bov.$_{j}$ brom. *Bry.* calc. calc-sil.$_{k2}$ canth. carl. castm. caust. cham. *Chin.*$_{j}$ con.$_{j}$ convo-d.$_{a1}$ crot-c.$_{a1}$ crot-h. dros.$_{h}$ hep.$_{j}$ kali-chl.$_{j}$ kali-n. lach. lipp.$_{a1}$ m-arct.$_{j}$ m-aust.$_{j}$ *Mag-c.* mag-m.$_{j5}$ mag-s. mang.$_{h}$ merc-i-r. mosch.$_{j5}$ mur-ac.$_{j}$ myris. nat-ar. nat-c.$_{j}$ nat-m. nicc. *Nit-ac.*$_{j}$ **Nux-v.** op.$_{j}$ paeon. peti.$_{a1}$ petr.$_{j}$ ph-ac. phel.$_{j}$ *Phos.* puls. rat. rheum$_{h}$ rumx. ruta$_{j}$ sabin. sars.$_{h}$ sel. sep. sil. sol-a.$_{a1}$ spong.$_{h}$ stann. *Staph.* sul-ac.$_{h}$ tarax. verat. zinc.
☞ *Streitigkeiten / Verdrießlich / ❑ Gemüt - Zorn*

Zug: haliae-lc.$_{srj5}$
- **erreichen**; vom Versuch, den: hydrog.$_{srj2}$
- **verpassen**; den Zug zu
☞ *Verpassen - Zug*

Zunder zu riechen; träumt davon, brennenden
☞ *Riechen - Zunder*

Zusammengeschnürt; als sei das Abdomen: nat-m.$_{a1}$

Zusammenhängend: acon.$_{a1}$ am-c.$_{a1,h}$ ammc.$_{a1}$ ars.$_{a1}$ calc.$_{a1}$ carl.$_{a1}$ coloc.$_{a1}$ *Ign.*$_{a1}$ lyc.$_{a1}$ nat-m.$_{a1}$ petr.$_{a1}$ plan.$_{a1}$ staph.$_{bg2,h,*}$

Zuschauen:
- **sich** von oben zu; sie schaut: haliae-lc.$_{srj5}$

Zuversichtlich und bestimmt; sie ist: adam.$_{srj5}$

Zwanzig Speichen, die nach außen zeigen: neon$_{srj5}$

Zwillinge: haliae-lc.$_{srj5}$

Zylinder: adam.$_{srj5}$

Frost im allgemeinen: acon.c2,k acon-f.c2 adam.srj5 *Aesc.* aeth. *Agar.* agn. ail. alst. *Alum.* alum-p.k2 am-c. am-m. *Ambr. Anac. Ant-c.* **Ant-t.** *Anthraci.* **Apis Aran.**c2,k arg-met. **Arn. Ars.** ars-i. arum-t. asaf. asar. aur. aur-m. bapt. bar-c. bar-m.k2 *Bell.* berb. bol-la. borx. bov. brom. *Bry.* bufo cact. cadm-s. calad. *Calc. Calc-ar.* calc-i.k2 *Calc-p. Camph.* cann-i. **Canth.** *Caps. Carb-an.* **Carb-v. Carbn-s.** castm. caust. **Cedr.** *Cham.* **Chel. Chin. Chinin-s.** *Cic.* cimic. *Cimx.* cina coca cocc. coff. *Colch.* coloc. con. cop. corn. croc. crot-h. crot-t. cupr. cupr-ar. *Cycl.* daph. *Dig.* dios. dros. dulc. *Elaps* elat. euon. **Eup-per.** *Eup-pur.* euphr.k2 eupi. *Ferr.* ferr-ar.k2 fram.jl2 gamb. **Gels.** *Graph.* grat. guaj. hell. **Helo.** *Hep. Hyos.* **Ign.** *Iod.* **Ip.** kali-bi. *Kali-c. Kali-i.* kreos. lac-c. *Lach. Lachn.* laur. **Led.** lil-t. lith-c. lob. **Lyc.** lyss. mag-c. mag-m. mag-s. mang. **Meny.** merc. merc-c. **Mez.** *Mosch. Mur-ac.* naja *Nat-ar.* nat-c. **Nat-m.** nat-p. nicc. **Nit-ac. Nux-m. Nux-v.** *Op.* par. *Petr. Ph-ac.* phel. *Phos.* phyt. pime.c2 plan. plat. plb. *Podo. Psor.* **Puls.** pyrusc2 ran-b. **Rhus-t.** *Rob. Ruta* **Sabad.** sabin. *Samb.* sang. sarr. sars. **Sec.** sel. senec. seneg. **Sep.** *Sil.* spig. spong. squil.k2 stann. **Staph.** *Stram.* stront-c.k2 *Sul-ac.* sulph. *Sumb. Tarax. Tarent.* teucr. ther. **Thuj.** valer. vario.c2 **Verat. Verat-v.** verb.h vip.

☞ Frösteln / ❑ Allgemeines - Hitze - Lebenswärme

Tagsüber: alum.bg2,k,* ant-c.bg2,k ars.hr1,k,* arund. asar.bg2,k bapt.bg2,k,* camph. carb-an.a1,k **Chin.** dros.bg2,k,* gels.a1,k graph.a1,k kali-ar. kali-c.bg2,k kali-p. lyc.a1,k mag-s.a1,k merc. mosch.a1,k nat-c.bg2,k,* *Nat-m.*a1,k nat-s.a1,k nit-ac.a1,k plan.a1,k sabin.bg2,k sars. *Sil.*bg2,k,* tarent.a1,k
- **Fieber** in der Nacht; mit: alum.
- **Schweiß** in der Nacht; mit: ars.

Morgens (6 - 9 h): acon.bg2,k agar.bg2,k,* alum.k2 am-c.a1,k am-m.a1,k **Ang.**bg2,k,* *Apis Arn.*bg2,k,* *Ars.*bg2,k,* *Bamb-a.*stb2 bar-c.bg2,k bar-m. bar-s.k2 bell.bg2,k,* berb.hr1,k,* **Bov.**bg2,k,* **Bry.**bg2,k,* *Calc.*bg2,k,* calc-sil.k2 calen. canth.a1,k carb-an.h carb-v.bg2,k,* carbn-s.bg2,k1 caust.bg2,k1,* cedr. chin.bg2,k chinin-ar. cimx.a1,k cocc.bg2,k **Con.**bg2,k,* *Cycl.*bg2,k dios.a1,k dros.bg2,k,* **Eup-per.**hr1,k,* euph.hr1 *Ferr.*hr1,k,* *Ferr-ar. Gels.*hr1,k *Graph.*bg2,k,* *Hell.*bg2,k,* *Hep.*bg2,k,* hydr.hr1 kali-ar. kali-c.bg2,k,* kali-m.k2 kali-n. kali-p. kali-sil.k2 *Led.*bg2,k,* *Lyc.*bg2,k,* mag-c.bg2,k,* mag-m.bg2,k,* mag-s.a1,k meny. *Merc.*bg2,k,* mez.bg2,k,* *Mur-ac.*bg2,k,* nat-ar. nat-c.bg2,k,* **Nat-m.**bg2,k,* nat-s.a1,k **Nit-ac.**bg2,k,* nux-m.bg2,k,* **Nux-v.**bg2,k,* petr.a1,k *Phos.*bg2,k,* phyt.hr1,k **Podo.**hr1,k puls.k2 *Rhus-v.*a1,k ruta **Sep.**bg2,k,* sil.bg2,k *Spig.*bg2,k,* *Staph.*bg2,k,* *Sulph.*bg2,k,* *Sumb.*a1,k ther. thuj.bg2,k,* **Verat.**bg2,k,*
- **6** h: *Arn. Bov.* dros. eup-per. *Ferr.* graph. *Hep.* hura *Lyc.* nat-m. *Nux-v.* ph-ac. sil. stram. **Verat.**
  - **6** - 7 h: podo.bro1
  - **6** - 9 h: bov. chinin-s. eup-per. nux-v.
- **6**.30 h: hura
- **7** h: am-m. bov. dios. dros. **Eup-per.** ferr. graph. *Hep.* hura nat-m. nux-v. **Podo.**br1,k sil. stram.

Morgens - 7 h: ...
  - **7** - 9 h: dros. **Eup-per.** nat-m. *Podo.*
  - **heftiger** Frost an einem Tag und leichter Frost am nächsten Tag am Mittag: **Eup-per.**hr1,k
- **7**.30 h: ferr.
- **8** h: ail.k1,k2 bov. chinin-s. cocc. dios. dros. **Eup-per.** lyc. mez. nat-m. phos. podo. puls. sil. sulph.
  - **8** - 9 h: ars. asaf. dros. eup-per. hura
- **8**.30 h: chinin-ar. sanic.c1
- **anhaltend**:
  - **Vormittag**, den ganzen: *Arn.* ars. eup-per. *Nat-m.* petr. plb.
  - **abends**, bis: bapt. hell. mag-c. nat-c. plb.
- **Aufstehen**:
  - **beim**: puls.h
  - **nach**: acon. aloe borx. **Calc.** calc-p. canth. hep. mag-m. mang. meny. merc. nat-c. nat-s. nux-v. *Spig.* **Verat.**
- **Bett**, im: *Ang.*a1,k apis *Arn. Bov.* carb-an.h carbn-s. caust. chin. chinin-ar. *Chinin-s.* con. *Graph.*hr1,k,* hep.h kali-c.a1,k kali-n. *Led.*a1,k lyc. mag-s. **Merc.**a1,k *Mur-ac.*a1,k **Nat-m.** *Nit-ac.*hr1,k,* **Nux-v.** rhod.a1,k sars.a1,k staph.a1,k sulph.a1,k **Verat.**
- **Entblößung**, bei: clem.a1,k **Nux-v.**
- **Erwachen**, beim: ant-t. arn. ars. ars-s-f.k2 *Bamb-a.*stb2 bell.h bry. canth. *Chel.*a1,k cimic.a1,k con. *Lyc.*a1,k mag-s.a1,k *Merc.*a1,k nat-c. nat-s.a1,k nit-ac. rhus-t.a1,k sep.a1,k sulph.a1,k tarent. thuj.a1,k trom.a1,k zinc.
- **Frühstück**:
  - **beim**: carb-an.a1,k eupi.a1,k gels.a1,k graph.a1,k kiss.a1 verat.a1,k
  - **nach**: calc-s.a1,k carb-an. eupi. gels. graph.h verat.
- **heftiger** Frost am Morgen des einen Tages, geringer am Nachmittag des nächsten: *Eup-per.*
- **Menses**; nach Ohnmacht während den: **Nux-v.**
- **Pollutionen**, nach: merc.
- **Schlaf**, im: caust.a1,k nat-m.a1,k
- **Schweiß**, nach: mag-s.a1,k op.a1,k
- **warmen** Ofen, am: *Ferr-i.*a1,k lyc.a1,k mag-c.a1,k
- **Zimmer**, im: sul-ac.h

Vormittags (9 - 12 h): aeth.a1,k agar.bg2,k alst. alum.bg2,k,* alum-p.k2 alum-sil.k2 am-c.bg2,k,* *Ambr.*bg2,k,* **Ang.**bg2,k,* *Ant-c.*bg2,k ant-t.bg2,k,* arg-n.a1,k *Arn.*bg2,k,* **Ars.**bg2,k,* ars-s-f.k2 *Asar.*bg2,k asc-t. bamb-a.stb2 bapt.a1,k bar-c.bg2,k,* bar-s.k2 berb.a1,k,* bov.bg2,k,* **Cact. Calc.**bg2,k,* calc-sil.k2 calen. *Chin.*bg2,k *Chinin-ar.* chinin-s. cimic.a1,k cocc. con.hr1,k cop. **Cycl.**bg2,k,* **Dros.**bg2,k,* *Eup-per.*hr1,k eup-pur. euphr.bg2,k,* gamb.a1,k graph.bg2,k grat.a1,k guaj.bg2,k,* kali-ar. kali-c.bg2,k kali-n.h kali-p. kali-sil.k2 laur.a1,k *Led.*bg2,k,* lyc.bg2,k mag-m.bg2,k merc-i-r.a1,k merl.a1,k mez.a1,k *Nat-ar. Nat-c.*bg2,k,* **Nat-m.**bg2,k,* **Nux-v.**hr1,k petr.bg2,k,* *Ph-ac.*bg2,k,* phos.bg2,k,* podo. sars.bg2,k,* senec. sil.bg2,k,* stann.bg2,k,* staph.bg2,k *Stront-c.* **Sulph.**bg2,k,* thuj.bg2,k,* *Viol-t.*bg2,k,* zinc.bg2,k,*

– **9** h: alst. ang. ant-t. asaf. carb-ac. dros. **Eup-per.** hydr. ip. kali-c. *Lyc.* mag-c. merc-sul. mez. *Nat-m.* ph-ac. rhus-t. sep. staph. sulph.
- **9** - 10 h: bov. eup-per. ferr-i. mag-s.$_{bro1}$ rhus-t.
- **9** - 11 h: *Alst.* bapt.$_{bro1}$ bol-la.$_{bro1}$ cench.$_{k2}$ mag-s.$_{bro1}$ **Nat-m.** *Stann.* wye.$_{bro1}$

– **10** h: alst. *Ars.* ars-s-f.$_{k2}$ bapt. berb. bol-la. cact. carb-v. chin. chinin-s. cimic. colch. eup-per. fago. ferr-i. gels. led. mag-s. merc. **Nat-m.** petr.$_{h,k}$ ph-ac. phos. puls. rhus-t. sep. sil. **Stann.** sulph. thuj.
- **10** - 11 h: agar. *Ars.* carb-v. lob. **Nat-m.** *Nux-v.* sulph.
- **10** - 14 h: merc-sul.
- **10** - 15 h: sil. sulph.
- **10** - 17 h: *Sulph.*

– **10**.30 h: cact. *Caps.* hura lob. nat-m.

– **11** h: *Bapt.* berb.$_{k,vh}$ bol-la. **Cact.** calc. canth. carb-v. castm. cench.$_{k2}$ cham. *Chinin-s.* *Cocc.* hyos. *Ip.* lob. nat-c. **Nat-m.** **Nux-v.** op. podo. puls. *Sep.*$_{h,k}$ sil. sulph.
- **11** - 12 h: cob. ip. kali-c. sulph.
- **11** - 16 h: *Cact.* gels.
- **23** h; und: **Cact.**
- **einem** Tag um 16 h, am nächsten um 11 h: *Calc.*
- **Widerwille** selbst gegen den Geruch von Speisen; mit: bapt.$_{bro1}$ *Cocc.*

– **17** h, bis: sulph.
– **Erwachen**, beim: canth.
– **plötzlicher** Frost, mit Gänsehaut und Haaresträuben: bar-c.
– **Schlaf**, im: phos.$_{a1,k}$
– **Stuhlgang**, nach: dios.
– **warm**:
- **Ofen**; nahe einem warmen: bapt. ferr-i. lyc.
- **Zimmer**, im warmen: sil.

Mittags (12 - 13 h): agar. alum.$_{bg2,k}$ alum-p.$_{k2}$ alum-sil.$_{k2}$ anac. ant-c.$_{bg2,k,*}$ apis arg-met. *Arg-n.* *Arn.* *Ars.* ars-s-f.$_{k2}$ bapt. bar-c. bar-s.$_{k2}$ *Borx.* bry.$_{bg2,k}$ chel. chinin-ar. chinin-s. cic. cina cocc. colch.$_{a1,k}$ croc. dig. *Elaps* *Elat.*$_{hr1,k}$ *Eup-per.*$_{hr1,k}$ ferr.$_{a1,k}$ ferr-ar. ferr-i.$_{a1,k}$ gels.$_{a1,k}$ graph.$_{a1,k}$ kali-bi. kali-c.$_{bg2,k}$ kali-p. kali-sil.$_{k2}$ lac-ac.$_{a1,k}$ lach.$_{bg2,k,*}$ **Lob.**$_{hr1,k}$ **Lyc.** merc.$_{hr1,k,*}$ merl. **Nat-m.**$_{bg2,k,*}$ nit-ac. op. petr.$_{a1,k}$ ph-ac. phos.$_{bg2,k,*}$ **Puls.**$_{hr1,k,*}$ ran-b.$_{bg2,k}$ rob. sabad. samb. sarr. sars.$_{h}$ senec.$_{a1,k}$ sil.$_{hr1,k}$ spira.$_{a1,k}$ staph. *Sulph.*$_{bg2,k,*}$ thuj.$_{a1,k}$ tub. zinc. zing.$_{a1}$

– **12** h: agar. *Ant-c.* apis *Chin.* colch. *Elaps* elat. eup-per. ferr. ferr-i. gels. graph. *Kali-c.* *Lach.* lob. merc. nat-m. nux-v. petr. phos. senec. *Sil.* *Sulph.* thuj. zing.
- **12** - 14 h: **Ars.** ars-s-f.$_{k2}$ bol-la. *Lach.* sulph.

– **Baden**; nach: sulph.
– **Hitze**, gefolgt von: colch.$_{a1,k}$
– **Menses**, während: phos.$_{h}$
– **Mittagessen**, nach dem: alum.$_{h}$ grat. mag-s. puls.$_{h}$
– **Schlaf**, nach: bry.

Nachmittags (13 - 18 h): acon.$_{a1,k}$ alum.$_{bg2,k,*}$ alum-p.$_{k2}$ alum-sil.$_{k2}$ am-c.$_{bg2,k,*}$ anac.$_{bg2,k,*}$

Nachmittags: ...
Ang.$_{bg2,k}$ ant-c.$_{bg2,k,*}$ ant-t.$_{bg2,k}$ **Apis** *Arg-met.* arg-n.$_{a1,k}$ *Arn.*$_{bg2,k,*}$ **Ars.**$_{bg2,k,*}$ ars-s-f.$_{k2}$ arum-t.$_{a1,k}$ *Asaf.*$_{bg2,k}$ bapt.$_{hr1,k}$ bar-c.$_{bg2,k,*}$ bar-s.$_{k2}$ berb.$_{k,vh}$ *Borx.* *Bry.*$_{bg2,k,*}$ canth.$_{bg2,k,*}$ caps.$_{a1,k}$ **Carb-an.**$_{bg2,k,*}$ carbn-s. castm. *Caust.*$_{bg2,k,*}$ cedr.$_{a1,k}$ cham.$_{h}$ *Chel.*$_{bg2,k,*}$ **Chin.**$_{bg2,k,*}$ **Chinin-ar.** **Chinin-s.** cic.$_{hr1,k}$ cimic.$_{a1,k}$ *Cina* *Cocc.*$_{bg2,k,*}$ colch.$_{a1,k}$ *Con.*$_{bg2,k,*}$ cop. croc.$_{bg2,k,*}$ cur. dig.$_{bg2,k,*}$ digin.$_{a1}$ *Dros.*$_{bg2,k,*}$ elaps eup-per.$_{hr1,k}$ euphr.$_{bg2,k}$ **Ferr.**$_{hr1,k,*}$ ferr-p. **Gels.**$_{hr1,k,*}$ *Graph.*$_{bg2,k,*}$ ip.$_{bg2,k,*}$ *Kali-ar.* kali-bi.$_{hr1,k}$ kali-c.$_{bg2,k,*}$ kali-i.$_{a1,k}$ kali-m.$_{k2}$ kali-n.$_{bg2,k,*}$ kali-p. kali-sil.$_{k2}$ kreos.$_{a1,k}$ *Lach.*$_{bg2,k,*}$ laur.$_{bg2,k,*}$ **Lyc.**$_{bg2,k,*}$ mag-m.$_{bg2,k,*}$ merl.$_{hr1,k,*}$ nat-m.$_{bg2,k,*}$ *Nit-ac.*$_{bg2,k,*}$ **Nux-v.**$_{bg2,k,*}$ op.$_{hr1,k}$ ox-ac.$_{a1,k}$ petr.$_{bg2,k,*}$ *Ph-ac.*$_{bg2,k,*}$ phos.$_{bg2,k,*}$ plan.$_{a1,k}$ plb. podo.$_{a1,k}$ *Psor.* **Puls.**$_{bg2,k,*}$ *Ran-b.*$_{bg2,k,*}$ *Rhus-t.*$_{bg2,k,*}$ *Sabad.*$_{bg2,k,*}$ samb.$_{hr1}$ sarr.$_{a1,k}$ sars.$_{a1}$ *Sil.*$_{bg2,k,*}$ *Spig.*$_{bg2,k,*}$ *Spong.*$_{hr1}$ *Staph.*$_{bg2,k,*}$ *Stram.*$_{bg2,k}$ *Sulph.*$_{bg2,k,*}$ *Thuj.*$_{bg2,k,*}$ verat.$_{bg2,k,*}$ zinc.$_{bg2,k}$ zinc-p.$_{k2}$

– **13** h: **Ars.** ars-s-f.$_{k2}$ *Cact.* canth. chel. cina coff. colch. elat. eup-per. ferr-p. gels. kali-ar.$_{k2}$ *Lach.* merc. nat-ar. nux-m. phos. **Puls.** sabad. sars. sil. sulph.
- **13** - 14 h: arg-met. **Ars.** eup-per. ferr. merc nat-m. *Puls.*

– **14** h: **Ars.** ars-s-f.$_{k2}$ *Calc.* canth. caust. chel. cic. cur. *Eup-per.* *Ferr.* gels. hell. *Lach.* laur. lob. nat-ar. *Nit-ac.* plan.$_{k,kr1}$ *Puls.* sang. sarr. sil. sulph.
- **14** - 15 h: cur. *Lach.*
- **14** - 16 h: gels.
- **14** - 18 h: borx.

– **14**.30 h: led.

– **15** h: **Ang.** **Ant-t.** **Apis** **Ars.** ars-h. asaf. *Bell.* bol-la. calc. canth. **Cedr.** cench.$_{k2}$ *Chel.* **Chinin-s.**$_{bro1,k}$ cic. coff. con. cur. ferr. kali-ar. kali-c. kali-n.$_{h}$ lyc. nux-v. petr. puls. sabad. *Samb.* sil. **Staph.**$_{h,k}$ **Thuj.**
- **15** - 16 h: *Apis* asaf. canth. *Lach.* lyc.$_{bro1}$ med. puls. thuj.$_{bro1}$
- **15** - 17 h: **Apis** *Con.* ferr.
- **15** - 18 h: *Ars.* eup-per. ferr.
- **15** - 21 h: cedr.
- **15** - 3 h:
  - **Tertiana**: **Canth.**
- **Schlafenszeit**; bis zur: puls.

– **16** h: aesc. anac. **Apis** ars. asaf. bol-la. bov. canth. caust.$_{h,k}$ **Cedr.** cham. chel. chinin-s. con. eupi. gamb. gels. graph. hell. *Hep.* ip. kali-ar. kali-c. kali-i. lec. **Lyc.** mag-m. nat-m. *Nat-s.* *Nux-v.* petr. ph-ac. phel. **Puls.** samb. sep. sil. sulph.
- **16** - 17 h: **Apis** cob. gels.$_{c1}$ graph. mag-m.$_{h}$
- **16** - 18 h: nat-m. sulph.$_{h,k}$
- **16** - 19 h: kali-c. kali-i. nat-m.
- **16** - 20 h: *Bov.* graph. hell. hep. kali-i. **Lyc.** mag-m. *Nat-s.* sabad. zinc.
  - **Kälte** und Gänsehaut; mit eisiger: nat-s.
  - **tauben** Händen und eiskalten Füßen um 19 h; mit: *Lyc.*
- **16** - 22 h: phel.

– **17** h: alum. am-m. apis ars. ars-s-f.k2 bov. canth. caps. carb-an. castm. *Cedr.* chel. chin. cimic. coloc. con. dig. eup-per. ferr. gamb. gels. graph. hell. *Hep.* hura ip. **Kali-c.** kali-i. kali-s. **Lyc.** mag-c. *Nat-m.* nux-m. nux-v. phos. *Rhus-t.* sabad. samb. sanic.c1 sarr. sep. sil. sulph. *Tarent.* **Thuj.** *Tub.*k,k2
 • **17** - 18 h: am-m. caps. *Cedr.* chel. hell. *Kali-c.* phos. puls. sulph. *Thuj.*
 • **17** - 19 h: canth. *Hep.*
 • **17** - 20 h: alum. *Carb-an.* gamb. *Hep. Nat-m.* nat-s. sulph.
– **17**.30 h: *Nat-m.*
– **Morgen**, bis zum: canth. kali-i. sars.
– **anhaltend**; vier Stunden lang: nux-v.
– **Diarrhoe**, nach: ox-ac.
– **Freien**, im: caust.h
– **Gehen**, nach dem: graph.a1,k
– **heftiger** Frost mit Durst und rotem Gesicht: **Ferr.**
– **Hitze**:
 • **folgt** auf: nux-v.h,k,* **Puls.** stram.
 • **Schweiß** um 17 h; mit Hitze und: nux-v.
– **lange** anhaltend
 ☞ *Vorherrschend - lange / Vorherrschend - nachmittags*
– **Menses**:
 • **während**: nat-c.a1,k nat-m.a1,k *Nat-s.*a1,k phos.h
 • **ersten** Tag der Menses; am: nat-m.a1,k
– **Mittagessen**, nach dem: **Anac.** borx. *Carb-an.* caust. coc-c. colch.a1,k cycl. mag-m. merc. merl.a1,k nit-ac. nux-v. puls. spig. *Sulph.* thuj.
– **Schlaf**:
 • **nach**: acon. anac.h *Bry.* con. cycl. merc. sabad.
 • **Einschlafen** am Abend; bis zum: graph.
– **Schweiß**:
 • **mit**: dig. nat-m.
 • **kaltem**, mit: gels. sarr.
– **ständig** ansteigendes Frösteln ohne nachfolgende Hitze oder Schweiß: lyc.
– **warmen** Zimmer; selbst im: acon.a1 mag-m. nat-m.a1 rat.a1 rhus-t.

Abends (18 - 22 h): acon.bg2,k,* aesc.hr1,k agar.bg2,k,* **Alum.**bg2,k,* alum-sil.k2 **Am-c.**bg2,k,* *Am-m.*bg2,k,* androc.srj1 ant-t.bg2,k,* **Apis** aran.hr1,k arg-met. arg-n.a1,k **Arn.**bg2,k,* ars.bg2,k,* asar.h aur.bg2,k,* bapt.a1,k bar-c.bg2,k bar-m. bar-s.k2 **Bell.**bg2,k,* berb.a1,k,* *Borx. Bov.*bg2,k,* **Bry.**bg2,k,* *Calad.*bg2,k,* *Calc.*bg2,k,* calc-s. calc-sil.k2 camph.h *Canth.*bg2,k,* *Caps.*bg2,k,* carb-ac.hr1 *Carb-an.*bg2,k,* *Carb-v.*bg2,k,* *Carbn-s.* castm. caust.bg2,k,* *Cedr.*hr1,k,* cham.bg2,k,* *Chel.*bg2,k,* **Chin.**bg2,k chinin-ar. *Chinin-s.* cimx. **Cina** *Cocc.*bg2,k,* colch.a1,k croc.bg2,k,* **Cycl.**bg2,k,* dios.a1,k dulc.bg2,k,* elaps *Ferr.*h,k,* ferr-ar. ferr-i.k2 *Gamb.*hr1,k,* *Gels. Graph.*bg2,k,* grat.a1,k guaj.h **Hep.**bg2,k,* hydr.hr1,k hyos.bg2,k,* *Ign.*bg2,k,* kali-ar. kali-bi.hr1,k,* *Kali-c.*bg2,k,* kali-m.k2 kali-n.bg2,k,* *Kali-p.* **Kali-s.** kali-sil.k2 *Lach.*bg2,k,* lachn. laur.bg2,k led.bg2,k,* **Lyc.**bg2,k,* mag-c.bg2,k,* *Mag-m.*bg2,k,* mag-s.a1,k mang.bg2,k,* meph.a1 **Merc.**bg2,k,* merl.hr1,k mez.bg2,k,* *Mur-ac.*bg2,k,* naja nat-ar. nat-c.bg2,k,*

Abends: ...
nat-m.bg2,k,* nat-p. nat-s.hr1,k,* nicc.a1,k *Nit-ac.*bg2,k,* nux-m.bg2,k,* nux-v.bg2,k,* ox-ac.hr1,k,* *Petr.*bg2,k,* *Ph-ac.*bg2,k,* phel.a1,k **Phos.**bg2,k,* plat.bg2,k,* plb.bg2,k podo. psor.hr1,k,* **Puls.**bg2,k,* **Pyrog.** rat.a1,k **Rhus-t.**h,k,* sabad.bg2,k,* sabin.c1,hr1 samb.bg2,k,* sarr.a1,k sars.bg2,h,* sel.a1,k **Sep.**bg2,k,* sil.bg2,k,* spig.bg2,k,* *Spong.*hr1 stann.bg2,k,* *Staph.*bg2,k,* **Sulph.**bg2,k,* *Tarent.*a1,k thuj.bg2,k,* tub.k13 *Zinc.*bg2,k zinc-p.k2 zing.a1
– **18** h: adam.srj5 am-m. ant-t. arg-n. ars. ars-s-f.k2 bell. bov. canth. caps. carb-an. *Cedr.* cham. chel. gamb. graph. hell. **Hep. Kali-c.** kali-i. kali-n. kali-p. kali-s. lyc. mag-m. *Nat-m.* nat-s. nux-m. *Nux-v. Petr.* ph-ac. phel. phos. puls. rhus-t. samb. sep. *Sil.* sulph. tarent. thuj.
 • **18** - 19 h: hep. mur-ac. nicc. stram. *Tub.*
 • **18** - 19.30 h: thuj.h
 • **18** - 20 h: ars. *Hep.* kali-i. mag-m. naja sulph.
 • **18** - 21 h: nat-s.k2
 • **18** - 22 h: kali-i. phel.
 • **18** - 0 h: lachn.
 • **18** - 4 h: gamb.
 • **18** - 5 h: gamb. **Hep.** nicc.
– **19** h: alum. am-m. ars. ars-s-f.k2 *Bov.* calc. canth. carb-an. carbn-s. castm. caust. *Cedr.* chel. *Chinin-s.* colch. elaps *Ferr. Gamb.* graph. hell. **Hep.** kali-i. kali-n. *Lyc.* mag-c. mag-m. mang. nat-m. **Nat-s.** nux-v. petr. ph-ac. phel. phos. *Puls.* **Pyrog. Rhus-t.** sil. *Sulph. Tarent.* thuj. *Tub.*k,k2
 • **19** - 19.30 h: calc-caust.c1
 • **19** - 21 h: chel. mag-c.
 • **19** - 22 h: bov. phos.
 • **bespritzt**; wie mit eiskaltem Wasser:
  • **kaltes** Blut durch die Blutgefäße fließen; oder als würde:
   • **Bewegung** kalt; ihm ist bei:
    • **Essen** und Trinken agg.: **Rhus-t.**
– **19**.30 h: calc. castm. caust. *Ferr.* mag-s. thuj.
– **20** h: alum. ars. ars-s-f.k2 bar-c. *Bov.* canth. carb-an. carbn-s. castm. chel. *Coff. Elaps* form. gamb. graph. hell. *Hep.* kali-ar.k2 kali-i. lyc. mag-c. mag-m. mag-s. naja nux-v. ph-ac. phel. phys. pip-m. rat. *Rhus-t.* sil. sulph. tarax.
– **21** h: *Ars.* bol-la. *Bov. Bry.* canth. carb-an. cedr. croc. cycl. gamb. gels. hydr. kali-n. laur. mag-c. mag-m. mag-s. merc. merl. nux-m. nux-v. ph-ac. phel. rat. sabad. sulph.
 • **21** - 22 h: elaps mag-c. mag-m. sarr.
 • **21** - 0 h: am-c.
 • **21** - 10 h: *Mag-s.*
– **Abdomen**; mit Brennen im: nat-c. *Phos.*
– **anhaltend**:
 • **Nacht**, die ganze: bov. cina gamb.a1,k hyos. ip. lyc. nux-v. puls. rhus-t. sarr.
 • **Mitternacht**, bis: calad. *Merc.* phos. *Tub.*
– **Aufstehen**, beim: borx. canth.
– **Bett**, im: *Acon.*hr1 agar. **Alum.**hr1,k alum-p.k2 alum-sil.k2 am-c.hr1,k ars.a1,k ars-s-f.k2 aur.hr1,k,* bamb-a.stb2 bell.h bov.hr1 bry.hr1,k,* *Calc.*hr1,k,* calc-ar. carb-an.hr1,k castm. *Chel. Chin.* chinin-s. coc-c.a1,k colch.a1,k *Dros.*hr1,k ferr.h,k,* guare. hep.hr1

– **Bett**, im: ...
kali-c.h kali-n. lyc.hr1,k,* mag-c.a1,k mag-s. *Merc.*hr1,k,* mur-ac. nat-ar. nat-c. nat-m.a1,k nat-p. *Nat-s.*hr1 nicc.hr1 *Nit-ac.*a1,k nux-v.hr1,k op.a1,k petr.a1,k *Phos.*hr1,k raph.a1,k rhus-t.hr1,k,* sang.a1,k *Sil.*a1,k spig.h *Sulph.*a1,k tarent. thuj.a1,k *Tub.*
• **amel.**: chinin-s. mag-c. mag-m. *Nat-s. Rat.*

– **Bewegung**, bei: apis brom.a1,k bry. calad.a1,k colch. nux-v.

– **Einschlafen**:
• **vor**: carb-v. lyc. nux-v. *Phos.* samb.h staph.h
• **beim**: calc. graph. lyc.h sil.

– **Entkleiden**, beim: acon. bell.h calc. cocc. fago. mag-c.a1,k *Merc.* nat-ar. nit-ac. op. plat.a1,k *Rhus-t.* spig. tarent. *Tub.*

– **Erwachen**, beim: nat-c. nux-m.a1,k ph-ac.h

– **Essen**:
• **beim**: bov. con.a1,h,*
• **nach**: *Calc.* con.h *Kali-c.* nux-v.

– **gefolgt** von:
• **Konvulsionen** und Hitze, die die ganze Nacht anhält: cina
• **Schweiß**: carb-an. cedr. sabad.

– **Gehen**, beim: petr.a1,k

– **Hitze**:
• **Hitzewallungen**, mit: petr. thuj.
• **ohne** nachfolgende: calc. lyc. sabad. sulph.

– **Kälte**, durch äußerliche: nux-m.a1,k

– **Kolik**, mit: led.

– **Liegen**:
• **amel.**: sulph.h
• **nach**: acon. am-m. *Aur.* bov. bry. camph. caps. *Cham.* grat. hell. lac-c. lyc. merc. nat-c. nat-m. nicc. nit-ac. *Nux-v.* par. ph-ac. phos. *Podo.* **Puls.** sabad. sars. spig.h

– **Menses**, während: nat-c.h

– **Schlaf**, mit betäubendem: lyc.

– **Schmerzen**, bei den: cycl. ign. **Puls.**

– **Schreiben**, beim: sulph.a1,k

– **Sonnenuntergang**, bei: *Ars.* carb-ac. *Ign. Puls.* thuj.

– **Stuhlgang**, beim: alum.a1,k sulph.a1,k

– **Tee**; nach Trinken von: ox-ac.

– **Trinken**, nach dem: nat-m.

– **vermischt** mit Hitze, dann Hitze ohne Schweiß: *Kali-s.*

– **Wärme**, äußere:
• **bei**: *Mur-ac.*
• **nicht** amel. durch: calc. canth. chin. cina laur. **Nux-v.** rhus-t.

– **warmen** Zimmer; im: arg-n. chlor.a1,k laur. nat-m. puls.a1,k

Nachts (22 - 6 h): acon.a1,k *Alum.*bg2,k,* am-c.bg2,h,* *Am-m.*bg2,k ambr.bg2,k,* apis *Ars.*bg2,k,* *Ars-i.* ars-s-f.k2 arum-t.hr1,k bamb-a.stb2 bar-c.bg2,k bar-s.k2 *Bell.*bg2,k,* berb.k,vh borx. bov.bg2,k,* bry.bg2,k,* cact.a1,k calad.bg2,k,* canth.bg2,k,* caps.bg2,k,* **Carb-an.**bg2,k,* carb-v.bg2,k carbn-s. *Caust.*bg2,k,* cench.k2 cham.bg2,k chel. chin.bg2,k chinin-ar. con.bg2,k dios.a1 dros.bg2,k **Eup-per.**a1,k **Ferr.**bg2,k,* **Ferr-ar.** **Ferr-i.** ferr-p. gamb.hr1,k,* graph.h

Nachts: ... **Hep.**bg2,k,* **Hyos.**bg2,k,* iod.bg2,k,* ip.bg2,k,* kali-ar. kali-c.bg2,k kali-i.hr1,k,* kali-n.h kali-s. kali-sil.k2 *Lach.*hr1,k lyc.bg2,k mag-c.bg2,k,* mag-s.a1,k meny. **Merc.**bg2,k,* merl. mur-ac.bg2,k,* *Nit-ac.*bg2,k **Nux-v.**bg2,k,* op.bg2,k,* **Par.**bg2,k **Phos.**bg2,k,* *Phyt.*hr1 puls.bg2,k rhus-t.bg2,k,* sabad.bg2,k sarr. sep.bg2,k,* sil.bg2,k,* *Spong.*hr1 stram.bg2,k,* **Sulph.**bg2,k,* thuj.bg2,k,* *Tub.* verat.bg2,k

– **Mitternacht**: ars. ars-s-f.k2 cact. canth. **Caust.** *Chin.* chinin-ar. grat. lyc.h mez. mur-ac. nat-m. raph. sep. *Sulph.*
• **vor**: alum. am-c. *Arg-met.* arund. cact. carb-an. caust. *Mur-ac.* nit-ac. *Phos.* **Puls.** sabad. sulph. verat.
  • **22** h: *Ars.* ars-h. *Bov.* cact. canth. carb-an. cench.k2 *Chinin-s.* elaps euph. hydr. *Kali-i.* lach. mag-c. *Petr.* ph-ac. phel. sabad.
  • **22**.30 h: chel.
  • **23** h: *Ars.* **Cact.** canth. *Carb-an.* euph. lec. naja sulph. tub.k2
• **um**: *Ars.* cact. canth. **Caust.** *Chin.* chinin-ar. grat. mez. mur-ac. nat-m. nit-ac. raph. sep. *Sulph.*
• **nach**: am-m.h **Ars.** **Calad.** coff. dros. *Hep.* mag-s. mang.h merc. mez.h *Op.* petr. sil. sulph.h *Thuj.*
  • **1** h: **Ars.** ars-s-f.k2 canth. kali-ar. nat-m. puls. sil.
    • **1** - 2 h: aloe ars.bro1 dios.
  • **1** - 7 h; häufige Fröste von: *Sil.*
  • **2** h: ars. canth. caust. hep. lach. nat-ar. nat-m.kr1 puls. rhus-t. sarr. sil. tax.
    • **2** - 4 h: borx.
  • **3** h: aloe am-m. canth. *Cedr.* cimic. cina eup-per. **Ferr.** led. lyss. nat-m. rhus-t. sil. *Thuj.*
    • **Erwachen**; beim: cimic.k1 **Ferr.**k1
  • **4** h: *Alum.* am-m. **Arn.** **Cedr.** con. ferr.br1,k nat-m. ph-ac. sil.
    • **4** - 5 h: bry. *Nux-v. Sulph.*
    • **16** h; und: ars-s-f.k2 cedr.
    • **gefolgt** von Schweiß: **Cedr.**k1
  • **5** h: ant-t. *Apis* bol-la. *Bov. Chin.* chinin-m.kr1 coff. con. dios. dros. nat-m. sep. sil.
    • **Fieber**; nach 36 Stunden lang anhaltendem: apis
• **Menses**, vor den: lyc.h

– **Aufstehen**, beim: ant-t.a1,k
• **amel.**: sul-i.k2

– **Bett**, im: adam.srj5 ars-i.k2 canch. canth. **Carb-an.** dros. euphr.a1,k *Ferr-i.* ferr-p. mag-c. mag-m.h mag-s.a1,k meny. nat-ar.k2 sars.a1,k sul-i.k2 *Sulph.*a1,k
• **amel.**: phos.h

– **Erwachen**, beim: aloe am-m.gsy1 carb-an.a1,k chel.a1,k graph.a1,k phos.h sars.a1,k sil.a1,k

– **heißem** Kopf, mit: colch.a1,k

– **Herausstrecken** der Hand aus dem Bett; beim: *Canth. Hep. Sil.*a1,k

– **niemals** nachts: chin.

– **Schweiß**, beim: eup-per.

– **Übelkeit**, nach: phyt.a1,k

– **warmen** Zimmer; im: rat.

Absteigend: acon. **Agar.** am-m. aml-ns. apis ars. ars-h. arum-t. bar-c. *Bell.* borx. brom. calad. canth. carb-ac. caust. cedr. chel. *Cic.* cocc. *Coff.* colch. croc. *Eup-per.* eup-pur. kreos. lach. lil-t. lob. mag-c. *Mez.* **Mosch.** *Phos.* *Psor.* *Sabad.* *Staph.* **Stram.** *Sul-ac.* sulph. thuj. *Valer.* **Verat.** zinc.
☞ *❑ Rücken - Kälte - erstreckt sich - unten*
– **Kopf** zu den Zehen; vom: verat.

Abwechselnd mit:
– **Hitze**
☞ *❑ Fieber - Abwechselnd mit - Frost*
– **Schweiß**: ant-c. ars. ars-s-f.$_{k2}$ calc. chin.$_{st}$ euph. glon.$_{bg1}$ led. lyc. mez.$_{st}$ nux-v. *Phos.* sabad. spig.$_{st}$ sulph. thuj. verat.

Alkohol; durch Mißbrauch von: led. *Nux-v.*
☞ *❑ Gemüt - Zügellosigkeit*

Angst, durch: acon.$_{a1,k}$ ars. gels. *Tub.*
☞ *❑ Gemüt - Angst*

Anstrengung, nach: arn. *Ars.* bar-c. crat.$_{br1}$ eup-per. kali-s. merc. nux-v. rhus-t. sil. sulph. zinc-val.$_{ptk1}$

Anteponierend: ant-t. apis$_{ptk1}$ **Ars.** bell. **Bry.** cham.$_{hr1,k}$ chin.$_{hr1,k}$ chinin-ar. **Chinin-s.** eup-per.$_{hr1,k}$ gamb.$_{a1,k}$ ign. **Nat-m.** **Nux-v.**$_{hr1,k}$ sep.
– **jeden**:
 • **Tag** um zwei Stunden; um: cham.$_{hr1,k}$
 • **zweiten** Tag: nat-m. nux-v.
  • **eine** Stunde, um: ars. chin. ign. nat-m. nux-v.
  • **zwei** Stunden, um: nux-m.
  • **Tertiana**, um mehrere Stunden: ant-t.
– **postponierend**, oder: *Bry.* chin. gamb. *Ign.*
– **zwei** Stunden bei jedem Anfall; um etwa: *Chinin-s.*

Ärger, Verdruß; nach: acon. ars. bry. gels. merc. *Nux-v.* *Rhus-t.* *Tarent.*

Arsen; durch Mißbrauch von: ip.

Aufenthalt, durch:
– **Malariagebieten**, in: **Arn.** calc-ar.$_{bro1}$ carb-ac. **Cedr.** *Chin.* chinin-ar. *Chinin-s.* corn.$_{br1}$ corn-f.$_{br1}$ *Eucal.* eup-per. *Ferr.* ip. *Nat-m.* *Nat-s.* *Nux-v.* **Psor.** *Sulph.*
 • **chronischer** Frost: corn.$_{br1}$ corn-f.$_{br1}$
– **Meer**, am: *Nat-m.* *Nat-s.*
– **Sumpfgebieten**, in: *Ang.* *Cedr.* chin. *Chinin-s.* corn.$_{br1}$ corn-f.$_{br1}$ eucal. *Nat-m.* **Nat-s.** nux-v.
 • **chronischer** Frost: corn.$_{br1}$ corn-f.$_{br1}$
– **tropischen** Ländern, in: *Ang.* *Bry.* **Cedr.** chin. corn.$_{br1}$ corn-f.$_{br1}$ *Nat-m.* **Nat-s.** podo. ter.
 • **chronischer** Frost: corn.$_{br1}$ corn-f.$_{br1}$
– **Wasser**, am:
 • **Stehen** im Wasser, durch: arn. *Calc.* led. *Rhus-t.*
 • **Wasserläufen**, an: *Calc.* *Nat-m.* *Nat-s.* *Nux-v.*

Auffahren beim geringsten Geräusch, mit durch und durch gehendem Frost: ang.$_{h}$

Aufsetzen; beim:
– **Bett**, im: nit-ac.$_{h}$

Aufstehen, beim: acon. arn. ars. *Bell.* *Bry.* cham. merc. **Merc-c.** mur-ac. nux-v. phos. puls. *Rhus-t.* squil. sulph. verat.
– **amel.**: *Rhus-t.*
– **Bett**; nach dem Aufstehen aus dem: euphr.$_{h}$
☞ *Bett - Aufstehen*

Aufsteigend: *Acon.* am-m. ammc. ang. ars. ars-s-f.$_{k2}$ bar-c. ben-n. calc. *Calc-p.* canth. carb-an. caust. cimx. *Cina* coff. croc. *Dig.* dulc. eup-per. *Gels.* *Hyos.* kali-bi. kali-i. kali-p.$_{k2}$ *Lach.* mag-c. mag-s. merl. nat-s. ox-ac. *Phos.* *Puls.* **Sabad.** *Sars.* *Sep.* spig.$_{h}$ staph. **Sulph.** verat.
☞ *❑ Rücken - Kälte - erstreckt sich - oben*

Äußerlich: **Acon.**$_{a1,k}$ *Aeth.*$_{a1,k}$ agar.$_{a1,k}$ *Alum.*$_{a1,k}$ alum-sil.$_{k2}$ am-c. am-caust.$_{a1}$ **Am-m.** *Ant-t.*$_{a1,k}$ *Apis* aran. arn. **Ars.**$_{a1,k}$ *Ars-i.* ars-s-f.$_{k2}$ bar-c. *Bar-m.*$_{a1,k}$ bar-s.$_{k2}$ bell.$_{a1,k}$ bry. calc. calc-i.$_{k2}$ calc-sil.$_{k2}$ **Camph.**$_{a1,k}$ canth.$_{a1,k}$ caps. *Caust.*$_{a1,k}$ cham. chel.$_{a1,k}$ chin.$_{a1,k}$ cimic.$_{a1,k}$ cimx.$_{a1,k}$ cina colch.$_{a1,k}$ con.$_{a1,k}$ crat.$_{br1}$ cupr-ar.$_{a1,k}$ *Dig.*$_{a1,k}$ dulc. *Euphr.* ferr-m.$_{a1,k}$ gamb.$_{a1,k}$ gels.$_{a1,k}$ hyos.$_{a1,k}$ **Ign.** iod.$_{a1,k}$ *Ip.*$_{a1,k}$ kali-ar.$_{a1,k}$ kali-bi.$_{a1,k}$ kali-c.$_{a1,k}$ kali-chl.$_{a1,k}$ kali-m.$_{k2}$ kali-n.$_{pd}$ kali-p. kali-sil.$_{k2}$ lach. laur. mag-c. meny. *Merc.*$_{a1,k}$ *Merc-c.*$_{a1,k}$ *Mez.*$_{a1,k}$ mosch.$_{a1,k}$ mur-ac.$_{a1,k}$ naja nat-m.$_{a1,k}$ nat-s.$_{a1,k}$ **Nit-ac.**$_{a1,k}$ nux-v. **Olnd.**$_{a1,k}$ petr.$_{a1,k}$ *Phos.*$_{a1,k}$ plb.$_{a1,k}$ rhus-t.$_{a1,k}$ *Sabad.* *Sec.*$_{a1,k}$ sil. sul-ac.$_{a1,k}$ *Sulph.* til. **Verat.**$_{a1,k}$ *Verat-v.*$_{a1,k}$ *Verb.* **Zinc.** zinc-p.$_{k2}$
– **morgens**: acon.$_{a1,k}$ aeth.$_{a1,k}$
– **nachmittags**: chel. ol-an.$_{a1}$ puls.
 • **Schwitzen**, beim: gels.
– **abends**: am-c. calc.$_{a1,k}$ dulc.$_{a1,k}$ *Gamb.*$_{a1,k}$ nux-m.$_{a1,k}$ ran-b.$_{a1,k}$ rhus-t.$_{a1,k}$
 • **anhaltend**; bis 4 h: gamb.
 • **Bett**, im: nat-m.$_{a1,k}$
– **nachts**: nit-ac.$_{a1,k}$ phos.$_{a1,k}$
 • **Erwachen**, nach dem: bov. bry.
 • **Schlaf**, im: crot-h.
– **Anstrengung** agg.: crat.$_{br1}$
– **Cholera**, wie bei: **Camph.** colch.$_{a1,k}$ *Sec.* **Verat.**
– **Entblößen**, beim: arg-met. cor-r.$_{br1}$
– **Erregung** agg.: crat.$_{br1}$
– **Haare** sträuben; mit Gefühl, als würden sich die: am-c. *Bar-c.* calc. cina dulc. meny. nit-ac. puls. *Sil.* sul-i.$_{bro1}$
– **sechsunddreißig** Stunden lang:
 • **Durst**; mit:
  • **ohne** Verlangen nach Wärme, ohne Abneigung gegen das Freie und ohne nachfolgende Hitze: *Mez.*
– **Stellen**, an einzelnen: *Ambr.* ars. bell. bry. **Caust.** *Cham.* hep. **Ign.** *Led.* lyc. merc. **Mez.** mosch. nux-v. *Par.*$_{a1,k}$ petr. **Puls.** rhus-t. **Sep.** *Sil.* *Spig.* thuj.
– **Stuhldrang**, bei: ant-c.$_{a1,k}$
– **Stupor**, bei: hep.$_{a1,k}$

Baden, beim: bell. calc. calc-s. eupi. sulph. *Tub.*
☞ *Wasser*
– **kaltem** Wasser, in: aran. cedr.

Beginnt im und breitet sich aus vom:
- **Abdomen**: **Apis** *Bell.* calad. calc. *Camph.* cann-s. coloc. cur. **Ign.** merc. par. sep.$_{ptk1}$ teucr. verat.
  - ▽ **erstreckt** sich zu:
    - • **Finger** und Zehen: calad.
- **Anus** und läuft die Beine nach unten: syph.$_{c1}$
- **Arme**: **Bell.** dig. **Hell.** *Ign.* mez. plat. sulph.$_{h}$
  - • **linker** Arm und Beine: *Nux-m.*
  - • **rechter** Arm und rechte Seite: *Merl.*
  - • **beide** Arme gleichzeitig: *Bell.* hell. mez.
  - • **und**:
    - • **Hand**: *Carb-v.*
    - • **Oberschenkel**: psor.
- **Blase**:
  - • **Blasenhals** nach dem Urinieren: sars.
- **Brust**: **Apis** ars. *Carb-an.* *Cic.* cina kreos. lith-c. merl. nux-v. rhus-t. *Sep.* spig. sulph.$_{h}$
  - • **rechte** Seite: *Merl.*
  - • **Mamma**, in der: chin.$_{bro1}$
- **Finger**: *Bry.* coff. dig. **Nat-m.** nux-v. *Sep.* *Sulph.*
  - • **Fingerspitzen**: **Bry.** nat-m. puls.
    - • **Zehenspitzen**, und: **Bry.** cycl. dig. meny. nat-m. **Sep.** stann. *Sulph.*
- **Füße**: alum.$_{h}$ apis arn. bar-c. borx. calc. calc-s. *Chel.* cimx. dig. **Gels.** *Hyos.* kali-bi. lyc. mag-c. **Nat-m.** nux-m. *Nux-v.* puls. *Rhus-t.* sabad. sarr. *Sep.* spig.$_{h}$ *Sulph.*
  - • **rechter** Fuß: chel. lyc. sabin.
  - • **Fußsohlen** und Handflächen
    - ☞ *Hände - Handflächen*
  - • **Zehen**
    - ☞ *Zehen*
- **Gesäß**: puls.
- **Gesicht**: acon. arn. bar-c. berb.$_{k,vh}$ borx. calc. carb-ac. *Caust.* *Cham.* ign. kreos. laur. merc. petr. phos. puls. *Rhod.* ruta staph. stram.
- **Hände**: bry. *Chel.* dig. eup-per. **Gels.** ip. *Nux-v.* puls. rhus-t. sabad. *Sep.* *Sulph.*
  - • **linke** Hand: *Carb-v.* nux-m.
  - • **rechte** Hand: merl.
  - • **Handflächen** und Fußsohlen: dig.
  - • **und** Füße: apis bry. carb-v. chel. dig. *Ferr.* *Gels.* **Nat-m.** nux-m. op. puls.$_{k2}$ sabin. samb. sulph.
- **Hals**; äußerer: puls. staph. valer.
- **Hals**; innerer: sep.
- **Handflächen** und Fußsohlen
  - ☞ *Hände - Handflächen*
- **Handgelenk**, linkes: *Nux-m.*
- **Knie**: apis benz-ac. puls. thuj.
- **Knöchel**: chin. lach. puls.
- **Kopf**: bar-c. mosch. nat-m. stann. valer.
  - • **Scheitel**: arum-t.
- **Kopfhaut**: mosch.
- **Körper**:
  - • **linke** Seite: *Carb-v.* caust.
  - • **rechte** Seite: bry. nat-m. rhus-t.
- **Lippen**: **Bry.**
- **Magengrube**: *Arn.* bar-c. *Bell.* cadm-s. **Calc.** caust. cur. *Helon.* merl. mez.$_{h}$ spig.
- **Nabel**: puls.
- **Nase**: nat-c. sabad. sulph. tarax. tub. zinc.
- **Oberschenkel**: cedr. *Cham.* *Rhus-t.* ther. **Thuj.**

Beginnt im und breitet sich aus vom: ...
- **Rücken**: ant-t. *Arg-met.* ars-s-f.$_{k2}$ bapt. bell. *Bol-la.* bov. cact. canth. **Caps.** caust.$_{ptk1}$ cedr. cocc.$_{c1,ptk1}$ conv.$_{br1}$ croc. **Dulc.** *Eup-per.* *Eup-pur.* *Gamb.*$_{a1,k}$ gels. hipp.$_{c1}$ *Hyos.* kali-i. **Lach.** led. lept. *Lyc.* nat-m. *Nux-v.* puls. *Pyrog.* *Rhus-t.* sarr. sec.$_{ptk1}$ sep. spig. spong. staph. stront-c.$_{ptk1}$ sulph.$_{h,ptk1}$ verat.
  - • **Dorsalregion**: *Eup-per.* gels. **Lach.** nat-m.
  - • **Lumbalregion**: *Eup-pur.* hydrc. lach. **Nat-m.** stront-c. tarent.
  - • **Zervikalregion**: psil.$_{ft1}$
  - • **zwischen** den Schulterblättern: bol-la. **Caps.** led. *Pyrog.* rhus-t. sarr. *Sep.*
- **Sakrum**: bell.$_{h}$ puls.
- **Unterschenkel**: cedr. *Chin.* cocc.$_{c1}$ kali-bi. *Nux-m.* ox-ac. puls. rhus-t. sep. thuj.
- **Waden**: *Lach.* lyc. ox-ac.
- **Zehen**: *Bry.* coff. **Nat-m.** *Sep.* sulph.

Berührt wird; wenn er: **Acon.**$_{br1,k,*}$ ang.$_{k,vh1}$ apis bell. cham. **Chin.**$_{h1,k}$ colch. hep. hyos. kali-c.$_{bro1}$ *Lyc.* **Nux-v.** phos. puls. sep. sil.$_{bro1}$ spig.$_{hr1,k,*}$ staph. sulph.
☞ ☐ *Gemüt - Berührt*

Berührung; bei:
- **Bettwäsche**; bei Berührung der: aran.$_{c1}$
- **etwas**; von: zinc.$_{hr1}$
- **Kaltem**; von etwas: zinc.$_{c1,hr1,*}$

Bett:
- **amel.**: am-c. bry. canth. **Caust.** cimx. cocc. con. hell. **Kali-c.** *Kali-i.* kali-n. *Lachn.* mag-c. **Mag-m.** mag-s. mez. mosch. nat-c. nit-ac. *Nux-v.* *Podo.* puls. **Pyrog.** *Rhus-t.* sars. *Squil.* stram. sulph.
- **Aufstehen** vom:
  - ☞ *Aufstehen - Bett*
  - • **agg.**: bar-c. bism. borx. **Calc.** *Canth.* cham. ferr-i. mag-c. **Merc.** mez. **Nux-v.** *Phos.* *Rhus-t.* *Sil.*
  - • **amel.**: am-c. ambr. ant-t. arg-met. ars. aur. bell. dros. euph. ferr. ferr-i.$_{k2}$ ign. **Iod.** led. *Lyc.* mag-c. merc. merc-c. *Nat-c.* plat. *Puls.* rhod. rhus-t. sel. *Sep.* stront-c. sulph. *Verat.*
- **Herausstrecken** der Hand aus dem Bett; beim: **Bar-c.** *Canth.* **Hep.** **Nux-v.**$_{ptk1}$ phos. **Rhus-t.** *Sil.* tarent.$_{ptk1}$ **Tub.**$_{ptk1}$
- **Herumdrehen** im Bett; beim: acon. agar.$_{h}$ alum-sil.$_{k2}$ *Bry.* caps. hep. lyc. nat-m. **Nux-v.** **Puls.** sil. staph. *Stram.* sulph.
- **im**: acon. **Alum.** am-c. am-m. ambr. *Ang.* ant-t. arg-met. arn. *Ars.* ars-i. **Aur.** aur-i.$_{k2}$ aur-s.$_{k2}$ bamb-a.$_{stb2}$ bar-c. bar-m. bar-s.$_{k2}$ *Bell.* berb.$_{bg1}$ borx. bov. *Bry.* calad. calc. calc-sil.$_{k2}$ canth. caps. **Carb-an.** carb-v. caust. cench.$_{k2}$ **Chel.** **Chin.** chinin-ar. clem. colch. coloc. dios. **Dros.** **Ferr.** ferr-ar. graph. guaj. hell. **Hep.** **Hyos.** iod. ip. *Kali-c.* kali-m.$_{k2}$ kali-n. *Kali-p.* kreos. laur. *Lec.* *Led.* **Lyc.** mag-c. mag-m. mang. meny. **Merc.** *Merc-c.* *Mur-ac.* nat-ar. nat-c. nat-m. *Nat-s.* **Nit-ac.** *Nux-v.* *Par.* petr. *Ph-ac.* *Phos.* plat. **Puls.** *Rhod.* rhus-t. sabad. sabin. samb. sang. sars. sel.

– **im**: ...
sep. **Sil.** spig. spong. squil. stann. staph. stront-c. **Sulph.** thuj. verat. *Zinc.* zinc-p.k2
– **Kälte** außerhalb des Bettes; Hitze im Bett und: mez.

Bewegung:
– **amel.**: *Acon.* apis arn. asar. bell. *Caps.* cycl. *Dros.* *Kreos.*bg2,k mag-m. merc. mez. nit-ac. nux-v. podo. **Puls.**bg2,k rhus-t. sep. sil. spig. staph.bg2,k sul-ac.bg2,k *Tarent.*
– **bei**: *Acon.*bg2,k *Agar.* aloe alum.bg2,k ant-c. *Ant-t.*bg2,k **Apis** arn.bg2,k ars. ars-i. ars-s-f.k2 asaf.bg2,k asar.bg2,k *Bell.*bg2,k brom. **Bry.**bg2,k *Camph.* cann-s.bg2,k *Canth.* **Caps.** casc. caust.bg2,k cedr. cench.k2 cham. chin.bg2,k **Coff.**bg2,k colch.bg2,k con.bg2,k crot-t. *Cur.* cycl. eup-per. gels. hell.bg2,k *Hep.*bg2,k iod. kali-ar. *Kali-c.*bg2,k kali-n.bg2,k kali-sil.k2 merc.bg2,k **Merc-c.**bg2,k mez.bg2,k *Nat-m.*bg2,k *Nit-ac.* **Nux-v.**bg2,k petr. plan. *Plb.*bg2,k podo. psor. **Rhus-t.**bg2,k rumx. sang. **Sep.**bg2,k **Sil.**bg2,k *Spig.*bg2,k **Squil.**bg2,k staph.bg2,k sul-ac. sulph. *Thuj.*bg2,k
– **nach**: agar.bg2,k **Ars.**bg2,k cadm-s. kali-c.bg2,k nux-v.bg2,k phos.bg2,k **Puls.**bg2,k rat. **Rhus-t.**bg2,k sep.bg2,k stann.bg2,k valer.bg2,k zinc.bg2,k
• **Hand**, der: caust.h

Blumen; durch den Geruch von: lac-c.ptk1

Blutandrang, mit heftigem
☞ *Bösartig - Blutandrang*

Bösartig: acon.pd apis **Arn.**hr1,k *Ars.*hr1,k ars-s-f.k2 *Bell.* *Cact.* *Camph.*hr1,k *Caps.* chinin-s. cur. elat. **Gels.**hr1,k *Hyos.*hr1,k ip.k2 *Lyc.* *Nat-s.* **Nux-v.**hr1,k *Op.* **Psor.** *Puls.* *Stram.* sul-ac. sulph. tarent. **Verat.** verat-v.
– **Blutandrang**, mit heftigem:
• **Kopf** und kaltem Körper mit Durst; zum:
• **Magengrube**, als wäre der Körper zerschlagen; Frost am heftigsten in der: **Arn.**
• **warmen** Zimmer und Frost, der in der Brust beginnt; mit Erstickungsgefühl im: *Apis*
– **rotem** Gesicht, Delirium und berstenden Kopfschmerzen, wenn er sich aufsetzt; mit:
• **blassem** Gesicht wenn er liegt; mit: *Bell.*

Denken an den Frost agg.: chinin-ar.

Diarrhoe, bei: aloe ambr. apis caps.bro1 cop.br1 elat.bro1 kali-n. sulph. verat.bro1
– **Kolitis** mucomembranosa: cop.br1

Eingehüllt
☞ *Entblößen / Äußerlich*

Einseitig
☞ *Seiten*

Einwirkungen, durch bestimmte:
– **Arbeiten**, beim:
• **Lehm**, in: **Calc.**
• **Wasser**, in: **Calc.** *Rhus-t.*
– **Erde**; durch frisch umgegrabene: *Nat-m.*
– **kaltes** Baden; durch zu häufiges: ant-c. *Calc.* *Rhus-t.* *Tarent.*

Einwirkungen, durch bestimmte: ...
– **Luftzug**, von: *Acon.* bar-c. *Calc.* canth. *Ferr.* *Hep.* *Merc.* *Tarent.* tub.k2
• **Erhitzung**; bei: acon. carb-v. ran-b.k2 sil.
– **Nässe**, von:
• **Naßwerden**; durch: acon. *Aran.* bar-c. bell. *Bry.* *Calc.* *Cedr.* *Dulc.* *Nat-s.* **Rhus-t.** sep. *Tarent.*
• **Überhitzung**; bei: acon. *Calc.* *Clem.* colch. **Rhus-t.** sep. sil.
• **Zimmern**; durch Schlafen in nassen: aran. *Ars.* *Calc.* carb-v. chinin-ar. lach. *Nat-s.* *Rhus-t.*
– **Regen**, von: *Aran.* bell. *Calc.* cedr. cur. *Dulc.* *Ferr.* **Nat-s.** **Rhus-t.** zinc.
– **Sonnenhitze**, von: bell. *Cact.* glon. lach. nat-c.
– **Wetter**:
• **warmes** Wetter
☞ *Sommer / Wetter - heißem*
– **Winde**, durch heftige: nit-ac.h

Einzelne Körperteile: **Ambr.** ars. asar. bamb-a.stb2 bar-c. bell. bry. calad. *Calc.* carb-v.bg3 *Caust.* cham. chel.bg3 chin.bg3 hep. **Ign.** kali-c.bg3 *Led.* lyc. mag-s.bro1 meny.h **Mez.** *Mosch.* nux-v. **Puls.** rhus-t. sec.bg3 **Sep.** sil. spig.bg3 sulph.bg3 thuj. verat.
☞ *Eisige - einzelnen - Stellen / Erkrankter*

Eisige Kälte des Körpers: acon-f. ant-t. **Ars.** bism. *Bry.* cadm-s. *Calc.* **Camph.** **Carb-v.** carbn-s. cic. con. cory.br1 **Cupr.** hell. lachn. marb-w.es1 *Merc-c.* nat-m. nat-s. nux-v. **Sec.** *Sep.* **Sil.** stram. *Tarent.* verat. zinc.
◆ **begleitet** von:
• **Kopf**; Schmerz im
☞ ❑ *Kopf - Schmerz - begleitet - Kälte*
– **bedeckt** zu sein ist unerträglich, mit klebrigem Schweiß und Blaufärbung: **Sec.**
– **einzelnen**, an:
• **Flecken**: arg-met. par. petr. verat.
• **Stellen**: ars. calad. camph. *Meny.*
☞ *Einzelne Körperteile*
– **entblößen**; mit Verlangen, sich zu: *Camph.* **Sec.**
– **Haut**, der:
• **blau**, möchte sich jedoch entblößen; Haut trocken und: camph.
• **ganzen** Körpers, des: cory.br1
• **kaltem** Atem, mit: camph.k13 **Carb-v.** verat.
• **Schweiß** bedeckt und lividen Händen und Füßen; mit kaltem: *Stram.* verat.
– **Kopfschmerzen**; mit
☞ ❑ *Kopf - Schmerz - begleitet - Kälte*
– **liegen** würde; als ob er auf Eis: lyc.
– **Menses**, während: *Sil.*

Entblößen, Entkleiden; beim: *Acon.* **Agar.** am-c. *Am-m.* *Arg-met.* *Arg-n.* **Arn.** *Ars.* ars-h. asar. astac.kr1 aur. aur-ar.k2 *Bell.* *Borx.* *Calc.* calc-sil.k2 canth. *Caps.* carb-an. card-m. **Cham.** **Chin.** chinin-ar. *Clem.* cocc. colch. con. cor-r.br1 **Cycl.** dig. dros. *Eup-per.* *Ferr.* **Hep.**c1,k kali-n. lach. *Mag-c.* *Merc.* merl. mez. *Mosch.* nat-m. nit-ac. *Nux-m.* **Nux-v.** *Phos.* plat. *Puls.* rhod. **Rhus-t.** samb. *Sep.* **Sil.** spong. *Squil.* **Stram.** stront-c.

Entblößen, Entkleiden; beim: ...
Tarent. *Thuj.* tub.k2,lmj
– **amel.**: *Apis* calc-s.pd **Camph.** ign.k2 *Ip.* led.pd med. puls. **Sec.** *Sep.*
– **Ersticken** nahe, wenn er eingehüllt wird; fühlt sich jedoch dem: arg-n.br1
– **Hände**, der: mag-c.ptk1
– **heiß** wenn er sich zudeckt; jedoch ist ihm zu: cor-r.br1

Entblößt zu werden; Verlangen:
– **kalter**, trockener Haut; bei:
• **bedeckt** zu sein; aber Verlangen während Hitze und Schweiß: *Camph.*

Entkleiden
☞ *Entblößen*

Epileptischem Anfall, nach: ars.bg2 calc.bg2,k camph.bg2 carb-v.bg2 cocc.bg2 **Cupr.**bg2,k sil.bg2 sulph.bg2,k verat.bg2

Erbrechen, vor dem: kali-c.h

Erkrankter Teile: ars. bry.bg3 caust. cocc. colch.bg3 dulc. graph. lach. *Led.* merc. mez.bg3 nux-v. petr. plat. plb. rhod. *Rhus-t.* sec.bg3 *Sil.* thuj.
☞ *Einzelne Körperteile*

Erregung, nach: asar.c1,gm1 calc. cic. crat.br1 **Gels.**bg2,k,* ign. teucr. valer.pd zinc-val.ptk1

Erstreckt sich vom
☞ *Beginnt*

Erwachen:
– **beim**: **Alum.** *Ambr.* **Arn.** ars. *Bry.* calc. card-m. caust. hep. *Lyc.* mag-c.h merc. nit-ac. *Nux-v.* phos. puls. rhus-t. sabad. samb. sars. *Sep.* sil. staph. sulph. tarent. thuj. verat. zinc.
– **so** oft er erwacht: **Am-m.** arn.

Essen:
– **vor**: ambr.bg2 bov.bg2 calc.bg2 *Carb-an.*bg2 carb-v.bg2 chin.bg2 euph.bg2 graph.h iod.bg2 laur.bg2 lyc.bg2 *Nat-c.*bg2 phos.bg2 puls.bg2 rhus-t.bg2 sep.bg2 sulph.bg2
– **beim**: apis bov. carb-an.bg2,k carb-v.bg2,k cocc.bg2,k con.bg2,k *Euph.*bg2,k kali-c.bg2,k lyc. nit-ac.bg2,k *Ran-s.*bg2,k,* raph.hr1,k *Rhus-t.* sep.bg2,k sil.a1,k staph.bg2,k,*
– **nach**: acon.bg2 agar.bg2,k alum.bg2,k alum-sil.k2 am-c.bg2,k am-m.bg2,k anac.bg2,k,* ant-t.bg2 *Arg-n.* **Ars.**bg2,k ars-s-f.k2 **Asar.**bg2,k,* **Bell.**bg2,k,* borx. *Bry.*bg2,k *Calc.*bg2,k calc-sil.k2 camph. cann-i.c1 **Carb-an.**bg2,k,* *Carb-v.*bg2,k carbn-s. *Caust.*bg2,k,* cham.bg2,k,* chin.bg2,k,* cist.bg2 coc-c.a1,k coloc.a1,k con.bg2,k cor-r.bg2 croc.bg2,k cycl.bg2,k,* dig. *Graph.*bg2,k ign.bg2,k,* *Ip.*bg2,k kali-ar. kali-bi.bg2,hr1 **Kali-c.**bg2,k,* kali-p. lach.bg2,k *Lyc.*bg2,k nat-c.bg2,k,* nat-m.bg2,k nat-p. nit-ac.bg2,k,* *Nux-v.*bg2,k,* par.bg2 *Petr.*bg2,k ph-ac.bg2,k phos.bg2,k puls.bg2,k **Ran-b.**bg2,k *Rhus-t.*bg2,k sel.bg2,k sep.bg2,k sil.bg2,k,* staph.bg2,k *Sulph.*bg2,k,* **Tarax.**bg2,k,* teucr.bg2,k,* ther. verat.bg2,k zinc.bg2,k,* zinc-p.k2
• **amel.**: acon. **Ambr.**bg2,k *Ars.*bg2,k bov.bg2,k cann-s.bg2,k chel.bg2,k cop. cupr.bg2 *Cur.* *Ferr.*hr1,k

Essen - nach - amel.: ...
ign.bg2,k **Iod.**bg2,k kali-c.bg2,k laur.bg2,k mez.bg2,k *Nat-c.*bg2,k petr.bg2,k *Phos.*bg2,k rhus-t.bg2,k sabad.bg2,k squil.bg2,k stront-c.
– **Unregelmäßigkeiten** beim Essen; bei: ant-c. cycl. **Ip.** *Nux-m.* **Puls.**
– **warmer** Gegenstände agg.: *Alum.*bg2,k *Bell.*bg2,k bry.bg2,k **Puls.**bg2,k

Faulschlammgas; Vergiftung mit: bapt.c1 phyt.c1 *Pyrog.* *Tub.*st

Festgehalten werden, möchte: *Gels.*bg2,k *Lach.*

Frieren
☞ *Frost / Frösteln / ❑ Allgemeines - Hitze - Lebenswärme*

Frösteln: abrot. acon. *Aesc.* aeth. *Agar.* *Alum.* am-c. am-m. ambr.br1 **Anac.** ang. ant-c. ant-t. *Apis* *Aran.* *Arg-n.* **Arn.** *Ars.* *Asaf.* asar. asc-t. aur. aur-m. aur-s.k2 *Bamb-a.*stb2 *Bapt.* **Bar-c.** *Bar-m.* **Bell.** bism. bol-la. bov. brom. **Bry.** *Cact.* cadm-s.br1 calad. **Calc.** **Camph.** caps. *Carb-an.* **Carb-v.** **Carbn-s.** **Caust.** cedr. cench.k2 *Cham.* **Chel.** *Chin.* *Chinin-s.* *Cic.* cimx. cist. *Clem.* cocc. coff. **Colch.** con. corn. croc. crot-t. cupr. dig. *Dros.* dulc. eup-per.k2 euph.h **Euphr.** **Ferr.** ferr-p. gamb. *Gels.* **Graph.** **Hep.** hydr. hydrog.srj2 *Ign.* *Ip.* kali-ar.k2 kali-bi. kali-c. kali-p. *Kali-s.* kreos. lac-ac. lach. lachn. lact. *Laur.* *Led.* lept. **Lyc.** meny. *Merc.* *Merc-c.* **Mez.** mill. mosch. mur-ac. nat-ar. nat-c. *Nat-m.* nat-p. *Nat-s.* **Nit-ac.** **Nux-m.** **Nux-v.** *Olnd.* op. ox-ac. par. *Petr.* ph-ac. *Phos.* pimp.c2 *Plat.* **Plb.** podo. **Puls.** ran-b. *Rhus-t.* *Sabad.* **Sabin.** **Sep.** *Sil.* sphing.kk3 spig.k,kk3 squil. stram. stront-c. sul-ac.h,k2 **Sulph.** sumb. syph.k2 **Tarax.** *Tarent.* ter. **Teucr.** tub.br1 valer. verat.k2 viol-t. zinc.
☞ *Frost / ❑ Allgemeines - Kälte - Gefühl*
– **morgens**: am-c. anac. ang. arg-met. *Arn.* asaf. bov. carb-an. cench.k2 chin.h chinin-ar. con. eup-per. euph. ferr.a1,k gels.c1 hep. kali-ar.k2 mag-s. mang. mur-ac. nat-m. nit-ac. rhod.
• **anhaltend**:
• **Vormittag**, den ganzen: *Arn.*
• **Tag**, den ganzen: ferr. kali-p.k2 mag-c. mang. mez. nat-m. sabin. **Sil.**
• **Aufstehen**, nach dem: acon. arg-n. mag-m.h mang. mur-ac. nat-c. nux-v. sep.h
• **Erwachen**, beim: ang. *Arn.* chel. mag-s. rhod. zinc.
– **vormittags**: aeth. agar. ambr. arg-n. asar. bar-c. chinin-s. gamb.a1,k guaj. kali-c. laur. led. mag-c. mag-m. mur-ac. nat-c.hr1 **Nat-m.** plat.h
• **Haaresträuben**, mit: mag-m.
• **Mittagessen**, Essen amel.; vor dem: ambr.
– **mittags**: apis lac-ac. lob.
• **Schlaf**, nach: bry.
– **nachmittags**: *Acon.* am-c. arg-met. *Bar-c.* carb-an. caust. chinin-s. cina con. *Croc.* cycl. dulc. ferr.a1 graph. kali-chl. kali-n. *Lyc.* mag-m. meny. nat-c.h nit-ac. petr. phos.hr1,k ran-b. sil.h stram. sulph.h
• **16** h: mag-c. mag-p.a1 sep.h

– **nachmittags**: ...
 • **Menses**, während: nat-m.
 • **Mittagessen**, nach dem: anac. ars. bell.h carb-an.
 • **Mittagsschlaf**, nach dem: anac. *Bry.* merc.
 • **nachfolgende** Hitze, ohne: nit-ac. ph-ac.
 • **Zudecken** im Bett; nicht amel. durch Ofenhitze, aber amel. durch warmes: *Podo.*
– **abends**: *Acon.* agar. agn.hr1 all-c. alum.h am-c. *Am-m.* ambr. apis arg-met. arg-n.a1 arn. aur. aur-ar.k2 bell. bov. brom. bry. calad. *Calc.* canth. caps. carb-an. carb-v. carbn-s. cham. choc.srj3 cimx. cocc. colch. dulc. *Ferr.* ferr-i.k2 graph. guaj. hep. ign. kali-c. kali-i. kali-m.k2 kali-n. kali-s. kali-sil.k2 kreos. lyc. mag-m. mag-s. mang. meny. merc. *Merc-c.* *Mur-ac.* nat-c. nat-m. *Nat-p.* *Nat-s.* nit-ac. petr. phos.hr1,k podo. *Psor.* **Puls.** ran-b. *Rhus-t.*h,k,* sep. squil.h sulph. *Tarent.* thuj. tub.k2 zinc.
 • **anhaltend**, mit kalten Beinen; die ganze Nacht: aur.
 • **Einschlafen**, beim: lyc. phos.hr1,k
 • **erwacht**; so oft sie: **Am-m.**
 • **Essen**, nach dem: croc. *Kali-c.*
 • **Gehen**, beim: puls.
 • **Haare** sträuben; Gefühl, als würden sich die: am-c. *Bar-c.* calc. *Dulc.* nit-ac.
 • **Hitzewallungen** im Gesicht, mit: nit-ac. petr.
 • **Kopfschmerzen**, mit: *Acon.* arg-met.bro1 bry. camph.bro1 cedr.bro1 conv.bro1 lact.bro1 mang-m.bro1 sang.bro1 sil.bro1
 • **Liegen** im Bett:
  • **amel.**: kali-i. kali-n. mag-m. mag-s. tub.k2
  • **beim**: am-m. aur. bov. bry. cench.k2 colch. kali-sil.k2 lyc. *Merc.* merc-c. *Mur-ac.* podo. *Zinc.*
 • **Schläfrigkeit**, bei: lycps-v. nat-m. op.
 • **Übelkeit** und kalten Gliedern; mit: apis
 • **warmer** Ofen agg.: merc.
– **nachts**: acon. agar. aloe am-c. aur-ar.k2 bamb-a.stb2 bov. caps. carb-v.h *Card-m.* caust. croc. ferr.a1,h hep.c1 iris c1 kali-i. staph.h verat.k2
 • **21**.30 h, muß sich ins Bett legen, gefolgt von Schüttelfrost: *Sabad.*
 • **Entkleiden**, beim: acon. *Merc-c.* op.
 • **Hinlegen**, und so oft sie erwacht, ohne Durst; nach dem: **Am-m.**
 • **Menses**:
  • **vor**: aloe
  • **während**: *Lach.*
 • **Schlaf**, im: am-c. grat. nat-c.h sil.h
◆ **begleitet** von:
 • **heißer** Atem
  ☞ *❑ Atmung - Heißer Atem - Frost*
– **anhaltend**; die ganze Nacht: graph.
– **Apyrexie**, während der: anac. *Ars.* bry. caps. cocc. daph. dig. *Hep.* led. nat-m. puls. ran-s. sabad. sil. verat.
– **aufregende** Nachrichten, durch: gels. sulph.
– **Bettes**, jedoch Hitze im Bett; außerhalb des: cor-r.bro1 mez.
– **Bewegung**; durch:
 • **Bettdecken**; durch die geringste Bewegung der ●: acon. **Arn.** *Calc.* **Nux-v.**k,k12● rhus-t. stram. sulph.
 • **geringste**; durch die: spig.br1
– **Erbrechen**, beim: dulc.
– **Erwachen**, beim: card-m. staph.
– **Essen**:
 • **beim**: carb-an. euph. ran-s.
 • **nach**: alum-p.k2 *Ars.* asar. calc. carb-an. caust. kali-c. kali-sil.k2 nux-v. rhus-t. sil. sulph. tarax. teucr. zinc.
– **Fieber**; während
 ☞ *❑ Fieber - Frösteln*
– **Gehen**, nach dem: gins. kali-ar.k2
– **Haare** sträuben; Gefühl, als würden sich die: am-c. bar-c. calc. caust. dulc. grat. mag-m. mur-ac. nit-ac.
– **Harndrang**:
 • **bei**: hyper. *Med.*
 • **nach**: caust.h
 • **gefolgt** von: senec.
– **häufigen** Anfällen, in:
 • **kurzen** Anfällen, in: ferr.
 • **Schlaf** zwischen den Anfällen; mit: **Nux-m.**
– **Heben** der Bettdecken; beim: agar.h
– **Hitzewallungen**, vor: sang.kr1
– **Jucken**, mit: petr.a1j puls.a1j
 • **Abdomens**, des: mag-c.h
– **Kaffee**; nach Mißbrauch von: *Cham.* *Nux-v.*
– **Koitus**, nach: nat-m.bg2,k
– **Kopfschmerz**:
 • **während**: agar.kr1 am-c.kr1 anthraci.c1 arg-n.a1,bro1 cadm-s.c1 **Calc.**kr1 camph.bro1 **Caust.**kr1 cedr.bro1 cist.kr1 coca c1,kr1 **Coff.**kr1 **Coloc.**kr1 con.h conv.bro1 **Cupr.**kr1 elat.kr1 eupi.c1 *Ferr.*kr1 ign.hr1 **Kali-c.**kr1 lac-ac.c1 **Lac-d.**kr1 lach.k13 lact.bro1 mang-m.bro1 **Merc.**kr1 mez.kr1 **Mosch.**kr1 nit-ac.kr1 *Nux-v.*kr1 **Puls.**kr1 *Sang.*bro1,kr1 *Sil.*kr1 *Sulph.*kr1 *Thuj.*kr1 verat.k2 zing.kr1
  • **eine** Seite: **Ign.**kr1
  • **Menorrhagie**, bei: chinin-s.kr1
  • **Schläfe**, rechte: ziz.kr1
 • **nach**: alum.kr1 *Rhus-t.*kr1
  • **Pulsieren** im Hinterkopf, nach: dros.kr1
– **Körperteiles**, des berührten: spig.
– **Lachen**:
 • **nach**: hura bg1
– **Luft**:
 • **Brust** friert im Freien; die gut eingehüllte: ran-b.
 • **Freien**; im: anac.c1
  • **Zimmer**; und im heißen: *Chin.*
   • **ganzen** Körper, aber nicht in kalter Luft; Frost über den: caust.
 • **Gehen** im Freien, beim: acon. cham. chin. dig. euph. led. merc-c. plb.
 • **kalte** Luft auf entblößte Teile blasen würde; als ob: mosch.
 • **Zugluft**, nach: caust.h

– **Menses**:
 • **vor** ●: aloe am-c. *Calc.* *Caul.* cimic.hr1 *Kali-c.* *Kreos.* **Lyc.** *Mag-c.* nat-m. nux-v. **Puls.** *Sep.* **Sil.** verat.
 • **während**: am-c. bell. berb.k,vh *Bry.* bufo calc. *Carb-an.* carbn-s. castm. *Caul.* cimic.hr1 *Cocc.* cycl. eupi.c1 *Graph.* ip. kali-i. kreos. led.k2 mag-c. nat-c.a1 nat-m. nat-p. *Nux-v.* *Phos.* **Puls.** *Sec.* **Sep.** **Sil.** **Sulph.** *Tab.* verat.k2 zinc. zing.
– **nachfolgende** Hitze, ohne: agn. lyc. nat-c.hr1
– **nervös**: gels.c1,hr1
– **Niesen**, mit: ox-ac.c1
– **schlechte** Nachrichten, durch: sulph.
– **Schmerzen**, mit: alum-sil.k2 *Ars.* bar-c.kr1 bry.kr1 calc.kr1 caps.a1 *Caust.* coff.bro1 dulc.kr1 euphr.kr1 graph.kr1 kali-c.kr1 kali-n.kr1 led.kr1 lyc.kr1 mez.kr1 nat-m.kr1 *Puls.* rhus-t.kr1 sep.j5,k squil.kr1
 • **Abdomen**, im: merc.h
  • **brennend**: caps.h mag-c.h
 • **brennenden** Schmerzen, mit: caps.kr1
 • **pochenden** Schmerzen; mit brennend: hep.kr1
– **Schweiß**, mit: acon. ail. am-c. aml-ns. ant-c. arg-n. ars. bry. *Calc.* calc-i.k2 *Caps.* chin. cocc.br1 dig. **Eup-per.** eup-pur. euph. led. *Nat-m.* **Nux-v.** petr. phos. psor. puls. *Pyrog.* sabad. sang. sulph. thuj. **Tub.**
 • **warm** wird; sobald er im Bett: arg-n.
– **Schwindel**; nach: nat-c.a1
– **Sonne** amel.: anac.c1
– **Stuhlgang**:
 • **vor**: *Ars.* bapt. bar-c. benz-ac. calad. dig. ip. mang. *Merc.* *Mez.* nat-c. phos. puls. verat.
 • **während**: aesc. *Ars.* bell. calc-s. colch.bro1 *Mag-m.* *Mag-p.*hr1 mez. podo.c1 rheum ric.bro1 *Sil.* stann. **Verat.**
 • **nach**: bufo grat. mag-m. *Plat.*
 • **Stuhldrang**, bei: mag-m.h
– **Trinken**:
 • **beim**: ars. kali-ar.k2 verat.k2
 • **nach**: tarax.c1,h
– **Übelkeit**; bei: cadm-s.br1
– **Urinieren**:
 • **vor**: *Med.* nit-ac.
 • **beim**: gels.br1 *Lyc.* *Nit-ac.* **Plat.** sep. *Stram.* thuj.
 • **nach**: arn. **Plat.** puls. sep. sulph. thuj.
  • **amel.**: med.
– **warm**:
 • **Atem**; mit heißem
  ☞ ❑ *Atmung - Heißer - Frost*
 • **Berührung**; jedoch warm bei: corn-f.br1
 • **Zimmer**, im warmen: ant-c.br1,c1 arg-n.a1 carb-ac. cinnb. grat. iod. lact. *Puls.*
  • **Eintreten** aus dem Freien; beim: am-c. ars. bar-c. bry.
  • **stärker** im warmen Zimmer als im Freien: bry. grat. *Puls.*
– **Waschen**, beim: bry. zinc.
– **Wehen**:
 • **während**: gels.hr1
 • **nach**: *Kali-c.* *Kali-i.*
 • **ersten** Wehen; durch die: gels.c1

Frühling, im: *Ant-t.* *Ars.* canth. *Carb-v.* cham. *Gels.* **Lach.** nux-m. **Psor.** sep. sulph.

Gähnen, mit: carb-an.ptk1 eupi.c1 kreos.ptk1 meny.ptk1 thuj.ptk1

Gänsehaut
 ☞ ❑ *Haut - Gänsehaut*

Gehen:
– **beim**: arn. asaf. cham. *Chin.* meny.h
– **nach**: calc.h mag-c.h
– **Freien**, im: acon. anac. *Ant-t.* **Ars.** ars-s-f.k2 bamb-a.stb2 bell. borx. bry. carb-an. carb-v. cham. **Chel.** **Chin.** chinin-ar. cocc. colch. con. dig. **Euph.** hep. mag-m. mang. *Merc.* *Merc-c.* nux-m. **Nux-v.** petr.h ph-ac. sel. *Sil.* *Spig.* sul-ac. *Sulph.* tarax.
 • **nach**: am-c. anac. *Ars.* *Bry.* cann-s. carb-v. kali-c. laur. nit-ac. nux-v. *Puls.* *Rhus-t.* *Sep.* spong. staph. zinc.

Geistiger Anstrengung, nach: aur. colch. *Nux-v.* tub.k2 zinc-val.ptk1

Gemütsbewegung; durch jede
 ☞ *Erregung*

Getränke:
– **warme**:
 • **agg.**: *Alum.* bell.ptk1 cham. *Puls.*ptk1
 • **amel.**: alum-sil.k2 bry. eupi.
 • **vertragen**, werden: *Ars.* casc. *Cedr.* *Eup-per.* *Lyc.* *Nux-v.* *Rhus-t.* sulph.

Halten von kalten Gegenständen in den Händen; beim: zinc.ptk1

Häufig (= mehrmals am Tag): bell.h

Heftiger Frost:
 ☞ *Schüttelfrost - festgehalten*
– **Bewußtlosigkeit**, mit: *Ars.* *Bell.* camph. *Hep.* lach. **Nat-m.** nux-v. op. puls. stram. valer.
– **bläulichem**, kaltem Gesicht und Händen, gefleckter Haut; mit: **Nux-v.** *Rhus-t.*
– **Delirium**, mit: *Arn.* *Ars.* *Bell.* bry. cham. **Chin.** ip.k2 **Nat-m.** nux-v. puls. *Sep.* stram. sulph. *Verat.*
– **Hitze**, ohne nachfolgende: **Aran.** bov. camph. hep. *Led.* *Mez.*
– **rotem** Gesicht und Durst; mit: **Ferr.** *Ign.*

Herbst, im: **Aesc.** ars. bapt. **Bry.** chin. **Colch.** **Nat-m.** *Nux-v.* rhus-t. **Sep.** verat.

Herbst und Frühling; im: apis ars. **Lach.** *Psor.* sep.
– **Teil** des Körpers befallend; einen: cham.bg3 *Cocc.*bg3 **Ign.**bg3 *Rhus-t.*bg3 stront-c.bg3

Herumdrehen im Bett
 ☞ *Bett - Herumdrehen*

Hinlegen; beim:
– **Schlafen**, zum: graph.h

Hitze:
– **äußerlich**: ars.h mur-ac.h
– **mit**
 ☞ ❑ *Fieber - Frost, mit*

– **ohne** nachfolgende: acon. agar.h *Aran.* bov. calc. camph. chin. *Hep.* led. lyc. mez. *Mur-ac.* nit-ac. ph-ac. ran-b. sabad. sep. staph. sulph.
– **Überhitzung**; bei: acon. *Ant-c.* ant-t. bell. *Bry.* camph. **Carb-v.** dig. *Kali-c.* nat-m. *Nat-s.* *Nux-v.* op. phos. **Puls.** rhus-t. samb.ptk1 sep. **Sil.** *Thuj.* zinc.

Husten:
– **agg.**: apisptk1 eup-per.ptk1 lyc.pd puls.ptk1 rhus-t.ptk1 thuj.ptk1
– **durch**: ars. bry. calc. carb-v. con. cupr. hyos. mez. nat-c. nux-v. phos. **Puls.** rhus-t. sabad. sep. sulph. tub.bg verat.

Innerlich: *Acon.*a1,k adam.srj5 aeth.a1,k agar.h *Agn.* all-c.a1,k *Alum.*a1,k alum-p.k2 alum-sil.k2 **Anac.** ang.a1,k ant-c.a1,k **Apis** *Arn.* **Ars.**a1,k ars-i. ars-s-f.k2 astac.kr1 bamb-a.stb2 bar-c. *Bell.* *Berb.* bov. *Bry.* **Calc.**a1,k calc-i.k2 calc-sil.k2 *Canth.* *Caps.* carb-an.h carb-v.a1,k **Caust.**a1,k *Cham.*a1,k *Chel.*a1,k **Chin.**a1,k *Chinin-s.* cimic.a1,k **Cocc.** *Coff.* colch. coloc. *Con.*a1,k cor-r. croc. **Dig.**a1,k *Dros.* elaps *Euphr.* eupi.a1,k guaj. hell. **Hep.** ign. iod. *Ip.* kali-ar. kali-c. kali-p. kali-sil.k2 lac-c. lach.a1,k laur. lyc.a1,k mang.h **Merc.**a1,k merc-c. mez.a1,k nat-ar. nat-c. *Nat-m.* nat-p. *Nat-s.*a1,k **Nux-v.**a1,k paeon.a1,k par. petr. ph-ac. **Phos.**a1,k plat.h plb. *Psor.* **Puls.**a1,k ran-b.a1,k *Rhus-t.* ruta sars.h *Sep.*a1,k *Sil.* spig. squil. sul-ac.h sul-i.k2 **Sulph.** *Tarent.* ther. thuj.a1,k verat.a1,k
– **morgens**: arg-n.a1,k *Con.* *Lyc.*a1,k merc.a1,k sulph.
  • **Bett**, im: lyc. merc.a1,k
  • **Frühstück**, beim: ther.a1,k
– **vormittags**: euph.a1 euphr.h lyc.h *Merc.* sulph.a1,k
– **mittags**: kali-c.a1,k psor.a1,k
– **nachmittags**: *Ars.*a1,k cocc. guaj. phos.a1,k psor.
  • **15** h: staph.h
  • **folgt** auf Hitze: guaj.
  • **ohne** nachfolgende Hitze: ang.
– **abends**: atro.a1,k caust. cocc.a1,k eupi.a1,k *Gamb.*a1,k guaj.a1,k lyc. mang.h nit-ac.a1,k par.a1,k petr. phos. plb. psor.
  • **Einschlafen**, beim: phos.
  • **Liegen**, beim: **Hell.** squil.h
– **nachts**: ambr.a1,k *Dros.* nux-v.a1,k petr.a1,k *Sil.*a1,k squil.a1,h
  • **Mitternacht**: caust.a1,k
  • **Erwachen**, beim: arn.a1,k
  • **Freien**, im: anac.
  • **kalte** Luft durch die Knochen strömen würde; als ob: verat.
  • **Schlaf**, im ersten: dig.
  • **warmen** Zimmer, im: *Anac.* cist.a1,k kreos.a1,k puls.a1,k
– **Hitze** agg.; äußerliche: *Ip.*
– **Kälte**:
  • **Blutgefäßen**, in den: abies-c.bg,bro1 **Acon.** ant-c. ant-t. **Ars.** lyc. **Rhus-t.** **Verat.**
  • **Knochen**; wie in den: adam.srj5 berb.k,vh elapsk,vh merc.k,vh verat.k,vh
  • **warm** bei Berührung; jedoch: corn-f.br1
– **Wärme**:
  • **Wärmflasche** amel.: bamb-a.stb2

Jährlich wiederkehrender Frost: *Ars.*bg2,k **Carb-v.**bg2,k **Lach.**bg2,k *Nat-m.* *Psor.* *Rhus-r.* **Rhus-v.** *Sulph.*bg2,k *Thuj.*bg2,k tub. *Urt-u.*
– **halbjährlich**: lach. *Sep.*

Kalt:
– **Freie**; beim Gehen in die kalte Luft ins: aesc. **Agar.** *Ars.* ars-s-f.k2 bry. *Calc.* calc-sil.k2 *Camph.* **Caps.** caust. cham. **Coff.** **Cycl.** dig. ferr-i.k2 hell. hep. kali-ar. kali-c. kali-sil.k2 **Mez.** mosch. nat-ar. nat-c. nat-p. nux-m. **Nux-v.** petr. phos. *Rhod.* *Rhus-t.* sabad. sep. sil. spig. verat. *Zinc.* zinc-p.k2
  • **amel.**: meph.a1
  • **warmen** Zimmer; aus dem: *Puls.*
– **Sommertag**; an einem kalten: acon. aran. cham. dulc. rhus-t.

Kälte: alum-p.k2 bar-m.k2 calc-i.k2 euphr.k2 ferr-ar.k2 squil.k2 stront-c.k2
– **allgemeinen**; im
  ☞ *Frost*
– **Blutgefäßen**, in den
  ☞ *Innerlich - Kälte - Blutgefäßen*
– **Knochen**, in den
  ☞ *Innerlich - Kälte - Knochen*
– **Körpers**, des
  ☞ *Eisige / Frost / ❑ Haut - Kälte*

Kälteeinwirkung; nach: *Acon.* ang. ant-c. *Aran.* arn. *Ars.* bar-c. bol-la. *Bry.* cact. **Calc.** canth. carb-v. **Cedr.** *Chin.* *Chinin-s.* dros. *Dulc.* eucal. eup-per. *Hep.* kali-c. lach. led. nat-m. *Nat-s.* **Rhus-t.** sep. spig. *Tarent.* zinc.

Koitus, nach: nat-m.ptk1

Kolitis mucomembranosa
  ☞ *Diarrhoe - Kolitis*

Kopfschmerzen in der Stirn; mit: mang.h

Kriechend: acon. all-c. aloe am-m. aml-ns. anac.a1,k *Ang.*hr1,k ant-t.hr1,k,* apis ars. ars-h. asaf.a1,k berb.a1,k,* bol-la. *Bry.*a1,k calad. calc.hr1,k calc-p.hr1,k camph.hr1,k cham.hr1,k chlor.hr1,k cimx. clem.a1,k crot-h.hr1,k crot-t.hr1,k dig.hr1,k,* dros.a1,k equis-h.c1 ferr.a1 gast.a1 grat.a1,k kali-i. lyc.a1,k meny. merc.a1,k merc-sul. mez. *Nat-m.*hr1,k,* ph-ac.a1,k *Psor.*hr1,k,* rhus-t. ruta samb.hr1,k,* sec.hr1,k *Spig.*a1,k stram.a1,k sul-ac. *Sulph.* *Thuj.*a1,k til.a1,k *Tub.* valer.a1,k verat.a1,k zinc.a1 zing.a1,k
– **morgens**: cina lyc.a1,k spig.a1,k viol-t.a1,k
  • **Aufstehen** aus dem Bett kriechende Kälte, Schauder auf dem Abdomen; beim: meny.
– **vormittags**: chlor.
  • **Eintreten** in ein warmes Zimmer; beim: aloe
– **nachmittags**: alum.a1,k arg-n. calc.a1,k calen. carb-an. caust. psor.a1,k
  • **16** - 18 h: alum. arg-n.
  • **Mittagessen**, nach dem: thuj.a1,k
  • **Mittagsschlaf**, nach dem: bry.
– **abends**: am-m. arg-n. *Ars.* ars-h. ars-s-f.k2 bell. calc.a1,k chlor. gins.a1,k kali-i. lyc.a1,k nat-m. psor. *Puls.* rhus-t.a1,k sul-ac.a1,k thuj.a1,k *Tub.* zing.a1,k
– **nachts**: hep. merc-c.a1,k puls. tub.
◇ **abwechselnd** mit Hitze: anthraci.

– **Aufstehen** vom Sitzen; beim: coff.$_{a1,k}$
– **Bewegung**, bei: acon. sin-a.$_{a1,k}$
– **kalter** Luft, in: anac. bufo
– **Stehen**, im: coloc.$_{a1,k}$ ham.$_{a1,k}$
– **Stuhlgang**:
• **vor**: *Mez.*
• **während**: nat-m.$_{a1,k}$
• **nach**: ambr. grat.
– **Urinieren**, nach: eug. plat. sars. sep.
– **warmen** Zimmer; im: aloe *Puls.* ran-b.$_{a1,k}$

Kummer, durch: *Gels. Ign.*
☞ ❑ *Gemüt - Beschwerden durch - Kummer*

Lang anhaltend
☞ *Schüttelfrost - lang*

Liegen:
– **amel.**: arn. asar. *Bry.* canth. colch. kali-n. nat-m. *Nux-v.* phos.$_h$ sil. zinc.
– **beim**: acon.$_{bg1}$ am-m. berb.$_{bg1}$ cham. *Cimx.* graph.$_{bg1}$ nat-c.$_{bg1}$ nux-v. phel. podo. puls.$_{ptk1}$ sabin.$_{bg1}$ sars.$_{bg1}$ ther.$_{bg1}$ thuj.$_{bg1}$
– **nach**, amel.: kali-i. merl. nit-ac. rhus-t. sulph.
– **Neigung** sich hinzulegen, durch Frösteln: dros.$_h$
– **Rücken**, auf dem: tell.$_{bg1}$

Luft:
– **Freien**, im: **Agar.** *Alum.* alum-sil.$_{k2}$ *Am-c.* **Anac.** *Ant-t.* **Ars.** ars-s-f.$_{k2}$ **Asar.** bamb-a.$_{stb2}$ **Bapt.** *Bar-c.* bar-s.$_{k2}$ bell. bol-la. borx. bov. brom. *Bry.* bufo calad. **Calc.** calc-p. calc-sil.$_{k2}$ calen. *Camph.* cann-s. canth. *Caps.* carb-ac. carb-an. carb-v. caust.$_h$ *Cham.* *Chel.* **Chin.** *Chinin-ar.* cocc. **Coff.** colch. *Con.* **Cycl.** dulc. *Euph.* guaj. **Hep.** **Ign.** *Kali-ar.* kali-c. *Kali-chl.* kali-m.$_{k2}$ kali-n. kali-p. kali-sil.$_{k2}$ kreos. *Laur.* mag-m. mag-s. mang. **Merc.** *Merc-c.* *Mosch.* nat-m. *Nit-ac.* **Nux-m.** **Nux-v.** **Petr.** ph-ac. phos. **Plat.** **Plb.** *Puls.* *Ran-b.* rhod. *Rhus-t.* sars. *Seneg.* **Sep.** *Sil.* spig. stram. stront-c. sul-ac. sulph. tab. *Tarax.* thuj. viol-t. *Zinc.* zing.
• **amel.**: acon. alum. *Ang.* ant-c. **Apis** arg-met. **Asar.** **Bry.** **Caps.** cocc. *Graph.* **Ip.** *Mag-c.* *Mag-m.* *Mez.* nat-m. phos. **Puls.** *Sabin.* *Staph.* **Sul-ac.**
• **Körperübungen** im Freien amel.: alum. **Caps.** mag-c. mag-m. **Puls.** spong. staph. sul-ac.
– **Gehen** im Freien
☞ *Gehen - Freien*
– **Luftzug**; durch den geringsten: *Bar-c.* bar-s.$_{k2}$ bell. bry. **Calc.** canth. **Caps.** carb-an. *Cham.* **Chin.** dulc. hep. kali-c. kali-sil.$_{k2}$ mag-c. *Merc.* **Nux-v.** pyrus rhod. sel. sil. sulph. *Zinc.*
– **warm**
☞ *Warm - Zimmer*

Magen, bei verdorbenem: ant-c. **Ip.** *Puls.*

Mehrmals am Tag
☞ *Häufig*

Menses:
– **vor**: am-c.$_{bg2,k,*}$ berb.$_{k,vh}$ *Calc.*$_{bg2,k,*}$ *Kali-c.*$_{bg2,k,*}$ *Kreos.*$_{bg2,k,*}$ **Lyc.**$_{bg2,k,*}$ nux-v.$_{bg2,k,*}$ **Puls.**$_{bg2,k,*}$

Menses - vor: ...
sep.$_{bg2,k,*}$ **Sil.**$_{hr1,k}$ sulph.$_{bg2,k}$ thuj.$_{bg2,k}$ verat.$_{bg2,k}$
– **während**: aloe *Am-c.*$_{bg2,k,*}$ *Bell.*$_{bg2,k,*}$ berb.$_{bg2,k,*}$ bry.$_{hr1,k}$ bufo *Calc.*$_{bg2,k,*}$ carb-an.$_{bg2,k,*}$ castm. caul. caust. *Cham.*$_{bg2,k}$ coff. *Cycl.*$_{hr1,k}$ eupi. *Graph.*$_{bg2,k,*}$ ip.$_{hr1,k}$ kali-i.$_{bg2,k,*}$ kali-n.$_h$ *Kreos.*$_{bg2,k,*}$ lach. *Led.* lyc.$_{bg2,k}$ mag-c.$_{bg2,k,*}$ nat-c.$_{h2}$ nat-m.$_{bg2,k,*}$ nat-p.$_{hr1,k}$ *Nat-s.* *Nux-v.*$_{bg2,k,*}$ *Phos.*$_{bg2,k,*}$ **Puls.**$_{bg2,k,*}$ *Sec.*$_{hr1,k}$ **Sep.**$_{bg2,k,*}$ **Sil.**$_{bg2,k,*}$ **Sulph.**$_{bg2,k,*}$ thuj. verat.$_{bg2,k,*}$ *Vib.* zinc.$_{bg2,k}$
• **anhaltend**: castm. cycl. *Kreos.* rhus-t.
• **Aussetzen** der Menses; beim zeitweiligen: eupi.
• **Beginn** der Menses; zu: jab.$_{ptk1}$
• **Entblößung**, bei: mag-c.
• **Gehen**, beim: mag-c.
– **nach**: *Graph.*$_{a1,k1}$ jug-r. kali-c.$_{bg2,k,*}$ nat-m.$_{bg2,k}$ *Nux-v.*$_{bg2,k}$ phos.$_{bg2,k}$ *Puls.*$_{bg2,k}$

Monat, jeden
☞ *Periodisch - Monat - jeden*

Nervös
☞ *Erregung*

Oberkörper: arg-met.$_h$ euph.$_h$ *Ip.* mag-m.$_h$ meny.$_h$ plat.$_h$

Oben; bewegt sich nach
☞ *Aufsteigend*

Partiell
☞ *Einzelne Körperteile / Seiten*

Periodisch:
– **Woche** (= d.h. 7 Tage):
• **jede** Woche: am-m. canth. *Chin.* lyc. plan.
 • **nachts**; nie: chin.$_{bro1}$
• **zwei** Wochen; alle: am-m. **Ars.** *Calc.* *Chin.* *Chinin-s.* **Lach.** plan. psor. *Puls.*
 • **nachts**; nie: chin.$_{bro1}$
• **drei** Wochen; alle: chinin-s. mag-c. psor. sulph. *Tub.*
– **Monat**:
• **jeden**: nux-m. **Nux-v.** puls. **Sep.** tub.

Periodizität:
– **ausgeprägt**, nicht: acon. am-m. ambr. bell. camph. canth. carb-an. carb-v. caust. chel. cic. coloc. mag-c. **Psor.** **Sep.**
– **regelmäßig** und deutlich: aesc. ang. apis **Aran.**$_{hr1,k}$ ars-i.$_{k2}$ *Bov.* **Cact.** *Caps.* **Cedr.** **Chinin-s.** cina *Ferr.* *Gels.* *Hell.* lyc. *Nat-s.* podo. *Pyrog.* *Sabad.* *Spig.* stann. staph. *Tarent.* thuj.
• **Uhrwerk**, wie ein: *Aran.* cact. *Cedr.* chinin-s.$_{gm1}$ gels.$_{c1}$
– **unregelmäßig**: **Ars.** *Eup-per.* ign. *Ip.*$_{hr1,k}$ kali-ar. *Meny.* mill. **Nux-v.** **Psor.** **Puls.** samb. **Sep.** ter.$_{hr1}$

Plötzlich: graph.$_h$

Postponierend: alst. bry. chin.$_{hr1,k}$ cina **Gamb.**$_{hr1,k,*}$ ign. *Ip.*$_{hr1,k}$
– **zwei** Stunden, um: sanic.$_{c1}$

Quartana: acon. anac. ant-c. apis *Arn.* **Ars.** **Ars-i.** ars-s-f.$_{k2}$ bapt. bell. brom. bry. bufo carb-v. chin.

Quartana: ...
chinin-ar. chinin-s. **Cimx.** cina clem. coff. cor-r. *Elat.* **Hyos.** *Ign.* **Iod.** ip. kali-ar. lach. **Lyc.** *Meny.* mill. *Nat-m.* nux-m. *Nux-v.* plan. podo. **Puls.** rhus-t. **Sabad.** sep. sul-i.k2 sulph. thuj. **Verat.**
– **duplicata**: *Ars.* chin. **Dulc.** eup-per. *Eup-pur.* gamb. lyc. nux-m. puls. rhus-t.
• **Diarrhoe** an den fieberfreien Tagen; mit anhaltender: **Iod.**
– **Zunge**:
• **weiße** Farbe der Zunge: *Ip.*kr1,vk1

Quotidiana: acon. aesc. agar. alum. alum-p.k2 anac. *Ang.* ant-c. ant-t. apis **Aran.** *Arn.* **Ars.** ars-s-f.k2 arund. asaf. bapt. bar-c. bell. bol-la. bry. **Cact.** *Calc.* camph. *Caps.* carb-v. *Cedr.* cham. chel. chin. chinin-ar. *Chinin-s.* cic. *Cina* con. *Cur.* cycl. *Dros.* elaps elat. *Eup-per.* eup-pur. *Ferr.* ferr-ar. gamb.hr1,k,* *Gels.* graph. hep. ign. **Ip.** *Kali-ar.* kali-bi. kali-c. kali-s. lach. led. lob. *Lyc.* mag-c. meny. **Nat-m.** *Nat-s.* nit-ac. **Nux-v.** op. petr. *Phos.* plan. plb.bro1 *Podo.* **Puls.** *Pyrog.* *Rhus-t.* sabad. *Samb.* sarr. sep. *Spig.* stann. staph. stram. sulph. *Tarent.* thuj. verat.
– **duplicata**: ant-c. apis ars. bapt. *Bell.* *Chin.* dulc. **Elat.** **Graph.** led. nux-m. *Puls.* rhus-t. *Stram.* *Sulph.*
– **heftiger** Frost am Nachmittag des nächsten Tages; leichter Frost am Morgen des einen Tages, aber: eup-per.

Reiten, beim: kali-c.h

Rigor
☞ *Schüttelfrost*

Schauder
☞ *Schüttelfrost / Zittern*

Schlaf:
– **beginnt**; wenn er zu schlafen: tub.c1
– **im**: aeth. *Am-c.* *Ars.* bell. **Borx.** bov. bry. cadm-s. calad.a1 calc. carb-an. carb-v. carbn-s. caust. cham. chin. grat. hep. hyos. *Ign.* indg. lyc. mur-ac. *Nat-m.* *Op.* *Ph-ac.* phos. *Puls.* sabad. samb. sep. sulph. zinc.
– **nach**: acon. *Agar.* **Alum.** **Am-m.** *Ambr.* arn. ars. bry. cadm-s. calc. caust. con. crot-t. cycl. *Lyc.* merc. nit-ac. nux-v. phos. puls. rhus-t. sabad. samb. sars. sep. sil. staph. sulph. tarent. thuj. verat. zinc. zinc-p.k2
• **amel.**: arn. ars. bry. calad. calc. caps. chin. colch. cupr. ferr. kreos. *Nux-v.* **Phos.** psil.ft1 rhus-t. samb. sep.
◇ **abwechselnd** mit Anfällen von Kälte: *Nux-m.*

Schlucken agg.: *Merc-c.*a1,hr1,*

Schmerz:
– **mit**: *Agar.*ptk1 alum-sil.pd ang. *Aran.* *Ars.* asaf. aur. bamb-a.stb2 bar-c. **Bov.** bry. calc-p.ptk1 *Camph.*ptk1 caps. cocc. **Coloc.** cycl. **Dulc.** *Euph.* *Graph.* hep. *Ign.* *Kali-bi.* kali-c. **Kali-n.** kali-sil.k2 lach. *Led.* lyc. **Mez.** mosch.pd nat-c. nat-m. petr. plb. **Puls.** ran-b. *Rhus-t.* **Sep.** sil. *Squil.* sulph. tell.c1

Schmerz: ...
– **nach**: kali-c.h

Schnupfen, mit: mag-c.ptk1

Schreck, durch: acon.bg2,k bell.bg2 **Gels.**bg2,k ign.bg2,k lyc. *Merc.*bg2,k nux-v.bg2,k op.bg2,k plat.bg2,k *Puls.*bg2,k sep.dgt sil.bg2,k *Verat.*bg2,k
☞ *❑ Gemüt - Beschwerden durch - Schreck*

Schreiben, beim: agar. zinc.h

Schüttelfrost (= Schauder, Rigor etc.): acon.c2,k adam.srj5 *Aesc.* agar. aloe alum. alum-p.k2 alum-sil.k2 *Am-c.* anac. androc.srj1 ang. ant-c. *Ant-t.* *Apis* *Aran.* arg-met. arg-n. arn. **Ars.**c2,k *Ars-i.* asaf. asar. *Astac.*c2 aster. aur. aur-ar.k2 aur-i.k2 aur-s.k2 bamb-a.stb2 bapt.c2,k bar-c. bar-m. bar-s.k2 *Bell.* berb. bol-la. borx. bov. *Brom.* *Bry.* *Cact.* calad. *Calc.* *Calc-i.*k2 calc-p. calc-s. calc-sil.k2 **Camph.**c2,k *Cann-s.* *Canth.* *Caps.* *Carb-an.* *Carb-v.*c2,k **Caust.** cedr. cench.k2 cham. **Chel.** **Chin.** *Chinin-ar.* **Chinin-s.** *Cina* *Clem.* *Cocc.* *Coff.* **Colch.** *Coloc.* con. croc. cupr. cycl. dig. *Dros.* dulc. *Elaps* *Eup-per.* *Eup-pur.* *Euph.* eupi. **Ferr.** **Ferr-i.** ferr-p. *Gamb.* *Gels.* graph. guaj. hell. **Hep.** hydrog.srj2 hyos. **Ign.** *Iod.* *Ip.* kali-ar. *Kali-c.* kali-chl. *Kali-i.* kali-m.k2 kali-n. kali-p. kali-s. kalm. kreos. *Lach.* *Laur.* **Led.** *Lob.* **Lyc.** lyss. *Mag-c.* mag-m. mag-s. mang. marb-w.es1 *Meny.* *Merc.* merc-c. *Mez.* *Mosch.* *Mur-ac.* *Nat-ar.* *Nat-c.* **Nat-m.** nat-p. *Nat-s.* nit-ac. nux-m. **Nux-v.** olnd. *Op.* ox-ac.k2 par. *Petr.* *Ph-ac.* **Phos.**c2,k plan. *Plat.* plb. *Podo.* **Psor.** ptel.c1 **Puls.** **Pyrog.** **Rhus-t.** **Ruta** *Sabad.* sabin. *Samb.* sang. sarr. sars.h *Sec.* **Sep.** *Sil.* spig. spong. stann. *Staph.* stram. sul-ac.h sul-i.k2 **Sulph.** *Tab.* *Tarax.* *Tarent.* ter. ther.c1,k2 **Thuj.** verat. *Verb.* zinc. zinc-p.k2
☞ *Zittern*
– **eine** Seite: verb.c1
– **morgens**: ant-c. ars. caps. carb-v. chin.a1,k cocc.a1,k coff. cor-r.a1,k *Hell.*a1,k kali-n.h mag-m.h2 *Mang.*a1,k *Merc.* nat-ar. nat-c.a1,k *Nat-m.* nux-m.a1,k *Podo.* rat.a1,k sarr. sep.h spong.a1,k *Verat.*
• **8** h: sulph.h
• **Aufstehen**: acon. kreos. mag-m.a1 mag-s.a1,k nux-v.
• **Bett**, im: chin. coff. mag-s.a1,k nat-c.h2,k,* nat-s.
• **Erwachen**, nach dem: sep.h
• **Gehen**, beim: sep.a1,k
• **Hitze**, ohne nachfolgende: cocc.
– **vormittags**: ang. arg-n. carb-an. chinin-s. eup-per.k2 kali-n.h mag-m.h2 nat-c.a1 **Nat-m.** nit-ac.h *Nux-v.* op. ph-ac.a1,k **Phos.**a1,k podo. puls. sars.h staph.a1,k
• **11**-16 h: sep.
• **fliegender** Hitze, mit: bov.
• **Hitze**, ohne nachfolgende: kali-n. nat-c.
– **mittags**: ant-c. sars.h *Sep.*a1,k
• **Mittagessen**:
• **beim**: grat.
• **nach**: mag-m.
– **nachmittags**: alum-sil.k2 *Ang.* **Ars.** ars-s-f.k2 *Canth.*a1,k castm. cham.a1,k chel. *Chin.* chinin-s.

– **nachmittags**: ...
cocc.$_{al,k}$ coff. con. croc. dig.$_{h}$ **Ferr.** ip. kali-n.$_{h}$ nat-c.$_{al}$ petr. ph-ac.$_{al,k}$ **Phos.** psor. *Rhus-t.* sabad. *Staph.* sulph.
• **16** - 20 h: zinc.$_{h}$
• **17** h: nat-c.$_{h2}$
• **anhaltend**; bis zum nächsten Morgen: kali-i.
• **bespritzt** mit kaltem Wasser; wie: sabad.
• **Freien**; durch den geringsten Aufenthalt im: nux-v.
• **Kälte** und blauen Nägel vier Stunden lang; mit:
• **gefolgt** von Hitze ohne nachfolgenden Schweiß: *Nux-v.*

– **abends**: acon. agar. **Am-c. Ars.** ars-s-f.$_{k2}$ asar. bell.$_{h}$ *Caps. Carb-v.* cench.$_{k2}$ cham. **Chel.**$_{al,k}$ *Chin. Cocc.* croc. cycl.$_{h}$ *Elaps Ferr.*$_{h,k,*}$ gamb.$_{hrl,k,*}$ graph.$_{al,k}$ grat.$_{al,k}$ *Hep.* hyos. **Ign.**$_{al,k}$ kali-i. kali-n.$_{h}$ **Kali-s.** kali-sil.$_{k2}$ *Lach.* **Lyc.** mag-c.$_{al,k}$ mag-m.$_{al,k}$ mag-s.$_{al,k}$ mang.$_{al,k}$ *Merc.*$_{al,k}$ nat-m.$_{al,k}$ nat-s. nit-ac. nux-m.$_{al,k}$ ox-ac.$_{al,k}$ *Petr.*$_{al,k}$ ph-ac. *Phos. Puls-n.* **Pyrog.** rat.$_{al,k}$ sars.$_{h}$ *Sep. Sil.*$_{al,k}$ staph.$_{h}$ stront-c. sulph.$_{al,k}$ tab.$_{al,k}$ *Tarent.* thuj. *Zinc.*$_{al,k}$
• **19** - 4 h: gamb.
• **20** h, beginnt in den Füßen, mit Haaresträuben: bar-c.
• **21** - 10 h: mag-s.
• **Bett**, im: agar.$_{h}$ am-c. bamb-a.$_{stb2}$ cench.$_{k2}$ *Chel.*$_{al,k}$ chin. inul.$_{hrl}$ mag-c. mag-m.$_{al}$ *Merc.*$_{al,k}$ *Mez.* nat-m. rhus-t.$_{al,k}$ sabad. *Sil.* sulph.$_{h}$ tab.$_{al,k}$ thuj.$_{al,k}$
• **amel.**: mag-m. mag-s. sars.$_{h}$
• **Einschlafen**, beim: am-c. phos. staph.
• **Entkleiden**:
• **beim**: agar. mag-c.
• **nach**: spong.$_{al,k}$
• **Freien**, im: mang.$_{al,k}$
• **Gehen** im Freien; beim: **Ars.**$_{hrl,k}$ *Chin.*
• **Haus**, im: mang.$_{al,k}$
• **Hitze**, ohne nachfolgende: *Led.*

– **nachts**: acon. *Calc.*$_{al,k}$ cench.$_{k2}$ dros. gamb.$_{hrl,k,*}$ kali-c. kali-i.$_{al,k}$ merc.$_{al,k}$ nat-m. nat-s. petr.$_{al,k}$ *Phos.*$_{al,k}$ rhus-t.$_{al,k}$ sars.$_{al,k}$ sulph.$_{al,k}$
• **Erwachen**, beim: caust.$_{h}$ phos.$_{h}$ sulph.$_{h}$
• **Freien**, im: **Ars.** calc. calc-p. caust. *Cham.* chel. chin. coff. lach. mag-m. nux-v. plat. rhus-t. tab.
• **Hinlegen**, beim: *Acon.*
• **Zubettgehen**, vor dem: cocc. laur. nat-m. *Samb.*

◆ **begleitet** von:
• **Kopf**; Schmerz im
☞ ❑ *Kopf - Schmerz - begleitet - Schüttelfrost*

– **Bewegung**, bei: alum. ant-t. *Caps.* cedr. eup-per. sang. sil. sul-i.$_{k2}$ sulph. thuj.
– **Einatmen**, beim: **Brom.**
– **Eintreten** ins Haus aus dem Freien; beim: aeth. arg-n. caust. chin.
– **Erbrechen**, nach: thuj.$_{al,k}$ zinc.
– **Essen**, beim: caps. graph.$_{al,k}$ lyc. mag-m.
– **festgehalten** werden, damit sie nicht so heftig bebt; möchte: *Gels. Lach.*
☞ *Heftiger*
– **Frost**, vor: ip.$_{h}$
– **Gähnen**, beim: arn. cina plat.$_{h}$ thuj.$_{pd}$
– **Gehen** im Freien; beim: chel. mang.$_{h}$ tarax.$_{h}$
– **Gesicht**, mit lividem: *Rhus-t.*
– **Haaresträuben**, mit: *Am-c.* bar-c. calc. caust. cina dulc. meny. nit-ac. puls. sil.
– **Haut**; mit kalter, blauer: *Camph.* carb-v. chin. nux-m. nux-v. *Rhus-t. Sec.*
– **Herausstrecken** der Hand aus dem Bett; beim: **Hep.** phos. **Rhus-t.**
– **Hitze**:
• **mit**: **Arn.**$_{al,k}$ *Ars.*$_{al,k}$ *Bell.* bry. cann-i.$_{al,k}$ cham. *Chel.*$_{al,k}$ *Chin.* cocc. *Hell.*$_{al,k}$ hep. hyos.$_{al,k}$ ign.$_{al,k}$ *Lach.*$_{al,k}$ merc.$_{al,k}$ mosch.$_{al,k}$ puls.$_{al,k}$ *Rhus-t.*$_{al,k}$ sep.$_{al,k}$ tab.$_{al,k}$
• **Gesichtes**, des: staph.$_{h}$ *Thuj.*
• **Kopfes**, des: **Arn. Bell.** bry. *Cact.* mang. ptel.$_{c1}$
• **Stirn**, der: ant-c.$_{h}$
• **ohne** nachfolgende Hitze: **Aran.** bov. camph. canth. cocc. graph. hep. kali-c. kali-n. led. lyc. mez. mur-ac. **Staph.** sulph. verat.
• **Durst**, oder: **Sep.** *Staph. Sulph.*
• **Menses**; während: nat-c.$_{h2}$
• **Schweiß**, oder: **Aran.** bov. canth. castm.
– **Kaltem**; beim Ergreifen von etwas: *Zinc.*$_{al,k}$
– **Konvulsionen**; Rigor während den: *Hell.*
– **lange** anhaltend: ant-t. **Aran.** *Ars.* bapt. bov. calad. camph. canth. caps. cina *Gamb.* hell. hyos. kali-i. kalm. kreos. *Led. Lyc. Mez.* nat-c. *Nux-v.* podo. puls. *Rhus-t.* sec. *Sep. Verat.*
☞ ❑ *Fieber - Abfolge*
• **zwölf** Stunden: canth.
• **vierundzwanzig** Stunden, mit Hitze, Schweiß oder Durst: *Aran.*
• **sechsunddreißig** Stunden, mit nachfolgender Hitze: mez.
• **ganzen** Tag, mit ziehenden Schmerzen in Hals und Rücken; den: verat.
• **Hitze**, kein Durst; geringe: puls.
• **nichts** lindert: **Aran.** *Nux-v.*
• **ohne**:
• **Hitze** oder Schweiß: **Aran.** bov. canth. *Lyc.*
• **nachfolgende** Hitze: **Aran.** bov. camph. hep. led. lyc. mez. verat.
– **Luft**:
• **Freien**, im:
• **Einhüllen**; nicht amel. durch: rhus-t.
• **Luftzug**; durch: acon. bar-c. bry. *Caps.* **Chin.** mosch. phys. verat.
– **manischem** Delirium, mit: cimx. tarent.
– **Menses**, während: nat-c.$_{h}$ phos.$_{h}$
– **Mittagsschlaf**, beim: sep.$_{h}$
– **partiell**: *Ars. Bry.* caps. caust. *Chin.* cocc. graph. hell. hep. ign. ptel.$_{c1}$ *Puls.* rhus-t. sabin. samb. spig. spong. staph. thuj. *Verat.*
– **pulsierendem** Schmerz im Hinterkopf; mit: borx.

– **Schlaf** und Schnarchen; mit tiefem: *Op.*
– **Schlucken**; beim und nach dem: merc-c.
– **Schmerzen**, bei den: *Ars.* sulph.$_{h}$
– **Schreck**, durch: merc.$_{a1,k}$
– **Schweiß**, mit: alum. cedr. cupr. *Eup-per.* **Nux-v.** *Rhus-r. Rhus-t.* verat.
– **Stuhlgang**:
• **vor**: carb-an. caust. chinin-s. mag-m.$_{a1,k}$ merc. mez.$_{a1,k}$
• **während**: *Bell.* mag-m. nit-ac. ptel.$_{c1}$ stann.
• **nach**: carb-an. mag-m.$_{h2}$ *Plat.*
– **Trinken**, beim: alum. arn. ars. calc.$_{a1,k}$ calc-s. cann-s. **Caps.**$_{hr1,k}$ chel. *Chin.* elaps eup-per.$_{k2}$ lyc. **Nux-v.**
– **warmes** Zimmer; beim Eintreten in ein: colch. plat.$_{h}$ rhus-t.
– **Wind**, durch: zinc.$_{h}$
▽ **erstreckt** sich zu:
• **unten**; nach: calc-p.$_{k2}$

Schweiß:
– **gefolgt** von Schweiß:
• **Hitze** dazwischen; ohne
☞ ❑ *Fieber - Abfolge - Frost - gefolgt - Schweiß*
– **mehr** er schwitzt, desto kälter wird ihm; je mehr: *Cinnb.* cist.
– **mit** Schweiß, Frost: alum. am-c.$_{h}$ *Ars.* ars-s-f.$_{k2}$ calc. calc-i.$_{k2}$ cedr. **Cham.** cinnb. cupr. dig. *Eup-per.* euph. ferr. gels. granit-m.$_{es1}$ jab.$_{br1}$ kali-ar. led. lyc. nat-m. nux-v. **Puls.** pyrog. *Rhus-t.* sabad. sang. sars. sulph. thuj. verat.
– **nach** dem Frost; Schweiß: ant-c. ars. ars-s-f.$_{k2}$ bamb-a.$_{stb2}$ bell.$_{h}$ bry. calad. **Caps.** *Carb-v.* carbn-s.$_{k2}$ **Caust.** cham. dig. eup-per. kali-c. lach. **Lyc.** mag-s. mez. nat-m. op. petr. ph-ac. phos. puls. rhus-t. sabad. sarr. *Sep.* sulph. *Thuj.* verat.

Schwindel, nach: corn-f.$_{br1}$

Seiten, einseitig: alum. alum-p.$_{k2}$ alum-sil.$_{k2}$ ambr. anac. ant-t. apis$_{bg2}$ *Arn. Bar-c.* bar-s.$_{k2}$ bell. **Bry. Carb-v. Caust.** *Cham. Chel.* chin. cocc. con.$_{ptk1}$ croc. dig. dros. elat. ferr. ign. kali-c. kali-p. kali-sil.$_{k2}$ *Lach.* **Lyc.** mosch.$_{ptk1}$ nat-c. nat-m. nat-p. **Nux-v.** *Par.* ph-ac. *Phos.* plat. **Puls.** ran-b. **Rhus-t.** ruta sabad. sabin. sars. *Sep.* **Sil.** spig. stann. stram. sul-ac. *Sulph. Thuj.* verat. *Verb.*
– **links**: ant-c.$_{h}$ *Bar-c.* bar-s.$_{k2}$ **Carb-v. Caust.** dros.$_{ptk1}$ elaps ferr. *Lach.* **Lyc.** nat-c. *Rhus-t.* ruta *Sil.* spig. *Stann.* sulph. **Thuj.**
• **epileptischem** Anfall, vor: *Sil.*
– **rechts**: apis$_{bg1}$ arn. bar-c.$_{ptk1}$ **Bry.** caust. **Chel.** eupi. *Lyc. Nat-m.* nux-v. *Par. Phos.* puls. ran-b. **Rhus-t.** sabad.$_{ptk1}$ sabin.
– **Kälte** der rechten Seite und Hitze der linken: *Rhus-t.*
• **Gefühllosigkeit**, Taubheit: *Puls.*
– **Seite**:
• **liegt**; auf der er: arn. mur-ac.
• **liegt**; auf der er nicht: ant-c.$_{h}$ ferr-ma.

Sitzen:
– **amel.**: ign. nux-v.

Sommer, im: caps. casc. cedr. lach. nat-m. **Psor.**
– **Wetter**, bei heißem
☞ *Wetter - heißem*

Sonnenschein amel.: anac. con.

Sprechen, beim: ars.$_{h}$

Streifen, in: acon.$_{bg2}$

Stuhlgang:
– **vor**: aloe ant-c. *Ars.* bapt. *Bar-c.* benz-ac. calad. chinin-s. dig. ip. mag-m.$_{a1,k}$ mang.$_{h}$ *Merc. Mez.*$_{a1,k}$ nat-c. *Phos.* puls. *Verat.*
– **während**: aloe alum. alum-sil.$_{k2}$ ars. bell. bry. cact. calad. calc. calc-sil.$_{k2}$ calen.$_{a1}$ caps. castm. coloc. con. *Ferr-m.* grat. ind. ip. jatr-c. lyc. mag-m. *Merc.* nat-c. phos. plat. *Podo.* ptel.$_{bg1}$ *Puls.* rheum *Rhus-t.* sec. sil. spig. stann. *Sulph.* trom. *Verat.* vib.
– **nach**: ambr. bufo *Canth.* dios. grat. lyc. mag-p. med.$_{ptk1}$ merc.$_{ptk1}$ merc-c. mez. ox-ac. paeon. petr. *Plat.* rheum$_{ptk1}$ stront-c. sulph.$_{h}$
– **Stuhldrang**, bei: dulc.$_{ptk1}$

Tag:
– **kaltem** Tag; an einem
☞ *Kalt - Sommertag*
– **periodisch** jeden siebten Tag wiederkehrend
☞ *Periodisch - Woche*

Tertiana: aesc. alum. anac. ant-c. ant-t. *Apis* **Aran.** arn. **Ars.** ars-i. ars-s-f.$_{k2}$ bar-c. *Bar-m.* bell. bol-la. borx.$_{h}$ *Brom.* **Bry.** *Calc.* calc-i.$_{k2}$ *Canth.* **Caps.** carb-an. carb-v. *Cedr. Cham. Chin. Chinin-ar. Chinin-s.* cic. *Cimx.* cina cor-r. dros. dulc. elat. **Eup-per. Eup-pur.** *Ferr.* ferr-ar. gamb.$_{hr1,k,*}$ gels. hyos. ign. iod. **Ip.** kali-ar. *Lach. Lyc. Mez.* mill. *Nat-m.* nux-m. **Nux-v.** petr. plan. *Podo.* **Puls.** *Rhus-t.* sabad. sarr. sep. staph. sul-i.$_{k2}$ sulph. *Thuj.* verat.
– **duplicata**: aesc. apis **Ars.** chin. dulc. elat. eup-pur. gamb.$_{hr1,k}$ lyc. nux-m. puls. **Rhus-t.** thuj. verat.

Traurige Nachrichten, durch: calc. cic. ign. teucr.
☞ ❑ *Gemüt - Beschwerden durch - schlechte* / ❑ *G~ Traurigkeit*

Trinken:
– **agg.**: adam.$_{srj5}$ alum. ant-t.$_{bg2,k}$ arn.$_{bg2,k}$ **Ars.**$_{bg2,k,*}$ ars-s-f.$_{k2}$ asaf.$_{bg2}$ **Asar.**$_{bg2,k,*}$ bry.$_{bg2,k}$ cadm-s. **Calc.** cann-s.$_{bg2,k}$ **Caps.**$_{bg2,k,*}$ *Chel.*$_{bg2,k,*}$ **Chin.**$_{bg2,k,*}$ *Chinin-ar.* cimx. cocc.$_{bg2,k}$ *Con.* croc.$_{bg2,k}$ *Elaps* **Eup-per.** hep.$_{bg2,k}$ kali-ar. lach.$_{bg2,ptk1}$ *Lob.* lyc. mez.$_{bg2,k}$ nat-m.$_{bg2,k}$ nit-ac.$_{bg2,k}$ **Nux-v.**$_{bg2,k,*}$ puls.$_{bg2,k}$ *Rhus-t.*$_{bg2,k}$ sep.$_{a1,k}$ sil.$_{bg2,k}$ sulph.$_{bg2,k}$ *Tarax.*$_{bg2,k,*}$ *Tarent.*$_{k,k1}$ thuj.$_{a1,k}$ **Verat.**$_{bg2,k}$
– **amel.**: bry.$_{bg2,k}$ carb-an.$_{bg2,k}$ **Caust.**$_{bg2,k}$ **Cupr.**$_{bg2,k}$ *Graph.*$_{bg2,k}$ *Ip.*$_{bg2,k}$ manc.$_{ptk1}$ mosch.$_{bg2,k}$ nux-v.$_{bg2,k}$ olnd.$_{bg2,k}$ *Phos.*$_{bg2,k}$ rhus-t.$_{bg2,k}$ sil.$_{bg2,k}$ spig.$_{bg2,k}$ tarax.$_{bg2,k}$
– **beschleunigt** und verstärkt den Frost und verursacht Übelkeit: *Eup-per.*

– **Eiswasser** aufsteigen und nach unten fallen; als würde:
  • **Lunge**; durch eine zylindrische Öffnung in der linken: elaps
– **Husten**, verursacht: cimx. *Psor.*
– **kaltes** Wasser über den äußeren Brustkorb gegossen würde; als ob: *Verat.*
– **unerträglich**; macht Kopfschmerzen und alle anderen Symptome: **Cimx.**
– **verstärkt** den Frost und verursacht Erbrechen: **Ars.** cadm-s. nux-v.

Übelkeit, mit: arg-n.$_{br1}$

Überhitzung, bei
☞ *Hitze - Überhitzung*

Unregelmäßig
☞ *Periodizität - unregelmäßig*

Unten; bewegt sich nach
☞ *Absteigend*

Urinieren:
– **vor**: arn. borx. bry. coloc. hyper. med. **Nit-ac.** nux-v. puls. rhus-t. sulph. thuj.
– **beim**: acon.$_{bro1}$ bell. eug. *Gels. Lyc.* merc. *Nit-ac.* nux-v. phos. **Plat.** puls. sars.$_{bro1}$ senec. sep. *Stram.* sulph. *Thuj.* verat.
  • **Schauder** bei schmerzhaftem Urinieren: petros.$_{pd}$
– **nach**: ang.$_{c1}$ *Arn.* calc. eug. hep. iod.$_{a1}$ *Med.* nat-m. **Plat.** puls. rhod. sars. sep. sulph. thuj.
  • **beginnt** im Blasenhals und breitet sich nach oben aus: eup-per.$_{bro1}$ sars.
– **Harndrang**, bei: dulc.$_{ptk1}$ hyper.$_{k13}$ *Med.*$_{k13}$

Veränderlicher, wechselnder Typus: *Elat. Eup-per.* **Ign.** meny. **Puls.** sep.
☞ ❑ *Gemüt - Launenhaftigkeit* / ❑ *G~ Stimmung - veränderlich*

Vorderer Teil des Körpers: stram.$_{h}$

Vorherrschend: alum.$_{hr1,k}$ am-m.$_{hr1,k}$ **Ant-c.**$_{hr1,k}$ *Ant-t.*$_{hr1,k}$ *Apis* **Aran.**$_{hr1,k}$ **Arn.**$_{hr1,k}$ ars. aur.$_{hr1,k}$ bol-la. borx. *Bov.*$_{hr1,k}$ **Bry. Camph.**$_{hr1,k}$ **Canth.**$_{hr1,k}$ **Caps.**$_{hr1,k}$ carb-v.$_{hr1,k}$ *Caust.*$_{hr1,k}$ **Cedr. Chin.**$_{hr1,k}$ **Chinin-s.** cimic. cimx.$_{hr1}$ cina *Cocc.*$_{hr1,k}$ cycl.$_{hr1,k}$ dig.$_{hr1}$ dros.$_{hr1,k}$ elat. eup-per.$_{hr1,k}$ euphr.$_{hr1}$ *Gamb.* graph. hep.$_{hr1,k}$ kali-c. *Kali-i.*$_{hr1}$ kali-n. laur. led.$_{hr1,k}$ *Lyc.*$_{hr1,k}$ **Meny.**$_{hr1,k}$ meph.$_{hr1,k}$ merc. merl.$_{hr1,k}$ **Mez.**$_{hr1,k}$ mur-ac.$_{hr1,k}$ nat-c. **Nat-m.**$_{hr1,k}$ nicc.$_{hr1,k}$ **Nux-v.**$_{hr1,k}$ *Petr.*$_{hr1,k}$ ph-ac. phos. plat.$_{hr1,k}$ plb.$_{hr1,k}$ podo. *Puls.* rhus-t.$_{hr1,k}$ *Rob.* **Sabad.**$_{hr1,k}$ sarr. sars.$_{hr1}$ **Sec.** sep.$_{hr1,k}$ **Staph.**$_{hr1,k}$ sulph. thuj.$_{hr1,k}$ **Verat.**$_{hr1,k}$
– **morgens**: bry. **Eup-per.** hep. **Nat-m. Nux-v.** *Podo.* sep. **Verat.**
– **mittags**: *Ant-c.* elat. **Sulph.**
– **nachmittags**: apis arn. **Ars. Lyc.** plb. **Puls.** *Rhus-t.* thuj.
– **abends**: alum. arn. *Cina* cycl. *Hep. Kali-s.* mur-ac. ph-ac. *Phos.* **Puls. Rhus-t.** *Sulph.*
– **nachts**: apis gamb. *Merc.* phos.

Vorherrschend: ...
– **lange** anhaltender Frost:
  • **Hitze**, kein Durst; geringe: *Lyc.* puls.
  • **ohne** Hitze, Schweiß oder Durst: **Aran.** bov.
– **nur** aus Frost; der Anfall besteht: aran. bov. camph. canth. hep. led. *Lyc.* mez. mur-ac. ran-b. sabad.
– **ohne** Hitze oder Durst: mur-ac. sep. staph. sulph.

Warm:
– **Bett**; warmes:
• **amel.**:
  • **nicht** amel. durch: lachn. sul-i.$_{k2}$
    • **Ofenwärme**; nicht amel. durch: kali-i. kreos. podo. *Tarent.*
– **Ofen**, warmer:
  • **Sitzen** in der Nähe eines warmen Ofens; beim: *Dios.*$_{a1}$
  • **Verlangen**, nahe dem warmen Ofen zu sein: *Gels.* mosch. *Rhus-t.*
    • **kalt** und es wird ihm nahe dem Ofen übel; ihm ist: *Laur.*$_{hr1,k}$
    • **verstärkt** den Frost; aber es: chin.
– **Sonne**; Verlangen nach: anac. con.
– **Verlangen** nach Wärme, die nicht amel.: acon. alum. alum-p.$_{k2}$ **Aran.** bamb-a.$_{stb2}$ bell. bov. calc. calc-i.$_{k2}$ calc-sil.$_{k2}$ camph. cench.$_{k2}$ *Chin.* cic. *Cina* cocc. colch. con. dros. ferr. *Hep.* ign.$_{br1}$ kali-i. **Lach.** lyc. meny. *Merc. Nat-m.* **Nux-v.** *Phos.* podo. *Pyrog.* sil. *Tarent.* verat.
– **Wärmflasche** amel.: bamb-a.$_{stb2}$
– **Zimmer**, im warmen:
• **agg.**: *Acon.* **Apis** *Arg-n.* bar-s.$_{k2}$ bry. cinnb. grat.$_{k2}$ **Ip.** merc. nat-m. puls. **Sec.** *Sep.* staph.
• **amel.**: *Aesc.* agar. am-c. **Ars.** *Bar-c.* bell. brom. camph. canth. carb-an. carb-v. *Caust.* **Chel.** *Chin.* chinin-ar. *Cic.* con. gels. hell. *Hep.* **Ign. Kali-ar.** *Kali-bi.* **Kali-c.** kali-sil.$_{k2}$ kreos. *Lach.* laur. mag-c. mang. **Meny.** merc. merc-c. mez. nat-ar. **Nux-m.** *Nux-v.* petr. *Plat.* ran-b. rat. rhod. *Rhus-t.* **Sabad.** sel. *Sep.* sil. spig. *Sul-ac.* sulph. *Tarent. Ther.* valer. zinc.
  • **nicht** amel. im warmen Zimmer, auch nicht am warmen Ofen: *Acon. Alum.* alum-p.$_{k2}$ **Anac.** *Ant-c.* **Apis** aran. arg-n. ars. ars-i. ars-s-f.$_{k2}$ asar. bamb-a.$_{stb2}$ *Bapt.* bell. **Bov. Bry.** cact. calc. canth. carb-ac. *Chin.* choc.$_{srj3}$ cic. *Cina* cinnb. clem. **Cocc.** colch. dios. dros. *Dulc.* euphr. *Ferr-i.* graph.$_{h}$ guaj. hell. hep. iod. **Ip.** kali-i. *Kreos.* lach. *Laur.* lyc. *Mag-m.* meny.$_{h}$ *Merc.* **Mez.** *Nat-m.* nit-ac.$_{h}$ nux-m. **Nux-v.** ph-ac. *Phos. Podo.* **Puls.** *Ruta* sabin. sars. *Sep. Sil. Spong. Staph.* stry. *Sul-ac.* sulph. teucr. thuj. til. **Verat.**
• **Eintreten** aus dem Freien in ein warmes Zimmer; beim: am-c.$_{h}$ *Arg-n.* ars.$_{h}$ bar-c.$_{h}$ chin.$_{h}$ plat.$_{h}$ rhus-t.$_{h}$
• **Erstickungsgefühl** im warmen Zimmer: **Apis**
• **scheint** kalt zu sein; das warme Zimmer: thuj.

Wärme:
– **äußerliche** Wärme amel.: *Aesc.* arg-met. arn. **Ars.** *Bar-c.* **Bell.** canth. **Caps.** carb-an. *Caust.*

– **äußerliche** Wärme amel.: ...
chel. *Chin.* *Chinin-ar.* cic. cimx. cocc. colch. con. cor-r. *Eup-per.* ferr. *Gels.* *Hell.* *Hep.* hyos. **Ign.** **Kali-c.** kali-i. kali-sil.$_{k2}$ *Lach.* *Lachn.* laur. **Meny.** merl. *Mez.* mosch. nat-c. **Nux-m.** **Nux-v.** *Plat.* *Podo.* pyrog.$_{k2}$ **Rhus-t.** **Sabad.** samb. sep. sil. *Squil.* *Stram.* stront-c. sulph. *Tarent.* *Ther.* tub.$_{k2}$
– **Einhüllen** amel., gefolgt von heftigem Fieber und Schweiß: cench.$_{k2}$ sil.
– **heiße** Eisen amel.: *Caps.* **Lachn.**
  • **Bedeckungen**; aber nicht durch äußerliche: lachn.
– **unerträglich**, ist: **Apis** *Camph.* **Ip.** **Puls.** **Sec.** **Sep.** staph.

Wasser:
☞ *Baden*
– **Arbeiten** in Wasser; durch: **Calc.** *Rhus-t.*
– **gespritzt** würde; als ob kaltes Wasser über ihn: *Agar.* ail. ant-t. apis **Arn.** ars. *Bar-c.* bry. *Chel.* *Chin.* lil-t. lyc. merc. mez. nat-m. nux-v. phel. *Phos.* *Puls.* **Rhus-t.** *Sabad.* spig. thuj. *Verat.* verb.
– **hinabrinnen** würde; als ob Wasser den Rükken: ars. caps. caust.
– **herunterlaufen** würde; als ob Wasser den Rücken: agar. alumn. ars.
  • **Schlüsselbeinen** über die Brust zu den Zehen hinab; in einem schmalen Band den: caust.
– **Naßwerden**, durch: acon. *Aran.* bar-c. *Bell.* *Bry.* *Calc.* cedr. *Dulc.* *Nat-s.* **Rhus-t.** *Sep.* sil.
  • **Überhitzung**; bei: acon. *Calc.* *Clem.* colch. *Rhus-t.* sep. sil.
– **spritzen** würde; als ob Wasser auf den Rükken: caust. lyc.
– **übergossen** würde; als ob er mit Wasser: *Anac.* *Ant-t.* ars. *Bar-c.* *Chin.* cimx. *Led.* *Mag-c.* **Merc.** mez. *Rhus-t.* stram.

Wetter:
– **heißem** Sommerwetter; bei: ang. bapt. bell. bry. chin.
– **kaltem**, feuchtem Wetter; bei: am-c. *Aran.* *Calc.* *Dulc.* lyc. mang. merc. **Nux-m.** *Rhus-t.* sulph. verat.
– **stürmischem** Wetter, bei: *Bry.* cham. chin. nux-m. nux-v. phos. puls. rhod. *Rhus-t.* **Zinc.**
– **warmem** Wetter, bei: ant-c. *Ars.* bapt. *Bell.* *Bry.* calc. **Caps.** carb-v. *Cedr.* chin. cina *Ip.* **Lach.** nat-m. puls. **Sulph.** *Thuj.*

Wind:
– **Gefühl** von:
  • **blasen** würde; als ob kalter Wind über den Körper: asar. camph. caust. *Chin.* cimx. croc. cupr. hep. lac-d.$_{kr1}$ *Laur.* mosch. ph-ac.$_{h}$ rhus-t. samb.
  • **blasen** würde, während der Körper schwitzt; als ob Wind auf die Fußsohlen: acon.
  • **Gehen**, beim: chin.
  • **kalte** Luft von der Wirbelsäule über den Körper ausbreiten; als würde sich:
  • **epileptische** Aura; wie eine: agar.

Wind - Gefühl von: ...
  • **Schulterblättern**, zwischen den: *Caust.*
– **im** Wind: sanic.$_{ptk1}$
  • **kaltem** Wind, in: graph.$_{bro1}$

Zittern und Schaudern; mit: acon. *Agar.* *Agn.*$_{k,k1}$ **Anac.** **Ant-t.** apis arn. ars. ars-s-f.$_{k2}$ asaf. bell. berb.$_{k,vh}$ borx. bov.$_{a1,k}$ brom. bry. calc.$_{a1,k}$ calc-sil.$_{k2}$ cann-s.$_{a1,k}$ canth. caps.$_{a1,k}$ carb-an. cham. chin. chinin-s. choc.$_{srj3}$ cic. cimic. cina cocc. con. *Croc.* *Eup-per.*$_{a1,k}$ ferr.$_{a1,k}$ ferr-ar. kali-n. *Led.* merc. merc-i-f. mygal. nat-c. nat-m. nux-v. olnd. op.$_{a1,k}$ par.$_{a1,k}$ petr. ph-ac. phos.$_{a1,k}$ **Plat.**$_{a1,k}$ psor. *Puls.* rhus-t. sabad. **Sil.**$_{a1,k}$ stram. sulph. *Tarent.*$_{a1,k}$ teucr.$_{a1,k}$ ther. *Valer.*$_{a1,k}$ zinc.
☞ *Schüttelfrost*
– **morgens**: anac.
– **mittags**: gels.$_{a1,k}$
– **nachmittags**: asaf. carb-an.
– **abends**: cench.$_{k2}$ nat-m. ph-ac.$_{h}$ plat.$_{a1,k}$ teucr.$_{a1,k}$
– **nachts**: borx.
– **innerlich**: par.
  • **vormittags**: lyc. par.
  • **abends**: par.

Zorn; durch: acon. ars. **Bry.**$_{k,kr1}$ *Cham.*$_{k,kr1}$ **Nux-v.** teucr.
☞ ❑ *Gemüt - Zorn*
◈ **abwechselnd** mit:
  • **Hitze**
  ☞ ❑ *Fieber - Zorn - abwechselnd - Frost*

Fieber, Hitze im allgemeinen: acet-ac.c2 **Acon.**c2,k aesc. aeth. agar. agn. agrosti-vg.br1 alam.dbx1 alet.c2 all-s.c2 alst.c2,k alum. am-act.c2 am-c. am-m. *Ambr.* anac. androp-sn.dbx1 *Ang.* ant-c.c2,k **Ant-t.** anthraci. aphlo-t.dbx1 **Apis** aran. arg-met. **Arn.** **Ars.**c2,k ars-h. arum-i.c2 *Arum-t.* arund-p.dbx1 asaf. asim.c2 astac.c2 aur.c2 aur-m. aur-s.k2 *Bapt. Bar-c.* basil.jsx1 **Bell.** ben.c2 benz-ac. benzo.c2 berb.c2 bid-p.jsx1 bol-la.c2,k brom. **Bry. Cact.** cadm-s. cain. *Calc.* calen.c2 calli-al.dbx1 calo.c2 camph. *Canth. Caps.* carb-an. carb-v. *Carbn-s.* card-b.c2 card-m.c2 casc. caul. caust. cedr. cent.c2 *Cham.*c2,k *Chel.* chim.c2 *Chin.* **Chinin-s.** cic.h cimic. cimx. *Cina* cinch.c2 cocac2 *Cocc. Coff. Colch.* colchin.c2 coloc.h **Con.** conyz-sm.jsx1 cop. corn-a.br1 corn-f. croc. crot-h. cupr. *Cur.* cyath.dbx1 *Cycl.* cymbop-ci.jsx1 daph.c2 *Dig.*c2,k diph-t-tpt.jl2 dor.c2 dros. *Dulc. Elaps* elat. epil.c2 ery-m.c2 eucal. *Eup-per.* eup-pur. euph. euphr.k2 *Ferr.* ferr-ar.k2 **Ferr-p.**c2,k *Fl-ac.* galv.c2 gard-t.jsx1 **Gels.**c2,k gent-l.c2 *Graph.* guaj.c2 guiz-sc.jsx1 gymno.c2 haro-pa.dbx1 *Hell. Hep. Hyos.* hyosin.c2 *Ign. Iod.* **Ip.** iris-t.c2 kali-bi. kali-c. kali-chl. **Kali-i.** *Kreos. Lac-c. Lach.* lachn. *Laur. Led.* lim.c2 lob. **Lyc.** lyss.c2 *Mag-c.* mag-m. mag-s. malar.c2 mang. markh-l.jsx1 meny. *Merc.*c2,k *Merc-c. Merc-cy. Merl.* **Mez.** mik-c.jsx1 mill. mom-ch.jsx1 mosch. *Mur-ac.* nat-c. **Nat-m.** nat-p.k2 nat-s. nat-sal.c2 *Nit-ac. Nux-m.* **Nux-v.** oci-g.jsx1 ol-j.c2 *Op.* oxyt.c2 parth.c2 petr. *Ph-ac.* phenac.c2 **Phos.** pimp.c2 pisc.c2 plb. plect.c2 plumbg.c2 *Podo.*c2,k prim-v.c2 prin.c1,c2 *Psor.* ptel.c1 **Puls.** pyre-p.c2 queb.c1,c2 ran-a.c2 raph.c2 rhod.c2 **Rhus-t.** *Rhus-v.* rutac2,h sabad. *Sabin.* sal-ma.dbx1 sal-n.c2 sal-p.c2 salol.c1,c2 *Samb. Sang.* sapin.c2 sarr. sars.h scirp-p.dbx1 **Sec.** senec-ma.jsx1 seneg. *Sep.* **Sil.** spig. **Spong. Squil.** *Stann. Staph.* **Stram.** *Sul-ac. Sulph.*c2,k *Sumb.* **Tarax.** *Tarent.* ter. teucr. thuj. trem-g.dbx1 triclis-g.jsx1 trios.c2 *Valer.* vario.c2 **Verat.** *Verat-v.* vern-am.jsx1 *Viol-t.* wye.c2 zinc.

Tagsüber:
– **fiebrige** Hitze nur tagsüber: ail. ant-t. bell. berb. carb-v. *Eup-per.* ox-ac. sep. sulph. thuj.
– **periodisch** am Tage: sil.

Morgens (6 - 9 h): aeth. ail. am-c.h *Ang.* **Apis** *Arn.*bg2,k ars. ars-s-f.k2 bamb-a.stb2 bell. borx. bry.bg2,k *Calc.*bg2,k,* carb-an. *Caust. Cham.*bg2,k chel. chin.bg2,k cimic. coff.bg2,k cycl.bg2,k dros. eup-per. fl-ac. glon. *Hep.*bg2,k,* ign.bg2,k kali-bi. kali-c.bg2,k *Kali-i.*a1,k lach. mag-c.bg2,k meph.a1 *Nat-m.* nicc. nux-m. nux-v.bg2,k ox-ac. petr.bg2,k phyt.a1,k podo. *Rhus-t.*bg2,k sabad.bg2,k sang.a1,k sarr. spong.h *Sulph.*bg2,k teucr. thuj.bg2,k vip.
– **8** - 14 h: dor.c1,kr1
– **Aufstehen**, nach dem: am-m.h calc. carb-an. coloc.h lach. mag-c. rhus-t. sabad.
  • **Herumgehen**, und beim: aeth. camph. chel. petr. sep. sulph.
– **Bett**, im: ars. ign. kali-c.h nicc. nux-v. petr. **Puls.** sulph.
  • **5** h, gefolgt von Schüttelfrost: *Apis*
– **Ejakulation**, nach: petr.h

Morgens: ...
– **Erwachen**, beim: acon-c. aeth. bamb-a.stb2 camph. chel. eup-per. hydrog.srj2 lac-c. petr. sep. sulph.
  • **amel.**: sulph.h
– **Frösteln**, mit: **Apis** arn. **Ars.** caust. cham. coff. kali-bi. kali-c. kali-i. sulph. thuj.
– **Frost**, ohne
  ☞ *Frost fehlt - morgens*
– **Frühstück**, nach dem: bar-c. calc. croc. ign. iod. mag-m.h phos.h sabad. sars.h staph.
– **Gefühl** von: bamb-a.stb2
– **Gehen** im Freien:
  • **nach**: nux-v.
– **Kaffee**, nach: cham.h
– **Schlaf**, im: sulph.h

Vormittags (9 - 12 h): alum. *Am-c.*bg2,k am-m.bg2,k arg-met. arg-n.hr1 ars. *Bapt.* berb. bry.bg2,k cact. calc.bg2,k calc-sil.k2 caps. cedr. **Cham.**bg2,k *Eup-per.* euphr.k2 gels. ham.a1,k kali-c.bg2,k lyc. *Mag-c.*bg2,k **Nat-m.** nux-m.bg2,k *Nux-v. Phos.*bg2,k *Rhus-t.*bg2,k sars.bg2,k sep.bg2,k sil.bg2,k sol-ni. spig. sulph.a1,k thuj. verat.bg2,k zinc.bg2,k
– **9** h: am-c. **Cham.** corh.br1 lac-d.k2
  • **Mitternacht**, bis: corh.br1
– **9** h und 17 h: *Kali-c.*
– **10** h:
  • **10** - 20 h: sil.h
  • **Mitternacht**, bis: corh.br1
  • **heißem** Wasser bespritzt, oder als ob heißes Wasser durch die Blutgefäße laufen würde; wie mit: **Rhus-t.**
– **11** h:
  • **11** - 12 h: calc.h
  • **11** - 13 h: arg-met.
  • **11** - 17 h: ph-ac.h
  • **Durst** und Frösteln; mit: sil.
◇ **abwechselnd** mit Frost: calc. cham. thuj.
– **Frösteln**, mit: ars. *Bapt.* **Cham.** kali-c. sil. sulph. thuj.
– **Hitze** des ganzen Körpers, außer am Kopf: arg-met.
– **Menses**, vor den: am-c.

Mittags (12 - 13 h): ars. ars-h. bell.h ferr-i.a1,k mag-c.h merc. spig. *Stram.*a1,k sulph.a1,k

Nachmittags (13 - 18 h): acon.a1,k agar.bg2,k alum.bg2,k alum-p.k2 alum-sil.k2 am-m.bg2,k ambr.bg2,k *Anac.*bg2,k *Ang.*bg2,k ant-t.bg2,k **Apis** arg-n.a1,k *Arn. Ars.* ars-i.bro1,k2 ars-s-f.k2 *Asaf.*bg2,k asar.bg2,k aster. **Bell.**bg2,k berb. bov.bg2,k *Bry.*bg2,k cain. calad.bg2,k calc.bg2,k calc-ar. calc-i.k2 calc-s. calc-sil.k2 calen. *Canth.*bg2,k caps. caust. cench.k2 *Chel. Chin.*bg2,k cina coff.bg2,k *Colch.*bg2,k con.bg2,k croc. cur. dig. dros.bg2,k eup-per. euphr.k2 eupi. ferr.bg2,k,* *Ferr-ar.* ferr-i.a1,k **Gels.**bg2,k hep.bg2,k hyos.a1,k **Ign.**bg2,k,* iod.bg2,k ip.bg2,k iris *Kali-ar. Kali-c.*bg2,k *Kali-n.* kali-p. kali-sil.k2 lac-ac. *Lach.* lil-t.br1 *Lyc.* lyss. mag-c.bg2,k mag-m.bg2,k mag-s. *Nat-m.*bg2,k,* nicc. *Nit-ac.*bg2,k nux-v.bg2,k,* ph-ac.bg2,k **Phos.**bg2,k,* phyt. podo. psor. **Puls.**bg2,k

Nachmittags: ...
ran-b. rhod. rhus-t.bg2,k *Ruta* *Sang.*a1,k sarr. sars.h senec.a1,k *Sep.*bg2,k *Sil.*bg2,k spong. *Squil.*bg2,k *Staph.*bg2,k stram.a1,k sul-ac.bg2,k sul-i.k2 sulph.bg2,k trom.a1,k zinc.bg2,k

– **13** h: ars. cact. hura lyc. still.
• **13** - 16 h, mit heftigen Kopfschmerzen: lac-ac.

– **14** h: chlor. mag-c. mag-s. **Puls.** rhus-t. sang. sol-ni.
• **14** - 15 h: phos.h
• **gefolgt** von Frost um 16 h: **Puls.**

– **15** h: acon. apishr1 cench.k2 coff. ferr. lyc. nicc. *Sang.*
• **15** - 16 h: clem. lyc.
• **Mitternacht**; bis: cench.k2

– **16** h: anac. chel. *Hep.* ip. *Lyc.*
• **16** - 17 h: stann.
• **16** - 20 h: *Hell.* *Lyc.*
• **Mitternacht**, bis: phos.k2 *Stram.*
• **periodisch** jeden Tag, Essen amel.: *Anac.*

– **17** h: con. kali-c. kali-n. nat-c. nit-ac. phos. rhus-t. sulph. thuj.

◇ **abwechselnd** mit Frost: **Calc.** kali-n. sul-i.k2 sulph.h

– **Frösteln**:
• **gefolgt** von: kali-n.
  • **Freien**, im: kali-c.
• **mit**: anac. **Apis** *Ars.* caust. coff. *Colch.* cur. hyos. kali-c. *Podo.* *Rhus-t.* sil. sulph.

– **Gehen**:
• **beim**: bry. thuj.
• **Freien**; nach Gehen im: meny.

– **Hinlegen**, nach dem: bry. carb-an. chel. coff. mag-m. nicc. **Puls.** rhus-t.bg2 sul-ac. sulph. zinc.

– **Kälte**, mit äußerlicher: sulph.

– **Mittagessen**:
• **beim**: *Mag-m.* sul-ac. thuj. valer.
• **nach**: alum. bar-c. dig. *Lach.* nit-ac. phos. plan. ptel. raph. sabin. sul-ac. til.

– **Schlaf**, nach: borx. *Calad.* ferr. nat-m.

– **Tuberkulose** im Frühstadium; bei: ars-i.bro1

Abends (18 - 22 h): **Acon.**bg2,k aesc. *Agar.*bg2,k alum.bg2,k alum-p.k2 alum-sil.k2 am-c.bg2,k anac.bg2,k ang.bg2,k ant-t.bg2,k anthraci. apis aran. arg-met. arn.bg2,k,* *Ars.*h,k,* ars-h. ars-s-f.k2 astac.kr1 aster.a1,k bapt. bar-c. bar-m. bar-s.k2 **Bell.**bg2,k,* *Berb.* borx. bov. bry.bg2,k calad.bg2,k *Calc.*bg2,k *Calc-s.*a1,k calc-sil.k2 calen. caps. *Carb-v.*bg2,k carbn-s. caust.bg2,k cench.k2 *Cham.*bg2,k *Chel.*bg2,k **Chin.**bg2,k chinin-s. *Cina* clem. coc-c.a1,k cocc. coff.bg2,k coloc. con. croc. cycl.bg2,k,* dros.bg2,k elaps euphr.a1,k ferr.bg2,k,* ferr-ar. ferr-i. graph.h hell.bg2,k *Hep.*bg2,k *Hyos.*bg2,k ign.bg2,k ip.bg2,k kali-ar. *Kali-c.*bg2,k,* kali-i.a1,k kali-n.bg2,k,* kali-p. kali-s. kali-sil.k2 **Lach.**bg2,k,* lec. led.bg2,k **Lyc.**bg2,k,* mag-c.k2 mag-m.bg2,k meny.h *Merc.*bg2,k *Mez.* mosch.bg2,k mur-ac. nat-m.bg2,k nicc. nit-ac.bg2,k nux-m. nux-v.bg2,k,* petr.bg2,k *Ph-ac.*bg2,k **Phos.**bg2,k,* plat.bg2,k plb.bg2,k *Psor.* **Puls.**bg2,k ran-b.bg2,k rhod.bg2,k **Rhus-t.**bg2,k,* rutah sabad. sabin.a1,k *Sars.*bg2,k,* *Sep.*bg2,k **Sil.**bg2,k,* spig.bg2,k

Abends: ...
spong.h squil.bg2,k stann.bg2,k staph.bg2,k,* stram.bg2,k,* sul-ac.bg2,k *Sulph.*bg2,k *Thuj.*bg2,k verat.bg2,k vip.a1,k zinc.bg2,k zinc-p.k2

– **18** h: adam.srj5 ant-t. arg-n. berb. borx. carb-v.h caust. chin. cocc. hep. kali-c. lac-ac. nux-v. rhod. *Rhus-t.*
• **18** - 19 h: calc.h phos.h
• **18** - 20 h: calc. caust.h **Lyc.** *Sulph.*vh
• **18** - 24 h: lachn.a1

– **19** h: ambr. bov. elaps *Lyc.* mag-s. petr. puls. rhus-t.

– **20** h: alum-sil.k2 ant-t. coff. ferr. hep. lachn. mur-ac. naja nicc. *Phos.* sol-ni. sulph.
• **20** - 21 h: ars. sulph.

– **21** h: **Bry.** lac-d.c1,kr1 lyc. mag-s. nit-ac.
• **21** - 0 h: bry.k2

– **morgens** tiefer als normal: verat-v.ptk1

– **morgens**, und: *Hep.*

– **anhaltend**:
• **19** - 0 h, auf Frost um 16 h folgend: *Aesc.*
• **Nacht**; die ganze: acon. bol-la. cocc. graph. hep. lach. lyc. puls. *Rhus-t.* sarr. sil. tarent.k2
  • **gefolgt** von Schauder: cocc.

– **Bett**, im: *Acon.* agn. anac.h arg-met. borx. calc.h calen. coc-c. coff. hep. kali-c. kali-n.h mosch. sars. sulph.h thuj.
• **Hinlegen**, nach dem: *Acon.* asar. bar-c. **Bry.** carb-ac. chel. coff. hell. mag-m. samb.h sul-ac.h sulph.h zinc.h
• **Schweiß**, mit: borx. bov. calc. verat.h

– **Delirium**, mit: *Psor.*

– **Essen**, nach dem: anac. ang. raph.

– **Frost**, nach: acon. apis ars. berb. graph. guaj. petr. sulph.

– **Frösteln**, mit: *Acon.* anac. apis arn. ars. ars-s-f.k2 bapt. borx. carb-v. caust. *Cham.* choc.srj3 coff. *Elaps* ferr-i. hep. kali-c. kali-i. mur-ac.k2 nat-m. sabin. *Sil.* sulph. thuj.

– **Zimmer**; beim Eintreten in ein: ang. nicc. **Puls.** sul-ac. sulph. zinc.

Nachts (22 - 6 h): *Acon.*bg2,k,* *Agar.*bg2,k *Alum.*bg2,k alum-sil.k2 am-c.bg2,k am-m.bg2,k anac.bg2,k androc.srj1 ang.bg2,k ant-c.bg2,k ant-t. *Apis* *Ars.*bg2,k ars-h. *Ars-i.* arum-t. arund. aur-ar.k2 bamb-a.stb2 **Bapt.**bg2,k *Bar-c.*bg2,k *Bar-m.* bar-s.k2 **Bell.**bg2,k berb. bol-la. borx. **Bry.**bg2,k cact.bg2,k cadm-s. calad. *Calc.*bg2,k calc-s. calc-sil.k2 *Canth.*bg2,k caps. carb-an.bg2,k *Carb-v.*bg2,k **Carbn-s.** caust.bg2,k cedr. *Cham.*bg2,k chin.k2 chinin-ar.k2 cic. *Cimic.* **Cina** *Cinnb.* coca cocc.bg2,k coff.bg2,k **Colch.**bg2,k con.bg2,k cur. cycl. dig. *Dros.*bg2,k dulc.bg2,k elaps ferr. *Ferr-ar.* *Gels.* glon. **Graph.**bg2,k *Hep.*bg2,k hura hydr. hydrog.srj2 ign.bg2,k *Kali-bi.* kali-c.h kali-n.h kali-p. kali-s. kali-sil.k2 **Lach.**bg2,k lil-t. *Lyc.*bg2,k mag-c.bg2,k mag-m.bg2,k mag-s. **Merc.**bg2,k *Merc-cy.* *Morph.* *Mur-ac.* *Nat-ar.* nat-c.h nat-m.bg2,k *Nat-s.* nicc. *Nit-ac.*bg2,k *Nux-v.*bg2,k *Op.* paeon. *Petr.*bg2,k *Ph-ac.*bg2,k **Phos.**bg2,k plb.bg2,k psor. **Puls.**bg2,k raph. **Rhus-t.**bg2,k *Sabad.*bg2,k sarr. *Sep.*bg2,k **Sil.**bg2,k spong.h staph.bg2,k *Stram.*

Nachts: ...
sul-ac.k2 **Sulph.**bg2,k *Tarent.* thuj.bg2,k *Tub.* ust. verat.bg2,k zinc.bg2,k zinc-p.k2
☞ *Bett - im*
– **Mitternacht**: **Ars.** coc-c. elaps lyc. mag-m. mag-s. nux-v. petr. *Rhus-t.* sep. *Stram.* sulph. verat.
• **mittags**, und: ars. *Elaps* spig. stram. sulph.
• **vor**: acon. agar. alum. ant-c. ars. bapt.k2 **Bry.** cadm-s. **Calad.** *Carb-v.* cham. *Chinin-s.* elaps eug. *Graph.* hydr. lach.k2 *Laur.* lyc. *Mag-m.* mag-s. nit-ac. nux-v.k2 petr. ph-ac.h phos. puls. rhus-t.h,k2 sabad. sep. sulph.h verat.
• **22** h: alum-sil.k2 ars. elaps hydr. lach. petr.
• **23** h: cench.k2 mag-m.
• **nach**: ang. ant-c.h **Ars.** ars-s-f.k2 borx. caust. chin. cic. cimic. dros. elaps ferr. *Ferr-ar.* ign. *Kali-c. Lyc.* mag-c. mag-m. merc. nat-m. nit-ac.h phos. ran-b. *Ran-s.* sabad. sars. sul-ac.h sulph. thuj.
• **2** h: *Ars.* borx. tax.
• **3** h: ang. thuj.
• **3** - 5 h: kali-c.k2
• **4** - 5 h: sep.a1
• **5** h:
• **Bett**; im: cench.k2
• **8** h, bis: sil.h
• **Menses**, vor den: lyc.
• **Schlaf**, vergeht beim Erwachen; im: *Calad.*
• **Schweiß** beim Liegen auf dem Rücken; mit: *Cham.*
– **Angst** und Schweiß; mit: alum. calc.
– **Erwachen**:
• **amel.**: *Calad.*
• **beim**: **Bar-c.** benz-ac. carb-v. coloc. mag-m.h sil.h **Sulph.** tarax.h zinc.
– **Frösteln**, mit: acon. *Agar.* apis *Ars.* ars-s-f.k2 bapt. carb-v. carbn-s. caust. cham. choc.srj3 coca coff. *Colch.* cur. *Elaps Graph. Kali-bi. Rhus-t. Sil.* **Sulph.** thuj. tub.
– **frostig** tagsüber, Hitze in der Nacht: dros.
– **hoher** Temperatur; mit sehr: bry.k2 hyos.k2 rhus-t.k2 stram.k2
– **Hunger**; mit: kali-p.k2
– **Schweiß**, mit: agar. alum. am-m. *Ant-c.* **Bell.** borx. bry. calc. caps. carb-an. cedr. cina *Colch. Con.* ferr. glon. hydrog.srj2 ign. mag-c. mag-m. **Merc.** nat-m. nit-ac. nux-v. op. **Phos.** *Psor.* **Puls. Rhus-t.** sabad. *Sep.* spig.h staph. stram. **Sulph.** thuj. verat.
• **klebriger** Schweiß und schneller Puls: cimic.
– **trockene**, brennende Hitze: **Acon.** alum-p.k2 anac. arn. **Ars.** *Bar-c.* **Bell. Bry.** calc. carb-v. caust. cedr. chel. chinin-s. *Cina* coc-c. coff. *Colch.* coloc. *Con.* dulc. *Graph.* hep. kali-n. *Lach.* lyc. *Nit-ac.* nux-m. *Nux-v.* **Phos.** *Puls.* ran-s. rhod. **Rhus-t.** rhus-v. spig. thuj. *Tub.*
• **Angst**, mit: acon. *Apis* **Ars.** bar-c. bry. rhus-t.
• **Durst**, ohne: *Apis* **Ars.**
• **Schlaflosigkeit**, mit: bar-c. *Cham.* graph. hyos. *Phos.*
– **Wasser** übergossen würde; als ob er mit heißem: ars.

Abfolge von Stadien:
☞ ☐ *Frost - Schüttelfrost - lange*
– **Frost**:
◇ **abwechselnd** mit:
• **Durst**, dann Schweiß: sabad.
• **gefolgt** von:
• **Durst**:
• **dann** Hitze ohne Durst: *Hep.* kali-n. nat-m.
• **dann** Schweiß: kali-c. thuj.h
• **Hitze**: **Acon.** *Alum.* am-c. am-m. ambr. ang. ant-c. *Ant-t.* apis aran. *Arn.* ars. asar. bapt. bar-c. *Bell.* berb. borx. bry. cact. calc. camph. canth. **Caps.** carb-an. *Carb-v.* caust. cham. *Chin.* chinin-ar.k2 *Cina* clem.a1 coff. *Colch.* con.h conv.br1 *Corn.* croc. **Cycl.** dig. *Dros.* dulc. elaps *Eup-per.* ferr-ar.k2 granit-m.es1 *Graph.* guaj. hell. *Hep.* hydrog.srj2 **Hyos. Ign. Iod. Ip.** kali-bi. kali-c. kali-n. kreos. lach. laur. **Lyc.** *Mag-c.* mag-m. mang.h meny.h merc. *Merc-c.* mez. mur-ac.h *Nat-c.* **Nat-m.** *Nat-s.* nit-ac. nux-m. **Nux-v.** *Op. Petr.* ph-ac. *Phos.* plat.h psor. **Puls. Rhus-t.** sabad. **Sang.** *Sec.* seneg. sep. sil. *Spig. Spong.* squil. staph. *Stram.* sul-i.k2 **Sulph.** thuj. *Valer.* vario.al2 *Verat.*
• **dann** Schweiß: am-c. am-m. apis **Ars.** bell. borx.c1,h bov. *Bry.* cact. caps. carb-an. carb-v. caust. cedr. cham. **Chin.** chinin-ar.k2 cina cocc. conv.br1 corn. dig. dros. *Eup-per. Eup-pur.* gels. *Graph.* hep. *Ign.* **Ip.** kali-c. kali-n.h *Lach.* lyc. lyss.c1 mag-m. nat-c. *Nat-m. Nat-s.* nit-ac. **Nux-v.** op. ox-ac.k2 podo.c1 **Puls.** *Rhus-t. Sabad.* sabin. samb. sep. *Spong.* staph. *Sulph.* thuj. *Verat.*
• **geringer** Schweiß: conv.br1
• **innerlichem** Frost; mit: phos.
• **mit** Durst: ant-c.h rhus-t.
• **ohne** Durst: am-m. nit-ac.
• **saurer** Schweiß: lyc.
• **mit** Schweiß: *Acon.* agn.hr1 alum. anac. ant-t. **Bell.** bry. *Caps.* carb-v. **Cham.** *Chin.* choc.srj3 cina eup-per. *Ferr.* ferr-i.k2 graph. hell. *Hep.* ign. kali-c. mez. nat-m. nit-ac. *Nux-v.* **Op.** phos. *Puls.* **Rhus-t.** *Sabad.* sars.h spig. sulph. tub.k2
• **Gesichtes**, des: alum.
• **ohne** Schweiß: graph. nat-m. tarent.k2
• **Schweiß**:
• **gefolgt** von:
• **Hitze**: **Bell.**
• **dazwischen**; ohne Hitze: alum.h am-m. arg-met.h ars.h *Bry.* cact. **Caps.** *Carb-an.* carb-v. carbn-s. **Caust.** cedr. cham. chel. cimx. *Clem. Dig.* graph.h hell. hyos. kali-c. kali-n. **Lyc.** mag-c.h mag-m.h merc. merc-c. **Mez.** mur-ac.h nat-m. nat-s. nux-v. op. **Petr.** ph-ac. phos. *Rhus-t.* sabad. sep. spig. sulph.h **Thuj.** *Verat.*
• **Durst**; und ohne: am-m. bry. caust. *Staph.*
• **kalter** Schweiß:
• **dazwischen**; ohne Hitze: ars. verat.
• **ohne** Hitze oder Durst
☞ *dazwischen - Durst*

- **Hitze**:
  - ◆ **abwechselnd** mit:
    - **Frost**:
      - **dann** Hitze: verat.
        - **Ende** Schweiß, am: bry. kali-c. spig.
      - **gefolgt** von Schweiß: kali-c. meny. verat.
  - **gefolgt** von:
    - **Frost**: ail. alum.$_{h}$ am-m. ang. apis ars.$_{h}$ asar. *Bell. Bry.* calad. **Calc.** caps. *Caust.* chin. coloc. dros.$_{h}$ dulc. elaps eup-pur. *Hell.* ign. kali-c. lyc. meny. merc. nat-m. nicc. nit-ac. **Nux-v.** petr. *Phos.* **Puls.** *Pyrog.* **Sep. Stann.** *Staph. Sulph.* thuj. *Tub.*
      - **dann** Hitze: am-m. stram.
        - **dann** Schweiß: *Rhus-t.*
    - **Schweiß**: agar.$_{h}$ alum.$_{h}$ *Am-m.* ant-c. ant-t. **Ars.** bell. borx. bry. calc. carb-an. *Carb-v.* **Cham.** *Chin.* cina **Coff.** corn. dros.$_{k2}$ graph. hell. hep. *Ign. Ip.* kali-c.$_{h}$ kali-n.$_{h}$ kreos. lach. lob. lyc. *Mang.* nit-ac. *Nux-v.* op. ox-ac.$_{k2}$ petr. puls. *Ran-s.* rhod. **Rhus-t.** sep.$_{h}$ *Sil.* spong. staph. stront-c. sulph. **Verat.**
      - **kalter** Schweiß: caps. *Verat.*
  - **mit**:
    - **äußerlicher** Kälte:
      - **dann** Frost, dann Hitze mit äußerlicher Kälte: *Phos.*
      - **dann** Hitze: aloe am-c. ant-c. ant-t. calad. calc. carb-v. hell. ign. ran-s. sil.
- **Schweiß**:
  - ◆ **abwechselnd** mit:
    - **Frösteln**: ant-c. calc. nux-v. sacch.
  - **folgt** auf Frost:
    - ◆ **abwechselnd** mit Hitze: carb-ac. corn. kali-c. meny. verat.
      - **dann** Hitze: bry.
    - **mit** Hitze: calc. caps. sulph.
  - **gefolgt** von:
    - **Frost**: *Carb-v.* euphr.$_{h}$ *Hep. Nux-v.*
      - **dann** Schweiß: nux-v.
        - **mit** Hitze: nux-v.
  - **lange** nachdem die Hitze abgeklungen ist, mit Erneuerung der früheren Symptome; erscheint: ars.
  - **mit**:
    - **Hitze**:
      - **folgt** auf Frost: acon. alum. anac. ant-c. bell. caps. *Cham.* chin. cina graph. hell. hep. ign. kali-c. nat-m. nicc. nit-ac. nux-v. op. phos. puls. rhus-t. sabad. spig. sulph.
      - **gefolgt** von trockener Hitze: ant-c.
      - **Kälte** vermengen sich unregelmäßig; Hitze und: cedr.

Absteigend: acon.$_{bg2,k}$ agar.$_{bg2,k}$ *Alum.*$_{bg2,k}$ bar-c.$_{bg2,k}$ *Bell.*$_{bg2,k}$ calc-p.$_{bg2,k}$ canth.$_{bg2,k}$ *Caust.*$_{bg2,k}$ chel.$_{bg2,k}$ cic.$_{bg2,k}$ coff.$_{bg2,k}$ colch.$_{bg2,k}$ croc.$_{bg2,k}$ euphr.$_{bg2,k}$ laur.$_{bg2,k}$ mag-c.$_{bg2,k}$ mez.$_{bg2,k}$ mosch.$_{bg2,k}$ nat-c.$_{bg2,k}$ op.$_{bg2,k}$ par.$_{bg2,k}$ ruta sabad.$_{bg2}$ sabin. staph.$_{bg2,k}$ stront-c. sul-ac.$_{bg2,k}$ thuj.$_{bg2,k}$ valer.$_{bg2,k}$ verat.$_{bg2,k}$ zinc.$_{bg2,k}$

Abwechselnd mit:

- **Frost**: abies-n.$_{br1}$ acon.$_{a1,k}$ agar. *Agn.*$_{a1,k}$ all-c. all-s. alum. alum-p.$_{k2}$ am-c.$_{a1,k}$ **Am-m.**$_{a1,k}$ androc.$_{srj1}$ *Ant-t.*$_{a1,k}$ arn. **Ars.**$_{a1,k}$ *Ars-i.* ars-s-f.$_{k2}$ asar.$_{h}$ aster. aur.$_{h}$ bamb-a.$_{stb2}$ *Bapt. Bar-c.* bar-s.$_{k2}$ **Bell.**$_{a1,k}$ bol-la. borx. bov. brom. **Bry.** bufo **Calc.**$_{a1,k}$ calc-i.$_{k2}$ calc-sil.$_{k2}$ carb-ac. caust. cench.$_{k2}$ *Cham.*$_{a1,k}$ chel. **Chin.**$_{a1,k}$ chinin-ar. choc.$_{srj3}$ **Cocc.** colch. cupr. cycl.$_{a1,k}$ *Dig.* dros. *Dulc.*$_{hr1}$ *Elaps* eup-per.$_{a1,k}$ granit-m.$_{es1}$ graph.$_{a1,k}$ *Hell.*$_{a1,k}$ helon.$_{a1,k}$ **Hep.** hydr.$_{ptk1}$ hydrog.$_{srj2}$ *Hyos.*$_{a1,k}$ *Ign. Iod.*$_{a1,k}$ *Ip.* kali-bi.$_{a1,k}$ kali-c. kali-i. kali-n.$_{a1,k}$ kali-p. *Kalm.*$_{a1,k}$ *Kreos.* lach. lachn.$_{c1}$ laur. lob. *Lyc.*$_{a1,k}$ *Mag-m.* mag-s.$_{a1,k}$ marb-w.$_{es1}$ med. meny. **Merc.**$_{a1,k}$ merc-c.$_{a1,k}$ mosch. nat-c.$_{h}$ nat-m. nat-s. nux-m.$_{ptk1}$ **Nux-v.** ol-an.$_{ptk1}$ *Ph-ac.*$_{a1,k}$ *Phos.*$_{a1,k}$ plat.$_{h}$ *Psor.* puls. rheum rhod.$_{a1,k}$ **Rhus-t.**$_{a1,k}$ sabad.$_{a1,k}$ samb. *Sang.*$_{a1,k}$ *Sec. Sel.*$_{a1,k}$ *Sep.*$_{a1,k}$ *Sil.* sol-ni. spig.$_{a1,k}$ stram. sul-ac. sulph.$_{a1,k}$ *Tarent.*$_{a1,k}$ thuj. *Verat.*$_{a1,k}$ *Zinc.* zinc-m.$_{a1}$ zinc-p.$_{k2}$
  - **vormittags**: *Calc.*$_{h,k,k1}$ chin.$_{a1,k}$ ~~colch.$_{k1,xxx}$~~ elaps thuj.
  - **mittags**: kali-n.$_{h}$
  - **nachmittags**: bamb-a.$_{stb2}$ calc.$_{a1,k}$ *Chin.*$_{a1,k}$ chinin-s. kali-n.$_{a1,k}$ lob. myric. rhus-t.$_{a1,k}$ sep. sulph.
    - **Essen**, nach dem: sep.
    - **Freien**, im: *Chin.*
  - **abends**: all-c. all-s. alum.$_{a1,k}$ am-c.$_{a1,k}$ ant-s-aur. *Bar-c.*$_{a1,k}$ cench.$_{k2}$ cocc. kali-c.$_{a1,k}$ kali-n. lyc.$_{a1,k}$ merc. nat-m.$_{h}$ ph-ac.$_{a1,k}$ puls.$_{h}$ sep.$_{h}$ sulph.$_{h}$
    - **20** h: elaps
    - **Bett**, im: am-c.$_{a1,k}$
  - **nachts**: **Acon.**$_{a1,k}$ ang.$_{a1,k}$ *Bar-c.* hura ip. mag-s.$_{a1,k}$ *Merc.* phos. sabad. sep.$_{a1,k}$ sol-t-ae.$_{a1}$ sulph.$_{a1,k}$
    - **Schweiß**; mit: *Ip.*
  - **Bewegung**, bei: ant-t.
  - **Menses**, während: am-c.$_{a1,k}$ thuj.$_{a1,k}$ wies.$_{zr}$
  - **Schreck**; durch: lyc.
  - **Zorn**; durch
    - ☞ *Zorn - abwechselnd mit - Frost*
  - **Zuckungen**, mit heißen: *Nat-m.*
- **Frösteln**, trockene, brennende Hitze: *Bell.* sang.
- **Geisteskrankheit**
  - ☞ *❑ Gemüt - Geisteskrankheit - abwechselnd mit - Fieber*
- **Schauder**: agar. ars.$_{a1,k}$ bov. caust. chin. cycl. *Elaps* hep. lach. lob. merc. mosch. nicc. ph-ac. podo. sabad. sang. wies.$_{a1}$
- **Schweiß**: apis ars. ars-s-f.$_{k2}$ bell. calad. calc. *Euph.* kali-bi. kali-c.$_{h}$ kali-i. kali-sil.$_{k2}$ *Led.* lyc. nux-v. phos. puls. sabad. sacch. sulph. thuj. *Verat.*
- **Zittern**, Schaudern: ars. mag-s. mosch.

Anfälle mit steigender Heftigkeit: ars. *Bry.* eup-per. *Nat-m.* nux-v. *Psor.* **Puls.**

- **regelmäßig**: *Chin.* **Chinin-s.** cina
- **unregelmäßig**: **Ars.** carb-v. *Eup-per.* ign. *Ip.* *Meny.* **Nux-v. Psor. Puls.** samb. **Sep.**
  - **kurzer** Frost, lange Hitze, kein Durst: **Ip.**

– **unregelmäßig**: ...
  • **langer** Frost, geringe Hitze, kein Durst: **Puls.**
  • **Stadium** fehlt, ein: *Apis* aran. **Ars.** bov. camph. dros. led. lyc. meny. mez. verat.

Anfallsweise erscheinendes Fieber, in Schüben: am-m. arund. *Bry. Calc.* camph. cham. cocc. hep. lyc. *Merc.* nit-ac. op. zinc.
– **morgens**: eup-per. kali-bi.
  • **11** h: cact.$_{br1}$ calc.
– **nachmittags**: agar.$_{h}$ calc. sil.
  • **15** h: lyc.
– **abends**: calc. lyc.
  • **19** h: lyc.
– **nachts**: kali-bi. **Merc.**

Ängstliche Hitze
  ☞ ☐ *Gemüt - Angst - Fieber - während*

Anhaltend hohe Temperatur:
  ☞ *Continua / Typhus*
◆ **begleitet** von:
  • **Diarrhoe**:
    • **Kindern**; bei tuberkulösen: lob-e.$_{c1}$

Anstrengung:
– **nach**: am-m. brom. fl-ac. pyrog. rhus-t. sep.
  • **amel.**: ign.$_{bg2,k}$ *Sep.*$_{bg2,k}$ stann.$_{bg2,k}$
– **durch**: acon. alum.$_{bg2,k}$ *Ant-c.* ant-t. arg-met. ars. calc.$_{k2}$ *Camph. Chin.* ferr. merc.$_{bg2,k}$ nit-ac. nux-v.$_{bg2,k}$ olnd. ox-ac. *Rhus-t.* samb. *Sep.* spig. spong. stann. stram. *Sumb.* valer.

Anteponierend: **Nux-v.**

Ärger, Verdruß; Hitze durch: acon. *Cham.* nux-v. *Petr.* ph-ac. phos. **Sep.** staph.

Aufsteigend: *Acon.*$_{bg2,k}$ agar.$_{bg2,k}$ alum. alum-p.$_{k2}$ am-m.$_{bg2,k}$ ang. ant-t. arund. bell. calad.$_{bg2,k}$ canth.$_{bg2,k}$ carb-an.$_{bg2,k}$ *Cina* colch.$_{bg2,k}$ crot-t. dig.$_{bg2,k}$ eberth.$_{jl2}$ glon.$_{bg2,k}$ *Hyos.*$_{bg2,k}$ kali-c.$_{bg2,k}$ *Lach.*$_{bg2,k}$ led.$_{bg2,k}$ lyc.$_{bg2,k}$ mang.$_{bg2,k}$ *Nat-m.* **Phos.**$_{bg2,k}$ plb.$_{bg2,k}$ sabad.$_{bg2,k}$ sars.$_{bg2,k}$ **Sep.**$_{bg2,k}$ **Sulph.**$_{bg2,k}$ sumb. *Verat.*

Ausschlagsfieber; Fieber bei Ausschlagserkrankungen:
– **Masern**: **Acon.** *Am-c. Ant-c.* **Apis** ars. **Bry.** camph. *Carb-v.* cham. *Chel.* chin. *Chlor. Coff.* cop. *Crot-h. Dros.* **Euphr.** *Gels.* hep. hyos. ign. ip. *Kali-bi. Phos.* **Puls.** *Rhus-t. Squil. Stram.* **Sulph.** verat. zinc.
– **Scharlach**: **Ail. Am-c. Apis** *Arg-n.* arn. *Ars. Arum-t.* bapt.$_{k2}$ **Bell.** *Bry. Calc.* canth. *Carb-ac. Carb-v. Cham.* chim.$_{hr1,k}$ *Crot-c. Crot-h. Cupr.* **Echi.** *Gels.* hep. hyos. ip. kali-p.$_{k2}$ **Lach. Lyc. Merc.** mur-ac. **Nit-ac.** nux-m. *Ph-ac. Phos.* **Rhus-t.** sec. *Stram. Sulph.* **Ter.** *Zinc.*

Äußerliche Hitze: **Acon.** aeth. ail. alum.$_{bg2,k}$ alum-sil.$_{k2}$ am-c. *Anac.*$_{bg2,k}$ *Ant-t.* apis *Arn.*$_{bg2,k}$ **Ars.**$_{bg2,k}$ *Ars-i.* asaf. bapt. **Bell.**$_{bg2,k}$ bism.$_{bg2,k}$ **Bry.**$_{bg2,k}$ *Calc.*$_{bg2,k}$ **Canth.**$_{bg2,k}$ *Caps. Carb-v.*$_{bg2,k}$ carbn-s. cedr. **Cham.**$_{bg2,k}$ chel.$_{bg2,k}$ *Chin.*$_{bg2,k}$ *Chinin-s.* chlor. cic. cimic. coc-c. *Cocc.*$_{bg2,k}$ coff.$_{bg2,k}$ colch.$_{bg2,k}$ coloc.$_{bg2,k}$ con.$_{bg2,k}$ cor-r.

Äußerliche Hitze: ...
crot-h. cupr. dig.$_{bg2,k}$ dulc.$_{bg2,k}$ hell.$_{bg2,k}$ hep.$_{bg2,k}$ hydrog.$_{srj2}$ *Hyos.*$_{bg2,k}$ **Ign.** iod.$_{bg2,k}$ ip.$_{bg2,k}$ jatr-c. kali-ar. kali-bi. kali-c.$_{bg2,k}$ kali-chl. kali-i. kali-n.$_{bg2,k}$ kali-sil.$_{k2}$ *Lach.*$_{bg2,k}$ *Lyc.*$_{bg2,k}$ mag-c. *Merc.*$_{bg2,k}$ *Merc-c.*$_{bg2,k}$ nit-ac.$_{h}$ *Nux-v.*$_{bg2,k}$ *Op.*$_{bg2,k}$ *Phos.*$_{bg2,k}$ phyt. plb.$_{bg2,k}$ **Puls.**$_{bg2,k}$ **Rhus-t.**$_{bg2,k}$ ruta sec. sel.$_{bg2,k}$ sep.$_{bg2,k}$ **Sil.**$_{bg2,k}$ spig.$_{bg2,k}$ **Stram.**$_{bg2,k}$ sul-ac. sul-i.$_{k2}$ *Sulph.*$_{bg2,k}$ *Tarent.* verat. zinc.
– **morgens**: bell.
  • **10** - 15 h: canth.
– **nachmittags**:
  • **16** h: coff. ptel.
  • **Frösteln**, mit: ars.
    • **Röte** ohne innerliche Hitze; und: **Ign.**
– **abends**: anac. iod. plb. rhus-t. sulph.
  • **20** h: coff. nat-ar.
  • **21** h: elaps
  • **22** h: ars.
  • **Hinlegen**, nach dem: coff. squil.$_{h}$
– **nachts**: *Bry. Colch.* kali-bi. phos. rhus-t.
  • **23** h: nat-m.
  • **Mitternacht**, nach:
    • **2** h, beim Erwachen: hep.
– **angefächelt** zu werden; während der Hitze anstatt Durst Verlangen: **Carb-v.**
– **Frösteln**, mit: *Acon.* agn. alum. alum-sil.$_{k2}$ *Anac. Arn.* **Ars.** ars-s-f.$_{k2}$ asar. atro. *Bell.* berb. *Bry.* **Calc.** *Calc-ar.* calc-sil.$_{k2}$ cann-i. *Cocc. Coff.* coloc. dig. dros. gamb. *Hell.* hep. **Ign.** *Kali-n.* lac-c. *Lach. Laur. Lyc. Meny.* merc. mur-ac. nat-m. **Nux-v.** par. *Phos.* plb. **Pyrog.** ran-b. raph. rat. rheum **Sep.** *Sil. Squil.* sul-i.$_{k2}$ *Sulph.* tab. **Thuj.** *Verat.*
– **Gefühl** äußerlicher Hitze:
  • **ohne** Hitze: **Cham.** ign.
– **gelber** Haut, mit: merc-c.
– **Kälte** des ganzen Körpers; mit Gefühl von: bar-c.
– **Mittagessen**, nach dem: ptel.

Bedecken:
– **geringstes** Bedecken ertragen; kann nur: corh.$_{br1}$

Bedeckte Körperteile: arg-met.$_{k1}$ arg-n.$_{k,k1,*}$ cham.$_{h}$ *Thuj.*$_{bg2,k}$

Bett:
– **Aufstehen** aus dem Bett; Hitze beim: *Thuj.*
  • **Herumgehen**; und beim: nicc.
– **Herausstrecken** der Hand aus dem Bett; durch
  ☞ *Frösteln - Herausstrecken*
– **im**: *Acon.* agar. agn. am-c. am-m. ant-c. ant-t. *Apis* arg-met. *Arn.* asar. bapt. borx. *Bry. Calc.* calen. carb-an. *Carb-v.* cench.$_{k2}$ cham. chel. chinin-s. clem. coc-c. **Coff.** con. eug. hell. hep. *Kali-c.* kali-chl. kali-m.$_{k2}$ kali-p. *Led.* mag-c. **Mag-m.** mag-s. **Merc.** *Mez.* mosch. nicc. nit-ac. nux-v. ph-ac. phos. **Puls.** *Rhus-t.*$_{bg1,k}$ samb. sars. sil. spong. squil. **Sul-ac.** *Sulph.* thuj.
  ☞ *nachts (22 - 6 h) / Wärme*

– **im**: ...
 • **amel**.: agar. bell. canth. *Caust.* cic. cocc. con. hyos. lach. *Laur. Nux-v.* sil. squil. staph. stram.
 • **Hitze** im Bett, jedoch Abneigung gegen Entblößen; Gefühl von: *Coff.* merc.
 • **treibt** nachts aus dem Bett: graph. *Merc.*
– **Verlassen** des Bettes; nach: acon. agn. am-c. ambr. ant-t. ars. asar. bell. calc. carb-an. carb-v. chel. chin. coloc. dros. *Hell.* ign. iod. kali-c. mang. *Merc.* mez. petr. plat. sel. sep. spig. stront-c. sul-ac. sulph. valer. *Verat.*

Bewegung:
– **agg.**: agar. alum. am-m.$_{bg2,k}$ ant-c.$_{bg2,k}$ ant-t.$_{bg2,k}$ ars.$_{bg2,k}$ bell.$_{bg2,k}$ bry.$_{bg2,k}$ *Camph.*$_{bg2,k}$ canth.$_{bg2,k}$ **Chin.**$_{bg2,k}$ chinin-s. con. cur. *Fl-ac.*$_{bg2}$ led.$_{bg2}$ merc.$_{bg2}$ *Nux-v.*$_{bg2,k}$ olnd.$_{bg2}$ phos.$_{bg2}$ samb.$_{bg2}$ *Sep.*$_{bg2,k}$ spig.$_{bg2,h}$ spong.$_{h}$ squil.$_{bg2}$ stann.$_{bg2,k}$ staph.$_{bg2}$ stram.$_{bg2,k}$ sul-ac.$_{bg2,k}$ valer.$_{bg2}$
– **amel.**: agar. ambr.$_{bg2}$ apis asaf.$_{bg2}$ aur.$_{bg2}$ bism.$_{bg2}$ **Caps.**$_{bg2,k}$ con.$_{bg2}$ cycl.$_{bg2,k}$ dulc.$_{bg2}$ euph.$_{bg2}$ ferr.$_{bg2,k}$ kali-n.$_{bg2}$ *Lyc.*$_{bg2,k}$ merc-c.$_{bg2,k}$ phos.$_{bg2}$ puls.$_{bg2,k}$ rhus-t.$_{bg2,k}$ sabad.$_{bg2,k}$ samb.$_{bg2,k}$ sel.$_{bg2,k}$ tarax.$_{bg2,k}$ valer.$_{bg2,k}$
– **Frösteln** hervor, ruft: ant-t. *Apis Arn. Chinin-s. Merc.* **Nux-v.** *Podo.* **Rhus-t.** *Stram.*
– **still** bleiben; möchte in jedem Stadium: **Bry.** gels.

Bier, durch: *Bell. Ferr.* rhus-t. sulph.

Blut, nachts; Gefühl von Hitze im: nit-ac.$_{h}$

Blutung:
– **amel.**: bell.$_{k2}$

Brennende, glühende Hitze: **Acon.**$_{bg2,k}$ agar.$_{gsy1}$ ant-t. **Apis** arn.$_{bg2,k}$ **Ars.**$_{bg2,k}$ aur-ar.$_{k2}$ bapt.$_{bg2,k}$ bar-c. bar-m. bar-s.$_{k2}$ **Bell.**$_{bg2,k}$ bism.$_{bg2,k}$ *Bry.*$_{bg2,k}$ bufo cact.$_{bg2,k}$ canth.$_{bg2,k}$ caps.$_{bg2,k}$ *Carb-v.*$_{bg2,k}$ carbn-s. *Cham.*$_{bg2,k}$ chel. chin.$_{bg2,k}$ chinin-ar. *Chlor. Cina Con.*$_{bg2,k}$ crot-h. cur. dig. *Dulc.*$_{bg2,k}$ *Elaps* eup-per.$_{k2}$ **Gels.**$_{bg2,k}$ guaj.$_{k2}$ hell.$_{bg2,k}$ *Hep.*$_{bg2,k}$ ign.$_{bg2,k}$ ip.$_{bg2,k}$ *Kali-ar.* lach.$_{bg2,k}$ *Lyc.*$_{bg2,k}$ mag-c.$_{bg2,k}$ manc. *Med.*$_{bg2,k}$ merc.$_{bg2,k}$ *Merc-c.*$_{bg2,k}$ mosch.$_{bg2,k}$ mur-ac.$_{bg2,k}$ nat-m. nit-ac. *Nux-v.*$_{bg2,k}$ **Op.**$_{bg2,k}$ petr.$_{bg2,k}$ **Phos.**$_{bg2,k}$ plb. **Puls.**$_{bg2,k}$ *Rhus-t.*$_{bg2,k}$ sabin.$_{bg2,k}$ *Samb.*$_{bg2,k}$ sarr. *Sec.*$_{bg2,k}$ sep.$_{h}$ sil.$_{h}$ *Spong.*$_{bg2,k}$ stann.$_{bg2,k}$ staph.$_{bg2,k}$ stram.$_{bg2,k}$ sulph. *Tarent.* thuj.$_{bg2,k}$ **Tub.** verat.$_{bg2,k}$
– **morgens**: ars. *Bry. Cham.* ign. nat-m. nux-v. rhus-t. sep.$_{h}$ sulph. thuj.
– **vormittags**: bry. lyc. **Nat-m.** *Nux-v. Phos.* rhus-t. sulph. thuj. verat.
 • **9** - 12 h: **Cham.**
– **nachmittags**: **Apis** *Ars.* ars-s-f.$_{k2}$ **Bell.** berb. *Bry. Hep.* hyos. ign. lyc. nat-m. nit-ac. nux-v. **Phos.** *Puls.* rhus-t. stram. sulph.
 • **16** h:
  • **anhaltend**; die ganze Nacht: *Hep.*
  • **anhaltend**; einige Stunden lang: **Lyc.**
 • **vorübergehendem** Frost, mit: cur.
– **abends**: *Acon.* agar. apis *Ars.* ars-s-f.$_{k2}$ **Bell.** berb. *Bry. Carb-v. Cham.* cina hell. hep. *Hyos.* ign. ip.

Brennende, glühende Hitze - **abends**: ...
Lyc. *Merc-c.* mosch. nat-m. nit-ac. nux-v. **Phos. Puls. Rhus-t.** staph. sulph. thuj. verat.
– **nachts**: **Acon.** agar. apis **Ars.** ars-s-f.$_{k2}$ arund. *Bapt.* **Bell.** *Berb. Bry.* **Cact.** cann-s. canth. *Carb-v.* carbn-s. *Cham.* cina con. *Hep.* ign. lyc. merc. nat-m. nit-ac. nux-v. *Op.* petr. **Phos. Puls.** *Rhus-t.* staph. *Stram.* sulph. thuj. verat.
 • **Mitternacht**: **Ars.** lyc. *Rhus-t.* stram. sulph. verat.
  • **vor**: agar. ars. **Bry.** *Cham.* laur. puls. sep. verat.
   • **21** - 0 h: *Bry.*
  • **nach**: **Ars.** ign. lyc. merc. nat-m. *Phos.* sulph. thuj.
   • **3** h: *Thuj.*
 • **Bett** unerträgliche, brennende Hitze; im: **Puls.**
◆ **abwechselnd** mit:
 • **Frost**: *Laur.*
 • **Frösteln**: **Bell.**
– **Abdomen**:
 • **Krupp**; bei: cub.$_{c1}$
– **anhaltend**; den ganzen Tag: chin. thuj.
– **außer** am Kopf und im Gesicht, die mit Schweiß bedeckt sind: stram.
– **breitet** sich von den Händen über den ganzen Körper aus: **Chel.**
– **Durst**:
 • **bedecken**; und Verlangen sich zu: manc.
 • **kalte** Getränke, auf: *Acon.* **Phos.**
 • **unlöschbarem** Durst, mit: **Ars.** bell. colch. hep. **Phos.**
– **erweiterten** Blutgefäßen, mit: aloe *Bell.*$_{bg2,k}$ **Chin.**$_{bg2,k}$ chinin-s. cycl.$_{bg2,k}$ dig. ferr.$_{bg2,k}$ *Hyos.*$_{bg2,k}$ *Led.* **Merl.** *Puls.*$_{bg2,k}$ sars.
– **Funken**: alum.$_{bg2,k}$ ant-c.$_{bg2,k,•}$ led.$_{bg2,k}$ lyc.$_{bg2,k}$ mez.$_{bg2,k}$ sec.$_{bg2,k}$ *Sulph.*$_{bg2,k}$
– **Gehen** im Freien agg.: chin.
– **Hitze** außen, Kälte innen: **Ars.**
– **innen** und außen heiß; Körper wird: **Bell.**
– **innerlich**:
 • **Blut** scheint vor allem in den Venen zu brennen: **Ars.** *Bry. Med.* **Rhus-t.**
 • **Körperteile**, einzelne: mez.
– **Körperteile**, auf denen man liegt: lyss. manc.
– **Prickeln** am ganzen Körper; mit: **Chin.** gels.
– **rasendem** Delirium, mit: **Bell.** canth. **Stram.** verat.
– **Schlaf**, im: gins. **Samb.** thuj.
– **Schweiß**:
 • **mit**
 ☞ ❑ *Schweiß - Heiß*
 • **rotem** Gesicht; Hitze, sogar wenn in Schweiß gebadet, mit: op.
– **spürt**; die er nicht: canth.
– **stechendem** Gefühl, mit: *Apis* merc-c.
– **Stelle**, der bei Berührung kalt ist; an einer: *Arn.*
– **Stellen**, an einzelnen: sel. zinc.$_{h}$
– **trockene**, brennende Hitze, breitet sich vom Kopf und Gesicht aus, mit Durst auf kalte Getränke: *Acon.*

– **unterbrochen** durch Schüttelfröste, dann innerliche, brennende Hitze mit großem Durst: sec.

Bücken, beim: bry.bg2,k *Gamb.*bg2 *Kali-c.*bg2,k **Merc-c.**bg2,k sep.bg2,k
– **Kälte** beim Aufrichten vom: *Merc-c.*

Cerebrospinales Fieber
☞ *Zerebrospinales*

Cholera
☞ ☐ *Rektum - Cholera*

Continua: ail. am-c. ant-c.k2 anthraci. apis arg-n. **Arn.**k2 **Ars.** ars-s-f.k2 **Arum-t.** **Bapt.** **Bry.** cadm-s.k2 calad. calc. camph. *Canth.* *Caps.* carb-ac. *Carb-an.* **Carb-v.** carc.cd cham. chel. **Chin.** *Chinin-ar.* *Chinin-s.* chlol.gm1 **Chlor.** cic. *Cocc.* **Colch.** **Crot-h.** **Echi.** **Gels.** *Hell.* hydr-ac. **Hyos.** iod. ip. *Kali-p.* **Lach.** lachn.c1 *Lyc.* lycps-v. mang. merc. mill.bro1 *Mosch.* *Mur-ac.* *Nit-ac.* nux-m. *Op.* pest.al2 petr. *Ph-ac.* **Phos.** *Psor.* puls. *Pyrog.*c2,k **Rhus-t.** *Rhus-v.* sang. sars.h *Sec.* *Sil.* **Stram.** sulph. *Ter.* tub.c1 verat. verat-v. zinc.
☞ *Anhaltend / Fleckfieber / Reizfieber - langsam / Septisches / Typhus*
– **nachmittags**: agar. apis *Ars.* *Bry.* *Canth.* chin. colch. dig. *Gels.* *Hyos.* ip. **Lach.** lyc. *Nit-ac.* nux-v. ph-ac. **Phos.** puls. rhus-t. stram. sul-ac. sulph.
 • **16** h bis Mitternacht: *Stram.*
 • **16** - 20 h: *Lyc.*
 • **17** h: kali-n. rhus-t. sulph.
– **abends**: arn. *Ars.* **Bry.** *Carb-v.* *Cham.* chin. hell. ign. ip. *Lach.* **Lyc.** *Mur-ac.* nit-ac. nux-v. **Ph-ac.** **Phos.** **Puls.** **Rhus-t.** sul-ac. *Sulph.*
 • **19** h: *Lyc.* *Rhus-t.*
 • **20** h: hep. mur-ac. phos. sulph.
 • **21** - 0 h: *Bry.*
– **nachts**: am-c. apis **Ars.** ars-s-f.k2 arum-t. **Bapt.** **Bry.** calad. **Carb-v.** cham. **Chin.** **Chinin-ar.** cocc. *Colch.* *Kali-bi.* **Lach.** lyc. **Merc.** *Mur-ac.* *Nux-v.* *Op.* *Ph-ac.* *Phos.* *Puls.* **Rhus-t.** *Stram.* sul-ac. **Sulph.**
 • **Mitternacht**: *Ars.* lyc. *Rhus-t.* *Stram.* *Sulph.* *Verat.*
  • **vor**: ars. *Bapt.* **Bry.** calad. **Carb-v.** lach. lyc. nux-v. *Stram.*
   • **22** h: lach.
  • **nach**: **Ars.** bry. chin. chinin-ar. lyc. nux-v. **Phos.** **Rhus-t.** *Sulph.*
 • **hoch** ansteigende Temperatur; sehr: **Bell.** *Bry.* *Hyos.* rhus-t. *Stram.*
– **Ausschlagsfieber** (= exanthematisch): *Ail.* **Apis** arn. ars. arum-t. **Bell.** bry. calc. carb-v. chlor. *Euphr.* lach. merc. mur-ac. nux-m. ph-ac. phos. **Rhus-t.** sec. stann. sulph.
 • **kaltem**, zähem Schweiß; mit: chlor.
– **Bewußtlosigkeit**, vollständige: **Hell.** **Hyos.** lyc. **Op.** *Ph-ac.* stram.
– **Blutandrang**, mit: arn. *Bry.* *Gels.* glon. *Lach.* sang. verat.
 • **Kollaps**, mit: carb-v.

Continua - Blutandrang, mit: ...
 • **Lähmung** des Gehirns; mit drohender: hell. *Lach.* *Lyc.* **Op.** *Ph-ac.* *Phos.* tarent. zinc.
 • **Ödem** der Lunge; mit: *Ant-t.* ars. carb-v. *Lyc.* mosch. *Phos.* sulph.
– **Blutungen**, mit
☞ *Typhus - hämorrhagisch*
– **exanthematisch**
☞ *Ausschlagsfieber / Ausschlagsfieber*
– **Fleckfieber** mit geschwollener Parotis und empfindlichen Knochen; epidemisches
☞ *Fleckfieber - begleitet von - Knochen / Fleckfieber - begleitet von - Parotis*
– **Lungenentzündung**, bei: am-c. *Ant-t.* **Bry.** *Carb-v.* chel. chin. *Hyos.* kali-bi. *Lyc.* nit-ac. **Phos.** *Rhus-t.* *Sulph.* tub.c1
– **Petechien**, mit
☞ *Fleckfieber - Petechien*
– **Stupor**, mit: apis *Arn.* *Ars.* arum-t. **Bapt.** *Bry.* **Carb-v.** *Chin.* chinin-s. cic. cocc. *Crot-h.* *Gels.* **Hell.** **Hyos.** *Lach.* lyc. **Mur-ac.** nux-v. **Op.** **Ph-ac.** *Phos.* *Rhus-t.* sec. *Stram.* verat. **Zinc.**
– **Typhus** abdominalis
☞ *Typhus*
– **zerebral**: *Apis* arn. *Bapt.* *Bry.* canth. cic. *Gels.* **Hyos.** *Lach.* *Lyc.* nux-m. *Op.* *Ph-ac.* *Phos.* *Rhus-t.* **Stram.** verat. verat-v.

Denguefieber: acon.c1,c2 *Eup-per.*c2 *Gels.*c2

Diarrhoe, nach: ars.h

Drüsenfieber (= Mononucleosis infectiosa): carc.fb

Einzelner Körperteile: cham.h cycl.h stann. tub. zinc.

Eiterungen, bei
☞ *Zymotisches*

Entblößen:
– **amel.**: acon.bg2,k *Ars.* *Bov.* *Cham.*bg2,k chin.bg2,k chinin-ar. coloc. ferr.bg2,k ign.bg2,k *Led.* lyc.bg2,k mur-ac.bg2,k nux-v.bg2,k plat.bg2,k *Puls.*bg2,k *Staph.*bg2,k verat.bg2,k
– **Abneigung** gegen: acon. androc.srj1 *Arg-n.* ars. aur. aur-ar.k2 **Bell.** *Calc.* *Camph.* carb-an. *Chinin-s.* clem. coff. *Colch.* con. *Gels.* granit-m.es1 *Graph.* *Hell.* *Hep.* **Mag-c.** *Mag-m.* manc. *Merc.* nat-c. nux-m. **Nux-v.** ph-ac. phos. **Psor.** **Puls.**a1,k **Pyrog.** **Rhus-t.** **Samb.** *Sil.* **Squil.** **Stram.** *Stront-c.* sul-ac.h *Tarent.* **Tub.**
– **Frösteln** durch: acon. agar. *Apis* **Arn.** bar-c. *Bell.* *Calc.* carb-an. cham. **Chin.** *Chinin-s.* **Nux-v.** *Psor.* pyrog. **Rhus-t.** sarr. *Sep.* squil. *Tarent.* **Tub.**
 • **jedem** Stadium, in: arn. ars. aur. carb-an. *Chin.* *Gels.* graph. hell. *Hep.* **Nux-v.** *Pyrog.* **Rhus-t.** **Samb.** squil. stram. *Tarent.*
 • **Schmerz**; und: squil.
– **kalt** wenn entblößt; jedoch ist ihm zu: cor-r.br1
– **Schmerzen** durch Entblößen: stram.h
– **Verlangen**, sich zu entblößen: **Acon.** **Apis** *Arn.* *Ars.* *Ars-i.* ars-s-f.k2 asar. *Bar-c.* borx. *Bov.* bry. calad. calc. cham. **Chin.** *Chinin-ar.* *Coff.* cor-r.br1

– **Verlangen**, sich zu entblößen: ...
Euph. **Ferr.** ferr-i. fl-ac. *Hep.* **Ign.** iod. ip.bro1 kali-i.k2 *Lach.* led. lyc. *Mag-c.* med. **Mosch.** **Mur-ac.** **Nat-m.** *Nit-ac.* **Op.** **Petr.** *Phos.* *Plat.* **Puls.** rhus-t. **Sec.** spig. **Staph.** sul-i.k2 *Sulph.* thuj. *Verat.*

Entzündungsfieber: acet-ac. *Acon.*bg2,k apis arn.bg2,k ars.bg2,k bar-c.bg2 **Bell.**bg2,k **Bry.**bg2,k *Cact.* calad.bg2 calc.bg2 camph.bg2 cann-s.bg2 canth.bg2,k caust.bg2 *Cham.*bg2,k chin.bg2,k cocc.bg2 coff.bg2 *Colch.*bg2,k coloc.bg2 con.bg2,k dig.bg2,k dros.bg2 dulc.bg2,k *Gels.* gink-b.sbd1 hep.bg2,k hyos.bg2,k ip.bg2,k kali-c.bg2,k *Kali-n.*bg2 *Lach.*bg2,k laur.bg2 lyc.bg2,k **Merc.**bg2,k mez.bg2 nat-c.bg2 nat-m.bg2 nit-ac.bg2,k nux-v.bg2,k op.bg2 ph-ac.bg2 *Phos.*bg2,k **Puls.**bg2,k **Rhus-t.**bg2,k sabad.bg2 sec.bg2 seneg.bg2 sep.bg2,k sil.bg2,k spig.bg2 spong.bg2 squil.bg2 staph.bg2 stram.bg2 sul-ac.bg2,k *Sulph.*bg2,k tub.c1 verat.bg2,k

Erbrechen:
– **amel.**: acon.bg2,k dig.bg2,k puls.bg2,k sec.bg2,k
– **beim**: ant-c.bg2,k *Arn.*bg2,k ars.bg2,k cham.bg2,k lach.bg2,k nux-v.bg2,k phos.bg2 stram.bg2,k verat.bg2,k

Erkrankter Teile: acon. arn. bell. bry. guaj.h sulph.

Erregung, durch: acon.bro1 calc.c2 **Caps.**bro1,ptk1 carc.fb cocc.pd telabro1

Erwachen; beim: bell.k2

Essen:
– **beim**: am-c.bg2,k *Bar-c.* cham.bg2,k chlor.hr1 mag-m.bg2,k nux-v.bg2,k phos.ptk1 psor. sil.bg2,k spig.bg2,k staph.bg1,bg2 sul-ac.bg2,k tab.bg1,bg2 thuj. tub.ptk1 valer.bg2,k viol-t.
  • **amel.**: **Anac.** chin.ptk1 ign. lach. mez. zinc.
– **nach**: alum.bg2,k *Ang.*bg2,k arg-n. asaf.bg2,k bar-c.h bell. borx. *Bry.*bg2,k calc.bg2,k *Caust.*bg2,k cham.bg2,k chlor.hr1 cycl.bg2,k dig.bg2,k fl-ac. graph.bg2,k ign. ind. *Lach.*bg2,k lachn. lact.k1 *Lyc.*bg2,k mag-c.bg2,k mag-m.bg2,k nat-m.bg2,k *Nit-ac.*bg2,k *Nux-v.*bg2,k petr.bg2,k **Phos.**bg2,k psor. pyrog. ran-b.c1 raph. *Sep.*bg2,k sil.bg2,k sul-ac.bg2,k sulph.bg2,k viol-t.bg2,k
  • **amel.**: **Anac.** ars.bg2,k cann-s.bg2 **Chin.**bg2,k cupr.bg2 cur. ferr.bg2,k ign.bg2,k iod.bg2,k nat-c.bg2,k phos.bg2,k rhus-t.bg2,k stront-c.

Exanthematisch
☞ *Ausschlagsfieber*

Fahren:
– **amel.**: kali-n. *Nit-ac.*
– **Wagen**; beim Fahren im: graph. *Psor.*
– **Wind**; nach Fahren im: nit-ac.

Farben:
– **gelb**:
  • **agg.**: aur.vk4 sep.vk4 syph.vk4
– **schwarz**:
  • **agg.**: med.vk4

Fleckfieber; epidemisches: *Agar.*c2 ail.c2 alum.c2 apisc2 *Ars.*c2 asar.c2 bapt.c2 calad.c2 carb-v.c2 castm.c2 *Chinin-s.*c2 chlf.c2 chlor.c2 hydr.c2

Fleckfieber; epidemisches: ...
hyosin.c2 *Merc.*c2 merc-i-r.c2 mur-ac.c2 pest.c2 ph-ac.c2 *Phos.*c2 *Rhus-t.*c2 stram.c2
☞ *Continua / Typhus abdominalis*

◆ **begleitet** von:
  • **Knochen**; empfindliche: *Mang.*
  • **Parotis**; geschwollene: *Mang.*
  • **Speichelfluß**: agar.kr1,vk1
  • **Zunge**:
    • **Aphthen** auf der Zunge: *Mur-ac.*kr1,vk1 *Sulph.*kr1,vk1
    • **braune** Farbe der Zunge: ars.kr1,vk1 *Chlor.*kr1,vk1 nux-v.kr1,vk1
      • **gelblichbraun**: bapt.kr1,vk1
    • **Geschwüre**: *Apis*kr1,vk1 **Bapt.**kr1,vk1
    • **rissige** Zunge: *Apis*kr1,vk1 *Ars.*kr1,vk1 *Atro.*kr1,vk1 *Bapt.*kr1,vk1
    • **schmutzige** Farbe der Zunge: *Camph.*kr1,vk1 *Carb-v.*kr1,vk1
    • **schwarze** Farbe der Zunge: arg-n.kr1,vk1 arn.kr1,vk1 *Ars.*kr1,vk1 *Hyos.*kr1,vk1
    • **Verhärtung** der Zunge: *Arg-n.*kr1,vk1 *Atro-s.*kr1,vk1
    • **weiße** Farbe der Zunge: *Bapt.*kr1,vk1 **Bry.**kr1,vk1 *Carb-v.*kr1,vk1 *Gels.*kr1,vk1 *Rhus-t.*kr1,vk1
      • **dicker** Belag: *Bapt.*kr1,vk1
      • **gelblichweiß**: *Bapt.*kr1,vk1
    • **Zittern** der Zunge: *Agar.*kr1,vk1 *Apis*kr1,vk1 *Ars.*kr1,vk1 aur.kr1,vk1 *Gels.*kr1,vk1 *Lach.*kr1,vk1

– **Petechien**; mit: anthraci. *Arn.* *Ars.* *Bapt.* camph. caps. *Carb-v.* *Chin.* **Chlor.** *Lach.* **Mur-ac.** nit-ac. *Phos.* *Rhus-t.* *Sec.* sulph.
  • **faulem** Atem, sagt, es fehle ihm nichts; mit: **Arn.**
  • **fauler**, aashafter Geruch des Stuhles:
    • **Zunge** und extremer Kraftlosigkeit; mit brauner, wie Leder aussehender: **Ars.**
  • **stinkender** Stuhl, Darmblutung, Sopor:
    • **schwach**, daß er im Bett wie ein Sack zusammensinkt: **Mur-ac.**

Frieren:
– **mit**
☞ *Frost, mit*
– **ohne**
☞ *Frost fehlt*

Frost fehlt (= Fieber ohne Frost): acet-ac. acon. aesc. alum. ambr. *Anac.* *Ang.* ant-c. **Apis** *Arn.* **Ars.** *Bapt.* **Bell.** benz-ac. bov. **Bry.** cact. *Calc.* carb-v. carbn-s. caust. **Cham.** *Chin.* chinin-ar. *Cina* clem. coff. con. corh.br1 cur. elaps eup-per. *Ferr.* *Ferr-ar.* *Ferr-p.* **Gels.** graph. hep. *Ip.* kali-ar. kali-bi. kali-c. kali-s.k2 lach. *Lyc.* lyss. mang. merl. nat-m. nicc. nux-m. *Nux-v.* petr. podo. puls. **Rhus-t.** spig. stann. *Stram.* sulph. *Thuj.*
– **morgens**: arn. ars. bry. calc. caust. eup-per. hep. kali-bi. kali-c. nat-m. petr. podo. rhus-t. sulph. thuj.
  • **6** - 10 h: rhus-t.
  • **7** h: podo.
  • **9** h: kali-c.

– **vormittags**: ars. bapt. cact. calc. *Cham.* eup-pur.hr1 **Gels.** lyc. nat-m. nux-m. nux-v. rhus-t. spig. sulph. thuj.
 • **9** - 12 h: **Cham.**
 • **10** h: **Gels. Nat-m.** *Rhus-t.* thuj.
  • **10** - 11 h: gels. **Nat-m.** thuj.
 • **11** h: *Bapt.* cact. *Calc.* med. **Nat-m.** thuj.
– **mittags**: ars. spig. stram. sulph.
 • **12** - 13 h: sil.
– **nachmittags**: aesc. anac. ang. apis **Ars. Bell.** *Bry.* calc. caust. chin. chinin-ar. clem. coff. con. cur. eup-per. ferr. ferr-ar. *Gels.* graph. ip. kali-ar. kali-bi. kali-c. lyc. nat-m. nux-v. puls. rhus-t. *Sang. Sil.* sulph.
 • **13** h:
  • **13** - 14 h: **Ars.**
 • **14** h: **Puls.**
  • **14** - 15 h: cur. kali-c.
 • **15** h: ars. coff. cur. ferr. lyc. nicc.
  • **15** - 16 h: **Apis** clem. lyc. *Sang.*
 • **16** h: **Anac.** *Apis* ars. graph. hep. *Ip.* kali-bi. **Lyc.**
  • **16** - 20 h: *Lyc.*
  • **anhaltend**; die ganze Nacht: ars. *Hep.* puls. stann.
 • **17** h: con. kali-bi. kali-c. petr. sabin. stann.
 • **17** - 18 h: petr.
  • **schlechte** Laune, sehr: con.
 • **17**.30 h, mit Stechen in der Zunge: cedr.
– **abends**: acon. aesc. alum. ambr. anac. ang. ant-t. apis arn. ars. *Bapt.* **Bell.** borx. **Bry.** calc. carb-v. caust. *Cham.* chin. chinin-ar. *Cina* coff. coloc. eup-per. ferr. ferr-ar. ferr-p. hep. ip. kali-ar. kali-bi. kali-c. kali-s.k2 lach. lyc. nat-m. nicc. nux-m. nux-v. *Petr.* plat. podo. **Puls. Rhus-t.** stann. sulph. thuj.
 • **18** h: calc. carb-v. caust. kali-c. **Nux-v.** petr.
  • **18** - 19 h: *Calc.* nux-v.
  • **18** - 20 h: ant-t. caust.
  • **18** - 0 h: lachn.
  • **anhaltend**; die ganze Nacht: cham. lyc. *Nux-v. Rhus-t.*
 • **19** h: aesc. bov. *Calc.* lyc. *Nux-v.* petr. rhus-t.
  • **19** - 20 h: ambr.
  • **19** - 0 h: aesc.
 • **20** h: coff. ferr. hep. sulph.
 • **periodisch**, täglich zur selben Stunde Fieber, mit kurzem Atem: cina
– **nachts**: acon. ang. ant-t. apis **Ars.** ars-s-f.k2 **Bapt. Bell. Bry.** *Calc. Carb-v.* caust. cham. *Cina* coff. ferr. *Ferr-ar.* gels. hep. ip. *Kali-bi.* lachn. lyc. nat-m. nicc. nux-v. petr. *Phos.* podo. *Puls.* **Rhus-t.** stram. sulph. thuj.
 • **Mitternacht**: **Ars.** nux-v. stram. sulph.
  • **vor**: acon. ant-c. ars. **Bry.** *Carb-v.* cham. elaps lyc. mag-m. mag-s. nat-m. petr. puls. sabad.
   • **22** h: ars. elaps *Hydr.* lach. petr. sabad.
   • **23** h: cact. *Calc.* mag-m.
  • **um**: **Ars.** nux-v. stram. sulph.
   • **0** - 2 h: **Ars.**
   • **0** - 3 h: **Ars.** kali-c. med.

Frost fehlt - **nachts** - **Mitternacht**: ...
  • **nach**: **Ars.** borx. ferr. kali-c. lyc. nat-m. sulph. tax. thuj.
   • **1** h:
    • **1** - 2 h: **Ars.**
   • **2** h: **Ars.** benz-ac.
    • **2** - 4 h: kali-c.
   • **3** h: ang. thuj.
   • **4** h: arn.

Frost, mit: **Acon.** ambr. anac. ant-c. apoc.k2 arg-n.hr1 **Ars.** ars-i. ars-s-f.k2 asar. bamb-a.stb2 bar-m.k2 **Bell.** benz-ac. *Bry.* bufo **Calc.** caps. carb-v. **Cham.** *Chel.* chin. *Chinin-s.* choc.srj3 *Cocc.* coff. coloc. *Dig. Dros. Ferr.* ferr-ar. *Gels.*ptk1 granit-m.es1 *Graph.* **Hell. Ign.** iod. ip. kali-ar. kreos. *Led.* lyc. *Merc. Mez.* nat-c. nat-m. *Nat-s.* nicc. **Nit-ac. Nux-v.** *Olnd.* petr. phos. *Plb. Podo. Puls. Pyrog.* ran-b. **Rhus-t.** sabad. sabin. *Samb. Sang. Sep.* sil. spig. staph. *Stram.* **Sulph.** *Tarent. Thuj.* trem-g.dbx1 tub.c,lmj *Verat. Zinc.*
– **Hitze** und Schweiß; mit: *Jab. Mez. Nux-v.*
– **lange** Zeit, für: podo.ptk1 pyrog.ptk1
– **Schüttelfrost**, mit: *Sec.*
– **Schweiß**, ohne nachfolgenden: *Graph.*

Frösteln, mit: acon. agar. *Anac.* androc.srj1 **Apis** *Arn. Ars.* bapt. bar-m. *Bell.* borx. **Calc.** camph.h carb-v. carbn-s.k2 *Caust. Cham.* **Coff.** *Colch.* cur. dros. *Elaps* hep. kali-ar. **Kali-bi.** *Kali-c.* kali-i. *Kali-s.* lach. lachn. led. lyss.c1 *Merc.* nat-m. phos. *Podo.* **Puls.** *Pyrog.* sabin. sec. *Sep.* sil. *Spig. Squil. Sulph. Tarent.* **Thuj.** *Tub.* **Verat.** *Zinc.*
◆ **abwechselnd** mit Hitze, die bei Berührung nicht zu spüren ist: merc.
– **anhaltend**; bis lange ins Hitzestadium: *Podo. Pyrog.*
– **Bewegung**; bei der geringsten
 ☞ *Bewegung - Frösteln*
– **Feuer** zu sein; mit Verlangen nahe dem: cic.c1
– **Heben** der Bettdecken; beim
 ☞ *Entblößen - Frösteln*
– **Herausstrecken** der Hände aus dem Bett; durch: arn. *Bar-c.* borx. *Hep.* **Nux-v.** pyrog. stram. *Tarent.* **Tub.**
– **Schlaf**; im: borx.c1
▽ **erstreckt** sich zu:
 • **Extremitäten**: cic.c1

Frühstück:
– **nach**: bar-c. calc. croc. ign. iod. sabad. sulph.

Gastrisches Fieber: *Acon.*bg2,k **Ant-c.**bg2,k **Ant-t.**bg2,k **Ars.**bg2,k asaf.bg2 *Asar.*bg2 aur.bg2 bapt.bg2,k,* *Bell.*bg2,k **Bry.**bg2,k canth. carb-v. card-m.k2 *Cham.*bg2,k *Chel.* chin.bg2,k *Cocc.*bg2 coff.bg2 colch.bg2,k coloc.bg2,k cupr.bg2,k cycl.bg2 *Dig.*bg2 eup-per. *Gels.* ign.bg2,k **Ip.**bg2,k iris kali-sula.c2 mag-m.bg2,k mag-s. *Merc.*bg2,k mez.bg2 mur-ac.bg2,k nat-c.bg2 nat-s. *Nux-v.*bg2,k *Phos.* plb.bg2 *Podo.* **Puls.**bg2,k rheum *Rhus-t.*bg2,k *Sec.*bg2,k squil.bg2 staph.bg2 *Sulph.*bg2,k tarax.bg2,k trios.c2 *Verat.*bg2,k

Gehen im Freien; beim: am-c. am-m. arg-met. bell. borx. bry. **Camph.** caust. chin. con.$_{h}$ cur. hep. hyos. led.$_{h}$ meny. *Nux-v.* ph-ac. rhus-t. sabad. *Sep.* spig. staph. tarax. thuj.
– **amel.**: alum.$_{bg2,k}$ asar.$_{bg2,k}$ caps.$_{bg2,k}$ cic. lyc.$_{bg2,k}$ mag-c.$_{bg2,k}$ mosch.$_{bg2,k}$ *Phos.*$_{bg2,k}$ *Puls.*$_{bg2,k}$ sabin.$_{bg2,k}$ tarax.$_{bg2,k}$
– **nach**: ars. calc.$_{h}$ caust. meny.$_{h}$ *Petr.* **Ran-s.** *Rhus-t.* sabin. *Sep.*

Geistige Anstrengung:
– **amel.**: ferr. nat-c.$_{bg2}$ nat-m.
– **nach**: ambr.$_{bg2,k}$ bell.$_{bg2,k}$ nux-v.$_{bg2,k}$ olnd.$_{bg2,k}$ phos.$_{bg2,k}$ sep.$_{bg2,k}$ sil.$_{bg2,k}$ spong.$_{ptk1}$

Gelbfieber: acon.$_{bg2,k,*}$ all-c.$_{c2}$ arg-n.$_{bg2,k,*}$ **Ars.**$_{bg2,k,*}$ *Ars-h.*$_{hr1,k,*}$ bell.$_{bg2,k,*}$ *Bry.*$_{bg2,k,*}$ *Cadm-s.*$_{c2,k}$ calc.$_{hr1,k}$ camph.$_{bg2,k,*}$ **Canth.**$_{bg2,k,*}$ caps.$_{c2}$ **Carb-v.**$_{bg2,k,*}$ *Chin.*$_{bg2,k,*}$ coff.$_{hr1,k}$ **Crot-h.**$_{bg2,k,*}$ cupr.$_{c2}$ daph. hep.$_{hr1,k}$ ip.$_{bg2,k,*}$ lach.$_{bg2,k,*}$ lept.$_{c2}$ lob.$_{hr1,k}$ **Merc.**$_{bg2,hr1}$ mur-ac.$_{k2}$ *Nat-s.*$_{hr1,k}$ **Nux-v.**$_{bg2,k,*}$ *Phos.*$_{bg2,k,*}$ *Psor.* rhus-t.$_{bg2,k,*}$ *Ter.* verat.$_{bg2,k,*}$
◆ **begleitet** von:
• **Zunge**:
• **braune** Farbe der Zunge: *Sulph.*$_{kr1,vk1}$ *Verat.*$_{kr1,vk1}$
• **rissige** Zunge: *Verat.*$_{kr1,vk1}$
• **schwarze** Farbe der Zunge: *Ars.*$_{kr1,vk1}$ *Cadm-s.*$_{kr1,vk1}$ **Carb-v.**$_{kr1,vk1}$
– **drittes** Stadium:
• **Blutungen**; mit:
• **Blässe** des Gesichtes, heftigen Kopfschmerzen; mit großer:
• **Schwere** der Glieder und Zittern des Körpers; mit großer: **Carb-v.**
– **Prophylaxe**: ars.$_{gm1,ptk1}$ crot-h.$_{gm1}$
– **Schweiß** durch Zugluft unterdrückt wird; wenn: *Cadm-s.*

Geräusche, durch: bry.$_{bg2,k}$ caust.$_{bg2}$ coff.$_{bg2}$ sep.$_{bg2}$

Gespräche, durch: *Ars.*$_{bg2}$ nux-v.$_{bg2}$ olnd.$_{bg2}$ sel.$_{bg2}$ sep.$_{bg2,k}$ squil.$_{bg2}$ teucr.$_{bg2}$

Getränke:
– **warme** Getränke, durch: sumb.

Große Hitze
☞ *Intensive*

Hektisches Fieber: abrot.$_{bg2,k}$ *Acet-ac.* am-c. ambro.$_{c2}$ arg-met. arn. **Ars.**$_{bg2,k,*}$ **Ars-i.**$_{bg2,k}$ ars-s-f.$_{k2}$ aur-m. aur-m-n.$_{c2}$ bals-p.$_{c2}$ bapt.$_{c2,ptk1}$ bar-c.$_{bg2}$ bell.$_{bg2}$ bol-la. bry.$_{bg2,k}$ *Calc.*$_{bg2,k}$ calc-i.$_{k2}$ *Calc-p.* *Calc-s.* calc-sil.$_{k2}$ **Caps.** carb-an. *Carb-v.*$_{bg2,k,*}$ *Chin.*$_{bg2,k,*}$ *Chinin-ar.*$_{c2,k}$ *Chlor.* cocc.$_{bg2,k}$ con.$_{bg2}$ corh.$_{br1}$ crot-h. *Cupr.*$_{bg2,k}$ dig.$_{bg2}$ dros.$_{bg2}$ dulc.$_{bg2}$ ferr.$_{bg2,hr1,*}$ ferr-p. graph.$_{bg2}$ guaj.$_{bg2,h}$ hell.$_{bg2}$ hep.$_{bg2,k,*}$ hyper.$_{bg2}$ ign.$_{bg2}$ **Iod.**$_{bg2,k}$ ip.$_{bg2,k}$ **Kali-ar.** *Kali-c.*$_{bg2,k}$ kali-i.$_{bg2}$ *Kali-p.* *Kali-s.* lac-d.$_{k2}$ *Lach.*$_{bg2,k}$ led.$_{bg2}$ lob-e.$_{c2}$ **Lyc.**$_{bg2,k}$ med. *Merc.*$_{bg2,k}$ merc-c.$_{bg2}$ mez. mill. nat-c.$_{bg2}$ nat-m.$_{bg2}$ nit-ac.$_{bg2,k}$ nux-v.$_{bg2,k}$

Hektisches Fieber: ...
Ph-ac.$_{bg2,k,*}$ **Phos.**$_{bg2,k}$ ptel.$_{hr1}$ *Puls.*$_{bg2,k}$ *Pyrog.*$_{c2,k}$ **Sang.** *Senec.* **Sep.**$_{bg2,k}$ **Sil.**$_{bg2,k}$ *Stann.*$_{bg2,k,*}$ staph.$_{bg2}$ sul-ac.$_{bg2,k}$ *Sulph.*$_{bg2,k}$ *Tarent.* thuj.$_{bg2,k}$ **Tub.**$_{bg2,k}$ verat.$_{bg2}$ zinc.$_{bg2}$
– **täglich**, vormittags, 11 - 12 oder 13 h: arg-met.
– **Hämoptyse**, mit: mill.

Herbst, im: aesc. *Ars.* bapt. **Bry.** *Calc.* *Carb-ac.* carb-v. chin. **Colch.** *Eup-per.* lach. **Nat-m.** *Nux-v.* puls. *Rhus-t.* **Sep.** *Verat.*

Hitze: androc.$_{srj1}$ aur-s.$_{k2}$ euphr.$_{k2}$ ferr-ar.$_{k2}$ *Granit-m.*$_{es1}$ *Hydrog.*$_{srj2}$ nat-p.$_{k2}$
◆ **begleitet** von:
• **Schweiß**
☞ *Schweiß - Hitze*
– **absteigend**: alum.$_{hr1}$
– **anhaltend**: granit-m.$_{es1}$
– **fehlend** (= abwesend): agar. am-m. **Aran.** ben. *Bov.* camph. canth. *Caps.* *Caust.* *Cimx.* cocc. gamb. graph. *Hep.* kali-c. kali-n. led. *Lyc.* mag-c. *Mez.* mur-ac. nat-c. ph-ac. ran-b. rhus-t. *Sabad.* **Staph.** sul-ac. **Sulph.** *Thuj.* *Verat.*
– **innerlich**; nur: cic.$_{c1}$
– **periodisch**:
• **Tag**:
• **alle** paar Tage: granit-m.$_{es1}$
– **Magengrube**: cub.$_{c1}$

Husten agg. die Hitze: am-c.$_{bg2,k}$ ambr.$_{bg2,k}$ ant-t.$_{bg2,k}$ *Arn.*$_{bg2,k}$ *Ars.*$_{bg2,k}$ bell.$_{bg2,k}$ carb-v.$_{bg2,k}$ chin.$_{ptk1}$ *Coc-c.*$_{bg1}$ hep.$_{bg2,k}$ hyos.$_{bg2,k}$ ign.$_{ptk1}$ iod.$_{bg2,k}$ ip.$_{bg2,k}$ kali-n.$_{bg2}$ kreos.$_{bg2,k}$ lach.$_{bg2,k}$ led.$_{bg2,k}$ lyc.$_{bg2,k}$ mag-m.$_{bg2,k}$ mur-ac.$_{ptk1}$ nat-c.$_{bg2,k}$ nat-m.$_{ptk1}$ nux-v.$_{bg2,k}$ phos.$_{bg2,k}$ puls.$_{bg2,k}$ sabad.$_{bg2,k}$ sep.$_{h}$ squil.$_{bg2,k}$ sulph.$_{bg2,k}$ thuj.$_{ptk1}$

Hutes; beim Aufsetzen des: agar.$_{h}$

Impfung:
– **nach**: carc.$_{fb}$

Innerliche Hitze: **Acon.**$_{bg2,k}$ aloe alum.$_{h}$ am-m.$_{h}$ anac.$_{bg2,k,*}$ **Arn.**$_{bg2,k,*}$ **Ars.**$_{bg2,k,*}$ ars-i. **Bell.**$_{bg2,k,*}$ berb. **Bry.**$_{bg2,k,*}$ calad.$_{bg2,k}$ *Calc.*$_{bg2,k,*}$ *Canth.*$_{bg2,k}$ caps.$_{bg2,k,*}$ *Carb-v.*$_{bg2,k,*}$ *Caust.*$_{bg2,k}$ *Cham.*$_{bg2,k}$ chel.$_{bg2,k}$ chin.$_{bg2,k,*}$ *Cic.*$_{bg2,k}$ coloc.$_{h}$ *Con.*$_{bg2,k}$ croc.$_{bg2,k}$ *Ferr.* ferr-ar. ferr-i. *Ferr-p.* *Fl-ac.* *Hell.*$_{bg2,k}$ hydrog.$_{srj2}$ hyos.$_{bg2,k}$ ign.$_{bg2,k}$ *Iod.*$_{bg2,k}$ ip.$_{bg2,k}$ *Kali-ar.* *Kali-c.*$_{bg2,k}$ kali-p. lach.$_{bg2,k}$ **Laur.**$_{bg2,k}$ *Lyc.*$_{bg2,k}$ **Mag-c.**$_{bg2,k}$ mag-m.$_{bg2,k}$ *Med.* **Merc.**$_{bg2,k}$ *Mez.*$_{bg2,k}$ nat-m.$_{h}$ *Nit-ac.*$_{bg2,k}$ **Nux-v.**$_{bg2,k,*}$ petr.$_{h}$ **Ph-ac.**$_{bg2,k,*}$ **Phos.**$_{bg2,k,*}$ *Puls.*$_{bg2,k,*}$ **Rhus-t.**$_{bg2,k,*}$ *Sabad.*$_{bg2,k}$ *Sec.*$_{bg2,k,*}$ *Sep.*$_{bg2,k,*}$ *Sil.*$_{bg2,k}$ *Spig.*$_{bg2,k,*}$ squil.$_{h}$ *Stann.*$_{bg2,k,*}$ **Sulph.**$_{bg2,k,*}$ *Verat.*$_{bg2,k,*}$ *Zinc.*$_{bg2,k,*}$
– **morgens**: alum.$_{a1,k}$ carb-v.$_{h}$ petr.$_{h}$
• **8** h: caust.
– **nachmittags**: graph.$_{h}$
– **abends**: anac.$_{a1,k}$ calc.$_{h}$ *Puls.* spig.$_{h}$ zinc.$_{h}$
– **nachts**: calc.$_{h}$ clem.$_{h}$ mag-m.$_{h}$ petr.$_{h}$ spig.$_{h}$
• **entblößen**, was Frösteln verursacht; muß sich: **Mag-c.**

– **äußerlichem** Frost; mit: **Acon.** *Arn.* **Ars.** ars-i. *Bell.* bry. *Calc.* **Camph.** caps. *Cham. Chel. Ferr.* ferr-ar. *Ferr-i. Ign. Iod. Ip. Kali-ar. Kali-c. Mez.* **Mosch.** nat-c.h nit-ac. *Ph-ac. Phos. Puls. Rhus-t.* sabad. sang. *Sec. Sil.* squil. sul-ac. sulph. **Verat.** *Zinc.*
– **brennend**: *Ars.* bell.h,k brom. caps. hyos. mez. *Mosch.* **Sec.**
• **vormittags**:
• **9** h: brom.
• **Blutgefäßen**, in den: agar. **Ars.** *Aur. Bry. Calc. Hyos. Med.* nat-m. nit-ac. op. **Rhus-t.** *Syph.* verat.
– **Frösteln**, mit: graph.h
– **kalt** anfühlt; während sich der Körper bei Berührung: *Carb-v. Ferr.* sars.
– **Kälte** einzelner Teile; mit: chin. ign. *Nux-v. Rhus-t.*
– **Menses**, während: nat-m.h
– **Schweiß**, mit kaltem: anac.
– **Blutgefäßen**; in den: chin.bg1 com.bg1 phos.bg1 plb.bg1 xan.bg1

Intensive Hitze: abrot. **Acon.** ant-t. *Apis* **Arn. Ars.** *Arum-t. Aur.* aur-ar.k2 **Bell.** *Bry.* cact. canth. caps. carbn-s.k2 chel. chin. *Chinin-s.* cina coff. *Colch.* **Con.** croc. crot-h. cupr. dig.br1,k dulc. ferr-ar. **Gels.** hep. hyos. *Kali-ar.* kali-i. *Lach. Lyc.* mag-c. meny. merc-c. **Mez. Nat-m.** nat-s. nit-ac. nux-m. *Nux-v. Op.* ph-ac. *Phos.* psor.k2 **Puls. Pyrog. Rhus-t.** samb. sang. **Sec.** *Sil.* staph. *Stram.* thuj. *Tub.* vario.al2
– **Betäubung** und Bewußtlosigkeit; mit: *Bell. Cact.* **Nat-m. Op.** *Phos.*
– **Delirium**, mit: ant-t. *Apis* **Ars. Bell.** *Bry.* carb-v. chin. *Chinin-s. Chlor. Clem.*hr1 coff. hep. hyos. iod. lachn.c1 **Nat-m.** nux-v. **Op. Puls.** sarr. sec. **Stram.**
• **1** - 2 h:
• **agg.**: lachn.c1
– **Konvulsionen**, mit: **Bell.** *Cic. Hyos.* op. **Stram.**
– **Kopf** und Gesicht, Körper kalt; von: **Arn.** *Bell. Op. Stram.*
– **Schlaf**:
• **im**: *Ant-t.* apis caps. chin. gels. *Lach.* lyc. **Mez.** *Nat-m. Nux-m.* **Op.** rhus-t. stram.
• **nach**: cina op.

Intermittierendes, chronisches Fieber, Wechselfieber: abies-n.br1 aesc.c2 agar. alum. ang.c1,c2 ant-c.c1,k2 ant-t.c2 apis.c2,k aran.c2 arn.k2 **Ars.**c2,k *Ars-i.* ars-s-f.k2 astac.c2 aza.c2 baj.bro1 bry.c2,k2 bufo.c2 cact.br1,c2 calad.k2 **Calc.**c2,k calc-ar.c2 *Calc-p.* calc-s. canch.c2 *Caps.*c2 *Carb-ac.*c2,k *Carb-v.*c2,k card-m.c2 casc.c2 caust.c2 *Cean.*c2 *Cedr.*c2 cent.c2 chel.k2 chim.c2 *Chin.*c2 *Chinin-ar.*c2,k chinin-m.c2 *Chinin-s.*c2 cimx.c2 cina.c2 cocc.c2,k2 coff.c2 colch.c2 corn.c2 corn-a.c2 corn-f.br1,c2 elat.c2 eucal.c2 eup-per.c2,k2 *Eup-pur.*c2 **Ferr.**c2,k ferr-ar. *Ferr-i.* ferr-p.c2 gels.c2,k2 gent-q.c2 graph. guare.c2 *Hep.* ign.c2,k2 ilx-a.c2 *Iod. Ip.*c2 iris-t.c2 kali-ar. kali-bi.c2 kali-c. **Kali-s.** lach.c2,k **Lyc.**c2,k meny.c2 **Nat-m.**c2,k nat-p.k2 **Nat-s. Nit-ac.** nux-m.c2,k2 nux-v.c2,k ol-j.c2 ost.c2 pambt.br1

Intermittierendes, chronisches Fieber: ... petros.c2 phel.c2 *Phlor.*c1 *Phos.* plb-xyz.c2 plect.c2 podo.c1,c2 polyp-p.c2 **Psor.** ptel.c2 *Puls.*c2 **Pyrog.** quas.c2 quer-r.c1,c2 rhus-t.c2,k2 rob.c2 sabad.c2 sal-al.bwa3 sanic.c2 sars.c2 *Sep. Sil.* sin-n.c2 stram.c1 sul-ac.c2,k2 **Sulph.**c2,k **Tarent.**c2,k tarent-c.c2 **Tub.** urt-u.c2 *Verat.*c2 vichy-g.c2
– **alten** Menschen, mit Koma; bei: alum. nux-m. *Op.*
– **Bronchopneumonie**, folgt auf: chinin-m.kr1 chinin-s.kr1
– **Gicht**, mit: ferr. led.
– **lange** anhaltender Hitze; mit: **Ant-t.** cact. canth. colch. *Ferr.* hep. ip. sec. sil. *Tarent.*
– **Leber**, mit vergrößerter: ferr-ar. ferr-i. *Lyc.* nat-m. **Nit-ac.**
– **Lungenblutung**, mit: *Arg-n.*
– **maskiert**: *Ars.* ip. nux-v. *Sep.* spig. *Tarent. Tub.*
– **Milz**, mit vergrößerter: *Carb-ac.* ferr-ar. ferr-i.
– **Rheumatismus**, bei: led.
– **Schwindel**, mit: corn-f.br1
– **Tuberkulose**, bei: bapt.bg1
– **Typhus** abdominalis hin tendiert; das zu: *Ars.* gels.
– **unvollständig**: *Ars.* puls.k2
– **verdorben**; durch falsche Behandlung: ars. *Calc. Ferr. Ip.* nat-m. nux-v. **Sep.** sulph. *Tarent.*

Kaffee; durch Trinken von: canth. cham. rhus-t.
– **amel.**: ars.

Kälte:
– **Armen**; in den:
• **Augen**; mit starrenden: cic.c1
– **äußerlicher** Kälte, mit: arn. *Ars.* bell. bry. calc. carb-v.h chin. euph. hell. iod. merc. mez. mosch. ph-ac. phos. plat.k2 puls. rhus-t. sabad. spong. stann. sulph.h verat.
– **eisige** Kälte: cadm-s.br1
– **herrscht** vor: cact.br1
– **Oberschenkeln**; in den:
• **Augen**; mit starrenden: cic.c1

Katarrhalisches Fieber: **Acon.**bg2,k,* *Ars.*bg2,k asc-c.c2 bar-m. **Bry.**bg2,k carb-v. con.a1,bg2 eug.c2 euphr.k2 *Ferr-p.* **Hep.**a1,k kali-chl. *Kali-i.* lach. **Merc.**bg2,k,* merc-k-i.c2 myrt-c.c2 ph-ac.a1,k pimp.a1 plect.a1 pop-c.c2 *Rhus-t.*bg2,k *Sabad.*bg2,k sep.a1,k sil.h
– **Menses**, während: *Graph.*a1,k

Katheters; Fieber durch Anwendung eines: acon.c1,c2 petros.c2

Keuchhusten, mit: dros.ptk1

Kindbettfieber: *Acon.*bg2,hr1,* ail.c2,hr1 ant-t.bg2 *Apis Arg-n.* arn.bg2,k,* ars.bg2,k,* *Bapt.*hr1,k bell.bg2,k,* *Bry.*bg2,k,* *Calc.*bg2,hr1 canth.hr1 carb-ac.c1 carb-an.bg2 **Carbn-s.** cham.bg2,k,* chin.bg2 cimic.hr1,k cocc.bg2,hr1 coff.bg2,k,* *Colch.*hr1 coloc.bg2,k,* con.bg2 croc.bg2 **Crot-h.**hr1 **Echi.** *Ferr.*bg2,k gels. *Hyos.*bg2,k,* ign. ip.bg2,k kali-c.bg2,k,* kali-p.c2 kreos.hr1 **Lach.**hr1,k,* **Lyc.**hr1,k med.c1 merc.bg2,hr1 *Merc-c.*c2 mill.c2,k *Mur-ac.*hr1,k

Kindbettfieber: ...
nux-v.$_{bg2,k,*}$ op.$_{bg2,k,*}$ phos.$_{bg2,k}$ *Phyt.*$_{hr1}$ plat.$_{bg2,k,*}$ **Puls.**$_{bg2,k,*}$ **Pyrog.**$_{bg2,k,*}$ **Rhus-r.** **Rhus-t.**$_{bg2,k,*}$ sabal$_{c2}$ sabin.$_{bg2}$ sal-ac.$_{c2}$ sec.$_{bg2,k,*}$ *Sep.*$_{bg2}$ sil. stram.$_{bg2}$ **Sulph.**$_{bg2,k,*}$ ter.$_{hr1}$ thyr.$_{c2}$ verat.$_{bg2,k,*}$ verat-v.$_{hr1,k}$ zinc.$_{bg2,hr1}$
☞ *Septisches / Zymotisches*
– **Lochien**, durch unterdrückte: *Lyc.* mill. puls. **Sulph.**

Koitus, nach: calc.$_{bg2}$ graph.$_{bg2,k}$ kali-c.$_{bg2}$ kreos.$_{bg2}$ lach.$_{bg2}$ mag-m.$_{bg2}$ nux-v.$_{bg2,k}$ sep.$_{bg2}$

Konvulsionen, nach den: calc.$_{h}$

Kopf, außer am: ang.$_{h}$ sulph.$_{h}$

Körper:
☞ *Seite - eine*
– **hinterer** Teil: am-c.$_{bg2}$ calc.$_{bg2}$ carb-an.$_{bg2,k}$ carb-v.$_{bg2,k}$ caust.$_{bg2}$ **Cham.**$_{bg2,k}$ lyc.$_{bg2,k}$ meny.$_{bg2}$ mur-ac.$_{bg2,k}$ nat-c.$_{bg2,k}$ nat-m.$_{bg2,k}$ rhus-t.$_{bg2}$ sep.$_{bg2,k}$ sil.$_{bg2}$ stann.$_{bg2}$ sulph.$_{bg2,k}$ thuj.$_{bg2,k}$
– **oberer** Teil: acon.$_{bg2}$ **Agar.**$_{bg2,k}$ *Anac.*$_{bg2,k}$ *Arn.*$_{bg2,k}$ bism.$_{bg2}$ bry.$_{bg2,k}$ carb-an.$_{h}$ cina croc.$_{bg2}$ dros.$_{bg2,k}$ euph.$_{bg2,h}$ meny.$_{bg2,h}$ nux-v.$_{bg2,k}$ *Par.*$_{bg2,k}$ plat.$_{h}$ *Puls.* rhus-t.$_{bg2,k}$ sabad.$_{bg2}$ sel.$_{bg2,k}$
  • **Füßen**; mit eiskalten: lact.
  • **Kopf**; aber weniger stark am: *Arg-met.*
– **unterer** Teil: caust.$_{bg2,k}$ hep.$_{bg2,k}$ kali-c.$_{bg2}$ lyc.$_{bg2,k}$ nat-c.$_{bg2,k}$ nat-m.$_{bg2,k}$ *Op.*$_{bg2,k}$ ph-ac.$_{bg2}$ puls.$_{bg2}$ stann.$_{bg2,k}$
– **vorderer** Teil: am-m.$_{bg2}$ canth.$_{bg2,k}$ caps.$_{bg2,k}$ *Cham.*$_{bg2,k}$ cic.$_{bg2}$ cina croc.$_{bg2,k}$ **Ign.**$_{bg2,k}$ iod.$_{bg2,k}$ led.$_{bg2,k}$ mez.$_{bg2,k}$ mosch.$_{bg2}$ ran-b.$_{bg2}$ **Rhus-t.**$_{bg2,k}$ sec.$_{bg2,k}$ sel.$_{bg2,k}$

Lange anhaltende Hitze: acon. *Ant-t.* apis *Arn.* *Ars.* aster. bar-m. *Bell.* bol-la. *Cact.* calc-f. *Caps.* **Cham.** chin. colch. elaps eup-per. *Ferr.* **Gels.** graph. *Hep.* hyos. lach. laur. lyc. nat-m. *Nux-v.* *Sec.* sil. *Sulph.* *Tarent.*
– **gefolgt** von Frost: apis
– **Schlaf**, mit: *Chin.*

Luft:
– **Freien**, im:
  • **agg.**: ang.$_{h}$ chin. cur. **Nux-v.** staph.$_{h}$
  • **amel.**: canth. mosch. *Nat-m.* phos.$_{h}$
– **kalte** und warme Luft werden nicht vertragen: cocc.

Magens; durch Beschwerden des
☞ *Gastrisches*

Malaria
☞ *❑ Allgemeines - Malaria*

Maltafieber
☞ *❑ Allgemeines - Brucellose*

Menses:
– **vor**: am-c.$_{bg2,k}$ calc.$_{bg2,k}$ carb-an.$_{bg2,k}$ cham.$_{bg2}$ con.$_{bg2,k}$ cupr.$_{bg2,k}$ graph.$_{bg2}$ iod.$_{bg2,k}$ kali-c.$_{bg2,k}$ lyc.$_{bg2,k}$ *Merc.*$_{bg2}$ nat-m.$_{bg2}$ nit-ac. puls.$_{bg2,k}$ sep. thuj. tub-sp.$_{vn,zs,*}$

Menses: ...
– **während**: *Acon.*$_{hr1,k}$ aesc. *Bell.*$_{bg2,k,*}$ bry. *Calc.*$_{bg2,k}$ carb-an. *Coc-c.*$_{hr1}$ gels.$_{hr1,k}$ *Graph.*$_{bg2,k,*}$ helon.$_{hr1,k}$ kali-bi. kreos. mag-c.$_{bg2,k}$ mag-m.$_{bg2,k}$ merc. nat-m.$_{bg2,k,*}$ nit-ac.$_{h}$ nux-v.$_{bg2,k}$ *Phos.*$_{hr1,k}$ *Pyrog.*$_{bg3,ptk1}$ rhod.$_{hr1,k}$ **Sep.**$_{bg2,k,*}$ *Sulph.*$_{bg2,k,*}$

Mittagessen:
– **beim**: mag-m. sul-ac. thuj. valer.
– **nach**: bar-c. bell.$_{h}$ *Dig.* nit-ac. phos. plan. ptel. sabin. sep. sul-ac. til.

Mononucleosis infectiosa
☞ *Drüsenfieber*

Nasse Räume:
– **Leben** in nassen Räumen; durch: chinin-ar.$_{k2}$

Nervös
☞ *Erregung*

Periodisch: carc.$_{fb}$ chinin-s.$_{gm1}$
– **Tag**, jeden:
  • **Stunde**, zur selben: cact.$_{br1}$

Puls:
– **Temperatur** überein; stimmt nicht mit der
☞ *❑ Allgemeines - Puls - Übereinstimmung*

Quartana
☞ *❑ Frost - Quartana*

Reizfieber: acon. arn. **Ars.**$_{hr1,k}$ bapt. bell. *Bry.* *Camph.* canth. *Carb-v.* cham.$_{hr1,k}$ *Chin.* *Cocc.* crot-t. cupr. dig. *Gels.*$_{hr1,k}$ *Graph.*$_{hr1}$ hell. hyos. **Lach.** *Lyc.* merc. *Mur-ac.* *Nat-m.* *Nux-v.*$_{hr1,k}$ op. *Ph-ac.* podo.$_{hr1,k}$ *Puls.* *Rhus-t.* rhus-v.$_{hr1}$ *Sec.* sulph. verat. *Verat-v.*$_{hr1}$
☞ *❑ Gemüt - Reizbarkeit*
– **langsam**, schleichend: *Acet-ac.* **Ars.** *Bry.* calc-s. *Camph.* canth. *Chin.* cocc. hell. lach. *Lyc.* *Mur-ac.* *Ph-ac.* *Phos.* plb. *Sec.* sil. sulph. thuj.
☞ *Continua*

Remittierend: **Acon.**$_{c2,k}$ ant-c.$_{c2,k2}$ *Ant-t.* arn. **Ars.**$_{c2,k}$ ars-s-f.$_{k2}$ bapt. **Bell.** bol-la. **Bry.**$_{c2,k}$ **Cham.** chin. *Chinin-s.*$_{c2}$ cina$_{c2}$ *Cocc.* coff. coloc. *Crot-h.*$_{c2}$ eup-per.$_{c2,k}$ ferr. ferr-p.$_{k2}$ **Gels.**$_{c2,k}$ ign. *Ip.*$_{c2,k}$ *Lach.* lept. *Lyc.* mag-c. mag-s. **Merc.** mur-ac. *Nat-s.* *Nux-v.* *Nyct.*$_{c1,c2}$ ph-ac. phos. *Podo.* puls. rhus-t. sep. stram. *Sulph.* tarax. verat.
– **morgens**: *Arn.* bry. mag-c. podo. *Rhus-t.* sulph.
– **nachmittags**: **Ars.** ars-s-f.$_{k2}$ **Bell.** *Bry.* chin. **Gels.** ign. **Lach.** *Lyc.* nux-v.
– **abends**: *Acon.* arn. ars-s-f.$_{k2}$ **Bell.** *Bry.* chin. lach. **Lyc.** mag-c. merc. mur-ac. nux-v. ph-ac. *Phos.* puls. **Rhus-t.** *Sulph.*
– **nachts**: acon. ant-t. **Ars.** ars-s-f.$_{k2}$ bapt. cham. coff. lyc. mag-c. mag-s. **Merc.** nux-v. ph-ac. *Phos.* *Puls.* **Rhus-t.** *Sulph.*
◆ **begleitet** von:
  • **Zunge**:
    • **braune** Farbe der Zunge:
      • **gelblichbraun**: crot-h.$_{kr1,vk1}$
– **Herbst**, jeden: carb-ac.
– **Kleinkindern**, bei: **Acon.** ars. **Bell.** *Bry.* **Cham.** **Gels.** *Ip.* lept.$_{c2}$ nux-v. santin.$_{c2}$ sulph.

– **Röte** einer Wange und Blässe der anderen; mit: *Acon.* **Cham.**
– **Typhus** abdominalis zu werden; mit Tendenz, zu: ant-t. **Ars.** *Bapt.* **Bry.** carb-ac. colch. *Gels. Mur-ac.* ph-ac. phos. **Psor. Rhus-t.** sec. ter. tub.
• **Mißbrauch** von Chinin; durch: arn. **Ars.** *Ip.* puls. **Rhus-t.**

Rückfallfieber: ars. *Bapt.*c2 *Bry.*c2 **Calc.** carc.fb *Eup-per.*c2 **Ferr. Psor.** *Rhus-t.*c2 **Sulph.** *Tub.*
– **Kindern**; bei: carc.fb

Scharlach: ail.k2 bapt.k2 bell.k2 lach.k2 phos.k2 sulph.k2
◆ **begleitet** von:
• **Speichelfluß**: **Arum-t.**st1 caps.st1 **Lach.**st1 *Merc.*st1 *Sulph.*st1
• **Zunge**:
• **schwarze** Farbe der Zunge: *Kali-c.*kr1,vk1
• **rote** Farbe der Zunge:
• **hellrot**: *Apis*kr1,vk1 **Bell.**kr1,vk1 sulph.kr1,vk1
– **bösartig**:
◆ **begleitet** von:
• **Speichelfluß**: **Am-c.**st1
– **glattes**, flüchtiges Exanthem: bell.gm1
– **Prophylaxe**: ail.gm1 bell.gm1 phyt.gm1 rhus-t.gm1 sulph.gm1
– **rauhes**, dunkles Exanthem: ail.gm1 phyt.gm1 rhus-t.gm1 sulph.gm1

Schauder, mit: acon. anac. ant-t. *Apis* **Arn.** *Bell.* borx.c1 bov. bry. *Calc.* carb-v. carbn-s. **Caust.** *Cham.* chin. chinin-s. cina cocc. coff. coloc.h *Cur.* cycl. *Dros. Elaps Eup-per.* ferr.c1 **Gels.** graph. **Hell.** *Hep.* ign. kali-i.ptk1 kali-n.c1 *Lach.* mag-m. *Mag-p.* meny. merc. **Nux-v.** petr. ph-ac. *Podo.* psor. puls. *Rhus-t.* sabad. sep. **Sulph.** *Tarent.* verat. *Zinc.*
◇ **abwechselnd** mit Hitze: acon. ars. bell. bov. *Bry.* calc. caust. chin. *Cocc.* cycl. *Dros. Elaps* hep. *Ip.* kali-bi. lach. lob. merc. mosch. *Nux-v.* ph-ac. *Plat.* sabad.
– **Bewegung**, durch: apis arn. **Nux-v.** podo. stram.
– **Entblößen**, durch: apis **Arn.** bar-c. borx.c1 *Calc.* chin. *Chinin-s.* lach. **Nux-v.** *Psor. Rhus-t.* stram. *Tarent.* **Tub.**
– **Schweiß** mit Hitze; und: **Nux-v.** podo. *Rhus-t. Sulph.*
– **Trinken**, durch: bell. **Caps.** *Eup-per.* **Nux-v.**

Schlaf:
– **beginnt** im Schlaf; Hitze: *Acon. Alum.* anac. ant-t. apis *Ars.* astac. *Bar-c.* bell. *Borx.* bov. *Bry.* **Calad.** *Calc.* caps. cham. chin. chinin-ar. cic. *Cina* con. cycl. *Dulc.* gels. gins. ign. *Lach.* led. lil-t. *Lyc.* merc. **Mez.** *Nat-c. Nat-m.* nat-p. *Nit-ac. Nux-m.* **Op.** *Petr.* ph-ac. *Phos. Puls.* ran-b. *Rheum Rhus-t.* **Samb.** sep. *Sil.* stram. tarax. thuj. *Ust.* vario. viol-t.
• **kalten** Füßen und Schweiß beim Gehen; mit: **Samb.**
• **trockene** Hitze: samb. thuj.
– **nach** Schlaf; Hitze beginnt: agar. anac. arn. ars. *Bell. Borx.* calad. calc. caust. cic. cina cocc. coloc. con. *Ferr.* ferr-ar. ferr-p. hep. ip. kreos. lyc.

Schlaf - nach: ...
mag-m. merc. *Mosch.* nat-m. nit-ac. *Op.* petr. ph-ac. *Phos.* ptel. puls. *Samb. Sep. Sil.* **Sulph. Tarax.** thuj. zinc.
• **amel.**: **Calad.** chin. colch. hell. nux-v. *Phos. Sep.*

Schleichendes Fieber: acet-ac. *Ars.* carc.jl2 *Chin.* cocc. colch. con. *Sec. Sulph. Tub.*

Schmerzen, Fieber durch: ars.h carb-v.bg2,k cham.
– **Magen**, im: sec.

Schreck; nach: chen-a.hr1

Schweiß:
– **abwesend**: acon.bg2,k,* alum.bg2,k,* am-br.stj2 am-c. anac.h *Apis Aran.*hr1,k arg-n. arn.bg2,k,* **Ars.**bg2,k,* ars-i. ars-s-f.k2 bar-br.stj2 **Bell.**bg2,k,* bism.bg2,k,* *Bov.* **Bry.**bg2,k,* **Cact.**hr1,k calc.bg2,k,* caps.bg2,k carbn-s. *Cham.*bg2,k,* chin.bg2,k,* coff.bg2,k,* colch.bg2,k,* cor-r. corh.br1 corn. crot-h. dulc.bg2,k,* *Eup-per.* **Gels.** *Graph.*bg2,k,* *Hyos.*bg2,k,* ign.bg2,k,* iod.hr1,k *Ip.*bg2,k,* kali-ar. kali-bi. *Kali-c.*bg2,k kali-p. *Kali-s.* kali-sil.k2 lach.bg2,k,* led.bg2,k,* *Lyc.*bg2,k,* mag-c.hr1,k merl. nat-ar. nat-c.bg2,k,* nat-m.bg2,k,* nit-ac.bg2,k,* **Nux-m.**bg2,k,* nux-v.bg2,k,* olnd.hr1,k op.bg2,k,* *Ph-ac.*bg2,k,* phel. *Phos.*bg2,k,* *Plat.*hr1,k *Plb.*hr1,k *Psor.*hr1,k puls.bg2,k,* ran-b.bg2,k,* *Rhus-t.*bg2,k,* sabad.bg2,k,* sang. sec.bg2,k,* sil.bg2,k,* spong.bg2,k,* squil.bg2,k,* staph.bg2,k,* sul-i.k2 *Sulph.*bg2,k,* tub. verb.hr1,k
☞ *Trockene* / ❑ *Haut - Trocken - schwitzen*
– **Hitze**, mit: agar.hr1,k **Alum.** am-m.hr1,k anac.h androc.srj1 *Ant-c.*hr1,k ant-t. apis ars-s-f.k2 asc-t. *Bell.*hr1,k berb.hr1,k borx. bry.hr1,k *Calc.*hr1,k calc-sil.k2 camph. canth. **Caps.**hr1,k carb-an. carb-v. cedr.hr1,k *Cham.*hr1,k chel. chin.hr1,k choc.srj3 cina cob.hr1,k colch.hr1,k **Con.**hr1,k cor-r. *Dig.* eup-per. euph.h *Ferr.*hr1,k gamb.hr1,k glon. *Granit-m.*es1 guare. **Hell.**hr1,k hep.hr1,k hydr-ac. ign.hr1,k *Ip.*hr1,k kali-bi. *Kali-i.*hr1,k kali-n.h lac-c.hr1,k laur.hr1,k mag-c. mag-m. *Merc.*hr1,k **Mez. Nat-c.**hr1,k nat-m. nat-p. *Nat-s.* nit-ac.hr1,k *Nux-v.*hr1,k **Op.**hr1,k ox-ac.hr1,k *Par.* ph-ac.h **Phos.**hr1,k *Podo.* **Psor.**hr1,k **Puls. Pyrog.** raph. *Rhus-t.*hr1,k *Sabad.*hr1,k samb. *Sep.*hr1,k sol-t-ae. spig.h **Stann.**hr1,k *Staph.*hr1,k **Stram.**hr1,k stront-c. **Sul-ac.**hr1,k **Sulph.** *Sumb.* thuj. **Tub.** valer.hr1,k *Verat.*hr1,k
– **unterdrückt**: rhus-t.k2

Schwindel, mit: corn-f.br1

Seite:
– **eine** Seite: **Alum.** arn. asaf. *Bell.* **Bry.** carb-v. *Caust.* **Cham.** chel. *Clem.* **Dig.** *Graph. Kali-c.* **Lyc.** mang. **Mosch.** mur-ac. nat-c. **Nux-v. Par.** *Ph-ac. Phos.* plat. **Puls.** *Rhus-t.* spig. staph. sul-ac. *Sulph. Tarax.* thuj. verat. verb. viol-o. zinc.
☞ *Körper*
• **links**: anac. ant-c. bell. **Lyc.** merc. *Mez.* nat-m. nux-v. *Par.* ph-ac. *Plat. Ran-b.* **Rhus-t. Stann.** *Sulph.* thuj.
• **Kälte** der rechten; mit: par. **Rhus-t.**

- **eine** Seite: ...
  - **rechts**: **Alum.** *Bell.* *Bry.* carb-v. *Cham.* fl-ac. kali-c. *Mag-c.* mag-m. mosch. nat-c. *Nux-v.* **Phos.** *Puls.* *Ran-b.* sabad. spig. tub. verb.
- **Hand** und Fuß sind auf einer Seite des Körpers rot und kalt:
  - **anderen** Seite sind Hand und Fuß abends und nachts heiß; und auf der: *Puls.*
- **liegt**; auf der er: arn.$_{gsy1,ptk1}$ mag-m.
- **Wange** ist rot und heiß, die andere blaß und kalt: **Acon.**

Septisches Fieber: acet-ac. ail.$_{k2}$ **Anthraci.** *Apis* *Arg-n.*$_{hr1}$ **Arn.** **Ars.** **Bapt.** *Bell.* berb. **Bry.** *Cadm-s.* *Carb-v.* carbn-s.$_{k2}$ **Crot-c.** **Crot-h.** *Cur.* **Echi.** kali-bi.$_{k2}$ **Kali-p.** **Lach.** **Lyc.** *Merc.* **Mur-ac.** op. *Ph-ac.* **Phos.** *Puls.* **Pyrog.** *Rhus-t.* *Rhus-v.* **Sulph.** **Tarent-c.**
☞ *Continua / Kindbettfieber / Zymotisches*

Sitzen:
- **amel.**: nux-v.
- **beim** Sitzen agg.: graph.$_{h}$ phos. rhus-t.$_{h}$ sep.

Sommer, in der heißen Jahreszeit; im: ant-c. *Ars.* *Bell.* *Bry.* *Calc.* *Caps.* carb-v. cedr. chin. cina eup-per. *Gels.* *Ip.* *Lach.* nat-m. puls. *Sulph.* thuj. verat.
☞ *Sonne - Sonnenhitze*

Sonne:
- **Gehen** in der Sonne; beim: ant-c.
- **Sonnenhitze**, in der: *Ant-c.* *Bell.* *Cact.* *Glon.* lyss. nat-c. puls. sep.
  ☞ *Sommer*

Stadien, unregelmäßige
☞ *Unregelmäßige*

Stehen:
- **agg.**: arg-met. con.$_{bg2,k}$ *Mang.*$_{bg2,k}$ puls.$_{bg2,k}$ rhus-t.$_{bg2,k}$
- **amel.**: bell.$_{bg2,k}$ cann-s.$_{bg2,k}$ iod.$_{bg2,k}$ ip.$_{bg2,k}$ phos.$_{bg2,k}$ sel.$_{bg2,k}$

Stuhlgang:
- **vor**: calc.$_{bg2,k}$ crot-t.$_{bg2,k}$ cupr.$_{bg2,k}$ *Mag-c.*$_{bg2,k}$ *Merc.*$_{bg2,k}$ *Phos.*$_{bg2,k}$ samb. verat.$_{bg2,k}$
- **während**: ars.$_{bg2,k}$ bell.$_{bg2}$ **Caps.**$_{bg2}$ cham.$_{bg2,k}$ puls.$_{bg2,k}$ rhus-t.$_{bg2,k}$ sulph.$_{bg2,k}$
- **nach**: ars.$_{bg2,k}$ bry. caust.$_{bg2,k}$ nux-v.$_{bg2,k}$ rhus-t.$_{bg2,k}$ sel.$_{bg2,k}$

Sturm; vor und bei: sil.$_{h}$

Tabakrauchen, beim: cic.$_{bg2,k}$ ign.$_{bg2,k}$ sep.$_{bg2,k}$

Traumatisches Fieber: acon.$_{c2,hr1}$ *Arn.*$_{c2}$ *Ars.*$_{c,c2,*}$ bry.$_{bg2}$ cact.$_{c,c2}$ *Calen.*$_{hr1,st}$ carb-v.$_{bg2}$ *Chin.*$_{c,c2,*}$ *Coff.*$_{hr1,st}$ croc.$_{bg2}$ euphr.$_{bg2}$ hep.$_{bg2}$ *Iod.*$_{hr1,st}$ *Lach.*$_{bg2,c2,*}$ *Lyss.*$_{hr1,st}$ merc.$_{bg2,c2,*}$ nat-c.$_{bg2}$ nit-ac.$_{bg2}$ ph-ac.$_{bg2}$ phos.$_{bg2}$ *Puls.*$_{bg2}$ *Rhus-t.*$_{bg2}$ *Staph.*$_{bg2}$ sul-ac.$_{bg2}$ *Sulph.*$_{bg2,k13}$

Trinken:
- **agg.**: bar-c. calc. cham. cocc.
- **amel.**: bamb-a.$_{stb2}$

Trockene Hitze: acet-ac. **Acon.**$_{bg2,k}$ aesc. ail. am-c. aml-ns. anac.$_{bg2,k}$ ant-t.$_{bg2,k}$ *Apis* *Arn.*$_{bg2,k}$ **Ars.**$_{bg2,k}$ ars-i. ars-s-f.$_{k2}$ arum-t. bapt. bar-c.$_{bg2,k}$ bar-m. **Bell.**$_{bg2,k}$ bism.$_{bg2,k}$ bol-la. **Bry.**$_{bg2,k}$ cact. *Calc.*$_{bg2,k}$ calc-p. camph.$_{bg2,k}$ carb-an. carb-v.$_{bg2,k}$ carbn-s. caust.$_{bg2,k}$ *Cedr.* *Cham.*$_{bg2,k}$ chel.$_{bg2,k}$ *Chin.*$_{bg2,k}$ chinin-ar. chlor. cimx. cina clem.$_{bg2,k}$ cocc.$_{bg2,k}$ coff.$_{bg2,k}$ *Colch.*$_{bg2,k}$ coloc.$_{bg2,k}$ con.$_{bg2,k}$ cor-r. corh.$_{br1}$ crot-h. **Dulc.**$_{bg2,k}$ elaps *Ferr.*$_{bg2,k}$ *Ferr-ar.* ferr-i. *Ferr-p.* hell.$_{bg2,k}$ hep.$_{bg2,k}$ hyos.$_{bg2,k}$ hyper. ign.$_{bg2,k}$ *Iod.*$_{bg2,k}$ ip.$_{bg2,k}$ *Kali-ar.* *Kali-c.*$_{bg2,k}$ kali-cy. kali-n.$_{bg2,k}$ kali-p. kali-s. kali-sil.$_{k2}$ lach.$_{bg2,k}$ lact. led.$_{bg2,k}$ *Lyc.*$_{bg2,k}$ mag-s. meny. *Merc.*$_{bg2,k}$ *Mur-ac.*$_{bg2,k}$ nat-ar. nat-m.$_{h}$ nat-s. nit-ac.$_{bg2,k}$ **Nux-v.**$_{bg2,k}$ *Op.*$_{bg2,k}$ *Petr.* *Ph-ac.*$_{bg2,k}$ **Phos.**$_{bg2,k}$ phys. plb.$_{bg2,k}$ ptel. *Puls.*$_{bg2,k}$ pyrog.$_{k2}$ ran-s.$_{bg2,k}$ *Rhus-t.*$_{bg2,k}$ *Samb.*$_{bg2,k}$ *Sec.*$_{bg2,k}$ sep.$_{bg2,k}$ sil.$_{bg2,k}$ spig.$_{bg2,k}$ *Spong.*$_{bg2,k}$ squil.$_{bg2,k}$ stann.$_{bg2,k}$ staph.$_{bg2,k}$ *Stram.*$_{bg2,k}$ stront-c. *Sulph.*$_{bg2,k}$ *Sumb.*$_{bg2,k}$ *Tarent.* thuj.$_{bg2,k}$ tub-m.$_{vn,zs}$
☞ *Schweiß - abwesend*
- **tagsüber**: bar-m.
- **morgens**: ail. *Arn.* *Bry.* calc. cocc. nit-ac. petr.$_{h}$ sulph.
  - **Erwachen**, beim: *Arn.*
- **nachmittags**: alum. *Ars.* elaps ferr. gels. nat-s.
  - **14** h, abwechselnd mit Frost, wie mit kaltem Wasser bespritzt: chel.
  - **Frösteln**, mit: arg-n.
  - **Schlaf**, im: alum.
- **abends**: aesc. apis ars. bapt. bell. *Calc-p.* carb-v. **Chin.** coff. coloc. elaps graph. *Kali-c.* *Plb.* **Puls.** sul-ac.$_{h}$
  - **19** - 21 h, gefolgt von Frost bis 22 h: elaps
  - **Bett**, mit Frösteln im Rücken; im: coff.
  - **Einschlafen**, beim: ph-ac.$_{h}$
  - **erweiterten** Venen und brennenden Händen, die an kühle Stellen legen möchte: **Puls.**
- **nachts**: **Acon.** anac. ant-t. arn. **Ars.** bapt. *Bar-c.* *Bar-m.* **Bell.** *Bry.* calc. calc-sil.$_{k2}$ carb-an. carb-v. *Carbn-s.* *Caust.* *Cedr.* chel. chinin-ar. chinin-s. cina *Clem.* *Cocc.* coff. *Colch.* coloc. con. dulc. *Ferr.* graph. hep. kali-n. *Lach.* lyc. mur-ac. *Nit-ac.* nux-m. *Nux-v.* ph-ac.$_{h}$ **Phos.** *Puls.* ran-s. raph. **Rhus-t.** *Rhus-v.* spig.$_{h}$ *Sumb.* *Tarent.* thea thuj.
  - **aufsteigende** Hitze und glühende Röte der Wangen, ohne Durst, nach Schlaf: cina
  - **Bewegung**, bei: *Bry.*
  - **Delirium**, mit: **Ars.** **Bell.** *Bry.* *Chinin-s.* *Coff.* *Lach.* *Lyc.* *Phos.* **Rhus-t.**
  - **Geräusche**, durch: bry.
  - **geschwollenen** Venen von Armen und Händen, ohne Durst; mit: **Chin.** sumb.
  - **heiße** Dämpfe zum Gehirn aufsteigen würden; als ob: ant-t. sarr. sulph.
  - **Menses**, vor den: con.
  - **Schlaf**:
    - **im**: bov. bry. gins. ph-ac. **Samb.** thuj. viol-t.
    - **Einschlafen**, beim: **Samb.**
  - **schwitzenden** Händen, beim Herausstrekken aus dem Bett; mit: *Hep.*$_{hr1,k}$

– **nachts**: ...
 • **Stechen** wie mit Nadeln; mit: bol-la. chin. gels. nit-ac.
 • **treibt** ihn aus dem Bett: ant-t.
 • **Würgen**, mit krampfhaftem: **Cimx.**
– **bedeckter** Teile: *Thuj.*
– **Gehen** im Freien; beim: arg-met. nat-m. *Sumb.*
– **Koitus**, nach: *Nux-v.*

Tropisch: **Cedr.** corn.$_{br1}$ corn-f.$_{br1}$ *Gels.* nat-s. **Psor.** *Ter.*
– **chronisch**: corn.$_{br1}$ corn-f.$_{br1}$

Typhus abdominalis: absin.$_{c2}$ *Agar.*$_{c2}$ ail.$_{c2}$ ant-t. apis arn. *Ars.* arum-t.$_{c2}$ *Bapt.* bapt-c.$_{c2}$ ben.$_{c2}$ berb-a.$_{c2}$ **Bry.** calad.$_{c2}$ calc.$_{c2}$ calc-ar.$_{c2}$ canth. caps. carb-ac. **Colch.**$_{c2,k}$ dor.$_{c2}$ dulc.$_{c2}$ echi.$_{c2}$ eucal.$_{c2}$ ferr-m.$_{c2}$ hell.$_{c2}$ ip. kali-c.$_{c2}$ lob-p.$_{c2}$ *Lyc.*$_{c2,k}$ manc.$_{c2}$ mosch.$_{c2}$ *Mur-ac.* naphtin.$_{c2}$ *Nit-ac.* nit-s-d.$_{c2}$ nuph.$_{c2}$ *Ph-ac.* phenac.$_{c2}$ **Phos. Rhus-t.** *Sec.*$_{c2,k}$ septi.$_{c2}$ sol-ni.$_{c2}$ sul-h.$_{c2}$ *Sulph.* sumb.$_{c2}$ tarax.$_{c2}$ *Ter.* trios.$_{c2}$ verat.$_{c2,k}$ verat-v.$_{c2}$ zinc.$_{c2}$ zinc-m.$_{c2}$
 ☞ *Anhaltend / Continua / Fleckfieber*
◆ **begleitet** von:
 • **Speichel**:
  • **schaumig**: *Bry.*$_{kr1,vk1}$
 • **Zunge**:
  • **beißt** sich auf die Zunge:
   • **Schlaf**; im: **Ph-ac.**$_{kr1,vk1}$
  • **braune** Farbe der Zunge: *Bapt.*$_{kr1,vk1}$ *Iris*$_{kr1,vk1}$ *Phos.*$_{kr1,vk1}$ *Zinc.*$_{kr1,vk1}$
   • **gelblichbraune** Farbe: *Lachn.*$_{kr1,vk1}$
   • **Mitte**: *Apis*$_{kr1,vk1}$
   • **rötlichbraune** Farbe: zinc.$_{kr1,vk1}$
  • **gelbe** Farbe der Zunge: *Gels.*$_{kr1,vk1}$
  • **glatte** Zunge: phos.$_{kr1,vk1}$
  • **Lähmung** der Zunge: *Cocc.*$_{kr1,vk1}$ *Hyos.*$_{kr1,vk1}$ *Mur-ac.*$_{kr1,vk1}$
  • **reine** Zunge: *Cocc.*$_{kr1,vk1}$ *Dulc.*$_{kr1,vk1}$ *Gels.*$_{kr1,vk1}$
  • **rissige** Zunge: phos.$_{kr1,vk1}$ **Rhus-t.**$_{kr1,vk1}$ *Zinc.*$_{kr1,vk1}$
   • **Ränder**: nux-v.$_{kr1,vk1}$
  • **rote** Farbe der Zunge:
   • **Ränder** der Zunge: *Iris*$_{kr1,vk1}$ nux-v.$_{kr1,vk1}$ phos.$_{kr1,vk1}$
  • **Schleim** auf der Zunge:
   • **braun**: **Rhus-t.**$_{kr1,vk1}$
   • **weiß**: *Apis*$_{kr1,vk1}$ phos.$_{kr1,vk1}$
  • **schmutzige** Farbe der Zunge: merc.$_{kr1,vk1}$
  • **schwarze** Farbe der Zunge: nux-v.$_{kr1,vk1}$
  • **Trockenheit** der Zunge: *Lachn.*$_{kr1,vk1}$
  • **weiße** Farbe: *Glon.*$_{kr1,vk1}$ phos.$_{kr1,vk1}$
   • **Rändern** der Zunge; an den: **Mur-ac.**$_{kr1,vk1}$
– **gelbsüchtiger** Haut; mit: cham. chin. *Crot-h.* lyc. merc. *Nat-s.* sulph.
– **hämorrhagisch**, mit Blutung: carb-v. **Crot-h.** *Lach. Mill.* **Phos.** *Sul-ac.*
 • **Heraussickern** von dunklem, dünnem Blut aus den Kapillaren: crot-h. *Sul-ac.*
– **Kollapsstadium**; im: xan.$_{c1}$
– **Symptome**; nahe damit verwandte: arn.$_{br1}$

Übereinstimmung mit dem Puls; nicht in
 ☞ ❑ *Allgemeines - Puls - Übereinstimmung*

Übermäßige Hitze
 ☞ *Intensive*

Unregelmäßige Stadien: **Ars. Bry.** *Ip.* **Nux-v.** op. *Sep.*

Unterdrückung:
– **Absonderungen**; von: merc.$_{k2}$

Veränderliche, wechselnde Anfälle: *Elat.* eupi. **Ign.** meny. *Psor.* **Puls.** pyrog.$_{bg2}$ sep.
 ☞ ❑ *Gemüt - Launenhaftigkeit* / ❑ *G~ Stimmung - veränderlich*
– **häufig**: *Elat.* ign. *Psor. Puls.*
– **keine** zwei Anfälle gleichen sich: **Puls.**
– **Mißbrauch** von; nach:
 • **Chinin**: arn. ars. *Elat. Eup-per.* ferr. ign. *Ip.* nux-v. **Puls.**
 • **homöopathischen** Potenzen: **Sep.**

Verletzungen; durch
 ☞ *Traumatisches*

Warm:
– **Bedecken** agg.; warmes: acon.$_{bg2,k}$ **Apis** calc.$_{bg2,k}$ *Cham.*$_{bg2,k}$ chin.$_{ptk1}$ coff. ferr. **Ign.** *Led.* lyc.$_{bg2,k}$ mur-ac.$_{bg2,k}$ nat-m.$_{ptk1}$ nux-v.$_{bg2,k}$ op. *Petr.* **Puls.**$_{bg2,k}$ rhus-t.$_{bg2,k}$ staph.$_{bg2,k}$ sulph. verat.$_{bg2,k}$
– **Unverträglichkeit** sowohl kalter wie warmer Luft: cocc.
– **Zimmer**, im warmen:
 • **agg.**: *Am-m.*$_{bg2,k}$ ang.$_{bg2,k}$ **Apis** aster.$_{bg2}$ *Bry.* caust.$_{bg2}$ croc.$_{bg2}$ fl-ac.$_{bg2}$ *Ip.*$_{bg2,k}$ kali-c.$_{h}$ kali-n.$_{bg2}$ *Lyc.*$_{bg2,k}$ mag-m.$_{bg2,k}$ nat-m. nicc. nit-ac.$_{bg2}$ phos.$_{bg2}$ plan. **Puls.**$_{bg2,k}$ **Ran-s.**$_{bg2}$ rhod.$_{bg2}$ rhus-t.$_{bg2}$ sul-ac. *Sulph.* valer.$_{bg2}$ zinc.
 • **unerträglich**; Zimmerhitze ist: **Apis**

Wärme agg.: **Apis** bry. ign. op. **Puls.** staph.
 ☞ *Bett - im*

Waschen:
– **agg.**: am-c.$_{bg2,k}$ anac.$_{bg2}$ calc.$_{bg2}$ rhus-t.$_{bg2,k}$ sep.$_{bg2,k}$ sil.$_{bg2}$ sulph.$_{bg2,k}$
– **amel.**: am-m.$_{bg2}$ **Apis** asar.$_{bg2}$ bapt. caust.$_{bg2}$ **Fl-ac.**$_{bg2,k}$ **Puls.**$_{bg2,k}$ spig.$_{bg2}$

Wasser:
– **bespritzt**; wie mit heißem Wasser
 ☞ ❑ *Allgemeines - Hitze - Hitzewallungen - warmem - bespritzt*
– **Trinken**: calc. canth. ign. *Rhus-t.* sep.
 • **kaltem** Wasser, von:
  • **amel.**: bism. **Caust.** cupr. fl-ac. lob. op. *Phos.* sep.
  • **Schauder** hervor, ruft: *Bell.* calen. **Caps.** eup-per. *Nux-v.*

Wein; beim Trinken von: ars. *Carb-v.* fl-ac. gins. iod. nat-m. nux-v. sil.

Wetter:
– **warmem** Wetter, bei: nit-ac.$_{h}$

Wiederkehrend: granit-m.$_{es1}$

Winter, im: calc. carb-v. chin. nux-m. puls. *Rhus-t.* sulph. verat.

Zahnschmerzen, mit: ant-c.h nat-c.h

Zahnung; während der: *Acon.*kr1,ptk1 *Bell.*kr1 calc.ptk1 *Cham.*hr1,ptk1 ferr-p.kr1 *Gels.*hr1,kr1,• nux-v.ptk1 phyt.hr1 *Rheum*kr1 *Sil.*kr1,ptk1 sulph.ptk1 *Verat-v.*kr1

Zerebrospinales Fieber: acon. aeth. agar. am-c. ant-t. **Apis** *Arg-n.* arn. ars. bapt. **Bell.** bry. cact. camph. canth. *Cic. Cimic.* cocc. crot-h. cupr. dig. **Gels.** glon. hell. hydr-ac. hyos. *Ign.* lyc. *Nat-m.* **Nat-s.** *Nux-v.* **Op.** *Phos.* plb. *Rhus-t.* sol-ni. tarent. verat. **Verat-v.** *Zinc.*

Zittern, Schaudern: borx.c1
◊ **abwechselnd** mit Hitze: bov.
– **während** der Hitze: acon. *Bell.* caps. **Cham.** *Hell.* ign. *Kali-i.* nat-m. *Nux-v.* rheum *Rhus-t.* zinc.
• **anhaltend**, mit einer heißen und roten Wange: coff.
– **Zehen** und Finger; besonders der: stict.c1

Zorn; durch: acon. **Cham.**h,k *Cocc.* coloc. ign. nat-m. nux-v. *Petr.* **Sep. Staph.**
☞ ❑ Gemüt - Zorn
◊ **abwechselnd** mit:
• **Frost**: **Nux-v.**kr1
– **Anfälle** werden durch Zorn hervorgerufen
☞ Zorn
– **Schweiß**; mit: *Petr.*kr1

Zymotisches Fieber (= bei Eiterungen): acet-ac. ail.k2 anthraci. apis **Arn.**bg2,k **Ars.**bg2,k ars-s-f.k2 arum-t.k2 **Bapt.**bg2,k *Bell.*bg2,k berb. **Bry.**bg2,k *Cadm-s.* canth.bg2 carb-v.bg2,k **Carbn-s.** *Chin.*bg2 **Crot-h.**bg2,k *Cur.* dig.bg2 **Echi.**bg2,k echi-p.c2 hippoz.c2 hyos.bg2,k ip.bg2,k kali-bi.k2 **Kali-p.** **Lach.**bg2,k **Lyc.**bg2,k merc.bg2,k merc-c.bg2 **Mur-ac.**bg2,k nux-m.bg2,k nux-v.bg2,k op.bg2,k ph-ac.bg2,k *Phos.*bg2,k *Puls.*bg2,k *Pyrog.*bg2,k **Rhus-t.**bg2,k rhus-v. **Sulph.**bg2,k tarent.bg2,k

Agg.

☞ ❑ *Allgemeines - Schweiß - während - agg.*

Amel.

☞ ❑ *Allgemeines - Schweiß - während - amel.*

Schweiß im allgemeinen: absin.$_{a1}$ *Acet-ac.*$_{bg2,k,*}$ *Acon.*$_{bg2,k,*}$ aesc. aeth.$_{a1,k}$ *Agar.*$_{bg2,k,*}$ agar-ph.$_{a1}$ agn.$_{bg2}$ ail.$_{k1}$ alco.$_{a1}$ all-c.$_{a1,k}$ alst.$_{a1,k}$ alum.$_{h,k,*}$ am-act.$_{c2}$ am-c.$_{bg2,k,*}$ am-caust.$_{a1}$ am-m.$_{bg2,k,*}$ ambr.$_{bg2,k,*}$ aml-ns. ammc.$_{hr1}$ ampe-qu.$_{a1}$ anac.$_{bg2,k,*}$ ang.$_{bg2,k,*}$ *Ant-c.*$_{bg2,k,*}$ **Ant-t.**$_{bg2,k,*}$ anthraci. anthraco. apis apoc.$_{a1,k}$ arg-met. arg-n.$_{a1,k}$ arn.$_{bg2,k,*}$ *Ars.*$_{bg2,k,*}$ ars-h.$_{hr1}$ ars-i.$_{hr1,k}$ *Ars-s-f.*$_{hr1}$ arund.$_{hr1,k,*}$ asaf.$_{hr1,k,*}$ asar.$_{bg2,hr1}$ asc-c.$_{a1,k}$ asc-t.$_{hr1}$ astac.$_{a1}$ atro.$_{hr1}$ aur.$_{bg2,k,*}$ bapt.$_{a1,k}$ *Bar-c.*$_{bg2,k,*}$ *Bell.*$_{bg2,k,*}$ ben.$_{c2}$ benz-ac.$_{bg2,k,*}$ berb.$_{bg2,k,*}$ bism.$_{bg2}$ bol-la. bond.$_{a1}$ bov.$_{bg2,k,*}$ brom.$_{bg2,k,*}$ *Bry.*$_{bg2,k,*}$ bufo cact.$_{hr1,k,*}$ cain. calad.$_{bg2,k,*}$ **Calc.**$_{bg2,k,*}$ calc-hp.$_{c2}$ calc-i.$_{k2}$ calc-p.$_{bg2}$ camph.$_{bg2,k,*}$ canch.$_{k1}$ cann-i.$_{hr1,k,*}$ cann-s.$_{bg2}$ ~~canth.$_{k1,xxx}$~~ *Caps.*$_{bg2,k,*}$ carb-ac.$_{bg2,k,*}$ *Carb-an.*$_{bg2,k,*}$ *Carb-v.*$_{bg2,k,*}$ caust.$_{bg2,k,*}$ *Cedr.* cham.$_{bg2,k,*}$ chel.$_{bg2,k,*}$ **Chin.**$_{bg2,k,*}$ *Chinin-s.* cic.$_{bg2,k,*}$ cimx.$_{a1,k}$ cina cinnb.$_{a1,k}$ cist.$_{k2}$ clem.$_{bg2,k,*}$ *Cocc.*$_{bg2,k,*}$ coch.$_{hr1}$ coff.$_{bg2,k,*}$ colch.$_{bg2,k,*}$ coloc.$_{bg2,k,*}$ con.$_{h,k,*}$ corn.$_{a1,k}$ croc.$_{bg2,hr1}$ crot-c.$_{a1,k}$ crot-h.$_{a1,k}$ crot-t.$_{a1,k}$ cupr.$_{bg2,k,*}$ cur.$_{a1,k}$ cycl.$_{bg2,k,*}$ daph.$_{a1,k}$ *Dig.*$_{bg2,k,*}$ dios.$_{a1,k}$ dros.$_{bg2,k,*}$ *Dulc.*$_{bg2,k,*}$ *Elaps* *Elat.* eup-per.$_{a1,k}$ eup-pur. euph.$_{bg2,hr1}$ euphr.$_{bg2,k2,*}$ eupi. **Ferr.**$_{bg2,k,*}$ ferr-ar.$_{k2}$ fl-ac.$_{bg2,k,*}$ form.$_{hr1}$ gamb. *Gels.*$_{bg2,k,*}$ glon.$_{bg2,k,*}$ *Graph.*$_{bg2,k,*}$ grat.$_{a1,k}$ *Guaj.*$_{bg2,k,*}$ haliae-lc.$_{srj5}$ hell.$_{bg2,k,*}$ **Hep.**$_{bg2,k,*}$ hydr.$_{hr1}$ hydr-ac.$_{hr1,k,*}$ *Hyos.*$_{bg2,k,*}$ ign.$_{bg2,k,*}$ *Iod.*$_{bg2,k,*}$ **Ip.**$_{bg2,k,*}$ iris jab.$_{bg2,k,*}$ jatr-c. kali-ar.$_{k2}$ kali-bi. kali-c.$_{bg2,k,*}$ kali-i.$_{a1,k}$ kali-n.$_{bg2,k,*}$ kali-s.$_{a1,k}$ kalm.$_{a1,k}$ kreos.$_{bg2,k,*}$ lac-ac.$_{bg2,k,*}$ lach.$_{bg2,k,*}$ lachn.$_{hr1,k,*}$ laur.$_{bg2,k,*}$ led.$_{bg2,k,*}$ lil-t.$_{a1,k}$ lob.$_{a1,k}$ **Lyc.**$_{bg2,k,*}$ *Mag-c.*$_{bg2,k,*}$ mag-m.$_{bg2,hr1}$ mag-s.$_{a1,k}$ mang.$_{bg2,k,*}$ med.$_{hr1,k2}$ meny.$_{hr1,k}$ *Merc.*$_{bg2,k,*}$ merc-c.$_{a1,k}$ merc-cy.$_{a1,k}$ merl.$_{a1,k}$ *Mez.*$_{bg2,k,*}$ morph.$_{a1,k}$ mosch.$_{bg2,k,*}$ mur-ac.$_{bg2,k,*}$ myric.$_{a1,k}$ naja *Nat-ar.* nat-c.$_{bg2,k,*}$ **Nat-m.**$_{bg2,k,*}$ nicc.$_{a1,k}$ nit-ac.$_{bg2,k,*}$ nux-m.$_{bg2,k,*}$ **Nux-v.**$_{bg2,k,*}$ **Op.**$_{bg2,k,*}$ *Ox-ac.*$_{hr1,k,*}$ par.$_{bg2,k,*}$ *Petr.*$_{bg2,k,*}$ *Ph-ac.*$_{bg2,k,*}$ **Phos.**$_{bg2,k,*}$ phys.$_{a1,k}$ plan.$_{a1,k}$ plat.$_{bg2,k,*}$ plb.$_{bg2,k,*}$ *Podo.* **Psor.**$_{bg2,k,*}$ puls.$_{bg2,k,*}$ ran-b.$_{bg2,hr1}$ *Ran-s.*$_{a1,k}$ rheum rhod.$_{bg2,k,*}$ *Rhus-t.*$_{bg2,k,*}$ rob. sabad.$_{bg2,k,*}$ sabin.$_{bg2,k,*}$ sal-ac.$_{a1,k}$ **Samb.**$_{bg2,k,*}$ sang.$_{a1,k}$ sarr.$_{a1,k}$ sars.$_{bg2,hr1}$ *Sec.*$_{bg2,k,*}$ sel.$_{bg2,k,*}$ senec. seneg.$_{bg2,hr1}$ **Sep.**$_{bg2,k,*}$ **Sil.**$_{bg2,k,*}$ spig.$_{bg2,k,*}$ spong.$_{bg2,k,*}$ squil.$_{hr1}$ stann.$_{bg2,k,*}$ staph.$_{bg2,k,*}$ stram.$_{bg2,k,*}$ stry.$_{a1,k}$ sul-ac.$_{bg2,k,*}$ *Sulph.*$_{bg2,k,*}$ sumb.$_{a1,k}$ tab.$_{a1,k}$ tarax.$_{bg2,k,*}$ tarent.$_{a1,k}$ tax.$_{a1,k}$ teucr. ther.$_{a1,k}$ thuj.$_{bg2,k,*}$ trios. *Valer.*$_{bg2,k,*}$ **Verat.**$_{bg2,k,*}$ *Verat-v.*$_{a1,k}$ viol-o.$_{bg2,hr1}$ viol-t.$_{bg2}$ vip.$_{a1,k}$ wye.$_{k2}$ zinc.$_{bg2,k,*}$ *Zing.*$_{a1,k}$ ziz.$_{a1,k}$

Eine Seite: acon. alum.$_{bg2,st}$ *Ambr.* anac.$_{bg2,st}$ ant-t.$_{st}$ arn.$_{st}$ aur-m-n. *Bar-c.* bell. *Bry.* carb-v.$_{bg2}$ *Caust.*$_{bg2,st}$ cham. *Chin.* *Cocc.*$_{bg2,kr1}$ dig.$_{c1}$ fl-ac. ign.$_{bg2}$ jab.$_{br1,bro1}$ lyc. merc. merl. nux-m. **Nux-v.** **Petr.** *Phos.* **Puls.**$_{k,k12}$● ran-b. rheum$_{bg2}$ rhus-t. *Sabad.*$_{kr1}$ sabin. *Spig.*$_{bg2,kr1}$ stann.$_{bg2}$ stram. *Sulph.* **Thuj.**

Abwechselnde Seiten: agar.$_{ptk1}$

Rechte Seite: aur-m-n. bell. bry. fl-ac.$_{bg2}$ jab.$_{kr1}$ merl. nux-v. *Phos.* *Puls.* ran-b. sabin.

Linke Seite: ambr.$_{bg2,sf1}$ anac.$_{bg2,st}$ **Bar-c.** *Chin.* fl-ac. jab.$_{kr1}$ kali-c.$_{bg2}$ phos. **Puls.** rhus-t. spig.$_{bg2}$ stann.$_{bg2}$ sulph.

Tagsüber: agar.$_{bg2,k}$ am-c.$_{bg2,k}$ am-m.$_{bg2,k}$ ambr.$_{bg2,k}$ anac. *Ant-t.* bell.$_{bg2,k}$ bry.$_{bg2,k}$ **Calc.**$_{h,k,*}$ *Carb-an.*$_{bg2,k}$ carb-v.$_{bg2}$ carbn-s. caust.$_{bg2}$ *Chin.*$_{bg2,k}$ *Con.*$_{h,k,*}$ *Dulc.*$_{bg2,k}$ **Ferr.**$_{bg2,k}$ ferr-ar. *Ferr-p.* granit-m.$_{es1}$ *Graph.*$_{bg2,k}$ guaj. *Hep.*$_{bg2,k}$ kali-bi. **Kali-c.**$_{h,k,*}$ kali-sil.$_{k2}$ lach. laur. led. **Lyc.**$_{bg2,k,*}$ mag-c.$_{a1,h}$ *Merc.*$_{bg2,k,*}$ **Nat-c.**$_{bg2,k}$ **Nat-m.**$_{bg2,k,*}$ *Nat-p.* *Nit-ac.* nux-v.$_{bg2}$ **Ph-ac.**$_{bg2,k}$ *Phos.*$_{bg2}$ puls.$_{bg2,k}$ *Rheum* rhus-t.$_{bg2}$ *Sel.*$_{bg2,k}$ **Sep.**$_{bg2,k}$ sil.$_{bg2,k}$ *Staph.* *Stram.* sul-ac.$_{bg2,k}$ **Sulph.**$_{bg2,k}$ verat.$_{bg2,k}$ zinc.$_{bg2,k}$

– **Tag** und Nacht ohne Besserung: **Hep.** samb. sep.$_{h}$

– **Schlaf**, im: bell. caust. con.$_{h,k,*}$ lyc.$_{a1,k}$ sel.$_{a1}$

– **Schließen** der Augen; beim: chin.$_{h}$ **Con.**$_{hr1,k}$

– **Übelkeit** und Mattigkeit; mit: **Merc.**

– **Wachen**, im: **Samb.**

Morgens (6 - 9 h): acon.$_{bg2,k,*}$ *Alum.*$_{bg2,k,*}$ alum-p.$_{k2}$ alum-sil.$_{k2}$ **Am-c.**$_{bg2,k,*}$ am-m.$_{bg2,k,*}$ ambr.$_{bg2,k}$ ang.$_{bg2,k,*}$ *Ant-c.*$_{bg2,k,*}$ ant-t.$_{hr1}$ *Arg-n.*$_{hr1,k,*}$ arn.$_{bg2}$ *Ars.*$_{bg2,k,*}$ ars-i. ars-s-f.$_{k2}$ aur.$_{bg2,k,*}$ aur-i.$_{k2}$ aur-s.$_{k2}$ bamb-a.$_{stb2}$ bell.$_{bg2,k,*}$ borx. bov.$_{bg2,k,*}$ *Bry.*$_{bg2,k,*}$ bufo **Calc.**$_{h,k,*}$ calc-i.$_{k2}$ calc-sil.$_{k2}$ canth.$_{bg2,k,*}$ caps.$_{bg2,k}$ carb-an.$_{bg2,k,*}$ **Carb-v.**$_{bg2,k,*}$ *Carbn-s.* *Caust.*$_{h,k,*}$ cham.$_{bg2,k}$ *Chel.*$_{bg2,k,*}$ *Chin.*$_{bg2,k,*}$ *Chinin-ar.* chinin-s. cic.$_{bg2,k,*}$ cimic.$_{bg2}$ cimx.$_{a1,k}$ clem.$_{bg2,k,*}$ cocc.$_{bg2,k,*}$ *Coff.*$_{bg2,k,*}$ coloc.$_{bg2,k,*}$ con.$_{h,k,*}$ dig.$_{bg2}$ dros.$_{bg2,k}$ dulc.$_{bg2,k,*}$ elaps eug.$_{a1,k}$ *Euph.*$_{bg2,k,*}$ euphr.$_{bg2}$ eupi.$_{a1,k}$ **Ferr.**$_{bg2,k,*}$ *Ferr-ar.* ferr-i. ferr-p. gamb.$_{a1,k}$ graph.$_{bg2,k}$ grat.$_{a1,k}$ guaj.$_{bg2,k,*}$ *Hell.*$_{bg2,k,*}$ **Hep.**$_{bg2,k,*}$ hyper.$_{a1,k}$ ign.$_{bg2}$ iod.$_{bg2,k,*}$ kali-ar. kali-c.$_{h,k,*}$ kali-m.$_{k2}$ kali-n.$_{bg2,k,*}$ kali-p. kali-s. kali-sil.$_{k2}$ kalm.$_{hr1}$ kreos.$_{bg2,k,*}$ lach.$_{bg2,hr1}$ lachn.$_{hr1,k}$ laur.$_{bg2}$ led.$_{bg2}$ *Lyc.*$_{bg2,k,*}$ *Mag-c.*$_{bg2,k,*}$ mag-m.$_{bg2,k}$ mag-s.$_{a1,k}$ **Merc.**$_{bg2,k,*}$ *Merc-c.*$_{bg2}$ merl.$_{hr1,k,*}$ mez.$_{a1,k}$ *Mosch.*$_{bg2,k,*}$ mur-ac.$_{bg2,k,*}$ nat-ar. nat-c.$_{bg2,k,*}$ nat-m.$_{bg2,k,*}$ nat-p. nat-s.$_{hr1,k2}$ nicc.$_{hr1,k}$ **Nit-ac.**$_{bg2,k,*}$ nux-v.$_{bg2,k,*}$ op.$_{bg2,k,*}$ ox-ac.$_{a1,k}$ par.$_{bg2,k,*}$ petr.$_{bg2}$ *Ph-ac.*$_{bg2,k,*}$ **Phos.**$_{bg2,k,*}$ *Puls.*$_{bg2,k,*}$ ran-b.$_{bg2,k}$ ran-s.$_{bg2}$ rhod.$_{bg2}$ *Rhus-t.*$_{bg2,k,*}$ *Sabad.*$_{bg2,k}$ **Samb.**$_{bg2,k}$ sang.$_{a1,k}$ *Sel.*$_{bg2}$ senec.$_{hr1,k,*}$ *Sep.*$_{h,k,*}$ **Sil.**$_{bg2,k,*}$ spig.$_{bg2,k,*}$ spong.$_{bg2,k,*}$ *Stann.*$_{bg2,k,*}$ sul-ac.$_{bg2,k,*}$ sul-i.$_{k2}$ *Sulph.*$_{h,k,*}$ tarax.$_{bg2}$ thuj.$_{bg2,k,*}$ til.$_{a1}$ **Verat.**$_{bg2,k,*}$ zinc.$_{bg2,k,*}$

– **6** h: alum. sil.

 • **6** - 7 h: sulph.

– **mittags**, bis: *Ferr.*

– **Bett**, im: alum.h am-m.al,k ant-c.h *Bamb-a.*stb2 benz-ac.hrl,k bov.hrl bufo **Calc.** caps. chin. con. euph.hrl **Ferr.**al,k graph.h kali-c.h,k,* kali-i.al,k kali-n.al,k lyc.al,k nat-c.al,k nicc.hrl,k ol-an.al phos.hrl,k,* *Sep.*al,h
– **Erwachen**:
• **beim**: am-m.h ant-c.h carb-v.h con.h dig.h euphr.h iod.h ptel.cl sep.h spong.h
• **nach**: acon-c. alum-sil.k2 androc.srj1 *Ant-c.* ant-t. ars.h bry. carb-an. carb-v. chel. chin. con. dig. ferr. gamb. hyper. mag-s. *Nux-v.* ph-ac. phos. phys. ran-b.cl **Samb. Sep. Sulph.**
– **Frühstück**, nach dem: carb-v.al,k grat.al,k
– **Hitze**, nach: ars.hrl,k graph.al,k nit-ac.al,k **Puls.**al,k
– **Kaffee**, nach: cham.al,k
– **Menses**, vor den: nat-s.
– **periodisch** jeden zweiten Morgen: *Ant-c. Ferr.*
– **ruhelosen** Nacht; nach einer: arg-n. lyc.al,k
– **Schlaf**, im: **Ant-c.** bell. borx.cl,h *Bov.* bufo *Chel. Chin. Chinin-s.* con. **Ferr.** ign. lachn. nat-m.h ph-ac.h **Puls.**al,k *Sulph.*al,h zinc.al,k
– **Seite**; Schweiß jeden Morgen, agg. auf der erkrankten: ambr.kl

Vormittags (9 - 12 h): acon.bg2 **Agar.**al,k ars.hrl,k,* bamb-a.stb2 carb-v.bg2 cic.bg2 **Ferr.**bg2,k **Hep.**bg2 ign.al,k merc.bg2 *Nat-c.*bg2 nat-m.bg2 phos.bg2,h sabad.bg2 *Sel.*al,bg2 sep.bg2,k sil.bg2 staph.bg2 sul-ac.bg2,k sulph.al,k *Valer.*bg2
– **7** - 12 h: phos.
– **9** h, nach Stuhlgang: sumb.
– **Anstrengung**, bei: gels.al,k sulph.al,k valer.al,k
– **Menses**, während: agar. ars. sep. sulph.
– **Schlaf**, im: nux-m.

Mittags (12 - 13 h): acon.al,k *Arn.*hrl cham.al,k cinnb.hrl,k,* clem.al,k valer.al,k

Nachmittags (13 - 18 h): agar.bg2 all-s.hrl,k,* alum.bg2 am-m.bg2,k,* ars.hrl,k *Bell.*bg2 *Berb.*hrl,k,* calad.bg2,hrl calc-s.al,k canth.al,k caps.bg2 chel.hrl cina ferr-i.al,k fl-ac.bg2,k,* *Hep.*bg2,k kali-i.hrl kali-n.bg2,k,* laur.bg2 lyc.bg2 mag-m.bg2,k,* mag-s. nat-ar. *Nat-m.* nat-p.al,k nicc.al,k nit-ac. *Nux-v.*bg2,k op.al,k *Ph-ac.*hrl phos.bg2 ptel.al,k puls.bg2 rhus-t.bg2 *Sel.*bg2 sil.hrl,k stann.bg2 staph.bg2,k,* sulph.al,k thuj.bg2 zinc.bg2
– **13** h:
• **13** - 15 h: kali-c.
• **13** - 16 h: phos.
– **15** h: ferr. mag-s.
• **15** - 17 h: bamb-a.stb2 sil.
– **16** h, bis Mitternacht: bell.h
– **17** h: psil.ft1 puls. sarr.
– **Hitze**; während: ferr.al,k gamb.al,k nit-ac.al,k
– **Kälte**, bei: gels.al,k
– **Schlaf**, im: ant-t. calad. carb-an. nat-m.al,k nit-ac.

Abends (18 - 22 h): acon.bg2 *Agar.*bg2,k,* am-m.bg2 anac.bg2,k ant-t.bg2 anthraco. *Arg-n.*hrl ars.h asar.bg2,hrl bamb-a.stb2 bar-c.h bell.bg2,k,* berb. bov.bg2,k,* bry.bg2 cain. calad.al,k *Calc.*bg2 calc-s.al,k canth. caps.bg2 carb-v.hrl,k,* carbn-s. caust.bg2 **Cham.**bg2 chel. **Chin.**bg2 chinin-s. cocc.hrl,k

Abends: ...
coloc.bg2,k con.h,k,* *Fl-ac.*bg2 graph.bg2 hell.bg2 *Hep.*bg2 hyos.bg2 ip.bg2 kali-c.bg2 kali-n.bg2 lach.bg2,k,* lyc.bg2 mag-c.bg2,k,* mag-m.h *Meny.*bg2,k,* merc.bg2,k,* merc-c.al,k *Mur-ac.*bg2,k,* nat-m.al,k nat-p.al,k op.bg2 ph-ac.bg2,hrl *Phos.*al,k psor.al,k puls.bg2 rat.al,k rhus-t.bg2,k,* samb.bg2 *Sarr. Sars.*bg2 *Sel.*bg2 senec.hrl sep.al,k sil.bg2 spig.bg2,k,* *Spong.*bg2 stram.bg2 sul-ac.bg2 *Sulph.*bg2,k,* sumb.al,k *Tarax.*bg2 thuj.bg2,k,* verat.bg2,k,* zinc.bg2
– **18** h: dig. plb. *Psor.*
– **19** h: elaps mag-s.
• **19** - 1 h: **Samb.**
– **20** h: ferr. mag-s. sumb.
• **Übelkeit** und Hitze; mit: ferr.
– **anhaltend**; die ganze Nacht: bol-la. chel. cocc.hrl,k,* **Hep.** *Kali-c.* led. *Meny.*al,k **Puls.**
– **Bett**, im: *Agar.* ars. asar.hrl,k,* calc.al,k eug. ferr. kali-n.h *Meny.*hrl,k **Merc.**hrl,k,* rat.al,k **Sulph.**h,k,* ter.hrl verat.al,k
– **Hitze**; während: carb-v. ferr.al
– **Ruhe**; selbst in der: cain. *Sarr.*

Nachts (22 - 6 h): abies-c.brl *Acet-ac.*hrl,k acon.bg2,k *Agar.*bg2,k,* agn. aloe *Alum.*h,k,* alum-p.k2 alum-sil.k2 am-c.bg2,k,* *Am-m.*bg2,k,* *Ambr.*bg2,k,* *Anac.*bg2,k,* androc.srj1 ang. ant-c.bg2,k2 ant-t.bg2,k anthraci. anthraco. arg-met. *Arg-n.*bg2,k,* *Arn.*bg2,k,* **Ars.**bg2,k,* ars-h.hrl,k *Ars-i.*hrl,k ars-met. ars-s-f.k2 arum-i.al asar.al,bg2 asc-t.hrl,k astac.al aur.bg2,k aur-i.k2 aur-s.k2 bamb-a.stb2 bar-c.bg2,k,* bar-m. bell.bg2,k,* benz-ac.bg1,bg2 berb.hrl,k bol-la. borx. bov.bg2 bry.bg2,k,* *Calc.*h,k,* calc-i.k2 *Calc-p.*al,k calc-s. calc-sil.k2 camph-ac.bwa3 *Canth.*bg2,k,* caps.bg2 carb-ac.hrl,k **Carb-an.**bg2,k,* **Carb-v.**bg2,k,* *Carbn-s.* carl.al casc. **Caust.**bg2,k,* cham.bg2,k,* chel.bg2 *Chin.*bg2,k,* *Chinin-ar.* chlor.hrl *Cic.*bg2,k,* cimx. cina cist.hrl,k *Clem.*bg2,k,* coca *Cocc.*bg2,k coff.bg2 colch.al,k coloc.bg2,k **Con.**h,k,* croc.bg2,hrl cupr.bg2,k cur. cycl.bg2,k,* dig.bg2,k,* dios.al,k dros.bg2,k,* *Dulc.*bg2,k,* *Eup-per.*hrl,k,* euph.bg2 euphr.h,k,* eupi. fago. *Ferr.*bg2,k,* *Ferr-ar. Ferr-i. Ferr-p.* gal-ac.cl gamb.hrl,k,* *Graph.*bg2,k,* guaj.bg2,k hell.bg2,k,* **Hep.**bg2,k,* hura hydrog.srj2 hyos.bg2 ign.bg2,k,* *Iod.*bg2,k,* *Ip.*bg2,k,* jab.brl **Kali-ar.** kali-bi.hrl,k,* **Kali-c.**bg2,k,* kali-i.bg2,hrl kali-m.k2 kali-n.bg2,k,* *Kali-p.* **Kali-s.** kali-sil.k2 *Kalm.*hrl kreos.bg2,hrl **Lach.**bg2,k,* laur.bg2,k lec. *Led.*bg2,k,* lob. *Lyc.*bg2,k,* mag-c.h mag-m.bg2 mag-s. manc.al,k mang.bg2,k,* med.hrl,k meny.bg2,hrl **Merc.**bg2,k,* merc-c.bg2,k,* *Mez.*hrl *Mur-ac.*bg2,k,* myos-a.hrl *Nat-ar. Nat-c.*bg2,k,* *Nat-m.*bg2,k,* nat-p. nat-s.hrl,k *Nit-ac.*bg2,k,* nux-v.bg2,k,* ol-j.al,hrl op.al,k ox-ac.hrl,k petr.bg2,k,* ph-ac.bg2,k,* phel.hrl phos.bg2,k,* phyt.hrl,k,* plat.bg2 plb.hrl,k psor.bg2,k,* ptel.al,k **Puls.**bg2,k,* pyrog.k2 ran-g.al raph.al,k rat.al,k rheum rhod.bg2 *Rhus-t.*bg2,k,* sabad.bg2 sabin.bg2,k,* **Samb.**bg2,k,* sang.bg2,hrl sars.hrl *Sel.*bg2 senec.hrl **Sep.**bg2,k,* **Sil.**bg2,k,* spig.bg2,k,* spong.bg2,k,* stach.al stann.bg2,k,* *Staph.*bg2,k,* stram.bg2,k,* *Stront-c.* sul-ac.bg2,k2 sul-i.k2 **Sulph.**bg2,k,* sumb.bg2,k,* syph.bg1,k2,* tab.al,k

Nachts: ...
Tarax.$_{bg2,k,*}$ tarent.$_{a1,k}$ ther.$_{a1,k}$ **Thuj.**$_{bg2,k}$ til.$_{a1,k}$ tub.$_{bg2,k2,*}$ *Ust.*$_{hr1}$ *Valer.*$_{bg2,k,*}$ *Verat.*$_{bg2,k,*}$ viol-o.$_{bg2,hr1}$ viol-t.$_{bg2,k,*}$ zinc. zinc-p.$_{k2}$
– **Mitternacht**: acon. alum. am-m. arg-met. arn. *Ars.* bar-c. bar-m. berb. canth. clem. con. dig. dros. *Ferr.* *Fl-ac.*$_{vh}$ hep. ip. kali-ar. kali-c. kali-m.$_{k2}$ lach. lyc. mag-m. mag-s. merl. *Mur-ac.* nat-m. nux-v. op. par. ph-ac. *Phos.* plat.$_{h}$ rhus-t. sabad. *Samb.* sil. staph.
• **vor**: *Calc.* carb-v. hep.$_{h}$ *Mur-ac.* nat-m.$_{h}$ ph-ac.$_{h}$ phos.$_{h}$ staph.$_{h}$
• **22** h: borx.
• **22** - 10 h: *Bry.*
• **morgens**; bis: laur.
• **Frösteln**, beim: *Bry.*
• **23** h: sil.
• **23** - 2 h: carb-an.$_{h}$
• **nach**: acon. *Agar.* alum. am-m. *Ambr.* arg-met. ars. bamb-a.$_{stb2}$ *Bar-c.* bar-s.$_{k2}$ bell.$_{h}$ bol-la. borx.$_{k2}$ calc-sil.$_{k2}$ carb-an. *Chel.* clem. coloc. con.$_{h}$ *Dros.* **Ferr.** graph. hell. hep.$_{h}$ kali-c. kali-s. lachn. lyc. mag-c. *Mag-m.* merc. merl. nat-s.$_{k2}$ nicc. nux-v. phos. puls. sabad. samb.$_{h}$ *Sil.* staph.$_{h}$ sulph. **Tub.**
• **1** h: ars.$_{k2}$ mag-c.
• **1** - 2 h: ars.$_{k2}$
• **2** h:
• **2** - 3 h: merc.
• **2** - 5 h: puls.
• **3** h: am-c.$_{k2}$ bry. *Calc.* calc-ar. carb-an. clem. ferr-m. merl. nat-c. nux-v. par. **Psor.** stann. sulph.
• **3** - 16 h: eupi. rhus-t.
• **Schlaf**, im: *Merl.* nat-c.
• **4** h: bamb-a.$_{stb2}$ *Caust.* *Chel.* *Ferr.* gamb. sep. *Stann.* tell.
• **Schlaf**, im: *Carb-an.* **Chel.**
• **5** - 6 h: bamb-a.$_{stb2}$ bov.
• **Erwachen**, beim: bell.$_{h}$
• **Morgen**, bis zum: mag-c. mag-m. *Phos.*
• **Erwachen**, beim: bell. bol-la. colch. con. phos. sulph.
• **Liegen** auf dem Rücken; beim: cham.
◇ **abwechselnd** mit Trockenheit der Haut: *Apis* **Nat-c.**$_{hr1,k}$
– **anhaltend**; die ganze Nacht:
• **ohne** Linderung: **Hep.** kali-c.$_{hr1,k}$ meny.$_{hr1}$ **Merc.**
• **Redseligkeit**, mit: **Puls.**
– **Apyrexie**, während der: cimx.
– **Bett**; im: granit-m.$_{es1}$
– **dumpfem**, benommenem Schlummer; bei: **Puls.**
– **Erwachen**, beim: alum. anac.$_{h}$ bamb-a.$_{stb2}$ bell.$_{h}$ canth. *Chin.* choc.$_{srj3}$ *Cycl.* dros. ~~hep.$_{kl,xxx}$~~ led. *Mang.* merc-c. nat-m. nit-ac.$_{h}$ nux-v. par.$_{pd}$ sep. sil.$_{h}$ staph. sulph.$_{h}$ thuj.
– **Hinlegen**, nach dem: ang.$_{a1,k}$ ham.$_{hr1}$ *Hep.*$_{a1,k}$ meny.$_{a1,k}$ rhus-t.$_{a1,k}$ sabad.$_{a1,k}$ sil.$_{a1,k}$
– **Hitze**; während: carb-v. hydrog.$_{srj2}$ stront-c. sulph.

Nachts: ...
– **lange** anhaltender, modriger Nachtschweiß: *Cimx.*
– **Menses**:
• **vor**: bell. graph. sulph. **Verat.**$_{hr1,k,*}$
• **während**: asar. bell.$_{hr1,k}$ borx.$_{h}$ kali-c. sulph.
– **miliarem**, juckendem Hautausschlag; mit: *Rhus-t.*$_{hr1,k}$
– **Munterkeit**, mit: calc.$_{h}$ cham. hep.$_{h}$
– **Schlaf**, im: agar.$_{a1,k}$ anac. ant-t. *Bell.* calc.$_{h}$ carb-an. chel. *Chin.* chinin-s. chlor.$_{a1}$ con.$_{hr1,k}$ cycl. dig.$_{h}$ eup-per. euphr.$_{h,k,*}$ hyos. kali-n.$_{h}$ mur-ac.$_{h}$ nat-c. nit-ac.$_{a1,k}$ phos. **Puls.** stach.$_{a1}$ thuj.
– **Stupor**, mit: puls.
– **zugedeckt**, wenn: nit-ac.$_{h}$
• **wenig** auch immer; wie: *Chin.*

Absteigend: sep.$_{hr1,k}$

Abwechselnd mit Hitze
☞ ❑ *Fieber - Abwechselnd mit - Schweiß*

Abwesend
☞ ❑ *Fieber - Schweiß - abwesend*
– **Fieber**; während
☞ ❑ *Fieber - Schweiß - abwesend*
– **Unfähigkeit** zu schwitzen
☞ ❑ *Haut - Trocken - schwitzen*

Abzuwaschen, schwer: *Lac-d.*$_{kr1}$ *Mag-c.* *Merc.* sep.$_{alj,kl}$

Angst, bei: acon.$_{bg2,k2,*}$ alum.$_{bg2,k}$ alum-p.$_{k2}$ am-c. *Ambr.* ant-c.$_{bg2,k}$ arn.$_{bg2,k,*}$ **Ars.**$_{bg2,k,*}$ ars-s-f.$_{k2}$ bar-c.$_{bg2,k,*}$ bell.$_{bg2,h}$ benz-ac.$_{hr1,k,*}$ berb. bov.$_{bg2}$ bry.$_{bg2,k,*}$ **Calc.**$_{h,k,*}$ calc-p. calc-sil.$_{k2}$ cann-s. canth.$_{bg2}$ *Carb-v.*$_{bg2,k}$ carbn-s. *Caust.*$_{bg2,k}$ **Cham.** **Chin.**$_{bg2,k}$ chinin-ar. cic.$_{bg2,k}$ cimx. clem.$_{h}$ cocc. *Coff.*$_{bg2}$ croc.$_{bg2}$ **Ferr.**$_{bg2,k,*}$ *Ferr-ar.* **Fl-ac.**$_{a1,k}$ graph.$_{bg2,k,*}$ hep.$_{bg2}$ ign.$_{bg2,hr1}$ kali-bi.$_{a1,k}$ kali-n.$_{bg2,k}$ kreos.$_{bg2,k,*}$ lyc.$_{bg2}$ *Mag-c.*$_{hr1,k}$ **Mang.**$_{bg2,k,*}$ *Merc.*$_{bg2,k}$ *Merc-c.*$_{bg2,k,*}$ mez.$_{bg2,k,*}$ mur-ac.$_{bg2,k}$ *Nat-ar.* *Nat-c.*$_{bg2,k,*}$ nat-m.$_{bg2,k}$ *Nat-p.* nit-ac.$_{bg2,k}$ *Nux-v.*$_{bg2,k,*}$ **Ph-ac.**$_{bg2,k,*}$ *Phos.*$_{bg2,k,*}$ plb.$_{bg2,k,*}$ *Puls.*$_{bg2,k,*}$ *Rhus-t.*$_{bg2,k,*}$ sabad.$_{bg2}$ samb.$_{hr1,k}$ sel.$_{bg2,k,*}$ **Sep.**$_{bg2,k,*}$ sil. spong.$_{bg2,k,*}$ stann.$_{bg2,k}$ staph.$_{bg2,k}$ stram.$_{bg2,k,*}$ sul-ac.$_{h}$ *Sulph.*$_{h,k,*}$ tab.$_{hr1,k,*}$ tarent. *Thuj.*$_{bg2,k}$ verat.$_{bg2,k,*}$
☞ *Kalt - Angst* / ❑ *Gemüt - Angst*
– **abends**: ambr. sulph.$_{h,k,*}$
– **nachts**: **Ars.** carb-an.$_{a1,k}$ *Carb-v.* nat-m.$_{a1,k}$
– **Mittagessen**, nach dem: calc.$_{a1,k}$

Anstrengung:
– **während** geringer Anstrengung: acon. aeth. **Agar.** alum-p.$_{k2}$ ambr. aml-ns. ant-c.$_{k2}$ *Ars.* **Ars-i.** ars-s-f.$_{k2}$ asar. bamb-a.$_{stb2}$ bapt. bell. benz-ac. berb. *Brom.* *Bry.* but-ac.$_{br1}$ **Calc.** *Calc-i.*$_{k2}$ **Calc-s.** calc-sil.$_{k2}$ camph. canth. caps. carb-an. carb-v. *Carbn-s.* caust. *Chel.* **Chin.** *Chinin-ar.* chinin-s. cinnb. *Cist.* *Cocc.* corn. *Cupr.* *Eupi.* **Ferr.** ferr-ar. **Ferr-i.** *Ferr-m.* ferr-p. *Gels.* gink-b.$_{sbd1}$ **Graph.** *Hep.* **Iod.** kali-ar. **Kali-c.** kali-n. **Kali-p.** *Kali-s.* kali-sil.$_{k2}$ kreos. lach. led. **Lyc.** mag-c.$_{k,k2}$ *Merc.* *Nat-ar.* **Nat-c.** *Nat-m.* *Nat-p.* **Nat-s.** **Nit-ac.** op.

– **während** geringer Anstrengung: ...
petr.[h] **Phos.** phyt. **Psor.** rheum **Rhus-t.** sabad. sel. **Sep.** *Sil.* spig. stann. sul-ac. sul-i.[k2] **Sulph.** tab. thuj. **Tub.**[al2] valer. verat.
☞ *Gehen - beim*

– **nach**:
• **amel**.: agar. bry. polyg-h. sep.
• **Vorderseite** des Körpers; oft nur an der: agar.[k1]

Ärger, Verdruß; nach: acon. bry. *Cham.* lyc. *Petr.* **Sep.** staph. verat.

Atemnot, mit: anac. *Ant-t.* apis **Ars.** arund. **Carb-v.** *Lach.* lyc. mang. sil. sulph. thuj. verat.

Aufsteigend: arn. *Bell.*

Bedeckt:
– **möchte** jedoch bedeckt werden: aeth.[br1,c1]

Bedeckten Körperteilen, an: **Acon.**[bg2,k] **Bell.**[bg2,k,*] *Cham.*[bg2,k,*] **Chin.**[bg2,k] *Ferr.* led.[bg2,k] lyc.[bg2] *Nit-ac.*[bg2,k,*] nux-v.[bg2,k] *Puls.*[bg2,k] sec. spig.[bg2,k] *Thuj.*[bg2,k]

Beinen; außer an den: lyc.[h]

Beschäftigung, während: berb.

Bett:
– **im**: *Alum.*[bg2,k] am-m.[bg2,k] ambr.[bg2] ang.[a1,k] ant-c.[bg2] ant-t.[bg2] ars.[bg2,k] ars-i. ars-s-f.[k2] asar.[bg2,k] bell.[bg2] bry.[a1,k] bufo **Calc.**[bg2,k] calc-i.[k2] *Camph.* caps. carb-an.[bg2] carb-v.[bg2] caust.[bg2] *Cham.*[bg2,k] chin.[bg2] cop.[a1] dirc.[a1,k] dulc.[a1,k] eug. **Euph.**[bg2] **Ferr.**[bg2,k] ferr-ar. ferr-i. *Hell.*[bg2,k,*] hep.[a1,bg2] iod. kali-ar. kali-c.[bg2,k] kali-n.[bg2,k] lyc.[bg2,k] mag-c.[bg2] **Meny.**[a1,bg2] *Merc.*[bg2,k] *Mur-ac.*[bg2,k] nat-ar. nat-c. *Nit-ac.*[hr1,k] nux-v.[bg2,k,*] op.[bg2] ph-ac.[bg2] phos.[bg2,k] plb. *Puls.*[bg2] ran-b.[bg2] *Rhus-t.*[bg2,k,*] sabad.[a1,bg2] *Samb.*[bg2,k] sars.[bg2] *Sel.*[bg2,k] sep.[bg2,k] sil.[a1,bg2] sol-ni. staph.[bg2] sul-i.[k2] *Sulph.*[bg2,k] tarax.[bg2] thuj.[bg2] valer.[bg2] verat.[bg2,k]
– **Verlassen** des Bettes amel.: ars. bell. *Calc.* *Camph.* *Hell.* hep. lach. lyc. *Merc.* *Puls.* **Rhus-t.** *Sep.* sulph. **Verat.**
– **warm** wird; Schweiß und Frösteln sobald ihm im Bett: arg-n.

Bewegung:
– **amel**.: anac.[bg2] *Ars.*[bg2,k] asar.[bg2] bell.[bg2] calc.[bg2] **Caps.**[bg2,k] con.[bg2,k] cycl.[bg2] dulc.[bg2] ferr.[bg2,k] lyc.[bg2] **Merc.**[bg2,k] ph-ac.[bg2] *Puls.*[bg2,k] **Rhus-t.**[bg2,k] sabad.[bg2,k] **Samb.**[bg2,k] sel.[bg2] sep.[bg2,k] sil.[bg2] spong.[bg2] *Sul-ac.*[bg2,k] sulph.[bg2,k] tarax.[bg2] thuj.[bg2,k] *Valer.*[bg2,k] verat.[bg2,k]
– **bei**: acon.[bg2] agar.[bg2,k] alum.[bg2,k,*] alum-sil.[k2] am-m.[bg2,k,*] *Ambr.*[bg2,k] anac.[bg2,k] ant-c. ant-t.[bg2,k] *Ars.*[bg2,k] ars-i. ars-s-f.[k2] arund.[a1,k] asar.[bg2] bar-c.[bg2] bell.[bg2,k] **Brom.**[bg2] **Bry.**[bg2,k] **Calc.**[bg2,k] calc-i.[k2] calc-sil.[k2] camph. canth.[bg2,k] *Carb-an.*[bg2,k] carb-v.[bg2,k] **Carbn-s.** *Caust.*[bg2,k] cham.[bg2,k,*] **Chin.**[bg2,k] chinin-ar. *Chinin-s.* clem.[a1] *Cocc.*[bg2,k] cur. dulc.[bg2] **Ferr.**[bg2,k] ferr-ar. ferr-i. *Fl-ac.*[bg2] gels.[a1,k] gran.[a1] **Graph.**[bg2,k,*] guaj.[bg2] **Hep.**[bg2,k,*] iod.[bg2,k,*] ip.[bg2,k] kali-ar. *Kali-bi.* **Kali-c.**[bg2,k]

Bewegung - bei: ...
Kali-n.[bg2] kali-sil.[k2] lach.[bg2] *Led.*[bg2] lil-s.[a1] **Lyc.**[bg2] mag-c.[bg2,k] mag-m.[a1,k] **Merc.**[bg2,k,*] nat-ar. *Nat-c.*[bg2,k,*] *Nat-m.*[bg2,k] *Nit-ac.*[bg2,k] **Nux-v.**[bg2,k,*] op.[bg2] petr.[bg2] ph-ac.[bg2] phos.[bg2,k] **Psor.** puls.[bg2,k] rhus-t.[bg2] sabad.[bg2] samb.[bg2] *Sel.*[bg2,k] **Sep.**[bg2,k] sil.[bg2,k] spig.[bg2] **Stann.**[bg2,k,*] staph.[bg2] *Stram.*[bg2,k,*] sul-ac.[bg2,k] sul-i.[k2] **Sulph.**[bg2,k] thuj.[bg2,k,*] valer.[bg2] **Verat.**[bg2,k,*] *Zinc.*[bg2,k]
• **verschwindet** der Schweiß und Hitze setzt ein; bei jeglicher Bewegung: *Lyc.*
– **Frösteln** hervor; ruft: eup-per.[hr1,k] eup-pur.[hr1,k] hep. **Nux-v.** psor. *Tub.*

Blutig: *Anag.*[kr1] arn.[bg2,k,*] ars.[bg2,sf1] calc.[bg2,k,*] cann-i.[sf1] cann-s.[bg2] cham.[hr1,k] chin.[hr1,k] clem.[hr1,k] cocc.[hr1,kr1] **Crot-h.**[bg2,k,*] *Cur.*[hr1,k,*] hell.[bg2,sf1] **Lach.**[bg2,k,*] *Lyc.*[bg2,k,*] *Nux-m.*[bg2,k,*] *Nux-v.*[bg2,k,*] petr. phos.[bg2]
– **nachts**: *Cur.*

Brennend: merc.[bg2,k] *Mez.*[a1,k] **Nat-c.**[bg2,k] verat.[bg2,k]

Diarrhoe, mit: *Acon.* bry.[k2] con. sulph. **Verat.**

Einzelnen Körperteilen, an: *Acon.*[bg2,k] *Ambr.*[bg2,k] ars.[bg2,k] ars-s-f.[k2] bar-c.[bg2,k] bar-s.[k2] bell.[bg2,k] *Bry.*[bg2,k] **Calc.**[bg2,k] *Calc-p.* calc-sil.[k2] cann-s.[bg2,k] caps.[bg2,k] **Caust.** *Cham.*[bg2,k] chin.[bg2,k] con.[h] hell.[bg2,k] hep.[bg2,k] **Ign.**[bg2,k] ip.[bg2,k] *Led.*[bg2,k] *Lyc.*[bg2,k] merc.[bg2,k] **Mez.**[bg2,k] nux-v.[bg2,k] par.[bg2,k] *Petr.*[bg2,k,*] plect.[c2] *Psor.* **Puls.**[bg2,k] *Pyrog.* rhus-t.[bg2,k] *Sel.*[bg2,k] **Sep.**[bg2,k] *Sil.*[bg2,k] *Spig.*[bg2,k] spong.[bg2,k] *Stann.*[bg2,k] *Sulph.*[bg2,k] *Thuj.*[bg2,k] *Tub.* verat.[bg2,k] zinc.[bg2,k]
– **berührende** Teile; sich: nicc-s.[bro1]
– **oberer** Teil des Körpers: acon.[bg2] agar.[bg2] *Anac.*[bg2,kr1] *Ant-t.*[bg2,kr1] arg-met. arn.[bg2] **Asar.**[bg2,k,*] aza.[bro1] bar-c.[bg2] bell.[bg2,h] berb.[hr1,k] *Bov.*[bg2,hr1,*] calc.[st] camph.[bg2,k] canth.[bg2] *Caps.*[kr1] *Carb-v.*[bg2,k,*] caust.[bg2] *Cham.*[bg2,k,*] chin.[bg2,k,*] cina coc-c.[bg2] dig.[hr1,k] dulc.[hr1,k] eup-per. euphr.[bg2] fl-ac.[bg2,k] graph.[bg2] *Guaj.*[bg2,kr1] *Ign.*[hr1,kr1] ip.[bg2,k,*] **Kali-c.**[bg2,k,*] laur.[bg2,k,*] mag-c.[bg2] mag-m.[bg2] mag-s.[j5] merc-c.[bg2] mosch.[bg2] mur-ac.[bg2] nat-c.[bg2] *Nit-ac.*[bg2,k,*] nux-v.[bg2,k,*] **Op.**[bg2,k,*] **Par.**[bg2,k,*] petr.[bg2] ph-ac.[bg2] phos.[bg2] plb.[bg2] puls.[bg2] *Ran-s.*[kr1] *Rheum* rhus-t.[bg2] *Ruta*[bg2,kr1] sabad.[bg2] *Samb.*[kr1] *Sars.*[kr1] *Sec.*[bg2,k,*] sel.[bg2,hr1] sep.[bg2,k,*] sil.[bg2,k] spig.[bg2,k,*] *Stann.*[kr1] sul-ac.[bg2,k,*] thuj.[bg2,k,*] tub.[bg2] valer.[bg2,k,*] verat.[bg2,k,*]
• **Schlaf**, vor dem: berb.
– **Seite**:
• **liegt**; auf der er: *Acon.* *Bell.* bry. **Chin.** **Nit-ac.** nux-v. puls. *Sanic.*
• **nicht** liegt; auf der er: *Ben.* thuj.
– **unterer** Körper: am-c.[hr1,k] am-m.[hr1,k] apis ars.[bg2,k,*] asaf.[bg2] aur.[bg2] bry.[bg2] calc.[bg2] cinnb. *Cocc.*[hr1,kr1] coloc.[bg2,k] con.[bg2] **Croc.**[bg2,k,*] cycl.[hr1,k] dros.[bg2] euph.[bg2,k,*] ferr.[hr1,kr1] *Hyos.*[bg2,k] *Iod.*[kr1] kali-n.[bg2] mang.[bg2,k] merc.[bg2,k] nit-ac.[bg2,k] nux-v.[bg2] *Phos.*[bg2,h,*] ran-a.[bro1] sanic.[bro1] sep.[bg2,k] sil.[bg2] thuj.[bg2,k] *Zinc.*[bg2,kr1]

– **Vorderseite** des Körpers: agar.bg2,k,* ambr.bg2 anac.bg2 **Arg-met.** arn.bg2,k,* _Asar._bg2 bell.bg2,hr1,* _Bov._bg2,kr1 _Calc._bg2,k,* canth.bg2,k cinabg2 **Cocc.**bg2,k dros.bg2 _Euphr._bg2,k2,* _Graph._bg2,k,* ip.bg2 kali-n.bg2,k,* laur.bg2 merc.bg2,k,* merc-c.bg2 nat-m.bg2 nux-v. **Phos.**bg2,k,* plb.bg2 rheumbg2 _Rhus-t._kr1 rutabg2 sabad.bg2 sec.bg2 **Sel.**bg2,k,* _Sep._kr1 staph.bg2

Entbindung:
– **nach**: calc.k2

Entblößen:
– **agg.**: staph.h
☞ _Unbedeckten_
– **amel.**: acon.bg2,k _Bell._bg2,k calc.bg2,k _Camph._ **Cham.**bg2,k _Chin._bg2,k ferr.bg2 _Ign._bg2 led. **Lyc.**bg2,k _Nit-ac._bg2,k nux-v.bg2 _Puls._bg2,k spig.bg2,k _Staph._bg2,k sulph.bg2,k _Thuj._bg2,k verat.bg2,k
– **Abneigung** gegen: acon. aeth. arn. ars. aur. bar-c. _Calc._ carb-an. chin. _Clem._ colch. con. _Eup-per._ gels. _Hell._ hep. mag-m. nat-ar. _Nat-c._ nux-m. **Nux-v. Rhus-t. Samb.** sil. squil. _Stram._ _Stront-c._ tub.
☞ _Unbedeckten_
– **Verlangen**, sich zu entblößen: _Acon._ calc. _Camph._ ferr. iod. **Led.** mur-ac. _Nat-m._ _Op._ **Sec.** spig. staph. verat. _Zinc._

Entkräftend
☞ _Erschöpfend / Schwächend / ❑ Allgemeines - Schwäche - Schweiß - durch_

Erbrechen:
– **beim** Erbrechen; Schweiß
☞ _❑ Magen - Erbrechen - begleitet von - Schweiß_
– **während** des Schweißstadiums
☞ _❑ Magen - Erbrechen - Schweiß - während_

Erkrankten Teilen, an: **Ambr.**bg2,k **Ant-t.**bg2,k,* anthraco.j5 ars.bg2,k asar.sf1 bry.bg2,k calc.bg2,sf1 _Caust._bg2,k chin.sf1 _Cocc._bg2,k _Coff._ fl-ac.bg2,k guaj.sf1 hell.sf1 kali-c.bg2 lyc.bg2 **Merc.**bg2,k nat-c.bg2,k nit-ac.bg2,k nux-v.bg2,k petr.sf1 puls.sf1 **Rhus-t.**bg2,k _Sep._bg2,k sil. _Stann._bg2,k stram.bg2,k stront-c. thuj.sf1
– **morgens**: _Ambr._

Ermattend
☞ _Erschöpfend / Reichlich - schwächend / Schwächend / ❑ Allgemeines - Schwäche - Schweiß - durch_

Erregung, nach: ars-s-f.k2 bamb-a.stb2 bar-c. graph. lach.k2 phos.bg2 _Tarent._a1

Erschöpfend: acet-ac. **Ant-t.**hr1,k _Ars._ _Ars-h._kr1 camph. _Carb-v._ **Chin.** crat.br1 **Eupi.** ferr.c1 _Iod._kr1 _Jab._kr1 _Lach._ _Lyc._ mill.hr1,k _Nit-ac._hr1,k op.a1 _Psor._hr1,k _Sec._hr1,k verat-v.a1
☞ _Reichlich - schwächend / Schwächend_

Essen:
– **beim**: am-c.bg2 ant-t.bg2,k arg-met. ars.bg2,k,* ars-s-f.k2 bamb-a.stb2 _Bar-c._bg2,k,* bar-s.k2 _Benz-ac._hr1,k,* borx. bry.bg2,k,* _Calc._bg2,k calc-sil.k2 **Carb-an.**bg2,k,* **Carb-v.**bg2,k **Carbn-s.** caust.bg2 cham.bg2 cocc. _Con._h,k,* eupi.c1 graph.bg2,k,* guare.hr1,k,* hep.bg2 ign.bg2,k kali-ar. **Kali-c.**bg2,k _Kali-p._hr1,k kali-sil.k2 laur.bg2 lyc.bg2 mag-m.bg2 **Merc.**bg2,k nat-c.bg2,k _Nat-m._bg2,k,* **Nit-ac.**bg2,k,* nux-v.bg2,k ol-an.hr1,k,* phos.bg2,k _Puls._bg2,k sars.bg2,k **Sep.**bg2,k sil.bg2,k,* spig.bg2 sul-ac.bg2,k teucr.bg2 valer.bg2,k viol-t.hr1,k
• **amel.**: anac.bg2,k,* _Ign._bg2,k lach.bg2,k mez.bg2,k **Phos.**bg2,k zinc.bg2,k
• **Angst** und kalter Schweiß: **Merc.**
– **nach**: am-c.hr1 arg-met. ars.hr1,k bar-c.hr1 **Bry. Calc.**hr1,k calc-sil.k2 **Carb-an.**hr1,k **Carb-v. Carbn-s.** _Caust._ _Cham._ con. _Crot-c._a1,k crot-h. ferr. ferr-ar. graph. guare.a1,hr1 _Kali-c._hr1,k kali-sil.k2 _Laur._hr1,k _Lyc._ nat-m. **Nit-ac.**hr1,k,* _Nux-v._ petr. ph-ac. **Phos.** psor. sel. **Sep.** _Sil._ sul-ac.k2 **Sulph.** thuj. _Viol-t._a1,k
• **amel.**: alum.bg2,k _Anac._ _Chin._bg2,k,* cupr.bg2 cur.h,k _Ferr._bg2,k,* fl-ac.bg2,hr1 ign.bg2 kali-c.bg2 **Lach.** _Nat-c._bg2,k petr.bg2 _Phos._bg2,k _Rhus-t._bg2,k sep.bg2,k verat.bg2,k
• **Frühstück**, nach dem: _Carb-v._a1,k grat.
• **Mittagessen**, nach dem: _Carb-an._ dig.a1,k mag-m.a1,k phos.a1,k ptel.a1,k sep.a1,k thuj.a1,k
• **warmen** Speisen, nach: bell.bg2 _Bry._bg2,k carb-an.bg2,k _Carb-v._bg2,k cham.bg2,k euph.bg2 _Ferr._bg2,k _Kali-c._bg2,k lach.bg2,k mag-c.k2 ph-ac.bg2,k **Phos.**bg2,k puls.bg2,k sep.bg2,k **Sul-ac.**bg2,k,* _Thuj._bg2,k

Färbt die Wäsche: _Arn._bg2,kr1,* ars.bg2,k bar-c. bar-m. **Bell.**bg2,k benz-ac.st _Calc._bg2,kr1,* carb-an.bg2,k carl.st cham.bg2,st chin.bg2,k clem.bg2,st dulc.bg2,st _Graph._bg2,k _Lac-c._st **Lach.**bg2,k _Lyc._bg2,kr1,* mag-c.bg2,k med.al2,kl _Merc._k,st nux-m.bg2 _Nux-v._bg2,kr1,* rheum _Sel._k,st
– **auszuwaschen**, schwierig: _Lac-d._kr1,st _Mag-c._k,st _Merc._
– **blau**: _Indg._st iod.st kali-i.st
– **blutig**: anag.st _Arn._st ars.st calc. cann-i.st _Cham._st chin.st _Clem._k,st cocc.st crot-h. _Cur._ dulc.st hell.st **Lach.** _Lyc._k,st merc.st **Nux-m.**a1,k _Nux-v._st phos.st _Sel._st
• **nachts** agg.: cur.st
– **braun**: iod.a1,alj,* nit-ac.a1,alj,* sep.a1,alj,* wies.a1,kl,*
– **bräunlichgelb**: ars.bg2,k,* _Bell._k,st carb-an.bg2,k graph.bg2 lac-c.st _Lach._bg2,kr1,* mag-c.bg2 sel.bg2,kr1,* thuj.bg2,kr1,*
– **dunkel**: bell.st
– **gelb**: ars.bg2,k,* _Bell._bg2,k,* ben-n.a1 bry. cadm-s. **Carb-an.**bg2,k,* carl.a1,gt1 _Chin._ chinin-ar. _Crot-c._ elat.hr1 _Ferr._ ferr-ar. **Graph.**bg2,k,* guat.sp1 hep.bg1,bg2 _Ip._k,st lac-c.st lac-d. **Lach.**bg2,k,* _Mag-c._bg2,k **Merc.**bg2,k,* _Rheum_bg2,kr1,* **Sel.**bg2,k _Thuj._bg2,k,* tub. _Verat._bg2,kr1,*
– **grün**: agar.bg2 cupr.a1,k
– **rot**: _Arn._k,st _Calc._kr1,st _Carb-v._bg2,k cham.kr1,st chin.kr1,st clem.kr1,st _Crot-h._bg2,st _Dulc._k,st ferr.st gast.a1,kr1,* **Lach.**bg2,k,* _Lyc._kr1,st **Nux-m.**bg2,k _Nux-v._k,st thuj.bg2,k
– **weiß**: _Sel._bg2,kr1

Fieber:
– **während**
☞ ❑ *Fieber - Schweiß - Hitze*
– **nach**: ant-t. **Ars.** *Bell.*$_{k,k1}$ bov. bry. *Calad.* calc. carb-v. *Chin.* *Chinin-ar.* *Chinin-s.* coloc. *Cupr.* *Ferr.* ferr-p.$_{k2}$ *Gels.* glon. graph. hell. *Hep.* kali-n. *Lach.* *Lyc.* nat-ar. nat-c. nat-m. *Nat-s.* *Nux-v.* *Phos.* *Puls.* *Rhus-t.* spig. spong.$_{h}$ tab. thuj. *Zinc.*

Flatus; beim Abgang von: kali-bi.

Fliegen anziehend, die: bry.$_{bg1,bg2}$ *Calad.*$_{bg2,k,*}$ puls.$_{bg2,k}$ sep.$_{bg2}$ sumb. thuj.$_{bg2,k}$

Fremden; in Anwesenheit von: ambr.$_{bg2,k}$ **Bar-c.**$_{bg2,k}$ lyc.$_{bg2,k}$ *Sep.*$_{bg2,k}$ stram.$_{bg2,k}$ thuj.$_{pd}$
☞ ❑ *Gemüt - Fremde - Anwesenheit - agg.*

Füßen; außer an den: chin.$_{h}$ phos.$_{h}$

Gefolgt von:
– **Erbrechen**: sulph.$_{h}$

Gefühl, als würde Schweiß ausbrechen, aber es tritt keine Feuchtigkeit auf: alum. *Am-c.* bapt. borx. bov. calc. camph. cimx. croc. *Ferr.* glon. **Ign.** iod. nicc. phos. pop-c.$_{c1}$ puls. *Raph.* sars. senec. **Stann.** sul-ac. sulph. thuj. x-ray$_{rb2}$

Gehen:
– **amel.**: cham. chel. *Puls.* *Thuj.*
– **beim**: *Agar.* ambr. bar-s.$_{k2}$ benz-ac. *Bry.* **Calc.** calc-sil.$_{k2}$ canth. carb-an. caust. chinin-s. *Coc-c.* coloc. eug. ferr. ferr-m. hydr-ac. ip. *Kali-c.* kali-sil.$_{k2}$ led. lyc.$_{h}$ *Merc.* nat-c.$_{h}$ nat-m. **Nux-v.** op. ph-ac.$_{h}$ **Psor.** sel. **Sep.** sil. **Sulph.** sumb. ther. til. valer.
☞ *Anstrengung - während*
– **Freien**, im: ant-c. bell. **Bry.** *Calc.* *Carb-an.* carb-v. **Caust.** **Chin.** coloc. hep.$_{h}$ led. lyc.$_{h}$ nit-ac. ph-ac.$_{h}$ *Phos.* rhod. ruta *Sulph.* sumb. zinc.
• **amel.**: alum. **Ars.** bry. graph. puls. sulph.$_{h}$ thuj. zinc.$_{h}$
• **nach**: rhus-t.$_{h}$

Geistiger Anstrengung, bei: act-sp. aur.$_{h}$ bell. borx. **Calc.** calc-sil.$_{k2}$ graph. **Hep.** hyos. *Kali-c.* **Lach.** lyc. nat-m. nux-v. phos. *Psor.* **Sep.** sil. **Staph.** *Sulph.* tub.
– **amel.**: ferr. nat-c.

Gemütsbewegungen, nach: phys.$_{ptk1}$ rhus-t.$_{ptk1}$ sep.$_{ptk1}$

Geruch:
– **aashaft**: *Ars.* art-v. lach.$_{alj,kl}$ *Psor.*$_{kr1}$ pyrog.$_{k2}$ thuj.
– **aromatisch**: all-c.$_{bg2}$ benz-ac.$_{bg2,k,*}$ guare.$_{a1,k}$ petr.$_{bg2}$ rhod.$_{bg2,k}$ sep.$_{bg2}$
– **Arzneimittel**; nach den entsprechenden: asaf.$_{a1,k}$ ben. camph.$_{bg2,k,*}$ carbn-h. chen-a.$_{a1}$ chinin-ar.$_{a1}$ iod.$_{a1,k}$ ol-an.$_{a1}$ phos. sulph.$_{hr1,k,*}$ tab.$_{a1,k}$ ter.$_{a1}$ valer.$_{a1,k}$
– **bitter**: dig.$_{bg2}$ *Verat.*$_{bg2,hr1,*}$
• **morgens**: verat.
– **Blut**, nach: *Lyc.*
– **durchdringend**: bapt.$_{k2}$
– **Eiern**, nach faulen: plb.$_{bg2}$ staph. sulph.

Geruch: ...
– **Essig**; nach: iris$_{c1}$
– **faulig**: *Bapt.* **Carb-v.**$_{bg2,k,*}$ con. kali-p.$_{k2}$ led. *Mag-c.*$_{k,k2,*}$ med.$_{c1}$ nux-v.$_{bg2}$ **Psor.** pulx.$_{br1}$ pyrog.$_{k2}$ rhus-t.$_{bg2,k,*}$ sil.$_{bg2}$ *Spig.* **Staph.**$_{bg2,k,*}$ stram.$_{bg2,k,*}$ verat.
– **Flieder**, nach: sep.
– **Hering**, wie eingelegter: vario.$_{st}$
– **Holunderblüten**, nach: *Sep.*$_{h,k,*}$
– **Honig**, nach: thuj.
– **Käse**, nach: con.$_{bg2}$ *Hep.*$_{bg2,k}$ plb.$_{bg2,k,*}$ sulph.$_{bg2,k}$
– **Kaffee**; wie frischer: bamb-a.$_{stb2}$
– **Kampfer**, nach: camph.$_{bg2,kr1,*}$
– **Knoblauch**, nach: *Art-v.*$_{bg1,bg2,*}$ kalag.$_{br1}$ lach.$_{kr1}$ sulph.$_{st}$ thuj.$_{k2}$
– **kräftig** riechend: art-v. *Bov.* cop. ferr. goss. *Lac-c.*$_{kr1}$ *Lach.* *Lyc.* *Sep.* *Tell.*
• **Menses**, während: *Stram.* *Tell.*
– **kränklich**: *Chin.* chinin-s.$_{a1}$ thuj.
– **Lauch**, nach: thuj.$_{st}$
– **Mäusen**, nach: tub.$_{st}$
– **modrig**: arn. *Cimx.*$_{hr1,k}$ merc.$_{bg2}$ merc-c.$_{bg2}$ nux-v.$_{bg2,k,*}$ *Psor.* *Puls.*$_{bg2,k,*}$ *Rhus-t.*$_{bg2,k,*}$ *Stann.*$_{bg2,k,*}$ syph.$_{alj,kl}$ thuj.$_{bg1}$ thyr.$_{bg2}$
– **Moschus**, nach: *Apis* bism.$_{bg2}$ mosch. puls. *Sulph.* sumb.
– **pikant**: rhod.$_{hr1,k,*}$
– **ranzig**, nachts: thuj.
– **rauchig**, wie Geräuchertes: bell.
– **Rhabarber**, nach: rheum$_{bg2,h,*}$
– **sauer**: *Acon.*$_{bg2,k,*}$ alco.$_{a1}$ all-s.$_{a1}$ *Arn.*$_{bg2,k,*}$ **Ars.**$_{bg2,k,*}$ ars-s-f.$_{k2}$ *Asar.*$_{bg2,k,*}$ bapt.$_{k2}$ *Bell.*$_{bg2,kr1}$ **Bry.**$_{bg2,k,*}$ bufo$_{bg2}$ calc.$_{bg2,k}$ calc-s. calc-sil.$_{k2}$ *Carb-v.*$_{bg2,k,*}$ *Carbn-s.* *Caust.*$_{bg2,k,*}$ *Cham.*$_{bg2,k,*}$ chel.$_{hr1,k}$ chin.$_{bg2}$ *Cimx.* cina$_{k2}$ clem.$_{st}$ **Colch.**$_{bg2,k,*}$ *Cupr.*$_{kr1}$ ferr.$_{bg2,k,*}$ ferr-ar. ferr-m. ferr-ma.$_{a1}$ *Fl-ac.*$_{k,k1}$ gast.$_{a1}$ *Graph.*$_{bg2,k,*}$ **Hep.**$_{bg2,k,*}$ hyos.$_{bg2,k,*}$ ign.$_{bg2,k,*}$ **Iod.**$_{bg2,k,*}$ *Ip.*$_{bg2,k,*}$ *Iris*$_{k,k1}$ kali-c.$_{bg2,k,*}$ kalm.$_{hr1,kr1}$ lac-ac.$_{bg2,k,*}$ *Lach.*$_{hr1,kr1}$ led.$_{bg2,k,*}$ **Lyc.**$_{bg2,k,*}$ **Mag-c.**$_{h,k,*}$ **Merc.**$_{bg2,k,*}$ nat-m.$_{bg2,k,*}$ *Nat-p.*$_{bg2,k}$ **Nit-ac.**$_{bg2,k,*}$ *Nux-v.*$_{bg2,k,*}$ pilo.$_{a1}$ **Psor.**$_{hr1,k}$ puls.$_{bg2,k,*}$ *Rheum* *Rhus-t.*$_{bg2,k,*}$ *Ruta*$_{kr1}$ *Samb.*$_{hr1,kr1}$ **Sep.**$_{h,k,*}$ **Sil.**$_{bg2,k,*}$ spig.$_{bg2}$ staph.$_{bg2}$ sul-ac.$_{bg2,k}$ sul-i.$_{k2}$ **Sulph.**$_{bg2,k,*}$ sumb.$_{a1,k}$ tarent. tep.$_{a1}$ *Thuj.*$_{bg2,k}$ **Verat.**$_{bg2,k,*}$ zinc.$_{hr1,k,*}$
• **morgens**: *Bry.*$_{hr1,k,*}$ *Carb-v.* *Iod.*$_{hr1,k,*}$ lyc.$_{hr1,k,*}$ nat-m.$_{a1,k}$ rhus-t.$_{hr1,k,*}$ sep.$_{h}$ sul-ac.$_{a1,k}$ **Sulph.**$_{a1,k}$
• **vormittags**: sulph.$_{a1,k}$
• **nachmittags**: *Fl-ac.*$_{a1,k}$
• **nachts**: *Arn.*$_{a1,k}$ ars. asar.$_{kr1}$ bry.$_{hr1,k}$ carbn-s. *Caust.*$_{hr1,k,*}$ cop.$_{a1}$ *Graph.*$_{a1,k}$ **Hep.**$_{hr1,k}$ iod. *Kali-c.*$_{h,kr1}$ lyc. mag-c.$_{h,k,*}$ **Merc.**$_{kr1}$ nat-m. nit-ac.$_{a1,k}$ *Phyt.*$_{kr1}$ plect.$_{a1}$ *Sep.*$_{h,k,*}$ sil.$_{h}$ *Sulph.*$_{h,k,*}$ *Thuj.*$_{hr1,k,*}$ *Zinc.*$_{h}$
• **Schlaf**, im: bry.
– **Schwefel**, nach: phos.$_{bg2,k,*}$ *Sulph.*$_{a1}$
– **Schwefelsäure**, nach: plb.$_{bg2}$ *Staph.*$_{bg2}$ sulph.$_{bg2}$
– **stechend**: *Cop.*$_{kr1}$ gast.$_{a1,kr1}$ *Ip.*$_{kr1}$ rhus-t.$_{bg2,kr1}$ *Sep.*$_{a1,kr1}$ sulph.$_{k2,kr1}$ thuj.$_{k2,kr1}$
– **stinkend**: aesc.$_{a1,k}$ all-s.$_{kr1}$ aloe$_{kr1}$ am-c.$_{bg2,k}$ am-m.$_{bg2}$ ambr.$_{kr1}$ anac. arn.$_{bg2,k}$ *Ars.*$_{bg2,kr1}$ aur-m.$_{kr1}$ *Bapt.*$_{bg2,k2,*}$ **Bar-c.**$_{bg2,kr1,*}$ bell.$_{bg2}$

– **stinkend**: ...
bov.bg2,sf1 *Canth.*bg2,kr1 *Carb-ac.* carb-an.bg2,k,* *Carb-v.*bg2,sf1 cass.a1 cimic.kr1 coloc.bg2 con.bg2,k,* crot-h.bg2,sf1 *Cycl.*bg2,kr1 daph.br1 dios.bg2 *Dulc.*bg2,k,* eucal.bg2 *Euphr.*bg2,kr1 ferr.bg2,k fl-ac.bg2,sf1 **Graph.**bg2,kr1,* *Guaj.*bg2,kr1,* **Hep.**bg2,k *Kali-c.*bg2,kr1,* *Kali-p.*bg2,kr1,* lac-c.bg2,sf1 lach.bg2 led.bg2,k lyc.bg2,k *Mag-c.*bg2,kr1 mag-m.bg2,sf1 med.c1 *Merc.*bg2,k merc-c.bg2,kr1 **Nit-ac.**bg2,kr1,* **Nux-v.**bg2,kr1 *Petr.*bg2,sf1 **Phos.**bg2,kr1 plb.bg2 *Psor.*bg2,k **Puls.**bg2,kr1 pyrog. *Rhod.*bg2,kr1 *Rhus-t.*bg2,kr1 rob. **Sel.**bg2 *Sep.*bg2,k2,* **Sil.**bg2,kr1,* spig.bg2,kr1 **Staph.**bg2,kr1,* stram.bg2,sf1 sulph.bg2,kr1,* tell. thuj.bg2,k *Tub.* vario.kr1 *Verat.*bg2,kr1 zinc.bg2,k
• **Hautausschlägen**, mit: *Dulc.* med.c1
• **Husten**, nach dem: *Hep.*

– **streng**
☞ *kräftig / übelriechend*

– **süßlich**: apis *Ars.*hr1,kr1 bamb-a.stb2 *Calad.*hr1,k merc. puls. *Sep.*kr1 thuj.bg2,k,* *Uran-n.*kr1

– **süßsauer**: bry.bg2,st **Puls.**bg2,kr1,*

– **übelriechend**: acon.bg2 all-s.a1,k aloe am-c.bg2,k,* am-m.bg2 ambr.bg2 apis **Arn.**bg2,k *Ars.*bg2,k,* ars-s-f.k2 art-v. asar.bg2 aur-m. bamb-a.stb2 *Bapt.*bg2,k bar-c.bg2 **Bar-m.** bar-s.j5,k2 bell.bg2,k bov.bg2 bry.bg2 calc-sil.k2 camph.bg2 *Canth.*bg2 carb-ac.br1 **Carb-an.**bg2,k,* *Carb-v.*bg2,k **Carbn-s.** caust.bg2 cham.bg2 cimic. cimx. cocc. coloc.bg2 con.h,k,* crot-h.bg2 cycl.bg2,k daph.a1,k dios.bg2 *Dulc.*bg2,k,* euphr.h,k,* *Ferr.*bg2,k ferr-ar. *Fl-ac.*bg2,k gink-b.sbd1 **Graph.**bg2,k guaj.bg2,k haliae-lc.srj5 **Hep.**bg2,k hyos.bg2 ign.bg2 iod.bg2 ip.bg2 kali-act.a1 kali-ar. kali-c.bg2,k kali-p.bg2,k kali-sil.k2 lac-c.bg2 *Lach.*bg2,k led.bg2,k,* **Lyc.**bg2,k *Mag-c.*k,k1,* mag-m.bg2 mand.sp1 med. **Merc.**bg2,k,* merc-c.bg2 *Merl.* mosch.bg2 murx.k2 nat-m.bg2 **Nit-ac.**bg2,k,* **Nux-v.**bg2,k,* oci-sa.sp1 oena.a1 **Petr.**bg2,k *Phos.*bg2,k plb.bg2 podo.k2 *Psor.*bg2,k **Puls.**bg2,k,* *Pyrog.* rheumbg2 rhod.bg2,k,* *Rhus-t.*bg2,k rob. sacch-l.c1 *Sel.*bg2,k **Sep.**bg2,k,* **Sil.**bg2,k,* sol-t-ae.c1 spig.bg2,k stann. *Staph.*bg2,k,* stram.bg2 **Sulph.**bg2,k syph.k2 tarax. tax.a1 *Tell.*a1,k **Thuj.**bg2,k vario.bg2,br1,* *Verat.*bg2,k wies.c1 zinc.bg2
• **eine** Seite: **Bar-c.**
• **morgens**: carb-v. con.hr1 dulc.hr1,k merc-c.hr1,k,* nux-v.
• **nachmittags**: *Fl-ac.*a1,k
• **nachts**: ars. **Carb-an.**hr1,k carb-v.a1,k con.hr1,k cycl. dulc. euphr.a1,k *Ferr.*k2,kr1,* graph.a1,k *Guaj.*kr1 *Lyc.*kr1 mag-c.h,k,* **Merc.** nit-ac.hr1,k,* nux-v.a1,k puls.h rhus-t.a1,k *Sep.*kr1 spig. staph.hr1,k *Tell.* thuj.hr1,k
  • **Mitternacht**: mag-c. merl.a1,k
  • **Schlaf**, im: cycl.
• **Anstrengung**, bei: nit-ac.a1,k
• **Bewegung**, bei: eupi.a1,k mag-c.
• **Husten**, nach: hep.a1,k merl.
• **Menses**, während: stram.

– **Urin**, nach: benz-ac.k2 berb. bov.st **Canth.** card-m.bg1 caust. coloc. ery-a. graph.bg1,bg2,* lyc.bg1,bg2,* nat-m.bg1 **Nit-ac.** plb.bg1 rhus-t.bg1 sec.bg1 thyr.bg1 urt-u.bg1

Geruch - Urin, nach: ...
• **Pferdeharn**, nach: **Nit-ac.** *Nux-v.*kr1

– **verbrannt**, wie: **Bell.**bg2,hr1,* *Bry.*bg2 mag-c.bg2 sulph.h,k,* thuj.bg2

– **Wein**, nach: sec.bg2

– **Weißbrot**, nach: ign.kr1

– **Zwiebeln**, nach: art-v.bg,bg3,* bov.bg3,kr1,* *Calc.*bg2,h,* kali-p.bg2,bg3 lach.bg2 *Lyc.*bg2,h,* osm.bg2 phos.bg2 sin-n.bg2 tell.bg2

Geschmack:
– **salzig**: nat-m.bg2,jl,* *Sel.*jl,st

Gesicht; am ganzen Körper, außer am: *Rhus-t.* *Sec.*

Gespräche, durch: *Ambr.*

Heiß: **Acon.**bg2,k,* *Aesc.*hr1,k aml-ns.bg2,sf1 anac.bg2 ant-c.bg2,br1,* asar.bg2 asc-t.hr1,k aur.bg2,sf1 *Bell.*bg2,k,* bism.bg2,sf1 bry.bg2,k,* calc.hr1,k calc-sil.k2 camph.bg2 canth.bg2 *Caps.*kr1 *Carb-v.*bg2,k **Cham.**bg2,k,* chel. chin.bg2,k,* cocc. *Coff.*bg2,sf1 **Con.** corn.hr1,k dig.bg2,k dros.bg2 *Hell.*bg2,kr1 hydrog.srj2 **Ign.**bg2,k,* **Ip.**bg2,k,* kreos.bg2 lach.bg2 led.bg2 lyc.bg2,k2 *Merc.*kr1 merc-i-r.hr1,k nat-c. **Nux-v.**hr1,k **Op.**bg2,k,* par.bg2 penic.srb2 *Ph-ac.*kr1 phos.bg2,k,* pip-n.bg2 **Psor.** puls.bg2,k *Pyrog.* rauw.sp1 *Rhus-t.*kr1 sabad.bg2,k sang.bg2 **Sep.**bg2,k,* sil.bg2,k *Stann.*bg2,k,* staph.bg2,k,* *Stram.*bg2,k,* *Sulph.*hr1,k thuj.bg2,k verat.bg2,k,* viol-t.bg2,k

– **Anstrengung**; durch
☞ *Warm - heiß - Anstrengung*

– **Beinen**; außer an den: op.pd

Herzklopfen, beim: agar.hr1,k ars.a1,k calc.ptk1 caust.h *Lach.*

Husten:
– **durch**: acon.bg2,k agar.k2 ant-c.bg2,k,* ant-t.bg2,k apis arg-n. **Ars.**bg2,k ars-s-f.k2 bell.bg2,k brom.bg2,k bry.bg2,k *Calc.*bg2,k calc-s.ptk1 calc-sil.k2 caps.bg2,k carb-an. *Carb-v.*bg2,k carbn-s. *Caust.* *Cham.* chin.bg2,k chinin-ar. cimx. dig.bg2,k *Dros.*bg2,k eug. eupi.a1,k *Ferr.* ferr-ar. guare.a1,k **Hep.**bg2,k *Ip.*bg2,k kali-c.bg2,k *Kali-n.*bg2,k lach. lyc.bg2,k *Merc.*bg2,k nat-ar. nat-c.bg2,k nat-m.bg2,k nat-p. nit-ac.k2 *Nux-v.*bg2,k ph-ac.bg2,k **Phos.**bg2,k psor. puls. *Rhus-t.*bg2,k,* *Sabad.*bg2,k **Samb.**bg2,k sel.bg2,k seneg. **Sep.**bg2,k,* sil. *Spong.*bg2,k squil. sulph.bg2,k tab. *Thuj.* tub.dp *Verat.*bg2,k
• **nachts**: chin. dig. eug. kali-bi. lyc. *Merc.* nat-c. nit-ac.hr1,k psor. sulph.

– **endet** mit Hustenanfällen: ars. brom. *Ign.*

Intermittierend: ant-c. bell. chin.k2 coloc. cupr-ar. ferr. kali-n. nux-v. *Sep.* sil.

Kalt: acet-ac.bg2,k *Acon.*bg2,k,* act-sp.hr1,k aeth.hr1,k *Agar.*bg2,k,* agar-ph.a1 ail.bg2,k,* alco.a1 aloebg2,sf1 alumn.a1,hr1 **Am-c.**bg2,k,* am-caust.a1 ambr.bg2 *Anac.*bg2,k,* anh.sp1 *Ant-c.*hr1,k **Ant-t.**bg2,k,* *Anthraci.* apis apoc.hr1 aran.jl arg-n.hr1 *Arn.*bg2,k,* **Ars.**bg2,k,* ars-i. ars-s-f.k2 asaf.bg2,hr1 aur.bg2 *Aur-m.*hr1,k bar-c.bg2,k bar-m.hr1,k bar-s.k2 bell.bg2,k,* benz-ac.a1,k bol-lu.a1 both. *Bry.*bg2,k,* *Bufo*

Kalt: ...
buth-a.spl cact.k2 cadm-s.k2 caj.al calad.hr1,k *Calc*.bg2,k,• calc-i.k2 calc-p.bg2 calc-s. calc-sil.k2 **Camph**.bg2,k,• *Cann-i*.hr1,kr1,• cann-s.bg2,k canth.hr1,k caps.bg2,k,• *Carb-ac*.hr1,k **Carb-v**.bg2,k,• *Carbn-s*. castm.bg2 *Cench*.st cent.al cham.hr1,k **Chin**.bg2,k,• **Chinin-ar.** chlol.hr1,kr1 *Chlor*.hr1,k cimic.bg2,k *Cina*k,k1 *Cist.* **Cocc**.bg2,k,• coff.bg2,k,• coff-t.al colch.k2 coloc.hr1,k con.bg2 convo-s.jl corn.hr1,k croc.bg2,k,• *Crot-c.* crot-h.hr1,k cupr.bg2,k,• *Cupr-act*.al,kr1 *Cupr-ar*.kr1 cupr-s.hr1 *Cur*.hr1,k,• cyt-l.jl,spl dig.bg2,k,• digin.al *Dios*.hr1 *Dros.* dulc.bg2,k,• *Elaps* esp-g.kk1 *Euph*.bg2 euphr. **Ferr**.bg2,k,• *Ferr-ar. Ferr-i.* ferr-p.bg2 frag.al gels.bg2,k gink-b.sbd1 *Glon*.hr1 *Graph*.bg2,k2,• *Ham*.hr1 *Hell*.bg2,k,• **Hep**.bg2,k,• hura *Hydr*.kr1 *Hydr-ac*.bg2,sf1 hydrog.srj2 *Hyos*.bg2,k,• *Ign*.bg2,k,• iod.hr1,k **Ip**.bg2,k,• jatr-c. kali-ar. kali-bi.bg2,k2,• *Kali-c*.jl,k2 kali-cy.al kali-n. kali-p.bg2,sf1 kalm.hr1,k lac-c.hr1,k *Lach*.bg2,k,• lachn.hr1,k laur. lil-t.bg2,hr1,• *Lob*.bg2,k lol.al **Lyc**.bg2,k,• lyss.hr1 manc.hr1,k mang.bg2 med.hr1,k2 *Merc*.bg2,k,• **Merc-c**.bg2,k,• *Merc-cy*.hr1 merc-pr-r.al *Mez*.hr1,k morph. mur-ac.bg2,k *Naja*bg2 narcot.al *Nat-ar. Nat-c*.bg2,k,• nat-m. nat-p. nit-ac.bg2,k *Nux-v*.bg2,k,• op.bg2,k,• ox-ac.bg2,k,• paeon.hr1,kr1 pareir.hr1 penic.srb2 *Petr*.bg2,k *Ph-ac*.bg2,kr1,• phase-vg.al *Phos*.bg2,k,• pic-ac.hr1 plan. plb.bg2,k,• podo.hr1,k *Psor. Puls*.bg2,k,• pyrog.bg2,k ran-s.bg2 *Rheum*bg2,kr1 rhus-t.bg2,k,• *Rob*.hr1 *Ruta* sabad.bg2 sang.hr1,k **Sec**.bg2,k,• seneg.hr1,k **Sep**.bg2,k,• sil.hr1,k *Spig*.bg2,k,• *Spong*.bg2,k,• stann.hr1,k *Staph*.bg2,k,• *Stram.* sul-ac.bg2,k sul-i.k2 sulo-ac.jl *Sulph*.bg2,k,• sumb. *Tab*.bg2,k,• ter. tere-ch.jl thea al *Ther*.hr1,k *Thuj*.bg2,k,• *Tub.* **Verat**.bg2,k,• **Verat-v**.bg2,k,• vip. vip-a.jl wye.al zinc.hr1,k zinc-p.k2

– **amel.**
☞ ❑ *Allgemeines - Schweiß - kalter*
– **morgens**: *Ant-c.* canth. chin. esp-g.kk1 euph.al,k ruta
  • **Aufstehen** vom Bett; beim: bry.al
– **nachmittags**: **Gels.** phos. verat-v.
– **abends**: anac. hura phos.al seneg.hr1
  • **18** h: psor.
– **nachts**: am-c. buth-a.jl chin. coloc. croc.hr1,k cupr.hr1,k cur.hr1,k *Dig*.hr1,k fago. iod. lob. mang.h op. rhus-t. **Sep.** thuj.
– **Alpträume**:
  • **Erwachen** aus; beim: hydrog.srj2
– **Angst**; durch (= Angstschweiß): hydrog.srj2
  • **Erwachen**; beim: hydrog.srj2
– **Anstrengung**; nach der geringsten körperlichen oder geistigen: act-sp. *Calc.* **Hep. Sep.**
– **Bewegung**, bei: ant-c.hr1,k sep.
– **Diarrhoe**, bei: aeth.kr1 ant-t.kr1 *Ars*.kr1 calc.kr1 *Camph*.kr1 cupr.kr1 hell.kr1 jatr-c.kr1 pic-ac.kr1 *Sec*.kr1 *Sil*.kr1 sulph.kr1 *Tab*.kr1 ter.kr1 *Verat*.kr1
– **Dysmenorrhoe**, bei: *Sars*.kr1 *Verat*.kr1
– **Erbrechen**, mit: **Camph**.kr1 *Ip*.kr1 thea al,kr1 **Verat**.kr1 *Verat-v*.kr1
– **Erwachen**; beim: carb-v.k2
– **Essen**: **Merc.**
  • **nach**: digin.al sul-ac.

Kalt: ...
– **ganzen** Körper, warmer Schweiß an den Handflächen; am: *Dig.*
– **Gehen**, beim: rhus-t.al
  • **Luft** im Freien; in kalter: rhus-t.h
– **Hitze**; mit innerlichem Gefühl von: anac.jl
– **Kaffee**, nach: digin.al
– **klebriger** Schweiß mit:
  • **Blutung**: **Chin**.hr1,k
  • **Frost**: corn. cupr.hr1,kr1 lyss.kr1 **Verat**.kr1
– **Konvulsionen**, bei den: camph.k13,k2 *Cupr*.hr1,kr1 *Ferr*.hr1,k stram. *Verat*.hr1,kr1
– **Kopfschmerzen**:
  • **während**: **Gels**.c1,hr1 graph. *Verat*.kr1
  • **nach**: gels.al
– **Liegen**, beim: thea al
– **Luft**; Schweiß in kalter: ars. **Bry. Calc.** carb-an. *Lyc.* sep. verat.
– **Manie**; während: stram.k2
– **Menses**, während: ars. coff. phos. *Sars*.hr1,k *Sec.* **Verat**.hr1,k
– **plötzlichen** Anfällen; Schweiß in: *Crot-h.*
– **qualvoller** Angst; mit: cact.brl
– **Schweiß** erhöht die Kälte des Körpers
☞ ❑ *Frost - Schweiß - mehr*
– **Schwindel**; mit: ail.kr1 *Merc-c*.kr1 ther.kr1
– **Stuhlgang**; beim: merc. sulph. thuj. verat.
– **Übelkeit**, mit: *Calc*.kr1 *Ip*.kr1 *Lach*.kr1 **Petr**.kr1 *Tab*.kr1 *Verat*.kr1 verat-v.kr1
  • **Schwindel**, und: ail.
– **Urinieren**, nach dem: bell.
– **Zigarre**; nach einer: op.al

Kälte:
– **während**: *Arg-n*.al,k gels. hydrog.srj2 lachn.al,k psor.al,k *Puls.* raph.al,k **Verat.** verat-v.al
– **nach**: aml-ns. carbn-s. corn.al,k kali-cy.al,k mela.al mur-ac.al,k ol-j.al petr. senec.al,k sil. sulph.al,k thuj.al,k
– **Beine**; mit Kälte der: calc.h
– **Hände**; mit Kälte der: nit-ac.h

Kein Schweiß
☞ *Abwesend*

Klebrig: abies-c.brl agar. ant-t. anthraci. anthraco. ars. bamb-a.stb2 both. brom. cann-i. canth. caust. chlor. crot-h. ferr. fl-ac. hep. iod. kali-bi. kali-br. lachn. op. phal.c2 phos. plb. tab. tax.
☞ *Klebrig, kühl*
– **abends**: anthraco. fl-ac.al,k

Klebrig, kühl: abies-c.brl absin.al acet-ac.al,k acon.bg2,k,• act-sp.hr1,kr1 aeth.brl,brol agar.bg2,hr1 aloe bg2,sf1 aml-ns. anac.bg2,k,• ant-c.hr1,k *Ant-t*.bg2,k,• apis apoc.hr1 arn.bg2,k **Ars**.bg2,k,• ars-s-f.k2 ben-n.al brom.hr1,k *Bry*.bg2,kr1 *Calc*.bg2,k,• **Camph**.bg2,k,• canth.al,k carb-ac.bg2,sf1 carb-an.bg2,k,• carb-v.bg2,k,• carbn-h.al caust.hr1 *Cench*.al,st **Cham**.bg2,k,• chin.bg2,k,• chin-b.hr1 chlor.hr1 cimic.hr1,k cocc.hr1,k coff. coff-t.al,hr1 colch.hr1,k coloc.bg2 *Corn*.hr1,k,• corn-f.brl *Crot-c*.al,k crot-h. crot-t.al,c1 cub.al,c1 cupr.al,k *Cupr-ar*.al,kr1 daph.hr1,k,• dig.bg2,k,• elat. fago.al,k **Ferr**.bg2,k,• **Ferr-ar.** *Ferr-i.* ferr-m.al

Klebrig, kühl: ...
Ferr-p. *Fl-ac.*bg2,k,* gast.al glon.al,k guat.spl *Hell.*bg2,k,* *Hep.*bg2,k,* hydr.al hydr-ac.hr1,kr1,* hydrog.srj2 hyos.al,k iod.bg2,k,* jatr-c. kali-bi.bg2 kali-br.hr1 kali-cy.al kali-n.al kali-ox.al lach.bg2,k lachn. lil-t.bg2,sf1 lob.al **Lyc.**bg2,k,* lyss.c1,hr1 **Merc.**bg2,k,* *Merc-c.*al,k merc-pr-r.al merc-sul.al mez.bg2,k morph.al,k *Mosch.*bg2,k,* mur-ac.al *Naja*al,bg2 napht.al nat-m.bg2 nat-sil.k2 *Nux-v.*bg2,k,* op.al,k ox-ac.bg2,k,* **Ph-ac.**bg2,k,* phal.c1 **Phos.**bg2,k,* phys.al pic-ac.hr1 *Plb.*bg2,k,* *Psor.*hr1,k rauw.jl sabin.hr1 *Sec.*bg2,k,* sil.hr1 sol-t.al *Spig.*bg2,k,* *Spong.*hr1,k stann.al,k stram.al stry.al *Sul-ac.*bg2,k sul-i.k2 sulph.al sumb.al,k **Tab.**bg2,hr1,* tanac.al ter.al,k trach.al *Tub.* **Verat.**bg2,k,* verat-v.bg2 vip.al,k wies.al zinc. zinc-m.al zinc-s.al
☞ *Klebrig*
– **rechte** Seite des Körpers: haliae-lc.srj5
– **morgens**: mosch.hr1,k
– **abends**: clem.al,k sumb.al,k
– **nachts**: cupr. fago.al,k hep.al,k *Lyc.*kr1 *Merc.*kr1 ox-ac.hr1
 • **Schlaf**; im: hydrog.srj2
– **Auffahren** aus dem Schlaf; mit: daph.
– **Bett**, im: plb.kr1
– **Einschlafen**, beim: daph.kr1
– **Menopause**; während der: *Crot-h.*st *Lach.*st *Lyc.*st *Sul-ac.*st *Ter.*st

Koitus, nach: *Agar.*bg2,k,* *Calc.*bg2,k chin.bg2,k *Eug.*al,k **Graph.**bg2,k,* kali-c.bg2 lach.bg2 nat-c.bg2,k petr.bg2 sel.bg2,k **Sep.**bg2,k sulph.bg2

Kolik, bei: mez.al,k nux-v. plan.al,k plb.al,k sulph.

Konvulsionen:
– **während**: ars.al,k art-v.c1,hr1 atro.al *Bell.*bg2,k **Bufo** camph.bg2,k carb-an.bg2 nux-v.bg2,k,* op.al,k sep.bg2,k stram.k2
– **nach**: acon. ars.al,k art-v.c1 *Bry.*kr1 calc.hr1 cedr. cupr.bg2,k ferr.bg2 ign.bg2,hr1 mag-c.bg2 plb.bg2 sec.bg2,k,* *Sil.*bg2,hr1 stram.bg2 stry.al,k

Kopf; generalisierter Schweiß außer am: *Bell.* merc. mur-ac.h nux-v. **Rhus-t. Samb.** *Sec. Sep.* **Thuj.**

Kopfschmerz:
– **während**: ant-c. apis arg-met. arn. *Ars.* canth. carb-v.h caust. chinin-s. glon. graph. hyos. kali-n. lachn. lyc. mag-s. *Merc.* nat-s. op. ox-ac. plat. puls. *Sulph.*vh tarent.
– **nach**: asc-c.c1

Kratzen, muß
☞ ❑ *Haut - Jucken - Schweiß - agg.*

Krisenschweiß: *Acon.*sf1 bapt. bell.sf1 bry. *Canth.*sf1 chlor. pneu.sf1 *Pyrog.* rhus-t.sf1

Kühl, klebrig
☞ *Klebrig, kühl*

Lange anhaltend: am-c. am-m. anthraco. *Ars.* **Caust.** cimx. con. cupr. dulc.h **Ferr.** *Ferr-ar. Gels.* **Hep.** *Led.* **Samb.** *Verat.*
– **Apyrexie** anhaltend; während der: *Verat.*

Leuchtend: phos.h

Liegen, beim: ars.bg2,k bry.bg2 *Caps.*bg2,k cham.bg2 chel.al,k **Ferr.**bg2,k ferr-ar. ham.al,k hep.bg2,k hyos.bg2 lyc.bg2,k *Mag-s.* **Meny.**al,k merc. nat-c.bg2 op.al,k ph-ac.bg2 podo. puls. rhod.bg2 **Rhus-t.**bg2,k **Samb.**bg2,k *Sep.*bg2,k sil.bg2 tarax.bg2,k tarent.al,k valer.bg2
– **Seite**; auf der rechten: *Lach.*bg1,bg2

Luft:
– **Freien**, im: *Bry.* **Calc.** caps. *Carb-an.* carb-v. *Caust. Chin.* guaj. hep. ip. kali-c. lach. **Psor.** rhod. ruta *Sil.* thuj. valer.
 • **amel.**: alum. graph.
 • **Körperübungen** im Freien; bei: *Bry.* calc. carb-an. caust. *Chin.*

Menses:
– **vor**: bell. bov.bg2 calc.bg2,k *Graph. Hyos.* lyc.bg2 mang.bg2 nat-s. phos. sep.bg2 *Sulph.*bg2,k *Thuj.*bg2,k **Verat.**bg2,k,*
– **während**: agar. ars. asar. bell.bg2,k *Borx.* calc.bg2 *Caust.*bg2,k cham.bg2 chin.bg2 coff. *Graph.*bg2,k,* *Hyos.*bg2,k,* kali-c.bg2,k kreos.bg2,k lyc.bg2 mag-c.al,k *Mag-m.*bg2,k,* murx. nat-s.bg2 phos.bg2 sec. *Sep.*bg2,k sil.bg2 sulph.bg2,k **Verat.**bg2,k wies.al
– **nach**: ph-ac.h

Musik, durch: sabin.kr1 tarent.c1

Neuigkeiten, durch unangenehme: calc-p.hr1,k,*
☞ ❑ *Gemüt - Beschwerden durch - schlechte*

Niemals; schwitzt:
– **Fieber**; während
☞ ❑ *Fieber - Schweiß - abwesend*
– **unfähig** zu schwitzen
☞ ❑ *Haut - Trocken - schwitzen*

Oberschenkeln; außer an den: lyc.h

Ölig: agar.bg2,k,* arg-met. arn.bg1 *Ars.*hr1,kr1 aur.bg2,hr1,* **Bry.**bg2,k,* bufo calc.hr1,k **Chin.**bg2,k,* *Fl-ac.*bg1,bg2 lyc.st **Mag-c.**h,k,* med.bg1 **Merc.**bg2,k,* *Nat-m.*bg2,hr1,* nux-v. ol-j.al petr.bg1 plb.bg2,hr1,* *Psor.*hr1,kr1 rhus-t.bg2 *Rob. Sel.*bg2,k,* **Stram.**bg2,k,* sumb.al,k **Thuj.**bg2,k,* *Thyr.*bg2
– **tagsüber**: bry.al,k
– **morgens**: bry. chin.al,k
– **nachts**: *Agar.*kr1 bry. croc. mag-c.h **Merc.**al,k

Partieller Schweiß
☞ *Einzelnen Körperteilen*

Periodisch: *Ars.*hr1,k sil.hr1,k stry.bg2
– **abends**:
 • **jeden** Abend, die ganze Nacht anhaltend: anthraco. meny.
 • **zweiten** Abend; jeden: *Bar-c.*
– **Nacht**; jede zweite: bar-c. kali-n. **Nit-ac.**
– **Stunde**; zur selben: ant-c.h

Plötzlich: aml-ns. apisbg1 ars.bg2,k bell.bg2,k *Carbn-s.* clem.bg2,k *Crot-h.* hyos.bg1 *Ip.* merc-cy.bg1 phos.bg2 valer.bg1
– **nachmittags**: clem.
– **Gehen** im Freien, mit Frösteln; beim: led.

– **verschwindet** plötzlich, und: **Bell.**

Raserei, Tobsuchtsanfall; bei: acon. ant-t. ars. *Bell.* hyos. lyc. merc. nat-c. nat-m. nit-ac. nux-v. *Op.* ph-ac. phos. puls. *Stram.* verat.

Rauchen (von Tabak): nat-m.h thuj.h

Reichlich: abrot. absin.al acet-ac.brl *Acon.*hrl,k aesc.hrl,k aeth.hrl,k agar.bg2,k,* agn.hrl alco.al *All-c.*hrl alum. am-c.bg2,k,* am-caust.al am-m.bg2,k ambr.bg2,k,* aml-ns. anac.bg2 androc.srj1 ant-c. **Ant-t.**bg2,k,* anthraco. apis arg-n.hrl,k,* **Ars.**bg2,k,* ars-i. arund.hrl asar.bg2,k asc-c.hrl,k astac.hrl atro.hrl aur.hrl,k aur-i.k2 *Aur-m.*hrl,k **Aur-m-n.**hrl,k aur-s.k2 *Bamb-a.*stb2 bapt.hrl,k *Bar-c.* **Bell.**bg2,k,* ben. benz-ac.al,k2 bol-la. bond.al *Brom.*bg2 **Bry.**bg2,k bufo cact. caj.al **Calc.**h,k,* calc-ar.k2 calc-i.k2 calc-p.bg2,hrl calc-s. calc-sil.k2 *Camph.*hrl,k canth.bg2,k *Caps.*hrl,k carb-ac. **Carb-an.**bg2,k **Carb-v.**bg2,k,* **Carbn-s.** carc.fb casc. cass.al castm. *Caust.*bg2,k **Cedr.**hrl,k cham.hrl,k chel.hrl,k **Chin.**bg2,k,* **Chinin-ar. Chinin-s.** chlor.hrl,k *Cist.* clem. coc-c. cocc.bg2,k,* *Colch.*hrl,k *Coloc.*bg2,k con.h,k,* cop.hrl,k corn. crat.brl *Crot-c. Cupr.*hrl,k cupr-s.hrl *Dig.* dulc.bg2,k,* elaps elat. esin.c2 eup-per.hrl,k eup-pur. fago.al **Ferr.**bg2,k,* **Ferr-ar.** *Ferr-i. Ferr-p. Fl-ac.*bg2,k *Gels.*bg2,k,* glon.hrl granit-m.esl graph.bg2,k,* guaj.bg2,k2 *Ham.*hrl **Hep.**bg2,k,* hyos.bg2,k,* ign.bg2 iod.bg2,k,* *Ip.*bg2,k,* jab.brl **Kali-ar. Kali-bi.**hrl,k **Kali-c.**h,k,* kali-i.hrl kali-n.bg2,k,* **Kali-p.**hrl,k kali-s. kreos.bg2 *Lac-ac.* lac-c. *Lach.*bg2,k,* lact.hrl,k led.bg2 lith-c. lob.hrl,k lob-e.c1 **Lyc.**bg2,k,* *Mag-c.*h,k,* mag-m.bg2 mang.hrl,k **Merc.**bg2,k,* merc-c.hrl,k *Mez. Nat-ar. Nat-c.*bg2,k **Nat-m.**bg2,k nat-n.bg2 *Nat-p. Nit-ac.*bg2,k,* *Nux-v.*bg2,k,* *Op.*bg2,k,* par. petr.bg2,k,* **Ph-ac.**bg2,k,* phase-vg.al phel.hrl *Phos.*bg2,k,* phys.al pisc.c2 podo. **Psor.**bg2,k,* *Puls.*bg2,k,* pyre-p.al pyrog. *Rhod.*bg2,hrl *Rhus-t.*bg2,k,* rob. *Sabad.*bg2,k,* sal-ac.hrl,k **Samb.**hrl,k sang.hrl,k sarr.hrl sars.bg2,k *Sec.*hrl,k *Sel.*bg2,k,* seneg.bg2 **Sep.**h,k,* **Sil.**bg2,k,* spig.bg2 *Spong.*bg2,k,* stann.bg2,k,* staph.bg2,k,* stram.bg2,k,* sul-ac.bg2,k2,* *Sulph.*bg2,k,* tab.k2 *Tarax.*hrl,k ter.al,hrl *Thuj.*bg2,k,* **Tub.**hrl,k ust.hrl valer.bg2,k vario.hrl **Verat.**bg2,k,* verat-v. zinc.bg2,k,* zinc-p.k2 zing.hrl

– **Tag** und Nacht ohne Besserung: **Hep.** *Merc. Samb.*

– **tagsüber** im Schlaf: *Caust.*

– **morgens**: acon. am-c. am-m. ars.hrl,k bry. **Calc.**al,h carb-v. caust. chin. **Chinin-s.** dulc. **Ferr.** *Ferr-ar.* **Mag-c.** *Merc.* nat-c. nat-m. nat-p. *Nit-ac.* **Op.** *Ph-ac.*hrl,k **Phos.** *Puls.*hrl,k *Rhus-t.*hrl,k sep.h,k,* **Sil.**

- **anhaltend**; den ganzen Tag: ferr.
- **Bett**, im: am-m. **Ferr.** kali-i.al
- **Erwachen**, nach dem: *Ferr. Sep.*al,k **Sulph.**h,k,*
- **heiß**, trocken: *Cham.* chin. **Op.** phos.
- **Schlaf**, im: *Chinin-s. Puls. Sulph.*hrl

– **nachmittags**: chel.hrl *Fl-ac.*

- **Hitze**, mit: staph.

Reichlich: ...

– **abends**: bar-c. chel. con. fl-ac. samb. sarr. sulph.

- **19** - 1 h, trockene Hitze kehrt beim Einschlafen wieder: **Samb.**
- **anhaltend**; die ganze Nacht: bol-la. sep.al,h
- **Fieber**, mit hohem: con.
- **periodisch** jeden zweiten Abend: bar-c.

– **nachts**: acet-ac. am-m. ambr.hrl ant-c. *Ant-t.*hrl,k anthraco. arg-n.al,k *Ars.* ars-i. ars-s-f.k2 asar. bamb-a.stb2 bar-c. ben. benz-ac.al berb.hrl,k,* bol-la. *Bry.*hrl,k cact. *Calc-p.*hrl,k canth. caps. carb-ac. *Carb-an. Carb-v. Carbn-s.* casc. caust. cham.hrl,k chel.hrl,k *Chin.*hrl,k chinin-s. *Cic. Clem.*hrl,k coloc. cupr. dig.c1 fago. *Ferr-p.* gal-ac.c1 graph. **Hep.**hrl,k iod.hrl,k jab.hrl **Kali-ar. Kali-c.** *Kali-p.* kali-sil.k2 *Lob.*hrl,k *Lyc.*hrl,k mag-c.al,h med.hrl,k2 **Merc.**hrl,k merc-i-r. merc-sul.hrl,k nat-ar. *Nat-c. Nat-m.*hrl,k nat-p. **Nit-ac.**hrl,k petr.h *Ph-ac.*hrl,k **Phos.**hrl,k plb.hrl *Psor.*hrl,k pyre-p.al pyrog.k2 sabad. *Samb.*hrl,k sarr. sars.h *Sep.*al,h **Sil.**hrl,k *Spong.*hrl,k stram.hrl,k sul-ac.hrl sul-i.k2 **Sulph.**hrl,k,* *Tarax.*hrl,k tell.al **Thuj.**hrl,k til.al valer.hrl,k *Verat.* xan.c1

- **Mitternacht**:
  - **vor**: *Carb-v.*
  - **nach**: acon. alum. am-m. ambr. ars. bol-la. clem. coloc. graph. **Kali-c.** mag-c. mag-m. phos. sil. sulph.
    - **3** h: bry. clem. nat-c. par.
    - **4** h: *Stann.*
  - **Morgen**, bis zum: graph. mag-c. *Phos.*
- **Erwachen** aufhörend und beim Einschlafen wiederkehrend; beim: cham.
- **Schlaf**, im: *Acon.*hrl carb-an. *Chin.* chinin-s. nat-c. *Phos. Thuj.* til.brol
- **Schlaflosigkeit**, mit: bar-c. *Cham.*hrl,k cic.hrl,k corn. iod. **Sulph.**

– **Atemnot**, mit: mang.

– **bedeckten** Teilen, an: bell. **Cham. Chin.** *Ferr. Nit-ac.* nux-v. sec. *Thuj.*

– **Delirium**, im: carb-ac. stram.

– **Diarrhoe**, mit:

- **häufigem**, reichlichem Urinieren; und: acon.k1
- **reichlichem** Urinieren, und: *Acon.*

– **entblößten** Teilen, außer am Kopf; an: *Thuj.*

– **erkrankten** Teilen, an: **Ant-t.**hrl,k

– **Erwachen**, beim: am-m. canth. chin. dros.k2 *Ferr.* lac-d.k2 **Samb.** *Sep.* **Sulph.**

– **Frost** mit Blutandrang; nach: nux-v.

– **Gehen**:

- **beim**: bry. canth. chinin-s. kali-c. *Merc.* **Psor.** sel. *Sep. Sulph.*
- **Freien**, im: **Caust.** *Chin.* lyc.h ph-ac.h rhod. sel. *Zinc.*

– **Herzens**; mit amel. der Beschwerden des: dig.

– **Koitus**, nach: *Agar.*

– **Menses**:

- **vor**: hyos. thuj.
- **während**: *Graph. Hyos. Murx. Verat.*
  - **Beginn** der; zu: bamb-a.stb2

– **Mittagsschlaf**, beim: *Caust.* sel.

– **Musik**, durch: *Tarent.*

– **periodisch**:
• **Nacht**; jede zweite: bar-c. kali-n. *Nit-ac.*
– **Schlaf**, im: camph. carb-an. casc.$_{a1}$ *Chin.* chinin-s. con.$_{k2}$ dulc.$_{h1}$ merc.$_{k2}$ nat-c. *Op. Phos.* podo. *Thuj.*
– **schwächend**: bry. *Chin.* chinin-s. ferr.$_{br1}$ gels. *Merc. Ph-ac.*$_{hr1,k}$ *Phos.* rhod.$_{hr1,k}$ samb.$_{hr1}$
☞ *Erschöpfend / Schwächend*
• **nicht**: casc. rhus-t. **Samb.**$_{hr1,k}$
• **stinkend**, und: carb-an. merc.
– **Stillsitzen**; beim: **Kali-bi.**
– **Urinieren** und Diarrhoe; reichliches: *Acon.*
– **Wachen**, nur im: *Samb.*$_{h,k,*}$ sep.
– **Wetter**:
• **warmem** Wetter; bei: lyc.$_{gm1}$
– **Winter**; im: carc.$_{fb}$

Salzablagerung nach Schweiß: sel.$_{st}$

Samenabgang, nach: *Calc.* nat-m.$_{bg2}$ puls. *Sep.* sulph.

Scharf: all-s.$_{hr1,k}$ *Caps.*$_{a1,k}$ **Cham.** coff.$_{bg2}$ *Con.*$_{h,k,*}$ fl-ac.$_{bg2,k,*}$ graph.$_{bg2,k}$ *Hell.*$_{bg2}$ iod.$_{bg2,k}$ ip. *Lac-ac.*$_{hr1,k}$ lyc.$_{bg2,k}$ merc. nat-m.$_{bg2}$ *Nit-ac.*$_{bg1,bg2,*}$ par. ran-b.$_{bg2}$ rhus-t.$_{bg2,k}$ sil.$_{bg2}$ tarax. tarent.$_{bg2}$ zinc.$_{bg2}$

Schauder, nach: dig.$_{c1}$ rhus-v.$_{a1,k}$ stry.$_{a1,k}$ thuj.$_{a1,k}$

Schlaf:
– **im**: agar. am-c.$_{h}$ anac. *Ant-c. Ant-t. Ars.* ars-s-f.$_{k2}$ *Bamb-a.*$_{stb2}$ bar-c. bar-s.$_{k2}$ **Bell.** borx. bry. bufo calc. calc-sil.$_{k2}$ camph. *Carb-an.* carb-v. carbn-s. *Caust.* **Cham. Chel. Chin.** *Chinin-ar. Chinin-s.* cic. cina clem. **Con.** cycl. dig. dros. dulc. eup-per. euphr. *Ferr. Ferr-ar. Ferr-p.* hep. hydrog.$_{srj2}$ **Hyos.** ign. kali-ar. kali-c. *Kali-p.* kali-sil.$_{k2}$ *Lac-c.* lachn. lyc. *Merc.* **Mez.** mur-ac. nat-c. *Nat-m.* nit-ac. nux-v. *Op. Ph-ac. Phos.* **Plat. Podo.**$_{k,k1}$ psor. **Puls. Rhus-t.** *Sabad.* **Sel.** *Sep.* **Sil.** stram. *Sulph.* tarax. **Thuj.** til.$_{bro1,c1}$ tub. verat. zinc. zinc-p.$_{k2}$
• **amel.**: ars.$_{bg2,k}$ bell.$_{bg2,k}$ bry.$_{bg2,k}$ carb-an.$_{bg2,k}$ chin.$_{bg2,k}$ hep.$_{bg2,k}$ *Merc.*$_{bg2,k}$ *Nux-v.*$_{bg2,k}$ ph-ac.$_{bg2,k}$ *Phos.*$_{bg2,k}$ puls.$_{bg2,k}$ **Samb.**$_{bg2,k}$ sep.$_{bg2}$ thuj.$_{bg2}$
• **Schließen** der Augen; selbst beim: carb-an. **Con.**
• **trockene** Hitze, Schweiß beim Erwachen: **Samb.**$_{h,k,*}$
– **Alpträume**; durch: carc.$_{zzh}$
– **Beginn** des Schlafes; zu: aeth. am-c. ant-c. **Ars.** *Calc.* carb-an. *Con.* hep.$_{bg1,bg2}$ lyc. *Mag-c.* **Merc.** mez. **Mur-ac.** op. *Phos.* puls. rhus-t. *Sanic.* sars. *Sep.* sil. **Sulph.** tab. **Tarax. Thuj.** verat.
– **Einschlafen** amel.; beim: bry. *Merc.* nux-m. ph-ac. phos. **Samb.** *Sep.*
– **Erwachen**, nach dem: alum. anac. *Ant-c.* ant-o. arn. *Ars.* ars-s-f.$_{k2}$ bamb-a.$_{stb2}$ bar-c. bell. bov. bry. *Calad. Calc.* calc-sil.$_{k2}$ canth. carb-an. carb-v. carbn-s. caust. cedr. *Chel. Chin. Chinin-ar.* cic. *Clem.* colch. con. corn. cycl. dig. *Dros.* euphr. eupi. *Ferr.* ferr-ar. glon. graph. hep. hyper. ign.

Schlaf - Erwachen, nach: ...
jug-c. lac-c. led. lyc. mag-c. mag-s. mang. *Merc.* merc-c. nat-m. nicc. *Nux-v.* ph-ac. *Phos.* pip-m. ptel. ran-b. rat. rumx. **Samb. Sep.** sil. stann. staph. **Sulph.** *Tarax.* til.
• **amel.**: ant-c. *Ars.* bell. *Cham.* **Chel.** chin. cycl. *Euphr. Hell.* **Nux-v.** op. **Phos.** *Plat.* **Puls.** sel. *Sep.* sil. stram. *Sulph.* **Thuj.**

Schließen der Augen; beim: bell.$_{bg2}$ *Bry.*$_{bg2,k}$ calc.$_{bg2,k}$ carb-an.$_{bg2,k,*}$ caust.$_{bg2}$ chin.$_{bg2}$ **Con.**$_{h,k,*}$ graph.$_{bg2}$ *Lach.*$_{bg2,k}$ mag-m.$_{bg2}$ puls.$_{bg2}$ sep.$_{bg2}$ sulph.$_{bg2}$ thuj.$_{bg2,k}$

Schmerzen:
– **durch**: acon.$_{bg2,k}$ *Ant-t.*$_{bg2,k}$ *Ars.*$_{bg2}$ bell.$_{bg2,k}$ *Bry.*$_{bg2,k}$ calc.$_{bg2,k}$ caust.$_{bg2,k}$ *Cham.*$_{bg2,k,*}$ *Chel.*$_{a1,k}$ chin.$_{bg2,k}$ cocc.$_{h}$ *Coloc.*$_{bg2,k}$ dios.$_{bg1}$ dulc.$_{bg2,k}$ form. gels.$_{bg2,hr1}$ *Hep.*$_{bg2,k}$ hyos.$_{bg2,k}$ iris$_{bg1}$ **Lach.**$_{bg2,k}$ lyc.$_{bg2,k}$ **Merc.**$_{bg2,k}$ **Nat-c.**$_{bg2,k,*}$ nit-ac.$_{k2}$ phos.$_{h}$ *Podo.*$_{a1,k}$ *Rhus-t.*$_{bg2,k,*}$ sel.$_{bg2,k}$ **Sep.**$_{bg2,k}$ spig.$_{k,k2,*}$ still.$_{a1,k}$ stram.$_{bg2,k}$ sul-ac.$_{h}$ *Sulph.*$_{bg2,k}$ sumb.$_{a1,k}$ *Tab.* thuj.$_{bg2,k}$ til. verat.$_{bg2,k}$
– **nach** Verschwinden der Schmerzen: chel.

Schmerzhaften Teilen, an: kali-c.

Schreck, durch: acon.$_{bg2}$ *Anac.* bamb-a.$_{stb2}$ *Bell.*$_{k,k1}$ gels. lyc.$_{bg2,k,*}$ **Op.**$_{bg2,k}$ sil. sulph.$_{bg2}$
☞ *❑ Gemüt - Beschwerden durch - Schreck*

Schreiben, beim: borx. *Hep. Kali-c.*$_{h,k,*}$ *Psor.* **Sep.**$_{h,k,*}$ *Sulph.*$_{h,k,*}$ tell.$_{a1}$ *Tub.*

Schüttelfrost, mit: aml-ns. ant-t. arg-n. cedr. coff. eup-per. hell. led. lyc. *Merc.* **Nux-v.** puls. pyrog. raph. *Rhus-t.* sep. sulph. tab. verat.

Schwächend, ermattend: acon.$_{bg2}$ ambr.$_{bg2}$ *Ant-t.*$_{bg2}$ **Arn.**$_{bg2}$ **Ars.**$_{bg2}$ *Bar-c.*$_{bg2}$ **Bry.**$_{bg2}$ *Calad.*$_{bg2}$ *Calc.*$_{bg2}$ **Camph.**$_{bg2}$ canth.$_{bg2}$ *Carb-an.*$_{bg2}$ **Caust.**$_{bg2}$ **Chin.**$_{bg2}$ *Cocc.*$_{bg2}$ **Croc.**$_{bg2}$ dig.$_{bg2}$ **Ferr.**$_{bg2}$ graph.$_{bg2}$ *Hyos.*$_{bg2}$ **Iod.**$_{bg2}$ **Kali-n.**$_{bg2}$ lyc.$_{bg2}$ **Merc.**$_{bg2}$ *Nat-m.*$_{bg2}$ **Nux-v.**$_{bg2}$ **Ph-ac.**$_{bg2}$ **Phos.**$_{bg2}$ **Psor.**$_{bg2}$ *Rhod.*$_{bg2}$ **Samb.**$_{bg2}$ **Sep.**$_{bg2}$ *Sil.*$_{bg2}$ *Stann.*$_{bg2}$ *Sulph.*$_{bg2}$ *Tarax.*$_{bg2}$ verat.$_{bg2}$
☞ *Erschöpfend / Reichlich - schwächend / ❑ Allgemeines - Schwäche*
– **Entbindung**, nach der: samb.$_{ptk1}$

Schweiß agg.
☞ *Symptome - agg. - während*

Sexuelle Erregung:
– **mit**: lil-t.$_{k2}$

Sitzen, im: am-c. *Anac.* **Ars.** *Asar. Calc.* caps. caust. chin. *Con. Ferr. Kali-bi.* lyc. mang. nat-c. ph-ac. phos. rhod. *Rhus-t.* sep. spong. *Staph.* sul-ac. sulph. tarax. valer.

Spärlicher Schweiß: ant-c. apis calad.$_{hr1,k}$ casc. chinin-s. cimx. *Cina* croc. cycl. dulc. elaps *Eup-per.*$_{hr1,k}$ eup-pur. gamb. ign. *Ip.* kali-c. kali-i. lach. led. nux-m. nux-v.$_{hr1,k}$ phel. ran-b.$_{c1}$ sep. sil. verat.$_{k2}$
– **Frost**; nach heftigem: eup-per.

Sprechen, beim: ambr. gink-b.$_{sbd1}$ graph. *Iod.* sil.$_{h}$ *Sulph.*
– **Öffentlichkeit**; in der: bamb-a.$_{stb2}$

Starkes Schwitzen
☞ *Reichlich*

Steif, macht die Wäsche: **Merc.**$_{k,st}$ nat-m.$_{bg2}$ sel.$_{bg2,k}$

Stellen, an einzelnen: merc.$_{bg2,k}$ ptel.$_{bg2}$ tell.$_{bg2,c1}$

Stuhlgang:
– **vor**: *Acon.*$_{bg2,k,*}$ ant-t.$_{bg2,k}$ *Bell.*$_{bg2,k,*}$ bry.$_{bg2,k}$ calc.$_{bg2,k}$ caps.$_{bg2,k}$ caust.$_{bg2,k}$ dulc.$_{hr1,k}$ kali-c.$_{bg2,k}$ **Merc.**$_{bg2,k,*}$ merc-c.$_{ptk1}$ op.$_{bg2,k}$ phos.$_{bg2,k}$ rhus-t.$_{bg2,k}$ **Trom.**$_{hr1,k}$ *Verat.*$_{bg2,k}$
– **während**: acon.$_{bg2,k}$ agar.$_{hr1,k}$ alum.$_{k2}$ ars.$_{bg2,k}$ atro.$_{a1}$ bell.$_{bg2,k}$ calc.$_{bg2,k}$ carb-v.$_{bg2,k}$ cham.$_{bg2,k,*}$ chin.$_{bg2,k}$ *Cocc.*$_{hr1}$ crot-t.$_{bg2,k,*}$ *Dulc.*$_{bg2,k,*}$ ferr.$_{bg2,k}$ ferr-ar. gamb.$_{hr1}$ hep.$_{bg2,k}$ ip.$_{bg2,k}$ kali-bi.$_{a1,bg2}$ lipp.$_{a1}$ **Merc.**$_{bg2,k,*}$ nat-c.$_{bg2}$ nat-m.$_{bg2,k}$ ptel.$_{hr1}$ rat.$_{hr1}$ rhus-t.$_{bg2,k}$ seneg.$_{a1}$ sep.$_{bg2,k}$ *Stram.*$_{bg2,k,*}$ *Sulph.*$_{bg2,k,*}$ trom.$_{hr1,k}$ **Verat.**$_{bg2,k,*}$
  • **kalter** Schweiß
  ☞ *Kalt - Stuhlgang*
– **nach**: **Acon.**$_{bg2,k}$ aloe ars.$_{bg2,k,*}$ calc.$_{bg2,k}$ camph.$_{bg2,k}$ carb-v.$_{bg2,k}$ **Caust.**$_{bg2,k}$ chin.$_{bg2,k}$ com.$_{hr1}$ con.$_{bg2}$ crot-t.$_{hr1,k}$ kali-c.$_{bg2,k}$ lach.$_{bg2,k}$ *Merc.*$_{bg2,k,*}$ merc-c.$_{pd}$ phos.$_{bg2,k}$ rhus-t.$_{bg2,k}$ *Samb.* *Sel.*$_{bg2,k}$ sep.$_{bg2,k}$ sulph.$_{bg2,k,*}$ sumb.$_{a1,k}$ **Verat.**$_{bg2,k}$
  • **amel.**: thuj.$_{h}$

Symptome:
– **agg.**:
  • **nach** dem Schwitzen: *Acon.* ant-t. calc. cham. **Chin.** *Con.* ip. *Merc.* **Ph-ac.** phos. *Puls.* **Sep.** sil. *Staph.* *Sulph.*
  • **während** dem Schwitzen: *Acon.* ant-t. arn. **Ars.** calc. calc-i.$_{k2}$ **Caust.** **Cham.** *Chin.* chinin-ar. cimx. cinnb.$_{k2}$ cist.$_{k2}$ croc. eup-per. euphr.$_{k2}$ *Ferr.* ferr-ar. **Form.** ign. *Ip.* kali-ar.$_{k2}$ lyc. med.$_{k2}$ **Merc.** mur-ac.$_{k2}$ nat-ar. nat-c. *Nux-v.* **Op.** phos. *Psor.* puls. rhod.$_{c1}$ **Rhus-t.** **Sep.** spong. **Stram.** **Sulph.** **Verat.** wye.$_{k2}$
– **amel**. während dem Schwitzen: *Acon.* aesc. aeth. apis *Ars.* bapt. bell. *Bov.* **Bry.** *Calad.* camph. canth. *Cham.* *Chinin-s.* cimx. clem.$_{bro1}$ **Cupr.** elat. eup-per. **Gels.** *Graph.* *Hep.* *Lach.* lyc. **Nat-m.** psor. **Rhus-t.** samb. sec. *Stront-c.* *Thuj.* *Verat.*
  • **Kopfschmerzen**, außer den: *Nat-m.*
    • **die** sich agg.: ars. chinin-s. **Eup-per.**

Tobsuchtsanfall; bei
☞ *Raserei*

Traurigkeit, durch: calc-p.

Trinken:
– **amel.**: bry.$_{bg2}$ *Caust.*$_{bg2,k}$ *Chinin-s.* cupr.$_{bg2,k}$ ip.$_{bg2}$ nux-v.$_{bg2,k}$ *Op.*$_{bg2}$ *Phos.*$_{bg2,k}$ puls.$_{bg2}$ sep.$_{bg2}$ sil.$_{bg2,k}$ spig.$_{bg2}$ tarax.$_{bg2}$ thuj.$_{bg2,k}$
– **nach**: aloe ars.$_{bg2,k}$ castm. cham. chin.$_{bg2,k}$ *Cocc.* con.$_{h,k,*}$ ferr.$_{bg2}$ hep.$_{bg2}$ kali-p. *Merc.*$_{a1,k}$ phos.$_{bg2}$ *Puls.*$_{bg2,k}$ rhod.$_{bg2}$ rhus-t.$_{bg2,k,*}$ *Sel.*$_{bg2,k}$ sil.$_{bg2}$ stram.$_{bg2}$ sulph.$_{bg2,k}$ sumb.$_{a1,k}$ tarax.$_{bg2}$ *Verat.*$_{bg2}$

Trinken: ...
– **warmen** Getränken, von: bry.$_{bg2,k}$ kali-c.$_{bg2,k}$ mag-c.$_{k2}$ *Merc.*$_{bg2,k,*}$ phos.$_{bg2,k}$ sil.$_{k2}$ sul-ac.$_{bg2,k}$ sumb.$_{a1}$
– **Wein** amel.; von: acon.$_{bg2,k}$ apis con.$_{bg2,k}$ lach.$_{bg2,k}$ *Op.*$_{bg2,k}$ sul-ac.$_{bg2,k}$ thuj.$_{bg2,k}$

Unbedeckten Teilen, an: bell.$_{st}$ *Puls.*$_{k1}$ *Thuj.*$_{k1}$
☞ *Entblößen - Abneigung / Entblößen - agg.*

Unterdrückt
☞ *❑ Allgemeines - Schweiß - unterdrückten*

Urinieren:
– **beim**: merc-c.$_{bro1}$
– **nach**: merc-c.$_{bro1}$

Wachen, nur im: **Samb.** sep.

Warm: acon. ant-c. anth.$_{a1}$ ars-h.$_{hr1}$ asar. ben. camph. carb-v. cham. cocc. dig.$_{j5}$ dros. ign. kali-c.$_{a1,k}$ kreos.$_{j5}$ lach. led. nat-m. nux-v. op. phos. puls.$_{j5}$ sep. sil.$_{j5}$ staph. stram. thuj.$_{h,j5}$ verat.$_{j5}$
– **abends**: anac.$_{j5}$ puls.$_{j5}$
– **nachts**: staph.$_{j5}$ thuj.$_{j5}$
– **epileptischem** Anfall, nach: sil.$_{gt1,kl}$
– **Gehen** amel.: thuj.$_{j5}$
– **heiß**:
  • **Anstrengung**; durch: limest-b.$_{es1}$
– **Konvulsionen**, mit: sil.$_{j5}$
– **periodisch**: carb-v.$_{j5}$
  • **Morgen**, jeden zweiten: ant-c.$_{j5}$
– **Schlafsucht**, mit: op.$_{j5}$
– **Sitzen**, beim: asar.$_{j5}$
– **Stuhlgang**; wird kalt und klebrig nach dem: **Merc.**
– **Unbehaglichkeit**, verursacht: **Calc.** cham. nux-v. *Puls.* **Sep.** *Sulph.*
– **Zimmer**, im warmen: carb-v.$_{h}$ cist.$_{k2}$
  • **unerträglich**: plan.

Waschen amel.: thuj.

Wenig
☞ *Spärlicher*

Wind agg.; kalter: cur.

Zimmer, im: acon.$_{bg2,k}$ agn.$_{bg2}$ *Apis* bry.$_{bg2,k}$ caust.$_{bg2,k}$ cist.$_{a1,k}$ *Fl-ac.*$_{bg2,k}$ **Ip.**$_{bg2,k}$ *Nux-v.*$_{bg2,k,*}$ *Phos.*$_{bg2,k}$ **Puls.**$_{bg2,k}$ rhod.$_{bg2,k}$ rhus-t.$_{bg2,k}$ sep.$_{bg2,k}$ sulph.$_{bg2,k}$ valer.$_{bg2,k}$

Zorn, durch: acon.$_{bg2,k}$ bry.$_{bg2,k}$ *Cham.*$_{bg2,k}$ cupr. ferr-p.$_{k2}$ lyc.$_{bg2,k}$ *Petr.*$_{bg2,k,*}$ **Sep.**$_{bg2,k,*}$ staph.$_{bg2,k}$
☞ *❑ Gemüt - Zorn*
– **Hitze**; mit
☞ *❑ Fieber - Zorn - Schweiß*

Abschälen
☞ *Hautausschläge - abschilfernd*

Aktinomykose: hecla.bro1 hippoz.bro1 kali-i.bro1,c2 nit-ac.bro1,c2

Allergie gegen Milch: **Tub.**vh

Ameisen:
– **bedeckt**; wie mit Ameisen: m-arct.rb2 zinc.rb2
– **beißen**; als würde eine Ameise
☞ *Beißen - Ameisen*
– **gebissen**; wie von einer Ameise
☞ *Gebissen - Ameise*
– **kriechen**; als würde eine Ameise:
• **in** der Haut: sabad.rb2
• **Taille**; um die: tab.rb2
• **über** die Haut: anan.rb2 ign.rb2 ph-ac.rb2 pic-ac.rb2

Ameisenlaufen: *Acon.*bg2,k,* acon-f.a1,k aesc. *Agar.*bg2,k agn.bg2,k all-s.a1,k *Alum.*bg2,k alum-p.k2 alum-sil.k2 am-c.bg2,k anac. apis *Aran.* arg-met. *Ars.*bg2,k,* *Ars-i.* ars-s-f.k2 arund.a1,k aur.bg2,k,* aur-ar.k2 aur-s.k2 *Bar-c.*bg2,k bar-m. bar-s.k2 bell.a1,k borx. bov.bg2,k bufo cadm-s.k2 calad. calc.bg2,k calc-p.a1,k calc-s. calc-sil.k2 cann-i.a1,k cann-s.bg2,k canth. caps.bg2,k,* carb-v.bg2,k,* *Carbn-s.* caust.bg2,k,* cham. chel.a1,k chin.a1,k *Chinin-ar.* cist. *Cocc.* con.a1,k croc.a1,k *Crot-c.* dulc.a1,k *Ferr.* ferr-p. fl-ac.bg2 *Hyper.*bg2,k *Iod.* kali-c. kali-m.k2 kali-s. *Kalm.*bg2 lach. *Laur.*bg2,k led. **Lyc.**bg2,k,* mag-c.bg2,k *Mag-m.*bg2,k,* mang.bg2,k *Med.* merc.a1,k merc-c.bg2,k,* *Mez.*bg2,k,* mur-ac.bg2,k nat-ar. *Nat-c.*bg2,k *Nat-m.* nat-p. nit-ac.bg2,k *Nux-v.*bg2,k,* *Olnd.*bg2,k onos. op.bg2 osm.bg1 **Ph-ac.**bg2,k,* *Phos.*bg2,k,* *Pic-ac.*bg2,k *Plat.*bg2,k plb.a1,k psor.k2 *Puls.* *Ran-b.*bg2,k ran-s.bg2,k **Rhod.**bg2,k,* **Rhus-t.**bg2,k,* *Sabad.*bg2,k **Sec.**bg2,k,* *Sil.*bg2,k,* spig.bg2,k spong.bg2,k,* *Staph.*bg2,k sul-i.k2 **Sulph.**bg2,k,* tab.a1,k **Tarent.**a1,k thuj.a1,k tub.k2 *Urt-u.*bg2,k *Viol-t.* *Visc.*bg2 *Zinc.*bg2,k,* zinc-p.k2
☞ ❑ *Gesicht - Ameisenlaufen*
– **morgens**: ferr.a1,k mag-c.a1,k staph.h,k1
– **vormittags**: mag-c.a1,k sars.a1,k
– **abends**: gent-c.a1,k,* mag-c.a1,k **Sulph.**a1,k
• **Entkleiden**, beim: sil.h
• **Liegen**, beim: *Cist.* ph-ac.h
– **nachts**: bar-c.h,k *Cist.* dulc.a1 mag-m.a1,k sulph.
• **Erwachen**, beim: bar-c.h carb-v.
• **Frost**; während: gamb.
• **Hinlegen**, nach dem: *Cist.* ph-ac.
– **Erektion**, bei der: tarent.
– **Fliegen**; wie durch: calad.rb2 cench.rb2 cod.rb2 gymno.rb2 laur.rb2
– **Flöhe**, wie durch: gent-c.rb2 nat-c.rb2 nicc.rb2 pall.rb2 ptel.rb2 pulx.rb2 spong.rb2
• **Beutel** voller Flöhe; als sei er in einem: ars.rb2
– **Frost**; während: gamb.
– **Gefühllosigkeit**, mit: euphr.
– **gelähmten** Teilen, in: *Phos.* plb.
– **Haar**: ph-ac.k2
– **Haus**, beim Eintreten ins: phos.
– **Insekten**; wie durch: arund.rb2 dulc.rb2 helo.rb2

Ameisenlaufen - Insekten; wie durch: ... lac-c.rb2 mez.rb2 nat-c.rb2 ph-ac.rb2 sec.rb2 tab.rb2 tarent.rb2
• **schnell** kriechende: dulc.rb2
• **Schultern**, Hals und Händen; an: lac-c.rb2
– **Jucken**, mit: **Colch.**bg1,bg2
– **Kratzen**:
• **agg.**: dulc.a1,k
• **amel.**: croc.a1,k zinc.
– **Läuse**; wie durch: led.rb2
– **Maus** unter der Haut krabbeln; als würde eine: ign.rb2 sec.rb2
– **Reiben**:
• **amel.**: zinc.
– **Samenabgang**, nach: ph-ac.
– **Schweiß**, beim: rhod.
– **sexueller** Erregung, bei: mez. tarent.
– **Spinne**; wie durch eine: dulc.rb2
– **Wärme**:
• **amel.**: acon.
– **Würmer** auf dem Körper bohren und kriechen; als würden: tarent.rb2
▽ **erstreckt** sich nach oben; beginnt an den Füßen und: nat-m.

Anästhesie
☞ *Unempfindlichkeit* / ❑ *Allgemeines - Unempfindlichkeit*

Angiom
☞ *Wucherungen - Angiom*

Anhaftend; Gefühl wie
☞ *Verwachsen - Knochen*

Anhidrosis
☞ *Trocken - schwitzen / Untätigkeit*

Atherome: *Agar.*bg2,k am-c.bg2,k anac. ant-c.bg2,k *Aur.*bg2 **Bar-c.**bg2,k,* benz-ac.c2 **Calc.**bg2,k calc-sil.k2 caust.bg2,mha coloc. *Con.*c2 **Graph.**bg2,k,* *Hep.*bg2,k,* hydr.bg2 iod.bg2 kali-c.bg2,k,* kali-i.c2 lach.bg2 lob.c2 *Nit-ac.*bg2,k,* ph-ac.bg2,k,* *Phos.*bg2 *Phyt.*c2 plb.bg2 rhus-t.c2,k *Sabin.*bg2,k *Sil.*bg2,k spong.bg2,k sulph.bg2,k thuj.bg2,k zinc.bg2

Aufgesprungen: *Aesc.* alum. alum-sil.k2 ant-c. arn. aur. bry. **Calc.** calc-sil.k2 carbn-s.k2 cham. *Cycl.* **Graph.**c2,k **Hep.** *Kali-c.* kreos. *Lach.* lyc. mag-c. mang. merc. nat-c. nat-m. nit-ac. petr. **Puls.**c2,k **Rhus-t.** ruta **Sars.** **Sep.** sil. **Sulph.** viol-t. zinc.
☞ *Risse*

Bad; wie in einem Dampfbad: acon.rb2

Beißen: *Agar.*a1,k agn.bg2,k alum.bg2,k alum-p.k2 alum-sil.k2 am-c.bg2,k *Am-m.*bg2,k ant-c.bg2,k arn.bg2,k bar-m.a1,k bell.bg2,k berb. borx. bov.bg2,k *Bry.*bg2,k *Calad.* *Calc.*bg2,k camph.bg2,k canth.bg2,k caps.bg2,k carb-an.bg2,k *Carb-v.*bg2,k *Caust.*bg2,k cham.bg2,k chel.bg2,k chin.bg2,k coc-c.a1,k cocc.bg2,k *Colch.*bg2,k coloc.bg2,k *Con.*bg2,k dros.bg2,k **Euph.**bg2,k *Gamb.* hell.bg2,k *Ip.*bg2,k kreos.bg2,k *Lach.*bg2,k,* **Led.**bg2,k *Lyc.*bg2,k lyss. mag-c.bg2,k mang.bg2,k merc.bg2,k *Mez.*bg2,k mur-ac.bg2,k nat-c.bg2,k nat-m.bg2,k,* nat-p.

Beißen: ...
nicc. *Nux-v.*bg2,k *Olnd.*bg2,k op.bg2,k,* pall. petr.bg2,k ph-ac.bg2,k phel. phos.bg2,k plat.bg2,k **Puls.**bg2,k ran-b.bg2,k ran-s.bg2,k,* rhod.bg2,k rhus-t.bg2,k ruta sel.bg2,k sep.bg2,k sil.bg2,k spig.bg2,k *Spong.*bg2,k stront-c. *Sulph.*bg2,k tarent.k2 thuj.bg2,k verat.bg2,k viol-t.bg2,k zinc.bg2,k
– **nachts**:
 • **Bett**, im: coc-c. mag-c.h sulph.h
  • **Schlaf**, vor dem: coc-c.
– **Ameisen** beißen würden; als ob: gamb.rb2 lach.rb2
– **Blutegel** beißen würden; als ob: carbn-s.rb2
– **Flöhe** beißen würden; als ob: arg-met.rb2 cact.rb2 dulc.rb2 merc.rb2 nat-c.rb2 nuph.rb2 nux-v.rb2 pulx.rb2 sil.rb2 tab.rb2 tell.rb2 teucr.rb2
 • **Abdomen**, Armen und Beinen; auf: thuj.rb2
 • **Knie**; das: pall.rb2
  • **über** dem Knie: pall.rb2
– **Frost**; während: gamb.
– **Insekten** beißen würden; als ob: cop.rb2
 • **berührten** Stelle; an der: antho.rb2
– **Kratzen**, nach: am-c. *Am-m.* bry. calc. canth. carb-an. carb-v. carbn-s. *Caust.* chin. con. dros. *Euph.* hell. ip. kreos. **Lach.** *Led.* *Lyc.* mang. merc. *Mez.* nat-c. nat-m. nux-v. **Olnd.** petr. ph-ac. *Puls.* ran-b. ruta sel. sep. sil. *Spong.* *Sulph.* zinc. zinc-p.k2
 • **wechselt** den Ort beim Kratzen: sulph.h
– **Nesseln** beißen würden; als ob: paeon.rb2
– **Schweiß**, durch: cham.h,kl tarax.a1,k thuj.alj
– **Stellen**, an kleinen: nat-m.a1,k
– **Ungeziefer** beißen würde; als ob: atro.rb2

Beschwerden der Haut: anac.c2 lev.c2
◆ **begleitet** von:
 • **Nieren**; Beschwerden der
  ☞ ❑ *Nieren - Beschwerden - begleitet von - Haut*

Bienen; wie Stiche von
 ☞ *Schmerz - stechend; fein*

Bisse von Insekten
 ☞ *Insektenstiche* | ❑ *Allgemeines - Wunden - Bißwunden*

Blase unter der Haut erheben und platzen würde; als ob: sil.rb2

Blubberndes, glucksendes Gefühl: berb.rb2 calc.

Blut durch die Haut schießen würde; als ob: aml-ns.rb2

Blutegel an einzelnen Stellen saugen; als würden: coc-c.rb2

Brennen: **Acon.**bg2,k agar.bg2,k,* all-c. alum.bg2,k alum-p.k2 alum-sil.k2 am-c.bg2,k am-m.bg2,k *Ambr.*bg2,k anac.bg2,k anan. ant-c.bg2,k *Anthraci.* **Apis** *Arg-met.* *Arn.*bg2,k **Ars.**bg2,k,* ars-i. asaf.bg2,k asar.bg2,k aur.bg2,k aur-ar.k2 aur-i.k2 aur-s.k2 bar-c.bg2,k,* bar-m. bar-s.k2 **Bell.**bg2,k,* berb. bism.bg2,k bov.bg2,k **Bry.**bg2,k *Bufo* calad.bg2,k *Calc.*bg2,k,* calc-i.k2 *Calc-s.* camph. cann-s.bg2,k,* canth.bg2,k *Caps.*bg2,k *Carb-an.*bg2,k,* *Carb-v.*bg2,k,*

Brennen: ...
*Caust.*bg2,k cham.bg2,k chel.bg2,k chin.bg2,k chinin-ar. *Cic.*bg2,k clem.bg2,k *Cocc.*bg2,k coff.bg2,k colch.bg2,k coloc.bg2,k con.bg2,k,* cop.a1,k *Crot-t.*a1,k cupr.bg2,k cycl.bg2,k dig.bg2,k,* dros.bg2,k *Dulc.*bg2,k,* elat.hr1 eup-per.k2 *Euph.*bg2,k euph-l.a1 *Ferr.*bg2,k ferr-ar. ferr-i. ferr-p. fl-ac.bg2 graph.bg2,k guaj.bg2,k hell.bg2,k *Hep.*bg2,k *Hyos.*bg2,k *Ign.*bg2,k iod.bg2,k kali-ar. **Kali-bi.**a1,k *Kali-c.*bg2,k kali-i.k2 kali-m.k2 *Kali-n.*bg2,k,* kali-p. *Kali-s.*a1,k kreos.bg2,k **Lach.**bg2,k,* laur.bg2,k,* led.bg2,k **Lyc.**bg2,k,* mag-c.bg2,k mag-m.bg2,k mang.bg2,k meny.bg2,k *Merc.*bg2,k,* merc-c.bg2 *Mez.*bg2,k,* mosch.bg2,k mur-ac.bg2,k nat-ar. nat-c.bg2,k *Nat-m.*bg2,k nat-p. nit-ac.bg2,k *Nux-v.*bg2,k ol-an. olnd.bg2,k *Op.*bg2,k par.bg2,k petr.bg2,k,* ph-ac.bg2,k **Phos.**bg2,k,* plat.bg2,k plb.bg2,k,* *Puls.*bg2,k *Ran-b.*bg2,k,* rhod.bg2,k **Rhus-t.**bg2,k,* ruta sabad.bg2,k sabin.bg2,k samb.bg2,k sars.bg2,k sec.bg2,k sel.bg2,k seneg.bg2,k *Sep.*bg2,k **Sil.**bg2,k *Spig.*bg2,k spong.bg2,k *Squil.*bg2,k,* stann.bg2,k *Staph.*bg2,k stram.bg2,k,* stront-c. sul-ac.bg2,k sul-i.k2 **Sulph.**bg2,k,* tarent.a1,k teucr.bg2,k thuj.bg2,k,* tril-p.c1 *Urt-u.* valer.bg2,k verat.bg2,k viol-o.bg2,k viol-t.bg2,k zinc.bg2,k
– **links**:
 • **Sonne**; durch: hydrog.srj2
– **morgens** im Bett: carb-v.h
– **abends**, beim Aufstehen: mang.h
– **nachts**: *Ars.* *Carb-v.* cinnb. clem. *Con.* *Dol.* *Merc.* nux-v. *Olnd.* rhus-t.
– **Berührung**, bei: *Canth.* caust.h *Ferr.* sabin.
 • **kalt** bei Berührung; brennendes Gefühl, jedoch wirklich: sec.k2
– **Dampf** aus den Poren des Körpers abgegeben würde; als ob brennender: fl-ac.rb2
– **Erhitzen**; beim: bry.h
– **Erregung**, durch geistige: *Bry.*
– **Feuerfunken** auf den Körper fallen würden; als ob: sec.rb2
– **Flammen**; wie durch: viol-o.
– **Flohbisse**; brennt wie durch: merc.rb2
– **Funken**; wie durch: agar. arg-met. calc. *Calc-p.* nat-m. **Sec.** sel.
– **Gehen**, beim: petr.h
– **Hand** gelegen hat; wo: hyos.h
– **juckend**
 ☞ *Jucken - brennend*
– **kaltem** Wasser; nach Arbeiten im: thuj.
– **Kohle**:
 • **Exanthem** liegen; als würde eine glühende Kohle auf dem: mez.rb2
– **Koitus**, nach: agar.
– **Kratzen**, nach: agar. *Am-c.* am-m. ambr. anac. ant-c. arn. *Ars.* ars-s-f.k2 bar-c. *Bell.* bov. *Bry.* calad. calc. calc-sil.k2 cann-s. canth. caps. carb-an. carb-v. carbn-s. **Caust.** chel. cic. cocc. coff. con. crot-t. cycl. dros. *Dulc.* euph. graph. *Hep.* kali-ar. kali-c. kali-p. *Kali-s.* kali-sil.k2 *Kreos.* *Lac-c.* lac-d.k2 **Lach.** laur. *Led.* *Lyc.* mag-c. mag-m. mang. **Merc.** mez. mosch. nat-c. nat-m. nat-s. nit-ac. nux-v. **Olnd.** par. *Petr.* ph-ac. *Phos.* puls. ran-b. rhod. **Rhus-t.** sabad. sabin. samb. sars. sel.

– **Kratzen**, nach: ...
seneg. **Sep.** **Sil.** spig. spong. *Squil.* *Staph.* stront-c. **Sulph.** thuj. *Til.* tril-p.c1 verat. viol-t. zinc. zinc-p.k2
• **amel.**: *Kali-n.*
– **Liegen** amel.: mang.a1,h,*
– **Nesseln**, wie durch: calc-p. cocc. dulc.a1 **Urt-u.**
– **Schlaf**, nach: *Urt-u.*
– **Schweiß**, durch: merc. **Mez.** **Nat-c.** verat.
– **Sonnenhitze** verbrannt; wie durch: lach.rb2
– **Stellen**, an einzelnen: agar. am-c. *Am-m.* apis *Ars.* ars-s-f.k2 bell. canth. *Carb-v.* caust. chel. croc. cupr. ferr. *Fl-ac.* iod. kali-ar. *Kali-c.* lach. lyc.a1,k mag-c. mag-m. *Merc.* *Mez.* nat-s. **Ph-ac.** plat. *Rhus-t.* sang.bg1 sel. *Sul-ac.* **Sulph.** tab. thuj. viol-o. zinc.
• **wandernd**: puls.sne
– **Teile**, auf denen er liegt: lyss. manc. *Sulph.*a1,k

Chloasma
☞ *Farbe - Chloasma* / ☐ *Gesicht - Chloasma*

Cicatrix
☞ *Narben*

Decubitus
☞ *Exkoriation* / *Wundliegen*

Dick: alum.k2 am-c. anac. **Ant-c.** *Ars.* borx. *Calc.* choc.srj3 cic. clem. *Dulc.* *Graph.* hydr-ac. kali-c. *Lach.* *Lyc.* par. phos. psor.k2 *Ran-b.* **Rhus-t.** **Sep.** sil. sulph. thiosin.br1 thuj. verat.
– **Gefühl**, als sei die Haut dick und könnte nicht in Falten gezogen werden: par.rb2
– **Kratzen**; Haut wird dick nach: ant-c. ars. cic. *Dulc.* graph. *Iod.* *Kali-bi.* *Lach.* *Ran-b.* **Rhus-t.** sep. thuj. verat.

Dünn (= durchsichtig):
– **Gefühl**, als wäre die Haut: bamb-a.stb2 thuj.bg1
☞ ☐ *Gesicht - Dünn - Haut - Gefühl*
– **Kratzen**; Haut wird dünn nach: thuj.bg2

Durchsichtig
☞ *Dünn*

Eingedellt; durch Druck leicht: ars.bg2,k **Bov.** **Bry.** phos.bg2 verat.

Eingeschlafen, wie:
– **berührt** wird; als wäre die Haut an einzelnen Stellen eingeschlafen, wenn sie: nux-v.rb2

Eis oder eiskalten Nadeln; Gefühl von: *Agar.* *Ars.*
– **Eiswasser** auf der Haut: acon.bg3

Eitern würde; als ob etwas: bufoptk2

Ekchymosen: aeth.br1,c1 anth. arg-n. **Arn.**bg2,k bad. bar-c. bar-m. bell.bg2 *Bry.*bg2,k calc. *Carb-v.* cham.bg2,k chin.bg2,k chlol.bg2,k cic.bg2 coca *Con.*bg2,k *Crot-h.*bg2,k dulc.bg2,k euphr.bg2,k *Ferr.*bg2,k ham.k2 *Hep.*bg2,k *Hyper.*bg2 iod.bg2 *Lach.*bg2,k laur.bg2,k **Led.**bg2,k mill.k2 *Nux-v.*bg2,k par.bg2,k petr.k2 **Ph-ac.**bg2,k **Phos.**bg2,k,* plb.bg2,k *Puls.*bg2,k rhus-t.bg2,k ruta **Sec.**bg2,k,* **Sul-ac.**bg2,k *Sulph.*bg2,k *Tarent.*a1,k *Ter.*

Ekchymosen: ...
– **periodisch**:
• **Jahr**; jedes: crot-h.

Elastizität; Mangel an
☞ *Eingedellt* / *Unelastisch*

Elektrisch:
– **Funken**; Gefühl wie elektrische: agar. *Arg-met.* calc. *Calc-p.* nat-m. **Sec.** *Sel.*

Empfindlichkeit: *Acon.*bg2,k *Agar.*bg2,k alum.bg2,k alum-sil.k2 am-c.bg2 am-m. ambr.k2 ant-c.bg2,k ant-t.bg2,k **Apis** *Arg-n.* arn.bg2,k ars.bg2,k ars-s-f.k2 aur.bg2,k aur-ar.k2 aur-s.k2 bamb-a.stb2 bar-c.bg2,k bar-s.k2 **Bell.**h,k,* bov.bg2,k *Bry.*bg2,k,* bufo cadm-s.k2 calad.k2 *Calc.*h,k,* calc-p.a1 *Calc-s.* calc-sil.k2 camph.bg2,k,* cann-s.bg2,k canth.bg2,k caps.bg2,k carb-an.bg2,k carb-v.bg2,k caust.k13 cham.bg2,k **Chin.**bg2,k,* *Chinin-ar.* *Chlor.*bg2,k,* choc.srj3 cimic. cinak2 *Coc-c.*bg1,k2,* *Coff.*bg2,k colch.bg2,k,* *Con.*bg2,k cot.br1 *Crot-c.* cupr. cupr-ar.bg2 cycl. *Ferr.*bg2,k ferr-ar. *Ferr-p.* fl-ac.bg2 foll.jl3 gels. **Hep.**bg2,k *Hyos.* ign.bg2,k *Ip.*bg2,k kali-ar. kali-c.bg2,k *Kali-p.* *Kali-s.* *Kreos.*bg2,k lac-c.k2 lac-d.k2 **Lach.**bg2,k *Led.*bg2,k lyc.bg2,k **Lyss.** *Mag-c.*bg2,k mag-p.k2 mang.bg1,bg2 meny.sf **Merc.**bg2,k mez. *Mosch.*bg2,k nat-c.bg2,k *Nat-m.*bg2,k,* nat-p. *Nux-m.*bg2,k *Nux-v.*bg2,k,* olnd.bg2,k,* op.bg2,gl1 ox-ac. par.bg2,k **Petr.**bg2,k,* **Ph-ac.**bg2,k phos.bg2,k plan.bg2 **Plb.**bg2,k puls.bg2,k ran-b.bg2,k ran-s.bg2,k rhus-d.c2 *Rhus-t.*bg2,k sabad.bg2 *Sang.* sars.bg2 *Sec.*bg2,k *Sel.*bg2,k *Sep.*bg2,k,* **Sil.**bg2,k *Spig.*bg2,k spong.bg2,k squil.bg2,k stann.bg2,k staph.bg2,k sul-ac.bg2,k **Sulph.**bg2,k tarent.bg2,k2 tell.jl3 *Thuj.*bg2,k verat.bg2,k *Zinc.*bg2,k zinc-p.k2
– **linke** Seite: *Lach.*
– **rechte** Seite: *Crot-h.*
– **Kälte**, gegen: mag-c.br1
• **Gegenstände**, gegen kalte: **Lac-d.**vh
– **Sonne**, gegen: sel.jl
– **vermindert**: acet-ac.br1
– **Wärme**; gegen:
• **heißes** Wasser; gegen: bamb-a.stb2

Entzündung: *Acon.*bg2,k agn.bg2,k alum.bg2,k *Anac.* ant-c.bg2,k *Apis* *Arn.*bg2,k *Ars.*bg2,k ars-s-f.k2 *Asaf.*bg2,k *Aur.* bad. bar-c.bg2,k *Bar-m.* bell.bg2,k borx. bry.bg2,k bufogk *Calc.*bg2,k camph.bg2,k cann-s.bg2,k canth.bg2,k caust.bg2,k **Cham.**bg2,k chlol. cina cocc.bg2,k colch.bg2,k com. con.bg2,k croc.bg2,k crot-h. *Dulc.* euph.bg2,k *Gels.* graph.bg2,k **Hep.**bg2,k hyos.bg2,k *Kali-s.* kreos.bg2,k lach.bg2,k lyc.bg2,k mang.bg2,k **Merc.**bg2,k mez.bg2,k nat-c.bg2,k nat-m.bg2,k *Nit-ac.*bg2,k petr.bg2,k ph-ac.k2 phos.bg2,k *Plb.*bg2,k **Puls.**bg2,k ran-b.bg2,k **Rhus-t.**bg2,k ruta sep.bg2,k **Sil.**bg2,k *Staph.*bg2,k *Sulph.*bg2,k tarent-c. verat.bg2,k zinc.bg2,k
– **bösartig**: com.c2
– **Neigung** zu: alum.bg2,k ars.bg2,k *Asaf.*bg2,k *Bar-c.*bg2,k bell.bg2,k *Borx.* calc.bg2,k camph.bg2,k canth.bg2,k **Cham.**bg2,k chel.bg2,k con.bg2,k croc.bg2,k euph.bg2,k graph.bg2,k *Hep.*bg2,k hyos.bg2,k lach.bg2,k mang.bg2,k *Merc.*bg2,k nat-c.bg2,k nat-m.bg2,k *Nit-ac.*bg2,k *Petr.*bg2,k plb.bg2,k *Puls.*bg2,k ran-b.bg2,k

– **Neigung** zu: ...
Sil.bg2,k staph.bg2,k *Sulph.*bg2,k

Erysipel: **Acon.**bg2,k,* *Am-c.*bg2,k,* am-m.bg2,k *Anac.*bg2,k anac-oc.c2 anan.hr1,k,* ant-c.bg2,k *Anthraci.*c2,k **Apis**c2,k arg-n.c2 *Arn.*bg2,k,* *Ars.*bg2,k,* *Ars-i.* ars-s-f.k2 arund.hr1,k,* astac.bro1 atro.hr1 *Aur.*hr1,k,* aur-ar.k2 aur-s.k2 bar-c.bg2,k bar-m. **Bell.**bg2,k,* *Borx.*c2,k *Bry.*bg2,k,* bufo cadm-s. *Calc.*bg2,k,* *Calc-f.*hr1 calc-i.k2 calc-sil.k2 calen.hr1 *Camph.*bg2,k,* *Canth.*bg2,k,* carb-ac.bg2,k,* *Carb-an.*bg2,k,* carb-v.bg2,k,* *Carbn-s.* caust.bg2,k *Cham.*hr1,k,* chel.hr1,k *Chin.*bg2,k,* chlol.c2 cinnm.hr1 cist.c2 *Clem.*bg2,k colch.hr1,k com.bg2,k,* con.c2 cop.br1 *Crot-c.* *Crot-h.*bg2,k,* crot-t.hr1,k cund.hr1 cupr.bg2,k,* *Cupr-act.*c2 dor.c2 dulc.bg2,k *Echi.*bg2,k elat.c1,hr1,* **Euph.**bg2,k,* euph-cy.c2 euph-pe.c2 *Ferr-p.*c2 frag.c2 gast.a1 *Gels.*hr1,k **Graph.**bg2,k,* gymno.c2 *Hep.*bg2,k,* hippoz.c2 *Hydr.*bg2,hr1 hyos.bg2,k,* inul.c2 *Iod.*bg2,k *Ip.*bg2,k,* jab.c2 *Jug-c.*hr1,k,* kali-ar. *Kali-c.*bg2,k,* *Kali-chl.*hr1,k kali-i. kali-m.k2 *Kali-p.* kali-s.hr1,k kali-sil.k2 kalm.hr1 lac-c.k2 **Lach.**bg2,k,* led.hr1,k *Lyc.*bg2,k,* mag-c.bg2,k mang.bg2,k,* meph.a1 **Merc.**bg2,k,* mur-ac.bg2,k,* nat-ar. nat-c.bg2 nat-m.bg2,k,* nat-p.hr1,k,* nat-s.hr1,k *Nit-ac.*bg2,k,* nux-v.hr1 passi.c2 petr.bg2,k,* *Ph-ac.*bg2,k,* *Phos.*bg2,k,* plan.c2 plat.hr1 plb.bg2,k podo.c1,hr1 ptel.c2,hr1 *Puls.*bg2,k,* pyrog.bg2,k2 ran-a.c2 ran-b.bg2,k,* ran-s.bg2 rhod.bg2,k,* rhus-d.c2 **Rhus-t.**bg2,k,* *Rhus-v.*bg2,k,* *Ruta* sabad.bg2,k samb.bg2,k sars.bg2,k sec.ptk1 sep.bg2,k,* *Sil.*bg2,k,* spong.bg2,hr1 stann.bg2 staph.bg2 stram.bg2,hr1,* sul-i.k2 *Sulph.*bg2,k,* *Tarent-c.* tep.c2 *Ter.*bg2,k,* *Thuj.*bg2,k tub.bg2,c2 verat.hr1,k *Verat-v.*c2 vesp. vip.a1,bg2 zinc.bg2,k,* zinc-act.c2
– **abwechselnde** Seiten: lac-c.k2
– **links** nach rechts; von: lach.hr1,k *Rhus-t.*hr1,k
– **rechts** nach links; von: *Apis* arund. *Graph.*hr1,k *Kali-c.*hr1 *Lyc.* *Rhus-t.*hr1 sulph.
◆ **begleitet** von:
• **Zunge**:
• **weiße** Farbe der Zunge: **Apis**kr1,vk1
• **Zittern** der Zunge: lach.kr1,vk1
– **alten** Menschen, bei: am-c.hr1,k *Lach.*hr1
– **Bläschen**, mit: am-c.bg2,k *Anac.* *Ars.*bg2,k,* astac. bar-c.bg2,k *Bell.*bg2,k,* bry.bg2,k *Canth.* carb-an.bg2,k *Carbn-s.* chin.bg2 cist.hr1 com. crot-t. euph.ptk1 *Graph.*bg2,k,* *Hep.*bg2,k *Kali-c.*hr1 *Kali-chl.*hr1,k kali-s. *Lach.*bg2,k,* mez.hr1,k petr.bg2,k phos.bg2,k puls.hr1,k ran-b.bg2,k,* **Rhus-t.**bg2,k,* *Rhus-v.*hr1,k sabad.bg2,k *Sep.*bg2,k,* staph.bg2,k stram.hr1,k *Sulph.*bg2,k,* ter.hr1 urt-u.hr1,k,* verat-v.hr1
– **chronisch**: *Graph.*hr1,k *Ter.*hr1,k
– **gangränös**: acon.bg2,k *Anthraci.* *Apis* **Ars.**bg2,k,* *Bell.*bg2,k *Camph.*bg2,k,* **Carb-v.**hr1,k chin.bg2,k,* com. **Crot-c.** *Hippoz.*hr1,k hyos.bg2,k **Lach.**bg2,k,* mur-ac.bg2,k,* *Rhus-t.*bg2,k,* *Sabin.*bg2,k **Sec.**bg2,k,* *Sil.*bg2,k,* ter.
– **Gehirns**; bei Beschwerden des: am-c.gsy1 verat-v.ptk1
– **glatt**: *Acon.*hr1 *Apis* **Bell.** colch.hr1 kali-p.k2 nat-s.hr1 *Puls.*hr1

Erysipel: ...
– **Kindern**; bei: *Lach.*hr1
• **Neugeborenen**; bei: bell.ptk1 carb-an.pd
– **Kratzen**, nach:
• **agg.**: *Am-c.* ant-c. arn. ars. *Bell.* borx. bry. calc. calc-sil.k2 canth. carb-an. carb-v. *Graph.* *Hep.* hyos. *Lach.* *Lyc.* mag-c. **Merc.** nat-ar. nat-c. nit-ac. petr. phos. puls. ran-b. **Rhus-t.** samb. sil. spong. *Sulph.* thuj.
– **Menses**, während: *Graph.*
– **Neugeborenen**, bei
☞ *Kindern - Neugeborenen*
– **Schwellung**, mit: *Acon.* am-c. **Apis** *Arn.* *Ars.* **Bell.** borx.c1 bry. *Calc.* calc-sil.k2 canth. carb-v. carbn-s. caust. chin. **Crot-c.** euph. *Graph.* *Hep.* kali-c. *Lach.* led.k2 lyc. mag-c. **Merc.** nat-ar. nat-c. nat-m. nit-ac. petr. ph-ac. phos. puls. **Rhus-t.** rhus-v. ruta samb. sars. sep. sil. *Sulph.* *Thuj.* *Verat-v.* zinc.
– **stinkend**: kali-p.k2
– **Streifen**, in: *Graph.*
– **traumatisch**: apispd calen.ptk1 psor.ptk1
– **Verletzung**; nach: led.k2
– **wandernd**: arn.hr1,k bell.hr1,k mang.hr1,k *Mur-ac.*hr1,k *Puls.*hr1,k rhus-t. sabin.hr1,k sulph.hr1,k syph.ptk1
– **wiederkehrend**: *Apis* *Crot-h.*
– **zurücktretend**: lyc.ptk1

Exkoriation: *Aeth.*c2 alum. *Arg-met.* arn.c2 *Ars.* *Ars-i.* ars-s-f.k2 aur. bamb-a.stb2 **Bar-c.** bar-s.k2 bell. bry. **Calc.** **Calc-s.** canth. *Carb-v.* **Carbn-s.** *Caust.* *Cham.*c2,k clem. colch. dros. **Graph.** *Hep.* hydr. iod. kali-ar. kali-c. *Kali-chl.* kali-m.k2 kali-s. laur. **Lyc.**c2,k **Merc.**c2,k *Merc-c.* **Nat-m.** nat-p. **Nit-ac.** *Olnd.* par. **Petr.** ph-ac. phos. psor.k2 puls. **Rhus-t.** ruta sabin.c1 sanic.c2 sars. **Sep.** sul-i.k2 **Sulph.** viol-t.
☞ *Intertrigo / Wundliegen*
– **Gefühl** wie exkoriiert: canth.rb2
• **Berührung**, bei: ferr.rb2
– **Kratzen**:
• **muß** sie wund kratzen: agar. *Alum.* am-c. ant-c. arg-met.k2 arn. *Bar-c.* bov. calc. calc-sil.k2 *Carbn-s.* caust. chin. dros. **Graph.** hep. kali-c. kali-sil.k2 kreos. *Lach.* *Lyc.* mang. merc. *Olnd.* **Petr.** phos. plb. psor.k2 puls. rhus-t. ruta sabin. *Sep.* sil. squil. sul-ac. *Sulph.* tarax.h *Til.*

Farbe (= Verfärbung):
– **blaß**: *Acet-ac.* am-c.k2 *Anan.* androc.srj1 *Apis* *Ars.*bg2,k,* ars-s-f.k2 bar-c.bg2,k bar-s.k2 **Bell.**bg2,k,* benz-ac.a1,k borx.k2 **Calc.**bg2,k calc-p.k2 *Calc-s.* calc-sil.k2 *Carb-ac.* carb-an.bg2,k *Carb-v.*bg2,k caust.bg2,k *Chin.*bg2,k *Chinin-ar.* **Cocc.**bg2,k *Con.*bg2,k crat.br1 *Cupr.* *Dig.*bg2,k,* **Ferr.**bg2,k,* *Ferr-ar.* *Ferr-p.* *Fl-ac.*a1,k graph.bg2,k *Hell.*bg2,k *Helon.* ign.bg2,k kali-ar. *Kali-c.*bg2,k *Kreos.* **Lyc.**bg2,k mang. *Merc.*bg2,k *Merc-c.*a1,k *Nat-c.*hr1 *Nat-m.*bg2,k,* *Nat-s.*a1,k **Nit-ac.**bg2,k *Nux-v.*bg2,k olnd.bg2,k op.a1,k ph-ac.bg2,k *Phos.*bg2,k,* **Plat.**bg2,k *Plb.*bg2,k,* *Podo.* **Puls.**bg2,k pyrog.k2 sabin.bg2,k sang. **Sec.** *Sep.*bg2,k *Sil.*a1,k *Spig.*bg2,k staph.bg2,k,* *Sul-ac.*bg2,k,*

– **blaß**: ...
Sulph.[bg2,k] sumb. tab.[a1,k] thuj.[k2] tub.[k2] valer.[bg2,k] **Verat.**[a1,k] zinc.[bg2,k] zinc-s.[a1]
• **Stellen**, an einzelnen: lach.[a1,k]
– **bläulich**: acon.[bg2,k] *Aeth.* ail. am-c.[bg2,k] ang.[bg2] *Ant-t.*[bg2,k] *Apis* *Arg-n.*[bg2,k] arn.[bg2,k] *Ars.*[bg2,k] aur.[bg2,k] aur-ar.[k2] *Bapt.* *Bell.*[bg2,k] bism.[bg2,k] *Brom.*[bg2,k] bry.[bg2,k] bufo cadm-s. calc.[bg2,k] calc-sil.[k2] *Camph.*[bg2,k] *Carb-an.*[bg2,k] **Carb-v.**[bg2,k] *Carbn-s.* chin. chinin-ar. coca cocc.[bg2,k] con.[bg2,k] cop. **Crot-c.** *Crot-h.* *Cupr.*[bg2,k] cur. **Dig.**[bg2,k] gels. glon.[bg2] *Hydr-ac.*[bg2,k] kali-bi. *Kali-br.* **Lach.**[bg2,k] *Laur.* led. merc.[bg2,k] mur-ac. naja nat-m.[bg2,k] *Nux-m.* **Nux-v.**[bg2,k] **Op.**[bg2,k] *Ox-ac.* ph-ac.[bg2,k] phos.[bg2,k] *Phyt.*[bg2,k] plb.[bg2,k] puls.[bg2,k] rhus-t.[bg2,k] samb.[bg2,k] *Sec.*[bg2,k] sil.[bg2,k] spong.[bg2,k] *Stram.* sulph.[k2] syph. *Tarent.* thuj.[bg2,k] **Verat.**[bg2,k] **Verat-v.** vip.[bg2,k]
• **periodisch**:
• **Jahr**, jedes: *Crot-h.*
• **Stellen**, an einzelnen: aeth. *Agar.*[bg2] anan. ant-c.[bg2,k] anthraci. apis arg-n. **Arn.**[bg2,k] *Ars.*[bg2,k] ars-s-f.[k2] bad. *Bapt.*[bg2] bar-c.[bg2,k] bar-m. berb. borx. *Bry.*[bg2,k] calc. *Carb-an.* *Carb-v.* chlol. *Con.*[bg2,k] **Crot-h.**[bg2,k] dulc. euphr. *Ferr.*[bg2,k] *Hep.* kreos.[bg2] *Lac-c.* **Lach.**[bg2,k] laur. *Led.*[bg2,k] *Lyc.* merc. mosch.[bg2,k] nit-ac.[bg2,k] *Nux-m.*[bg2,k] *Nux-v.*[bg2,k] *Op.*[bg2,k] **Ph-ac.** **Phos.**[bg2,k] *Plat.* plb. *Puls.* rhus-t.[bg2,k] ruta *Sars.* **Sec.**[bg2,k] *Sep.*[bg2] sil.[bg2,k] **Sul-ac.**[bg2,k] *Sulph.*[bg2,k] tarent. ter. *Vip.*[bg2]
• **verhärtet**: *Sars.*
– **braun**: arg-n.[br1] carc.[cd]
• **eiternd**: ferr.[h]
• **entzündet**: ferr.[h]
• **erhaben**: caust.[h]
• **Flecken**:
• **Milchkaffee**; von der Farbe von: carc.[cd,mg1,*]
• **juckend**: caust.[h] lyc.[h] sulph.[h]
• **Leberflecken**: am-c. *Ant-c.* ant-t. *Arg-n.* arn. *Ars.* ars-i. ars-s-f.[k2] *Aur.* aur-ar.[k2] bad. borx. bry. cadm-s. calc. calc-p. calc-s. calc-sil.[k2] canth. *Carb-v.* *Carbn-s.* carc.[bg] caust. *Con.* cop. cor-r. crot-h. **Cur.** dros. *Dulc.* ferr. ferr-ar.[k2] ferr-i. graph. *Hyos.* *Iod.* kali-ar. kali-bi. kali-c. kali-p. kali-s.[k2] kali-sil.[k2] **Lach.** *Laur.* **Lyc.** **Merc.** merc-i-r. *Mez.* nat-ar. *Nat-c.* nat-p. **Nit-ac.** *Nux-v.* petr. *Phos.* *Plb.* puls. ruta sabad. **Sep.** sil. stann. sul-ac. sul-i.[k2] **Sulph.** tarent. *Thuj.* *Tub.*
– **Chloasma**: card-m.[k1] caul.[bg3,k12]●,* lyc.[bg3,k12]● nat-hsulo.[bro1] nux-v.[bg3] rob.[bg3] sep.[bg3,k12]●,* sulph.[c2]
☞ ❑ *Gesicht - Chloasma*
– **dunkle** Flecken:
• **alten** Menschen, bei ●: ars. aur. bar-c. *Carb-an.* *Con.* *Lach.* *Lyc.* op. *Sec.*
– **düster**: carb-v.[k2] kali-p.[k2] verat.[k2]
– **Flecken**: agar.
• **feucht**: ant-c. ars. carb-v. *Crot-t.* *Hell.* kali-c. lach. sel. **Sil.** *Sulph.* tarax.
• **Flohbisse**, wie: *Acon.* agar.[bro1] lac-c.[kr1] pall.
• **glänzend**: *Calc.*[bg2,k] phos.

– **Flecken**: ...
• **glatt**: carb-an. carb-v. cor-r. lach. mag-c. petr. sumb.
• **klein**: ant-t. bry. lach. led. lyc. merc. op. rat. squil. *Sul-ac.* vip.
• **Kratzen**, nach: *Am-c.* ant-c. bell. calc. cocc. cycl. graph. mag-c. mang. merc. nit-ac. ph-ac. *Phos.* *Rhus-t.* sabad. sep. sil. sul-ac. *Sulph.* verat.
• **linsenförmig**: calc. rhus-t. vip.
• **periodisch**:
• **Jahr**, jedes: *Crot-h.*
• **stechend**; fein: canth. chel. lach. lyc. merc. *Nit-ac.* *Puls.* **Sil.**
• **sternförmig**: stram.
• **Totenflecke** bei alten Menschen ●: ars. aur. bar-c. *Con.* *Lach.* *Lyc.* op. *Sec.*
• **verbrannt**, wie: ant-c. *Ars.* carb-v. caust. *Cycl.* euph. hyos. kreos. rhus-t. sec. stram.
• **wund** beißend: bry. *Ferr.* hep. *Led.* nat-m. ph-ac. *Puls.* sil. verat.
– **gelb** (= Gelbsucht etc.): acal.[br1] **Acon.**[c2,k] aesc.[c2] agar.[c2,k] agn. *Aloe* alum. alum-p.[k2] alumn.[k2] *Am-m.* *Ambr.*[c2,k] *Ant-c.* ant-i.[c1] *Ant-t.* *Arn.* *Ars.*[c2,k] ars-i. asaf. astac.[c2,k] *Aur.*[c2,k] aur-m-n.[c2,k] aur-s.[c1,c2] *Bell.* *Berb.*[c2,k] blatta-a.[c2] bov.[c2] *Bry.*[c2,k] bufo cadm-s.[br1] *Calc.* *Calc-p.* calc-s. calc-sil.[k2] calen.[c2] cann-s. *Canth.* *Carb-v.* carbn-s. **Card-m.**[c2,k] cas-s.[br1] *Caust.* cean.[c2] cedr. *Cham.*[c2,k] **Chel.**[c2,k] chelo.[c2] chen-a.[c1,hr1] chim.[c2] **Chin.**[c2,k] *Chinin-ar.* **Chion.**[c2,k] chol.[c2] cina coca cocc. **Con.**[c2,k] *Corn.*[c2,k] corn-f. croc. **Crot-h.**[c2,k] cupr. *Dig.*[br1,k,*] *Dol.*[c2,st] dulc. elat.[c2,k] eup-per.[c2,k] euph. fab.[br1] *Ferr.* ferr-ar. *Ferr-i.* ferr-pic.[c2] gels.[c2,k] granit-m.[es1] graph. hell. *Hep.*[c2,k] hier-p.[lsr4] *Hydr.*[c2,k] *Ign.* ilx-a.[c2] **Iod.**[c2,k] iris kali-ar. kali-bi. kali-c. kali-m.[c2,k2] kali-p. *Kali-pic.*[c1,c2] kali-s.[k2] kali-sil.[k2] **Lach.**[c2,k] laur. *Lept.*[c2,k] lipp.[c2] **Lyc.** mag-m. mang.[c2,k] med. **Merc.**[c2,k] *Merc-c.*[c2,k] myric.[c2,k] nat-ar. nat-c. *Nat-m.* nat-p. **Nat-s.** **Nit-ac.** **Nux-v.** olnd. *Op.* petr. ph-ac. **Phos.**[c2,k] pic-ac.[c2,k2] **Plb.** plb-xyz.[c2] *Podo.*[c2,k] *Ptel.*[c2,k] *Puls.* ran-b.[c2,k] rheum[c2,k] rhus-t. ric.[c2] sabad. *Sang.* *Sec.* **Sep.**[c2,k] *Sil.* *Spig.* sul-ac. sul-i.[k2] *Sulph.*[c2,k] tab. tarax.[c2] tarent. ter.[c2] thuj. tinas.[gsb1] verat. vip.[c2,k]
◆ **begleitet** von:
• **Zunge**:
• **Schleim**; weißer: *Dig.*[kr1,vk1]
• **weiße** Farbe der Zunge: *Iod.*[kr1,vk1] **Merc.**[kr1,vk1] *Myric.*[kr1,vk1] *Nux-v.*[vk1]
• **Ärger**, Verdruß; bei: *Cham.* kali-c. *Nat-c.*
• **chronisch**: corn.[br1]
• **fahl** (= gräulichgrünlich): cadm-s.[br1]
• **Hitze**; während: *Ferr.* lach. *Nux-v.*
• **Jucken**, mit: *Hep.*[k13]
• **Konvulsionen**, mit: agar.
• **Kränkung**, nach: bry. *Lyc.*
• **Neugeborenen**, bei ●: *Acon.* *Bov.* *Chin.* elat.[c1,pd] myrt-c.[pd] *Nat-s.* *Podo.*[k13] sep.
• **Zorn**, mit: nat-s.[zr]
• **Ringe**: *Nat-c.* nat-m.
• **Schwangerschaft**; während der: aur. phos.[c2,pd]

– **gelb**: ...
 • **Sommer**; jeden: chinin-ar. *Chion.*
 • **Stellen**, an einzelnen: alum-sil.k2 ambr. ant-t. **Arn.** ars. aur-ar.k2 calc-i.k2 canth. **Con.** crot-c. cur.st dol.br1 elaps **Ferr.** hydrc. iod. kali-ar. kali-c. *Lach. Lyc. Nat-c.* nat-p. nux-v.st **Petr. Phos.** *Psor. Ruta* sabad. **Sep.** stann. sul-i.k2 **Sulph.** *Thuj.* vip.
 • **Wechselfieber**, nach: am-c. *Ars. Chinin-s. Con.* ferr. nat-c. *Nat-m. Nux-v. Sang.* **Sep.** *Tub.*
 • **Zorn**, nach: *Aur.*kr1 *Aur-m-n.*kr1 *Bry.* cham. *Nat-s.*k,k2,* **Nux-v.**k,kr1
– **graue** Flecken: iod. nit-ac.
– **grüne** Flecken: *Arn.*bg2,k ars.bg2,k *Bufo* carb-v. **Con.**bg2,k crot-h. kali-n.bg2 *Lach.* med. nit-ac. sep.bg2,k sul-ac.bg2,k verat. vip.
– **Leberflecken**
 ☞ *braun - Leberflecken*
– **livid**: sul-ac.k2
– **marmoriert**: ail.k2 am-c.k2 arn.k2 ars.a1,k bell.k2 bond.a1 *Carb-v.* chlol. cic.k2 cop.a1,k *Crot-h.*a1,k **Lach.** led.k2 nux-m.a1,k *Nux-v.* ox-ac.a1,k puls.k2 *Verat-v.*
 • **Frost**; während: arn. crot-h. *Nux-v.* rhus-t.
 • **Waschen**; nach: kali-c. phos.bg2
– **orange**: elat.br1
– **purpurn**, blaurot: ham.k2 sec.k2
 • **Stellen**, an einzelnen: sec.k2
– **rot**: *Acon.*bg2,k **Agar.**bg2,k agn.bg2,k ail.k2 *Am-c.*bg2,k ant-c.bg2,k **Apis** *Arn.*bg2,k,* **Bell.**bg2,k,* bov.bg2,k *Bry.*bg2,k calc.bg2,k calc-p.bg2 calc-sil.k2 camph.bg2,k canth.bg2,k,* caps.k2 carb-v.bg2,k chin.bg2,k cinnb.k2 coc-c. cocc.bg2,k coll. *Com.* con.bg2,k cop. *Crot-c.*a1,k *Crot-h. Crot-t.*bg2,k,* cub.c1 cur. cycl.bg2,k cypr.br1 dig.br1 *Dulc.*bg2,k,* euph.bg2,k,* ferr-p. **Graph.**bg2,k hyos.bg2,k,* ign.bg2,k kreos.bg2,k lach.a1,k led.bg2,k *Lyc.*bg2,k *Manc.*bg2,k,* **Merc.**bg2,k mez.bg2,k2 *Nat-m.*bg2,k nit-ac.a1,k *Nux-v.*bg2,k,* olnd.bg2,k *Op.*bg2,k,* paeon. petr.bg2,k *Ph-ac.*bg2,k *Phos.*bg2,k,* phyt.bg2,k,* plb.bg2,k psor.k2 *Puls.*bg2,k **Rhus-t.**bg2,k,* *Ruta Sabad.*bg2,k sec.bg2,k sep.bg2,k,* sil.bg2,k spong.bg2,k squil.bg2,k stann.bg2,k **Stram.**bg2,k,* sul-ac.bg2,k *Sulph.*bg2,k,* *Tarax.*bg2,k tell. ter.bg2 teucr.bg2,k til.a1,k tub.a1 zinc.bg2,k zing.a1
 • **Bienenstich**, durch: sep.h,kl2●
 • **Erröten** über den ganzen Körper; mit: cub.c1
 • **Hitze**, mit: ars.h bell.h
 • **Kratzen**, nach: agar. am-c. ant-c. arn. *Bell.* bov. canth. chin. dulc. *Graph.* kreos. lyc. *Merc. Nat-m.* nux-v. *Olnd.* op. petr. ph-ac. puls. **Rhus-t.** ruta spong. tarax. teucr.
  • **Streifen**: calc. carb-v. euph. par. ph-ac. *Phos.*k,kl2● *Sabad.*
 • **scharlachrot**: chlol.bg1
 • **Stellen**; an einzelnen: acon.bg2,k,* aeth. agn.bg2,k ail.k2 *Alum.*bg2,k alum-p.k2 **Am-c.**bg2,k am-caust.a1 am-m.bg2,k *Ambr.*bg2,k *Ant-c.*bg2,k ant-t.bg2,k *Apis Arn.*bg2,k,* **Ars.**bg2,k,* ars-i. ars-s-f.k2 aur.bg2,k bar-c.bg2,k bar-s.k2 **Bell.**bg2,k,* benz-ac. *Berb.* brom. *Bry.*bg2,k calad.bg2,k **Calc.**bg2,k calc-i.k2 calc-sil.k2 canth.bg2,k caps.bg2,k *Carb-an.*bg2,k *Carb-v.*bg2,k carbn-s.k2 caust.bg2,k

– **rot - Stellen**; an einzelnen: ...
cham.bg2,k,* chel. chin.bg2,k *Chlol.* cinnb. cist. clem.bg2,k *Coc-c.*a1,k **Cocc.**bg2,k coff.bg2,k *Con.*bg2,k cor-r. croc.bg2,k *Crot-h. Crot-t.* cupr.bg2,k *Cycl.*bg2,k *Dros.*bg2,k *Dulc.*bg2,k,* elaps ferr. ferr-ar. ferr-i. *Graph.*bg2,k,* hep.bg2,k hyos.bg2,k iod.bg2,k *Ip.*bg2,k *Jug-c.* kali-ar. kali-c.bg2,k kali-i.bg2,k kali-n.bg2,k kali-s. kali-sil.k2 **Lach.**bg2,k led.bg2,k *Lyc.*bg2,k *Mag-c.*bg2,k mag-m.bg2,k mang. **Merc.**bg2,k mez.bg2,k nat-ar. nat-c.bg2,k nat-m.bg2,k,* nat-p. **Nit-ac.**bg2,k nux-v.bg2,k,* oena. ol-j. op.bg2,k par.bg2,k *Petr. Ph-ac.*bg2,k **Phos.**bg2,k,* phyt. *Pic-ac.*bg2 *Plb.*bg2,k ptel.c1 puls.bg2,k,* rhod.bg2,k *Rhus-t.*bg2,k,* **Sabad.**bg2,k,* *Samb.* sars.bg2,k sec.bg2,k **Sep.**bg2,k *Sil.*bg2,k spong.bg2,k,* squil.bg2,k,* *Stann.*bg2,k *Stram.*bg2,k,* **Sul-ac.**bg2,k sul-i.k2 **Sulph.**bg2,k sumb. *Tab. Teucr.*bg2,k thuj. verat.bg2,k vip.a1,k zinc.bg2,k zinc-p.k2
 ☞ *❑ Gesicht - Farbe - rot - Flecken*
 • **Abschilferung**; nach: *Carb-an. Fl-ac.*
 • **Baden**; nach: *Am-c.*
  • **Seife**; mit: sulph.h,kl2●
 • **blaßrot**: nat-c.bg2,k phos.bg2,k *Sil.*bg2,k teucr.bg2,k
 • **bläulichrot**: *Anthraci.* apis *Ars. Bell.*bg2,k,* calc.bg2 *Cor-r.*bg2 crot-h. elaps *Lach.* **Phos.**bg2,k
  • **Knötchen**: lyss.hr1
   ☞ *Hautausschläge - Erythema*
 • **bräunlichrot**: calc. cann-s.bg2,k *Carb-v.* **Nit-ac.**bg2,k *Phos.*bg2,k,* **Sep.** thuj.bg2,k
 • **brennend**: lyc.h,kl sulph.h,kl
 • **dunkelrot**: cor-r.br1
 • **feucht**: crot-t.
 • **feuerrot**: acon.bg2,k bell.bg2,k ferr-ma. stram.bg2,k
 • **Fleisch** über den Knochen dünn ist; wo das: ph-ac.k2
 • **glatt**, verhärtet: *Carb-an.*
 • **juckend**: con.h,kl dulc.h,kl graph.h,kl lyc.h,kl
 • **korallenfarben**: cor-r.br1
 • **kupferfarben**: alum.bg2,k *Ars.*bg2,k bad.bg2 calc.bg2,k,* cann-s.bg2,k **Carb-an.**bg2,k,* carb-v.bg2,k *Cor-r.*bg2,k,* crot-t. *Kreos.*bg2,k **Lach.**bg2,k led.bg2,k lyc.bg2 merc.pd *Mez.*bg2,k *Nit-ac.* phos.bg2,k phyt. *Rhus-t.*bg2,k ruta syph. ust.hr1,k *Verat.*bg2,k
  • **Abschilferung**; nach: *Carb-an.* chol.
  • **Hautausschlag** zurück; bleiben nach: med.ptk1
 • **Luft**; in kalter: sabad.
 • **rosa**: cann-s. carb-an. carb-v. cocc. cop. *Nat-c.*hr1 rhod. sars. sep. tep. teucr.bg2,k
 • **Rotwein**; wie: *Cocc.* **Sep.**
 • **scharlachrot**: acon.bg2,k **Am-c.**bg2,k am-m.bg2,k arn.bg2,k *Ars.*bg2,k bar-c.bg2,k **Bell.**bg2,k,* *Bry.*bg2,k *Carb-an.* carb-v.bg2,k caust.bg2,k cham.bg2,k chlol.bg2 coff.bg2,k *Croc.*bg2,k dulc.bg2,k euph.bg2,k hep.bg2,k *Hyos.*bg2,k,* iod.bg2,k ip.bg2,k lach.bg2,k **Merc.**bg2,k ph-ac.bg2,k phos.bg2,k rhus-t.bg2,k *Stram.*bg2,k,* *Sulph.*bg2,k
 • **violett**: con.bg2 ferr. nit-ac. phos.bg2,k verat.bg2,k

– **rot - Stellen**; an einzelnen: ...
 • **Wärme**:
  • **agg.**: fl-ac.
– **schmutzig**: ars.bg2,k,* borx. bry. bufo *Ferr.*bg2,k *Ferr-i.* *Iod.*bg2,k,* kali-ar.a1 merc.bg2,k *Nat-m.*bg2,k *Nit-ac.* phos.bg2,k *Plb.*bg2,k **Psor.**bg2,k sec.bg2,k stram. **Sulph.**bg2,k,* tarent. *Thuj.*bg2,k tub.
 • **grau**: *Iod.*
 • **Stellen**, an einzelnen: berb. sabin. *Sec.*
– **schwärzlich**: acon.bg2,k ant-c.bg2,k *Apis* *Arg-n.* arn.br1 **Ars.** asaf.bg2,k aur. *Carb-v.* chel. *Crot-h.* *Lach.* nit-ac.bg2,k ph-ac. phyt. **Plb.** **Sec.**bg2,k sol-t-ae.c2 spig.bg2,k
 • **Poren**: sabin.br1,c1
 • **Stellen**, an einzelnen: aeth. anac.bg2 arn.br1 *Ars.*bg2,k *Crot-h.* ferr. *Lach.*bg2,k phos.k2 rhus-t.bg2,k sars.k2 sec.bg2,k *Vip.*
– **Streifen**: ph-ac.h,k1 sulph.bg2
– **Verletzungen** erhalten; bleibt lange nach: led.br1
– **violett**: bell.h,k1
– **weiß**: **Apis** **Ars.** calc. carb-v. *Fl-ac.* **Kali-c.** lac-c. *Nat-c.*hr1 sumb.
 • **Stellen**, an einzelnen: *Alum.*bg2,k am-c.bg2,k arg-n.bg2 **Ars.**bg2,k ars-s-f.k2,ptk1 *Aur.*bg2,k *Berb.* *Calc.*bg2,k calc-f.ptk1 calc-sil.k2 carb-an.bg2,k coca graph.ptk1 ign.dgt *Merc.* micavs *Nat-c.*bg2,k nat-m.ptk1 nit-ac.bg2,k *Phos.*bg2,k sel.ptk1 **Sep.**bg2,vh/dg **Sil.**bg2,k *Sulph.*bg2,k zinc.bg2
  • **bläulich**; werden: *Calc.*
  • **Kindern**; bei: sep.vh
  • **Rändern**; mit dunklen: *Calc.*
  • **Schuppen**; nach Abfallen der: pip-m.bro1

Fäzes durch die Haut gehen würde; als ob jukkende: graph.rb2

Fettige Degeneration der Muskeln: lac-d.k2

Feuchtigkeit: alum.bg2,k ars.bg2,k bar-c.bg2,k bell.bg2,k *Bov.*bg2,k bry.bg2,k calc.bg2,k caps.k2 carb-an.bg2,k **Carb-v.**bg2,k caust.bg2,k cic.bg2,k *Clem.*bg2,k con.bg2,k cub.c1 dulc.bg2,k **Graph.**bg2,k hell.bg2,k hep.bg2,k kali-ar. *Kali-c.*bg2,k *Kreos.*bg2,k *Lach.*bg2,k *Led.*bg2,k **Lyc.**bg2,k merc.bg2,k mez.bg2,k nat-c.bg2,k nat-m.bg2,k nit-ac.bg2,k olnd.bg2,k *Petr.*bg2,k ph-ac.bg2,k phos.bg2,k **Rhus-t.**bg2,k ruta sabin.bg2,k *Sel.*bg2,k *Sep.*bg2,k sil.bg2,k squil.bg2,k *Staph.*bg2,k sul-ac.bg2,k sulph.bg2,k tarax.bg2,k thuj.bg2,k viol-t.bg2,k
– **Kratzen**, nach: *Alum.*bg2,k ars.bg2,k ars-s-f.k2 bar-c.bg2,k bar-s.k2 bell.bg2,k bov.bg2,k bry.bg2,k calc.bg2,k calc-sil.k2 carb-an.bg2,k *Carb-v.*bg2,k caust.bg2,k cic.bg2,k cocc.h,k1 con.bg2,k dulc.bg2,k **Graph.**bg2,k hell.bg2,k hep.bg2,k kali-act. kali-ar. *Kali-c.*bg2,k kali-s. kali-sil.k2 *Kreos.*bg2,k **Lach.**bg2,k led.bg2,k **Lyc.**bg2,k merc.bg2,k *Mez.*bg2,k nat-c.bg2,k nat-m.bg2,k nit-ac.bg2,k *Olnd.*bg2,k *Petr.*bg2,k **Rhus-t.**bg2,k ruta sabin.bg2,k sars. sel.bg2,k *Sep.*bg2,k sil.bg2,k squil.bg2,k *Staph.*bg2,k sul-ac.bg2,k sulph.bg2,k tarax.bg2,k thuj.bg2,k viol-t.bg2,k
– **Stellen**, an kleinen: ant-c. carb-v. *Hell.* kali-c. lach. led. petr. sabin. sel. **Sil.** *Sulph.* tarax. vinc.

Flecken, entzündete
 ☞ *Hautausschläge - Flecken, entzündete*

Flecken, verfärbte
 ☞ *Farbe - Flecken*

Fremdkörper oder Sandkörner unter der Haut, Gefühl als seien kleine: **Cocain.**

Fremdkörper unter der Haut wäre; als ob ein: bomb-pr.rb2
– **kleine** Fremdkörper: cocain.rb2

Frostbeulen
 ☞ *❑ Extremitäten - Frostbeulen*

Fungus haematodes
 ☞ *Wucherungen - Angiom*

Funken; wie elektrische
 ☞ *Elektrisch - Funken*

Ganglion: am-c.bg2,k arn.bg2,k aur-m. *Carb-v.* ph-ac.bg2,k *Phos.*bg2,k plb. rhus-t.bg2,k *Ruta* sil.bg2,k sulph.bg2,k zinc.bg2,k
 ☞ *❑ Extremitäten - Ganglion*

Gangrän (= durch gangränöse wunde Stellen oder Verbrennungen): *Agar.* alum. am-c.gsy1 ant-c. *Anthraci.* apis **Ars.** *Asaf.* bell.bg3 calc. *Canth.* *Carb-v.* **Caust.** chin.bg3 cycl. euph. *Kreos.* lach. mag-c. merc.k2 ph-ac. plb.bg3 *Rhus-t.* ruta sars.k2 **Sec.** sil.bg3 *Stram.* sul-ac.k2
– **alten** Menschen, bei: *Carb-v.* sars.k2 **Sec.**
– **feucht**: brom.bg2 *Carb-v.* **Chin.**bg2,k *Hell.*bg2,k ph-ac. phos.bg3 *Squil.* tarent. *Vip.*bg2
– **Flecken**; in: crot-h. cycl. *Hyos.* sec.
– **heiß**: acon.bg2,k ant-t. ars.bg2,k bell.bg2,k mur-ac.bg2,k op.bg2 *Sabin.*bg2,k *Sec.*bg2,k
– **kalt**: ant-t.bg2,k **Ars.**bg2,k *Asaf.*bg2,k bell.bg2,k brom.bg2 *Canth.* caps. *Carb-v.* con.bg2,k crot-h.bg2,k *Euph.*bg2,k iod.bg2 *Lach.*bg2,k merc.bg2,k *Merc-c.*bg2 **Plb.**bg2,k ran-b.bg2,k **Sec.**bg2,k *Sil.*bg2,k *Squil.*bg2,k sul-ac.bg2,k sulph.bg2,k tarent-c.
– **Verletzung**; durch: ars.k2

Gänsehaut: *Acon.*bg2,k aesc. aeth. agar. *Ang.* ant-t. anth.c1 arg-n. *Ars.* asar. aur. bar-c. bar-m. *Bell.* berb. borx. bov. *Bry.* *Calc.*bg2,k calc-sil.k2 *Camph.* *Cann-s.* canth. carb-an. *Caust.*bg2,k chel. *Chin.* chinin-ar.k,k2 chlor. *Croc.* crot-t. gels.hr1 **Hell.** ign. kali-i. *Lach.*bg1,vh,* lachn.c1 laur. *Led.* *Lyc.* mag-m. mang. merc. merl. mez. mur-ac. *Nat-m.* *Nat-s.* nit-ac. **Nux-v.** *Par.* *Phos.* plat. ruta *Sabad.* sabin. sars.bg2,k *Sil.* sphing.k,kk3 spig. stann. staph.bg2,k sul-ac. tab. tarent. *Thuj.* **Verat.**
 ☞ *❑ Extremitäten - Gänsehaut / ❑ Kopf - Haar - Sträuben*
– **morgens**: chinin-s. mang. sep.h,k1
– **abends**: mang.h,k1
◆ **begleitet** von:
 • **Schwäche**:
  • **Zervikalregion**
   ☞ *❑ Rücken - Schwäche - Zervikalregion - begleitet von - Gänsehaut*
– **Essen**, beim: mag-m.
– **Fieber**; während:
 • **Gefühl** von Gänsehaut: crot-t.rb2

– **Freien**, im: agar. caust. chin. sars.

– **Gehen**, beim: lyc.

– **Haus**, im: calc.

– **plötzlicher** Frost mit Haaresträuben: bar-c. dulc.

– **Stuhlgang**, nach: grat.

– **Trinken**, nach dem: cadm-s. *Chin.* verat.a1,h

– **warmen** Zimmer, im: adam.srj5 mez.

Gebissen; wie:

– **Abdomen**, auf dem: carb-ac.rb2

– **Ameise**; von einer: tarent.rb2

– **Insekt**; von einem: cop.rb2 lycps-v.rb2

– **Käfer**; von einem: syph.rb2

Gefühllosigkeit, Taubheit: acon. *Ambr.*bg2,k **Anac.**bg2,k ang.bg2 ant-t.bg2,k cann-i. cham.bg2,k choc.srj3 cic.c1 con.bg2,k *Crot-c.* cycl.bg2,k euphr. *Hyos.* *Hyper.* kali-br.bg2 kreos.bg2 lach.bg2,k *Lyc.*bg2,k medus.br1 *Nux-v.*bg2,k *Olnd.*bg2,k op.bg2 *Ph-ac.*bg2,k phos.bg2,k plat.bg2,k plb.bg2,k *Puls.* **Sec.**bg2,k sep.bg2,k stram.bg2,k sulph.bg2,k

– **morgens**, beim Erwachen: *Ambr.*

– **Jucken**, nach: cycl.h,k1

– **Kälte**; bei Einwirkung von: acon.k2

– **Kratzen**, nach: alum.bg2 ambr.bg2,k *Anac.*bg2,k ang.bg2 cham. con.bg2,k cycl.bg2,k *Lach.*bg2,k lyc.bg2,k **Olnd.**bg2,k ph-ac.bg2,k phos.bg2,k plb.bg2,k sep.bg2,k *Sulph.*bg2,k

– **Stellen**, an einzelnen: gels.k2

Gelbsucht

☞ *Farbe - gelb*

Gepackt; wie (mit der Hand) fest: acon.bg1 ther.bg1

Geruch, übler

☞ ❑ *Schweiß - Geruch - übelriechend*

Geschwüre: abr.c2 acon.bg2,k aesc.k2 agar. agn.bg2 all-c.hr1,k *Alum.*bg2,k alum-p.k2 alum-sil.k2 alumn.hr1,k,* *Am-c.*bg2,k,* am-m.c2 ambr.bg2,k anac.bg2,k anag.hr1 anan.c2 ang.bg2,hr1 ant-c.bg2,k,* ant-t.bg2,k,* *Anthraci.*c2,k arg-met. *Arg-n.*hr1,k arn.bg2,k,* **Ars.**bg2,k,* **Ars-i.**hr1,k **Asaf.**bg2,k,* *Aster.*c2 *Aur.*bg2,k,* aur-ar.k2 aur-i.k2 aur-s.k2 bals-p.c2 bar-c.bg2,k,* *Bar-m.* *Bell.*bg2,k,* benz-ac.hr1,k,* berb.hr1,k borx.c2,k bov.bg2,k brass-n-o.c2 *Brom.*hr1,k,* *Bry.*bg2,k bufok2 *Calc.*bg2,k,* calc-p.hr1,k *Calc-s.*c2,k calc-sil.c2,k2 *Calen.*c2,hr1 camph.bg2,k canth.bg2,k,* carb-ac.c2,k carb-an.bg2,k **Carb-v.**bg2,k,* carbn-s.k2 card-m.hr1 *Caust.*bg2,k,* cetr.c2 *Cham.*bg2,k,* chel.bg2,k,* chin.bg2,k,* chinin-ar. chlor.a1,k,* chr-o.c2 cic.bg2,k cina *Cinnb.* cist.hr1,k,* clem.bg2,k,* cocc.bg2,k coch.c2 coff.bg2,k colch.bg2,k com.c2 *Con.*bg2,k,* croc.bg2,k *Crot-h.*c2 cund.c2,hr1 *Cupr.*bg2,k,* cycl.bg2,k dig.bg2,k dros.bg2,k dulc.bg2,k,* echi.c2 euph.bg2,k,* ferr.hr1,k ferr-ar. ferr-p. *Fl-ac.*bg2,k,* gali.c2 get.c2 *Graph.*bg2,k,* grin.c2 guaj.bg2,k *Ham.*c2 hell.c2 hell-v.c2 **Hep.**bg2,k,* hippoz.c2 hydr.c2,k hydrin-m.c2 hyos.bg2,k,* hyper.hr1 ign.bg2,k,* *Iod.*bg2,k,* ip.bg2,k,* *Kali-ar.*c2,k **Kali-bi.**bg2,k,* *Kali-c.*bg2,k,* **Kali-chl.**c2,k kali-i.c2,k2 kali-p.c2,k **Kali-s.** kali-sil.k2 *Kreos.*bg2,k,* lac-c.c2,k2 **Lach.**bg2,k,* lap-a.hr1 lappac2 led.bg2,k liat.br1,c2 **Lyc.**bg2,k,* lyss.c2 m-ambo.c2 mang.bg2,k

Geschwüre: ...

Merc.k,k2,* merc-act.c2 *Mez.*bg2,k,* mill.hr1 mur-ac.bg2,k,* *Nat-ar.* *Nat-c.*bg2,k,* *Nat-m.*bg2,k,* nat-p. **Nit-ac.**bg2,k,* nux-m.bg2,k nux-v.bg2,k,* *Paeon.*hr1,k,* par.bg2,k *Petr.*bg2,k,* *Ph-ac.*bg2,k,* *Phos.*bg2,k,* **Phyt.**hr1,k,* *Pip-m.*a1 plb.bg2,k,* plb-i.c2 polyg-xyz.c2 *Psor.*hr1,k,* **Puls.**bg2,k,* *Pyrog.* ran-a.c2 ran-b.bg2,k,* ran-fl.c1 ran-s.bg2,k,* *Rhus-t.*bg2,k,* ruta sabin.bg2,k samb.bg2,k sang.hr1,k *Sars.*bg2,k,* *Sec.*bg2,k,* sel.bg2,k,* seneg.bg2,k *Sep.*bg2,k,* **Sil.**bg2,k,* sol-ni.c2 spong.bg2,k squil.bg2,k,* *Staph.*bg2,k,* stram.bg2,k,* stront-c. strych-g.c2 sul-ac.bg2,k,* sul-i.k2 **Sulph.**bg2,k,* syph.c2 syzyg.c2 tarax.bg2,k tep.c2 *Thuj.*bg2,k,* trach-xyz.c2 verat.bg2,k,* vesp.a1 viol-t.hr1 xan.c1,c2 *Zinc.*bg2,k,* zinc-p.k2

– **Absonderungen**:

• **blutig**: ant-t.bg2,k *Anthraci.* arg-met. arn.bg2,k **Ars.**bg2,k,* *Ars-i.* **Asaf.**bg2,k,* bell.bg2,k calc-s. canth.hr1,k carb-an. *Carb-v.*bg2,k carbn-s. *Caust.*bg2,k,* com. *Con.*bg2,k,* croc.bg2,k *Dros.*bg2,k,* graph. ham.k2 **Hep.**bg2,k,* hyos.bg2,k iod.bg2,k,* kali-ar. *Kali-c.*bg2,k,* kali-s. kali-sil.k2 kreos.bg2,k lach.bg2,k *Lyc.*bg2,k **Merc.**bg2,k mez.bg2,k nat-m.bg2,k *Nit-ac.*bg2,k *Petr.*hr1,k ph-ac.bg2,k phos.bg2,k *Puls.*bg2,k pyrog. rhus-t.bg2,k ruta sabin.bg2,k *Sars.* sec.bg2,k sep.bg2,k *Sil.*bg2,k sul-ac.bg2,k sul-i.k2 sulph.bg2,k thuj.bg2,k zinc.bg2,k zinc-p.k2

  • **schwarz**: carb-v.k2

• **bräunlich**: anac.bg2,k *Anthraci.* ars.bg2,k *Bry.*bg2,k calc.bg2,k carb-v.bg2,k con.bg2,k nit-ac.k2 puls.bg2,k rhus-t.bg2,k *Sil.*bg2,k

• **dick**: calc-s.k2

• **dünn**: ant-t.bg2,k *Ars.*bg2,k,* ars-s-f.k2 **Asaf.**bg2,k,* calc-sil.k2 *Carb-v.*bg2,k,* **Caust.**bg2,k,* dros.bg2,k fl-ac.k2 *Iod.*bg2,k,* *Kali-c.*bg2,k,* *Kali-i.* kali-sil.k2 *Lyc.*bg2,k **Merc.**bg2,k nit-ac.bg2,k *Phos.*hr1,k plb.bg2,k puls.bg2,k *Pyrog.* ran-b. ran-s.bg2,k rhus-t.bg2,k ruta sec.bg2 *Sil.*bg2,k staph.bg2,k sul-ac.k2 sul-i.k2 *Sulph.*bg2,k thuj.bg2,k

• **eiweißartig**: *Calc.*hr1,k *Puls.*hr1,k

• **gallertartig**: arg-met. arn.bg2,k bar-c.bg2,k cham.bg2,k ferr.bg2,k merc.bg2,k sep.bg2,k *Sil.*bg2,k

• **gelb**: acon.bg2,k alum. alum-p.k2 am-c.bg2,k ambr.bg2,k anac.bg2,k ang.bg2 arg-met. ars.bg2,k ars-i.k2 ars-s-f.k2 aur.bg2,k aur-ar.k2 aur-i.k2 aur-s.k2 bov.bg2,k bry.bg2,k *Calc.*bg2,k calc-s. calc-sil.k2 *Calen.*bg2 canth.hr1 caps.bg2,k *Carb-v.*bg2,k carbn-s. *Caust.*bg2,k,* cic.bg2,k *Clem.*bg2,k,* con.bg2,k croc.bg2,k dulc.bg2,k graph.bg2,k hep.bg2,k *Hydr.* iod.bg2,k,* **Kali-bi.** kali-n.bg2,k *Kali-p.*k,k2 kali-s. *Kreos.*bg2,k lyc.bg2,k mang.bg2,k *Merc.*bg2,k **Mez.** nat-ar. nat-c.bg2,k nat-m.bg2,k nat-p. *Nit-ac.*bg2,k nux-v.bg2,k *Phos.*bg2,k **Puls.**bg2,k ran-b.hr1,k rhus-t.bg2,k ruta sec.bg2,k sel.bg2,k *Sep.*bg2,k *Sil.*bg2,k spig.bg2,k *Staph.*bg2,k sul-ac.bg2,k sul-i.k2 sulph.bg2,k thuj.bg2,k viol-t.bg2,k

• **grau**: ambr.bg2,k ars.bg2,k carb-ac. **Caust.**bg2,k,* chin.bg2,k *Kali-chl.* lyc.bg2,k merc.bg2,k sep.bg2,k *Sil.*bg2,k thuj.bg2,k

• **grün**: *Ars.*bg2,k,* *Asaf.*bg2,k aur.bg2,k aur-ar.k2 calc-sil.k2 *Carb-v.*bg2,k *Caust.*bg2,k,* clem.bg2,k com.hr1,k kali-chl. *Kali-i.* kreos.bg2,k *Lyc.*

• **grün**: ...
merc.$_{bg2,k}$ naja nat-c.$_{bg2,k}$ *Nat-s.* *Nux-v.*$_{bg2,k,*}$ par. *Phos.*$_{bg2,k}$ *Puls.*$_{bg2,k}$ rhus-t.$_{bg2,k}$ sec.$_{bg2,k}$ sep.$_{bg2,k}$ *Sil.*$_{bg2,k}$ staph.$_{bg2,k}$ *Sulph.*

• **jauchig**: am-c.$_{bg2,k}$ ant-t.$_{bg2,k}$ *Anthraci.* **Ars.**$_{bg2,k,*}$ *Asaf.*$_{bg2,k,*}$ aur.$_{bg2,k}$ aur-ar.$_{k2}$ bov.$_{bg2,k}$ calc.$_{bg2,k}$ *Carb-an.* **Carb-v.**$_{bg2,k}$ *Carbn-s.* *Caust.*$_{bg2,k,*}$ *Chin.*$_{hr1,k}$ *Chlor.*$_{bg2}$ cic.$_{bg2,k}$ clem.$_{bg2,k}$ *Con.*$_{bg2,k,*}$ cund.$_{hr1}$ *Dros.*$_{bg2,k,*}$ graph.$_{bg2,k}$ ham.$_{hr1}$ *Hep.*$_{bg2,k,*}$ *Kali-ar.* *Kali-c.*$_{bg2,k,*}$ kali-i. *Kali-p.*$_{hr1,k}$ kali-sil.$_{k2}$ kreos.$_{bg2,k}$ *Lach.*$_{hr1,k}$ **Lyc.**$_{bg2,k,*}$ mang.$_{bg2,k}$ **Merc.**$_{bg2,k}$ *Mez.* mur-ac.$_{bg2,k}$ **Nit-ac.**$_{bg2,k}$ nux-v.$_{bg2,k}$ ph-ac.$_{bg2,k}$ *Phos.*$_{bg2,k,*}$ plb.$_{bg2,k}$ *Psor.*$_{hr1,k}$ *Ran-b.*$_{bg2,k,*}$ *Ran-s.*$_{bg2,k}$ **Rhus-t.**$_{bg2,k}$ *Sang.* sec.$_{bg2,k}$ sep.$_{bg2,k}$ **Sil.**$_{bg2,k}$ squil.$_{bg2,k}$ *Staph.*$_{bg2,k,*}$ sulph.$_{bg2,k}$ viol-t.$_{hr1}$

• **käsig**: merc.$_{bg2,k}$ *Sil.*$_{bg2}$

• **Maden**, mit: ars. calc. merc. *Sabad.* *Sil.* sulph.

• **reichlich**: acon.$_{bg2,k}$ arg-met.$_{k2}$ arg-n. *Ars.*$_{bg2,k,*}$ *Asaf.*$_{bg2,k,*}$ *Bell.*$_{bg2}$ bry.$_{bg2,k}$ *Calc.*$_{bg2,k}$ calen.$_{hr1}$ canth.$_{bg2,k,*}$ carbn-s. *Chin.*$_{bg2,k,*}$ cic.$_{bg2,k}$ cist.$_{k2}$ *Fl-ac.*$_{hr1,k}$ graph.$_{bg2,k}$ hep.$_{bg2}$ **Iod.**$_{bg2,k,*}$ *Kali-c.*$_{bg2,k,*}$ kali-sil.$_{k2}$ kreos.$_{bg2,k}$ lach.$_{bg2}$ lyc.$_{bg2,k}$ mang.$_{bg2,k}$ *Merc.*$_{bg2,k}$ mez.$_{bg2,k}$ nat-c.$_{bg2,k}$ ph-ac.$_{bg2,k}$ *Phos.*$_{bg2,k}$ plb.$_{bg2}$ **Puls.**$_{bg2,k}$ *Rhus-t.*$_{bg2,k}$ ruta sabin.$_{bg2,k}$ **Sep.**$_{bg2,k}$ *Sil.*$_{bg2,k}$ squil.$_{bg2,k}$ *Staph.*$_{bg2,k,*}$ sul-i.$_{k2}$ sulph.$_{bg2,k}$ thuj.$_{bg2,k}$

• **sauer** riechend: calc.$_{bg2,k}$ graph.$_{bg2,k}$ **Hep.**$_{bg2,k}$ *Merc.*$_{bg2,k}$ nat-c.$_{bg2,k}$ sep.$_{bg2,k}$ *Sulph.*$_{bg2,k}$

• **schwärzlich**: *Anthraci.* bry.$_{bg2,k}$ chin.$_{bg2,k}$ ham.$_{k2}$ lyc.$_{bg2,k}$ sec.$_{k2}$ *Sulph.*$_{bg2,k}$

• **spärlich**: acon.$_{bg2,k}$ *Ars.*$_{bg2,k}$ bar-c.$_{bg2,k,*}$ *Bell.*$_{bg2,k}$ bov.$_{bg2,k}$ bry.$_{bg2,k}$ **Calc.**$_{bg2,k,*}$ carb-v.$_{bg2,k}$ caust.$_{bg2,k}$ chin.$_{bg2,k}$ cina clem.$_{bg2,k,*}$ *Coff.*$_{bg2,k}$ *Cupr.*$_{bg2,k,*}$ dros.$_{bg2,k}$ *Dulc.*$_{bg2,k,*}$ *Graph.*$_{bg2,k}$ *Hep.*$_{bg2,k}$ *Hydr.*$_{hr1}$ hyos.$_{bg2,k}$ ign.$_{bg2,k,*}$ ip.$_{bg2,k}$ kali-bi.$_{bg2}$ kreos.$_{bg2,k}$ **Lach.**$_{bg2,k}$ led.$_{bg2,k}$ lyc.$_{bg2,k}$ *Mag-c.*$_{bg2,k}$ **Merc.**$_{bg2,k}$ nux-v.$_{bg2,k}$ *Petr.*$_{bg2,k,*}$ *Phos.*$_{bg2,k,*}$ *Plat.*$_{bg2,k}$ plb.$_{bg2,k}$ puls.$_{bg2,k}$ rhus-t.$_{bg2,k}$ sars.$_{bg2,k}$ *Sep.*$_{bg2,k}$ **Sil.**$_{bg2,k}$ spong.$_{bg2,k,*}$ *Staph.*$_{bg2,k,*}$ sulph.$_{bg2,k}$ *Verat.*$_{bg2,k,*}$

• **Talg**, wie: *Merc.* *Merc-c.*

• **übelriechend**: alum. alum-p.$_{k2}$ *Am-c.*$_{bg2,k,*}$ *Anthraci.* *Apis* **Ars.**$_{bg2,k,*}$ ars-s-f.$_{k2}$ *Asaf.*$_{bg2,k,*}$ aur.$_{bg2,k}$ aur-ar.$_{k2}$ aur-s.$_{k2}$ **Bapt.**$_{bg2,k,*}$ bell.$_{bg2,k,*}$ bov.$_{bg2,k}$ *Bry.*$_{bg2,k,*}$ *Calc.*$_{bg2,k,*}$ calc-p. *Calc-s.* calc-sil.$_{k2}$ *Carb-ac.*$_{hr1,k}$ **Carb-an.**$_{hr1,k}$ **Carb-v.**$_{bg2,k,*}$ **Carbn-s.** caust.$_{bg2,k}$ *Chel.*$_{bg2,k}$ *Chin.*$_{bg2,k,*}$ cic.$_{bg2,k}$ clem.$_{hr1,k}$ com.$_{hr1,k}$ *Con.*$_{bg2,k,*}$ crot-h.$_{bg2,k,*}$ cycl.$_{bg2,k}$ *Ferr.*$_{bg2}$ fl-ac.$_{k2}$ *Graph.*$_{bg2,k,*}$ grin. *Guaj.* **Hep.**$_{bg2,k,*}$ hydr. *Hyper.*$_{hr1,k}$ *Kali-p.*$_{hr1,k}$ kreos.$_{bg2,k,*}$ **Lach.**$_{bg2,k,*}$ **Lyc.**$_{bg2,k,*}$ mang.$_{bg2,k}$ *Merc.*$_{bg2,k,*}$ *Mez.*$_{bg2,k}$ *Mur-ac.*$_{bg2,k,*}$ nat-c.$_{bg2,k}$ *Nat-p.* **Nit-ac.**$_{bg2,k}$ nux-m.$_{bg2,k}$ nux-v.$_{bg2,k}$ **Paeon.** *Petr.*$_{hr1,k}$ **Ph-ac.**$_{bg2,k,*}$ *Phos.*$_{bg2,k,*}$ plb.$_{bg2,k}$ *Psor.*$_{bg2,k,*}$ *Puls.*$_{bg2,k,*}$ pyrog. rhus-t.$_{bg2,k,*}$ ruta sabin.$_{bg2,k}$ *Sars.* *Sec.*$_{bg2,k,*}$ *Sep.*$_{bg2,k}$ **Sil.**$_{bg2,k,*}$ **Staph.**$_{bg2,k,*}$ sul-ac.$_{bg2,k}$ **Sulph.**$_{bg2,k,*}$ thuj.$_{bg2,k}$ vinc.

• **Eier**; wie faule: calc.$_{h}$

– **Absonderungen - übelriechend**: ...

• **faulig**: *Am-c.*$_{bg2,k,*}$ *Anthraci.* **Ars.**$_{bg2,k,*}$ **Asaf.**$_{bg2,k}$ bapt.$_{bg2,k}$ bell.$_{bg2,k}$ borx. *Calc.*$_{bg2,k}$ *Calc-s.* **Chel.**$_{bg2,k}$ chin.$_{bg2,k}$ cycl.$_{bg2,k}$ graph.$_{bg2,k}$ **Hep.**$_{bg2,k}$ kali-p.$_{k2}$ lach.$_{bg2,k}$ lyc.$_{bg2,k}$ *Merc.*$_{bg2,k}$ **Mur-ac.**$_{bg2,k}$ *Nit-ac.*$_{bg2,k}$ *Ph-ac.*$_{bg2,k}$ *Phos.*$_{bg2,k}$ **Psor.** **Puls.**$_{bg2,k}$ pyrog.$_{k2}$ rhus-t.$_{bg2,k}$ *Sars.* *Sep.*$_{bg2,k}$ **Sil.**$_{bg2,k}$ sulph.$_{bg2,k}$

• **Heringslake**, wie: *Graph.* *Tell.*

• **Käse**, wie alter: *Hep.* sulph.

• **wäßrig**: ant-t.$_{bg2,k}$ *Ars.*$_{bg2,k}$ ars-i. ars-s-f.$_{k2}$ *Asaf.*$_{bg2,k}$ calc.$_{bg2,k}$ carb-v.$_{bg2,k}$ **Caust.**$_{bg2,k,*}$ clem.$_{bg2,k}$ con.$_{bg2,k,*}$ *Dros.*$_{bg2,k,*}$ fl-ac.$_{k2}$ *Graph.*$_{bg2,k,*}$ *Iod.*$_{bg2,k,*}$ *Kali-c.*$_{bg2,k,*}$ lyc.$_{bg2,k}$ **Merc.**$_{bg2,k}$ nit-ac.$_{bg2,k}$ nux-v.$_{bg2,k}$ *Petr.*$_{hr1,k}$ ph-ac.$_{k2}$ plb.$_{bg2,k}$ puls.$_{bg2,k}$ *Ran-b.*$_{bg2,k}$ *Ran-s.*$_{bg2,k}$ *Rhus-t.*$_{bg2,k}$ ruta *Sil.*$_{bg2,k}$ squil.$_{bg2,k}$ staph.$_{bg2,k}$ sul-i.$_{k2}$ sulph.$_{bg2,k}$ thuj.$_{bg2,k}$

• **weißlich**: *Am-c.*$_{bg2,k,*}$ ars.$_{bg2,k}$ *Calc.*$_{bg2,k}$ carb-v.$_{bg2,k}$ hell.$_{bg2,k}$ lach.$_{bg2}$ *Lyc.*$_{bg2,k}$ **Mez.** *Puls.*$_{bg2,k}$ sep.$_{bg2,k}$ sil.$_{bg2,k}$ sulph.$_{bg2,k}$ thuj.$_{bg2}$

• **wundfressend**: agar.$_{hr1,k}$ am-c.$_{bg2,k}$ anac.$_{bg2,k}$ **Ars.**$_{bg2,k,*}$ **Ars-i.** ars-s-f.$_{k2}$ bell.$_{bg2,k}$ calc.$_{bg2,k}$ carb-an. *Carb-v.*$_{bg2,k,*}$ **Caust.**$_{bg2,k,*}$ cham.$_{bg2,k}$ chel.$_{bg2,k}$ cist.$_{k2}$ clem.$_{bg2,k,*}$ con.$_{bg2,k}$ crot-c. cupr.$_{hr1,k}$ *Fl-ac.* *Graph.*$_{bg2,k,*}$ *Hep.*$_{bg2,k,*}$ hippoz.$_{hr1,k}$ ign.$_{bg2,k}$ *Iod.*$_{bg2,k,*}$ **Kali-bi.**$_{hr1,k}$ *Kali-i.* kreos.$_{bg2,k,*}$ lach.$_{bg2,k}$ *Lyc.*$_{bg2,k}$ **Merc.**$_{bg2,k}$ mez.$_{bg2,k}$ nat-c.$_{bg2,k}$ nat-m.$_{bg2,k}$ *Nit-ac.*$_{bg2,k}$ nux-v.$_{bg2,k,*}$ *Petr.*$_{hr1,k}$ *Phos.*$_{bg2,k}$ plb.$_{bg2,k}$ puls.$_{bg2,k}$ *Ran-b.*$_{bg2,k,*}$ *Ran-s.*$_{bg2,k}$ **Rhus-t.**$_{bg2,k}$ ruta sep.$_{bg2,k}$ **Sil.**$_{bg2,k}$ spig.$_{bg2,k}$ *Squil.*$_{bg2,k}$ *Staph.*$_{bg2,k,*}$ sul-ac.$_{bg2,k}$ sul-i.$_{k2}$ sulph.$_{bg2,k}$ zinc.$_{bg2,k,*}$

• **zäh**: ars.$_{bg2,k}$ asaf.$_{bg2,k}$ *Bov.*$_{bg2,k,*}$ cham.$_{bg2,k}$ *Con.*$_{bg2,k}$ *Graph.* *Hydr.* **Kali-bi.**$_{bg2}$ merc.$_{bg2,k}$ mez.$_{bg2,k}$ ph-ac.$_{bg2,k}$ phos.$_{bg2,k}$ sep.$_{bg2,k}$ sil.$_{bg2,k}$ staph.$_{bg2,k}$ viol-t.$_{bg2,k}$

– **Alkoholikern**; bei: sul-ac.$_{k2}$

– **alten** Menschen, bei: tarent-c.$_{bro1}$

– **ausbreitend**, sich: *Ars.* borx. calc. *Merc.* merc-i-f.$_{bg2}$ *Phyt.* sabad. *Sars.* *Sil.* staph.

– **Bläschen**; umgeben von: *Ars.* bell. caust. *Fl-ac.* *Hep.* **Lach.** merc. **Mez.** nat-c. *Nat-m.* petr. phos. *Rhus-t.* sep. *Thuj.*

– **bläulich**: aesc.$_{k2}$ arn.$_{bg2,k}$ **Ars.**$_{bg2,k,*}$ *Asaf.*$_{bg2,k,*}$ *Aur.*$_{bg2,k,*}$ aur-ar.$_{k2}$ bell.$_{bg2,k}$ bism.$_{hr1}$ bry.$_{bg2,k}$ calc.$_{bg2,k}$ calc-sil.$_{k2}$ carb-an. *Carb-v.*$_{bg2,k,*}$ *Con.*$_{bg2,k,*}$ *Hep.*$_{bg2,k,*}$ hippoz.$_{hr1}$ *Kali-i.*$_{hr1,k}$ **Lach.**$_{bg2,k,*}$ *Lyc.*$_{hr1,k}$ *Mang.*$_{bg2,k}$ *Merc.*$_{bg2,k}$ ph-ac.$_{bg2,k}$ sec.$_{bg2,k}$ seneg.$_{bg2,k}$ **Sil.**$_{bg2,k,*}$ staph.$_{bg2,k}$ verat.$_{bg2,k,*}$

• **Ränder**: *Asaf.* kali-s. *Mang.* nit-ac.

– **blutend**: acet-ac.$_{k2}$ ant-t.$_{bg2,k}$ arg-met. *Arg-n.* arn.$_{bg2,k,*}$ **Ars.**$_{bg2,k,*}$ *Ars-i.* ars-s-f.$_{k2}$ *Asaf.*$_{bg2,k,*}$ bar-m.$_{k2}$ bell.$_{bg2,k,*}$ cadm-met.$_{gm1}$ *Calc.*$_{hr1,k}$ calc-s. calen.$_{hr1}$ carb-an.$_{hr1,k}$ *Carb-v.*$_{bg2,k,*}$ carbn-s. caust.$_{bg2,k,*}$ *Con.*$_{bg2,k,*}$ croc.$_{bg2,k}$ *Crot-h.*$_{bg2,k,*}$ dros.$_{bg2,k,*}$ dulc.$_{k2}$ formal.$_{gm1}$ *Graph.*$_{hr1,k}$ ham.$_{hr1,k}$ **Hep.**$_{bg2,k,*}$ hydr. hyos.$_{bg2,k,*}$ *Iod.*$_{bg2,k,*}$ kali-ar. *Kali-c.*$_{bg2,k,*}$ kali-s. kali-sil.$_{k2}$ kalm.$_{hr1,k}$ kreos.$_{bg2,k}$ **Lach.**$_{bg2,k,*}$ **Lyc.**$_{bg2,k,*}$ **Merc.**$_{bg2,k,*}$ *Mez.*$_{bg2,k,*}$ mill.$_{k2}$ nat-m.$_{bg2,k}$ **Nit-ac.**$_{bg2,k,*}$ **Ph-ac.**$_{bg2,k,*}$

- **blutend**: ...
Phos.bg2,k,* *Puls.*bg2,k,* pyrog.k2 *Ran-b.*hr1,k rhus-t.bg2,k ruta sabin.bg2,k *Sec.*bg2,k,* sep.bg2,k *Sil.*bg2,k,* *Sul-ac.*bg2,k,* sul-i.k2 *Sulph.*bg2,k,* thuj.bg2,k x-raygm1 zinc.bg2,k,* zinc-p.k2
  - **nachts**: *Kali-c.*hr1,k
  - **Berührung**, bei: *Carb-v.* ham.alj **Hep.** *Hydr.* *Lach.* merc-c.alj *Mez.* *Nit-ac.*
  - **Blut**, schwarzes: ham.k2 lach.k2
    - **geronnen**: ars.h puls.k2
  - **Kanten**; an den: **Ars.**bg2,k asaf.bg2,k caust.bg2,k hep.bg2,k lach.bg2,k *Lyc.*bg2,k *Merc.*bg2,k ph-ac.bg2,k phos.bg2,k puls.bg2,k sep.bg2,k *Sil.*bg2,k sulph.bg2,k thuj.bg2,k
  - **Menses**, während: **Phos.**
- **bösartig**: hippoz.gm1
- **brennend**: ambr.bg2,k **Anthraci.** **Ars.**bg2,k,* ars-s-f.k2 asaf.bg2,k aur.bg2,k,* aur-ar.k2 aur-s.k2 bar-c.bg2,k bar-m. bell.bg2,k bov.bg2,k bry.bg2,k *Bufo* calc.bg2,k calc-s. calc-sil.k2 canth.hr1,k *Carb-ac.* carb-an.bg2,k **Carb-v.**bg2,k,* **Carbn-s.** **Caust.**bg2,k,* *Cham.*bg2,k,* chin.bg2,k chinin-ar. cinnb. *Clem.*bg2,k,* coloc.hr1 *Con.*bg2,k,* *Dros.*bg2,k,* ferr-ar. graph.bg2,k ham.hr1 *Hep.*bg2,k,* *Hydr.* ign.bg2,k,* kali-ar. kali-bi.bg2 *Kali-c.*bg2,k,* kali-m.k2 kali-p. kali-s. kali-sil.k2 *Kreos.*bg2,k,* lach.bg2,k **Lyc.**bg2,k,* mang.bg2,k **Merc.**bg2,k,* *Mez.*bg2,k,* mur-ac.bg2,k *Nat-ar.* *Nat-c.*bg2,k,* nat-m.bg2,k nat-p. *Nit-ac.*bg2,k nux-v.bg2,k petr.bg2,k ph-ac.bg2,k *Phos.*bg2,hr1 *Plb.*bg2,k,* **Puls.**bg2,k,* *Ran-b.*bg2,k,* **Rhus-t.**bg2,k,* sars.bg2,k sec.bg2,k sel.bg2,k sep.bg2,k **Sil.**bg2,k,* squil.bg2,k *Staph.*bg2,k,* stront-c. sul-ac.k2 **Sulph.**bg2,k,* syph. *Thuj.*bg2,k,* zinc. zinc-p.k2
  - **nachts**: *Anthraci.* bell.h,k1 *Carb-v.* cham.h,k1 *Hep.*hr1,k *Lach.*hr1,k *Merc.* rhus-t. sep.h,k1 *Staph.*
  - **Berührung**, bei: ars. bell. canth. carb-v. *Lach.* *Lyc.* merc. mez. puls. rhus-t. sil. sulph.
  - **Menses**, während: *Carb-v.*
  - **Rändern**, an den: **Ars.** asaf. carb-an. *Caust.* clem. *Hep.* *Lach.* **Lyc.** **Merc.** mur-ac. petr. ph-ac. phos. puls. ran-b. sep. **Sil.** staph. sulph. thuj.
  - **rund** herum brennend: *Ars.*bg2,k *Asaf.*bg2,k bell.bg2,k *Caust.*bg2,k cham.bg2,k hep.bg2,k *Lach.*bg2,k *Lyc.*bg2,k *Merc.*bg2,k mez.bg2,k mur-ac.bg2,k nat-c.bg2,k nux-v.bg2,k petr.bg2,k phos.bg2,k **Puls.**bg2,k *Rhus-t.*bg2,k sep.bg2,k *Sil.*bg2,k staph.bg2,k
- **chronisch**: cadm-met.gm1 formal.gm1 kali-tcy.gm1 x-raygm1
- **diabetisch**: syzyg.br1
- **eiternd**: acon.bg2,k am-c.bg2,k ambr.bg2,k anac.bg2,k ang.bg2 ant-c.bg2,k ant-t.bg2,k arg-met. arn.bg2,k **Ars.**bg2,k ars-i. ars-s-f.k2 **Asaf.**bg2,k aur.bg2,k aur-ar.k2 aur-s.k2 bar-c.bg2,k *Bell.*bg2,k borx.a1,k,* bov.bg2 bry.bg2,k calc.bg2,k *Canth.*bg2,k caps.bg2,k carb-an.bg2,k *Carb-v.*bg2,k carbn-s. **Caust.**bg2,k cham.bg2,k chel.bg2,k chin.bg2,k cic.bg2,k clem.bg2,k cocc.bg2,k con.bg2,k croc.bg2,k dros.bg2,k dulc.bg2,k graph.bg2,k hell.bg2,k **Hep.**bg2,k hyos.bg2,k ign.bg2,k **Iod.**bg2,k ip.bg2,k kali-ar. kali-c.bg2,k kali-m.k2 kali-n.bg2,k *Kali-s.* kali-sil.k2 kreos.bg2,k lach.bg2,k led.bg2,k *Lyc.*bg2,k mang.bg2,k **Merc.**bg2,k mez.bg2,k mur-ac.bg2,k *Nat-c.*hr1,k nat-m.bg2,k nat-p.

- **eiternd**: ...
*Nit-ac.*bg2,k nux-v.bg2,k petr.bg2,k *Ph-ac.*bg2,k *Phos.*bg2,k phyt.bg2 plb.bg2,k **Puls.**bg2,k ran-b.bg2,k ran-s.bg2,k **Rhus-t.**bg2,k ruta sabad.bg2,k sabin.bg2,k sars.bg2,k sec.bg2,k sel.bg2,k *Sep.*bg2,k **Sil.**bg2,k spig.bg2,k spong.bg2,k squil.bg2,k *Staph.*bg2,k sul-ac.bg2,k sul-i.k2 **Sulph.**bg2,k thuj.bg2,k viol-t.bg2,k zinc.bg2,k
- **ekzematöser** Hautausschlag; wie (= Salzfluß): **Ambr.** **Ars.** calc-s.k2 *Graph.* lyc. merc. petr. phos. puls. sep. *Sil.* *Staph.* sulph.
- **empfindlich**: alum.bg2,k alum-p.k2 am-c.bg2,k anac.bg2,k ang.bg2 arg-n.k2 **Arn.**bg2,k *Ars.*bg2,k ars-i. **Asaf.**bg2,k aur.bg2,k aur-ar.k2 aur-i.k2 aur-s.k2 *Bell.*bg2,k carb-an.bg2,k carb-v. carbn-s. *Caust.*bg2,k cham.bg2,k *Chin.*bg2,k chinin-ar. cic.bg2,k *Clem.*bg2,k *Cocc.*bg2,k coff.bg2,k con.bg2,k *Cor-r.* croc.bg2,k cupr.bg2,k dig.bg2,k *Dulc.*bg2,k *Ferr.*bg2 *Graph.*bg2,k **Hep.**bg2,k *Hydr.* hyos.bg2,k *Iod.*bg2,k *Kali-bi.*bg2 kreos.bg2,k **Lach.**bg2,k led.bg2,k **Lyc.**bg2,k *Merc.*bg2,k *Mez.*bg2,k mur-ac.bg2,k nat-c.bg2,k nat-m.bg2,k nat-p. nit-ac.bg2,k *Nux-v.*bg2,k *Paeon.* *Petr.*bg2,k *Ph-ac.*bg2,k phos.bg2,k **Puls.**bg2,k ran-b.bg2,k ran-s.bg2,k rhus-t.bg2,k sabin.bg2,k *Sec.* sel.bg2,k *Sep.*bg2,k *Sil.*bg2,k squil.bg2,k *Staph.* sul-ac.k2 sul-i.k2 sulph.bg2,k thuj.bg2,k verat.bg2,k
  - **Rändern**; an den: **Ars.**bg2,k **Asaf.**bg2,k caust.bg2,k clem.bg2,k **Hep.**bg2,k *Lach.*bg2,k *Lyc.*bg2,k **Merc.**bg2,k mur-ac.bg2,k petr.bg2,k ph-ac.bg2,k phos.bg2,k puls.bg2,k ran-b.bg2,k sep.bg2,k **Sil.**bg2,k sulph.bg2,k *Thuj.*bg2,k
  - **rund** herum: *Ars.*bg2,k **Asaf.**bg2,k bell.bg2,k caust.bg2,k cocc.bg2,k *Hep.*bg2,k **Lach.**bg2,k lyc.bg2,k merc.bg2,k mez.bg2,k mur-ac.bg2,k nat-c.bg2,k nux-v.bg2,k petr.bg2,k phos.bg2,k **Puls.**bg2,k rhus-t.bg2,k sep.bg2,k sil.bg2,k
- **Empfindungslosigkeit** darin: *Iod.*
- **entzündet**: **Acon.**bg2,k,* agn.bg2,k ant-c. ant-t.bg2 arn.bg2,k **Ars.**bg2,k,* ars-s-f.k2 asaf.bg2,k,* bar-c.bg2,k *Bell.*bg2,k,* borx. bov.bg2,k *Bry.*bg2,k,* *Calc.*bg2,k calen.hr1 caust.bg2,k *Cham.*bg2,k,* cina cinnb.hr1,k cocc.bg2,k colch.bg2,k con.bg2,k,* croc.bg2,k cupr.bg2,k dig.bg2,k *Ferr-p.*hr1 graph.bg2 **Hep.**bg2,k,* hyos.bg2,k ign.bg2,k kreos.bg2,k *Lac-c.*hr1,k *Lach.*bg2,k,* led.bg2,k *Lyc.*bg2,k,* mang.bg2,k **Merc.**bg2,k,* mez.bg2,k *Nat-c.*hr1,k *Nat-m.*hr1,k nat-p. *Nit-ac.*bg2,k,* nux-v.bg2,k petr.bg2,k **Phos.**bg2,k,* plb.bg2,k *Puls.*bg2,k,* ran-b.bg2,k *Rhus-t.*bg2,k,* ruta sal-ac.hr1 sars.bg2,k sep.bg2,k **Sil.**bg2,k,* *Staph.*bg2,k,* sul-ac.bg2 *Sulph.*bg2,k,* thuj.bg2,k verat.bg2,k zinc.bg2,k
- **erhaben**; mit verhärteten Rändern: *Apis* **Ars.** asaf. bry. carb-an. caust. cic. cina cinnb. clem. *Hep.* hydr. *Kali-ar.* *Kali-bi.* lach. **Lyc.** *Merc.* mur-ac. *Nit-ac.* *Petr.* ph-ac. *Phos.* *Puls.* ran-b. sep. **Sil.** staph. *Sulph.* thuj.
- **faulig**: ail.bg2 *Am-c.*bg2,k,* *Anthraci.* *Ars.*bg2,k,* *Asaf.*bg2,k,* aur.bg2,k aur-ar.k2 bell.bg2,k,* borx. bov.bg2 bry.bg2,k,* *Calc.*bg2,k,* *Calc-s.* calc-sil.k2 *Carb-v.*bg2,k,* caust.bg2,k chel.bg2,k *Chin.*bg2,k,* cic.bg2,k con.bg2,k,* cycl.bg2,k *Graph.*bg2,k,* **Hep.**bg2,k,* kreos.bg2,k,* lyc.bg2,k,* mang.bg2,k,* merc.bg2,k mez.bg2,k **Mur-ac.**bg2,k,* nat-c.bg2,k

– **faulig**: ...
nit-ac.bg2,k nux-m.bg2,k nux-v.bg2,k *Ph-ac.*bg2,k,* phos.bg2,k,* plb.bg2,k puls.bg2,k,* *Rhus-t.*bg2,k,* ruta sabin.bg2,k sec.bg2,k,* sep.bg2,k **Sil.**bg2,k,* staph.bg2,k,* sul-ac.bg2,k *Sulph.*bg2,k,* thuj.bg2,k
– **fistulös**: *Agar.*hr1,k ant-c.bg2,k,* ars.bg2,k *Asaf.*bg2,k,* aur.bg2,k aur-ar.k2 aur-s.k2 bar-c.hr1,k *Bell.*bg2,k,* *Berb.*bg,bg2 **Bry.**bg2,k **Calc.**bg2,k,* *Calc-f.*bg,bg2 *Calc-p.*bg2,k,* calc-s. calc-sil.k2 carb-ac. *Carb-v.*bg2,k,* carbn-s. **Caust.**bg2,k,* chel.bg2,k *Cinnb.*hr1,k clem.bg2,k *Con.*bg2,k,* eucal.hr1 *Fl-ac.*bg2,k,* *Hep.*bg2,k *Hippoz.*hr1,k kreos.bg2,k *Lach.*bg2,j5 led.bg2,k **Lyc.**bg2,k,* *Merc.*bg2,k *Mill.*hr1,kr1 nat-c.bg2,k *Nat-m.*bg2,k,* nat-p. *Nit-ac.*bg2,k,* *Petr.*bg2,k,* ph-ac.bg2,j5,* **Phos.**bg2,k,* **Puls.**bg2,k,* rhus-t.bg2,k ruta sabin.bg2,k sel.bg2,k sep.bg2,k **Sil.**bg2,k,* stann.j5 *Staph.*bg2,k,* stram.bg2,k *Sulph.*bg2,k,* *Ter.*bg,bg2 *Thuj.*bg2,k,*
– **flach**: *Am-c.* *Ars.* *Asaf.* bell. *Chin.* cor-r. **Lach.** **Lyc.** **Merc.** **Nit-ac.** *Ph-ac.* *Puls.* *Ran-b.* sel. *Sep.* *Sil.* *Thuj.*
☞ *oberflächlich*
– **Frühling**, im: *Calc.* *Cench.* *Lach.*
– **Furunkel**, durch: *Calc-p.*
– **gangränös**: am-c.bg2,k am-m.bg2 ant-t.bg2 *Anthraci.* **Ars.**bg2,k *Asaf.*bg2,k aur.bg2 *Bapt.* bell.bg2 bism. caps.gm1 *Carb-v.*bg2,k *Chin.*bg2,k *Cinnb.* com.bg2 *Con.*bg2,k *Crot-c.* *Crot-h.*bg2,k euph.bg2,k kali-bi. kali-p. *Kreos.*bg2,k **Lach.**bg2,k **Lyc.** mill. *Mur-ac.* plb.bg2 ran-b.bg2 rhus-t. sabin. *Sars.* **Sec.** **Sep.** *Sil.*bg2,k squil.bg2,k sul-ac.bg2,k sulph.bg2 vip.bg2
– **gelb**: calc. cor-r. nit-ac. plb. staph. sulph. zinc.
– **geschwollen**: acon.bg2,k agn.bg2,k arn.bg2,k *Ars.*bg2,k aur.bg2,k bar-c.bg2,k *Bell.*bg2,k *Bry.*bg2,k *Calc.*bg2,k carb-an.bg2,k carb-v.bg2,k caust.bg2,k cham.bg2,k cic.bg2,k cocc.bg2,k *Con.*bg2,k dulc.bg2,k graph.bg2,k *Hep.*bg2,k iod.bg2,k *Kali-c.*bg2,k led.bg2,k **Lyc.**bg2,k mang.bg2,k **Merc.**bg2,k *Nat-c.*hr1,k *Nat-m.*bg2,k nat-p. *Nit-ac.*bg2,k nux-v.bg2,k *Petr.*bg2,k ph-ac.bg2,k *Phos.*bg2,k plb.bg2,k **Puls.**bg2,k **Rhus-t.**bg2,k sabin.bg2,k samb.bg2,k **Sep.**bg2,k **Sil.**bg2,k staph.bg2,k **Sulph.**bg2,k *Vip.*
• **Hof**: acon.bg2,k ars.bg2,k *Bell.*bg2,k caust.bg2,k cham.bg2,k graph.h,k1 *Hep.*bg2,k lyc.bg2,k *Merc.*bg2,k nat-c.bg2,k nux-v.bg2,k petr.bg2,k phos.bg2,k **Puls.**bg2,k *Rhus-t.*bg2,k *Sep.*bg2,k sil.bg2,k staph.bg2,k
• **Ränder**: *Ars.*bg2,k bry.bg2,k *Calc.* carb-an.bg2,k caust.bg2,k cic.bg2,k *Hep.*bg2,k lyc.bg2,k **Merc.**bg2,k petr.bg2,k ph-ac.bg2,k phos.bg2,k *Puls.*bg2,k *Sep.*bg2,k **Sil.**bg2,k *Sulph.*bg2,k
– **gespannt**: arn.bg2,k *Asaf.*bg2,k aur.bg2,k *Bar-c.*bg2,k bell.bg2,k bry.bg2,k calc.bg2,k carb-an.bg2,k carb-v.bg2,k *Caust.*bg2,k cham.bg2,k chin.bg2,k clem.bg2,k cocc.bg2,k **Con.**bg2,k graph. hep.bg2,k *Iod.*bg2,k kali-c.bg2,k kreos.bg2,k *Lach.*bg2,k lyc.bg2,k *Merc.*bg2,k mez.bg2,k mur-ac.bg2,k nat-c.bg2,k nit-ac.bg2,k nux-v.bg2,k petr.bg2,k ph-ac.bg2,k *Phos.*bg2,k *Phyt.* **Puls.**bg2,k *Rhus-t.*bg2,k sabin.bg2,k sep.bg2,k sil.bg2,k *Spong.*bg2,k staph.bg2,k **Stront-c.** **Sulph.**bg2,k thuj.bg2,k zinc.bg2,k
• **Hof**: *Asaf.*bg2,k bell.bg2,k caust.bg2,k cham.bg2,k cocc.bg2,k hep.bg2,k *Lach.*bg2,k lyc.bg2,k merc.bg2,k mez.bg2,k mur-ac.bg2,k nat-c.bg2,k nux-v.bg2,k

– **gespannt - Hof**: ...
petr.bg2,k ph-ac.bg2,k phos.bg2,k **Puls.**bg2,k rhus-t.bg2,k sabin.bg2,k sep.bg2,k sil.bg2,k staph.bg2,k *Stront-c.* *Sulph.*bg2,k
– **gesprenkelter** Hof
☞ *Hof - marmoriert*
– **gezackten** Rändern; mit: *Ars.* *Carb-v.* hep. lach. **Merc.** *Nit-ac.* *Petr.* **Ph-ac.** *Sil.* staph. sulph. *Thuj.*
• **Zickzack**: *Nit-ac.*
– **glänzend**: *Lac-c.* mag-c.k2 *Phos.* puls. sec.k2 staph. syph.
• **Ränder**: fl-ac. phos. puls. sil.
– **heilen** schlecht: alum.bg2,k alum-p.k2 am-c.bg2,k bar-c.bg2,k borx. *Calc.*bg2,k calc-sil.k2 caps.gm1 carb-v.bg2,k caust.bg2,k *Cham.*bg2,k **Chel.**bg2,k clem.bg2,k *Con.*bg2,k croc.bg2,k *Graph.*bg2,k hell.bg2,k **Hep.**bg2,k *Hippoz.* kali-c.bg2,k *Lach.*bg2,k lyc.bg2,k mag-c.bg2,k mang.bg2,k *Merc.*bg2,k mur-ac.bg2,k nat-c.bg2,k nat-p. **Nit-ac.**bg2,k nux-v.bg2,k op.bg2 *Petr.*bg2,k ph-ac.bg2,k phos.bg2,k plb.bg2,k *Rhus-t.*bg2,k *Sep.*bg2,k **Sil.**bg2,k squil.bg2,k *Staph.*bg2,k *Sulph.*bg2,k viol-t.
– **Heraussickern** von Blut; mit
☞ *blutend*
– **herpetisch**: *Sars.*
– **Hof**:
• **marmoriert**, gesprenkelt: arn. *Ars.* **Carb-v.** **Con.** *Crot-h.* ip. **Lach.** *Led.* **Puls.** *Sul-ac.*
• **rot**: *Acon.* ant-c. arn. **Ars.** ars-s-f.k2 *Asaf.* bar-c. bell. borx. bry. *Calc.* caust.h *Cham.* cocc. cupr. fl-ac. graph.h **Hep.** hyos. ign. *Kali-bi.* kreos. *Lach.* led. *Lyc.* *Merc.* **Mez.** nat-c. nat-p. nit-ac. nux-v. *Petr.* ph-ac. phos. plb. **Puls.** ran-b. *Rhus-t.* sars. sep. **Sil.** **Staph.** **Sulph.** thuj. verat. zinc.
• **verhärtet**: arn. *Ars.* **Asaf.** *Bell.* caust. cham. cina hep. **Lach.** *Lyc.* merc. mez. nat-c. nux-v. petr. phos. **Puls.** sep. sil. staph. sulph.
– **indolent**: *Agar.*hr1,k agn.bg2,k alum. alum-p.k2 *Alumn.* anac.bg2,k **Ars.**bg2,k,* *Ars-i.* ars-s-f.k2 *Calc.*bg2,k,* *Calc-p.*hr1,k calc-s. calc-sil.k2 camph.bg2,k carb-an.bg2,k,* *Carb-v.*bg2,k,* carbn-s. com. **Con.**bg2,k,* crot-h. *Dulc.*bg2,k *Euph.*bg2,k,* fl-ac.hr1,k *Graph.*bg2,k,* *Hippoz.*hr1,k *Hydr.* *Iod.*bg2,k ip.bg2,k,* kali-ar. **Kali-bi.**bg2 kali-c.bg2,k kali-s. kali-sil.k2 **Lach.**bg2,k,* *Laur.*bg2,k **Lyc.**bg2,k,* mang.k2 merc.bg2,k2 mill.hr1 *Mur-ac.*bg2,k,* *Nit-ac.*bg2,k olnd.bg2,k *Op.*bg2,k petr. **Ph-ac.**bg2,k,* phos.bg2,k plb.bg2,k *Psor.*hr1,k *Puls.*hr1,k pyrog.k2 rhus-t.bg2,k sal-ac.hr1 *Sang.* *Sars.* *Sec.*bg2,k *Sep.*bg2,k,* **Sil.**bg2,k,* *Still.* stram.bg2,k sul-ac.k2 sul-i.k2 **Sulph.**bg2,k,* xan.hr1 zinc.bg2,k,* zinc-p.k2
– **juckend**: alum.bg2,k alum-p.k2 alum-sil.k2 am-c.bg2,k ambr.bg2,k anac.bg2,k ant-c. ant-t.bg2,k arn.bg2,k *Ars.*bg2,k bar-c.bg2,k bell.bg2,k bov.bg2,k bry.bg2,k calc.bg2,k canth.bg2,k carb-v.bg2,k *Caust.*bg2,k cham.bg2,k chel.bg2,k *Chin.*bg2,k clem.bg2,k con.bg2,k dros.bg2,k *Graph.*bg2,k **Hep.**bg2,k ip.bg2,k kali-n.bg2,k kreos.bg2,k lach.bg2,k led.bg2,k **Lyc.**bg2,k *Merc.*bg2,k,* **Mez.**bg2,k nat-c.bg2,k,* nat-m.bg2,k *Nit-ac.*bg2,k,* nux-v.bg2,k petr.bg2,k *Ph-ac.*bg2,k phos.bg2,k *Psor.* *Puls.*bg2,k *Ran-b.*bg2,k *Rhus-t.*bg2,k ruta sabad.bg2,k sars.bg2,k sel.bg2,k *Sep.*bg2,k **Sil.**bg2,k squil.bg2,k

– **juckend**: ...
*Staph.*bg2,k *Sulph.*bg2,k,* *Thuj.*bg2,k,* verat.bg2,k viol-t.bg2,k zinc.bg2,k zinc-p.k2
• **nachts**: *Lyc. Staph.*
• **rund** herum: agn. ang.bg2 ant-t.bg2 ars.bg2,k bell.bg2,k caust.bg2,k clem.bg2,k **Hep.**bg2,k *Lach.*bg2,k *Lyc.*bg2,k merc.bg2,k mez.bg2,k nat-c.bg2,k nux-v.bg2,k petr.bg2,k ph-ac.bg2,k phos.bg2,k **Puls.**bg2,k *Ran-b.* rhus-t.bg2,k sabin.bg2,k sep.bg2,k **Sil.**bg2,k staph.bg2,k sulph.bg2,k
– **kalt**:
• **Anwendung** amel. den Schmerz; kalte: *Cham. Fl-ac.* **Led.** *Lyc.* **Puls.**
• **Gefühl** darin; mit einem kalten: *Ars.* **Bry.** merc. petr. plb. *Rhus-t. Sil.* thuj.
• **Luft** amel.: *Dros.* **Led. Puls.**
– **Kratzen**, nach: ant-c. *Ars. Asaf.* bar-c. bell. bry. calc. carb-an. carb-v. *Caust.* chin. con. graph. *Hep. Iod.* kreos. **Lach.** *Lyc.* mang. *Merc.* mez. nat-c. *Nit-ac. Petr.* ph-ac. phos. puls. ran-b. *Rhus-t.* sabin. sep. *Sil.* staph. **Sulph.** thuj.
– **krebsartig**: *Ambr.*bg2,k ant-c.bg2,k *Anthraci.* apis **Ars.**bg2,k,* *Ars-i.* **Ars-s-f.**k2 *Aster.*bro1 aur.bg2,k,* aur-ar.k2 aur-i.k2 **Aur-s.**k13,k2 bell.bg2,k,* **Bufo** calc.bg2,k,* *Calc-s.* calc-sil.k2 *Carb-ac.*hr1,k *Carb-an.* *Carb-v.*bg2,k *Carbn-s.* caust.bg2,k chel.bg2,k chim.bro1,c1,* chinin-s.hr1,j5,* clem.bg2,k,* *Con.*bg2,k,* *Crot-c.* cund.hr1,k dor.a1 dulc.bg2,k *Ferr.*bg,bg2,* fl-ac.sf1 fuli.bro1 *Gali.*bro1 *Graph.* **Hep.**bg2,k,* *Hippoz.* hydr.hr1,k kali-ar.k,k2 kali-bi.k13,k2 kali-c. *Kali-i.*hr1,k *Kreos.*bg2,k,* *Lach.*bg2,k,* **Lyc.**hr1,k *Lyss.*hr1,k mang. *Merc.*bg2,k,* *Mill.*hr1,k2,* mur-ac. *Nit-ac.*bg2,k,* *Petr.* *Ph-ac.* *Phos.*bg2,k *Phyt.*hr1,k *Rhus-t.*bg2,k rumx. sars.bg2,k *Sep.*bg2,k,* **Sil.**bg2,k,* spong.bg2,k squil.bg2,k,* *Staph.*bg2,k,* sul-i.k2 **Sulph.**bg2,k,* tarent-c.bro1 *Thuj.*bg2,k
– **Kribbeln**; mit: acon. ant-t. **Arn.** bell. caust. *Cham. Clem.* colch. *Con.* croc. graph. hep. kali-c. *Lach.* merc. nat-c. nat-m. nat-p. nux-v. ph-ac. plb. puls. ran-b. **Rhus-t.** sabin. sec. **Sep.** spong. staph. sul-ac. sulph. thuj.
– **Krusten**, mit: anac.bg2 ant-c.bg2 ars.bg2,k ars-s-f.k2 bar-c.bg2,k *Bell.*bg2,k bov.bg2,k bry.bg2,k **Calc.**bg2,k *Calc-s.* calc-sil.k2 carb-an.bg2,k cic.bg2,k clem.bg2,k **Con.**bg2,k *Graph.*bg2,k *Hep.*bg2,k *Kali-bi.*bg2,k kali-i.bg2 *Kali-s.* led.bg2,k **Lyc.**bg2,k **Merc.**bg2,k **Mez.**bg2,k mur-ac.bg2,k olnd.bg2,k petr.bg2 *Ph-ac.* puls.bg2,k ran-b.bg2,k **Rhus-t.**bg2,k sars.bg2,k *Sep.*bg2,k **Sil.**bg2,k spong.bg2 staph.bg2,k **Sulph.**bg2,k viol-t.bg2,k
• **schwarzer** Schorf: bell.h,k1 **Kali-bi.**
– **leuchtend**
☞ *glänzend*
– **mercurialisch**: *Asaf. Aur. Carb-v. Cist.* **Hep.** *Kali-bi.* **Kali-i.** *Lach. Lyc.* mur-ac.c2 **Nit-ac. Ph-ac. Phyt. Sars.** sep. **Sil.** *Sulph.*
– **multipel**: *Bar-m.*
– **Narben**, in: asaf.k2 paeon.gm1
☞ *Narben*
– **Nekrose**:
• **Strahlentherapie**; durch: cadm-i.gm1
– **oberflächlich**: am-c. ant-c. ant-t. *Ars. Asaf.* bell. carb-an. carb-v. *Chin.* **Lach. Lyc.** *Merc. Mez.* nat-c. *Nat-m. Nit-ac.* petr. *Ph-ac.* phos. puls. ran-b. *Sel. Sep. Sil.* staph. sulph. thuj.
☞ *flach*
– **phagedänisch**: agar. *Anthraci.* **Ars.** ars-s-f.k2 aur-m-n. borx. brom.k2 *Calc.* calc-sil.k2 **Carb-v.** carbn-s.k2 **Caust.** cham. **Chel.** cic. cinnb. cist.k2 clem. con. *Crot-c. Crot-h.* dulc. *Graph. Hep.* hydr.k2 hydrc. *Hyper. Kali-ar. Kali-c. Kali-p.* kali-sil.k2 *Lach.* led. **Lyc. Merc.** *Merc-i-r. Mez.* nat-ar. *Nat-c. Nat-m.* **Nit-ac. Petr.** phos.k2 *Puls.* **Ran-b. Ran-s.** *Rhus-t.* sars. *Sep.* **Sil.** squil. staph. *Sul-ac. Sulph.* zinc.
– **Pickeln**; umgeben von: acon. *Ars.* bell. **Carb-v.** *Caust.* cham. fl-ac. *Hep.* **Lach.** lyc. merc. *Mez.* mur-ac. nat-c. *Petr.* phos. *Puls.* ran-s. *Rhus-t. Sep.* sil. staph. *Sulph.*
– **prickelnd**: acon. arn. bell. caust. cham. clem. con. hep. lach. phos. rhus-t. sec. sep. sulph.
• **nachts**: rhus-t.
– **pulsierend**: acon.bg2,k arn.bg2,k ars.bg2,k ars-s-f.k2 *Asaf.*bg2,k bar-c.bg2,k bell.bg2,k bov.bg2,k *Bry.* *Calc.*bg2,k calc-s. caust.bg2,k cham.bg2,k chin.bg2,k clem.bg2,k con.bg2,k *Hep.*bg2,k,* hyos.bg2,k ign.bg2,k *Kali-c.*bg2,k kali-s. kali-sil.k2 kalm. **Lach.**bg2 *Lyc.*bg2,k **Merc.**bg2,k mez.bg2,k mur-ac.bg2,k *Nat-c.*bg2,k nat-m.bg2,k nit-ac.bg2,k petr.bg2,k ph-ac.bg2,k phos.bg2,k puls.bg2,k rhus-t.bg2,k ruta sabad.bg2,k sars.bg2,k sep.bg2,k *Sil.*bg2,k staph.bg2,k **Sulph.**bg2,k thuj.bg2,k
• **nachts**: *Hep.* **Merc.**
– **Pusteln** darum herum: calc. caust.bg2,k clem. *Hep.*bg2,k *Mez.*bg2,k *Mur-ac.*bg2,k ph-ac. rhus-t.bg2,k *Sil.*bg2,k sulph.bg2,k
– **rauh**
☞ *gezackten*
– **regelmäßigen** Rändern; mit: kali-bi.
– **Reiben**, durch: ang.h
– **rot**: cor-r.br1
• **Hof**
☞ *Hof - rot*
– **Salzfluß**
☞ *ekzematöser*
– **sarkomatös**: ant-c. *Apis Ars.* **Hep.** kreos. *Merc.* **Nit-ac.** *Phos.* sabin. sulph. thuj.
– **Schanker**: cinnb.k2 protg.br1
☞ ❑ *Allgemeines - Schanker*
– **scharfkantig**; wie gestanzt: kali-bi.k2
– **Schleimhautränder**: lach.k2
– **schmerzhaft**: alum-sil.k2 ang.bg2,h,* arn.bg2,k,* **Ars.**bg2,k,* ars-i.k2 ars-s-f.k2 *Asaf.*bg2,k,* aur.bg2,k **Bell.**bg2,k,* calc-s. calen.hr1 *Carb-an.*bg2,k *Carb-v.*hr1,k carbn-s. *Caust.*bg2,k,* chin.bg2,k,* con.bg2,k cor-r. cupr.bg2,k dulc.bg2,k,* *Fl-ac.*hr1,k *Graph.*bg2,k,* *Hep.*bg2,k,* hyos.bg2,k,* *Kali-bi.*bg2,k *Kreos.*bg2,k,* *Led.*bg2,k *Lyc.*bg2,k,* *Merc.*bg2,k,* *Mur-ac.*bg2,k,* nat-m.bg2,k *Nit-ac.*bg2,k,* *Nux-v.*bg2,k *Ph-ac.*bg2,k,* phos.bg2,k *Phyt.* *Puls.*bg2,k,* ran-b.bg2,k *Sil.*bg2,k,* sulph.bg2,k zinc.
• **morgens**: ars.h,k1

- **nachts**: *Asaf.*$_{hr1,k}$ cham.$_{hr1,k}$ *Cinnb.* *Con.*$_{hr1,k}$ *Merc.* *Mez.*$_{hr1}$
- **beißend**: ars. bell. bry. calc. carb-an. caust. cham. chin. colch. dig. *Euph.* graph. *Lach.* *Led.* *Lyc.* mang. merc. mez. nat-c. nat-p. petr. ph-ac. **Puls.** ran-b. rhus-t. ruta sel. sil. staph. *Sulph.* thuj. zinc.
  - **nachts**: cham.$_{h}$ rhus-t.
  - **Gehen** im Freien; beim: rhus-t.$_{h}$
- **Berührung**; bei: nat-c.$_{hr1}$
- **Bettwärme**; durch: cinnb. dros. *Merc.* *Puls.*
- **Bohren**, mit: arg-met. aur. bell. calc. caust. chin. hep. *Kali-c.* nat-c. nat-m. puls. ran-s. sep. *Sil.* *Sulph.* thuj.
- **drückend**: camph. carb-v. chin. *Graph.* mez. **Paeon.** par. *Phyt.* **Sil.**
- **Eiterung**; Schmerz wie bei: am-c. anac. arn. ars. *Asaf.* aur. bar-c. *Bry.* *Calc.* *Carb-v.* chin. colch. *Con.* cycl. dros. euph. *Graph.* hep. hyos. iod. kali-c. kreos. led. nat-m. nit-ac. nux-v. par. petr. **Phos.** **Puls.** *Ran-b.* *Rhus-t.* ruta sars. sec. **Sil.** staph. *Sulph.* valer. verat. zinc.
- **Essen**, vor dem: puls.$_{h}$
- **Husten**, beim: con.$_{h}$
- **kalt**:
  - **Anwendung** amel.; kalte: *Led.* lyc.$_{k2}$
  - **Wetter**, bei kaltem: *Kali-bi.*
- **Menses**, während: *Cham.*
- **nagenden** Schmerzen, mit: agar. *Agn.* bar-c. bell. calc. *Cham.* cycl. **Dros.** *Hep.* hyos. *Kali-c.* lach. led. lyc. manc. *Merc.* mez. nat-c. ph-ac. *Phos.* *Plat.* *Puls.* *Ran-s.* rhus-t. *Ruta* sep. **Staph.** sul-ac. *Sulph.* thuj.
- **Ränder**: *Ars.*$_{bg2,k}$ asaf.$_{bg2,k}$ hep.$_{bg2,k}$ lach.$_{bg2,k}$ lyc.$_{bg2,k}$ *Merc.*$_{bg2,k}$ *Sil.*$_{bg2,k}$
- **Reißen**, mit: *Ars.* bell. bry. *Calc.* canth. carb-v. caust. clem. cocc. *Cycl.* *Graph.* kali-c. kali-sil.$_{k2}$ **Lyc.** *Merc.* mez. nat-c. nit-ac. *Nux-v.* phos. puls. rhus-t. *Sep.* sil. *Staph.* **Sulph.** zinc.
  - **Bewegung**, bei: bell.$_{h}$
  - **rund** herum: calc.$_{h}$ staph.$_{h}$
- **rund** herum: *Ars.* asaf. hep. *Lach.* **Puls.**
  - **Berührung**, bei: mez.$_{h,kl}$
- **schießend**: **Ars.** *Asaf.* clem. *Hep.* **Lyc.** *Phyt.* *Puls.* *Staph.*
- **Schneiden**, mit: *Arn.* **Bell.** *Calc.* cic. *Clem.* dros. graph. ign. *Lyc.* mag-m. mur-ac. *Nat-c.* ph-ac. plat. rhus-t. *Ruta* sep. *Sil.* sul-ac.
- **stechend**: acon. alum. alum-p.$_{k2}$ alum-sil.$_{k2}$ ant-c. *Apis* arn. **Ars.** ars-s-f.$_{k2}$ *Asaf.* bar-c. *Bell.* bov. *Bry.* calc. calc-sil.$_{k2}$ camph. canth. *Carb-an.* carb-v. carbn-s. *Caust.* cham. chin. chinin-ar. *Cinnb.* clem. cocc. con. cycl. *Graph.* *Hep.* *Hydr.* kali-n. led. *Lyc.* mag-c. mang. **Merc.** mez. mur-ac. nat-ar. *Nat-c.* nat-m. nat-p. **Nit-ac.** nux-v. *Petr.* ph-ac.$_{h}$ phos. **Puls.** ran-b. *Rhus-t.* sabad. sabin. sars. sel. *Sep.* **Sil.** spong. squil. *Staph.* sul-ac.$_{k2}$ **Sulph.** *Thuj.*
  - **abends**: mez.$_{h}$
  - **nachts**: mang.$_{h}$ rhus-t. sep.$_{h}$
  - **Hof**, im: acon. *Ars.* **Asaf.** bell. cham. cocc. hep. lyc. *Merc.* mez. mur-ac. nat-c. nit-ac.$_{h}$ nux-v.

– **schmerzhaft - stechend - Hof**, im: ...
petr. phos. **Puls.** rhus-t. sabin. sep. *Sil.* staph. *Sulph.*

  - **Lachen**, beim: hep.$_{h}$
  - **Ränder**: **Ars.** ars-s-f.$_{k2}$ *Asaf.* bry. clem. *Hep.* *Lyc.* **Merc.** mez.$_{h}$ mur-ac. petr. phos. *Puls.* ran-b. sep. *Sil.* staph. *Sulph.* thuj.
    - **Berührung**, bei: clem.
  - **Splitter**; wie durch: hep. **Nit-ac.**
- **verbrannt**, wie: alum. ant-c. **Ars.** bar-c. bell. bry. calc. *Carb-v.* caust. *Cycl.* hyos. ign. kreos. lach. *Nux-v.* puls. sabad. *Sec.* sep. stram.
- **Wehtun** (= unbestimmt, drückend): bell. camph. carb-v. chin. *Graph.* par. sil.
- **wund** beißend: alum. alum-p.$_{k2}$ ambr. ant-c. arn. ars. bell. bry. calc. canth. caust. *Cham.* cic. *Graph.* **Hep.** hyos. ign. kali-c. kali-sil.$_{k2}$ *Lyc.* *Merc.* mez. *Nat-m.* nux-v. *Ph-ac.* *Phos.* **Puls.** *Rhus-t.* *Sep.* sil. *Staph.* sul-ac. *Sulph.* *Thuj.* zinc. zinc-p.$_{k2}$
  - **nachts**: *Hep.* lyc. *Merc.* rhus-t.
- **zerschlagen**; mit Schmerz wie: *Arn.* cham. chin. cocc. *Con.* **Hep.** hyos. nat-m. nux-v. rhus-t. ruta *Sulph.*
  - **Bewegung**, durch: hyos.$_{h}$
- **ziehenden** Schmerzen, mit: mez.$_{h}$
- **zuckenden** Schmerzen, mit: arn. *Asaf.* aur. bell. bry. *Calc.* **Caust.** cham. chin. clem. cupr. graph. lyc. merc. nat-c. *Nat-m.* nit-ac. *Nux-v.* petr. phyt. **Puls.** *Rhus-t.* ruta sep. **Sil.** *Staph.* sulph.
  - **rund** herum: staph.$_{h}$

– **schmerzlos**: ambr.$_{bg2,k}$ anac.$_{bg2,k}$ ant-t.$_{bg2,k}$ arn.$_{bg2,k}$ *Ars.*$_{bg2,k,*}$ aur.$_{bg2,k}$ *Bapt.*$_{hr1,k}$ bar-c.$_{bg2,k}$ *Bell.*$_{bg2,k}$ bov.$_{bg2,k}$ *Bry.*$_{bg2,k,*}$ cadm-met.$_{gm1}$ *Calc.*$_{hr1,k}$ camph.$_{bg2,k}$ carb-an.$_{bg2,k,*}$ *Carb-v.*$_{hr1,k}$ cham.$_{bg2,k}$ chel.$_{bg2,k}$ chin.$_{bg2,k}$ cic.$_{bg2,k}$ *Cocc.*$_{bg2,k}$ *Con.*$_{bg2,k,*}$ croc.$_{bg2,k}$ *Dulc.*$_{hr1,k}$ fl-ac.$_{hr1,k}$ formal.$_{gm1}$ graph.$_{bg2,k,*}$ *Hell.*$_{bg2,k,*}$ *Hyos.*$_{bg2,k}$ ign.$_{bg2,k,*}$ ip.$_{bg2,k,*}$ *Lach.*$_{hr1,k}$ laur.$_{bg2,k}$ led.$_{bg2,k}$ **Lyc.**$_{bg2,k,*}$ merc.$_{bg2,k}$ nit-ac. nux-m.$_{bg2,k}$ nux-v.$_{bg2,k}$ *Olnd.*$_{bg2,k}$ **Op.**$_{bg2,k,*}$ **Ph-ac.**$_{bg2,k,*}$ *Phos.*$_{bg2,k}$ phyt.$_{bg2}$ plat.$_{bg2,k}$ *Puls.*$_{bg2,k,*}$ rhus-t.$_{bg2,k}$ *Sec.*$_{bg2,k,*}$ *Sep.*$_{bg2,k,*}$ staph.$_{bg2,k}$ *Stram.*$_{bg2,k}$ sulph.$_{bg2,k,*}$ verat.$_{bg2,k,*}$ x-ray$_{gm1}$ zinc.$_{bg2,k,*}$ zinc-p.$_{k2}$

– **schmutzig**: *Arn.* *Ars.*$_{hr1,k}$ calc.$_{hr1,k}$ **Lach.**$_{hr1,k}$ *Lyc.*$_{hr1,k}$ **Merc.**$_{hr1,k}$ mosch. **Nit-ac.**$_{hr1,k}$ sabin.$_{hr1,k}$ *Sulph.*$_{hr1,k}$ *Thuj.*$_{hr1,k}$

– **schwammartig**: alum. alumn. ant-c. *Arg-n.* **Ars.** bell. *Calc.* *Carb-an.* *Carb-v.* *Carbn-s.* caust. *Cham.* cinnb. clem. *Crot-c.* graph. *Hydr.* kreos. *Lach.* *Merc.* *Nit-ac.* *Petr.* phos. sabin. **Sep.** **Sil.** staph. *Sulph.* *Thuj.*

– **schwammig**: alum.$_{bg2,k}$ *Ant-c.*$_{bg2,k}$ ant-t.$_{bg2,k}$ **Ars.**$_{bg2,k}$ bell.$_{bg2,k}$ calc.$_{bg2,k}$ **Carb-an.**$_{bg2,k}$ *Carb-v.*$_{bg2,k}$ *Carbn-s.* caust.$_{bg2,k}$ cham.$_{bg2,k}$ *Clem.*$_{bg2,k}$ con.$_{bg2,k}$ *Ferr.*$_{bg2}$ graph.$_{bg2,k}$ *Hep.* *Iod.*$_{bg2,k}$ *Kreos.*$_{bg2,k}$ **Lach.**$_{bg2,k}$ *Lyc.*$_{bg2,k}$ **Merc.**$_{bg2,k}$ nit-ac.$_{bg2,k}$ nux-v.$_{bg2,k}$ *Petr.*$_{bg2,k}$ *Ph-ac.*$_{bg2,k}$ *Phos.*$_{bg2,k}$ rhus-t.$_{bg2,k}$ sabin.$_{bg2,k}$ *Sep.*$_{bg2,k}$ **Sil.**$_{bg2,k}$ *Staph.*$_{bg2,k}$ sul-i.$_{k2}$ *Sulph.*$_{bg2,k}$ *Thuj.*$_{bg2,k}$

• **Rändern**, an den: **Ars.** *Carb-an.* caust. clem. *Lach.* lyc. merc. petr. ph-ac. phos. sep. **Sil.** staph. sulph. thuj.

– **schwarz**: ant-t.$_{bg2,k}$ **Anthraci.** **Ars.**$_{bg2,k,*}$ *Asaf.*$_{bg2,k,*}$ bell.$_{bg2,k}$ **Carb-v.**$_{bg2,k,*}$ *Carbn-s.* *Con.*$_{bg2,k}$ euph.$_{bg2,k,*}$ grin. ham.$_{k2}$ ip.$_{bg2,k,*}$ kali-bi.$_{bg2}$ **Lach.**$_{bg2,k,*}$ **Lyc.**$_{hr1,k}$ *Mur-ac.*$_{hr1,k}$ *Plb.*$_{bg2,k,*}$ rhus-t.$_{bg2,k}$ sars. **Sec.**$_{bg2,k,*}$ *Sil.*$_{bg2,k,*}$ squil.$_{bg2,k}$ *Sul-ac.*$_{bg2,k}$ *Sulph.*$_{bg2,k,*}$

• **Basis**: **Ars.**$_{bg2,k}$ ip.$_{bg2,k}$ lach. plb.$_{bg2,k}$ sil.$_{bg2,k}$ sulph.$_{bg2,k}$ thuj.

• **Flecken** in der Mitte: *Kali-bi.*

• **Ränder**, schwarze: *Ars.*$_{bg2,k}$ con. **Lach.**$_{bg2,k}$ sil.$_{bg2,k}$ sulph.$_{bg2,k}$

– **speckig**: ant-c.$_{bg2,k}$ *Ars.*$_{bg2,k}$ cupr.$_{bg2,k}$ *Hep.*$_{bg2,k}$ kali-bi. kreos.$_{bg2,k}$ **Merc.**$_{bg2,k}$ *Nit-ac.*$_{bg2,k}$ *Phyt.* sabin.$_{bg2,k}$ sil.$_{bg2}$ sulph.$_{bg2,k}$ thuj.$_{bg2,k}$

• **Basis**: ars.$_{bg2,k}$ hep.$_{bg2,k}$ *Merc.*$_{bg2,k}$ nit-ac.$_{bg2,k}$

– **syphilitisch**: anan. **Ars.**$_{bg2,k}$ ars-i.$_{k2}$ *Aur.*$_{bg2,k}$ aur-ar.$_{k2}$ *Aur-m.* *Aur-m-n.* aur-s.$_{k2}$ *Carb-v.* *Cist.* *Crot-c.* *Hep.* **Iod.**$_{bg2,k}$ *Kali-bi.*$_{bg2,k}$ *Kali-chl.* **Kali-i.** lac-c. *Lach.* **Merc.**$_{bg2,k}$ **Merc-c.** *Merc-i-r.* mez. **Nit-ac.**$_{bg2,k}$ *Petr.* **Phyt.**$_{bg2,k}$ rumx. sang. *Sars.* *Staph.* *Still.* stram. *Syph.*$_{bg2,k}$ **Thuj.**$_{bg2,k}$

– **tief**: *Agar.*$_{hr1,k}$ *Ant-c.*$_{bg2,k,*}$ *Anthraci.* **Ars.**$_{bg2,k,*}$ ars-s-f.$_{k2}$ *Asaf.*$_{bg2,k,*}$ *Aur.*$_{bg2,k}$ aur-ar.$_{k2}$ *Aur-m-n.*$_{hr1}$ aur-s.$_{k2}$ *Bell.*$_{bg2,k,*}$ *Bov.* **Calc.**$_{bg2,k,*}$ **Calc-s.** calc-sil.$_{k2}$ *Carb-v.*$_{bg2,k}$ carbn-s. caust.$_{bg2,k}$ chel.$_{bg2,k}$ clem.$_{bg2,k,*}$ *Com.*$_{hr1,k}$ *Con.*$_{bg2,k,*}$ *Hep.*$_{bg2,k}$ *Hippoz.*$_{hr1,k}$ *Hydr.* **Kali-bi.**$_{bg2,k,*}$ *Kali-i.*$_{hr1,k}$ kreos.$_{bg2,k}$ **Lach.**$_{bg2,k,*}$ led.$_{bg2,k}$ *Lyc.*$_{bg2,k,*}$ **Merc.**$_{bg2,k,*}$ *Merc-c.* *Mur-ac.*$_{bg2,k,*}$ nat-ar. nat-c.$_{bg2,k}$ nat-m.$_{bg2,k}$ nat-p. **Nit-ac.**$_{bg2,k,*}$ *Petr.*$_{bg2,k,*}$ ph-ac.$_{bg2,k}$ phos.$_{bg2,k}$ *Psor.*$_{hr1,k}$ **Puls.**$_{bg2,k}$ rhus-t.$_{bg2,k}$ ruta sabin.$_{bg2,k,*}$ *Sars.* sel.$_{bg2,k}$ *Sep.*$_{bg2,k,*}$ **Sil.**$_{bg2,k,*}$ staph.$_{bg2,k}$ stram.$_{bg2,k}$ **Sulph.**$_{bg2,k,*}$ *Syph.* thuj.$_{bg2,k,*}$

– **Trinkern**; bei

☞ *Alkoholikern*

– **trocken**: **Kali-bi.**$_{hr1,k}$ mag-c.$_{k2}$ sec.$_{k2}$

• **Kanten**: *Sang.*

– **unterminiert**: *Asaf.* bell. bry. calc. carb-v. chin. lyc. nat-c. phos. ruta sep. stront-c. sulph.

– **Varizen**: aesc.$_{bg2}$ alco.$_{a1}$ anac. ant-t.$_{hr1,k}$ *Arn.*$_{hr1}$ *Ars.*$_{bg2,k,*}$ *Calc.*$_{hr1,k}$ calen.$_{hr1}$ *Carb-v.*$_{bg2,k,*}$ *Card-m.*$_{bg2,k,*}$ **Caust.**$_{bg2,k,*}$ cinnb. clem-vit.$_{bro1}$ coll.$_{hr1}$ crot-h.$_{bg2,k,*}$ cur.$_{a1}$ eucal.$_{c2,hr1}$ *Fl-ac.*$_{bg2,k,*}$ gast.$_{c2}$ graph.$_{hr1,k}$ grin. ham.$_{hr1,k,*}$ hydr.$_{bg2,k}$ kreos.$_{bg2,k}$ *Lach.*$_{bg2,k,*}$ **Lyc.**$_{bg2,k}$ merc.$_{hr1,k}$ mez.$_{bg2,k}$ **Puls.**$_{bg2,k,*}$ pyrog.$_{c2,k}$ *Rhus-t.*$_{hr1,k}$ sars. sec.$_{bg2,k,*}$ *Sil.*$_{bg2,k}$ sul-ac. *Sulph.*$_{bg2,k,*}$ thuj. *Zinc.*$_{bg2,k,*}$

– **verhärtet**: agn.$_{bg2,k}$ alum.$_{k2}$ *Alumn.* *Arg-met.* arn.$_{bg2,k}$ *Ars.*$_{bg2,k,*}$ ars-i. ars-s-f.$_{k2}$ *Asaf.*$_{bg2,k,*}$ *Aur.*$_{bg2,k}$ aur-ar.$_{k2}$ bar-c.$_{bg2,k}$ **Bell.**$_{bg2,k}$ brom. *Bry.*$_{bg2,k}$ **Calc.**$_{bg2,k,*}$ calc-s. calc-sil.$_{k2}$ *Carb-an.*$_{bg2,k,*}$ *Carb-v.*$_{bg2,k}$ *Carbn-s.* caust.$_{bg2,k}$ cham.$_{bg2,k}$ chel.$_{bg2,k}$ *Chin.*$_{bg2,k}$ cic.$_{bg2,k}$ cina *Clem.*$_{bg2,k,*}$ *Con.*$_{bg2,k,*}$ cupr.$_{bg2,k}$ cycl.$_{bg2,k}$ *Dulc.*$_{bg2,k,*}$ *Fl-ac.* graph.$_{bg2,k}$ *Hep.*$_{bg2,k,*}$ *Hydr.* hyos.$_{bg2,k}$ iod.$_{bg2,k,*}$ *Kali-bi.*$_{hr1,k}$ *Lach.*$_{bg2,k,*}$ led.$_{bg2,k}$ **Lyc.**$_{bg2,k,*}$ *Mang.* *Merc.*$_{bg2,k,*}$ *Merc-i-f.* *Merc-i-r.* mez.$_{bg2,k}$ nat-c.$_{bg2,k}$ nux-v.$_{bg2,k}$ petr.$_{hr1,k}$

Geschwüre - verhärtet: ...

phos.$_{bg2,k,*}$ plb.$_{bg2,k}$ **Puls.**$_{bg2,k}$ ran-b.$_{bg2,k}$ ran-s.$_{bg2,k}$ sel.$_{bg2,k}$ sep.$_{bg2,k,*}$ **Sil.**$_{bg2,k,*}$ staph.$_{bg2,k}$ sul-i.$_{k2}$ sulph.$_{bg2,k,*}$ thuj.$_{bg2,k}$ verat.$_{bg2,k,*}$

• **Basis**: calc.$_{k2}$

• **glänzend**: fl-ac. phos. *Puls.*$_{hr1,k}$ sil.

• **Hof**

☞ *Hof - verhärtet*

• **Ränder**: alum. alumn. **Ars.**$_{bg2,k}$ *Asaf.*$_{bg2,k}$ bry.$_{bg2,k}$ **Calc.** *Carb-an.*$_{bg2,k}$ *Carb-v.* *Caust.*$_{bg2,k}$ cic.$_{bg2,k}$ cina clem.$_{bg2,k}$ *Com.* *Fl-ac.* graph.$_{k2}$ *Hep.*$_{bg2,k}$ *Lach.*$_{bg2,k}$ **Lyc.**$_{bg2,k}$ **Merc.**$_{bg2,k}$ *Nit-ac.* petr.$_{bg2,k}$ ph-ac.$_{bg2,k}$ *Phos.*$_{bg2,k}$ *Puls.*$_{bg2,k}$ ran-b.$_{bg2,k}$ *Sang.* sep.$_{bg2,k}$ **Sil.**$_{bg2,k}$ staph.$_{bg2,k}$ **Sulph.**$_{bg2,k}$ thuj.$_{bg2,k}$

– **Wärme**:

• **agg.**: *Cham.*$_{hr1,k}$ dros.$_{hr1,k}$ euph.$_{hr1,k}$ *Fl-ac.*$_{bg2,k,*}$ hydr. led. *Lyc.*$_{bg2,k}$ *Merc.*$_{hr1,k}$ puls.$_{bg2}$ *Sabin.*$_{bg2,k}$ *Sec.*$_{hr1,k}$

• **amel.**: *Ars.*$_{bg2,k,*}$ clem.$_{bg2}$ con.$_{bg2}$ hep.$_{bg2}$ **Lach.**$_{bg2,k,*}$ rhus-t.$_{bg2}$ **Sil.**$_{bg2,k}$ *Syph.*

– **warzenförmig**: ars. calc. *Nat-c.* phos.

– **Waschen**:

• **agg.**: *Hydr.*

– **weißen** Flecken; mit: *Ars.* calc. con. **Lach.** **Merc.** phos. sep. **Sil.** sulph. thuj.

– **Wiederaufbrechen** alter: *Ars.* crot-h. *Kreos.* *Lach.* *Sep.* sil.

• **Frühling**, im: cench. *Lach.*

• **geheilt**, wenn teilweise: **Kreos.**

– **wildes** Fleisch: alum.$_{bg2}$ ant-c.$_{bg2}$ ars.$_{bg2,h,*}$ bell.$_{bg2}$ carb-an.$_{bg2}$ carb-v.$_{bg2}$ caust.$_{bg2}$ *Cham.*$_{bg2}$ clem.$_{bg2}$ graph.$_{bg2,h,*}$ kreos.$_{bg2}$ *Lach.*$_{bg2}$ merc.$_{bg2}$ *Petr.*$_{bg2}$ phos.$_{bg2}$ sabin.$_{bg2}$ **Sep.**$_{bg2}$ **Sil.**$_{bg2}$ staph.$_{bg2}$ *Sulph.*$_{bg2}$ thuj.$_{bg2}$

Geschwüriger Schmerz

☞ *Schmerz - geschwürig*

Getrocknete, eiweißartige Substanz:

– **Gefühl** von: arg-n.$_{br1}$

Gewicht unter der Haut nach unten ziehen; als würde: spong.$_{rb2}$

Glänzend: acon.$_{bg2,bg3}$ **Apis** **Bell.** *Chel.* *Colch.* *Kreos.* med. nat-m.$_{k2}$ plb.$_{k2}$ rhus-v.$_{a1}$ sel.$_{k2}$ thuj.$_{k2}$

Haar:

– **behaart**: med.$_{bg3}$ thuj.$_{bg3}$

– **Haarausfall**: *Alum.* ars. *Calc.* carb-an. *Carb-v.* *Graph.* hell. kali-c. lach. *Nat-m.* op. phos. sabin. *Sec.* *Sel.* sulph. thal.$_{st}$ tub.$_{a1}$

– **Sträuben** der Haare: sul-i.$_{bro1}$

☞ ❑ *Kopf - Haar - Sträuben*

– **ungewöhnlichen** Teilen; an: med.$_{bg3,ptk1}$ thuj. thyr.$_{c1,ptk1}$

Hart: *Ant-c.*$_{bg3}$ arg-n.$_{br1}$ choc.$_{srj3}$ clem.$_{bg3}$ dulc.$_{bg3}$ graph.$_{bg3}$ phos.$_{bg3}$ *Rhus-t.*$_{bg3}$ *Sep.*$_{bg3}$ sil.$_{bg3}$

– **abschilfernd**: am-c. ant-c. borx. dulc. *Graph.* *Lach.* ran-b. *Rhus-t.* *Sep.* *Sil.* sulph.

– **pergamentartig**: acon. aeth. **Ars.** camph. *Chin.* cop. crot-h. dig. dulc. kali-c. led. *Lith-c.* *Lyc.* mag-c.$_{br1}$ op.$_{k1}$ phos. rhus-t. *Sars.* *Sil.* squil.

– **Schwielen**, Hornhaut; wie: am-c. *Ant-c.* borx. *Dulc.* fl-ac.$_{k2}$ **Graph.** lach. led. lyc. *Ran-b. Rhus-t.* **Sep.** *Sil.* sulph. thuj.

– **Verdickung**; mit
☞ *Dick*

Hautausschläge: acet-ac. *Acon.*$_{bg2,k}$ acon-c.$_{c2}$ agar.$_{bg2,k}$ agn.$_{bg2,k}$ alum.$_{bg2,k,*}$ alum-sil.$_{k2}$ alumn. *Am-c.*$_{bg2,k}$ am-m.$_{bg2,k}$ ambr.$_{bg2,k,*}$ anac.$_{bg2,k}$ *Ant-c.*$_{bg2,k}$ ant-t.$_{bg2,k,*}$ *Apis* aran.$_{a1}$ arg-met. arn.$_{bg2,k}$ **Ars.**$_{bg2,k,*}$ **Ars-i.** ars-s-f.$_{k2}$ arund. asaf.$_{bg2,k}$ asar.$_{bg2,k}$ aster. aur.$_{bg2,k}$ aur-s.$_{k2}$ **Bar-c.**$_{bg2,k}$ bar-m.$_{a1,k}$ bell.$_{bg2,k}$ bism.$_{bg2,k}$ borx. bov.$_{bg2,k}$ *Bry.*$_{bg2,k,*}$ calad.$_{bg2,k}$ **Calc.**$_{bg2,k,*}$ calc-i.$_{k2}$ **Calc-s.** camph.$_{bg2,k}$ cann-s.$_{bg2,k}$ canth.$_{bg2,k}$ caps.$_{bg2,k,*}$ *Carb-an.*$_{bg2,k}$ *Carb-v.*$_{bg2,k}$ *Carbn-s.* **Caust.**$_{bg2,k,*}$ cham.$_{bg2,k}$ chel.$_{bg2,k}$ chin.$_{bg2,k}$ chinin-ar. chinin-s. chlor.$_{a1,k}$ *Cic.*$_{bg2,k}$ cimic. cina *Cist.* clem.$_{bg2,k}$ cob. cocc.$_{bg2,k}$ coch.$_{c2}$ coff.$_{bg2,k}$ colch.$_{bg2,k}$ coloc.$_{bg2,k}$ *Con.*$_{bg2,k}$ cop.$_{a1,k}$ cor-r.$_{c2}$ crat.$_{br1}$ croc.$_{bg2,k}$ *Crot-t.* cub.$_{a1}$ cupr.$_{bg2,k,*}$ cupr-act.$_{c2}$ cupr-ar.$_{a1}$ *Cycl.*$_{bg2,k}$ dig.$_{bg2,k}$ dros.$_{bg2,k}$ *Dulc.*$_{bg2,k,*}$ elaps ery-m.$_{c2}$ euph.$_{bg2,k,*}$ euph-a.$_{c2}$ euphr.$_{bg2,k}$ fago.$_{a1}$ ferr.$_{a1,bg2}$ fl-ac. gink-b.$_{sbd1}$ *Graph.*$_{bg2,k}$ guaj.$_{bg2,k}$ guare.$_{a1}$ *Hell.*$_{bg2,k}$ hep.$_{bg2,k}$ hyos.$_{bg2,k}$ ign.$_{bg2,k}$ iod.$_{bg2,k}$ *Ip.*$_{bg2,k}$ **Jug-c. Jug-r.** *Kali-ar.* kali-bi.$_{a1,k}$ *Kali-br.* **Kali-c.**$_{bg2,k}$ kali-i.$_{a1}$ kali-m.$_{k2}$ kali-n.$_{bg2,k}$ kali-p. **Kali-s.** *Kreos.*$_{bg2,k,*}$ lac-ac.$_{a1}$ lacer.$_{c2}$ lach.$_{bg2,k,*}$ lact.$_{a1}$ lappa$_{c2}$ laur.$_{bg2,k}$ led.$_{bg2,k,*}$ **Luna**$_{kg1}$ **Lyc.**$_{bg2,k}$ mag-c.$_{bg2,k}$ mang.$_{k2}$ meny.$_{a1}$ **Merc.**$_{bg2,k,*}$ **Mez.**$_{bg2,k}$ morph.$_{a1}$ mosch.$_{bg2,k}$ mur-ac.$_{bg2,k}$ *Nat-ar.* nat-c.$_{bg2,k}$ **Nat-m.**$_{bg2,k}$ nat-p. nat-s.$_{k2}$ *Nit-ac.*$_{bg2,k}$ *Olnd.*$_{bg2,k}$ op.$_{bg2,k,*}$ ox-ac.$_{a1}$ par.$_{bg2,k}$ **Petr.**$_{bg2,k}$ ph-ac.$_{bg2,k}$ phos.$_{bg2,k,*}$ phys.$_{a1}$ pix$_{c2}$ plat.$_{bg2,k}$ plb.$_{bg2,k}$ **Psor.**$_{bg2,k,*}$ *Puls.*$_{bg2,k}$ ran-b.$_{bg2,k}$ ran-s.$_{bg2,k}$ rheum rhod.$_{bg2,k,*}$ **Rhus-t.**$_{bg2,k,*}$ *Rhus-v.*$_{c2,k}$ ric.$_{c2}$ *Rumx.* ruta sabad.$_{bg2,k}$ samb.$_{bg2,k}$ sarr.$_{a1}$ sars.$_{bg2,k,*}$ sec.$_{bg2,k}$ sel.$_{bg2,k}$ seneg.$_{bg2,k}$ **Sep.**$_{bg2,k}$ **Sil.**$_{bg2,k,*}$ solid.$_{c2}$ spig.$_{bg2,k}$ spong.$_{bg2,k}$ squil.$_{bg2,k}$ stann.$_{bg2,k}$ *Staph.*$_{bg2,k}$ stram.$_{bg2,k,*}$ stront-c. sul-ac.$_{bg2,k}$ *Sul-i.* **Sulph.**$_{bg2,k,*}$ syph.$_{k2}$ tarax.$_{bg2,k}$ tax.$_{c2}$ tep.$_{c2}$ teucr.$_{bg2,k}$ *Thuj.*$_{bg2,k}$ tub. valer.$_{bg2,k}$ verat.$_{bg2,k}$ verb.$_{bg2,k}$ *Viol-t.*$_{bg2,k}$ wies.$_{a1}$ zinc.$_{bg2,k,*}$ zinc-p.$_{k2}$
☞ ❑ *Gesicht - Hautausschläge*

◇ **abwechselnd** mit:
- **Asthma**
  ☞ ❑ *Atmung - Asthma - abwechselnd mit - Hautausschläge*
- **Atmung**; Beschwerden der: crot-t. lach.
- **Diarrhoe**
  ☞ ❑ *Rektum - Diarrhoe - abwechselnd mit - Hautausschläge*
- **Dysenterie**: rhus-t.
- **Enge** der Brust
  ☞ ❑ *Brust - Beklemmung - abwechselnd mit - Hautausschläge*
- **Gliedern**; Schmerzen in: crot-t.$_{st}$ staph.$_{st}$
- **Husten**
  ☞ ❑ *Husten - Abwechselnd mit - Hautausschläge*
- **innere** Krankheiten: crot-t.$_{pd}$ graph.

– **abschilfernd**: acet-ac. acon.$_{bg2}$ agar.$_{bg2,k}$ **Am-c.**$_{bg2,k}$ *Am-m.*$_{bg2,k}$ ant-t.$_{bg2,k}$ apis *Ars.*$_{bg2,k}$

– **abschilfernd**: ... *Ars-i.* ars-s-f.$_{k2}$ *Arum-t.* *Aur.*$_{bg2,k}$ bar-c.$_{bg2,k}$ **Bell.**$_{bg2,k}$ borx. *Bov.*$_{bg2,k}$ bufo$_{k2}$ calc.$_{bg2,k}$ calc-s. calc-sil.$_{k2}$ canth.$_{bg2,k}$ caps.$_{bg2,k}$ carb-an.$_{bg2,k}$ caust.$_{bg2,k}$ cham.$_{bg2,k}$ *Clem.*$_{bg2,k}$ *Coloc.*$_{bg2,k}$ com.$_{bg2}$ con.$_{bg2,k}$ crot-h. crot-t. cupr. dig.$_{bg2,k}$ *Dulc.*$_{bg2,k}$ elaps euph.$_{bg2,k}$ ferr.$_{bg2,k}$ ferr-p. fl-ac.$_{bg2}$ *Graph.*$_{bg2,k}$ *Hell.*$_{bg2,k}$ hell-f.$_{c2}$ iod.$_{bg2,k}$ *Kali-ar.* *Kali-c.*$_{bg2,k}$ **Kali-s.** kali-sil.$_{k2}$ kreos. lach. *Laur.*$_{bg2,k}$ *Led.* *Mag-c.*$_{bg2,k}$ manc. medus.$_{c1}$ *Merc.*$_{bg2,k}$ merc-c.$_{bg2}$ **Mez.**$_{bg2,k}$ mosch.$_{bg2,k}$ *Nat-ar.* nat-c.$_{bg2,k}$ nat-m.$_{bg2,k}$ nat-p. **Olnd.**$_{bg2,k}$ op.$_{bg2,k}$ par.$_{bg2,k}$ petr.$_{k2}$ *Ph-ac.*$_{bg2,k}$ *Phos.*$_{bg2,k}$ pip-n.$_{bg2}$ pix$_{c2}$ plat.$_{bg2,k}$ plb.$_{bg2,k}$ **Psor.** ptel.$_{c1}$ *Puls.*$_{bg2,k}$ ran-b. ran-s.$_{bg2,k}$ *Rhus-t.*$_{bg2,k}$ *Rhus-v.* sabad.$_{bg2,k}$ *Sec.*$_{bg2,k}$ sel.$_{bg2,k}$ **Sep.**$_{bg2,k}$ *Sil.*$_{bg2,k}$ spig.$_{bg2,k}$ *Staph.*$_{bg2,k}$ sul-ac.$_{bg2,k}$ sul-i.$_{k2}$ *Sulph.*$_{bg2,k}$ tarax.$_{bg2,k}$ teucr. thuj.$_{bg2,k}$ urt-u. verat.$_{bg2,k}$

– **abschuppend**
☞ *schuppig*

– **absondernd**, nässend (= feucht): alum. alum-p.$_{k2}$ alum-sil.$_{k2}$ *Anac.* anag. *Ant-c. Ars. Ars-i.* ars-s-f.$_{k2}$ *Bar-c.* bell. *Bov.* bry. bufo cact. cadm-s. *Calc. Calc-s.* canth. caps. carb-an. **Carb-v. Carbn-s.** *Caust.* cham. *Cic.* cist. *Clem. Con.* crot-h. *Crot-t.* cupr. **Dulc. Graph.** *Hell. Hep.* hydr. iod. *Jug-c. Kali-ar. Kali-br. Kali-c.* kali-p. *Kali-s.* kali-sil.$_{k2}$ *Kreos. Lach.* led. **Lyc.** *Manc. Merc.* **Mez.** mur-ac. nat-ar. nat-c. **Nat-m.** nat-p. *Nat-s.* nit-ac. olnd. *Petr. Ph-ac. Phos.* phyt. *Psor.*$_{c2,k}$ ran-b. **Rhus-t.** rhus-v. ruta sabin. *Sars.* sec.$_{k2}$ *Sel.* **Sep. Sil. Sol-ni.** squil. *Staph.* still. sul-ac. *Sul-i. Sulph.* tarax. *Tell. Thuj.* vinc. viol-t. zinc. zinc-p.$_{k2}$
- **blutig**: ant-c. calc. carc.$_{cd}$ crot-h. lach. merc. nux-v.
- **dick**: nat-c.$_{k2}$ psor.$_{k2}$
- **dünn**: cupr. *Dulc.* hell. **Nat-m.** psor.$_{k2}$ *Rhus-t.* rhus-v. sol-ni.
- **Eiter**: clem. dulc.$_{h,k1}$ graph. *Hep.* lyc. mez.$_{k2}$ nat-c.$_{h,h2,*}$ nat-m. *Nit-ac.* psor.$_{k2}$ sec.$_{k2}$ *Sulph.*
- **gelb**: *Alum.* alum-p.$_{k2}$ *Anac.* **Ant-c.** ars. ars-s-f.$_{k2}$ bar-c. bar-s.$_{k2}$ *Calc.* canth. carb-an. **Carb-v. Carbn-s.** caust. *Clem.* cupr. *Dulc. Graph. Hep.* iod. *Kali-c. Kali-s.*$_{hr1,k}$ lach. *Lyc.* merc. mez.$_{k2}$ nat-c.$_{k2}$ *Nat-m.* nat-p. **Nat-s. Nit-ac. Phos.** psor.$_{k2}$ **Puls.** *Rhus-t.* **Sep. Sil.** sol-ni. **Sulph.** *Thuj. Viol-t.*
- **grünlich**: ant-c. *Kali-chl.* rhus-t. sec.$_{k2}$
- **Honig**, wie: graph.$_{nh1}$ nat-p.$_{k2}$
- **jauchig**: ant-t. clem. ran-s. *Rhus-t.*
- **klebrig**: *Calc. Carbn-s.* **Graph.** mez.$_{k2}$ *Nat-m.* sulph.
- **Kratzen**, nach: alum. alum-p.$_{k2}$ alum-sil.$_{k2}$ ars. bar-c. bell. bov. bry. calc. carb-an. *Carb-v.* caust. cic. con. dulc. **Graph.** hell. hep. *Kali-c. Kreos.* **Lach.** led. **Lyc.** merc. mez. nat-c. nat-m. nit-ac. *Olnd. Petr.* **Rhus-t.** ruta sabin. sars. sel. *Sep.* sil. squil. *Staph.* sul-ac. sulph. tarax. thuj. viol-t.
- **übelriechend**: carc.$_{cd}$ kali-p.$_{k2}$
- **weiß**: borx. **Calc.** calc-sil.$_{k2}$ *Carb-v.* caust. *Dulc.* graph. lyc. merc. mez.$_{k2}$ *Nat-m. Phos.* psor.$_{k2}$ **Puls.** sep. **Sil.**

• **wundfressend**: *Ars.*$_{hr1,k}$ ars-s-f.$_{k2}$ *Calc.*$_{hr1,k}$ caps. carbn-s. *Clem.*$_{hr1,k}$ con.$_{h,k1}$ *Graph.*$_{hr1,k}$ merc. merc-i-f. merc-i-r.$_{a1,hr1}$ *Nat-m.*$_{hr1,k}$ ran-s. *Rhus-t.* **Sulph.**$_{hr1,k}$ *Thuj.*$_{hr1,k}$
• **zerstört** das Haar: ars. lyc. merc. mez.$_{k2}$ *Nat-m.*$_{hr1,k}$ *Rhus-t.*
– **Akne**
☞ ❑ *Gesicht - Hautausschläge - Akne*
– **Angiom**: lyc.$_{bg1}$ sulph.$_{bg1}$
– **angioneurotisches** Ödem: bol-lu.$_{c2}$ santin.$_{c2}$
☞ *Urtikaria*
– **Anstrengung**:
• **agg.**: merc.$_{vh}$
– **Anthrax**
☞ *Karbunkel*
– **Antibiotika**; durch: rhus-v.$_{gm1}$
☞ ❑ *Allgemeines - Antibiotika*
– **ausbreitend**, sich: ars.$_{bg3}$ ars-i.$_{bg2}$ calc.$_{bg2}$ *Clem.*$_{hr1,k}$ *Hep.*$_{hr1,k}$ *Psor.* *Sars.*$_{hr1,k}$ *Sulph.*
– **Baden** amel.; kaltes: ant-c.$_{br1}$
– **bedeckte** Körperteile: *Led.*$_{bg2,k,*}$ *Thuj.*$_{bg2,k,*}$
– **behaarten** Teilen; an: agar. calc. kali-i. lach. *Lith-c.* lyc. *Merc.* *Nat-m.* nit-ac. ph-ac. **Rhus-t.** sil.
– **beißend**: agar.$_{bg2}$ agn.$_{bg2,k}$ alum.$_{bg2,k,*}$ alum-p.$_{k2}$ am-c.$_{bg2,k}$ *Am-m.*$_{bg2,k}$ ant-c.$_{bg2,k}$ arn.$_{bg2,k}$ ars.$_{bg2,k}$ bell.$_{bg2,k}$ borx. bov.$_{bg2,k}$ *Bry.*$_{bg2,k}$ *Calc.*$_{bg2,k}$ calc-sil.$_{k2}$ camph.$_{bg2,k}$ canth.$_{bg2,k}$ caps.$_{bg2,k}$ carb-an.$_{bg2,k}$ carb-v.$_{bg2,k}$ carbn-s. *Caust.*$_{bg2,k}$ cham.$_{bg2,k}$ chel.$_{bg2,k}$ chin.$_{bg2,k}$ cocc.$_{bg2,k}$ *Colch.*$_{bg2,k}$ coloc.$_{bg2,k}$ con.$_{bg2,k}$ dros.$_{bg2,k}$ **Euph.**$_{bg2,k}$ hell.$_{bg2,k}$ *Ip.*$_{bg2,k}$ *Lach.*$_{bg2,k}$ **Led.**$_{bg2,k}$ *Lyc.*$_{bg2,k}$ mag-c.$_{bg2,k}$ mang.$_{bg2,k}$ merc.$_{bg2,k}$ *Mez.*$_{bg2,k}$ mur-ac.$_{bg2,k}$ nat-c.$_{bg2,k}$ nat-m.$_{bg2,k}$ nux-v.$_{bg2,k}$ *Olnd.*$_{bg2,k}$ op.$_{bg2,k}$ petr.$_{bg2,k}$ ph-ac.$_{bg2,k}$ phos.$_{bg2,k}$ plat.$_{bg2,k}$ **Puls.**$_{bg2,k}$ ran-b.$_{bg2,k}$ ran-s.$_{bg2,k}$ rhod.$_{bg2,k}$ *Rhus-t.* sel.$_{bg2,k}$ sil.$_{bg2,k}$ spig.$_{bg2,k}$ *Spong.*$_{bg2,k}$ still. stront-c. *Sulph.*$_{bg2,k}$ thuj.$_{bg2,k}$ til.$_{a1}$ verat.$_{bg2,k}$ viol-t.$_{bg2,k}$
• **nachts**: ars.$_{h,k1}$
– **Bettwärme** agg.: sulph.$_{k2}$
– **Blasen**: ail.$_{k2}$ alum. alum-sil.$_{k2}$ am-c.$_{bg2,k}$ *Anac.* **Ant-c.**$_{bg2,k,*}$ *Ars.*$_{bg2,k,*}$ ars-s-f.$_{k2}$ aur. aur-ar.$_{k2}$ aur-s.$_{k2}$ borx. bry.$_{bg2,k}$ *Bufo* canth.$_{hr1,k,*}$ carb-an. carbn-s. **Caust.**$_{bg2,k}$ *Cham.* *Clem.*$_{hr1,k}$ crot-h.$_{hr1,k}$ *Dulc.*$_{bg2,k}$ *Graph.*$_{bg2,k}$ hep.$_{bg2,k,*}$ *Kali-ar.* kali-bi.$_{k2}$ *Kali-c.*$_{bg2,k,*}$ kali-s. kali-sil.$_{k2}$ lach.$_{bg2,k,*}$ *Mag-c.* *Merc.*$_{bg2,k,*}$ nat-ar. *Nat-c.*$_{bg2,k}$ nat-m.$_{bg2,k}$ nat-p. nat-s.$_{k2}$ nit-ac. *Petr.* phos.$_{bg2,k}$ *Ran-b.*$_{bg2,k}$ *Ran-s.* **Rhus-t.**$_{bg2,k,*}$ rhus-v. *Sep.*$_{bg2,k,*}$ *Sil.*$_{hr1,k}$ *Sulph.*$_{bg2,k}$ verat. vip. zinc.
• **Blut** gefüllt, mit: lach.$_{k2}$
• **Verbrennung**; wie durch eine: ambr. aur. bell. *Canth.* carb-an. clem. lyc. nat-c. phos. sep. sulph.
– **Blasenausschlag**: agar. alum.$_{bg2,k}$ alum-p.$_{k2}$ alum-sil.$_{k2}$ am-c.$_{bg2,k,*}$ *Am-m.*$_{bg2,k,*}$ *Anac.*$_{bg2,k,*}$ *Ant-c.*$_{bg2,k,*}$ *Ant-t.*$_{bg2,k,*}$ anthraci. arg-met. arn.$_{hr1,k}$ **Ars.**$_{bg2,k,*}$ ars-s-f.$_{k2}$ arum-m.$_{hr1}$ aur.$_{bg2,k}$ aur-ar.$_{k2}$ aur-s.$_{k2}$ *Bar-c.*$_{bg2,k}$ bar-s.$_{k2}$ *Bell.*$_{bg2,k}$ *Benz-ac.*$_{hr1}$ *Bov.*$_{bg2,k}$ *Bry.*$_{bg2,k}$ *Bufo* calad.$_{bg2,k}$ *Calc.*$_{bg2,k,*}$ calc-p. *Calc-s.* calc-sil.$_{k2}$ calen.$_{hr1}$ *Cann-s.* **Canth.**$_{bg2,k,*}$ caps. **Carb-ac.**$_{hr1,k}$ *Carb-an.*$_{bg2,k}$ carb-v.$_{bg2,k}$ carbn-s.$_{k2}$ **Caust.**$_{bg2,k,*}$ cham.$_{bg2,k}$ chel.$_{hr1}$ *Chin.*$_{bg2,k}$ chinin-ar. *Cic.*$_{bg2,k}$ cist.

– **Blasenausschlag**: ...
Clem.$_{bg2,k,*}$ cocc.$_{bg2,k}$ coch.$_{hr1}$ com.$_{bg2,k,*}$ con.$_{bg2,k}$ cop. *Corn.*$_{hr1,k}$ crot-h.$_{hr1,k}$ **Crot-t.**$_{bg2,k,*}$ cupr-ar. cycl.$_{bg2,k}$ dig. **Dulc.**$_{bg2,k,*}$ **Euph.**$_{bg2,k}$ euph-cy.$_{c2}$ *Fl-ac.* *Graph.*$_{bg2,k}$ grin.$_{hr1,k}$ *Hell.*$_{bg2,k}$ *Hep.*$_{bg2,k,*}$ hyos.$_{bg2,k,*}$ ign.$_{hr1,k}$ *Iris* *Jug-r.* kali-ar. *Kali-bi.*$_{bg2,k,*}$ *Kali-c.*$_{bg2,k,*}$ *Kali-chl.*$_{hr1,k}$ *Kali-i.*$_{hr1,k}$ kali-m.$_{k2}$ *Kali-n.*$_{bg2,k}$ kali-p.$_{k2}$ *Kali-s.*$_{hr1,k}$ kali-sil.$_{k2}$ *Kreos.*$_{bg2,k,*}$ lac-c.$_{hr1,k}$ **Lach.**$_{bg2,k,*}$ *Lact.* laur.$_{bg2,k}$ *Lyc.*$_{hr1,k}$ *Mag-c.*$_{bg2,k}$ **Manc.**$_{bg2,k}$ mang.$_{bg2,k}$ *Merc.*$_{bg2,k,*}$ *Merc-c.*$_{hr1,k}$ *Mez.*$_{bg2,k,*}$ nat-ar. **Nat-c.**$_{bg2,k,*}$ **Nat-m.**$_{bg2,k,*}$ *Nat-p.* nat-s.$_{hr1,k}$ **Nit-ac.**$_{bg2,k}$ olnd.$_{bg2,k}$ op.$_{bg2,k}$ osm. *Petr.*$_{bg2,k,*}$ ph-ac.$_{bg2,k,*}$ **Phos.**$_{bg2,k}$ plat.$_{bg2,k}$ plb.$_{bg2,k}$ *Psor.*$_{bg2,k}$ ptel.$_{c1}$ *Puls.*$_{bg2,k}$ **Ran-b.**$_{bg2,k,*}$ *Ran-s.*$_{bg2,k}$ rheum **Rhus-t.**$_{bg2,k,*}$ *Rhus-v.*$_{hr1,k}$ *Rumx.* ruta sabad.$_{bg2,k}$ *Sabin.*$_{bg2,k}$ sal-ac. sars.$_{bg2,k}$ *Sec.*$_{bg2,k,*}$ *Sel.*$_{bg2,k,*}$ seneg.$_{bg2,k,*}$ *Sep.*$_{bg2,k,*}$ *Sil.*$_{bg2,k,*}$ spig.$_{bg2,k}$ spong.$_{bg2,k,*}$ *Squil.*$_{bg2,k}$ staph.$_{bg2,k}$ still.$_{hr1}$ stram.$_{bg2,k,*}$ sul-ac.$_{bg2,k}$ **Sulph.**$_{bg2,k,*}$ tarax.$_{bg2,k}$ *Tell.*$_{hr1,k}$ ter.$_{hr1,k}$ thuj.$_{bg2,k,*}$ verat.$_{bg2,k}$ verat-v.$_{hr1}$ vip. zinc.$_{bg2,k}$ zinc-p.$_{k2}$
◆ **begleitet** von:
• **Leber**; Beschwerden der
☞ ❑ *Abdomen - Leber - begleitet von - Blasenausschlag*
• **abblätternd**: am-m.$_{hr1}$ anac. bell.$_{hr1}$ hell. kali-bi. merc.$_{k2}$ nat-c. nat-m.$_{hr1,k}$ nit-ac. ran-b.$_{hr1,k}$ sil. sulph.
• **abschilfernd**: *Bry.* puls. rhus-t.
• **Absonderungen**, durch: tell.$_{ptk1}$
• **Abszeß**, über dem: rhus-t.$_{ptk1}$
• **bläulich**: *Anthraci.* **Ars.**$_{bg2,k,*}$ bell.$_{bg2,k}$ con.$_{bg2,k}$ crot-h.$_{bg2}$ **Lach.**$_{bg2,k,*}$ **Ran-b.**$_{bg2,k,*}$ rhus-t.$_{bg2,k}$ vip.
• **Blut** gefüllt; mit: *Ail.* **Ars.** aur. bry. camph. canth. carb-ac. fl-ac. graph. kali-p. **Lach.** nat-c. *Nat-m.* *Sec.* sulph.
• **braun**: anag. ant-c. carb-v. lyc. mez.$_{hr1,k}$ nit-ac. phos. sep. thuj.
• **brennend**: agar. am-c.$_{hr1,k}$ am-m.$_{hr1,k}$ *Anac.* anag. ars. aur. *Bar-c.* bov. calc. canth.$_{hr1}$ carb-ac.$_{br1}$ carb-v.$_{a1}$ caust.$_{hr1,k}$ *Crot-t.*$_{hr1,k}$ graph. guare.$_{hr1,k}$ hep. kali-n.$_{h,k1}$ lach.$_{bg2,k}$ mag-c. mag-m. mang. merc. *Mez.*$_{hr1,k}$ *Mur-ac.* nat-c. nat-m.$_{hr1,k}$ nit-ac. phos. plat. *Ran-b.*$_{hr1,k}$ rhus-t.$_{h,hr1,*}$ seneg.$_{hr1,k}$ sep. sil. *Spig.* spong.$_{hr1,k}$ staph. sulph.$_{bg2,k}$
• **dicht** zusammenstehend: ran-b. rhus-t. verat.
• **durchsichtig**: con.$_{h,k1}$ kali-c. lach. *Mag-c.* mag-m. mang. merc. *Ran-b.*$_{hr1,k}$ rhus-t.$_{hr1}$ urt-u.$_{hr1}$
• **eiternd**: *Am-m.* aur. bov.$_{bg2,k}$ calc.$_{bg2,k}$ carb-v. graph. mag-c. *Nat-c.* nit-ac. petr. phos. puls. ran-b. ran-s. rhus-t. sars. sulph. vip. zinc.
• **entzündet**: am-m. anac. bar-c. bell. *Crot-t.* dulc. kali-n. rhus-t.$_{bg2,k}$ rhus-v.
• **erysipelatös**
☞ *Erysipel*
• **feucht**: con.$_{hr1}$ hell. hep. lach. mang. *Merc.*$_{hr1,k}$ phos. ran-b. ran-s. **Rhus-t.**$_{hr1,k}$ sulph. vip.

- **Flecken**:
  - **bedeckt** mit: dulc. iod. lach. merc. rhus-t. spong.
  - **hinterläßt**: caust.
- **gangränös**: *Ars.*$_{hr1,k}$ bell. *Bufo Camph.* carb-v. **Lach.**$_{hr1,k}$ mur-ac. *Ran-b. Sabin. Sec.*$_{hr1,k}$ sil.
- **gelb**: *Agar.* am-m. anac.$_{hr1,k}$ anag. ant-c. anthraci. ars. ars-s-f.$_{k2}$ bufo calc-p. carbn-s.$_{k,k2}$ chel. cic. clem. com.$_{hr1,k}$ crot-h. crot-t. **Dulc.**$_{hr1,k}$ euph.$_{ptk1}$ *Euphr. Hydr.*$_{hr1,k}$ *Kali-n.*$_{hr1,k}$ *Kreos.* lach.$_{hr1,k}$ *Manc. Merc.*$_{hr1,k}$ mur-ac. nat-c. nat-s.$_{hr1,k}$ ph-ac. psor. ran-b. ran-s.$_{hr1,k}$ raph.$_{hr1,k}$ **Rhus-t.** *Rhus-v.* sep. sulph. tab.$_{hr1,k}$ vip.
  - **Flecken**: cur.$_{st}$ lyc.$_{st}$ nux-v.$_{st}$ sep.$_{st}$ sulph.$_{st}$
- **Geschwüre**; um die
  ☞ *Geschwüre - Bläschen*
- **geschwürig**: *Calc.* caust. *Clem.* cupr-ar. graph. *Merc.* nat-c. petr.$_{k2}$ **Sulph.** *Zinc.*
  ☞ *phagedänisch*
- **Gruppen**, in: rhus-v. sulph.
- **hart**: *Kali-s.*$_{hr1}$ lach. ph-ac. phos.$_{h,k1}$ sil.$_{bg2,k}$
- **Hof**:
  - **rot**: anac. *Calc.* cann-s. crot-h. crot-t. kali-c. kali-chl. *Nat-c.* psil.$_{ft1}$ sil. sulph. tab. vip.
- **juckend**: aeth.$_{hr1,k}$ am-c.$_{gsy1}$ am-m. *Anac.* ant-c. ant-t. apis ars-h.$_{hr1,k}$ bry. **Calc.**$_{hr1,k}$ *Canth.*$_{hr1,k}$ *Carb-ac.*$_{hr1,k}$ caust. clem.$_{k2}$ crot-t.$_{hr1,k}$ daph.$_{hr1,k}$ dulc.$_{a1}$ *Fl-ac.*$_{hr1,k}$ *Graph.*$_{hr1,k}$ *Jug-r. Lach.*$_{hr1,k}$ mag-c. *Mez.*$_{hr1,k}$ *Nat-c.*$_{hr1,k}$ psil.$_{ft1}$ *Rhus-t.*$_{hr1,k}$ rumx. sel.$_{hr1,k}$ *Sep.*$_{hr1,k}$ sil.$_{hr1,k}$ sulph. tell.
  - **abends**: kali-c.$_{hr1,k}$
  - **nachts**: *Graph.*$_{hr1,k}$
  - **entblößten** Stellen, an: *Rumx.*
  - **kalter** Luft, in: *Rumx.*
  - **Narben**; um alte: *Fl-ac.*
  - **warm**:
    - **Bett**, im: aeth.
    - **Zimmer**: apis
- **kalte** Luft: *Dulc.*
- **klein**: ail.$_{k2}$ am-m. anac.$_{hr1}$ cann-s. fl-ac. graph. hell. indg.$_{hr1}$ *Kali-chl.*$_{hr1}$ lach. mang.$_{hr1,k}$ merc.$_{hr1,k}$ *Merc-c.*$_{hr1}$ nat-m. nicc.$_{hr1}$ nit-ac. psor.$_{bg2,hr1}$ rhus-t.$_{bg2,k}$ sel.$_{hr1}$ *Sil.*$_{hr1}$ stram.$_{hr1}$ *Sulph.*$_{bg2,hr1}$ thuj.$_{bg2,k}$
- **Kratzen**, nach: *Am-c. Am-m.* ant-c. ars. ars-s-f.$_{k2}$ bar-c. bar-s.$_{k2}$ bell. bry. calc. caust. chin. *Cycl.* dulc. graph. grat. *Hep.* kali-ar. kali-c. kreos. **Lach.** laur. mag-c.$_{h}$ mang. merc. nat-c. nat-m. nicc. ol-an. *Phos. Ran-b.* **Rhus-t.** sabin. sars. sel. sep. spong. *Sulph.*
- **löst** sich ab
  ☞ *abschilfernd*
- **Luft**, in: asaf.$_{ptk1}$
- **miliar**: acon.$_{bg2,bg3}$ carb-ac.$_{hr1}$
- **phagedänisch**: am-c. ars. borx. *Calc.* caust. cham. clem. graph. hep. kali-c. *Mag-c.* mang.$_{k2}$ merc.$_{hr1,k}$ nat-c. *Nit-ac. Petr.* sep. *Sil. Sulph.*
  ☞ *geschwürig*
- **rissig**, aufbrechend: *Bry. Crot-h. Lach.* mang.$_{k2}$ phos. *Vip.*
- **roher** Haut; bilden sich auf: anag. rhus-t. staph.

– **Blasenausschlag**: ...
- **rot**: *Ant-c.* calc-p. cic. crot-h. cycl. fl-ac. lach. mang. merc.$_{hr1,k}$ nat-c.$_{hr1,k}$ *Nat-m.*$_{hr1,k}$ ol-an. rhus-v.$_{hr1}$ sil. valer.
  - **Hof**
    ☞ *Hof - rot*
- **schmerzhaft**: bell. canth.$_{hr1}$ clem. kali-c. phos.$_{hr1,k}$ psil.$_{ft1}$ **Rhus-t.**$_{hr1}$ *Tarent.*$_{hr1}$
  - **Berührung**; bei: nat-c.$_{hr1}$
  - **geschwürig**, wie: mez. mur-ac.
  - **schießende** Schmerzen: **Nat-c.**$_{hr1,k}$
- **schmerzlos**: stront-c. sulph.
- **schneidend**: graph.
- **schwarz**: ail.$_{ptk1}$ *Anthraci.* arg-n. **Ars.**$_{bg2,k,*}$ **Lach.**$_{bg2,k,*}$ nat-c. petr. *Sec.*$_{hr1}$ vip.
- **Sonne**; durch Aufenthalt in der: acon.$_{c1}$ camph. *Kali-i.*$_{vh}$ *Staph.*$_{vh}$
- **Sonnenhitze**, wie durch: clem.
- **spannend**: am-m.$_{hr1,k}$ hura$_{c1}$ kali-n. mag-c. mag-m. mur-ac. nat-c.
- **stechend**, fein: am-c. calc.$_{bg2,k}$ cham. clem.$_{k2}$ crot-t.$_{hr1,k}$ nat-m. **Nit-ac.**$_{bg2,k}$ psil.$_{ft1}$ sil.$_{bg2,k}$ spong. *Staph.*$_{bg2,k}$ *Tell.*
- **Stichwunde**; nach einer: sep.$_{pd}$
- **Sudamina** (Schweißfriesel): am-c.$_{hr1,k}$ apis ars.$_{hr1,k}$ bell.$_{hr1,k}$ *Bry.*$_{hr1,k}$ canth.$_{hr1,k}$ chinin-s. crot-t.$_{hr1,k}$ graph.$_{hr1,k}$ *Hep.*$_{hr1,k}$ lac-c.$_{hr1,k}$ lach.$_{hr1,k}$ **Nat-m.**$_{hr1,k}$ ph-ac.$_{hr1,k}$ **Rhus-t.**$_{hr1,k}$ spong. sul-ac.$_{hr1,k}$ valer.$_{hr1,k}$
- **traubenförmig**: bufo rhus-t.
- **trocken**: rhus-t.
- **wäßrig**: ars.$_{h,k1}$ *Bell.* bov. canth. clem.$_{k,k2}$ cupr. graph. kali-c. kali-n. merc. nat-c. nat-s.$_{k2}$ ol-an. plat. plb. *Rhus-t.* rhus-v. sec. *Sulph.* tab. vip. zinc.
- **weiß**: am-c. berb. cann-s. caust. clem. con.$_{h,k1}$ graph. hell. hep.$_{hr1,k}$ *Kali-chl. Lach. Merc.* mez. *Nat-c.* phos. rhus-t.$_{h,k1}$ sabad. sulph. *Thuj.* valer.$_{hr1,k}$
- **wund** beißend: con. graph. hell. mag-c. mang. nat-c. ph-ac. phel. plat. rhod. rhus-t. rhus-v. sil. staph. thuj.
- **Wunde**; um eine: *Lach.* rhus-t.
- **ziehend**, schmerzhaft: clem.
- **zusammenfließend**: alum. *Bell.*$_{hr1}$ *Cic.* crot-t.$_{hr1}$ *Mez.*$_{hr1}$ phel. rhus-t.$_{hr1,k}$ *Sulph.*

– **bläulich**:
- **dunkel**: *Ail.* arg-n. *Crot-h. Lach. Ran-b.* sars. *Sulph.*
- **schwarz**: **Arg-n.**$_{hr1}$

– **blutend**: aeth.$_{c1,gsy1}$ alum. ant-t. apis ars. bry.$_{bg2}$ calc. dulc.$_{bg2,k}$ euph. hep. kali-ar. kali-c. kali-n. *Lach.* lyc.$_{hr1,k}$ mang.$_{k2}$ med. **Merc.** merc-c. *Nit-ac.* olnd. *Par. Petr.*$_{hr1,k}$ *Psor.*$_{hr1,k}$ *Sep.* **Sulph.**
- **Kratzen**, nach: alum. *Ars.* ars-s-f.$_{k2}$ *Bov. Calc.* chin. cocc. cupr-ar. *Dulc. Lach. Lyc.* mez.$_{h}$ nux-v. petr. *Psor.* **Sulph.** *Til.*

– **bräunlich**: anag. dulc. nit-ac. ph-ac. phos. puls.$_{k2}$

– **brechen** aus:
- **Gefühl**, als würde ein Hautausschlag ausbrechen: lachn.$_{rb2}$ pop.$_{rb2}$ samb.$_{rb2}$

• **nicht** ausbricht; wenn ein Hautausschlag: *Ail.* am-c. ant-t.bg2,k *Bry.*bg2 cupr.bg2 dulc.bg2 psor.bg2 *Stram.*bg2,k *Sulph.*bg2,k *Zinc.*bg2,k
☞ *unterdrückt*

– **brennend**: acon.bg2 agar.bg2,k alum.bg2,k alum-p.k2 alum-sil.k2 *Am-c.*bg2,k am-m.bg2,k *Ambr.*bg2,k anac.bg2,k,* ant-c.bg2,k ant-t.bg2,k anthraci.br1 **Apis** arg-met. arn.a1 **Ars.**bg2,k,* ars-s-f.k2 aur.bg2,k aur-s.k2 bar-c.bg2,k bar-s.k2 *Bell.*bg2,k berb. bov.bg2,k *Bry.*bg2,k bufo calad.bg2,k *Calc.*bg2,k calc-p.k2 *Calc-s.* calc-sil.k2 cann-s.bg2,k canth.bg2,k caps.bg2,k,* **Carb-ac.** *Carb-an.*bg2,k *Carb-v.*bg2,k *Carbn-s.* **Caust.**bg2,k chin.bg2,k chinin-ar. **Cic.**bg2,k *Clem.*bg2,k cocc.bg2,k coff.bg2,k,* colch.bg2,k com. *Con.*bg2,k corn.a1 crot-t.bg2,k cub. dig.bg2,k dulc.bg2,k euph.bg2,k gast.a1 **Graph.** guaj.bg2,k hell.bg2,k *Hep.*bg2,k ign.bg2,k jug-c.a1 kali-ar. *Kali-bi.*bg2,k *Kali-c.*bg2,k kali-i.a1,k kali-n. kali-s. kali-sil.k2 kreos.bg2,k *Lach.*bg2,k laur.bg2,k led.bg2,k *Lyc.*bg2,k mang.bg2,k medus.br1 **Merc.**bg2,k,* *Mez.*bg2,k mosch.a1 nat-ar. nat-c.bg2,k nat-m.bg2,k nat-p. nit-ac. *Nux-v.*bg2,k,* olnd.bg2,k par.bg2,k petr.bg2,k ph-ac.bg2,k *Phos.*bg2,k plat.bg2,k plb.bg2,k,* *Psor. Puls.*bg2,k *Ran-b.*bg2,k **Rhus-t.**bg2,k,* sabad.bg2,k sars.bg2,k seneg.bg2,k sep.bg2,k *Sil.*bg2,k spig.bg2,k spong.bg2,k squil.bg2,k stann.bg2,k *Staph.*bg2,k stram.bg2,k stront-c. *Sulph.*bg2,k teucr.bg2,k thuj.bg2,k urt-u. verat.bg2,k viol-o.bg2,k *Viol-t.*bg2,k zinc.bg2,k zinc-p.k2

• **nachts**: ars. caust. *Merc.* **Rhus-t.**a1,k staph. til.a1,k

• **Berührung**:

• **agg.**: cann-s. canth. *Merc.*

• **Freien**, im: led.

• **Kratzen**; nach
☞ *Brennen - Kratzen*

• **Reiben**; nach: sars.h

• **Waschen**; beim: *Merc.*

• **Wasser**; in kaltem:

• **nach**: clem. thuj.

– **Dellwarze**
☞ *Molluscum - contagiosum*

– **durchscheinend**: merc.hr1,k

– **durchsichtig**: cina *Merc.*bg2,k,* **Ran-b.**bg2,k

– **eiternd**: alum. am-c. **Ant-c.**hr1,k ant-t.a1,k apis *Ars.* ars-s-f.k2 *Bar-c.* bar-s.k2 bell. *Borx.* cadm-s. *Calc.*bg2,k,* calc-s.hr1,k calc-sil.k2 carb-v. *Carbn-s.* caust.bg2,k **Cham.** chel. *Cic.*hr1,k *Clem.* cocc. *Con.* croc. cycl. *Dulc.* euphr. **Graph.** hell. *Hep.*bg2,k,* jug-c. kali-c. *Kali-s.* lach. led. **Lyc.**hr1,k mag-c. mang. **Merc.**bg2,k,* mur-ac. *Nat-ar.* *Nat-c.*bg2,k nat-m. nat-p. **Nit-ac.** nux-v. olnd. par. **Petr.**bg2,k ph-ac. phos. plb. *Psor.*hr1,k puls. **Rhus-t.**bg2,k,* *Samb. Sars.* sec. **Sep.**bg2,k **Sil.**hr1,k spig. *Squil.* *Staph.*bg2,k *Sulph.*bg2,k tarax. thuj. verat. viol-o. *Viol-t. Zinc.*bg2,k zinc-p.k2

– **Ekthym**: ant-c.hr1,k ant-t.hr1,k,* anthraco.c2 arg-n.hr1,k,* ars.hr1,k bell.hr1 borx. cham. cic.hr1,k *Crot-c. Crot-t.* euph-pe.c2 *Jug-c.*hr1,k,* jug-r.c2 kali-ar.a1 *Kali-bi.*hr1,k kali-br. kali-i.hr1,k lyc. merc.hr1,k,* nit-ac.hr1,k petr.hr1,k pop-c.c2 rhus-t.hr1,k,* sec.hr1,k *Sil.*hr1,k staph. sulph.hr1,k thuj.hr1,k

– **Ekzem**: acon.hr1 aeth.hr1 alum.hr1,k,* alum-p.k2 alum-sil.k2 *Alumn.*c2 am-c.hr1,k am-m.hr1,k anac.hr1,k,* ant-c.hr1,k,* ant-t.hr1 arb.c2 arg-n. **Ars.**hr1,k,* **Ars-i.** ars-s-f.k2 ars-s-r.c2 astac. aur.hr1,k aur-ar.k2 *Aur-m.*hr1,k,* aur-s.k2 **Bar-c.**hr1 **Bar-m.** bell.hr1,k berb-a.c2 borx. **Bov.**c2,ptk1 brom.hr1,k bry.c2,k *Calad.*hr1,k **Calc.**hr1,k *Calc-p.*hr1 **Calc-s.**hr1,k,* calc-sil.k2 canth.hr1,k,* carb-ac.hr1,k,* *Carb-v.*hr1,k carbn-s. carc.cd,mg1,* *Caust.*hr1,k cere-b.c2 *Chel.*hr1 chin.c1 **Cic.**hr1,k,* *Cist.*hr1 clem.k,k2,* cod.c2 com.c2 *Con.*hr1 cop.hr1,k corn.c2,hr1 corn-a.br1,c2 **Crot-t.**hr1,k,* cund.hr1 cur.c2,hr1 cycl. **Dulc.**hr1,k fago.c2 ferr-i.hr1 ferr-s.c2 fl-ac. fum.vs1 **Graph.**k,kl2●,* **Hep.**hr1,k,* hydr.hr1,k *Hydrc.*hr1 iodof.c2 *Iris*c2,k **Jug-c.**hr1,k,* **Jug-r.** *Kali-ar.*hr1,k,* kali-bi.hr1,k kali-br.hr1 kali-c. *Kali-chl.*hr1,k kali-i.a1,hr1 kali-m.c2,k2 *Kali-s.*hr1,k,* kali-sil.k2 *Kreos.*ptk1 lach. **Lappa** led.hr1,k,* *Lith-c. Lyc.*k,kl2●,* **Med.**vh,vh/dg *Merc.*hr1,k,* *Merc-c.*c2 merc-i-r.c2 **Mez.**hr1,k *Mur-ac.*hr1 naphtin.c2 *Nat-c.*hr1 nat-m.k,kl2● nat-p.hr1,k *Nat-s.*hr1,k nit-ac.hr1,k **Olnd.**hr1,k,* osm.c2 ox-ac.hr1 **Petr.**c2,k ph-ac.k2 phos.k,kl2● *Phyt.*hr1,k pip-m.c2 pix.c2 polyg-xyz.c2 prim-o.c2 prim-v.c2 **Psor.**hr1,k,* pyrog.c2 rad-br.ptk1,ptk2 *Ran-b.*hr1,k,* rhus-d.c2 **Rhus-t.**k,kl2● rhus-v.hr1,k,* sanic.c2 *Sars.*hr1,k *Sep.*k,kl2●,* *Sil.*hr1,k skook.c2 solid.ptk1 spira.c2 *Staph.*hr1,k,* sul-ac.hr1 **Sul-i.**c2,k **Sulph.**k,kl2●,* sumb.hr1 *Syph.*hr1 tarent.k2 tell.c1,c2 ter.hr1 *Thuj.*hr1,k thyr.c2 **Tub.**a1,br1,* ust.hr1 vac.c2 *Vinc.*c2 *Viol-t.*hr1,k,* zinc.c2,hr1

◇ **abwechselnd** mit:

• **innere** Krankheiten: *Graph.*

• **juckend**; nicht: cic.br1,bro1,*

• **Magens**; mit Beschwerden des: ant-c.br1 iris.c1

• **Meer**; am: *Nat-m.*vh

• **Menses** agg.: mang.br1

• **Schweißfriesel**
☞ *Blasenausschlag - Sudamina*

– **empfindlich**: ant-c. arg-met. bell. **Hep.** lach. led. nit-ac. par. sabad. spig. stann. valer.

– **entzündet**: am-c.h,k1 ars. calc. *Lyc.*

– **Erdbeeren**, durch: bry.j5

– **erhaben**: anac. ars. asaf. *Bry.*a1,k calc. carb-v. caust. cop.a1,k crot-h. cupr-ar. dulc. graph. lach. merc.a1,k mez. op. phos.a1,k sulph.a1,k tab. tarax. valer.

– **erscheinen**
☞ *brechen aus - Gefühl*

– **Erysipel**
☞ *Erysipel*

– **Erythem**: antip.c2 *Bell.*c2 bor-ac.c2 grin.c2 *Mez.*c2 pic-ac.c2 plan.c2 plb-chr.c2 ter.c2 tub.c2 urt-u.c2
☞ *❑ Brust - Farbe - rot - erythematös | ❑ Extremitäten - Hautausschläge - Arme - erythematös | ❑ E~ Hautausschläge - erythematös | ❑ Gesicht - Hautausschläge - Erythem | ❑ Männliche Genitalien - Hautausschläge - Penis - erythematös | ❑ Rücken - Hautausschläge - Erythem*

– **Erythema** nodosum: *Acon.*c2 apis.c2 jug-c.c2 kali-br.c2 kali-i.c2 led.c2 phyt.c2 rhus-v.c2 sul-ac.c2

– **Exanthem**, flüchtiges: **Acon.** *Agar.* *Ail.*$_{gm1,k}$ alum. alum-p.$_{k2}$ **Am-c.** am-m. anac. *Anan.* *Ant-c.* *Ant-t.* *Apis* *Arn.* **Ars.** ars-i. ars-s-f.$_{k2}$ arund. asaf. bar-c. bar-m. bar-s.$_{k2}$ **Bell.** bov. **Bry.** bufo *Calad.* *Calc.* calc-i.$_{k2}$ *Calc-s.* calc-sil.$_{k2}$ camph. *Canth.* *Carb-v.* carbn-s. **Caust.** **Cham.** chel. chinin-s. *Chlol.* *Clem.* cocc. *Coff.* *Com.* con. cop. corn. crot-t. cupr. dig.$_{br1,k}$ dros. *Dulc.* elaps euph. euphr. *Graph.* hell. *Hep.* *Hyos.* iod. *Ip.* *Jug-c.* *Kali-ar.* *Kali-bi.* *Kali-br.* *Kali-s.* kreos. *Lach.* *Led.* lyc. **Merc.** **Mez.** *Nat-m.* nit-ac. nux-v. op. par. petr. **Ph-ac.** phos. phyt.$_{gm1,k}$ *Psor.* **Puls.** rheum **Rhus-t.**$_{gm1,k}$ sars. *Sec.* *Sel.* *Sep.* *Sil.* spong. *Staph.* **Stram.** sul-i.$_{k2}$ **Sulph.**$_{gm1,k}$ syph. tab. teucr. tub.$_{c}$ urt-u. valer. verat. viol-t. zinc. zinc-p.$_{k2}$
☞ *granulär*
- **nachts**: chlol.$_{hr1,k}$
◇ **abwechselnd** mit:
  - **Asthma**: calad.$_{hr1,k,*}$
  - **Beklemmung** der Brust: *Calad.*
- **Belladonna**; nach Mißbrauch von: hyos.
- **Bienenstich**, durch: sep.$_{h}$
- **bläulich**: **Acon.** *Ail.* am-c. bell. *Coff.* **Lach.** *Phos.* phyt.$_{gm1}$ sep. stram. *Sulph.*
- **bräunlich**: mez.$_{hr1,k}$
- **brennend**: *Ars.*$_{hr1}$ bov.$_{hr1}$ ph-ac.$_{h,k1}$
  - **juckend**, und: agar. clem. teucr.
- **chronisch**: am-c. clem. mez. *Staph.*
- **dicht**, weiß, mit Brennen: agar. bry. nux-v.
  - **juckend**, und: agar. bry. calad. sulph.
- **Enge** der Brust
☞ *abwechselnd mit - Beklemmung*
- **Entbindung**, während der: *Bry.* cupr. *Ip.*
- **exkoriierter** Haut, mit: *Sulph.*
- **feucht**: carb-v.
- **Flecken**: *Ail.*
- **Flecken**, entzündete: *Agar.* lyc.
- **glänzend** und glatt: bell.$_{k2}$
- **juckend**: ant-c.$_{hr1}$ bov.$_{hr1}$ *Calc.*$_{hr1}$ grin.$_{hr1}$ *Hep.*$_{hr1}$ *Mez.*$_{hr1}$ sep.$_{h,hr1,*}$ zinc.$_{hr1}$
- **kalter** Luft, in: apis dulc. sars.$_{hr1,k}$ sep.
- **Kindern**, bei: acon. *Bry.*$_{hr1,k}$ *Cham.*$_{hr1,k}$ ip. sulph.
- **Kratzen**, nach: am-c.$_{bg2,k}$ am-m.$_{bg2,k}$ ant-c.$_{bg2,k}$ bov. bry.$_{bg2,k}$ calc. carbn-s. caust.$_{bg2,k}$ dulc.$_{bg2,k}$ graph.$_{bg2,k}$ ip. *Lach.* led. *Merc.*$_{bg2,k}$ mez. ph-ac.$_{bg2,k}$ phos.$_{bg2,k}$ puls.$_{bg2,k}$ *Rhus-t.*$_{bg2,k}$ sars.$_{bg2,k}$ sel.$_{bg2,k}$ sil.$_{bg2,k}$ spong.$_{bg2,k}$ staph.$_{bg2,k}$ *Sulph.*$_{bg2,k}$ verat.$_{bg2,k}$ viol-t. zinc.$_{bg2,k}$
- **langsame** Entwicklung des Ausschlages bei akutem Exanthem: **Bry.**
- **Menses**:
  - **vor**: *Dulc.*$_{hr1,k}$
  - **während**: *Con.*
- **rot**:
  - **dunkel**: mez.$_{k2}$
  - **feuerrot**: **Acon.** **Bell.** stram. sulph.
- **scharlachrot**: **Acon.** **Am-c.**$_{hr1,k}$ ars. arum-t.$_{k2}$ **Bell.**$_{hr1,k}$ **Bry.** calc.$_{hr1,k}$ carb-v. caust. *Chlol.* *Coff.* com. con. dulc. hyos.$_{hr1,k}$ iod. *Ip.* *Kali-bi.* lach. *Merc.* ph-ac. phos. phyt.$_{k2}$ rhus-t.$_{hr1,k}$ sulph. zinc.
- **schwarz**: *Lach.*

– **Exanthem**, flüchtiges: ...
- **stechend**, beißend: nat-m.$_{hr1,k}$ viol-t.$_{hr1,k}$
- **Überhitzung**; bei: apis lyc.
- **unterdrückt**: ip. rhus-t.$_{k2}$
- **warmes** Zimmer; beim Eintreten aus dem Freien in ein: apis ars.
- **weiß**: agar. *Apis* **Ars.** bov. *Bry.* calad.$_{hr1,k}$ ip. nux-v. *Phos.* rhus-v.$_{hr1,k}$ *Sulph.* **Valer.**
  - **Freien**, im: sars.
  - **Zimmer**, im: calc.
- **Wetterwechsel**, durch: *Apis*
- **zurücktretend** bei akutem Exanthem: **Bry.**$_{hr1,k}$

– **exkoriiert**
☞ *Exkoriation*

– **feucht**
☞ *absondernd*

– **Fisch**, nach: ars.$_{bg3}$ sep.$_{bg3}$

– **flach**: *Am-c.*$_{bg2,k}$ ang.$_{bg2}$ ant-c.$_{bg2,k}$ ant-t.$_{bg2,k}$ *Ars.*$_{bg2,k}$ *Asaf.*$_{bg2,k,*}$ **Bell.**$_{bg2,k}$ carb-an.$_{bg2,k}$ euph.$_{bg2,k}$ **Lach.**$_{bg2,k}$ *Lyc.*$_{bg2,k}$ merc.$_{bg2,k}$ *Nat-c.*$_{bg2,k}$ nit-ac.$_{bg2,k}$ petr.$_{bg2,k}$ *Ph-ac.*$_{bg2,k}$ phos.$_{bg2,k}$ puls.$_{bg2,k}$ *Ran-b.*$_{bg2,k}$ *Sel.*$_{bg2,k}$ *Sep.*$_{bg2,k}$ *Sil.*$_{bg2,k}$ staph.$_{bg2,k}$ sulph.$_{bg2,k}$ thuj.$_{bg2,k}$

– **Flecken**, entzündete: anac. *Ant-c.* arn. *Ars.*$_{a1,k}$ ars-s-f.$_{k2}$ *Asaf.* bar-c. *Bell.*$_{a1,k}$ berb.$_{hr1,k}$ *Bry.*$_{hr1,k}$ calc. caps. chel. chlol.$_{hr1,k}$ cocc.$_{hr1,k}$ coff. con. croc. *Crot-h.* crot-t. dulc. fl-ac.$_{hr1,k}$ hell. *Hep.* *Hyos.* ign. kali-ar.$_{k2}$ kali-bi.$_{c2}$ kali-c. kali-sil.$_{k2}$ kreos. *Lach.* *Led.* lyc. *Mag-c.* *Mang.* *Merc.* nat-c.$_{hr1,k}$ nat-m. *Nit-ac.* *Nux-v.* op. *Petr.* ph-ac. *Phos.*$_{hr1,k}$ *Puls.* *Rhus-t.* *Rhus-v.* ruta sabin. samb-c.$_{c2}$ *Sars.* *Sec.* sel. sep. *Sil.* spig. *Squil.* staph. stram. sul-ac. sulph. *Urin.*$_{c1}$ valer. verat. vip.
- **entzündet**: hep. mang. *Merc.* *Phos.* *Sil.*
- **gelb**: ant-c. sulph.
- **juckend**, nässend: **Graph.**$_{hr1,k}$ sul-ac.$_{k2}$
- **Kratzen**, nach: kali-c. lach. lyc. merc. nat-c. nit-ac. op. rhus-t. spig. verat. zinc.
- **rot**: arg-n. carb-v. crot-t. fl-ac.$_{hr1,k}$ merc. mur-ac. op.$_{hr1,k}$ phos. sul-ac.$_{k2}$ urt-u.$_{hr1,k}$
  - **abschilfernd**: fl-ac.
  - **erhaben**: fl-ac.$_{hr1,k}$ *Rhus-t.*
- **stechend**; fein: *Petr.* sars. stram. zinc.
- **unregelmäßig**: arg-n.$_{br1}$
- **verhärtet**: am-m. phos.$_{hr1,k}$ sars.
- **wäßrig**: graph. mag-c.

– **Flecken**, große: agar. ail. ars.$_{a1,k}$ berb.$_{hr1,k}$ *Calc.*$_{hr1,k}$ *Carb-v.* *Graph.* *Iris* jug-c. *Kali-bi.* *Kali-c.* *Lith-c.* mang. petr.$_{k2}$ phos.$_{a1,k}$ *Puls.* *Sars.* *Sep.* thuj. *Viol-t.*
- **trockene**, rote, große Flecken:
  - **juckend**; heftig: granit-m.$_{es1}$
- **umschrieben**, linsenförmig:
  - **marmoriertem** Aussehen; mit Jucken und
  ☞ *juckend - Flecken - umschrieben - linsenförmig - marmoriert*

– **Flohbisse**, wie: graph.$_{h}$

– **fressend**
☞ *phagedänisch*

– **Frühling**, im: graph.$_{alj}$ *Nat-s.* **Psor.**$_{alj,ptk1}$ rhus-t. sang.$_{ptk1}$ *Sars.* *Sep.*

– **Furunkel**: abrot. agar. alum.bg2,k,* alum-p.k2 alum-sil.k2 alumn. am-c.bg2,k am-m.bg2,k ambro.c2 *Anac.*bg2,k anan.c2 *Ant-c.*bg2,k ant-t.bg2,k anth. anthraci.br1,c2 *Apis* **Arn.**bg2,k,* *Ars.*bg2,k,* *Ars-i.* ars-s-f.k2 ars-s-r.c2 aur.bg2,k aur-ar.k2 aur-s.k2 *Bar-c.* **Bell.**bg2,k,* bell-p.c2 brom.bg2,k bry.bg2,k bufo cadm-s.c2 *Calc.*bg2,k calc-chln.c2 calc-i.k2 *Calc-m.*c2 calc-p. **Calc-pic.**bro1 *Calc-s.*c2,k calc-sil.k2 carb-an.bg2,k carb-v.bg2,k carbn-s. chin.bg2,k chinin-ar. cist. coc-c. cocc.bg2,k coccal.awy1 *Con.* *Crot-h.*c2,k dulc. elaps elat.c2 *Euph.*bg2,k *Graph.*bg2,k **Hep.**bg2,k,* hippoz.c2 *Hyos.*bg2,k,* ign.bg2,k *Iod.*bg2,k,* jug-r. kali-bi.k2 *Kali-i.* kali-n.bg2,k kreos.bg2,k **Lach.**bg2,k,* laur.bg2,k *Led.*bg2,k,* **Lyc.**bg2,k mag-c.bg2,k mag-m.bg2,k maland.c2 mang-coll.br1 **Merc.**bg2,k mez.bg2,k mur-ac.bg2,k nat-ar. nat-c.bg2,k *Nat-m.*bg2,k,* nat-p. nat-sal.c2 *Nit-ac.*bg2,k,* nux-m.bg2,k *Nux-v.*bg2,k **Petr.**bg2,k *Ph-ac.*bg2,k,* *Phos.*bg2,k *Phyt.*bg2,k,* pic-ac.c2,k **Psor.**c2,k puls.bg2,k,* **Rhus-t.**bg2,k rhus-v.c2 sabin.c2 sapin.c2 sars. *Sec.*bg2,k,* *Sep.*bg2,k *Sil.*bg2,k,* sol-a.c2 spong.bg2,k stann. staph.bg2,k stram.bg2,k strych-g.c2 *Sul-ac.*bg2,k sul-i.k2 **Sulph.**bg2,k,* tarent.bg2,k *Thuj.*bg2,k,* *Urin.*c1,c2 zinc.bg2,k zinc-p.k2

- **blau**: *Anthraci.* bufo crot-h. lach.
- **Blutbeule**: alum. alum-p.k2 arn.bg2,k *Bell.* bry.bg2,k *Calc.* euph. hyos. *Iod.* iris kali-bi. *Led.* *Lyc.* mag-c. *Mag-m.*hr1,k *Mur-ac.* *Nat-m.* nit-ac. ph-ac. **Phos.** sec.bg2,k sep. *Sil.* sul-ac. sul-i.k2 sulph. thuj. zinc.h,kl
- **chronisch**:
  - **knöchernen** Teilen; über: calc-pic.bro1
- **Eiter**; grünlicher: *Sec.*
- **Frühling**, im: bell. *Crot-h.* *Lach.*
- **groß**: ant-t.bg2,k *Apis* bufo *Hep.*bg2,k hyos.bg2,k *Lach.* *Lyc.*bg2,k merc. nat-c.bg2,k *Nit-ac.*bg2,k nux-v. phos.bg2,k sil. viol-t.
- **klein**: **Arn.**bg2,k bar-c. dulc. *Fl-ac.* **Kali-i.** *Lyc.* mag-c.bg2,k mag-m. nat-m. nux-v. sulph.bg2,k tarent. viol-t. zinc.bg2,k
  - **Haufen**, in: arn.br1
- **langsam** reifend: hep. sil. sulph.
- **nächste**; sobald das erste Furunkel abgeheilt ist, folgt das: sulph.c1
- **periodisch**: anthraci.br1 **Ars.** hyos. *Iod.* *Lyc.*k,kl2● *Merc.* nit-ac. phos. phyt. sil. staph. *Sulph.*k,kl2●
- **stechend** bei Berührung; fein: mur-ac. sars.h,kl sil.
- **verletzte** Stellen: *Dulc.*

– **gelb**: *Agar.*bg2,k anac. *Ant-c.* ars.bg2,k aur. *Bar-c.* bar-m. bufo cadm-s. calc-s. chel. *Cic.*bg2,k cocc.bg2,k cupr.bg2,k *Dulc.* *Euph.*bg2,k hell.bg2,k kali-c. *Kali-chl.* kreos.bg2,k lach. led.bg2,k lyc.bg2,k **Merc.**bg2,k *Nat-c.*bg2,k nat-s. *Nit-ac.*bg2,k par.bg2,k ph-ac. ran-s. raph. *Rhus-t.* sep.bg2,k *Spong.* tab. valer.bg2,k

– **geschwürigen** Schmerzen; mit: am-c. *Am-m.* ant-c. ars. bar-c. caps. caust. con. graph. kali-c. laur. *Mang.* merc. *Phos.* *Puls.* *Rhus-t.* *Sep.* **Sil.** *Staph.* sulph. tarax. zinc.

– **gespannt**: alum.bg2,k ant-t.bg2,k *Arn.*bg2,k bar-c.bg2,k bell.bg2,k bry.bg2,k canth.bg2,k carb-an.bg2,k **Caust.**bg2,k cocc.bg2,k con.bg2,k hep.bg2,k kali-c.bg2,k mez.bg2,k olnd.bg2,k *Phos.*bg2,k puls.bg2,k **Rhus-t.**bg2,k sabin.bg2,k sep.bg2,k spong.bg2,k staph.bg2,k *Stront-c.* sulph.bg2,k thuj.bg2,k

– **granulär**: *Agar.* am-c. ars. *Carb-v.* cocc. graph. hep. kreos. led. nat-m. nux-v. par. phos. valer. ~~vinc.kl,xxx~~ zinc.k,kl
☞ *Exanthem*

– **grießartig**: am-c.bg2,k graph.bg2,k *Hep.*bg2,k nat-m.bg2,k phos.bg2,k zinc.bg2,k

– **gruppenförmig** angeordnet: *Agar.*bg2,k *Calc.*bg2,k nat-m.bg3 ph-ac. ran-b. rhus-t.bg2,k staph.bg2,k verat.bg2,k

– **hart**: agar. *Ant-c.*bg2,k aur. bov.bg2 carb-an.bg2 caust. fl-ac.k2 graph.bg2 kali-bi.bg2 mez. nit-ac.bg2 *Ran-b.*bg2,k rhus-t.bg2,k,* spig.bg2,k valer.bg2,k

– **Herpes**: acet-ac.hr1,k acon.bg3,hr1 aeth.c2 agar.bg2,k,* all-s.hr1 aln.c2 *Alum.*bg2,k,* alum-p.k2 alum-sil.k2 am-c.bg2,k,* ambr.bg2,k anac.bg2,k,* *Anan.*hr1,k anthraco.c2 *Apis* **Ars.**bg2,k,* *Ars-i.* ars-s-f.k2 aster.hr1,k aur.bg2,k aur-ar.k2 aur-i.k2 aur-s.k2 *Bar-c.*bg2,k,* *Bar-m.*hr1,k bar-s.k2 bell.bg2,k,* berb.hr1,k,* berb-a.c2 borx.c2,k **Bov.**bg2,k,* *Bry.*bg2,k,* bufo cadm-s. calad.bg2,k **Calc.**bg2,k,* calc-f.c2 calc-i.k2 **Calc-s.**hr1,k calc-sil.k2 caps.bg2,k,* carb-ac.bg2 *Carb-an.*bg2,k,* *Carb-v.*bg2,k,* **Carbn-s.** *Caust.*bg2,k,* chel.bg2,k chrys-ac.c1 *Cic.*bg2,k,* *Cist.*hr1,k **Clem.**bg2,k,* cocc.bg2,k coloc.c2,hr1 com.hr1,k,* **Con.**bg2,k,* crot-h.hr1,k,* *Crot-t.*hr1,k,* cupr.bg2,k,* cycl.bg2,k dol.hr1,k **Dulc.**bg2,k,* equis-a.br1 ery-m.c2 eucal.hr1 eup-per.hr1 *Fl-ac.*bg2 gink-b.sbd1 **Graph.**bg2,k,* grat.hr1,k hell.bg2,k *Hep.*bg2,k,* hydrog.srj2 hyos.bg2,k ictod.c2 iod.hr1,k iris jug-c.c2 jug-r.c2 *Kali-ar.* kali-bi.hr1,k2 *Kali-c.*bg2,k,* *Kali-chl.* *Kali-i.*hr1,k,* kali-m.k2 kali-n.bg2,k kali-p. *Kali-s.* kalm.hr1,k *Kreos.*bg2,k,* *Lac-c.*hr1,k lac-d.k2 *Lach.*bg2,k,* *Led.*bg2,k,* **Lyc.**bg2,k,* mag-c.bg2,k,* *Mag-m.*bg2,k,* manc.hr1,k mang.bg2,k,* **Merc.**bg2,k,* mez.bg2,k,* mosch.bg2,k mur-ac.bg2,k *Nat-ar.* *Nat-c.*bg2,k,* **Nat-m.**bg2,k,* nat-p. *Nat-s.*hr1,k nit-ac.bg2,k,* nux-v.bg2,k ol-j.hr1 *Olnd.*bg2,k,* op.bg2 par.bg2,k,* *Petr.*bg2,k,* ph-ac.bg2,k *Phos.*bg2,k,* plb.bg2,k *Psor.*hr1,k puls.bg2,k *Ran-b.*bg2,k,* ran-s.bg2,k,* rhod. **Rhus-t.**bg2,k,* rhus-v.c2 rob.hr1,k rumx. ruta sabad.bg2,k sarr.c2 *Sars.*bg2,k,* **Sep.**bg2,k,* **Sil.**bg2,k,* sol-o.c2 spig.bg2,k,* spong.bg2,k,* squil.bg2,k stann.bg2,k *Staph.*bg2,k,* sul-ac.bg2,k sul-i.k2 **Sulph.**bg2,k,* tarax.bg2,k **Tell.**bg2,k,* teucr.bg2,k thuj.bg2,k,* ulm-c.c2 valer.bg2,k vario.bg3 verat.bg2 viol-t.bg2,k zinc.bg2,k,* zinc-p.k2

- **rechte** Seite: iris.hr1

◇ **abwechselnd** mit:
- **Brusterkrankungen** und dysenterischem Stuhl: rhus-t.
- **aufspringend**: alum.bg2,k aur.bg2,k bry.bg2,k cadm-s. *Calc.*bg2,k,* cycl.bg2,k graph.bg2,k hep.bg2,k kali-c.bg2,k kreos.bg2,k lach.bg2,k lyc.bg2,k mag-c.bg2,k mang.bg2,k merc.bg2,k nat-c.bg2,k nat-m.bg2,k nit-ac.bg2,k petr.bg2,k *Puls.*bg2,k *Rhus-t.*bg2,k ruta sars.bg2,k **Sep.**bg2,k sil.bg2,k

- **aufspringend**: ...
  Sulph.bg2,k viol-t.bg2,k zinc.bg2,k
- **ausbreitend**; sich: alum. caps. carbn-s. clem.bg2,k2 dulc. **Merc.** nat-c.h2
- **blutend**: anac. dulc.hr1,k lyc.
- **brennend**: agar.bg2,k alum.bg2,k alum-p.k2 am-c.bg2,k ambr.bg2,k,* anac.bg2,k,* **Ars.**bg2,k,* aur.bg2,k aur-i.k2 bar-c.bg2,k bell.bg2,k bov.bg2,k bry.bg2,k calad.bg2,k *Calc.*bg2,k,* caps.bg2,k carb-an.bg2,k carb-v.bg2,k **Caust.**bg2,k cic.bg2,k clem.bg2,k cocc.bg2,k *Con.*bg2,k,* dulc.bg2,k hell.bg2,k hep.bg2,k *Kali-c.*bg2,k,* kali-n.bg2,k kali-sil.k2 kreos.bg2,k lach.bg2,k led.bg2,k *Lyc.*bg2,k *Mang.*bg2,k **Merc.**bg2,k,* mez.bg2,k mosch.hr1 nat-c.bg2,k nat-m.bg2,k nux-v.bg2,k olnd.bg2,k par.bg2,k petr.bg2,k ph-ac.bg2,k phos.bg2,k plb.bg2,k *Psor.* puls.bg2,k ran-b.bg2,k **Rhus-t.**bg2,k sabad.bg2,k sars.bg2,k sep.bg2,k,* *Sil.*bg2,k spig.bg2,k spong.bg2,k squil.bg2,k stann.bg2 staph.bg2,k,* stram. *Sulph.*bg2,k teucr.bg2,k thuj.bg2,k verat.bg2,k viol-t.bg2,k zinc.bg2,k
- **Drüsen** bedeckt; mit: dulc. graph.
- **eiternd**: ars.bg2,k,* bell.bg2,k cadm-s. cic.bg2,k clem.bg2,k cocc.bg2,k con.bg2,k cycl.bg2,k *Dulc.*bg2,k,* hep.bg2,k jug-c. led.bg2,k *Lyc.*bg2,k mag-c.bg2,k **Merc.**bg2,k *Nat-c.*bg2,k,* nat-m.bg2,k *Petr.*bg2,k plb.bg2,k puls.bg2,k **Rhus-t.**bg2,k sars.bg2,k **Sep.**bg2,k sil.bg2,k spig.bg2,k staph.bg2,k sulph.bg2,k tarax.bg2,k thuj.bg2,k verat.bg2,k viol-t.bg2,k zinc.bg2,k,*
- **feucht**: alum.bg2,k am-c. anac. anan. ars.bg2,k bar-c.bg2,k,* bell.bg2,k *Bov.*bg2,k,* bry.bg2,k cact. cadm-s. **Calc.**bg2,k,* caps.hr1 carb-an.bg2,k *Carb-v.*bg2,k,* **Caust.**bg2,k,* cic.bg2,k,* cist. *Clem.*bg2,k,* con.bg2,k,* **Dulc.**bg2,k,* **Graph.**bg2,k,* grat. hell.bg2,k hep.bg2,k,* kali-c.bg2,k,* **Kreos.**bg2,k,* lach.bg2,k led.bg2,k,* **Lyc.**bg2,k,* **Merc.**bg2,k,* mez.bg2,k,* nat-c.bg2,k,* nat-m.bg2,k,* nit-ac.bg2,k *Olnd.*bg2,k,* petr.bg2,k **Ph-ac.**bg2,k,* phos.bg2,k *Psor.*hr1,k ran-b. **Rhus-t.**bg2,k,* ruta **Sep.**bg2,k,* *Sil.*bg2,k,* squil.bg2,k staph.bg2,k sul-ac.bg2,k **Sulph.**bg2,k,* tarax.bg2,k *Tell.* thuj.bg2,k viol-t.bg2,k
- **Fieber**, bei: carb-v. **Nat-m.** rhus-t.
- **Flecken**: *Ant-c.* caust. con. crot-h. *Graph.* hyos. **Lyc. Merc.** mur-ac. *Nat-c.* nat-m. nit-ac. petr. phos. sabad. sars. **Sep.** sil. **Sulph.** zinc.
  - **braun**: **Sep.**
- **Frühling**, jeden: *Sep.*
- **gelblich**: agar.bg2,k ars.bg2,k carbn-s. cic.bg2,k cocc.bg2,k cupr.bg2,k *Dulc.* hell.bg2,k kreos.bg2,k led.bg2,k *Lyc.*bg2,k *Merc.*bg2,k nat-c.bg2,k,* nit-ac.bg2,k par.bg2,k sep.bg2,k *Sulph.*
  - **braun**: carbn-s. cupr. dulc. lyc.bg2,k *Nat-c.*bg2,k
- **grau**: ars.
- **gruppenförmig** angeordnet: dulc.
- **indolent**: lyc. mag-c. psor.
- **juckend**: agar.bg2,k alum.bg2,k,* alum-p.k2 alum-sil.k2 am-c.bg2,k ambr.bg2,k anac.bg2,k *Ant-t.* **Ars.**bg2,k,* aur-i.k2 bar-c.bg2,k bell.bg2,k *Bov.*bg2,k bry.bg2,k calad.bg2,k calc.bg2,k calc-sil.k2 caps.bg2,k,* carb-an.bg2,k carb-v.bg2,k,* *Caust.*bg2,k chel.bg2,k,* cic.bg2,k **Clem.**bg2,k,* cocc.bg2,k con.bg2,k cupr.bg2,k,* dulc.bg2,k *Graph.*bg2,k guaj.hr1 hep.bg2,k jug-r. kali-ar.k2 *Kali-c.*bg2,k,* *Kali-i.*hr1 kali-sil.k2
- **juckend**: ...
  kreos.bg2,k *Lac-d.*hr1 lach.bg2,k *Led.*bg2,k lyc.bg2,k mag-c.bg2,k mag-m.bg2,k mang.bg2,k,* *Merc.*bg2,k,* mez.bg2,k nat-c.bg2,k nat-m.bg2,k,* *Nit-ac.*bg2,k,* nux-v.bg2,k olnd.bg2,k par.bg2,k petr.bg2,k ph-ac.bg2,k phos.bg2,k plb.bg2,k *Psor.*hr1 puls.bg2,k ran-b.bg2,k ran-s.bg2,k **Rhus-t.**bg2,k,* sabad.bg2,k sars.bg2,k **Sep.**bg2,k,* *Sil.*bg2,k spig.bg2,k spong.bg2,k squil.bg2,k stann.bg2,k *Staph.*bg2,k,* *Sulph.*bg2,k,* tarax.bg2,k thuj.bg2,k,* valer.bg2,k verat.bg2,k viol-t.bg2,k zinc.bg2,k
  - **Menses**, vor den: carb-v.h
- **kaltes** Wasser:
  - **agg.**: clem. *Dulc. Sulph.*
- **Körper**; am ganzen: dulc. *Psor. Ran-b.*
- **Krusten**, mit: alum.bg2,k alum-p.k2 am-c.bg2,k ambr.bg2,k anac. *Ars.*bg2,k *Aur. Aur-m.* bar-c.bg2,k bell.bg2,k bov.bg2,k bry.bg2,k **Calc.**bg2,k calc-sil.k2 caps.bg2,k carb-an.bg2,k carb-v.bg2,k cic.bg2,k *Clem.*bg2,k,* **Con.**bg2,k,* cupr. *Dulc.*bg2,k,* **Graph.**bg2,k hell.bg2,k hep.bg2,k kali-c.bg2,k kali-sil.k2 kreos.bg2,k lach. *Led.*bg2,k **Lyc.**bg2,k,* mag-c.bg2,k **Merc.**bg2,k *Mez.*bg2,k,* mur-ac.bg2,k nat-m.bg2,k nit-ac.bg2,k nux-v.bg2,k olnd.bg2,k par.bg2,k petr.bg2,k ph-ac. phos.bg2,k plb.bg2,k puls.bg2,k ran-b.bg2,k **Rhus-t.**bg2,k,* sars.bg2,k *Sep.*bg2,k,* *Sil.*bg2,k squil.bg2,k staph.bg2,k **Sulph.**bg2,k,* thuj.bg2,k,* verat.bg2,k *Viol-t.*bg2,k zinc.bg2,k
- **Magens**; mit Beschwerden des: irisbr1
- **mehlig**: am-c. **Ars.**bg2,k aur.bg2,k bov. bry.bg2,k **Calc.**bg2,k cic. *Dulc.*bg2,k graph.bg2,k kreos.bg2,k led. *Lyc.* merc. mur-ac. **Phos.**bg2,k *Sep.*bg2,k **Sil.**bg2,k sulph.bg2,k thuj.hr1,k verat.
- **Menses**, während: gink-b.sbd1 petr.kr1
- **mercurialisch**: aur. mosch.hr1,k,* *Nit-ac.*
- **Neuralgie** nach Herpes: kalm.k2
- **reißend**: ars.bg2,k bell.bg2,k bry.bg2,k *Calc.*bg2,k carb-v.bg2,k carbn-s.k2 caust.bg2,k clem.bg2,k cocc.bg2,k dulc.bg2,k graph.bg2,k kali-c.bg2,k **Lyc.**bg2,k merc.bg2,k *Mez.*bg2,k nat-c.bg2,k nit-ac.bg2,k nux-v.bg2,k phos.bg2,k puls.bg2,k rhus-t.bg2,k *Sep.*bg2,k *Sil.*bg2,k staph.bg2,k *Sulph.*bg2,k *Zinc.*bg2,k
- **ringförmig**: anac. anag. bac.bro1 *Bar-c.* bar-s.k2 *Calc.* clem. dulc. *Eup-per. Graph.* hell. hep. iod. *Lith-c.* mag-c. *Nat-c.*c2,k **Nat-m.**k,kl2●,* phos. **Phyt. Sep.**k,kl2●,* spong. sulph. **Tell.**k,kl2● thuj. **Tub.**k,kl2●
  - **Frühling**, jeden: **Sep.**
- **rot**: am-c.bg2,k,* ars. *Bry.* cic.bg2,k *Clem.*bg2,k *Dulc.*bg2,k,* kreos. *Lach.*hr1,k led.bg2,k *Lyc.*bg2,k *Mag-c.*bg2,k mag-s. *Merc.*bg2,k olnd. petr.bg2,k ph-ac.bg2,k staph.bg2,k tax. tell.
- **schuppig**: agar.bg2,k anac. anan.hr1,k ars.bg2,k,* aur.bg2,k bell.bg2,k bov.hr1,k cact. cadm-s. **Calc.**hr1,k carbn-s.k2 cic.bg2,k,* *Clem.*bg2,k,* *Con.*hr1,k cupr.bg2,k *Dulc.*bg2,k,* *Graph.*hr1,k hep.bg2,k hyos.bg2,k kali-ar.k2 kali-c.bg2,k kreos.hr1 lach.hr1 led.bg2,k,* *Lyc.*hr1,k mag-c.bg2,k,* **Merc.**bg2,k,* nat-m.hr1,k olnd.bg2,k ph-ac.hr1,k *Phos.*bg2,k,* plb.bg2,k *Psor.* ran-b. rhus-t.bg2,k *Sep.*bg2,k,* sil.

• **schuppig**: ... staph.bg2,k,* *Sulph.*bg2,k,* teucr.bg2,k thuj.hr1,k
 • **weiß**: anac. ars. graph. lyc. thuj. zinc.
  • **trocken**, mehlig: ars. calc. dulc. lyc. sep. sil. thuj.

• **stechend**; fein: alum.bg2,k alum-p.k2 alum-sil.k2 anac.hr1 *Ars.*bg2,k bar-c.bg2,k bell.bg2,k bov.bg2,k bry.bg2,k calc.bg2,k calc-sil.k2 caps.bg2,k carb-v.bg2,k caust.bg2,k **Clem.**bg2,k cocc.bg2,k con.bg2,k cycl.bg2,k graph.bg2,k hell.bg2,k hep.bg2,k kali-c.bg2,k kali-sil.k2 kreos.bg2,k led.bg2,k lyc.bg2,k mag-c.bg2,k *Merc.*bg2,k mez.bg2,k mur-ac.bg2,k nat-c.bg2,k nat-m.bg2,k *Nit-ac.*bg2,k nux-v.bg2,k petr.bg2,k phos.bg2,k *Puls.*bg2,k ran-b.bg2,k ran-s.bg2,k *Rhus-t.*bg2,k sabad.bg2,k **Sep.**bg2,k *Sil.*bg2,k spong.bg2,k squil.bg2,k staph.bg2,k *Sulph.*bg2,k thuj.bg2,k viol-t.bg2,k zinc.bg2,k

• **trocken**: alum.bg2,k alum-sil.k2 ars.bg2,k *Bar-c.*bg2,k *Bov.*bg2,k,* bry.bg2,k cact.hr1,k *Calc.*bg2,k calc-sil.k2 carb-v.bg2,k caust.bg2,k clem.bg2,k,* cocc.bg2,k cupr.bg2,k dol.hr1,k *Dulc.*bg2,k,* graph.bg2,k *Hep.*hr1,k hyos.bg2,k hyper.hr1 kali-i. kreos.bg2,k,* **Led.**bg2,k,* lyc.bg2,k mag-c.bg2,k med.hr1,k *Merc.*bg2,k,* nat-c.bg2,k nat-m.bg2,k nit-ac.hr1,k par.bg2,k petr.bg2,k ph-ac.bg2,k,* **Phos.**bg2,k,* psor.hr1,k rhus-t.bg2,k,* sars.bg2,k **Sep.**bg2,k **Sil.**bg2,k stann.bg2,k *Staph.*bg2,k,* sulph.bg2,k,* teucr.bg2,k,* thuj.hr1,k valer.bg2,k verat.bg2,k viol-t.bg2,k *Zinc.*bg2,k,*

• **unterdrückt**: alum. ambr. ars.hr1 *Calc.* *Lach.* *Lyc.* nat-c. sep. *Sulph.*

• **Waschen**; Schmerzen durch: lac-c.kr1

• **weißlich**: anac. thuj.hr1,k zinc.

• **wundfressend**: alum.bg2,k alum-p.k2 am-c.bg2,k bar-c.bg2,k *Calc.*bg2,k carb-v.bg2,k caust.bg2,k chel.bg2,k *Clem.*bg2,k *Con.*bg2,k,* **Graph.**bg2,k hell.bg2,k hep.bg2,k kali-c.bg2,k kali-sil.k2 lach.bg2,k lyc.bg2,k mag-c.bg2,k mang.bg2,k merc.bg2,k mur-ac.bg2,k nat-c.bg2,k nit-ac.bg2,k nux-v.bg2,k olnd.bg2,k par.bg2,k *Petr.*bg2,k ph-ac.bg2,k phos.bg2,k plb.bg2,k *Rhus-t.*bg2,k *Sep.*bg2,k **Sil.**bg2,k squil.bg2,k staph.bg2,k *Sulph.*bg2,k tarax.bg2,k viol-t.bg2,k

• **Zoster**, Zona: agar.hr1,k arg-n.hr1,k,* arn.hr1,k *Ars.*bg2,k,* borx.c2 bry.bg2,k bufo canth.bg2,k,* carbn-o.c2 carbn-s. caust.hr1,k,* cedr. cham.bg2,k cist.c2,k *Clem.* com.bg2,k,* crot-h.bg2,k crot-t.hr1,k dol.bg2,k,* dulc.bg2 euph.bg2,k,* *Graph.*bg2,k,* *Hep.*hr1,k iod. **Iris**c2,k kali-ar.c2 *Kali-bi.*hr1,k *Kali-chl.*hr1,k kali-i. kali-m.c2 kalm.c2,dp *Lach.*bg2,k,* **Merc.**bg2,k,* **Mez.**bg2,k,* nat-c.bg2,k *Nat-m.*hr1,k *Petr.*bg2,k,* phyt.hr1 *Prun.*c2 puls.bg2,k,* **Ran-b.**bg2,k,* ran-s.c2 **Rhus-t.**bg2,k,* sel.bg2,k *Sep.* *Sil.*bg2,k,* staph.bg2,k *Sulph.* *Thuj.*bg2,k,* *Vario.*bg2,k,* zinc.bg2,k,* zinc-p.c2
 • **zuckenden** Schmerzen, mit: calc. caust. cupr. lyc. puls. **Rhus-t.** sep. sil. *Staph.*

– **hormonellen** Veränderung; während jeder: sulph.zr

– **hornig**: *Ant-c.*bg2,k ars.bg2 *Ran-b.*bg2,k
 ☞ *Wucherungen - hornig*

– **Impetigo**: aln.c2 alum. am-c. ang.hr1 ant-c.hr1,k *Ant-t.*c2,ptk1 anthraco.c2 arg-n.c2,hr1 *Ars.*hr1,k ars-i. *Arum-t.*ptk1 bar-c. bor-ac.c2 calc.hr1,k *Calc-m.*c2 *Calc-p.*hr1 carb-ac.hr1,k carb-v.hr1,k carbn-s.c2 caust.hr1,k cic.hr1,k,* *Cinnb.*hr1 clem.hr1,k con.hr1,k crot-t.hr1,k *Dulc.*hr1,k graph.hr1,k *Hep.*bg2,k,* hydrc.hr1 *Iris*c2,k *Jug-c.*hr1,k *Kali-bi.*hr1,k *Kali-i.*a1,hr1 kreos. lact. lyc.hr1,k maland.c2 merc.bg2,k,* *Mez.*c2 nat-c. nat-m.hr1,k *Nit-ac.*hr1,k olnd.hr1,k *Ph-ac.* phos.hr1,k *Rhus-t.*hr1,k rhus-v.c2,hr1 sars.hr1,k sep.hr1,k sil.hr1,k staph.hr1,k sulph.hr1,k tarent.bg3,hr1 thuj.hr1 viol-t.hr1,k,*

– **Impfung**, nach: sars.hr1

– **Insektenstiche**; wie rote: bell.h

– **juckend**: acon.bg2,k aeth.a1,hr1 *Agar.*bg2,k,* agn.bg2,k *Alum.*bg2,k,* alum-p.k2 alum-sil.k2 *Am-c.*bg2,k,* am-m.bg2,k ambr.bg2,k,* *Anac.*bg2,k,* anag.hr1,k,* *Ant-c.*bg2,k *Ant-t.*bg2,k,* arg-met. *Arn.*bg2,k **Ars.**bg2,k,* *Ars-i.* ars-s-f.k2 asaf.bg2,k aur-m-n.hr1 bamb-a.stb2 bar-c.bg2,k bar-s.k2 bell.bg2,k borx.br1 bov.bg2,k *Bry.*bg2,k,* bufo *Calad.*bg2,k *Calc.*bg2,k,* *Calc-p.*hr1,k *Calc-s.* calc-sil.k2 *Canth.*bg2,k,* caps.bg2,k,* carb-an.bg2,k carb-v.bg2,k,* carbn-s. carl.a1 **Caust.**bg2,k,* *Cham.*bg2,k chel.bg2,k,* chinin-s. cic.bg2,k cimic.a1,k cina **Clem.**bg2,k cocc.bg2,k cod.hr1 colch.hr1 *Com.*bg2 con.bg2,k,* *Cop.*a1 cortiso.gse *Crot-t.*bg2,k,* cupr.bg2,k,* dig.bg2,k dulc.bg2,k,* fago.a1 ferr.a1 fl-ac.k2 gast.a1 gink-b.sbd1 goss.a1 **Graph.**bg2,k,* guaj.hr1 guare.hr1,k *Hep.*bg2,k,* *Ign.*bg2,k iod.a1 ip.bg2,k iris *Jug-c.*a1,k,* *Jug-r.*a1,k *Kali-ar.*hr1,k kali-bi.bg2,k,* kali-br.bg2,k *Kali-c.*bg2,k,* *Kali-i.*hr1,k,* kali-n.bg2,k kali-p. *Kali-s.* kali-sil.k2 kalm.a1 *Kreos.*bg2,k lac-d.hr1 *Lach.*bg2,k laur.bg2,k *Led.*bg2,k,* *Lyc.*bg2,k,* mag-c.bg2,k mag-m.bg2,k mang.bg2,k,* *Merc.*bg2,k,* **Mez.**bg2,k,* nat-ar. nat-c.bg2,k **Nat-m.**bg2,k,* **Nit-ac.**bg2,k,* **Nux-v.**bg2,k,* *Olnd.*bg2,k,* ox-ac.a1 *Par.*bg2,k *Petr.*bg2,k ph-ac.bg2,k,* *Phos.*bg2,k,* *Phyt.*bg2,k,* pic-ac.bg2 plb.bg2,k,* *Psor.*bg2,k,* *Puls.*bg2,k *Ran-b.*bg2,k ran-s.bg2,k **Rhus-t.**bg2,k,* ruta.k2 sabad.bg2,k sabin.bg2,k *Sars.*bg2,k,* *Sel.*bg2,k **Sep.**bg2,k,* *Sil.*bg2,k,* spig. spong.bg2,k,* *Squil.*bg2,k stann.bg2,k **Staph.**bg2,k,* stram.bg2,k,* stront-c. sul-ac.hr1,k **Sulph.**bg2,k,* tarax.bg2,k,* tarent.k2 teucr.bg2,k thuj.bg2,k,* til.a1 valer.bg2,k verat.bg2,k vinc.hr1 *Viol-t.*bg2,k,* zinc.bg2,k zinc-p.k2
 • **abends**: aeth.a1 *Alum.* borx. graph. kreos.a1,k mag-m. mez.h,k1 staph.
 • **nachts**: ant-c. ant-t. *Ars.*hr1,k ars-i. asc-t.a1 *Clem.* crot-t. graph. *Iris* kali-bi.a1,k kreos. **Merc.** *Merc-i-f.*hr1 *Mez.* olnd. *Rhus-t.*a1,k staph.a1,k ust.a1,k verat. viol-t.hr1,k
 • **Berührung**:
  • **agg.**: mez.
 • **Entkleiden**, beim: *Ars-i.* *Kali-ar.* nat-s. **Rumx.**
 • **Flecken**; große:
  • **blutet** nach Kratzen: **Sulph.**
  • **trocken** und rot
   ☞ *Flecken, große - trockene - juckend*
  • **umschrieben**:
   • **linsenförmig**: cop.br1
    • **marmoriert**: cop.br1
 • **Freien**, im: led. *Nit-ac.*

• **kalte** Luft:
  • **agg.**: *Kali-ar. Psor. Rumx.*
  • **amel.**: kali-bi. *Kali-i.*vh
• **Menses**:
  • **vor**: carb-v.a1,h,*
  • **während**: carb-v. *Kali-c.*
• **Ofenhitze**:
  • **agg.**: **Kali-i.**vh
  • **amel.**: *Rumx. Tub.*
• **Reiben**:
  • **amel.**: cortiso.gse
• **Sturm**, vor: graph.
• **Überhitzung**, bei: *Kali-i.*vh
• **Wärme**:
  • **agg.**: *Alum.* alum-sil.k2 bov. *Caust. Clem. Kali-i.*vh *Led. Lyc.* **Med. Merc.** *Mez.* nat-ar. *Psor. Puls. Sulph.* verat.h,kl
  • **Bettwärme**:
    • **agg.**: aeth. *Alum.* anac. ant-c. caust. *Clem.* cocc. *Kali-act.* kreos. mag-m. merc. mur-ac. **Psor.** *Puls. Rhus-t.* sars. staph. **Sulph.** *Til.* verat.
  • **Feuers**, des: *Mez.*
• **wandernd**: gink-b.sbd1
• **warmes** Zimmer:
  • **agg.**: alum-p.k2 *Sep.*
• **Waschen**:
  • **agg.**: gink-b.sbd1 mez. sulph.
  • **kaltem** Wasser, in:
    • **agg.**: *Clem.*

– **kalt**:
• **Abkühlung**, durch: **Ars.** dulc.hr1,k sars.
• **Luft**; durch kalte: *Apis* caust. dulc.hr1,k kali-c. mang. *Nit-ac.* **Rhus-t.** rhus-v.bg1 *Rumx.* sep.
  • **amel.**: calc.

– **Karbunkel**: agar. ant-t.bg2,k *Anthraci.*c2,k *Apis*c2,k *Arn.*c2,k **Ars.**bg2,k,* ars-s-f.k2 asim.c2 **Bell.**bg2,k,* *Bufo*c2,k *Calc-chln.*c2 calc-s.c2 calen.c2 caps.bg2,k carb-ac.c1,c2 carb-an. *Carb-v.*c2 coloc. *Crot-c. Crot-h.*bg2,k,* *Echi.*c2,k *Hep.*bg2,k,* hippoz.c2 *Hyos.*bg2,k jug-r.vh kali-p.c2 kreos.c2 *Lach.*bg2,k,* led.br1 mur-ac. nit-ac.bg2,k ph-ac.k2 phyt. pic-ac. *Rhus-t.*bg2,k,* *Sec.*bg2,k,* **Sil.**bg2,k,* stram.k2 strych-g.c2 *Sulph. Tarent-c.*bg2,k,*
• **brennend**: *Anthraci. Apis Ars.* coloc. *Crot-c.* crot-h. hep. **Tarent-c.**
• **purpurn**, blaurot:
  • **Bläschen** darum herum; mit kleinen: *Crot-c.* **Lach.**
• **stechend**; fein: **Apis** carb-an. *Nit-ac.*

– **Kindern**; bei:
• **Neugeborenen**; bei: dulc.ptk1

– **knotig**, tuberkulös
☞ *Tuberkel*

– **Kratzen**, nach: agar.bg2,k alum.bg2,k **Am-c.**bg2,k am-m.bg2,k ant-c.bg2,k arn.bg2,k *Ars.*bg2,k *Bar-c.*bg2,k bar-s.k2 bell.bg2,k bov.bg2,k bry.bg2,k *Calc.*bg2,k canth.bg2,k carb-an.bg2,k carb-v.bg2,k carbn-s. **Caust.**bg2,k,* chin.bg2,k cic.bg2,k con.bg2,k *Cycl.*bg2,k *Dulc.*bg2,k euph.bg2,k graph.bg2,k hell.bg2,k *Hep.*bg2,k ip.bg2,k *Kali-c.*bg2,k kali-s. *Kreos.*bg2,k lach.bg2,k laur.bg2,k **Lyc.**bg2,k mag-c.bg2,k *Merc.*bg2,k mez.bg2,k,*

– **Kratzen**, nach: ...
nat-c.bg2,k nat-m.bg2,k,* nit-ac.bg2,k nux-v.bg2,k *Olnd.*bg2,k *Petr.*bg2,k ph-ac.bg2,k phos.bg2,k plb.bg2,k *Puls.*bg2,k rhod.bg2,k **Rhus-t.**bg2,k sabin.bg2,k *Sars.*bg2,k *Sep.*bg2,k *Sil.*bg2,k spong.bg2,k squil.bg2,k *Staph.*bg2,k stront-c. sul-ac.bg2,k **Sulph.**bg2,k thuj.bg2,k verat.bg2,k viol-t.bg2,k zinc.bg2,k

– **Krusten**, mit: *Agar. Alum.*bg2,k alum-p.k2 alumn.k2 am-c.bg2,k am-m. ambr.bg2,k *Anac.*a1,k anag. *Anan.* **Ant-c.**bg2,k ant-t. *Anthraci.* apis **Ars.**bg2,k,* **Ars-i.** *Aur.* aur-ar.k2 *Aur-m.* aur-s.k2 *Bar-c.*bg2,k bar-m. bar-s.k2 *Bell.*bg2,k bov.bg2,k *Bry.*bg2,k **Calc.**bg2,k calc-i.k2 **Calc-s.** calc-sil.k2 caps.bg2,k *Carb-an.*bg2,k carb-v.bg2,k **Carbn-s.** *Caust.* cham.bg2,k *Chel. Cic.*bg2,k *Cist. Clem.*bg2,k com. **Con.**bg2,k **Dulc.**bg2,k elaps *Fl-ac.* **Graph.**bg2,k hell.bg2,k *Hep.*bg2,k *Jug-c. Kali-ar. Kali-bi. Kali-c.*bg2,k kali-chl. *Kali-i.* kali-m.k2 kali-p. *Kali-s.* kreos.bg2,k *Lach. Lappa Led.*bg2,k *Lith-c.* **Lyc.**bg2,k mag-c.bg2,k med.br1 **Merc.**bg2,k *Merc-i-r.* **Mez.**bg2,k mur-ac.bg2,k **Nat-m.**bg2,k nat-p. **Nit-ac.**bg2,k nux-v.bg2,k **Olnd.**bg2,k paeon. par.bg2,k **Petr.**bg2,k ph-ac. *Phos.*bg2,k *Phyt.* plb.bg2,k *Psor. Puls.*bg2,k **Ran-b.**bg2,k **Rhus-t.**bg2,k,* *Rhus-v.*a1,k *Sabad.*bg2,k sabin.bg2,k sang. *Sars.*bg2,k *Sep.*bg2,k **Sil.**bg2,k *Spong.*bg2,k squil.bg2,k *Staph.*bg2,k sul-ac. **Sulph.**bg2,k tarent.bg2 tell. thuj.bg2,k vac. verat.bg2,k vinc.bg2,k *Viol-t.*bg2,k,* vip.bg2 zinc.bg2,k,* zinc-p.k2
• **ausbreitend**, sich: *Clem. Psor.* sulph.
• **blutend**: merc. *Mez.*
• **braun**: am-c. ant-c. berb. dulc.k2
• **brennend**: am-c. *Ant-c.* calc. cic. puls. sars.
• **dick**: merc-aur.bg2 mez.k2
• **eiternd**: *Ars.* plb. sil. *Sulph.*
• **entzündet**: **Calc.** *Lyc.*
• **erhaben**: mez.k2
• **erneuert**, täglich: crot-t.
• **feucht**: alum. anac. *Anthraci.* **Ars.** *Bar-c.* **Calc. Carbn-s.** *Cic.* clem. dulc.k2 **Graph.** *Hell. Hep. Kali-s.* **Lyc. Merc. Mez.** *Olnd.* petr.k2 phos. plb. ran-b. **Rhus-t.** ruta sep. *Sil.* **Staph.**bg2,k **Sulph.**
• **Flecken**: hydr. hydrc. kali-c. *Merc.* **Nit-ac.** sabin. sil. thuj. zinc.
• **gelb**: *Ant-c.* aur. aur-m. *Bar-m. Calc. Calc-s.* carb-v. *Cic.* cupr. dulc. hyper. iod. *Kali-bi. Kali-s.* kreos. med.br1 *Merc.*a1,k *Mez.* nat-p. *Petr.* ph-ac. *Spong. Staph.* sulph. *Viol-t.*
  • **gelbweiß**: *Mez.*
• **grau**: ars. merc.a1,k *Sulph.*
• **grünlich**: ant-c. calc. petr. sulph.
• **hart**: **Ran-b.**
• **Heu**; allergisch gegen: **Graph.**vh
• **honigfarben**: carb-v.
• **hornig**: ant-c. graph. **Ran-b.**
☞ *Wucherungen - hornig*
• **Körper**; am ganzen: ars. **Dulc.** *Psor.*
• **Kratzen**, nach: alum. am-c. am-m. ant-c. ars. ars-s-f.k2 *Bar-c.* bell. bov. bry. *Calc.* caps. carb-an. carb-v. carbn-s. cic. *Con. Dulc. Graph. Hep.* kali-ar. kali-c. kali-s. kali-sil.k2 kreos. led. **Lyc.** *Merc.* mez. nat-m. petr. phos. puls. ran-b. **Rhus-t.** sabad. sabin. sars. sep. sil. *Staph.* **Sulph.**

• **Kratzen**, nach: ...
thuj. verat. viol-t. zinc. zinc-p.$_{k2}$
• **nässend**, grünlich: ant-c.$_{hr1,k}$
• **Quecksilber**; nach Mißbrauch von: **Kali-i.**
• **schwarz**: *Ars.* bell. chin. vip.$_{bg2,k}$
• **stinkend**: graph. lyc. med.$_{c1}$ *Merc.* plb. *Psor.* staph. **Sulph.**
• **trocken**: *Ars. Ars-i.* **Aur. Aur-m.** *Bar-c. Calc.* chinin-s. graph. lach. led. merc. *Ran-b.* sulph. thuj. *Viol-t.*
• **übelriechend**: mez.$_{k2}$
• **weiß**: *Alum. Calc. Mez.*$_{a1,k}$ **Nat-m.** tell. thuj.
• **Wetter**; bei warmem: bov.
• **wund** beißend: puls.
– **kupferfarben**: alum.$_{bg2,k}$ alum-p.$_{k2}$ *Ars.*$_{bg2,k}$ *Ars-i.* aur. *Calc.*$_{bg2,k,*}$ cann-s.$_{bg2,k}$ **Carb-an.**$_{bg2,k,*}$ carb-v.$_{bg2,k}$ cor-r.$_{bg2,k,*}$ *Kali-i. Kreos.*$_{bg2,k}$ led.$_{bg2,k}$ *Lyc.*$_{bg2,k}$ *Merc.*$_{hr1,k}$ *Mez.*$_{bg2,k}$ *Nit-ac.* phos.$_{bg2,k}$ *Psor. Rhus-t.*$_{bg2,k}$ ruta sars.$_{k2,ptk1}$ syph. *Verat.*$_{bg2,k}$
• **dicht**: agar. calc.
• **Flecken**: cor-r.$_{br1}$ med.$_{hr1}$ *Merc. Merc-d.*$_{hr1}$ *Mez.*$_{bg2,k}$ *Nit-ac.* syph.$_{hr1}$ ust.$_{hr1,k}$
– **Laktationsperiode**, in der: *Sep.*
– **langsame** Entwicklung bei Ausschlagserkrankungen: ail.$_{k2}$
– **Lepra**: alum.$_{hr1,k}$ am-c.$_{hr1}$ ambr.$_{hr1}$ anac.$_{hr1,k}$ ant-t.$_{hr1,k}$ *Ars.*$_{hr1,k}$ bar-c.$_{hr1,k}$ *Calc. Carb-ac.*$_{hr1,k,*}$ *Carb-an.*$_{hr1,k}$ *Carb-v.*$_{hr1,k}$ *Carbn-s. Caust.*$_{hr1,k}$ chaul.$_{bro1}$ coloc.$_{hr1}$ com.$_{hr1,k,*}$ con.$_{hr1,k}$ crot-h. cupr.$_{hr1}$ daph.$_{c2,hr1}$ diphtox.$_{bro1}$ drym-cor.$_{jsx1}$ elae.$_{c2}$ form.$_{hr1,k}$ *Graph.*$_{hr1,k}$ hell.$_{hr1,k}$ hura$_{c2}$ hydrc.$_{hr1,k,*}$ iod.$_{hr1,k}$ *Iris* kali-ar.$_{hr1}$ kali-c.$_{hr1,k}$ *Kali-i.*$_{hr1,k}$ *Lach.*$_{hr1,k,*}$ maeso-f.$_{jsx1}$ mag-c.$_{hr1,k}$ mang.$_{hr1,k}$ *Meph.* merc-sul.$_{hr1}$ mitra-st.$_{jsx1}$ *Nat-c.*$_{hr1,k}$ nat-m.$_{hr1,k}$ nit-ac.$_{hr1,k}$ *Nuph.*$_{hr1,k}$ pentac-m.$_{jsx1}$ petr.$_{hr1,k}$ *Phos.*$_{hr1,k}$ pip-m.$_{c2}$ *Psor.* psoral.$_{gsb1}$ ricino-h.$_{jsx1}$ **Sec.** *Sep.*$_{hr1,k}$ *Sil.*$_{hr1,k}$ still.$_{hr1}$ strych-g.$_{c2}$ **Sulph.**$_{hr1,k}$ *Thyr.*$_{c2}$ *Tub.*$_{c2,k}$ *Vac.*$_{c2}$ zinc.$_{hr1,k}$
– **Lichen**: agar.$_{c2}$ anthraco.$_{c2}$ *Apis*$_{c2}$ *Ars.*$_{c2}$ *Ars-i.*$_{c2}$ dulc.$_{c2}$ jug-c.$_{c2}$ mang.$_{c2}$ phyt.$_{c2}$ *Rumx.*$_{c2}$ *Sulph.*$_{c2}$ til.$_{c2}$
☞ *papulös*
– **Lichen** planus: sul-i.$_{c2}$
– **Luft** abgedeckt amel.; wenn gegen Zutritt von: carc.$_{dtp}$
– **Magens**; Beschwerden des: ant-c.$_{br1}$
– **Masern**: **Acon.**$_{hr1,k,*}$ ail.$_{a1,hr1}$ *All-c.*$_{hr1}$ *Am-c.*$_{c2,k}$ am-m.$_{k2}$ *Anan.*$_{hr1}$ *Ant-c.*$_{hr1,k}$ ant-t.$_{bg2,hr1}$ **Apis** *Arn.*$_{hr1,k}$ *Ars.*$_{hr1,k,*}$ *Ars-i.*$_{c2}$ *Bell.*$_{hr1,k,*}$ **Bry.**$_{hr1,k,*}$ caj.$_{a1}$ camph.$_{hr1,k,*}$ caps.$_{c2}$ *Carb-v.*$_{hr1,k,*}$ *Carbn-s.* cham.$_{hr1,k}$ *Chel.*$_{hr1,k}$ chin.$_{hr1,k}$ *Chlor.*$_{hr1,k,*}$ *Coff.*$_{bg2,k,*}$ con.$_{hr1}$ *Cop.*$_{hr1,k,*}$ cor-r.$_{c2,hr1}$ *Crot-h.*$_{hr1,k,*}$ cupr.$_{c2}$ *Cupr-act.*$_{c2}$ *Dros.*$_{hr1,k,*}$ dulc.$_{c2,hr1}$ elat.$_{c1,c2}$ eup-per.$_{c2,hr1}$ **Euphr.**$_{hr1,k,*}$ *Ferr-p.*$_{hr1,k,*}$ *Gels.*$_{hr1,k,*}$ hell.$_{hr1}$ hep.$_{hr1}$ *Hydr.*$_{hr1}$ hyos.$_{hr1,k}$ ign.$_{hr1,k}$ *Ip.*$_{hr1,k}$ kali-ar.$_{c2}$ *Kali-bi.*$_{hr1,k,*}$ *Kali-chl.*$_{hr1}$ kali-s.$_{hr1,k}$ lach.$_{c2}$ lip-as.$_{bta1}$ mag-c. maland.$_{c2}$ *Merc.*$_{c2,hr1}$ *Merc-c.*$_{c2}$ mur-ac.$_{c2}$ *Murx.*$_{hr1}$ nux-v.$_{hr1,k}$ *Op.*$_{c2}$ *Phos.*$_{hr1,k,*}$ phyt.$_{hr1,k}$ psor.$_{hr1}$ **Puls.**$_{hr1,k,*}$ puls-n.$_{c2}$ *Rhus-t.*$_{hr1,k,*}$ rhus-v.$_{c2}$ *Sabad.*$_{hr1}$ sep.$_{hr1}$ *Spong.*$_{hr1}$ *Squil.*$_{hr1,k,*}$ *Stict.*$_{hr1}$ *Stram.*$_{hr1,k}$ **Sulph.**$_{hr1,k,*}$ tub.$_{br1,gk1}$ tub-a.$_{c2}$

– **Masern**: ...
verat.$_{hr1,k,*}$ verat-v.$_{c2}$ viol-o.$_{hr1}$ xan.$_{c1}$ zinc.$_{hr1,k}$
☞ *❑ Allgemeines - Masern - Beschwerden*
◆ **begleitet** von:
• **Speichelfluß**: nat-m.$_{kr1,st1,*}$
• **Zungenwurzel**:
• **dunkelbraune** Farbe: *Lach.*$_{kr1,vk1}$
– **mehlig**: am-c. **Ars.** aur. bov. bry. bufo **Calc.** cic. *Dulc.* graph. kali-ar.$_{k2}$ kreos. led. *Lyc.* merc. mur-ac. nit-ac. petr.$_{k2}$ **Phos.** *Sep.* **Sil.** sulph. thuj. verat.
• **weiß**: *Ars. Calc.* dulc. **Kali-chl.**$_{hr1,k}$ lyc. sep. sil. thuj.
– **Menses**:
• **vor**: apis$_{kr1}$ carb-v.$_{hr1,kr1}$ con.$_{gt1}$ dulc.$_{gt1}$ graph.$_{gt1}$ sars.$_{gt1}$ *Sulph.*$_{zr}$
• **während**: apis$_{gt1}$ con.$_{hr1,kr1}$ *Dulc.*$_{bg2,k}$ *Graph.*$_{hr1,k}$ hyos.$_{gt1}$ kali-c.$_{gt1}$ kali-n.$_{hr1,kr1}$ kreos.$_{bg2}$ nux-m. petr.$_{gt1}$
• **etwa** zur Zeit der Menses: apis$_{bg2}$ dulc.$_{bg2}$ kreos.$_{bg2}$
– **Milch**; durch: calc.$_{h}$ sep.$_{h}$
– **Miliaria**:
• **cristallina**; Miliaria
☞ *Blasenausschlag - Sudamina*
– **Molluscum**: sulph.$_{c2}$
• **contagiosum**; Molluscum (= Dellwarze): calc.$_{c2}$ sil.$_{c2}$
• **fibrosum**; Molluscum: sil.$_{c2}$
– **Mond**; bei Vollmond:
• **vermindern** sich; Hautausschläge: antho.$_{c1}$
• **verstärken** sich; Hautausschläge: clem.$_{c1}$
– **Morbilli**
☞ *Masern*
– **nässend**
☞ *absondernd*
– **Nesselsucht**
☞ *Urtikaria*
– **Neugeborenen**; bei
☞ *Kindern - Neugeborenen*
– **nicht** ausbrechen, die
☞ *brechen aus - nicht*
– **papulös**: aur. *Calc. Caust.* cham. cycl. gels. *Grin.* hippoz. *Hydrc. Iod. Kali-bi. Kali-c.* **Kali-i.** kali-s. kerose.$_{a1}$ lyc. *Merc. Petr.* phos. pic-ac. psor.$_{k2}$ *Sep.* sil. *Sulph. Syph.* zinc.
☞ *Lichen*
• **juckend**: gink-b.$_{sbd1}$
• **ohne** Fieber oder Jucken: cub.$_{c1}$
– **Pemphigus**: acon.$_{hr1,k}$ *Anac.*$_{hr1,k,*}$ antip.$_{br}$ *Ars.*$_{hr1,k}$ *Arum-t.*$_{bg3}$ bell.$_{hr1,k}$ bry.$_{hr1}$ bufo$_{c2,k}$ calc.$_{hr1,k}$ calth.$_{a1,br,*}$ canth.$_{hr1,k}$ carbn-o.$_{a1,br,*}$ caust.$_{hr1,k,*}$ chin.$_{hr1,k}$ chlol.$_{hr1}$ cop.$_{a1,hr1}$ *Crot-h.*$_{hr1,k}$ cur.$_{a1}$ *Dulc.*$_{hr1,k,*}$ gamb.$_{hr1}$ hep. hydrc.$_{hr1,k}$ jug-c.$_{hr1,k,*}$ **Lach.**$_{hr1,k}$ lipp.$_{a1}$ *Lyc.*$_{hr1,k}$ manc.$_{br}$ *Merc.*$_{hr1,k}$ *Merc-c.*$_{c2}$ *Nat-m.*$_{hr1,k}$ *Nat-s.*$_{hr1,k}$ nat-sal.$_{br}$ *Nit-ac.*$_{hr1,k}$ ph-ac. phos.$_{hr1,k}$ *Psor.*$_{hr1,k}$ ran-b.$_{hr1,k,*}$ ran-s.$_{hr1,k,*}$ raph.$_{br,c2}$ *Rhus-t.*$_{hr1,k,*}$ *Sars.*$_{hr1,k}$ scroph-xyz.$_{c2}$ *Sep.*$_{hr1,k}$ *Sil.*$_{hr1,k}$ sul-ac.$_{hr1,k}$ *Sulph.*$_{hr1,k}$ syph.$_{c2}$ thuj.$_{hr1,k,*}$
☞ *❑ Extremitäten - Hautausschläge - Arme - Pemphigus | ❑ E~ Hautausschläge - Daumen - Pemphigus ...*

- **Pemphigus**: ...
  ☞ ❑ *Extremitäten - Hautausschläge - Finger - Pemphigus /* ❑ *E~ Hautausschläge - Handgelenk - Pemphigus /* ❑ *E~ Hautausschläge - Hände - Handrücken - Pemphigus /* ❑ *Mund - Hautausschläge - Pemphigus*
- **Petechien**: apoc. *Arn.* **Ars.** ars-s-f.$_{k2}$ aur-m. *Bapt.* bell. berb. **Bry.** *Camph.* canth. *Con.* *Crot-h.* cupr. dulc. eup-per. *Hyos.* *Lach.* led. nat-m. nux-v. *Ph-ac.* phel. **Phos.** **Rhus-t.** ruta *Sec.* sil. squil. stram. sul-ac. ter. vario.$_{al2}$
  - **alten** Menschen, bei: *Con.*
  - **feucht** nach Kratzen: ars.$_{a1,h,*}$
  - **schmerzhaft**:
    - **abends**: ars.$_{h}$
- **phagedänisch**: alum.$_{bg2,k}$ alum-sil.$_{k2}$ am-c.$_{bg2,k}$ **Ars.**$_{bg2}$ *Bar-c.*$_{bg2,k}$ bar-s.$_{k2}$ *Borx.* *Calc.*$_{bg2,k}$ calc-sil.$_{k2}$ carb-v.$_{bg2,k}$ carbn-s. caust.$_{bg2,k}$ **Cham.**$_{bg2,k}$ chel.$_{bg2,k}$ *Clem.*$_{bg2,k}$ *Con.*$_{bg2,k}$ croc.$_{bg2,k}$ **Graph.**$_{bg2,k}$ hell.$_{bg2,k}$ *Hep.*$_{bg2,k}$ kali-ar. kali-c.$_{bg2,k}$ kali-sil.$_{k2}$ lach.$_{bg2,k}$ lyc.$_{bg2,k}$ mag-c.$_{bg2,k}$ mang.$_{bg2,k}$ merc.$_{bg2,k}$ mur-ac.$_{bg2,k}$ *Nat-c.*$_{bg2,k}$ nat-m. nat-p. *Nit-ac.*$_{bg2,k}$ nux-v.$_{bg2,k}$ olnd.$_{bg2,k}$ par.$_{bg2,k}$ **Petr.**$_{bg2,k}$ ph-ac.$_{bg2,k}$ phos.$_{bg2,k}$ plb.$_{bg2,k}$ psor.$_{k2}$ *Rhus-t.*$_{bg2,k,*}$ sars. *Sep.*$_{bg2,k}$ **Sil.**$_{bg2,k}$ *Squil.*$_{bg2,k}$ *Staph.*$_{bg2,k}$ sulph.$_{bg2,k}$ tarax.$_{bg2,k}$ *Viol-t.*$_{bg2,k}$
- **Pickel**: *Acon.*$_{bg2,k}$ *Agar.*$_{bg2,k,*}$ aloe alum.$_{bg2,k}$ alum-p.$_{k2}$ am-c.$_{bg2,k,*}$ am-m.$_{bg2,k,*}$ ambr.$_{bg2,k}$ anac.$_{bg2,k,*}$ **Ant-c.**$_{bg2,k,*}$ *Ant-t.*$_{bg2,k}$ aran.$_{hr1,k,*}$ arg-met. arg-n.$_{bg2}$ arn.$_{bg2,k,*}$ **Ars.**$_{bg2,k,*}$ ars-h.$_{hr1}$ ars-i. arum-d.$_{hr1}$ arum-t.$_{hr1}$ aster.$_{hr1,k}$ *Aur.*$_{bg2,k}$ aur-ar.$_{k2}$ aur-m.$_{hr1}$ bar-c.$_{bg2,k,*}$ *Bar-m.* bar-s.$_{k2}$ *Bell.*$_{bg2,k}$ benz-ac.$_{bg2}$ berb.$_{hr1,k,*}$ bov.$_{bg2,k,*}$ brom.$_{bg2,k,*}$ *Bry.*$_{bg2,k}$ bufo *Calad.*$_{hr1,k}$ calc.$_{bg2,k}$ *Calc-p.*$_{hr1,k}$ *Calc-s.*$_{hr1,k}$ calc-sil.$_{k2}$ *Canth.*$_{bg2,k}$ caps.$_{bg2,k,*}$ carb-ac.$_{bg2}$ *Carb-an.*$_{bg2,k}$ carb-v.$_{bg2,k}$ *Carbn-s.* **Caust.**$_{bg2,k,*}$ *Cham.*$_{bg2,k,*}$ chel.$_{bg2,k,*}$ chin.$_{bg2,k,*}$ chinin-ar. chlf.$_{bg2}$ chlol.$_{bg2}$ cimic. cina *Cist.* clem.$_{bg2,k}$ coc-c.$_{hr1,k}$ *Cocc.*$_{bg2,k,*}$ *Con.*$_{bg2,k}$ cop.$_{bg2}$ crot-h.$_{hr1,k,*}$ crot-t. cub.$_{bg2,k,*}$ cund.$_{hr1}$ cupr.$_{bg2,k}$ cycl.$_{bg2,k,*}$ dig.$_{bg2,hr1}$ dros.$_{bg2,k}$ *Dulc.*$_{bg2,k,*}$ eug.$_{c2}$ euphr.$_{bg2,k,*}$ *Fl-ac.*$_{hr1,k,*}$ *Gamb.* gels.$_{hr1,k,*}$ gink-b.$_{sbd1}$ granit-m.$_{es1}$ *Graph.*$_{bg2,k,*}$ guaj.$_{bg2}$ hell.$_{bg2,k}$ *Hep.*$_{bg2,k,*}$ hydr.$_{hr1}$ hydr-ac.$_{bg2}$ hyos.$_{bg2,hr1}$ hyper.$_{a1,hr1}$ indg.$_{a1,hr1}$ iod.$_{bg2,k,*}$ iodof.$_{bg2}$ *Kali-ar.* kali-bi.$_{bg2}$ kali-br.$_{a1,k}$ *Kali-c.*$_{bg2,k,*}$ kali-chl.$_{bg2,k,*}$ kali-m.$_{k2}$ kali-n.$_{bg2,k}$ kali-p. kali-s. *Kreos.*$_{hr1,k}$ *Lach.*$_{hr1,k,*}$ lachn.$_{c1}$ *Led.*$_{bg2,k}$ **Luna**$_{kg1}$ *Lyc.*$_{bg2,k}$ mag-c.$_{bg2,k,*}$ mag-m.$_{bg2,k}$ mang.$_{bg2,k}$ meny.$_{hr1}$ meph.$_{hr1,k}$ **Merc.**$_{bg2,k,*}$ *Merc-c.*$_{hr1,k}$ *Mez.*$_{bg2,k,*}$ mosch.$_{bg2,k,*}$ *Mur-ac.*$_{bg2,k,*}$ myric.$_{hr1}$ nat-ar. *Nat-c.*$_{bg2,k,*}$ **Nat-m.**$_{bg2,k,*}$ *Nat-p.*$_{a1,k}$ *Nat-s.* **Nit-ac.**$_{bg2,k,*}$ *Nux-v.*$_{bg2,k}$ op.$_{bg2}$ pall.$_{hr1,k}$ par.$_{bg2,k}$ petr.$_{bg2,k,*}$ **Ph-ac.**$_{bg2,k,*}$ **Phos.**$_{bg2,k,*}$ pilo.$_{bg2}$ plb.$_{bg2,k}$ psor.$_{bg2,k2}$ **Puls.**$_{bg2,k,*}$ rat.$_{c2}$ **Rhus-t.**$_{bg2,k,*}$ ruta sabad.$_{bg2,k}$ sabin.$_{hr1}$ *Sars.*$_{bg2,k,*}$ sel.$_{bg2,k}$ *Seneg.*$_{bg2,k,*}$ **Sep.**$_{bg2,k,*}$ *Sil.*$_{bg2,k}$ spig.$_{bg2,k}$ *Spong.*$_{bg2,k,*}$ *Squil.*$_{bg2,k}$ stann.$_{bg2,k,*}$ *Staph.*$_{bg2,k,*}$ stront-c. sul-ac.$_{bg2,k}$ sul-i.$_{k2}$ **Sulph.**$_{bg2,k,*}$ tab.$_{hr1,k,*}$ tarax.$_{bg2,k,*}$ tarent.$_{a1,k}$ tell. *Thuj.*$_{bg2,k,*}$ *Til.*$_{a1,k}$ trom.$_{hr1}$ *Urin.*$_{c1}$ vac.$_{hr1}$ valer.$_{bg2,k}$ verat.$_{bg2,k}$ viol-t.$_{bg2,k}$ **Zinc.**$_{bg2,k}$
  - **nachts**, nur: anthraco.$_{c1}$
  - **Alkoholikern**; bei: kreos. lach. led.

- **Pickel**: ...
  - **Berührung**, empfindlich gegen: berb. calad. **Hep.**
  - **blutend**: *Cist.* par. rhus-t. stront-c. thuj.
  - **brennend**: agar.$_{hr1,k}$ **Ars.**$_{hr1,k,*}$ berb.$_{hr1}$ bov.$_{hr1,k}$ canth. caust. cocc.$_{c1}$ cub.$_{hr1}$ graph. kali-c. mag-m. merc.$_{hr1,k,*}$ nat-s. ph-ac. *Rhus-t.* squil. staph. stront-c. sulph. til.
    - **Kratzen**, nach: caust.$_{h}$ graph.$_{h}$ mag-m.$_{h}$ sulph.$_{h}$
  - **dicht** zusammenstehend: cham. staph. thuj. verat.
  - **entzündet**: agar. berb. bry. *Chel.*$_{hr1,k}$ nit-ac. petr. stann. sulph.$_{hr1,k}$
  - **erscheinen**; Pickel sind kurz davor, am Körper zu: cinnb.$_{rb2}$
  - **feucht**: *Calc.* graph. kali-c. nat-s. ol-an. puls. sil. sulph. thuj.$_{hr1,k}$ zinc.
  - **geschwürig**: kali-c.$_{hr1}$ *Merc.*$_{hr1,k}$ nit-ac. ph-ac. sabin. sep.
  - **hart**: agar.$_{hr1,k}$ arum-t.$_{hr1}$ *Bov.* calc-s.$_{hr1}$ nit-ac. rhus-t.$_{hr1,k}$ sabin. ther.$_{hr1}$ valer. verat.
    - **Flohbisse**, wie: agar.$_{bro1}$
  - **juckend**: acal.$_{br1}$ acon.$_{a1,k}$ ambr. ammc. *Ant-c.* *Apis* *Ars.*$_{hr1,k}$ asc-t.$_{hr1}$ bar-c. bov.$_{hr1,k,*}$ *Bry.* calc. carb-an. carbn-s. *Caust.*$_{hr1,k}$ cham. coc-c.$_{hr1}$ cocc.$_{h,k}$ *Con.*$_{hr1,k}$ dulc.$_{a1,k}$ **Graph.**$_{hr1,k}$ *Hep.*$_{hr1,k}$ kali-c. kali-sil.$_{k2}$ laur. led.$_{h,k1}$ lyc. mag-c.$_{h,k1}$ mag-m. merc.$_{hr1,k,*}$ mur-ac. nat-c. nat-m. nat-s. *Nit-ac.* ph-ac. *Psor.* puls. *Sep.*$_{hr1,k}$ *Sil.*$_{hr1,k,*}$ squil.$_{h,k1}$ staph.$_{hr1,k}$ stront-c. *Sulph.*$_{hr1,k,*}$ **Tell.** til. zinc.$_{hr1,k}$ ziz.$_{hr1}$
    - **warm**, wenn: caust. **Kali-i.**$_{vh}$ sars. *Tell.* til.
  - **kitzelnd**: bell. caust. mag-m. verat.
  - **klein**: arn.$_{br1}$
  - **Kratzen**:
    - **nach**: agar.$_{h,k1}$ am-c.$_{bg2,k}$ am-m.$_{bg2,k}$ *Ant-c.*$_{bg2,k}$ bar-c. bry.$_{bg2,k}$ *Caust.*$_{bg2,k}$ chin.$_{bg2,k}$ cocc.$_{bg2,k}$ con.$_{bg2,k}$ cycl.$_{bg2,k}$ dros.$_{bg2,k}$ dulc.$_{bg2,k}$ graph.$_{bg2,k}$ hep.$_{bg2,k}$ kali-c.$_{bg2,k}$ laur.$_{bg2,k}$ merc.$_{bg2,k}$ nat-c.$_{bg2,k}$ nat-m.$_{bg2,k}$ *Nit-ac.*$_{bg2,k}$ petr.$_{bg2,k}$ ph-ac.$_{bg2,k}$ phos.$_{bg2,k}$ *Puls.*$_{bg2,k}$ *Rhus-t.*$_{bg2,k}$ sabad.$_{bg2,k}$ sabin.$_{bg2,k}$ sars.$_{bg2,k}$ sel.$_{bg2,k}$ **Sep.**$_{bg2,k}$ sil.$_{bg2,k}$ spong.$_{bg2,k}$ squil.$_{bg2,k}$ staph.$_{bg2,k}$ stront-c. *Sulph.*$_{bg2,k}$ verat.$_{bg2,k}$ *Zinc.*$_{bg2,k}$
      - **weiß** nach Kratzen; Pickel werden: agar. *Ars.* bov. bry. ip. sulph.
  - **Kribbeln**: canth.
  - **Krusten**, mit: calc. merc. squil.
    - **grün**: *Calc.*
  - **kupferfarben**: kali-i.
  - **linsenförmig**: cic.$_{c1}$
  - **Menses**:
    - **während**: lac-c.$_{kr1}$
    - **nach**: gink-b.$_{sbd1}$
  - **nagend**, juckend: ant-c. ant-t. *Caust.* mang. nit-ac.
  - **reißend**: dulc.
  - **schmerzhaft**: ant-c. apis arg-met. arn. ars-s-f.$_{k2}$ *Cist.* cocc. con. dulc. eug.$_{hr1}$ graph. *Hep.*$_{hr1}$ ind.$_{hr1}$ kali-c.$_{hr1,k}$ kali-chl. kali-i. lach. mur-ac. nat-c.

• **schmerzhaft**: ...
nit-ac. nux-v. phos. plb. puls. seneg. spong. squil. staph. sulph.$_{hr1,k}$ verat.
• **schwarz**: carb-v.$_{bg2,k}$ kali-bi.$_{bg2}$ psor.$_{bg2}$ spig.$_{bg2,k}$
• **schwitzenden** Teilen, an: con.
• **spannend**: arn. bov. con. mang. nat-s.
• **Splitter**; Schmerz wie ein: arn.$_{hr1,k}$ hep. *Nit-ac.*
• **stechend**; fein: alum. *Anan.*$_{hr1}$ ant-c.$_{hr1,k}$ arn. *Bell.* calc-p. *Canth.* caps. caust. cocc. hell. kali-c. kali-n. kreos. mez.$_{h,k1}$ nat-c. petr. squil. staph.
• **wäßrig**: lachn.$_{c1}$
• **weißlich**: borx.$_{c1}$
• **wund** beißend: agar. bell. calc. cham. coloc. dig. *Hep.*$_{hr1}$ kali-c. kali-n. lyc. merc. teucr. verat.
• **wund**, wie exkoriiert: alum. arg-met. bell. bov. calc. clem. cob.$_{hr1}$ **Eug.**$_{hr1}$ guaj. *Hep.*$_{hr1,k}$ hyos. ind.$_{hr1}$ lac-c.$_{hr1}$ mez. ph-ac. *Rhus-t.* sabin. sel. spig. stann. teucr. verat. zinc.$_{hr1,k}$
• **zusammenfließend**: cic. mur-ac. ph-ac. tarent.$_{a1,k}$ valer.

– **Pityriasis**
☞ *schuppig*

– **Pityriasis** versicolor: bac.$_{c2}$ carb-ac.$_{c1,c2}$ caul.$_{c1}$ chrys-ac.$_{c2}$ mez.$_{c2}$ *Sep.*$_{c2}$ *Sulo-ac.*$_{c2}$ *Tell.*$_{c2}$

– **Pocken**: agar. am-m. anac-oc.$_{c2}$ *Ant-c.* **Ant-t.**$_{c2,k}$ anthraci.$_{c2}$ *Apis*$_{c2,k}$ arg-n.$_{c2}$ *Ars.* bapt.$_{c2}$ *Bell.* *Bry.* canth. *Carb-ac.*$_{c2,k}$ carb-v. caust.$_{c2,h}$ cham. *Chinin-s.*$_{c2}$ clem. clem-sax$_{dbx1}$ cocc. *Crot-h.*$_{c2}$ cund.$_{c2}$ cupr-act.$_{c2}$ *Ham.*$_{c2}$ hyos. kali-i.$_{c2}$ kali-m.$_{c2}$ lach.$_{c2}$ maland.$_{c2,gm1}$ **Merc.**$_{c2,k}$ *Nat-m.* nit-ac. phos.$_{c2}$ *Puls.* **Rhus-t.**$_{c2,k}$ *Salol.*$_{c1,c2}$ sarr.$_{c1,c2,*}$ sep. sil. sin-n.$_{c2}$ sol-ni.$_{c2}$ stram. *Sulph.* *Thuj.* vac.$_{c2,gm1}$ vario.$_{c2,k}$ *Zinc.*
• **schwarz**: ant-c. **Ars.** *Bell.* bry. hyos. *Lach.* *Mur-ac.* **Rhus-t.** *Sec.* sep. sil. spig.

– **Pocken**, Blattern: *Ant-c.* *Ant-t.*$_{a1,k}$ *Arn.*$_{bg2,k}$ *Ars.* bell. bry. caust. clem. cocc. euon. hyos.$_{bg2,k}$ *Kali-bi.* *Kreos.* *Merc.* mill. psor. puls. *Rhus-t.* sil. sulph. thuj.
• **brennend**: **Ars.** lach. merc.
• **eiternd**: bell. *Merc.* sulph.
• **schwarz**: *Ars.* bell. hyos. lach. mur-ac. *Rhus-t.* sec.
• **weißlich**: iod. lyc.

– **Prairieskabies**
☞ *Skabies - Prairieskabies*

– **Psoriasis** (= Schuppenflechte): agar.$_{bg2}$ alum.$_{hr1,k}$ am-c.$_{hr1,k}$ *Am-m.*$_{bg2}$ ambr.$_{hr1,k}$ ant-c.$_{bg2}$ *Ant-t.*$_{c2}$ *Ars.*$_{bg2,k,*}$ **Ars-i.**$_{hr1,k}$ ars-s-f.$_{k2}$ ars-s-r.$_{c2}$ aur.$_{bg2,k,*}$ aur-ar.$_{k2}$ bell.$_{bg2}$ bell-p.$_{c2}$ berb-a.$_{bg3,c2}$ borx.$_{c2,k}$ bry.$_{hr1,k}$ bufo *Calc.*$_{hr1,k}$ *Calc-s.* *Canth.*$_{hr1,k}$ carb-ac.$_{hr1,k,*}$ carb-v.$_{k13}$ *Chin.*$_{hr1,k,*}$ *Chrys-ac.*$_{c1,c2}$ cic.$_{bg2,c1,*}$ *Clem.*$_{bg2,k,*}$ cor-r.$_{hr1,k,*}$ cupr.$_{bg2,k,*}$ dulc.$_{bg2,k,*}$ *Fl-ac.*$_{hr1}$ gali.$_{c2}$ *Graph.*$_{c2,kr1}$ hep.$_{bg2}$ hydrc.$_{c,c1}$ hyos.$_{bg2}$ iod.$_{hr1,k}$ *Iris*$_{c2,k}$ *Kali-ar.*$_{hr1,k,*}$ kali-br.$_{hr1,k,*}$ *Kali-c.*$_{bg2,k}$ kali-p. *Kali-s.*$_{hr1,k,*}$ led.$_{bg2,k,*}$ *Lob.*$_{c2,k}$ **Lyc.**$_{hr1,k}$ mag-c.$_{bg2,k}$ *Mang.*$_{hr1,k,*}$ *Merc.*$_{bg2,k,*}$ merc-c. merc-i-r.$_{hr1,k}$ merc-k-i.$_{gm1}$ merc-sul.$_{hr1}$ *Mez.* naphtin.$_{c2}$ nat-m.$_{gk1}$ *Nit-ac.*$_{hr1,k}$ nuph.$_{hr1,k,*}$ olnd.$_{bg2}$ *Petr.*$_{hr1,k,*}$ ph-ac. *Phos.*$_{bg2,k,*}$ **Phyt.**$_{hr1,k}$ pix$_{c2}$ plb.$_{bg2}$ *Psor.*$_{hr1,k}$ *Puls.* rad-br.$_{gk1}$

– **Psoriasis**: ...
ran-b.$_{hr1,k}$ *Rhus-t.*$_{bg2,k,*}$ *Sarr.*$_{hr1,k,*}$ *Sars.* **Sep.**$_{bg2,k,*}$ *Sil.*$_{hr1,k}$ staph.$_{bg2,gk1}$ stel.$_{c2}$ still.$_{c2}$ sul-i.$_{k2}$ *Sulph.*$_{bg2,k,*}$ tell.$_{hr1,k}$ teucr.$_{bg2,k,*}$ thuj. thyr.$_{bg3,c2}$ tub.$_{br1}$ x-ray$_{gk1}$
• **diffusa**: ars. ars-i.$_{hr1,k}$ calc.$_{hr1,k}$ cic.$_{hr1,k}$ clem.$_{hr1,k}$ dulc.$_{hr1,k}$ *Graph.*$_{hr1,k}$ lyc.$_{hr1,k}$ merc-i-r.$_{hr1,k}$ *Mez.* mur-ac.$_{hr1,k}$ rhus-t.$_{hr1,k}$ sulph.$_{hr1,k}$ thuj.$_{hr1,k}$
• **inveterata**: calc.$_{hr1,k}$ carb-ac.$_{hr1,k}$ clem.$_{hr1,k}$ *Kali-ar.*$_{hr1,k}$ *Mang.*$_{hr1,k}$ merc.$_{hr1,k}$ petr.$_{hr1,k}$ puls. rhus-t.$_{hr1,k}$ *Sep.*$_{hr1,k}$ *Sil.*$_{hr1,k}$ sulph.$_{hr1,k}$
• **syphilitisch**: ars. **Ars-i.** aur. *Cor-r.* kali-br. **Merc.**$_{hr1,k}$ *Nit-ac.* **Phyt.** *Sars.* thuj.

– **Pusteln**: agar. am-c. am-m.$_{bg2,k}$ anac.$_{hr1,k}$ *Ant-c.*$_{bg2,k,*}$ *Ant-s-aur.* **Ant-t.**$_{bg2,k,*}$ arn.$_{bg2,k}$ **Ars.**$_{bg2,k,*}$ ars-i. ars-s-f.$_{hr1,k2}$ *Aur.* aur-m.$_{hr1}$ aur-s.$_{k2}$ *Bell.*$_{bg2,k,*}$ brom.$_{hr1}$ bry.$_{bg2,k}$ bufo calad. *Calc.*$_{hr1,k}$ calc-p. *Calc-s.* calc-sil.$_{k2}$ *Carb-ac.*$_{hr1,k}$ *Carb-v.* *Carbn-s.* *Caust.*$_{bg2,k}$ cham.$_{bg2,k}$ *Chel.*$_{hr1,k}$ *Cic.* cina cinnb.$_{k2}$ *Clem.*$_{bg2,k,*}$ cocc.$_{bg2,k}$ *Con.* cop.$_{hr1,k}$ *Crot-h.*$_{hr1,k}$ *Crot-t.*$_{bg2,k,*}$ cund.$_{hr1}$ cupr-ar. cycl.$_{bg2,k}$ *Dulc.*$_{hr1,k}$ euph. fl-ac.$_{hr1,k}$ gnaph. graph.$_{h2,k}$ *Hep.*$_{bg2,k,*}$ hippoz.$_{hr1,k,*}$ *Hydrc.* *Hyos.*$_{bg2,k,*}$ iod. *Iris* jug-c.$_{hr1,k}$ jug-r. kali-ar.$_{a1,k}$ *Kali-bi.*$_{bg2,k,*}$ *Kali-br.* kali-c. *Kali-chl.*$_{hr1}$ *Kali-i.*$_{bg2,k}$ kali-s. kali-sil.$_{k2}$ *Kreos.*$_{hr1,k,*}$ lach.$_{hr1,k}$ lyc.$_{bg3}$ *Mag-m.*$_{hr1}$ *Merc.*$_{bg2,k,*}$ merc-i-f.$_{bg2}$ merc-i-r.$_{bg2}$ *Mez.* nat-c.$_{hr1}$ *Nat-m.*$_{hr1,k}$ *Nit-ac.*$_{bg2,k}$ nux-v. op.$_{bg2}$ *Petr.*$_{hr1,k}$ ph-ac. phos. podo.$_{c1,c2}$ *Psor.*$_{bg2,k,*}$ *Puls.*$_{bg2,k}$ ran-b.$_{br1}$ **Rhus-t.**$_{bg2,k,*}$ rhus-v. *Sars.* sec.$_{bg2,k,*}$ *Sep.*$_{hr1,k}$ *Sil.*$_{bg2,k,*}$ sol-o.$_{c2}$ squil. **Staph.**$_{bg2,k,*}$ still.$_{hr1}$ sul-i.$_{k13,k2}$ **Sulph.**$_{bg2,k,*}$ tab.$_{hr1,k}$ tell.$_{hr1,k}$ thap-g.$_{hsa1}$ thuj.$_{bg2,k}$ vario.$_{bg3}$ viol-t. zinc.
• **abblätternd**: anac.$_{h,k,*}$ ant-c. ant-t.$_{hr1,k,*}$ bov.$_{hr1,k}$ crot-t. dulc. *Kali-chl.* merc.
• **Ausschlägen**, auf den: kreos.
• **Baden**:
  • **agg.**: *Dulc.*
• **Bläschen**; vermischt mit: ant-t.
• **blaue** Flecken hinterlassend: rheum$_{h}$
• **bläulich**: rheum$_{h}$
• **blutend**: ant-t.
• **bösartig**: **Anthraci.**$_{c2,k}$ apis **Ars.**$_{hr1,k,*}$ *Bell.*$_{hr1,k,*}$ *Bufo*$_{c2,k}$ canth. *Carb-v.*$_{hr1,k}$ cench. *Crot-h.*$_{hr1,k}$ **Lach.**$_{hr1,k,*}$ *Ran-b.* *Rhus-t.*$_{hr1,k}$ scol.$_{c2}$ *Sec.*$_{hr1,k}$ *Sil.*$_{hr1,k}$ *Tarent-c.*
• **braun**: ant-t.
• **brennend**: am-c.$_{hr1,k}$ bar-c.$_{hr1}$ berb.$_{hr1}$ ind.$_{hr1}$ jug-r. *Lach.*$_{hr1}$ petr.$_{hr1,k}$
  • **Berührung**, bei: canth.
  • **Entblößen**; beim: mez.$_{h}$
• **dünne** Pusteln:
  • **aufbrechen** und jauchigen Eiter abgeben; die:
    • **wund** frißt und sich ausbreitet; der die Haut: ant-t.
• **entzündet**: anac. crot-t. *Kali-bi.*$_{hr1,k}$ rhus-t.$_{hr1,k}$ sep. stram.$_{hr1,k}$
• **fettig**: kreos.$_{a1,k}$
• **feucht**: bell.
• **Flecken** sind bedeckt von: jug-r. lyc.

- **gelb**: anac. carb-v. clem.k2 hyos. *Merc.* staph. viol-t.hr1,k
- **geschwürig**: ant-t. *Ars.* crot-t. cupr-ar. *Dulc.* mag-m. *Merc.* nat-c.hr1,k ol-myr.hsa1 *Sars.* sil.
- **grün**: jug-r. *Sec.* viol-t.
- **hart**: anac. ant-c. crot-h. nit-ac.
- **indolent**: *Kali-br.* *Kreos.*hr1 *Psor.*
- **juckend**: ant-t. anthraco. arg-n.hr1 asim.hr1 bar-c.hr1 berb.hr1,k *Crot-t.*hr1,k *Dulc.*hr1,k graph. hydr-ac. *Kali-bi.* *Lach.*hr1 merc. merc-i-r.hr1 nux-v. petr.hr1,k *Rhus-t.*hr1,k sars. *Sil.*hr1 spig.hr1 *Sulph.*hr1,k zinc.hr1
  - **nachts**: *Kali-bi.*
- **kitzelnd**: mez.
- **klein**: ant-t. ars.hr1 *Hep.*hr1 hydrc.hr1,k *Kali-bi.*hr1 kali-i.hr1,k kali-n.hr1,k merc-i-r.hr1 puls. sep.hr1 zinc.hr1
- **klumpig**: anthraco. cham.
- **krätzeartig**: clem. grat.hr1,k
- **Kratzen**, nach: am-m. ant-c. ars. bell. bry. cycl. hyos. merc. puls. **Rhus-t.** sil. staph. *Sulph.*
- **rissig**: rhus-t.
- **rosa**: ars. aur.hr1 dulc. *Kali-br.*hr1
- **rot**: anac. ant-t. ars.hr1,k berb.hr1,k caust. **Cic.** cimic. cinnb.hr1 crot-h. crot-t. graph. hydr-ac. hydrc. kali-c. mez. *Nit-ac.*
  - **Hof**: anac. ant-t. borx. calad. lach. nit-ac. par. thuj.
- **schmerzhaft**: ant-t. ars. berb. *Kali-br.* stram.hr1,k viol-t.hr1,k
- **schuppig**: merc.
- **schwarz**: ant-t. **Anthraci.** bry. kali-bi.bg1 **Lach.** *Mur-ac.* nat-c.hr1,k rhus-t.hr1,k thuj.bg1
- **spannend**: ant-t. crot-h. kali-n. mag-s.
- **stechend**; fein: am-c. berb.hr1,k dros. ind.hr1 *Lach.*hr1 rhus-t. *Sep.*
- **stinkend**: anthraci. ars. bufo viol-t.
- **syphilitisch**: *Kali-bi.*hr1,k
- **trocken**: *Merc.*
- **Wasser** enthaltend: kali-i. rhus-t. stram.
- **weiß**: calad. cimic.hr1,k cop. cycl.
  - **Spitzen**: *Ant-c.* ant-t. puls.
- **wund**: calad. merc.hr1,k
- **zusammenfließend**: ant-t. **Cic.**hr1,k *Crot-t.*hr1 *Lach.*hr1 *Merc.*

– **rauh**: ail.gm1 phyt.gm1 rhus-t.gm1 sulph.gm1

– **reißenden** Schmerzen; mit: acon. arn. ars. *Bry.* *Calc.* canth. carb-v. caust. clem. cocc. dulc. graph. kali-c. **Lyc.** merc. *Mez.* nat-c. nit-ac. phos. puls. *Rhus-t.* *Sep.* *Sil.* *Staph.* *Sulph.* zinc.

– **Rhusvergiftung**: agar.hr1,k am-c.hr1,k **Anac.**k,k2,* anac-oc.c2 ~~anan.a1,xxx~~ arn.hr1,k *Bry.*hr1,k clem.k2 **Crot-t.**hr1,k,* cupr. echi.c2 *Graph.*hr1,k,* *Grin.*hr1,k,* hydro-v.c2 kali-s.hr1,k,* led.hr1,k lob.hr1,k *Nuph.*hr1,k,* plan.hr1,k,* ran-b.k2 rhus-t.c2,k2 *Sang.*hr1,k,* *Sep.*hr1,k sulph.hr1,k verbe-u.c2

– **Röteln** (= Rubeola): **Acon.**bg2 antip.c2 **Bell.**bg2 **Bry.**bg2 carb-v.bg2 **Coff.**bg2 ip.bg2 *Merc.*bg2 phos.bg2 **Puls.**bg2 *Rhus-t.*bg2 sulph.bg2

– **Roseola**: **Acon.**hr1,k,* ail.k2 *Bell.*hr1,k,* **Bry.**hr1,k carb-v. *Coff.* cop.br1,hr1 *Corn.*hr1 cub.c1,c2 *Hyos.*hr1,k ip. kali-i.bg3 *Merc.*bg2,k,* nux-v.hr1,k phos.hr1,k

– **Roseola**: ...
Puls.hr1,k rhus-t. sars.bg2,k sulph.
- **syphilitisch**: iod.bg2 **Kali-i.**bg2,k,* merc.bg2 nit-ac.bg2 *Phos.*hr1,k sars.bg2

– **rot**: acon. *Agar.* **Am-c.** anac.hr1,k,* *Anan.* ant-c. ant-t.a1 apis *Arn.* *Ars.*hr1,k asim.a1,hr1 aur.hr1,k aur-ar.k2 bell.a1 berb. bry.a1,hr1 *Calc.*a1,k cham. chel. chinin-s. *Chlol.*hr1,k,* cic. *Clem.*hr1,k cocc. *Com.* con. cop.a1,k crot-t. cycl. *Dulc.* fl-ac. goss.a1 *Graph.* *Kali-bi.*hr1,k **Kali-c.** kali-s. lach.hr1,k lipp.a1 lyc. *Mag-c.* **Merc.**a1,k *Mez.*a1,k *Nit-ac.*hr1,k ox-ac.hr1,k petr. ph-ac. **Phos.**a1,k *Rhus-t.*a1,k sabad. sars. sep.a1,k sil. spig. staph. *Stram.* **Sul-ac.** **Sulph.** tab.hr1 thuj.hr1,k til. tub.k2 valer. vip.
- **gefleckt**: dulc.a1 merc. verat.
- **Hof**: anac. ant-t. borx. cocc. dulc.h1 tab.
- **Insektenstiche**; wie: bell.h
- **scharlachrot**: anac.a1,hr1,* *Anan.*hr1,k,* cop. dulc.a1 phyt.k2

– **Rubella**
☞ *Röteln*

– **Rupia**: alum.hr1,k **Ars.**hr1,k borx. calc.hr1,k caust.hr1,k cham. clem.hr1,k *Fl-ac.* *Graph.*hr1,k *Hep.*hr1,k kali-c. *Kali-i.*hr1,k,* lyc. *Maland.* merc. *Mez.* nat-c. *Nat-m.*hr1,k *Nat-s.*hr1,k nit-ac.hr1,k petr. *Phyt.*hr1,k rhus-t.hr1,k sep.hr1,k sil.hr1,k staph.hr1,k sulph.hr1,k *Syph.*hr1,k thuj.hr1,k thyr.c2

– **Schanker**: merc-i-r.k2
☞ ❑ *Allgemeines - Schanker*

– **Scharlach**: acon.bg2,k,* **Ail.**hr1,k,* **Am-c.**bg2,k,* am-m.bg2 antip.c2 **Apis**c2,k arg-n.c2 arn.bg2,k,* *Ars.*bg2,k,* *Arum-t.*hr1,k,* asim.c2 bar-c.bg2,k,* **Bell.**bg2,k,* *Bry.*bg2,k,* *Calc.*hr1,k calc-s.c2 *Canth.*c2 *Carb-ac.*hr1,k,* *Carb-v.*bg2,k,* caust.bg2 *Cham.*bg2,k,* chinin-ar.c2 chinin-s.c2 cinac2 coc-c.a1 coff.bg2 *Croc.*bg2 *Crot-h.*hr1,k,* *Cupr.*hr1,k *Cupr-act.*c2 dulc.bg2,c2 *Echi.*c2 euph.bg2 *Gels.*hr1,k hell.c2 hell-f.c2 hep.bg2,k,* *Hyos.*bg2,k,* iod.bg2 ip.bg2 jug-c.c2 **Lach.**bg2,k,* **Lyc.**hr1,k **Merc.**bg2,k,* *Mur-ac.*c2,hr1 **Nit-ac.**hr1,k *Ph-ac.*bg2,k *Phos.*bg2,k,* phyt.hr1,k **Rhus-t.**bg2,k,* sol-ni.c2 *Spig.*c2 *Stram.*bg2,k,* *Sulph.*bg2,k,* *Ter.*c2 verat.c2 *Zinc.*hr1,k

◆ **begleitet** von:
- **Speichel**:
  - **zäher** Speichel: hippoz.kr1,vk1 **Lach.**kr1,vk1
- **Speichelfluß**: **Arum-t.**kr1,vk1 *Caps.*kr1,vk1 **Lach.**kr1,vk1 *Merc.*kr1,vk1 *Sulph.*kr1,vk1
- **Zunge**:
  - **blasse** Zunge: *Ail.*kr1,vk1
  - **braune** Farbe der Zunge: phyt.kr1,vk1
    - **Zungenspitze**: *Merc.*kr1,vk1
  - **Lähmung** der Zunge: *Stram.*kr1,vk1
  - **rissige** Zunge: *Apis*kr1,vk1 *Nit-ac.*kr1,vk1
  - **schwarze** Farbe der Zunge: *Carb-ac.*kr1,vk1
  - **Schwellung** der Zunge: am-m.kr1,vk1
  - **Trockenheit** der Zunge: *Merc.*kr1,vk1 *Nit-ac.*kr1,vk1
  - **weiße** Farbe der Zunge:
    - **schmutzige** Zunge: *Dig.*kr1,vk1
- **Flecken**; große: *Ail.*
- **gangränös**: *Ail.*hr1,k **Am-c.**hr1,k *Ars.*hr1,k **Carb-ac.**hr1,k *Lach.*hr1,k *Phos.*

• **glatt**: *Am-c.*bg2,k **Bell.**bg2,k,* euph.bg2 euphr. hyos.bg2,k merc.bg2,k
• **wie**: com.a1 jug-c.bro1
• **zurücktretend**: *Am-c.*hr1,k *Ars.*hr1 *Bry.*hr1 crot-h.hr1 *Gels.*hr1 *Op.*hr1 ph-ac.hr1 *Phos.*hr1,k *Sulph.*hr1,k **Zinc.**hr1,k
– **schmerzhaft**: agar.bg2,k alum. alum-sil.k2 ambr.bg2,k ant-c.bg2,k *Ant-t.*a1 apis arg-met. **Arn.**bg2,k *Ars.*bg2,k,* ars-s-f.k2 *Asaf.*bg2,k,* aur.bg2,k aur-ar.k2 bar-c.bg2,k bar-s.k2 **Bell.**bg2,k berb. bov. calc. calc-sil.k2 cann-s.bg2,k canth.bg2,k caps.bg2,k chel. *Chin.*bg2,k cic. *Clem.*bg2,k *Con.*bg2,k *Cupr.*bg2,k *Dulc.*bg2,k guaj.bg2,k *Hep.*bg2,k kali-ar. *Kali-c.*bg2,k kali-s. kali-sil.k2 *Lach.*bg2,k led.bg2,k *Lyc.*bg2,k *Mag-c.*bg2,k *Mag-m.*bg2,k merc.bg2,k nat-ar. nat-c.bg2,k nat-p. **Nux-v.**bg2,k par.bg2,k petr.bg2,k **Ph-ac.**bg2,k phos.bg2,k *Puls.*bg2,k ran-b.bg2,k ran-s.bg2,k rhus-t.bg2,k ruta sel.bg2,k seneg.bg2,k *Sep.*bg2,k **Sil.**bg2,k *Spig.*bg2,k *Spong.*bg2,k squil.bg2,k **Sulph.**bg2,k,* thuj.bg2,k valer.bg2,k,* *Verat.*bg2,k verb.bg2,k
• **Flecken**: lunakg1
• **Splitter**; wie durch:
• **Berührung**, bei: *Hep. Nit-ac.*
– **schmerzlos**: *Ambr.*bg2,k anac.bg2,k ant-c.bg2,k ant-t.bg2,k bell.bg2,k cham.bg2,k *Cocc.*bg2,k *Con.*bg2,k cycl.bg2,k,* dros.bg2,k *Hell.*bg2,k *Hyos.*bg2,k lach.bg2,k laur.bg2,k **Lyc.**bg2,k *Olnd.*bg2,k ph-ac.bg2,k phos. puls.bg2,k rhus-t.bg2,k samb.bg2,k *Sec.*bg2,k spig.bg2,k staph.bg2,k *Stram.*bg2,k *Sulph.*bg2,k
– **schmutzig**: merc. *Psor.*hr1,k *Sulph.*hr1,k syph.hr1,k
– **Schuppenflechte**
☞ *Psoriasis*
– **schuppig**: agar. alumn.k2 *Am-m.* anac. ant-c. **Ars.**c2,k *Ars-i. Aur.* aur-ar.k2 bac.c2 *Bar-m. Bell.* berb-a.c2 borx. bufo cact. cadm-s.br1,k *Calad. Calc.* calc-s. calc-sil.k2 canth. caul.c2 cic. cist.k2 **Clem.** com. cupr. cycl. dulc. *Fl-ac.*c2,k granit-m.es1 *Graph.*c2 hep. *Hydrc.* hyos. iod. kali-ar. *Kali-bi.* kali-c. kali-m.k2 kali-p.k2 *Kali-s.* kali-sil.k2 *Led. Mag-c.* mang.c2 *Merc.* mez.c2,k *Nat-ar. Nat-m. Nit-ac. Olnd.* petr. **Phos. Phyt.** pip-m.bro1 *Plb. Psor.* ptel.hr1 *Rhus-t.* samb.c2 sang. *Sars.* **Sep.** *Sil.* staph. sul-i.k2 *Sulph.* ter.c2 teucr. thuj.
• **Flecken**: hydrc. kali-c. *Merc.* **Nit-ac.** *Puls.* sabin. sil. thuj. zinc.
• **gelb**: bar-m.k2 *Cic.*hr1 **Kali-c.**h2,k,* **Kali-s.** nat-p.hr1,k2
• **Ichthyose** (= Fischschuppenkrankheit): anag. *Ars.*c2,k *Ars-i.* aur. calc. chin.c2,k clem. coloc. graph. hep. *Hydrc.*c2 lac-c.c2,k lyc. mez. *Nat-c.*c2 ol-j. petr. **Phos.** pip-m.c2 platan-or.c2 plb. *Plb-xyz.*c2 sep. sil. sulph. thuj.c2,k thyr.c2
• **kleieartig**: agar. alum. am-c. anac. arg-met. **Ars.**hr1,k ars-i. ars-s-f.k2 aur. aur-ar.k2 borx. bry. **Calc.** canth. carb-ac. carb-an. carb-v. chlor. *Cic.* clem. *Dulc.* graph. iod.hr1,k *Kali-ar.*hr1,k **Kali-chl.**hr1,k kali-i. kali-m.k2 **Kreos.** lach. led. *Lyc.* mag-c. mang. merc. mez. *Nat-ar.* nat-m. *Nit-ac.* olnd. petr. phos. **Phyt.** ran-b. rhus-t. *Sep.* **Sil.** staph. sulph. *Thuj.*
• **silbrig**: *Nuph.*a1

– **schuppig**: ...
• **weiß**: anac. *Ars.* graph. **Kali-chl.**hr1,k kali-m.k2 lyc. nat-ar.k2 thuj. tub.a1,dp zinc.
– **schwärzlich**: ant-c.bg2,k **Ars.**bg2,k,* asaf.bg2,k *Bell.*bg2,k *Bry.*bg2,k chin. con. crot-h. hyos.bg2,k *Lach.*bg2,k mur-ac.bg2,k nit-ac.bg2,k ran-b. *Rhus-t.*bg2,k *Sec.*bg2,k sep.bg2,k *Sil.*bg2,k spig.bg2,k *Still.* vip.
– **Schweißfriesel**
☞ *Blasenausschlag - Sudamina*
– **Schwellung**, mit: acon. am-c. arn. ars. *Bell.* bry. calc. canth. carb-v. caust. chin. cic. con. euph. hep. *Kali-c.* lyc. mag-c. **Merc.** nat-c. nat-m. nit-ac. petr. ph-ac. phos. *Puls.* **Rhus-t.** ruta *Samb.* sars. *Sep.* sil. *Sulph. Thuj.*
– **Seife**; Anwendung von:
• **agg.**: nat-c.ptk1
– **Skabies**: ambr. *Ant-c.* ant-t. anthraco.c2 **Ars.** *Aster. Bar-m.* bry. *Calc.* canth. carb-ac. carb-an. **Carb-v.**c2,k **Carbn-s. Caust.**c2,k *Clem.* coloc. con. cop. crasp-v.dbx1 crot-t. *Cupr. Dulc.* eppa-an.dbx1 *Graph.* guaj. gynu-ce.dbx1 *Hep.* **Kali-s.** *Kreos. Lach.* led. *Lyc.* maesa-t.dbx1 *Mang. Merc.* merc-i-f. mez. *Nat-c.* nat-s.k2 neor-m.jsx1 ol-lav.fr4 olnd. petr. *Ph-ac.* **Psor.**c2,k puls. raphis-g.dbx1 rhus-v.c2 sabad. **Sel.**c2,k senec-fa.dbx1 **Sep.** *Sil.* squil. staph. *Sul-ac.* **Sulph.**c2,k tarax. ter.c2 tod-a.dbx1 valer. *Verat. Zinc.*
• **blutend**: calc. dulc. *Merc.* sulph.
• **fettig**: ant-c. *Caust.* clem. cupr. *Kreos.* **Merc.** sel. *Sep.* squil. sulph.
• **feucht**: calc. *Carb-v.* carbn-s.k2 caust. clem. con. dulc. *Graph.* kreos. *Lyc.* merc. petr. sep. sil. squil. staph. sulph.
• **Prairieskabies**: *Apis* rumx.
• **trocken**: *Ars.* calc. carb-v. caust. clem. cupr. dulc. graph. *Hep.* kreos. *Led.* lyc. *Merc.* merc-i-f. nat-c. petr. ph-ac. *Psor.* **Sep. Sil.** staph. *Sulph.* valer. *Verat.* zinc.
• **unterdrückt**: alum. ambr. ant-c. ant-t. *Ars. Carb-v. Caust. Dulc.* graph. kreos. lach. nat-c. nat-m. ph-ac. *Sel. Sep.* sil. **Sulph.** verat. zinc.
• **Quecksilber** und Schwefel; durch: agn. ars. bell. calc. carb-v. **Caust.** *Chin.* dulc. hep. iod. nit-ac. **Psor.** *Puls.* rhus-t. sars. *Sel.* **Sep.** sil. *Staph.* thuj. valer.
– **skorbutische** Flecken: anan. merc. merc-c.
– **Sommer**, im: *Kali-bi.* led. mur-ac.h sars.bro1
– **Sonne**, durch: nat-m.gsy1
– **stechend**; fein: acon.bg2,k alum.bg2,k alum-p.k2 alum-sil.k2 am-m.bg2,k *Anac.*a1,k ant-c.bg2,k **Apis** arn.bg2,k *Ars.*bg2,k ars-s-f.k2 asaf.bg2,k *Bar-c.*bg2,k bar-m. bar-s.k2 *Bell.*bg2,k borx.br1 bov.bg2,k *Bry.*bg2,k calc.bg2,k calc-sil.k2 camph.bg2,k canth.bg2,k caps.bg2,k carb-v.bg2,k caust.bg2,k cham.bg2,k chin.bg2,k **Clem.**bg2,k cocc.bg2,k *Con.*bg2,k *Cycl.*bg2,k dig.bg2,k *Dros.*bg2,k,* graph.bg2,k guaj.bg2,k hell.bg2,k *Hep.*bg2,k ign.bg2,k kali-ar.hr1,k kali-c.bg2,k kali-s.k2 kali-sil.k2 kreos.bg2,k *Led.*bg2,k lyc.bg2,k mag-c.bg2,k *Merc.*bg2,k,* mez.bg2,k mur-ac.bg2,k nat-ar. nat-c.bg2,k *Nat-m.*bg2,k **Nit-ac.**bg2,k nux-v.bg2,k petr.bg2,k phos.bg2,k *Plat.*bg2,k **Puls.**bg2,k *Ran-b.*bg2,k ran-s.bg2,k *Rhus-t.*bg2,k sabad.bg2,k *Sabin.*bg2,k sars.h,k1 sel.bg2,k

– **stechend**; fein: ...
Sep.bg2,k **Sil.**bg2,k spong.bg2,k squil.bg2,k *Staph.*bg2,k stram.h,kl stront-c. **Sulph.**bg2,k tell.brl thuj.bg2,k *Urt-u.* verb.bg2,k *Viol-t.*bg2,k,* zinc.bg2,k

– **stinkend**: *Ars.*hrl,k ars-s-f.k2 *Graph.*hrl,k *Hep.*hrl,k kali-p. *Lach.* *Lyc.*hrl,k *Merc.*hrl,k mez.hrl,k *Nit-ac.*hrl,k **Psor.**hrl,k rhus-t.hrl,k *Sep.*hrl,k *Sil.*hrl,k staph.hrl,k **Sulph.**hrl,k tell.brl vinc.hrl,k zinc.h

– **Sudamina**
☞ *Blasenausschlag - Sudamina*

– **symmetrisch**: arn.ptk crot-t.al lac-d.hrl sep.hrl sil.al thyr.ptk

– **syphilitisch**: *Arg-n.*hrl,k ars.hrl,k **Ars-i.**hrl,k *Aur.*hrl,k aur-ar.k2 bad. *Calc-i.*hrl chopn.brl *Cist.*hrl cund.hrl dulc.hrl,k *Fl-ac.* *Guaj.*hrl,k *Hep.*hrl,k *Kali-bi.*hrl,k kali-chl. **Kali-i.**hrl,k kreos. *Lach.*hrl,k *Lyc.*hrl,k **Merc.** **Merc-c.**hrl,k *Merc-d.*hrl **Merc-i-f.** **Merc-i-r.**hrl,k **Nit-ac.**hrl,k petr.hrl,k *Phyt.*hrl,k plat.hrl,k rhus-t.hrl,k rumx. sang.hrl,k sars.hrl,k sep.hrl,k *Sil.*hrl,k staph.hrl,k still.hrl,k sulph.hrl **Syph.**hrl,k *Thuj.*hrl,k

– **Tinea**: anac-oc.c2 anag.c2 ant-t.c2 *Ars.*c2 *Bac.*c2 bapt.c2 bar-m.c2 *Calc.*c2 chim.c2 chrys-ac.c2 cupr.c2 eup-per.c2 jug-c.c2 jug-r.c2 lappa.c2 mez.c2 ol-j.c2 phyt.c2 psor.c2 *Sep.*c2 *Sulph.*c2 *Tela*c2 viol-t.c2
☞ *Herpes*

– **traubenförmig**: agar. **Calc.** rhus-t. staph. verat.

– **trocken**: *Alum.*bg2,k,* alum-p.k2 *Alum-sil.*k4 anac. anag. **Ars.**bg2,k,* **Ars-i.** ars-s-f.k2 **Aur.** **Aur-m.** **Bar-c.**bg2,k,* bar-s.k2 *Bov.*bg2,k *Bry.*bg2,k,* bufo cact. calad.hrl,k **Calc.**bg2,k,* **Calc-s.** canth.hrl *Carb-v.*bg2,k *Carbn-s.* caust.bg2,k clem.bg2,k,* cocc.bg2,k corn.hrl,k *Cupr.*bg2,k *Dulc.*bg2,k *Fl-ac.*k,k2,* *Graph.*bg2,k guare.al,hrl *Hep.*hrl,k hydr-ac. hyos.bg2,k *Kali-ar.*hrl,k *Kali-c.*hrl,k *Kali-chl.* kali-i. kali-n.bg2 kali-s. kali-sil.k2 *Kreos.* **Led.**bg2,k,* *Lyc.*bg2,k,* *Mag-c.*bg2,k *Merc.*bg2,k,* **Mez.** nat-c.bg2,k nat-m.bg2,k nat-p. par.bg2,k *Petr.*bg2,k *Ph-ac.*bg2,k **Phos.**bg2,k,* *Psor.*hrl,k rhus-t.bg2,k *Sars.*bg2,k,* sel.hrl,k **Sep.**bg2,k,* **Sil.**bg2,k,* stann.bg2,k *Staph.*bg2,k *Sulph.*bg2,k,* teucr.bg2,k thuj. valer.bg2,k **Verat.**bg2,k,* *Viol-t.*bg2,k,* *Zinc.*bg2,k
• **blutend**:
  • **Kratzen**, nach: alum. *Ars.* *Calc.* *Lyc.* *Petr.* *Sulph.*

– **Tuberkel**: agar.bg2,k alum.bg2,k am-c.bg2,k *Am-m.*bg2,k anac.bg2,k ang. *Ant-c.*bg2,k apis aran.hrl,k *Ars.*bg2,k aur.bg2,k *Bar-c.*bg2,k,* bar-m. bar-s.k2 *Bell.*bg2,hrl *Bry.*bg2,k **Calc.**hrl,k calc-p.hrl,k calc-s. *Carb-an.*bg2,k *Carb-v.*bg2,k carbn-s. **Caust.**bg2,k *Cic.*bg2,k cocc.bg2,k *Con.*bg2,k crot-h.bg2,k,* *Dulc.*bg2,k *Fl-ac.*hrl,k *Graph.*bg2,k hell.bg2,k *Hep.*bg2,k hydrc.hrl,k kali-ar. *Kali-bi.*bg2,k,* *Kali-br.*bg2,k kali-c.bg2,k *Kali-i.*bg2,k,* kali-n.bg2,k kali-s.bg2,k **Lach.**bg2,k **Led.**bg2,k *Lyc.*bg2,k mag-c.bg2,k mag-m.bg2,k mag-s. mang.bg2,k *Merc.*bg2,k,* merc-c. *Mez.*bg2,k *Mur-ac.*bg2,k nat-ar. *Nat-c.*bg2,k *Nat-m.*bg2,k *Nit-ac.*bg2,k,* nux-v.bg2,k *Olnd.*bg2,k *Petr.*bg2,k ph-ac.bg2,k *Phos.*bg2,k *Rhus-t.*bg2,k sec.bg2,k sel.bg2,k sep.bg2,k *Sil.*bg2,k stann.bg2,k *Staph.*bg2,k sul-ac.bg2,k *Sulph.*bg2,k syph.k2 tarax.bg2,k *Thuj.*bg2,k,* tub.k2 valer.bg2,k verat.bg2,k *Zinc.*
• **abblätternd**: sulph.

– **Tuberkel**: ...
• **abschilfernd**: sang.bgl
• **bösartig**: ars.
• **brennend**: am-c. am-m. calc. *Carb-an.* cocc. dulc. kali-i. mag-m. mag-s. mang. *Merc.* mur-ac. nicc. *Nit-ac.* phos. *Staph.*
• **eiternd**: am-c. bov. *Caust.* *Fl-ac.*hrl,k *Kali-bi.*hrl,k nat-ar.k2 nat-c. nit-ac. *Sil.*
• **entzündet**: am-m. rhus-t.
• **erhaben**: olnd. rhus-v. valer.
• **erysipelatös**: *Nat-c.* *Phos.* sil.
• **feucht**: kali-n. sel. thuj.hrl
• **gelb**: *Ant-c.* rhus-t.
• **genabelt**: *Kali-bi.* *Kali-br.*
• **geschwürig**: am-c. bov. *Caust.* *Fl-ac.* *Kali-i.*hrl *Nat-c.*hrl,k sec.
• **glatt**: ph-ac.
• **hart**: am-c. am-m. ant-c. bar-c. bov. *Bry.* con. *Lach.* *Mag-c.* *Mag-s.* nat-m. phos. rhus-t. valer.
• **höckerig**: *Kali-bi.* *Nat-c.* phos. sil. *Tub.*
• **juckend**: am-m.h,kl aur. canth. carb-an. cham. cocc. dulc. graph. kali-c. kali-n. lach. lyc. mag-c. mag-s. mur-ac. nat-m. nit-ac.hrl,k op. rhus-t. staph. stram. stront-c. tub. zinc.
• **Kratzen**, nach: mang.h,kl zinc.h,kl
• **lepraartig**: *Nat-c.* phos. *Sil.*
• **miliar**: nat-m.
• **nagend**: rhus-t.
• **purpurn**, blaurot: tub.
• **reißend**: cham. con.
• **rot**: *Am-c.* berb. bov. carb-an. carb-v. dig. *Hep.* kali-chl. kali-i. *Lach.* *Led.* mag-c. mag-m. *Merc.* mur-ac. nat-m. nit-ac. op. ph-ac. puls. sep. spig. sulph. *Thuj.* verat.
  • **Hof**: cocc. dulc. ph-ac.
• **schleimig**: *Fl-ac.* *Nit-ac.* *Thuj.*
• **schmerzhaft**: am-c. ars. bell. bov. lach. lyc. ph-ac. zinc.
• **schmerzlos**: arn. bell. graph. ign. led. olnd. squil. verat.
• **Sommer**: *Kali-bi.*
• **spannend**: caust. mur-ac.
• **stechend**; fein: calc. caust. dulc. kali-i. led. mag-c. phos. rhus-t. squil. stram.
• **Stichwunde**; nach einer: sep.
• **syphilitisch**: ars. *Ars-i.* dulc. fl-ac. hep. kali-bi. *Kali-i.* *Merc.* *Nit-ac.* phyt. sil. thuj.
• **violett**
☞ *purpurn*
• **warzenförmig**: lyc. *Thuj.*
• **wäßrig**: graph. mag-c.h,k,*
• **weich**: bell. crot-h. lach.
• **weiß**: ant-c. dulc. sep. sulph. valer.
• **Winter**: *Kali-br.*hrl,k
• **wund**: *Nit-ac.*hrl sep.
  • **schmerzhaft**, wie: ant-c. caust. ph-ac.
• **ziehend**, schmerzhaft: cham.

– **Überhitzung**, durch: *Bov.* *Carb-v.* *Con.* **Nat-m.** *Psor.* *Puls.*

– **unterdrückt**: acon.bg2,k agar.hrl ail.bg2,k2,* alum.bg2,k am-c.bg2,k ambr.bg2,k,* anac.c,cl ant-c.cl,hrl,* ant-t.bg2 apisbg2,sfl,* *Ars.*k,kl,* *Ars-i.*

– **unterdrückt**: ...
ars-s-f.k13,k2 asaf.c,c1 bad.hr1,kr1 bar-c.k13,k2 *Bell.*bg2,k,* **Bry.**bg2,k,* calad.bg2,k calc.bg2,k,* *Camph.*bg2,hr1,* caps.bg2 carb-an.bg2,k *Carb-v.*bg2,k carc.dtp *Caust.*bg2,k,* *Cham.*bg2,k chin.bg2 *Cic.*bro1,hr1 clem.sf,sf1 con.bg2,k *Cupr.*bg2,k cupr-act.c1 cupr-ar.c,c1 **Dulc.**bg2,k,* *Gels.* *Graph.*bg2,k,* *Hell.*sf,sf1,* *Hep.*bg2,k,* hyos.hr1,sf1,* iod.bg2 **Ip.**bg2,k,* **Kali-bi.**bg2 kali-c.bg2,k *Kali-s.*hr1,k kalm.k2 *Kreos.*bg2 lach.bg2,k laur.sf,sf1 *Lyc.*bg2,k mag-c.bg2 mag-s.bro1 merc.bg2,k,* *Mez.*bg2,k mill.hr1 *Nat-c.*bg2,k nit-ac.bg2,k *Nux-m.*bg2,k,* **Nux-v.**bg2 op.bg2,k,* **Petr. Ph-ac.**bg2,k,* phos.bg2,k plb.c,c1 **Psor.**bg2,k,* ptel.c,c1 *Puls.*bg2,k *Rhus-t.*bg2,k sars.bg2,k sel.bg2,k,* senec.bg2 *Sep.*bg2,k sil.bg2,k *Staph.*bg2,k **Stram.**bg2,k,* sul-ac.bg2,k sul-i.k2 **Sulph.**bg2,k,* thuj.bg2,k *Tub.* *Tub-k.*c,c1 *Urt-u.*hr1 verat.bg2,k,* verat-v.sf,sf1 *Viol-t.*bg2,k,* x-rayspl **Zinc.**bg2,k,*

☞ brechen aus - nicht | ❑ Allgemeines - Reaktion - Mangel - Unterdrückung - Hautausschlägen

– **Urtikaria**: *Acon.*bg2,k,* agar.hr1,k all-c.hr1,k alum-p.k2 alum-sil.k2 am-c.bg2,k am-m.bg2,k amyg.c2 anac.bg2,hr1,* anan.hr1 *Ant-c.*bg2,k,* ant-t.bg2,k,* anthraco.c2 antip.bg1,c2 ap-g.c2 **Apis**c2,k arn.hr1,k,* **Ars.**bg2,k,* *Ars-i.* ars-s-f.k2 arum-d.c2,hr1 arum-dru.c1,c2 asim.hr1 **Astac.**hr1,k,* aur. aur-ar.k2 aur-s.k2 bapt.hr1 bar-c.bg2,k bar-m. bar-s.k2 bell.bg2,k,* benz-ac.hr1,k berb.bg2 bomb-pr.c2 bond.a1 *Bov.*bg2,k,* *Bry.*bg2,k,* bufo *Calad.*hr1,k **Calc.**bg2,k,* *Calc-ln.*c1 **Calc-s.** camph.bg2 carb-an.bg2,k *Carb-v.*bg2,k,* **Carbn-s.** card-b.a1 **Caust.**bg2,k,* cham.hr1,k,* chin.bg2,k,* chinin-ar. *Chinin-s.*c2,k **Chlol.**hr1,k,* chlor.hr1,k cic.bg2,k cimic. clem.hr1 coca cocc.bg2,k *Con.*bg2,k,* **Cop.**bg2,k,* *Corn.*hr1,k,* *Crot-h.*hr1,k,* crot-t.bg2,k cub.c2,k *Cupr.* *Dol.*hr1 **Dulc.**bg2,k,* *Elat.*hr1,k,* ferr-i.hr1,k ferr-s.c2 form.bg2 frag.c2 gal-ac.c1,c2 *Graph.*bg2,k guar.hr1 helia.c2 **Hep.**bg2,k,* hydr.hr1,k ign.bg2,k,* iod.hr1,k ip.bg2,k *Kali-ar.* *Kali-br.*bg2,k,* *Kali-c.*bg2,k,* kali-chl.bg2 kali-i. kali-p.c2,k kali-s.hr1,k,* *Kreos.*bg2,k,* lach.bg2,k,* lat-k.c2 **Led.**bg2,k,* linu-u.c2 lipp.c2 *Lyc.*bg2,k,* lycps-v. mag-c.bg2,k med.c2 medus.br1,c2 merc.bg2,k *Mez.*bg2,k,* myric.c2 nat-ar. nat-c.bg2,k **Nat-m.**bg2,k,* *Nat-p.*bg2,k,* nat-s.bg2 nit-ac.bg2,k *Nux-v.*bg2,k,* op.bg2 pall.hr1,k *Petr.*bg2,k,* ph-ac.bg2,k *Phos.*bg2,k,* physala-p.c2 pic-ac.bg2 pin-s.a1 pip-n.bg2 podo.c1,c2 *Psor.*bg2,k *Puls.*bg2,k,* **Rhus-t.**bg2,k,* rhus-v.c2 rob.bg2,c2 rumx.c2,k ruta sabin.bg2 *Sal-ac.*hr1,k sarr.a1 sars.bg2,k,* sec.bg2,k sel.bg2,k senec-abv.dbx1 *Sep.*bg2,k,* sil.bg2,k,* skook.c2 sol-a.c2 sol-o.c2 staph.bg2,k stram.bg2,k *Sul-ac.*hr1,k *Sul-i.* **Sulph.**bg2,k,* ter.bg2,k tet.c2 thiosin.c1 thuj.bg2,k *Til.*c2,k trios.c2 *Urin.*c1 **Urt-u.**bg2,k,* ust.bg2,k,* valer.bg2,k *Verat.*bg2,k,* vesp.hr1,k voes.c2 zinc.bg2,k zinc-p.k2

☞ angioneurotisches Ödem

- **morgens**: *Bell.*hr1,k
- **nachmittags**: chlol.hr1,k
- **abends**: *Bell.*hr1 hyper.hr1 *Kreos. Nux-v.*
- **nachts**: **Apis** *Bov. Chlol. Cop.*hr1,k hydr. *Nux-v. Puls.*hr1,k

– **Urtikaria**: ...

◆ **abwechselnd** mit:
- **Asthma**: calad.
- **Rheumatismus**: *Urt-u.*hr1,k

- **alkoholischen** Getränken, nach: chlol.br1
- **Anstrengung**; nach heftiger körperlicher ●: *Con. Nat-m. Psor. Urt-u.*
- **Askariden**; mit: urt-u.bg3
- **asthmatischen** Beschwerden; bei: *Apis*
- **Baden**; nach: bov.ptk1 phos. *Urt-u.*
- **Diarrhoe**, mit: bov.ptk1 puls.ptk1
- **Erdbeeren**, durch: bry.j5
- **Erregung**, nach: bov.br1
- **Fieber**:
  - **während**: **Apis** chlor. *Cop.* cub. **Ign. Rhus-t.** *Rhus-v. Sulph.*
  - **unterdrückt**: elat.c1
- **Fleisch**, nach: **Ant-c.**
- **Freien**; im: nit-ac.h
- **Frost**:
  - **vor**: *Hep.*hr1,k
  - **während**: apis *Ars.*hr1,k ign.hr1,k **Nat-m.**hr1,k **Rhus-t.**hr1,k
  - **nach**: **Apis**a1 chlol.hr1 *Elat.*hr1,k *Hep.*hr1,k
- **Frühling**, jeden: rhus-t.
- **Gehen** in kalter Luft; beim: *Sep.*
- **gigantea**; Urticaria
  ☞ angioneurotisches Ödem
- **kalt**:
  - **Bad**, nach einem: *Calc-p.*
  - **Kaltwerden**; durch: **Dulc.**hr1,k
  - **Luft**, in ●: caust. dulc.hr1 kali-br. nat-s. *Nit-ac.* **Rhus-t.**k,kl2● rumx. *Sep.*k,kl2●
    - **amel.**: *Calc. Dulc.*
- **Kindern**; chronische Urtikaria bei: cop.bro1
- **Kleidung**; durch den Druck der: med.al2
- **knötchenförmig**: *Agar.*bg2,k *Alum.*bg2,k alum-p.k2 alum-sil.k2 am-c.bg2,k am-m.bg2,k anac.bg2,k *Ant-c.*bg2,k ant-t.bg2,k **Apis** arn. ars.bg2,k ars-s-f.k2 aur.bg2,k bar-c.bg2,k bar-m. bar-s.k2 bell.bg2,k *Bry.*bg2,k **Calc.**bg2,k calc-sil.k2 cann-s.bg2,k canth.bg2,k caps.bg2,k *Carb-an.*bg2,k *Carb-v.*bg2,k carbn-s. **Caust.**bg2,k *Chel.*bg2,k chin.bg2,k *Chlol.*bg2,k chlor. cic.bg2,k cocc.bg2,k con.bg2,k *Cop.* dig.bg2,k dros.bg2,k **Dulc.**bg2,k graph.bg2,k hell.bg2,k *Hep.*bg2,k ign.bg2,k *Iod.*bg2,k ip.bg2,k *Jug-c.* kali-ar. *Kali-br.*bg2,k kali-c.bg2,k kali-i.bg2,k kali-n.bg2,k kali-s.bg2,k kali-sil.k2 kreos.bg2,k **Lach.**bg2,k *Led.*bg2,k *Lyc.*bg2,k *Mag-c.*bg2,k mag-m.bg2,k *Mang.*bg2,k merc.bg2,k **Mez.**bg2,k mur-ac.bg2,k nat-ar. nat-c.bg2,k *Nat-m.*bg2,k nat-p. nit-ac.bg2,k nux-v.bg2,k olnd.bg2,k op.bg2,k pall. *Petr.*bg2,k ph-ac.bg2,k phos.bg2,k *Puls.*bg2,k **Rhus-t.**bg2,k rhus-v. *Ruta* sabin.bg2,k *Sec.*bg2,k sel.bg2,k *Sep.*bg2,k *Sil.*bg2,k spig.bg2,k spong.bg2,k squil.bg2,k stann.bg2,k *Staph.*bg2,k stram.bg2,k sul-ac.bg2,k *Sulph.*bg2,k tarax.bg2,k thuj.bg2,k *Urt-u.*bg2,k,* valer.bg2,k *Verat.*bg2,k verb.bg2,k viol-t.bg2,k zinc.bg2,k
  - **rosa** (= Erythema nodosum): *Bell. Bry. Chlol. Chlor.* coca cop. crot-t. gels. jug-c. kali-br. kali-i. merc. *Nat-c.* petr. phos. phyt. **Rhus-t.** sil. **Stram.** ter.

• **Kratzen**, nach: agar. alum. am-c. am-m. ant-c. ars. ars-s-f.k2 bar-c. bry. *Calc.* calc-sil.k2 carb-an. carb-v. carbn-s. *Caust.* chin. chinin-ar. cic. cocc. con. **Dulc.** *Graph.* hell. *Hep.* ip. **Lach.** led. *Lyc.* mag-c. mag-m. mang. merc. **Mez.** nat-c. nat-m. nit-ac. nux-v. olnd. *Petr.* puls. **Rhus-t.** ruta sel. sep. sil. spig. *Staph.* sulph. thuj. verat. zinc. zinc-p.k2
• **Lebersymptomen**, mit: astac.bg3,bro1,* myric.bg2,bg3
• **Lesen**, beim: stroph-h.bg2
• **Liegen**:
  • **amel.**: urt-u.
• **livid**: *Apis*
• **Luftveränderung** und Wetterwechsel: *Apis*
• **Madenwurm**; mit: urt-u.dm
• **Meer**, am: ars. mag-m.
• **Menses**:
  • **vor**: *Dulc.* *Kali-c.*hr1,k
  • **während**: bell.hr1,k bov.ptk1 *Kali-c.*hr1,k puls.hr1,k sec.
  • **nach**: kreos.ptk1
  • **verzögerten**, mit: puls.ptk1
• **Naßwerden**, durch: **Rhus-t.**k,kl2●
• **Obstipation**, mit: cop.br1
• **plötzlich** erscheinend und verschwindend: antip.bro1
• **Reiben**:
  • **amel.**: elat.hr1,ptk1
• **Rheumatismus**, bei: **Rhus-t.** **Urt-u.**
• **Schalentiere**: apisc1 ter.bg3,sp1 urt-u.bg2,bg3
• **Schweiß**, beim: **Apis** **Rhus-t.**
• **Trinken** von kaltem Wasser:
  • **agg.**: bell.
• **tuberosa**; Urticaria
☞ angioneurotisches Ödem
• **Übelkeit**; vor der: sang.
• **Wärme** und Körperübungen ●: *Apis* *Bov.* *Con.* *Dulc.* *Kali-i.* *Led.* *Lyc.* **Nat-m.** nit-ac. *Psor.* *Puls.* *Sulph.* **Urt-u.**
  • **amel.**: *Hep.* *Sep.*
• **Wein**, durch: *Chlol.*

– **Variola**
☞ Pocken
– **verletzte** Teile: calc-p.alj
– **wandernd**: gink-b.sbd1
– **Waschen** ●: canth. **Clem.** *Dulc.* hydr. mez. phos. *Psor.* sars. **Sulph.** urt-u.
  • **kaltem** Wasser agg.; in: **Clem.** *Dulc.* sulph.
– **weißlich**: agar.bg2,k anan. ant-c. **Ars.**bg2,k *Ars-i.* borx. bov.bg2,k bry.bg2,k com. con.h,kl hep.h,kl ip.bg2,k merc. *Mez.* phos.bg2,k *Puls.* sulph.bg2,k thuj.bg2,k *Valer.*bg2,k,* zinc.bg2,k
  • **Hof**; mit rotem: borx.c1
– **Windpocken**: acon.c2,k **Ant-c.** *Ant-t.*c2,k apisbro1 ars. asaf. *Bell.* bry.bro1 canth. *Carb-v.* caust. coff. con. cycl. dulc.bro1 hyos. ip. kali-m.bro1 *Led.*c2,k *Merc.*c2,k merc-c.k2 nat-c. nat-m. **Puls.** rhus-d.bro1,c2 *Rhus-t.* *Sep.* sil. **Sulph.** *Thuj.* vario.bro1
  • **schmerzhaft** bei Druck: ant-c.c1
– **Winter**; im: *Aloe* alum. ars.ptk1 *Calc.* *Dulc.* *Hep.* kali-c. *Mang.* *Merc.* *Mez.* *Petr.* *Psor.* **Rhus-t.**

Hautausschläge - Winter, im: ...
sabad.ptk1 *Sep.* *Stront-c.* sulph. tub.ptk1
– **wund** beißend: acon.bg2,k agar.bg2,k *Alum.*bg2,k alum-p.k2 ambr.bg2,k ant-c.bg2,k apis **Arg-met.** ars.bg2,k *Aur.*bg2,k aur-ar.k2 bar-c.bg2,k bar-s.k2 *Bry.*bg2,k *Calc.*bg2,k cann-s.bg2,k canth.bg2,k caps.bg2,k carb-an.bg2,k carbn-s. chel.bg2,k chin.bg2,k *Cic.*bg2,k coff.bg2,k *Colch.*bg2,k dol. *Dros.*bg2,k ferr.bg2,k **Graph.**bg2,k hell.bg2,k **Hep.**bg2,k ign.bg2,k kali-c.bg2,k *Kali-s.* kali-sil.k2 lach. led. lyc.bg2,k mag-c.bg2,k *Mang.*bg2,k merc.bg2,k mez.bg2,k nat-c.bg2,k nat-hchls.c2 *Nat-m.*bg2,k,* *Nit-ac.*bg2,k nux-v.bg2,k olnd.bg2,k *Par.*bg2,k *Petr.*bg2,k *Ph-ac.*bg2,k phos.bg2,k phyt.bg2 plat. *Puls.*bg2,k ran-b.bg2,k *Rhus-t.*bg2,k ruta sabin.bg2,k sars.bg2,k sel.bg2,k **Sep.**bg2,k sil.bg2,k *Spig.*bg2,k spong.bg2,k *Squil.*bg2,k staph.bg2,k *Sulph.*bg2,k teucr.bg2,k valer.bg2,k *Verat.*bg2,k *Zinc.*bg2,k zinc-p.k2
– **Zahnung**; während der:
  • **juckender** Hautausschlag: calc.alj
– **zuckenden** Schmerzen, mit: asar. calc. *Caust.* cham. chin. cupr. lyc. *Puls.* **Rhus-t.** sep. sil. *Staph.*
– **zusammenfließend**: agar.bg2,k *Ant-t.*bg2,k bell.bg3 *Caps.* *Chlol.*a1,k *Cic.*bg2,k cop.a1 hyos.bg2,k kali-bi.bg2 *Ph-ac.*bg2,k phos. rhus-t.bg3 rhus-v. valer.bg2,k

Heilt schlecht: alum.bg2,k alum-p.k2 alum-sil.k2 am-c.bg2,k anag.c2 *Apis* ars.h,kl *Bar-c.*bg2,k,* *Bar-m.* **Borx.** *Bufo* **Calc.**bg2,k,* calc-s. caps. *Carb-v.*bg2,k **Carbn-s.** **Caust.**bg2,k **Cham.**bg2,k,* chel.bg2,k clem.bg2,k con.bg2,k croc.bg2,k crot-h. *Fl-ac.* **Graph.**bg2,k,* ham. hell.bg2,k **Hep.**bg2,k,* kali-c.bg2,k kreos.bg2 **Lach.**bg2,k liat.br1 *Lyc.*bg2,k,* mag-c.bg2,k maland.c2 *Mang.*bg2,k merc.bg2,k,* mur-ac.bg2,k nat-c.bg2,k nat-p. nit-ac.bg2,k nux-v.bg2,k op.bg2 **Petr.**bg2,k,* ph-ac.bg2,k *Phos.*bg2,k plb.bg2,k **Psor.**bg2,k,* puls.bg2,k **Rhus-t.**bg2,k *Sars.*hr1,k sec.k2 sel.c1,c2 *Sep.*bg2,k **Sil.**bg2,k squil.bg2,k *Staph.*bg2,k,* still. sul-ac.bg2 *Sulph.*bg2,k,* tab.bg2 tarax.hr1,k *Tarent.*hr1,k thuj.k2 tub-r.jl

Heiß
☞ Hitze - ohne Fieber

Hitze:
– **mit** Fieber: cub.c1
– **ohne** Fieber: aloe apoc.k2 arn. ars. bell. borx. bry. chin. cocc. coloc. dig.c1 dulc. fl-ac.k2 gels.c1 glon.k2 *Graph.* haliae-lc.srj5 hep. hyos. iod. kali-bi. *Lach.* lyc.h mag-c. medus.br1 mez.k2 mur-ac. nit-ac.h nux-v. petr.k2 phos. puls. rhus-t. sang. sec.k2 sep. sil. sulph. tril-p.c1
  • **nachts**: fl-ac. **Graph.** nat-m.
  • **Erwachen**, beim: fl-ac. nat-m. puls. *Sil.*
  • **Koitus**, nach: *Graph.*
  • **Körperübungen**, bei: calc. nat-m.
  • **Kratzen**, nach: spong. sulph.
  • **Mittagessen**; bei Übelkeit, nach dem: ptel.hr1
– **Prickeln** am ganzen Körper; fiebriges: cub.c1

Hyperästhesie
☞ Empfindlichkeit / Schmerz - wund / Wundliegen

Ichthyosis
☞ *Hautausschläge - schuppig*

Insektenstiche: acet-ac.br1,k2,* acon.bg2,k *Am-m.*bg2 androc.srj1 ant-c.bg2,k *Anthraci. Apis Arn.*bg2,k,* ars.bg2,k bamb-a.stb2 *Bell.*bg2,k bry. bufo *Calad.*bg2,k *Carb-ac.* caust.bg2,k *Cedr.* coloc.bg2,k crot-h.c2 *Hydr-ac.*c2 hyper. ip.st kreos. *Lach.*bg2,k,* **Led.**c2,k merc.bg2,k *Mosch.*c2 *Nat-m.* scor.c1 seneg.bg2,k sep.bg2,k sil.bg2,k sul-ac. sulph.bg2,k tab.c,c1,* tarent. **Urt-u.**
☞ ❑ *Allgemeines - Wunden - Bißwunden*
– **Bienen**; von: led.ptk1 urt-u.ptk1
– **Gefühl** von: graph.h

Intertrigo: acon.hr1,k *Am-c. Ambr.* ant-t.hr1 arn. ars. *Bar-c.* bell.hr1 *Borx.* calc.hr1,k *Calc-s.* calc-sil.k2 *Carb-v.*c2,k **Caust.**c2,k *Cham.*hr1,k *Chin.*hr1,k fago.c2 **Graph.**hr1,k *Hep. Hydr. Ign.*hr1,k kali-ar. *Kali-c.* kali-chl. kali-m.k2 kali-s.k2 kali-sil.k2 **Kreos.** *Lyc.*hr1,k,* *Mang. Merc. Nat-m.* nat-p.c2 nat-s.k2 *Nit-ac.* nux-v. ol-an. olnd. *Petr.*hr1,k ph-ac. phos. *Phyt.* plb. puls.hr1,k rhus-t. ruta sabin. *Sep.*hr1,k *Sil.* squil. *Sul-ac.* **Sulph.**hr1,k syph.
☞ *Exkoriation*
– **Zahnung**; während der: caust.alj

Jucken: acon.bg2,k,* adam.srj5 aesc.k2 **Agar.**bg2,k,* *Agn.*bg2,k,* ail. aloe *Alum.*bg2,k,* alumn.c2 *Am-c.*bg2,k,* am-m.bg2,k *Ambr.*bg2,k,* anac.bg2,k,* anag.hr1,k *Anan.* ang.bg2 *Ant-c.*bg2,k,* ant-t.bg2,k,* *Anthraci.* **Apis** *Arg-met.* arn.bg2,k,* **Ars.**bg2,k,* *Ars-i.*hr1,k,* ars-s-f.k2 arum-d.c2 asaf. asar.bg2,k *Astac.* aur.bg2,k,* aur-m. aur-m-n. aur-s.k2 bamb-a.stb2 *Bar-c.*bg2,k,* bar-m. bell.bg2,k,* bism.bg2,k borx. **Bov.**bg2,k,* *Bry.*bg2,k cadm-s.br1 *Calad.*bg2,k *Calc.*bg2,k,* *Calc-p.*a1,k calc-s. calc-sil.k2 camph.bg2,k,* cann-i.k2 cann-s.bg2,k canth.bg2,k,* caps.bg2,k,* *Carb-ac. Carb-an.*bg2,k,* **Carb-v.**bg2,k **Carbn-s. Caust.**bg2,k,* cench.k2 cham.bg2,k **Chel.**bg2,k,* chin.bg2,k,* *Chinin-ar.* **Chlol.**bg2,k choc.srj3 *Cic.*bg2,k,* cina cinnb.a1,k *Cist.*a1,k *Clem.*bg2,k,* coc-c.a1,k *Cocc.*h,k,* cod.bwa3,c2 coff.bg2,k coff-t.a1 colch.bg2,k,* coll. coloc.bg2,k com.bg2 *Con.*bg2,k cop.c2 croc.bg2,k,* *Crot-h. Crot-t.*bg2,k *Cupr.*bg2,k cupr-ar. *Cycl.*bg2,k,* *Dig.*a1,bg2,* dios.a1,k *Dol.*bg2,k,* dros.bg2,k *Dulc.*bg2,k,* elat.hr1 euph.bg2,k,* euphr.bg2,k eupi.c2 *Fl-ac.*bg2,k form.bg2 gal-ac.a1,br1,* *Gamb. Gels.*bg2,k **Graph.**bg2,k,* guaj.bg2,k haliae-lc.srj5 hell.bg2,k hep.bg2,k,* hom.c2 *Hydrc.*a1,k hyos.bg2,k,* ign.bg2,k,* indg.a1,k iod.bg2,k *Ip.*bg2,k,* jug-c.a1,k *Jug-r. Kali-ar.*a1,k *Kali-bi.*bg2,k,* kali-br.a1,k *Kali-c.*bg2,k,* kali-n.bg2,k kali-p. *Kali-s.* kali-sil.k2 *Kreos.*bg2,k,* lac-d.k2 *Lach.*bg2,k,* lap-a.br1,c2 laur.bg2,k *Led.*bg2,k,* limest-b.es1 **Lyc.**bg2,k,* **Mag-c.**bg2,k,* mag-m.bg2,k,* mang.bg2,k,* *Med.* menth.c2 meny.bg2,k **Merc.**bg2,k,* merc-c.bg2 merc-i-f.a1,k **Mez.**bg2,k,* mosch.bg2,k mur-ac.bg2,k,* *Nat-ar. Nat-c.*bg2,k,* **Nat-m.**bg2,k,* nat-p.a1,k *Nat-s.* neonsrj5 *Nit-ac.*bg2,k *Nux-v.*bg2,k,* **Ol-an.**bg2,k,* *Olnd.*bg2,k,* *Op.*bg2,k,* par.bg2,k,* *Petr.*bg2,k,* *Ph-ac. Phos.*bg2,k,* pic-ac.bg2 *Plat.*bg2,k,* plb.bg2,k,* podo.bg2 **Psor.**bg2,k,* ptel.a1,k **Puls.**bg2,k

Jucken: ...
ran-b.bg2,k,* ran-s.bg2,k,* rheum rhod.bg2,k,* **Rhus-t.**bg2,k,* rumx. *Ruta Sabad.*bg2,k,* sabin.bg2,k sal-ac. samb.bg2,k *Sars.*bg2,k,* sec.bg2,k,* sel.bg2,k seneg.bg2,k **Sep.**bg2,k,* **Sil.**bg2,k,* sphing.kk3 spig.bg2,k,* **Spong.**bg2,k,* *Squil.*bg2,k,* stann.bg2,k **Staph.**bg2,k,* stram.bg2,k,* stront-c. sul-ac.bg2,k sul-i.k2 **Sulph.**bg2,k,* *Tab.*a1,k,* tarax.bg2,k **Tarent.**a1,k tell. teucr.bg2,k ther.k2 *Thuj.*bg2,k,* *Til.*a1,k tril-p.c1 **Tub.**a1,a12 **Urt-u.**bg2,k valer.bg2,k verat.bg2,k,* *Vesp.*a1,k viol-o.bg2,k *Viol-t.*bg2,k zinc.bg2,k,* zinc-p.k2
☞ ❑ *Gesicht - Jucken*
– **rechts**: con.h,k1
– **morgens**: am-c.a1,k kali-c.h,k1 *Rhus-t.*a1,k sars. staph.a1,k stram. sulph.a1,k
  • **Aufstehen**:
    • **nach**: cimic.a1 mag-m.h,k1
    • **beim**: coloc.h,k1 hep.a1,h,* *Rumx.* rutah *Sars.*
  • **Bett**, im: *Calc.* coloc. petr. *Rhus-t.* spong. sulph.
  • **Erwachen**, beim: coloc.h led.h spong.h stram.
– **abends**: alum.a1,k am-m.a1,k anac.a1,k ant-c.c1 apis calad. *Carb-an.*a1,k carb-v. cocc.h,k,* coloc. *Con.* cycl.a1,k fl-ac.a1,k kali-c.h,k1 kali-n.a1,h,* **Kreos.**a1,k lyc.a1,k mag-m.h,k1 *Merc.*a1,k mez.a1,k mur-ac.a1,k *Nux-v.*a1,k olnd. *Puls.*a1,k sars.a1,k sel. sil.a1,k thuj. zinc.a1,k
  • **amel.**: cact.
  • **Bett**, im: *Alum.* ang.h bar-c. bell.h calad. calc.h calc-s.k2 camph.h *Carb-an.* carb-v. chin.c1 coloc. con. cycl. kali-m.k2 kali-n.h lyc. merc. mez.h mur-ac. nat-c. nux-v. ph-ac.h plat.h *Puls.* sars. sulph.k2 tell. thuj. til. tub.c zinc.
    • **amel.**: kali-c.h sars.h
– **nachts**: ail. alum-p.k2 am-c. am-m. arg-n.a1,k bar-c. bar-s.k2 berb.a1,k bov. cadm-s. **Carbn-s.** card-m. *Caust.*a1,k **Chlol.** *Cist. Clem.* cocc.h,k,* croc. *Dol.* dulc.h,k1 euphr. gamb. gels. *Graph.* iris kali-ar. *Kali-bi.*a1,k kali-c.a1,h,* kali-m.k2 kreos. *Lach.*a1,k lachn. *Led.* lyss. mag-c.a1,h,* manc. med.br1 merc.a1,k merc-i-f.a1,k *Mez.* nux-v. olnd. petr.h,k1 phos.h,k1 plan.a1,k plat.h,k1 puls. sars.a1,k *Sil.*a1,k stram. **Sulph.**a1,k thuj.a1,k tub.a1,br1,* **Urt-u.** zinc.a1,k
  • **0** - 3 h: dulc.h
  • **heiß**: syph.pd
– **Alkoholikern**; bei: carb-v. lach. nux-v. sulph.
– **alten** Menschen, bei: alum.ptk1 ars.bg2,bg3,* bar-act.br1 dol.bg1 dulc.ptk1 fago.bg1 kreos.bg2 merc.bg2,bg3,* *Mez.* olnd.bg3,ptk1 op.bg2 sulph.bg2,bg3,* urt-u.ptk1
– **anfallsweise**: corn.bg1
– **Anstrengung**, nach: *Nat-m.*
  • **amel.**: agar.k2
– **Atem**, mit kurzem: lob.bg1
– **Baden**:
  • **agg.**: *Mag-c.*bg1,vh,*
  • **amel.**: clem.
  • **kaltes** Baden:
    • **agg.**: clem.pd *Fago.*bro1,vh,* mag-c.bg2
    • **amel.**: fago.bg1

– **Baden**: ...
 • **warmes** Baden:
  • **agg.**:
   • **heißes** Baden: mez.k2
  • **amel.**:
   • **heißes** Baden: rhus-t.k2
– **behaarte** Teile: rhus-t.h,kl
– **beißend**: **Agar.** *Agn.*bg2,k alum.bg2,k alum-p.k2 am-c.bg2,k *Am-m.*bg2,k ant-c.bg2,k,* ant-t.a1 arn.bg2,k bar-m. bell.bg2,k berb. borx. *Bov.*bg2,k *Bry.*bg2,k *Calc.*bg2,k calc-p.a1,k calc-sil.k2 camph.bg2,k canth.bg2,k caps.bg2,k carb-an.bg2,k *Carb-v.*bg2,k *Caust.*bg2,k cham.bg2,k chel.bg2,k chin.bg2,k,* cimic. coc-c. cocc.h,k,* colch.bg2,k coloc.bg2,k *Con.*bg2,k dros.bg2,k *Dulc. Euph.*bg2,k hell.bg2,k ip.bg2,k kali-n. *Lach.*bg2,k **Led.**bg2,k *Lyc.*bg2,k mag-c.bg2,k mang.bg2,k *Merc.*bg2,k *Mez.*bg2,k mur-ac.bg2,k *Nat-c.*bg2,k nat-m.bg2,k nat-p. nicc. *Nux-v.*bg2,k **Ol-an. Olnd.**bg2,k op.bg2,k *Paeon. Petr.*bg2,k *Ph-ac.*bg2,k phos.bg2,k plat.bg2,k *Psor.* ptel. **Puls.**bg2,k ran-b.bg2,k ran-s.bg2,k rhod.bg2,k rhus-t.bg2,k *Rumx.* ruta sel.bg2,k sep.bg2,k *Sil.*bg2,k spig.bg2,k *Spong.*bg2,k stront-c. *Sulph.*bg2,k *Tarent. Tell. Thuj.*bg2,k **Urt-u.** verat.bg2,k viol-t.bg2,k wies.a1 zinc.bg2,k zinc-p.k2
 • **Schweiß**, nach: cocc. mang.h
– **Berührung**, bei: cadm-s.a1 cocc.alj mez.hr1,sys nat-m.h rhus-t.hr1 tub.a1
– **Bluten**; mit:
 • **Kratzen**; nach: sphing.kk3 spig.kk3 sulph.h
– **brennend**: *Acon.*bg2,k adam.srj aegop-p.aem1 *Agar.*bg2,k *Agn.* aids.nl alum.bg2,k alum-p.k2 am-c.bg2,k ambr.bg2,k anac.bg2,k ant-c.bg2,k *Apis* arg-met. arn.bg2,k **Ars.**bg2,k,* ars-i. ars-s-f.k2 asaf.bg2,k asar.bg2 aur.bg2,k aur-s.k2 *Bar-c.*bg2,k bar-s.k2 basal.nl *Bell.*bg2,k berb. bism.bg2,k *Bov.*bg2,k **Bry.**bg2,k *Calad.*bg2,k *Calc.*bg2,k *Calc-p.*a1,k calc-s. calc-sil.k2 camph.bg2,k cand.bnd1 cann-s.bg2,k canth.bg2,k caps.bg2,k carb-an.bg2,k carb-v.bg2,k cardios-h.rpd1 cartl-s.rly cassia-s.cdd *Caust.*bg2,k cham.bg2,k chin.bg2,k chinin-ar. **Chlol.** *Cic.*bg2,k cinnb. cladon.fdr1 clem.bg2,k coca-c.sk cocc.h,k,* coff.bg2,k colch.bg2,k,* coloc.bg2,k *Com.*bg2,k *Con.*bg2,k crass-o.rcb2 crot-t.gk1 cupr.bg2,k cyclosp.sa2 dig.bg2,k dros.bg2,k dulc.bg2,k,* euph.bg2,k ger-i.rly germ-met.srj granit-m.es1 **Graph.**bg2,k guaj.bg2,k hell.bg2,k *Hep.*bg2,k hyos.bg2,k ign.bg2,k iod.bg2,k *Jug-c. Kali-ar. Kali-bi.*bg2,k *Kali-c.*bg2,k kali-m.k2 kali-n.bg2,k *Kali-s.* kali-sil.k2 kaur.nl ketogl-ac.rly kreos.bg2,k lac-cp.sk lac-dol.sk lac-leo.sk **Lach.**bg2,k lachn.a1,k laur.bg2,k led.bg2,k **Lyc.**bg2,k mag-c.bg2,k mang.bg2,k meny.bg2,k *Merc.*bg2,k *Mez.*bg2,k mucs-nas.rly mur-ac.bg2,k nat-ar. nat-c.bg2,k nat-m.bg2,k nat-ox.rly nat-p. neonsrj nit-ac.bg2,k nux-v.bg2,k,* olnd.bg2,k op.bg2,k orot-ac.rly oxal-a.rly pall. pant-ac.rly pern-c.mie1 petr.bg2,k ph-ac.bg2,k phel. phor-t.mie *Phos.*bg2,k,* plat.bg2,k plb.bg2,k propl.ub psil.ft1 **Puls.**bg2,k rad-br.gk1 ran-b.bg2,k rhod.bg2,k **Rhus-t.**bg2,k rubu-c.vv ruta sabad.bg2,k samb.bg2,k sars.bg2,k,* sec.bg2,k sel.bg2,k seneg.bg2,k *Sep.*bg2,k seq-s.bhk1 **Sil.**bg2,k simul.vv sinus.rly *Spig.*bg2,k spong.bg2,k *Squil.*bg2,k stann.bg2,k staph.bg2,k stram.bg2,k streptom-s.vk2 stront-c. succ-ac.kgp1

– **brennend**: ...
sul-ac.bg2,k sul-i.k2 sulfonam.ks **Sulph.**bg2,k teucr.bg2,k thioc-ac.rly thuj.bg2,k tyl-i.ks *Urt-u.*hr1,k valer.bg2,k verat.bg2,k vero-o.rly vibh.jzk viol-o.bg2,k viol-t.bg2,k zinc.bg2,k zinc-p.k2
 • **nachts**: *Bov.* lachn.a1,k *Mez. Til.*
 • **Nesseln**, wie durch: bry.h calc-p. **Chlol.** cocc. **Urt-u.**
 • **Stellen**; an einzelnen: limest-b.es1
  • **nachts**: limest-b.es1
– **Entkleiden** agg. ●: am-m. anac. ars. asim. cact. *Cocc.*h,k,* dios.bg2 *Dros.* gamb.a1,k hep.alj hyper.a1,k kali-ar.bg2,k kali-br. mag-c. mez. mur-ac. nat-m.alj *Nat-s.*bg2,k nux-v. *Olnd.*bg2,k,* pall. ph-ac. phos.bg2 *Psor.*alj puls.bg1 rhod.a1,k **Rumx.** sil.a1,k stann.a1,k *Staph. Tub.*
– **Erregung**, bei: bry.h
– **Essen**:
 • **nach**: calc-p. dulc.a1
– **Falten**; der
 ☞ *Hautfalten*
– **Fieber**; während: ign.br1 kali-br.
– **Flecken**: agn. alum.h,kl am-m. arn.a1,k aster. *Berb.* caps.h,kl *Con.* dros. euph. *Fl-ac. Graph.*bg2,k,* *Iod.* jug-c.a1,k *Kali-c. Lach. Led.* lunakg1 *Lyc.*a1,k merc.bg2,k merc-i-f.kr1 mez. *Nat-m. Nit-ac.*bg2,k op. par. petr.k2 sel.c1,k2 sep.bg2,k *Sil.*bg2,k spong. *Sul-ac.*bg2,k **Sulph.**bg2,k,* *Zinc.*
 • **Leberflecken**: *Caust.*
 • **schwitzen**, die: *Tell.*
– **Fleisch**, nach Essen von: rumx.ptk1 ruta
– **Flohbisse**, wie: inul.rb2 myric.rb2 nicc.rb2 olnd.rb2 puls.rb2 tab.pd
– **Frost**:
 • **während**: *Hep. Petr.*
 • **nach**: graph.h,kl
– **Frühling**, im: fl-ac. lach.
– **Gehen**, beim: kali-ar.pd
 • **Freien**, im: cinnb. *Sulph.*
– **geistige** Anstrengung: *Agar.*
– **gelähmten** Teilen, in: phos.
– **Gelbsucht**, bei: *Hep.*
– **Hautausschläge**:
 • **mit**
 ☞ *Hautausschläge - juckend*
 • **früherer** Hautausschläge; an Stellen: calc-act.h
 • **ohne**: agar.k2 **Alum.** alum-sil.k2 **Ars.** calc-sil.k2 cist. clem.a1 cupr.ptk1 *Dol.* fago.c1 *Gels.* gink-b.sbd1 graph.k2 lach. med. *Merc.* **Mez.** *Petr. Psor.* spong.k2 *Sulph.* thyr.ptk1
 • **unterdrückten**, nach: *Ars.*
– **Hautfalten**; der: sel.br1
– **heftig**: agar. cem.ah1 cub.c1 dros. dulc. granit-m.es1 graph.h,kl ip. lach. lyc.k2 merc.k2 mez. op. ther.k2
– **Hitze**:
 • **Hitzewallungen**, nach: sep.h
 • **Ofenhitze** amel.: calc-sil.k2 clem.ptk1 *Rumx.* **Tub.**
– **Insektenbiß**; nach: calad.pd
– **intensiv**
 ☞ *heftig*

– **kalt**:

• **Luft**, in kalter: apis cadm-s. calad.$_{pd}$ kali-ar. lac-ac. nit-ac. *Rumx.* sep. spong. *Staph.* tell. *Tub.*

• **amel.**: fago.$_{bg2}$ *Kali-bi.*

• **Wasser**, kaltes: clem.$_{bro1}$ tub.$_{bro1}$

• **amel.**: **Fago.**$_{vh}$

– **kitzelnd**: acon.$_{bg2,k}$ agar.$_{bg2,k}$ alum.$_{bg2,k}$ am-m.$_{bg2,k}$ *Ambr.*$_{bg2,k}$ *Arg-met.* bry.$_{bg2,k}$ bufo calc.$_{bg2,k}$ canth.$_{bg2,k}$ caps.$_{bg2,k}$ chel.$_{bg2,k}$ chin.$_{bg2,k}$ cocc.$_{h,k,*}$ *Colch.* dig.$_{bg2,k}$ dros.$_{bg2,k}$ euph.$_{bg2,k}$ euphr.$_{bg2,k}$ ign.$_{bg2,k}$ mang.$_{bg2,k}$ *Merc.*$_{bg2,k}$ mur-ac.$_{bg2,k}$ phos.$_{bg2,k}$ *Plat.*$_{bg2,k}$ prun. *Puls.*$_{bg2,k}$ ran-b. *Rhus-t.* ruta *Sabad.*$_{bg2,k}$ sec. sel. *Sep.*$_{bg2,k}$ **Sil.**$_{bg2,k}$ *Spig.*$_{bg2,k}$ spong.$_{bg2,k}$ squil.$_{bg2,k}$ staph.$_{bg2,k}$ *Sulph.*$_{bg2,k}$ tarax.$_{bg2,k}$ teucr.$_{bg2,k}$

• **Kratzen**, nach: agar. ambr. caps. chin. cocc. merc. **Sabad.** *Sil.* spig. teucr.

– **Koitus**, nach: *Agar.*

– **Kontakt**:

• **agg.**: ran-b.$_{br1}$

– **Kratzen**:

• **agg.**: *Agar.* *Alum.* alum-p.$_{k2}$ alum-sil.$_{k2}$ am-m.$_{bg2,k}$ **Anac.**$_{bg2,k}$ anag. *Arg-met.* arg-n.$_{hr1}$ *Arn.* **Ars.**$_{bg2,k}$ ars-s-f.$_{k2}$ bar-c. *Bism.*$_{bg2,k}$ *Bov.*$_{bg2,k}$ *Calad.*$_{bg2,k}$ calc.$_{bg2,k}$ calc-sil.$_{k2}$ cann-s.$_{bg2,k}$ canth.$_{bg2,k}$ **Caps.**$_{bg2,k}$ carb-an.$_{bg2,k}$ carb-v. *Caust.*$_{bg2,k}$ cham.$_{bg2,k}$ chel.$_{bg2,k}$ cinnb. coff. *Con.*$_{bg2,k}$ crot-t.$_{bg2}$ cupr.$_{bg2,k}$ *Dol.* dros.$_{bg2,k}$ fago.$_{bro1}$ guaj.$_{bg2,k}$ ip. kali-ar.$_{k2}$ kali-sil.$_{k2}$ kreos.$_{bg2,k}$ lach.$_{bg2}$ lachn. *Led.*$_{bg2,k}$ lyss.$_{c1}$ mag-c.$_{bg2,k}$ mang.$_{bg2,k}$ merc.$_{bg2,k}$ *Mez.*$_{bg2,k}$ mur-ac.$_{bg2,k}$ nat-ar. nat-c.$_{bg2,k}$ par.$_{bg2,k}$ ph-ac.$_{bg2,k}$ phos.$_{bg2,k}$ phyt. **Puls.**$_{bg2,k}$ **Rhus-t.**$_{bg2,k}$ rhus-v. sars.$_{h,k1}$ seneg.$_{bg2,k}$ sep.$_{bg2,k}$ *Sil.*$_{bg2,k}$ spig.$_{bg2,k}$ spong.$_{bg2,k}$ squil.$_{bg2,k}$ stann.$_{bg2,k}$ *Staph.*$_{bg2,k}$ stram.$_{bg2,k}$ *Stront-c.* **Sulph.**$_{bg2,k,*}$ *Til.* tril-p.$_{c1}$ tub.$_{k2}$

• **amel.**: agar.$_{bg2,k}$ *Agn.*$_{bg2,k}$ alum.$_{bg2,k}$ alum-sil.$_{k2}$ am-c.$_{bg2,k,*}$ am-m.$_{bg2,k}$ ambr.$_{bg2,k}$ anac.$_{bg2,k}$ ang.$_{bg2}$ ant-c.$_{bg2,k}$ ant-t.$_{bg2,k}$ apis arn.$_{bg2,k}$ ars. **Asaf.**$_{bg2,k}$ bar-c.$_{bg2}$ bell.$_{bg2,k}$ borx. bov.$_{bg2,k}$ *Brom.*$_{bg2,k}$ *Bry.*$_{bg2,k}$ cadm-s. **Calc.**$_{bg2,k}$ calc-s. camph.$_{bg2,k}$ *Cann-s.*$_{bg2,k}$ *Canth.*$_{bg2,k}$ caps.$_{bg2,k}$ carb-an.$_{bg2,k}$ caust.$_{bg2,k,*}$ chel.$_{bg2,k}$ chin.$_{bg2,k}$ cic.$_{bg2,k}$ *Cina* clem.$_{bg2,k}$ coloc.$_{bg2,k}$ com. con.$_{a1,k}$ *Crot-t.* **Cycl.**$_{bg2,k}$ dig.$_{bg2,k}$ *Dros.*$_{bg2,k}$ *Fl-ac.*$_{bg2}$ form. *Guaj.*$_{bg2,k}$ hep.$_{bg2,k}$ hydr. *Ign.*$_{bg2,k}$ *Jug-c.* kali-ar. *Kali-c.*$_{bg2,k}$ kali-m.$_{k2}$ kali-n.$_{bg2,k}$ kali-s. *Kreos.*$_{bg2,k}$ laur.$_{bg2,k}$ led.$_{bg2,k}$ *Mag-c.*$_{bg2,k}$ mag-m.$_{bg2,k}$ *Mang.*$_{bg2,k,*}$ meny.$_{bg2,k}$ merc.$_{a1,k}$ mez.$_{bg2,k}$ mosch.$_{bg2,k}$ **Mur-ac.**$_{bg2,k,*}$ **Nat-c.**$_{bg2,k}$ nat-p. nit-ac.$_{bg2,k}$ nux-v.$_{bg2,k}$ olnd.$_{bg2,k}$ ph-ac.$_{bg2,k}$ **Phos.**$_{bg2,k}$ plat.$_{bg2,k}$ *Plb.*$_{bg2,k}$ prun. ran-b.$_{bg2,k}$ rhus-t.$_{bg2,k}$ *Ruta* sabad.$_{bg2,k}$ sabin.$_{bg2,k}$ sal-ac. samb.$_{bg2,k}$ *Sars.*$_{bg2,k}$ sec.$_{bg2,k}$ sel.$_{bg2,k}$ seneg.$_{bg2,k}$ *Sep.*$_{a1,k}$ spig.$_{bg2,k}$ spong.$_{bg2,k}$ squil.$_{bg2,k}$ stann.$_{bg2,k}$ staph.$_{bg2,k}$ sul-ac.$_{bg2,k}$ *Sulph.*$_{bg2,k,*}$ tarax.$_{bg2,k}$ *Thuj.*$_{bg2,k}$ valer.$_{bg2,k}$ viol-t.$_{bg2,k}$ *Zinc.*$_{bg2,k}$

• **blutet**; muß kratzen bis es: *Agar.* *Alum.* *Arg-met.* **Ars.** *Bar-c.* *Bov.* carb-v. *Chlol.* choc.$_{srj3}$ dol.$_{k2}$ gink-b.$_{sbd1}$ kali-n.$_{h}$ led. *Med.* mez.$_{h,k2}$ nit-ac.$_{h}$ phos.$_{h}$ *Psor.* *Puls.*

– **Kratzen**: ...

• **muß** kratzen: granit-m.$_{es1}$

• **roh** ist; muß kratzen bis es: *Agar.* *Alum.* am-c. ant-c. arg-met.$_{k2}$ arn. ars.$_{k2}$ bar-c. bov. calc. *Carbn-s.* caust. chin. cist.$_{k2}$ dros. dulc.$_{k2}$ **Graph.** hep. kali-c. kali-sil.$_{k2}$ kreos. *Lach.* *Lyc.* mang. merc. mez.$_{k2}$ *Olnd.* **Petr.** phos. plb. *Psor.* puls. rhus-t. ruta sabin. *Sep.* sil. squil. sul-ac. *Sulph.* *Til.*

• **unverändert** durch: acon.$_{bg2,k}$ agar.$_{bg2,k}$ agn.$_{bg2,k}$ *Alum.*$_{bg2,k}$ am-c.$_{bg2,k}$ am-m.$_{bg2,k}$ ambr.$_{bg2,k}$ *Ang.*$_{bg2}$ ant-c.$_{bg2,k}$ ant-t.$_{bg2,k}$ *Arg-met.* arn.$_{bg2,k}$ asaf.$_{bg2,k}$ aur.$_{bg2,k}$ bar-c. bar-s.$_{k2}$ bell.$_{bg2,k}$ bism.$_{bg2,k}$ borx. *Bov.*$_{bg2,k}$ *Calad.*$_{bg2,k}$ camph.$_{bg2,k}$ carb-an.$_{bg2,k}$ carb-v.$_{bg2,k}$ caust.$_{bg2,k}$ cham.$_{bg2,k}$ chel.$_{bg2,k}$ cina clem.$_{bg2,k}$ cocc.$_{h,k,*}$ coff.$_{bg2,k}$ colch.$_{bg2,k}$ coloc.$_{bg2,k}$ croc.$_{bg2,k}$ cupr.$_{bg2,k}$ dig.$_{bg2,k}$ dulc.$_{k2}$ euph.$_{bg2,k}$ euphr.$_{bg2,k}$ *Hell.*$_{bg2,k}$ hyos.$_{bg2,k}$ iod.$_{bg2,k}$ *Ip.*$_{bg2,k}$ laur.$_{bg2,k}$ *Mag-m.*$_{bg2,k}$ *Med.* merc-i-f.$_{kr1}$ mur-ac.$_{bg2,k}$ nat-c.$_{bg2,k}$ nux-v.$_{bg2,k}$ op.$_{bg2,k}$ *Plat.*$_{bg2,k}$ prun. **Puls.**$_{bg2,k}$ *Ran-s.*$_{bg2,k}$ rheum rhus-t.$_{bg2,k}$ ruta samb.$_{bg2,k}$ sars.$_{h,k1}$ sec.$_{bg2,k}$ seneg.$_{bg2,k}$ sil.$_{bg2,k}$ *Spig.*$_{bg2,k}$ **Spong.**$_{bg2,k}$ stann.$_{bg2,k}$ stram.$_{bg2,k}$ sul-ac.$_{bg2,k}$ tarax.$_{bg2,k}$ teucr.$_{bg2,k}$ valer.$_{bg2,k}$ visc.$_{bg2}$

• **wechselt** den Ort beim Kratzen: *Agar.* alum. anac. arn.$_{bg1,bg2}$ asaf.$_{bg1,bg2}$ calc. *Canth.* carb-an. chel. con.$_{h}$ cycl. *Ign.* mag-c. mag-m. *Mez.* pall. ruta$_{k2}$ sars.$_{bg1,h,*}$ *Spong.* *Staph.* *Sul-ac.* tub.$_{c1}$ zinc.

– **kribbelnd**: *Acon.*$_{bg2,k}$ **Agar.** agn.$_{bg2,k}$ *Alum.*$_{bg2,k}$ alum-p.$_{k2}$ am-c.$_{bg2,k}$ ambr.$_{bg2,k}$ ant-c.$_{bg2,k}$ *Arg-met.* *Arn.*$_{bg2,k}$ ars.$_{bg2,k}$ ars-s-f.$_{k2}$ asaf.$_{bg2,k}$ aur.$_{bg2,k}$ aur-s.$_{k2}$ *Bar-c.*$_{bg2,k}$ bar-s.$_{k2}$ bell.$_{bg2,k}$ borx. bov.$_{bg2,k}$ bry.$_{bg2,k}$ calad. calc.$_{bg2,k}$ calc-s. calc-sil.$_{k2}$ camph.$_{bg2,k}$ cann-s.$_{bg2,k}$ canth.$_{bg2,k}$ caps.$_{bg2,k}$ carb-v.$_{bg2,k}$ *Carbn-s.* *Caust.*$_{bg2,k}$ chel.$_{bg2,k}$ chin.$_{bg2,k}$ cina cist.$_{k2}$ cocc. **Colch.**$_{bg2,k}$ *Con.*$_{bg2,k}$ croc.$_{bg2,k}$ *Dig.* euphr.$_{bg2,k}$ graph.$_{bg2,k}$ guaj.$_{bg2,k}$ hep.$_{bg2,k}$ ign.$_{bg2,k}$ kali-ar. *Kali-c.*$_{bg2,k}$ kali-m.$_{k2}$ kali-p. kali-s. kali-sil.$_{k2}$ lach.$_{bg2,k}$ laur.$_{bg2,k}$ led.$_{bg2,k}$ **Lyc.**$_{bg2,k}$ mag-c.$_{bg2,k}$ mag-m.$_{bg2,k}$ mang.$_{bg2,k}$ *Merc.*$_{bg2,k}$ mur-ac.$_{bg2,k}$ nat-ar. *Nat-c.*$_{bg2,k}$ nat-m.$_{bg2,k}$ nat-p. nit-ac.$_{bg2,k}$ *Nux-v.*$_{bg2,k}$ ol-an.$_{bg2}$ *Olnd.*$_{bg2,k}$ pall. par.$_{bg2,k}$ *Ph-ac.*$_{bg2,k}$ phos.$_{bg2,k}$ **Plat.**$_{bg2,k}$ **Plb.**$_{bg2,k}$ **Puls.**$_{bg2,k}$ *Ran-b.*$_{bg2,k}$ ran-s.$_{bg2,k}$ *Rhod.*$_{bg2,k}$ **Rhus-t.**$_{bg2,k}$ *Sabad.*$_{bg2,k}$ sabin.$_{bg2,k}$ *Sec.*$_{bg2,k}$ sel.$_{bg2,k}$ **Sep.**$_{bg2,k}$ *Sil.*$_{bg2,k}$ **Spig.**$_{bg2,k}$ spong.$_{bg2,k}$ squil.$_{bg2,k}$ **Staph.**$_{bg2,k}$ sul-ac.$_{bg2,k}$ **Sulph.**$_{bg2,k}$ tab.$_{bg2}$ **Tarent.** teucr.$_{bg2,k}$ thuj.$_{bg2,k}$ verat.$_{bg2,k}$ viol-t.$_{bg2,k}$ zinc.$_{bg2,k}$ zinc-p.$_{k2}$

– **Liegen**:

• **amel.**: urt-u.

– **März**, im: fl-ac.

– **Menses**:

• **amel.**: cycl.$_{ptk1}$

• **während**: *Graph.* *Kali-c.* phos.

– **nervös**: arg-met.$_{ptk1}$

– **Reiben**:

• **amel.**: cortiso.$_{gse}$

– **reißend**: *Bell.*$_{bg2,k}$ bry.$_{bg2,k}$ *Lyc.*$_{bg2,k}$ sil.$_{bg2,k}$ *Staph.*$_{bg2,k}$ sulph.$_{bg2,k}$ zinc.$_{bg2,k}$

– **reißend**:
 • **Kratzen**, nach: bell.h
– **ruckend**: calc.bg2,k *Carbn-s.* caust.bg2,k *Lyc.*bg2,k nat-m.bg2,k puls.bg2,k rhus-t.bg2,k
– **Schlaf**:
 • **im**: am-c. ars. bamb-a.stb2 *Bar-c.* carb-v. caust. con. dulc. mag-m. *Phos.* sars. sulph. zinc.
 • **Einschlafen**, beim: *Osm.*
– **Schmerzen** aufhören, wenn: ign. lyc. stront-c.
 • **Kratzen**, nach: ars.h bar-c.h sulph.h
– **schmerzhafte** Teile: bar-c.bg3 carbn-s. ign. thuj.
– **Schwangerschaft**; während der: chlol.hr1 cocc.alj coll.bro1 dol.alj,kr1 sabin.ptk1 sep.hr1 tab.hr1,ptk1
– **Schweiß**:
 • **agg.**: mang.h,kl,* **Mang-m.**kl *Merc.* mur-ac.h nat-m.h rhod.
– **schwitzende** Teile ●: all-s. am-c. benz-ac. calc. cann-s. cedr. *Cham.* coloc. fl-ac. ip. led. *Lyc.* **Mang.** mur-ac.h nat-m.h op. par. rhod. rhus-t. sabad. spong. sulph.
– **stechend**; fein: acon. *Agar.*bg2,k agn. alum.bg2,k alum-p.k2 am-c.h,k,* anac.bg2,k ant-c. **Apis** arg-met. *Arn.*bg2,k ars.bg2,k ars-i. ars-s-f.k2 asaf.bg2,k asar. aur. aur-s.k2 *Bar-c.*bg2,k bar-s.k2 bell.bg2,k,* bov. **Bry.**bg2,k,* calad.bg2,k calc.bg2,k calc-sil.k2 camph. cann-s.bg2,k canth.bg2,k caps.a1,k carb-an. carb-v.a1,k carbn-s. *Caust.*bg2,k cham. chel.bg2,k chin.bg2,k **Chlol.** clem. coc-c. *Cocc.*h,k,* coff. colch. *Con.*bg2,k *Cop.* crot-h. *Cycl.*bg2,k dig. *Dros.*bg2,k dulc.bg2,k euph. euphr. **Graph.**bg2,k guaj. hell.bg2,k hep. hyos. ign. iod. kali-ar. *Kali-c.*bg2,k,* kali-m.k2 kali-n. kali-p. kali-s. kali-sil.k2 kreos. lach.bg2,k laur. led. lyc.bg2,k mag-c.a1,k mag-m. mang. meny. *Merc.*bg2,k mez.bg2,k mosch. *Mur-ac.* nat-c. *Nat-m.* nat-p. nit-ac.bg2,k nux-v. olnd. op. par.bg2,k petr. ph-ac.bg2,k phos. plat. plb. **Puls.**bg2,k pulx.br1 ran-b.bg2,k ran-s. rheum rhod. **Rhus-t.**bg2,k ruta *Sabad.*bg2,k sabin. samb. sars.bg2,k sel.bg2,k *Sep.*bg2,k *Sil.*bg2,k *Spig.* **Spong.**bg2,k squil.bg2,k *Stann.* *Staph.*bg2,k stram. stront-c. sul-ac. *Sulph.*bg2,k tarax.bg2,k tell. teucr.bg2,k *Thuj.*bg2,k *Til.* **Urt-u.** verat. **Viol-t.**bg2,k visc.bg2 zinc.bg2,k,* zinc-p.k2
 • **morgens** beim Aufstehen: sars.h,kl
 • **abends**: petr.h,kl sars.h,kl
  • **Bett**, im: nat-m.h,kl
 • **Kratzen**, nach: sulph.h
– **Teile**:
 • **erkrankte**: dig.h
 • **liegt**; auf denen er: carb-v.bg2,h,* chin.h,k,* con.h,kl
 • **nicht** liegt; auf denen er: chin.a1,h,*
– **Übelkeit**:
 • **vor**: sang.hr1,k
 • **kratzen** bis er sich übergibt; muß: *Ip.*
– **übergibt**; nicht gebessert bis er sich: *Ip.*
– **Überhitzung**; bei: ign. *Lyc.*
– **unerträglich**: podo.c1
– **Verzweiflung**, treibt zur: **Psor.**
– **wandernd**: *Agar.* *Bar-c.* berb. calc-i.c1 camph.h,kl *Canth.* caust. cench.k2 cham. *Con.* dulc.h,kl gink-b.sbd1 graph. jug-c. kali-c. mag-m.a1,k mang.

Jucken - wandernd: ...
Merc. mez. olnd. *Puls.* rat. rhus-v. sil.bg1 spong. staph. *Sulph.*bg1 tub.c1 zinc.
– **warm**:
 • **Baden** agg.
  ☞ *Baden - warmes - agg.*
 • **Bett**; beim Warmwerden im: *Aeth.* *Alum.* alum-p.k2 alum-sil.k2 *Anac.* *Ant-c.* *Apis* arg-n. bar-c. bar-s.k2 *Bov.* cadm-s. calad. *Calc.* calc-s. carb-an. *Carb-v.* *Carbn-s.* card-m. caust. cinnb. *Clem.* cob. *Cocc.* coloc. cupr-ar. *Cycl.* dulc.a1 *Gels.* *Graph.* *Kali-ar.* *Kali-bi.* kali-br. kali-c. kali-chl. *Kali-s.* *Led.* *Lyc.* lyss. mag-c. *Merc.* *Mez.* mur-ac. *Nat-m.* *Nat-p.* nux-v. ph-ac. *Phos.* **Psor.** *Puls.* *Rhus-t.* sars. *Sep.* spong. **Sulph.** thuj. *Til.* *Urt-u.* zinc. zinc-p.k2
 • **Warmwerden**, beim: *Aeth.* *Alum.* arg-n. bov. clem. cob. cocc. com. *Dol.* gels. ign. *Kali-ar.* *Led.* *Lyc.* mang.h **Merc.** mez. mur-ac. *Nat-ar.* **Psor.** *Puls.* sars.h **Sulph.** **Urt-u.**
  • **amel.**: petr.bro1 rumx.bro1
– **Waschen** mit kaltem Wasser
  ☞ *kalt - Wasser*
– **Wolle** agg. ●: com.bg2 *Hep.* phos. psor. puls. sulph.
– **wollüstig**: ambr.bg2,k anac.bg2,k ang.bg2,h,* arg-met. meny.bg2,k *Merc.*bg2,k mur-ac.bg2,k plat.bg2,k puls.bg2,k sabad.bg2,k sep.bg2,k *Sil.*bg2,k spig.bg2,k spong.bg2,k **Sulph.**bg2,k
– **wund** beißend: alum.bg2,k am-m. ambr.bg2,k *Arg-met.* arg-n. aur.bg2,k berb. bry.bg2,k calc.bg2,k cann-s.bg2,k cic.bg2 colch.bg2,k dros.bg2,k *Graph.*bg2,k hep.bg2,k kali-c.bg2,k kali-sil.k2 led.bg2,k lyc.bg2,k mag-c.bg2,k mang.bg2,k merc.bg2,k mez.bg2,k mur-ac. nat-c.bg2,k nat-m.bg2 nit-ac.bg2 nux-v.bg2,k olnd.bg2,k par.bg2,k petr.bg2,k **Plat.**bg2,k puls.bg2,k *Rhus-t.*bg2,k ruta sabin.bg2,k sars.bg2,k *Sep.*bg2,k sil.bg2,k squil.bg2,k staph.bg2,k *Sulph.*bg2,k valer.bg2,k verat.bg2,k *Zinc.*bg2,k

Kalte Luft:
– **agg.**: psor.k2

Kälte: abies-c.br1 acet-ac.br1,hr1 acon.hr1,k,* aeth.br1 agar.hr1,k,* agn. ail.hr1,k,* alum.hr1,k,* alum-p.k2 alum-sil.k2 am-c. am-caust.a1 am-m. ambr. amyg.a1,hr1 anac. *Anan.*hr1,k ant-c.hr1,k *Ant-t.*hr1,k,* apis apoc.hr1 arn. **Ars.**hr1,k,* *Ars-i.* ars-s-f.k2 asaf.hr1,k,* asar.hr1,k asc-c.hr1 aur.hr1,k,* aur-ar.k2 aur-i.k2 aur-s.k2 bar-c.hr1,k bar-m.a1,k bar-s.k2 *Bell.*hr1,k,* benz-ac.a1,hr1 bism.hr1,k bov.a1,k brach.hr1 bry.hr1,k,* *Cact.*hr1,k calad.hr1,k **Calc.**hr1,k,* calc-i.k2 **Calc-p.**hr1,k calc-sil.k2 **Camph.**hr1,k,* cann-i.hr1 cann-s.hr1,k canth.hr1,k,* *Caps.*hr1,k carb-ac.hr1,k,* carb-an. *Carb-v.* **Carbn-s.** *Caust.*hr1,k,* *Cham.*hr1,k *Chel.*hr1,k,* *Chin.*hr1,k,* *Chinin-ar.* *Cic.*hr1,k,* cimic.a1,hr1 cina cinnb.a1,hr1 cit-l.a1,hr1 cocc.hr1,k *Coff.*hr1,k coff-t.a1 *Colch.*hr1,k,* coloc.hr1,k,* con.hr1,k,* cory.br1 crat.br1 croc. *Crot-h.*hr1,k,* *Cupr.*hr1,k cupr-ar.a1,hr1 cupr-s.a1,hr1 cycl.hr1,k cyt-l.a1,hr1 **Dig.**hr1,k,* *Dios.* dros.hr1,k dulc.a1,k eup-pur.hr1,k euph.hr1,k,* euphr. *Ferr.*hr1,k ferr-ar. *Ferr-i.* ferr-p. *Gamb.*a1,hr1 gels.a1,hr1 *Graph.*

Kälte: ...
guare.$_{a1,hr1}$ *Hell.*$_{hr1,k,*}$ **Helo.** hep.$_{hr1,k}$ **Hydr-ac.**$_{hr1,k,*}$ hyos.$_{hr1,k,*}$ *Ign.*$_{hr1,k}$ inul.$_{hr1}$ *Iod.*$_{hr1,k,*}$ **Ip.**$_{hr1,k,*}$ *Kali-ar.*$_{a1,k}$ kali-br. *Kali-c.*$_{bg2,k,*}$ kali-chl.$_{a1}$ kali-m. kali-p.$_{hr1,k}$ *Kali-s.*$_{a1,k}$ kali-sil.$_{k2}$ **Kalm.**$_{a1,hr1}$ kreos. lac-d.$_{k2}$ *Lach.*$_{hr1,k}$ lachn.$_{hr1,k}$ lat-m.$_{br1}$ **Laur.**$_{k,k2,*}$ *Led.*$_{hr1,k}$ *Lyc.*$_{hr1,k}$ lyss.$_{hr1}$ mag-c. mag-m.$_{hr1,k}$ mang. meny. *Merc.*$_{hr1,k,*}$ *Merc-c.*$_{hr1,k,*}$ *Merc-cy.*$_{hr1,k}$ merc-sul.$_{hr1}$ *Mez.*$_{hr1,k,*}$ mosch.$_{hr1,k,*}$ mur-ac.$_{a1,k}$ nat-ar. nat-c. nat-m.$_{hr1,k,*}$ nat-p. nat-s.$_{a1}$ *Nit-ac.*$_{hr1,k,*}$ **Nux-m.**$_{hr1,k,*}$ *Nux-v.*$_{hr1,k}$ oena.$_{a1,hr1}$ ol-an.$_{a1}$ olnd.$_{a1,k}$ *Op.*$_{hr1,k,*}$ **Ox-ac.**$_{hr1,k,*}$ par.$_{hr1,k}$ petr.$_{a1,k}$ ph-ac.$_{hr1,k}$ *Phos.*$_{hr1,k,*}$ phys.$_{a1}$ *Phyt.*$_{hr1,k,*}$ *Plat.*$_{hr1,k,*}$ *Plb.*$_{hr1,k,*}$ *Podo.*$_{hr1,k}$ puls.$_{hr1,k}$ pyrog.$_{k2}$ ran-b.$_{hr1,k,*}$ rhod. **Rhus-t.**$_{hr1,k,*}$ ruta sabad. sabin. *Samb.* sang.$_{hr1,k,*}$ sars. **Sec.**$_{hr1,k,*}$ sel. seneg. **Sep.**$_{hr1,k}$ *Sil.*$_{hr1,k}$ spig.$_{hr1,k}$ spong.$_{hr1,k}$ squil.$_{hr1,k}$ stann.$_{a1,k}$ staph. stram.$_{hr1,k,*}$ stront-c. sul-ac.$_{hr1,k,*}$ sul-i.$_{k2}$ **Sulph.**$_{hr1,k}$ *Sumb.*$_{hr1,k,*}$ *Tab.*$_{hr1,k,*}$ tarax. teucr. *Ther.* thuj.$_{hr1,k}$ valer.$_{hr1,k}$ **Verat.**$_{k,k2,*}$ verat-v.$_{hr1,k,*}$ verb.$_{hr1,k}$ zinc.$_{hr1,k}$ zinc-p.$_{k2}$ zinc-s.$_{a1}$ zing.$_{a1}$

– **eine** Seite:
• **Konvulsionen**, bei den: *Sil.*
– **links**: caust. dros.$_{hr1,k}$ *Lach.*$_{hr1,k}$ *Sil.*$_{hr1,k}$
• **epileptischem** Anfall, vor: *Sil.*
– **abends**: dulc.$_{a1}$
– **nachts**: all-s.$_{hr1}$ *Ars.*$_{hr1,k}$ *Camph.* *Carb-v.*$_{hr1,k}$ eup-per.$_{hr1}$ *Hyos.*$_{hr1,k}$ *Mosch.* nit-ac.$_{a1}$ phos.$_{a1,pd}$
◇ **abwechselnd** mit:
• **Hitze**: stram.
– **Diarrhoe**, bei: aeth. *Camph.* *Jatr-c.* *Laur.* tab. *Verat.*
– **eisige** Kälte: ant-t.$_{hr1,k}$ *Ars.*$_{hr1,k}$ cadm-s. *Calc.*$_{hr1,k}$ **Camph.**$_{hr1,k}$ **Carb-v.**$_{hr1,k}$ chlol.$_{br1}$ cupr.$_{hr1,k}$ hell.$_{hr1,k}$ lachn.$_{hr1,k}$ *Nat-m.*$_{hr1,k}$ phos.$_{ptk1}$ *Sec.*$_{hr1,k}$ tarent.$_{hr1,k}$ valer.$_{k2}$ *Verat.*$_{hr1,k}$
• **Stellen**, an kleinen: *Agar.* arg-met. *Par.* petr. **Verat.**
– **Entbindung**, bei der: coff.
– **entblößen**, muß sich: *Camph.* *Sec.*
– **Erbrechen**:
• **nach**: asc-c.$_{c1}$
– **Essen**, nach dem: camph. ran-b.
– **Fieber**; während: *Camph.* *Iod.*
– **Flecken**: *Agar.* arg-met. berb. calc-p.$_{ptk1}$ caust. mez.$_{k2}$ mosch. *Par.*$_{hr1,k,*}$ petr. stront-c.$_{ptk1}$ tarent.$_{bg1}$ **Verat.**
– **Gefühl** von: arn. *Calc.* caust. chel. lac-d.$_{k2}$ *Merc.* *Mosch.* *Plat.* puls. *Rhus-t.* sec. *Verat-v.*
• **unter** der Haut: ip.$_{rb2}$
– **Hitze**; mit innerlicher: bar-c. euph. *Ferr.* ferr-ar.$_{k2}$ *Ign.* *Iod.* mosch. plat.$_{k2}$ *Verat.* *Zinc.*
– **Konvulsionen**, bei den: anan. *Camph.* caust. cic. *Hell.* hyos. mosch. **Oena.** op. stram. *Verat.*
• **Seite** des Körpers; eine
☞ *eine Seite - Konvulsionen*
– **Körperübungen**, bei: plb. *Sil.* valer.$_{pd}$
– **Kratzen**, nach: agar. mez. petr.
– **leidende** Teile: caps. caust. *Led.* merc. mez. *Sil.*$_{hr1,k}$
– **Marmor**; wie: lat-m.$_{br1}$

Kälte: ...
– **Menses**:
• **vor**: *Sil.*
• **während**: arg-n.$_{k2}$ coff.$_{hr1,k}$ dig.$_{hr1,k}$ *Led.* *Tab.*$_{hr1,k}$ thuj.$_{hr1,k}$ *Verat.*$_{hr1,k}$
• **nach**: graph.
– **Nerven**; entlang schmerzhafter: *Led.* merc. sil. ter.$_{ptk1}$
– **Oberkörper**: ip.$_{hr1,k}$
– **Schlaf**:
• **im**: ambr.$_{br1}$
– **Schmerzen**; bei den: ars.
– **Schwangerschaft**; während der: *Nux-m.*
– **Stuhlgang**, nach: crot-t.
– **verletzte** Teile: **Led.**
– **Zittern**, mit: mosch. op.

Keloid: ars.$_{st1}$ *Bad.*$_{bg2}$ bell-p.$_{sf1,st1}$ calc.$_{st1}$ calc-f.$_{mg1,sf1}$ carb-v.$_{st1}$ carc.$_{pc,zzh}$ caust.$_{sf1,st1}$ crot-h.$_{st1}$ cupre-l.$_{c1,c2}$ *Fl-ac.*$_{st1}$ gast.$_{st}$ **Graph.**$_{sf1,st1}$ hyper.$_{st1}$ *Iod.*$_{sf1,st1}$ junc-e.$_{st1}$ kali-bi.$_{bg2}$ lach.$_{st1}$ maland.$_{c1,c2}$ merc.$_{st1}$ **Nit-ac.**$_{c1,sf1,*}$ nux-v.$_{st1}$ phos.$_{st1}$ phyt.$_{st1}$ psor.$_{st1}$ rhus-t.$_{st1}$ sabin.$_{st1}$ **Sil.**$_{c2,k1,*}$ sul-ac.$_{st1}$ *Sulph.*$_{c1,c2,*}$ thiosin.$_{st1}$ tub.$_{st1}$ vac.$_{c1,c2,*}$ *Vip.*$_{st}$
☞ *Narben*

Klebrig
☞ *❑ Schweiß - Klebrig | ❑ Schweiß - Klebrig, kühl*

Kleidung:
– **agg.**: coc-c.$_{k2}$

Kleieartiger, schorfiger Überzug auf der Haut
☞ *Hautausschläge - schuppig - kleieartig*

Klein ist; als wäre er in einer Haut eingezwängt, die um ein vielfaches zu: meny.$_{rb2}$

Knoten
☞ *Verhärtungen*

Kohle
☞ *Brennen - Kohle - Exanthem*

Komedonen
☞ *❑ Gesicht - Hautausschläge - Komedonen*

Kondylom
☞ *Wucherungen - Kondylome*

Krabbeln
☞ *Ameisenlaufen | Prickeln*

Krankheiten der Nieren; mit
☞ *❑ Nieren - Beschwerden - begleitet von - Haut*

Krebs
☞ *❑ Allgemeines - Krebsleiden*
– **Narben**: graph.$_{gm1}$
• **Operation**; durch: graph.$_{gm1}$

Kribbeln
☞ *Ameisenlaufen | Prickeln*

Kriechen wie Insekten
☞ *Ameisenlaufen*

Läuse: am-c. ars.$_{bg2,k}$ lach.$_{bg2,k}$ *Lyc.* *Merc.*$_{bg2,k}$ nit-ac. olnd.$_{bg2,k}$ *Psor.*$_{bg2,k}$ *Sabad.*$_{bg2,k}$ staph.$_{bg2,k}$ *Sulph.*$_{bg2,k}$ vinc.

Lebendiges; Gefühl wie etwas:
– **in** der Haut lebendig; als wären Insekten oder anderes: brom.$_{rb2}$
– **unter** der Haut kriechen; als würde etwas Lebendiges: sec.$_{rb2}$
  • **Abdomens**, des: spong.$_{rb2}$

Leberflecken
  ☞ *Farbe - braun - Leberflecken*

Lose herabhängen; als würde die Haut: ant-c. bell. bufo$_{br1}$ kreos. **Phos.** sabad.

Luft:
– **Zugluft**; empfindlich gegen: ign.$_{br1}$

Lupus: abr.$_{c2}$ agar. alum. alum-sil.$_{k2}$ alumn. ant-c. arg-n. **Ars.**$_{c2,k}$ ars-i. aur-ar.$_{c2}$ aur-m. *Bar-c.* bell. calc.$_{c2,k}$ calc-sil.$_{k2}$ calo.$_{c2}$ *Carb-ac. Carb-v. Caust.* chr-o.$_{c2}$ cic. *Cist.*$_{c2,k}$ ferr-pic.$_{c2}$ graph. guare.$_{c2,k}$ hep.$_{c2,k}$ *Hydr.*$_{c2}$ *Hydrc.*$_{c2,k}$ kali-ar. *Kali-bi.*$_{c2,k}$ kali-c. *Kali-chl. Kali-s.* kali-sil.$_{k2}$ *Kreos.*$_{c2,k}$ lach. **Lyc.** m-arct. merc.$_{bg3}$ merc-i-r. nat-m.$_{bg3}$ **Nit-ac.** ol-j. *Phyt.*$_{c2,k}$ *Psor.* ran-b.$_{k2}$ rhus-t. sabin. sep. *Sil.* sol$_{c1,c2}$ spong. staph. sulph.$_{c2,k}$ thiosin.$_{c1,c2}$ **Thuj.** tub.$_{br1,c2}$

Markschwamm
  ☞ *Wucherungen - Fungus - medullaris*

Marmoriert
  ☞ *Farbe - marmoriert*

Menses; agg. vor den: borx.$_{bg3}$ carb-v.$_{bg3}$ *Dulc.*$_{bg3}$ *Graph.*$_{bg3}$ kali-c.$_{bg3}$ mag-m.$_{bg3}$ *Nat-m.*$_{bg3}$ sang.$_{bg3}$ sars.$_{bg3}$ sep.$_{bg3}$ stram.$_{bg3}$ verat.$_{bg3}$

Molen: *Calc.* carb-v. carc.$_{bro1,mg1,*}$ graph. nit-ac. petr. ph-ac. **Puls.** sil. sul-ac. *Sulph.* tarent. *Thuj.*
– **juckend** und stechend: thuj.

Nackt; als wäre man: sulph.$_{rb2}$

Naevi: abrot.$_{bg2,sf1,*}$ **Acet-ac.**$_{c2,k}$ arn.$_{bg2}$ ars.$_{bg2}$ bell-p.$_{mg1}$ *Calc.*$_{c2,k}$ calc-f.$_{bg2,sf1,*}$ carb-an.$_{bg2}$ *Carb-v.* carc.$_{st,zzh}$ con.$_{bg2}$ cund.$_{kr1}$ *Ferr-p.*$_{bg2,kr1,*}$ **Fl-ac.**$_{c2,k}$ *Graph.*$_{bg2,j5}$ *Ham.*$_{bg2,sf1}$ lach.$_{bg2}$ *Lyc.*$_{c2,k}$ med.$_{st}$ nit-ac.$_{bg2,j5}$ *Nux-v. Petr.*$_{bg2,j5}$ *Ph-ac.*$_{bg2,j5}$ **Phos.**$_{c2,k}$ rad-br.$_{ptk2,sf1}$ *Rumx.*$_{bg2,sf1}$ *Sep.*$_{bg2}$ *Sil.*$_{bg2,j5}$ sul-ac.$_{bg2,j5}$ *Sulph.*$_{bg2,j5}$ *Thuj.*$_{c2,k}$ ust.$_{bg2}$ vac.$_{c2,k}$

Nagen
  ☞ *Schmerz - nagend*

Narben: *Fl-ac.*$_{c2}$ gast.$_{c2}$ hyper.$_{c2}$ iod.$_{c2}$ *Phyt.*$_{c2}$ *Sil.*$_{c2}$ thiosin.$_{c1,c2}$
  ☞ *Geschwüre - Narben / Keloid / Narben - Blasen / ❑ Allgemeines - Krebsleiden - Narben / ❑ A~ Wunden - Wiederaufbrechen - Narben / ❑ Brust - Abszeß - Mammae - drohend / ❑ B~ Krebs - Mammae - Narben / ❑ B~ Narben / ❑ B~ Schwellung - Mammae - Narben / ❑ B~ Verhärtung - Mammae - Narben / ❑ Extremitäten - Narben / ❑ Gesicht - Narben / ❑ Rücken - Abszeß - Zervikalregion - Narben*
– **aufbrechend**: asaf.$_{hr1,k}$ *Borx.* calc-p. *Carb-an.*$_{hr1,k}$ carb-v.$_{bg2,h,*}$ *Caust.*$_{bg2,k}$ con.$_{bg2,k}$ croc.$_{bg2,k}$ *Crot-h.*$_{bg2,k,*}$ fl-ac.$_{bg2,bg3}$ glon.$_{bg2,st}$ *Iod.*$_{hr1,k}$ *Lach.*$_{bg2,k,*}$ nat-c.$_{bg2,k}$ *Nat-m.*$_{bg2,k}$

Narben - aufbrechend: ...
Phos.$_{bg2,k}$ **Sil.**$_{bg2,k}$ sulph.$_{bg2,k}$ vip.$_{bg2,sf1,*}$
  • **Gefühl**, als würde sie aufbrechen: junc-e.$_{rb2}$
– **Bläschen**; umgeben von: *Fl-ac.*
– **Blasen** bilden sich auf Narben: mag-c.
  ☞ *Narben*
– **blau**: ant-c.$_{hr1,k}$ asaf.$_{k2}$ *Bad.* cench. ferr.$_{bg2}$ lach.$_{bg2,k}$ lyss.$_{c1}$ rhus-t.$_{bg2}$ sep.$_{pd}$ sul-ac.$_{hr1,k}$ thuj.$_{bg2}$
– **blutend**: *Lach.* phos. sep.$_{h}$
– **eingesunken**: carb-an. *Kali-bi.*$_{bg2,k}$ kali-i.$_{hr1,k}$ sil. syph.$_{ptk1}$
– **erhaben**: *Bad.*$_{hr1,k}$ fl-ac.$_{c1}$
– **glänzend**: sil.
– **grün**: led.$_{ptk1}$
– **hart**: calc-f.$_{bg3,hr1}$ fl-ac.$_{bg2,bg3}$ *Graph.*$_{hr1,k}$ kali-bi.$_{bg2}$
– **juckend**: alum.$_{bg2,k}$ *Fl-ac.*$_{bg2,k,*}$ gast.$_{a1}$ *Iod.*$_{bg2,k,*}$ led.$_{ptk1}$ naja$_{bg3,ptk1}$
– **Keloid**
  ☞ *Keloid*
– **Knoten**: fl-ac.$_{bg2}$ sil.
– **pickelig**: fl-ac.$_{a1,bg2}$ iod.$_{bg2,k,*}$
– **purpurn**, blaurot: asaf.$_{ptk1}$
– **rot**; werden: ant-c. bad. cench.$_{k2}$ *Fl-ac.* **Lach.** *Merc.* nat-m. sil. stram. *Sul-ac.*
  • **Ränder**, um die: *Fl-ac.*
– **schmerzhaft**: bamb-a.$_{stb2}$ gink-b.$_{sbd1}$
  • **Berührung**, bei: hep.$_{h}$ puls.$_{h}$
  • **brennend**: ars. *Carb-an. Graph.* hyper.$_{k2}$ lach. tell.$_{ptk1}$
  • **drückend**: carb-v.$_{h}$ kali-c.$_{h}$ petr.$_{h}$ sulph.$_{h}$
  • **Freien** agg.; im: graph.$_{h}$
  • **Knochen**: mag-m.$_{h}$
  • **reißend**: carb-v.$_{h}$ graph.$_{h}$ petr.$_{h}$ sep.$_{h}$
  • **schießend**, nach oben: hyper.$_{k2}$
  • **stechend**: chin.$_{h}$ mez.$_{h}$ petr.$_{h}$ *Sil.*
  • **stechend**; fein: *Carb-an.* hyper.$_{k2}$ *Sil. Sul-ac.*
  • **werden** schmerzhaft: asaf.$_{k2}$ *Carb-an.* con.$_{h}$ crot-h. eug.$_{hr1}$ graph. *Hyper.* kali-c. kali-sil.$_{k2}$ *Lach.* lyss. *Mag-m.*$_{h}$ *Nat-m. Nit-ac.* nux-v.$_{h}$ phos. **Sil.** staph.$_{k2}$ sul-ac.
  • **Wetterwechsel**; bei: carb-an. *Nit-ac.*
  • **wund**; werden: caust. *Fl-ac.* nux-v. **Sil.**
  • **ziehend**: graph.$_{h}$ sep.$_{h}$
– **schwarz**: asaf.$_{hr1,k}$ graph.$_{k2}$
– **Spannung** darin: kali-c.$_{h,ptk1}$
– **unverschieblich**: dros.$_{bg1}$
– **Venen**; übersät mit: cench.
– **weiß**: rad-br.$_{ptk1}$ syph.$_{ptk1}$

Ölig
  ☞ *❑ Gesicht - Fettig / ❑ G~ Glänzend*

Pergament
  ☞ *Hart - pergamentartig*

Petechien
  ☞ *Hautausschläge - Petechien*

Pityriasis
  ☞ *Hautausschläge - schuppig*

Platzen; als würde die Haut: tarent.$_{rb2}$
– **Umhergehen**; beim: ars.$_{bro1}$

Prickeln, Kribbeln: *Acon.* aesc.k2 agar.bg2,k ant-t.bg2,k **Apis** arg-met.k2 ars.bg2 bar-c. bell.bg2,k berb. calc-p.bg2 cann-i.bg2,k carb-ac.c1 carbn-s.k2 cham.bg2 cimic. cist.k2 clem.a1 *Colch.* croc.bg2,k dig.c1 dros.bg2,k **Ham.** kali-ar. kalm.bg2 **Lob.** **Lyc.**bg2,k mag-m. med. merc-c.bg2 mez.bg2,k mosch.bg2,k nat-m. neonsrj5 nit-ac. nux-v. ph-ac.k2 **Plat.**bg2,k psor.k2 ran-b.k2 *Ran-s.*bg2,k,* rhod.bg2 **Rhus-t.** sabad.bg2,k sel.c1 sep.bg2,k sul-ac. **Sulph.**bg2,k sumb. *Urt-u.* zinc.bg2,k
- **fiebriges** Prickeln: cub.c1
- **Flöhe**, wie durch: merc.rb2
- **Gehen** im Freien; beim: *Sulph.*
- **Stellen**, an einzelnen (= umschriebene Bereiche): sel.c1
- **warm**, wenn: kali-ar. sumb.
  - • **agg.**: gels.psa
  - • **Bett**, im: **Sulph.**

Pruritus
☞ *Jucken*

Psoriasis
☞ *Hautausschläge - Psoriasis*

Purpura: *Acon.*c2 *Arn.*c2 *Ars.*c2 carb-v.c2 cary.c2 chlol.c2 cor-r.c2 *Crot-h.*c2 *Ham.*c2 jug-r.c2 kali-chl.c2 *Lach.*c2 *Merc.*c2 *Ph-ac.*c2 *Phos.*c2 *Rhus-v.*c2 sec.c2 sul-ac.c2 tax.c2
- **Ameisenlaufen**, mit: phos.alj
- **haemorrhagica**: *Arn.* ars. ars-i. ars-s-f.k2 bell. berb. bov. bry. *Carb-v.* chinin-s. chlol. cor-r. *Crot-h.* *Cupr.* *Ham.* hyos. iod. *Kali-i.* **Lach.** **Led.** nux-v. *Ph-ac.* **Phos.** *Rhus-t.* ruta **Sec.** sil. stram. **Sul-ac.** sulph. **Ter.**c2,k
- **juckend**: phos.alj
- **miliaris**: acon.c2,k am-c. am-m. arn. bell. bry.c2 *Cact.*c2 coff. dulc. euph-cy.c2 *Jab.*c2 sul-ac. sulph.
- **senilis**: ars. bar-c. bry. con. *Lach.* op. rhus-t. **Sec.** sul-ac.

Rauh: alum.h *Alumn.*hr1,k,* anag. apoc.k2 ars.bg2,k *Ars-i.* bar-c. bell.bg3 bry.bg2,k,* **Calc.**bg2,k crot-t.a1,k dig.a1 fl-ac.bg2 *Graph.*bg2,k hep. hyper.a1 *Iod.*bg2,k kali-c.bg2 kali-i.a1,k laur.bg2 *Lith-c.* mang.k2 merc.bg2,k mez.a1,k *Nat-c.*a1,k *Nat-m.* nit-ac.bg2 olnd.bg2,k op.a1 **Petr.**bg2,k ph-ac.bg2,k phos.bg2,k phyt.bg3 *Plb.* psor.bg2,k2 *Rhus-t.*bg2,k sabad.bg1 sars.bg2,k *Sec.* **Sep.**bg2,k stram.a1,k **Sulph.**bg2,k zinc.bg1
- **Winter**, im: alumn.h,k1

Reißen
☞ *Schmerz - reißend*

Rhagaden
☞ *Risse*

Risse: *Aesc.* aloe alum.c2,k alum-sil.k2 am-c. *Ant-c.* anthraco.c2 *Arn.* *Aur.* *Bad.* bals-p.c2 bar-c. bar-s.k2 benz-ac.c2 bry. cadm-s.br1 **Calc.**c2,k calc-s. *Carb-an.* carb-v. **Carbn-s.** *Caust.*bg1,bg2 *Cham.* com. corn-a.br1 *Cund.*c2 *Cycl.* **Graph.** *Hep.*c2,k hydr. iris kali-c. *Kali-s.* kali-sil.k2 *Kreos.* *Lach.* *Lyc.*c2,k mag-c. mag-p.c2 *Mang.*c2,k *Merc.* *Nat-c.* *Nat-m.*c2,k *Nit-ac.* olnd. osm. *Paeon.* **Petr.**c2,k phos. *Psor.* **Puls.** *Rhus-t.* ruta **Sars.**c2,k **Sep.** *Sil.* **Sulph.** teucr. viol-t. *Zinc.*c2,k zinc-p.k2
☞ *Aufgesprungen*
- **blutend**
  ☞ *tief*
- **brennend**: petr. sars. zinc.
- **feucht**: aloe
- **gelb**: merc.
- **geschwürig**: bry. merc.
- **juckend**: merc. *Petr.*
- **mercurialisch**: *Hep.* *Nit-ac.* *Sulph.*
- **neue** Haut reißt ein und brennt: *Sars.*
- **schmerzhaft**: *Graph.* mang. zinc.
- **Sommer**, im:
  - • **agg.**: coc-c.bg1
- **stinkend**: *Merc.*
- **tief**, blutend: alum.bg2 graph.bg2 *Merc.*bg2,k **Nit-ac.** **Petr.**bg2,k psor.k2 puls.bg2,k *Sars.*bg2,k *Sulph.*bg2,k
- **Waschen**; nach: alum. *Ant-c.* bry. **Calc.** *Calc-s.* cham. kali-c. lyc. nit-ac. *Puls.* rhus-t. sars. **Sep.** **Sulph.** zinc.
- **Winter**, im: alum. **Calc.** *Calc-s.* **Carbn-s.** *Graph.* **Petr.** *Psor.* **Sep.** **Sulph.**

Roheit
☞ *Exkoriation*

Runzelig, geschrumpft: am-c.bg2,k ambr.bg2,k *Ant-c.*bg2,k apis arg-n.bg2 *Ars.*bg2,k,* bar-c.bg2 berb.k2 *Borx.* bry.bg2,k calc.bg2,k camph.bg2,k,* caps.bg2 cham.bg2,k **Chin.**bg2 chlor.a1,k clem.bg2 cocc.bg2 *Con.*hr1,k croc.bg2 *Cupr.*bg2,k *Ferr.*bg2 graph.bg2,k hell.bg2,k hep. hyos.bg2 iod.k2 *Kali-ar.* kali-br.bg2,hr1 kali-c.bg2,k2 *Kreos.*hr1,k *Lyc.*bg2,k,* manc.a1,k merc.bg2,k merc-c.a1,bg2 *Mez.*hr1,k morph.a1 mur-ac.bg2,k nat-m.k2 nux-v.bg2,k op.bg2,hr1,* ph-ac.bg2,k,* phos.bg2,k,* phyt. plb.bg2,k psor.k2 rheum rhod.bg2,k rhus-t.bg2,k sabad.bg2,k *Sars.*bg2,k,* **Sec.**bg2,k,* seneg.bg2 *Sep.*bg2,k *Sil.*bg2 spig.bg2,k,* spong.bg2 stram.bg2,k *Sulph.*bg2,k,* urt-u.a1,k *Verat.*bg2,k,* verat-v. viol-o.bg2,k zinc.k2

Rupia
☞ *Hautausschläge - Rupia*

Scharfes:
- **unter** der Haut, als sei etwas Scharfes unter der Haut ausgeschieden worden: cupr-ar.rb2

Scheckig
☞ *Farbe - marmoriert*

Schlaffheit: abrot.br1 agar.bg2,k ang.bg2 ant-t.bg2,k *Apis* borx. **Calc.**bg2,k *Camph.* *Caps.*bg2,k cham.bg2,k *Chin.*bg2,k *Clem.*bg2,k *Cocc.*bg2,k con.bg2,k cory.br1 croc.bg2,k *Cupr.*bg2,k dig.bg2,k euph.bg2,k *Ferr.*bg2,k graph.bg2,k hell.bg2,k *Hyos.*bg2,k iod.bg2,k ip.bg2,k *Lach.*bg2,k *Lyc.*bg2,k mag-c.bg2,k merc.bg2,k nat-c.bg2,k puls.bg2,k rheum sabad.bg2,k sars.k2 sec.bg2,k seneg.bg2,k sil.bg2,k *Spong.*bg2,k sul-ac.bg2,k sulph.bg2,k *Verat.*bg2,k

Schmerz:
– **Flecken**: aloe **Sulph.**
– **kalter** Luft im Freien; in: rhus-t.$_{h}$
– **Kratzen**, nach: agar. *Alum.* alum-p.$_{k2}$ *Ars.* ars-s-f.$_{k2}$ **Bar-c.** bar-s.$_{k2}$ bell. calc. caps. chin. cocc. con. euphr. kreos. led. nat-m. nux-v. par. *Petr.* ph-ac. plb. puls. rhus-t. sel. sep. **Sil.** squil. staph. **Sulph.** thuj. verat.
– **brennend**
☞ *Brennen*
– **geschwürig**: alum. am-c. **Am-m.** ambr. anac. ars. bell. bov. *Bry.* canth. caps. carbn-s. caust. cham. *Chin.* *Cic.* cocc. dros. ferr. **Graph.** hep. ign. kali-ar. *Kali-c.* *Kali-i.* kali-n. kali-s. kali-sil.$_{k2}$ kreos. lach. laur. mag-c. mag-m. *Mang.* merc. mur-ac. nat-c. *Nat-m.* nat-p. nit-ac. nux-v. petr. ph-ac. *Phos.* **Puls.** **Rhus-t.** ruta sars. *Sep.* sil. spig. spong. stann. staph. *Sul-ac.* sulph. tarax. *Thuj.* verat. zinc.
• **Berührung**, bei: *Canth.*
• **Kratzen**, nach: am-c. **Am-m.** arn. asaf. bar-c. bell. bry. calc. carb-v. caust. chin. cic. con. cycl. *Graph.* hep. kali-c. led. mag-m. mang. merc. nat-m. petr. *Phos.* *Puls.* ran-b. **Rhus-t.** sep. **Sil.** spig. staph. sul-ac. *Sulph.* thuj. verat. zinc.
– **nagend** (= fressend): *Agar.* **Agn.** alum. ambr. anac. ant-c. arg-met. ars. *Bar-c.* bell. bism. bry. canth. caps. cham. clem. cocc. con. *Cycl.* *Dig.* *Dros.* euph. graph. guaj. hell. hyos. kali-c. led. **Lyc.** *Meny.* merc. mez. nat-c. nat-p. nux-v. **Olnd.** par. ph-ac. phos. **Plat.** puls. *Ran-s.* rhod. rhus-t. *Ruta* sep. spig. *Spong.* squil. stann. **Staph.** sulph. tarax. thuj. *Verat.*
• **Kratzen**, nach: agar. alum. ant-c. bar-c. canth. caps. cycl. dros. kali-c. led. *Lyc.* **Olnd.** par. ph-ac. phos. puls. rhus-t. ruta spong. staph. tarax. verat.
– **reißend**: ambr. anac. arg-n. bar-c. bell. berb. *Camph.* cann-s. chlor. coloc. *Graph.* *Kreos.* *Nit-ac.* *Phos.* plan.
• **Kratzen**, nach: ars. bell. bry. calc. cycl. *Lyc.* puls. rhus-t. sep. sil. staph. **Sulph.**
– **schneidend**: **Bell.** calc. dros. graph. ign. lyc. mur-ac. *Nat-c.* ph-ac. rhus-t. sep. sil. sul-ac. *Viol-t.*
• **Messer** geschnitten oder zerschnitten; wie mit einem: bell.$_{rb2}$
– **Splitter**; wie durch einen: calad. **Hep.** **Nit-ac.**
– **stechend**
☞ *Stechen*
– **stechend**; fein: *Acon.* alum. anac. **Apis** arg-met. arn. ars. ars-i. ars-s-f.$_{k2}$ **Asaf.** bar-c. bar-s.$_{k2}$ bell. *Bry.* calc. calc-sil.$_{k2}$ cann-s. canth. caps. carb-v. caust. cina *Cocc.* colch. con. cot.$_{brl}$ dig. dros. dulc. gels.$_{ptk1}$ **Ham.** hell. hep. hyos. ign. iod. *Kali-bi.* kali-c. lach. *Lyc.* mag-c. meny. *Merc.* *Mez.* *Nux-v.* olnd. ph-ac. phos. plat. *Puls.* ran-b. ran-s. *Rhus-t.* sabad. samb. sel. sep. *Sil.* spig. spong. squil. stann. **Staph.** *Sul-ac.* *Sulph.* **Thuj.** **Urt-u.** viol-t.
• **abends** beim Warmwerden im Bett: sep.$_{h}$ sulph.$_{h}$
• **Erregung**, durch: *Bry.*$_{h}$
• **Hitze**; während: chin.$_{h}$

Schmerz - stechend; fein: ...
• **Reiben** der Hosen; durch das: cot.$_{brl}$
– **wund**, Gefühl wie: acon. *Alum.* ambr. *Ant-c.* arg-met. *Arn.* *Ars.* aur. aur-ar.$_{k2}$ aur-s.$_{k2}$ bar-c. borx. *Bry.* *Calc.* calc-sil.$_{k2}$ cann-s. canth. caps. carb-an. carb-v. caust. chel. chin. chinin-ar. *Cic.* **Cimic.** coff. colch. crot-h. *Dros.* **Eup-per.** ferr. ferr-ar. ferr-p. *Glon.* *Graph.* ham. hell. **Hep.** *Ign.* kali-c. kali-s. kali-sil.$_{k2}$ led. lyc. mag-c. mang. *Merc.* mez. mosch. nat-c. *Nat-m.* *Nat-p.* *Nit-ac.* *Nux-v.* olnd. par. *Petr.* ph-ac. phos. *Plat.* *Puls.* ran-b. *Rhus-t.* ruta sabin. sars. sel. **Sep.** sil. spig. spong. squil. *Still.* sul-ac. *Sulph.* teucr. valer. verat. **Zinc.**
• **brennend**:
• **Flecken**; in großen: limest-b.$_{es1}$
– **zerschlagen**: arg-met. *Arn.* cic. dros. dulc. olnd. plat. rhus-t. sul-ac.

Schmutzig
☞ *Unrein*

Schneiden
☞ *Schmerz - schneidend*

Schnur unter der Haut liegen würde; als ob eine dünne: euph.$_{rb2}$

Schrumpelig
☞ *Runzelig*

Schuppig
☞ *Hautausschläge - schuppig*

Schweiß, kein
☞ *Trocken - schwitzen / Untätigkeit*

Schwellung: acon.$_{bg2,k}$ agn.$_{bg2,k}$ aloe am-c.$_{bg2,k}$ *Ant-c.*$_{bg2,k}$ **Apis** *Arn.*$_{bg2,k,*}$ **Ars.**$_{bg2,k,*}$ *Ars-i.* ars-s-f.$_{k2}$ *Asaf.*$_{bg2,k}$ aur.$_{bg2,k}$ *Bar-c.*$_{bg2,k}$ bar-m. *Bell.*$_{bg2,k,*}$ borx. **Bry.**$_{bg2,k}$ calc.$_{bg2,k}$ canth.$_{bg2,k}$ carb-an.$_{bg2,k}$ carb-v.$_{bg2,k}$ caust.$_{bg2,k}$ chel.$_{bg2,k}$ *Chin.*$_{bg2,k}$ chinin-ar. **Cic.** cina clem.$_{bg2,k}$ cocc.$_{bg2,k}$ colch.$_{bg2,k}$ coloc.$_{bg2,k}$ *Con.*$_{bg2,k}$ *Cop.* crot-h.$_{a1,k}$ cycl.$_{bg2}$ dig.$_{bg2,k}$ *Dulc.*$_{bg2,k}$ **Euph.**$_{bg2,k,*}$ ferr.$_{bg2,k}$ ferr-ar. ferr-i.$_{a1,k}$ fl-ac. graph.$_{bg2,k}$ hell.$_{bg2,k}$ hep.$_{bg2,k}$ *Hydrc.* hyos.$_{bg2,k}$ iod.$_{bg2,k}$ *Kali-ar.* kali-bi. kali-br. kali-c.$_{bg2,k}$ kali-n.$_{bg2,k}$ kali-s. kreos.$_{bg2,k}$ *Lach.*$_{bg2,k}$ *Led.*$_{bg2,k}$ *Lyc.*$_{bg2,k}$ mag-c.$_{bg2,k}$ mang.$_{bg2,k}$ **Merc.**$_{bg2,k,*}$ mez.$_{bg2,k}$ mur-ac.$_{bg2,k}$ nat-ar. nat-c.$_{bg2,k}$ *Nat-m.*$_{bg2,k}$ nat-p. nit-ac.$_{bg2,k}$ **Nux-v.**$_{bg2,k}$ olnd.$_{bg2,k}$ op.$_{bg2,k,*}$ petr.$_{bg2,k}$ ph-ac.$_{bg2,k}$ *Phos.*$_{bg2,k,*}$ plb.$_{bg2,k,*}$ **Puls.**$_{bg2,k}$ rhod.$_{bg2,k}$ **Rhus-t.**$_{bg2,k}$ ruta *Sabin.*$_{bg2,k}$ *Samb.*$_{bg2,k}$ sars.$_{bg2,k}$ sec.$_{bg2,k}$ seneg.$_{bg2,k}$ sep.$_{bg2,k}$ sil.$_{bg2,k}$ spig.$_{bg2,k}$ spong.$_{bg2,k}$ squil.$_{bg2,k}$ stram.$_{bg2,k}$ stront-c. sul-ac.$_{bg2,k}$ **Sulph.**$_{bg2,k}$ thuj.$_{bg2,k,*}$ verat.$_{bg2,k}$
– **angegriffenen** Teilen; an
☞ *erkrankten*
– **blaß**: *Ant-c.* **Apis** *Arn.*$_{bg2,k}$ *Ars.*$_{bg2,k}$ bell.$_{bg2,k}$ **Bry.**$_{bg2,k}$ calc.$_{bg2,k}$ chin.$_{bg2,k}$ cocc.$_{bg2,k}$ con.$_{bg2,k}$ dig.$_{bg2,k}$ euph. ferr.$_{bg2,k}$ graph.$_{bg2,k}$ hell.$_{bg2,k}$ hep. *Iod.*$_{bg2,k}$ kali-c.$_{bg2,k}$ kreos. lach.$_{bg2,k}$ **Lyc.**$_{bg2,k}$ merc.$_{bg2,k}$ nit-ac.$_{bg2,k}$ nux-v.$_{bg2,k}$ phos.$_{bg2,k}$ plb.$_{bg2,k}$ *Puls.*$_{bg2,k}$ rhod. *Rhus-t.*$_{bg2,k}$ *Sabin.* sep.$_{bg2,k}$ sil.

– **blaß**: ...
spig.bg2,k sul-i.k2 *Sulph*.bg2,k

– **bläulichschwarz**: acon.bg2,k am-c.bg2,k *Arn*.bg2,k **Ars**.bg2,k aur.bg2,k *Bell*.bg2,k carb-v.bg2,k con.bg2,k *Dig*.bg2,k hep.bg2,k **Lach**.bg2,k mang.bg2,k *Merc*.bg2,k nux-v.bg2,k *Op*.bg2,k ph-ac.bg2,k phos.bg2,k plb.bg2,k **Puls**.bg2,k samb.bg2,k sec.bg2,k seneg.bg2,k sil.bg2,k sul-ac.bg2,k *Verat*.bg2,k

– **brennend**: *Acon*.bg2,k ant-c.bg2,k *Arn*.bg2,k **Ars**.bg2,k *Bell*.bg2,k **Bry**.bg2,k calc.bg2,k carb-an.bg2,k carb-v.bg2,k caust.bg2,k chin.bg2,k cocc.bg2,k colch.bg2,k coloc.bg2,k crot-h. dulc.bg2,k euph.bg2,k hell.bg2,k hep.bg2,k hyos.bg2,k iod.bg2,k kali-ar. kali-c.bg2,k *Lach*.bg2,k led.bg2,k **Lyc**.bg2,k mang.bg2,k *Merc*.bg2,k mez.bg2,k nat-ar. nat-c.bg2,k nux-v.bg2,k op.bg2,k ph-ac.bg2,k **Phos**.bg2,k *Puls*.bg2,k *Rhus-t*.bg2,k samb.bg2,k sec.bg2,k sep.bg2,k *Sil*.bg2,k *Spig*.bg2,k spong.bg2,k squil.bg2,k stann.bg2,k sul-i.k2 **Sulph**.bg2,k

– **entzündet**: *Acon*.bg2,k agn.bg2,k am-c.bg2,k ant-c.bg2,k arn.bg2,k *Ars*.bg2,k asaf.bg2,k bell.bg2,k borx. **Bry**.bg2,k calc.bg2,k canth.bg2,k carb-v.bg2,k caust.bg2,k cocc.bg2,k colch.bg2,k con.bg2,k crot-h. *Hep*.bg2,k hyos.bg2,k *Iod*.bg2 lach.bg2,k lyc.bg2,k mang.bg2,k **Merc**.bg2,k mez.bg2,k mur-ac.bg2,k nat-c.bg2,k nit-ac.bg2,k petr.bg2,k phos.bg2,k **Puls**.bg2,k *Rhus-t*.bg2,k sars.bg2,k sep.bg2,k *Sil*.bg2,k *Sulph*.bg2,k thuj.bg2,k verat.bg2,k

• **Flechte**, der entzündeten: graph.h

– **erkrankten** Teilen; von: acon. agn. ant-c. arn. ars. asaf. aur. **Bell.** *Bry.* *Calc.* *Canth.* carb-an. carb-v. *Caust.* chin. clem. cocc. con. cypr.br1 dig. dulc. euph. ferr. graph. hell. *Hep.* iod. **Kali-c.** lach. led. *Lyc.* mag-c. mang. **Merc.** mur-ac. nat-c. nat-p. *Nit-ac.* nux-v. petr. ph-ac. *Phos.* plb. **Puls.** rhod. **Rhus-t.** ruta sabin. *Samb.* sars. sec. **Sep.** *Sil.* spig. *Spong.* stram. **Sulph.** thuj.

– **glänzend**: *Arn.* *Ars.* **Bry.** merc. *Rhus-t.* sabin. *Sulph.*

– **hart**: acon.bg2,k agn.bg2,k all-s.a1 ant-c.bg2,k *Arn*.bg2,k ars.bg2,k asaf.bg2,k bell.bg2,k **Bry**.bg2,k calc.bg2,k *Caust*.bg2,k chin.bg2,k cina con.bg2,k dig.bg2,k dulc.bg2,k graph.bg2,k hell.bg2,k hep.bg2,k lach.bg2,k *Led*.bg2,k lyc.bg2,k merc.bg2,k mez.bg2,k nux-v.bg2,k ph-ac.bg2,k **Phos**.bg2,k plb.bg2,k **Puls**.bg2,k **Rhus-t**.bg2,k sabin.bg2,k *Samb*.bg2,k sep.bg2,k sil.bg2,k spong.bg2,k squil.bg2,k *Stront-c.* *Sulph*.bg2,k *Ther.*

– **kalt**: *Ars*.bg2,k asaf.bg2,k bell.bg2,k cocc.bg2,k *Con*.bg2,k cycl.bg2,k *Dig*.bg2 dulc.bg2,k lach.bg2,k rhod.bg2,k sec.bg2,k spig.bg2,k

– **Kratzen**, nach: ant-c. arn. ars. bell. bry. calc. canth. caust. chin. con. dulc. hep. kali-c. kali-sil.k2 kreos. **Lach.** led. *Lyc.* mang. *Merc.* mez. nat-ar.k2 nat-m. nit-ac. phos. *Puls.* *Rhus-t.* sabin. samb. sep. sil. sul-ac. *Sulph.*

– **kribbelnd**: acon.bg2,k *Arn*.bg2,k caust.bg2,k chel.bg2,k colch.bg2,k con.bg2,k lach.bg2,k *Merc*.bg2,k nat-c.bg2,k nux-v.bg2,k ph-ac.bg2,k *Puls*.bg2,k **Rhus-t**.bg2,k sec.bg2,k *Sep*.bg2,k spig.bg2,k *Sulph*.bg2,k

– **ödematös**
☞ *wassersüchtig*

– **schwammig**: *Ant-c*.bg2,k **Ars**.bg2,k ars-i. bell.bg2,k calc.bg2,k *Carb-an*.bg2,k carb-v.bg2,k caust.bg2,k

Schwellung - schwammig: ...
clem.bg2,k con.bg2,k graph.bg2,k iod.bg2,k kreos.bg2,k **Lach**.bg2,k lyc.bg2,k merc.bg2,k nit-ac.bg2,k nux-v.bg2,k petr.bg2,k ph-ac.bg2,k *Phos*.bg2,k rhus-t.bg2,k sabin.bg2,k sep.bg2,k **Sil**.bg2,k sul-i.k2 *Sulph*.bg2,k thuj.bg2,k

– **stechend**; fein: acon.bg2,k agn.bg2,k ant-c.bg2,k **Apis** arn.bg2,k ars.bg2,k **Bry**.bg2,k canth.bg2,k **Caust**.bg2,k chel.bg2,k chin.bg2,k *Cocc*.bg2,k con.bg2,k cycl.bg2,k dig.bg2,k ferr.bg2,k graph.bg2,k kali-n.bg2,k lach.bg2,k led.bg2,k mag-c.bg2,k mang.bg2,k mez.bg2,k *Nit-ac*.bg2,k nux-v.bg2,k **Puls**.bg2,k *Rhus-t*.bg2,k ruta sabad.bg2,k sep.bg2,k sil. spong.bg2,k *Sulph*.bg2,k *Thuj*.bg2,k

– **wassersüchtig**: acet-ac.br1 acon.bg2,k **Ant-c**.bg2,k apis.k2 apoc.k2 **Ars**.bg2,k *Ars-i.* aur.bg2,k aur-ar.k2 *Bell*.bg2,k **Bry**.bg2,k cain.br1 calad.c2 canth.bg2,k chel.bg2,k **Chin**.bg2,k chinin-ar. *Colch*.bg2,k coloc.bg2,k con.bg2,k *Dig*.bg2,k,* *Dulc*.bg2,k elat.br1 eup-per. euph.bg2,k *Ferr*.bg2,k *Ferr-ar.* guaj.bg2,k **Hell**.bg2,k,* hyos.bg2,k iod.bg2,k kali-ar.bg2,k kali-c.bg2,k kali-n.bg2,k kali-s. kali-sil.k2 lach.bg2,k *Led*.bg2,k *Lyc*.bg2,k *Merc*.bg2,k mez.bg2,k mur-ac.bg2,k nat-c.bg2,k *Nat-m*.bg2,k nat-p. *Nat-s.* nit-ac.bg2,k *Nux-m*.bg2,k olnd.bg2,k op.bg2,k phos.bg2,k plb.bg2,k **Puls**.bg2,k rhod.bg2,k *Rhus-t*.bg2,k ruta *Sabin*.bg2,k *Samb*.bg2,k sars.bg2,k sec.bg2,k seneg.bg2,k sep.bg2,k sil.bg2,k **Squil**.bg2,k stram.bg2,k sul-i.k2 **Sulph**.bg2,k **Tell.** verat.bg2,k
☞ ❑ *Allgemeines - Wassersucht - äußere*

• **Menses**; bei unterdrückten: cham.h

Schwellung; Gefühl von: alum.bg2,k *Am-m*.bg2,k ant-c.bg2,k arn.bg2,k *Ars*.bg2,k aur.bg2,k **Bell**.bg2,k *Bry*.bg2,k canth.bg2,k caps.bg2,k carb-v.bg2,k *Chin*.bg2,k cocc.bg2,k con.bg2,k dig.bg2,k dulc.bg2,k guaj.bg2,k hep.bg2,k hyos.bg2,k ign.bg2,k *Kali-n*.bg2,k kreos.bg2,k lach.bg2,k *Laur*.bg2,k merc.bg2,k nit-ac.bg2,k nux-m.bg2,k nux-v.bg2,k *Par*.bg2,k plat.bg2,k **Puls**.bg2,k **Rhus-t**.bg2,k sabin.bg2,k sars.bg2,k seneg.bg2,k sep.bg2,k sil.bg2,k *Spig*.bg2,k spong.bg2,k stann.bg2,k *Staph*.bg2,k sul-ac.bg2,k sulph.bg2,k verat.bg2,k zinc.bg2,k

Schwielige Haut
☞ *Hart - Schwielen*

Sommersprossen: adren.c2 *Am-c*.bg2,k *Ant-c*.bg2,k ant-t.bg2,k bry.bg2,k *Calc*.bg2,k carb-v.bg2,k con.bg2,k dros.bg2,k *Dulc*.bg2,k *Ferr.* *Graph*.bg2,k hyos.bg2,k iod.bg2,k iris-g.c2 kali-c.bg2,k,* lach.bg2,k laur.bg2,k **Lyc**.k,kl2●,* merc.bg2,k mez.bg2,k *Mur-ac*.c2,k *Nat-c*.bg2,k nat-p. *Nit-ac*.bg2,k,* nux-m.bg2,k,* petr.bg2,k **Phos**.k,kl2●,* plb.bg2,k *Puls*.bg2,k,* sec. *Sep*.k,kl2●,* sil.bg2,k sol.c2 stann.bg2,k sul-i.k2 *Sulph*.k,kl2●,* tab.c2 thuj.bg2,k

– **dunkel**: nit-ac.h,kl

– **Sonne**; agg. in der: mur-ac.ptk1

Spannung: acon.a1,k agn.bg2,k alum.bg2,k alum-p.k2 alum-sil.k2 am-c.bg2,k am-m.bg2,k anac.bg2,k *Ang*.bg2 ant-c. arg-met. *Arg-n*.bg2,k,* *Arn*.bg2,k ars. ars-i. asaf.bg2,k asar.bg2,k aur.bg2,k aur-ar.k2 *Bapt.* *Bar-c*.bg2,k,* bar-m. bar-s.k2 bell.bg2,k berb. borx.

Spannung: ...
bry.bg2,k calc.bg2,k cann-i.k2 canth.bg2,k carb-an.bg2,k carb-v. **Caust.**bg2,k cham.bg2,k chin.bg2,k colch.bg2,k *Coloc.*bg2,k *Con.*bg2,k crot-h.a1,k dig.bg2,k dulc. euph.bg2,k guaj. hell.bg2,k hep.bg2,k iod.bg2,k kali-c.bg2,k kali-s. kali-sil.k2 kreos.bg2,k lach.bg2,k laur.bg2,k led.bg2,k lyc.bg2,k mag-m.bg2,k mang.bg2,k meny.bg2,k merc.bg2,k mez.bg2,k mosch.bg2,k mur-ac.bg2,k nat-c.bg2,k nat-m.bg2,k nat-s.a1,k **Nit-ac.**bg2,k *Nux-v.*bg2,k olnd.bg2,k par.bg2,k petr.bg2,k ph-ac.bg2,k phel.bg2 **Phos.**bg2,k pic-ac.bg2 *Plat.*bg2,k plb. *Puls.*bg2,k rhod.bg2,k *Rhus-t.*bg2,k ruta sabad.bg2,k sabin.bg2,k sars.bg2,k *Sep.*bg2,k sil.bg2,k *Spig.*bg2,k spong.bg2,k stann.bg2,k staph.bg2,k **Stront-c.** sul-i.k2 *Sulph.*bg2,k tarax.bg2,k thuj.bg2,k verat.bg2,k verb.bg2,k *Viol-o.*bg2,k viol-t.bg2,k zinc.bg2,k
– **Kratzen**, nach: caust. *Lach.* ph-ac. ruta spig. *Stront-met.*

Spinnwebe, Gefühl einer: arg-n.br1

Splitter; Schmerzen wie durch
☞ *Schmerz - Splitter*

Stechen: *Acon.*bg2,k *Agar.*bg2,k agn.bg2,k alum.bg2,k am-c. am-m.bg2,k anac.bg2,k ant-c.bg2,k **Apis** *Arn.*bg2,k ars.bg2,k ars-i. *Asaf.*bg2,k **Bar-c.**bg2,k bell.bg2,k **Bry.**bg2,k bufo *Calc.*bg2,k *Cann-s.* *Canth.*bg2,k caps.bg2,k carb-v.bg2,k *Carbn-s.* *Caust.*bg2,k chel.bg2,k *Chin.*bg2,k chinin-ar. clem.bg2,k coc-c. *Cocc.*bg2,k coff. *Colch.*bg2,k con.bg2,k *Crot-h.* *Crot-t.* *Cycl.*bg2,k dig.bg2,k dios. dros.bg2,k dulc.bg2,k euphr.bg2,k **Graph.**bg2,k guaj.bg2,k hell.bg2,k hep.bg2,k hyos.bg2,k ign.bg2,k iod.bg2,k kali-ar. kali-c.bg2,k kali-n.bg2,k kali-p. kali-s. kreos.bg2,k lach.bg2,k **Lyc.**bg2,k mag-c.bg2,k meny.bg2,k *Merc.*bg2,k merc-c.bg2 mez.bg2,k mur-ac.bg2,k nat-c.bg2,k nat-m.bg2,k nat-p. *Nit-ac.*bg2,k nux-v.bg2,k olnd.bg2,k par.bg2,k ph-ac.bg2,k *Phos.*bg2,k plan. plat.bg2,k plb.bg2,k **Puls.**bg2,k ran-b.bg2,k ran-s.bg2,k rhod.bg2,k **Rhus-t.**bg2,k ruta *Sabad.*bg2,k sabin.bg2,k sars.bg2,k sel.bg2,k *Sep.*bg2,k *Sil.*bg2,k spig.bg2,k **Spong.**bg2,k squil.bg2,k *Stann.*bg2,k *Staph.*bg2,k stront-c. sul-ac.bg2,k *Sulph.*bg2,k *Tarax.*bg2,k tell. teucr.bg2,k *Thuj.*bg2,k verat.bg2,k **Viol-t.**bg2,k visc.bg2 zinc.bg2,k zinc-p.k2
– **abends** im Bett: alum. cycl. thuj. zinc.
– **nachts**: am-c.h,kl anac. cann-s. merc. thuj.
– **elektrischen** Strom; wie durch: agar.
– **Kratzen**, nach: alum. am-m. arn. ars. asaf. **Bar-c.** bell. *Bry.* calc. calc-sil.k2 cann-s. canth. carbn-s. *Caust.* chel. chin. cocc. con. *Cycl.* dros. dulc. *Graph.* hell. kali-ar. kali-c. kali-s. *Lach.* lyc. *Merc.* mez. nit-ac. nux-v. par. ph-ac. *Puls.* ran-b. **Rhus-t.** ruta *Sabad.* sars. sel. sep. sil. *Spong.* *Squil.* staph. stront-c. **Sulph.** tarax. teucr. thuj. *Viol-t.* zinc.
– **Schweiß**, mit: cann-s.k2
– **Splitter**; wie durch einen
☞ *Schmerz - Splitter*

Stiche; feine, schmerzhafte
☞ *Schmerz - stechend; fein*

Tinea versicolor
☞ *Hautausschläge - Pityriasis versicolor*

Trocken: *Acon.*bg2,k,* acon-f.a1,k agar.h,kl *Alum.*bg2,k alum-p.k2 alum-sil.k2 *Am-c.*bg2,k ambr.bg2,k ant-c.bg2,k *Ant-t.*bg2,k *Anthraci.* *Apis* arg-met. arg-n. *Arn.*bg2,k,* **Ars.**bg2,k,* *Ars-i.*a1,k asaf.bg2,k bapt.bg2 bar-c.bg2,k,* bar-m. **Bell.**bg2,k,* *Bism.*bg2,k borx. **Bry.**bg2,k,* bufo cain.br1,c1 **Calc.**bg2,k,* calc-i.k2 calc-s. calc-sil.k2 *Camph.*bg2,k,* *Cann-s.*bg2,k canth.bg2,k,* carb-an.bg2,k *Carb-v.*bg2,k *Carbn-s.* caust.bg2,k **Cham.**bg2,k *Chel.*a1,k **Chin.**bg2,k *Chinin-ar.* choc.srj3 clem.bg2,k,* cocc.bg2,k,* *Coff.*bg2,k **Colch.**bg2,k,* coloc.bg2,k con.bg2,k *Crot-h.*a1,k **Dulc.**bg2,k,* **Eup-per.** *Ferr.*bg2,k ferr-ar. ferr-i.k2 ferr-p. gels.c1 gink-b.sbd1 *Graph.*bg2,k hell.bg2,k hep.bg2,k,* *Hydr-ac.*a1,k *Hyos.*bg2,k,* ign.bg2,k,* *Iod.*bg2,k,* *Ip.*bg2,k jab.br1 **Kali-ar.**a1,k kali-bi.a1,k **Kali-c.**bg2,k,* kali-i.bg2 kali-m.k2 kali-n.bg2,k,* kali-p. kali-s. kali-sil.k2 kreos.bg2,k *Lach.*bg2,k,* laur.bg2,k **Led.**bg2,k limest-b.es1 *Lith-c.* **Lyc.**bg2,k,* *Mag-c.*bg2,k,* mang.bg2,k *Merc.* merc-c.bg2 mez.bg2,k mosch. mur-ac.bg2,k *Nat-ar.* *Nat-c.*bg2,k,* *Nat-m.*bg2,k,* nat-p. *Nit-ac.*bg2,k,* **Nux-m.**bg2,k nux-v.bg2,k,* **Olnd.**bg2,k **Op.**bg2,k,* par.bg2,k **Petr.**bg2,k,* *Ph-ac.*bg2,k,* **Phos.**bg2,k,* *Phyt.*a1,k *Plat.*bg2,k **Plb.**bg2,k,* *Psor.* ptel.c1 *Puls.*bg2,k ran-b.bg2,k ran-s.bg2,k rhod.bg2,k *Rhus-t.*bg2,k rumx. ruta *Sabad.*bg2,k samb.bg2,k **Sec.**bg2,k,* **Seneg.**bg2,k *Sep.*bg2,k **Sil.**bg2,k spig.bg2,k *Spong.*bg2,k *Squil.*bg2,k *Staph.*bg2,k **Stram.**bg2,k,* stront-c. sul-ac.bg2,k,* sul-i.k2 **Sulph.**bg2,k,* *Sumb.*a1,k tab.bg2 **Teucr.**bg2,k thuj.a1,k tril-p.c1 tub-m.vn,zs,* tub-r.jl ust.a1,k v-a-b.jl valer.bg2,k vario.br1 *Verat.*bg2,k **Verb.**bg2,k *Viol-o.*bg2,k viol-t.bg2,k zinc.a1,k
☞ *❑ Gesicht - Trockenheit*
– **morgens** im Bett: mag-c.h
– **nachts**: nat-c.h,kl
– **brennend**: acet-ac.br1 **Acon.**bg2,k alum.bg2,k am-m.bg2,k ambr.bg2,k anac.bg2,k ant-c.bg2,k ant-t.bg2,k *Apis* arg-met. *Arn.*bg2,k **Ars.**bg2,k ars-s-f.k2 bar-c.bg2,k bar-m. bar-s.k2 **Bell.**bg2,k bism.bg2,k **Bry.**bg2,k *Calc.*bg2,k camph.bg2,k cann-s.bg2,k canth.bg2,k caps.bg2,k carb-v.bg2,k carbn-s. caust.bg2,k cham.bg2,k *Chel.*bg2,k chin.bg2,k clem.bg2,k *Cocc.*bg2,k *Coff.*bg2,k colch.bg2,k coloc.bg2,k con.bg2,k croc.bg2,k cupr.bg2,k cycl.bg2,k *Dulc.*bg2,k ferr.bg2,k glon.k2 graph.bg2,k *Hell.*bg2,k hep.bg2,k hyos.bg2,k ign.bg2,k ip.bg2,k *Kali-ar.* *Kali-c.*bg2,k kali-n.bg2,k kali-s. kreos.bg2,k **Lach.**bg2,k laur.bg2,k *Led.*bg2,k **Lyc.**bg2,k mag-c.k2 mang.bg2,k *Merc.*bg2,k mosch.bg2,k mur-ac.bg2,k nat-c.bg2,k nat-m.bg2,k nat-p. *Nit-ac.*bg2,k nux-m.bg2,k **Nux-v.**bg2,k **Op.**bg2,k par.bg2,k *Ph-ac.*bg2,k **Phos.**bg2,k phyt.bg2 **Puls.**bg2,k ran-b.bg2,k rheum rhod.bg2,k *Rhus-t.*bg2,k ruta sabad.bg2,k sabin.bg2,k *Samb.*bg2,k *Sec.*bg2,k sel.bg2,k *Sep.*bg2,k *Sil.*bg2,k spig.bg2,k spong.bg2,k *Squil.*bg2,k *Stann.* *Staph.*bg2,k **Stram.**bg2,k stront-c. sul-ac.bg2,k *Sulph.*bg2,k tarax.bg2,k thuj.bg2,k **Valer.**bg2,k verat.bg2,k viol-t.bg2,k zinc.bg2,k zinc-p.k2
– **Gefühl**, als sei die Haut eingetrocknet: tub.rb2
– **heiß**: tell.c1 tril-p.c1
– **Pollutionen**, nach: bar-c.h
– **rauh**: iod. *Lith-c.* merc. nat-c.

– **schwitzen**; kann nicht: acet-ac.$_{bro1}$ acon. *Aeth.*$_{bro1}$ *Alum.* am-c. ambr. *Anac.* apis apoc. arg-met. arg-n.$_{bro1}$ arn. **Ars.** *Ars-i.* **Bell.** *Berb-a.*$_{bro1}$ bism. bry. calc. calc-sil.$_{k2}$ cann-s. *Cham.* *Chin.* coff. **Colch.** *Con.* crot-t.$_{bro1}$ cupr. *Dulc.* *Eup-pur.* **Graph.** hyos. iod. ip. kali-ar. **Kali-c.** kali-i.$_{bro1}$ kali-s. kali-sil.$_{k2}$ lach.$_{bro1,c2}$ laur. *Led.* *Lyc.* mag-c. *Maland.*$_{bro1}$ merc. merc-c. nat-c.$_{bro1}$ nat-m. nit-ac. **Nux-m.** nux-v. olnd. op. *Petr.*$_{bro1}$ *Ph-ac.* phos. plat. **Plb.** *Psor.* puls. *Rhus-t.* sabad. *Samb.* sanic.$_{bro1}$ sars.$_{bro1}$ sec. seneg. sep. **Sil.** spong. **Squil.** *Staph.* sulph. teucr. thuj. thyr.$_{bro1}$ verb. viol-o.
☞ *Untätigkeit*
• **Körperübungen**, bei: arg-met. *Calc.* *Nat-m.* **Plb.**

Tumoren
☞ *Wucherungen*

Unelastisch: am-caust.$_{a1}$ ant-c.$_{bg2,k}$ ars.$_{bg2,k}$ *Bov.*$_{bg2,k}$ *Cupr.*$_{bg2,k}$ dulc.$_{bg2,k}$ kalm.$_{dp}$ lach.$_{bg2,k}$ morph.$_{a1}$ phos.$_{a1,bg2}$ ran-b.$_{bg2,k}$ *Rhus-t.*$_{bg2,k}$ sep.$_{bg2,k}$ verat.$_{bg2,k}$

Unempfindlichkeit (= gegenüber Reizen, Schmerzen; Anästhesie): acon. *All-s.* *Alum.* alum-p.$_{k2}$ alum-sil.$_{k2}$ ambr. *Anac.* *Arg-n.* arn. *Ars.* ars-i. bell. bry. cadm-s.$_{k2}$ calc. *Camph.* cann-i. *Caps.* *Carb-ac.* *Carbn-s.* carl. caul. caust. cham. **Chin.** chinin-ar. chinin-s. chlol. *Cic.* *Cocc.* con. cupr-ar. cycl. hell. hyos. iod. *Kali-br.* *Kali-i.* laur. lyc. meph. *Merc.* mosch. naja$_{gm1}$ nat-m. **Nux-v.** oena. **Olnd.** *Op.* *Petr.* ph-ac. *Phos.* plat. *Plb.* psil.$_{ft1}$ **Puls.** **Rhus-t.** *Sec.* sep. stram. sul-i.$_{k2}$ sulph. tarent. ter. verat-v. vinc. *Zinc.* zinc-p.$_{k2}$
☞ *Gefühllosigkeit* | ❑ *Allgemeines - Unempfindlichkeit*
– **morgens**:
• **Erwachen**, beim: *Ambr.*
– **Flecken**, in großen: bufo$_{k2}$
– **Hautausschlägen**; nach unterdrückten: *Zinc.*
– **Schleimhäute**: carbn-s.$_{k2}$
– **Stellen**, an kleinen: bufo$_{br1}$

Unrein: *Apis* *Ars.* bry. *Caps.* ferr. ferr-pic.$_{bg3}$ iod. merc. petr.$_{bg3}$ phos. **Psor.** *Sanic.* sec. **Sulph.** thuj.

Untätigkeit, Inaktivität: alum.$_{bg2,k}$ ambr.$_{bg2,k}$ **Anac.**$_{bg2,k}$ ang.$_{bg2}$ ant-c.$_{bg2,k}$ ant-t.$_{bg2,k}$ *Ars.*$_{bg2,k}$ ars-i. ars-s-f.$_{k2}$ bell.$_{bg2,k}$ *Bry.*$_{bg2,k}$ *Calc.*$_{bg2,k}$ camph.$_{bg2,k}$ carb-an.$_{bg2,k}$ carb-v.$_{bg2,k}$ caust.$_{bg2,k}$ cham.$_{bg2,k}$ chin.$_{bg2,k}$ cocc.$_{bg2,k}$ **Con.**$_{bg2,k}$ cycl.$_{bg2,k}$ dig.$_{bg2,k}$ *Dulc.*$_{bg2,k}$ graph.$_{bg2,k}$ hell.$_{bg2,k}$ hep.$_{bg2,k}$ iod.$_{bg2,k}$ *Ip.*$_{bg2,k}$ **Kali-c.**$_{bg2,k}$ **Kali-p.** kali-s. lach.$_{bg2,k}$ *Laur.*$_{bg2,k}$ led.$_{bg2,k}$ **Lyc.**$_{bg2,k}$ merc.$_{bg2,k}$ mur-ac.$_{bg2,k}$ *Nat-c.*$_{bg2,k}$ nat-m.$_{bg2,k}$ *Nat-p.* *Nit-ac.*$_{bg2,k}$ nux-v.$_{bg2,k}$ *Olnd.*$_{bg2,k}$ op.$_{bg2,k}$ petr.$_{bg2,k}$ **Ph-ac.**$_{bg2,k}$ phos.$_{bg2,k}$ plat.$_{bg2,k}$ plb.$_{bg2,k}$ *Psor.* puls.$_{bg2,k}$ rhod.$_{bg2,k}$ rhus-t.$_{bg2,k}$ ruta sabin.$_{bg2,k}$ sars.$_{bg2,k}$ *Sec.*$_{bg2,k}$ sep.$_{bg2,k}$ *Sil.*$_{bg2,k}$ spong.$_{bg2,k}$ squil.$_{bg2,k}$ staph.$_{bg2,k}$ stram.$_{bg2,k}$ sul-i.$_{k2}$ *Sulph.*$_{bg2,k}$ thuj.$_{bg2,k}$ verat.$_{bg2,k}$ zinc.$_{bg2,k}$
☞ *Trocken - schwitzen*

Venennetzes; Durchzeichnung des: berb. *Calc.* *Carb-v.* *Caust.* clem. *Crot-h.* lyc. nat-m. ox-ac. plat. sabad. thuj.

Verbrennungen
☞ ❑ *Allgemeines - Verbrennungen*

Verfärbung
☞ *Farbe*

Verhärtungen, Knoten etc.: *Agar.* alum.$_{k2}$ alumn.$_{k2}$ am-c. **Ant-c.** arg-n. ars. *Ars-i.* ars-s-f.$_{k2}$ aur. *Bar-c.* borx. bufo **Calc.** calc-sil.$_{k2}$ *Carb-an.* carbn-s.$_{k2}$ caust. *Chel.* chin. cic. *Clem.* **Con.** *Dulc.* *Graph.* *Iod.* *Kali-c.* kali-sil.$_{k2}$ lach. *Led.* **Lyc.** mag-c.$_{bg1,br1}$ *Mang.* *Merc.* mez.$_{k2}$ *Mur-ac.* par. petr.$_{k2}$ **Phos.** psor.$_{k2}$ *Ran-b.* **Rhus-t.** sars. **Sep.** **Sil.** squil. *Staph.* **Sulph.** *Thuj.* tub.$_{c1}$ verat.
– **Ärger**, Verdruß; nach
☞ *Kränkung*
– **bläulich**: *Mang.* mur-ac.
• **Flecken**: *Phos.* *Sars.*
– **brennend**: *Hep.*
• **Kratzen**, nach: staph.$_{h}$
– **empfindlich**: staph.$_{k2}$
– **feucht** nach Kratzen: staph.$_{h}$
– **hornig**: *Ant-c.* graph.
☞ *Wucherungen - hornig*
– **juckend**: staph.$_{h}$
– **Kränkung**; nach: *Coloc.*$_{vh}$
– **Kratzen**, nach: kali-c.$_{h}$
– **purpurn**, blaurot: lach.$_{k2}$ sep.$_{k2}$
– **rot**: sabad.
• **hart** und empfindlich: petr.
– **stechend**: caust.$_{h}$

Verwachsen: *Arn.* *Ars.* par.$_{bg2,k}$
– **Knochen**; am: arn. *Asaf.* aur. chin. *Crot-t.*$_{rb2}$ hell. merc. *Ph-ac.* puls. ruta sabin. *Sil.* staph.
• **Gefühl**, als sei die Haut: kali-i.$_{rb2}$ phos.$_{rb2}$

Wächsern: **Acet-ac.**$_{bg2,k}$ **Apis** **Ars.**$_{bg2,k}$ calc.$_{bg2}$ calc-p.$_{k2}$ chin. colch.$_{bg2}$ *Cupr.* **Ferr.** *Ip.* lyc. **Lycps-v.** nat-m.$_{k2}$ *Phos.* *Sil.* tub.$_{k2}$

Warm
☞ *Hitze*

Warzen: acet-ac.$_{c2,k}$ alum. am-c. ambr. anac.$_{c2,k}$ anac-oc.$_{c2}$ anag.$_{bro1}$ anan. *Ant-c.*$_{c2,k}$ ant-t.$_{bro1}$ arg-n.$_{c2,k}$ *Ars.* ars-br.$_{bro1}$ *Aur.* aur-ar.$_{k2}$ aur-m.$_{c2,k}$ aur-m-n.$_{c2,k}$ **Bar-c.**$_{c2,k}$ **Bell.** *Benz-ac.* *Bov.*$_{c2,k}$ bufo **Calc.**$_{c2,k}$ calc-cn.$_{ah1}$ calc-o-t.$_{c2}$ **Calc-s.** carb-an. carb-v. carc.$_{zzh}$ castm.$_{bro1,c2}$ castor-eq.$_{bro1,c2}$ **Caust.**$_{c2,k}$ chel.$_{c2,k}$ chr-o.$_{c2}$ cinnb.$_{c2}$ cupr. cupre-l.$_{c2}$ **Dulc.**$_{c2,k}$ euph.$_{c2,k}$ euphr. ferr. ferr-ma.$_{c2}$ ferr-p. ferr-pic.$_{bro1,c2}$ fic-c.$_{br1}$ *Fl-ac.* gomph-f.$_{dbx1}$ graph. *Hep.* kali-ar. kali-bi.$_{c2}$ kali-c. *Kali-chl.* kali-m.$_{bro1,k2,*}$ kali-perm.$_{c2}$ kiss.$_{c2}$ *Lac-c.*$_{c2,k}$ *Lach.*$_{c2,k}$ limx.$_{hsa1}$ lyc.$_{c2,k}$ mag-s.$_{bro1,c2}$ *Med.*$_{c2,k}$ **Merc-c.** merc-i-f. mill. *Nat-c.*$_{c2,k}$ nat-m.$_{c2,k}$ nat-p. **Nat-s.**$_{c2,k}$ **Nit-ac.**$_{c2,k}$ nit-s-d.$_{c2}$ *Ox-ac.* pall.$_{c2}$ petr.$_{c2,k}$ *Ph-ac.*$_{c2,k}$ phase-xyz.$_{c2}$ phos. phyt.$_{c2,k}$ *Psor.* puls.$_{dgt,pd}$ ran-b.$_{c2,k}$ *Rhus-t.*$_{c2,k}$ ruta$_{c2,k}$ sabin. sars.$_{c2,k}$ semp.$_{kr1}$ *Sep.*$_{c2,k}$ sil. spig. staph.$_{c2,k}$

Warzen: ...
sul-ac.c2,k **Sulph.**c2,k syph.k2 **Thuj.**c2,k x-raybro1
☞ *Wucherungen / Wucherungen - Kondylome*
– **alt**: *Calc.*hr1,k *Caust.*hr1,k *Kali-c.*hr1,k *Nit-ac.*hr1,k rhus-t.hr1,k sars.hr1 sulph.hr1,k *Thuj.*hr1,k
– **blutend**: **Caust.**hr1,k cinnb.hr1,k hep.k,k2 lyc.hr1,k nat-c.h,k,* *Nit-ac.*bg2,k,* ph-ac. *Rhus-t.*hr1,k staph. **Thuj.**bg2,k,*
  • **Waschen**; durch: *Nit-ac.*
– **braun**: *Sep.*hr1,k *Thuj.*hr1,k
– **brennend**: am-c.hr1,k ars.bg2,k hep. lyc.bg2,k *Petr.*bg2,k phos.bg2,k *Rhus-t.*bg2,k sabin.br1 sep.bg2,k sulph.bg2,k thuj.k2
– **dünner** Epidermis; mit: *Nit-ac.*
– **eiternd**: ars.bg2,k *Bov.*bg2,k *Calc.*bg2,k,* calc-sil.k2 *Caust.*bg2,k *Hep.*bg2,k kali-sil.k2 *Nat-c.* *Sil.*bg2,k,* *Thuj.*bg2,k,*
– **empfindlich** gegen Berührung: *Caust.* *Cupr.* hep. *Nat-c.*h,k,* nat-m. **Nit-ac.**hr1 **Staph.** *Thuj.*
– **entzündet**: am-c.bg2,k,* bell. bov.bg2,k *Calc.*bg2,k,* calc-sil.k2 *Caust.*bg2,k,* *Hep.*bg2,k,* lyc.bg2,k nat-c.bg2,k,* *Nit-ac.*bg2,k,* rhus-t.bg2,k,* sars. sep.bg2,k,* *Sil.*bg2,k,* staph.bg2,k,* sulph.bg2,k,* thuj.
– **fadenförmig**: med.alj
– **feucht**: *Caust.*hr1,k lyc.hr1,k **Nit-ac.**hr1,k ph-ac. psor.hr1,k *Rhus-t.*hr1,k staph. **Thuj.**hr1,k
– **flach**: acet-ac. berb.bg2,k calc.bg2 *Caust.*bg2,k con.hr1 **Dulc.**bg2,k,* fl-ac.bg2,k lach.bg2,k,* merc-i-f.ptk1 nat-m.bg2 ruta *Sep.*hr1,k *Thuj.*hr1,k
– **fleischig**: *Calc.* carc.az1 *Caust.* *Dulc.*hr1,k sil.hr1,k
– **Geschwüre**:
  • **umgeben**; Warzen sind von einem Kranz von Geschwüren: ant-c. *Ars.* *Calc.* *Nat-c.* phos.
  • **werden** zu Geschwüren; Warzen: calc.h
– **gestielt**: **Caust.**hr1,k *Dulc.*bg2,k,* *Lyc.*bg2,k,* *Med.* nat-s.bg2 **Nit-ac.**hr1,k ph-ac.bg2,k *Rhus-t.*hr1,k sabin.bg2 sil. *Staph.*bg2,k,* *Thuj.*bg2,k,*
– **gezackt**: **Caust.**hr1,k *Lyc.*hr1,k **Nit-ac.**hr1,k ph-ac. rhus-t.hr1,k *Sep.* staph. **Thuj.**
– **gezähnt**: calc.bg2,k euphr.bg2,k lyc.bg2,k nit-ac.bg2,k *Ph-ac.*bg2,k,* rhus-t. sabin.bg2,k sep. staph.bg2,k *Thuj.*bg2,k,*
– **glatt**: **Ant-c.**bg2,k,* calc.bro1 **Dulc.**bg2,k,* lach.bg2 nat-m.bg2 nat-s.bg2 nit-ac.bg2 psor.bg2 ruta thuj.bg2
– **groß**: *Caust.*bg2,k,* **Dulc.**bg2,k,* kali-c.hr1,k lyc.hr1 nat-c.bg2,k,* **Nit-ac.**bg2,k,* ph-ac. *Rhus-t.*hr1,k *Sep.*bg2,k,* *Sil.*hr1,k **Thuj.**bg2,k,*
– **hart**: *Ant-c.*bg2,k,* *Calc.*hr1,k calc-sil.k2 *Caust.*bg2,k,* dulc.bg2,k,* fl-ac.hr1,k lach.hr1,k ran-b.bg2,k,* *Sep.*hr1,k *Sil.*bg2,k,* *Sulph.*bg2,k,* thuj.hr1
– **hohl**, werden: *Calc.*
– **hornig**: **Ant-c.**bg2,k,* *Calc.*bg2,k,* *Caust.* dulc.hr1,k graph.hr1,k nat-c.h,kl *Nit-ac.*hr1,k ran-b.bg2,k,* rhus-t.bro1 *Sep.*bg2,k,* *Sulph.*bg2,k,* thuj.hr1,k
☞ *Wucherungen - hornig*
– **isoliert**: *Lyc.*hr1,k *Thuj.*
– **juckend**: carb-an.bg2,h,* euphr.bg2,k,* graph.h,kl *Kali-c.*bg2,k,* kali-n.h,kl *Nit-ac.*bg2,k,* phos.bg2,k,* psor.hr1,k sabin.br1 *Sep.*hr1,k sulph.h,kl thuj.bg2,k,*
– **kaltes** Waschen agg.: dulc.
– **klein**: bar-c.bg2,k bar-s.k2 berb.hr1,k *Calc.*bg2,k,* carc.az1 *Caust.*hr1,k con.hr1 dulc.bg2,k,* ferr.hr1,k

Warzen - klein: ...
ferr-p. hep.bg2,k,* lach.hr1,k med.hr1 *Nit-ac.*hr1,k psor.bg2 rhus-t.bg2,k,* *Sars.*bg2,k,* *Sep.*bg2,k,* *Sulph.*bg2,k,* *Thuj.*bg2,k,*
– **lupoid**: ferr-pic.bro1,c2
– **Mädchen**; bei jungen ●: sep.hr1 sulph.hr1 thuj.hr1
– **pulsierend**: *Calc.*bg2,k kali-c.bg2,k lyc.bg2,k *Petr.*bg2,k sep.bg2,k *Sil.*bg2,k sulph.bg2,k
– **Quecksilber**; nach Mißbrauch von: *Aur.* *Nit-ac.* *Staph.*
– **reißend**: am-c.hr1,k
– **riechend**; nach altem Käse: *Calc.* *Graph.* *Hep.*hr1,k **Thuj.**hr1,k
– **rot**: *Calc.*hr1,k nat-s. *Thuj.*
– **rund**: *Calc.*hr1,k
– **schmerzhaft**: am-c. ambr.bg2,h,* *Bov.*hr1,k *Calc.*hr1,k calc-sil.k2 *Caust.*bg2,k,* fl-ac.bg2 hep.hr1,k kali-c.hr1,k kali-s. kali-sil.k2 lach. lyc.hr1,k nat-c.h,k,* nat-m.bg2,k,* *Nit-ac.*bg2,k,* petr.bg2,k,* phos.hr1,k rhus-t.hr1,k ruta sabin. sep.hr1,k sil.hr1,k sulph.hr1,k *Thuj.*bg2,k
– **stechend**, fein: am-c.hr1,k ant-c.bg2,k bar-c.bg2,k bar-s.k2 *Calc.*bg2,k,* calc-sil.k2 caust.bg2,k graph.h,kl *Hep.*bg2,k,* kali-sil.k2 lyc.bg2,k **Nit-ac.**bg2,k rhus-t.bg2,k sep.bg2,k sil.bg2,k staph.bg2,k sulph.bg2,k **Thuj.**hr1,k
– **Stechen** in Warzen: *Bov.* **Hep.** **Nit-ac.**
– **syphilitisch**: *Aur.*hr1,k aur-ar.k2 aur-m. aur-m-n. aur-s.k2 *Hep.* *Merc.* **Nit-ac.**hr1,k staph. *Thuj.*hr1,k
– **trocken**: fl-ac.k2 sars.hr1,k2 *Staph.*hr1,k
– **unterdrückt**: mang.k2,pd merc.k2 nit-ac.k2 staph.k2 *Thuj.*k2
– **wachsen**: kali-c.h,kl
– **weich**: *Ant-c.*bg2,k,* *Calc.*hr1,k calen.hr1 carc.az1 nat-s.bg2 **Nit-ac.**hr1,k sil. *Thuj.*hr1,k
– **ziehend**: con.bg2,h,*
– **zylindrisch**: carc.az1

Welk, schrumpelig: *Ars.* calc. calc-sil.k2 camph. caps. cham. **Chin.** clem. cocc. croc. *Ferr.* *Ferr-ar.* *Ferr-p.* hyos. *Iod.* kali-c. kali-sil.k2 lyc. merc. *Ph-ac.* phos. rheum rhod. *Sars.* **Sec.** seneg. sil. spong. sulph. *Verat.*

Wind:
– **kalter** Wind aus der Haut blasen; als würde: cupr.rb2

Windpocken
☞ *Hautausschläge - Windpocken*

Wolle:
– **agg.**: com.bg1
– **gezogen**; als würde ein Wolltuch über die Haut: staph.rb2

Wucherungen: *Ant-c.* ant-t.bg2,k *Arg-n.*hr1 ars. aur. aur-s.k2 bell.bg2,k **Calc.**bg2,k calc-sil.k2 *Carb-an.* *Carb-v.* *Carbn-s.* **Caust.**bg2,k clem. cocc. *Fl-ac.* **Graph.**bg2,k *Hep.*bg2,k iod.bg2,k lach.bg2,k **Lyc.**bg2,k med.br1 merc-n.c2 nat-m. **Nit-ac.**bg2,k nux-v.bg2,k ph-ac.bg2,k phos. plb. puls. ran-b. rhus-t.bg2,k sabin.bg2,k *Sil.*bg2,k,* **Staph.**bg2,k sul-i.k2 *Sulph.*bg2,k **Thuj.**bg2,k

Wucherungen: ...
☞ *Warzen*
– **Angiom**: abrot.$_{bro1}$ ant-t. **Ars.** bell. calc. **Carb-an.** *Carb-v.* clem. *Kreos.* *Lach.*$_{c2,k}$ *Lyc.*$_{k,kl2}$● *Merc.* *Nat-m.* *Nit-ac.* nux-v. **Phos.**$_{c2,k}$ *Rhus-t.* sep. **Sil.** staph. *Sulph.* **Thuj.**
☞ *❑ Allgemeines - Tumoren - Angiom | ❑ Brust - Krebs - Schlüsselbeine - Angiom | ❑ Extremitäten - Angiom*
– **feucht**: merc-c. *Nit-ac.* psor. *Sabin.* staph. sulph. **Thuj.**
– **fleischig**, wildes Fleisch: ars. *Staph.*$_{bg2,k}$ *Thuj.*$_{bg2,k}$
– **Fungus** (= blumenkohlartig): **Ant-c.** *Ars.* clem. *Con.* iod. *Kreos.* lac-c. **Lach.** *Nit-ac.* petr. phos. rhus-t. sabin. sang. **Sil.** *Staph.*$_{c2,k}$ sulph. **Thuj.**
• **haematodes**
☞ *Angiom*
• **medullaris**; Fungus (= Markschwamm): bell. *Carb-an.* *Phos.* sil. sulph. *Thuj.*
• **syphilitisch**: *Ars.* **Ars-i.** aur. aur-m. aur-m-n. cory.$_{br1}$ *Iod.* **Lach.** *Manc.* **Merc.** **Merc-c.** **Nit-ac.** **Sil.** staph. thuj.
– **geschwollene**, entzündete, ödematöse Büschel: ars. carb-an. hep. *Nat-c.* *Phos.* *Sil.* sulph.
– **glatt**: *Thuj.*
– **hart**: ran-b.$_{br1}$
– **hornig**: **Ant-c.**$_{bg2,k,*}$ mez. *Ran-b.*$_{k,k2,*}$ sep. sulph.$_{bg2,k}$ thuj.
☞ *Kondylome - hornig | Hautausschläge - hornig | Hautausschläge - Krusten - hornig | Verhärtungen - hornig | Warzen - hornig | ❑ Extremitäten - Hornhaut | ❑ Extremitäten - Hühneraugen - Fußsohlen - hornig | ❑ E~ Hühneraugen - hornig | ❑ E~ Warzen - Finger - Zeigefinger - hornig | ❑ E~ Warzen - Hände - hornig | ❑ E~ Wucherungen - hornig*
– **Kondylome**: acet-ac. alumn. anac. ant-t.$_{bg2,k}$ *Apis* arg-n. *Aur.* *Aur-m.*$_{c2,k}$ aur-m-n. benz-ac. *Calc.*$_{bg2,k}$ caust.$_{bg2,k}$ cham.$_{bg2,k}$ *Cinnb.*$_{bg2,k}$ euph. *Euphr.*$_{bg2,k,*}$ *Hep.*$_{bg2,k}$ *Kali-chl.* *Kali-i.*$_{c2,k}$ lac-c. *Lyc.*$_{bg2,k}$ **Med.** *Merc.*$_{c2,k}$ **Merc-c.**$_{bg2,k}$ merc-d.$_{c2}$ merc-n.$_{c1,c2}$ **Nat-s.**$_{bg2,bro1,*}$ **Nit-ac.**$_{bg2,k,*}$ **Ph-ac.**$_{bg2,k,*}$ *Phos.* phyt. pic-ac.$_{c2}$ plat-m.$_{c2}$ psor. *Sabin.*$_{bg2,k,*}$ sanic.$_{c2}$ *Sars.*$_{bg2,k}$ *Sep.*$_{bg2,k,*}$ sil.$_{kr1}$ *Staph.*$_{bg2,k,*}$ *Sulph.*$_{bg2,k}$ *Teucr.* **Thuj.**$_{bg2,k,*}$
☞ *Warzen*
• **blutend**: *Cinnb.*$_{bg2,k}$ *Med.* **Nit-ac.**$_{bg2,k}$ sulph. **Thuj.**$_{bg2,k}$
• **breit**: nit-ac. *Thuj.*
• **brennend**: apis *Cinnb.* *Nit-ac.* ph-ac. sabin. *Thuj.*
• **eiternd**: *Thuj.*
• **empfindlich**: staph.$_{k2}$
• **fächerförmig**: *Cinnb.* sulph. *Thuj.*
• **feucht**: *Apis* caust. euphr. med. merc. merc-c. **Nit-ac.** psor. sabin. staph. sulph. **Thuj.**
• **flach**: acet-ac.
• **gestielt**: caust. lyc.$_{bg2,k}$ nit-ac. ph-ac. thuj.
• **hornig**: thuj.
☞ *hornig*
• **juckend**: lyc. psor. *Sabin.* staph. thuj.
• **schnell** wachsend: *Thuj.*
• **stechende** Schmerzen: **Nit-ac.**

Wucherungen - Kondylome: ...
• **syphilitisch**: aur. aur-m. aur-m-n. *Cinnb.* cory.$_{br1}$ kali-i. *Merc.* **Nit-ac.** staph. *Thuj.*
• **trocken**: lyc. merc. merc-c. nit-ac. sars. staph. sulph. thuj.
• **übelriechend**: calc. hep. med. *Nit-ac.* thuj.
• **unterdrückt**: merc.$_{k2}$ nit-ac.$_{k2}$ staph.$_{k2}$ *Thuj.*$_{k2}$
– **Markschwamm**
☞ *Fungus - medullaris*
– **rot**: **Nat-s.** thuj.

Würmer:
– **bohren** und krabbeln; als würden Würmer auf dem Körper: tarent.$_{rb2}$
– **unter** der Haut; Gefühl von Würmern: **Cocain.**

Wund:
– **Gefühl**, wundes
☞ *Schmerz - wund*
– **wird** wund
☞ *Wundliegen*

Wund beißend
☞ *Beißen | Brennen*

Wunden
☞ *❑ Allgemeines - Wunden*

Wundliegen (= Dekubitus): *Agar.* all-c.$_{c1,st1}$ am-c. am-m. ambr. ant-c. *Arg-n.* **Arn.**$_{c2,k}$ ars. bapt. bar-c. bell. bov. *Calc.* calc-p. camph.$_{c2}$ canth. carb-an. *Carb-v.* caust. cham. **Chin.** chlol.$_{c2}$ coff. colch. crot-h. dros. euph. fl-ac.$_{c2,k}$ **Graph.** *Hep.* hippoz.$_{c2}$ hydr. *Ign.* kali-ar. kali-c. kreos. **Lach.**$_{c2,k}$ lap-a.$_{br1}$ *Lyc.* mag-m. mang. *Merc.* mez. *Nat-c.* nat-m. nit-ac. nux-v. olnd. op. paeon.$_{c2,gm1}$ **Petr.**$_{c2,k}$ ph-ac. phos. plb. *Puls.* pulx.$_{br1}$ pyrog.$_{c2}$ rhus-t. ruta sel. **Sep.** **Sil.** spig. squil. *Sul-ac.* *Sulph.*$_{c2,k}$ ter. *Tub.*$_{st1}$ valer.$_{c2}$ zinc.
– **Kind**, bei einem: ant-c. bar-c. bell. *Calc.* **Cham.** *Chin.* ign. kreos. *Lyc.* merc. puls. ruta *Sep.* sil. squil. **Sulph.**

Zerschlagen; Schmerz wie
☞ *Schmerz - zerschlagen*

Ziehen:
– **innen** gezogen; als würde die Haut nach: rat.$_{rb2}$
– **Spinnwebe** oder getrockneter, eiweißartiger Substanz, Haut gerunzelt und vertrocknet; wie von einer: arg-n.$_{br1}$

Zusammenziehung: alum. am-m. anac. asar. bell. bism. bry. carb-v. *Chin.* cocc. cupr. ferr. *Graph.* kali-c. kreos. lyc. merc. nat-m. nit-ac. *Nux-v.* olnd. par. petr. phos. *Plat.* plb. puls. ran-s. rhod. **Rhus-t.** ruta sabad. sec. *Sel.* sep. sil. spig. stann. stront-c. sul-ac. sulph. zinc.

Zysten
☞ *❑ Allgemeines - Tumoren - zystisch*

Tagsüber: Agar.bg1,vh,* Alum. am-c.bg2,sfl,* am-m. arg-met.bg2,sfl arg-n.bg2,sfl,* calc.bg2,sfl,* calc-sil.k2 caust.bg2,sfl,* cimic.bg2,k,* euph.ptk Euphr.bg2,sfl,* Ferr.bg2,k,* guaj. Hydrog.srj2 lac-d.k13,k2 lach.bg2,sfl,* Med.bg2,k,* Nat-ar. nat-c. Nat-m.bg2,k,* Nit-ac.bg2,k,* nux-v.bg2,sfl,* phos.bg2,sfl,* Puls.bg2,k Rhus-t.bg2,k,* Sang.bg2,k,* **Sep.**bg2,k,* **Stann. Sulph.**bg2,k,*

– **amel.**: acon.bg2,sfl,* Agar.bg2,sfl,* arn.bg2,sfl,* bry.bg2,sfl,* cham.bg2,sfl,* cob-n.bg2,sfl,* Cycl.bg2,sfl,* helon.bg2,sfl,* hydrog.srj2 Jal.bg2,sfl,* kali-c.bg2,sfl Mag-p.bg2,sfl,* merc.bg2,k1,* nat-p.bg2,k1,* nat-s.bg2,k1,* Petr.bg2,sfl,* sep.bg2,sfl,* syph.bg2,sfl

– **Sonenaufgang** bis Sonnenuntergang; von
☞ Morgens - Sonnenaufgang - nach - Sonnenuntergang

Morgens (= 6 - 9 h): Abies-n. abrot. absin. Acal.br1,kr1 Acon.bg2,k,* aesc. **Agar.**bg2,k,* agn.bg2,k all-c.bg2,kr1,* Aloek,kr1,* Alum.bg2,k,* **Alum-p.**k2,kr1,* alumn.kr1,sfl am-c.j5,k,* **Am-m.**j5,k,* Ambr.bg2,k,* Anac.bg2,k,* ang.bg2,hr1,* Ant-c.bg2,k,* ant-s-aur.kr1,sfl Ant-t.bg2,hr1,* Apisk,kr1,* aran.bg2,kr1,* aran-ix.mg,mg1 **Arg-met.**k,kr1 Arg-n.k,kr1 arist-cl.mg,mg1 Arn.bg2,k,* Ars.bg2,k,* **Ars-i.** ars-s-f.k2,kr1 asaf.bg2,k,* asar.bg2,k,* asc-t.c1 **Aur.**bg2,k,* aur-ar.k2 aur-i.k13,k2 **Aur-s.**k2,mg bac.c1 Bapt. Bar-c.bg2,k,* bar-i.k13,k2 Bar-m. Bar-s.k13,k2 bell.bg2,k,* benz-ac. Berb. bism.bg2,k,* Borx.k,kr1 Bov.bg2,k,* **Bry.**j5,k,* bufo cadm-met.jl3,kr1,* calad.bg2,k,* **Calc.**j5,k,* calc-i.k2,kr1,* **Calc-p.** Calc-sil.k13,k2 cann-i.br1,kr1,* cann-s.bg2,k,* Canth.bg2,k,* Caps.bg2,k,* **Carb-an.**bg2,k,* **Carb-v.**bg2,k,* **Carbn-s.** castm.bg2,kr1,* Caust.bg2,k,* **Cham.**bg2,k,* **Chel.**bg2,k,* chin.bg2,k,* Chr-ac. cic.bg2,k,* cimic. **Cina**j5,k,* Cinnb. Cist.j5,k,* clem.bg2,k,* cob.bg2,kr1,* cob-n.kr1,mg1,* coc-c.bg2,k,* Coca Cocc.bg2,k,* cod. Coff.bg2,k,* colch.bg2,k,* coloc.bg2,k,* Con.bg2,k,* convo-s.jl,kr1,* corn. cortico.jl3,kr1,* cortiso.jl3,kr1,* **Croc.**j5,k,* crot-h.bg2,k,* crot-t.j5,k,* cupr.bg2,k,* cycl.bg2,k,* daph.j5,kr1 Dig.bg2,k,* Dios.bg2,k,* Dros.bg2,k,* Dulc.bg2,k,* echi.bg2,kr1,* elapsbg2,kr1,* erig.mg,mg1 Eup-per.bg2,k,* euph.bg2,k,* Euphr.bg2,k,* Ferr.bg2,k,* Ferr-ar.k,k2,* ferr-i. Ferr-p.k,k2,* Fl-ac.bg2,kr1,* form. Gamb. Gels. gink-b.sbd1 glon.kr1 gran. Graph.k,k2,* grat. Guaj.bg2,k,* harp.jl hed.kr1,mg1,* hell.bg2,k,* Hep.k,k2,* Hydr. Hydrog.srj2 hydroph.jl3,kr1,* hyos.bg2,k,* Ign.bg2,k,* iod.bg2,k,* ip.bg2,k,* irisbg2,kr1,* Kali-ar.k,k2,* **Kali-bi.**k,k2,* Kali-c.j5,k,* kali-chl.k13 Kali-i. kali-m.k2 **Kali-n.**bg2,k,* Kali-p.k,k2,* kali-sil.k2,kr1,* Kalm. Kreos.bg2,k,* lac-c.bro1,kr1 **Lach.**k,k2,* laur.bg2,k,* led.bg2,k,* lept.bg2,kr1,* lil-t.bg2,kr1,* lith-c.bro1,kr1 lob.bg2,kr1,* Lunakg1 lyc.bg2,k,* Mag-c.bg2,k,* mag-f.kr1,mg1,* Mag-m.bg2,k,* mag-s.kr1,mg1,* magn-gr.bro1,kr1 mang.bg2,k,* med.kr1,st meny.bg2,k,* meph.j5 Merc.bg2,k,* merc-c. Merc-i-f. mez.bg2,k,* mosch.bg2,k,* mur-ac.bg2,k,* mygal.kr1 najabg2,kr1,* **Nat-ar.** Nat-c.bg2,k,* **Nat-m.**bg2,k,* nat-n.bg2,kr1,* Nat-p. **Nat-s.**bg2,k,* nat-sil.k2,kr1 nicc.k,kr1,* **Nit-ac.**bg2,k,* nuph.bro1,kr1 Nux-m.bg2,k,* **Nux-v.**k,k2,* oci-sa.jl,kr1,* olnd.bg2,hr1,* **Onos.**k,kr1 Op.bg2,k,* ox-ac. par.bg2,k,* pareir. perh.jl **Petr.**bg2,k,* **Ph-ac.**bg2,k,* **Phos.**bg2,k,* Phyt. pic-ac. Plan.

Morgens (= 6 - 9 h): ...
Plat.bg2,k,* plb.bg2,k,* **Podo.**bg2,k,* Psor. ptel. **Puls.**bg2,k,* Ran-b.bg2,k,* ran-s.bg2,k,* Rheumk,kr1 **Rhod.**bg2,k,* **Rhus-t.**bg2,k,* **Rumx.**k,kr1,* rutak,kr1,* sabad.bg2,k,* sabalc1 Sabin.bg2,k,* Sal-ac. samb.bg2,k,* Sang.a1,k Sars.bg2,k,* sec.bg2,k,* Sel.bg2,k,* Senec. Seneg.bg2,k,* **Sep.**bg2,k,* Sil.bg2,k,* **Spig.**bg2,k,* spong.bg2,k,* **Squil.**bg2,k,* Stann.bg2,k,* Staph.bg2,k,* stel.bro1,kr1 Stram.bg2,k,* stront-c.k,kr1 stry.bro1,kr1 stry-p.kr1,sfl,* **Sul-ac.**k1,k2,* sul-i.k2,kr1,* **Sulph.**bg2,k,* tab. Tarax.bg2,k,* Tarent.hr1,kr1 tell.jl3,kr1,* teucr.bg2,k,* Thuj.bg2,k,* **Tub.**br1,kr1,* **Valer.**bg2,k,* ven-m.jl3,kr1,* Verat.bg2,k,* Verat-v. verb.bg2,k,* viol-o.bg2,k,* viol-t.bg2,k,* visc.jl3,kr1,* xero.kr1 Zinc.bg2,k,* Zinc-p.k2,kr1,*

– **amel.**: acon.bg2,sfl,* am-m.bg2,sfl,* ambr.bg2,j5,* apisbg2,sfl carc.zzh cench.bg2,k2,* jug-c.bg2,sfl merc.bg2,j5,* phos.bg2,hr1,* sang.bg2,sfl,* still.bg2,sfl xero.bg2,sfl zinc.bg2,j5,*

– **6** h: aloe Alum.bg2 arn.bg2 bov.bg2 calc-p. ferr.bg2 Hep.bg2 lyc.bg2 Nux-v.bg2 ox-ac. sep. sil. sulph. verat.

– **7** h: eup-per. Hep.bg2 nat-c.bg2 Nux-v.bg2 podo. sep.bg2
  • **7** - 9 h: eup-per.ptk

– **8** h: Eup-per. nux-v.

– **Bett**, im: aloebg2 Am-m.bg2 Ambr.bg2 bry.bg2 con.bg2 Kali-c.bg2 Lyc.bg2 Nux-v.bg2 phos.bg2 sep.bg2 Sulph.bg2

– **Erwachen**, beim: bell-p.mg,mg1 cadm-met.mg,mg1,* cob-n.mg,mg1 ferr-ar.k13,k2 flav.jl,jl3 **Luna**kg1 mag-c.mg,mg1 prot.jl,jl3
☞ Schlaf - nach - morgens

– **Nachmittag** des nächsten; am Morgen des einen Tages und am: lac-c.bg2

– **Sonnenaufgang**:
  • **vor**: lyc.bg2
  • **nach**: cham.bg2,k Nux-v.bg2,k puls.bg2,k syph.st
    • **amel.**: colch.ptk syph.ptk
    • **Sonnenuntergang**; bis: Med.st

– **Tagesanbruch**
☞ Sonnenaufgang

– **und**:
  • **nachmittags**: sars.bg2
  • **abends**: alum.bg2 bov.bg2 Calc.bg2 caust.bg2 coc-c.bg2 Graph.bg2 guaj.bg2 Kali-c.bg2 lach.bg2 Lyc.bg2 Phos.bg2 psor.bg2 Rhus-t.bg2 sang.bg2 **Sep.**bg2 Stram.bg2 Stront-c.bg2 Thuj.bg2 verat.bg2 zinc.bg2
  • **nachts**: iod.bg2 nat-c.bg2

Vormittags (9 - 12 h): aloe alum.bg2,k,* alum-p.k2,kr1,* alum-sil.k2 Alumn.kr1 am-c.bg2,k,* am-m.bg2,k,* ambr.bg2,k,* anac.bg2 ang.bg2,hr1,* ant-c.bg2,k,* ant-t.bg2,k,* aran. Arg-met.k,kr1 arg-n.bg2,sfl,* ars.bg2,k,* ars-s-f.k2,kr1,* asaf.bg2,k,* aur.bg2,k,* aur-ar.k2 aur-s.k13,k2 bar-c.bg2,k,* bar-i.k2 bar-m. Bar-s.k13,k2 bell.bg2,k,* borx.k,kr1 bov.bg2,k,* Bry.bg2,k,* cact. calc.hr1,k,* calc-sil.k13,k2 **Cann-i.**kr1 **Cann-s.**bg2,k,* canth.bg2,k,* carb-an.bg2,k,* Carb-v.bg2,k,* carbn-s. caust.bg2,k,* cedr. cham.bg2,k,* chel.bg2,k,* chin.bg2,k,* cocc.bg2,k,* coloc.bg2,k,*

Vormittags (9 - 12 h): ...
con.bg2,hr1,* cupr.bg2,k,* cycl.bg2,k,* dros.bg2,k,* dulc.bg2,k,* euph.bg2,k,* euphr.bg2,k,* ferr.bg2,k *Fl-ac.*bg2,sf germ-met.srj5 gink-b.sbd1 graph.bg2,hr1,* *Guaj.*bg2,k,* haliae-lc.srj5 halo.jl hell.bg2,k,* *Hep.*bg2,hr1,* hydrog.srj2 ign.bg2,k,* ip.bg2,k,* kali-ar. kali-c.bg2,k,* kali-chl.k13 kali-m.k2 kali-n.bg2,k,* kali-p. kali-sil.k2,kr1,* kreos.bg2,k,* lach.bg2,k,* *Laur.*bg2,k,* lyc.bg2,hr1,* mag-c.bg2,k,* mag-m.bg2,k,* *Mang.*bg2,k,* merc.bg2,k,* mez.hr1,k,* mosch.bg2,k,* mur-ac.bg2,k,* *Nat-ar.* **Nat-c.**bg2,k,* **Nat-m.**k,k2,* nat-p. *Nat-sil.*k2,kr1,* neonsrj5 nit-ac.bg2,k,* *Nux-m.*bg2,k,* nux-v.bg2,k,* par.bg2,k *Pareir.*kr1 petr.bg2,k,* ph-ac.bg2,k,* phos.bg2,k,* plat.bg2,hr1,* plb.bg2,k,* **Podo.** puls.bg2,k,* *Ran-b.*bg2,k,* rhod.bg2,k,* *Rhus-t.*bg2,k,* rumx. **Sabad.**bg2,k,* *Sars.*bg2,k,* *Sec.*bg2,k,* sel.bg2,hr1,* seneg.bg2,k,* **Sep.**bg2,k,* *Sil.*bg2,k,* *Spig.*bg2,k,* spong.bg2,hr1,* **Stann.**bg2,k,* *Staph.*bg2,hr1,* *Stram.*a1,bg2 stront-c.k,kr1 **Sul-ac.**bg2,k,* **Sulph.**bg2,k,* *Tarax.*bg2,k,* *Teucr.*bg2,k,* valer.bg2,k,* verat.bg2,hr1,* verb.bg2,k,* *Viol-t.*bg2,k,* zinc.bg2,k,* zinc-p.k2,kr1,*

– **amel.**: *Alum.* lil-t.brol **Lyc.** nat-sil.k13,k2

– **9** h: bry.bg2 *Cham.* *Eup-per.*bg2 kali-bi.bg2 kali-c. lac-c.bg2 nat-m.bg2 nux-v.bg2 podo. sep.bg2 sumb. *Verb.*bg2
- **9** - 11 h: stann.sfl
- **9** - 14 h: nat-m.sfl

– **10** h: *Ars.*bg2 borx.bg2 carc.fb cench.k2 chin.bg2 chinin-s.bg2 cimic. eup-per.bg2 gels. *Iod.*bg2 meli.bg2 **Nat-m.**k,kl2● nux-v. petr.bg2 *Phos.*bg2 *Rhus-t.*bg2 sep.bg2 sil.bg2 *Stann.*bg2 *Sulph.*bg2 thuj.bg2
- **10** - 11 h: gels.brol *Nat-m.*sfl *Sep.*brol sulph.brol
- **10** - 15 h: tub.bg,st

– **11** h: arg-met. arg-n.sfl,st ars. arum-t. asaf.bg2 asar. bapt.bg2 berb. cact. *Chinin-s.*bg2 cimic. cob. cocc.bg2 *Gels.*bg2 hydr. hyos. ind.sfl ip. lach.bg2,sfl mag-p.bg2 nat-c.bg2 **Nat-m.** nat-p.bg2 *Nux-v.*bg2 *Phos.*bg2 phyt. puls.bg2 *Rhus-t.*bg2 *Sep.*bg2 *Stann.*bg2 **Sulph.**k,kl2● *Zinc.*bg2
- **11** - 12 h: haliae-lc.srj5

Mittags (= 12 - 13 h): alum. ant-c.bg2 apis **Arg-met.** arg-n.bg2 arge.brl ars. bol-la.bg2 bruc.j5 cact.brl carb-v.bg2,k cham.bg2 chel.bg2 chin.bg2 cic. coloc.bg2 elapsbg2 *Eup-per.*bg2 gels.bg2 kali-bi.bg2,k kali-c.bg2 lach.bg2 mag-c.bg2 *Nat-m.*bg2 *Nux-m.*bg2,k *Nux-v.*bg2 paeon. phos.bg2,k sang.bg2 *Sel.*bg2 sep.bg2,k *Sil.*bg2 spig.bg2 *Stram.*bg2,k *Sulph.*k,k2,* *Valer.*bg2,k verb.bg2 *Zinc.*bg2,k

– **12** - 0 h: lach.sfl

– **Essen**, nach dem: grat.bg2,sfl halo.jl,sfl *Mag-m.*sfl *Nat-c.*sfl nux-m.sfl valer.sfl
- **amel.**: **Chel.**k,k1,* nat-s.sfl

– **steigen** bis mittags an und nehmen dann ab; Symptome: acon.bg2,sfl *Arg-n.*bg2,sfl bry.bg2,sfl echi.bg2,sfl gels.bg2,sfl glon.bg2,sfl kali-bi.bg2,sfl kalm.bg2,k2,* nat-m.bg2,sfl nux-v.bg2,sfl *Sang.*bg2,sfl,* sanic.bg2,sfl,* spig.bg2,sfl,* stann.bg2,sfl stram.bg2,sfl stront-c.bg2,sfl sulph.bg2,sfl

Nachmittags (13 - 18 h): acon. aesc.brol aeth. *Agar.*bg2,k,* all-c. *Aloe* *Alum.*bg2,k **Alum-p.**k13,k2 alum-sil.k13,k2 **Alumn.**hr1 *Am-c.*bg2,k,* *Am-m.*bg2,k,* *Ambr.*bg2,k,* anac.bg2,k,* ang.bg2,hr1,* *Ant-c.*bg2,k,* ant-t.bg2,k,* *Apis* *Arg-met.* *Arg-n.* arn.bg2,k,* *Ars.*bg2,k,* ars-i. ars-s-f.k2 *Asaf.*bg2,k,* *Asar.*bg2,k,* aur.bg2,k,* aur-ar.k2 aur-i.k13,k2 aur-s.k13,k2 aza.jl,jl3 *Bamb-a.*stb2 bar-c.bg2,k,* bar-i.k13,k2 *Bar-m.* bar-s.k13,k2 **Bell.**bg2,k,* *Bism.*bg2,k,* borx. *Bov.*bg2,k,* *Bry.*bg2,k,* buth-a.jl,jl3,* cact. calad.bg2,k,* calc.bg2,k,* calc-i.k13,k2 *Calc-p.* calc-sil.k13,k2 camph.bg2,k,* cann-s.bg2,k,* *Canth.*bg2,k,* caps.bg2,k,* carb-an.bg2,k,* carb-v.bg2,k,* carbn-s. carc.hbh,tpl caust.bg2,k,* cedr. *Cench.*st cham.bg2,k,* *Chel.*bg2,k,* chin.bg2,k,* *Cic.*bg2,k,* *Cimic.* cina coc-c.hr1,k cocc.bg2,k coff.bg2,k,* colch.bg2,k,* *Coloc.*bg2,k,* con.bg2,k,* croc.bg2,k,* cycl.bg2,k,* cyn-d.jl,jl3 cyt-l.mg,mg1,* *Dig.*bg2,k,* dios. dros.bg2,k,* *Dulc.*bg2,k,* euphr. eys.spl fago.brol ferr.bg2,k ferr-ar. ferr-i. ferr-m.hr1,kr1 ferr-p. *Fl-ac.*bg2 gels. gink-b.sbd1 graph.bg2,hr1,* grat.j5 guaj.bg2 hell.bg2,k,* hep.bg2,hr1,* hip-ac.jl,jl3,* hydrog.srj2 hyos.bg2,k,* *Ign.*bg2,k,* iod.bg2,k,* ip.bg2,k,* kali-ar. *Kali-bi.*bg2,k kali-c.bg2,k,* kali-chl.k13 kali-cy.brol kali-m.k2 **Kali-n.**bg2,k,* kali-p. kali-sil.k13,k2 kreos.bg2,k,* lach.bg2,k,* *Laur.*bg2,k,* *Led.* lil-t.brol lob.brol lunakg1 **Lyc.**bg2,k,* mag-c.bg2,k,* mag-m.bg2,k,* *Mang.*bg2,k,* meli. meny.bg2,k,* *Merc.*bg2,k,* merc-sul.c1 mez.bg2,k,* *Mosch.*bg2,k,* *Mur-ac.*bg2,k,* najajl nat-ar. nat-c.bg2,hr1,* *Nat-m.*bg2,k,* nicc. *Nit-ac.*bg2,k,* nux-m.bg2,k,* *Nux-v.*bg2,k,* *Ol-an.* op.bg2,k,* par.bg2,k,* petr.bg2,k,* *Ph-ac.*bg2,k,* *Phos.*bg2,k,* phyt. plan. plat.bg2,hr1,* plb.bg2,k,* psil.ft1 *Ptel.* **Puls.**bg2,k,* *Ran-b.*bg2,k,* ran-s.bg2,k,* rheum rhod.bg2,k,* **Rhus-t.**bg2,k,* *Rumx.* ruta sabad.bg2,k,* sabin.bg2,k,* sal-ac. *Sang.* *Sars.*bg2,k,* *Sel.*bg2,k,* *Seneg.*bg2,k,* **Sep.**bg2,k,* **Sil.**bg2,k,* **Sin-n.** spig.h,k,* spong.bg2,hr1,* squil.bg2,k,* stann.bg2,k,* *Staph.*bg2,hr1,* *Still.* sul-ac.bg2,k,* sul-i.k13,k2 *Sulph.*bg2,k,* tarax.bg2,k,* *Teucr.*bg2,k,* theac1 thiop.jl **Thuj.**bg2,k,* *Valer.*bg2,k,* *Ven-m.*jl,jl3 verat.bg2,hr1,* verb.bg2,k,* *Viol-t.*bg2,k,* wye.k13,k2 x-raybrol xero.brol **Zinc.**bg2,k,* **Zinc-p.**k2

– **amel.**: cinnb. cob-n.jl,jl3 cortico.jl,jl3,* gels.ptk gink-b.sbd1 heclajl hed.jl,jl3 hydrog.srj2 kali-c.jl *Nat-s.*bg2,sf neonsrj5 phyt.bg2,sf rhus-t.bg2,sf *Sep.*bg2,sf1,*
- **16** h: germ-met.srj5
  - **Zubettgehen**, bis zum: alum.

– **13** h: arg-met. *Ars.*bg2,k2 cact.bg2 chel.bg2 cinabg2 grat.bg2 kali-c.bg2 *Lach.*bg2 mag-c. phos.bg2 *Puls.*bg2
- **13** - 14 h: ars.k2
- **13** - 18 h: bamb-a.stb2 carc.sst
- **13** - 21 h: chel.sfl

– **14** h: ars.bg2,k2 calc. chel.bg2 cur.st *Eup-per.*bg2 ferr.bg2 gels.bg2 lach. lob. mag-p.bg2 nit-ac. ol-an. puls. sang.
- **14**, 15 oder 16 h bis zum Morgen; von: syph.sfl

– **14**.30 h: hell.

– **15** h: *Ang.*bg3 ant-t.bg3 *Apis* ars. asaf.bg3 asar. **Bell.** bry.k2,st cedr.bg3 cench. chel.bg3 *Chinin-s.*bg3 clem. con.bg3 nat-m.bg3 samb.bg3 sang.bg3 sil. staph. sulph. *Thuj.*

– **15** h: ...
• **15** - 17 h: sep.
• **15** - 18 h: apis sfl
• **15** - 20 h: neon srj5
• **15** - 3 h: bell.k2

– **16** h: *Aesc.*bg2 alum. anac. *Apis* bg2 ars.bg2 arum-t. bry.vh cact.bg2 calc-p. carb-v. *Caust.* *Cedr.*bg2 cench.k2 chel. *Chinin-s.*bg2 cob. *Coloc.* gels. germ-met.srj5 *Hell.* hep.bg2 ign.hr1 ip.bg2 kali-c. lachn. **Lyc.** mag-m. mang.bg2 merc-sul.vh mur-ac. nat-m.bg2 nat-s. nit-ac.bg2 *Nux-v.*bg2 puls. rhus-t.bg2 stront-c. sulph.bg2 verb.bg2
• **16** - 17 h: allox.jl merc-sul.c1,vh,*
• **16** - 18 h: alum.h eys.jl,sp1 gels.sfl *Sep.*k1,kl2●
• **16** - 19 h: coloc.sfl *Lyc.*sfl
• **16** - 20 h: alum. bov. buth-a.mg1,sp1 chinin-s.vh coloc.bg2 *Hell.* **Lyc.**k,kl2● mag-m. nux-m. sabad.bg2 sulph. zinc.bg2
• **16** - 22 h: alum. chel. plat.
• **16** - 4 h: thuj.sfl

– **17** h: alum.bg2 *Bamb-a.*stb2 bov.bg2 caust.bg2 cedr.bg2 *Chin.*bg2 cimic. *Coloc.* con. *Gels.*bg2 haliae-lc.srj5 *Hep.* hyper.bg2 kali-c. *Lyc.*bg2 nat-m.bg2 *Nux-v.*bg2 psil.ft1 **Puls.**k1,st *Rhus-t.*bg2 sulph.bg2 **Thuj.**bg2 tub.bg2 valer.bg2
• **17** - 18 h: ange-s. methys. scir.c1,vh
• **17** - 19 h: **Luna** kg1
• **17** - 20 h: *Lil-t.*

– **und** abends: kali-c.bg2

Abends (= 18 - 22 h): abrot. *Acon.*bg2,k,* aeth.br1 agar.bg2,k,* agn.bg2,k alf.bro1 *All-c.* aloe **Alum.**bg2,k,* alum-sil.k13,k2 alumn.kr1 am-br.bro1 **Am-c.**bg2,k,* *Am-m.*bg2,k,* **Ambr.**bg2,k,* *Anac.*bg2,k,* *Androc.*srj1 *Ang.*bg2,hr1,* **Ant-c.**bg2,k,* **Ant-t.**bg2,k,* apis *Arg-met.* *Arg-n.* **Arn.**bg2,k,* *Ars.*bg2,k,* *Ars-i.* ars-s-f.k2 *Asaf.*bg2,k,* *Asar.*bg2,k,* aur.bg2,k,* aur-ar.k2 aur-i.k13,k2 *Aur-s.*k13,k2 *Bapt.* *Bar-c.*bg2,k,* bar-i.k13,k2 bar-m. bar-s.k13,k2 **Bell.**bg2,k,* berb. berb-a.jl,jl3 bism.bg2,k,* *Borx.* *Bov.*bg2,k,* *Brom.* **Bry.**bg2,k,* bufo bg2 buth-a.sp1 caj.bro1 *Calad.*bg2,k,* **Calc.**bg2,k,* calc-ar.k13,k2 *Calc-i.*k13,k2 calc-p. *Calc-s.* **Calc-sil.**k13,k2 camph.bg2,k,* cann-s.bg2,k,* canth.bg2,k,* **Caps.**bg2,k,* **Carb-an.**bg2,k,* **Carb-v.**bg2,k,* **Carbn-s.** carc.sp1 **Caust.**bg2,k,* cedr. *Cench.*k13,k2,* **Cham.**bg2,k,* chel.bg2,k,* chin.bg2,k,* chlorpr.jl,jl3 cic.bg2,k,* *Cimic.* cina clem.bg2,k,* *Cocc.*bg2,k,* coff.bg2,k,* **Colch.**bg2,k,* *Coloc.*bg2,k,* com. *Con.*bg2,k,* *Croc.*bg2,k,* crot-h. crot-t.sf,sfl cupr.bg2,k *Cupr-s.*hr1,kr1 **Cycl.**bg2,k,* cyn-d.jl,jl3 cyt-l.mg,mg1,* daph.sf dig.bg2,k,* dios.bro1 dirc. dros.bg2,k,* *Dulc.*bg2,k,* euon-a.bro1 **Euphr.**bg2,k,* eys.jl,jl3,* *Ferr.*bg2,k,* *Ferr-ar.* *Ferr-i.* *Ferr-p.* *Ferr-t.* *Fl-ac.*bg2,k flor-p.jl,jl3 form.sf,sfl *Gamb.* gink-b.sbd1 *Graph.*bg2,k,* *Guaj.*bg2,k,* hecla jl **Hell.**bg2,k,* *Hep.*bg2,k,* *Hydrog.*srj2 **Hyos.**bg2,k,* *Ign.*bg2,k,* *Iod.*bg2,k,* *Ip.*bg2,k,* iris br1 jatr-c. *Kali-ar.* *Kali-bi.*bg2,k *Kali-c.*bg2,k,* kali-chl.k13 *Kali-i.* kali-m.k2 **Kali-n.**bg2,k,* *Kali-p.* *Kali-s.* kali-sil.k13,k2 *Kalm.* kreos.bg2,k,* **Lach.**bg2,k,* *Laur.*bg2,k,* *Led.*bg2,k,* *Lil-t.* **Lyc.**bg2,k,* **Mag-c.**bg2,k,* *Mag-m.*bg2,k,* *Mang.*bg2,k,* **Meny.**bg2,k,* meph.j5

Abends (= 18 - 22 h): ...
Merc.bg2,k,* merc-c.bro1 *Merc-i-r.* **Mez.**bg2,k,* mosch.bg2,k,* mur-ac.bg2,k,* *Nat-ar.* *Nat-c.*bg2,k,* *Nat-m.*bg2,k,* **Nat-p.** nat-s.k2 *Nat-sil.*k13,k2 neon srj5 nep.mg,mg1,* nicc. **Nit-ac.**bg2,k,* *Nux-m.*bg2,k,* *Nux-v.*bg2,k,* olnd.bg2,hr1,* op.bg2,k,* osm. *Ox-ac.* palo.jl,jl3 *Par.*bg2,hr1,* penic.srb2 *Petr.*bg2,k,* **Ph-ac.**bg2,k,* **Phos.**bg2,k,* phyt. pic-ac. pitu.jl,jl3 plan. **Plat.**h,k,* **Plb.**bg2,k,* *Psor.* *Ptel.* **Puls.**bg2,k,* *Ran-b.*bg2,k,* **Ran-s.**bg2,k,* rheum *Rhod.*bg2,k,* *Rhus-t.*bg2,k,* **Rumx.** **Ruta** sabad.bg2,k,* *Sabin.*bg2,k,* sal-ac. *Samb.*bg2,k,* *Sang.*a1,k *Sars.*bg2,k,* sel.bg2,k,* *Seneg.*bg2,k,* **Sep.**bg2,k,* **Sil.**bg2,k,* **Sin-n.** spig.bg2,k,* *Spong.*bg2,k,* squil. **Stann.**bg2,k,* staph.bg2,k,* stict. **Stront-c.** **Sul-ac.**bg2,k,* *Sul-i.*k13,k2 sulfonam.jl3 **Sulph.**bg2,k,* *Sumb.* *Syph.*bg2,k2 *Tab.* tarax.bg2,k tarent.hr1,kr1 teucr.bg2,k,* thiop.jl *Thuj.*bg2,k,* trios.jl v-a-b.jl,jl3 **Valer.**bg2,k,* verat.bg2,k,* verb.bg2,k,* vib.hr1,k viol-o.bg2,k,* viol-t.bg2,k,* x-ray sp1 **Zinc.**bg2,k,* zinc-p.k2

– **amel.**: *Agar.*sf1,vh,* *Alum.* am-m.sf,sfl ang.sf,sfl aran-ix.mg,mg1 arg-met. arn. asaf. **Aur.** borx.bro1 bruc.j5 carc.fb,jl2 castm.sfl chel. cob-n.sp1 cortiso.jl,jl3 halo.jl hed.mg,mg1,* hydrog.srj2 kali-n.j5 lob.bro1 *Lyc.*k,vh/dg,* mag-c.mg,mg1 mag-m.dgt *Med.* nat-m.sf,sfl nicc.bro1 nux-v.bro1 podo.sf,sfl *Puls.*bg2,j5,* *Sep.* stel.bro1 thyr.jl,jl3 visc.jl,jl3,*

– **18** h: ampe-qu.br1 ant-t.bg2 bapt. calc.st calc-p. caust. *Cedr.*bg2 choc.srj3 dig. hep. hyper. *Kali-c.*bg2 kali-i. lachn. nat-m.bg2 neon srj5 **Nux-v.**bg2 penic.srb2 petr.bg2 *Puls.*bg2 *Rhus-t.*bg2 *Sep.*bg2 *Sil.*bg2 *Sumb.*
• **18** - 19 h: carc.mg1,sp1,* culx.k2 *Hep.*
• **18** - 20 h: rauw.jl
• **18** - 21 h: androc.srj1 bamb-a.stb2 carc.sst choc.srj3
• **18** - 22 h: kali-c.
• **18** - 4 h: guaj.st
• **18** - 6 h: kreos. lil-t.sfl *Syph.*

– **19** h: alum.bg2 ant-c. bov. bry.vh cedr.bg2 chinin-s.bg2 culx.k2 ferr.bg2 gamb.bg2 gels.bg2 *Hep.*bg2 ip.bg2 *Lyc.* nat-m.bg2 *Nat-s.*bg2 *Nux-v.*bg2 petr. puls.bg2 pyrog.bg2 rhus-t. *Sep.*bg2 sulph.bg2 tarent.bg2

– **20** h: alum.bg2 *Bov.*bg2 caust.bg2 coff.bg2 elaps bg2 hep.bg2 mag-c.bg2 merc.bg2 merc-i-r. phos.bg2 *Rhus-t.*bg2 **Sulph.**bg2 tarax.
• **20** - 21 h: neon srj5
• **20** - 3 h: syph.sfl

– **21** h: ars.bg2 bov.bg2 **Bry.** calc.st *Gels.*bg2 hydrog.srj2 luna kg1 merc.bg2 mur-ac. sulph.
• **amel.**: *Med.*vh

– **nachts**; und: cench.k2 lil-t.sfl mag-c.bg2

– **Dämmerung**, in der:
• **agg.**: *Am-m.*bg2,k ang.bg2 arg-n.bg2 **Ars.** ars-s-f.k13,k2 berb.bg2 **Calc.**bg2,k *Caust.*bg2,k cham.bg2 dig.bg2,k graph.bg2 ~~mang.bg2,xxx~~ nat-m.bg2,k nat-s.bg2 **Phos.** plat.bg2,sf plb.bg2,k **Puls.**bg2,k **Rhus-t.** staph.bg2,k sul-ac.bg2,k valer.bg2,k
☞ *Dämmerung - agg.*
• **amel.**: alum. bry.bg2,k meny.bg2 *Phos.*bg2,k tab.bg2
☞ *Dämmerung - amel.*

– **Einschlafen**, vor dem: *Plat.*h,k,*

– **Essen**, nach dem: indg.
- **amel.**: *Sep.*

– **Freien**, im: *Am-c.* carb-an. carb-v. *Merc-c.* nit-ac. sulph.

– **Hinlegen**, nach dem:
- **agg.**: ars. graph.sf,sfl hep.sf,sfl *Ign.* *Led.* *Merc.*sf,sfl *Phos.* puls.sf,sfl sel.sf,sfl stront-c. *Sulph.* thuj.
- **amel.**: kali-n.

– **Sonnenuntergang**:
- **nach**: ang.bg2 bry.bg2,k ign.bg2,k lycps-v.bg2 merc.bg2 phyt.bg2 *Puls.*bg2,k rhus-t.bg2,k syph.bg2
  - **amel.**: cocabg1,bg2 lil-t.bg1 med.bg1 sel.bg1,bg2
- **Sonnenaufgang**, bis zum: *Aur.* cimic. colch. *Merc.*bg2 phyt.brol **Syph.**k1,st

– **zweiten** Abend, jeden: *Puls.*

Nachts (= 22 - 6 h): abel.jl,jl3 abrot. acet-ac. **Acon.**bg2,k,* agar.bg2,k,* agn.bg2,k agre.jl aloe alum.bg2,k,* **Alum-p.**k13,k2 alum-sil.k13,k2 alumn.kr1 *Am-br.* am-c.bg2,k,* *Am-m.*bg2,k,* ambr.bg2,k,* *Ammc.* anac.bg2,k,* androc.srj1 ang.bg2,hr1,* *Ant-c.*bg2,k,* *Ant-t.*bg2,k,* apisbg2,sfl apoc. *Aral.* aran.bg2,sf arg-met. **Arg-n.**bg2,k arist-cl.sp1 **Arn.**bg2,k,* **Ars.**bg2,k,* **Ars-i.** **Ars-s-f.**k13,k2 *Asaf.*bg2,k,* asar.bg2,k,* aster.brol *Aur.*bg2,k,* aur-ar.k2 aur-i.k13,k2 aur-m.k13,k2 **Aur-s.**k13,k2 bac.brol *Bar-c.*bg2,k,* bar-i.k13,k2 *Bar-m.* *Bar-s.*k2 *Bell.*bg2,k,* benz-ac.bg2,k berb-a.jl,jl3 bism.bg2,k,* borx. *Bov.*bg2,k,* *Brom.* *Bry.*bg2,k,* bufobg2 buni-o.jl,jl3 but-ac.brol cact. caj.brol calad.bg2,k,* **Calc.**bg2,k,* calc-ar.k13,k2 **Calc-i.** **Calc-p.** **Calc-s.** **Calc-sil.**k13,k2 *Camph.*bg2,k,* *Cann-i.* *Cann-s.*bg2,k,* *Canth.*bg2,k,* *Caps.*bg2,k,* carb-ac. **Carb-an.**bg2,k,* *Carb-v.*bg2,k,* **Carbn-s.** *Caust.*bg2,k,* cedr. *Cench.*k13,k2,* **Cham.**k,k2,* *Chel.*bg2,k1,* **Chin.**k,k2,* chinin-ar. chion.brol cic.bg2,k,* cimic.bg2 *Cina*k1 **Cinnb.** clem.bg2,k,* coc-c.bg2,k *Cocc.*bg2,k,* *Cod.* **Coff.**bg2,k,* **Colch.**bg2,k,* *Coloc.*bg2,k,* com.brol **Con.**bg2,k,* convo-s.jl cor-r.sf cory.br1 *Croc.*bg2,k,* crot-c.brol *Crot-h.* crot-t.j5 *Cupr.*bg2,k,* **Cycl.**bg2,k,* cyt-l.sp1 *Dig.*bg2,k,* dios. dol. *Dros.*bg2,k,* **Dulc.**bg2,k,* elaps *Equis-h.* erig.mg,mg1 eucal. *Euphr.*bg2,k,* **Ferr.**bg2,k,* **Ferr-ar.** **Ferr-i.** *Ferr-p.*bg2,k *Fl-ac.*bg2,k flav.jl,jl3 *Gamb.* gink-b.sbd1 **Graph.**bg2,k,* grat.j5 guaj.bg2,k haliae-lc.srj5 hed.sp1 *Hell.*bg2,k,* **Hep.**bg2,k,* hip-ac.jl,jl3 *Hydrog.*srj2 **Hyos.**bg2,k,* *Ign.*bg2,k,* **Iod.**bg2,k,* **Ip.**bg2,k,* irisbr1,brol jal.bg2,br1,* just.sf **Kali-ar.** **Kali-bi.**bg2,k *Kali-br.*bg2,k **Kali-c.**bg2,k,* *Kali-chl.* **Kali-i.**bg2,k *Kali-m.* kali-n.bg2,k,* *Kali-p.* *Kali-sil.*k13,k2 kalm.k13,k2 kreos.bg2,k,* **Lach.**bg2,k,* laur.bg2,k,* *Led.*bg2,k,* **Lil-t.**bg2,k lob.bg2,sf lunakg1 *Lyc.*bg2,k,* **Mag-c.**bg2,k,* **Mag-m.**bg2,k,* mag-p.bg2,sf mand.sp1 **Mang.**bg2,k,* meny.bg2,k,* meph.bg2,sf,* **Merc.**bg2,k,* *Merc-c.*bg2,k *Merc-i-f.* **Merc-k-i.**gm1 *Mez.*bg2,k,* moly-met.jl mosch.bg2,k,* *Mur-ac.*bg2,k,* *Nat-ar.* *Nat-c.*bg2,k,* *Nat-m.*bg2,k,* *Nat-p.* *Nat-s.*bg2,k *Nat-sil.*k13,k2 nep.mg,mg1,* **Nit-ac.**bg2,k,* *Nux-m.*bg2,k,* *Nux-v.*hr1,k *Olnd.*bg2,k,* *Op.*bg2,k,* *Ox-ac.*bg2,k par.bg2,k pareir.hr1,kr1 *Petr.*bg2,k,* *Ph-ac.*bg2,k,* phenob.srb2 **Phos.**bg2,k,* *Phyt.*bg2,k *Pic-ac.* plat.bg2,k,* **Plb.**bg2,k,* pneu.jl3 prot.jl3 **Psor.**bg2,k **Puls.**bg2,k,* pyrog.bg2,sf ran-b.bg2,k,* ran-s.bg2,k,* rat.bg2,sf *Rheum*

Nachts (= 22 - 6 h): ...
rhod.bg2,k,* **Rhus-t.**bg2,k,* **Rumx.** rutabg2,sfl *Sabad.*bg2,k,* sabin.bg2,k,* sal-ac. *Samb.*bg2,k,* sang.bg2,k sarcol-ac.jl *Sars.*bg2,k,* scir.hbh *Sec.*bg2,k,* *Sel.*bg2,k,* senec. seneg.bg2,k,* **Sep.**bg2,k,* sieg.mg,mg1 **Sil.**bg2,k,* sin-n. *Spig.*bg2,k,* *Spong.*bg2,k,* squil.bg2,k,* *Stann.*bg2,k,* *Staph.*bg2,k,* stict.bg2,k still.bg2,sf stram.bg2,k,* **Stront-c.** *Sul-ac.*bg2,k,* **Sul-i.**k13,k2 **Sulph.**bg2,k,* **Syph.**bg2,k2,* tarax.bg2,k,* tarent. **Tell.** ter.bg2,sf teucr.bg2,k,* thal.jl,jl3 theabrol ther.c1 *Thuj.*bg2,k,* trios.jl valer.bg2,k,* verat.bg2,k,* verb.c1 vib.brol *Viol-t.*bg2,k,* vip.bg2,sf visc.jl,jl3 x-raybrol **Zinc.**bg2,k,* **Zinc-p.**k2

– **amel.**: alum.bg2,j5,* ang.bg2,sfl,* arg-met.bg2,sfl caust.bg2,sfl,* cupr-act.bg2,sfl granit-m.es1 laur.bg2,j5,* mand.a1,bg2,* med.bg2,sfl,* *Petr.*bg2,sfl,*

– **Mitternacht**: **Acon.**bg2,st aran.bg2 arg-n.bg2,sfl *Ars.*bg2,sfl ars-i.bg2,sfl brom.bg2,sfl calad.bg2 calc.bg2 canth.bg2 *Caust.*bg2 chin.bg2,k2 dig.bg2 dros.bg2 ferr.bg2,br1 hed.bg2,jl kali-ar.bg2,k2 kali-c.bg2 lach.bg2,j5 lyc.bg2 *Mag-m.*bg2 mez.bg2 *Mur-ac.*bg2 nat-m.bg2 nux-m.bg2 nux-v.bg2,sfl op.bg2,sfl phos.bg2 puls.bg2,sfl *Rhus-t.*bg2 *Samb.*bg2 spong.bg2 stram.bg2 sulph.bg2,st verat.bg2 zinc.bg2,gl1
- **vor**: alum.bg2,k,* alum-p.k13,k2 am-m.bg2,k,* ambr.bg2,k,* anac.bg2,k,* ang.bg2,hr1,* *Ant-t.*bg2,k,* apis **Arg-n.**bg2,k arn.bg2,k **Ars.**bg2,k,* ars-s-f.k2 asar.bg2,k,* *Bell.*bg2,k,* brom. *Bry.*bg2,k,* calad.bg2,hr1,* cann-s.bg2,k,* caps.bg2 **Carb-v.**bg2,k,* *Carbn-s.* *Caust.*bg2,k,* **Cham.**bg2,k,* chel.bg2,k,* chin.bg2,k,* **Coff.** colch. *Cupr.*bg2,k cycl.bg2,k,* dulc.bg2,k,* ferr.bg2,k,* ferr-ar. *Fl-ac.*bg2 *Graph.*bg2,k,* *Hep.*bg2,k,* ign.bg2,k,* **Kali-ar.** kali-c.bg2,k,* kali-chl.k13 kali-m.k2 *Lach.*bg2,k,* **Led.**bg2,k,* **Lyc.**bg2,k,* mag-c.bg2 *Mang.*bg2,k,* *Merc.*bg2,k,* *Mez.*bg2,k,* mosch.bg2,k,* *Mur-ac.*bg2,k,* nat-m.bg2,k,* nat-p.k13,k2 nat-s.k13,k2 *Nit-ac.*bg2,k,* nux-v.bg2,k,* osm. petr.bg2,k,* **Phos.**bg2,k,* phyt. plat.bg2,k,* *Psor.* **Puls.**bg2,k,* *Ran-b.*bg2,k,* **Ran-s.**bg2,k,* rhod.bg2,k,* *Rhus-t.*bg2,k,* **Rumx.** *Ruta* **Sabad.**bg2,k,* samb.bg2,k,* *Sep.*bg2,k,* *Spig.*bg2,k,* *Spong.*bg2,k,* **Stann.**bg2,k,* *Staph.*bg2,k,* *Stront-c.* sulph.bg2,k,* teucr.bg2,k,* thuj.bg2,k,* *Valer.*bg2,k,* verat.bg2 viol-t.bg2,k,*
  - **22** h: *Ars.*bg2 *Bov.*bg2 cham. **Chinin-s.**bg2 *Graph.*bg2 ign.bg2 lach.bg2 petr.bg2 podo. puls.
  - **23** h: aral.bg2 ars.bg2 bell. *Cact.* calc.bg2 carb-an.bg2 lach. rumx. sil. sulph.bg2
- **nach**: acon.bg2,k,* alum.bg2,k,* alum-p.k13,k2 alum-sil.k13,k2 alumn. am-m.bg2,k,* ambr.bg2,k,* ang.bg2,hr1,* ant-c.bg2,k,* ant-t.bg2,k,* apisbrol arist-cl.sp1 **Ars.**bg2,k,* *Ars-i.* ars-s-f.k2 asaf.bg2,k,* aur.bg2,k,* aur-ar.k2 bamb-a.stb2 bar-c.bg2,k,* bar-i.k13,k2 bar-m. bar-s.k13,k2 bell. borx. *Bry.*bg2,k,* calad.bg2,hr1 *Calc.*bg2,k,* *Calc-i.*k13,k2 *Calc-sil.*k13,k2 *Cann-s.*bg2,k,* canth.bg2,k,* caps.bg2,k,* carb-an.bg2,hr1,* carb-v.bg2,k,* caust.bg2,k,* cham.bg2,k,* *Chel.* chin.bg2,k,* coc-c. cocc.bg2,k,* coff.bg2,k,* con.bg2,k,* croc.bg2,k,* *Cupr.* **Dros.**bg2,k,* dulc.bg2,k,* euph.kr1 euphr.bg2,k,* *Ferr.*bg2,k,* *Ferr-ar.* ferr-i. ferr-p. *Gels.*bg2,k

– **Mitternacht - nach**: ...
graph.bg2,k,* hed.sp1 hell.bg2,k,* hep.bg2,k,* *Ign.*bg2,k,* iod.bg2,k,* **Kali-c.**bg2,k,* kali-chl.k13 kali-m.k2 **Kali-n.**bg2,k,* kali-p. *Kali-sil.*k13,k2 lyc.bg2,hr1,* *Mag-c.*bg2,k,* mand.mg,mg1,* *Mang.*bg2,k,* *Merc.*bg2,k,* *Mez.*bg2,k,* mur-ac. **Nat-ar.** nat-c.bg2,k,* nat-m.bg2,k,* nat-p. nat-s. nat-sil.k13,k2 nit-ac.bg2,k,* **Nux-v.**bg2,k,* par. *Ph-ac.*bg2,k,* **Phos.**bg2,k,* phyt. plat.bg2,k,* **Podo.** *Puls.*bg2,k,* ran-b.bg2,k,* *Ran-s.*bg2,k,* rhod.bg2,k,* **Rhus-t.**bg2,k,* rumx. sabad.bg2,k,* sabin.bg2,k,* *Samb.*bg2,k,* sars.bg2,k,* seneg.bg2,k,* sep.bg2,k,* **Sil.**bg2,k,* spig.bg2,k,* *Spong.*bg2,k,* squil. staph.bg2,k,* stram.bg2,k,* sul-ac.bg2,k,* sul-i.bg2,k2,* *Sulph.*bg2,k,* tarax.bg2,k,* **Thuj.**bg2,k,* viol-o.bg2,k,*
• **amel.**: **Lyc.** mand.sp1 nat-p.k13,k2 nat-s.k13,k2
• **bis** mittags: puls.bro1
• **0** - 4 h: thuj.sf1
• **1** h: **Ars.** carb-v.bg2 caul. cocc. lachn. mag-m. mur-ac. psor. *Puls.*bg2
• **1** - 2 h: *Ars.*k2
• **1** - 3 h: *Kali-ar.*k2
• **2** h: all-c. ~~ars.k1,xxx~~ aur-m. benz-ac. *Caust.*bg2 com.bg2 cur.st dros. ferr. graph.bg2 *Hep.* irisbg2 ~~kali-ar.k1,xxx~~ *Kali-bi.* *Kali-br.* **Kali-c.** kali-p.bg2 lach.bg2 lachn. lyc.bg2 mag-c. mez.bg2 nat-m.bg2 nat-s.bg2 *Nit-ac.*bg2 ptel.bg2 *Puls.*bg2 rumx. sars.bg2 *Sil.*bg2 spig.bg2 sulph.bg2
• **2** - 3 h: gink-b.j1 kali-bi.sf1
• **2** - 4 h: arist-cl.mg1,sp1 **Kali-c.**
• **2** - 5 h: aesc.bro1 aeth.bro1 *Aloe*bro1 am-c.bro1 bac.bro1 bell.bro1 bell-p.mg1 chel.bro1 cinabro1 coc-c.bro1 cur.bro1 hed.mg1 *Kali-bi.*bro1 *Kali-c.*bro1 kali-cy.bro1 kali-p.bro1 nat-s.bro1 *Nux-v.*bro1 ox-ac.bro1 *Podo.*bro1 ptel.bro1 rhod.bro1 *Rumx.*bro1 sulph.bro1 thuj.bro1 tub.br1
• **3** h: adlu.j1 am-br.vh *Am-c.* *Am-m.*bg2 ant-c. ant-t. *Ars.*k1 bapt. borx. *Bry.*bg2 calc. canth.bg2 *Cedr.*bg2 chin. con. dulc. euphr. ferr.bg2 hed.j1,mg1,* iris *Kali-ar.*k1 kali-bi.k2 **Kali-c.** kali-n. kali-p.st kali-s.mrr mag-c.bg2,mg1 mag-f.j1,mg1 mag-m. *Nat-m.*bg2 nux-v. podo. *Rhus-t.*bg2 sec. *Sel.*bg2 sep. sil.bg2 staph. *Sulph.*bg2 *Thuj.* zinc.
• **3** - 4 h: aeth.br1,sf1,* am-m.sf1 arist-cl.mg1,sf1 caust.sf1 kali-bi.sf1 kali-c.sf1 med.c1,sf1,* nux-v.sf1
• **3** - 5 h: borx.mg1,sf1 calc-f.mg1 mag-c.mg1 mand.mg1 syph.mg1,sf1
• **4** h: *Alum.*bg2 alumn. *Am-m.*bg2 anac.bg2 *Apis*bg2 *Arn.*bg2 *Borx.*bg2 *Caust.*bg2 **Cedr.**bg2 chel. coloc.bg2 *Con.*bg2 cycl.sf1 ferr.bg2 haliae-lc.srj5 *Ign.*bg2,hr1 kali-c.bg2 *Lyc.*bg2 mag-c.mg1 *Mur-ac.*bg2 *Nat-s.*bg2 nit-ac.bg2 **Nux-v.**bg2 penic.j1,srb2 podo. *Puls.*bg2 rad-br.bg2 sep.bg2 sil.bg2 stann.bg2 *Sulph.*bg2 verat.bg2
• **4** - 6 h: ferr-p.ptk
• **4** - 8 h: alum.ptk arn.ptk aur.ptk bry.ptk chel.ptk eup-per.ptk hep.ptk kali-bi.ptk lach.ptk *Nat-m.*ptk nux-v.ptk **Podo.**ptk rumx.ptk sulph.ptk verat.ptk
• **4** - 16 h: kali-cy.st **Med.**st nux-v.

Nachts - Mitternacht - nach: ...
• **5** h: aloebg2 apisbg2,sf1 bov. **Chin.**bg2 cob. dros.bg2 haliae-lc.srj5 helon. kali-c.bg2,k2 kali-i. nat-c.k2 *Nat-m.*bg2 nat-p.bg2 ph-ac.bg2 *Podo.* rumx.bg2 sep.bg2 sil.bg2 *Sulph.*bg2
• **mittags**; bis: *Ars.* cist.

– **Nachtluft** agg.: am-c.bg1,k1,* **Carb-v.**bg1,k1,* **Merc.**bg1,k1,* *Nat-s.*k1,k2,* *Nit-ac.*bg1,k1,* *Sulph.*k1,vh

– **periodisch**:
• **zweite** Nacht, jede: *Puls.*

Abführmitteln, Mißbrauch von: hydr.bg2 *Nux-v.*bg2,sf1 op.bg2,sf1 sulph.bg2
☞ *Medikamente - allopathische - Mißbrauch*

Abmagerung, Marasmus: **Abrot.** acal.br1 *Acet-ac.* adren.st *Agar.* alco.a1 *Alet.*c1,kr1 *Alum.* alum-p.k2 alum-sil.k2 alumn. am-c. am-caust.a1 am-m. *Ambr.*c2,k ambro.c1,c2 anac. androc.srj1 ang.c1 ant-c. ant-t. *Apis* apoc.a1,k2 aq-mar.j1 *Arg-met.* *Arg-n.* arn. **Ars.** **Ars-i.** ars-met.a1,kr1 ars-s-f.k2 arum-i.a1 asc-t. astra-e.j1 *Aur.*kr1 aur-ar.k2 aur-m. bar-act.a1 **Bar-c.** bar-i.k2 *Bar-m.* bar-s.k2 *Bell.*kr1 ben-n.a1 benz-ac.a1,kr1 beryl.j1 bism.bg2 borx. both.a1 brach.a1,kr1 *Brom.*k2,kr1 *Bry.* *Bufo* buni-o.j1 *Cact.* **Calc.** calc-ar.sf1 calc-f.j1,mg1 calc-hp.sf1 **Calc-i.** calc-m.a1 calc-ox.gm1 *Calc-p.* *Calc-sil.*k2 *Camph.* cann-s.a1 *Canth.* *Caps.*kr1 *Carb-an.*bg2,kr1,* *Carb-v.* carbn-o.a1 *Carbn-s.* carl.a1 *Caust.*bg2,kr1,* cench.k2 cere-b.a1,c1,* *Cetr.*kr1 *Cham.* *Chel.* **Chin.** chinin-ar. chinin-s.j5,kr1,* *Chion.* chlol.a1 *Chlor.* cic.j1 cimic.mg1 cina *Cist.*kr1,sf1 *Clem.* cob-n.j1 cocaa1,kr1 *Cocc.* *Colch.* *Coloc.* con. cor-r. cory.br1 *Crot-c.* crot-t. cub.a1,kr1 cund.kr1,sf1 *Cupr.* dig. digin.a1 dros. dulc.c2,k echi.a1 euphr.kr1 **Ferr.** *Ferr-ar.* *Ferr-i.* ferr-lac.bro1 *Ferr-m.*c2,k *Fl-ac.* fuc.a1 *Gamb.*kr1 gels.a1 gran.a1,j5 **Graph.** *Guaj.*c2,k haliae-lc.srj5 hed.mg1 **Hell.** helo.c1 helo-s.c1 *Helon.* *Hep.*c2,k *Hippoz.* huraa1 *Hydr.* hydrog.srj2 *Ign.* **Iod.**c2,k *Ip.* jug-c.a1 kali-ar. kali-bi.c2,k *Kali-br.*a1,kr1,* *Kali-c.* *Kali-i.*c2,k *Kali-p.* kali-s. *Kali-sil.*k2 kali-t.a1 *Kreos.* kres.j1,mg1,* *Lac-ac.*kr1 lac-c.kr1 *Lac-d.*k2,kr1 *Lach.* lat-k.a1 *Laur.*kr1 lec.br1 led.bg2 lil-t.a1 *Lith-c.*kr1 luf-op.j1,mg1 **Lyc.** *Lycps-v.*kr1 lyss.kr1 mag-c. mag-m. mag-p.c1 mang.bg2,k2,* med.k2,st *Merc.*c2,k *Merc-c.*a1 merc-k-i.gm1 mez. moly-met.j1 morph.a1 *Mur-ac.*bg2,h,* myos-a.sf1 *Myos-s.*kr1 najaa1 *Nat-ar.* *Nat-c.* **Nat-hchls.** **Nat-m.** *Nat-n.*sf1 *Nat-p.* *Nat-s.* nat-sil.k2 *Nicc.*kr1 **Nit-ac.** nit-s-d.sf1 nuph.a1 nux-m.c2,k **Nux-v.** *Ol-j.*c2,k *Op.*c2,k ox-ac.a1 parathyr.j1 pers.j1 *Petr.* *Ph-ac.* phel.kr1 **Phos.** *Phyt.*sf1 pic-ac.kr1 pin-s.sf1 pip-m.a1 *Plan.*kr1 **Plb.** plb-xyz.c2 *Podo.*kr1 *Psor.* *Puls.* pyrog.bg2,sf1 raph.a1,j5,* *Rheum*kr1 rhus-g.a1 *Rhus-t.*bg2 rhus-v.a1,j5 *Rumx.*kr1 ruta sacch.a1 samb.c2,k *Sanic.*bg2,c1,* saroth.j1 *Sars.*c2,k *Sec.* **Sel.** *Senec.*kr1 sep. **Sil.** spig. spong. **Stann.** *Stann-i.*sf1 staph. still.a1 *Stram.* strept-ent.j12 *Stront-c.*c2,k *Sul-ac.*k2,kr1,* sul-h.a1 sul-i.k2 sulfa.j1 **Sulph.**c2,k sumb. *Syph.*bg2,k2,* tab.bg2,j5,* *Tarent.* *Ter.* *Teucr.*kr1 thal.a1,mg1,* ther.kr1,st *Thuj.*bg2,k2,* thuj-l.j1 thyr.bg2,j1 **Tub.** tub-m.ih,vn,* tub-r.j1 uran-met. uran-n.sf1 vanad.st *Verat.* *Verat-v.*kr1 vesp.a1 vip.j5,sf1 voes.a1 x-rayj1

Abmagerung, Marasmus: ...
Zinc.$_{bg2,k2,*}$ zinc-m.$_{a1,c1,*}$ zinc-val.$_{c1,c2}$
☞ *Kachexie | Nüchtern - amel. | ❑ Gesicht - Abmagerung*
– **alten** Menschen, bei: *Ambr.* anac.$_{bg2,sf1}$ **Bar-c.**$_{bg,k}$ carb-v.$_{bg2,sf1}$ chin.$_{bg2}$ chinin-s.$_{j5}$ *Fl-ac.*$_{bg2,sf1}$ **Iod.**$_{bg,k}$ **Lyc.**$_{k,kl2●,*}$ nit-ac.$_{bg2,sf1}$ op.$_{bg2}$ rhus-t.$_{bg2,sf1}$ *Sec. Sel. Sil.*$_{st}$
– **einzelner** Teile: bar-c.$_{bg2}$ bry. calc. caps. carb-v. *Caust.*$_{bg2}$ con. dulc. graph. *Iod.* led. *Mez.* nat-m. nit-ac. ph-ac. *Plb.*$_{bg2}$ *Puls.*$_{bg2}$ sec.$_{bg2}$ *Sel.* sil. *Sulph.*$_{bg2}$
– **erkrankter** Teile: *Ars.* bry. calc.$_{bg2}$ *Carb-v. Caust.*$_{bro1}$ cupr.$_{h}$ dulc. **Graph. Led.** *Lyc. Mez.* nat-m. *Nit-ac.* nux-v. ph-ac. *Phos. Plb.* **Puls. Sec.** sel. sep. sil.
– **Geisteskrankheit**, bei: arn. ars. calc. chin. graph. lach. lyc. nat-m. nit-ac. nux-v. phos. puls. sil. sulph. verat.
– **Heißhunger** mit Abmagerung: *Abrot.* acet-ac.$_{bro1}$ ars.$_{bg2}$ ars-i.$_{bro1}$ bar-c.$_{sf1}$ bar-i.$_{k2}$ **Calc.** calc-f.$_{j1}$ chin.$_{sf1}$ cina$_{bg2}$ con.$_{bro1}$ hydrog.$_{srj2}$ **Iod.** luf-op.$_{j1}$ *Lyc.*$_{bg2,sf1}$ **Nat-m. Petr.** *Phos.* psor. sanic.$_{sf1}$ sil.$_{sf1}$ *Sulph.* thyr.$_{bro1}$ *Tub.* uran-met.$_{st}$ uran-n.$_{sf1}$
• **Kindern**, bei: *Abrot.* ars-i. bar-c. *Bar-i.*$_{k13,st}$ **Calc.** *Calc-p. Caust. Chin.* **Cina Iod.** *Lyc. Mag-c.* **Nat-m.** *Nux-v.* petr. *Sil.* sul-i.$_{k2}$ *Sulph.*
– **infantiler** Marasmus: abr.$_{bg}$ aur.$_{bg}$ *Calc.*$_{bg}$ chin.$_{bg}$ lyc.$_{bg}$ *Sulph.*$_{bg}$ tub.$_{bg}$
☞ *Kindern | schwächlichen*
– **Kindern**; Marasmus bei: *Abrot.* **Acet-ac.**$_{kr1,st}$ aeth.$_{kr1}$ alum. ant-c. *Apis*$_{kr1}$ *Arg-n.* arn.$_{j5}$ **Ars. Ars-i.** ars-s-f.$_{c1}$ **Arum-t.**$_{kr1}$ aur.$_{bg2}$ bac.$_{bro1}$ bar-c. bell.$_{j5}$ borx.$_{k2}$ **Calc. Calc-p.** *Calc-sil.*$_{k2,st}$ *Carb-v.* caust. cham.$_{j5}$ chin. cina coca$_{c1}$ con.$_{st}$ *Ferr.*$_{j5,k2,*}$ hecla$_{st}$ hep.$_{j5}$ *Hydr.* **Iod.** kali-c. kali-i.$_{c1}$ *Kreos.* lac-d.$_{k2}$ *Lyc. Mag-c.* med.$_{k2}$ **Nat-m.** *Nux-m. Nux-v. Ol-j. Op.* petr. *Phos. Plb. Podo.*$_{kr1}$ *Psor. Puls. Sanic.*$_{st}$ sars. *Sep.* **Sil.** *Staph.*$_{kr1}$ sul-i.$_{k2}$ *Sulph.* ther.$_{kr1}$ thyr.$_{bro1}$ *Tub.*$_{br1,st}$
☞ *infantiler | schwächlichen | Kindern*
– **Krebsleiden**, bei: cory.$_{br1}$
☞ *Kachexie | Krebsleiden - kachektischer*
– **Kummer**, nach: calc-p.$_{vh}$ petr. ph-ac.
– **oben** aus; breitet sich nach: abrot. arg-n.
– **partiell**: bry.$_{bg}$ calc.$_{bg}$ graph.$_{bg}$ *Mez.*$_{bg}$ phos.$_{bg}$ *Plb.*$_{bg}$ *Puls.*$_{bg}$ sec.$_{bg}$ *Sel.*$_{bg}$ sulph.$_{bg}$
– **Säfteverlust**, durch: **Chin. Lyc. Sel.**
– **schmerzhafter** Teile: plb.$_{k2}$
– **schwächlichen**, entkräfteten Knaben; bei: **Aur. Lyc.** *Nat-m. Ph-ac.*$_{kr1}$ **Tub.**
☞ *infantiler | Kindern | Kindern - zarte*
– **unten** aus, breitet sich nach unten: calc.$_{k2,st}$ cench.$_{k2}$ lyc.$_{k,kl2●}$ nat-m.$_{k,kl2●}$ psor.$_{k2}$ sanic.$_{bg2,sf1}$ sars.
☞ *Kachexie*
– **Drüsen**, der: con.$_{bg}$ iod.$_{bg}$ kali-p.$_{k2}$

Absenzen
☞ *❑ Gemüt - Bewußtlosigkeit - häufige*

Absonderungen, Ausscheidungen amel.:
achy-a.$_{bnj1}$ acon.$_{lsa1}$ agar.$_{lsa1}$ ars.$_{bg2,bg3,*}$ borx.$_{lsa1}$ *Bry.*$_{bg2,bg3,*}$ calad.$_{lsa1}$ *Calc.*$_{bg2,bg3,*}$ camph.$_{bg2,ptk1}$ cham.$_{ptk1}$ chin.$_{ptk1}$ cimic.$_{bg2,sf1}$ colch.$_{ptk1}$ con.$_{bg}$ cupr.$_{bg2,sf1,*}$ dig.$_{bg}$ *Dulc.*$_{bg2,sf1,*}$ ferr.$_{bg}$ graph.$_{bg2,sf1}$ ham.$_{bg}$ hell.$_{ptk1}$ hyper.$_{lsa1}$ *Ip.*$_{bg2,bg3,*}$ kali-bi.$_{lsa1}$ kali-chl.$_{lsa1}$ **Lach.**$_{bg2,sf1,*}$ lyc.$_{bg2,ptk1}$ med.$_{lsa1}$ mill.$_{bg,ptk1}$ mosch.$_{bg2,sf1}$ nat-m.$_{lsa1}$ nux-v.$_{bg2,sf1,*}$ op.$_{ptk1}$ petr.$_{ptk1}$ *Ph-ac.*$_{bg2,bg3,*}$ **Phos.**$_{bg}$ *Psor.*$_{lsa1,ptk1}$ **Puls.**$_{bg2,bg3,*}$ *Rhus-t.*$_{bg2,bg3,*}$ sec.$_{bg}$ senec.$_{bg,lsa1}$ *Sep.*$_{bg2,bg3,*}$ *Sil.*$_{bg2,bg3,*}$ stann.$_{bg2}$ stict.$_{lsa1,ptk1}$ stram.$_{ptk1}$ **Sulph.**$_{bg2,bg3,*}$ tab.$_{lsa1}$ thuj.$_{bg2,sf1}$ verat.$_{bg2,bg3}$ *Zinc.*$_{bg2,bg3,*}$
☞ *Schleimhautabsonderung - amel.*

Abszesse; Eiterungen: acon.$_{a1}$ all-c.$_{kr1}$ amar-t.$_{dbx1}$ *Anan.*$_{c2,k}$ ant-c. ant-t. **Anthraci.**$_{k,st}$ *Apis*$_{c1,kr1,*}$ **Arn.**$_{bg2,kr1,*}$ ars.$_{c2,k}$ *Ars-i.* ars-s-f.$_{k2}$ *Asaf. Bar-c.* bar-m.$_{a1}$ *Bell.*$_{kr1,sf1,*}$ *Bell-p.*$_{st}$ borx.$_{lsa1}$ both.$_{a1}$ *Bry.* bufo$_{bg2,c1,*}$ calc. calc-f.$_{k2,mg1}$ *Calc-hp.*$_{bg2,sf1}$ **Calc-i. Calc-s.**$_{c2,k}$ calc-sil.$_{k2}$ **Calen.**$_{bg2,kr1,*}$ *Canth.*$_{kr1}$ caps. *Carb-ac.*$_{bro1}$ carb-an.$_{sf1}$ *Carb-v.* cassia-l.$_{dbx1}$ *Caust.*$_{kr1}$ cench.$_{k2}$ *Cham.*$_{j5,kr1}$ *Chin.*$_{c1,c2}$ chinin-ar.$_{mg1}$ chinin-s.$_{a1}$ cic. *Cist.*$_{kr1,sf1}$ clem.$_{lsa1}$ cocc. con. conch.$_{a1}$ *Croc.* crot-h. cupr.$_{sf1}$ digox.$_{c1,c2}$ *Dulc. Echi.*$_{bg2,sf1,*}$ elat.$_{c1,c2}$ eucal.$_{lsa1}$ *Fl-ac.*$_{kr1,sf1,*}$ *Guaj.*$_{c2,k}$ *Gunp.*$_{st}$ **Hep.**$_{c2,k}$ *Hippoz.*$_{c1,kr1,*}$ hydrog.$_{srj2}$ kali-c. kali-chl. kali-s.$_{bg2}$ *Kreos.*$_{kr1,sf1}$ **Lach.** *Lap-a.*$_{kr1}$ led.$_{kr1}$ *Lyc.*$_{bg2,k2,*}$ mag-c. *Mang.*$_{k2,kr1}$ matth.$_{c1,c2}$ **Merc.**$_{c2,k}$ methyl.$_{c1,c2}$ mez. *Myris.*$_{mg1,sf1,*}$ nat-c. nat-m. nat-sal.$_{c1,c2}$ nat-sil.$_{k2}$ *Nit-ac.* nux-v. *Ol-j.*$_{k1}$ ~~olnd.$_{k1,xxx}$~~ paeon. petr. ph-ac.$_{k2,sf1}$ **Phos.**$_{j5,k2,*}$ *Phyt.*$_{kr1,sf1}$ plb.$_{a1}$ psil.$_{ft1}$ psor.$_{sf1}$ ptel.$_{a1}$ puls. *Pyrog.*$_{c2,k}$ raja-s.$_{j1}$ *Rhus-t.*$_{j5,k2,*}$ *Sec.* sep. sieg.$_{mg1,st}$ **Sil.**$_{c2,k}$ sil-mar.$_{bro1}$ sol-er.$_{dbx1}$ staph. *Stram. Sul-ac.*$_{k2,kr1}$ sul-i.$_{bg2,sf1}$ *Sulph.* symph.$_{c1,c2}$ syph.$_{c1,k2,*}$ tarent.$_{bg2,kr1}$ *Tarent-c.* thyr.$_{c1,c2}$ tub.$_{sf1}$ vesp.$_{a1,c1,*}$ *Vip.*$_{j5}$ wies.$_{a1}$
☞ *Fisteln | Reaktion - Mangel - Eiterung | Wunden - eiternd*
◆ **begleitet** von:
• **Zunge**:
• **rote** Farbe der Zunge: *Apis*$_{kr1,vk1}$
– **Absorption** von Eiter: iod.$_{bg2}$ **Lach.**$_{bg2}$ *Phos.*$_{bg2}$ *Sil.*$_{bg2}$
– **Anstrengung**; körperliche: *Carb-ac.*$_{c1}$
– **beginnend**: apis$_{sf1}$ *Arn.*$_{hr1,kr1,*}$ ars.$_{sf,sf1}$ *Bar-c.*$_{hr1,kr1,*}$ *Bell.*$_{sf,sf1}$ *Carb-an.*$_{sf,sf1}$ euph.$_{sf,sf1}$ guaj.$_{sf,sf1}$ *Hep.*$_{sf,sf1}$ *Lach.*$_{sf,sf1}$ *Merc.*$_{hr1,kr1,*}$ rhus-t.$_{sf,sf1}$
– **Beschleunigung** der Eiterung; Mittel zur: ars.$_{bg2,k2}$ bell.$_{bg2,k2}$ guaj.$_{bg2,k2}$ *Hep.*$_{bg2,k2}$ lach.$_{bg2,k2}$ *Merc.*$_{bg2,k2}$ myris.$_{bg2,k2}$ nat-sil.$_{bg2,k2}$ oper.$_{bg2,k2}$ phos.$_{bg2,k2}$ phyt.$_{bg2,k2}$ puls.$_{bg2,k2}$ *Sil.*$_{k1,k2,*}$ sulph.$_{bg2,k2}$
– **brennend**: **Anthraci. Ars.** merc.$_{k2}$ *Pyrog.* **Tarent-c.**
– **chronisch**: arg-met.$_{j1,kr1}$ arn.$_{kr1}$ *Asaf.*$_{hr1,kr1}$ aur.$_{hr1,kr1}$ calc.$_{hr1,kr1}$ *Calc-f.*$_{kr1}$ calc-i.$_{kr1}$ calc-p.$_{kr1}$ calc-s.$_{kr1,sf1}$ *Carb-v.*$_{hr1,kr1}$ cham.$_{kr1}$ chin.$_{kr1}$ con.$_{hr1,kr1}$ fl-ac.$_{kr1,sf1}$ graph.$_{kr1}$ *Hep.*$_{hr1,kr1}$ *Iod.*$_{hr1,kr1}$

Abszesse; Eiterungen: ...
iodof.kr1 kali-i.kr1 laur.hr1,kr1 lyc.hr1,kr1 mag-f.jl3,kr1,* mang.hr1,kr1 *Merc.*hr1,kr1 merc-c.hr1,kr1 merc-i-r.kr1 *Nit-ac.*hr1,kr1 ol-j.c1,kr1,* phos.hr1,kr1,* sars.hr1,kr1 sep.hr1,kr1 **Sil.**hr1,kr1,* *Sulph.*hr1,kr1

– **Eiter**:

• **blutig**: arg-n.j5 arn.j5 *Ars.*hr1,j5,* **Asaf.**hr1,j5,* bell.j5 calc-s.j5,k2,* *Carb-v.*hr1,j5,* *Caust.*hr1,j5,* con.j5 croc.j5 dros.j5 **Hep.**hr1,j5,* iod.j5 kali-c.j5 kreos.j5 lach.j5 *Lyc.*hr1,j5,* **Merc.**bg2,j5,* mez.j5 nat-m.j5 *Nit-ac.*hr1,j5,* ph-ac.j5 phos.j5 *Phyt.*hr1,j5,* *Puls.*hr1,j5,* *Rhus-t.*hr1,j5,* rutaj5 sabin.j5 sec.j5 *Sep.*j5 *Sil.*hr1,j5,* sul-ac.j5 sulph.j5 zinc.j5

• **braun**: anac.j5,kr1 *Ars.*hr1,j5,* bry.hr1,j5,* calc.j5,kr1 *Carb-v.*hr1,j5,* con.j5,kr1 puls.j5,kr1 *Rhus-t.*hr1,j5,* *Sil.*hr1,j5,*

• **dick**: arg-n.bg2 *Calc-sil.*bg2,k2,* euphr.bg2 hep.bg2 kali-bi.bg2 kali-s.bg2 puls.bg2 sanic.bg2

• **dünn**: agar-cps.a1 ars.bg2,j5,* *Asaf.*bg2,j5,* carb-v.bg2,j5,* *Caust.*bg2,j5,* dros.bg2,j5 fl-ac.bg2,j5 iod.bg2,j5 kali-c.bg2,j5 *Lyc.*bg2,j5,* *Merc.*bg2,j5,* nit-ac.bg2,j5,* phos.bg2,j5 plb.bg2,j5 puls.bg2,j5 ran-b.bg2,j5,* ran-s.bg2,j5 rhus-t.bg2,j5,* rutabg2,j5 *Sil.*bg2,j5,* staph.bg2,j5,* *Sulph.*bg2,j5,* thuj.bg2,j5

• **gallertartig**: arg-met.j5,kr1 arn.j5,kr1 bar-c.j5,kr1 cham.hr1,j5,* ferr.j5,kr1 merc.hr1,j5,* sep.j5,kr1 *Sil.*hr1,j5,*

• **gelb**: acon.j5 am-c.j5 ambr.j5 anac.j5 ang.j5 arg-met.j5 ars.hr1,j5,* aur.j5 bov.j5 *Bry.*j5 *Calc.*hr1,j5,* calc-s.j5,k2,* caps.j5 *Carb-v.*hr1,j5,* *Caust.*hr1,j5,* cench.j5,k2,* *Cic.*j5 *Clem.*j5 con.j5 croc.j5 dulc.j5 euphr.bg2,j5 graph.j5 **Hep.**hr1,j5,* iod.j5 kali-n.j5 kreos.j5 lyc.j5 mag-c.j5 mang.j5 *Merc.*hr1,j5,* *Mez.*bg2,j5,* *Nat-c.*hr1,j5,* nat-m.j5 *Nit-ac.*j5,sf1,* *Nux-v.*j5 *Phos.*j5,k2,* **Puls.**hr1,j5,* *Rhus-t.*hr1,j5,* rutaj5 sec.j5 sel.j5 *Sep.*hr1,j5,* *Sil.*hr1,j5,* spig.j5 *Staph.*hr1,j5,* sul-ac.j5 *Sulph.*hr1,j5,* thuj.j5 viol-t.j5

• **gelbgrün**: ars-i.bg2 *Calc-sil.*bg2,k2,* kali-bi.bg2 kali-s.bg2 merc.bg2,k2,* *Puls.*bg2,hr1,*

• **grau**: *Ambr.*j5,kr1 *Ars.*hr1,j5,* carb-an.j5,kr1 *Caust.*hr1,j5,* chin.j5,kr1 lyc.j5,kr1 merc.hr1,j5,* sep.j5,kr1 *Sil.*hr1,j5,* thuj.j5,kr1

• **grünlich**: ars.j5,kr1 *Asaf.*hr1,j5,* *Aur.*hr1,j5,* carb-v.j5,kr1 *Caust.*hr1,j5,* kreos.j5,kr1 **Merc.**hr1,j5,* nat-c.j5,kr1 nux-v.j5,kr1 phos.j5,kr1 *Puls.*hr1,j5,* rhus-t.hr1,j5,* sec.j5,k2,* sep.hr1,j5,* sil.hr1,j5,* staph.j5,kr1 syph.bg2,j5,* tub.bg2,j5,*

• **mild**, bland: bell.hr1,kr1 *Calc.*hr1,kr1 *Hep.*hr1,kr1 *Lach.*hr1,kr1 mang.hr1,kr1 *Merc.*hr1,kr1 phos.hr1,kr1 **Puls.**hr1,kr1 rhus-t.hr1,kr1 *Sil.*hr1,kr1 staph.hr1,kr1 *Sulph.*hr1,kr1

• **sauer** riechend: calc.hr1,j5,* graph.j5,kr1 *Hep.*hr1,j5,* kalm.hr1,j5,* *Merc.*hr1,j5,* nat-c.j5,kr1 sep.j5,kr1 sulph.hr1,j5,*

• **scharf**: ail.bg2,j5 **Ars.**bg2,j5,* *Asaf.*j5,sf1 bell-p.bg2,j5 brom.bg2,j5 *Carb-v.*hr1,j5 **Caust.**hr1,j5,* *Cham.*hr1,j5 *Clem.*hr1,j5 echi.bg2,j5 euphr.bg2,j5 fl-ac.j5,k2,* gels.bg2,j5 *Hep.*j5 *Kali-ox.*bg2,j5 lach.j5 *Lyc.*hr1,j5 *Merc.*hr1,j5,* mez.j5 *Nat-c.*hr1,j5 nat-m.j5 **Nit-ac.**bg2,j5,* nux-v.j5 *Petr.*hr1,j5,* phos.j5 plb.j5 puls.j5 *Ran-b.*bg2,j5,* ran-s.j5 *Rhus-t.*hr1,j5,* rutaj5 sabad.bg2,j5 sanic.bg2,j5 sars.bg2,j5 *Sep.*hr1,j5

– **Eiter - scharf**: ...
*Sil.*hr1,j5,* spig.j5 squil.j5 *Staph.*hr1,j5 *Sul-ac.*hr1,j5,* *Sulph.*hr1,j5,* zinc.j5

• **schwarz**: bry.j5 chin.hr1,j5 lyc.j5 *Sulph.*hr1,j5,*

• **stinkend**: am-c.j5 ant-t.j5 *Anthraci.*j5,kr1 arn.j5,st *Ars.*hr1,j5,* **Asaf.**hr1,j5,* aur.j5 bapt.bg2,j5 bar-m.j5 *Bell.*j5 bov.j5 bry.j5 *Calc.*hr1,j5,* *Carb-an.*hr1,j5,* **Carb-v.**hr1,j5,* *Caust.*hr1,j5,* chel.j5 *Chin.*hr1,j5,* chinin-s.j5,kr1,* cic.j5 clem.j5 con.bg2,j5,* cycl.j5 dros.j5 fl-ac.j5,sf1,* *Graph.*hr1,j5,* **Hep.**hr1,j5,* kali-c.j5 *Kali-p.*hr1,j5,* **Kreos.**hr1,j5,* *Lach.*hr1,j5,* led.bg2,j5 *Lyc.*hr1,j5,* mang.j5 *Merc.*hr1,j5,* mez.j5 mur-ac.j5 nat-c.j5 *Nit-ac.*hr1,j5,* nux-m.j5 *Nux-v.*hr1,j5,* paeon.j5,sf1,* petr.j5,sf1,* *Ph-ac.*hr1,j5,* phos.hr1,j5,* *Phyt.*hr1,j5,* plb.j5 *Psor.*bg2,j5,* *Puls.*j5 pyrog.bg2,j5 ran-b.j5 *Ran-s.*j5 *Rhus-t.*hr1,j5,* rutaj5 sabin.j5 sec.j5 *Sep.*hr1,j5,* **Sil.**hr1,j5,* squil.j5 stann.j5 *Staph.*j5 sul-ac.j5,sf1,* **Sulph.**hr1,j5,* syph.bg2,j5 thuj.j5 vip.j5,sf1,* vip-r.j5

• **unterdrückt**: *Bry.*bg2 *Calc.*bg2,kr1 cham.bg2,kr1 dulc.bg2 **Hep.**bg2,kr1 *Lach.*bg2,kr1 *Merc.*bg2,kr1 puls.bg2 *Sil.*bg2,kr1 stram.bg2 *Sulph.*bg2

• **wäßrig**: agar-cps.bg2,j5,* *Ars.*bg2,j5,* **Asaf.**bg2,j5,* calc.bg2,j5,* *Carb-v.*bg2,j5,* *Caust.*bg2,j5,* cench.j5,k2,* cham.bg2,j5,* clem.bg2,j5,* con.bg2,j5,* dros.bg2,j5,* fl-ac.bg2,j5,* *Graph.*bg2,j5,* *Iod.*bg2,j5,* kali-c.bg2,j5,* lach.bg2,j5,* *Lyc.*bg2,j5,* *Merc.*bg2,j5,* *Nit-ac.*bg2,j5,* nux-v.bg2,j5,* *Phyt.*bg2,j5,* plb.bg2,j5,* puls.bg2,j5,* ran-b.bg2,j5,* *Ran-s.*bg2,j5,* rhus-t.bg2,j5,* *Sil.*bg2,j5,*

• **weißlich**: am-c.j5 ars.j5 *Calc.*hr1,j5,* carb-v.j5 hell.j5 *Lyc.*hr1,j5,* nat-m.j5 puls.j5 sep.j5 sil.j5 sulph.j5

• **wundfressend**: am-c.j5 anac.j5 *Asaf.*j5,sf1,* bell.j5 calc.j5 chel.j5 con.j5 cupr.j5 graph.j5 ign.j5 iod.j5 kreos.j5

• **zäh**: ars.j5,kr1 asaf.j5,kr1 borx.bg2,j5,* bov.j5,kr1 cham.j5,kr1 coc-c.bg2,j5,* *Con.*j5,kr1 merc.j5,kr1 mez.j5,kr1 ph-ac.j5,kr1 phos.j5,kr1 sep.j5,kr1 sil.j5,kr1 sulph.j5,kr1

– **Fieber**, anhaltendes (= Continua): ph-ac.st

– **Fistelmund**; mit einem
☞ *Fisteln - Abszeß*

– **Folgen** von: abrot.sf1 *Chin.*sf1 chinin-ar.sf1 ferr.sf1 kali-c.sf1 nat-m.sf1 ph-ac.sf1 *Phos.*sf1

– **Fremdkörpern**; zur Austreibung von: arn.st *Hep.*k2,kr1 *Lob.*c1,c2,* **Sil.**c1,kr1,*

– **gangränös**: *Ars.*hr1,kr1 *Asaf.*hr1,kr1 *Carb-v.*hr1,kr1 *Chin.*hr1,kr1 chinin-s.kr1 *Hep.*hr1,kr1 *Kreos.*hr1,kr1 **Lach.**hr1,kr1 *Merc.*hr1,kr1 *Nit-ac.*hr1,kr1 phos.hr1,kr1 *Sil.*hr1,kr1 *Sul-ac.*hr1,kr1

– **kupieren**; Mittel, um Abszesse zu: apisbro1 arn.st bell.bro1 bry.bro1 calc.k2 *Calc-s.*kr1 *Hep.*bro1 *Merc.*bro1

– **Menses**, bei den: merc.k2,ptk

– **reifend**, nicht: arn.br1

– **wiederkehrend**: calc-f.k2 *Pyrog.* *Syph.*c2,k
☞ *Wunden - Wiederaufbrechen*

○ **Drüsen**, der: *Aur.*j5 *Aur-m-n.*kr1 bad.bg2,sf1 *Bar-c.*bg2,kr1,* bar-m. *Bell.* brom. **Calc.** calc-f.mg1 *Calc-hp.*bg2,sf1,* calc-i.bro1 calc-p.mg1 **Calc-s.** canth. carb-an.bg2,sf1,* carb-v. cinnb.k2 cist.k,k2 clem.bg2,sf1 coloc. crot-h. *Dulc.* echi.sf1 fl-ac.bg2,sf1,*

– **Drüsen**, der: ...
*Form.*bg2,sf1 *Guaj.* guare.kr1 **Hep.** hyos. ign. jug-r.c1 **Kali-i.** kreos. *Lach.* lap-a.br1 *Lyc.* **Merc.** myris.mg1 *Nit-ac.* petr. *Phos.* *Phyt.*bg2 *Pyrog.* *Rhus-t.* *Sars.* sec.c1 *Sep.* **Sil.** sil-mar.c1 spig.bg2 squil. *Stram.* sul-ac.bg2 **Sulph.** *Syph.* teucr-s.mg1,sf1 *Tub.* zinc.bg2

– **Gelenke**, der: *Ang.*kr1,sf1 ars-i.sf1 bac.sf1 calc.sf1 calc-f.sf1 *Calc-hp.*sf1 *Calc-p.*bg2,kr1,* calc-s.sf1 conch.a1,sf1 fl-ac.sf1 guaj.k2,sf1 kali-c.sf1 kali-i.sf1 *Merc.*bg2,k2,* myris.c1,sf1 nit-ac.sf1 ol-j.c1,sf1,* ph-ac.sf1 *Phos.*bg2,sf1 *Psor.*bg2,sf1 puls.sf1 *Sil.*bg2,kr1,* ter.sf1 *Teucr.*sf1 thuj.sf1 tub.sf1
☞ ❑ *Extremitäten - Abszeß - Gelenke*

– **innerer** Organe: *Canth.*hr1,kr1 **Lach.**hr1,kr1

– **Knochen**, der: ang.sf1 arg-met.sf1 arg-n.sf1 aur.sf1 calc-f.sf1 *Calc-hp.*sf1 merc-aur.sf1 phos.sf1 puls.bg2,sf1 sil.sf1 staph.sf1 sulph.bg2,sf1

– **Knorpel**: stram.k2

– **Muskeln**, der: calc.k2

Abwärtsbewegung:

– **amel.**: *Acon.*hr1,kr1 *Alum.*hr1 *Alumn.*kr1 *Am-c.*hr1,kr1 anac.hr1,kr1 *Ang.*hr1,kr1 ant-c.hr1,kr1 arg-met.kr1 arn.hr1,kr1 **Ars.**hr1,kr1 asar.hr1,kr1 *Aur.*hr1,kr1 *Bar-c.*hr1,kr1 bell.hr1,kr1 *Borx.*kr1 **Bry.**hr1,kr1 calc.hr1,kr1 *Cann-s.*hr1,kr1 canth.hr1,kr1 carb-v.hr1,kr1 caust.hr1,kr1 chin.hr1,kr1 coff.hr1,kr1 *Cupr.*hr1,kr1 dig.hr1,kr1 dros.hr1,kr1 *Euph.*hr1,kr1 *Graph.*hr1,kr1 *Hell.*hr1,kr1 hep.hr1,kr1 *Hyos.*hr1,kr1 *Ign.*hr1,kr1 kali-c.hr1,kr1 *Kali-n.*hr1,kr1 *Lach.*hr1,kr1 led.hr1,kr1 *Lyc.*hr1,kr1 mag-c.hr1,kr1 mag-m.hr1,kr1 *Meny.*hr1,kr1 *Merc.*hr1,kr1 mosch.hr1,kr1 mur-ac.hr1,kr1 *Nat-c.*hr1,kr1 nat-m.hr1,kr1 *Nit-ac.*hr1,kr1 nux-m.hr1,kr1 *Nux-v.*hr1,kr1 *Par.*hr1,kr1 *Petr.*hr1,kr1 ph-ac.hr1,kr1 phos.hr1,kr1 plat.hr1,kr1 plb.hr1,kr1 ran-b.hr1,kr1 *Rhus-t.*hr1,kr1 rutakr1 sabad.hr1,kr1 *Seneg.*hr1,kr1 *Sep.*hr1,kr1 sil.hr1,kr1 *Spig.*hr1,kr1 **Spong.**hr1,kr1 *Squil.*hr1,kr1 *Stann.*hr1,kr1 *Staph.*hr1,kr1 sul-ac.hr1,kr1 *Sulph.*hr1,kr1 *Tarax.*hr1,kr1 *Thuj.*hr1,kr1 verb.hr1,kr1 *Zinc.*hr1,kr1

– **agg.**: acon. alum.hr1,k am-m.bg2,k,* *Arg-met.* bar-c.bg2,k,* bell.bg2,k,* berb.bg2,sf1,* **Borx.** bry.bg2,k,* canth.bg2,k,* carb-v.bg2 coff.bg2,k,* *Con.*bg2,k,* *Ferr.*bg2,k,* **Gels.**bg2 *Lyc.*bg2,k,* meny.bg2,k,* nit-ac.bg2,k,* phys.bg2 plb.bg2,k,* *Rhod.*bg2,k,* rhus-t.bg2,k,* *Ruta* sabin.bg2,k,* sanic.bg1,bg2 sep.bg2 *Stann.*bg2,k1,* stram.bg2 sulph.bg2,k,* *Verat.*bg2,k,* verb.bg2,k,*
☞ *Gehen - Hinuntergehen* | ❑ *Gemüt - Furcht - fallen*
• **hochgelegenen** Orten ins Tiefland; von: borx.st1

Abwärtsdrängen
☞ ❑ *Abdomen - Schmerz - abwärtsdrängend* | ❑ *Weibliche Genitalien - Schmerz - abwärtsdrängend*

Abwechselnde Zustände: acon.bg2 agar.bg *Ars.*bg2,k2 bell.bg carc.sst cimic.bg *Cocc.*bg croc.bg dulc.bg2 glon.bg *Ign.*bg2 **Kali-bi.**bg,bg2 **Lac-c.**bg lach.bg **Lyc.**bg2 onop.bg,bg2 *Phos.*bg prot.bg2,jl *Puls.*bg2 **Sulph.**bg
☞ *Metastasierung* | *Veränderung - Symptome* | *Veränderung - Symptome - ständig* | *Widersprüchliche* | ❑ *Gemüt - Gemütssymptome - abwechselnd - körperliche*

Adenitis
☞ *Entzündung - Drüsen*

Aderlaß, Beschwerden durch: *Chin.*hr1 senec.c1,hr1,* squil.c,c1 verat-v.hr1
☞ *Verlust - Blutverlust*

Adipositas
☞ *Fettleibigkeit*

Agranulozytose: cortico.sp1 lach.mg,mg1,* sulfa.sp1

Akromegalie: thyr.c2

Aktivität:

– **amel.**: cycl.bg2 helon.bg2 iod.bg2 kali-bi.bg2 lil-t.bg2 mur-ac.bg2 sep.bg2
☞ ❑ *Gemüt - Anstrengung - körperliche - amel.* | ❑ *G~ Beschäftigung - amel.* | ❑ *G~ Geistige Anstrengung - amel.*

– **äußere** Aktivität hört auf: anh.sp1

– **körperlich**: ars.a1 cocaa1,st fl-ac.a1,st lycps-v.a1 nat-s.a1 nep.a1,jl3,* *Op.*a1 phos.a1
☞ *Anstrengung*
• **nachmittags**: rhus-t.a1
• **abends**: lycps-v.a1
• **Mitternacht**, bis: **Coff.**a1

– **Verlangen** nach: *Acon.*hr1,kr1 ars.hr1,kr1 aur.hr1,kr1 eucal.hr1,kr1 hyper.a1 led.a1 nat-s.a1

– **vermehrt**: *Acon.*hr1,kr1 *Agar.*hr1,kr1 ant-c.hr1,kr1 ant-t.hr1,kr1 camph.hr1,kr1 cic.jl3,kr1,* eucal.hr1,kr1 *Hyos.*hr1,kr1 lyss.hr1,kr1 nep.jl3,kr1,* *Op.*hr1,kr1 *Ox-ac.*hr1,kr1 plat.hr1,kr1 *Stram.*hr1,kr1

Albuminurie
☞ ❑ *Urin - Eiweißhaltig*

Alkoholische Getränke
☞ *Speisen - Alkohol*

Alkoholismus
☞ ❑ *Gemüt - Alkoholismus*

Alter:
☞ *Schwäche - alten Menschen; bei*

– **alte** Menschen: acet-ac.c1,st *Acon.* *Agar.* *Agn.*st *All-s.*st *Aloe* *Alum.*bg2,c1,* alumn. *Am-c.* am-m.st **Ambr.** *Ammc.* *Anac.* *Ant-c.* ant-t. apisc1 *Arg-n.*st *Arn.*bg2,sf1 *Ars.* ars-s-f.k2 **Aur.** bapt.c1 **Bar-c.** *Bar-m.*bro1 *Bry.*k1,st calc.bg2,st *Calc-p.* camph. cann-i.st caps.bro1 *Carb-an.* *Carb-v.* *Caust.* *Cham.*c1,st chin.bg2,c1 chinin-s.j5,sf1 cic. cit-v.bro1 **Coca** cocc.bg2 *Colch.* *Con.* crot-h.bro1 cupr.k2 dig.st *Fl-ac.* gamb.st gins.bg2 *Graph.*c1,st *Hydr.*bg2,kr1,* hydrog.srj2 hyos.bg2 *Iod.* *Irid-met.*c1,st *Iris*st kali-ar.st kali-bi.st **Kali-c.** kreos.bg2,c1 **Lach.**bg2,c1,* **Lyc.** mag-f.jl merc.gl1,st *Mill.*c1,kr1,* nat-c.st *Nat-m.* nat-s.c1 *Nit-ac.* nux-m.c1 nux-v.bg2 **Op.** orch.c1,st *Ov.*st perh.jl ph-ac.bg2 *Phos.*bg2,st puls.st rhus-t.bg2 rutabg2,st sabad. sanic.bg2 sarcol-ac.jl sars.bg2 **Sec.** **Sel.** *Seneg.* sep.st *Sil.*gl1,st sul-ac. *Sulph.*k1,st sumb.bg2 *Syph.*bg2 ter.c1,sf1 **Teucr.**k1,st thiosin.st thuj.st tub.bg2 *Verat.*bg2,c1,* zinc.st

– **Altersverfall**: *Agn.*bro1 *Arg-n.*bro1 ars.bro1 *Bar-c.*bro1 cann-i.bro1 *Con.*bro1 fl-ac.bro1 iod.bro1 *Lyc.*bro1 orch.c2 *Ov.*bro1 phos.bro1 thiosin.bro1

– **vorzeitiges** Altern: *Agn.*hr1,k1,* alco.a1 alum.sf1 *Ambr.* ant-c.bg3 arg-met.j1,k2 arg-n.st ars.bg3 *Aur.*bg3 *Bar-c.* berb.k2 bufo carb-ac.bg3 carb-v.k2 chinin-s.k1 cocaa1 *Con.*bg2,sf1,* cortico.j1 *Cupr.*k2 des-ac.j1 esp-g.j1,kk1 *Fl-ac.*bg2,sf1,* gins.bg3 hydr.bg3 hydrog.srj2 *Kali-c.* kres.j1 **Lach.**bg3 lyc. mag-f.mg1 nit-ac.bg3 nux-v.k2 op.a1 phos.bg3 prot.j1 psor.sf1 reser.j1 sars.k2 sec.bg3 **Sel.** sep.k2 staph.sf1 stram.c1,st sulph.sf1 verat.bg3 *Vip.*a1,c1,*

• **alten** Menschen; bei: carc.svb

Aluminiumvergiftung: alum.bg2,kr1,* bar-c.gm1 *Bry.*bg2,hr1,* cadm-met.gm1 *Cadm-o.*bg2,kr1,* calc-ox.gm1 camph.bg2,hr1,* cham.bg2,hr1,* ip.bg2,hr1,* plb.gm1 puls.bg2,hr1,*

☞ ❑ *Abdomen - Krebs - Aluminiumvergiftung* / ❑ *Magen - Krebs - Aluminiumvergiftung*

Ameisenlaufen:

☞ *Spinnwebe*

– **leidender** Teile: con.h

– **Samenabgang**, nach: mez.h

– **schmerzhaftes** Kribbeln durch den ganzen Körper, wenn er sich anstößt: spig.hr1,k,*

○ **äußere** Teile: abrot.bg2 **Acon.**bg2,k,* acon-c.a1 acon-f.a1 aconin.a1 aesc.hr1,k aethera1 agar.bg2,k agn.bg2,k2,* alco.a1 all-s.a1,k aloea1,bg2 *Alum.*bg2,k,* alum-p.k13,k2 alum-sil.k13,k2 *Alumn.*kr1 am-c.bg2,k am-m.bg2,k,* ambr.bg2,k anac.bg2,k ang.bg2 ant-c.bg2,k ant-t.bg2,k apisbg2 *Aran.*hr1,kr1,* arg-met. **Arg-n.**bg2,sf1,* **Arn.**bg2,k ars.bg2,k,* ars-i. ars-s-f.k13,k2 arum-t.st arund.a1,k asaf.bg2,k asar.bg2,k aur.bg2,k,* aur-ar.k2 aur-s.k13,k2 *Bamb-a.*stb2 *Bar-c.*bg2,k bar-i.k13,k2 bar-m. bar-s.k13,k2 bell.bg2,k,* borx. bov.bg2,k bruc.a1 bry.bg2,k bufobg2 cadm-s.k2 calad. calc.bg2,k calc-p.a1,k camph.bg2,k cann-i.a1,k cann-s.bg2,k canth.hr1,j5,* caps.bg2,k,* carb-an.bg2,k carb-v.bg2,k,* carbn-s.k2 card-b.a1 *Carl.*a1 *Castm.*bg2,sf1 *Caust.*bg2,k,* cedr.bg2,hr1,* cham.bg2,k *Chel.*bg2,k,* chin.bg2,k,* cic.bg2,k cina cist.a1,k clem.bg2,k,* *Cocc.*bg2,k **Colch.**bg2,k coloc.bg2,k,* con.bg2,k,* conin.a1 *Croc.*bg2,k,* cupr-ar.a1 cupr-s.hr1,kr1 cur.st dros.bg2,k dulc.bg2,k,* euon.a1,j5 euphr.bg2,k,* fago.a1 ferr.bg2,k,* ferr-ma.j5 fl-ac.a1,bg2 gamb.a1,hr1 gels.hr1 gent-c.a1 *Gran.* graph.bg2,k guaj.bg2,k guare.a1 halo.j1 ham.a1 hep.bg2,k hist.mg,mg1 hydr-ac.hr1,kr1 hyos.bg2,k *Hyper.*bg2,sf1,* ign.bg2,k iod. ip.bg2,k kali-ar. *Kali-br.*bg2,sf1,* *Kali-c.*bg2,k kali-chl.k13 kali-m.k2 kali-n.bg2,k kali-sil.k2 *Kalm.*bg2,sf1,* kreos.bg2,k kres.srb2 lach.bg2,k lath.sf,sf1 laur.bg2,k led.bg2,k *Lyc.*hr1,k,* *M-arct.*j5 m-aust.bg2,j5 mag-c.bg2,k,* *Mag-m.*bg2,k,* mang.bg2,k *Med.*k13,k2 *Merc.*bg2,k,* merc-c.a1,k merc-i-r.a1 *Mez.*bg2,k,* morph.a1 mosch.bg2,k mur-ac.bg2,k nat-ar. *Nat-c.*bg2,k,* *Nat-m.*bg2,k nat-p. nat-sil.k13,k2 nit-ac.bg2,k nit-s-d.a1 nux-m.bg2,k **Nux-v.**bg2,k,* ol-an.bg2 ol-j.a1 olnd.bg2,k onos. op.bg2,k pall.a1,k par.bg2,k,* petr.bg2,sf1,* *Ph-ac.*bg2,k,* *Phos.*bg2,k,* phys.sf,sf1 *Pic-ac.*bg2,k,* **Plat.**bg2,k plb.bg2,k,* *Puls.*bg2,k *Ran-b.*bg2,k ran-s.bg2,k rheum *Rhod.*bg2,k,* **Rhus-t.**bg2,k,* rumx.a1,bg2 *Sabad.*bg2,k,* sabin.bg2,k samb.bg2,k,* sars.bg2,k,* **Sec.**bg2,k,* sel.bg2,k seneg.bg2,k **Sep.**bg2,k sil.bg2,k,* **Spig.**bg2,k,* spong.bg2,k,* *Squil.*j5

Ameisenlaufen - äußere Teile: ...

stann.bg2,k staph.bg2,k stram.bg2,k stront-c. sul-ac.bg2,k sul-i.k13,k2 *Sulph.*bg2,k,* tab.a1,bg2,* tarax.bg2,k *Tarent.*hr1,k,* teucr.bg2,k thuj.bg2,k,* tub.k13,k2 urt-u. valer.bg2,k verat.bg2,k,* verb.bg2,k viol-t.bg2,k *Visc.*bg2,sf1,* *Zinc.*bg2,k,* zinc-p.k13,k2

– **innerlich**: *Acon.*bg2,k acon-f.a1,k agar. agn.bg2,k aloebg2 alum.bg2,k alum-sil.k13,k2 am-c.bg2,k am-m.bg2,k ambr.bg2,k ant-t.bg2,k apisbg2 arg-met. *Arn.*bg2,k ars.bg2,k asaf.bg2,k bar-c.bg2,k bar-s.k2 bell.bg2,k borx.bg2 bov.bg2 brom.bg2 *Bry.*bg2,k cadm-s.k2 calc.bg2,k *Canth.*bg2,k caps.bg2 carb-an.bg2 carb-v.bg2,k caust.bg2,k *Cham.*bg2 chel.bg2,k *Chin.*bg2,k cic.bg2,k cinabg2 cocc.bg2,k **Colch.**bg2,k coloc.bg2,k con.bg2 cupr.bg2,k dig.bg2 dros.bg2,k dulc.bg2,k euphr.bg2,k ferr.bg2 graph.bg2,k guaj.bg2,k hep.bg2,k hyos.bg2,k ign.bg2,k iod.bg2,k *Ip.*bg2 kali-ar.k2 kali-c.bg2 kali-m.k2 kali-n.bg2 kres.srb2 *Lach.*bg2 laur.bg2,k led.bg2,k mag-c.bg2 mag-m.bg2 meny.bg2,k merc.bg2,k mez.bg2,k mur-ac.bg2 nat-ar. nat-c.bg2,k *Nat-m.*bg2 nat-p. nat-sil.k2 nux-m.bg2,k nux-v.bg2,k olnd.bg2 ph-ac.bg2,k phos.bg2,k **Plat.**bg2,k plb.bg2,k prun.bg2 *Puls.*bg2,k rheum rhod.bg2,k **Rhus-t.**bg2,k *Sabad.*bg2,k sabin.bg2,k **Sang.** *Sec.* sel.bg2,k seneg.bg2,k sep.bg2,k sil.bg2,k spig.bg2,k spong.bg2,k stann.bg2,k staph.bg2,k sul-i.k2 **Sulph.**bg2,k tarax.bg2,k teucr.bg2 thuj.bg2,k *Verat.*bg2 viol-o.bg2,k *Zinc.*bg2,k zinc-p.k2

– **Drüsen**: acon.bg2,k *Arn.*bg2,k bell. calc. cann-s.bg2,k canth.bg2,k **Con.**bg2,k,* ign. laur. m-aust.j5 merc.bg2,k,* nat-c.bg2,k ph-ac.bg2,k *Plat.*bg2,k puls.bg2,k rhod.bg2,k *Rhus-t.*bg2,k sabin.bg2,k *Sep.*bg2,k *Spong.*bg2,k sulph.bg2,k zinc.bg2,k

– **Knochen**: acon.bg2,k arn.bg2,k cham.bg2,k colch.bg2,k ign.bg2,hr1,* kali-bi.bg2 merc.bg2,k mez.bg2 nat-c.bg2,k nat-m.bg2,k nux-v.bg2,k ph-ac.bg2,k plat.bg2,k *Plb.*bg2,k puls.bg2,k rhod.bg2,k *Rhus-t.*bg2,k sabad.bg2,k sec.bg2,k *Sep.*bg2,k spig.bg2,k sulph.bg2,k zinc.bg2,k

– **Nerven**; entlang des Verlaufes der: alum-sil.k4

Amöbiasis:

◆ **begleitet** von:

• **Zunge**; Geschwüre auf der: tub.vk1

Amyotrophische Lateralsklerose (= Charcot-Syndrom): ang.sne arg-n.sne calc.sne cupr.sne dub.sne lath.sne nux-v.sne pic-ac.sne rhus-t.sne zinc.sne

Analgesie: anh.mg,mg1 ant-c.sf,sf1 bapt.sf,sf1 bell. cann-i.k2 chel. *Cic.* **Cocc.** con. hell. *Hyos.* ign. kali-br. laur. **Lyc.** mand.mg,mg1 merc. mosch. **Olnd.** **Op.** **Ph-ac.** phos. pic-ac. **Plb.**k,k1,* puls. rhus-t.k,k1 sec. **Stram.** *Sulph.*

☞ *Reizbarkeit - Mangel* / *Schmerzlosigkeit*

– **erkrankter** Teile: anac. asaf. *Cocc.* con. *Lyc.* *Olnd.* **Plat.** puls. rhus-t.

○ **innere** Organe: ars. bell. bov. hyos. **Op.** **Plat.** spig.

Analgetika

☞ *Schmerzmittel*

Anämie: abel.jl *Acet-ac.*c2,k acetan.brl acon. agar. agn.k2 *Alet.*c1,sf1,* aloesf1 alum. alum-p.k2 alum-sil.k2 am-c.sf1 ambr. anil.a1,c1,* ant-c. *Ant-t.*bg2,kr1 *Apis*kr1 apoc.k2 aq-mar.sf1 *Arg-met.* *Arg-n.*c2,k *Arg-o.*bro1 *Arn.* **Ars.**c2,k *Ars-i.* **Ars-s-f.**k2 aur-ar.c1,c2 *Bell.* ben-d.c1,c2 berb.k2 beryl.jl,sp1 bism.kr1 bol-la.kr1 **Borx.** bov. *Bry.* cadm-met.jl,sp1 **Calc.**c2,k calc-ar.bro1 calc-i.k2 calc-lac.bro1 calc-met.stj2 **Calc-p.**c2,k calc-sil.k2 calen.sf1 calo.bro1 carb-an.k2 *Carb-v.* *Carbn-s.*k2,kr1,* carc.cd,jl2 casc.c1,kr1,* *Caust.* cedr. cham. **Chin.**c2,k chinin-ar. *Chinin-s.*bro1 chlol.c1,c2 chloram.jl chlorpr.jl chr-m.stj2 cic.bro1 cinac2,k cob-n.jl,sp1 cocc. coff. colch.a1 coloc. *Con.* cortico.sp1 cortiso.sp1 crat.bro1 *Crot-h.*crm,k cupr. cupr-ar.bro1 cupr-s.a1 *Cycl.*c2,k dig. eucal.sf1 **Ferr.**c2,k **Ferr-ar.**c2,k ferr-c.bro1 ferr-cit.bro1 *Ferr-i.* *Ferr-m.*c1,c2 ferr-o-r.bro1 *Ferr-p.* ferr-pic.sf1 ferr-prox.brl *Ferr-r.*bro1 ferr-val.bwa3 goss.bro1 **Graph.** *Ham.*kr1 **Hell.** *Helon.*c2,k hep.bg2 *Hydr.*kr1,sf1 *Ign.* iod. ip.c1,sf1,* *Irid-met.*c1,c2 **Kali-ar.** *Kali-bi.*c2,k *Kali-br.*kr1 **Kali-c.**c2,k kali-met.stj2 kali-n.sf1 **Kali-p.**c2,k kalm.kr1 kres.jl,mg1,* lac-ac.c1 lac-d.bg2,k2,* *Lach.* lec.brl lyc. mag-c. mag-m. **Mang.**c2,k mang-met.stj2 **Med.** **Merc.**c2,k *Merc-c.* merc-k-i.gm1 mez. **Mosch.**bg2 nat-ar. *Nat-c.* **Nat-m.**c2,k nat-n.c1,sf1,* *Nat-p.* *Nat-s.* **Nit-ac.** nux-m. *Nux-v.* ol-j.c2,k *Olnd.* oxyg.c1,c2 petr.c2,k *Ph-ac.* **Phos.** *Phyt.*bro1 *Pic-ac.*c2,k **Plat.**bg2,sf1 **Plb.** *Plb-act.*bro1 plb-xyz.c2 psor. **Puls.**c2,k rhod. *Rhus-t.* ric.a1 rub-t.c1,sf1,* ruta sabin. sacch.bro1 *Sec.* *Senec.* *Sep.* sil.c2,k spig. **Squil.** *Stann.*c2,k **Staph.** stroph-h.c1,c2 **Sul-ac.** sulfa.jl,sp1 sulfonam.jl **Sulph.**c2,k tab.a1,c1,* ther. *Thyr.*c1,c2 tub.k2 tub-sp.vn,zs,* urt-u.c1,c2 valer. vanad.st verat.c2,k *X-ray*jl,sp1 *Zinc.* zinc-ar.bro1 zinc-m.bro1 zinc-s.a1
☞ *Ohnmacht - Anämie / Schwäche - Anämie*

◆ **begleitet** von:

• **Abort**: alet.sf1 carb-v.bg2,sf1 ferr.bg2,sf1 ferr-act.sf1 kali-c.sf1 kali-n.sf1 kali-perm.sf1 sec.sf1 *Sep.*bg2,sf1 sulph.bg2,sf1

• **Obstipation**: alum.gm1 alum-sil.gm1 alumn.gm1 plb.gm1

– **Blutung**, nach: *Arg-o.*bro1 *Ars.*bro1 *Calc.* *Carb-v.* **Chin.** crot-h.bro1 **Ferr.** *Helon.*kr1 hydr.kr1 ign.bro1 *Lach.* nat-br.bro1 *Nat-m.* *Nux-v.* *Ph-ac.* *Phos.* sabin.k2 staph.kr1 *Sulph.*

– **Ernährung**, durch Störungen der: alet.bro1 alum.bro1 *Calc-p.*bro1 ferr.bro1 helon.bro1 nux-v.bro1

– **Krankheit**; durch erschöpfende, entkräftende: acet-ac.bro1 alst.bro1 *Calc-p.*bro1 *Chin.*bro1 chinin-s.bro1 *Ferr.*bro1 helon.bro1 kali-c.bro1 *Nat-m.*bro1 *Ph-ac.*bro1 *Phos.*kr1 sec.kr1

– **Menorrhagie**, durch: arg-o.bro1 ars.bro1 *Calc.*bro1 calc-p.bro1 *Cann-i.*kr1 crat.bro1 *Cycl.*bro1 *Ferr.*bro1 *Graph.*bro1 *Hydr.*kr1 *Kali-c.*bro1 mang.bro1 *Nat-m.*bro1 *Puls.*bro1 sep.bro1

– **perniziös**: *Ars.*c1 calc.c1,k2 carc.fb,jl2 *Crot-h.*c1,kr1 mang.c1,k2 nat-m.c1,k2 *Phos.*c1,c2 pic-ac.c1,kr1,* *Thyr.*c1,c2 trinit.c1

– **Radiumtherapie**; nach: phos.gm1

– **stillenden** Müttern, bei: acet-ac.brl

Anasarka
☞ *Wassersucht - äußere*

Anästhesie (= Narkose):

– **Beschwerden** durch: crot-chlol.c2 keroso.c2 plb.c2
☞ *Chloroform*

Aneurysma: *Ars-i.*c2 *Bar-c.*c2 bar-m.c2 cact.c2 calc-f.c2 carb-an.c2 eucal.c2 guaj.c2 *Kali-i.*c2 lach.c2 lith-c.c2 *Lyc.*c2 lycps-v.c2 magn-gr.c2 plb-xyz.c2 ran-s.c2 spong.c2

– **Neigung** zu: aur.bg bar-c.bg carb-v.bg conv.brl lach.bg *Lyc.*bg puls.bg sulph.bg thuj.bg

Angefächelt zu werden:
☞ *Luft - Zugluft - Gefühl*

– **amel.**: ant-t.bg2 apisbg2 *Arg-n.*bro1 bapt.bg2 *Carb-v.*bro1 chin.bro1 crot-h.bg2 ferr.bg2 hist.jl kali-n.bg2 lach.bro1 med.bro1 sec.bg2 xan.bg2

– **Verlangen**: apisbg2 ars.bg2 bapt.bg2 **Carb-v.**bg2,k2,* caust.bg2 chin.bg2,hr1,* chlol.bg2,c1,* chlor.bg2 glon.bg2,k2,* kali-n.bg2,hr1 lach.bg2 lyc.bg2 med.bg2,k2,* nux-m.bg2 puls.bg2 *Sec.*bg2,sf1,* sulph.bg2,hr1,* tab.bg2 zinc.bg2

Angst, Empfindung allgemeiner körperlicher: acon. agar. alum.j5 am-m. ambr.j5 *Aml-ns.* androc.srj1 *Ant-t.* **Arg-n.** arn.j5 **Ars.** ars-i. **Ars-s-f.**k2 bar-c. bar-m. bar-s.k2 bell.j5 borx.j5,k2 *Brom.* *Bry.* *Calc.* calc-ar.k2 calc-i.k2 **Camph.** cann-s. *Canth.* carb-v. caust.j5 cench.k2 **Cham.** *Chel.* *Chin.* chlor.a1 cic. cocc. *Coff.* *Colch.* con. *Cupr.* **Dig.** euph. *Ferr.* *Ferr-ar.* *Ferr-i.* ferr-p.k1 guaj. hydrog.srj2 ign. *Iod.* **Ip.** kreos.j5 laur. lob. *Lyc.* mag-c.j5 meph.j5 merc. mez. mosch. mur-ac. nat-c.j5 nat-m. nat-s.k1 nux-m.j5 **Nux-v.** op.j5 petr.j5 **Ph-ac.** **Phos.** plat. plb. prun.j5 **Puls.** ran-b.j5 rhod.j5 rhus-t. rutaj5 sabad. sabin. sars.j5 *Sec.* seneg. *Sep.* sil.j5 spig.j5 squil.j5 *Stann.* *Staph.* stram. sul-ac. sul-i.k2 **Sulph.** tarent.k2 *Teucr.* ther.k2 thuj. *Verat.* *Zinc.* zinc-p.k2
☞ ❑ *Gemüt - Angst*

○ **Gliedern**, in den: m-aust.bg2

Anstrengung, körperliche:
☞ *Aktivität - körperlich*

– **agg.**: acon. adam.srj5 aesc.k2,sf1 *Agar.*c1,k agn.k2,st allox.jl **Alum.**c1,k *Alum-p.*k2 alum-sil.k2 *Alumn.* am-c. am-m. *Ambr.* ammc.j5 *Anac.* ant-c. *Ant-t.* apis apoc. *Arg-met.* *Arg-n.* arist-cl.sp1 **Arn.** **Ars.**c1,k **Ars-i.** ars-s-f.k2 asaf. asar. aur. aur-ar.k2 aur-i.k2 aur-m.k2 aur-s.k2 bar-c. bar-i.k2 *Bar-s.*k2 bell-p.mg1 *Benz-ac.* berb.sf1 beryl.jl *Bol-la.* borx. bov. brom.bg2,sf1 **Bry.** buni-o.jl buth-a.jl,mg1,* *Cact.* **Calc.**c1,k *Calc-ar.*k2 calc-f.jl,mg1,* calc-i.k2 *Calc-p.* **Calc-s.** calc-sil.k2 *Cann-s.* carb-an.bg2,c1 *Carb-v.*c1,k *Caust.* *Chel.* *Chin.* chinin-ar. chinin-s.j5 cic. cimic.c1 cina cist.k2 cocac1,sf1 **Cocc.**c1,k coff. *Colch.* **Con.**c1,k crat.brl croc. *Crot-h.* cupr.c1 cur.sf1 cycl. **Dig.** dulc.k2 epiph.c1 erig.mg1 euphr. *Ferr.* *Ferr-ar.* **Ferr-i.** *Ferr-p.* fl-ac.bg2 flor-p.jl **Gels.** glon.k2 graph. *Guaj.* *Ham.* hell. *Helon.* *Hep.* hydrog.srj2 ign. **Iod.** ip. *Kali-ar.* *Kali-bi.* *Kali-c.*c1,k kali-m.k2

– **agg.**: ...
kali-n. *Kali-p.* kali-s. kali-sil.k2 *Kalm. Kreos. Lac-d.*k2,st *Lach.* lact.j5 **Laur.** led. lil-t. *Lob. Lyc. Lycps-v.* m-arct.j5 mag-p.k2 meny. *Merc. Merc-c.* mill.c1 *Mur-ac.* murx. naja **Nat-ar. Nat-c.**c1,k **Nat-m.** *Nat-p. Nat-s.*ptk1 nat-sil.k2 nit-ac. nux-m. *Nux-v.* olnd. ovi-p.c1 *Ox-ac.* pall.c1 paro-i.jl petr.j5 *Ph-ac. Phos.* **Pic-ac.** plat. *Plb. Podo.* prot.jl *Psor. Puls. Rheum* rhod. **Rhus-t.**c1,k *Ruta*c1,k sabad. *Sabin.* sacch-l.c1 *Sang.* sanic.c1 sarcol-ac.sp1 sars. scut.c1 sec. **Sel.**c1,k **Sep.** *Sil.*c1,k sol-ni. **Spig. Spong.** squil. **Stann. Staph.** stront-c.bg2 stroph-h.bg2 stroph-s.jl sul-ac. sul-i.k2 **Sulph.**c1,k tab.bg2 *Tarent.* tax.jl tell.jl ter.c1 ther.k2 thuj. *Tub.* tub-d.zs tub-m.vn,zs,* v-a-b.jl *Valer.* verat. *Zinc.* zinc-p.k2
- **geringe** Anstrengung: sul-i.ptk1 thyr.ptk1
- **heftige** Anstrengung: lappaptk1 mill.ptk1 symph.ptk1

– **amel.**: adon.ptk1 aesc.ptk1 agar.bg2,k2 alumn.bro1 brom.bro1 canth. carc.sst,zzh *Cycl.*bg2,sf1 fl-ac.bg2,st haliae-lc.srj5 helon.sf1 *Hep.*bg2 *Ign.* kali-br.bg2 kali-c.jl **Lil-t.**bg2,sf1 nat-m. phys.bg2 plb. rauw.jl,sp1 **Rhus-t.**k,kl2● **Sep.**k,kl2● sil. stann. thlas.bg2 tril-p. tub-r.vn,zs
☞ *❑ Gemüt - Anstrengung - körperliche - amel.*
- **Freien**; im: rauw.sp1

– **unmöglich**; ist: calc-i.k2 hydrog.srj2

Antibiotika; durch: carb-v.gm1 mag-p.gm1 op.gm1
☞ *Schwäche - Antibiotika / ❑ Haut - Hautausschläge - Antibiotika*

Antipyretika
☞ *Aspirin / Fiebermittel*

Anziehen, Beugen des Gliedes:
☞ *Beugen - erkrankter - agg.*

– **agg.**: agar.bg2 alum.bg2 am-m.bg2 anac.bg2 *Ant-t.*bg2 arn.bg asar.bg2 bell.bg2 borx.bg2 *Bry.*bg carb-an.bg2 carb-v.bg2 *Caust.*bg cham.bg2 chel.bg2 chin.bg2 cimic.bg coff.bg2 dig.bg2 dros.bg2 dulc.bg2 ferr.bg2 guaj.bg2 hep.bg2 ign.bg2 kali-bi.bg kali-c.bg2 lach.bg lyc.bg mag-c.bg2 merc.bg2 mur-ac.bg2 nat-m.bg2 nux-m.bg2 nux-v.bg2 olnd.bg2 par.bg2 petr.bg2 plat.bg2 puls.bg2 rheumbg2 rhod.bg2 **Rhus-t.**bg2 sabad.bg2 sabin.bg2 **Sec.**bg2 sep.bg stann.bg2 staph.bg2 sulph.bg thuj.bg2 valer.bg verb.bg2 zinc.bg2

– **amel.**: *Alum.*bg2,k am-c.bg2,k am-m.bg2,k anac.bg2,k ang.bg2,k *Ant-c.*bg2,k arg-met. arn.bg2,k aur.bg2,k bar-c.bg2,k bell.bg2,k bov.bg2,k *Bry.*bg2,k **Calc.**bg2,k cann-s.bg2,k caps.bg2,k carb-v.bg2,k caust.bg2,k cham.bg2,k *Chin.*bg2,k cina clem.bg2,k *Coloc.*sf,sf1 con.bg2,k croc.bg2,k crot-h.bg2,sf1,* dig.bg2,k dros.bg2,k dulc.bg2,k ferr.bg2,k graph.bg2,k guaj.bg2,k *Hep.*bg2,sf1,* ign.bg2,k kali-c.bg2,k lach.bg2,sf1,* laur.bg2,k lyc.bg2,k *Mang.*bg2,k *Meny.*bg2,k merc.bg2,k mur-ac.bg2,k nat-m.bg2,k nux-v.bg2,k petr.bg2,k phos.bg2,k plat.bg2,k plb.bg2,k puls.bg2,k rheum rhus-t.bg2,k *Ruta* sabin.bg2,k sel.bg2,k **Sep.**bg2,sf1,* sil.bg2,sf1,* spig.bg2,k spong.bg2,k stann.bg2,k staph.bg2,k **Sulph.**bg2 **Thuj.**bg2 valer.bg2,k verat.bg2,k

Aphthen: *Ant-t.*c2 *Ars.*c2 asim.c2 *Borx.*c2 bry.c2 chin.c2 chin-b.c2 chlor.c2 corn.c2 cub.c2 eup-a.c2 ferr-s.c2 ferul.c2 hell.c2 *Kali-chl.*c2 kali-m.c2 merc.c2 *Merc-c.*c2 *Mur-ac.*c2 *Nat-m.*c2 ric.c2 sul-ac.c2
☞ *❑ Brust - Aphthen / ❑ Gesicht - Aphthen / ❑ Innerer Hals - Aphthen / ❑ Mund - Aphthen / ❑ Männliche Genitalien - Aphthen / ❑ Rektum - Aphthen / ❑ Weibliche Genitalien - Aphthen*

Apoplexie: **Acon.**c2,k agar.mg,mg1 *Alco.*a1 **Anac.**bg2,hr1,* ant-c.bg2,h,* ant-t.bg2,hr1 apisc1,c2 *Arn.*bg2,k,* *Ars.*bg2,hr1,* ars-s-f.c1,hr1,* asar.bg2,sf1,* *Aster.*hr1,kr1,* *Aur.*bg2,k bapt.c1,c2,* bar-c.bg2,k,* **Bell.**bg2,k,* brom.c1,c2,* **Bry.**bg2,hr1,* bufogk cact.c1,hr1,* cadm-br.c1,c2,* cadm-s.bg2,kr1,* calc.bg2,sf1,* *Camph.*bg2,k,* carb-v.bg2,k carbn-h.c1 carbn-s.c1 caust.c1,hr1,* chen-a.mg,mg1,* *Chin.*bg2,k,* chlol.c1,c2,* **Cocc.**bg2,k,* *Coff.*bg2,k,* con.h,k,* croc.a1,bg2 *Crot-h.*hr1,k,* *Cupr.*bg2,k,* cupr-act.c1,c2 dig.bg2,hr1,* erig.mg,mg1 *Ferr.*bg2,k,* fl-ac.c1,c2,* *Form.*hr1,kr1,* gast.c1,c2,* **Gels.**hr1,k **Glon.**bg2,k2,* guare.c1,c2,* hell.c1,hr1,* hep.bg2 *Hydr-ac.*a1,bg2,* *Hyos.*bg2,k,* ign.bg2,hr1 iod.hr1,kr1 **Ip.**bg2,k,* juni-v.a1,c1,* kali-br.c1,c2,* kali-cy.c1,c2,* kali-m.bg2 kali-n.mg,mg1 kreos.bg2 **Lach.**bg2,k,* laur. lim.c1,c2,* lith-br.c1,c2,* lol.a1 *Lyc.*bg2,k merc.bg2,k,* *Mill.*hr1,k2,* morph.a1 nat-m.bg2,k nat-n.mg,mg1 nat-ns.c1,c2,* nit-ac.bg2,k *Nux-m.*bg2,k,* *Nux-v.*bg2,k,* *Oena.*hr1,kr1,* olnd.bg2,sf1,* **Op.**bg2,k,* ox-ac.a1 ph-ac.bg2 *Phos.*bg2,k,* plb.bg2,k,* *Puls.*bg2,k,* ran-g.c1,c2,* rhus-t.bg2,k sabad.bg2 samb.bg2 sang.hr1 sars.bg2 sec.bg2,k,* sep.bg2,k,* *Sil.*bg2,k sin-n.hr1,kr1,* sol-a.c1,c2,* *Stram.*bg2,k,* stront-c.c1,c2 sulph.bg2 tab.hr1,kr1,* thuj.bg2 verat.bg2,h,* *Verat-v.*hr1,kr1,* viol-o.bg2 vip.a1,bg2,*
☞ *Konvulsionen - apoplektisch / Lähmung - eine - Apoplexie / Schwäche - Apoplexie*

◆ **begleitet** von:
- **Speichelfluß**: *Anac.*kr1,vk1 **Nux-v.**kr1,vk1

– **drohend**: *Aster.*hr1,kr1 *Bell.*hr1,kr1 bry.k2 cact.k2 **Coff.**hr1,kr1 *Fl-ac.*hr1,kr1 *Glon.*hr1,kr1,* ign.hr1,kr1 kali-n.kr1,mg1,* *Laur.*hr1,kr1,* prim-v.c1,kr1,* *Stront-c.*kr1

Arme vom Körper entfernt zu halten amel.: psor.bg2 spig.bg2 sulph.bg2

Arsenvergiftung: camph.bg2,k,* *Carb-v.*bg2,hr1,* chin.hr1,k chinin-s.c1,kr1 dig.hr1,kr1 euph.c,c1 *Ferr.*hr1,k graph.hr1,k **Hep.**bg2,hr1,* iod.hr1,k *Ip.*bg2,k,* lach.bg2,hr1,* *Merc.*bg2,k nux-m.c,c1 nux-v.bg2,k,* ol-j.bg2 *Phos.*hr1,kr1 plb.hr1,kr1 samb.hr1,k sulph.c,c1 tab.hr1,kr1,* thuj.st *Verat.*hr1,k
☞ *Lähmung - Vergiftung - Arsen*

Arteriosklerose: adren.bro1 *Am-i.*bro1 am-van.bro1 aml-ns.sf1 ant-ar.bro1 arg-n.mg,mg1 *Arn.*bg2,sf1,* ars.sf,sf1 *Ars-i.*sf,sf1 aster.jl *Aur.*bg2,sf1,* aur-br.sf1 *Aur-i.*sf1 aur-m-n.sf,sf1 *Bar-c.*sf,sf1,* bar-i.sf,sf1,* bar-m.bro1 bell-p.mg,mg1,* benz-ac.sf,sf1 cact.bro1 cal-ren.sf,sf1 *Calc.*bg2,sf1,* calc-ar.bg2 calc-f.sf,sf1,* card-m.bro1 chinin-s.bro1 chlol.st con.sf,sf1 crat.sf,sf1 *Cupr.*sf,sf1 ergot.bro1 fl-ac.bg2,sf1,* form.bg2 form-ac.sf,sf1 fuc.mg,mg1 *Glon.*sf,sf1 hed.mg,mg1

Arteriosklerose: ...
hyper.mg,mg1 iod.bg2,sf1,* _Kali-i._sf,sf1,* kali-sal.bro1 kres.mg,mg1,* lach.mg,mg1 lith-c.bro1 mag-f.mg,mg1 mand.jl,jl3 naja mg1 _Nat-i._bro1 nit-ac.sf,sf1 phos.bro1 _Plb._bg2,sf1,* _Plb-i._sf,sf1,* _Polyg-a._bro1 rad-br.mg,mg1 rauw.mg,mg1 _Sec._bg2,sf1,* sil.mg,mg1 solid.sf,sf1 _Stront-c._bg2,sf1 _Stront-i._sf,sf1 stroph-h.bro1 sumb.bro1 _Tab._bg2,sf1,* thlas.sf1 thyr.bro1 _Vanad._sf,sf1 _Visc._bg2,sf1,* zinc-p.sf,sf1
☞ _Verknöcherung - Arterien_

Arteriitis
☞ _Entzündung - Blutgefäße - Arterien_

Arthritis:
– **rheumatoide** Arthritis
☞ _Entzündung - Gelenke - rheumatoide_
– **lathetosis**
☞ _Entzündung - Gelenke - lathetosis_

Arzneimittel:
– **Abneigung** gegen homöopathische Arzneimittel
☞ ❑ _Gemüt - Arzneimittel - Abneigung_
– **allopathische** Medizin
☞ _Medikamente_
– **heftige** Reaktion auf homöopathische Arzneimittel: acon.gl1 arn.gl1 cham.gl1 coff.gl1 lyc.gl1 nit-ac.gg nux-v.gl1 _Puls._gl1 sep.gl1 sil.gl1 _Sulph._gl1
• **hohe** Potenzen, gegen: ars-i.k2,st caust.k2 hep.k2 lyc.k2 **Nit-ac.**j5,k2,* nux-v.k2 sep.k2
– **wirkungslos**, versagen; gut gewählte Arzneimittel bleiben: alum.gl1 carb-v.bg2,gl1 laur.bg2,c1 op.bg2,gl1,* psor.c1 sulph.c1 teucr.bg2,kr1,* tub.k2
• **überempfindlichen** Zustand hervorgerufen hat; wenn zuviel Medizin einen: ph-ac. **Teucr.**
☞ _Medikamente_

Asphyxie
☞ ❑ _Atmung - Asphyxie_

Aspirin; durch: mag-p.gm1

Asthenie; neurozirkulatorische
☞ ❑ _Brust - Herzklopfen - neurozirkulatorische_

Atherom
☞ _Tumoren - Atherom_

Atmen:
– **agg.**: _Acon._bg2 agar.bg2 alum.bg2 am-c.bg2 _Am-m._bg2 _Anac._bg2 ant-c.bg2 arg-met.bg2 arn.bg2 ars.bg2 asaf.bg2 asar.bg2 aur.bg2 _Bell._bg2 bism.bg2 borx.bg2 bov.bg2 **Bry.**bg2 _Calc._bg2 _Cann-s._bg2 _Caps._bg2 cham.bg2 chin.bg2 _Cina_bg2 clem.bg2 cocc.bg2 **Colch.**bg2 coloc.bg2 con.bg2 croc.bg2 cupr.bg2 dig.bg2 dros.bg2 dulc.bg2 euphr.bg2 graph.bg2 _Hep._bg2 hyos.bg2 _Kali-c._bg2 kali-n.bg2 led.bg2 lyc.bg2 _Mag-c._bg2 merc.bg2 mez.bg2 _Mur-ac._bg2 nat-c.bg2 _Nat-m._bg2 _Nit-ac._bg2 nux-v.bg2 ph-ac.bg2 plat.bg2 _Puls._bg2 ran-b.bg2 rhod.bg2 _Rhus-t._bg2 _Sabad._bg2 sars.bg2 _Sel._bg2 seneg.bg2 **Sep.**bg2 sil.bg2 **Spig.**bg2 squil.bg2 stann.bg2 sul-ac.bg2 _Sulph._bg2 thuj.bg2 verat.bg2
– **Anhalten** des Atems: dros.bg2 _Kali-n._bg2 led.bg2 meny.bg2 merc.bg2 _Spig._bg2
• **amel.**: _Bell._bg2

Atmen: ...
– **Ausatmen**:
• **agg.**: agn.bg2 ambr.bg2 anac.bg2 ang.bg2 ant-c.bg2 ant-t.bg2 _Arg-met._bg2,kr1 ars.bg2,hr1,* asaf.bg2 aur.bg2 bry.bg2 cann-s.bg2 carb-v.bg2 caust.bg2 cham.bg2 chel.bg2 chin.bg2 _Chlor._bg2,hr1,* cic.bg2 cina bg2 clem.bg2 coff.bg2 **Colch.**bg2 _Dig._bg2 _Dros._bg2 dulc.bg2 euphr.bg2 _Fl-ac._bg2 _Ign._bg2 _Iod._bg2 _Ip._bg2,hr1,* kreos.bg2 laur.bg2 led.bg2 mang.bg2 mur-ac.bg2 nat-c.bg2 nux-v.bg2 _Olnd._bg2 ph-ac.bg2 **Puls.**bg2 rhus-t.bg2 ruta bg2 sabad.bg2 _Sep._bg2 **Spig.**bg2 spong.bg2 squil.bg2 stann.bg2 _Staph._bg2 tarax.bg2 verat.bg2 _Viol-o._bg2 _Viol-t._bg2 zinc.bg2
• **amel.**: **Acon.**bg2,hr1,* agar.bg2 am-m.bg2 anac.bg2 ang.bg2 arg-met.bg2 arn.bg2,hr1,* asaf.bg2 asar.bg2 bar-c.bg2 _Borx._bg2 **Bry.**bg2,hr1,* calc.bg2 cann-s.bg2 canth.bg2 caps.bg2 carb-an.bg2 caust.bg2 cham.bg2 chel.bg2 chin.bg2 cina bg2 clem.bg2 croc.bg2 cycl.bg2 euphr.bg2 guaj.bg2 hell.bg2 hep.bg2 ip.bg2 kali-c.bg2 kali-n.bg2 kreos.bg2 lyc.bg2 _Meny._bg2 merc.bg2 mosch.bg2 nux-m.bg2 olnd.bg2 op.bg2 plat.bg2 plb.bg2 ran-b.bg2 ran-s.bg2 **Rhus-t.**bg2 sabad.bg2 **Sabin.**bg2 sars.bg2 sel.bg2 seneg.bg2 sep.bg2 spig.bg2 spong.bg2 _Squil._bg2 stann.bg2 sul-ac.bg2 sulph.bg2 tarax.bg2 valer.bg2 verat.bg2
– **Cheyne**-Stokes-Atmung
☞ _Cheyne-Stokes-Atmung_
– **Einatmen**:
• **agg.**: **Acon.**bg2,hr1,* _Agar._bg2 agn.bg2 alum.bg2 am-c.bg2 am-m.bg2 _Anac._bg2 ang.bg2 **Ant-c.**bg2 _Arg-met._bg2 arg-n.bg2,st _Arn._bg2,hr1,* ars.bg2 asaf.bg2 _Asar._bg2 aur.bg2 bar-c.bg2 _Bell._bg2 _Borx._bg2 bov.bg2 brom.bg2,sf1,* **Bry.**bg2 _Calc._bg2 camph.bg2 cann-s.bg2 canth.bg2 _Caps._bg2 carb-an.bg2 carb-v.bg2 caust.bg2 _Cham._bg2 _Chel._bg2 chin.bg2,sf1,* cic.bg2 cina bg2 clem.bg2 coloc.bg2 con.bg2,sf1,* croc.bg2,sf1,* _Crot-h._bg2,sf1,* cupr.bg2 cycl.bg2 dulc.bg2 euphr.bg2 _Guaj._bg2 hell.bg2 hist.bg2,mg1,* hyos.bg2 ign.bg2,sf1,* iod.bg2 _Ip._bg2,sf1 _Kali-c._bg2 _Kali-n._bg2,sf1,* _Kreos._bg2 laur.bg2 led.bg2 lob.bg2 _Lyc._bg2,sf mag-c.bg2 mag-m.bg2 _Meny._bg2 _Merc._bg2 _Mez._bg2,sf1,* mosch.bg2 mur-ac.bg2 nat-c.bg2 nat-m.bg2 nit-ac.bg2,sf1,* nux-m.bg2 _Nux-v._bg2 olnd.bg2 op.bg2 par.bg2 petr.bg2 ph-ac.bg2 phos.bg2 plat.bg2 plb.bg2 _Puls._bg2 _Ran-b._bg2 ran-s.bg2 rhod.bg2 **Rhus-t.**bg2 rumx.bg2,sf1 ruta bg2 _Sabad._bg2 **Sabin.**bg2 sars.bg2 _Sel._bg2 _Seneg._bg2 _Sep._bg2 _Sil._bg2 _Spig._bg2 _Spong._bg2,sf1,* **Squil.**bg2 stann.bg2 _Staph._bg2 stront-c.bg2 sul-ac.bg2 sulph.bg2 tarax.bg2 teucr.bg2 thuj.bg2 _Valer._bg2 verat.bg2 verb.bg2 viol-t.bg2 zinc.bg2
• **amel.**: ant-t.bg2 asaf.bg2 bar-c.bg2 bry.bg2 cann-s.bg2 caust.bg2 _Chin._bg2 cina bg2 **Colch.**bg2 _Cupr._bg2 _Dig._bg2 dros.bg2 dulc.bg2 **Ign.**bg2 iod.bg2 _Lach._bg2 mang.bg2 meny.bg2 nux-v.bg2 _Olnd._bg2 ph-ac.bg2 _Puls._bg2 ruta bg2 sabad.bg2 sep.bg2 **Spig.**bg2 squil.bg2 _Stann._bg2 staph.bg2 tarax.bg2 verat.bg2 verb.bg2 viol-o.bg2 viol-t.bg2
• **heißer** Luft; Beschwerden durch Einatmen von: carb-v.c1

– **tiefes** Atmen:

• **agg.**: **Acon.**bg2 *Agn.*bg2 am-m.bg2,kr1 arg-met.bg2 *Arn.*bg2 asaf.bg2 *Bell.*bg2 *Borx.*bg2 brom.bg2 **Bry.**bg2 calad.bg2 calc.bg2 *Canth.*bg2 caps.bg2 carb-an.bg2 caust.bg2 cinabg2 dros.bg2 dulc.bg2 fl-ac.bg2 *Graph.*bg2 *Hell.*bg2 hep.bg2 hist.bg2,jl hyos.bg2 ign.bg2 ip.bg2 *Kali-c.*bg2 *Kali-n.*bg2 kreos.bg2 lach.bg2 *Lyc.*bg2 mag-m.bg2 mang.bg2 *Merc.*bg2 merc-c.bg2 mosch.bg2 nat-c.bg2 nat-m.bg2 nux-m.bg2 nux-v.bg2 *Olnd.*bg2 *Phos.*bg2 plb.bg2 puls.bg2 ran-b.bg2 *Ran-s.*bg2 rheumbg2 **Rhus-t.**bg2 *Rumx.*bg2 *Sabad.*bg2 **Sabin.**bg2 sang.bg2 seneg.bg2 sep.bg2 *Sil.*bg2 spig.bg2 spong.bg2 *Squil.*bg2 stram.bg2 sulph.bg2 thuj.bg2 valer.bg2 verb.bg2

• **amel.**: acon. agar.bg2 asaf. bar-c. *Cann-i.* chin. *Colch.* *Cupr.* dig. dros. ign. iod. *Lach.* meny. mygal.bg2 nat-m.bg2 olnd. osm. puls. *Seneg.* sep. *Spig.* **Stann.** staph. sulph.bg2 ter. verb.bg2 viol-t.

• **Verlangen** tief zu atmen: acet-ac. achy.jl acon. agar.bg2 alum. alumn. am-br. aml-ns.bg2,sf1 ant-c.sf1 apisbg2 *Aur.* bapt. *Borx.* brom. **Bry.** **Cact.** **Calc.** *Calc-p.* camph.sf1 cann-i.sf1 *Caps.* *Carb-ac.* *Carb-v.* *Card-m.* *Caust.* cedr. *Chin.* cimx. coca croc. **Crot-t.**k1,st *Cupr.*bg2,sf1 *Dig.* euon. eup-per. *Glon.* hell.bg2 hydr. ictod. **Ign.** *Ind.* *Ip.*bg2,sf1 kali-bi.bg2 *Kali-c.* *Kali-n.*bg2,sf1 *Kreos.* **Lach.** *Lact.* laur.bg2 lil-t. *Lob.*bg2,sf1 *Lyc.* mag-p.bg2 med.kr1 *Merc.* mez. mosch. **Nat-s.** nux-m. *Op.*bg2,sf1 *Par.* *Phos.* *Plat.*bg2 podo. prun. ran-b. rhus-t.bg2 sabin.bg2 samb. *Sang.* **Sel.** *Seneg.* sep. sil.bg2,sf1 squil.bg2 stann. stram. **Sulph.** tab.bg2 ther. tub.k2 verb. xan.

Atrophie: ars.bg2,c2 bar-c.bg2,c2 calc-sil.c2 cetr.c2 chin.bg2 cupr.bg2 hep.bg2 *Iod.*c2 kali-c.bg2 kali-p.c2 *Nat-m.*c2 nux-v.bg2 phos.bg2 plb.bg2 plb-i.c2 plb-xyz.c2 sabalc2 sec.bg2 stann.bg2

☞ *Lähmung - Atrophie*

○ **Drüsen**, der: anan. ars. *Aur.* bar-c. carb-an. *Cham.* chim.kr1 chin. **Con.** **Iod.** kali-ar. kali-c. **Kali-i.** kali-p. kreos. lac-d. *Nit-ac.* nux-m. ph-ac. plb. sars. *Sec.* sil. *Staph.* sul-i.k2 verat.

☞ *Muskelatrophie / Muskelatrophie, progressive*

Auflegen der Hand auf die betroffene Stelle:

– **agg.**: kali-n.h

– **amel.**: *Bell.* calc. canth. carb-an.bg2 *Croc.* dros. *Mang.*h,k1 meny. mur-ac. nat-c. olnd. par. *Phos.*k,kl2● rhus-t.k,kl2● sabad. sep.k,kl2● sil.h spig. sulph. thuj.

☞ *Magnetismus*

• **nahe** der betroffenen Stelle amel.: sul-ac.h

Aufstehen:

– **agg.**: **Acon.** aesc.bg2 agar.bg2 alum. alum-sil.k2 *Am-m.* ambr.bg2 anac. ang.bg2 ant-c.bg2 *Ant-t.* *Apis*bg2 arg-met. arg-n.sf1,st *Arn.* *Ars.* asar. aur.bg2 bar-c. bar-m. bar-s.k2 **Bell.** berb.bg2,j5 bov. **Bry.** cact. calad. *Calc.*bg2 *Cann-i.* *Cann-s.* canth.bg2 caps. carb-an. **Carb-v.**bg2 caust. *Cham.* *Chel.* chin. *Cic.* *Cina*bg2 clem.bg2 **Cocc.** colch. coloc. *Con.* croc. **Dig.** dros. dulc.bg2 *Euph.*bg2 *Ferr.* *Fl-ac.*bg2 *Graph.*bg2 guaj.bg2 hell. hep. hydrog.srj2 hyos.bg2

Aufstehen - agg.: ...

Ign. kali-bi.bg2 kali-c. kali-m.k2 kali-n.bg2 kreos.bg2 lach. laur. *Led.*bg2 lept.bg2 **Lyc.** mag-c.bg2 mag-m. mang. meny. merc. merc-i-f.bg2 mosch.bg2 *Mur-ac.* *Nat-c.* *Nat-m.* *Nat-s.*bg2 *Nit-ac.* **Nux-v.** *Olnd.*bg2 **Op.** *Osm.* par.bg2 *Petr.*bg2 ph-ac. *Phos.* *Phyt.*sf1 plat. plb. psor.k2 *Puls.* rad-br.bro1 ran-b. *Rhod.*bg2 **Rhus-t.** rumx. *Ruta*bg2 sabad. *Sabin.*bg2 samb.bg2 *Sang.* sars. *Sel.*bg2 seneg. sep. **Sil.** **Spig.**bg2 spong. *Squil.* stann. staph. stram. stront-c.bg2 sul-ac. **Sulph.** tarax. *Thuj.*bg2 valer.bg2 verat. verat-v. *Viol-t.* zinc.

– **amel.**: acon. *Agar.*bg2 agn.bg2 alum. **Am-c.** am-m. *Ambr.*bg2 anac.bg2 *Ang.*bg2 ant-c.bg2 *Ant-t.* *Arg-met.*bg2 **Ars.** asaf. asar.bg2 aur. bar-c. bell. bism.bg2 *Borx.* bov. bry. **Calc.** cann-s. canth. **Caps.**bg2,sf1 carb-an.bg2 carb-v. caust. *Cham.* chel. chin. cic. *Cina*bg2 cocc.bg2 colch.sf1 coloc. con. *Cupr.* **Cycl.**bg2 *Dig.* *Dros.*bg2 **Dulc.**bg2 *Euph.*bg2 euphr.bg2 ferr. graph.bg2 guaj.bg2 hell. hep. *Hyos.* *Ign.* *Iod.*bg2 *Kali-c.* kali-n.bg2,sf1 kreos.bg2 *Lach.*bg2 laur. *Led.*bg2,sf1 lith-c.bro1 *Lyc.* mag-c. *Mag-m.*bg2 mang. *Meny.*bg2 merc. mez.bg2 mosch. *Mur-ac.*bg2 naja nat-c. nat-m. nit-ac.bg2 nux-m. nux-v. olnd. op.bg2 par.bg2 parth.bro1 petr. *Ph-ac.*bg2,j5,* phos. **Plat.**bg2,h plb.bg2 puls. *Rhod.*bg2 rhus-t. *Ruta*bg2 *Sabad.*bg2 sabin. **Samb.** sars.bg2 sel.bg2 *Seneg.*bg2 **Sep.** *Sil.* spig. spong.bg2 squil. stann. staph.bg2 sul-ac. sulph. *Tarax.*bg2 teucr. thuj.bg2 *Valer.*bg2 *Verat.*bg2 **Verb.**bg2 viol-o.bg2 **Viol-t.**bg2 zinc.bg2

Aufstoßen amel.

☞ ❑ *Magen - Aufstoßen - amel.*

Auftreten:

– **agg.**

☞ *Erschütterung*

Ausschweifung, Schwelgerei:

☞ *Nachtschwärmerei*

– **bei**; agg.: acon.bg2,k bell.bg2,k *Op.*bg2,k

– **Gefühl** wie nach: caj.a1 conin.a1 kreos.a1 lyc.a1 op.a1 ox-ac.a1

☞ ❑ *Gemüt - Wahnideen - Ausschweifung*

– **nach** Ausschweifungen agg.: acon.bg2 agar.bg2 *Am-m.*bg2 ang.bg2 *Ant-c.*bg2,sf1 arg-met.bg2 arg-n.bg2,c1 ars.bg2,sf1 bell.bg2 *Bry.*bg2,sf1 calc.bg2 **Carb-v.**bg2,sf1,* chin.bg2 *Cocc.*bg2 *Coff.*bg2,sf1 dig.bg2,c1 dulc.bg2 ip.bg2,sf1 kali-c.bg2 kali-n.bg2 kreos.bg2 lach.bg2 *Laur.*bg2 nat-c.bg2,sf1 nat-m.bg2 nit-ac.bg2 nux-m.bg2 **Nux-v.**bg2,k2,* **Op.**bg2 ph-ac.bg2 phos.bg2 *Puls.*bg2,sf1 rheumbg2 rhus-t.bg2 samb.bg2 sars.bg2,k2 sel.bg2,c1 *Spong.*bg2 squil.bg2 staph.bg2,sf1 *Stram.*bg2 sul-ac.bg2 sulph.bg2,sf1 teucr.bg2 valer.bg2

Aussehen (= Augen-, Gesicht-, Haar-Farbe):

– **dunkel**: acon.k1,st alum. anac. arn. ars. aur.kr1,sf1,* brom.c1 *Bry.* *Calc.* calc-i.sf1 caps.sf1 carc.zzh **Caust.** cham.c1 *Chin.*c1,kr1 cinabg2,sf1,* coff.c1,kr1 con.c1 graph.c1 **Ign.** iod.c1,sf1 **Kali-c.** kreos. lac-c.kr1 lach.bg2 lyc.c1 lycpr.c1 mag-p.sf1 mur-ac.c1 nat-m. **Nit-ac.** *Nux-v.* phos.k1,st pic-ac.c1 **Plat.** puls.k1,st **Rhus-t.**st sang.c1 sec.sf1 sep. staph.st sulph. thuj.c1 viol-o.c1

– **dunkel**: ...
• **Augen**: aur.c1 graph.c1 iod.c1 lach.c1 lycpr.c1 mur-ac.c1 nit-ac.c1
• **blaue** Augen und dunkle Haare: lyc.kl nat-m.kl sep.kl
• **straffer** Faser, mit: *Acon.*kr1 *Anac.*kr1 arn.kr1 *Ars.*kr1 *Bry.*kr1 *Caust.*kr1 kalm.kr1 nat-m.kr1 *Nit-ac.*kr1 **Nux-v.**kr1 *Plat.*kr1 puls.kr1 *Sep.*kr1 staph.kr1 sulph.kr1
– **hell**, blond: agar. *Apis* aur.c1 bell.j5,sf1,* borx. *Brom.* bry. **Calc.** *Caps.* cham.c1 chel.c1 clem.c1 cocc.c1,sf1 coloc.c1 con.c1 cupr.c1 cycl.c1 dig.c1 *Graph. Hep.* hyos. ip.c1,j5 *Kali-bi.* kreos.c1 lob. lycps-v.c1 merc. mez.c1 nat-c.c1,sf1 op.c1 **Petr. Phos. Puls.** *Rhus-t.* sabad. sel.c1 sep.c1,j5 *Sil.* spig.c1 **Spong.** stann-i.bg2,sf1,* sul-ac.c1 *Sulph.* thuj.c1 vario.c1 viol-o.c1
• **Augen**: bell.c1 brom.c1 caps.c1 lob.c1 puls.c1 spong.c1
• **schlaffer** Faser, mit: agar.c1,st *Bell.*c1 **Brom.**c1 **Calc.**c1 *Caps.*c1 *Cham.*c1 clem.c1 cocc.c1 con.c1 dig.c1 **Graph.**c1 hyos.c1 *Kali-bi.*c1 lach.c1 *Lyc.*c1 *Merc.*c1 *Rhus-t.*c1 sil.c1 **Sulph.**c1
☞ *Erschlaffung - Bindegewebe*
– **rote** Haare: calc-p.c1,kr1,* lach.c1,kr1 phos.c1,kr1 sep.c1,kr1 sulph.c1,kr1,*

Ausstrecken
☞ *Strecken*

Autokrankheit
☞ *Fahren - Auto - agg. | ❑ Magen - Übelkeit - Fahren*

Azetonämie: carb-ac.c2
– **Kindern**; bei: phenob.jl senn.br1

Azidose: carc.mg1,tp1

Baden, Waschen:
– **agg.**: *Aesc.*hr1,k aeth.hr1,k **Am-c.**bg2,k,* am-m.hr1,k **Ant-c.**bg2,k,* ant-t. *Apis*sf1 *Aran.*hr1,k ars.bg2,hr1,* *Ars-i.*k,k2,* ars-s-f.k13,k2 *Bar-c.*hr1,k bar-s.k13,k2 *Bell.*bg2,k,* bell-p.bro1 borx. bov.hr1,k bry.hr1,k **Calc.**bg2,k,* **Calc-s.**hr1,k,* calc-sil.k13,k2 *Canth.*bg2,k,* caps.k13,k2 *Carb-v.*bg2,k,* *Carbn-s.* *Caust.*bg2,k,* *Cham.*hr1,k cist.k2 **Clem.**bg2,k,* con.hr1,k crot-c.bro1 *Dulc.*hr1,k ferr.bro1 *Form.*bg2,sf1,* *Graph. Hep.*hr1,kr1 hydrog.srj2 *Ign.*bg2,hr1,* *Kali-c.*hr1,k kali-chl.k13 kali-m.k2 *Kali-n.*bg2,k,* kali-s. kali-sil.k13,k2 kreos.bro1 *Lac-d.* lach.bro1 laur. lil-t.bro1 *Lyc.*bg2,k,* mag-c.hr1,k *Mag-p.* *Mang.*bg2,k,* *Merc.*bg2,k,* merc-c. *Mez.*hr1,k mur-ac.hr1,k nat-c.hr1,k nat-m.bg2,k *Nat-s.*bro1 *Nit-ac.*bg2,k,* nux-m.bg2,k,* nux-v.hr1,k *Op.*bg2,sf1,* *Petr. Phos.*bg2,k,* phys.bg2,c1,* phyt.c1 psor.k2 puls.hr1,k rat.bg2 **Rhus-t.**bg2,k,* *Rumx.* *Sars.*bg2,k,* **Sep.**bg2,k,* sil.bg2,k,* *Spig.*hr1,k stann.hr1,k staph.hr1,k *Stront-c.* sul-ac.hr1,k **Sulph.**bg2,k,* thuj.bg2 urt-u.bro1 zinc.hr1,k zinc-p.k13,k2
– **amel.**: acon. agar. *Alum.*bg2,k,* *Alumn.*hr1,kr1 *Am-m.*bg2,k,* ant-t.bg2,k,* *Apis* arg-n.bg2,sf1,* ars.bg2,k,* **Asar.**bg2,k,* aur.bg2,k *Borx.* bry.bg2,k,* bufok2 calc.hr1,kr1 cann-i. *Caust.*bg2,k,* cham.bg2,k,* *Chel.*bg2,k,* *Euphr.*bg2,k,* *Fl-ac.*bg2,k,* form. hell.hr1,kr1 hyper.bg2,sf1,* kali-chl. *Lac-c.* laur.bg2,k,*

Baden, Waschen - **amel.**: ...
Led.bg2,k mag-c.bg2,k,* mez.bg2,k,* mur-ac.bg2,k,* nat-m.bg2,sf1,* nux-v.bg2,k,* phos.bg2,sf1,* phyt. *Pic-ac.*bg2,k *Psor.*bg2,k **Puls.**bg2,k,* rhod.bg2,k,* sabad.bg2,k,* sep.bg2,k,* *Spig.*bg2,k,* staph.bg2,k,* *Stram.* thlas.bg2 thuj.bg2 zinc.bg2,k,*
☞ *❑ Gemüt - Waschen - Verlangen - Hände*
– **Abneigung** gegen Baden (= Scheu vor dem Baden): **Am-c.** am-m. **Ant-c.** aq-mar.jl bar-c. bar-m. *Bell.* bell-p.st *Borx.* bov. *Bry. Calc.* calc-sil.k2 *Canth. Carb-v.* caust.bg2 *Cham.* **Clem.** coloc.bg2 *Con.* dulc. *Hep.*kr1 kali-c. kali-m.k2 *Kali-n.* kali-sil.k2 *Laur.* lyc. mag-c. mag-p.bg2 mang.bg2 marb-w.es1 merc. *Mez.* mur-ac. nat-c. nat-p. nit-ac. nux-m. nux-v. ol-an.bg2 phos. phys.a1,kr1,* psil.ft1 **Psor.** *Puls.* rad-br.ptk1 **Rhus-t.** *Sars.* **Sep.** sil. **Spig.** stann. *Staph. Stront-c.* sul-ac. **Sulph.** thuj.bg2 *Zinc.*
☞ *❑ Gemüt - Schmutzig | ❑ G~ Tollwut*
– **Fußbad**:
• **heißem** Wasser, in:
• **amel.**: bufobr1
• **kaltem** Wasser, in: led.br1
• **warmem** Wasser, in:
• **amel.**: bufok2 pneu.jl
– **Gesichtes**, Waschen des:
• **agg.**: fl-ac.k2 plan.bg2
• **amel.**: *Asar. Calc-s.* fl-ac.k2 *Lac-d.*bg1,vh,* mez. nat-m.kr1 *Phos.*bg1,vh,* sabad.
– **heißes** Baden:
• **agg.**: **Apis**bg2 *Arg-n.*bg2 bamb-a.stb2 *Bell.*bg2 *Bry.*bg2 *Carb-v.*bg2 **Gels.**bg2 **Iod.**bg2 **Kali-i.**bg2,vh **Lach.**bg2 **Nat-m.**bg2 op.bg2 *Puls.*bg2 *Sec.*bg2 *Sulph.*bg2
• **amel.**: anac.bg2 **Ars.**bg2 *Hep.*bg2 *Rhus-t.*bg2 *Sil.*bg2 *Thuj.*bg2
– **kaltes** Baden:
• **agg.**: acon.k2 **Am-c.**kr1,sf1 am-m.kr1 **Ant-c. Ant-t.**k2,st apoc.st ars.bg2 ars-i.sf1 *Bar-c. Bell.* bell-p.sp1,st *Borx.*kr1 bov.kr1 *Bry.*kr1 bufokr1 **Calc.**kr1 calc-sil.k2 *Canth.*kr1 *Caps. Carb-v.*kr1 carbn-s. *Caust. Cham.*kr1 chim.st cimic.st **Clem.**bg2,kr1,* *Colch. Con.*kr1 *Dulc.*bg2,kr1,* elaps *Form.* glon.bg2 **Ign.**bg2,kr1 *Kali-c.*kr1 *Kali-m.*bg2 *Kali-n.*kr1,sf1 *Kreos. Lac-d.* lach.st *Laur.*kr1 *Lyc.*kr1,sf1 mag-c.kr1 **Mag-p.**c1,k *Merc.*kr1,sf1 *Mez.*bg1,kr1 mosch.bg2 mur-ac. nat-c.kr1 *Nit-ac. Nux-m.*kr1 nux-v.gl1,kr1,* phos. *Phys.*c1,vh,* psil.ft1 psor.k2 puls.kr1 **Rhus-t.** rutast sars. *Sep. Sil.*sf1 *Spig.*kr1 stann.kr1 *Staph.*kr1 *Stront-c.*kr1 sul-ac.kr1 **Sulph.**gl1,kr1,* thyr.jl **Tub.** *Zinc.*kr1
• **amel.**: agar.bro1 aloebro1 alum.sf1 ambr.bro1 ant-t.sf1 *Apis*bg2,sf1 *Arg-n. Arn. Asar.*bg2,k1 aster.jl aur.bg2,k2,* *Aur-m.* bell-p.bg2 berb-a.jl bism. *Bry.*sf1 bufobro1 calc-f.jl *Calc-s.* camph.bro1 cann-i.bro1 cann-s.bg2 caust.bg2 cupr.bro1 fago.bro1 *Fl-ac.*k,k2 hed.jl,mg1 hyper.sf1 ind. iod. kali-cy.gm1 kali-i.vh *Led.*bg2,sf1 mag-s.jl,sp1 meph. *Nat-m. Phos.*bro1 phyt.bg2 pic-ac.k2,sf1 *Psor.*sf1 *Puls.*bg2 sec.bg2 sep.bro1 spig.sf1 sulph.bg2 syph.st
• **Gesicht** und Hand:
• **amel.**: vesp.k2

– **kaltes** Baden: ...
- **Verlangen** kalt zu baden: aloe$_{sfl}$ *Apis*$_{sfl}$ arg-n.$_{sfl}$ asar.$_{sfl}$ aster. caust.$_{sfl}$ chel.$_{sfl}$ euphr.$_{sfl}$ fl-ac.$_{a1,k2}$ *Hyper.*$_{sfl}$ iod.$_{sfl}$ *Led.*$_{sfl}$ meph. nat-m. phyt. puls.$_{sfl}$ sep.$_{sfl}$

– **Kopfes**; Waschen des:
- **warmes** Waschen:
  - **amel**.: **Phos.**$_{vh}$

– **lauwarmes** Baden:
- **agg**.: acon.$_{bg2}$ *Ang.*$_{bg2,kr1}$ phos.$_{bg2}$

– **leidenden** Teils; Baden des:
- **amel**.: alum. *Am-m.* ant-t. ars. **Asar.** borx. bry. *Caust.* cham. *Chel.* *Euphr.* laur. mag-c. mez. mur-ac. nux-v. **Puls.** rhod. sabad. sep. *Spig.* staph. zinc.

– **Meer**, Baden im:
☞ *Luft - Seeluft*
- **agg**.: *Ars.*$_{c1,k,*}$ carc.$_{vh}$ lim.$_{c1,c2}$ *Mag-m.*$_{c1,k}$ med.$_{st}$ nat-m.$_{bg2}$ *Rhus-t.*$_{c1,k}$ sep. *Zinc.*$_{bg2,kr1,*}$
  ☞ *Schwäche - Meer*
- **amel**.: *Med.*$_{st}$

– **Scheu** vor
☞ *Abneigung*

– **Verlangen** zu baden: tarent.$_{a1}$

– **warmes** Baden:
- **agg**.: acon.$_{bg2,k2,*}$ aesc.$_{k2}$ ant-c.$_{bg2,k2,*}$ *Apis*$_{bg2,k2,*}$ ars-i.$_{bg2,k2,*}$ bell.$_{bg2,k2,*}$ caust.$_{bg2,k2,*}$ iod.$_{bg2,k2,*}$ *Lach.*$_{bg2,k2,*}$ *Op.*$_{bg2,k2,*}$ phos.$_{bg2,k2,*}$ sulph.$_{bg2,k2,*}$
- **amel**.: ant-c.$_{bro1,k2}$ bamb-a.$_{stb2}$ bufo$_{bro1}$ flav.$_{jl}$ lat-m.$_{jl,sp1}$ mim-p.$_{jl}$ neon$_{srj5}$ rad-br.$_{bro1}$ sec.$_{sfl}$ *Stront-c.*$_{bro1}$ thea$_{bro1}$

Bandes; Gefühl eines
☞ *Zusammenschnürung - innerlich - Bandes*

Basedow Krankheit
☞ ❑ *Äußerer Hals - Kropf - Basedow*

Beben: *Agar.*$_{a1,bg2}$ agn.$_{bg2}$ alum.$_{bg2}$ *Am-c.*$_{bg2,k}$ am-m.$_{bg2}$ ambr.$_{bg2}$ *Ang.*$_{bg2}$ ant-c.$_{bg2}$ ars.$_{bg2}$ **Asaf.**$_{bg2}$ bapt.$_{k13,k2}$ bar-c.$_{bg2}$ **Bell.**$_{bg2,k}$ berb. bism. bov.$_{bg2}$ bry.$_{bg2}$ *Calc.*$_{bg2,k}$ calc-p.$_{a1}$ camph.$_{bg2}$ *Cann-s.*$_{bg2}$ canth.$_{bg2}$ caps.$_{bg2,k}$ carb-v.$_{bg2}$ caust.$_{bg2,k}$ chel.$_{bg2}$ chin.$_{bg2}$ cic.$_{bg2}$ *Clem.* cocc.$_{k13,k2}$ colch.$_{bg2}$ coloc.$_{bg2}$ com. **Con.**$_{bg2,k}$ croc.$_{bg2}$ cupr.$_{bg2}$ dig. dros.$_{bg2}$ gels.$_{c,c1}$ graph.$_{bg2}$ guaj.$_{bg2}$ hell.$_{bg2}$ hep. hyos. ign.$_{bg2,k}$ iod. ip.$_{bg2}$ kali-c.$_{bg2,k}$ kali-n. kali-s.$_{k13,k2}$ kreos.$_{bg2}$ lyc.$_{bg2,k}$ mag-c. mag-m.$_{bg2}$ med.$_{hr1,k2,*}$ meny.$_{bg2}$ merc.$_{bg2,k2,*}$ **Mez.**$_{bg2}$ mosch. mur-ac.$_{bg2}$ **Nat-c.**$_{bg2}$ nat-m.$_{bg2}$ *Nit-ac.* nux-v.$_{bg2,k}$ par.$_{bg2}$ petr.$_{bg2,k}$ phos.$_{bg2}$ plat.$_{bg2,k2,*}$ plb.$_{bg2}$ puls.$_{bg2}$ pyrog.$_{k2}$ rhod.$_{bg2}$ rhus-t.$_{bg2}$ ruta$_{bg2}$ sabin.$_{bg2}$ sars. sel.$_{bg2}$ seneg.$_{bg2}$ *Sep.*$_{bg2,k}$ sil.$_{bg2,k}$ *Spig.*$_{bg2}$ stann.$_{bg2,k}$ stram.$_{bg2}$ stront-c. sul-ac.$_{k13,k2}$ **Sulph.**$_{bg2,k}$ tarax.$_{bg2}$ thuj.$_{bg2}$ valer.$_{bg2}$ verb. viol-t.$_{bg2}$ *Zinc.*$_{bg2,k2,*}$

◆ **begleitet** von:
- **Schwäche**: granit-m.$_{es1}$

– **Hitze**, während der: ferr.$_{k2}$

– **Körper**, gefolgt von Schwindel; am ganzen: *Calc.*

– **Liegen**, beim: *Clem.*

– **Drüsen**, der: bell. calc. kali-c. mez. nat-c. sil.

Behendigkeit: apis$_{bg2}$ calc-p.$_{bg2}$ choc.$_{srj3}$ coca$_{a1,bg2}$ coff.$_{bg2}$ form.$_{a1,bg2,*}$ lach.$_{bg2}$ mang.$_{bg2}$ nux-v.$_{bg2}$ op.$_{bg2}$ rhus-t.$_{bg2}$ stram.$_{bg2}$ tarent.$_{bg2}$ valer.$_{bg2}$

Beißen:

– **Zusammenbeißen** der Zähne:
- **agg**.: *Alum.*$_{bg2}$ *Am-c.*$_{bg2}$ anac.$_{bg}$ bell.$_{bg}$ **Bry.**$_{bg2}$ carb-an.$_{bg}$ caust.$_{bg}$ **Chin.**$_{bg2}$ coff.$_{bg}$ colch.$_{bg2}$ dig.$_{bg}$ graph.$_{bg2}$ guaj.$_{bg2}$ hell.$_{bg2}$ hep.$_{bg}$ hyos.$_{bg2}$ ip.$_{bg}$ lach.$_{bg1}$ lyc.$_{bg2}$ mang.$_{bg2}$ merc.$_{bg2}$ mez.$_{bg2}$ *Nat-m.*$_{bg2}$ nit-ac.$_{bg2}$ petr.$_{bg}$ ph-ac.$_{bg2}$ phos.$_{bg2}$ puls.$_{bg2}$ rhus-t.$_{bg2}$ sars.$_{bg}$ sep.$_{bg2}$ sil.$_{bg2}$ spong.$_{bg2}$ staph.$_{bg2}$ sul-ac.$_{bg}$ sulph.$_{bg2}$ verb.$_{bg}$
  - **Schock** durch Kopf, Ohr und Nase; Zusammenbeißend der Zähne jagt einen: am-c.
- **amel**.: *Ars.*$_{bg2}$ caust.$_{bg3}$ **Chin.**$_{bg2}$ cocc.$_{bg2}$ **Coff.**$_{bg2}$ **Euph.**$_{bg2}$ mag-m.$_{bg2}$ mur-ac.$_{bg3}$ ol-an.$_{bg3}$ *Phyt.*$_{bg2}$ *Podo.*$_{bg3}$ staph.$_{bg}$

Bergbau; Beschwerden durch Arbeit im: card-m.$_{bro1}$ nat-ar.$_{bro1}$ sulph.$_{k2}$
☞ *Steinstaub*

Berge, Gebirge:

– **amel**. im Gebirge: prot.$_{jl}$ *Syph.*$_{st}$

– **Bergsteigen**, Beschwerden durch: ars.$_{c1}$

– **Höhenkrankheit**: *Acon.*$_{kr1,st}$ *Ars.*$_{c1,sf1,*}$ aur.$_{st}$ bell.$_{st}$ **Calc.**$_{st}$ *Carb-v.*$_{st}$ caust.$_{st}$ **Coca**$_{kr1,sf1,*}$ con.$_{st}$ conv.$_{st}$ cupr.$_{st}$ gels.$_{st}$ kola$_{sf1,st}$ *Lach.*$_{st}$ lyc.$_{st}$ nat-m.$_{st}$ olnd.$_{st}$ puls.$_{st}$ spig.$_{st}$ verat.$_{c1,st}$
☞ *Fliegerkrankheit / Steigen - hoch*

Berühren:

– **etwas**; von:
- **agg**.: acon. am-c. am-m. arg-met. arn. bell. borx. *Bry.* *Calc.* *Cann-s.* *Carb-v.* *Caust.* **Cham.** chin. dros. kali-c. kali-n. led. lyc. merc. nat-c. phos. plat. *Puls.* sec. *Sil.* spig. verat.

– **Kaltem**, von:
- **agg**.: calc. cench. **Hep.** *Lac-d.* mang.$_{ptk1}$ *Merc.* *Nat-m.* *Pyrog.* **Rhus-t.** **Sil.** thuj. zinc.

– **Warmem**, von:
- **agg**.: *Sulph.*

Berührung:

– **agg**.: *Acon.*$_{bg2,k,*}$ *Aesc.* **Agar.**$_{bg2,k,*}$ *Agn.*$_{bg2,k}$ aloe am-c.$_{bg2,k,*}$ am-m.$_{bg2,k,*}$ ambr.$_{bg2,k,*}$ anac.$_{bg2,k,*}$ **Ang.**$_{bg2,hr1,*}$ ange-s.$_{jl}$ *Ant-c.*$_{bg2,k,*}$ *Ant-t.*$_{bg2,k,*}$ **Apis** **Arg-met.** arg-n.$_{st}$ *Arn.*$_{bg2,k,*}$ *Ars.*$_{bg2,k,*}$ ars-s-f.$_{k2}$ **Asaf.**$_{bg2,k}$ asar.$_{bg2,k,*}$ aur.$_{bg2,k,*}$ aur-ar.$_{k2}$ *Aur-s.*$_{k13,k2}$ bar-c.$_{bg2,k,*}$ bar-i.$_{k13,k2}$ **Bell.**$_{bg2,k,*}$ borx. bov.$_{bg2,k,*}$ **Bry.**$_{bg2,k,*}$ bufo$_{k2}$ *Cact.* calad.$_{bg2,k,*}$ calc.$_{bg2,k,*}$ calc-f.$_{mg,mg1,*}$ calc-p. calc-sil.$_{k13,k2}$ camph.$_{bg2,k,*}$ *Cann-s.*$_{bg2,k,*}$ *Canth.*$_{bg2,k,*}$ *Caps.*$_{bg2,k,*}$ carb-an.$_{bg2,k,*}$ *Carb-v.*$_{bg2,k,*}$ *Castm.*$_{bg2,sf1}$ caust.$_{bg2,k,*}$ **Cham.**$_{bg2,k,*}$ *Chel.*$_{bg2,k,*}$ **Chin.**$_{bg2,k,*}$ *Chinin-ar.* **Chinin-s.** cic.$_{bg2,k,*}$ cimic.$_{hr1,sf1,*}$ *Cina* *Cinnb.* clem.$_{bg2,k,*}$ **Cocc.**$_{bg2,k,*}$ **Coff.**$_{bg2,k,*}$ **Colch.**$_{bg2,k,*}$ *Coloc.*$_{bg2,k,*}$ com.$_{bro1}$ con.$_{bg2,k,*}$ croc.$_{bg2,k,*}$ **Crot-c.** crot-h. **Cupr.**$_{bg2,k,*}$ cupr-act.$_{bro1}$ cycl.$_{bg2,k,*}$ dig.$_{bg2,k,*}$ dros.$_{bg2,k,*}$ dulc.$_{bg2,k,*}$ equis-h.$_{bro1}$ eup-per.$_{sf,sf1}$ *Euph.*$_{bg2,k,*}$ euph-l.$_{bro1}$ euphr.$_{bg2,k,*}$ ferr.$_{bg2,k,*}$ ferr-i. ferr-p.$_{bg2}$ fl-ac.$_{bg2}$

– **agg.**: ...
foll.jl,jl3 graph.bg2,k,* **Guaj.**bg2,k,* **Ham.**hr1,k hell.bg2,k,* helon.bro1 **Hep.**bg2,k,* **Hyos.**bg2,k,* hyper.sf,sf1 ign.bg2,k,* *Iod.*bg2,k,* ip.bg2,k,* **Kali-ar.** *Kali-bi.*bg2,k **Kali-c.**bg2,k,* kali-chl.k13 *Kali-i.* kali-m.k2 *Kali-n.*bg2,k,* *Kali-p.* kali-s. kali-sil.k13,k2 kalm.sf,sf1 *Kreos.*bg2,k,* lac-c.bg2 lac-d.k13,k2 **Lach.**bg2,k,* laur.bg2,k,* *Led.*bg2,k,* *Lil-t.*bro1 lob.bro1 **Lyc.**bg2,k,* lyss.hr1 *Mag-c.*bg2,k,* *Mag-m.*bg2,k,* **Mag-p.**bg2,k mand.jl,jl3 **Mang.**bg2,k,* *Med.* meny.bg2,k,* meph.a1,j5,* *Merc.*bg2,k,* *Merc-c.*bg2,k *Mez.*bg2,k,* mosch.bg2,k,* mur-ac.bg2,k,* *Murx.*bg2,sf1,* nat-c.bg2,k,* *Nat-m.*bg2,k,* nat-s.bg2,k2,* nat-sil.k13,k2 **Nit-ac.**bg2,k,* nux-m.bg2,k,* **Nux-v.**bg2,k,* olnd.bg2,k,* *Op.*bg2,k,* osm. *Ox-ac.*sf,sf1 *Par.*bg2,k,* petr.bg2,k,* *Ph-ac.*bg2,k,* *Phos.*bg2,k,* plat.bg2,k,* plb.bg2,k,* *Puls.*bg2,k,* **Ran-b.**bg2,k,* ran-s.bg2,k,* **Rhod.**bg2,k,* **Rhus-t.**bg2,k,* ruta sabad.bg2,k,* **Sabin.**bg2,k,* sal-ac. *Sang.* sanic.bg2 sars.bg2,k,* *Sec.*bg2,k,* sel.c1 *Seneg.*bg2,k,* **Sep.**bg2,k,* sieg.mg,mg1 **Sil.**bg2,k,* **Spig.**k1,k13 *Spong.*bg2,k,* squil.bg2,k,* stann.bg2,k,* **Staph.**bg2,k,* *Stram.*bg2,k,* *Stront-c.* *Stry.*bro1 sul-ac.bg2,k,* sul-i.k13,k2 **Sulph.**bg2,k,* syph.bg2,k2,* *Tarax.*bg2,k,* *Tarent.* *Tell.* *Teucr.*bg2,hr1,* thal.jl,jl3 ther.br1,bro1,* *Thuj.*bg2,k,* urt-u.bro1 ust.sf,sf1 valer.bg2,k,* *Verat.*bg2,k,* verb.bg2,k,* viol-o.bg2,k,* viol-t.bg2,k,* vip-a.jl yuc.sf,sf1 *Zinc.*bg2,k,* ziz.sf,sf1
☞ ❑ *Gemüt - Sinne - scharf*

- **Füße**, der: **Kali-c.**bg2,kr1 nux-v.bg2
- **Glieder** sich nachts gegenseitig berühren; erträgt es nicht, wenn: *Psor.*st
- **Halses**, des: bell.bg2,kr1 **Lach.**bg2,kr1
- **Kindern**, bei: ant-t.j5 apiskr1 *Cina*j5,kr1
- **leichte**: **Acon.**bg2 **Apis**bg2 ars. **Bell.** **Chin.** coff. *Colch.* *Ign.* kali-c.k2 **Lach.** lyss.kr1 mag-m. **Merc.** merc-c.bg2 *Mez.* *Nit-ac.*bg2 **Nux-v.** ph-ac. *Phos.* *Spig.*br1 *Stann.*
  ☞ *Druck - leichter*

– **amel.**: agar.bg2,k,* alum.bg2,k,* *Alumn.*kr1 am-c.bg2,k,* am-m.bg2,k,* anac.bg2,k,* ant-c.bg2,k,* arn.bg2,k,* *Ars.*bg2,k,* **Asaf.**bg2,hr1,* bell.bg2,k,* bell-p.st *Bism.*bg2,k,* *Bry.*bg2,k,* **Calc.**bg2,k,* *Calc-act.*sf1 canth. *Castm.*bg2,sf1 caust.bg2,k,* chel.bg2,k,* chin.bg2,k,* *Coloc.*bg2,k,* con.bg2,k,* **Cycl.**bg2,k,* dros.bg2,k,* euph.bg2,k,* euphr.bg2,k,* *Grat.*bg2,j5,* hep.bg2,hr1,* kali-c.bg2,hr1,* lyc.bg2,k,* *Mang.*bg2,k,* *Meny.*bg2,k,* merc-c.bg2 **Mur-ac.**bg2,k,* nat-c.bg2,k,* nat-m.bg2,k,* olnd.bg2,k,* petr.bg2,k,* ph-ac.bg2,k,* *Phos.*bg2,k,* plb.bg2,k,* sang.bg1,bg2 sep.bg2,k,* spig.bg2 spong.bg2,k,* staph.bg2 sulph.bg2,k,* tarax.bg2,k,* **Thuj.**bg2,k,* viol-t.bg2,k,* zinc.bg1,bg2

- **verschwinden** bei Berührung und erscheinen an anderer Stelle; Schmerzen: ant-t.kr1 asaf. sang. staph.bg1,ptk1

– **Einbildungen** von: acon. *Alum.* anac. ant-t. arn. ars. *Asaf.* asar. bar-c. *Bell.* bism. borx. bov. bry. *Calc.* cann-s. canth. caps. caust. chel. coc-c. cocc. coloc. con. *Croc.* dros. dulc. glon. graph. guaj. hell. hep. hyos. *Ign.* indg. iod. kali-c. kali-n. kreos. *Lach.* laur. lyc. mag-c. mag-m. meny. merc. mosch. nat-c. nat-m. nux-v. olnd. op. *Par.* ph-ac. phos. plat. *Plb.* *Puls.* ran-b. ran-s. rheum rhod.

Berührung - Einbildungen von: ...
Rhus-t. ruta sabad. samb. seneg. sep. sil. *Spig.* spong. squil. staph. *Stram.* sul-ac. *Sulph.*k1 tarax. thuj. valer. verat. verb.

Besnier-Boek-Schaumann, Morbus: aq-mar.jl aran-ix.jl asar.jl beryl.jl hip-ac.jl hist.jl kres.jl mand.jl parathyr.jl thiop.jl v-a-b.jl

Bestrafung agg.: ambr.bg2 con.bg2 dig.bg2 lach.bg2 stann.bg2 staph.bg2

Bettdecken:
– **agg.**, werden nicht vertragen: acon.bg2,sf1 aloebg2,sf1 *Apis*bg2,sf1 asar.bg2,sf1 *Camph.*bg2,sf1 *Cham.*bg2,sf1 ferr.bg2,sf1 hydrog.srj2 ign.bg2,sf1 iod.bg2,sf1 kali-i.bg2,sf1 led.bg2,sf1 med.bg2,sf1,* merc.bg2,h,* mur-ac.bg2,sf1 op.bg2,sf1 phos.bg2,sf1 puls.bg2,sf1 rhus-t.bg2,sf1 sec.bg2,sf1 sulph.bg2,sf1 tab.bg2,sf1 verat.bg2,sf1
☞ *Kleidung - Unverträglichkeit / Wärme - Einhüllen*
– **amel.**:
- **Verlangen** nach, und: *Ars.*bg2,sf1 aur.bg2,sf1 bell.bg2,sf1 choc.srj3 clem.bg2,sf1 colch.bg2,sf1 hep.bg2,sf1 nux-v.bg2,sf1 *Puls.*bg2,sf1 rhus-t.bg2,sf1 samb.bg2,sf1 sil.bg2,sf1 squil.bg2,sf1 stront-c.bg2,sf1 tub.bg2,sf1

– **Abneigung** gegen: acon.ptk1 calc-s.bg2 camph.bg2 iod.ptk1 led.bg2 puls.ptk1 sec.bg2 sulph.ptk1
– **stößt** sie weg: **Bry.**sf1,st camph.sf1 *Cham.*sf1 iod.sf1
- **kältestem** Wetter, bei: hep.st sanic.st sulph.st

Beugen, Drehen:
– **agg.**: *Am-m.*bg2 anac.bg2,jl ang.bg2 ant-t.bg2 arn.bg2 *Bell.*bg2 bov.bg2 *Bry.*bg2 calc.bg2 camph.bg2 caps.bg2 carb-an.bg2 carb-v.bg2 cham.bg2 *Chin.*bg2 *Cic.*bg2 cocc.bg2 coloc.bg2 *Con.*bg2 cycl.bg2 dros.bg2 dulc.bg2 euph.bg2 guaj.bg2 *Hep.*bg2 *Ign.*bg2 iod.bg2 ip.bg2 lach.bg2 laur.bg2 mag-c.bg2 merc.bg2 mez.bg2 mur-ac.bg2 *Nat-m.*bg2 nit-ac.bg2 nux-v.bg2 petr.bg2 ph-ac.bg2 plat.bg2 plb.bg2 puls.bg2 ran-b.bg2 rhod.bg2 *Rhus-t.*bg2 sabad.bg2 sabin.bg2 samb.bg2 *Sel.*bg2 spig.bg2 *Spong.*bg2 *Stann.*bg2 staph.bg2 thuj.bg2 verat.bg2 visc.bg2,jl zinc.bg2
– **rechts** agg., nach: spig.bg2
– **Bett** agg.; Herumdrehen im: *Acon.*kr1 agar.kr1 am-m.kr1 anac.kr1 *Ars.*kr1 asar.kr1 *Borx.*kr1 **Bry.**kr1 calc.kr1 *Cann-s.*kr1 *Caps.*kr1 *Carb-v.*kr1 *Caust.*kr1 chin.kr1 cinakr1 cocc.kr1 *Con.*kr1 cupr.kr1 dros.kr1 *Euph.*kr1 *Ferr.*kr1 graph.kr1 *Hep.*kr1 kali-c.kr1 lach.kr1 led.kr1 *Lyc.*kr1 mag-c.kr1 merc.kr1 *Nat-m.*kr1 nit-ac.kr1 *Nux-v.*kr1 petr.kr1 *Phos.*kr1 plat.kr1 plb.kr1 **Puls.**kr1 ran-b.kr1 *Rhod.*kr1 *Rhus-t.*kr1 rutakr1 *Sabad.*kr1 sabin.kr1 *Samb.*kr1 sars.kr1 *Sil.*kr1 *Staph.*kr1 *Sulph.*kr1 thuj.kr1 valer.kr1
– **erkrankter** Teile:
- **agg.**: acon.bg2 am-c.bg2 *Am-m.*bg2 anac.bg2 ang.bg2 *Ant-c.*bg2 ant-t.bg2 arg-met.bg2 *Arn.*bg2 asaf.bg2 aur.bg2 bar-c.bg2 *Bell.*bg2 borx.bg2 bov.bg2 *Bry.*bg2 **Calc.**bg2 camph.bg2 caps.bg2 carb-an.bg2 carb-v.bg2 caust.bg2 cham.bg2 *Chel.*bg2 *Chin.*bg2 *Cic.*bg2 cinabg2 cocc.bg2 *Coff.*bg2 con.bg2 croc.bg2 cupr.bg2 cycl.bg2 dig.bg2 dros.bg2 dulc.bg2 graph.bg2 hep.bg2 hyos.bg2 **Ign.**bg2 iod.bg2 ip.bg2 *Kali-c.*bg2 lach.bg2

– **erkrankter** Teile - **agg**.: ... laur.bg2 led.bg2 *Lyc*.bg2 *Mag-c*.bg2 merc.bg2 mez.bg2 mur-ac.bg2 *Nat-m*.bg2 nit-ac.bg2 *Nux-v*.bg2 olnd.bg2 par.bg2 petr.bg2 ph-ac.bg2 plat.bg2 plb.bg2 *Puls*.bg2 ran-b.bg2 rhod.bg2 *Rhus-t*.bg2 rutabg2 sabad.bg2 sabin.bg2 samb.bg2 *Sel*.bg2 *Sep*.bg2 *Spig*.bg2 *Spong*.bg2 stann.bg2 staph.bg2 sulph.bg2 tarax.bg2 teucr.bg2 thuj.bg2 valer.bg2 verat.bg2 zinc.bg2

☞ *Anziehen / Gekrümmtes - agg.*

• **amel**.: acon.bg2 am-m.bg2 anac.bg2 arg-met.bg2 arg-n.bg2 **Bell.**bg2 bov.bg2 calc.bg2 cann-s.bg2 caust.bg2 *Cham*.bg2 *Chin*.bg2 colch.bg2 *Coloc*.bg2 guaj.bg2 hep.bg2 kali-c.bg2 lach.bg2 mag-c.bg2 mag-p.bg2 mang.bg2 meny.bg2 *Merc*.bg2 *Merc-c*.bg2 mur-ac.bg2 nux-v.bg2 petr.bg2 *Plb*.bg2 *Puls*.bg2 rheumbg2 rhus-t.bg2 sabad.bg2 sabin.bg2 *Squil*.bg2 teucr.bg2 *Thuj*.bg2 verat.bg2

☞ *Gebeugt / Gekrümmtes - amel. / Liegen*

– **hinten**; nach:

• **agg**.: am-c.bg2 *Anac*.bg2 ant-c.bg2 aran-ix.bg2,jl asaf.bg2 atra-r.bg2,jl aur.bg2 *Bar-c*.bg2 *Calc*.bg2 caps.bg2 carb-v.bg2 caust.bg2 chel.bg2 cinabg2 coff.bg2 *Con*.bg2,j5 cupr.bg2 dig.bg2 dros.bg2,j5 dulc.bg2,j5 *Ign*.bg2 *Kali-c*.bg2 kali-i.bg2,j5 kreos.bg2,j5 lac-c.bg2 lach.bg2,j5 lith-c.bg2,sf1 mag-c.bg2,j5 mang.bg2,j5 nat-m.bg2 nat-s.bg2,j5 *Nit-ac*.bg2 nux-v.bg2 ph-ac.bg2,j5 *Plat*.bg2,j5,* plb.bg2 *Puls*.bg2,j5 rhod.bg2,j5 rhus-t.bg2,j5 rutabg2,j5 samb.bg2,j5 **Sep.**bg2,j5 stann.bg2 *Sulph*.bg2 teucr.bg2 thuj.bg2 tong.bg2,j5 valer.bg2,j5 zinc.bg2,j5

☞ *Strecken - agg.*

• **vorne** agg.; und: asaf.bg2 *Chel*.bg2 coff.bg2 nux-v.bg2 thuj.bg2

• **amel**.: acon.bg2 ant-c.bg2,j5 *Bell*.bg2,sf1,* bism.bg2,sf1,* bry.bg2,j5 calen.bg2,j5 cann-s.bg2 *Cham*.bg2 chin.bg2 cimic.bg2,sf1 dios.bg2,sf1,* **Dros.**bg2 fl-ac.bg2,sf1 hep.bg2,sf1 iod.bg2,jl kali-c.bg2 kreos.bg2,sf1 lac-c.bg2 *Lach*.bg2 mag-m.bg2,jl mand.bg2,mg1,* med.bg2 merc.bg2,j5 nux-v.bg2 puls.bg2 rhus-t.bg2,sf1 sabad.bg2,j5 sabin.bg2 sep.bg2,j5 spong.bg2,j5 squil.bg2,j5 *Thuj*.bg2 verat.bg2 zinc.bg2,sf1 zinc-o.bg2,j5

☞ *Strecken - amel.*

– **innen**, nach:

• **agg**.: am-m.bg2 *Ign*.bg2 staph.bg2 verat.bg2

• **amel**.: am-m.bg2 *Bell*.bg2

– **seitwärts**:

• **agg**.: *Bell*.bg2 borx.bg2 *Calc*.bg2 canth.bg2 chel.bg2 chin.bg2 cocc.bg2 *Kali-c*.bg2 lyc.bg2 *Nat-m*.bg2 plb.bg2 stann.bg2 staph.bg2

• **amel**.: meny.bg2 *Puls*.bg2

– **vorne**, nach:

• **agg**.: aesc.bg2,st asaf.bg2 *Bell*.bg2 chel.bg2 *Coff*.bg2 kalm.bg2 mag-m.bg2,jl mang.bg2,j5 nux-v.bg2 thiop.bg2,jl thuj.bg2

• **amel**.: apisk2 *Aur*. choc.srj3 coloc.st gels.br1 *Kali-c*.bro1 *Teucr*. tril-p.c1

– **Zusammenkrümmen**:

• **agg**.: dios.bro1

• **amel**.: aloesf1 androc.srj1 arg-n.sf1,st bov.sf1 caust.sf1 chin.sf1 choc.srj3 colch.sf1 *Coloc*.mg1,sf1 mag-c.mg1,sf1 *Mag-p*.sf1 mand.jl,sf1 plb.sf1

Beugen - Zusammenkrümmen - amel.: ...

☞ *Gekrümmtes - amel. / Zusammenkrümmen*

Bewegung:

– **agg**.: abrot. *Achy*.ft1,jl *Acon*.bg2,k,* adam.srj5 adlu.jl adon.sf,sf1 aesc.k2 *Agar*.bg2,k,* agav-t.jl,jl3 *Agn*.bg2,k aloe alum.bg2,k,* alum-p.k13,k2 alum-sil.k13,k2 alumn.kr1 am-c.bg2,k am-m.bg2,k,* ambr.bg2,k,* aml-ns.bro1 anac.bg2,k,* *Ang*.bg2,hr1,* ange-s.jl anh.mg,mg1,* ant-c.bg2,k,* ant-t.bg2,k,* *Apis* apoc. aq-mar.jl,jl3 arg-met.bg2,kr1 arg-n.st *Arn*.bg2,k,* *Ars*.bg2,k,* ars-h. *Ars-i*. ars-s-f.k2 *Asaf*.bg2,k,* *Asar*.bg2,k,* *Aspar*. aster.jl *Aur*.bg2,k,* aur-ar.k2 aur-i.k13,k2 aur-m.k2 aur-s.k13,k2 bapt. *Bar-c*.bg2,k,* bar-i.k2 bar-m.sf,sf1 bar-s.k13,k2 **Bell.**bg2,k,* *Berb*. beryl.jl,jl3 **Bism.**bg2,k,* borx. bov.bg2,k,* **Bry.**bg2,k,* bufo *But-ac*.bro1 *Cact*.bg2,k cadm-met.mg,mg1,* cadm-s. *Calad*.bg2,k,* calc.bg2,k,* calc-ar.bro1 *Calc-p*. *Calc-s*. calc-sil.k13,k2 *Camph*.bg2,k,* cann-i. *Cann-s*.bg2,k,* *Canth*.bg2,k,* *Caps*.bg2,k,* *Carb-an*.bg2,k,* *Carb-v*.bg2,k,* *Carbn-s*. card-m. caust.bg2,k,* cean.bro1 cham.bg2,k,* **Chel.**bg2,k,* **Chin.**bg2,k,* chinin-ar. *Chion*. cic.bg2,k,* *Cimic*.bg2,k *Cimx*. cina *Cinnb*. clem.bg2,k,* coc-c.hr1,k **Cocc.**bg2,k,* *Coff*.bg2,k,* coff-t.st **Colch.**bg2,k,* **Coloc.**bg2,k,* *Con*.bg2,k,* cortico.sp1 *Croc*.bg2,k,* *Crot-h*. crot-t. cupr.bg2,k,* cupr-ar. cur.st *Cycl*.bg2,hr1,* des-ac.jl *Dig*.bg2,k,* dros.bg2,k,* dulc.bg2,hr1,* elapsbg2 equis-h.bro1 *Erig*.sf,sf1 *Eup-per*.bg2,k euph.bg2,k,* *Ferr*.bg2,k,* ferr-i. ferr-p.bg2,k2,* *Fl-ac*.bg2,k foll.jl,jl3 form.bg2,k *Gels*.bg2,k germ-met.srj5 get.bro1 *Glon*.bg2,k *Graph*.bg2,k,* **Guaj.**bg2,k,* guat.jl,jl3 haliae-lc.srj5 hed.sp1 *Hell*.bg2,k,* helon.bro1 *Hep*.bg2,k,* hip-ac.jl,jl3,* hist.mg,mg1,* hoit.jl,jl3 hyos.bg2,k,* *Iber*.bro1 ign.bg2,k,* *Iod*.bg2,k,* *Ip*.bg2,k,* *Iris* jac-g. jug-c.bro1 jug-r.st *Kali-bi*.bg2,k *Kali-c*.bg2,hr1,* kali-chl.k13 kali-i.sf,sf1 kali-m.k2 *Kali-n*.bg2,k,* kali-p. kali-sil.k13,k2 *Kalm*. *Kreos*.bg2,hr1,* lac-ac.sf,sf1 lac-c.k13,k2 *Lac-d*.k13,k2,* *Lach*.bg2,k,* lat-m.jl,jl3 laur.bg2,k,* **Led.**bg2,k,* lil-t.sf,sf1 lina.bro1 lob.bro1 lyc.bg2,hr1,* lycpr.bro1 lycps-v. mag-c.bg2,k,* mag-m.bg2,k,* *Mag-p*. *Mang*.bg2,k,* med.k,k1 *Meli*. meny.bg2,k,* meph.j5 **Merc.**bg2,k,* merc-c.bg2,k mez.bg2,k,* mim-p.jl,jl3 mosch.bg2,k,* mur-ac.bg2,hr1,* najabg2,sf1,* *Nat-ar*. nat-c.h,j5,* *Nat-m*.bg2,k,* *Nat-p*. *Nat-s*.bg2,k nat-sil.k13,k2 nit-ac. nux-m.bg2,k,* **Nux-v.**bg2,k,* ol-an. olnd.bg2,k,* onop.jl *Onos*. op.bg2,k,* osm. ovi-p.st *Ox-ac*. pall. par.bg2,k,* paro-i.jl3 parot.jl penic.jl,jl3,* *Petr*.bg2,k,* ph-ac.bg2,k,* *Phos*.bg2,k,* *Phyt*.bg2,k pic-ac.bro1 plan.c1 plat.bg2,k,* *Plb*.bg2,k,* psil.jl *Psor*. ptel. puls.bg2,k,* puls-n.bro1 pulx.bro1 pyrog.bg2 **Ran-b.**bg2,k,* ran-s.bg2,k,* *Rheum* rhod.bg2,hr1,* rhus-t.bg2,hr1,* rumx. rutabg2,kr1,* sabad.bg2,k,* **Sabin.**bg2,k,* sal-ac.sf,sf1 samb.bg2,k,* *Sang*. *Sanic*. sarcol-ac.jl,sp1 *Sars*.bg2,hr1,* *Sec*.bg2,k,* *Sel*.bg2,k,* senec. seneg.bg2,k,* *Sep*.bg2,k,* sieg.mg,mg1 **Sil.**bg2,k,* *Spig*.bg2,k,* spong.bg2,k,* *Squil*.bg2,k,* *Stann*.bg2,k,* *Staph*.bg2,k,* still.bro1 stram.bg2,k,* stront-c. stroph-s.jl,jl3,* stry.bro1 sul-ac.bg2,k,* sul-i.k13,k2 **Sulph.**bg2,k,* sumb. syph.st tab.bg2,sf1,* tarax.bg2,k,* *Tarent*.bg2,sf1,* teucr.bg2,k,* theabro1 *Ther*. thuj.bg2,k,* thymol.bro1 tril-p. trios.jl tub.bg2,br1,*

– **agg.**: ...
tub-d.zs tub-r.jl valer.bg2,hrl,* *Verat.*bg2,k,* verat-v.sf,sfl verb.bg2,k,* vib.bg2 viol-o.bg2,k,* viol-t.bg2,k *Visc.* x-rayjl *Zinc.*bg2,k,* zinc-p.k2 zinc-val.bg2

– **amel.**: abrot.brol *Acon.*bg2,k,* aesc.bg2 *Agar.*bg2,k,* agn.bg2 all-c.sf,sfl *Aloe* *Alum.*bg2,k,* *Alumn.*krl *Am-c.*bg2,k,* *Am-m.*bg2,k,* ambr.bg2,k,* *Anac.*bg2,k,* androc.srjl *Ang.*bg2,hrl,* ant-c.bg2,hrl,* ant-t.bg2,k,* apissfl apoc.sf,sfl aran-ix.mg,mgl,* *Arg-met.* *Arg-n.* arist-cl.mg,mgl,* arn.bg2,k,* *Ars.*bg2,k,* ars-s-f.k13,k2 asaf.bg2,k,* asar.bg2,k,* *Atro.* **Aur.**bg2,k,* **Aur-m.** *Aur-m-n.* bar-c. bar-m. bell.bg2,hrl,* bell-p.mg,mgl,* benz-ac.bg2,k *Bism.*bg2,k,* borx. bov.bg2,k,* *Brom.* bry.bg2,hrl,* cact.sf,sfl calc.bg2,k,* calc-f.k2 calc-p. cann-s.bg2 canth. **Caps.**bg2,k,* carb-ac. carb-an.hrl,k carb-v.bg2,k,* *Caust.*bg2,k,* cham.bg2,k,* chel.bg2 chin.bg2,k,* *Chinin-ar.* choc.srj3 cic.bg2,k,* cimic.sf,sfl *Cina* coc-c.hrl,krl coca *Cocc.*bg2,k *Coloc.*bg2,k,* *Com.* **Con.**bg2,k,* cupr.bg2,k,* **Cycl.**bg2,k,* dig.bg2 *Dios.* *Dros.*bg2,k,* **Dulc.**bg2,k,* erig.mg,mgl **Euph.**bg2,k,* euphr.bg2,k,* **Ferr.**bg2,k,* ferr-ar. ferr-p. *Fl-ac.*bg2,sfl *Gamb.* *Gels.*bg2,k glon.bg2 graph.bg2 guaj.bg2,k,* hed.mg,mgl,* hell.bg2 *Helon.*bg2 hep.bg2,k,* hom.brol hydrog.srj2 hyos.bg2,k,* ign.bg2,k,* *Indg.* **Iod.**bg1,k2,* irisbrol kali-br.sf,sfl *Kali-c.*bg2,k,* *Kali-i.*bg2,k *Kali-n.*bg2,k,* *Kali-p.* **Kali-s.** *Kreos.*bg2,k lach.bg2,k,* laur.bg2,k,* led.bg2 *Lil-t.* lith-c. lith-lac.brol lob. **Lyc.**bg2,k,* *Mag-c.*bg2,k,* *Mag-m.*bg2,k,* magn-gr.brol mand.spl mang.bg2,k,* *Med.* *Meny.*bg2,k,* meph.cl *Merc.*bg2,hrl,* *Merc-c.*bg2,k *Merc-i-f.* mez.bg2,hrl,* *Mosch.*bg2,k,* *Mur-ac.*bg2,k,* *Nat-c.*bg2,k,* nat-m.bg2,hrl,* *Nat-s.*bg2,k nit-ac.bg2,k,* nux-m.bg2,k,* olnd.bg2,k,* op.bg2,k,* par.bg2,k,* parth.brol petr.bg2,k,* *Ph-ac.*bg2,k,* phel.j5 phos.bg2,hrl,* pip-m.brol *Plat.*bg2,k,* plb.bg2,hrl,* pneu.jl,jl3 **Puls.**bg2,k,* **Pyrog.**bg2,k rad-br.brol raja-s.jl *Rat.* **Rhod.**bg2,k,* **Rhus-t.**bg2,k,* *Ruta* **Sabad.**bg2,k,* sabin.bg2,hrl,* **Samb.**bg2,k,* sars.bg2,hrl,* sel.bg2,k,* seneg.bg2,k,* *Sep.*bg2,k,* sil.bg2,hrl,* spig.bg2,k,* spong.bg2,hrl,* *Stann.*bg2,k,* staph.bg2,hrl,* stel.brol *Stront-c.* sul-ac.bg2,k,* **Sulph.**bg2,k,* syph.brol **Tarax.**bg2,k,* **Tarent.** teucr.bg2,k,* thala.jl,jl3 thiop.jl thuj.bg2,k,* *Tub.* tub-r.ih,vn **Valer.**bg2,k,* ven-m.jl,jl3 verat.bg2,k,* *Verb.*bg2,k,* *Vib.* viol-o.bg2 *Viol-t.*bg2,k visc.jl,jl3 xero.brol *Zinc.*bg2,k,* zinc-p.k13,k2 zinc-val.sf,sfl

– **nach** Bewegung; agg.: **Agar.** am-c. anac. arn. **Ars.** aspar. calad. camph. **Cann-s.** *Carb-v.* caust. cocc. coff. *Croc.* dros. hydr.bg2 *Hyos.* iod. *Kali-c.* laur. merc. *Nit-ac.* nux-v. olnd. phos. plb. **Puls.** **Rhus-t.** *Ruta* sabin. sep. spig. **Spong.** **Stann.** staph. *Stram.* sul-ac. **Valer.** zinc.

– **Abneigung** gegen: abrot.st **Acon.**bg2,k,* agar.al alco.al *Aloe*al,k2 alum.bg2,k alum-p.k13,k2 alum-sil.k2 am-c.bg2,k ambr.bg2,k anac.bg2,k ant-c.bg2,k ant-t.bg2,k arn.bg2,k **Ars.**bg2,k ars-s-f.k13,k2 asar.bg2,k atro.al bapt.al,bg2 *Bar-c.*bg2,k bar-s. **Bell.**bg2,k bol-la.al borx. **Bry.**bg2,k cadm-s. **Calad.**bg2,k **Calc.**bg2,k **Calc-s.** cann-i.al canth.bg2,k *Caps.*bg2,k *Carb-an.*bg2,k,* *Carb-v.*bg2,k *Carbn-s.* caust.bg2,k cham.bg2,k *Chel.*bg2,k,* *Chin.*bg2,k,* chinin-ar. cina coc-c.al *Cocc.*bg2,k coff.bg2,k colch.k13,k2 *Con.*bg2,k croc.bg2,k

– **Abneigung** gegen: ...
cupr.bg2,k *Cycl.*bg2,k,* *Dig.*bg2,k dios.al dros.bg2,k dulc.bg2,k eryt-j.al ferr.bg2,k,* ferr-i. *Gels.*hrl,k,* gins.al *Graph.*bg2,k **Guaj.**bg2,k ham.al hell.j5 hydr-ac.al hyos.bg2,k,* hyper.hrl,krl *Ign.*bg2,k,* iod.j5 ip.bg2,k kali-ar. *Kali-bi.*hrl,k,* *Kali-c.*bg2,k kali-p. kali-sil.k13,k2 **Lach.**bg2,k,* led.bg2,k lob.al *Lyc.*bg2,k,* mag-c.bg2,k mag-m.bg2,k merc.bg2,k *Mez.*bg2,k mur-ac.bg2,k,* myric.al *Nat-ar.* nat-c.bg2,k *Nat-m.*bg2,k,* nit-ac.bg2,k nux-m.al **Nux-v.**bg2,k oena.al ol-eucal.brl op.bg2,k peti.al petr.bg2,k *Ph-ac.*bg2,k phos.bg2,k,* phys.al psor. ptel.al puls.bg2,k **Ruta** *Sang.*al,k sapin.al sep.bg2,k,* **Sil.**al,k stann.bg2,k stront-c. sul-i.k2 **Sulph.**bg2,k,* tab.al tarax.bg2,k *Tarent.*al teucr.bg2,k,* *Thuj.*bg2,k,* zinc.bg2,k zinc-p.k13,k2

• **Abwärtsbewegung**: borx.k2

– **Abwärtsbewegung** agg.: **Borx.**bg2,k2,* carb-v.bg2 **Gels.**bg2 sanic.bg2 sep.bg2 sulph.bg2

– **Augen**, der:

• **agg.**: cocc.k2

– **automatisch**: bell.bg lyc.bg *Stram.*bg

– **Beginn** der Bewegung agg.; zu: *Agar.* am-c.st ant-t. asar. berb.sfl bry.bg2 cact. calc. calc-f.sfl **Caps.** *Carb-v.* *Caust.* chin. cina cocc. **Con.** cupr. dig.h dros. **Euph.** **Ferr.** fl-ac. graph. heclajl hed.mgl irissfl *Kali-p.* lach. led. **Lyc.** mag-c. mand.jl med.st nit-ac. petr. *Ph-ac.* *Phos.* plat. plb. *Psor.* **Puls.** rhod. **Rhus-t.** ruta *Sabad.* sabin. *Samb.* sanic.bg1,st sars. sep.k2 *Sil.* stront-c.brol *Ther.* thuj. tub.st tub-r.vs valer. verat. *Zinc.* zinc-p.k2

☞ *Gehen - Beginn*

– **Behendigkeit**: coff.bg stram.bg

– **erkrankter** Teile:

• **agg.**: *Acon.* **Aesc.** agar. am-c. anac. ang.bg2 *Ant-t.* **Arn.** *Ars.* asaf. asar. bar-c. *Bell.* **Bry.** bufobg2 camph. *Cann-s.* *Caps.* caust. **Cham.** chel. *Chin.* cic. cimic. clem. *Cocc.* coff. **Colch.** *Coloc.* *Com.* con. croc. cupr. dig. ferr-ar. form. *Gels.* *Glon.* guaj. hep. ign. iod. kali-bi.bg2 kali-c. *Kalm.* *Lach.* **Led.** mag-c. mang. meny. *Merc.* *Mez.* nat-c. nat-m. nux-m. nux-v. olnd. petr. *Phos.* phyt. plan.cl plat.cl,kl,* *Puls.* *Ran-b.* *Rheum* *Rhod.* **Rhus-t.** rumx. ruta sabad. *Sabin.* samb. *Sang.* *Sars.* sel. sep. *Sil.* **Spig.** *Stann.* staph. *Sulph.* thuj. zinc.

• **amel.**: abrot. acon. *Agar.* agn. *Am-m.* ang.bg2 apisbg2 arn. *Ars.* ars-i. asaf. asar. *Aur.* bell.bg2 calc. **Caps.** cham. *Chin.* cina *Con.* croc. **Dulc.** *Euph.* **Ferr.** hyos.bg2 *Kali-bi.* kali-c. lith-c.bg2 *Lyc.* mag-c. *Mag-m.* meny. *Mosch.* mur-ac. nat-c. *Ph-ac.* **Puls.** *Rhod.* **Rhus-t.** *Sabad.* *Samb.* *Sep.* squil. stann. stront-c. **Sulph.** *Tarax.* thuj. valer. verb. viol-t.

– **fortgesetzte** Bewegung:

• **agg.**: rhus-t.k2

• **amel.**: aesc.sfl agar. *Am-m.* *Ambr.* anac.bg2 aran-ix.mgl bell-p.mgl bry. *Cact.* calc-f.sfl **Caps.** carb-v. caust. chin. *Cina* cob.bg2 com. **Con.** *Cycl.* *Dros.* **Euph.** **Ferr.** **Fl-ac.**bg2 gels. graph.bg2 heclajl hed.mgl ind. iod.mgl iris kali-c. *Lyc.* mag-c.mgl mand.jl,mgl med.k2 plat. plb. *Ptel.* **Puls.**

– **fortgesetzte** Bewegung **amel.**: ... rauw.jl *Rhod.* **Rhus-t.** ruta *Sabad.* sabin. **Samb.** sep. *Sil.* **Syph.**st tarax. thuj. *Valer.* *Verat.* zinc.bg2,sf1
– **Freien**; im:
• **agg.**: bell.bg2 bry.bg2 *Calc.*bg2 cocc.bg2 colch.bg2 led.bg2 nux-v.bg2
• **amel.**: dios.bg2 *Iod.*bg2 kali-i.bg2 *Lil-t.*bg2 mag-c.bg2 mag-m.bg2 **Puls.**bg2
– **heftige** Bewegung:
• **agg.**: acon.bg2 arn.bg2 ars.bg2 bry.bg2 calc.bg2 camph.bg2 lyc.bg2 mag-c.bg2 nux-v.bg2 rhus-t.bg2 rutabg2 sep.bg2 sil.bg2 sul-ac.bg2 sulph.bg2
• **amel.**: aesc.bg2,sf1 **Ars.**bg2 **Brom.**bg2 dulc.bg2 phys.bg2 **Sep.**bg2,sf1 sil.bg2 *Sul-ac.*bg2,sf1
– **langsame** Bewegung:
• **agg.**: sep.bg2
• **amel.**: agar.bg2 alum.bg2 ambr.bg2 androc.srj1 asaf.bg2,k2 aur.bg2 bell.bg2 calc.bg2,k1 coloc.bg2 **Ferr.**bg2,k2,* ferr-act.bg2 ferr-ar.bg2,k2 ferr-p.bg2,k2 glon.bg2 kali-bi.bg2 kali-p.bg2 *Mag-m.*bg2 plat.bg2 **Puls.**bg2,k2,* stann.bg2 *Sulph.*bg2,k1 sumb.bg2 **Syph.**bg2,k1,* tarent.bg2 zinc.bg2
– **schnelle** Bewegung:
• **agg.**: but-ac.br1
• **amel.**: *Ars.*bg2 aur-m.bg2 *Bry.*bg2 *Ferr.*bg2,k2 fl-ac.bg2 sep.bg2 sil.bg2 stann.bg2 sulph.bg2
– **Verlangen** nach: acon.bg2 agar.bg2 alum.bg2,j5 am-c.bg2 *Ambr.*bg2 arg-met.bg2 arg-n.bg2 *Arn.*bg2,j5 ars.bg2 *Ars-i.*bg2,k2 asar.bg2 aur.bg2 aur-ar.bg2,k2 *Bell.*bg2,j5 bell-p.bg2,mg1,* bism.bg2 borx.bg2 bry.bg2,j5 calc.bg2,j5 canth.bg2 cench.bg2,k2 **Cham.**bg2,j5 **Chin.**bg2,j5 coff.bg2 coloc.bg2 con.bg2 *Cupr.*bg2 euphr.bg2 **Ferr.**bg2,j5 ferr-ar.bg2,k2 ferr-i.bg2,k2 hydrog.srj2 hyos.bg2 ign.bg2 iod.bg2 ip.bg2 kali-i.bg2,k2 kreos.bg2 lyc.bg2,j5,* macro.a1,bg2 mag-c.bg2 mag-m.bg2 mang.bg2 merc.bg2,j5 mosch.bg2 mur-ac.bg2 nat-c.bg2 nit-ac.bg2 nux-m.bg2 nux-v.bg2 op.bg2 petr.a1,bg2 ph-ac.bg2 phos.bg2 puls.bg2 ran-b.bg2 rhod.bg2 **Rhus-t.**bg2 rutabg2 samb.bg2 sec.bg2 sep.bg2 sil.bg2 squil.bg2,j5 stann.bg2 staph.bg2 stront-c.bg2 sul-i.bg2,k2 sulph.bg2,k2 *Teucr.*bg2 tub.bg2,k2 valer.bg2 verat.bg2

Bewußt, nimmt sie wahr; ist sich der inneren Organe: bamb-a.stb2

Bindegewebe, Erkrankungen der: lap-a.br1

Binden, Bandagieren amel.; festes: apisbg2,sf1 *Arg-n.*bg2,sf1,* bry.bg2,sf1,* chin.bg2,sf1,* gels.bg2,sf1,* *Mag-m.*bg2,sf1,* mang.bg2,sf1 mim-p.bg2,sf1,* pic-ac.ptk2 puls.bg2,sf1,* rhod.bg2,sf1,* sil.bg2,sf1,* tril-p.bg2,sf1

Bisse
☞ *Wunden - Bißwunden*

Blässe, weiße Farbe gewöhnlich roter Teile: ambr. anac.bg2 ang.bg2 ant-t.bg *Ars.*bg **Borx.** *Calc.*bg canth. carb-v.bg caust. chel.bg *Chin.*bg cinabg coloc.bg2 dig.bg *Ferr.*bg *Graph.*bg **Hell.** *Kali-c.* *Kali-m.*bg **Lac-c.**bg lac-d.bg2 lyc. **Merc.**bg *Merc-c.* nat-c.bg2 *Nat-m.*bg *Nit-ac.* *Nux-v.* *Olnd.* op. petr.

Blässe, weiße Farbe gewöhnlich roter Teile: ... ph-ac.bg *Phos.*bg *Plb.* puls.bg2 sabin.bg2 *Sec.* sep.bg *Staph.* *Sul-ac.* sulph.bg valer. *Verat.*bg viol-t.bg2 *Zinc.*

Bleivergiftung, chronische: *Alum.*hr1,k alum-sil.c1,k13 *Alumn.*hr1,k ant-c.kr1 ars.hr1,k *Bell.*hr1,k carbn-s.bro1 **Caust.**hr1,k chin. cocc.kr1,sf1,* *Coloc.*sf,sf1,* crot-t.sf,sf1 cupr.sf,sf1 gels.sf,sf1 hep.kr1,mg1,* iod.mg,mg1 kali-br.bro1 *Kali-i.*sf,sf1 kreos.kr1 lyc.kr1 mang.sf,sf1 merc.bro1 *Nat-s.*sf,sf1 nux-v.hr1,k *Op.*hr1,k petr.hr1,kr1 pipe.c,c1 *Plat.*hr1,k plb.bg2,mg1,* sul-ac.k,k2,* *Sulph.*hr1,k zinc.kr1
☞ *Lähmung - Vergiftung - Blei*

Blitz, Beschwerden durch: crot-h.c,c1 morph.c,c1 phos.c,c1

Blonder Typ
☞ *Aussehen - hell*

Blut:
– **dünn**; Gefühl, als sei es: hell.a1,st
– **Erkrankungen** des Blutes: arn.br1
– **schneller** Zirkulation des Blutes; Gefühl zu: ars.h

Blutfülle
☞ *Plethora*

Blutung: abies-n.c1,c2 acal.bro1 acet-ac. *Acon.*c2,k *Adren.*sf1 *Agar.*bg2,j5,* alet.k2 aln.c1,c2 aloe *Alum.* alumn.c1,c2 am-c. am-caust.mg1 am-m.j5 ambr. *Ammc.*kr1 anac.bg2,j5 *Ant-c.* ant-t.bg2,j5 anthraci.br1,bro1 *Apis* apoc.k2,sf1 *Aran.*c2,k arg-met.j5 *Arg-n.* **Arn.** *Ars.* ars-h.bro1 ars-i. arum-t.sf1 asaf.j5,k2,* asar.bg2,j5 aur.c1,c2 aur-m.c1,c2 bapt.sf1 *Bar-c.* bar-i.k2 bar-m. **Bell.** bell-p.mg1,sf1 bism.bg2,j5 borx.bg2,j5 **Both.**c2,k *Bov.*c2,k brom.sf1 *Bry.*c2,k bufokr1 *Cact.*c2,k **Calc.** calc-f.sf1 calc-i.k2 *Calc-ln.*c1 **Calc-s.**c2,k calc-sil.k2 cann-s.bg2,j5 **Canth.** *Caps.* carb-an. **Carb-v.**c2,k *Carbn-s.* card-m.c1,k2,* casc.c1,kr1,* caust.bg2 *Cham.* **Chin.**c2,k chinin-ar. chinin-s.c1,j5,* cinabg2,j5 cinnb. *Cinnm.*c2,k cit-l.c1,c2 clem.bg2,j5 cob.c1,c2 coc-c.c1,sf1,* cocc.bg2,j5,* *Coff.* coff-t.st colch.bg2,j5 coll.c1,c2 *Coloc.* con.bg2,j5 *Croc.*c2,k crot-c.st **Crot-h.** *Cupr.* des-ac.j1 dig. dor.sf1,st *Dros.*c2,k *Dulc.*c2,k *Elaps*c2,k equis-h.mg1 erech.c1,c2,* ergot.c1,c2 **Erig.** erod.c1,c2 euphr.bg2,j5 eupi.c1,c2 **Ferr.**c2,k *Ferr-ar.* *Ferr-i.* *Ferr-m.*c1,kr1,* *Ferr-p.*c2,k ferr-s.c1,c2 fic-r.c1,mg1,* fic-v.br1 gal-ac.br1,c1,* *Ger.*c1,mg1,* glon.mg1 *Graph.* **Ham.**c2,k **Hell.**kr1 hep.bg2,j5 hir.c1,mg1,* hydr.sf1 *Hydrin-s.*bro1 *Hyos.*c2,k ign.bg2,j5 *Iod.* **Ip.**c2,k jug-c.sf1 juni-c.c1,c2 kali-c.c2,k *Kali-chl.*c2,k kali-i.c2,k kali-m.k2 kali-n. *Kali-p.* *Kreos.*c2,k1 **Lach.**c2,k lachn.kr1 *Led.* leon.c1,c2 *Lyc.* *Lycps-v.*bg2,sf1 m-ambo.c2 m-arct.j5 m-aust.j5 mag-c.bg2,j5 mag-m.bg2,j5 **Meli.** **Merc.** **Merc-c.** merc-cy.c1,c2 *Mez.* **Mill.**c2,k mosch. mur-ac. **Murx.**kr1 nat-c. **Nat-m.** *Nat-n.*mg1,sf1 *Nat-s.*mg1,sf1 nat-sil.bro1 **Nit-ac.**c2,k nux-m.c2,k **Nux-v.** op.j5 par.bg2,j5 petr.j5 *Ph-ac.* **Phos.** *Plat.*c2,k plb.bg2,j5 *Psor.*c2,k **Puls.** pyrog.k2,sf1 rat.j5,sf1,* rhod. rhus-a.c1,c2 rhus-g.c1,c2 *Rhus-t.*c2,k rutabg2,j5,* sabad.bg2,j5 **Sabin.** sal-ac.sf1 sang. *Sanguiso.*sf1 sars.

Blutung: ...
scir.$_{c1,c2}$ **Sec.**$_{c2,k}$ sel.$_{bg2,j5}$ *Senec.*$_{c1,k,*}$ **Sep.** *Sil.* squil.$_{c1,k}$ stann. staph.$_{bg2,j5}$ stict.$_{c1}$ *Stram.* stront-c.$_{c1}$ **Sul-ac.** sul-i.$_{k2}$ sulfa.$_{j1}$ **Sulph.** syph.$_{st}$ tarax.$_{bg2,j5}$ *Ter.* thlas.$_{c1,sf1,*}$ thuj.$_{c2,k}$ til.$_{bro1}$ tril-p.$_{c2,k}$ urt-u.$_{c1,c2}$ ust.$_{sf1}$ valer.$_{bg2,j5}$ verat.$_{bg2,j5}$ vib.$_{bg2}$ vinc.$_{j5,sf1}$ vip.$_{j5,sf1,*}$ vip-a.$_{j1}$ wies.$_{c1,c2}$ x-ray$_{j1,sp1}$ xan.$_{bro1}$ zinc.$_{bg2,j5,*}$

– **amel.**: ars.$_{bg2}$ bov. brom.$_{bg2}$ bufo$_{bg2}$ calad.$_{bg2}$ card-m.$_{bg2}$ coloc.$_{bg2}$ ferr.$_{bg2}$ ferr-p.$_{bg2}$ *Ham.*$_{bg2}$ kali-n.$_{bg2}$ *Lach.*$_{bg2}$ mag-c.$_{bg2}$ meli.$_{bg2}$ pyrog.$_{k2}$ sars. sel. tarent.$_{bg2}$ thiop.$_{j1}$

• **Hämorrhoiden**; der: aesc.$_{pd,ptk2}$

– **morgens**: acal.$_{br1}$

◆ **begleitet** von:

• **Übelkeit**: *Ip.*$_{c}$

• **Zunge**:

• **Krebs**

☞ ❑ *Mund - Krebs - Zunge - begleitet von - Blutung*

– **Anstrengung**, nach: bell-p.$_{mg1}$ *Mill.* **Nit-ac.**$_{kr1}$

– **Blut**:

• **blaß**: apis$_{a1,bg2}$ carb-ac.$_{bg2}$ carb-an.$_{bg2}$ carb-v.$_{bg2}$ ferr.$_{bg2}$ graph.$_{bg2,k2}$ kreos.$_{bg2}$ *Phos.*$_{a1,bg2}$ sabad.$_{bg2}$ sulph.$_{bg2}$ tarent.$_{a1,bg2}$

• **bräunlich**: ben-n.$_{bg2,j5,*}$ bry.$_{bg2,j5,*}$ calc.$_{bg2,j5,*}$ *Carb-v.*$_{bg2,j5,*}$ *Con.*$_{bg2,j5,*}$ ferr.$_{j5,k2,*}$ puls.$_{bg2,j5,*}$ rhus-t.$_{bg2,j5,*}$ sul-h.$_{bg2,j5,*}$

• **dick**: agar.$_{bg2,j5}$ bov.$_{bg2,j5}$ carb-v.$_{j5}$ cham.$_{bg2,j5}$ chin.$_{bg2,j5}$ *Croc.*$_{bg2,j5}$ cupr.$_{bg2,j5}$ *Ferr-m.*$_{a1,j5}$ kali-n.$_{j5}$ kreos.$_{j5}$ lach.$_{j5}$ laur.$_{j5}$ mag-c.$_{j5}$ mag-s.$_{j5}$ *Nux-m.*$_{bg2,j5}$ plat.$_{bg2,j5}$ *Puls.*$_{j5}$ rhus-t.$_{bg2,j5}$ sep.$_{bg2,j5}$ sulph.$_{j5}$

• **dunkel**: acon.$_{bg2,j5}$ agar.$_{bg2,j5,*}$ *Am-c.*$_{j5,k2,*}$ *Ant-c.*$_{j5}$ anthraci.$_{j5,st}$ arn.$_{j5}$ *Asar.*$_{bg2,j5}$ bell.$_{c1,j5}$ *Bism.*$_{j5}$ bov.$_{bg2,j5,*}$ bry.$_{j5}$ canth.$_{bg2,j5}$ *Carb-v.*$_{bg2,j5,*}$ carbn-h.$_{a1,j5}$ carbn-o.$_{a1,j5}$ card-m.$_{bg2,j5,*}$ caust.$_{bg2,j5}$ *Cham.*$_{bg2,j5}$ *Chin.*$_{bg2,j5}$ cocc.$_{j5}$ con.$_{j5}$ croc.$_{bg2,j5}$ *Crot-h.*$_{bg2,j5,*}$ cupr.$_{j5}$ cycl.$_{bg2,j5}$ dig.$_{j5}$ dros.$_{j5}$ *Ferr.*$_{j5,k2,*}$ graph.$_{j5}$ *Ham.*$_{j5,k2,*}$ kali-m.$_{j5,k2}$ kali-n.$_{j5}$ *Kreos.*$_{bg2,j5}$ *Lach.*$_{bg2,j5,*}$ led.$_{j5}$ lyc.$_{j5}$ mag-c.$_{j5}$ merc.$_{bg2,j5,*}$ nit-ac.$_{j5,k2,*}$ *Nux-m.*$_{bg2,j5,*}$ **Nux-v.**$_{j5,kr1}$ *Ph-ac.*$_{bg2,j5}$ phos.$_{j5}$ plat.$_{j5}$ *Puls.*$_{bg2,j5}$ *Sec.*$_{bg2,j5,*}$ sel.$_{j5}$ *Sep.*$_{bg2,j5}$ *Stram.*$_{bg2,j5}$ sul-ac.$_{j5,k2,*}$ sulph.$_{a1,j5}$ *Thlas.*$_{j5,kr1}$ ust.$_{bg2,j5,*}$ verat.$_{bg2,j5}$

• **dünn**: ant-t.$_{a1,bg2}$ ben-n.$_{a1,bg2}$ both.$_{a1,bg2}$ carb-v.$_{bg2}$ crot-h.$_{bg2}$ ferr.$_{bg2,k2}$ ham.$_{bg2}$ lach.$_{bg2}$ laur.$_{bg2}$ nit-ac.$_{bg2}$ phos.$_{a1,bg2}$ *Sec.*$_{bg2,c1}$ sul-ac.$_{bg2,gm1}$ tab.$_{a1,bg2}$ ust.$_{bg2}$

• **fadenziehend**, zäh: anthraci.$_{bg2,j5,*}$ apis$_{bg2,j5,*}$ **Croc.**$_{bg2,j5,*}$ *Cupr.*$_{bg2,j5,*}$ kali-chl.$_{bg2,j5,*}$ *Kali-m.*$_{bg2,j5,*}$ kreos.$_{bg2,j5,*}$ lach.$_{bg2,j5,*}$ mag-c.$_{bg2,j5,*}$ *Merc.*$_{bg2,j5,*}$ naja$_{bg2,j5,*}$ sec.$_{bg2,j5,*}$ ust.$_{bg2,j5,*}$ verat.$_{bg2,j5,*}$

• **gerinnungsfähig**; nicht (= Hämophilie): *Adren.*$_{sf1}$ ail.$_{bro1}$ am-c. anthraci. *Apis* aran.$_{kr1}$ *Arn.*$_{bg2,sf1}$ ars. **Both.**$_{k1,st}$ bov.$_{sf1}$ calc.$_{bg2,sf1}$ calc-lac.$_{sf1}$ calc-p.$_{sf1}$ carb-an.$_{bg2,sf1}$ *Carb-v.* chin. chlol. chloram.$_{j1}$ cortico.$_{sp1}$ croc.$_{sf1}$ **Crot-c.** *Crot-h.* dig. dor. *Elaps* *Erig.*$_{k1}$ **Ferr.**$_{kr1,sf1}$ ferr-m.$_{sf1}$ *Ham.*$_{bg2,kr1,*}$ **Hir.**$_{st}$ ip.$_{sf1}$ *Kali-p.* kreos.$_{bg2,sf1}$ **Lach.** **Lat-m.**$_{k1,st}$ led.$_{sf1}$ merc.$_{sf1}$ mill.$_{sf1}$ nat-m. nat-n.$_{sf1}$ *Nat-s.*$_{bg2,sf1,*}$ *Nat-sil.*$_{sf1}$

– **Blut - gerinnungsfähig**; nicht: ...
Nit-ac. op.$_{a1}$ ph-ac.$_{mg1,sf1}$ **Phos.** puls.$_{sf1}$ rad-br.$_{st}$ *Sec.* sil.$_{bg2,sf1}$ stront-c.$_{k2}$ *Sul-ac.* sulph.$_{a1,sf1}$ ter.$_{kr1,sf1}$ vip.$_{a1,bg2}$ x-ray$_{st}$

• **heiß**: acon.$_{bg2,sf1}$ anac.$_{a1,bg2,*}$ *Bell.*$_{bg2,sf1}$ dulc.$_{bg2,sf1}$ sabin.$_{bg2,sf1}$

• **hellrot**: abrot.$_{bg2,j5,*}$ **Acon.**$_{bg2,j5,*}$ am-c.$_{j5}$ ant-t.$_{j5,kr1}$ *Arn.*$_{bg2,j5}$ *Ars.*$_{j5,k2,*}$ bar-c.$_{j5}$ *Bell.*$_{bg2,j5,*}$ borx.$_{j5}$ bov.$_{j5}$ bry.$_{j5}$ calc.$_{j5,st}$ canth.$_{j5}$ carb-an.$_{j5}$ carb-v.$_{bg2,j5}$ chin.$_{j5}$ cinnm.$_{j5,sf1}$ *Crot-h.*$_{j5,sf1}$ dig.$_{j5}$ dros.$_{j5,kr1}$ *Dulc.*$_{j5,kr1}$ erech.$_{j5,st}$ *Erig.*$_{bg2,j5,*}$ *Ferr.*$_{bg2,j5}$ *Ferr-p.*$_{j5,kr1}$ *Graph.*$_{j5,kr1}$ *Ham.*$_{j5,kr1}$ *Hyos.*$_{bg2,j5,*}$ **Ip.**$_{bg2,j5,*}$ kali-n.$_{bg2,j5,*}$ *Kali-p.*$_{j5,kr1}$ kreos.$_{j5}$ laur.$_{j5}$ led.$_{bg2,j5}$ *M-aust.*$_{j5}$ mag-m.$_{j5}$ meli.$_{bg2,j5,*}$ **Mill.**$_{j5,k2,*}$ nat-c.$_{j5}$ *Nat-m.*$_{j5,kr1}$ nit-ac.$_{bg2,j5,*}$ nux-m.$_{j5}$ *Phos.*$_{j5,k2,*}$ plb.$_{bg2,j5}$ *Puls.*$_{j5}$ *Rhus-t.*$_{j5}$ sabad.$_{j5}$ *Sabin.*$_{j5,k2,*}$ *Sec.*$_{j5}$ *Sep.*$_{j5}$ sil.$_{j5}$ stram.$_{j5}$ stront-c.$_{j5}$ *Sulph.*$_{bg2,j5}$ *Tril-p.*$_{bg2,j5,*}$ ust.$_{j5}$ zinc.$_{j5}$

• **dunklen** Klumpen, mit: ferr.$_{bg2}$ sabin.$_{bg2}$ sang.$_{bg2}$

• **Klumpen** (= Blutgerinnsel): am-m.$_{j5}$ arn.$_{bg2,j5}$ ars.$_{j5,k2}$ *Bell.*$_{bg2,j5,*}$ bry.$_{j5}$ calc.$_{bg2,j5}$ canth.$_{bg2,j5}$ carb-an.$_{j5}$ caust.$_{j5}$ **Cham.**$_{bg2,j5,*}$ *Chin.*$_{bg2,j5,*}$ con.$_{j5}$ *Croc.*$_{bg2,j5,*}$ erig.$_{j5}$ *Ferr.*$_{j5,k2}$ ferr-p.$_{j5,kr1}$ *Hyos.*$_{bg2,j5}$ *Ign.*$_{bg2,j5}$ *Ip.*$_{bg2,j5}$ *Kali-m.*$_{j5,k2,*}$ kali-n.$_{j5}$ *Kali-p.*$_{j5,kr1}$ lach.$_{j5,k2,*}$ mag-m.$_{j5}$ *Merc.*$_{bg2,j5,*}$ *Nat-m.*$_{j5,kr1,*}$ nat-s.$_{j5}$ nit-ac.$_{bg2,j5,*}$ nux-v.$_{bg2,j5}$ ph-ac.$_{j5}$ phos.$_{j5,k2}$ **Plat.**$_{bg2,j5,*}$ *Puls.*$_{bg2,j5}$ rat.$_{j5}$ **Rhus-t.**$_{bg2,j5,*}$ rhus-v.$_{j5}$ *Sabin.*$_{j5,k2,*}$ sec.$_{j5}$ sep.$_{j5}$ *Stram.*$_{bg2,j5}$ stront-c.$_{j5}$ sul-ac.$_{bg2,j5,*}$ sulph.$_{bg2,j5,*}$ *Thlas.*$_{j5,kr1}$ ust.$_{bg2,j5}$ zinc.$_{j5}$

• **dunkel**: alum.$_{bro1}$ androc.$_{srj1}$ anthraci.$_{bro1}$ chin.$_{bro1}$ **Croc.**$_{kr1}$ crot-h.$_{bro1}$ *Elaps*$_{bro1}$ ham.$_{bro1}$ kali-m.$_{k2}$ lach.$_{bro1}$ mangi.$_{bro1}$ merc.$_{bro1}$ merc-cy.$_{bro1}$ mur-ac.$_{bro1}$ plat.$_{bro1}$ *Puls.*$_{kr1}$ *Sec.*$_{kr1}$ *Sul-ac.*$_{bro1}$ ter.$_{bro1}$ *Thlas.*$_{bro1}$ tril-p.$_{bro1}$

• **scharf**: am-c.$_{j5}$ ars.$_{j5}$ bar-c.$_{j5}$ bov.$_{j5}$ canth.$_{j5}$ carb-v.$_{j5}$ graph.$_{j5}$ hep.$_{j5}$ *Kali-c.*$_{bg2,j5,*}$ *Kali-n.*$_{bg2,j5,*}$ rhus-t.$_{j5}$ sars.$_{j5}$ *Sil.*$_{bg2,j5,*}$ sul-ac.$_{bg2,j5,*}$ sulph.$_{bg2,j5,*}$ zinc.$_{j5}$

• **schwarz**: am-c.$_{j5,k2}$ arn.$_{j5}$ ars.$_{j5,k2}$ asar.$_{j5}$ bapt.$_{j5,k2}$ ben-n.$_{a1,j5}$ both.$_{a1,j5,*}$ canth.$_{j5}$ carb-v.$_{j5,k2}$ *Chin.*$_{j5}$ *Croc.*$_{j5}$ crot-h.$_{j5,k2,*}$ elaps$_{j5,k2,*}$ *Ferr.*$_{a1,j5}$ fl-ac.$_{bg2,j5}$ ham.$_{j5,k2}$ kali-n.$_{j5}$ kreos.$_{j5}$ lach.$_{j5,k2}$ led.$_{j5,k2}$ *Mag-c.*$_{j5}$ mag-m.$_{j5}$ mag-s.$_{j5}$ nat-c.$_{j5}$ *Nat-m.*$_{a1,j5}$ nat-s.$_{j5}$ nit-ac.$_{j5}$ ol-an.$_{j5}$ op.$_{a1,j5}$ *Puls.*$_{j5}$ sec.$_{j5,k2,*}$ stram.$_{j5}$ sulph.$_{j5}$

• **übelriechend**: ars.$_{j5,k2}$ bapt.$_{j5,k2}$ *Bell.*$_{j5}$ *Bry.*$_{j5}$ *Carb-an.*$_{j5}$ carb-v.$_{j5}$ caust.$_{j5}$ *Cham.*$_{j5}$ chin.$_{j5}$ *Croc.*$_{j5}$ ign.$_{j5}$ kali-c.$_{j5}$ *Kali-p.*$_{j5,k2}$ merc.$_{j5}$ mur-ac.$_{bg2,j5}$ phos.$_{j5}$ plat.$_{j5}$ rheum$_{j5}$ sabin.$_{j5}$ sec.$_{j5,k2,*}$ sil.$_{j5}$ sulph.$_{j5}$

• **wäßrig**: alum.$_{j5}$ am-c.$_{j5}$ ant-t.$_{j5}$ *Berb.*$_{j5}$ borx.$_{j5}$ bov.$_{j5}$ carb-v.$_{bg2,j5}$ crot-h.$_{j5}$ dulc.$_{j5}$ *Ferr.*$_{j5,k2}$ *Graph.*$_{j5}$ hir.$_{c1,j5}$ kali-c.$_{j5}$ kreos.$_{j5}$ lat-m.$_{c1,j5}$ laur.$_{j5}$ mang.$_{j5,k2}$ nat-m.$_{j5,k2}$ nat-s.$_{j5}$ nit-ac.$_{bg2,j5}$ phos.$_{j5}$ prun.$_{j5}$ *Puls.*$_{j5}$ rhus-t.$_{j5}$ sabin.$_{bg2,j5}$ sec.$_{c1,j5}$ stram.$_{j5}$ sulph.$_{j5}$

• **vermischt** mit Klumpen: arn.$_{bg2}$ bell.$_{bg2}$ caust.$_{bg2}$ puls.$_{bg2}$ sabin.$_{bg2}$

– **Blut**: ...
• **zersetzt**: cic.bg2,j5 *Crot-h.*bg2,j5 *Lach.*bg2,j5 *Vip.*bg2,j5
– **Exsudate**, hämorrhagische: anthraci.kr1
– **faulig**: kali-p.k2
– **Fieberanfällen**, bei: cact.br1
– **geringe** Blutung: bufobg2 *Carb-an.*bg2 **Chin.**bg2 *Ferr.*bg2 ham.bg2 **Hydr.**bg2 *Nat-m.*bg2 *Ph-ac.*bg2 sec.bg2 sep.bg2,k2 sul-ac.bg2
– **Heraussickern** von Blut
☞ *passiv*
– **Krebs**; bei: mill.gm1 phos.gm1
– **Menopause**; während der: calc.gg ham.gg lach.gg *Phos.*st puls.gg zinc.gg
– **passiv**, heraussickernd: ars-h.a1,bg2 bov.bg2 bufobg2 carb-v.bg2,k2 *Chin.*bg2 crot-h.bg2 ferr-p.bg2 ham.bg2 ph-ac.bg2 sec.bg2 tarent.a1,bg2 ter.bg2 ust.bg2
– **schwarz**: croc.br1
– **septisch**: kali-p.k2
– **Tendenz** zu Blutungen: arn.br1
– **übelriechend**: bapt.k2
– **vikariierend**: abrot.k2,sf1 bry.k2 ham.k2 ip.k2,sf1 kali-c.k2,sf1 phos.k2 *Sec.*k2
– **Wunden** bluten stark
☞ *Wunden - bluten*
○ **innerlich**: acon.bg2,k1 alumn.bg2,kr1 *Bell.*bg2,k1 bry.bg2 cham.bg2 *Chin.*bg2,k1 cic.bg2 con.bg2 dulc.bg2 euph.bg2 ferr.bg2 ferr-p.bg2,k1 hep.bg2 hyper.bg2 iod.bg2 lach.bg2 laur.bg2 mill.bg2,k1 nux-v.bg2 par.bg2 petr.bg2 phos.bg2 plb.bg2 puls.bg2 rhus-t.bg2 rutabg2 sabin.bg2,k1 sec.bg2 sul-i.bg2,k2 sulph.bg2 thlas.bg2
– **Körperöffnungen**, aus den: anthraci.br1,st aran. **Both.** carc.svb *Chin.* **Crot-h.** elaps *Ip.*k1,st *Lach.* **Phos.** *Sul-ac.*
– **Schleimhäute**, der: ars-i.k2 ars-s-f.k2 calc-sil.k2 ham.k2

Blutvergiftung
☞ *Sepsis*

Blutverlust
☞ *Verlust - Blutverlust*

Blutwallungen: acet-ac.k2 **Acon.**bg2,k,* aloe alum.bg2,k,* alum-p.k13,k2 alum-sil.k13,k2 alumn. *Am-c.*bg2,k *Am-m.*bg2,k,* *Ambr.*bg2,k,* *Aml-ns.* androc.srj1 ant-c. ant-t.bg2,k anthraco.kr1 arg-met. **Arg-n.**a1,k *Arn.*bg2,k ars.bg2,h,* *Ars-i.* *Asar.*k,k1 astac.a1 **Aur.**bg2,k,* aur-ar.k2 *Aur-i.*k13,k2 aur-s.k13,k2 bar-c.bg2,k,* bar-s.k13,k2 **Bell.**bg2,k,* berb.a1,k borx.bg2,kr1 *Bov.*bg2,k,* *Bry.*bg2,k **Calc.**bg2,k,* *Calc-ar.* calc-i.k13,k2 calc-s. calc-sil.k2 cann-i. cann-s.bg2,k,* carb-an.bg2,k,* *Carb-v.*bg2,k,* **Carbn-s.** *Caust.*bg2,k,* cench.k2 *Cham.*bg2,k,* chel.hr1 chin.bg2,k,* cina cocc. coff.a1,k *Con.*bg2,k,* corn.bg2,hr1 *Croc.*bg2,k *Cupr.* dig.bg2,k digin.a1 dulc.bg2,k,* erig.mg,mg1 **Ferr.**bg2,k,* ferr-ar. *Ferr-i.* ferr-p. *Gels.*hr1,k **Glon.** *Graph.*bg2,k guaj.bg2,k *Hep.*bg2,k hydrog.srj2 hyos. ign.bg2,k imp.a1 *Iod.*bg2,k,* jab.bg2 kali-bi.bg2 kali-br.bg2 *Kali-c.*bg2,k,* kali-p. kali-s. kali-sil.k13,k2 kiss.a1,k **Kreos.**bg2,k **Lach.**bg2,k,* lil-t. lipp.a1 **Lyc.**bg2,k,* mag-c.bg2 mag-m.bg2,k mang. *Meli.*bg2,k *Merc.*bg2,k,* merl. *Mill.*k13,k2 mosch.bg2,k nat-c.bg2,k,* *Nat-m.*bg2,k

Blutwallungen: ...
nat-p. nit-ac.bg2,k,* *Nux-m.*bg2,k *Nux-v.*bg2,k *Op.*bg2,k ox-ac.k13,k2 *Petr.*bg2,k **Ph-ac.**bg2,hr1,* **Phos.**bg2,k,* plb. *Puls.*bg2,k,* rhod. *Rhus-t.*bg2,k sabad.bg2,k,* sabin.bg2,k *Samb.*bg2,k,* sang.bg2,k *Sars.*bg2,k,* *Sel.*bg2 *Seneg.*bg2,k *Sep.*bg2,k,* *Sil.*bg2,k,* **Spong.**bg2,k,* *Stann.*bg2,k staph.bg2,k,* **Stram.** *Stront-c.*bg2 *Sul-ac.*bg2 sul-i.k13,k2 **Sulph.**bg2,k,* tab.a1,k tell. ter.bg2 *Thuj.*bg2,k,* til.a1 ust.bg2 valer.bg2 verat. voes.a1
☞ *Hitze - Hitzewallungen / Kongestion - Blutandrang / ❑ Gemüt - Angst - Hitzewallungen*
– **morgens**:
• **Aufstehen** amel.: nux-v.
• **Erwachen**, beim: calc.h graph. kali-c.h lyc. nux-v.
• **Schlaf**:
• **im**: ang.
• **nach** ruhelosem: calc.
– **abends**: arn.a1,k *Asar.*k,k1 *Caust.* dig. digin.a1 kali-c.h lyc.bg2,k,* *Merc.*hr1,kr1 petr.a1,k phos.a1,k rhus-t.a1,k sars.hr1,kr1 thuj.a1,k
• **Hinlegen**, nach dem: ign. samb. sars.h sil.
• **sexueller** Erregung, bei: clem.
• **Sitzen** amel.: thuj.a1,k
– **nachts**: *Am-c.*hr1,k,* arg-n.hr1,k,* *Calc.*hr1,k,* *Carb-an.*hr1,k,* *Carb-v.* hep.a1,k ign. mag-c. *Merc.*hr1,k,* mur-ac.a1,k *Nat-c.* nat-m.a1,k *Phos.*a1,k *Puls.* ran-b. raph.hr1,kr1 senn.st *Sep.*hr1,k *Sil.*hr1,k,* *Sulph.*hr1,k
☞ *Hitze - Hitzewallungen - nachts / ❑ Schlaf - Schlaflosigkeit - Menopause*
• **Bett**, treibt ihn aus dem: iod.hr1,k
• **Bier**, nach: sulph.
– **Angst**, mit: *Acon.*hr1,kr1 aloekr1 am-m.hr1,kr1 *Bar-c.*hr1,kr1 chel.hr1,kr1
☞ *❑ Gemüt - Angst - Hitzewallungen - während*
– **Ärger**, Verdruß; nach: *Acon.* **Cham.** coloc. ign. merc. *Petr.* **Sep.** staph.
– **bewegen**; als würde sich alles im Körper: croc.
– **Bewegung** agg.: iod. nat-c. nat-m.h thuj.h
– **Brennen**:
• **Händen**; mit Brennen in den: **Sulph.**kr1
• **Haut**, der: *Sang.*kr1
– **Einschlafen**, beim: petr. sep.h
– **Erbrechen**, nach: verat.h
– **Essen**:
• **amel.**: alum. chin.a1,k
• **warmen** Speisen; beim Essen von: mag-c.
– **Gehen**:
• **amel.**: mag-m.
• **nach**: arg-n.hr1,k berb. *Petr.*kr1 sul-i.k2
– **Gemütsbewegungen**, nach: *Acon.* apis *Aur.* *Bell.* bry. calc. **Cham.** coff. colch. *Coloc.* *Con.* cupr. **Hyos.** **Ign.** kali-c. *Kali-p.* *Lach.* lyc. mag-c. nat-m. *Nat-p.* *Nit-ac.* *Nux-v.* op. *Petr.* *Ph-ac.* *Phos.* plat. **Puls.** *Sep.* *Staph.* stram. teucr. thuj. verat.
– **Herzklopfen**, mit: kali-c.h phos.h sul-i.h,k2
– **Koitus**, nach: am-c. *Sep.*
– **Liegen** auf der linken Seite; beim: *Bar-c.*a1,k
– **Menses**:
• **vor**: *Alum.*a1,k *Cupr.* merc.
• **während**: *Calc.*hr1,k,* *Merl.*

– **Nervosität**, durch: ambr. *Bell.* calc.$_{hr1,k}$ ferr. kali-n. *Merc.* *Nit-ac.* *Ph-ac.*$_{hr1,k}$ *Phos.* sep.$_{hr1,k}$
– **Ohnmacht**, mit: petr.$_{st}$
– **Rauchen**, beim: phos.$_{h}$
– **Ruhelosigkeit**, mit: aloe$_{kr1}$ ph-ac.$_{kr1}$
– **Schwindel**, bei: nat-c.$_{a1,k}$
– **Sinneseindrücke**, durch: *Phos.*$_{hr1,k}$
– **Sitzen**, im: *Mag-m.*
– **Spaziergang**, nach einem langen: *Arg-n.*$_{hr1,k}$
– **Sprechen**, beim: iod. nat-c. thuj.$_{h}$
– **Treppensteigen**, beim: thuj.$_{h}$
– **unangenehme** Nachrichten, durch: lach.$_{a1,k}$
☞ ❑ *Gemüt - Beschwerden durch - schlechte Nachrichten*
– **Wein**, nach: sil.$_{h}$

Bohren mit dem Finger in Ohr und Nase amel.: arum-t.$_{ptk1}$ bell.$_{bg2}$ *Chel.*$_{bg2}$ lach.$_{bg2}$ **Nat-c.**$_{bg2}$ par.$_{bg2}$ *Phos.*$_{bg2}$ rheum$_{bg2}$ rhus-t.$_{bg2}$ *Spig.*$_{bg2}$ sulph.$_{bg2}$ *Thuj.*$_{bg2}$ zinc.$_{bg2}$
☞ ❑ *Nase - Bohren - amel.* / ❑ *Ohr - Bohren - amel.*

Brennen
☞ *Hitze / Schmerz - brennend*

Brightsche Krankheit
☞ ❑ *Nieren - Entzündung*

Brom, Mißbrauch von: am-c.$_{bg2,kr1,*}$ camph.$_{bg2,kr1,*}$ cham.$_{bg2,sf1}$ lach.$_{bg2,sf1}$ mag-c.$_{bg2,kr1,*}$ op.$_{bg2,kr1,*}$ phos.$_{bg2,sf1}$ zinc-p.$_{bg2,sf1}$

Brucellose: merc-k-i.$_{gm1}$

Brüchige Knochen: asaf.$_{bg2}$ bufo$_{bg2}$ *Calc.*$_{bg2,k}$ calc-p.$_{bg2}$ cupr.$_{bg2}$ fl-ac.$_{bg2}$ *Lac-ac.*$_{hr1}$ lyc.$_{bg2}$ *Merc.*$_{bg2}$ par.$_{bg2}$ ph-ac.$_{bg2}$ ruta$_{bg2}$ **Sil.**$_{bg2}$ *Sulph.*$_{bg2}$ *Symph.* thuj.$_{bg2}$
☞ *Karies - Knochen / Knochenerweichung*

Brünetter Typ
☞ *Aussehen - dunkel*

Bücken:
– **agg.**: *Am-c.*$_{bg2}$ bell.$_{bg2}$ **Bry.**$_{bg2}$ *Calc.*$_{bg2}$ caust.$_{bg2}$ haliae-lc.$_{srj5}$ lyc.$_{bg2}$ *Mang.*$_{bg2}$ nux-v.$_{bg2}$ puls.$_{bg2}$ sep.$_{bg2}$ sil.$_{bg2}$ *Spig.*$_{bg2}$ *Sulph.*$_{bg2}$ *Valer.*$_{bg2}$
– **amel.**: *Colch.*$_{bg2}$ *Hyos.*$_{bg2}$ *Iris*$_{bg2}$

Charcot-Syndrom
☞ *Amyotrophische*

Cheyne-Stokes-Atmung: acon.$_{k,vh,*}$ *Acon-f.*$_{c1,c2,*}$ am-c.$_{sf1}$ ang.$_{sf1}$ antip.$_{c1,c2,*}$ atro.$_{c1,st}$ *Bell.*$_{bg1,k,*}$ *Camph.*$_{sf1}$ cann-i.$_{sf1}$ carb-v.$_{bg1,st}$ carbn-o.$_{bg1}$ chlol.$_{st}$ coca$_{st}$ cocain.$_{st}$ crot-h.$_{sf1}$ *Cupr.*$_{sf1}$ cupr-ar.$_{sf1}$ *Dig.*$_{sf1}$ *Grin.*$_{c1,c2,*}$ *Hydr-ac.*$_{mg1,sf1}$ *Ign.* iod.$_{sf1}$ ip.$_{sf1}$ kali-cy.$_{c1,c2,*}$ lach.$_{sf1}$ *Laur.*$_{br1,sf1}$ led.$_{sf1}$ lob.$_{sf1}$ *Morph.*$_{st}$ nat-taur.$_{br1}$ nux-v. olnd.$_{sf1}$ *Op.*$_{bg1,k1,*}$ parth.$_{c1,c2,*}$ *Saroth.*$_{st}$ spong. sul-ac.$_{bg1,bg2}$ *Sulph.*$_{bg1,bg2}$ vanad.$_{st}$ verat.$_{sf1}$

Chinarinde, ohne Chininkachexie: ant-t.$_{sf1}$ aran.$_{kr1}$ arn.$_{kr1,sf1}$ *Ars.*$_{j5,kr1,*}$ bell.$_{j5,kr1}$ calc.$_{j5,kr1,*}$ carb-v.$_{j5,kr1,*}$ cham.$_{kr1}$ coff.$_{kr1}$ corn-f.$_{br1}$ eup-per.$_{kr1}$ *Ferr.*$_{kr1,sf1}$ *Hell.*$_{kr1}$ **Hep.**$_{kr1}$ iod.$_{kr1,sf1}$ *Ip.*$_{j5,kr1,*}$ lach.$_{j5,kr1,*}$ led. meny.$_{j5,kr1}$ merc.$_{j5,kr1,*}$ nat-c.$_{kr1}$

Chinarinde, ohne Chininkachexie: ... *Nat-m.*$_{kr1,sf1}$ nux-v.$_{kr1,sf1}$ ph-ac.$_{sf1}$ *Puls.*$_{kr1,sf1}$ rhus-t.$_{kr1}$ salv.$_{bg2}$ *Sel.* sep.$_{kr1,sf1}$ sulph.$_{kr1,sf1}$ thea$_{bg2}$ verat.$_{j5,kr1,*}$
☞ *Chininmißbrauch*

Chininmißbrauch, Folgen von: am-c. *Ant-t.* *Apis* **Arn.** *Ars.* ars-s-f.$_{k2}$ asaf. aza.$_{c1}$ *Bell.* bry. **Calc.** calc-ar.$_{st}$ caps. carb-an.$_{c1}$ **Carb-v.** cham. chelo.$_{c1}$ *Cina* coloc.$_{bro1}$ corn-f.$_{br1}$ cupr. cycl. dig. eucal.$_{c1}$ **Ferr.** ferr-ar. gels. ~~hell.$_{k1,xxx}$~~ *Hep.*$_{kr1}$ **Ip.** kali-ar.$_{k2}$ lac-d.$_{k2}$ *Lach.* mang.$_{bg2}$ meny.$_{bg2,c1}$ merc. **Nat-m.** nat-p.$_{st}$ nat-s.$_{k2}$ nux-v. parth.$_{bro1}$ *Ph-ac.* phos.$_{k1}$ plb. **Puls.** ran-s.$_{bg2}$ samb. sel.$_{bg2}$ *Sep.* stann. sul-ac. *Sulph.* *Verat.*
☞ *Chinarinde*

– **Chininkachexie**
☞ *Schwäche - Chinin*

Chloroform; Beschwerden durch: acet-ac.$_{k2}$
☞ *Anästhesie - Beschwerden*

Chlorose: *Abrot.*$_{hr1,kr1,*}$ *Absin.*$_{hr1,kr1,*}$ *Acet-ac.* *Alet.*$_{hr1,k}$ *Alum.*$_{hr1,k,*}$ alum-p.$_{k13,k2}$ alumn. *Am-c.*$_{hr1,k}$ *Ambr.*$_{hr1,kr1}$ *Ant-c.*$_{hr1,k}$ *Ant-t.*$_{hr1,kr1}$ aq-mar.$_{sf,sf1}$ *Arg-met.*$_{c2,k}$ arg-n.$_{hr1,k}$ **Ars.**$_{bg2,k,*}$ ars-i. ars-s-f.$_{k13,k2}$ aur-ar.$_{c1,c2}$ bar-c.$_{bg2,k,*}$ **Bell.**$_{bg2,k,*}$ bry.$_{c1,c2,*}$ cadm-met.$_{jl,jl3}$ **Calc.**$_{bg2,k,*}$ calc-ar.$_{k13,k2}$ calc-i.$_{k2}$ **Calc-p.**$_{hr1,k}$ carb-an.$_{bg2,k}$ *Carb-v.*$_{bg2,k,*}$ **Carbn-s.**$_{k,k2}$ caust.$_{bg2,k}$ cham.$_{c,c1}$ *Chin.*$_{bg2,k,*}$ *Chinin-ar.* chlor.$_{c1,c2,*}$ cimic.$_{k2}$ cina$_{kr1}$ cob-n.$_{jl,jl3}$ **Cocc.**$_{bg2,k,*}$ coch.$_{hr1,kr1}$ *Con.*$_{bg2,k,*}$ *Cupr.*$_{hr1,k,*}$ *Cycl.*$_{hr1,k,*}$ dig.$_{bg2,k}$ **Ferr.**$_{bg2,k,*}$ **Ferr-ar.**$_{c2,k}$ *Ferr-i.*$_{hr1,k}$ **Ferr-m.** ferr-p.$_{hr1,k}$ *Ferr-s.*$_{hr1,kr1}$ franz.$_{c1,c2,*}$ **Graph.**$_{bg2,k,*}$ *Guar.*$_{hr1,kr1}$ *Hell.*$_{bg2,k}$ *Helon.*$_{hr1,k,*}$ *Hep.*$_{hr1,k,*}$ ign.$_{bg2,k,*}$ *Ip.*$_{hr1,kr1}$ *Kali-ar.* kali-bi.$_{sf,sf1}$ *Kali-c.*$_{bg2,k,*}$ *Kali-fcy.*$_{c2,k}$ *Kali-p.*$_{hr1,k}$ kali-perm.$_{sf1}$ kali-s. lac-c.$_{sf,sf1}$ lach.$_{c,c1}$ **Lyc.**$_{bg2,k,*}$ *Lyss.*$_{hr1,k,*}$ **Mang.**$_{hr1,k}$ *Med.*$_{st}$ merc.$_{bg2,k,*}$ *Mill.*$_{hr1,kr1,*}$ *Nat-c.*$_{hr1,k}$ nat-hchls.$_{c1,c2}$ **Nat-m.**$_{bg2,k,*}$ nat-p. **Nit-ac.**$_{bg2,k}$ *Nux-v.*$_{bg2,k,*}$ olnd.$_{bg2,k}$ *Petr.*$_{c2,k}$ ph-ac.$_{bg2,k,*}$ **Phos.**$_{bg2,k,*}$ phyt.$_{hr1,kr1}$ pic-ac. **Plat.**$_{bg2,k,*}$ *Plb.*$_{bg2,k,*}$ **Puls.**$_{bg2,k,*}$ sabin.$_{bg2,k,*}$ sacch.$_{a1,c1,*}$ **Senec.**$_{hr1,k}$ **Sep.**$_{bg2,k,*}$ *Sin-n.*$_{hr1,kr1,*}$ *Spig.*$_{bg2,k,*}$ staph.$_{bg2,k}$ sul-ac.$_{bg2,k}$ **Sulph.**$_{bg2,k,*}$ thuj.$_{hr1,k}$ ust.$_{hr1,k}$ valer.$_{bg2,k}$ vanad.$_{st}$ verat.$_{hr1}$ *Xan.*$_{hr1,kr1,*}$ zinc.$_{bg2,k,*}$ zinc-p.$_{k2}$
◆ **begleitet** von:
• **Zunge**:
• **blasse** Zunge: *Ferr.*$_{kr1,vk1}$
– **Winter**, im: *Ferr.*
– **zweiten** Tag agg.; Symptome sind jeden: alum.

Cholerine
☞ ❑ *Rektum - Cholera - Cholerine*

Chorda
☞ ❑ *Harnröhre - Chorda*

Chorea: *Abrot.*$_{hr1,kr1}$ absin.$_{bro1}$ acon.$_{hr1,k}$ **Agar.**$_{hr1,k,*}$ agar-ph.$_{c1,c2,*}$ agarin.$_{bro1}$ agre.$_{jl}$ *Ambr.*$_{hr1,kr1}$ *Aml-ns.*$_{c1,kr1,*}$ ant-c.$_{c1,c2,*}$ *Ant-t.*$_{hr1,k}$ apis *Arg-n.*$_{hr1,k}$ arn.$_{c1,c2,*}$ *Ars.*$_{hr1,k}$ ars-i. ars-s-f.$_{k13,k2}$ **Art-v.**$_{hr1,k,*}$ *Asaf.*$_{hr1,k,*}$ aster.$_{hr1,k}$ *Atro.*$_{hr1,kr1}$ aven.$_{bro1}$ *Bell.*$_{hr1,k}$ *Bufo*$_{c2,k}$ *Cact.*$_{hr1,k}$ **Calc.**$_{hr1,k,*}$ calc-i.$_{k13,k2}$

Chorea: ...
*Calc-p.*c1,c2,* *Castm.*c1,kr1,* caul.hr1,k **Caust.**hr1,k,* cedr.hr1,k,* *Cham.* *Chel.*hr1,k,* chin.k,k1 chlol.hr1,k,* **Cic.**hr1,k **Cimic.**hr1,k,* **Cina**c2,k cocain.bro1 *Cocc.*hr1,k,* coch.hr1,kr1 *Cod.*hr1,kr1,* coff. con.hr1,k,* *Croc.*hr1,k,* crot-c. crot-h.hr1,k **Cupr.**hr1,k,* *Cupr-act.*c1,mg1,* *Cupr-ar.*hr1,k,* cypr.hr1,k,* *Dios.*c2,k dulc. elec.c1,c2 eup-a.bro1 *Ferr.*hr1,k,* ferr-ar. ferr-cit.sf,sf1 ferr-cy.bro1 *Ferr-i.* *Ferr-r.*bro1 *Ferr-s.*hr1,kr1,* form.hr1,k,* *Gels.*hr1,kr1 *Guar.*hr1,kr1 *Hipp.*hr1,k,* *Hyos.*hr1,k,* **Ign.**hr1,k,* *Iod.*hr1,k ip. kali-ar. *Kali-br.*hr1,k kali-c. kali-i. kali-p. *Kali-s.*hr1,kr1,* *Lach.*hr1,k lat-k.c1,c2,* laur.hr1,k,* levo.jl *Lil-t.*hr1,k lyss.mg,mg1 *Mag-p.*hr1,k,* *Mand.*jl,jl3 *Mang.*st merc.a1,k mez. *Mill.*hr1,kr1 *Morph.*hr1,kr1,* mur-ac.c1,c2,* **Mygal.**hr1,k,* *Nat-m.*hr1,k,* *Nit-ac.* *Nux-m.*hr1,k,* *Nux-v.*hr1,k ol-an.sf,sf1 *Op.*hr1,k passi.sf,sf1 ph-ac.hr1,k *Phos.*hr1,k,* phys.hr1,kr1,* phyt.hr1,kr1 picro.bro1 plat. plb.hr1,k psor.hr1,k *Puls.*hr1,k rhod.hr1,k,* *Rhus-t.*hr1,k russ.c1,c2,* sabin. *Samb.* *Santin.*bro1 *Scut.*c1,c2,* *Sec.*hr1,k,* *Sep.*hr1,k,* *Sil.*hr1,k *Sin-n.*hr1,kr1,* sol-ni.c1,c2 *Spig.*bro1 stann. stict.hr1,kr1 **Stram.**hr1,k,* *Stry.*bro1 stry-p.sf,sf1 sul-ter.c1,c2,* sulfon.bro1 *Sulph.*hr1,k *Sumb.*hr1,k,* tanac.c,c1 **Tarent.**hr1,k,* tarent-c.c1,c2,* *Ter.*hr1,kr1,* thal.a1,jl3,* thiop.jl thuj.c2,hr1,* *Tub.*st valer.sf,sf1 verat-v.hr1,k,* visc.c2,k *Zinc.*hr1,k,* zinc-ar.bro1 *Zinc-br.*c1,c2,* zinc-cy.sf,sf1,* zinc-p.k13,k2 zinc-val.sf,sf1 ziz.hr1,kr1,*
☞ ❑ *Extremitäten - Athetose*

– **einseitig**: *Calc.*hr1,k *Cocc.* *Cupr.* nat-s.hr1,k phys.hr1,k tarent.st
– **links**: *Cimic.* *Cupr.* rhod.
– **rechts**: *Ars.* *Caust.* *Nat-s.* phys. *Tarent.* zinc.kl
– **tagsüber**: art-v. tarent.
– **morgens**: arg-n.gsy1,kl mygal.hr1,k
– **mittags**: arg-n.gsy1,kl
– **nachmittags**: *Nat-s.*
– **abends** agg.: *Zinc.*hr1,k
– **nachts**: *Arg-n.* **Caust.**hr1,k1,* cupr.k13,k2
 • **amel.**: *Art-v.*hr1,kr1 *Tarent.*hr1,kr1
◇ **abwechselnd** mit Rheumatismus: cimic.k2
◆ **begleitet** von:
 • **Zunge**:
  • **Bewegung** der Zunge; ständige: verat-v.kr1,vk1
  • **braune** Farbe der Zunge: cupr.kr1,vk1
  • **Hervorstrecken** der Zunge: sumb.kr1,ptk,*
   • **schwierig**; ist: ars-i.vk1
  • **Rauheit** der Zunge: cupr.kr1,vk1
  • **Schwellung** der Zunge: asaf.kr1,vk1 *Morph.*kr1,vk1 sulph.kr1,vk1
  • **Zittern** der Zunge: cupr.kr1,vk1
  • **weiße** Farbe der Zunge: *Asaf.*kr1,vk1 cupr.kr1,vk1 *Nat-m.*kr1,vk1
– **Angst**, aus: stram.sf,sf1
– **beginnt** im:
 • **Gesicht**:
  • **breitet** sich über den Körper aus; und: *Sec.*
– **Berührung** agg.: ziz.hr1,kr1
– **Bestrafung**, durch: agar.kr1 *Ign.*hr1,kr1
– **Bewegung**:
 • **agg.**: *Cupr-act.*kr1 ziz.kr1
 • **drehender**, mit: stram.st
 • **hinten**; mit Bewegung nach: *Bell.*kr1
 • **rhythmischer**, mit: agar.bro1 caust.bro1 cham.bro1 cimic.bro1 lyc.bro1 *Tarent.*bro1
– **Blutungen**:
 • **nach**: stict.ptk
– **Denken** daran, beim: *Caust.*
– **Erregung**, durch:
 • **Gemütes**; des: agar. arg-n.sf1 cimic.k2 *Ign.* *Laur.* mag-p.ptk nat-m.sf1 *Op.* *Phos.* *Tarent.*kr1
– **Erwachen**, beim: *Chlol.*hr1,kr1
– **Essen**, nach dem: ign.hr1,k
– **Fallen**, mit: *Calc.*hr1,kr1
– **Farben**; beim Anblick von hellen:
 • **amel.**: tarent.bro1
– **Furcht**, durch: calc.st
– **Füße**:
 • **kalten**, klebrigen Füßen, zum Knie hinauf; mit: laur.ptk
– **Gefühllosigkeit**, Taubheit der erkrankten Teile; mit: nux-v.kl
– **Geräusche** agg.: ign.bro1 ziz.hr1,kr1
– **Gesicht**:
 • **agg.**: *Caust.*bro1 cic.bro1 *Cupr.*kr1 hyos.bro1 *Mygal.*bro1 nat-m.bro1 zinc.bro1
 • **beginnt** im Gesicht
  ☞ *beginnt - Gesicht*
– **Gewitter**:
 • **vor**: *Agar.* *Rhod.*hr1,k sep.hr1,k
 • **während**: *Phos.*
– **greift** immer daneben: asaf.ptk
– **Halten** von etwas:
 • **amel.**: asaf.ptk
– **Hände**, der: cinaptk1
– **Hautausschläge**, durch unterdrückte: *Caust.* cupr.sf1 **Sulph.** zinc.
– **Herzens**; des: cimic.ptk tarent.ptk
– **Hyperästhesie**, übermäßige: *Tarent.*kr1
– **kalten** Bad; nach einem: *Rhus-t.*hr1,k
– **Kindern**, die zu schnell gewachsen sind; bei: phos.hr1,k
 ☞ *Pubertät / Pubertät*
– **Körperübungen** amel.: *Zinc.*hr1,k
– **Koitus** bei einer Frau; nach: *Agar.* *Cedr.*
– **Kummer**, nach: cimic.bro1 *Cupr-act.*kr1 ign. tarent.bro1
– **laufen** oder springen; kann nicht gehen, muß: bufo kali-br. nat-m.k,kl2● *Stram.*kr1
 • **besser** laufen als gehen; kann: tarent.ptk
– **Licht** agg.: ign.bro1 ziz.hr1,kr1
– **Liegen** auf dem Rücken amel.: *Cupr.* cupr-act.kr1 *Ign.*hr1,k
– **Masturbation**, durch: agar.bro1 *Calc.* chin. cinakr1
– **Menopause**; während der: cimic.sf1
– **Menses**:
 • **vor**: caul.sf,sf1
 • **während**: caul.sf,sf1 caust.k13,k2,* **Zinc.**
 • **nach**, amel.: sep.hr1,kr1
 • **abwesenden** oder erschwerten; mit: puls.ptk
 • **verzögert**: caul.k2

– **Mittagessen**, nach dem: zinc.$_{hr1,k}$ ziz.$_{hr1,kr1}$
– **Mond**:
• **Neumond**: cupr.$_{sf1}$
☞ *Mond - Neumond - agg.*
• **Vollmond**: nat-m.$_{k1}$
– **Musik**:
• **amel.**: tarent.$_{k2,st}$
– **Nachahmung**, durch: *Caust.* *Cupr.* mygal. *Tarent.*
– **Naßwerden**, nach: *Rhus-t.*$_{hr1,k}$
– **Nymphomanie**, mit: *Tarent.*$_{hr1,kr1}$
– **Ohrlochs**; nach Stechen eines: lach.$_{ptk}$
– **periodisch**: *Cupr.* *Cupr-act.*$_{kr1}$ nat-s.
• **Stunde**; zur selben: ign.$_{ptk}$
• **Woche**; jede: croc.$_{kr1,st}$
– **Pollutionen**, mit: *Dios.*$_{kr1}$
– **Pubertät**, in der: agar.$_{sf,sf1}$ asaf.$_{sf1}$ caul.$_{hr1,k2,*}$ *Cimic.*$_{k2,sf1,*}$ ign.$_{sf1}$ puls.$_{sf,sf1}$
☞ *Kindern*
– **rheumatisch**: **Caust.**$_{hr1,k}$ *Cimic.*$_{hr1,k}$ kali-i.$_{hr1,k}$ *Rhus-t.*$_{hr1,k}$ spig.$_{bro1}$ stict.$_{hr1,k}$
– **Ruhe**, in der: *Zinc.*$_{hr1,k}$
– **Säfteverlust**, durch: *Chin.*
– **Samenabgang**, mit: dios.$_{ptk}$
– **Schlaf**, im: *Cupr-ar.*$_{sf1}$ tarent.$_{bro1}$ verat-v.$_{ptk}$ *Ziz.*$_{kr1,sf1,*}$
• **amel.**: **Agar.** cupr.$_{bro1}$ hell. mag-p.$_{ptk,vh}$ mygal.$_{ptk,vh}$ ziz.
– **schlucken**, kann nicht: art-v.$_{ptk}$
– **Schreck**, durch: acon.$_{hr1,k}$ agar. arg-n.$_{sf,sf1}$ *Calc.*$_{hr1,k}$ **Caust.**$_{hr1,k}$ cimic.$_{bro1}$ cupr.$_{hr1,k}$ *Cupr-act.*$_{kr1}$ cupr-ar.$_{sf,sf1}$ *Gels.*$_{hr1,k}$ *Ign.*$_{hr1,k}$ *Kali-br.*$_{hr1,k}$ *Laur.*$_{hr1,k}$ *Nat-m.*$_{hr1,k}$ *Op.*$_{hr1,k}$ phos. *Stram.*$_{hr1,k}$ tarent.$_{bro1}$ *Zinc.*$_{hr1,k}$
– **Schwangerschaft**; während der: bell.$_{bro1}$ *Caust.* *Chlol.*$_{hr1,kr1,*}$ *Cupr.*$_{hr1,k}$ gels.$_{ptk}$
– **Schweiß**, durch unterdrückten:
• **Fuß**, am: form.$_{ptk}$
– **Seite**, auf der man liegt: cimic.
– **spinal**: asaf.$_{hr1,k}$ cic.$_{hr1,k}$ cocc.$_{hr1,k}$ cupr.$_{hr1,k}$ mygal.$_{hr1,k}$ nux-v.$_{hr1,k}$
– **Strabismus**, mit: *Stram.*$_{hr1,kr1}$
– **Stuhlgang**, beim:
• **agg.**: mag-p.$_{ptk}$
– **sympathetisch**: caust.$_{ptk}$
☞ *Nachahmung*
– **Tanzen**:
• **übermäßigem**, nach: bell.$_{ptk}$ hyos.$_{ptk}$ stram.$_{ptk}$
– **Tasche**; hält die Hand in der:
• **amel.**: aster.$_{ptk}$
– **Uterus**; bei Erkrankungen des: *Caul.*$_{hr1,kr1}$ **Cimic.**$_{hr1,kr1}$ croc.$_{hr1,kr1}$ *Ign.*$_{hr1,kr1}$ *Lil-t.*$_{hr1,kr1}$ *Nat-m.*$_{hr1,kr1}$ *Puls.*$_{hr1,kr1}$ sec.$_{hr1,kr1}$ *Sep.*$_{hr1,kr1}$
– **Wein** agg.: *Zinc.*$_{hr1,k}$
– **Wetter**:
• **trockenem** Wetter, bei: *Caust.*
– **Würmer**, durch: asaf.$_{bro1}$ *Calc.*$_{hr1,k}$ *Cina* santin.$_{bro1}$ *Spig.*$_{bro1}$
– **Zahnung**; während der zweiten: bell.$_{bro1}$ *Calc.*$_{hr1,kr1}$
– **zuckt** ständig, kann nicht stillbleiben: laur.$_{ptk}$

Chorea: ...
– **Zunge**; mit Hervorstrecken der
☞ *begleitet von - Zunge - Hervorstrecken*
▽ **erstreckt** sich zu:
• **Zunge**: cina$_{k2}$
○ **diagonal**, kreuzweise:
• **linker** Arm und rechtes Bein: agar.$_{bro1}$ cimic.$_{bro1}$ *Stram.*$_{kr1}$
• **rechter** Arm und linkes Bein: tarent.$_{bro1}$
– **Muskeln**, lokaler: hyos.$_{ptk}$

Chronischer Krankheiten; zum Beginn der Behandlung: calc.$_{bro1}$ calc-p.$_{bro1}$ *Nux-v.*$_{bro1}$ psor. puls.$_{a1,c1}$ *Sulph.*$_{bro1}$

Chronischer Krankheitsverlauf: *Alum.*$_{bg2}$ arg-n.$_{bg2}$ *Ars.*$_{bg2}$ *Calc.*$_{bg2}$ *Caust.*$_{bg2}$ *Con.*$_{bg2}$ kali-bi.$_{bg2}$ kali-i.$_{bg2}$ *Lyc.*$_{bg2}$ mang.$_{bg2}$ phos.$_{bg2}$ plb.$_{bg2}$ psor.$_{bg2}$ *Sep.*$_{bg2}$ *Sulph.*$_{bg2}$ syph.$_{bg2}$ tub.$_{bg2}$

DaCosta Syndrom
☞ *❑ Brust - Herzklopfen - neurozirkulatorische Asthenie*

Dämmerung; in der:
– **agg.**: **Am-m.**$_{bg2}$ *Ang.*$_{bg2}$ arg-n.$_{bg2}$ **Ars.**$_{bg1,bg2,*}$ berb.$_{ptk1}$ **Calc.**$_{bg1,bg2,*}$ *Caust.*$_{bg2,ptk1}$ *Cham.*$_{bg2}$ dig.$_{bg2}$ *Graph.*$_{bg2}$ nat-m.$_{bg2}$ nat-s.$_{ptk1}$ **Phos.**$_{bg1,bg2,*}$ plat.$_{ptk1}$ plb.$_{bg2}$ **Puls.**$_{bg1,bg2,*}$ **Rhus-t.**$_{bg1,bg2,*}$ *Staph.*$_{bg2}$ sul-ac.$_{bg2}$ *Valer.*$_{bg2}$
☞ *Abends - Dämmerung - agg.*
– **amel.**: *Bry.*$_{bg2,ptk1}$ meny.$_{bg2,ptk2}$ **Phos.**$_{bg2,ptk1}$ seneg.$_{ptk1}$ tab.$_{bg2,ptk1}$
☞ *Abends - Dämmerung - amel.*

Degeneration von Gewebe; Tendenz zu: arn.$_{br1}$

Delirium
☞ *❑ Gemüt - Delirium*

Diabetes mellitus: brid-fr.$_{jsx1}$ morind-l.$_{jsx1}$ morind-m.$_{jsx1}$ nauc-l.$_{jsx1}$ *Op.*$_{c2}$ orthos-s.$_{lsr4}$ phlor.$_{c1}$ uran-m.$_{hsa1}$ *Uran-n.*$_{c2}$ vinc-r.$_{jsx1}$
☞ *❑ Urin - Zucker*
◆ **begleitet** von:
• **Alkoholismus**
☞ *❑ Gemüt - Alkoholismus - Diabetes*
• **Zunge**:
• **rote** Farbe der Zunge:
• **hellrot**: *Nat-s.*$_{kr1,vk1}$
• **weiße** Farbe der Zunge: helon.$_{kr1,vk1}$ uran-n.$_{kr1,vk1}$

Diarrhoe amel.: abrot.$_{k2}$ bry.$_{st}$ nat-s.$_{k2}$ ph-ac.$_{k2,st}$ *Zinc.*
☞ *❑ Rektum - Diarrhoe - amel.*
– **gelbe** amel.: saroth.$_{sp1}$

Drehen:
– **links** agg.; von rechts nach: sulph.$_{bg1}$
– **rechts** amel.; von links nach: lach.$_{bg1}$ phos.$_{bg1}$
– **Bett**, im: *Acon.* agar. am-m. anac. ars. asar. *Borx.* *Brom.*$_{bg2}$ *Bry.* calc. *Cann-s.* *Caps.* *Carb-v.* caust. chin. cina cocc. *Con.* cupr. dros. *Euph.* *Ferr.* graph. *Hep.* kali-c. kreos. lach. led. *Lyc.* mag-c. merc. *Nat-m.* nit-ac. *Nux-v.* petr. phos. plat. plb. **Puls.** ran-b. rhod. rhus-t. ruta sabad. sabin. samb. sars. *Sil.* *Staph.* *Sulph.* thuj. valer.

– **Herumdrehen** agg.: agar. aloe calc. cham. *Ip.* kali-c. merc. nat-m. par. *Phos.* sil.
– **Kopfes** agg.; des: am-m. anac. ant-c. *Arn.* ars.bg2 asar. bar-c. *Bell.* bov. *Bry.* **Calc.** camph. cann-s. canth. carb-an. carb-v. caust. cham. chin. **Cic.** cocc. coff. coloc. con.bg2 cupr. dros. dulc. glon. **Hep.** hyos. *Ign.* ip. kali-c. lach. lil-t.bg2 *Lyc.* mag-c. mez. *Nat-c.* *Nat-m.* nit-ac. *Nux-v.* par. petr. ph-ac. *Phos.* plat. *Puls.* *Rhus-t.* sabad. sabin. samb. *Sang.* sars. *Sel.* *Sep.* spig. **Spong.** stann. staph. sulph. thuj. verat. viol-t. zinc.
– **windet** sich unwillkürlich; dreht und: lyc.h

Druck:

– **agg.**: acon. **Agar.** alum.bg2,k,* alum-sil.k13,k2 alumn.kr1 am-br.k,k13 am-c.bg2,k,* am-m.bg2,k,* ambr.bg2,k,* anac.bg2,k,* *Ang.*bg2,hr1,* ant-c.bg2,k,* **Apis** aq-mar.jl,jl3 *Arg-met.* *Arg-n.*sf,sf1 arn.bg2,k,* *Ars.*bg2,k,* *Ars-i.* asaf.bg2,k,* *Bapt.* **Bar-c.**bg2,k,* bar-i.k13,k2 bar-m. bar-s.k13,k2 bell.bg2,k,* bism.bg2,k,* borx. bov.bg2,k,* *Bry.*bg2,k,* cact. *Calad.*bg2,k,* calc.bg2,k,* calc-p. camph.bg2,k,* *Cann-s.*bg2,k,* *Canth.* *Caps.*bg2,k,* carb-an.bg2,k,* *Carb-v.*bg2,k,* carbn-s. card-m. caust.bg2,k,* cench.bro1 *Chel.* chin.bg2,k,* cimic.jl **Cina** coc-c. cocc. coloc.bg2,k,* cortiso.jl,jl3 crot-t. culx.k2 cupr.bg2,k,* dig.bg2,k,* dros.bg2,k,* dulc.bg2,k,* equis-h.bro1 ferr.bg2 fl-ac.bg2 *Guaj.*bg2,k,* hecla.jl hell.bg2,k,* **Hep.**bg2,k,* hyos.bg2,k,* ign.bg2,k,* **Iod.**bg2,k,* ip.bg2,k,* *Kali-bi.* *Kali-c.*bg2,k,* *Kali-i.* kali-n.bg2,k,* kali-p. kali-sil.k13,k2 **Lach.**bg2,k,* laur.bg2,k,* led.bg2,k,* **Lil-t.** *Lob.*sf,sf1 **Lyc.**bg2,k,* *Mag-c.*bg2,k,* mag-m.bg2,k,* mang.bg2,k,* meny.bg2,k,* *Merc.*bg2,k,* **Merc-c.**bg2,k mez.bg2,k,* *Mosch.*bg2,k,* mur-ac.bg2,k,* nat-ar. nat-c.bg2,k,* *Nat-m.*bg2,k,* *Nat-s.* *Nit-ac.*bg2,k,* nux-m.bg2,k,* *Nux-v.*bg2,k,* *Olnd.*bg2,k,* onos.bro1 *Op.* ovi-p.bro1 ox-ac. ph-ac.bg2,k,* phos.bg2,k,* phyt.bg2 *Plat.*bg2,k,* puls.bg2,k,* *Ran-b.*bg2,k,* *Ran-s.*bg2,k,* rhus-t.bg2,k,* *Ruta* sabad.bg2,k,* *Sabin.*bg2,k,* samb.bg2,k,* sars.bg2,k,* *Sel.*bg2,k,* seneg.bg2,k,* sep.bg2,k,* **Sil.**bg2,k,* spig.bg2,k,* *Spong.*bg2,k,* *Stann.*bg2,k,* *Staph.*bg2,k,* stram.bg2,k,* stront-c. sul-ac.bg2,k,* sul-i.k13,k2 sulph.bg2,k,* *Teucr.*bg2,k,* thal.jl,jl3 ther.br1,bro1,* thuj.bg2,k,* *Valer.*bg2,k,* verat.bg2,hr1 *Verb.*bg2,k,* vib.bg2 vip-a.jl zinc.bg2,k,*
  • **Brustwirbel**; auf: arn.a1
    • **letzten** Brustwirbel; auf den: *Arn.*a1
– **amel.**: abies-c. acon.bg2,k,* adon.sf,sf1 agar. *Agn.*bg2,k alum.bg2,k,* alum-p.k13,k2 alum-sil.k13,k2 *Alumn.*kr1 *Am-c.*bg2,k,* *Am-m.*bg2,k,* ambr.bg2,k,* anac.bg2,k,* ant-c.bg2,k,* *Apis* arg-met. *Arg-n.* arn.bg2,k,* ars.bg2,k,* *Asaf.*bg2,k,* atra-r.jl,jl3 *Aur.*bg2,k,* bar-m.k13,k2 bell.bg2,k,* bell-p.jl,jl3,* bism.bg2,k,* *Borx.* bov.bg2,k,* **Bry.**bg2,k,* cact. cadm-met.jl,jl3 calc.bg2,k,* calc-f. camph.bg2,k,* *Canth.*bg2,k,* *Caps.*bro1 carb-ac. carb-an.sf,sf1 *Carbn-s.* *Castm.*sf1 caust.bg2,k,* *Chel.*bg2,k,* **Chin.**bg2,k,* cimic.sf,sf1 cina cinnb. *Clem.*bg2,k,* *Cocc.*bg2,hr1,* **Coloc.**bg2,k,* **Con.**bg2,k,* *Croc.*bg2,k,* crot-t. cupr.sf,sf1 cupr-act.bro1 cupr-ar.bg2 dig.bg2,k,* dios. **Dros.**bg2,k,* *Dulc.*bg2,k,* esp-g.kk1 euon.bro1 ferr.sf,sf1 form. gels.sf,sf1 *Glon.* *Graph.*bg2,k,* guaj.bg2,k,* hell.bg2,k,* hip-ac.jl,jl3

Druck - amel.: ...
hist.mg,mg1,* ign.bg2,k,* indg.hr1,j5,* ip.bg2,k,* *Kali-bi.* kali-c.bg2,k,* *Kali-i.* kali-p. kreos.bg2,k,* *Lac-d.*k13,k2,* *Lach.* laur.bg2,k,* led.bg2,k,* **Lil-t.** mag-c.bg2,k,* **Mag-m.**bg2,k,* **Mag-p.** *Mang.*bg2,k,* med.st **Meny.**bg2,k,* merc.bg2,k,* mez.bg2,k,* mosch.bg2,k,* *Mur-ac.*bg2,k,* **Nat-c.**bg2,k,* nat-f.mg,mg1,* *Nat-m.*bg2,k,* nat-p. *Nat-s.* nat-sil.k13,k2 *Nit-ac.* *Nux-m.*bg2,k,* nux-v.bg2,k,* olnd.bg2,k,* *Par.*bg2,k,* *Ph-ac.*bg2,k,* phos.bg2,k,* pic-ac.bro1 **Plb.**bg2,k,* **Puls.**bg2,k,* pyrog.sf,sf1 rad-br.bro1 *Rhus-t.*bg2,k,* ruta sabad.bg2,k,* sabin.bg2,k,* sang. *Sep.*bg2,k,* **Sil.**bg2,k,* *Spig.*bg2,k,* stann.bg2,k,* staph.sf,sf1 stict.sf,sf1 sul-ac.bg2,k,* sulfonam.jl,jl3 sulph.bg2,k,* thuj.bg2,k,* *Tril-p.* verat.bg2,k,* verb.bg2,k,* vip-a.jl zinc.bg2,k,*
– **harter** Druck:
  ☞ *Lehnen - gegen - Hartes*
  • **agg.**: pip-n.bg2 spig.bg2 tell.bg2
  • **amel.**: achy.bg2,jl arg-n.bg2 arn.bg2 coloc.bg2 culx.bg2,k2 ign.bg2,k2 lach. mag-m.bg2,jl plb.bg2 rauw.bg2,jl sep.bg2,k2 stann.bg2,jl
    ☞ *Zwicken - amel.*
– **Kante** amel.; über eine harte: bell.bg2 *Chin.*bg2 **Coloc.**bg2 con.bg2 ign.bg2 *Lach.*bg2 samb.bg2 sang.bg2 stann.bg2 zinc.bg2
– **leichter** Druck agg., harter Druck amel.: aloe.bg2 bell.bg2 *Castm.*bg2 caust.bg2 **Chin.**bg2 culx.bg2,k2 ign.bg2 kali-c.bg2 lac-c.bg2,k2 *Lach.*bg2,k2,* *Mag-p.*bg2 nux-v.bg2 plb.bg2 sulph.bg2
  ☞ *Berührung - agg. - leichte / Reiben - amel. / Reiben - vorsichtiges*
– **schmerzlose** Seite agg.; auf die: *Ambr.* arn. bell. **Bry.** *Calc.* cann-s. carb-an. carb-v. *Caust.* *Cham.* *Coloc.* *Fl-ac.*bg2 **Ign.** *Kali-c.* lyc. nux-v. **Puls.** *Rhus-t.* *Sep.* *Stann.* viol-o. *Viol-t.*

Duchenne-Friedrich Syndrom

☞ *Muskeldystrophie*

Dunkelheit:

– **agg.**: acon.bg2 alum.bg2,sf1,* *Am-m.*bg2 anac.bg2 ang.bg2 *Arg-n.*bg2,sf1,* *Ars.*bg2 bar-c.bg2 **Calc.**bg2,sf1,* camph.bg2 cann-s.bg2 *Carb-an.*bg2 carb-v.bg2,sf1,* caust.bg2,sf1,* con.bg2 *Lyc.*bg2,sf1,* nat-m.bg2 *Phos.*bg2,k2,* *Plat.*bg2 **Plb.**bg2 *Puls.*bg2,sf1,* *Rhus-t.*bg2 staph.bg2 **Stram.**bg2,sf1,* stront-c.bg2 sul-ac.bg2 valer.bg2,sf1,* zinc.bg2,sf1,*
– **amel.**: *Acon.*bg2,hr1,* agar.bg2,hr1,* agn.bg2,kr1 am-c.bg2,hr1,* *Am-m.*bg2,hr1,* *Anac.*bg2,hr1,* anh.bg2,kr1,* *Ant-c.*bg2,hr1,* arg-n.bg2,kr1,* arn.bg2,hr1,* *Ars.*bg2,hr1,* *Asar.*bg2,hr1,* *Bar-c.*bg2,hr1,* *Bell.*bg2,hr1,* *Borx.*bg2,kr1 bry.bg2,hr1,* **Calc.**bg2,hr1,* camph.bg2,hr1,* carb-an.bg2,hr1,* *Caust.*bg2,hr1,* *Cham.*bg2,hr1,* *Chin.*bg2,hr1,* cic.bg2,hr1,* *Cina*bg2,kr1 *Clem.*bg2,hr1,* coc-c.bg2,hr1,* coca.bg2,kr1 cocc.bg2,kr1 *Coff.*bg2,hr1,* *Colch.*bg2,hr1,* **Con.**bg2,hr1,* *Croc.*bg2,hr1,* *Dig.*bg2,hr1,* *Dros.*bg2,hr1,* **Euphr.**bg2,hr1,* **Graph.**bg2,hr1,* *Hell.*bg2,hr1,* *Hep.*bg2,hr1,* *Hyos.*bg2,hr1,* *Ign.*bg2,hr1,* kali-c.bg2,hr1,* kali-n.bg2,hr1,* lach.bg2,hr1,* *Laur.*bg2,hr1,* *Lyc.*bg2,hr1,* mag-c.bg2,hr1,* *Mag-m.*bg2,hr1,* *Mang.*bg2,hr1,* *Merc.*bg2,hr1,* mez.bg2,hr1,* mur-ac.bg2,hr1,* *Nat-c.*bg2,hr1,*

– **amel.**: ...
nat-m.bg2,hr1,* *Nit-ac.*bg2,hr1,* nux-m.bg2,hr1,* *Nux-v.*bg2,hr1,* petr.bg2,hr1,* *Ph-ac.*bg2,hr1,* **Phos.**bg2,hr1,* *Puls.*bg2,hr1,* rhod.bg2,hr1,* rhus-t.bg2,hr1,* ruta bg2,kr1 *Sang.*bg2,kr1,* *Sars.*bg2,hr1,* sel.bg2,hr1,* *Seneg.*bg2,hr1,* *Sep.*bg2,hr1,* *Sil.*bg2,hr1,* *Spig.*bg2,hr1,* staph.bg2,hr1,* *Stram.*bg2,hr1,* *Sulph.*bg2,hr1,* tarax.bg2,kr1 tarent.bg2,hr1,* thuj.bg2,hr1,* valer.bg2,hr1,* verat.bg2,hr1,* zinc.bg2,hr1,*

Dunkler Typ
☞ *Aussehen - dunkel*

Durst
☞ ❑ *Magen - Durst*

Durstlosigkeit
☞ ❑ *Magen - Durstlos*

Eingeschlossen, die immer enger zusammengedreht werden; fühlt sich von Drähten: **Cact.**hr1,k

Einhüllen; warmes
☞ *Wärme - Einhüllen*

Einschnürung
☞ *Zusammenschnürung*

Einsinken; als würde er im Liegen tief im Bett: xan.c1

Eisenpräparaten, nach Mißbrauch von: ars.bg2,k,* calc-p.sf,sf1 *Chin.*bg2,hr1,* chinin-ar.sf1 cupr.bg2,sf1,* *Hep.*bg2,hr1,* iod.hr1,kr1 ip.bg2,hr1,* merc.hr1,kr1 nat-m.sf,sf1 *Puls.*bg2,k,* *Sulph.* thea bg2 verat.bg2 *Zinc.*

Eiter
☞ *Abszesse - Eiter*

Eiterung
☞ *Abszesse*

Eiweißartig
☞ *Schleimhautabsonderung - eiweißartig*

Eklampsie
☞ *Konvulsionen - Schwangerschaft*

Elektrizität, Beschwerden durch: nat-c.c1 phos.rmt

Elektroschock, Beschwerden durch: morph.c1 phos.c1,ptk1,*

Elephantiasis: *Anac.*c1,c2,* *Ars.*bro1 calo.bro1 card-m.bro1 *Elae.*bro1 graph.bro1 ham.bro1 hell.hr1,kr1 hippoz.c1,c2,* *Hydr.*bro1 *Hydrc.*c,hr1 iod.bro1 lyc.bro1 *Myris.*bro1,c sil.c1,hr1,* still.hr1,kr1,*

– **arabum**: ars.c1,c2,* elae.c1,c2,* *Hydrc.*hr1,kr1,* myris.c1,c2,* *Sil.*hr1,kr1,*

Embolie: kali-m.c2
☞ ❑ *Auge - Embolie*

Empfindliche Konstitution
☞ *Zarte*

Empfindlichkeit:
☞ ❑ *Gemüt - Empfindlich*

– **Arzneimittel**, gegen
☞ *Arzneimittel - heftige*

– **Medikamente**, gegen
☞ *Medikamente - allopathische - überempfindlich*

– **Schmerz**, gegen: *Acon.* *Agar.* *Alum.* *Am-c.* *Ambr.* anac. ang.bg2 *Ant-c.* ant-t. arg-n.bg2 *Arn.* *Ars.* *Ars-i.* ars-s-f.k2 asaf.k2 *Asar.* **Aur.** aur-ar.k2 aur-m.bro1 aur-s.k2 *Bar-c.* bar-i.k2 bar-s.k2 *Bell.* *Bry.* *Cact.* calad. calc. calc-p. calc-sil.k2 *Camph.* cann-s. *Canth.* caps. carb-an. carb-v. *Carbn-s.*k2,st **Cham.** *Chin.* chinin-ar. cimic.bg1,bg2 cina *Cocc.* **Coff.** *Colch.* *Con.* *Cupr.* dig. *Ferr.* ferr-ar.k2 ferr-p. graph. hell. **Hep.** *Hyos.* hyper.bro1 **Ign.** iod. ip. kali-ar. *Kali-c.* kali-m.k2 kali-p. lac-c.bg2 **Lach.** lact.mg1 laur. led. **Lyc.** *Mag-c.* mag-m. mag-p.kr1,sf1 **Med.**k,k2 meli.bro1 merc. mez.bro1 *Morph.*kr1,mg1 mosch.bro1 mur-ac. *Nat-c.* nat-p. *Nat-s.*k2,st **Nit-ac.** nux-m. **Nux-v.** olnd. *Petr.* ph-ac. **Phos.** *Phyt.* *Plat.*bg2 plb. **Psor.** **Puls.** ran-s.bro1 *Rhus-t.* sabad. sabin. sars. sel. seneg. **Sep.** **Sil.** *Spig.* squil. stann.k2 **Staph.** stram.bg2,sf1 sulph. thuj. *Tub.* valer. verat. vesp. viol-o. *Zinc.* zinc-p.k2 zinc-val.bro1
☞ *Schmerz - Beschwerden* | ❑ *Gemüt - Empfindlich - Schmerz*

• **unerträglich**; Schmerz ist: cocc.k2 coff.k2 colch.k2
☞ *Schmerz - unerträglich*

○ **äußerlich**: *Acon.*bg2,k *Aesc.* agar.bg2,k ail.c,c1 aloe *Alum.*bg2,k alum-p.k2 alum-sil.k13,k2 am-c.bg2,k am-m.bg2,k ambr.bg2,k ang.bg2 ant-c.bg2,k ant-t. **Apis** arg-met. **Arn.**bg2,k,* ars.bg2,k,* asaf.hr1,k *Aur.*bg2,k,* aur-ar.k2 *Bapt.* *Bar-c.*bg2,k bar-s.k13,k2 **Bell.**bg2,k *Borx.* bov.bg2,k,* bry.bg2,k calc.bg2,k calc-p. calc-sil.k13,k2 camph.bg2,k cann-s.bg2,k *Canth.*bg2,k,* caps.bg2,k carb-an.bg2,k carb-v.bg2,k,* caust.bg2,k,* chel.k13,k2 **Chin.**bg2,k,* **Chinin-s.** cimic. cina *Clem.* coc-c.bg2,k *Coff.*bg2,k,* *Colch.*bg2,k,* coloc.bg2,k con.bg2,k *Crot-c.* cupr.bg2,k dig.bg2,k euph-pi.c,c1 *Ferr.*bg2,k ferr-p. *Gels.*hr1,k glon.c,c1 graph.k13,k2 ham.k13,k2 hell.bg2 *Hep.*bg2,k hist.mg,mg1 *Hyos.*bg2,k,* ign.bg2,k,* ip.bg2,k *Kali-bi.*a1,k *Kali-c.*bg2,k,* kali-i.a1,c1,* kali-n.bg2,k,* kali-p. kali-s. kreos. lac-c.k2 **Lach.**bg2,k led.bg2,k lyc.bg2,k,* mag-c.bg2,k mag-m.bg2,k mag-p.k2 menth. meny.bg2 *Merc.*bg2,k merc-c.a1,bg2 *Mez.*bg2,k,* mosch.bg2,k mur-ac.bg2 nat-ar. *Nat-c.*bg2,k,* *Nat-m.*bg2,k,* **Nat-p.** nat-s.a1,k2 nat-sil.k13,k2 nit-ac.bg2,k,* nux-m.bg2,k **Nux-v.**bg2,k,* olnd.bg2,k,* *Op.*bg2,k,* par.bg2,k petr.bg2,k ph-ac.bg2,k **Phos.**bg2,k,* plb.bg2,k,* psor. **Puls.**bg2,k,* **Ran-b.**bg2,k,* *Ran-s.*bg2,k *Rhus-t.*bg2,k,* sabad.bg2,k *Sabin.* sal-ac. sars.bg2,k sec.bg2,k *Sel.*bg2,k *Seneg.*bg2,k *Sep.*bg2,k,* **Sil.**bg2,k **Spig.**bg2,k,* spong.bg2,k squil.bg2,k *Stann.*bg2,k **Staph.**bg2,k stront-c. sul-ac.bg2,k *Sulph.*bg2,k teucr.bg2,k *Thuj.*bg2,k valer.k13,k2 verat.bg2,k,* zinc.bg2,k,* zinc-p.k2

– **Drüsen**, der: arn. *Aur.* aur-s.k2 **Bar-c.** bar-i.k2 bell. *Cham.* chin. cimic.k2 clem. cocc. **Con.** crot-h. cupr. graph. hep. ign. kali-c. laur. *Lyc.* mag-c. nat-c. nat-sil.k2 nit-ac. nux-v. petr. ph-ac. **Phos.** puls. *Sep.* *Sil.* spig. squil. sul-ac. zinc.

– **Drüsen**, der: ...
☞ *Schmerz - Drüsen*
– **innerlich**: acon.bg2,k agar.bg2,k *Alum.*bg2,k alum-p.k2 alum-sil.k13,k2 *Am-c.*bg2,k ant-c.bg2,k ant-t.bg2,k apis arn.bg2,k *Ars.*bg2,k ars-i. asaf.bg2,k *Asar.* aur.bg2,k aur-ar.k2 *Bapt.* bar-c.bg2,k *Bell.*bg2,k bism.bg2,k *Borx.* bov.bg2,k *Bry.*bg2,k calad.bg2,k *Calc.*bg2,k calc-sil.k2 cann-s.bg2,k **Canth.**bg2,k *Carb-an.*bg2,k carb-v.bg2,k carbn-s. caust.bg2,k *Cham.*bg2,k chin.bg2,k,* cic.bg2,k cimic.k13,k2 clem. coc-c. *Cocc.* coff.bg2,k colch.bg2,k *Coloc.*bg2,k con.bg2,k croc.bg2,k crot-h. cub. cupr.bg2,k cycl.bg2,k dulc.bg2,k *Equis-h.* ferr.bg2,k *Graph.*bg2,k hell.bg2,k helon. **Hep.**bg2,k hyos.bg2,k1 *Iod.*bg2,k ip.bg2,k *Kali-bi.* *Kali-i.* kali-p. **Lach.**bg2,k laur.bg2,k led.bg2,k *Lil-t.* mag-c.bg2,k *Mag-m.*bg2,k mang.bg2,k meny.bg2,k merc.bg2,k *Merc-c.*bg2,k *Mez.* mosch.bg2,k nat-ar. *Nat-c.*bg2,k **Nat-m.**bg2,k *Nit-ac.*bg2,k *Nux-v.*bg2,k olnd.bg2,k *Osm.* par.bg2,k **Phos.**bg2,k puls.bg2,k ran-b.bg2,k rhus-t.bg2,k *Ruta* sars.bg2,k *Sec.*bg2,k sel.bg2,k seneg.bg2,k sep.bg2,k **Sil.**bg2,k spong.bg2,k *Squil.*bg2,k stann.bg2,k *Stram.*bg2,k stront-c. sul-ac.bg2,k sulph.bg2,k tarax.bg2,k tarent. teucr. thuj.bg2,k valer.bg2,k verat.bg2,k zinc.bg2,k
☞ ❑ *Gemüt - Sinne - scharf*
– **Knochen**, der: asaf. *Aur.* bell. bry. bufokr1 calc. carb-an. chel. chin. *Chinin-s.* cupr. **Eup-per.** guaj. hyper. kali-bi.bg2 lach. lyc. merc. *Merc-c.* mez. nat-c. nat-sil.k2 **Phos.** puls. rhus-t. *Sil.* *Stram.* sulph. symph.bg2 **Tell.** zinc.
☞ *Schmerz - Knochen*
– **Knorpel**, der: **Arg-met.**
☞ *Schmerz - Knorpel*
– **Körper** ist überempfindlich; der ganze: arn.br1
– **Periosts**, des: *Acon.*bg2 ant-c.bg2,k aur.bg2,k bell.bg2,k *Bry.* *Chin.*bg2,k chinin-s.bg2 eup-per.bg2 guaj.k2 ign.bg2,k **Led.**bg2,k mang.bg2 merc.bg2,k merc-c.bg2 *Mez.* nit-ac.bg2 *Ph-ac.*bg2,k phos.bg2 *Puls.*bg2,k rhus-t.bg2,k ruta sil.bg2,k spig.bg2,k staph.bg2,k symph.c1,c2,* tell.bg2
☞ *Schmerz - Periosts*

Endometriose
☞ ❑ *Weibliche Genitalien - Endometriose*

Energie:
– **Mangel** an Energie
☞ *Schwäche*
– **viel** Energie
☞ *Kraft, Gefühl*

Entbindung; Beschwerden bei der
☞ ❑ *Weibliche Genitalien - Entbindung*

Entblößen:
☞ *Kälte - Abkühlung - nach*
– **agg.**: *Acon.*bg2,k,* acon-f. *Agar.*bg2,k,* *Am-c.* ant-c.bg2,k,* arg-met. *Arg-n.* arn.bg2,k,* **Ars.**bg2,k,* asar.bg2,k,* *Atro.* *Aur.*bg2,k,* aur-ar.k2 *Bell.*bg2,k,* *Benz-ac.* borx. *Bry.*bg2,k,* calc-sil.k13,k2 camph.bg2,k,* cann-s.bg2 canth.bg2,k,* *Caps.*bg2,k,* *Carb-an.*bg2,k,* caust.bg2,sf1,* *Cham.*bg2,k,* *Chin.*bg2,k,* *Cic.*bg2,k,* *Clem.*bg2,k,* *Cocc.*bg2,k,* *Coff.*bg2,k,* *Colch.*bg2,k,* *Con.*bg2,k,* dios. dros.bro1

Entblößen - agg.: ...
Dulc. *Graph.*bg2,k,* hell.bg2,k,* **Hep.**bg2,k,* hyos.bg2,k,* *Ign.*bg2,k,* **Kali-ar.** *Kali-bi.* **Kali-c.**bg2,k kali-i. *Kali-sil.*k13,k2 kalm.c,c1 kreos.bg2,k,* *Lach.*bg2,k,* led.bg2,hr1,* **Lyc.**bg2,k *Lycps-v.* *Mag-c.*bg2,k,* *Mag-m.*bg2,k,* **Mag-p.** mang.h meny.bg2,k,* *Merc.*bg2,k,* mur-ac.bg2,k,* *Nat-c.*bg2,k,* *Nat-m.*bg2,k,* **Nux-m.**bg2,k,* **Nux-v.**bg2,k,* *Ph-ac.*bg2,k,* *Phos.*bg2,k,* psor.bg2,sf1,* puls.bg2,k,* rheum **Rhod.**bg2,k,* **Rhus-t.**bg2,k,* *Rumx.* sabad.bg2,k,* **Samb.**bg2,k,* sangin-n.c1 sep.bg2,k,* **Sil.**bg2,k,* **Squil.**bg2,k,* staph.bg2,k,* stram.bg2,k,* **Stront-c.** sulph.bg2 thuj.bg2,k,* **Zinc.** zinc-p.k13,k2
• **geringstes** Entblößen agg.: hep.bg2 nux-v.bg2 rhus-t.bg2 *Sil.*bg2
– **amel.**: *Acon.*bg2 alum.bg2 apisbg2,k2 ars.bg2 asar.bg2,sf1,* aur.bg2 *Borx.*bg2,sf1 bry.bg2 *Calc.*bg2,sf1,* calc-s.k2 camph.bg2 cann-s.bg2 carb-v.bg2 cham.bg2 chin.bg2 coff.bg2 *Ferr.*bg2 hydrog.srj2 ign.bg2 **Iod.**bg2,sf1,* kali-i.bg2 kali-s.bg2 lach.bg2 led.bg2,sf1,* **Lyc.**bg2,sf1,* merc.bg2 mosch.bg2 mur-ac.bg2 nit-ac.bg2 nux-v.bg2 onos.bg2 op.bg2,k2 phos.bg2 plat.bg2 **Puls.**bg2,sf1,* rhus-t.bg2 *Sec.*bg2,k2,* seneg.bg2 sep.bg2 *Spig.*bg2,sf1,* staph.bg2 sulph.bg2,sf1,* *Tab.*bg2 thuj.bg2 *Verat.*bg2,sf1,*
– **Abneigung** gegen: arg-n.sf1,st *Ars.*bg2,sf1,* aur.hr1,k2,* *Bell.*bg2,sf1,* calc-s.k2,sf1,* *Camph.*hr1 carb-an.hr1 clem.sf,sf1 coff.hr1 colch.sf,sf1 cor-r.hr1 *Hell.*hr1,sf hep.sf1 mag-c.sf,sf1 *Merc.*hr1 nat-m.sf,sf1 nux-m.sf,sf1 *Nux-v.*bg2,hr1,* ph-ac.sf,sf1 **Puls.**hr1 samb.sf1 sil.sf,sf1 *Squil.*bg2,sf1,* *Stront-c.*bg2,sf1
– **Beschwerden** durch: kalm. sangin-n.
– **einzelner** Teile agg.: *Bry.* **Hep.**bg2,k,* *Ip.*hr1,kr1 *Nat-m.* **Rhus-t.**bg2,k,* **Sil.**bg2,k,* squil.bg2,k,* stront-c. *Thuj.*
☞ *Kälte - Abkühlung / Kälte - Abkühlung - nach / Kälte - Abkühlung - Teil*
• **Füße**, der: *Calc.*bro1 cupr.bro1 nux-m.bro1 sil.bro1
– **stößt** die Decken weg: **Bry.**st camph.st *Cham.*st iod.st
• **kältestem** Wetter, bei: hep.st sanic.st sulph.st
– **Verlangen** nach: *Acon.*bg2,hr1,* *Aloe*k2,sf1 *Apis*sf1 *Ars.*hr1 ars-i.k2,sf1,* asar.sf,sf1 *Bry.*hr1 calc.hr1,sf1,* calc-s.k2,sf1,* *Camph.*bg2,k2,* ferr.sf,sf1 hydrog.srj2 *Ign.*hr1 *Iod.*bg2,hr1,* iodof.hr1 kali-i.k2,sf1,* led.k2,sf1,* *Lyc.*hr1,sf1,* manc.a1,sf1 merc.k2,sf1,* mosch.hr1,k2,* mur-ac.hr1,sf1,* *Nit-ac.*hr1 op.k2,sf1,* *Puls.*bg2,sf1,* *Sec.*bg2,k2,* spig.sf1 *Staph.*hr1 stram.sf,sf1 *Sulph.*bg2,hr1,* tab.sf,sf1 verat.sf,sf1
• **morgens**: fl-ac.a1
• **Einschlafen**, beim: *Op.*a1
• **Erwachen**, beim: *Plat.*a1

Enthaltsamkeit; Folgen von
☞ *Sexuelles Verlangen - Unterdrückung - agg.*

Entkleiden agg.; nach dem:
am-m. **Ars.** calc. carc.mg1,sp1 *Cocc.* crot-t.bg2 **Dros.** *Dulc.*bg2 hep. mag-c. marb-w.es1 merc.bg2 mez. mur-ac. nat-s. **Nux-v.** *Olnd.* plat. *Puls.* **Rhus-t.** rumx.bg2 sep. *Sil.* *Spong.* stann. sul-ac.bg2 tub.bg2
– **Freien**, im: phos.

Entkräftung
☞ *Schwäche*

Entwicklungsstillstand: agar.bg2 bac.bg2 *Bar-c.*bg2,k2 borx.bg2,k2 bufok2 *Calc.*bg2 **Calc-p.**bg2 caust.bg2 chin.bg2 cupr.a1,bg2 des-ac.bg2,jl kali-c.bg2 kreos.bg2 lac-d.bg2 med.bg2 nat-m.bg2,k2 nep.bg2,jl ph-ac.bg2 *Phos.*bg2 pin-s.bg2 *Sil.*bg2 sulfa.bg2,jl sulph.bg2 thyr.bg2 vip.a1,bg2
☞ *Kindern*

Entzündung:
- **gangränös**: agar.c2 all-c.c2 anthraci.c2 apisc2 **Ars.**c2,k bapt.k2 *Bell.* bism.c2 both.c2 brass-n-o.c2 bufogk **Canth.** carb-ac.c2 *Carb-an.*c2,k *Carb-v.*c2,k *Chin.* chr-o.c2 *Colch.* *Crot-h.* *Echi.*c2 ergot.c2 euph.c2,h hep. *Iod.* kali-n.h *Kali-p.*c2,k kreos.k2 **Lach.**c2,k merc. *Phos.* *Plb.* ran-a.c2 *Rhus-t.* ric.c2 **Sec.**c2,k **Sil.** sul-ac.c2
- **plötzlich**: bell.h
- **Tendenz** zur: camph.h
- **Wunden**, der: *Acon.*j5 arist-cl.j5,sp1 arn.j5 calc-f.j5,kr1 calen.j5,kr1,* *Cham.*j5 *Con.*j5,kr1 hyper.j5,k2 kali-bi.a1,j5 lach.j5 led.j5,k2 mez.h,j5 nat-m.j5 plb.j5 *Puls.*j5 *Rhus-t.*a1,j5 *Sul-ac.*j5 *Sulph.*j5 vip.a1,j5
- **Zellgewebes**, des (= Zellulitis): *Apis*bg2 arn.brol *Ars.*bg2 bapt.brol bell.bg2 crot-h.brol graph.bg2 *Hep.*bg2 *Lach.*brol mang.brol *Merc-i-r.*brol myris.bg2 *Rhus-t.*bg2,k2,* *Sil.*bg2,c1,* sul-i.bg2 sulph.bg2 vesp.brol
- ○ **Aponeurose**: bry.k2
- **Appendix**
  ☞ ❑ *Abdomen - Entzündung - Appendix*
- **äußerlich**: *Acon.*bg2,k,* agar.bg2,k agn.j5 alum.st alumn.k13,k2 am-c.bg2,k ambr.bg2,k ant-c.bg2,k *Apis*bg2,kr1 arn.bg2,k **Ars.**bg2,k,* ars-i. asaf.bg2,k asar.bg2,k aur.bg2,k aur-ar.k2 bar-c.bg2,k **Bell.**bg2,k,* borx.k1 bov.bg2,k *Bry.*bg2,k,* *Cact.* *Calc.*bg2,k,* calc-i.k13,k2 calc-sil.k13,k2 camph.bg2,k cann-s.bg2,k canth.bg2,k,* caps.bg2,k carb-an.bg2,k carb-v.bg2,k caust.bg2,k *Cham.*bg2,k,* chel.bg2,k chin.bg2,k chinin-s.j5 cinaj5 clem.bg2,k cocc.bg2,k coff.bg2,k colch.j5 coloc.bg2,k *Con.*bg2,k cortiso.sp1 croc.j5 crot-h. crot-t.j5 cupr.bg2,k,* cupr-act.j5 dig.bg2,k dulc.bg2,k **Echi.** euph.bg2,k *Euphr.*bg2,k,* *Ferr.*bg2,k ferr-ar.k2 **Ferr-p.**hr1,kr1 *Fl-ac.* *Gels.*hr1,kr1 gran.j5 graph.bg2,k *Gunp.*st hell.bg2,k *Hep.*h,k,* hyos.bg2,k,* **Ign.** iod.bg2,k ip.bg2,k *Kali-ar.* kali-c.bg2,k,* kali-m.k2 kali-n.bg2,k,* kreos.bg2,k **Lach.**bg2,k,* lact.j5 led.bg2,k *Lyc.*bg2,k,* *M-arct.*j5 mag-c.bg2,k mag-m.bg2,k mang.bg2,k *Merc.*bg2,k,* *Merc-d.*j5 mez.bg2,k mur-ac.bg2,k myris.bg2 nat-ar. nat-c.bg2,k nat-m.bg2,k nat-sil.k13,k2 *Nit-ac.*bg2,k,* nux-v.bg2,k,* op.bg2,k *Petr.*bg2,k ph-ac.bg2,k *Phos.*bg2,k,* plb.bg2,k **Puls.**bg2,k,* ran-b.bg2,k *Rhus-t.*bg2,k,* sabad.bg2,k sabin.bg2,k samb.bg2,k sars.bg2,k sep.bg2,k **Sil.**bg2,k,* *Spig.*bg2,k,* spong.bg2,k squil.hr1,kr1 stann.bg2,k **Staph.**bg2,k,* stram.bg2,k sul-ac.bg2,k sul-i.bg2 *Sulph.*bg2,j5,* tarax.bg2,k teucr.bg2,k *Thuj.* *Valer.* verat.bg2,k,* **Verat-v.**hr1,kr1 zinc.bg2,k
- **Blutgefäße**, der: acon. *Ant-t.* **Arn.** **Ars.** ars-i. aur.k2 **Bar-c.** bufok2 calc. cham. *Cupr.* *Ham.* *Kali-c.* kreos. lach. lyc. *Puls.* sil. spig. **Sulph.** thuj. zinc.
  - ○ **Arterien** (= Arteriitis): ars.brol *Calc.*kr1 echi.brol hist.jl *Kali-i.*brol lach.brol *Nat-i.*brol sec.brol sulfa.jl
  - • **Venen**; der (= Phlebitis): **Acon.**bg2 agar.brol *All-c.* ant-c. *Ant-t.*bg2,kr1,* apisbg2,k1,* arist-cl.jl,mgl *Arn.* *Ars.* *Bell.*bg2,k1 both.st **Bry.** *Bufo* **Calc.** calc-ar.sfl *Calc-f.*sfl carb-v.bg2,sfl,* carbn-s. *Cham.*j5,k1 *Chin.*bg2,k1 chlorpr.jl *Crot-h.*k1,sfl,* *Ferr-p.*kr1 graph. *Ham.* heclajl hep. hir.jl *Iod.* *Kali-c.*bg2,k1 kali-m.sfl **Lach.**bg2,k1,* *Led.* *Lyc.* *Lycps-v.* mag-c.mgl mag-f.jl merc.k1,mgl merc-cy.c1,c2 merc-i-r.mgl *Nat-s.* nux-v.j5,k1 phos.brol *Puls.*c2,k rhod. **Rhus-t.**bg2,k1,* rutabrol *Sep.*bg2,k1 *Sil.* spig. stront-br.c1,c2 stront-c.c1,c2 sulfa.jl *Sulph.* thiop.jl thuj.bg2,j5 verat. **Vip.**bg2,sfl,* vip-a.jl zinc.
    ☞ *Krampfadern / Thrombose /* ❑ *Extremitäten - Phlegmasia*
  - • **Verletzungen**, nach: rhus-t.sfl
- **Drüsen**, der (= Adenitis): *Acon.* ail.brol *Alumn.* *Anan.*c2,k *Apis*bg2,kr1,* arn. ars. ars-i. ars-s-f.k2 *Aur.* aur-ar.k2 aur-i.k2 *Aur-m.* aur-s.k2 *Bad.* *Bar-c.* bar-i.k2,mgl **Bar-m.** bar-s.k2 **Bell.** berb.j5 *Brom.* *Bry.* bufo **Calc.** calc-f.mgl calc-hp.mgl calc-i.mgl *Calc-sil.*k2,mgl *Camph.* canth. caps.bg2 *Carb-an.* carb-v. *Cham.* *Cist.* clem. *Con.* cor-r.c1,c2 crot-h.bg2,kr1 dros.st dulc.c2,k echi.bg2 ferr-ar. fl-ac.mgl *Graph.*bg2,j5 *Hep.* hippoz.c1,kr1,* iod.mgl *Iodof.*brol kali-ar. *Kali-c.* *Kali-i.* *Kali-m.*kr1 kali-p. lach. laur. *Lyc.* m-aust.j5 mag-m.j5 **Merc.** merc-c.a1 *Merc-i-r.*mgl nat-s.bg2 *Nit-ac.* *Nux-v.* oper.brol petr. ph-ac. **Phos.** *Phyt.* plb. *Psor.* *Puls.* pyrog.bg2 raph.j5 rhus-t.c2,k samb. sanic.mgl sars. scroph-n.mgl sieg.mgl *Sil.* *Sil-mar.*brol spig. spong.k2,mgl squil. staph. still.mgl sul-ac. sul-i.k2,mgl **Sulph.** tarent-c.bg2 thuj. tub.mgl verat. zinc.
  - • **tuberkulös**: merc-k-i.gml
- **Gelenke**, der (= Arthritis): abrot.bg2,sfl **Acon.** am-be.sfl am-c.sfl am-caust.sfl am-m.sfl am-p.sfl *Ang.* ant-c.sfl *Ant-t.*kr1,sfl **Apis** aran.jl,mgl aran-ix.mgl arb.a1,c1,* arist-cl.sp1 *Arn.* ars.sfl asar.sfl *Aur.* bar-c.sfl **Bell.** *Benz-ac.*bg2,sfl berb.sfl **Bry.** *Calc.* calc-hp.sfl calc-p.sfl caul.sfl *Caust.* cham.c1,sfl chin.sfl chinin-s.sfl cimic.brol clem.sfl *Colch.*sfl coloc.sfl conch.a1 cortiso.sp1 crot-h.sfl cycl.sfl *Dulc.*bg2,k2,* elat.brol eup-per.sfl euphr.mgl ferr.sfl *Ferr-p.* fl-ac.bg2 form.bg2,sfl *Form-ac.*mgl,sfl *Gaul.*sfl gins.sfl gnaph.brol *Guaj.* hed.mgl hep.sfl hyper. ichth.c1,c2 *Iod.* kali-ar.k2 kali-bi.brol *Kali-c.* *Kali-i.* kali-m.sfl *Kalm.* *Kreos.* *Lac-ac.* lach. **Led.** lil-t.brol *Lith-be.*sfl lith-c. lith-sal.sfl *Lyc.* mand.jl,mgl *Mang.* meny. *Merc.* mez.sfl *Nat-m.* *Nat-s.* nat-sil.brol nit-ac.brol ph-ac.sfl phos.sfl *Phyt.* *Psor.* *Puls.* pyrog.sfl rad-br.sfl ran-b.sfl *Rhod.* *Rhus-t.* *Ruta* sabad.sfl sabin. sal-ac.sfl sang.sfl *Sars.* *Sep.* **Sil.** solid.brol spong.sfl *Stel.*sfl stict.sfl stront-c.sfl sul-i.mgl sul-ter.brol *Sulph.* syph.k2 tarax.sfl thuj.sfl tub.sfl urt-u.sfl ven-m.jl verat.sfl verat-v. viol-t.brol visc.mgl
  ☞ ❑ *Extremitäten - Schmerz - Gelenke*
  - • **Iathetosis**; Arthritis: stry.lz verat-v.lz

Erschöpfung:
- **geistige** Erschöpfung
  - *☞ ❑ Gemüt - Erschöpfung*
- **körperliche** Erschöpfung
  - *☞ Schwäche*

Erschütterung, Auftreten:
- **agg.**: *Acon.*bg2,k aloebg2 alum.bg2,k alum-p.k13,k2 alum-sil.k13,k2 am-c.bg2,k ambr.bg2,k *Anac.*bg2,k *Ang.*bg2 *Ant-c.*bg2,k arg-met. *Arg-n.* **Arn.**bg2,k ars.bg2,k *Asar.*bg2,k bapt.bg2 bar-c.bg2,k **Bell.**bg2,k berb.bg1,bg2,* borx. **Bry.**bg2,k *Cact.* calad.bg2,k *Calc.*bg2,k calc-p.k13,k2 calc-sil.k13,k2 camph.bg2,k canth.bg2,k carb-ac.bg2 carbn-s. *Caust.*bg2,k cham.bg2,k chel.bg2,k *Chin.*bg2,k **Cic.**bg2,k cinabg2 *Cocc.*bg2,k coff.bg2,k **Con.**bg2,k crot-h.bro1 dros.bg2,k dulc.bg2,k euphr.bg2,k *Ferr.*bg2,k ferr-ar. ferr-p.k13,k2 form.bg1,bg2 glon.bg2,k *Graph.*bg2,k *Ham. Hell.*bg2,k *Hep.*bg2,k ign.bg2,k kali-c.bg2,k *Kali-i.* kali-n.bg2,k kali-sil.k13,k2 *Lac-c.*sf,sf1,* **Lach.**bg2,k *Led.*bg2,k *Lil-t.* *Lyc.*bg2,k mag-c.bg2,k *Mag-m.*bg2,k mang.k2 meny.bg2,k merc.bg2,k nat-ar. *Nat-c.*bg2,k *Nat-m.*bg2,k nat-p. nat-s.bg2 nat-sil.k13,k2 **Nit-ac.**bg2,k nux-m.bg2,k *Nux-v.*bg2,k *Onos.* par.bg2,k petr.bg2,k *Ph-ac.*bg2,k *Phos.*bg2,k plat.bg2,k plb.bg2,k podo.bg2 *Puls.*bg2,k rhod.bg2,k **Rhus-t.**bg2,k ruta *Sabad.*bg2,k sabin.bg2,k *Sanic.* sec.k2 seneg.bg2,k *Sep.*bg2,k **Sil.**bg2,k *Spig.*bg2,k spong.bg2,k stann.bg2,k staph.bg2,k *Sulph.*bg2,k tab.bg2 tarax.bg2 **Ther.** *Thuj.*bg2,k valer.sf1 verb.bg2,k viol-t.bg2,k
  - *☞ ❑ Gemüt - Furcht - Auftreten*
- **amel.**: caps. gels.bg2 hell.bg2 nit-ac.bg2

Erwachen, beim: acon.bg2,k adam.srj5 aesc.k2 agar. agn.bg2,k alum.bg2,k,* alum-sil.k13,k2 *Alumn.*kr1 *Am-c.*bg2,k **Am-m.**bg2,k **Ambr.**bg2,k anac.bg2,k *Ant-c.*bg2,k ant-t.bg2,k apisbg2 arg-n.st *Arn.*bg2,k **Ars.**bg2,k aur.bg2,k bapt.sf,sf1 bar-c.bg2,k bell.bg2,k *Benz-ac.* bism.bg2,k borx. bov.bg2,k bry.bg2,k bufo cact. cadm-s. calad.bg2,k **Calc.**bg2,k calc-p. calc-s. cann-s.bg2,k canth.bg2,k *Caps. Carb-an.*bg2,k *Carb-v.*bg2,k **Caust.**bg2,k *Cench.* cham.bg2,k *Chel.*bg2,k *Chin.*bg2,k cic.bg2,k cina clem.bg2,k coc-c. *Cocc.*bg2,k coff.bg2,k colch.bg2,k *Con.*bg2,k corn. croc.bg2,k *Crot-h.* crot-t. cupr. cycl.bg2,k *Dig.*bg2,k dros.bg2,k dulc.bg2,k euph.bg2,k euphr.bg2 ferr.bg2,k ferr-ar.k13,k2 fl-ac.bg2 form. germ-met.srj5 *Graph.*bg2,k guaj.bg2,k haliae-lc.srj5 **Hep.**bg2,k *Hydr.* *Hydrog.*srj2 **Hyos.**bg2,k *Ign.*bg2,k *Ip.*bg2,k *Kali-ar.* **Kali-bi.**bg2,k *Kali-c.*bg2,k kali-i. kali-n.bg2,k *Kali-s.* kreos.bg2,k **Lach.**bg2,k laur.bg2,k led.bg2,k *Lyc.*bg2,k lycps-v.bg2 mag-c.bg2,k mag-m.bg2,k mang.bg2,k meny.bg2,k *Merc.*bg2,k merc-c.bg2 *Merc-i-f.*bg2,k mez.bg2,k mosch.bg2,k mur-ac.bg2,k naja nat-c.bg2,k *Nat-m.*bg2,k **Nit-ac.**bg2,k nux-m.bg2,k **Nux-v.**bg2,k **Onos.** op.bg2,k palo.jl,jl3 par.bg2 petr.bg2,k ph-ac.bg2,k **Phos.**bg2,k *Phyt.* plat.bg2,k psor. **Puls.**bg2,k *Ran-b.*bg2,k ran-s.bg2,k rauw.jl,jl3 rheum rhod.bg2,k *Rhus-t.*bg2,k ruta sabad.bg2,k sabin.bg2,k *Samb.*bg2,k *Sang.* sars.bg2,k sel.bg2,k seneg.bg2,k **Sep.**bg2,k *Sil.*bg2,k spig.bg2,k spong.bg2,k squil.bg2,k stann.bg2 *Staph.*bg2,k stram.bg2,k stront-c. sul-ac.bg2,k **Sulph.**bg2,k tarax.bg2,k teucr.bg2 thuj.bg2,k trios.jl tub.bg2

Erwachen, beim: ...

Valer.bg2,k ven-m.jl,jl3 verat.bg2,k viol-o.bg2,k viol-t.bg2,k *Zinc.*bg2,k
- *☞ Schlaf - nach - morgens*
- **amel.**: am-m.bg2,k ambr.bg2,k *Ars.*bg2,k bry.bg2,k *Calad.*bg2,k calc.bg2,k cham.bg2,k chin.bg2,k cocc.bg2,k *Colch.*bg2,k germ-met.srj5 hell.bg2,k hydrog.srj2 ign.bg2,k ip.bg2,k kreos.bg2,k lach.bg2,k meph.j5 nat-c.bg2,k *Nux-v.*bg2,k *Onos.* ph-ac.bg2,k **Phos.**bg2,k puls.bg2,k ruta sabin.bg2,k samb.bg2,k sel.bg2,k **Sep.**bg2,k spig.bg2,k thuj.bg2,k vip.j5
- **nachts**: ambr.bg2 bry.bg2,j5 carb-v.bg2 chin.bg2 **Cocc.**bg2 *Colch.*bg2 hydrog.srj2 ip.bg2 lach.bg2,j5 nat-c.bg2 nat-m.bg2 **Nux-v.**bg2 ph-ac.bg2 *Puls.*bg2 rutabg2 sabin.bg2 *Sel.*bg2 sep.bg2
- **Mittagsschlaf**, aus dem: caust.bg2

Erweiterung der Blutgefäße: acon. aesc.bg2 agar. alum. alum-p.k2 alum-sil.k2 *Am-c.* ambr.bg2 amyloc-m.br1 ant-t.bg2 apoc.k2 arg-n.k2 *Arn.* ars. aur.bg2,k2 aur-i.k2 *Aur-m.*k2,st aur-s.k2 *Bar-c. Bar-m.* bar-s.k2 **Bell.** bov.bg2 bry. cact.k2 calc. calc-f. calc-sil.k2 *Camph. Carb-v. Carbn-s.* caust.bg2 celt.a1 *Chel.* **Chin.** chinin-ar. *Chinin-s.* cic. clem.bg2 cocc.bg2 coloc. con. *Croc.* cycl. dig. **Ferr.** ferr-ar. ferr-i.k2 ferr-p. fl-ac.bg2,k2 *Graph. Ham.* hep.bg2 **Hyos.** kreos.bg2 *Lac-d.*st lach. laur.bg2 *Led.* *Lil-t.*bg2 lyc. mag-c.bg2 meny. merl. mosch. nat-c.bg2 nat-m. nat-s.k2 nit-ac.k2 *Nux-v.* olnd. op. ph-ac. *Phos.* pilo.a1 *Plb. Podo.* **Puls.** rheumbg2 rhod. rhus-t. rutabg2 sabin.k2 sars. sec. sel.bg2 sep. sil. spig. *Spong.* staph. stront-c. sul-ac.bg2 sul-i.k2 *Sulph.* **Thuj.** thymu.br1 vip. zinc.
- **abends**: mill.k2 **Puls.**
- **Atonie**, durch: mill.k2
- **Bewegung**, bei: spong.h
- **Fieber**; während: *Agar. Bell. Camph.* **Chin.** *Chinin-s.* **Hyos. Led. Puls.**
- **Stehen** agg.: sulph.k2
- **warmen** Zimmer, im:
  - • **Eintreten** aus der Kälte in ein warmes Zimmer; beim: sulph.k2

Essen:
- **vor**: acon.bg2,k alum.bg2,k am-c.bg2,k am-m.bg2,k *Ambr.*bg2,k anac.bg2,k ang.bg2 arn.bg2,k ars.bg2,k *Ars-i.* ars-s-f.k13,k2 aur-ar.k2 bar-c.bg2,k bar-i.k13,k2 bell.bg2,k *Bov.*bg2,k bry.bg2,k *Calc.*bg2,k calc-i.k13,k2 *Cann-s.*bg2,k carb-an.bg2,k carb-v.bg2,k carbn-s. caust.bg2,k cham.bg2,k *Chel.*bg2,k *Chin.*bg2,k colch.bg2,k *Croc.*bg2,k dulc.bg2,k euphr.bg2,k *Ferr.*bg2,k **Fl-ac.**bg2 *Graph.*bg2,k hell.bg2,k hep.bg2,k *Ign.*bg2,k **Iod.**bg2,k kali-c.bg2,k *Lach.*bg2,k **Laur.**bg2,k mag-c.bg2,k mang.bg2,k meny.bg2,k merc.bg2,k mez.bg2,k mosch.bg2,k **Nat-c.**bg2,k *Nat-p.* nit-ac.bg2,k nux-v.bg2,k olnd.bg2,k petr.bg2,k **Phos.**bg2,k *Plb.*bg2,k *Puls.*bg2,k ran-b.bg2,k *Rhus-t.*bg2,k *Sabad.*bg2,k sabin.bg2,k sars.bg2,k seneg.bg2,k sep.bg2,k sil.bg2,k spig.bg2,k squil.bg2,k stann.bg2,k staph. *Stront-c.* *Sulph.*bg2,k *Tarax.*bg2,k valer.bg2,k verat.bg2,k verb.bg2,k

– **beim**: aloe alum.bg2,k **Am-c.**bg2,k am-m.bg2,k ambr.bg2,k anac.bg2 ang.bg2 ant-c.bg2,k ant-t.bg2,k arg-met. arn.bg2,k ars.bg2,k aur.bg2,k aur-ar.k2 aur-s.k13,k2 *Bar-c.*bg2,k bar-s.k13,k2 bell.bg2,k bism.bg2,k *Borx.* bov.bg2,k *Bry.*bg2,k *Calc.*bg2,k calc-f.st calc-sil.k13,k2 cann-s.bg2,k canth.bg2,k *Carb-ac.* **Carb-an.**bg2,k **Carb-v.**bg2,k *Carbn-s.*k1 *Caust.*bg2,k *Cham.*bg2,k chin.bg2,k *Cic.*bg2,k clem.bg2,k *Cocc.*bg2,k coff.bg2,k colch.bg2,k **Con.**bg2,k cycl.bg2,k dig.bg2,k dros.bg2,k dulc.bg2,k euph.bg2,k ferr.bg2,k *Graph.*bg2,k hell.bg2,k *Hep.*bg2,k ign.bg2,k iod.bg2,k kali-bi.bg2 **Kali-c.**bg2,k kali-n.bg2,k kali-p. lach.bg2,k laur.bg2,k led.bg2,k *Lyc.*bg2,k mag-c.bg2,k *Mag-m.*bg2,k mang.bg2,k merc.bg2,k mur-ac.bg2 *Nat-c.*bg2,k *Nat-m.*bg2,k **Nit-ac.**bg2,k nux-m.bg2,k nux-v.bg2,k *Olnd.*bg2,k petr.bg2,k ph-ac.bg2,k *Phos.*bg2,k plat.bg2 plb.bg2,k *Puls.*bg2,k ran-b.bg2,k ran-s.bg2,k rauw.jl,jl3 rhod.bg2,k rhus-t.bg2,k *Rumx.* ruta sabin.bg2,k samb.bg2,k sars.bg2,k sec.bg2,k *Sep.*bg2,k sil.bg2,k spig.bg2,k spong.bg2 squil.bg2,k staph.bg2,k stram.bg2,k sul-ac.bg2,k **Sulph.**bg2,k tarax. teucr.bg2,k thuj.bg2,k valer.bg2,k verat.bg2,k verb.bg2 zinc.bg2,k

• **amel.**: adam.srj5 aloe *Alum.*bg2,k,* *Alumn.*kr1 am-m.bg2,k,* *Ambr.*bg2,k,* **Anac.**bg2,k,* androc.srj1 aq-mar.jl,jl3 arn.bg2,k,* aur.bg2,k *Auran.*kr1 bar-c.j5 bell.bg2,k,* buth-a.jl,jl3 cadm-met.jl,jl3 cadm-s. calc-p. cann-i. *Caps.*bg2,k,* carb-an.bg2,k,* carb-v.bg2,k,* cham.bg2,k,* *Chel.*bg2,k,* chin.bg2,k,* cimic.jl *Cit-v.*hr1 cocc.bg2,k,* *Croc.*bg2,k,* cur.hr1,kr1 cyn-d.jl,jl3 dig.bg2,k,* dros.bg2,k,* ferr.bg2,k,* fl-ac.st graph.bg2,k,* haliae-lc.srj5 hydrog.srj2 **Ign.**bg2,k,* iod.bg2,k,* **Lach.**bg2,k,* laur.bg2,k,* led.bg2,k,* lyc.bg2,k,* mag-c.bg2,k,* mang.bg2,k,* merc.bg2,k,* methys.jl *Mez.*bg2,k,* nat-c.bg2,k,* nit-ac.bg2,k,* nux-v.bg2,k,* onop.jl par.bg2,k,* perh.jl ph-ac.bg2,k,* phos.bg2,k,* phyt.bg2 plat.bg2,hr1,* prot.jl,jl3 puls.bg2,k,* rheum rhod.bg2,k,* rhus-t.bg2,k,* sabad.bg2,k,* sabin.bg2,k,* sanic.c1 *Sep.* sil.bg2,k,* *Spig.*bg2,k,* spong.bg2,k,* squil.bg2,k,* stann.bg2,k,* staph.bg2,k,* sul-ac.bg2,k,* sulph.bg2,k,* tarax.bg2,k,* *Thlas.*bg1,vh/dg,* thymol.jl,jl3 v-a-b.jl,jl3 **Zinc.**bg2,k,*

– **nach**: abies-n. acon.bg2,k aesc.bro1 **Aeth.**bg2,sf1,* *Agar.*bg2,k agn.bg2,k all-c. **Aloe** alum.bg2,k,* alum-p.k13,k2 alum-sil.k13,k2 am-c.bg2,k *Am-m.*bg2,k,* ambr.bg2,k **Anac.**bg2,k ang.bg2 ant-c.bg2,k ant-t.bg2,k *Apis* apoc. arg-met.bg2 *Arg-n.* arn.bg2,k,* **Ars.**bg2,k **Ars-s-f.**k13,k2 arum-t.hr1,kr1 *Asaf.*bg2,k asar.bg2,k aur.bg2,k aur-ar.k2 aur-s.k13,k2 bar-act.sf1 *Bar-c.*bg2,k,* bar-i.k13,k2 bar-s.k13,k2 *Bell.*bg2,k *Bism.*bg2,k borx. bov.bg2,k **Bry.**bg2,k,* bufo cain. calad.bg2,k **Calc.**bg2,k calc-i.k13,k2 **Calc-p.**bg2,k *Calc-sil.*k13,k2 camph.bg2,k cann-s.bg2,k canth.bg2,k caps.bg2,k,* *Carb-an.*bg2,k *Carb-v.*bg2,k *Carbn-s.* **Caust.**bg2,k *Cham.*bg2,k *Chel.*bg2,k *Chin.*bg2,k,* *Chinin-s.*kr1 chion.bro1 chloram.jl,jl3 cic.bg2,k cina cinnb.k13,k2 clem.bg2,k *Coc-c.* *Cocc.*bg2,k,* *Coff.*bg2,k colch.bg2,k **Coloc.**bg2,k **Con.**bg2,k croc.bg2,k *Crot-t.* cupr-ar.sf1 *Cycl.*bg2,k dig.bg2,k,* dros.bg2,k dulc.bg2,k echi.sf,sf1 eup-per. euph.bg2,k euphr.bg2,k *Ferr.*bg2,k ferr-ar. *Ferr-i.* ferr-p. *Gran.* *Graph.*bg2,k grat.bg2,k guat.jl,jl3,* hell.bg2,k hep.bg2,k hydrog.srj2 *Hyos.*bg2,k ign.bg2,k *Indg.*bg2,k iod.bg2,k ip.bg2,k *Jug-r.* kali-ar.

– **nach**: ...
Kali-bi.bg2,k **Kali-c.**bg2,k kali-chl.k13 kali-m.k2 kali-n.bg2,k kali-p. kali-s. kali-sil.k13,k2 kreos.bg2,k **Lach.**bg2,k laur.bg2,k led.bg2,k **Lyc.**bg2,k mag-c.bg2,k mag-m.bg2,k manc.hr1,kr1 mang.bg2,k meny.bg2 meph.bg2 merc.bg2,k *Mez.*bg2,k mosch.bg2,k mur-ac.bg2,k nat-ar. *Nat-c.*bg2,k **Nat-m.**bg2,k,* nat-s.bg2,k nat-sil.k13,k2 neonsrj5 *Nit-ac.*bg2,k *Nuph.*hr1,kr1 nux-m.bg2,k **Nux-v.**bg2,k ol-an.bro1 olnd.bg2,k op.bg2,k *Ox-ac.* par.bg2,k *Petr.*bg2,k *Ph-ac.*bg2,k **Phos.**bg2,k phyt. plat.bg2,k plb.bg2,k *Podo.*bg2,k *Psor.*bg2,k *Ptel.* **Puls.**bg2,k *Ran-b.*bg2,k ran-s.bg2,k raph.hr1,kr1 rauw.jl,jl3 *Rheum* rhod.bg2,k *Rhus-t.*bg2,k **Rumx.** ruta sabad.bg2,k sabin.bg2,k samb.bg2,k sang. sars.bg2,k sec.bg2,k *Sel.*bg2,k *Seneg.*bg2,k **Sep.**bg2,k **Sil.**bg2,k sphing.k,kk3 spig.bg2 spong.bg2,k squil.bg2,k stann.bg2,k staph.bg2,k stront-c. stry.bro1 sul-ac.bg2,k sul-i.k13,k2 **Sulph.**bg2,k *Tarax.*bg2,k ter.k,sf teucr.bg2,sf1 theabro1 *Thuj.*bg2,k tril-p.c1,k trom.k,k1 valer.bg2,k verat.bg2,k verb.bg2,k viol-t.bg2,k **Zinc.**bg2,k zinc-p.k13,k2

• **amel.**: acet-ac.bro1 acon.bg2,k,* adon.sf,sf1 agar.hr1,kr1 alet.sf,sf1 aloe alum.bg2,k,* alumn.hr1,k am-c.bg2,k,* am-m.bg2,k,* ambr.bg2,k,* amor-r.jl,jl3 *Anac.*bg2,k,* ang.bg2,hr1,* arn.bg2,k,* ars.bg2,k,* ars-i. *Aster.*hr1,kr1 bar-c.bg2,k,* bar-i.k13,k2 bell-p.jl,jl3 *Bov.*bg2,k,* brom. *Bry.*bg2,k,* buth-a.mg,mg1,* cadm-met.mg,mg1,* cadm-s.bro1 calc.bg2,k,* calc-f.mg,mg1,* calc-i.k13,k2 *Calc-s.*hr1,k cann-i.hr1,kr1 *Cann-s.*bg2,k caps.bro1 carb-an.bg2,k,* carbn-s. *Caust.*bg2,k,* cham.bg2,k,* *Chel.*bg2,k,* chin.bg2,k,* cimic.bro1 cist.sf,sf1 con.bg2,sf1,* *Cupr.*bg2 dicha.mg,mg1,* dios.hr1,k euphr. *Ferr.*bg2,k,* ferr-act.bro1 fl-ac.bg2,k gamb.bg2,k goss.st *Graph.*bg2,k,* guat.sp1 hed.mg,mg1,* hell.bg2,k,* *Hep.*bg2,k hom.bro1 hydrog.srj2 *Ign.*bg2,k,* **Iod.**bg2,k kali-bi.bg2,k kali-br. kali-c.bg2,k,* *Kali-p.*bro1 *Kali-s.* kalm.sf,sf1 kreos.hr1,kr1 lac-ac.hr1,kr1,* lach.bg2,k,* *Laur.*bg2,k lith-c. lob.sf,sf1 lol.sf,sf1 lyss.hr1,kr1 mag-c.bg2 mag-m. mand.mg,mg1 mang.bg2,k med.st meny.bg2,k merc.bg2,k,* mez.bg2,k,* mosch.bg2,k,* **Nat-c.**bg2,k,* nat-m.bg2,h *Nat-p.* nicc.hr1,k nux-v.bg2,k,* *Onos.* ox-ac.bg2 paeon. petr.bg2,k,* **Phos.**bg2,k,* pip-n.bro1 plan. plat.hr1,kr1 plb.bg2 *Psor.*bro1 *Puls.*bg2,k,* ran-b.bg2,k,* rhod. rhus-t.bg2,k,* rob.sf,sf1 *Sabad.*bg2,k,* sars.bg2,k,* **Sep.**bg2,k,* sil.bg2,k,* spig.bg2,k,* **Spong.**bg2,k squil.bg2,k,* stann.bg2,k,* *Stront-c.* sul-i.k13,k2 sulph.k2,sf1,* tarent.k13,k2 valer.k13,k2 verat.bg2,k,* zinc.bg2,sf1,* zinc-p.k13,k2

• **lange** nach dem Essen: grat.bg2 kali-i.bg2 kreos.bg2 murx.bg2 *Phos.*bg2 **Puls.**bg2

– **Frühstück**, nach dem:

• **amel.**: nat-s.k2

– **kleinen** Menge, einer: alet.bg2 am-c.bg2 arg-n.bg2 bar-c.bg2 bell.bg2 **Bry.**bg2 canth.bg2 carb-an.bg2 *Carb-v.*bg2 *Chin.*bg2 *Con.*bg2 crot-t.bg2 cycl.bg2 ferr.bg2 hep.bg2 *Ign.*bg2 kali-bi.bg2 *Kali-c.*bg2 kali-s.bg2 led.bg2 lil-t.bg2 **Lyc.**bg2 merc.bg2 nat-m.bg2 nat-p.bg2 **Nux-v.**bg2 petr.bg2 **Phos.**bg2 puls.bg2 rhod.bg2 rhus-t.bg2 sars.bg2 *Sep.*bg2 sulph.bg2 thuj.bg2 verat.bg2 zinc.bg2

– **kleinen** Menge, einer: ...
• **amel**.: abel.sf1 alum-sil.k2 guat.jl,sp1
– **Sättigung**, bis zur: bar-c. bar-s.k2 *Calc.* carb-v. chin.bg2 **Lyc.**k,kl2● nat-c. nat-m. nux-v. phos.h,kl2● **Puls.**k,kl2● sep. sil. *Sulph.* zinc.h
• **amel**.: ars.bg2,k *Iod.*bg2,k phos.bg2,k
– **schnelles**: ars.bg2,k *Ip.*bg2,k led.bg2,k *Nux-v.*bg2,k sulph.bg2,k
– **Speisen** im Magen:
• **amel**.: anac.k2 fl-ac.k2
– **Überessen**: acon.bg2,sf1 aeth.bg2,sf1 all-s.bg2,sf1,* alum.bg2,sf1 **Ant-c.**bg2,sf1,* ant-t.bg2,sf1 arg-n.bg2,sf1,* *Arn.*bg2,sf1 ars.bg2,sf1 asaf.bg2,sf1 bry.bg2,sf1,* calc.bg2,sf1 carb-v.bg2,sf1 caust.bg2,sf1 chin.bg2,sf1 *Coff.*bg2,sf1,* dios.bg2,sf1,* hep.bg2,sf1 ign.bg2,sf1 **Ip.**bg2,sf1 *Lyc.*bg2,sf1 mag-c.bg2,sf1 nat-c.bg2,sf1 nat-p.bg2,sf1 nux-m.bg2,sf1,* *Nux-v.*bg2,sf1 **Puls.**bg2,sf1 staph.bg2,sf1 sulph.bg2,sf1 tub.bg2,k2,*
• **Kindern**, bei: aeth.bg2,sf1 nat-p.bg2,sf1

Euthanasie; zur Herbeiführung von: tarent-c.k2

Exkoriation
☞ ❑ *Haut - Exkoriation*

Exostose: am-c.j5 ang.c1 *Arg-met.*c2,k **Aur. Aur-m.** calc. *Calc-f.*c2,k *Calc-p.*kr1 crot-c. daph.c1,c2 *Dulc.*c2,k *Ferr-i.*kr1 *Fl-ac.* graph.kr1 hecla c2,k *Kali-bi.*c1,c2,* *Kali-i.* lap-a.st *Maland.*st **Merc.**bg2,k2,* *Merc-c.* *Merc-p.*bro1 *Mez.*c2,k *Nit-ac.* ph-ac.bg2,j5 **Phos.**c2,k *Plb.*c1,j5 plb-xyz.c2 *Puls.* rhus-t.c2,k *Ruta*c2,k *Sars.*kr1 **Sil.** staph.k2 still.st sul-i.bg2 sulph. syph.bg2,k2,* *Zinc.*j5,st zinc-m.st

Fadens, Gefühl eines: bry.bg2,k choc.srj3 coc-c. ign.bg2,k lach.bg2,k nux-v.a1 *Osm.* par.bg2,k *Plat.*bg2,k *Sabad.*sf,sf1 **Valer.**bg2,k
☞ *Schmerz - ziehend - Knochen - Faden*

Fahren:
– **Auto** oder Zug, im:
• **agg**.: acon.sf1 alum-sil.k2 *Arg-met.* *Arg-n.* *Arn.*c2,k ars. asaf.bg2,k2 *Aur.* bell.bg2 *Berb.*bg2,sf1 *Borx.* bry. calc. calc-p.bg2 carb-v. caust.sf1 coc-c.bg2 **Cocc.** colch. *Con.* croc. cycl.kr1,st dig.bg2 ferr. fl-ac.bg2,sf1 graph.bg2,kr1,* grat.bg2 **Helon.**kr1,st *Hep.* hydrog.srj2 hyos. ign. iod. iodof.kr1 kali-c. lac-d.st *Lach.* lyc.c1,k *Lyss.* mag-c. mag-s.jl,mg1,* meph. nat-m. *Nux-m.* nux-v.c2 op. **Petr.**c1,k phos. plat. *Psor.* puls. rhus-t. *Rumx.* *Sanic.*st *Sel.* **Sep.** *Sil.* spig.k2 staph. sul-ac.bg2 *Sulph.* **Tab.**bg2,sf1,* *Ther.* thuj. tril-p.bg2 valer.
☞ ❑ *Gemüt - Fahren im - Abneigung* / ❑ *Magen - Übelkeit - Fahren*
• **amel**.: androc.srj1 arg-n.sf1,st *Ars.* bar-m.bg1 brom. bry.bg2 des-ac.jl *Gels.*bg2,sf1 glon.bg1 *Graph.*bg2,kr1,* kali-n. lyc.bg2 merc.bg2 merc-c.bg2 *Naja*st nat-m.h,j5,* **Nit-ac.**k,kl2● nux-m.sf1 phos. puls.sf1 thiop.jl
• **nach**:
• **agg**.: graph. kali-n. nat-c. nat-m. *Nit-ac.* plat. **Sil.**
• **Abneigung** gegen: psor.st
☞ ❑ *Gemüt - Fahren im - Abneigung*

Fahren - Auto oder Zug, im:
• **bergab** agg.: **Borx.** *Psor.*
☞ ❑ *Gemüt - Furcht - fallen*
– **Reiten**, beim:
• **agg**.: arg-n.st arist-cl.sp1 ars. *Bell.* borx.bg2,sf1 bry. *Graph.* *Lil-t.* mag-m. meph. *Nat-c.* nat-m.h,j5 psor.bg2 *Ruta*bg2,kr1,* **Sep.** sil. spig. *Sul-ac.* ther.c1 valer.
• **amel**.: brom. calc. kali-c.bg2,sf1 lyc. tarent.bg1
– **Schiff**, im:
• **agg**.: ars.c1 petr.c1,k2 ther.c1
☞ ❑ *Magen - Übelkeit - Seekrankheit*

Familiengeschichte von:
☞ *Krankengeschichte*
– **Anämie**: carc.sp
– **Diabetes** mellitus: carc.sp
– **Geschwüre** des Magens: carc.fb
– **Krebs**: *Carc.*sk1,sp,*
– **Malaria**: carc.sk1
– **Masern**: carc.sk1
– **Mumps**: carc.sk1
– **Tuberkulose**: *Bac.*bn carc.sk1,sp *Tub.*bn
– **Typhus** abdominalis: carc.sk1
– **Windpocken**: carc.sk1
– **zahlreichen** schweren Krankheiten; von: bufo ptk1

Faulschlammgas; Vergiftung mit: *Bapt.*c,c1 phyt.c,c1 pyrog.c,c1 *Tub.*c1,st
☞ *Gasvergiftung*

Fäulnis einhergehen; Beschwerden, die mit: arn.br1

Federbett agg.: *Asaf.* cocc. *Coloc.* led. lyc. **Mang.** *Merc.* *Psor.* *Sulph.*

Federn
☞ *Staub*

Feiern; Beschwerden durch ausschweifendes
☞ *Nachtschwärmerei*

Fettige Degeneration:
○ **Drüsen**: kali-s.k2
– **Muskeln**; der
☞ ❑ *Haut - Fettige*
– **Organe**: *Ars.*bro1 **Aur.**kr1 *Calc-ar.*kr1 *Cupr.*bro1 kali-c.bro1 *Lac-d.*kr1 **Phos.**kr1 vanad.bro1

Fettig, ölig, schmierig: *Bry.*bg **Caust.**bg *Iod.*bg iris bg **Mag-c.**bg maland.bg *Merc.*bg *Nat-m.*bg phos.bg psor.bg puls.bg sel.bg *Thuj.*bg

Fettleibigkeit (= Adipositas): *Acon.*bg2 adam.srj5 adon.sf,sf1 agar.bg2,k,* ail.c,c1 alco.a1 all-s.st *Am-br.*hr1,kr1,* *Am-c.*bg2,h,* *Am-m.*bg2,k,* ambr.bg2,k,* *Ang.*bg2,hr1,* *Ant-c.*bg2,k,* ant-t.bg2,hr1,* apis bg2 aran-ix.mg,mg1 arist-cl.mg,mg1,* arn.bg2,hr1,* *Ars.*gl1,hr1,* *Asaf.*bg2,k1,* *Aur.*bg2,k,* bac.c,c1 bar-c.bg2,k,* *Bell.*bg2,hr1,* blatta-o.c1,sf1 borx. brom.a1,bg2 bry.bg2,k,* bufo bg2 calad.sf,sf1 **Calc.**bg2,k,* calc-act.sf1 *Calc-ar.*hr1,k,* calc-caust.sf1 calc-o.ttm2 *Calo.*bro1 camph.bg2,k,* canth.bg2,k,* **Caps.**bg2,k,* carb-v.bg2 carc.zzh caust.bg2 cham.bg2,hr1,* chin.bg2,k,* chlorpr.c,c1 cic.bg2 cimic.mg,mg1,* clem.bg2,hr1,*

Fettleibigkeit (= Adipositas): ...
*Coc-c.*hr1,kr1 cocac1 cocc.bg2,k coloc.bg2,hr1,* con.bg2,k,* cortiso.jl,jl3 *Croc.*bg2,hr1,* crot-h.hr1,j5,* *Cupr.*bg2,k,* cyna.jl dig.bg2,hr1,* *Elaps*st euph.bg2,k euphr.hr1,kr1 **Ferr.**bg2,k,* *Fuc.*sf,sf1,* gink-b.sbd1 **Graph.**bg2,k,* guaj.bg2,k,* hell.bg2,hr1,* *Hura*st *Hyos.*bg2,hr1,* iod.bg2,k,* ip.bg2,k,* *Kali-bi.*bg2,k,* kali-br.c1,hr1,* *Kali-c.*bg2,k,* *Lac-d.*hr1,k,* lach.bg2,k,* laur.bg2,k,* lith-c.c1,c2 lob.bro1 lob-e.c1 *Lyc.*bg2,k,* lycpr.c1,c2,* mag-c.bg2,k,* mag-p.c,c1 mang.bro1 med.st merc.bg2,k,* merc-d.sf,sf1 mur-ac.bg2,k,* nat-ar.a1 nat-c.bg2,k,* *Nat-m.*h,kl2●,* nux-m.bg2,k,* nux-v.gl1 olnd.bg2,k op.bg2,k,* *Phos.*bg2,c1,* **Phyt.**bg2,hr1,* plat.bg2,k,* plb.bg2,k,* *Puls.*bg2,k,* rauw.sp1 rheumkr1 rhus-t.bg2 sabad.bg2,k,* sabalc1,c2 sars.bg2,k,* sel.bg2 seneg.bg2,k,* sep.bg2,k,* sil.bg2,k,* spig.bg2,k,* spong.bg2,k,* stram.bg2,hr1,* stront-c.bg2 *Sulph.*bg2,k,* thuj.bg2,k,* *Thyr.*a1,c1,* *Thyroiod.*c1,c2 tus-fr.a1,c1,* valer.bg2 verat.bg2,k,* viol-o.bg2,hr1,*

◆ **begleitet** von:
• **Appetit**; vermindertem: gink-b.sbd1
• **Traurigkeit**
☞ ❑ *Gemüt - Traurigkeit - Fettleibigkeit*

– **alten** Menschen, bei: am-c.st **Aur.**st bar-c.sf1 fl-ac.st **Kali-c.**k1,st op.st sec.st

– **Beine** dünn, aber Körper fett: *Am-m.* ant-c.bg2

– **Jugendlichen**, bei: *Ant-c.*hr1,j5,* calc.j5 calc-act.sf1 lach.sf,sf1

– **Kindern**, bei: *Ant-c.*hr1,kr1 *Bad.*hr1,kr1 bar-c.sf,sf1 **Calc.**bg2,k2,* *Caps.*k13,k2 *Ferr.*bro1 *Ip.*hr1 *Kali-bi.*hr1,kr1,* sacch.c1 seneg.c,c1
☞ ❑ *Abdomen - Auftreibung - Kindern - dickbäuchige*

– **Menopause**; während der: calc-ar.c1 **Graph.**sf1,st sep.sf1

– **Traurigkeit**; bei
☞ ❑ *Gemüt - Traurigkeit - Fettleibigkeit*

Feuchtigkeit
☞ *Naß*

Fieber:

– **vor**: acon.bg2 ant-c.bg2 ant-t.bg2 *Arn.*bg2 **Ars.**bg2 bar-c.bg2 bell.bg2 bry.bg2 *Calc.*bg2 caps.bg2 *Carb-v.*bg2 caust.bg2 **Chin.**bg2 *Cina*bg2 cocc.bg2 ferr.bg2 graph.bg2 hep.bg2 hyos.bg2 ign.bg2 *Ip.*bg2 kali-c.bg2 kali-n.bg2 lach.bg2 lyc.bg2 mag-c.bg2 merc.bg2 nat-c.bg2 nat-m.bg2 nit-ac.bg2 nux-v.bg2 ph-ac.bg2 phos.bg2 **Puls.**bg2 rhod.bg2 *Rhus-t.*bg2 rutabg2 sabad.bg2 sabin.bg2 samb.bg2 sep.bg2 sil.bg2 spig.bg2 *Sulph.*bg2 *Verat.*bg2

– **bei**; agg.: acon.bg2 agar.bg2 alum.bg2 am-c.bg2 am-m.bg2 ambr.bg2 anac.bg2 ang.bg2 *Ant-c.*bg2 ant-t.bg2 arn.bg2 **Ars.**bg2 aur.bg2 bar-c.bg2 bell.bg2 borx.bg2 bov.bg2 *Bry.*bg2 calad.bg2 *Calc.*bg2 canth.bg2 caps.bg2 carb-v.bg2 caust.bg2 *Cham.*bg2 **Chin.**bg2 cinabg2 cocc.bg2 coff.bg2 con.bg2 croc.bg2 dig.bg2 dros.bg2 dulc.bg2 euph.bg2 *Ferr.*bg2 graph.bg2 hell.bg2 hep.bg2 hyos.bg2 ign.bg2 iod.bg2 *Ip.*bg2 *Kali-c.*bg2 kali-n.bg2 kreos.bg2 lach.bg2 laur.bg2 led.bg2 *Lyc.*bg2,c1,* mang.bg2 merc.bg2 mez.bg2 mosch.bg2 mur-ac.bg2 nat-c.bg2 *Nat-m.*bg2 nit-ac.bg2 nux-m.bg2 **Nux-v.**bg2 *Op.*bg2 petr.bg2 ph-ac.bg2 *Phos.*bg2 plat.bg2 *Puls.*bg2 ran-b.bg2 rheumbg2 rhod.bg2 *Rhus-t.*bg2

Fieber - bei: ...
rutabg2 sabad.bg2 samb.bg2 sars.bg2 sec.bg2 **Sep.**bg2 sil.bg2 spig.bg2 staph.bg2 stram.bg2 stront-c.bg2 sul-ac.bg2 *Sulph.*bg2 tarax.bg2 teucr.bg2 thuj.bg2 valer.bg2 verat.bg2 zinc.bg2

– **nach**; agg.: ant-c.bg2 ant-t.bg2 arn.bg2 **Ars.**bg2 *Bell.*bg2 bry.bg2 carb-v.bg2 **Chin.**bg2 cinabg2 dig.bg2 *Hep.*bg2 kali-c.bg2 nat-m.bg2 *Nux-v.*bg2 phos.bg2 puls.bg2 sep.bg2 sil.bg2 verat.bg2

Fiebermittel; durch (= Antipyretika): am-c.gm1 carb-v.gm1 lach.gm1 op.gm1
☞ *Aspirin*

Fisteln: alum.c1,c2,* aur-m.c1,c2,* bac.c1,c2,* bar-m.c1,c2,* berb.bg2,c1,* both.a1 bry.sf,sf1,* bufoc1,kr1 cact.c1,c2,* *Calc.*bg2,sf1,* *Calc-f.*bg2,sf1,* calc-hp.c1,sf1 *Calc-p.*bg2,sf1,* calc-s.sf,sf1,* *Calen.*c1,c2,* carb-v.sf,sf1,* *Caust.*bg2,sf1,* con.sf,sf1,* cop.c1,c2,* cund.c1,c2,* eucal.c1,c2,* *Fl-ac.*bg2,sf1,* *Hep.*hr1,kr1,* hydr.c1,c2,* irisc1,c2 kreos.sf,sf1,* lach.sf,sf1,* *Lyc.*bg2,c1 maland.c1,c2,* mez.c1,k2,* *Nat-s.*hr1,kr1,* *Nit-ac.*bg2,sf1,* ol-j.c1,c2,* petr.bg2,sf1,* *Phos.*bg2,k2,* puls.bg2,sf1,* pyrog.c1,c2,* quer-r.c2 querc.c,c1 **Sil.**bg2,k2,* stront-c.c1,sf1 *Sulph.*bg2,k2,* syph.c1,k2,* thuj.sf,sf1,* *Tub.*sf,sf1,* tub-k.c,c1
☞ *Abszesse*

– **Abszeß**; fistelbildender: **Calc-s.**br1,k2,* *Nat-s.*c2,hr1

– **Haut**; mit Geschwüren der: *Agar.* ant-c. ars. *Asaf.* aur. bar-c. *Bell.* *Berb.*bg2 **Bry.** **Calc.** *Calc-f.*bg2 calc-m.sf1 *Calc-p.* calc-s. carb-ac. *Carb-v.* carbn-s. **Caust.** chel. *Cinnb.* clem. *Con.* *Fl-ac.* *Hep.* *Hippoz.* kreos. *Lach.*j5 led. **Lyc.** *Merc.* *Mill.*kr1 nat-c. *Nat-m.* nat-p. *Nit-ac.* *Petr.* ph-ac.bg2,j5 **Phos.** **Puls.** rhus-t. ruta sabin. sel. sep. **Sil.** stann.j5 *Staph.* stram. *Sulph.* *Ther.*bg2 *Thuj.*

– **Operation** von, nach: berb.k2 calc.k2 calc-p.c1,k2 caust.k2 graph.k2 sil.k2 sulph.k2 thuj.k2
☞ *Verletzungen - Operation - Beschwerden*

○ **Drüsen**, der: cist.sf1 lyc.sf1 merc.sf1 nit-ac.sf1 *Phos.* phyt.sf1 *Sil.* *Sulph.*

– **Gelenke**, der: *Calc.* hep. ol-j.c2,k **Phos.** **Sil.** *Sulph.*

– **Knochen**, der: ang.mg1,sf1 *Asaf.*mg1,sf1 aur.mg1,sf1 bufokr1,sf1,* calc-f.bg2,sf1,* calc-hp.bg2,sf1,* calc-p.mg1,sf1 calc-sil.mg1,sf1 fl-ac.mg1,sf1 *Hep.*bg2,kr1,* lyc.mg1,sf1 merc.mg1,sf1 *Nat-s.*kr1,sf1,* *Ol-j.*kr1,sf1,* phos.bg2,sf1,* **Sil.**bg2,k2,*

Flattern
☞ *Vibrieren*

Flatus agg.; Abgang von: cocc.bg2 *Fl-ac.*bg2

Fliegerkrankheit: ars.st bell.st borx.st *Coca*st cocc.kl2● psor.st
☞ *Berge - Höhenkrankheit*

Fließen
☞ *Tröpfeln*

Fluor:

– **amel.**: arist-cl.bg2,sp1 cimic.bg2 lach.bg2 puls.bg2
☞ *Schleimhautabsonderung - amel.*

Flüssigkeitsverlust
☞ *Verlust - Säfteverlust*

Frakturen:
– **Knochen**; der
☞ *Verletzungen - Knochenbrüche*

Freien; im
☞ *Luft - Freien*

Fremdkörper:
– **Austreibung** von Fremdkörpern; übermäßig heftige
☞ *Abszesse - Beschleunigung / Abszesse - Fremdkörpern*
– **Gefühl** von Fremdkörpern unter der Haut
☞ *❑ Haut - Fremdkörper oder*

Frieren; Neigung zu
☞ *Hitze - Lebenswärme*

Frost, fühlt sich besser vor dem: psor.

Frostige Luft
☞ *Wetter - frostiges*

Frühling
☞ *Jahreszeiten - Frühling*

Frühstück:
– **vor**: alumn.kr1 croc.br1,bro1
– **nach**:
• **agg.**: *Agar.* *Am-m.*bg2,k ambr.bg2,k anac.bg2,k ars.bg2,k,* bell.bg2,k borx. *Bry.*bg2,k *Calc.*bg2,k calc-sil.k13,k2 carb-an.bg2,k carb-v.bg2,k carbn-s. *Caust.*bg2,k **Cham.**bg2,k chin.bg2,k,* *Con.*bg2,k cycl.bg2,k *Dig.*bg2,k,* euph.bg2,k ferr.bg2 form. *Graph.*bg2,k grat.bg2 *Guaj.*bg2 hell.bg2,k ign.bg2,k irisbg2 *Kali-c.*bg2,k *Kali-n.*bg2,k laur.bg2,k lyc.bg2,k mag-c.bg2,k mang.bg2,k *Nat-c.*bg2,k *Nat-m.*bg2,k,* *Nat-s.*bg2 nit-ac.bg2,k nux-m.bg2,k **Nux-v.**bg2,k par.bg2,k petr.bg2,k ph-ac.bg2,k **Phos.**bg2,k plb.bg2,k puls.bg2,k rhod.bg2,k rhus-t.bg2,k sars.bg2,k *Sep.*bg2,k sil.bg2,k stront-c. *Sulph.*bg2,k *Thuj.*bg2,k valer.bg2,k verat.bg2,k **Zinc.**bg2,k zinc-p.k13,k2
• **amel.**: acon.bg2 alum.bg2 am-c.bg2 *Am-m.*bg2,hr1,* *Ambr.*bg2,hr1 anac.bg2 ars.bg2 *Bar-c.*bg2,hr1,* *Bov.*bg2,hr1,* bry.bg2 *Calc.*bg2,k,* *Cann-s.*bg2,hr1,* canth.bg2 *Carb-an.*bg2,hr1,* carb-v.bg2 caust.bg2 *Chel.*bg2,hr1,* chin.bg2 cinabg2 *Croc.*bg2,k,* ferr.bg2,k,* graph.bg2 hell.bg2 *Hep.*bg2,hr1,* *Ign.*bg2,hr1,* *Iod.*bg2,k,* kali-c.bg2 *Lach.*bg2,hr1,* *Laur.*bg2,hr1,* *Lyc.*bg2,hr1,* mag-c.bg2 mag-m.bg2 merc.bg2 *Mez.*bg2,hr1,* nat-c.bg2 nat-m. nat-p.k13,k2 nat-s.bg2,k2,* nit-ac.bg2 *Nux-v.*bg2,hr1,* *Petr.*bg2,hr1,* phos.bg2 *Plat.*bg2,hr1,* *Plb.*bg2,hr1,* puls.bg2 *Ran-b.*bg2,hr1,* ran-s.bg2 rhod.bg2 *Rhus-t.*bg2,hr1,* *Sabad.*bg2,hr1,* *Sep.*bg2,hr1,* *Spig.*bg2,hr1 *Squil.*bg2,hr1,* *Staph.*bg2,k,* *Stront-c.*bg2,kr1 *Sulph.*bg2,hr1,* *Tarax.*bg2,hr1,* teucr.bg2 valer.bg2,k,* verat.bg2 *Verb.*bg2,hr1,* zinc-p.k2

Fühlen; als könnte sie jeden Muskel und jede Faser:
– **rechten** Seite; der
☞ *❑ Gemüt - Wahnideen - Körper - Faser*

Gähnen:
– **agg.**: acon.bg2 agar.bg2 am-c.bg2 am-m.bg2 anac.bg2 ant-t.bg2 arg-met.bg2 *Arn.*bg2 ars.bg2 aur.bg2 bar-c.bg2 bell.bg2 borx.bg2 bry.bg2 calad.bg2 calc.bg2 canth.bg2 caps.bg2 carb-an.bg2 *Caust.*bg2 *Chel.*bg2 chin.bg2 **Cina**bg2 cocc.bg2 croc.bg2 cycl.bg2 dig.bg2 ferr.bg2 *Graph.*bg2 hep.bg2 **Ign.**bg2 ip.bg2 kali-c.bg2 **Kreos.**bg2 *Laur.*bg2 lyc.bg2 mag-c.bg2 mag-m.bg2 mang.bg2 *Meny.*bg2 mez.bg2 *Mur-ac.*bg2 nat-c.bg2 nat-m.bg2 **Nux-v.**bg2 *Olnd.*bg2 op.bg2 par.bg2 petr.bg2 ph-ac.bg2 *Phos.*bg2 plat.bg2 puls.bg2 **Rhus-t.**bg2 rutabg2 sabad.bg2 **Sars.**bg2 sep.bg2 sil.bg2 stann.bg2 *Staph.*bg2 *Sul-ac.*bg2 *Sulph.*bg2 teucr.bg2 thuj.bg2 verat.bg2 viol-o.bg2 zinc.bg2
– **amel.**: chinin-s.bg2 croc.bg2 plat.bg2,j5 *Staph.*bg2
– **nach**, agg.: am-m.bg2 croc.bg2 *Nux-v.*bg2
– **häufig**
☞ *❑ Schlaf - Gähnen*

Gallensteine
☞ *❑ Abdomen - Gallensteine*

Gang schwankend, stolpernd, wackelig und taumelnd: acet-ac.a1,bg2 acon.bg2,sf1 **Agar.**bg2,j5,* agro.bg2 ail.bg2 *Alum.*bg2,sf1 am-c.bg2,j5 anan.bg2,kr1 ang.bg2 ant-c.bg2 *Arg-met.*bg2 *Arg-n.*bg arn.bg2 ars.a1,bg2 ars-s-f.bg2,kr1 *Asar.*a1,bg2 aster.bg2 astra-m.bg2 aur.bg2 aur-s.bg2,kr1,* barbit.br1 **Bell.**bg2,j5,* bov.bg2 **Bry.**bg2,kr1,* calc.bg2 calc-p.a1,bg2 *Camph.*bg2 cann-s.bg2,j5 canth.bg2 *Caps.*bg2 carb-an.bg2 carb-v.a1,bg2 *Carbn-s.*bg2 **Caust.**bg2,j5,* cham.bg2 chel.bg2 chin.bg2,kr1 chinin-hcy.j2 cic.a1,bg2 **Cocc.**bg2,j5,* *Coff.*bg2 colch.bg2 *Coloc.*bg *Con.*a1,bg2,* croc.bg2 crot-h.bg2,kr1 cupr.bg2,j5 cupr-ar.bg2,sf1 cycl.bg2 dig.bg2,sf1 dros.a1,bg2 dubo-m.bg2 dulc.bg2 euph.bg2 ferr.bg2 *Gels.*bg2 *Glon.*bg2,kr1 graph.bg2 hell.bg2,j5 helo.bg2 hydr-ac.bg2,j5,* hydrc.bg2,sf1 *Hyos.*bg2,sf1 *Ign.*bg2,j5,* ip.bg2 kali-br.bg2,sf1 kali-c.bg2 kali-n.bg2 lac-ac.bg2 lach.bg2,j5 lact.a1,bg2 *Lath.*bg2 *Laur.*bg2 led.bg2 lil-t.a1,bg2 lol.bg2,sf1 lyc.a1,bg2 mag-c.bg2 *Mag-m.*bg2,j5 mag-s.bg2,sf1 mang.bg2 merc.a1,bg2 *Mez.*bg2 morph.a1,bg2 mosch.bg2 mur-ac.bg2 *Mygal.*bg2 najaa1,bg2 *Nat-c.*a1,bg2,* nat-m.bg2,j5,* nit-ac.bg2 *Nux-m.*bg2 **Nux-v.**bg2 *Olnd.*bg2 onos.bg2 **Op.**bg2,j5,* *Oxyt.*bg2 paeon.bg2 par.bg2 petr.bg2,j5,* *Ph-ac.*bg2,j5,* *Phos.*a1,bg2 phys.a1,bg2 phyt.bg2,kr1 pic-ac.bg2 plat.bg2,j5 plb.bg2 prun.bg2,j5,* puls.bg2 rheumbg2 *Rhod.*bg2,j5,* **Rhus-t.**bg2,j5,* rutabg2,j5,* sabad.bg2,j5,* samb.bg2 sars.bg2 *Sec.*bg2,j5 seneg.bg2 sep.bg2 *Sil.*bg2 spig.bg2 spong.bg2 **Stram.**bg2,j5,* stront-c.bg2 sulph.a1,bg2 tab.bg2 tanac.a1,bg2 tarax.a1,bg2 teucr.bg2,j5,* *Thuj.*bg2,j5,* valer.bg2 **Verat.**bg2,j5 *Verat-v.*bg2 verb.bg2,j5 viol-o.bg2 viol-t.a1,bg2 vip.bg2,j5 visc.bg2 zinc.bg2

Gasvergiftung, durch: acet-ac.st am-c.bro1 arn.bg2,k,* bell.hr1,kr1 borx.st bov.bg2,k,* carb-v. *Carbn-s.* coff.bro1 ip.hr1,kr1 lach.st *Op.*c1,kr1,* phos.c,c1 sec.bg2
☞ *Faulschlammgas / Scheintod - Kohlendioxidvergiftung*

Gebeugte Haltung: arg-n.bg2 *Calc*.gl1,st *Carb-v*.bg2 cocc.bg2 coff.c1,st coloc.bg2 *Lyc*.gl1,st *Mang*.bg2 med.k2,st nat-c.k2,st nux-v.st op.st **Phos.**bg2,sf1,* *Sil*.gl1,st **Sulph.** *Ter*.sf1,st *Tub.* verat.bg2

Gebirge
☞ *Berge*

Gefühllosigkeit, Taubheit:
– **einseitig**: ars.bg2 caust.bg2 chel.bg2 **Cocc.**bg2 nat-m.bg2 phos.bg2 puls.bg2
– **einzelner** Teile: *Acon*.bg2,k agar.bg2,k alum.bg2,k alum-p.k13,k2 alum-sil.k13,k2 am-c.bg2,k am-m.bg2,k *Ambr*.bg2,k *Anac*.bg2,k ang.bg2 anh.sp1 ant-c.bg2,k *Ant-t*.bg2,k aran-ix.sp1 *Arg-met.* *Arg-n.* arn.bg2,k ars. ars-i. asaf.bg2,k asar.bg2,k aur.bg2,k aur-ar.k2 aur-i.k13,k2 aur-s.k13,k2 *Bar-c*.bg2,k bar-s.k13,k2 bell.bg2,k borx. bov.bg2,k bry.bg2,k cadm-s.k2,st *Calc*.bg2,k calc-i.k13,k2 *Calc-p.* calc-sil.k13,k2 camph.bg2,k cann-s.bg2,k canth.bg2,k caps.bg2,k **Carb-an.**bg2,k *Carb-v*.bg2,k **Carbn-s.** caust.bg2,k *Cham*.bg2,k chel.bg2,k *Chin*.bg2,k cic.bg2,k cina **Cocc.**bg2,k coff.bg2 colch. *Coloc*.bg2,k con.bg2,k **Croc.**bg2,k cupr.bg2 cycl.bg2 dig.bg2,k dros.bg2,k dulc.bg2,k euph.bg2,k euphr.bg2,k *Ferr*.bg2,k ferr-ar.k13,k2 ferr-p. **Graph.**bg2,k *Guaj*.bg2,k hep.bg2,k hydrog.srj2 hyos.bg2,k *Ign*.bg2,k iod.bg2,k ip.bg2,k kali-ar. **Kali-c.**bg2,k kali-chl.k13 *Kali-fcy.* kali-m.k2 *Kali-n*.k1 kali-p. kali-s.k13,k2 kreos.bg2,k laur.bg2,k led.bg2,k **Lyc.**bg2,k mag-c.bg2,k *Mag-m*.bg2,k mang.bg2,k **Merc.**bg2,k mez.bg2,k mosch.bg2,k *Mur-ac*.bg2,k nat-c.bg2,k *Nat-m*.bg2,k nat-p. nit-ac.bg2,k *Nux-v*.bg2,k olnd.bg2,k op.bg2,k *Par*.bg2,k *Petr*.bg2,k ph-ac.bg2,st *Phos*.bg2,k plat. plb.bg2,k **Puls.**bg2,k *Rheum* *Rhod.* **Rhus-t.**bg2,k sabad.bg2,k sabin.bg2,k samb.bg2,k *Sars*.bg2,k *Sec*.bg2,k *Sep*.bg2,k **Sil.**bg2,k spig.bg2,k spong.bg2,k squil.bg2,k stann.bg2,k staph.bg2,k *Stram*.bg2,k sul-ac.bg2,k sul-i.k13,k2 *Sulph*.bg2,k teucr.bg2,k thuj.bg2,k valer.bg2,k *Verat*.bg2,k *Zinc*.bg2,k **Zinc-p.**k13,k2
– **erkrankter** Teile: *Acon.* *Agar*.bg2 alum. alum-sil.k2 ambr. *Anac.* ang.bg2 ant-t. aran.bg2 arn. *Ars.* ars-i. *Asaf.* aur. aur-ar.k2 aur-i.k2 bell. borx. bov. bry. calc. calc-sil.k2 cann-s. carb-an. carb-v. caust. **Cham.** chel. chin. cic. cina *Cocc.* coff. colch. coloc. **Con.** croc. cupr. cycl. dig. dulc. elaps euphr. ferr. ferr-ar. ferr-p. *Gnaph.* *Graph.* hell. hep. hyos. ign. iod. kali-c. *Kali-n*.k1 **Kalm.**bg2 kreos. *Lyc.* mag-m. mang.bg2 merc. mez. mur-ac. nat-m. nux-m. nux-v. *Olnd.* petr. ph-ac. phos. **Plat.** **Plb.** **Puls.** rheum rhod. *Rhus-t.* ruta samb. sec. sep. sil. spong. stann. staph. stram. stront-c. sul-ac. sul-i.k2 sulph. thuj. verat. verb. viol-o. zinc.
  • **geprellter** Teile: *Arn.*
– **Kälte**; gegen Einwirkung von: acon.k2
– **Körperteile**, auf denen man liegt: am-c. *Ambr.* arn.bg1 ars. *Bar-c.* bufobg2 *Calc.* calc-sil.k2 carb-an.bg1 *Carb-v.* *Carbn-s.* *Chin*.bg1,k1 cimic. cop. *Graph.* ign. kali-c. *Lach.* mag-c.bg1 *Nat-m.* pall.st *Phos.* **Puls.**k,k12● **Rhus-t.** sep.st sil. sumb. zinc.
– **Musik**; durch: sabin.c1
– **Schlaf**:
  • **nach**: asaf.

Gefühllosigkeit, Taubheit: ...
– **schlechten** Nachrichten; nach: calc-p.ptk1
– **Schmerz**:
  • **nach**: acon.bg2 agar.bg2 asaf.k2 cham.bg2 *Coloc*.bg2 graph.bg2 kalm.bg2 mez.bg2 plat.bg2 puls.bg2 rhus-t.bg2
– **schmerzhafter** Teile: alum-sil.k2
– **Stellen**, einzelner: bufobr1 cadm-s.k2,st caust.st *Lyc.* *Plat.*
○ **äußerlich**: abrot. absin. acet-ac.a1 *Acon*.bg2,k,* acon-f.a1,c1,* adam.srj5 aesc.bg2,sf1,* agar.bg2,k,* ail.a1,k aloebg2,sf1 alum.bg2,k alum-p.k13,k2 alum-sil.k13,k2 alumn.k2 am-c.bg2,k,* am-m.bg2,k *Ambr*.bg2,k,* **Anac.**bg2,k ang.bg2,j5 anh.sp1 ant-c.bg2,k *Ant-t*.bg2,k,* *Apis* aran.sf,sf1 aran-ix.sp1 *Arg-met*.bg2,k2,* *Arg-n.* arn.bg2,k *Ars*.c2,k ars-i. asaf.bg2,k asar.bg2,k asc-t.a1 aur.bg2,k *Bapt*.bg2,k *Bar-c*.bg2,k,* bar-m. *Bell*.bg2,k,* **Berb.** bism.bg2,k bov.bg2,k brom. bry.bg2,k bufo cact.bg2,k cadm-s.k2 caj.a1,k calad.hr1 calc.bg2,k,* *Calc-p*.bro1,hr1 calc-sil.k2 camph.bg2,k,* cann-i.hr1,k,* cann-s.bg2,k canth.bg2,k caps.bg2 carb-ac.bg2,k *Carb-an*.bg2,k,* *Carb-v*.bg2,k,* **Carbn-s.** *Caust*.bg2,k cedr.a1,k *Cham*.bg2,k,* *Chel*.bg2,k,* chin.bg2,k,* chlor. *Cic*.bg2,k,* cimic.hr1,k cinnb. cob-n.sp1 coca *Cocain*.bro1 **Cocc.**bg2,k,* cod.a1,c1,* coff.bg2 colch.bg2,k coloc.bg2,k *Con*.c2,k conin.c1,c2,* croc.bg2,k,* *Crot-c*.a1,k *Crot-h*.hr1,k crot-t.j5 cupr.bg2,k cur. cycl.bg2,j5 dig.bg2,k dios.hr1,k,* dulc.bg2,k elaps euph.bg2 euphr.bg2,k ferr.bg2,k fl-ac.bg2,k,* form.sf,sf1 gast.a1 *Gels*.bg2,k,* *Glon.* *Gnaph*.bg2,k **Graph.**bg2,k,* *Guaj*.bg2,j5,* haliae-lc.srj5 *Hell*.bg2,k *Helo*.c,c1 helo-s.c2 hep.bg2 hydr-ac. hydrog.srj2 **Hyos.**bg2,k *Hyper*.bg2,k *Ign*.bg2,k,* iod.bg2,k ip.bg2,k irid-met.c1,c2 iris kali-ar.k2 kali-bi.bg2 kali-br.hr1,k,* **Kali-c.**bg2,k,* *Kali-fcy.* kali-i.bg2 *Kali-n*.hr1,k kali-p. kalm.bg2,k keroso.a1 kreos.a1,bg2 lach.bg2,k lath.sf,sf1 laur.bg2,k *Led*.bg2,k lepi.a1 **Lyc.**bg2,k,* mag-m.bg2,k,* mag-s.sp1 mand.mg,mg1 mang.bg2,sf1,* *Merc*.bg2,k,* *Mez*.bg2,j5,* *Mosch*.bg2,k mur-ac.bg2 najabg2 *Nat-m*.bg2,j5,* neonsrj5 nit-ac.bg2 nitro-o.a1 *Nux-m*.bg2,k *Nux-v*.bg2,k,* olnd.c2,k onos. **Op.**bg2,k,* *Ox-ac*.bg2,k,* oxyt. par.bg2,k petr.bg2,k,* **Ph-ac.**bg2,k *Phos*.c2,k phys.bg2,k phyt.sf,sf1 *Pic-ac*.bg2,k,* *Plat*.bg2,k,* **Plb.**bg2,k,* *Plb-xyz*.c2 *Puls*.bg2,k,* raph.a1,c1,* rheumbg2,j5 rhod.bg2,k,* *Rhus-t*.bg2,k,* samb.bg2,sf1,* sang.bg2 *Sec*.c2,k *Sep*.bg2,k,* *Sil*.bg2,k,* sphing.k,kk3 spig.a1,bg2 spong.bg2,k *Stann*.bg2 staph.bg2,k **Stram.**bg2,k stront-c.bg2,sf1 sul-ac.bg2 sulph.bg2,k,* tab.bg2,k,* tanac.a1 tang.a1 tarent.a1 teucr.bg2,j5 thal.bro1 thea thuj.bg2,j5,* thymol.sp1 *Urt-u*.bg2,k valer.bg2,k verat.bg2,k,* verat-v. verb.bg2,k vip.a1 *Zinc*.bg2,k,* zinc-p.k2 zing.sf,sf1
  • **linke** Körperhälfte: caust.k1 *Lach*.vh mez.h
  • **rechte** Körperhälfte: ars.bg1,k1,* lyc.bg2,h
  • **nachts**: sil.h
    • **Erwachen**, beim: mez.h
  ◇ **abwechselnd** mit Überempfindlichkeit: plat.bg2
  • **epileptischem** Anfall, vor: bufo
  • **ganzen** Körpers, des: acon.a1 androc.srj1 apisa1 **Arg-n.**hr1,k asc-t.a1 bar-m.k,k1 bell.a1 caj.a1

– **äußerlich - ganzen** Körpers, des: ...
caps.al,h cedr.al,k chel.h crot-c.al gels.al glon.al gymno.al kali-bi.al **Kali-br.**al,k kreos.al lyss. merc.al nitro-o.al nux-v.h **Olnd.**k1,k13 *Ox-ac.*al,k pic-ac.al tab.al tarent.al
 • **geprellten** Teil, im: arn.
 • **Menopause**; während der: *Cimic.*
 • **spürt** weder Wärme noch Kälte: berb.bg1,k1,*
– **Drüsen**, in: anac. asaf. bell. cocc. con. lyc. *Plat.* puls. rhus-t. sep. sil. spong.
– **innerlich**: acon.bg2,k aloebg2 alum.bg2 alum-sil.k2 am-c.bg2,k ambr.bg2,k ang.bg2 ant-c.bg2 *Ant-t.*bg2 arg-n.bg2 *Ars.*bg2,k asaf.bg2,k asar.bg2 aur.bg2 aur-i.k2 bar-c.bg2,k *Bell.*bg2,k bism.bg2 borx.bg2 *Bov.*bg2,k *Bry.*bg2 bufobg2 calad.bg2 calc.bg2,k camph.bg2 cann-s.bg2 **Canth.**bg2 caps.bg2 carb-an.bg2,k carb-v.bg2 carbn-s. caust.bg2,k cham.bg2,k chel.bg2 chin.bg2,k cic.bg2 cina cocc.bg2 coff.bg2,k colch.bg2,k coloc.bg2 con. croc.bg2 crot-t. cupr.bg2,k dig.bg2,k dulc.bg2 euph.bg2 ferr.bg2,k **Gels.** glon.bg2 graph.bg2,k *Hell.*bg2 hep.bg2 *Hyos.*bg2,k ign.bg2,k iod.bg2 ip.bg2 *Kali-br.* kali-c.bg2,k kali-n.bg2 kreos.bg2 lach.bg2 laur.bg2,k lyc.bg2,k mag-c.bg2,k mag-m.bg2,k mang.bg2 meny.bg2 merc.bg2 merc-c.bg2 mez.bg2 mosch.bg2 mur-ac.bg2,k nat-c.bg2 nat-m.bg2,k nit-ac.bg2,k nux-m.bg2,k **Nux-v.**bg2 olnd.bg2,k *Op.*bg2,k par.bg2 petr.bg2,k ph-ac.bg2 phos.bg2,k **Plat.**bg2,k plb.bg2,k podo.bg2 puls.bg2,k ran-b.bg2,k ran-s.bg2 rheum rhod.bg2 rhus-t.bg2 rutabg2 sabad.bg2 sabin.bg2 sars.bg2,k sec.bg2 seneg.bg2,k sep.bg2 sil.bg2,k *Spig.*bg2,k spong.bg2 squil.bg2 stann.bg2,k staph.bg2 stram.bg2,k stront-c. sul-ac.bg2 sulph.bg2 tarax.bg2 teucr.bg2 thuj.bg2,k valer.bg2,k verat.bg2,k verb.bg2 viol-o.bg2 zinc.bg2
 • **Muskeln** und Fasergewebe: cot.br1
– **Muskeln** und Fasergewebe: cot.br1
– **oberen** Körperhälfte, der: *Bar-c.*
– **unteren** Körperhälfte, der: spong.bg2

Gehen:
– **agg.**: *Acon.*bg2,k **Aesc.** *Agar.*bg2,k *Agn.*bg2,k aloe *Alum.*bg2,k alum-p.k13,k2 alum-sil.k2 am-c.bg2,k am-m.bg2,k *Ambr.*bg2,k anac.bg2,k ang.bg2 ant-c.bg2,k *Ant-t.*bg2,k apis arg-met. arg-n.bg2 *Arn.*bg2,k *Ars.*bg2,k ars-i. asaf.bg2,k *Asar.*bg2,k atra-r.jl,jl3 *Atro.* aur.bg2,k aur-ar.k2 aur-m.k13,k2 *Bapt.* bar-c.bg2,k bar-i.k13,k2 bar-s.k13,k2 **Bell.**bg2,k *Berb.*bg2,k borx.bg2 *Bov.*bg2,k **Bry.**bg2,k *Cact.* cadm-met.jl,jl3 cadm-s. *Calad.*bg2,k **Calc.**bg2,k **Calc-s.** calc-sil.k2 *Camph.*bg2,k *Cann-s.*bg2,k canth.bg2,k caps.bg2,k *Carb-ac.* *Carb-an.*bg2,k carb-v.bg2,k *Carbn-s.* **Caust.**bg2,k cham.bg2,k *Chel.*bg2,k **Chin.**bg2,k *Chion.* cic.bg2,k cina clem.bg2,k **Cocc.**bg2,k *Coff.*bg2,k **Colch.**bg2,k *Coloc.*bg2,k **Con.**bg2,k conv. cortico.jl,jl3 *Croc.*bg2,k cupr.bg2,k cycl.bg2,k dicha.jl,jl3 *Dig.*bg2,k dros.bg2,k dulc.bg2,k euph.bg2,k euphr.bg2,k *Ferr.*bg2,k ferr-ar.k2 ferr-i. ferr-p.k13,k2 **Fl-ac.**bg2 form. gels. *Glon.* *Gran.* *Graph.*bg2,k guaj.bg2,k *Hell.*bg2,k *Hep.*bg2,k hyos.bg2,k ign.bg2,k *Iod.*bg2,k *Ip.*bg2,k *Kali-c.*bg2,k kali-n.bg2,k kali-p. kali-sil.k13,k2 kreos.bg2,k *Lach.*bg2,k laur.bg2,k **Led.**bg2,k *Lil-t.* lyc.bg2,k mag-c.bg2,k mag-m.bg2,k *Mag-p.* mang.bg2,k meny.bg2,k *Merc.*bg2,k *Merc-c.*bg2 methys.jl *Mez.*bg2,k mosch.bg2,k mur-ac.bg2,k *Murx.* nat-c.bg2,k *Nat-m.*bg2,k *Nat-p.* *Nat-s.*bg2,k nat-sil.k13,k2 **Nit-ac.**bg2,k nux-m.bg2,k **Nux-v.**bg2,k olnd.bg2,k op.bg2,k paeon. par.bg2,k *Petr.*bg2,k *Ph-ac.*bg2,k **Phos.**bg2,k *Phyt.* plat.bg2,k plb.bg2,k *Psor.* ptel.c1 puls.bg2,k *Ran-b.*bg2,k ran-s.bg2,k *Rheum* rhod.bg2,k **Rhus-t.**bg2,k *Ruta* sabad.bg2,k *Sabin.*bg2,k samb.bg2,k *Sars.*bg2,k sec.bg2,k *Sel.*bg2,k seneg.bg2,k **Sep.**bg2,k *Sil.*bg2,k **Spig.**bg2,k *Spong.*bg2,k *Squil.*bg2,k **Stann.**bg2,k *Staph.*bg2,k stram.bg2,k stront-c. sul-ac.bg2,k sul-i.k13,k2 **Sulph.**bg2,k tab.bg2 *Tarax.*bg2,k *Tarent.* teucr.bg2,k thiop.jl thuj.bg2,k tub. valer.bg2,k verat.bg2,k *Verat-v.* verb.bg2,k viol-o.bg2,k viol-t.bg2,k *Zinc.*bg2,k zinc-p.k2
– **amel.**: *Acon.*bg2,k agar.bg2,k agn.bg2,k alum.bg2,k alumn. am-c.bg2,k *Am-m.*bg2,k ambr.bg2,k anac.bg2,k androc.srj1 ang.bg2 ant-c.bg2,k ant-t.bg2,k apis apoc. aran-ix.jl,jl3 arg-met. arg-n.bg2 arn.bg2,k *Ars.*bg2,k ars-s-f.k13,k2 asaf.bg2,k asar.bg2,k **Aur.**bg2,k aur-m.bg1,bg2 aur-s.k13,k2 bar-c.bg2,k bell.bg2,k bism.bg2,k bov.bg2,k *Brom.* *Bry.*bg2,k buni-o.jl,jl3 calc.bg2 calen.j5 canth. *Caps.* carb-v.bg2,k caust.bg2,k cham.bg2,k chin.bg2,k cic.bg2,k cina cocc.bg2,k coloc.bg2,k **Con.**bg2 cortiso.jl,jl3 crot-h. cupr.bg2,k **Cycl.**bg2,k *Dios.* *Dros.*bg2,k **Dulc.**bg2,k **Euph.**bg2,k euphr.bg2,k **Ferr.**bg2,k ferr-ar. *Fl-ac.*bg2,k glon. graph.bg2,k guaj.bg2,k halo.jl hep.bg2,k hyos.bg2,k ign.bg2,k indg. iod. kali-bi.bg2,k kali-c.bg2,k **Kali-i.** kali-n.bg2,k kali-p. *Kali-s.* kreos.bg2,k lach.bg2,k laur.bg2,k *Lyc.*bg2,k lycps-v.bg2 *Mag-c.*bg2,k *Mag-m.*bg2,k mag-p.bg2 mang.bg2,k *Meli.* *Meny.*bg2,k meph.jl *Merc.*bg2,k mez.bg2,k *Mosch.*bg2,k mur-ac.bg2,k nat-c.bg2,k *Nat-m.*bg2,k nat-s.k13,k2 nid.jl nit-ac.bg2,k nux-m.bg2,k1 olnd.bg2,k op.bg2,k palo.jl,jl3 par.bg2,k petr.bg2,k *Ph-ac.*bg2,k phos.bg2 *Plat.*bg2,k plb.bg2,k **Puls.**bg2,k pyrog. *Ran-b.*bg2,k raph. rat.sf,sf1 *Rhod.*bg2,k **Rhus-t.**bg2,k *Ruta* **Sabad.**bg2,k sabin.bg2,k **Samb.**bg2,k sars.bg2,k sel.bg2,k seneg.bg2,k *Sep.*bg2,k sil.bg2,k spig.bg2,k spong.bg2 stann.bg2,k staph.bg2,k stront-c. sul-ac.bg2,k **Sulph.**bg2,k **Tarax.**bg2,k tere-ch.jl,jl3 teucr.bg2,k thal.jl,jl3 thuj.bg2,k tub.k13,k2,* **Valer.**bg2,k *Verat.*bg2,k *Verb.*bg2,k *Viol-t.*bg2,k vip-a.jl *Zinc.*bg2,k zinc-p.k2
– **nach**: kali-bi.bg2 *Kali-c.*bg2 lyc.bg2 rutabg2 stann.bg2 stram.bg2 sulph.bg2
– **Abneigung** gegen: agar.al aza.al,jl3,* cham.al clem.al fago.al kali-bi.al nit-ac.al
– **Beginn** des Gehens agg.; zu: acon. *Agar.* am-c. ambr. anac. ang.bg2,sf1 ant-c. ant-t. arn. ars. asar. aur. bar-c. bell. bov. *Bry.* *Cact.* *Calc.* cann-s. canth. **Caps.** carb-an. *Carb-v.* *Caust.* cham. chin. cic. cina cocc. **Con.** croc. cupr. cycl. dig. dros. **Euph.** **Ferr.** graph. kali-c. kali-n. lach. laur. led. **Lyc.** mag-c. mang. merc. mur-ac. nat-c. nat-m. nit-ac. nux-v. olnd. petr. ph-ac. *Phos.* phyt.sf1 plat. plb. **Puls.** ran-b. rhod. **Rhus-t.** *Ruta* *Sabad.* sabin. *Samb.* sars. sep. *Sil.* spig. staph. stram. stront-c. sulph. *Thuj.* valer. verat. *Zinc.*
☞ *Bewegung - Beginn*
– **Beschwerden** durch: sel.c1

– **Brücke** agg.; auf einer schmalen: *Bar-c.*bg2 ferr.bg2 sulph.bg2
– **ebenem** Boden agg.; auf: ran-b.bg2 verat.bg2
– **fließendes** Wasser agg.; über: ang.bg2 bar-c.bg2 brom.bg2 *Ferr.*bg2 *Sulph.*bg2
– **Freien**, im:
• **agg.**: acon. *Agar.* agn. alum. alum-p.k2 *Am-c.* am-m. ambr. anac. ang.bg2 ant-c. arg-met. arn. **Ars.** ars-s-f.k2 asar. aur. aur-ar.k2 aur-s.k2 bar-c. *Bell.* borx. bov. *Bry.* calad. *Calc.* calc-sil.k2 *Camph.* cann-s. canth. caps. *Carb-ac. Carb-an. Carb-v.* carbn-s.k2 **Caust.** cham. *Chel.* chin. chinin-ar. cic. *Cina* clem. **Cocc.** *Coff. Colch.* coloc. *Con.* croc. dig. dros. dulc. euph. *Euphr.* ferr. ferr-ar.k2 **Fl-ac.**bg2 graph. *Guaj.* hell. *Hep.* hyos. ign. iod. ip. *Kali-c.* kali-n. *Kali-p.* kreos. lach. laur. *Led.* lyc. mag-c. mag-m. **Mag-p.** mag-s.j5 mang. meny. *Merc.* merc-c. mez. mosch. mur-ac. nat-ar. nat-c. nat-m. nit-ac. *Nux-m.* **Nux-v.** olnd. op. par. petr. ph-ac. *Phos. Plan.* plat. plb. *Psor. Puls.* ran-b. *Ran-s.* rheum rhod. *Rhus-t.* ruta sabad. sabin. sars. **Sel.** *Seneg. Sep. Sil.* **Spig.** *Spong. Stann.* staph. *Stram.* stront-c. sul-ac. **Sulph.** tarax. teucr. thuj. valer. verat. *Verb.* viol-t.k1 zinc.
• **amel.**: acon. aesc.sf1 agar. aloe **Alum.** am-c.bg2 am-m. ambr. anac. ang.bg2 ant-c. ant-t.j5 apissf1 aran.jl,sf1 arg-met. **Arg-n.** arn. ars.bg2 asaf. *Asar. Aur.* bapt. bar-c. bar-s.k2 bell. bism. borx. bov. *Brom. Bry.* calc. calc-s. caps. carb-ac. carb-v. carbn-s. caust. choc.srj3 cic. cimic.jl cina *Con.* croc.j5 dios.sf1 *Dulc.* **Fl-ac.** gamb. *Graph.* hed.mg1 hep.bg2 hyos. ign. *Iod.*mg1,sf1 ip.j5 kali-c. **Kali-i.** kali-n. **Kali-s.** lach.sf1 laur. *Lil-t.* **Lyc.** *Mag-c.* mag-f.jl,mg1 *Mag-m.* mag-s.j5,mg1,* mand.mg1 mang. meny. merc. *Merc-i-r.* mez. mosch. mur-ac. *Naja* nat-ar. nat-c. nat-m. nat-s.k2,st nicc.j5 nit-ac. op. ox-ac. par. petr. *Ph-ac.* phel.j5 phos. pic-ac.sf1 pip-n.bg2 plat. plb. **Puls.** rauw.jl rhod. **Rhus-t.** rutabg2 *Sabin. Sang.* sars. sel. *Seneg. Sep.* sphing.kk3 spig. spong.bg2 *Stann.* staph. stront-c. sul-ac. *Sulph. Tarax.* tarent.k2,st *Teucr. Thuj.* verat. verb. vinc.j5 viol-t. zinc.
• **nach**: graph.h sil.h
– **gebeugt**:
• **agg.**: *Bry.*bg2
• **amel.**: am-m.ptk1 arn.bg2 **Con.**bg2 *Hyos.*bg2 *Lyc.*bg2 nux-v.bg2 phos.bg2 rhus-t.bg2 sabin.bg2 sulph.bg2 *Viol-t.*bg2
– **Hinuntergehen** der Treppe agg.: borx.k2
☞ *Abwärtsbewegung - agg.*
– **Kreis**, in einem: bell.h
– **langsam** amel.: agar. **Aur.** aur-i.k13,k2 **Aur-m.** cact. calc-s. **Ferr.** ferr-ar. iris *Kali-p.* lyc.st **Puls.** sep. *Tarent.*
– **leicht**, fällt: thuj.h zinc.sf1
– **Rückwärtsgehen** ist unmöglich: cocc.bg2 mang.bg2
– **lernt** spät zu gehen, spätes Laufenlernen: acon.bg *Agar.* arg-n.bg *Ars.*bg ars-s-f.c2 *Bar-c.* bell. **Calc.**bg,k,* **Calc-p.** **Caust.** ferr.bg fl-ac.bg kali-i.bg lil-t.bg lyc.bg,sf1 mag-c.bg merc.bg,sf1 **Nat-m.** nux-v.

Gehen - lernt spät zu gehen: ...
*Ph-ac.*sf1 *Phos.*bg,sf1 pin-s.c2,sf1 *Sanic.* sep.bg *Sil.*bg,k,* sulph.bg,k thlas.bg thuj.bg
• **verspätete** Knochenentwicklung: *Calc.*k2 calc-f.bro1 *Calc-p.*bro1 sil.bro1
– **schnell**:
• **agg.**: *Alum.*bg2,k alum-sil.k13,k2 *Ang.*bg2 *Apis* arg-met. *Arn.*bg2,k **Ars.**bg2,k ars-i. ars-s-f.k13,k2 *Aur.*bg2,k aur-ar.k2 aur-i.k13,k2 *Aur-m.* aur-s.k13,k2 **Bell.**bg2,k borx.bg2 **Bry.**bg2,k but-ac.br1 *Cact.* *Calc.*bg2,k *Calc-s.* calc-sil.k13,k2 *Cann-s.*bg2,k *Caust.*bg2,k chel.bg2,k chin.bg2,k cina cocc.bg2,k coff.bg2,k **Con.** croc.bg2,k *Cupr.*bg2,k dros.bg2,k *Ferr.* ferr-ar. hep.bg2,k hyos.bg2,k *Ign.*bg2,k *Iod.*bg2,k ip.bg2,k *Kali-ar. Kali-c.*bg2,k kali-p. kali-sil.k13,k2 laur.bg2,k *Led.*bg2,k *Lyc.*bg2,k *Merc.*bg2,k mez.bg2,k nat-ar. nat-c.bg2,k *Nat-m.*bg2,k nit-ac.bg2,k nux-m.bg2,k *Nux-v.*bg2,k *Olnd.*bg2,k **Phos.**bg2,k *Plb.* **Puls.** rheum *Rhod.*bg2,k *Rhus-t.*bg2,k ruta sabin.bg2,k *Seneg.*bg2,k sep.bg2,k **Sil.**bg2,k *Spig.*bg2,k spong.bg2,k squil.bg2,k staph.bg2,k sul-ac.bg2,k **Sulph.**bg2,k verat.bg2,k zinc.bg2,k
☞ *Laufen - agg.*
• **amel.**: *Ant-t.*bg2 *Arg-n.* ars.k13,k2 aur-m.bg2 brom.k13,k2 canth.bg2,k carb-ac. *Ign.*bg2,k *Mag-c.*bg2 *Mag-m.*bg2 nat-m.bg2,k petr. *Rhus-t.*bg2,st *Sabin.*bg2 **Sep.**bg2,k sil.bg2,k *Stann.*bg2,k *Sul-ac.* **Tub.**
– **Steinpflaster** agg.; auf: aloebg2 ant-c.bg2 ars.bg2 *Con.*bg2 hep.bg2 nux-v.bg2 sep.bg2
– **unebenem** Boden agg.; über: clem.bg2 hyos.ptk1 lil-t.bg2 phos.bg2 podo.bg2
– **Verlangen** zu gehen: acon.bg2,sf1 arg-met.bg2,k2,* arg-n.bg2,sf1,* *Ars.*a1,bg2,* *Aur.*bg2,sf1,* bism.bg2,sf1,* caj.a1,bg2,* calc.bg2,h,* chlor.a1,bg2,* choc.srj3 cod.a1,bg2,* fl-ac.bg2,sf1 gins.a1,bg2,* *Iod.*bg2,sf1,* kali-cy.a1 lepi.a1,bg2,* lil-t.bg2,sf1 lyc.bg2,sf1 mag-c.bg2,sf1 merc.bg2,sf1,* mosch.bg2,sf1,* najaa1,bg2,* *Op.*bg2,sf1,* paeon.bg2,sf1 paull.a1,bg2,* phos.bg2,sf1 rutabg2,sf1 sep.bg2,sf1,* spira.a1 spirae.a1,bg2,* *Stront-c.*bg2,sf1 tarent.bg2,sf1 *Thlas.*bg2,sf1 thuj.bg2,sf1 valer.bg2,sf1 zinc-act.a1,bg2,*
• **nachts**: *Iod.*sf,sf1 merc.a1,sf1 *Op.*sf,sf1
• **Freien**, im: asaf.a1,j5 clem.j5 crot-t.j5 fl-ac.j5,st hydrog.srj2 lach.j5 lact.j5 lyc.j5 mez.a1,j5 phos.a1,j5 puls.j5 teucr.j5
– **Wind** agg.; im: acon. *Agar. Ars. Asar.* aur. aur-ar.k2 **Bell.** *Calc.* carb-v. *Cham.* chin. con. euphr. *Graph.* lach. *Lyc.* mur-ac. nat-c. nux-m. **Nux-v.** *Phos.* plat. *Puls.* rhus-t. **Sep.** spig. *Stann.* thuj.

Gekrümmtes, gebeugtes Halten des Teils:
– **agg.**: hyos.bg2 lyc.bg2 *Spong.*bg2 teucr.bg2 valer.bg2
☞ *Beugen - erkrankter - agg.*
– **amel.**: bov.bg2 bry.bg2 *Coloc.*bg2 nat-m.bg2 puls.bg2 rhus-t.bg2 squil.bg2 sulph.bg2 verat.bg2
☞ *Beugen - erkrankter - amel. / Beugen - Zusammenkrümmen - amel. / Zusammenkrümmen*

Gelb: acon.bg *Ars.*bg bry.bg calc.bg cham.bg **Chel.**bg *Chin.*bg con.bg crot-h.bg eup-per.bg ferr.bg *Hydr.*bg irisbg kali-bi.bg kali-c.bg *Lach.*bg **Lyc.**bg **Merc.**bg

Gelb: ...
nit-ac.bg nux-v.bg *Phos.*bg *Plb.*bg podo.bg **Puls.**bg **Sep.**bg *Sulph.*bg
– **goldgelb**, hellgelb oder orange: aeth.bg aloebg alum.bg card-m.bg **Chel.**bg cinabg colch.bg kali-c.bg *Kali-p.*bg *Merc.*bg **Nux-m.**bg phos.bg sang.bg **Sul-ac.**bg

Gelbsucht
☞ ❑ *Haut - Farbe - gelb*

Geräusche:
– **amel**.: apoc.k2 aur-ar.k2 calad.k2,kr1 calc.bg2,k2 graph.bg2,k2 hell.bg2,k2 kali-ar.k2 mag-p.k2 med.k2 puls.bg2,k2 pyrog.k2 stram.bg2,k2 tarent.k2
☞ ❑ *Gemüt - Empfindlich - Geräusche*

Geruch:
– **Körpers**; des
☞ *Körpergeruch*
– **empfindlich** gegen Gerüche
☞ ❑ *Gemüt - Empfindlich - Gerüche*
– **scharfer** Geruchssinn
☞ ❑ *Nase - Geruch - überempfindlicher*

Geschwüre:
○ **Drüsen**: *Ambr.* ant-c. arn. **Ars.** asaf. aur. aur-ar.k2 *Bell.* calc. *Canth.* carb-an. carb-v. caust. clem. coloc. *Con.* cupr. dulc. *Hep.* hyos. ign. kali-bi.bg3 kali-c. kali-p. kreos. *Lach.* lyc. merc. nit-ac. *Ol-j.*kr1 ph-ac. **Phos.** *Phyt.* **Puls.**bg3 rhus-t. *Rhus-v.*kr1 sars. sep. **Sil.** spong. squil. sul-ac. *Sulph.* thuj. zinc.
– **Haut**
☞ ❑ *Haut - Geschwüre*
– **Knorpel**: arg-met.k2

Gestank, Foetor
☞ *Körpergeruch - übelriechend*

Gesund:
– **nicht** gesund; fühlt sich
☞ *Krankheitsgefühl - Grund*
– **sagt**, er sei
☞ ❑ *Gemüt - Gesund - sagt*
– **ungewöhnlich** gut, dann agg.; es geht ihm: bry.bg,st carc.st1 helon.st nat-m.bg2,st nux-v.bg phos.bg,bg2,* **Psor.**bg,vh,* sep.bg,bg2,*

Gewicht, wie ein großes: acon.bg,ptk1 ars.bg,ptk1 bar-c.bg,ptk1 bell.bg,ptk1 **Bry.**bg,ptk1 *Cact.*bg,ptk1 dios.bg,ptk1 elapsptk1 lach.bg,ptk1 nux-m.bg,ptk1 **Nux-v.**bg,ptk1 petr.bg,ptk1 ph-ac.ptk1 **Phos.**bg,ptk1 *Puls.*bg,ptk1 sep.bg,ptk1 zinc.bg,ptk1

Gewichtszunahme
☞ *Fettleibigkeit*

Gewölbe, Keller agg.: aran.bg2 **Ars.** *Bry.* calc. *Carb-an.* carc.pd caust. dulc.bg2 *Kali-c.*bg2 lyc. merc-i-f.bg2 **Nat-s.**bg2,k2 **Puls.** *Sep.* *Stram.*
☞ ❑ *Gemüt - Furcht - engen*

Gezwängt; als würde etwas durch eine enge Öffnung: **Bar-c.**bg bell.bg bufobg carb-an.bg card-m.bg coc-c.bg cocc.bg dig.bg glon.bg *Lach.*bg op.bg *Plb.*bg puls.bg sulph.bg tab.bg thuj.bg *Tub.*bg valer.bg

Glänzende Gegenstände; Beschwerden durch: bell.sf1 canth.sf1 glon.sf1 hyos.sf1 stram.sf1
☞ ❑ *Gemüt - Glänzende - agg.*

Glucksen, Blubbern; Gefühl von: ambr. ant-c. asaf. bell. berb.bg2,k caps.a1,bg2 colch. coloc.bg2 ip. junc-e.st laur.bg2 lyc. mang.h,k1 nux-v.bg2,k phos.vh *Puls.*bg2,k *Rheum* spig. squil.bg2,k,* sulph.bg2 tarax.

Gonorrhoe, unterdrückte: *Acon.*bg2 agn. ant-t.bro1 arg-n.bg3 aur. aur-m.k2 benz-ac. brom. *Calc.* *Cann-s.*bg3 **Canth.**kr1 *Chel.*kr1 *Clem.* *Coca*kr1 crot-h. daph. gels.hr1 graph.bro1 kali-i.bro1 kalm. **Med.**c2,k merc. mez. *Nat-s.*k2,kr1,* *Nit-ac.* phyt.bg2 psor.bro1 *Puls.* *Sars.* sel.bg2 sep.k2 sil.k2 *Staph.* **Sulph.**bg2,kr1,* **Thuj.** verat. viol-t.c1,kr1,* x-raybro1 zinc.
☞ *Sykose* / ❑ *Harnröhre - Absonderung - gonorrhoisch*

Graben, Wühlen
☞ *Schmerz - wühlend*

Grand mal
☞ *Konvulsionen - epileptisch*

Grau, schmutzig etc.: arg-met.bg *Ars.*bg berb.bg calc.bg *Caust.*bg *Chel.*bg cupr.bg dig.bg **Kali-c.**bg kali-m.bg lach.bg *Lyc.*bg *Merc.*bg **Phos.**bg sil.bg sulph.bg

Graves disease
☞ ❑ *Äußerer Hals - Kropf - Basedow*

Greifen
☞ *Krampf* / *Schmerz - krampfartig*

Grippe
☞ *Influenza*

Grippemittel; durch: am-c.gm1 carb-v.gm1 lach.gm1 op.gm1

Grünlich: acon.bg **Ars.**bg *Carb-v.*bg cham.bg con.bg ip.bg kali-i.bg lyc.bg mag-c.bg **Merc.**bg *Nat-s.*bg phos.bg **Puls.**bg *Sep.*bg stann.bg *Sulph.*bg *Verat.*bg

Haar:
– **Berühren** agg.: ambr.bg2 **Apis**bg2,kr1,* **Ars.**bg2,hr1,* *Bell.*bg2,sf1 *Carb-v.*bg2,hr1,* chin.bg2,sf1 *Ferr.*bg2,sf1 *Ferr-p.*bg2,hr1,* hep.bg2 ign.bg2,sf1 mez.bg2 nit-ac.bg2,sf1 *Nux-v.*bg2,sf1 ph-ac.bg2 phos.bg2 *Puls.*bg2,sf1 rhus-t.bg2 **Sel.**bg2,sf1 sep.bg2 stann.bg2 verat.bg2 *Zinc.*bg2,hr1,*
– **Bürsten** nach hinten agg.: carbn-s.bg2,kr1 puls.bg2 rhus-t.bg2
– **Gefühl** eines Haares: all-c.bg2 *Arg-n.* *Ars.*bg2,k bell.bg2 bry.bg2 caps.bg2 carbn-s. caust.bg2 coc-c.bg2,k croc.bg2 *Ign.*bg2 *Kali-bi.*bg2,k lac-c.bg2 lach.bg2 laur.a1,bg2 lyc.bg2,k mosch.bg2 nat-m.bg2,k nat-p.bg2,k nux-v.bg2 par.bg2 *Plat.*bg2 ptel.bg2 *Puls.*bg2,k ran-b.bg2,k rhus-t.bg2 *Sabad.*bg2 **Sil.**bg2,k *Sulph.*bg2,k ther.bg2 thuj. *Valer.*bg2
– **Haarausfall**: alum.k2
– **Haareschneiden**:
• **agg.**: acon.bg2 **Bell.**bg2,k2,* *Glon.*bg2,kr1,* kali-i.bg2,sf1,* lappabg2 led.bg2,c1 *Phos.*bg2,kr1,* puls.bg2 *Sep.*bg2

– **Kämmen**:
 • **agg.**: *Asar.*bg2,hr1,* bell.bg2,k2 *Bry.*bg2 chin.bg2 ign.bg2 kreos.bg2 nat-s.bg2 *Sel.*bg2
 • **amel.**: carb-ac.bg2 form.bg2 glon.bg2
– **maskuline** Verteilung des Haarwuchses bei Frauen: cortico.sp1

Hämophilie
☞ *Blutung - Blut - gerinnungsfähig*

Hämorrhagie
☞ *Blutung*

Harnsaure Diathese, Anlage zur Steinbildung: berb.bg2 chinin-s.bg2 coc-c.bg2,c2 fab.br1 *Lyc.*bg2 lysd.c1,c2 nat-s.bg2 sep.bg2 skook.c2 thlas.c2 urt-u.bg2

Härte, Verhärtung: alum. ant-c.bg3 *Ars.* bar-c. **Bell.** *Bry. Calc. Calc-f. Carb-ac.*bg3 cist.bg3 **Clem. Con.** *Graph. Iod. Kali-m.*bg3 *Lyc.* merc.bg3 **Phos.** *Phyt.*bg3 *Plb.* **Rhus-t. Sep. Sil.** *Sulph.* tarent.bg3
☞ *Verhärtungen*

Harten Bettes; Gefühl eines: acon.bg2,k agar. alum.bg2 **Arn.**bg2,k,* *Ars.* bamb-a.stb2 **Bapt.**bro1,k1,* bar-c. bry.bg2,k,* ~~canth.gk,xxx~~ caust.bg2,k cham.sf,sf1 con.bg2,k,* dros.bg2,k,* eup-per.sf,sf1 euphr.a1,bg2 fago.a1 *Ferr. Ferr-p.* gels.bg3,ptk1 get.a1 graph.bg2,k hep.j5 ip. kali-c.bg2,k,* lach.bg2 lyc.h,k,* mag-c.bg2,k,* mag-m.bg2,k manc. merc. *Morph.*bro1 *Nat-s.*bg2,sf1,* nux-m.bg2,k nux-v.bg2,k,* *Op.*k,k1,* petr.a1,bg2,* phos.bg2,k,* plat.bg2,k,* podo.bg2,c1 *Psor.*bg2,sf1,* puls.bg2,k **Pyrog.**bg2,k1,* *Rhus-t.*bg2,k,* **Ruta**bro1,k1,* sabad.bg2,k sanic.c1 **Sil.**k,ptk1 spong. stann.bg2,k sulph. tarax.bg2,k thuj.bg2,k til.a1,bg2,* verat.bg2,k
– **alles**, worauf sie liegt, scheint zu hart: arn.br1

Haus; im
☞ *Luft - Zimmerluft*

Heben, Überheben, Überanstrengen der Muskeln und Sehnen:
– **durch**: acet-ac.st *Acon.*st *Agn.*c1,kr1,* alum.c1,k alum-sil.k2 alumn.kr1 *Ambr.* arist-cl.sp1 **Arn.**br1,k ars.bg2 bar-c. bell.st *Bell-p.*st *Borx. Bov.*kr1 *Bry.* **Calc.**c1,k calc-f.sp1,st calc-p.c1 *Calc-s.* calc-sil.k2 calen.st **Carb-an.**c1,k *Carb-v.*c1,k *Carbn-s. Caust.* chin. *Cocc.* coloc. **Con.** croc. cur. *Dulc.*k1,st *Ferr.* ferr-p. *Form.*c1,kr1,* **Graph.**c1,k *Hyper.*k2,st *Ign.*bg2 iod. *Kali-c.* kali-m.k2 kali-sil.k2 *Kalm.*kr1 lach. *Lyc.*c1,k *Mag-c.*j5 merc. *Mill.*c1,k mur-ac. *Nat-c.* nat-m. nit-ac. nux-v. olnd. *Ph-ac.*c1,k phos.c1,k plat. podo.c1,kr1 prun.c1 psor.c1 puls.c1,hr1 rhod. **Rhus-t.**c1,k **Ruta**c1,k1,* *Sec.*c1,k sep.c1,k **Sil.** spig. stann. staph. stront-c.st sul-ac. sulph. thuj. valer.
 ☞ *Verletzungen - Verrenkungen / Verletzungen - Verstauchungen / Verletzungen - Überanstrengung*
 • **Arme**, der: rhus-t.c1 sul-ac.c1
 • **Hochlangen**: sulph.c1
– **Neigung**, sich zu verheben: arn.sf1 bry.sf1 *Calc.*sf1 carb-v.sf1 con.sf1 graph.sf1 lyc.sf1 *Nat-c.*sf1,st nat-m.sf1,st psor.sf1,st *Rhus-t.*sf1 **Sil.**sf1,st *Symph.*sf1,st
 ☞ ❑ *Rücken - Verheben*
– **Beugesehnen**: ruta.k2

Heftiger Krankheitsverlauf: *Acon.*bg2 alum.bg2 anac.bg2 *Ars.*bg2 **Bell.**bg2 bry.bg2 canth.bg2 carb-v.bg2 **Cham.**bg2 cupr.bg2 glon.bg2 hep.bg2 *Hyos.*bg2 ign.bg2 iod.bg2 *Lach.*bg2 merc.bg2 **Nux-v.**bg2 **Stram.**bg2 sulph.bg2 *Tarent.*bg2 *Verat.*bg2

Heller Typ
☞ *Aussehen - hell*

Hepatitis
☞ ❑ *Abdomen - Entzündung - Leber*

Herbst
☞ *Jahreszeiten - Herbst*

Herunterhängenlassen der Glieder:
– **agg.**: *Alum. Am-c.* ang.bg2 bar-c.bg2 **Bell.**bg2 berb. **Calc.** *Carb-v. Caust.* cina con.bg2 dig. hep. ign. lyc. m-aust.bg2 nat-m. nux-v. ox-ac. par. ph-ac. phos. phyt. plat. plb. *Puls.* ran-s. ruta *Sabin.* sil.bg2 stann. stront-c.bg2,sf1 sul-ac. sulph. thuj. valer. *Vip.* vip-a.j1
– **amel.**: acon. am-m. anac. ant-c. arg-met. arg-n. *Arn.* asar. *Bar-c. Bell.* berb.bg2 borx. *Bry.* calc.bg2 camph. caps. caust. chin. cic. cina *Cocc.* coff. colch. coloc. **Con.** cupr. dros. euph. ferr. graph. hep. ign. *Iris Kali-c.* kreos. *Lach. Led.* lyc. *Mag-c. Mag-m.* mang.bg2 merc. *Mez.* nat-c. nat-m. nit-ac. nux-v. olnd. *Petr.* phos. plb. puls. ran-b. rat.bg2 *Rhus-t.* ruta *Sil.* stann. sul-ac. sulph. teucr. thuj. verat. verb.

Hinlegen, sich:
☞ *Müdigkeit*
– **muß** sich hinlegen
 ☞ *Verlangen*
– **Verlangen** sich hinzulegen: abies-c.br1 abrot.a1 absin.a1 **Acon.**a1,k adlu.a1,j1 aether.a1 alet.a1,k2 **Alum.** alum-p.a1,k2 alum-sil.k2 alumn.a1 *Am-c. Ambr.* amor-r.j1 *Anac.* androc.srj1 *Ant-c.* ant-t. *Apis* **Aran.** arn. **Ars.** ars-s-f.k2 asar. *Aur.* aur-ar.a1,k2 aur-s.a1,k2 bamb-a.stb2 *Bapt. Bar-c.* bar-i.k2 bar-m. bar-s.a1,k2 bell.a1,k1 bism. borx. brass-n-o.srj5 bry. buni-o.j1 caj.a1 **Calad.** *Calc.* calc-s.kr1 calc-sil.k2 cann-s.bg2,j5 canth. *Caps. Carb-an. Carb-v.* carbn-o.a1 **Carbn-s.** *Casc. Caust.* cench.a1,k2 **Cham.** *Chel.* chin. chinin-ar. *Chlol.*bg2 chlor.a1 cic.j5 cina clem.j5 *Cocc.*a1,k coff. colch.bg2,k2 coloc.a1 *Con.* croc. crot-h.j5 crot-t.j5 cupr. *Cycl.* daph.j5 dig. dor.a1 dros.a1,k dulc. euonin.j5 **Ferr.**a1,k ferr-ar.k2 ferr-m.a1 ferr-p. form.bg2,h gels.a1,k gink-b.sbd1 gran.j5 *Graph.* grat.a1,j5 *Guaj.* ham.a1 hell.a1,j5 hep.h,j5 hipp.a1 hydr.a1 hydrog.srj2 hyos.h,j5 iber.a1,j1 *Ign.* ip. **Kali-ar.** *Kali-bi. Kali-br.*bg2 **KALI-C.**k,k1,* kali-m.a1,k2 kali-n.bg2,j5,* kali-s. *Kali-sil.*a1,k2 *Lach.*a1,k laur.j5 led. lil-t.bg2 *Lyc.*a1,k m-arct.j5 mag-c. mag-m. manc.a1,k mang.h merc.a1,k merc-c.bg2 merc-i-f.a1 mez.a1,bg2 mosch.kr1 mur-ac. naja.k2 nat-ar. nat-c.a1,k *Nat-m.* nat-p. nat-s.j5,k2,* *Nat-sil.*a1,k2 neon.srj5 nit-ac.k1 nux-m.bg2,j5 **Nux-v.**a1,k olnd.bg2,j5 op.a1,k ox-ac.a1,j5,* par.j5 paull.a1 *Petr. Ph-ac. Phos.*a1,k *Phyt. Pic-ac. Plan.*bg1,vh/dg,* plb.j5 polyp-p.a1 psor.k2,sf1 *Puls.* ran-b. raph.j5 *Rhus-t.*a1,k ruta sabad. sabin.j5 sal-n.a1 sang.a1 **Sel.**a1,k senec.sf1 *Seneg.*kr1 *Sep.* **Sil.** *Spong.*

Hinlegen, sich - **Verlangen** sich hinzulegen: ... *Stann.* staph. *Stram.* stront-c. sulfonam.$_{jl}$ *Sulph.* *Sumb.*$_{al,k}$ tab.$_{al}$ tarax. *Tarent.*$_{al,k}$ teucr. thea$_{al,j5}$ ther.$_{j5}$ thuj. tub.$_{al}$ verat. vip.$_{j5}$ visc.$_{sp1}$ wildb.$_{al}$ zinc.$_{al}$ zinc-p.$_{al,k2}$ *Zing.*$_{k,kr1,*}$

☞ ❑ *Gemüt - Erschöpfung* / ❑ *G~ Langeweile* / ❑ *G~ Stumpfheit*

• **agg.**; aber dadurch: alum.$_{bg1,k1}$
• **Abdomen** während der Schwangerschaft; auf das: *Podo.*$_{st}$
• **Dunkelheit**, in der: tarent.$_{st}$
• **Essen**, nach dem: ant-c.$_{bg2,h}$ caust.$_{bg2}$ chel.$_{h}$ *Chin.*$_{bg2,h}$ clem.$_{h}$ *Lach.* nat-m.$_{bg2,h}$ nit-ac.$_{h}$ *Sel.*
• **Stuhlgang**; nach jedem: arn.$_{br1}$

– **will** sich nicht hinlegen, sitzt aufrecht im Bett: kali-br.

Hinuntergleiten im Bett

☞ *Schwäche - lähmungsartig - rutscht*

Hitze:

– **erkrankten** Teile; der:

☞ *Gefühl*

• **linke** Seite: bell.$_{al}$ lac-ac.$_{al}$ rhus-t.$_{al}$
• **rechte** Seite: op.$_{al}$

– **Gefühl** von: acet-ac.$_{k13,k2}$ achy.$_{jl,jl3}$ adam.$_{srj5}$ agar.$_{bg2,k}$ agn.$_{bg2,k}$ allox.$_{sp1}$ aloe$_{k2}$ *Alum.*$_{bg2,k}$ *Alumn.*$_{hr1,kr1}$ am-c.$_{bg2,k}$ androc.$_{srj1}$ anh.$_{mg,mg1,*}$ ant-t.$_{bg2,k}$ **Apis** aran-ix.$_{mg,mg1}$ *Arg-n.* ars.$_{bg2,k}$ ars-i. ars-s-f.$_{k2}$ asaf.$_{bg2,k}$ *Asar.*$_{bg2,hr1,*}$ *Aur.* *Aur-i.* *Aur-m.* *Bar-c.* bov.$_{bg2,k}$ brass-n-o.$_{srj5}$ bry.$_{bg2,k}$ *Calc.*$_{bg2,k}$ *Calc-i.* **Calc-s.** *Camph.*$_{bg2,k}$ **Cann-s.**$_{bg2,k,*}$ canth.$_{bg2,k}$ caps.$_{bg2,k}$ carb-an.$_{bg2}$ carc.$_{dgt}$ caust.$_{bg2,k}$ chel.$_{bg2,k}$ chin.$_{bg2,k}$ choc.$_{srj3}$ cic.$_{c1}$ cina clem.$_{al}$ cob-n.$_{sp1}$ **Coc-c.** cocc.$_{bg2,k}$ **Coff.**$_{bg2,k}$ colch.$_{bg2,k}$ com. *Croc.*$_{bg2,k}$ cycl.$_{bg2,k}$ cyt-l.$_{jl,jl3}$ *Dros.* dulc.$_{h1}$ euph.$_{bg2,k}$ **Fl-ac.**$_{bg2,k}$ flor-p.$_{mg,mg1}$ gink-b.$_{sbd1}$ graph.$_{bg2,k}$ haliae-lc.$_{srj5}$ hed.$_{mg,mg1}$ hell.$_{bg2,k}$ hist.$_{mg,mg1,*}$ *Hydrog.*$_{srj2}$ *Hyos.*$_{gl1}$ hypoth.$_{jl,jl3}$ ign.$_{bg2,k}$ **Iod.**$_{bg2,k,*}$ *Ip.*$_{bg2,k}$ kali-ar.$_{dgt}$ kali-c.$_{bg2,k}$ *Kali-i.* kali-n.$_{bg2,k}$ **Kali-s.** kreos.$_{bg2,k}$ *Lach.* *Laur.*$_{bg2,k,*}$ **Lil-t.** luna$_{kg1}$ **Lyc.** lyss.$_{mg,mg1}$ mag-c.$_{bg2,k}$ *Mag-m.*$_{bg2,k}$ mand.$_{sp1}$ *Mang.*$_{bg2,k,*}$ meph.$_{bg2,sf1,*}$ *Merc.*$_{bg2,k}$ nat-c.$_{bg2,k}$ **Nat-m.**$_{bg2,k}$ **Nat-s.** neon$_{srj5}$ *Nit-ac.*$_{bg2,h}$ *Nux-m.*$_{bg2,k,*}$ *Nux-v.*$_{bg2,k,*}$ oci-sa.$_{sp1}$ ph-ac.$_{bg2,k}$ *Phos.*$_{bg2,k}$ *Plat.*$_{bg2,k}$ psil.$_{ft1}$ *Psor.* *Ptel.* **Puls.**$_{bg2,k}$ ran-b.$_{bg2,k}$ rauw.$_{sp1}$ rheum rhod.$_{bg2,k}$ rhus-t.$_{bg2,k}$ *Sabad.*$_{bg2,k,*}$ *Sabin.*$_{bg2,k}$ samb.$_{bg2,k}$ sars.$_{bg2,k}$ **Sec.**$_{bg2,k}$ *Seneg.*$_{bg2,k,*}$ sep.$_{bg2}$ *Spong.* staph.$_{bg2,k}$ **Sul-ac.**$_{bg2,k,*}$ **Sul-i.** **Sulph.**$_{bg2,k,*}$ tab.$_{bg2,sf1,*}$ teucr.$_{bg2,k}$ thuj.$_{bg2,k}$ *Tub.*$_{k1,k13}$ valer.$_{bg2,k}$ *Verat.*$_{bg2,k,*}$ *Zinc.*$_{bg2,k}$

☞ *erkrankten Teile*

• **tagsüber**: bamb-a.$_{stb2}$
• **abends** im Bett: *Bry.* fl-ac.$_{k13,k2}$
• **nachts**: bamb-a.$_{stb2}$ bar-c.$_{h}$ cench.$_{k2}$ cham. choc.$_{srj3}$ con.$_{h}$ fl-ac.$_{k13,k2}$ nat-m. neon$_{srj5}$ *Phos.* puls.$_{h,sf1,*}$ rhus-t.$_{h}$ sil. zinc.
  • **ersten** Schlaf; im: adam.$_{srj5}$
  • **Erwachen**; beim: hydrog.$_{srj2}$

◆ **abwechselnd** mit Gefühl von Kälte: hist.$_{jl,jl3}$

• **Anstrengung**, bei: alum. choc.$_{srj3}$ squil.
• **aufsteigend**: cob-n.$_{sp1}$

Hitze - Gefühl von: ...

• **Bewegung**, bei der geringsten: squil.$_{h}$
• **Bier**, nach: bell.$_{st}$
• **einzelnen** Teilen, in: apis$_{bg2}$ borx.$_{bg2}$ par.$_{bg2}$ ph-ac.$_{bg2}$ pime.$_{al}$
• **Erwachen**, beim: bamb-a.$_{stb2}$ **Bar-c.** choc.$_{srj3}$ fl-ac. *Graph.* hydrog.$_{srj2}$ nat-m. *Sil.* zinc.
• **Essen**:
  • **nach**: cycl.$_{k13,k2}$
    • **warmen** Speisen, von: *Carb-v.* *Ferr.* *Kali-c.* lach. *Mag-c.* **Phos.** **Puls.** sep. *Sul-ac.*
• **Gehen**, beim: samb.$_{h}$
• **Getränke**, durch warme: mag-c.$_{k2}$
• **Hand** gelegen hat, wo die: hyos.$_{h}$
• **Husten**, beim: sep.$_{h}$ squil.$_{h}$
• **Menses**; vor den: bamb-a.$_{stb2}$
• **Ruhe** agg.: achy.$_{jl,jl3}$
• **Sprechen**, beim: squil.$_{h}$
• **Übelkeit**, mit: chel.$_{st}$
• **Wetter**; selbst bei kaltem: luna$_{kg1}$

○ **Blutgefäßen**, in den: agar. am-m.$_{k2}$ **Ars.** *Aur.* aur-ar.$_{k2}$ benz-ac.$_{st}$ *Bry.* *Calc.* *Hyos.* med. nat-m. nit-ac. op. **Rhus-t.** *Sulph.* syph.$_{bg2,k2,*}$ *Verat.*

  • **Venen**: xan.$_{c1}$

• **Nerven**; entlang der: acon.$_{k2}$

– **Hitzewallungen**: acet-ac.$_{al,k}$ *Acon.*$_{k,k2,*}$ adam.$_{srj5}$ aesc.$_{al,k}$ aeth.$_{al}$ agar.$_{al,bg2,*}$ agn.$_{bg2,k}$ ail.$_{al,k}$ *All-c.*$_{al}$ *Aloe*$_{sf1}$ alum.$_{h,k,*}$ alum-p.$_{k2}$ alum-sil.$_{k13,k2}$ *Alumn.* am-c.$_{bg2,k}$ am-m.$_{bg2,k,*}$ ambr.$_{bg2,k,*}$ **Aml-ns.**$_{c2,k1,*}$ androc.$_{srj1}$ ang.$_{bg2,k,*}$ ant-t.$_{bg2,k,*}$ apis apoc.$_{al}$ aran-ix.$_{mg,mg1,*}$ *Arg-n.*$_{sf,sf1,*}$ arist-cl.$_{mg,mg1}$ *Arn.*$_{bg2,k,*}$ ars.$_{bg2,k,*}$ *Ars-i.* ars-s-f.$_{k2}$ arum-t. asaf.$_{bg2}$ asar.$_{bg2,k}$ aur.$_{bg2,k}$ bamb-a.$_{stb2}$ bapt.$_{bg2,k}$ bar-act.$_{al}$ bar-c.$_{bg2,k}$ bar-s.$_{k2}$ *Bell.*$_{bg2,k1,*}$ berb. bism.$_{bg2,k}$ bol-la.$_{al}$ bor-ac.$_{c,c1}$ borx. bov.$_{bg2,k,*}$ brom.$_{al,k}$ bruc.$_{j5}$ bry.$_{bg2,k,*}$ bufo buth-a.$_{sp1}$ *Cact.* **Calc.**$_{bg2,k,*}$ calc-i.$_{k2}$ *Calc-s.* calc-sil.$_{k13,k2}$ camph.$_{k13,k2}$ cann-s.$_{bg2,j5,*}$ canth.$_{bg2}$ carb-an.$_{bg2,k}$ *Carb-v.*$_{bg2,k}$ *Carbn-s.* *Carl.*$_{al}$ **Caust.**$_{bg2,k}$ cedr.$_{al}$ cench.$_{k13,k2}$ *Cham.*$_{bg2,k1,*}$ chel. chim.$_{al}$ *Chin.*$_{bg2,k,*}$ chinin-s. cic.$_{sf,sf1}$ *Cimic.*$_{al,sf1,*}$ cimx. *Cina*$_{kr1,st}$ clem.$_{al,bg2}$ **Cocc.**$_{bg2,k,*}$ coff.$_{bg2,k,*}$ *Colch.*$_{bg2,k}$ coll.$_{bg2}$ coloc.$_{bg2,k,*}$ con.$_{al}$ corn.$_{al,k}$ croc.$_{bg2,k}$ *Crot-h.*$_{hr1,k1,*}$ *Crot-t.*$_{k1,st}$ cupr.$_{bg2,k,*}$ cupr-am-s.$_{al}$ cyt-l.$_{mg,mg1}$ dig.$_{bg2,k}$ dros.$_{h,k2,*}$ dulc.$_{j5}$ *Elaps* ery-a.$_{hr1,kr1,*}$ eucal.$_{st}$ eup-per. euphr.$_{al,bg2}$ fago.$_{al}$ *Ferr.*$_{al,k}$ ferr-ar. ferr-i. ferr-p. fl-ac.$_{bg2,sf1,*}$ flav.$_{jl,jl3}$ flor-p.$_{mg,mg1,*}$ frax.$_{al,st}$ galin.$_{jl}$ *Gamb.*$_{hr1,k1,*}$ **Gels.**$_{bg2,hr1}$ **Glon.**$_{bg2,k,*}$ *Graph.*$_{bg2,k,*}$ guaj.$_{sf,sf1}$ helon.$_{al,k}$ hep.$_{bg2,k}$ hura hydr-ac.$_{st}$ hydrog.$_{srj2}$ hyos.$_{al,k}$ **Ign.**$_{bg2,k1,*}$ *Iod.*$_{bg2,k,*}$ ip.$_{bg2,k1,*}$ *Jab.*$_{br1,sf1,*}$ jug-r.$_{al}$ kali-ar.$_{al,k1,*}$ *Kali-bi.*$_{al,k1,*}$ kali-br.$_{bg2,sf1,*}$ **Kali-c.**$_{bg2,k1,*}$ *Kali-i.*$_{bg2,k1,*}$ kali-n.$_{al,j5}$ *Kali-p.*$_{k13,k2}$ *Kali-s.* kali-sil.$_{k2}$ kiss.$_{al}$ *Kreos.*$_{bg2,k,*}$ kres.$_{srb2}$ lac-ac.$_{hr1,k,*}$ **Lach.**$_{bg2,k,*}$ lachn.$_{al}$ lat-m.$_{jl,jl3}$ laur.$_{al,bg2}$ lil-s.$_{al}$ lipp.$_{al}$ lob.$_{hr1,k}$ luna$_{kg1}$ **Lyc.**$_{bg2,k,*}$ lyss. m-aust.$_{j5}$ mag-c.$_{bg2,j5}$ mag-m.$_{bg2,k,*}$ **Mang.**$_{bg2,k,*}$ marb-w.$_{es1}$ med.$_{hr1,kr1,*}$ **Meli.**$_{bg2}$ meny. meph.$_{sf,sf1}$ *Merc.*$_{bg2,k,*}$ merc-i-r.$_{al}$ methys.$_{jl}$ mit.$_{al}$ morph.$_{al}$ mosch.$_{al}$ nat-ar. nat-c.$_{bg2,k,*}$ nat-m.$_{bg2,k,*}$ nat-p. **Nat-s.** nep.$_{jl,jl3,*}$ nicc-s.$_{bro1}$ nid.$_{jl}$ **Nit-ac.**$_{bg2,k,*}$ nit-s-d.$_{hr1,kr1,*}$ *Nux-v.*$_{bg2,k}$ ol-an.$_{al,sf1,*}$

– **Hitzewallungen**: ...
ol-j.al olnd.bg2,k op.bg2,k,* *Ov.*sf,sf1,* *Ox-ac.*al,k *Petr.*bg2,k,* ph-ac.bg2,k **Phos.**bg2,k,* pilo.bro1 pip-m.al **Plat.**bg2,k1,* plb.al,bg2 podo. psil.ft1 **Psor.**al,k ptel.hr1,kr1,* **Puls.**k1,st ran-b.bg2 raph.c2,k rauw.jl,jl3 *Rhus-t.*bg2,k rumx. ruta sabad.bg2,k,* sabin.bg2,k sal-ac.hr1,sf1,* samb.bg2,j5 *Sang.*bg2,k,* saroth.jl,jl3 sec.sf,sf1 sed-ac.bro1 sel.sf,sf1,* seneg.bg2,j5 **Sep.**bg2,k,* *Sil.*bg2,k,* sol-a.al,k1,* spig.bg2,k *Spong.*bg2,k squil.sf,sf1 stann.bg2,k staph.bg2 *Stram.*hr1,k *Stront-c.*bg2,sf1 **Sul-ac.**bg2,k,* **Sul-i.**k13,k2 **Sulph.**bg2,k,* **Sumb.**al,k tab.al,sf1,* tanac.al *Ter.*st teucr.bg2,k thala.jl,jl3 **Thuj.**bg2,k,* thyr.bg2,jl til.al trom.hr1,kr1,* **Tub.** uran-n.sf1 *Ust.*sf,sf1 valer.bg2,k verat-v.bro1 vesp.bro1 vesp-xyz.c2 vinc.sf,sf1 viol-t.bg2 vip.al visc.jl,jl3 voes.al *Xan.* zinc.bg2,k,* zinc-p.k2 zinc-val.sf,sf1
☞ *Blutwallungen / Kongestion - Blutandrang / Schwäche - Hitze - Hitzewallungen / ❑ Gemüt - Angst - Hitzewallungen - während*
- **tagsüber**: *Bar-c.*hr1,kr1,* bism.al borx.al bry.al *Lach.*hr1,kr1,* nit-ac.al *Petr.*hr1,kr1,* *Senec.*hr1,kr1,*
- **morgens**: bism.hr1,k,* borx. carb-v.k2 ox-ac.hr1,kr1
  - **11** h, mit Hunger: **Sulph.**kr1
  - **Essen**, nach dem: thuj.
- **vormittags** agg.: sabad.al
- **nachmittags**: ambr. bell.al,k borx.kr1 colch.al,k con.al,k fago.al laur. meny. *Nat-p.*hr1,k2,* plb.al,k samb.al,k **Sep.**
  - **14** h: ptel.al
  - **16** - 21 h: arum-t.al,kr1,*
- **abends**: acon.al,k all-c. arum-t.al,k borx. carb-an.al,k carb-v.al,k *Elaps*k1,st *Lyc.*hr1,k merc-c.al,k nat-p.al,k *Nat-s.*hr1,k,* nit-ac.al,k phos.al,k *Psor.*al,k **Sep.**al,k *Stann.*kr1,st *Sulph.*al,k
  - **Bett**; im:
    - **Schlaf**; verhindert den: gink-b.sbd1
  - **19** h: gins.al
  - **20** h, mit Übelkeit: ferr.
  - **20**.30 h: arum-t. cimic.al cina sep.
  - **Einschlafen**, vor dem: carb-v.
  - **Essen**, nach dem: carb-v.al,k choc.srj3 upa.al
- **nachts**: arum-t.hr1,kr1 bar-c.hr1,k flav.jl,jl3 haliae-lc.srj5 *Kali-i.*hr1,kr1,* psil.ft1 *Rhod.*hr1,kr1 *Sep.*hr1,kr1 spig.hr1,k *Sulph.*hr1,kr1
  ☞ *Blutwallungen - nachts / ❑ Schlaf - Schlaflosigkeit - Menopause*
  - **3** h: fago.al
  - **Schweiß** ausbrechen würde; als ob: bapt.
- ◆ **abwechselnd** mit:
  - **Angst**
    ☞ *❑ Gemüt - Angst - abwechselnd mit - Hitzewallungen*
  - **Brust**; Schmerz in der: lachn.al
  - **Frost**: acon.al,k ang.al ars.al,k asar. *Calc.*hr1,k1,* *Chinin-s.*k1,st corn.al,k gels.vh iod. jug-c.al *Kali-bi.*hr1,k,* kalm.al med.hr1,k morph.al pin-s.al *Sep.* spig. tub.c1
  - **Kälte**; sibirische: helo.c1 helo-s.c1
  - **Kopfschmerz**: lyss.hr1,kr1,*
- **Anstrengung**, durch die geringste: alum. *Merc.*hr1,kr1 *Olnd.*hr1,kr1 ox-ac.k2 *Sep.*al,k sul-i.k2 *Sumb.*

– **Hitzewallungen**: ...
- **Bett**, im: eupi.al
- **Bewegung**, durch: *Helon.*hr1,k1,* nux-v.al *Sep.*hr1,kr1,*
- **Erbrechen**, nach: tab.al
- **Essen**: bov.kr1 *Calc-s.* nux-v. psor.
  - **nach**: alum. arg-n. carb-v. card-b.al cinnb.hr1,kr1 *Lach.*hr1,kr1 par.al,k sumb.al,k upa.al
    - **amel**.: chin.h
- **Fluor**, bei: *Lach.*kr1 lyc.kr1 *Sulph.*kr1
- **Freien** amel.; im: mosch.al
- **Frost**:
  - **vor**: **Caust.** sang.
  - **nach**: ail.hr1,kr1 cimx.hr1,kr1
- **Frösteln**:
  - **nach**: corn.al gast.al gels.al nat-p.hr1,kr1,* nit-ac.al *Puls.*hr1,kr1,* rhus-t.al sang.al
  - **mit**: agar. am-br.al apis *Ars.*al,k aur.k2 *Carb-v.*al,k *Colch.*hr1,k corn.al,k eup-per. kali-bi. lach. lob. mang.k2 *Merc.*al,k *Petr.*hr1,kr1,* plat.al,k puls. sang.hr1,kr1 sep. sulph. ter. thuj.al,k
- **Gehen**, beim:
  - **amel**.: fago.al
  - **Freien**, im: caust. hydrog.srj2 tarax.al
- **geistige** Anstrengung, durch: *Lach.*kr1 olnd.
- **Gemütsbewegungen**, durch: lach. *Phos.*
- **Herzklopfen**, mit: *Calc.*hr1,kr1,* iod.hr1,kr1 **Kali-c.** lach.kl sep.kl sul-i.k2
- **Koitus**, nach: *Dig.*hr1,kr1,*
- **Kopfschmerzen**, bei: agar.h
- **Laufen**, beim: sul-i.k2
- **Liegen** amel.: nux-v.hr1,kr1,* thuj.al
- **Menopause**; während der: acon.kr1,sf1 *Aml-ns.*k2,kr1,* *Arg-n.*kr1,sf1 aur.k2,kr1,* *Bell.*kr1,sf1 bor-ac.kr1,sf1,* calc.kr1,sf1 carc.pd con.kr1,sf1 *Croc.*kr1,sf1 *Crot-h.*kr1,sf1 *Dig.*kr1,sf1 *Eucal.*kr1,sf1 ferr.kr1,sf1 *Glon.*kr1,sf1 hydr-ac.kr1,sf1 jab.kr1,sf1,* *Kali-bi.*kr1,sf1,* *Kali-br.*kr1,sf1 kali-c.kr1,sf1 **Lach.**k2,kr1,* lyc.kr1,sf1 **Mang.**kr1,sf1,* nux-v.kr1,sf1 ol-an.kr1,sf1 ov.kr1,sf1 ph-ac.kr1,sf1 *Plat.*kr1,sf1 puls.gg *Sang.*kr1,sf1,* *Sep.*k2,kr1,* stront-c.kr1,sf1 **Sul-ac.**k2,kr1,* **Sulph.**k2,kr1,* sumb.kr1,sf1 *Ter.*kr1,sf1 *Ust.*kr1,sf1 valer.kr1,sf1 vinc.kr1,sf1 xan.kr1,sf1 zinc-val.kr1,sf1
- **Menses**:
  - **vor**: alum. ferr.bro1 glon.bro1 iod.hr1,k kali-c.kl *Lach.*bro1 *Sang.*bro1 sulph.bro1
  - **während**: nat-p. ph-ac.hr1
- **Mittagessen**:
  - **beim**: calc-s. nux-v.
  - **nach**: par.al sumb.al
- **Ohnmacht**, mit: *Crot-t.*hr1,kr1 **Sulph.**hr1,kr1
- **Rücken** oder Magen; vom: phos.k13,k2
- **Schlaf**:
  - **vor**: *Carb-v.*hr1,kr1,*
  - **im**: alum-sil.k2 carb-an.k2 cham. kali-p.k2 nat-m. *Phos.*hr1,k ran-b.al sil. zinc.
  - **verhindert**: *Psor.*kr1,st *Puls.*kr1,st
- **Schwäche**, mit: *Phos.*kr1
  - **nach** Hitzewallungen: dig.c1 **Sep.**kr1,st **Sulph.**kr1 *Xan.*st

– **Hitzewallungen**: ...
- **Schwangerschaft**; während der: glon.kr1,sf1,* *Sulph*.hr1,kr1,* *Verat*.hr1,kr1,*
- **Schweiß**:
  - **Angst**, und: ang. kali-bi.
  - **mit**: acet-ac. am-m.hr1,k ant-c. aran-ix.mg,mg1,* aur. bell. camph.k13,k2,* *Carb-v. Chin*.st cimic.hr1 cob.hr1,kr1,* **Con.**kr1,kl2●,* *Fl-ac*.vh *Hep.* hipp.st hydrog.srj2 *Ign*.hr1,kr1,* ipom-p.kr1 jab.sf1 kali-bi.hr1,k *Kali-i*.hr1,st kres.jl *Lach*.k,kl2● lyss.c1,hr1,* nux-v.sf1 op. *Ox-ac*.hr1,kr1,* petr.h,kl psil.ft1 **Psor.**kr1,kl2●* *Sep*.k,kl2● spig.hr1 *Sul-ac*.k1,st *Sulph*.k,kl2● *Ter*.hr1,kr1,* **Tub.**k,kl2● valer.sf1 *Xan.*
    - **nachts**:
      - **0** - 1 h: *Fl-ac*.vh
    - **Gesicht** und Hände: calc.h
  - **ohne**: **Lach.**st
- **sexuellen** Exzessen, nach: *Dig*.hr1,kr1
- **Sitzen**, im: sep.h
- **Stuhlgang**, nach:
  - **amel.**: agar.a1
- **Übelkeit**, mit: hydrog.srj2 *Merc*.hr1,kr1,* *Nux-v*.hr1,kr1 sang.hr1,kr1
- **Unverträglichkeit** von: arg-n.br1
- **warmem** Wasser, wie mit:
  - **bespritzt**: calc. cann-s. nat-m. phos. *Puls. Rhus-t.* sep.
    ☞ *Wasser - spritzen*
    - **Gedanke** kommt; wenn ihm lebhaft ein: *Phos.*
  - **überschüttet**: **Ars.** bry. ph-ac. phos. **Psor.** *Puls. Rhus-t.* **Sep.**
- **Wein**, nach: carb-v.k2
- **Zimmer**, im: helon.a1
- **Zorn**, nach: *Petr*.kr1 *Phos.*
  ☞ ❑ *Gemüt - Zorn*

▽ **erstreckt** sich zu:
- **oben**, nach: alum. alum-sil.k2 alumn. ars. ars-h.kr1 asaf. bamb-a.stb2 *Calc.* calc-sil.k2 carb-an. carb-v. chin. cinnb. *Ferr.* ferr-ar. **Glon.** *Graph.* hydrog.srj2 indg. iris kali-bi. *Kali-c.* lach.k2,oss laur. *Lyc.* mag-m. mang. naja.k2 nat-s. nit-ac. ox-ac.k2 *Phos.* plb. *Psor.* **Sep.** *Spong. Sulph. Sumb.* tarent. *Valer.*
  - **Hüfte**; von der: alumn.
  - **Rücken**, vom: *Sumb*.kr1,st
- **unten**, nach: aesc.kr1,st glon. hydrog.srj2 sang. xan.kr1
  - **Gesicht** zum Körper, vom: cench.k2
  - **Kopf** zum Magen, vom: *Sang.*
  - **Rücken** hinab, den: *Nat-c*.kr1,st *Sumb*.kr1,st

– **Lebenswärme**, Mangel an: *Acon*.c2 adam.srj5 *Aesc. Agar*.c2,k allox.jl,sp1 *Alum. Alum-p*.k2 **Alumn.**k1 am-br.sf1 *Am-c.* am-m.k1 am-n.a1 anac.st *Androc*.srj1 ang.j5,sf1 anh.jl,mg1,* *Ant-c.* **Aran.** aran-ix.jl,mg1,* *Arg-met. Arg-n.* arist-cl.mg1,sp1 *Ars*.c2,k ars-h.kr1 *Ars-i.* ars-s-f.k2 *Asar. Aur.* aur-s.k2 *Bamb-a*.stb2 **Bar-c.** *Bar-m.* bar-s.k2 borx. *Brom.* bufo.k1 buth-a.mg1,sp1 cact. cadm-s. **Calc. Calc-ar.** *Calc-f.* **Calc-p.** *Calc-s.* calc-sil.k2 calen.st **Camph.** *Caps.* **Carb-an.** *Carb-v. Carbn-s. Caul.* **Caust.**

Hitze - Lebenswärme, Mangel an: ...
Chel. Chin. chlor.kr1 chloram.jl chlorpr.jl choc.srj3 cic.jl *Cimic. Cinnb.* **Cist.** cob-n.mg1 coc-c.k2 *Cocc. Colch*.sf1 *Con.* cory.br1 **Crot-c.** cupr-act.kr1 cycl. cyt-l.mg1,sp1 dicha.jl,mg1 *Dig.* **Dulc.** *Elaps* esp-g.kk1,mg1 eucal.kr1 eucol.br1 euph.h,j5,* euphr.k2 **Ferr.** *Ferr-ar*.k,k2 ferr-p.k2 germ-met.srj5 gink-b.sbd1 **Graph.** *Guaj.* haliae-lc.srj5 hed.jl **Helo.** helo-s.c2 **Hep.** hir.jl hydr-ac.j5,sf1 *Hydrog*.srj2 *Ip.* **Kali-ar. Kali-bi.** kali-br.kr1 **Kali-c. Kali-p.** *Kalm. Kreos.* lac-ac. *Lac-d. Lach.* lat-m.jl,sp1 *Laur*.k1 **Led.** limest-b.es1 luna.kg1 *Lyc.* lycps-v.kr1 *Mag-c.* mag-m. **Mag-p.** mag-s.k1,mg1 *Mang.* marb-w.es1 *Med. Merc. Mez. Mosch. Naja Nat-ar.* nat-c. *Nat-m. Nat-p. Nat-sil*.k2 neon.srj5 nep.mg1 **Nit-ac.** *Nux-m.* **Nux-v.** *Ol-j.* ox-ac.k2 penic.jl,srb2 perh.jl *Petr.* **Ph-ac. Phos.** *Plb.* **Psor. Pyrog.** *Ran-b. Rhod.* **Rhus-t.** *Rumx. Sabad.* sapin.c2 sarcol-ac.jl saroth.jl,mg1 sars. *Senec. Sep.* **Sil.** *Spig. Stann. Staph. Stront-c. Sul-ac. Sulph. Sumb. Tarent.* thal.jl *Ther. Thuj. Tub.* tub-sp.zs v-a-b.jl,srb2 verat.c1,k2 vip-a.jl x-ray.sp1 zinc. zinc-p.k2
☞ *Kälte erkrankter*
- **nachmittags** nach dem Mittagsschlaf: con.h
- **Gehen**, nach dem: gins.
- **Körperübungen**, bei: plb. *Sil.*
- **Menopause**; während der: *Chin*.st
- **Übelkeit**, mit: arist-cl.sp1
- **Wärme** agg.; und: *Agar*.st **Alum.**st ant-c.st **Apis**st *Arg-n*.st *Ars-i*.st aur.st *Bar-c*.st borx.st **Bry.**st **Camph.**st **Carb-an.**st carb-v.st **Carbn-s.**st caust.st cocc.st dig.st *Dros*.st *Dulc*.st **Graph.**st guaj.st *Ip*.st *Kali-s*.st lach.st laur.st **LED.**st **Lyc.**st *Merc*.st **Mez.**st nat-c.st *Nat-m*.st *Nat-s*.st *Ph-ac*.st *Phos*.st **PULS.**st sabad.st spig.st staph.st *Sulph*.st *Thuj*.st zinc.st
  ☞ *Wärme - agg.*
- **warmes** Zudecken bessert nicht: *Asar.* haliae-lc.srj5 laur.k2 luna.kg1

Hodgkin Syndrom; Lymphogranulomatose: *Acon*.c1,c2 acon-l.c1,c2 *Ars*.c1,c2 *Ars-i*.bro1 *Bar-i*.bro1 buni-o.jl *Calc-f*.c1,c2,* ferr-pic.bro1 *Iod*.bro1 kali-bi.jsa *Kali-m*.c1,c2 *Nat-m*.c1,c2 phos.bro1 saroth.jl scroph-n.bro1 syph.k2,st
☞ *Krebsleiden*

Höhe
☞ *Gehen - Brücke / Gehen - fließendes / Steigen - hoch*

Hohl
☞ *Leeregefühl*

Hunger:
– **agg.**: *Alum. Anac*.sf1 ars-i.k2,sf1 *Aur. Cact.* calc-f.jl,mg1 canth. *Caust.* chel.sf1 cina.sf1 *Crot-t.* ferr. **Graph.**k,sf1 hell. **Iod.**k,sf1 **Kali-c.**k,sf1 lyc.sf1 olnd.k,sf1 *Phos*.k,sf1 plat. *Psor. Rhus-t.* **Sil.**k,sf1 *Spig.* stann. staph.sf1 **Sulph.** valer. verat. *Zinc.*

Husten agg. Symptome: abies-n.br1 adam.srj5
☞ ❑ *Husten - Husten agg.*

Hypertonie: acon.sf,sf1,* adon.sf,sf1,* *Adren*.sf,sf1,* agar.sf,sf1,* aml-ns.sf1,st anh.jl,st ant-ar.st aran.mg,mg1,* aran-ix.mg,mg1,* arg-n.st arn.mg,mg1,* ars.st asar.sf,sf1,*

Hypertonie: ...
aster.jl,st *Aur.*sf,sf1,* aur-br.st aur-i.sf,sf1,* aur-m.st aur-m-n.st *Bar-c.*sf,sf1,* bar-m.sf,sf1,* bell.oss cactin-m.hs1 cal-ren.st calc.st calc-f.sf,sf1,* calc-p.st caust.st chinin-s.st chlor.a1,st chloram.jl,jl3,* chlorpr.jl,jl3,* choc.srj3 coff.a1,sf1,* convo-s.sp1,st cortico.mg,mg1,* cortiso.jl,jl3,* crat.br1 cupr.st cupr-act.st cupr-ar.st cyna.jl,st cyt-l.mg,mg1,* dig.st ergot.jl,st esp-g.jl,kk1,* fl-ac.sf,sf1,* gels.a1,st glon.sf,sf1,* *Grat.*st ign.st iod.sf,sf1,* irissf1,st kali-c.st kali-chl.st kali-m.st kali-p.st kali-sal.st kres.mg,mg1,* lach.mg,mg1,* lat-m.jl,st,* lyc.st mag-c.st mand.jl,jl3,* methys.jl,st najamg1,st nat-met.stj2 nit-ac.st nux-v.sf,sf1,* onop.jl,st ph-ac.st phos.st pic-ac.st pitu.jl,jl3,* *Plb.*sf,sf1,* plb-i.sf,sf1,* psor.st pulm-a.srb2,st puls.st rad-br.st *Rauw.*mg,mg1,* reser.jl,jl3,* rhus-t.k1,st sang.st *Sec.*sf,sf1,* sep.st sil.st squil.sf,sf1,* *Stront-c.*sf1,st *Stront-i.*sf,sf1,* sulph.st *Sumb.*st tab.st thal.jl,jl3,* thlas.st thuj.st valer.sf,sf1,* vanad.st **Verat.**st verat-v.st *Visc.*sf,sf1,*

Hypothermie: arg-n.hr1,kr1 *Ars.*hr1,kr1 ars-h.hr1,kr1 cact.kr1,st chlor.hr1,kr1 cupr-act.kr1 eucal.hr1,kr1 kali-br.hr1,kr1 lycps-v.kr1
– **hartnäckig** subnormale Temperatur: cact.br1

Hypotonus (einschließlich arterieller Hypotonie): acon.mg,mg1 adlu.jl,mg1 agar.mg,mg1 aran.mg,mg1 *Cac.*a1 cact.br1,mg1 chlorpr.jl3,mg1,* cortico.jl3,mg1,* crat.br1 cur.mg1,st gels.mg1 guips.br1 halo.jl,mg1 hist.mg1,sp1 lach.mg,mg1 lat-m.jl,mg1,* levo.jl3,mg1,* lyc.k2,mg1,* meph.jl,mg1 najamg1 nat-f.mg1,sp1 rad-br.mg,mg1 rauw.jl3,mg1,* reser.jl3,mg1,* rib-ac.jl,mg1 staph.mg,mg1 sulfa.jl3,mg1,* thiop.jl,mg1 thymol.mg1,sp1 v-a-b.jl3,mg1,* verat.mg,mg1 voac-af.jsx1

Hypotonie: gels.vh

Ikterus
☞ ❑ *Haut - Farbe - gelb*

Impfung, nach: *Acon.*c1,c2 *Ant-t.*bg2,sf1 *Apis*k1,st *Ars.* *Bell.*c1,sf1 bufost carc.pc,spb crot-h.c1,c2 echi.c2,k graph.c1,c2 hep. kali-chl. *Kali-m.*bg2,kr1,* lac-v.c1 **Maland.**c2,k *Merc.*bg2,sf1,* **Mez.**c1,st *Ped.*st phos.c1 *Psor.*st rhus-t.bg2 sabin.kr1,st **Sars.**st sep.bro1 **SIL.**k1,st skook.c1 **SULPH.**k1,st **THUJ.**k1,st tub.hr,kr1,* **Vac.**c1,sf1,* *Vario.*bg2,sf1,*
– **Diphtherie**: diph.gm1 merc-cy.gm1
– **Gelbfieber**: ars.gm1
– **Meningitis**: apisgm1
– **Pocken**: maland.gm1 thuj.gm1
– **Prophylaxe**, als: sulph.bg2,st thuj.bg2,st vario.bg2,st
– **Typhus** abdominalis: bapt.gm1

Influenza: *Acon.*c2 all-c.c2 arn.br1 ars-s-r.c2 arum-d.c2 asc-c.c2 asc-t.c2 aven.c2 bamb-a.stb2 bapt.bg,c2 *Bell.*c2 bry.bg,c2 camph.bg,c2 camph-br.c2 canch.c2 capp-crc.br1 carb-ac.c2 carb-v.c2 card-m.c2 caust.bg,c2 cent.c2 cham.c2 chel.c2 chin.c2 cupr.bg dulc.c2 erio.c2 ery-a.c2 eug.c2 *Eup-per.*bg,c2 euph.c2 euphr.c2 ferr-p.bg *Gels.*bg,c2 germ-met.srj5 *Graph.*c2 haff.jl2 kali-i.c2 lob-p.c2 lob-s.c2 lyc.c2 menth.c2 merc.bg merc-k-i.c2 nat-s.c2,k2 *Nux-v.*bg oxyg.c2 phel.c2 phyt.c2 *Psor.*c2 pyrog.c2 *Rhus-t.*bg,k2,*

Influenza: ...
sabad.c2 salin.c2 salol.c1,c2 *Sang.*c2 sangin-n.c2 sanic.c2 sarr.c2 seneg.c2 stict.c2 still.c2 stry-xyz.c2 sul-i.c2 sulo-ac.c2 *Sulph.*c2 *Thymul.*ttm trios.c2 *Tub.*c2,gk tub-a.c2 *Verat.*c2 verat-v.c2 wye.c2 yers.jl2 ziz.c2
◆ **begleitet** von:
 • **Zunge**:
  • **braune** Farbe der Zunge: chel.kr1,vk1
  • **rissige** Zunge: chel.kr1,vk1
  • **weiße** Farbe der Zunge: *Merc-i-r.*kr1,vk1
– **Beschwerden** nach: merc-k-i.gm1 scut.c1
☞ *Rekonvaleszenz - Grippe*
– **Gefühl** von: lunakg1

Jahreszeiten:
– **Frühling**, im:
 • **agg.**: acon. all-c.bg2,bro1,* **Ambr.**k,st *Ant-t.* *Apis* *Ars-br.*bro1 *Aur.*k,st bar-m. **Bell.**k,st brom.k2,st *Bry.*k,st **Calc.**k,st *Calc-p.*bg2,bro1,* *Carb-v.*k,st *Cench.* *Chel.* cinah *Colch.* con.c1 crot-h.j5,k2,* dulc. **Gels.**bg2,kr1,* ham.bg2 hed.mg1 hep. *Iris* *Kali-bi.* **Lach.** **Lyc.**k,st merc-i-f.c1 nat-c.bg2,sf1,* *Nat-m.*k,st *Nat-s.* nit-s-d.bro1,st nux-v. *Puls.*k,vh *Rhod.*c1,vh,* *Rhus-t.* *Sars.*k,st sec. sel.bg2 *Sep.*k,st *Sil.*k,st *Sulph.*k,st urt-u.bg2 *Verat.*
 • **amel.**: flav.jl
 • **Beschwerden** seit: con.c1 kali-bi.c1 merc-i-f.c1
– **Herbst**, im:
☞ ❑ *Gemüt - Jahreszeiten - Herbst*
 • **agg.**: all-c.c1 *Ant-t.* *Aur.*k1 bapt. bar-m. brom.k2 bry. *Calc.* calc-p.bg2,sf1,* *Chin.* cic. *Colch.*k1,st *Coloc.*bg2 *Dulc.*bg2,k2,* *Graph.*k1,st hed.mg1 hep. ign.bg2,sf1,* irisbg2,st **Kali-bi.**k1,st **Lach.** *Merc.*k1,st merc-c.bg2,st nat-m.bg2,sf1,* nux-v. rhod.c1,st **Rhus-t.** *Stram.* *Verat.*
 • **amel.**: flav.jl
 • **Beschwerden** seit: kali-bi.c1
– **Sommer**, im:
 • **agg.**: *Acon.*k2 *Aeth.* aloebg2,sf1 *Alum.* alum-sil.k2 **Ant-c.**k1,st apisbg2,sf1,* arg-n. ars-i. bapt.kr1,st bar-c. **Bell.**k1,st borx. bov.bg2,kr1,* brom.k2,st **Bry.**k1,st calc.bg2 **Camph.**kr1,st **Carb-v.**k1,st *Carbn-s.* cham. *Chion.* cinabg2,k2,* cinnb. coff.k2 colch.k2 croc.bro1 crot-h.bg2,sf1 crot-t.st cupr.bg2,sf1,* dulc.bg2 **Fl-ac.** *Gamb.*kr1,st **Gels.**bg1,bg2,* **Glon.**bg2,k2,* graph. *Guaj.* *Iod.* irisbg2,sf1,* **Kali-bi.** kali-br.st kali-c.sf1,st kali-i.bg2 **Lach.**k1,st *Lyc.*k1,st mur-ac.bg2,sf1,* **Nat-c.**k1,st *Nat-m.* nit-ac.bro1 nux-m.bg2,sf1,* nux-v. *Ph-ac.*bg2,st *Phos.*bg2,sf1,* pic-ac.bro1 *Podo.*bg1,bg2,* *Psor.* **Puls.**k1,st rheumst rhod.bg2,sf1,* sabin.bro1 *Sel.* sep.bg2,sf1,* sin-n.c1 sul-i.k2 syph.k2,st thuj. *Verat.*kr1,st verat-v.bg2,st
 • **amel.**: aesc.bg2,sf1,* alum.bg2,sf1 ars-i.bg2,sf1 aur.bg2,sf1 aur-ar.bg2,k2,* calc-p.bg2,sf1 calc-sil.bg2,k2,* caust.bg2,sf1,* ferr.bg2,sf1 kali-sil.bg2,sf1 *Petr.*bg2,sf1 psor.bg2,sf1 sil.bg2,sf1,* stront-c.bg2,sf1
 • **Beschwerden** seit: podo.c1 sin-n.c1
 • **Kindern**, bei: *Ip.*st
 • **kühlen** Tagen, nach: **Bry.**kr1,st

– **Sommer**, im: ...
• **Sonnenwende**, zur: apisst **Bell.**st brom.st *Bry.*st *Carb-v.*st *Gels.*st irisst *Kali-bi.*st **Lach.**st *Lyc.*st nat-c.st *Nat-m.*st nux-v.st *Puls.*st rhod.st sep.st *Verat.*st
– **Winter**, im:
• **agg.**: **Acon.**kl,st *Aesc. Agar. Alum.* **Am-c.**kl,st ammc. *Arg-met.* **Ars.**kl,st ars-i.k2 **Aur.** aur-ar.k2 aur-s.k2 *Bar-c.*kl,st *Bell.* borx.st bov. **Bry.**kl,st *Calc. Calc-p.* calc-sil.k2 **Camph.**kl,st *Caps.*kl,st carb-an. *Carb-v.*kl,st carbn-s.k2 *Caust. Cham.*k2,st cic. cina cist.bg2 colch. *Con.*kl,st **Dulc.**kl,st *Ferr.* ferr-ar. **Fl-ac.** graph.bg2,k2,* **Hell.**kl,st **Hep.**kl,st *Hyos.*kl,st *Ign.*kl,st *Ip.*kl,st *Kali-bi.* **Kali-c.**kl,st *Kali-p.* kali-sil.k2 *Kalm.*bg2,st **Lyc.**kl,st mag-c. **Mang.**kl,st *Merc. Mez.* **Mosch.**kl,st nat-ar. nat-c. nat-m. **Nux-m.**kl,st **Nux-v. Petr.**kl,st ph-ac. *Phos.* prot.jl **Psor.**kl,st **Puls.**kl,st *Rhod.*kl,st **Rhus-t.** ruta *Sabad.* sangin-n.c1,st sars. sec.bg2 *Sep. Sil.* spig. spong. stann.bg2,sf1,* **Stront-c.**kl,st *Sulph.*kl,st syph.k2,st **Verat.**kl,st viol-t.
• **amel.**: glon.k2 ilx-a.k2 ilx-c.k2,kr1,* sul-i.k2
• **Beschwerden** seit: sangin-n.c1
• **Sonnenwende**, zur: *Aur.*st bry.st *Calc.*st calc-p.st cic.st colch.st *Dulc.*st graph.st hep.st ign.st *Kali-bi.*st merc.st nat-m.st nux-v.st *Rhod.*st **Rhus-t.**st *Verat.*st

Jod; nach Mißbrauch von: ant-c.sf,sf1 ant-t.hr1,kr1,* *Ars.*hr1,j5,* bell.hr1,sf1,* camph.hr1,sf1,* chin.hr1,sf1,* chinin-s.kr1,sf1 coff.hr1,sf1,* *Conv.*bg2,sf1,* *Hep.*bg2,hr1,* lycps-v.sf1 merc.hr1,kr1,* *Op.*bg2,hr1,* phos.hr1,j5,* *Sec.*bg2,sf1,* spong.hr1,kr1,* sulph.hr1,j5,*

Jucken:
– **erkrankter** Teile: dig.h
○ **Drüsen**, der: am-c.bg2,k *Anac.*bg2,k ant-c.bg2,k canth.bg2,k carb-an.bg2,k carb-v.bg2,k *Caust.*bg2,k cocc.bg2,k **Con.**bg2,k *Kali-c.*bg2,k mag-c.bg2,k merc.bg2,k nit-ac.h *Phos.*bg2,k ran-s.bg2,k rheum rhus-t.bg2,k sabin.bg2,k sep.bg2,k *Sil.*bg2,k *Spong.*bg2,k sulph.bg2
– **Haut**; der
☞ *❑ Haut - Jucken*
– **innerlich**: acon.bg2 agar.bg2 alum.bg2 am-c.bg2 am-m.bg2 **Ambr.**bg2 amph.a1 anac.bg2 ang.bg2 ant-t.bg2 apisbg2 arn.bg2 asar.bg2 bar-c.bg2 bell.bg2 borx.bg2 bov.bg2 brom.bg2 bry.bg2 calc.bg2 caps.bg2 carb-v.bg2 caust.bg2 cham.bg2 chin.bg2 cic.bg2 cinabg2 cocc.bg2 colch.bg2 *Con.*bg2 croc.bg2 dig.bg2 euph.bg2 *Ferr.*bg2 fl-ac.bg2 graph.bg2 hep.bg2 ign.bg2 **Iod.**bg2 ip.bg2 *Kali-bi.*bg2 kali-c.bg2 lach.bg2 *Laur.*bg2 led.bg2 mag-c.bg2 mag-m.bg2 meny.bg2 merc.bg2 mosch.bg2 nat-c.bg2 nit-ac.bg2 nux-m.bg2 **Nux-v.**bg2 olnd.bg2 petr.bg2 ph-ac.bg2 **Phos.**bg2,h plb.bg2 puls.bg2 rhod.bg2 rhus-t.bg2 rutabg2 sabad.bg2 sabin.bg2 sang.bg2 seneg.bg2 sep.bg2 sil.bg2 spig.bg2 spong.bg2 squil.bg2 *Stann.*bg2 sulph.bg2 tarax.bg2 teucr.bg2 thuj.bg2 verat.bg2 zinc.bg2
• **abends** amel.: amph.a1
– **Knochen**, der: verat.h

Kachexie: acet-ac.kr1,sf1,* arg-met.c1,kr1,* arg-n.a1,kr1,* arn.c1,kr1,* **Ars.**hr1,kr1,* ars-i.kr1,sf1,* bad.hr1,kr1,* bond.a1,kr1,* calc.c1,kr1,* caps.hr1,kr1,* carb-ac.a1,kr1,* chim.hr1,kr1,* chin.j5,k2,* clem.hr1,kr1,* *Coc-c.*hr1,kr1,* cund.hr1,kr1,* fl-ac.c1,kr1,* *Form.*hr1,kr1,* hydr.kr1,sf1,* *Iod.*hr1,kr1,* *Kali-bi.*hr1,kr1,* mang.kr1,sf1,* merc.a1,kr1,* merc-n.a1 merc-ns.a1,kr1,* morph.a1,kr1,* mur-ac.a1,kr1,* nat-m.hr1,kr1,* **Nit-ac.**hr1,kr1,* phos.c1,kr1,* phyt.kr1,sf1,* pic-ac.c1,kr1,* plb.a1,kr1,* sec.c1,kr1,* seneg.hr1,kr1,* thal.c1,kr1,* thuj.k2,kr1,* vip.a1,kr1,* x-rayc1,kr1,*
☞ *Abmagerung / Abmagerung - Krebsleiden / Krebsleiden - kachektischer*
– **Radiumtherapie**; nach: phos.gm1

Kälte:
– **agg.**: abrot.kl acet-ac.k2 achy.jl *Acon. Act-sp.*bg2 adon.sf1 aesc. *Agar. Agn.*kl,st *Alum.* alum-p.k2 *Alum-sil.*k2,st alumn. *Am-c.* am-m.k2 ambr.br1 anac.bg2,h,* *Ant-c.* ant-t.bg2 *Apoc.* aran. aran-ix.jl,mg1 *Arg-met.* arg-n. arist-cl.mg1,sp1 arn. **Ars.** ars-i.bg2,k2 ars-s-f.k2 asar. *Aur.* aur-s.k2 *Bad. Bamb-a.*stb2 **Bar-c.** *Bar-m.*kl,st bar-s.k2 *Bell.* bell-p.jl,mg1,* benz-ac.kl berb.k2 *Borx. Bov. Brom.*bg2,k2,* *Bry.* cadm-s. **Calc. Calc-ar. Calc-f. Calc-p.** calc-s. **Calc-sil. Camph.**j5,k2,* *Canth.*kl,st **Caps.** *Carb-an. Carb-v. Carbn-s.* carc.hbh card-m.k2 *Carl.*a1 castm.bg2 *Caul.*k2,st **Caust.** cench.k2 *Cham.* chel. **Chin.** *Chinin-ar.* choc.srj3 *Cic. Cimic.* cinnb. *Cist.* clem. coc-c.k2 *Cocc.* coch.c1 *Coff.*kl,st *Colch.* coll.bro1 *Coloc. Con.* cop.a1 crot-c.bro1 *Cycl.* cyt-l.jl,mg1,* *Dig.* **Dulc.** elaps *Eup-per.*st *Euphr.*st **Ferr.**kl,st *Ferr-ar.* ferr-p.a1 flav.jl *Form.*a1,st franz.a1 gels.br1 germ-met.srj5 gins.a1 **Graph.** *Guaj.* gymno. ham.k2 hed.mg1 *Hell. Helon.* **Hep.** hydr. hydrog.srj2 *Hyos.* **Hyper.** hypoth.jl *Ign.* iod.a1 *Ip. Iris*vh **Kali-ar.** *Kali-bi.* **Kali-c.** kali-i.a1,k2,* kali-m.k2 **Kali-p.** *Kali-sil.*st *Kalm. Kreos.* lac-ac.a1 *Lac-d.* lach. lact.br1 laur. *Led.* lob.bro1 lunakg1 **Lyc.** lycps-v. **Mag-c.**kl,st *Mag-m.*kl,st **Mag-p.** mand.jl *Mang.* med.k2 meny. *Merc. Mez.* mit.a1 moly-met.jl **Mosch.** *Mur-ac.*kl **Nat-ar.** *Nat-c.*kl,st *Nat-m. Nat-p.* nat-s.k2 nat-sil.k2 **Nit-ac.** *Nux-m.* **Nux-v.** oci-sa.jl,sp1 onop.jl *Ox-ac. Petr. Ph-ac.* **Phos.** phys.a1 *Phyt.* pimp.a1 plat.k2 *Plb.*kl,st *Podo.*st polyg-h.a1 polyg-pe.c1 psil.ft1,jl **Psor.** ptel.a1 *Puls.* pyre-p.a1 **Pyrog.** raja-s.jl **Ran-b.** rheum *Rhod.* **Rhus-t.** rib-ac.jl **Rumx.** *Ruta* **Sabad.** samb. saroth.mg1 *Sars.*kl,st sec.a1 sel.bro1 senec. seneg. **Sep.** sieg.mg1 **Sil.** sol-ni.a1 sol-t-ae.bg2 **Spig.** spong. squil. *Stann.* staph. stram. **Stront-c.** stry.a1 *Sul-ac. Sulph. Sumb.* tab.bro1 *Tarent.* teucr. thala.a1 *Ther. Thuj. Tub.* tub-sp.zs valer.kl verat.bg2,k2,* verb. vichy-g.a1 *Viol-t.*kl,st x-rayjl xero.bro1 *Zinc.*
– **amel.**: acon.bg2,kr1 aesc.k2,kr1,* all-c.kr1,sf1 aloebg2,k2,* alumn.kr1 am-m.kr1,sf1 *Ambr.*kr1 *Anac.*kr1 *Ant-c.*kr1 *Ant-t.*bg2,kr1 *Apis*bg2,k2,* arg-n.bg2,kr1,* arn.kr1 *Asar.*kr1 aur.kr1 aur-i.k2,kr1 bapt.kr1,sf1 bar-c.kr1 bell.kr1 bell-p.kr1 beryl.jl,kr1 borx.kr1 *Bry.*bg2,k2,* *Calad.*kr1 calc.kr1 calc-f.dp,kr1 calc-i.k2 *Cann-i.*kr1 carb-v.kr1 carc.hbh caust.kr1 *Cham.*kr1 chin.kr1 cimic.kr1,sf1 *Cina*kr1 coc-c.k2,kr1 cocc.kr1 *Colch.*kr1

– **amel.**: ...
coloc.$_{kr1}$ *Croc.*$_{kr1}$ cycl.$_{bg2,kr1}$ *Dros.*$_{kr1}$ dulc.$_{kr1}$ *Euph.*$_{kr1}$ fago.$_{kr1}$ ferr.$_{kr1}$ **Fl-ac.**$_{kr1,sf1,*}$ germ-met.$_{srj5}$ *Glon.*$_{bg2,kr1}$ graph.$_{kr1}$ guaj.$_{bg2,kr1,*}$ hell.$_{kr1}$ hep.$_{kr1}$ hist.$_{kr1,sp1}$ **Hyos.**$_{kr1}$ iber.$_{jl,kr1}$ ign.$_{kr1}$ **Iod.**$_{bg2,kr1,*}$ *Ip.*$_{kr1}$ kali-c.$_{kr1}$ kali-i.$_{bg2,kr1}$ kali-m.$_{bg2,kr1}$ *Lac-c.*$_{k2,kr1}$ lach.$_{kr1}$ laur.$_{kr1}$ *Led.*$_{bg2,kr1,*}$ lil-t.$_{bg2,kr1,*}$ *Lyc.*$_{bg2,kr1,*}$ mag-m.$_{kr1,sf1}$ mag-s.$_{kr1,sp1}$ med.$_{kr1,st}$ merc.$_{kr1}$ mez.$_{kr1}$ moly-met.$_{jl,kr1}$ mur-ac.$_{kr1}$ nat-c.$_{kr1}$ *Nat-m.*$_{bg2,kr1,*}$ *Nat-s.*$_{bg2,kr1}$ nit-ac.$_{j5,kr1}$ nux-m.$_{kr1}$ nux-v.$_{kr1}$ onos.$_{kr1}$ *Op.*$_{bg2,kr1}$ ph-ac.$_{kr1}$ *Phos.*$_{kr1}$ *Plat.*$_{kr1}$ **Puls.**$_{bg2,k2,*}$ rhus-t.$_{kr1}$ sabad.$_{kr1}$ *Sabin.*$_{kr1}$ *Sang.*$_{bg2,kr1}$ *Sec.*$_{bg2,k2,*}$ *Sel.*$_{kr1}$ *Seneg.*$_{kr1}$ sep.$_{kr1}$ sil.$_{kr1}$ spig.$_{kr1}$ spong.$_{kr1}$ staph.$_{kr1}$ *Sulph.*$_{bg2,kr1,*}$ *Teucr.*$_{kr1}$ *Thuj.*$_{j5,kr1}$ trios.$_{jl,kr1}$ verat.$_{kr1}$

– **Abkühlung**, Kaltwerden; bei: acon. aesc. *Agar.* alum-p.$_{k2}$ *Alumn.* *Am-c.* ant-c. arg-n. *Arn.* **Ars.** ars-i. ars-s-f.$_{k2}$ asar. **Aur.** aur-s.$_{k2}$ *Bad.* *Bamb-a.*$_{stb2}$ **Bar-c.** bar-m. bar-s.$_{k2}$ bell. borx. bov. *Bry.* *Calc.* *Calc-p.* calc-sil.$_{k2}$ *Camph.* canth. *Caps.* *Carb-an.* *Carb-v.* *Carbn-s.* *Caust.* *Cham.* chin. chinin-ar. cic. *Cimic.* clem. *Cocc.* *Con.* *Dig.* *Dulc.* elaps *Ferr.* ferr-ar. ferr-p. *Graph.* hell. **Hep.** *Hydrog.*$_{srj2}$ *Hyos.* *Hyper.* ign. ip.$_{bg2}$ **Kali-ar.** **Kali-bi.** **Kali-c.** kali-m.$_{k2}$ kali-p. kali-s. kali-sil.$_{k2}$ kalm.$_{c1}$ *Kreos.* lach. **Lyc.** *Mag-c.* mag-m. *Mag-p.* mang. *Med.* meny. merc. merc-i-r. mez. **Mosch.** mur-ac. *Nat-ar.* nat-c. nat-m. *Nat-p.* nicc. nit-ac. nux-m. **Nux-v.** *Petr.* **Ph-ac.** *Phos.* phyt.$_{c1}$ *Psor.* puls.$_{bg2}$ **Pyrog.** **Ran-b.** rhod. **Rhus-t.** *Rumx.* ruta **Sabad.** samb. sars. **Sep.** **Sil.** spig. spong. squil. staph. stram. *Stront-c.* **Sul-ac.** sul-i.$_{k2}$ *Sulph.* *Sumb.* *Tarent.* *Thuj.* tub.$_{k2}$ *Verat.*$_{bg2,kr1}$ verb. viol-t. *Zinc.* zinc-p.$_{k2}$

• **amel.**: acon. aesc.$_{bg2}$ agn. all-c.$_{bg2}$ aloe$_{bg2}$ alum. alumn.$_{kr1}$ am-c.$_{bg2}$ am-m.$_{bg2}$ ambr. anac.$_{bg2,kr1}$ ang.$_{bg2}$ ant-c. ant-t. *Apis*$_{bg2}$ *Arg-n.* arn. asaf.$_{bg2}$ asar.$_{bg2,kr1}$ aur. bapt.$_{bg2}$ bar-c. bell. bov. brom.$_{bg2}$ *Bry.* calad. calc.$_{bg2,kr1}$ calc-i.$_{k2}$ cann-i.$_{kr1}$ cann-s. carb-v. caust.$_{bg2,kr1}$ *Cham.* chin.$_{bg2,kr1}$ cina$_{bg2,kr1}$ clem. coc-c.$_{bg2}$ cocc. coff. colch. coloc. croc. *Dros.* dulc. euph. *Fl-ac.*$_{bg2}$ *Glon.* *Graph.*$_{bg2,kr1}$ guaj.$_{bg2}$ hell. ign.$_{bg2,kr1}$ **Iod.** ip. kali-bi.$_{kr1}$ kali-c.$_{bg2}$ kali-i.$_{bg2}$ kali-s.$_{bg2}$ kalm.$_{bg2}$ *Lac-c.* *Lach.* *Led.* lil-t.$_{bg2}$ **Lyc.** mang. *Merc.* mez. mur-ac. nat-c. *Nat-m.* nit-ac. *Nux-m.*$_{bg2,kr1}$ nux-v.$_{bg2,kr1}$ olnd. op. *Petr.* ph-ac. phos. plat. psil.$_{ft1}$ **Puls.** rhus-t.$_{bg2,kr1}$ sabad. *Sabin.* sars. *Sec.* sel. seneg. sep.$_{bg2,kr1}$ sil.$_{bg2,kr1}$ spig. spong. staph. *Sulph.* teucr. thuj. verat.

• **nach**, agg.: acetan.$_{br1}$ *Acon.* agar. *Alum.* alum-p.$_{k2}$ alum-sil.$_{k2}$ *Alumn.* *Am-c.* anac.$_{bg2,kr1}$ *Ant-c.*$_{bg2,kr1}$ *Ant-t.* *Arg-n.* arn. **Ars.** ars-s-f.$_{k2}$ aur. aur-s.$_{k2}$ **Bar-c.** bar-s.$_{a1,k2}$ **Bell.** borx. **Bry.** **Calc.** **Calc-p.** calc-s. calc-sil.$_{k2}$ camph. *Carb-v.* *Carbn-s.* *Caust.*$_{bg2,kr1}$ **Cham.** **Chin.** cimic.$_{bg2}$ *Coc-c.*$_{bg2}$ cocc. *Coff.* colch.$_{k2}$ *Coloc.* con. croc. cupr. cupr-s.$_{kr1}$ *Cycl.* dig. dros. **Dulc.** eup-per.$_{k2}$ ferr. ferr-ar.$_{k2}$ **Fl-ac.**$_{bg2}$ **Graph.** guaj.$_{bg2}$ **Hep.** hydr.$_{bg2}$ **Hyos.** hyper. ign. *Ip.* kali-ar.$_{k2}$ *Kali-bi.* *Kali-c.* kali-m.$_{k2}$ kali-p. *Kali-sil.*$_{k2}$ kalm. led. *Lyc.* mag-c. *Mang.* *Med.* **Merc.** nat-c. *Nat-m.* nat-p.

– **Abkühlung**, Kaltwerden - **nach**, agg.: ...
nat-sil.$_{k2}$ *Nit-ac.* *Nux-m.* **Nux-v.** op. *Petr.* *Ph-ac.* **Phos.** phyt.$_{k2}$ plat. polyg-h.$_{bg2}$ *Psor.* **Puls.** **Pyrog.** **Ran-b.** **Rhus-t.** ruta sabin. *Samb.* sang.$_{k2}$ sars. sel. **Sep.** **Sil.** **Spig.** *Stann.* staph. stront-c. **Sul-ac.** sul-i.$_{k2}$ *Sulph.* *Tarent.* *Thuj.* tub.$_{k2}$ valer. *Verat.* *Xan.*$_{kr1}$ zinc-p.$_{k2}$

☞ *Entblößen / Entblößen - einzelner*

• **Erhitzung**; bei: acon.$_{bg1,k2,*}$ *Bell-p.*$_{k2,st}$ bry.$_{bg1,k2,*}$ carb-v.$_{a1,h,*}$ kali-ar.$_{k2}$ kali-c.$_{k2}$ kali-s.$_{c1,k2}$ ran-b.$_{k2}$ sil.$_{k2}$

• **Schweiß**, beim: **Acon.**$_{bg2,st}$ *Ars-s-f.*$_{bg2,k2,*}$ calc-sil.$_{bg2,k2,*}$ dulc.$_{bg2,st}$ merc-i-f.$_{bg2,st}$ nit-ac.$_{bg2,st}$ sul-i.$_{bg2,k2,*}$

• **Sitzen** auf kalten Stufen; beim: calc.$_{bg2}$ chim.$_{bg2}$ *Nux-v.*$_{bg2}$ rhod.$_{bg2}$

• **Teil** des Körpers agg.: agar.$_{bg2}$ am-c.$_{bg2}$ *Bar-c.* *Bell.* calc.$_{bg2}$ cham. *Hell.* **Hep.** ip.$_{kr1}$ led.$_{k1}$ *Nux-v.*$_{bg2}$ ph-ac. *Phos.*$_{bg2}$ psor.$_{bg2}$ puls. **Rhus-t.** *Sep.* **Sil.** tarent.$_{bg2}$ thuj.$_{bg2}$ zinc.$_{bg2}$

☞ *Entblößen - einzelner*

• **Extremitäten**: aur. *Bry.* con. **Hep.** *Nat-m.* **Rhus-t.** **Sil.** squil. stront-c. **Thuj.**

• **Füße**: alum.$_{bg2}$ am-c.$_{bg2}$ ars.$_{bg2}$ *Bar-c.* bufo$_{bg2}$ cham. clem.$_{bg2}$ *Con.*$_{k,kl2\bullet,*}$ cupr. kali-ar.$_{bg2}$ kali-c.$_{bg2}$ *Lach.*$_{bg2}$ lyc.$_{bg2,kl2\bullet}$ mag-p.$_{bg2}$ nit-ac.$_{bg2}$ nux-m.$_{bg2}$ **Nux-v.**$_{bg2,kl2\bullet}$ phos.$_{bg2}$ phys.$_{bg2}$ *Puls.*$_{k1,kl2\bullet}$ sep.$_{bg2}$ **Sil.**$_{k,st}$ stann.$_{h}$ sulph.$_{ptk}$ zinc.$_{bg2}$

• **Hand** aus dem Bett: acon.$_{bg2}$ **Bar-c.** canth. *Con.* **Hep.** merc.$_{bg2}$ phos. **Rhus-t.** *Sil.*

• **Kopf**: am-c.$_{h}$ arg-n.$_{bg2}$ **Bell.**$_{k,kl2\bullet}$ *Hep.*$_{bg2}$ hyos.$_{bg2}$ led. nux-v.$_{bg2}$ puls.$_{k,kl2\bullet}$ rhus-t.$_{bg2}$ **Sep.**$_{k,kl2\bullet}$ **Sil.**

• **Rücken**: pilo.$_{st}$

– **Bett**; beim Liegen im: *Ign.*$_{vh}$

– **ein** Körperteil kalt, ein anderer heiß: apis$_{bg2}$ bry.$_{bg2}$ cham.$_{bg2}$

– **Erkältungsneigung**: **Acon.** aesc.$_{sf1}$ agar.$_{sf1}$ all-c.$_{sf1}$ **Alum.** alum-p.$_{k2}$ alum-sil.$_{k2}$ alumn.$_{k2}$ am-c. am-m. anac. *Ant-c.* ant-t. aral.$_{sf1}$ aran.$_{sf1}$ *Arg-n.* arn. ars. ars-i. ars-s-f.$_{k2}$ *Bac.*$_{st}$ **Bar-c.** bar-i.$_{k2}$ bar-m.$_{sf1}$ bar-s.$_{k2}$ *Bell.* benz-ac.$_{bg2}$ borx. **Bry.** calad.$_{sf1}$ *Calc.* calc-i.$_{k2}$ **Calc-p.** *Calc-s.* calc-sil.$_{k2}$ *Calen.*$_{st}$ camph. caps.$_{mg1}$ carb-an.$_{sf1}$ *Carb-v.* *Carbn-s.* carc.$_{cd,fb,*}$ caust. **Cham.** chin. chinin-ar. choc.$_{srj3}$ cimic.$_{k2,sf1}$ cinnb.$_{sf1}$ cist.$_{sf1}$ clem.$_{sf1}$ coc-c. cocc. coff. colch.$_{k2}$ coloc. *Con.* croc. crot-h.$_{j5}$ cupr. cycl.$_{sf1}$ dig. dios. **Dulc.** elaps$_{sf1}$ eup-per.$_{k2}$ euphr.$_{sf1}$ *Ferr.* ferr-ar. ferr-i. ferr-p. *Form.* gast.$_{a1,c1}$ *Gels.* goss. *Graph.* ham. hed.$_{jl,mg1}$ **Hep.** *Hydrog.*$_{srj2}$ *Hyos.* hyper.$_{sf1}$ ign. iod. ip. kali-ar. *Kali-bi.* **Kali-c.** **Kali-i.**$_{k2}$ kali-p.$_{k1}$ kali-s. kali-sil.$_{k2}$ *Lac-d.* lach.$_{j5,sf1}$ led. **Lyc.** m-arct.$_{bg2}$ m-aust.$_{bg2}$ mag-c.$_{mg1}$ mag-m. **Med.**$_{k2,st}$ **Merc.** mez. naja$_{bg2}$ **Nat-ar.** *Nat-c.* **Nat-m.** nat-p. nat-sil.$_{k2}$ **Nit-ac.** *Nux-m.* **Nux-v.** ol-j.$_{sf1}$ op. osm.$_{c1}$ *Petr.* *Ph-ac.* *Phos.* plat. **Psor.** *Puls.* rhod.$_{c1,sf1}$ *Rhus-t.* **Rumx.** ruta sabad. sabin. samb. sang. sars. sel. senec.$_{k2,sf1}$ **Sep.** **Sil.** solid.$_{bg2}$ spig. stach.$_{a1}$ stann. staph. *Sul-ac.* sul-i.$_{k2}$ *Sulph.* *Thuj.*$_{kr1,sf1}$ **Tub.** valer. verat. verb.$_{sf1}$ zinc.$_{sf1}$

- **Erkältungsneigung**: ...
  - **Beschwerden** durch Erkältung: coloc.c1 kali-c.c1 rhod.c1
  - **Frühling**, im: all-c.c1
  - **Menses**, während: bar-c.bg2 graph.bg2 mag-c.bg2 senec.bg2
- **feuchte** Kälte agg.: arn.br1
- **Gefühl** von:
  - ☞ ❑ *Frost - Frösteln*
  - **einzelner** Teile: agar.mg1 aran.mg1 aran-ix.mg1 asar.br1 buth-a.mg1 elapsmg1 helo.mg1
  - **erkrankten** Teilen, in: merc.kr1
  - ○ **Blutgefäßen**, in den: abies-c.bg2 **Acon.** ant-c. ant-t. **Ars.** bell.sf1 kali-chl.ptk lyc. op.bg2 plb.bg2 pyrog.ptk **Rhus-t.** sul-ac.ptk sulph.sf1 *Verat.*
  - **inneren** Organen, in: anh.mg1 ars. *Calc.* *Hura*st *Laur.* lyc. meny. nux-v. par. sep. sulph.
  - **Knochen**, in den: *Aran.* *Ars.* *Berb.*k1 *Calc.* dulc.k2 elaps eup-per.bg2 hep.k2 kali-m.bg2 lyc. merc. pyrog.bg2 sep. sulph. *Verat.* zinc.
  - **Nerven**, in: acon.k2 kali-c.k2
- **heiße** Tage mit kalten Nächten: acon.bg2 dulc.bg2 merc-c.bg2 rumx.bg2
- **Hitze und Kälte**: *Alum.* alum-p.k13,k2 ang.bg1,bg2 *Ant-c.* ant-t.st arn.st *Ars-i.* asar.bg2 aur-s.k13,k2 bar-c.k2 bar-s.k13,k2 brom.k2 cadm-i.gm1 calc.bg2 calc-s.k13,k2 caps.bg2 carb-v.ptk *Carbn-s.* carc.cd,pd *Caust.*bg2,k cinabg2 cinnb. *Cocc.* *Cor-r.*bg1,br1,* ferr.bg2,sf1,* **Fl-ac.**bg2,k flav.jl,jl3 *Glon.*bg1,vh,* *Graph.*bg2,k hell.ptk *Ip.*bg2,k kali-c.bg2,k *Lach.*bg2,k *Lyc.*k,kl2● mag-c.bg2 mag-m. *Merc.*bg2,k merc-k-i.gm1 nat-c.bg2,k *Nat-m.*k,kl2● nux-v.h,st *Ph-ac.*bg2,k *Phys.*bg1,bg2,* plan.c1 *Psor.*bg2,k puls.bg2,k *Ran-b.* rob.st sanic.bg2 *Sep.*k,kl2●,* *Sil.*bg2,k sul-ac.bg1,bg2 *Sulph.*bg2,k *Syph.*bg2,k2,* tab.bg2 thala.jl,jl3 *Tub.*kl,st,*
- **innerliche** Kälte mit äußerlicher Hitze: laur.st
- **Lähmung**
  - ☞ *Lähmung - kalt*
- **Luft**, kalte:
  - **agg.**: *Abrot.* *Acon.*bg2,k,* adam.srj5 *Aesc.* **Agar.**bg2,k,* agn.k2 **All-c.** *Alum.*bg2,k alum-p.k13,k2 alum-sil.k13,k2 *Alumn.*hr1,k am-br.hr1,kr1 *Am-c.*bg2,k,* ammc. anac.bg2,hr1,* ant-c.bg2,k,* ant-t.k2 apisbg2 apoc.k13,k2 *Aran.*hr1,k arn.bg2,k,* **Ars.**bg2,k,* ars-s-f.k13,k2 asar.bg2,k,* astac.hr1,kr1 **Aur.**bg2,k,* aur-ar.k2 aur-s.k13,k2 bac.bro1 **Bad.**hr1,k bamb-a.stb2 *Bapt.*hr1,kr1 **Bar-c.**bg2,k,* *Bar-m.* bar-s.k13,k2 *Bell.*bg2,k,* borx. bov.bg2,k,* brass-n-o.srj5 brom.a1,k2 *Bry.*bg2,k,* bufobg2,kr1 cadm-s. **Calc.**bg2,k,* **Calc-p.** calc-sil.k13,k2 calen.hr1,kr1 **Camph.**bg2,k,* canth.bg2,k,* caps.bg2,k,* *Carb-ac.* *Carb-an.*bg2,k,* *Carb-v.*bg2,k,* *Carbn-s.* *Carl.*a1 **Caust.**bg2,k,* cham.bg2,k,* chin.bg2,k,* chinin-ar. cic.bg2,k,* **Cimic.**a1,k cina **Cist.**hr1,k clem.sf,sf1 *Coc-c.*hr1,k2,* *Coca* *Cocc.*bg2,k coff.bg2,k,* *Colch.*bg2,k,* *Coloc.*bg2,k,* *Con.*bg2,k,* cor-r.sf,sf1 cupr.st cur.bro1 *Cycl.*hr1,kr1 *Dig.*bg2,k,* **Dulc.**bg2,k,* elaps eup-per.k2 euph.bro1 *Ferr.*bg2,k,* ferr-ar. ferr-p. fl-ac. *Graph.*bg2,k,* *Guaj.*bg2 ham.k13,k2 **Hell.**bg2,k,* **Hep.**bg2,k,* hydrog.srj2 *Hyos.*bg2,k,* **Hyper.**hr1,k *Ign.*bg2,k,* ind.hr1,kr1

- **Luft**, kalte - **agg.**: ...
  *Ip.*bg2,k,* **Kali-ar.** *Kali-bi.*bg2,k,* **Kali-c.**bg2,k,* kali-chl.k13 kali-m.k2 kali-p. *Kreos.*bg2,k,* lac-ac.a1 lac-c.a1 *Lac-d.* lach.bg2,k,* lappabg2 laur.bg2,k,* **Lyc.**bg2,k,* lycps-v. lyss.hr1,kr1 *Mag-c.*bg2,k,* mag-m.bg2,k,* **Mag-p.**bg2,k *Mang.*bg2,k,* med.hr1,kr1 meny.bg2,k,* *Merc.*bg2,k,* *Merc-i-r.*hr1,kr1 mez.bg2,k,* **Mosch.**bg2,k,* mur-ac.bg2,k,* *Nat-ar.* nat-c.bg2,k,* nat-m.bg2,k,* *Nat-p.* *Nat-s.*bg2,st nat-sil.k13,k2 nit-ac.bg2,k,* nit-s-d.hr1,kr1 **Nux-m.**bg2,k,* **Nux-v.**bg2,k,* *Osm.* ox-ac.k13,k2 par.bg2,k,* *Petr.*bg2,k,* *Ph-ac.*bg2,k,* *Phos.*bg2,k,* phys.bg2 physal-al.bg2 *Plan.* plat.bg2 plb.bg2,sf psil.jl **Psor.**hr1,k ptel.a1 *Puls.* **Ran-b.**bg2,k,* **Rhod.**bg2,k,* **Rhus-t.**bg2,k,* **Rumx.** ruta **Sabad.**bg2,k,* samb.bg2,k,* sang.sf,sf1 sars.bg2,k,* sel.sf,sf1 senec.a1 seneg.bg2,k,* **Sep.**bg2,k,* **Sil.**bg2,k,* sol-ni. spig.bg2,k,* spong.bg2,k,* squil.bg2,k,* staph.bg2,k,* stram.bg2,k,* **Stront-c.** *Sul-ac.*bg2,k,* *Sulph.*bg2,k,* *Sumb.* *Tarent.* *Thuj.*bg2,k,* tub.bg2,br1 urt-u.bro1 *Verat.*bg2,k *Verat-v.*hr1,kr1 verb.bg2,k,* viol-o.bg2 viol-t.bg2,k,* visc.bro1 *Zinc.*bg2,k,* zinc-p.k13,k2 *Zing.*hr1,kr1
  - **amel.**: *Acon.*st aesc.sf,sf1 aeth.bro1 *All-c.*k2,sf1,* aloesf1 *Alum.*sf,sf1 am-m.sf,sf1 ambr.hr1,kr1,* *Aml-ns.*bro1 anac.hr1,kr1 anan.hr1,kr1 androc.srj1 ang.sf,sf1 *Ant-c.*hr1,kr1,* ant-t.hr1,kr1 *Apis*sf1 aran.sf,sf1 aran-ix.jl,jl3 *Arg-n.*sf,sf1 arist-cl.jl,jl3 asaf.sf,sf1 *Asar.*hr1,kr1 aur.sf,sf1 aur-i.k2 bapt.k2,sf1,* bar-c.bro1 bar-i.k13,k2 bell-p.jl,jl3 beryl.jl,jl3 *Bry.*hr1,k2,* *Bufo*k2 cact.bro1 calad.hr1,k2,* calc.hr1,kr1 calc-f.jl,jl3 cann-i.hr1,kr1 *Carb-v.*hr1,kr1 cham.hr1,kr1 *Chin.*bro1,hr1 cimic.sf,sf1 cinakr1 cit-v.hr1,kr1 clem.bro1 *Coc-c.*hr1,kr1,* cocabro1 *Colch.*hr1,kr1 com.bro1 conv.bro1 crat.bro1 croc.hr1,kr1,* dig.bro1 dios.bro1 *Dros.*hr1,kr1 dulc.sf,sf1 euon-a.bro1 euph.hr1,kr1 euphr.bro1 foll.jl,jl3 gels.bro1 *Glon.*k2,sf1,* graph.bro1 hed.jl,jl3 iber.jl,jl3 ign.hr1,kr1 **Iod.**hr1,kr1,* ip.hr1,kr1,* kali-bi.kr1,sf1,* *Kali-i.*hr1,k2,* *Kali-s.*k2,sf1,* *Lach.*hr1,kr1,* *Led.*bg2,hr1,* *Lil-t.*sf,sf1 luf-op.jl,jl3 **Lyc.**hr1,kr1,* *Mag-c.*bro1 mag-m.k2,sf1,* mag-p.sf1 med.k13,k2 meph.jl merc.hr1,kr1 merc-i-r.bro1 mez.bro1 mosch.sf,sf1 najabro1 *Nat-m.*hr1,kr1,* nat-s.bro1 nep.jl,jl3,* *Nit-ac.*hr1,kr1 nux-v.hr1,kr1 ol-an.bro1 *Op.*hr1,kr1,* phos.hr1,kr1 *Pic-ac.*k13,k2 pitu.jl,jl3 plat.bg2,hr1,* psil.jl **Puls.**hr1,kr1,* rad-br.bg2 rauw.jl,jl3 rhus-t.hr1,kr1 *Sabad.*bro1 sabin.hr1,kr1 *Sec.*hr1,k2,* *Sel.*hr1,kr1 seneg.hr1,kr1 *Sep.*hr1,kr1,* stel.bro1 stront-c.sf1 stry-p.bro1 *Sulph.*hr1,kr1,* syph.k13,k2 *Tab.*sf,sf1 *Tarent.*bro1 tere-ch.jl,jl3 teucr.hr1,kr1 thala.jl,jl3 thuj.hr1,kr1 tub.st tub-r.jl,jl3 vib.bro1 visc.jl,jl3
    - **Fenster** müssen offen sein: *Aml-ns.*k2 apisk2,sf1 *Arg-n.*k2,sf1 bapt.k2 bry.k2 calc.k2 camph.k2 carb-v.k2,st *Carbn-s.*k2 glon.k2 graph.k2 iod.k2,sf1 *Ip.*k2,sf1 *Lach.*k2 lyc.k2,sf1 med.k2 *Puls.*k2 sabin.k2 sec.k2 *Sulph.*k2,sf1 tub.k2
    - ☞ *Luft - Zimmerluft - agg.*
  - **Abneigung** gegen: am-c.sf,sf1 *Aran.*sf,sf1 *Ars.*sf,sf1 bart.a1,sf1 bell.sf,sf1 bry.sf,sf1 *Calc.*sf,sf1 caps.a1,sf1,* caust.sf,sf1 *Cham.*sf,sf1 chin.sf,sf1 graph.sf,sf1 grat.sf,sf1 *Hep.*sf,sf1 hydrog.srj2 *Kali-c.*sf,sf1 nat-c.sf,sf1 nat-m.sf,sf1 nux-m.sf,sf1

– **Luft**, kalte - **Abneigung** gegen: ...
Nux-v.$_{sf,sf1}$ *Petr.*$_{sf,sf1}$ sel.$_{sf,sf1}$ *Sil.*$_{sf,sf1}$ sulph.$_{sf,sf1}$ tub.$_{sf,sf1}$
• **Einatmen** von, agg.: aesc.$_{bg2}$ alum.$_{bg2}$ *Am-c.*$_{bg2}$ ant-c.$_{bg2}$ *Ars.*$_{bg2}$ *Aur.*$_{bg2}$ *Bell.*$_{bg2}$ *Bry.*$_{bg2}$ *Calc.*$_{bg2}$ camph.$_{bg2}$ **Caust.**$_{bg2}$ cham.$_{bg2}$ *Cimic.*$_{bg2}$ cina$_{bg2}$ cist.$_{bg2}$ dulc.$_{bg2}$ *Hep.*$_{bg2}$ hydr.$_{bg2}$ **Hyos.**$_{bg2}$ *Ign.*$_{bg2}$ kali-bi.$_{bg2}$ *Kali-c.*$_{bg2}$ **Merc.**$_{bg2}$ mosch.$_{bg2}$ nat-m.$_{bg2}$ *Nux-m.*$_{bg2}$ **Nux-v.**$_{bg2}$ par.$_{bg2}$ petr.$_{bg2}$ phos.$_{bg2}$ psor.$_{bg2}$ puls.$_{bg2}$ *Rhod.*$_{bg2}$ *Rhus-t.*$_{bg2}$ **Rumx.**$_{bg2}$ **Sabad.**$_{bg2}$ sars.$_{bg2}$ sel.$_{bg2,jl3,*}$ seneg.$_{bg2}$ *Sep.*$_{bg2}$ sil.$_{bg2}$ spig.$_{bg2}$ staph.$_{bg2}$ *Stront-c.*$_{bg2}$ sulph.$_{bg2}$ syph.$_{bg2}$ thuj.$_{bg2}$ verat.$_{bg2}$
• **Überhitzung**; bei: carbn-s.$_{k2}$ ran-b.$_{k2}$
• **Verlangen** nach: achy.$_{jl}$ aloe *Apis* arg-n.$_{k2,sf1,*}$ asaf.$_{k,sf}$ asar.$_{k,sf}$ *Aur.*$_{k,sf}$ camph.$_{k13,k2}$ carb-v.$_{k,sf}$ cic.$_{a1}$ *Croc.*$_{k,sf}$ gran.$_{a1}$ *Iod.*$_{k,sf}$ kali-s.$_{k13,k2}$ lil-t.$_{k,sf}$ *Puls.*$_{k2,sf1,*}$ *Sec.*$_{k,sf}$ sul-i.$_{k13,k2}$ sulph.$_{k,sf}$ tub.$_{br1}$
☞ *Luft - Freien - Verlangen*

– **Ohnmacht**
☞ *Ohnmacht - kalt*

– **Stellen**, an einzelnen: caps.$_{k2}$ *Helo.*$_{br1}$ *Helo-s.*$_{br1}$

– **trockenem** Wetter, bei
☞ *Wetter - kaltes - trocken*

– **Wetter**
☞ *Wetter - kaltes*

– **Zimmer**, im kalten:
• **Eintreten** in ein kaltes Zimmer; beim: **Ars.** bell.$_{bg2}$ calc-p. *Camph.*$_{bg2,kr1}$ carb-v. caust. con. cor-r.$_{br1}$ *Dulc. Ferr. Ferr-ar. Graph. Hep.* ip.$_{bg2}$ **Kali-ar.** kali-c. kali-p. kali-sil.$_{k2}$ mosch. nux-m. *Nux-v. Petr.* phos. *Psor. Puls.* **Ran-b.** *Rhus-t. Sabad.* **Sep.** *Sil.* spong. stront-c. *Tub. Verb.*
• **aus** einem warmen Zimmer: cor-r.$_{br1}$

Kälte erkrankter Teile: alum-sil.$_{bg2,k2}$ *Ang.*$_{bg2}$ ars.$_{bg2}$ bry.$_{bg2}$ calc.$_{bg2}$ caps.$_{k2}$ caust.$_{bg2}$ cocc.$_{bg2}$ colch.$_{bg2}$ crot-h.$_{bg2}$ dulc.$_{bg2}$ graph.$_{bg2}$ kali-i.$_{k2}$ lach.$_{bg2}$ *Led.*$_{bg2}$ meny.$_{bg2}$ merc.$_{bg2}$ *Mez.*$_{bg2}$ petr.$_{bg2}$ plat.$_{bg2}$ plb.$_{bg2}$ rhod.$_{bg2}$ *Rhus-t.*$_{bg2}$ *Sec.*$_{bg2}$ sil.$_{bg2}$ thuj.$_{bg2}$
☞ *Hitze - Lebenswärme*

– **einer** Seite des Körpers bei septischem Fieber: meny.$_{h}$ *Puls.*$_{h}$ rhus-t.$_{h}$

– **linke** Seite: bry.$_{a1}$ carb-v.$_{a1,bg2}$ caust.$_{a1}$ lyc.$_{a1}$ rhus-t.$_{a1,bg2}$ sapin.$_{a1}$ sulph.$_{a1,bg2}$

– **rechte** Seite: ars.$_{a1}$ bar-c.$_{a1,bg2}$ par.$_{a1}$ rhus-t.$_{a1}$ sabin.$_{a1,bg2}$

– **Körper**, des ganzen
☞ *Hitze - Lebenswärme* / ❑ *Haut - Kälte*

– **Seite** auf der er liegt; am Morgen im Bett auf der: arn.$_{h}$

– **Blutgefäßen**, in
☞ ❑ *Frost - Innerlich - Kälte - Blutgefäßen*

– **Knochen**, der
☞ ❑ *Frost - Innerlich - Kälte - Knochen*

Kamille:
– **amel.**: gink-b.$_{sbd1}$
– **Verlangen** nach: gink-b.$_{sbd1}$

Kampfer; durch: carb-v.$_{gm1}$

Kapillaren
☞ ❑ *Brust - Venennetzes*

Kappe
☞ *Zusammendrücken*

Karies:
○ **Knochen**, der: **Ang.** *Anthraco.*$_{kr1}$ *Arg-met.*$_{kr1}$ *Arn.*$_{kr1}$ *Ars.* **Asaf.** *Aur.* aur-ar.$_{k2}$ aur-i.$_{k2}$ *Aur-m. Aur-m-n.* bell. both.$_{a1}$ bry. *Calc. Calc-f.* calc-hp.$_{bro1}$ *Calc-p.* calc-s. calc-sil.$_{k2}$ caps. carb-ac. caust.$_{kr1}$ chin. cinnm.$_{kr1}$ *Cist.* clem. con. *Cupr.* dulc. euph. ferr. **Fl-ac.** graph. *Guaj. Guare.* hecla$_{sf1}$ *Hep. Iod.* kali-bi. **Kali-i.** kreos. lach. **Lyc.** mang.$_{k2}$ **Merc.** *Mez.* nat-m. *Nit-ac. Ol-j.*$_{kr1}$ op. petr. *Ph-ac. Phos. Psor.*$_{kr1}$ *Puls.* rhod. rhus-t. ruta sabin. sal-ac.$_{c1,kr1,*}$ sec. *Sep.* **Sil.** spong. *Staph.* stront-c.$_{mg1}$ *Sulph.* symph.$_{bro1}$ syph.$_{k2,st}$ tarent.$_{kr1}$ tell.$_{bg2}$ ter.$_{kr1}$ **Ther.** thuj. tub.$_{c2}$ tub-k.$_{c1}$
☞ *Brüchige / Knochenerweichung / Nekrose - Knochen*

– **Periost**, des: ant-c. **Asaf.** aur. bell. calc-f.$_{dp}$ *Chin.* cycl. hell. kali-i.$_{k2}$ *Merc.* mez. **Ph-ac.** puls. rhod. rhus-t. ruta sabin. *Sil.* staph.

Katalepsie: abies-c.$_{c,c1}$ *Acon.*$_{bro1,k,*}$ acon-c.$_{a1,c2}$ aether$_{a1,c1,*}$ *Agar.*$_{hr1,k}$ aran.$_{hr1,k,*}$ art-v.$_{bro1,k,*}$ asaf.$_{sf,sf1}$ bell.$_{hr1,k}$ camph-br.$_{bro1}$ *Cann-i.*$_{bro1,k,*}$ canth.$_{a1}$ caust.$_{sf,sf1}$ cham.$_{hr1,k,*}$ chlol.$_{hr1,k}$ cic.$_{bro1,k,*}$ *Cocc. Coff.*$_{hr1,k}$ *Con. Crot-c.*$_{bro1}$ crot-h.$_{sf,sf1}$ *Cupr.*$_{sf,sf1}$ cur.$_{bro1,k,*}$ *Ferr.*$_{hr1,k,*}$ gels.$_{bro1,k}$ graph.$_{bro1,k}$ hydr-ac.$_{hr1,j5,*}$ hyos.$_{hr1,k,*}$ ign.$_{hr1,k}$ indg.$_{c,c1}$ iod.$_{a1}$ *Ip.*$_{hr1,k}$ lach.$_{hr1,k,*}$ laur.$_{j5}$ *Mag-m.*$_{sf,sf1}$ merc.$_{bro1,j5}$ *Morph.*$_{bro1}$ *Mosch.*$_{bro1,j5,*}$ *Nat-m.*$_{hr1,k}$ nux-m.$_{bro1,k,*}$ ol-an.$_{sf,sf1}$ *Op.*$_{hr1,k,*}$ *Petr.*$_{hr1,k}$ *Ph-ac.*$_{hr1,k}$ pip-m.$_{sf,sf1,*}$ *Plat.*$_{hr1,k}$ plb.$_{a1}$ raph.$_{c1,c2,*}$ reser.$_{jl,jl3}$ sabad.$_{bro1,k2}$ sep.$_{hr1}$ spong.$_{c1,c2,*}$ staph.$_{hr1,k}$ stram.$_{h,k,*}$ stry.$_{a1}$ sulph.$_{hr1,k}$ tab.$_{c1,c2,*}$ tanac.$_{a1}$ thuj.$_{hr1,k,*}$ *Valer.*$_{sf,sf1}$ verat.$_{hr1,k}$ *Zinc.*$_{sf,sf1}$
☞ ❑ *Gemüt - Bewußtlosigkeit - Bewegungen* / ❑ *G~ Gesten* / ❑ *G~ Sitzen*

– **nachmittags**: grat.$_{a1}$

– **abends** im Bett: cur.

– **Eifersucht**, durch: *Hyos.*$_{hr1,k}$ **Lach.**$_{hr1,k}$
☞ ❑ *Gemüt - Beschwerden durch - Eifersucht*

– **Erregung**, durch religiöse: stram.$_{hr1,k}$ sulph.$_{hr1,k}$ verat.$_{hr1,k}$
☞ ❑ *Gemüt - Religiös - Gemütsstörungen*

– **Freude**, durch: **Coff.**$_{hr1,k}$
☞ ❑ *Gemüt - Beschwerden durch - Freude - übermäßige*

– **Kummer**, nach: *Ign.*$_{hr1,k}$ *Ph-ac.*$_{hr1,k}$ staph.$_{hr1,k}$
☞ ❑ *Gemüt - Beschwerden durch - Kummer*

– **Liebe**, durch enttäuschte: hyos. *Ign.* lach. *Ph-ac.*
☞ ❑ *Gemüt - Beschwerden durch - Liebe*

– **Menses**:
• **vor**: mosch.$_{bro1}$
• **während**: *Plat.*$_{hr1,k}$

– **Schreck**, nach: *Acon.*$_{hr1,k}$ bell.$_{hr1,k}$ *Gels.*$_{hr1,k}$ ign.$_{hr1,k}$ **Op.**$_{hr1,k}$
☞ ❑ *Gemüt - Beschwerden durch - Schreck*

– **sexuell**:
• **Erregung**, durch sexuelle: *Con. Plat.* stram.
• **Exzesse**, durch sexuelle: chin.$_{kr1}$ nux-v.$_{kr1}$

– **Würmer**; bei Beschwerden durch: sabad.$_{hr1,k2}$

– **Zorn**, durch: bry.kr1 *Cham.*kr1
☞ ❑ *Gemüt - Beschwerden durch - Zorn*

Katarrh, unterdrückter
☞ ❑ *Nase - Absonderung - unterdrückt*

Kater:
– **Alkohol**; durch übermäßigen Genuß von: *Luna*kg1
☞ *Speisen - Alkohol - agg. - Kater*
– **Gefühl** von Kater (= ohne Genuß von Alkohol): lunakg1

Katheters, Beschwerden durch ständige Benutzung des: arn.c1 mag-p.c1,sf1,* nux-v.c1

Kauterisieren mit Silbernitrat; Antidot gegen: nat-m.c1

Keller
☞ *Gewölbe / Naß - Naßwerden - Zimmer*

Keuchhusten, Beschwerden nach: carc.fb sang.st,kl2●

Kindbett; Beschwerden im
☞ ❑ *Weibliche Genitalien - Entbindung - nach*

Kinderlähmung
☞ *Poliomyelitis*

Kindern; Beschwerden von: abrot.sf1 acet-ac.c1 **Acon.**bg *Aeth.* agar. *All-c.* alum.bg2,sf1 *Ambr. Ang.*bg2,kr1 ant-c.bg **Ant-t.**bg apissf1 arn. ars. asaf. *Aur. Bar-c.* **Bell. Borx.** *Bry.* **Calc.** calc-f.jl *Calc-p.*bg camph. canth. **Caps.** carc.mg1 caust.bg2 **Cham.**bg chel.kr1 chin. chlol.kr1 chlorpr.jl *Cic.* cic-m.c1 *Cina*bg clem. coc-c.sf1 *Cocc. Cocc-s.*kr1 coff.bg con. *Croc.* cupr. dig. dros. euph. ferr. ferr-p.bg2,sf1,* *Gels.* graph. hell. hep.bg2 **Hyos.** *Ign. Iod.* **Ip.**bg *Kali-br.*c1,kr1 kali-c. *Kali-m.*kr1 *Kali-p.*kr1 *Kreos. Lach.* laur. **Lyc.** mag-c. mag-p.kr1 meph.jl **Merc.**bg *Mill.*kr1 *Mosch.*kr1 mur-ac. nat-c. *Nat-m.*kr1,sf1 *Nux-m. Nux-v.* **Op.** ped.c1 phos.sf1 phyt.bg2 plb. *Podo.*bg *Psor.* **Puls.**bg *Rheum*bg *Rhod.*bg2 rhus-t. rib-ac.jl ruta sabad. sabin. *Samb.*bg2,sf1 sec. seneg. senn.j5 sep.bg **Sil.**bg spig. *Spong. Squil.* stann. staph. stram.c1,sf1 sul-ac. **Sulph.**bg ter.kr1 *Teucr.* thuj. thyr.jl verat. viol-o. viol-t. zinc.
☞ *Abmagerung - Kindern / Entwicklungsstillstand / Längenwachstum /* ❑ *Zähne - Zahnung*
– **Finger** in den Mund; stecken die
☞ ❑ *Gemüt - Gesten - Finger - Mund*
– **Nägelkauen**
☞ ❑ *Gemüt - Beißen - Nägel*
– **Teenager**: tub-m.vs
– **wachsen** zu schnell; sie
☞ *Längenwachstum*
– **zarte**, schwächliche, kränkliche Kinder: aur.c2 brom.bg2,sf1 calc-p.bg2,sf1 *Caust.*bg2,kr1,* irid-met.bg2,sf1,* *Lyc.*bg2,kr1,* mag-c.bg2,sf1,* phos.bg2,sf1 psor.bg2,kr1,*
☞ *Abmagerung - infantiler / Abmagerung - Kindern / Abmagerung - schwächlichen*

Kitzelig
☞ *Berührung - agg. - leichte /* ❑ *Gemüt - Berührt - Kitzeligkeit*

Kitzeln; innerliches (= Jucken): ambr.bg caust.bg *Cham.*bg *Con.*bg ferr.bg hyos.bg **Iod.**bg ip.bg kali-c.bg *Lach.*bg nat-m.bg **Nux-v.**bg **Phos.**bg *Rumx.*bg sang.bg sep.bg stann.bg sulph.bg

Klares Wetter
☞ *Wetter - klares*

Klavierspiel, Beschwerden durch: anac.bg2,k calc.bg2,k cham.st kali-c.bg2,k *Nat-c.*bg2,k phos.k13,k2,* *Sep.*bg2,k zinc.bg2,k
☞ *Müdigkeit - Klavierspiel / Schwäche - Klavierspiel / Völlegefühl - innerlich - Klavierspiel / Zittern - äußerlich - Klavierspiel*

Kleidung:
– **brennen**, in Flammen stehen; als würde sie: ars-i.ptk1
– **Druck** der Kleidung: am-c.bg2,kr1 aml-ns.bg2,kr1 apisbg2,kr1 *Arg-n.*bg2,kr1 arn.bg2,kr1 *Asar.*bg2,kr1 bov.bg2,kr1 *Bry.*bg2,kr1 **Calc.**bg2,kr1 *Caps.*bg2,kr1 *Carb-v.*bg2,kr1 *Caust.*bg2,kr1 cench.bg2,kr1,* chin.bg2,kr1 coc-c.bg2,kr1 *Coff.*bg2,kr1 con.bg2,kr1 glon.bg2,kr1 *Hep.*bg2,kr1 kali-bi.bg2,kr1 kali-i.bg2,kr1 **Lach.**bg2,kr1 lil-t.bg2,kr1 **Lyc.**bg2,kr1 merc.bg2,kr1 *Nat-m.*bg2,kr1 nat-s.bg2,kr1 nit-ac.bg2,kr1 nux-m.bg2,kr1 **Nux-v.**bg2,kr1 olnd.bg2,kr1 onos.bg2,kr1 op.bg2,kr1 phos.bg2,kr1 psor.bg2,kr1 puls.bg2,kr1 *Ran-b.*bg2,kr1 *Sars.*bg2,kr1 sec.bg2,kr1 *Sep.*bg2,kr1 **Spong.**bg2,kr1 *Stann.*bg2,kr1 *Sulph.*bg2,kr1 tub.bg2,kr1 vip.bg2,kr1
  • **amel.**: fl-ac.bg2 nat-m.bg2 psor.bg2 sabad.bg2
– **feucht**; als wäre sie: calc.ptk1 guaj.ptk1 lac-d.ptk1 lyc.ptk1 phos.ptk1 ran-b.ptk1 sanic.ptk1 sep.ptk1 tub.ptk1 verat-v.ptk1
– **groß**; als wären die Kleidungsstücke zu: psor.ptk1 thuj.ptk1
– **kalt**; als wäre sie: ars-i.ptk1
– **Lockern**, Lösen der Kleidung amel.: am-c. arn. ars.kr1 asar. *Bry.* **Calc.** *Cann-i. Caps. Carb-v. Caust.* chel. chin. coff. *Hep.* **Lach. Lyc.** mag-m.h **Nit-ac. Nux-v.** olnd. op. *Puls.* ran-b. *Sanic. Sars. Sep. Spig. Spong. Stann. Sulph.*
– **passen**; als würde sie ihm nicht: verat-v.ptk1
– **schwer**; als wäre sie zu: con.ptk1 euph.ptk1
– **Unverträglichkeit** von: agar.bg2 *Am-c.*bg2,k,* aml-ns.bg2 ant-t.a1,sf1,* *Apis* **Arg-n.** arn.bg2,k,* asaf.bg2,k asar.bg2,k,* *Bov.*bg2,k *Bry.*bg2,k,* **Calc.**bg2,k,* *Caps.*bg2,k,* *Carb-v.*bg2,k,* *Carbn-s. Caust.*bg2,k,* cench.k13,k2,* chel.sf,sf1 chin.bg2,k,* clem.a1,bg2 *Coc-c.*k2,sf1,* coff.bg2,k,* con. **Crot-c.** *Crot-h.* dios.sf,sf1 euph.a1,bg2 *Glon.*sf,sf1 *Graph. Hep.*bg2,k,* ign.bg2,k kali-bi. kali-c.hr1,k kali-chl.hr1 kali-i.bg2,sf1,* kali-m.kr1 kali-n.bg2,k kreos.bg2,k *Lac-c.*st **Lach.**bg2,k,* *Lept.*vh lil-t.sf,sf1 lith-c.sf1 **Lyc.**bg2,k,* manc.vh merc.a1,j5,* merc-c.bg2 *Nat-m.*bg *Nat-s.* nit-ac.bg2 nux-m.bg2 **Nux-v.**bg2,k,* olnd.bg2,k,* **Onos.** op.bg2,k,* *Phos.*bg1,bg2,* plb.sf,sf1 polyg-h.kr1,st psor.bg2 *Puls.*bg2,k,* *Ran-b.*bg2,k,* *Sanic. Sars.*bg2,k,* sec.bg2 *Sep.*bg2,k,* *Spig.*bg2,k **Spong.**bg2,k,* *Stann.*bg2,k,* sulph.hr1,k *Tarent.* tub.bg2 verat-v.a1,bg2

– **Unverträglichkeit** von: ...
vip.bg2,sf1,*
☞ *Bettdecken - agg. / Wärme - Verlangen*
• **Wollkleidung**: merc.ptk1 phos. psor. puls. rhus-t.ptk1 *Sulph.*

Kleiner zu sein; Gefühl: acon. agar. cact.bg2 *Calc.* croc. euphr. *Glon.* graph.bg2 kreos. naja.bg2 nux-m.bg2 nux-v.bg2 sabad. sulph.bg2 tarent. zinc.bg2
☞ *❑ Gemüt - Wahnideen - klein / ❑ G~ Wahnideen - verkleinert*

Klopfen
☞ *Pulsieren*

Knie, Lage der
☞ *❑ Extremitäten - Knie / ❑ Schlaf - Lage*

Knien, beim:
– **agg.**: calc.bg2 *Cocc.* mag-c. puls.bg2 sep. spig.bg2 tarent.bg2
– **amel.**: aesc.ptk1 euph.bg2

Knistern, wie Rauschgold: acon.bg1,bg3 calc.bg3 cean.bg1 coff.bg3 hep.bg3 rheum.bg3 sep.bg3

Knochenbrüche
☞ *Verletzungen - Knochenbrüche*

Knochenerweichung (= Osteomalazie): am-c. **Asaf.** *Bell.* **Calc.** calc-f. *Calc-i.*bro1 calc-p. cic. con.kr1 ferr. *Ferr-i.*kr1 ferr-m.kr1 *Ferr-p.*kr1 guaj.bro1,k2 hecla.kr1 *Hep.* iod. ip. *Kali-i.*kr1 *Lac-c.*kr1 *Lyc.* **Merc.** merc-c.bg2 mez. *Nit-ac.* nux-m.kr1 *Ol-j.*kr1 parathyr.jl petr. ph-ac. *Phos.* plb. *Psor.*kr1 *Puls.* rhod. ruta *Sep.* **Sil.** staph. *Sulph.* syph.k2 ther. thuj.kr1
☞ *Brüchige / Karies - Knochen / Nekrose - Knochen*
– **Röntgenstrahlen**, durch: cadm-met.sp1 cortico.sp1 cortiso.sp1

Knochenheilung bei Frakturen; langsame
☞ *Verletzungen - Knochenbrüche - langsame*

Knorpel, Erkrankungen der: **Arg-met.**k2,kr1,* cimic.sf1 guaj.sf1 led.sf1 merc.sf1 nat-m.kr1,sf1 olnd.sf1 plb.sf1 ruta.sf1 *Sil.*k2,sf1
☞ *Abszesse - Knorpel / Entzündung - Knorpel / Nekrose - Knorpel / Schwellung - Knorpel / Tumoren - Enchondrom / Verhärtungen - Knorpel*
– **Geschwüre** der: merc-c.

Koitus:
– **während**: alum.bg2,j5 anac.bg2,k asaf.bg2,k bar-c.bg2,k berb.j5 borx.j5 *Bufo*.bg2 calad.bg2,k,* calc.j5 *Canth.*hr1,k *Carb-v.*j5 caust.j5 chin.ptk clem.j5 ferr. *Graph.*bg2,k,* *Kali-c.*bg2,k kreos.bg2,k lyc.bg2,k,* nit-ac.j5 *Nux-v.*j5 petr.j5 plat.bg2,k plb.j5 *Sel.*bg2,k sep. tax.j5 thuj.
– **nach**: agar.bg2,hr1 agn.bg2 alum.j5 am-c. anac.bg2 anan. arg-n. asaf.bg2 bar-c.bg2 berb.j5 *Bov.*bg2,hr1 *Calad.*bg2,hr1 **Calc.**bg2,hr1 calc-i.k13 canth.bg2 carb-an.j5 carb-v.bg2 *Cedr.*hr1 *Chin.*bg2 *Con.*bg2 daph.j5 dig.j5 eug.j5 *Graph.*bg2,hr1 kali-bi.bg2 **Kali-c.**bg2,hr1 **Kali-p.** *Kreos.*bg2,j5 led.j5 lyc.bg2,hr1 mag-m.bg2,hr1 merc.bg2,j5 mez.j5 mosch.bg2 *Nat-c.*bg2 nat-m.bg2,hr1 nat-p.hr1 nat-sil.k13 nit-ac.bg2 *Nux-v.*bg2

Koitus: ...
*Petr.*bg2 *Ph-ac.*bg2,hr1 *Phos.*bg2,hr1 plb.bg2 puls.bg2 rhod.bg2 *Sel.*bg2,hr1 **Sep.**bg2,hr1 **Sil.**bg2,hr1 *Staph.*bg2 sul-ac.j5 tab.j5 tarent. ther. ziz.hr1
• **agg.**: **Agar.** agn. alum.j5 am-c. ambr.sf1 anac. anan. *Apis* arg-n. asaf. bar-c. berb.j5 borx. *Bov.* bufo.bg2 *Calad.* **Calc.** calc-i.k2 calc-sil.k2 canth. carb-an.j5 carb-v.bg2 *Cedr.*c2,k *Chin.* *Con.* daph.j5 dig.j5 eug.j5 *Graph.* kali-bi.bg2 **Kali-c.** kali-i.c1 **Kali-p.** *Kali-sil.*vh,vh/dg kreos.j5 led.j5 lyc. mag-m. merc.j5 mez.j5 mosch. *Nat-c.* nat-m. *Nat-p.* nat-sil.k2 *Nit-ac.* *Nux-v.* *Petr.* *Ph-ac.* *Phos.* plb. puls.bg2 rhod. *Sel.* **Sep.** **Sil.** spig.ptk1 stann.ptk1 *Staph.* sul-ac.j5 sulph.ptk1 tab.j5 tarent. ther.
• **amel.**: bamb-a.stb2 **Con.**bg2,sf1 merc.bg2,sf1 *Staph.*bg2,sf1
– **Furcht**; mit
☞ *❑ Gemüt - Furcht - Koitus - während*
– **unterbrochener** Koitus agg. (= Coitus interruptus): bell.bg2,ptk1 bell-p.sf1

Kollaps: acet-ac.a1,k acetan.bro1 acon.a1,bg2,* aconin.a1 adren.st aeth.bg2 **Am-c.** ampe-qu.a1 amyg.a1,k *Ant-ar.*sf1 *Ant-t.*sf,sf1 apis aran-ix.mg,mg1 arn.sf,sf1 **Ars.**bg2,k,* *Ars-h.* *Bapt.*sf,sf1 bar-c.a1,k **Camph.**bg2,k cann-i.a1,k canth. *Carb-ac.*a1,k carb-an.hr1,kr1,* **Carb-v.**bg2,k **Carbn-s.** carc.svb caust.sf,sf1 cench.a1 **Chin.**hr1,kr1 cina cit-l.hr1,kr1,* *Colch.*sf,sf1 colchin.a1 con.bg2 crat.br1 *Crot-h.* crot-t.a1,k *Cupr.*a1,k cupr-act.br1 *Cupr-ar.*a1,k cupr-s.a1,k cyt-l.hr1,kr1,* *Dig.*bro1,sf,* diph.bro1 dor.a1,k euon.a1,k *Gels.*sf1 hell.a1,k home.a1,c1,* *Hydr-ac.*bg2,sf1,* hydrog.srj2 *Hyos.*hr1,kr1 iod.a1,k ip.bg2 jab.a1,k kali-br.sf,sf1 kali-chl.a1 kali-chr.a1 kali-cy.a1 kali-n.a1,k *Lach.*a1,sf1,* lat-m.sp1 *Laur.* lith-c.sf1 lob.bro1 lob-p.bro1 lol.a1 lyc.sf1 *Med.* merc.a1,k merc-c.a1,k merc-cy.bro1 merc-n.a1 merc-ns.a1 merc-pr-a.a1 morph.a1,k *Mosch.*hr1,kr1 mur-ac.bro1 naja nicot.c1,c2,* nit-s-d.a1 olnd.a1,k op.bg2,k,* ox-ac.a1,k *Phos.*a1,k phys.a1,k pitu.sp1 plb.a1,k rhus-t.sf,sf1 sabad.mg1,sf,* santin.a1 scam.a1 *Sec.* *Seneg.*hr1,kr1 sep.bg2 stram.a1,k sul-ac.a1,k *Sulph.*bg2 tab.a1,k tarent.mg,mg1 tarent-c.sf,sf1 tax.a1,k *Verat.*bg2,k,* *Verat-v.*sf,sf1 vip.a1,k *Zinc.*sf,sf1
☞ *Ohnmacht*
– **Bewegung**; durch: dig.c1
– **Diarrhoe**, nach: ant-c.kr1 **Ars.** **Camph.** **Carb-v.** ric.a1 **Verat.**
☞ *Ohnmacht - Diarrhoe - nach*
– **Erbrechen**:
• **während**: *Ars.* ric.a1 *Verat.*hr1,kr1
• **nach**: **Ars.**a1,k lob.a1,k phys.a1,k ric.a1 *Verat.*
– **Lähmung**; zu Beginn einer allgemeinen: con.
– **Nadelstich**, durch einen: calc.h
– **plötzlich**: **Ars.** *Colch.*hr1,kr1 phos.a1,k
☞ *Schwäche - plötzlich / Schwäche - schnell*
– **Schmerz**; durch: bamb-a.stb2
– **Typhus** abdominalis; bei: crat.br1

Kondylom
☞ *❑ Haut - Wucherungen - Kondylome*

Kongestion:

– **Blutandrang**: **Acon.** act-sp.$_{kr1}$ adren.$_{c2}$ **Aesc.** agar.$_{bg2}$ agn.$_{bg2}$ *Aloe* *Alum.* alum-p.$_{k2}$ alum-sil.$_{k2}$ am-c. am-m. ambr. aml-ns.$_{bg2}$ ang.$_{bg2}$ anis.$_{kr1}$ ant-c. ant-t.$_{bg2}$ *Anthraci.*$_{kr1}$ *Apis* aq-mar.$_{jl}$ arist-cl.$_{sp1}$ *Arn.* ars.$_{bg2,k2}$ asaf. aster.$_{jl}$ *Aur.* aur-ar.$_{k2}$ aur-i.$_{k2}$ aur-s.$_{k2}$ bar-c. bar-i.$_{k2}$ **Bell.**$_{c2,k}$ *Borx.* bov. brom.$_{bg2}$ *Bry.* **Cact.** calad.$_{bg2}$ *Calc.* calc-hp.$_{c1,c2}$ calc-sil.$_{k2}$ camph. cann-s. canth. carb-an. *Carb-v.* *Carbn-s.* caust. cham. chel. **Chin.** chinin-s.$_{j5}$ cinnb.$_{st}$ clem. cocc. *Coff.* colch. coloc. con. conv. croc. cupr. cycl. dig. dulc. erig.$_{sf1}$ eucal.$_{sf1}$ euphr.$_{bg2}$ **Ferr.** *Ferr-i.* ferr-p. *Ferr-s.*$_{kr1,sf1}$ fl-ac.$_{bg2,sf1}$ gels.$_{c1,k2}$ **Glon.** *Graph.* guaj. *Ham.* *Hell.* hep. hir.$_{jl}$ hydr.$_{sf1}$ hydr-ac.$_{a1}$ *Hyos.* hypoth.$_{jl}$ ign. iod. ip.$_{bg2}$ jab.$_{c1}$ kali-c. kali-i.$_{sf1}$ kali-n. kreos.$_{sf1}$ *Lach.* laur. led. *Lyc.* mag-c. mag-m. mand.$_{mg1}$ mang. **Meli.** meli-xyz.$_{c2}$ merc. merc-c.$_{bg2}$ mez. *Mill.*$_{j5,k2,*}$ mosch. nat-c. *Nat-m.* nat-s.$_{bg2}$ *Nit-ac.* nux-m. **Nux-v.** op. petr. ph-ac. **Phos.** plat. plb. podo.$_{sf1}$ *Psor.* **Puls.** raja-s.$_{jl}$ *Ran-b.* rhod. *Rhus-t.* sabin. samb. *Sang.*$_{sf1}$ sars.$_{bg2}$ sec. sel.$_{bg2}$ *Seneg.* *Sep.* *Sil.* spig. *Spong.* squil. staph. *Stram.* *Stront-c.*$_{sf1}$ *Stront-i.*$_{sf1}$ sul-ac. **Sulph.** tarax. ter.$_{bg2}$ thuj. valer. verat. verat-v.$_{c2,k}$ **Viol-o.** zinc.$_{bg2}$

☞ *Blutwallungen / Hitze - Hitzewallungen / Plethora*

- **Blutung**, nach: mill.$_{k2}$
- **Kälte** der Beine; mit: *Bell.*$_{kl}$ *Nat-m.*$_{kl}$ *Stram.*$_{kl}$
- **plötzlich**: acon.$_{bg2}$ bell.$_{bg2}$ cact.$_{k2}$ glon.$_{bg2}$ verat-v.$_{bg2}$
- **zerebral**: arn.$_{br1}$

○ **innerlich**: *Aloe* *Apis* ars. aur-i.$_{k2}$ bar-i.$_{k2}$ **Cact.** calc-sil.$_{k2}$ *Camph.* canth. *Colch.* conv. cupr. *Glon.* *Hell.* **Meli.** *Phos.* sars.$_{k2}$ sep. *Verat.* verat-v.

○ **Drüsen**, der: aur-i.$_{k2}$ dig.$_{c1}$ ferr-i.$_{k2}$

Kontraktionen: chim.$_{c2}$ med.$_{c2}$ plb-xyz.$_{c2}$ prun.$_{c2}$ rhus-t.$_{c2}$ syph.$_{c2}$ ter.$_{c2}$ thiosin.$_{c2}$

☞ ❑ *Gemüt - Stimmung - veränderlich*

– **Entzündung**; nach: acon.$_{bg2,kr1}$ *Agar.* alum. *Alumn.*$_{kr1}$ am-m.$_{bg3}$ ant-c. arg-met. *Arn.*$_{bg2,kr1}$ *Ars.*$_{bg2,kr1}$ asaf. *Bell.* *Bry.* cact.$_{k2}$ calc. *Camph.* canth. caust. chel. *Chin.* **Cic.**$_{c1,k}$ *Clem.* *Cocc.* coloc.$_{bg3}$ con. dig. dros. dulc. euph. graph.$_{bg3}$ guaj.$_{bg2}$ hyos.$_{bg2,kr1}$ *Ign.*$_{bg2,kr1}$ lach. led. lyc.$_{bg3}$ meny.$_{bg2}$ **Merc.** *Mez.* nat-m. nit-ac. **Nux-v.** op.$_{bg2,kr1}$ petr. *Phos.* plb. *Psor.* *Puls.* ran-b. **Rhus-t.** ruta sabad. sec.$_{bg3}$ sep. *Spong.* squil. staph. stram. sulph. teucr. thuj. *Verat.*$_{bg2,kr1}$ zinc.

Konversation:

– **amel.**

☞ *Sprechen - amel. - Gespräche*

Konvulsionen: absin.$_{a1,k,*}$ acet-ac.$_{a1,k}$ *Acon.*$_{bg2,k,*}$ aconin.$_{c1,c2,*}$ aesc. aesc-g.$_{a1}$ aeth.$_{bg2,k,*}$ aether$_{a1,c1,*}$ *Agar.*$_{bg2,k,*}$ agar-pa.$_{a1}$ agar-se.$_{a1}$ agre.$_{jl}$ alco.$_{a1}$ *Alet.*$_{hr1,kr1,*}$ alum.$_{bg2,k,*}$ alum-p.$_{k13,k2}$ alum-sil.$_{bro1,k2}$ am-c.$_{bg2,k}$ am-caust.$_{a1}$ am-m. ambr.$_{bg2,k,*}$ *Aml-ns.*$_{kr1,sf1}$ amyg.$_{a1}$ anac. ang.$_{bg2,j5,*}$ anis.$_{bro1}$ *Ant-c.*$_{h,k,*}$ *Ant-t.*$_{bg2,k,*}$ *Anthraci.*$_{kr1}$ antip.$_{bro1}$ *Apis* *Aran.*$_{hr1,k}$ *Arg-met.* *Arg-n.*$_{bg2,k}$

Konvulsionen: ...

arist-cl.$_{sp1}$ *Arn.*$_{bg2,k,*}$ *Ars.*$_{bg2,k1,*}$ *Ars-s-f.*$_{hr1,k2,*}$ **Art-v.**$_{hr1,k,*}$ arum-m.$_{hr1,kr1}$ *Asaf.*$_{bg2,k}$ asar.$_{k1,k13}$ aster.$_{hr1,k,*}$ **Atro.**$_{a1,k,*}$ aur.$_{bg2,k}$ aur-ar.$_{k2}$ aur-fu.$_{j5}$ bar-c.$_{bg2,k}$ bar-i.$_{k2}$ *Bar-m.*$_{a1,k,*}$ bar-s.$_{k13,k2}$ bart.$_{a1}$ **Bell.**$_{bg2,k,*}$ ben-n.$_{a1,kr1,*}$ bism.$_{j5,sf1,*}$ borx. both.$_{a1}$ bov.$_{bg2}$ brom.$_{bg2,sf1,*}$ bruc.$_{j5}$ *Bry.*$_{bg2,k,*}$ **Bufo** buth-a.$_{sp1}$ cact. **Calc.**$_{bg2,k,*}$ calc-ar.$_{k2}$ *Calc-i.*$_{k13,k2}$ *Calc-p.*$_{k2}$ calc-sil.$_{k2}$ *Camph.*$_{bg2,k,*}$ cann-i.$_{a1,k}$ cann-s.$_{bg2,k}$ *Canth.*$_{bg2,k,*}$ *Carb-ac.*$_{hr1,k,*}$ carb-an.$_{j5}$ carb-v. carbn.$_{c1,c2,*}$ carbn-h.$_{a1}$ carbn-o. *Carbn-s.* castm.$_{bg2,c1,*}$ caul.$_{bg2}$ **Caust.**$_{bg2,k,*}$ **Cham.**$_{bg2,k,*}$ chen-a.$_{a1,k,*}$ chin.$_{bg2,k}$ *Chinin-s.* *Chlf.*$_{hr1,kr1,*}$ chlor.$_{c1,c2,*}$ **Cic.**$_{bg2,k,*}$ cic-m.$_{a1}$ cimic. **Cina**$_{c2,k}$ cit-ac.$_{j5}$ clem.$_{bg2,k}$ coc-c.$_{hr1,k}$ coca *Cocc.*$_{bg2,k,*}$ cod.$_{a1,c1,*}$ coff.$_{bg2,k,*}$ colch.$_{bg2,k,*}$ colchin.$_{c,c1}$ coloc.$_{bg2,k}$ *Con.*$_{bg2,k,*}$ convo-s.$_{sp1}$ cop.$_{a1,k}$ cortico.$_{mg,mg1,*}$ cortiso.$_{mg,mg1,*}$ croc.$_{bg2,k}$ *Crot-c.* *Crot-h.*$_{a1,k,*}$ cryp.$_{a1}$ cub.$_{a1,k}$ **Cupr.**$_{bg2,k,*}$ *Cupr-act.*$_{a1}$ *Cupr-ar.*$_{hr1,k}$ cupr-s.$_{a1}$ cur.$_{hr1,k}$ *Cypr.*$_{sf,sf1,*}$ cyt-l.$_{a1,c1,*}$ dat-m.$_{a1,c1,*}$ dat-s.$_{a1}$ *Dig.*$_{bg2,k,*}$ *Dios.*$_{sf,sf1}$ dor.$_{hr1,kr1}$ dros.$_{bg2}$ dulc.$_{bg2,k,*}$ euon.$_{c1,c2,*}$ *Eupi.*$_{a1,k}$ fagu.$_{a1}$ ferr.$_{bg2,k}$ ferr-ar. ferr-m.$_{a1,j5}$ ferr-s.$_{c,c1}$ form.$_{hr1,k}$ frag.$_{c1,c2,*}$ *Gels.*$_{k,k2,*}$ *Glon.*$_{hr1,k,*}$ gran.$_{a1}$ *Graph.*$_{hr1,k}$ grat.$_{k13,k2}$ guaj. guare.$_{a1}$ *Hell.*$_{bg2,k,*}$ hep. *Hydr-ac.*$_{bg2,k,*}$ **Hyos.**$_{bg2,k,*}$ hyper.$_{bro1}$ *Ign.*$_{bg2,k,*}$ indg.$_{br1,sf1,*}$ iod.$_{bg2,k,*}$ *Ip.*$_{k,k2,*}$ iris-fl.$_{c1,c2}$ jasm.$_{a1,c1,*}$ jatr-c.$_{j5}$ juni-v.$_{a1,c1,*}$ kali-ar. kali-bi.$_{k2}$ *Kali-br.* *Kali-c.*$_{bg2,k}$ *Kali-chl.*$_{a1,k}$ kali-cy.$_{a1}$ kali-i.$_{a1,k}$ kali-m.$_{k2}$ kali-ox.$_{a1,c1,*}$ kali-p.$_{sf,sf1}$ kalm. kara$_{c1}$ keroso.$_{a1,c1,*}$ kreos. lach.$_{bg2,k}$ lact.$_{a1,j5}$ lat-m.$_{sp1}$ laur.$_{bg2,k,*}$ led.$_{bg2}$ linu-c.$_{a1}$ linu-u.$_{c1,c2,*}$ **Lob.**$_{bg2,k,*}$ lol.$_{a1}$ lon-x.$_{a1,c1,*}$ *Lyc.*$_{bg2,k}$ *Lyss.*$_{hr1,k,*}$ *Mag-c.*$_{bg2,k,*}$ mag-m.$_{bg2,k,*}$ *Mag-p.*$_{bg2,k,*}$ mag-s.$_{sp1}$ manc.$_{hr1,k,*}$ mand.$_{sp1}$ mang. med.$_{c,c1}$ meli. meny.$_{bg2,k}$ meph.$_{hr1,k}$ *Merc.*$_{bg2,k,*}$ *Merc-c.*$_{bg2,k,*}$ merc-d.$_{a1}$ merc-n.$_{a1}$ merc-ns.$_{a1}$ merc-pr-r.$_{a1}$ methyl.$_{c,c1}$ *Mez.* mill.$_{bg2}$ morph.$_{a1,c1,*}$ *Mosch.*$_{bg2,k,*}$ *Mur-ac.*$_{bg2,k,*}$ mygal. nat-c.$_{bg2,k}$ nat-f.$_{sp1}$ *Nat-m.*$_{bg2,k,*}$ nat-s.$_{a1,k}$ *Nicot.*$_{c,c1}$ nit-ac.$_{bg2,k}$ nitro-o.$_{a1}$ **Nux-m.**$_{bg2,k,*}$ **Nux-v.**$_{bg2,k,*}$ *Oena.*$_{hr1,k,*}$ ol-an.$_{bg2,j5,*}$ ol-j.$_{sf,sf1}$ olnd.$_{bg2,k,*}$ **Op.**$_{bg2,k,*}$ ox-ac.$_{a1,k,*}$ passi.$_{c1,c2,*}$ petr.$_{bg2,k}$ ph-ac.$_{bg2,k}$ *Phos.*$_{bg2,k,*}$ phys. *Phyt.*$_{bg2,k,*}$ pic-ac.$_{sf,sf1}$ pitu.$_{sp1}$ plat.$_{bg2,k,*}$ **Plb.**$_{bg2,k,*}$ plb-chr.$_{c1,c2,*}$ *Podo.*$_{bg2,sf1,*}$ *Psor.* *Puls.*$_{bg2,k}$ pyre-p.$_{c1,c2,*}$ ran-b.$_{bg2,k}$ ran-s.$_{bg2,k}$ *Rat.*$_{sf,sf1}$ rauw.$_{sp1}$ rheum rhod. rhus-t.$_{bg2,k,*}$ ric.$_{a1}$ rob.$_{a1,k}$ rumx-act.$_{a1,c1,*}$ russ.$_{a1,c1,*}$ ruta sabad.$_{bg2,k}$ sal-ac.$_{sf,sf1}$ samb.$_{bg2,k}$ *Santin.*$_{a1,c1,*}$ sars. scol.$_{c1,c2,*}$ *Sec.*$_{bg2,k,*}$ sel. seneg. sep.$_{bg2,k}$ *Sil.*$_{bg2,k,*}$ sin-n.$_{a1,k}$ sium$_{c1,c2}$ *Sol-crl.*$_{c1,c2}$ *Sol-ni.* spig.$_{bg2,k}$ spirae.$_{c1,c2,*}$ spong. squil.$_{bg2,k}$ stann.$_{bg2,k,*}$ staph.$_{bg2,k}$ staphytox.$_{jl2}$ **Stram.**$_{bg2,k,*}$ stront-c. stroph-h.$_{bg2}$ **Stry.**$_{a1,k}$ *Stry-s.*$_{sf,sf1}$ sul-ac. sul-h.$_{c1,c2,*}$ sul-i.$_{k13,k2}$ *Sulph.*$_{bg2,k}$ tab.$_{bg2,k,*}$ tanac.$_{a1,j5}$ tarax.$_{bg2,k}$ tarent.$_{bg2,k2}$ tax.$_{a1,k}$ *Ter.*$_{a1,k}$ teucr. thal.$_{jl}$ thea thuj.$_{bg2,k,*}$ thymol.$_{jl,jl3,*}$ *Tub.*$_{st}$ *Upa.*$_{c1,c2,*}$ upa-a.$_{bro1}$ valer.$_{bg2,k}$ *Vario.*$_{hr1,kr1}$ *Verat.*$_{bg2,k,*}$ verat-v.$_{hr1,k,*}$ verb.$_{sf1}$ vesp.$_{k13,k2}$ vip.$_{a1,k}$ visc. zinc.$_{bg2,k}$ zinc-cy.$_{c1,c2,*}$ zinc-m.$_{a1,c1,*}$ zinc-o.$_{bro1}$ zinc-p.$_{k13,k2}$ *Zinc-s.*$_{c1,c2,*}$ zinc-val.$_{bg2,sf1,*}$ zing.$_{hr1,k}$ ziz.$_{hr1,k,*}$

– **eine** Seite: apoc. *Art-v.* bell. brom.$_{sfl}$ *Calc-p.* caust. chinin-s.$_{j5}$ cina$_{brol}$ dulc. elaps gels. graph. hell. *Ip.* *Plb.*

• **gelähmten** Seite, der: *Phos.* sec.

• **Lähmung** auf der anderen Seite: apis *Art-v.* bell. hell.$_{k1}$ lach.$_{sfl}$ phos.$_{sfl}$ *Stram.*

– **linke** Körperseite: bell.$_{j5}$ *Calc-p.* chinin-s.$_{j5}$ colch.$_{a1}$ cupr. elaps graph. *Ip.*$_{hr1,k}$ nat-m. nit-ac.$_{j5}$ plb. sabad.$_{j5}$ stram.$_{j5}$ *Sulph.*

• **nach** rechts: *Sulph.*$_{h,kr1}$

– **rechte** Körperseite: art-v.$_{hr1,k}$ *Bell.* caust. chen-a.$_{a1,k1,*}$ **Lyc.** *Nux-v.* sep.$_{h,j5}$ tarent.$_{sf}$

• **nach** links: visc.

• **links** gelähmt: *Art-v.*

– **tagsüber**: *Art-v.*$_{hr1,kr1}$ *Kali-br.*$_{hr1,kr1}$

– **morgens**: arg-n. art-v.$_{hr1,k}$ *Calc.*$_{hr1,k}$ *Caust.*$_{h,k,*}$ cocc. crot-h.$_{a1,k}$ kalm.$_{hr1,k}$ *Lyc.* *Mag-p.*$_{hr1,k}$ nux-v.$_{hr1,k}$ plat.$_{hr1,k}$ sec.$_{a1,k}$ sep.$_{hr1,k}$ sulph.$_{hr1,k,*}$ tab.$_{a1,k}$

– **vormittags**:

• **9** - 10 h: *Nat-m.*$_{kr1}$ plb.$_{a1}$

– **nachmittags**: arg-met. stann. stram.

– **abends**: alum. *Alumn.*$_{hr1,kr1}$ **Calc.**$_{hr1,k}$ *Caust.*$_{h,k,*}$ *Croc.* gels. graph.$_{j5}$ kali-c.$_{j5}$ laur.$_{hr1,k}$ merc-n.$_{a1}$ merc-ns. nit-ac.$_{j5}$ *Op.*$_{hr1,k}$ plb-chr.$_{a1}$ stann.$_{hr1,k}$ stram.$_{hr1,k}$ sulph.$_{hr1,k}$

• **20** h: ars.

• **21** h: *Lyss.*

• **Freien**, im: caust.

– **nachts**: *Arg-n.* ars.$_{hr1,k,*}$ *Art-v.*$_{hr1,k}$ aur.$_{hr1,k}$ bufo *Calc.*$_{hr1,k}$ calc-ar.$_{hr1,k}$ *Caust.*$_{hr1,k}$ *Cic.*$_{hr1,k,*}$ *Cina* *Cupr.*$_{hr1,k}$ dig.$_{a1,k}$ *Hyos.*$_{hr1,k}$ kali-c. kalm.$_{hr1,k}$ lach.$_{j5}$ lyc.$_{hr1,k}$ *Merc.*$_{hr1,k}$ *Nit-ac.*$_{hr1,k}$ nux-v.$_{a1,k}$ oena. **Op.**$_{hr1,k}$ *Plb.*$_{a1,k}$ *Sec.*$_{hr1,k}$ **Sil.**$_{hr1,k}$ *Stram.*$_{hr1,k}$ sulph.$_{hr1,k}$ zinc.

• **Mitternacht**: bufo cina *Cocc.*$_{hr1,k}$ santin. zinc.$_{hr1,k}$

• **nach**: nit-ac.$_{h,k,*}$

• **3** h: *Stram.*$_{kr1}$

• **4** - 16 h: *Calc.*

• **5** h: plb.$_{a1}$

• **Schlaf**, im: bufo$_{br1}$

• **Schwindel** tagsüber; mit: nit-ac.$_{ptk}$

◇ **abwechselnd** mit:

• **Betäubung**

☞ ❑ *Gemüt - Betäubung - abwechselnd mit - Konvulsionen*

• **Bewußtlosigkeit**

☞ ❑ *Gemüt - Bewußtlosigkeit - abwechselnd mit - Konvulsionen*

• **Erregung**, geistiger

☞ ❑ *Gemüt - Erregung - abwechselnd mit - Konvulsionen*

• **Lachen**

☞ ❑ *Gemüt - Lachen - abwechselnd mit - Konvulsionen*

• **Muskeln**; Erschlaffung der: acet-ac.$_{a1}$

• **Raserei**

☞ ❑ *Gemüt - Raserei - abwechselnd mit - Konvulsionen*

• **Starre**, Rigidität: stry.$_{a1}$

– **abwechselnd** mit: ...

• **Stupor**

☞ ❑ *Gemüt - Stupor - abwechselnd mit - Konvulsionen*

• **tonischen** Krämpfen: bell.$_{bg2,k2,*}$ *Cimic.*$_{hr1,kr1}$ con.$_{bg2,sf1,*}$ *Ign.*$_{bg2,sf1,*}$ *Mosch.*$_{bg2,sf1,*}$ nux-m.$_{sf,sf1}$ nux-v.$_{sf,sf1}$ plat.$_{bg2,sf1,*}$ sep.$_{bg2,sf1,*}$ stram.$_{hr1,k}$ *Tab.*$_{hr1,kr1}$ verat-v.$_{bg2,sf1,*}$

◆ **begleitet** von:

• **Speichel**:

• **blutig**: **Bufo**$_{kr1,vk1}$

– **Abort**, nach: ruta

– **Absonderungen**; durch unterdrückte: *Asaf.* cupr. mill. *Stram.*$_{c1,k}$

– **Addison** Syndrom, bei: *Calc.*$_{hr1,k}$ *Iod.*$_{hr1,kr1}$

– **Alkoholikern**; bei: *Anthraci.*$_{kr1}$ glon. *Hyos.*$_{hr1,kr1}$ *Nux-v.* *Ran-b.*

– **alkoholischen** Getränken; nach: ran-b.$_{c1}$

– **alten** Menschen, bei: plb.$_{mg,mg1}$

– **Amenorrhoe**, bei: art-v.$_{kr1}$

– **angeboren**: hell.$_{hr1,kr1}$ *Kali-br.*$_{hr1,kr1}$ verat.$_{hr1,kr1}$

– **Angst**, aus: stram.$_{sf,sf1}$

– **Anstoßen** des Körpers; durch: hyper.$_{ptk}$

– **Anstrengung**, nach: alum.$_{hr1,k}$ alumn.$_{kr1}$ *Calc.* *Glon.* kalm.$_{hr1,k}$ *Lach.*$_{hr1,k}$ *Lyss.*$_{hr1,k}$ nat-m.$_{hr1,k}$ petr.$_{hr1,k}$ sulph.

– **Anziehen** eines Beines, abwechselndes: cyt-l.$_{sp1}$

– **apoplektisch**: *Bell.*$_{hr1,k}$ *Crot-h.*$_{hr1,k}$ *Cupr.* *Lach.*$_{hr1,k}$ nux-v.$_{hr1,k}$ plb.$_{hr1}$ stram.$_{hr1,k}$ *Verat-v.*$_{kr1}$

☞ *Apoplexie*

– **Ärger**, Verdruß; nach: agar.$_{sf1}$ ars. bell. *Calc.* camph. cham.$_{sf1}$ **Cupr.** *Ign.* *Ip.* nux-v. plat.$_{k2}$ *Staph.*$_{k1,st}$ sulph. verat.$_{sf1}$ zinc.$_{sf1}$

☞ *Zorn*

– **Aufstoßen** amel.: *Kali-c.*

– **Aura**

☞ *epileptisch - Aura*

– **Ausscheidungen** und Absonderungen; durch unterdrückte

☞ *Absonderungen*

– **Ausstrecken**, beim:

• **Ellbogens** amel.; des: nux-v.$_{ptk}$

• **Glieder**, der:

• **vor** den Konvulsionen: *Calc.*

• **während** den Konvulsionen: bell.$_{h}$

• **Körperteilen** amel.; von: sec.

– **beginnen** im:

• **Abdomen**: aran. *Bufo*

• **Arm**: arum-t.$_{kr1}$ *Bell.*

• **links**: sil.$_{st}$

• **Auge**: cic.$_{k2}$

• **Beine**: *Cupr-act.*$_{kr1}$

• **Finger**: *Cupr-act.*$_{kr1}$

• **Zehen**, und: *Cupr.* *Cupr-act.*$_{kr1}$

• **Gesicht**: absin. *Bufo* cic.$_{k2}$ cina dulc. *Hyos.* *Ign.* *Lach.* santin. *Sec.*

• **linke** Seite: *Lach.*

• **Hals**: cic.$_{k2}$

• **Kopf**: cic.

• **erstrecken** sich nach unten: cic.$_{k2}$

• **Mitte**:

• **erstrecken** sich in die Umgebung: cic.$_{k2}$

• **Rücken**: ars.$_{j5}$ sulph.
• **Wadenmuskeln**: lyc.$_{h}$
• **Zehen**: *Cupr-act.* *Hydr-ac.*
– **Beißen**, mit: croc.$_{j5}$ *Cupr.*$_{hr1,kr1}$ lyss.$_{hr1,k}$ *Tarent.*$_{hr1,kr1}$
– **Berührung**, bei: acon. *Bell.*$_{hr1,k}$ *Carbn-o.* **Cic.**$_{bg2,k,*}$ cina$_{k2}$ cocc. *Lyss.*$_{hr1,k}$ *Mag-p.*$_{hr1,kr1}$ *Nux-v.*$_{hr1,k,*}$ *Stram.*$_{hr1,k,*}$ *Stry.*$_{bg2,k,*}$
– **Bestrafung**, nach: agar.$_{k13,k2,*}$ *Cham.* cina *Cupr.*$_{st}$ **Ign.**$_{hr1,k}$
– **Beugen**:
• **Ellbogens** amel., des: nux-v.
• **Kopfes** nach hinten; durch: **Nux-v.**$_{hr1,k}$
– **Bewegung** agg.: ars.$_{a1,k}$ bell. *Cocc.* graph. *Nux-v.*$_{hr1,k,*}$ *Stry.*$_{a1,k}$
– **Bewußtsein**:
• **mit**: ang.$_{bg2}$ ars.$_{bg2,k}$ aur-ar.$_{k2}$ bar-m.$_{k13,k2}$ bell.$_{bg2,k}$ calc.$_{bg2,k}$ camph.$_{bg2,k}$ *Canth.*$_{bg2,k}$ caust.$_{bg2,k}$ **Cina** *Cupr.*$_{vh}$ grat. *Hell.*$_{bg2,k}$ hyos.$_{bg2,k}$ ign.$_{bg3}$ *Ip.*$_{hr1,k}$ kali-ar. *Kali-c.*$_{bg2,k,*}$ lyc.$_{bg2,k}$ *Mag-c.*$_{bg2,k}$ merc.$_{bg2,k}$ mur-ac.$_{bg2,k}$ *Nat-m.*$_{bg2,k,*}$ nit-ac.$_{bg2,k}$ *Nux-m.*$_{bg2,k}$ *Nux-v.*$_{bg2,k}$ *Phos.*$_{bg2,k}$ *Plat.*$_{bg2,k}$ plb. sec. *Sep.*$_{bg2,k}$ sil.$_{bg2,k}$ **Stram.**$_{bg2,k}$ stry. sulph.$_{bg2,k}$
• **ohne**: absin. acet-ac. acon. *Aeth.* agar.$_{hr1,kr1}$ agre.$_{jl}$ aml-ns.$_{kr1}$ ant-t.$_{bg2,k}$ **Arg-n.** *Ars.*$_{bg2,k}$ *Aster.* aur.$_{bg2,k}$ *Bell.*$_{bg2,k}$ **Bufo** **Calc.**$_{bg2,k}$ *Calc-ar.* *Calc-p.*$_{hr1,kr1}$ *Calc-s.* *Camph.*$_{bg2,k,*}$ **Canth.**$_{bg2,k}$ carb-ac. *Caust.* cham.$_{bg2,k}$ chin.$_{bg2,k}$ **Cic.**$_{bg2,k,*}$ cina *Cocc.*$_{bg2,k}$ crot-h. *Cupr.*$_{bg2,k}$ cupr-act.$_{bro1}$ cupr-ar.$_{bro1}$ cur.$_{hr1,kr1}$ dig.$_{bg2,k}$ euph.$_{hr1}$ ferr.$_{bg2,k}$ gels.$_{hr1}$ glon.$_{hr1,k}$ hydr-ac. **Hyos.**$_{bg2,k}$ ign.$_{j5,k2,*}$ *Ip.*$_{bg2,k}$ juni-v.$_{a1}$ *Kali-c.* lach.$_{bg2,k}$ laur.$_{bg2,k}$ led.$_{bg2,k}$ lyc.$_{bg2,k}$ merc.$_{bg2,k}$ *Mosch.* nat-m.$_{bg2,k}$ nit-ac.$_{bg2,k}$ nux-v.$_{bg2,k}$ **Oena.**$_{hr1,k}$ op.$_{bg2,k,*}$ phos.$_{bg2,k}$ *Plat.* **Plb.**$_{bg2,k}$ sec.$_{bg2,k}$ *Sep.*$_{bg2,k}$ *Sil.*$_{bg2,k}$ *Stann.*$_{hr1,j5,*}$ staph.$_{bg2,k}$ *Stram.*$_{bg2,k}$ *Sulph.*$_{bg2,k}$ tanac. *Tarent.* verat.$_{bg2,k}$ vesp.$_{k13,k2}$ **Visc.** *Zinc.*$_{hr1}$
☞ *Ohnmacht*
– **Blutung**:
• **nach**: ars.$_{bg2}$ bell.$_{bg2}$ bry.$_{bg2}$ calc.$_{bg2}$ cina$_{bg2}$ con.$_{bg2}$ ign.$_{bg2}$ lyc.$_{bg2}$ nux-v.$_{bg2}$ puls.$_{bg2}$ sulph.$_{bg2}$ verat.$_{bg2}$
• **mit**: *Chin.* hyos. ip.$_{k1}$ *Plat.* plb.$_{ptk}$ *Sec.*
– **Delirium** tremens, bei: *Hyos.*$_{hr1,kr1}$
– **Diarrhoe**:
• **amel.**: lob.
• **nach**: mag-p.$_{ptk}$ zinc.$_{ptk}$
• **Kindern**, bei: nux-m.$_{ptk}$
• **mit**: nux-m.$_{c1}$
– **Diätfehler**, durch: *Cic.*
– **Drehen** des Kopfes: cic.
• **Bett**, im: chen-a.$_{a1}$
– **Druck**, durch:
• **Körperteil**, auf ein: cic.$_{k2}$
• **Magen**, auf den: canth. cupr. cupr-act.$_{a1}$ nux-v.
• **Wirbelsäule**; auf die: *Tarent.*
– **Eifersucht**, durch: *Lach.*$_{hr1,k}$
– **Eiterung**, bei: *Ars.* *Bufo* canth. lach. *Tarent.*
– **Entbindung**:
☞ *Lähmung - eine Seite - Konvulsionen - nach*
• **während**: *Acon.*$_{j5}$ aeth.$_{bro1}$ aml-ns.$_{bro1}$ arn.$_{bro1}$ *Bell.*$_{bg2,j5}$ canth.$_{bro1}$ *Cham.*$_{bg2,j5}$ *Chin.*$_{k2}$ chinin-s.$_{bg2,k1}$ chlf.$_{kr1}$ *Chlol.*$_{bro1}$ **Cic.**$_{bg2,kr1,*}$ cimic.$_{bg2,k1}$ cinnm.$_{kr1}$ cocc.$_{bg2}$ coff.$_{j5,kr1}$ *Cupr.*$_{kr1,st}$ *Cupr-ar.*$_{bro1}$ gels.$_{bro1,hr1}$ glon.$_{bro1}$ *Hydr-ac.*$_{c1}$ **Hyos.**$_{bg2,kr1,*}$ **Ign.**$_{bg2,j5}$ ip.$_{bg2,j5}$ **Kali-br.**$_{kr1}$ merc.$_{bro1}$ merc-d.$_{bro1}$ mosch.$_{bg2}$ *Oena.*$_{bro1}$ op.$_{bro1}$ pilo.$_{bro1}$ *Plat.*$_{bg2,j5,*}$ *Sec.*$_{k2,sf1}$ sol-ni.$_{bro1}$ spirae.$_{bro1}$ stram.$_{bg2}$ **Verat-v.**$_{bg2}$ *Zinc.*$_{bro1}$ ziz.$_{kr1}$
• **nach**: cupr.$_{kr1,st}$ *Mill.*$_{kr1}$ *Plat.*$_{kr1}$
• **unmittelbar** nach: aml-ns.$_{ptk}$ ant-t.$_{ptk}$
• **Wehen**; Konvulsionen durch Aufhören der: op.$_{ptk}$
– **Entrüstung**, durch: *Staph.*
– **epileptiform** (= epileptiforme Absenzen, Petit mal): *Absin.*$_{bg2,hr1,*}$ acon. aeth.$_{bg2,k}$ **Agar.** alum. alum-sil.$_{k13,k2}$ am-c. aml-ns.$_{bg2,kr1,*}$ *Anac.* ant-c. ant-t. arg-met.$_{k1}$ **Arg-n.**$_{bg2,k,*}$ arn. *Ars.*$_{bg2,k}$ art-v.$_{sf1}$ asaf.$_{hr1,k}$ aur. aur-ar.$_{k2}$ **Bell.**$_{bg2,k,*}$ bism.$_{bg2,sf1,*}$ bry. *Bufo* **Calc.**$_{bg2,k,*}$ calc-i.$_{k13,k2}$ calc-p.$_{bg2,k2,*}$ calc-s. *Camph.* canth.$_{hr1,k}$ carbn-s. caul.$_{bg2,hr1,*}$ **Caust.**$_{bg2,k,*}$ *Cedr.*$_{hr1,k}$ *Cham.* chin. *Chinin-ar.*$_{kr1}$ chlorpr.$_{jl,jl3}$ **Cic.**$_{bg2,k}$ **Cina** cit-v.$_{hr1}$ *Cocc.*$_{bg2,k,*}$ coloc. con. *Convo-s.*$_{jl,sp1}$ cortico.$_{sp1}$ **Cupr.**$_{bg2,k,*}$ *Cur.*$_{hr1,k}$ dig. dros. dulc. ferr. ferr-ar. gal-ac.$_{st}$ *Gels.*$_{hr1,k}$ **Glon.**$_{bg2,k,*}$ graph.$_{k13,k2}$ hell. *Hydr-ac.*$_{hr1,sf1}$ **Hyos.**$_{bg2,k,*}$ *Hyper.*$_{hr1,k}$ hypoth.$_{jl,jl3}$ ign.$_{bg2,k,*}$ indg.$_{bg2}$ iod. *Ip.*$_{hr1,k}$ kali-br.$_{bg2,k,*}$ *Kali-c.* kali-chl.$_{bg2,sf,*}$ kali-i.$_{hr1,kr1}$ kali-m.$_{bg2,k2,*}$ kali-s. *Lach.*$_{bg2,k}$ laur.$_{bg2,k}$ led. lob.$_{bg2,sf1,*}$ lol.$_{sf1}$ *Lyc.* mag-c. mag-p.$_{bg2}$ *Med.*$_{hr1,k}$ merc. mosch. mur-ac. *Nat-m.* *Nat-s.*$_{hr1}$ *Nit-ac.* *Nux-m.* *Nux-v.* oena.$_{bg2,k}$ op.$_{bg2,k,*}$ passi.$_{sf,sf1}$ petr. ph-ac. phos. *Phys.*$_{hr1,kr1}$ *Picro.*$_{vh}$ *Plat.*$_{bg2,k,*}$ **Plb.**$_{bg2,k,*}$ prot.$_{jl,jl3}$ *Psor.* *Puls.*$_{bg2,k,*}$ *Ran-b.*$_{bg2,k,*}$ ran-s. rauw.$_{jl,jl3}$ rhus-t. ruta salam.$_{sf,sf1}$ *Sec.*$_{bg2,k,*}$ *Sep.* *Sil.*$_{bg2,k}$ stann.$_{hr1,k}$ staph. **Stram.**$_{bg2,k,*}$ *Stry.*$_{a1,k}$ sul-i.$_{k13,k2}$ **Sulph.**$_{bg2,k,*}$ tarax. *Tarent.*$_{hr1,k}$ teucr. thuj. valer. verat.$_{bg2,k}$ verat-v.$_{bg2,k,*}$ verb.$_{bg2}$ verbe-h.$_{sf,sf1}$ vip.$_{bg2,sf1}$ **Visc.**$_{bg2,k}$ zinc.$_{bg2,k}$ zinc-cy.$_{c,c1}$ zinc-p.$_{bg2,k2,*}$ *Zinc-val.*$_{bg2,sf1,*}$
☞ ❑ *Gemüt - Bewußtlosigkeit - häufige*
– **epileptisch**: *Absin.*$_{hr1,k,*}$ acet-ac. acon.$_{bg2}$ *Aeth.*$_{hr1,k,*}$ *Agar.*$_{bg2,k,*}$ agre.$_{jl}$ alco.$_{a1}$ alet.$_{hr1}$ all-c.$_{a1}$ *Alum.*$_{bg2,k,*}$ alum-p.$_{k13,k2}$ alum-sil.$_{k13,k2}$ alumn.$_{hr1,kr1}$ *Am-br.*$_{hr1,kr1,*}$ am-c.$_{bg2,k,*}$ *Ambr.*$_{hr1,kr1}$ ambro.$_{c1,c2,*}$ *Aml-ns.*$_{kr1,sf1,*}$ amyg.$_{c1,c2,*}$ *Anac.*$_{hr1,k}$ *Anag.*$_{hr1,kr1,*}$ ang.$_{bg2}$ anil.$_{a1}$ anis.$_{bro1}$ ant-c.$_{bg2}$ ant-t.$_{bg2}$ antip.$_{c1,c2,*}$ apis$_{bg2}$ aran-ix.$_{mg,mg1}$ **Arg-met.**$_{c2,k}$ **Arg-n.**$_{bg2,k,*}$ arn.$_{bg2}$ *Ars.*$_{bg2,k,*}$ *Art-v.*$_{hr1,k,*}$ asaf.$_{bg2}$ *Aster.*$_{hr1,k,*}$ *Atro.*$_{hr1,kr1,*}$ aur.$_{bg2}$ aur-br.$_{c1,c2,*}$ aven.$_{br1,bro1}$ *Bar-c.* **Bar-m.**$_{hr1,k}$ bar-s.$_{k13,k2}$ *Bell.*$_{bg2,k,*}$ ben-n.$_{c1,c2}$ bism.$_{sf,sf1}$ borx.$_{bro1}$ bry.$_{bg2}$ **Bufo**$_{c2,k}$ caj.$_{hr1,kr1,*}$ *Calc.*$_{bg2,k,*}$ **Calc-ar.**$_{hr1,k,*}$ *Calc-p.*$_{hr1,k,*}$ *Calc-s.* calc-sil.$_{k13,k2}$ camph.$_{bg2,k,*}$ cann-i.$_{hr1,k,*}$ *Canth.*$_{bg2,k}$ *Carb-an.*$_{hr1,k}$ carb-v.$_{hr1,k}$ carbn-s. caste.$_{jl}$ *Castm.*$_{kr1}$ *Castor-eq.*$_{c1,kr1,*}$ caul.$_{hr1,sf1}$ **Caust.**$_{bg2,k,*}$ *Cedr.*$_{hr1,k}$ *Cham.*$_{bg2,j5}$ chen-a.$_{c1,c2,*}$ *Chin.*$_{bg2,k,*}$ *Chinin-ar.*$_{c1,kr1,*}$ chinin-s. *Chlol.*$_{hr1,kr1}$ chlorpr.$_{jl,jl3}$

– **epileptisch**: ...
*Cic.*bg2,k,* cic-m.a1,c1,* *Cimic.*hr1,kr1,* *Cina* cinnm.hr1,kr1 *Cocc.*bg2,k,* coleus-a.bnj1 coloc.bg2 *Con.*bg2,k convo-s.jl,spl cori-r.a1 cot.brl *Crot-c.* *Crot-h.*hr1,k,* **Cupr.**bg2,k,* *Cupr-act.*a1,kr1 *Cupr-ar.*hr1,k *Cur.*hr1,k,* *Cypr.*hr1,kr1,* dat-m.c1,c2,* des-ac.jl dig.bg2,k,* dros.bg2,j5,* dulc.bg2 fago.a1 fagu.c1,c2,* ferr.bg2 *Ferr-cy.*bro1 ferr-i.hr1 ferr-p.bro1,hr1 *Form.*hr1,k galv.c2 *Gels.*hr1,k,* *Glon.*hr1,k,* graph.k13,k2 *Hell.*bg2,k,* hell-v.c1,c2,* hep.bro1 hydr-ac.hr1,k,* **Hyos.**bg2,k,* *Hyper.*hr1,kr1 *Ictod.*kr1 *Ign.*bg2,k,* *Indg.*hr1,k,* iod.bg2,k *Ip.*bg2,hr1 irid-met.bro1 kali-ar.k13,k2 kali-bi.hr1,k2,* *Kali-br.*hr1,k,* kali-c.bg2,k,* *Kali-chl.* *Kali-cy.*a1,c1,* kali-i.gm1 kali-m.c1,k2 *Kali-p.*hr1,kr1 kali-s. kres.mg,mg1,* *Lach.*bg2,k,* *Laur.*bg2,k,* led.bg2,hr1 levo.jl lith-br.c1,c2,* lol.sf,sf1 lunac2 *Lyc.*bg2,k,* *Lyss.*hr1,k *Mag-c.*bg2,k,* *Mag-p.*hr1,k mand.jl,jl3 *Med.*c2,k meli.c,c1 meli-xyz.c2 merc.bg2,k,* merc-i-r.hr1 methyl.bro1 mill.c1,c2,* mosch.bg2,k,* mur-ac.bg2 naja *Nat-m.*bg2,k,* nat-s.hr1,k,* nat-sil.stj2 nicot.c1,c2,* nit-ac.bg2,k,* nitro-o.c1,c2,* nux-m.bg2,k,* *Nux-v.*bg2,k,* **Oena.**hr1,k,* oest.bro1 onis.c1,c2,* onon.c1,c2,* *Op.*bg2,k,* paeon.mg,mg1 parth.gm1 passi.sf,sf1,* perh.jl petr.bg2,hr1,* *Ph-ac.*bg2,k *Phos.*bg2,k,* phys.mg,mg1,* *Picro.*vh *Plat.*bg2,k,* **Plb.**bg2,k,* plb-xyz.c2 polyg-pe.c,c1 polyg-xyz.c2 *Psor.*hr1,k *Puls.*bg2,k,* ran-b.bg2,k,* ran-s.bg2,j5 rauw.jl,jl3 rhus-t.bg2 rib-ac.jl rutabg2 *Salam.*sf,sf1 santin.c1,c2 *Sec.*bg2,k,* sep.bg2,k,* **Sil.**bg2,k,* sin-n.hr1,kr1 *Sol-crl.*bro1,c2 sol-ni.j5 spirae.c1,c2,* *Stann.*bg2,k,* staph.bg2,k,* *Stram.*bg2,k,* *Stry.* sulfon.c1,c2,* **Sulph.**bg2,k,* sumb.mg,mg1,* *Syph.*hr1,k,* tab.bg2,k,* tanac.c,c1 tarax.bg2 *Tarent.*hr1,k *Ter.*hr1,kr1,* theaa1 thiop.jl thuj.bg2,c1,* tub.bro1,st valer.bg2 verat.bg2,k,* verat-v.sf,sf1 verb.st verbe-h.c,c1 verbe-u.c2 vip. **Visc.**c2,k *Zinc.*bg2,hr1,* zinc-cy.c1,c2,* zinc-o.mg1 zinc-ox.mg zinc-p.sf,sf1 *Zinc-val.*sf,sf1,* zing.hr1 *Ziz.*hr1,kr1,*

☞ ❑ *Gemüt - Bewußtlosigkeit - häufige*

◆ **begleitet** von:
- **Zunge**; Schwellung der: *Plb.*kr1,vk1
- **Aura** (= vor epileptischen Konvulsionen):
  - **Abdomen**: bufok2
    - **Kopf**, zum: *Indg.*
      - **Hitzewallungen**: indg.br1
  - **Ameisenlaufen**: bell.bg2 calc.bg2 nit-ac.bg2 nux-v.bg2
  - **Armen**, in den: bell.sf1 calc. *Calc-ar.*k1 *Lach.* *Sulph.*
    - **linken** Arm, im: *Calc-ar.*kr1,st cupr.kr1,sf1 *Sil.*kr1,sf1 sulph.sf1,st
    - **Unterarmen**, in den: bell.st calc.st sulph.st
  - **Aufstoßen**: *Lach.*kr1,sf1
  - **Augen**:
    - **Funken** vor den Augen: *Hyos.*
    - **gedreht**; nach links oben: bufo
  - **Ausdehnung** des Körpers; Gefühl der: *Arg-n.*
  - **Beine**:
    - **rechten** Bein zum Abdomen, vom: lyc.sf1
    - **in** den Beinen: lyc.sf1 plb.sf1

- **Aura** (= vor epileptischen Konvulsionen): ...
  - **Betäubung** des Gehirns: bufo indg.bro1
  - **Blindheit**: *Cupr.*
  - **Blutandrang** zum Kopf: calc-ar.sf1 op.sf1 sulph.sf1
  - **Epigastrium** zum Uterus, zu den Beinen: **Calc.**kr1,st
  - **Erbrechen**: *Cupr.* op.
  - **fehlend**: ars.bg2 art-v.bg2,sf1 atro.bg2 bell.bg2 camph.bg2 canth.bg2 cham.bg2 cic.bg2 cupr.bg2 cupr-ar.bg2 dios.bg2 hydr-ac.bg2,sf1 lach.bg2,sf1 nat-s.bg2 oena.bg2,sf1 plb.bg2 podo.bg2 tarent.bg2 valer.bg2 zinc.bg2,sf1 zinc-val.bg2
  - **Ferse** zum Hinterkopf, von der rechten: *Stram.*k1
  - **Fingern** und Zehen, in: cupr.kr1
  - **Furcht**: aml-ns.kr1 arg-n.kr1 cupr.kr1 nat-m.kr1
  - **Gehör**; gestörtes: *Bell.*bg2,sf1 calc.bg2,sf1 cic.bg2,sf1 hyos.bg2,sf1 sulph.bg2,sf1
  - **Gesicht**:
    - **Ameisenlaufen** im: nux-v.sf1
    - **Kaubewegungen**: *Calc.*
    - **Zucken**: laur.bg2
  - **Gliedern**, in den: bell.bg2,st calc.bg2,st cinabg2 cupr.bg2 lyc.bg2 plb.bg2 sil.bg2 sulph.bg2
    - **links**: cupr.bg2 sil.bg2 sulph.bg2
  - **Halses**, Engegefühl des: lach.bg2,sf1
  - **Hand**, in der rechten: cupr.kr1
  - **Händen** bis zum Kopf, von den: *Sulph.*kr1
  - **Heißhunger**: *Calc.* **Hyos.**
  - **Herzen**, vom: *Calc-ar.* lach. naja nat-m.bg2 op.bg2 sulph.bg2
  - **Herzklopfen**: absin.bg2,sf1 ars. *Calc.* *Calc-ar.* cupr. ferr.bg2 *Lach.* nat-m.sf1
  - **Hitzewallungen**: calc-ar.st indg.bro1
  - **kalt**:
    - **Füßen**, mit kalten: cinasf1 *Lach.*kr1
    - **Luft** über die Wirbelsäule und den Körper; kalte: agar.
  - **Kälte**, mit: cinabg2 sep.bg2,h sil.bg2
    - **läuft** die Wirbelsäule hinab: ars.
      - **linken** Seite, auf der: *Sil.*
    - **Schulterblättern**, zwischen den: sep.h
  - **Knien**, in den: cupr. cupr-act.st
    - **aufsteigend**: cupr.sf1
  - **Kopf**, ausgehend vom: caust.bg2 lach.bg2 stram.bg2 sulph.bg2
    - **zittriges** Gefühl: *Caust.*
  - **Kopfschmerz**: *Bell.*kr1 calc.kr1 *Calc-ar.*kr1 cann-i.kr1 caust.kr1,sf1 cinah,kr1 *Lach.*kr1,sf1 staph.kr1 zinc.kr1
  - **kriecht** die Wirbelsäule nach unten: *Lach.*
  - **Magen**, im: art-v. bell. bism.bg2,sf1 bufo *Calc.* calc-ar.bg2 *Caust.*st **Cic.** cupr. **Hyos.** *Indg.* **Nux-v.** *Sil.* **Sulph.**
    - **Kopf**, zum: **Calc.**
  - **Maus**, läuft wie eine: ars.sf1 aur.sf1 **Bell.** **Calc.** ign. nit-ac. sep.sf1 *Sil.* stram.sf1 *Sulph.*
  - **Mund** weit geöffnet: *Bufo*
  - **mürrisch**: zinc.sf1 zinc-val.sf1
  - **nervöses** Gefühl, allgemeines: arg-n. *Nat-m.*

- **Aura** (= vor epileptischen Konvulsionen): ...
  - **Ohrgeräusche**: hyos.st
  - **Pupillen**, weite: **Arg-n.** *Bufo*
  - **Rücken**, im: ars.j5 sulph.j5
    - **und** im linken Arm: *Calc-ar.*st sulph.st
  - **Ruck** im Nacken: *Bry.*kr1 bufo
  - **Ruhelosigkeit**: arg-n.k2 bufokr1 caust.bg2,sf1
  - **Schläge**: ars. *Laur.*
  - **Schreien**: **Cic.**bg2,kr1,* *Cupr.*bg2,kr1,* hydr-ac.sf1 stram.bg2,sf1
  - **Schultern**, Schmerz zwischen den: indg.bg2,br1,*
  - **Schweiß** der Kopfhaut: *Caust.* hell-v.c1
  - **Schwindel**: ars. *Calc-ar. Caust.* **Hyos.** indg.bg2,sf1 *Lach. Plb.* sil.bg2,sf1 *Sulph. Tarent.* visc.bg2,sf1
  - **Schwindeligkeit**, mit: indg.br1
  - **Sehen**; beeinträchtigtes, gestörtes: *Bell.*bg2,sf1 calc.bro1 hyos.bg2,sf1 lach.bg2 sulph.sf1
  - **Solarplexus** aus, vom: am-br.vh art-v. bell. bism.bg2 *Bufo*k1,st *Calc.*k1,st calc-ar.bg2 *Caust.* **Cic.** cupr. *Indg.* **Nux-v.** *Sil.* **Sulph.**
    - **Kopf**, zum: calc.st *Sil.*kr1
      - **Hitzewallung** zum Kopf: indg.c1
    - ▽ **erstreckt** sich zu beiden Seiten, Brust und Hals: am-br.vh
  - **Sprechen**, unverständliches: bufosf1
  - **steigt** nach unten: calc.bro1
  - **Stimmverlust**: calc-ar.
  - **Stuhldrang**: calc-ar.st
  - **Traurigkeit**: art-v.kr1 zinc.sf1 zinc-val.bg2
  - **Übelkeit**: cupr.kr1 *Sulph.*kr1
  - **Uterus**, im: bufo
    - **Hals**, zum: *Lach.*
    - **Magen**, zum: bufo
  - **Verwirrung**: *Lach.*bg2,kr1,*
  - **warme** Luft strömt die Wirbelsäule hoch: *Ars.*
  - **wogendes** Gefühl im Gehirn: cimic.
  - **Zähneknirschen**, mit: *Sulph.*kr1
  - **Ziehen** in den Gliedern: ars.
    - **linken** Brust; in der: nit-ac.h
  - **Zittern**: absin.bg2,sf1 arg-n.st aster.bro1
  - **Zunge** schwillt an: plb.bg2,sf1
- **chronische**, mit ausgeprägter Aura: plb.ptk
- **während epileptischer Konvulsionen**; Beschwerden:

  ☞ ❑ *Gemüt - Delirium - Epilepsie - während* / ❑ *G~ Lachen - epileptische - während* / ❑ *G~ Lachen - krampfhaft* / ❑ *G~ Schreien - Konvulsionen - epileptisch* / ❑ *G~ Weinen - Konvulsionen - während - epileptisch*
  - **Augen** nach rechts oben verdreht: *Hydr-ac.*kr1
    - **unten**, nach: aeth.j5
  - **Ausscheidungen**; unwillkürliche: cocc.kr1
    - **Urinieren**: art-v.kr1 **Bufo**kr1 *Caust.*kr1 cocc.kr1 cupr.kr1 **Hyos.**kr1 lach.kr1 nat-m.kr1 nux-v.kr1 *Oena.*kr1 *Plb.*kr1 stry.kr1 *Zinc.*kr1
  - **beißt** sich auf die Zunge: absin.vk1 *Art-v.*k,vk1 *Bufo* camph. *Caust.*k,vk1 cocc. *Cupr. Oena. Op.*k,vk1 sec. stram.k2 tarent.k,vk1 valer.

– **epileptisch - während epileptischer Konvulsionen**; Beschwerden: ...
  - **Blinzeln** der Augen: kali-bi.
  - **Gesicht**:
    - **blaß**: am-c.kr1 ars.j5,kr1 bell.kr1 calc.kr1 caust.kr1 chin.kr1 cic.j5,kr1 cinakr1 *Cupr.*kr1 *Ip.*kr1 lach.j5,kr1 mosch.j5,kr1 nat-m.kr1 plb.kr1 puls.kr1 sil.kr1 stann.j5,kr1 sulph.kr1 *Verat.*kr1 zinc.kr1
    - **bläulich**: absin.kr1 agar.kr1 atro.kr1 *Bell.*kr1 *Cic.* cinaj5,kr1 **Cupr.** *Hyos.* ign.j5 *Ip.* nux-v.kr1 *Oena.* **Op.**kr1 phys. plb.kr1 stry. *Verat.*kr1
    - **gelb**: cic.j5,kr1 plb.kr1
    - **rot**: aeth.j5,kr1 *Bell.*j5,kr1 bufo camph.j5,kr1 caust.kr1 **Cic.**j5,kr1 cinakr1 cit-ac.j5 cocc.j5 *Cupr.*kr1 **Glon.** ign.j5,kr1 ip.j5,kr1 lyc.j5,kr1 nux-v.kr1 *Oena.* **Op.** stram.j5,kr1
  - **Pupillen**:
    - **erweitert**: aeth.j5,kr1,* *Bell.*kr1 carb-ac.kr1 cic.kr1 *Cina*kr1 cocc.kr1 oena.kr1 plb.kr1 verat-v.kr1
    - **verengt**: cic.kr1 *Op.*kr1 phyt.kr1
  - **Schaum** vor dem Mund: aeth.j5 agar. ars. *Art-v. Aster.*kr1 bell. *Bufo* camph. canth. *Caust. Cham. Cic.*kr1,sf1 *Cina* cocc. colch. *Cupr.* gels. *Glon.* hydr-ac.sf1 *Hyos.* ign.kr1 *Ind.*kr1 *Lach.*kr1 laur.j5,kr1 lyc.kr1 lyss. med.kr1 *Oena. Op.* plb.kr1 *Sil.*j5,kr1 staph. *Stry.* sulph. tax. vip.sf1
  - **Schreien**: *Bufo*kr1 cedr.kr1 **Cic.**bg2,kr1,* crot-h.kr1 *Cupr.*bg2,kr1,* hydr-ac.kr1,sf1 **Hyos.**kr1 ign.kr1 *Ip.*kr1 *Kali-bi.*kr1 lach.kr1 *Lyc.*kr1 nit-ac.kr1 *Nux-v.*kr1 *Oena.*kr1 op.kr1 *Sil.*kr1 stann.kr1 stram.bg2,kr1,* sulph.kr1 verat-v.kr1
  - **Schwindel**: *Apis* art-v. bufo *Calc-ar.* calc-s. *Caust.* crot-h. *Cur.* ign. *Nat-m. Nux-m.* plb. *Sil.* thuj. *Visc.*
  - **wirft** sich:
    - **hinten**, nach: *Camph.*kr1
    - **vorne**, nach: *Cupr.*kr1
  - **Zähneknirschen**, mit: *Bufo* **Hyos.** sulph. tarent.
- **nach epileptischen Konvulsionen**; Beschwerden:
  - **Blindheit**: sec.
  - **Entkräftung**: aeth.bro1 *Chinin-ar.*kr1 *Cic.*bro1 hydr-ac.bro1 sec.bro1 sil.bro1 *Stry.*bro1 sulph.bro1
  - **Erbrechen**: acon. *Ars.* bell.bro1 *Calc.*kr1 colch. *Cupr.* glon.
  - **Heißhunger**: calc.
  - **Kopfschmerz**: *Calc.*kr1 *Caust.* cina cupr. kali-br.k1
  - **Ohrgeräusche**: *Ars.*k1 *Caust.*
  - **Ruhelosigkeit**: cupr.bro1
  - **Schluckauf**: cic.bro1

    ☞ ❑ *Extremitäten - Konvulsionen - Schluckauf*
  - **Urin**, reichlicher: caust.j5 *Cupr.* lach.j5
  - **Verletzung** der Zunge: *Art-v.*kr1,vk1

– **Erbrechen**:
  - **amel.**: agar.a1,k
  - **während**: aeth.sf1 *Ant-c.*h,hr1,* bar-m.k2 **Cupr.**hr1,kr1 guar. guare.a1 *Ip.*hr1,kr1 oena.hr1,kr1 op.a1,k upa.bro1,hr1

– **Erregung**, durch: acon.hrl,k *Agar.* art-v.sf,sfl *Aster. Bell.*hrl,k bufogk3 cann-i.al *Cham.*hrl,k cic. cimic.hrl,k *Coff.*hrl,k *Cupr.*hrl,k *Gels.*hrl,k **Hyos.**hrl,k *Ign.*hrl,k *Kali-br.*hrl,k *Nux-v.*hrl,k **Op.**hrl,k plat.hrl,k *Puls.*hrl,k sec.al,k tarent.hrl,k *Zinc.*hrl,krl
☞ *Nervosität*
• **Gemütes**; des: cham.ptk cic.k2 cupr.ptk ign.k2 nux-v.ptk op.ptk
• **religiöse**, durch: *Verat.*hrl,krl
– **Erregung**, durch religiöse: verat.
– **Erwachen**, beim: bell.al,k *Ign.*hrl,krl lyss.hrl,krl
– **Essen**:
• **bei**: plb.
• **nach**: *Arg-n.*hrl aster.hrl,krl *Calc-p.*hrl,krl cina grat.hrl,k hyos.hrl,k nux-v.sf,sfl
– **Exanthem**
☞ *Hautausschläge*
– **Fahren** im Wagen amel.: *Nit-ac.*hrl,k
– **Fallen**, mit: *Agar.*hrl,k alum. alum-p.k13,k2 am-c. *Ars.*hrl,k *Aster.* **Bell.** bufok2 *Calc.* calc-i.k13,k2 *Calc-p.* camph.j5 canth. *Caust. Cedr.* **Cham.** *Chinin-ar.*krl cic. cina cocc. *Con.* **Cupr.**hrl,k dig. dol.cl dulc. **Hyos.** ign. *Iod.*k,kl ip. lach.j5 laur. lyc. lyss.hrl,krl merc. nit-ac. **Oena.** op. petr. ph-ac. phos. plb. sec. sep. sil. *Stann.* staph. *Stram.*hrl,k sulph. verat. zinc.
• **hinten**, nach: ang.hrl,krl *Bell.*hrl,k camph.hrl,krl canth.hrl,k chin.hrl,k cic.hrl,k cic-m.al *Ign.*hrl,k *Ip.*hrl,k kalm.hrl,krl nux-v.hrl,k *Oena.* **Op.**hrl,k rhus-t.hrl,k spig.hrl,k *Stram.*hrl,k
• **Kreis** nach rechts; läuft zuerst in einem: *Caust.*hrl,k
• **linke** Seite; auf die: bell.hrl,k caust.hrl,k lach.hrl,k sabad.hrl,k sulph.st
• **rechte** Seite; auf die: bell.
• **Seite**, zur: bell.hrl,krl *Calc.*hrl,krl con.hrl,krl nux-v.hrl,krl sulph.hrl,krl
• **vorne**, nach: arn.hrl,k *Aster.* calc-p.hrl,k canth.hrl,k cic.hrl,k cupr.hrl,k ferr.hrl,k rhus-t.hrl,k sil.hrl,k sulph.hrl,k sumb.hrl,k
– **fester** Griff amel.
☞ *Festhalten - amel.*
– **festes** Binden des Körpers amel.: merc.al mez.
– **Festhalten**, kräftig packen:
• **amel.**: mez.ptk nux-v.k,ptk
– **Finger**, gespreizte: sec.st
– **Fluor**, bei: *Caust.*krl *Lach.*krl
– **Flüssigkeiten**, durch: *Bell.* canth. hyos. **Lyss.**hrl,k **Stram.**
– **Fremden**; beim Anblick eines: lyss.hrl,k nux-v.al **Op.**krl tarent.sf,sfl
– **Frost**; während: *Ars. Camph.*krl *Lach.* merc. nux-v.
– **Fuchteln** mit den Armen; mit: cyt-l.spl
– **Furcht**, durch: acon.sfl arg-n.sfl,st **Calc.**krl,sfl,* *Caust.*sfl cupr.sfl,st glon.sfl kali-p.sfl *Op.*sfl sil.sfl
– **Gähnen**, mit: graph.hrl,k
– **Geburt**
☞ *Entbindung*
– **Gehirn**:
• **Blutandrang** zum; mit: bell.k2

– **Gehirn**: ...
• **Gehirnerschütterung**, durch: **Arn.**krl art-v.cl **Cic.**krl *Hyper.*krl *Nat-s.*krl
☞ *Verletzungen - Kopfes*
• **Gehirnerweichung**, bei: *Bufo*krl *Caust.*
– **geistiger** Anstrengung, nach: bell. cann-i.al *Glon.*hrl,k
– **Geräusch**:
☞ *Schließen*
• **durch**: ang.j5 ant-c. arn. *Cic.* ign. *Lyss.*hrl,k *Mag-p.*hrl,krl nux-v.hrl,k,* stram.brol stry.al,k
• **unterbindet** den Anfall: *Hell.*
– **Gerüche**, durch starke: bruc.j5 *Lyss.*hrl,k sil. stram. sulph.
– **geschimpft** worden ist; nachdem er: agar.ptk
– **geweckt** wird; wenn er mit Gewalt aus der Trance: *Nux-m.*
– **Gewitter**, bei: agar. *Gels.*
– **glänzende** Gegenstände, durch: bell. **Lyss. Stram.**al,k
☞ *helles*
• **Wasserspiegel**; gespiegeltes Licht vom: lyss.mgl
– **Glieder** zu gebrauchen; beim Versuch, die: cocc.ptk **Pic-ac.**ptk
– **Halses**; durch Reizung des: cic.k2
– **Hämoptyse**, endet in: dros.ptk
– **Hautausschläge**:
• **unterdrückte**, durch: *Agar. Ant-c.*krl *Bry. Calc. Camph.*krl *Caust.* cic.krl *Cupr. Cupr-act.*krl *Hyos.*krl *Ip.*krl *Kali-m.*krl psor.brol *Stram. Sulph. Urt-u.*krl *Zinc.*
☞ *Unterdrückungen*
• **herauskommen**, oder wenn sie nicht: *Ant-t.* apisk2 ars.brol *Bry. Camph.* **Cupr.** *Cupr-act.*krl *Gels. Hep.*krl *Ip.* op.brol *Stram. Sulph.* **Zinc.** zinc-s.brol
☞ *Pocken*
– **heftig**: ign.k2 karacl stram.k2
– **helles** Licht, durch: bell. *Canth.*hrl,krl lyss. nux-v. op. **Stram.**al,k
☞ *glänzende / Licht*
– **Herzklappen**; mit Erkrankung der: calc-ar.k2
– **Herzklopfen**, nach: glon.al,k
– **Herzens**; durch Erkrankung des: calc-ar.ptk
– **Hitze**; während ●: agar.zr arn.k2 ars.bg2 *Bell.*bg2,k2,* camph.bg2 carb-v.bg2 *Caust.*hrl,krl *Cic.*hrl,k *Cina* cur. *Ferr-p.*hrl,krl *Hyos.*hrl,k ign.hrl,krl *Nat-m.*hrl,krl **Nux-v.**hrl,k op. sep.bg2 **Stram.**hrl,k verat.bg2
– **Husten**:
• **während**: bell.hrl,krl *Calc.*hrl,krl ign.hrl,krl meph.hrl,krl stram.hrl,krl,* *Sulph.*hrl,krl
• **nach**: cinaptk *Cupr.* ign.k2 *Ip.* just.ptk nicc.cl *Verat.*hrl,krl
• **Keuchhusten**, bei: *Brom.*hrl,krl *Calc.*hrl,krl *Cupr.*hrl,krl *Hydr-ac.*hrl,krl *Ip.*hrl,k2,* **Kali-br.**hrl,krl
– **Hydrozephalus** mit: *Arg-n.*hrl,krl *Art-v.*hrl,krl *Calc.*hrl,krl *Kali-i.*hrl,krl *Merc.*hrl,krl *Nat-m.*hrl,krl *Stram.*hrl,krl *Sulph.*hrl,krl *Zinc.*hrl,krl
– **Hypochondrie** mit: mosch.brol stann.brol

– **hysterisch**: absin.a1,k acet-ac.hr1,kr1 acon.a1,j5 agar.k2 *Alum.*hr1,k alum-p.k13,k2 ambr.bg2,sf1,* *Apis* ars.bg2,k,* **Asaf.**bg2,k,* asar.bg2,hr1,* *Aur.*bg2,k,* aur-ar.k2 aur-s.k13,k2 *Bell.*bg2,k,* *Bry.*bg2,k,* *Calc.*bg2,k,* calc-s. cann-i.hr1,kr1 cann-s.bg2,k castm.bro1 caul.hr1,kr1,* *Caust.*bg2,k,* *Cedr.* cham.bg2,k chlf.hr1,kr1 *Cic.*bg2,k,* *Cimic.*hr1,k *Cocc.*bg2,k,* coff.bg2,k *Coll.* **Con.**bg2,k,* croc.bg2,k cupr.k13,k2,* dig.bg2 *Gels.*bg2,k,* graph.k13,k2 hydr-ac.hr1,kr1 hyos.bg2,k,* **Ign.**bg2,k,* *Iod.*bg2,k *Ip.*bg2,k,* kali-ar.k13,k2 kali-p.bg2,sf1,* lach.bg2,k lact.j5 *Lil-t.*bg2,sf1,* lyc.bg2,k *Mag-c.*bg2,sf1,* *Mag-m.*bg2,k,* meph.bg2,sf1,* merc.bg2,k *Mill.*hr1,kr1 **Mosch.**bg2,k,* *Nat-m.*hr1,k nit-ac.bg2,k *Nux-m.*bg2,k,* nux-v.bg2,k oena.sf,sf1 op.bg2,k petr.bg2,k phos.bg2,k,* *Plat.*bg2,k,* plb.bg2,k puls.bg2,k,* ruta bg2 sec.hr1,k *Sep.*bg2,k,* *Sol-crl.*bro1 stann.bg2,j5 staph.bg2,k *Stram.*bg2,k,* sul-i.k13,k2 sulph.bg2,k sumb.hr1,k tarent.bg2,k,* thyr.c,c1 valer.bg2,k,* *Verat.*bg2,k,* *Verat-v.*hr1,k vib.hr1 visc.bg2 zinc.bg2,k zinc-p.k2 *Zinc-val.*bg2,sf1,*
  - **Menses**, vor den: hyos.sf1 ign.sf1 lach.sf1

– **Impfung**, nach: caust.mr cic.mr **Sil.** thuj.bro1 vario.mr

– **innerlich**: acon.bg2,k agar.bg2,k alum.bg2 am-c.bg2,k ambr.bg2,k anac.bg2,k ang.bg2 ant-c.bg2 ant-t.bg2 arg-met. arn.bg2,k ars.bg2,k *Asaf.*bg2,k asar.bg2 bar-c.bg2 *Bell.*bg2,k bism.bg2,k borx.bg2 bov.bg2,k *Bry.*bg2,k calad.bg2,k *Calc.*bg2,k camph.bg2,k canth.bg2,k caps.bg2,k carb-an.bg2 *Carb-v.*bg2,k **Caust.**bg2,k *Cham.*bg2,k chel.bg2 chin.bg2 cina **Cocc.**bg2,k coff.bg2,k colch.bg2,k coloc.bg2,k con.bg2,k *Cupr.*bg2,k dig.bg2,k dulc.bg2 euph.bg2 *Ferr.*bg2,k graph.bg2,k hep.bg2 **Hyos.**bg2,k **Ign.**bg2,k iod.bg2,k *Ip.*bg2,k *Kali-c.*bg2,k kali-chl.k13 kali-m.k2 kali-n.bg2 kreos.bg2,k lach.bg2,k laur.bg2,k led.bg2,k *Lyc.*bg2,k mag-c.bg2,k *Mag-m.*bg2,k merc.bg2 *Mosch.*bg2,k mur-ac.bg2,k nat-c.bg2,k nat-m.bg2,k nit-ac.bg2,k nux-m.bg2,k **Nux-v.**bg2,k,* op.bg2,k petr.bg2,k ph-ac.bg2,k *Phos.*bg2,k *Plat.*bg2,k plb.bg2,k **Puls.**bg2,k rhod.bg2,k rhus-t.bg2 sabad.bg2,k sars.bg2 *Sec.*bg2,k seneg.bg2,k *Sep.*bg2,k sil.bg2,k spong.bg2,k **Stann.**bg2,k *Staph.*bg2,k stram.bg2,k stront-c. sul-ac.bg2,k sulph.bg2,k teucr.bg2,k thuj.bg2,k valer.bg2,k verat.bg2,k *Zinc.*bg2,k zinc-p.bg2,k2

– **intermittierend**: absin.a1,k

– **kalt**:
  - **Abkühlung**, durch: bell. *Caust.* cic. *Mosch.*k1 *Nux-v.*
  - **Getränke**, durch kalte: caust.j5 cupr. lyc.j5
  - **Luft**, kalte:
    - **agg.**: *Ars.* bell. *Cic.* *Indg.*kr1 merc. *Nux-v.*
    - **amel.**: glon.k2
  - **Wasser** amel.; kaltes: *Caust.* lyc.j5

– **Kälte**, mit:
  - **Füße**, der: bell.bro1 *Cupr.*kr1
    - **Kopf**, und heißem: bell.bro1
  - **Hände**, der: *Cupr.*kr1
  - **Körpers**, des: anan.k1 bell.bro1 *Camph.* caust. cic. *Hell.* hydr-ac.sf1 hyos. mosch. *Nicot.*bro1 **Oena.** op. stram. *Verat.*
  - **Seite** des Körpers; einer: *Sil.*

– **Kindern**, bei: absin.bro1 *Acon.* *Aeth.* agar. agre.j1 *Ambr.* *Aml-ns.*kr1 ant-t.j5,kr1 *Apis* arn.k2,kr1 ars.kr1 **Art-v.** asaf.j5 **Bell.** borx.c1 bry. bufo bro1 *Calc.* *Calc-p.*bg2,k2,* *Camph.* *Camph-br.*sf1 canth.j5 caust. *Cham.* *Chlol.*kr1 *Cic.* cimic.kr1 **Cina** cocc. *Coff.* colch.kr1 *Crot-c.* *Cupr.* *Cupr-act.*kr1 *Cypr.*bg2,hr1,* dol. *Gels.* glon.bro1 *Guare.*kr1 **Hell.** *Hep.* *Hydr-ac.* *Hyos.* *Ign.* *Ip.* *Kali-br.*kr1,st kali-c. kali-p.bg2,sf1 kreos.kr1 *Lach.* laur. *Lyc.* *Mag-p.* meli.kr1 merc.k2,kr1 mosch.bro1 nux-m.c1,j5 *Nux-v.* *Oena.*bg2,sf1 **Op.** passi.c1 ph-ac.sf1 phos.sf1 plat. *Santin.*bro1 scut.bro1 sec. *Sil.* *Stann.*bg2,j5,* **Stram.** *Sulph.* ter.kr1 **Verat.** *Verat-v.*kr1 **Zinc.** *Zinc-cy.*sf1 zinc-s.bro1 *Zinc-val.*bg2,sf1
  - **Diarrhoe**, mit: nux-m.ptk
  - **Fremden**; durch Näherkommen von: lyss. op. tarent.sf1
  - **Halten** des Kindes amel.: nicc.ptk
  - **Kleinkindern**, bei: *Art-v.*kr1 *Bell.*kr1 bufo kr1 *Cham.*kr1 *Cupr.*kr1 **Hell.**k2,kr1 *Hydr-ac.*kr1 *Mag-p.*kr1 *Meli.*kr1
  - **Neugeborenen**, bei: *Art-v.*kr1 bell.j5,kr1 *Cupr.*kr1 nux-v.j5,kr1
  - **stillt**; während die zornige oder erschreckte Mutter: bufo ptk
  - **Würmer**; durch: cic.c1

– **klonisch**: acon.bg2,k **Agar.**bg2,k alum.bg2 alum-p.k2 am-c.bg2,k am-m.bg2,k ambr.bg2,k anac.bg2,k ang.bg2 ant-c.bg2,k ant-t.bg2,k,* *Anthraci.*kr1 *Arg-met.* arg-n.bg2 arn.bg2,k *Ars.*bg2,k,* *Art-v.* asaf.bg2,k1,* asar.bg2,k1 aster. aur.bg2,k aur-ar.k2 *Bar-c.*bg2,k bar-m. bar-s.k2 **Bell.**bg2,k,* borx. bov.bg2 brom.sf1 *Bry.*bg2,k,* **Bufo** *Calc.*bg2,k calc-i.k2 *Calc-p.*hr1,k camph.bg2,k,* cann-s.bg2,k canth.bg2,k carb-v.bg2,k carbn-o. *Carbn-s.* caul.bg2 *Caust.*bg2,k,* **Cham.**bg2,k chin.bg2,k *Chinin-s.* *Chlf.*kr1 **Cic.**bg2,k cimic.bg2,k *Cina* clem.bg2,k cocc.bg2,k coff.bg2,k coloc.bg2,k *Con.*bg2,k croc.bg2,k **Cupr.**bg2,k,* dig.bg2,k dol.c1 dulc.bg2,k graph.bg2,k guaj.bg2,k hell.bg2,k hep.bg2,k **Hyos.**bg2,k,* *Ign.* indg.hr1 iod.bg2,k *Ip.*bg2,k kali-ar. kali-bi.bg2 *Kali-c.*bg2,k kali-m.k2 *Kalm.* kreos.bg2,k lach.bg2,k lat-m.sp1 laur.bg2,k *Lyc.*bg2,k **Lyss.**hr1,k mag-c.bg2,k mag-m.bg2,k *Mag-p.*bg2,k mang.bg2,k med.c1,c2 meny.bg2,k *Merc.*bg2,k,* *Mez.*bg2,k mosch.bg2,k mur-ac.bg2,k mygal.bg2,k nat-c.bg2,k nat-f.sp1 *Nat-m.*bg2,k nit-ac.bg2,k *Nux-m.*bg2,k,* nux-v.bg2,k,* *Oena.*bg2,k ol-an.bg2 olnd.k1 **Op.**bg2,k petr.bg2,k ph-ac.bg2,k phos.bg2,k phys.bg2,k *Pic-ac.*hr1 *Plat.*bg2,k **Plb.**bg2,k,* podo.bg2 puls.bg2,k ran-b.bg2,k ran-s.bg2,k rheum rhod.bg2,k rhus-t.bg2,k russ.a1 ruta sabad.bg2,k samb.bg2,k sars.bg2,k *Sec.*bg2,k,* sel.bg2,k seneg.bg2,k **Sep.**bg2,k *Sil.*bg2,k spig.bg2,k spong.bg2,k squil.bg2,k *Stann.*bg2,k staph.bg2,k **Stram.**bg2,k *Stront-c.* stry.bg2 *Stry-s.*sf1 sul-ac.bg2,k *Sulph.*bg2,k tab.bg2 tarax.bg2,k tarent.bg2,k teucr.bg2,k thuj.bg2,k thymol.sp1 tub.st valer.bg2 verat.bg2,k verat-v.hr1,k visc. *Zinc.*bg2,k,* zinc-p.k2 zinc-val.bg2,sf1
  - ◈ **abwechselnd** mit tonischen: bell.bg2,k2,* *Cimic.*hr1,k con.bg2,sf1 *Ign.*bg2,sf1 *Mosch.*bg2,sf1 nux-m.bg2,sf1 nux-v.sf1 plat.bg2,sf1 sep.bg2,sf1 stram.hr1,k *Tab.*hr1,kr1 verat-v.bg2,sf1

– **Knochen** im Hals; durch einen: *Cic.*

– **Koitus**:
 • **während**: agar.$_{ptk}$ *Bufo*
 • **nach**: *Agar.*
– **Kolik**, bei: bell.$_{ptk}$ **Cic.**$_{hr1,kr1}$ *Cupr.*$_{hr1,kr1}$ plb.$_{a1,k}$ sec.$_{hr1,kr1}$
– **Kopfschmerzen**, mit: bar-m.$_{k2}$
– **Kränkung**, durch: *Calc.* cham.$_{k2}$ *Staph.*$_{kr1}$
 ☞ *Unrecht*
– **Kropf**:
 • **unterdrückten**, durch: iod.$_{ptk}$
– **Krupp**, bei: *Lach.*$_{hr1,kr1}$
– **Kummer**, nach: *Ars.*$_{hr1,kr1,*}$ art-v. *Hyos.*$_{hr1,k}$ ign.$_{hr1,k}$ indg.$_{st}$ nat-m. nux-v.$_{gl1}$ *Op.*$_{hr1,k}$
– **Lachen**, durch: chin.$_{k2}$ *Coff.*$_{k,ptk2}$ *Cupr.* graph.$_{hr1,k}$
 • **mit**: coff. graph.
– **Lähmung**:
 • **gefolgt** von
 ☞ *Parese / Lähmung - eine Seite - Konvulsionen - nach*
 • **mit**: arg-n.$_{hr1,k}$ bell.$_{hr1,k}$ **Caust.**$_{hr1,k}$ cic.$_{hr1,k}$ cocc.$_{hr1,k}$ cupr.$_{hr1,k}$ *Hyos.*$_{hr1,k}$ lach.$_{hr1,k}$ laur.$_{hr1,k}$ *Nux-m.*$_{hr1,k}$ *Nux-v.*$_{hr1,k}$ *Phos.*$_{hr1,k}$ plat.$_{hr1,k}$ *Plb.*$_{hr1,k}$ *Rhus-t.*$_{hr1,k}$ sec.$_{hr1,k}$ *Stann.*$_{hr1,k}$ *Tab.*$_{hr1,k}$ vib.$_{hr1,k}$ zinc.$_{hr1,k}$
– **läuft** vor den Konvulsionen im Kreis: caust.$_{hr1,ptk}$
– **Licht** agg.: *Bell.* **Lyss.** nux-v. *Op.* **Stram.**$_{a1,k}$
 ☞ *helles*
– **Lider**, beim Berühren der: coc-c.$_{a1,k}$
– **Liebe**, durch enttäuschte: hyos. ign.$_{k2}$
– **Liegen**:
 • **Abdomen** mit krampfhaften Rucken des Beckens nach oben; auf dem: cupr.$_{h}$
 • **Rücken** gedreht; wird konvulsivisch auf den: *Cic.*
 • **Seite**, auf der: puls.
– **Lochien**:
 • **unterdrückte**, durch: mill.$_{c1}$ stram.$_{c1}$
– **Magen**, durch verdorbenen: cic.$_{k2}$
– **Masturbation**, durch: art-v.$_{c1}$ *Bufo* calad. *Calc.* dig. elaps kali-br. *Lach.* naja nux-v. **Plat.** plb. sep. sil. stram. *Sulph.*
– **Medikamenten**, nach: acon.$_{hr1,kr1}$ **Arn.**$_{hr1,kr1}$ **Bell.**$_{hr1}$ cham.$_{hr1}$ coff.$_{hr1}$ *Cupr.*$_{hr1}$ *Hyos.*$_{hr1}$ ign.$_{hr1}$ *Nux-v.*$_{hr1}$ **Op.**$_{hr1}$
– **Meningitis** cerebrospinalis, bei: *Ant-t.*$_{hr1,kr1}$ *Apis*$_{kr1}$ *Arg-n.*$_{hr1,kr1}$ *Crot-h.*$_{hr1,kr1}$ *Glon.*$_{hr1,kr1}$ *Hell.*$_{hr1,kr1}$ *Tarent.*$_{hr1,kr1}$ *Verat.*$_{hr1,kr1}$
– **Menopause**; während der: glon.$_{sf1}$ *Lach.*$_{kr1,st}$
– **Menses**:
 • **vor**: bell.$_{hr1,kr1}$ brom.$_{hr1,kr1}$ *Bufo* carb-v.$_{hr1,k}$ caul.$_{sf,sf1}$ *Caust.*$_{hr1,k}$ cimic.$_{hr1,kr1}$ *Cupr.*$_{hr1,k}$ *Hyos.*$_{hr1,k}$ *Kali-br.*$_{hr1,k}$ mag-c.$_{sf,sf1}$ mag-m.$_{sf,sf1}$ oena.$_{hr1,k}$ plat.$_{hr1,kr1}$ *Puls.*$_{hr1,k}$ sulph.$_{hr1,kr1}$ verat-v.$_{ptk}$
 • **während**: apis *Arg-n.*$_{bg2,k,*}$ *Art-v.*$_{hr1,kr1}$ *Bell.* bufo$_{k2,st}$ *Caul.*$_{bg2,k}$ caust.$_{bg2,k,*}$ *Cedr.*$_{hr1,k}$ *Cimic.*$_{hr1,k}$ *Cocc.* *Coll.*$_{hr1,k}$ *Cupr.*$_{hr1,k}$ gels.$_{hr1,k}$ glon.$_{bg2,sf1,*}$ *Hyos.*$_{hr1,k}$ *Ign.*$_{hr1,k}$ *Kali-br.*$_{hr1,k}$ kali-chl.$_{sf}$ kali-m.$_{sf1}$ *Lach.*$_{bg2,k1,*}$ mosch.$_{sf,sf1}$ *Nat-m.* nux-m.$_{a1,k}$ *Nux-v.*$_{hr1,k}$ **Oena.**$_{hr1,k}$ phys.$_{hr1,k}$ *Plat.* plb.$_{hr1,k}$ puls.$_{bg2,k,*}$ *Sec.*$_{hr1,k}$ stram.$_{hr1,k}$ *Sulph.* tarent.$_{a1,k}$ *Zinc.*$_{hr1,k}$
 • **nach**: kali-br.$_{st}$ syph.$_{hr1,k}$ verat-v.$_{ptk}$

– **Menses**: ...
 • **anstatt** der: cic.$_{ptk}$ oena. puls.$_{ptk}$
 • **unterdrückte**, durch: *Bufo* *Calc-p.*$_{hr1,k}$ *Cocc.*$_{hr1,k}$ cupr.$_{hr1,k}$ *Gels.*$_{hr1,k}$ *Mill.*$_{hr1,kr1,*}$ *Puls.*$_{hr1,k}$
– **Metastase**: *Cupr.*
– **Mond**:
 • **Neumond**: *Bufo*$_{kr1,st}$ *Caust.*$_{kr1,sf1,*}$ *Cupr.*$_{kr1,st}$ *Kali-br.*$_{kr1,st}$ *Sil.*$_{j5,kr1,*}$
 ☞ *Mond - Neumond - agg.*
 • **Vollmond**: **Calc.**$_{kr1,sf1}$ caust.$_{kr1,sf1}$ *Nat-m.*$_{kr1,sf1}$
 ☞ *Mond - Vollmond - agg.*
– **Muskelgruppen**, einzelne: acon.$_{bro1}$ *Cic.*$_{bro1}$ cina$_{bro1}$ cupr.$_{bro1}$ ign.$_{bro1}$ lyss.$_{hr1}$ nux-v.$_{bro1}$ *Stram.*$_{bro1}$ *Stry.*$_{bro1}$
– **Muttermilch**; durch Unterdrückung der: *Agar.* mill.$_{c1}$
– **Naßwerden**, durch: calc. *Cupr.*$_{hr1,k}$ rhus-t.
– **Nervosität**, durch: *Arg-n.*
 ☞ *Erregung, durch*
– **Opisthotonus**, mit: *Caust.*$_{ptk}$ nux-m.$_{ptk}$
– **Parese**, gefolgt von: acon.$_{bro1}$ *Elaps*$_{bro1}$ lon-x.$_{bro1}$ plb.$_{bro1}$
– **periodisch**: agar. ars. bar-m. bufo$_{k2,kr1}$ calc. *Cedr.* chin.$_{kr1}$ chinin-s. cupr. ign. indg. lach.$_{kr1}$ lyc. nat-m. nux-v.$_{kr1}$ plb.$_{kr1}$ sec. stram. vip.$_{bg2}$
 • **Tag**:
  • **fünf** oder sechs Tage; alle: *Lyc.*$_{kr1}$
  • **zehn** Tage; alle: *Kali-br.*$_{kr1}$
  • **fünfzehn** oder zwanzig Tage; alle: *Tarent.*$_{kr1}$
 • **Woche**:
  • **jede** Woche: *Agar.* chinin-s. *Indg.* *Kali-br.*$_{kr1}$ nat-m.
  • **zwei** Wochen; alle: cupr. *Kali-br.*$_{kr1}$ oena.
  • **drei** Wochen; alle: camph.$_{k2,kr1}$ *Cupr.*$_{kr1}$ *Ferr.*$_{kr1}$ *Op.*$_{kr1}$ stram.$_{kr1}$
 • **Sommer**; jeden: *Stram.*$_{kr1}$
– **plötzlich**: ars.$_{sf,sf1}$ *Bell.*$_{hr1,k,*}$ bufo$_{k2}$ hydr-ac.$_{sf,sf1}$ mez.$_{sf1}$ oena.$_{sf,sf1}$ stry.$_{a1,k}$ *Verat-v.*$_{hr1,kr1}$
– **Pocken** nicht herauskommen; wenn: **Ant-t.**
 ☞ *Hautausschläge - unterdrückte - herauskommen*
– **Priapismus**, mit: oena.$_{ptk}$
– **Prodromalsymptom**, als ein: verat-v.$_{ptk}$
– **Pubertät**, in der: art-v.$_{ptk}$ caul.$_{hr1,kr1,*}$ caust.$_{bg2,k,*}$ cupr.$_{k2,sf1,*}$ hypoth.$_{jl,jl3}$ lach.$_{bg2}$ puls.$_{bg2,sf1,*}$ zinc.$_{sf,sf1}$ zinc-val.$_{bg2,sf1,*}$
– **Quecksilberdämpfe**, durch: stram.
– **Raserei**, dann: arg-met.$_{ptk}$
– **Reiben** amel.: *Phos.* *Sec.*$_{a1,k}$ stry.$_{st}$
– **Rennen**, nach: sulph.
– **Samenabgang**, beim: art-v. grat. *Nat-p.*
 • **durch**: *Lach.*$_{kr1}$
– **Schaudern**, mit: mosch.$_{ptk}$
– **Schlaf**:
 • **im**: acon.$_{bg2}$ *Arg-n.*$_{bg2,sf1,*}$ ars.$_{ptk}$ *Bell.*$_{hr1,kr1,*}$ bufo calc.$_{j5}$ *Caust.*$_{bg2,k}$ cham.$_{sf1}$ *Cic.* cina$_{j5}$ cocc.$_{bg2,sf1,*}$ *Cupr.*$_{bg2,k,*}$ cupr-ar.$_{sf1}$ *Gels.*$_{hr1,kr1}$ *Hyos.*$_{bg2,k,*}$ *Ign.*$_{hr1,k}$ *Kali-c.* *Lach.*$_{hr1,k}$ mag-c.$_{bg2,j5,*}$ merc.$_{j5}$ naja$_{gm1}$ oena. *Op.*$_{hr1,k}$ puls.$_{bg2,j5,*}$ *Rheum*$_{kr1}$ *Rhus-t.*$_{bg2,j5,*}$ sec. sep.$_{ptk}$ *Sil.* *Stram.* *Sulph.*$_{ptk}$ tarent.$_{bg2,sf1,*}$
 • **Einschlafen**; beim: aeth.$_{c1}$ arg-met.$_{sf1}$ sulph.$_{sf1}$

- **Schlaflosigkeit**; mit oder nach: alum.bg2 art-v.bg2,kr1 bell.bg2 bry.bg2 calc.bg2 carb-an.bg2 carb-v.bg2 *Cic.*bg2,kr1 cupr.bg2 cypr.bg2,kr1 hep.bg2 hyos.bg2,j5 ign.bg2 ip.bg2 **Kali-br.**bg2,kr1 kali-c.bg2 merc.bg2 mosch.bg2 nux-v.bg2 passi.bg2,sf1 ph-ac.bg2 phos.bg2 puls.bg2 rheumbg2 rhus-t.bg2 sel.bg2 sep.bg2 sil.bg2 stront-c.bg2 thuj.bg2 verbe-h.bg2,sf1 zinc.bg2,sf1 zinc-val.bg2,sf1
- **Schlafmangel**, nach: **Cocc.**k1
- **tiefem** Schlaf; nach: aeth.sf1 bufo canth. *Caust.* dat-s.a1 *Hell. Hyos. Ign. Lach.* **Nux-v.** *Oena.* **Op.** plb. sec. *Sulph.* tarent.
- **zwischen** den Konvulsionen; schläft: agar. *Bufo Ign.* **Oena. Op.** plb.

– **Schließen** einer Tür, beim: stry.
☞ *Geräusch / Geräusch*

– **schlucken**, beim Versuch zu: **Lyss.**hr1,k *Mur-ac.*a1,k nux-m.a1,k nux-v.a1 *Stram.*a1,k

– **Schmerz**:
- **während**: ars.a1 *Bell.*a1 coloc.a1 ign.a1 kali-c.a1 lyc.a1 nux-v.a1 plb-chr.a1
- **nach**: chin.ptk plat.ptk
- **Abdomen**; mit Schmerz im: cic.k2
- **erneuerte** Konvulsionen bei jedem Schmerzanfall: bell.kr1
- **Menses** (= Dysmenorrhoe): caul.ptk nat-m.ptk

– **Schock**, durch einen: aesc.k13,k2 agar.k2 *Op.*

– **Schreck**, durch: *Acon.* agar. apis arg-n. art-v. bell.sf,sf1,* *Bufo* **Calc.**hr1,k *Caust.*hr1,k cic. cinasf1 *Cupr.*hr1,k *Gels.*hr1,kr1,* glon.sf,sf1 **Hyos. Ign.**hr1,k **Indg.**hr1,k *Kali-br.*hr1,k *Kali-p.*hr1,kr1 laur.hr1,st lyss.hr1,k nat-m.st **Op.**hr1,k *Plat.*hr1,k *Sec.*hr1,k sil.sf,st *Stram.*hr1,k sulph. tarent. verat. *Zinc.*
- **Mutter** (des Säuglings); der: bufokr1 **Op.**
☞ *Stillen*

– **Schreien**, mit: acon.j5,kr1 *Aml-ns.*kr1 ant-t.j5,kr1 *Apis*kr1 *Art-v.*hr1,kr1 bell.j5,kr1 calc.j5,kr1,* *Camph.*hr1,kr1 canth.j5,kr1 *Caust.*hr1,j5,* cedr.hr1,kr1 *Cic.*hr1,j5,* *Cina*j5,kr1 *Crot-h.*hr1,j5,* *Cupr.*hr1,kr1 **Hyos.**j5,k2,* *Ign.*hr1,kr1 *Ip.*hr1,j5,* *Lach.*hr1,j5,* lyc.j5,kr1 *Merc.*hr1,j5,* nit-ac.hr1,kr1 *Nux-v.*hr1,j5,* oena.kr1,sf1,* **Op.**hr1,j5,* stann.hr1,kr1 *Stram.*hr1,kr1 sulph.hr1,j5,* verat-v.hr1,kr1 vip.j5,kr1 *Zinc.*hr1,kr1

– **Schwäche**, bei: huraa1 kali-c.a1,sf1
☞ *Schwäche - Konvulsionen*
- **nervös**: sep.

– **Schwangerschaft**; während der (= Eklampsie): *Acon.*bro1 aeth.bro1 aml-ns.bro1 arn.bro1 *Bell.*bg2,j5,* canth.bg2 castm.c1,c2 *Cedr. Cham. Chlol.*bg2,c1 *Cic.* cimic.bg2 *Cina*a1,j5 coff.bro1 croc.bg2 *Cupr. Cupr-ar.*bg2 *Gels.*bg2,hr1,* glon.sf1 hell.bg2 *Hydr-ac.*bro1 *Hyos.* ign.bg2 *Ip.*k2,kr1 kali-br.bro1 lyc. lyss.c1,c2 mag-c.sf1 mag-m.sf1 merc-c.bro1 merc-d.bro1 mill. mosch.j5 nux-m.j5 *Oena.*bg2,kr1 op.bg2 pilo.bro1 pitu.sp1 plat.bg2,j5 *Rhus-t.*kr1 sec.bg2 sol-ni.bro1 spirae.bro1 stram.bg2,j5 stry.bg2 *Verat-v.*bg2,kr1 *Zinc.*bg2

– **Schweiß**:
- **während**: ars. *Bell.* **Bufo** camph. nux-v. op. sep.
  - **kalt**: camph.k2 *Cupr.*kr1 *Ferr.* stram. *Verat.*kr1
- **nach**: acon. ars. *Bry.*kr1 cedr. cupr. sec. stry.
- **unterdrückten**; durch: *Sil.*sf1

– **Schweiß**: ...
- **Fußschweiß**, nach: form.c2 **Sil.**

– **Schwindel**, nach: hyos.ptk tarent.ptk

– **Schwingenlassen** der Beine erregt Konvulsionen: calc.

– **sexuell**:
- **Erregung**, durch: art-v.bro1 bar-c.bg2 *Bufo* calc.bro1 **Kali-br.**kr1 *Lach. Plat.* stann.bro1 sulph.bro1 visc.bg2
- **Exzesse**, durch: bufokr1 *Kali-br.*hr1,kr1 *Phos.*hr1,kr1

– **Spiegel**
☞ *glänzende Gegenstände*

– **Splitter**, durch: bell.k2 cic.k2

– **sprechen**, beim Versuch zu: *Lyss.*hr1,k

– **Stillen** der Kinder, wenn die Mutter zornig oder erschreckt ist; beim: bufoptk
☞ *Schreck - Mutter*

– **Strecken** des Körpers amel.; gewaltsames: nux-v. stry.

– **Streckmuskeln**: **Cina**

– **Stuhlgang**, beim: nux-v.ptk

– **syphilitisch**: aur.hr1,kr1 iod.hr1,kr1 *Kali-br.*hr1,kr1 **Kali-i.**hr1,kr1 merc-c.hr1,kr1 mez.hr1,kr1 *Nit-ac.*hr1,k

– **Tabak**; durch Schlucken von: ip.ptk

– **Tadel**, durch: agar.k2,kr1,* ign.kr1,sf1,*

– **tetanische Starre; Starrkrampf**: abel.jl,jl3 absin.a1,k acet-ac.a1 *Acon.*bg2,k,* aconin.c1,c2,* aesc.hr1,k agar-ph.a1 agre.jl alum.bg2,k alum-p.k2 *Am-c.*bg2,k,* am-m.bg2 ambr.k,sf amyg.a1,hr1,* *Anac.*hr1 ang.c1,c2 *Ant-t.*hr1,kr1 aran-ix.jl,jl3 *Arn.*hr1,k *Ars.*bg2,k,* art-v.hr1 asaf.bg2,k *Atro.*hr1,kr1,* *Bell.*bg2,k,* ben-n.a1,c1,* both.a1 bruc.j5 bry.bg2,j5 *Calc.*bg2,sf1,* calc-f.jl,jl3 calc-p.bg2,sf1,* *Calen.*sf,sf1,* camph.c2,k cann-i. cann-s.bg2,k,* canth. carbn.c1,c2,* carbn-h.c1,c2 carbn-o. carbn-s.c1,c2 *Castm.*c1,kr1,* caust.bg2,k,* *Cham.*bg2,k,* chin.sf,sf1 *Chinin-s.* chlf.c1,hr1,* *Chlol.*hr1,k **Cic.**bg2,k,* cic-m.c1,c2,* cimic.bg2 cinabg2 *Cocc.*bg2,k,* *Con.*bg2,k,* cori-m.a1 cortico.sp1 crot-h.hr1,kr1,* *Cupr.*bg2,k,* cupr-act.mg1 cupr-ar. *Cur.*hr1,k,* dig.bg2,sf1,* dros.bg2,k dulc.a1 galv.c2 *Gels.*bg2,k,* graph.bg2,sf1,* grat.hr1,j5,* *Hell.*bg2,k,* hep.bg2,k,* *Hydr-ac.*bg2,k,* *Hyos.*bg2,k,* **Hyper.**bg2,k,* *Ign.*bg2,k,* *Ip.*bg2,k,* jasm.a1,c1,* juni-v.c1,c2 kali-bi.a1 *Kali-br.*hr1,kr1,* kali-c.bg2 kali-cy.a1 kali-n.a1 kreos.bg2,k kres.mg,mg1 *Lach.*bg2,k,* lath.sf,sf1 *Laur.*bg2,k,* **Led.**c2,k linu-c.a1 *Lob. Lyc.*bg2,k,* *Lyss.*hr1,k,* mag-c.bg2,mg1,* mag-m.jl *Mag-p.*hr1,k meph.jl *Merc.*bg2,k methys.jl *Mill.*hr1,kr1,* morph.a1,c1,* *Mosch.*bg2,k,* mur-ac. nat-f.jl,jl3 nicot.c1,c2,* nux-m.bg2 **Nux-v.**bg2,k,* *Oena.*hr1,k,* ol-an.bg2 **Op.** ox-ac.c1,c2,* passi.c1,c2,* **Petr.**bg2,k phos.bg2,k,* *Phys.*hr1,k,* *Phyt.*hr1,k,* **Plat.**bg2,k *Plb.*bg2,k plb-xyz.c2 *Puls.*bg2,k pyre-p.st rhod.bg2,k *Rhus-t.*bg2,k1,* santin.c1,c2 scor.a1,c1,* *Sec.*bg2,k,* seneg.bg2,k **Sep.**bg2,k siumc1,c2 sol-crl.c1,c2 *Sol-ni.*c2,k solin.c1,c2,* stann.bg2,sf1,* *Stram.*bg2,k,* *Stry.*a1,k stry-p.sf,sf1 *Stry-s.*sf stry-xyz.c2 sul-ac.a1 sul-h.c1,c2,* sulph.bg2,k tab.hr1,sf1,* tanac.a1 *Ter.*hr1,kr1,* teucr.a1,k *Ther.*hr1,k,* thyr.c1,c2,* upa.c1,c2,* valer.bg2 verat.bg2,k,* verat-v.hr1,k verin.c1,c2,* vib-p.c1,c2,* zinc.bg2,k

◆ **abwechselnd** mit:
- **Delirium**
  ☞ ❑ *Gemüt - Delirium - abwechselnd mit - Konvulsionen*
- **Abwischen** des Schweißes aus dem Gesicht agg.: nux-v.a1,k
- **Bespritzen** des Gesichtes mit kaltem Wasser amel.: ben-n.
- **Splitter**, durch: bell.k2 cic.k2
- **traumatisch**: acon.hr1,kr1 *Arn.*hr1,kr1,* *Chlol.*hr1,kr1 *Cic.*hr1,kr1 *Cur.*hr1,kr1 *Hell.*hr1,kr1 *Hydr-ac.*hr1,kr1 **Hyper.**hr1,kr1 *Led.*hr1 *Nux-v.*hr1,kr1 stram.kr1,st tetox.kr1,st teucr.c1,kr1,*
- **Trismus**, mit: amyg.hr1 *Ant-t.*hr1,kr1 *Bell.*hr1,kr1 *Cupr-act.*kr1 *Oena.*hr1,kr1 *Stram.*hr1,kr1 ther.c1 *Verat-v.*hr1,kr1
- **verletzte** Teile werden eiskalt und Krämpfe beginnen in der Wunde: **Led.**
- **Wunden** in Fußsohlen, Fingern oder Handflächen; durch: *Bell.* **Hyper.** *Led.*

– **Tollwut** mit: *Bell.*hr1,kr1 *Canth.*hr1,kr1 *Cur.*hr1,kr1 gels.hr1,kr1 lyss.hr1 *Stram.*hr1,kr1

– **tonisch**: acon.bg2,k agar.a1,k alum.bg2,k alum-p.k13,k2 alum-sil.k13,k2 am-c.bg2,k am-m.bg2,k ambr.bg2,sf1 anac.bg2,k **Ang.**bg2,sf1 ant-t.bg2,k,* apis arg-met. arn.bg2,k ars.bg2,hr1 asaf.bg2,k asar.bg2,k **Bell.**bg2,k,* borx. bry.bg2,k **Bufo** *Calc.*bg2,k,* camph.bg2,k,* cann-s.bg2,k canth.bg2,k caps.bg2,k carbn-o. *Caust.*bg2,k *Cham.*bg2,k chin.bg2,k chlf.hr1,kr1 **Cic.**bg2,k,* cina clem.bg2,k cocc.bg2,k coloc.bg2,k con.bg2,k cupr.hr1,k cur.bg2 cycl.bg2,k dig.bg2,k *Dros.*bg2 dulc.bg2,k euph.bg2,k *Ferr.*bg2,k ferr-ar. graph.bg2,k guaj.bg2,k hell.bg2 hep.bg2,k hydr-ac.hr1,kr1 hyos.bg2,k hyper.bg2,sf1 *Ign.*bg2,k,* *Ip.*bg2,k kali-c.bg2,k lath.sf1 laur.bg2,k led.bg2,k *Lyc.*bg2,k mag-p.hr1,k mang.bg2,k med.hr1,kr1 meny.bg2,k *Merc.*bg2,k mez.bg2,k *Mosch.*bg2,k nat-c.bg2,k nat-m.bg2,k nit-ac.bg2,k nux-v.bg2,k,* olnd.bg2,k op.bg2,k,* **Petr.**bg2,k,* ph-ac.bg2,k *Phos.*bg2 phys.bg2,sf1 phyt.bg2,sf1 pic-ac.hr1 **Plat.**bg2,k,* *Plb.*hr1,k puls.bg2,k rhod.bg2,k rhus-t.bg2,k sabad.bg2,k sars.bg2,k *Sec.*bg2,k,* seneg.bg2,k **Sep.**bg2,k sil.bg2,k spig.bg2,k spong.bg2,k stann.bg2,k *Stram.*bg2,k,* stry.bg2 *Stry-s.*sf1 *Sulph.*bg2,k sumb.a1,k tab.bg2,sf1 thuj.bg2,k *Verat.*bg2,hr1,* verat-v.hr1 visc.sp1 zinc.bg2,k zinc-p.k13,k2
- **einzelne** Teile: ign.ptk

– **Trinken**, nach dem: ars. art-v.kr1 bell. *Hyos.* *Stram.*bg2
- **Wasser**, von: calc.kl canth.kl

– **Unrecht** beschuldigt wurde, nachdem er zu: *Staph.*k1,st
  ☞ *Kränkung / Tadel / ❑ Gemüt - Beschwerden durch - Tadel / ❑ G~ Ermahnungen - agg.*

– **unten** aus, breiten sich nach: *Cic.* sec.

– **unterbrochen** durch schmerzhafte Erschütterungen: stry.

– **Unterdrückungen**, durch: absin.ptk caust.ptk mill.ptk
  ☞ *Hautausschläge - unterdrückte*

– **Urämie**, bei: apisbg2 apoc. ars.bg2 *Carb-ac.*bro1 chlf.kl cic.bro1 crot-h. *Cupr.* cupr-ar. *Dig.* glon.bro1 hell.bro1 hydr-ac.c2,k **Kali-br.**kr1 *Kali-s.* merc-c.

– **Urämie**, bei: ... *Mosch.* oena.bro1 *Op.*bro1 pilo.c1,c2 *Plb.* stram.st *Ter.* urt-u.c1,c2 *Verat-v.*bg2

– **Urinieren**:
- **schmerzhaft**:
  - **agg.**: elat.hr1
- **unwillkürlich**: art-v.kr1 **Bufo**kr1 *Caust.*kr1 cocc.kr1 *Cupr.*kr1 **Hyos.**kr1 lach.kr1 nat-m.kr1 nux-v.kr1 *Oena.*kr1 *Plb.*kr1 stry.kr1 *Zinc.*kr1

– **verändern** sich, verändern ihren Charakter: *Bell.*hr1,k ign. *Puls.*hr1,k **Stram.**hr1,k

– **Verdauungsstörungen**, durch: **Ip.**hr1,k

– **Verletzungen**, durch: *Ang.*hr1,kr1 arn.hr1,k art-v. *Cic.*hr1,k con.bro1 cupr.mg,mg1 cupr-act.mg1 hep.ptk **Hyper.**hr1,k meli.bro1 *Nat-s.*hr1,k oena. *Op.* puls.hr1,kr1 *Rhus-t.*hr1,k sil.mg,mg1 sulph.hr1,k *Valer.*hr1,k
- **Kopfes**, des: **Arn.**kr1 art-v.kr1 **Cic.**kr1 *Cupr.*kr1 *Hyper.*kr1 *Led.*kr1 meli.kr1,st *Nat-s.*k2,kr1
  ☞ *Gehirn - Gehirnerschütterung*
- **Rückenmarks**, des: zinc.ptk

– **Vorhaut**; durch Entfernung der verwachsenen: raph.ptk

– **warm**:
- **Bad**; warmes:
  - **agg.**: *Apis* glon. nat-m. op.
- **Zimmer**; im warmen: glon. op.k2

– **Wasser**, beim Anblick von: *Bell.* canth.j5 **Lyss.**hr1,k **Stram.**hr1,k,*

– **Wehen**; während der
  ☞ *Entbindung - während*

– **Widerspruch**, durch: *Aster.*

– **Wochenbett**, im: *Acon.*hr1,kr1 ambr.hr1,k,* *Ant-c.*hr1,kr1 ant-t.hr1,kr1,* apis *Arg-n.*hr1,k arn.hr1,kr1 ars.hr1,k art-v.hr1,k *Atro.*hr1,kr1 **Bell.**bg2,k,* benz-ac.hr1,kr1 **Calc.**bg2 canth.hr1,k *Carb-v.*hr1,k caul.hr1,kr1 caust.hr1,k *Cham.*bg2,k,* *Chin.*bg2 *Chinin-s.*c1,kr1,* chlf.hr1,kr1,* chlol.hr1,kr1,* **Cic.**bg2,k,* cimic. cinnm.hr1,kr1 *Cocc.*bg2,k,* *Coff.*hr1,k crot-c. *Crot-h.*hr1,kr1 *Cupr.*hr1,k *Gels.*hr1,k,* *Glon.*hr1,k *Hell.*hr1,k,* *Helon.*hr1,kr1 hep.hr1 hydr-ac.hr1,k **Hyos.**bg2,k,* *Ign.*bg2,k,* *Ip.*bg2,k,* *Jab.*hr1,kr1 **Kali-br.**hr1,kr1 **Kali-c.**bg2,hr1,* kali-p.hr1,kr1 *Lach.*hr1,k,* *Laur.*hr1,k *Lyc.* lyss.hr1,k mag-p.hr1,k *Merc.*kr1 *Merc-c.*hr1,k *Mill.*hr1,kr1,* mosch.bg2,k,* *Nat-m.*hr1,kr1 *Nux-m.*hr1,k,* *Nux-v.* oena.hr1,k,* *Op.*hr1,k,* ph-ac.bg2,hr1,* *Phos.*hr1,k2,* *Pilo.*c1,c2,* *Plat.*bg2,k,* puls.hr1,k,* *Sec.*hr1,k sol-ni.c1,c2 **Stram.**bg2,k,* *Sulph.*bg2 tarent.hr1 *Ter.*hr1,k thyr.c1,c2,* *Verat.*hr1,k verat-v.bg2,k,* zinc.hr1,k ziz.hr1

◆ **begleitet** von:
- **Zunge**:
  - **braune** Farbe der Zunge: crot-t.vk1 nux-v.kr1,vk1
- **Blindheit**, mit: aur-m. cocc. cupr.
- **Blutungen**, mit: *Chin.* hyos. *Plat.* *Sec.*
- **Schreien**, mit: *Hyos.* *Iod.* *Lach.*kr1
- **Schwitzen** und Furcht, mit: stram.st

– **Würmer**, durch: ars.bg2 art-v.hr1,kr1 asaf.j5 bar-m.hr1,kr1 *Bell.*hr1,kr1 *Cham.*hr1,kr1 *Cic.*bg2,hr1,* **Cina** cupr.bg2,sf1 cupr-o.sf1 *Hyos.*hr1,k *Ign.*bg2,k,* *Indg.*bg2,hr1,* kali-br.sf,sf1 kali-c.bg2 *Nux-v.*bg2 petr.bg2

– **Würmer**, durch: ... plat.bg2 sabad.bg2,k *Santin*.bro1 sil.bg2,k,* spig.bro1 *Stann*.hr1,k stram.hr1,kr1 sulph.bg2,bro1 tanac.bro1 *Ter*.hr1,k teucr.bro1

– **Zahnextraktion**, nach: bufo.st

– **Zahnung**; während der: *Acon*.hr1,k *Aeth*.bg2,k,* art-v.hr1,k arum-t.hr1,kr1 *Bell*.bg2,k,* **Calc.**bg2,k,* *Calc-p*.hr1,kr1 *Caust*.hr1,kr1 **Cham.**bg2,k,* chlor.hr1 *Cic*.bg2,k,* *Cina* coff.bg2,sf1 *Colch*.hr1,kr1 *Cupr*.bg2,k,* *Cupr-act*.kr1 *Cypr*.hr1,kr1,* gels.bg2,sf1 glon.hr1 hyos.hr1,k *Ign*.bg2,k,* *Ip*.hr1,kr1 **Kali-br.**bg2,hr1,* *Kreos*.hr1,k *Lach*.hr1,kr1 *Mag-p*.bg2,k2,* *Meli*.hr1,kr1 merc.hr1,k mill.hr1,kr1 nux-m.bg2,sf1 op.gm1 passi.sf,sf1 *Podo*.hr1,k rheum.bg2,sf1 sin-n.hr1,kr1 *Stann*.hr1,k *Stram*.hr1,k sulph.j5 ter.ptk thyr.j1,j13 *Verat-v*.bg2,hr1,* *Zinc*.bg2,hr1,*

☞ ❑ *Zähne - Zahnung - schwierig*

– **Zorn**; nach: art-v.kr1 *Bufo* **Calc.**kr1 **Cham.** cina **Cupr.**kr1 *Kali-br.* lyss. **Nux-v.** *Op.* plat. sulph.

☞ *Ärger* / ❑ *Gemüt - Zorn*

- **epileptische** Konvulsionen: art-v.kr1 **Calc.**kr1
- **Mutter**; des Säuglings nach Zorn der stillenden: bufo.ptk

– **Zugluft** agg.: ars. cic.k2 *Lyss.* **Nux-v. Stry.**

– **Zyanose**, mit: *Cupr*.hr1,kr1 cupr-act.kr1 *Hydr-ac*.hr1,kr1,* *Verat*.hr1,kr1

Konvulsivische Bewegungen: acon.bg2,k *Agar*.bg2,k *Alum.* alum-p.k13,k2 ang.bg2 ant-t.bg2,k apis *Arg-n.* arn.bg2,k ars.bg2,k ars-i. *Asaf.* bar-c.bg2,k bar-i.k13,k2 **Bell.**bg2,k brom.bg2 bry.bg2,k *Bufo* cact. *Calc*.bg2,k calc-i.k13,k2 *Camph*.bg2,k,* cann-s.bg2,k *Canth*.bg2,k *Caust*.bg2,k **Cham.**bg2,k *Chinin-s.* *Chlor*.hr1 **Cic.**bg2,k *Cina* **Cocc.**bg2,k coff.bg2,k *Con*.bg2,k croc.bg2,k **Cupr.**bg2,k,* cupr-ar. dig.bg2,k dulc.bg2,k ferr-m.hr1 *Gels*.hr1 *Hell*.bg2,k **Hyos.**bg2,k,* **Ign.**bg2,k *Iod*.bg2,k **Ip.**bg2,k kali-ar. lach.bg2,k laur.bg2,k,* lyc.bg2,k m-arct.bg2 *Mag-p.* meny.bg2,k merc.bg2,k mosch.bg2,k *Mygal.* nat-c.bg2,k nux-m.bg2,k,* *Nux-v*.bg2,k olnd.bg2,k **Op.**bg2,k petr.bg2,k ph-ac.bg2,k phos.bg2,k phyt.bg2 plat.bg2,k *Plb*.bg2,k ran-b.bg2 ran-s.bg2,k *Rheum* rhus-t.bg2,k *Ruta* sabad.bg2,k samb.bg2,k **Sec.**bg2,k,* spig.bg2,k,* spong.bg2,k *Squil*.bg2,k *Stann*.bg2,k staph.bg2,k **Stram.**bg2,k sulph.bg2,k tab.bg2 *Tarent.* *Verat*.bg2,k *Verat-v*.hr1 *Zinc*.bg2,k,*

– **beginnen**:
- **Extremitäten**, in den: verat.bg2
- **Gesicht**, im: dulc.bg2

Körpergeruch:

☞ ❑ *Extremitäten - Fußgeruch* / ❑ *Schweiß - Geruch*

– **übelriechend**: arn.bg *Ars*.bg *Bapt*.bg bry.bg carb-ac.bg **Carb-v.**bg hep.bg kali-p.bg **Lach.**bg *Merc*.c2 *Nit-ac*.bg podo.bg **Psor.**bg rhus-t.bg sacch-l.c2 sec.bg sep.bg *Sil*.bg sol-t-ae.c2 sulph.bg tell.bg thuj.bg wies.c2

Körperliche Arbeit: *Am-m*.bg2 *Bov*.bg2 ferr.bg2 kali-c.bg2 *Lach*.bg2 mag-c.bg2 merc.bg2 **Nat-m.**bg2,sf1 nit-ac.bg2 phos.bg2 *Sil*.bg2 *Verat*.bg2

Körperliche Symptome:

◆ **abwechselnd** mit:
- **Fröhlichkeit**
  ☞ ❑ *Gemüt - Froh - abwechselnd mit - körperlichen Symptomen*
- **Geisteskrankheit**
  ☞ ❑ *Gemüt - Geisteskrankheit - abwechselnd mit - körperliche Symptome*
- **Gemütssymptome**
  ☞ ❑ *Gemüt - Gemütssymptome - abwechselnd mit - körperliche Symptome*

Korpulenz

☞ *Fettleibigkeit*

Kraft, Gefühl von: adam.srj5 *Agar*.bg2,k alco.a1 anh.mg,mg1 ars.sf1 bell.a1 bov.a1 bry.a1 *Bufo* calc-f.sp1 carbn-o.a1 chinin-s.a1 choc.srj3 clem.a1 cob.a1 *Coca*.a1,sf1 *Coff*.bg2,k corn.a1 cot.a1 elae.a1 erech.a1 ferr.a1 *Fl-ac.* gast.a1 gels.a1 germ-met.srj5 gins.a1 haliae-lc.srj5 helon.a1 kola.sf1 lach.bg2,sf1,* lil-t.a1 meny.a1 *Nat-p*.bg2,sf1,* nep.mg,mg1,* ol-j.a1 **Op.**bg2,k ped.a1 phos.a1 pic-ac.sf1 pip-m.a1,sf1 plat.a1 psil.ft1 sars.a1 stram.bg2,k vanad.j1 wies.a1 zinc.bg2,sf1,*

◆ **abwechselnd** mit:
- **Traurigkeit**
  ☞ ❑ *Gemüt - Traurigkeit - abwechselnd mit - Energie*

– **Gehen**, beim: bapt.a1 chin.a1

– **Koitus**, nach: merc-c.a1

– **Schweiß**, beim: op.a1 pilo.a1 stach.a1

– **Zorn**, nach: carbn-s.a1

○ **Muskeln**, der: agar.a1,sf1 alco.a1 anh.a1,sf1 ars.a1,sf1 camph.a1 coca.a1 cod.a1 *Fl-ac*.a1,sf1 gels.a1 keroso.a1 kola.a1,sf1 *Nat-p*.a1,sf1 nitro-o.a1 phos.a1 tab.a1 thea.a1 zinc.a1,sf1

Kraftlosigkeit

☞ *Schwäche*

Krampfadern: acet-ac.c1,c2,* *Acon*.j5 aesc.k2,sf1,* alco.a1 aloe.k2 alum.j5 alum-sil.k2 *Alumn.* *Am-c*.j5 *Ambr*.bg2,k,* ang.j5 *Ant-t*.hr1,k apis.c1,c2 *Arg-n.* arist-cl.mg,mg1 **Arn.**bg2,k *Ars*.bg2,k,* ars-s-f.k13,k2 asaf.k,k2,* *Bar-c*.j5 *Bell*.hr1,k bell-p.sf,sf1,* *Berb*.k1,k13 brom.hr1,k2,* *Bry*.j5 **Calc.**hr1,k,* calc-f.bg2,k calc-p. calc-s.k13,k2 calen.c1,c2,* camph.j5 caps.k2 *Carb-an*.bg2,k **Carb-v.**bg2,k carbn-s.k2 card-b.c1,c2,* card-m.mg1,sf1,* *Caust*.hr1,k,* chel.j5 *Chin*.c1,j5,* chinin-s.c1,c2 cic.j5 clem. coll.mg,mg1 coloc.a1,k con.j5 *Croc*.j5 *Crot-h*.bg2,k,* cycl.j5 *Ferr*.bg2,k,* ferr-ar. *Ferr-p*.hr1,sf1,* **Fl-ac.**hr1,k,* form-ac.sf,sf1 *Graph*.a1,k **Ham.**bg2,k,* hecla.j1 *Hep*.hr1,k hyos.j5 kali-ar.c1,hr1,* kali-n.j5 *Kreos.* lac-c.c1,c2,* lach.bg2,k,* *Lyc*.bg2,k,* **Lycps-v.** m-aust.c1,j5,* mag-c. mag-f.mg,mg1 mand.mg,mg1 meli.mg,mg1 meny.j5 merc.a1 merc-cy.c1,c2,* mez.hr1,sf1,* mill.bg2,k,* mosch.j5 *Mur-ac*.c1,j5,* *Nat-m*.hr1,k,* *Nux-v*.hr1,k olnd.j5 op.j5 *Paeon*.hr1,k,* petr.c1,c2,* ph-ac.c1,j5,* *Phos*.j5,sf1,* *Plb*.hr1,k plb-xyz.c2 psor.k2 **Puls.**bg2,k,* pyrog.c1,c2,* *Ran-s*.hr1,kr1,* rhod.j5 *Rhus-t*.j5 ruta.c2,mg1 sabin. sars.j5,k2 scir.c1,c2,* sec.bg2,k2 *Sep*.hr1,k,* sil. sol-ni.c1,c2 *Spig.* spong.c1,j5,* staph.j5 stront-br.c1,c2 stront-c.c1,j5,* sul-ac.a1,k,* *Sulph*.bg2,k,* thuj.bg2,k *Vip*.bg2,k,* *Zinc*.bg2,k,*

Krampfadern: ...
☞ *Entzündung - Blutgefäße - Venen* / ☐ *Extremitäten - Krampfadern*
– **Alkoholismus**, durch: crot-h.hr1,kr1
– **blau**: *Carb-v.*hr1,k *Ham.*hr1 *Lycps-v.* *Mur-ac.*j5 **Puls.**hr1,kr1
– **blutend**: alumn.k2
– **brechen** leicht: mill.k2
– **brennend**: *Apis* **Ars.**hr1,k *Calc.*
 • **nachts**: **Ars.**hr1,k
– **Druck** agg.: ham.k2
– **entzündet**
☞ *Entzündung - Blutgefäße - Venen*
– **Erschütterung** agg.: ham.k2
– **geschwollen**: *Apis* *Berb.*hr1,k1 graph.a1,h *Ham.*hr1 *Puls.*hr1,k
– **Geschwüre**: aesc.k13 ant-t.bg2,j5 arist-cl.jl,k2 arn.jl *Ars.* *Calc.* calc-f.jl *Carb-v.* *Card-m.*c2,k **Caust.** cecr.jl *Cham.*j5 cinnb. crot-h. crot-t. des-ac.jl eucal.c2 fl-ac.hr1,kr1 gast.c2 *Graph.* grin. *Ham.*c2,k hydr. hydr-ac. kali-s. kreos.bg2,j5 **Lach.**bg2,k,* **Lyc.** merc. mez.bg2,k *Nat-m.* parat.jl **Puls.** pyrog.c2,k raja-s. *Rhus-t.* rib-ac.jl sars. sec. *Sil.* sul-ac. *Sulph.*j5 syph. thuj. *Zinc.*
– **gestaut**: mill.k2
– **juckend**: ant-t.j5 barb.j berb.j5 bruc.j5 *Caps.*j5 carb-v.j5 caust.j5 *Graph.*h,k,* lach.j5,k m-aust.j5 nux-v.j5 petr.hr1 plb.j5 puls.j5 *Sep.*j5 sil.j5 sul-ac.j5 *Sulph.*j5
– **jungen** Menschen, bei: ferr-p.hr1,st
– **Netzwerk** von Venen in der Haut: berb. *Calc.*bg2,k *Carb-v.*bg2,k *Caust.*bg2,k clem.bg2,k *Crot-h.*bg2,k *Lach.*bg2,k lyc.bg2,k nat-m.bg2,k ox-ac. plat.bg2,k sabad. thuj.bg2,k
– **Pickeln** bedeckt, mit: *Graph.*
– **schmerzhaft**: *Brom.*bg2,k,* *Calc.*hr1 *Caust.*bg2,k,* coloc.a1 *Ham.*bg2,k,* *Lyc.*bg2,k *Mill.*bg2,k petr.hr1,kr1 **Puls.**bg2,k,* sang.bg2,k thuj.bg2 vip.st zinc.bg2
– **Schwangerschaft**; während der: acon.hr1 *Arn.*hr1 ars.hr1 *Carb-v.*hr1 *Caust.*hr1 **Ferr.**hr1,k **Fl-ac.**hr1 *Graph.*hr1 **Ham.**hr1 *Lach.*hr1 *Lyc.*hr1,k *Lycps-v.* *Mill.*hr1,k *Nux-v.*hr1,kr1 **Puls.**hr1,k sulph.hr1 *Zinc.*hr1,k
– **stechend**: alum.j5 *Ant-t.*hr1,j5,* *Ars.*j5 bar-c.j5 *Caust.*j5 grat.j5 kali-c. *Kali-n.*j5 lyc. merc.j5 nat-m.j5 nux-v.j5 phos.j5 *Sil.*j5 sul-ac.j5 sulph.j5
– **stechend**; fein: *Apis* graph. *Ham.*hr1,k **Puls.**hr1,k
– **Stehen** agg.: sulph.k2
– **Wundheit**: am-c.j5 ang.j5 bar-c.j5 *Caust.*j5 ferr.a1 graph. grat.j5 **Ham.**bg2,k1,* hep.j5 ign.j5 *Kali-c.*j5 kali-n.j5 m-arct.j5 merc.j5 mur-ac.j5 nat-m.j5 *Nux-v.*j5 *Phos.*j5 puls.hr1,k rhus-t.j5 sil.j5 sul-ac.j5 *Sulph.*j5 vip.st
– **zerplatzen**; als würden sie: vip.st
– **Zusammenschnürung**, Gefühl von: ang.hr1,kr1

Krämpfe der Muskeln
☞ *Schmerz - krampfartig - Muskeln*

Krankengeschichte, persönliche:
☞ *Familiengeschichte*
– **Entzündungen**; von häufigen: carc.sp
– **Gonorrhoe**, von: med.k2,vh

Krankengeschichte, persönliche: ...
– **Hydrozephalus** geboren haben; Frauen, die Kinder mit: calc-p.c1
– **Keuchhusten**; von: carc.sp
– **Lunge**; von Entzündung der: carc.sp
– **Ohren**; wiederkehrende Infektionen der: *Merc.*vh,vh/dg
– **Tuberkulose**, von: bac.bn tub.bn,vh

Krankheitsgefühl; unbestimmtes, unklares: acon.ptk1 ant-t.ptk1 bapt.ptk1 chel.ptk1 cimic.ptk1 lach.ptk1 lob.ptk1 nux-v.ptk1 petr.ptk1 *Podo.*ptk1 psor.ptk1 puls.ptk1 sang.ptk1 stront-c.ptk1 tab.ptk1 tarax.ptk1
– **Grund**; ohne: brom.ptk1,ptk2
– **Menses**:
 • **vor**: brom.ptk1,ptk2
– **Schmerz**; durch: stront-c.ptk1,ptk2

Krebsleiden: acet-ac.hr1,k ail.ptk1 alum.bg2,k alumn.hr1,k am-c.ptk1 *Ambr.* anan.c,c1 anil.c,c1 *Ant-m.*bro1 *Apis* apoc.st arg-met.k2 arg-n.mg,mg1 **Ars.**bg2,k,* ars-br.bro1 *Ars-i.*hr1,k *Aster.*hr1,k *Aur.*hr1,k aur-ar.c1,k2,* aur-i.k13,k2,* *Aur-m.*hr1,k aur-m-n.c2,st aur-s.k13,k2 *Bapt.*c,c1,* bar-c.bg2,k2,* bar-i.c,c1,* bar-met.stj2 bell.hr1,kr1 bism.hr1,k **Brom.** *Bry.*c,c1,* *Bufo* *Cadm-s.* *Calc.*bg2,k,* *Calc-i.*c,c1,* calc-ox.c,c1 *Calc-s.* *Calen.*hr1,kr1 calth.c1 *Carb-ac.*hr1,k **Carb-an.**hr1,k *Carb-v.*bg2,k,* *Carbn-s.* carc.br1,mg1,* caust.bg2,k,* chel.c,c1 cholin.bro1 *Cic.*c,c1 cinnm.c,c1 *Cist.*hr1,k *Cit-ac.*hr1,kr1 cit-l.c,c1 clem.hr1,k **Con.**bg2,k,* cory.br1,st crot-h.c,c1 *Cund.*bg2,hr1,* cupr. cupr-act.bro1 cupr-f.stj2 cur.c,c1 dulc. elaps.c1 eos.bro1 epiph.c,c1 eucal.st euph.c,c1 euph-he.c,c1 ferr-f.stj2 ferr-i.c,c1 ferr-p.hr1,kr1 ferr-pic.st form.bro1 form-ac.bro1 fuli.bro1 *Gali.*c,c1,* gent-l.st germ-met.stj2 *Graph.*bg2,k,* gua.st guaj.st hafn-met.stj2 *Ham.*c,c1 hep.hr1,k *Hippoz.*hr1,kr1,* *Hydr.*bg2,k,* hydrin-m.c,c1 *Iod.*bg2,c1,* *Kali-ar.*hr1,k *Kali-bi.* kali-chl.bg2 *Kali-cy.*hr1,kr1,* *Kali-i.*bg2,c1,* *Kali-p.*st *Kali-s.*hr1,k *Kreos.*bg2,k kres.mg,mg1 *Lach.*hr1,k lanth-met.stj2 *Lap-a.*hr1,k,* lob-e.c,c1 **Lyc.**bg2,k,* maland.bro1 matth.c,c1 med.st *Merc.*hr1,k merc-c.gm1 *Merc-i-f.* merc-k-i.gm1 methyl.c,c1 *Mill.*hr1,kr1,* *Morph.*hr1,kr1 morph-act.yl1 nat-m. nectrin.c1,c2,* nicc-met.stj2 **Nit-ac.**bg2,k,* *Ol-an.*c,c1 *Op.*c,c1 orni.c,c1 oxyg.c1 ph-ac.hr1,k **Phos.**hr1,k **Phyt.**bg2,k,* pic-ac.c,c1 polon-met.stj2 psor.c,c1 rad-br.bg2,st ran-b.k2 rumx-act.bro1 *Sang.*c,c1,* sarcol-ac.mg1 scand-met.stj2 *Scir.*c1,vh sec.bg2 sed-r.bro1 *Semp.*st sep.hr1,k sieg.mg,mg1 **Sil.**bg2,k,* silphu.c,c1 sol.c1 squil.j5 *Strych-g.*bro1 sul-ac. *Sulph.*bg2,k,* symph.bro1 syph.gm1,k2 tarax.jl,jl3,* tarent-c.ptk1 tax.bro1 *Ter.*hr1,kr1 thiosin.gm1 *Thuj.*bg2,k,* trif-p.c,c1,* viol-o.c,c1 visc.mg,mg1,* *X-ray*jl,sp1 yttr-met.stj2 zinc.
☞ *Hodgkin / Leukämie / Tumoren*
– **Angiom**
☞ *Tumoren - Angiom*
○ **Blutgefäße**; der: bell-p.gm1
– **Drüsen**, der: arg-met.gm1 ars-br.br1 aur-ar.gm1 *Aur-m.* aur-m-n.gm1 brom.gm1 buni-o.jl **Carb-an.**gm1,k cist.gm1 **Con.** ferr-i.gm1 hippoz.gm1 iod.gm1 lap-a.gm1 merc-k-i.gm1 myris.gm1

– **Drüsen**, der: ...
nat-sil-f.ntal sars.gml sieg.mgl sil.gml strych-g.brol sul-i.k2 syph.st thiosin.gml
– **Epitheliom**: abr.c1,c2,* acet-ac.hr1,k alum.k2,sf1,* alumn.hr1,k2,* ant-m.gml arg-met. arg-n.hr1,k *Ars*.bg2,k,* **Ars-i.**hr1,k,* ars-s-f.k13,k2,* ars-s-r.gml aur.hr1,k aur-ar.k2 *Bell*.hr1,k brom.hr1,k bufogml cadm-met.gml calc. calc-p.hr1,k calc-sil.k13,k2 carb-ac.sf,sf1 carb-an.hr1,kr1 chr-ac.brol cic.sf,sf1,* clem.hr1,k **Con.**hr1,k *Cund*.hr1,kr1,* epiph.gml euph.brol formal.gml fuli.brol hippoz.gml *Hydr*.bg2,k,* *Hydrc*.sf,sf1 kali-ar.sf,sf1,* kali-bi.gml kali-chl.hr1,sf,* kali-m.sf1 *Kali-s*.hr1,k,* kali-tcy.gml *Kreos*.hr1,k,* lach.k2 *Lap-a*.bg2,hr1,* lob-e.brol **Lyc.**c2,k mag-m.jl mag-s.c1,c2,* merc.hr1,k merc-c.hr1,kr1 methyl.c1,c2,* nat-cac.brol nat-m.hr1,kr1 nectrin.c1,c2,* nit-ac.hr1,kr1 phos.hr1,k *Phyt*.hr1,k puls.hr1,kr1 rad-br.brol raja-s.jl,jl3 *Ran-b*. scroph-n.brol sep.hr1,k *Sil*.bg2,k,* solgml strych-g.brol sulph.hr1,k thuj.bg2,k,* uran-n.kr1 x-raygml
◆ **begleitet** von:
• **Zunge**:
• **purpurne**, blaurote Farbe der Zunge: *Kali-m*.kr1,vk1
• **Zahneindrücke** auf der Zunge: *Kali-m*.kr1,vk1
– **fortgeschrittenes** Stadium: alum-sil.gml anan.gml ant-ar.gml ant-i.gml arg-met.gml bell-p.gml benzq.gml cadm-act.gml cadm-ar.gml cadm-br.gml cadm-chl.gml cadm-chr.gml cadm-f.gml cadm-gl.gml cadm-i.gml cadm-m.gml cadm-met.gml cadm-n.gml cadm-o.gml cadm-s.gml cadm-sel.gml calc-f.gml con.gml hydr.gml kali-tcy.gml lap-a.gml oxyg.gml phos.gml phyt.gml scir.gml scroph-n.gml symph.gml
– **Fungus** haematodes
☞ *Tumoren - Angiom* / ❑ *Haut - Wucherungen - Angiom*
– **Gallertkrebs**: carb-ac.hr1 hydr.hr1 *Lach*.hr1,kr1 *Phos*.hr1,kr1
– **Gehirntumor**
☞ *Tumoren - Hirntumor*
– **Geruch**; mit üblem
☞ *übelriechend*
– **Geschwüre**:
○ **Haut**; der
☞ ❑ *Haut - Geschwüre - krebsartig*
• **Drüsen**; der: arn. **Ars.** ars-i.k1 aur. *Bell*. **Bufo** calc. carb-an. carb-v. caust. clem. **Con.** cupr. dulc. *Hep*. kali-ar.k2 kali-c. *Kreos*. lyc. merc. merc-i-f. nit-ac. ph-ac. phos. rhus-t. *Sep*. *Sil*. squil.k1 sul-ac. **Sulph.** zinc.
– **Hämangiom**
☞ *Tumoren - Angiom*
– **Hirntumor**
☞ *Tumoren - Hirntumor*
– **Hodgkin** Syndrom
☞ *Hodgkin*
– **kachektischer** Abmagerung; mit: acon.st *Hydr*.kr1 pic-ac.c1,c2 thuj.k2
☞ *Abmagerung - Krebsleiden* / *Kachexie*
• **ausgeprägt**: cory.br1

Krebsleiden: ...
– **Knochen**, der: asaf.gml aur-ar.gml aur-i.c1 aur-m-n.gml cadm-calc-f.gml cadm-met.gml calc-f.gml con.hr1,kr1,* euph.gml heclac1,gml hippoz.gml lap-a.gml merc-k-i.gml methyl.gml *Phos*.c1,c2,* stront-c.gml symph.c1,c2,* toxi.gml
– **Lupus carcinomatosus**: agar. alum. alumn.gml,k ant-c. arg-n. **Ars.**gml,k *Ars-i*. ars-s-f.k2 aur-ar.gml aur-m. *Bar-c*. calc. calc-sil.k2 *Carb-ac*. *Carb-v*. *Carbn-s*. caust. *Cist*. con.k2 graph. hep. hippoz.gml *Hydrc*. kali-ar. *Kali-bi*.gml,k kali-c. *Kali-chl*. kali-s. *Kreos*. lach. **Lyc.** *Nit-ac*. *Phyt*. *Psor*. sep. *Sil*. solgml spong. staph. sulph. thiosin.gml **Thuj.**
• **ringförmig**: *Sep*.
– **Melanom**: *Arg-n*. card-m. *Lach*. ph-ac.
– **Narben**, in alten: graph.k13,k2,*
☞ ❑ *Haut - Narben*
– **Osteosarkom**
☞ ❑ *Extremitäten - Krebs - Knochen - Osteosarkom*
– **Quetschungen**, nach: *Con*.hr1,kr1
– **Sarkom**: bar-c. calc-f. carb-ac.k,kr1 *Crot-h*.kr1 cupr-s.st graph.kr1 heclac1,kr1,* *Kali-m*.kr1 *Lap-a*.br1,kr1,*
○ **Knochen**
☞ ❑ *Extremitäten - Krebs - Knochen - Osteosarkom*
• **Schienbein**
☞ ❑ *Extremitäten - Krebs - Knochen - Schienbein - Osteosarkom*
– **Schmerzen** durch; zur Linderung der
☞ *Schmerz - Krebsleiden*
– **Schleimhäute**; der: eucal.gml
– **Stadium**; fortgeschrittenes
☞ *fortgeschrittenes*
– **syphilitisch**: kali-i.gml
– **Szirrhus**: alumn.hr1,k *Anac*.hr1,kr1 arg-met. arn.hr1,kr1 *Ars*. ars-s-f.k13,k2 *Aster*.hr1,k *Bell*.bg2,k,* *Calc-s*. calen.hr1,kr1 **Carb-an.**hr1,k *Carb-v*.hr1,k *Carbn-s*. clem.k1,k13,* **Con.**hr1,k cund.hr1,kr1 ferr-i.hr1 *Graph*. *Hydr*.hr1,k *Lap-a*.hr1,k,* nux-v.hr1,kr1 *Petr*.bg2 *Phos*. *Phyt*.hr1,k sep.hr1,k **Sil.**bg2,k,* squil.h staph.hr1,k *Sulph*.hr1,k
– **tuberkulöser** Basis; auf: kali-i.gml
– **übelriechend**: bufogml

Kribbeln
☞ *Ameisenlaufen*

Krusten, Schorfe
☞ ❑ *Haut - Hautausschläge - Krusten*

Kryptokokkose: cryptc.mld2

Kugel im Inneren; Gefühl einer: acon. *Arg-n*. *Arn*.bg2 asaf. atri.sf1 bamb-a.stb2 *Bell*. brom. bry. calc. *Cann-i*. caust. cham.bg2 chin.bg2 cob.bg2 coc-c. coloc. con. crot-t. cupr. gels.bg2 graph. **Hep.**st **Ign.** kali-ar.bg2 kali-c. kali-m.bg2 lac-c.bg2 *Lach*. *Lil-t*.bg2,sf1 mag-m. merc-d.bg2 merc-i-r.bg2 mosch.bg2,sf1 nat-m. nat-s.bg2 nit-ac.bg2 nux-m. *Nux-v*.bg3 par. phos.bg2 phyt. plan.bg2 plat. *Plb*. *Puls*.bg2 raph. rhus-t. ruta *Sabad*.bg2 senec. **Sep.** sil. spig. staph. stram. sulph. tab. teucr.bg2 ust.bg2 valer. zinc.bg3

Kugel im Inneren; Gefühl einer: ...
☞ *Pflock / Schrotkugeln / Verknotet*
– **heißen** Kugel, einer: carb-ac.bg2 phyt.bg2

Kupfer:
– **Dämpfe** agg.: camph.bg2,k,* *Ip.*bg2,k,* lyc.bg2,k,* *Merc.*bg2,k,* nux-v.bg2,k,* op.bg2,k,* *Puls.*bg2,k,*
– **Gefäße** aus Kupfer agg.: hep.st

Lachen:
– **agg.**: *Acon.*bg2,bg3,* ang.bg2 *Arg-met.*bg2,bg3,* arg-n.bg2 **Ars.**bg2,bg3,* *Aur.*bg2,bg3,* **Bell.**bg2,bg3,* **Borx.**bg2,bg3,* **Carb-v.**bg2,bg3,* **Chin.**bg2,bg3,* *Coff.*ptk1,ptk2 coloc.bg2 con.bg2 cupr.bg2 *Dros.*bro1,ptk1 *Hyos.*bg2 *Kali-c.*bg2,bg3,* laur.bg2 **Mang.**bg2,bg3,* mang-act.bro1 mez.bg2 mur-ac.bg2 nat-m.bg2 nux-v.bg2 **Phos.**bg2,bg3,* **Plb.**bg2,bg3,* **Stann.**bg2,bg3,* sulph.bg3,ptk1 syph.ptk1 tell.bg2,bro1,* zinc.bg2
☞ ❑ *Gemüt - Lachen - agg.*

Lähmung: *Acon.*c2 aesc-g.c2 agar.c2 agro.c2 alum.c2 *Alumn.*c2 ambro.c2 anac.c2 anac-oc.c2 arg-i.c2 *Arg-n.*c2 *Arn.*c2 *Aur.*c2 *Bar-c.*c2 bar-m.c2 *Bell.*c2 brucin.c2 caj.c2 calc.c2 calc-caust.c2 calc-hp.c2 *Cann-i.*c2 caps.c2 carbn-o.c2 castm.c2 caust.c2 chen-a.c2 cic.c2 *Cocc.*c2 *Con.*c2 *Cupr.*c2 cupr-act.c2 cur.c2 dub.c2 dulc.c2 elec.c2 equis-h.c2 form.c2 galv.c2 gast.c2 *Gels.*c2 glon.c2 *Graph.*c2 gua.c2 helo-s.c2 *Hyos.*c2 *Hyper.*c2 *Ign.*c2 iodof.c2 kali-br.c2 *Kali-i.*c2 kali-p.c2 kara.c2 lach.c2 lol.c2 lyc.c2 lyss.c2 meny.c2 *Merc-c.*c2 nux-v.c2,k2 olnd.c2 onos.c2 *Op.*c2 *Ox-ac.*c2 oxyt.c2 par.c2 peti.c2 *Phos.*c2 phys.c2 *Pic-ac.*c2 plb-i.c2 *Plb-xyz.*c2 *Rhus-t.*c2 rumx-act.c2 ruta.c2 *Sec.*c2 sol.c2 stann.c2 strych-g.c2 tang.c2 tarent.c2 tep.c2 thea.c2 thuj.c2 thyr.c2 tub.c2 verat.c2 verin.c2 vib.c2 zinc-p.c2
– **eine** Seite: acon. acon-c.a1 adren.st agar. *Alum.* *Alum-p.*k2 alumn.kr1 am-m. ambr.bro1 *Anac.* *Apis* arg-met. arg-n. arn. *Ars.*k1 ars-s-f.k2 asar. *Aur.*bro1 bapt. bar-c. bar-m. *Bar-s.*k2 *Bell.* *Both.*k1 bov. bufo.gk cadm-s. caj.kr1,st calc. carb-v. carbn-o.a1 carbn-s. **Caust.** chel. chen-a.c1 chin. chinin-s.j5 cob-n.j1 *Coc-c.* *Cocc.* colch. conin.c1 cop. cur.bro1 cycl. dig. dulc. *Elaps* *Graph.* guaj. hell. hep. *Hydr-ac.*c1,kr1 hyos. ign. irid-met.bro1 *Kali-c.* *Kali-i.* kali-m.k2 kali-p. *Lach.* laur. led. lyc. merc. mez. *Mur-ac.* nat-c. nat-m. nit-ac. nux-v. olnd. *Op.* ox-ac. perh.j1 petr. *Ph-ac.* *Phos.* phys.bro1 pic-ac.c1 plb. podo. rhod. *Rhus-t.* sabin. *Sars.* *Sec.*bro1 sep. spig. stann. staph. *Stram.* stront-c. stry.c1 *Sul-ac.* syph. tab.k1 tarax. thuj. verat-v.bro1 vip.j5 xan.c1 zinc. zinc-p.k2
☞ ❑ *Extremitäten - Lähmung - Hemiplegie*
◆ **begleitet** von:
• **Obstipation**: alum.gm1 alum-sil.gm1 alumn.gm1 plb.gm1
• **Aphasie**, mit: cench.st
• **Apoplexie**, nach: acon.bg2,sf1 *Alum.*k1 anac. apis.k1 arn. ars.bg2,sf1 *Bar-c.* bell. both.mg1 bufo.gk cadm-s.k1 caj.st calc-f.bg2,sf1 calen.st *Caust.*k1 *Cocc.*k1 con. *Crot-c.*k1 *Crot-h.*k1 crot-t.bg2,sf1 *Cupr.*k1 form.bg2,sf1 *Gels.*k1 glon.bg2,sf1 *Hyos.*j5,kr1 kali-br.bg2,sf1 lach. laur. merc.bg2,sf1 nux-v. **Op.**k1

Lähmung - eine Seite **- Apoplexie**, nach: ...
Phos. *Plb.*k1 sec.k1 sep.bg2,j5,* stann. stram. *Stront-c.*bg2,sf1 sulph.bg2,sf1 verat-v.bg2,sf1 *Vip.*bg2,sf1 *Zinc.*
☞ *Apoplexie*
• **bald** hier, bald da: bell.h
• **Erregung**, nach geistiger: stann.
• **Schock**, durch einen: apis
• **Gefühllosigkeit**, Taubheit:
• **gelähmten** Seite; mit Gefühllosigkeit der: *Apis*kr1 cann-i.kr1,st *Caust.*kr1 *Coc-c.*kr1 *Rhus-t.*kr1 staph.kr1,st
• **gesunden** Seite, der: cocc.k1
• **Hautausschlag**, durch unterdrückten: *Caust.* *Dulc.*k1 hep. *Lach.*bg3 *Psor.*k1 *Sulph.*k1
• **Hitze** im gelähmten Teil; mit: *Alum.*k1,st phos.
• **Kälte** des gelähmten Teiles, mit: *Ars.* *Caust.* *Cocc.* *Dulc.* graph. led.k2 *Nux-v.* plb. **Rhus-t.** *Zinc.*
• **Konvulsionen**:
• **nach**: *Ars.*kr1 *Bell.*kr1 **Caust.**k1 **Cic.**kr1 *Cocc.*bg2,kr1 con.st **Cupr.**bg2,kr1,* elaps.bg2 *Hyos.* *Ip.*kr1,st laur.kr1 *Nux-v.*kr1 *Plb.*j5,kr1 *Sec.*bg2,kr1 *Sil.*kr1 *Stann.*kr1 stram.kr1 sulph.kr1 *Vib.*kr1
☞ *Konvulsionen - Entbindung*
• **gesunden** Seite, der: apis.k1 *Art-v.*k1 bell.k1 hell.k1 *Stram.*k1
• **Kopfschmerzen**, nach: ars.h
• **Krämpfen**, nach: cocc.bg cupr.bg elaps.bg *Sec.*bg stann.
• **anderen** Seite, der: bell.kl lach.kl phos.kl stram.kl
• **Schmerz**; durch: nat-m.
• **Überempfindlichkeit** der gesunden Seite: plb.
• **unwillkürliche** Bewegung des gelähmten Gliedes: arg-n.h merc.h phos.h
• **Zorn**, nach: staph.kl,kr1
• **Zucken**, mit:
• **gelähmten** Seite, der: apis *Arg-n.* merc. nux-v. phos. *Sec.* stram. stry.
• **gesunden** Seite, der: *Apis*k1 art-v.k1 *Bell.*k1 *Stram.*k1
○ **Gelenken**, in den: aur.bg caps.bg euph.bg puls.bg staph.bg valer.bg
• **gelähmten** Seite, der: *Phos.*k1 sec.k1
– **links**: acon.k1 *All-c.*kr1 ambr.bro1 *Anac.* *Apis* arg-n. *Arn.* ars. art-v.kr1 bapt. *Bar-m.* bell. brom. caust.k1 cocc. cupr-ar.c1,c2 elaps gels. hydr-ac. karw-h.j1 lacer.a1 **Lach.** lyc.k1 *Nit-ac.*c2,k **Nux-v.** op.bg2 ox-ac. petr. phys.a1,c1 *Plb.*a1,kr1 podo. **Rhus-t.** santin.c1 stann. *Stram.* stront-c.bg2 sulph. verat-v.bro1 vip.bg2 xan.bro1
– **rechts**: acon.a1 apis *Arn.* *Bell.* both.a1 bufo.gk *Calc.* *Canth.* carbn-s.a1 **Caust.** *Chel.*bg2 chen-a.bro1,c1 colch. **Crot-c.**k1 crot-h. cur.bro1 *Elaps* *Graph.* irid-met.c1 iris-fl.c1 iris-foe.a1 kali-i. merc-i-r.bg2 *Nat-c.* nat-m.bg2 *Op.* *Phos.*bg1,k1,* *Plb.*k1 *Rhus-t.* sang.k1 sil. stront-c. sulph.k1 *Thuj.*bg1,bg2,* vip.j5
– **Alkohol**; nach Mißbrauch von: ant-t.hr1,kr1 *Ars.*hr1,kr1 calc.hr1,kr1 *Lach.*hr1,kr1 nat-s.hr1,kr1

- **Alkohol**; nach Mißbrauch von: ... *Nux-v.*hr1,kr1 **Op.**hr1,kr1 ran-b.hr1,kr1 sep.hr1,kr1 *Sulph.*hr1,kr1
- **alten** Menschen, bei: *Bar-c.*k1 *Con.*k1 *Kali-c.*k1 **Op.**k1,kr1,*
- **Anstrengung**, nach: ars.k1 *Caust.*k1 *Gels.*k1 nux-v.k1 *Rhus-t.*k1
- **Atrophie**, mit: cupr.hr1,kr1 **Graph.**hr1,kr1 *Kali-p.*hr1,kr1 *Plb.*hr1,kr1 *Sec.*hr1,kr1 *Sep.*hr1,kr1
  ☞ *Atrophie*
- **Baden**:
  - **Fluß** im Sommer; durch Baden im: *Caust.*
  - **kaltes** Baden amel.: con.bg2
- **Diphtherie**:
  - **nach**: ant-t.k1 apisk1 arg-met.k1 *Arg-n.*bg2,kr1,* arn.k1 *Ars.* aur-m.bro1 aven.br1,bro1 *Bar-c.*kr1 botul.bro1 camph.k1 carb-ac.k1 *Caust.* **Cocc.** *Con.* *Crot-h.* *Diph.*bg2,sf1,* *Gels.* helon.kr1 *Hyos.* kali-br.k1 kali-i.bro1 kali-p.k1 *Lac-c.* *Lach.* *Nat-m.* nux-v. *Phos.* *Phys.*bg2,kr1,* phyt. *Plb.* plb-act.bro1 rhod.c1 *Rhus-t.*bg2,kr1,* sec.ft1,k sil. sulph.kr1 thuj.kr1 zinc.kr1
- **einzelner** Teile: anac.k1 *Ars.*k1 **Caust.** *Dulc.* nux-v.k2 *Phys.*c2 plb.bg2,k2
- **Entbindung**, nach: **Phos.**hr1,kr1 **Rhus-t.**hr1,kr1
- **Erregung**:
  - **Gemütes**; durch Erregung des: gels.k2 prun.ptk1
- **Erregung**, nach geistiger: *Apis*k,k1 caust.k1 **Ign.**k1 nat-m.k1 nux-v.k1 stann.k1
- **erscheint** allmählich: **Caust.**
- **Gefühl** von: phos.h
- **Gefühllosigkeit**, mit: con.k2
- **Hautausschläge**, durch unterdrückte: *Caust.* *Dulc.*k1 hep. *Lach.*bg3 *Psor.*k1 *Sulph.*k1
- **hysterisch**: ign.k2
- **kalt**:
  - **Erkältung**, nach: dulc.k1 rhod.k1
- **Koitus**, nach: phos.k1
- **Landry**-Paralyse: aconin.c1,c2 con.c1,c2 lyss.c1,c2
- **Liegen** auf feuchtem Boden; durch: rhus-t.k1
- **Luft**:
  - **Zugluft** oder Wind; nach: caust.k1
- **Masturbation**, durch: *Chin.*kr1 stann.k1
- **Naßwerden**, nach: **Caust.**k1 *Rhus-t.*k1
- **nervös**
  ☞ *Erregung*
- **Neuralgie**, mit: abrot.k1
- **Nikotinvergiftung**, durch: nux-v.mg,mg1
- **Paraplegie**: anh.c1,c2,* arg-n.bg2,c1 ars.bg2,c1 caul.hr1,kr1,* *Cocc.*hr1 form.hr1 gels.c1,c2 kali-t.c1,c2,* kalm.c1,c2,* lath.c1,c2,* laur.hr1 mang.c1,c2,* nux-v.bg2,c1 peti.c,c2 phys.c1,c2,* pic-ac.c1,c2,* pip-m.c1,c2,* plb.hr1 rhus-v.c1,c2,* sec.hr1 stry.c,c1 stry-xyz.c2 ter.hr1 thal.c1,c2,* thyr.c1,c2,* wildb.c1,c2
- **Parkinson**, Morbus
  ☞ *Parkinson-Syndrom*
- **Poliomyelitis**
  ☞ *Poliomyelitis*
- **postdiphtherisch**
  ☞ *Diphtherie - nach*
- **schmerzhaft**: *Agar.*k1 alum-sil.k1,k2 arn.k1 *Ars.*k1 bell.k1 cadm-s.k1,k2 calc.k1 *Caust.*k1 cinak1 *Cocc.*k1 crot-t.k1 *Kali-n.*k1 *Lat-m.*k1 nux-a.ptk *Phos.*k1 *Plb.*k1 sil.k1 sulph.k1
  ☞ *Schmerz - gelähmter*
- **schmerzlos**: abies-c.k1 absin. acon. aeth. alum.bg2,k alum-p.k13,k2 ambr.bg2,k *Anac.*bg2,k ang.bg2 *Arg-n.* arn.bg2,k *Ars.*bg2,k ars-s-f.k2 *Aur.*bg2,k aur-ar.k2 aur-s.k2 *Bapt.* *Bar-c.*bg2,k bar-s.k13,k2 bell.bg2,k bov.bg2,k bry.bg2,k *Bufo* cadm-s. calc.bg2,k camph.bg2,k **Cann-i.** cann-s.bg2 carb-v.bg2,k *Carbn-s.* *Caust.*bg2,k cham.bg2,k chel.bg2,k chin.bg2,k chinin-s. chlor. cic.bg2,k **Cocc.**bg2,k colch.bg2,k coloc.bg2,k **Con.**bg2,k crot-h. *Cupr.* cur. ferr.bg2,k **Gels.** graph.bg2,k hell.bg2,k hydr-ac. *Hyos.*bg2,k ign.bg2,k ip.bg2,k kali-c.bg2,k kalm. karw-h.jl,jl3 laur.bg2,k led.bg2,k **Lyc.**bg2,k m-arct.j5 *Merc.*bg2,k nat-m.bg2,k nux-m.bg2,k nux-v.bg2,k **Olnd.**bg2,k *Op.*bg2,k ph-ac.bg2,k phos.bg2,k **Plb.**bg2,k *Puls.*bg2,k rhod.bg2,k **Rhus-t.**bg2,k *Sec.*bg2,k sil.bg2,k staph.bg2,k stram.bg2,k stront-c. sulph.bg2,k *Verat.*bg2,k zinc.bg2,k zinc-p.k13,k2
- **Schreck**, wie durch: nat-m.h
- **Schweiß**, durch unterdrückten: *Colch.*k1 *Gels.*k1,st *Lach.*k1,st *Rhus-t.*k1
  ☞ *Schweiß - unterdrückten*
- **sexuelle** Exzesse, durch: *Nat-m.*k1 *Nux-v.*k1 **Phos.**k1,kr1 *Rhus-t.*k1 sil.bg2,k1
- **Sinne**, der: kali-n.h
- **spastische** Lähmung: ben-d.c1 gels.c2 hyper.c1 *Nux-v.*c1,c2 phos.k2 plect.c1 sec.c1,c2
- **spastische** Spinalparalyse: gels.c hyper.c kres.mg,mg1,* lachn.c,c1 lath.mg,mg1,* *Nux-v.*c phos.c1,k2 phys.c2 pic-ac.c2 plect.c sec.c wildb.c2
- **Spinalparalyse**
  ☞ *spastische Spinalparalyse*
- **Typhus** abdominalis; bei: *Agar.*k1 caust.k1,kl *Lach.*k1 *Rhus-t.*k1
- **Urtikaria**, nach Verschwinden der: cop.
- **Vasomotorenlähmung**: puls.k2
- **Vergiftung**, durch: *Apis* *Ars.* bapt. crot-h.kr1 gels. lac-c. *Lach.* mur-ac. rhus-t.
  ☞ *Medikamente - allopathische - Mißbrauch*
  - **Arsen**, mit: *Chin.*kr1 ferr.kr1 graph.kr1 *Hep.*kr1 *Nux-v.*kr1
    ☞ *Arsenvergiftung*
  - **Blei**, mit: *Alumn.*bro1 *Ars.*kr1 cupr.kr1 kali-i.bro1 nux-v.bro1 *Op.*kr1 pipe.c1,c2 *Plat.*kr1 plb.bro1 *Sul-ac.*c1,c2
    ☞ *Bleivergiftung*
  - **Quecksilber**, mit: **Hep.**st *Nit-ac.*st staph.st stram.st *Sulph.*st
    ☞ *Quecksilber*
- **Wechselfieber**, nach: arn.hr1,kr1 *Ars.*hr1,kr1 gels. *Lach.*hr1,kr1 **Nat-m.**hr1,k *Nux-v.*hr1,kr1
- **Wetter**:
  - **Wetterwechsel**, bei:
    - **warm** nach naßkalt; von: *Caust.*st *Dulc.*st *Rhus-t.*st
- **Zorn**, nach: nat-m. *Nux-v.* staph.
  - **einseitig**
    ☞ *eine Seite - Zorn*

▽ **erstreckt** sich zu:
• **oben**, nach: agar.k1 *Ars.* bar-c.k1 *Con.*c2,k hydr-ac. *Kali-c.*k1 karw-h.jl lyss.c1,mg1,* mang. phos.st plb.bg2 sulfon.c1,c2
• **unten**, nach: *Bar-c.* merc. zinc.bg2
○ **Drüsen**: calc-sil.k2
– **innerlich**: absin.hr1 *Acon.*bg2,k ant-c.bg2,k arg-n.bg2 *Ars.*bg2,k bar-c.bg2,k bar-s.k2 **Bell.**bg2,k calc.bg2,k cann-s.bg2,k canth.bg2,k caps.bg2,k caust.bg2,k chin.bg2,k cic.bg2,k *Cocc.*bg2,k,* coloc.bg2,k *Con.*bg2,k cycl.bg2,k dig.bg2,k **Dulc.**bg2,k,* euphr.bg2,k *Gels.*bg2,k graph.bg2,k helo.bg2 **Hyos.**bg2,k ip.bg2,k kali-c.bg2,k lach.bg2,k *Laur.*bg2,k lyc.bg2,k meny.bg2,k merc.bg2,k mur-ac.bg2,k nat-m.bg2,k *Nux-m.*bg2,k *Nux-v.*bg2,k *Op.*bg2,k petr.bg2,k phos.bg2,k plb.bg2,k *Puls.*bg2,k ran-b.bg2 rheum *Rhus-t.*bg2,k sec.bg2,k sel.bg2 seneg.bg2,k sep.bg2,k sil.bg2,k spig.bg2,k **Stram.**bg2,k sulph.bg2 tab.bg2 tarent. zinc.bg2
– **Muskeln**:
○ **Beugemuskeln**: caust.k1 *Nat-m.*k1
• **Streckmuskeln**: alum.k1 ars.k1 calc.k1 *Cocc.*k1 *Crot-h.*k1 cur.k1,st **Plb.**k1
– **Organen**, von: absin. *Acon.*bg2,k agar.bg2,k agn.bg2,k alum.bg2,k alum-p.k13,k2 am-c.bg2,k am-m.bg2,k ambr.bg2,k *Anac.*bg2,k ang.bg2 ant-c.bg2,k ant-t.bg2,k arn.bg2,k ars.bg2,k asaf.bg2,k asar.bg2,k aur.bg2,k aur-s.k13,k2 *Bar-c.*bg2,k bar-s.k13,k2 **Bell.**bg2,k bism.bg2,k borx. bov.bg2,k *Bry.*bg2,k *Calc.*bg2,k calc-sil.k2 camph.bg2,k cann-s.bg2,k canth.bg2,k *Caps.*bg2,k carb-ac. carb-an.bg2,k carb-v.bg2,k carbn-s. *Caust.*bg2,k cham.bg2,k chel.bg2,k chin.bg2,k cic.bg2,k *Cocc.*bg2,k colch.bg2,k coloc.bg2,k con.bg2,k croc.bg2,k cupr.bg2,k cycl.bg2,k dig.bg2,k dros.bg2,k **Dulc.**bg2,k euphr.bg2,k gels. graph.bg2,k hell. hep.bg2,k hydr-ac. **Hyos.**bg2,k ign.bg2,k iod.bg2,k ip.bg2,k kali-br. kali-c.bg2,k kali-chl.k13 kali-m.k2 kreos.bg2,k lach.bg2,k laur.bg2,k led.bg2,k *Lyc.*bg2,k mag-c.bg2,k mag-m.bg2,k mang.bg2,k meny.bg2,k merc.bg2,k mez.bg2,k mur-ac.bg2,k nat-c.bg2,k nat-m.bg2,k *Nit-ac.*bg2,k nux-m.bg2,k nux-v.bg2,k *Olnd.*bg2,k *Op.*bg2,k par.bg2,k petr.k1 ph-ac.bg2,k *Phos.*bg2,k *Plb.*bg2,k **Puls.**bg2,k rheum rhod.bg2,k *Rhus-t.*bg2,k *Ruta* sabad.bg2,k sabin.bg2,k sars.bg2,k **Sec.**bg2,k seneg.bg2,k *Sep.*bg2,k **Sil.**bg2,k spig.bg2,k spong.bg2,k squil.bg2,k stann.bg2,k staph.bg2,k *Stram.*bg2,k stront-c. *Sul-ac.*bg2,k *Sulph.*bg2,k thuj.bg2,k *Verat.*bg2,k verb.bg2,k zinc.bg2,k zinc-p.k13,k2
– **unteren** Körperhälfte, der: alum-p.k2 alum-sil.k2 ars.a1,k2 graph.k2
– **Venen**: alumn.k2

Längenwachstum, zu schnelles: bar-c.bg cadm-met.gm1 *Calc.*c1,st *Calc-p.*bg,c1 ferr.bg2,c1 ferr-act.bro1,sf1,* hippoz.kr1 iod.bg2,sf1,* irid-met.bro1,c1 kreos.bro1,kr1,* **Ph-ac.**bg2,j5,* **Phos.**bg2,k2,* sil.bg
☞ *Kindern / Schmerz - Wachstumsschmerzen / Schwäche - Wachstum*
– **Jugendlichen**, bei
☞ *Längenwachstum*

Lage; merkwürdige, eigenartige:
– **amel.**: rheum ptk1

Lahmes Gefühl (= Lähmigkeit): arn.br1

Langsame Manifestation von Beschwerden: gink-b.sbd1 sil.ptk1

Laufen:
– **agg.**: alum.bg2,k,* alumn.kr1 *Ang.*bg2,hr1,* arg-met. *Arn.*bg2,k,* **Ars.**bg2,k,* ars-i. ars-s-f.k13,k2 aur.bg2,k,* aur-ar.k2 aur-i.k13,k2 aur-s.k13,k2 *Bell.*bg2,k,* borx. **Bry.**bg2,k,* calc.bg2,k,* *Cann-s.*bg2,k,* *Caust.*bg2,k,* chel.bg2,k,* chin.bg2,k,* cina *Cocc.*bg2,k,* coff.bg2,k,* *Con.* croc.bg2,k,* *Cupr.*bg2,k,* dros.bg2,k,* *Ferr.* ferr-ar.k13,k2 hep.bg2,k,* hyos.bg2,k,* *Ign.*bg2,k,* iod.bg2,k,* ip.bg2,k,* *Kali-c.*bg2,k,* laur.bg2,k,* *Led.*bg2,k,* *Lyc.* *Merc.*bg2,k,* mez.bg2,k,* nat-c.bg2,k,* *Nat-m.*bg2,k,* nit-ac.bg2,k,* nux-m.bg2,k,* *Nux-v.*bg2,k,* *Olnd.*bg2,k,* phos.bg2,k,* plb. **Puls.** rheum *Rhod.*bg2,k,* *Rhus-t.*bg2,k,* ruta sabin.bg2,k,* *Seneg.*bg2,k,* sep.bg2,k,* *Sil.*bg2,k,* *Spig.*bg2,k,* spong.bg2,k,* squil.bg2,k,* staph.bg2,k,* sul-ac.bg2,k,* **Sulph.**bg2,k,* verat.bg2,k,* zinc.bg2,k,*
☞ *Gehen - schnell - agg.*
– **amel.**: ars.bg2 brom.bg2 caust.bg2,k fl-ac.bg2 graph.bg2 *Ign.*bg2,k nat-m.bg2,k nit-ac.bg2 **Sep.**bg2,k sil.bg2,k stann.bg2,k sul-ac.bg2 tarent.bg2 thlas.bg2

Lebendigem im Inneren; Gefühl von etwas: anac.bg2 asar.bg2 bell.bg2 berb.bg2,sf1 calc.bg2 cann-s.bg2 chel.bg2 cocc.bg2 **Croc.**bg2,sf1 cycl.bg2 hyos.bg2 *Ign.*bg2 kali-i.bg2 lach.bg2 led.bg2 mag-m.bg2 meny.bg2 merc.bg2 nat-m.bg2 op.bg2 petr.bg2 phos.bg2 plb.bg2 puls.bg2 rhod.bg2 sabad.bg2 sabin.bg2 sang.bg2 sec.bg2 sil.bg2 spong.bg2 sulph.bg2 tarax.bg2 **Thuj.**bg2 viol-t.bg2

Lebenswärme; Mangel an
☞ *Hitze - Lebenswärme*

Leeregefühl: alum.bg2,k1 am-c.bg2,k1 am-m.bg2,k1 ant-c.bg2,k1 ant-t.bg2,k1 arg-met.bg2,k1 arn.bg2,k1 astra-m.c1,k1,* aur.k1,k2,* bar-c.bg2,k1 bry.bg2,k1 calad.bg2,k1,* calc.bg2,k1 caps.bg2,k1 carb-an.bg2,k1 carb-v.bg2,k1 caust.bg2,k1 cham.bg2,k1 *Chin.*bg2,k1 cinabg2,k1 **Cocc.**bg2,k1,* coff.bg2,k1 coloc.bg2,k1 croc.bg2,k1 cupr.bg2,k1 dig.bg2,k1,* dulc.bg2,k1 euph.bg2,k1 glon.bg2,k1,* graph.bg2,k1 hep.bg2,k1 hydr.bg2,k1,* **Ign.**bg2,k1,* iod.bg2,k1 ip.bg2,k1 **Kali-c.**bg2,k1,* kali-n.bg2,k1 lach.bg2,k1 laur.bg2,k1 **Lyc.**bg2,k1,* mag-c.bg2,k1 mang.bg2,k1 med.bg2,k1 meny.bg2,k1 merc.bg2,k1 mez.bg2,k1 *Mur-ac.*bg2,k1,* nat-c.bg2,k1 nat-m.bg2,k1 nux-v.bg2,k1 *Olnd.*bg2,k1,* op.bg2,k1 par.bg2,k1 petr.bg2,k1,* **Phos.**bg2,k1,* plat.bg2,k1 plb.bg2,k1 podo.bg2,k1,* **Puls.**bg2,k1,* rhus-t.bg2,k1 rutabg2,k1 sabad.bg2,k1 **Sars.**bg2,k1,* seneg.bg2,k1 **Sep.**bg2,k1,* spig.bg2,k1 squil.bg2,k1,* **Stann.**bg2,k1,* staph.bg2,k1 stram.bg2,k1 sul-ac.bg2,k1 *Sulph.*bg2,k1,* tab.bg2,k1,* tell.bg2,k1 teucr.bg2,k1 verat.bg2,k1 verb.bg2,k1 vib.bg2,k1,* vinc.a1,k1,* zinc.bg2,k1,* *Zing.*k1,k13
– **allgemein**: ail.a1 apoc.a1 aur.a1,bg2 cob-n.a1,sp1 hydr-ac.a1 kali-c.a1,bg2 merc.a1 **Sep.**a1 zing.a1
– **ganze** Körper hohl; als wäre der: aur.bg2,k1 kali-c.k1 pall.a1,k1
– **innerlich**: aur.k1,k13

– **Ohnmacht**; mit Gefühl von: **Sep.**k1,k13

Lehnen, Anlehnen:
– **gegen** etwas lehnen; sich: agar.bg2,sf1 arg-met.bg2 arn.bg2 bell.bg2 cann-s.bg2 canth.bg2 *Cimic.*bg2,sf1 coloc.bg2,sf1 con.bg2 cycl.bg2 graph.bg2 *Hell.*bg2 hep.bg2 mag-m.bg2 *Nit-ac.*bg2,sf1 phos.bg2 plat.bg2 samb.bg2,sf1 sil.bg2 stann.bg2 staph.bg2,sf1 sulph.bg2 *Ther.*bg2,sf1 thuj.bg2
• **amel.**: bell.bg2 *Carb-v.*bg2 dros.bg2 **Ferr.**bg2,sf1 *Kali-c.*bg2,sf1 mang.bg2 merc.bg2 *Nat-m.*bg2,sf1 nux-v.bg2 rhod.bg2 rhus-t.bg2 sabad.bg2 sabin.bg2 seneg.bg2 sep.bg2,sf1 spig.bg2 staph.bg2
• **Hartes** amel.; gegen: bell.bg2 *Rhus-t.*bg2
☞ *Druck - harter*
• **scharfe** Kante; gegen eine:
• **agg.**: agar.bg2,sf1 caust.bg2 chinin-s.bg2 lyc.bg2 ran-b.bg2 rutabg2 *Samb.*bg2,sf1 stann.bg2 valer.bg2
• **amel.**: nat-c.bg2 stann.bg2
– **hinten** agg.; nach: nit-ac.bg2 staph.bg2
– **seitwärts** agg.: meny.bg2
– **Verlangen** sich anzulehnen: gymno.a1 op.a1 tub.a1,st

Leichtigkeit; Gefühl von
☞ ❑ *Gemüt - Wahnideen - leicht*

Leistungsfähigkeit:
☞ *Spannkraft*
– **erhöht**: agar.sf1 ars.sf1 choc.srj3 cocasf1 coff.sf1 kolasf1 lach.sf1 nat-p.sf1 op.sf1 pic-ac.sf1 pip-m.sf1 stram.sf1

Lepra:
◆ **begleitet** von:
• **reine** Zunge: agar.kr1,vk1

Leukämie: acet-ac. acon.kr1 *Aran.*gm1,kr1 ars. *Ars-i.*bro1 bar-i.bro1 benzol.bro1 bry.bro1 *Calc. Calc-p.* carb-v. *Carbn-s.* cean.bro1 *Chin.* chinin-s.bro1 con.bro1 cortiso.sp1 crot-h. *Ferr-pic.*bro1 ip. *Kali-p.* merc.bro1 **Nat-ar.** *Nat-m. Nat-p.* **Nat-s.**c2,k nux-v. op.a1 phos.bro1 *Pic-ac.* sulfa.j1 sulph. thuj. tub.st *X-ray*j1,sp1
☞ *Krebsleiden*

Leukozytose: tub.a1,c v-a-b.j1

Licht:
– **agg.**: achy.bg2,j13,* *Acon.*bg2 agar.bg2 agn.bg2 alum.bg2 am-c.bg2 am-m.bg2 anac.bg2 anh.bg2,mg1,* *Ant-c.*bg2 arg-n.bg2,st arn.bg2 *Ars.*bg2 asar.bg2 *Bar-c.*bg2 **Bell.**bg2,k2,* borx.bg2 bry.bg2 buth-a.bg2,mg1,* **Calc.**bg2 camph.bg2 carb-an.bg2 caust.bg2 cham.bg2 *Chin.*bg2 choc.srj3 cic.bg2 cinabg2 clem.bg2 cocabg2 cocc.bg2 coff.bg2 *Colch.*bg2,j13,* **Con.**bg2 *Croc.*bg2 culx.bg2,k2 cupr.bg2 dig.bg2 *Dros.*bg2 **Euphr.**bg2 glon.bg2,c1,* **Graph.**bg2 hell.bg2 *Hep.*bg2 hyos.bg2 *Ign.*bg2 kali-c.bg2 kali-n.bg2 lach.bg2 laur.bg2 levo.bg2,j13,* *Lyc.*bg2 *Lyss.*bg2 mag-c.bg2 mag-m.bg2 mang.bg2 *Merc.*bg2 mez.bg2 mim-p.bg2,j13,* mur-ac.bg2 *Nat-c.*bg2 nat-m.bg2 *Nat-s.*bg2 nit-ac.bg2 nux-m.bg2 *Nux-v.*bg2,st op.bg2,st petr.bg2 *Ph-ac.*bg2 **Phos.**bg2 plat.bg2 *Puls.*bg2 rhod.bg2 rhus-t.bg2 rutabg2 samb.bg2 sang.bg2 sars.bg2 sel.bg2 seneg.bg2 **Sep.**bg2 *Sil.*bg2 *Spig.*bg2 stann.bg2 staph.bg2

Licht - agg.: ..
*Stram.*bg2 sul-ac.bg2 *Sulph.*bg2 tarax.bg2 thuj.bg2 valer.bg2 verat.bg2 zinc.bg2
☞ ❑ *Gemüt - Empfindlich - Licht*
• **Feuerschein**: *Ant-c.*bg2 bry.bg2 *Euph.*bg2 *Glon.*bg2 mag-m.bg2 merc.bg2 puls.bg2 *Zinc.*bg2
• **helles** Licht: glon.c1
☞ *Schnee, Beschwerden*
• **künstliches** Licht: agn.bg2 am-m.bg2 anac.bg2 *Apis*bg2 *Bar-c.*bg2,sf1 *Bell.*bg2,sf1 borx.bg2 **Calc.**bg2,sf1 carb-an.bg2 caust.bg2 chinin-s.bg2 cinabg2 **Con.**bg2,sf1 *Croc.*bg2,sf1 **Dros.**bg2 **Glon.**bg2,sf1 *Graph.*bg2,sf1 *Hep.*bg2,sf1 *Ign.*bg2 kali-c.bg2 laur.bg2 **Lyc.**bg2 manc.bg2 mang.bg2 **Merc.**bg2,sf1 mez.bg2 nat-c.bg2 nat-m.bg2 *Nat-s.*bg2 nit-ac.bg2 nux-m.bg2 petr.bg2 *Ph-ac.*bg2 **Phos.**bg2,sf1 plat.bg2 **Puls.**bg2 rutabg2,sf1 sars.bg2 seneg.bg2 *Sep.*bg2,sf1 *Sil.*bg2,sf1 staph.bg2 stram.bg2,sf1 sulph.bg2
• **Mondschein**: *Ant-c.*bg2,k,* bell.k,vk5 calc.bg2,sf1,* ovi-p.st,vk5 *Sep.*bg2,bg3,* **Sulph.**bg2,bg3,* thuj.bg3,k,*
☞ ❑ *Gemüt - Mondschein*
• **Sonnenlicht**: acon.bg2 adam.srj5 agar.bg2 anh.bg2,mg1,* *Ant-c.*bg2,sf1 ars.bg2 asar.bg2 bar-c.bg2,sf1 bell.bg2,mg1 bry.bg2 **Calc.**bg2,sf1 camph.bg2 *Chin.*bg2,sf1 *Con.*bg2,sf1 *Euphr.*bg2,sf1 **Glon.**bg2 **Graph.**bg2,sf1 *Ign.*bg2,sf1 lach.bg2 mag-m.bg2 merc-c.bg2 *Nat-c.*bg2,sf1 nux-v.bg2,sf1 **Ph-ac.**bg2,sf1 phos.bg2,sf1 *Puls.*bg2,sf1 sang.bg2,sf1 sel.bg2 seneg.bg2 sil.bg2,sf1 stann.bg2 stram.bg2 *Sulph.*bg2,sf1 valer.bg2 verat.bg2 zinc.bg2
☞ *Sonne - Aufenthalt*
• **Tageslicht**: acon.bg2 am-m.bg2 *Ant-c.*bg2 bell.bg2 *Calc.*bg2 **Con.**bg2 *Dros.*bg2 **Euphr.**bg2,sf1 **Graph.**bg2 hell.bg2 **Hep.**bg2 hyos.bg2 mag-c.bg2 mang.bg2 *Merc.*bg2 nit-ac.bg2 **Nux-v.**bg2 petr.bg2 ph-ac.bg2 **Phos.**bg2 rhod.bg2 samb.bg2 sang.bg2 sars.bg2 *Sep.*bg2 **Sil.**bg2 *Stram.*bg2 sulph.bg2 thuj.bg2
– **amel.**: *Am-m.*bg2,kr1 anac.bg2,kr1 ars.bg2,kr1 bar-c.bg2,kr1 *Calc.*bg2,kr1 *Carb-an.*bg2,kr1,* *Carb-v.*bg2,kr1,* *Caust.*bg2,kr1 coff.bg2,kr1 *Plat.*bg2,kr1,* *Staph.*bg2,kr1 *Stram.*bg2,kr1,* **Stront-c.**bg2,kr1,* *Valer.*bg2,kr1
• **Mondschein**: aur.ptk1,ptk2
• **Sonnenlicht**: anac.bg2,kr1 choc.srj3 con.bg2,kr1 *Plat.*bg2,kr1 *Stram.*bg2,kr1 **Stront-c.**bg2,kr1 thuj.bg2,kr1

Liegen:
☞ *Beugen - erkrankter - amel.*
– **agg.**: abies-n. *Acon.*bg2,k,* aesc.bg2,k2,* *Agar.*bg2,k,* agn.bg2 alum.bg2,k,* alum-p.k2 *Alumn.*hr1,kr1 am-c.bg2,k,* *Am-m.*bg2,k,* *Ambr.*bg2,k,* anac.bg2,k,* androc.srj1 ang.bg2,hr1,* ant-c.bg2,k,* *Ant-t.*hr1,k **Apis** *Apoc.* aral.bg2,k aran.bg2 *Arg-met.* arn.bg2,k,* **Ars.**bg2,k,* ars-i. ars-s-f.k13,k2 arum-t.bro1 *Asaf.*bg2,k,* asar.bg2,k,* **Aur.**bg2,k,* aur-ar.k2 *Aur-i.*k13,k2 aur-s.k13,k2 *Bapt.* bar-c.bg2,hr1,* *Bell.*bg2,k,* bism.bg2,k,* borx. bov.bg2,k,* *Bry.*bg2,k,* cact. calad.bg2,k,* calc.bg2,k,* calc-p. camph.bg2,k,* cann-i. cann-s.bg2,k,* canth.bg2,k,* **Caps.**bg2,k,* carb-an.bg2,k,* carb-v.bg2,k,* carbn-s. caust.bg2,k,* cench.bro1,k2,* **Cham.**bg2,k,* chel.bg2,k,* chin.bg2,k,* cic.bg2,k,* cina

– **agg.**: ...
clem.bg2,k,* cocc.bg2,k,* coff.bg2,k,* colch.bg2,k,* coloc.bg2,k,* **Con.**bg2,k,* croc.bg2,k,* crot-h.bg2 crot-t. cupr.bg2,k,* *Cycl.*bg2,k,* dig.bg2,k,* dios. **Dros.**bg2,k,* *Dulc.*bg2,k,* eup-per.bg2 **Euph.**bg2,k,* *Euphr.*bg2,k,* **Ferr.**bg2,k,* ferr-ar. ferr-i. ferr-p. fl-ac.bg2,k gels. *Glon.* gnaph.st graph.bg2,k,* grin. guaj.bg2,k,* *Hell.*bg2,k,* hep.bg2,k,* **Hyos.**bg2,k,* iber.bro1 ign.bg2,k,* iod.bg2,k,* ip.bg2,k,* kali-bi. *Kali-br.* **Kali-c.**bg2,k,* kali-chl.k13 kali-i. kali-m.k2 *Kali-n.*bg2,k,* kali-s.k13,k2 *Kalm.*bg2,sf1,* kreos.bg2,k,* *Lach.*bg2,k,* lact. laur.bg2,k,* led.bg2,k,* *Lil-t.*bg1,bg2,* **Lyc.**bg2,k,* mag-c.bg2,k,* *Mag-m.*bg2,k,* mang.bg2,k,* **Meny.**bg2,k,* meph.bg2,c1 merc.bg2,k,* mez.bg2,k,* *Mosch.*bg2,k,* *Mur-ac.*bg2,k,* murx. naja nat-ar. *Nat-c.*bg2,k,* nat-m.bg2,k,* **Nat-s.**bg2,k nit-ac.bg2,k,* nux-m.bg2,k,* *Nux-v.*bg2,k,* olnd.bg2,k,* *Op.*bg2,k,* ox-ac.bg2 par.bg2,k,* petr.bg2,k,* *Ph-ac.*bg2,k,* phel. **Phos.**bg2,k,* **Plat.**bg2,k,* plb.bg2,k,* prot.jl,jl3 *Ptel.*c1 **Puls.**bg2,k,* *Ran-b.*bg2,k,* ran-s.bg2 raph. rheum *Rhod.*bg2,k,* **Rhus-t.**bg2,k,* **Rumx.** *Ruta* *Sabad.*bg2,k,* sabin.bg2,k,* sal-ac. **Samb.**bg2,k,* **Sang.** sars.bg2,k,* sec.bg2,k,* sel.bg2,k,* seneg.bg2,k,* *Sep.*bg2,k,* *Sil.*bg2,hr1,* sphing.kk3 spig.bg2,k,* spong.bg2,k,* squil.bg2,k,* stann.bg2,k,* staph.bg2,k,* stict. stram.bg2,k,* *Stront-c.* sul-ac.bg2,k,* sul-i.k13,k2 *Sulph.*bg2,k,* **Tarax.**bg2,k,* tarent.bg2 teucr.bg2,k,* thuj.bg2,k,* *Trif-r.*bro1 *Valer.*bg2,k,* verat.bg2,k,* *Verb.*bg2,k,* viol-o.bg2,k *Viol-t.*bg2,k x-raybro1 zinc.bg2,k,* *Zing.*

– **amel.**: acon.bg2,k,* adam.srj5 agar.bg2,k,* agn.bg2,k alum.bg2,k,* alum-sil.k13,k2 alumn.hr1,kr1 am-c.bg2,k,* **Am-m.**bg2,k,* ambr.bg2,k,* anac.bg2,k,* *Androc.*srj1 ang.bg2,hr1,* anh.bro1,mg1,* ant-c.bg2,k,* ant-t.bg2,k,* arg-met. *Arn.*bg2,k,* ars.bg2,k,* asaf.bg2 **Asar.**bg2,k,* aur.bg2 *Bar-c.*bg2,k,* bar-i.k13,k2 **Bell.**bg2,k,* bell-p.bro1 borx. bov.bg2 brom.bro1 **Bry.**bg2,k,* calad.bg2,k,* **Calc.**bg2,k,* calc-i.k13,k2 *Calc-p.* calc-sil.k13,k2 camph.bg2,k,* cann-s.bg2,k,* *Canth.*bg2,k,* caps.bg2,k,* carb-ac. *Carb-an.*bg2,k,* *Carb-v.*bg2,k,* carbn-s. *Caust.*bg2,k,* cham.bg2,hr1,* chel.bg2,k,* chin.bg2,k,* cic.bg2,k,* cimic. cina clem. *Coc-c.*kr1 cocc.bg2,k coff.bg2,k,* *Colch.*bg2,k,* coloc.bg2,k,* con.bg2,k,* conv. croc.bg2,k,* cupr.bg2,k,* cycl.bg2,sf1,* dicha.mg,mg1 dig.bg2,k,* dios. dros.bg2,k,* dulc.bg2,k,* equis-h.bro1 euph.bg2,k,* euphr.bg2 **Ferr.**bg2,k,* fl-ac.bg2 form.bg2 gels.bg2,sf1,* *Glon.* granit-m.es1 *Graph.*bg2,k,* guaj.bg2,k,* haliae-lc.srj5 hell.bg2,k,* hep.bg2,k,* hyos.bg2,k,* *Ign.*bg2,k,* iod.bg2,k,* ip.bg2,k,* kali-c.bg2,k,* kali-n.bg2,k,* kalm.bg2,k kreos.bg2,k,* lach.bg2,k,* laur.bg2,k,* *Led.*bg2,k,* lyc.bg2,k,* mag-c.bg2,k,* mag-m.bg2,k,* mag-s.j5 **Mang.**bg2,k,* merc.bg2,k,* merc-c.bg2 methys.jl mez.bg2,k,* mur-ac.bg2,k,* nat-c.bg2,k,* **Nat-m.**bg2,k,* nat-sil.k13,k2 *Nit-ac.*bg2,k,* nux-m.bg2,k,* **Nux-v.**bg2,k,* olnd.bg2,k,* onos.bro1 op.bg2,k,* par.bg2,k,* petr.bg2,k,* ph-ac.bg2,k,* phos.bg2,k,* **Pic-ac.** plat.bg2,sf1,* plb.bg2,k,* *Psor.*k,k2,* *Puls.*bg2,bro1 pulx.br1 rad-br.bro1 ran-b.bg2,k,* rheum rhod.bg2 rhus-t.bg2,k,* ruta sabad.bg2,k,* sabin.bg2,k,* samb.bg2 sang.bg2,sf1,* sars.bg2,k,* sec.bg2,k,* sel.bg2,k,* seneg.bg2,k,* sep.bg2,k,* sieg.mg,mg1 *Sil.*bg2,hr1,* *Spig.*bg2,k,* *Spong.*bg2,k,* **Squil.**bg2,k,* *Stann.*bg2,hr1,*

– **amel.**: ...
*Staph.*bg2,hr1,* *Stram.*bg2,hr1,* stroph-s.jl,jl3 stry.bro1 sul-ac.bg2,hr1,* *Sulph.*bg2,k,* sym-r.bro1 tarax.bg2 teucr.bg2,hr1,* thuj.bg2,hr1,* tub-r.jl valer.bg2 *Verat.*bg2,j5,* verb.bg2 zinc.bg2,h,*

– **nach**:

• **amel.**: acon.bg2,k agar.bg2,k agn.bg2,k am-m.bg2,k ambr.bg2,k anac.bg2,k ang.bg2 ant-c.bg2,k ant-t.bg2,k arg-met. arn.bg2,k **Ars.** asaf.bg2,k aur.bg2,k bar-c.bg2,k *Bell.*bg2,k bov.bg2,k **Bry.**bg2,k caj. calad.bg2,k **Calc.**bg2,k calc-f. camph.bg2,k cann-s.bg2,k *Canth.*bg2,k caps.bg2,k carb-an.bg2,k *Carb-v.*bg2,k carbn-s. caust.bg2,k cham.bg2 chel.bg2,k chin.bg2,k cic.bg2,k *Cina* cocc.bg2,k coff.bg2,k colch.bg2,k coloc.bg2,k con.bg2,k *Croc.*bg2,k crot-h. cupr.bg2,k dig.bg2,k dios. dros.bg2,k dulc.bg2,k euphr.bg2,k *Fl-ac.*bg2,k *Graph.*bg2,k guaj.bg2,k hell.bg2,k *Hep.*bg2,k hyos.bg2,k ign.bg2,k *Iod.*bg2,k ip.bg2,k kali-c.bg2,k kali-n.bg2,k kreos.bg2,k *Lach.*bg2,k laur.bg2,k led.bg2,k lyc.bg2,k mag-c.bg2,k mag-m.bg2,k meli. *Merc.*bg2,k merc-c.bg2 nat-c.bg2,k **Nat-m.**bg2,k **Nit-ac.**bg2,k nux-m.bg2,k **Nux-v.**bg2,k *Olnd.*bg2,k pall. par.bg2,k petr.bg2,k ph-ac.bg2,k phos.bg2,k psor.bg2 **Puls.**bg2,k ran-b.bg2,k rheum rhod.bg2,k rhus-t.bg2,k sabin.bg2,k samb.bg2,k sars.bg2,k sec.bg2,k sel.bg2,k *Sep.*bg2,k sil.bg2,k sin-n. *Spig.*bg2,k spong.bg2,k **Squil.**bg2,k stann.bg2,k *Staph.*bg2,k *Stram.*bg2,k sul-ac.bg2,k sul-i.k2 *Sulph.*bg2,k tarax.bg2,k thuj.bg2,k valer.bg2,k verat.bg2,k verb.bg2,k

• **agg.**: acon.bg2,k agar.bg2,k agn.bg2,k alum.bg2,k *Am-c.*bg2,k am-m.bg2,k **Ambr.**bg2,k ang.bg2 ant-c.bg2,k ant-t.bg2,k *Arg-met.* arn.bg2,k **Ars.**bg2,k ars-s-f.k2 *Asaf.*bg2,k asar.bg2,k **Aur.**bg2,k aur-ar.k2 bar-c.bg2,k bell.bg2,k bism.bg2,k borx. bov.bg2,k bry.bg2,k calad.bg2,k calc.bg2,k canth.bg2,k *Caps.*bg2,k carb-an.bg2,k carb-v.bg2,k caust.bg2,k *Cham.*bg2,k chel.bg2,k chin.bg2,k *Clem.* cocc.bg2,k coff.bg2,k colch.bg2,k coloc.bg2,k *Con.*bg2,k croc.bg2,k cupr.bg2,k *Cycl.*bg2,k dros.bg2,k **Dulc.**bg2,k *Euph.*bg2,k *Euphr.*bg2,k *Ferr.*bg2,k fl-ac.bg2 graph.bg2,k guaj.bg2,k hell.bg2,k hep.bg2,k *Hyos.*bg2,k ign.bg2,k ip.bg2,k *Kali-c.*bg2,k kali-chl.k13 kali-m.k2 kali-n.bg2,k lach.bg2,k laur.bg2,k led.bg2,k **Lyc.**bg2,k *Mag-c.*bg2,k *Mag-m.*bg2,k mang.bg2,k *Meny.*bg2,k merc.bg2,k mez.bg2,k mosch.bg2,k mur-ac.bg2,k nat-ar. nat-c.bg2,k nit-ac.bg2,k nux-m.bg2,k nux-v.bg2,k olnd.bg2,k op.bg2,k par.bg2,k petr.bg2,k ph-ac.bg2,k phos.bg2,k **Plat.**bg2,k *Plb.*bg2,k **Puls.**bg2,k ran-b.bg2,k ran-s.bg2,k rhod.bg2,k **Rhus-t.**bg2,k ruta *Sabad.*bg2,k sabin.bg2,k **Samb.**bg2,k sars.bg2,k sel.bg2,k seneg.bg2,k *Sep.*bg2,k sil.bg2,k spig.bg2,k stann.bg2,k staph.bg2,k **Stront-c.** sul-ac.bg2,k *Sulph.*bg2,k *Tarax.*bg2,k teucr.bg2,k thuj.bg2,k valer.bg2,k verat.bg2,k verb.bg2,k viol-o.bg2,k viol-t.bg2,k zinc.bg2,k

  • **unmittelbar** nach dem Hinlegen: cench.k2 ferr-i.k2

– **Abdomen**, auf dem:

• **agg.**: ambr.bg2 kali-p.gk puls.gk

• **amel.**: acet-ac.a1,k adlu.jl aloe am-c.bg2,k ambr.bg2,k ant-t.bro1 ars.a1,k bar-c.bg2,k **Bell.**a1,k

– **Abdomen**, auf dem **amel**.: ...
bell-p.bg2 bry. calc.bg2,k calc-p.bg2,st *Chel.* chion.bg2 *Cina Coloc.* crot-t.a1,k cupr.a1,bg2,* *Elaps Eup-per.*bg2,sf1,* ind.bg1,bg2 lach.a1,k lept.bg2,st mag-c. *Med.*bg1,bg2,* *Nit-ac.* par.bg2,st pareir.bg2 *Phos.*bg2,k phyt.a1,k plb.a1,k *Podo.*bg2,bro1,* psil.j1 *Psor.*bg2 rhus-t.bg2,k rib-ac.j1 sel. sep.a1,k *Stann.* stram.bg2 *Tab.*bro1 thyr.bg2
• **Schwangerschaft**; während der: podo.k1

– **Ausstrecken** im Liegen agg.: cham.bg2 colch.bg2 coloc.bg2 plat.bg2 puls.bg2 rheumbg2 rhus-t.bg2 staph.bg2

– **Beine** hochgezogen amel.: bell.sf,sf1 cocc.sf,sf1 coloc.sf,sf1 *Mag-p.*sf,sf1 stram.sf,sf1 verat.sf,sf1

– **Bett**, im:
• **agg**.: acon. *Agar.* agn. aloe alum. alum-sil.k2 *Am-c.* am-m. **Ambr.** anac. ang.bg2 ant-c. *Ant-t. Arg-met.* arn. *Ars.* ars-i. asaf. asar. *Aur.* aur-i.k2 aur-s.k2 bar-c. bar-i.k2 bell. bism. *Borx.* bov. *Bry.* bufobg2 calad. calc. calc-i.k2 camph. cann-s. canth. caps. carb-an. carb-v. caust. cham. chel. chin. cic. cina *Clem.* cocc. coff. colch. *Coloc.* con. croc. cycl. dig. dios. *Dros.* dulc. *Euph.* euphr. **Ferr. Ferr-i.** ferr-p.k2 fl-ac.bg2 graph. guaj. hell. hep. hyos. ign. **Iod.** *Kali-c.* kali-i. kali-m.k2 kali-n. kali-p. kali-s. *Kalm.* kreos. **Lach.** laur. *Led. Lil-t. Lith-c.* **Lyc.** *Mag-c.* mag-m.bg2 *Mang.* meny. **Merc.** merc-c.bg2 *Merc-i-f. Mez.* mosch. mur-ac. nat-c. *Nat-m.* nit-ac. nux-m. *Nux-v.* olnd. op. *Ox-ac.* par. petr. *Ph-ac.* **Phos.** phyt. *Plat. Plb.* **Puls.** ran-b. rheum *Rhod. Rhus-t.* **Rumx.** ruta sabad. sabin. samb. **Sang.** *Sars.* sec. *Sel.* seneg. **Sep. Sil.** *Spig.* spong. squil. stann. staph. stict. stram. *Stront-c.* sul-ac. sul-i.k2 **Sulph.** tarax. *Tell.* teucr. thuj. valer. *Verat.* verb. viol-o. viol-t. *Zinc.* zinc-p.k2
• **amel**.: *Acon.*bg2,k,* agar.bg2,k,* alum.hr1 alum-sil.k2 am-c.hr1 *Am-m.*bg2,k,* ambr.bg2,k,* anac.bg2,k,* ang.bg2,hr1 ant-c.bg2,k,* ant-t.bg2,k,* arg-met. arn.bg2,k,* *Ars.*bg2,k,* ars-s-f.k2 asaf.hr1 asar.bg2,k,* aur.bg2,k,* aur-ar.k2 *Bar-c.*bg2,k,* bell.bg2,k,* bism.hr1 bov.bg2,k,* **Bry.**bg2,k,* calad.bg2,k,* calc.bg2,k,* calc-sil.k13,k2 camph.bg2,k,* cann-s.bg2,k,* *Canth.*bg2,k,* caps.bg2,k,* carb-an.bg2,k,* carb-v.bg2,k,* *Caust.*bg2,k,* cham.bg2,k,* chel.bg2,k,* chin.bg2,k,* **Cic.**bg2,k,* cina clem.bg2,k *Coc-c.* **Cocc.**bg2,k,* coff.bg2,k,* colch.bg2,k,* coloc.bg2,k,* *Con.*bg2,k,* croc.bg2,k,* cupr.bg2,k,* cycl.hr1 dig.bg2,k,* dros.hr1 dulc.bg2,k,* euph.hr1 ferr.bg2,k,* **Gels.**hr1 graph.bg2,k,* guaj.bg2,k,* hell.bg2,k,* **Hep.**bg2,k,* hyos.bg2,k,* ign.bg2,k,* iod.bg2,k,* ip.bg2,k,* kali-c.bg2,k,* kali-n.bg2,k,* kreos.bg2,k *Lach.*bg2,k,* laur.bg2,k,* led.bg2,k,* *Lyc.*bg2,k,* mag-c.bg2,k,* mag-m.bg2,hr1 *Mang.*vh meny.hr1 merc.bg2,k,* mez.bg2,k,* mosch.hr1 mur-ac.bg2,k,* nat-c.bg2,k,* *Nat-m.*bg2,k,* *Nit-ac.*bg2,k,* nux-m.bg2,k,* **Nux-v.**bg2,k,* olnd.bg2,k,* op.hr1 par.bg2,k,* petr.bg2,k,* ph-ac.bg2,k,* phos.bg2,k,* plat.hr1 plb.hr1 puls.bg2,k ran-b.bg2,k,* rheum rhod.bg2,k,* *Rhus-t.*bg2,k,* sabad.bg2,k,* sabin.bg2,k,* samb.bg2,k,* sars.bg2,k,* sec.bg2,k,* sel.bg2,k,* seneg.hr1 sep.bg2,k,* *Sil.*bg2,k,* spig.bg2,k,*

– **Bett**, im - **amel**.: ...
spong.bg2,k,* **Squil.**bg2,k,* **Stann.**bg2,k,* *Staph.*bg2,k,* *Stram.*bg2,k,* stront-c. sul-ac.bg2,k,* sulfonam.j1,j13 sulph.bg2,k,* tarax.bg2,k teucr.hr1 thuj.bg2,k,* valer.bg2,k verat.bg2,k,* verb.bg2,k viol-t.bg2,k zinc.hr1
• **harten** Bett, auf einem:
• **agg**.: *Arn.*sf1 bapt.sf1 bar-c.sf1 graph.sf1 kali-c.sf1 lach.sf1 puls.sf1 *Rhus-t.*sf1 sil.sf1
• **amel**.: acon.bg2,sf1 bell.bg2,sf1 mag-m.bg2,sf1 nat-m.bg2,sf1 *Rhus-t.*bg2,sf1 *Sep.*bg2,sf1
• **Gefühl**, als sei es hart
☞ *Harten*
• **Verlangen** zu liegen
☞ *Hinlegen - Verlangen*

– **feuchtem** Boden agg.; auf: *Ars.*bg2 *Calc.*bg2 calc-p.bg2,sf1 caust.bg2 *Dulc.*bg2,sf1 *Rhus-t.*bg2,sf1 *Sil.*bg2 *Sulph.*bg2,sf1

– **Gesicht** amel.; auf dem: led.bg2,sf1 *Psor.*bg2,sf1

– **halb** zurückgelehnte Lage amel.: acon.bg2 gels.bg2 sang.bg2

– **Hinuntergleiten** im Bett
☞ *Schwäche - lähmungsartig - rutscht*

– **Knie-Brust-Lage** amel.: choc.srj3 sep.bg2

– **Knie-Hand-Lage** amel.: con.bg2 eup-per.bg2 euph.bg2 *Lach.*bg2 med.bg2 *Pareir.*bg2 sep.bg2 tarent.bg2

– **Knie-Ellbogen-Lage** amel.: *Con.*bg2,sf1 eup-per.bg2 euph.bg2,sf1 *Lyc.*bg2,sf1 med.bg2 pareir.bg2 petr.bg2 sep.bg2

– **Kopf**:
• **hoch** liegendem Kopf; mit:
• **amel**.: petr.bro1 puls.bro1 spig.bro1 spong.bro1,sf1
• **tief** liegendem Kopf; mit:
• **agg**.: *Ant-t.*bg2,kr1 apisbg2,kr1 *Arg-met.*bg2,kr1 arn.bg2,kr1 **Ars.**bg2,kr1,* bell.bg2,kr1 cact.bg2,kr1 *Cann-s.*bg2,kr1 *Caps.*bg2,kr1 carb-v.bg2,kr1 *Chin.*bg2,kr1 *Clem.*bg2,kr1 *Colch.*bg2,kr1 con.bg2,kr1 gels.bg2,kr1 glon.bg2,k2,* *Hep.*bg2,kr1 **Kali-n.**bg2,kr1 *Lach.*bg2,kr1 *Nux-v.*bg2,kr1 *Petr.*bg2,kr1 phos.bg2,kr1 **Puls.**bg2,kr1 sang.bg2,kr1 *Spig.*bg2,kr1 spong.bg2,kr1 stront-c.bg2,kr1 *Sulph.*bg2,kr1
• **amel**.: apisbg2 *Arn.*bg2,kr1,* bell.bg2 calc.bg2,sf1 caust.bg2,sf1 cycl.bg2 lach.bg2 laur.bg2 nat-m.bg2,sf1 sang.bg2,sf1 *Spong.*bg2,kr1,* tab.bg2 *Verat.*bg2 *Verat-v.*bg2,st

– **muß** liegen
☞ *Hinlegen - Verlangen*

– **Rücken**, auf dem:
• **agg**.: acet-ac. acon.bg2,k,* agar.bg2,sf1,* aloe alum.bg2,k,* alum-p.k13,k2 alum-sil.k13,k2 alumn.hr1,kr1 am-c.bg2,k,* *Am-m.*bg2,k,* ang.bg2,hr1,* *Arg-met.* arg-n.bg2,sf1,* arn.bg2,k,* *Ars.*bg2,k,* ars-s-f.k13,k2 aur-m. bar-c.bg2,k,* bar-i.k13,k2 bell.bg2,k,* borx. bry.bg2,k,* bufo calc. canth.bg2,k,* carb-v.h *Caust.*bg2,k,* *Cham.*bg2,k,* chin.bg2,k,* cimic.bg2,sf1 cina clem.bg2,k,* *Colch.*bg2,hr1,* *Coloc.*bg2,k,* *Cupr.*bg2,k,* *Cycl.*bg2 dulc.bg2,k,* eup-per. euph.bg2,k,* ferr-p.k2 hyper. **Ign.**j5,kr1 *Iod.*bg2,k,* kali-c.bg2,k,* *Kali-n.*bg2,hr1,* kreos.bg2,sf1,* lach.bg2,k,* lob.bg2 mag-m.bg2,hr1,* mag-p.bg2,sf1,* merc.bg2,k,* merc-i-f.bg2 nat-c.bg2,k,*

– **Rücken**, auf dem - **agg.**: ...
nat-m.bg2,k,* *Nat-s.* **Nux-v.**bg2,k,* *Op.* par.bg2,k,* **Phos.**bg2,k,* plat.bg2,k,* *Plb.*bg2 *Puls.*hr1,j5,* ran-b.bg2,k,* *Rhus-t.*bg2,k,* rib-ac.jl sang.bg2,sf1,* *Sep.*bg2,k,* *Sil.*bg2,k,* *Spig.*bg2,k,* spong.bg2,k,* stront-c. sul-i.k13,k2 *Sulph.*bg2,k,* thuj.bg2,k,*

• **amel.**: *Acon.*bg2,k,* aeth. am-c.bg2,k,* **Am-m.**bg2,k,* *Anac.*bg2,k,* ang.bg2,hr1,* *Apis* arn.bg2,k,* bar-c.bg2,k,* bell.bg2,k,* borx. **Bry.**bg2,k,* cact. calad.bg2,k,* **Calc.**bg2,k,* calc-sil.k13,k2 *Camph.*st *Canth.*bg2,k,* *Carb-an.*bg2,k,* caust.bg2,k,* chin.bg2,k,* cimic. cina clem.bg2,k,* *Colch.*bg2,k,* con.bg2,k,* conv. crot-h.bg2,sf1,* cycl.bg2,sf1,* *Dig.*bg2,bro1,* ferr.bg2,k,* grat. hell. *Ign.*bg2,k,* ip.bg2,k,* *Kali-c.*bg2,k,* *Kalm.*bg2,k kreos.bg2,k,* lach.bg2,k,* *Lyc.*bg2,k,* mag-m.bg2 *Mang.*vh merc.bg2,k,* **Merc-c.**bg2,k mosch.bg2,k,* nat-c.bg2,k,* *Nat-m.*bg2,k,* *Nat-s.* nux-v.bg2,k,* ox-ac. par.bg2,k,* *Phos.*bg2,k,* plat.bg2,k,* **Puls.**bg2,k,* ran-b.bg2,k,* **Rhus-t.**bg2,k sabad.hr1,k sabin.bg2,sf1,* *Sang.* senec. *Seneg.*bg2,k,* sep.bg2,k,* sil.bg2,k,* spig.bg2,k,* *Spong.*bg2,k,* *Stann.*bg2,k,* sulph.bg2,k,* sym-r.bro1 tell.jl,jl3 *Thuj.*bg2,k,* verat.bg2,k,* viol-t.bg2,k

• **drehen**; unfähig, sich aus der Rückenlage zu: *Cic.* elaps

– **Seite**, auf der:

• **agg.**: **Acon.**bg2,k,* am-c.bg2,k,* am-m.bg2,k,* **Anac.**bg2,k,* *Ang.*bg2,hr1,* *Arg-n.* arn.bg2,k,* ars.h aur. bar-c.bg2,k,* bell.bg2,k,* borx. **Bry.**bg2,k,* *Calad.*bg2,k,* **Calc.**bg2,k,* canth.bg2,k,* **Carb-an.**bg2,k,* caust.bg2,k,* chin.bg2,k,* *Cina* clem.bg2,k,* colch.bg2,k,* *Con.*bg2,k,* *Ferr.*bg2,k,* *Ign.*bg2,k,* *Ip.*bg2,k,* **Kali-c.**bg2,k,* kali-n.h *Kreos.*bg2,k lach.bg2,k,* *Lil-t.*bg1,k2,* **Lyc.**bg2,k,* mag-m.bg2,hr1,* *Merc.*bg2,k,* *Merc-c.* mosch.bg2,k,* *Nat-c.*bg2,hr1,* nat-m.bg2,k,* *Nat-s.* nux-v.bg2,k,* *Par.*bg2,k,* *Ph-ac.* *Phos.*bg2,k,* plat.bg2,k,* *Puls.*bg2,k,* ran-b.bg2,k,* **Rhus-t.** sabad.bg2,k,* *Seneg.*bg2,k,* sep.bg2,k,* *Sil.*bg2,k,* spig.bg2,k,* spong.bg2,k,* **Stann.**bg2,k,* *Sulph.*bg2,k,* *Thuj.*bg2,k,* verat.bg2,k,* viol-t.bg2,k

• **amel.**: acon.bg2,k,* alum.bg2,k,* am-c.bg2,k,* am-m.bg2,k,* anac.br1 ang.bg2,hr1,* arn.bg2,k,* ars.bg2,k,* bar-c.bg2,k,* bell.bg2,k,* borx. bry.bg2,k,* calc-p. canth.bg2,k,* caust.bg2,k,* cham.bg2,k,* chin.bg2,k,* cina clem.bg2,k,* **Cocc.** colch.bg2,k,* *Coloc.*bg2,hr1,* cupr.bg2,k,* dulc.bg2,k,* euph.bg2,k,* ign.bg2,k,* iod.bg2,k,* kali-c.bg2,k,* *Kali-n.*bg2,hr1,* lach.bg2,k,* mag-m.bg2,hr1,* merc.bg2,hr1,* nat-c.bg2,hr1,* nat-m.bg2,k,* **Nux-v.**bg2,k,* par.bg2,k,* *Phos.*bg2,k,* plat.bg2,k,* puls.bg2,hr1,* ran-b.bg2,k,* rhus-t.bg2,k,* *Sep.*bg2,k,* *Sil.*bg2,hr1,* spig.bg2,k,* spong.bg2,k,* stront-c. sulph.bg2,k,* thuj.bg2,k,*

• **Körperteil**, auf dem man liegt, agg.: aloebg2 am-c.bg2 *Arn.*bg2 ars.bg2 bar-c.bg2 *Bry.*bg2 calc.bg2 caust.bg2 *Chin.*bg2 *Graph.*bg2 hep.bg2 hyper.bg2 mag-m.bg2 merc.bg2 mosch.bg2 nat-s.bg2 nit-ac.bg2 ph-ac.bg2 **Puls.**bg2 rhus-t.bg2 sep.bg2 sil.bg2 thuj.bg2

• **linken**, auf der:

• **agg.**: *Acon.* ail. *Am-c.*bg2,kr1,* anac. ang.bg2,kr1 ant-t. apisbg2 *Arg-n.* arn. *Bar-c.* *Bar-m.*sf1 bell. brom.sf1 bry. *Cact.* calad.bro1 calc.bg2,kr1 canth.

– **Seite**, auf der - **linken**, auf der - **agg.**: ...
carb-an. cean.sf1 chin. coc-c.bro1 *Colch.* con. crot-h.sf1 cycl.bg2 dig.bg2,sf1 eup-per. glon.bg1,bg2 hydroph.jl *Iber.*bg1,br1 ind.bg1 ip. kali-ar. kali-c. kalm. kreos. **Lach.**vh,vh/dg lil-t.bg2 lyc. mag-m. magn-gr.bro1 merc. *Naja* *Nat-c.* *Nat-m.* nat-p. *Nat-s.* op. *Par.* petr. **Phos.** plat. *Ptel.*bg2,br1,* **Puls.** rhus-t. rumx.bg2,sf1 seneg. *Sep.* sil. *Spig.*bg2,kr1,* *Stann.*bg2,kr1 *Sulph.* tab. *Thuj.* tub.bg2 vib.bg2 visc.bro1 zinc-i.bg2

• **amel.**: acon.kr1 *Am-m.*kr1 anac.kr1 ang.c1 arg-n.bg2,kr1,* *Borx.*kr1 bry.kr1 calc.kr1 carb-an.kr1 *Caust.*kr1 cinakr1 clem.kr1 con.kr1 ign.bro1,kr1 ip.kr1 kali-c.kr1 lach.kr1 lyc.kr1 *Mag-m.*kr1 *Merc.*kr1 mur-ac.bro1,kr1 nat-c.kr1 nat-m.bro1,kr1 *Nux-v.*kr1 puls.kr1 ran-b.kr1 seneg.kr1 spig.kr1 *Spong.*kr1 stann.kr1 sulph.kr1 thuj.kr1

• **rechten**, auf der:

• **agg.**: acon. *Alum.* *Am-c.* *Am-m.* anac. bad.bg2,sf1 bell.bg2,sf1 *Benz-ac.* *Borx.* bry. bufo calc.bg2,h,* cann-i.br1,bro1 carb-an. caust.k13 cimic.jl cina clem. con. hydr.bg2 ip. irisbg2 *Kali-c.* kali-i. kali-m.k2 kreos. lach.bg2,kr1 lyc. lycps-v.bg2,sf1 mag-c.bg1 *Mag-m.* **Merc.** mur-ac. nat-c.bg2,kr1 *Nux-v.* *Phos.* prun. psor. puls.bg2,kr1 ran-b. *Rhus-t.*bg2,bro1 rumx.bg2,sf1 sang.bg1 scroph-n.bro1 sec.bg2 seneg. spig.bg2,kr1 *Spong.* *Stann.*bg2,kr1,* sul-ac. sulph. thuj.

• **amel.**: *Acon.*bg2,kr1 *Am-c.*bg2,kr1 anac.bg2,kr1 ang.bg2,kr1 ant-t.bg2,kr1,* arn.bg2,kr1 *Bar-c.*bg2,kr1 bar-m.bg2,kr1 bell.bg2,kr1 brom.bg2,kr1 *Bry.*bg2,kr1,* cact.bg2,kr1 calc.bg2,kr1 canth.bg2,kr1 *Carb-an.*bg2,kr1 chin.bg2,kr1 colch.bg2,kr1 con.bg2,kr1 crot-h.bg2,kr1 ip.bg2,kr1 *Kali-c.*bg2,kr1 kreos.bg2,kr1 *Lyc.*bg2,kr1 mang.bg2,kr1,* merc.bg2,kr1 *Nat-c.*bg2,kr1 *Nat-m.*bg2,kr1,* *Par.*bg2,kr1 **Phos.**bg2,kr1,* plat.bg2,kr1 ptel.bg2,kr1,* **Puls.**bg2,kr1 seneg.bg2,kr1 *Sep.*bg2,kr1 *Sil.*bg2,kr1 spig.bg2,kr1,* *Stann.*bg2,kr1 *Sulph.*bg2,kr1,* tab.bg2,kr1,* *Thuj.*bg2,kr1

• **hoch** liegendem Kopf; mit: ars.bro1 cact.bro1 *Spig.*bro1 spong.bro1

• **Schmerz** geht auf die Seite:
☞ *Schmerz - Teile - liegt*

• **liegt**; auf der er: arn.bg2 *Ars.*bg2 *Bry.*bg2 calc.bg2 cimic.bg2 graph.bg2 *Kali-c.*bg2 merc.bg2 mosch.bg2 *Nat-m.*bg2 *Ph-ac.*bg2 phos.bg2 phys.bg2 **Puls.**bg2 sep.bg2 sil.bg2

• **nicht** liegt; auf der er: arn.bg2 *Bry.*bg2 calc-ar.bg2 cupr.bg2 cur.bg2 fl-ac.bg2 graph.bg2 *Ign.*bg2 kali-bi.bg2 kali-c.bg2 merc.bg2 ph-ac.bg2 puls.bg2 *Rhus-t.*bg2 sil.bg2

• **schmerzhaften**, auf der:

• **agg.**: *Acon.* agar. am-c. am-m. ambr. anac. ang.bg2,kr1 *Ant-c.* arg-met. arn. *Ars.* ars-i. *Bapt.* **Bar-c.** *Bell.* bry. **Calad.** calc. calc-f. cann-s. caps. carb-an. carb-v. caust. *Chin.* cina clem. croc. cupr. **Cycl.**bg2,h dios. *Dros.* *Graph.* guaj. **Hep.** hyos. ign. **Iod.** *Kali-c.* *Kali-i.* kali-m.k2,kr1 kali-n. **Lach.**bg2,kr1,* *Laur.*bg2 led. *Lyc.* *Mag-c.* **Mag-m.**bg2,kr1 mang. *Merc.* mez. *Mosch.* mur-ac. nat-m. *Nit-ac.* **Nux-m.** *Nux-v.* olnd.

– **Seite - schmerzhaften**, auf der - **agg**.: ...
Par. petr. *Ph-ac.* *Phos.* plat. puls. pyrog.bg2,sf1 ran-b. ran-s. *Rheum* rhod. *Rhus-t.* *Rumx.* **Ruta** *Sabad.* sabin. samb. sars. sel. sep. **Sil.** *Spong.* staph. stram. sulph.bg2,kr1 tarax. tell.bg2,bro1,* teucr. thiop.jl thuj. valer. verat. verb. vib.bro1
• **amel**.: am-c.bro1,kl ambr. arn. bell. borx.bro1 **Bry.** *Calc.* cann-s. carb-v. caust. *Cham.* chel.bg2 *Coloc.* cupr-act.bro1 esp-g.kk1 fl-ac.bg2 ign. kali-c. lyc. mag-p.bg2,sf1 nux-v. plb.bg2,sf1 *Puls.* rhus-t. *Sec.*bg2 *Sep.* stram. sul-ac.bro1 sulph. viol-o. viol-t.
• **schmerzlosen**, auf der:
• **agg**.: *Ambr.* *Arg-met.* arn. bell. **Bry.** *Calc.* cann-s. carb-v. *Caust.* **Cham.** chel. chin.bg2,h **Coloc.** con.bg2 cupr. **Fl-ac.**bg2 graph.bg2 hyper. *Ign.* *Kali-c.* lyc. merc-i-r. naja *Nat-c.* *Nat-m.*bg2 nat-s.bg2 nux-v. phos. plan. ptel.bro1 **Puls.** *Rhus-t.* **Sec.**bg2 *Sep.* stann. sul-ac. ter.bg2 viol-o. viol-t.
• **amel**.: acon. agar. am-c. am-m. ambr. anac. ang.kr1 ant-c. arg-met. arn. ars. *Bapt.* *Bar-c.* *Bell.* bry. *Calad.* calc.kr1 calc-f. cann-s. caps. carb-an. carb-v. caust. chin. cina clem. croc. cupr. dios. dros. graph. guaj. *Hep.* hyos. ign. *Iod.* *Kali-c.* kali-m.k2 kali-n. lach. led. lyc. mag-c. *Mag-m.*kr1 mang. merc. mez. mosch. mur-ac. najajl nat-m. nit-ac. *Nux-m.* *Nux-v.* olnd. par. petr. ph-ac. *Phos.*kr1 plat. puls. ran-b. ran-s. rheum rhod. rhus-t. *Ruta* sabad. sabin. samb. sars. sel. sep. *Sil.* *Spong.* staph. stram. sulph.kr1 tarax. teucr.kr1 thuj. valer. verat. verb.

– **zusammengekrümmt**:
• **agg**.: hyos.bg2 lyc.bg2 spong.bg2 teucr.bg2 valer.bg2
• **amel**.: bell.bg2,kr1,* cham.bg2,kr1,* cocc.bg2,kr1,* *Colch.*bg2,hr1,* **Coloc.**bg2,kr1,* mag-m.bg2,kr1,* mag-p.bg2,kr1,* merc-c.bg2,kr1,* plat.bg2,kr1,* *Puls.*bg2,hr1,* *Rheum*bg2,kr1,* rhus-t.bg2,kr1,* staph.bg2,kr1,* stram.bg2,kr1,* *Sulph.*bg2,hr1,* verat.bg2,kr1,*
• **Händen** zwischen den Oberschenkeln; mit den: granit-m.es1

Livide

☞ ❑ Haut - Farbe - livid

Lokomotorische Ataxie: alum.c2 *Alumn.*c2 *Arg-n.*c2 *Ars.*c2 atro.c2 *Aur.*c2 caust.c2 cund.c2 cur.c2 der.c2 dub.c2 *Fl-ac.*c2 gels.c2 helo-s.c2 *Ign.*c2 iodof.c2 kali-br.c2 *Kali-i.*c2 kalm.c2 lach.c2 lath.c2 *Lyc.*c2 *Mag-p.*c2 nux-m.c2 *Nux-v.*c2 onos.c2 oxyt.c2 ph-ac.c2 *Phos.*c2 phos-h.c2 phys.c2 *Pic-ac.*c2 plb-xyz.c2 sil.c2 stram.c2 stry-xyz.c2 sulfon.c2 tarent.c2 thal.c2

Luft:

– **Freien**, im:
• **agg**.: *Acon.* *Agar.* agn. agre.jl alco.a1 all-c.kr1 alum. alumn.kr1 *Am-c.* am-m. ambr. anac. ang.bg2 ant-c. *Ant-t.* apoc.k2 arg-met.bg2 arn. *Ars.* *Ars-s-f.*k2 asar.bg2 aur. aur-ar.k2 aur-s.k2 aza.jl *Bar-c.* bar-m. *Bell.* benz-ac.bro1,k2 berb.j5 borx. bov. bruc.j5 *Bry.* bufo cact.br1 cadm-s.bro1 calad. *Calc.* calc-i.k2 *Calc-p.* *Camph.*bg2 cann-s.bg2

Luft - Freien, im - **agg**.: ...
canth. *Caps.* *Carb-an.* *Carb-v.* carbn-o.a1 carbn-s.bro1 *Caust.* cedr. *Cham.* *Chel.* **Chin.** chinin-ar. cic. cimic.bg2 cina cist.bg2,k2 *Clem.* **Cocc.** *Coff.* coff-t.st colch.bg2 *Coloc.* *Con.* cor-r.bg2,br1 crot-h.bro1 crot-t. *Cycl.*bro1 dig. dros.bro1 *Dulc.* epiph.bro1 euph. euphr.bro1 *Ferr.* ferr-ar. ferr-p. fl-ac.bg2 form. *Graph.* **Guaj.** *Ham.* hell. *Helon.* **Hep.** hyos. ign. iod. ip. *Kali-ar.* *Kali-bi.* **Kali-c.** kali-m.k2 *Kali-n.* *Kali-p.* kali-sil.k2 kalm. *Kreos.* *Lach.* laur. led.bg2 lina.bro1 *Lyc.* lycpr.bro1 *Lyss.* mag-c. mag-m.a1,kr1 mag-p.bg2 *Mang.* meny. **Merc.** *Merc-c.* mez.a1,bg2 mosch.bg2 *Mur-ac.* nat-ar. *Nat-c.* nat-m. nat-p. nat-sil.k2 **Nit-ac.** **Nux-m.** **Nux-v.** olnd. op. par. *Petr.* *Ph-ac.* *Phos.* phyt. plat.bg2 plb. psil.ft1 *Psor.* puls. ran-b. rheum rhod. *Rhus-t.* **Rumx.** ruta sabad.bg2 sabin.bg2 sang.bg2 sars.bg2 *Sel.* senec. *Seneg.*k1 *Sep.* **Sil.** *Spig.* spong.bg2 *Stann.* staph.bg2 *Stram.* *Stront-c.* *Sul-ac.* **Sulph.** tarax.bg2 *Teucr.* theabro1 thuj. *Valer.* verat. verb. viol-t. voes.a1 x-raybro1 *Zinc.*
• **amel**.: abrot. *Acon.* adam.srj5 aesc.bg2 aeth.br1,c1 agar. *Agn.* *All-c.* aloe **Alum.** alum-p.k2 alum-sil.k2 **Alumn.**kr1 am-c.bg2,kr1 *Am-m.* ambr. *Aml-ns.* *Anac.*bg2,kr1 *Androc.*srj1 ang.bg2,kr1 ange-s.jl *Ant-c.* *Apis* aran.bg2 aran-ix.mg1 *Arg-met.* **Arg-n.** arist-cl.mg1 arn. **Ars.** ars-i. ars-s-f.k2 *Asaf.* *Asar.* *Atro.* *Aur.* aur-i.k2 aur-m.k2 bamb-a.stb2 bapt.bg1,bg2 bar-c.bg2,h,* bar-i.k2 bar-s.k2 bell.bg2,h,* bism.kr1 borx.bg2,kr1 *Bov.* *Bry.* buni-o.jl *Cact.* caj. *Calad.* calc.bg2,kr1 calc-i.k2 *Calc-s.* calc-sil.k2 *Camph.* **Cann-i.** cann-s. canth. *Caps.*bg2,kr1 carb-ac. carb-an. *Carb-v.* *Carbn-s.* carc.cd,mg1,* caust.bg2,kr1 *Chel.* *Chlor.* choc.srj3 cic. *Cimic.* cinabg2,kr1 *Cinnb.* coc-c. coca *Coff.* colch.bg2 coloc. com. *Con.* conv.br1 **Croc.** *Crot-c.* culx.k2 dicha.jl dig. *Dios.* dor.c1 *Dulc.*bg2,kr1 erig.mg1 euphr. ferr-i. *Fl-ac.* flor-p.jl *Gamb.* gels. germ-met.srj5 gink-b.sbd1 glon.bg2 *Graph.* grat.k2 hed.mg1 *Hell.* hep.bg2,kr1 hip-ac.jl,sp1 *Hydr-ac.* hydrog.srj2 hyos. *Iber.*bg1,bg2,* ign.bg2,kr1 ind. **Iod.** *Ip.* *Kali-bi.* kali-c.bg2,h,* kali-cy.gm1 **Kali-i.** *Kali-n.* *Kali-s.* *Lac-c.*st *Lach.* lact. laur. *Lil-t.* limest-b.es1 lob.vh *Lyc.* **Mag-c.** **Mag-m.** mag-p.bg2 mag-s. mang. *Med.*kl,st *Meli.* meny. merc.bg2,kr1 merc-i-f.k2 merc-i-r. *Mez.* *Mosch.* mur-ac. myrt-c. naphtin. nat-c. *Nat-m.* **Nat-s.** nep.mg1 nicc. nit-ac.bg2,kr1 nux-v.bg2 ol-an.c1 op. *Osm.* ph-ac. *Phos.* *Phyt.* pic-ac. pip-n.bg2 pitu.jl *Plat.* plb. pneu.jl psil.ft1 psor.bg2,kl,* *Ptel.* **Puls.** ran-b. *Ran-s.* rat. rauw.jl,sp1 *Rhod.*bg2,kr1 **Rhus-t.** rutabg2,kr1 **Sabad.** **Sabin.** sal-ac. sang. *Sanic.* saroth.sp1 sars.bg2,h,* *Sec.* sel.bg2,kr1 *Seneg.* *Sep.* spig. *Spong.* stann.bg2,kr1 staph.bg2,kr1 stront-c.bg2,kr1 sul-ac.bg2,kr1 sul-i.k2 *Sulph.* *Tab.* tarax. *Tarent.*k2,st *Tell.* thiop.jl *Thlas.*bg1,bg2,* thuj. tril-p. **Tub.**bg,kl2●,* tub-r.jl valer.bg2 verat.bg2,kr1 verb.k1 *Vib.* viol-t. visc.sp1 *Zinc.* zinc-p.k2
• **Abneigung** gegen Aufenthalt im Freien: agar. alum. **Am-c.** *Am-m.* ambr. anac. androc.srj1 ang.bg2 aran.bg2 arn.bg2 *Ars.*bg2 ars-s-f.k2 aur.bg2

– **Freien**, im - **Abneigung** gegen Aufenthalt: ...
Bapt. *Bell.* *Bry.* **Calc.** calc-ar.k2 **Calc-p.** calc-sil.k2 camph. cann-s.bg2 canth. *Caps.* carb-an. carb-v. *Caust.* **Cham.** chel. *Chin.* cic.bg2 cina *Cist.* **Cocc.** **Coff.** coloc. *Con.* *Cycl.* dig. dros.bg2 *Ferr.* *Ferr-ar.* graph. *Guaj.* *Helon.* *Hep.* **Ign.** ip. kali-ar. **Kali-c.** kali-m.k2 kali-n. kali-p. kali-sil.k2 kreos. *Lach.* laur. led.bg2 *Lyc.* *Lyss.* mag-m.a1,bg2 mang. meny. *Merc.* merc-c. *Mosch.* mur-ac.bg2 **Nat-c.** *Nat-m.* *Nat-p.* **Nat-sil.**k2 nit-ac. *Nux-m.* **Nux-v.** op. **Petr.** ph-ac. phos. plat.bg2 *Plb.* *Psor.* puls.bg2 rhod. *Rhus-t.* **Rumx.** rutabg2 sabin.bg2 sars.bg2 sel. seneg. *Sep.* **Sil.** *Spig.* staph.bg2 stram.bg2 stront-c. *Sul-ac.* **Sulph.** teucr. thuj. tub.bg2 valer. verb. *Viol-t.* zinc.bg2
◇ **abwechselnd** mit Verlangen nach: ars-s-f.k2
• **Anstrengung** im Freien amel.: rauw.sp1
• **Verlangen** nach Aufenthalt im: acon. adam.srj5 *Agn.* aloebg2 *Alum.* alum-p.k2 alum-sil.k2 am-c.bg2 am-m. ambr. aml-ns.a1 anac. *Androc.*srj1 ang.bg2 ange-s.j1 *Ant-c.* ant-t. *Apis* aran-ix.mg1 arg-met. **Arg-n.**k1,st *Arn.* *Ars.* *Ars-i.*k,k2 *Asaf.* *Asar.* aster. **Aur.** aur-ar.k2 aur-i.k2 **Aur-m.** **Aur-s.**k2 *Bamb-a.*stb2 *Bapt.*sf1 *Bar-c.* bar-i.k2 bar-m. bar-s.k2 bell.bg2 *Borx.* bov. brass-n-o.srj5 *Brom.* *Bry.* bufo calc.bg2 **Calc-i.** *Calc-s.* cann-s.bg2 caps.bg2 carb-an. **Carb-v.** carbn-h. *Carbn-s.* caust. chel.a1 choc.srj3 cic.bg2 cimic.j1 cinabg2 cit-v.a1 cocaa1 **Croc.** dig. *Elaps* *Fl-ac.* gels. *Graph.* *Hell.* hep.bg2 hydrog.srj2 hyos.a1 **Iod.** *Ip.*sf1 kali-bi.bg2 kali-c. **Kali-i.** kali-n. **Kali-s.** *Lach.* lact.a1 laur. *Lil-t.* **Lyc.** *Mag-c.* *Mag-m.* mang. med.k2,st meny. *Mez.* mosch.bg2 mur-ac. nat-c. *Nat-m.* *Nat-s.* op. ph-ac. phos. *Plat.* plb.bg2 *Ptel.* **Puls.** rhod.bg2 rhus-t. rutabg2 sabin. *Sanic.* sars. *Sec.* sel.bg2 seneg. sep. *Spig.* spong. stann. staph.bg2 *Stram.* stront-c.bg2 sul-ac.bg2 sul-i.k2 **Sulph.** *Tab.* *Tarax.* *Tarent.* *Tell.* *Teucr.* thuj. *Tub.*bg2,k2,* tub-r.srb2 verat.bg2 viol-t. zinc. zinc-p.k2
☞ *Kälte - Luft - Verlangen*
• **nachts**: adam.srj5 haliae-lc.srj5
• **Frost**; während: alum.ptk1 sep.ptk1 tub.ptk1
• **Gebirgsluft**: haliae-lc.srj5
• **Zugluft** agg.; aber: acon.st anac.st *Ars.*st borx.st *Bry.*st *Calc-s.*st carb-an.st *Carbn-s.*st *Caust.*st *Graph.*st **Kali-c.**st *Lach.*st **Lyc.**st *Mag-c.*st mur-ac.st *Nat-c.*st *Nat-m.*st *Ph-ac.*st *Phos.*st **Puls.**st **Rhus-t.**st sars.st *Sep.*st *Spig.*st *Stram.*st **Sulph.**st *Zinc.*st

– **Nachtluft**
☞ *Nachts - Nachtluft*

– **Seeluft**, Luft am Meer:
☞ *Baden - Meer*
• **agg.**: aq-mar.c1,c2,* *Ars.* brom.bg2,mg1,* *Carc.*cd,mg1,* iod.mg1 kali-i. *Mag-m.* mag-s.mg1 med.bg2,st *Nat-m.*k1,kl2●,* nat-s. *Rhus-t.*bg2 *Sep.*k,kl2● syph.bg2 *Tub.*st,vh,*
☞ *Baden - Meer - agg.*
• **amel.**: acon.kr1 *Borx.*vh brom.bg2,k2,* *Carc.*c1,mg1,* *Iris*vh lyc.bg2 marb-w.es1 *Med.*k1,st *Nat-m.*st,vh puls.vh sep.fb *Sul-ac.*vh *Tub.*st

– **Seeluft**, Luft am Meer - **amel.**: ...
☞ *Baden - Meer - amel.*

– **Smog** agg.: sul-ac.st

– **vorbeistreichender** Luft, angeweht zu werden; Gefühl von:
• **ihn** hindurch, durch: calc.bg2 coloc.bg2
• **Drüsen**, durch die: spong.

– **Zimmerluft** (= im Haus):
• **agg.**: *Acon.*kr1 **Alumn.**kr1 am-c.kr1 am-m.kr1 *Ambr.*kr1 *Anac.*kr1 *Ang.*kr1 *Ant-c.*kr1 *Arg-met.*kr1 *Arn.*kr1 ars.kr1 *Asaf.*kr1 *Asar.*kr1 *Aur.*kr1 *Bar-c.*kr1 bell.kr1 *Borx.*kr1 *Bov.*kr1 bry.kr1 calc.kr1 camph.kr1 cann-s.kr1 canth.kr1 caps.kr1 carb-an.kr1 carb-v.kr1 *Caust.*kr1 chel.kr1 *Cic.*kr1 cinakr1 coff.kr1 *Colch.*kr1 con.kr1 **Croc.**kr1 dig.kr1 dulc.kr1 graph.kr1 *Hell.*kr1 hep.kr1 hyos.kr1 ign.kr1 *Iod.*kr1 ip.kr1 kali-c.kr1 kali-n.kr1 *Laur.*kr1 *Lyc.*kr1 **Mag-c.**kr1 *Mag-m.*kr1 mang.kr1 *Meny.*kr1 merc.kr1 *Mez.*kr1 mosch.kr1 mur-ac.kr1 nat-c.kr1 *Nat-m.*kr1 nit-ac.kr1 nux-v.kr1 *Op.*kr1 *Ph-ac.*kr1 *Phos.*kr1 *Plat.*kr1 *Plb.*kr1 **Puls.**kr1 *Ran-b.*kr1 *Ran-s.*kr1 *Rhod.*kr1 rhus-t.kr1 rutakr1 **Sabin.**kr1 *Sars.*kr1 sel.kr1 *Seneg.*kr1 sep.kr1 spig.kr1 *Spong.*kr1 *Stann.*kr1 staph.kr1 *Stront-c.*kr1 sul-ac.kr1 *Sulph.*kr1 *Tarax.*kr1 thuj.kr1 til.ptk1 *Verat.*kr1 *Verb.*kr1 viol-t.kr1 *Zinc.*kr1
☞ *Kälte - Luft - amel. - Fenster*
• **amel.**: *Agar.*kr1 alumn.kr1 *Am-c.*kr1 *Am-m.*kr1 ambr.kr1 anac.kr1 ang.kr1 *Ant-c.*kr1 arn.kr1 ars.kr1 bar-c.kr1 *Bell.*kr1 borx.kr1 bov.kr1 bry.kr1 *Calad.*kr1 *Calc.*kr1 *Camph.*kr1 *Cann-s.*kr1 *Canth.*kr1 *Caps.*kr1 *Carb-an.*kr1 *Carb-v.*kr1 caust.kr1 **Cham.**kr1 *Chel.*kr1 *Chin.*kr1 cic.kr1 *Cina*kr1 cit-v.kr1 **Cocc.**kr1 *Coff.*kr1 *Coloc.*kr1 *Con.*kr1 cycl.ptk1 dig.kr1 *Dros.*kr1 dulc.kr1 *Euph.*kr1 *Ferr.*kr1 graph.kr1 **Guaj.**kr1 hell.kr1 hep.kr1 hyos.kr1 *Ign.*kr1 iod.kr1 *Ip.*kr1 kali-c.kr1 *Kali-n.*kr1 *Kreos.*kr1 lach.kr1 laur.kr1 *Led.*kr1 lyc.kr1 mag-c.kr1 mag-m.kr1 mang.kr1 meny.kr1 *Merc.*kr1 mez.kr1 *Mosch.*kr1 *Mur-ac.*kr1 *Nat-c.*kr1 nat-m.kr1 *Nit-ac.*kr1 **Nux-m.**kr1 **Nux-v.**kr1 oci-sa.kr1,sp1 *Olnd.*kr1 op.kr1 *Petr.*kr1 ph-ac.kr1 phos.kr1 plat.kr1 plb.kr1 puls.kr1 ran-b.kr1 *Rheum*kr1 rhod.kr1 *Rhus-t.*kr1 *Ruta*kr1 *Sabad.*kr1 sabin.kr1 sars.kr1 *Sel.*kr1 seneg.kr1 sep.kr1 **Sil.**kr1 *Spig.*kr1 stann.kr1 *Staph.*kr1 *Stram.*kr1 stront-c.kr1 *Sul-ac.*kr1 sulph.kr1 tarent.kr1 *Teucr.*kr1 *Thuj.*kr1 *Valer.*kr1 verat.kr1 verb.kr1 *Viol-t.*kr1 zinc.kr1

– **Zugluft**:
• **agg.**: acon.bg2,k,* alum.k13,k2 anac.bg2,k,* aral.bng *Ars.*bg2,k ars-s-f.k13,k2 astac.kr1 *Bapt.*hr1,kr1 **Bell.**bg2,k,* benz-ac.bg2,k,* bov.hr1,k brom.k13,k2 *Bry.*k,k1,* cadm-s.c1,k **Calc.**bg2,k,* calc-f.k2,mg1,* **Calc-p.**bg2,k *Calc-s.* calc-sil.k13,k2 camph. *Canth.*bg2 *Caps.*bg2,k,* carb-an. *Carbn-s.*k1,st *Caust.*bg2,k,* cench.k13,k2 *Cham.*bg2,k,* *Chin.*bg2,k,* cic.br1,lsa1 *Cist.*bg2,k,* cocc. coff.k2 colch.bg2,sf1,* coloc.bg2,k,* crot-h.bg2 dulc.k13,k2 echi.bng elapslsa1 *Ferr.* gels. gink-b.sbd1 *Graph.*bg2,k,* *Hep.*bg2,k,* hyos.bg2 *Ign.*bg2,k,* kali-ar. *Kali-bi.*bg1,bg2 **Kali-c.**bg2,k,* kali-chl.k13 kali-m.k2 kali-n. kali-p. kali-s. kali-sil.k13,k2 lac-c. lac-d.k2,vh,* *Lach.*bg2,k,* led.bg2,k,* lob.vh **Lyc.**k,k2,* *Lyss.*hr1,k *Mag-c.*k,k1,* *Mag-p.* *Med.* *Merc.*bg2,k,* mim-p.jl,jl3

– **Zugluft - agg.**: ...
mur-ac.bg2,k,* *Nat-c.*bg2,k,* *Nat-m.*k,k1,* nat-p. nat-sil.k13,k2 *Nit-ac.*bg2,k,* *Nux-m.*bg2,k *Nux-v.*bg2,k,* *Ol-j.* onop.jl *Petr.* *Ph-ac.*bg2,k *Phos.*bg2,k,* psil.ft1,jl *Psor.* **Puls.**bg2,k1,* *Ran-b.*bg2,k,* rhod.lsa1 **Rhus-t.**bg2,k,* *Rumx.* sabad.lsa1 sang.bg2,k2,* *Sanic.* sars.bg2,k,* **Sel.**bg2,k,* senec.k13,k2 *Sep.*bg2,k,* **Sil.**bg2,k,* *Spig.*bg2,k1,* squil.k2,lsa1 *Stann.*k13,k2 *Stram.*bg2,k1,* stront-c. **Sulph.**bg2,k,* *Sumb.* tep.a1 tub.bg1,k2,* valer.bg2,k,* verb.bg2,k,* vichy-g.a1 x-raysp1 *Zinc.*bg2,k zinc-p.k13,k2
- **kalte** Zugluft beim Schwitzen: dulc.k2 merc-i-f.c1
- **amel.**: lycps-v.bg2,ft1 psil.bg2
- **Gefühl** von Luftzug, Gefühl angefächelt zu werden: camph. canth. caust.sf1 *Chel.* coloc.sf1 cor-r. croc. fl-ac. graph. hydrog.srj2 *Lac-d.* *Laur.* *Mez.*sf1 *Mosch.* *Nux-v.* olnd. puls. rhus-t. sabin. samb. spig. squil. stram. *Thuj.*sf1 *Zinc.*
☞ *Angefächelt / Wind - Gefühl*
- **warme** Zugluft agg.; selbst warme: caps.a1 sel.ptk

Lymphangitis
☞ *Entzündung - Lymphgefäße*

Lymphogranulomatose
☞ *Hodgkin*

Magere Personen: acet-ac.c,c1 alum.bg2,gl1,* **Ambr.**hr1,k *Arg-met.*bg2,k2,* *Arg-n.* ars.c1,hr1,* ars-i.st bar-c.bg2,sf1,* beryl.sp1 bry.hr1,k cadm-met.sp1 calc-f.sp1 **Calc-p.** carc.fb caust. chin.c1,hr1,* coff.c1,hr1,* cupr.st ferr.bg2,hr1,* fl-ac.st flor-p.jl graph.gl1,hr1,* *Hep.*hr1 ign.hr1,k *Iod.* ip.bg2,hr1,* *Kreos.*bg2,hr1,* lac-c.hr1 lach.hr1,k *Lyc.*hr1,k mag-c.bg2,gl1,* mang.bg2,sf1,* merc.c1,hr1,* nat-c.sf1 nat-m.gl1,hr1,* *Nit-ac.*hr1,k nux-m.bg2,k2,* *Nux-v.*hr1,k perh.jl petr.bg2,k2,* ph-ac.st *Phos.* plb.c1,hr1,* puls.hr1 saroth.jl,jl3 **Sec.**hr1,k sep.hr1,k *Sil.*hr1,k spig.hr1 stann.c1 staph.hr1 **Sulph.**hr1,k tub. ust.hr1 v-a-b.jl,jl3 verat.c1,hr1,* vib.hr1

Magnetismus amel.: acon.bg2,k bar-c.bg2,k *Bell.*bg2,k *Calc.* calc-p. chin.bg2,k con.bg2,k **Cupr.**bg2,k graph.bg2,k ign.bg2,k iod.bg2,k nat-c.bg2,k *Nux-v.*bg2,k **Phos.**bg2,k sabin.bg2,k sep.bg2,k *Sil.*bg2,k sulph.bg2,k teucr.bg2,k viol-o.bg2,k
☞ *Auflegen - amel.*

Malaria: basil.jsx1 bid-p.jsx1 chin.gm1 conyz-sm.jsx1 cymbop-ci.jsx1 eup-a.c2 gard-t.jsx1 guiz-sc.jsx1 malar.c2 markh-l.jsx1 mik-c.jsx1 mom-ch.jsx1 oci-g.jsx1 plan.c2 senec-ma.jsx1 sulph.c2 tarax.c2 triclis-g.jsx1 verbe-h.c2 vern-am.jsx1
◆ **begleitet** von:
- **Zunge**:
  - **grüne** Farbe der Zunge: *Nat-s.*kr1,vk1

– **chronisch**: corn.br1 corn-f.br1 nat-m.gm1 stigm.c2 verbe-h.c2
– **Prophylaxe**:
- **Betreten** infizierter Gebiete:
- **vor**: nat-m.c1
- **beim**: ars.gm1

Marasmus
☞ *Abmagerung*

Marmorierte Haut
☞ ❑ *Haut - Farbe - marmoriert*

Masern:
– **Beschwerden** nach: **Acon.**bg2 am-c.bg2 ant-c. *Ant-t.*bg2 *Arg-met.*kr1 *Ars.*j5,kr1 bar-c.k2 *Bell.* bry. *Calc.*kr1 **Camph.** **Carb-v.** *Carbn-s.* *Caust.*kr1 cham. chin. cinabg2 coff.bg2,sf1 cupr-act.bg2 *Dros.*bg2,k2,* *Dulc.*j5,kr1 euphr.kr1 ferr-p.bg3 *Hell.*bg2 *Hyos.* ign. iod.j5 *Ip.*st *Kali-bi.*bg3 *Kali-c.*bg2,k2,* *Kali-m.*kr1,sf1 lob.st **Morb.**st mosch. nux-m.kr1 nux-v. oxyd.st *Phos.*j5 **Puls.** *Rhus-t.* *Sep.*bg2,kr1 *Stict.*kr1 stram.kr1 *Sulph.* zinc.bg2
☞ ❑ *Haut - Hautausschläge - Masern*
– **Hautausschlag** unterdrückt wird; wenn der: *Bry.*bg2,j5 *Phos.*bg2,j5 *Puls.*bg2,j5 rhus-t.bg2,j5

Masturbation, Beschwerden durch: abrot.sf1 agar. agn.bg2,sf1 aloec1,c2 alum. *Ambr.* anac. anan.a1 ant-c. apisc1 *Arg-met.* arg-n.c1,st ars. aur.bg2,j,* aven.sf1 bar-c.bg2,sf1 bell.j,kr1 bell-p.c1,st bov. *Bufo* calad. **Calc.**j,k *Calc-p.*bg2,sf1,* calc-s. calc-sil.k2 cann-i.sf1 cann-s.bg2 *Carb-v.* carc.st1 *Caust.*gl1,st **Chin.** cinabg2,j cob.c1,sf1,* **Cocc.** *Coff.*gl1,st **Con.** *Dig.* *Dios.*bg2,sf1,* dulc.bg2 ferr. **Gels.** graph.bro1 grat.c1,st *Hyos.* ign.bg2 *Iod.* *Kali-br.*bg2,sf1,* kali-c. *Kali-p.* *Lach.*bg2,c1 *Lyc.* *Mag-p.*k1 med.c1 *Merc.*j,k *Merc-c.*k1 mosch. nat-c. *Nat-m.* **Nat-p.** nux-m. *Nux-v.*j,k op.a1,hr1 **Orig.** petr. **Ph-ac.**j,k *Phos.* *Pic-ac.*bg2,sf1 plat.bg2,c1 plb.hr1,k *Puls.* *Sal-n.*c1,sf1 sars.c1,c2 **Sel.** **Sep.** sil. *Spig.* squil. stann.bg2,sf1,* **Staph.**j,k,* stict.bg2,sf1 still.bro1 stram.bg2,sf1 **Sulph.**j,k tab.c1,c2 *Thuj.*bg2 trib.bro1 ust.bg2 zinc.c1 zinc-o.bro1
☞ ❑ *Gemüt - Beschwerden durch - sexuell - Exzesse* / ❑ *G~ Nymphomanie*

Mattigkeit: abies-n.hr1,kr1 absin.a1 **Acon.**a1,k act-sp.hr1 adam.srj5 *Aesc.* aeth. *Agar.*hr1,k1,* ail.a1,k *Alet.*kr1 *All-c.*hr1 all-s.hr1 aloekr1 **Alum.**h,k,* **Alum-p.**k13,k2 alum-sil.k13,k2 alumn.hr1,k2,* **Am-c.**h,k,* *Am-m.*kr1 *Ambr.*h,k,* *Aml-ns.*kr1 ammc.hr1,kr1 anac.hr1,kr1 ang.kr1 anh.sp1 ant-c.bg2,k,* *Ant-t.*bg2,k,* **Apis** apoc.a1,k **Aran.**hr1,k,* aran-ix.mg,mg1 arg-met. arg-n.kr1 *Arn.*hr1,kr1 *Ars.*hr1,k,* ars-h.hr1,kr1 *Ars-i.*hr1,k ars-met.kr1 ars-s-f.k13,k2 arum-d.kr1 arum-m.hr1,kr1 arum-t.hr1,kr1 asaf.bg2,k,* asar.hr1,k,* asc-t.a1,kr1 *Aspar.*kr1 astac.hr1,kr1 aster.hr1,k,* atro.kr1 *Aur.*hr1,k,* aur-m-n.a1,k *Bamb-a.*stb2 *Bapt.*hr1,k bar-c.hr1,k,* bar-i.k13,k2 bar-m. bar-s.k13,k2 *Bell.*bg2,k,* bell-p.st *Benz-ac.*hr1,k,* *Berb.*hr1,k *Bism.*bg2,k *Bol-la.*kr1 borx. bov.hr1,k brach.hr1,kr1,* brom.hr1 bry.hr1,k cact. cadm-met.sp1 cain.br1,c1,* **Calad.** **Calc.**bg2,k,* calc-ar.hr1,k2,* calc-f.a1,hr1 calc-i.k13,k2 **Calc-p.**kr1 calc-s.hr1,kr1 calc-sil.k13,k2 calen.hr1,kr1 *Camph.*hr1,k,* cann-i.a1 cann-s.bg2,k,* canth. *Caps.*bg2,k *Carb-ac.*hr1,k *Carb-v.*bg2,k,* **Carbn-s.** *Card-m.*hr1,kr1 *Casc.*hr1,k *Caust.*bg2,k cedr.kr1 cham.hr1,k,* *Chel.*bg2,k,* chen-v.hr1,kr1 **Chin.**bg2,k chinin-ar.kr1 *Chinin-s.* chlf.hr1,kr1 chlol.hr1,kr1,* choc.srj3 chr-ac.hr1,kr1 *Cic.*bg2,k,* cimic.a1 cina cinnb.hr1,kr1,*

Mattigkeit: ...
cist.hrl,krl clem.al cob-n.jl,jl3,* coc-c.hrl,krl *Coca*krl *Cocc.*bg2,k,* cod.al coff.bg2,k,* coff-t.al *Colch.*bg2,k,* coll.al *Coloc.*bg2,k,* **Con.**bg2,k,* conv.st cop. corn.al,hrl corn-a.brl croc.al,k **Crot-c.** crot-t.krl **Cupr.**al,k *Cupr-ar.*hrl,krl,* cupr-s.hrl,krl,* *Cycl.*hrl cyn-d.jl,jl3 daph.hrl,krl dicha.jl,jl3 *Dig.*hrl,k,* dios.krl dirc.al dor.hrl *Dulc.*h,hrl,* ery-a.krl eryt-j.al eucal. eup-per.hrl eup-pur.hrl,krl euph.hrl,krl euphr. eupi.al fago.al **Ferr.**hrl,k,* ferr-ar. ferr-p. *Fl-ac.*hrl,krl,* *Form.*hrl,k *Gamb.*hrl,krl gast.al **Gels.**hrl,k,* germ-met.srj5 gins.al glon.al goss.al,hrl **Graph.**hrl,k grat.hrl,k2,* guaj. *Guar.*krl haliae-lc.srj5 halo.jl *Ham.*hrl,krl,* harp.jl *Hell.*krl *Helon.*hrl *Hep.*hrl,k hippoz.hrl,krl *Hydr.*al,k hydr-ac.al *Hydrc.*hrl,krl,* *Hydrog.*srj2 hyos.bg2,k,* iber.al *Ign.*bg2,k,* ind.hrl iod.bg2,k,* ip.hrl,k jac-c.al jug-c.al kali-ar.al *Kali-bi.*bg2,krl *Kali-br.*hrl,krl,* *Kali-c.*bg2,k,* *Kali-chl.*hrl,k13 kali-cy.al *Kali-m.*k2,krl kali-n.bg2,k *Kali-p.*hrl,k kali-sil.k13,k2 kalm.al *Kreos.*hrl lac-ac.hrl,krl *Lac-c.*hrl *Lac-d.*hrl,k2,* **Lach.**bg2,k,* *Laur.*bg2,k,* led. *Lept.*krl levo.jl,jl3 lil-t.al limest-b.esl *Lob.* lob-s.al lol.al luf-op.jl,jl3 *Lyc.*h,k,* lyss.hrl,krl mag-c.bg2,k,* mag-m.hrl,k manc.hrl,krl *Mang.* *Med.*hrl,krl meny.bg2,k *Merc.*h,k,* *Merc-c.*hrl merc-i-f.hrl methys.jl *Mez.* mit.al morph.al mosch.bg2,k mur-ac. murx.al myric.hrl,krl,* naja jl narcot.al nat-ar. *Nat-c.*hrl,k *Nat-m.*bg2,k,* *Nat-p.* *Nat-s.*hrl,krl *Nat-sil.*k13,k2 neon srj5 nep.jl,jl3,* nit-ac. *Nuph.*krl *Nux-m.*bg2,k,* **Nux-v.**h,k,* ol-an.hrl,krl ol-j.al olnd. onop.jl *Op.*bg2,k,* osm.hrl *Ox-ac.*al,k oxyt. pall.hrl,krl paull.al petr.bg2,k,* **Ph-ac.**bg2,k,* phel.krl *Phos.*bg2,k,* phys.al phyt.bg2,k,* **Pic-ac.**hrl,k,* plat.hrl,k *Plb.*bg2,k,* plect.al polyp-p.al *Psor.*hrl,k *Ptel.*hrl,krl,* puls.hrl,k *Ran-b.*bg2,k,* *Raph.*hrl,krl,* *Rat.*krl rhod.bg2,k,* rhus-g.al *Rhus-t.*hrl,k,* *Rhus-v.*hrl,krl,* rib-ac.jl **Ruta** sabad.hrl,k,* sabin.hrl,k **Sang.**hrl,k,* sapin.al sarr.hrl,krl,* sars.al sec.al,k sel.bg2,k,* *Senec.*hrl,k2,* *Seneg.*bg2,k,* *Sep.*hrl,k,* **Sil.**hrl,k spig.al,k *Spong.*bg2,k,* *Stann.*bg2,k,* staph.hrl,k *Stram.*bg2,k,* stront-c. stry.al **Sul-ac.**hrl,k sul-i.k13,k2 sulfa.jl,jl3 sulfonam.jl,jl3 *Sulph.*h,k,* *Sumb.*al,k *Tab.*hrl,krl,* *Tarax.*hrl,k **Tarent.**hrl,k tell.cl,krl *Ter.*hrl,krl *Teucr.*bg2,k ther.hrl,k thiop.jl thuj.hrl,k,* til.al *Tub.*hrl,krl uran-n.krl *Ust.*krl vac.hrl,krl,* *Valer.*bg2,k verat.hrl,k verat-v.al vesp.hrl viol-t.bg2,k x-ray spl **Zinc.**hrl,k,* **Zinc-p.**k13,k2 zing.hrl,krl ziz.hrl
☞ *Müdigkeit / Schwäche / Trägheit; körperliche / ❑ Gemüt - Erschöpfung / ❑ G~ Langeweile / ❑ G~ Stumpfheit*

– **tagsüber**: am-m.hrl,krl asc-t.hrl,krl *Calc.*krl calc-f.hrl,krl cob-n.krl,spl *Ferr.*krl hydrog.srj2 *Kali-bi.*hrl,krl *Senec.*hrl,krl *Sulph.*al

– **morgens**: am-c.al,k ant-c.al,k *Calad.*krl calc-sil.k2 cham.hrl germ-met.srj5 *Kali-chl.*hrl *Kali-m.*krl lyc. *Mag-m.*hrl,krl nat-c.al,k nat-p. nat-s.hrl nux-v.hrl,k pall.hrl sang.al *Sep.*hrl staph.krl stry.al *Sulph.*hrl,krl,* sumb. vib.hrl

• **nachmittags**; und: *Bry.*krl

• **Aufstehen**:

• **amel.**: acon.j5 mag-c.j5

– **morgens - Aufstehen**: ...

• **beim**: dig.j5 *Ferr.*j5,krl kreos.j5 *Nux-v.*j5,krl *Osm.*j5,krl petr.j5 ph-ac.j5 plb.j5 *Sep.*j5,krl sil.j5 stann.j5 vib.j5,krl

• **Bett**, im: acon.j5 alum.j5 *Ambr.*hrl,j5,* *Aur.*j5 *Bell.*j5 borx.j5 *Bry.*j5 *Carb-v.*hrl,j5,* *Caust.*j5 *Cham.*j5,krl clem.j5 con.j5 crot-t.j5 dros.j5 hell.j5 iod.j5 kali-c.j5 *Lach.*j5 mag-c.j5 mag-s.j5 mang.j5 nat-m.j5 *Op.*j5 *Petr.*j5,krl phos.j5 plb.j5 *Puls.*j5 ran-s.j5 sep.j5 sil.j5 spig.j5 *Squil.*j5 thuj.j5 verat.j5 zinc.j5,krl

– **vormittags**: alum.al,k am-c.al calad.hrl kali-cy.al phys.al ran-b.al,k sabad.al sars.al

– **mittags**: *Cic.*hrl,krl fago.al haliae-lc.srj5

– **nachmittags**: aq-pet.al arg-n. aur.al *Calc-s.*krl *Card-m.*krl coloc.al fago.al ferr.al gels.hrl,k hydr-ac.al hydrog.srj2 hyos.h ign.al lil-t.al,st lyc. petr.h phyt.al ptel.al sang.al thuj.al,k zing.hrl

• **16** h: trios.jl

• **Mittagsschlaf**, nach dem: kali-c.h

– **abends**: am-c.al,k ars. asaf.al bar-c.al calc-sil.k13,k2 carb-v.hrl,k **Caust.** coloc.al dirc.al germ-met.srj5 *Graph.* haliae-lc.srj5 hep.hrl hydr-ac.al hydrog.srj2 *Ign.*hrl,krl,* lyc.al *Myrt-c.*hrl,krl naja nat-m.al,k pall.hrl,krl phyt.al sang.st senec.al spig. sulfonam.jl,jl3 *Sulph.*al,hrl thuj.

– **nachts**: calc-sil.k13,k2 nat-s.hrl sulph.al

• **Mitternacht**:

• **nach**:

• **2** h: trios.jl

• **morgens**; und: *Nat-s.*krl

◆ **abwechselnd** mit:

• **Aktivität**
☞ *❑ Gemüt - Aktivität - abwechselnd mit - Mattigkeit*

• **Gedächtnis**; gutes, aktives
☞ *❑ Gemüt - Gedächtnis - gut - abwechselnd mit - Mattigkeit*

• **geistige** Klarheit
☞ *❑ Gemüt - Ideen - Reichtum - abwechselnd mit - Mattigkeit*

• **Kälte**; mit objektiver oder subjektiver: spig.krl

– **Addison** Syndrom, bei: *Calc.*krl

– **Bewegung**: cain.cl *Phos.*

• **amel.**: kali-n.cl nat-c.h

– **Erwachen**, beim: acon.j5 alum.j5 ambr.j5 *Arg-met.*j5,krl aur.j5 *Bell.*j5 borx.j5 *Bry.*j5 *Carb-v.*j5 card-m.hrl,j5,* *Caust.*j5 chin.hrl,j5,* clem.j5 crot-t.j5 dios.hrl,j5,* dros.j5 germ-met.srj5 hell.j5 hyper.hrl,j5,* *Kali-br.*hrl kreos.j5 lac-ac.hrl,j5,* *Lach.*j5 mang.j5 *Op.*j5 par.hrl petr.j5 *Ph-ac.*hrl,j5,* *Phos.*j5 plb.j5 *Podo.*hrl,j5,* *Ptel.*hrl,j5,* puls.j5 ran-s.j5 sep.j5 sil.j5 spig.j5 *Squil.*j5 stann.j5 thuj.j5 verat.j5 xan.hrl,j5,* zinc.hrl,j5

– **Essen**, nach dem: act-sp.hrl,krl ant-c.hrl,krl bar-c.h,hrl,* bov.hrl,krl *Calc-p.*krl *Carb-an.*hrl,krl *Card-m.*hrl,krl chin.hrl,krl grat.hrl hydrog.srj2 *Lach.*hrl,krl *Lyc.* lyss.hrl,krl mur-ac. *Nat-m.*krl *Nux-m.*hrl,krl ol-an.st **Ph-ac.** *Rhus-t.*hrl,krl sang.al,hrl *Sel.* sep.h

– **Freien** agg.; im: *Petr.*krl

– **Frösteln**, mit: cimic.hrl,krl corn.hrl,krl

– **Frühling**, im: apis krl *Bry.*hrl,krl *Gels.*hrl,krl

– **Gehen** im Freien amel.: *Alum.* *Am-c.* graph.h

– **geistige** Anstrengung, durch: **Aur.**hr1,kr1 podo.hr1,kr1 *Puls.*hr1,kr1
☞ ❑ *Gemüt - Geistige Anstrengung - agg. - ermüdet*
– **Gespräche**, durch: ambr.hr1 sil.
– **hinlegen**, muß sich:
• **ißt**; wenn er nicht häufig: *Sulph.*kr1
• **Mittagessen**, vor dem: *Mez.*
– **Koitus**, nach: *Agar.*hr1,j5,* **Calc.** con.j5 graph.j5 led.j5 lyc.j5 nat-m.j5 *Phos.*sf,sf1 plb.j5 sep.j5 staph.j5 tax.j5 *Ziz.*hr1,kr1
– **Menses**:
• **vor**: alum.j5,sf1,* *Bell.*hr1,kr1,* calc. lyc. *Nat-m.*hr1 nux-m.j5,sf1,*
• **während**: alum.j5,sf1,* *Am-c.*hr1,j5,* bell.a1,j5,* borx.j5,kr1 bov.j5 calc-p.hr1,j5,* carb-an.j5,sf1,* castm.j5 *Caust.*hr1,j5,* germ-met.srj5 ign.hr1,j5 iod.hr1,j5,* *Kali-c.*hr1,j5,* kali-n.j5 lyc.j5 *Mag-c.*j5 mag-m.j5 *Nit-ac.*hr1,j5,* *Nux-m.*hr1,j5,* *Petr.*hr1,j5,* phel.j5 phos.j5 thuj.hr1,j5,*
• **nach**: berb.hr1,j5,* nux-v.hr1,j5,* thuj.hr1,j5,*
– **Reiten**; durch zu langes: cain.c1
– **Ruhelosigkeit**, mit: dios.hr1,kr1 tell.hr1,kr1
– **Samenabgang**, durch: bar-c.j5,kr1 *Ery-a.*hr1,kr1 ham.hr1,kr1 *Nat-m.*hr1 *Sep.*hr1
– **Schlaf**, nach: ant-t.hr1,kr1 *Ars.*hr1 kali-c.h **Puls.**hr1,kr1 sil.
– **Schwangerschaft**; während der: *Calc-p.*hr1,kr1
– **sexuellen** Exzessen, nach: agn.sf,sf1
– **Sitzen**, im: kali-n.c1 *Merc.*kr1 phos.
– **Sprechen**, nach: *Alum.* dor.kr1
– **Stuhl**:
• **vor**: *Mez.*hr1,kr1 rhus-t.a1
• **während**: borx.kr1 ip.hr1,kr1
• **nach**: ip.hr1,kr1 *Lyc.*hr1,kr1 mag-m. *Sulph.*hr1
– **warmen** Zimmer, im: iod.
– **Wetter**:
• **nassem** Wetter, bei: **Sang.**kr1
• **stürmischem** Wetter, bei: psor. *Sang. Tub.*
• **warmem** Wetter, bei: nat-p.

Medikamente:
☞ *Arzneimittel - wirkungslos - überempfindlichen*
– **allopathische**:
• **Mißbrauch**: agar.a1 aloe.st ars.bg2,st bapt.st bry.vh1 camph.bg2,sf1,* carb-v.st cham.bg2,j5,* chin.c1 coff.j5,st coloc.ptk1 hep.bg2,st *Hydr.*bg2,st kali-i.bg2,st *Lob.*st mag-s.sp1,st nat-m.bg2,st nit-ac.bg2,st **Nux-v.**j5,k2,* op.sf1,st *Puls.*bg2,sf1,* sec.ptk1 *Sulph.*bg2,st teucr.c1,kr1,* thuj.c1,st
☞ *Abführmitteln / Lähmung - Vergiftung / Narkotika*
• **Morphium**: aven.br1
• **pflanzlicher** Mittel: camph.bro1 *Nux-v.*bro1
• **schnelle** Reaktion: *Bell.*k2 *Cupr.*k2 *Nux-v.*k2 *Zinc.*k2
• **Sucht**: buth-a.sp1 tab.c1
☞ *Narkotika - Verlangen /* ❑ *Gemüt - Morphiumsucht*
• **überempfindlich** gegen: acon.st arn.st asar.bg2,st cham.bg2,st *Chin.*bg2,st coff.st *Ign.*bg2,st lyc.st nit-ac.k2,st **Nux-v.**bg2,k2,* **Puls.**bg2,st sep.st sil.st **Sulph.**st teucr.bg2,c1,* *Valer.*bg2,st
– **homöopathische**
☞ *Arzneimittel*

Meer:
– **Baden** im Meer
☞ *Baden - Meer*
– **Luft** am Meer
☞ *Luft - Seeluft*

Menopause: helon.c2 nit-ac.c2 nux-m.c2 phys.c2 sal-ac.c2 sang.c2 sars.c2 semp.c2 ther.c2 tril-p.c2 ust.c2
☞ ❑ *Gemüt - Menopause /* ❑ *Weibliche Genitalien - Menopause*

Menses:
– **vor**: alum.bg2,k alum-p.k13,k2 *Am-c.*bg2,k am-m.bg2,k arg-n. arist-cl.mg,mg1,* asaf. asar.bg2,k *Bamb-a.*stb2 *Bar-c.*bg2,k bar-i.k13,k2 bar-m. bar-s.k13,k2 bell.bg2,k berb.j5 borx. **Bov.**bg2,k brom.bg2 bry.bg2,k **Calc.**bg2,k **Calc-p.** calc-sil.k13,k2 canth.bg2,k carb-an.bg2,k *Carb-v.*bg2,k carbn-s. caul.bg2,sf1,* *Caust.*bg2,k1,* cham.bg2,k chin.bg2,k cimic.bg2,jl cina cocc.bg2,k coff.bg2,k *Coloc.*bg2 *Con.*bg2,k croc.bg2,k **Cupr.**bg2,k dig.bg2 dulc.bg2,k ferr.bg2,k1 ferr-i. foll.jl,jl3 gels. germ-met.srj5 granit-m.es1 graph.bg2,k hep.bg2,k *Hyos.*bg2,k ign.bg2,k iod.bg2,k ip.bg2,k *Kali-c.*bg2,k kali-chl.k13 kali-m.k2 kali-n.bg2,k *Kreos.*bg2,k **Lach.**bg2,k luna.kg1 **Lyc.**bg2,k *Mag-c.*bg2,k1,* mag-f.mg,mg1,* mag-m.bg2,k mag-s.mg,mg1,* *Mang.*bg2,k *Merc.*bg2,k mez.bg2,k mosch.bg2,k mur-ac.bg2,k nat-c.bg2,k **Nat-m.**bg2,k *Nat-p.* *Nit-ac.*bg2,j5 nux-m.bg2,k nux-v.bg2,k ol-an.j5 petr.bg2,k *Ph-ac.*bg2,k *Phos.*bg2,k *Plat.*bg2,k psor.bg2,sf1,* **Puls.**bg2,k rhus-t.bg2,k rob.st ruta sabad.bg2,k sars.bg2,k **Sep.**bg2,k sil.bg2,k spig.bg2,k spong.bg2,k stann.bg2,k staph. sul-ac.bg2,k **Sulph.**bg2,k thuj.st tub-m.vn,zs tub-sp.zs valer.bg2,k **Verat.**bg2,k *Vib.* vip-a.jl **Zinc.**bg2,k zinc-p.k13,k2
– **während**: acon.bg2 agar.bg2 alum.bg2 alum-p.k13 **Am-c.**bg2 *Am-m.*bg2 ambr.bg2 *Ant-c.* **Arg-n.**bg2 ars.bg2 ars-i. ars-s-f.k13 asar.bg2 aur.bg2 bar-c.bg2 bar-i.k13 bar-m. bar-s.k13 bell.bg2 berb.j5 **Bov.**bg2 bry.bg2 but-ac.jl3 *Calc.*bg2 calc-p. calc-sil.k13 cann-s.bg2 canth.bg2 caps.bg2 carb-an.bg2 carb-v.bg2 *Caust.*bg2 **Cham.**bg2 chel.bg2 chin.bg2 *Cimic.*bg2 *Cocc.*bg2 *Coff.*bg2 con.bg2 croc.bg2 crot-h. crot-t.j5 cupr.bg2 ferr.bg2 ferr-i.. ferr-p. gels. gran.j5 **Graph.**bg2 ham.bg2 hep.bg2 **Hyos.**bg2 *Ign.*bg2 iod.bg2 **Kali-c.**bg2 *Kali-chl.*k13 kali-i.j5 kali-n.bg2 *Kreos.*bg2,hr1 lach.bg2 laur.bg2 *Lyc.*bg2 **Mag-c.**bg2 *Mag-m.*bg2 *Mag-s.*j5,mg,* merc.bg2 mosch.bg2 *Mur-ac.*bg2 nat-c.bg2 *Nat-m.*bg2 nat-p. nat-s.bg2,j5 nicc.j5 nit-ac.bg2 nux-m.bg2 **Nux-v.**bg2,hr1 oena. ol-an.bg2,j5,* op.bg2 petr.bg2 ph-ac.bg2 phel.j5 *Phos.*bg2 plat.bg2 prun.j5 psor.bg2,sf **Puls.**bg2,hr1 rat.j5 rhod.bg2 rhus-t.bg2 sabin.bg2 sars.bg2 sec.bg2 sel.bg2 **Sep.**bg2 *Sil.*bg2 spong.bg2 stann.bg2 staph.j5 stram.bg2 sul-ac.bg2 **Sulph.**bg2 thyr.jl3 *Verat.*bg2 *Vib.*bg2 vinc.j5 **Zinc.**bg2 **Zinc-p.**k13
• **agg.**: acon. agar. aloe alum. alum-p.k2 **Am-c.** *Am-m.* ambr. *Ant-c.* **Arg-n.** ars. ars-i. ars-s-f.k2 asar. aur.bg2 *Bamb-a.*stb2 bar-c. bar-i.k2 bar-m. bar-s.k2 bell. berb.j5 borx. **Bov.** bry. *Bufo* but-ac.jl *Calc.*k1,st calc-p. calc-sil.k2 cann-s. canth. caps. carb-an. carb-v. **Carbn-s.** castm.bg2,j5,* caust. **Cham.** chel. chin. chinin-s.j5 *Cimic. Cocc. Coff.*

– **während - agg.**: ...
con. croc. crot-h. crot-t.j5 cupr. ferr. ferr-i. ferr-p. gels. germ-met.srj5 gran.j5 granit-m.es1 **Graph.** ham.bg2 hep. **Hyos.** *Ign.* iod. **Kali-c.** kali-i.j5 *Kali-m.*k2 kali-n. *Kreos.* lach. laur. *Luna*kg1 *Lyc.* **Mag-c.** *Mag-m.* *Mag-s.*j5,mg1,* merc. mosch. *Mur-ac.* nat-c. *Nat-m.* nat-p. nat-s.bg2,j5 nicc.j5 nit-ac. *Nux-m.*k1 **Nux-v.** oena. ol-an.bg2,j5,* op. petr. ph-ac. phel.j5 *Phos.* *Plat.*k,st prun.j5 psor.bg2,sf1 **Puls.** rat.j5 rhod. rhus-t. sabin. sars. sec. sel. **Sep.** *Sil.* spong. stann. staph.bg2,j5 stram. stront-c. sul-ac. **Sulph.** thea thyr.j1 *Verat.*k,st *Vib.* vinc.j5 **Zinc.** **Zinc-p.**k2
- **Beginn** der; zu: *Acon.* *Arg-n.*bg2 asar. *Bamb-a.*stb2 bell. bry. *Cact.* **Calc-p.** *Caust.* *Cham.* cimic.bg2 cocc. coff. graph. **Hyos.** ign. iod. ip. **Kali-c.** lac-c.st **Lach.**bg2 lyc. mag-c. mag-m. mag-p.bg2,sf1 merc. mosch. nat-m. nit-ac. *Phos.* *Plat.* plb.bg2 *Puls.* ruta sars. *Sep.* *Sil.* staph. tub.br1 zinc.bg2
- **amel.**: all-s.bg2 alum.bg2,k am-c.bro1 apis aran.bg2,k arg-n.bg2 arist-cl.mg,mg1,* bell.bg2,k calc.bg2,k calc-f.bg2,k cimic.bg2,k cortiso.jl,jl3,* cycl.bg2,k dicha.mg,mg1,* eupi.bro1 ferr-p.bg2 foll.jl,jl3 gels.bg2 ign.bg2 iod.bg2 kali-bi.bg2,k *Kali-c.* kali-p. lac-c. **Lach.**bg2,k1,* lycps-v.kr1 mand.jl,jl3 *Mosch.* phenob.bg2,k1,* phos.bg2,k plb.sf,sf1 puls.bg2,k rhus-t.bg2,k senec.bg2,k sep.bg2,k *Stann.*bg2,k sulph.bg2,k tub-sp.zs ust. verat.bg2,k vip-a.jl *Zinc.*bg2,k
- **Beginn** der; zu: haliae-lc.srj5 hydrog.srj2 lach.sf1 mag-p.sf1 plb.sf1 zinc.sf1

– **nach**: alum. alum-p.k13 am-c. arist-cl.jl3,mg,* ars.j5 berb.j5 *Bov.* bry. calc. calc-sil.k13 canth. carb-an. carb-v. chel. chin. *Cocc.*sf *Con.* cupr. *Ferr.* ferr-i. **Graph.** iod. *Kali-c.* **Kreos.**bg2,hr1 **Lach.** *Lil-t.* *Lyc.* mag-c. merc. *Nat-m.* nat-p. *Nit-ac.* **Nux-v.**bg2,hr1 *Ph-ac.* *Phos.* plat. puls. rhus-t. sabin. **Sep.** sil. *Stram.* sul-ac. sulph. verat. *Zinc.*
- **agg.**: alum. alum-p.k2 am-c. arist-cl.jl,mg1,* ars.j5 berb.j5 **Borx.** *Bov.* bry. *Calc.*k1 calc-sil.k2 canth. carb-an. carb-v. *Carbn-s.* chel. chin. *Cocc.*sf1 *Con.* cupr. *Ferr.* ferr-i. **Graph.** iod. *Kali-c.* **Kreos.** **Lach.** *Lil-t.* *Lyc.* mag-c. merc. *Nat-m.* nat-p. *Nit-ac.* **Nux-v.** *Ph-ac.*k1 *Phos.* plat. puls. rhus-t. ruta sabin. **Sep.** sil. *Stram.* sul-ac. sulph. tarent.sf1 verat. *Zinc.* *Zinc-p.*k2
- **amel.**: aran.bg2,sf1,* arist-cl.bg2,sf1,* calc.bg2,sf1,* cimic.bg2,sf1,* lycps-v.bg2,sf1 thyr.bg2,sf1,* *Zinc-p.*bg2,k2,*

– **prämenstruelle** Symptome in der Mitte des Menstruationszykluses: adam.srj5

– **spät**; zu
☞ ❑ *Weibliche Genitalien - Menses - spät*

– **unterdrückt**
☞ ❑ *Weibliche Genitalien - Menses - unterdrückt*

– **verzögerte** Menses agg.: fl-ac.k2

Mentagra
☞ *Sykose*

Menthol; Beschwerden durch: carb-v.gm1

Metastasierung (= Verschiebung, Verlagerung von Krankheitsprozessen): **Abrot.** agar.k13,k2,* *Ant-c.*bg2,k2,* apisbg2 *Ars.*bg2,k2,* asaf.sf,sf1 benz-ac.k2,sf1,* *Berb.*sf,sf1 bry.sf,sf1 cact.sf,sf1 *Calc.*bg2,sf1,* *Carb-v.* *Caul.*sf,sf1 *Cimic.*sf,sf1,* colch. coll.sf,sf1 conv.sf,sf1 crot-h.sf,sf1 *Crot-t.*sf,sf1 *Cupr.* dig.sf,sf1 *Dulc.*sf,sf1 elat.sf,sf1 erig.sf,sf1 graph.sf,sf1 grat.sf,sf1 *Ham.*sf,sf1 hep.bg2 ip.sf,sf1 kali-bi.sf1 kali-c.sf,sf1 *Kalm.*sf,sf1 kreos.bg2 lac-c. *Lach.*bg2,sf1,* lil-t.sf,sf1 lith-c.sf1 lyc.bg2 mag-c.mg,mg1 merc.bg2 mez.sf,sf1 *Nat-m.*sf,sf1 nat-p.k1 *Nux-v.*sf,sf1 phos.sf,sf1 *Plat.*sf,sf1 podo.sf,sf1 *Puls.* rhus-t.sf,sf1 sabad.sf,sf1 sang. sec.sf,sf1 *Senec.*sf,sf1 *Sep.*bg2,sf1,* sil.bg2,sf1,* sulph. tril-p.sf1 tub.sf,sf1 ust.sf,sf1 zinc.sf,sf1
☞ *Abwechselnde / Veränderung - Symptome - ständig / Widersprüchliche*

Meteorismus
☞ ❑ *Abdomen - Auftreibung - tympanitisch*

Mond:

– **abnehmender** Mond:
- **agg.**: alum.k1 *Apis*st,vk5 *Ars.*st,vk5 bry.st,vk5 *Calc.*st,vk5 clem.vk5 *Daph.*bg2,j5,* *Dulc.*bg2,k1,* gels.st,vk5 kali-bi.st,vk5 kali-c.st,vk5 *Lach.*st *Lyc.*st,vk5 *Merc.*st,vk5 merc-i-r.st,vk5 *Nat-m.*st,vk5 *Nux-v.*st,vk5 ph-ac.st,vk5 phel.kr1,vk5 **Phos.**st,vk5 phyt.st plat.st,vk5 **Puls.**st,vk5 **Rhus-t.**st,vk5 **Sep.**st,vk5 sil.st,vk5 sul-i.st,vk5 **Sulph.**bg2,st,* tab.st,vk5 thuj.st,vk5 tub.st,vk5 verat.st,vk5
- **ersten** Viertel; abnehmender Mond im: *Apis*vk5 *Ars.*vk5 bry.vk5 **Calc.**vk5 kali-bi.vk5 lach.vk5 merc.vk5 merc-i-r.vk5 nat-n.vk5 *Nux-v.*vk5 ph-ac.vk5 **Phos.**vk5 phyt.vk5 **Puls.**vk5 **Rhus-t.**vk5 sil.vk5 staph.vk5 **Sulph.**vk5 syph.vk5 thuj.vk5 tub.vk5 zinc.vk5
- **letzten** Viertel; abnehmender Mond im: hyos.vk5 sil.vk5

– **ersten** Viertel; Mond im:
- **agg.**: ars.bg3,ptk1 bry.bg3,ptk1 nat-m.bg3,ptk1

– **letzten** Viertel; Mond im:
- **agg.**: lyc.bg3,ptk1 sep.bg3,ptk1

– **Neumond**:
- **agg.**: *Agar.*st,vk5 *Alum.*j5,k1,* *Am-c.*bg2,k1,* **Apis**st,vk5 aral.vk5 arg-n.st,vk5 arn.bg2,sf1,* **Ars.**bg2,st,* ars-i.st,vk5 bell.st,vk5 *Bry.*st,vk5 bufobg2,k1,* **Calc.**bg2,k1,* *Calc-p.*st,vk5 canth.st,vk5 **Caust.**bg2,k1,* *Chin.*st,vk5 **Cina**bg2,st,* *Clem.*bro1,k1,* croc.bg2,sf1,* **Cupr.**bg2,k1,* daph.k1,st,* graph.st,vk5 hep.st,vk5 hyos.vk5 kali-bi.bg2,sf1,* kali-br.ptk1,ptk2 *Lach.*st,vk5 *Lyc.*bg2,k1,* merc.st,vk5 merc-c.st,vk5 merc-i-f.st,vk5 nat-m.st,vk5 nit-ac.vk5 **Nux-v.**bg3,ptk1,* **Phos.**st,vk5 phyt.st,vk5 **Puls.**st,vk5 **Rhus-t.**bg3,ptk1,* sabad.j5,k1,* **Sep.**bg2,k1,* **Sil.**j5,k1,* staph.vk5 stram.vk5 **Sulph.**st,vk5 syph.vk5 teucr.vk5 *Thuj.*bg2,st,* tub.vk5 zinc.vk5
☞ *Chorea - Mond - Neumond / Konvulsionen - Mond - Neumond*
- **amel.**: choc.srj3

– **Vollmond**:
- **agg.**: **Alum.**j5,k1,* *Apis*st,vk5 aral.vk5 arn.bg2,sf1,* **Ars.**bg2,st,* ars-i.vk5 bar-c.st,vk5 *Bell.*bg2,st,* bov.ptk1,sf1,* brom.bg2,st,* bry.st,vk5 **Calc.**bg2,k1,*

– **Vollmond - agg.**: ...
calc-p.st,vk5 canth.st,vk5 *Caust.*bg2,sf1,* *Cina*ptk1,st *Croc.*bg2,sf1,* cupr.st,vk5 *Cycl.*j5,k1,* *Fl-ac.*bg2,st,* gels.st,vk5 *Graph.*bg2,k1,* hep.st,vk5 hyos.vk5 ign.st,vk5 kali-bi.bg2,sf1,* kali-n.bg2,k1,* *Lach.*kr1,st,* led.st,vk5 **Lyc.**bg2,st,* *Merc.*st,vk5 nat-c.bg2,k1,* *Nat-m.*k1,ptk1,* nit-ac.st,vk5 nux-v.st,vk5 ovi-p.vk5 ph-ac.k1,st **Phos.**bg3,ptk1,* *Psor.*bg2,ptk1,* **Puls.**st,vk5 *Rhus-t.*st,vk5 *Sabad.*j5,k1,* sang.st,vk5 *Sep.*bg2,k1,* *Sil.*j5,k1,* sol-mm.st,vk5 sol-t-ae.st,vk5 *Spong.*j5,k1,* sul-i.st,vk5 **Sulph.**bg2,k1,* syph.vk5 teucr.bg2,k1,* thuj.st,vk5 tub.vk5 verat-v.st,vk5
☞ *Konvulsionen - Mond - Vollmond*
• **periodisch**:
• **zweiten** Vollmond; jeden: syph.ptk1,vk5

– **zunehmende** und abnehmende Beschwerden; mit den Mondphasen: *Clem.*bg2,ptk1 phel.bg2,ptk1 tarent.ptk1

– **zunehmender** Mond:
• **agg.**: *Alum.*bg2,sf1,* apisst,vk5 arn.k1,kr1,* **Ars.**st,vk5 arum-t.st,vk5 bell.st,vk5 *Bry.*st **Calc.**st,vk5 calc-p.st,vk5 caust.st,vk5 chin.kr1,vk5 cimic.st,vk5 *Clem.*bg2,k1,* *Cupr.*bg2,st,* graph.st,vk5 ign.st,vk5 kali-bi.st,vk5 kali-c.st,vk5 *Lach.*st,vk5 *Lyc.*bg2,st,* *Med.*st,vk5 merc-i-f.st,vk5 *Nat-m.*st,vk5 nit-ac.st,vk5 *Nux-v.*st,vk5 phel.kr1,st,* **Phos.**st,vk5 **Puls.**st,vk5 *Rhus-t.*st,vk5 sang.st,vk5 **Sep.**st,vk5 *Sil.*st,vk5 staph.bg2,st,* sul-i.st,vk5 **Sulph.**st,vk5 **Thuj.**bg2,j5,*
• **ersten** Viertel; zunehmender Mond im: bell.vk5 **Calc.**vk5 cupr.vk5 graph.vk5 ign.vk5 kali-bi.vk5 kali-c.vk5 *Lyc.*vk5 med.vk5 nux-v.vk5 **Phos.**vk5 **Puls.**vk5 **Rhus-t.**vk5 sang.vk5 **Sep.**vk5 *Sil.*vk5 staph.vk5 *Sulph.*vk5 thuj.vk5 tub.vk5
• **letzten** Viertel; zunehmender Mond im: aral.vk5 ars-i.vk5 hyos.vk5 lach.vk5 nux-v.vk5 sil.vk5 staph.vk5 syph.vk5 tub.vk5

Mondschein:
– **agg.**
☞ *Licht - agg. - Mondschein*
– **amel.**
☞ *Licht - amel. - Mondschein*

Morphium
☞ *Medikamente - allopathische - Mißbrauch - Morphium*

Müdigkeit: acon. adam.srj5 adlu.jl aesc. agar. **Alum.** *Alum-p.*k2 *Am-c.* ambr. *Anac.* *Androc.*srj1 ang.bg2,j5 *Anh.*mg1,sp1 *Ant-c.* *Ant-t.* aphisj5 aran.j5 aran-ix.mg1 arg-met. *Arg-n.* arist-cl.mg1,sp1 *Arn.* ars. *Ars-i.* asaf. asar. aur. aur-ar.k2 aur-m. aur-s.k2 **Bamb-a.**stb2 *Bapt.* bar-c. bar-m. bell. bell-p.c2,mg1,* **Benz-ac.** berb. beryl.sp1 bism. borx.bg2,j5 bov. brass-n-o.srj5 bruc.j5 *Bry.* cadm-met.mg1,sp1 cain.c2 calad.j5 *Calc.*k2 calc-f.sp1 **Calc-p.** *Calc-sil.*k2 camph. **Cann-s.** canth. caps. *Carb-ac.* carb-an. *Carb-v.* **Carbn-s.** carc.mg1,sp1 *Caust.*k1 cecr.jl cench.k2 cham. **Chel.** chin. choc.srj3 cic. cimic. cimx. cina cist.j5 clem. cob-n.mg1,sp1 *Coc-c.* cocc. coff. colch. coli.jl2 coloc. *Con.* cortico.sp1 cortiso.sp1 **Croc.** *Crot-c.* *Cupr.* cycl. dam.c2 dicha.mg1 dig. dros. dulc. erig.mg1 esp-g.kk1,mg1 euph. euphr. **Ferr.** ferr-ma.j5 ferr-p. **Ferr-pic.**c2 **Gels.** germ-met.srj5

Müdigkeit: ...
gink-b.sbd1 gran.j5 **Graph.** grat.j5 guaj.j5 guat.sp1 *Ham.* harp.jl hecla jl hed.mg1,sp1 hell. helon. *Hep.* hist.mg1,sp1 *Hydrog.*srj2 *Hyos.* ign. iod.j5 *Ip.* kali-bi.bg2,k2 kali-c. kali-chl.j5 *Kali-m.*k2 kali-n. **Kali-p.** kali-s. kali-sil.k2 kalm.k2 *Kreos.* lac-ac. **Lach.** lact.j5 *Laur.* **Lec.**k1 led. luf-op.mg1 **Lyc.** m-arct.bg2 m-aust.j5 *Mag-c.* mag-f.mg1 mag-m. mand.mg1,sp1 mang. med.st meny. meph.j5,jl **Merc.** mez. mosch. *Mur-ac.* murx.j5 najajl *Nat-c.* **Nat-m.** *Nat-s.* nat-sil.k2 neonsrj5 nep.mg1 nit-ac. *Nux-m.* **Nux-v.** ol-an.j5 olnd. op. *Par.* *Petr.* **Ph-ac.** phenob.srb2 **Phos.** phyt.bg2 **Pic-ac.** *Plat.* plb. prun.j5 *Psil.*ft1,jl *Psor.* **Puls.** ran-b. rauw.sp1 *Rheum* *Rhod.* *Rhus-t.* rib-ac.jl **Ruta** sabad. sabin. samb. saroth.sp1 sars. sec. senec. seneg. **Sep.** sieg.mg1 **Sil.** spig. spong. squil. *Stann.* **Staph.** *Stram.* stront-c. *Sul-ac.* sulfa.sp1 **Sulph.** sumb. *Tab.* teucr. ther.j5 thiop.jl thuj. **Tub.** v-a-b.srb2 valer. *Verat.* verb. viol-o. visc.sp1 x-raysp1 **Zinc.** zinc-p.k2
☞ *Erschlaffung - körperlich / Hinlegen / Mattigkeit / Schlaffes / Schweregefühl / Schwäche / ❏ Gemüt - Erschöpfung / ❏ G~ Langeweile / ❏ G~ Stumpfheit*

– **agg.**: arn.st ars.st cann-s.st chin.st *Coff.*st **Rhus-t.**st verat.st

– **morgens**: alum.j5 am-c. ambr. ant-c.j5 *Ars.* aur.j5 bamb-a.stb2 bar-c.j5 bell.j5 bov.j5 *Bry.*a1,k1 calad. caps.a1,h carb-an.j5 *Carb-v.*h,k,* carbn-s. carc.fb castm.sf1 caust.j5 *Cham.*a1,k chel.a1,j5 chin.j5 clem.a1 cob-n.mg,mg1,* con.j5 cortiso.sp1 croc.j5 cycl.a1 dig.a1 digin.a1 dros.h,j5,* erig.mg,mg1 euphr.a1 ferr.j5 hep.h,j5,* hydrog.srj2 kali-c.j5 *Kali-chl.* lac-ac. **Lach.** lact.j5 lyc.h,j5,* m-aust.j5 *Mag-c.*h,k1,* mag-m. meph.jl merc-c.a1 merl.a1 mur-ac.h,j5,* *Nat-m.*h,k,* **Nux-v.**h,k,* ox-ac.a1 peti.a1 petr.h,k,* phos.h,j5,* prun.a1,j5 puls.j5 rat.a1 rhus-t.j5 sabad.j5 **Sep.** sil.h,j5,* spig.a1,j5 stann.j5 staph.h,k,* stront-c.j5 stry.a1 sul-i.k13,k2 *Sulph.*a1,k teucr.a1,j5 ther.j5 thuj.h,j5,* valer.j5 zinc.
• **8 h**: carc.fb
• **Aufstehen**, beim: bov.j5 carbn.a1 caust.a1,h colch.a1 dig.a1 ferr.j5 gran.a1 hep.h,j5,* *Lyc.*a1,h mez.a1 nux-v.a1,h puls.j5 rat.a1 stann.j5 teucr.a1,j5 thuj.a1,h
• **Erwachen**, beim: alum.j5 am-c.j5 ambr.j5 ant-c.j5 aur.j5 bar-c.j5 bell.j5 bism.j5 *Bry.*j5 *Calc.*j5 cann-s.j5 *Carb-an.*j5 *Caust.*j5 chel.j5 chin.j5 cob-n.j5,sp1 *Con.*j5 cycl.j5 dros.j5 dulc.j5 gink-b.sbd1 hep.j5 hydrog.srj2 kali-c.j5 lact.j5 *Lyc.*j5 m-aust.j5 *Mag-m.*j5 *Nat-m.*j5 *Nux-v.*j5 phos.j5 prun.j5 rhus-t.j5 sabad.j5 sep.j5 spig.j5 staph.j5 stront-c.j5 teucr.j5 ther.j5 *Thuj.*j5 valer.j5 *Zinc.*j5

– **vormittags**: am-c.j5 bamb-a.stb2 erig.j5,mg1,* esp-g.j5,kk1,* graph.a1,h hell.a1,j5 hydrog.srj2 indg.a1 lact.a1 mag-m.a1,j5 nat-s.j5 phel.a1,j5 sars.a1 seneg.j5

– **mittags**: calc.a1 caust.a1,h digin.a1 esp-g.jl3,kk1,* ox-ac.a1

– **nachmittags**: adlu.j5,jl am-c.j5 bamb-a.stb2 *Bry.*a1 chel.a1 coc-c.a1 digin.a1 fago.a1 gink-b.sbd1 hydrog.srj2 iod.j5 kali-c.h,j5,* lyc.a1 mag-c.j5 mag-m.a1,j5 merl.a1 mez.a1 nat-c.j5 nat-s.a1 nux-v.a1,h ol-an.j5 phos.j5 plect.a1 ptel.a1 rat.a1

– **nachmittags**: ...
sang.a1 staph.a1,j5 stry.a1 thuj.a1,j5
• **amel.**: kali-c.jl
• **14** - 16 h: bamb-a.stb2
• **16.30** - 19.30 h: androc.srj1
– **abends**: androc.srj1 bamb-a.stb2 berb. bov.a1 carb-v.h,k,* caust.a1,h choc.srj3 coc-c.a1 cor-r.a1 *Croc.*a1 cycl.a1 euphr.a1 gink-b.sbd1 graph.a1,h hydr-ac.a1 hydrog.srj2 ign. jac-c.a1 kali-bi.a1,h kali-c.a1 kali-n.a1 kalm.a1 lach.a1 laur.a1 lyc.a1 meph.jl *Merc.*a1,h merc-c.a1 merl.a1 methys.jl mez.a1 *Mur-ac.* murx.a1 nit-ac.a1,h ox-ac.a1 pall. petr.a1,h psil.ft1 sabad.a1 *Sulph.*a1,k sumb.a1 thuj.a1
• **amel.**: hydrog.srj2
• **18** h: androc.srj1
• **Freien**, im: *Carb-v.*
– **nachts**: dulc.j5 kreos.j5 merc.j5 sabad.j5 sabin.j5
◆ **begleitet** von:
• **Auge**; brennender Schmerz im
☞ ❏ *Auge - Schmerz - brennend - Müdigkeit*
– **Anstrengung**, bei:
• **geistige**; durch: alum. androc.srj1 *Aur.* *Lach.* **Lec.** **Pic-ac.** *Puls.* *Thuj.*
☞ ❏ *Gemüt - Geistige Anstrengung - agg. - ermüdet*
• **körperliche** Anstrengung amel.: brass-n-o.srj5 hed.sp1
– **Diarrhoe**, nach: sul-i.k2
– **Erwachen**, beim: alum.j5 am-c.j5 ambr.j5 ange-s.j5,jl ant-c.j5 aur.j5 bar-c.j5 bell.j5 bism.j5 bov.j5 *Bry.*h,j5,* *Calc.*j5 cann-s.j5 *Carb-an.*j5 *Caust.*j5 chel.a1,j5 *Con.*j5 cycl.j5 dros.j5 dulc.j5 ferr.j5 hydrog.srj2 hyper.a1 lact.j5 *Lyc.*j5 m-aust.j5 *Mag-m.*j5 *Nat-m.*j5 prun.j5 rib-ac.j5,jl sep.j5 sol-t-ae.a1 spig.j5 sumb.a1 tep.a1 teucr.j5 *Thuj.*j5 valer.j5 *Zinc.*j5
• **amel.**: thiop.jl
– **Essen**:
• **beim**: *Kali-c.*
• **nach**: androc.srj1 ant-c. *Ars.* bamb-a.stb2 *Bar-c.* *Calc-p.*hr1 cann-s.a1 *Carb-an.* card-m. chin.h,k,* *Croc.*a1 cycl.a1 haliae-lc.srj5 hydrog.srj2 hyos.a1 indg.a1 kali-c.h,k,* *Lach.* laur.a1 **Lyc.**hr1 mur-ac. *Nat-m.*hr1,k *Nux-m.* ox-ac.a1 *Rhus-t.* ruta sang. *Staph.*a1
• **amel.**: androc.srj1
– **Fluor**:
• **nach**: con.j5
• **mit**: prun.j5
– **Frost**:
• **während**: choc.srj3
– **Gehen**: bry.j5 chin.j5 con.j5 ferr.j5 lach.j5 led.j5 mag-c.j5 mag-m.j5 plb.j5 stram.j5
• **nach**: agar.j5 alum.j5 anac.jl calc-s.a1 carb-an.j5 caust.a1,j5 clem.j5 coff.j5 con.j5 cupr.a1 graph.j5 iod.j5 kiss.a1 *Lac-d.*k13,k2,* *Mur-ac.* nux-v.j5 ph-ac.j5 plat.j5 psil.ft1 sabad.j5 sabin.j5 sol-t-ae.a1 stann.a1 sul-i.k13,k2 valer.j5
• **Schwangerschaft**; während der: *Calen.*st
• **Freien**, im: alum.j5 coff.j5 ferr.j5 m-arct.j5 mag-c.j5 nat-m.j5 rhod.j5 sep.j5 sulph.j5
• **amel.**: caust.j5 croc.j5 gink-b.sbd1 rutaj5 sul-ac.j5
– **Gespräche**, durch: ambr.

Müdigkeit: ...
– **Klavierspiel**; durch: anac.h,k,*
☞ *Klavierspiel*
– **Koitus**, nach: *Agar.*bg2 calc.bg2 kali-c.bg2 lyc.bg2 nit-ac.bg2 sel.bg2
– **Lesen**, durch: *Aur.*
– **Luft**:
• **Freien**; im:
• **amel.**: androc.srj1 hed.mg1,sp1
– **Menopause**; während der: bell-p.bro1 calc.bro1
– **Menses**:
• **vor**: alum. *Bell.* carb-an.a1 gink-b.sbd1 *Nat-m.*
• **während**: *Am-c.* androc.srj1 borx. calc-p. carb-an.a1 *Caust.*h,k,* ign. iod. kali-c. mag-c. *Nit-ac.* *Nux-m.* *Petr.* sars.a1 sul-i.k13,k2 thuj.
• **amel.**: hed.sp1
• **nach**: alumn.hr1,kr1 bell.hr1,kr1,* carb-an.hr1,kr1,* cub.hr1,kr1 nat-m.hr1,kr1 nux-v.sf,sf1 phos.sf,sf1 plat.hr1,kr1,* thuj.
– **Musik**; durch: lyc.c1,st
– **Ruhe**; in der: psil.ft1
– **Samenabgang**, nach: chin.bg2 led.bg2 plb.bg2 puls.bg2 sabad.bg2 staph.bg2
– **setzen**, Verlangen sich zu: dulc.j5 stann.j5 sulph.j5
– **sexuelle** Erregung, durch: sars.sf,sf1
– **Sitzen**, im: bry.j5 chin.j5 hydrog.srj2 led.j5 mag-c.j5 *Merc.* ol-an.j5 plat.j5 plb.j5 rhus-t.j5
– **Sprechen**, nach: **Alum.** *Calc-p.* med.pc *Sulph.*
• **vielem**, nach: calc.h
– **Stehen**, beim: androc.srj1 led.j5 *Mur-ac.* nat-m.j5 plat.j5
• **amel.**: androc.srj1
– **Treppensteigen**, durch: sul-i.k2
– **Wetter**:
• **nasses** Wetter: bamb-a.stb2
• **stürmischem** Wetter; bei: bamb-a.stb2
• **Wetterwechsel**: bamb-a.stb2

Mukosa
☞ *Schleimhäute*

Multiple Sklerose: alum.st arg-met.jl,st arg-n.st *Aur.*st aur-m.c1,st bar-c.st bell.st calc.st cann-i.st carbn-s.c1,st caust.st *Con.*st des-ac.jl,st gels.st halo.jl,st hyosin.c1,st irid-met.st *Lath.*c1,st lyc.st mand.jl,st nat-m.ctc1 nux-v.st *Phos.*st *Phys.*c1,st *Pic-ac.*c1,st *Plb.*kr1,st psil.jl,st sil.st sulph.st tarent.c1,st thala.jl,st thuj.st wildb.c1,st xan.st

Mumps
☞ ❏ *Gesicht - Entzündung - Parotis - Mumps*

Musik:
– **agg.**: ambr.k2 nat-c.k2 phos.k2 tarent.k2
☞ *Pulsieren - äußerlich - Musik - agg.*
– **amel.**: bufok2 tarent.k2

Muskelatrophie: arg-n.sne ars.sne carbn-s.c2 cupr.sne lach.sne nux-v.sne phos.c2,sne phys.c2,sne pic-ac.sne plb.sne plb-xyz.c2 sep.sne stry.sne sulph.sne
☞ *Atrophie - Drüsen*

Muskelatrophie, progressive spinale: ars.brol carbn-s.c1 hyper.brol kali-hp.brol **Phos.**c1,kr1 phys.c1 *Plb.*k2,kr1,* sec.brol
☞ *Atrophie - Drüsen*

Muskeldystrophie: calc-p.sne cur.sne dub.sne phos.sne plb.sne verat-v.sne

Myasthenia gravis: cur.sne cytin.sne nat-m.sne pic-ac.sne sulph.sne

Myositis
☞ *Entzündung - Muskeln*

Myxödem: *Ars.*hr1,kr1,* cortico.jl,jl3 dor.c1,c2,* penic.jl,jl3 sulfa.jl,jl3 *Thyr.*c1,c2,*

Nachtschwärmerei, Zechen; Beschwerden durch: agar.bg2 ambr. ant-c. *Ars.* bry. *Carb-v.* coff. colch. ip. lac-d.c1 *Laur.* led. nat-c.bg2 **Nux-v.** *Puls.* rhus-t. sabin.bg2 staph.bg2 sulph.
☞ *Ausschweifung / Rausch / ❑ Gemüt - Nachtschwärmerei / ❑ G~ Zügellosigkeit*

Narben
☞ *❑ Haut - Narben*

Narkose
☞ *Anästhesie - Beschwerden / Chloroform*

Narkotika:
☞ *Medikamente - allopathische - Mißbrauch*
– **agg.**: acet-ac.c,c1 acon.bg2,k agar.bg2,k am-c.bg2 apom.brol ars.bg2,k aur.bg2,k *Aven.*sf1 **Bell.**bg2,k bry.bg2,k calc.bg2,k *Camph.*sf1 cann-i.brol canth.bg2,k carb-v.bg2,k caust.bg2,k **Cham.**bg2,k chin.bg2,k cic.bg2,sf1 cimic.brol **Coff.**bg2,k colch.bg2,k croc.bg2,k cupr.bg2,k *Dig.*bg2,k dulc.bg2,k euph.bg2,k *Ferr.*bg2,k *Graph.*bg2,k hep.bg2,k *Hyos.*bg2,k ign.bg2,k *Ip.*bg2,k kali-perm.sf1 **Lach.**bg2,k lob.st *Lyc.*bg2,k macro.brol mag-s.sp1 merc.bg2,k mosch.bg2,k mur-ac.bg2,sf1 nat-c.bg2,k nat-m.bg2,k nat-p.bg2,sf1,* nit-ac.bg2,k nux-m.bg2,k **Nux-v.**bg2,k *Op.*bg2,k ox-ac.st oxyg.c1 passi.sf1 ph-ac.bg2,k phenob.jl,jl3 phos.bg2,k plat.bg2,k plb.bg2,k *Puls.*bg2,k rhus-t.bg2,k seneg.bg2,k *Sep.*bg2,k staph.bg2,k sulph.bg2,k thuj.brol *Valer.*bg2,k verat.bg2,k zinc.bg2,k
☞ *❑ Gemüt - Zügellosigkeit*
– **Beschwerden** durch: ip.c,c1 oxyg.c1 verat.c,c1
– **Verlangen** nach: buth-a.a1,sp1 op.a1 tab.a1
☞ *Medikamente - allopathische - Sucht / ❑ Gemüt - Morphiumsucht*

Nasenbluten:
– **amel.**: brom.ptk2 psor.ptk2 rhus-t.ptk2

Naß:
– **Anwendungen**, nasse: **Am-c.** am-m. **Ant-c.** bar-c. *Bell.* borx. bov. bry. **Calc.** cann-s.bg2 canth. carb-v. **Cham.** **Clem.** con. crot-h.brol dulc. *Kali-c.* *Kali-n.* *Lach.*bg2,sf1 laur. *Lyc.* mag-c. *Merc.* mez. mur-ac. nat-c. nit-ac. nux-m. nux-v. phos. puls. **Rhus-t.** sars. *Sep.* sil. *Spig.* stann. staph. *Stront-c.* sul-ac. **Sulph.** zinc.
• **amel.**: *Alum.*hr1 *Alumn.* *Am-m.*hr1,k ant-t.hr1,k *Ars.*hr1,k **Asar.**bg2,hr1,* borx. bry.hr1,k caust.bg2,hr1,* cham.hr1,k *Chel.*bg2,hr1,* *Euphr.*bg2,hr1,* laur.hr1,k

Naß - Anwendungen, nasse: ...
*Mag-c.*hr1,k mez.hr1,k mur-ac.hr1,k *Nux-v.*hr1,k **Puls.**bg2,hr1,* *Rhod.*hr1,k *Sabad.*hr1,k sep.hr1,k *Spig.*bg2,hr1,* staph.hr1,k zinc.hr1,k
• **kalte**, nasse Anwendungen:
• **agg.**: **Am-c.**kr1 am-m.kr1 **Ant-c.**kr1 apoc.k2,kr1 *Ars.*kr1,sf1 bar-c.kr1 *Bell.*kr1 *Borx.*kr1 bov.kr1 *Bry.*kr1 cadm-met.jl,kr1 **Calc.**kr1 *Canth.*kr1 *Carb-v.*kr1 *Cham.*kr1 **Clem.**kr1 *Con.*kr1 dulc.kr1 graph.kr1,sf1 *Hep.*kr1,sf1 *Kali-c.*kr1 *Kali-n.*kr1 lach.kr1,sf1 *Laur.*kr1 *Lyc.*kr1 mag-c.kr1 *Merc.*kr1 *Mez.*kr1 mur-ac.kr1 nat-c.kr1 *Nit-ac.*kr1,sf1 *Nux-m.*kr1 nux-v.kr1 *Petr.*kr1,sf1 ph-ac.kr1,sf1 *Phos.*k2,kr1 puls.k2,kr1 **Rhus-t.**kr1 rutakr1,sf1 *Sars.*kr1 *Sep.*kr1 *Sil.*kr1,sf1 *Spig.*kr1 stann.kr1 *Staph.*kr1 *Stront-c.*kr1 *Sul-ac.*kr1 **Sulph.**kr1 syph.k2,kr1 *Zinc.*kr1
• **amel.**: aloesf1,st alum.st aml-ns.st anac.jl,st *Apis*sf1,st arg-n.sf1,st arn.st asar.st aur.st bell.st bry.k2,sf1,* ferr-p.st fl-ac.st glon.st iod.sf1,st kali-m.st kali-p.st *Led.*k2,sf1,* lyc.st merc.st nat-hchls.jl,st nux-v.sf1,st phos.st pic-ac.st *Puls.*sf1,st sabin.st *Sec.*k2,sf1,* sep.sf1,st spig.sf1,st
• **warme**, nasse Anwendungen:
• **agg.**: *Apis*sf1 bry.sf1 *Fl-ac.*sf1 lach.k2,sf1,* *Led.*sf1 phyt.k2,sf1 *Puls.*sf1 *Sec.*sf1
• **amel.**: alum-sil.k2,sf1 anac.bg2,sf1 ant-c.bg2,sf1 *Ars.*k2,sf1 ars-i.bg2,sf1 bry.sf1 calc-f.k2,sf1,* coloc.sf1 fl-ac.sf1,st *Hep.*bg2,sf1 kali-bi.bg2,sf1 kali-c.bg2,sf1 *Lach.*sf1 *Mag-p.*bg2,sf1,* nux-m.sf1 paraph.jl,sf1 ph-ac.sf1 phos.k2,sf1 pyrog.bg2,sf1 rad-br.bg2,sf1 *Rhus-t.*bg2,sf1 rutasf1 sep.sf1 *Sil.*sf1,st sulfa.jl,sf1 thiop.jl,sf1 thuj.sf1 x-rayjl,sf1
– **Boden**; Beschwerden durch Sitzen auf nassem: *Ars.*bg2,sf1 calc.bg caust.bg2,sf1 *Dulc.*bg2,sf1 *Nux-v.*bg2,sf1 rhod.bg *Rhus-t.*bg2,k2,* sil.bg
– **Naßwerden**: *Acon.*bg2,sf1,* **Alum.**bg2 am-c.bg2,k,* ant-c. ant-t.bg2,hr1,* *Apis* aran.sf,sf1 *Arn.*bg2,sf1,* ars.bg2,k,* *Bell.*bg2,k,* borx. *Bry.*bg2,k,* **Calc.**bg2,k,* calc-p.bg2,k *Calc-s.* camph.bg2,k,* carb-v.bg2,k,* **Caust.**bg2,k,* cham.sf,sf1 *Chin.* *Colch.*bg2,k,* *Dulc.*bg2,k,* euph.bg2,k,* fl-ac.bg2 *Hep.*bg2,k,* *Hyos.*bg2 *Ip.*bg2,k,* kali-bi.bg2 *Kali-c.*bg2 lach.bg2,k,* *Lyc.*bg2,k,* malar.c,c1 merc-i-r.c,c1 nat-m.bg2 **Nat-s.**bg2,sf1,* nit-ac.bg2,k,* *Nux-m.*bg2,k,* nux-v.bg2 phos.bg2,k,* phyt.bg2 **Puls.**bg2,k,* ran-b.sf,sf1 rhod.c,c1 **Rhus-t.**bg2,k,* *Sars.*bg2,k,* sec.bg2,k,* **Sep.**bg2,k,* *Sil.*bg2 sulph.bg2,k,* ter.sf,sf1 thuj.sf,sf1 tub.c1 urt-u.bg2 verat.bg2,k,* visc.c,c1 xan.c,c1 zinc.bg2,k,*
☞ *Kälte - Abkühlung - Teil des Körpers*
• **Bettwäsche**; Beschwerden durch nasse: rhus-t.c1
• **Erhitzung**, bei: bell-p.c,c1,* rhus-t.c,c1
• **Füße**, der: agn. *All-c.*bg2,k *Bar-c.*bg2 bry.bg2 *Calc.*bg2,h,* *Camph.*bg2 caps.bg2 cham.bg2,k,* *Colch.*bg2 cupr.bg2 *Dulc.*bg2,k fl-ac.bg2 graph.bg2,sf1,* guaj.bg2 *Lach.*bg2 lem-m.bg2 lob.c,c1 *Lyc.*bg2 merc.bg2,k,* nat-c.bg2,k,* nat-m. nit-ac.bg2 *Nux-m.*bg2,k **Nux-v.**bg2 *Phos.*bg2,k **Puls.**bg2,k,* *Rhus-t.*bg2,k,* *Sep.*bg2,k,* **Sil.**bg2,k,* stram.bg2 *Sulph.*sf,sf1 tub.bg2 xan.
• **amel.**: calad.bg2 led.bg2 puls.bg2

– **Naßwerden**: ...
- **Kopfes**, des: bar-c.$_{bg2,k,*}$ **Bell.**$_{bg2,k,*}$ hep.$_{bg2}$ hyos.$_{bg2}$ led.$_{bg2,k,*}$ phos.$_{bg2}$ *Puls.*$_{bg2,k,*}$ rhus-t.$_{c,c1}$ *Sep.*$_{bg2}$
- **Schwitzen**, beim: *Acon.*$_{bg2,k,*}$ ant-c.$_{bg2}$ ars.$_{bg2}$ *Bell-p.*$_{bg2,c1,*}$ *Bry.*$_{bg2}$ calc.$_{bg2,k,*}$ *Clem.*$_{bg2}$ *Colch.*$_{bg2,k}$ con.$_{bg2}$ *Dulc.*$_{bg2,k,*}$ nat-c.$_{bg2}$ nat-s.$_{bg2}$ *Nux-m.* **Rhus-t.**$_{bg2,k,*}$ *Sep.*$_{bg2,k,*}$ *Verat-v.*$_{hr1,kr1}$
- **Zimmer**, durch feuchte: *Aloe*$_{kr1}$ ant-t.$_{kr1}$ *Aran.*$_{bg2,kr1,*}$ **Ars.**$_{hr1,kr1}$ ars-i.$_{kr1}$ atro.$_{hr1,kr1}$ *Bry.*$_{hr1,kr1}$ *Calc.*$_{bg2,hr1,*}$ calc-p.$_{kr1,sf1,*}$ calc-sil.$_{kr1}$ *Carb-an.*$_{hr1,kr1}$ *Carb-v.*$_{bg2,kr1}$ caust.$_{hr1,kr1}$ **Dulc.**$_{bg2,k2,*}$ form.$_{hr1,kr1}$ lyc.$_{hr1,kr1}$ nat-n.$_{kr1,sf1,*}$ **Nat-s.**$_{bg2,k2,*}$ nit-ac.$_{kr1,sf1,*}$ nux-m.$_{kr1}$ **Puls.**$_{bg2,hr1,*}$ rhod.$_{bg2,kr1}$ *Rhus-t.*$_{bg2,k2,*}$ *Sel.*$_{hr1,kr1}$ *Sep.*$_{hr1,kr1}$ sil.$_{bg2,kr1}$ *Stram.*$_{hr1,kr1}$ ter.$_{c1,kr1,*}$ *Thuj.*$_{bg2,kr1,*}$ verat.$_{bg2,kr1}$

– **Wetter**, nasses
☞ *Wetter - nasses*

Nekrose: bac.$_{c2}$ sal-ac.$_{c2}$ sil.$_{c2}$ ther.$_{c2}$

– **Knochen**: *Ang.*$_{sf1}$ aran.$_{sf1}$ *Arg-met.*$_{sf1}$ **Ars.** asaf. *Aur.*$_{bg2,k2,*}$ aur-i.$_{bro1}$ *Aur-m.*$_{kr1}$ bac.$_{c1}$ bell. both.$_{a1,c1,*}$ *Calc.*$_{kr1,sf1}$ *Calc-f.*$_{kr1,sf1}$ calc-hp.$_{sf1}$ calc-i.$_{bg2,sf1}$ calc-p.$_{sf1}$ calc-sil.$_{bro1}$ caps.$_{sf1}$ carb-ac. carb-an.$_{sf1}$ chin.$_{sf1}$ *Cist.*$_{sf1}$ con. euph. **Fl-ac.**$_{k2,kr1,*}$ graph.$_{sf1}$ hecla$_{sf1}$ *Hep.*$_{k2,sf1}$ *Iod.*$_{bg2,sf1}$ kali-bi.$_{sf1}$ kali-c.$_{sf1}$ kali-i.$_{sf1}$ kreos. lach.$_{sf1}$ lap-a.$_{sf1}$ lyc.$_{sf1}$ mang.$_{k2}$ med.$_{bro1}$ *Merc.* *Merc-c.* mez.$_{k2,sf1}$ *Nat-sil-f.*$_{bro1}$ *Nit-ac.*$_{bg2,sf1}$ ph-ac. *Phos.* plat.$_{sf1}$ plat-m.$_{bro1}$ plb. psor.$_{sf1}$ puls.$_{bg2}$ rad-br.$_{bg2}$ *Sabin.* sal-ac.$_{kr1}$ sec. sil. staph.$_{bro1}$ stront-c.$_{sf1}$ sul-ac.$_{c1}$ sulph. symph.$_{bro1}$ syph.$_{bro1,k2}$ teucr.$_{sf1}$ thea$_{bro1}$ ther. thuj. *Tub.*$_{br1,sf1}$ vitr-an.$_{bro1}$ vitr-cor.$_{br1}$
☞ *Karies - Knochen* | *Knochenerweichung*

– **Knorpel**: arg-met.$_{k2}$

Nephritis
☞ *❑ Nieren - Entzündung*

Nerven; Beschwerden der:
◆ **begleitet** von:
- **Würmer**; Beschwerden durch: art-v.$_{sf1}$

Neuralgie
☞ *Schmerz - neuralgisch*

Neuritis
☞ *Entzündung - Nerven*

Neuropathie:
◆ **begleitet** von:
- **Zunge**:
  - **weiße** Farbe der Zunge:
    - **Ränder**: kali-ar.$_{kr1,vk1}$

Neurozirkulatorische Asthenie
☞ *❑ Brust - Herzklopfen - neurozirkulatorische*

Niesen:

– **agg.**: acon.$_{bg2}$ am-c.$_{bg2}$ *Am-m.*$_{bg2}$ ant-t.$_{bg2}$ arn.$_{bg2}$ *Ars.*$_{bg2}$ bar-c.$_{bg2}$ *Bell.*$_{bg2}$ *Borx.*$_{bg2,c1}$ *Bry.*$_{bg2}$ calc.$_{bg2}$ canth.$_{bg2}$ *Carb-v.*$_{bg2}$ caust.$_{bg2}$ *Cham.*$_{bg2}$ chin.$_{bg2}$ cina$_{bg2}$ con.$_{bg2}$ *Dros.*$_{bg2}$ euph.$_{bg2}$ graph.$_{bg2}$ hell.$_{bg2}$ hep.$_{bg2}$ kali-c.$_{bg2}$ lach.$_{bg2}$ led.$_{bg2}$ *Lyc.*$_{bg2}$ mag-c.$_{bg2}$ mag-m.$_{bg2}$ *Merc.*$_{bg2}$ mez.$_{bg2}$ nat-c.$_{bg2}$ nat-m.$_{bg2}$

Niesen - agg.: ...
nit-ac.$_{bg2}$ *Nux-v.*$_{bg2}$ phos.$_{bg2}$ *Puls.*$_{bg2}$ *Rhus-t.*$_{bg2}$ sabad.$_{bg2}$ sec.$_{bg2}$ seneg.$_{bg2}$ *Sep.*$_{bg2}$ sil.$_{bg2}$ *Spig.*$_{bg2}$ squil.$_{bg2}$ staph.$_{bg2}$ sulph.$_{bg2}$ *Verb.*$_{bg2}$

– **amel.**: am-c.$_{bg2}$ am-m.$_{bg2}$ chlol.$_{bg2}$ lach.$_{bg2}$ mag-m.$_{bg2}$ naja$_{bg2}$ thuj.$_{bg2}$

Nikotinvergiftung
☞ *Tabak - agg. - Nikotinvergiftung*

Nüchtern, wenn:

– **agg.**: acon.$_{bg2}$ aloe$_{bg2,k}$ alum.$_{bg2,k}$ am-c.$_{bg2,k}$ *Am-m.*$_{bg2,k1}$ *Ambr.*$_{bg2,k}$ anac.$_{bg2,k1}$ ars.$_{bg2,k}$ *Bar-c.*$_{bg2,k}$ bar-i.$_{k2}$ bov.$_{bg2}$ brass-n-o.$_{srj5}$ *Bry.*$_{bg2}$ cact.$_{bg2}$ **Calc.**$_{bg2,k}$ calc-i.$_{k2}$ cann-i.$_{bg2}$ cann-s.$_{bg2}$ canth.$_{bg2}$ *Carb-ac.*$_{bg2,k}$ *Carb-an.*$_{bg2,k}$ carb-v.$_{bg2,k}$ castm.$_{bg2}$ caust.$_{bg2,k}$ *Chel.*$_{bg2,k}$ chin.$_{bg2,k}$ cina$_{bg2,k}$ *Coc-c.*$_{bg2,k}$ **Croc.**$_{bg2,k}$ dios.$_{bg2,c1}$ ferr.$_{bg2,k}$ ferr-p.$_{bg2,k}$ gran.$_{bg2}$ *Graph.*$_{bg2,k}$ hell.$_{bg2,k}$ *Hep.*$_{bg2,k}$ *Ign.*$_{bg2,k}$ **Iod.**$_{bg2,k}$ *Kali-c.*$_{bg2,k1}$ kreos.$_{bg2,k}$ **Lach.**$_{bg2,k}$ laur.$_{bg2,k}$ lyc.$_{bg2,k}$ mag-c.$_{bg2,k}$ mag-m.$_{bg2,k}$ merc.$_{bg2,k}$ *Mez.*$_{bg2,k}$ nat-c.$_{bg2,k}$ nat-p.$_{k2}$ nit-ac.$_{bg2,k}$ *Nux-v.*$_{bg2,k}$ petr.$_{bg2,k}$ *Phos.*$_{bg2,k}$ **Plat.**$_{bg2,k}$ **Plb.**$_{bg2,k}$ *Psor.*$_{bg2}$ puls.$_{bg2,k}$ **Ran-b.**$_{bg2,k}$ ran-s.$_{bg2}$ rhod.$_{bg2}$ rhus-t.$_{bg2}$ *Rumx.*$_{bg2,k}$ *Sabad.*$_{bg2,k}$ **Sep.**$_{bg2,k}$ *Spig.*$_{bg2,k}$ **Staph.**$_{bg2,k}$ stront-c.$_{bg2}$ *Sulph.*$_{bg2,k}$ **Tab.**$_{bg2,k}$ *Tarax.*$_{bg2,k}$ teucr.$_{bg2,k}$ *Valer.*$_{bg2,k}$ verat.$_{bg2,k}$ *Verb.*$_{bg2,k}$

– **amel.**: agar.$_{bg2}$ alum.$_{bg2}$ alum-sil.$_{bg2,k2,*}$ am-m.$_{bg2}$ ambr.$_{bg2}$ anac.$_{bg2}$ ant-c.$_{bg2}$ arn.$_{bg2}$ ars.$_{bg2}$ asaf.$_{bg2}$ bar-c.$_{bg2}$ bell.$_{bg2}$ borx.$_{bg2}$ *Bry.*$_{bg2}$ calc.$_{bg2}$ calc-sil.$_{bg2,k2,*}$ caps.$_{bg2}$ carb-an.$_{bg2}$ carb-v.$_{bg2}$ *Caust.*$_{bg2}$ **Cham.**$_{bg2,sf1,*}$ *Chin.*$_{bg2}$ cocc.$_{bg2}$ **Con.**$_{bg2}$ cycl.$_{bg2}$ *Dig.*$_{bg2}$ euph.$_{bg2}$ ferr.$_{bg2}$ graph.$_{bg2}$ hell.$_{bg2}$ hep.$_{bg2}$ hyos.$_{bg2}$ ign.$_{bg2}$ iod.$_{bg2}$ *Kali-c.*$_{bg2}$ kali-n.$_{bg2}$ kali-p.$_{bg2,k2,*}$ kali-s.$_{bg2,k2,*}$ lach.$_{bg2}$ laur.$_{bg2}$ lyc.$_{bg2}$ mag-c.$_{bg2}$ mang.$_{bg2}$ nat-c.$_{bg2}$ **Nat-m.**$_{bg2,sf1,*}$ nit-ac.$_{bg2}$ *Nux-m.*$_{bg2}$ nux-v.$_{bg2}$ par.$_{bg2}$ petr.$_{bg2}$ *Ph-ac.*$_{bg2}$ phos.$_{bg2}$ plb.$_{bg2}$ puls.$_{bg2}$ rhod.$_{bg2}$ rhus-t.$_{bg2}$ sabin.$_{bg2}$ sars.$_{bg2}$ sel.$_{bg2}$ sep.$_{bg2}$ *Sil.*$_{bg2}$ stann.$_{bg2}$ stront-c.$_{bg2}$ sul-ac.$_{bg2}$ sulph.$_{bg2}$ thuj.$_{bg2}$ valer.$_{bg2}$ verat.$_{bg2}$ *Zinc.*$_{bg2}$
☞ *Abmagerung*

Obstipation:

– **agg.**: fl-ac.$_{k2}$

– **amel.**: *Calc.* carb-v.$_{bg2}$ merc. *Psor.*

Ödem
☞ *Schwellung - aufgedunsen* | *Wassersucht - äußere*

Ohnmacht (= Ohnmächtigwerden): abies-c. acet-ac. acetan.$_{c1,c2}$ **Acon.**$_{c2,k}$ *Aesc.* aeth.$_{sf1}$ aether$_{a1}$ agar. agar-em.$_{a1}$ alco.$_{a1}$ alet.$_{bro1}$ all-c. aloe$_{sf1}$ *Alum.* alum-p.$_{k2}$ alum-sil.$_{k2}$ alumn. am-br.$_{a1}$ am-c. am-m. ambr. *Aml-ns.*$_{kr1}$ amyg.$_{a1,kr1,*}$ anac. ant-c. ant-m.$_{kr1}$ *Ant-t.* apis *Apoc.*$_{sf1}$ apom.$_{a1,st}$ *Arg-n.* *Arn.* **Ars.**$_{c2,k}$ ars-h. *Ars-i.* ars-s-f.$_{a1,k2}$ ars-s-r.$_{a1,kr1}$ asaf. asar.$_{kr1}$ atro. bapt. bar-c. bar-i.$_{k2}$ *Bar-m.* bar-s.$_{k2}$ bell. ben-n.$_{a1}$ benz-ac. berb. beryl.$_{sp1}$ bism.$_{sf1}$ bol-la.$_{a1}$ bol-s.$_{a1}$ borx. *Both.*$_{a1}$ bov. brom.$_{k2}$ **Bry.** bufo cact. **Cadm-s.**$_{bg2}$ calad. calc. calc-ar.$_{k2}$ calc-i.$_{k2}$ calc-m.$_{a1}$ calc-p. calc-sil.$_{k2}$ calo.$_{a1}$ *Camph.* cann-i. *Cann-s.* *Canth.* carb-ac. *Carb-v.* *Carbn-o.*

Ohnmacht (= Ohnmächtigwerden): ...
Carbn-s. carl.al cass.al castm.krl castor-eq. **Caust.** cedr. cench. cere-s.al **Cham.** *Chel.* chim. **Chin.** *Chinin-ar.* chinin-s.al,k chlol. chlor.kl cic. *Cimic.*c2,k cina cinnm.krl cit-v.c1,c2 **Cocc.**c2,k1,* *Coch.*krl coff.sfl colch. *Coll.* *Coloc.* *Con.* conin.al conv.sfl convo-d.al cot.al croc.c2,k *Crot-c.* **Crot-h.** crot-t. culx.k2 cupr.c2,k cupr-act. *Cupr-ar.*al,krl cupr-s. cur.c2,k cycl. cyt-l.al,spl **Dig.** digin.al digox.al dios. dros. dubo-h.al dubo-m.al dulc. elaps ery-a.al eucal.al,krl eup-pur. *Euph.*al,krl euph-c.al *Ferr.* *Ferr-ar.* *Ferr-i.* ferr-p. *Form.* gala.brl gamb. gels. gent-c.al **Glon.** gran.al *Graph.* grin. hedeo.al hell. hell-f.al **Hep.**k,k1,* hippoz. hura *Hydr.*c1,k2,* hydr-ac. hydrog.srj2 *Hyos.* **Ign.**c2,k **Iod.** iodof.krl **Ip.**k1,st iris jab. jal.c2,k jasm.al jug-c. kali-ar. kali-bi. kali-br. kali-c. kali-cy. kali-m.k2 kali-n. kali-ox.al kali-p. kali-sil.k2 kalm. *Kreos.* lac-ac. *Lac-d.*k2,krl **Lach.**c2,k lat-k.al,c1,* *Laur.* *Led.* lept. *Lil-t.* *Lina.*c1,c2 lob.c1,c2 luf-act.al lup.al *Lyc.* lycps-v.krl lyss. m-ambo.c1,c2 mag-c. *Mag-m.* magn-gl.c1,c2 magn-gr.c1 manc. mang. med.k2 merc.c2,k *Merc-c.* merc-cy. merc-d. *Merc-i-f.*bg2 merc-ns.al merc-pr-r.al mez. mom-b.al **Mosch.**c2,k mur-ac. *Naja* narc-po.al narc-ps.al *Nat-hchls.* *Nat-m.* nat-ns.c1,c2 nat-p.al nit-ac. nitro-o.al **Nux-m.**c2,k **Nux-v.** oena. ol-an. olnd.c2,k *Op.* ox-ac. paeon.krl pana.al parth.c1,c2 *Petr.* *Ph-ac.* phase.brol *Phos.*c2,k phys. *Phyt.*bg2,krl,* picro.al pip-m.al plan. plat.sfl **Plb.** **Podo.** *Psor.* ptel. **Puls.** puls-n.al ran-a.al ran-b. ran-s. raph.al,c2 rhodi.al rhus-t. rob. ruta sabad. sacch.al sal-ac.krl *Sang.* sapin.al *Sars.*c2,k sec. senec.c1,c2 *Seneg.* **Sep.** sieg.mgl *Sil.* sin-n. sol-t.al sol-t-ae. *Spig.* spong.c1,c2 stann.krl,sfl staph. **Stram.** stroph-h.bg2 stry. sul-ac. sul-i.al,k2 **Sulph.**c2,k **Sumb.**c2,k *Tab.* tanac.al tarent. tax.c2,k *Ter.*al,krl theaal ther.c2,k thuj. thyr.c1,c2 til. *Tril-p.*sfl tub.k2 uran-n.krl ust. valer. **Verat.**c2,k *Verat-v.* verin.al vesp. vesp-xyz.c2 *Vib.* viol-o. vip. wies.al zinc. zinc-m. zinc-p.k2 zing.
☞ *Kollaps / Konvulsionen - Bewußtsein - ohne / Schlaffes - innerlich / ❑ Gemüt - Bewußtlosigkeit*

– **nach** Ohnmacht agg.: acon.bg2 ars.bg2 chin.bg2 *Mosch.*bg2 nux-v.bg2 *Op.*bg2 sep.bg2 stram.bg2
– **morgens**: alumn.al,k **Ars.**hrl,k,* borx.h,j5 *Carb-v.*al,k *Cocc.* *Con.*hrl,k culx.k13,k2 dios.al,k kali-c.hrl,j5 kali-n.j5 *Kreos.*hrl,k,* lach.j5 mag-m.h2 med.hrl,k nat-m.h,k,* nit-ac.j5 **Nux-v.**h,k,* petr.j5 plb.al,k puls.hrl,k,* *Sang.*al,k sep.j5 staph.j5 stram.hrl,k stry.al,k **Sulph.**hrl,k
- **7** h: dios.
- **8** h: dios.al ped.al
  - **8** - 9 h: phos.
- **Aufstehen**, beim: **Bry.**hrl,k calc.h **Carb-v.** **Cocc.**hrl,k1,* *Iod.*hrl,k *Kreos.*hrl,k1,* *Lac-d.*hrl,k2 *Lach.*hrl,k nat-m.h petr.j5 sep.al,k
  - **schnell**, durch Bücken oder Drehen des Kopfes: *Sang.*
- **Auftreten** auf den Boden; beim: lac-d.k2
- **Bett**, im: carb-v.h,krl *Con.*hrl,krl
- **Erwachen**, beim: graph.al

– **morgens**: ...
- **Essen**:
  - **amel.**: nux-v.
  - **vor**: *Calc.*hrl,k
  - **beim**: lach.
- **Freien**, im: mosch.hrl,k nux-v.h,k,*
- **Haus**, beim Eintreten ins: petr.al,k
- **Stuhlgang**, beim: phys.al,k

– **vormittags**: kali-n.j5 phos.al,k sep.al,k staph. stram.al,k
- **9** h: ped.al
- **10** h: ven-m.jl
  - **Schwindsucht**, bei: *Kali-c.*krl,st
- **11** h: ind. *Lach.* *Sulph.*
  - **11** - 13 h: germ-met.srj5
- **Aufrechtstehen**, beim: dios.
- **Gehen** im Freien, beim: lycps-v.

– **mittags**: bov.al,h cic.h dios.al ign.h,vh vib.hrl
– **nachmittags**: anac.al,k *Asar.*al,k borx. dios.al,k phys.al seneg.al,j5 sulph.al,k thuj.al
- **13** h: lycps-v.
- **14** h nach Frost: gels.
- **16** h nach geistiger Anstrengung: rhodi.al
- **17**.30 h: nux-m.

– **abends**: *Aesc-g.*hrl,st alet. am-c.al,k asaf.al,k *Calc.*hrl,kl,* coff.j5 glon.al,k *Hep.*hrl,k,* kali-n.h,j5 *Lac-d.*hrl,krl,* lach.j5 lyc.h,k,* lycps-v. mosch. *Nat-m.*k1,st nux-v.al,k phos.al,k rhus-t.j5 *Sep.*al,k
- **18** h: glon.
- **19** h: lycps-v. seneg.
- **20** - 21 h: *Nux-v.*
- **21** h: mag-m. meli. rhus-t.
- **Anstrengung**, bei: nat-m. nat-n.al
- **Entkleiden**, beim: chel.al,k
- **Herzschwäche**, durch: lycps-v.
- **steifen** Fingern und Armen, mit: petr.h
- **Stuhlgang**, beim: sars.al

– **nachts**: am-c.al,k ars.j5 bar-c.al,k calc.j5 carb-v.j5 dios.al graph.j5 *Mosch.*k,kl,* nit-ac.al,k nux-m. *Nux-v.*hrl,j5,* sep.j5 *Sil.*al,k ther.al,k vip.j5
- **Mitternacht**: sep.al,k
- **3** h: dios.

◆ **begleitet** von:
- **Übelkeit**: ail.al alum. alumn.krl ang.krl,st *Arg-n.* *Ars.*al calad.krl,st calc. carb-an.st carbn-s. caust.st cham. chel. **Cocc.** coff-t.al fago. *Glon.* graph. **Ip.**krl,st *Kali-c.*krl,st **Lach.** lob.krl,st lunakgl nat-m. **Nux-v.** op. petr.st picro.al,st plan.krl,st sep.al sul-ac. sulph. *Tab.*krl,st valer.krl,st verat. vesp.al,krl,*
  - **Aufstehen**; beim: lunakgl

– **Abort**, nach: rosm.al
– **Addison** Syndrom, bei: *Calc.*hrl,krl
– **Amenorrhoe**, bei: glon.krl
– **Anämie**, bei: acet-ac.k2,krl ferr-i.k2,krl *Mosch.*krl *Spig.*krl
☞ *Anämie*
– **Angina pectoris**, bei: *Arn.*hrl,krl,* *Hep.*hrl,krl,* *Spong.*hrl,krl,*
☞ *Herz - Druck / Herz - Erkrankung / Herzklopfen - nach / Schmerz - Herzen*

- **Herzangst**, mit: *Aml-ns.*$_{kr1,st}$ *Merc-i-f.*$_{kr1,st}$ plb.$_{a1,kr1,*}$ tab.$_{kr1,st}$

– **Angst**, nach: cench.$_{k2}$
– **Anstrengung**, bei: *Arn.*$_{st}$ *Ars.*$_{hr1,k}$ calc. *Calc-ar.*$_{hr1,kr1}$ *Carb-v.* *Caust.*$_{hr1,k}$ *Cocc.*$_{bg2,k,*}$ ferr.$_{k13,k2}$ glon.$_{k2}$ hyper.$_{hr1,k}$ *Iod.*$_{hr1,kr1}$ *Lach.*$_{hr1,kr1}$ *Lob.*$_{hr1,kr1,*}$ mosch.$_{sf,sf1}$ nat-m. nux-v. plan.$_{a1,k}$ plb.$_{a1,k}$ *Rhus-t.*$_{st}$ *Senec.*$_{hr1,k,*}$ **Sep.**$_{hr1,k}$ sulph. *Ther.*$_{bg2,k,*}$ *Verat.*$_{bg2,k,*}$
– **Asthma**, durch: *Ars.*$_{st}$ *Atro.*$_{hr1,kr1,*}$ berb.$_{st}$ kreos.$_{st}$ lach.$_{st}$ morph.$_{st}$
– **Atmen** amel.; tiefes: asaf.
– **Auffahren**, wenn etwas auf den Boden fällt; durch: merc.$_{a1}$
– **Aufstehen**: acon.$_{st}$ ambr. *Bry.* calad. *Calc.*$_{kr1,st}$ cere-b.$_{a1}$ chel. crot-h. cupr. hydrog.$_{srj2}$ ind. *Iod.*$_{kr1}$ *Lach.*$_{kr1,st}$ merc-i-f.$_{bg2}$ neon$_{srj5}$ phyt.$_{bg2}$ plb. ran-a.$_{a1}$ vac.$_{kr1,st}$ vario.$_{kr1,st}$ verat-v.$_{bg2,kr1,*}$ vib.$_{bg2}$
  ☞ *Sitzen - aufrechtes*
  - **nach**: **Carb-v.**$_{hr1,kr1}$ *Iod.*$_{hr1,kr1}$
  - **Bett**, vom ●: acon. apoc.$_{k2}$ berb.$_{j5}$ **Bry.** calad. *Calc.*$_{kr1}$ *Carb-v.* *Cina* colch.$_{k1}$ *Iod.*$_{k1,st}$ nat-m.$_{h}$ op. **Phyt.** rhus-t. rob. sep. trom.$_{a1}$
  - **Sitzen**, vom: carb-v.$_{h}$ staph. sumb. trom.
– **Aufstoßen**, durch: *Arg-n.* **Carb-v.**$_{kr1,st}$ nux-v.$_{kr1,st}$
  - **nach**: *Arg-n.*$_{kr1,st}$ *Nux-v.*
    - **amel.**: mag-m.
– **Bett**, im: caust.$_{a1,k}$ dios.$_{a1,k}$
– **Bewegung**:
  - **amel.**: jug-c.
  - **bei**: **Ars.**$_{hr1,k}$ **Bry.**$_{hr1,kr1}$ **Cocc.**$_{hr1,k1,*}$ *Croc.*$_{st}$ cupr. cupr-act.$_{a1}$ *Hyos.*$_{hr1,kr1,*}$ kali-c.$_{a1,k}$ *Lob.*$_{hr1,st}$ nat-hchls.$_{a1}$ *Nit-ac.*$_{hr1,k}$ nux-v.$_{j5}$ phys.$_{a1,k}$ spig.$_{st}$ **Spong.**$_{hr1,k}$ *Verat.*$_{hr1,k}$
  - **schneller**, bei: samb. sumb.$_{a1}$
– **Blähungen**, durch: lyc.$_{k2}$
– **Blasen** eines Musikinstrumentes; beim: kali-n.$_{h}$
– **Blicken**, beim:
  - **langes**, festes Blicken auf einen Gegenstand direkt vor den Augen: sumb.
  - **oben**, nach: tab.$_{bg2}$
– **Blut**; beim Anblick von: **Alum.**$_{st}$ nux-m. *Verat.*$_{st}$
  ☞ *Wunden* / ❑ *Gemüt - Bewußtlosigkeit - Blut* / ❑ *G~ Blut*
– **Blutungen**; durch: ip.$_{k2}$
  - **Entbindung**; nach der: *Cann-s.*$_{kr1,st}$ *Croc.*$_{kr1,st}$ **Ip.**$_{kr1,st}$ **Tril-p.**$_{kr1,st}$
  - **Nasenbluten**; durch: *Acon.*$_{kr1}$ cann-s.$_{kr1}$ crot-h.$_{kr1}$ *Ip.*$_{kr1}$ *Lach.*$_{kr1}$
  - **Rektums**; des: *Ign.*$_{kr1,st}$ *Nux-v.*$_{kr1,st}$
  - **Uterus**; des: *Apis*$_{kr1,st}$ **Chin.**$_{kr1,st}$ *Coc-c.*$_{kr1,st}$ *Kreos.*$_{kr1,st}$ merc.$_{kr1,st}$ *Phys.*$_{kr1,st}$ tril-p.$_{c1,kr1,*}$
– **Blutverlust**; durch
  ☞ *Säfteverlust - Blutverlust*
– **Brust**; mit Zusammenschnürung der: acon. ars.$_{h}$
– **Bücken**, beim: elaps sumb.$_{a1,k}$
– **Darmkolik**, bei: asaf.$_{kr1}$ *Castm.*$_{kr1}$ *Coll.*$_{kr1,st}$ *Coloc.*$_{kr1}$ hydr.$_{kr1,st}$ *Manc.*$_{kr1}$ *Nux-m.*$_{kr1}$ stram.$_{kr1}$
– **Diarrhoe**:
  - **vor**: ars. sulph. sumb.

– **Diarrhoe**: ...
  - **während**: ars.$_{st}$ crot-t.$_{kr1,st}$ *Cupr-act.*$_{kr1,st}$ *Nux-m.*$_{kr1,st}$ paeon.$_{st}$ podo.$_{st}$ *Puls.*$_{kr1,st}$ verat.$_{st}$
  - **nach**: aloe$_{sf1}$ ars. colch.$_{sf1}$ **Nux-v.**$_{kr1,st}$
    ☞ *Kollaps - Diarrhoe*
– **Diphtherie**, bei: *Brom.*$_{hr1,kr1,*}$ *Canth.*$_{hr1,kr1,*}$ kali-chl.$_{st}$ kali-m.$_{kr1,st}$ *Lach.*$_{kr1,st}$ *Sulph.*$_{hr1,kr1,*}$
– **Drehen** des Kopfes; beim: ery-a.$_{a1}$ ptel.
– **Druck** in die Taille; durch: *Lac-c.*$_{kr1,st}$ *Lac-d.*$_{hr1}$ *Merc.*$_{st}$
– **dunklen** Orten, an: *Stram.*
  ☞ ❑ *Gemüt - Dunkelheit - agg.* / ❑ *G~ Licht - Verlangen*
– **Eier**; beim Geruch frisch geschlagener: colch.
– **Endokarditis**; bei: ars.$_{k2}$
– **engen** Zimmer, im: *Acon.*$_{k,k1,*}$ *Asaf.* ip. *Lach.* *Lil-t.*$_{hr1}$ **Puls.** *Tab.* trif-p.$_{a1}$ vesp.$_{k13,k2}$
– **entmutigt**, wenn: ars.$_{h,k,*}$
– **Erbrechen**:
  - **vor**: **Ars.**$_{hr1,kr1}$ crot-h.$_{hr1,kr1}$ **Ip.**$_{hr1,kr1}$
  - **während**: agar.$_{hr1,kr1,*}$ apom.$_{kr1,st}$ crot-t.$_{a1,kr1,*}$ **Ip.**$_{hr1,kr1,*}$ *Kali-c.*$_{hr1,kr1,*}$ nit-ac.$_{h,kr1,*}$ *Phyt.*$_{hr1,kr1,*}$ **Tab.**$_{hr1,kr1,*}$ **Verat.**$_{hr1,kr1,*}$
  - **nach**: **Ars.**$_{hr1,k}$ bism.$_{sf,sf1}$ *Cocc.*$_{hr1,kr1}$ dig.$_{a1,k}$ elaps *Gamb.*$_{a1,k}$ kali-c.$_{h}$ **Nux-v.**$_{hr1,kr1}$ *Stict.*$_{hr1,kr1}$ verat.$_{hr1,kr1}$
– **Erhitzung**, bei: tab.$_{bg2,j5}$
– **Erregung**, bei: *Acon.*$_{k,k1,*}$ am-c. *Asaf.*$_{a1,k}$ aster.$_{st}$ camph. *Caust.* *Cham.* cocc.$_{bg2}$ **Coff.**$_{bg2,k}$ glon.$_{k2}$ **Ign.** kali-c.$_{bg2}$ **Lach.** mosch.$_{sf,sf1}$ *Nat-c.* *Nux-m.* **Op.** *Ph-ac.*$_{bg2,k}$ **Sumb.**$_{a1,k}$ *Verat.*$_{k,k1,*}$ vesp.$_{k13,k2}$
– **Erwachen**, beim: **Carb-v.**$_{hr1,k}$ dios.$_{a1,k}$ graph.$_{a1,k}$ lach. ptel.$_{a1,k}$ ther.$_{j5}$
– **Essen**:
  - **vor**: asaf.$_{a1,k}$ bufo *Culx.*$_{vh}$ ind.$_{a1,k}$ lach.$_{a1}$ phos. ran-b.$_{k,k1}$ sulph.
    ☞ *Hunger*
  - **beim**: mosch.$_{k2}$
  - **nach**: bar-c.$_{hr1,k}$ bufo *Caust.*$_{hr1,k1,*}$ dios.$_{hr1,kr1,*}$ *Kali-bi.*$_{hr1,kr1,*}$ kali-c.$_{hr1,kr1,*}$ *Mag-m.*$_{hr1,k}$ *Nux-v.*$_{bg2,k,*}$ *Ph-ac.*$_{bg2,k,*}$ plan.$_{a1,k}$ sang.$_{a1,k}$ sil.$_{bg2}$ sul-ac.$_{bg2}$
  - **muß** essen: phos.$_{k2}$
– **Fahren**:
  - **beim**: *Berb.*$_{a1,k}$ cocc.$_{st}$ grat.$_{a1,k}$ *Sep.*$_{a1,k}$ sil.
  - **nach**: berb.$_{a1}$ sep.$_{a1}$
– **Fallen**, mit: *Ars.*$_{hr1,kr1,*}$ *Camph.*$_{hr1,kr1,*}$ *Stram.*$_{hr1,kr1,*}$
  - **hinten**, nach: *Lac-d.*$_{hr1,kr1,*}$
  - **linken** Seite, zur: mez.$_{kr1,st}$
– **Fieber**:
  - **vor**: ars.$_{j5}$
  - **während**: *Acon.* *Arn.* ars.$_{j5}$ bell. *Eup-per.*$_{hr1,kr1}$ *Ign.*$_{hr1,kr1,*}$ *Nat-m.* *Nux-v.* op. *Phos.* *Puls.*$_{hr1,kr1}$ **Sep.**$_{a1,k}$
    - **intermittierendem** Fieber, bei: *Phos.*$_{hr1,kr1,*}$
    - **Kindbettfieber**; bei: cimic.$_{hr1,kr1,*}$ *Coloc.*$_{hr1,kr1,*}$
  - **nach**: sal-ac.$_{hr1,kr1,*}$
– **Fluor**, bei: bar-c.$_{kr1}$ cycl.$_{kr1}$ *Lach.*$_{kr1}$ *Nux-m.*$_{kr1}$ sulph.$_{kr1}$
– **Freien**, im: *Mosch.*$_{hr1,j5,*}$ nit-ac.$_{h}$ *Nux-v.*$_{h,hr1,*}$
  - **amel.**: borx.$_{a1,j5}$ crot-c.$_{a1}$ dios.$_{a1}$ tab.$_{hr1}$ trif-p.$_{a1}$

– **Frost**:
• **vor**: *Ars.*$_{hr1,kr1,*}$
• **während**: acon.$_{st}$ alumn.$_{a1,hr1}$ ars.$_{a1,k}$ asar.$_{a1,k}$ *Calc.*$_{hr1,kr1,*}$ calen.$_{j5}$ coloc.$_{st}$ kali-c.$_{j5}$ morph.$_{st}$ sapin.$_{a1,st}$ **Sep.**$_{a1,k}$ stram.$_{hr1,kr1,*}$ valer.$_{hr1,kr1,*}$
– **Frösteln** mit: zing.$_{kr1}$
– **Frühstück**:
• **vor**: *Calc.*$_{hr1,kr1}$ cimic.$_{hr1}$ dios.$_{hr1}$ *Kali-c.*$_{hr1}$
• **nach**: bufo naja
– **Gehen**:
• **beim**: aether$_{a1,st}$ arn.$_{a1,k}$ *Ars.*$_{hr1,k}$ berb.$_{hr1,j5,*}$ bov.$_{a1,k}$ *Con.*$_{hr1,kr1}$ cur.$_{hr1,k}$ dor.$_{hr1,k,*}$ ferr.$_{a1,k}$ get.$_{a1}$ merc.$_{gl1}$ nat-s.$_{a1,k}$ *Verat-v.*$_{hr1,k,*}$
• **nach**: berb.$_{hr1,k,*}$ *Con.*$_{hr1,kr1,*}$ nux-v.$_{j5,st}$ paeon.$_{a1,k}$
• **Freien**, im: berb.$_{j5}$ borx.$_{j5}$ caust.$_{h}$ lycps-v. mosch.$_{j5}$ seneg. sep.
• **amel**.: am-c.$_{j5}$
• **nach**: *Nux-v.*
• **schnelles** Gehen amel.: petr.
• **Hinuntergehen** der Treppe, durch: ery-a.$_{a1}$ stann.$_{hr1,kr1,*}$
• **Treppensteigen**, durch: *Anac.*$_{kr1,st}$
• **Weitergehen**, fortgesetztes Gehen amel.: *Anac.*
– **Geräusche**, durch: ant-c.$_{k2}$ asaf. borx.$_{k2}$ lyc.$_{k2}$ merc. nat-m.$_{k2}$
– **Gerüche**; durch: ign. **Nux-v.** **Phos.**$_{k1,st}$ sang.$_{a1}$
☞ ❑ *Gemüt - Empfindlich - Gerüche*
• **Blumen**, von: **Phos.**$_{k1,st}$ sang.
• **Eiern**, von: *Colch.*$_{kr1}$
• **Fäzes**, Stuhl; durch den Geruch von: dios.
• **Fisch**, von: colch.
• **Kölnisch** Wasser amel.: sang.$_{a1,st}$
• **Küchengerüche**: **Colch.** ip.
☞ *Speisen*
• **Parfüm** oder Essig, von: agar.$_{kr1,st}$
• **Speisen**; durch den Geruch von: colch.$_{k2}$
☞ *Küchengerüche*
– **Gesicht**:
• **blassem**, mit: acon.$_{kr1,st}$ berb.$_{kr1,st}$ *Cimic.*$_{hr1,kr1}$ *Ip.*$_{hr1,kr1}$ **Lach.**$_{hr1,kr1,*}$ *Lob.*$_{hr1,kr1}$ nat-m.$_{kr1,st}$ nux-v.$_{kr1,st}$ puls.$_{hr1,kr1,*}$ *Stram.*$_{hr1,kr1}$ *Tab.*$_{hr1,kr1}$
• **blauem**, mit: morph.$_{st}$
• **rotem**, mit: acon.$_{st}$ *Ptel.*$_{hr1,kr1}$
– **Gewitter**, vor: petr.$_{h,k,*}$ sil.$_{h,k,*}$
– **gut** vor dem Anfall; fühlt sich besonders: psor.$_{vh}$
– **Hämatemesis**, durch: **Ars.**$_{st}$
– **Hämoptyse**, nach: sil.$_{h}$
– **Hämorrhoiden**, nach: chin.$_{k2}$
– **häufig**: alum-p.$_{k2}$ **Ars.**$_{hr1,k}$ *Bapt.*$_{hr1,kr1,*}$ *Both.*$_{a1}$ *Camph.*$_{hr1,kr1,*}$ carbn-s.$_{kr1,st}$ *Hyos.*$_{hr1,kr1,*}$ *Merc.*$_{hr1,kr1}$ *Merc-cy.*$_{hr1,kr1,*}$ *Murx.*$_{hr1,kr1,*}$ *Op.*$_{hr1,kr1,*}$ *Phos.*$_{hr1,k}$ **Sulph.**
– **Heben**, beim:
• **Arme** über dem Kopf; der: *Lac-d.*$_{hr1,k}$ lach. spong.
• **Kopfes**, des: apoc. *Bry.* ip.
– **Herz**:
• **Druck** am Herzen; mit: cimic. *Manc.*$_{kr1}$ petr. plb.
☞ *Erkrankung / Angina / Herzklopfen / Schmerz - Herzen*

– **Herz**: ...
• **Erkrankung** des Herzens; bei: *Arn.*$_{kr1,st}$ *Ars.*$_{kr1,st}$ *Cact.*$_{kr1,st}$ *Chel.*$_{kr1,st}$ *Dig.*$_{kr1,st}$ *Kali-p.*$_{kr1,st}$ lach.$_{gm1}$ lycps-v.$_{kr1,st}$ *Spig.*$_{kr1,st}$
☞ *Druck / Angina / Herzklopfen / Schmerz - Herzen*
• **Herzschwäche**, durch: ars.$_{k1}$ crat.$_{sys}$ dig.$_{k1}$ hydr-ac.$_{k1}$ lach.$_{k1}$ laur.$_{k1}$ verat.$_{k1}$
– **Herzklopfen**:
☞ *Herz - Erkrankung*
• **während**: **Acon.**$_{kr1,st}$ *Am-c.*$_{kr1,st}$ arg-n.$_{k1}$ beryl.$_{sp1}$ cact. cimic. *Cocc.* *Hydr.*$_{kr1}$ *Iod.* *Kalm.*$_{kr1}$ **Lach.** *Manc.*$_{kr1}$ **Nux-m.** petr. sul-i.$_{k2}$ *Verat.*
• **nach**: am-c.$_{k1}$
– **Hinsetzen**: iod. kali-n. nat-s. nux-v.$_{j5}$
• **beim**: bov.$_{j5}$ kali-n.$_{j5}$
– **Hitze**:
• **dann** Kälte: **Sep.**
• **durch**: ant-c.$_{hr1,kr1,*}$ berb.$_{st}$ nux-v.$_{st}$ petr.$_{hr1,st}$ sumb.$_{a1}$
• **Hitzewallungen**, mit: *Crot-t.*$_{kr1}$ *Sep.*$_{k1,kr1}$ **Sulph.**$_{kr1}$
– **hochrennt**; wenn er Treppen: sumb.$_{a1,k}$
– **Hunger**, durch: cocc.$_{hr1,kr1,*}$ crot-c.$_{a1,st}$ culx.$_{k13,k2}$ *Lyc.*$_{hr1}$ *Phos.* *Sulph.*$_{hr1,k}$
☞ *Essen - vor*
– **Husten**, beim: *Ars.* cadm-s. cina coff. *Cupr.* ip.$_{k1}$ *Phos.*$_{k1,kr1,*}$
• **zwischen** den Anfällen: *Ant-t.*$_{kr1,st}$
– **hysterisch**: *Acon.*$_{bro1}$ am-c.$_{k2,st}$ arn.$_{kr1,st}$ ars. asaf.$_{bro1}$ cench.$_{k2}$ *Cham.* cimic. **Cocc.** cupr.$_{bro1}$ *Dig.*$_{kr1,st}$ **Ign.** kali-ar.$_{k2}$ lac-d. lach.$_{bro1}$ *Mosch.* *Nat-m.* *Nux-m.* *Nux-v.* puls. *Sep.*$_{kr1}$ stict.$_{kr1}$ sumb. ter.
– **kalt**:
• **Erkältung**, durch: petr.$_{h,k,*}$ *Sil.*$_{hr1,k}$
• **Wasser** amel.; kaltes: glon.$_{a1,k}$ vip.$_{j5}$
☞ *Wasser*
– **Kälte** der Haut; mit: *Camph.*$_{hr1,kr1}$ carb-v.$_{hr1,kr1}$ *Chin.*$_{hr1,kr1}$ *Laur.*$_{hr1,kr1}$ mosch.$_{hr1,kr1}$ *Tab.*$_{hr1,kr1}$ *Verat.*$_{hr1,kr1}$
– **Kardiopathie**, bei
☞ *Herz - Erkrankung*
– **Kirche**, in der: *Ign.*$_{k2,kr1,*}$ merc-i-f.$_{a1,kr1,*}$
☞ *Knien / Stehen - Kirche / überfüllten - Zimmer / Knien - agg.*
– **Kleidung**, durch enge: kali-n.$_{h}$
– **Kleinigkeiten**, durch: *Sep.*$_{hr1,k}$ sumb.$_{st}$
– **Knien** in der Kirche; beim: **Sep.**$_{hr1,k}$
☞ *Kirche*
– **Koitus**:
• **während**: murx.$_{bro1}$ orig.$_{bro1}$ *Plat.*$_{sf,sf1}$
• **nach**: **Agar.** **Asaf.**$_{k1,st}$ *Dig.*$_{hr1,k}$ *Nat-p.* *Sep.*
– **Konvulsionen**, nach den: ars-s-f.$_{hr1,kr1}$ nux-v.$_{a1}$ *Verat.*$_{hr1,kr1}$
– **Kopfschmerzen**, bei: ang.$_{c1}$ ars.$_{a1}$ *Calc.*$_{kr1,st}$ carb-v.$_{kr1,st}$ castm.$_{kr1}$ *Gels.*$_{kr1,st}$ glon. graph.$_{st}$ hep.$_{k2}$ hippoz.$_{kr1}$ lil-t.$_{k2}$ lyc.$_{h,st}$ mez.$_{h,k2}$ mosch.$_{bg2,st}$ nat-m.$_{st}$ sang.$_{k2}$ *Sil.*$_{kr1,st}$ stram. *Sulph.*$_{kr1,st}$ *Ter.*$_{kr1}$ verat. zing.
– **Kummer**, durch: *Ign.*$_{hr1,st}$ *Staph.*$_{hr1,st}$
– **lesen**; beim Versuch im Stehen zu: glon.$_{a1,k}$
– **Lesen**, nach dem: asaf. cycl.$_{a1,k}$ tarax.

– **Lichtern**, durch Aufenthalt in einem Raum mit vielen: nux-v.hr1,k
– **Liegen**:
• **amel**.: alumn.a1,k dios.a1,k hedeo.st *Merc-i-f.*a1,k *Nux-v.*a1,k verat-v.a1
• **beim**: berb.hr1,kr1,* calad.hr1,k,* *Calc.*hr1 **Carb-v.**hr1,kr1,* caust.j5 iod. lyc.a1,k merc.a1 peti.a1 sulph.hr1,k,* sumb.a1
• **nach**: calad. mag-c.
• **Seite**, auf der: lyc. sil.
– **Magen** aufsteigen; Gefühl, als würde etwas vom: am-br. **Calc.**kr1,st hydrog.srj2
– **Magens**; bei Beschwerden des: *Alumn.*hr1,kr1,* **Arg-n.**hr1,kr1,* bufokr1 dios.hr1,kr1 *Dor.*hr1,kr1,* elapskr1 *Kali-bi.*hr1,kr1,* *Mag-m.*hr1,kr1 *Mez.*k,kr1 *Nat-s.*hr1,kr1,* sang.hr1,kr1 sin-n.hr1 **Sulph.**hr1,kr1
☞ *Schmerz - Magen*
– **Medikament**, beim Denken an das: asaf.a1,k
– **Meningitis**, bei: *Ant-t.*hr1,kr1 *Dig.*hr1,kr1 *Glon.*hr1,kr1
– **Menopause**; während der: **Acon.**kr1,st chin.kr1,sf1,* cimic.kr1,sf1,* cocc.kr1,st *Coff.*kr1,st crot-h.kr1,st ferr.kr1,st *Glon.*kr1,sf1,* hydrc.kr1,st *Kali-c.*kr1,st **Lach.**kr1,sf1,* *Mosch.*kr1,st *Nit-ac.*kr1,st nux-m.kr1,sf1,* nux-v.kr1,sf1,* *Phys.*kr1,st sep.kr1,sf1,* *Sulph.*kr1,sf1,* tab.kr1,sf1,* tril-p.kr1,st valer.kr1,st *Verat.*kr1,st viol-t.kr1,st
– **Menses**:
• **vor**: am-c.bg2,sf1,* cimic.bg2,hr1,* cocc.bg2,k,* lach.bg2,k,* *Lyc.*bg2,k,* *Murx.* *Nat-m.*bg2,h,* *Nux-m.*bg2,k,* nux-v.bg2,k,* *Sep.*bg2,k,* *Thuj.*bg2,k,*
 • **Schmerz**; durch: arg-n.hr1
• **während**: *Acon.*bg2,hr1,* apis *Arg-n.*bg2,hr1 berb.bg2,k,* *Calc.*bg2,k1,* cham.bg2,k,* chin.bg2,j5,* cimic.bg2,k *Cocc.*bg2,k,* glon.bg2,hr1,* *Ign.*k,kl2●,* *Ip.*hr1 kali-c.bg2 **Lach.**bg2,k,* laur.k2,kr1 lyc.h,j5,* mag-m.bg2,k,* med.hr1 *Mosch.*bg2,k murx.st nat-m.h,k,* nux-m.bg2,k **Nux-v.**bg2,k,* plb. puls. raph.a1,k *Sars.*hr1,k **Sep.**bg2,k,* sulph.bg2,k,* thuj.bg2 uran-n.kr1,st verat. *Vib.*bg2,hr1,* wies.a1,st
 • **Schmerz**; durch: *Cocc.*kr1,st kali-s. *Lap-a.* *Nux-v.*kr1,st *Sars.*kr1,st *Sep.*kr1,st
• **nach**: *Chin.*hr1,k1,* *Lach.* *Lyc.*hr1,k1,*
• **unterdrückte**, durch: cocc.j5 kali-c.bro1 *Nux-m.*br1,bro1 op.bro1
– **Metrorrhagie** mit: apisbro1 *Chin.*j5 ferr-m.bro1 *Tril-p.*bro1
– **Mittagessen**:
• **beim**: asaf.hr1,k,* lyc.a1,k *Mag-m.*hr1,k,* *Nux-v.*a1,k
• **nach**:
 • **Körperübungen** im Freien; bei: am-m. *Kali-c.*kr1,st *Nux-v.*kr1,st
– **Musik**; beim Hören von: cann-i. sumb.a1,k
– **Mydriasis**, mit: morph.st
– **Nachdenken**, geistige Anstrengung; durch: calad. *Calc.*kr1 coff.kr1,st *Nux-v.*kr1,st *Par.*kr1
– **Nachwehen**; bei jedem Anfall von: hep. *Nux-v.*
– **Nasenbluten**:
• **vor**: *Carb-v.*hr1,kr1,*
• **durch**: *Acon.*hr1,kr1,* *Cann-s.*hr1,kr1,* croc.kr1,st crot-h.hr1,kr1,* *Ip.*hr1,kr1,* *Lach.*hr1,kr1,*
• **mit**: *Calc.*bg1,vh,* cann-i.bg2 carb-v. croc.bg1,k1,* lach.st
– **Naßwerden**, nach: *Sep.*hr1,k,*
– **nervös**: cench.k2
– **nüchtern**, amel. wenn: alum-sil.k13,k2
– **Obst** amel.; saures: naja
– **Ofen**, nahe dem: vesp.k2
– **Operationen**; beim Sprechen von: alum.st
– **periodisch**: cact. *Coll.*hr1,kr1 fl-ac. lyc.a1,k nit-ac.j5 staph.j5
• **Tag**; jeden: *Hydr.*kr1,st
– **plötzlich**: ant-c.k13,k2 camph.st cham.c,c1 cimic.hr1 hydr-ac.sf,sf1 kali-cy.st mosch.a1,hr1 op.a1 petr.a1,h *Phos.*hr1,k podo.sf,sf1 ran-b.hr1,k2,* rhus-t.a1,k *Sep.*hr1,k syph.hr1 thuj.a1 valer.sf,sf1
– **Puls**:
• **langsam**: **Dig.**kr1,st
• **unfühlbarem**, mit: *Chin.*kr1,st *Crot-h.*kr1,st morph.kr1,st
• **unregelmäßig**: **Dig.**kr1,st morph.kr1,st
– **qualvoller** Angst, nach: nux-v.kr1 verat.kr1
– **Rauchen** (von Tabak):
• **nach**: *Caust.*hr1,kr1,* *Lob.*hr1,kr1
• **beim**: *Ign.*hr1,kr1,* *Ip.*hr1,kr1,* sil.a1,k
– **Ruhelosigkeit**, nach: calc.
– **Säfteverlust**, durch: ars.st bar-c.j5 *Carb-v.*kr1,st **Chin.** **Ip.**st kreos.st merc.st nux-m.st nux-v.st **Ph-ac.**k1,st **Tril-p.**k1,st *Verat.*kr1,st
☞ *Schwäche*
• **Blutverlust**, durch: chin.sf1 ferr.k2 *Ip.*sf1 op.k2,sf1 tril-p.sf1
– **Samenabgang**, nach: **Asaf.** ph-ac.
– **Schlaf**:
• **nach**: **Carb-v.**hr1,kr1,* thuj.a1
• **gefolgt** von Schlaf; Ohnmacht: *Nux-m.*kr1,st
• **Schlafmangel**, durch: syph.kr1,st
• **Seite**; beim Schlafen auf der linken: asaf. dig.k2
– **Schläfen** mit beiden Händen; beim Reiben der: merc.
– **Schläfrigkeit**, mit: ars.
– **Schließen** der Augen agg.: ant-t.bg1
– **Schmerz**; durch: *Acon.*bg2,hr1,* apis ars.bg2,hr1,* asaf.hr1,k bism.st bol-la.a1,st *Cham.*k,kl2● *Cocc.*hr1,k coff.bg2 coloc.bg2,k *Gels.*hr1,kr1,* **Hep.**k1,st iod.bg2 *Nux-m.*bg2,k,* *Nux-v.* phos.hr1,st phyt. ran-s.bg2,hr1 sil.bg2 stroph-h.bg2 *Valer.*hr1,k *Verat.*k1,st vib.bg2,hr1 vip.bg2
☞ ❑ *Gemüt - Empfindlich - Schmerz*
• **Abdomen**, im: *Cocc.* *Coll.*st plb. stram.st
• **Anus**, im: sulph.h
• **Herzen**, im: arn. *Cact.*kr1,st **Lach.** *Manc.*kr1
☞ *Angina / Herz - Druck / Herz - Erkrankung / Herzklopfen - nach*
• **Hinterkopf**; im: gels.psa
• **Hoden**, in den: *Laur.*kr1,st
• **Kopf**, im: mez.h
• **Kreuz**, im: dios.a1 huraa1
• **Magen**; im: *Ars.*kr1,st **Bism.** *Coll.* cupr-s.kr1 *Dios.*kr1 *Nux-v.* puls. ran-b.c1 ran-s. sin-n.kr1 *Sulph.*kr1
☞ *Magens*
• **Ohr**, im: *Cur.* *Hep.* *Merc.*
• **Samenstrang**, im: calc-ar.kr1,st

- **Stich** mit einer Nadel; durch: calc.h
- **Stuhlgang**, beim: *Cocc.*kr1,st
- **Zähnen**, in den: chin. *Puls.* verat.

– **Schnarchen**, mit: stram.st
– **Schock**, durch: *Atro.*hr1,kr1 rescuercb1
– **Schreck**, nach: **Acon.**hr1,k *Gels.*hr1,k *Ign.*hr1,k *Lach.*hr1,k *Nux-v.*gl1 **Op.**hr1,k *Phos.*gl1 *Staph.*gl1 *Verat.*hr1,k1,*
☞ ❑ *Gemüt - Beschwerden durch - Schreck*
– **Schreiben**, nach: calad.hr1,k,* *Calc.*hr1,kr1 mosch. op.
– **Schwäche**, aus: ant-t.j5,kr1,* *Ars.*kr1,st *Carb-v.*bg2,j5,* caust.j5,kr1,* chin.bg2,kr1,* *Coca*kr1,st *Ferr.*kr1,st *Hydr.*kr1,st hydrog.srj2 *Lach.*kr1,st nux-m.bg2,kr1,* nux-v.bg2,kr1,* ran-b.kr1,st *Sang.*kr1,st *Verat.*bg2,kr1,* *Zing.*kr1,st
☞ *Säfteverlust*
– **Schwangerschaft**; während der ●: *Bell.* *Kali-c.*st *Nux-m.* *Nux-v.* *Puls.* sec. *Sep.* *Verat.*kr1
- **Bewegung** des Fötus; durch die geringste: *Lach.*kr1,st

– **Schweiß**:
- **amel.**: *Olnd.*hr1,kr1,*
- **während**: agar.hr1,k ant-t.hr1,kr1 apis arn.bg2 *Ars.* *Bry.*bg2 *Calc.*hr1,kr1 carb-v. hydr-ac.a1 hyos. *Ign.*bg2,k *Lob.*hr1,kr1 morph.st *Nux-v.*bg2 *Petr.*bg2 *Sel.*bg2 *Sep.*hr1,kr1 sulph.bg2 ther.k2 *Thuj.*bg2
- **nach**: *Apis*kr1,st arn.bg2,hr1,* *Chin.*st sal-ac.hr1,kr1
- **Fußschweiß**, durch unterdrückten: *Sil.*kr1,st
- **kaltem**, mit: *Bry.*hr1,kr1 *Camph.*hr1,kr1 caps.hr1,kr1 carb-v.hr1,kr1 *Chin.*hr1,kr1 **Dig.**hr1,kr1 *Hydr.*hr1,kr1 lach.kr1,st *Tab.*hr1,kr1 ther.hr1,kr1 *Verat.*hr1,kr1,*

– **Schwindel**, mit: acon.bro1 alet.bro1 berb.bro1 *Bry.*bro1 camph.bro1 *Carb-v.*bro1 glon.bro1 *Hep.*bg1,vh,* lunakg1 mag-c.bg1 mosch.k2,kr1 *Nux-v.*bro1 phos.bro1 sabad.bro1 sel.k2 tab.bro1
☞ ❑ *Gemüt - Bewußtlosigkeit - Schwindel*
– **sexuellen** Exzessen, nach: *Dig.*hr1,kr1 ol-an.sf,sf1
– **Sitzen**:
- **aufrechtes** Sitzen; durch: **Acon.**k,st arn. **Bry.** calad.st carb-v. chin.sf1 *Dig.*sf1 dios. *Ip.* *Nux-v.* **Phyt.**k1,st *Ran-b.*kr1,st *Sep.*kr1,st sulph. verat-v. *Vib.* vip.sf1
☞ *Aufstehen*
  - **plötzlich**: ery-a. *Verat-v.*

– **Sommerhitze**, durch: *Ant-c.*hr1,k *Ip.*hr1,k
– **Sprechen**, durch: *Ars.*hr1,k
– **Stehen**, beim ●: **Alum.** **Alumn.**kr1 apis berb.j5 *Bry.* cur.st *Dig.* dios.a1 glon.a1 kali-n.j5 lil-t. lyc.j5 *Nux-m.* nux-v. phyt. rhus-r. sil. *Sulph.* *Zinc.*
- **Kirche** während den Menses; in der: *Lyc.* *Nux-m.* *Puls.*
☞ *Kirche*
- **Prolaps** des Uterus; durch: *Lil-t.*st
- **Urinieren**, beim: acon.kr1,st

– **Steigen**, beim:
- **Bergsteigen**, beim: *Coca*st
- **Hügel**, auf einen: agar.
- **Treppensteigen**, beim: aethera1,st *Anac.*h,k,* iod. lycps-v. plb.a1,k

– **Stuhl**:
- **vor**: *Ars.*hr1,k dig.hr1,k glon.a1,k puls.bg2,k,* samb. sars. *Sulph.*hr1,kr1 sumb. verat.bg2
- **während**: aloe ars.bg2 borx.kr1,st colch.hr1,kr1,* coll.a1,k crot-t.st dios.a1,k *Dulc.* hydr.bg2 *Nux-m.* ox-ac.bg2,k,* petr.bg2,hr1,* plan.hr1,kr1,* *Puls.*bg2,k1,* *Sars.*bg2,k1,* spig.bg2,j5,* stann.sf,sf1 *Sulph.*bg2,k,* tab.bg2 *Verat.*bg2,hr1,* verat-v.sf,sf1
- **nach**: aloekr1,st apiskr1,st *Ars.*hr1,k *Ars-s-f.*k13,k2 *Bol-la.*kr1,st *Calc.*k1,st carb-v.bg2 *Cocc.*bg2,k,* colch.bg2,k,* **Con.**hr1,k crot-t.hr1,kr1 cur. dig.bg2,hr1,* dios.a1,k gal-ac.br1 hydr.hr1,kr1,* kiss.a1 *Lyc.*hr1,k morph.a1,k nat-s. *Nux-m.*bg2,k *Phos.*k1 phyt.bg2,k,* plan.a1,k **Podo.**bg2,k,* sarr.hr1,kr1,* sars.bg2 sulph.hr1,k *Ter.*hr1,k *Verat.*hr1,k
  - **amel.**: rhodi.a1
- **Stuhldrang**, durch: *Cocc.*hr1,k

– **Sturm**, vor einem: petr.a1,h
– **Tadel**, Schelte; durch: *Mosch.*st
– **Taubheit**, Prickeln, mit: **Acon.**kr1,st borx.st nat-m.st nux-v.st
– **Tendenz** zur: aethera1,kr1 ars-h.hr1 asaf.hr1 carbn-o.a1,kr1 carbn-s.a1,kr1 colch.a1,kr1 cupr-s.a1,kr1 dig.a1,kr1 elapsa1,kr1 euph.a1,kr1 *Hyos.*hr1 iod.j5,kr1,* kali-ox.a1,kr1 *Magn-gl.*a1,kr1 mosch.hr1 nux-m.hr1,j5,* ol-an.a1,kr1 *Sep.*hr1 sol-t-ae.a1,kr1 sulph.a1,kr1 *Sumb.*a1,kr1,* tab.a1,kr1 theaa1,kr1 verat.j5,kr1,*
– **tetanischer** Spasmus:
- **vor**: sul-h.a1
- **nach**: nux-v.a1

– **Übelkeit**:
- **vor**: dig.a1 glon.a1 *Verat.*hr1,kr1,*
- **während**
☞ *begleitet von - Übelkeit*
- **nach**: *Kali-bi.*hr1,k

– **überfüllten**:
- **Straße**, in einer: asaf.
☞ ❑ *Gemüt - Furcht - engen Räumen* / ❑ *G~ Furcht - Haus* / ❑ *G~ Furcht - Menschenmenge* / ❑ *G~ Furcht - Menschenmenge - Straße* / ❑ *G~ Furcht - offenen Plätzen*
- **Zimmer**, in einem ●: *Am-c.* ambr. ars. bar-c. con. *Ign.*k1,st *Lyc.* nat-c. *Nat-m.* *Nux-m.*k1,st *Nux-v.*k1,st *Phos.* *Plb.* **Puls.** sulph.
☞ *Kirche* / ❑ *Gemüt - Furcht - engen Räumen* / ❑ *G~ Furcht - Menschenmenge*

– **Überraschung**, durch: gels.k2
– **Urinieren**:
- **beim**: *Med.*sf1,vh stann.sf1
- **nach**: **Acon.** all-c. med.

– **Uterus**; bei Beschwerden des: *Cimic.*kr1,st *Cocc.*kr1 *Murx.*kr1
– **verlängert**: *Hydr-ac.*hr1,k *Laur.*hr1,k
– **Verletzung**:
- **Gehirnerschütterung**, durch: *Hyos.*kr1,st
- **Verletzungsschock**, durch: arn.j5,kr1 atro.kr1 *Camph.*kr1 *Cham.*kr1 dig.kr1 *Hyper.*kr1
☞ *Wunden / Schock - Verletzung*

– **vorübergehend**, schnell: *Carb-v.*h,hr1,* lach.a1 merc.a1 *Mur-ac.*hr1,kr1,* nux-m.hr1,kr1,* nux-v.a1,h petr.a1,h

– **warm**:
• **Bad**; durch ein warmes: *Lach.*
• **Zimmer**, im warmen: *Acon.* ant-c.kr1,st calc-i.k2 *Ip.* kreos. *Lach.* **Lil-t.**k1 lyc. *Nat-m.* nux-v. **Puls.** **Sep.** spig. tab. trif-p.a1,st vesp.k2
– **Wasser** amel.; Bespritzen mit kaltem: glon.a1
☞ *kalt - Wasser*
– **Wehen**:
• **während**: *Cimic.*hr1,k cinnm.hr1,kr1,* coff. **Nux-v.**hr1,k **Puls.**hr1,k **Sec.**hr1,k *Verat.*
• **nach**: *Cann-s.*st *Croc.*st
– **Wein** agg.: sumb.a1
– **Wetter**, durch kaltes: sep.
– **Wochenbett**, im: cimic.hr1,st *Coloc.*kr1,st
– **Wunden**, durch kleine: *Verat.*k1,st
☞ *Blut; beim / Verletzung - Verletzungsschock*
– **Zittern**, mit: asaf.a1,hr1,* caust.sf1,st hydrog.srj2 *Lach.*hr1,kr1,* nux-v.st petr.st
– **Zorn**, nach: *Cham.*st *Gels.* mosch.k2 *Nux-v.*gl1,kr1 phos.gl1 staph.gl1,kr1 vesp.k13,k2
☞ *❑ Gemüt - Zorn*
– **Zuhören** bei einer Lesung, durch: agar-em.a1
– **Zurückbeugen** des Kopfes:
• **amel**.: ol-an.

Onanie
☞ *Masturbation*

Osteomyelitis
☞ *Entzündung - Knochen - Knochenmarks*

Ostitis
☞ *Entzündung - Knochen*

Paradoxe Symptome
☞ *Widersprüchliche / ❑ Gemüt - Widersprüchlich*

Paralysis agitans
☞ *Parkinson-Syndrom*

Parkinson-Syndrom (= Schüttellähmung): *Agar.*bg2,sf1 ant-t.c1,c2 aran.jl,mg1 aran-ix.jl,mg1 arg-met.jl,sf1 *Arg-n.*bg2 arn.bg3 *Ars.*sf1 aur.sf1 *Aur-s.*c1,k2,* aven.br1,st bar-c. bell.bg3 bufo *Camph-br.*sf1 cann-i.bro1 *Carb-v.*bg3 **Caust.** chin.bg3 chlorpr.jl cimic.jl cocain.bro1 *Cocc.*bg2,sf1 colch.bg3 *Con.*bg2,sf1,* dub.sf1 *Dubo-m.*bro1 dulc.bg3 *Gels.*c2,k halo.jl hell.bg3 helo. helo-h.bwa3 helo-s.c1,c2 *Hyos.*c2,k *Hyosin.*c1,c2 *Hyosin-hbr.*br1,c1 *Kali-br.*c2,k kres.mg1 *Lach.*bg3 lath.c1,sf1,* levo.jl *Lol.*bg2,sf1,* lyc.c1,c2 *Mag-p.* mang.sf1 **Merc.** nicot.bro1 **Nux-v.**bg2 *Op.*bg3 perh.jl *Phos.* *Phys.*bg2,kr1,* *Plb.* plb-xyz.c2 prun.bg2 psil.jl *Puls.*vh rauw.jl,sp1 reser.jl **Rhus-t.** scopin-hbr.br1 scut.bro1 sec.bg3 sil.bg3 staph.bg3 sulph.bg3 tab. *Tarent.*c2,k thiop.jl **Zinc.** zinc-cy.c1,c2 *Zinc-pic.*c1,sf1,*
– **Alkohol**; nach Mißbrauch von: *Hyosin-hbr.*c1

Pelz bedeckt; Gefühl in inneren Organen wie mit: ars.bg2 caust. *Cina*vh cocc. *Dig.*vh dros. *Hep.*vh merc. nux-m. *Ph-ac.*vh *Phos.* *Pip-n.*bg *Puls.* *Sulph.*vh
☞ *Wärme - Kleidung - Verlangen*

Periodizität: acon.hr1,k adam.srj5 *Agar.*k,k1 aloe st **Alum.**hr1,k alum-sil.k13,k2 **Alumn.**kr1 am-br. am-c.sf,sf1 am-m.sf,sf1 ambr.hr1,kr1,* ammc.sf,sf1 *Anac.*hr1,k,* *Ant-c.*hr1,k ant-t.hr1,k aran.bg2,k **Arg-met.** *Arg-n.*hr1,sf1 *Arn.*hr1,k **Ars.**bg2,k,* ars-h.hr1 ars-met.bro1 ars-s-f.k13,k2 asaf.sf,sf1 *Asar.* atro.sf,sf1 *Bar-c.*hr1,k bell.hr1,k benz-ac.sf,sf1 bov.hr1,k bry.hr1,k bufo *Cact.*bg2,k *Calc.*hr1,k calc-sil.k13,k2 cann-s.hr1,k *Canth.*hr1,k,* *Caps.*hr1,k *Carb-v.*bg2,k,* **Carbn-s.**kr1,st carl.bro1 **Cedr.**bg2,k,* cent.a1,st chel.sf,sf1 **Chin.**hr1,k **Chinin-ar.** **Chinin-s.** chr-ac.bro1 cina cist.sf,sf1 clem.hr1,k cocc.hr1,k colch.hr1,k coloc.sf,sf1 croc.hr1,k crot-h.bg2,k cupr.hr1,k dros.hr1,k *Eucal.*st *Eup-per.*bg2,sf1,* eup-pur.sf,sf1 ferr.hr1,k ferr-ar. *Gels.* graph.hr1,k hep.bg2 hydrog.srj2 *Ign.*hr1,k **Ip.**hr1,k iris sf1 *Kali-ar.* kali-bi.bg2,k kali-c.bg2 kali-n.hr1,k lac-d.k13,k2,* *Lach.*bg2,k,* lact.j5 lept.sf,sf1 lil-t.sf,sf1 *Lyc.*hr1,k *Mag-c.*bg2,k mag-p.sf,sf1 mag-s.mg,mg1 meny.hr1,k merc.hr1,k mez.sf,sf1 naja sf1 nat-ar. nat-c.sf,sf1 **Nat-m.**bg2,k,* nat-n.sf,sf1 *Nat-s.* nicc.hr1,sf1,* nicc-s.st **Nit-ac.** *Nux-v.*hr1,k par.sf,sf1 petr.hr1,k *Phos.* *Plb.*hr1,k prim-o.bro1 *Puls.*hr1,k ran-s.j5,sf1,* *Rhod.*hr1,k *Rhus-t.*bg2,k,* rhus-v.a1,st *Sabad.*hr1,k samb.hr1,k *Sang.* sec.hr1,k sel.sf,sf1 senec.sf,sf1 **Sep.**hr1,k **Sil.** *Spig.*hr1,k *Stann.* *Staph.*hr1,k sul-ac.st *Sulph.*bg2,k,* tarent.bg2,k2,* *Tela* bro1 teucr.sf,sf1 thal.jl,jl3 ther.sf,sf1 thuj.bg2,sf1,* *Tub.* tub-r.vn,zs urt-u.bg2,sf1,* valer.hr1,k *Verat.*hr1,k verb.sf,sf1 vip.bg2,j5,* zinc.hr1,k
– **Stunde**:
• **selben** Stunde wiederkehrende Beschwerden: ant-c. *Aran.* ars.bg2 bov.bg2 *Cact.* **Cedr.**k1,st cench.st chin.k2 *Chinin-s.*bg2,j5 cina bg2 cocc.j5 ign. ip.sf1 kali-bi.k2 kali-br.st lyc.bg2 nat-m.bg2 sabad. sel.k1 ~~sil.k1,xxx~~ tarent.st tub.st
• **Neuralgie** jeden Tag: cedr.vh **Kali-bi.** sulph.k2
– **Tag**:
• **jeden** Tag: *Aran.*bg2 ars.bg2 caps.bg2 ip.bg2 nux-v.bg2 puls.bg2
• **zweiten**; jeden: *Alum.*h,j5,* anac.j5,sf1,* ars.j5,k2,* calc.h,j5,* cham.j5,sf1 *Chin.*h,j5,* chinin-s.j5,sf1 crot-h.j5,sf1 fl-ac.j5,sf1 *Ip.*j5,sf1,* lyc.j5,sf1,* lycps-v.j5,sf1,* nat-c.h,j5,* nat-m.h,j5,* nit-ac.j5,sf1 nux-v.h,j5,* oxyt.j5,sf1 psor.j5,sf1,* puls.h,j5,*
• **morgens**: *Alumn.*kr1
• **abends**: *Puls.*j5,st
• **dritten**; jeden: anac.sf1 aur.sf1 chinin-s.j5,sf1 eup-pur.sf1 hydr.sf1 kali-ar.k2,sf1 kali-br.sf1,st
• **Schwangerschaft**; während der: *Lyc.*st *Mag-c.*kr1
• **vierten**; jeden: ars.j5,k2,* aur.sf1 eup-per.sf1 kali-br.st lyc. puls. sabad.
• **zehnten**; jeden: kali-p.sf1 lach.bg2,sf1 phos.bg2,sf1
– **Woche**:
• **jede**: am-m. ars.bg2,k2,* ars-h.kr1,st aur-m.sf1 calc-act.sf1 canth. cedr.sf1 *Chin.* croc.sf1 eup-per.sf1 gels.bg2 iris bg1,bg2,* kali-ar.k2 lac-d.bg2,sf1 lyc. nux-m.sf1 phos.bg2,sf1 plan. rhus-t. sabad.sf1 sang.bg1,sf1 sil.bg2,sf1 **Sulph.**k1,st tell.a1,st tub.
• **zwei** Wochen, alle: am-m. **Ars.** ars-met.kr1,st bufo vh *Calc.* canth.st chel.sf1 *Chin.* chinin-s. *Con.*

– **Woche - zwei** Wochen, alle: ...
*Ign.*sfl kali-br.st **Lach.** nicc.bg2,sfl phyt.sfl plan. psor. *Puls.* sang.bg2 sulph.bg2,sfl
• **drei** Wochen, alle: ant-c. ars.brol ars-met.brol *Aur. Chinin-s. Mag-c.*k2 psor. sulph. *Tarent. Tub.*
• **vier** Wochen, alle: germ-met.srj5 mag-c.j5 nux-m.k1 **Nux-v.** puls. **Sep.** tub.
• **sechs** Wochen, alle: *Mag-m.*bg2
– **Monat**:
• **sechs** Monate; alle: adam.srj5 germ-met.srj5
– **Jahr**:
• **jedes**: am-c.bg2,sfl,* ammc.sfl *Ant-t.*bg2 **Ars.**k1,st buth-a.jl,spl carb-v.bg1,bg2 carc.mg1,spl cench. cinasfl crot-h.bg1,j5,* echi.bg2 elapsbg2 gels.bg1 hydrog.srj2 ign.sfl kali-bi.bg2 *Lach.*bg1,j5,* lyc.bg2 mez.sfl najabg2 nat-m.bg2 nicc.bg2,sfl,* petr.sfl psor.bg1,bg2,* rhus-r.brol rhus-t.bg1,bg2,* rhus-v.a1,st sulph.bg1,bg2 tarent. thuj. urt-u.bg2,sfl vip.bg1,bg2,*
– **regelmäßigen** Abständen wieder; Beschwerden kehren in: **Carbn-s.**st

Periostitis
☞ *Entzündung - Knochen - Periosts*

Persönliche Krankengeschichte
☞ *Krankengeschichte*

Petit mal
☞ *❑ Gemüt - Bewußtlosigkeit - häufige*

Pflock, Pfropfen; Gefühl von einem:
☞ *Kugel*
○ **äußerlich**: agar.bg2,k,* *Anac.*bg3 ang.bg2 arn.bg2,k,* asaf.bg3 bufobg2 *Coff.*bg3 coloc.bg2 *Crot-t.* hell.bg2,k,* hep.bg3 hyper.bg2 **Ign.**bg3 *Kali-bi.* lach.bg2,k,* plat.bg2,k,* prun.bg2 *Ran-s.*bg3 ruta spong.bg3 *Sul-ac.*bg3 sulph.bg3 **Thuj.**bg3
– **innerlich**: acon.bg2,k *Agar.*bg2,k,* **Aloe** am-br. am-c.bg2,k ambr.bg2,k *Anac.*bg2,k,* *Ant-c.*bg2,k,* ant-s-aur.sfl apoc.bg2,sfl,* arg-met. arg-n.bg1,bg2 *Arn.*bg2,k,* *Asaf.*bg2,k,* aur.bg2,k *Bar-c.* bell.bg2,k bov.bg2,k bufobg1 calc.bg2,k caust.bg2,k cham.bg2,k chel.bg2,k cimic.bg2,sfl,* coc-c.bg2,k cocc.bg2,k coff.bg2,k,* con.bg2,k croc.bg2,k,* dros.bg2,k ferr.bg2,k graph.bg2,k hell.bg2,k,* *Hep.*bg2,k,* **Ign.**bg2,k,* iod. *Kali-bi.*bg2,sfl,* kali-c.bg2,k kreos.bg2,k lach. led.bg2,k lith-c.bg2 lyc.bg2,k merc.bg2,k mez.bg2,k mosch.bg1,bg2 mur-ac.bg2,k nat-m.bg2,k *Nux-v.*bg2,k olnd.bg2,k par.bg2,k plat.bg2,k plb.bg2,k ran-s.bg2,k rat.bg2 rhod.bg2,k *Ruta* sabad.bg2,k sabin.bg2,k sang. sep.bg2,k spig.bg2,k *Spong.*bg2,k,* staph.bg2,k sul-ac.bg2,j5 *Sulph.*bg2,k,* **Thuj.**bg2,k

Pharmazeutika:
– **allopathische** Pharmazeutika
☞ *Medikamente*
– **homöopathische** Pharmazeutika
☞ *Arzneimittel*

Phlebitis
☞ *Entzündung - Blutgefäße - Venen*

Pilzvergiftung: *Absin.*st agar.hr1,kr1,* ars.st atro.st *Bell.*st camph.st pyrog.st

Pityriasis versicolor
☞ *❑ Haut - Hautausschläge - Pityriasis versicolor*

Plätschern
☞ *Schwappen*

Plethora (= Blutfülle): *Acon.*bg2,k,* *Aesc.*k13,k2 *Aloe*bg2,k2,* alum. *Am-c.* am-m.bg2 ambr. *Ant-t.*bg2 apisbg2 *Arn.*bg2,k *Ars.*c2,k asaf.k2,kr1 **Aur.**bg2,k,* aur-ar.k2 aur-i.k2 aur-s.k13,k2 *Bar-c.* bar-i.k13,k2 **Bell.**hr1,k bov. brom.k13,k2 **Bry.**hr1,k **Calc.**bg2,k,* canth. caps.bg2,k2 *Carb-an.* *Carb-v.*bg2,k *Carbn-s.* caust. cham. chel.bg2,k *Chin.*bg2,k clem. cocc. coloc. con. *Croc.* cupr. dig.bg2,k digin.a1 dulc. *Ferr.*bg2,k,* ferr-ar. ferr-i.hr1,kr1,* ferr-p. glon.c1,k2,* *Graph.*bg2,k guaj. hep. **Hyos.**bg2,k ign. iod. ip.hr1,k **Kali-bi.** *Kali-c.*bg2,k kali-n.bg2,k *Lach.* led. lil-t.k2 **Lyc.**bg2,k mag-m. *Merc.* mosch. nat-c. **Nat-m.** nit-ac.bg2,k *Nux-v.*bg2,k *Op.*hr1,k perh.jl petr. *Ph-ac.*bg2,k **Phos.**bg2,k *Puls.*bg2,k rauw.jl,jl3 rhod. *Rhus-t.* sabin. sacch.a1 sars. sec. sel. seneg.bg2,k **Sep.**bg2,k **Sil.** spig. spong. stann. staph. *Stram.*bg2,k,* *Stront-c.* sul-i.k13,k2 **Sulph.**bg2,k *Thuj.* tus-fr.c1,c2 valer. verat. zinc.
☞ *Kongestion - Blutandrang / ❑ Abdomen - Blutandrang*
– **Konstitution**, plethorische: **Acon.**kr1 arn.br1,kr1 *Aur.*kr1 **Bell.**kr1 bry.k2,kr1 *Cact.*kr1,st *Calc.*kr1 *Glon.*kr1 *Nux-v.*kr1 *Op.*kr1 rutakr1 seneg.kr1 *Verat-v.*kr1
☞ *❑ Gemüt - Hysterie - plethorischen / ❑ Nase - Nasenbluten - plethorischen / ❑ Weibliche Genitalien - Menses - fehlend - plethorischen / ❑ W~ Menses - reichlich - plethorischen / ❑ W~ Menses - spärlich - plethorischen / ❑ W~ Menses - unterdrückt - plethorischen / ❑ W~ Metrorrhagie - Frauen - plethorischen*
– **Pfortaderstauung**: *Aesc.*hr1,kr1 aesc-g.kr1 *Apoc.*hr1,kr1 *Asaf.*hr1,kr1 *Card-m.*hr1,kr1 cimx.hr1,kr1 ham.k2,kr1,* *Kali-chl.*hr1 *Kali-m.*kr1 *Led.*hr1 merc-c.hr1 **Nux-v.**hr1,kr1 sep.hr1 **Sulph.**hr1,kr1,*

Plötzlich auftretende Symptome: **Acon.**st androc.srj1 **Bell.**st choc.srj3 con.ptk1 hydrog.srj2

Pochen
☞ *Pulsieren*

Poliomyelitis (= Kinderlähmung): *Acon.*kr1,st aeth.st alum.st arg-n.st arn.kr1,st ars.st bell.kr1,st *Bung.*st bunga-c.br1 *Calc.*st carb-ac.st *Caust.*kr1,st chinin-ar.st chr-s.st cur.st dulc.st ferr-i.st ferr-p.st **Gels.**kr1,st hydr-ac.st hydroph.jl,st hyos.kr1,st kali-i.st kali-p.st karw-h.jl,st kres.mg1,st lach.st lath.mg1,st merc.kr1,mg1,* nux-v.kr1,st phos.st phys.st *Plb.*st plb-i.st polioxyz68 rhus-t.k2,kr1,* sec.st stry-p.st sulph.kr1,st verat.st verat-v.st
– **bulbäre** Form, die Medulla oblongata angreifend: ant-t.gm1 op.gm1
– **Lähmung** des Zwerchfelles; mit: cupr. op. sil.
– **Prophylaxe**: cocc.gm1 cur.gm1 gels.gm1 **Lath.**gm1

Polyp: all-c.st alum.bg2,sfl alumn.c1,c2,* ambr.bg2,k ant-c.bg2,k *Aur.*bg2,k bell.bg2,k berb.c1,c2,* cadm-s.bg2,sfl **Calc.**bg2,k,* calc-i.bg2,sfl **Calc-p.**bg2,k,* *Calc-s.*hr1,k,* *Carb-an.*hr1,k,* *Caust.*bg2,k coc-c.bg2 **Con.**bg2,k,* *Form.*bg2,sfl graph.bg2,k *Hep.*bg2,k *Kali-bi.*bg2,sfl,* kali-i.bg2,sfl kali-m.sfl kali-n.c1,sfl,*

Polyp: ...
kali-s.hr1,sf1,* lem-m.c1,c2,* lyc. *Med.*bg1,c1,* *Merc.*bg2,k merc-i-r.sf1 *Mez.*bg2,k nat-m.bg2,k nit-ac.bg2,k,* petr.bg2,k ph-ac.bg2,k **Phos.**bg2,k,* *Psor.*bg2,sf1,* puls.bg2,k sang.bg2,k,* *Sangin-n.*c1,c2 sep.bg2,k *Sil.*bg2,k,* **Staph.**bg2,k sul-ac.bg2,k sulph.bg2,k **Teucr.**bg2,k,* *Thuj.*bg2,k,*

◆ **begleitet** von:
• **Metrorrhagie**
☞ ❑ *Weibliche Genitalien - Metrorrhagie - begleitet von - Polypen*

Prellungen
☞ *Verletzungen*

Prickeln, Kribbeln:
– **äußerlich**: abrot.bg2 acon.bg2,k,* agar.bg2,k *Ail.* alum.bg2,k ant-c.bg2,k ant-t.bg2,k *Apis*bg2,kr1,* arn.hr1,kr1 ars.a1,bg2 arum-t.k13,k2 bar-c.bg2 bell.bg2,k borx.bg2 brom.a1 bry.bg2 calc.bg2,k calc-p.a1 cann-i. cann-s.bg2,k caps.bg2,k carbn-s. carl.a1 caust.bg2,k chin.a1 chlor.a1 chr-ac.a1 cimic.hr1,k clem.a1 coloc.bg2,k con. croc.bg2,k *Crot-c.* crot-h.bg2 delphin.a1 *Dros.*bg2,k,* elapsa1 ferr-m.a1 ferr-ma.j5 glon. grat.j5 ham.bg2 hep.bg2,k hydr-ac.a1 hyos.a1 ign.bg2 ip.hr1,kr1 kali-bi.bg2 kali-br. kali-p.bg2 laur.bg2,k linu-c.a1 *Lob.*hr1,k lyc.bg2,k med. *Mez.*bg2,k,* mosch.bg2,k nat-m.bg2 nit-ac.bg2 *Nux-m.*bg2,k nux-v.bg2 onos. *Phos.*hr1,kr1 **Plat.**bg2,k **Ran-s.**bg2,k rhod.bg2 rhus-t.bg2 ruta sabad.bg2,k *Sec.*bg2,k,* sep.bg2,k sil.bg2 spira.a1 staph.bg2,k stram.a1 sul-ac.bg2,k sulph.bg2,k symph.bg2 tarent.bg2,hr1,* tep.a1 thuj.j5 urt-u.bg2 verat.a1,bg2 verat-v.bg2 xan.hr1,kr1 zinc.bg2,k
– **innerlich**: abrot. acon.bg2,k *Ail.* arum-t.k13,k2 aur.bg2,k bar-s.k2 cann-s.bg2,k dios. lach. **Nit-ac.** *Osm.* ph-ac.bg2,k *Phos.*bg2,k plat.bg2,k *Ran-b.* *Sabad.*bg2,k *Sang.* sec.bg2,k seneg.bg2,k verb.bg2,k1 viol-o.bg2,k
• **Seiten** des Körpers getrennt; als wären die: bamb-a.stb2

Progressive Muskelatrophie
☞ *Muskelatrophie*

Psora: acon.st adlu.jl,st aesc.st *Agar.*bg2,h,* alco.a1,st aln.c1,c2,* alum.bg2,h,* alumn.k2,st am-c.bg2,h,* am-m.bg2,h,* ambr.bg2,st amyg.bg2,st anac.bg2,h,* ang.st anh.jl,st *Ant-c.*bg2,h,* ant-t.bg2,st apisbg2,h,* aran.jl,st arg-met.jl,st arg-n.bg2,sf1,* arn.bg2,st ars.bg2,h,* *Ars-i.*kr1,st ars-s-f.k2,st asaf.bg2,sf1,* asar.bg2,st astra-e.jl,st aur.bg2,h,* aur-m.bg2,st bac.c1,c2,* *Bar-c.*bg2,h,* bell.bg2,h,* berb.st berb-a.jl,st beryl.jl,st bism.st bor-ac.h,st borx.bg2,h,* bov.bg2,sf1,* bry.bg2,st bufost buni-o.jl,st *Calc.*bg2,h,* calc-act.bg2,st calc-f.jl,st *Calc-p.*h,sf1,* calc-s.bg2,st camph.bg2,st cann-s.bg2,st canth.bg2,st caps.bg2,st *Carb-an.*bg2,h,* *Carb-v.*bg2,sf1,* caust.bg2,h,* cham.bg2,st chel.bg2,st chin.bg2,st cic.bg2,h,* cinabg2,st cinnb.st clem.bg2,h,* coc-c.st cocast cocc.bg2,st coff.st colch.bg2,h,* coloc.bg2,h,* con.bg2,h,* cortiso.jl,st croc.bg2,st *Cupr.*bg2,h,* cycl.bg2,st cyna.jl,st daph.st des-ac.jl,st dig.bg2,sf1,* dros.st dulc.bg2,h,* euph.bg2,h,* euph-cy.st euph-l.st euphr.st ferr.bg2,st ferr-ar.k2,st ferr-ma.st ferr-p.st

Psora: ...
fl-ac.st flav.jl,st galph.jl,st graph.bg2,h,* guaj.bg2,h,* guat.jl,st halo.jl,st ham.st harp.jl,st hell.st helon.st *Hep.*bg2,h,* hip-ac.jl,st hir.jl,st hist.jl,st hydr.st hydr-ac.st hyos.st hypoth.jl,st iber.jl,st ign.st iod.bg2,h,* ip.st kali-ar.k2,st kali-bi.a1,sf1,* *Kali-c.*bg2,h,* kali-i.st kali-n.bg2,h,* kali-p.st kreos.kr1,st kres.jl,st lac-c.st lac-d.st lach.st laur.st led.st levo.jl,st lil-t.st lob.st *Lyc.*bg2,h,* m-arct.st m-aust.st *Mag-c.*bg2,h,* *Mag-m.*bg2,h,* mag-s.jl,st mand.jl,st mang.bg2,h,* *Merc.*st merc-c.st mez.bg2,h,* mill.st mim-p.jl,st morph.st mosch.st mur-ac.bg2,h,* murx.st *Nat-c.*bg2,h,* *Nat-m.*bg2,h,* nicc.bg2,st *Nit-ac.*bg2,h,* nux-v.st oci-sa.jl,st okou.jl,st *Ol-j.*a1,sf1,* olnd.sf1,st onop.jl,st op.st orig.st palo.jl,st par.st paraph.jl,st ped.c1,st perh.jl,st pers.jl,st *Petr.*bg2,h,* ph-ac.bg2,h,* phenob.jl,st phos.bg2,h,* plat.bg2,h,* plb.bg2,st plb-act.st pneu.jl,st podo.st prot.jl,st **Psor.**bg2,kr1,* puls.st ran-b.st rauw.jl,st reser.jl,st rheumst rhod.bg2,h,* rhus-t.bg2,st rib-ac.jl,st rumx.st rutast sabad.bg2,st sabin.st samb.st saroth.jl,st sarr.st sars.st sec.st sel.bg2,st seneg.bg2,h,* *Sil.*bg2,h,* spig.bg2,st spong.bg2,st squil.st stann.bg2,sf1,* staph.st stram.st stront-c.bg2,st sul-ac.bg2,h,* **Sulph.**bg2,h,* tarax.st tell.jl,st teucr.st thala.jl,st thiop.jl,st thuj.st thyr.jl,st trif-p.st trios.jl,st tub.st tub-r.jl,st ven-m.jl,st verat.st visc.jl,st zinc.st

Ptomaine; Beschwerden durch Vergiftung mit: *Ars.*bg2,c1 pyrog.c1,c2,*
☞ *Wunden - Sektionswunden*

Pubertät, Beschwerden in der: *Acon.*bg2,kr1,* agar.bg2,sf1 *Ant-c.*bg2,sf1 apoc.bg2,sf1,* aur.bg2,sf1,* bell.bg2,sf1,* *Calc.*bg2,kr1,* *Calc-p.*bg2,sf1,* caust.bg2,sf1 cimic.bg2,sf1 croc.bg2,sf1 cupr.bg2,sf1 ferr.bg2,sf1 *Ferr-p.*bg2,sf1 **Gels.**bg2,kr1,* *Graph.*bg2,sf1 guaj.bg2,sf1 hell.bg2,sf1 helon.bg2,sf1 ign.bg2,sf1,* iod.bg2,sf1 *Jug-r.*bg2,sf1 kali-br.bg2,sf1 *Kali-c.*bg2,sf1 *Lach.*bg2,sf1 mag-p.bg2,sf1,* mill.bg2,sf1,* *Nat-m.*bg2,sf1 *Ph-ac.*bg2,sf1 **Phos.**bg2,sf1 plat.bg2,sf1 **Puls.**bg2,j5,* *Senec.*bg2,sf1 sep.bg2,sf1,* sil.bg2,sf1 stram.bg2,sf1,* ther.bg2,j5,* verat.bg2,sf1,* viol-o.bg2,sf1
– **Mädchen**, bei: *Aur.*c1,kr1 *Bar-c.*kr1 *Bell.*kr1 *Calc-p.*k2,kr1,* *Ferr.*kr1 fil.kr1 hypoth.jl,kr1 **Lach.**kr1 *Phos.*kr1 *Puls.*kr1

Puls:
– **abnormal**: **Acon.**bg2,k adon-ae.hl1 agar.bg2,k agn.bg2,k am-c.bg2,k am-m.bg2,k ambr.bg2,k ang.bg2 ant-c.bg2,k *Ant-t.*bg2,k arg-met. *Arg-n.* *Arn.*bg2,k **Ars.**bg2,k **Ars-i.** asaf.bg2,k asar.bg2,k aur.bg2,k bar-c.bg2,k **Bell.**bg2,k bism.bg2,k borx. bov.bg2,k *Bry.*bg2,k **Cact.**bg2 calad.bg2,k calc.bg2,k *Camph.*bg2,k cann-s.bg2,k canth.bg2,k caps.bg2,k carb-an.bg2,k *Carb-v.*bg2,k *Carbn-s.* caust.bg2,k cham.bg2,k chel.bg2,k *Chin.*bg2,k chinin-s.bg2 cic.bg2,k cina cocc.bg2,k colch.bg2,k coloc.bg2,k *Con.*bg2,k croc.bg2,k **Cupr.**bg2,k **Dig.**bg2,k dulc.bg2,k ferr.bg2,k *Gels.* *Glon.*bg2,k graph.bg2,k guaj.bg2,k hell.bg2,k *Hep.*bg2,k **Hyos.**bg2,k ign.bg2,k **Iod.**bg2,k ip.bg2,k *Kali-c.* kali-n.bg2,k kalm.bg2 **Kreos.**bg2,k **Lach.**bg2,k *Laur.*bg2,k led.bg2,k lyc.bg2,k mang.bg2,k *Meli.*bg2 meny.bg2,k *Merc.*bg2,k mez.bg2,k mosch.bg2,k

– **abnormal**: ...
mur-ac.bg2,k nat-m.bg2,k nit-ac.bg2,k nux-m.bg2,k nux-v.bg2,k olnd.bg2,k **Op.**bg2,k par.bg2,k petr.bg2,k **Ph-ac.**bg2,k **Phos.**bg2,k plat.bg2,k plb.bg2,k puls.bg2,k pyrog.bg2 ran-b.bg2,k ran-s.bg2,k rheum rhod.bg2,k **Rhus-t.**bg2,k sabad.bg2,k sabin.bg2,k samb.bg2,k sang.bg2 *Sec.*bg2,k seneg.bg2,k *Sep.*bg2,k **Sil.**bg2,k spig.bg2,k spong.bg2,k squil.bg2,k stann.bg2,k staph.bg2,k **Stram.**bg2,k stront-c. sul-ac.bg2,k *Sulph.*bg2,k thuj.bg2,k valer.bg2,k **Verat.**bg2,k viol-o.bg2,k viol-t.bg2,k zinc.bg2,k

– **beschleunigt** (= frequent, jagend, unzählbar, schnell): *Abies-n.*brol abrot.a1 acal.st **Acon.** adon.brol adren.st aesc. *Aeth.* aethera1 *Agar.* agar-pa.a1 agar-se.a1 *Agn.*brol *Ail.* alco.a1 all-c.k,k2 aloe alum. alum-p.k2 alum-sil.k2 alumn.kr1 am-be.kr1 am-br.a1 am-c. am-m. am-val.brol ambr. *Aml-ns.*a1,kr1 ammc.kr1 amyg.a1,kr1 anac.c1,k anan.kr1 *Ang.*bg2,kr1 ant-ar.a1,kr1 ant-c. ant-m.kr1 *Ant-t.* anthraco.a1,kr1 antip.brol aphisa1,kr1 **Apis** apoc.brol apom.a1 aq-pet.a1 aran-ix.jl arg-met. *Arg-n.* **Arn.** **Ars.** *Ars-h.*kr1 **Ars-i.** ars-s-f.k2,kr1 arum-d.a1,kr1 arum-i.a1 arum-t.kr1 *Arund.*kr1 *Asaf.* asar. asc-c.kr1 asc-t.a1 asim.a1,kr1 aster. *Atro.*a1,kr1 **Aur.** aur-ar.k2 aur-i.k2 *Aur-m.* **Aur-s.**k2 aza.jl *Bapt.* bar-act.a1 bar-c. bar-i.k2 bar-m. **Bell.** ben-n.a1 *Benz-ac.* **Berb.** beryl.sp1 bism. borx. both.a1 bov. brom. **Bry.** bux.a1 cac.a1 *Cact.*brol cain.a1 caj.a1 calad. calc. calc-ar.k2,st *Camph.* cann-i. cann-s.bg2 *Canth.* *Carb-ac.*a1,kr1 **Carb-an.**bg2,k2 carb-v. carbn-h.a1 carbn-o.a1 carbn-s.k2 cary.a1 catal.a1 caust. cedr. celt.a1 *Cham.* chel. *Chim.*kr1 chin. chin-b.kr1 chinin-ar. *Chinin-s.*a1,k *Chlol.*kr1 chlor.kr1 chloram.jl chlorpr.jl chr-ac.kr1 cic.a1,jl cimic.a1,k2 *Cina* cinnb.a1 clem. coc-c. cocaa1,kr1 cocc. *Coch.*kr1 cod.a1 coff. coff-t.a1 *Colch.* **Coll.** coloc. **Con.** *Conv.* convo-s.sp1 cop.kr1 corn.a1,kr1 *Crat.*brol,gm1 **Croc.**bg2,kr1 **Crot-c.** *Crot-h.*k1 crot-t. cub.a1,kr1 cund.a1 **Cupr.** cupr-act.a1 cupr-ar.kr1 cupr-n.a1 cupr-s.kr1 cur.st cycl. cymin.br1 cyna.jl cyt-l.jl,sp1 daph.kr1 dat-m.a1 **Dig.** digin.a1 diph.brol dor.a1,kr1 dubo-m.a1 dulc.a1 *Echi.* equis-h.a1 erech.a1 erio.a1 ery-a.a1 eucal.a1,kr1 euph. fago.a1 fagu.a1 *Ferr.* ferr-i. ferr-m.a1 **Ferr-p.** fl-ac. foll.jl *Form.*kr1 gad.a1 gala.br1 gamb.a1 gast.a1 **Gels.** gins.a1 **Glon.** gran.a1 grat. guaj. guat.sp1 gymno.a1 halla1 halo.jl ham. hed.jl *Hell.* hep. hipp. hippoz.kr1 hist.sp1 hoit.jl hydr-ac.a1 hydrc.a1 *Hyos.* *Hyper.* *Iber.*a1,kr1,* *Ign.* **Iod.** ip. irisa1 jab.a1 jatr-c.a1 jug-r.a1 kali-ar.a1 kali-bi. kali-br.kr1 kali-c. kali-chl.a1 kali-i. *Kali-m.*kr1 kali-n. kali-ox.a1 *Kali-p.*kr1 kalm.brol keroso.a1 kreos. *Lac-c.*kr1 *Lach.* lapa.a1 lat-m.br1,jl,* *Laur.* **Led.**bg2,kr1,* levo.jl lil-s.a1 *Lil-t.*brol linu-c.a1 lipp.a1 lob. lyc. *Lycps-v.* lyss.kr1 *Mag-c.*bg2 *Mag-m.*bg2 *Manc.* mang. med.kr1 *Meny.*bg2 **Merc.** merc-c. merc-cy. merc-d.a1 merc-i-f.a1 merc-pr-a.a1 merc-sul.kr1 merl.kr1 meth-ae-ae.a1 methys.jl *Mez.* mill. mom-b.a1 *Morph.*a1 *Mosch.* *Mur-ac.* muscin.a1 mygal.a1,kr1 myric.a1 *Naja* narcot.a1 nat-ar. *Nat-c.* nat-f.jl,sp1 **Nat-m.** *Nat-s.* neonsrj5 nicc. *Nit-ac.* nit-s-d.a1 nitro-o.a1 *Nux-m.* **Nux-v.** oena.a1 *Ol-j.*a1,kr1 olnd. onos. **Op.** osm. ox-ac. par. penic.jl,srb2 petr. **Ph-ac.** phase.brol phase-vg.a1 phel.

– **beschleunigt**: ...
Phos. *Phys.* *Phyt.* pic-ac. pilo.a1 *Plat.* plat-m.a1 *Plb.* plect.a1 podo. prun.st *Psor.*k2,kr1 *Ptel.*a1,kr1,* *Puls.* pyre-p.a1 **Pyrog.** ran-b. *Ran-s.* raph.a1 rham-f.a1 rheum rhod. rhodi.a1 **Rhus-t.** *Rhus-v.* ric.a1 *Rumx.*kr1 rumx-act.a1 *Ruta*bg2 sabad. sabin.bg2,c1 samb. *Sang.* santin.a1 sapin.a1 saroth.jl,sp1 sarr.a1,kr1 sars. scroph-n.a1 scut.st **Sec.** *Sel.*bg2 seneg. *Sep.* ser-ang.brol **Sil.** sin-n.a1 sol-ni.a1 sol-t-ae.a1 solin.a1 **Spig.** spig-m.a1 *Spong.* **Stann.** staph. still.kr1 **Stram.** *Stront-c.*bg2 stroph-h.brol stry.a1 stry-p.brol sul-ac. sul-h.a1 sulfa.sp1 sulo-ac.jl **Sulph.** sumb.a1 *Tab.* tanac.a1 tarax.a1 **Tarent.**a1,kr1,* tax.a1 *Tell.* tep.a1 ter. *Teucr.*bg2 thal.jl theaa1 ther.a1 thiop.jl thlas.kr1 thuj. thymol.jl,sp1 *Thyr.*bg2,st til.a1 tox-th.a1 trom.a1 urt-u.a1 vac.a1,kr1 *Valer.* vario.kr1 *Verat.* **Verat-v.** vesp. viol-o.kr1 **Viol-t.**bg2,kr1,* vip.a1 vip-a.jl visc.a1,jl,* wies.a1 xan.a1 **Zinc.** zinc-m.a1 **Zinc-p.**k2 zinc-s.a1

- **tagsüber**: nat-ar. nat-m.a1,k
- **morgens**: agar.bg2,k,* ail.a1,k *Ars.*bg2,k,* *Ars-met.*kr1 asaf.a1,k atro.a1 *Canth.*bg2,k,* cedr.a1,k cench.k2 chin.bg2,k chinin-s.k1 fago.a1 *Graph.*bg2,k,* ign.bg2,k *Kali-c.*bg2,k,* merc-c.a1,k *Mez.*bg2,hr1,* mit.a1 myric.a1 oena.a1 onop.jl ox-ac.hr1,k,* phos.bg2,k,* phys.a1,k podo.a1,k sang.a1,k sulph. sumb.a1 ther.a1 thuj.hr1,k upa.a1
  - **Erwachen**, beim: alumn.a1
  - **langsam** tagsüber und abends; aber: **Agar.**bg2 alum.bg2 **Ars.**bg2 calc.bg2 canth.bg2 chin.bg2 graph.bg2 *Ign.*bg2,kr1 **Kali-c.**bg2 lyc.bg2 mez.bg2 nux-v.bg2 phos.bg2
- **vormittags**: aphisa1 calc.a1,k chin.a1,k com.a1 lyc.a1 merc-sul.a1 mez.a1,k nat-p.a1 oena.a1 op.a1,k plan.a1,k ptel.a1 trom.kr1
- **mittags**: ars-h.hr1 mit.a1 oena.a1 ox-ac.a1
- **nachmittags**: agar.hr1,kr1 bapt.hr1,kr1 chel.a1 chinin-s.a1 chr-ac.hr1,kr1 ferr-i.a1 gels.a1 gins.a1 kali-chl.a1 kali-n.h lyc. merc-sul.a1 nat-m.a1 oena.a1 phos.a1 phys.a1 phyt.a1 podo.a1,bg2 ptel.a1 sumb.a1
  - **langsam** morgens, aber: **Kali-n.**bg2 thuj.bg2 zinc.bg2
- **abends**: acon.a1,k alum-sil.k13,k2 am-caust.a1 anth.a1 anthraco.kr1 aphiskr1 *Arg-met.* *Arg-n.* ars.a1 arum-i.a1 aster.a1 atha.a1 bry.a1,k *Caps.*hr1 *Carb-an.*hr1,k **Caust.**hr1,k cench.k2 chinin-s.a1 *Cinnb.*hr1,k *Crot-h.*a1,k *Dulc.* euph. euphr.a1 *Ferr.*hr1,k gent-l.a1 graph.k2 ham.a1 hell.a1,k hyper.a1 *Iod.*hr1 jug-r.a1 *Lach.*a1,k *Lyc.*hr1,k,* mez.hr1,k,* mill.a1 *Mur-ac.* murx.a1,k *Nat-c.* nat-sil.k13,k2 *Nux-v.* oena.a1 olnd.hr1,k,* ox-ac.a1 *Ph-ac.* *Phos.*hr1,k,* plan.a1,k *Puls.*hr1,k ran-b.hr1,k,* rheumkr1 sars.hr1,k sep. *Sil.* *Sulph.* sumb.a1 teucr.a1,hr1 *Thuj.* *Tub.* upa.a1 *Zinc.*hr1,k,*
  - **Bett**, im: sul-ac.h
  - **langsam** morgens, aber: arg-met.bg2 arn.bg2 asar.bg2 carb-an.bg2 caust.bg2 chin.bg2 *Kali-c.*bg2 **Kali-n.**bg2 *Lyc.*bg2 mez.bg2 **Olnd.**bg2 petr.bg2 phos.bg2 puls.bg2 **Ran-b.**bg2 *Sars.*bg2 sep.bg2 **Spig.**bg2 teucr.bg2 **Thuj.**bg2 **Zinc.**bg2

• **nachts**: alum-sil.$_{a1,k2,*}$ anthraco.$_{a1}$ *Arn.*$_{hr1}$ arum-i.$_{a1}$ aster.$_{a1}$ cinnb.$_{a1,k2,*}$ con.$_{a1}$ dulc.$_{hr1}$ *Nat-c.*$_{hr1}$ nat-sil.$_{a1,k2,*}$ nux-v.$_{a1}$ plect.$_{a1}$ ptel.$_{a1}$

 • **Mitternacht**, nach: *Benz-ac.* hyper.$_{a1}$

 • **langsam** tagsüber, aber: am-c.$_{bg2}$ borx.$_{bg2}$ *Bry.*$_{bg2,hr1,*}$ calc.$_{bg2}$ carb-an.$_{bg2}$ dulc.$_{bg2}$ hep.$_{bg2}$ kali-n.$_{bg2}$ mag-c.$_{bg2,hr1}$ *Merc.*$_{bg2,kr1}$ mur-ac.$_{bg2}$ nat-c.$_{bg2}$ nat-m.$_{bg2}$ phos.$_{bg2}$ ran-s.$_{bg2}$ sabin.$_{bg2}$ **Sep.**$_{bg2}$ *Sil.*$_{bg2}$ sulph.$_{bg2}$

• **Abendessen**, nach dem: cupr.$_{h}$

• **achtet**, wenn er darauf: *Arg-n.*$_{bg2,k,*}$

• **Ärger**, Verdruß; nach: acon. arg-n. **Cham.** coloc. ign. *Nat-m. Nux-v. Petr.* **Sep.** *Staph.*

• **Atems**; beim Anhalten des: cact.$_{k2}$

• **Aufstehen**, beim: *Bry. Dig.*

• **Bewegung** agg.: alum-sil.$_{k2}$ ant-t.$_{hr1,k}$ *Arn.* bell. *Bry. Dig.*$_{hr1,k,*}$ digin.$_{a1}$ fl-ac. *Gels.* glon.$_{a1}$ *Graph. Iod. Lycps-v.* **Nat-m.** *Nux-v.* petr.$_{hr1,k}$ *Phos.* sep.$_{hr1,k}$ staph. stram.

• **Denken** an vergangenes Leid; beim: sep.

• **Erregung** des Gemütes; durch: anthraco.$_{kr1}$ bar-m.$_{kr1}$ bell.$_{k2}$ cain.$_{kr1}$ con.$_{a1,kr1}$ digox.$_{a1,kr1}$ merc.$_{a1,kr1}$

• **Essen**, nach dem: *Arg-n.* ars-h.$_{a1}$ graph.$_{k2}$ *Iod.* **Lyc.**$_{hr1,k,*}$ mez.$_{a1,h}$ nat-m.$_{h}$ *Nux-v. Phos. Puls.* rhus-t. *Sulph.*

• **Frost**; während: chinin-s.$_{a1}$ coloc.$_{a1}$ crot-t.$_{a1}$ gels.$_{a1}$ zinc.$_{a1}$

• **intermittierend**, und: acon. agar.$_{a1,k}$ aloe alum. am-m. amyg.$_{a1}$ ars. *Aur.* bell.$_{a1,k}$ benz-ac. bism. cann-i.$_{a1,k}$ canth. carb-ac.$_{a1}$ chin. chinin-s. colch. cupr.$_{a1,k}$ *Dig.* gels. glon.$_{a1,k}$ grat.$_{a1,k}$ hyos. ign. kali-chl. lob. merc-c. merc-cy. mez. mur-ac. nat-ar. nit-ac. nux-m. *Nux-v.* olnd. op. ox-ac. phos. phys. plb. quinid.$_{br1}$ sep. stram.$_{a1,k}$ *Sulph.* tab. verat-v. zinc.

• **klein**, und: acet-ac.$_{hr1}$ **Acon.** aeth. *Agar.*$_{hr1}$ ail.$_{k2}$ alum. amyg.$_{a1}$ apis arn. **Ars.**$_{a1,k}$ ars-h.$_{a1}$ ars-i.$_{k,k1}$ asaf. *Aur. Aur-m.* bar-c.$_{hr1}$ bell. benz-ac. bism. bry. cain.$_{kr1}$ *Camph.* canth.$_{a1,k}$ chin. cocc. colch. coloc. *Con.* crot-t.$_{a1,k}$ cupr.$_{a1}$ *Dig.*$_{a1,k}$ ferr-m.$_{hr1,kr1}$ fl-ac.$_{hr1,k}$ gels.$_{a1,k}$ glon. grat. *Hell.*$_{a1,k}$ hyos. ign. *Iod.* kali-bi. kali-chl. kali-n.$_{h}$ *Lach.*$_{k1}$ **Laur.** led. lob.$_{a1,k}$ lyc. *Lycps-v.* merc-c.$_{a1,k}$ merc-cy. *Mur-ac.* nat-m. nit-ac. *Nux-m.* **Nux-v.** olnd. op. ox-ac. petr. phos. phyt. pic-ac. puls. ran-s. raph. rhod. rhus-t. samb. **Sil.** sol-t-ae.$_{a1}$ staph. **Stram.** sul-ac. tab.$_{a1,k}$ valer.$_{k2}$ **Verat.** zinc.

 • **unregelmäßig**, und: *Fl-ac.*$_{hr1}$ visc.$_{st}$

• **Konvulsionen**, bei den: oena.$_{a1}$ op.$_{a1,hr1}$ stram.$_{hr1}$ stry.$_{a1}$ verat-v.$_{hr1}$

• **Kopfschmerzen**, bei: bamb-a.$_{stb2}$ naja$_{k2}$

• **kräftig** und klein; und: acon. apis arn. ars. bell. chin. crot-t. gels. hyos. merc-c. merc-cy. op. raph. stram.

• **Ruhe**, in der: *Mag-m.*

• **schneller** als der Herzschlag: acon. arn. *Rhus-t. Spig.*

• **Sitzen**, im: aspar.$_{a1,hr1}$ gins.$_{a1}$ indg.$_{a1}$ *Mag-m.* nat-m.$_{a1,h}$ oena.$_{a1}$

• **Stehen**, im: nat-m.$_{h}$

• **Stuhlgang**, nach: *Agar.* **Con.** glon.$_{a1}$

– **beschleunigt**: ...

• **Trinken**, nach dem: nat-m.$_{h,k,*}$

• **Urin**, mit reichlichem: dig.$_{h}$

• **warme** Anwendungen, durch: sulph.

– **dikroter** Puls; Dikrotie: acon.$_{bg1,bg2,*}$ agar. aml-ns.$_{bg1}$ amyg.$_{bg2}$ anan.$_{kr1}$ apis$_{bg1,bg2}$ apoc.$_{bg1,bg2}$ *Arg-n.*$_{hr1}$ bell. cycl. ferr.$_{bg1,bg2}$ *Gels.*$_{bg1,bg2}$ glon. iber.$_{bg1,bg2,*}$ *Kali-c.*$_{bg2,st}$ *Phos.* pilo.$_{a1}$ plb. rhod.$_{bg2}$ *Stram.* zinc.$_{bg1,bg2}$ zinc-s.$_{a1}$

– **drahtig**: ammc.$_{hr1}$ amyg.$_{hr1,kr1,*}$ ars.$_{a1,k}$ ben-n.$_{a1}$ bol-la.$_{a1}$ cupr. cupr-act.$_{a1}$ dig.$_{a1,k}$ gels.$_{a1,k}$ *Glon.*$_{hr1,k2,*}$ ham.$_{a1,k}$ iber.$_{a1}$ *Kali-br.*$_{hr1}$ kreos.$_{a1,k}$ *Lac-c.*$_{hr1,kr1}$ *Lach.*$_{hr1}$ *Lycps-v.*$_{kr1}$ oena.$_{a1}$ ox-ac.$_{a1,k}$ phos.$_{a1,k}$ phys.$_{a1,k}$ *Plb.*$_{hr1}$ sec.$_{a1,k}$ seneg.$_{hr1}$ tax.$_{a1}$ ter.$_{hr1,kr1}$ verat-v.$_{hr1}$ zinc.$_{hr1,k,*}$

☞ *gespannt / zusammengezogen*

– **erregt**: ant-t.$_{a1,k}$ anth.$_{a1}$ bar-m.$_{hr1}$ cac.$_{a1}$ caru.$_{a1}$ caust.$_{hr1}$ cyt-l.$_{a1}$ dig.$_{bg2}$ iod.$_{a1,k}$ *Lach.*$_{hr1}$ *Nux-v.*$_{a1,k}$ petr.$_{a1,k}$ plumbg.$_{a1}$ *Ran-b.*$_{hr1}$ sol-t-ae.$_{a1}$ *Verat-v.*$_{hr1}$

• **nachts**: all-c.$_{a1}$ *Nat-c.*$_{hr1}$

– **fadenförmig**: acon.$_{bg2,k,*}$ agar-pa.$_{a1}$ *Ail.*$_{bg2,sf1,*}$ alum.$_{a1,k}$ alumn.$_{hr1}$ aml-ns.$_{bg2,sf1}$ amyg.$_{hr1,kr1,*}$ *Ant-t.*$_{hr1}$ *Apis*$_{bg2,sf1}$ arn.$_{a1,k}$ *Ars.*$_{hr1,k,*}$ ars-s-f.$_{hr1,kr1}$ ars-s-r.$_{hr1,kr1}$ *Bapt.*$_{hr1}$ bell.$_{hr1,k,*}$ *Cact.*$_{hr1}$ camph.$_{hr1,k,*}$ canth.$_{a1,k}$ carb-v.$_{bg2,k,*}$ carbn-h.$_{a1}$ *Chin.*$_{hr1}$ chlf.$_{a1}$ chlol.$_{a1}$ colch.$_{bg2,k,*}$ cop.$_{a1}$ crat.$_{a1,sf}$ *Crot-h.*$_{hr1,kr1,*}$ cupr.$_{hr1,k,*}$ dig.$_{hr1,k,*}$ digin.$_{a1}$ hell.$_{hr1,k,*}$ *Hydr-ac.*$_{bg2,hr1,*}$ hyos.$_{a1,k}$ iod.$_{hr1,k,*}$ jatr-c.$_{a1}$ kali-bi.$_{a1,k}$ kali-n.$_{a1}$ lach.$_{bg2,hr1,*}$ **Lat-m.**$_{jl,jl3,*}$ merc-c.$_{a1,bg2}$ *Merc-cy.*$_{hr1}$ merc-n.$_{a1}$ merc-ns.$_{a1}$ morph.$_{a1}$ naja nat-f.$_{jl,jl3,*}$ olnd.$_{a1,k}$ op.$_{hr1,k,*}$ ox-ac.$_{a1,k}$ petr.$_{a1,k}$ phos.$_{bg2,k,*}$ phys.$_{a1}$ phyt.$_{a1,k}$ *Plat.*$_{hr1,kr1}$ plb.$_{a1,k}$ ptel.$_{a1}$ *Pyrog.*$_{bg2,sf1,*}$ raja-s.$_{jl,jl3}$ rhus-t.$_{hr1,k}$ sal-ac.$_{sf,sf1}$ santin.$_{a1}$ sec.$_{hr1,k2,*}$ sol-t-ae. solin.$_{a1}$ *Spig.*$_{bg2,hr1,*}$ stram.$_{bg2,hr1,*}$ sul-ac.$_{a1}$ sulph. tab.$_{bg2,sf1,*}$ tax.$_{a1}$ *Ter.*$_{hr1,kr1,*}$ **Verat.**$_{bg2,hr1,*}$ verat-v.$_{bg2,sf1,*}$ *Verb.*$_{kr1}$ vip.$_{a1}$ *Zinc.*$_{hr1,kr1}$ zinc-m.$_{a1}$

☞ *zusammengezogen*

– **fiebrig**: *Acon.*$_{a1,k}$ alum. alumn.$_{a1}$ anthraco.$_{a1,kr1}$ *Ars.*$_{a1,k}$ *Bell.*$_{a1,k}$ bov.$_{a1,k}$ croc.$_{hr1,kr1}$ gins.$_{a1}$ lac-ac.$_{a1,k}$ merc-c.$_{a1,k}$ mez.$_{a1,k}$ morph.$_{a1}$ plb.$_{a1,k}$ sars.$_{a1,k}$ sec.$_{a1,k}$ *Stram.*$_{a1,k}$ *Sulph.*$_{hr1,kr1}$ thuj.$_{a1,k}$ vip.$_{a1}$

– **flatternd**: acon.$_{bro1,k2}$ apis *Arn.*$_{hr1,k,*}$ *Ars.*$_{a1,k}$ cann-i.$_{k13,k2}$ carb-ac.$_{a1}$ cench.$_{k2}$ cimic.$_{k13,k2}$ coff.$_{k13,k2}$ colch.$_{hr1,k,*}$ *Crot-h.*$_{hr1,k}$ dig.$_{k13,k2}$ gels.$_{hr1,k,*}$ gins.$_{a1}$ juni-v.$_{a1}$ *Kali-bi.*$_{hr1,k,*}$ kali-n.$_{a1,k}$ morph.$_{a1}$ **Nux-v.**$_{a1,k}$ op.$_{a1,k}$ ph-ac. *Phos.*$_{hr1,k}$ ptel.$_{a1}$ pyrog.$_{k,k2}$ sec.$_{a1,k1}$ stann.$_{a1,k}$ stram.$_{a1,k}$ sul-h.$_{a1}$ thea$_{a1}$ *Verat.*$_{hr1,kr1}$ zinc. zinc-m.$_{a1}$

• **Körper**; am ganzen: dig.$_{k2}$

– **gespannt**: acon.$_{bg2}$ adren.$_{st}$ agro.$_{a1}$ all-c. all-s.$_{a1}$ am-c.$_{bg2,k,*}$ *Am-m.*$_{a1,k}$ ammc.$_{hr1,kr1}$ *Ant-t.*$_{a1,k}$ aphis$_{a1}$ ars.$_{a1,k}$ ars-h.$_{hr1}$ atro.$_{a1}$ bell.$_{bg2,k,*}$ ben-n.$_{a1}$ bism.$_{hr1,k,*}$ **Bry.**$_{bg2,hr1,*}$ *Cact.*$_{hr1}$ camph.$_{bg2,k}$ cann-i.$_{a1,k}$ canth.$_{a1,k}$ cham.$_{bg2,k,*}$ chel.$_{bg2}$ chin.$_{a1,k}$ clem.$_{a1,k}$ coca$_{a1}$ *Cocc.*$_{hr1}$ coff-t.$_{a1}$ colch.$_{a1,k}$ con.$_{a1,k}$ corn-f.$_{a1}$ *Cupr.*$_{bg2,hr1,*}$ dig.$_{bg2}$ **Dulc.**$_{bg2,hr1}$ ferr.$_{a1,k}$ hyos.$_{bg2,k,*}$ kali-i.$_{a1,k}$ merc-c.$_{bg2}$ *Mez.*$_{bg2,k,*}$ morph.$_{a1}$ nat-c.$_{a1,k}$ nit-ac.$_{hr1,k,*}$ op.$_{hr1}$ ox-ac.$_{a1,k}$ petr.$_{a1,k}$ plb.$_{bg2,k,*}$ rhus-t.$_{hr1}$ sabad.$_{a1,k}$ **Sabin.**$_{bg2}$

– **gespannt**: ...
sang.a1,k sec.bg2,k,* sep.hr1 sol-t-ae.a1 spira.a1 spirae.a1 squil.a1,bg2 stram.bg2 til.a1 *Valer.*bg2,hr1,* verat.a1 verat-v. zinc.bg2,hr1,*
☞ *drahtig*

– **groß**: **Acon.**bg2 ant-t.bg2 **Apis**bg2,kr1 *Arn.*bg2 asaf.bg2 asar.bg2 atro.a1,bg2 *Aur-m.*hr1 bar-c.bg2 **Bell.**bg2,hr1,* bism.bg2 *Bry.*a1,bg2 camph.a1,bg2 canth.bg2 cench.a1,bg2 *Chel.*a1,bg2 chin.bg2 chinin-s.a1,bg2 colch.bg2,hr1,* coloc.bg2 **Con.**bg2,hr1,* *Cupr.*bg2 cupr-act.a1,bg2 dig.bg2 dulc.bg2 ferr.a1,bg2 ferr-p.bg2 gels.bg2,hr1 gins.a1 glon.bg2 hell.bg2 hep.bg2 **Hyos.**bg2 ign.bg2 **Iod.**bg2,hr1,* ip.bg2,hr1,* jatr-c.a1,bg2 kali-cy.a1,bg2 **Kali-n.**bg2 lach.bg2 led.bg2 lycps-v.bg2 manc.bg2 merc.bg2 mez.bg2 mosch.bg2 mur-ac.bg2 nat-m.bg2 nat-p.bg2 nux-v.bg2 olnd.bg2 op.a1,bg2 par.bg2 petr.bg2 ph-ac.bg2 phos.bg2 plb.a1,bg2 ran-b.bg2 ran-s.bg2 *Sabin.*bg2 samb.bg2 *Sep.*bg2 sil.bg2 *Spig.*bg2 spira.a1,bg2 spong.bg2 **Stram.**bg2 stry.a1,bg2 sul-ac.a1,bg2 sulph.bg2 syph.bg2 *Tab.*bg2,hr1,* verat.bg2 *Verat-v.*bg2 viol-o.bg2

– **hart**: **Acon.**bg2,k aesc.a1,k aeth.br1,c1 aether.a1 agar-cps.a1 agar-pa.a1 agro.a1 alco.a1 *All-c.*hr1,k,* all-s.hr1,kr1 alum.hr1 am-c.bg2,k,* am-caust.a1 am-m.a1,k *Aml-ns.*kr1 ammc.hr1,kr1 *Amyg.*hr1,kr1,* anan.hr1,kr1 anil.a1 ant-c.a1,k ant-m.kr1 *Ant-t.*hr1,k,* apis.bg2 *Arn.*bg2,k,* ars.bg2,k,* ars-h.hr1,kr1,* ars-i.hr1,k ars-s-f.hr1,kr1,* arum-d.hr1,kr1,* asaf. asar. aster.a1,k atro.a1 *Bar-c.*bg2,k,* bar-i.k13,k2 bar-m. **Bell.**bg2,k,* *Benz-ac.*hr1,k,* **Berb.**hr1,k bism.a1,k brom.a1,k **Bry.**bg2,k,* *Cact.*hr1,k,* calad.bg2,k,* *Calc.*hr1 calth.a1 camph.bg2,k,* *Canth.*bg2,k,* carb-ac.a1 carbn-s.a1 cent.a1 cham.a1,k **Chel.**bg2,k,* *Chin.*bg2,k,* chlol.a1 chlor.a1 cimic.a1,k *Cina* clem.bg2 cocc.h,k,* coff.a1,k coffin.a1 colch.bg2,k,* coloc.bg2,k,* con.bg2,k,* cor-r.hr1,k,* corn.hr1,kr1,* crot-h.a1 cub.a1 *Cupr.*bg2,k,* *Cupr-act.*a1 cupr-s.hr1,kr1,* cycl.a1,k cyna.j1 daph. *Dig.*bg2,k,* digin.a1 dulc. *Ferr.*bg2,k,* gast.a1 gels.a1,k glon.a1,k gran.a1 **Graph.**bg2,k2 ham.a1,k hell. *Hep.*bg2,k,* **Hyos.**bg2,k,* hyper.hr1,kr1,* iber.a1 *Ign.*bg2,k,* indg.a1 iod.bg2,k,* jatr-c.a1 kali-bi.bg2,k,* *Kali-c.*bg2,k,* kali-chl.k13 kali-i.a1,k kali-m.k2 *Kali-n.*bg2,k,* *Kreos.*hr1,k *Lach.*bg2,k,* laur.bg2 *Led.* lyc.a1,k *Lycps-v.*kr1 *Merc.*bg2,k,* merc-c.bg2,k,* merc-cy.a1,k merc-d.a1 *Merc-pr-r.*a1 mez.bg2,k,* morph.a1 *Mosch.* mur-ac. nat-c.a1,h2 nat-m. *Nit-ac.*bg2,k,* nit-s-d.a1 nitro-o.a1 *Nux-v.*bg2,k,* olnd. op.bg2,k,* ox-ac.a1,k par. petr.a1,k ph-ac. phel.a1,k *Phos.*bg2,k,* phyt.a1,k plb.bg2,k,* plect.a1 plumbg.a1 ptel.c1 puls.bg2,hr1 ran-b.bg2,k,* ran-s.bg2,k rauw.sp1 rhus-t.hr1 sabin.hr1,k samb.bg2,k sang.hr1,kr1 sec.bg2,k,* seneg.bg2,k,* *Sep.*hr1,k serp.a1 *Sil.*bg2,k,* sin-a.a1 sol-mm.a1 sol-t-ae.a1 spig. spira.a1 spong.bg2,k,* squil.bg2,k,* **Stram.**bg2,k,* **Stront-c.**bg2,kr1 stroph-s.sp1 *Stry.*a1 sul-h.a1 *Sulph.*bg2,k,* tab.a1,k tanac.a1 tarent.hr1,k,* tep.a1 *Ter.*hr1,k,* thuj.a1 til.a1 uva.a1 valer. verat.bg2,k,* verat-v.hr1,k vinc.a1,hr1 viol-o. vip.a1 wies.a1 zinc.bg2,k,* zinc-m.a1
☞ *zusammengezogen*
• **morgens**: petr.a1,k phyt.a1,k zinc.
• **vormittags**:
  • **11** h: zing.a1

– **hart**: ...
• **mittags**: ox-ac.a1,k
• **abends**: all-c.a1,k aster.hr1 *Bapt.*hr1,k dulc.a1,k plb. plumbg.a1 ran-b.hr1,k2,* zing.hr1,kr1,*
• **alten** Menschen, bei: **Ant-t.**hr1,kr1
• **Anstrengung**, nach plötzlicher: rauw.sp1
• **Erregung**, mit: stroph-s.sp1
• **Klettern**, nach: rauw.sp1
• **langsam**, und: stroph-s.sp1

– **hörbar**, vernehmlich: ant-t.bg2,k,* *Camph.*bg2 con.bg2 *Dig.*bg2 hell.bg2 iod.bg2 kali-c.bg2 kreos.bg2 merc.bg2 neon.srj5 op.bg2 phos.bg2 plb.bg2 pyrog.c sep.bg2 **Spig.**bg2 sulph.bg2 *Thuj.*bg2

– **intermittierend**: acet-ac.a1,k *Acon.*bg2,k,* acon-c.a1 *Aeth.*hr1,k *Agar.*bg2,k,* agar-pa.a1 aloe alum.bg2,k,* alumn.hr1,kr1,* am-c.a1,k am-m.a1,k amyg.hr1,kr1 ang.bg2,k,* ant-t.bg2,hr1,* apis *Apoc.*a1,bg2,* *Arg-n.*bg2,k arn.bg2,hr1,* *Ars.*bg2,k,* ars-h.hr1,kr1 ars-i.k13,k2 ars-s-f.k13,k2 asaf.bg2,k *Atro.*hr1,kr1,* *Aur.*bg2,k,* bapt.bg2,sf1,* bell.bg2,k,* ben-n.a1 benz-ac.hr1,k bism.bg2,k,* brom. *Bry.*bg2,k,* *Cact.*bg2,hr1,* calc-ar.k2 calth.a1 *Camph.*bg2,k cann-i.a1 *Canth.*bg2,k,* *Caps.*bg2,k,* carb-ac.hr1,k,* carb-an.a1 *Carb-v.*bg2,k,* *Cedr.*hr1,k cere-b.a1 **Chin.**bg2,k,* chinin-s. *Chlol.*hr1,kr1,* chlor.a1 cic-m.a1 cimic.a1 *Cimx.*hr1,k,* cinnb.a1 cocc-s.hr1 coff.hr1,k coff-t.a1 coffin.a1 *Colch.*bg2,k,* *Con.*bg2,k conv.bg2,k *Crat.*sf,sf1 *Croc.*hr1 *Crot-h.*hr1,k,* cub.a1,hr1 cupr.a1,k cupr-act.a1 daph. dat-m.a1 **Dig.**bg2,k,* digin.a1 digox.a1 *Dios.*hr1 dulc.a1 fago.a1 ferr.a1,k ferr-m.bro1 frag.a1 gast.a1 *Gels.*bg2,k,* glon.hr1,k,* grat.a1,k *Hep.*bg2,k,* hura.a1 hydr-ac.a1,hr1 hyos.bg2,k,* *Iber.*sf,sf1,* ign.a1,k *Iod.*bg2,k jatr-c.a1 juni-v.a1 kali-bi. *Kali-c.*bg2,k,* kali-chl.a1,k *Kali-i.*hr1,k kali-m.k2 kali-p.hr1,k *Kalm.*k,k2,* keroso.a1 *Kreos.*hr1,kr1 *Lach.*bg2,k,* lapa.a1 *Laur.*bg2,k *Lil-t.*bg2,k lipp.a1 lob.a1,k *Lyc.*hr1 *Lycps-v.* lyss.hr1,kr1 mag-p.bg2 meny.bg2 **Merc.**bg2,k,* *Merc-c.*bg2,k1,* merc-cy.a1,k1 merc-sul.a1 meth-ae-ae.a1 mez.bg2,k,* morph.a1 mur-ac.bg2,k,* murx.bg2 naja nat-ar. **Nat-m.**bg2,k,* *Nit-ac.*bg2,k,* nit-s-d.hr1,kr1 nitro-o.a1 nux-m.bg2,k,* nux-v.bg2,k,* olnd.a1,k *Op.*bg2,k,* *Ox-ac.*a1,k **Ph-ac.**bg2,k,* phos.bg2,k,* phys.a1 phyt.hr1,k pip-n.bro1 plan.a1 *Plb.*bg2,k,* prun-v.st *Ptel.*hr1,kr1,* *Ran-s.*hr1,kr1 *Rhus-t.*dt,k sabin.bg2,k *Samb.*bg2,k,* scut.a1 **Sec.**bg2,k,* *Sep.*bg2,k,* *Spig.*bg2,k,* staph.bg2 *Stram.*bg2,k,* *Stroph-h.*sf1 stry.a1 sul-ac.a1,k *Sulph.*bg2,k,* *Tab.*bg2,k,* *Tarent.*hr1,kr1 ter.bg2,hr1,* thea thuj.bg2,k,* trif-p.a1 trom.hr1,kr1,* vario.hr1 verat.bg2,k,* **Verat-v.**bg2,k1,* vip.a1 *Zinc.*bg2,k,* *Zinc-p.*k13,k2
☞ *unregelmäßig*
• **zweiten** Schlag; jeden: nat-m.bg2 ph-ac.bg2 *Spig.*bg2,kr1
• **dritten** Schlag; jeden: *Apis*bg2,kr1 ars-h.kr1 arum-t.bg2,kr1 cimic.bg2,kr1,* dig.bg2,kr1 iber.kr1 kali-c.kr1,sf1 *Mur-ac.*bg2,k2,* nat-m.bg2,kr1,* nit-ac.bg2,kr1,* phase.k1,kr1 *Sulph.*kr1 vib.kr1
  • **vierten** Schlag; oder: apis.bg2,sf1,* *Cimic.*bg2,sf1
  • **fünften** Schlag; oder: crot-h.kr1,sf1 *Nit-ac.*kr1,sf1
• **vierten** Schlag; jeden: *Apis*bg2,kr1 *Calc-ar.*bg2,k2,* cimic.bg2,kr1,* dig.bg2,kr1 iber.bg2,kr1

• **vierten** Schlag; jeden: ...
*Mur-ac.*bg2,kr1 **Nit-ac.**bg2,kr1 *Nux-v.*bg2,kr1 *Sulph.*bg2,kr1 tab.bg2,kr1
• **fünften** Schlag; oder: nux-v.bg2,sfl,*
• **überspringt** jeden: nit-ac.k2
• **fünften** Schlag; jeden: ars-h.kr1 *Chel.*kr1 *Coca*gl1,kr1 crot-h.kr1,sfl dig.kr1 nit-ac.kr1,sfl *Nux-v.*bg2,kr1
• **sechsten** Schlag; jeden: acon.bg2 ars-h.kr1 *Chel.*kr1 dig.bro1 *Mur-ac.*bro1
• **siebten** Schlag; jeden: dig.bro1 *Mur-ac.*bro1
• **zehnten** Schlag nach Anstrengungen oder Ärger, Verdruß; jeden: gels.sfl
• **zehnten** bis dreißigsten Schlag; jeden: agar.bg2,kr1 *Cina*kr1 kali-m.kr1 lach.bg2,kr1
• **vierzigsten** bis sechzigsten Schlag; jeden: agar.kr1 ars-h.kr1
• **alten** Menschen, bei: tab.
• **Menses**, vor den: *Kali-c.*k13,st
• **Mittagessen**, nach dem: nat-m.a1,h

– **jagend**
☞ *beschleunigt*

– **klein**: acal.hr1 **Acon.**bg2,k,* acon-c.a1 acon-f.a1 acon-s.a1 *Aeth.*hr1,kr1,* aether a1 *Agar.*bg2,k,* agar-pa.a1 agn.c1 agro.a1 ail.a1 alco.a1 ald.a1 alum.a1,k am-c.bg2 am-caust.a1 ammc.hr1,kr1 amyg.a1 ant-c.bg2,k ant-m.a1,kr1 *Ant-t.*hr1,k apis apoc.hr1,k2,* *Arg-n.*hr1 arn.bg2,k,* **Ars.**bg2,k,* ars-h.hr1,kr1,* *Ars-i.* ars-s-f.hr1,k2,* arum-d.hr1,kr1,* asaf.bg2,k,* asc-t.hr1,kr1,* aspar.a1 aster.hr1,kr1 atro.a1,hr1 *Aur.*bg2,k,* aur-ar.k2 *Aur-m.*hr1,k *Aur-s.*k13,k2 *Bapt.*hr1 bar-c. bar-i.k13,k2 bar-m. *Bell.*bg2,k,* ben-n.a1 benz-ac. bism.bg2,k,* bol-lu.a1 *Brom.*hr1 bry.bg2,k,* *Cact.*hr1 caj.a1 calad.hr1,k calc.bg2,k,* calth.a1 **Camph.**bg2,k,* cann-i.a1,k cann-s.bg2,k,* canth.bg2,k,* carb-ac.bg2,k,* carb-an.bg2 **Carb-v.**bg2,k,* carbn-h.a1 cary.a1 catal.a1 caust.a1 *Cham.*bg2,k,* **Chel.**bg2,hr1,* *Chin.*bg2,k,* *Chinin-ar.*kr1 chinin-s.kr1 chlf.a1 *Chlor.*hr1,kr1,* cic.a1,k *Cina*bg2,kr1,* cinch.a1 clem.a1,bg2 coca kr1 *Cocc.*h,k,* *Coch.*hr1 cod.a1 coff.hr1,kr1 coff-t.hr1 *Colch.*bg2,k,* *Coloc.*bg2,hr1,* *Con.*bg2,k,* conin.a1 cop.a1 croc.bg2,hr1 *Crot-h.*hr1,kr1 crot-t.a1 cub.hr1,kr1,* cund.a1,k **Cupr.**bg2,k,* cupr-ar.a1,kr1 cupr-s.hr1,kr1 cyt-l.a1 delphin.a1 **Dig.**bg2,k,* digin.a1 *Dulc.*bg2,k,* euph-l.a1 ferr.bg2,k,* ferr-m.a1,hr1 fl-ac.a1,hr1 frag.a1 gels.a1,k glon.hr1,kr1,* graph.bg2 grat.hr1,k,* **Guaj.**bg2,k,* gymno.a1 haem.a1 *Hell.*bg2,k,* helo.a1 helon.a1 *Hep.*hr1 hippoz.hr1,kr1 hydr-ac.a1 *Hyos.*bg2,k,* iber.a1 ign.bg2,k,* *Iod.*bg2,k,* ip.hr1,k juni-v.a1 kali-ar.a1,hr1 kali-bi.bg2,k,* *Kali-br.*hr1,kr1 *Kali-c.*hr1,k kali-chl.hr1,k,* kali-cy.a1 kali-fcy.a1 kali-i.a1,k kali-m.k2,kr1 kali-n.bg2,k,* *Kali-p.*hr1,kr1 kali-s.a1 *Kalm.*hr1 keroso.a1 *Kreos.*bg2,k,* lac-ac.a1,k lac-c.hr1 *Lach.*bg2,k,* **Laur.**bg2,k,* led.a1,k lil-t.a1 *Lob.*hr1,k,* lyc.hr1,k,* *Lycps-v.*kr1 lyss.hr1 *Mag-m.*hr1 mang. meny.a1,k *Merc.*bg2,k,* merc-br.a1 merc-c.bg2,k,* merc-cy.hr1,k,* merc-d.a1 merc-n.a1 merc-ns.a1 *Merc-pr-r.*a1 merc-sul.hr1,kr1 meth-ae-ae.a1 *Mez.*hr1,kr1 morph.a1 mosch.bg2 *Mur-ac.*hr1,k,* naja bg2 narcot.a1 nat-br.a1 nat-m.a1,k nat-n.a1 nat-s.a1 nit-ac.bg2,k,* nit-s-d.a1 *Nux-m.*hr1,k,* nux-v.bg2,k,* oena.a1 *Ol-j.*hr1,kr1 olnd.a1 *Op.*bg2,k,*

– **klein**: ...
ox-ac.hr1,k,* past.a1 peti.a1 petr.a1,k *Ph-ac.*bg2,k,* *Phos.*bg2,k,* phys.a1,k phyt.hr1,k,* pic-ac.a1,k *Plat.*bg2,k,* plb.bg2,k,* plumbg.a1 podo.a1,k prun.a1 prun-p.a1,st ptel.a1 puls.bg2,k,* ran-a.a1 ran-b.bg2,k,* ran-s.bg2,k,* *Raph.*hr1,k,* rhod.bg2,k,* rhus-t.bg2,k,* ric.a1 rumx-act.a1 russ.a1 ruta a1 sabad.bg2,k,* sal-ac.hr1,kr1 *Samb.*bg2,k,* *Sang.*hr1,kr1 sarr.hr1,kr1,* **Sec.**bg2,k,* seneg.hr1,k serp.a1 **Sil.**bg2,k,* sol-ni.a1 sol-t.a1 sol-t-ae.a1 solin.a1 spig. spirae.a1 spong.bg2,hr1,* squil.bg2,k,* *Stann.*bg2,k,* staph.bg2,k,* **Stram.**bg2,k,* stroph-h.bg2 stry.a1 *Sul-ac.*bg2,k,* *Sulph.*bg2,k,* sumb.a1 tab.bg2,hr1,* tanac.a1 *Tarent.*hr1,kr1 tax.a1 *Ter.*hr1,k,* thea a1 thuj. til.a1 upa.a1 uva a1 valer.bg2,k,* **Verat.**bg2,k,* vesp.hr1,kr1,* viol-o. vip.a1 visc.a1,st wies.a1 zinc.bg2,k,* *Zinc-m.*a1 *Zinc-p.*k13,k2 zinc-s.a1

– **kräftig**: achy.jl,jl3 acon.bg2,k,* aether a1 agar.hr1,kr1 agar-pa.a1 alco.a1 aloe am-c.a1,k aml-ns.a1,kr1 amyg.hr1,kr1,* ant-t.bg2,k,* apis arn.bg2,k,* ars.a1 ars-h.hr1,kr1 ars-i.hr1,kr1,* asar.bg2,k,* aster.jl aza.jl,jl3 *Bell.*bg2,k,* bism.bg2 *Bry.*bg2 cact.hr1 caj.a1 cann-i. canth.bg2 *Caps.*hr1 catal.a1 chel.bg2 chin.bg2,k,* chinin-ar.kr1 chlf.a1 cinnb.a1 clem.a1 coca a1 con.a1,k crot-h.a1 crot-t.a1,k *Cupr.*bg2,hr1,* dig.bg2 fago.a1 ferr-p.k13,k2 gast.a1 gels.a1,k germ-met.srj5 gins.a1 hell.bg2 hoit.jl hydrc.a1 hyos.bg2,k,* iber.a1 iod.a1,bg2 jatr-c.a1 *Kali-chl.*hr1 *Kali-m.*kr1 kreos.bg2 *Lac-c.*hr1 lach.bg2,hr1 lappa a1 laur.bg2 *Led.*hr1 lycps-v.a1 *Merc.*bg2,hr1 merc-c.a1,k merc-cy.a1,k merc-i-r.a1 mill.a1,k morph.a1 nat-s.a1 neon srj5 op.bg2,k,* par.a1 paro-i.jl petr.bg2 **Ph-ac.**bg2,k phys.a1,k *Puls.*hr1,kr1 ran-b.bg2 raph.a1,k sabad.a1,k **Sabin.**bg2,hr1,* sang.a1,k sarr.hr1,kr1,* seneg.a1,k serp.a1 sium a1 sol-t-ae.a1 **Spig.**bg2,hr1 stram.bg2,k,* stront-c.bg2 stry.a1 tanac.a1 ter.hr1,kr1 uva a1 valer.bg2 *Verat.*bg2 verat-v.hr1 **Viol-o.**bg2
• **langsam**; und: dig.k2

– **langsam**: *Abies-n.*bro1 acet-ac.a1,k achy.jl,jl3 *Acon.*bg2,k,* acon-c.a1 acon-f.a1,k acon-l.a1 adon.bro1 adren.bro1 aesc.bg2,sfl,* aeth.a1,k aether a1 *Agar.*bg2,k,* agar-cps.a1 agar-pa.a1 agn.bg2,k,* *All-c.*hr1,kr1 alumn.hr1 am-caust.a1 am-n.a1 aml-ns.a1,kr1 *Amyg.*hr1,k,* *Anac-oc.*hr1 anan.hr1,kr1 anh.sp1 anil.a1 ant-c.bg2,k *Ant-t.*bg2,k,* apis bg2 apoc.bg2,k,* arn.bg2,k,* ars.a1,k ars-met.kr1 ars-s-f.hr1,kr1,* asaf.bg2,k,* asc-c.c1 asc-t.hr1,kr1 *Aspar.*hr1,k atro.a1 bapt.hr1,k,* bar-act.a1 bar-i.k2 *Bell.*bg2,k,* ben-n.a1 benz-ac.hr1,k,* **Berb.**bg2,k,* both.a1 brom.a1,k cact.bro1 cain.a1 *Camph.*bg2,k,* **Cann-i.**hr1,k,* *Cann-s.*hr1,k,* *Canth.*bg2,k,* *Caps.*hr1,k carb-ac.hr1,kr1,* carbn-o.a1 carbn-s.k2 catal.a1 caust.a1,k cench.a1 cent.a1 *Chel.*hr1,k,* chin.bg2,k,* *Chinin-s.* chlf.a1 chlol.a1 chlor.hr1,kr1,* chr-ac.a1 cic.bg2,k,* cimic.a1,k cinch.a1 coca a1 coff-t.a1 colch.bg2,k,* coloc.bg2,k,* *Con.*bg2,k,* croc.a1 *Crot-h.*hr1,k,* cryp.a1 cub.hr1,kr1,* cund.a1 *Cupr.*bg2,k,* cupr-am-s.a1 cupr-cy.hsa1 cur.st cyt-l.a1 daph.hr1,kr1 dat-f.a1 delphin.a1 **Dig.** digin.a1 digox.a1 dios.hr1 dirc.a1 dub.a1 dubo-m.a1 dulc.bg2,k,* eryt-j.a1 esin.bro1 euph.hr1 euph-c.a1 eupi.a1,st fago.a1 ferr.bg2,k ferr-ma.a1 gast.a1 **Gels.**bg2,k,* gins.a1 glon.bg2,k,* grat.a1,hr1 ham.a1,k *Hell.*bg2,k,* helo.bro1

– **langsam**: ...
hep.bg2,k hippoz.hr1,kr1 home.a1 hydr.a1,bg2 hydr-ac.a1,k hyos.bg2,k,* ign.bg2,k iod.a1,k iris jab.a1 jac-c.a1 jatr-c.a1 juni-v.a1 kali-bi.bg2,k *Kali-br.*hr1,kr1 kali-c.bg2,k,* kali-chl.a1,k kali-cy.a1 kali-m.k2 kali-n.bg2,k,* kali-s.a1 **Kalm.**bg2,k,* kreos.bg2,k,* kres.jl lach.hr1,k,* lachn.hr1,k,* lact.a1,hr1 lat-k.a1 lat-m.a1,sp1 *Laur.*bg2,k,* lept.hr1 *Lob.*hr1,k,* lon-x.a1 *Lup.*a1 lycpr.bro1 *Lycps-v.* mag-c.bg2 *Mag-m.*hr1 mag-s.j5,jl3,* *Manc.*hr1,k *Mang.*a1,bg2 mec.a1 meny.bg2,k meph.jl merc.bg2,k,* merc-c.bg2,k,* merc-cy.a1,k merc-sul.hr1,kr1 meth-ae-ae.a1 mez.a1,k *Morph.*a1 mosch.bg2,k mur-ac.bg2,k,* myric.hr1,k *Myrt-c.*bg2 *Naja* narcot.a1 nat-ar.kr1 nat-c.bg2,h2 *Nat-m.*bg2,hr1 nat-n.sf,sf1 nit-ac.a1,k nit-s-d.a1 nitro-o.a1 *Nux-m.*bg2,k,* nux-v.bg2,k,* oena.a1 ol-an.a1 olnd.bg2,k,* **Op.**bg2,k,* ox-ac.hr1,k,* par.bg2,k,* pen.a1 petr.bg2,k,* ph-ac.a1,k phel.a1 phos.bg2,k,* phys.a1,k phyt.bg2,k,* pic-ac.a1,k pip-n.bg2 pitu.sp1 plb.bg2,k,* *Podo.*hr1,k prop.a1 prun.a1 prun-p.a1,st puls.bg2,k ran-b.bg2 raph.a1 rauw.sp1 rhod.bg2,k,* rhus-t.bg2,k,* ruta samars.a4 samb.bg2,k,* *Sang.*a1,k sars.a1,k *Sec.*bg2,k,* **Sep.**bg2,k sil.bg2,k sol-ni.a1 solin.a1 spig.bg2,k spong.hr1,k squil.bg2,k,* **Stram.**bg2,k,* stroph-s.sp1 stry.a1 sulo-ac.a1 sumb.a1 *Tab.*bg2,k,* tanac.a1 *Tarent.*hr1,kr1 tax.a1 ter.hr1 thea.a1 ther.hr1 thiop.jl thuj.bg2,k thymol.jl,sp1 trif-p.a1 trios.jl upa.a1 uva.a1 valer.a1,k **Verat.**bg2,k1,* **Verat-v.**bg2,k1,* verb.a1 vip.a1 visc.a1,jl3,* wies.a1 wye.a1 zinc.bg2,k,* zing.hr1,kr1
- **tagsüber**: dulc.hr1,kr1 graph.k2 mur-ac.hr1,k sep.hr1,k
- **morgens**: arg-met. chinin-s. grat.a1,k jac-c.a1 lycps-v.a1 myric.a1 olnd.hr1,k,* petr.a1,k ran-b.hr1 sars.hr1 thuj.hr1 zinc.hr1
- **vormittags**: cinnb.hr1,k,* myric.a1
- **nachmittags**: chinin-s. gins.a1 myric.a1 ox-ac.a1,k
- **abends**: ars.a1,k cund.a1 *Graph.*hr1,k mez.hr1 myric.a1 nat-ar. phyt.a1,k ran-b.k2
- **nachts**: phys.a1
- ◆ **abwechselnd** mit beschleunigtem Puls: bell.bg2 chin.bro1 cic.jl cimic.jl dig.bro1 *Gels.*bro1 iod.bro1 *Morph.*st rhus-t.bg2,gl1 stroph-h.bg2
- **alten** Menschen; bei: gels.br1
- **Erbrechen**, beim: squil.h
- **Fieber**, mit: karw-h.jl
- **Frost**; während: brach.hr1 cann-i.a1 gins.a1 glon.a1 hipp.a1 *Hydr.*hr1 meny.hr1 mur-ac.a1,h sep.a1
- **Kopfschmerzen**; bei: gels.psa
- **langsamer** als der Herzschlag: agar.bg2,k cann-s.bg2,k *Dig.*bg2,k dulc.bg2,k,* hell.bg2,k,* **Kali-i.**bg2 *Kali-n.*bg2,k kres.srb2 laur.bg2,k lyc.bg2 *Nat-m.*bg2 sec.bg2,k verat.bg2,k,*
- **Liegen**, beim: dig.h
- **Pubertät**; in der: dig.ptk2
- **schnellender**, voller und: visc.st
- **Schwangerschaft**; während der: gels.c1
- **Schwindel**; mit
  ☞ ❏ *Schwindel - Puls - langsam*
- **sehr** langsam: cub.c1

– **langsam**: ...
- **sexuelle** Exzesse oder Masturbation:
  - **nach**: dig.ptk2

– **laut**
☞ *hörbar*

– **leer**: alco.a1 camph. chin. ferr.bg2 *Lach.*hr1,kr1 petr.a1,k *Sec.*kr1 *Verat.*hr1,kr1

– **mühsam**: crot-h.hr1,kr1 cupr. cupr-act.a1 dig.k2 hydr.a1 iris kreos.a1,k merc. merc-c.a1 merc-i-f.hr1,kr1,* mit.a1 morph.a1 op.a1,k stram.a1,k
- **Bewegung**; durch die geringste: dig.k2

– **reizbar**: agar.hr1 ant-t.hr1 arg-met. ars.a1,k bar-m.hr1 camph.a1,hr1 chlol.hr1 colch.a1,k cop.hr1 cupr.hr1 cupr-ar.a1,hr1 dig.a1,k hydr-ac.a1 iod.hr1,k,* kali-bi.a1 kali-br.a1,k meny.a1,k nux-v.hr1 ox-ac.a1,k psor.hr1 puls.hr1 raph.a1 serp.a1 stram.a1,k sulph.hr1 tab.a1,k tarent.hr1 vario.hr1

– **ruckend**: acon.bg2,k,* agar.bg2 aml-ns.bg2,kr1,* *Arn.*bg2 ars.a1,bg2 arum-d.bg2,hr1,* aur. bar-c.a1,k calad.bg2,hr1,* canth.bg2 con.bg2 dig.bg2,hr1,* digin.a1 dulc.bg2,k,* fago.a1,bg2 gins.a1,bg2 glon.a1,bg2 **Iber.**hr1,kr1,* jatr-c.a1,bg2 nat-m.bg2 nat-p.a1,bg2 nux-v.bg2 plb.bg2,k,* thuj.bg2

– **schnell**
☞ *beschleunigt*

– **schnellend**: *Acon.*hr1,k2,* aether.a1 alco.a1 ars.a1,k atro.a1 *Bell.*hr1,kr1,* benz-ac.hr1,k,* camph.a1,k cann-i.a1,k canth.a1,k chinin-s. chlol.a1 chlor.a1 colch.hr1,kr1 corn-f.a1 dulc.hr1,kr1 eup-per.a1,k *Eup-pur.*hr1,kr1 fago.a1 gels.a1 glon.a1,k iod.a1,k jatr-c.a1 kali-chl.a1,k lil-t.a1,k naja paro-i.jl plan.a1,k raph.a1,k trif-p.a1 visc.a1
- **Gehen**, beim: petr.h
- **Treppensteigen**, beim: petr.h

– **schwach**: *Abrot.*hr1 acet-ac.hr1,k,* acon.bg2,k,* acon-c.a1 acon-f.a1 aesc.a1,k aeth.hr1,k aether.a1 agar.bg2,h,* agar-cps.a1 agar-em.a1 **Agn.**bg2 *Ail.*hr1 ald.a1 aloe alum-p.k13,k2 am-caust.a1 am-m.a1,k ampe-qu.a1 amyg.hr1,kr1,* *Ant-ar.*sf1 ant-c.bg2,sf1,* ant-m.kr1 **Ant-t.**bg2,k,* anth.a1 apis apoc.hr1,k2,* apom.a1 *Arg-n.*hr1 *Arn.*bg2,k,* **Ars.**bg2,k,* ars-h.hr1,kr1,* *Ars-i.*hr1 ars-s-f.k13,k2 ars-s-r.hr1 arum-d.a1 asaf.bg2,k,* asc-c.hr1,kr1,* *Aspar.*hr1,k aster.hr1,kr1 *Atro.*hr1,kr1,* **Aur.**hr1,k aur-ar.k2 aur-m.hr1,k2,* *Aur-s.*k13,k2 aza.jl,jl3 bapt.hr1,k,* **Bar-c.**bg2,k2,* bar-s.k13,k2 bell.bg2,k,* benz-ac.hr1,kr1 **Berb.**hr1,k,* bism.bg2,hr1 *Brom.*hr1 bry.a1,k buth-a.sp1 cact.hr1,kr1 caj.a1 calad.a1 **Camph.**bg2,k,* cann-i.a1,k **Cann-s.**bg2,hr1,* *Canth.*bg2,k,* carb-ac.hr1,kr1,* carb-an. **Carb-v.**bg2,k,* carbn-chl.a1 carbn-o.a1 cary.a1 cass.a1 catal.a1 cedr.a1,k cench.a1,k2 *Cham.*bg2 chel.a1 chen-a.a1 *Chin.*bg2,k,* *Chinin-ar.* chinin-s.a1 chion.hr1 chlf.a1,hr1 chlol.hr1,kr1,* chlor.a1 **Cic.**a1,bg2 cimic.hr1,k,* *Cimx.*hr1,k cinch.a1 cinnb.a1 coca.a1,kr1 *Cocc.*hr1,k2,* cod.a1 coff.bg2,hr1,* coff-t.a1 colch.bg2,k,* *Coloc.*bg2,hr1,* con.a1,bg2 conin.a1 *Crat.*br1,sf1,* **Crot-h.**bg2,k,* crot-t.a1,k cub.hr1,kr1 *Cupr.*bg2,k,* *Cupr-act.*a1,kr1 cupr-ar.hr1,kr1,* cycl.a1,k cyt-l.a1 *Dig.*bg2,k,* digin.a1 digox.a1 dios.hr1,kr1 dirc.a1,c1 dor.a1,hr1 erio.a1 ery-a.a1 eryt-j.a1 eup-per.hr1 *Eup-pur.*hr1 euph.hr1 fago.a1 fagu.a1 ferr.a1,br1 ferr-m.hr1,k,* gast.a1 **Gels.**bg2,k,* *Glon.*bg2,k,*

– **schwach**: ...
guaj.bg2,k2 ham.hr1,k,* hell.bg2,k,* hydr-ac.a1,sf1,* hydrc.a1 hyos.bg2,k,* iber.hr1,kr1,* *Ign.*hr1,k *Iod.*bg2,k,* *Ip.*hr1,k iris jal.hr1 jasm.a1 jatr-c.a1 juni-v.a1 kali-ar.a1,hr1 *Kali-bi.*bg2,k,* *Kali-br.*hr1,k *Kali-c.*bg2,k2,* kali-n.a1 kali-ox.a1 kali-t.a1 *Kalm.*hr1,k keroso.a1 kreos.bg2,k,* lac-ac.a1,k *Lac-c.*hr1,kr1 **Lach.**bg2,k,* lact.a1 lat-k.a1 **Lat-m.**br1,jl3,* **Laur.**bg2,k,* lil-t.bg2,k,* lob.bg2,k,* lyc.bg2,hr1 *Lycps-v.* *Lyss.*hr1,kr1,* *Mag-m.*hr1 manc. mang.bg2,k,* *Merc.*bg2,k,* *Merc-c.*bg2,k,* merc-cy.hr1,k,* merc-i-f.hr1,kr1,* merc-n.a1 merc-ns.a1 merc-pr-r.a1 merc-sul.a1,hr1 meth-ae-ae.a1 mez.a1,k mom-b.a1 morph.a1 *Mosch.*bg2,hr1,* *Mur-ac.*bg2,k,* **Naja** narcot.a1 nat-f.jl,jl3,* nat-m.bg2,k,* *Nat-s.*hr1 nit-ac.a1 nit-s-d.a1 *Nux-m.*bg2,hr1,* nux-v.bg2,k,* oena.hr1,kr1,* olnd.bg2,k,* op.bg2,k,* ox-ac.hr1,k,* past.a1 peti.a1 **Ph-ac.**bg2,k,* *Phos.*bg2,k,* phys.a1,k phyt.hr1,k,* plan.hr1 **Plat.**bg2,hr1,* plb.bg2,k,* plumbg.a1 podo.a1,k polyp-p.a1 prop.a1 psor.hr1,k2,* ptel.a1 *Puls.*bg2,k,* pyre-p.a1 raja-s.jl,jl3 ran-b.hr1 rhod.bg2,k,* *Rhus-t.*bg2,k,* rhus-v.a1,k ric.a1 rumx-act.a1 sabin.a1 sacch.a1 sal-ac.hr1,kr1 sal-p.a1 samb.hr1 *Sang.*a1,k santin.a1 sapin.a1 *Sec.*bg2,k,* seneg.a1,k sep.a1,k sil.bg2,hr1,* sol-t-ae.a1 solin.a1 *Spig.*bg2,k,* spira.a1 spirae.a1 spong.hr1,kr1 stann.hr1 *Staph.*hr1,k *Still.*hr1,kr1,* *Stram.*bg2,k,* stront-c.bg2 stry.a1,k1 sul-ac.bg2,k,* sul-h.a1 sulo-ac.a1 *Sulph.*hr1,kr1 sumb.a1 *Tab.*bg2,k,* tanac.a1 *Tarent.*hr1,kr1 tart-ac.a1 tax.a1 ter.hr1,kr1,* tere-ch.jl,jl3 thea.a1 *Thuj.*a1,bg2 thymol.sp1 trif-p.a1 trim.a4 upa.a1 *Ust.*hr1,kr1 uva.a1 *Valer.*bg2,k2,* *Vario.*hr1,kr1 verat.bg2,k,* *Verat-v.*bg2,k,* verb.a1 vesp.hr1,kr1,* vip.a1,bg2,* vip-a.jl xan.a1 zinc.hr1,k,* *Zinc-m.*a1 zinc-p.k13,k2 zinc-s.a1 zing.a1
• **morgens**: cimic.a1,hr1 olnd.hr1 sep.h thuj.hr1
• **Bewegung**, bei: bar-s.k2
• **Kopfschmerzen**, bei: lach.k2
– **schwer**, mächtig: abies-n.br1 crot-c.a1 phos. stram.a1,k *Verat-v.*hr1,kr1 yuc.a1
• **nachts**: com.a1
– **spasmodisch**: *Ang.*bg2,hr1,* arn.bg2 ars.a1,k bism.bg2,k,* carbn-s.k2,kr1 chin.bg2 **Cocc.**bg2,hr1,* colch.a1 cupr.bg2,k,* cupr-act.a1 *Dig.*bg2,kr1 indg.a1 iod.bg2 kali-bi.bg2 merc. *Merc-c.*bg2,hr1,* nux-m. nux-v.a1 plb.bg2 sabad.bg2,k,* *Sec.*bg2 sep.bg2,k,* *Stram.*hr1,kr1 verat.hr1 zinc.bg2,k zinc-s.a1
☞ *zusammengezogen*
– **Temperatur** überein; stimmt nicht mit der ☞ *Übereinstimmung*
– **Übereinstimmung** mit der Temperatur; nicht in: lil-t.bro1 **Pyrog.**bg2,c,* thyr.bg2
– **unfühlbar**: **Acon.**bg2,k,* aeth.c1,k1 agar.a1 agn.bg2,k am-c.hr1,k2 amyg.hr1,kr1,* anil.a1 ant-t.bg2,k,* *Apis*bg2 *Arg-n.*hr1,kr1 arn.bg2 *Ars.*bg2,k,* ars-h.hr1,kr1 ars-s-f.hr1,kr1,* bell.a1,k benz-ac. *Cact.*hr1,k,* cadm-br.a1 **Camph.**bg2,hr1,* cann-i. cann-s.bg2,k *Canth.*bg2,k,* *Carb-ac.*a1,k **Carb-v.**bg2,k,* carbn.a1 carbn-h.a1 chel.bg2,k,* chin.a1,k chlol.a1,hr1 chlor.a1 cic.bg2,k cic-m.a1 cit-l.hr1,kr1,* *Cocc.*bg2,k **Colch.**bg2,k,* coloc. con.bg2,hr1,* crot-h.a1,k cub.a1 **Cupr.**bg2,k,* cupr-ar.a1 cyt-l.a1,sp1 digin.a1 dulc. ferr.bg2,k gels.a1,st gins.a1 guaj. hell.bg2,k,*

– **unfühlbar**: ...
Hydr-ac.bg2,hr1,* hyos.bg2,k,* *Ip.*bg2 kali-cy.a1 kalm.a1,k kreos.hr1,k lach.bg2,k,* laur.bg2,k,* *Led.*bg2 mand.sp1 med.k2 *Merc.*bg2,k,* merc-c.a1,k morph.a1 *Mosch.*bg2,hr1,* *Naja* nux-v.bg2,k,* oena.a1 *Op.*bg2,k,* ox-ac.a1,k petr.a1 ph-ac. phase-vg.a1 phos.a1,k *Phyt.*hr1,kr1 plat. plb.a1,k *Podo.*hr1,kr1,* puls.bg2,k,* rhus-t.bg2,k *Sec.*bg2,k **Sil.**bg2,k stann. stram.bg2,k,* stry.a1 sul-ac.a1,k sul-h.a1 sulph. tab.a1,k tanac.a1 tax.a1 **Verat.**bg2,k,* zinc.
• **fast**: **Acon.** aeth.k1 agar.h agn.a1 am-c. aml-ns.a1 ant-t. *Apis* apoc.k2 *Ars.* bell. **Camph.** carbn-o.a1 chin. chlor.a1 cic-m.a1 coff-t.a1 crat.br1 crot-h. cub.c1 cyt-l.sp1 dig. digin.a1 ferr. **Gels.** glon. ham. hell. *Hydr-ac.*a1,sf1 hydrc.a1 *Ip.* kali-bi. *Lach.* *Laur.* mand.sp1 mang. *Merc.* merc-c.a1 morph.a1 *Naja* olnd. op. ox-ac. ph-ac. phos. plb. *Podo.* *Puls.* *Rhus-t.* *Ric.*a1 seneg. sol-ni.a1 sol-t.a1 *Spong.* *Stram.* *Tab.* tere-ch.jl thea.a1 ther. *Verat.* vip.a1 zinc.
• **Konvulsionen**, bei den: nux-v. olnd.
• **Stupor**, bei: hep.
– **unregelmäßig**: acetan.bro1 *Acon.*bg2,k1,* acon-c.a1 *Adon.*bg2,sf1,* *Adren.*st aeth.c1,k1 *Agar.*bg2,k,* agar-pa.a1 *Agarin.*bro1 aloe alum.bg2,k alum-p.k13,k2 am-caust.a1 aml-ns. anac.jl ang.bg2,k,* anh.jl,jl3 anil.a1 **Ant-c.**bg2,k,* ant-t.bg2,k,* antip.bro1 apis apoc.hr1,k,* arg-met. *Arg-n.*bg2,k arn.bg2,k,* **Ars.**bg2,k,* ars-h.hr1,kr1 *Ars-i.*a1,k ars-s-f.k13,k2 arum-d.hr1,kr1,* asaf. asar.jl *Aspar.*hr1,k *Atro.*hr1,kr1,* *Aur.*bg2,k,* aur-ar.k2 *Aur-s.*k13,k2 bapt. bar-act.a1 bar-c.hr1,kr1 bar-m.a1 bell.bg2,k,* bell-p.jl,jl3,* ben-n.a1 benz-ac.bg2,k bism. bol-lu.a1 *Bry.*bg2,k bufo.bg2 *Cact.*bg2,k,* cael.jl calc.bg2,k,* calen.hr1,kr1,* *Camph.* cann-i.a1,k cann-s.bg2 *Canth.* *Caps.*bg2,k,* carb-ac.hr1,k,* carb-an. *Carb-v.* carbn.a1 carbn-o.a1 cary.a1 caust.bg2 *Cedr.*hr1 cere-b.a1 cham.a1,k chel.hr1,k,* **Chin.**bg2,k,* chinin-s.a1,k chlf.a1 *Chlol.*hr1,kr1,* chlor.a1 chlorpr.jl,jl3 chr-ac.a1 *Cimic.*bg2,hr1,* *Cimx.* cinch.a1 clem.a1 coff. coffin.a1,bro1 *Colch.*bg2,k,* *Con.*bg2,k,* *Conv.*br1,sf1,* convo-s.jl,sp1 cor-r.a1 cortico.jl,jl3 *Crat.*br1,sf1,* *Crot-h.*hr1,k cub.hr1,kr1,* cupr. cupr-act.a1 cyt-l.a1,jl3,* **Dig.**bg2,k,* *Digin.*a1 digox.a1 dirc.a1,c1 dulc.a1 euph.a1 fago.a1 ferr.bg2,k2,* ferr-p.bg2 form.a1 gala.br1 *Gels.*bg2,k,* gins.a1 glon.bg2,k,* guare.a1 ham.a1,k hed.jl,jl3 hell.a1,k *Hep.*bg2,k hir.jl,jl3 hist.jl,jl3 home.a1 *Hydr-ac.*a1 *Hyos.*bg2,k,* *Iber.*hr1,kr1,* ign.bg2,k iod.hr1,k,* jab.a1,br1 jatr-c.a1 juni-v.a1 *Kali-bi.*hr1,k,* *Kali-c.*bg2,k,* kali-chl. kali-cy.a1 *Kali-i.*hr1,k kali-m.k2 kali-n.a1 kali-p.hr1,k kali-s.a1 *Kalm.*k,k2,* **Lach.**bg2,k,* lachn.hr1,kr1 laur.bg2,k,* *Lil-t.*hr1,k2,* lob.a1,k lol.a1 *Lycps-v.* lyss.hr1 mag-p.bg2 mag-s.jl,jl3,* manc.bg2,hr1,* mang.bg2,k,* meny. meph.jl *Merc.*bg2,k,* *Merc-c.*bg2,k,* merc-cy.a1,k merc-i-f.hr1,kr1,* merc-sul.hr1,kr1,* mez.bg2,k,* morph.a1 *Mosch.*hr1 *Mur-ac.*bg2,sf1,* myric.hr1,kr1 *Naja* nat-ar. nat-f.jl,jl3,* **Nat-m.**bg2,k,* nat-n.sf,sf1 nat-s.a1 nicc.a1 nit-ac.bg2,k,* nit-s-d.a1 nux-m.bg2,sf1,* nux-v.bg2,k,* oena.a1 *Olnd.*bg2,k,* onop.jl *Op.*bg2,k,* ox-ac.bg2,k,* penic.jl,jl3 **Ph-ac.**bg2,k,* *Phase.*bro1 *Phos.*bg2,k,* phys.a1,k *Phyt.*hr1,k,* pic-ac.a1 pilo.bro1

– **unregelmäßig**: ...
pip-n.bg2 *Plan*.a1,k *Plb*.bg2,k,* prun-v.st psor.k2 ptel.a1 puls.bg2 pyrog. rauw.sp1 *Rhus-t*.bg2,k,* sabad.a1,k sabin.bg2,k sacch.a1 *Samb*.bg2,k,* *Sang*.hr1,k,* sangin-t.c1 santin.a1 *Saroth*.sp1 **Sec**.bg2,k seneg.bg2,k,* *Sep*.bg2,k ser-ang.bro1 *Sil*.bg2,k,* sol-ni.a1 sol-t-ae.a1 *Spig*.bg2,k,* *Squil*.bg2,sf1,* stann.bg2 *Still*.hr1,k,* **Stram**.bg2,k,* stroph-h.bro1 stroph-s.sp1 stry.a1 stry-ar.bro1 stry-p.bro1 sul-ac.a1,k sul-h.a1 sulfa.j1 sulo-ac.a1 *Sulph*.bg2,k *Sumb*.bg2,hr1,* *Tab*.bg2,k,* tanac.a1 tarent.a1,k2 tax.a1 ter.a1,hr1 thea thiop.j1 thuj. trach.a1 trif-p.a1 *Tub*.st uva.a1 valer.bg2,k,* *Verat*.bg2,k,* **Verat-v**.bg2,k,* vib.hr1,kr1 vip.a1,bg2,* vip-a.j1 visc.sp1 wies.a1 xan.a1 yuc.a1 zinc.bg2,k,* *Zinc-p*.k13,k2
☞ *intermittierend*
- **morgens**: atro.a1 caust.a1,h fago.a1 myric.a1 phos.a1 still.a1 sumb.a1
- **Anstrengung**, bei geringer: *Arg-n*. dig.k2 meny. *Nat-m*.
- **Hinlegen**:
  - **beim**: lycps-v.a1 still.a1
- **langsam**, und: acon. arn. ars. asaf. bell. camph. cann-i. chel. chin. cimic. colch. **Dig.** dulc. ham. hell. hyos. iod. **Kalm.** laur. lob. merc-c. merc-cy. mez. *Naja* nit-ac. nux-v. olnd. op. ox-ac. ph-ac. phys. phyt. plb. rhus-t. seneg. sul-ac. tab. verat. **Verat-v.** zinc.
  - **heftig**; und: dig.k2
- **Liegen**; beim:
  - **Rücken**; beim Liegen auf dem: arg-n.
  - **Seite**; auf der linken: *Nat-m*.kr1
- **Stuhlgang**, nach: *Agar*.

– **unzählbar**
☞ *beschleunigt*

– **voll**: acet-ac.a1,k **Acon**.bg2,k,* aesc.a1,k aeth.c1 aether.a1 agar.hr1,kr1 agar-pa.a1 alco.a1 *All-c*.hr1,k,* aloe **Alum**.bg2,hr1 alumn.kr1 am-m.bro1 *Aml-ns*.kr1 *Amyg*.hr1,kr1,* anan.hr1,kr1 **Ant-t**.bg2,k,* anth.a1 antip.bro1 apis apoc.a1,k aq-pet.a1 *Arn*.bg2,k,* ars.a1,k ars-h.hr1,kr1,* ars-i. ars-met.a1,kr1 arum-d.hr1,kr1,* arum-t.hr1,kr1 asaf.bg2,k,* asar.bg2,k,* asc-c.hr1,kr1 asim.a1 atro.hr1,kr1,* *Aur*.bg2,k2,* bapt.hr1,k,* bar-c.bg2,k,* bar-i.k13,k2 bar-m.a1,k **Bell**.bg2,k,* benz-ac.hr1,k,* **Berb**.hr1,k bism.bg2,k brom.a1,k **Bry**.bg2,k,* cac.a1 *Cact*.bro1 cain.a1,kr1 caj.a1 calad.a1 **Calc**.bg2 camph.h,k,* cann-i.a1 *Canth*.bg2,k,* carb-ac.a1 carbn-o.a1 cedr.a1,k celt.a1 cent.a1 cham.a1,k **Chel**.bg2,k,* *Chin*.bg2,k,* chinin-ar.k2,kr1 chinin-s. chlf.a1 chr-ac.hr1,kr1,* cic.a1 cimic.a1,k clem.a1 coff.hr1,k coff-t.a1 coffin.a1 colch.bg2,k,* coloc.bg2,k,* con.bg2,k,* cor-r.hr1,k cori-m.a1 cori-r.a1 crot-c.a1 crot-h.a1,k crot-t.hr1,k,* cub.hr1,kr1,* *Cupr*.bg2,k,* cupr-act.a1 cupr-s.hr1,kr1,* cycl.a1,k cyt-l.a1 daph. dat-f.a1 **Dig**.bg2,k,* digin.a1 dirc.a1 dor.a1 *Dulc*.bg2,k,* *Eup-per*. *Eup-pur*.hr1,kr1,* fago.a1 ferr.bg2,k ferr-p. gast.a1 **Gels**.bg2,k,* gins.a1,k *Glon*.a1,k **Graph**.bg2,k2 ham.hr1,k,* hell.bg2,k,* *Hep*.bg2,k hydr-ac.a1 **Hyos**.bg2,k,* iber.hr1,kr1,* ictod.bro1 *Ign*.bg2,k1,* iod.bg2,k jab.a1 jug-r.a1 juni-v.a1 kali-bi.a1,k *Kali-c*.bg2,k,* kali-chl.hr1,k,* kali-i.a1,k kali-m.k2,kr1 **Kali-n**.bg2,k,* kali-ox.a1 kreos.a1,bg2 lac-ac.a1 *Lach*.bg2,k,* laur.bg2,k,* *Led*.bg2,k *Lil-t*.bro1

– **voll**: ...
linu-c.a1 lipp.a1 lyc.a1,k menth.a1 *Merc*.bg2,k,* merc-c.a1,k merc-cy.a1,k merc-pr-a.a1 merl.hr1,kr1 *Mez*.bg2,k,* mill.a1,k morph.a1 *Mosch*.bg2,k,* mur-ac.bg2,k myric.a1 *Naja* nat-m.bg2,k,* *Nat-n*.sf,sf1 nit-ac.a1,k nitro-o.a1 *Nux-v*.bg2,k,* ol-an.a1 olnd.bg2,k,* onos.bro1 *Op*.bg2,k,* ox-ac.a1,k par.bg2,k *Petr*.bg2,k,* *Ph-ac*.bg2,k,* phel.a1,k *Phos*.bg2,k,* *Phys*.a1 phyt.a1,k pilo.a1 plan.a1,k plb.bg2,k,* plect.a1 ptel.c1 puls.bg2 ran-b.bg2,k,* ran-s.bg2,k raph.a1 rat.a1 rhus-t.a1,k sabad.a1,k *Sabin*.bg2,k samb.bg2,k,* sang.a1,k sarr.hr1,k,* sars. scroph-n.a1 sec.bg2 *Sel*. seneg.a1,k *Sep*.bg2,k *Sil*.bg2 sin-a.a1,hr1 sin-n.hr1,kr1,* sium.a1 sol-ni.a1 *Spig*.bg2,k spira.a1 spirae.a1 spong.bg2,k,* **Stram**.bg2,k,* stront-c. sul-ac.a1,k *Sulph*.bg2,k,* sumb.a1 *Tab*.hr1,k,* tanac.a1 tarax.a1 tarent.hr1,k tell.a1,k tep.a1 thea.a1 thuj.bg2,k,* til.a1 toxi.a1 trif-p.a1 trom.a1 valer.bg2,k,* *Verat*.bg2,k *Verat-v*.a1,k vinc.a1 viol-o.bg2,k vip.a1 visc.a1 yuc.a1 zinc. zing.a1
- **morgens**: *Canth*.hr1,kr1 cedr.a1 jac-c.a1 phos.a1,k phyt.a1,k sep. zinc.
- **vormittags**: nat-ar.a1 trom.a1,kr1 zing.a1
- **nachmittags**: iod.a1,k nat-ar.a1 phyt.a1 zinc. zing.a1
- **abends**: acon.a1,k anth.a1 anthraco.kr1 hell.a1,k myric.a1 olnd.hr1,k ran-b.hr1,k scut.a1 seneg. sulph.a1,k thuj.hr1,k zinc. zing.hr1,kr1,*
- **nachts**: com.a1 *Merc*. sep.a1,kr1

– **weich**: acal.bro1 acet-ac.a1,k *Acon*.bg2,k aesc.hr1,k,* aeth.a1,k aether.a1 agar.bg2,k,* agn.bg2,k ant-c.bg2,k ant-s-aur.a1 **Ant-t**.bg2,k anth.a1 apis apoc. arn.bg2,k *Ars*.bg2,k,* ars-h.hr1,kr1 arum-d.a1 aspar.a1 aster.hr1,k atro.a1 *Aur*.hr1,k bapt.bg2,k,* bar-c.bg2,k bar-m.a1,k bell.bg2,k,* bism.bg2,k brom.hr1 bry.a1,k cact.hr1 calc-ar.st calc-i.a1 camph.bg2,k,* cann-i. cann-s.bg2,k canth.bg2,k,* *Carb-ac*. **Carb-v**.bg2,k carbn-o.a1 carbn-s.a1 cham.bg2,k,* chel.a1 chin.bg2,k,* chlf.a1 *Chlor*.hr1,kr1,* cic.bg2,k,* cinch.a1 cit-l.a1 clem.a1 cocc.bg2,k *Coffin*.bro1 *Colch*.bg2,k,* con.bg2,k,* conv. crot-h.hr1,k cub.hr1,kr1 **Cupr**.bg2,k cupr-s.hr1,kr1 cyt-l.a1 **Dig**.bg2,k,* digin.a1 digox.a1 dulc.bg2,k,* ery-a.a1 euph.a1,k ferr.bg2,k,* ferr-m.a1,k *Ferr-p*.bg2,sf1,* *Gels*.bg2,k,* glon.a1 *Guaj*.bg2,k,* ham.a1,k hell.hr1,k,* hep.bg2,k hydr-ac.hr1,k,* hyos.bg2,k,* hyper.hr1 iber.hr1,kr1,* iod.bg2,k,* ip.bg2,k,* jab.a1 jal. jatr-c.a1 juni-v.a1 kali-bi.hr1,k kali-br. kali-c.bg2,k,* kali-chl. kali-cy.a1 *Kali-m*.k2,kr1 kali-n.bg2,k *Kalm*. kreos.bg2,k,* lac-ac.a1,k **Lach**.bg2,k,* lat-m.j1,j13 laur.bg2,k,* *Lob*.a1,k lyc. *Lycps-v*.kr1 *Manc*.hr1,kr1 mang.bg2,k,* *Merc*.bg2,k,* merc-cy.a1,k mez.a1,k morph.a1 **Mur-ac**.bg2,k myric.a1 *Naja* narcot.a1 nat-ar. nat-m.bg2,k nat-n.a1 nitro-o.a1 nux-v.bg2,k,* oena.a1 *Ol-j*.hr1,kr1 olnd.a1,k **Op**.bg2,k,* *Ox-ac*.a1,k ph-ac.bg2,k *Phos*.bg2,k,* phys.a1,k phyt.hr1,k,* *Plat*.bg2,k,* plb.bg2,k,* polyp-p.a1 puls.bg2,k,* ran-b.hr1 ran-s.bg2,k,* rhod.bg2 rhus-t.bg2,k,* sabin.hr1 *Sang*.hr1,k,* santin.a1 sec.bg2,k,* seneg.bg2,k,* sep.hr1 sil.bg2,k sin-n.a1 sol-ni.a1 solin.a1 *Spig*.bg2,k spirae.a1 **Stram**.bg2,k,* stry.a1 sul-ac.bg2,k *Sulph*.hr1,kr1 *Sumb*.hr1,kr1,* syph.bg2 *Tab*.hr1,k,* tarax.a1 **Ter**.a1,k thuj.bg2,k toxi.a1 trios.j1 uva.a1 valer.bg2,k **Verat**.bg2,k *Verat-v*.bg2,k,* vip.a1 zinc.hr1,k

– **weich**: ...
zinc-m.a1

– **wellenförmig**: agar.a1 amyg.a1 *Ars.*hr1 camph.hr1,k,* carb-ac.a1 carbn-o.a1 chlf.a1 crot-h.hr1,k,* dig.a1,k digin.a1 gins.a1 iber.a1 *Lach.*hr1 op.a1,k plb.hr1,k,* *Zinc.*hr1

– **zittrig**: acon.a1,k ambr.bg2,k **Ant-t.**bg2,k,* apiskr1 *Ars.*bg2,k,* *Bell.*bg2,k **Calc.**bg2,k,* camph.bg2,k cann-i. canth.a1,k carb-ac. *Cic.*hr1,k cina cinnb.a1 coc-c.a1,k cocc.bg2,hr1 colch.bg2,hr1,* crot-h.bg2,k,* dig.bg2,k,* fago.a1 gels.bg2,k gins.a1 *Hell.*bg2,k,* *Iber.*hr1,kr1,* iod.bg2,k,* kali-c.bg2,k *Kreos.*bg2,k,* lach.bg2,k merc.bg2,k,* merc-c.bg2,k,* merc-sul.hr1,kr1,* nat-m.bg2,k nux-m.bg2,k op.a1,k ox-ac.a1,k phos.bg2,k,* plat.bg2,hr1,* plb.a1,k *Rhus-t.*bg2,k,* ruta *Sabin.*bg2,k *Sep.*bg2,k,* **Spig.**bg2,k,* *Staph.*bg2,k,* stram.bg2,k,* sul-ac.a1,k valer.a1,k

• **nachts**: *Calc.* narc-po.a1

• **Essen**, nach dem: *Calc.*

– **zusammengezogen**: acet-ac.a1,k acon.bg2,k,* agar.hr1,k,* ant-t.hr1,k,* arn.bg2,k ars.a1,k *Asaf.*bg2,k,* aster.hr1,k bell.a1,k bism.bg2,k,* borx.bg2,h calc.a1,k calth.a1 cann-i.a1,k canth.a1,k chin.bg2 cina colch.hr1,k,* crot-t.a1,k cupr.bg2 cupr-act.a1 hyos.a1,k iod.a1,k *Kali-bi.*hr1,k,* *Kali-br.*hr1,kr1 kali-s.a1 kiss.a1 lach.bg2 lact.hr1 laur.bg2,k,* merc-cy.a1,k morph.a1 nit-ac.a1,k op.a1,k ox-ac.a1,k paeon.a1 petr.a1,k phos.a1,k plb.bg2,k,* russ.a1 *Sec.*bg2,k,* spira.a1 squil.a1 stann. stram.a1 stry.a1 sul-ac.a1,k *Tarent.*hr1,kr1 vip.a1 zinc. zinc-m.a1

☞ *drahtig | fadenförmig | hart | spasmodisch*

Puls und Temperatur stimmen nicht überein

☞ *Puls - Übereinstimmung*

Pulsieren:

○ **äußerlich**: acet-ac.k13,k2 *Acon.*bg2,k,* acon-s.a1 *Aesc.* agar.bg2,k,* alum.bg2,k,* alumn.hr1,k,* am-c.bg2,k am-m.bg2,k,* *Ambr.*bg2,k ammc.a1,k anac.bg2,k ang.bg2 *Ant-t.*bg2,k,* *Arg-met.* *Arg-n.*bg2,k,* arn.bg2,k *Ars.*bg2,k,* *Ars-i.* ars-s-f.k13,k2 *Asaf.*bg2,k,* asar. aster.bg2 *Bar-c.*bg2,k,* bar-i.k13,k2 bar-m. bar-s.k13,k2 bell.bg2,k,* benz-ac. berb.hr1,k bov.bg2,k brom. bry.bg2,k,* bufobg2 *Cact.* calad. **Calc.**bg2,k,* calc-i.k13,k2 *Calc-p.* *Calc-s.* calc-sil.k13,k2 cann-s.bg2,k,* canth.bg2,k caps.hr1,k carb-an. *Carb-v.*bg2,k *Carbn-s.* *Caust.*bg2,k,* cham.bg2,k,* chel.bg2,k chin.bg2,k chinin-ar. chlol. chlor.a1 cina clem.h2,k,* coc-c. cocc.bg2,k,* coff.bg2,k *Coloc.*bg2,k,* *Con.*bg2,k,* cop.a1,k croc.bg2,k cupr. dig.bg2,k dros.bg2,k dulc.bg2,k euph.bg2 euphr. **Ferr.** ferr-ar. **Ferr-i.** ferr-p. *Fl-ac.* gamb.a1,k gast.a1 gels. **Glon.**bg2,k,* **Graph.**bg2,k guaj.bg2,k hell.bg2,k helo. hep.bg2,k,* hydrog.srj2 hyos.bg2,k *Ign.*bg2,k,* *Iod.*hr1,k jab.bg2 kali-ar. *Kali-bi.*bg2,k **Kali-c.**bg2,k,* kali-chl.k13 kali-m.k2 kali-n.bg2,k,* kali-p. **Kali-s.** kali-sil.k13,k2 kiss.a1,k **Kreos.**bg2,k,* **Lach.** laur.bg2,k,* led.hr1,k2,* *Lil-t.*a1,k *Lyc.*bg2,k,* *Lyss.* macro.a1 mag-c.bg2,k mag-m.bg2,k manc.a1,k mang.bg2,k med. **Meli.** *Merc.*bg2,k,* mez.bg2,k mosch.a1,k mur-ac.bg2,k nat-ar. *Nat-c.*bg2,k,* **Nat-m.**bg2,k,* *Nat-p.* *Nat-s.* nat-sil.k13,k2 *Nit-ac.*bg2,k,* nitro-o.a1 nux-m.bg2,k *Nux-v.*bg2,k **Olnd.**bg2,k,* op.bg2,k par.bg2,k petr.bg2,k

Pulsieren - äußerlich: ...

ph-ac.bg2,k *Phos.*bg2,k,* phys.a1,k phyt.bg2,k,* *Plat.*bg2,k,* plb.bg2,k,* polyg-s.bg2 **Puls.**bg2,k,* ran-b.bg2,k rheum *Rhod.*bg2,k,* rhus-t.bg2,k,* *Rumx.* *Ruta* **Sabad.**bg2,k,* sabin.bg2,k samb.bg2,k sang.a1,k sars.bg2,k sec.bg2,k *Sel.* seneg.bg2,k *Sep.*bg2,k,* *Sil.*bg2,k,* spig.bg2,k,* spong.bg2,k,* squil.bg2,k stann.bg2,k staph.bg2,k *Still.* *Stram.*bg2,k *Stront-c.* stroph-h.bg2 *Sul-ac.* sul-i.k13,k2 **Sulph.**bg2,k,* *Tarax.*bg2,k,* teucr.bg2,k *Thuj.*bg2,k,* til. *Urt-u.* verat.bg2,k *Zinc.*bg2,k,* zinc-p.k13,k2

• **rechte** Seite:

• **Liegen** auf dieser Seite; beim: clem.h2

• **morgens** beim Erwachen: *Bell.*h,k,*

• **nachmittags**:

• **14**.30 h: pall.

• **abends**: arn. *Carb-an.* caust. nat-m. sep.

• **Einschlafen**, vor dem: sil.h

• **Ruhe**, in der: nat-m.

• **nachts**: am-m.a1,k *Bry.* cact.a1,k nat-m.h,k,* *Sil.* sulph.a1,k

• **Mitternacht**: phys.a1,k

• **nach**: iris trios.a1

• **halbwachem** Zustand, in: sulph.a1,k

• **Husten**, durch: *Calc.*h,k,*

• **Anstrengung**: ferr. iod.

• **nach**: anac.h

• **bei**: ferr. iod.

• **Atems**; beim Anhalten des: cact.k2

• **Auffahren**, beim: *Camph.*a1

• **berührt**, wenn der Körper irgend etwas: bell.k2 glon.

• **Bett**, im: arn. carb-an. caust. nat-m. sep. upa.a1,k

• **Bewegung**:

• **amel.**: *Kreos.*a1,k *Nat-m.*a1,k

• **agg.**: ant-t. *Graph.*a1,k *Iod.*

• **Blutung** aus dem Anus, nach: kali-c.h

• **Erregung** agg.: ferr. kreos.

• **Erwachen**, beim: *Bell.*hr1,kr1 ferr-i. glon.k2 *Nat-m.*hr1,j5,* nit-ac.j5 sulph.j5

• **Essen**, nach dem: arg-n.a1,k camph. *Clem.* lyc.bg2,k,* **Sel.**

• **Fieber**; während: urt-u.bg2,h,* zinc.a1,h

• **Freien** amel.; im: *Aur.*

• **Gehen**: *Cact.*a1 dig.a1 ferr.

• **beim**: dig. ferr.

• **Freien**, im:

• **nach**: ambr.

• **Husten**, beim: *Calc.*h,k,*

• **Koitus**, nach: nat-c.j5

• **Kopfschmerzen**, bei: lach. pall.c1

• **Liegen**, beim: calad. clem.h2 coloc.h *Glon.* sel.bg2

• **rechten** Seite, auf der: arg-n.k2

• **Menses**, vor den: cupr. thuj.

• **Musik**:

• **agg.**: kreos.

☞ *Musik - agg.*

• **trauriger**, bei: kreos.

• **Ruhe**, in der: kreos.a1

• **Schlaf**, im: aesc.k13,k2 nat-m. sulph.

• **schmerzhaft**: bry.a1,h psil.ft1

– **äußerlich**: ...
 • **Schwangerschaft**; während der: *Kali-c.*
 • **Sitzen**, im: anac.h eupi.a1,k phys.a1,k *Sil.*
 • **Sprechen** in Gesellschaft, beim: carb-v.a1,k
 • **Stehen**, im: alum.
 • **Träumen**, nach: nit-ac.j5
 • **wandernd**: puls.bg2
 • **zittrig**: nat-c.a1,k
– **Drüsen**, in: *Am-m.* arn. asaf. bell. bov. bry. *Calc.* caust. cham. clem. con.bg2 *Kali-c.* lach.j5 lyc. **Merc.** nat-c. nit-ac. *Phos.* rhod. *Sabad.* sep. *Sil.* *Sulph.* thuj.
– **Gelenken**, in den: am-m.bg2 arg-met.bg2 dros.bg2 led.a1,bg2 *Merc.*a1,bg2 mez.bg2 olnd.bg2 ph-ac.bg2 rhod.bg2 rhus-t.bg2 *Ruta*bg2 sabad.bg2 spig.bg2 thuj.bg2
– **innerlich**: acet-ac.k2 **Acon.**bg2,k *Aesc.*sf,sf1 aeth. agar.bg2,k aloe **Alum.**bg2,k alum-p.k13,k2 alum-sil.k13,k2 am-c.bg2,k *Am-m.*bg2,k ambr.bg2,k *Aml-ns.* anac.bg2,k ang.a1,bg2 ant-c.bg2,k **Ant-t.**bg2,k apisbg2 arg-met. *Arg-n.*bg2,k arn.bg2,k *Ars.*bg2,k *Ars-i.*k,k2 *Asaf.*bg2,k asar.bg2,k *Atro.*sf,sf1 *Aur.*bg2,k aur-ar.k2 aur-i.k13,k2 aur-s.k13,k2 bamb-a.stb2 bar-c.bg2,k bar-i.k13,k2 bar-m.k13,k2 bar-s.k2 *Bell.*bg2,k berb.j5 *Borx.* bov.bg2,k **Bry.**bg2,k *Cact.* calad.bg2,k **Calc.**bg2,k calc-i.k2 calc-p. calc-s.k2 calc-sil.k13,k2 *Camph.*bg2,k **Cann-i.** *Cann-s.*bg2,k canth.bg2,k *Caps.*bg2,k carb-an.bg2,k carb-v.bg2,k carbn-s. carc.hbh,tp1 caust.bg2,k cedr. cench.k13,k2 *Cham.*bg2,k chel.bg2,k chin.bg2,k chinin-ar. chinin-s.j5 *Cic.*bg2,k clem.h,j5,* **Cocc.**bg2,k coff.bg2,k colch. *Coloc.*bg2,k *Con.* croc.bg2,k crot-h. crot-t. cycl.bg2,k *Dig.*bg2,k dros.bg2,k dulc.bg2,k **Ferr.**bg2,k ferr-ar.k2 **Ferr-i.** ferr-s.sf,sf1 gels.bg2,k **Glon.**bg2,k *Graph.*bg2,k *Ham.*sf,sf1 hell.bg2,k hep.bg2,k hydrog.srj2 hyos.bg2,k *Ign.*bg2,k *Iod.*bg2,k ip.bg2,k kali-ar.k2 kali-bi.bg2,sf1,* kali-c.bg2,k kali-i.bg2,sf1,* kali-m.k2 kali-n.bg2,k *Kreos.*bg2,k lach.bg2,k *Laur.*bg2,k led.bg2,k *Lil-t.*sf,sf1 lyc.bg2,k mag-c.bg2,k mag-m.bg2,k mang.bg2,k **Meli.** *Merc.*bg2,k *Merc-c.* mez.bg2,k mosch.bg2,k murx. nat-c.bg2,k *Nat-m.*bg2,k nat-p. *Nat-s.* nat-sil.k2 nit-ac.bg2,k nux-m.bg2,k *Nux-v.*bg2,k,* ol-an.j5,sf1,* *Olnd.*bg2,k op.bg2,k par.bg2,k petr.bg2,k ph-ac.bg2,k **Phos.**bg2,k phys. phyt.bg2 pic-ac. *Plan.* *Plat.*bg2,k *Plb.*bg2,k *Psor.* **Puls.**bg2,k pyrog.sf1 ran-b.bg2,k rheum rhod.bg2,k *Rhus-t.*bg2,k ruta *Sabad.*bg2,k sabin.bg2,k *Sang.* sars.bg2,k sec.bg2,k **Sel.**bg2,k seneg.bg2,k **Sep.**bg2,k **Sil.**bg2,k *Spig.*bg2,k *Spong.*bg2,k stann.bg2,k *Stram.* *Stront-c.*sf1 sul-ac.bg2,k sul-i.k2 *Sulph.*bg2,k tab.sf,sf1 *Thuj.*bg2,k verat.bg2,k verat-v. verb.bg2,k *Zinc.*bg2,k zinc-p.k13,k2
 • **Schlaf**; verhindert den: sel.c1
 • **Blutgefäße**: sabin.c1
– **Knochen**, in den: *Asaf.* *Calc.* carb-v. lyc. *Merc.* nit-ac. phos. rhod. ruta sabad. sep. sil. *Sulph.* thuj.
– **Oberkörper**: hydrog.srj2 nit-ac.h
– **Venen**: asaf.k1

Quecksilber, Mißbrauch von: acon.bg2 agn.bg2 alumn.st anan.st ang.bg2,sf1,* *Ant-c.*bg2,k,* ant-t.bro1 *Arg-met.* arn.bg2 ars.bg2,sf1,* *Asaf.*bg2,k,* **Aur.**bg2,k,* aur-m.hr1,k2,* aur-s.k13,k2 *Bell.*bg2,k,* *Borx.*st bry.bg2

Quecksilber, Mißbrauch von: ...
calad.bg2,hr1,* *Calc.*bg2,k camph.bg2,hr1,* **Carb-v.**bg2,k,* caust.bg2 *Chel.* *Chin.*bg2,k,* cic.bg2,k cinabg2 *Clem.*bg2,k cocc.h,k2,* coff.bg2 *Colch.*bg2,k con. *Cupr.*bg2,k dig.bg2,st dulc.bg2,k,* *Euph.*bg2,k euphr.bg2 ferr.bg2,hr1,* fl-ac.bg2,sf1,* graph.bg2,k *Guaj.*bg2,k,* **Hep.**bg2,k,* *Hydr.*bg2,sf1,* *Iod.*bg2,k,* irissf1 kali-bi. *Kali-chl.*bg2,hr1,* **Kali-i.**bg2,k,* **Lach.**bg2,k,* laur.bg2 *Led.*bg2,k *Lyc.*h,j5,* merc.hr1,kr1 merc-i-r.c,c1 *Mez.*bg2,k,* *Mur-ac.* *Nat-m.*bg2,st **Nat-s.** **Nit-ac.**bg2,k,* nux-v.bg2 op.bg2,hr1,* *Ph-ac.*bg2,k **Phyt.**bg2,k,* plat.bg2 plat-m.c1,c2,* podo. *Puls.*bg2,k rheum rhod.bg2,k rhus-t.bg2 sabad.bg2 *Sars.*bg2,k,* sel.bg2,k sep.bg2,k,* *Sil.*bg2,k,* spong.bg2,k **Staph.**bg2,k,* still.bg2,hr1,* stram.bg2,k stront-c. sul-i.k13,k2 **Sulph.**bg2,k,* syph.k2 thuj.bg2,k valer.bg2,k,* verat.bg2 viol-t.bg2,k zinc.bg2,k
 ☞ *Lähmung - Vergiftung - Quecksilber*

Rachenmandelwucherung
 ☞ ❑ *Nase - Rachenmandelwucherung*

Rachitis: am-c.bg2,kr1,* arg-met.bg2,kr1,* *Ars.*bg2,kr1,* **Asaf.**bg2,kr1 bar-c.bg2,kr1 *Bell.*bg2,kr1 bufobg2,kr1 **Calc.**bg2,kr1,* *Calc-p.*bg2,kr1,* caust.bg2,kr1 cic.bg2,kr1 con.bg2,kr1 *Ferr.*bg2,kr1 *Ferr-i.*bg2,kr1 ferr-m.bg2,kr1,* ferr-p.bg2,kr1 *Guaj.*bg2,kr1 heclabg2,kr1,* hed.bg2,kr1,* *Hep.*bg2,kr1 iod.bg2,kr1 *Ip.*bg2,kr1 irisbg2,kr1 *Kali-i.*bg2,kr1,* lac-c.bg2,kr1 *Lyc.*bg2,kr1,* **Merc.**bg2,kr1,* mez.bg2,kr1 *Nit-ac.*bg2,kr1,* nux-m.bg2,kr1 *Ol-j.*bg2,kr1 op.bg2,kr1,* petr.bg2,kr1 *Ph-ac.*bg2,kr1,* **Phos.**bg2,kr1,* plb.bg2,kr1 *Psor.*bg2,kr1 *Puls.*bg2,kr1 rhod.bg2,kr1 *Rhus-t.*bg2,kr1 rutabg2,kr1 sacch.bg2,kr1,* sanic.bg2,kr1,* *Sep.*bg2,kr1 **Sil.**bg2,kr1,* *Staph.*bg2,kr1 *Sulph.*bg2,kr1 tarent.bg2,kr1,* ther.bg2,kr1,* thuj.bg2,kr1,*

Radiumtherapie; durch: cadm-met.gm1

Rascheln
 ☞ *Knistern*

Rasieren:
– **agg.**: ant-c.bg2 aur.bg2 caps.bg2,sf1,* *Carb-an.*bg2,sf1,* hep.bg2 kalm.bg2 mang.bg2 ox-ac.bg2 ph-ac.bg2 phos.bg2 plb.bg2 **Puls.**bg2 rad-br.bg2 stroph-s.bg2,k1
– **amel.**: brom.bg2,sf1,*

Rauch; Einatmen von:
– **agg.**: ars.bg2 brom.bg2 calc. caust. chin.bg2 *Euphr.* kali-bi.bg2 lyc.bg2 najabg2 nat-m. nux-v. olnd. puls.bg2 *Sep.* **Spig.** sulph.

Rauhreif
 ☞ *Wetter - frostiges*

Rausch, nach: abies-c.a1 absin.a1 acet-ac.a1 acon.bg2,k aethera1 agar.bg2,k,* agn.a1 *Am-m.*bg2,k aml-ns.a1 amyg.a1 ang.bg2 *Ant-c.*bg2 arg-met. ars.a1 atro.a1 bart.a1 bell.bg2,k,* bov. *Bry.*bg2,k calc.bg2 camph.a1 cann-s.a1 *Caps.*a1,bg2 carb-an.a1 *Carb-v.*bg2,k chel.a1 chin.bg2,k chinin-s.a1 cic.a1 cinch.a1 cocaa1 *Cocc.*bg2,k *Coff.*bg2,k con.a1,bg2 conin.a1 cori-r.a1 dat-m.a1 dulc.bg2 eucal.a1 fagu.a1 ferr.a1 *Gels.*a1,bg2 grat.a1 hyos.a1 ign.a1 ip.bg2,k kali-bi.a1 kali-c.bg2,k kali-i.a1 kali-n.bg2,k kiss.a1 kreos.bg2,k lach.bg2 lact.a1 *Laur.*bg2,k led.a1,c1,* lol.a1 merc.a1 mez.a1 mill.a1 morph.a1 nabal.a1 najaa1

Rausch, nach: ...
nat-c.$_{bg2}$ nat-m.$_{bg2,k}$ nit-ac.$_{bg2}$ nux-m.$_{bg2,k,*}$ **Nux-v.**$_{bg2,k,*}$ **Op.**$_{bg2,k,*}$ ph-ac.$_{bg2,k,*}$ phel.$_{a1}$ phos.$_{bg2}$ pip-m.$_{a1}$ *Puls.*$_{bg2,k}$ ran-b.$_{bg2}$ rheum rhod.$_{a1}$ rhus-t.$_{bg2}$ sabad.$_{a1}$ samb.$_{bg2,k}$ sec.$_{a1}$ *Spong.*$_{bg2,k}$ squil.$_{bg2,k}$ *Stram.*$_{bg2,k,*}$ sulph.$_{bg2}$ tab.$_{a1}$ tax.$_{a1}$ ter.$_{a1}$ teucr.$_{bg2,k}$ thea$_{a1}$ til.$_{a1}$ tus-fr.$_{a1}$ valer.$_{bg2,k}$ verat.$_{a1}$ vip.$_{a1}$ zinc.$_{a1,bg2}$
☞ *Nachtschwärmerei / Speisen - Alkohol - agg. - betrunken / ❏ Gemüt - Alkoholismus / ❏ G~ Betrunkenheit / ❏ G~ Zügellosigkeit*

Reaktion:
– **heftig**: bell.$_{bg2}$ *Cupr.*$_{bg2}$ *Nux-v.*$_{bg2}$ zinc.$_{bg2}$
• **allopathische** Medizin
☞ *Medikamente - allopathische - überempfindlich*
• **homöopathischen** Arzneimittel; gegenüber
☞ *Arzneimittel - heftige Reaktion*
– **Mangel** an: aeth.$_{bg2}$ agar. *Alum.* **Am-c.** **Ambr.** *Anac.* ant-c. ant-t. apis$_{st}$ arn. *Ars.* **Ars-i.**$_{k1}$ ars-s-f.$_{k2}$ *Asaf.* *Bar-c.* bar-m.$_{bg2}$ bar-s.$_{k2}$ bell.$_{st}$ bism. *Brom.* *Bry.*$_{k2,st}$ **Calc.** calc-f.$_{bg2,sf1}$ *Calc-i.* *Calc-s.* *Camph.* **Caps.** *Carb-an.* **Carb-v.** carbn-s.$_{bro1}$ carc.$_{svb}$ *Castm.* caust. cham. *Chin.* cic. *Cocc.* coff. coloc.$_{bg2}$ **Con.** cory.$_{br1}$ *Cupr.* cypr.$_{st}$ dig.$_{bg2}$ *Dulc.* euph. *Ferr.* ferr-i. *Fl-ac.* *Gaert.*$_{st}$ **Gels.** *Graph.* *Guaj.* **Hell.** hep.$_{bg2,sf1}$ **Hydr-ac.** hyos. *Iod.* *Ip.* kali-bi.$_{bg2,sf1}$ *Kali-br.* *Kali-c.* kali-i.$_{bg2}$ kali-m.$_{k2}$ *Kali-s.* *Lach.* **Laur.** luf-op.$_{jl}$ *Lyc.* mag-c. mag-f.$_{mg1}$ mag-m. **Med.** *Merc.* mez. *Mosch.* *Mur-ac.* nat-ar.$_{st}$ nat-c. nat-m. nat-p. nat-s.$_{bro1}$ nit-ac.$_{bg2,k2}$ *Nux-m.* **Olnd.** **OP.**$_{k1,st}$ ped.$_{st}$ petr. **Ph-ac.** *Phos.* *Plb.* prot.$_{st}$ **Psor.** puls.$_{bg2,sf1}$ *Rhod.* scut.$_{st}$ *Sec.* seneg. *Sep.* spong. *Stann.* *Stram.* stront-c. sul-i.$_{k2}$ **Sulph.** *Syph.* **Tarent.** thal.$_{jl}$ *Thuj.* **Tub.**$_{bg2,k2,*}$ **Valer.** vario.$_{sf1}$ *Verat.* verb.$_{k1}$ x-ray$_{st}$ **Zinc.**$_{k1,st}$ *Zinc-p.*$_{k2}$
☞ *Reizbarkeit - Mangel / Schwäche - Reaktionsmangel*
• **akuter** Gefahr, bei
☞ *❏ Gemüt - Gefahr - Mangel an Reaktion*
• **alten** Menschen, bei: con.$_{bg2}$
• **Arzneimitteln**, gegenüber
☞ *Arzneimittel - wirkungslos*
• **Ausschlagserkrankungen**, bei
☞ *❏ Haut - Hautausschläge - brechen - nicht ausbricht*
• **chronischen** Krankheiten, bei: cory.$_{br1}$
• **Eiterung**, bei: calc-f.$_{bg2}$ hep.$_{bg2}$
☞ *Abszesse - chronisch*
• **Frost**; nach: camph.$_{bg2}$ dulc.$_{bg2}$
• **Menopause**; während der: con.$_{bg2}$
• **nervösen** Patienten, bei: ambr.$_{bg2}$ laur.$_{bg2}$ op.$_{bg2}$ **Valer.**$_{bg2,kr1}$ zinc.$_{bg2}$
• **Rekonvaleszenz**, in der: castm.$_{bg2}$ ph-ac.$_{bg2}$
☞ *Rekonvaleszenz - Beschwerden*
• **Säfteverlust**, nach: *Chin.*$_{bg2}$
• **Unterdrückung**, durch: lach.$_{bg2}$
• **Hautausschlägen**, von: ars-s-f.$_{k2}$
☞ *❏ Haut - Hautausschläge - unterdrückt*

Rebelliert gegen Umschläge
☞ *❏ Gemüt - Rebelliert*

Reflexe:
– **fehlend**
☞ *vermindert - fehlend*
– **verloren**
☞ *vermindert - fehlend*
– **vermehrt**: anh.$_{bg2,sf1}$ bar-c.$_{a1,bg2,*}$ cann-i.$_{bg2,sf1}$ cic.$_{bg2,sf1,*}$ cocc.$_{bg2,sf1,*}$ lath.$_{bg2,sf1,*}$ mang.$_{bg2,sf1}$ morph.$_{a1,bg2,*}$ nux-v.$_{bg2,hr1,*}$ stry.$_{bg2,sf1,*}$
– **vermindert**: alum.$_{bg2,sf1,*}$ arg-n.$_{bg2,sf1,*}$ cur.$_{bg2,sf1,*}$ kali-br.$_{a1,bg2,*}$ oena.$_{bg2,sf1,*}$ op.$_{a1,bg2,*}$ oxyt.$_{bg2,sf1}$ phys.$_{bg2,sf1,*}$ plb.$_{bg2,sf1}$ *Sec.*$_{bg2,sf1}$
• **fehlend**: morph.$_{a1}$ nat-br.$_{a1}$ sulfon.$_{a1,c1,*}$

Regen
☞ *Wetter - Regen*

Reiben:
– **agg.**: *Am-m.*$_{bg2,k,*}$ **Anac.**$_{bg2,k,*}$ arn.$_{bg2,k,*}$ ars.$_{bg2,k,*}$ *Bism.*$_{bg2,k,*}$ borx. *Calad.*$_{bg2,k,*}$ calc.$_{bg2,k,*}$ cann-s.$_{bg2,k,*}$ canth.$_{bg2,k,*}$ *Caps.*$_{bg2,k,*}$ carb-an.$_{bg2,k,*}$ *Caust.*$_{bg2,k,*}$ cham.$_{bg2,k,*}$ chel.$_{bg2,k,*}$ *Coff.*$_{bg2,k,*}$ **Con.**$_{bg2,k,*}$ cupr.$_{bg2,k,*}$ dros.$_{bg2,k,*}$ guaj.$_{bg2,k,*}$ kreos.$_{bg2,k}$ *Led.*$_{bg2,k,*}$ mag-c.$_{bg2,k,*}$ mang.$_{bg2,k,*}$ merc.$_{bg2,k,*}$ *Mez.*$_{bg2,k,*}$ mur-ac.$_{bg2,k,*}$ nat-c.$_{bg2,k,*}$ par.$_{bg2,k,*}$ ph-ac.$_{bg2,k,*}$ phos.$_{bg2,hr1,*}$ **Puls.**$_{bg2,k,*}$ seneg.$_{bg2,k,*}$ **Sep.**$_{bg2,k,*}$ *Sil.*$_{bg2,k,*}$ spig.$_{bg2,k,*}$ spong.$_{bg2,k,*}$ squil.$_{bg2,k}$ stann.$_{bg2,k,*}$ staph.$_{bg2,k,*}$ stram.$_{bg2,k,*}$ **Stront-c.** **Sulph.**$_{bg2,k,*}$ thuj.$_{bg2,sf1,*}$
– **amel.**: acon. agar.$_{bg2,k,*}$ agn.$_{bg2,k}$ *Alum.*$_{bg2,k,*}$ *Alumn.*$_{kr1}$ am-c.$_{bg2,k,*}$ *Am-m.*$_{bg2,k,*}$ ambr.$_{bg2,k,*}$ anac.$_{bg2,k,*}$ ang.$_{bg2,hr1,*}$ ant-c.$_{bg2,k,*}$ ant-t.$_{bg2,k,*}$ *Arn.*$_{bg2,k,*}$ *Ars.* *Asaf.*$_{bg2,k,*}$ bell.$_{bg2,k,*}$ bell-p.$_{mg,mg1}$ benz-ac.$_{hr1,kr1}$ borx. bov.$_{bg2,k,*}$ bry.$_{bg2,k,*}$ **Calc.**$_{bg2,k,*}$ calc-f.$_{st}$ camph.$_{bg2,k,*}$ cann-s.$_{bg2,k,*}$ **Canth.**$_{bg2,k,*}$ caps.$_{bg2,k,*}$ **Carb-ac.**$_{bg2,k}$ carb-an.$_{bg2,k,*}$ castm.$_{bg2,sf1}$ caust.$_{bg2,k,*}$ cedr. chel.$_{bg2,k,*}$ chin.$_{bg2,k,*}$ cic.$_{bg2,k,*}$ cina cod.$_{sf,sf1}$ colch. croc.$_{bg2,sf1,*}$ *Cupr.*$_{bg2}$ *Cycl.*$_{bg2,k,*}$ dios. *Dros.*$_{bg2,k,*}$ form.$_{bro1}$ *Guaj.*$_{bg2,k,*}$ ham. hed.$_{mg,mg1,*}$ hep.$_{bg2,k,*}$ *Ign.*$_{bg2,k,*}$ indg.$_{br1,j5}$ iod.$_{mg,mg1}$ kali-c.$_{bg2,k,*}$ kali-chl.$_{k13}$ kali-m.$_{k2}$ kali-n.$_{bg2,k}$ kreos.$_{bg2,k}$ laur.$_{bg2,k,*}$ lil-t. mag-c.$_{bg2,k,*}$ mag-m.$_{bg2,k,*}$ *Mag-p.*$_{bg2}$ mang.$_{bg2,k,*}$ meny.$_{bg2,k,*}$ *Merc.*$_{bg2,k,*}$ mim-p.$_{jl,jl3}$ mosch.$_{bg2,k,*}$ *Mur-ac.*$_{bg2,k,*}$ **Nat-c.**$_{bg2,k}$ nit-ac.$_{bg2,k}$ *Nux-v.*$_{bg2,k}$ **Ol-an.**$_{k,k1,*}$ olnd.$_{bg2,k}$ osm. pall.$_{bg2,k}$ ph-ac.$_{bg2,k,*}$ **Phos.**$_{bg2,k}$ plat.$_{bg2,k,*}$ **Plb.**$_{bg2,k,*}$ *Podo.*$_{bg2,sf1,*}$ puls.$_{bg2,sf1,*}$ ran-b.$_{bg2,k,*}$ rhus-t.$_{bg2,k,*}$ *Ruta* sabad.$_{bg2,k,*}$ sabin.$_{bg2,k,*}$ samb.$_{bg2,k,*}$ sars.$_{bg2,k,*}$ sec.$_{bg2,k,*}$ sel.$_{bg2,k,*}$ seneg.$_{bg2,k,*}$ sep.$_{bg2}$ sil.$_{bg2}$ spig.$_{bg2,k,*}$ spong.$_{bg2,k,*}$ stann.$_{bg2,k,*}$ staph.$_{bg2,k,*}$ sul-ac.$_{bg2,k,*}$ *Sulph.*$_{bg2,k,*}$ tarax.$_{bg2,k,*}$ *Tarent.*$_{bg2,k2,*}$ *Thuj.*$_{bg2,k,*}$ valer.$_{bg2,k,*}$ verat-v.$_{bg2,sf1,*}$ viol-t.$_{bg2,k,*}$ *Zinc.*$_{bg2,k,*}$ zinc-p.$_{k13,k2}$
☞ *Druck - leichter*
• **Kleidern**, von:
• **amel.**: bufo$_{bg2}$
– **vorsichtiges** Streicheln:
☞ *Druck - leichter*
• **agg.**: teucr.
• **festes** Reiben amel.; aber: rhus-t.$_{bg2}$
☞ *Druck - leichter*
• **Hand**, mit der:
• **amel.**: arn.$_{kr1}$ *Asaf.*$_{kr1}$ **Calc.**$_{kr1}$ *Caps.*$_{kr1}$ *Cina*$_{kr1}$

– **vorsichtiges** Streicheln - **Hand - amel.**: ...
*Croc.*krl **Cycl.**krl *Dros.*krl guaj.krl ign.krl mang.krl meny.krl *Merc.*krl *Mur-ac.*krl **Nat-c.**krl *Phos.*krl *Plb.*krl *Puls.*krl *Ruta*krl sulph.krl *Thuj.*krl zinc.krl

Reisen, Beschwerden durch: cain.c2 cocc.c1,kl2● coff.c colocin.c,c2 con.c1

Reiten
☞ *Fahren - Reiten*

Reiter-Krankheit: *Med.*gg

Reizbarkeit, körperliche:
– **Arzneimitteln**; nach zu vielen
☞ *Arzneimittel - wirkungslos - überempfindlichen*
– **exzessiv**
☞ *übermäßig*
– **Mangel** an; Unempfindlichkeit: acon.bg2 agn. *Alum.* alum-p.k2 *Am-c.* am-m.bg2 *Ambr.* *Anac.* ang.bg2 ant-c. ant-t. arn. *Ars.* asaf. asar.bg2 bar-c. bell.bg2 bism. borx.bg2 brom. bry. **Calc.** **Calc-i.** *Camph.* cann-s. canth.bg2 **Caps.** *Carb-an.* **Carb-v.** carc.svb caust. cham.bg2 chel.bg2 chin.bg2 cic. clem.bg2 *Cocc.* colch. coloc. **Con.** cory.brl croc. cupr. dig.bg2 *Dulc.* euph. ferr. ferr-i.k2 **Gels.** graph. *Guaj.* **Hell.** hep.bg2 hyos. ign.bg2 *Iod.* *Ip.* *Kali-br.*k1 kali-c. kali-s.k2 lach. **Laur.** led. *Lyc.* mag-c. mag-m. merc.bg2 mez. *Mosch.* mur-ac. nat-c.bg2 nat-m.bg2 *Nit-ac.*bg2 nux-m. nux-v.bg2 **Olnd.** **Op.** petr. **Ph-ac.** phos. plb. **Psor.** puls.bg2 *Rhod.* rhus-t. sec. seneg. *Sep.* sil.bg2 spong. stann. staph.bg2 *Stram.* stront-c. *Sulph.* **Teucr.**st thuj. valer. verat.j5,sf1 verb. *Zinc.*
☞ *Analgesie / Anästhesie / Reaktion - Mangel / Schmerzlosigkeit / Unempfindlichkeit*
• **chronischer** Krankheit, bei: cory.brl
– **sexuelle** Exzesse: agar.brol kali-p.brol nat-m.brol
– **übermäßig**: absin. acon. agar. alum.c1 *Ambr.* anac. ant-c. ant-t.k1 **Apis** *Arg-n.*brol **Arn.** *Ars.* *Asaf.* **Asar.** **Aur.** aur-ar.k2 *Aur-m.*krl bar-c. bar-m.krl **Bell.** *Bell-p.*brol *Berb.*c1 borx. bov. bry. *Calad.*c1 calc.bg2 camph. cann-i. **Canth.** carb-ac.c1 *Carb-v.*bg2,c1 carbn-s. caust. *Cham.* **Chin.** chinin-ar.brol *Chinin-s.* *Chlol.*krl cina.bg2 cob.brol *Coc-c.*c1 *Coca*krl *Cocc.* **Coff.** *Coll.*c1 con.bg2 croc. cupr. dig.bg2 *Dulc.*c1 ery-a.krl *Ferr.* ferr-ar.k2 ferr-i.a1 *Gels.* graph. gua.brol hell. hep. hyos. *Hyper.*brol *Ign.* indg.krl kali-c.bg2 kali-p.brol kreos. *Lach.* laur. *Lil-t.* *Lyc.*bg2,c1 mag-c. mag-m. mang. **Med.** meny.bg2 **Merc.** mez. *Morph.*c1 *Mosch.* naja.brol nat-ar. nat-c. *Nat-m.* nat-p. nat-sil.k2 **Nit-ac.** nux-m.bg2 **Nux-v.** ox-ac.brol par. ped.c1 petr. *Ph-ac.* *Phos.* *Phys.*brol *Pic-ac.*brol plat. podo.krl *Puls.* ran-b.brol rhus-t. *Rhus-v.*c1 *Rumx.*c1 sabin. sars.bg2 sec. sel. sep. **Sil.** spig. spong.bg2,krl squil. **Staph.** stram. stry-p.brol sulph. **Tarent.** *Tell.*brol **Teucr.** ther.brol tub.brl tub-d.zs *Valer.* *Verat.* *Vib.*krl *Zinc.*brol zinc-val.brol ziz.krl
☞ ❑ *Gemüt - Reizbarkeit*

Rekonvaleszenz:
– **Beschwerden** während der: ail.bg2,sf1,* *Alet.*bg2,krl,* am-c.bg2,k2,* apoc.bg2,k2,* aur.bg2,sf1,* *Aven.*bg2,sf1 bac.bg2,sf1,* cadm-met.bg2,sf1,* **Calc.**bg2,krl,* *Calc-p.*bg2,sf1 caps.bg2,k2,* *Castm.*bg2,sf1,* **Chin.**bg2,sf1,* *Chinin-ar.*bg2,sf1,* coca.bg2,sf1,* cocc.bg2,sf1,* cupr.a1,bg2,* *Cur.*bg2,sf1,* cypr.bg2,sf1,* *Ferr.*bg2,sf1,* ferr-act.bg2,sf1 gels.bg2,sf1 guar.bg2,sf1,* *Kali-c.*bg2,sf1 kali-m.bg2,k2,* kali-p.bg2,sf1,* laur.bg2,k2,* lec.bg2,brl,* lob.bg2,sf1,* mang.bg2,k2,* med.bg2,sf1,* meph.bg2,sf1 *Nat-m.*bg2,sf1 nat-p.bg2,sf1,* okou.bg2,sf1,* op.bg2,sf1 ph-ac.bg2,sf1 phos.bg2,sf1 prot.bg2,sf1,* psor.bg2,k2,* *Scut.*bg2,sf1,* *Sel.*bg2,k2,* *Sil.*bg2,krl,* sul-ac.bg2,sf1 sul-i.bg2,sf1,* *Sulph.*bg2,k2,* syph.bg2,k2,* **Tub.**bg2,sf1,* tub-a.bg2,sf1,* zinc.bg2,sf1,*
☞ *Reaktion - Mangel - Rekonvaleszenz / Schwäche - Fieber - folgt*
– **Entbindung**, nach: *Graph.*krl
– **Fieber**, Beschwerden durch: lyc.c1
– **Grippe**, nach: abrot.st cadm-met.jl,st okou.jl,st scut.c1,st sulfonam.jl,st tub.st
☞ *Influenza / Schwäche - Influenza*
– **Infektionskrankheiten**, Beschwerden durch: form-ac.sf1 gels.bg2,sf1 psor.sf1 puls.sf1 sulph.sf1 thuj.sf1 tub.sf1 vario.sf1
– **Meningitis**, nach: calc.st sil.st
– **Pneumonie**, nach: calc.st carb-v.st kali-c.st lyc.st phos.st sang.st sil.st sulph.st
• **nie** wieder gesund; seit einer Pneumonie: *Kali-c.*st
– **postdiphtherisch**: *Alet.*st *Cocain.*st cocc.st fl-ac.st *Helon.*krl,st *Lac-c.*krl,st
– **Rheumatismus** nach Tonsillitis: echi.bg2 guaj.bg2 lach.bg2 phyt.bg2
☞ ❑ *Extremitäten - Schmerz - rheumatisch - Tonsillitis*
– **Typhus abdominalis**; Beschwerden durch: carb-v.c1 pyrog.c1 sulph.c1

Resorbierende Wirkung: arn.bg2 kali-i.bg2 sul-i.bg2 *Sulph.*bg2

Röntgenstrahlung oder Strahlenbehandlung; nach Verbrennungen durch: cadm-met.gm1 calc-f.bg2,st fl-ac.gm1 phos.bg2,st rad-br.c1,ptk2,* x-ray.bg2,st

Röte: **Acon.**bg *Apis*bg *Arg-n.*bg ars.bg **Bell.**bg *Bry.*bg *Cham.*bg chin.bg *Ferr.*bg germ-met.srj5 lach.bg meli.bg *Merc.*bg neon.srj5 *Nux-v.*bg op.bg phos.bg *Rhus-t.*bg *Sang.*bg sep.bg **Sulph.**bg

Roter Typ
☞ *Aussehen - rote*

Rotz, Rotzkrankheit: acon.brol *Ars.*bg2,k calc.bg2,k chinin-s.brol *Crot-h.*brol hep.brol hippoz.c1,c2,* *Kali-bi.*c1,c2,* *Lach.*c1,c2,* *Merc.*brol ph-ac.bg2,k phos.brol sep.brol sil.brol sulph.bg2,k thuj.brol

Rucke:
– **nachts**: dig.k2
– **Gefühl** von Rucken: bamb-a.stb2

– **Konvulsionen**, wie bei: acon.bg2,k agar.bg2,k *Alum.*bg2,k am-c.j5 am-m.bg2,j5 **Ambr.**bg2,k ant-c.bg2,k ant-t.j5 arg-met. arn.bg2,k *Ars.*bg2,k asaf.j5 bar-c.j5 bar-m.j5 bell.bg2,k bism.bg2 bry.bg2,k bufok2 *Calc.*bg2,k camph.bg2,k cann-s.bg2,k canth.j5 caps.bg2,k carb-ac.bg2 carb-v.bg2,k **Caust.**bg2,k *Cham.*bg2,k chin.bg2,k chinin-s.j5 chlol.st *Cic.*bg2,k cimic.bg2 cinaj5 cocc.bg2,j5 coff.j5 colch.j5 coloc.bg2,k croc.bg2 crot-h.j5 *Cupr.*bg2,k cupr-act.j5 cupr-c.j5 dig.bg2,k dros.bg2,k dulc.bg2,k form.bg2 graph.j5 hep.bg2,k hydr-ac.bg2 *Hyos.*bg2,k *Ign.*bg2,k iod.bg2 ip.bg2,k kali-c.bg2,k kali-chl.j5 kali-p.bg2 kreos.j5 lach.bg2,k lact.j5 laur.bg2,k led.j5 *Lil-t.* lob.j5 lyc.bg2,k m-arct.j5 mag-c.bg2,k mag-m.bg2,j5 mang.j5 *Meny.*bg2,k *Merc.*bg2,k mez.bg2,k mosch.j5 mur-ac.bg2,k *Mygal.*vh nat-c.bg2,k **Nat-m.**bg2,k nat-s.j5 nit-ac.bg2,k nux-v.bg2,k ol-an.bg2 op.bg2,k *Petr.*bg2,k ph-ac.j5 phel.j5 *Phos.*bg2,k phys.bg2 plat.bg2,k **Plb.**bg2,k puls.bg2,j5 *Ran-b.*bg2,k ran-s.j5 rat.bg2,j5 rhod.bg2,k rhus-t.j5 sabad.bg2,k *Sec.*bg2,k sep.bg2,k sil.bg2,k sol-ni.j5 spong.bg2 squil.bg2,k staph.bg2,k *Stram.*bg2,k stront-c. sul-ac.bg2,k *Sulph.*bg2,k tab.bg2 tarent.bg2,k2,* teucr.j5 thuj.bg2,k valer.bg2,j5 verat.bg2,k verat-v.bg2 viol-t.bg2,k vip.bg2,j5 *Zinc.*bg2,k
• **nachts**: staph.h
○ **Gelenken**, in den: alum.bg2 bell.bg2 bry.bg2 bufobg2 *Coloc.*bg2 graph.bg2 nat-m.bg2 puls.bg2 sil.bg2 spig.bg2,sfl spong.bg2 *Sul-ac.*bg2 sulph.bg2,sfl *Verat.*bg2
– **innerlich**: *Acon.*bg2,k agar.bg2,k ambr.bg2,k anac.bg2,k ang.bg2 aran-ix.mg,mg1 arn.bg2,k ars.bg2,k asaf.bg3 *Bell.*bg2,k bov.bg2,k bry.bg2,k calad.bg2,k **Calc.**bg2,k **Cann-i.** *Cann-s.*bg2,k1 caust.bg2,k *Chin.*bg3 cic. clem.k,k2,* coca colch.bg2,k *Con.*bg2,k *Croc.*bg2,k dig.bg2,k dulc.bg2,k **Glon.** ign.bg3 kali-c.bg3 kreos. *Lyc.*bg2,k mag-c.bg2,k mag-m.a1 mang.bg2,k meny.bg3 mez.bg2,k mur-ac.bg2,k nat-c.bg2,k nat-m.bg2,k *Nux-m.*bg2,k *Nux-v.*bg2,k petr.bg2,k phos.bg2,k **Plat.**bg2,k **Puls.**bg2,k ran-s.bg2,k rhod.bg2,k rhus-t.bg2,k ruta samb.bg2,k sep.bg2,k *Sil.*bg2,k **Spig.**bg2,k *Spong.*bg2,k **Stann.**bg2,k stront-c. sul-ac.bg2,k sulph.bg2 tarax.bg3 teucr.bg2,k thuj.bg2,k *Valer.*bg2,k
☞ *Schlag - elektrischer / Zucken - innerlich*
– **Knochen**, in den: chin.bg2 sil.bg2
– **Muskeln**, der: acon. aesc. *Agar.* alum. alum-p.k2 alum-sil.k2 am-c. ambr.sfl *Anac.* ant-c. *Ant-t.* *Apis* aran-ix.mg1 *Arg-met.* *Arg-n.* arn. ars. *Asaf.*k1 asar. *Bar-c.* bar-s.k2 *Bell.* berb.j5 *Bry.* bufok2 cadm-s. calc. calc-f.jl,mg1 **Calc-p.** *Cann-i.* caps. carbn-s. card-m.k2 caust.j5,sfl cham. chin. *Chion.* **Cic.** *Cimic.* clem.j5 cocc. *Colch.* coloc.bg2,j5 *Con.* *Croc.* *Cupr.* cyt-l.mg1 dulc. eucal.sfl euph. euphr. *Ferr.* ferr-ar. *Gels.* *Glon.* *Graph.* hist.jl,mg1,* **Hyos.** hyper.k2 ign.j5,sfl ind.jl iod.sfl ip. kali-c.h2,k kali-i. kali-n.j5 kali-p.k2 *Lach.* *Lil-t.* lyc.bg2,sfl lyss.mg1 mag-c. mag-m.k2 *Meny.* *Merc.* merc-c. **Mez.** mosch. *Nat-c.* nat-f.mg1 nat-m. nit-ac. *Nux-m.* *Nux-v.* olnd. *Op.* petr. ph-ac. *Phos.* phyt.k2 *Plat.* *Plb.* *Puls.* ran-b.j5 rat.bg2 *Rhus-t.* ruta sabad. sabin. sal-ac.sfl sec.j5,sfl **Sep.** sil. *Spig.* *Stann.* staph. **Stram.** *Stront-c.* **Sul-ac.** sul-i.k2 **Sulph.** tab.bg2 tarax.jl *Tarent.* ter. teucr.j5 *Valer.* viol-t. *Visc.* **Zinc.**

Rucke - Muskeln, der: ... zinc-i.bg2 **Zinc-p.**k2
• **gelähmter** Teile: *Arg-n.* merc. *Nux-v.* phos. sec.k2 stram.k2 *Stry.*
• **Schlaf**:
• **amel.**: agar.k2
• **im**: agar. aloe *Alum.* ambr. anac. ant-t. arg-met. *Ars.* *Bell.* bry. calc.j5 carb-v.bg2 castm. cham. cimic. cinak2 cob. *Cocc.*vh colch.k1 *Con.* cor-r. *Cupr.* cupr-ar.sfl daph. dig.bg2 dulc. hep. ign. ip. *Kali-c.* lyc. merc. nat-c. *Nat-m.* nat-s. nit-ac. nux-v.k2,sfl,* op. phos. puls. ran-s. rheum rhus-t. sel. sep. sil. stann. staph. stront-c. sul-ac. *Sulph.* thuj. tub.k2,st viol-t. zinc.
☞ *Schlag - elektrischer - Schlaf - im*
• **Einschlafen**, beim: acon. *Agar.* all-s.kr1 *Aloe*kr1 *Alum.* arg-met. **Ars.** bell.bg2 carb-v.k2 cob. *Colch.*k1 hyper. *Ign.* iodof.kr1 **Kali-c.** kali-cy.st nit-ac.bg2 nux-v.k2 op.bg2 phys. puls.h ran-b. *Sel.* sep.bg2 sil. *Stront-c.* *Stry.* *Sul-ac.* *Sulph.* tub.k2,st *Zinc.*
☞ *Schlag - elektrischer - Schlaf - Einschlafen*
• **Seite**, auf der er liegt; auf der: *Cimic.*

Ruhe:
– **agg.**: acon.bg2,hr1,* *Aesc.*bg2,kr1,* *Agar.*bg2,hr1,* alum.bg2,hr1,* *Alumn.*bg2,kr1 am-c.bg2,hr1,* *Am-m.*bg2,hr1,* *Ambr.*bg2,hr1,* anac.bg2,hr1,* ang.bg2,hr1,* ant-c.bg2,hr1,* *Ant-t.*bg2,hr1,* aran-ix.bg2,kr1,* *Arg-met.*bg2,k2,* *Arn.*bg2,hr1,* *Ars.*bg2,hr1,* *Asaf.*bg2,k2,* asar.bg2,hr1,* **Aur.**bg2,hr1,* aur-m.bg2,k2,* bar-c.bg2,hr1,* bell.bg2,hr1,* bell-p.bg2,kr1,* benz-ac.bg2,kr1,* *Bism.*bg2,hr1,* *Borx.*bg2,kr1 *Bov.*bg2,hr1,* bry.bg2,hr1,* calc.bg2,hr1,* calc-f.bg2,kr1 **Caps.**bg2,hr1,* carb-ac.jl3 carb-v.bg2,hr1,* caust.bg2,hr1,* *Cham.*bg2,hr1,* chin.bg2,hr1,* cic.bg2,hr1,* *Cina*bg2,kr1 cocc.bg2,hr1,* *Coloc.*bg2,k2,* com.bg2,kr1 **Con.**bg2,hr1,* cortiso.bg2,kr1,* cupr.bg2,hr1,* **Cycl.**bg2,hr1,* *Dros.*bg2,hr1,* **Dulc.**bg2,k2,* **Euph.**bg2,hr1,* *Euphr.*bg2,hr1,* **Ferr.**bg2,k2,* ferr-ar.bg2,k2,* ferr-p.bg2,k2,* fl-ac.bg2,kr1,* foll.bg2,kr1,* gels.bg2,kr1 glon.bg2,kr1 guaj.bg2,hr1,* heclabg2,kr1,* hep.bg2,hr1,* hyos.bg2,hr1,* ign.bg2,hr1,* indg.bg2,kr1 *Iod.*bg2,kr1,* irisbg2,kr1 kali-c.bg2,hr1,* kali-i.bg2,kr1,* *Kali-n.*bg2,hr1,* kali-s.bg2,k2,* *Kreos.*bg2,hr1,* *Lach.*bg2,hr1,* laur.bg2,hr1,* lith-lac.bg2,kr1 **Lyc.**bg2,hr1,* *Mag-c.*bg2,hr1,* **Mag-m.**bg2,hr1,* mang.bg2,hr1,* *Meny.*bg2,hr1,* *Merc.*bg2,hr1,* *Merc-c.*bg2,kr1 merc-i-f.bg2,k2,* mez.bg2,hr1,* *Mosch.*bg2,hr1,* *Mur-ac.*bg2,hr1,* *Nat-c.*bg2,hr1,* nat-f.bg2,kr1,* *Nat-m.*bg2,hr1,* nat-s.bg2,k2,* nit-ac.bg2,hr1,* *Nux-m.*bg2,hr1,* olnd.bg2,hr1,* *Op.*bg2,hr1,* par.bg2,hr1,* petr.bg2,hr1,* *Ph-ac.*bg2,hr1,* phenob.bg2,kr1,* phos.bg2,hr1,* *Plat.*bg2,hr1,* plb.bg2,hr1,* pneu.bg2,kr1,* **Puls.**bg2,k2,* pyrog.bg2,kr1 *Rhod.*bg2,k2,* **Rhus-t.**bg2,k2,* *Ruta*bg2,kr1,* **Sabad.**bg2,hr1,* sabin.bg2,hr1,* **Samb.**bg2,hr1,* sars.bg2,hr1,* sel.bg2,hr1,* seneg.bg2,k2,* **Sep.**bg2,hr1,* sil.bg2,hr1,* spig.bg2,hr1,* spong.bg2,hr1,* stann.bg2,hr1,* staph.bg2,hr1,* *Stront-c.*bg2,kr1 sul-ac.bg2,hr1,* sulph.bg2,hr1,* **Tarax.**bg2,hr1,* tarent.bg2,kr1 tell.bg2,kr1,* teucr.bg2,hr1,* *Thuj.*bg2,k2,* tub.bg2,k2,* tub-r.bg2,kr1,* **Valer.**bg2,k2,*

– **agg.**: ...
*Verat.*bg2,hr1,* *Verb.*bg2,hr1,* *Viol-t.*bg2,kr1 *Zinc.*bg2,hr1,* zinc-val.bg2,kr1,*
• **sowie** bei Bewegung agg.; während der Ruhe: am-c.bg2 bov.bg2 calc.bg2 carb-an.bg2 carb-v.bg2 caust.bg2 mez.bg2 ph-ac.bg2 phos.bg2 sulph.bg2

– **amel.**: achy.bg2,kr1,* acon.bg2,hr1,* adlu.bg2,kr1,* aesc.bg2,kr1 agar.bg2,hr1,* *Agn.*bg2,k2,* alum.bg2,hr1,* alum-sil.bg2,k2,* alumn.bg2,kr1 *Am-c.*bg2,hr1,* am-m.bg2,hr1,* ambr.bg2,hr1,* *Anac.*bg2,hr1,* *Ang.*bg2,hr1,* anh.bg2,kr1,* ant-c.bg2,hr1,* *Ant-t.*bg2,hr1,* aq-mar.bg2,kr1,* arg-met.bg2,kr1 *Arn.*bg2,hr1,* ars.bg2,hr1,* asaf.bg2,hr1,* *Asar.*bg2,hr1,* aur.bg2,hr1,* bar-c.bg2,hr1,* bar-m.bg2,kr1,* **Bell.**bg2,k2,* bism.bg2,hr1,* *Borx.*bg2,kr1 bov.bg2,hr1,* **Bry.**bg2,k2,* buth-a.bg2,kr1,* cadm-s.bg2,kr1 *Calad.*bg2,hr1,* *Calc.*bg2,hr1,* calc-f.bg2,k2,* calc-p.bg2,k2,* *Camph.*bg2,hr1,* cann-i.bg2,k2,* *Cann-s.*bg2,hr1,* *Canth.*bg2,hr1,* caps.bg2,hr1,* *Carb-an.*bg2,hr1,* *Carb-v.*bg2,hr1,* caust.bg2,hr1,* cham.bg2,hr1,* *Chel.*bg2,hr1,* chin.bg2,hr1,* *Cic.*bg2,hr1,* cinabg2,kr1 coc-c.bg2,kr1,* *Cocc.*bg2,hr1,* *Coff.*bg2,hr1,* **Colch.**bg2,hr1,* *Coloc.*bg2,hr1,* con.bg2,hr1,* crat.bg2,kr1 *Croc.*bg2,hr1,* *Cupr.*bg2,hr1,* cycl.bg2,hr1,* des-ac.bg2,kr1,* dicha.bg2,kr1,* *Dig.*bg2,hr1,* dros.bg2,hr1,* dulc.bg2,hr1,* *Echi.*bg2,kr1,* euph.bg2,hr1,* ferr.bg2,hr1,* fl-ac.bg2,kr1 **Gels.**bg2,hr1,* get.bg2,kr1 gink-b.bg2,kr1,* *Graph.*bg2,hr1,* *Guaj.*bg2,k2,* guat.bg2,kr1,* gymno.bg2,kr1 *Hell.*bg2,hr1,* *Hep.*bg2,hr1,* hydr.bg2,k2,* hydrog.srj2 hyos.bg2,hr1,* ign.bg2,hr1,* *Iod.*bg2,hr1,* *Ip.*bg2,hr1,* kali-bi.bg2,k2,* kali-c.bg2,hr1,* kali-i.bg2,k2,* kali-n.bg2,hr1,* kali-p.bg2,kr1 kalm.bg2,k2,* kreos.bg2,kr1 lac-d.bg2,k2,* lach.bg2,hr1,* laur.bg2,hr1,* **Led.**bg2,hr1,* lyc.bg2,hr1,* mag-c.bg2,hr1,* mag-m.bg2,hr1,* mag-p.bg2,k2,* mand.bg2,kr1,* *Mang.*bg2,hr1,* meny.bg2,hr1,* *Merc.*bg2,hr1,* merc-c.bg2,kr1 *Mez.*bg2,hr1,* mosch.bg2,hr1,* mur-ac.bg2,hr1,* nat-c.bg2,hr1,* *Nat-m.*bg2,hr1,* *Nit-ac.*bg2,hr1,* *Nux-m.*bg2,hr1,* **Nux-v.**bg2,hr1,* olnd.bg2,hr1,* onop.bg2,kr1,* op.bg2,hr1,* *Par.*bg2,hr1,* penic.bg2,kr1,* *Petr.*bg2,hr1,* ph-ac.bg2,k2,* phenob.bg2,kr1,* *Phos.*bg2,hr1,* phyt.bg2,kr1 plat.bg2,hr1,* *Plb.*bg2,hr1,* prot.bg2,kr1,* pulx.bg2,kr1 *Ran-b.*bg2,hr1,* *Rheum*bg2,kr1 rhod.bg2,hr1,* rhus-t.bg2,hr1,* rutabg2,kr1 sabad.bg2,hr1,* sabin.bg2,hr1,* samb.bg2,hr1,* sang.bg2,kr1 *Sars.*bg2,hr1,* *Sec.*bg2,hr1,* *Sel.*bg2,hr1,* seneg.bg2,hr1,* sep.bg2,hr1,* sieg.bg2,kr1,* sil.bg2,hr1,* *Spig.*bg2,k2,* *Spong.*bg2,hr1,* *Squil.*bg2,hr1,* stann.bg2,hr1,* *Staph.*bg2,hr1,* *Stram.*bg2,hr1,* stront-c.bg2,kr1 stroph-s.bg2,kr1,* stry-p.bg2,kr1 *Sul-ac.*bg2,hr1,* sulph.bg2,hr1,* teucr.bg2,hr1,* ther.bg2,k2,* thuj.bg2,hr1,* trios.bg2,kr1,* verat.bg2,hr1,* vib.bg2,kr1 viol-t.bg2,kr1 zinc.bg2,hr1,*

– **muß** ruhen: aesc.bg2,sf1 alum.bg2,sf1 alum-sil.bg2,k2,* anac.bg2,sf1,* arn.bg2,sf1 brom.bg2,sf1 bry.bg2,sf1 hydrog.srj2 lach.bg2,sf1 lyc.bg2,sf1 nux-v.bg2,sf1 op.bg2,sf1 ph-ac.bg2,sf1 sabad.bg2,sf1 stann.bg2,sf1

Ruhelosigkeit: **Acon.**ptk1 anac.ptk1 androc.srj1 *Apis*ptk1 arg-n.ptk1 **Ars.**ptk1 bamb-a.stb2 bapt.ptk1 *Bell.*ptk1 calc.ptk1 calc-p.ptk1 camph.ptk1 *Cham.*ptk1

Ruhelosigkeit: ...
*Cimic.*ptk1 *Cina*ptk1 cod.c2 *Coff.*ptk1 coloc.ptk1 cupr.ptk1 *Ferr.*ptk1 **Hyos.**ptk1 lunakg1 *Lyc.*ptk1 mag-p.ptk1 **Merc.**ptk1 *Phos.*ptk1 pip-m.ptk1 plb.ptk1 puls.ptk1 ran-b.ptk1 **Rhus-t.**ptk1 rutac2 sanic.ptk1 scor.a1,c1 sec.ptk1 **Sep.**ptk1 sil.ptk1 staph.ptk1 stram.ptk1 *Sulph.*ptk1 syph.ptk1 **Tarent.**ptk1 teucr.ptk1 valer.ptk1 vib.ptk1 xan.ptk1 *Zinc.*ptk1
☞ *❑ Extremitäten - Ruhelosigkeit / ❑ Gemüt - Ruhelosigkeit*

– **nachts**:
• **Mitternacht**:
• **nach**:
• **2** h: ambr.a1
• **3** h: agar.a1

Runzelig, faltig: *Abrot.*sf,sf1 alum.sf,sf1 am-c.j5 am-m.bg2,k ambr.j5 ant-c.j5,sf1 *Arg-n.* arn.bg2,k *Bar-c.*sf,sf1 bism.bg2,k borx.bg2,sf1 bry.j5 *Calc.*j5,k2,* camph.j5 cham.j5 chin.bg2,k cupr.bg2,k fl-ac.sf,sf1 graph.j5,sf1,* hell.j5 kali-br.sf,sf1 *Lyc.*j5,sf1 merc.bg2,k mur-ac.j5 nux-v.j5 op.sf,sf1 ph-ac.j5 plb.j5 psor.k13,k2 rheumj5,sf1 rhod.bg2,k rhus-t.j5 sabad.j5 *Sars.*j5,k2,* *Sec.*j5,k2,* *Sep.*j5,k2,* sil.gl1 spig.j5 stram.j5,sf1 *Sulph.*j5,k2,* verat.bg2,k viol-o.j5,sf1,* vip.j5 zinc.bg2,k

Säfteverlust
☞ *Verlust - Säfteverlust*

Salz; übermäßiger Gebrauch von
☞ *Speisen - Salz - Verlangen*

Samenabgang:
☞ *Verlust - Säfteverlust*

– **agg.**: abrot.sf1 agar. *Alum.* ars. aven.sf1 *Bar-c.* borx. bov. bufosf1 *Calc.* cann-i. cann-s. carb-ac.sf1 carb-an. carb-v. *Caust.*gl1,k1 *Chin.* cob. con.gl1,sf1 dig. ferr-br.sf1 *Iod.* **Kali-c.** led. *Lyc.* merc. mez. nat-c. **Nat-p.** **Nux-v.** petr. *Ph-ac.* *Phos.* *Pic-ac.* plat.sf1 plb. *Psor.* puls. ran-b. rhod. sabad. **Sel.** **Sep.** *Sil.* stann.sf1 *Staph.* stram.sf1 *Sulph.* thuj.

– **amel.**: agn.kr1 calc-p.kr1 *Lach.*kr1 *Zinc.*kr1,st

Sarkom
☞ *Krebsleiden - Sarkom*

Sauerkeit des Körpers: **Calc.**bg chin.bg hep.bg *Lyc.*bg *Mag-c.*bg merc.bg nat-c.bg nat-m.bg nat-p.bg **Nux-v.**bg phos.bg puls.bg rheumbg sep.bg sil.bg sul-ac.bg **Sulph.**bg

Säuglinge: *Acon.*kk2 aeth.kk2 ant-c.kk2 ant-t.kk2 *Arn.*kk2 *Ars.*kk2 *Bell.*kk2 **Borx.**kk2 **Bry.**kk2 **Calc.**kk2 *Calc-p.*kk2 *Camph.*kk2 carb-v.kk2 **Cham.**kk2 chin.kk2 cinakk2 coloc.kk2 crot-t.kk2 dulc.kk2 ferr.kk2 graph.kk2 hep.kk2 ign.kk2 *Ip.*kk2 kali-bi.bg2,kk2 kali-c.kk2 lach.kk2 *Lyc.*kk2 *Mag-c.*kk2 *Merc.*kk2 nat-c.kk2 nat-m.kk2 **Nat-p.**kk2 nux-v.kk2 **Op.**kk2 ph-ac.kk2 phos.kk2 podo.kk2 psor.kk2 **Puls.**kk2 rheumc2,kk2 *Rhus-t.*kk2 samb.kk2 sec.kk2 *Sil.*kk2 stann.kk2 staph.kk2 stram.kk2 *Sulph.*kk2 verat.kk2 zinc.kk2

Schanker: acet-ac.br1 ail.c2 *Apis*c2 arg-n.c2 asc-t.c2 aur-m.c2 cinnb.c2 cor-r.c2 crot-h.c2 iodof.c2 jac-c.c2 jug-r.c2 lac-c.c2 lach.c2 merc.c2 merc-act.c2 *Merc-c.*c2 merc-i-f.c2 *Nit-ac.*c2 ph-ac.c2 plat-m.c2

Schanker: ...
sulph.c2
☞ *Syphilis | ❑ Harnröhre - Geschwüre - Schanker | ❑ Haut - Geschwüre - Schanker | ❑ H~ Hautausschläge - Schanker | ❑ Männliche Genitalien - Geschwüre - Penis - Schanker | ❑ M~ Geschwüre - Skrotum - Schanker | ❑ Weibliche Genitalien - Geschwüre - Schanker*

Schärfe, Exkoriationen etc.: all-c.bg **Ars.**bg ars-i.bg arum-t.bg *Brom.*bg *Caust.*bg cham.bg *Graph.*bg hep.bg *Iod.*bg *Kreos.*bg lyc.bg **Merc.**bg merc-c.bg *Nit-ac.*bg phos.bg *Rhus-t.*bg *Sep.*bg *Sil.*bg **Sulph.**bg

Scharlach:
– **Beschwerden** nach: **Am-c.**bg2 **Am-m.** aur. bar-c. **Bell.** *Bry. Calc. Carb-ac. Carb-v.* **Cham.** *Con.*bg2 dulc. euph. *Hep.* hyos. *Lach.* lyc. *Merc.* nit-ac. petros.c1 phos. rhus-t. *Sulph.*
– **Drüsen**, mit geschwollenen
☞ *Schwellung - Drüsen - Scharlach - bei*
– **Hautausschlag**, mit unterdrücktem: phos.j5

Schaudern, nervöses: absin.a1 acon. acon-l.a1 aether.a1 agar.a1 aloe.a1 *Am-m.* anac. **Arn.** ars.bg2 asar.a1,h aur. *Bell.* benz-ac. blatta-a.a1 bond.a1 borx.a1 *Brom.*a1 bry.a1 caj.a1 calc. camph. cann-s. caps.a1 caust. cham.a1,bg2 chin. cic. *Cimic.*bg2,kr1,* cina clem.a1 *Cocc.* cupr. cupr-s.a1 cycl.a1 dig.a1 digin.a1 dios.a1 dros.a1 dulc.a1 elae.a1 elaps.a1 eup-per.a1 euph.a1 gast.a1 *Gels.* gins.a1 glon.bg1 graph.a1 haem.a1 hell.a1,bg2 hura.a1 hydr-ac.a1 hydrog.srj2 hyos. *Hyper.*bg2 ign.a1,bg2 ip.a1 iris-fl.a1 junc-e.a1 kali-c.a1 kali-chl.a1 kali-n.a1 kali-p.k2 kalm.a1 kiss.a1 kreos. *Lach.*a1 laur. *Led.* linu-c.a1 lyc. mag-m. mag-s.a1 mang. merc.a1 merc-i-r.a1 merc-sul.a1 *Mez.* morph.a1 mosch.a1,bg2 *Nat-m.* nit-ac.a1 nux-m. **Nux-v.** op.a1 osm.a1 ped.a1 ph-ac. phos. phys.bg2 phyt.a1 plat.a1 plb.a1 podo.a1 polyp-p.a1 *Puls.* ran-b.bg2 raph.a1 rheum.a1,bg2 *Rhus-t.* ruta.a1 samb.a1 scroph-n.a1 seneg. sep. *Sil.* sin-n.a1 *Spig.* stann.a1 staph. stram.a1 tab.a1 tarent.a1 thuj.a1,bg2 til.a1 upa.a1 valer. verat. viol-t. vip.a1 zinc.a1 zinc-s.a1
☞ *❑ Gemüt - Angst - Schaudern | ❑ G~ Ruhelosigkeit*
– **morgens** beim Aufstehen aus dem Bett: coloc.h rhus-t.h
◆ **abwechselnd** mit Hitze: bol-la.a1 mang.a1 merc.a1 puls.a1 raph.a1 stry.a1 tab.a1
– **Abendessen**, beim: bov.a1
– **Auffahren**, mit: sulph.h
– **Aufstehen**:
• **amel.**: nat-c.a1
• **nach**: lyc.a1
– **Aufstoßen**, mit: ip.h
– **Berührung**, durch geringe: kali-c.k2
– **Bewegung**:
• **amel.**: dros.a1
• **bei**: caps.a1 caust.a1 con.a1 merc.a1 nux-v.a1
– **Denken** an Unangenehmes; beim: benz-ac. phos.
– **Einschlafen**, beim: am-c.a1 **Bell.**a1 calc.a1 ign.a1 merc-c.a1 mez.a1 rhus-t.a1
– **epileptischen** Konvulsionen, vor: cupr.k1

Schaudern, nervöses: ...
– **Erbrechen**, mit: sulph.h
– **Erwachen**; beim: carc.tp1
– **Essen**:
• **beim**: cham.a1 lyc.a1,h staph.a1
• **nach**: digin.a1 ign.a1 lyc.a1,h rhus-t.a1,h sulph.a1,h tab.a1
– **Gähnen**, beim: castm.a1 *Cina* hydr.j5 ip.h laur.h mag-m.h nux-v.h olnd. sars.h
– **Gehen**:
• **nach**: meny.a1
• **beim**: arn.a1
– **Gemütsbewegungen** agg.: asar.bg2
– **geprellt**, wenn: spig.bg2
– **Hinlegen**, beim: cit-v.a1
– **Hochkommen** von Wasser in den Mund; mit: sil.h
– **kalter** Luft, in: *Cham.*h
– **Kopfschmerz**; durch: borx.h sars.h
– **Körperteiles**, des berührten: *Spig.*
– **Leere** im Magen; nach: phos.h
– **Menses**:
• **vor**: *Sep.*
• **während**: nux-v.a1 sapin.a1
– **Mittagessen**, vor dem: ars.a1 cann-i.a1 grat.a1 sulph.a1
– **Ruhe**, in der: dros.a1
– **Schmerzen**, bei den: sep.a1 sil.a1,h
• **Nabel**, im: chin.h ip.h
– **Sitzen**, im: hyper.a1 nat-m.a1
– **Stuhl**:
• **vor**: merc.a1
• **während**: aesc.a1 alum. bell.k1 calad. calc-s.a1 castm. con. ind. kali-c. mag-m. mez.a1 nat-c. nit-ac.h plat. rheum.a1 spig. stann. verat.
• **nach**: acon-l.a1 grat.a1 mag-m.a1 mez.a1,h plat.a1 ptel.a1
– **Trinken**: ars.a1 calen.a1
• **agg.**: carb-ac.bg1
• **nach**: caps.a1,k2 carb-ac.a1,bg2 chin.a1 elaps.a1 lyc.a1 nux-v.a1 verat.a1
– **Übelkeit**, mit: mag-c.h stann.h
– **Urinieren**, nach dem: eug.a1 iod.a1 plat.a1
– **Wein**, nach: cina.k2
– **ziehenden** Schmerzen im Abdomen; mit: nit-ac.h
– **Zucken** der Beine; mit: con.h

Scheintod: *Acet-ac.* acon.bg2 ant-t.bg,k13 arn.k,k13 bell.k,k13 *Carb-v.*bg,k13 *Carbn-s.*bg2 chin.k,k13 *Coff.*bg,k13 *Colch.*kr1 coloc.k,k13 crot-h.j5 hydr-ac.j5 laur.k,k13 merc.k,k13 nit-ac.k,k13 *Op.*bg,k13 ph-ac.k,k13 phos.k,k13 *Rhus-t.*kr1 sin-n.kr1 stram.k,k13 sul-h.c1 tab.kr1
– **Asphyxie**
☞ *❑ Atmung - Asphyxie*
– **Blitzschlag**, nach: lach.j5 nux-v.j5
– **Blutungen**, nach: chin.j5
– **Erfrorenen**, von: acon.j5 ars.j5 bry.j5 carb-v.j5
– **Erhängten**, Erdrosselten, Erwürgten; bei: op.j5
– **Ertrunkenen**, von: lach.j5

– **Kohlendioxidvergiftung**, durch: acon.$_{j5}$ bell.$_{j5}$ op.$_{j5}$
☞ *Gasvergiftung*
– **Verletzungen**, nach: arn.$_{j5}$

Schlaf:
– **vor**:
• **agg.**: acon. agar. *Agn.* alum. am-c. am-m. ambr. anac. ant-c. arn. **Ars.** ars-s-f.$_{k2}$ asar. aur. aur-ar.$_{k2}$ bar-c. *Bell.* bism. borx. **Bry.** *Calad.* **Calc.** camph. canth. caps. *Carb-an.* **Carb-v.** *Caust.* cham. chel. *Chin.* clem. cocc. coff. coloc. con. cycl. dig. dulc. euph. euphr. *Graph.* guaj. *Hep.* *Ign.* ip. *Kali-c.* kali-n. *Kreos.* lach. laur. led. *Lyc.* mag-c. mag-m. mang. **Merc.** mez. mosch. mur-ac. nat-ar. nat-c. nat-m. nit-ac. nux-m. nux-v. par. petr. *Ph-ac.* **Phos.** plat. plb. **Puls.** ran-b. rheum rhod. **Rhus-t.** sabad. sabin. samb. *Sars.* sel. seneg. **Sep.** *Sil.* spig. spong. stann. staph. stront-c. sul-ac. **Sulph.** tarax. teucr.$_{bg2}$ thuj. verat. verb. viol-t. zinc.
– **im**:
• **agg.**: *Acon.* *Aesc.*$_{k2}$ agn. alum. alumn.$_{k2}$ am-c. am-m. ambr. anac. ant-c. *Ant-t.* *Apis* *Arg-n.* **Arn.** **Ars.** ars-s-f.$_{k2}$ aur. aur-ar.$_{k2}$ *Bar-c.* bar-m. **Bell.** bism. **Borx.** brom. **Bry.** *Calad.* calc. camph. *Cann-i.* cann-s. canth. caps. carb-ac. carb-an. carb-v. carbn-s. caust. **Cham.** *Chel.* *Chin.* chinin-ar. cic. cina clem. cocc. coff. colch. coloc. *Con.* croc. cupr. cycl. dig. dros. dulc. euph. ferr. ferr-ar. *Graph.* guaj. hell. **Hep.** **Hyos.** *Ign.* ip. *Kali-ar.* kali-br. *Kali-c.* kali-n. kali-p. kreos. *Lach.* laur. led. *Lyc.* mag-c. mag-m. mang. meny. **Merc.** merc-c.$_{bg2}$ mez. mosch. *Mur-ac.* nat-ar. nat-c. *Nat-m.* *Nit-ac.* *Nux-m.* nux-v. **Op.** par. petr. *Ph-ac.* *Phos.* plat. plb. **Puls.** ran-b. ran-s. *Rheum* rhod. rhus-t. ruta sabin. *Samb.* sars. sel. seneg. *Sep.* **Sil.** spig. spong. squil. stann. staph. **Stram.** stront-c. sul-ac. **Sulph.** syph.$_{st}$ teucr.$_{bg2}$ thuj. valer. verat. verb. viol-t. **Zinc.** zinc-p.$_{k2}$
• **amel.**: am-m. calad. hell. phos. samb.
– **nach** dem Schlaf:
• **agg.**: *Acon.* aesc. ail.$_{kr1}$ alum-p.$_{k2}$ am-c.$_{bg2,k2,*}$ am-m. *Ambr.*$_{k1}$ anac. *Apis* arg-met.$_{bg2,k2,*}$ *Arn.* *Ars.* ars-s-f.$_{k2}$ asaf. aur-ar.$_{k2}$ bar-m.$_{bg2}$ bell. borx. bov. bry. bufo$_{kr1}$ cadm-s. calad.$_{bg2}$ calc. calc-f.$_{mg1}$ *Camph.* *Carb-v.* *Carbn-s.* *Caust.* cham. *Chel.* chin. cina cob-n.$_{mg1}$ coc-c.$_{bg2,k2}$ *Cocc.* coff. *Con.* crat.$_{bro1}$ **Crot-c.** *Crot-h.*$_{bg2,k2,*}$ *Crot-t.*$_{k1}$ dig. *Dios.*$_{kr1}$ epiph.$_{bro1}$ *Euphr.* *Ferr.* ferr-ar. graph. *Hep.* hom.$_{bro1}$ *Hydrog.*$_{srj2}$ hyos. ign. kali-ar. kali-bi.$_{bg1}$ kali-c. kali-i.$_{bg2}$ kali-n.$_{bg2,sf1}$ kali-p. kreos. lac-c. **Lach.** lob.$_{bg2}$ *Lyc.* mag-c. mag-f.$_{jl,mg1}$ merc-c.$_{bro1}$ morph.$_{bro1}$ mur-ac. myric.$_{kr1}$ naja nat-ar. nat-sil.$_{k2}$ nux-m. nux-v. olnd. *Op.* paeon. parth.$_{bro1}$ *Ph-ac.* *Phos.* *Phyt.* pic-ac.$_{bro1}$ ptel.$_{c1}$ *Puls.* *Rheum* rhus-t. *Sabad.* samb. **Sel.** *Sep.* spig. **Spong.** squil.$_{bg2}$ stann. *Staph.* **Stram.** **Sulph.** syph.$_{bro1}$ thuj. tub.$_{br1,bro1}$ uran-n.$_{bg2,sf1}$ valer.$_{kr1}$ *Verat.* ziz.$_{bro1}$
• **amel.**: acon. agar. am-c.$_{bg2}$ am-m. ambr. apis *Ars.* bry. *Calad.* calc. caps.$_{bg2}$ cham. chin. cocc. colch. con. crot-t.$_{bg2,sf1}$ *Cupr.*$_{bg2}$ epiph.$_{bg2}$ ferr.

Schlaf - nach dem Schlaf **- amel.**: ...
Fl-ac.$_{bg2}$ glon.$_{k2}$ hell. hydrog.$_{srj2}$ ign. ip. iris$_{bg2,sf1}$ kali-bi.$_{bg2}$ kali-p.$_{bg2}$ kreos. lach. lob. *Med.*$_{bg2,sf1}$ meph.$_{bg2,sf1}$ *Merc.* mygal.$_{bro1}$ myric.$_{bro1}$ nat-c. nid.$_{jl}$ *Nux-v.* oxyt. pall.$_{c1}$ **Ph-ac.** **Phos.** puls. ran-b.$_{bg2,sf1}$ ruta sabal$_{c1}$ sabin. samb. sang. sel. *Sep.* spig. thuj.
• **kurzem** Schlaf; selbst nach
☞ *kurzer Schlaf amel.*
• **unterbrochenem**, unruhigem Schlaf; selbst nach: granit-m.$_{es1}$
• **morgens** beim Erwachen agg.: **Am-m.**$_{st}$ **Ambr.**$_{st}$ *Arn.*$_{st}$ **Ars.**$_{st}$ bell-p.$_{mg1,st}$ bufo$_{br1,st}$ cadm-met.$_{mg1,st,*}$ **Calc.**$_{st}$ *Carb-v.*$_{st}$ **Caust.**$_{st}$ *Chel.*$_{st}$ chin.$_{st}$ cob-n.$_{mg1,st}$ *Cocc.*$_{st}$ *Con.*$_{st}$ *Dig.*$_{st}$ ferr-ar.$_{k2,st}$ flav.$_{jl,st}$ *Graph.*$_{st}$ **Hep.**$_{st}$ *Hydrog.*$_{srj2}$ *Hyos.*$_{st}$ *Ign.*$_{st}$ *Kali-ar.*$_{st}$ *Kali-c.*$_{st}$ **Lach.**$_{st}$ *Lyc.*$_{st}$ mag-c.$_{mg1,st}$ neon$_{srj5}$ **Nux-v.**$_{st}$ **Phos.**$_{st}$ *Phyt.*$_{st}$ prot.$_{jl,st}$ **Puls.**$_{st}$ **Rhus-t.**$_{st}$ samb.$_{st}$ **Sep.**$_{st}$ *Staph.*$_{st}$ **Sulph.**$_{st}$
☞ *Erwachen / Morgens - Erwachen*
• **nachmittags**:
• **agg.** ●: anac. bar-c.$_{h}$ bell.$_{st}$ *Bry.* caust.$_{bg2}$ chin. con.$_{h}$ *Graph.*$_{bg2}$ *Lach.* mag-c.$_{mg1}$ mag-f.$_{jl,mg1}$ *Nat-m.*$_{h}$ phos. *Puls.* *Sel.*$_{bg2,vh/dg}$ spong. **STAPH.**$_{k,vh/dg}$ *Sulph.*
• **amel.**: fl-ac.$_{jl}$ granit-m.$_{es1}$ kali-bi.$_{jl}$ meph.$_{jl}$ nux-m.$_{jl}$ nux-v.$_{jl}$ ph-ac.$_{jl}$ pneu.$_{jl}$ senec.$_{jl}$
– **Beginn** des Schlafes agg.; zu: agar. agn. am-c.$_{bg2}$ am-m. aral. *Arg-met.* *Arg-n.* arn. **Ars.** ars-s-f.$_{k2}$ arum-t.$_{bg2}$ aur. aur-ar. bapt. bar-c. **Bell.** borx. **Bry.** calad. *Calc.* camph.$_{bg2}$ *Caps.* *Carb-an.* *Carb-v.* caust. cench.$_{k1}$ *Cham.*$_{kr1}$ chin. cocc. coff. con. **Crot-h.** dulc. *Graph.* *Grin.* guaj. hep. ign. ip. *Kali-ar.* **Kali-c.** kreos. *Lac-c.* **Lach.** laur. *Lyc.* mag-c. mag-m. *Merc.* merc-pr-r.$_{bg2}$ mur-ac. nat-c. nat-m. nit-ac.$_{bg2}$ nux-v. *Op.* ph-ac. *Phos.* **Puls.** ran-b. *Rhus-t.* sabad.$_{bg2}$ sabin. samb.$_{sf1}$ sars. sel. **Sep.** sil. *Spong.* stann.$_{bg2}$ staph. stront-c. *Sulph.* tarax. teucr. thuj. *Valer.* verat.
– **Einschlafen**; amel. beim: *Merc.*
– **Halbschlaf**; amel., wenn im: *Hell.*$_{bg2}$ *Sel.*
– **kurzer** Schlaf amel.: bamb-a.$_{stb2}$ calad.$_{bg2,ph}$ carc.$_{bg2,mg1,*}$ cob.$_{a1,bg2}$ cob-n.$_{bg2,mg1,*}$ *Fl-ac.*$_{bg2,kr1,*}$ form.$_{a1,bg2}$ granit-m.$_{es1}$ kali-bi.$_{bg2}$ med.$_{bg2,sf1}$ meph.$_{bg2,sf1,*}$ mez.$_{a1,bg2}$ nux-m.$_{bg2}$ *Nux-v.*$_{bg2,kr1}$ ph-ac.$_{bg2,kr1,*}$ psil.$_{bg2,ft1}$ ran-r.$_{bg2,c1,*}$ rheum$_{bg2}$ senec.$_{bg2}$
☞ ◻ *Schlaf - Schlafbedürfnis - gering*
– **langer** Schlaf agg.: ambr. anac. arn. ars. asaf. bell. borx. bry. *Calc.* camph. carb-v. *Caust.* cham. cocc. *Con.* dig. *Euphr.* ferr. *Graph.* *Hep.* hyos. ign. kali-c. kreos. **Lach.** lyc. mag-c. *Nux-v.* ph-ac. puls. rhus-t. spig. *Stram.* **Sulph.** verat.
– **Schlafmangel**, durch: agn.$_{vh}$ ambr. ars.$_{sf1}$ bry. calad.$_{ph}$ carb-v.$_{bg2,kr1}$ *Caust.* chin. *Cimic.* **Cocc.**$_{br1,k}$ *Coff.*$_{bg2,kr1}$ *Colch.* *Cupr.* ign.$_{gt,k2}$ ip. kali-p.$_{ph}$ kreos.$_{bg2}$ *Lac-d.*$_{k1}$ laur. med.$_{ph}$ merc.$_{bg2}$ mygal.$_{ph}$ nat-m. *Nit-ac.* **Nux-v.** ol-j.$_{kr1}$ olnd. op. pall.$_{bg2}$ ph-ac. **Phos.**$_{bg2}$ pic-ac.$_{k2}$ puls. ruta sabin. sang.$_{bg2}$ *Sel.* sep. *Sulph.* zinc. zinc-act.$_{c1,st}$ zinc-o.$_{st}$

Schlaffes Gefühl: *Acon.* agar.bg2,k agn.k2 am-m. ambr.bg2,k ant-t.bg2,k arg-met. arn.bg2,k **Ars.** asaf.k2 asar. *Bar-c.* bar-s.k2 bell. bov. bry.bg2,k **Calc.**bg2,k,* *Calc-p.* calc-s. calc-sil.k13,k2 canth.bg2,k **Caps.**bg2,k carb-an. carb-v. **Caust.**bg2,k *Cham.*bg2,k,* *Chel.* chin.bg2,k chinin-ar.k2 cic.bg2,k cina clem.bg2,k coff. cory.br1 **Croc.**bg2,k *Cycl.*hr1,k *Dig.*bg2,k euph.bg2,k euphr. *Ferr.*bg2,k *Fl-ac.*bg2,k graph.bg2,k hep. **Ign.** iod.bg2,k *Ip.*bg2,k *Kali-ar.* *Kali-c.*bg2,k kali-n.bg2,k kali-p.bg2,k kali-s. laur.bg2,k **Lyc.**bg2,k mag-c.bg2,k mag-m. meny. merc.bg2,k *Mosch.* mur-ac.bg2,k **Nat-c.**bg2,k nat-p.k2 nit-ac. nux-m.bg2,k *Nux-v.* olnd.bg2,k par. petr. **Phos.**bg2,k,* *Plat.*bg2,k *Psor.* puls.bg2,k rhod. rhus-t.hr1,k *Sabad.*bg2,k sabin. seneg.bg2,k *Sep.* sil.bg2,k,* spong.bg2,k *Staph.* stront-c. **Sulph.**bg2,k,* *Tarax.* teucr. *Thuj.* tril-p.c1 **Verat.**bg2,k *Zinc.*bg2,k
☞ *Erschlaffung - körperlich / Müdigkeit / Schwäche*

– **festen** Teilen, in: bar-s.k13,k2 caust.hr1,k *Merc.*hr1,k mez.hr1,k *Nit-ac.*hr1,k nux-m.hr1,k

– **innerlich**: *Calc.* kreos. **Sep.**
☞ *Ohnmacht*

Schlafmittel; durch (= Hypnotika): am-c.gm1 carb-v.gm1 lach.gm1 op.gm1

Schlag, Schock: acet-ac.bg2 *Acon.*bg2,c1 am-c.bg2 arn.bg2 camph.bg2 cham.bg2 cic.bg2 coff.bg2,hr1,* gels.bg2 hep.bg2 hyos.bg2 hyper.bg2,c1 mag-c.bg2,c1 merc.bg2 nat-m.bg2 op.bg2 ph-ac.bg2,c1 puls.bg2 sec.bg2 stram.bg2,c1 stront-c.bg2 sulph.bg2 verat.bg2
☞ *Verletzungen*

– **elektrischer** Schlag, wie ein: *Acon.* *Agar.* ail. alum. alum-p.k2 *Ambr.* anac. ang. apis aran-ix.mg1 **Arg-met.** *Arg-n.* arn. **Ars.** ars-s-f.k2 *Art-v.* bar-c. *Bar-m.* bar-s.k2 bell. bufo calad. calc. *Calc-p.* *Camph.* cann-s. carb-ac. carb-v. caust. *Cic.* cimic. *Cina* *Clem.* *Cocc.* colch. con. croc. cupr. *Dig.* dulc. *Fl-ac.* graph. hell. hep. *Hydr-ac.*sf1 kali-c. kreos. *Laur.* *Lyc.* mag-m. manc. mang. meph.a1 mez. mur-ac. nat-ar. nat-c. *Nat-m.* nat-p. *Nit-ac.* *Nux-m.* *Nux-v.* ol-an. olnd. op.bg2 ox-ac.sf1 *Phos.* plat. plb.a1,sf1 psil.ft1 puls. *Ran-b.* *Ruta* sang.sf1 sep. spig. squil. stram. *Stry.* sul-ac. sulph. sumb. *Tab.* *Thal.* thuj.bg2 *Valer.*k2,sf1 **Verat.** verat-v.sf1 xan. zinc. zinc-p.k2
☞ *Rucke - innerlich / ❑ Gemüt - Auffahren - elektrisch - Schläge / ❑ G~ Auffahren - elektrisch - wie*

- **rechte** Körperseite: agar.
- **morgens**: mang.h
- **abends** im Bett: sulph.h
- **Berühren** von etwas; beim: alum.
- **Berührung**, bei: colch.st
- **Bewegung**:
  - **bei**: colch.st graph.
  - **Beginn** der Bewegung; zu: *Arg-n.*
- **epileptischem** Anfall, vor: *Ars.*k1
- **Gehen**, beim: alum-p.k2 lyc. *Mag-m.* manc.
- **Gehirnerschütterung**, durch: cic.
  ☞ *Verletzungen - Erschütterung - Gehirnerschütterung*
- **hellwach** ist, während er: mag-m. nat-p.
- **Konvulsionen**:
  - **vor**: *Bar-m.* *Laur.*

Schlag - elektrischer - Konvulsionen: ...

- **unterbrochen** durch schmerzhafte Erschütterungen: stry.
- **langsamem** Puls, mit: *Dig.*
- **Liegen**, beim: *Clem.*
- **Ruhe**, in der: graph.
- **Schlaf**:
  - **im**: *Arg-met.* *Ars.* iod.a1 kreos. lyc. mez.h *Nat-m.* *Nux-m.* zinc.k2
    ☞ *Rucke - Muskeln - Schlaf - im*
  - **Einschlafen**, beim: agar. alum. **Arg-met.** **Ars.** *Bell.* calc.h *Ip.* kali-c.h nat-ar. *Nat-m.* *Nit-ac.* *Phos.* *Stry.* thuj.h
    ☞ *Rucke - Muskeln - Schlaf - Einschlafen*
- **Wiedererlangen** des Bewußtseins, bei: cic.

Schlägen; Folgen von
☞ *Verletzungen*

Schleichenden Fiebers; Zustände: arn.br1

Schleimbeutel
☞ *Entzündung - Schleimbeutel*

Schleimhautabsonderung:

– **amel.**: apisbg2 arg-met.bg2 arist-cl.bg2,mg1,* ars.bg2 *Bry.*bg2,sf1 calc.bg2 camph.bg2 cimic.bg2,sf1,* cupr.bg2,sf1,* dulc.bg2,sf1,* graph.bg2,sf1,* ip.bg2 kali-bi.bg2,sf1,* **Lach.**bg2,k2,* lyc.bg2 mosch.bg2,sf1,* nux-v.bg2,sf1,* ph-ac.bg2 psor.bg2 *Puls.*bg2,sf1,* rhus-t.bg2 senec.bg2,sf1,* sep.bg2,sf1,* sil.bg2 squil.bg2 stann.bg2 stict.bg2 stram.bg2 **Sulph.**bg2,sf1 thuj.bg2,sf1,* verat.bg2 *Zinc.*bg2,sf1,*
☞ *Fluor - amel.*

– **bitterer** Geschmack: aloebro1 cocc.bro1 *Kali-bi.*bro1 nat-m.bro1 nux-v.bro1 puls.bro1

– **bläulich**: ambr.bg2,j5 ars.bg2,j5 cupr.bg2,j5 cupr-act.bg2,j5 lach.bg2,j5,*

– **blutig**: acon.bg2,j5,* ail.bg2,j5 aloebg2,j5 alum.bg2,j5 alum-sil.j5,k2 am-c.bg2,j5 am-m.j5 aphisj5 arg-n.bg2,j5,* arn.bg2,j5,* ars.j5,k2,* *Ars-s-f.*j5,k2 *Asar.*j5 *Bar-c.*bg2,j5 bar-m.j5,k2,* *Bell.*j5,k2,* borx.j5 brom.bg2,j5 bry.bg2,j5 *Calc-s.*j5,k2,* calc-sil.j5,k2,* *Canth.*bg2,j5,* caps.bg2,j5 carb-an.j5,sf1,* *Carb-v.*j5,k2,* caust.bg2,j5 *Chin.*bg2,j5 cocc.bg2,j5 cop.j5 *Crot-h.*bg2,j5,* daph.j5 dros.bg2,j5 euon.j5 ferr.bg2,j5 form.j5,sf1,* graph.j5 ham.j5,k2,* hep.j5 iod.bg2,j5 kali-ar.j5,k2 kali-c.j5 kali-chl.j5 kali-n.j5 kreos.j5,k2,* *Lach.*bg2,j5,* led.j5 lyc.bg2,j5 mag-c.j5 mag-m.j5 mang.j5,sf1,* *Merc.*bg2,j5,* mez.j5 mur-ac.bg2,j5 murx.j5 nat-m.bg2,j5 *Nit-ac.*j5,k2,* nux-m.j5 *Nux-v.*bg2,j5 op.j5 par.j5 petr.j5 *Phos.*bg2,j5,* *Puls.*j5,k2,* sabin.bg2,j5 sang.bg2,j5 *Sep.*bg2,j5 *Sil.*bg2,j5,* sul-ac.j5,k2,* sul-i.j5,k2 sulph.bg2,j5 *Ter.*hr1,j5,* thuj.bg2,j5 verat.bg2,j5 vip.j5 zinc.bg2,j5,* zinc-p.j5,k2

– **bräunlich**: am-m.bg2,j5 ambr.bg2,j5 ars.bg2,j5 *Bell.*bg2,j5 bism.bg2,j5 borx.bg2,j5 carb-v.bg2,j5 grat.bg2,j5 nit-ac.bg2,j5 sulph.bg2,j5

– **brennend**: acon.sf,sf1 aesc.sf,sf1 *Ail.*bg2,sf1,* all-c.sf,sf1 alum.j5,sf1 alum-p.k2,sf1 am-c.j5,sf1,* am-m.j5,sf1,* *Ars.*j5,k2,* ars-i.sf,sf1,* ars-s-f.k2,sf1 arum-t.sf,sf1 bad.sf,sf1 brom.bg2,sf1,* calad.j5,sf1 *Calc.*bg2,j5,* canth.sf,sf1 caps.sf,sf1 carb-ac.sf,sf1 *Carb-an.*j5,sf1,* carb-v.sf,sf1 castm.j5,sf1 chin.j5,sf1,*

– **brennend**: ...
chlor.sf,sfl cina j5,sfl *Con.*j5,sfl crot-h.sf,sfl fl-ac.k2,sfl,* *Gels.*bg2,sfl,* graph.sf,sfl guaj.sf,sfl hep.sf,sfl hydr.sf,sfl iod.sfl kali-c.sf,sfl *Kali-i.*bg2,j5,* kreos.bg2,sfl,* lach.sf,sfl lyc.sfl mag-s.j5,sfl *Merc.*bg2,sfl merc-c.bg2,sfl mez.j5,sfl mur-ac.sf,sfl nat-m.sf,sfl *Nit-ac.*sf,sfl,* petr.sf,sfl phos.sf,sfl phyt.sf,sfl puls.bg2,j5,* ran-s.sf,sfl *Sabad.*bg2,sfl,* sang.sf,sfl sep.sf,sfl sil.sf,sfl sin-n.bg2,sfl sul-ac.j5,sfl *Sulph.*bg2,j5,*

– **dick**, schleimig: acon.j5 agar.j5 *Alum.*j5 alum-sil.j5,k2 am-m.j5 ant-c.j5 arg-met.j5,k2,* *Arg-n.*j5,sfl *Ars.*bg2,j5 ars-i.j5,k2 ars-s-f.j5,k2 *Aur-s.*j5,k2 bals-p.j5,sfl *Bar-c.*j5 berb.j5 *Borx.*bg2,j5,* calc.bg2,j5 calc-s.j5,k2,* carb-an.j5 carb-v.bg2,j5 carbn-s.j5,k2 castm.j5 caust.j5,k2 chin.bg2,j5 cist.j5,k2 coc-c.j5,k2 con.bg2,j5 cop.j5 croc.bg2,j5 cycl.j5,sfl graph.j5 helon.bg2,j5 *Hep.*j5,sfl *Hydr.*j5,k2,* iod.j5 ip.j5 kali-bi.j5,k2,* kali-br.j5,sfl *Kali-i.*j5,k2 *Kali-m.*j5,k2,* *Kali-s.*j5,k2,* kali-sil.j5,k2 kreos.j5 lac-ac.j5,sfl lam.j5 lith-c.j5,sfl lyc.bg2,j5 m-arct.j5 mag-c.bg2,j5 *Mag-m.*j5 *Mag-s.*j5 mang.j5,sfl merc.j5,k2,* merc-d.bg2,j5 mur-ac.j5 murx.j5 *Nat-c.*j5,sfl *Nat-m.*j5,k2,* nat-s.j5,k2 nat-sil.j5,k2 nicc.j5 nit-ac.j5 ol-an.j5 op.j5 par.bg2,j5 phos.bg2,j5 **Puls.**j5,k2,* ruta j5 sabad.j5 samb.j5 sars.j5 scroph-n.j5 sec.j5 sel.j5 seneg.j5 *Sil.*j5,k2,* staph.j5 *Sulph.*j5,k2,* tong.j5 tub.j5,st zinc.j5 zing.j5

– **dünn**: ambr.j5 ant-t.j5 *Ars.*j5,k2,* *Ars-s-f.*j5,k2,* *Asaf.*j5,sfl,* asar.j5 *Bell.*j5,k2,* borx.j5 bov.j5 *Calc.*j5 canth.j5 caps.j5 *Carb-v.*j5,k2,* caust.j5 colch.j5 *Con.*j5 ferr.j5 *Fl-ac.*j5,k2,* gels.j5,sfl,* *Graph.*j5 *Kali-i.*hr1,j5,* kali-n.j5 *Kali-s.*j5,k2,* laur.j5 lyc.j5 *Mag-c.*j5 mez.j5 mur-ac.j5,sfl,* nat-m.j5,sfl,* **Nit-ac.**j5,k2,* nux-v.j5 ol-an.j5 *Puls.*j5,k1,* rhus-t.j5 seneg.j5 *Sil.*j5,sfl,* stann.j5 staph.j5 sul-ac.j5,k2,* ter.j5,sfl thuj.j5,sfl

– **durchsichtig**: aesc.j5,st alum.j5 castm.j5 crot-h.j5 ferr-m.j5 fl-ac.j5,st graph.j5 kali-i.j5 mag-s.j5 mang.j5 **Nat-m.**hr1,j5,* phos.j5 puls.j5 sabad.j5 *Sep.*j5 *Sil.*j5 *Stann.*j5 sul-ac.j5

– **eitrig**: *Aur.*bg2 **Calc.**bg2 **Con.**bg2 cop.bg2,j5 *Graph.*bg2 ign.bg2,j5 lyc.bg2,sfl,* *Merc.*bg2,j5,* nat-c.bg2,sfl,* *Puls.*bg2 sep.bg2,j5 *Sil.*bg2 *Sulph.*bg2,st

– **eiweißartig**: alum.bg2,j5 am-m.bg2,j5 berb.bg2,j5 borx.bg2,j5 bov.bg2,j5 coc-c.bg2,j5 graph.j5,k2,* grat.j5,k2,* jatr-c.bg2,j5 *Kali-m.*bg2,j5,* mez.bg2,j5 **Nat-m.**bg2,j5 pall.bg2,j5 petr.bg2,j5 plat.bg2,j5 sep.bg2,j5 stann.bg2,j5

– **fadenziehend**, zäh: acon.j5 agn.j5 *Alum.*j5,sfl,* alum-p.j5,k2 am-m.j5 anac.j5 *Ant-c.*j5 ant-s-aur.a1,j5 ant-t.bg2,j5 arg-met.j5,k2,* arg-n.bg2,j5 *Ars.*j5 asaf.j5 bar-act.j5,sfl bar-c.j5,sfl,* bar-m.j5,sfl,* *Bell.*j5 *Borx.*bg2,j5,* *Bov.*hr1,j5,* bry.bg2,j5,* calc.bg2,j5 cann-s.j5 canth.j5,sfl,* carb-an.j5 carb-v.j5,sfl,* carbn-s.j5,k2 caust.j5,k2,* *Cham.*j5 chin.j5 *Chinin-s.*j5 *Cist.*j5 *Coc-c.*j5,k2,* cocc.j5 colch.j5 con.j5 croc.bg2,j5 culx.j5,k2 dulc.j5,sfl,* euphr.j5 form.j5,sfl,* graph.j5,k2,* hep.j5 *Hydr.*j5,k2,* iod.j5 **Kali-bi.**j5,k2,* kali-c.bg2,j5,* *Kali-chl.*k13 *Kali-m.*j5,k2,* kali-s.j5,k2,* lach.bg2,j5,* lact.j5 lap-a.bg2,j5 laur.j5 lob.j5 lyc.bg2,j5 m-arct.j5 m-aust.j5 *Mag-c.*j5 mag-m.j5 *Merc.*bg2,j5 *Mez.*bg2,j5 myrt-c.bg2,j5 nat-c.j5 nat-m.bg2,j5 nux-v.j5 ol-an.j5 osm.bg2,j5 *Par.*j5 *Ph-ac.*j5 *Phos.*bg2,j5 phyt.bg2,j5,* plat.j5 plb.j5,sfl,* puls.j5,k2,* *Ran-b.*j5

– **fadenziehend**, zäh: ...
raph.j5 rhus-t.j5 sabad.j5 sabin.j5 *Samb.*j5 scroph-n.j5 *Seneg.*j5 sep.j5 sin-n.hr1,j5,* spig.j5 spong.j5 squil.j5 **Stann.**bg2,j5 staph.j5 sul-ac.bg2,j5 *Sulph.*j5 sumb.c1,j5,* *Tab.*j5 thuj.j5,sfl,* tong.j5 ust.bg2,j5 verat.bg2,j5 zinc.j5

– **flockig**: agar.bg2 ambr.bg2 kali-bi.bg2 kali-c.bg2 kreos.bg2 mag-c.bg2 merc.bg2 phos.bg2 sabad.bg2 sep.bg2 sil.bg2 sulph.bg2 thuj.bg2

– **gallertartig**: *Aloe*bg2,j5,* arg-met.bg2,j5 *Arg-n.*bg2,j5 bell.bg2,j5 berb.bg2,j5 caust.bg2,j5 chinin-s.bg2,j5 cocc.j5,k2,* *Colch.*bg2,j5 coloc.bg2,j5 dig.bg2,j5 *Hell.*bg2,j5 *Kali-bi.*j5,k2,* laur.bg2,j5 podo.bg2,j5 *Rhus-t.*bg2,j5 sabin.bg2,j5 sel.bg2,j5 sep.bg2,j5

– **gelb**: *Acon.*j5 agar.hr1,j5,* agn.j5 *Alum.*j5 alum-p.j5,k2 alum-sil.j5,k2 alumn.j5,k2 am-c.j5 am-m.j5 ambr.j5 anac.j5 ang.j5 *Ant-c.*j5 arg-met.j5,k2 *Arg-n.*j5,sfl,* *Ars.*j5 ars-i.j5,k2,* *Ars-s-f.*j5,k2,* aur.j5 aur-ar.j5,k2 *Aur-i.*j5,k2 *Aur-s.*j5,k2 bar-c.j5 bar-i.j5,k2 bar-s.j5,k2 *Bell.*j5 *Berb.*j5 bov.j5 *Bry.*j5 *Calc.*j5 calc-s.j5,k2,* calc-sil.j5,k2 *Cann-s.*j5 *Canth.*j5 caps.j5 *Carb-an.*bg2,j5 *Carb-v.*j5 castm.j5 caust.j5 cench.j5,k2 *Cham.*j5 *Cic.*j5 cist.j5,k2,* clem.j5 con.j5 cor-r.j5 croc.j5 cycl.j5,sfl,* *Daph.*j5 *Dros.*j5 dulc.j5 *Eug.*j5 form.j5,sfl,* gran.j5 *Graph.*j5 *Hep.*j5 *Hydr.*j5,k2,* *Iod.*j5 kali-ar.j5,k2 kali-bi.bg2,j5,* *Kali-c.*j5 *Kali-chl.*hr1 *Kali-m.*j5,k2,* kali-n.j5 *Kali-s.*j5,k2,* kali-sil.j5,k2 *Kreos.*j5 lac-ac.j5,sfl,* lach.j5 *Lyc.*j5 mag-c.j5 mag-m.j5 mag-s.j5 mang.j5 merc.j5 merc-i-f.bg2,j5 mez.j5 mur-ac.j5 nat-ar.a1,j5 *Nat-c.*j5 *Nat-m.*j5 *Nat-p.*hr1,j5,* nat-s.bg2,j5,* *Nat-sil.*j5,k2 *Nit-ac.*j5 *Nux-v.*j5 ol-j.bg2,j5 ph-ac.j5 *Phos.*j5 prun.j5 *Puls.*j5,k2,* rhus-t.j5 ruta j5 sabad.j5 sabin.j5 sec.j5 *Sel.*j5 seneg.j5 *Sep.*j5 *Sil.*j5,k2,* *Spig.*j5 *Stann.*j5 staph.j5 sul-ac.j5,k1,* *Sul-i.*j5,k2 *Sulph.*j5 sumb.bg2,j5,* *Thuj.*j5 verat.j5 viol-t.j5 zinc-p.j5,k2

– **gelblichgrün**: ars-i.bg2,k2,* *Calc-sil.*k13,k2 kali-bi.k2,st mang.bg2,k2,* *Merc.*bg2,k2 nat-s.k2 **Nit-ac.**hr1,k2,* **Puls.**bg2,k2,* sulph.k13,k2

– **grau**: *Ambr.*bg2,j5 anac.bg2,j5 *Arg-met.*j5,k2,* ars.bg2,j5 carb-an.bg2,j5 caust.bg2,j5 chin.bg2,j5 cop.bg2,j5 kali-chl.sf kali-m.bg2,j5,* kreos.bg2,j5 lach.bg2,j5 *Lyc.*bg2,j5 mag-m.bg2,j5 merc.bg2,j5 sep.bg2,j5 *Sil.*bg2,j5 thuj.bg2,j5

– **grünlich**: acon.bg2,j5 *Ars.*bg2,j5 asaf.bg2,j5 aur.bg2,j5 borx.bg2,j5,* *Carb-v.*bg2,j5 caust.bg2,j5 cham.bg2,j5 colch.bg2,j5 con.bg2,j5 *Dros.*bg2,j5 ferr.bg2,j5 hyos.bg2,j5 ip.bg2,j5 *Kali-bi.*bg2,j5,* kali-c.bg2,j5 *Kali-i.*j5,k2,* kali-s.j5,k2,* kreos.bg2,j5 lach.bg2,j5 led.bg2,j5 *Lyc.*bg2,j5 m-aust.bg2,j5 *Mag-c.*bg2,j5 mang.bg2,j5 med.bg2,j5,* *Merc.*bg2,j5 murx.bg2,j5 nat-c.bg2,j5 nat-m.bg2,j5 nat-s.j5,k2,* nit-ac.bg2,j5 nux-v.bg2,j5 *Par.*bg2,j5 *Phos.*bg2,j5 **Puls.**j5,k2,* rhus-t.bg2,j5 sabad.bg2,j5 sec.bg2,j5 *Sep.*bg2,j5 sil.bg2,j5 *Stann.*bg2,j5 sul-ac.bg2,j5 *Sulph.*bg2,j5 thuj.bg2,j5 *Verat.*bg2,j5

– **hart**: agar.bg2 bry.bg2 con.bg2 **Kali-bi.**bg2 *Mosch.*bg2 nat-c.bg2 *Phos.*bg2 *Sep.*bg2 *Sil.*bg2 stict.bg2,sfl,* *Sulph.*bg2 *Thuj.*bg2

– **heiß**: acon.bg2 *Ars.*bg2 *Bell.*bg2 borx.bg2 euphr.bg2 *Iod.*bg2 kreos.bg2 op.bg2 *Puls.*bg2 sabin.bg2 *Sulph.*bg2

– **Honig**, wie: ars-i.k13,k2

– **kalt**: verat.k13,k2

– **klumpig**: *Calc-s.*hr1,j5,* *Hep.*hr1,j5,* kali-c.j5 kreos.j5 phos.j5 sabad.j5 sabin.j5 sin-n.hr1,j5,* stann.j5
– **Membranen**, Bildung von: brom.k2
– **metallischer** Geschmack: calc.j5 cupr.j5 ip.j5 nux-v.j5 rhus-t.j5
– **milchig**: *Calc.*bg2,j5 carb-v.j5 con.j5 ferr.j5 *Kali-m.*j5,k2,* kali-p.bg2,j5 lyc.j5 nat-s.bg2,j5 *Ph-ac.*bg2,j5 phos.j5 *Puls.*bg2,j5 sabin.j5 sep.bg2,j5 *Sil.*j5 sul-ac.j5
– **mild**, bland: alumn.k2,sf1 arg-n.sf,sf1 cycl.sf,sf1 euphr.bg2,sf1 *Hep.*bg2,sf1 kali-i.bg2,sf1 kali-m.bg2,sf1 kali-s.sf,sf1 *Merc.*bg2,sf1 **Puls.**bg2,k2,* sil.bg2,sf1 sulph.bg2,sf1
– **salziger** Geschmack: alum.j5 *Ambr.*j5 *Ars.*j5 *Bar-c.*j5 calc.j5 chin.j5 dros.j5 fl-ac.j5,st *Graph.*j5 *Iod.*j5,sf1 *Kali-i.*j5,sf1 *Lyc.*j5,sf1 mag-c.j5 mag-m.j5 *Merc.*j5 *Nat-c.*j5 nat-m.j5,sf1 nux-v.j5 *Petr.*j5 *Phos.*j5 puls.j5 samb.j5 *Sep.*j5 *Sil.*j5 stann.j5 staph.j5 sulph.j5 zinc.j5
– **saurer** Geschmack: calc.j5 graph.j5 *Hep.*j5,k2,* kali-c.j5 kali-n.j5 lam.j5 mag-m.j5 merc.j5 nat-c.j5 nat-p.j5,st nit-ac.j5,st nux-v.j5 *Plb.*j5 sep.j5 sulph.j5,st tarax.j5
– **scharf**: aesc.j5,st all-s.bg2,j5 *Alum.*j5 *Am-c.*j5,k2,* *Am-m.*j5 anac.j5 ant-c.j5 *Ars.*j5,k2,* ars-i.bg2,j5 arum-t.j5,k2,* *Borx.*j5 bov.j5 *Brom.*bg2,j5 calc.j5 cann-s.j5 canth.j5 carb-an.j5 *Carb-v.*j5,k2,* *Caust.*bg2,j5 *Cham.*bg2,j5 chin.j5 *Con.*j5 euph.j5 *Ferr.*j5 fl-ac.j5,k2,* *Graph.*bg2,j5 hep.bg2,j5 *Ign.*j5 *Iod.*bg2,j5 kali-c.j5 kali-i.bg2,j5 *Kreos.*j5,k2,* *Lach.*j5 *Lyc.*bg2,j5 m-arct.j5 mag-c.j5 *Mag-m.*j5 mang.j5 *Merc.*bg2,j5 merc-c.bg2,j5 *Mez.*j5 mur-ac.j5 *Nat-m.*hr1,j5,* *Nit-ac.*hr1,j5,* *Nux-v.*j5 ph-ac.j5 *Phos.*bg2,j5 prun.j5 *Puls.*j5 *Ran-b.*j5 *Rhus-t.*bg2,j5 rutaj5 sang.j5,k2,* *Sep.*bg2,j5 *Sil.*bg2,j5 *Spig.*j5 *Squil.*j5 *Sul-ac.*j5 *Sulph.*j5,k2,* thuj.j5
– **schaumig**: *Aphis*j5 ars.j5 ferr.j5 **Nat-m.**hr1,j5,* op.j5 sec.j5 sul-ac.j5
– **schimmeliger**, moderiger Geruch: borx.bg2,j5 *Carb-v.*bg2,j5 *Coloc.*bg2 crot-h.bg2 *Merc.*bg2 nux-v.bg2 *Phos.*bg2 *Puls.*bg2 *Rhus-t.*bg2 *Stann.*bg2
– **süßlicher** Geschmack: asar.j5 *Calc.*j5,k2 cham.a1,j5 lach.a1,j5 mag-c.j5 merc-c.j5 phos.j5,k2 stann.j5,k2
– **übelriechend**, stinkend: ail.sf,sf1 alum.sf,sf1 anthraci.sf1 arg-n.sf,sf1 arn.sf,sf1 *Ars.*j5,k2,* *Ars-s-f.*k2,sf1,* arum-t.bg2,sf1 *Asaf.*k2,sf1,* *Aur-s.*k2,sf1 bals-p.sf1 **Bapt.**bg2,k2,* bell.j5,sf1 *Calc.*bg2,j5,* calc-f.sf,sf1 calc-sil.k2,sf1 caps.j5,sf1 carb-ac.sf,sf1 carb-an.sf,sf1 *Carb-v.*bg2,k2,* *Chel.*j5,sf1 chin.sf,sf1 chlor.sf,sf1 cist.k2,sf1,* con.j5,sf1,* cop.sf,sf1 crot-h.sf,sf1 cupr.j5,sf1 cur.sf1,st echi.sf,sf1 euph-c.sf,sf1 ferr.j5,sf1 fl-ac.k2,sf1,* *Graph.*j5,k2,* *Guaj.*hr1,k2,* helon.sf,sf1 hep.j5,k2,* ign.sf,sf1 kali-ar.k2,sf1,* kali-bi.sf,sf1 kali-br.sf1 kali-i.sf,sf1 kali-p.k2,sf1,* kali-perm.sf1 kali-s.sf,sf1 **Kreos.**j5,k2,* **Lach.**bg2,hr1,* lyc.sf,sf1 mag-c.j5,sf1,* *Merc.*hr1,j5,* mur-ac.j5,sf1,* **Nat-c.**j5,k2,* **Nit-ac.**j5,k2,* *Nux-v.*j5,sf1 petr.sf,sf1 pixsf1 *Psor.*bg2,k2,* *Puls.*j5,k2,* *Pyrog.*bg2,k2,* rhus-t.sf,sf1 *Rob.*hr1,kr1,* *Sabin.*j5,sf1 sang.sf,sf1 sec.bg2,sf1 *Sep.*bg2,j5,* sil.j5,sf1,* stann.j5,sf1 *Sulph.*j5,k2,* ter.sf,sf1 ther.sf,sf1 tril-p.kr1,sf1 vip.sf,sf1
– **unterdrückt**: abrot.k1,st agar.a1,k1 *Ant-c.*hr1,k1,* arist-cl.jl3,k1,* ars.k1,k2,* asaf.k1,sf1,* **Asar.**k1,k13 aur-m.k1 *Bar-c.*k1 bell.k1,k2 *Bry.*bg2,k1,* bufok1,k2 calc.k1,k2,* carb-v.k1,k2,* chin.k1,sf1,* cinnb.k1,sf1,* coloc.k1,sf1,* cupr.k1,k2,* *Dulc.*bg2,k1,* glon.k1,sf1,* *Graph.*k1,k2,* ip.k1,sf1,* kali-bi.k1,sf1,* *Lach.*bg2,k1,* led.c1,k1,* *Lob.*k1 med.k1 merc.k1,sf1,* mill.k1,sf1,* *Mosch.*hr1,k1,* *Nux-v.*bg2,k1,* op.k1,sf1,* plb.k1,sf1,* *Psor.*k1,sf1,* *Puls.*bg2,k1,* sanic.k1 senec.k1,sf1,* sep.k1,sf1,* *Sil.*k1,k2,* **Stram.**bg2,k1,* *Sulph.*k1,k2,* thuj.k1,sf1,* verat.bg2,k1,* verat-v.sf viol-o.c1,k1,* zinc.k1,sf1,*
☞ *Schnupfen - unterdrückter*
– **Urin**, riecht nach: benz-ac.bg2 canth.bg2 *Coloc.*bg2 nat-m.bg2 nit-ac.bg2 ol-an.bg2 sec.bg2 urt-u.bg2
– **vermehrt**: acet-ac. acon.bg2,k agar.bg2,k agn.j5 **All-c.** *Alum.*bg2,k alum-p.k2 alum-sil.k2 alumn.k2 am-c.bg2,k *Am-m.*bg2,k,* ambr.bg2,k *Ammc.* ang.bg2,j5 *Ant-c.*bg2,k ant-t.bg2,k,* aphisj5 *Arg-met.* *Arg-n.*hr1,k arn.bg2,k *Ars.*bg2,k ars-i. ars-s-f.k2 arum-m.j5 asaf.j5,k2 asar.bg2,k aur.bg2,k aur-ar.k2 aur-m.k2 aur-s.k13,k2 *Bar-c.*bg2,k *Bar-m.* *Bell.*bg2,k *Benz-ac.* bism.bg2,k bond.a1 *Borx.* bov.bg2,k brom.k2 bry.bg2,k **Calc.**bg2,k,* calc-s.bg2,k2 calc-sil.k13,k2 camph.bg2,k *Cann-s.*bg2,k canth.bg2,k,* *Caps.*bg2,k carb-an.bg2,k **Carb-v.**bg2,k *Carbn-s.* *Caust.*bg2,k *Cham.*bg2,k,* chel.bg2,k,* *Chin.*bg2,k chlor.a1 chr-ac.a1 cimic.bg3 cina cinnb.a1,k2 cist.k2 *Coc-c.* cocc.bg2,k coff.bg2,k colch.bg2,k,* coloc.bg2,k,* *Con.*bg2,k *Cop.*hr1,k croc.bg2,k cupr.bg2,k dig.bg2,k dros.bg2,k **Dulc.**bg2,k,* *Eup-per.*bg3 euph.bg2,k *Euphr.*bg2,k *Ferr.*bg2,k ferr-ar.k2 ferr-i. gels.bg3 *Graph.*bg2,k grat.j5 guaj.bg2,k hell.bg2,k *Hep.*bg2,k,* **Hydr.**hr1,k *Hyos.*bg2,k ign.bg2,k **Iod.** *Ip.*bg2,k *Iris*bg2 jab.bg2 kali-ar. **Kali-bi.**bg2,k *Kali-c.*bg2,k kali-chl.j5,k13 *Kali-i.*a1,k kali-m.k2 kali-n.bg2,k kali-s.k2 kali-sil.k13,k2 kreos.bg2,k lac-d.k2 **Lach.**bg2,k lact.j5 laur.bg2,k **Lyc.**bg2,k m-arct.j5 m-aust.j5 mag-c.bg2,k mag-m.bg2,k mang.k2 mec.a1 med.bg2,st **Merc.**bg2,k mez.bg2,k mur-ac.a1,j5 myric.hr1,kr1 nat-ar. *Nat-c.*bg2,k *Nat-m.*bg2,k *Nat-s.*j5,k2,* nicc.j5 *Nit-ac.*bg2,k *Nux-m.*bg2,k,* **Nux-v.**bg2,k,* olnd.k1 op.bg2 *Par.*bg2,k **Petr.**bg2,k,* ph-ac.bg2,k *Phel.*j5 **Phos.**bg2,k plat.bg2,k plb.bg2,k podo. **Puls.**bg2,k,* ran-b.bg2,k raph.j5 rat.j5 rheum rhod.bg2,k *Rhus-t.*bg2,k *Rumx.* ruta sabad.bg2,k sabin.bg2,k *Samb.*bg2,k sang.k2 sars.bg2,k sec.bg2,k sel.bg2,k senec.k2 *Seneg.*bg2,k *Sep.*bg2,k *Sil.*bg2,k sin-n.hr1,kr1 spig.bg2,k spong.bg2,j5 *Squil.*bg2,k *Stann.*bg2,k staph.bg2,k stroph-h.bg2 sul-ac.bg2,k sul-i.k13,k2 **Sulph.**bg2,k **Tab.** tax.a1 teucr.bg2,k thal.a1 thuj.bg2,k tong.j5 valer.bg2,k verat.bg2,k zinc.bg2,k
– **vikariierend**: *Bry.*bg2 con.bg2 dig.bg2 ferr.bg2 ham.bg2 *Lach.*bg2 lycps-v.bg2 mill.bg2 nux-v.bg2 **Phos.**bg2 *Puls.*bg2 sec.bg2 senec.bg2 *Sep.*bg2 sulph.bg2
– **wäßrig**: acon.j5,sf1,* aesc.j5,st *Agar.*j5 alum.j5 *Am-c.*j5 *Am-m.*j5,sf1,* ambr.j5 ant-c.j5 arg-met.j5 *Ars.*bg2,j5,* *Asaf.*j5,k2,* asar.j5 bell.j5 *Bov.*j5 brom.j5,sf1,* calc.j5 cann-s.j5 *Carb-an.*j5 *Carb-v.*j5 castm.j5 *Caust.*bg2,j5 *Cham.*bg2,j5 *Chin.*j5 chlor.j5,sf1,* clem.j5 coff.j5 con.j5 crot-h.bg2,j5 cupr.bg2,j5 elat.hr1,j5,* fl-ac.j5,k2,* gamb.bg2,j5 *Gels.*hr1,j5,* *Graph.*bg2,j5 grat.bg2,j5 *Guaj.*j5 ign.j5 iod.j5 irisbg2,j5

– **wäßrig**: ...
kali-i.bg2,j5,* kali-n.j5 *Kali-s.*j5,k2,* kreos.j5,k2,* *Lach.*j5 *M-arct.*j5 *Mag-c.*j5 *Mag-m.*j5 meny.j5 *Merc.*bg2,j5 *Mez.*j5 *Mur-ac.*j5 murx.j5 **Nat-m.**j5,k2,* nat-s.bg2,j5 nicc.j5 *Nux-v.*j5 par.j5 phos.bg2,j5 *Plb.*j5 *Podo.*bg2,j5 *Puls.*j5,k2,* ran-b.j5 rhus-t.bg2,j5 sabin.bg2,j5 sec.bg2,j5 seneg.j5 *Sep.*j5 *Sil.*j5 *Squil.*j5 stann.j5 staph.j5 sul-ac.j5 *Sulph.*j5 thuj.j5 verat.j5,k2,*
– **weiß**: bell.j5,k2 ferr.j5 graph.j5 grat.j5 hell.j5 *Kali-chl.*hr1,sf,* *Kali-m.*j5,k2,* kali-n.j5 kreos.j5 lyc.j5 m-arct.j5 mag-c.j5 *Merc.*j5 **Nat-m.**j5,k2,* nat-s.j5,k2 nux-v.j5 ol-an.j5 *Phos.*j5 prun.j5 *Puls.*j5 raph.j5 rat.j5 sabin.j5 *Sep.*j5,k2 *Sil.*j5 sul-ac.j5 tab.j5
– **wundfressend**: **Alum.**bg2 am-c.bg2,k2,* *Am-m.*bg2 ant-c.bg2,j5 **Ars.**j5,k2,* ars-i.bg2,st *Ars-s-f.*bg2,k2,* arum-t.bg2,k2,* borx.bg2 *Bov.*bg2 carb-v.bg2 **Caust.**bg2 *Cham.*bg2,j5 *Con.*bg2,j5 ferr.bg2,j5 **Hydr.**bg2 ign.bg2 *Iod.*bg2,sf1,* ip.bg2,j5 kali-ar.bg2,k2 *Kali-bi.*bg2 *Kali-i.*bg2,hr1,* *Kreos.*bg2,k2,* *Lach.*bg2,j5 lyc.bg2,sf1,* **Merc.**bg2,j5,* mez.bg2 nat-m.bg2,j5,* **Nit-ac.**bg2,k2,* *Nux-v.*bg2 *Phos.*bg2,j5 *Puls.*bg2 *Rhus-t.*bg2 rutabg2 sep.bg2,sf1,* **Sil.**bg2,j5,* staph.bg2 sul-ac.bg2,k2,* *Sulph.*j5,k2,* *Thuj.*bg2

Schleimhäute: acon.bg all-c.bg ant-t.bg apisbg arg-n.bg ars.bg bell.bg borx.bg bry.bg caps.bg *Cham.*bg *Dulc.*bg euphr.bg hep.bg hydr.bg ip.bg kali-bi.bg kali-c.bg *Merc.*bg *Nux-v.*bg phos.bg *Puls.*bg seneg.bg *Stann.*bg *Sulph.*bg
– **Krebs** der
☞ *Krebsleiden - Schleimhäute*
– **Furchen** der: kali-bi.bg
– **serös**: acon.bg apisbg *Bry.*bg *Canth.*bg hell.bg kali-c.bg ran-b.bg squil.bg sulph.bg

Schmerz: ulm-c.c2
– **linke** Körperseite: benz-ac.a1 brom.a1 chel.a1 cinnb.a1 crot-c.a1 crot-h.a1 daph.a1 ind.a1 kalm.a1 lepi.a1 lil-t.a1 lycps-v.a1 merc.a1 merc-i-f.a1 oena.a1 ol-j.a1 op.a1 ox-ac.a1 phys.a1 pic-ac.a1 plan.a1 puls-n.a1
– **rechte** Körperseite: arist-m.a1 brach.a1 bry.a1 cedr.a1 oena.a1 pic-ac.a1 sulph.a1 tarent.a1 wye.a1 yuc.a1
– **morgens**: sil.h xan.c1
– **abends**: ars.
– **nachts**: con.h cory.br1 kali-c.h
• **Schlaf**, im: alum.j5 aur.j5 bell.j5 kali-n.j5 lach.j5 lyc.j5 *Merc.*j5 mosch.j5 *Nit-ac.*j5 vip.j5
◇ **abwechselnd** mit:
• **Fröhlichkeit**
☞ ❑ *Gemüt - Froh - abwechselnd mit - Schmerz*
◆ **begleitet** von:
• **Kopf**; Schmerz im
☞ ❑ *Kopf - Schmerz - begleitet von - Schmerzen*
• **Speichelfluß**: *Epiph.*bg3,vk1 *Kali-bi.*vk1 phos.bg3,vk1
– **allmählich** ansteigend
☞ *erscheinend; allmählich*
– **Amputation**, nach: acon.k1,st *All-c.*hr1,k1,* am-m.hr1,k1,* arn.hr1,k1,* *Asaf.*k1,k13 bell.k1,st cupr.k1,st hell.k1,st *Hyper.*k1,st ign.k1,st kalm.hr1,k1,* *Ph-ac.*hr1,k1,* phos.k1,st rauw.k1,mg1 spig.k1,st

Schmerz - Amputation, nach: ...
*Staph.*k1,st symph.hr1,k1,* verat.k1,st
☞ *Verletzungen - Amputationsneuralgie*
– **Aufstoßen** amel.: jal.st
– **Beschwerden** durch: cham.c,c1 scut.c,c1
☞ *Empfindlichkeit - Schmerz* / ❑ *Gemüt - Empfindlich - Schmerz*
– **Bewegung**:
• **agg.**: alum-sil.k2 ther.k2
– **Erregung**:
• **agg.**: alum-sil.k2
– **erscheinend**; allmählich: acon. bry. calc-sil.bro1 carbn-o. caust. chin.bro1 con. ign. lact. lob. psil.ft1 rad-br.bro1 sars. sul-ac. tell.bro1
• **verschwindend**; und:
• **allmählich**: acon. arg-n.bg1,kr1,* arn. ars. bar-c. bufo cact.bg2 chel.bg2 coloc.bg2 crot-h. epiph.bg2 euphr.bg2 form.bg1 gels.bg1,bg2,* glon. ign.bg1 jab. kali-bi.sf1 *Kalm.* lach.bg1,bg2,* lob.bg2,sf1 mez. *Nat-m.* op. *Phos.* pic-ac. **Plat.** psor. *Puls.*bg1,bg2,* sabin. sang.bg1,bg2,* sars. sel.bg2 *Sep.*bg1,vh,* *Spig.* **Stann.** staph. stront-c. *Sul-ac.* sulph. **Syph.**k2,sf1 verb. xan.c1
• **plötzlich**: *Arg-met.* *Arg-n.*kr1 bell.bg2 caust. ign.bg1,bg2,* psil.ft1 *Puls.* rad-br.bg2 rhus-t.bg2 *Sul-ac.*
– **erscheinend**; plötzlich: *Acon.*bg2,sf1,* agar. am-c.bg2,sf1,* anh.sp1 *Arg-met.* *Ars.*sf,sf1 aster. atro.sf,sf1 *Bamb-a.*stb2 bar-act.bg2,sf1 **Bell.**bg2,k berb. camph.bg2,k,* *Canth.*bg1,bg2,* carb-ac.bg2,sf1,* caust.sf,sf1 cimic. cob-n.mg,mg1 *Coloc.*bg2,sf1,* croc.bg2,k *Crot-h.*bg2,sf1,* *Cupr.*bg2,sf1,* cupr-ar.sf,sf1 daph.st *Dios.*sf,sf1 eup-per.bg1,bg2 ferr. form.bg2,sf1,* *Glon.*bg2,sf1,* kali-bi.bg2,sf1,* lyc. mag-c.bg2,sf1,* mag-p.bg2,sf1 med.st mez.bg2,k morph. *Nat-s.*bg2,sf1,* neonsrj5 **Nit-ac.** *Nux-v.*sf,sf1 ox-ac.bg2,sf1,* phys. plb.bg2,sf1,* *Podo.*bg2,sf1 *Puls.* ran-b.bg2,sf1,* *Sabin.* sep. sil.sf,sf1 *Spig.*bg1,vh,* stann.bg2,sf1,* stry-p.sf,sf1 sul-ac.bg2,sf1,* *Tab.*bg2,k *Tarent.*bg2,sf1,* thala.jl,jl3 thuj.bg2,sf1,* *Valer.*bg2,k *Verb.*sf,sf1 vip.bg2,sf1,* zinc.sf,sf1 zinc-val.sf,sf1
• **verschwindend**; und:
• **allmählich**: asaf. bell.bg1 buni-o.jl calc. coloc.bg1 fl-ac. *Hyper.*bg1,vh,* ign.sf1 lach.bg1 med.bg1 *Puls.* rad-br.bg1,bg2 ran-s. sabin.k1 sep.k1 sul-ac.bro1
• **plötzlich**: *Arg-n.* asaf. aster. *Bamb-a.*stb2 **Bell.** borx.bg2 cact.bro1 canth. *Carb-ac.*bg1,bg2,* carbn-s. cham.st coff.k2,st crot-h.bg1 cupr.bg1 dios.bg2 eup-per.bro1 eup-pur. fl-ac. ictod.bro1 ign. **Kali-bi.** kalm. lyc. mag-p. merc-c. nat-f.mg1 neonsrj5 **Nit-ac.** nux-m.bg2 ovi-p.bg1,st oxyt.bg2 petr.st *Phyt.* puls.bro1 *Rhus-t.*bg1,vh,* sabin. spig.bg1,k1,* *Stry.*bro1 thal.jl thuj.bg2 tub.bro1,nh,* valer.bg2
– **Frost**; während: ars.h petr.h
– **gelähmter** Teile: agar. arn. *Ars.* bell. cadm-s.k2 calc. *Caust.* cinak1 *Cocc.* crot-t. *Kali-n.* lat-m. nux-v. phos. *Plb.* rhus-t. sil. sulph.
☞ *Lähmung - schmerzhaft*
– **Geräusche**; Schmerz agg. durch
☞ ❑ *Gemüt - Empfindlich - Geräusche - agg.*

– **Herpes**; neuralgischer Schmerz nach: kalm.c2,k2 mez.c2 plan.c2 stict.c2
– **kleinen** Stellen, an
☞ *Stellen*
– **Kopfschmerzen**; gleichzeitig mit
☞ *❑ Kopf - Schmerz - begleitet von - Schmerzen*
– **Krebsleiden**, bei: acon.bg2,st anthraci.bg2,bro1 *Apis*bg2,bro1 *Ars.*bg2,bro1 aster.bg2,bro1 bell.gm1 bism-o.gm1 bry.bg2,bro1 bufobg2,st calc.bg2,bro1 *Calc-act.*bg2,c1 calc-o-t.bg2,bro1 calc-ox.bg2,bro1 carb-an.bg2,k2 carc.bg2,k4,* cedr.bg2,bro1 cham.gm1 cinnm.bg2,bro1 *Cit-ac.*bg2,kr1 cod-p.gm1 coloc.bg2,kr1 *Con.*bg2,bro1 crot-h.gm1 cund.bg2,bro1 echi.bg2,st *Euph.*bg2,bro1,* euph-he.gm1 *Hydr.*bg2,bro1 mag-p.bg2,bro1 merc.bg2,k2 morph.bg2,bro1 najagm1 op.bg2,bro1 ox-ac.gm1 ph-ac.bg2,st phyt.gm1 sil.bg2,bro1
– **plötzlich**
☞ *erscheinend; plötzlich*
– **Puls**:
• **intermittierend**: xan.c1
• **unregelmäßig**: xan.c1
– **rheumatisch**:
• **Muskeln** und Sehnengewebe; von: arn.br1 jac-c.c2
– **Schlaf**:
• **Halbschlaf**, im: nit-ac.h
– **Stellen**; an kleinen: adam.srj5 agar.bg2 *Alum.*bg2 am-c.bg2 am-m.bg2 ambr.bg2 apisbg2 arg-met.bg2 arg-n.bg2 arn.bg2 *Ars.*bg2 asaf.bg2 bamb-a.stb2 bell.bg2 *Berb.*bg2 bry.bg2 bufobg2 calc.bg2 *Calc-p.*bg2,st cann-s.bg2 canth.bg2 carb-v.bg2 caust.bg2 cham.bg2 chel.bg2 *Cist.*bg2 coff.bro1 *Colch.*bg2,sf1 *Con.*bg2 croc.bg2 cupr.bg2 dios.bg2,sf1 ferr.bg2 fl-ac. gels.bg2 glon.bg2 graph.bg2 hep.bg2 hist.sp1 ign. iod.bg2 **Kali-bi.** **Lach.**bg2 led.bg2 lil-t. lith-c. lyc.bg2 mag-c.bg2 mag-m.bg2 mag-p. meny.bg2 merc.bg2 mosch.bg2 *Nat-m.*bg2 neonsrj5 nit-ac.bg2 nux-m. ol-an.bg2,sf1 ol-j.bg2 *Onos.* ox-ac. petr.bg2 ph-ac.bg2 *Phos.*bg2 psor. puls.bg2 ran-b. ran-s.bg2 *Rhod.*a1,bg2,* rhus-t.bg2 rhus-v.a1 sabin.bg2 samb.bg2 sars.bg2 sel.bg2 *Sep.*bg2 sil.bg2 spig.h squil.bg2 sul-ac.bg2 **Sulph.**bg2 *Thuj.* verat.bg2 zinc.bg2
– **Teile**, bestimmte:
• **entblößten**, unbedeckten; der: bell.h
• **erkrankter** Teile: con.h dig.h
• **liegt**; in Teilen auf denen er liegt: caust.h hep.h kali-c.h phos.h sep.h sil.h
☞ *verschiebt / Liegen - Seite - Schmerz geht*
• **auf** denen man gerade gelegen hat: ph-ac.k2 **Puls.**
• **verletzte**; vor langer Zeit: glon.st
– **unerträglich**: ars.h *Cham.*h nux-v.h
☞ *Empfindlichkeit - Schmerz - unerträglich / ❑ Gemüt - Empfindlich - Schmerz*
– **verschiebt** sich zum Teil, auf dem er liegt: arn.bg1 bry.bg1 *Graph.*bg1,vh,* kali-c.bg1 merc.bg1 mosch.bg1 *Ph-ac.*bg1,vh,* sil.bg1
☞ *Teile - liegt*
– **verschwindend**; plötzlich: arum-t.bg2,hr1,* **Bell.**bg2,hr1,* carb-ac.bg2,hr1,* caust.bg2 cimic.bg2,hr1,* *Dios.*bg2,sf1 mag-p.bg2,sf1 puls.bg2 stry-p.bg2,sf1 sul-ac.bg2 sulph.bg2 thuj.bg2,sf1
– **wandernd**: acon.bg2,k,* adam.srj5 adon.sf,sf1 aesc.hr1,k agar.bg2,sf1,* agav-t.jl,jl3 alum-sil.k13,k2 *Am-be.*sf,sf1 am-c. *Am-m.*bg2,k ambr.sf,sf1 aml-ns.a1 ant-t.bg2 *Apis*bg2,kr1,* apoc.bg2,k apoc-a.a1,c1,* arg-met. *Arn.*bg2,k,* ars.bg2,k ars-s-f.hr1,kr1 arund.a1,bg2 asaf.bg2,k,* *Aur.*bg2,k aur-ar.k2 bapt.a1 bar-c. *Bell.*bg2,k,* benz-ac.bg2,k *Berb.*bg2,k2,* berb-a.sf,sf1 bry.bg2,k,* buni-o.jl,jl3 calc.bg2,hr1 calc-caust.sf1 *Calc-p.*bg2,k,* camph. caps.hr1,k *Carb-v.*hr1,k *Carbn-s.* *Caul.*bg2,k *Caust.* cedr.bg2,k,* *Cham.*hr1 chel.bg2,k,* *Chin.*bg2,k *Cimic.*bg2,sf1,* cinabg2 clem.bg2,k,* **Cocc.**bg2 *Colch.*bg2,k coloc.a1 com.sf,sf1 con.j5,sf1,* croc.bg2,k *Cupr.*bg2,sf1,* daph.hr1,j5,* der.a1 dig.sf,sf1 *Dios.*bg2,k elat.a1 ery-a.hr1,kr1 eup-per.sf,sf1 eup-pur. fago.a1 ferr.bg2 ferr-p.k2,sf1,* fl-ac.a1 form.sf,sf1 gels.bg2,k,* goss.a1,k graph.bg2,h,* haliae-lc.srj5 *Hydr.*bg2,sf1,* *Hyper.*sf,sf1 ictod.kr1 ign.hr1,k iod.bg2,k *Iris* **Kali-bi.**bg2,k,* kali-c.bg2,k *Kali-fcy.* kali-n.bg2 **Kali-s.**bg2,k *Kalm.*bg2,k **Lac-c.**bg2,k *Lach.*bg2,k,* lact.j5 **Led.**bg2,k,* lil-t.bg2,k lyc.bg2,sf1,* lycps-v. mag-c.bg2,h mag-m.bg2 *Mag-p.*bg2,k magn-gr.bro1 *Manc.*bg2,k *Mang.*bg2,k,* meny.bg1,bg2 meph.a1 merc.a1,bg2 merc-i-r.bg2,sf1,* mez.a1 myric.a1 najaa1 nat-m.bg2,k nat-s. nit-s-d.hr1,kr1,* *Nux-m.*bg2,k,* nux-v.sf,sf1 op.bg2 ox-ac.sf,sf1 pall.bg2 ph-ac.bg2 phos.a1,bg2 *Phyt.*bg2,k plan.a1,bg2 plat. *Plb.*bg2,k,* polyg-h. prun.bg2,sf1,* psil.ft1 **Puls.**bg2,k,* puls-n.c1 pyrog.sf,sf1 pyrusa1 *Rad-br.*bg1,bg2,* *Ran-b.* rat.bg2 rhod.bg2,k *Rhus-t.*bg1,bg2,* rhus-v.a1 *Rumx.*bg1,bg2,* sabad.sf,sf1 *Sabin.*bg2,k,* sacch.a1 *Sal-ac.*hr1,k salin.a1 sang.bg2,k sars.bg2,k sec.bg2,j5,* senec.sf,sf1 sep.a1,k sil.bg1,bg2 *Sphing.*k,kk3 *Spig.*bg2 spong.sf,sf1 stann.bg2 staph.bg2 stel.bg1,k1,* ~~still.k1,xxx~~ *Sulph.* syph.k13,k2,* tab.bg2 tarent.a1,k tax.j5 tell.a1 thuj.bg1,bg2,* *Tub.* tub-m.vn,zs valer.bg2,k *Verat.*hr1,kr1,* verat-v.bg2,sf1 zinc.bg2,k
• **plötzlich**: ambr.bg2 colch.bg2 rad-br.bg2
• **Berührung** agg.: graph.h
• **scharfe** Spitzen um den ganzen Körper herumwandern; als würden: adam.srj5
○ **Gelenken**, in den: ang.kr1 *Ant-t.*kr1 *Hyper.*kr1 kali-bi.k2,kr1 tub.k2,kr1
– **Wärme**:
• **amel.**: alum-sil.k2
– **zunehmend**
☞ *erscheinend; allmählich / erscheinend; plötzlich*
▽ **erstreckt** sich zu:
• **außen**, nach: alum.bg2,sf1 am-m.bg2 anh.bg2,jl,* *Arg-met.*bg2 arg-n.bg2,sf1 arn.bg2 **Asaf.**bg2,k2,* bell.bg2 berb.bg2 bry.bg2 calc.bg2 canth.bg2 carb-v.bg2 chel.bg2,sf1 *Chin.*bg2,sf1 cimic.bg2,sf1 cocc.bg2 **Con.**bg2,sf1 dros.bg2 dulc.bg2 hyos.bg2 kali-bi.bg2 kali-c.bg2,sf1 kali-m.bg2 kalm.bg2 led.bg2,k2 lith-c.bg2 lyc.bg2,k2 mang.bg2 merc.bg2,sf1 mez.bg2 mur-ac.bg2 nat-c.bg2 nit-ac.bg2 phel.bg2,sf1 phos.bg2 phyt.bg2,sf1 plat.bg2 plb.bg2 prun.bg2,sf1 ran-b.bg2,sf1 rhod.bg2 rhus-t.bg2 sabad.bg2 sabin.bg2 *Sep.*bg2,sf1 sil.bg2,sf1 spig.bg2,sf1 spong.bg2,sf1 stann.bg2,sf1 stann-i.bg2,sf1 staph.bg2 **Sulph.**bg2,sf1 tarax.bg2 *Valer.*bg2,sf1 viol-t.bg2 zinc.bg2
• **ausstrahlend**
☞ *ausstrahlend*

• **hinten**, nach: bar-c.bg2 bell.bg2 *Bry.*bg2 chel.bg2 con.bg2 crot-t.bg2 cupr.bg2 gels.bg2 *Kali-bi.*bg2 kali-c.bg2 kali-i.bg2 lil-t.bg2 merc.bg2 nat-m.bg2 par.bg2 phos.bg2 phyt.bg2 prun.bg2 puls.bg2 *Sep.*bg2 spig.bg2 **Sulph.**bg2

• **innen**, nach: alum.bg2 arg-n.bg2 **Arn.**bg2,sf1 bell.bg2 bov.bg2 *Calc.*bg2 cann-s.bg2 **Canth.**bg2,sf1 carb-v.bg2 caust.bg2 chin.bg2 cinabg2 con.bg2 hyos.bg2 *Ign.*bg2 *Laur.*bg2 meny.bg2 merc.bg2 mez.bg2 petr.bg2 phel.bg2 phyt.bg2,sf1 *Plb.*bg2,sf1 ran-b.bg2,sf1 rhus-t.bg2 *Sabin.*bg2,sf1 sep.bg2 spig.bg2 spong.bg2 squil.bg2 stann.bg2 staph.bg2 sul-ac.bg2 sulph.bg2 valer.bg2 verb.bg2

• **kreuzweise**, quer etc.: acon.bg2 ambr.bg2 anac.bg2 arg-met.bg2 *Bell.*bg2 berb.bg2 bov.bg2 bry.bg2 calc.bg2 canth.bg2 caust.bg2 cham.bg2 *Chel.*bg2 *Chin.*bg2 cocc.bg2 ferr.bg2 hell.bg2 kali-bi.bg2 kali-c.bg2 kali-m.bg2 *Lac-c.*bg2,sf1 laur.bg2 lyc.bg2 mang.bg2,sf1 merc.bg2 mur-ac.bg2 phos.bg2 rhus-t.bg2 seneg.bg2 *Sep.*bg2 *Sil.*bg2 spig.bg2 stront-c.bg2 sul-ac.bg2 *Sulph.*bg2 tarax.bg2 valer.bg2 *Verat.*bg2 zinc.bg2

• **oben**, nach: acon.bg2 aloebg2 alum-sil.bg2,k2 anac.bg2 arn.bg2 ars.bg2 *Asaf.*bg2,sf1 aur.bg2 **Bell.**bg2 calc.bg2 canth.bg2 caust.bg2 cham.bg2 chin.bg2 cimic.bg2 colch.bg2 con.bg2 croc.bg2 cupr.bg2,sf1 dulc.bg2 eup-pur.bg2,sf1 euphr.bg2 gels.bg2 *Glon.*bg2 hyper.bg2,sf1 **Ign.**bg2 kali-bi.bg2 kalm.bg2,k2 kreos.bg2 **Lach.**bg2,k2 *Led.*bg2,k2,* mag-c.bg2 mang.bg2 meny.bg2 najabg2 nat-ar.k2 nat-c.bg2 nat-m.bg2 nit-ac.bg2 nux-v.bg2 op.bg2 **Phos.**bg2 puls.bg2 rhus-t.bg2 sabad.bg2 samb.bg2 **Sang.**bg2 **Sep.**bg2 **Sil.**bg2 spong.bg2 stront-c.bg2 stroph-h.bg2 sulph.bg2 thuj.bg2 valer.bg2 zinc.bg2

• **unten**, nach: acon.bg2 agar.bg2 agn.bg2 aloebg2 alum.bg2 alumn.bg2,kr1 ant-t.bg2 apisbg2,st arn.bg2 asaf.bg2,sf1 aur.bg2 bar-c.bg2 bell.bg2 benz-ac.bg2,sf1 *Berb.*bg2 borx.bg2 bry.bg2 cact.bg2 canth.bg2 *Caps.*bg2 *Carb-v.*bg2 caust.bg2 chel.bg2 chin.bg2 cic.bg2 cinabg2 coff.bg2 **Ferr.**bg2 goss.a1,bg2 graph.bg2 hydrog.srj2 hyper.bg2 kali-c.bg2 **Kalm.**bg2,k2,* lach.bg2 led.bg2,st **Lyc.**bg2 merc.bg2 mez.bg2,k2 nat-ar.k2 nat-c.bg2 nat-m.bg2 nux-v.bg2 ph-ac.bg2 *Puls.*bg2 rheumbg2,kr1,* rhod.bg2 rhus-t.bg2 *Sanic.*bg2 sars.bg2 sel.bg2,kr1 seneg.bg2 sep.bg2 sil.bg2 sulph.bg2 verat.bg2 verb.bg2 zinc.bg2

• **vorne**, nach: berb.bg2 bry.bg2 carb-v.bg2 *Gels.*bg2 *Lac-c.*bg2 *Sabin.*bg2 *Sang.*bg2 sep.bg2 sil.bg2 **Spig.**bg2

○ **Blutgefäße**, der: *Ham.*sf1 zinc.sf1

– **Drüsen**, der: acon. all-s.a1 *Alum. Am-c.* ambr. ant-c. ant-t. apisbg2 **Arn.** ars. *Ars-i.* arund.a1,kr1 asaf.bg2 *Aur.* aur-ar.k2 aur-i.k2 aur-s.k2 *Bar-c.* bar-i.k2 bar-m. bar-s.k2 **Bell.** berb.j5 borx.j5 *Bry.* calc. calen.j5 *Cann-s.* canth. *Carb-an. Carb-v. Carbn-s. Caust.* cham. chin. cic. clem. *Coloc.* con. cor-r.j5 dulc. graph. ham.bg2,sf1 hell. hep. ign. *Iod.* kali-c. kali-s. lach.bg2,sf1 **Lyc.** m-arct.j5 mag-c. mag-m.j5 **Merc.** murx.j5 *Nat-m. Nit-ac.* nux-v. petr. *Ph-ac.* **Phos.** *Puls.* rheum rhus-t. sel. sep. sil. *Spig.* spong. squil. stann. staph. stram. *Sul-ac.* sul-i.k2 *Sulph.* **Thuj.** verat.

– **Drüsen**, der: ...
☞ *Empfindlichkeit - Drüsen*

– **Gelenke**, der: acon.k1 *Acon-c.*a1,k1 aesc.k1 agar.k1 agar-ph.a1,k1 all-c.k1 *Alum.*k1 anh.k1,sp1 *Apis*k1 *Apoc.*k1 *Apoc-a.*a1,k1 aran.k1 **Arg-met.**k1 **Arn.**k1 *Ars.*k1 *Ars-i.*k1 asaf.k1 asc-t.k1 aster.k1 aur.k1 bar-c.k1 bar-m.bg2,k1 *Bell.*k1 berb.bg2,k1 *Bol-la.*k1 **Bry.**c2,k1 caj.k1 *Calc.*k1 **Calc-p.**k1 calc-s.k1 cann-i.k1 *Caps.*k1 carb-ac.k1 carb-an.k1 *Carbn-s.*k1 casc.k1,kr1 *Caust.*k1 cedr.k1 *Cham.*k1 *Chin.*k1 chinin-ar.k1 *Cimx.*k1 *Cinnb.*k1 cist.k1 *Cit-v.*k1,kr1 *Cocc.*k1 *Colch.*k1 *Coloc.*k1 con.k1 cop.k1 croc.k1 crot-t.k1 cycl.k1 daph.k1 dig.k1 dios.k1 *Dulc.*k1 *Ferr.*k1 *Ferr-ar.*k1 ferr-i.k1 *Ferr-p.*k1 gels.k1 *Guaj.*k1 harp.jl,k1 hell.k1 hist.k1,sp1 hydr.k1 hydrc.k1 ign.k1 *Iod.*k1 ip.k1 irisk1 jac-c.k1 jatr-c.k1 *Kali-bi.*k1 *Kali-c.*k1 kali-n.k1 kali-p.k1 *Kalm.*k1 *Lac-ac.*k1 *Lac-c.*k1 **Led.**k1 *Lyc.*k1 lyss.k1 mag-f.jl,k1 mand.jl,k1,* *Mang.*k1 *Merc.*k1 mez.k1 morph.k1 *Nat-ar.*k1 nat-f.jl,k1 nat-m.k1 *Nat-s.*k1 nit-ac.k1 **Nux-v.**k1 ol-an.k1 par.k1 *Ph-ac.*k1 *Phos.*k1 *Phyt.*k1 **Plb.**k1 **Puls.**k1 ran-s.k1 raph.k1 *Rheum*k1 *Rhod.*k1 **Rhus-t.**k1 *Ruta*k1 sabad.k1 *Sabin.*k1 *Sang.*k1 sel.k1 senec.k1 *Sil.*k1 sol-ni.k1 sol-t-ae.k1 *Staph.*k1 stroph-s.jl,k1 sul-ac.k1 *Sulph.*k1 syph.k1,k2 ter.k1 thala.jl,k1 thuj.k1 tub-r.jl,k1 verat-v.k1

– **Knochen**, der: abies-n. acon. *Agar.* agn. all-c.a1 alum.j5 am-c. am-m. *Ambr.*j5 anac. ang.bg2,j5,* ant-c.bg2,j5 aran.kr1 *Arg-met. Arg-n.*hr1 arn. ars. ars-i. **Asaf.** asc-t.a1 *Aur.* aur-ar.k2 aur-i.k2 aur-m.k2 aur-s.k2 bar-c. bar-i.k2 bar-s.k2 bell. *Berb.*k1 bism. bry. *Calc. Calc-p.* calc-s.k,k2 camph.j5 cann-s. canth. *Caps.* carb-an. carb-v. carbn-s. castor-eq.bro1 caust. *Cham.* chel. *Chin.* chinin-m.c1,kr1 chinin-s. cic. *Cinnb.* cinnm.c1,kr1,* clem. cob-n.jl *Cocc.* colch. coloc. *Con.* conch.a1 crot-c.a1 *Crot-h.*a1,j5 *Cupr.* cycl.c2,k *Daph.*j5 dig. dios. dros. dulc. **Eup-per.**c2,k euph. ferr. ferr-ar.k1,k2 *Fl-ac. Gels.*bg2 glon. graph. guaj. halo.jl hell. *Hep.* hom.c1,c2 ictod.j5 ign. iod. **Ip.** kali-bi. kali-c. *Kali-i.*a1,kr1 kali-s. kreos. lac-d.k2 lach. led. *Lyc. Lyss.* m-arct.j5 mag-c. mag-m. mang.c2,k mang-m.c1,c2 **Merc.** merc-c.bro1 merc-i-f. merc-k-i.gm1 *Mez. Mur-ac.*j5 nat-c. nat-m. *Nat-s.*kr1 nat-sil.k2 **Nit-ac.** nux-m.bg2,j5 nux-v.j5 oci-sa.sp1 ol-an.bg2 olnd. op. petr. **Ph-ac.** *Phos. Phyt.*bg2,k2 plb. **Puls.** pyrog.bg2,k2 ran-s. raph.a1 *Rhod.*c2,k *Rhus-t.* **Ruta**c2,k sabad. *Sabin.* sacch.a1 samb. sarr.a1,c1,* *Sars.*k,k2 sec. *Sel. Sep. Sil.* sol-t-ae.a1 spig. spong. *Staph.* still. stront-c. sul-i.k2 *Sulph. Symph.*bro1 syph.bro1 teucr. ther. thuj. tub.k2 valer. verat. viol-t. vitr-an.bro1 wildb.c1,c2 zinc.
☞ *Empfindlichkeit - Knochen*

• **morgens**: sil.h

• **nachts**: *Asaf.*k1 **Aur.** aur-m.k2 calc-s.k2 caust. *Cham.* cinnb. *Fl-ac.* guare.a1 hep.bro1 iod.bro1 kali-bi.k2 **Kali-i.** kalm. *Mang.* **Merc.** *Merc-i-f.* merc-k-i.gm1 *Mez.* **Nit-ac.** *Ph-ac. Phyt.* rhod.bro1 *Sars.*k,k2 sil.k2 staph.k2 still.bro1 syph.bro1 thuj. verat.

• **Berührung** agg.: kali-bi.k2

• **Druck** agg.: kali-bi.k2

• **Frost**; während: nux-m.c1

• **Haut** den Knochen bedeckt; wo: merc.k2
• **Wetterwechsel**, bei: am-c.bg2
• **langen**, in: cinnb.brol eup-per.brol staph.brol stront-c.brol syph.brol
– **Knorpel**, der: arg-met.c1,c2 lob-s.c1,c2 rutac1,c2 stram.k2
☞ _Empfindlichkeit - Knorpel_
– **Muskeln**, der: achy.c1,jl _Acon._c1 agav-t.c1,jl alet.c1 am-caust.a1,c1 _Ant-t._c1 _Arn._c1,sf1 ars.c1 aster.c1,jl bell.c1 bell-p.c1,sp1 brach.a1,c1 _Bry._c1,sf1 carbn-s.c1 _Caust._c1,sf1 _Cimic._c1 _Colch._c1,sf1 _Dulc._c1,sf1 eryt-j.a1,c1 ferr-p.c1,sf1 form.a1,c1 _Gels._c1,sf1 harp.c1,jl hist.c1,sp1 ign.c1,sf1 lat-m.c1,sp1 led.c1 lyc.a1,c1 _Macro._c1 mag-s.c1,jl,* mand.c1,jl,* merc.c1 merc-c.a1,c1 morph.c1 nat-f.c1,jl,* nat-m.a1,sf1,* op.a1,c1 _Phyt._c1,sf1 plb.a1,c1 puls.c1,sf1 _Ran-b._c1 rauw.c1,sp1 rham-cal.c1 rham-cath.c1 _Rhus-t._c1,sf1 _Ruta_c1 sal-ac.c1 sil.c1,sf1 staph.c1,sf1 stram.c1 stroph-s.c1,jl _Stry._a1,c1 sulfa.c1,jl tab.a1,c1 tarax.c1,jl thal.c1,sf1,* thuj.a1,c1 valer.c1 _Verat._a1,sf1,* _Verat-v._c1 zinc.a1,c1
• **Baden**:
• **warmes** Baden:
• **amel.**:
• **heißes** Baden: lat-m.sp1
• **Bewegung** agg.: bell-p.sp1
• **Strecken**, beim: mag-s.sp1
– **Nerven**: kali-c.k2 ph-ac.k2 syph.k2
• **erstrecken** sich zum Körper:
• **Verletzungen**; nach: hyper.k2
– **Periosts**, des: **Am-c.**st ant-c. **Arn.**st **Asaf.** aur. **Aur-m.**st bell. bry. _Camph._ cann-s.st _Cham._ _Chin._ _Colch._k1,st coloc. cycl. graph. guare.st hell. ign. kali-c.st **Kali-i.**st _Kalm._ led. _Mang._ med.k2 _Merc._ _Merc-c._st _Mez._ mur-ac.h,st _Nit-ac._st **Ph-ac.** _Phyt._ _Puls._k1,st _Rhod._ rhus-t. **Ruta**k1,st sabad. sabin. _Sil._ spig. _Staph._k1,st sul-ac.k2 symph.c1 syph.k2,st tub.k2
☞ _Empfindlichkeit - Periosts_
• **gelegen** hat; Stellen auf denen er vor kurzem: ph-ac.k2
– **Sehnen**, in den: am-m.bg2 arn.bg2 benz-ac.bg2 berb.bg2 _Bry._bg2,kr1 caust.bg2 colch.bg2 coloc.bg2 harp.bg2,jl iod.bg2 kali-bi.bg2 kalm.bg2 mag-f.bg2,jl prun.bg2 **Rhus-t.**bg2,kr1 _Ruta_bg2,k2 sabin.bg2 thuj.bg2 zinc.bg2
– **ausstrahlend**: _Agar._bg2,sf1,* androc.srj1 apisbg2,sf1 _Arg-n._bg2,k,* ars.bg2,sf1,* bamb-a.stb2 bapt.bg2 berb.bg2,k caust.bg2 cham.bg2 cimic.bg2 _Coloc._bg2 cupr.bg2,sf1,* _Dios._bg2,k,* hyper.bg2 kali-bi.bg2 kali-c.bg2,sf1,* kalm.bg2 lil-t.bg2,sf1,* mag-m.bg2 _Mag-p._bg2,k _Merc._bg2 mez.bg2 nux-v.bg2 phyt.bg2 plat.bg2 plb.bg2 sec.bg2 sil.bg2 spig.bg2,sf1,* _Tell._ xan.bg2,c1
– **beißend**: acon.bg2,k,* agar.bg2,k agn.bg2,k aloea1 alum.bg2,k am-c.bg2,k am-m.a1 _Ambr._bg2,k,* ang.bg2 ant-c.bg2,k ant-t.bg2,k,* arg-met. arn.bg2,k ars.bg2,k asar.bg2,k aur.bg2,k bar-m.j5 bell.bg2,k _Berb._j5 _Bov._j5 bry.bg2,k calad.bg2,k calc.bg2,k camph.bg2,k cann-s.bg2,k _Canth._bg2,k _Caps._bg2,k carb-an.bg2,k,* **Carb-v.**bg2,k,* caust.bg2,k cench.k2 cham.bg2,k,* chel.j5 _Chin._bg2,k,* _Clem._ cocc.bg2,k,* colch.bg2,k coloc.bg2,k,* con.bg2,k croc.bg2,k _Dros._bg2,k,* dulc.bg2,k

– **beißend**: ...
euon.a1 _Euph._bg2,k,* _Euphr._bg2,k graph.bg2,k grat.j5 _Hell._bg2,k,* hep.bg2,k hyos.bg2,k _Ign._bg2,k,* iod.bg2,k _Ip._bg2,k,* _Kali-c._bg2,k,* kali-chl.k13 kali-m.k2 kali-n.bg2,k _Kreos._bg2,k lach.bg2,k,* lact.a1,j5 lam.j5 laur.bg2,k led.bg2,k lyc.bg2,k m-arct.j5 m-aust.j5 mag-c.bg2,k mang.j5 _Merc._bg2,k,* _Mez._bg2,k,* mosch.bg2,k mur-ac.bg2,k nat-c.bg2,k nat-m.bg2,k,* nicc.j5 _Nit-ac._bg2,k nux-m.bg2,k **Nux-v.**bg2,k,* ol-an.j5 olnd.bg2,k op.bg2,k paeon.a1,k par.bg2,k petr.bg2,k **Petros.** ph-ac.bg2,k phos.bg2,k plat.j5 _Prun._a1,k puls. _Ran-b._bg2,k,* **Ran-s.**bg2,k,* rheum rhod.bg2,k _Rhus-t._bg2,k,* _Ruta_ sabad.bg2,k sabin.bg2,k sars.bg2,k sel.bg2,k,* seneg.bg2,k _Sep._bg2,k,* sil.bg2,k,* spig.bg2,k _Spong._j5 squil.bg2,k stann.bg2,k _Staph._bg2,k,* stram.bg2,k stront-c. sul-ac.bg2,k **Sulph.**bg2,k,* _Teucr._bg2,k,* thuj.bg2,k,* valer.bg2,k verat.bg2,k viol-t.bg2,k,* voes.a1 **Zinc.**bg2,k,* **Zinc-p.**k13,k2
– **betäubend**: _Acon._bg2,k agar.bg2,k agn.bg2,k am-c.bg2,k anac.bg2,k ant-c.bg2,k ant-t.bg2,k arg-met. arn.bg2,k asaf.bg2,k asar.bg2,k aur.bg2,k bell.bg2,k bov.bg2,k bry.bg2,k _Calc._bg2,k cann-s.bg2,k carb-an. carb-v.bg2 **Cham.**bg2,k chin.bg2,k cic.bg2,k _Cina_ cocc.bg2,k con.bg2,k croc.bg2,k cupr.bg2,k cycl.bg2,k dros.bg2,k dulc.bg2,k euph.bg2,k euphr.bg2,k _Gnaph._st _Graph._ hell.bg2,k hep.bg2,k hyos.bg2,k ign.bg2,k _Iris_ kali-n.bg2,k laur.bg2,k led.bg2,k mag-c.bg2,k mag-m.bg2,k mang.bg2,k meny.bg2,k _Mez._bg2,k mosch.bg2,k mur-ac.bg2,k nat-c.bg2,k nat-m.bg2,k nux-m.bg2,k nux-v.bg2 **Olnd.**bg2,k op.bg2,k par.bg2,k ph-ac.bg2,k phos.bg2,k **Plat.**bg2,k _Puls._bg2,k _Rheum_ rhus-t.bg2,k ruta **Sabad.**bg2,k sabin.bg2,k _Samb._bg2,k seneg.bg2,k sep.bg2,k stann.bg2,k staph.bg2,k sul-ac.bg2,k sulph.bg2,k tarax.bg2,k valer.bg2,k _Verat._bg2,k **Verb.**bg2,k zinc.
• **rechten** Seite, in der: ars.h
• **dumpfes** Drücken: cot.br1
○ **Muskeln** und Fasergeweben; in: cot.br1
– **bohrend**: acon.bg2,k _Agar._bg2,k aloe alum.bg2,k alum-p.k13,k2 alum-sil.k13,k2 am-c.bg2,k am-m.bg2,k anac.bg2,k ang.bg2 ant-c.bg2,k ant-t.bg2,k apis _Arg-met._ **Arg-n.**bg2,k arn.bg2,k ars.bg2,k _Asaf._bg2,k **Aur.**bg2,k aur-ar.k2 _Aur-s._k13,k2 bar-c.bg2,k bar-s.k13,k2 **Bell.**bg2,k **Bism.**bg2,k borx. bov.bg2,k _Calc._bg2,k calc-sil.k13,k2 cann-i.bg2,k canth.bg2,k caps.bg2,k carb-an.bg2,k carb-v.bg2,k carbn-s. _Caust._bg2,k chin.bg2,k cimic.bg2,k _Cina_ clem.bg2,k coc-c.bg2,k cocc.bg2,k colch.bg2,k coloc.bg2,k con.bg2,k cupr.bg2,k cycl.bg2,k dig.bg2,k dios.bg2,k dros.bg2,k _Dulc._bg2,k euph.bg2,k euphr.bg2,k _Hell._bg2,k _Hep._bg2,k ign.bg2,k ip.bg2,k _Kali-c._bg2,k kali-n.bg2,k kreos.bg2,k _Lach._bg2,k laur.bg2,k led.bg2,k,* lyc.bg2,k m-arct.bg2 mag-c.bg2,k mag-m.bg2,k mang.bg2,k meny.bg2,k _Merc._bg2,k merc-i-f.a1 _Mez._bg2,k mur-ac.bg2,k _Nat-c._bg2,k _Nat-m._bg2,k nat-sil.k13,k2 nit-ac.bg2,k nux-m.bg2,k nux-v.bg2,k olnd.bg2,k par.bg2,k petr.bg2,k _Ph-ac._bg2,k phos.bg2,k plan.bg2 plat.bg2,k _Plb._bg2,k psil.ft1 **Puls.**bg2,k ran-b.bg2,k **Ran-s.**bg2,k _Rhod._bg2,k rhus-t.bg2,k ruta sabad.bg2,k sabin.bg2,k sel.bg2,k _Seneg._bg2,k _Sep._bg2,k _Sil._bg2,k **Spig.**bg2,k spong.bg2,k stann.bg2,k staph.bg2,k stram.bg2,k stront-c. _Sulph._bg2,k _Tarax._bg2,k _Thuj._bg2,k valer.bg2,k

– **bohrend**: ...
*Zinc.*bg2,k *Zinc-p.*k13,k2
• **außen**, nach: ant-c.bg2,k asaf.bg2,k bell.bg2,k *Bism.*bg2,k bov. calc.bg2,k dros.bg2,k *Dulc.*bg2,k ip.bg2,k puls.bg2,k sep.bg2,k *Spig.* spong.bg2,k *Staph.*bg2,k
• **innen**, nach: alum.bg2,k bell.bg2,k calc.bg2,k cocc.bg2,k *Kali-c.*bg2,k mang.bg2,k zinc.bg2,k
• **kleinen** Stellen, an: fl-ac.a1
○ **Drüsen**: *Bell.*bg2,k,* lyc.bg2,j5 puls.bg2,k sabad.bg2,k sabin.j5
• **Knochen**: agar.bg2,k anac.j5 ang.bg2,j5 aran. *Asaf.*bg2,k **Aur.**bg2,k,* *Bar-c.*bg2,k,* *Bell.*bg2,k,* brom. *Calc.*bg2,k,* carb-an. clem.bg2,k dulc.bg2,k hell.bg2,k hep.bg2,k kali-c.j5 kali-i.bg2 lach.bg2,k led.a1 *Lyc.*bg2,k mang.bg2,k,* **Merc.**bg2,k,* *Mez.*bg2,k nat-c.bg2,k nat-m.bg2,k nit-s-d.a1 ph-ac.bg2,k phos.bg2,k,* plb.bg2 *Puls.*bg2,k,* ran-s.j5 rhod.bg2,k rhus-t.bg2,k sabad.bg2,k,* sabin.bg2,k *Sep.*bg2,k,* *Sil.*bg2,k,* *Spig.*bg2,k,* staph.bg2,k sulph.bg2,k *Thuj.*bg2,k

– **brennend**:
• **glühende** Kohlen; wie durch: ars.h carb-v.h
• **heiße** Kohlen; wie durch: sabad.h
• **kalten** Körperteilen, in: sec.bg2 verat.bg2
• **Krebs**; bei: euph-he.gm1
• **Stellen**, an kleinen: agar.a1,bg2 ambr.a1 apis.a1 atha.a1 carb-v.a1 chin.a1 coloc.a1 glon.a1,bg2 ign.a1 lim.a1 lyc.a1 mand.a1,jl3,* nat-s.a1 plat.a1 raph.a1 sang.a1,bg2 **Sulph.**a1,bg2 viol-o.a1
• **Teile**:
• **greift**; die er mit der Hand: bry. **Caust.**
• **liegt**; auf denen er nachts: *Sulph.*a1
• **Verbrennung**, wie durch: *Agar.* aloe alum. ambr. *Apis Arum-t. Bapt. Bar-c.* bell. *Berb.* bry. cann-s. caust. chin. *Coloc.* ferr. hyos. *Ign.* **Iris** kali-c. *Lil-t. Mag-m.* merc. mez. mur-ac. nat-c. *Nux-v.* op. osm. par. phos. *Phyt. Plat. Puls. Ran-s. Sabad. Sang. Sep.* still. sul-ac. tarent. thuj. verat.
○ **äußerlich**: acet-ac.a1 achy.jl,jl3 *Acon.*bg2,k,* acon-f.c,c1 *Agar.*bg2,k,* all-c.sf,sf1 aloe alum.bg2,k *Alum-p.*k13,k2 *Alum-sil.*k13,k2 am-c.bg2,k *Am-m.*bg2,k ambr.bg2,k,* anac.bg2,k,* ang.a1,bg2 ant-c.bg2,k ant-t.bg2,k,* *Anthraci.* **Apis** arg-met. *Arn.*bg2,k,* **Ars.**bg2,k,* ars-i. **Ars-s-f.**k13,k2 **Arum-t.** *Asaf.*bg2,k,* asar.bg2,k atha.a1 atro.a1 aur.j5 aur-ar.k2 *Aur-m.*k13,k2 *Bapt.* *Bar-c.* bar-m. bar-s.k13,k2 bell.bg2,k,* *Berb.* bism.bg2,k *Borx.* bov.bg2,k brom.a1 **Bry.**bg2,k,* *Bufo* buni-o.jl,jl3 calad.bg2,k calc.bg2,k,* calc-ar.k13,k2 calc-i.k13,k2 *Calc-p.* camph.bg2,k cann-s.bg2,k,* *Canth.*bg2,k,* *Caps.*bg2,k,* carb-ac.a1,bg2 carb-an.bg2,k,* **Carb-v.**bg2,k,* carbn-o.a1 **Carbn-s.** **Caust.**bg2,k,* cham.bg2,k *Chel.*bg2,k,* chin.bg2,k,* chinin-s.a1,j5 cic.bg2,k,* *Cimic.*a1,k cina *Clem.* coc-c. cocc.bg2,k coff.bg2,k colch.bg2,k *Coloc.*bg2,k com.sf,sf1 *Con.*bg2,k,* convo-d.a1 cop.a1 *Corn.* croc.bg2,k crot-c.a1 crot-h. crot-t.a1,k culx.k13,k2 cupr.bg2,k,* *Cycl.*bg2,k,* dig.bg2,k,* *Dros.*bg2,k *Dulc.*bg2,k,* *Eucal.*st euon.j5 euph.bg2,k,* euph-l.a1 **Euphr.** fago.a1 *Ferr.*bg2,k fl-ac.bg2,k2,* *Gels.*hr1,kr1,* germ-met.srj5

– **brennend - äußerlich**: ...
*Graph.*bg2,k,* *Grat.* guaj.bg2,k hell.bg2,k helon. hep.bg2,k,* hist.mg,mg1,* *Hydrog.*srj2 *Hyos.*bg2,j5 *Ign.*bg2,k,* iod.bg2,k ip.bg2,k,* **Iris** juni-v.a1 kali-ar. *Kali-bi.*a1,k kali-br.a1 *Kali-c.*bg2,k,* kali-chl.k13 kali-m.k2 kali-n.bg2,k,* kali-s. kali-sula.a1 *Kreos.*bg2,k lac-ac.sf,sf1 *Lach.*bg2,k,* lachn.a1 lap-a.sf,sf1 lat-m.sp1 laur.bg2,k,* led.bg2,k lil-t.a1 lob. *Lyc.*bg2,k,* m-arct.bg2,j5 m-aust.bg2,j5 mag-c.bg2,k mag-m.bg2,k mag-s.j5 *Manc.*a1,k mand.mg,mg1 mang.bg2,k,* meny.bg2,k **Merc.**bg2,k,* *Merc-c.*bg2,k,* merc-sul.hr1,kr1 merl.a1 mez.bg2,k,* mosch.bg2,k *Mur-ac.*bg2,k,* *Nat-ar.* *Nat-c.*bg2,k,* **Nat-m.**bg2,k *Nat-s.*j5 nat-sil.k13,k2 neon.srj5 nicc.j5 *Nit-ac.*bg2,k nux-m.bg2,k,* **Nux-v.**bg2,k,* ol-an.j5 *Olnd.*bg2,k *Op.*bg2,k ox-ac.k13,k2 paeon. par.bg2,k petr.bg2,k,* **Ph-ac.**bg2,k,* phel.j5 **Phos.**bg2,k,* phyt. pic-ac.sf,sf1 plan.a1 plat.bg2,k plb.bg2,k,* *Prun.* psil.ft1 *Psor.* *Puls.*bg2,k,* *Ran-b.*j5,kr1,* ran-s.bg2,k,* raph.a1,j5 **Rat.** rauw.sp1 *Rheum* rhod.bg2,k **Rhus-t.**bg2,k,* rhus-v.a1 *Rumx.* *Ruta* *Sabad.*bg2,k,* sabin.bg2,k sal-ac. samb.bg2,k sang.j5,sf1,* sars.bg2,k,* **Sec.**bg2,k,* sel.bg2,k seneg.bg2,k **Sep.**bg2,k,* **Sil.**bg2,k,* sol-ni.a1 spig.bg2,k,* spong.bg2,k squil.bg2,k,* **Stann.**bg2,k,* *Staph.*bg2,k,* stram.bg2,k,* stront-c. sul-ac.bg2,k,* sul-i.k13,k2 **Sulph.**bg2,k,* tab.j5 *Tarax.*bg2,k,* *Tarent.*hr1,k2,* tarent-c.sf,sf1 teucr.bg2,k *Thuj.*bg2,k,* til.a1 trib.a1 valer.bg2,k verat.bg2,k,* *Viol-o.*j5 viol-t.bg2,k vip.a1,bg2,* wies.a1 *Zinc.*bg2,k,* zinc-p.k13,k2
• **rechte** Körperseite: phos.bro1
• **linker** oberer Teil des Körpers: kreos.
• **Hitze** amel.: alum.bg2,st **Ars.**bg2,st *Caps.*bg2,st carb-v.bg2,st lyc.bg2,st
• **Blutgefäßen**, in den: agar. **Ars.** *Aur.* brom.bg2 *Bry.* *Calc.* carb-v.bg2,k2 chin.bg2 com.bg2 *Hyos.* med. nat-m. nit-ac. *Op.* phos.bg2 plb.bg2 **Rhus-t.** sec.bg2 *Sulph.* syph.bg2 verat. xan.bg2
• **nachts**: **Ars.**h
• **Drüsen**, in: alum. ant-c. arn. **Ars.** *Bell.* brom. bry. calc. *Cann-s.* carb-v. caust. cic. clem. cocc. *Con.* graph. *Hep.* *Ign.* kali-c. laur. merc. mez. nat-m. nux-v. *Phos.* phyt. plat. **Puls.** rheum.bg2,j5 rhus-t. *Sep.* *Sil.* staph. sul-ac. sulph. ter.j5 teucr. *Zinc.*
• **Gelenken**, in den: abrot.a1,bg2 anac.bg2,jl ant-t.a1,bg2 arg-n.bg2 berb.bg2 carb-v.bg2 caust.bg2 cimic.bg2 guare.a1,bg2 hist.bg2,jl ign.bg2,j5 kali-n.bg2 lyc.bg2 nit-ac.bg2,j5,* plat.bg2 rhus-t.bg2 sabin.bg2,k2 sulph.bg2 thuj.a1,bg2 zinc.bg2
• **Stellen**, an einzelnen: *Mang.*kr1
• **innerlich**: abies-c.a1,k acet-ac.a1,k achy.jl,jl3 **Acon.**bg2,k acon-f.a1,k aconin.a1 aesc.bg2,sf1,* *Agar.*a1,k aloe.sf1 *Alum.*bg2,k alum-sil.k2 alumn.a1,k *Am-br.* am-c.bg2,k *Am-m.*bg2,k,* ambr.bg2,k amor-r.jl,jl3 anac.a1 ang.bg2 ant-c.bg2,k ant-t.bg2,k *Apis* arg-met. *Arg-n.* *Arn.*bg2,k,* **Ars.**bg2,k,* ars-i.a1,k **Ars-s-f.**k13,k2 **Arum-t.**bg2,k *Asaf.*bg2,k asar.bg2,k *Aur.*bg2,k aur-ar.k2 aur-i.k13,k2 aur-m.k2 bamb-a.stb2 *Bapt.*a1,k *Bar-c.*bg2,k bar-m.a1,k bar-s.k2 **Bell.**bg2,k,* **Berb.** *Bism.*bg2,k borx. bov.bg2,k brom.a1,bg2,* **Bry.**bg2,k *Bufo* calad.bg2,k,*

• **innerlich**: ...
*Calc.*bg2,k calc-ar.k2 calc-i.k2 *Calc-p.*a1,k calc-sil.k13,k2 camph.bg2,k,* **Cann-i.** cann-s.bg2,k **Canth.**bg2,k,* caps.a1,k carb-ac. carb-an.bg2,k *Carb-v.*bg2,k **Carbn-s.** carc.k4 *Carl.*a1 *Caust.*bg2,k,* cedr. cham.bg2,k,* *Chel.*bg2,k *Chin.*bg2,k choc.srj3 *Cic.*bg2,k cina *Clem.*a1,k cocc.bg2,k coff.bg2,k *Colch.*bg2,k *Coloc.*bg2,k,* *Com.*a1,k *Con.*bg2,k crot-t.a1,k cund. *Cupr.*bg2,k delphin.a1 dig.bg2,k,* *Dios.* dol. *Dros.*bg2,k *Dulc.*bg2,k,* equis-h. eucal.sf,sf1 eup-pur. *Euph.*bg2,k euphr.bg2,k *Fl-ac.*a1,k form.sf,sf1 *Gamb.*a1,k goss.a1 **Graph.**bg2,k hell.bg2,k hep.bg2,k hist.jl,jl3 hydr. *Hydrog.*srj2 hyos.bg2,k,* ign.bg2,k iod.bg2,k ip.bg2,k *Iris* kali-ar. **Kali-bi.**bg2,k kali-c.bg2,k,* *Kali-i.* kali-m.k2 kali-n.bg2,k kali-s. kalm.a1,sf1,* *Kreos.*bg2,k,* lac-ac.a1,sf1,* *Lach.*bg2,k,* *Laur.*bg2,k led.bg2,k *Lil-t.*a1,k *Lith-c.* *Lob.* *Lyc.*bg2,k,* m-arct.bg2 m-aust.bg2 mag-c.bg2,k mag-m.bg2,k manc.a1 mang.bg2,k **Merc.**bg2,k **Merc-c.**a1,k *Merc-i-f.*a1,k **Mez.**bg2,k mosch.bg2,k,* mur-ac.bg2,k *Nat-ar.* *Nat-c.*bg2,k *Nat-m.*bg2,k,* **Nit-ac.**bg2,k nux-m.bg2,k **Nux-v.**bg2,k oena.sf,sf1 ol-j.sf,sf1 *Op.* *Osm.* *Ox-ac.*bg2,k par.bg2,k *Petr.*bg2,k,* *Ph-ac.*bg2,k,* **Phos.**bg2,k phyt.a1,k plat.bg2,k plb.bg2,k,* **Prun.** *Psor.* **Puls.**bg2,k pyrog.sf,sf1 *Ran-b.*bg2,k ran-s.bg2,k rat. *Rhod.*bg2,k **Rhus-t.**bg2,k,* rhus-v.a1 rob. *Rumx.* ruta **Sabad.**bg2,k,* *Sabin.*bg2,k,* **Sang.** sangin-n. *Sars.*bg2,k **Sec.**bg2,k,* *Seneg.*bg2,k **Sep.**bg2,k *Sil.*bg2,k sin-n. **Spig.**bg2,k **Spong.**bg2,k *Stann.*bg2,k staph.bg2,k stram.bg2,k stront-c. stry.a1 sul-ac.bg2,k,* sul-i.k2 **Sulph.**bg2,k,* tab.bg2 tarax.bg2,k tarent.a1,k2,* *Tell.* *Ter.* *Thuj.* uran-met. ust. uva *Verat.*bg2,k,* verat-v. viol-o.bg2,k viol-t.bg2,k wye. **Zinc.**bg2,k **Zinc-p.**k2
• **äußerlicher** Kälte, mit: ars.bg2 verat.bg2
• **Knochen**, in den: ang.bg2 ant-t.j5 arn.j5 ars. *Asaf.* *Aur.* bell.a1 bry. *Carb-v.* caust. chel.bg2 coloc.bg2 con. dros.bg2 *Euph.* fl-ac.bro1 form. *Hep.* ign. kali-i.bg2 *Lach.* lyc. mang. merc. **Mez.** nat-c. nit-ac. par. *Ph-ac.* phos. puls. *Rhus-t.* *Ruta* sabin. *Sep.* sil. staph. *Sulph.* tarent.kr1 thuj. **Zinc.**
• **nachts**: *Mez.*kr1 ph-ac. phos.a1
• **Menses**, während: *Carb-v.*
• **Nerven**, der: acon.k2

– **drückend**:
• **innen**, nach: acon.bg2,k agar.bg2,k alum.bg2,k **Anac.**bg2,k ant-c.bg2,k ant-t.bg2,k asaf.bg2,k asar.bg2,k aur.bg2,k bar-c.bg2,k bell.bg2,k bism.bg2,k borx. bry.bg2,k *Calc.*bg2,k cann-s.bg2,k carb-an.bg2,k caust.bg2,k *Chel.*bg2,k chin.bg2,k *Cocc.*bg2,k coff.bg2,k croc.bg2,k cycl.bg2,k *Dulc.*bg2,k *Hell.*bg2,k hep.bg2,k ign.bg2,k kali-c.bg2,k *Kreos.*bg2,k laur.bg2,k mez.bg2,k mosch.bg2,k *Nit-ac.*bg2,k nux-m.bg2,k nux-v.bg2,k *Olnd.*bg2,k,* ph-ac.bg2,k **Plat.**bg2,k prun.st ran-s.bg2,k rheum rhod.bg2,k rhus-t.bg2,k ruta sabad.bg2,k sabin.bg2,k sars.bg2,k sep.bg2,k sil.bg2,k *Spig.*bg2,k **Stann.**bg2,k *Staph.*bg2,k sul-ac.bg2,k *Sulph.*bg2,k tarax.bg2,k teucr.bg2,k thuj.bg2,k valer.bg2,k verb.bg2,k viol-t.bg2,k *Zinc.*bg2,k
• **tief** innen, wie mit Instrumenten: *Bov.* verat.
• **innen** nach außen, von: *Acon.*bg2,k *Aloe* alum.bg2,k am-c.bg2,k am-m.bg2,k anac.bg2,k ang.bg2

– **drückend - innen** nach außen, von: ...
ant-c.bg2,k ant-t.bg2 arg-met. arg-n.bg2 arn.bg2,k ars.bg2 **Asaf.**bg2,k asar.bg2,k *Aur.*bg2,k bar-c.bg2,k *Bell.*bg2,k berb. bism.bg2,k borx. bov.bg2 **Bry.**bg2,k calc.bg2,k camph.bg2,k cann-s.bg2,k canth.bg2,k caps.bg2,k carb-an.bg2 carb-v.bg2,k caust.bg2,k cham.bg2 chel.bg2,k chin.bg2,k **Cimic.** cina clem.bg2,k cocc.bg2,k coff.bg2 colch.bg2,k coloc.bg2,k con.bg2,k *Cor-r.* croc.bg2,k cupr.bg2,k dig.bg2,k *Dros.*bg2,k dulc.bg2,k euph.bg2,k *Ferr.* graph.bg2,k guaj.bg2,k ham.bg2 hell.bg2,k hep.bg2,k hyos.bg2 *Ign.*bg2,k iod.bg2 ip.bg2,k irisbg2 kali-c.bg2,k *Kali-i.* kali-n.bg2,k kreos.bg2,k lach.bg2,k laur.bg2,k led.bg2,k *Lil-t.* *Lith-c.* lyc.bg2,k mag-c.bg2 mag-m.bg2,k mang.bg2,k meli. meny.bg2,k *Merc.*bg2,k *Merc-c.* *Mez.*bg2,k mosch.bg2 *Mur-ac.*bg2,k nat-c.bg2,k *Nat-m.* nit-ac.bg2,k nux-m.bg2,k *Nux-v.*bg2,k *Olnd.*bg2,k op.bg2,k *Par.*bg2,k petr.bg2,k ph-ac.bg2,k *Phos.*bg2,k plat.bg2,k plb.bg2 *Prun.* psil.ft1 **Puls.**bg2,k ran-b.bg2,k ran-s.bg2,k rheum rhod.bg2,k *Rhus-t.*bg2,k ruta sabad.bg2,k *Sabin.*bg2,k samb.bg2,k sars.bg2 seneg. *Sep.* *Sil.*bg2,k *Spig.*bg2,k *Spong.*bg2,k *Squil.* *Stann.*bg2,k staph.bg2,k stront-c. sul-ac.bg2,k **Sulph.**bg2,k tarax.bg2,k *Teucr.*bg2,k *Thuj.*bg2,k *Usn.*bg2 **Valer.**k1 verat.bg2 *Verb.*bg2,k viol-t.bg2,k zinc.bg2,k
• **Last**, wie durch eine: *Abies-n.* **Acon.**bg2,k *Aesc.* agar.bg2,k aloe alum.bg2,k am-c.bg2,k *Am-m.*bg2,k *Ambr.*bg2,k *Ant-t.*bg2,k aran. arg-met. *Arg-n.* arn.bg2,k *Ars.*bg2,k asaf.bg2,k asar.bg2,k aur. *Bar-c.*bg2,k **Bell.**bg2,k bism.bg2,k borx. bov.bg2,k **Brom.** **Bry.**bg2,k *Cact.* calad.bg2,k calc.bg2,k camph.bg2,k cann-s.bg2,k carb-an.bg2,k carb-v.bg2,k caust.bg2,k cham.bg2,k *Chel.* chin.bg2,k cina cinnb. cocc.bg2,k colch.bg2,k coloc.bg2,k *Com.* *Con.*bg2,k corn. croc.bg2,k crot-t. *Cupr.*bg2,k dig.bg2,k ferr.bg2,k gels. graph.bg2,k hell.bg2,k hep.bg2,k hyos.bg2,k ign.bg2,k iod.bg2,k **Ip.** kali-c.bg2,k kali-chl. kali-n.bg2,k *Kreos.*bg2,k laur.bg2,k led.bg2,k **Lil-t.** lyc.bg2,k mag-c.bg2,k mag-m.bg2,k mang.bg2,k *Meli.* **Meny.**bg2,k merc.bg2,k mosch.bg2,k *Nat-c.*bg2,k nat-m.bg2,k nit-ac.bg2,k nux-m.bg2,k **Nux-v.**bg2,k olnd.bg2,k *Op.*bg2,k **Par.**bg2,k petr.bg2,k *Ph-ac.*bg2,k **Phos.**bg2,k plat.bg2,k plb.bg2,k *Psor.* *Puls.*bg2,k **Ran-b.** rheumk1 rhod.bg2,k **Rhus-t.**bg2,k sabad.bg2,k sabin.bg2,k *Samb.*bg2,k sars.bg2,k *Sec.*bg2,k seneg.bg2,k **Sep.**bg2,k *Sil.*bg2,k *Spig.*bg2,k spong.bg2,k squil.bg2,k stann.bg2,k staph.bg2,k **Stict.** stront-c. sul-ac.bg2,k **Sulph.**bg2,k thuj.bg2,k valer.bg2,k *Verb.*bg2,k viol-o.bg2,k zinc.bg2,k zing.
• **oben**, nach: calc-p.bg2
• **Pflock**; wie durch einen: anac.c1
• **Stellen**, an kleinen: bar-act.a1 sul-ac.a1
• **zusammendrückend**: acon.bg2,k aeth.bg2 agar.bg2,k **Alum.**bg2,k am-m.bg2,k ambr.bg2,k *Anac.*bg2,k ang.bg2 ant-c.bg2,k ant-t.bg2,k arg-met. arg-n.bg2 *Arn.*bg2,k *Ars.*bg2,k asaf.bg2,k **Asar.**bg2,k aur.bg2,k bar-c.bg2,k *Bell.*bg2,k *Bov.*bg2,k bry.bg2,k cact.bg2 calc.bg2,k camph.bg2,k *Cann-s.*bg2,k *Canth.*bg2,k caps.bg2,k carb-an.bg2,k carb-v.bg2,k caust.bg2,k cham.bg2,k chel.bg2,k chin.bg2,k cic.bg2,k cimic.bg2 cina **Cocc.**bg2,k coff.bg2,k coloc.bg2,k

- **zusammendrückend**: ...
con.bg2,k cupr.bg2,k dig.bg2,k *Dros.*bg2,k dulc.bg2,k euph.bg2,k ferr.bg2,k graph.bg2,k guaj.bg2,k *Hell.*bg2,k helon.bg2 hydr-ac.bg2 hyos.bg2,k ign.bg2,k iod.bg2,k *Ip.*bg2,k kali-c.bg2,k kali-i.bg2 kali-n.bg2,k laur.bg2,k led.bg2,k lil-t.bg2 lyc.bg2,k mag-c.bg2,k mag-m.bg2,k meny.bg2,k merc.bg2,k mez.bg2,k *Mosch.*bg2,k *Nat-m.*bg2,k nit-ac.bg2,k nux-m.bg2,k **Nux-v.**bg2,k olnd.bg2,k op.bg2,k petr.bg2,k ph-ac.bg2,k phos.bg2,k **Plat.**bg2,k plb.bg2,k puls.bg2,k ran-s.bg2,k rhod.bg2,k rhus-t.bg2,k ruta sabad.bg2,k sabin.bg2,k *Sars.*bg2,k seneg.bg2,k sep.bg2,k sil.bg2,k spig.bg2,k *Spong.*bg2,k squil.bg2,k *Stann.*bg2,k staph.bg2,k stram.bg2,k stront-c. *Sul-ac.*bg2,k **Sulph.**bg2,k tarax.bg2,k teucr.bg2,k thuj.bg2,k valer.bg2,k verat.bg2,k verb.bg2,k1 viol-o.bg2 viol-t. zinc.bg2,k

○ **äußerlich**: abrot. *Acon.*bg2,k adam.srj5 *Aesc.* **Agar.**bg2,k,* agn.bg2,k aloe alum.bg2,k *Alum-p.*k2 *Alum-sil.*k13,k2 *Am-m.*bg2,k ambr.bg2,k *Ammc.* *Anac.*bg2,k,* ang.bg2 ant-c.bg2,k *Ant-t.*bg2,k **Apoc.** arg-met. arn.bg2,k,* ars.bg2,k ars-i. **Ars-s-f.**k13,k2 *Asaf.*bg2,k asar.bg2,k *Aspar.* *Aur.*bg2,k aur-i.k13,k2 aur-m.k13,k2 *Aur-s.*k13,k2 *Bapt.* bar-c.bg2,k bar-i.k13,k2 bar-m. bar-s.k1,k13 *Bell.*bg2,k,* berb.j5 bism.bg2,k borx. bov.bg2,k *Bry.*bg2,k *Calad.* *Calc.*bg2,k,* calc-i.k13,k2 *Calc-p.* calc-sil.k13,k2 calen.j5 *Camph.*bg2,k **Cann-i.** *Cann-s.*bg2,k canth.bg2,k caps.bg2,k *Carb-ac.* carb-an.bg2,k *Carb-v.*bg2,hr1 carbn-s. **Caust.**bg2,k,* cedr. *Cham.*bg2,k *Chel.*bg2,k *Chin.*bg2,k,* **Chinin-s.** cic.bg2,k *Cimic.* cina cinnb. clem.bg2,k cob. coc-c. *Cocc.*bg2,k coff.bg2,k *Colch.*bg2,k *Coloc.*bg2,k *Con.*bg2,k crot-t. cupr.bg2,k *Cycl.*bg2,k,* daph.j5 dig.bg2,k dios. **Dros.**bg2,k *Dulc.*bg2,k elaps **Eup-per.** euph.bg2,k euphr.bg2,k **Ferr.**bg2,k ferr-ar. *Gels.* germ-met.srj5 *Glon.* *Graph.*bg2,k *Guaj.*bg2,k haliae-lc.srj5 *Hell.*bg2,k hep.bg2,k *Hyos.*bg2,k *Ign.*bg2,k,* iod.bg2,k *Ip.* **Kali-bi.** kali-c.bg2,k kali-chl.k13 kali-m.k2 kali-n.bg2,k kali-p. *Kalm.* *Kreos.*bg2,k lach.bg2,k *Laur.*bg2,k *Led.*bg2,k *Lil-t.*hr1,k *Lyc.*bg2,k,* mag-c.bg2,k mag-m.bg2,k mang.bg2,k meny.bg2,k merc.bg2,k *Mez.*bg2,k **Mosch.**bg2,k mur-ac.bg2,k nat-ar. nat-c.bg2,k *Nat-m.*bg2,k,* nat-sil.k13,k2 **Nit-ac.**bg2,k nux-m.bg2,k **Nux-v.**bg2,k,* *Olnd.*bg2,k,* *Ox-ac.* par.bg2,k pareir. *Petr.*bg2,k *Ph-ac.*bg2,k,* **Phos.**bg2,k,* phyt.hr1,k plat.bg2,k,* plb.bg2,k **Podo.** prun. psil.ft1 *Psor.* **Puls.**bg2,k ran-b.bg2,k ran-s.bg2,k rheum **Rhod.**bg2,k **Rhus-t.**bg2,k **Ruta** *Sabad.*bg2,k sabin.bg2,k *Samb.*bg2,k *Sang.* *Sars.*bg2,k,* *Sec.* *Seneg.*bg2,k **Sep.**bg2,k,* **Sil.**bg2,k **Spig.**bg2,k spong.bg2,k *Squil.* **Stann.**bg2,k,* **Staph.**bg2,k,* *Stict.* stront-c. sul-ac.bg2,k,* *Sul-i.*k13,k2 **Sulph.**bg2,k,* tab. *Tarax.*bg2,k,* teucr. thuj.bg2,k ust. valer.bg2,k *Verat.*bg2,k,* verb.bg2,k vib. viol-o.bg2,k viol-t.bg2,k *Zinc.*bg2,k,* zinc-p.k13,k2

- **Drüsen**, in: alum.j5 arg-met. ars. asar. aur. *Bell.* *Calc.* carb-v. caust. chin. cina cocc. con.j5 cycl. hyos. ign. kali-c. *Lyc.* m-arct.j5 mag-m.j5 mang. meny. **Merc.** mur-ac. nat-m.j5 nit-ac.j5 osm. par. ph-ac. puls. rheum rhus-t. sabin. *Spong.* stann. *Staph.* stram. *Sulph.* teucr.bg2 verat. zinc.

- **Drüsen**, in: ...
  - **außen**, nach: arg-met. cina ign. lyc. mang. meny. *Merc.* par. puls. rhus-t. *Spong.* sulph. teucr.bg2
  - **innen**, nach: aur. *Calc.* cocc. cycl. rheum *Staph.* zinc.

- **Gelenken**, in den: *Agn.*bg2 *Alum.*j5,k2,* anac.bg2 arg-met.bg2 asaf.bg2 asar.bg2 bar-c.bg2 bell.bg2 calc.bg2,j5 camph.bg2 carb-an.bg2 caust.bg2 cham.bg2 chel.bg2 chin.bg2 clem.bg2 colch.bg2 coloc.a1,bg2 dulc.bg2 graph.bg2 hep.bg2 hyos.bg2 ign.bg2 iod.bg2 *Kali-c.*bg2,j5,* *Led.*a1,bg2 lyc.bg2,j5 meny.bg2 merc.bg2 mez.bg2 mosch.bg2 nat-s.a1,bg2 nit-ac.bg2,j5 nit-s-d.a1,bg2 nux-v.bg2 petr.bg2 rhus-t.bg2 sabad.bg2 sabin.bg2 sep.bg2 sil.bg2 spong.bg2 stann.bg2 staph.bg2 stront-c.bg2 sulph.bg2 tarax.bg2 thuj.bg2 viol-o.bg2 viol-t.bg2 zinc.bg2
  - **reißend**: agn.bg2 anac. ang.bg2 arg-met.bg2 arn. asaf. bell. bism. carb-v. caust. cham. chin.bg2 coloc.bg2 graph.bg2 guaj.bg2 hyos. kali-c.bg2 led. lyc. mez.bg2 ph-ac.bg2 ruta sabad.bg2 sars.bg2 sep.bg2 spong. stann. staph.bg2 zinc.bg2
  - **stechend**: ph-ac.bg2 sars.bg2 staph.bg2 zinc.bg2

- **innerlich**: *Acon.*bg2,k adam.srj5 aesc. agar.bg2,k agn.bg2,k *Ail.* *Aloe* *Alum.*bg2,k alum-sil.k2 am-c.bg2,k am-m.bg2,k *Ambr.*bg2,k *Anac.*bg2,k ang.bg2 ant-c.bg2,k ant-t.bg2,k arg-met. **Arg-n.** **Arn.**bg2,k **Ars.**bg2,k *Ars-i.* ars-s-f.k2 *Arum-t.* **Asaf.**bg2,k asar.bg2,k *Aur.*bg2,k aur-ar.k2 aur-i.k13,k2 aur-m.k2 aur-s.k2 bamb-a.stb2 bar-c.bg2,k bar-i.k2 bar-s.k2 **Bell.**bg2,k berb. *Bism.*bg2,k *Borx.* bov.bg2,k **Brom.** *Bry.*bg2,k cact. calad.bg2,k **Calc.**bg2,k calc-i.k2 calc-sil.k2 *Camph.*bg2,k *Cann-i.* cann-s.bg2,k **Canth.**bg2,k caps.bg2,k *Carb-an.*bg2,k **Carb-v.**bg2,k carbn-s. *Caust.*bg2,k *Cedr.* cham.bg2,k chel.bg2,k chen-a.k,k1 **Chin.**bg2,k cic.bg2,k **Cimic.** cina clem.bg2,k *Coc-c.* *Cocc.*bg2,k *Cod.* coff.bg2,k *Colch.*bg2,k **Coloc.**bg2,k *Con.*bg2,k cor-r. croc.bg2,k crot-t. **Cupr.**bg2,k cycl.bg2,k *Dig.*bg2,k dios. dros.bg2,k dulc.bg2,k elaps euph.bg2,k euphr.bg2,k *Ferr.*bg2,k *Gamb.* *Gels.*bg2,k *Glon.*bg2,k goss. *Graph.*bg2,k guaj.bg2,k **Ham.** *Hell.*bg2,k hep.bg2,k hydr. *Hydr-ac.* hyos.bg2,k hyper. *Ign.*bg2,k iod.bg2,k ip.bg2,k iris kali-bi. *Kali-c.*bg2,k *Kali-i.* kali-m.k2 kali-n.bg2,k *Kalm.* kreos.bg2,k **Lach.**bg2,k *Laur.*bg2,k led.bg2,k *Lept.* **Lil-t.** *Lith-c.* **Lyc.**bg2,k mag-c.bg2,k mang.bg2,k **Meny.**bg2,k *Merc.*bg2,k *Merc-c.* merc-i-f. *Mez.*bg2,k mosch.bg2,k mur-ac.bg2,k murx. naja nat-ar. nat-c.bg2,k **Nat-m.**bg2,k *Nit-ac.*bg2,k nux-m.bg2,k **Nux-v.**bg2,k olnd.bg2,k onos. **Op.**bg2,k osm. *Ox-ac.* par.bg2,k **Petr.**bg2,k *Ph-ac.*bg2,k **Phos.**bg2,k *Phys.* *Phyt.* *Pic-ac.* *Plat.*bg2,k *Plb.*bg2,k *Podo.* *Prun.* psor. **Puls.**bg2,k **Ran-b.**bg2,k ran-s.bg2,k *Rheum* *Rhod.*bg2,k **Rhus-t.**bg2,k *Rumx.* **Ruta** sabad.bg2,k *Sabin.*bg2,k samb.bg2,k **Sang.** **Sangin-n.** sars.bg2,k **Sec.**bg2,k **Seneg.**bg2,k **Sep.**bg2,k **Sil.**bg2,k **Spig.**bg2,k **Spong.**bg2,k *Squil.*bg2,k **Stann.**bg2,k staph.bg2,k stict. stram.bg2,k stront-c. sul-ac.bg2,k sul-i.k2 **Sulph.**bg2,k tab. *Tarax.*bg2,k tarent. *Ter.* teucr.bg2,k thuj.bg2,k ust. **Valer.**bg2,k **Verat.**bg2,k *Verat-v.* verb.bg2,k vesp. vib. viol-o.bg2,k viol-t.bg2,k vip. xan. **Zinc.**bg2,k

• **innerlich**: ...
Zinc-p.$_{k13,k2}$

• **Knochen**, in den: *Alum.* am-m.$_{j5}$ anac. ang.$_{bg2,j5}$ anis.$_{j5}$ *Arg-met.* arn.$_{j5}$ ars. asaf. aur. *Bell.* *Bism.* bry. cann-i. cann-s.$_{j5}$ canth. carb-v.$_{j5}$ carbn-s. cham. chel.$_{j5}$ cocc. colch. *Coloc.* con. *Cupr.* *Cycl.* *Daph.*$_{j5}$ dros. graph. *Guaj.* hell. hep. ign. kali-bi.$_{bg2}$ *Kali-c.* kali-n. *Led.*$_{j5}$ m-arct.$_{j5}$ m-aust.$_{j5}$ mang-o.$_{a1}$ merc. mez. nux-m. nux-v.$_{j5}$ *Olnd.* petr.$_{h}$ phos. plat. puls. rhod. *Rhus-t.* *Ruta* *Sabin.* sil. spong. stann. *Staph.* teucr.$_{j5}$ *Thuj.* valer. verat. viol-t. zinc.

  • **Einschlafen**, beim: graph.$_{h}$

  • **reißend**: arg-met. bell. cham. coloc. thuj.

  • **stechend**: anac.$_{bg2}$ mez. ruta$_{bg2}$ staph.

• **Muskeln**, in: agar. agn. am-m. *Anac.* ang.$_{bg2}$ arg-met. arn. *Asaf.* *Asar.* aur. bell. bism. bry. calc. camph. cann-s. *Caps.* *Carb-an.* caust. chel. chin. cina clem. cocc. con. *Cupr.* **Cycl.** dig. dros. euph. euphr. graph. hell. hep. *Ign.* kali-n. *Led.* lyc. mag-c. mag-m. mang. meny. merc. mez. *Mosch.* mur-ac. nat-c. nat-m. nitro-o.$_{a1}$ **Nux-m.** nux-v. *Olnd.* petr. *Ph-ac.* *Phos.* *Plat.* plb. puls. ran-b. ran-s. rheum rhod.$_{bg2}$ rhus-t. **Ruta** *Sabad.* sabin. samb. sil. spig. spong. *Stann.* *Staph.* stront-c. *Sul-ac.* sulph. *Tarax.* *Teucr.* thuj. *Valer.* *Verat.* **Verb.** viol-t. zinc.

  • **liegt**; in Teilen, auf denen er: kali-c.$_{h}$

  • **reißend**: agar. anac. *Ang.*$_{bg2}$ arg-met. arn. asaf. asar. aur. *Bell.* bism. calc. *Camph.* cann-s. carb-v. chin. colch. cupr. cycl. hyos. led. meny. petr. ph-ac. ruta sars. sep. spig. spong. stann. sulph. zinc.

  • **stechend**: am-m.$_{bg2}$ anac. arg-met.$_{bg2}$ arn.$_{bg2}$ asaf. bar-c.$_{bg2}$ bell. calc. chin.$_{bg2}$ colch.$_{bg2}$ coloc. cycl. dios.$_{bg2}$ dros. euph. *Ign.* kali-c.$_{bg2}$ mez.$_{bg2}$ *Mur-ac.* olnd. phos.$_{bg2}$ plat. rhus-t.$_{bg2}$ ruta$_{bg2}$ sabad.$_{bg2}$ sars. sep. spong.$_{bg2}$ stann.$_{bg2}$ staph.$_{bg2}$ sul-ac. tarax.$_{bg2}$ thuj. verb.$_{bg2}$ viol-t.$_{bg2}$ *Zinc.*$_{bg2}$

  • **zuckend**: petr.$_{h}$

– **Faden**, agg. am Abend; wie ein langer: all-c.$_{st}$
☞ *ziehend - Knochen - Faden*

– **gebrochen**; als seien die Knochen: agar.$_{k2}$ am-c.$_{k2}$ *Ang.*$_{bg2,kr1}$ arg-met.$_{a1}$ *Arn.*$_{bg2,k2}$ ars.$_{k2}$ *Aur.* **Bell.**$_{bg2}$ borx.$_{bg2}$ bov.$_{bg2}$ *Bry.* calc.$_{bg2}$ calc-p.$_{bg2}$ caust.$_{bg2}$ *Cham.*$_{bg2,kr1}$ *Chel.*$_{bg2,kr1}$ cina$_{bg2}$ coc-c.$_{kr1}$ **Cocc.**$_{bg2,kr1}$ cupr. *Dros.*$_{bg2,kr1}$ *Eup-per.*$_{bg1,k2,*}$ graph.$_{bg2}$ guaj.$_{bg2}$ hep. hyos.$_{bg2}$ **Ign.**$_{bg2,kr1}$ kreos.$_{bg2}$ *Lyc.*$_{bg2}$ lyss.$_{kr1}$ m-arct.$_{bg2}$ mag-m.$_{bg2,kr1}$ *Merc.*$_{bg2,kr1,*}$ mez.$_{bg2}$ mosch.$_{bg2}$ *Nat-m.* nux-v.$_{bg2,k2}$ par.$_{bg2}$ ph-ac.$_{bg2}$ **Phos.**$_{bg2,kr1}$ puls. *Pyrog.*$_{vh}$ rhus-t.$_{bg2,k2}$ *Ruta* *Samb.*$_{bg2,kr1}$ sep. *Sil.*$_{a1}$ sulph.$_{bg2}$ *Symph.*$_{kr1}$ *Tarent.*$_{a1}$ ther. *Thuj.*$_{kr1}$ valer.$_{bg1,bg2}$ *Verat.* *Vip.* zinc.$_{bg2}$

  • **Körperteil**, auf dem man gelegen hatte, im: mosch.$_{a1}$

○ **Gelenken**, in den: bov.$_{bg2}$ calc.$_{bg2}$ carb-an.$_{a1,bg2}$ caust.$_{bg2}$ dros.$_{bg2}$ hep.$_{bg2}$ merc.$_{bg2}$ mez.$_{bg2}$ par.$_{bg2,kr1,*}$ sep.$_{bg2}$

– **gekratzt**, geschabt; wie: *Acon.* aesc. alum. alumn. *Arg-n.* arn.$_{bg2,k}$ asaf.$_{bg2,k,*}$ *Asar.*$_{hr1,kr1}$ *Bell.* **Brom.** bry. carb-v. carbn-s. cham.$_{bg2,k}$ *Chin.*$_{bg2,k,*}$ *Coc-c.* coloc.$_{bg2,k}$ *Con.* crot-t. dig. **Dros.** hydrog.$_{srj2}$ *Kali-bi.* *Kali-chl.* *Lach.* led.$_{bg2,k}$ lepi.$_{a1}$ *Lyc.*$_{bg2,k,*}$ *Mez.* **Nux-v.** *Osm.* *Par.*$_{bg2,k,*}$ ph-ac.$_{bg2,k,*}$ *Phos.* phyt. **Puls.**$_{bg2,k,*}$ *Rhus-t.*$_{bg2,k,*}$ *Rumx.* *Sabad.*$_{bg2,k,*}$ sel. seneg. spig.$_{bg2,k}$ *Stann.* **Sulph.** tell. **Verat.**

○ **Knochen**, in den: *Asaf.*$_{bg2,kr1}$ berb.$_{bg2,kr1}$ bry.$_{bg2,kr1}$ **Chin.**$_{bg2,kr1}$ coloc.$_{bg2,kr1}$ nat-m.$_{bg2,kr1}$ **Ph-ac.**$_{bg2,kr1}$ puls.$_{bg2,kr1}$ **Rhus-t.**$_{bg2,kr1}$ *Sabad.*$_{bg2,kr1,*}$ spig.$_{bg2,kr1}$ thuj.$_{bg2,kr1}$

  ○ **langen**, in: bry. ph-ac.$_{k2}$ *Sabad.*

• **Periosts**, des: *Asaf.* **Chin.** coloc. **Ph-ac.** puls. **Rhus-t.** *Sabad.* spig.

– **geschlagen**, wie: arn.$_{br1}$

– **geschwürig**: *Alum-sil.*$_{k2,kr1,*}$ **Am-m.**$_{hr1,kr1}$ *Bry.*$_{hr1,kr1}$ *Cann-s.*$_{hr1,kr1}$ *Caust.*$_{hr1,kr1}$ *Cic.*$_{hr1,kr1}$ *Cycl.*$_{hr1,kr1}$ *Graph.*$_{hr1,kr1}$ *Hep.*$_{hr1,kr1}$ *Ign.*$_{hr1,kr1}$ iodof.$_{hr1,kr1}$ *Kali-c.*$_{hr1,kr1}$ kali-chl.$_{k13}$ kali-m.$_{k2,kr1}$ **Kali-s.**$_{k2,kr1,*}$ **Lach.**$_{hr1,kr1}$ *Mang.*$_{hr1,kr1}$ *Merc.*$_{hr1,kr1}$ *Mur-ac.*$_{hr1,kr1}$ *Nat-m.*$_{hr1,kr1}$ *Nux-v.*$_{hr1,kr1}$ **Phos.**$_{hr1,kr1}$ **Puls.**$_{hr1,kr1}$ **Ran-b.**$_{hr1,kr1}$ **Rhus-t.**$_{hr1,kr1}$ zinc.$_{hr1,kr1}$

○ **äußerlich**: acon.$_{bg2,k}$ agar.$_{bg2,k}$ alum.$_{bg2,k}$ am-c.$_{bg2,k}$ **Am-m.**$_{bg2,k}$ ambr.$_{bg2,k}$ anac.$_{bg2,k}$ ang.$_{bg2}$ ant-c.$_{bg2,k}$ arg-met. arn.$_{bg2,k}$ ars.$_{bg2,k}$ aur.$_{bg2,k}$ bar-c.$_{bg2,k}$ bell.$_{bg2,k}$ bov.$_{bg2,k}$ **Bry.**$_{bg2,k}$ calc.$_{j5}$ camph.$_{bg2,k}$ cann-s.$_{bg2,k}$ *Canth.*$_{bg2,k}$ caps.$_{bg2,k}$ carb-an.$_{bg2,k}$ carb-v.$_{bg2,k}$ *Caust.*$_{bg2,k}$ cedr. cham.$_{bg2,k}$ chin.$_{bg2,k}$ *Cic.*$_{bg2,k}$ cocc.$_{bg2,k}$ colch.$_{bg2,k}$ cycl.$_{bg2,k}$ dros.$_{bg2,k}$ dulc.$_{bg2,k}$ ferr.$_{bg2,k}$ *Graph.*$_{bg2,k}$ hep.$_{bg2,k}$ *Ign.*$_{bg2,k}$ *Kali-c.*$_{bg2,k}$ kali-n.$_{bg2,k}$ **Kali-s.** kreos.$_{bg2,k}$ lach.$_{bg2,k}$ laur.$_{bg2,k}$ mag-c.$_{bg2,k}$ mag-m.$_{bg2,k}$ *Mang.*$_{bg2,k}$ merc.$_{bg2,k}$ *Mur-ac.*$_{bg2,k}$ nat-c.$_{bg2,k}$ *Nat-m.*$_{bg2,k}$ nit-ac.$_{bg2,k}$ *Nux-v.*$_{bg2,k}$ petr.$_{bg2,k}$ ph-ac.$_{bg2,k}$ phos.$_{bg2,k}$ plat.$_{bg2,k}$ **Puls.**$_{bg2,k}$ **Rhus-t.**$_{bg2,k}$ ruta sars.$_{bg2,k}$ *Sep.*$_{bg2,k}$ **Sil.**$_{bg2,k}$ spig.$_{bg2,k}$ spong.$_{bg2,k}$ staph.$_{bg2,k}$ sul-ac.$_{bg2,k}$ sulph.$_{bg2,k}$ teucr.$_{bg2,k}$ thuj.$_{bg2,k}$ verat.$_{bg2,k}$ *Zinc.*$_{bg2,k}$

• **Drüsen**, in: am-c. *Am-m.* aur. bell. bry. calc. canth. caust. cham. chin. cic. cocc. graph. hep. ign. kali-c. merc. mur-ac. nat-c. nat-m. nit-ac. petr. **Phos.** *Puls.* *Rhus-t.* ruta **Sil.** staph. sul-ac. teucr. *Zinc.*

• **innerlich**: acon.$_{bg2,k}$ alum-sil.$_{k2}$ *Am-c.*$_{bg2,k}$ *Arg-n.* ars. bell.$_{bg2,k}$ borx. bov.$_{bg2,k}$ *Bry.*$_{bg2,k}$ *Cann-s.*$_{bg2,k}$ canth.$_{bg2,k}$ *Caps.*$_{bg2,k}$ carb-an.$_{bg2,k}$ carb-v.$_{bg2,k}$ carbn-s. *Caust.*$_{bg2,k}$ cham.$_{bg2,k}$ chel.$_{bg2,k}$ cocc.$_{bg2,k}$ *Coloc.* cupr.$_{bg2,k}$ dig.$_{bg2,k}$ *Gamb.* hell.$_{bg2,k}$ hep.$_{bg2,k}$ kali-c.$_{bg2,k}$ kali-m.$_{k2}$ kreos.$_{bg2,k}$ **Lach.**$_{bg2,k}$ laur.$_{bg2,k}$ mag-c.$_{bg2,k}$ mag-m.$_{bg2,k}$ mang.$_{bg2,k}$ *Merc.*$_{bg2,k}$ mur-ac.$_{bg2,k}$ nit-ac.$_{bg2,k}$ *Nux-v.*$_{bg2,k}$ ph-ac.$_{bg2,k}$ phos.$_{bg2,k}$ *Psor.* **Puls.**$_{bg2,k}$ **Ran-b.**$_{bg2,k}$ *Rhus-t.*$_{bg2,k}$ ruta sabad.$_{bg2,k}$ sep.$_{bg2,k}$ **Sil.**$_{bg2,k}$ spig.$_{bg2,k}$ stann.$_{bg2,k}$ staph.$_{bg2,k}$ stront-c. *Sulph.*$_{bg2,k}$ valer.$_{bg2,k}$ verat.$_{bg2,k}$

• **Knochen**, in den: am-c. am-m. *Bry.* bufo$_{bg2}$ caust. cic. graph. ign. mang. nat-m. *Puls.* rhus-t.

– **krampfartig**: cench.$_{k2}$

○ **Gelenken**, in den: acon.$_{bg2}$ am-m.$_{bg2}$ *Anac.*$_{bg2}$ **Ang.**$_{bg2}$ arn.$_{bg2}$ ars.$_{bg2}$ aur.$_{bg2}$ bar-c.$_{bg2}$ *Bell.*$_{bg2}$

- **Drüsen**, in: agn. am-c. *Ambr.* *Arn.* bar-c. bar-s.k2 *Bell.* bov. *Bry.* *Calc.* cann-s. *Caps.* *Carb-an.* *Carb-v.* caust. *Cham.* **Chin.** cocc. con. cycl. *Dulc.* ferr. graph. grat.j5 ign. *Kali-c.* kali-s. kreos. *Lyc.* **Merc.** mez. nat-c. nit-ac. nux-v. ol-an.j5 phel.j5 phos. **Puls.** *Rhod.* *Rhus-t.* sel. seneg. sep. *Sil.* staph.k2 *Sulph.* thuj. *Zinc.*
- **Gelenken**, in den: acon.bg2 agar.bg2 *Agn.*bg2 alum.bg2 am-c.bg2 am-m.bg2 *Ambr.*bg2,j5 anac.bg2 ang.bg2 ant-s-aur.a1,bg2 ant-t.bg2,kr1,* **Arg-met.**bg2 arist-cl.bg2,sp1 arn.bg2,j5 ars.bg2 ars-i.bg2,k2 asaf.bg2 asar.bg2 *Aur.*bg2 bar-c.bg2 bell.bg2,kr1 bism.bg2 *Bov.*bg2 *Bry.*bg2 cact.a1,bg2 *Calc.*bg2,j5,* camph.bg2,kr1 canth.bg2 carb-an.bg2 carb-v.bg2 *Carl.*a1,bg2 **Caust.**bg2,j5,* cham.bg2 chel.bg2 *Chin.*bg2 cic.bg2 cinabg2 cist.bg2,j5,* clem.bg2 cocc.bg2 *Colch.*bg2,kr1 con.bg2 cupr.bg2 cycl.bg2 dig.bg2 dros.bg2 dulc.bg2 euphr.bg2 ferr.bg2 graph.bg2,j5 grat.a1,bg2 guaj.bg2,j5 hell.bg2 hep.bg2 hera.bg2,j5 hyos.bg2,j5 ign.bg2 iod.bg2,j5 **Kali-c.**bg2 *Kali-n.*bg2 kreos.bg2 lach.bg2,j5 laur.bg2 mag-m.bg2 mang.bg2 meny.bg2 **Merc.**bg2 mez.bg2 mosch.bg2 mur-ac.bg2 nat-c.bg2,j5 nat-m.bg2 nat-s.a1,bg2 nit-ac.bg2,j5,* nit-s-d.a1,bg2 nux-m.bg2 *Nux-v.*bg2,j5 olnd.bg2 par.bg2 petr.bg2 *Ph-ac.*bg2 *Phos.*bg2,j5 plb.bg2 puls.bg2 ran-b.bg2 rheumbg2 rhod.bg2,j5 **Rhus-t.**bg2 rutabg2 sabad.bg2 sabin.bg2,j5 samb.bg2 *Sars.*bg2,j5,* sec.bg2,j5,* *Sep.*bg2,j5 sil.bg2,j5 spig.bg2,j5,* spong.bg2 stann.bg2 staph.bg2 **Stront-c.**bg2,j5 **Sulph.**bg2 tarax.bg2 *Teucr.*bg2 thuj.a1,bg2 valer.bg2 verat.bg2 verb.bg2 viol-o.bg2 **Zinc.**bg2
  - **brennend**, und: *Carb-v.*bg2 caust.bg2 nat-c.bg2 nit-ac.bg2
  - **drückend**: agn.bg2 anac.bg2 ang.bg2 arg-met.bg2 arn.bg2 asaf.bg2 bell.bg2 bism.bg2 **Carb-v.**bg2 caust.bg2 cham.bg2 chin.bg2 coloc.bg2 graph.bg2 guaj.bg2 hyos.bg2 kali-c.bg2 led.bg2 lyc.bg2 mez.bg2 ph-ac.bg2 rutabg2 sabad.bg2 sars.bg2 sep.bg2 spong.bg2 stann.bg2 staph.bg2 zinc.bg2
  - **krampfartig**: anac.bg2 ars.bg2 aur.bg2 bov.bg2 kali-c.bg2 **Olnd.**bg2 phos.bg2 *Plat.*bg2
  - **lähmungsartig**: bell.bg2 carb-v.bg2 chel.bg2 chin.bg2 cocc.bg2 con.bg2 dig.bg2 *Kali-c.*bg2 meny.bg2 nat-m.bg2 nit-ac.bg2 phos.bg2 sars.bg2 stann.bg2 **Staph.**bg2
  - **stechend**: agn.bg2 anac.bg2 bar-c.bg2 calc.bg2 chin.bg2 colch.bg2 dulc.bg2 graph.bg2 guaj.bg2 hyos.bg2 **Led.**a1,bg2 mag-c.bg2 mang.bg2 merc.bg2 mur-ac.bg2 nat-c.bg2 nat-m.bg2 puls.bg2 sabin.bg2 sep.bg2 staph.bg2 thuj.bg2 *Zinc.*bg2
  - **zuckend**, und: acon.bg2 caust.bg2 **Chin.**bg2 cupr.bg2 laur.bg2 mang.bg2 olnd.bg2 *Puls.*bg2 *Rhus-t.*bg2 *Sulph.*bg2
- **innerlich**: acon.bg2,k aesc. *Agar.*bg2,k agn.bg2,k aloe alum.bg2,k *Alum-sil.*k4 am-c.bg2,k am-m.bg2,k *Ambr.*bg2,k anac.bg2,k ang.bg2 ant-c.bg2,k *Ant-t.*bg2,k apis *Arg-met.*k,k2 arn.bg2,k ars.bg2,k ars-i. ars-s-f.k2 asaf.bg2,k asar.bg2,k *Aur.*bg2,k aur-ar.k2 aur-i.k2 aur-m.k2 aur-s.k2 bar-c.bg2,k bar-i.k2 bar-s.k2 **Bell.**bg2,k **Berb.** bism.bg2,k borx. bov.bg2,k **Bry.**bg2,k cact.k2 calad.bg2,k calc.bg2,k calc-i.k2 calc-p.bg2
- **innerlich**: ... calc-sil.k2 camph.bg2,k cann-s.bg2,k canth.bg2,k *Caps.*bg2,k carb-an.bg2,k **Carb-v.**bg2,k *Carbn-s.* carc.k4 caust.bg2,k *Cham.*bg2,k *Chel.*bg2,k chin.bg2,k chinin-ar. cic.bg2,k cimic.bg2 cina cist.k2 clem.bg2,k cocc.bg2,k coff.bg2,k colch.bg2,k *Coloc.*bg2,k **Con.**bg2,k croc.bg2,k crot-h. cupr.bg2,k cycl.bg2,k dig.bg2,k dios. dros.bg2,k dulc.bg2,k euph.bg2,k euphr.bg2,k ferr.bg2,k *Gran.* graph.bg2,k guaj.bg2,k hell.bg2,k hep.bg2,k hyos.bg2,k *Ign.*bg2,k iod.bg2,k ip.bg2,k kali-ar. kali-bi.bg2 kali-c.bg2,k *Kali-n.*bg2,k **Kali-s.** kali-sil.k2 *Kalm.* kreos.bg2,k *Lach.*bg2,k laur.bg2,k **Led.**bg2,k **Lyc.**bg2,k *Mag-c.*bg2,k mag-m.bg2,k mang.bg2,k *Meny.*bg2,k **Merc.**bg2,k mez.bg2,k mosch.bg2,k mur-ac.bg2,k nat-ar. nat-c.bg2,k *Nat-m.*bg2,k nit-ac.bg2,k nux-m.bg2,k **Nux-v.**bg2,k olnd.bg2,k op.bg2,k ox-ac.k2 par.a1,bg2 petr.bg2,k ph-ac.bg2,k *Phos.*bg2,k plat.bg2,k plb.bg2,k **Puls.**bg2,k ran-b.bg2,k ran-s.bg2,k *Rhod.*bg2,k rhus-t.hr1,k ruta sabad.bg2,k sabin.bg2,k samb.bg2,k sang. sars.bg2,k sec.bg2,k sel.bg2,k seneg.bg2,k **Sep.**bg2,k **Sil.**bg2,k **Spig.**bg2,k spong.bg2,k squil.bg2,k *Stann.*bg2,k staph.bg2,k stram.bg2,k stront-c. sul-ac.bg2,k sul-i.k2 **Sulph.**bg2,k *Tarax.*bg2,k teucr.bg2 thuj.bg2,k uva valer.bg2,k verat.bg2,k *Verat-v.* verb.bg2,k viol-o.bg2,k viol-t.bg2,k *Zinc.*bg2,k
- **Knochen**, in den: acon. *Agar.* alum. *Am-m.* anac. ang.a1,c1 *Arg-met.* arn. ars. asaf. **Aur.** *Aur-m.* aur-s.k2 *Bar-c.* *Bell.* *Berb.* bism. borx. bov. bry. calc-p. cann-s. canth. *Caps.* *Carb-v.* *Caust.* cham. chel. **Chin.** *Cina* *Cocc.* colch.bro1 coloc. con. crot-t. *Cupr.* *Cycl.* dig. *Dros.* dulc. *Ferr.* fl-ac.bro1 gamb.a1 graph. hell. hep. ign. iod. kali-bi.a1 **Kali-c.** *Kali-n.* *Kalm.*kr1 **Lach.** lact.j5 laur. *Lyc.* lyss.kr1 *Mag-c.* mag-m. mang. meph.j5 **Merc.** *Merc-c.* *Mez.* mur-ac.j5,sf1 nat-c. nat-m. nicc.j5 *Nit-ac.* nit-s-d.a1 nux-v. *Ph-ac.* *Phos.* plb. puls. **Rhod.** rhus-t. *Ruta* sabad.j5 *Sabin.* samb. sars. sep. **Spig.** spong. stann. *Staph.* *Stront-c.* sul-ac. sulph. *Tab.* *Teucr.*j5 *Thuj.* valer. verat. verb. *Zinc.*
  - **brennend**: sabin.
  - **drückend**: **Arg-met.** arn. asaf. bism. bry. coloc. **Cycl.** staph. teucr.
  - **krampfartig**: aur. olnd. *Valer.*
  - **lähmungsartig**: bell. *Bism.* chel. chin. *Cocc.* dig.
  - **ruckend**: ang. *Bry.* **Chin.** cupr. mang.
  - **stechend**: bell. cina mur-ac. sabin.
  - ○ **Epiphysen**, in den: arg-met.h
  - **Periost**, im: bry. *Mez.* ph-ac. *Rhod.*
- **Muskeln**, in: acon. adon.bg2 aesc.bg2 agar. agn. alum. am-c. *Am-m.* *Ambr.* anac. ang.bg2 ant-c. ant-t. *Arg-met.* arn. *Ars.* ars-i. ars-s-f.k2 *Asaf.* asar. *Aur.* aur-s.k2 bar-c. bar-i.k2 bar-m. *Bell.* *Bism.* *Borx.* bov. *Bry.* **Calc.** camph. *Canth.* caps. *Carb-an.* **Carb-v.** **Carbn-s.** **Caust.** cham. *Chel.* *Chin.* cic. cimic.bg2 *Cina* clem. cocc. *Colch.* coloc. con. croc. cupr. cycl. dig. dros. *Dulc.*bg2 euph. ferr. *Graph.* guaj. hell. *Hep.* hyos. ign. iod. ip. **Kali-c.** kali-m.k2 *Kali-n.*k1 kali-s. kreos. lach. laur. led. **Lyc.** *Mag-c.* *Mag-m.* *Mang.* meny.

• **Muskeln**, in: ...
Merc. mez. mosch. *Mur-ac.* *Nat-c.* *Nat-m.* **Nit-ac.** nux-v. olnd. par. petr. ph-ac. *Phos.* plat. plb. *Puls.* ran-b. rheum **Rhod.** rhus-t. *Ruta* sabad. *Sabin.* samb. sang.$_{k2}$ sars. sec. sel. seneg. **Sep.** **Sil.** spig. spong. squil. *Stann.* **Staph.** **Stront-c.** sul-ac. **Sulph.** tarax. *Teucr.* thuj. valer. verat. verb. viol-o. viol-t. **Zinc.** **Zinc-p.**$_{k2}$
• **brennend**: bell. *Carb-v.* caust. kali-c. led. lyc. *Nit-ac.* ruta sabin. tarax. zinc.
• **drückend**: acon. ambr. anac. ang.$_{bg2}$ ant-c. arg-met. arn. asar. bism. camph. cann-s. **Carb-v.** caust. chin. colch. cupr. cycl. dig. euph. guaj. *Kali-c.* kali-n. laur. led. lyc. ph-ac. ran-b. ruta sabin. sars. sep. spig. **Stann.** *Staph.* stront-c. sulph. teucr. viol-t. zinc.
• **krampfartig**: **Anac.** ang.$_{bg2}$ ant-c. arg-met. asaf. aur. bism. *Calc.* caust. chel. *Chin.* dulc. euph. graph. iod. kali-c. mang. *Meny.* mosch. *Mur-ac.* **Nat-c.** nat-m. nux-v. *Petr.* ph-ac. phos. **Plat.** ran-b. ruta samb. sil. stann. stront-c. thuj. valer.
• **lähmungsartig**: agn. ant-c. asaf. carb-v. *Cham.*$_{k1}$ *Chin.* cic. *Cina* cocc. con. dig. graph. *Hell.* **Kali-c.** mez. mosch. nat-m. nit-ac. phos. *Sabin.* *Sars.* seneg. sil. stann. verb.
• **ruckend**: acon. agar. agn. alum. bell. calc. camph. **Chin.** cina *Cupr.* dig. dulc. guaj. lyc. mang. merc. nat-c. ph-ac. phos. plat. **Puls.** rhus-t. spig. *Staph.* stront-c. sul-ac. sulph.
• **stechend**: acon. agn. ambr. ang.$_{bg2}$ ant-t. arg-met. arn. bar-c. bell. bry. camph. cann-s. canth. caps. chin. cic. *Colch.* coloc. con. dros. dulc. *Euph.* guaj. hyos. ign. iod. kali-c. *Lyc.* mag-c. mang. merc. mur-ac. nat-m. ph-ac. phos. rheum sars. spong. staph. sulph. teucr. thuj. **Zinc.**
• **Nerven**, in: gels.$_{k2}$ hyper.$_{k2}$ zinc-p.$_{k2}$

– **ruckend**:
• **rechten** Seite, der: cupr.$_{h}$
○ **äußerlich**: acon.$_{bg2,k,*}$ agar.$_{bg2,k}$ agn.$_{bg2,k}$ *Alum.*$_{bg2,k}$ alum-p.$_{k13,k2}$ alum-sil.$_{k13,k2}$ *Alumn.*$_{hr1,kr1}$ ambr.$_{bg2,k}$ anac.$_{bg2,k,*}$ ang.$_{bg2}$ ant-c.$_{bg2,k}$ ant-t.$_{bg2,k}$ arg-met. *Arn.*$_{bg2,k,*}$ ars.$_{bg2,k}$ **Asaf.**$_{bg2,k,*}$ asar.$_{bg2,k}$ *Aur.*$_{bg2,k,*}$ bar-c.$_{bg2,k}$ *Bar-m.* bar-s.$_{k13,k2}$ *Bell.*$_{bg2,k,*}$ bism.$_{bg2,k}$ borx. bov.$_{bg2,k}$ *Bry.*$_{bg2,k,*}$ **Calc.**$_{bg2,k,*}$ calc-act.$_{sf1}$ calc-i.$_{k13,k2}$ calc-sil.$_{k13,k2}$ camph.$_{bg2,k}$ *Cann-s.*$_{hr1,kr1,*}$ canth.$_{bg2,k}$ caps.$_{bg2,k}$ carb-v.$_{bg2,k}$ *Carbn-s.* **Caust.**$_{bg2,k,*}$ cham.$_{bg2,k}$ *Chin.*$_{bg2,k,*}$ cic.$_{hr1,k}$ cimic.$_{k13,k2}$ *Cina* *Clem.*$_{bg2,k,*}$ cocc.$_{bg2,k}$ coff.$_{bg2,k}$ colch.$_{hr1,k}$ coloc.$_{bg2,k,*}$ con.$_{bg2}$ croc.$_{bg2,sf1}$ cupr.$_{h,sf1}$ cycl.$_{bg2}$ dig.$_{bg2}$ dros.$_{bg2}$ dulc.$_{bg2}$ *Graph.*$_{bg2,hr1,*}$ hell.$_{bg2}$ hep.$_{bg2}$ hyos.$_{bg2}$ **Ign.**$_{bg2,hr1,*}$ iod.$_{bg2,k}$ kali-bi.$_{bg2}$ kali-c.$_{bg2,k}$ kali-chl.$_{k13}$ kali-m.$_{k2}$ kali-s. kreos.$_{bg2,k}$ lach.$_{bg2,k}$ laur.$_{bg2,k}$ led.$_{bg2,k}$ *Lyc.*$_{bg2,k,*}$ mag-c.$_{bg2,k}$ *Mag-p.* mang.$_{bg2,k,*}$ **Meny.**$_{bg2,k}$ *Merc.*$_{bg2,k,*}$ mez.$_{bg2,k}$ mosch.$_{bg2,k}$ mur-ac.$_{bg2,k}$ *Nat-c.*$_{bg2,k,*}$ **Nat-m.**$_{bg2,k,*}$ *Nit-ac.*$_{bg2,k,*}$ *Nux-m.*$_{hr1,kr1}$ **Nux-v.**$_{bg2,k,*}$ olnd.$_{bg2,k}$ op.$_{bg2,k}$ par.$_{bg2,k}$ *Petr.*$_{bg2,k,*}$ *Petros.*$_{hr1,kr1}$ ph-ac.$_{bg2,k}$ phos.$_{bg2,k,*}$ phyt. plat.$_{bg2,k,*}$ plb.$_{bg2,k}$ **Puls.**$_{bg2,k,*}$

– **ruckend - äußerlich**: ...
Ran-b.$_{bg2,k}$ ran-s.$_{bg2,k}$ rheum rhod.$_{bg2,k}$ **Rhus-t.**$_{bg2,k,*}$ ruta sabad.$_{bg2,k}$ sabin.$_{bg2,k}$ sec.$_{bg2,k}$ *Sep.*$_{bg2,k,*}$ *Sil.*$_{bg2,k,*}$ spig.$_{bg2,k,*}$ spong.$_{bg2,k,*}$ *Squil.*$_{bg2,k}$ *Stann.*$_{bg2,k,*}$ staph.$_{bg2,k}$ stront-c. sul-ac.$_{bg2,k,*}$ sul-i.$_{k13,k2}$ sulph.$_{bg2,k,*}$ **Tarax.**$_{bg2,k,*}$ teucr.$_{bg2,k}$ thuj.$_{bg2,k}$ **Valer.**$_{bg2,k,*}$ verat.$_{bg2,k,*}$ verb.$_{bg2,k}$ viol-t.$_{bg2,k}$ zinc.$_{bg2,k}$
• **Aufstehen** aus dem Bett, beim: mag-c.$_{h}$
• **erkrankter** Teile: arn.$_{h}$ *Merc.*
• **Drüsen**, in: arn. asaf. aur. bell. bry. *Calc.* caps. caust. chin. *Clem.* graph. lyc. meny. merc. nat-c. *Nat-m.* nit-ac. nux-v. petr. *Puls.* rhus-t. sep. sil. sulph.
• **innerlich**: acon.$_{bg2,k}$ agar.$_{bg2,k}$ aloe am-m.$_{bg2,k}$ ambr.$_{bg2,k}$ anac.$_{bg2,k}$ ang.$_{bg2}$ arn.$_{bg2,k}$ ars.$_{bg2,k}$ **Bell.** borx. bry.$_{bg2,k}$ *Calc.*$_{bg2,k}$ cann-s.$_{bg2,k}$ carb-v.$_{bg2,k}$ caust.$_{bg2,k}$ cham.$_{bg2,k}$ **Chin.**$_{bg2,k}$ clem. cocc.$_{bg2,k}$ colch.$_{bg2,k}$ con.$_{bg2,k}$ croc.$_{bg2,k}$ graph.$_{bg2,k}$ **Ign.**$_{bg2,k}$ **Kali-c.**$_{bg2,k}$ lyc.$_{bg2,k}$ mang.$_{bg2,k}$ meny.$_{bg2,k}$ *Merc.* mez.$_{bg2,k}$ nat-m.$_{bg2,k}$ **Nit-ac.**$_{bg2,k}$ nux-v.$_{bg2,k}$ petr.$_{bg2,k}$ ph-ac.$_{bg2,k}$ plat.$_{bg2,k}$ plb.$_{bg2,k}$ podo.$_{c1}$ **Puls.**$_{bg2,k}$ ran-b.$_{bg2,k}$ ran-s.$_{bg2,k}$ rhus-t.$_{bg2,k}$ *Sep.*$_{bg2,k}$ **Sil.**$_{bg2,k}$ *Spig.*$_{bg2,k}$ *Stann.* stront-c. sul-ac.$_{bg2,k}$ **Sulph.**$_{bg2,k}$ teucr.$_{bg2,k}$ **Thuj.** *Valer.*$_{bg2,k}$
• **Knochen**, in den: anac.$_{j5}$ **Asaf.** aur. bell. *Calc.* caust. *Chin.* clem. colch. lyc. mang.$_{bg2}$ merc. *Nat-m.* nux-v. ol-an.$_{bg2}$ petr. phos. *Puls.* rhod. rhus-t. sep. sil. sul-ac.$_{j5}$ **Sulph.** *Symph.*$_{kr1}$ *Valer.*

– **schießend**:
○ **Nerven**; entlang des Verlaufs der: gels.$_{c1,hr1}$

– **schneidend**:
○ **äußerlich**: acon.$_{bg2,k}$ *Alum.*$_{bg2,k}$ alum-p.$_{k13,k2}$ alum-sil.$_{k13,k2}$ *Alumn.*$_{hr1,kr1}$ ambr.$_{bg2,k}$ anac.$_{bg2,k}$ *Androc.*$_{srj1}$ ang.$_{bg2,j5,*}$ ant-c.$_{bg2,k}$ arg-met. arn.$_{bg2,k,*}$ ars-s-f.$_{k13,k2}$ asaf.$_{bg2,k}$ asar.$_{bg2,k}$ aur.$_{bg2,k}$ aur-ar.$_{k2}$ aur-s.$_{k13,k2}$ **Bell.**$_{bg2,k,*}$ berb.$_{bg2}$ bism.$_{bg2,k}$ borx. brom. bry.$_{bg2,k}$ *Calad.*$_{hr1,kr1}$ **Calc.**$_{bg2,k,*}$ calc-i.$_{k13,k2}$ **Calc-sil.**$_{k13,k2}$ camph.$_{bg2,k}$ cann-s.$_{bg2,k}$ canth.$_{bg2,k,*}$ carbn-s. caust.$_{bg2,k}$ chin.$_{bg2,k,*}$ chinin-s.$_{j5}$ cimic. cina$_{bg2}$ clem.$_{bg2,k}$ colch.$_{bg2,k}$ *Coloc.*$_{bg2,k,*}$ **Con.**$_{bg2,k,*}$ conv. dig.$_{bg2,k}$ **Dros.**$_{bg2,k,*}$ dulc.$_{bg2,k}$ euph.$_{bg2,k}$ *Graph.*$_{bg2,k,*}$ hell.$_{bg2,k}$ hep. *Hydrog.*$_{srj2}$ hyos.$_{bg2,k}$ *Ign.*$_{bg2,k,*}$ kali-c.$_{bg2,k,*}$ *Kali-chl.*$_{k13}$ *Kali-m.*$_{k2}$ kali-s. kalm.$_{k2}$ led.$_{bg2,k}$ *Lyc.*$_{bg2,k,*}$ mag-c.$_{k13,k2}$ mag-m.$_{bg2,k}$ mang.$_{bg2,k}$ meny.$_{bg2,k}$ *Merc.*$_{bg2,k,*}$ mez.$_{bg2,k}$ mosch.$_{bg2,k}$ *Mur-ac.*$_{bg2,k,*}$ **Nat-c.**$_{bg2,k,*}$ nat-m.$_{bg2,k}$ *Nat-sil.*$_{k13,k2}$ neon$_{srj5}$ nit-ac.$_{bg2,k}$ *Nux-v.*$_{bg2,k,*}$ olnd.$_{bg2,k}$ osm. ox-ac.$_{k13,k2}$ oxyt. par.$_{bg2,k,*}$ **Petr.**$_{bg2,k}$ *Ph-ac.*$_{bg2,k,*}$ phos.$_{bg2,k,*}$ plat.$_{bg2,k}$ puls.$_{bg2,k,*}$ ran-b.$_{bg2,k}$ *Rheum*$_{kr1}$ rhod.$_{bg2,k}$ *Rhus-t.*$_{bg2,k,*}$ ruta sabad. *Samb.*$_{bg2,k,*}$ sang.$_{k13,k2}$ sars.$_{bg2,k}$ seneg.$_{bg2,k}$ *Sep.*$_{bg2,k,*}$ *Sil.*$_{bg2,k,*}$ spig.$_{bg2,k}$ stann.$_{bg2,k,*}$ staph.$_{bg2,k,*}$ stram.$_{bg2,k}$ *Stront-c.*$_{kr1}$ *Sul-ac.*$_{bg2,k,*}$ sul-i.$_{k13,k2}$ *Sulph.*$_{hr1,k}$ teucr.$_{bg2,k}$ thuj.$_{bg2,k}$ verat.$_{bg2,k}$ *Viol-t.*$_{bg2,k}$ *Zinc.* **Zinc-p.**$_{k13,k2}$
• **Blutgefäßen**, in den: calc.$_{bg2}$
• **Drüsen**, in: arg-met. *Bell.* calc. con. graph. ign. *Lyc.* nat-c. ph-ac. *Sep.* sil. staph. sulph.
○ **um** die Drüsen herum: con.$_{h}$

• **Gelenken**, in den: cadm-s.a1,kr1 guare.a1,kr1 hyos.j5,kr1,* *Sabad.*j5,kr1,* vesp.a1,kr1

• **innerlich**: abies-n.a1,k acon.a1,k aesc.a1,k aeth.a1,k agar.bg2,k agn.bg2,k all-c.a1,k alum.bg2,k alum-sil.k2 am-c.bg2,k am-m.a1,k ambr.bg2,k anac.bg2,k *Ang.*bg2 ant-c.bg2,k ant-t.bg2,k arg-met. arg-n.a1,k *Arn.*bg2,k ars.bg2,k ars-i.a1 ars-s-f.k2 asaf.bg2,k asar.bg2,k aur.bg2,k aur-ar.k2 aur-s.k2 bar-c.bg2,k bar-m. **Bell.**bg2,k *Berb.* bism.bg2,k borx. bov.bg2,k bry.bg2,k *Calad.*bg2,k **Calc.**bg2,k calc-i.k2 calc-p. calc-sil.k2 camph.bg2,k cann-i. cann-s.bg2,k **Canth.**bg2,k caps.bg2,k carb-an.bg2,k carb-v.bg2,k caust.bg2,k cham.bg2,k *Chel.*bg2,k *Chin.*bg2,k cic.bg2,k cina clem.bg2,k coc-c. cocc.bg2,k coff.bg2,k colch.bg2,k *Coll.*a1,k **Coloc.**bg2,k **Con.**bg2,k conv. croc.bg2,k crot-h. crot-t. cub. cupr.bg2,k cycl.bg2,k dig.bg2,k **Dios.**bg2,k dros.bg2,k *Dulc.*bg2,k *Elat.* *Equis-h.* ferr.bg2,k *Gamb.* gels. graph.bg2,k guaj.bg2,k hell.bg2,k hep.bg2,k hydr. *Hydrog.*srj2 **Hyos.**bg2,k ign.bg2,k iod.bg2,k *Ip.*bg2,k iris **Kali-c.**bg2,k kali-chl.bg2,k kali-m.k2 *Kali-n.*bg2,k *Kali-s.* kalm.k2 lach.bg2,k laur.bg2,k led.bg2,k lepi.br1 **Lyc.**bg2,k m-arct.bg2 m-aust.bg2 mag-c.bg2,k mag-m.bg2,k mang.bg2,k meny.bg2,k **Merc.**bg2,k merc-c. mez.bg2,k mosch.bg2,k *Mur-ac.*bg2,k nat-c.bg2,k **Nat-m.**bg2,k nit-ac.bg2,k nux-m.bg2,k **Nux-v.**bg2,k *Op.*bg2,k ox-ac.k2 *Par.*bg2,k *Petr.*bg2,k ph-ac.bg2,k *Phos.*bg2,k plat.bg2,k plb.bg2,k **Puls.**bg2,k ran-b.bg2,k ran-s.bg2,k *Rheum* rhod.bg2,k rhus-t.bg2,k ruta sabad.bg2,k sabin.bg2,k samb.bg2,k sars.bg2,k sec.k2 sel.bg2,k seneg.bg2,k *Sep.*bg2,k **Sil.**bg2,k *Spig.*bg2,k spong.bg2,k squil.bg2,k *Stann.*bg2,k *Staph.*bg2,k *Stront-c.* sul-ac.bg2,k sul-i.k2 **Sulph.**bg2,k teucr.bg2,k thuj.bg2,k valer.bg2,k **Verat.**bg2,k verb.bg2,k *Vib.* viol-t.bg2,k **Zinc.**bg2,k zinc-p.k2 zing.a1,k

• **Knochen**, in langen: anac.hr1,j5,* aur-m.bg2 calc. dig.hr1,j5,* kali-bi.bg2 kali-chl.bg2 kali-m.bg2 osm. sabad.bg2,k,*

– **Splittern**, Gefühl von: *Aesc.*bg2,k **Agar.**bg2,k *Alum.*bg2,k **Anag.**st **Arg-n.**bg2,k asaf.bg2 *Bar-c.* *Carb-v.*bg2,k,* cic.bg2,k,* colch.bg2,k,* coll. *Dol.*a1,k *Fl-ac.*bg2,k **Hep.**bg2,k,* kali-c.bg2 **Nit-ac.**bg2,k,* petr.bg2,k,* plat.bg2,k,* ran-b.bg2,k,* *Sil.*bg2,k,* stann.bg2 sulph.bg2,k,*

– **stechend**: **Acon.**bg2,hr1,* aconin.a1 adam.srj5 ail.a1 alum-p.a1,k2 *Alum-sil.*a1,k2,* *Alumn.*k,kr1,* *Am-m.*hr1,kr1,* amgd-p.a1 anac.a1 apisbg2,k2,* arg-n.a1,sf1 arist-cl.a1,sp1 *Arn.*bg2,hr1,* ars.a1 *Ars-s-f.*a1,k2,* arum-dru.c2 **Asaf.**hr1,kr1,* astac.a1 aur-ar.a1,k2 aur-i.a1,k2,* aur-m.a1,k2,* aur-s.a1,k2,* bar-c.a1 bar-i.a1,k2,* bar-s.a1,k2,* bart.a1 **Bell.**bg2,hr1,* benz-ac.a1,sf1 berb.a1,sf1 borx.a1,bg2 *Bov.*hr1,kr1,* **Bry.**bg2,hr1,* bufoa1,sf1 buni-o.a1,jl3,* **Calc.**hr1,kr1,* calc-f.a1,sf1 calc-i.a1,k2,* *Calc-sil.*a1,k2,* camph.a1,bg2 cann-i.a1,sf1 **Canth.**hr1,j5,* *Caust.*bg2,hr1,* cham.a1,bg2 *Chel.*hr1,kr1,* **Chin.**bg2,hr1,* cinaa1,sf1 *Cocc.*bg2,hr1,* coff.a1,k2,* *Colch.*bg2,hr1,* *Coloc.*a1,bg2,* **Con.**hr1,kr1,* culx.a1,k2,* cupr.a1 dig.a1 *Dros.*hr1,kr1,* esp-g.a1,kk1 eucal.a1 ferr-ar.a1,k2,* ferul.a1 *Gamb.*a1 gast.a1 germ-met.srj5 *Graph.*hr1,kr1,* haliae-lc.srj5 *Hell.*hr1,kr1,* hist.a1,mg1,* hydr.a1,sf1 hydroph.a1,jl3,* hyos.a1 hyper.bg2,k2,* **Ign.**hr1,kr1,* jac-c.a1

– **stechend**: ...

kali-ar.a1,k2,* **Kali-c.**bg2,hr1,* kali-chl.k13 kali-i.a1,sf1 kali-m.bg2,k2,* kali-n.a1 kali-sil.a1,k2,* *Kreos.*hr1,kr1,* lac-ac.a1 lac-c.a1 lach.a1 lat-m.a1,bg2 *Laur.*hr1,kr1,* led.a1,sf1 lyc.a1 *Mag-c.*hr1,kr1,* *Mag-m.*hr1,kr1,* *Manc.*a1 *Meny.*hr1,kr1,* **Merc.**bg2,hr1,* merc-c.a1,k2,* merc-i-f.a1 mez.a1 mosch.a1 *Mur-ac.*hr1,kr1,* najaa1 *Nat-c.*hr1,kr1,* *Nat-m.*hr1,kr1,* *Nat-sil.*a1,k2,* neonsrj5 **Nit-ac.**bg2,hr1,* nux-v.a1,bg2,* *Op.*a1,gl1 pall.c1 *Par.*hr1,kr1,* *Ph-ac.*hr1,kr1,* **Phos.**hr1,kr1,* plat.a1 *Plb.*hr1,kr1,* plb-i.a1,sf1 pneu.a1,jl3,* **Puls.**bg2,hr1,* pulx.a1,bg2 ran-b.a1,bg2,* *Ran-s.*hr1,kr1,* rauw.a1,sp1 **Rhus-t.**bg2,hr1,* *Sabad.*hr1,kr1,* *Sabin.*bg2,hr1,* sang.a1,sf1 *Sars.*hr1,kr1,* scut.a1 **Sep.**hr1,kr1,* *Sil.*hr1,kr1,* **Spig.**bg2,hr1,* *Spong.*bg2,hr1,* squil.a1,bg2,* *Stann.*hr1,kr1,* **Staph.**bg2,hr1,* stict.a1,sf1 stroph-s.a1,bg2,* sul-ac.a1,sf1 sul-i.a1,k2,* **Sulph.**bg2,hr1,* symph.a1,bg2 *Tarax.*hr1,kr1,* tarent.a1 **Thuj.**hr1,kr1,* tub.a1,k2,* urt-c.a1 verat.a1 **Verb.**hr1,kr1,* verin.a1 *Viol-t.*hr1 vip.a1,sf1 *Zinc.*bg2,hr1,* **Zinc-p.**a1,k2,*

• **linke** Seite: aesc.a1 all-c.a1 ant-s-aur.a1 coc-c.a1 crot-h.a1 **Ign.**a1 lach.a1 lepi.a1 merc.a1 nicc.a1 *Sil.*a1 sphing.a1 **Squil.**a1 stann.a1 *Sulph.*a1 sumb.a1 tax.a1 zinc.a1

• **rechte** Seite: bad.a1 carb-an.a1 chel.a1 con.a1 huraa1 hyos.a1 kali-bi.a1 mosch.a1 phos.a1 plect.a1 sil.a1 sin-n.a1 sol-t-ae.a1

• **morgens** im Bett: stann.sf1

• **nachts**: euphr.h

• **aufsteigend**: spig.h

• **außen, nach**: *Alum.*bg2,k am-m.bg2,k ant-c. **Arg-met.** arn.bg2,k **Asaf.**bg2,k asar. *Bell.*bg2,k *Bry.*bg2,k *Calc.*bg2,k cann-s. canth.bg2,k carb-v.bg2,k *Caust.* cham. **Chel.** **Chin.**bg2,k clem. cocc.bg2,k coff. colch. **Con.**bg2,k dros.bg2,k *Dulc.*bg2,k hell. hyos.bg2,k kali-c.bg2,k kali-chl.bg2,k13 kali-m.k2 *Lach.* *Laur.* *Lith-c.* *Lob.* *Lyc.*bg2,k mang.bg2,k meny. **Merc.** *Mez.*bg2,k mur-ac.bg2,k *Nat-c.*bg2,k nat-m. nit-ac.bg2,k *Ol-an.* olnd. ph-ac. **Phel.** phos.bg2,k phyt.bg2,k **Prun.**bg2,k puls. rhod.bg2,k *Rhus-t.*bg2,k *Sabad.*bg2,k *Sabin.*bg2,k *Sil.*bg2,k **Spig.**bg2,k **Spong.**bg2,k **Stann.**bg2,k *Staph.*bg2,k stront-c. **Sulph.**bg2,k *Tarax.*bg2,k ther. thuj. **Valer.**bg2,k verat. verb. *Viol-o.* viol-t.bg2,k zinc.bg2

▽ **erstreckt** sich zu:

• **Fingerspitzen**: *Lob.*

• **brennend**: am-m.bg2,j5 ant-c.bg2 *Apis*bg2 *Ars.*bg2 bell.bg2,j5 *Berb.*a1,bg2 *Con.*bg2 dig.bg2,j5 dulc.bg2 gamb.a1,bg2 *Glon.*bg2 ign.bg2,j5 *Iris*bg2 lyc.bg2 m-aust.bg2,j5 mez.bg2 nat-s.bg2,j5 ph-ac.bg2 *Phos.*bg2 rat.bg2,j5 rhod.bg2,j5 rhus-t.bg2 sil.bg2 *Urt-u.*bg2

• **äußerlich**: *Acon.*j5 alum.j5 *Anac.*j5 arg-met.j5 arn.j5 ars.j5 *Asaf.*j5 aur.j5 *Bar-c.*j5 bell.j5 berb.j5 *Bry.*j5 cann-s.j5 caps.j5 caust.j5 cinaj5 *Cocc.*j5 con.j5 *Dig.*j5 *Hep.*j5 *Hyos.*j5 ign.j5 *Lach.*j5 *Lyc.*j5 m-arct.j5 m-aust.j5 mag-c.j5 meny.j5 *Merc.*j5 *Mez.*j5 mur-ac.j5 nat-s.j5 nicc.j5 *Nux-v.*j5 *Ph-ac.*j5 phel.j5 phos.j5 plat.j5 *Puls.*j5 *Ran-b.*j5 *Ran-s.*j5 *Rhus-t.*j5 sabad.j5 sel.j5 *Sep.*j5 *Sil.*j5 spig.j5 *Spong.*j5 squil.j5 *Stann.*j5 *Staph.*j5 *Sul-ac.*j5 *Sulph.*j5 *Thuj.*j5 *Viol-t.*j5

- **brennend**: ...
  - **Gelenken**, in den: ign.$_{a1,bg2}$ mez.$_{bg2}$ plat.$_{bg2}$ plb.$_{bg2}$ sul-ac.$_{bg2}$ thuj.$_{bg2}$
  - **innerlich**: **Ars.** aur. *Mez.* *Ol-an.* spig.
  - **Knochen**, in den: arg-met.$_{bg2}$ euph.$_{bg2}$ zinc.$_{bg2}$
  - **Muskeln**, in: *Acon.* *Alum.* am-m. anac. apis *Arg-met.* arn. **Asaf.** aur. bar-c. bry. bufo$_{bg2}$ calc. caust. cic. cina **Cocc.** colch.$_{bg2}$ *Dig.* euph. glon.$_{bg2}$ ign. laur. lyc. mag-c. mang. merc. **Mez.** mur-ac. **Nux-v.** *Olnd.* par. phyt. plat. plb. rhod. **Rhus-t.** *Sabad.* sabin. samb. sep. spig. stann. **Staph.** **Sul-ac.** tarax. **Thuj.** viol-t. zinc.
    - **heiße** Nadeln, wie: alum.$_{bg2}$ apis$_{bg2}$ **Ars.** bar-c.$_{bg2}$ *Kali-c.*$_{st}$ mag-c.$_{bg2}$ naja$_{bg2}$ nit-ac.$_{bg2}$ ol-an. rhus-t.$_{bg2}$ spig.$_{bg2}$ vesp.$_{bg2}$
- **dumpf**: mang.$_{h}$
- **innen, nach**: acon. alum.$_{bg2,k}$ am-m. arg-met. **Arn.**$_{bg2,k}$ *Asaf.* bar-c. bell.$_{bg2,k}$ bov.$_{bg2,k}$ *Bry.* *Calc.*$_{bg2,k}$ cann-s.$_{bg2,k}$ **Canth.**$_{bg2,k}$ caps. carb-v.$_{bg2,k}$ caust.$_{bg2,k}$ cina clem. cocc. coloc. croc. dros. guaj. hyos.$_{bg2,k}$ *Ign.*$_{bg2,k}$ ip. *Laur.*$_{bg2,k}$ mang. meny.$_{bg2,k}$ mez.$_{bg2,k}$ nux-v. olnd. par. petr.$_{bg2,k}$ ph-ac. phos. *Phyt.* *Plb.*$_{bg2,k}$ **Ran-b.**$_{bg2,k}$ rhus-t.$_{bg2,k}$ *Sabin.*$_{bg2,k}$ samb. sel.$_{bg2,k}$ squil.$_{bg2,k}$ staph.$_{bg2,k}$ sul-ac.$_{bg2,k}$ tarax. thuj. verb.$_{bg2,k}$
- **juckend**: carb-v.$_{h}$ euphr.$_{h}$ stann.$_{h}$
- **kribbelnd**: lyc.$_{h}$
  - **einseitig**: stann.$_{h}$
- **lähmungsartig**: sep.$_{h}$
- **oben, nach**: acon.$_{bg2,k}$ alum. arn.$_{bg2,k}$ ars.$_{bg2,k}$ bar-c. **Bell.**$_{bg2,k}$ bry. calc.$_{bg2,k}$ canth.$_{bg2,k}$ carb-v. *Caust.*$_{bg2,k}$ *Cham.*$_{bg2,k}$ chin.$_{bg2,k}$ cimic. cina coloc. dios. *Dros.* euphr.$_{bg2,k}$ gels.$_{bg2,k}$ *Glon.*$_{bg2,k}$ *Guaj.* hyper.$_{k2}$ kali-c. *Lach.*$_{bg2,k}$ *Lith-c.* mang.$_{bg2,k}$ *Meny.*$_{bg2,k}$ merc. nat-ar.$_{k2}$ nat-s. petr. **Phyt.** *Plb.* puls.$_{bg2,k}$ rhus-t.$_{bg2,k}$ rumx. ruta **Sep.**$_{bg2,k}$ *Spong.*$_{bg2,k}$ *Stann.* *Sulph.*$_{bg2,k}$ *Tarax.* *Thuj.*
- **quer** verlaufend: acon.$_{bg2,k}$ ambr.$_{bg2,k}$ anac.$_{bg2,k}$ arg-met. *Asc-t.*$_{bg2,k}$ *Atro.* **Bell.**$_{bg2,k}$ bov.$_{bg2,k}$ bry.$_{bg2,k}$ calc.$_{bg2,k}$ canth.$_{bg2,k}$ caust.$_{bg2,k}$ cham.$_{bg2,k}$ *Chin.*$_{bg2,k}$ cimic. cocc.$_{bg2,k}$ cupr. dig. *Kali-bi.*$_{bg2,k}$ kali-c.$_{bg2,k}$ kali-chl.$_{k13}$ kali-m.$_{k2}$ laur.$_{bg2,k}$ lyc.$_{bg2,k}$ merc.$_{bg2,k}$ mur-ac.$_{bg2,k}$ phos.$_{bg2,k}$ *Plb.* *Ran-b.* rhod. rhus-t.$_{bg2,k}$ seneg.$_{bg2,k}$ *Sep.*$_{bg2,k}$ *Spig.*$_{bg2,k}$ *Stict.*$_{bg2,k}$ stront-c. sul-ac.$_{bg2,k}$ *Sulph.*$_{bg2,k}$ tarax.$_{bg2,k}$
- **reißend**:
  - **wandernd**: euphr.$_{h}$
  - **Gelenken**, in den: ang.$_{bg2}$ ars.$_{bg2}$ asaf.$_{bg2}$ *Asar.*$_{bg2}$ calc.$_{a1,bg2}$ camph.$_{a1,bg2}$ carb-v.$_{bg2}$ caust.$_{bg2}$ clem.$_{bg2}$ dulc.$_{bg2}$ ferr.$_{bg2}$ merc.$_{bg2}$ mur-ac.$_{bg2}$ *Puls.*$_{bg2}$ *Sabin.*$_{a1,bg2}$ stann.$_{bg2}$ **Staph.**$_{bg2}$ sul-ac.$_{bg2}$ sulph.$_{bg2}$ tarax.$_{bg2}$ *Thuj.*$_{bg2}$ verb.$_{bg2}$ zinc.$_{bg2}$
  - **Knochen**, in den: acon.$_{bg2}$ *Ars.*$_{bg2}$ bell.$_{bg2}$ calc.$_{a1,bg2}$ camph.$_{a1,bg2}$ chel.$_{bg2}$ merc.$_{bg2}$ mur-ac.$_{bg2}$ phos.$_{bg2}$ sabin.$_{a1,bg2}$ thuj.$_{bg2}$
  - **Muskeln**, in: acon. agn. alum. am-c. am-m. ambr. **Anac.** ang.$_{bg2}$ arg-met. *Ars.* asaf. asar. aur. bell. bism. borx. **Calc.** *Camph.* cann-s. canth. caps. caust. chel. *Chin.* cina clem. coloc.

- **reißend - Muskeln**, in: ...
  con. cycl. dig. dros. **Guaj.** hell. kali-c. kreos. led. **Mang.** merc. mez. mur-ac. nat-m. nux-v. olnd. ph-ac. phos. **Puls.** rheum *Rhus-t.* ruta sabin. samb. *Sars.* sep. sil. spig. spong. squil. staph. sul-ac. tarax. **Thuj.** verb. zinc.
- **ruckend**: ang.$_{bg2}$ arn. *Bry.* *Calc.* carbn-s. caust. **Cina** cocc. coff. *Coloc.* euph. guaj. *Lyc.* mang. *Meny.* mez. mur-ac. **Nux-v.** ph-ac. plb. sep. sil. spong. **Squil.** stann. zinc.
- **Teile**, bestimmte:
  - **liegt**; in Teilen, auf denen er: carb-v.$_{h}$
  - **verschiedenen** Teilen des Körpers; in: arist-m.$_{br1}$
- **unten, nach**: ant-c. arn.$_{bg2,k}$ *Asc-t.* bell.$_{bg2,k}$ borx. canth.$_{bg2,k}$ caps.$_{bg2,k}$ **Carb-v.**$_{bg2,k}$ *Caust.*$_{bg2,k}$ chel.$_{bg2,k}$ cimic. cina coloc. dios. dros. **Ferr.**$_{bg2,k}$ gels. graph.$_{bg2}$ hydrog.$_{srj2}$ hyper.$_{bg2}$ kalm.$_{k2}$ kreos. lyc.$_{bg2,k}$ mang. mez. nat-ar.$_{k2}$ nit-ac. nux-v.$_{bg2,k}$ pall. petr. ph-ac.$_{bg2,k}$ *Phyt.* *Puls.*$_{bg2,k}$ *Ran-s.* **Rhus-t.**$_{bg2,k}$ sabin. sars.$_{bg2,k}$ sep.$_{bg2,k}$ squil. still. *Sulph.*$_{bg2,k}$ tarax. ust. *Valer.* zinc.$_{bg2,k}$
- **ziehend**: mang.$_{h}$

○ **äußerlich**: abrot. *Acon.*$_{bg2,k}$ aesc.$_{k2}$ *Agar.*$_{bg2,k}$ agn.$_{bg2,k}$ *Aloe* *Alum.*$_{bg2,k}$ alum-p.$_{k2}$ am-c.$_{bg2,k}$ *Am-m.*$_{bg2,k}$ ambr.$_{bg2,k}$ anac.$_{bg2,k}$ ang.$_{bg2}$ ant-c.$_{bg2,k}$ ant-t.$_{bg2,k}$ apis arg-met. arg-n.$_{sf,sf1}$ *Arn.*$_{bg2,k}$ ars.$_{bg2,k}$ ars-i. **Asaf.**$_{bg2,k}$ asar.$_{bg2,k}$ aur.$_{bg2,k}$ *Bar-c.*$_{bg2,k}$ bar-m. **Bell.**$_{bg2,k}$ benz-ac.$_{sf,sf1}$ *Berb.* bism.$_{bg2,k}$ borx. bov.$_{bg2,k}$ **Bry.**$_{bg2,k}$ bufo$_{sf1}$ calad.$_{bg2,k}$ **Calc.**$_{bg2,k}$ calc-f.$_{sf,sf1}$ *Calc-p.* camph.$_{bg2,k}$ *Cann-i.* cann-s.$_{bg2,k}$ canth.$_{bg2,k}$ *Caps.*$_{bg2,k}$ carb-ac. carb-an.$_{bg2,k}$ carb-v.$_{bg2,k}$ **Carbn-s.** *Caust.*$_{bg2,k}$ cedr. cham.$_{bg2,k}$ *Chel.*$_{bg2,k}$ *Chin.*$_{bg2,k}$ chinin-ar. chinin-s.$_{j5}$ **Cic.**$_{bg2,k}$ *Cimic.* cina cinnb. cist.$_{k2}$ *Clem.*$_{bg2,k}$ *Cocc.*$_{bg2,k}$ coff.$_{bg2,j5}$ colch.$_{bg2,k}$ *Coloc.*$_{bg2,k}$ **Con.**$_{bg2,k}$ croc.$_{bg2,k}$ crot-h. crot-t. cupr.$_{bg2,k}$ cycl.$_{bg2,k}$ *Daph.*$_{j5}$ dig.$_{bg2,k}$ *Dios.* *Dros.*$_{bg2,k}$ dulc.$_{bg2,k}$ euonin.$_{j5}$ euph.$_{bg2,k}$ euphr.$_{bg2,k}$ *Ferr.*$_{bg2,k}$ ferr-ar. ferr-ma.$_{j5}$ ferr-p. fl-ac.$_{bg2}$ form. *Gels.* *Graph.*$_{bg2,k}$ *Guaj.* *Hell.*$_{bg2,k}$ hep.$_{bg2,k}$ hydr. *Hydrog.*$_{srj2}$ hyos.$_{bg2,k}$ *Ign.*$_{bg2,k}$ *Indg.* iod.$_{bg2,k}$ ip.$_{bg2,k}$ kali-ar. *Kali-bi.* **Kali-c.**$_{bg2,k}$ kali-i.$_{sf,sf1}$ *Kali-n.*$_{bg2,k}$ **Kali-p.** **Kali-s.** kreos.$_{bg2,k}$ lach.$_{bg2,k}$ lact.$_{j5}$ laur.$_{bg2,k}$ **Led.**$_{bg2,k}$ *Lith-c.* *Lob.* **Lyc.** m-arct.$_{j5}$ m-aust.$_{j5}$ mag-c.$_{bg2,k}$ mag-m.$_{bg2,k}$ mag-p.$_{k2}$ *Manc.*$_{a1,k}$ mang.$_{bg2,k}$ *Med.* *Meny.*$_{bg2,k}$ **Merc.**$_{bg2,k}$ merc-c.$_{j5,sf1,*}$ *Mez.*$_{bg2,k}$ mosch.$_{bg2,k}$ *Mur-ac.*$_{bg2,k}$ naja nat-ar. *Nat-c.*$_{bg2,k}$ *Nat-hchls.* *Nat-m.*$_{bg2,k}$ *Nat-p.* *Nat-s.* nicc.$_{j5}$ **Nit-ac.**$_{bg2,k}$ nux-m.$_{bg2,k,*}$ *Nux-v.*$_{bg2,k}$ *Ol-an.* olnd.$_{bg2,k}$ op.$_{j5}$ *Ox-ac.* *Par.*$_{bg2,k}$ petr.$_{bg2,k}$ *Ph-ac.*$_{bg2,k}$ phel.$_{j5}$ *Phos.*$_{bg2,k}$ *Phyt.* plat.$_{bg2,k}$ *Plb.*$_{bg2,k}$ plb-i.$_{sf,sf1}$ prun.$_{j5}$ psil.$_{ft1}$ psor. **Puls.**$_{bg2,k}$ **Ran-b.**$_{bg2,k}$ *Ran-s.*$_{bg2,k}$ *Rat.* rheum rhod.$_{bg2,k}$ **Rhus-t.**$_{bg2,k}$ ruta *Sabad.*$_{bg2,k}$ *Sabin.*$_{bg2,k}$ samb.$_{bg2,k}$ sang. sars.$_{bg2,k}$ sel.$_{bg2,k}$ seneg.$_{bg2,k}$ *Sep.*$_{bg2,k}$ *Sil.*$_{bg2,k}$ **Spig.**$_{bg2,k}$ *Spong.*$_{bg2,k}$ squil.$_{bg2,k}$ *Stann.*$_{bg2,k}$ **Staph.**$_{bg2,k}$ stict.$_{sf,sf1}$ still. stram.$_{bg2,k}$ stront-c. sul-ac.$_{bg2,k}$ **Sulph.**$_{bg2,k}$ tab.$_{j5}$ **Tarax.**$_{bg2,k}$ teucr.$_{bg2,k}$ **Thuj.**$_{bg2,k}$ tub.$_{k2}$ *Valer.*$_{bg2,k}$ verat.$_{bg2,k}$ verb.$_{bg2,k}$ viol-o.$_{bg2,k}$

• **äußerlich**: ...
*Viol-t.*bg2,k vip.j5,sf1,* vip-r.j5 **Zinc.**bg2,k
• **Ärger**, Verdruß; nach: rhus-t.
• **hier** und da: **Bar-c.**bg2,st sul-ac.bg2 zinc.bg2
• **Ruhe**, in der: tub.k13,k2 valer.k13,k2
• **Schweiß**, beim: cann-s.st

• **Drüsen**, in: acon. agn. alum. *Am-m.* ang.bg2,j5 apisbg2 arg-met. arn. *Asaf.* bar-c. bar-m. **Bell.** berb.j5 borx. *Bry.* *Calc.* carb-an. caust. chin. *Cocc.* *Con.* cupr. cycl. euph. euphr.j5 graph. grat.j5 hell. hep. *Ign.* *Iod.* kali-c. kali-m.k2 kreos. lach. lyc. m-arct.j5 **Merc.** *Mez.* mur-ac. murx.j5 *Nat-c.* *Nat-m.* **Nit-ac.** nux-v.k1 ol-an.j5 ph-ac. *Phos.* plb. **Puls.** *Ran-s.* raph.j5 rheum *Rhus-t.* sabad. sang.j5 *Sep.* sil. spig. *Spong.* stann. staph. sul-ac. *Sulph.* thuj. verat. zinc.
○ **um** die Drüsen herum: con.h

• **Gelenken**, in den: acon.bg2,j5,* agar.bg2,kr1 *Agn.*bg2 aloeа1,bg2 alum.bg2 am-c.bg2 am-m.bg2 anac.bg2 ang.bg2 ant-c.bg2 ant-t.bg2 apisbg2 arg-met.bg2 arg-n.bg2 arist-cl.bg2,sp1 *Arn.*bg2,j5,* ars.bg2 *Asaf.*bg2 asar.bg2 *Bar-c.*a1,bg2 *Bell.*bg2 benz-ac.bg2 berb.bg2 *Bov.*bg2 **Bry.**bg2,j5,* bufobg2 **Calc.**a1,bg2 calc-f.bg2 camph.bg2 cann-s.bg2 canth.bg2 caps.bg2 carb-an.bg2 carb-v.bg2 carl.a1,bg2 *Caust.*bg2,j5 cham.a1,bg2 chel.bg2 chin.bg2 cinabg2 clem.a1,bg2 *Cocc.*bg2 *Colch.*bg2,kr1 coloc.bg2 *Con.*bg2 crot-t.bg2 *Dros.*bg2,j5,* dulc.bg2 euph.bg2 euphr.bg2 ferr.bg2 gast.a1,bg2 *Graph.*bg2 guaj.bg2,j5 **Hell.**bg2,j5 *Hep.*bg2,j5,* hydr.bg2 hyos.bg2 *Ign.*bg2,j5 indg.a1,bg2 iod.bg2 **Kali-c.**bg2,j5,* kali-i.bg2 *Kali-n.*bg2 *Kreos.*bg2,j5,* lac-ac.a1,bg2 laur.bg2 led.bg2,j5 lyc.bg2 mag-c.bg2 *Mag-m.*bg2 **Mang.**bg2,j5 *Meny.*bg2,j5 **Merc.**bg2 merc-c.bg2 mez.bg2 mosch.bg2 mur-ac.bg2 nat-c.bg2,j5 *Nat-m.*a1,bg2 nit-ac.bg2 nit-s-d.a1,bg2 nux-m.bg2 nux-v.bg2,j5 olnd.bg2 par.a1,bg2 petr.bg2 ph-ac.bg2 *Phos.*a1,bg2 plat.bg2 plb.bg2 plect.a1,bg2 *Puls.*bg2 ran-b.bg2 rheumbg2 *Rhod.*bg2 **Rhus-t.**bg2,j5 rutabg2 sabad.bg2 *Sabin.*bg2,j5 samb.bg2 sang.bg2 *Sars.*bg2 *Sep.*bg2 **Sil.**bg2,j5,* **Spig.**bg2,j5 *Spong.*bg2 squil.bg2 *Stann.*bg2 *Staph.*bg2 stict.bg2 *Stront-c.*bg2 stroph-s.bg2,sp1 *Sul-ac.*bg2 *Sulph.*bg2,j5 **Tarax.**bg2 **Thuj.**bg2,j5,* valer.bg2 verat.bg2 verb.bg2 viol-t.bg2 vip.bg2 *Zinc.*bg2,j5,*

• **innerlich**: abrot. *Acon.*bg2,k *Aesc.* *Agar.*bg2,k agn.bg2,k all-c. aloe *Alum.*bg2,k alum-sil.k2 am-c.bg2,k am-m.bg2,k ambr.bg2,k ammc. anac.bg2,k ang.bg2 ant-c.bg2,k ant-t.bg2,k apis arg-met. arg-n.bg2,k arn.bg2,k *Ars.*bg2,k ars-i. ars-s-f.k2 **Asaf.**bg2,k *Asar.*bg2,k *Aspar.* *Aur.*bg2,k aur-ar.k2 aur-i.k2 aur-m.k2 aur-s.k2 *Bamb-a.*stb2 bar-c.bg2,k bar-i.k2 bar-m. bar-s.k2 *Bell.*bg2,k **Berb.** bism.bg2,k **Borx.** *Bov.*bg2,k **Bry.**bg2,k *Cact.* calad.bg2,k *Calc.*bg2,k calc-i.k2 calc-p. calc-sil.k2 camph.bg2,k **Cann-i.** **Canth.**bg2,k caps.bg2,k carb-an.bg2,k carb-v.bg2,k **Carbn-s.** card-m. *Caust.*bg2,k cham.bg2,k **Chel.**bg2,k **Chin.**bg2,k chinin-ar. cic.bg2,k cimic. *Cina* cist.k2 clem.bg2,k *Coc-c.* cocc.bg2,k coff.bg2,k *Colch.*bg2,k coll. *Coloc.*bg2,k *Con.*bg2,k *Croc.*bg2,k crot-t. cupr.bg2,k cycl.bg2,k dig.bg2,k dios. *Dol.*k,k1 dros.bg2,k *Dulc.*bg2,k euph.bg2,k euphr.bg2,k

– **stechend - innerlich**: ...
*Ferr.*bg2,k *Gamb.* gels. *Glon.* graph.bg2,k *Guaj.*bg2,k hell.bg2,k hep.bg2,k hydr. *Hydrog.*srj2 hyos.bg2,k hyper.k2 **Ign.**bg2,k iod.bg2,k ip.bg2,k kali-ar. *Kali-bi.*bg2,k **Kali-c.**bg2,k *Kali-i.* kali-m.k2 *Kali-n.* **Kali-s.** kali-sil.k2 *Kalm.* *Kreos.*bg2,k **Lach.**bg2,k *Laur.*bg2,k **Led.**bg2,k *Lyc.*bg2,k *Mag-c.*bg2,k *Mag-m.*bg2,k mang.bg2,k meny.bg2,k **Merc.**bg2,k **Merc-c.** merc-i-r. merc-n. merc-ns. mez.bg2,k mosch.bg2,k mur-ac.bg2,k *Naja* nat-ar. *Nat-c.*bg2,k *Nat-m.*bg2,k *Nat-s.* **Nit-ac.**bg2,k nux-m.bg2,k *Nux-v.*bg2,k *Ol-an.* olnd.bg2,k *Op.* ox-ac. *Par.*bg2,k petr.bg2,k *Ph-ac.*bg2,k phel. **Phos.**bg2,k phyt. plan. plat.bg2,k **Plb.**bg2,k prun. psil.ft1 psor. **Puls.**bg2,k **Ran-b.**bg2,k *Ran-s.*bg2,k rheum rhod.bg2,k *Rhus-t.*bg2,k *Rumx.* ruta *Sabad.*bg2,k sabin.bg2,k samb.bg2,k sang. *Sars.*bg2,k sec.bg2,k sel.bg2,k *Seneg.*bg2,k **Sep.**bg2,k **Sil.**bg2,k **Spig.**bg2,k spong.bg2,k **Squil.**bg2,k stann.bg2,k *Staph.*bg2,k stram.bg2,k stront-c. sul-ac.bg2,k sul-i.k2 *Sulph.*bg2,k tab. *Tarax.*bg2,k tarent.k2 teucr.bg2,k *Thal.* *Ther.* *Thuj.*bg2,k valer.bg2,k verat.bg2,k verb.bg2,k *Viol-t.*bg2,k *Zinc.*bg2,k zinc-p.k2 *Ziz.*
• **nachts**: euphr.h
• **kalte** Nadeln, wie: **Agar.**

• **Knochen**, in den: abrot.bg2 acon. aeth.j5 agar. agn. am-c. anac. ant-c. arg-met. ars. *Asaf.* aur. **Bell.** berb.j5 **Bry.** **Calc.** canth. carb-v. **Caust.** cedr. chel. *Chin.* cocc. colch. **Con.** daph.j5 *Dros.* dulc. euph. euphr.j5 graph. **Hell.** iod. *Kali-bi.*kr1 kali-c. kali-n.j5 *Kalm.* *Lach.* laur.j5 lyc. mag-c. mag-m.j5 mang. **Merc.** mez. mur-ac.j5 nat-c.j5 nat-s.j5 nit-ac. nit-s-d.a1 nux-v. ol-an.j5 par. petr. ph-ac. phel.j5 phos. *Phyt.*sf1 prun.j5 **Puls.** *Ran-s.* raph.j5 *Ruta* sabin. samb. **Sars.** **Sep.** sil. spig. staph. stront-c. **Sulph.** tarax.j5 tax.j5 *Thuj.* valer. verb. viol-t. zinc.

• **Muskeln**, in: *Acon.* agar. agn. *Alum.* am-c. *Am-m.* ambr. anac. ang.bg2 ant-c. ant-t. arg-met. *Arn.* ars. *Ars-i.* **Asaf.** asar. aur. bar-c. bar-m. **Bell.** bism. borx. bov. **Bry.** calad. **Calc.** camph. cann-s. canth. caps. carb-an. carb-v. *Caust.* cham. chel. *Chin.* cic. cina clem. *Cocc.* colch. coloc. *Con.* croc. cupr. cycl. dig. dros. dulc. euph. euphr. ferr. *Graph.* *Guaj.* *Hell.* hep. hyos. *Ign.* iod. **Kali-c.** *Kali-m.*k2 kali-n. kreos. lach. *Laur.* led. lyc. mag-c.k1 mag-m. mang. *Meny.* **Merc.** merc-c.bg2 merc-i-r.a1 mez. mosch. *Mur-ac.* *Nat-c.* *Nat-m.* *Nit-ac.* nux-m. nux-v. olnd. *Par.* petr. ph-ac. *Phos.* plan.a1 plat. plb. prun.a1 **Puls.** ran-b. *Ran-s.* rheum rhod. **Rhus-t.** ruta *Sabad.* *Sabin.* samb. sang.bg2 *Sars.* *Sep.* *Sil.* **Spig.** *Spong.* squil. *Stann.* **Staph.** stront-c. stry.a1 sul-ac. **Sulph.** **Tarax.** teucr.bg2 **Thuj.** valer. verat. verb. viol-t. *Zinc.*
• **Bettwärme**, in der: carb-v.h,k,*
• **ruckend**: ang.bg2

• **Nerven**, in: hyper.k2

– **Stechen** in Wunden
☞ *Wunden - schmerzhaft - Stechen*

– **stoßend**: ars-s-f.k2

– **Wachstumsschmerzen**: acon.a1,bg2 agar.bg2,k2 bell.bg2 calc-p.bg2,k2 *Ferr-act.*bg2,sf1 *Guaj.*bg2,sf1,* mang.bg2 ol-an.bg2 **Ph-ac.**bg2,kr1,* phos.bg2,sf1 sil.bg2,st
☞ *Längenwachstum*
○ **Unterschenkeln**, in: bell. *Calc-p.*st cimic. *Eup-per.* **Guaj.** kali-p.st m-aust.st mag-p.st mang.st **Ph-ac.**
– **wellenförmig**, undulierend
☞ *Wellen, Wallungen*
– **Wellen**, Wallungen; in: acon. anac. ant-t. arn. asaf. bamb-a.stb2 chin. cocc. dulc. lach.k2 mez. olnd. plat. rhod. sep. spig. sul-ac.h teucr. viol-t.
– **windend**, drehend: *Agar.*bg2,k alum.bg2,k am-m.bg2,k anac.bg2,k ant-c.bg2,k ant-t.bg2,k *Arg-n.* arn.bg2 ars.bg2,k asaf.bg2,k bar-c.bg2,k *Bell.*bg2,k berb. borx. *Bry.*bg2,k calad.bg2,k calc.bg2,k canth. *Caps.*bg2,k cham.bg2,k *Cina* clem.bg2 *Coloc.*bg2 con.bg2,k dig.bg2,k *Dios.* dros.bg2,k dulc.bg2,k *Ign.*bg2,k ip.bg2,k kali-c. kali-n.bg2,k led.bg2,k *Merc.*bg2,k mez.bg2,k nat-c.bg2,k nat-m.bg2,k nux-m.bg2,k *Nux-v.*bg2,k olnd.bg2,k ox-ac. ph-ac.bg2,k phos.bg2,k *Plat.*bg2,k plb.bg2,k podo. ran-b.bg2,k ran-s.bg2,k *Rhus-t.*bg2,k ruta *Sabad.*bg2,k sabin.bg2,k sars.bg2,k seneg.bg2,k sep.bg2,k **Sil.**bg2,k staph.bg2,k sul-ac.bg2,k sulph.bg2,k thlas.bg1 thuj. valer.bg2,k **Verat.**bg2,k
– **wühlend**, grabend: *Acon. Agar.* alum. alum-p.k2 alum-sil.k2 am-c. *Am-m.* ambr. anac. *Androc.*srj1 ang.bg2 ant-c. ant-t. arg-met. arg-n. *Arn.* ars. *Asaf.* asar. aur. bar-c. bar-m. *Bell.* bism. borx. *Bov. Bry. Calc.* cann-s. canth. caps. carb-an. carb-v. *Caust.* cham. chel. chin. *Cina* clem. cocc. colch. *Coloc.* con. croc. dig. dros. **Dulc.** euph. ferr. graph. guare.a1 hell. hep. ign. *Kali-bi. Kali-c.* kali-n. kreos. laur. led. lyc. m-arct.bg2 m-aust.bg2 mag-c. mag-m. mang. merc. mez. mur-ac. *Nat-c.* nat-m. nux-m. nux-v. olnd. petr. ph-ac. *Phos. Plat.* psil.ft1 puls. rheum **Rhod.** *Rhus-t. Ruta* sabad. sabin. samb. seneg. *Sep.* sil. **Spig.** spong. squil. *Stann.* staph. stront-c. sul-ac. sulph. thuj. valer. zinc.
○ **Drüsen**; in: acon. am-m. arn. asaf. bell. bov. bry. calc. *Dulc.* kali-c. nat-c. phos. plat. *Rhod.* rhus-t. ruta sep. spig. stann.
• **Gelenken**; in: bell.a1 colch.a1,bg2
• **Knochen**; in: aran. arg-met.a1 asaf. *Aur.*bro1 calc. carb-ac.bro1 *Carb-an. Cocc.* dulc. kali-i.bro1 *Mang.* merc.bro1 rhod. ruta sep. spig. symph.bro1 thuj.
• **nachts**: mang.h
– **wund** schmerzend (= wie zerschlagen, empfindlich etc.): *Acon.*bg2,k,* adam.srj5 adon.sf1 *Aesc.*hr1,k,* agar.hr1,k1,* agn.hr1,k,* aloe *Alum.*bg2,k *Alum-p.*k13,k2 alum-sil.k13,k2 alumn.hr1,k,* *Am-c.*bg2,k,* am-m.bg2 ammc.a1,k anac.bg2 *Ang.*bg2,hr1,* ant-c. ant-t.a1,k apis **Arg-met.** arg-n.sf,sf1 **Arn.**bg2,k,* *Ars.*k,sf1,* ars-i.k13,k2 arum-t. *Asar.*bg2,k,* *Aur.*bg2,hr1,* aur-ar.k2 *Bad.*a1,k *Bapt.*bg2,k,* bar-act.a1 bar-c.a1,k bar-i.k13,k2 bar-m. *Bell.*bg2 bell-p.bg2,sf1,* berb.bg2,k,* borx. bov.bg2,k *Brom.*hr1,kr1 *Bry.*bg2,k,* calc.hr1,k,* calc-sil.k13,k2 calen. *Camph.*hr1,kr1,* cann-s.bg2 *Canth.*hr1,k,* caps.bg2,sf1,* carb-ac.a1,k1,* carb-an. carb-v. carbn-o.a1 *Carbn-s.*

– **wund** schmerzend: ...
*Caust.*bg2,k,* cedr.a1,k cent.a1 cerv.a1 cham.hr1,k chel.bg2,k,* **Chin.**bg2,hr1,* chlor.a1,k **Cic.**bg2,k,* **Cimic.**bg2,k,* **Cina** cinnb.k13,k2 clem.a1,k cob.a1,k cob-n.sp1 **Cocc.**hr1,kr1 colch.hr1,k2,* coloc.a1,k con.bg2,k,* cot.a1 *Croc.*hr1,kr1 crot-h.bg2,k crot-t.hr1,k culx.k13,k2 cund.a1 cupr.bg2,k cycl.bg2,k dig.a1,k **Dros.**bg2,k,* dulc.bg2,k,* echi.bg2,sf1,* elaps eucal.bg2,sf1 **Eup-per.**bg2,hr1,* euph. eupi.a1,k fago.a1,k **Ferr.**hr1,kr1 ferr-ar. ferr-p. form.a1 gamb.hr1,k,* **Gels.**bg2,hr1,* germ-met.srj5 glon.bg2 goss.a1,k graph.bg2,k2,* grat.a1,k guare.a1 haliae-lc.srj5 **Ham.**bg2,k hedeo.a1 *Hell.*hr1,kr1 helon.bg2,sf1,* hep.hr1,k hip-ac.sp1 hipp.a1,k hist.sp1 *Hydrc.*hr1,kr1 hydrog.srj2 hyos. *Hyper.*bg2,hr1,* iber.a1,hr1 ictod.sf1 ign.bg2,k,* ind.a1 iod.bg2,k ip.bg2,k juni-v.a1 kali-bi.k2 kali-c.bg2,k kali-chl.k13 kali-i.bg2,sf1 kali-m.bg2,k2 kali-n. kalm.a1,k kreos.bg2,j5,* lach.bg2,k,* lap-a.bg2 *Lec. Led.*bg2,k lil-t.bg2,k,* *Lith-c.* lyc.a1,k lyss.hr1,kr1,* *Mag-c.*hr1,kr1,* mag-m.bg2,k,* mag-p.k13,k2 mag-s.a1,k *Mang.*bg2,k,* *Med.*hr1,k merc.bg2,k,* *Merc-i-f.*hr1,kr1 merc-i-r.hr1,k,* mez.bg2,sf1,* mit.a1 morph.a1 mosch.a1,k *Myric.*hr1,kr1 narcin.a1 *Nat-ar.* nat-c.bg2,k,* nat-m.bg2,k,* nat-n.bg2 nat-p.a1,k1 nat-s.k13,k2 nat-sil.k13,k2 neonsrj5 nicc.hr1,kr1 nit-ac. *Nux-m.*bg2,k,* nux-v.bg2,k,* oci-sa.sp1 ol-an.bg2 *Olnd.*bg2,k,* onos.bg2 ox-ac.k13,k2 pall.bg2,sf1,* par.bg2,k paull.a1 petr. *Ph-ac.*bg2,hr1,* *Phos.*bg2,k,* phys.a1 *Phyt.*bg2,k,* pic-ac.hr1,k2,* plan.bg2 **Plat.**bg2,k,* plb.bg2,k,* plect.a1 prun.bg2 psil.ft1 ptel.bg2,hr1,* *Puls.*bg2,k,* puls-n.a1 **Pyrog.**bg2,k *Ran-b.*bg2,k,* raph.a1,k rat.a1,j5 *Rhod.*bg2,k,* **Rhus-t.**bg2,k,* rhus-v.a1 rumx.sf1 **Ruta** sabad.bg2,k,* sabin. sars.bg2 sec.a1 sel.bg2 seneg.hr1,k,* sep.bg2,k,* **Sil.**bg2,k,* sin-n.a1 sol-ni. sol-t-ae.a1 spig.bg2,k,* spong.hr1,k *Stann.*hr1,kr1 staph.bg2,hr1,* stict.bg2 still.a1,hr1 stry.a1 *Sul-ac.*bg2,k,* sul-i.k13,k2 sulph.bg2,k,* tarax.bg2 tarent.bg2,k,* tart-ac.a1 tell.hr1,k,* ter.bg2 teucr. thuj.hr1,k,* til.bg2 *Tub.* uvakr1 *Valer.*hr1,kr1 verat.bg2,k,* verb.bg2,k viol-o.bg2,k wies.a1,k x-raysp1 zinc.bg2,k,* zinc-p.k13,k2
• **morgens**: aesc. bry.a1,k carb-an.a1,k chin.h cob.a1 euphr.a1,k form.a1,k lyc.a1,k lyss.hr1,kr1 mag-m.a1,h nat-c.h ox-ac.a1,k *Phyt.*a1 polyp-p.a1 sarr.a1 tab.a1,k thuj.a1,k
• **Aufstehen**:
• **amel.**: anac.a1 crot-h.a1 grat.a1 viol-o.a1,hr1
• **beim**: nat-ar. sulph.h
• **nach**: am-m.a1,k mag-c.h phos.a1,k sulph.a1,k
• **Bett**, im: anac.a1 grat.a1,k nat-m.a1,k petr.h rhod.a1,k viol-o.a1,hr1
• **Erwachen**:
• **beim**: aesc.hr1,k bar-c.a1,k calc.h crot-h.a1 thuj.a1,k til.a1,k zinc.h
• **nach**: *Bry.*a1 carb-ac.k1,k13 crot-h.hr1,k,* sep.k1 sulph.a1
• **Schlaf**; nach zu wenig: mag-m.
• **vormittags**: mag-m.a1,h mag-s.a1 sars.a1,h
• **nachmittags**: sang.a1
• **Mittagsschlaf**:
• **während**: graph.a1,h
• **nach**: bar-c.h eug.

- **abends**: agar.h am-c. caust.h lyc.a1,k par.sf1
  - **23** h: fago.
  - **Hinlegen**, nach dem: mag-m.a1,k mag-s.a1,k
  - **Sitzen**, im: brom.
- **nachts**: carb-an.h caust.h ferr-i.a1,k *Sil.*a1,k
  - **Mitternacht**, nach: caust.a1,k
- **Anstrengung**; wie nach großer: clem.a1,k
- **Arbeiten** amel.: caust.a1,k
- **Aufstehen**, beim: bar-act.a1,h pic-ac.a1 ptel.a1
  - **amel**.: grat. mag-c.
- **Berührung**, bei: acon.a1 alum-sil.a1,k2,* ars-s-f.a1,k2,* bov.a1 brach.a1 *Bry.*a1 calc-p.a1 calc-sil.a1,k2,* *Caust.*a1,h clem.a1 *Colch.*a1 mang.a1,h nat-m.a1 nicc.a1 nux-v.a1 *Rhus-t.*a1 *Ruta*a1 sil.a1 spig.a1 stram.a1 stry.a1 thuj.a1
- **Bewegung**, bei: *Aesc.*a1,kr1 *Arn.*kr1 bapt. bov.a1 *Bry.* chel. *Hep.*kr1 lach. merc-c.a1 phyt. plb. staph.h
  - **amel**.: androc.srj1 ars-h.kr1 caust. *Pyrog. Rhus-t. Tub.*
  - **Bett**, im: sol-t-ae.
- **Bücken**, nach: berb.a1,k
- **Druck**, bei: alum-sil.k13,k2 **Plat.**a1,k plb.a1,k sulph.k2
- **Erhitzung** beim Gehen und schneller Abkühlung, nach: *Bry.*a1,k **Rhus-t.**
- **Erwachen**:
  - **beim**: *Aesc.*hr1,kr1 ~~carb-ac.k1,xxx~~ hydrc.a1,k ptel.hr1,kr1 spong.a1,k sulph. thuj.a1,k
  - **nach**: grat.a1 mag-s.a1,k sulph.a1,hr1
- **Fieber**; während: androc.srj1
- **Frost**; während: tarent.a1,k
- **Gehen**:
  - **amel**.: coloc.
  - **beim**: *Staph.*a1,k
- **Hitze**, während der: agar.h androc.srj1 mang.h
- **kalter** Luft ausgesetzt wird; wenn er: ran-b.k2
- **Koitus**, nach: **Sil.**a1,k
- **Kopfschmerzen**, bei: seneg.a1,k
- **Körper**; am ganzen: germ-met.srj5 med.c1
- **Krampf**, nach einem: plat.h
- **Luft**:
  - **Freien**; im:
    - **amel**.: caust.
- **Marsch**; wie nach einem langen: chel.a1,k
- **Menses**, während: cimic.a1,k2 nat-c. petr.h sep.h
- **rote**, harte Knoten: petr.
- **Schlafwandeln**, nach: sulph.h
- **Sitzen**, im: agar.a1 am-m.a1 caust.a1,h
  - **durch**: spig.st
- **Stellen**, an kleinen: aloe **Arn.** calc-p. carb-ac.k1,k13 colch.k1,k13 **Kali-bi.** *Nux-v. Ox-ac.* petr. plat.a1,k **Sabad.**a1,k
- **Stuhlgang**, nach: calc.h grat.
- **Teile**:
  - **befallen** sind; die von krampfhaften Schmerzen: **Plat.**
  - **liegt**; auf der er: **Arn.** *Bapt.* caust.h graph.h *Hep. Mosch. Nux-m.* ~~pyrog.k1,xxx~~ **Pyrus**k1 **Ruta** *Sep.* sil.h thuj.
- **Wetter**, bei stürmischem: cham.

○ **äußerlich**: *Acon.*bg2,k *Aesc.* *Agar.*bg2,k aloe *Alum.*bg2,k am-c.bg2,k am-m.bg2,k ambr.bg2 anac.bg2,k *Ang.*bg2 *Ant-c.*bg2 ant-t.bg2,k *Apis* **Arg-met.** **Arn.**bg2,k ars.bg2,k asaf.bg2,k *Asar.*bg2,k *Aur.*bg2,k *Bad.* **Bapt.**bg2,k bar-c.bg2,k **Bell.**bg2,k *Berb.* bism.bg2 borx.bg2,j5 bov.bg2,k *Bry.*bg2,k calad.bg2,k *Calc.*bg2,k calc-p.bg2 camph.bg2,k cann-s.bg2,k canth.bg2,k caps.bg2,k carb-an.bg2,k carb-v.bg2,k carbn-s. *Caust.*bg2,k cedr. *Cham.*bg2,k chel. **Chin.**bg2,k cic.bg2,k *Cimic.*bg2,k2,* *Cina* *Clem.*bg2,k **Cocc.**bg2,k coff.bg2,k *Colch.*bg2,k *Coloc.*bg2,k con.bg2,k *Croc.*bg2,k cupr.bg2,k cycl.bg2,k *Daph.*j5 dig.bg2,k dros.bg2,k *Dulc.*bg2,k **Eup-per.** euph.bg2,k euphr.bg2 *Ferr.*bg2,k fl-ac. form. *Gran.* graph.bg2,k guaj.bg2,k **Ham.** hell.bg2,k **Hep.**bg2,k hyos.bg2,k *Ign.*bg2,k iod.bg2 ip.bg2,k kali-bi.bg2 kali-c.bg2,k *Kalm.* *Kreos.*bg2,k lach.bg2,k laur.bg2,k *Led.*bg2,k *Lith-c.* *Lyc.* *M-aust.*bg2,j5 *Mag-c.*bg2,k mag-m.bg2,k *Mang.*bg2,k med. meny.bg2,k *Merc.*k1 mez.bg2,k mosch.bg2,j5 mur-ac.bg2,k *Nat-c.*bg2,k **Nat-m.**bg2,k nit-ac.k1 *Nux-m.*bg2,k **Nux-v.**bg2,k olnd.bg2,j5 *Ox-ac.* par.bg2,k petr.bg2,k *Ph-ac.*bg2,k *Phos.*bg2,k *Phyt.*bg2,k plat.bg2,k plb.bg2,k podo.bg2 psil.ft1 *Puls.*bg2,k **Pyrog.** **Ran-b.**bg2,k ran-s.bg2,k rheum *Rhod.*bg2,k **Rhus-t.**bg2,k rhus-v.j5 **Ruta** *Sabad.*bg2,k **Sabin.**bg2,k samb. sars.bg2,k sec.bg2 sel.j5 seneg.bg2,k *Sep.*bg2,k **Sil.**bg2,k *Spig.*bg2,k **Spong.**bg2,k squil.bg2,k *Stann.*bg2,k staph.bg2,k stict.bg2 stram.bg2,k stront-c. sul-ac.bg2,k **Sulph.**bg2,k tab.bg2,j5 tarax.bg2,k teucr.bg2,j5 thuj. *Valer.*bg2,k **Verat.**bg2,k viol-t.bg2,k *Zinc.*bg2,k
- **Drüsen**, in: alum. ant-c. arg-met. *Arn.* ars. bry. calc. *Carb-an.* caust. *Cic.* clem.bg2,j5 **Con.** cupr. graph.k1 *Hep.* *Ign.*bg2,j5 iod. kali-c. merc. mez. nat-m. nicc.a1 nux-v.bg2 *Petr.*bg2 phos. plat. *Psor.* puls. rhod. rhus-t. *Ruta* *Sep.* staph. sul-ac. sulph. teucr. zinc.
- **Gelenken**, in den: abrot.a1 agar.a1,bg2 alumn.a1,kr1 apoc.a1,bg2 **Arg-met.**bg2,kr1,* **Arn.**bg2,k2,* aur.a1,bg2 berb.a1,k2 calad.a1,kr1 carb-an.a1,bg2 *Cham.*bg2,kr1,* chlf.a1 clem.a1 coff.a1,k2 coloc.a1,bg2 *Con.*bg2,kr1,* *Crot-h.*a1,kr1 guaj.a1,k2 hip-ac.a1,sp1 hyos.a1,bg2 *Hyper.*a1,kr1 kali-i.a1 *Lith-c.*a1,kr1 mang.a1,j5 *Mez.*bg2,kr1,* *Mur-ac.*bg2,kr1,* *Nat-p.*a1,kr1 *Nit-ac.*a1,bg2 petr.a1,k2 phys.a1 phyt.a1,k2 **Puls.**a1,bg2 ran-a.a1,j5 **Rhus-t.**bg2,kr1,* sulph.a1,bg2 tub.a1,k2 viol-o.a1,bg2
- **innerlich**: acon.bg2,k *Aesc.* agar. alum.bg2,k am-c.bg2,k2 am-m.bg2,k ambr.bg2,k anac.bg2,k ang.bg2 ant-c.bg2 ant-t.bg2 *Apis* *Arg-met.*bg2 arg-n.bg2 arn.bg2,k *Ars.*bg2,k ars-i. asaf.bg2,k asar.bg2 *Aur.*bg2,k aur-i.k13,k2 **Bapt.** bar-c.bg2,k bar-m. bell.bg2 bell-p.bg2 bism.bg2 borx.bg2 bov.bg2,k bry.bg2,k *Calc.*bg2 calc-sil.k13,k2 **Camph.**bg2,k cann-i. cann-s.bg2,k canth.bg2 caps.bg2 carb-ac. carb-an.bg2,k carb-v.bg2,k carbn-s. caust.bg2,k cham.bg2,k **Chin.**bg2,k cic.bg2 cina clem.bg2,k *Cocc.*bg2,k coff.bg2,k colch.bg2 *Coloc.*bg2,k con.bg2,k croc.bg2 *Cupr.*bg2,k dig.bg2 *Dros.* *Eup-per.*bg2 euph.bg2,k euphr.bg2,k ferr.bg2,k **Gels.** glon. graph.bg2,k *Hell.*bg2,k hep.bg2,k ign.bg2,k iod.bg2,k *Ip.*bg2,k kali-c.bg2,k kreos.bg2,k lach.bg2,k *Laur.*bg2,k

• **innerlich**: ...
led.bg2,k lyc.bg2,k m-arct.bg2 m-aust.bg2 mag-c.bg2,k mag-m.bg2,k *Mang.*bg2,k meny.bg2,k merc.bg2,k **Merc-c.** *Mez.*bg2,j5 mosch.bg2,k mur-ac.bg2,k nat-c.bg2,k *Nat-m.*bg2 nit-ac.bg2,k nux-m.bg2 *Nux-v.*bg2,k olnd.bg2 *Op.*bg2,k petr.bg2 ph-ac.bg2,k phos.bg2,k phyt. plat.bg2 plb.bg2 **Puls.**bg2,k **Pyrog.** **Ran-b.**bg2,k ran-s.bg2,k rhod.bg2,k rhus-t.bg2,k rumx. ruta sabad.bg2 sabin.bg2,k samb.bg2,k *Sang.*bg2 sars.bg2,k seneg.bg2 sep.bg2,k *Sil.*bg2,k spig.bg2,k spong.bg2,k **Stann.** staph. stram. stront-c. sul-ac.bg2,k sul-i.k2 *Sulph.*bg2,k tab.bg2 teucr.bg2 thuj.bg2,k valer.bg2,k *Verat.*bg2,k viol-o.bg2 viol-t.bg2,k *Zinc.*bg2,k

• **Knochen**, in den: acon. *Agar.* am-m. androc.srj1 ang.bg2,j5 apisbg2 **Arg-met.** *Asaf.* aur. bar-c. bov. *Bry.*bg2,j5,* bufobg2 *Calc.* calc-sil.k2 cann-s. canth.bg2,j5 carb-v.bg2 chin. **Cocc.** *Con.* conch.bro1 *Cor-r.* *Crot-h.*kr1 *Cupr.* dros.j5,kr1 **Eup-per.**bg2,kr1,* graph. **Hep.** *Ign.* **Ip.** jab.kr1 *Kali-bi.* kreos.kr1 lac-d.k2,st lach.bg2 *Led.* *Lith-c.* lyss.kr1 m-aust.j5 mag-c. *Mang.* meph.j5 merc.bg2,j5,* *Mez.* nat-m. nit-ac.bg2,kr1 nux-m.a1 nux-v. *Par.* petr. ph-ac.k1 *Phos.* phyt.bro1 *Puls.* *Rhus-t.*j5,kr1 **Ruta** sabad. sabin.j5 sarr.kr1 sep. *Sil.* *Spig.* staph.j5 sulph.kr1 syph.k2 teucr.bg2 ther.k2,kr1 thuj.kr1 tub.dp,k2 valer. *Verat.* zinc.

  • **Menses**, während: carb-v.h

• **Knorpeln**, in den: **Arg-met.** *Rhod.* *Rhus-t.* rutak2

• **Muskeln**, in: kali-c.h verat.h

• **Periost**: mang.k2 tub.k2

• **Venen**, in: *Ham.*bg2 puls.bg2

– **zerquetscht**, wie: anh.sp1 apisa1 *Canth.*a1 ran-b.bg2 verb.bg2

– **zerschlagen**; wie
☞ *wund schmerzend*

– **ziehend**: acon.a1,k adon.sf,sf1 agar.j5 aloe alum.j5 am-c.a1,k ambr.j5 anac.a1,k ang.j5 ant-t.j5 aphisj5 aran-ix.mg,mg1 arg-met. arn.bg2,j5 ars.bg2,j5 asar.j5 aur-m.k13,k2 bar-act.a1 bar-c.a1,k bell.j5,k2,* berb.sf,sf1 borx.c1,j5 *Bry.*a1,k *Calad.*bg2 calc.j5,sf1,* calc-p.k13,k2 calen.j5 *Camph.*a1,k cann-s.j5 canth.j5 caps.j5 carb-ac.sf1 carb-an.j5 **Carb-v.**a1,k card-m.k13,k2 *Caul.* caust.a1,k *Cham.*bg2,j5,* **Chel.**a1,k chin.j5,k2,* chinin-ar. chinin-s.j5 cic.j5 cimic.bg2,k2,* cist.j5 clem.a1,k coc-c.a1,k cocc.j5 colch.a1,k **Coloc.** con.bg2 *Crot-t.* cycl.j5,k2,* dig. digin.a1 *Dros.*bg2 *Dulc.*bg2,j5,* esp-g.kk1 euon.a1,k euph.bg2 euphr.bg2 eupi.a1,k ferr-ar. *Gamb.*a1,k goss.a1,k **Graph.**a1,k guaj.k13,k2 guare.a1,k hell.bg2 hep.bg2,j5 hist.mg,mg1 hydrc.a1,k hyos.j5 ip.j5 kali-bi.a1,k kali-c. kreos.a1,k lach.bg1,k,* lact.a1,k lam.j5 laur.bg2 led.a1,j5 lup.j5 lyc.a1,k m-arct.j5 mag-c.mg,mg1 mag-m.j5,k2,* *Mang.*a1,k med.k13,k2 merc.a1,k merc-c.j5 mez.a1,k *Mosch.*bg2,j5 mur-ac.bg2,j5 nat-c.bg2,j5 **Nit-ac.**a1,k nux-m.j5 *Nux-v.* *Ol-an.*a1,k olnd.j5 petr.j5 ph-ac.j5,sf1 phos.a1,k phyt.k13,k2 plat.a1,k **Plb.**j5,k2,* *Puls.*a1,k ran-s.j5 raph.a1,k rhod.a1,k **Rhus-t.**j5,k2,* rutabg2 sabad.j5 sabin.j5 samb.j5 sars.h,j5 sec.a1,k sep.a1,k *Sil.*bg2,h,* stann.a1,k staph.a1,k stram.j5 sul-ac.j5 sulph.a1,k tab.a1,k ter.j5 thuj.a1,k tub.k2 **Valer.**a1,k verat.j5

– **ziehend**: ...
verb.bg2 viol-o.j5 *Zinc.*bg2,k2,* zinc-o.j5 zinc-ox.j5

• **linke** Seite nachts: lyc.h

• **rechte** Seite: sep.h

• **morgens**:

  • **Aufstehen**, nach dem: *Graph.*

  • **Erwachen**, nach dem: coloc.

• **abends**: coc-c.a1,k raph.a1,k

  • **20 h**: rhus-t.

• **nachts**: coc-c.a1,k

  • **22 h**: bry.

◇ **abwechselnd** mit Beschwerden des Herzens: acon.a1,k

• **Aufstehen**, nach dem: coloc.a1,k

• **Bewegung**, bei: calc.a1,k cycl.a1,k

• **Erkältung**; wie durch eine: plat.h

• **Essen**, nach dem: camph.h

• **Frost**; während: lyc.h

• **Gehen**:

  • **agg.**: calc.a1,k coca

  • **amel.**: rhus-t.h,k2 tub.k13,k2

• **krampfartig**: plat.h

• **lähmungsartig**: coc-c.a1,k staph.h

• **Lage**; durch falsche: staph.h

• **Menses**, während: phos.a1,k

• **oben**, nach: *Ol-an.*

• **rheumatisch**: am-c.h carb-v.a1,k chel.a1,k sul-ac.a1,k

• **rückwärts** wie durch eine Schnur: crot-t.bg2 par.bg2 plb.bg2

• **Ruhe**, in der: tub.k13,k2

• **Sitzen**, im: samb.a1,k **Valer.**

• **steigt** und sinkt schnell: nit-ac.h

• **Wetter** agg.; schlechtes: rhod.

▽ **erstreckt** sich zu:

  • **Finger**: apis

  • **Zehen**: apis

○ **Drüsen**, in: agn.bg2 alum.bg2,j5 *Bell.*bg2 bov.bg2 calc.bg2 cann-s.bg2 cham.bg2 *Chin.*bg2 cycl.bg2 guaj.a1,bg2 *Ign.*bg2,j5 *Merc.*bg2,j5 mez.bg2 nit-ac.bg2 phos.bg2,h,* *Puls.*bg2,j5 *Seneg.*bg2 *Sil.*bg2,j5 sulph.bg2 thuj.bg2

• **Gelenken**, in den: acon.bg2,kr1 agn.bg2 am-c.bg2,j5 ang.bg2 *Ant-c.*bg2 ant-s-aur.a1,bg2 *Ant-t.*a1,bg2 *Arg-met.*a1,bg2 asaf.bg2 asar.bg2 bar-c.bg2 bell.bg2 *Bry.*a1,bg2 calc.bg2,j5 cann-s.bg2 canth.bg2 caps.bg2 *Carl.*a1,bg2 *Caul.*bg2 cham.a1,bg2 chel.bg2 chin.bg2 cinabg2 cist.bg2,j5,* clem.a1,bg2 coc-c.bg2 cocc.bg2 colch.bg2 cupr.bg2 cycl.bg2 graph.bg2,j5 hep.bg2,j5 hyos.bg2,j5,* ign.bg2 kali-c.bg2,j5 led.bg2 lyc.bg2,j5,* *M-aust.*bg2 meny.bg2 merc.bg2 mez.bg2,j5,* nat-c.bg2 nat-m.a1,bg2 nat-s.a1,bg2 nit-ac.bg2,j5,* nit-s-d.a1,bg2 *Nux-m.*bg2,kr1 nux-v.bg2 olnd.bg2 par.bg2 phos.a1,bg2 plat.bg2,j5 plb.bg2 puls.bg2,j5 rheumbg2 *Rhod.*bg2,j5,* rhus-t.bg2 sabad.bg2,j5 sabin.bg2,j5 sec.bg2,j5,* seneg.bg2 sep.bg2,j5 spig.bg2 spong.bg2 **Staph.**bg2,j5 tarax.bg2 teucr.bg2 valer.bg2 verat.bg2 viol-o.bg2

• **Knochen**, in den: acon.bg2,j5 agar.bg2,j5 agn.bg2 anac.bg2,j5 ang.bg2,j5 ant-t.bg2 asaf.bg2,j5 atha.bg2,j5 aur.bg2,j5 *Bar-c.*bg2,j5 bry.bg2,j5 calc-f.bg2 cann-s.bg2 canth.bg2 *Carb-v.*bg2,j5 caust.bg2,j5 cham.a1,bg2 *Chin.*h,j5,* *Cocc.*a1,bg2 colch.bg2 crot-h.bg2,j5

• **Knochen**, in den: ...
cupr.bg2,j5 cycl.bg2 gels.a1,bg2 graph.bg2,h hell.bg2 ign.bg2,j5 indg.bg2,j5 ip.bg2 kali-bi.bg2 kali-c.bg2,j5 kreos.bg2,j5 led.bg2 *Lyc.*bg2,j5 m-arct.bg2,j5 mang.bg2,j5 meny.bg2,j5 merc.bg2,j5,* nat-m.bg2 nit-ac.bg2 nux-m.bg2 olnd.bg2 par.bg2,j5 petr.bg2,h ph-ac.bg2,j5 plb.bg2,j5 puls.bg2 rhod.bg2,j5 sabad.bg2 **Sabin.**bg2,j5 samb.bg2,j5 seneg.bg2,j5 sil.bg2 spig.bg2 stann.bg2,j5 *Staph.*bg2,j5 sulph.bg2 ter.bg2,j5 teucr.bg2 thuj.bg2,j5 valer.bg2 verat.bg2 zinc.bg2,h zinc-o.bg2,j5
• **Faden**, wie durch einen: bry.
☞ *rückwärts / Faden / Fadens*
• **Muskeln**, in: *Acon.*bg2 agn.bg2 alum.bg2 ambr.bg2 anac.bg2 ang.bg2 **Ant-c.**bg2 **Ant-t.**bg2 apisbg2 arg-met.bg2 arn.bg2 asaf.bg2 asar.bg2 aur.bg2 bar-c.bg2 **Bell.**bg2 berb.bg2 bism.bg2 bov.bg2 bry.bg2 calc.bg2 *Camph.*bg2 cann-s.bg2 canth.bg2 *Caps.*bg2 carb-ac.bg2 *Carb-v.*bg2 *Caust.*bg2 **Cham.**bg2 *Chel.*bg2 *Chin.*bg2,k2 cic.bg2 *Cina*bg2 *Clem.*bg2 **Cocc.**bg2 coff.bg2 *Colch.*bg2 croc.bg2 cupr.bg2 **Cycl.**bg2 dig.bg2 dros.bg2 dulc.bg2 euph.bg2 ferr.bg2 **Graph.**bg2 hell.bg2 hep.bg2 hydr.a1,bg2 hyos.bg2 *Ign.*bg2 ip.bg2 kali-bi.bg2 kali-c.bg2 kali-n.bg2 led.bg2 *Lyc.*bg2 *Meny.*bg2 merc.bg2 mez.bg2 morph.a1,bg2 *Mosch.*bg2 nat-m.bg2 nit-ac.bg2 *Nux-m.*bg2 nux-v.bg2 olnd.bg2 par.bg2 petr.bg2 ph-ac.bg2 phos.bg2 **Plat.**bg2 *Plb.*bg2 **Puls.**bg2 ran-b.bg2 ran-s.bg2 raph.a1,bg2 **Rhod.**bg2 *Rhus-t.*bg2 rutabg2 sabad.bg2 sabin.bg2 samb.bg2 sec.bg2 sep.bg2 sil.bg2 spig.bg2 spong.bg2 *Squil.*bg2 staph.bg2 stram.bg2 sul-ac.bg2 *Sulph.*bg2 tarax.bg2 *Teucr.*bg2 *Thuj.*bg2 **Valer.**bg2 *Verat.*bg2 verb.bg2 viol-o.bg2 viol-t.bg2 *Zinc.*bg2
• **Sehnen**, in den: am-m.bg2,k2 kali-bi.bg2 nat-m.bg2 rhus-t.bg2 thuj.bg2

– **zusammenschnürend**:
○ **äußerlich**: acon.bg2,k,* acon-c.a1 agar.bg2,k alum.bg2,k alum-sil.k13,k2 *Am-c.*bg2,k ambr. **Aml-ns.**bg2 *Anac.*bg2,k ang.bg2 *Ant-c.*bg2 apisbg2 arg-met. *Arg-n.* arn.bg2,k ars.bg2 asaf.bg2 *Asar.*bg2 *Aur.*bg2 bar-c. *Bell.*bg2,k *Bism.*bg2 borx.bg2 bov.bg2 brom.bg2 bry.bg2,k cact.k2 cadm-s.bg2 calad. *Calc.*bg2,k camph. cann-s.bg2,k *Canth.*bg2,j5 caps.bg2 carb-an.bg2 *Carb-v.*bg2,k caust.bg2,k cham.bg2,k chel. *Chin.*bg2 cic. *Cina* coc-c.bg2 cocc.bg2,k coff.bg2 colch.bg2,k coloc.bg2,k **Con.**bg2,j5 croc. crot-h.bg2 cupr.bg2 cycl. *Dig.*bg2,k dros.bg2,k dulc.bg2,k euphr.bg2,k *Ferr.*bg2 *Gamb.*a1 gels.bg2 glon.bg2 graph.bg2,k guaj.bg2 hell.bg2 hep.bg2 hist.mg,mg1,* hydr-ac.bg2 hyos.bg2,k **Ign.**j5 iod.bg2,k kali-c.bg2,k *Kali-n.*bg2,k kreos.bg2,k lach.bg2 laur.bg2 led.bg2,k lob.bg2 lyc.bg2,k mag-c.bg2 mag-m.bg2,j5 manc.bg2 mang.bg2,k,* meny.bg2,k merc.bg2,k mez.bg2,k mosch.bg2,k mur-ac.bg2 nat-c.bg2,k *Nat-m.*bg2,j5 *Nit-ac.*bg2,k **Nux-m.**bg2 *Nux-v.*bg2,k oena.bg2 olnd.bg2,k *Op.*bg2 par.bg2 petr.bg2,k ph-ac. *Phos.*bg2,k,* phys.bg2 **Plat.**bg2,k **Plb.**bg2 pneu.jl,jl3 **Puls.**bg2,k ran-b.bg2,k ran-s.bg2 rheumbg2 rhod.bg2,k rhus-t.bg2,k ruta sabad.bg2,k sabin.bg2 samb. sars.bg2 sec.bg2 sel.bg2 sep.bg2,k sil.bg2,k spig.bg2,k spong.bg2 squil.bg2,k *Stann.*bg2 staph.bg2 stram.bg2 stront-c. *Sul-ac.*bg2 sulph.bg2,k sumb. tab.bg2 teucr. thuj.bg2,k valer. verat.bg2,k verb.bg2,k viol-o.bg2 viol-t.bg2,k zinc.bg2,k
☞ *Zusammenschnürung - äußerlich*
• **Drüsen**, in: *Acon.*bg2,j5 alum.bg2,j5 am-c. anac. arn.bg2,j5 bell. *Borx.*bg2,j5 *Calc.* carb-v. caust. chin. cocc.bg2,j5 con.bg2,j5 ign. iod. kali-c. lyc. *Mang.*bg2,j5 nat-c. *Nit-ac.*bg2,j5 nux-v. ph-ac. phos.bg2,j5 *Plat.* *Plb.*bg2,j5 *Puls.* *Rhus-t.*bg2,j5 sabad. sep. sil. spong. sul-ac.bg2,j5 *Sulph.*bg2,j5
• **Gelenken**, in den: acon.bg2 am-m.bg2 **Anac.**bg2 **Aur.**bg2 calc.bg2 carb-an.bg2 chin.bg2 coloc.bg2 ferr.bg2 **Graph.**bg2 kreos.bg2 lyc.bg2 meny.bg2 **Nat-m.**bg2 **Nit-ac.**bg2 nux-m.bg2 nux-v.bg2 *Petr.*bg2 pyrusa1,bg2 rutabg2 sil.bg2 spig.bg2 squil.bg2 stann.bg2 *Stront-c.*bg2 sulph.bg2 zinc.bg2
• **innerlich**: *Acon.*bg2,k agar.bg2 agn.bg2,k *Alum.*bg2 alum-sil.k2 am-c.bg2 am-m. **Ambr.**bg2,k anac.bg2,k ang.bg2 ant-c.bg2 ant-t.bg2,k arg-met. arn.bg2,k ars.bg2,k asaf.bg2,k asar.bg2,k aur.bg2,k bar-c.bg2,k bell.bg2,k bism. borx. bov.bg2 bry.bg2,k bufobg2 cact.bg2,k2,* calad.bg2 *Calc.*bg2,k camph.bg2,k cann-s.bg2 canth.bg2,k caps.bg2,k carb-an.bg2,k *Carb-v.*bg2,k caust.bg2 cham.bg2,k chel.bg2,k chin.bg2,k cic.bg2 cina clem.bg2 *Cocc.*bg2,k coff.bg2 *Colch.*bg2,k *Coloc.*bg2,k con.bg2,k croc.bg2,k cupr.bg2 cycl. dig.bg2,k dros.bg2,k dulc.bg2,k euph.bg2 ferr.bg2,k germ-met.srj5 graph.bg2,k guaj.bg2 hell.bg2 hep.bg2 hyos.bg2,k **Ign.**bg2,k iod.bg2,k ip.bg2 *Kali-c.*bg2,k kali-n.bg2 lach.bg2,k *Laur.*bg2 led.bg2,k lyc.bg2,k mag-c.bg2,k mag-m.bg2 mang.bg2 meny.bg2,k merc.bg2,k *Mez.*bg2,k *Mosch.*bg2 mur-ac.bg2,k nat-c.bg2 nat-m.bg2,k *Nit-ac.*bg2 *Nux-m.*bg2 *Nux-v.*bg2,k olnd.bg2,k op.bg2 par.bg2 petr.bg2,k **Ph-ac.**bg2,k phos.bg2,k **Plat.**bg2,k **Plb.**bg2 puls.bg2,k ran-s.bg2,k rheum rhod.bg2,k rhus-t.bg2,k rutabg2 sabad.bg2 sabin.bg2,k samb.bg2 sars.bg2,k sec.bg2 sel.bg2,k seneg.bg2,k sep.bg2,k sil.bg2,k spig.bg2 spong.bg2,k squil. stann.bg2,k *Staph.*bg2,k stram.bg2,k stront-c. sul-ac.bg2,k *Sulph.*bg2,k tab.bg2 tarax.bg2 *Teucr.*bg2,k thuj.bg2,k valer.bg2,k verat.bg2,k verb.bg2 viol-t.bg2 *Zinc.*bg2,k
☞ *Zusammenschnürung - innerlich*
• **Knochen**, in den: alum. am-m.bg2 anac.bg2 *Apis*bro1 aur.bg2 carb-ac.bro1 chin.bg2 cocc.bg2 *Con.*bg2 gels.bg2 *Graph.*bg2 hep.bro1 kreos.bg2 lyc.bg2 merc.bg2 nat-m.bg2 **Nit-ac.**bg2 nux-v.bg2 petr.bg2 phos.bg2 **Puls.**bg2 rhod.bg2 *Rhus-t.*bg2 *Ruta*bg2 sabad.bg2 sep.bg2 sil.bg2 stront-c.bg2 **Sulph.**bg2 valer.bg2 zinc.bg2
• **Körperöffnungen; Krämpfe der Schließmuskel** von: alum.bg2 ars.bg2 *Bell.*bg2 calc.bg2 carb-v.bg2 chel.bg2 cocc.bg2 colch.bg2 con.bg2 dig.bg2 dulc.bg2 ferr.bg2 graph.bg2 hep.bg2 hyos.bg2 ign.bg2 iod.bg2 ip.bg2 lyc.bg2 mez.bg2 nat-m.bg2 nux-v.bg2 phos.bg2 plat.bg2 plb.bg2 rhod.bg2 sabad.bg2 sars.bg2 sep.bg2 staph.bg2 stram.bg2 sulph.bg2 tarax.bg2 thuj.bg2 verat.bg2

– **zwickend**: adam.srj5 agar.a1,k alum. alum-sil.k13,k2 *Am-c.*hr1,kr1 ambr. anac. **Arn.** *Ars.* ars-i. asar. bar-c.a1 **Bell.**hr1,k bov. bry.hr1,k *Calc.*hr1,k calc-i.k13,k2 cann-s.hr1,k canth.hr1,k *Caps.* carb-an. carb-v.hr1,k

- **zwickend**: ...
caust.a1,k *Cham.* *Chel.*hr1,kr1 *Chin.*hr1,kr1 cina clem. cocc.hr1,k *Colch.* coloc. con. croc. daph.a1 dros. dulc.hr1,k *Euph.* *Gamb.*a1 *Graph.*hr1,kr1 guaj. hell.hr1,k hep. *Hyos.*hr1,kr1 ign.hr1,k iod. *Ip.*hr1 kali-c.hr1,k kali-chl.k13 kali-i.a1 kali-m.k2 kali-n. kreos. *Laur.* lyc.hr1,k,* mag-m. mang. meny.hr1,k *Merc.*hr1,k *Mez.* mur-ac.hr1,k *Nat-c.*hr1,k nat-m.hr1,k nit-ac. nux-m.k,k1 **Nux-v.** op. par.hr1,k petr.hr1,k *Phos.*hr1,k *Plat.*hr1,k *Puls.*hr1,k ran-b. ran-s. *Rheum* rhod.hr1,k *Rhus-t.*hr1,k ruta *Sabad.*hr1,k sabin. sars. seneg. sep.hr1,k sil. spig.hr1,k *Spong.*hr1,k stann.hr1,k staph.hr1,k stront-c. *Sulph.*hr1,k teucr. thuj.hr1,k tub.k13,k2 valer. verat.hr1,k verb.hr1,k zinc.hr1,k
• **rechten** Seite, der: sep.
• **Stellen**, an kleinen: caust.a1 daph.a1 lyc.a1
○ **äußerlich**: acon.bg2,k anac.bg2,k ang.bg2 ant-c.bg2,k arg-met. arn.bg2,k bell.bg2,k bry.bg2,k *Calc.*bg2,k cann-s.bg2,k,* caps.bg2,k carb-v.bg2,k caust.bg2,k chel.bg2,k chin.bg2,k cina *Clem.* cocc.bg2,k con.bg2,k croc.bg2,k dig.bg2,k dros.bg2,k dulc.bg2,k euph.bg2,k euphr.bg2,k *Hyos.*bg2,k *Ip.*bg2,k kali-c.bg2,k kreos.bg2,k led.bg2,k mang.bg2,k **Meny.**bg2,k *Mur-ac.*bg2,k nat-c.bg2,k nit-ac. nux-v.bg2,k olnd.bg2,k *Osm.* par.bg2,k ph-ac.bg2,k phos.bg2,k **Rhod.**bg2,k *Rhus-t.*bg2,k ruta **Sabad.**bg2,k sabin.bg2,k samb.bg2,k sars.bg2,k sil.bg2,k *Spig.* **Spong.**bg2,k **Stann.**bg2,k staph.bg2,k sul-ac.bg2,k *Sulph.*bg2,k thuj.bg2,k verat.bg2,k **Verb.**bg2,k viol-t.bg2,k zinc.bg2,k
• **Drüsen**, in: bry. *Calc.* m-arct.j5 meny. mur-ac. prun.j5 *Rhod.* rhus-t. sabad. stann. sulph. verat.
• **innerlich**: acon.bg2,k *Agar.*bg2,k agn.bg2,k alum.bg2,k *Am-c.*bg2,k am-m.bg2,k anac.bg2,k ang.bg2 ant-c.bg2,k ant-t.bg2,k arg-met. arn.bg2,k ars.bg2,k ars-i. asaf.bg2,k asar.bg2,k aur.bg2,k bar-c.bg2,k *Bell.*bg2,k *Bism.*bg2,k borx. bov.bg2,k *Bry.*bg2,k **Calc.**bg2,k camph.bg2,k *Cann-s.*bg2,k *Canth.*bg2,k caps.bg2,k1 carb-an.bg2,k *Carb-v.*bg2,k caust.bg2,k cham.bg2,k **Chel.**bg2,k *Chin.*bg2,k cic.bg2,k *Cina* coc-c. **Cocc.**bg2,k coff.bg2,k *Colch.*bg2,k **Coloc.**bg2,k com. con.h2,k,* croc.bg2,k cupr.bg2,k cycl.bg2,k dig.bg2,k dros.bg2,k *Dulc.*bg2,k eug.a1 euph.bg2,k euphr.bg2,k *Gamb.*a1,k **Graph.**bg2,k guaj.bg2,k *Hell.*bg2,k hep.bg2,k hyos.bg2,k **Ign.**bg2,k iod.bg2,k *Ip.*bg2,k *Kali-c.*bg2,k kreos.bg2,k **Lyc.**bg2,k mag-c.bg2,k mag-m. mang.bg2,k *Meny.*bg2,k *Merc.*bg2,k mez.bg2,k mosch.bg2,k *Mur-ac.*bg2,k *Nat-c.*bg2,k *Nat-m.*bg2,k nit-ac.bg2,k nux-m.bg2,k nux-v.bg2,k olnd.bg2,k *Par.*bg2,k *Petr.*bg2,k ph-ac.bg2,k *Phos.*bg2,k plat.bg2,k *Plb.*bg2,k *Puls.*bg2,k *Ran-b.*bg2,k ran-s.bg2,k rheum *Rhod.*bg2,k *Rhus-t.*bg2,k *Ruta* *Sabad.*bg2,k sabin.bg2,k samb.bg2,k sars.bg2,k seneg.bg2,k *Sep.*bg2,k sil.bg2,k *Spig.*bg2,k *Spong.*bg2,k squil.bg2,k *Stann.*bg2,k *Staph.*bg2,k stront-c. sul-ac.bg2,k *Sulph.*bg2,k tarax.bg2,k teucr.bg2,k *Thuj.*bg2,k valer.bg2,k verat.bg2,k **Verb.**bg2,k viol-t.bg2,k *Zinc.*bg2,k
• **Knochen**, in den: bell. calc. cina ign. mez. nux-m.a1 osm. petr. *Ph-ac.* plat. **Verb.**
• **Muskeln**, in: bruc.j5 cann-s.j5 lyc.j5 m-aust.j5 sulph.a1,j5

Schmerz: ...
- **zwickend, zuckend, stechend**: acon.sf1 *Agar.*sf1 aloe alum.bg2,k **Am-m.**bg2,k ant-c.bg2,k apis arg-n.sf1 *Ars.*sf1 aur.bg2,k bell.bg2,k berb.bg2,k *Bov.*bg2,k canth.bg2,k carb-an.bg2,k caust.bg2,k *Cham.*sf1 *Chel.*bg2,k *Cimic.*sf1 cocc.bg2,k coff.sf1 coloc. *Crot-t.* *Dios.* dros.bg2,k *Ferr.* iod.bg2,k iris.sf1 *Kali-bi.*sf1 kali-c.bg2,k *Kali-i.*sf1 kali-m.k2 *Kalm.*sf1 lact.a1 **Laur.**bg2,k lyc.bg2,k *Mag-c.*bg2,k mag-m.bg2,k *Mag-p.*sf1 merc.bg2,k *Mez.*sf1 **Mosch.**bg2,k mur-ac.bg2,k nat-p. nux-v.sf1 ph-ac.bg2,k phos.bg2,k phys.a1 plan. **Plb.**bg2,k plb-i.sf1 *Prun.* puls.sf1 *Rhus-t.*bg2,k sabin.bg2,k sang.sf1 sars.bg2,k seneg.bg2,k *Sep.*sf1 sieg.a1,mg1 sil.bg2,k *Spig.*sf1 staph.bg2,k stel.sf1 stront-c. sul-ac.bg2,k *Tab.*sf1 *Valer.*bg2,k

Schmerzlosigkeit gewöhnlich schmerzhafter Beschwerden: ant-c.bg2,br1,* ant-t.bg2 *Hell.* **Op.** psil.ft1 **Stram.**
☞ *Analgesie / Reizbarkeit - Mangel*

Schmerzmittel; durch (= Analgetika): am-c.gm1 carb-v.gm1 lach.gm1 op.gm1

Schmerzunempfindlichkeit
☞ *Unempfindlichkeit*

Schnee, Beschwerden durch hellen, glänzenden: glon.c,c1
☞ *Licht - agg. - helles*

Schneeluft:
- **agg.**: abrom-a-r.bnj1 asar.j1 *Calc.* *Calc-p.* caust. cic. **Con.** fl-ac.bg2 *Form.*bg2 lach.bg2 *Lyc.* mag-m. merc. nat-c. nux-v.k1 *Ph-ac.* *Phos.* *Puls.* rhod. *Rhus-t.* **Sep.** *Sil.* *Sulph.* urt-u. vib.bg2
- **Beschwerden** durch: con.c1 sep.c1

Schneuzen der Nase:
- **agg.**: acon.bg2 agn.bg2 alum.bg2 am-c.bg2 ambr.bg2 ang.bg2 ant-t.bg2 arg-met.bg2 *Arn.*bg2 **Aur.**bg2 bar-c.bg2 *Bell.*bg2 bry.bg2 *Calc.*bg2 cann-s.bg2 *Canth.*bg2 caps.bg2 carb-an.bg2 carb-v.bg2 *Caust.*bg2 cham.bg2 chel.bg2 chin.bg2 cina.bg2 coff.bg2 *Colch.*bg2 con.bg2 dig.bg2 euph.bg2 euphr.bg2 **Hep.**bg2 hyos.bg2 iod.bg2 *Kali-c.*bg2 kali-n.bg2 kreos.bg2 led.bg2 lyc.bg2 mag-c.bg2 mag-m.bg2 mang.bg2 meny.bg2 **Merc.**bg2 mez.bg2 nat-m.bg2 nit-ac.bg2 *Nux-v.*bg2 par.bg2 *Ph-ac.*bg2 phos.bg2 **Puls.**bg2 *Ran-b.*bg2 sabin.bg2 sars.bg2 sel.bg2 *Sep.*bg2 sil.bg2 **Spig.**bg2 spong.bg2 stann.bg2 *Staph.*bg2 stram.bg2 stront-c.bg2 *Sulph.*bg2 tarax.bg2 teucr.bg2 thuj.bg2 verat.bg2
- **amel.**: *Mang.*bg2 merc.bg2 *Sil.*bg2 stann.bg2

Schnupfen:
- **amel.** die Allgemeinsymptome: *Thuj.*bg1,bg2,*
- **unterdrückter** Schnupfen agg.: *Acon.*bg2,kr1 am-c.bg2 *Am-m.*bg2 ambr.bg2 ars.bg2 **Bry.**bg2 calad.bg2 **Calc.**bg2 carb-v.bg2 caust.bg2 cham.bg2 *Chin.*bg2,c1 cina.bg2 con.bg2 *Dulc.*bg2 *Fl-ac.*bg2 graph.bg2 hep.bg2 ip.bg2 *Kali-bi.*bg2 kali-c.bg2 kreos.bg2 **Lach.**bg2,kr1,* laur.bg2 lyc.bg2 mag-c.bg2 mag-m.bg2 mang.bg2 merc.bg2 mill.bg2,sf1 nat-c.bg2 nat-m.bg2 *Nit-ac.*bg2 nux-m.bg2 **Nux-v.**bg2 par.bg2 petr.bg2 phos.bg2 *Puls.*bg2 rhod.bg2 sabad.bg2 samb.bg2 sars.bg2 *Sep.*bg2 *Sil.*bg2 spig.bg2 spong.bg2 stann.bg2 stram.bg2

unterdrückter Schnupfen agg.: ...
sul-ac.bg2 sulph.bg2,sf1 teucr.bg2 thuj.bg2 verat.bg2 zinc.bg2
☞ *Schleimhautabsonderung - unterdrückt*

Schock, Schockzustand:
– **Verletzung**; durch (= Verletzungsschock, traumatischer Schock): *Acet-ac.*kr1 **Acon.** *Am-c.* **Arn.** *Ars.*kr1 bell. *Calc.*kr1 calen.st **Camph.** *Caps.* *Carb-v.* *Cham.* *Chin.*kr1 *Chlf.*kr1 *Cic.* cocc. *Coff.* *Cupr.* cupr-ar.sf1 **Dig.**kr1 *Gels.* hell.kr1 hep.kr1 *Hydr-ac.*kr1 hyos.sf1 **Hyper.** *Ip.* **Lach.** *Laur.*kr1 lyc.kr1 merc. *Nat-m.*kr1 nit-ac.kr1 *Nux-m.*kr1 nux-v.kr1 **Op.** *Phos.*kr1 psor. *Ran-b.* sec. sep.kr1 *Staph.* stront-c. stry-p.sf1 sulph. *Tab.*kr1 **Verat.**
☞ *Ohnmacht - Verletzung - Verletzungsschock / Verletzungen*
• **Knochenbrüche**, durch: acon.st arn.st
☞ *Verletzungen - Knochenbrüche*

Schrotkugeln, die durch die Arterien rollen; Gefühl von: nat-p.
☞ *Kugel*

Schüttellähmung
☞ *Parkinson-Syndrom*

Schütteln
☞ *Beben*

Schwäche: abies-c. abies-n. abrot. absin. *Acet-ac.*c2,k achy.jl *Acon.* acon-c.a1 acon-f.a1 adam.srj5 adlu.jl adox.a1 adren.c1,c2,* aesc. aesc-g.a1,kr1 *Aeth.* aether.a1 agar. agar-cpn.a1 agar-em.a1 agar-pa.a1 *Agar-ph.*a1 agar-pr.a1 agar-st.a1 agav-t.jl *Agn.* ail. alco.a1 *Alet.*k2,kr1,* alf.st all-c. all-s. *Aloe* alst.c1,c2 alst-s.a1 *Alum.* alum-p.k2 alum-sil.k2 alumn. **Am-c.** am-caust.a1 am-m. *Ambr.* *Aml-ns.*a1,kr1 ammc.a1,j5 amor-r.jl amph.a1 amyg.a1 **Anac.**c2,k *Anag.*kr1 anan.kr1 *Ang.*bg2,kr1,* anil.a1 *Ant-ar.*a1,kr1,* *Ant-c.* ant-m.a1,kr1 ant-o.a1 **Ant-t.** anth.a1 anthraci. anthraco.a1,kr1 *Antip.*bro1 aphis.a1,j5 **Apis** apoc. apoc-a.a1 apom.a1 aq-mar.jl aq-pet.a1 aral.a1 *Aran.* aran-sc.a1,c1,* arg-cy.a1 **Arg-met.** *Arg-n.* **Arn.**c2,k **Ars.** ars-h. ars-i.c2,k *Ars-met.* ars-s-f. ars-s-r.kr1 arum-d.a1,kr1 arum-i.a1 arum-m. arum-t. asaf. asar. asc-t. asim.a1 aspar.kr1 astac.a1 aster. atha.a1,j5 atra-r.jl atro.a1 *Aur.* aur-ar.k2 aur-fu.a1,j5 *Aur-m.*a1,kr1 aur-m-n.a1 aur-s.k2 *Aven.*c1,c2,* bacls-7.jl2 *Bals-p.*bro1 **Bapt.** bar-act.a1,sf1 **Bar-c.** bar-i.k2 *Bar-m.* bart.a1 bell. bell-p.jl,sp1 ben. ben-n.a1 *Benz-ac.* berb. berbin.a1 beryl.mg1 *Bism.* bism-o.a1 *Bol-la.* bol-s.a1 borx. *Both.*a1 bov. brach. **Brom.** bruc.j5 brucin.a1 *Bry.* bufo buni-o. buth-a.jl,mg1,* *Cact.* cadm-met.jl,mg1 cadm-s.k2,sf1,* cain. caj.a1 calad. **Calc.**c2,k calc-ar.k2 calc-caust.a1,sf1 calc-hp.bro1 **Calc-i.**k1,k2 calc-m.a1 calc-p.c2,k calc-s. calc-sil.k2 *Camph.* cann-i. cann-s. *Canth.* canthin.hs1 caps. car.c2 **Carb-ac.** *Carb-an.* carb-v.c2,k carbn-chl.a1 carbn-h. carbn-o.a1 *Carbn-s.* card-m. *Carl.*a1,c1,* casc.j5 cass.a1 castm.a1,sf1 castn-v. *Caul.* *Caust.* cedr. cench.a1,k2 cent.a1 cere-b.a1 cerv.a1 *Cham.* **Chel.** chelo.c1,c2 *Chim.* **Chin.**c2,k chinin-ar. **Chinin-s.**a1,k chion.c2,k

Schwäche: ...
chlf. chlol. chloram.jl chlorpr.jl choc.srj3 chr-ac.a1,kr1 *Cic.* cich.a1 cimic. cimx. *Cina* cinnb. cinnm.kr1 cist.c1 cit-l.a1,kr1 cit-v.a1 *Clem.* cob. cob-n.jl,mg1,* coc-c. **Coca**a1,kr1,* *Cocc.*c2,k coch.kr1 cod.a1 *Coff.* **Colch.**c2,k colchin.a1,c1,* coll.a1 coloc. colocin.a1,c1,* com. **Con.** conin.a1 conin-br.c1 conv.st cop. cor-r.sf1 corn.a1,kr1,* corn-a.br1 cortico.sp1 cot.a1 crat.br1,sf1 croc. *Crot-c.* *Crot-h.* *Crot-t.* cub. culx.k2 *Cupr.* cupr-act.a1,j5 *Cupr-ar.* cupr-s. cur.c2,k *Cycl.* cyn-d.jl cypr.c2 cyt-l.a1,mg1 *Daph.*a1,j5 der.a1 dicha.jl,mg1 **Dig.** *Digin.*a1 digox.a1 dios. dip.bro1 diph.bro1 dirc.a1,c1,* dor. *Dros.* dubo-m.a1 *Dulc.* *Echi.*bg2,sf1 elat. equis-h.a1 erig.a1 ery-a.a1 ery-m.c1,c2 eryt-j.a1 esch.br1 eucal.a1,kr1 eug. eup-per. eup-pur. euph. euph-a.c1,c2 euph-c.a1 euph-hy.a1 euph-ip.a1 euphr. eupi.a1 fago. fagu.a1 ferr.c2,k ferr-ar. ferr-cit.bro1 **Ferr-i.** **Ferr-m.** ferr-ma.a1,j5 *Ferr-p.*c2,k fic-r.mg1 fil.c1 *Fl-ac.* flor-p.jl *Form.* frag.a1 franz.a1,c1,* gad.a1 gal-ac.a1,c1,* galeg.c1,c2 galin.jl *Gamb.*kr1 gast.c1,k1,* **Gels.** gent-l.c2,k gent-q.c1 germ-met.srj5 get.a1 gink-b.jl gins.a1,j5,* glon. goss. gran. **Granit-m.**es1 **Graph.** grat. guaj. guan.a1 guar.kr1 guare. haem.sf1 haliae-lc.srj5 hall.a1 *Ham.* hed.jl hedeo.a1 *Hell.* hell-o.a1 helon.c2,k **Hep.** hera.a1,c1,* hip-ac.jl *Hipp.* hir.jl hist.jl,sp1 home.a1 hura *Hydr.* *Hydr-ac.* *Hydrc.*a1 *Hydrog.*srj2 **Hyos.** hyosin.a1 *Hyper.* iber.a1,kr1,* *Ign.*c2,k ind. indg. **Iod.**c2,k *Ip.* *Irid-met.*c1 iris jab. jal.a1 jasm.a1 jatr-c. jug-c.a1 jug-r. juni-v.a1 **Kali-ar.** *Kali-bi.*k,k2 kali-br. **Kali-c.**c2,k kali-chl. kali-cy.a1 **Kali-fcy.**c2,k *Kali-i.*c2,k kali-m.k2 kali-n. kali-ox.a1 **Kali-p.** kali-perm.a1 kali-s. kali-sil.k2 kali-t.a1 **Kalm.** kino.a1 kiss.a1 kou.a1 kreos. kres.jl,mg1,* lac-ac. *Lac-c.* *Lac-d.*k2,kr1,* **Lach.** lachn. lact.a1,j5 lam.j5 lapa.a1 lat-k.a1 lat-m.jl,sp1 **Laur.** **Lec.** led. lepi. lept. lev.c2 lil-s.a1 lil-t. lim.a1 limest-b.es1 lina.a1 linu-c.a1 lipp.a1 lith-c.bro1 lith-m.bro1 lob.c2,k lob-c.a1,c1,* lob-p.bro1 lob-s. lobin.a1 *Lol.*a1 luf-op.jl,mg1 **Luna**kg1 *Lyc.*c2,k lycps-v. lyss. m-arct.j5 m-aust.j5 macro.a1 mag-c.c2,k mag-f.jl,mg1 mag-m. *Mag-p.*kr1 mag-s. manc. mand.a1,mg1,* mang.j5,k2,* mang-o.a1 **Med.** mela.a1 meli. menis.a1 meny. meph. **Merc.** merc-br.a1 **Merc-c.** **Merc-cy.** merc-d.a1 merc-i-f. merc-i-r. merc-k-i.gm1 merc-meth.a1 merc-ns.a1 merc-sul.a1,kr1 merl.a1,kr1 methys.jl mez. mill. mit.a1 moly-met.jl *Mom-b.*a1 morph. mosch. **Mur-ac.** murx. mygal. *Myric.*a1,kr1 nabal.a1 naja napht.a1 narcin.a1 narz.a1 nat-ar. *Nat-c.* nat-f.sp1 **Nat-hchls.** nat-lac.a1 **Nat-m.**c2,k nat-n.c2,k **Nat-p.** **Nat-s.**c2,k *Nat-sal.*c1,c2 nat-sil.k2 nat-sula.a1 nep.jl,mg1,* nicc. nicot.a1 nid.jl **Nit-ac.** nit-m-ac.a1 nit-s-d.a1,j5 nitro-o.a1 nuph. *Nux-m.*c2,k *Nux-v.* oena. okou.jl ol-an. *Ol-j.* **Olnd.** onos.c1,c2 op. opun-v.a1 orch.c1,c2 orig.a1 orni.a1 osm. ost.a1 *Ox-ac.* oxyg.a1 paeon. pall. palo.jl pana.a1 par. parathyr.jl parth.c1,c2 paull.a1 ped. penic.jl,srb2 perh.jl *Petr.* **Ph-ac.**c2,k phal.a1 phel. **Phos.** *Phys.*c2,k *Phyt.* **Pic-ac.**c2,k pilo.a1 pimp.a1 pip-m.a1 pitu.sp1 pix.a1 plan. *Plat.* **Plb.** plb-chr.a1 plect.a1 plumbg.a1 podo. polyg-h. polyp-p.a1 prun-p.a1 psil.ft1 **Psor.**c2,k ptel. *Puls.*

Schwäche: ...
puls-n.al pulx.brl pyrog.bg2,sfl pyrus al ran-a.j5 **Ran-b.** ran-s. *Raph.* rat. rham-f.al rheum rhod. rhus-g.al,cl,* **Rhus-t.** *Rhus-v.*al,krl ric.al *Rob.*al,krl *Rumx.* rumx-act.al ruta *Sabad.*c2,k sabin. salin.al samb. samb-c.al *Sang.* *Sanic.*c2,k santin.al sapin.al *Sarcol-ac.*jl,spl saroth.jl sarr. *Sars.* *Scor.*al,cl scroph-n.al scut.al,cl **Sec.** **Sel.**c2,k senec. *Seneg.* senn.al,cl,* **Sep.** sieg.mgl **Sil.**c2,k silphu.cl sin-n. sium al sol-mm.al sol-ni. sol-t.al sol-t-ae. solid.brol solin.al sphing.al,kk3 spig.k,kk3 spira.al spirae.al *Spong.* **Squil.** **Stann.**c2,k **Staph.** *Stict.* still. *Stram.* stront-c. stroph-h.brol stry. stry-p.st **Sul-ac.** sul-h.al sul-i.k,k2 sulfa.jl,spl sulfon.brol sulfonam.jl **Sulph.** sumb. syph. **Tab.** tanac.al tang.al tann-ac.al tarax.c2,k **Tarent.** tarent-c.sfl tart-ac.al tax.al,j5 techn.stj2 *Tell.* **Ter.** tere-ch.jl teucr. thal.jl thea al *Ther.* thiop.jl *Thuj.* thymol.jl,spl thyr.bg2 til. tox-th.al trach.al tril-p. trom. **Tub.** tub-r.jl,srb2 tub-sp.zs tus-p.al upa.al uran-met.sfl uran-n.al,sfl urea mgl ust. uva krl v-a-b.jl,srb2 vac.al valer. ven-m.jl **Verat.**c2,k verat-v. verb. verin.al vesp. vib.bg2,sfl vichy-g.al vinc. viol-o.krl viol-t. vip. vip-a.jl visc.spl voes.al wies.al wildb.al wye.al,c2 x-ray jl xan. *Zinc.* *Zinc-ar.*brol zinc-m.al zinc-o.cl,j5,* zinc-p.k2 *Zinc-pic.*cl,c2 zinc-s.al zing. ziz.al

☞ *Erschlaffung - körperlich / Hinlegen / Mattigkeit / Müdigkeit / Rekonvaleszenz - Beschwerden / Schlaffes / Schweregefühl / Trägheit; körperliche / ❑ Gemüt - Erschöpfung / ❑ G~ Stumpfheit / ❑ Schweiß - Schwächend*

– **linken** Seite; der: *Arg-n.*krl *Lach.*krl

– **tagsüber**: adam.srj5 agar.al,k *Am-c.*al,k cench.k2 cob-n.spl corn.hrl,k,* granit-m.esl graph.al,k hydrog.srj2 indg.al,k iod.al,k lyc.al,k lyss.hrl,krl mag-c.al,k mosch.al,k nat-ar. nat-c.al,k *Nat-m.*al,k nit-ac.al,k op.al,k ph-ac.al,k phos.al,k phys.al,k pip-m.al,k plan.al,k *Stann.*al,k *Sulph.* tarent.al,k ter.al,k uran-n.krl

• **Gehen** amel.: ph-ac.al,k
☞ *Gehen - amel.*

• **Tageshitze**, in der: sel.al,k
☞ *Hitze*

– **morgens**: acon-l.al agar.al,k alum.j5 alum-p.k2 am-c.al,k am-m.hrl,k,* *Ambr.*al,k amph.al ant-c.al,k ant-s-aur. apoc.al,k aran.sf,sfl *Arg-met.* **Ars.**hrl,k,* *Ars-i.* ars-s-f.k13,k2 asc-t.hrl,k,* atra-r.jl,jl3 atro.al,k aur.hrl,k,* aur-ar.k2 aur-i.k13,k2 bell.al,k bism.sf,sfl borx. bruc.j5 *Bry.*al,k bufo caj.al *Calc.*hrl,k,* calc-i.k13,k2 *Calc-s.* calc-sil.k2 canth.al,j5 caps.al,k carb-an.al,k *Carb-v.*al,k carbn-s. celt.al cham.al,k chel.al,k chinin-s. cimic.al,k cinnb.al,k clem.al,k coc-c.al,k colch.al,k *Con.*al,k corn.al,brl *Croc.*al,k crot-h.al,k cycl.al,k dig.al,k digin.al dios. dros.al,k *Elat.*hrl erig.al,k euphr.al,k eupi.al,k fago. flor-p.jl,jl3 form.al,k *Gels.*al,k gnaph.al,k granit-m.esl *Graph.* ham. hom.st hyper.hrl,k,* *Iod.*hrl,k,* jal.al,k kali-bi.al,k kali-c.al,k kali-chl.k13 kali-m.k2 kali-n.al,k kali-p. kali-sil.k2 lac-ac.al,k lac-c. **Lach.**hrl,k,* lact.j5 levo.jl,jl3 limest-b.esl **Lyc.**al,k *Mag-c.*al,k *Mag-m.*al,k meli.al,k *Merc.*al,k merc-c.al,k merl.al morph.al,k mur-ac.al,k naja *Nat-ar.* *Nat-c.*al,k *Nat-m.*al,k

– **morgens**: ...
*Nat-p.*al,k *Nat-s.*hrl,k nat-sil.k13,k2 *Nit-ac.*hrl,k,* *Nux-v.*hrl,k,* op.al,k osm.al,k ox-ac.al,k ped.al,k perh.jl *Petr.*al,k **Ph-ac.**hrl,k,* *Phos.*hrl,k pic-ac.al,k plat.al,k *Plb.*hrl prun.al,k pulm-a.bg2 *Puls.*al,k ran-b. *Rhus-v.*al,k rob.al,k ruta sabad.hrl,k,* sang.al,k **Sep.**hrl,k,* *Sil.*hrl,k,* *Spig.*h,k,* stach.al *Stann.* *Staph.*hrl,k,* *Stront-c.* stry.al sul-ac.h sul-i.k13,k2 *Sulph.*al,k sumb.al,k syph.hrl,k tab.al,k ther.al,k thuj.hrl,k,* til.al,k valer.al,k *Verat.*al,k viol-t.al,k zinc.al,k *Zinc-p.*k13,k2

• **6** h: pic-ac.

• **6.30** h: ham.

• **7** h: cham. elat. graph.

• **8** h: dios. phys. psil.ftl

• **8.30** h: fago.

• **10** h, bis: cench.k2 nit-ac.

• **tagsüber** amel.: acal.brl

• **Aufstehen**:

• **amel.**: acon.al,k carb-v.al,k caust.al,k con.al,k kali-c.al,k mag-c.al,k nat-c.al,k nat-m.al,k phos.al,k *Puls.*

• **beim**: alum.al,k asc-t.al,k aur-m-n.al,k bov.al,k **Bry.** calc-caust.al carbn.al caust.al,k chin.al,k cina colch.al,k corn.al,k crot-t.al,k dig.al,k dios.al,k *Dulc.*al,k eupi.al,k *Ferr.*al,k ham.al,k hep.al,k ign.al,k iris lac-ac.al,k **Lach.**hrl,k,* *Lyc.*al,k mez.al,k nat-m.j5 nux-v.al,k op.al,k petr.h,k,* **Ph-ac.**al,k phos.h,k,* plb.al,k puls.j5 puls-n. rhus-v.al,k scut.al *Sep.*h,k,* *Sil.*al,k *Stann.*al,k sulph.al,k thuj.al,k ust.al,k
☞ *Aufstehen - beim*

• **nach**: alumn.al,k *Arg-met.* *Arg-n.*al,k bry.al,k carb-an.al,k hep.al,k kali-n.al,k *Lach.*al,k *Nit-ac.*al,k *Nux-v.*al,k peti.al **Ph-ac.**al,k rhod.al,k til.al,k

• **Bett**, im: *Ambr.* arn. *Carb-v.* caust. chin. chinin-s.al *Con.* ham.cl hell. hep. hom.st lach. mag-c. *Nat-m.* phos. **Puls.** *Sil.* *Staph.* stront-c.

• **Aufsetzen**, beim: nat-m.

• **Erwachen**, beim: acon.al,k agar.al,k alum.al,k alum-p.k13,k2 am-c.sf,sfl ambr. ant-c. *Arg-met.*k,k2 arn.j5 aur. bell.j5 berb.al,k *Bry.*al,k *Calc.*al,k calc-sil.k13,k2 cann-s.al,k carb-an.al,k carb-v.al,k castm. castn-v.al cham.al,k chel. chin.al,k clem.al,k coca colch.al,k coloc.al,k con.al,k corn.al,k crot-t.al,k cycl.al,k dros.al,k *Dulc.*al,k euph.j5 fago.al,k gels.al,k gnaph.al,k granit-m.esl graph.al,k grat.al,k hep.al,k hyper.al,k ign.al,k iod.j5 jab.al,k kali-c.al,k kali-sil.k13,k2 *Lach.* *Lyc.* mag-c.h,k,* mag-s.j5 mang.h nat-m.al,k *Nux-m.*kl *Nux-v.*k,kl *Phos.*al,k pic-ac.al,k plb.j5 podo.al,k rhus-t.al,k sabad.al,k *Sang.*al,k *Sep.*al,k *Sil.*al,k *Spig.*h,k,* *Staph.*al,k stram.al,k *Syph.*k13,k2,* tab.al,k ter.al,k thuj.j5 verat.al,k xan.al,k zinc.al,k

• **Traum**; aus einem: *Calc-s.*kl op. teucr.

• **Gedankenandrang** in der Nacht; nach starkem: tab.

• **Liegen**, beim: **Puls.**al,k
☞ *Liegen*

• **nüchtern**, wenn: con.al,k

– **vormittags**: abrot.a1 acon.a1,k agn. alum.a1,k am-c.a1,k ambr.a1,k ang.a1 ant-t.a1,k bart.a1 bruc.j5 **Bry.**hr1,k,* calc.h carb-an.a1,k carb-v.a1,k corn.a1,k fago.a1,k fl-ac.a1,k gels.a1 graph.a1,k grat.a1,k hell.a1,k indg.a1,k kali-cy.a1,k kali-n.a1,k lach.a1,k *Lyc.*a1,k mag-m.a1,k mang.a1,k nat-m.a1,k nux-m. ox-ac.a1,k *Ph-ac.* phel.a1,k phys.a1,k *Plat.*a1,k ptel.a1,k ran-b. sabad.a1,k sars.a1,k scroph-n.a1 sep.h,k,* staph.bg2 tab.a1,k tarent.a1,k
• **agg.**: *Acal.*bro1 bar-m.bro1 bry.a1,bro1 calc.bro1 con.bro1 corn.bro1 lac-c.bro1 lach.bro1 lyc.bro1 *Nat-m.*bro1 *Nit-ac.*bro1 phos.bro1 psor.bro1 sep.bro1 stann.bro1 sulph.bro1 tub.bro1
• **9** h: chinin-s. cocc. merl. nat-s. ox-ac. ped. perh.jl peti. phys. ptel. sep.
  • **amel.**: tarent.
  • **9** - 11 h: tarent.
• **10** h: aq-mar.jl borx.sf1 castm. cench.k2 equis-h. gels. lycps-v. merc-d. phys.
  • **amel.**: *Gels.*
  • **10** - 12 h: calc-s.
• **11** h: arg-met. *Lach.*kr1 nat-c.sf1 phos.a1,bg1 ptel. sep.bg2 *Sulph.* thuj. zinc.
  • **Menses**; während: adam.srj5
– **mittags**: bov. carb-v.hr1,k,* caust.a1,k clem.a1,k con. cycl. fago.a1,k haliae-lc.srj5 helon.a1,k hyper.a1,k nat-m. nit-ac.h,k,* ox-ac.a1 ph-ac.j5 phos.a1,k phys.a1 phyt.a1,k ptel.a1,k sil.a1,k sulph.a1,k teucr. thuj.a1,k zinc.j5
• **amel.**: hyper.a1,k
• **12**.30 h: gels. sol-t-ae.
• **15** h, bis: hyos.
• **18** h, bis: phyt.a1 ptel.
• **Schlaf**, nach: borx.a1 con.a1 cycl.a1 nat-m.a1
  ☞ *nachmittags - Schlaf*
– **nachmittags**: acon.a1,k aeth.a1,k *Alet.* am-c.a1,k amyg.a1,k anac.a1,k apis aq-pet.a1 arg-n.a1,k aur.a1,k bar-c.h bell.a1,k borx.h brom.a1,k *Bry.*a1,k carb-an.h carbn.a1 castm. chinin-s. cinch.a1 coc-c.a1,k coca colch.jl,jl3 coloc.a1,k com.a1,k con.h digin.a1 erig.a1,k fago.a1,k ferr.a1,k *Gels.*a1,k glon.a1,k granit-m.es1 ham.a1,k helon. hydr-ac.a1,k hydrog.srj2 hyos.a1,k ign.a1,k iod.h iris *Kali-c.*hr1,j5,* kali-n.h,j5 lyc.a1,k lycps-v. mag-c.a1,k merl.a1,k mez.a1,k mur-ac.a1,k nat-c.j5 nat-m.a1,k nat-p.a1,k nat-s.a1,k nit-ac.a1,k nux-v.a1,k ol-an.j5 phys.a1,k phyt. plb.j5 psil.ft1 ptel.a1,k ran-b.a1,j5 rhus-t.a1,k ruta sang.a1,k sep.h *Sil.*a1,k spirae.a1 staph.a1,k stram.a1,k stry.a1,k **Sulph.**hr1,k,* thuj.a1,k zinc.a1,k zing.a1,k
• **13** h: astac.a1 ferr-p. phys. pic-ac. verat-v.
• **13**.30 h: lyc.
• **14** h: chel. gels. nux-v. sulph.
  • **14** - 15 h: guan.a1 plb-chr.a1 sulph.
  • **14** - 16 h: ign.
• **15** h: *Ham.* lyss.kr1 mag-c. nat-s. nep.jl,srb2
  • **15** - 16 h: reser.jl
• **16** h: caust. gad.a1 hydr. iris lyc. mang. merc-i-f. phys. psil.ft1
• **17** h: bamb-a.stb2 coff. colch. *Lac-d.*kr1 lyc. merc.h psil.ft1
  • **17** - 23 h: perh.jl
  • **bis** 17 h: tarent.

– **nachmittags**: ...
• **17**.30 h: stram.
• **Gehen**, beim: caust.h lyc. mag-c. pic-ac. ran-b.
  ☞ *Gehen*
  • **amel.**: nat-s.a1
  • **nach**: ery-a. euph. hyper.
• **Schlaf**, nach: borx.h chinin-s. ferr.a1,k gels.a1,k kali-c.h nat-m.h
  ☞ *mittags - Schlaf*
– **abends**: acon.a1,k aloe alum.j5 *Am-c.*a1,k am-m.h aphisa1,j5 apis apoc. ars.a1,k ars-h.hr1 asaf.a1,k asar.h,j5 bapt.a1,k bell.h,j5 berb.a1,k borx. bov.a1,k brom.a1,k bruc.j5 bry.a1,k calc.a1,k calc-p.a1,k *Calc-s.*a1,k carb-v.a1,k carl.a1,k *Caust.*a1,k chin.j5 clem.a1,k cob.a1,k coc-c.a1,k coca coloc.a1,k colocin.a1 con.a1,k *Croc.*hr1,k,* cycl.hr1,k,* dios.a1,k dirc.a1,k erig.a1,k ery-m.a1 euphr.a1,k eupi.a1,k fago.a1,k ferr. ferr-ar.k13,k2 form.a1,k granit-m.es1 *Graph.*a1,k grat.a1,k haem.a1,k haliae-lc.srj5 helon. hep.a1,k hydr. hydr-ac.a1,k *Ign.*a1,k indg.a1,k iris itua1 jac-c.a1 jac-g. *Kali-bi.*a1,k kali-c.a1,k kali-chl.k13 kali-m.k2 kali-n.h kali-sil.k13,k2 kalm.a1,k *Lach.*a1,k laur.j5 lim.a1 lob.a1,k lyc.a1,k lycps-v. mag-c.a1,k merc.a1,k merl.a1,k mez.a1,k mur-ac.a1,k murx.a1,k naja **Nat-m.**a1,k nat-n.a1,k nicc.hr1,kr1 nit-ac.a1,k nux-v.a1,k ox-ac.a1,k pall.a1,k *Petr.*h,k,* phos.a1,k plat.a1,k plb.a1,k psor.a1,k puls-n. rat.j5 rhus-g. rhus-t.a1,k rumx. ruta senec.a1,k *Sep.*a1,k sil.a1,k spig.j5 stach.a1 stront-c. sulfonam.jl,jl3 *Sulph.*a1,k sumb.a1,k tab.a1,k tarent.k2 *Tart-ac.*a1 thuj.a1,k tub.k13,k2 upa. valer.a1,k zinc.a1,k zinc-p.k13,k2
• **amel.**: asc-t.a1,k calc-s.a1,k colch.a1,k germ-met.srj5 nit-ac.a1,k
  • **Freien**, im: chel.a1 **Con.**a1 grat.a1 najaa1 nat-m.a1 pic-ac.a1 sabad.a1
    ☞ *Luft - Freien - amel.*
• **18** h: germ-met.srj5 helon. lyc. merc.h
  • **bis** 18 h: merc.
• **19** h: gins. mag-c. nat-m. phys. pic-ac. sep. verat-v.
• **20** h: astac.a1 bar-c. mang. pana.a1 phys. sep.
• **20**.30 h: pip-m.
• **21** h: dirc. mag-s. op. phys. pic-ac.
  • **amel.**: phos.
• **21**.30 h: lyc. sep.
• **Bett**, im: lyc.a1,k
• **Essen**, nach dem: bov.a1 *Croc.*a1,k
  ☞ *Abendessen*
– **nachts**: acon-l.a1,k1 am-c.j5 ambr.a1,k ant-c. anthraci. anthraco.a1 calc.a1,k canth.a1,k carb-an.a1,k carb-v.a1,k chel.a1,k coca crot-t.j5 ferr-i.a1,k gnaph.a1,k hell.a1,k hyper.a1,k kreos. mur-ac.a1,h naja nat-m.a1,k nux-v.a1,k rhus-t.a1,k sep.h *Sil.*a1,k sulph.a1,k tab.a1,k thuj.a1,k
• **amel.**: adam.srj5
• **Mitternacht**: ambr.a1 op.a1 *Rhus-t.*a1
  • **vor**:
    • **22** h: elat. fago. phys.
    • **23** h: nat-m.
  • **um**: ambr. op. *Rhus-t.*
  • **nach**: nat-m. rhus-t.a1,k
    • **2** h: sep.h

• **Mitternacht - nach**: ...
  • **3** h: am-c.k2 nat-m. *Sec.*kr1 zing.a1
  • **4** h: sulph.
  • **5** h: napht.a1
◇ **abwechselnd** mit:
• **Aktivität**
☞ ❑ *Gemüt - Aktivität - abwechselnd mit - Schwäche*
• **Aktivität**; geistige
☞ ❑ *Gemüt - Geistige Anstrengung - Verlangen - abwechselnd mit - Schwäche*
• **Erregung**
☞ ❑ *Gemüt - Erregung - abwechselnd mit - Schwäche*
• **Kraft**, Gefühl von: ars.j5 chin.j5 colch.j5,jl
• **Zittern**: ferr.a1,k plb.st
◆ **begleitet** von:
• **Asthma**: ars.vh bry.vh carb-v.vh *Stann.*vh
• **Beben**
☞ *Beben - begleitet von - Schwäche*
• **Erbrechen**: cadm-s.br1
• **Geschwüre** auf dem Handrücken; schmerzhafte
☞ ❑ *Extremitäten - Geschwüre - Hände - Handrücken - schmerzhaft - begleitet von - Schwäche*
• **sexuelles** Verlangen; vermindertes:
  • **Ovulation**; während der: granit-m.es1
• **Übelkeit**: bamb-a.stb2 elat.br1,c1 hydrog.srj2
• **Verstand**; klarer
☞ ❑ *Gemüt - Intelligent - Schwäche*
– **Abendessen**, nach dem: alum.h,k,* bov. chin.a1,k lach.a1,k mag-c.a1,k sil.
☞ *abends - Essen*
– **Abort**:
• **nach**: *Kali-c.*hr1 ruta.a1
• **Schwäche**, aus: *Alet.*bro1 caul.bro1 chin.bro1 chinin-s.bro1 *Helon.*bro1 sec.bro1 *Sep.*sf1 sil.sf1
– **Addison** Syndrom, bei: *Calc.*hr1,kr1 *Iod.*hr1,kr1
– **akuten** Krankheiten, bei: aeth.st ail.bg2,st ant-t.st apis.st ars.st calc-p.st gels.st guar.st kali-m.k2,st merc-cy.st mur-ac.st psor.st verat.st
☞ *plötzlich*
– **Albuminurie**, bei: *Ars.*hr1,kr1 *Calc-ar.*hr1,kr1 *Dig.*hr1,kr1 *Iod.*hr1,kr1 *Merc-c.*kr1 *Nat-c.*hr1,kr1 *Ter.*hr1,kr1
– **Alkoholikern**; bei: carbn-s.k2
– **alkoholische** Getränke amel.: *Canth.*a1,k nit-s-d.a1 thea.a1
– **Alkoholismus**, bei: *Ars.*hr1,k *Carbn-s.*k2,st *Kali-br.*hr1,k *Nat-s.*hr1,kr1,* *Phos.*hr1,k *Ran-b.*st *Sel.*hr1,k
– **alten** Menschen, bei: *Ambr.* ant-t.k2 aur. **Bar-c.** carb-v.bro1 *Con. Cur.* eup-per.bro1 glyc.bro1 nit-ac.c1 *Nux-m.* op. *Phos.* sec. *Sel. Sul-ac.*
☞ *Alter*
– **Anämie**, bei: *Chin.*kr1 **Ferr.**bg2,kr1,* **Kali-c.**kr1 *Nat-c.*kr1 *Nat-m.*kr1,sf1 **Phos.**kr1
☞ *Anämie*
– **angenehm**: cann-s.a1 morph.a1
– **Angst**:
• **nach**: cocc.k2
• **mit**: am-c.h aur.h calc.h caust.h rhus-t.h
– **Anlehnen** des Kopfes und Schließen der Augen amel.: anac.h,k,*
– **Anstrengung**, bei: acon.st *Alum-p.*k2,st ambr.st *Arn.*st ars-s-f.k2,st aur-ar.k2,st aur-m.k2,st bry.st calc.st calc-sil.k2,st chin.st cocc.st coff.st ferr-ar.k2,st ferr-i.k2,st kali-ar.k2,st kalm.a1,st macro.a1,st mag-c.st merc.st nit-m-ac.a1,st nit-s-d.a1,st rhod.k2,st rhus-t.k2,st sil.st sul-i.k2,st verat.st
• **amel.**: ferr.a1,k kali-n.
• **leichte**, durch: acon. *Agar.* ail. alum. alum-p.k2 *Am-c.* anac. apis **Ars.** *Ars-i.* ars-s-f.k2 aur-ar.k2 aur-m.k2 bapt. berb. **Bry. Calc.** calc-sil.k2 *Carb-v.* carbn-s.k2 cham. clem. *Cocc. Colch.* **Con. Crot-h.** dig.c1 dor. *Ferr.* ferr-ar.k2 ferr-i. *Gels.* ham.st ign. jatr-c. kali-c. kali-n. kalm. lac-d.k2 **Lach.** *Lyc. Mag-m. Merc. Merc-c. Nat-ar.* **Nat-c.** *Nat-m. Nat-p.* nux-m. nux-v.k2 petr. **Ph-ac. Phos. Pic-ac.** plb. *Psor.* ptel. **Rhus-t. Sel.** *Sep.* sol-ni. *Spig.* **Spong.** *Stann. Staph.* stram. sul-i.k2 *Sulph.* sumb. ther. thuj. **Tub.**k2,kl verat. ziz.
☞ *Bewegung - geringsten* | ❑ *Gemüt - Erschöpfung*
– **Antibiotika**; durch: carb-v.gm1
☞ *Antibiotika*
– **Apoplexie**, durch: *Bar-c.*st
☞ *Apoplexie*
– **Appetit**; die Schwäche steigt mit dem: ail.bg2
– **Ärger**, Verdruß; nach: *Ars. Calc-p.* calc-s.k2 cocc.k2 lyc. *Nat-m.* nux-v. petr. sep.h verat.
– **Aszites**, durch: **Lyc.**kl
– **Aufstehen**:
• **beim**: acon-c.a1,k ammc.a1,k arn.a1,k **Ars.** atro.a1,k **Bry.**a1,k clem.a1,k coca fago.a1,k ham.a1,k hydr.a1,k hydrog.srj2 hyper.a1,k jab.a1,k lyc.a1,k mag-c.a1,k nat-ar. *Nat-m.*a1,k olnd.a1,k osm.a1,k phyt.a1,k pic-ac.a1,k pip-m.a1 ptel.a1,k rhus-g.a1 *Rhus-t.*a1,k sol-t-ae.a1,k teucr.a1,k thuj.a1,k uran-met.
☞ *morgens - Aufstehen - beim*
• **nach**: am-c.a1,k coc-c.a1,k hydr.a1,k mag-c.a1,k
• **Sitzen**, vom: *Chin.*a1,k
– **Bad**; nach einem warmen: aesc.k2 puls.k2
– **berauscht**; wie: psil.ft1
☞ ❑ *Gemüt - Betäubung*
– **Bewegung**:
• **amel.**: cham.h colch.a1,k coloc.a1,k con.a1 cycl.a1,k gels. kali-i.k2 kreos.a1,k limest-b.es1 *Lyc.*h,k,* mosch. *Nat-m.*hr1 pip-m.a1,k *Plat.* plb. psil.ft1 *Rhod.* **Rhus-t.**hr1 stann.j5
• **durch**: agar.a1,k am-c.k2 ammc.a1,k apoc.a1,k *Arg-met.* **Ars.**a1,k asaf.a1,k bry.a1,k cann-s.a1,k cocc.a1,k hydr-ac.a1,k kali-bi.a1,k kali-n.a1,k lach.a1,k mang-o.a1 merc.a1,k merl.a1,k mur-ac.j5 narcin.a1 nat-m.j5 nit-ac.h nux-v.a1,k phel. *Phos.*a1,k plb.a1,k sep.a1,j5 spig.h,j5 **Spong.**a1,k stann.h staph. sulph.a1,k tab.a1,k
• **Arme**, der: nat-m.
• **geringsten** Bewegung; bei der: anac.bg1 lyc.bg1 nux-m.bg1 spig.bg1 verat.bg1
☞ *Anstrengung - leichte*
• **horizontalen** Lage bewegt; wenn er aus der: rob.
• **vorsichtige** Bewegung amel.: kali-n.
– **Bier**, nach: coc-c.
• **amel.**: thea
– **Blicken** nach unten; beim: kali-c.a1,k

– **Blutungen**, bei: *Carb-v.*$_{kr1}$ **Chin.**$_{k2,kr1}$ *Chinin-s.*$_{kr1}$ *Ferr.*$_{kr1}$ *Hyper.*$_{kr1}$ *Ign.*$_{kr1}$ ph-ac.$_{k2}$ *Rat.*$_{kr1}$

• **geringe** Blutung; durch eine: erig.$_{zr}$

– **Bücken**, beim: graph.$_{a1,k}$

– **Chinin**; durch Mißbrauch von: ars-s-f.$_{k2}$ chelo.$_{c2}$ eucal.$_{c2}$ nat-m.$_{c2}$

☞ *Chininmißbrauch*

– **Diabetes** mellitus, bei: *Arg-met.*$_{kr1}$ *Ars.*$_{kr1}$ *Lac-ac.*$_{kr1}$

– **Diarrhoe**:

• **durch**: acet-ac.$_{st}$ *Alum.* alum-p.$_{k2}$ *Alumn.*$_{kr1}$ ambr. ant-c.$_{kr1}$ ant-t.$_{kr1,sf1}$ *Apis* **Ars.** bamb-a.$_{stb2}$ bapt.$_{k2}$ bar-m.$_{kr1}$ *Borx.* both. bry. calc-i.$_{k2}$ carb-v. **Chin.** chinin-ar.$_{k2}$ coloc. con. *Corn.*$_{kr1}$ crot-t.$_{kr1}$ *Dulc.* euph-a.$_{kr1}$ *Ferr.* gast.$_{a1}$ gnaph. *Graph.* hura hydr. hyos.$_{h}$ *Iod.* *Ip.* iris kali-c. kali-chl. *Kali-m.*$_{kr1}$ *Kali-p.*$_{k2,kr1}$ lil-t. mag-c. merc. merc-cy. **Nat-s.** **Nit-ac.** *Nuph.*$_{kr1}$ **Nux-m.**$_{kr1}$ *Nux-v.* **Olnd.** op. ox-ac. petr. ph-ac.$_{k2}$ **Phos.** phyt. **Pic-ac.** **Podo.** *Rhus-t.*$_{jl,k2}$ *Ric.*$_{a1}$ *Sec.* senec. sep. **Sil.** *Sul-ac.* sul-i.$_{k2}$ *Tab.* *Tarent.* *Tart-ac.*$_{kr1}$ **Verat.** *Zinc.*

• **schwächt** nicht: ph-ac.$_{bg1}$

• **unterdrückt**: ph-ac.$_{k2}$

– **Diphtherie**, bei: *Ail.*$_{hr1,k}$ *Alum-sil.*$_{hr1,k}$ *Apis* *Brom.*$_{hr1,k}$ *Canth.*$_{hr1,k}$ *Chinin-ar.* *Crot-h.*$_{hr1,k}$ diph.$_{bro1}$ *Ign.*$_{hr1,k}$ *Kali-bi.*$_{hr1,k}$ *Kali-perm.* lac-c.$_{hr1,k}$ **Lach.**$_{hr1,k}$ **Merc-cy.**$_{hr1,k}$ *Merc-i-f.*$_{hr1,k}$ *Mur-ac.*$_{hr1,k}$ *Nat-ar.* *Nux-v.*$_{hr1,k}$ **Phyt.**$_{hr1,k}$ *Sal-ac.*$_{hr1,k}$ *Sec.*$_{hr1,k}$ *Sulph.*$_{hr1,k}$

– **Entbindung**:

• **während**: arn.$_{bg2}$ asaf.$_{bg2}$ **Bell.**$_{bg2}$ borx.$_{bg2}$ bry.$_{bg2}$ calc.$_{bg2}$ camph.$_{bg2}$ carb-an.$_{bg2}$ carb-v.$_{bg2}$ *Caul.*$_{bg2,kr1}$ caust.$_{bg2}$ *Cham.*$_{bg2}$ chin.$_{bg2}$ cimic.$_{bg2}$ cocc.$_{bg2}$ coff.$_{bg2}$ *Con.*$_{bg2,kr1}$ *Gels.*$_{bg2}$ graph.$_{bg2}$ hyos.$_{bg2}$ ign.$_{bg2}$ **Kali-c.**$_{bg2,h}$ **Kali-p.**$_{bg2}$ kreos.$_{bg2}$ lyc.$_{bg2}$ mag-c.$_{bg2}$ mag-m.$_{bg2}$ merc.$_{bg2}$ mosch.$_{bg2}$ nat-c.$_{bg2}$ *Nat-m.*$_{bg2}$ nux-m.$_{bg2}$ *Nux-v.*$_{bg2}$ **Op.**$_{bg2}$ phos.$_{bg2}$ plat.$_{bg2}$ **Puls.**$_{bg2}$ rhus-t.$_{bg2}$ ruta$_{bg2}$ sabad.$_{bg2}$ **Sec.**$_{bg2}$ *Sep.*$_{bg2}$ stann.$_{bg2}$ sul-ac.$_{bg2}$ sulph.$_{bg2}$ thuj.$_{bg2}$ zinc.$_{bg2}$

☞ ❑ *Weibliche Genitalien - Entbindung - während*

• **nach**: calc.$_{k2}$ carb-v.$_{k2}$ samb.$_{st}$

☞ ❑ *Weibliche Genitalien - Entbindung - nach*

– **Erbrechen**:

• **nach**: aloe$_{a1}$ ant-c.$_{hr1,kr1,*}$ ant-t.$_{a1}$ apom.$_{a1}$ ars.$_{a1,h}$ bar-c.$_{hr1,kr1,*}$ cadm-s.$_{hr1,kr1,*}$ cinnm.$_{hr1}$ *Colch.*$_{hr1,kr1,*}$ der.$_{a1}$ gran.$_{a1}$ mag-c.$_{a1,h}$ nat-s.$_{a1}$ op.$_{a1}$ phyt.$_{a1,hr1}$ sel.$_{a1}$ *Verat.*$_{h,hr1,*}$ zinc.$_{a1,h}$

• **mit**: aeth.$_{a1,br1,*}$ ars.$_{a1}$ bol-s.$_{a1}$ *Calc.*$_{hr1,kr1,*}$ crot-t.$_{a1}$ gran.$_{a1}$ guaj.$_{k2}$ kali-c.$_{a1,h}$ phos.$_{a1,h}$ **Sang.**$_{hr1,kr1,*}$ sulph.$_{a1,h}$ tab.$_{a1}$

– **Erektionen**, durch: aur. aur-m.$_{a1}$ carbn-s.

– **Erregung**, nach: *Con.*$_{hr1,k}$ gels.$_{psa}$ phos.$_{hr1,sf1,*}$ stry.$_{a1,k}$ thea

– **Erwachen**:

• **morgens**

☞ *morgens - Erwachen*

• **beim**: aeth.$_{a1,k}$ alco.$_{a1,k}$ aloe ambr.$_{a1,k}$ aq-pet.$_{a1}$ arg-met. ars-h.$_{a1,k}$ aur.$_{a1}$ bell.$_{a1,k}$ bism. bry.$_{a1,k}$ carbn-s. card-m.$_{hr1,k}$ cham.$_{a1,k}$ chel.$_{a1,k}$ chin.$_{a1,k}$

– **Erbrechen - beim**: ...
clem.$_{hr1,k,*}$ *Cycl.*$_{bg2,k,*}$ dig.$_{a1,k}$ dios.$_{a1,k}$ *Dulc.*$_{hr1,kr1}$ *Echi.*$_{bg2,sf1}$ equis-h. erig. erio.$_{a1}$ euphr.$_{j5}$ fago.$_{a1}$ ferr.$_{a1,k}$ ferr-p.$_{a1,k}$ form.$_{a1,k}$ haliae-lc.$_{srj5}$ hipp.$_{a1,k}$ hura hyper.$_{a1}$ ign.$_{sf1}$ lac-ac.$_{a1,k1}$ ~~lac-e.$_{k1,xxx}$~~ luna$_{kg1}$ lyc.$_{bg2,k,*}$ mang.$_{a1,k}$ myric.$_{a1,k}$ nabal.$_{a1}$ nat-ar. nat-m.$_{a1,k}$ nat-p.$_{a1,k}$ nux-m.$_{a1,k}$ nux-v.$_{sf1}$ op.$_{a1,k}$ ph-ac. podo. psil.$_{ft1}$ ptel.$_{a1,k}$ **Puls.**$_{hr1,k}$ puls-n.$_{a1}$ rhod.$_{a1,k}$ rhus-t.$_{a1,k}$ sang.$_{a1,k}$ sec.$_{sf1}$ sel.$_{sf1}$ *Sep.*$_{a1,k}$ sulph.$_{a1,k}$ sumb.$_{a1,k}$ syph.$_{bg2,hr1}$ tab.$_{a1,k}$ teucr.$_{a1,k}$ thuj.$_{a1,k}$ upa.$_{a1,k}$ xan.$_{a1,k}$

☞ *Traum*

• **nach**: arg-met. calc-s.$_{a1,k}$ cedr.$_{a1,k}$ cycl.$_{a1,k}$ iod.$_{a1,k}$ wildb.

– **Essen**:

• **amel.**: aster.$_{a1,k}$ *Hep.*$_{hr1,kr1}$ hydrog.$_{srj2}$ **Iod.**$_{hr1,kr1}$ nat-c.$_{h}$ petr.$_{h,k,*}$ sapin.$_{a1}$ sil.$_{a1,k}$

• **vor**: cinnb.$_{hr1,k}$

• **beim**: am-c.$_{hr1,kr1}$ bufo mag-c.$_{a1,k}$ ptel.$_{a1,k}$ sulph.$_{j5}$

• **nach**: act-sp.$_{a1,k}$ adam.$_{srj5}$ alum.$_{bg2}$ *Anac.*$_{bg2,k,*}$ ant-c.$_{bg2}$ **Ars.**$_{h,k,*}$ ars-s-f.$_{k13,k2}$ asar.$_{bg2}$ bar-act.$_{a1}$ **Bar-c.**$_{a1,k}$ bar-s.$_{k13,k2}$ brom. calc.$_{bg1,bg2,*}$ calc-p.$_{a1,k}$ cann-s.$_{a1,k}$ carb-an.$_{a1,k}$ *Chin.*$_{bg2,k,*}$ cina$_{bg1}$ clem.$_{bg2,k,*}$ *Con.*$_{bg2,k,*}$ *Croc.* crot-c.$_{a1,k}$ cycl.$_{a1,k}$ dig.$_{bg2,k}$ ferr.$_{sf1}$ ferr-ma.$_{a1,k}$ hep.$_{h,k,*}$ hyper.$_{a1,k}$ kali-c.$_{bg2,k,*}$ kali-sil.$_{k13,k2}$ lach.$_{bg1,j5,*}$ lyc.$_{k,k1}$ mag-c.$_{a1,k}$ mag-m.$_{bg1,bg2}$ meph.$_{a1,k}$ merc-c.$_{a1,k}$ mur-ac.$_{a1,k}$ *Nat-c.*$_{bg2,sf1}$ nat-m.$_{a1}$ **Nit-ac.**$_{bg1,bg2}$ nux-m.$_{bg1,bg2}$ nux-v.$_{bg2,k}$ ox-ac.$_{hr1,kr1,*}$ **Ph-ac.**$_{a1,k}$ phos.$_{bg2,k,*}$ psil.$_{ft1}$ rhod.$_{a1,k}$ rhus-t.$_{bg2,k,*}$ ruta sang.$_{a1,k}$ sars.$_{hr1,kr1}$ sel.$_{a1,k}$ sep.$_{h,sf1}$ *Sil.*$_{a1,k}$ *Staph.*$_{a1,k}$ sul-ac.$_{a1,k}$ sulph.$_{bg2,k,*}$ tell.$_{a1,k}$ teucr.$_{a1,k}$ thea thuj.$_{bg2,k,*}$ uran-n.$_{bg1}$

☞ *Gehen - Essen*

– **exzessiv**

☞ *übermäßig*

– **Exzeß**, nach jeglichem: agar.$_{bro1}$ *Anac.*$_{bro1}$ *Ars.*$_{hr1}$ *Calc-p.*$_{bro1}$ *Carb-v.*$_{bro1}$ caust.$_{bro1}$ *Chin.*$_{bro1}$ chinin-ar.$_{bro1}$ corn-f.$_{bro1}$ cur.$_{bro1}$ gins.$_{bro1}$ kali-c.$_{bro1}$ nat-m.$_{bro1,hr1}$ *Ph-ac.*$_{bro1}$ *Phos.*$_{bro1,hr1}$ plb.$_{a1,k}$ sel.$_{bro1}$ stroph-h.$_{bro1}$

– **Fahren**:

• **durch**: cere-b.$_{a1}$ cocc. petr.$_{h,k,*}$ *Psor.*$_{k1}$ sep. sulph.$_{a1,k}$ ~~ter.$_{k1,xxx}$~~ tet.$_{a1,k1,*}$

☞ *Gehen - Fahren*

• **Freien** amel.; im: cinnb.

– **Fasten**, wie durch Nüchternheit; wie nach: brom.$_{a1}$ euphr.$_{a1}$ iod.$_{a1}$

• **nachmittags**: iod.$_{a1,h1}$

– **Feuchtigkeit**, durch Naßwerden; durch Einwirkung von: ars.$_{a1,k}$

– **Fieber**:

• **während**: acon.$_{hr1,k}$ alum.$_{h}$ am-m.$_{a1}$ ant-t.$_{hr1,k}$ *Anthraci.*$_{kr1}$ *Apis*$_{a1,kr1}$ aran.$_{hr1,k}$ *Arn.*$_{hr1}$ **Ars.**$_{hr1,k}$ *Bapt.*$_{hr1,k}$ bar-c.$_{sys}$ *Bry.*$_{hr1,k}$ calc.$_{a1,h}$ carb-v. chinin-ar.$_{k2}$ crot-h.$_{a1}$ *Eup-per.*$_{hr1,kr1}$ eup-pur. ferr.$_{hr1,k}$ *Ign.*$_{hr1,k}$ lyc.$_{hr1,k}$ morph.$_{a1}$ *Mur-ac.*$_{hr1,k}$ nat-c. *Nat-m.* nicc.$_{a1}$ nit-ac.$_{hr1,k}$ petr.$_{h}$ *Ph-ac.*$_{hr1,k}$ **Phos.**$_{hr1,k}$ *Puls.* *Rhus-t.*$_{hr1,k}$ *Rob.* sabad.$_{hr1}$ sarr. sep.$_{a1,h}$ sul-ac.$_{a1}$ sulph. thuj.$_{a1}$

• **nach**: *Apis*.al *Aran.* carc.zzh gent-l.al morph.al sal-ac.hrl,krl sulph.al syph.hrl,krl
• **folgt** auf lange anhaltendes Fieber: *Colch.*st *Psor.*st **Sel.**
☞ *Rekonvaleszenz - Beschwerden*
– **fiebrig**: ang.al cham.al kali-n.al nit-ac.al
– **Fluor**:
• **durch**: con.h
• **mit**: *Aesc.*krl *Alet.*krl *Alum.*bg2,krl *Arg-n.*krl bar-c.bg2,j5,* berb.krl,sfl **Calc.**krl calc-p.krl *Calen.*krl carb-an.krl *Caul.*krl *Caust.*krl **Chin.**bg2,krl,* *Cocc.*krl,sfl coll.krl,sfl con.krl,sfl *Frax.*krl,sfl **Graph.**krl gua.krl *Ham.*krl helin.krl *Helon.*krl hydr.krl *Iod.*krl *Kali-bi.*bg2,krl *Kali-c.*krl,sfl **Kreos.**bg2,j5,* *Lyc.*krl lyss.krl nabal.k1,krl **Nat-m.**krl nicc.krl,sfl onos.krl *Petr.*krl *Ph-ac.*krl phos.krl *Phys.*krl *Psor.*krl puls.krl rob.krl *Senec.*krl,sfl sep.krl **Stann.**krl sul-ac.krl tarent.al,krl tril-p.krl *Vinc.*krl,sfl zinc.krl
– **Freude**, durch: crot-c.al,k kalm.k2
– **Frost**:
• **vor**: *Ars. Chin.* nat-m. thuj.hrl,k
• **während**: agar.hrl,krl aran.hrl arn. ars. asar.h astac.hrl,krl *Chin.* choc.srj3 coc-c.al,k ip.hrl,k lach. *Nat-m.* petr.h *Phos.*hrl,k psil.ftl psor.
• **nach**: apis.krl *Sulph.*h,krl
– **Frösteln**, mit: sep.h
– **Frühling**, im: apis **Bry.**hrl,krl
– **Frühstück**:
• **nach**: arg-n.al,k brom.hrl,k,* carb-v.al,k cham.h con.h dig.hrl,k lach.al,k nux-v. *Ph-ac.* psil.ftl sil. still.al thea verat.al,k
• **amel.**: *Calc. Con.* nat-m. nux-v. *Staph.*
• **etwa** um die Zeit des: sep.
– **Füße**, beim Waschen der: merc.al,k
– **Gähnen**, nach: eug.al,k *Nux-v.*al,k
– **Geburt**
☞ *Entbindung* | ❑ *Weibliche Genitalien - Entbindung*
– **Gefühllosigkeit**, mit: con.k2
– **Gehen**, beim: acon. acon-f.al adam.srj5 aesc. agar. **Alum. Alum-p.**k2 alum-sil.k2 am-c.j5 ambr.j5 *Anac.* ang.al arg-met.j5,k2 arn. **Ars.** *Ars-i.* aur-ar.k2 aur-m.k2 aur-s.k2 bar-c. bar-i.k2 bar-m. bar-s.k2 *Berb.* bov. brom. **Bry. Calc. Cann-i.** *Carb-ac.*c1 *Carb-an. Carb-v. Carbn-s.* caust.h cench.k2 cham. chel. *Chin.* chinin-ar. clem.h coca cocc. *Coloc.* **Con.** cupr. *Cupr-ar.* cycl.brol digin.al ery-a.al ery-m.al euph. euph-a.al fago.al **Ferr.** ferr-ar. ferr-i. ferr-ma. *Fl-ac.* franz.al gins. graph.j5 ham. helon. hep. hyper. ind. indg. *Iod.* kali-ar.k2 *Kali-c.* kali-m.k2 kali-p. kali-sil.k2 *Lac-d.* **Lach.** led.j5 *Lyc.* lyss.al mag-c. mag-m. mag-s.j5 *Med.* meny. merc. merl. mez. morph.al **Mur-ac.** narcin.al *Nat-ar.* *Nat-c.* nat-hchls. *Nat-m.* nat-n.al *Nat-s.* nat-sil.k2 nicot.al **Nit-ac.** nux-m. nux-v.j5 pall. petr. **Ph-ac.** **Phos.** phys. phyt. **Pic-ac.** *Plb.* polyg-h. **Psor.** *Puls.* puls-n. ran-b.al,j5 rheum rhod. rhus-d.brol **Rhus-t.** ruta sabin. sarcol-ac.brol **Sep.** *Sil. Spig.*k1 **Squil.** stann. *Staph.* stram. stront-c.j5 sul-i.k2 **Sulph.** sumb. tarent. tell. thea.j5 thuj. til. tril-p. tub.k2 *Verat.* wies.al wildb.al *Zinc.* zinc-p.k2
☞ *nachmittags - Gehen* | *plötzlich - Gehen*
– **Gehen**, beim: ...
• **amel.**: ambr.h anac.al,k bry.h calc.al,h coloc.al,k kali-i.k2 merc.al,k nat-m.al,k **Rhus-t.**al,k *Ruta* **Sulph.**al,k
☞ *tagsüber - Gehen*
• **Beginn** des Gehens; zu: *Carb-v.*
• **Essen**, nach dem: hep.al
☞ *Essen - nach*
• **Fahren** oder Reiten; nach: petr.al,k
☞ *Fahren - durch*
• **Freien**, im: act-sp. agar. **Alum.** alumn.krl *Am-c.* ambr. ang.h arg-met. ars-s-f.k2 berb.j5 bry. *Calc.* calc-sil.k2 carb-v. caust. chel. chin.j5 *Cocc.*k1 coff. *Coll.* coloc.h,j5 *Con.* euph.h,j5 ferr. graph. grat.j5 hep. hyos. kali-bi. kali-c. lact. lyc.h,j5 m-arct.j5 m-aust.j5 mag-c. mag-m.j5 merc. nat-m. *Nux-v.* ph-ac.j5 puls. rhod. **Rhus-t.** sang. sep. *Sil. Spig.* sulph. *Zinc.*
• **amel.**: agar. am-c. asar.jl caust. chinin-s.j5 croc.j5 *Fl-ac.* gink-b.sbd1 grat.j5 *Kali-i.* ox-ac. sapin.al *Sulph.*
• **nach**: graph.h sil.h
• **Frühstück** amel.; nach dem: coca
• **Haus**, im: agar.al,k ferr-ma.al,k sapin.al sec.al,k sumb.al,k
• **Husten** und Auswurf; durch: nux-v.al,k
• **kurzer** Spaziergang:
• **nach**: *Nat-c.*hrl,krl ruta.krl *Sulph.*hrl,krl *Ter.*hrl,krl tub.k2,krl,*
• **durch**: bar-c.al *Calc.*hrl,krl cann-i.hrl,krl *Con.*hrl,krl sil.al
• **langsam** amel.: *Ferr.*hrl,k
• **Menses**, während: *Murx.*hrl,krl phel.al,k
• **Mittagessen**, vor dem: hyper.al
☞ *Mittagessen - vor*
• **Rauchen**, nach: sulph.al,k
☞ *Rauchen* | *Tabak*
• **schnellem**, bei: agar.al,k coc-c.al,k olnd.al,k
• **amel.**: *Stann.*al,k
• **Sonnenhitze**, in der: *Lach. Nat-c.*
☞ *Hitze - Sonnenhitze*
• **Sturm**; vor und bei einem: sil.al,k
– **geistige** Anstrengung:
• **amel.**: *Croc.* hydrog.srj2
• **durch**: *Aloe* anag.krl apis arn. ars. aur. aur-ar.k2 bar-act.sfl *Bell.* **Calc.** calc-sil.k2 carb-v.k2 cham. *Chin.*krl cist.k2 cocc. **Cupr. Ferr-pic.** ign. *Kali-c.* kali-n. kali-p.k2,st **Lach. Lec.** lil-s.al *Lyc.* mag-c.st **Nat-c.** nat-m. *Nux-v.*st okou.jl *Par.*krl *Ph-ac.* *Pic-ac.*k2,krl **Psor. Puls.** sabad. **Sel.** sep. sil. spong. sulfonam.jl *Sulph.* thuj.
– **Gelbsucht** (= Ikterus); durch: ferr-pic.brol pic-ac.brol tarax.brol
– **Gemütssymptomen**; bei akuten
☞ ❑ *Gemüt - Gemütssymptome - akute - Schwäche*
– **Geschäftsleuten**; bei entkräfteten, ausgelaugten: clem.al lyc.al
☞ ❑ *Gemüt - Geschäftsleute - entkräftete*
– **Gesellschaft**:
• **agg.**: granit-m.esl
• **in**: sep.h
• **nach** Aufenthalt in: pall.brl,cl

– **Gespräche**, durch: sil.h

– **Hautausschläge**, durch unterdrückte: ars-s-f.k2

– **Heben** einer Last; durch: **Carb-an.** kali-sil.k13,k2 nat-c.h

– **Heiterkeit**, wie nach großer: cinnb.

– **Herz**:

• **Erkrankung** des Herzens; chronische: crat.br1

• **Herzversagen**: am-c.k2

– **Herzklopfen**, mit: aur.h caust.h sang.h sul-i.h,k2

– **Hinuntergleiten** im Bett

☞ *lähmungsartig - rutscht*

– **Hitze**:

☞ *tagsüber - Tageshitze / Hitze - Hitzewallungen*

• **durch**: aster.a1,k *Carbn-s.* coc-c.a1,k *Lach.* *Nat-c.* nat-p.a1,k *Puls.* *Puls-n.*a1 rhod.a1,k **Sel.** *Sulph.*a1,k tab.a1,k vesp.a1,k

• **Bettwärme**: aster.a1,k

• **Gehen**

☞ *Gehen - Sonnenhitze*

• **Gehen** und danach schneller Abkühlung; nach Erhitzung beim: bry.a1 *Rhus-t.*

• **Hitzewallungen**, durch: cocc. dig.c1 hydrog.srj2 nat-c.h **Sep.**kr1,st **Sulph.**kr1 *Xan.*st

• **Sommerhitze**, in der: alum. *Ant-c.*bro1 *Ars.*hr1,kr1 camph.bg2 *Carbn-s.*k2,st *Corn.* **Gels.**hr1,kr1 **Iod.** *Lach.*bg2,k,* **Nat-c.**bg2,k nat-m.bg2,k podo.bg2 **Sel.**bg2,k,*

• **Sonnenhitze**, in der: *Ars.*kr1 **Gels.**br1,kr1 **Nat-c.** **Sel.**

☞ *Gehen - Sonnenhitze*

• **Zimmer**, im heißen: cinnb. *Puls.*

☞ *warm - Zimmer*

 • **Eintreten** ein, vom Bett: aloe

– **Hunger**, durch ●: *Alum.* *Crot-h.*hr1,kr1 **Iod.** nat-c.h *Phos.* spig.h,k,* sul-i.k13,k2 **Sulph.**hr1,k,* ter.hr1,kr1 *Zinc.*

– **Husten**:

• **nach**: cor-r.bg2 verat.bg2

• **durch**: ars.h

– **hysterisch**: ign.k2 phos.h

– **Influenza**, nach: abrot.br1 cypr.c1

☞ *Rekonvaleszenz - Grippe*

– **intermittierend**

☞ *periodisch - intermittierend*

– **Kaffee**:

• **amel.**: eug.a1

☞ *Stimulanzien*

• **Geruch** von; durch den: sul-ac.

– **Kälte**:

• **während**: aeth. apis atha.a1 con.a1,k guare.a1,k nat-m.a1,k thuj.a1,k

• **durch**: *Ars.*hr1,kr1 **Carb-v.**hr1,kr1 **Verat.**hr1,kr1

• **Einwirkung** von; nach: ars.a1

– **Katarrh**, nach: kali-m.k2

– **Kindern**, bei: bar-c. bell. calc.hr1,k carb-v.c,c1 cham.j5 cina j5 kali-c.j5 lach. *Lyc.* nux-v. sil. *Sulph.*hr1,k zinc.k2

– **Klavierspiel**, durch: anac.hr1,k2,* nat-c.h2

– **Koitus**, nach: acet-ac.k2 *Agar.*a1,k ambr.sf,sf1 berb. **Calc.**hr1,k,* *Carb-an.*j5 chin. clem. *Con.*hr1,k *Dig.*hr1,k *Graph.*hr1,k,* *Kali-c.*hr1,k *Kali-p.* *Kali-sil.*vh,vh/dg lil-t. lyc.h,k,* mosch. nat-c.bro1

– **Koitus**, nach: ...

Nat-m. nit-ac.a1,k *Nuph.*hr1,kr1 petr. *Ph-ac.*hr1,k *Phos.*hr1,k plat.sf,sf1 **Sel.**hr1,k,* *Sep.*hr1,k,* *Sil.* staph. tarent.a1,k tax.a1 vichy-g.a1 *Ziz.*hr1,kr1

– **Kolik** mit: castm.bg2 tab.bg2

– **Konvulsionen**, nach den: acon.a1,k aeth.k2,kr1 agar.h *Aml-ns.*kr1 ars.a1,k art-v.hr1,kr1 carbn.a1 *Cupr.*hr1,kr1 *Ip.*hr1,kr1 merc-c.a1,k *Oena.*hr1,kr1 sec.a1,k stram.h stry.a1,k sulph.h tab.a1,k

☞ *Konvulsionen - Schwäche*

• **epileptisch**: *Aster.*hr1,kr1 camph.a1,k *Plb.*hr1,kr1 *Sulph.*hr1,kr1

• **hysterisch**: ars.a1,k

– **Kopfschmerz**:

• **während**: **Ant-c.**hr1,kr1 aran.hr1,kr1 ars-h.a1,kr1 bism.hr1,kr1 bufo a1,kr1 calc-ar.hr1,kr1 carb-v.hr1,kr1 chin.hr1,kr1 chinin-s.kr1 cob.a1,kr1 fago.a1,kr1 glon.a1,kr1 lil-s.a1,kr1 naja a1,kr1 *Sil.*hr1,kr1 *Thuj.*hr1,kr1 thymol.kr1,sp1 *Verat.*hr1,kr1

• **nach**: arg-n.hr1

• **durch**: androc.srj1 ars.k2 ars-h.a1,k bufo calc.h cist.k2 cob.a1,k fago.a1,k gels.k2 glon.a1,k kali-c.h lac-d.st lil-s.a1 naja pic-ac.k2 psil.ft1 sil.h

– **Krankenpflege** und Krankenwache: carb-v.st *Cimic.* **Cocc.**k,st *Nit-ac.* *Nux-v.*st olnd. puls.st zinc. *Zinc-act.*st

☞ *Stillen*

– **Kränkung**, nach: ign.

– **Kummer**, durch: *Caust.* *Ign.*hr1,k *Ph-ac.*hr1,k *Pic-ac.*hr1,k2,*

– **lähmungsartig**: agar.k13,k2 *Alum.*bg2,k alum-p.k13,k2 *Alumn.*k13,k2,* am-m.bg2,k,* ambr.k13,k2 anac.k13,k2 anan.a1 ang.bg2,j5 *Arg-met.* **Ars.**bg2,k *Art-v.*hr1,kr1 bapt.k13,k2 *Bar-c.* *Bar-m.* bell.bg2,k,* *Bism.* bry.bg2,k *Calc.*bg2,k calc-ar.k13,k2 camph.bg2,k cann-i.k13,k2 canth.bg2,k caps.j5 carb-v.bg2,k *Caust.*bg2,k,* *Cham.*bg2,k chel.bg2,k *Chin.*bg2,k,* cimic.k13,k2 cina **Cocc.**bg2,k,* *Colch.*bg2,k con.bg2,k crot-h. cupr.st cur.a1 dig. dros.bg2,k euph.bg2,k *Ferr.*bg2,k,* ferr-ar. ferr-ma.j5 **Gels.**hr1,k *Gran.*a1 **Hell.**bg2,k hyos. ign.k13,k2 ind.a1,k kali-n.bg2,k,* lach. laur.bg2,k lup.a1 mang.a1 *Merc.*bg2,k,* mez.bg2,k mosch.bg2,k,* **Mur-ac.**a1,k nat-c.bg2,k nat-m.j5 nat-p.hr1,k *Nit-ac.* nux-m.k13,k2 nux-v.bg2,k *Olnd.*bg2,k **Ph-ac.**bg2,k,* **Phos.**hr1,k plat.k13,k2 plb.bg2,k,* psor.k13,k2 *Puls.*bg2,k *Rhod.*bg2,k,* *Rhus-t.*bg2,k,* sabad.bg2,k,* sarcol-ac.j1 sars.k2 sil.bg2,k *Stann.*bg2,k,* stront-c. sulph.bg2 thuj.a1 valer.bg2,k **Verat.**bg2,k,* zinc.j5,k2,*

• **morgens** nach dem Aufstehen: phos.h

• **Anstrengung**, bei:

 • **agg.**: arg-met.k2

• **Bewegung**, bei: aeth.a1,k arg-met.

• **einzelne** Körperteile: rhus-t.k2

• **Hitze**; mit: ferr.c1

• **rutscht** aus halb sitzender Haltung im Bett nach unten ●: *Ant-t.*kr1 *Apis* arn.sf1 *Ars.*k,kr1 arum-t. *Bapt.*bg2,k2,* *Bell.*kr1 carb-v. *Chin.*bg2,k2,* colch.bg2,k2 crot-h.k2 *Hell.*k,kr1 hyos.k2,sf1 *Lach.* *Lyc.*kr1 mosch. **Mur-ac.**k,kr1 *Nit-ac.* nux-m. **Ph-ac.** **Phos.** *Rhus-t.* zinc.bg2,h,*

• **Schmerzen**, mit: *Arg-met.* *Verat.*

• **schmerzhaften** Körperteilen; in den: cham.$_{a1,k}$ *Verat.*
– **Lehnen** nach links amel. bei den Menses: phel.$_{a1,k}$
– **Lesen**, durch: anac. *Aur.* ph-ac.$_{a1,k}$ plb.$_{a1,k}$ *Sumb.*$_{a1,k}$
• **lautes**, durch: stann.
– **Liebe**, durch unglückliche: *Ph-ac.*$_{hr1,k}$
☞ ☐ *Gemüt - Beschwerden durch - Liebe*
– **Liegen**, beim:
☞ *morgens - Liegen*
• **agg.**: agar.$_{a1,k}$ alum.$_{a1,k}$ bar-c.$_{a1,k}$ bry.$_{a1,k}$ carb-v. carl.$_{a1,k}$ coca cycl. gels. nat-c. nat-m. nit-ac. nux-v. petr.$_{a1,k}$ phys.$_{a1,k}$ pip-m.$_{a1,k}$ *Puls.* rhus-g.$_{a1}$ sabad.$_{bg2}$ spig.$_{a1,k}$ zinc-m.$_{a1,k}$
☞ *Ruhe - in*
• **amel.**: acon-f.$_{a1,k}$ ars. bry.$_{j5}$ hedeo.$_{st}$ lach.$_{a1,k}$ mag-c.$_{a1,k}$ nat-m.$_{j5}$ nit-ac.$_{j5}$ ph-ac.$_{h}$ psil.$_{ft1}$ *Psor.* sabad.$_{j5}$ *Sep.*$_{a1,k}$
• **Rücken**, auf dem: castm.
• **Regenschauer**, vor einem: gels.$_{a1,k}$
– **Luft**:
• **Freien**, im: am-c. am-m. ambr. *Atro.*$_{a1}$ bry. calc. chin. clem. coff. coloc. con. ferr. grat. kali-c. mag-c. merc. merc-c.$_{a1}$ mur-ac. nux-v. *Plat.* sang. *Spig.* verat.
• **amel.**: carb-v.$_{bg}$ chel. colch. **Con.** croc. gels. grat. hed.$_{jl,mg1}$ kali-i.$_{k2}$ lach.$_{bg}$ limest-b.$_{es1}$ lyc.$_{bg}$ naja nat-m. pic-ac. sabad. sep.$_{bg}$ staph.$_{bg}$
☞ *abends - amel. - Freien*
• **frische** Luft amel.: calc.$_{a1,k}$
• **Mangel** an frischer Luft; durch: meli.
– **Magen** aus; wie vom: hydrog.$_{srj2}$ mag-c.$_{h}$ mag-m.$_{a1,h}$
– **Masturbation**, durch: aven.$_{sf,sf1}$ bell-p.$_{sf1,sp1}$ *Nat-m.*$_{hr1,sf1,*}$ *Phos.*$_{hr1,kr1,*}$
– **Meer**; nach Baden im: *Mag-m.*$_{hr1,k,*}$
☞ *Baden - Meer - agg.*
– **Menopause**; während der: **Chin.**$_{bg2,kr1,*}$ chinin-ar.$_{sf1,st}$ *Cocc.*$_{st}$ *Con.*$_{sf1,st}$ *Crot-h.*$_{kr1,st}$ dig.$_{st}$ helon.$_{bg2,kr1,*}$ *Kali-p.*$_{kr1,st}$ *Lach.*$_{bg2,sf1,*}$ magn-gl.$_{st}$ phos.$_{bg2,sf1,*}$ sabin.$_{k2,st}$ *Sep.*$_{bg2,sf1,*}$ sul-ac.$_{k2,st}$ tab.$_{bg2,sf1,*}$
– **Menses**:
• **vor**: *Alum.*$_{bg2,h}$ *Am-c.*$_{bro1}$ aur-s.$_{a1,k}$ *Bell.*$_{bg2,k,*}$ brom.$_{bg2,k,*}$ calc.$_{bg1,bg2}$ carb-ac.$_{bg2,k,*}$ carb-an.$_{sf1}$ carb-v.$_{bg2}$ *Chin.*$_{bro1}$ cimic.$_{bg2,k,*}$ cinnb.$_{bg2,hr1,*}$ *Cocc.*$_{bg2,k,*}$ ferr.$_{bg2,k,*}$ gels.$_{bg2,hr1}$ glyc.$_{bro1}$ graph.$_{bro1}$ *Haem.*$_{bro1}$ *Helon.*$_{bro1}$ ign.$_{bg2,hr1}$ iod.$_{bg2,k,*}$ kali-p.$_{bg2}$ *Mag-c.*$_{bg2,k,*}$ merc.$_{bg1,bg2}$ *Nat-m.*$_{bg2,k,*}$ *Nicc.*$_{bro1}$ nux-m.$_{bg2,k,*}$ phel.$_{bg2,k,*}$ phos.$_{bg2,hr1}$ puls.$_{bro1}$ sec.$_{bg2,hr1}$ *Verat.*$_{bro1}$ zinc.
• **Beginn** der Menses; zu: brom.$_{bg2}$ cocc.$_{bg2}$ ferr.$_{bg2}$ mag-m.$_{bg2}$ phel.
• **während**: *Agar.*$_{bg2,k,*}$ *Aloe* *Alum.*$_{a1,k}$ alum-p.$_{k13,k2}$ *Am-c.*$_{bg2,k,*}$ am-m. apoc.$_{k2}$ *Ars.*$_{bg2,k,*}$ ars-i. ars-s-f.$_{k13,k2}$ bar-c. bar-i.$_{k13,k2}$ bar-s.$_{k13,k2}$ bell.$_{bg2,k,*}$ berb.$_{hr1,k,*}$ borx. bov.$_{a1,k}$ brom.$_{st}$ bufo cact.$_{bg2,k,*}$ calc.$_{bg2,k}$ calc-i.$_{k13,k2}$ calc-p.$_{hr1,k,*}$ *Calc-s.* cann-s.$_{bg2}$ **Carb-an.**$_{bg2,k,*}$ *Carb-v.*$_{bg2,k,*}$ *Carbn-s.* caul.$_{bg2,k}$ *Caust.*$_{hr1,k,*}$ cimic.$_{hr1,k}$ *Cinnb.*$_{bg2,k,*}$ *Cocc.*$_{bg2,k}$ eupi.$_{a1,k}$

– **Menses - während**: ...
ferr.$_{hr1,k,*}$ ferr-i. *Graph.*$_{bg2,k,*}$ haliae-lc.$_{srj5}$ *Helon.*$_{bg2,k,*}$ ign.$_{bg2,k,*}$ *Iod.*$_{bg2,k,*}$ ip.$_{bg2,k}$ *Kali-c.*$_{bg2,k,*}$ kali-n.$_{h}$ *Kali-s.* *Lach.*$_{hr1,k}$ *Lil-t.*$_{hr1,k}$ lyc.$_{h,k,*}$ *Mag-c.*$_{bg2,k,*}$ *Mag-m.*$_{bg2,k,*}$ mag-s.$_{sp1}$ mosch.$_{bg2,k}$ *Murx.*$_{hr1,k}$ nat-ar. nat-c.$_{bg2,k}$ nat-m.$_{bg2,k,*}$ *Nicc.*$_{hr1,k,*}$ *Nit-ac.*$_{bg2,k,*}$ nux-m.$_{bg2,k,*}$ *Nux-v.*$_{bg2,k,*}$ ol-an.$_{bg2}$ *Petr.*$_{h,k,*}$ phel. *Phos.*$_{bg2,k,*}$ *Sabin.*$_{bg2,k,*}$ *Sec.*$_{bg2,k,*}$ senec.$_{bg2,k}$ **Sep.**$_{bg2,k,*}$ stann.$_{bg2,k}$ sul-i.$_{k2}$ *Sulph.*$_{hr1,k,*}$ *Tab.*$_{hr1}$ tarent.$_{a1,k}$ thuj.$_{bg2,k,*}$ tril-p. *Tub.*$_{k,k1}$ *Uran-met.* *Verat.*$_{bg2,k,*}$ vinc.$_{a1,k}$ wies.$_{a1}$ zinc.$_{bg2}$ zinc-p.$_{k13,k2}$
• **amel.**: *Sep.*$_{k1}$
• **11 h**: adam.$_{srj5}$
• **atmen**, muß sich hinlegen; kann kaum: *Nit-ac.*
• **hinzulegen**; mit Verlangen, sich: apoc.$_{k2}$ bell. ip. *Nit-ac.*
• **schmerzhaft**: bell. bufo *Verat.*$_{hr1}$
• **sprechen**, kann kaum: *Carb-an.*$_{hr1,k}$ *Cocc.*$_{hr1,kr1}$ *Nit-ac.*$_{a1,h}$ *Stann.*
• **stehen**; kann kaum: cocc.$_{br1}$
• **Stuhlgang**, nach: nux-v.
☞ *Stuhlgang - nach*
• **Treppensteigen**, beim: *Iod.*
☞ *Treppensteigen*
• **Ende** der; bei: bov. iod.
• **nach**: agar.$_{bg2,hr1}$ *Alum.*$_{bg2,k,*}$ *Alumn.*$_{kr1}$ am-c.$_{bro1}$ am-m.$_{bro1}$ apoc.$_{k2}$ aran.$_{bg2}$ *Ars.*$_{bg2,sf1,*}$ bell.$_{bg1,bg2,*}$ benz-ac.$_{bg2,k,*}$ berb.$_{bg2,k,*}$ cact.$_{bg2}$ calc.$_{bg2}$ calc-p. carb-ac.$_{bg2}$ *Carb-an.*$_{bg2,k,*}$ carb-v.$_{sf,sf1}$ castm.$_{bg2}$ *Chin.*$_{bg2,k,*}$ *Chinin-s.*$_{kr1}$ *Cimic.*$_{bg2,k,*}$ *Cocc.*$_{bg2,sf1,*}$ cub.$_{hr1}$ ferr.$_{bg2,sf1,*}$ ferr-pic.$_{sf,sf1}$ glyc.$_{sf,sf1}$ graph.$_{bg2}$ *Helon.*$_{bg2,hr1,*}$ iod.$_{bg2,k}$ **Ip.**$_{bg2,k,*}$ kali-c.$_{bg2}$ kali-p.$_{bg2,sf1,*}$ mag-c.$_{bro1}$ nat-m.$_{bg2,k,*}$ nit-ac.$_{bg2}$ nux-v.$_{bg2}$ *Phos.*$_{bg2,k,*}$ pic-ac.$_{sf,sf1}$ plat.$_{bg2,k,*}$ sapin.$_{a1}$ sec. sep.$_{bg2}$ stann.$_{bg2}$ sulph. thlas.$_{bg2}$ thuj.$_{bg2,k,*}$ *Tril-p.*$_{bro1}$ *Verat.*$_{bro1}$ vinc.$_{bro1}$
• **Erscheinen** der Menses amel.: cycl. mag-m.
• **unverhältnismäßig** in bezug auf den Blutverlust: ham.$_{kr1}$ *Ip.*
– **Milch**, nach: agar.$_{zr}$ sul-ac.$_{h}$
– **Mittagessen**:
☞ *zittrig - Mittagessen*
• **amel.**: ambr.$_{a1,k}$ sars.$_{h}$
• **vor**: nat-m.$_{a1,k}$ sabin.$_{a1}$ sapin.$_{a1}$ sil.$_{h}$ thuj.$_{a1,k}$
☞ *Gehen - Mittagessen*
• **verspätet**, verzögert; wenn es sich: sulph.$_{k2}$
• **beim**: am-c.$_{h}$ bov.$_{a1,k}$ nat-ar.$_{a1}$ nat-s. teucr.$_{a1,k}$
• **nach**: alum.$_{h}$ am-c.$_{a1,k}$ am-m.$_{a1,k}$ ant-c.$_{a1,k}$ ars.$_{h,k,*}$ ars-h.$_{hr1,kr1}$ asar.$_{a1,k}$ bapt.$_{a1,k}$ bov.$_{a1,k}$ cain. calc.$_{a1,k}$ carb-v.$_{a1,k}$ castm. chel.$_{a1,k}$ *Chin.*$_{a1,k}$ cob.$_{a1,k}$ cycl.$_{a1,k}$ dig.$_{hr1,k,*}$ euph-a.$_{a1}$ graph.$_{a1,k}$ grat.$_{a1,k}$ ign.$_{a1,k}$ indg.$_{a1,k}$ iod.$_{a1,k}$ *Lach.*$_{kr1}$ lyc.$_{a1,k}$ mag-c.$_{a1,k}$ mur-ac.$_{h}$ nat-m.$_{a1,k}$ nat-p.$_{a1,k}$ nit-ac.$_{h}$ ol-an.$_{a1,k}$ ox-ac. perh.$_{jl}$ *Ph-ac.* phel.$_{a1,k}$ phos.$_{a1,k}$ plat.$_{a1,k}$ plect.$_{a1,k}$ sars.$_{a1,k}$ sep.$_{h}$ *Sil.* squil.$_{a1,k}$ *Sulph.*$_{a1,k}$ *Thuj.*$_{a1,k}$ zinc.$_{a1,k}$
– **Musik**, durch: lyc.$_{st}$
– **nervös**: acon.$_{bg2,k,*}$ aesc.$_{hr1,kr1}$ *Agar.*$_{hr1,kr1}$ *Agn.*$_{bg2,hr1,*}$ *Alet.*$_{hr1,kr1}$ *Alum.*$_{bg2,k}$ alum-p.$_{k13,k2}$ alumn.$_{hr1,kr1}$ am-c.$_{bg2,k}$ am-m.$_{hr1,kr1}$ ambr.$_{bg2,k}$

– **nervös**: ...
*Anac.*hr1,kr1 ang.bg2 *Aran.*hr1,kr1 *Arg-n.*bg2,hr1,* arn.bg2,k ars.bg2,k,* asaf.bg2,hr1,* *Asar.*bg2,k aur.bg2,k aven.bg2,br1,* *Bar-c.*bg2,k bar-i.k13,k2 *Bell.*bg2,k bry.bg2,k *Calc.*bg2,k calc-p.bg2,k,* calc-sil.k13,k2 calen.a1 camph.bg2,k carb-an.bg2,k carb-v.bg2,k carbn-s. castm.bg2,sf1,* caust.bg2,sf1 cham.bg2,k **Chin.**bg2,k chinin-ar.sf1 chinin-s.kr1 cic.bg2,k1 *Cimic.*bg2,hr1,* clem.k2 **Coca**kr1 **Cocc.**bg2,k *Coff.*bg2,k colch.bg2,k *Con.*bg2,k,* croc.bg2,k *Cupr.*bg2,k cur. cycl.hr1,kr1 cypr.c,c1 dig.bg2,k dios.hr1,kr1 *Fl-ac.*bg2,sf1 *Form.*bg2 **Gels.**hr1,kr1 graph.bg2,k grat.k2 *Guaj.* hedeo.a1 hell.bg2,k *Helon.*hr1,kr1 hep.bg2,k hydr-ac.a1,j5 *Hydrc.*hr1,kr1 hyos.bg2,k *Ign.*bg2,k *Iod.*bg2,k kali-br.bro1 kali-n.bg2,k **Kali-p.**bg2,k lac-c.hr1,kr1 lach.bg2,k lact.a1,k laur.bg2,k **Lec.** led.bg2,k *Lil-t.*bg2 lyc.bg2,k mag-m.bg2 meph.sf1 *Merc.*bg2,k,* mez.bg2 mosch.bg2,k mur-ac.bg2,k **Nat-c.**bg2,k nat-m.bg2,k,* **Nat-p.** nat-s.hr1,kr1 **Nat-sil.**k13,k2 **Nit-ac.**bg2,k nux-m.bg2,k **Nux-v.**bg2,k op.bg2,k petr.h,k,* **Ph-ac.**bg2,k1 **Phos.**bg2,k,* phys.hr1,kr1 **Pic-ac.**bg2,k pip-m.sf1 *Plat.*bg2,k *Plb.*a1,k **Puls.**bg2,k rhus-t.bg2,k sabin.bg2,k sars.bg2,k scroph-n.a1 sec.bg2,k **Sel.**bg2,k1 **Sep.**bg2,k,* **Sil.**bg2,k spig.bg2,k spong.bg2,k squil.a1,k **Stann.**bg2,k **Staph.**bg2,k stram.bg2,k stry-n.mg,mg1 stry-p.sf1 sul-ac.bg2,k *Sulph.*bg2,k sumb.hr1,kr1 tab.sf1 tarent.bg2,hr1,* *Teucr.*bg2,k *Ther.*bg2,hr1,* *Valer.*bg2,k verat.bg2,k vib.bg2 *Viol-o.*bg2,k zinc.bg2,k zinc-m.a1,k **Zinc-p.**k2,mg1,* zinc-pic.bg2,sf1,*
• **nachmittags**: cimic.a1,k
• **Spaziergang**, nach einem: petr.

– **ohnmachtsartig**: ant-t.j5 *Ars.*hr1,j5,* bar-c.j5 berb.hr1,j5,* *Carb-v.*hr1,j5,* **Caust.**bg2,j5,* cham.bg2,j5 *Coca*j5,kr1 cocc.bg2,j5 croc.bg2,j5 *Crot-t.*hr1 cupr-c.j5 *Dig.*hr1,j5,* digin.a1,j5 dulc.j5 **Eup-per.**hr1,j5,* ferr.j5 *Goss.*hr1,j5,* graph.a1 hydrog.srj2 ign.j5 kali-c.j5 kali-i.a1,j5 lyc.hr1,j5,* mez.a1,j5 mosch.j5 **Nux-v.**bg2,j5,* olnd.j5 *Petr.*hr1,j5,* psil.ft1 sep.hr1,j5 sil.j5 spong.bg2,j5 sulph.hr1,j5,* upa.a1,j5 *Verat.*bg2,j5,* zinc.a1 zing.hr1,j5,*

– **Operation**, durch: acet-ac.st carb-v.k2 hyper.bro1
☞ *Verletzungen - Operation - Beschwerden*

– **periodisch**: **Arg-n.** *Hep.*hr1,kr1
• **Morgen**; jeden zweiten: nit-ac.
• **intermittierend**: *Apis* corn-f.br1 nat-ar.k1 ~~nat-s.k1,xxx~~

– **plötzlich**: *Acon.*bg2,k act-sp.a1,k *Aeth.*sf,sf1 ail.bg2 *Am-c.*bg2,sf1,* am-m.bg1,j5,* ambr.bg2,j5 *Ant-ar.*sf1 ant-c.k2,sf1,* *Ant-t.*bg2,sf1 *Apis* apoc.sf,sf1 *Arg-met.* arg-n.bg2 arn.bg2,sf1 **Ars.**bg2,k,* ars-h.hr1,k,* *Ars-i.*sf,sf1 *Bapt.*bg2,sf1,* bell.bg2,h,* bry.bg2,hr1,* calc. calo.a1 camph.bg2,k,* cann-s.j5 carb-ac.sf,sf1 *Carb-v.*bg2,k *Caust.*bg2,h,* cham.bg2,k,* colch.bg2,k,* con.bg2,k,* **Crot-h.**bg2,k,* *Cupr.*bg2 cupr-ar.hr1,k,* dig.bg2,h,* dulc.a1,j5 fl-ac.bg2 *Gels.*bg2,sf1 glon.bg2 **Graph.**bg2,k,* *Hell.*bg2,sf1,* *Hep.*hr1,k *Hydr-ac.*bg2,hr1,* ign.k2 *Ip.*bg2,k,* jatr-c.sf1 kali-br.hr1,sf1,* kali-c.h kali-cy.a1,st kalm.bg2 lach.bg2,k,* laur.bg2,k lith-c.bg2,sf1 lyc.bg2,k,* mag-c.bg2 marb-w.es1 merc-c.bg2 merc-cy.bg1,bg2 naja bg1,bg2 nit-ac.bg2 *Nux-v.*bg2,k,* petr.h,j5 *Phos.*bg2,k,* ran-b.bg2,k,* rhus-t.bg2,sf1 sabad.bg2,sf1 sec. *Sel.*bg2,k,* **Sep.**bg2,k,* sil.bg2 spong.hr1,k

– **plötzlich**: ...
stann.bg2,k,* stram.bg2,k,* sul-h.a1 *Sulph.*bg2,sf1,* *Tab.*bg2,sf1,* tarent.a1,k tax.a1,k thuj.bg1,bg2 *Verat.*bg2,k *Verat-v.*bg2,sf1 vip.j5 zinc.bg2,h,*
☞ *akuten / schnell / Kollaps - plötzlich*
• **nachmittags**: lyc.a1,k ran-b.a1,k
 • **13.30 h**: iodof.
 • **Gehen**, nach dem: graph.a1,k
• **abends**: fl-ac.a1,k
• **Ankleiden** nach dem Aufstehen, beim: *Stann.*
• **Diarrhoe**, mit: crot-t.kr1
• **Frösteln**, bei: sep.a1,k
• **Gehen**, durch: carb-v.h con.h sabad.a1,k wildb.
☞ *Gehen*
• **Hautausschlag** herausgekommen ist, nachdem der: ars.
 • **alten** Menschen, bei: kali-cy.st
• **Mittagessen**:
 • **nach**: thuj.bg1
• **Sinne** schwinden würden; als ob die: ran-b.a1,k
• **Sitzen**, im: cham.a1,k lyc.a1,k ran-b.a1,k
☞ *Sitzen*
• **täglich**: *Hep.*hr1,k

– **progressiv**: acon.hr1,kr1 ars.bg2,kr1 caust.bg2,kr1 cupr-ar.hr1,kr1 *Dig.*hr1,kr1 kreos.bg2,kr1 *Merc.*hr1 *Ol-j.*hr1,kr1 *Phos.*hr1,kr1 *Plb.*hr1,kr1 verat.bg2,kr1

– **Rauchen**, durch: asc-t.a1,k clem.bg2,j5 *Hep.*bg2,k,*
☞ *Gehen - Rauchen / Tabak*

– **Reaktionsmangel**, mit: *Am-c.*hr1,kr1 *Laur.*hr1,kr1 **Op.**hr1,kr1 *Sulph.*hr1,kr1 *Valer.*hr1,kr1
☞ *Reaktion - Mangel*
• **fetten** Menschen, bei: **Caps.**kr1

– **Reizbarkeit**; mit: gal-ac.c1

– **Ruhe**:
☞ *Sitzen*
• **amel.**: bry.a1 hydrog.srj2
• **in** der: coloc.a1 con.a1 kreos.a1 lyc.h,kr1,* rhod.a1,k2
☞ *Liegen - agg. / Sitzen*

– **Ruhelosigkeit**, mit: **Ars.**bg2,hr1,* *Bism.*hr1,kr1 *Colch.*hr1,kr1 gels.sys lycps-v.kr1 lyss.hr1,kr1 *Ph-ac.*hr1,kr1 **Rhus-t.**bg2,hr1,* zinc.bg2,kr1

– **Säfteverlust**, durch: *Calc.*kr1 **Chin.**kr1,sf1 corn-f.br1,kr1 *Cur.*kr1 ferr.k2,kr1 ferr-ar.k2,kr1 ham.kr1,st hydr.kr1,st lachn.kr1 *Nat-m.*kr1 *Nuph.*kr1 **Ph-ac.**k2,kr1 *Phos.*kr1 *Psor.*kr1 sec.kr1 *Sep.*kr1

– **Samenabgang**, nach: acet-ac.hr1,k agar.hr1,k anac.c1 aur. *Bar-c.*a1,k *Calad.*hr1,kr1 *Calc.*hr1,k calc-p.bro1 canth. carb-an.a1,k carl.a1,k *Chin.*bg2,k,* chin-b.hr1,kr1 *Cob.*bg2,sf1,* *Coff.*hr1,kr1 *Con.*hr1,k cupr. *Cypr.*hr1,kr1,* dam.bro1 dig. *Dios.*bg2,hr1,* ery-a.bro1,hr1 ferr.bg2 form.bro1 *Gels.* ham.hr1,kr1 *Hydr.*hr1,k iod.a1,k **Kali-br.**hr1,kr1 *Kali-c.*bg2,k,* lach.bg2,j5 **Lyc.**hr1,k,* med.hr1,kr1,* naja *Nat-m.*hr1,k,* nat-p.bg2,k,* *Nuph.*hr1,kr1 **Nux-v.**hr1,k *Op.*hr1,kr1 **Ph-ac.**hr1,k **Phos.**hr1,k *Pic-ac.* plb.a1,k puls.a1,k *Sabad.*bg2,hr1 *Sars.*hr1,k *Sel.* *Sep.*hr1,k **Sil.**hr1,k *Stann.*hr1,k **Staph.**hr1,k sul-ac.bg2 *Sulph.*hr1,kr1 ust.hr1,k zinc.bro1

– **Schlaf**:
• **amel.**: alum.sf1 mez.a1,k *Ph-ac.* *Phos.*a1,k
• **im**: bufo
• **nach**: agar.a1,k ambr.hr1,kr1 bor-ac. borx. camph.a1,k carl.a1,k chel.a1,k chinin-s. coca

• **nach**: ... colch.al,k con. cycl.al,k dor.hr1,k,* ferr. gels. gent-l.al,k *Kali-n.*sf,sf1 *Lach.* lyc.al,k mez.al,k nat-n. psil.ft1 sec.al,k sep.al,k sil.al,k sin-n.hr1,kr1 zinc.al,k

• **Schlafmangel**, durch: **Cocc.** colch.bro1 cupr.k,st glon.kr1 *Hydr.*kr1 *Ip.*kr1 *Nat-m.*al,kr1 nux-v.bro1,sf1 osm.al pic-ac.k2 *Puls.*al

• **wie** durch Schlafmangel: plat.h

– **Schlaflosigkeit**, durch: chlol.hr1 *Cypr.*hr1,kr1,* *Kreos.*hr1,kr1

– **Schläfrigkeit**, durch: *Chlol.*c1,kr1 *Coff.* gran. hep.al nit-ac. psil.ft1 rhus-t.al

• **morgens**: psil.ft1 verat.

• **nachmittags**, Gehen amel.: ruta

• **wie** durch Schläfrigkeit: *Aeth.*kr1 chen-v.kr1 cimic. dig. hydrog.srj2 kali-n. merc-sul.kr1 peti.al petr. phel. plat. *Rhus-t.* thuj.

– **Schlafwandeln**, nach: sulph.al,k

– **Schmerz**; durch: androc.srj1 *Arg-met.* **Ars.** carb-v. cham.h coloc.k2 hep.k2 hura kali-p. kalm.k2 pic-ac.bg2 plb. podo.c1 *Rhus-t.* spig.k2

• **Kreuz**, im: *Sep.*

• **Magen**, im: *Nux-v.*kr1 *Podo.*

• **Rücken**, und im: sep.

– **schnell** zunehmend: **Ars.**hr1,k aur. *Lach.*hr1 laur.hr1 *Sep.*hr1,k **Verat.**

☞ *plötzlich / Kollaps - plötzlich*

– **Schnupfen**, beim: calc.h graph.h

– **Schreck**, durch: coff. merc. op.

– **Schreiben**, durch: cann-s. ran-b.al,k sil.

– **Schwangerschaft**; während der: alet.k2,kr1,* alum.kr1 alumn.hr1,kr1 calc-p.hr1,kr1 *Helon.*hr1,kr1 murx.hr1,kr1 *Sulph.*kr1 *Verat.*hr1,kr1

– **Schweiß**:

• **durch** Schwitzen; Schwäche: acon. agar. am-c. ambr. aml-ns. ant-c. ant-o.al *Ant-t.*bg2 anthraci. apis **Arn.**bg2 *Ars.* ars-i.k2,sf1 ars-s-f.k2 bar-c. ben. benz-ac.k2 bov. **Bry.** caj.al *Calad.* *Calc.* **Camph.** canth.bg2,sf1 **Carb-an.** carb-v. carl.al castm.sf1 **Caust.**bg2 **Chin.** *Chinin-ar.* **Chinin-s.** cocaal cocc. croc. dig. **Ferr.** *Ferr-ar.*k,k2 *Ferr-i.* ferr-p. gels.al,k2 graph. hep.sf1 hist.sp1 huraal hyos. ign. **Iod.** jatr-c.al kali-ar.k2 kali-bi. kali-n. lac-c. lyc. mag-c.st **Merc.** morph.al nat-c.al *Nat-m.*k1 *Nit-ac.* *Nux-v.*bg2 op. *Ph-ac.* **Phos.** **Psor.** puls. *Pyrog.* ran-s.al rhod. **Samb.** *Sec.* senec.sf1 **Sep.** *Sil.* *Stann.* sul-i.k2 *Sulph.* *Tarax.* tarent.al **Tub.** *Verat.* *Verat-v.*

• **morgens**: carb-v.k2

• **nachts**: ars. bar-c. bry. *Carb-an.* carb-v.k2 *Chin.* corn-f.br1 eupi. ferr. hallal *Merc.* nat-c.al ph-ac.al *Phos.*kr1 *Samb.* stann. tarax. **Tub.**

• **Entbindung**, nach: *Samb.*st

• **Fußschweiß**, durch unterdrückten: *Sil.*kr1

• **mit** Schweiß; Schwäche: **Aloe**kr1 *Calc.*kr1 *Chin.*kr1 *Chinin-m.*kr1 dig.kr1 ferr-ar.k2 hydrog.srj2 *Jab.*kr1 *Lyc.*kr1 *Ph-ac.*kr1 sal-ac.kr1 sul-ac.kr1 *Tarent.*kr1

• **kalter** Schweiß: *Camph.*kr1 *Carb-v.*kr1 cupr.kr1 *Merc.*kr1 *Ph-ac.*kr1 *Ter.*kr1 **Verat.**kr1

• **wach** ist und trockene brennende Hitze im Schlaf; Schweiß, wenn er: **Samb.**

– **Schwindel**, mit: *Acet-ac.*kr1 crot-t.al,kr1 cupr-s.kr1 dulc.kr1,st graph.al,kr1 hell.al,kr1 hydrog.srj2 *Sil.*kr1 uran-n.kr1

– **setzen**, Verlangen sich zu: alum.j5,sf1 ambr.sf1 anac.j5,sf1 ars.sf1 bry.j5,sf1 calc.sf1 caust.sf1 cham.j5,sf1 chin.sf1 *Cocc.*j5,sf1 colch.sf1 croc.j5,sf1 dulc.sf1 hydrog.srj2 kali-n.sf1 led.sf1 *Lil-t.*sf1 m-aust.j5,sf1 *Merc.*sf1 mur-ac.j5,sf1 nat-m.sf1 nat-s.sf1 nux-v.j5,sf1 ol-an.j5,sf1 olnd.sf1 ph-ac.sf1 rhus-t.j5,sf1 sabin.j5,sf1 *Stann.*sf1 staph.j5,sf1 stront-c.sf1 sulph.j5,sf1 tarax.j5,sf1 verat.sf1

– **sexuell**:

• **Erregung**, bei sexueller: pic-ac.k2

• **Exzessen**, nach sexuellen: *Ars.*kr1 aven.kr1,sf1 chin.kr1,sf1 cocakr1 con.kr1,sf1 *Dig.*kr1 gins.kr1,sf1 kali-c.kr1,sf1 *Nat-m.*kr1,sf1 *Ph-ac.*kr1,sf1 *Phos.*kr1 *Ust.*kr1

– **Sitzen**: agar.al,k anac. arg-met.j5 *Ars.* aur. bry.al,k carl.al,k caust.j5 chel.al,k chin.al,k cocc.al,k colch.al,k fago. graph.al,k kali-n. led.j5 limest-b.es1 *Lyc.*h,k,* m-aust.j5 *Mag-c.* mang.al,k merc.j5,sf1 merc-i-f.al,k mur-ac.j5 *Nat-m.*al,k nit-ac.al,k nux-v.j5 phos.j5 *Plat.*hr1,k,* plb. psil.ft1 ptel. ran-b.j5 **Rhus-t.**al,k ruta sabad. staph. stront-c.j5 *Sulph.* thuj.j5

☞ *plötzlich - Sitzen / Ruhe*

• **amel.**: bry.al,k euph-a.al glon.al,k hydrog.srj2 nux-v. sapin.al

• **Spaziergang**, nach einem: **Ruta**

• **unfähig** zu: pic-ac.k2

– **sitzende** Lebensweise, durch: nux-v.st sulph.st

– **Sodbrennen**, durch: lyc.h

– **Sonnenstich**, durch: *Bell.*hr1 *Glon.*hr1,kr1 *Verat-v.*hr1,kr1

– **Speisen**, durch saure: aloe

– **Sport**, beim: arn.st ars.st cocast fl-ac.st rhus-t.st

– **Sprechen**:

• **durch**: act-sp.al,k **Alum.**al,k am-c. am-caust.al ambr. arn.st *Calc.*hr1,k,* *Cocc.*hr1,k dor.hr1,k,* *Ferr.*h,k,* granit-m.es1 hydrc.al *Hyos.*hr1,k iod.al,k jac-c.al *Nat-m.*hr1,k *Ph-ac.*hr1,k *Psor.*hr1,k sep.al,k sil.hr1,k,* **Stann.**hr1,k **Sulph.**hr1,k *Ust.*hr1,kr1 wies.al zinc-p.k2

• **Menschen**; durch das Sprechen der: alum. am-c. ars. verat.

☞ ❑ *Gemüt - Sprechen - anderer*

– **Stehen**, im: *Acon.*kr1 acon-c.al agn. *Apis*kr1 asaf. aster.kr1 berb. calc-sil.k2 *Cic.* cocc.j5 crot-h. cupr.j5 cur. ham.al hep.j5 *Kali-c.*kr1 kali-n.j5 lach.j5 led.j5 merc. **Merc-cy.**al,kr1 mur-ac. nat-m. nit-ac.j5 nux-v.j5 ol-an.j5 ped.al plat.j5 ran-b. spig. staph.j5 sul-ac.j5,k2,* *Sulph.* ther.j5 zing.

☞ *Stehen - agg.*

– **stillenden** Frauen, bei: *Calc.*hr1,k2,* *Calc-p.*hr1,kr1 *Carb-an.* **Carb-v.**hr1,k2,* **Chin.**hr1,k lyc.hr1,kr1 olnd. **Ph-ac.**hr1,k *Phos.*hr1,kr1 *Phyt.*hr1,kr1 *Sil.*hr1,kr1 *Sulph.*hr1,kr1

☞ *Stillen*

– **Stimulanzien** amel.: phos.al,k

☞ *Kaffee - amel. / Tee*

– **Stuhlgang**:

• **vor**: hydr.al,k mez.al,k nat-hchls. *Rhus-t.*bg2,k,* *Verat.*al,k

• **während**: aesc. ant-t.bg2 apis arg-n.bg2 *Ars.*bg2 atro.bg2,k,* bell.a1,k *Borx.* carbn-s. chin.bg2 cic.bg2 cob.a1,k colch. crot-h. crot-t.hr1,kr1 cupr.bg2 *Cupr-act.*kr1 dulc.bg2 hep.bg2 hyos.bg2 ip.bg2 kali-c.bg2 kali-i.a1,k lact.a1,k *Nit-ac.*hr1,kr1 petr.bg2 pic-ac.k,k2,* plan. **Plat.**bg2,k,* podo.bg2 sec.bg2,k,* **Tab.**bg2 verat.

• **nach**: aeth.bg2,k *Aloe* ambr.bg2 ant-t.bg2,k,* apis apoc.a1,k arn.bg2,k,* **Ars.**bg2,k,* **Ars-met.** ars-s-f.k13,k2 bapt.bg2,hr1,* bism. bov.bg2,k,* bry.bg2 *Calc.*bg2,k,* carb-an.bg2,h *Carb-v.*h,k,* *Carbn-s.* castn-v.a1 caust.bg2,k chin.bg2,k *Chinin-s.* clem.a1,k cocc.bg2 coch.hr1,kr1 colch.bg2,k,* coloc.bg2,k,* com.hr1,k,* **Con.**bg2,k,* cop.a1,k crot-h.hr1,k crot-t.bg2,k,* cupr.bg2 dios. *Dulc.*bg2,k,* eupi.a1,k ferr.bg2 ferr-ma.a1,k *Graph.*bg2,k,* *Hydr.*hr1 hyos.bg2 ign.bg2,k,* *Iod.* ip.bg2,k,* *Jatr-c.*kr1 kali-bi.bg2 kali-p.bg2 *Lach.*bg2,k,* lil-t.hr1,k,* lipp.a1 *Lyc.*h,k,* mag-c.bg2,k,* *Med.*hr1,k **Merc.**bg2,k,* mez.bg2,k,* nat-m.hr1,k,* **Nat-s.** **Nit-ac.**h,k,* *Nux-m.*bg2,hr1,* *Nux-v.*bg2,k olnd.bg2 *Petr.*h,k,* *Phos.*bg2,k,* phys.a1,k **Pic-ac.** plan.a1,k **Podo.**bg2,k,* psil.ft1 puls.bg2 pyre-p.a1 rham-f.a1 sabad.a1,k sacch. **Sec.**bg2,k,* *Sep.*bg2,k,* *Sil.*bg2,hr1,* *Sulph.*bg2,k,* *Ter.*hr1,k thuj.bg2,k,* trios.k1,kl trom.hr1,k,* **Verat.**bg2,k,* vinc.hr1,k,* zinc.

☞ *Menses - während - Stuhlgang / zittrig - Stuhlgang*

– **Sturm**:

• **Gewitter**, bei: caust. nat-c. nat-p. nit-ac. petr. rhod. sil.hr1,k

• **vor** und bei: sil.h,k,*

– **Syphilis**, bei: *Kali-i.*hr1,kr1 *Lyc.*hr1,kr1 *Staph.*hr1,kr1

– **Tabak**, durch: clem.j5 granit-m.es1 hep.j5

☞ *Gehen - Rauchen / Rauchen*

– **Tee** amel.: dig.a1

☞ *Stimulanzien*

– **Tod**, wie bei bevorstehendem: *Ars.*a1,k con.j5 dig.j5 mag-m.j5 nat-c.a1,j5 olnd.a1,k op.j5 ph-ac.k2 sec.j5 spig.j5 *Vinc.*j5,st

– **Traum**, nach einem: *Calc-s.*hr1,k op.a1,k teucr.

☞ *Erwachen - beim*

– **Treppen**; beim Hinuntergehen von: stann.a1,k

– **Treppensteigen**, durch: alum-sil.k2 *Anac.*h,k,* ars. ars-i. ars-s-f.k13,k2 asar.a1 bar-m.k13,k2 blatta-a.a1 **Calc.**hr1,k,* *Calc-p.*a1,k calc-sil.k13,k2 carbn-s.k2 coff.a1,k colch. croc.st fago.a1,k **Iod.**hr1,k kali-ar.k13,k2 *Lyc.*h,k,* m-arct.j5 mag-c.h nat-m. nat-n.a1 nux-v.j5 ox-ac.a1,k ph-ac.a1,k phys.a1,k pic-ac.a1,k puls. sarcol-ac.bro1 sep.a1,hr1 spig.a1,k *Stann.*a1,k sul-i.k2 sulph.a1,k zinc-act.a1

☞ *Menses - während - Treppensteigen*

– **Trinken**, nach dem: nat-m.h

– **Übelkeit**, mit: aeth.a1 *Agar.*hr1,kr1,* alumn.hr1,kr1,* ang.hr1,kr1,* *Calc.*hr1,kr1,* *Camph.*hr1,kr1,* cimic.a1 cob.a1 *Colch.*hr1 crot-t.a1 gran.a1 hell.a1 hydrog.srj2 plat.hr1 *Psil.*ft1 sabad.a1 sang.a1 sep.a1 stront-c.a1 *Verat.*a1

– **übermäßig**: ars.bg2 bapt.bg2 chin.bg2 ferr.bg2 *Ferr-pic.*bg2,st *Gels.*bg2 hydrog.srj2 ph-ac.bg2 tab.bg2 *Urin.*c1

– **Überraschung**, durch: gels.k2

– **Urinieren**:

• **nach**: cimic.a1,k *Lyss.*hr1,k med.hr1 *Phos.*hr1,k *Pic-ac.*hr1,kr1

• **reichlich**: caust. gels. med.

– **Verletzungen**, durch: *Acet-ac.*hr1,kr1,* *Arn.*sf1 calen.bro1 *Camph.*hr1,kr1 carb-v.bro1 dig.hr1,kr1 *Sul-ac.*st

– **Versammlung** amel.; bei einer interessanten: pip-m.

– **Wachstum**, nach schnellem: hipp.st ph-ac.st

☞ *Längenwachstum*

– **warm**:

• **Zimmer**, im warmen: aloe ambr. croc. *Iod.* kali-i.k2 merl. **Puls.**

☞ *Hitze - Zimmer*

– **Wassersucht**, bei: **Apis**kr1 *Ars.*hr1,kr1 *Eup-pur.*hr1,kr1 *Hell.*hr1,kr1 seneg.hr1,kr1

– **Wein**:

• **amel.**: ars.a1 *Thuj.*a1 visc.a1,jl

• **agg.**: ars.k1 lyc.k1 phos.k1 *Thuj.*k1

– **Wellen**; erscheint in

☞ *zunehmend - abnehmend*

– **Wetter**:

• **bewölktem**, feuchtem; bei: sang.

• **kaltem** Wetter, bei: apis lach.

• **warmem** Wetter, bei:

• **agg.**: aesc.k2 **Ant-c.** camph.bg2 *Iod.* lach.bg2 *Nat-ar.* nat-c.bg2 nat-m. nat-p. podo.bg2 *Sel.* **Sulph.**k1 vip.a1

– **wiederkehrend**:

• **zehn** bis dreißig Minuten lang: marb-w.es1

– **Witwen**, bei: con.k2

– **Würmern**, bei: *Cic.*hr1,kr1 *Cina*kr1 *Merc.*hr1,kr1

– **Zahnschmerzen**:

• **nach**: nat-c.h

• **mit**: mang.h

– **Zahnung**; während der: *Calc.*hr1,kr1 calc-p.hr1,kr1 *Ip.*hr1,kr1

☞ ☐ *Zähne - Zahnung - schwierig*

– **Ziehen** und Zucken in den Gliedern, nach: sulph.a1,k

– **Zimmer**:

• **im**: asar.jl,jl3

• **geschlossenen** Zimmer agg.; im: asar.jl

– **zittrig**: *Agar.*bg2,k *Alum.*a1,k *Anac.*bg2,k,* anag.hr1,kr1 androc.srj1 ant-t.bg2,sf1,* *Apis* **Arg-n.**hr1,k,* arn.a1 *Ars.*bg2,k,* *Bapt.*bg2,k bell.bg2,sf1,* berb.bg2,hr1,* borx.j5 bry.bg2,sf1,* calc-ar.k13,k2 calc-s.k2 canth. caps.j5 carb-v.h,k,* caul. caust.h,j5,* *Chin.*bg2,j5,* chinin-s.j5 clem.a1,k *Cocc.*hr1,k **Con.**h,k,* *Crot-h.*hr1,k,* cupr.h *Gels.*bg2,k granit-m.es1 graph.j5 hep.hr1,k hydrog.srj2 hyos.j5 kali-c.h,j5,* kali-n.a1,k *Kalm.* **Lach.**hr1,kr1 lyc.a1,k lycps-v.kr1 mang.bg2,sf1,* med.k13,k2 *Nat-m.*bg2,h *Nit-ac.*bg2,k,* ol-an.j5 olnd.j5 ox-ac. petr.h,st *Phos.*hr1,k *Plat.* plb.j5 *Puls.*h,k,* rhus-t.h *Sep.* spig.j5 **Stann.**bg2,k ther.bg2,k thuj.bg2 til.a1 verat.bg2,sf1,* vip.bg2 zinc.sf,sf1

• **nachts** beim Erwachen: brom.a1,k

• **Mittagessen**, nach dem: ant-c.a1,k

☞ *Mittagessen*

• **Stuhlgang**, nach: **Ars.**hr1,k,* carb-v.h,k,* caust.h,k,* **Con.**h,k,*

• **Stuhlgang**, nach: ...
☞ *Stuhlgang - nach*
– **Zorn**, nach: arg-n.k2 calc-s.k2 ferr-p.k2 mur-ac.sf,sf1 zinc.
– **Zubettgehen**, beim: arn.a1,k cinnb.a1,k lycps-v. mur-ac. rumx. ter.a1,k
– **zunehmend**; allmählich:
• **abnehmend**; allmählich: granit-m.es1
○ **Gelenke**, der: *Acon.*bg aesc. agar.bg2 agn.bg2 *Aloe* alum.bg2 am-c.bg2 anac.bg2 ang.bg2 *Ant-t.*bg2 *Arg-met.* **Arn.**bg ars. asar.bg2 aur. bar-c.bg2 bell.bg2 borx. bov. *Bry.* **Calc.**bg calc-p.bg2,sf1 cann-s.bg2 canth.bg2 *Carb-an.* carb-v. carbn-s. *Caust.* cham. chel. *Chin.* chinin-ar. cimic. clem. cocc.bg2 colch.bg2 coloc. **Con.** cupr.bg2 cycl.bg2 dig.bg2 dros.bg2 dulc.bg2 euph. *Ferr.* ferr-ar. ferr-p. graph. hep.bg2 hyos.bg2 ign.bg2 **Kali-c.**bg kali-n.bg2 *Kali-s.* kreos.bg2 *Lach.* *Led.* **Lyc.**bg mang. **Merc.**bg merc-c. mez. morph. mosch.bg2 murx. *Nat-c.*bg2 *Nat-m.* *Nit-ac.* nux-m.bg2 *Nux-v.* olnd. par.bg2 *Petr.* *Ph-ac.*bg2 *Phos.* plat.bg2 plb. podo. **Psor.** *Puls.* ran-b.bg2 raph. rheumbg2 rhod. **Rhus-t.**bg *Ruta*bg2 sabad.bg2 sars.bg2 **Sep.**bg *Sil.* spong.bg2 stann.bg2 *Staph.* *Stront-c.*bg2 sul-ac.bg2 **Sulph.** tarax.bg2 thuj. valer.bg2 *Verat.* viol-o.bg2 zinc.bg2 zing.
– **Muskeln**, der: acon.bg2 agar.bg2 alum.bg2 alumn.bg2,k2 am-c.bg2 am-m.bg2 anac.bg2 ant-c.bg2 arn.bg2,br1 ars.bg2 asaf.bg2 aur.bg2 **Bar-c.**bg2 bar-m.bg2,hr1,• bell.bg2 berb.bg2 bry.bg2 *Calc.*bg2,hr1,• cann-s.bg2 canth.bg2 *Carb-ac.*bg2 *Carb-v.*bg2 caust.bg2 cham.bg2 *Chin.*bg2 *Chlol.*bg2,hr1,• cimic.bg2 cocc.bg2,k2,• colch.bg2 *Con.*bg2 cortico.bg2,sp1 *Croc.*bg2 *Dig.*bg2 dros.bg2 *Dulc.*bg2 euphr.bg2 *Ferr.*bg2 ferr-m.bg2,hr1,• ferr-p.bg2 **Gels.**bg2,hr1,• graph.bg2 hyos.bg2 iod.bg2 kali-bi.bg2 kali-c.bg2 kali-n.bg2 *Kali-p.*bg2 laur.bg2 *Lyc.*bg2 macro.a1,bg2,• mag-c.bg2 mag-m.bg2 mag-p.bg2 mang.bg2 meny.bg2 merc.bg2 mez.bg2 mur-ac.bg2,k2,• *Nat-c.*bg2 **Nat-m.**bg2,sf1 **Nit-ac.**bg2 nux-v.bg2 olnd.bg2 *Op.*bg2,hr1,• petr.bg2 ph-ac.bg2,k2,• phos.bg2 phys.bg2,c1,• **Pic-ac.**bg2,k2,• *Plat.*bg2 *Plb.*bg2,hr1,• puls.bg2 rad-br.bg2 rheumbg2 *Rhod.*bg2 sabad.a1,bg2,• sarcol-ac.bg2,sp1 sec.bg2 *Sep.*bg2 *Sil.*bg2 sin-n.bg2,hr1,• spig.bg2 stann.bg2 stram.bg2 stront-c.bg2 sul-ac.bg2 *Sulph.*bg2 ter.bg2,hr1,• thuj.bg2 *Verat.*bg2,hr1,• verat-v.bg2 zinc.bg2
• **lähmungsartig**: *Alumn.*k2

Schwammartige Auswüchse
☞ ☐ *Haut - Wucherungen - Fungus*

Schwangerschaft
☞ ☐ *Weibliche Genitalien - Schwangerschaft*

Schwappen, Plätschern etc. wie von Wasser: ars.bg *Bell.*bg carb-ac.bg *Chin.*bg *Crot-t.*bg dig.bg glon.bg *Hep.*bg *Hyos.*bg kali-c.bg ph-ac.bg *Rhus-t.*bg *Spig.*bg

Schwarzfärbung äußerer Körperteile:
*Acon.*bg2,k,• agar.bg2,k,• all-c.c1,hr1,• alum.bg2,k am-c.bg2,k,• ang.bg2 *Ant-c.*bg2,k,• ant-t.j5 *Anthraci.* apis *Arg-n.*hr1,k,• arn.bg2,k **Ars.**bg2,k,• ars-i. asaf.bg2,k,• asar.bg2,k aur.bg2,k,• bapt.bg2 bar-c.bg2,k bell.bg2,k,• bism.bg2,k,• both.a1,c1,• brass.a1,c1,•

Schwarzfärbung äußerer Körperteile: ...
brom.bg2 bry.bg2,k calc.bg2,k *Calc-ar.*hr1,kr1 camph.bg2,k canth.hr1,k *Caps.*hr1,j5,• carb-ac.c,c1 *Carb-an.*hr1,k *Carb-v.*bg2,k,• carbn-o.a1 caust.bg2,k cham.bg2,k chin. chinin-ar. chr-ac.hr1,kr1 chr-o.c1 cic.bg2,k cina cocc.bg2,k com.sf,sf1 *Con.*bg2,k,• *Crot-h.*bg2,k,• **Cupr.**bg2,k,• cycl.bg3 *Dig.*bg2,k dros.bg2,k *Echi.* elapsbg2 ergot.c,c1 euph.j5,k1,• euph-c.sf,sf1 gels.bg2 *Ham.* hell.j5 hep.bg2 hyos.bg2,k,• ign.bg2,hr1,• iod.bg2,k,• ip.bg2,k jasm.a1 *Kali-p.*hr1,k2,• *Kreos.*hr1,k2,• kres.srb2 *Lach.*bg2,k,• *Lyc.* mag-c. mag-m.bg2 **Merc.**bg2,k,• *Merc-c.*bg2 *Merc-cy.*sf,sf1 mur-ac.j5 nat-m.bg2,k nit-ac.bg2,k,• *Nux-v.*bg2,k **Op.** *Ph-ac.*bg2,k,• *Phos.*bg2,k phyt.hr1,k *Plb.*bg2,k,• puls.bg2,k ran-a.c,c1 ran-b.hr1,j5 ran-s.a1 rhus-t.j5 ric.c,c1 ruta sabad.bg2,k *Sabin.*j5 *Samb.*bg2,k sars.bg2,k **Sec.**bg2,k,• sep.bg2,k sil.bg2,k,• solid.bg2 spig.bg2,k spong.bg2,k squil.bg2,k,• stann. staph.bg2 stram.bg2,k sul-ac.bg2,j5,• sulph.bg2,j5,• *Tarent.*bg2,hr1,• ter.hr1,kr1 thuj.bg2,k **Verat.**bg2,k *Vip.*j5,sf1,• *Vip-r.*j5
☞ *Entzündung - innerlich - gangränös*
– **alten** Menschen, bei: adren.sf1 all-c.c1,kr1,• am-c.kr1 *Ars.*kr1,sf1,• *Carb-v.* chin.kr1 con.kr1 crot-h.sf1 cupr.st echi.sf1 ergot.sf1 euph.kr1 *Kreos.*sf1 **Lach.**kr1,sf1 *Ph-ac.*kr1 *Plb.*kr1,sf1 **Sec.** sul-ac.bro1 vip.sf1
– **diabetisch**: *Ars.*bg2,sf1,• con.bg2 *Kreos.*bg2,sf1,• kres.bg2,mg1,• lach.bg2 *Sec.*bg2,kr1,• solid.bg2
– **feucht**: brom.bg2 *Carb-v.* **Chin.** *Hell.* lach.sf1 ph-ac. phos.bg2 tarent. *Vip.*bg2,sf1
– **heiß**: acon. ars. bell. mur-ac. op.bg2 *Sabin.* *Sec.*
– **kalt**: ant-t. **Ars.** *Asaf.* bell. *Canth.* caps. *Carb-v.* chin.kr1 con. crot-h. *Euph.* *Lach.* merc. **Plb.** ran-b. **Sec.** sil. squil. sul-ac. sulph. tarent-c. *Ter.*kr1
– **traumatisch**: am-m.bg2,kr1 *Arn.*bg2,kr1 *Calen.*bg2,kr1 *Hyper.*bg2,kr1 **Lach.**bg2,kr1 *Sul-ac.*bg2,kr1

Schwefel, Folgen des Mißbrauches von: acon.bg2,hr1,• ars. *Calc.* camph.bg2,hr1,• cham.bg2,hr1,• chin.hr1,k iod.hr1,kr1 *Merc.*bg2,k,• nit-ac.hr1,kr1 **Puls.**bg2,k,• rhus-t.bg2,hr1,• sep.hr1,k thuj.c,c1

Schweiß:
– **während**:
• **agg.**: *Acon.* ant-t. arn. **Ars.** calc. **Caust.** **Cham.** *Chin.* chinin-ar. cimx. croc. eup-per. *Ferr.* ferr-ar. **Form.** ign. *Ip.* lyc. **Merc.** nat-ar. nat-c. *Nux-v.* **Op.** phos. *Psor.* puls. **Rhus-t.** **Sep.** spong. **Stram.** **Sulph.** **Verat.**
• **amel.**: *Acon.* aesc. aeth.c1,k apis *Ars.* bapt. bell. *Bov.* **Bry.** *Calad.* calc. camph. canth. *Cham.* *Chinin-s.* cimx. **Cupr.** elat.c1,k eup-per. fl-ac.st **Gels.** *Graph.* *Hep.* *Lach.* lyc. lyss.c1 nat-c. **Nat-m.** psor. **Rhus-t.** samb. sec. *Stront-c.* tere-ch.j1 *Thuj.* *Verat.*
• **keine** Linderung, verschafft: *Acon.* anac. androc.srj1 *Ant-c.* *Ant-t.* apisk2 arn. **Ars.** ars-s-f.k2 bar-c. bell. benz-ac. *Calc.* camph. cann-s. carb-v. **Caust.** **Cham.** chel. *Chin.* chinin-ar.sf1 cimx. cina cinnb. *Cocc.* coff. *Colch.*k1 coloc. con. croc. *Dig.* dros. dulc. eup-per. *Ferr.* ferr-ar. **Form.** graph. *Hep.* hyos. *Ign.* *Ip.* *Kali-c.* kali-n. kreos.

– **während - keine** Linderung, verschafft: ...
lach.bg2,sfl led. lyc. *Mang.* **Merc.** mez. mosch. mur-ac. nat-ar. *Nat-c.* nat-m. *Nit-ac.* **Nux-v. Op.** par. ph-ac. *Phos.* plb. psor. *Puls. Pyrog.*bg2 ran-b. rhod. **Rhus-t.** *Sabad.* sabin. *Sal-ac.*bg2,sfl samb. sel. **Sep.** spong. stann. staph. **Stram.** stront-c. sul-ac.bg2 **Sulph.** tarax. tarent-c.bg2 thuj. *Til.* tub.bg2 valer. **Verat.** *Verat-v.*
• **heiß**: til.st

– **nach**:
• **agg.**: *Acon.* ant-t.hr1,kr1 arn.hr1,kr1 ars.bg2,k ars-i.sfl ars-s-f.k13,k2 bell.bg2,k bry. *Calc.*bg2,k canth.sfl carb-an.h carb-v.bg2,k castm.sfl cham. **Chin.**bg2,k chinin-s.bro1 cinnb.k13,k2 *Con.* ferr.hr1,kr1 *Hep.*sfl ign.bg2,k iod.bg2,k *Ip.*k13,kr1 kali-c.bg2,k kali-i.sfl lyc.bg2,k *Merc.*bg2,k merc-c.bro1 mur-ac.hr1,k2,* nat-c.bg2,k nat-m.bg2,k nit-ac.bg2 nux-v.bg2,k op.bro1 petr.bg2,k **Ph-ac.**bg2,k *Phos.*bg2,k *Psor.*sfl *Puls.*bg2,k samb.sfl sel.bg2,k **Sep.**bg2,k sil.bg2,k spig.bg2,k *Spong.*hr1,kr1 squil.bg2,k *Stann.*sfl *Staph.*bg2,k stram.bro1 sul-i. *Sulph.*bg2,k tub.sfl verat.bro1
• **amel.**: *Acon.*bg2,k,* aesc. am-m.bg2,k ambr.bg2,k ant-t.bg2,k,* apiskr1 *Ars.*bg2,k aur.bg2,sfl,* bapt.bg2 bar-c.bg2,k bell.bg2,k bov.bg2,k *Bry.*bg2,k,* *Calad.*bg2,k,* *Calc.*bg2,sfl,* *Camph.*bg2,hr1,* *Canth.*bg2,k **Cham.**bg2,k chel.bg2,k *Cimx.*kr1 clem.bg2,k cocc.bg2,k coloc.bg2,k *Cupr.*bg2,sfl,* elat.kr1 ferr-p.bg2,sfl,* *Fl-ac.*hr1,kr1 franc.bro1 **Gels.**bg2,k,* glon.bg2 *Graph.*bg2,k hell.bg2,k *Hep.*bg2,k hyos.bg2,k *Iod.*bg1,bg2,* ip.bg2,k,* kali-i.bg2,sfl,* kali-n.bg2,k *Lach.*hr1,kr1 led.bg2,k lyc.bg2,k lyss.hr1,kr1,* mag-m.bg2,k **Nat-m.**bg2,k,* nit-ac.bg2,k nux-v.bg2,k *Olnd.*bg2,k op.bg2,k **Psor.**bg2,k,* puls.bg2,k ran-b.bg2,sfl,* rhod.bg2,k **Rhus-t.**bg2,k sabad.bg2,k sabin.bg2,k samb.bg2,k sel.bg2,k spong.bg2,k,* stram.bg2,k *Stront-c.* sul-ac.bg2,k *Sulph.*bg2,k tab.bg2 tarax.bg2,k *Thuj.*bg2,k urt-u.bg2,sfl,* valer.bg2,k,* *Verat.*bg2,k vip.bg2,sfl,* vip-a.jl visc.bg2,sfl,*
• **kalt**: nux-v.

– **kalter** Schweiß amel.: nux-v.h1,k,*

– **unterdrückten** Schweiß; Beschwerden durch: *Acon.*k1 am-c. anthraci. apis arn. *Ars.*k1 ars-s-f.k2 *Aspar.*kr1 atro.a1 *Aur-m-n.*kr1 **Bell.** bell-p.bro1 **Bry.**k1 cadm-s. *Caj.*c1,kr1 **Calc. Calc-s.** calc-sil.k2 cann-s. *Carb-v. Carbn-s.* cary.a1 caust.bg2 **Cham. Chin.** *Clem.* coff. **Colch.** coloc. cupr. **Dulc.** *Eup-per. Ferr.* ferr-p.c1 *Graph. Hep.* hyos. iod. ip. kali-ar.k2 **Kali-c.**k1 kali-sil.k2 lach.bg2 led. *Lyc.* mag-c. *Merc.* mill.sfl nat-c. *Nat-m. Nat-s.* nit-ac. **Nux-m.**k1 *Nux-v.* olnd. op. ph-ac. *Phos.* plat. *Plb.* **Psor.** puls. **Rhus-t.** sabad. sec. sel. senec.sfl seneg. **Sep. Sil.** spong. squil. staph. **Stram. Sulph.** teucr. thuj.bg2 verat.bg2 verb. viol-o.
☞ *Lähmung - Schweiß*
• **Fußschweiß**: am-c. apis ars. bad. **Bar-c.** *Bar-m.* bar-s.k2 cham. coch. colch. *Cupr. Form.* graph. haem. *Kali-c.* lyc. merc. nat-c. *Nat-m.* nit-ac. ol-an.bg2,c1 ph-ac. phos. plb. psor.bro1 *Puls.* rhus-t. sal-ac.c1 sanic.bro1 sel. **Sep. Sil.** sulph. *Thuj.* **Zinc.** zinc-p.k2

Schwellung:

– **allgemeinen**, im: *Acon.* adam.srj5 agar. agn. all-s.a1 aloea1,bg2 alum. am-c. am-m. ambr. anac. ant-c. anthraco.j5 **Apis** arg-met. arg-n.bg2,k2 *Arn.* **Ars.** ars-i. ars-s-f.k2 asaf. asar.j5,k,* aur. aur-m.j5 aur-s.k2 *Bar-c. Bar-m.*j5 **Bell.** bell-p.sp1 bism. borx. bov. **Bry.** bufo buth-a.sp1 calad. *Calc.* calc-i.bg2 calc-sil.k2 camph. cann-s. *Canth.* caps. carb-an. carb-v. *Carbn-s.* caust. celt.a1 cench.k2 *Cham.* chel. *Chin.* chinin-s.j5 cic. cinaj5 clem. cloth.br1 cocc. coff. colch. coloc. com. con. conch.a1 cop. cortiso.sp1 croc. crot-h. crot-t.j5 cupr. cycl. *Daph.*j5 dig. dor.a1 dros. *Dulc.* eucal.a1,kr1 euph. euphr. *Ferr.* frag.a1 graph. guaj. hell. *Hep.* hip-ac.sp1 hydr.bg2 hyos. ign. iod. *Kali-ar.* **Kali-bi.** *Kali-c.* kali-i.j5 kali-n. kreos. lach. laur. led. *Lyc. M-arct.*j5 mag-c. mag-m. mang. **Merc.** *Merc-c.*j5 mez. mosch. mur-ac. naja narcin.a1 *Nat-c.* nat-m. *Nit-ac.* nux-m. **Nux-v.** olnd. op. par. ped.a1 petr. *Ph-ac. Phos.* phyt.bg2 plat.j5 *Plb.* **Puls.** ran-b. ran-s.j5 raph.a1 rauw.sp1 rhod. **Rhus-t.** rhus-v.a1 ruta sabad. sabin. samb. sang.bg2 saroth.sp1 sars. sec. seneg. *Sep. Sil. Spig.* spong. squil. stann. staph. *Stram.* stront-c. sul-ac. *Sulph.* tarent.a1 ter.j5 teucr.bg2 thal.jl *Thuj.* ureaa1 urt-u.a1 valer. verat. *Vip.* zinc. ziz.a1
• **rechte** Seite: ars.h

– **aufgedunsen**, ödematös: *Acon. Agar.* am-c. *Am-m.* **Ant-c. Apis** *Apoc.* arn. **Ars.** ars-i.k2 ars-s-f.k2 *Asaf.* aur. *Aur-m.* bar-c. *Bell. Bry.* cain.br1 **Calc.** calc-sil.k2 **Caps.** *Carbn-s.* cedr. cham. chin. cina cocc. colch. coloc. con. **Cupr. Dig.** dros. *Dulc.* **Ferr.** ferr-ar.k2 **Graph.** guaj. **Hell.** hyos. *Iod.* ip. kali-c. kreos. lach. laur. led. *Lith-c.*kr1 *Lyc.* mag-c. merc. mez. mosch. nat-c. *Nat-m.*kr1 *Nit-ac.* nux-m. nux-v.bg2 **Olnd.** op. phos. *Phyt.* plb. puls. rheum *Rhus-t.* sabin.k2 samb. sars. senec-sp.bta1 *Seneg. Sep.* sil. *Spig.* spong. **Squil.** staph. stram. *Sulph. Teucr.* verat. *Verb.* zinc. ziz.kr1

– **entzündlich**: **Acon.**bg2,k agn.bg2,k alum.bg2,k am-c.bg2,k ant-c. ant-t.bg2 *Apis* arn.bg2,k **Ars.**bg2,k,* ars-i. ars-s-f.k2 asaf.bg2,k,* *Aur.*j5 bar-c.bg2,k **Bell.**bg2,k,* *Borx.*j5 *Bry.*bg2,k **Calc.**bg2,k calc-sil.k2 cann-s.bg2,k **Canth.**bg2,k carb-an.bg2,k carb-v.bg2,k *Caust.*bg2,k chin.bg2,k cocc.bg2,k colch.bg2,k *Con.*bg2,k crot-h.hr1,j5 cupr.bg2,k euph.bg2,k gamb.hr1 gran.j5 graph.bg2,k,* guaj.bg2,k guare.hr1 hep.bg2,k hyos.j5 *Iod.*bg2,k *Kali-ar.* **Kali-bi. Kali-c.**bg2,k *Kali-chl.*hr1 *Kali-i.*a1,k kali-n.j5 led.bg2,k,* *Lyc.*bg2,k mag-c.bg2,k *Mang.*j5 **Merc.**bg2,k mez.j5 mur-ac.j5 nat-c.bg2,k *Nat-m.*bg2,k *Nit-ac.*bg2,k nux-v.bg2,k petr.bg2,k ph-ac.j5 *Phos.*bg2,k *Phyt.*hr1,k plb.bg2,k *Puls.*bg2,k *Rhus-t.*bg2,k,* sabin.bg2,k,* samb.bg2,k sars.bg2,k sec.bg2,k seneg.j5 **Sep.**bg2,k *Sil.*bg2,k spong.bg2,k stann.bg2,k stram.j5 **Sulph.**bg2,k thuj.bg2,k zinc.bg2,k

– **erkrankter** Teile: **Acon.**bg2,k **Act-sp.** agn.bg2,k alum.bg2,k alum-sil.k13,k2 ant-c.bg2,k ant-s-aur. *Apis* arn.bg2,k *Ars.*bg2,k,* *Ars-i.* asaf.bg2,k aur.bg2,k aur-s.k2 bar-c.bg2,k bar-i.k13,k2 **Bell.**bg2,k bov.bg2,k **Bry.**bg2,k calc. calc-i.k13,k2 calc-sil.k13,k2 cann-s.bg2,k *Canth.*bg2,k carb-an.bg2,k carb-v.bg2,k *Caust.*bg2,k cedr. cham.bg2,k chin.bg2,k cic.bg2,k clem.bg2,k cocc.bg2,k colch. coll. con.bg2,k **Crot-h.** crot-t. cub.

– **erkrankter** Teile: ...
cupr.$_{bg2,k}$ dig.$_{bg2,k}$ dulc.$_{bg2,k}$ euph.$_{bg2,k}$ **Euphr.** *Ferr.*$_{bg2,k}$ ferr-ar.$_{k13,k2}$ ferr-p. *Fl-ac.* **Gels.** graph.$_{bg2,k}$ guaj.$_{bg2,k}$ *Guare.*$_{hr1,kr1}$ hell.$_{bg2,k}$ *Hep.*$_{bg2,k}$ hippoz.$_{hr1,kr1}$ hydr. ign.$_{bg2,k}$ *Iod.*$_{bg2,k}$ *Kali-bi.* **Kali-c.**$_{bg2}$ kali-chl.$_{hr1,k13}$ *Kali-i.* kali-m.$_{k2}$ *Lach.*$_{bg2,k}$ *Led.*$_{bg2,k}$ *Lyc.*$_{bg2,k}$ mag-c.$_{bg2,k}$ mang.$_{bg2,k}$ **Merc.**$_{bg2,k}$ **Merc-c.**$_{bg2,k}$ *Mur-ac.*$_{bg2,k}$ *Nat-c.*$_{bg2,k}$ *Nat-m.*$_{bg2,k}$ *Nit-ac.*$_{bg2,k}$ *Nux-v.*$_{bg2,k}$ ox-ac. *Petr.*$_{bg2,k}$ ph-ac.$_{bg2,k}$ *Phos.*$_{bg2,k}$ *Phyt.* plb.$_{bg2,k}$ *Psor.* **Puls.**$_{bg2,k}$ ran-b.$_{bg2,k}$ **Rhod.**$_{bg2,k}$ **Rhus-t.**$_{bg2,k}$ ruta sabin.$_{bg2,k}$ *Samb.*$_{bg2,k}$ sang. sars.$_{bg2,k}$ sec.$_{bg2,k}$ **Sep.**$_{bg2,k}$ **Sil.**$_{bg2,k}$ spig.$_{bg2,k}$ **Spong.**$_{bg2,k}$ *Stann.*$_{bg2,k}$ staph.$_{bg2}$ *Stram.*$_{bg2,k}$ **Sulph.**$_{bg2,k}$ thuj.$_{bg2,k}$ *Valer.* zinc.$_{bg2,k}$

– **schmerzhaft**: dig.$_{h}$

– **Wunden**
☞ *Wunden - Schwellung*

○ **Drüsen**, der: acon.$_{c2,k}$ acon-l.$_{c1}$ *Aesc.* aeth.$_{br1}$ agn. *Ail.*$_{bg2,sf1}$ *Aln.*$_{c1}$ alum. alum-sil.$_{k2}$ *Alumn.*$_{kr1}$ am-c. *Am-m.* ambr. ant-c. ant-t. *Anthraci.* *Apis*$_{bg2,kr1}$ aq-mar.$_{sf1}$ arg-met. arn. *Ars.*$_{c2,k1}$ ars-br.$_{bro1}$ **Ars-i.** ars-s-f.$_{k2}$ *Arum-t.*$_{c2,k}$ asaf. astac.$_{c1,kr1}$ aur. aur-ar.$_{k2}$ aur-i.$_{k2}$ *Aur-m.*$_{kr1}$ aur-s.$_{k2}$ *Bad.*$_{bg2,kr1,*}$ bapt. **Bar-c.**$_{c2,k}$ **Bar-i.** **Bar-m.**$_{c2,k}$ bar-s.$_{k2}$ **Bell.**$_{c2,k}$ *Berb.*$_{k1}$ borx. bov. **Brom.** *Bry.* *Bufo* calad. *Calc.*$_{c2,k}$ calc-ar.$_{sf1}$ *Calc-f.*$_{bg2,sf1,*}$ calc-hp.$_{sf1}$ **Calc-i.**$_{c2,k}$ calc-m.$_{c1,c2}$ calc-p. **Calc-s.**$_{c2,k}$ *Calc-sil.*$_{k2}$ *Calen.*$_{c1,c2}$ camph. cann-s. *Canth.* caps.$_{c2,k}$ **Carb-an.** **Carb-v.** *Carbn-s.*$_{c2,k}$ caust. *Cham.* chim.$_{c1}$ chin. cic. cinnb.$_{j5}$ **Cist.**$_{c2,k}$ **Clem.** coc-c.$_{a1}$ cocc. coloc. **Con.** cor-r.$_{bg2,j5,*}$ cory.$_{sf1}$ croc. crot-h. cupr. cycl. dig. dros.$_{st}$ **Dulc.** *Eucal.*$_{a1,kr1}$ euph. euphr.$_{c1,c2}$ eupi.$_{c1,c2}$ **Ferr.**$_{k1}$ ferr-ar. ferr-i. fil.$_{bro1}$ fl-ac.$_{bg2,sf1}$ fuc.$_{mg1,sf1}$ **Graph.**$_{c2,k}$ hall$_{c1}$ ham.$_{bg2,sf1}$ *Hecla*$_{kr1}$ hed.$_{mg1}$ hell. **Hep.**$_{c2,k}$ hippoz.$_{kr1}$ hydrc.$_{sf1}$ hyos. ign. **Iod.** *Iris*$_{bg2,kr1}$ *Kali-ar.* *Kali-bi.*$_{kr1}$ kali-br.$_{kr1}$ *Kali-c.* *Kali-chl.* *Kali-i.*$_{c2,k}$ kali-m.$_{bg2,k2,*}$ kreos.$_{j5}$ lac-c.$_{k2}$ lach. *Lap-a.*$_{c1,sf1}$ led. *Lith-c.*$_{c1,kr1,*}$ **Lyc.**$_{c2,k}$ mag-c. mag-m. mang. med. **Merc.**$_{c2,k}$ **Merc-c.** merc-cy.$_{bro1}$ merc-d. *Merc-i-f.* *Merc-i-r.* merc-k-i.$_{gm1}$ mez. mur-ac. *Nat-c.* nat-m. *Nat-p.*$_{kr1}$ nat-s.$_{bg2,sf1}$ **Nit-ac.**$_{c2,k}$ *Nux-v.* ol-j.$_{sf1}$ petr. *Ph-ac.* **Phos.** *Phyt.* plb. psor. *Puls.* ran-b. ran-s. raph.$_{j5}$ rhod. **Rhus-t.** *Rumx.*$_{bro1}$ ruta sabad. sabin. samb. sars. scir.$_{c1}$ scroph-n.$_{c1}$ sec.$_{c1,kr1,*}$ *Sep.* **Sil.**$_{c2,k}$ sil-mar.$_{c1}$ sol-a.$_{c1,c2}$ sol-o.$_{c1,c2}$ spig. **Spong.** squil. *Stann.* staph. stict.$_{c1,c2}$ stram. stront-c. *Sul-ac.* *Sul-i.*$_{bg2,k2,*}$ **Sulph.** symph.$_{c1}$ *Syph.*$_{k2,kr1}$ tab.$_{c1}$ tax.$_{bro1}$ ter.$_{j5}$ teucr. ther.$_{k2}$ thiosin.$_{c1}$ **Thuj.** *Tub.*$_{bg2,k2,*}$ tub-a.$_{vs}$ tub-m.$_{vn,zs}$ uran-n.$_{kr1}$ *Verat.* viol-o. viol-t.$_{kr1}$ *Zinc.*

◆ **begleitet** von:
- **Zunge**:
  - **weiße** Farbe der Zunge: *Bar-m.*$_{kr1,vk1}$
- **Abmagerung**, mit: *Ars.*$_{kr1}$ *Ars-i.*$_{kr1}$ *Bar-c.*$_{kr1}$ *Calc.*$_{kr1}$ *Calc-i.*$_{kr1}$ *Calc-p.*$_{kr1}$ carb-v.$_{kr1}$ caust.$_{kr1}$ *Cist.*$_{kr1}$ *Con.*$_{kr1}$ *Graph.*$_{kr1}$ *Mag-c.*$_{kr1}$ *Mag-m.*$_{kr1}$ nat-m.$_{kr1}$ nit-ac.$_{kr1}$ *Ol-j.*$_{kr1}$ petr.$_{kr1}$ ph-ac.$_{kr1}$ phos.$_{kr1}$ psor.$_{kr1}$ *Sil.*$_{kr1}$ staph.$_{kr1}$ sul-ac.$_{kr1}$ sulph.$_{kr1}$
- **bläulich**: arn. ars. aur. *Carb-an.* carb-v. con. ferr-i. hep. *Lach.* mang. merc. merc-i-f. puls. sil. sul-ac.

– **Drüsen**, der: ...
- **entzündlich**: *Acon.* agn. am-c. ant-c. *Arn.* ars. asaf. *Bad.* *Bar-c.* bar-m.$_{k2}$ **Bell.** borx. *Bry.* calc. *Carb-an.* *Carb-v.* caust. *Cham.*$_{kr1}$ cinnb. *Clem.* cocc. **Con.** dros.$_{st}$ *Hep.* hyos. kali-ar. *Kali-i.* *Lyc.* mang. **Merc.** mez. mur-ac. nat-c. petr. *Phos.* *Phyt.* puls. *Rhus-t.* sars. **Sil.** sulph. *Thuj.*
- **hart**: agn. alumn.$_{k2}$ ant-c. arn. ars. ars-i.$_{k2}$ asaf. *Bad.*$_{kr1}$ bar-c.$_{bg2,k2}$ bar-m.$_{bg2}$ bell.$_{bg2}$ brom.$_{k2}$ *Bry.* calc-f.$_{st}$ calc-sil.$_{k2}$ *Carb-an.* caust. chin. **Con.** dig. graph. hep.$_{bg2,k2}$ **Iod.** *Kali-i.* lach. led. merc. mez. nux-v. *Phos.* *Phyt.*$_{bg2,k2}$ *Puls.* **Rhus-t.** sabin. samb. *Spong.* staph.$_{k1}$ stront-c. sul-i.$_{k2}$ *Sulph.* *Tarent.*$_{bg2}$
- **Hautausschlag**, mit: dulc.$_{h}$
- **heiß**: *Acon.* am-c. ant-c. ant-t.$_{bg2}$ arn. asaf. **Bell.** **Bry.** bufo$_{bg2}$ *Calc.* canth. *Carb-an.* carb-v. *Cham.*$_{kr1}$ chin. clem. cocc. euph. *Hep.* kali-c. led. **Merc.** nux-v. petr. **Phos.** *Phyt.* puls. rhus-t. sars. sil. *Sulph.*
- **kalt**: *Ars.* asaf. bell. *Cocc.* **Con.** cycl. dulc. lach. *Merc.*$_{bg2}$ rhod. spig. *Sulph.*$_{bg2}$ thuj.$_{kr1}$
- **Knoten**, wie: bry. iod.$_{k2}$ nit-ac.
- **Menses**, während: kali-c. lac-c.
- **perlschnurartig**: **Bar-m.** *Calc.* *Cist.* con. *Dulc.* hep. *Iod.* lyc. rhus-t. *Sil.* sul-i.$_{k2}$ tub.
- **Quetschungen**, nach: bell-p. phos.$_{k2}$
- **Scharlach**:
  - **bei**: am-c.$_{k1}$
  - **nach**: am-c.$_{k1}$ **Bar-c.** *Lac-c.*$_{kr1}$
- **schmerzhaft**: acon. am-c.$_{kr1}$ anan.$_{kr1}$ ant-c. *Anthraco.*$_{kr1}$ *Arn.* ars.$_{kr1}$ aur. aur-i.$_{k2}$ *Bar-c.*$_{kr1}$ **Bar-m.** **Bell.** calc. *Calc-p.*$_{kr1}$ canth. *Caps.*$_{kr1}$ *Carb-an.* carb-v.$_{kr1}$ caust.$_{kr1}$ *Cham.*$_{kr1}$ *Chin.* clem. **Con.**$_{kr1,sf1}$ cop.$_{kr1}$ cor-r. crot-t.$_{kr1}$ cupr.$_{kr1}$ graph.$_{bg2}$ *Hep.* ign.$_{kr1}$ *Iod.* kali-c.$_{kr1,sf1}$ *Kali-i.* lyc.$_{bg2}$ *Merc.*$_{kr1}$ mosch.$_{bg2}$ nat-m.$_{kr1}$ *Nit-ac.* nux-v. phos.$_{bg2}$ phyt. psor.$_{kr1}$ *Puls.* rhus-t. *Sil.* spig. stann. staph. sulph.$_{kr1}$
- **schmerzlos**: ars. asaf. **Calc.** cocc.$_{k1}$ *Con.* cycl. dulc. *Ign.* lach. merc.$_{bg2}$ *Nit-ac.* *Ph-ac.* plb. *Sep.* sil. staph. sulph. thuj. *Tub.*$_{st}$

– **Gelenke**, der: *Abrot.* acon. **Act-sp.** agn. anag. ant-c.$_{bg2}$ *Ant-t.* *Apis* apoc. *Arn.* *Ars.* asc-t. aur. *Aur-m.* **Bell.** berb. bov.$_{sf1}$ **Bry.** bufo *Calc.* calc-f. canth.$_{sf1}$ caust.$_{k2}$ cedr.$_{sf1}$ chin. chinin-s.$_{sf1}$ *Cimic.* clem. *Cocc.* **Colch.** coloc.$_{bg2}$ con. dulc.$_{k2}$ *Ferr-p.* *Guaj.* *Ham.* **Hep.** hip-ac.$_{sp1}$ *Iod.*$_{bg2,sf1}$ kali-ar.$_{k2}$ kali-bi.$_{k2}$ *Kali-chl.* kali-i. kali-m.$_{sf1}$ *Kalm.* kreos.$_{bg2}$ *Lac-ac.* lac-c.$_{k2}$ *Lach.* **Led.** *Lyc.* mang. med. *Merc.* *Nat-m.* *Nux-v.* puls.$_{bg2}$ *Ran-b.*$_{sf1}$ *Rhod.* *Rhus-t.* sabin. *Sal-ac.* samb.$_{sf1}$ sil. sol-t-ae. stict. **Sulph.** tarent. *Ter.* thuj. *Verat-v.*

– **Knochen**, der: am-c. ambr.$_{j5}$ ang.$_{bg2}$ ant-c.$_{j5}$ *Arg-met.*$_{bg2}$ **Asaf.** *Aur.* bell. bry. bufo$_{bg2}$ **Calc.** calc-f.$_{bg2}$ *Calc-p.* carb-an. clem. coloc. con. conch.$_{a1}$ daph.$_{j5,kr1}$ dig. dulc. euph. ferr. fl-ac. guaj. hep. iod. *Kali-i.* kreos. lac-ac.$_{c2,k1}$ lach. led.$_{j5}$ *Lyc.* mang. *Merc.* *Mez.* nat-c. nat-m. *Nit-ac.* petr. **Ph-ac.** **Phos.** *Phyt.*$_{kr1}$ plb. **Puls.** rhod. rhus-t. *Ruta* sabin. sep. **Sil.** spig. **Staph.** stront-c.$_{bg2}$ **Sulph.** thuj. verat.

– **Knochen**, der: ...
• **Gefühl** von
☞ *Schwellung; Gefühl - Knochen*
– **Knorpel**, der: **Arg-met.** *Calc.*kr1 *Sil.*kr1
☞ *Knorpel*
– **Periosts**, des: *Acon.*bg2 ant-c. **Asaf.** *Aur.* bell. bry. chin. *Kali-i.* mang. *Merc.* mez. *Nit-ac.* **Ph-ac.** *Puls.* rhod. rhus-t. ruta sabin. *Sil.* staph. sulph.bg2
– **Schleimhäute**, der: arg-n. ars-i. hydr.
– **Venen**, der: ruta.c2
• **abends**: carb-v.h

Schwellung; Gefühl von: *Acon.*bg2,k aesc.sf,sf1 agar. aloe alum.bg2,k am-c.j5 am-m.bg2,k ambr.bg2,k *Aml-ns.*bg2 anac.bg2,k ant-c.bg2,k ant-t.bg2,k apis *Aran.*bg2,k arg-met. *Arg-n.*bg2,k arn.bg2,k ars.bg2,k asaf.bg2,k asar.bg2,k aur.bg2,k *Bamb-a.*stb2 bapt.bg2,k bar-c.bg2,k *Bell.*bg2,k berb.bg1,bg2 *Bism.*bg2,k bov.bg2,k bry.bg2,k caj. calad. calc.bg2,k *Calc-p.* cann-i. cann-s.bg2 canth.bg2,k *Caps.*bg2,k carb-ac. carb-an.j5 carb-v.bg2,k carbn-s. caust.bg2,k *Cedr.* cench.st cham.bg2,k chin.bg2,k cic.bg2 cimic. cina *Coc-c.* *Cocc.*bg2,k colch.bg2,k *Coloc.* *Com.* con.bg2,k *Cor-r.* crot-h. crot-t. *Cupr.* cycl.bg2,k dig.bg2,k dulc.bg2,k euph.bg2,k *Euphr.* gels.bg2 gink-b.sbd1 *Glon.*bg2,k graph.j5 **Guaj.**bg2,k ham.sf,sf1 hell.bg2,k hep.bg2,k hyos.bg2,k ign.bg2,k ip.bg2,k kali-c.bg2,k kali-n.bg2,k kreos.bg2,k **Lach.**bg2,k *Laur.*bg2,k led.bg2,k lyc.bg2,k mag-c.bg2,k mang.bg2,k **Merc.**bg2,k **Merc-i-f.** mez.bg2,k mosch.bg2,k nit-ac.bg2,k nux-m.bg2,k nux-v.bg2,k olnd.bg2,k *Op.*bg2,k **Paeon.** **Par.**bg2,k petr.bg2,k ph-ac.bg2,k phos.bg2,k plat.bg2,k plb.bg2,k **Puls.**bg2,k *Ran-b.*bg2,k1 ran-s.bg2,k rhod.bg2,k **Rhus-t.**bg2,k sabad.bg2,k sabin.bg2,k samb.bg2,k *Sang.* sars.bg2,k *Seneg.*bg2,k sep.bg2,k sil.bg2,k **Spig.**bg2,k spong.bg2,k stann.bg2,k staph.bg2,k stram.bg2,k sul-ac.bg2,k *Sulph.*bg2,k tarax.bg2,k thuj.bg2,k valer.bg2,k verat.bg2,k zinc.bg2,k
☞ ❑ *Gemüt - Wahnideen - geschwollen*
○ **Drüsen**, der: ant-c. aur. aur-i.k2 *Bell.* bry. carb-v. chin. clem. con. dulc. hep. ign. kali-n. lach. m-arct.j5 merc. nat-m.j5 nit-ac. nux-m. nux-v. **Puls.** *Rhus-t.* sabin. spig. *Spong.* staph. sulph.j5 zinc.
– **innerer** Organe: anac.bg2 ant-t.bg2 arn.bg2 ars.bg2 *Asar.*bg2 aur.bg2 **Bell.**bg2 *Bism.*bg2 bov.bg2 bry.bg2 calad.bg2 *Caps.*bg2 carb-v.bg2 cina.bg2 cocc.bg2 con.bg2 euph.bg2 guaj.bg2 hyos.bg2 **Ign.**bg2 kali-c.bg2 laur.bg2 merc.bg2 nux-m.bg2 olnd.bg2 op.bg2 *Par.*bg2 petr.bg2 plat.bg2 ran-b.bg2 ran-s.bg2 rhod.bg2 sars.bg2 *Sep.*bg2 *Spig.*bg2 *Stann.*bg2 tarax.bg2 *Verat.*bg2 zinc.bg2
– **Knochen**, der: ant-c. ars.h bell. chel. guaj. *Puls.* rhus-t. spig.

Schweregefühl: haliae-lc.srj5
☞ *Müdigkeit / Schwäche /* ❑ *Gemüt - Stumpfheit*
○ **äußerlich**: acon.bg2,k adam.srj5 **Aesc.** agar.bg2,k agn.bg2,k aloe *Alum.*bg2,k alum-p.k13,k2 alum-sil.k13,k2 am-c.bg2,k ambr.bg2,k ammc.j5 anac.bg2,k androc.srj1 ang.bg2 ant-c.bg2,k ant-t.bg2,k apis.bg3 arg-n.bg2,bg3 arn.bg2,k *Ars.*bg2,k *Ars-i.* asaf.bg2,k asar.bg2,k aur.bg2,k aur-ar.k2 *Bar-c.*bg2,k bar-m. bar-s.k2 **Bell.**bg2,k berb.j5 borx. bov.bg2,k

Schweregefühl - äußerlich: ...
Bry.bg2,k cact. calc.bg2,k camph.bg2,k cann-i. cann-s.bg2,k canth.bg2,k caps.bg2,k carb-ac. carb-an.j5 *Carb-v.*bg2,k *Carbn-s.* caust.bg2,k cham.bg2,k chel.bg2,k *Chin.*bg2,k cic.bg2,k cimic.bg2 cina.j5 clem.bg2,k cocc.bg2,k coff.bg2,k colch.bg2,k coloc.bg2,k **Con.**bg2,k croc.bg2,k crot-h. crot-t. cupr.bg2,k cur. dig.bg2,k dulc.bg2,k euph.bg2,k euphr.bg2,k *Ferr.*bg2,k ferr-ar.k2 **Gels.**bg2,k germ-met.srj5 graph.bg2,k grat.j5 haliae-lc.srj5 hell.bg2,k hep.bg2,k ign.bg2,k iod.bg2,k *Ip.*bg2,k kali-c.bg2,k kali-m.k2 kali-n.bg2,k kali-s. *Kreos.*bg2,k lach.j5 laur.bg2,k *Led.*bg2,k lyc.bg2,k m-arct.j5 m-aust.j5 mag-c.bg2,k mag-m.bg2,k marb-w.es1 *Meli.* meny.bg2,k *Merc.*bg2,k *Mez.*bg2,k *Mosch.* mur-ac.bg2,k *Nat-c.*bg2,k,* *Nat-m.*bg2,k nat-sil.k2 neon.srj5 nit-ac.h,k,* nux-m.bg2,k **Nux-v.**bg2,k ol-an.j5 *Onos.* op.bg2,k par.bg2,k *Petr.*bg2,k ph-ac.bg2,k **Phos.**bg2,k pic-ac.bg2,k plat.bg2,k plb.bg2,k *Psor.*bg2,k **Puls.**bg2,k ran-b.bg2,k rheum *Rhod.*bg2,k **Rhus-t.**bg2,k *Ruta* *Sabad.*bg2,k sabin.bg2,k samb.bg2,k sars.bg2,k sec.bg2,k **Sep.**bg2,k *Sil.*bg2,k **Spig.**bg2,k *Spong.*bg2,k squil.bg2,k **Stann.**bg2,k *Staph.*bg2,k stram.bg2,k stront-c. sul-ac.bg2,k sul-i.k2 **Sulph.**bg2,k teucr.bg2 ther.j5 *Thuj.*bg2,k valer.bg2,k *Verat.*bg2,k verb.bg2,k viol-o.bg2,k *Zinc.*bg2,k *Zinc-p.*k2
☞ ❑ *Gemüt - Erschöpfung /* ❑ *G~ Stumpfheit*
• **Denken** daran amel.: marb-w.es1
– **innerlich**: **Acon.**bg2,k,* adam.srj5 *Agar.*h,k,* agn.bg2,k ail.a1 **Aloe** alum.bg2,k,* alum-p.k2 alum-sil.k2 *Am-c.*bg2,k,* *Am-m.*bg2,k,* ambr.bg2,k,* anac.bg2,k,* androc.srj1 ang.bg2 ant-t.bg2,k apoc-a.a1 arg-n.hr1,k arn.bg2,k ars.bg2,k,* ars-s-f.k2 arund.a1 asaf.bg2,k,* asar.bg2,k atro.a1 aur.bg2,k aur-ar.k2 bamb-a.stb2 *Bar-c.*bg2,k,* bar-m.hr1,k,* bar-s.k2 *Bell.*bg2,k,* **Bism.**bg2,k,* *Borx.* *Bov.*bg2,k,* brach.a1,hr1 *Bry.*bg2,k,* calad.bg2,k,* **Calc.**bg2,k,* calc-sil.k13,k2 camph.bg2,k,* *Cann-i.* cann-s.bg2,k canth.bg2,k carb-ac.a1,k *Carb-an.*bg2,k,* *Carb-v.*bg2,k,* carbn-s. caust.bg2,k cham.bg2,k **Chel.**a1,k chen-v.hr1 *Chin.*bg2,k,* choc.srj3 chr-ac.a1 cic.bg2,k cich.a1 cinnb.a1 cinnm.a1 clem.bg2,k,* coc-c.a1 *Cocc.*bg2,k cod.a1 coff.bg2,k colch.bg2,k *Coloc.* *Con.*bg2,k,* *Croc.*bg2,k *Cupr.*bg2,k cycl.a1 *Dig.*bg2,k,* dor.a1,hr1 dros.bg2,k dulc.k1 euph.a1 euphr.bg2,k ferr.bg2,k,* ferr-ar.k2 ferr-ma.a1 **Gels.** gins.a1 glon.a1 *Graph.*bg2,k,* *Hell.*bg2,k,* helon.hr1 hep.bg2,k,* hydrc.a1 hydrog.srj2 hyos.bg2,k hyosin.a1 hyper.a1 ign.bg2,k iod.bg2,k,* ip.bg2,k1,* *Iris* kali-bi.bg2,hr1 *Kali-c.*bg2,k,* kali-chl.k13 kali-m.k2 kali-n.bg2,k kreos.bg2,k,* *Lach.*bg2,k,* *Laur.*bg2,k,* *Led.*a1,hr1 lepi.a1 *Lob.* *Lyc.*bg2,k,* *Mag-c.*bg2,k,* *Mag-m.*bg2,k,* manc.a1 mang.bg2,k *Meny.*bg2,k *Merc.*bg2,k,* *Merc-i-f.*hr1 mez.bg2,k,* morph.a1 mosch.bg2,k *Mur-ac.*bg2,k,* nabal.a1 nat-c.bg2,k,* **Nat-m.**bg2,k,* nat-p.hr1 nat-sal.a1 nat-sil.k2 nit-ac.h,k,* *Nux-m.*bg2,k,* **Nux-v.**bg2,k,* ol-an.a1 *Olnd.*bg2,k,* *Onos.* *Op.*bg2,k,* par.bg2,k **Petr.**bg2,k,* ph-ac.h,k,* **Phos.**h,k,* plat.bg2,k *Plb.*bg2,k,* *Prun.* psor.a1,bg2 **Puls.**bg2,k,* ran-b.bg2,k,* ran-s.bg2,k raph.a1 rheum rhod.bg2,k,* **Rhus-t.**bg2,k,* ruta *Sabad.*bg2,k,* *Sabin.*bg2,k,* salin.a1 samb.bg2,k *Sang.*hr1,k sars.bg2,k sec.bg2,k,* sel.bg2,k *Senec.* *Seneg.*bg2,k **Sep.**bg2,k,* **Sil.**bg2,k,* *Spig.*bg2,k,* spirae.a1 spong.bg2,k,*

– **innerlich**: ...
squil.bg2,k,* **Stann.**bg2,k,* *Staph.*bg2,k,* stram.bg2,k,* stront-c. sul-ac.bg2,k sul-i.k2 **Sulph.**bg2,k,* tarax.bg2,k ter.hr1 thuj.bg2,k,* til.a1 trif-p.a1 valer.bg2,k verat.bg2,k,* verb.bg2,k viol-o.a1,k viol-t.bg2,k zinc.bg2,k,* *Zinc-p.*k2 zinc-s.a1
• **morgens**: kali-c.h lyc.h nat-c.h zinc.h
• **nachts**: mag-c.h
• **Gehen** im Freien; beim: nit-ac.h
• **Menses**, während: kali-c.h
• **Schlaf**, nach: rheumh
• **Sturm**; vor und bei: sil.h
– **Knochen**, der: sulph.bg2
– **Muskeln**, der: mand.mg,mg1,*

Sehnenhüpfen
☞ *Zucken - Sehnenhüpfen*

Seite:
– **einer** Seite; Symptome auf: *Aesc.* *Agar.* agn. **Alum.** **Alumn.**kr1 am-c. am-m. *Ambr.* **Anac.** ang.bg2,kr1,* ant-c. ant-t. aphis *Apis*kr1 *Arg-met.* *Arg-n.* arn. ars. **Asaf.** asar. aur. *Bar-c.* bar-m. bell. bism. borx. *Bov.*bg2,kr1 brom.sf1 **Bry.** *Calc.* calc-act.sf1 camph. cann-s. *Canth.* caps. carb-ac.a1 carb-an. carb-v. caust. cham. chel. chin. *Chinin-s.*sf1 cic. *Cina* clem. *Coc-c.*kr1 cocc. coff. colch. coloc. con. croc. cupr. *Cycl.* dig. dros. *Dulc.* euph. euphr. ferr. ferr-s.a1 graph. *Guaj.* hell. hep. huraa1 *Hydrog.*srj2 hyos. ign. iod. iris **Kali-c.** kali-m.k2 kali-n. **Kali-p.** **Kreos.** **Lach.** laur. led. **Lyc.** **Lyss.** mag-c. mag-m. mang. meny. merc. *Mez.* mosch. *Mur-ac.* nat-c. nat-m. nit-ac.a1,k1 nux-m. nux-v. oena.a1 *Olnd.* orig.a1 *Par.* petr. **Ph-ac.** *Phos.* **Plat.** *Plb.* puls. rad-br.bg2 ran-b. ran-s. rheum rhod. rhus-t. ruta *Sabad.* *Sabin.* samb. **Sars.** sel. seneg. sep. sil. *Spig.* spong. squil. stann. *Staph.* *Stront-c.* **Sul-ac.** sul-i.k2 sulph. tarax. *Tarent.*kr1 tell.a1 teucr. thala.j1 thuj. valer. verat. **Verb.** viol-o. viol-t. vip.sf1 xan.a1 *Zinc.* zinc-p.k2
– **abwechselnde** Seiten: agar. androc.srj1 ant-c.bg2,k carc.cd,hbh,* cimic.bg2,k cinabg2 **Cocc.**bg2 iris **Lac-c.**bg2,k mang.sf,sf1 merc.bg2,k neonsrj5 onos. phos.bg2,k plat.bg2,k puls.bg2,k rad-br.bg2 sep.bg2,k
☞ *❑ Gemüt - Launenhaftigkeit / ❑ G~ Stimmung - veränderlich*
– **links**: achy.j1,jl3 acon.bg2,k,* adam.srj5 adon.sf,sf1 agar.bg2,hr1,* agn.bg2 *All-c.*a1,k aloe alum-sil.k2 alumn.hr1,kr1 *Am-br.* am-c.bg2,hr1,* am-m.bg2,hr1,* *Ambr.*bg2,hr1,* *Anac.*bg2,k,* *Androc.*srj1 ang.bg2,hr1,* ange-s.j1 *Ant-c.*bg2,k,* *Ant-t.*bg2,k,* *Apis* *Arg-met.* **Arg-n.**bg2,k,* *Arn.*bg2,k,* *Ars.*bg2,hr1,* ars-i.bg2,sf1,* *Art-v.*hr1,kr1 arum-t. **Asaf.**bg2,k,* **Asar.**bg2,k,* *Asc-t.* *Aster.*hr1,k atra-r.j1,jl3 *Aur.*bg2,hr1,* aur-m-n. bapt.hr1,kr1 bar-act.sf1 bar-c.bg2,hr1,* bar-m. bell.bg2,hr1,* *Bell-p.*hr1,kr1,* benz-ac.a1 *Berb.* bism.bg2,k,* borx.bg2,kr1 bov.bg2,hr1,* *Brom.*bg2,k,* *Bry.*bg2,k,* buni-o.j1,jl3 *Calc.*bg2,k,* calc-ar.k13,k2 calc-f.bg2,mg1,* *Camph.*bg2,hr1,* cann-s.bg2,k,* canth.bg2,k,* **Caps.**bg2,k,* carb-v.bg2,hr1,* caust.bg2,k,* cean.bro1 *Cedr.*bg2,sf1,* *Cham.* *Chel.*bg2,k,* *Chin.*bg2,k,* chinin-s.bg2,sf1 choc.srj3 *Cic.*bg2,hr1,* *Cimic.* **Cina** cinnb.a1,bg2 **Clem.**bg2,k,* cocc.bg2,k,*

Seite - links: ...
coff-t.a1 *Colch.*bg2,k,* *Coloc.*bg2,k,* *Con.*bg2,hr1,* cortiso.j1,jl3 **Croc.**bg2,k,* crot-c.a1 crot-h.a1 *Crot-t.* *Cupr.*bg2,k,* *Cycl.*bg2,hr1,* cyt-l.mg,mg1,* daph.a1,j5 dig.bg2,hr1,* dros.bg2,hr1,* *Dulc.*bg2,k,* elat.a1 erig.bro1 euon.a1 eup-pur.a1 **Euph.**bg2,k,* *Euphr.*bg2,k,* *Ferr.*bg2,k,* ferr-p. ferr-s.a1 flav.j1,jl3 flor-p.j1,jl3 gels. gink-b.sbd1 **Graph.**bg2,k,* grat.k13,k2 *Guaj.*bg2,k,* haliae-lc.srj5 halo.j1 heclaj1 hed.mg,mg1,* hell.bg2,hr1,* hep.bg2,k hir.j1,jl3 hist.j1,jl3 hydrog.srj2 hydroph.j1,jl3 hyos.bg2,hr1,* ign.bg2,k,* ind.a1 *Iod.*bg2,hr1,* ip. iris kali-bi.bg2 kali-c.bg2,hr1,* *Kali-chl.* *Kali-m.*k2 kali-n.bg2,hr1,* kalm.a1 **Kreos.**bg2,k,* lac-ac.hr1,kr1 **Lach.**bg2,k,* lat-m.j1,jl3 laur.bg2,hr1,* led.bg2,hr1,* lepi.a1 *Lil-t.*a1,bg2 *Lith-c.* *Lyc.*bg2,hr1,* lycps-v.a1 mag-c.bg2,hr1,* mag-m.bg2,k,* mag-s.bg2 mang.bg2,k,* meny.bg2,k,* meph.j1 *Merc.*bg2,k,* *Merc-c.* merc-i-f.a1 *Merc-i-r.* **Mez.**bg2,k,* mosch. *Mur-ac.*bg2,k,* naja nat-ar.a1 nat-c.bg2,hr1,* nat-f.mg,mg1,* nat-m.bg2,hr1,* nat-s.bg2,k neonsrj5 nid.j1 *Nit-ac.*bg2,k,* nux-m.bg2,k,* *Nux-v.*bg2,hr1,* oena.a1 ol-j.a1 **Olnd.**bg2,k,* onop.j1 *Onos.* op.a1 *Osm.* ox-ac. *Par.*bg2,k,* paro-i.j1,jl3 perh.j1 *Petr.*bg2,hr1,* ph-ac.bg2,hr1,* **Phos.**bg2,k,* phys. pic-ac.a1 plan.a1 plat.bg2,hr1,* plb.bg2,k,* *Podo.*hr1,kr1 psil.ft1 puls.bg2,hr1,* puls-n.a1 pulx.br1 ran-b.bg2,k,* *Ran-s.*bg2,k,* *Rheum*kr1,st *Rhod.*bg2,k,* *Rhus-t.*bg2,kr1 rumx.bro1 sabad.bg2,hr1,* *Sabin.*bg2,k,* sal-ac. samb.bg2,hr1,* sapo.bg2,bro1 sars.bg2,hr1,* **Sel.**bg2,k,* seneg.bg2,hr1,* **Sep.**bg2,k,* sieg.mg,mg1 *Sil.* *Spig.*bg2,k,* spong.bg2,hr1,* **Squil.**bg2,k,* **Stann.**bg2,k,* staph.bg2,k,* stront-c. stroph-s.j1,jl3 sul-ac.bg2,k,* sulfa.j1,jl3 sulfonam.j1,jl3 **Sulph.**bg2,k,* tab. *Tarax.*bg2,k,* tell.j1,jl3 teucr. thala.j1,jl3 ther.bg2,k thuj. ust.bg2,k v-a-b.j1,jl3 valer.bg2,hr1,* *Verat.*bg2,hr1,* *Verb.*bg2,hr1,* vesp. *Viol-o.*bg2,k,* *Viol-t.*bg2,k,* vip-a.j1 xan. *Zinc.*bg2,hr1,*
• **dann** rechte Seite: acon. adam.srj5 all-c.bg2,k2,* aloe androc.srj1 arg-n.bg2 ars.bg2 benz-ac.st brom.bg2 calc.bg2,st calc-p. *Colch.* dulc. elaps ferr.bg2,st *Form.*bg2,sf1 form-ac.sf1 hed.j1,mg1,* hydrog.srj2 *Iod.*st ip.k2,st kali-c. kreos. lac-c.bro1 **Lach.** merc-i-r.bg2 naja neonsrj5 nit-m-ac. nux-v.bg2 phyt. psil.ft1 puls.bg2 rhus-t. sabad.bg2,k2,* stann.bg2 tarax.bg2
• **Hitze** der
☞ *Hitze - erkrankten - linke*
• **Kälte** der
☞ *Kälte erkrankter - linke*
– **rechts**: abies-c. *Acon.*bg2,k,* adam.srj5 adlu.j1 *Aesc.*a1,k *Agar.*bg2,hr1,* *Agn.*bg2,k *Alum.*bg2,k,* *Alumn.*kr1 *Am-c.*bg2,k,* *Am-m.*bg2,j5,* ambr.st anac.bg2,hr1,* *Androc.*srj1 *Ang.*bg2,hr1,* ant-t.bg2,hr1,* **Apis** **Arg-met.** arist-m.a1 *Arn.*bg2,k,* **Ars.**bg2,k,* ars-i. ars-s-f.k13,k2 art-v.hr1,kr1 arum-t.hr1,kr1 asaf.bg2,hr1,* aster.hr1,kr1 **Aur.**bg2,k,* aur-ar.k2 *Aur-i.*k13,k2 aur-s.k13,k2 aza.j1,jl3 **Bapt.**a1,k bar-c.bg2,hr1,* *Bar-s.*k13,k2 **Bell.**bg2,k,* *Bism.*bg2,k,* **Borx.** *Both.*bg2,st *Bov.*bg2,hr1,* brach.a1 brom.a1,k **Bry.**bg2,k,* **Calc.**bg2,k,* calc-i.k13,k2 calc-p. camph.bg2,hr1,* cann-i.a1,k cann-s. **Canth.**bg2,k,* caps.bg2,k,* carb-ac.bg2,sf1,* *Carb-an.*bg2,hr1,* carb-v.bg2,hr1,* card-m.bg2,sf1,* *Caust.*bg2,k,* cedr.hr1,k,* cer-s.a1 cere-s.a1 cham.bg2,k,* **Chel.**bg2,k,*

– **rechts**: ...
chin.bg2,k,* chloram.jl,jl3 choc.srj3 cic.bg2,hr1,* cimic.jl cinabg2,kr1 cinnb.bro1 clem.bg2,hr1,* *Cocc.*bg2,k,* *Coff.*bg2,hr1,* *Colch.*bg2,k,* **Coloc.**bg2,k,* **Con.**bg2,k,* corn.hr1,kr1 croc.hr1,kr1 **Crot-c.** **Crot-h.**bg2,k culx.k13,k2 cur.st cycl.bg2,hr1,* cyn-d.jl,jl3 dicha.jl,jl3 *Dig.*bg2,hr1,* dol.br1 *Dros.*bg2,k,* dulc.bg2,k,* *Elaps*bg2,sf1 *Elat.*hr1,kr1 equis-h.bro1 euph.bg2,hr1,* euphr.bg2,k,* fl-ac.a1 form.a1,k gels.bg2 gink-b.jl3,sbd1,* gins.j5 glon.a1 graph.bg2,hr1,* guaj.bg2,k,* guat.jl,jl3 haliae-lc.srj5 hell.bg2,hr1,* *Hep.*bg2,k,* hip-ac.jl,jl3,* *Hydrog.*srj2 hyos.bg2,hr1,* hypoth.jl,jl3 *Ign.*hr1,k *Indg.*bg2 iod.bg2,hr1,* *Ip.* *Iris* *Kali-bi.*a1,bg2 *Kali-c.*bg2,hr1,* kali-m.k2 *Kali-n.*bg2,hr1,* kalm.bg2,k,* kreos. laur.bg2,hr1,* led.bg2,hr1,* lil-t. *Lith-c.* **Lyc.**bg2,k,* lycpr.bro1 **Lyss.**hr1,k,* mag-c.bg2,hr1,* *Mag-m.*bg2,k,* *Mag-p.*bg2,sf1,* mand.mg,mg1,* *Mang.*bg2,k,* meny.bg2,k,* *Merc.*bg2,k,* *Merc-i-f.*a1,k methys.jl *Mez.*bg2,k,* mim-p.jl,jl3 moly-met.jl *Mosch.*bg2,k,* mur-ac.bg2,k,* murx.bg2,sf1,* najabg2 nat-ar. *Nat-c.*bg2,k,* nat-m.bg2,hr1,* nat-s.st neonsrj5 nit-ac.bg2,k,* *Nux-m.*bg2,k,* **Nux-v.**bg2,k,* oci-sa.jl,sp1 oena.a1 olnd.bg2,hr1,* op. *Pall.* par.bg2,k,* penic.srb2 *Petr.*bg2,k,* *Ph-ac.*bg2,hr1,* phel.st phos.bg2,hr1,* phyt.a1,k pic-ac.a1 plat.bg2,hr1,* *Plb.*bg2,k,* *Podo.* *Prun.* psil.jl ptel.a1 **Puls.**bg2,k,* *Ran-b.*bg2,k,* **Ran-s.** **Rat.** rheumbg2,kr1 *Rhod.*bg2,k,* *Rhus-t.*bg2,hr1,* rumx.bg1 *Ruta*bg2,kr1,* *Sabad.*bg2,k,* *Sabin.*bg2,k,* *Sang.*bg2,k **Sars.**bg2,k,* **Sec.**bg2,k sel.jl,jl3 *Seneg.*bg2,hr1,* sep.bg2,hr1,* *Sil.*bg2,k,* spig.bg2,k,* spong.bg2,hr1,* *Squil.*bg2,hr1,* stann.bg2,hr1,* *Staph.*bg2,k,* *Stront-c.* **Sul-ac.**bg2,k,* *Sul-i.*k13,k2 *Sulph.*bg2,k,* tarax.bg2,k,* *Tarent.*bg2,k2,* tell. *Teucr.*bg2,k,* thiop.jl thuj.bg2,k,* thyr.jl,jl3 tub.st *Valer.*bg2,hr1,* ven-m.jl,jl3 verb.bg2,hr1,* viol-o. viol-t.bg2,k,* wye.a1 yuc.a1 *Zinc.*bg2,k,*

• **dann** linke Seite: acet-ac. acon. am-c.bg2,st ambr.bg2,st anac.st androc.srj1 *Apis*bg2,k2,* ars.a1 ars-met. aspar. bar-c.st bell. benz-ac.bg2,sf1 bry.bg2 calc-p.bg2 canth.bg2,sf1 *Caust.*st chel.bg2 choc.srj3 cupr.bg2 hydrog.srj2 lil-t.bg2,st **Lyc.** merc-i-f.bg2,st mez. ox-ac.bg2,sf1 *Phos.*bg2,st ptel.a1 rheumst rumx.bg2,st **Sabad.**bg2,j5,* sang. saroth.a1 spong. sul-ac.bg2,st sulph. syph.bg2 thiop.jl *Verat.*bg2,st

• **Hitze** der
☞ *Hitze - erkrankten - rechte*

• **Kälte** der
☞ *Kälte erkrankter - rechte*

– **diagonal**, kreuzweise: carc.pd

• **links** oben und rechts unten: **Agar.**hr1,k *Alum.*hr1,k *Anac.* ant-t.bro1 *Arn.* ars. asc-t.a1,st bar-c. bell. *Both.*st brom. camph. caps. *Carb-an.* cham. chel. chin. coff. con. cycl. euphr. *Fl-ac.*bg2,k hep. hydrog.srj2 hyper. *Kali-c.*bg2,k kali-n. lach.bg2,k laur. **Led.** mag-m. meny. merc. mill. mur-ac. nat-m. nit-ac. nux-m. nux-v. olnd. op. par. ph-ac. *Puls.*bg2,k1 ran-s. rhod. **Rhus-t.**bg2,k sabad. sabin. samb. sars. sec. seneg. spong. *Squil.* *Stann.* staph. stram. sulph. **Tarax.**bg2,k teucr. *Thuj.*bg2,k valer. *Verat.* *Verb.* *Viol-t.*

Seite - diagonal: ...

• **rechts** oben und links unten: acon. *Agar.*sf1 agn. am-c. am-m. **Ambr.** *Ant-c.* ant-t. arg-met. ars-i. asar. asc-t.a1,st bism. *Borx.* *Both.*st *Bov.* brom.bro1 bry. calad. *Calc.* cann-s. carb-v. *Caust.* chel. cic. cina colch. coloc. croc. cupr. dig. dulc. euph. euphr.k1 *Ferr.* graph. hell. hyos. ign. iod. ip. kali-n.h *Lyc.* mag-c. mang. med.bro1 *Merc-i-f.* mez. mur-ac. *Nat-c.* nux-v. perh.jl **Phos.** plat. *Plb.* ran-b. rheum rhus-t. ruta sel. *Sil.* spig. **Sul-ac.** viol-o.

– **liegt**; Schmerzen gehen auf die Seite, auf der er: ars.bg *Bry.*bg calc.bg *Kali-c.*bg merc.bg *Ph-ac.*bg **Puls.**bg sep.bg sil.bg
☞ *Liegen - Seite - Schmerz geht*

– **nicht** liegt; Schmerzen gehen auf die Seite, auf der er: bry.bg cupr.bg fl-ac.bg graph.bg *Ign.*bg kali-bi.bg puls.bg *Rhus-t.*bg

Sepsis (= Blutvergiftung): *Achy.*jl *Acon.*bro1 agar.c1 *Ail.*k2,sf1 am-c.k2,sf1,* anthraci. ap-g.bro1 *Apis* arg-met.jl arg-n. *Arn.*c2,k **Ars.**c2,k ars-i.sf1 arum-t.sf1 atro.bro1 *Bapt.* bell.sf1 bor-ac.c1 both.bro1 *Bry.* bufosf1 calc.k2,kr1,* calc-ar.sf1,st calen.bro1 *Carb-ac.*sf1 **Carb-v.** *Cench.* chin.mg1 *Chinin-ar.*mg1,sf1 *Chinin-s.*c1,mg1,* chlorpr.jl colch.sf1 conch.c1,c2 **Crot-h.**c2,k dor.sf1 echi.bg2,sf1,* elapssf1 *Ferr.* ferr-p.sf1 gels.sf1 gunp.bro1 hell.sf1 *Hippoz.*c2,k hydroph.jl hyos.sf1 *Ip.*mg1,sf1 irid-met.bro1 kali-bi.kr1,sf1 kali-c.sf1 *Kali-p.* kreos.sf1 **Lach.**c2,k lat-h.bro1 lob-p.c1 *Lyc.* mag-c.mg1 *Merc.*c1,c2 merc-cy.bg2,sf1 methyl.bro1 mur-ac.sf1 najasf1 nat-s-c.bro1 *Nit-ac.*sf1 op.sf1 paro-i.jl ph-ac.sf1 *Phos.* phyt.sf1 *Puls.* **Pyrog.**c2,k rad-br.st raja-s.jl *Rhus-t.*c2,k *Sal-ac.*kr1 *Sec.*sf1 sieg.mg1 sil.bro1 stram.k2,sf1 streptoc.bro1 sul-ac.sf1 sulfonam.jl *Sulph.* tarax.sf1 tarent. tarent-c.sf1 ter.bg2,sf1 trach.c1 *Verat.*bg2,kr1,* *Verat-v.*bg2,sf1,* *Vip.*sf1 zinc.sf1

– **Beschwerden** durch: agar.c1 gunp.c1 lob-p.c1 pyrog.c1 tarent.c1

– **Pockenimpfung**; nach: maland.gm1 sarr.gm1

Septikämie
☞ *Sepsis*

Sexuelle Erregung agg.: agar.k2 arg-n.c1 arn.c1 *Bufo* calc.kr1 chinin-s.c1 gins.c1 kali-p.c1 **Lil-t.** sars. sep.k2 staph.c1

– **Betrunkenheit**; bei: canth.gl1 *Caust.*gl1 chin.gl1 nux-v.gl1 phos.gl1

Sexuellen Exzessen; Beschwerden nach: acon. **Agar.**c2,k agn. alum. *Alum-p.*k2 ambr.sf1 anac. ant-c. arg-n.c1,st arn. *Ars.* asaf. aur. aur-ar.k2 aven.br1,sf1,* bar-c. bell. borx. *Bov.* bry. *Calad.*k1,st **Calc.** calc-p.c1 *Calc-s.* calc-sil.k2 cann-s. canth. caps. carb-an. **Carb-v.**k1 caust. cham. *Chin.* *Chinin-ar.* cina cob.sf1 cocc. coff. **Con.** *Dig.*k,ptk2 digin.bro1 dulc. ferr. ferr-pic.c1 *Gels.*c2,k gins.sf1 graph. ign. *Iod.* ip.k1 *Kali-br.* *Kali-c.* kali-n. **Kali-p.** led. *Lil-t.* **Lyc.** lyss.bro1 mag-m. *Merc.* mez. *Mosch.* *Nat-c.* **Nat-m.** **Nat-p.** *Nit-ac.* **Nux-v.** ol-an.sf1 onos.c1 op. petr. **Ph-ac.** **Phos.** plat. plb. *Puls.* ran-b. rhod. rhus-t. ruta sabad. samb. sec. **Sel.** **Sep.** **Sil.** *Spig.*

Sexuellen Exzessen; Beschwerden nach: ...
squil. stann. **Staph.** **Sulph.** symph.c1,c2 thuj. trib.bro1 upa.c1,c2 valer. zinc. zinc-p.k2
☞ ❑ *Gemüt - Beschwerden durch - sexuell - Exzesse* / ❑ *G~ Nymphomanie*

Sexuelles Verlangen:
– **Unterdrückung** des sexuellen Verlangens:
• **agg.**: agn.bg2,sf1 **Apis**k,k1 bell.bg2 berb. calc. **Camph.** *Carb-v.*bg2 *Carbn-o.* **Con.**bro1,k,* graph.bg2,sf1 *Hell.* hyos.bg2 kali-n.c1,h kali-p.c1 *Lil-t.* lyc.bg2,st **Lyss.** orig.st *Ph-ac.* **Phos.**bg2,sf1 pic-ac. plat. **Puls.** sabalbro1 staph.bg2,sf1 stram.bg2
☞ ❑ *Männliche Genitalien - Sexuelles Verlangen - unterdrückt - agg.* / ❑ *Weibliche Genitalien - Sexuelles Verlangen - unterdrückt - agg.*
• **Menopause**; während der: *Con.*st
• **amel.**: calad.

Silicea; Folgen des Mißbrauchs von: camph.kr1 **Fl-ac.** hep.kr1 merc.kr1 sulph.kr1

Silikose
☞ *Steinstaub*

Sinusitis
☞ *Entzündung - Nasennebenhöhlen*

Sitzen:
– **agg.**: acon. **Agar.** agn. *Aloe* alum. *Alumn.*kr1 am-c. **Am-m.** *Ambr.* anac. *Ang.*bg2,kr1,* ant-c. ant-t. *Apis*bg1,bg2,* *Arg-met.* arn. **Ars.** ars-s-f.k2 *Asaf.* asar. *Aur.* aur-i.k2 *Aur-m.* *Aur-m-n.* aur-s. *Bar-c.* bar-m. bar-s.k2 bell. bism. borx. bov. *Bry.* cact. calad. calc. camph. cann-s. canth. **Caps.** carb-an. carb-v. caust. cham. chel. *Chin.* cic. cimic.j1 *Cina* clem. cob. *Cocc.* coff. colch. *Coloc.* **Con.** croc. cupr. **Cycl.** dicha.mg1 dig.bg2,kr1 dios.bro1 *Dros.* **Dulc.** equis-h.bro1 **Euph.** *Euphr.* *Ferr.* ferr-act.sf1 ferr-ar.k2 fl-ac. *Gamb.* graph. grat.j5 guaj. heclaj1 *Hell.* hep. hydrc.bro1 hydrog.srj2 hyos. ign. indg.br1 iod. ip. *Kali-bi.* kali-c. kali-m.k2 kali-n. kali-p. kali-s. kreos. *Lach.* laur. *Led.* **Lyc.** mag-c. *Mag-m.* mang. *Meny.* meph.j1 *Merc.* mez. *Mosch.* *Mur-ac.* *Nat-c.* nat-m. nat-p. nit-ac. nux-m. nux-v. olnd. op. par. *Petr.* *Ph-ac.* phel.j5 **Phos.** phyt.bro1 pic-ac.k2 **Plat.** plb. pneu.j1 *Prun.* psor.k2 **Puls.** pyrog.k2 ran-b. ran-s.k1 rheum *Rhod.*k1 **Rhus-t.** *Ruta* *Sabad.* sabin. samb. sars. sec. sel. *Seneg.* **Sep.** sil. *Spig.* spong. squil. stann. staph. stram. stront-c. sul-ac. sul-i.k2 **Sulph.** *Tarax.* teucr. *Thuj.* tong.j5 tril-p.c1 tub.k2 **Valer.** verat. **Verb.** viol-o. **Viol-t.** vip-a.j1 **Zinc.** **Zinc-p.**k2
☞ ❑ *Gemüt - Sitzen - Abneigung*
– **amel.**: *Acon.* agar. agn. alum. *Alumn.*kr1 am-c. am-m. *Anac.* androc.srj1 ang.bg2,kr1 *Ant-t.* aral.bg2,sf1 arg-met.kr1 arn. ars. asaf. asar.bg2 aur. bar-c. bell. borx. **Bry.** cadm-s. *Calad.* calc. camph. cann-s. canth. caps. carb-an. carb-v. caust. cham. chel. chin. chion. choc.srj3 cic. cina clem. cocc. *Coff.* **Colch.** *Coloc.* con. croc. cupr. cycl. **Dig.**bg2,kr1 *Dulc.*kr1 ferr. ferr-ar.k2 gels. *Glon.* *Graph.*bg2,k1,* guaj. hell. hep. hydrog.srj2 hyos. ign. iod. ip. kali-c. kali-n. kreos. laur. led. mag-c. mag-m. mang.

Sitzen - amel.: ...
meny. meph.c1 *Merc.* mez. mosch. nat-ar. nat-c.bg2 nat-m. nit-ac. *Nux-m.* **Nux-v.** op. par. petr. ph-ac. phos. plb. *Puls.* pulx.br1 ran-b. ran-s. *Rheum* *Rhod.*kr1 *Rhus-t.*bg2,j5,* sabad.bg2 sabin. samb. sars. sec. sel. *Sep.* *Sil.* spig. spong. *Squil.* stann. staph. stram. sul-ac. sulph. sumb. tarax. thuj. valer. verat. verb.kr1 zinc.
☞ ❑ *Gemüt - Sitzen - Neigung*
– **Abneigung** gegen
☞ ❑ *Gemüt - Sitzen - Abneigung*
– **aufrechtes**:
• **agg.**: anac.bg2,hr1,* *Ang.*bg2,hr1,* ars.bg2,hr1,* aur-s.bg2,k2,* bar-c.bg2,hr1,* bar-s.bg2,k2,* *Bell.*bg2,hr1,* borx.bg2,kr1 bry.bg2,hr1,* calad.bg2,hr1,* *Carb-v.*bg2,hr1,* caust.bg2,hr1,* *Cham.*bg2,hr1,* *Chel.*bg2,hr1,* chin.bg2,hr1,* cinabg2,kr1 *Colch.*bg2,hr1,* **Coloc.**bg2,hr1,* *Con.*bg2,hr1,* dig.bg2,hr1,* *Ign.*bg2,hr1,* **Kali-c.**bg2,hr1,* kreos.bg2,hr1,* *Lyc.*bg2,hr1,* mang.bg2,hr1,* *Merc.*bg2,hr1,* *Mez.*bg2,hr1,* mosch.bg2,hr1,* nat-m.bg2,kr1 nux-m.bg2,hr1,* nux-v.bg2,hr1,* op.bg2,hr1,* puls.bg2,hr1,* rheumbg2,kr1 rhus-t.bg2,hr1,* *Sabad.*bg2,hr1,* sars.bg2,hr1,* *Spig.*bg2,hr1,* *Spong.*bg2,hr1,* *Staph.*bg2,hr1,* sulph.bg2,hr1,* tarax.bg2,hr1,* verat.bg2,hr1,* verb.bg2,hr1,* viol-t.bg2,kr1
• **amel.**: *Acon.*bg2,hr1,* *Agn.*bg2 alum.bg2,hr1 *Alumn.*kr1 *Am-m.*bg2,hr1,* ang.bg2,hr1,* *Ant-t.*bg2,hr1,* apiskr1 arg-met.kr1 *Ars.*bg2,hr1,* asaf.bg2,hr1,* bar-c.bg2,hr1,* bell.kr1 borx.kr1 bov.bg2,hr1,* *Bry.*bg2,hr1,* caps.bg2,hr1,* carb-v.bg2,hr1,* caust.bg2,hr1,* cham.bg2,hr1,* chel.bg2,hr1,* *Chin.*bg2,hr1,* *Cic.*bg2,hr1,* **Dig.**bg2,hr1,* *Dulc.*bg2,hr1,* ferr.bg2,hr1,* *Hyos.*bg2,hr1,* kali-bi.bg2,kr1,* meny.bg2,hr1,* nat-m.bg2,kr1 *Nux-v.*bg2,hr1,* *Phos.*bg2,hr1,* plb.bg2,hr1,* *Puls.*bg2,hr1,* *Rhod.*bg2,hr1,* *Rhus-t.*bg2,hr1,* *Sabin.*bg2,hr1,* *Samb.*bg2,hr1,* *Sep.*bg2,hr1,* spig.bg2,hr1,* spong.bg2,hr1,* squil.bg2,hr1,* stann.bg2,hr1,* *Sulph.*bg2,hr1,* verb.bg2,hr1,* viol-t.bg2
• **Unfähigkeit**, aufrecht zu sitzen: lyc.a1 stram.a1
– **gebeugtes**:
• **agg.**: *Acon.*bg2,hr1,* *Agn.*bg2,kr1 alum.bg2,hr1,* *Alumn.*bg2,kr1 *Am-m.*bg2,hr1,* ang.bg2,hr1,* **Ant-t.**bg2,hr1,* arg-met.bg2,kr1 *Ars.*bg2,hr1,* asaf.bg2,hr1,* bar-c.bg2,hr1,* borx.bg2,kr1 bov.bg2,hr1,* *Bry.*bg2,hr1,* caps.bg2,hr1,* carb-v.bg2,hr1,* caust.bg2,hr1,* cham.bg2,hr1,* chel.bg2,hr1,* *Chin.*bg2,hr1,* *Cic.*bg2,hr1,* **Dig.**bg2,hr1,* *Dulc.*bg2,hr1,* ferr.bg2,hr1,* *Hyos.*bg2,hr1,* ign.bg2,kr1 meny.bg2,hr1,* nat-m.bg2,kr1 *Nux-v.*bg2,hr1,* *Phos.*bg2,hr1,* plb.bg2,hr1,* *Puls.*bg2,hr1,* *Rhod.*bg2,hr1,* *Rhus-t.*bg2,hr1,* *Sabin.*bg2,hr1,* *Samb.*bg2,hr1,* *Sep.*bg2,hr1,* spig.bg2,hr1,* spong.bg2,hr1,* *Squil.*bg2,hr1,* stann.bg2,hr1,* *Sulph.*bg2,hr1,* *Verb.*bg2,hr1,* viol-t.bg2,hr1,*
• **amel.**: anac.bg2,hr1,* *Ang.*bg2,hr1,* ars.bg2,hr1,* bar-c.bg2,hr1,* *Bell.*bg2,hr1,* borx.kr1 bry.bg2,hr1,* calad.bg2,hr1,* *Carb-v.*bg2,hr1,* caust.bg2,hr1,* *Cham.*bg2,hr1,* *Chel.*bg2,hr1,* chin.bg2,hr1,* cinakr1 *Colch.*bg2,hr1,* *Coloc.*bg2,hr1,* *Con.*bg2,hr1,* dig.bg2,hr1,* *Ign.*bg2,hr1,* **Kali-c.**bg2,hr1,* *Lyc.*bg2,hr1,*

– **gebeugtes - amel.**: ...
mang.$_{bg2,hr1,*}$ *Merc.*$_{bg2,hr1,*}$ *Mez.*$_{bg2,hr1,*}$ mosch.$_{bg2,hr1,*}$ nux-m.$_{bg2,hr1,*}$ nux-v.$_{bg2,hr1,*}$ op.$_{bg2,hr1,*}$ puls.$_{bg2,hr1,*}$ *Rheum*$_{kr1}$ rhus-t.$_{bg2,hr1,*}$ *Sabad.*$_{bg2,hr1,*}$ sars.$_{bg2,hr1,*}$ *Spig.*$_{bg2,hr1,*}$ *Spong.*$_{bg2,hr1,*}$ *Stann.*$_{kr1}$ *Staph.*$_{bg2,hr1}$ sulph.$_{bg2,hr1,*}$ tarax.$_{bg2,hr1,*}$ verat.$_{bg2,hr1,*}$ verb.$_{bg2,hr1,*}$ viol-t.$_{bg2}$

– **Hinsetzen**; beim:

• **agg.**: *Agn.* alum. **Am-m.** *Ant-t.* apis$_{sf1}$ arg-met. aur. bar-c. bov. bry. caust. *Chel.* chin. cob.$_{sf1}$ *Coff.* croc. cycl. graph. *Hell.* *Ip.* iris kali-c. lyc. *Mag-c.* mag-m.$_{sf1}$ mang. merc. murx. nat-s.$_{sf1}$ nit-ac. nux-v.$_{sf1}$ ph-ac. phos. puls. rhus-t.$_{bg2}$ ruta sabin. *Samb.* sars. sep.$_{sf1}$ **Spig.** *Spong.* squil. sulph.$_{sf1}$ thuj. *Valer.* verat. viol-t. zinc.$_{sf1}$

• **amel.**: acon. ambr. anac. ang.$_{bg2}$ ant-c. ant-t. arn. ars. asar. aur. *Bar-c.* *Bell.* bov. bry. calc. cann-s. canth. **Caps.** carb-an. *Carb-v.* caust. cham. chin. cic. cocc. **Con.** croc. dig. dros. *Euph.* *Ferr.* graph. kali-c. kali-n. lach. *Laur.* *Led.* lyc. mang. merc. mur-ac. nat-c. nat-m. nit-ac. *Nux-v.* *Olnd.* *Petr.* ph-ac. *Phos.* plat. puls. ran-b. rhod. *Rhus-t.* ruta sabad. *Sep.* sil. *Spig.* *Staph.* stram. stront-c. *Sulph.* thuj. *Verat.*

– **Impuls**, sich zu setzen: acon.$_{bg2,j5}$ *Agar.*$_{bg2}$ alum.$_{bg2,j5}$ am-c.$_{bg2}$ *Am-m.*$_{bg2}$ ambr.$_{bg2,sf1}$ anac.$_{bg2,j5}$ ant-c.$_{bg2}$ ant-t.$_{bg2}$ arg-met.$_{bg2}$ arn.$_{a1,bg2}$ *Ars.*$_{bg2,sf1,*}$ asar.$_{bg2}$ bar-act.$_{bg2,sf1}$ bar-c.$_{bg2}$ *Bell.*$_{bg2}$ borx.$_{bg2}$ bry.$_{bg2,j5,*}$ calc.$_{bg2,sf1}$ camph.$_{bg2}$ *Cann-s.*$_{bg2}$ canth.$_{bg2}$ caps.$_{bg2}$ *Carb-v.*$_{bg2,sf1,*}$ caust.$_{bg2}$ cham.$_{bg2,j5,*}$ *Chel.*$_{bg2}$ **Chin.**$_{bg2,j5,*}$ *Cocc.*$_{bg2,sf1}$ cod.$_{a1,bg2}$ colch.$_{bg2,sf1}$ **Con.**$_{bg2,sf1,*}$ croc.$_{bg2,j5}$ cupr.$_{bg2}$ cycl.$_{bg2}$ dulc.$_{bg2,j5,*}$ *Euphr.*$_{bg2}$ **Graph.**$_{bg2,sf1,*}$ *Guaj.*$_{bg2,sf1,*}$ hell.$_{a1,bg2}$ hep.$_{bg2}$ hyos.$_{bg2}$ ign.$_{bg2}$ *Iod.*$_{bg2}$ ip.$_{bg2}$ jac-c.$_{a1,bg2}$ kali-c.$_{bg2}$ lach.$_{bg2}$ lact.$_{bg2,j5}$ laur.$_{bg2}$ led.$_{bg2,sf1}$ lil-t.$_{bg2}$ lyc.$_{bg2}$ m-aust.$_{bg2,j5}$ mag-c.$_{bg2}$ mag-m.$_{bg2}$ merc.$_{bg2,sf1}$ mez.$_{bg2}$ mur-ac.$_{bg2,j5}$ nat-ar.$_{a1,bg2}$ nat-c.$_{bg2}$ *Nat-m.*$_{bg2,sf1,*}$ nat-s.$_{bg2,sf1}$ nit-ac.$_{bg2,sf1,*}$ **Nux-v.**$_{bg2,j5,*}$ olnd.$_{bg2,j5,*}$ op.$_{bg2}$ petr.$_{bg2}$ *Ph-ac.*$_{bg2,sf1,*}$ **Phos.**$_{bg2,sf1,*}$ pic-ac.$_{a1,bg2}$ plb.$_{bg2}$ puls.$_{h,j5,*}$ ran-b.$_{bg2}$ ran-s.$_{bg2}$ rheum$_{bg2}$ rhod.$_{bg2}$ rhus-t.$_{bg2,j5}$ ruta$_{bg2}$ sabin.$_{bg2,j5}$ *Sec.*$_{bg2}$ *Sep.*$_{bg2}$ sil.$_{bg2}$ *Spong.*$_{bg2}$ **Squil.**$_{bg2}$ *Stann.*$_{bg2,j5,*}$ staph.$_{bg2,j5}$ stront-c.$_{bg2,sf1}$ sulph.$_{bg2,j5}$ *Tarax.*$_{bg2,j5}$ teucr.$_{bg2}$ verat.$_{bg2,j5,*}$ verb.$_{bg2}$ viol-t.$_{bg2}$ *Zinc.*$_{bg2}$
☞ ❏ *Gemüt - Sitzen - Neigung*

– **kalten** Sitz agg.; auf einem: chim.$_{bro1}$ dulc.$_{bg2}$ *Nux-v.*$_{bro1}$

– **muß** sich im Bett mit angezogenen Knien aufsetzen, legt den Kopf und die Arme auf die Knie: **Ars.** glon.$_{a1}$

– **nassem** Boden; auf
☞ *Naß - Boden*

Sitzende Lebensweise: acon.$_{c,c1}$ aloe$_{c1}$ alum.$_{c1,gl1,*}$ am-c.$_{c,c1,*}$ anac.$_{c,c1,*}$ arg-n.$_{c1}$ ars.$_{c1,h}$ asar.$_{c,c1}$ *Bry.*$_{c1,gl1}$ *Calc.*$_{c1,gl1,*}$ cocc.$_{c,c1}$ con.$_{c,c1}$ hydrog.$_{srj2}$ *Lyc.*$_{c1,gl1}$ nat-m.$_{c,c1}$ **Nux-v.**$_{bg2,gl1,*}$ petr.$_{c,c1}$ rhus-t.$_{c1,gl1}$ sep.$_{c,c1}$ sil.$_{c,c1}$ staph.$_{c1,gl1}$ sulph.$_{bg2,k2,*}$ ter.$_{c,c1}$

Sjögren-Syndrom: tub.$_{vk1}$

Sklerose, multiple
☞ *Multiple*

Skorbut: acet-ac.$_{bro1}$ agav-a.$_{c1,c2,*}$ agn.$_{bg2,k1}$ all-s.$_{hr1,k,*}$ alum.$_{bg2,k}$ alumn.$_{c1,c2,*}$ *Am-c.*$_{bg2,k,*}$ am-m.$_{c1,c2,*}$ ambr.$_{bg2,k}$ ant-c.$_{bg2,k}$ aran.$_{hr1,kr1,*}$ arg-met. *Ars.*$_{k1}$ ars-i. arum-m.$_{c1,hr1,*}$ aur.$_{bg2,k}$ bell.$_{bg2,k}$ borx. bov.$_{bg2,k,*}$ brass.$_{c,c1}$ brass-n-o.$_{c2}$ bry.$_{bg2,k}$ *Calc.*$_{bg2,k}$ canth.$_{bg2,k,*}$ caps.$_{bg2,k}$ *Carb-an.*$_{bg2,k,*}$ **Carb-v.**$_{bg2,k,*}$ cary.$_{c1,c2,*}$ caust. cetr.$_{c1,hr1,*}$ chin.$_{bg2,k}$ cic.$_{bg2,k}$ *Cist.*$_{hr1,k,*}$ cit-ac.$_{a1}$ cit-l.$_{c1,c2,*}$ cit-v. coca$_{c1,c2}$ coch.$_{c1,hr1,*}$ con.$_{bg2,k}$ *Dulc.*$_{bg2,k,*}$ elat.$_{c1,c2,*}$ graph.$_{bg2,k}$ *Ham.*$_{c1,c2,*}$ *Hep.*$_{bg2,k,*}$ *Iod.*$_{bg2,k}$ jug-r.$_{c1,c2,*}$ *Kali-c.*$_{bg2,k}$ kali-chl.$_{c1,c2}$ *Kali-m.*$_{bg2,kr1,*}$ kali-n.$_{bg2,k}$ kali-p.$_{hr1,kr1,*}$ kreos.$_{bg2,k,*}$ lach.$_{c1,c2,*}$ lyc.$_{bg2,k}$ mag-m.$_{bg2,k}$ **Merc.**$_{bg2,k,*}$ **Mur-ac.**$_{bg2,k,*}$ nat-hchls.$_{c1,c2}$ *Nat-m.*$_{bg2,k,*}$ *Nit-ac.*$_{bg2,k,*}$ nit-m-ac.$_{c2}$ nux-m.$_{bg2,k,*}$ **Nux-v.**$_{bg2,k,*}$ petr.$_{bg2,k}$ ph-ac.$_{bg2,k,*}$ phos.$_{bg2,k,*}$ plb.$_{a1}$ psor.$_{c1,c2,*}$ rat.$_{c1,c2,*}$ rhus-t.$_{bg2,k}$ ruta sabin.$_{bg2,k}$ sacch.$_{a1,c1}$ sanic.$_{c,c1}$ sep.$_{bg2,k,*}$ *Sil.*$_{bg2,k}$ sin-n.$_{c1,hr1,*}$ sol-t-ae.$_{c1,c2,*}$ stann.$_{bg2,k}$ **Staph.**$_{bg2,k,*}$ sul-ac.$_{bg2,k,*}$ *Sulph.*$_{bg2,k,*}$ tep.$_{c1,c2,*}$ *Urin.*$_{c1,c2}$ zinc.$_{bg2,k}$

Soldatenherz
☞ ❏ *Brust - Herzklopfen - neurozirkulatorische Asthenie*

Sommer
☞ *Jahreszeiten - Sommer*

Sonne:

– **Anstrengung** in der: **Ant-c.**

– **Aufenthalt** in der Sonne: *Acon.*$_{bg2,sf1,*}$ adlu.$_{jl}$ aeth.$_{bg2,sf1}$ *Agar.*$_{c1,k}$ aloe$_{bg2}$ aml-ns.$_{bg2,sf1}$ anh.$_{sp1}$ **Ant-c.**$_{c1,k}$ *Arg-met.* arn.$_{bg2}$ *Ars.*$_{kr1,st}$ *Bar-c.* **Bell.**$_{c1,k1,*}$ brom. *Bry.* cact.$_{c1,st}$ cadm-s.$_{c1,k}$ calc.$_{c2,k}$ calc-f.$_{jl,mg1}$ *Camph.* *Carb-v.* carc.$_{dtp}$ cina$_{bg1,bg2,*}$ clem. cocc.$_{c1,st}$ crot-h.$_{c1}$ *Euphr.* fago.$_{bro1}$ *Gels.*$_{c1,k1,*}$ **Glon.**$_{c1,k}$ graph. ign. iod. ip. *Kalm.*$_{c1,k}$ **Lach.**$_{c1,k1,*}$ lappa$_{bg1}$ *Lyss.* mag-m. med.$_{c1,st}$ merc.$_{sf1}$ merc-c.$_{bg2}$ mur-ac.$_{c1}$ **Nat-c.** **Nat-m.** nat-n.$_{bg2}$ *Nux-v.* *Op.*$_{c1,k}$ prot.$_{jl}$ prun.$_{c1}$ psil.$_{ft1}$ *Psor.* **Puls.** *Sel.*$_{c2,k}$ stann. stram.$_{bg2,kr1,*}$ sul-i.$_{k2}$ sulph.$_{c1,k}$ syph.$_{c1}$ ther.$_{bg2,k2,*}$ thuj.$_{st}$ *Uva*$_{vh}$ *Valer.* verat-v.$_{c1}$ *Zinc.*
☞ *Licht - agg. - Sonnenlicht*

• **amel.**: anac.$_{bg2,sf1,*}$ con.$_{bg2,sf1,*}$ crot-h.$_{bg2,st}$ iod.$_{bg2,st}$ kali-c.$_{bg2,st}$ kali-m.$_{bg2,st}$ pic-ac.$_{bg2,st}$ *Plat.*$_{bg2,sf1,*}$ rhod.$_{bg2,st}$ rhus-t.$_{bg2,st}$ *Stram.*$_{bg2,sf1,*}$ **Stront-c.**$_{bg2,sf1,*}$ tarent.$_{bg2,st}$ *Thuj.*$_{bg2,sf1,*}$

• **chronisch**: nat-c.$_{c1}$

– **Sonnenbrand**: acon.$_{bg2,hr1,*}$ *Agar.*$_{bg2}$ *Ant-c.*$_{bg2}$ **Bell.**$_{bg2,hr1,*}$ bry.$_{bg2}$ *Camph.*$_{bg2,hr1,*}$ clem.$_{bg2,hr1,*}$ cortiso.$_{bg2,jl}$ cyt-l.$_{bg2,jl}$ euphr.$_{bg2}$ *Hyos.*$_{bg2,hr1,*}$ lach.$_{bg2}$ lyc.$_{bg2}$ *Mur-ac.*$_{bg2,hr1,*}$ *Nat-c.*$_{bg2}$ op.$_{bg2}$ **Puls.**$_{bg2}$ sel.$_{bg2}$ sol$_{c1,c2}$ sulph.$_{bg2}$ *Valer.*$_{bg2}$

– **Sonnenlicht**:

• **agg.**
☞ *Licht - agg. - Sonnenlicht*

• **amel.**
☞ *Licht - amel. - Sonnenlicht*

– **Sonnenstich**
☞ ❏ *Kopf - Sonnenstich*

– **Sonnenwende**:
• **agg.**: **Calc.**vk5
☞ *Jahreszeiten - Sommer - Sonnenwende / Jahreszeiten - Winter - Sonnenwende*

Sonnenstich
☞ *☐ Kopf - Sonnenstich*

Sonnenuntergang
☞ *Abends - Sonnenuntergang*

Sonnenwende
☞ *Jahreszeiten - Sommer - Sonnenwende / Jahreszeiten - Winter - Sonnenwende / Sonne - Sonnenwende - agg.*

Spannkraft, Kräfte:
☞ *Leistungsfähigkeit*

– **vermindert**: ars-i.bg2,k2,* carb-an.bg2,k2,* carb-v.bg2,sf1,* cocc.bg2,sf1,* ferr-p.bg2,k2,* laur.bg2,sf1,* mag-m.bg2,sf1,* op.bg2,sf1,* ph-ac.bg2,sf1,* phos.bg2,k2,* psor.bg sulph.bg2,sf1,* tub.bg2,k2,* verat.bg2,sf1 vinc.bg2,sf1,*

Spannung:
○ **Arterien**, der: chlor.a1 *Coff.*a1,st gels.a1

– **äußerlich**: acon.bg2,k agar.bg2,k agn.bg2,k aloe *Alum.*bg2,k,* alum-p.k13,k2 alum-sil.k13,k2 *Alumn.*kr1 am-c.bg2,k *Am-m.*bg2,k ambr.bg2,k anac.bg2,k ang.bg2,j5 ant-c.bg2,k ant-t.bg2,k,* apisbg2,sf1 arg-met. *Arg-n.* *Arn.*bg2,k,* ars.bg2,k,* *Asaf.*bg2,k,* asar.bg2,k *Aur.*bg2,k,* aur-s.k13,k2 **Bar-c.**bg2,k,* bar-i.k13,k2 bar-m. bar-s.k2 *Bell.*bg2,k,* berb. bism.bg2,k borx. bov.bg2,k **Bry.**bg2,k,* calc.bg2,k,* camph.bg2,k cann-s.bg2,k,* canth.bg2,k,* caps.bg2,k *Carb-an.*bg2,k,* carb-v.bg2,k **Caust.**bg2,k,* cham.bg2,k *Chel.*bg2,k chin.bg2,k,* chinin-s.j5 cic.bg2,k clem.bg2,k cocc.bg2,k colch.bg2,k,* **Coloc.**bg2,k,* **Con.**bg2,k,* croc.bg2,k crot-h. *Cupr.*bg2,k dig.bg2,k,* dros.bg2,k dulc.bg2,hr1 euph.bg2,k euphr.bg2,k *Ferr.*bg2,k germ-met.srj5 glon. graph.bg2,k,* guaj.bg2,k,* hell.bg2,k hep.bg2,k hyos.bg2,k ign.bg2,k iod.bg2,k ip.bg2,k kali-ar. *Kali-c.*bg2,k,* kali-n.bg2,k,* kreos.bg2,k lach.bg2,k laur.bg2,k *Led.*bg2,k lyc.bg2,k,* *M-arct.*j5 mag-c.bg2,k mag-m.bg2,k,* mang.bg2,k,* med.hr1,kr1 meny.bg2,k *Merc.*bg2,k,* *Mez.*bg2,k,* *Mosch.*bg2,k,* mur-ac.bg2,k *Nat-c.*bg2,k,* nat-m.bg2,k nat-p. nit-ac.bg2,k,* nux-m.bg2,k *Nux-v.*bg2,k,* *Olnd.*bg2,k,* op.bg2,k par.bg2,k *Petr.*bg2,k,* ph-ac.bg2,k **Phos.**bg2,k,* **Plat.**bg2,k,* plb.bg2,k **Puls.**bg2,k,* ran-b.bg2,k *Rheum* rhod.bg2,k **Rhus-t.**bg2,k,* ruta sabad.bg2,k *Sabin.*bg2,k,* samb.bg2,k sars.bg2,k *Sec.* seneg.bg2,k *Sep.*bg2,k,* sil.bg2,k *Spig.*bg2,k,* *Spong.*bg2,k,* squil.bg2,k stann.bg2,k,* *Staph.*bg2,k,* stram.bg2,k **Stront-c.** sul-ac.bg2,k sul-i.k13,k2 **Sulph.**bg2,k,* tarax.bg2,k teucr.bg2,k *Thuj.*bg2,k,* valer.bg2,k verat.bg2,k,* **Verb.**bg2,k,* *Viol-o.*bg2,k,* viol-t.bg2,k x-raysp1 *Zinc.*bg2,k,*
• **verhindert** Bewegung: apisst
• **zittrig**: petr.h

– **Drüsen**, der: alum. am-c.j5 ambr. ang.bg2,j5 arg-met. arn. aur. *Bar-c.* bell. bov. *Bry.* calc. carb-an. *Caust.* clem. coloc. *Con.* dulc. graph. kali-c. lyc. m-arct.j5 merc. mur-ac. nux-v. **Phos.** *Puls.* *Rhus-t.* sabad. sabin. sep. sil. *Spong.* staph. stront-c. *Sulph.* thuj.

Spannung: ...

– **Gelenke**, der: am-c.bg2,j5 anac.bg2 ant-t.bg2 **Arg-met.**bg2 arn.bg2 ars.bg2 asaf.bg2 bell.bg2 *Bov.*bg2 **Bry.**a1,bg2 calc.bg2 calth.a1,bg2 caps.bg2 carb-an.bg2 carb-v.bg2 *Carl.*a1,bg2 **Caust.**bg2 cham.bg2 clem.a1,bg2 colch.bg2 coloc.bg2 con.bg2 *Croc.*bg2 dig.bg2 dros.bg2 euph.bg2 euphr.bg2 graph.bg2 hell.bg2 hep.bg2 iod.bg2 *Kali-c.*bg2 kali-n.bg2 kreos.bg2 lach.bg2 laur.bg2 **Led.**bg2,kr1 **Lyc.**bg2 *Mag-c.*bg2 manc.a1,bg2 *Mang.*bg2 merc.bg2 *Mez.*bg2 mur-ac.bg2 **Nat-m.**bg2 *Nit-ac.*bg2 nux-v.bg2 par.bg2 petr.bg2 phos.bg2 plat.bg2 **Puls.**bg2,kr1 rheumbg2 *Rhod.*bg2 rhus-t.bg2,j5 rutabg2 samb.bg2 *Seneg.*bg2,j5,* **Sep.**bg2 sil.bg2 spig.bg2 spong.bg2 *Stann.*bg2 sul-ac.bg2 **Sulph.**bg2 *Teucr.*bg2 verat.bg2 verb.bg2 zinc.bg2

– **innerlich**: acon.bg2,k aesc. agar.bg2,k agn.bg2,k alum.bg2,k alum-sil.k2 am-m.bg2,k ambr.bg2,k anac.bg2,k ang.bg2 ant-c.bg2,k *Ant-t.*bg2,k apisbg2 arg-met. arn.bg2,k *Ars.*bg2,k **Asaf.**bg2,k asar.bg2,k *Aur.*bg2,k bar-c.bg2,k bar-i.k2 bar-s.k2 **Bell.**bg2,k *Berb.* bov.bg2,k bry.bg2,k *Calc.*bg2,k camph.bg2,k cann-s.bg2,k *Caps.*bg2,k *Carb-ac.* carb-an.bg2,k carb-v.bg2,k *Caust.*bg2,k cham.bg2,k chel.bg2,k chin.bg2,k *Cic.*bg2,k *Clem.*bg2,k coc-c. cocc.bg2,k coff.bg2,k colch.bg2,k *Coloc.*bg2,k com. con.bg2,k croc.bg2,k crot-t. cupr. cycl.bg2,k dig.bg2,k dros.bg2,k *Dulc.*bg2,k euph.bg2,k euphr.bg2,k ferr.bg2,k gels. *Glon.* *Graph.*bg2,k guaj.h hell.bg2,k hep.bg2,k hydr-ac. hyos.bg2,k *Hyper.* ign.bg2,k iod.bg2,k ip.bg2,k kali-c.bg2,k *Kali-n.*bg2,k kreos.bg2,k lach.bg2,k lact.bg1,bg2 laur.bg2,k led.bg2,k lob. **Lyc.**bg2,k mag-c.bg2,k mag-m.bg2,k mang.bg2,k meny.bg2,k *Merc.*bg2,k mez.bg2,k *Mosch.*bg2,k mur-ac.bg2,k naja nat-c.bg2,k nat-m.bg2,k *Nit-ac.*bg2,k nux-m.bg2,k **Nux-v.**bg2,k olnd.bg2,k *Op.*bg2,k osm. **Par.**bg2,k petr.bg2,k ph-ac.bg2,k **Phos.**bg2,k plat.bg2,k plb.bg2,k **Puls.**bg2,k,* **Ran-b.** ran-s.bg2,k rauw.sp1 *Rheum* rhod.bg2,k *Rhus-t.*bg2,k ruta sabad.bg2,k sabin.bg2,k samb.bg2,k sec.bg2,k seneg.bg2,k **Sep.**bg2,k sil.bg2,k *Spig.*bg2,k spong.bg2,k squil.bg2,k *Stann.*bg2,k *Staph.*bg2,k *Stram.*bg2,k **Stront-c.** sul-ac.bg2,k sul-i.k2 **Sulph.**bg2,k tab. tarax.bg2,k teucr.bg2,k thuj.bg2,k valer.bg2,k *Verat.*bg2,k verb.bg2,k *Zinc.*bg2,k

– **Knochen**, der: agar. ang.j5 arg-met.a1 *Asaf.*k1 bar-c.kr1 **Bell.** bry. *Chin.*a1,kr1 cimic. cocc. *Con.* crot-h. dig. dulc. kali-bi. mang.j5 merc. nit-ac. rhod. *Ruta* *Sulph.* *Valer.* zinc.

– **Muskeln**, der: **Acon.** am-c.j5 am-m. anac. ang.bg2,h ant-c. arn. ars. bell. berb.bg2 bufobg2 cann-i. cann-s. canth. caps.bg2 carb-v. caust. chin. dulc. graph. *Guaj.* haliae-lc.srj5 kali-ar.k2 kali-c. kali-m.k2 lach. led. *Mosch.* *Nat-c.* *Nat-m.* nat-p.k2 **Nit-ac.** **Nux-v.** olnd. ph-ac. **Phos.**bg2 **Phys.** phyt. *Plat.* plb. *Puls.* *Rhus-t.* **Sep.** *Sil.* stann. staph. sulph. verb. wies.a1 zinc. zinc-p.k2

Spasmen
☞ *Konvulsionen*

Speisen und Getränke:
– **Aal**:
• **Verlangen**: *Med.*ld1

– **Ale**
☞ *Bier; englisches*

– **Alkohol**:
• **agg.**: acon. adam.$_{srj5}$ *Agar.*$_{c1,k}$ agav-t.$_{jl}$ aloe$_{sf1}$ alum. alumn. *Am-c.*$_{bg2}$ am-m. anac. ang.$_{bg2}$ *Ant-c.* apom.$_{bro1}$ aran-ix.$_{jl,mg1}$ *Arg-n.* arn. **Ars.**$_{c1,k}$ **Asar.** aur.$_{c1}$ **Bar-c.** *Bell.* berb.$_{kr1}$ bism.$_{sf1}$ borx. bov. bry.$_{c1}$ cadm-s.$_{c1,k}$ *Calc.*$_{c1,k}$ *Calc-ar.* calc-f.$_{mg1}$ calc-sil.$_{k2}$ *Carb-ac.*$_{ld1}$ carb-an. *Carb-v.*$_{c1,k}$ *Carbn-s.* card-m.$_{bro1}$ caust. *Chel.* chim-m.$_{c1}$ *Chin.*$_{c1,k}$ chlol. cimic.$_{bg2}$ *Coca*$_{kr1}$ cocc. *Coff.* colch.$_{bro1}$ *Con.* cor-r.$_{kkb}$ cortiso.$_{sp1}$ *Crot-h.*$_{c1,k}$ *Dig.*$_{c1,k}$ eup-per.$_{bro1}$ *Ferr.*$_{kr1}$ ferr-i.$_{c1}$ fl-ac.$_{bg2,k2,*}$ gels.$_{c1,k}$ gink-b.$_{sbd1}$ *Glon.*$_{k2,kr1,*}$ gran.$_{c1}$ grat.$_{k2}$ guar.$_{c1}$ hed.$_{sp1}$ *Hell.*$_{bg2}$ hep. hydr.$_{bro1}$ hyos. *Ign.* ip.$_{bro1}$ kali-bi. *Kali-br.*$_{kr1}$ **Lach.**$_{c1,k}$ laur. *Led.*$_{c1,k}$ *Lob.*$_{c1}$ *Luna*$_{kg1}$ *Lyc.* mand.$_{jl,mg1,*}$ *Merc.*$_{bg2,j5,*}$ naja *Nat-c.* *Nat-m.* *Nux-m.*$_{c1,k}$ **Nux-v.**$_{c1,k}$ **Op.**$_{c1,k}$ *Petr.* *Phos.*$_{bg2}$ phyt.$_{st}$ *Puls.* querc.$_{c1}$ **Ran-b.**$_{c1,k}$ *Rhod.* *Rhus-t.* *Ruta* sabad. *Sang.* **Sel.**$_{c1,k}$ sep.$_{c1,k}$ *Sil.* *Spig.* *Stram.* stront-c. stroph-h.$_{c1,k}$ stry.$_{bro1}$ **Sul-ac.** **Sulph.**$_{c1,k}$ *Syph.*$_{kr1,st}$ tab. ter.$_{c1}$ thuj. verat.$_{c1,k}$ zinc.
  • **betrunken**, wird leicht: adam.$_{srj5}$ **Con.**$_{a1,kr1,*}$ haliae-lc.$_{srj5}$ luna$_{kg1}$ naja$_{a1}$ *Zinc.*$_{kr1}$
  ☞ *Bier - agg. - betrunken / Rausch*
  • **Kater**; übermäßiger: *Luna*$_{kg1}$
  ☞ *Kater - Alkohol*
• **amel.**: dicha.$_{mg1}$ **Gels.**$_{vh,vh/dg,*}$ *Granit-m.*$_{es1}$
• **Abneigung**: ail.$_{kr1}$ alco.$_{a1}$ ang.$_{bg}$ ant-t. ars. ars-met.$_{a1,kr1}$ bell. bry.$_{sf1}$ calc.$_{ld1}$ calc-ar.$_{ld1}$ carb-v.$_{bg2}$ cham.$_{sf1}$ chin.$_{sf1}$ cocc.$_{sf1}$ gink-b.$_{sbd1}$ *Hyos.* ign. lec.$_{ld1}$ manc. mand.$_{jl,mg1}$ merc. nux-v. ph-ac. phos.$_{ld1}$ phyt.$_{st}$ psor.$_{ld1}$ *Rhus-t.* sil.$_{bro1}$ spig.$_{sf1}$ spong.$_{sf1}$ stram. stroph-h.$_{br1,ptk}$ *Sul-ac.*$_{ld1}$ sulph.$_{ld1,sf1}$ zinc.$_{sf1}$
• **Beschwerden** durch: alumn.$_{c2}$ aur.$_{c2}$ calc.$_{c2}$ ferr-i.$_{c2}$ guar.$_{c2}$ sep.$_{c2}$
• **Verlangen**: acon. adam.$_{srj5}$ agav-t.$_{jl}$ ail.$_{sf1}$ alco.$_{a1}$ aloe am-c. ant-t. arg-met.$_{bg2}$ arn. **Ars.** *Ars-i.* ars-s-f.$_{k2}$ *Asar.*$_{k,vh/dg}$ aster. *Aur.* aur-ar.$_{k2}$ aur-i.$_{k2}$ aur-s.$_{k2}$ bamb-a.$_{stb2}$ bov. bry. bufo calc. *Calc-ar.* calc-i.$_{k2}$ calc-s. *Caps.*$_{k,vh/dg}$ *Carb-ac.*$_{bg2}$ carb-an. *Carb-v.*$_{bg2,sf1}$ chin. cic. *Coca*$_{kr1,sf1,*}$ cocc.$_{bro1}$ *Crot-h.*$_{k,vh/dg}$ cub. cupr. ferr-p.$_{ld1}$ fl-ac. gink-b.$_{sbd1}$ gins. granit-m.$_{es1}$ hell. *Hep.* iber.$_{kr1}$ ign.$_{bg2}$ *Iod.* *Kali-bi.*$_{ld1}$ *Kreos.* lac-c. **Lach.** lec.$_{bro1}$ *Led.* *Lyc.* *Med.* merc. mosch.$_{bg2,kr1,*}$ *Mur-ac.* naja nat-m.$_{bg2}$ nat-p. nux-m.$_{bg2}$ **Nux-v.** olnd.$_{sf1}$ *Op.* *Phos.* plb. *Psor.* *Puls.* rhus-t.$_{bg2}$ *Sel.*$_{k,k2}$ *Sep.* sil.$_{bg2}$ sol-t-ae. *Spig.* *Staph.* stront-c.$_{ld1}$ stry-n.$_{st}$ *Sul-ac.* sul-i.$_{k2}$ **Sulph.** sumb. *Syph.* tab. ter. ther. *Tub.* ziz.$_{kr1}$
  ☞ ❑ *Gemüt - Alkoholismus*
  • **beseitigen**; um die Trinkgewohnheit zu
  ☞ ❑ *Gemüt - Alkoholismus - beseitigen*
  • **Ekel** vor, jedoch: thiop.$_{jl}$
  • **Menses**, vor den: **Sel.**

– **alle** Speisen und Getränke, jede Nahrung:
• **Abneigung** gegen: acon-l.$_{a1}$ alum. am-m. bov. caps. cupr. grat. hyos. ip. kali-c.$_{h}$ lyc. merc. mez. mur-ac.$_{h}$ nit-ac.$_{h}$ nux-v. plat. *Puls.* rheum rhod. sars. sep. sulph. thea ther. thuj.
  • **tagsüber**: sep.
  • **morgens**: lyc. plb.

– **alle** Speisen und Getränke - **Abneigung**: ...
  • **vormittags**: sars.
  • **nachmittags**:
    • **13** h: grat.
  • **außer** kaltes Wasser
  ☞ *kalte Getränke - Verlangen - alles*
• **Verlangen** auf alles: plat.$_{ptk1}$ sulph.$_{ptk1}$

– **altbackene** Brötchen
☞ *Brötchen - Verlangen - altbackenen*

– **Ananas**:
• **Verlangen**: graph.$_{dgt}$

– **Anblick** von Speisen:
• **agg.**: aeth.$_{br1}$ ant-t. **Colch.** *Kali-bi.* kali-c. *Lyc.* merc-i-f. mosch. ph-ac. sabad. sil.$_{bg1,ld1}$ spig. squil.$_{bg1}$ **Sulph.** xan.
• **Abneigung**: ail.$_{kr1}$ *Arn.*$_{kr1}$ **Ars.** caust.$_{k2}$ chin.$_{k2}$ *Colch.*$_{k1,ld1}$ dig.$_{ld1}$ lyc.$_{ld1}$ mang.$_{h}$ *Merc-i-f.*$_{k1,kr1}$ *Mosch.*$_{kr1}$ nux-v.$_{ld1}$ ptel.$_{bg2}$ *Sep.*$_{bg2}$ *Sil.* squil. stann.$_{ld1}$

– **Äpfel**:
• **agg.**: alum.$_{a1,bg2}$ ant-t.$_{bg2,st}$ arg-n.$_{bg2}$ ars.$_{bg2,gl1}$ ars-i.$_{bg2}$ bell.$_{bg2}$ borx.$_{bg2,h}$ chin.$_{bg2,gl1}$ chinin-s.$_{a1}$ con.$_{bg2}$ fago.$_{a1}$ mang.$_{bg2,h}$ merc-c.$_{bg2}$ nat-s.$_{bg2}$ op.$_{oss}$ ox-ac.$_{bg2,k2}$ phos.$_{bg2}$ puls.$_{bg2}$ rumx.$_{bg2,hr1}$ sep.$_{bg2}$ sulph.$_{bg2,gl1}$ thuj.$_{bg2}$
  • **saure**: merc-c.$_{a1}$
• **amel.**: guaj.$_{hr1}$ ust.$_{a1}$
  • **saure**: merc-c.$_{ptk}$
  • **süße**: merc-c.$_{a1}$
• **Abneigung**: ant-t.$_{ld1}$ guaj.$_{ld1}$ **Hell.**$_{vh}$ lyss.
• **Verlangen**: aloe$_{a1,k}$ *Ant-t.*$_{a1,k,*}$ ap-g.$_{br1}$ fel$_{a1,a4}$ *Guaj.*$_{br1,k}$ menth.$_{sf1}$ sulph. tell.$_{a1,k,*}$ ust.$_{a1}$
  • **saure** Äpfel: carc.$_{sst,zzh}$

– **Apfelwein**, Cidre:
• **agg.**: aster.$_{bg2,jl}$ phos.$_{bg2}$
• **amel.**: bell.$_{bg2}$
• **Verlangen**: ben. benz-ac.$_{ld1}$ puls.$_{bg2}$ sulph.

– **aromatische** Getränke:
• **agg.**:
  • **Geruch** von: agn.$_{bg2}$ ign.$_{bg2}$ puls.$_{bg2}$
• **Verlangen**: anan.

– **Artischocken**:
• **Abneigung**: *Mag-c.*$_{vh}$ sulph.$_{vh}$
• **Verlangen**: abies-c.$_{br1}$

– **Asche**:
• **Verlangen**: tarent.
☞ *Unverdauliches - Verlangen*

– **Auberginen**:
• **Abneigung**: *Med.*$_{vh}$

– **Austern**:
• **agg.**: *Aloe* *Brom.* bry. calc.$_{st}$ carb-v.$_{bg2,sf1,*}$ *Coloc.*$_{bg2}$ **Lyc.**$_{k1,st}$ *Podo.* *Puls.*$_{bg2}$ *Sul-ac.*
☞ *Fisch - agg. / Schalentiere - agg.*
• **amel.**: lach.$_{bg2}$
• **Abneigung**: calc.$_{st}$ lyc.$_{br1,ld1}$ *Nat-m.*$_{br1}$ *Phos.*
• **Verlangen**: apis brom. *Bry.* *Calc.* **Lach.** *Lyc.* **Lycps-v.**$_{ld1}$ *Nat-m.* phos.$_{vh}$ *Rhus-t.* sil.$_{dgt}$ sulph.$_{vh}$

– **Bananen**:
• **agg.**: rumx.$_{pd}$
• **Abneigung**: bar-c.$_{hr1}$ elaps$_{k,kr1}$
• **Verlangen**: haliae-lc.$_{srj5}$ nit-ac.$_{dgt}$ sulph.$_{dgt}$ ther. tub.$_{gk,vh}$

– **Beeren**:
• **agg.**: ip.$_{ptk}$
– **berauschende** Getränke:
• **Verlangen**: bufo$_{br1}$
– **Bier**:
• **agg.**: acon. act-sp.$_{kr1,st}$ *Aloe* alum.$_{bg2}$ ars. asaf. bapt.$_{bg2,kr1,*}$ bell. *Bry.* cadm-s. calc-caust.$_{sf1}$ carbn-s. chel. chin. chlol. chlor.$_{ld1}$ coc-c. cocc.$_{bg2}$ coloc. con.$_{k2}$ crot-t. euph. *Ferr.* fl-ac.$_{bg2}$ ign. *Kali-bi.*$_{k,k2,*}$ kali-m.$_{kr1}$ kali-n.$_{c1}$ *Led.* *Lyc.*$_{k1,st}$ merc-c.$_{bg2}$ mez. mur-ac. nux-m.$_{c1}$ **Nux-v.**$_{k1,st}$ *Puls.*$_{k1,st}$ *Rhus-t.*$_{c1,k}$ sec.$_{bg2}$ sep. *Sil.*$_{k1,st}$ stann. staph. stram. *Sulph.*$_{k1,st}$ teucr. *Thuj.*$_{bg2,kr1,*}$ *Verat.*$_{k1,st}$ zinc-p.$_{k2}$
☞ *Bier; englisches - agg.*
• **betrunken**, wird leicht: *Chim.*$_{kr1,st}$ coloc.$_{kr1,st}$ ign.$_{kr1,sf1,*}$ kali-m.$_{kr1,st}$
☞ *Alkohol - agg. - betrunken*
• **frisches** Bier: *Chin.*$_{st}$ *Lyc.*$_{st}$ *Puls.*$_{st}$
• **Geruch** von: cham.$_{bg,j}$
• **kaltes** Bier: gink-b.$_{sbd1}$
• **schlechtes** Bier: nux-m.$_{c1}$
• **amel.**: aloe$_{bg2,sf1}$ **Lob.**$_{vh}$ mur-ac.$_{kr1,st}$ *Verat.*$_{bg2}$
• **Abneigung**: *Alum.* alum-p.$_{k2}$ asaf. atro. bamb-a.$_{stb2}$ bell. bry. calc. carbn-s.$_{a1}$ *Cham.* **Chin.** *Clem.* *Cocc.* crot-t. *Cycl.* *Ferr.* *Kali-bi.*$_{ld1}$ lyc.$_{ptk}$ merc.$_{k2}$ nat-m. *Nat-s.* **Nux-v.** pall. ph-ac. *Phos.* puls.$_{bg2,ld1}$ *Rhus-t.* sang.$_{bg2}$ sep. spig. spong. *Stann.* *Sulph.*
• **morgens**: *Nux-v.*
• **abends**: bry. nat-m. sulph.
• **Geruch** von: *Cham.*$_{a1}$
• **kaltes** Bier: gink-b.$_{sbd1}$
• **Verlangen**: **Acon.** agar. aloe am-c. ant-c. ant-t.$_{a1}$ arn. ars. asar. *Bell.* *Bry.* calad. calc. camph. caps.$_{gm1}$ carbn-s. *Caust.* chel. chin. cic.$_{j1}$ coc-c. *Cocc.* cod.$_{a1}$ *Coloc.* cupr. dig. digin.$_{a1}$ *Graph.* iod.$_{a1}$ *Kali-bi.* kali-i.$_{ld1}$ *Lach.* mang. *Med.*$_{st,vh}$ *Merc.* mosch. nat-ar. *Nat-c.* *Nat-m.* nat-p. *Nat-s.* **Nux-v.** op. *Petr.* ph-ac. *Phel.* phos. psor. *Puls.* *Rhus-t.* *Sabad.* sep. *Spig.* spong. staph. stram. *Stront-c.*$_{bg3,k}$ stroph-h.$_{bg2}$ **Sulph.** tell. *Zinc.*$_{k,k1,*}$ zinc-p.$_{k2}$
• **morgens**: *Nux-v.*$_{a1}$ phel.$_{a1}$ *Puls.*$_{a1,kr1,*}$
• **vormittags**: agar.$_{a1}$ phos.$_{a1}$
• **nachmittags**: psor.$_{a1}$ sulph.$_{a1}$
• **abends**: coc-c.$_{a1}$ *Kali-bi.*$_{a1}$ mang.$_{a1}$ *Med.*$_{st,vh}$ nux-v.$_{a1}$ sulph.$_{a1}$ *Zinc.*$_{k,vh,*}$
• **bitteres**: aloe$_{bro1}$ cocc.$_{bro1}$ *Kali-bi.*$_{bro1}$ nat-m.$_{bro1}$ nux-v.$_{bro1}$ puls.$_{bro1}$
• **Durst**:
• **mit**: *Calad.*$_{vh}$
• **ohne**: *Calad.*$_{kr1,st}$
• **Fieber**:
• **während**: acon.$_{a1,kr1}$ nux-v. puls.
• **nach**: puls.$_{a1}$
• **Frost**; während: ant-c.$_{a1,kr1}$ *Nux-v.*$_{a1,kr1}$
• **kaltes** Bier: gink-b.$_{sbd1}$
• **Kolik**, nach: ph-ac.$_{a1}$
• **Menses**, vor den: sel.$_{ptk}$
• **nicht** mochte; das sie davor: med.$_{ptk}$

– **Bier**; englisches:
• **agg.**: *Gamb.*$_{kr1}$ *Spong.*$_{kr1}$ *Sulph.*$_{kr1}$
☞ *Bier - agg.*
• **Abneigung**: ferr. **Nux-v.**
• **Verlangen**: ferr-p. *Med.* *Sulph.*
– **Birnen**:
• **agg.**: borx. bry. merc-c.$_{bg2}$ nat-c.$_{bg2}$ puls-n.$_{st}$ *Verat.*
– **bittere** Getränke:
• **agg.**: acon. aloe$_{ld1}$ cod.$_{a1,st}$ dig. *Nat-m.* ter. ther.$_{ld1}$
• **Verlangen**: acon. aloe$_{bro1}$ cocc.$_{bro1}$ *Cod.*$_{vh}$ dig. graph.$_{bg}$ kali-bi.$_{bro1}$ *Nat-m.* nux-v.$_{bro1,st}$ puls.$_{bro1}$ sep.$_{k2,st}$ ter.
– **bittere** Speisen:
• **agg.**: nat-p.$_{c1}$
• **Verlangen**: acon.$_{br1}$ cod.$_{kr1}$ dig. graph.$_{bg2,sf1}$ *Nat-m.* nux-v.$_{k2,st}$ sep.$_{k2}$
– **blähende** Speisen:
• **agg.**: ars. *Bry.* calc. carb-v. *Chin.* cupr. hell. kali-c. **Lyc.** nat-m. nat-p.$_{ld1}$ **Petr.** puls. sep. sil. verat.
☞ *Bohnen - agg. / Erbsen - agg. / Kohl - agg. / Sauerkraut - agg.*
– **Blumenkohl**:
• **Verlangen**:
• **Béchamelsauce**; mit: carl.$_{km}$
– **Bohnen**:
• **agg.**: ars. **Bry.** *Calc.* carb-v. chin. *Coloc.*$_{vh}$ cupr. erig.$_{mg1}$ hell. kali-c. **Lyc.** nat-m. *Petr.* phos.$_{bg2}$ puls. sep. sil. sulph.$_{gl1}$ verat.
☞ *blähende - agg.*
• **amel.**: *Coloc.*$_{vh}$
• **Abneigung**: *Kali-act.*$_{vh}$ *Lyc.*$_{vh}$ nat-m.$_{vh}$
– **Brausegetränk**:
• **Verlangen**: phos.$_{mrr}$
– **Brot**:
• **agg.**: *Ant-c.* *Bar-c.* **Bry.** carb-an. *Caust.* chin. cina$_{bg2,kr1}$ clem. coff. crot-h. crot-t. cupr.$_{ld1}$ *Hydr.*$_{kr1,sf1}$ kali-c. lith-c.$_{ld1}$ *Lyc.*$_{kr1}$ merc. *Nat-m.*$_{c1,k}$ neon$_{srj5}$ *Nit-ac.* *Nux-v.* olnd. ph-ac. phos. **Puls.** ran-s. *Rhus-t.* ruta *Sars.* sec. *Sep.* staph. sul-ac. *Sulph.* teucr. *Verat.*$_{bg2,kr1}$ *Zinc.* zinc-p.$_{k2}$ zing.$_{c1,k}$
☞ ❑ *Gemüt - Verwirrung - Brot*
• **Butterbrot** agg.: acet-ac.$_{kr1}$ carb-an. caust. *Chin.* crot-t. cycl. meny. nat-m. nat-s.$_{bg2}$ *Nit-ac.* nux-v. phos. **Puls.** *Sep.* sulph.
☞ *Butter - agg.*
• **Schwarzbrot** agg.: bry. ign. *Kali-c.* *Lyc.* nat-m. nit-ac. nux-v. *Ph-ac.* phos. *Puls.* sep.$_{bg2}$ sulph.
• **amel.**: *Caust.*$_{bg2,kr1}$ lact.$_{bg2,kr1,*}$ laur.$_{bg2,kr1}$ *Nat-c.*$_{bg2,kr1,*}$ phos.$_{bg2,kr1}$
• **Abneigung**: agar. aphis$_{c1,ld1}$ *Calc.*$_{vh}$ **Chin.** *Con.* corn.$_{a1}$ cortiso.$_{gse}$ cur. *Cycl.* elaps ferr-ar.$_{ld1}$ hydr.$_{ld1}$ ign. *Kali-act.*$_{vh}$ *Kali-c.*$_{bg2,k}$ *Kali-p.*$_{k,k2}$ kali-s. *Lach.*$_{bg2,k,*}$ lact. lil-t. *Lyc.* *Mag-c.*$_{h,k,*}$ manc. meny. **Nat-m.** *Nat-p.* *Nat-s.* *Nit-ac.* nux-m.$_{a1}$ *Nux-v.* ol-an. *Ph-ac.* *Phos.* *Puls.* *Rhus-t.*$_{k,st}$ *Sep.* *Sulph.*$_{k,st}$ tarent.

• **agg.**: ...
Tub-a.$_{st1}$ verat.
☞ *gehaltvolle - agg. / Schweinefleisch - agg. / schwere - agg. / Öl - agg.*
• **Kleinkindern**, bei: but-ac.$_{sp1}$
• **ranziges**: ars.$_{c1,st}$ carb-v.$_{c1,st}$
• **amel.**: nux-v.$_{ptk}$
• **Abneigung**: acon-l.$_{a1,st}$ adam.$_{srj5}$ ang. *Ars.* ars-s-f.$_{k2}$ asar.$_{vh}$ bell. *Bry.* calc. *Calc-f.*$_{mg1}$ *Carb-an.* *Carb-v.* carbn-s. *Carc.*$_{mg1,st}$ **Chin.** chinin-ar. choc.$_{srj3}$ *Colch.* convo-s.$_{sp1}$ croc. *Cycl.* dros. erig.$_{mg1}$ ferr.$_{bg2}$ grat. guare. hell. *Hep.* *Ip.*$_{gl1,st}$ kali-m.$_{ptk}$ lyc.$_{ld1}$ lyss. mag-s.$_{mg1,sp1}$ mand.$_{jl,mg1}$ meny. *Merc.* nat-ar. nat-c. *Nat-m.* nit-ac.$_{ld1,vh}$ nux-v.$_{ld1}$ **Petr.** phos. **Ptel.** **Puls.** rheum rhus-t. rib-ac.$_{jl}$ sang. sec. *Sep.* *Sulph.* tarent.$_{bg2,st}$ thyr.$_{jl}$
☞ *Fleisch - Abneigung - fettes*
• **Verlangen**: arg-n.$_{vh}$ ars. calc.$_{st}$ *Calc-p.*$_{bg2,sf1}$ *Carc.*$_{cd,mg1,*}$ hep. *Kali-n.*$_{vh}$ lob.$_{vh}$ *Med.*$_{vh}$ mez.$_{bg1,bg2,*}$ nat-c.$_{bg1}$ nat-m.$_{bg2}$ **Nit-ac.** *Nux-v.* phos.$_{vh}$ prot.$_{jl}$ rad-br.$_{bg1}$ sanic.$_{bg2}$ *Sil.*$_{vh}$ *Sulph.* tub.$_{bg1,vh/dg,*}$
☞ *Gebratenes - Verlangen / Schinken - Verlangen - fetter / Schmalz - Verlangen / Speck - Verlangen*

– **Fisch**:
• **agg.**: ars.$_{bg2}$ calad. carb-an. carb-v.$_{bg1,bg2,*}$ carbn-s.$_{k2}$ chin.$_{bg2,sf1}$ chinin-ar. *Fl-ac.*$_{bg1,vh,*}$ kali-c. *Kali-s.*$_{bg2,sf1}$ lach.$_{sf1}$ lyc.$_{sf1}$ mag-m.$_{ld1}$ *Medus.*$_{bg2,sf1}$ nat-s.$_{ld1}$ phenob.$_{jl,srb2}$ *Plb.* *Puls.*$_{bg2}$ *Sep.*$_{bg2,sf1,*}$ thuj.$_{bg2}$ urt-u.$_{bg2,sf1,*}$
☞ *Austern - agg.*
• **gebratener**: kali-c.$_{ptk}$
• **gepökelter**: calad.$_{bg2,kr1}$
• **Geruch** von; empfindlich gegen den
☞ ❑ *Nase - Geruch - überempfindlicher - Fisch*
• **verdorbener**: *All-c.*$_{c1,kr1,*}$ ars. bell.$_{bg2}$ **Berb.**$_{bg2}$ *Carb-an.*$_{c1,kr1}$ *Carb-v.* chin. **Cop.**$_{bg2}$ euph.$_{bg2}$ *Kali-c.*$_{kr1}$ *Lach.*$_{bg2,sf1}$ lyc.$_{bg2}$ *Plb.*$_{kr1}$ *Puls.* *Pyrog.*$_{bg2,sf1}$ rhus-t.$_{bg2,kr1}$ ther.$_{sf1}$
• **amel.**: lac-c.$_{ptk}$
• **Abneigung**: asar.$_{vh}$ carb-v.$_{ld1}$ carbn-s.$_{k2}$ *Colch.* **Graph.** grat.$_{st}$ guare. kali-i.$_{ld1}$ limest-b.$_{es1}$ marb-w.$_{es1}$ nat-m. *Phos.* sulph. *Zinc.*
• **salziger**: *Phos.*
• **Verlangen**: adam.$_{srj5}$ calc-p.$_{mg1}$ carc.$_{dgt,zzh}$ caust.$_{vh}$ haliae-lc.$_{srj5}$ *Kali-i.*$_{vh}$ mag-m.$_{dgt}$ mand.$_{sp1}$ *Med.*$_{vh}$ *Meny.*$_{vh}$ *Nat-m.* nat-p. phos. sul-ac.$_{bro1}$
• **salziger**: ferr-i.$_{vh}$ *Nat-m.*$_{vh}$ *Nat-s.*$_{vh}$

– **Fleisch**:
• **agg.**: all-s.$_{bro1}$ arg-n.$_{bg2}$ ars.$_{bg2}$ borx.$_{bro1}$ *Bry.*$_{bro1}$ *Calc.*$_{bg2}$ carb-an. carb-v.$_{bg2}$ caust. *Chin.*$_{bg2}$ *Colch.* cupr. *Ferr.* ferr-ar.$_{ld1}$ ferr-i.$_{ld1}$ ferr-p.$_{ld1}$ graph.$_{bg2,sf1}$ *Kali-bi.* *Kali-c.*$_{kr1}$ kreos.$_{bg2,sf1}$ lyc.$_{gl1}$ *Lyss.* mag-c. mag-m. med.$_{st}$ merc. nat-m.$_{bro1}$ nux-v.$_{k2,st}$ *Ptel.* *Puls.* ruta sanic.$_{c1}$ sel.$_{bro1}$ sep.$_{bg2}$ sil. staph. sulph. ter. ther.$_{ld1}$ verat.$_{bro1}$
• **frisches**, agg.: ars.$_{bg1,ld1}$ *Caust.* *Chin.*$_{bg2}$ kali-c.$_{bg1}$
• **gepökeltes**: carb-v.$_{bg2,st}$
• **geräuchertes**, agg.: *Calc.*$_{bg2,kr1}$ *Sil.*$_{bg2,kr1}$
• **Geruch** des Kochens von, agg.: ars. colch.

– **Fleisch - agg.**: ...
• **verdorbenes** Fleisch: absin.$_{bro1}$ acet-ac.$_{bro1}$ all-c.$_{bro1}$ **Ars.** bell.$_{sf1}$ bry.$_{sf1}$ camph.$_{bro1}$ carb-an.$_{bro1}$ *Carb-v.* chin. *Crot-h.* *Cupr-ar.*$_{bro1}$ gunp.$_{bro1}$ kreos.$_{bro1}$ *Lach.* ph-ac.$_{sf1}$ *Puls.* *Pyrog.* rhus-t.$_{sf1}$ urt-u.$_{bro1}$ *Verat.*$_{bro1}$ vip.$_{sf1}$
☞ *Würste - agg. - verdorbene*
• **amel.**: lat-h.$_{ld1}$ *Verat.*$_{bg2,kr1,*}$
• **Abneigung**: abies-c. adel.$_{a1}$ agar. all-s.$_{ld1}$ aloe$_{bg2,kr1,*}$ *Alum.* alum-p.$_{k2}$ alum-sil.$_{k2}$ alumn. am-c. am-m.$_{ld1}$ *Ang.* aphis *Arn.* *Ars.* ars-s-f.$_{k2}$ asar. aster. atro.$_{a1}$ *Aur.* aur-ar.$_{c1,k2}$ aur-s.$_{k2}$ bamb-a.$_{stb2}$ bar-n.$_{stj1}$ bell. borx.$_{ld1}$ *Bry.* *Cact.* **Calc.** calc-f.$_{mg1}$ **Calc-s.** calc-sil.$_{k2}$ *Cann-s.* *Carb-v.* **Carbn-s.** card-m.$_{ld1}$ cary.$_{a1}$ caust. cham. chel. chen-a.$_{kr1}$ **Chin.** chin-b.$_{kr1}$ *Chinin-ar.* *Coc-c.* colch.$_{ld1}$ convo-s.$_{sp1}$ crot-c. crot-h.$_{ld1}$ *Cycl.* der.$_{a1}$ *Elaps* *Ferr.* *Ferr-ar.* ferr-i. *Ferr-m.* ferr-p. **Graph.** hell. hydr. *Ign.* *Kali-ar.* *Kali-bi.* *Kali-c.* kali-m.$_{k2}$ kali-p. kali-s. kali-sil.$_{k2}$ kreos. lachn. lact. *Lap-a.* lepi. *Lyc.* mag-c. mag-m.$_{ld1}$ mag-s. manc. meny.$_{ld1}$ *Merc.* *Mez.* morph.$_{st}$ **Mur-ac.** nat-ar. nat-c. *Nat-m.* nat-p. nat-s. nat-sil.$_{k2}$ nicc. *Nit-ac.* **Nux-v.** ol-an. olnd.$_{ld1}$ op. **Petr.** *Phos.* plan. *Plat.* *Ptel.* **Puls.** rad-br.$_{c1}$ *Rhus-t.* ruta *Sabad.* saroth.$_{jl,mg1}$ sec. sel.$_{ld1}$ **Sep.** **Sil.** stront-c. **Sulph.** sumb. *Syph.* *Tarent.* tep. ter. ther.$_{ld1}$ thuj. til. tip.$_{a4}$ tril-c.$_{a1}$ ~~tril-p.$_{a1,xxx}$~~ *Tub.* upa. uran-met.$_{sf1}$ verat.$_{bg2}$ x-ray$_{sp1}$ *Zinc.* zinc-p.$_{k2}$
• **mittags**: ol-an. olnd.$_{ld1}$ sulph.
• **abends**: sulph.
• **Denken** daran, beim: **Graph.**
• **fettes**: bamb-a.$_{stb2}$ *Carb-v.* carc.$_{c1,cd,*}$ hell. phos.
☞ *Fett - Abneigung*
• **Fleischstückchen**: mag-c.$_{st}$
• **frisches**: *Thuj.*$_{k,k1,*}$
• **gebratenes**: *Ptel.*$_{bg1,vh,*}$
• **gekochtes**: ars. calc.$_{sf1}$ chel. nit-ac.
• **gepökeltes**: carb-v.$_{sf1}$
• **geräuchertes** Fleisch: mag-m.$_{dgt}$
• **Geruch** von: ars.$_{a1}$
• **Männern**, bei: x-ray$_{sp1}$
• **Menses**, während: plat.
• **Mittagessen**, beim: nat-c.
• **pikant** gewürztes: mag-c.$_{st}$
• **Suppe**: arn.$_{bg2}$ cham.$_{bg2}$ rhus-t.$_{bg2}$
• **Verlangen**: abies-c. all-s.$_{bro1}$ aloe anth.$_{a1}$ aur. aur-m-n.$_{vh}$ bell-p.$_{sp1}$ *Calc.*$_{st}$ *Calc-p.*$_{bg2,sf1,*}$ canth. carc.$_{zzh}$ caust.$_{bg2}$ coca$_{a1,bg2}$ cocc.$_{bg2}$ cycl. erig.$_{mg1}$ ferr. *Ferr-m.* germ-met.$_{srj5}$ gink-b.$_{sbd1}$ graph. hell. hydr.$_{ld1}$ iod. *Kreos.* *Lil-t.* limest-b.$_{es1}$ *Mag-c.*$_{hr1,k,*}$ mand.$_{jl,mg1,*}$ marb-w.$_{es1}$ med.$_{st}$ *Meny.* merc. morph.$_{a1}$ nat-m. nit-ac.$_{sf1}$ *Nux-v.*$_{st}$ phos.$_{bg,kr1}$ sabad. sanic. *Staph.*$_{st}$ *Sulph.*$_{k,k1,*}$ thiop.$_{jl}$ tub. viol-o.$_{bg2}$
• **Abendessen**, beim: graph.$_{a1}$
• **gekochtes**: caust.$_{bg2}$
• **gepökeltes**: abies-c.$_{bg2,sf1}$ ant-c.$_{bg2,sf1}$ cori-r.$_{a1,bg2,*}$ hyper.$_{bg2,sf1}$ *Mag-c.*$_{bg2,sf1,*}$
• **geräuchertes**: *Calc-p.* **Caust.** kreos. **Tub.**
• **halbgares**, nicht durchgebratenes: adam.$_{srj5}$

• **Verlangen**: ...
• **Kindern**, bei: mag-c.$_{st,vh/dg}$ sanic.$_{c1}$
• **mageres**: hell.$_{bg2}$
• **rohes**: marb-w.$_{es1}$ *Phos.*$_{vh}$
☞ *rohe - Verlangen*
• **unbedingtes**, heftiges Verlangen, braucht Fleisch: *Calc.*$_{st}$ *Nux-v.*$_{st}$ *Staph.*$_{st}$ *Sulph.*$_{st}$

– **Fleischbrühe**:
• **agg.**: mag-c.$_{k1}$
• **Geruch** von; empfindlich gegen den
☞ ❑ *Nase - Geruch - überempfindlicher - Fleischbrühe*
• **Abneigung**: *Arn.*$_{bg2,k2,*}$ *Ars.*$_{bg2,kr1,*}$ bell.$_{bg2,kr1,*}$ *Cham.*$_{bg2,kr1,*}$ graph.$_{bg2,h,*}$ kali-i.$_{bg2,kr1,*}$ rhus-t.$_{bg2,kr1,*}$ sil.$_{bg2,h,*}$
• **Verlangen**: mag-c.$_{k2}$

– **flüssige** Nahrung:
• **Abneigung**: graph.$_{k1}$
☞ *Getränke - Abneigung*
• **Verlangen**: *Ang.* bell. bry. *Calc-ar.* caps. *Ferr.* *Merc.* nat-m.$_{vh}$ ph-ac. *Staph.* *Sulph.* verat.
☞ *Suppe - Verlangen*

– **Flüssigkeiten**:
☞ *Getränke*
• **Abneigung**: bell.$_{bg1}$ graph.

– **Frühstück**:
• **Abneigung**: cench.$_{k2}$ con. lyc. mag-s. sel.$_{k2}$

– **Gebäck**:
• **agg.**: **Ant-c.**$_{hr1,k1,*}$ arg-n. ars. *Bry.*$_{bg2,kr1}$ cann-i.$_{a1}$ carb-v.$_{a1,k}$ cycl.$_{bg2,sf1}$ dios.$_{hr1}$ ip.$_{hr1,k}$ *Kali-c.*$_{bg2,kr1,*}$ *Kali-chl.* kali-m.$_{bg2,hr1,*}$ lob.$_{hr1}$ *Lyc.*$_{hr1,k}$ nat-s.$_{bg2,hr1,*}$ *Phos.*$_{a1,k}$ ptel.$_{sf1}$ **Puls.**$_{hr1,k,*}$ sarr.$_{a1}$ sulph.$_{bg2,st}$ sumb.$_{a1}$ *Verat.*$_{bg2,kr1}$
☞ *Süßigkeiten - agg.*
• **Abneigung**: *Ars.*$_{kr1}$ lyc.$_{kr1,ld1}$ *Phos.*$_{kr1}$ *Ptel.*$_{kr1}$ *Puls.*$_{kr1,sf1,*}$ sumb.$_{a1,kr1}$
• **Verlangen**: bamb-a.$_{stb2}$ bufo$_{a1,k}$ *Calc.*$_{hr1,k}$ carc.$_{dtp}$ chin. corn.$_{hr1}$ corn-f.$_{hr1}$ mag-m.$_{jl}$ merc-i-f.$_{st}$ plb. puls.$_{k2}$ sabad.$_{bg1}$ sulph.$_{st}$

– **Gebratenes**:
• **Abneigung**: adel.$_{a1}$ mag-s.$_{sp1}$
• **Verlangen**: plb.
☞ *Fett - Verlangen*

– **Geflügel**:
• **agg.**: carb-v.$_{c1}$

– **Gefrorenes**:
• **agg.**: arg-n. *Ars.* bry. *Calc-p.* *Carb-v.* coloc.$_{bg2}$ dulc. hep.$_{sf1}$ *Ip.*$_{k1,st}$ psor.$_{bg2}$ **Puls.** rhus-t.$_{sf1}$ rumx.
☞ *kalte Speisen - agg.*
• **amel.**: phos.$_{sf1}$
• **Verlangen**: arg-met.$_{sf1}$ eup-per.$_{sf1}$ nat-s.$_{sf1}$ phos.$_{sf1}$

– **Gegessene**; das gerade:
• **Abneigung**: nux-v.$_{k2}$

– **gehaltvolle**, fette Speisen:
• **agg.**: ant-c. arg-n. ars.$_{bg2}$ *Bry.* buni-o.$_{jl}$ calc.$_{ld1,st}$ carb-an. **Carb-v.** caust.$_{ld1}$ cupr.$_{ld1}$ cycl. dros. ferr. iod.$_{ld1}$ *Ip.* kali-chl. kali-m.$_{c1,ld1}$ nat-c.$_{ld1}$ nat-m. *Nat-s.* *Nit-ac.* ph-ac.$_{k2}$ phos. **Puls.** *Sep.* staph. sulph.$_{ld1}$ tarax. thuj.
☞ *Fett - agg. / schwere - agg.*

– **gekochte** Speisen:
• **agg.**: ars.$_{jl}$ podo.$_{k2}$
☞ *warme Speisen - agg.*
• **Geruch** von; empfindlich gegen den
☞ ❑ *Nase - Geruch - überempfindlicher - Kochen*
• **Abneigung**: am-c.$_{h}$ asar.$_{jl}$ bell. bov. calc. chel. choc.$_{srj3}$ cupr. *Graph.* guare. ign. *Kreos.*$_{hr1}$ lach. *Lyc.* mag-c. merc. petr. phos. psor. *Sil.* verat. zinc. zinc-p.$_{k2}$
☞ *warme Speisen - Abneigung*

– **Gemüse**:
• **agg.**: *Alum.* ars. *Bry.* calc.$_{st}$ cupr. *Hell.* hydr.$_{kr1,sf1}$ *Kali-c.*$_{kr1}$ lyc. *Mag-c.*$_{kr1}$ *Nat-c.* **Nat-s.** petr.$_{bg2,sf1}$ verat.
• **faules** Gemüse: *Carb-an.*$_{c1,kr1}$ **Carb-v.**
• **Abneigung**: bell. carc.$_{zzh}$ caust.$_{vh}$ **Hell.**$_{bg2,k}$ hydr. lyss.$_{ld1}$ *Mag-c.*$_{bg2,k}$ *Mag-m.*$_{hr1}$ *Nat-m.*$_{vh}$ *Phos.*$_{vh}$ ruta
• **rohes** Gemüse: nat-n.$_{dgt}$ sep.$_{dgt}$
• **Verlangen**: abies-c.$_{bro1}$ adam.$_{srj5}$ adel.$_{a1}$ *Alum.* alumn. ars. asar.$_{jl}$ calc-s. carb-an. cham. *Kali-i.*$_{vh}$ *Lycps-v.*$_{ld1}$ *Mag-c.*$_{k,k1,*}$ *Mag-m.* onos.$_{ld1}$ *Sulph.*$_{vh}$
• **rohes** Gemüse: adam.$_{srj5}$

– **Geräuchertes**:
• **agg.**: *Calc.* *Sil.*
• **Verlangen**: adam.$_{srj5}$ calc-p. carc.$_{svb}$ **Caust.** *Kreos.* puls.$_{bg2,sf1}$ *Tub.*$_{vh,vh/dg}$

– **Geruch** von Speisen:
• **agg.**
☞ *Essen - agg. - Geruch*
• **Abneigung**
☞ *Essen - Abneigung - Geruch*

– **gesunde** Speisen:
• **Verlangen**: haliae-lc.$_{srj5}$

– **Getränke**:
☞ *Flüssigkeiten*
• **Abneigung**: agar. *Agn.*$_{hr1,k}$ aloe ang. *Apis* arn. *Bell.*$_{bg2,k}$ berb. borx.$_{bg2}$ bov.$_{bg2}$ bry.$_{bg2}$ bufo calad.$_{bg2}$ calc.$_{ld1,st}$ camph.$_{bg2}$ *Canth.* carb-an. caust.$_{bg2}$ cham.$_{bg2}$ chin. chinin-s.$_{bg2}$ chlor.$_{a1}$ coc-c. cocc. coff. colch.$_{bg2}$ coloc.$_{ld1}$ corn. cupr. dros.$_{ld1}$ **Ferr.** graph.$_{h,k,*}$ ham.$_{k2}$ hell.$_{bg2}$ **Hyos.** ign. kali-bi.$_{ld1}$ *Lac-c.* lach. lyc.$_{bg2,ld1}$ *Lyss.* merc. nat-m.$_{bg2,ld1}$ *Nit-ac.* **Nux-v.** phys. plb. plb-chr.$_{a1}$ *Puls.* rat. sabin.$_{bg2}$ samb. sec. staph.$_{ld1}$ *Stram.* verat.$_{bg2}$
☞ *flüssige - Abneigung*
◆ **begleitet** von:
• **Durst**: ang. canth.$_{k2}$ cocc. merc-c. mez. nat-m. *Nux-v.*
• **Hitze**; während: con.
• **Kindern**, bei: borx.$_{bg2}$ bry.$_{bg2}$
• **Kopfschmerzen**, bei: **Ferr.**
• **Verlangen**: cob-n.$_{sp1}$ lyc.$_{ld1}$
◆ **begleitet** von:
• **Durstlosigkeit**: aeth. *Ars.* bell.$_{a1}$ *Calad.* *Camph.*$_{a1,k}$ *Cimx.* cocc. coloc.$_{a1,k}$ graph. nux-m. phos. wies.$_{a1}$
• **launisches** Verlangen, weist das Angebotene jedoch zurück: bell.$_{h}$

– **Getreideprodukte**:
• **Abneigung**: ars. phos.

– **Gewürze** (= stark gewürzte Speisen):
• **agg.**: bism.bg2,sf1 ign.bg2 kali-m.bg2,sf1 najabg2 **Nux-v.**bg2,kr1,* phos. sel.bg2 sep.ld1 zinc.bg2
• **amel.**: hep.bg2,sf1 nux-m.bg2,sf1
• **Abneigung**: haliae-lc.srj5 mag-s.c1,ld1 phos.ld1 puls.bg2,sf1,* *Sang.*ld1 tarent.ld1
☞ *scharf - Abneigung*
• **Verlangen**: abies-c.bg1 alum.bro1,sf1 am-c.gk1 ant-c.bg2,sf1 arg-n.bg2 ars.bg2 aster.a1,kr1 bamb-a.stb2 calc-f.sp1 calc-p.bg2,sf1,* caps.bg2 *Carc.*st1,vh,* *Chel.*bg2,sf1 **Chin.** cic.jl cist.ptk crot-h.gk1 *Fl-ac.*k,st germ-met.srj5 *Hep.*k,vh hyper.bg2,sf1 *Lac-c.* mag-s.sp1 mand.jl,mg1,* med.hbh meph.bro1,kr1 nat-m.bg2,sf1 nat-p.lsa,mrr nux-m.br1,bro1 *Nux-v.* **Phos.** *Puls.*k,vh,* *Sang.* sep. staph.bg2,kr1,* stry-p.sf1 **Sulph.** *Tarent.* tub.vh verat.gk1 *Zing.*st,vh
☞ *scharf - Verlangen*

– **Gewürznelken**:
• **Verlangen**: *Alum.* *Chlor.* stront-n.vh

– **grüne** Speisen:
• **Verlangen**: calc-s.ptk med.ptk2 neonsrj5

– **Gurken**:
• **agg.**: *All-c.*sf1 ars.sf1 *Ign.*sf1,vh *Nat-m.*sf1,vh puls.sf1 *Rhus-t.*sf1,vh sul-ac.h,sf1 verat.sf1
• **Abneigung**: prot.jl
• **Verlangen**: abies-n. *Ant-c.* *Phos.*vh *Sulph.*vh *Verat.*k,vh,*

– **Haferschleim**:
• **agg.**: bell.gl1 chin.gl1 kali-c.gl1 puls.gl1 sulph.gl1
• **Abneigung**: ars. *Calc.*
• **Verlangen**: bell.bg2 chin.bg2 kali-c.bg2 puls.bg2 sulph.bg2

– **Hammelfleisch**:
• **agg.**: borx.h lyss.bg2 ov.
• **Abneigung**: calc.bg2,h mag-c.vh ov.
• **Verlangen**: nit-ac.dgt plb.dgt

– **heiße** Getränke
☞ *warme Getränke*

– **heiße** Speisen
☞ *warme Speisen*

– **Hering**:
• **agg.**: ferr-p.bg2,st fl-ac.bg2,st lyc.bg2,st nat-m.bg2,st
☞ *Sardinen - agg.*
• **Abneigung**: phos.
• **Verlangen**: cist. **Nit-ac.** *Puls.* *Verat.*
☞ *Sardellen - Verlangen / Sardinen - Verlangen*

– **herzhafte**, kräftige Speisen:
• **Verlangen**: rhus-t.a1 ust.a1

– **Holzkohle**:
• **Verlangen**: alum. *Calc.*bro1,kr1,* *Cic.* con. ign.bro1,ld1 nit-ac. nux-v. *Psor.*bro1,ld1
☞ *Unverdauliches - Verlangen*
• **Chlorose**, bei: alum.st

– **Honig**:
• **agg.**: nat-c. *Nat-m.*kr1,ld1 phos.bg2,sf1 *Sil.*vh
• **Abneigung**: nat-c.st
• **Verlangen**: sabad. verat.bg2,sf1

– **Hühnchen**:
• **agg.**: bac.k2,st bry.k2
• **Abneigung**: **Bac.**k,vh,* **Nat-m.**vh *Sulph.*vh
• **Verlangen**: *Ferr-i.*vh *Graph.*vh *Phos.*vh

– **Insekten**:
• **Verlangen**:
• **schwarze** Käfer, Schnecken, Heuschrecken: choc.srj3

– **Joghurt**: nat-s.vh rhus-t.vh
• **Abneigung**: *Nat-s.*vh
• **Verlangen**: caust. daph.sys nat-c.dgt

– **Kaffee**:
• **agg.**: *Aeth.*c1,k agar.bg2,sf1 alet.sf1 all-c. anac.jl arg-n.a1,hr1 ars. arum-t. aster. aur-m.k2,kr1 bell. bov. bry. *Cact.* calc. *Calc-p.* cann-i.br1,ld1 **Canth.** *Caps.* carb-v. caul.kr1 **Caust.** **Cham.** chin.bg2,kr1 cist. clem.st *Cocc.* coff.k2,ld1 colch. coloc.bg2,kr1,* cycl. *Fl-ac.*bg1,k1,* form. gink-b.sbd1 glon. grat.c1,k guar.c1 *Hep.* **Ign.** *Ip.* kali-bi. kali-c.ld1 kali-n. *Lyc.* mag-c. mand.jl,mg1,* mang. *Merc.* mill.c1 nat-m. *Nat-s.* nit-ac. **Nux-v.**c1,k ox-ac.c1,k *Ph-ac.* plat. psor.ld1 *Puls.* rhus-t. sep. spig.lsa1 *Stann.*jl stram. sul-ac. sulph. *Thuj.*c1,k vinc.
• **Geruch** von Kaffee: fl-ac.bg2 lach.bg2,k1 nat-m.bg2 osm.bg2 sul-ac. tub.bg2
☞ *□ Nase - Geruch - überempfindlicher - Kaffee*
• **heißer**: caps.ld1
• **übermäßiger** Genuß von: nux-v.k2
• **amel.**: acon. agar. androc.srj1 aran-ix.mg1 arg-met. *Ars.* brom.bg1,bg2,* cann-i. canth. **Cham.** chel.bg2,kr1,* *Coloc.* dicha.mg1 eucal. *Euph.*ld1 euphr. fago.ptk fl-ac.ld1 gink-b.sbd1 glon.bg2 hyos. **Ign.**bg1,bg2,* lach. levo.jl mag-c.h mosch.bg2,sf1 *Nux-v.*bg1,vh,* op. phos.
• **Abneigung**: *Acon.*ld1 alum-sil.k2 bamb-a.stb2 *Bell.* *Bry.* **Calc.** calc-s. carb-v. *Caust.*ld1 *Cham.* chel. *Chin.* cinnb.bg1 coc-c. *Coff.* con.ld1 *Dulc.* fl-ac. gink-b.sbd1 kali-bi.kr1 kali-br. kali-i.ld1 kali-n. lec.ld1 lil-t. lol.bg2,sf1 *Lyc.* mag-p. mand.sp1 *Merc.* nat-c. *Nat-m.* **Nux-v.** osm. ox-ac. ph-ac. *Phos.* phys. puls.h,st rheum rhus-t. sabad. *Spig.* *Sul-ac.* *Sulph.*ld1
• **morgens**: lyc.a1
• **mittags**: ox-ac.a1
• **Geruch** von Kaffee; gegen den: sul-ac.gm1,h
• **gesüßter**: aur-m.kr1
• **ungesüßter**: rheuma1,bg2
• **Verlangen**: adam.srj5 *Alum.* alum-p.k2 **Ang.** arg-met. arg-n. *Ars.* ars-s-f.k2 aster. *Aur.* aur-ar.k2 aur-s.k2 bamb-a.stb2 bell.bg2 *Bry.* calc.gl1 calc-p. *Caps.* *Carb-v.* carc.fb1 cham. chel. *Chin.* chinin-s.gl1 colch. *Con.* *Fl-ac.*bg2,sf1 gink-b.sbd1 gran. grat.c1 haliae-lc.srj5 kali-i.ld1 lach. lec. lepi.a1 lob. *Mez.* mosch. nat-m. *Nux-m.* nux-v. paull.a1 ph-ac. puls.gl1 sabin. *Sel.* sol-t-ae. sulph. *Xan.*bg1,vh,*
• **Dysmenorrhoe**, bei: *Lach.*kr1,st
• **gerösteter**: alum. chin.
• **Kaffeebohnen**: alum.sf1 *Chin.*kr1,sf1,* nux-v.sf1 sabin.sf1
• **Kaffeesatz**: *Alum.*st
• **schwarzer**: mez.a1,kr1,* mosch.a1,kr1,*
• **starker**: *Bry.*kr1,st mosch.st
• **Übelkeit** erregt, was: *Caps.*k,st

– **Kakao**:
• **Abneigung**: *Osm.*a1,kr1 tarent.kr1

– **Kalbfleisch**:
- **agg.**: ars. *Calc. Caust.* chin. **Ip. Kali-n.**c1,k nux-v. *Sep.* sulph. verat. *Zinc.*
- **Abneigung**: merc.bg2 phel. *Zinc.*

– **Kalk**, Bleistifte, Erde, Kreide, Lehm:
- **Verlangen**: *Alum. Alumn.*ld1 ant-c.ptk *Calc.* calc-p.sf1 chel.bg1 cic. con.bg2 ferr. hep.bg2 hyos.bg2 ign.bg2,ld1 lac-f.c1 nat-m. **Nit-ac.** *Nux-v.* oci.bg2 psor.ld1 *Sil.*bg1,bg2 sulph.bg2 tarent.bg1,bg2,*
  ☞ *Unverdauliches - Verlangen*

– **kalte** Getränke, kaltes Wasser:
- **agg.**: acet-ac.br1 *Agar. All-s.*kr1 allox.sp1 *Alum.* alum-p.k2 alum-sil.k2 *Alumn.*kr1 anac. *Ant-c.* apis *Apoc.* arg-n. *Ars.* ars-s-f.k2 aur-ar.k2 *Bell.* bell-p.st borx. bry.k2 cadm-s.k2 calad.bro1 calc. calc-f.k,vml1 calc-p. calc-sil.k2 camph.bg2 **Canth.** *Caps.*bg2,k2 carb-an. *Carb-v.* cham.bg2,kr1 *Chel. Chin.*bg2,kr1 clem. *Cocc.* coloc. *Con.*kr1,sf1 *Croc.* crot-t.ld1 cycl.ld1 *Dig.* dros.bro1 dulc. elapsbro1 **Ferr.** ferr-ar.k,k2 ferr-m.ld1 ferr-p.k2 *Graph.* grat. haliae-lc.srj5 *Hep.*bg2,sf1 hyos. *Ign.* ip.sf1 kali-ar. kali-c. kali-i. kali-m.k2 kali-p. *Kali-sil.*k2 *Kreos.*kr1,sf1 lach.sf1 lept.bg2,sf1 lob.bg2 *Lyc. Mag-p.* mang. merc. mur-ac. nat-ar. *Nat-c.* nat-p. nat-sil.k2 nit-ac.sf1 *Nux-m. Nux-v.* oci-sa.sp1 op.bg2 *Ph-ac.* psil.ft1 puls. rauw.sp1 *Rhod.* **Rhus-t.** sabad.ld1 sars. **Sep.**bg2,sf1 *Sil. Spig.* spong.bg2,sf1,* squil.bg2,sf1 staph.bg2,sf1 stram. *Sul-ac. Sulph. Tarent. Teucr.* thuj. verat.
  - **Erhitzung**, bei: bell-p.c1,st,* *Bry.*k2,st *Kali-ar. Kali-c. Nat-c. Rhus-t.*k2,st samb.
  - **heißem** Wetter, bei: *Bry. Kali-c. Nat-c.* verat.ptk
- **amel.**: acon.bg2,sf1 acon-f. all-c. aloe *Ambr.* anac. *Ant-t.* apis arg-n.bg2 ars. *Asar.* aster.j1 **Bism.** borx. brom.bg2,sf1 **Bry.** calc. cann-s.bg2 *Carb-ac.*kr1 **Caust.** cham. *Clem.* coc-c. coff. *Cupr. Fl-ac.*bg2 *Jatr-c.*bro1 kali-c. laur. meph.j1 moly-met.j1 *Onos.* op.bg2,sf1 **Phos.** phyt.bg2,sf1 pic-ac.bro1 *Puls.* sel.j1 **Sep.** stann.j1 sumb. tab.bg2,sf1 thuj. trios.j1 verat. xan.c1 zinc. zinc-p.k2
- **Abneigung**: alum-p.k2 ant-t.ld1 arn.ld1 *Ars.*ld1 bell. brom.k,sf1 bry. *Calad. Calc-ar.*ld1 canth. carb-an.a1 caust. chel.bg2,k,* chin. *Chinin-ar.* dig.ld1 elapsld1 kali-i.ld1 lyss. mag-c.st *Med.*vh nat-m.k,ld1 *Nat-p.*vh nat-s.ld1 neonsrj5 nux-v.k,ld1 onos.ld1 *Phel.*k,ld1 phos.ld1 phys. puls.ld1 rhus-t.ld1 **Sabad.**ld1 *Stram.*k,ld1 sul-ac.k2 sulph.ld1 tab. thyr.st1 *Verat.*ld1
- **Verlangen**: abel.j1 achy.j1 **Acon.** agar. agar-em.bro1 ail. allox.sp1 *Alum.*ld1 *Alumn.* am-c. am-m.bg2 anders.bnj1 androc.srj1 *Ang. Ant-t.* apisbg2 apoc.k2 *Arg-n.* arn. **Ars.** arum-t.kr1 asaf. asim. aster. aur. aur-ar.k2 aur-s.k2 bamb-a.stb2 *Bell. Bism.* borx.ld1 *Bov.* **Bry.** cadm-s.k2,st *Calc. Calc-ar. Calc-s.* camph.kr1 cann-i. *Caps.* carb-an.h carbn-s. carc.vh *Caust.* cedr. *Cench.* **Cham.** chel. **Chin.** *Chinin-ar.* choc.srj3 cimic. **Cina** cinnb. clem. coc-c. *Cocc.* colch. corn.kr1 *Croc.* cub. *Cupr. Cupr-act.*kr1 dig. *Dulc. Echi.* **Eup-per.** euph. fl-ac. gink-b.sbd1 *Glon. Graph. Hell.* **Ign.**bg2 ip.vh kali-bi. *Kali-m.*bg1,vh/dg,* kali-n. *Kali-p. Kali-s.* lap-a. *Led. Luna*kg1 *Lyc. Lycps-v.* mag-c. mag-p.bg2 manc. *Med.*c1,vh,* **Merc. Merc-c.** mez. nat-ar. *Nat-c.* nat-m. *Nat-p.* **Nat-s.** nux-v. oci-sa.sp1 oena. *Olnd.* onos. op.ld1 paro-i.j1 *Ph-ac.* **Phos.** pic-ac. plat. *Plb. Podo.* psor. puls. pyrog.k2 rauw.sp1 *Rhus-t.* ruta *Sabad.* sabin.bg2 sacch-l.bg1 sanic.c1 sars. sec. *Sep.* sil.k2 spig. spong. squil. stann.j1 sulph. *Tarent.* tell.j1 *Thuj. Thyr.*bro1,vh tril-p.c1 ven-m.j1 **Verat.** vip. vip-a.j1 zinc. zinc-p.k2

– **kalte** Getränke, kaltes Wasser - **Verlangen**: ...
  - **nachmittags**: *Croc.*a1
    - **15 h**: caust.a1
  - **abends**: oena.a1
  - **nachts**: eup-per.a1
  - **alles** andere; mit Abneigung gegen: tril-p.c1
  - **Fieber**; während: tub.k2
  - **Frost**; während: bry.k2 carb-v.k2 tub.k2 wye.br1
  - **Heiserkeit**; bei: bamb-a.stb2

– **kalte** Speisen:
- **agg.**: acet-ac. acon.bg2 agar. alum. alum-p.k2 alum-sil.k2 *Alumn.*kr1 *Ant-c. Arg-n.* **Ars.** ars-s-f.k2 bar-c. *Bell.*bg2 bell-p.sp1 *Bov.* brom. *Bry.* calad. calc. calc-f. *Calc-p.* calc-sil.k2 canth. *Carb-v. Carbn-s.* caust. cham. chel. *Cocc.* coloc. *Con.* crot-t.bg2 cupr.bg2 dig. **Dulc.** elapskr1 ferr.bg2 fl-ac.bg2 *Graph.* hell. *Hep. Hyos.*bg2 ign. ip.bg2 kali-ar. **Kali-bi.**bg1,bg2 *Kali-c.* kali-i. kali-m.k2 *Kali-n.* kali-sil.k2 *Kreos.* **Lach.** lept.bg2 limest-b.es1 **Lyc.** mag-c. mag-m. mag-p.bg2 *Mang. Merc.* mez.bg2 mur-ac. nat-ar. nat-c. nat-m. nat-p. *Nat-s.* nat-sil.k2 *Nit-ac. Nux-m.* **Nux-v.** par. *Ph-ac.* plb. *Puls. Rhod.* **Rhus-t.** rumx. sabad. *Sep.* **Sil.** *Spig.* squil.bg2 *Staph.*bg2,ld1 stram.bg2 sul-ac.bg2,kr1 *Sulph. Syph.*st thuj. *Verat.*
  ☞ *Gefrorenes - agg.*
- **amel.**: acon.bg2,kr1 adlu.bg2,kr1,* agn.bg2,kr1 alum.bg2,kr1 alumn.bg2,kr1 am-c.bg2,kr1 *Ambr.*bg2,kr1,* *Anac.*bg2,kr1 ang.bg2,kr1 ant-t.bg2,kr1 apisbg2,kr1 arg-n.bg2,kr1 ars.bg2,kr1 *Asar.*bg2,kr1 *Bar-c.*bg2,kr1 *Bell.*bg2,kr1 bism.bg2,kr1 borx.bg2,kr1 brom.bg2,kr1 **Bry.**bg2,kr1,* *Calc.*bg2,kr1 cann-s.bg2,kr1 canth.bg2,kr1 *Carb-v.*bg2,kr1 *Caust.*bg2,kr1 *Cham.*bg2,kr1 clem.bg2,kr1 coc-c.bg2,kr1 *Cupr.*bg2,kr1 dros.bg2,kr1 *Euph.*bg2,kr1 *Ferr.*bg2,kr1 graph.bg2,kr1 hell.bg2,kr1 *Kali-c.*bg2,kr1 *Lach.*bg2,k2,* *Laur.*bg2,kr1 lyc.bg2,kr1,* mag-c.bg2,kr1 mag-m.bg2,kr1 *Merc.*bg2,kr1 *Mez.*bg2,kr1 *Nat-m.*bg2,kr1 *Nux-m.*bg2,kr1 nux-v.bg2,kr1 op.bg2,kr1 par.bg2,kr1 *Ph-ac.*bg2,kr1 **Phos.**bg2,kr1,* phyt.bg2,kr1 **Puls.**bg2,k2,* pyrog.bg2,kr1 rhod.bg2,kr1 rhus-t.bg2,kr1 sars.bg2,kr1 *Sep.*bg2,kr1 sil.bg2,kr1,* spig.bg2,kr1 squil.bg2,kr1 stann.bg2,kr1 *Sul-ac.*bg2,kr1 sulph.bg2,kr1 tab.bg2,kr1 thuj.bg2,kr1 verat.bg2,kr1 *Zinc.*bg2,kr1
- **Abneigung**: acet-ac. alum-p.k2 chel. cycl. germ-met.srj5 kali-i.ld1 *Med.*vh phos.ld1 sabad.k2
- **Verlangen**: abel.j1 am-c. ang.bg2 *Ant-t.* arg-n.k2 *Ars.*bg2 asaf.kr1 bell.bg2 bism.bg2 *Bry.*bg2,ld1 caust.bg2 *Cham.*bg2 chin.kr1 cinabg2 cocc.bg2 croc.bg2 cupr. cupr-ar. euph.bg2 ferr-p.bg2 fl-ac.st *Ign.*bg2,k2 kali-p.bg2 *Kali-s.* lach.k2,st lept.bg2 *Lyc.* merc.a1,bg2 merc-c. nat-m. *Nux-v.* olnd.bg2 **Phos.**

• **Verlangen**: ...
pic-ac.ld1 pip-n.bg2 plb.bg2 **Puls.** rhus-t.bg2 rutabg2 sabad.bg2 sanic.vh sars.k2 sec.bg2 *Sil. Thuj.* ven-m.jl *Verat.* zinc.
  • **nachmittags**: nat-m.a1
  • **Durst**, ohne: *Camph.*vh *Coloc.*vh
  • **Menses**, während: am-c.
  • **Milch**; kalte
    ☞ *Milch - Verlangen - kalte*
  • **Schwangerschaft**, in der: *Verat.*kr1

– **Kaninchen**:
• **Verlangen**: asar.dgt kali-ar.dgt

– **Kartoffeln**:
• **agg.**: *Alum.* alum-p.k2 *Alumn.*kr1 am-c.bg2 am-m. *Bry.*kr1 calc. *Coloc.* gran.bg2 mag-c.st mag-s.k1 merc.ld1 merc-c. merc-cy.ld1 *Nat-s. Puls.*bg2 *Sep. Sil.*gl1 *Sulph.*bg2,gl1 *Verat.*
• **amel.**: acet-ac.ptk
• **Abneigung**: alum. alum-p.k2 camph. carc.zzh *Phos.*vh sep.ld1 thuj.
• **Verlangen**: adam.srj5 calc-p.bg2,sf1 hep.ld1 limest-b.es1 med.st nat-c. ol-an. olnd.bg2,sf1,* puls.vh tub.vh
  • **gekochte** Kartoffeln (= Salzkartoffeln): germ-met.srj5
  • **gebratene**, Bratkartoffeln: cob-n.jl,sp1
  • **rohe**: *Calc.*bg1,k carc.pc,zzh cic.k2

– **Käse**:
• **agg.**: arg-n.bg2,gl1,* ars.bg2,kr1,* coloc.bg2,kr1,* nit-s-d.bg2,kr1,* nux-v.bg2,kr1,* phos.bg2,kr1,* ptel.bg2,kr1,* sanic.bg2,kr1,* sep.bg2,kr1,* staph.bg2,gl1,*
  • **Geruch** von Käse: phos.ptk sanic.ptk sep.ptk
  • **alter** Käse: *Ars. Bry.* coloc. hep.bg2 nux-v.bg2 ph-ac. *Ptel. Rhus-t.* sanic.bg2 *Sep.*bg2
  • **verdorbener** Käse: ars.sf1 bry.bg2,sf1 ph-ac.sf1 rhus-t.sf1
• **Abneigung**: *Arg-n.*gl1,vh,* *Chel.* chin.bg2 choc.srj3 *Cocc.*vh **Nit-ac.**gl1,vh,* *Olnd.*k,k1,* *Sil.*vh *Staph.*gl1,st
  • **Gruyère**: *Merc.*gl1,st sulph.gl1,st
  • **Roquefort**: *Hep.*gl1,st
  • **kräftiger** Käse: *Hep.*gl1,vh,* *Merc.*gl1,vh/dg,* *Nit-ac.*gl1,vh,* *Sulph.*gl1,vh/dg,*
• **Verlangen**: adam.srj5 aeth.vh arg-n. aster. bamb-a.stb2 calc.vh calc-p.mg1 caust.vh *Chel.*vh *Cist.* coll.ld1 gaert.vh hyos.vh ign. lyc.dgt mag-m.dgt mand.jl,mg1,* med.vh mosch. *Nit-ac.*vh *Phos.*vh puls. rhus-t.vh sep.bg2,sf1
  • **kräftiger** Käse: arg-n. aster. ign.sf1

– **Kekse**:
• **Verlangen**: neonsrj5 plb.

– **Kirschen**:
• **Verlangen**: chin. choc.srj3

– **Knoblauch**:
• **agg.**: **Phos.**vh
  • **Geruch** von Knoblauch; durch den: **Phos.**bg2,kr1 sabad.bg2,kr1
    ☞ ❐ *Nase - Geruch - überempfindlicher - Knoblauch*
• **Abneigung**: asar.vh *Phos.*vh prot.jl *Sabad.*
• **Verlangen**: carc.cd nat-m.bg2

– **Kohl**:
• **agg.**: ars. **Bry.** calc. carb-v. *Chin.* cupr. erig.mg1 hell. kali-c. **Lyc.** *Mag-c.* nat-m. *Nat-s.* **Petr.**c1,k phos.bg2 podo.k2 *Puls.* rob.ptk sep. sil. sulph.gl1 verat.

– **Kohl - agg.**: ...
phos.bg2 podo.k2 *Puls.* rob.ptk sep. sil. sulph.gl1 verat.
  ☞ *blähende - agg.*
• **Abneigung**: bry.ld1 carb-v.ld1 cocc.ld1 kali-c.ld1 lyc.ld1 petr.ld1
• **Verlangen**: acon.a1,bg2 *Acon-l.*bg2,st alum.bg2,ld1 **Cic.**bg2 con.bg2

– **Kohle**:
• **Verlangen**: *Alum. Calc. Cic.*k,k1,* ign.ld1 psor.ld1
  ☞ *Unverdauliches - Verlangen*

– **Kreide**
  ☞ *Kalk*

– **Kuchen**
  ☞ *Gebäck*

– **Lachs**:
• **agg.**: fl-ac.ptk

– **Leber**:
• **Verlangen**: kali-c.dgt

– **Leckerbissen**:
• **Abneigung**: caust.k2,ld1 petr.ld1 sang.ld1
• **Verlangen**: *Acon-l.*a1,st aeth.bg1 arg-n.st *Aur.* bufo calc.k,st **Chin.** cub.hr1,k cupr. cupr-ar.ld1 **Ip.** kali-c. lil-t.ptk mag-c. mag-m.bg1,bg2 nat-c. petr. psor. rauw.sp1 *Rhus-t. Sabad.* sang. *Spong.* **Tub.**
  ☞ *Süßigkeiten - Verlangen*
  • **Salz**, und: **Arg-n.**st *Calc.*st carb-v.st carc.st caste.jl,st *Med.*st *Plb.*st
  • **Saures**, und: *Bry.*st *Calc.*st *Carb-v.*st *Kali-c.*st *Med.*st *Sabad.*st *Sec.*st *Sep.*st **Sulph.**st
  • **sexuelles** Verlangen, mit: chin.ptk

– **Likör**:
• **agg.**: ant-c.bg2,k1 ars.bg2,k1 bell.bg2,k1 bov.bg2,k1 *Cann-i.*bg2,k1,* *Carb-v.*bg2,k1 cimic.bg2,k1 led.bg2,k1 *Ran-b.*bg2,k1 rhod.bg2,k1 rhus-t.bg2,k1 sel.bg2,k1 sulph.bg2,k1 verat.bg2,k1
• **Verlangen**: med.br1,vh/dg,*

– **Limonade**:
• **agg.**: calc.st phyt. *Sel.*c1,k
• **amel.**: *Bell.*bg2,kr1 cycl.bg2,ld1 phyt.bg2 **Ptel.**vh
• **Verlangen**: *Am-m.*bg2,bro1,* **Bell.** calc. cycl. eup-per.sf1 eup-pur. fl-ac.bg2,sf1 *Jatr-c.* lach.bg2,sf1 *Nit-ac.* puls.k,k2 sabad.vh *Sabin.* sec. sul-ac.vh *Sul-i.* xan.bg2
  • **heiße**: *Puls.*kr1

– **Linsen**:
• **Abneigung**: *Chel.*vh,vh/dg

– **Lumpen**, saubere:
• **Verlangen**: alum. alumn.ld1

– **Mais**:
• **agg.**: chin.gl1 kali-c.gl1 puls.gl1 sulph.gl1
  • **Maismehl**: calc-ar.

– **Makkaroni**
  ☞ *Nudeln*

– **Mandeln**:
• **Verlangen**: cub.

– **Marinade**:
• **Verlangen**: ars.st aster.st *Cist.*st *Fl-ac.*st *Hep.*st *Lac-c.*st nat-p.st ph-ac.st *Sang.*st

– **Mehl**:
• **Abneigung**: ars. ph-ac. *Phos.*
  ☞ *Mehlspeisen - Abneigung*

• **Verlangen**: *Calc.* lach. sabad.
– **Mehlspeisen**, Teigwaren (= Nudeln, Brot, Kartoffeln):
• **agg.**: alum.$_{bg2,k2,*}$ *Bry.*$_{bg2,st}$ *Carb-v.*$_{bg2,bro1,*}$ *Caust.*$_{hr1,k}$ *Chin.*$_{bro1,kr1}$ coloc.$_{bg1,k2,*}$ *Iris*$_{bg1,vh,*}$ kali-bi.$_{bg2,kr1,*}$ kali-c.$_{bg2}$ *Lyc.*$_{hr1,k,*}$ mag-c.$_{bg2,sf1}$ *Nat-c.*$_{hr1,k,*}$ **Nat-m.**$_{hr1,k}$ **Nat-s.**$_{hr1,k,*}$ nux-v.$_{hr1,k}$ ox-ac.$_{k2}$ psor.$_{bg1,bg2,*}$ **Puls.**$_{bg2}$ rob.$_{br1}$ sulph.$_{hr1,k,*}$ verat.$_{bg2}$
• **amel.** bei Kindern: nat-c.$_{ptk}$
• **Abneigung**: ars.$_{hr1,k}$ chin.$_{ld1}$ *Kali-act.*$_{vh}$ lyc.$_{ld1}$ *Nat-c.*$_{ld1}$ nat-m.$_{bg2,sf1}$ nat-s.$_{ld1}$ ph-ac.$_{ld1}$ phos. plan.$_{ld1}$ ptel.$_{bg2,sf1}$ *Sulph.*$_{ld1}$
☞ *Mehl - Abneigung*
• **Verlangen**: adam.$_{srj5}$ aeth.$_{vh}$ *Alum.*$_{hr1,k,*}$ atri.$_{st}$ *Calc.*$_{k,vh}$ calc-p.$_{bro1}$ cic. *Ferr-act.*$_{vh}$ germ-met.$_{srj5}$ lach. lyc.$_{hr1}$ *Nat-m.*$_{hr1,k,*}$ nit-ac. nux-v. phos.$_{gk2}$ sabad.$_{hr1,k,*}$ *Sulph.*$_{vh}$ sumb.$_{a1,k}$
☞ *Nudeln - Verlangen*
– **Melonen**:
• **agg.**: ars.$_{sf1,st}$ fl-ac.$_{bg2}$ puls.$_{sf1}$ zinc.$_{bg2}$ zing.$_{bro1,sf1,*}$
• **Abneigung**: *Ars.*$_{gl1,st}$ *Chin.*$_{st}$ verat.$_{st}$ zing.$_{st}$
• **Verlangen**: puls.$_{sf1}$
– **merkwürdige** Dinge:
• **Verlangen**: *Bry. Calc. Calc-p. Chel. Cycl. Hep. Lyss.*$_{ld1}$ *Manc.* ter.$_{kr1}$
☞ *Unverdauliches - Verlangen*
• **Schwangerschaft**; während der: *Chel.* **Lyss.** *Mag-c.* sep.$_{ptk}$
– **Milch**:
• **agg.**: **Aeth.** *Alum.* alum-p.$_{k2}$ alum-sil.$_{k2}$ alumn.$_{kr1}$ *Ambr.* *Ang.*$_{bg2,kr1,*}$ *Ant-c.* ant-t. *Arg-met. Ars.* ars-s-f.$_{k2}$ brom. *Bry.* **Calc. Calc-s.** calc-sil.$_{k2}$ carb-an. *Carb-v.* carbn-s. *Cham. Chel.* **Chin.** *Cic.* **Con.** crot-t. *Cupr.* ferr.$_{kr1}$ hell. hom.$_{c1,k1}$ ign. *Iris* kali-ar. kali-bi.$_{bg2}$ *Kali-c. Kali-i.* kali-n.$_{bg2}$ kali-p. kali-sil.$_{k2}$ lac-c.$_{mg1}$ **Lac-d.** lac-v.$_{c1,c2}$ lach. lact.$_{bro1}$ levo.$_{jl}$ *Lyc. Mag-c.*$_{c1,k}$ mag-f.$_{mg1}$ **Mag-m.** merc.$_{k2}$ *Nat-ar. Nat-c.*$_{c1,k}$ *Nat-m. Nat-p.*$_{c1,k}$ *Nat-s.* nat-sil.$_{k2}$ *Nicc.*$_{kr1}$ **Nit-ac.** nux-m.$_{c1,k}$ *Nux-v. Ol-j.* past.$_{c1,c2}$ *Phos.* podo.$_{bro1}$ *Psor. Puls.* rheum$_{bro1}$ rhus-t. sabin. samb. **Sep.** sil. spong. **Staph.**$_{gl1,vh,*}$ stram. sul-ac. **Sulph.** valer. *Zinc.* zinc-p.$_{k2}$
☞ ❑ *Haut - Allergie*
• **gekochte**: sep.$_{c1}$
• **heiße**: bry.$_{ld1}$
• **kalte**: calc-sil.$_{k2}$ kali-i.$_{c1,k2}$
• **Muttermilch**: *Cina*$_{bg2,k2}$ nat-c.$_{bg2,k2}$ **Sil.**$_{bg2,k2}$
• **warme**: *Ambr.*
• **amel.**: acon.$_{bg2}$ ant-c.$_{bg2}$ *Apis* aran.$_{jl}$ arist-cl.$_{sp1}$ *Ars. Chel.*$_{bg2,kr1,*}$ cina$_{bg2}$ crot-t.$_{bg2}$ ferr.$_{bg2}$ graph.$_{bg2}$ iod. lact.$_{ld1}$ merc.$_{bg2}$ mez. *Nux-v.*$_{ptk}$ ph-ac.$_{bg2}$ rhus-t.$_{bg2}$ ruta squil.$_{bg2}$ staph.$_{bg2}$ verat.
• **heiße**: *Crot-t.*$_{kr1}$
• **warme**: androc.$_{srj1}$ *Chel.* graph.$_{k2}$
• **Abneigung**: acon-l.$_{a1}$ adam.$_{srj5}$ *Aeth.* alum-p.$_{k2}$ am-c. ammc.$_{a1}$ *Ant-t. Arn.* ars.$_{bg2}$ bell. bov.$_{bg2}$ *Bry. Cact.*$_{ld1}$ calad. *Calc. Calc-s.* calc-sil.$_{k2}$ *Carb-v.* carbn-s. carc.$_{c1,mg1,*}$ chin.$_{bg2}$ *Cina* con.$_{st}$ convo-s.$_{sp1}$ elaps$_{ld1}$ esp-g.$_{kk1}$ ferr.$_{k2}$ ferr-p.

– **Milch - Abneigung**: ...
gink-b.$_{sbd1}$ *Guaj.* guare. *Ign.* iod.$_{bg2,sf1}$ kali-c.$_{lsa1}$ kali-i.$_{ld1}$ **Lac-d.** lach.$_{bg2}$ *Lec.* mag-c. *Mag-m.*$_{ld1}$ merc.$_{bg2,st}$ *Mez.*$_{vh}$ **Nat-c.** *Nat-m.*$_{bg2,vh,*}$ nat-p. *Nat-s.* nicot.$_{ld1}$ nit-ac.$_{bg2,sf1,*}$ nux-m.$_{bg2}$ nux-v. ol-j.$_{a1,ld1}$ past.$_{ld1}$ pers.$_{jl}$ *Phos.* podo.$_{ld1}$ *Puls.* rheum rhus-t.$_{bg2,ld1}$ *Sep. Sil.* stann. **Staph.**$_{gl1,st}$ sul-ac.$_{bg2}$ *Sulph.* tub.$_{c1}$
• **morgens**: puls.
• **gekochte**: *Phos.*
• **Geruch** von Milch: bell.
• **kalte**: ph-ac.$_{bg2}$ tub.$_{bg2}$
• **Muttermilch**: ant-c. ant-t.$_{ld1}$ *Cina* lach. merc. nat-c.$_{ld1}$ rheum$_{bg2}$ **Sil.** stann. stram.
• **Kind** verweigert: *Borx. Calc.* **Calc-p.** cina lach. *Mag-c.*$_{st}$ *Merc.* sil. stann.$_{st}$
• **nachts**: apis$_{ptk}$
• **Verlangen** erscheint, wenn er etwas trinkt; aber das: bry.$_{h}$
• **Verlangen**: anac. androc.$_{srj1}$ *Apis* aran.$_{jl}$ *Ars.* asar.$_{vh}$ *Aur.* aur-ar.$_{k2}$ aur-s.$_{k2}$ bapt. borx. bov. *Bry. Calc.* calc-p.$_{k2}$ calc-sil.$_{k2}$ *Carc.*$_{c1,mg1,*}$ *Chel.* cist.$_{ptk}$ *Elaps* kali-i. *Lac-c.* lach.$_{bg2}$ lact.$_{ld1}$ limest-b.$_{es1}$ *Lycps-v.*$_{ld1}$ mag-c. mang. *Merc. Nat-m. Nux-v. Ph-ac.* phel. **Rhus-t.** *Sabad.* sabal$_{bg1,bg2,*}$ sabin. sanic.$_{bg1}$ *Sil. Staph. Stront-c.* sulph. *Tub.*$_{st,vh}$ *Verat.*$_{ld1}$ *Vip.*$_{bg2,sf1}$
• **gekochte**: abrot. nat-s.
• **heiße**: calc. chel. graph. hyper.
• **kalte**: adlu.$_{jl}$ *Apis*$_{bg2,sf1}$ ph-ac. phel. *Phos. Rhus-t.* sabad. sanic.$_{bg3}$ staph. *Tub.*
• **eiskalte**: sanic.$_{ptk}$
• **saure**: ant-t.$_{a1,bg1}$ mand.$_{sp1}$ mang.
• **warme**: androc.$_{srj1}$ ars.$_{oss}$ *Bry.* calc.$_{ptk}$ chel.$_{ptk}$
– **Milchprodukte**:
• **agg.**: agar.$_{zr}$
– **Mittagessen**:
• **Abneigung**: carb-an. coc-c. verat.
– **Mohrrüben**, Karotten:
• **agg.**: calc. *Lyc.*
– **Muscheln**:
• **agg.**: **Lyc.**$_{gk}$
• **Vergiftung**: camph.$_{c1}$
– **Muttermilch**
☞ *Milch - Abneigung - Muttermilch / Milch - agg. - Muttermilch*
– **Nudeln**:
• **Verlangen**: lach.$_{vh}$ nat-m.$_{vh}$
☞ *Mehlspeisen - Verlangen*
– **Nüsse**:
• **Verlangen**: asar.$_{vh}$ cub.
– **Obst** (= Früchte):
• **agg.**: acon. *Aloe Ant-c.* ant-t. **Ars.**$_{c1,k}$ ars-s-f.$_{k2}$ aster.$_{jl}$ *Borx.* **Bry.** calc. *Calc-p. Carb-v. Caust.*$_{bro1}$ **Chin.** *Chinin-ar. Cist.* colch.$_{bg2,sf1}$ **Coloc.** *Crot-t.* cub. elaps$_{kr1}$ *Ferr.* glon.$_{ptk}$ ign. iod.$_{bg2}$ *Ip. Iris* kali-bi.$_{bro1}$ kreos. lach. lith-c. *Lyc.* mag-c. *Mag-m.* merc.$_{bg2,kr1}$ merc-c.$_{bg2}$ *Mur-ac. Nat-ar. Nat-c.* nat-p. **Nat-s.** *Olnd.* ox-ac.$_{bg2,sf1}$ *Ph-ac.* phos. *Podo. Psor.* **Puls.** rheum *Rhod.*$_{c1,k}$ *Rumx.*$_{bro1}$ ruta samb.$_{kr1,ld1}$ *Sel. Sep.* sul-ac. sulph.$_{bg2}$ tarax. tarent.$_{ld1}$ trom. **Verat.**

– **Schalentiere**:
• **agg.**: bell.bg2,j5 carb-v. *Coloc.*bg2 cop.j5 euph.bg2 levo.jl *Lyc.* phenob.jl rhus-t.bg2 ter.bg2,sfl *Urt-u.*
☞ *Austern - agg.*
– **scharf** gewürzten Speisen:
• **Abneigung**: *Fl-ac.*ldl sang.ldl
☞ *Gewürze - Abneigung*
• **Verlangen**: abies-c.gk acon.k2 am-c.gk ars. aster. caps.bg1,k2 carc.cd caust.k2,vh chin.bg1 *Cist.* crot-h.gk *Fl-ac.* *Hep.* *Lac-c.* nat-m.gk nat-p. nit-ac.k2 nux-v.k2 ph-ac. phos.vh puls.k2 *Sang.* sep.k2 stry-p.sfl sulph.k2 tub.vh verat.gk
☞ *Gewürze - Verlangen*
– **Schinken**:
• **Abneigung**: puls.st
• **Verlangen**: *Calc-p.*bg2,st mez.sfl *Uran-n.*krl,st
• **fetter**: calc-p.k,st *Carc.*azl,st *Mez.* *Sanic.*k,st *Tub.*k,st
☞ *Fett - Verlangen / Speck - Verlangen*
• **roher**: uran-met.cl *Uran-n.*
☞ *rohe - Verlangen*
– **Schlagsahne**:
• **Verlangen**: puls.samkn
– **Schleckereien**
☞ *Leckerbissen*
– **schleimige** Speisen:
• **Abneigung**: *Calc.*vh *Nat-m.*vh
– **Schmalz**, Schweineschmalz:
• **Verlangen**: ars. calc-p.cl
☞ *Fett - Verlangen*
– **Schnee**:
• **Verlangen**: crot-c.
– **Schokolade**:
• **agg.**: *Borx.*bg2,gl1,* bry.bg2,gl1,* calad.bg2,gl1,* caust.bg2,gl1,* choc.srj3 cocabg2,gl1,* kali-bi.bg2,gl1,* lil-t.bg2,gl1,* *Lith-c.*bg2,gl1,* **Lyc.**bg2,gl1,* ox-ac.bg2,gl1,* prot.bg2,gl1,* *Puls.*bg2,gl1,*
• **Abneigung**: haliae-lc.srj5 osm. prot.jl tarent.
• **Verlangen**: androc.srj1 arg-n.st *Ars.*sys bamb-a.stb2 calc.st calc-m.stj *Carc.*sk1,vh,* choc.srj3 germ-met.srj5 gink-b.sbd1 haliae-lc.srj5 lepi. lyss. nat-m.vh neonsrj5 *Phos.*vh *Sep.*st,vh *Staph.*mp *Sulph.*vh tarent.vh
– **Schweinefleisch**:
• **agg.**: acon. acon-l.c1,c2 *Ant-c.* ant-t. ars. asaf. bell. **Carb-v.** caust. clem.bg2 *Colch.* **Cycl.** dros.bg2,kr1 **Graph.**bg2 ham. *Ip.* *Nat-ar.* *Nat-c.* *Nat-m.* **Puls.**c1,k **Sep.**c1,k tarax. tarent.ld1 thuj.
☞ *Fett - agg.*
• **Geruch** von Schweinefleisch agg.: *Colch.*bg2,kr1
• **amel.**: mag-c.bg2,kr1,* nat-m.bg2,sfl ran-b.bg2,sfl ran-s.bg2,sfl
• **Abneigung**: *Ang.*c1,k1,* carb-v.gm1 *Colch.* cycl.br1,st *Dros.* prot.jl *Psor.* *Puls.* sep.bg2
• **gebratenes**: ptel.bg1
• **Verlangen**: *Calc-p.*bg2 *Crot-h.* *Mez.*bg2 nit-ac.bg2,sfl nux-v.bg2,sfl rad-br.bg2,bg3,* *Tub.*
– **schwere** Speisen:
• **agg.**: bry. calc. *Caust.* cupr. **Iod.** lyc. mag-c.h nat-c. *Puls.* sulph.
☞ *Fett - agg. / gehaltvolle - agg.*

– **Seife**:
• **Verlangen**: calc.bl
– **Selterswasser**
☞ *Wasser - Verlangen - kohlensäurehaltiges*
– **Senf**:
• **Verlangen**: ars. bac.vh cic.jl *Cocc.* colch. haliae-lc.srj5 hep. *Lac-c.*kr1 mez. mill. nicc.
– **Sodawasser**:
• **Verlangen**: choc.srj3
– **Soßen** zu den Speisen:
• **Verlangen**: arg-n.ld1 nux-v.a1
– **Spaghetti**
☞ *Nudeln*
– **Speck**:
• **amel.**: ran-b. ran-s.
• **Abneigung**: rad-br.c1
• **Verlangen**: *Ars.*sfl,st,* calc.bg2 *Calc-p.* carc.zzh cench. *Mez.* rad-br.bg2 *Sanic.* tell.jl *Tub.*
☞ *Fett - Verlangen / Schinken - Verlangen - fetter*
– **Spinat**:
• **Abneigung**: *Chel.*vh hep.dgt
• **Verlangen**: stram.dgt
• **roher** Spinat: haliae-lc.srj5
– **stärkehaltige** Speisen
☞ *Mehlspeisen*
– **stark** gewürzte Speisen
☞ *Gewürze*
– **Stärkungsmittel**:
• **agg.**: carb-ac.ld1
☞ *Stimulanzien - agg.*
• **Abneigung**: sul-ac.ld1
• **Verlangen**: aloe carb-ac. carb-an. caust. *Cocc.* nux-v. *Ph-ac.* *Puls.* rheum *Rhus-t.* sul-ac. *Valer.*
– **Stimulanzien**:
• **agg.**: agar.k2 ant-c.k2 cadm-s.bro1 chion.bro1 fl-ac.bro1 *Glon.*bro1 ign.bro1 lach.bro1 led.bro1 najabro1 nat-sil.k2 *Nux-v.*st op.bro1 thuj.k2 *Zinc.*bro1
☞ *agg.*
• **amel.**: **Gels.**k1,vh glon.bro1
• **Verlangen**: alco.a1 aloea1,sfl androc.srj1 ant-t.a1 ars-s-f.a1,k2 aster.a1 aur.a1 aur-s.a1,k2 calc-i.a1,k2 caps.a1,st caust.a1,bg2 chin.a1,sfl crot-h.a1,bg2 *Fl-ac.*a1,sfl gins.a1 hep.a1,bg2 iber.a1 iod.a1 kali-i.a1 mur-ac.k2 najaa1 nat-p.a1 nux-v.a1,st *Puls.*a1 sol-t-ae.a1 staph.a1,bg2,* sul-i.a1,k2 sulph.a1,k2,* sumb.a1 tab.a1 ziz.a1
– **Suppe**:
• **agg.**: alum.ld1 alumn.kr1,ld1 chin.gl1,ld1 kali-c.ld1 staph.gl1,ld1
• **Abneigung**: *Arn.* ars. bell. carb-v.gl1 cham. chin.gl1 *Graph.* kali-c.ld1 kali-chl.ld1 kali-i. lyc.ptk merc-cy.bg2 nat-m.gl1 ol-an.a1 puls.gl1 *Rhus-t.* staph.gl1
• **Verlangen**: adam.srj5 *Calc-ar.* carc.zzh kali-chl.ld1 mag-m.dgt nat-m.bl1 ol-an.a1 staph.kr1
☞ *flüssige - Verlangen / warme Getränke - Verlangen / warme Speisen - Verlangen*
• **warme**: bry. *Calc-ar.* ferr. nat-m. phel.
☞ *warme Getränke - Verlangen*
– **Süßigkeiten**:
☞ *Leckerbissen*

- **agg.**: acon. am-c.*Ant-c.* **Arg-n.** ars.bg1,k2,* aster.jl bad.bg1 bell.bg2 calc. calc-f.jl,mg1,* carb-v.k2 *Cham.* choc.srj3 cinabg2 cycl.sf1 ferr.bg2 fl-ac. *Graph.* hep.gl1 **Ign.** ip.kr1,sf1 lach.bg1 limest-b.es1 *Lyc.*ld1,sf1 mand.jl,mg1,* med.ld1,st *Merc.* nat-c. *Nat-p.*bg2,sf1 nux-v.gl1 ox-ac. phos. *Puls.*gl1,sf1 sang.bg1,bg2,* *Sel.* spig. spong.c1 *Sulph.* thuj.c1,k zinc. zinc-p.k2
  - ☞ *Gebäck - agg. / Pudding - agg.*
  - **Geruch** von; empfindlich gegen den
    - ☞ ❑ *Nase - Geruch - überempfindlicher - Süßigkeiten*
- **amel.**: am-c.jl *Arg-n.*vh bell.bg2 *Lyc.*vh
- **Abneigung**: abrot.c1 *Arg-n.*ld1 *Ars.* bar-c. beryl.jl,sp1 cadm-s.vh calc.c1 calc-p.vh carc.pd,xxb *Caust.* chloram.jl choc.srj3 erig.jl **Graph.** haliae-lc.srj5 hipp. hippoz.bg1 iod.c1 *Kali-c.*ld1 lac-c. lol.sf1 *Lyc.*ld1 med.al2,vh,* *Merc.* nat-m.c1 nit-ac. nux-v.gl1,h,* petr.ld1 ph-ac.vh *Phos.* puls.gl1,vh,* rad-br.bg1,bg3,* rauw.sp1 rheumld1 senec.bg1 *Sin-n.* *Sul-ac.*ld1 *Sulph.* tub.c1 *Zinc.* zinc-p.k2
- **Verlangen**: *Alf.*bro1,ld1 *Am-c.* aran-ix.jl,mg1 arg-met. **Arg-n.** ars. ars-s-f.k2 *Aur-m-n.*vh bamb-a.stb2 bar-c. bar-s.k2 *Bry.* bufo cael.jl *Calc.* *Calc-f.*jl,mg1,* calc-m.stj calc-p.vh *Calc-s.* *Carb-v.* carc.c1,cd,* caste.jl cere-b.a1 **Chin.** chinin-ar. **Chinin-s.**vh choc.srj3 *Cina*ld1 cocald1 *Cocain.*bro1,ld1 crot-h.ld1 *Elaps* *Euphr.*vh ferr.bg2 germ-met.srj5 gink-b.sbd1 granit-m.es1 *Ip.* joan.bro1 kali-ar. *Kali-c.* kali-p. *Kali-s.* lil-t.bg2 lob.vh **Lyc.** *Mag-m.* mand.jl,mg1,* *Med.* *Meny.*vh meph.jl *Merc.*k,st merc-d.bg1 merc-i-f.c1 nat-ar. *Nat-c.* nat-m. *Nit-ac.*vh nux-v. onop.jl op. petr. *Phos.*vh *Plb.* *Puls.*rb2,vh,* rad-br.c1 *Rheum* *Rhus-t.* rib-ac.jl *Sabad.* *Sec.* *Sep.* sil.kr1 *Sul-ac.*vh **Sulph.** thyr.bro1,vh/dg *Tub.* x-rayjl,sp1
  - ☞ *Leckerbissen - Verlangen*
  - **agg.**; aber dadurch: *Am-c.*st1 **Arg-n.**st1 *Calc.*st1 *Nat-c.*st1
  - **Kopfschmerzen**, bei: **Calc.**vh
  - **Menses**, vor den: *Arg-n.*vh1 **Sulph.**vh

– Tabak

☞ *Tabak*

– Tee:

- **amel.**: carb-ac. dig. ferr. kali-bi.bg2,sf1 pyrusld1
- **agg.**: abies-c.ld1 *Abies-n.*bg2,sf1,* *Aesc.* agar.bg2,sf1 ars.bg2 aur-m.k2,kr1 cham.bg2,sf1 *Chin.*c1,k,* choc.srj3 cocc.bg2,sf1,* coff. dios.c1,k,* *Ferr.* fl-ac.k2 hep.bg2 kali-bi.bg2 kali-hp.bro1 lach. lob.c1,c2,* *Nux-v.*c1,k2,* ph-ac.bg2 puls.bg2,c1,* *Rhus-t.*c1,kr1 rumx. **Sel.**c1,k **Sep.**bg2,kr1 *Spig.*bg2 stroph-h.c1 *Thuj.*c1,k,* verat.
  - **übermäßiger** Genuß von: nux-v.k2
- **Abneigung**: adam.srj5 carb-ac. carb-an.ld1 chin.ld1 choc.srj3 dios.ld1 ferr-m.ld1 kali-hp.ld1 *Phos.* *Sel.*ld1 thea thuj.ld1
- **Verlangen**: alum.bro1 aster. calc-s. *Chin.*gl1,st hep. hydr. lepi.a1 lunakg1 nux-v.gl1,st *Puls.*st,vh pyrus sel.bg,sf1 thuj.st
  - **Teeblätter**: *Alum.*
    - ☞ *Unverdauliches - Verlangen*

– Thunfisch:

- **Verlangen**: gink-b.sbd1

– Tomaten:

- **agg.**: lith-c.bg2 op.oss ox-ac.bg2,k2 phos.bg2
- **Abneigung**: hyos.vh lyc.gm1 *Phos.*vh *Psor.*vh
- **Verlangen**: *Ferr.*k,vh,* ign.st,vh,* sulph.dgt
  - **rohe**: ferr.k,st1 ign.vh

– trockene Speisen:

- **agg.**: agar. bov.bg2 calad.bg2 **Calc.** chin. ferr.bg2 ign.bg2 ip. kali-i.bg2 *Lyc.* *Nat-c.* nit-ac. nux-v. ox-ac.bg2 petr. ph-ac. *Puls.* raph.bg2 sars. sil. sulph.
- **Abneigung**: merc.bg2
- **Verlangen**: *Alum.*

– unbestimmtes Verlangen

☞ *Vielerlei - Verlangen / ❑ Magen - Appetit - launischer*

– Unverdauliches:

- **agg.**: bry.bg2 calc.bg2 *Caust.*bg2 cupr.bg2 **Iod.**bg2 ip.c1 lyc.bg2 nat-c.bg2 *Puls.*bg2 sulph.bg2
- **Verlangen**: abies-c.bg2,sf1 *Alum.* alumn. *Aur.*st bell. bry. *Calc.* *Calc-p.* cic.bg2,k2,* con.st cycl. ferr.sf1,st ign.br1,bro1 **Lach.**st nat-m.st *Nit-ac.*bg2,k2,* nux-v.bg2,sf1,* psor.bg2 **Sil.**bg2 *Tarent.*bg2
  - ☞ *Asche - Verlangen / Holzkohle - Verlangen / Kalk - Verlangen / Kohle - Verlangen / merkwürdige - Verlangen / Papier - Verlangen / Sand - Verlangen / Tee - Verlangen - Teeblätter*

– Vielerlei:

- **Verlangen**: **Cina** kreos. phos. staph.ptk

– Vitamin C:

- **Verlangen**: germ-met.srj5

– warme gekochte Speisen

☞ *warme Speisen - Abneigung*

– warme Getränke:

- **agg.**: ambr.kr1,st,* apisk2,sf1,* bry.ld1,sf1 **Carbn-s.**ld1 chel.ld1 chin.c1,ld1 choc.srj3 fl-ac.k2,ld1 gels.a1 graph.ld1,sf1 ign.ld1,sf1 *Lach.*ld1,sf1 *Phos.*ld1,sf1 *Puls.*ld1 pyrog.ld1,sf1 rhus-r.ld1 **Rhus-t.**ld1 sars.k2,ld1 sep.ld1 sil.k2,ld1 stann.jl,ld1 *Sulph.*ld1 verat.ld1 zinc-p.k2,ld1
  - **heiße** Getränke: am-c.kr1 ambr.kr1 anac.kr1 ant-t.kr1 apiskr1,sf1 asar.kr1 *Bar-c.*kr1 *Bell.*kr1 **Bry.**kr1,sf1 calc.kr1 *Carb-v.*kr1 caust.kr1 *Cham.*kr1 chion.kr1,ld1 cupr.kr1 euph.kr1 ferr.kr1 graph.kr1,sf1 hell.kr1 ign.kr1,sf1 kali-c.kr1 *Lach.*kr1,sf1 laur.kr1 *Merc-i-f.*kr1 *Mez.*kr1,sf1 oena.a1,kr1 *Ph-ac.*kr1 **Phos.**kr1,sf1 *Phyt.*kr1,sf1 **Puls.**kr1 pyrog.kr1,sf1 sep.kr1 sil.k2,kr1 stann.kr1,sf1,* sul-ac.kr1
- **amel.**: *Alum.* androc.srj1 apoc.k2 arg-n. **Ars.** *Bry.* calc-f.st *Carbn-s.* *Cedr.* *Chel.* chinin-ar.k2 crot-t.sf1 cupr.sf1 *Graph.* guare. lach.k2 *Lyc.* *Mang.* *Nux-m.* **Nux-v.** pyrus **Rhus-t.** sabad.ld1,sf1 spong. *Sulph.* verat.
  - **heiße** Getränke: ail.ptk antip.c1 ars. chel.sf1 lyc.st nux-v. sul-ac.
- **Abneigung**: bry.ld1 caust.ld1 *Cham.* *Cupr.*ld1 graph.ld1 kali-s.bro1 lach.k2 **Phos.** **Puls.** pyrog.ld1 rib-ac.jl zinc-p.k2
  - **heiße** Getränke: caust.k2,ld1 cham.sf1 chin.k2 ferr. graph.ld1 *Kali-s.* *Lyc.*ld1 mang.h oena.a1 ptel.bg2 *Puls.*ld1,sf1 sil.k2
    - **kalt**; heiße Getränke scheinen: camph.ptk

• **Verlangen**: adam.srj5 androc.srj1 ang. **Ars.** ars-s-f.k2 bamb-a.stb2 bell. **Bry.** *Calad.* carb-v. casc. castm.a1 castn-v. cedr. *Chel.* chinin-ar.k2 choc.srj3 cocc.bg2 cupr. eup-per. eup-pur. ferr.bg2 ferr-p.st graph. hep.k2 *Hyper.* kali-ar. kali-c.jl kali-i.bg2,sf1 kreos. **Lac-c.** *Lyc.* med.br1,st merc-c. neonsrj5 pyrus *Sabad.* spig.bg1 *Sulph.* tub.a1,st
☞ *Suppe - Verlangen - warme*
• **Angina** pectoris, bei: spig.st
• **Fieber**; während: *Casc.* cedr. *Eup-per.* *Lyc.*
• **Frost**; während: **Ars.** *Cedr.* *Eup-per.*
• **heiße** Getränke: ang.kr1 bell.kr1 **Bry.**kr1 calad.kr1 casc.kr1 *Castn-v.*kr1,ld1 cedr.kr1 chel.kr1 cupr.kr1 eup-pur.kr1 hyper.kr1 kali-i.kr1,sf1 kreos.kr1 **Lac-c.**kr1 *Lyc.*kr1 med.kr1,ld1 *Puls.*kr1 spig.kr1,ld1
• **Menses**; vor: bamb-a.stb2

– **warme** Speisen:
• **amel.**: asar.ld1 chel.ld1,vh chinin-ar.k2 kreos.k2,ld1 *Laur.*ld1 lyc.bg2,st,* sabad.k2,ld1
• **heiße** Speisen: agar.kr1 alumn.kr1 ant-c.kr1 **Ars.**kr1 bar-c.kr1 bell.bg2,kr1 bov.kr1 bry.kr1 calc.kr1 canth.kr1 carb-v.kr1 caust.kr1 cham.kr1 chel.bg2,kr1 *Con.*kr1 *Graph.*kr1 hell.kr1 *Ign.*kr1 kali-c.kr1 *Kali-n.*kr1 *Kreos.*kr1 **Lyc.**kr1 mag-c.kr1 mag-m.kr1 *Mang.*kr1 *Mez.*kr1 *Mur-ac.*kr1 *Nat-m.*kr1 nit-ac.kr1 *Nux-m.*kr1 **Nux-v.**kr1 par.kr1 ph-ac.kr1 *Plb.*kr1 puls.kr1 **Rhus-t.**kr1 sep.kr1 *Sil.*kr1 *Spig.*kr1 sul-ac.kr1 *Sulph.*kr1 thuj.kr1 *Verat.*kr1
• **agg.**: acon. agn. all-c. alum. *Alum-p.*k2 alum-sil.k2 am-c. *Ambr.* *Anac.* ang.bg2 ant-t. ars.bg2 asar. *Bar-c.* *Bell.* bism. borx. **Bry.** calc. canth. *Carb-v.* carbn-s. caust. *Cham.* clem. *Coc-c.* *Cupr.* dros. *Euph.* ferr. gels.a1 gran. guat.jl hell. *Kali-c.* **Lach.** laur. *Mag-c.* mag-m. merc. *Mez.* nat-m. *Nit-ac.* nux-m. nux-v. par. *Ph-ac.* **Phos.** **Puls.** rhod. *Rhus-t.* sars. sep. sil. spig. squil. stann. sul-ac. sul-i.k2 sulph. thiop.jl thuj. verat. zinc.
☞ *gekochte - agg.*
• **heiße** Speisen: acon.kr1 alum-sil.k2 alumn.kr1 *Am-c.*kr1 *Ambr.*kr1 *Anac.*kr1 ang.kr1 *Ant-t.*kr1 apiskr1 ars.kr1 arum-t. *Asar.*kr1 *Bar-c.*kr1 *Bell.*kr1 borx.kr1 *Bry.* *Calc.*kr1 canth.kr1 caps. carb-v. *Caust.*kr1 *Cham.*kr1 chin.ld1 clem.kr1 coff. *Cupr.*kr1 *Euph.*kr1 ferr. graph. *Hell.*kr1 kali-c.kr1 *Lach.*kr1 *Laur.*kr1 mag-c.kr1 mag-m.kr1 *Merc.*kr1 *Mez.*kr1 nat-m.kr1 *Nat-s.* nux-m.kr1 nux-v.kr1 par.kr1 *Ph-ac.*kr1 **Phos.**kr1 phyt. *Puls.* rhod.kr1 rhus-t.kr1 sars.kr1 *Sep.* sil.kr1 squil.kr1 *Sul-ac.*kr1 sulph.kr1 thuj.kr1 tub.bg2 verat.kr1 zinc.kr1
• **Abneigung**: *Alum-p.*k2 bamb-a.stb2 *Bell.* *Calc.* *Chin.* cupr. **Graph.** guare. *Ign.* kali-s.k2 *Lach.* *Lyc.* mag-c. mag-s. merc. *Merc-c.* merc-cy.ld1 *Nux-v.*bg2 petr. **Phos.** psor. **Puls.** *Sil.* *Verat.* zinc.
☞ *gekochte - Abneigung*
• **heiße** Speisen: calc.st **Chin.** ferr. kali-s. *Merc-c.* petr. pyrog.ld1 sil.k2,ld1 verat.ld1
• **Verlangen**: ang. **Ars.** ars-s-f.k2 *Bry.*bg2 caps.k2 castm.bg2 cedr.bg2 *Chel.* chinin-ar.k2 *Cocc.* cupr. cycl. *Ferr.* kali-i.bg2 *Lyc.* med.st *Ph-ac.* *Sabad.* sil.
☞ *Suppe - Verlangen*

– **warme** Speisen - **Verlangen**: ...
• **heiße** Speisen: ang.kr1 ars.kr1 chel.kr1 cupr.kr1,ld1 cycl.kr1 *Ferr.*kr1 **Lyc.**kr1 ph-ac.kr1 *Sabad.*kr1,ld1

– **Wasser**:
• **agg.**: arg-n.ld1,sf1 ars.ld1 bry.ld1 calc.ld1 canth.ld1,sf1 chinin-ar.ld1,sf1 *Cocc.*ld1 *Crot-t.*ld1 dros.ld1 ferr-m.ld1 lach.ld1 lob.ld1 lyc.ld1 nux-m.ld1 puls.ld1 sabad.ld1 sep.ld1 spong.ld1 stann.ld1 sulph.ld1
• **verdorbenes**: all-s.ptk zing.ptk
• **viel** agg.; zu: grat.ptk
• **amel.**: ars.ld1 **Bry.**ld1
• **Abneigung**: *Apis* ars.k2,ld1 *Bell.* berb.a1,k2 brom. *Bry.* *Calad.* cann-i. *Canth.* carl. caust. cedr. chel.ld1 *Chin.*k1,st chinin-ar.ld1 coc-c. coloc. elaps ham. hell. **Hyos.** *Kali-bi.*k,k1 lach.gl1,k2,* lyc. *Lyss.* manc. merc.ld1 merc-c. merc-cy.ld1 *Nat-m.* **Nux-v.** onos. ox-ac. phel. *Phys.* *Puls.* **Staph.**gl1,st **Stram.** sul-ac.gl1,st *Tab.*sf1 thea zinc. zing.ld1
• **kalt**
☞ *kalte Getränke*
• **Verlangen**:
• **kaltes** Wasser
☞ *kalte Getränke*
• **kohlensäurehaltiges** Wasser (= Selterswasser): colch.ptk
• **nur** Wasser: apoc.k2
• **warmes** Wasser
☞ *warme Getränke*

– **weiche**, mürbe Speisen:
• **Verlangen**: alumn.a1 pyrusa1 sulph.a1,h

– **Wein**:
• **amel.**: *Acon.* agar. ars. bell. brom. bry. *Canth.* *Carb-ac.* chel. chen-v.kr1 cocald1 cocc. *Con.* ferr.hr1 gels. glon. graph. lach. mez. nat-m.bg2 nux-v. onos.bg2,sf1 *Op.* osm. phos. ran-b.ld1 sel. sul-ac. sulph. thea
• **saurer**: ferr.kr1,st
• **agg.**: acon. acon-l.c1 aeth.c1,kr1 agar. alum. am-m. *Ant-c.* *Arn.* **Ars.** aur. aur-m. bell. benz-ac.bg2,sf1,* *Borx.* bov. bry. cact. *Calc.* calc-sil.k2 carb-an. carb-v. carbn-s. **Chin.**k1 chlol. chlor.ld1 cob-n.mg1 coc-c. **Coff.**c1,k coloc. *Con.* cor-r. des-ac.jl eup-per.k2 *Fl-ac.* flav.jl *Gels.* *Glon.* hyos.j5 ign. kali-chl. kali-n.c1 *Lach.* *Led.* **Lyc.**c1,k mag-m.jl *Merc.*j5,kr1 *Naja* *Nat-ar.* *Nat-c.* *Nat-m.*c1,k nat-sil.k2 *Nux-m.* **Nux-v.** **Op.** ox-ac. petr. phos.h prot.jl puls. **Ran-b.** *Rhod.* rhus-t. ruta *Sabad.* sars.k2 *Sel.* **Sil.** staph.bg2,sf1 stront-c. *Sulph.*bg2,j5,* thuj. verat. **Zinc.** *Zinc-p.*k2
• **Geruch** von; empfindlich gegen den
☞ *☐ Nase - Geruch - überempfindlicher - Wein*
• **geschwefelter**: *Ars.*bg2,kr1,* chin.bg2,kr1,* *Merc.*bg2,kr1,* **Puls.**bg2,kr1,* *Sep.*bg2,kr1,*
• **Rotwein**: fl-ac.bg2,sf1,*
• **saurer**: **Ant-c.** ant-t. *Ars.* ferr. sep. sulph.
• **schlechter**: carb-v.c1
• **übermäßigen** Genuß, durch: nux-v.k2
• **Abneigung**: **Acon.**ld1 agar. alum.ld1 ars-met. carb-v.ld1 carbn-s.ld1 coff.ld1 fl-ac. glon.ld1 hyper.ld1 *Ign.* jatr-c. jug-r. lach. lact.ld1 manc. mand.sp1 *Merc.* nat-m. nux-v.ld1 ph-ac. puls.ld1

• **Abneigung**: ...
Rhus-t. **Sabad.** sil.ld1 *Sulph.* tub.st *Zinc.* zinc-p.k2
• **Weißwein**: adam.srj5
• **Verlangen**: *Acon.* adam.srj5 *Aeth.* arg-met. arg-mur.a1 *Ars.* asaf. bov. *Bry.* *Calc.* calc-ar. calc-s. **Canth.**ld1 chel. chin. chinin-ar. chlor.bg2 *Cic.* colch. cub. eup-per.k2 fl-ac. *Hep.* hyper. iod.bg2,sf1 kali-bi. kali-br. kali-i. *Lach.* *Lec.* **Lycps-v.**ld1 merc. *Mez.* nat-m. nux-v.c1,gl1 op.gl1,ld1 **Phos.** puls. sec. sel. *Sep.* *Spig.* staph. sul-i.bg2,sf1 **Sulph.** *Sumb.* ther. thiop.j1 verat.vh vichy-g.a1
◆ **begleitet** von:
• **Heißhunger**: asar.gm1
• **Rotwein**: calc-s. staph. *Sulph.* ther.

– **Weinbrand**, Brandy:
• **agg.**: agar. *Ars.* ars-met.kr1 bell. calc. carb-ac.ld1 chel.bg2,sf1,* chin. cocc. fl-ac.bg2 hep. hyos. ign. lach. laur. *Led.* med.st **Nux-v.** **Op.** puls. *Ran-b.* rhod. *Rhus-t.* ruta spig. *Stram.* sul-ac. **Sulph.** verat. zinc.
• **schlechten**, durch: carb-v.c1
• **Wein** amel.; und: *Sul-ac.*kr1
• **amel.**: olnd.sf1 prot.j1 sel.sf1
• **Abneigung**: ant-t.hr1 *Carb-ac.*a1,hr1 ign. lob.ld1 lob-e.br1 *Merc.* ph-ac.sf1 rhus-t. stram.ld1 zinc.
• **Weinbrandtrinkern**, bei: *Arn.*
• **Verlangen**: acon. ail. arg-n. ars. ars-met. asar.sf1 aster. bov. bry. bufo calc. chin. cic. coc-c.ld1 coca cub. ferr-p. *Hep.* lach. led.k2 mosch. mur-ac. **Nux-v.** olnd. **Op.** *Petr.* *Phos.* puls. *Sel.*bg2,k *Sep.* *Spig.* *Staph.* stram. stront-c. *Sul-ac.* *Sulph.* ther.

– **Weintrauben**:
• **agg.**: chin.gl1 ox-ac.k2 verat.gl1

– **Whisky**:
• **Verlangen**: acon. *Arn.* *Ars.* calc. caps.k2 carb-ac. *Carb-an.* chin. cub. fl-ac. hep. **Lac-c.** *Lach.* led.k2 merc. nux-v. op. *Phos.* puls. *Sel.* *Spig.* staph. **Sulph.** ther.

– **Würste**:
• **agg.**: acet-ac.bro1 *Ars.*bg2,c1 bell.c1,st bry.bg2 puls.bro1
• **verdorbene**: acet-ac.c1 **Ars.** **Bell.** *Bry.* ph-ac. rhus-t. verat.bg2
☞ *Fleisch - agg. - verdorbenes*
• **Abneigung**: *Ars.*ld1 puls.st
• **Verlangen**: acet-ac.ld1 calc-p.ld1,sf1

– **Würze**
☞ *Gewürze*

– **Zitronen**:
• **amel.**: bell.ptk stram.ptk
• **Verlangen**: ars. *Bell.*k2,kr1,* ben. benz-ac.k,k1,* *Merc.*vh nabal.c1,k1 nat-m.vh puls.st *Sabad.*vh sul-ac.vh tarent.vh theac1 verat.

– **Zucker**:
• **agg.**: *Arg-n.*k2,sf1,* bell.sf1 *Calc.*gl1,kr1,* *Merc.*sf1 nat-p.c1,sf1 ox-ac.k2,kr1,* sang.sf1 *Sel.*k2,kr1,* **Sulph.**gl1,kr1,* thuj.sf1 zinc.sf1
• **Abneigung**: ars.sf1 caust.sf1 chloram.j1,sf1 graph.sf1 merc.sf1 phos.sf1 rauw.sf1,sp1 sin-n.sf1 *Zinc.*sf1

Speisen und Getränke - Zucker: ...
• **Verlangen**: am-c. am-m.ld1 **Arg-n.** *Calc.* carc.cd,pc gink-b.sbd1 *Kali-c.* *Lyc.*kr1,sf1 op.a1 *Phos.*vh prot.j1 *Sec.* sulph.h,sf1
• **abends**: *Arg-n.*
• **verdauen**, wenn er große Mengen Zucker ißt; kann nur: nux-v.st1,vh **Staph.**st1,vh
• **Zuckerwasser**: bufoa1,kr1,* sulph.a1

– **Zwiebeln**:
• **agg.**: acon-l.c1 alum.bg2,sf1 brom.bro1 carb-v.vh *Ign.*vh kali-p.bg2 **Lyc.** murx.bg2,sf1 nat-m.vh nux-v. orni.bg1 phos.vh *Puls.* sep.bg,ld1 *Sulph.*vh thuj.c1,k1,*
• **amel.**: all-c.ptk
• **Abneigung**: asar.vh brom.ld1 lyc.gm1,ld1 nit-ac.gl1 op.vh *Phos.*ld1,vh *Sabad.* sep.ld1 *Thuj.*gl1,h,*
• **Verlangen**:
• **rohe** Zwiebeln: *All-c.* all-s.ld1 bell-p.mg1,sp1 cub. med.st *Sabad.*vh staph.gl1 *Thuj.*bg1,gl1,*
☞ *rohe - Verlangen*

Spinalsklerose
☞ *Lähmung - spastische Lähmung*

Spinnwebe, Gefühl einer: alum.bg2,h,* alumn.bg2,kr1 *Bar-c.*bg2,hr1,* *Borx.*bg2,kr1 brom.bg2,hr1,* bry.bg2 calad.hr1 *Calc.*bg2,hr1,* carl.k13 chin.bg2,kr1 con.bg2,kr1 *Graph.*bg2,h,* laur.a1 mag-c.bg2,hr1,* mez.a1,bg2 morph.a1 ph-ac.bg2,hr1,* phos.bg2,kr1 plb.bg2,hr1,* *Ran-s.*bg2,hr1,* rat.a1 sul-ac.bg2,hr1,* sulph.k13 sumb.bg2,kr1,* wies.a1
☞ *Ameisenlaufen*

Splitter
☞ *Schmerz - Splittern*

Sprechen:
– **agg.**: acon.bg2 agar.bg2 alum.bg2,j5 am-c.bg2,j5 am-m.bg2 ambr.bg2,j5 **Anac.**bg2 arg-met.bg2,j1 arg-n.bg2 *Arn.*bg2,j5 ars.bg2 arum-t.bg2 aur.bg2 bar-c.bg2 *Bell.*bg2,k2 borx.bg2,j5 *Bry.*bg2 **Calc.**bg2,j5 **Cann-s.**bg2 canth.bg2 caps.bg2 *Carb-v.*bg2 caust.bg2 *Cham.*bg2 **Chin.**bg2 cic.bg2 **Cocc.**j5,k2,* coff.bg2 con.bg2 croc.bg2 dig.bg2 *Dros.*bg2 *Dulc.*bg2 euphr.bg2 ferr.bg2 ferr-p.bg2 fl-ac.bg2 *Graph.*bg2 hell.bg2 *Hep.*bg2 hyos.bg2 ign.bg2 *Iod.*bg2 ip.bg2 kali-c.bg2 led.bg2 lyc.bg2 mag-c.bg2 *Mag-m.*bg2 **Mang.**bg2 merc.bg2 merc-c.bg2 merc-cy.bg2 mez.bg2 mur-ac.bg2 **Nat-c.**bg2 **Nat-m.**bg2 nux-m.bg2 nux-v.bg2 par.bg2 petr.bg2 **Ph-ac.**bg2 *Phos.*bg2 phyt.bg2 plat.bg2 plb.bg2 puls.bg2 raja-s.bg2,j1 ran-b.bg2 **Rhus-t.**bg2 *Sars.*bg2 **Sel.**bg2 *Sep.*bg2 sil.bg2 *Spig.*bg2 spong.bg2 squil.bg2 **Stann.**bg2,j5 staph.bg2 stram.bg2 stront-c.bg2 sul-ac.bg2 **Sulph.**bg2,j5 *Verat.*bg2
☞ ❑ *Gemüt - Gespräche - agg.* | ❑ *G~ Sprechen - agg.*
– **amel.**: ferr.bg2 rhus-t.bg2 sel.bg2
• **Gespräche**, Konversation: aeth.c1

Spucken:
– **agg.** die Beschwerden: led.ptk1,ptk2 nux-v.ptk1

Stagnieren; Gefühl als würde das Blut: acon.bg2,k,* ambr.bg2 bar-c.bg2,k bell.bg2,k bry.bg2,k carb-an.bg2 *Carb-v.* caust.bg2,k croc.bg2,k crot-t. dig.bg2,k gels.bg2,k graph.k2 hep.bg2,k ign.bg2,k lach.bg2 *Lyc.*bg2,k nat-m.bg2,j5 nit-ac.h nux-m.bg2

Stagnieren; Gefühl als würde das Blut: ...
nux-v. olnd.bg2,k *Pic-ac.* puls.bg2,k rhod.bg2,k *Sabad.*bg2,k seneg.bg2,k sep. sulph.bg2,k sumb. zinc.bg2,k

Starrkrampf
☞ *Konvulsionen - tetanische*

Stase des venösen Systems: arn.br1 bell-p.c2 conv.br1

Staub:
– **agg.**: *Brom.*vh *Lyss.*vh
☞ *Federbett / Steinstaub / ❑ Atmung - Asthma - Staub*
– **inneren** Organen; Gefühl von Staub in: *Am-c.*bg2 ars.bg2 *Bell.*bg2 **Calc.**bg2 chel.bg2 chin.bg cinabg2 cocc.bg2 crot-c.bg2 dros.bg2 hep.bg2 *Ign.*bg2 ip.bg2 *Lyc.*bg op.bg2 *Ph-ac.*bg2 plat.bg2 puls.bg rheumbg2 rumx.bg sulph.bg2 teucr.bg2 zinc.bg2

Stehen:
– **agg.**: acon.bg2,k,* aesc.bro1 *Agar.*bg2,k,* agn.bg2,k aloe *Alum.*bg2,k,* alum-p.k13,k2 alum-sil.k13,k2 *Alumn.*kr1 am-c.bg2,k,* *Am-m.*bg2,k,* ambr.bg2,k,* arg-met. arn.bg2,k,* ars.bg2,k,* ars-s-f.k13,k2 asaf.bg2,k,* asar.bg2,k,* atra-r.jl,jl3 *Aur.*bg2,k,* aur-s.k13,k2 bar-c.bg2,k,* bar-m. bar-s.k13,k2 *Bell.*bg2,k,* *Berb.* bism.bg2,k,* borx. *Bov.*bg2,hr1,* *Bry.*bg2,k,* cact. *Calc.*bg2,k,* calc-s. calc-sil.k13,k2 camph.bg2,k1,* cann-s.bg2,k,* *Canth.*bg2,k,* *Caps.*bg2,k,* carb-an.bg2,k,* carb-v.bg2,k,* *Carbn-s.* *Caust.*bg2,k,* cham.bg2,k,* chel.bg2,k,* *Chin.*bg2,k,* chinin-ar. choc.srj3 cic.bg2,k,* cina **Cocc.**bg2,k,* coff.bg2,k,* *Coloc.*bg2,hr1,* com.bg2 **Con.**bg2,k,* cortico.jl,jl3 croc.bg2,k,* cupr.bg2,k,* **Cycl.**bg2,k,* dicha.mg,mg1,* *Dig.*bg2,k,* dros.bg2,k,* dulc.bg2,k,* *Euph.*bg2,k,* *Euphr.*bg2,k,* *Ferr.* ferr-ar. ferr-p. *Fl-ac.*bg2,k graph.bg2,k,* guaj.bg2,k,* hell.bg2,k,* hep.bg2,k,* ign.bg2,k,* *Kali-bi.* kali-c.bg2,k,* kali-n.bg2,k,* kali-p. lach.bg2,k,* laur.bg2,k,* led.bg2,k,* **Lil-t.**bg2,k *Lyc.*bg2,hr1,* mag-c.bg2,k,* mag-m.bg2,k,* mand.mg,mg1 mang.bg2,k,* meny.bg2,k,* merc.bg2,k,* mez.bg2,k,* mosch.bg2,k,* mur-ac.bg2,k,* *Murx.* nat-c.bg2,k,* nat-m.bg2,k,* nat-s.bg2 *Nit-ac.*bg2,k,* nux-m.bg2,k,* nux-v.bg2,k,* olnd.bg2,k,* op.bg2,k,* par.bg2,k,* petr.bg2,k,* *Ph-ac.*bg2,k,* phel.j5 phos.bg2,k,* *Plat.*bg2,k,* plb.bg2,k,* **Puls.**bg2,k,* *Ran-b.*bg2,k,* *Rheum* rhod.bg2,k,* *Rhus-t.*bg2,k,* *Ruta* *Sabad.*bg2,k,* *Sabin.*bg2,k,* *Samb.*bg2,k,* sarcol-ac.jl sars.bg2,hr1,* sec.bg2 **Sep.**bg2,k,* sieg.mg,mg1 *Sil.*bg2,k,* spig.bg2,k,* spong.bg2,k,* stann.bg2,k,* staph.bg2,k,* stram.bg2,k,* stront-c. stroph-s.jl,jl3 sul-ac.bg2,k,* **Sulph.**bg2,k,* *Tarax.*bg2,k,* teucr.bg2,k,* thlas.bg1 thuj.bg2,k,* *Tub.* **Valer.**bg2,k,* *Verat.*bg2,k,* *Verb.* viol-t.bg2,k *Zinc.*bg2,k,* *Zinc-p.*k13,k2
☞ *Schwäche - Stehen*
– **amel.**: agar.bg2,k,* agn.bg2,k am-c.bg2,k,* anac.bg2,k,* *Ang.*bg2,hr1,* ant-t.bg2,k,* arn.bg2,k,* **Ars.**bg2,k,* *Asar.*bg2,k,* bar-c.bg2,k,* **Bell.**bg2,k,* borx. *Bov.*hr1,kr1 bry.bg2,k,* *Calad.*bg2,k,* calc.bg2,k,* camph.bg2,k,* *Cann-s.*bg2,k,* canth.bg2,k,* carb-an.bg2,k,* carb-v.bg2,k,* chel.bg2,k,* chin.bg2,k,* cic.bg2,k,* cina cocc.bg2,k,* coff.bg2,k,* *Colch.*bg2,k,* coloc.bg2,hr1,* croc.bg2,k,* cupr.bg2,k,* dig.bg2,k,* dios. dulc.hr1

Stehen - amel.: ...
euph.bg2,k,* graph.bg2,k,* guaj.bg2,k,* hell.bg2,k,* hep.bg2,k,* ign.bg2,k,* *Iod.*bg2,k,* ip.bg2,k,* kreos.bg2,k *Led.*bg2,k,* mang.bg2,k,* meny.bg2,k,* merc.bg2,k,* merc-c.bg2 mez.bg2,k,* mur-ac.bg2,k,* naja nat-m.bg2,k,* nit-ac.bg2,hr1,* nux-m.bg2,k,* *Nux-v.*bg2,k,* par.bg2,k,* petr.bg2,k,* *Phos.*bg2,k,* plb.bg2,k,* *Ran-b.*bg2,k,* rheum rhus-t.bg2,hr1,* ruta sars.bg2,k,* sec.bg2,k,* *Sel.*bg2,k,* *Spig.*bg2,k,* spong.bg2,k,* *Squil.*bg2,k,* stann.bg2,k,* staph.bg2,k,* stram.bg2,k,* sul-ac.bg2,k,* sul-i.k13,k2 tarax.bg2,k,* tarent. thuj.bg2,k,* vip-a.jl
• **aufrechtes**: ars.bro1 bell.bro1 *Dios.*bro1 kali-p.bro1
– **unmöglich**: acon.a1 acon-f.a1 ant-t.a1 calc-p.a1 canth.a1 cocc.a1,j5,* con.a1,j5,* cupr.a1,j5,* cupr-s.a1,j5 dulc.a1 hep.a1,j5,* hydrc.a1 hyos.a1 iod.a1 *Kali-br.*hr1,kr1,* lach.a1,j5,* merc.a1 merc-n.a1 merc-ns.a1 nat-m.a1,j5,* nit-ac.a1,j5,* nux-v.a1,j5,* op.a1 phys.a1 plb.a1 sabad.a1,j5 sec.a1,j5,* stann.a1,sf1 staph.a1,j5,* stram.a1,j5,* sul-ac.a1,j5 tarent.a1
• **bis** nachmittags: bell.a1

Steifes Ausstrecken des Körpers: ang.bg2 camph.bg2 cham.bg2 *Cina*bg2,h cupr.bg2 *Ign.*bg2 *Ip.*bg2 just.bg2,kl phos.bg2,h stram.bg2
– **Berührung** bei Kindern; durch: apiskl
– **Husten**, vor dem: cinakl led.kl

Steifheit: apisbg ars-s-f.k2 bell.bg bry.bg *Caust.*bg chel.bg cur.c2 dulc.bg germ-met.srj5 kalm.bg lach.bg led.bg lyc.bg nux-v.bg **Rhus-t.**bg *Sep.*bg sil.bg *Sulph.*bg

Steigen:
– **agg.**: acet-ac.a1,k acon.bg2,k,* agar.bg2,sf1,* aloe alum.bg2,k,* alum-sil.k13,k2 *Alumn.*kr1 *Am-c.*bg2,k,* anac.bg2,k,* *Ang.*bg2,hr1,* ant-c.bg2,k,* arg-met. arg-n. arn.bg2,k,* **Ars.**bg2,k,* ars-s-f.k13,k2 asar.bg2,k aur.bg2,k,* aur-ar.k2 aur-i.k13,k2 aur-s.k2 *Bar-c.*bg2,k,* bar-m. *Bar-s.*k13,k2 bell.bg2,k,* *Borx.* **Bry.**bg2,k,* but-ac.br1 *Cact.*hr1,kr1,* cadm-s. **Calc.**bg2,k,* calc-ar.k13,k2 *Calc-p.*c1,k calc-sil.k13,k2 cann-i. cann-s.bg2,k,* canth.bg2,k,* *Carb-v.*bg2,k,* *Carbn-s.* caust.bg2,k,* chin.bg2,k,* **Coca** coff.bg2,k,* *Con.*bg2,hr1,* conv. *Cupr.*bg2,k,* dig.bg2,k,* dios. dros.bg2,k,* euph.bg2,k,* *Ferr.*bg2,hr1,* gels. gins.a1 *Glon.*bg2,k graph.bg2,k,* hell.bg2,k,* hep.bg2,k,* hyos.bg2,k,* ign.bg2,k,* iod.a1,bg2,* kali-ar. kali-c.bg2,k,* *Kali-i.*bg2,k *Kali-n.*bg2,k1,* kali-p. *Kalm.*bg2,k kreos.bg2,k lach.bg2,k,* led.bg2,k,* lyc.bg2,k,* mag-c.bg2,k,* mag-m.bg2,k,* meny.bg2,k,* *Merc.*bg2,k,* mosch.bg2,k,* mur-ac.bg2,k,* nat-ar. nat-c.bg2,k,* *Nat-m.*bg2,k,* nat-n.bg2,sf1,* nat-p. nit-ac.bg2,k,* nux-m.bg2,k,* *Nux-v.*bg2,k,* olnd.bg2,sf1,* *Ox-ac.*bg2,k,* par.bg2,k,* petr.bg2,k,* ph-ac.bg2,k,* *Phos.*bg2,k,* plat.bg2,k,* plb.bg2,k,* prot.jl,jl3 *Puls.*bg2 ran-b.bg2,k,* rhod.hr1,kr1 rhus-t.bg2,k,* *Ruta* sabad.bg2,k,* *Sabin.*hr1,kr1 *Seneg.*bg2,k,* *Sep.*bg2,k,* sil.bg2,k,* *Spig.*bg2,k,* **Spong.**bg2,k,* squil.bg2,k,* *Stann.*bg2,k,* staph.bg2,k,* sul-ac.bg2,k,* *Sulph.*bg2,k,* *Tab.*bg2,k *Tarax.*bg2,k,* thuj.bg2,k,* tub.lmj *Valer.*hr1,kr1 verb.bg2,k,* vip-a.jl *Zinc.*bg2,k zinc-p.k13,k2

– **amel.**: allox.bg2,jl3,* am-m.bg2 arg-met.bg2 bar-c.bg2 bell.bg2 bry.bg2 canth.bg2 coff.bg2 *Con.*bg2 ferr.bg2 lyc.bg2 meny.bg2 nit-ac.bg2 plb.bg2 *Rhod.*bg2 rhus-t.bg2 rutabg2 sabin.bg2 stann.bg2 sulph.bg2 *Valer.*bg2 verb.bg2
– **Blut** gerinnt leichter: cact.br1
– **hoch** hinauf agg.: acon. agar.bg2 bell.bg2 bry. **Calc.**k1,st carb-v.bg2 **Coca**k1,st *Conv.* merc.bg2 nat-m.bg2 *Olnd.* onos.bg2 rhus-t.bg2 *Spig.* sulph.
☞ *Berge - Höhenkrankheit / ❑ Gemüt - Hochgelegene - agg.*

Steinbildung
☞ *Harnsaure Diathese*

Steinstaub, Silikose; Folgen des Einatmens von: agar-st.j1 ars.bg2,sf1 brom.bg2 **Calc.** ictod.sf1 ip. *Lyc.* mag-m.j1 nat-ar.bg2 nat-c. nit-ac. penic.j1 ph-ac. *Puls.* **Sil.** sulph.
☞ *Bergbau / Staub - agg.*

Stillen agg.: abrot.bg2,sf1,* acon.bg2,kk2 agn.bg2,kk2 ant-t.bg2,kk2 ars.bg2,kk2 *Bell.*bg2,kk2 *Borx.*bg2,sf1,* **Bry.**bg2,sf1,* **Calc.**bg2,sf1,* *Calc-p.*bg2,sf1,* carb-an.bg2,kk2 carb-v.bg2,sf1,* castor-eq.bg2,kk2 caust.bg2,kk2 *Cham.*bg2,kk2 chel.bg2,kk2 *Chin.*bg2,sf1,* chinin-ar.bg2,sf1,* chion.bg2,c1,* cinabg2,kk2 *Cocc.*bg2,kr1,* con.bg2,kk2 crot-h.bg2,kr1,* crot-t.bg2,kk2 *Dulc.*bg2,kk2 ferr.bg2,kk2 graph.bg2,kk2 ign.bg2,kk2 iod.bg2,kk2 ip.bg2,kk2 *Kali-c.*bg2,sf1,* lac-c.bg2,kk2 lach.bg2,kk2 lyc.bg2,kk2 *Merc.*bg2,kk2 mill.bg2,kk2 nat-c.bg2,kk2 nat-m.bg2,kk2 *Nit-ac.*bg2,kk2 nux-v.bg2,kk2 olnd.bg2,sf1,* *Ph-ac.*bg2,sf1,* phel.bg2,sf1,* phos.bg2,kk2 **Phyt.**bg2,sf1,* **Puls.**bg2,sf1,* rheumbg2,kk2 *Rhus-t.*bg2,kk2 samb.bg2,kk2 sec.bg2,kk2 sel.bg2,kk2 **Sep.**bg2,sf1,* **Sil.**bg2,kk2 spig.bg2,kk2 squil.bg2,kk2 stann.bg2,kk2 *Staph.*bg2,sf1,* stram.bg2,kk2 *Sulph.*bg2,sf1,* zinc.bg2,sf1,*
☞ *Schwäche - Krankenpflege / Schwäche - stillenden / Verlust - Blutverlust / Verlust - Säfteverlust / Zittern - äußerlich - Stillen*

Strahlentherapie; durch: cadm-i.gm1 fl-ac.gm1 phos.gm1 rad-br.gm1 stront-c.gm1 x-raygm1

Strecken, Ausstrecken: acon.bg2,k,* *Aesc.*a1,k agar.bg2,k,* all-c.bro1 *Alum.*bg2,h,* alumn.kr1 *Am-c.*bg2,k,* ambr.bg2,k,* aml-ns.st amylam.bro1 ang.bg2,k,* ant-t. apis arn.a1,k **Ars.**bg2,k,* art-v.hr1,kr1 arum-t. asar.bro1 bar-act.a1 bar-c. *Bell.*bg2,k,* *Bol-la.*a1 borx.bg2,h bov.bg2,k,* brach.a1,k *Brom.*a1,k *Bry.*bg2,j5,* caj.a1,k calad.a1,k *Calc.*bg2,k,* calc-p.hr1,k,* calc-s.hr1,kr1 camph.hr1,k,* cann-s.a1,k canth.bg2,k,* caps. *Carb-ac.*hr1,kr1 carb-an.bg2,k,* *Carb-v.*bg2,k,* castm.bro1 **Caust.**bg2,k,* **Cham.**bg2,k,* chel.bg2,k,* chin.bg2,k,* chinin-s.j5 chlf.a1,k choc.srj3 cic.bg2 cimic.bg2,k,* cimx.a1,k cina cit-v.hr1,kr1 clem.bg2 cocc.bg2,j5 colch.a1,k croc.bg2 cur.hr1,kr1 cycl. daph.a1,k dig.bg2,k,* dios. dros.hr1,k,* dulc.j5 elat.bg2,hr1 eup-per.hr1 ferr. ferr-p.bg2 form.bg2,k,* gins.a1,k glon.bg2 gran.a1,k *Graph.*bg2,k,* guaj.bg2,k,* haem.a1,k hell.h,j5,* helo.c1 helo-s.c1 hep.h,k,* hydrc.a1 hyos.a1,k ign.bg2,hr1 ind.hr1,k,* ip.bg2,hr1 kali-bi.hr1,k,* kalm.a1,k kreos.a1,k lach.a1,k lact.j5

Strecken, Ausstrecken: ...
laur.a1,k led.bg2,k lil-t.bg2,k,* lim.a1 lob.a1,k lyc.bg2 lyss.hr1 mag-c.bg2,k mang.a1,j5 *Menis.*a1 meph.hr1,k,* *Merc.*bg2,k,* *Merc-c.*hr1,k,* merc-i-r.a1,k *Mez.*bg2,k,* mur-ac.bg2 nat-c.bg2,k,* *Nat-m.*hr1,k,* nat-s.hr1,k,* neonsrj5 nit-ac.bg2 **Nux-v.**bg2,k,* *Olnd.*bg2,h,* onis.a1,j5 op.hr1,k,* ox-ac.bg2,k,* petr. ph-ac.bg2,k phel.a1,k *Phos.*bg2,k,* plan.hr1,k,* *Plat.*bg2,k plb.hr1,k,* podo.hr1,kr1 polyp-p.a1 prun.a1,k **Puls.**bg2,k,* ran-b.a1,k1 raph.a1,k rhod.j5 **Rhus-t.**bg2,k,* *Rhus-v.*hr1,k,* *Ruta*h,j5,* *Sabad.*bg2,k,* *Sabin.*bg1,bg2,* *Sec.*bg2,j5,* sel.a1,k senec.a1,bg2,* seneg.bg2,hr1,* *Sep.*bg2,k,* sil.bg2,k,* spong.bg2,k,* squil.bg2,k stann. staph.bg2,k,* stram.bg2,hr1 sul-ac.bg2 sulph.a1,k tab.j5 tarent.bg2,k,* tart-ac.a1,j5 *Teucr.*a1,k tong.a1,j5 tub-r.srb2 valer.bg2,k verat.bg2,j5 verb.bg2,k,* vinc.hr1,kr1 viol-o.a1,k wildb. zinc.bg2,k,*
☞ *❑ Gemüt - Ruhelosigkeit - Strecken*
– **agg.**: *Am-c.*bg2,sf1,* bry.bg2,sf1,* *Calc.*bg2,sf1,* colch.bg2,sf1,* iod.bg2,sf1 med.bg2,sf1,* meph.bg2,sf1,* merc.bg2,sf1,* merc-c.bg2,sf1 **Plat.**bg2,sf1 podo.bg2,sf1,* **Puls.**bg2,sf1 rad-br.bg2,sf1 **Ran-b.**bg2,sf1,* **Rheum**bg2,sf1 *Rhus-t.*bg2,sf1,* *Sep.*bg2,sf1 staph.bg2,sf1 *Sulph.*bg2,sf1 *Thuj.*bg2,sf1,*
☞ *Beugen - hinten - agg.*
– **amel.**: alet.bg2,sf1 *Alum.*bg2,sf1 aml-ns.bg2,sf1 **Ant-t.**bg2,sf1 arn.bg2,sf1 bell.bg2,sf1,* berb.bg2,sf1,* calc.bg2,sf1,* carb-v.bg2,h,* dios.bg2,sf1,* dulc.bg2 graph.bg2,sf1 *Guaj.*bg2,sf1,* halo.bg2,sf1,* hep.bg2,sf1 *Ign.*bg2,sf1 lyc.bg2,sf1 mand.bg2,sf1,* nat-f.bg2,sf1,* *Nux-v.*bg2,sf1 perh.bg2,sf1,* phos.bg2,sf1,* plat.bg2,h,* plb.bg2,sf1 podo.bg2,sf1,* *Puls.*h,kl2●,* pyrog.bg2,sf1 rhus-t.bg2,sf1 sabad.bg2,sf1,* sabin.bg2,sf1,* sec.bg2,sf1,* teucr.bg2,sf1 tub-r.bg2,sf1,* v-a-b.bg2,sf1,*
☞ *Beugen - agg. / Beugen - hinten - amel.*
– **abwechselnde** Seiten: androc.srj1
– **tagsüber**: mang.a1,k
– **morgens**: ars. *Calc.*a1,k *Carb-v.*hr1,k cedr.a1 ferr.a1,k graph.j5 hell.a1,j5 lyc.a1,k nux-v. phos. puls.j5 rhod.a1,j5 sep.a1,j5 sulph.j5 tab. tarent.a1,k verat.a1,k
• **amel.**: sec.st
• **6** h: sep.
• **7** h: cedr.
• **8** - 11 h: *Nat-m.*kr1
• **Arme**, der: petr.h
• **betäubt**, wie: meph.
• **Bett**, im: graph.j5 hell.a1,k meph.j5 merc.j5 petr. phos.j5 puls.j5 rhod.a1,k sep.a1,k sulph.j5
• **Erwachen**, beim: dulc.a1,k sep.a1,k
• **Verlangen** sich zu: aml-ns.st plb.st sec.st
– **vormittags**: aloe ant-t.a1,k bov.a1,k mag-c.a1,k mez.a1,k mill.a1,k mur-ac.a1,k nat-m.
• **11** h: mit.
– **mittags**: am-c. menis.a1
– **nachmittags**: aml-ns.st arum-t.hr1,k,* bell.h cinaa1 form.a1 jug-r.a1,k nux-v.a1,k plat.a1,k plb.st rhus-t.a1,k sec.st
• **13** h: form.
• **16** h: cina plan.
• **17** - 21 h: bell.h
• **Schlafen**, nach: verat.a1,k

– **abends**: bell.j5 cann-s. chin.j5 *Graph.* nat-c. rhus-t. sumb.a1,k tab.a1,k verat.a1,k
 • **Frost**; während: tab.a1,k
– **nachts**: **Caust.**a1,k cocc.a1 nat-c. sulph.a1,k
 • **Bett**, im: *Cocc.*a1,k
 • **Erwachen**, beim: merc.
 • **Schlaf**, im: nat-m.a1,k
– **Abendessen**, nach dem: nit-ac.a1,k
– **Angst**, aus: nat-c.
– **Angst**; bei qualvoller: androc.srj1
 • **bevorstehenden** Menses; mit: carl.
– **anhaltend**: puls.j5 rhod.j5 sabad.j5 staph.j5 tab.j5
 ☞ *heftig*
– **Arme**; der: spong.j5 squil.j5 stann.j5 tab.j5
– **Erwachen**, beim: bell.h,j5 dulc.a1,j5 hell.j5 *Ign.*hr1,j5,* meph.j5 merc.a1,j5 nit-ac.h,j5 phos.j5 sulph.j5
– **Essen**, nach dem: ip.a1,k
– **Fieber**; während: alum.bg2 androc.srj1 *Ars.*hr1,kr1 bell.bg2 *Borx.*bg2 bry.bg2 **Calc.**bg2,h *Calc-p.*hr1,kr1 caust.bg2 cham.bg2 eup-per.hr1,kr1 nat-m.bg2 *Nux-v.*bg2 **Rhus-t.**bg2,hr1,* **Sabad.**bg2 sep.bg2 spong.bg2 sulph.bg2 thuj.
– **Freien**, amel. im: ol-an.
– **Frost**:
 • **vor**: aesc. ant-t. aran.hr1,kr1 arn. *Ars.* bry.k1 *Eup-per.* ign.hr1,k ip. *Nat-m.* nux-v. plan. rhus-t.
 • **während**: alum.hr1,k alumn.kr1 ars. bry. caps. coff. daph.hr1,k elat. *Eup-per.* ferr-p.bg2 ip. *Kreos.* laur. mur-ac. *Nat-s.* nit-ac. nux-v. petr. rhus-t. ruta tab. teucr.
– **Frühstück**, nach dem: lach.a1,k
– **Gähnen**, mit: acon.bg2,j5,* aesc.hr1,kr1,* agar.hr1,j5,* all-c.sf1 *Alumn.*bg2,sf1 *Am-c.*bg2,sf1 ambr.bg2,sf1 ang.sf1 ant-t.bg2,j5,* arn.bg2,sf1 **Ars.**bg2,j5,* asar.sf1 bar-c.sf1 *Bell.*sf1 borx.bg2,sf1 bov.bg2,sf1 *Bry.*hr1,j5,* calc.bg2,sf1 cann-s.bg2,sf1 canth.sf1 caps.sf1 *Carb-v.*sf1 castm.sf1 *Caust.*sf1 **Cham.**bg2,sf1 *Chin.*bg2,j5,* chinin-s.j5,sf1 cocc.sf1 cur.hr1,kr1,* dig.j5,sf1 dros.sf1 elat.bg2,sf1 ferr.sf1 *Form.*bg2,k,* gran.j5,sf1 graph.bg2,sf1 *Guaj.*hr1,j5,* hell.sf1 hep.bg2,sf1 *Ign.*bg2,sf1 *Ip.*bg2,sf1 kreos.sf1 *Lach.*j5,kr1,* lact.j5,sf1 laur.sf1 led.bg2,sf1 mag-c.sf1 mang.j5,sf1 meph.j5,sf1 merc.bg2,sf1 merc-c.bg2,sf1 mez.sf1 mur-ac.bg2,sf1 nat-m.j5,sf1 nit-ac.bg2,sf1 **Nux-v.**j5,kr1,* *Olnd.*bg2,k,* onis.j5,sf1 petr.sf1 ph-ac.sf1 phos.sf1 plat.bg2,sf1 plb.bg2,j5,* *Puls.*bg2,j5,* ran-b.bg2,sf1 rhod.j5,sf1 **Rhus-t.**bg2,sf1 rutasf1 *Sabad.*sf1 sec.bg2,j5,* senec.k,sf1 seneg.bg2,sf1 *Sep.*sf1 sil.bg2,sf1 *Spong.*sf1 *Squil.*j5,k,* stann.sf1 *Staph.*j5,kr1,* *Sulph.*bg2,j5,* tab.j5,sf1 tart-ac.j5,sf1 tong.j5,sf1 valer.sf1 verat.sf1 verb.bg2,sf1 viol-o.kr1,sf1 zinc.sf1
 • **vormittags**: ant-t.j5
 • **Schläfrigkeit**, ohne: viol-o.kr1
– **Gehen** im Freien amel.: ox-ac.a1,k plan.a1,k
– **geschlafen**, als habe er nicht genug: am-c. mill.
– **Haus**, im: ruta
– **heftig**, stundenlang: *Aml-ns.*bro1 plb.bro1
 ☞ *anhaltend*
– **Herumwerfen**, mit: rhod.j5
– **Hinlegen**, nach dem: **Cocc.**hr1,kr1
– **hinten**, nach: choc.srj3 glon.a1,k hydr.a1,k
 • **amel.**: borx.h
– **hoch** hinauf, um Gegenstände zu erreichen: rhus-t.h
– **Husten**, nach: merc.h sang.hr1,k
– **immer**: puls.j5 rhod.j5 sabad.j5 staph.j5 tab.j5
– **Kälte**, bei innerer: bol-la.kr1 nat-s.a1,k
– **Kolik**, bei: haem.a1,k
– **konvulsivisch**, anfallsweise: ang.j5 bell. camph.j5 carbn-h. *Chin.* cic.j5,sf1 cimic.sf1 cina hydr-ac. ip.j5 lach.j5 lyc. merc.j5 nux-v.j5 op.sf1 sabad.j5 sec.j5,sf1 sil.j5 stram.j5,sf1 sulph.j5 thuj.j5 verat.j5
– **leidender** Teile:
 • **agg.**: *Alum.*bg2 am-c.bg2 am-m.bg2 anac.bg2 ang.bg2 *Ant-c.*bg2 arg-met.bg2 arn.bg2 aur.bg2 bar-c.bg2 bell.bg2 bov.bg2 *Bry.*bg2 **Calc.**bg2 cann-s.bg2 caps.bg2 carb-v.bg2 caust.bg2 *Cham.*bg2 *Chin.*bg2 cinabg2 clem.bg2 *Colch.*bg2 *Coloc.*bg2 con.bg2 croc.bg2 dig.bg2 dros.bg2 dulc.bg2 ferr.bg2 fl-ac.bg2 graph.bg2 guaj.bg2 *Hep.*bg2 ign.bg2 **Iod.**bg2 kali-c.bg2 laur.bg2 lyc.bg2 mag-m.bg2 *Mang.*bg2 meny.bg2 merc.bg2 *Merc-c.*bg2 mur-ac.bg2 nat-m.bg2 nux-v.bg2 petr.bg2 phos.bg2 *Plat.*bg2 plb.bg2 psor.bg2 *Puls.*bg2 *Rheum*bg2 *Rhus-t.*bg2 *Ruta*bg2 sabin.bg2 sel.bg2 **Sep.**bg2 spig.bg2 spong.bg2 stann.bg2 *Staph.*bg2 **Sulph.**bg2 **Thuj.**bg2 valer.bg2 verat.bg2
 • **amel.**: adam.srj5 agar.bg2 alum.bg2 am-m.bg2 anac.bg2 *Ant-t.*bg2 asar.bg2 bell.bg2 berb.bg2 borx.bg2 carb-an.bg2 carb-v.bg2 cham.bg2 chel.bg2 chin.bg2 coff.bg2 cupr.bg2 dig.bg2 dios.bg2 dros.bg2 dulc.bg2 ferr.bg2 guaj.bg2 hep.bg2 ign.bg2 kali-c.bg2 mag-c.bg2 mez.bg2 mur-ac.bg2 nat-m.bg2 nat-s.bg2 nux-m.bg2 nux-v.bg2 olnd.bg2 ox-ac.bg2 par.bg2 petr.bg2 phos.bg2 plat.bg2 puls.bg2 rheumbg2 rhod.bg2 **Rhus-t.**bg2 sabad.bg2 sabin.bg2 **Sec.**bg2 stann.bg2 staph.bg2 thuj.bg2 verb.bg2 zinc.bg2
– **Menses**:
 • **vor**: **Puls.**hr1,k1,*
 • **während**: *Carb-an.*a1,k
 • **nach**: carb-an.sf,sf1
– **Mittagessen**, nach dem: mag-c.a1,k
– **Schaudern**, beim: ars. *Puls.*
– **Schlaf**, im: nat-m.a1
– **Schlaflosigkeit**:
 • **während**: dulc.j5
 • **nach**: sulph.
– **Schläfrigkeit**, bei: ant-t.j5 bell.j5 chin.j5 lach.j5 meph.j5 sabad.j5
– **schmerzhaft**: sec.a1,k
– **Schweiß**, beim: alum.bg2 bell.bg2 **Borx.**bg2 bry.bg2 **Calc.**bg2 caust.bg2 cham.bg2 **Nat-m.**bg2 *Nux-v.*bg2 **Rhus-t.**bg2 *Sabad.*bg2 *Sep.*bg2 spong.bg2 sulph.bg2
– **Sitzen**, im: alum.h
 • **und** Lesen: euphr.
– **unbefriedigend**: *Graph.*
– **unmöglich**: acon. phos.
 • **Schmerz**; durch: bell.h
– **Urinieren**, vor dem: **Puls.**hr1,k

Streicheln
☞ *Reiben - vorsichtiges Streicheln*

Strömen des Blutes spüren; kann das: alumn. *Ox-ac.*

Stürzen; Folgen von
☞ *Verletzungen*

Stuhlgang:
– **vor**: acon.bg2 **Aloe**bg2 am-c.bg2 am-m.bg2 ant-t.bg2 **Arg-n.**bg2 ars.bg2 asar.bg2 bar-c.bg2 borx.bg2 bry.bg2 calad.bg2 calc.bg2 canth.bg2 caps.bg2 carb-an.bg2 carb-v.bg2 caust.bg2 cham.bg2 chin.bg2 cocc.bg2 colch.bg2 dig.bg2 **Dios.**bg2 dulc.bg2 ferr.bg2 **Gamb.**bg2 kali-c.bg2 lach.bg2 **Mag-c.**bg2 mang.bg2 **Merc.**bg2 merc-c.bg2 mez.bg2 nat-c.bg2 nat-s.bg2 nux-v.bg2 op.bg2 petr.bg2 phos.bg2 psor.bg2 puls.bg2 **Rheum**bg2 rhod.bg2 rhus-t.bg2 sabad.bg2 sep.bg2 spig.bg2 staph.bg2 stront-c.bg2 sulph.bg2 **Thuj.**bg2 **Verat.**bg2

– **nach**:
- **agg.**: aesc.bg2 aeth.bg2 aloebg2 **Alum.**bg2 am-c.bg2 am-m.bg2 ambr.bg2 apoc.bg2 ars.bg2 borx.bg2 calc.bg2 calc-p.bg2 canth.bg2 caps.bg2 carb-an.bg2 carb-v.bg2 **Caust.**bg2,st chin.bg2,st cocc.bg2 coloc.bg2 con.bg2 fl-ac.bg2 **Gamb.**bg2 graph.bg2 hell.bg2 hep.bg2 hir.bg2,jl hydr.bg2 **Ign.**bg2 iod.bg2 **Iris**bg2 kali-bi.bg2 kali-c.bg2 kali-n.bg2 lach.bg2 lept.bg2 lyc.bg2 mag-m.bg2 merc.bg2 **Merc-c.**bg2 mez.bg2 mur-ac.bg2 nat-c.bg2 nat-m.bg2 nit-ac.bg2 nux-m.bg2 **Nux-v.**bg2 petr.bg2 **Phos.**bg2,st plat.bg2 podo.bg2 puls.bg2 rat.bg2 rheumbg2,st rhus-t.bg2 rutabg2 **Sel.**bg2 seneg.bg2 sep.bg2 sil.bg2 stann.bg2 staph.bg2 stront-c.bg2 sulph.bg2 tell.bg2 teucr.bg2 verat.bg2,st
- **amel.**: acon.bg2 agar.bg2 aloebg2 alum.bg2 *Am-m.*bg2 ant-c.bg2 ant-t.bg2 ars-i.bg2,sfl asaf.bg2 aur.bg2 bar-c.bg2 bism.bg2 *Borx.*bg2 bov.bg2 **Bry.**bg2,st calc-p.bg2 canth.bg2 caps.bg2 caust.bg2 cham.bg2 cinabg2 coff.bg2 **Colch.**bg2 coloc.bg2 *Con.*bg2 croc.bg2 cycl.bg2 cyt-l.bg2,mg1,* dig.bg2 dulc.bg2 ferr.bg2 *Fl-ac.*bg2 **Gamb.**bg2 glon.bg2 guaj.bg2 hell.bg2 hep.bg2 ip.bg2 kali-bi.bg2,st mag-c.bg2 mand.bg2,st mang.bg2 meny.bg2 *Merc.*bg2,st mur-ac.bg2 nat-c.bg2 *Nat-m.*bg2,sfl **Nux-v.**bg2,st op.bg2 ox-ac.bg2,sf1,* par.bg2 ph-ac.bg2 plb.bg2 psor.bg2 *Puls.*bg2 rauw.bg2,jl rheumbg2 **Rhus-t.**bg2 sabad.bg2 *Sang.*bg2 seneg.bg2 sep.bg2 **Spig.**bg2 squil.bg2 *Sulph.*bg2 thuj.bg2 verat.bg2

– **während**:
- **agg.**: acon.bg2 agar.bg2 alum.bg2 am-c.bg2 am-m.bg2 anac.bg2 ang.bg2 ant-c.bg2 apisbg2 **Ars.**bg2 bar-c.bg2 borx.bg2 bry.bg2 calad.bg2 calc.bg2 canth.bg2 caps.bg2 carb-an.bg2 carb-v.bg2 caust.bg2 **Cham.**bg2 chin.bg2 coloc.bg2 con.bg2 dulc.bg2 euph.bg2 ferr.bg2 graph.bg2 hell.bg2 hep.bg2 ign.bg2 ip.bg2 **Iris**bg2 **Kali-bi.**bg2 kali-c.bg2 lach.bg2 lyc.bg2 **Merc.**bg2 merc-c.bg2 mur-ac.bg2 nat-c.bg2 nat-m.bg2 nit-ac.bg2 nux-m.bg2 nux-v.bg2 olnd.bg2 phos.bg2 **Puls.**bg2 rheumbg2 rhus-t.bg2 sabin.bg2 sars.bg2 sel.bg2 sep.bg2 sil.bg2 spig.bg2 spong.bg2 staph.bg2 stront-c.bg2 sul-ac.bg2 **Sulph.**bg2 verat.bg2 zinc.bg2

Sturm
☞ *Wetter - Gewitter / Wetter - windiges*

Sykose: adlu.jl aesc.st *Agar.* agn.sfl alum. alumn. am-c.st am-m.st anac. *Anan.*hr1,kr1,* ang.st ant-c. ant-t.hr1,k,* *Anthraco.*a1,kr1,* *Apis*c2,k aran.hr1,k **Arg-met.** **Arg-n.**bg2,k,* arn.hr1,kr1 *Ars.*bg2,hr1,* asaf.hr1,kr1,* asar.jl,st asim.st aspar.st *Aster.*hr1,k,* aur.hr1,k *Aur-m.*hr1,k aur-m-n.c1,c2,* *Bar-c.* *Benz-ac.*c1,k2,* berb.hr1,kr1,* berb-a.jl borx.st bov.st bry. bufost calad.st *Calc.*bg2,k,* cann-i.st cann-s.st canth.st caps.sf,sf1,* carb-ac.st carb-an.hr1,k carb-v.hr1,k carbn-s. castm.c1,c2 caul.st *Caust.*bg2,k cedr.st cham.hr1,k chim.st chin.st cic.jl,st cimic.st cinnb.hr1,k,* clem.k2,sf1,* cob-n.jl coc-c.st coch.st colch.sf1,st coloc.st con.hr1,k cop.st croc.st crot-h.st crot-t.st cub.st cupr-act.st cycl.st cyna.jl dig.st dor.st *Dulc.*bg2,k epig.st erech.st erig.st ery-a.sf1,st eup-pur.st euph.st euph-pi.st euphr.hr1,k,* fago.st *Ferr.* *Fl-ac.*bg2,k flav.jl gamb.st gels.st gnaph.st *Graph.*bg2,k,* guaj.sf1 guat.jl helon.st hep.hr1,k hydr.sf1,st influ.st *Iod.* kali-bi.hr1,kr1,* kali-c. kali-chl.c,st kali-i.bg2,sf1,* kali-m.c1,c2,* kali-n.st **Kali-s.**bg2,k kalm.bg2,k2,* kreos.hr1,kr1 kres.jl lac-c.st *Lach.*hr1,k lil-t.st lith-c.st *Lyc.*hr1,k mag-c.hr1,kr1,* *Mang.* **Med.**bg2,k,* merc. *Merc-c.*hr1,kr1 merc-d.st *Merc-sul.*hr1,kr1 *Mez.* mill.c,c1 mosch.st murx.st nat-c.hr1,kr1,* *Nat-m.*hr1,kr1,* *Nat-p.*hr1,kr1 **Nat-s.**bg2,k,* **Nit-ac.**bg2,k,* nux-v.st ol-j.st orig-v.st pall.st pareir.st penic.jl,jl3,* petr.hr1,k petros.sf1,st ph-ac.bg2,hr1,* phos.st *Phyt.* pic-ac.c1,c2,* pip-n.st plat.st plb.st pneu.jl prun.st psor.sf,sf1,* puls.hr1,k rat.st rauw.jl rhus-t.st sabad.bg2,sf1,* sabin.hr1,k,* sacch-l.st sanic.st sarr.st *Sars.*hr1,k *Sec.* *Sel.*bg2,k senec.st seneg.st **Sep.**bg2,k,* *Sil.*hr1,k spig.st **Staph.**bg2,k,* still.st stram.st *Sulph.*hr1,k tab.st tell.jl ter.st **THUJ.**k1,k2,* thyr.jl uran-n.st ven-m.jl vib.st zing.sf,sf1
☞ ❑ *Harnröhre - Absonderung - gonorrhoisch*

Symptomenfülle, Vielzahl an Symptomen: agar.bg2 *Tub.*bg2
☞ *Widersprüchliche*

Synalgie: apisbg2 tarent.bg2

Synkope
☞ *Ohnmacht*

Synthetische Medikamente
☞ *Erdölderivate*

Synovitis
☞ ❑ *Extremitäten - Entzündung - Gelenke - Synovitis*

Syphilis: aethi-a.c1,c2,* agn.sf,sf1 ail.c1,c2,* allox.jl aln.c1,c2,* am-c.bg2 anag.hr1,kr1,* *Anan.*hr1,kr1,* *Ang.*hr1,kr1 ant-c.sf,sf1 *Ant-t.*hr1,kr1 *Apis*c1,kr1,* arg-i.c1,c2,* arg-met. *Arg-n.*c1,hr1,* arn.hr1,kr1 *Ars.*hr1,k **Ars-i.**c2,k ars-met.c1,c2 *Ars-s-f.* *Asaf.*hr1,k,* asar.jl *Asc-t.*hr1,kr1,* astra-e.jl,jl3 **Aur.**bg2,k,* aur-ar.bro1,k2,* aur-i.c1,k2,* **Aur-m.**hr1,k,* **Aur-m-n.**hr1,k,* aur-s.k2 bad.c2,k bell.st benz-ac.hr1,k berb.hr1,kr1 berb-a.c1,c2,* buni-o.jl,jl3 cadm-met.sf,sp1 *Calc-f.*bg2,sf1,* *Calc-i.* *Calc-s.*c2,k calo.c1,c2,* *Carb-an.*bg2,k,* carb-v.hr1,k

Syphilis: ...
_Caust._hr1,kr1,* _Cean._hr1,kr1 _Chim._hr1,kr1,* chinin-ar.c1,c2 chr-o.c1,c2 _Cinnb._bg2,k,* clem.hr1,k cob-n.jl,jl3 _Colch._sf,sf1,* _Con._hr1,k convo-s.jl cop.sf,sf1 cor-r.hr1,k,* cory.c1,sf1,* crot-h.hr1,k,* cund.hr1,kr1,* cupr.sf,sf1 cupr-s.c1,c2,* _Daph._hr1 echi.c1,c2,* ery-a.sf,sf1 eryth.c1,c2,* eucal.c1,c2,* euph.hr1,kr1,* ferr.c1,c2,* ferr-i.hr1,kr1,* _Fl-ac._hr1,k,* franc.c1,c2,* _Graph._c1,c2,* guaj.hr1,k,* ham.sf,sf1 hecla c1,kr1,* _Hep._hr1,k,* hip-ac.jl _Hippoz._hr1,kr1,* hir.jl hydr.sf,sf1,* hydrc.c1,c2,* hypoth.jl iber.jl _Iod._bg2,k,* _Iris_ kr1 jac-c.c1,hr1,* _Jac-g._c1,kr1,* jatr-c.bg2 jug-r.c1,c2,* _Kali-ar._bg2,k _Kali-bi._hr1,k,* kali-br.c1,c2,* kali-c.st _Kali-chl._hr1,k,* **Kali-i.**bg2,k,* _Kali-m._kr1 **Kali-s.**bg2,k _Kalm._bg2,k2,* _Kreos._hr1,kr1,* _Lac-c._hr1,kr1,* lac-d.st _Lach._hr1,k,* **Laur.**hr1,kr1 _Led._ lith-c.c1,c2 _Lyc._hr1,k2,* maland.c,c1 **MERC.**k1,k2,* merc-aur.sf1 **Merc-c.**hr1,k,* _Merc-d._hr1,kr1,* **Merc-i-f.**hr1,k,* **Merc-i-r.**hr1,k,* merc-k-i.gm1 merc-tn.bro1 _Mez._hr1,k,* mill.st nat-s.k2 nep.jl **Nit-ac.**bg2,k,* nux-v.sf,sf1 ol-sant.sf,sf1 osm.c1,c2,* penic.jl perh.jl petr.hr1,k,* petros.sf,sf1 _Ph-ac._hr1,k,* _Phos._hr1,k,* **Phyt.**bg2,k,* pilo.c,c1 pitu.jl plat-m.bro1 psor.c1,c2,* ran-p.bta1 reser.jl rhod.sf,sf1 _Sabad._sf,sf1 _Sang._hr1,kr1,* _Sars._bg2,k,* sec.st sel.c1,c2,* _Sep._hr1,kr1 **Sil.**bg2,k,* sol-mlg.bta1 spong.sf,sf1 _Staph._ stict.c1,c2,* **Still.**hr1,k,* strych-g.c1,c2,* _Sul-i._ _Sulph._hr1,k **Syph.**bg2,k,* ter.sf,sf1 thala.jl thiop.jl _Thuj._bg2,k,* thymol.jl _Thyr._c1,c2,* ulm-c.c1,c2 vac.c,c1 _Viol-t._hr1,kr1,* with-s.bta1 xan.sf,sf1
☞ _Schanker_

◆ **begleitet** von:
- **Speichelfluß**: _Clem._kr1,vk1 iod.kr1,vk1 **Merc.**kr1,vk1 **Nit-ac.**kr1,vk1
- **Zunge**:
  - **Schwellung** der Zunge: crot-h.kr1,vk1
  - **weiße** Farbe der Zunge: phyt.kr1,vk1

– **angeboren**: _Aethi-m._bro1 ars-i.bro1 ars-met.bro1 _Aur._bro1 calc-f.bro1 _Calc-i._bro1 cor-r.bro1 kali-i.bro1 kreos.c1,c2,* _Merc._bro1 _Merc-d._bro1 _Nit-ac._bro1 pilo.c,c1 psor.bro1 syph.c1,c2,*
◆ **begleitet** von:
- **Keratitis**; interstitielle: lob-e.c1

– **drittes** Stadium: merc-k-i.gm1
– **Seroreaktionen**, mit irreponiblen: astra-e.jl

Tabak:
– **agg.**: _Abies-n._bg2,sf1,* acon.bg2,k,* act-sp.hr1,kr1 agar.hr1,k _Alum._hr1,k _Alumn._ ambr.hr1,k anac.bg2 ang.bg2,hr1,* _Ant-c._bg2,k,* arg-met. arg-n.bg2,k,* **Ars.**bg2,k,* asc-t.c1 aur-m-n.sf,sf1 bell.hr1,k borx.bro1 brom.bg2,k2,* _Bry._bg2,k,* cact.bg2,sf1,* _Calad._ calc.hr1,k calc-caust.sf1 calc-p.bro1 camph.hr1,k cann-i.br1,bro1 carb-an.bg2,k,* carbn-s. caust.bg2,hr1 cham.bg2,hr1 chel. chin.bg2,k,* chinin-ar.c1,c2 chinin-m.c1,c2 cic.bg2,k,* _Clem._bg2,k,* coc-c.bg2,k,* coca _Cocc._ _Coff._bg2,sf1,* coloc.bg2,k,* con. conv.bg2,sf1,* cupr.bg2 _Cycl._bg2,k,* dig. dor.hr1,kr1,* dros.bg2 _Euphr._bg2,k,* ferr.bg2,k,* _Gels._hr1,k,* granit-m.es1 _Hell._hr1,k hep.bg2,k,* hydr. **Ign.**bg2,k,* iod.bg2,k,* _Ip._hr1,k kali-bi.bg2 kali-br.bg2,sf1,* kalm.bg2,sf1,* lac-ac.hr1,k _Lach._bg2,k,* lob.c,c1 _Lyc._c1,k _Mag-c._bg2,k,* mag-m.jl mand.mg,mg1 _Meny._hr1,k merc.bg2,hr1 mur-ac.bro1 naja bg2,sf1 nat-c.bg2 _Nat-m._hr1,k nicot.c1,c2,* **Nux-v.**bg2,k,* okou.jl olnd.bg2 osm. _Par._hr1,k petr.bg2,k,* _Phos._bg2,k,* **Plan.**hr1,k plb.bro1 psil.ft1,jl **Puls.**bg2,k,* ran-b.hr1,k rhod.bg2 rhus-t.hr1,k _Ruta_ sabad.hr1,k sabin.bg2,k,* sars.bg2,k,* scut.c,c1 sec.bro1 _Sel._bg2,k,* seneg.bg2 sep.bg2,k,* sil.bg2,k,* sol-mm.c1,c2 **Spig.**bg2,k,* **Spong.**bg2,k,* **Staph.**bg2,k,* stel.bro1 stront-c.bg2 stroph-h.c1,sf1 sul-ac.bg2,k,* sulph.hr1,k tab.bg2,sf1,* _Tarax._bg2,k,* _Thuj._bg2,k,* verat.hr1,k,* zinc.bg2
- **Aufhören** mit dem Rauchen; beim: calad.
- **Kauen** von Tabak agg.: **Ars.** carb-v. ign.bro1 lyc. _Nux-v._ _Plan._ sel.bro1 tab.kr1 verat.
- **Nikotinvergiftung**: ign.mg1 nux-v.mg1 okou.jl,mg1 tab.mg1
  ◆ **begleitet** von:
  - **Zunge**; rissige: nux-v.kr1,vk1
- **Tabakrauch**; durch: cic.br1

– **amel.**: aran.hr1,k aran-ix.mg,mg1 arn.sf,sf1 borx. carb-ac. coloc.hr1,k _Hep._hr1,k levo.jl,jl3 merc.bg2,k,* naja bg2 nat-c.bg2,k,* _Nat-s._hr1 _Sep._hr1,k spig.bg2,k,* stront-c.bg2 tarent.bg1,bg2,* tarent-c.bg2

– **Abneigung** gegen: acon. acon-l.a1 alum.sf1 androc.srj1 ant-t. arg-n.st arn.br1,k bell.sf1 borx.hlb1,k brom. bry. **Calc.** _Camph._ _Canth._ _Carb-an._ chlor. cimic. clem.a1 coc-c.a1,k con. grat.sf1 hydrc.c1 _Ign._ jug-r.a1 _Lach._ led.st _Lob._bg1,j5,* _Lyc._ mag-s. mand.sp1 meph. nat-ar.a1 _Nat-m._ **Nux-v.** _Op._ _Phos._ phyt.c1,st plan.sf1 psor. _Puls._ spig. staph.sf1 stry.st _Sulph._ tarax. thuj. til. v-a-b.jl valer. zing.
- **morgens**: meph.
- **Geruch** des Tabaks; empfindlich gegen den: agar.a1 ars-h.kr1 _Asc-t._kr1 _Bell._ _Casc._kr1 chin. gink-b.sbd1 _Ign._ _Lob._kr1 _Lyc._kr1 lyss. _Nux-v._ phos. _Puls._ sol-ni.a1 tab.a1
- **Rauchen** der gewohnten Zigarre: alum. alum-p.k2 ant-t.bg2,kr1 arg-met. _Arn._ asar. bell.bg2 borx. _Brom._ bry. _Calc._ calc-p. _Camph._ canth.bg2 carb-an. _Casc._kr1 chen-a.c1 chin.bg2 clem. coc-c. cocc.bg2 coff. con.h euphr. ferr.k2 ferr-i.a1 gink-b.sbd1 grat. haliae-lc.srj5 **Ign.** ip.bg2 jug-r.a1 kali-bi. kali-n. lach. led.bg2,h lob.bg2 _Lyc._ mag-s. meph.bg2 mez.bg2 nat-ar. nat-m. nat-s. nicc. nux-m.bg2 _Nux-v._bg2,k2,* olnd. op. ox-ac. par.bg2 phos. plat.bg2,h psor. _Puls._ rhus-t.bg2 sars.bg2,h sep. spig. stann.bg2 staph.bg2 _Sulph._ tarax. tell. thuj.bg2 v-a-b.jl
  - **morgens**: ox-ac.
    - **Frühstück**, nach dem: psor.a1
  - **vormittags**: kali-bi.
  - **nachmittags**: ign.k1
  - **abends**: _Arg-n._kr1
  - **trotz**: thiop.jl
- **Schnupftabak**: spig.ptk1

– **Verlangen** nach Tabak: aran-ix.jl,mg1,* _Ars._c1 _Asar._bro1 bell. calad.k2 _Calc-p._bg2,sf1,* _Camph._c1 carb-ac. carb-v.bro1 _Chin._c1 chlor.a1 _Coca_ kr1 coff.bg1 con.a1 daph. eug. glon.bg2,sf1 granit-m.es1 kreos. manc. med.k2,st narz.a1 nat-c. nicot.st nux-v. ox-ac. _Phos._c1 plan.c1 plat. plb. rhus-t.bg1 _Spig._c1 _Staph._ **Tab.** ther. thuj.

– **Verlangen** nach Tabak: ...
• **abends**: ox-ac.al
• **Mittagessen**, nach dem: nat-c.al
• **rauchen**, Verlangen zu: bamb-a.stb2 calad. carb-an. card-m. castor-eq.kr1 coff.bg2 daph.bg2 eug. *Glon.* ham. led. lyc. med.bg1 nat-c.bg2,h2 nux-v.bg2 staph.bg2 ther.
• **Schnupftabak**: *Bell.*

– **Widerwillens** gegen Tabak; Arzneimittel zur Erhöhung des: arg-n.bg2,gl1,* ars.bg2,gl1,* calad.bg2,gl1,* calc.bg2,gl1,* camph.bg2,gl1,* *Caust.*bg2,gl1,* con.bg2,gl1,* ign.bg2,gl1,* lach.bg2,gl1,* nep.bg2,gl1,* nicot.bg2,gl1,* nux-v.bg2,gl1,* petr.bg2,gl1,* plan.bg2,gl1,* **Staph.**bg2,gl1,* stry.bg2,gl1,* sulph.bg2,gl1,* tab.bg2,gl1,* v-a-b.bg2,gl1,*

Tabakvergiftung
☞ *Tabak - agg. - Nikotinvergiftung*

Tanzen:
– **agg.**: borx.bg2,h,* spong.bg2,h
☞ *❑ Gemüt - Tanzen - agg.*

Temperatur:
– **Veränderung** der: acon. act-sp.kr1,st aesc.k2 alum. alumn.kr1 ant-c.bro1 *Ant-t.*kr1,st **Ars.** bamb-a.stb2 bar-c.bg2,sf1 brom.k2 bufobg2 calc.sf1 *Calc-p.*bg2,sf1 *Carb-v.* caust. dulc.bg2,sf1 **Fl-ac.**kr1,st graph. haliae-lc.srj5 **Hep.**vh,vh/dg ip.bg2,sf1 kali-i.bg2,sf1 *Lach.*bg2,kr1,* lyc. *Mag-c.* meli.bg2 merc-c.bg2,sf1 nat-c.c1 nit-ac.sf1 *Nux-v.*k1,st *Phos.*k1,st phys.a1 *Puls.* **Ran-b.**c1,k ran-s. rhod.bg2,sf1 *Rhus-t.*k1,st rumx.bg2,sf1 sabad.bg2,sf1 *Sabin.* sang.bg1,bg2,* sep.bg2 sil.bg2,k2,* *Spong.*k1,st stict.br1 sul-i.bg2 sulph. verat. **Verb.**
• **kalt** nach warm; von: brom.k2
• **Unempfindlichkeit** gegen Temperaturwechsel
☞ *Gefühllosigkeit - äußerlich - spürt*

Temperatur und Puls stimmen nicht überein
☞ *Puls - Übereinstimmung*

Tendinitis
☞ *Entzündung - Sehnen*

Tetanus:
– **Konvulsionen**
☞ *Konvulsionen - tetanische*
– **Prophylaxe**: **Arn.**st hell.k2 **Hyper.**k2,st lat-m.br1,st **Led.**k2,st scor.a1,c1 tetox.st thebin.bro1 thuj.st

Thrombose: acetan.c1,c2,* *Apis*kr1,st arn.br1 *Ars.*hr1,k1,* *Both.*st calc-ar.c1,hr1,* carb-v.bg2,h cortico.sp1 *Kali-chl.*bg2,hr1,* *Kali-m.*bg2,kr1,* kres.srb2 lach.bro1 *Nat-s.*hr1,st sec.c1,c2,* *Vip.*bg2,sf1
☞ *Entzündung - Blutgefäße - Venen*
– **Albuminurie**, bei: calc-ar.hr1,st
– **Nässe** agg.: *Nat-s.*st
– **Pneumonie**, bei: am-c.hr1,st

Tinea capitis
☞ *❑ Kopf - Hautausschläge - Tinea*

Tonsillitis
☞ *❑ Innerer Hals - Entzündung - Tonsillen*

Torpor der linken Körperseite: acon.k,k1

Tragen:
– **agg.**: carb-ac.st caust.st rutac1,st
• **Kopf**, auf dem: calc.
• **Lasten**: cadm-s.br1
• **Rücken**, auf dem: alum.
– **amel.**: ant-c.bg2 ant-t.bg2 ars.bg2 *Cham.*bg2 coloc.bg2 ferr.bg2 ip.bg2 kali-c.bg2 nat-c.bg2 nat-m.bg2 ph-ac.bg2 sep.bg2

Träges Fortschreiten der Krankheit
☞ *Langsame*

Trägheit; körperliche: acon.j5 agar.j5,k2,* alum.j5 *Alumn.*k13,k2 *Am-m.*a1,k ammc.j5 anac. *Ant-t.*a1,j5 arn.a1,k ars. **Asar.**a1 bar-c.j5 bell.j5 borx.j5 bruc.j5 bry.j5,k2,* cact.k13,k2 calad.j5 calc. calc-p.j5 camph. cann-s.j5 canth.a1 *Caps.* carb-an. carb-v. *Carl.*a1 casc.j5 *Chel.* chin.j5 cinnb. cocc. *Con.* croc.j5 cur. cycl.c,c1 dig.j5 dirc.a1 dulc. ferr-m.a1 *Gels.* graph.j5 grat.j5 guaj. hell.j5 hep.j5 hera.j5 hyos.a1 ign.j5 indg.j5 iod. ip. kali-c. kali-chl.k13 kali-m.k2 kali-p. kali-s.k13,k2 lach.a1,j5 laur. lil-t.a1 lyc. m-aust.j5 mag-c.j5 mag-m. merc. mez. mur-ac. nat-c.a1,k nat-m.a1,k nit-ac. nux-v.a1,k ol-an.j5 olnd. *Op.* petr. ph-ac. phel.j5 phos.a1,k phys.a1 *Plb.* puls. rheumj5 rhod. rutaj5 sabin.j5 sars.j5,k2,* *Sec.* sel.j5 *Sep.* sil.j5 stann. stram. stront-c.j5 sul-i.k13,k2 *Sulph.* theaa1 thuj.a1,j5 verb. zinc.j5 zinc-p.k13,k2
☞ *Mattigkeit / Schwäche / ❑ Gemüt - Erschöpfung / ❑ G~ Langeweile / ❑ G~ Stumpfheit*
– **morgens**: agar.k2 carb-an. chel. nat-c. nat-m. verb.
• **Sitzen**, im: chel.
– **vormittags**: sars.a1
– **Aufstehen**, beim: ammc.a1

Trägheit und Luxus, Beschwerden durch: carb-v.st clem.a1,h1 helon.st nux-v.st

Traumatischer Schock
☞ *Schock - Verletzung*

Trinken:
– **agg.**: acon.bg2,hr1,* *Aeth.*bg2,sf1,* anac.bg2 apisbg2,sf1 *Apoc.*bg2,sf1,* *Arg-n.*bg2,sf *Ars.*bg2,sf1,* aur.bg2,hr1,* *Bell.*bg2,sf1,* *Bry.*bg2,k2 **Calc.**bg2,sf1,* **Canth.**bg2,sf1,* caps.bg2,sf1,* cham.bg2 *Chin.*bg2 chinin-ar.bg2,sf1 *Cina*bg2,sf1 *Cocc.*bg2,j5,* colch.bg2 coloc.bg2,sf1,* con.bg2,sf1,* *Crot-t.*bg2,sf1,* cupr.bg2 dig.bg2,hr1,* *Eup-per.*bg2,sf1,* ferr.bg2,sf1,* gink-b.bg2,jl3,* grat.bg2,sf1,* hell.bg2,j5 *Hyos.*bg2,j5,* ign.bg2 **Iod.**bg2,sf1,* kali-c.bg2,sf1,* *Lach.*bg2 laur.bg2 med.bg2,hr1,* *Merc.*bg2,hr1,* *Merc-c.*bg2 mez.bg2,sf1,* nat-ar.bg2,kr1 nat-m.bg2 nux-v.bg2,sf1,* *Phos.*bg2 phyt.bg2,sf1,* *Podo.*bg2,sf1,* *Puls.*bg2,hr1,* rhus-t.bg2 sabad.bg2 sabin.bg2 *Sel.*bg2,hr1,* sep.bg2 sil.bg2,sf1,* squil.bg2 *Stann.*bg2,sf1,* *Stram.*bg2,sf1,* sul-ac.bg2 verat.bg2,k2,*
– **amel.**: bry.k2
– **nach**:
• **agg.**: acon.bg2 ambr.bg2 anac.bg2 ang.bg2 ant-t.bg2 arn.bg2 **Ars.**bg2 asaf.bg2 asar.bg2 aur.bg2 *Bell.*bg2 *Bry.*bg2 cann-s.bg2 *Canth.*bg2 caps.bg2 **Carb-v.**bg2 caust.bg2 cham.bg2 *Chin.*bg2 cic.bg2 cinabg2

– **Beschwerden** durch; chronische: **Arn.**st1 carb-v.st1 cic.st1 *Con.*st1 glon.st1 ham.st1 hyper.st1 led.st1 *Nat-s.*st1 *Stront-c.*st1

– **Distorsion** von Gelenken
☞ *Verstauchungen*

– **Epikondylitis**
☞ *Tennisarm*

– **Erschütterung**: acon.bg2,hr1,* *Anac.*bg2,hr1,* **Arn.**bg2,j5,* *Aur.*bg2,hr1,* **Bad.**bg2,hr1,* bapt.bg2 *Bell.*bg2,hr1,* berb.bg2,kr1,* bry.bg2,j5,* *Calc.*bg2,hr1,* calen.bg2,hr1,* camph.bg2,hr1,* cann-s.bg2,hr1,* carb-ac.bg2 caust.bg2,hr1,* chin.bg2,hr1,* *Cic.*bg2,j5,* cinabg2,kr1 *Cocc.*bg2,hr1,* con.bg2,j5,* cupr.bg2,hr1,* euphr.bg2,hr1,* *Glon.*bg2,kr1,* *Hell.*bg2,hr1,* hep.bg2 *Hyos.*bg2,hr1,* **Hyper.**bg2,hr1,* ign.bg2 *Iod.*bg2,hr1,* *Kali-p.*bg2,kr1 kreos.bg2,hr1,* *Lach.*bg2,hr1,* laur.bg2,hr1,* *Led.*bg2,hr1,* lil-t.bg2,kr1,* lyc.bg2,hr1,* m-arct.bg2,kr1 mag-m.bg2,hr1,* *Mang.*bg2,hr1,* mez.bg2,hr1,* *Nat-m.*bg2,hr1,* **Nat-s.**bg2,hr1,* nit-ac.bg2 nux-m.bg2,hr1,* *Nux-v.*bg2,hr1,* onos.bg2,hr1,* ph-ac.bg2,hr1,* *Puls.*bg2,j5,* *Rhus-t.*bg2,j5,* seneg.bg2,hr1,* *Sep.*bg2,hr1,* *Sil.*bg2,hr1,* *Spig.*bg2,hr1,* staph.bg2,hr1,* stry.bg2,kr1,* sul-ac.bg2,j5,* sulph.bg2,kr1 tab.bg2 valer.bg2,hr1,* *Verat.*bg2,hr1,* viol-t.bg2,hr1,*

• **agg.**: acon.bg2 am-c.sf1 **Arn.**bg2,sf1 bapt.bg2 **Bell.**bg2 berb.bg2 *Bry.*bg2 calc.bg2 carb-ac.bg2 *Cic.*bg2 cinabg2 con.bg2 crot-h.bg2 *Glon.*bg2 *Hep.*bg2 *Hyper.*sf1 ign.bg2 lach.bg2 nat-s.bg2 nit-ac.bg2 *Nux-v.*bg2 petr.sf1 ph-ac.bg2 *Rhus-t.*bg2 rutabg2 *Spig.*bg2 sulph.bg2 tab.bg2 ther.bg2 valer.sf1

• **amel.**: hell.bg2

• **Gehirnerschütterung**, Beschwerden durch: sul-ac.c1 teucr.c1
☞ *Schlag - elektrischer - Gehirnerschütterung*

– **Extravasaten**, mit: *Acet-ac.*kr1 agar.kr1,st arist-m.c2 **Arn.** *Bad.* bell-p.st both.st bry. calen.kr1,st cham. chin. cic. *Con.* crot-h.j5,st dulc. euphr. ferr. *Ham.*kr1 *Hep.* hyper.st iod. *Lach.* laur. *Led.*bg2,kr1,* mill.kr1 nux-v. par. plb. *Puls.* rhus-t. *Ruta* sec. staph.st **Sul-ac.** sul-i.k2 *Sulph.* symph.st

– **Gefäßruptur**: mill.kr1

○ **Muskeln**, der: calen.kr1

• **Sehnen**, der: rhus-t.st

– **Knochenbrüche**: acon.st ang.bg2,sf1 *Arn.*j5,k2,* asaf.kr1 bell-p.mg1,sp1 calc. *Calc-f.*bg2,kr1,* calc-p.c2,k *Calen.*bg2,j5,* **Carb-ac.**kr1 con.bg2 cortico.sp1 cortiso.sp1 croc.bg2 *Eup-per.*bg2,c1,* ferr.bg2,sf1 heclac1 hep.bg2 iod.bg2,sf1 kali-i.bg2,sf1 lyc.kr1 nit-ac.kr1 *Petr.*bg2 *Ph-ac.*bg2,j5,* phos.bg2,j5 *Puls.*bg2,j5 rhus-t.j5,k2,* **Ruta**c1,k,* *Sil.*bg2,j5,* staph.bg2,j5 stront-c.st *Sul-ac.* sulph.bg2,kr1,* *Symph.*c1,k,* valer.bg2
☞ *Schock - Verletzung* / ❑ *Extremitäten - Knochenbrüche*

• **komplizierter** Bruch: ang.bg2 **Arn.**bg2,kr1,* *Calc.*bg2 *Calen.*bg2,sf1 con.bg2 crot-h.bg2,kr1 hep.bg2 hyper.bg2,c1,* iod.bg2 *Lach.*bg2,kr1 *Petr.*bg2 ph-ac.bg2 phos.bg2 puls.bg2 rhus-t.bg2 **Ruta**bg2 sil.bg2 staph.bg2 symph.bg2

• **langsame** Heilung von Knochenbrüchen: asaf. **Calc.** calc-f.bg2,st **Calc-p.** calen.st des-ac.j1 *Ferr.*k1,st1 fl-ac.k2 iod.st lyc. mang.st merc. *Mez.*k1,st nit-ac. *Ph-ac.* phos. puls. **Ruta**k1,st sep.

– **Knochenbrüche - langsame** Heilung: ... *Sil.* staph. sulph. **Symph.**c2,k1,* *Thyr.*c1,c2,*

• **Kindern**, bei: *Calc.*st *Calc-f.*st *Calc-p.*st sil.st

– **Operation**:

• **Beschwerden** durch: acet-ac.bro1 *Acon.*bg2,kr1,* all-c.c1 apisc1 *Arn.*bg2,sf1,* *Bell-p.*sp1,st berb.sf1 calc-f.bro1 calc-p.c1 *Calen.*bg2,k2 camph.bro1 carb-v.k2 chin.sf1 croc.c1 ferr-p.bro1 *Hyper.*bg2,sf1,* kali-s.bro1 led.k2 merc.c1 mill.bro1 najabro1 nit-ac.bro1 nux-v.sf1 op.sf1 ph-ac.c1 pop.sf1 raph.bro1 rhus-t.bro1 rutak2 **Staph.**c1,k2,* *Stront-c.*bg2,k2,* sul-ac.c1 verat.bro1 zinc.c1
☞ *Fisteln - Operation* / *Schwäche - Operation*

• **Strecken**, mit: staph.k2

– **scharfe** Instrumente: staph.k2

– **Schock** durch Verletzungen
☞ *Schock - Verletzung*

– **Strecken** von Geweben: staph.k2

– **Tennisarm** (= Epikondylitis): agar.st ambr.st *Rhus-t.*st

– **Tetanusprophylaxe**: **Arn.**st **Hyper.**st **Led.**st tetox.st thuj.st

– **traumatisches** Fieber: *Acon.*bg2,kr1,* *Apis*bg2,st **Arn.**bg2,kr1,* *Ars.*bg2,c1,* bry.bg2 cact.bg2,c1 *Calen.*bg2,kr1,* carb-v.bg2 *Chin.*bg2,c1,* *Coff.*bg2,kr1,* croc.bg2 euphr.bg2 hep.bg2 *Iod.*bg2,st *Lach.*bg2,c1,* *Lyss.*bg2,st merc.bg2,st nat-c.bg2 nit-ac.bg2 ph-ac.bg2 phos.bg2 *Puls.*bg2 *Rhus-t.*bg2 *Staph.*bg2 sul-ac.bg2 *Sulph.*bg2,k2

– **Verrenkungen**: acon.bg2 agar.bg2 **Agn.**bg2,kr1,* alum.bg2 *Am-c.*bg2,kr1,* am-m.bg2 *Ambr.*bg2,kr1 anac.bg2 ang.bg2,kr1 ant-c.bg2 ant-t.bg2 **Arn.**bg2,j5,* ars.bg2 asar.bg2 aur.bg2 bar-c.bg2,kr1 *Bell.*bg2,kr1 bov.bg2,kr1 *Bry.*bg2,j5,* calad.bg2 **Calc.**bg2,kr1 *Calc-f.*bg2 calc-p.bg2 camph.bg2 cann-s.bg2,kr1 caps.bg2,j5 *Carb-an.*bg2,j5,* *Carb-v.*bg2,j5,* *Carl.*a1,bg2 *Caust.*bg2,kr1 cham.bg2 chel.bg2 chin.bg2 cinabg2 cocc.bg2 *Coloc.*bg2 con.bg2,j5,* croc.bg2 cycl.bg2 dig.bg2 dros.bg2 dulc.bg2 euph.bg2 *Ferr-s.*bg2,kr1 *Form.*bg2,kr1,* *Graph.*bg2,kr1 hell.bg2 hep.bg2,kr1 **Ign.**bg2,j5,* ip.bg2 kali-c.bg2 *Kali-n.*bg2,kr1 kreos.bg2,kr1 lach.bg2,j5 led.bg2 **Lyc.**bg2,kr1 m-arct.bg2,j5 m-aust.bg2,c1 mag-c.bg2,j5 mag-m.bg2 mang.bg2 meny.bg2 *Merc.*bg2,j5,* mez.bg2,kr1 mosch.bg2,j5,* mur-ac.bg2 **Nat-c.**bg2,j5,* **Nat-m.**bg2,j5,* *Nit-ac.*bg2,kr1 nux-m.bg2 *Nux-v.*bg2,kr1 par.bg2,j5 **Petr.**bg2,j5,* ph-ac.bg2 **Phos.**bg2,j5,* plat.bg2 plb.bg2 *Prun.*bg2 psor.bg2,c1 **Puls.**bg2,kr1 ran-b.bg2 rheumbg2,c1 *Rhod.*bg2,kr1 **Rhus-t.**bg2,j5,* *Ruta*bg2,kr1,* sabin.bg2,kr1 sars.bg2 seneg.bg2 sep.bg2,j5,* sil.bg2 *Spig.*bg2,j5,* spong.bg2 stann.bg2,kr1 staph.bg2,kr1 *Stront-c.*bg2 *Sulph.*bg2,j5,* thuj.bg2 valer.bg2 verat.bg2 verb.bg2 zinc.bg2,kr1
☞ ❑ *Extremitäten - Verrenkung*

– **Überanstrengung**, Überlastung durch: *Arn.*hr1,kr1,* *Ars.*hr1,kr1,* **Calc.**hr1,kr1,* calc-f.c1,c2,* carb-an.c1,hr1,* carb-v.c,c1 cocc.c,c1 *Con.*hr1,kr1,* *Ham.*hr1,kr1,* lyc.c1,c2,* *Mill.*hr1,kr1,* nat-c.c,c1 ovi-p.c,c1 *Rhus-t.*hr1,kr1,* sanic.c,c1 sil.c1,c2,* ter.c,c1

– **Überlastung**
☞ *Überanstrengung*

– **Verstauchungen**: acet-ac.$_{bg2}$ *Acon.*$_{bg2}$ agar.$_{bg2}$ **Agn.**$_{bg2,j5,*}$ all-s.$_{bg2,c1,*}$ *Am-c.*$_{bg2,j5,*}$ am-m.$_{bg2,sf1,*}$ am-p.$_{bg2}$ ambr.$_{bg2}$ amgd-p.$_{bg2,c1,*}$ ang.$_{bg2,j5}$ **Arn.**$_{j5,k2,*}$ ars.$_{bg2,c1}$ *Asaf.*$_{bg2,kr1}$ asar.$_{bg2,sf1}$ bar-c.$_{bg2}$ bell.$_{bg2,j5,*}$ *Bell-p.*$_{bg2,sf1,*}$ benz-ac.$_{bg2}$ bov.$_{bg2,sf1}$ *Bry.*$_{bg2,j5,*}$ **Calc.**$_{bg2,j5,*}$ calc-f.$_{bg2,c1}$ calc-p.$_{bg2,sf1}$ calc-sil.$_{bg2,k2}$ calen.$_{bg2}$ cann-s.$_{bg2}$ canth.$_{bg2,j5}$ caps.$_{bg2}$ *Carb-an.*$_{bg2,j5,*}$ carb-v.$_{bg2,j5,*}$ carl.$_{bg2,c1,*}$ caust.$_{bg2,j5,*}$ chin.$_{bg2,j5}$ *Cic.*$_{bg2,j5,*}$ *Coloc.*$_{bg2}$ con.$_{bg2}$ cupr.$_{bg2,j5}$ ferr-p.$_{bg2,k2,*}$ *Ferr-s.*$_{bg2,kr1}$ form.$_{bg2}$ graph.$_{bg2,j5,*}$ guaj.$_{bg2}$ hep.$_{bg2}$ hyos.$_{bg2,j5}$ *Hyper.*$_{bg2}$ *Ign.*$_{bg2,j5,*}$ kali-i.$_{bg2}$ kali-m.$_{bg2,c1}$ *Kali-n.*$_{bg2}$ kreos.$_{bg2,c1}$ lach.$_{bg2,c1}$ *Led.*$_{bg2,sf1,*}$ lith-c.$_{bg2}$ **Lyc.**$_{bg2,j5,*}$ *M-aust.*$_{bg2,j5}$ mag-c.$_{bg2,sf1}$ *Merc.*$_{bg2}$ mez.$_{bg2,sf1}$ **Mill.**$_{bg2,kr1,*}$ mosch.$_{bg2}$ **Nat-c.**$_{bg2,j5,*}$ **Nat-m.**$_{bg2,j5,*}$ *Nit-ac.*$_{bg2,j5,*}$ *Nux-v.*$_{bg2,j5,*}$ onos.$_{bg2}$ **Petr.**$_{bg2,j5,*}$ **Phos.**$_{j5,k2,*}$ plat.$_{bg2}$ polyg-h.$_{bg2,kr1,*}$ polyg-pe.$_{bg2,c1}$ *Prun.*$_{bg2,sf1,*}$ psor.$_{bg2,c1,*}$ *Puls.*$_{bg2,j5,*}$ rad-br.$_{bg2}$ rhod.$_{bg2,sf1,*}$ **Rhus-t.**$_{bg2,k2,*}$ rhus-v.$_{bg2,c1}$ **Ruta**$_{j5,k2,*}$ sabin.$_{bg2}$ seneg.$_{bg2,c1}$ sep.$_{bg2,j5,*}$ sil.$_{bg2,sf1,*}$ sol-ni.$_{bg2,j5}$ spig.$_{bg2,j5}$ stann.$_{bg2}$ staph.$_{bg2,sf1}$ stram.$_{bg2}$ stront-c.$_{bg2,kr1,*}$ sul-ac.$_{bg2,c1}$ *Sulph.*$_{bg2,j5,*}$ sumb.$_{a1,bg2}$ *Symph.*$_{bg2,kr1,*}$ tarent.$_{a1,bg2}$ thuj.$_{bg2}$ zinc.$_{bg2}$

☞ *Heben - durch* | ❑ *Extremitäten - Verstauchungen*

– **Zerrungen**

☞ *Verstauchungen*

○ **Drüsen**, der: *Arn.*$_{bg2,k}$ aster.$_{bro1}$ cann-s.$_{bg2}$ cic.$_{bg2,k}$ **Con.**$_{bg2,k,*}$ *Dulc.* hep.$_{bg2,k}$ *Iod.*$_{bg2,k,*}$ kali-c.$_{bg2}$ kalm.$_{hr1,kr1}$ merc.$_{bg2,k}$ *Petr.*$_{bg2,j5,*}$ *Phos.*$_{bg2,k,*}$ puls.$_{bg2,k}$ rhus-t.$_{bg2,k}$ *Sil.*$_{bg2,k}$ *Sul-ac.* *Sulph.*$_{bg2,j5}$

– **Muskeln**, der: arn.$_{bg2,k2,*}$ calc.$_{bg2,k2,*}$ nat-c.$_{bg2}$ nat-m.$_{bg2}$ phos.$_{bg2}$ **Rhus-t.**$_{bg2,k2,*}$

– **Nerven**, der: helon.$_{c2}$ hyper.$_{c1}$ meny.$_{c1}$ xan.$_{c1,c2}$

• **Schmerzen**, mit großen: bell-p.$_{sp1,st}$ *Cur.*$_{kr1}$ glon.$_{bg2,sf1}$ **Hyper.**$_{c1,k}$ led.$_{k2}$ mag-p.$_{kr1}$ meny.$_{c1}$ *Phos.* tarent.$_{kr1}$ ther.$_{kr1}$

– **Periosts**, des: calc.$_{k13,k2}$ *Ruta* symph.$_{c,c1}$

– **Sehnen**, der (= Tendinitis): *Anac.* calen.$_{st}$ rhus-t.$_{st}$ ruta$_{k2}$

– **Weichteile**, der: **Arn.** bell-p.$_{st}$ cham. **Con.** dulc. euphr. ham.$_{st}$ hyper.$_{st}$ lach. *Nat-c.*$_{j5}$ nat-m.$_{j5}$ phos.$_{j5}$ *Puls.* *Rhus-t.*$_{j5,st}$ samb. *Sul-ac.* sulph. *Symph.*$_{st}$

Verletzungsschock

☞ *Schock - Verletzung*

Verlust:

– **Blutverlust**: abrot.$_{sf1}$ arn.$_{sf1}$ carb-an.$_{sf1}$ caul.$_{hr1}$ *Chin.*$_{k2,sf1}$ chinin-ar.$_{sf1}$ *Ferr.*$_{k2,sf1}$ ferr-pic.$_{c1,sf1}$ ham.$_{sf1}$ helon.$_{sf1}$ hydr.$_{sf1}$ ip.$_{c1,sf1}$ *Nat-m.*$_{sf1}$ *Ph-ac.*$_{k2,sf1}$ phos.$_{sf1}$ senec.$_{k2}$ sep.$_{k2,sf1}$ staph.$_{k2,sf1}$ stront-c.$_{bro1}$ ~~stront-met.$_{bro1,xxx}$~~

☞ *Stillen*

– **Säfteverlust**, Flüssigkeitsverlust: abrot.$_{bg2}$ acon.$_{bg2}$ agar. alet.$_{sf1}$ alum. anac. ant-c. ant-t. arg-met. arn. *Ars.* ars-i. *Aven.*$_{sf1}$ bell. bism.$_{bg2}$ borx. bov. brom.$_{bg2}$ bry. bufo$_{bg2}$ *Calad.* **Calc.**$_{c1,k}$ **Calc-p.** cann-s. canth. caps. carb-ac.$_{bg2}$ *Carb-an.*$_{c1,k}$ **Carb-v.** *Carbn-s.* caust. cham. **Chin.**$_{c1,k}$ *Chinin-ar.* **Chinin-s.** cimic.$_{bg2}$ cina coff. *Con.* *Crot-h.* *Cupr.*$_{bg2,sf1}$ dig. dulc. *Ferr.* ferr-ar. **Graph.** ham.$_{bg2,sf1}$ helon.$_{bg2,sf1}$ hep. ign. *Iod.* ip. *Kali-c.*

Verlust - Säfteverlust, Flüssigkeitsverlust: ... *Kali-p.* lach.$_{bg2}$ led. lyc. mag-m. *Merc.* mez. mosch. nat-c. nat-m.$_{c1,k}$ *Nat-p.* nit-ac. nux-m.$_{k1}$ *Nux-v.* petr. **Ph-ac.**$_{c1,k}$ *Phos.*$_{c1,k}$ plat.$_{bg2}$ plb. psor.$_{bro1}$ **Puls.** ran-b. rhod. rhus-t. ruta sabad. samb. sec. **Sel.**$_{c1,k}$ **Sep.** *Sil.*$_{c1,k}$ spig. *Squil.* stann. **Staph.** stram.$_{bg2}$ sul-ac.$_{st}$ *Sulph.* thuj. valer. verat. zinc.

☞ *Aderlaß* | *Samenabgang* | *Stillen*

Vernetzte Kapillaren

☞ ❑ *Haut - Naevi*

Verstauchungen

☞ *Verletzungen - Verstauchungen*

Verwachsungen: thiosin.$_{c2}$

– **Gefühl** der Verwachsung innerer Organe: arn.$_{bg2,st}$ bry.$_{bg2,st}$ coloc.$_{bg2,st}$ *Dig.*$_{bg2,st}$ euph.$_{bg2,st}$ hep.$_{bg2,st}$ kali-c.$_{bg2,st}$ kali-n.$_{bg2,st}$ merc.$_{bg2,st}$ *Mez.*$_{bg2,st}$ nux-v.$_{bg2,st}$ par.$_{bg2,st}$ petr.$_{bg2,st}$ phos.$_{bg2,st}$ *Plb.*$_{bg2,st}$ puls.$_{bg2,st}$ *Ran-b.*$_{bg2,st}$ **Rhus-t.**$_{bg2,st}$ seneg.$_{bg2,st}$ *Sep.*$_{bg2,st}$ *Sulph.*$_{bg2,st}$ thuj.$_{bg2,st}$ verb.$_{bg2,st}$

Vibrieren, Flattern etc.: am-c.$_{bg}$ bell.$_{bg}$ carb-v.$_{bg}$ cimic.$_{bg}$ *Glon.*$_{bg}$ meli.$_{bg}$ *Sang.*$_{bg}$ sep.$_{bg}$ sulph.$_{bg}$

Völlegefühl:

○ **äußerlich**: *Aesc.* aloe$_{k2}$ ars. aur. aur-m. bar-i.$_{k2}$ caust. kali-n. laur. nux-m. par. phos. sul-i.$_{k2}$ verat.

– **Blutgefäße**, der: ham.$_{bg2}$ sang.$_{bg2}$

– **innerlich**: **Acon.** **Aesc.** agar. aloe$_{bg2,k2,*}$ alum. alum-sil.$_{k2}$ am-c. am-m. aml-ns. anac. ant-c. *Ant-t.* *Apis* arg-n.$_{bg2,sf1}$ *Arn.* ars. *Asaf.* *Asar.* aur. aur-m.$_{k2}$ aur-s.$_{k2}$ *Bar-c.* bar-i.$_{k2}$ bar-m. bar-s.$_{k2}$ *Bell.* borx. bov. *Bry.* cact. calc. calc-i. calc-s.$_{k2}$ calc-sil.$_{k2}$ camph. cann-i. cann-s. *Canth.* *Caps.* *Carb-an.* *Carb-v.* *Carbn-s.* caust. cench.$_{k2}$ *Cham.* chel. **Chin.** cic. **Cimic.** clem.$_{a1}$ coc-c.$_{a1}$ cocc. coff. *Colch.* coloc. com. *Con.* conv.$_{bg2,sf1}$ croc. *Crot-t.* *Cycl.* *Dig.* dirc.$_{a1}$ *Ferr.* ferr-ar.$_{k2}$ gels.$_{bg2,sf1}$ **Glon.** *Graph.* guaj. halo.$_{j1}$ *Ham.* *Hell.* hyos. ign. iod. *Iris* *Kali-c.* kali-m.$_{k2}$ *Kali-n.* kreos. lach. laur. led. *Lil-t.*$_{bg2,sf1}$ lob.$_{bg2}$ *Lyc.* mag-c. mag-m. mang. **Meli.** meny. merc. mez. **Mosch.** mur-ac. naja$_{sf1}$ *Nat-ar.* nat-c. nat-m. nat-s.$_{bg2,k2}$ *Nit-ac.* *Nux-m.* *Nux-v.* olnd. op. par. petr. ph-ac. **Phos.** phys.$_{a1}$ *Phyt.* plat. plb. *Psor.* *Puls.* *Ran-s.* rheum rhod. **Rhus-t.** ruta sabad. *Sabin.* sars. *Sep.* sil. spig. spong. stann. staph. stict. stront-c. sul-ac. sul-i.$_{k2}$ **Sulph.** thuj. ust.$_{sf1}$ *Valer.* verat. verat-v. verb. vip.$_{sf1}$ zinc.

• **Klavierspiel**, nach dem: anac.$_{k1}$

Wachstum von Kindern; zu schnelles

☞ *Längenwachstum*

Wahnideen

☞ ❑ *Gemüt - Wahnideen*

Wallungen des Blutes

☞ *Blutwallungen*

Wallungen

☞ *Hitze - Hitzewallungen*

Warm ist; Personen, denen es meist

☞ *Hitze - Gefühl*

Wärme:

– **agg.**: acon.bg2,k,* adlu.jl *Aesc.*k2,st aeth.br1,bro1 *Agar.* agn.bg2,k *All-c.* *Aloe*k2,sf1,* **Alum.**bg2,k,* alum-sil.k2 alumn.kr1 am-c.sf,sf1 ambr.bg2,k,* *Anac.*bg2,hr1,* *Ant-c.*bg2,k,* *Ant-t.*bg2,k,* **Apis** aq-mar.jl,jl3 **Arg-n.**k,k1,* arn.bg2,k,* **Ars-i.** *Asaf.*sf,sf1 *Asar.*bg2,hr1,* aster.jl aur.bg2,k,* *Aur-i.*k13,k2,* *Aur-m.* bapt.sf,sf1 bar-c.bg2,k,* bar-i.k13,k2 bell.bg2,k,* beryl.jl,jl3 *Bism.* *Borx.* brom.k2,sf1,* *Bry.*bg2,k,* *Calad.*bg2,k1,* *Calc.*bg2,hr1,* *Calc-i.*k13,k2,* *Calc-s.*k2,st *Camph.*bg2,k cann-s.bg2,k,* canth. carb-v.bg2,k,* *Carbn-s.* carc.hbh,oss caust.bg2,k,* cench.k13,k2 cham.bg2,k,* chin.bg2,hr1,* choc.srj3 cimic.jl cina clem.bro1 *Coc-c.*k,k1 cocc.bg2,k,* coff.k13,k2 colch.bg2,k,* coloc.bg2,k,* *Com.*bro1 conv.bro1 cortico.sp1 cortiso.jl,jl3,* *Croc.*bg2,k1,* *Crot-h.*bg2,sf1,* *Cupr.*bg2,sf1,* dig. *Dros.*bg2,k,* *Dulc.*bg2,k,* euph.bg2,k,* euphr. ferr.bg2,hr1,* ferr-i. ferr-p.sf,sf1 **Fl-ac.**bg2,k2,* flav.jl,jl3 foll.jl,jl3 gels.bg2,k,* *Glon.*bg2,k *Graph.*bg2,k,* *Grat.*st *Guaj.* *Ham.*st hed.mg,mg1 helio.bro1 hell.bg2,k,* hep.bg2,k2,* hip-ac.jl,jl3 hist.jl,jl3 hydroph.jl,jl3 *Hyos.*bg2 iber.jl,jl3 ign.bg2,k,* *Ind.* **Iod.**bg2,k,* *Ip.*bg2,k,* jug-c.bro1 just.bro1 kali-ar.sf,sf1 kali-bi.sf,sf1 kali-br. kali-c.bg2,hr1,* **Kali-i.**bg2,k2,* *Kali-m.*bro1 **Kali-s.**bg2,k1,* kalm.sf,sf1 *Lac-c.* *Lach.*bg2,k,* laur.bg2,k,* **Led.**bg2,k,* *Lil-t.*bg2,sf1,* *Lyc.*bg2,k,* mag-c.mg,mg1 med.st meli.sf,sf1 *Merc.*bg2,k,* *Mez.*bg2,k,* mur-ac.bg2,k,* nat-c.bg2,k,* **Nat-m.**bg2,k1,* **Nat-s.**k,k1,* nit-ac.bg2,hr1,* nux-m.bg2,hr1,* nux-v.bg2,hr1,* *Op.*bg2,k,* ph-ac.bg2,k,* phenob.jl,jl3,* *Phos.*bg2,k,* phyt.k13,k2 pic-ac.k13,k2 pitu.jl,jl3 **Plat.**bg2,k1,* podo.sf,sf1 prot.jl,jl3 **Puls.**bg2,k,* rauw.jl,jl3,* rhus-t.bg2,j5,* sabad.bg2,k,* *Sabin.*bg2,k1,* **Sec.**bg2,k,* sel.bg2,k,* *Seneg.*bg2,k,* sep.bg2,hr1,* sil.bg2,hr1,* spig.bg2,k,* *Spong.*bg2,k1,* staph.bg2,k,* stel.bro1 sul-ac.bro1 *Sul-i.*k13,k2,* **Sulph.**bg2,k1,* tab. teucr.bg2,k,* *Thuj.*bg2,k1,* thyr.vh trios.jl *Tub.*st *Uva*vh *Verat.*bg2,k,* *Vesp.*st visc.jl,jl3 *Zinc.*

☞ *Hitze - Lebenswärme - Wärme agg.*

– **amel.**: *Acon.*hr1,kr1 *Agar.*hr1,k2,* alum.hr1 alum-sil.k2,kr1,* alumn.kr1 am-br.kr1,sf1,* *Am-c.*hr1,kr1,* anac.hr1,kr1 ant-c.hr1,k2,* aral.kr1,sf1,* *Arg-met.*kr1,sf1 arist-cl.kr1,mg1,* *Arn.*hr1,kr1,* **Ars.**j5,k2,* asar.hr1,kr1 *Aur.*hr1,kr1 bad.kr1 *Bar-c.*hr1,kr1,* *Bell.*hr1,k2,* bell-p.kr1,mg1,* *Borx.*kr1 *Bov.*hr1,kr1 *Bry.*hr1,k2,* calc.hr1,kr1 calc-f.k2,kr1,* calc-p.k2,kr1,* calc-s.k2,kr1,* **Camph.**hr1,kr1 *Canth.*hr1,kr1 *Caps.*hr1,kr1,* *Carb-an.*hr1,kr1 *Carb-v.*hr1,kr1 carc.hbh castm.kr1,sf1 **Caust.**j5,k2,* cench.k2,kr1 cham.j5,k2,* chel.k2,kr1,* *Chin.*hr1,kr1,* *Cic.*hr1,kr1,* cimic.kr1 *Clem.*hr1,kr1 *Cocc.*hr1,kr1 *Coff.*hr1,kr1,* *Colch.*hr1,k2,* *Coll.*kr1 *Coloc.*hr1,k2,* *Con.*hr1,kr1,* cor-r.kr1 cupr-act.kr1 cycl.kr1,sf1,* cyn-d.jl3,kr1,* *Dig.*hr1,kr1 **Dulc.**hr1,kr1,* *Ferr.*hr1,k2,* flor-p.jl3,kr1,* form.kr1 germ-met.srj5 gink-b.jl3,kr1,* *Graph.*hr1,kr1 gymno.kr1 *Hell.*hr1,kr1 **Hep.**bg2,hr1,* *Hyos.*hr1,kr1,* *Ign.*bg2,hr1,* ip.hr1,kr1 kali-ar.k2,kr1,* kali-bi.k2,kr1,* **Kali-c.**hr1,kr1,* kali-p.kr1 *Kreos.*hr1,kr1,* lac-d.k2,kr1,* *Lach.*hr1,kr1 laur.hr1,kr1 led.hr1,kr1 levo.jl3,kr1,* lob.kr1 lyc.j5,k2,* lycpr.kr1 *Mag-c.*bg2,hr1,* *Mag-m.*hr1,kr1,* *Mag-p.*k2,kr1,* mand.kr1,mg1,* *Mang.*hr1,kr1 med.k2,kr1,* *Meny.*hr1,kr1 *Merc.*hr1,kr1 *Mez.*hr1,kr1

– **amel.**: ...
moly-met.jl,kr1 **Mosch.**hr1,kr1 *Mur-ac.*hr1,kr1 *Nat-c.*hr1,kr1 nat-m.hr1,kr1,* nid.jl,kr1 nit-ac.hr1,kr1 *Nux-m.*hr1,kr1,* **Nux-v.**hr1,kr1,* onop.jl,kr1 *Petr.*hr1,kr1 ph-ac.hr1,kr1,* *Phos.*hr1,k2,* phyt.kr1 psor.kr1 puls.hr1,kr1 pyrog.k2,kr1,* *Ran-b.*hr1,kr1 *Rheum*kr1,sf1 *Rhod.*hr1,kr1,* **Rhus-t.**bg2,k2,* *Rumx.*kr1,sf1 *Ruta*kr1 **Sabad.**j5,k2,* *Samb.*hr1,kr1 *Sars.*hr1,k2,* seneg.hr1,kr1 *Sep.*hr1,j5,* *Sil.*bg2,hr1,* *Spig.*hr1,k2,* *Spong.*hr1,kr1,* *Squil.*hr1,kr1 *Staph.*hr1,kr1 *Stram.*bg2,hr1,* **Stront-c.**j5,kr1,* *Sul-ac.*hr1,kr1,* *Sulph.*hr1,j5,* syph.k2,kr1,* thea kr1 ther.k2,kr1,* thuj.hr1,kr1,* tub.k2,kr1,* verat.hr1,kr1 verb.hr1,kr1 viol-t.hr1,kr1 xero.kr1 zinc.hr1,kr1

– **Bett**, im warmen (= Bettwärme):

• **agg.**: aeth. agn.bg2,k *Alum.*bg2,k,* alumn.kr1 ambr.bg2,k,* anac.bg2,hr1,* *Ant-c.*bg2,k,* *Ant-t.*bg2,k,* **Apis** arg-n. arn.bg2,k,* ars-i. *Asaf.* asar.bg2,hr1,* aur.bg2,k,* aur-i.k13,k2 *Aur-m.* aur-s.k2 bar-c.bg2,k,* bell-p.bro1 bov.bg2,k,* *Bry.*bg2,k,* calad.bg2,k,* calc.bg2,k,* calc-f.mg,mg1 calc-i.k13,k2 *Calc-s.* *Camph.* cann-s.bg2,k,* *Carb-v.*bg2,k,* carbn-s.k2,st *Caust.*bg2,hr1,* cedr. **Cham.**bg2,k,* chin.bg2,k,* cina cinnb.k13,k2 *Clem.*bg2,k,* *Coc-c.* *Cocc.*bg2,k,* colch.bg2,k,* coloc.bg2 croc.bg2,k,* daph. **Dros.**bg2,k,* dulc. *Euph.*bg2,k,* *Fl-ac.*bg2,k *Glon.* goss. *Graph.*bg2,k,* hell.bg2,k,* hyos. ign.bg2,k,* *Iod.*bg2,k,* *Ip.*bg2,k,* kali-br.sf,sf1 *Kali-c.*bg2,hr1,* *Kali-chl.* kali-m.k2 *Kali-s.* kreos.sf,sf1 *Lac-c.* *Lach.*bg2,k,* **Led.**bg2,k,* lil-t.sf,sf1 *Lyc.*bg2,k,* *Mag-c.*bg2,k med.st **Merc.**bg2,k,* *Mez.*bg2,k,* mur-ac.bg2,k,* nat-c.bg2,k,* *Nat-m.*bg2,k,* nit-ac.bg2,k,* *Nux-m.*bg2,hr1,* *Nux-v.*bg2,hr1,* **Op.**bg2,k,* petr.sf,sf1 *Ph-ac.*bg2,k,* phenob.jl,jl3,* phos.bg2,k,* phyt. *Plat.*bg2,k,* psor.bg2,k **Puls.**bg2,k,* *Rhod.*bg2,j5,* *Rhus-t.*bg2,j5,* sabad.bg2,k,* **Sabin.**bg2,k,* sang.sf,sf1 sars.bg2,k,* **Sec.**bg2,k,* sel.bg2,k,* *Seneg.*bg2,k,* sep.bg2,hr1,* *Sil.*bg2,sf1,* spig.bg2,k,* *Spong.*bg2,k,* staph.bg2,k,* stram. stront-c.bg2 *Sul-i.*k13,k2 **Sulph.**bg2,k,* teucr.bg2,k,* *Thuj.*bg2,k,* *Verat.*bg2,k,* visc.bro1 x-ray sp1

• **kalten** Extremitäten, mit: **Camph.** **Led.** *Mag-c.* *Med.* **Sec.**

• **amel.**: agar.bg2,k,* *Am-c.*bg2,k,* arn.bg2,k,* **Ars.**bg2,k,* ars-s-f.k13,k2 *Aur.*bg2,k,* bapt.bg2 bar-c.bg2,k,* bell.bg2,k,* **Bry.**bg2,k,* calc-f.dp *Calc-p.* camph.bg2,k,* canth.bg2,k,* *Caust.*bg2,k,* choc.srj3 cic.bg2,k,* cocc.bg2,k,* *Coloc.* con.bg2,k,* *Dulc.*bg2,k,* *Graph.*bg2,k,* **Hep.**bg2,k,* hyos.bg2,k,* *Kali-bi.* **Kali-c.**bg2,k,* *Kali-i.* kali-p. lach.bg2,k,* **Lyc.**bg2,k,* *Mag-p.* mosch.bg2,k,* nit-ac.bg2,k,* **Nux-m.**bg2,k,* **Nux-v.**bg2,k,* petr. ph-ac.bg2,k,* *Phos.*bg2,k,* **Rhus-t.**bg2,k,* *Rumx.* *Sabad.*bg2,k,* *Sep.*bg2,k,* **Sil.**bg2,k,* spong.bg2,k,* squil.bg2,k,* *Stann.* staph.bg2,k,* stram.bg2,k,* stront-c. sul-ac.bg2,sf1 sulph.bg2,k,* *Tarent.* thuj.sf1 **Tub.** verat.bg2,hr1,*

• **Verlangen**: choc.srj3 spig.a1

– **Einhüllen**, warmes:

☞ *Bettdecken - agg.*

• **agg.**: *Acon.*bg2,k,* ant-c.k13,k2 ant-t.k2,sf1,* **Apis** *Arg-met.* *Arg-n.* arn.bg2 *Ars-i.* *Asar.*bg2,hr1,* aur.bg2,k,* aur-i.k13,k2 *Aur-m.*hr1,k aur-s.k13,k2 *Borx.*

– **Einhüllen**, warmes - **agg.**: ...
brom.$_{k13,k2}$ *Bry.*$_{bg2,k,*}$ *Calc.*$_{bg2,k,*}$ calc-i.$_{k13,k2}$ calc-s. *Camph.* carb-v.$_{bg2,k,*}$ carbn-s. *Cham.*$_{bg2,k,*}$ chin.$_{bg2,k,*}$ *Coc-c.* coff.$_{bg2,k,*}$ *Crot-h.*$_{bg2}$ cupr.$_{bg2}$ *Ferr.*$_{bg2,k,*}$ ferr-i. *Fl-ac.*$_{bg2,k}$ glon. hydrog.$_{srj2}$ ign.$_{bg2,k,*}$ **Iod.**$_{bg2,k,*}$ *Ip.*$_{bg2}$ kali-bi.$_{bg2}$ kali-i.$_{bg2}$ **Kali-s.** *Lac-c.* lach.$_{bg2,k,*}$ **Led.**$_{bg2,k,*}$ **Lyc.**$_{bg2,k,*}$ **Mag-p.**$_{bg2}$ merc.$_{bg2,k,*}$ mosch.$_{bg2,k,*}$ mur-ac.$_{bg2,k,*}$ *Nit-ac.*$_{bg2,k,*}$ nux-v.$_{bg2,k,*}$ op.$_{bg2,k,*}$ phos.$_{bg2,k,*}$ plat.$_{bg2,k,*}$ **Puls.**$_{bg2,k,*}$ rhus-t.$_{bg2,k,*}$ sabin.$_{bg2,k2,*}$ **Sec.**$_{bg2,k,*}$ *Seneg.*$_{bg2,k,*}$ sep.$_{bg2,k,*}$ *Spig.*$_{bg2,k,*}$ staph.$_{bg2,k,*}$ *Sul-i.*$_{k13,k2}$ **Sulph.**$_{bg2,k,*}$ tab. thuj.$_{bg2,k,*}$ *Verat.*$_{bg2,k,*}$

• **amel.**: ars.$_{k2,kr1}$ calc-f.$_{dp,kr1}$ choc.$_{srj3}$ colch.$_{k2,kr1}$ **Hep.**$_{kr1}$ hydrog.$_{srj2}$ psor.$_{bg2,kr1}$ rhod.$_{k2,kr1}$ rhus-t.$_{k1,kr1}$ sabad.$_{bg2,kr1}$ **Sil.**$_{kr1}$

– **Erwärmung**, Warmwerden:

• **agg.**: *Acon.*$_{bg2,hr1,*}$ am-c.$_{bg2,hr1,*}$ **Ant-c.**$_{bg2,hr1,*}$ bar-i.$_{bg2,k2,*}$ *Bell.*$_{bg2,hr1,*}$ borx.$_{bg2,kr1}$ brom.$_{bg2,kr1,*}$ **Bry.**$_{bg2,hr1,*}$ calc.$_{bg2,kr1}$ *Caps.*$_{bg2,hr1,*}$ *Carb-v.*$_{bg2,hr1,*}$ coff.$_{bg2,hr1,*}$ *Dig.*$_{bg2,hr1,*}$ *Gels.*$_{bg2,hr1,*}$ *Glon.*$_{bg2,hr1,*}$ *Hep.*$_{bg2,hr1,*}$ *Ign.*$_{bg2,hr1,*}$ *Ip.*$_{bg2,hr1,*}$ **Kali-c.**$_{bg2,hr1,*}$ lach.$_{bg2,k2,*}$ lyc.$_{bg2,kr1}$ mez.$_{bg2,hr1,*}$ *Nat-m.*$_{bg2,hr1,*}$ *Nux-m.*$_{bg2,hr1,*}$ *Nux-v.*$_{bg2,hr1,*}$ olnd.$_{bg2,hr1,*}$ *Op.*$_{bg2,hr1,*}$ *Sep.*$_{bg2,hr1,*}$ *Sil.*$_{bg2,hr1,*}$ staph.$_{bg2,hr1,*}$ *Thuj.*$_{bg2,hr1,*}$ *Zinc.*$_{bg2,hr1,*}$

• **amel.**: *Acon.*$_{hr1,kr1}$ *Agar.*$_{hr1,kr1}$ am-c.$_{hr1,kr1}$ ant-c.$_{hr1,kr1}$ *Arn.*$_{hr1,kr1}$ **Ars.**$_{hr1,kr1}$ asar.$_{hr1,kr1}$ *Aur.*$_{hr1,kr1}$ *Bar-c.*$_{hr1,kr1}$ *Bell.*$_{hr1,kr1}$ *Borx.*$_{kr1}$ bov.$_{hr1,kr1}$ *Bry.*$_{hr1,kr1}$ *Calc.*$_{hr1,kr1}$ *Camph.*$_{hr1,kr1}$ canth.$_{hr1,kr1}$ *Caps.*$_{hr1,kr1}$ carb-an.$_{hr1,kr1}$ carb-v.$_{hr1,kr1}$ *Caust.*$_{hr1,kr1}$ *Cham.*$_{hr1,kr1}$ *Chin.*$_{hr1,kr1}$ *Cic.*$_{hr1,kr1}$ clem.$_{hr1,kr1}$ *Coc-c.*$_{hr1,kr1}$ colch.$_{k2,kr1,*}$ *Con.*$_{hr1,kr1}$ dig.$_{hr1,kr1}$ *Dulc.*$_{hr1,kr1}$ ferr.$_{hr1,kr1}$ **Graph.**$_{hr1,kr1}$ *Hell.*$_{hr1,kr1}$ *Hep.*$_{hr1,kr1}$ *Hyos.*$_{hr1,kr1}$ *Ign.*$_{hr1,kr1}$ **Kali-c.**$_{hr1,kr1}$ *Kreos.*$_{hr1,kr1}$ lach.$_{hr1,kr1}$ *Lyc.*$_{hr1,kr1}$ *Mag-c.*$_{hr1,kr1}$ mag-m.$_{hr1,kr1}$ *Mang.*$_{hr1,kr1}$ meny.$_{hr1,kr1}$ *Merc.*$_{hr1,kr1}$ mez.$_{hr1,kr1}$ **Mosch.**$_{hr1,kr1}$ mur-ac.$_{hr1,kr1}$ *Nat-c.*$_{hr1,kr1}$ nat-m.$_{hr1,kr1}$ *Nit-ac.*$_{hr1,kr1}$ *Nux-m.*$_{hr1,kr1}$ **Nux-v.**$_{hr1,kr1}$ *Petr.*$_{hr1,kr1}$ *Ph-ac.*$_{hr1,k2,*}$ *Phos.*$_{hr1,kr1}$ ran-b.$_{hr1,kr1}$ rhod.$_{hr1,kr1}$ **Rhus-t.**$_{hr1,kr1}$ ruta$_{kr1}$ **Sabad.**$_{hr1,kr1}$ samb.$_{hr1,kr1}$ *Sars.*$_{hr1,kr1}$ sel.$_{hr1,kr1}$ *Sep.*$_{hr1,kr1}$ *Sil.*$_{hr1,kr1}$ spig.$_{hr1,kr1}$ *Spong.*$_{hr1,kr1}$ staph.$_{hr1,kr1}$ stram.$_{hr1,kr1}$ *Stront-c.*$_{kr1}$ sul-ac.$_{hr1,kr1}$ *Sulph.*$_{hr1,kr1}$ *Thuj.*$_{kr1}$ *Verat.*$_{hr1,kr1}$ *Verb.*$_{hr1,kr1}$ viol-t.$_{hr1,kr1}$ zinc.$_{hr1,kr1}$

• **Freien**, im:

• **agg.**: acon. agn. alum. alumn.$_{kr1}$ ambr. anac.$_{kr1}$ *Ant-c.* asar.$_{kr1}$ aur. aur-i.$_{k2}$ *Aur-m.* bar-c. bar-i.$_{k2}$ *Bell.* borx. bov. **Bry.** calad. calc. cann-s. *Carb-v.* caust. cham. chin. cina cocc. coff. colch. coloc. croc. dros. *Dulc.* euph. **Gels.**$_{kr1}$ *Glon.* graph. ign. **Iod.** ip. kali-c. lach. led. **Lyc.** mang. *Merc.* mez. nat-c. nat-m. *Nat-s.* nit-ac. nux-m.$_{kr1}$ nux-v.$_{kr1}$ olnd. *Op.* petr. ph-ac. *Phos.* plat. **Puls.** rhus-t.$_{kr1}$ *Sabad.* sabin. *Sec.* sel. *Seneg.* sep. *Sil.* *Spig.* spong. staph. *Sulph.* teucr. thuj. *Verat.*

– **kann** nicht warmwerden

☞ *Hitze - Lebenswärme - warmes* | ❑ *Frost - Warm - Bett - amel. - nicht* | ❑ *F~ Warm - Verlangen* | ❑ *F~ Warm - Zimmer - amel. - nicht*

– **Kleidung**, warme:

• **Verlangen**: alum.$_{k2}$ ars.$_{k2}$ *Bar-c.*$_{k2,sf1}$ bell.$_{k2}$ calc.$_{k2}$ caul.$_{k2}$ graph.$_{k2}$ hep.$_{k2}$ kali-c.$_{k2}$ nat-c.$_{k2}$ nat-s.$_{k2}$ plb.$_{k2}$ psor.$_{k2,sf1}$ *Sabad.*$_{k2,sf1}$ sil.$_{k2}$

☞ *Pelz* | ❑ *Gemüt - Pelz*

• **nachmittags**: nux-v.$_{a1}$

• **Hitze**; trotz einem Gefühl von: achy.$_{jl}$

– **Luft**, warme:

• **agg.**: agn.$_{bg2,k}$ *Aloe* alum-sil.$_{k2}$ ambr.$_{bg2,k,*}$ anac.$_{bg2,hr1,*}$ *Ant-c.*$_{bg2,k,*}$ *Ant-t.*$_{bg2,k,*}$ *Arg-n.* ars-i. *Asar.*$_{bg2,hr1,*}$ aur.$_{bg2,k,*}$ aur-i.$_{k13,k2}$ *Aur-m.* *Bry.*$_{bg2,k,*}$ calad.$_{bg2,k,*}$ calc.$_{bg2,k,*}$ calc-i.$_{k2}$ *Calc-s.* cann-s.$_{bg2,k,*}$ *Carb-v.*$_{bg2,k,*}$ cham.$_{bg2,k,*}$ cina *Coc-c.*$_{kr1}$ *Cocc.*$_{bg2,k,*}$ colch.$_{bg2,k,*}$ croc.$_{bg2,k,*}$ dros.$_{bg2,k,*}$ *Euph.*$_{bg2,k,*}$ *Fl-ac.*$_{bg2,k}$ **Glon.** ign.$_{bg2,k,*}$ *Ind.* **Iod.**$_{bg2,k,*}$ *Ip.*$_{bg2,k,*}$ kali-bi. **Kali-s.** **Lach.**$_{bg2,k,*}$ led.$_{bg2,k,*}$ *Lyc.*$_{bg2,k,*}$ **Merc.**$_{bg2,k,*}$ *Mez.* *Nat-m.*$_{bg2,k,*}$ *Nat-s.* *Nit-ac.*$_{bg2,hr1,*}$ nux-m. nux-v.$_{bg2,k,*}$ *Op.*$_{bg2,k,*}$ *Ph-ac.*$_{bg2}$ phenob.$_{jl,jl3,*}$ *Phos.*$_{bg2,k,*}$ *Pic-ac.* plat.$_{bg2,k,*}$ podo. **Puls.**$_{bg2,k,*}$ rhus-t.$_{bg2,hr1,*}$ sabin.$_{bg2,k,*}$ sars. *Sec.* sel.$_{bg2,k,*}$ *Seneg.*$_{bg2,k,*}$ *Sep.*$_{bg2,hr1,*}$ *Sul-i.*$_{k13,k2}$ *Sulph.*$_{bg2,k,*}$ teucr.$_{bg2,k,*}$ thuj.$_{bg2,k,*}$ xan.

• **amel.**: *Acon.*$_{hr1,kr1}$ *Agar.*$_{hr1,kr1}$ alum.$_{hr1}$ alumn.$_{kr1}$ *Am-c.*$_{hr1,kr1}$ anac.$_{hr1,kr1}$ ant-c.$_{hr1,kr1}$ arn.$_{hr1,kr1}$ **Ars.**$_{hr1,kr1,*}$ asar.$_{hr1,kr1}$ **Aur.**$_{hr1,kr1}$ *Bar-c.*$_{hr1,kr1,*}$ *Bell.*$_{hr1,kr1}$ borx.$_{kr1}$ *Bov.*$_{hr1,kr1}$ *Bry.*$_{hr1,kr1}$ *Calc.*$_{hr1,kr1}$ **Camph.**$_{hr1,kr1}$ canth.$_{hr1,kr1}$ *Caps.*$_{hr1,kr1,*}$ *Carb-an.*$_{hr1,kr1}$ *Carb-v.*$_{hr1,kr1}$ **Caust.**$_{hr1,kr1,*}$ *Cham.*$_{hr1,kr1}$ chin.$_{hr1,kr1}$ *Cic.*$_{hr1,kr1}$ *Cina*$_{kr1}$ *Coc-c.*$_{hr1,kr1}$ coff.$_{hr1,kr1}$ *Colch.*$_{hr1,kr1,*}$ *Coloc.*$_{hr1,kr1,*}$ *Con.*$_{hr1,kr1}$ dig.$_{hr1,kr1}$ **Dulc.**$_{hr1,kr1,*}$ *Ferr.*$_{hr1,kr1}$ graph.$_{hr1,kr1}$ **Hell.**$_{hr1,kr1}$ **Hep.**$_{hr1,kr1,*}$ *Hyos.*$_{hr1,kr1}$ *Ign.*$_{hr1,kr1}$ ip.$_{hr1,kr1}$ **Kali-c.**$_{hr1,kr1,*}$ kreos.$_{hr1,kr1}$ lach.$_{hr1,kr1}$ laur.$_{hr1,kr1}$ led.$_{kr1}$ *Lyc.*$_{hr1,kr1}$ mag-c.$_{hr1,kr1}$ mag-m.$_{hr1,kr1}$ mag-p.$_{kr1,sf1,*}$ *Mang.*$_{hr1,kr1}$ meny.$_{hr1,kr1}$ *Merc.*$_{hr1,kr1}$ *Mez.*$_{hr1,kr1}$ **Mosch.**$_{hr1,kr1}$ mur-ac.$_{hr1,kr1}$ nat-ar.$_{k2,kr1}$ *Nat-c.*$_{hr1,kr1}$ *Nat-m.*$_{hr1,kr1}$ nat-s.$_{kr1,sf1,*}$ *Nit-ac.*$_{hr1,kr1}$ **Nux-m.**$_{hr1,kr1}$ **Nux-v.**$_{hr1,kr1}$ par.$_{hr1,kr1}$ *Petr.*$_{hr1,kr1}$ *Ph-ac.*$_{hr1,kr1,*}$ *Phos.*$_{hr1,kr1}$ psor.$_{hr1,kr1}$ ran-b.$_{hr1,kr1}$ *Rhod.*$_{hr1,kr1,*}$ **Rhus-t.**$_{hr1,kr1,*}$ *Ruta*$_{kr1}$ **Sabad.**$_{hr1,kr1}$ samb.$_{hr1,kr1}$ *Sars.*$_{hr1,kr1}$ *Sel.*$_{hr1,kr1}$ seneg.$_{hr1,kr1}$ *Sep.*$_{hr1,kr1}$ *Sil.*$_{hr1,kr1,*}$ *Spig.*$_{hr1,kr1}$ *Spong.*$_{hr1,kr1,*}$ squil.$_{hr1,kr1}$ staph.$_{hr1,kr1}$ stram.$_{hr1,kr1}$ **Stront-c.**$_{kr1,sf1}$ sul-ac.$_{hr1,kr1}$ *Sulph.*$_{hr1,kr1}$ thuj.$_{hr1,kr1,*}$ *Verat.*$_{hr1,kr1}$ verb.$_{hr1,kr1}$ viol-t.$_{hr1,kr1}$ zinc.$_{hr1,kr1}$

– **Ofen**, am warmen (= Ofenwärme):

• **agg.**: *Ant-c.*$_{bg2,k}$ *Apis* *Arg-n.*$_{bg2,k}$ ars.$_{bg2}$ *Bry.*$_{bg2,k}$ bufo *Cimic.*$_{bg2}$ *Cocc.* *Con.* cupr.$_{bg2}$ *Euph.*$_{bg2,k}$ **Glon.**$_{c1,k}$ hydrog.$_{srj2}$ *Iod.* *Kali-i.*$_{bg2,k}$ *Laur.* mag-m.$_{bg2,k}$ *Merc.*$_{bg2,k}$ nat-m.$_{bg2,k}$ nat-s.$_{bg2}$ nux-v.$_{bg2}$ op. phos.$_{bg2}$ psor.$_{bg2}$ *Puls.*$_{bg2,k}$ **Sec.** thiop.$_{jl}$ *Zinc.*$_{bg2,hr1,*}$

• **amel.**: acon.$_{bg2,k,*}$ agar.$_{bg2,k,*}$ am-c.$_{bg2,k,*}$ **Ars.**$_{bg2,k,*}$ aur.$_{bg2,k,*}$ bar-c.$_{bg2,k,*}$ bell.$_{bg2,k,*}$ borx. bov.$_{bg2}$ calc-f.$_{dp}$ camph.$_{bg2,k,*}$ canth.$_{bg2,k,*}$ caps.$_{bg2,k,*}$ caust.$_{bg2,k,*}$ choc.$_{srj3}$ cic.$_{bg2,k,*}$ cocc.$_{bg2,k,*}$ con.$_{bg2,k,*}$ conv. cor-r.$_{br1}$ *Dulc.*$_{bg2,k,*}$ graph.$_{bg2}$ hell.$_{bg2,k,*}$ **Hep.**$_{bg2,k,*}$ hydrog.$_{srj2}$ hyos.$_{bg2,k,*}$ **Ign.**$_{bg2,k,*}$ kali-c.$_{bg2,k,*}$ lach.$_{bg2}$

– **Ofen**, am warmen (= Ofenwärme) **amel.**: ...
mag-c.bg2,k,* **Mag-p.** mang.bg2,k,* meny.bg2,hr1,* mosch.bg2,k,* *Nux-m.*bg2,k,* **Nux-v.**bg2,k,* petr.bg2,k,* ran-b.bg2,k,* rhod.bg2,k,* **Rhus-t.**bg2,k,* sabad.bg2,k,* **Sil.**bg2,k,* *Stront-c.* sulph.bg2,k,* tub.k2
• **kalt** und steif wenn er sich dem Ofen nähert; er ist: *Laur.*
• **Verlangen**: bar-c.a1,sf1 cic.a1 ptel.a1 *Sil.*a1,sf1 tub.a1,k2
– **Verlangen**, Bedürfnis nach Wärme:
abrom-a-r.bnj1 alum.bg2,sf1 am-br.bg2,sf1 arg-met.bg2,sf1 *Ars.*bg2,sf1 bamb-a.stb2 bar-c.bg2,sf1 calc.bg2,k2,* caps.bg2,sf1 *Caust.*bg2,sf1 *Colch.*bg2,sf1 con.bg2,sf1 *Hep.*bg2,sf1 *Kali-c.*bg2,sf1,* moly-met.bg2,sf1,* ph-ac.bg2,sf1 psor.bg2,sf1 *Sabad.*bg2,sf1 *Sil.*bg2,sf1 thuj.bg2,sf1 tub.bg2,sf1
☞ *Kleidung - Verlangen*
– **Zimmer**, im warmen:
• **agg.**: acon.bg2,k,* aeth.sf,sf1 *Agn.*bg2,k *All-c.*k2,sf1,* aloek2 *Alum.*bg2,k,* alum-p.k2 alum-sil.k13,k2 *Alumn.*kr1 am-c.bg2,sf1,* ambr.bg2,k,* *Anac.*bg2,hr1,* androc.srj1 *Ant-c.*bg2,k,* ant-t.bg2,k **Apis** aran-ix.mg,mg1 aran-sc.bro1 *Arg-n.* arn.bg2,k,* ars-i. *Asaf. Asar.*bg2,hr1,* aur.bg2,k,* aur-i.k13,k2 *Aur-m.* aur-s.k13,k2 bamb-a.stb2 bapt.bg2 bar-c.bg2,k,* bar-i.k13,k2 bell.bg2,k,* borx. *Brom.*bg2,k *Bry.*bg2,k,* bufo calad. calc.bg2,k,* calc-i.k13,k2 calc-p. **Calc-s.** cann-s.bg2,k,* *Carb-ac. Carb-v.*bg2,k,* **Carbn-s.** carc.tp1 caust.bg2,k,* cina *Coc-c.* cocc. colch.bg2,k,* conv.br1 crat.bro1 **Croc.**bg2,k,* culx.k13,k2 *Dros.* dulc.bg2,k,* euphr.bro1 *Fl-ac.* gink-b.sbd1 *Glon.* **Graph.**bg2,k,* grat.k2 hell.hr1,k hep.bg2,hr1,* hip-ac.jl,jl3,* hyos. hyper.bro1 ign.bg2,k,* *Ind.* **Iod.**bg2,k,* *Ip.*bg2,k,* kali-c.bg2,k,* **Kali-i. Kali-s.** lach.k13,k2 laur.bg2,k,* *Led. Lil-t.*bg2,k,* luf-op.jl,jl3 **Lyc.**bg2,k,* *Mag-m.*k,k1 med.st *Merc. Merc-i-f.* mez.bg2,k,* mosch. mur-ac.bg2,k,* nat-ar. *Nat-c.*bg2,k,* nat-m.bg2,k,* *Nat-s.* nit-ac.bg2,k,* nux-v.bg2,hr1,* *Op.*bg2,k,* oxyt. ph-ac.bg2,k,* phos.bg2,k,* *Pic-ac.* plat.bg2,k,* pneu.jl,jl3 *Ptel.* **Puls.**bg2,k,* ran-b. rhus-t.bg2,hr1,* **Sabin.**bg2,k,* *Sanic.* **Sec.** sel.bg2,k,* **Seneg.**bg2,k,* sep.bg2,hr1,* spig.bg2,k,* *Spong.*bg2,k,* staph.bg2,k,* *Sul-i.*k13,k2 **Sulph.**bg2,k,* *Tab. Thuj.*bg2,k,* *Til. Tub. Verat.*bg2,k,* vib.bro1
• **amel.**: aur-ar.k2,sf1 carb-v.sf,sf1 *Caust.*sf,sf1 cham.sf,sf1 chel.sf,sf1 chin.sf,sf1 chinin-ar.k2,sf1 cocc.sf,sf1 cycl.k2,sf1,* guaj.sf,sf1 *Hep.*k2,sf1,* mag-p.k2,sf1,* mang.sf,sf1 merc.sf,sf1 nux-m.sf,sf1 nux-v.sf,sf1 plat.sf,sf1 rhus-t.k2,sf1,* *Rumx.*sf1 *Sil.*sf,sf1

Wäschewaschen, Beschwerden durch:
am-c.bg ant-c.bg *Calc.*bg clem.bg nit-ac.bg phos.c1 rhus-t.bg sep.c1 spig.bg *Sulph.*bg ther.c1

Wasser:
– **Anblick** oder Geräusch von fließendem Wasser agg.: ang.bg2 apisbg2 arg-met.bg2 bell.bg2,sf1 brom.bg2 canth.bg2 **Lyss.**bg2,sf1,* nit-ac.bg2 *Stram.*bg2,sf1 sulph.bg2,sf1 ter.bg2
☞ ❑ *Gemüt - Tollwut*
– **Arbeiten** im Wasser:
• **agg.**: *Calc.*bg2,sf1,* calc-p.bg2,sf1 mag-c.bg2,sf1

Wasser - Arbeiten im Wasser: ...
• **Händen** in kaltem Wasser, mit den:
• **agg.**: lac-d.bg2 mag-p.bg2 phos.bg2
• **amel.**: jatr-c.bg2
– **spritzen**; Gefühl Wasser würde gegen innere Organe: ars.bg2 bell.bg2,k carb-ac.bg2 carb-an.bg2 *Chin.*bg2 cina *Crot-h.*bg2 **Crot-t.**bg2,k dig.bg2,k ferr.bg2,k glon.bg2 hell.bg2,k *Hep.*bg2 *Hyos.*bg2 jatr-c.bg2 kali-c.bg2 kali-m.k2 laur.bg2,k nat-m.bg2 ph-ac.bg2,k *Rhod.* rhus-t.bg2 *Spig.*
☞ *Hitze - Hitzewallungen - warmem - bespritzt*
– **Übergießen** mit Wasser agg.: lyss.mg1
– **Waten** im; Beschwerden durch: ars.c,k dulc.c,k mag-p.c,k

Wasserlassen
☞ *Urinieren* / ❑ *Blase - Urinieren*

Wassersucht:
– **Allgemeinen**; im: *Acet-ac.*bro1 acetan.bro1 acon.bro1 *Adon.*bro1 am-be.bro1 *Apis*bro1 *Apoc.*bro1 arg-p.bro1 *Ars.*bro1 ars-i.bro1 benz-ac.bro1 *Blatta-a.*bro1 brass.bro1 bry.bro1 cact.bro1 *Cain.*bro1 calc.bro1 calc-ar.bro1 card-m.bro1 *Cinch.*bro1 *Colch.*bro1 *Conv.*bro1 cop.bro1 *Crat.*bro1 *Dig.*bro1 dulc.bro1 elat.bro1 eup-pur.bro1 ferr.bro1 *Fl-ac.*bro1 *Hell.*bro1 hep.bro1 iod.bro1 irisbro1 iris-g.bro1 kali-act.bro1 *Kali-ar.*bro1 kali-c.bro1 *Kali-i.*bro1 *Kali-n.*bro1 lac-d.bro1 *Lach.*bro1 lact-v.bro1 *Liat.*bro1 lyc.bro1 merc-d.bro1 nit-s-d.bro1 onis.bro1 *Oxyd.*bro1 *Phase.*bro1 phos.bro1 psor.bro1 querc.bro1 rhus-t.bro1 *Samb-c.*bro1 sol-ni.bro1 solid.bro1 *Squil.*bro1 *Stroph-h.*bro1 stry-ar.bro1 *Terebe.*bro1 thlas.bro1 toxi.bro1
◇ **abwechselnd** mit:
• **Absonderungen**: apoc.k2
◆ **begleitet** von:
• **Leber**; Beschwerden der: card-m.ptk1 cupr.ptk1 hep.ptk1 mur-ac.ptk1 phos.ptk1 sulph.ptk1
• **Alkoholismus**; durch: ars.bro1 fl-ac.bro1,k2 sulph.bro1
• **Bewegung** amel.: nat-c.h
• **Chinin**; durch Mißbrauch von: apoc.bro1
• **Durst**:
• **mit**: *Acet-ac.*bro1 acon.bro1 *Apoc.*k2 ars.bro1
• **ohne**: apisbro1 hell.bro1
• **Exanthem**
☞ *Hautausschlag*
• **Hautausschlag**; durch unterdrückten: **Apis**bg2,kr1 apoc.kr1 *Ars.*bg2,kr1 asc-c.kr1 dig.kr1 dulc.kr1 *Hell.*bg2,kr1 rhus-t.bg2 sulph.bg2,kr1 zinc.bg2
• **Kindern**; bei:
• **Neugeborenen**; bei: apisbro1 carb-v.bro1 coffin.bro1 dig.bro1 lach.bro1
• **Neugeborenen**; bei
☞ *Kindern - Neugeborenen*
• **Überanstrengung** agg.: apisbg2
○ **äußere** Wassersucht (= Anasarka, Ödem):
abel.jl acet-ac.c2,k acetan.bro1 acon.bg2,c2 adam.srj5 adon.bg2,sf1,* adren.sf1 aeth.kr1 aetherbro1 agar. alco.a1 all-c.kr1 am-be.c2,sf1 am-c.bg2 ambr.bg2 *Ammc.*kr1 ampe-qu.c2 *Anac-oc.*kr1 *Anag.*c2,kr1 **Ant-c.** *Ant-t.* anthraci.kr1 **Apis**c2,k *Apoc.*c2,k

– **äußere** Wassersucht (= Anasarka, Ödem): ...
apoc-a.c2 *Arg-n.*k2,kr1 arn.bro1 **Ars.**c2,k ars-i.c2,k **Ars-s-f.**kr1 *Asaf.*k2,kr1 *Asc-c.*c2,k *Asc-t.*kr1 *Aspar.*c2,kr1 aur. aur-ar.k2 aur-i.k2 *Aur-m.*c2,k *Aur-m-n.*kr1 aur-s.k2 *Bar-m.*k2,kr1 *Bell.* *Bism.* blatta-a.c2 bor-ac.c1,c2 bov.bg2,sf1 brass-n-o.c2 *Brom.*kr1 *Bry.*c2,k bufoc2 *Cact.*c2,k cain.br1,c1,* *Caj.*c2,kr1 calad. *Calc.*c2,k *Calc-ar.*c2,k calc-p.bg2 *Calc-s.*c2,kr1 calc-sil.k2 camph. cann-s.bg2 *Canth.* carb-v.kr1 *Carbn-s.* *Card-m.*c2,k casc.c2,kr1 cedr. cham.a1,kr1 chel. *Chen-a.*c2,kr1 *Chim.*c2,kr1 **Chin.**c2,k *Chinin-ar.* chinin-s.c2 **Chlol.**c2,kr1 cinnb. cinnm.kr1 cit-l.c2 coca *Coch.*kr1 coff.bg2 **Colch.**c2,k *Coll.* coloc. *Con.* conv.br1 convo-a.j5 cop. cortiso.j1 crat.bg2,sf1 *Crot-h.* **Dig.**c2,k *Dulc.*c2,k *Elat.*c2,kr1 equis-h.c2 erig.kr1 ery-a.c2 euonin.c2 eup-pur.c2,k euph. *Ferr.* ferr-ar. ferr-i. ferr-p. ferr-s.kr1 *Fl-ac.*k2,kr1,* *Form.*c2,kr1 frag.c1,c2 *Gamb.*kr1 **Graph.**c2,k *Grat.*c2,kr1 guaj. *Ham.*kr1 **Hell.**c2,k *Helon.*kr1 *Hep.*j5,kr1 *Hippoz.*c1,kr1,* hom.c1,c2 *Hydr.*kr1 hyos. iber.c2,kr1 *Ictod.*c2,k **Iod.** iriskr1 iris-g.c2 jal.c1 jatr-u.c1,c2 junc-e.c2 juni-c.c2 just.bg2 kali-act.c2 kali-ar.c2,k *Kali-c.*c2,kr1 kali-chl.c1,c2 *Kali-i.*c2,kr1 *Kali-m.*c2,kr1 kali-n.br1,k kali-p. kali-s. *Kalm.*bg2,kr1,* kreos.j5 *Lac-d.*c2,k *Lach.*c2,k lact.kr1 lat-k.c1,c2 *Laur.*bg2,kr1 *Led.* lept.kr1 *Liat.*bg1,bg2,* lith-c.bg2,sf1 lob.bg2 lunac2 *Lyc.*c2,k lycps-v.bg2,sf1 mag-m.bg2,sf1 **Med.** **Merc.**k1,st *Merc-c.*kr1 merc-sul.c2 mez. mur-ac. *Naja*kr1 nat-ar. nat-c. *Nat-m.*bg2,k2,* nat-s.k2,kr1 nat-sal.c1,c2 *Nit-ac.* *Nux-m.* **Olnd.** **Op.** oxyd.bro1,c2 ped.c1,c2 phase-xyz.c2 phos.c2,k pic-ac. plat. *Plb.*c2,k polytr.vs prim-vl.c2 *Prun.*bg2,kr1,* *Psor.*kr1 *Puls.* pyrog.bg2,sf1 ran-b.c2,kr1 rauw.j1 reser.j1 rhod. rhus-t. *Ruta* sabad.kr1 *Sabin.* sacch.c2 *Sal-ac.*kr1,sf1 *Samb.* sanic.c2 sars. sec. senec.c2,k2 *Seneg.* *Sep.* sil. solid.bg2,sf1 **Squil.**c2,k staph.bg2 stram. *Stront-c.*bg2,j5 stroph-h.c2,sf1 *Sulph.* **Ter.**c2,k *Teucr.* thlas.c2 *Thyr.*c1,c2,* til.bg2 toxi.c1,c2 uran-n.kr1 ureaa1,c2 urin.c1,c2 *Urt-u.*bg2,kr1 *Verat.*c2,k verat-v.kr1 *Verb.* vesi.c2 vesp.c1 vesp-xyz.c2 vip.bg2,j5,* zinc. *Zing.*c2,kr1 ziz.c2
☞ *❑ Extremitäten - Schwellung - Beine - wassersüchtig | ❑ E~ Schwellung - wassersüchtig | ❑ Haut - Schwellung - wassersüchtig*

- **morgens**: apoc.bg2 aur.bg2 chin. just.bg2 kali-chl.bg2 *Nat-c.* phos.bg2 sep.bg2 sil.bg2

◆ **begleitet** von:
- **Anämie**: crat.gm1
- **Diarrhoe**: acet-ac.bro1
- **Herzens**; Erkrankung des
  ☞ *Herzens*
- **Menses**; unterdrückte: asc-c.c1
- **Nierenversagen**: oxyd.gm1
- **Urin**; unterdrückter: aral-h.k1 *Hell.*k1,kr1
- **Uterus**; Schmerz im: conv.bro1
- **Zunge**:
  - **blasse** Zunge: *Ars.*kr1,vk1
  - **rote** Farbe der Zunge:
    - **hellrot**: *Ars.*kr1,vk1
- **Albuminurie**; mit: **Aur-m.**k1,kr1 *Chin.*kr1 *Eup-pur.*kr1 *Helon.*kr1 *Hep.*kr1
- **alten** Menschen, bei: **Kali-c.**st

– **äußere** Wassersucht (= Anasarka, Ödem): ...
- **Blutung**; nach: apoc.k2 chin.k2
- **kardial** bedingt
  ☞ *Herzens*
- **Körper**; am ganzen
  ☞ *äußere Wassersucht*
- **Fieber**; durch intermittierendes: chim.kr1 *Dulc.*kr1 hell.bro1
  - **unterdrücktes** intermittierendes Fieber; durch: *Ars.*kr1 carb-v.bro1 chim.kr1 chin.bro1 dulc.kr1 *Ferr-m.*bro1,kr1 hell.bro1 lac-d.bro1 merc.kr1 *Sulph.*kr1
- **hepatisch** bedingt
  ☞ *Leber*
- **Heraussickern** von Serum; mit: ars.bro1 lyc.bro1 rhus-t.bg2
- **Herzens**; durch Erkrankungen: *Adon.*kr1 aml-ns.kr1 *Apis*kr1 *Apoc.*kr1 arn.kr1 **Ars.**kr1 *Ars-i.*kr1 asc-c.br1,kr1 **Aur-m.**k2,kr1 *Bry.*kr1 *Cact.*kr1 *Calc-p.*kr1 chinin-ar.kr1 *Chlol.*kr1 coffin.kr1 *Colch.*kr1,sf1 **Coll.**c1,kr1,* *Conv.*kr1 cop.kr1 *Crat.*gm1,kr1 crot-h.kr1 *Dig.*kr1 *Digin.*kr1 *Fl-ac.*kr1 *Hell.*kr1 iod.kr1 kali-c.k2,kr1 *Kali-m.*kr1 kalm.kr1 **Lac-d.**k2,kr1 **Lach.**kr1 liat.kr1 **Lyc.**k2,kr1 lycps-v.kr1,sf1 merc-d.kr1 merc-sul.kr1 *Nat-m.*kr1 ph-ac.kr1 phos.kr1 *Prun.*kr1 rauw.j1,kr1 *Sep.*kr1 *Squil.*kr1 *Stroph-h.*c1,kr1,* ter.kr1
- **Leber**; durch Erkrankung der: *Apoc.*kr1 ars.kr1 ars-s-f.k2,kr1 asc-c.br1,kr1 aur.kr1 **Aur-m.**k2,kr1 **Calc.**kr1 *Card-m.*k2,kr1 cean.kr1 chel.kr1 *Chim.*kr1 *Chin.*kr1 cop.kr1 cupr.kr1 *Ferr.*kr1 *Fl-ac.*k2,kr1 iriskr1 kali-ar.k2,kr1 *Kali-m.*kr1 lac-d.k2,kr1 **Lach.**kr1 lept.kr1 liat.kr1 **Lyc.**k2,kr1 merc.kr1 merc-sul.kr1 mur-ac.kr1 *Nat-m.*kr1 *Nux-v.*kr1 polym.kr1 tarax.kr1,sp1
- **Menstruationsstörungen** während der Pubertät oder der Menopause; bei: puls.bro1
- **Milz**; durch Erkrankung der: cean.bro1 **Lach.**kr1 liat.bro1 quer-r.c1,c2 querc.c1 squil.c1,c2
- **Nieren**; durch Erkrankung der: ampe-qu.bro1 ant-t.bro1 *Apis*kr1,sf1 apoc.k2,sf1 *Arg-n.*sf1 ars.sf1 *Asc-c.*br1,kr1 aspar.bro1 aur.sf1 *Calc-p.*kr1 *Chim.*kr1 **Colch.**kr1,sf1 coloc.kr1 crot-h.kr1 *Dig.*bro1 digin.bro1 eup-pur.kr1,sf1 *Hell.*sf1 helon.bro1 lac-d.bro1 liat.c1 *Merc.*sf1 *Merc-c.*bro1 merc-d.bro1 nit-ac.sf1 phos.sf1 plb.bro1 rauw.j1 *Sal-ac.*kr1 senec.k2 *Solid.*sf1 ter.sf1 ur-ac.bro1
- **renal** bedingt
  ☞ *Nieren*
- **Scharlach**; nach: *Acet-ac.*kr1 acon.kr1 *Ambr.*kr1 **Apis**kr1 apoc.kr1 **Ars.**kr1 *Asc-c.*kr1 **Aur-m.**k2,kr1 bar-c.kr1 *Bar-m.*k2,kr1 *Calc.*kr1 *Colch.*k2,kr1 coloc.kr1 cop.kr1 *Crot-h.*kr1 dig.kr1 *Dulc.*kr1 **Hell.**kr1 *Hep.*kr1 juni-c.kr1 **Lach.**kr1 *Merc.*kr1 *Nat-m.*kr1 nat-s.kr1 *Phos.*k2,kr1 pilo.kr1 squil.kr1 *Stram.*c1,kr1,* **Ter.**kr1 verat-v.kr1 zinc.kr1
- **schmerzhaft**: dulc.h
- **Schwangerschaft**; während der: *Apis*kr1 *Apoc.*kr1 *Ars.*kr1 aur-m.kr1 colch.kr1 *Dig.*kr1 dulc.kr1 hell.kr1 helon.kr1 *Jab.*kr1 lyc.kr1 merc.a1,kr1 merc-c.kr1 sanic.c1,kr1,* uran-n.kr1

– **Gelenke**, der
☞ ❑ *Extremitäten - Schwellung - Gelenke - wassersüchtig*

– **innere** Wassersucht: *Acet-ac.*cl,sfl acetan.brol *Acon.*bg2,j5,* *Adon.*cl,sfl agn. alco.al am-be.cl am-c. ambr. ampe-qu.cl anag.cl ant-ar.sfl ant-c. *Ant-t.* anthraco.j5 **Apis** apisin.sfl *Apoc.* apoc-a.cl arg-met. arg-n.al arg-p.brol arn. **Ars.** ars-i. asc-c.cl aspar.cl aur. aur-ar.k2 aur-i.k2 *Aur-m.* aur-s.k2 *Bar-m.*j5 **Bell.** benz-ac. *Blatta-a.*cl blatta-o.sfl brass.cl *Bry.* bufo.cl *Cact.*cl *Cain.*brl,cl caj.cl *Calc.* *Calc-ar.*cl,sfl calc-s.cl calc-sil.k2 camph. cann-s. canth. caps. carb-v. **Card-m.** casc.cl chel.j5 chen-a.cl chim.cl **Chin.** *Chinin-ar.* chinin-s.cl chlol.cl cina cit-l.cl coca.al coch.brol coffin.brol **Colch.** coloc. *Con.* *Conv.*sfl cop.brol *Crat.*sfl crot-h.j5 **Dig.** *Dulc.* elat.cl equis-h.cl ery-a.cl euonin.cl eup-pur.cl,sfl euph. *Ferr.* ferr-ar. ferr-i.k2 ferr-p. *Fl-ac.*cl,sfl form.cl gali.brol graph.cl,sfl grat.cl guaj. **Hell.** hep. hyos. iber.cl ictod.cl ign.bg2 iod. *Ip.* iris.brol iris-g.cl jatr-c.brol junc-e.cl *Juni-c.*cl,sfl *Kali-act.*al,sfl,* *Kali-ar.* kali-bi.sfl kali-bit.sfl *Kali-c.* *Kali-i.*cl,sfl kali-m.cl *Kali-n.*j5,sfl kali-p. kali-s. *Kalm.*cl,sfl lac-d.cl lach. lact. laur. *Led.* *Liat.*cl lith-c.sfl lyc. lycps-v.sfl med.k2 *Merc.* merc-c.sfl merc-d.sfl merc-sul.cl,sfl mez. mur-ac. nast.brol nat-ar.sfl nat-m.cl,k2 nat-s.k2 nit-ac. *Nit-s-d.*sfl nux-m.al nux-v.bg2 olnd.j5 onis.brol *Op.*bg2,j5,* *Oxyd.*cl ph-ac. *Phase.*cl,sfl phos. *Pilo.*brol *Plb.*cl,j5 prim-v.cl prun.cl,sfl psor.brol puls. querc.brol ran-b.cl *Rhod.*j5 *Rhus-t.* *Ruta*j5 sabad. *Sabin.*j5 sacch.al,cl samb. *Samb-c.*brol sanic.cl sars. sec.j5 senec.cl *Seneg.* *Sep.* sil. sol-ni.brol *Solid.*sfl spig. spong. *Squil.* stann. stigm.cl stram. *Stroph-h.*cl,sfl stry-ar.brol sul-i.k2 **Sulph.** tarent.al *Ter.*kl teucr. teucr-s.brol thlas.cl thyr.cl toxi.brol ur-ac.brol urea.cl urea-n.sfl urt-u.sfl verat. vesi.cl vince. viol-t. zinc.bg2 zing.cl ziz.cl
☞ ❑ *Abdomen - Wassersucht* / ❑ *Brust - Wassersucht* / ❑ *Extremitäten - Schwellung - Gelenke - wassersüchtig* / ❑ *Kopf - Wassersucht* / ❑ *Männliche Genitalien - Schwellung - wassersüchtig* / ❑ *Rektum - Wassersucht* / ❑ *Weibliche Genitalien - Schwellung - Ovarien - wassersüchtig* / ❑ *W~ Schwellung - Uterus - wassersüchtig*

Wein
☞ *Speisen - Wein*

Wellen, Gefühl wie: acon.bg2,hrl am-c. aml-ns.bgl anac.bg2,hrl,* ant-t.bg2,hrl arn.bg2,hrl asaf.bg2,hrl **Bell.**bg2,k *Bism.* caps. caust. chin.bg2,hrl cic.al clem. cocc.bg2,hrl coff.bg2,sfl con. dig. dulc.bg2,hrl ferr-p.bgl,bg2 fl-ac.bg2 glon.bgl,bg2 hydrog.srj2 hyos.bg2,sfl iod. kali-c. kali-n. lach.bgl,bg2 lyc. mag-c. mez.bg2,hrl *Nit-ac.* nux-v.bg2,k olnd.bg2,hrl par.bg2,sfl petr. plat.bg2,hrl rhod.bg2,hrl sars. senec.bg2 *Sep.*bg2,k,* sil. spig.bg,bg2,* stann. stict.bg2,sfl stront-c. **Sulph.** teucr.bg2,hrl verb. viol-t.bg2,hrl

Wetter:

– **bewölktes** Wetter:
• **agg.**: aloe.bgl,bg2 am-c. ammc.bgl ant-t.k2 aran.bg2 arn.bg2 ars.bg2 aur.bg2 bar-c.bg2 *Ben-n.*bgl,vh,* bry. calc. calen.bg2,st *Cham.* *Chin.* dulc. gels.bg2 hydrog.srj2 hyper.bg2 lach.k2 *Mang.* merc. naja.bg2 *Nat-c.*bgl,bg2,* nat-m.bg2 nat-s.bgl,bg2,* nitrob.vh *Nux-m.* *Physal-al.*bgl,vh,* plb. *Puls.* rhod. **Rhus-t.** sabin.bg2 sang.bgl *Sep.* stram.bg2 sulph. verat. viol-o.bg2
• **amel.**: caust.bg2

– **frostiges** Wetter (= Rauhreif):
• **agg.**: *Agar.*bg *Calc.*bgl,kl carb-v.bg,bg2 caust.bgl,kl *Con.*bgl,kl hydrog.srj2 lyc.bgl,kl mag-m.bgl,kl merc.bgl,kl nat-c.bgl,kl nux-v.bgl,kl ph-ac.bgl,kl phos.bgl *Puls.*bgl,kl rhus-t.bgl,kl *Sep.*bgl,kl,* sil.bgl,kl,* sulph.bgl,kl,* syph.bg,bg2

– **Gewitter**:
• **während**: agar. aran.bgl arg-met.sfl aur. *Bry.* calc.st carb-v. caust. chinin-ar.k2 conv.bgl elaps.bgl,k2 erig.bgl *Gels.* glon.bgl ham.bgl *Lach.* mag-c.bgl mand.jl mang.bgl *Med.* mez.k2 morph.cl,krl **Nat-c.** nat-m. nat-p. nit-ac.bgl,k nit-s-d.cl petr. *Phos.* phyt.bgl prot.jl psor. puls.cl,krl ran-b.bgl,k2 *Rhod.* rhus-t.sfl sabin.bgl *Sep.* *Sil.* spig.sfl syph. thuj. tub.k2
  • **amel.**: carc.stl psor.vh *Sep.*st
  ☞ ❑ *Gemüt - Froh - donnert*
• **nach**: asar.jl calc-p.bgl,bg2 carc.stl crot-h.cl gels.cl morph.cl nat-c.cl nat-p.cl nit-s-d.cl phos.cl psor.cl puls.cl rhod.cl rhus-r.bg2,sfl sep.bg2,st syph.cl tub.k2
• **Blitz**, Beschwerden durch: morph.cl phos.cl
• **genießt** Gewitter
☞ ❑ *Gemüt - Wetter - Gewitter - liebt*
• **Herannahen** von: *Agar.* arg-met.bg2 aur. *Bell-p.*brol berb.bgl bry. calc.k2 calc-f.bgl caust. *Cedr.* dulc.bgl,bg2 *Gels.* hep.bgl,bg2,* hyper. *Kali-bi.* *Lach.* *Lyc.* mag-p.bg2 mand.mgl mang.bg2,k2 med. meli. *Nat-c.* nat-m. nat-p. *Nat-s.*brol nit-ac. petr. *Phos.* phyt.brol **Psor.** puls. *Ran-b.* **Rhod.** *Rhus-t.* *Sep.* sil. sul-ac.bgl sulph. syph. thuj. *Tub.* zinc.bgl,bg2,*

– **heißes** Wetter:
• **agg.**: *Acon.*k2 aeth.k2 aloe.sfl *Ant-c.*bg2,sfl,* ant-t.sfl *Apis*sfl bapt.sfl *Bell.*brol borx.brol brom.k2 *Bry.*bg2,sfl carb-v.bg2 cocc.bg2 croc.brol *Crot-h.*sfl *Crot-t.*brol *Cupr.*sfl *Gels.*brol *Glon.*brol hep.bg2 kali-bi.cl,k2 lach.bg2,sfl,* *Nat-c.*brol *Nat-m.*brol nat-s.k2 nit-ac.brol *Op.*sfl phos.bg2,sfl pic-ac.brol *Podo.*brol *Puls.*bg2 sabin.brol sel.bg2,sfl syph.brol
• **kalte** Nacht; und: acon.bg2

– **kaltes** Wetter:
• **naßkaltes**:
  • **agg.**: abrot.k2,sfl aesc.k2 *Agar.* all-c.bg2,sfl,* all-s. **Am-c.** *Ant-c.* *Ant-t.*bg2,k2,* *Apis* *Aran.* *Arg-met.* *Arg-n.* arn.brol **Ars.** ars-i. ars-s-f.k2 asc-t. *Aster.* aur. aur-ar.k2 *Aur-m-n.* **Bad.** *Bar-c.* bar-i.k2 bar-s.k2 bell. bell-p.mgl blatta-o.sfl borx.kl bov. bry. **Calc.** calc-i.k2 **Calc-p.** calc-s. calc-sil.k2 *Calen.*st *Caps.*bg2,sfl carb-an. *Carb-v.* *Carbn-s.* cham. chin. choc.srj3 *Cimic.*kl,k2 clem. **Colch.** coloc.bg2 con. cupr. **Dulc.**cl,k elaps.bg2,sfl erig.sfl eucal.bg2,sfl *Ferr.* *Fl-ac.* *Form.* *Gels.*cl,k glon.bg2 *Graph.* *Guaj.*brol hep. *Hyper.* *Iod.* ip. *Kali-bi.* kali-c. kali-i. kali-m.k2 kali-n. kali-p.

– **kaltes** Wetter - **naßkaltes - agg.**: ...
kali-sil.k2 *Lach.* *Lath.*c1,k laur. lept.bg2,sf1 *Lyc.* mag-c. mag-p.k2 *Mang.* **Med.** *Merc.* merc-c.bg2 merc-i-f.c1,k *Mez.* mur-ac. naja.j1 *Nat-ar.* *Nat-c.* nat-m.bg2,sf1 **Nat-s.** *Nit-ac.* **Nux-m.** nux-v. onop.j1 paeon. penic.j1,srb2 *Petr.* phos. physal-al.bro1 *Phyt.*c1,k polyg-h.st psil.ft1 psor.k2 *Puls.* **Pyrog.** *Ran-b.* **Rhod.** **Rhus-t.** rumx.bg2,sf1 *Ruta* sang.k2 sars. seneg. sep. **Sil.** *Spig.* stann. staph. *Still.*bg2,sf1 *Stront-c.* *Sul-ac.* *Sulph.* *Tarent.* teucr.bg2 *Thuj.* **Tub.** urt-u.bro1 *Verat.* zinc. zinc-p.k2 *Zing.*sf1

• **nachts** und an warmen Herbsttagen: merc.bro1

• **alten** Menschen, bei: ammc.c1

• **amel.**: aur-m.k2

• **trocken** kaltes:

• **agg.**: abrot.bro1 **Acon.** aesc.bro1 agar.bro1 alum.bg2,k2 alumn.kr1 am-c.j5 apoc.bro1 *Ars.* ars-i.bg2 **Asar.** aur.bro1 bac.bro1 *Bar-c.*bro1 bell. borx. *Bry.* calc.j5,k2 calc-i.k2 calc-p.k2 *Camph.*j5 caps.j5 carb-an. carb-v. **Caust.** cham. *Chin.*bro1 *Cist.*bro1 coc-c.k2 cocc.j5 coff.k2 *Crot-h.* cupr.bro1 cur.bro1 daph.j5 dulc.j5,k2 euph.bro1 ferr-ar.k2 fl-ac.bg2 **Hep.** hydrog.srj2 ign.bro1 *Ip.* **Kali-c.** *Kali-sil.*k2 kreos.bro1 lach.j5 lappa.bg2 laur. lyc.j5 mag-c. mag-p.bro1 med.bg2 mez. mur-ac. nat-c.bro1 nat-s.bg2 nit-ac.j5,k2,* nit-s-d.bro1 nux-m.j5,k2 **Nux-v.** *Petr.*bro1 ph-ac.j5 phos.j5,k2 phys.bg2 physal-al.bg2 phyt.k2 plat.bg2 plb.bg2 *Psor.*k2 *Puls.*bg2 rhod. rhus-t.j5 *Rumx.*bro1 *Sabad.* sel.bro1 sep. *Sil.* spig. *Spong.* staph. sulph. urt-u.bro1 *Verat.*kr1 viol-o.bro1 visc.bro1 zinc.

• **amel.**: carc.fb,tp1 led.bg2,sf1 sil.k2

– **klares** Wetter agg.: acon. aloe.st asar. *Bry.* *Caust.* *Hep.* *Nux-v.* plb. sabad. spong.

– **nasses** Wetter:

• **agg.**: abrot.k2 achy.j1 aesc.k2 agar. alum-sil.k2 **Am-c.** amph.bro1 anac.st ant-c. *Ant-t.* **Aran.**k1,st arg-met. *Arg-n.* **Ars.** *Ars-i.* ars-s-f.k2 aster.bro1 aur. aur-ar.k2 **Bad.** bar-c. bar-i.k2 bar-m. bar-s.k2 bell. blatta-o.c1 borx. bov. brom. bry. **Calc.** calc-f.k2,st calc-i.k2 *Calc-p.* *Calc-s.* calc-sil.k2 calen.st canth. carb-an.k1 *Carb-v.* caust.k2 cham. chim.bro1 chin. chinin-s.bro1 *Cimic.*k2 *Cist.* clem. *Colch.* con. crot-h.bro1 cupr. cur.st **Dulc.** elaps elat.br1,c1 erig.bg1,bg2 euphr.bro1 *Ferr.* form.bro1 *Gels.*br1,kr1,* *Glon.*bg2,kr1 *Graph.*bg1,bg2,* *Ham.* *Hep.* hydrog.srj2 hyper. *Iod.* ip. kali-bi.k2 kali-c. *Kali-i.* kali-m.k2 kali-n. kali-sil.k2 *Lac-ac.*kr1,st lac-c.bg2 lac-d.k2 *Lach.* lath.c1 laur. *Lem-m.*c1,k *Lyc.* lyss.kr1 mag-c. *Mag-p.*k2 magn-gr.bro1 *Mang.* meli. *Merc.* mez. mur-ac. *Naja* *Nat-act.* *Nat-c.* **Nat-hchls.** **Nat-s.** *Nit-ac.* **Nux-m.** nux-v. oci-sa.sp1 onop.j1 paeon. petr. phos. *Phyt.* pic-ac.k2 psor.k2 **Puls.** rad-br.bro1 *Ran-b.* rauw.sp1 **Rhod.** **Rhus-t.** *Ruta* sabin.bg2 sang.k2 sars. seneg. senn.bg2 *Sep.* *Sil.* sin-n.c1 spig. stann. staph. stict.c1 still.bro1 *Stront-c.* sul-ac. sul-i.k2 *Sulph.* sumb. syph.c1 teucr. *Thuj.* *Tub.* *Verat.* *Zinc.* zinc-p.k2 zing.kr1

– **nasses** Wetter:

• **amel.**: *Acon.*kr1,st alum.bg1,k2,* alumn.kr1,st ars.kr1,vh,* **Asar.**bg1,kr1,* aur-m.bg1,k,* bell.kr1,vh,* borx.kr1,st bov.kr1,vh,* **Bry.**kr1,vh,* carb-an.kr1,vh,* carb-v.kr1,vh,* **Caust.**bg1,kr1,* *Cham.*kr1,vh,* **Fl-ac.**kr1,vh,* **Hep.**bg1,kr1,* *Ip.*kr1,vh,* laur.kr1,vh,* mang.kr1,vh,* *Med.*kr1,vh,* mez.kr1,vh,* mur-ac.kr1,vh,* *Nit-ac.*kr1,vh,* **Nux-v.**bg1,kr1,* oci-sa.j1,kr1,* *Plat.*kr1,vh,* *Rhod.*kr1,vh,* *Sabad.*kr1,vh,* sep.kr1,vh,* sil.kr1,vh,* *Spig.*kr1,vh,* *Spong.*kr1,vh,* staph.kr1,st sulph.kr1,vh,* *Zinc.*kr1,vh,*

• **Regen**; besonders heftiger: lem-m.br1,c1

– **nebliges** Wetter:

• **agg.**: abrot.sf1 aloe.bg2 *Aran.*bg2,sf1 ars.bg2 bapt.bro1 bar-c.sf1 bry. calc.bg2 calen.bg2 cham. chin. dulc.bg2,sf1 *Gels.*bg2,br1,* **Hyper.** mang. merc.bg2 mosch. nat-m.bg2 *Nat-s.*bg2,sf1 nux-m. plb. *Rhod.* **Rhus-t.** sep. *Sil.* *Staph.*vh sulph. *Thuj.*bg2,sf1 verat.

– **Regen**:

• **bei**, agg.: aran.bg2 elaps.bg2 erig.bg2 glon.bg2 ham.bg2 lac-c.bg2 lach.bg2,k2 lem-m.bg2,br1 mag-c.bg2 mang.bg2 merc.bg2 nat-s.bg2,k2 oci-sa.bg2,j1 phyt.bg2 ran-b.bg2,k2 *Rhus-t.*bg2,k1 sabin.bg2 senn.bg2 *Sulph.*vh tub.bg2,k2

• **heftiger** Regen: lem-m.br1

– **stürmisches** Wetter

☞ *Gewitter / windiges*

– **Sturm**

☞ *Gewitter / windiges*

– **trockenes** Wetter:

• **agg.**: *Acon.*kr1 alum. alumn.kr1 ars. **Asar.** aur-m.gm1 *Bell.*kr1 borx.kr1 *Bry.* carb-an. carb-v. **Caust.** *Cham.*kr1,vh coc-c.k2 coff.k2 *Fl-ac.*vh **Hep.** *Ip.*kr1 *Kali-c.* kali-sil.k2 *Laur.*kr1,vh mag-c.kr1 *Mang.*vh *Med.*br1,vh,* *Merc.*vh mez.kr1 *Mur-ac.*kr1,vh *Nit-ac.*vh nux-m.k2 **Nux-v.** phos. *Plat.*vh *Rhod.*kr1,vh sabad. *Sep.* sil. *Spig.*kr1,vh spong. staph. sulph. zinc.

• **amel.**: agar.kr1 *Am-c.*kr1 *Ant-c.*kr1 *Aur.*kr1 bar-c.kr1 bell.kr1 *Borx.*kr1 bov.kr1 bry.kr1 **Calc.**kr1 canth.kr1 *Carb-an.*kr1 *Carb-v.*kr1 cham.kr1 *Chin.*kr1 choc.srj3 *Clem.*kr1 con.kr1 *Cupr.*kr1 **Dulc.**kr1 *Ferr.*kr1 hep.kr1 ip.kr1 kali-c.kr1 *Kali-n.*kr1 *Lach.*kr1 *Laur.*kr1 *Lyc.*kr1 *Mag-c.*kr1 magn-gr.kr1 *Mang.*kr1 *Merc.*kr1 merc-c.kr1 mez.kr1 moly-met.j1,kr1 *Mur-ac.*kr1 *Nat-c.*kr1 *Nit-ac.*kr1 **Nux-m.**kr1 nux-v.kr1 petr.kr1 phos.kr1 *Puls.*kr1 *Rhod.*kr1 **Rhus-t.**kr1 *Ruta*kr1 *Sars.*kr1 *Seneg.*kr1 sep.kr1 sil.kr1 *Spig.*kr1 stann.kr1 *Staph.*kr1 still.kr1 *Stront-c.*kr1 *Sul-ac.*kr1 *Sulph.*kr1 *Verat.*kr1 *Zinc.*kr1

– **warmes** Wetter:

• **nasses** warmes:

• **agg.** ●: *Aloe*bg2,sf1 aran-ix.mg1 bapt.bro1 bell.sf1 *Brom.*bg2,k2,* bry.bg2 calc-f.mg1 **Carb-v.**c1,k *Carbn-s.*bg2,k2,* caust.k2 erig.mg1 *Gels.*c1,k ham.bg2,sf1 *Iod.* *Ip.*bg2,sf1 *Kali-bi.* **Lach.** lath.c1 lyc.bg2 mand.k1,mg1 mang.bg2,sf1 merc-i-f.c1 nat-m.bg2,sf1,* **Nat-s.** phos.bro1 puls.bg2 rhus-t.bg2 sabad.bg2 **Sep.**bg2,sf1,* *Sil.* **Syph.**c1,st tub.k2,t1 *Verat.*bg2 vip-a.j1

• **amel.**: *Aloe*sf1 bell.sf1 brom.sf1 *Carb-v.*sf1 cham.bro1 *Gels.*sf1 ham.sf1 hep.sf1 *Ip.*sf1

– **warmer - Südwind**: ...
rhod.bg2,sf1 sil.kr1,sf1

– **Wetter**
☞ *Wetter - windiges*

Winter
☞ *Jahreszeiten - Winter*

Wochenbett; Beschwerden durch das
☞ *❑ Weibliche Genitalien - Entbindung - nach*

Wohlbefinden vor den Anfällen
☞ *Gesund - ungewöhnlich*

Wohlbehagen, behagliches Gefühl: acon.a1 agar.a1,bg2 ars.a1,bg2 aur.a1 chlor.a1 coca a1,bg2 dat-a.a1 gast.a1 kali-br.a1 lach.a1,bg2 mec.a1 nat-p.a1,bg2 op.a1,bg2 phos.a1 pic-ac.a1,bg2

Wolle
☞ *Kleidung - Unverträglichkeit - Wollkleidung / ❑ Haut - Jucken - Wolle*

Wühlen
☞ *Schmerz - bohrend / Schmerz - wühlend*

Wunden: anag.c1,c2,* *Apis*c2,k arist-cl.mg,mg1,* *Arn.*bg2,k,* ars.sf,sf1,* bell-p.bg2,sf1,* bor-ac.c1,c2,* borx. bov.c1,c2,* bry.bg2,c1,* bufo sf1 calc-p.bg2,sf1,* *Calen.*bg2,k2,* carb-ac.st carb-v.bg2,k cham.bg2,mg1,* cic.bg2,k cist.sf,sf1 con.bg2,k croc.bg2,k,* echi.bg2,sf1,* erig.c1,c2,* ery-a.c1,c2,* eup-per.c1,c2,* ferr-p.c,c1 gynu-ce.dbx1 ham.bg2,sf1,* helia.c1,c2,* hell.c1,c2,* hep.bg2,k hydrog.srj2 *Hyper.*sf,sf1,* iod.bg2,k kali-p.c,c1 kreos.bg2,k *Lach.*bg2,k,* lappa mg1 **Led.**bg2,k,* merc.bg2,k mez.bg2,k mill.bg2,sf1,* nat-c.bg2,k nat-m.bg2,k nit-ac.bg2,k ph-ac.bg2,k *Phos.*bg2,k,* phyll-c.dbx1 phys.bg2,c1,* plan.c1,c2,* plb.bg2,k priva-l.bta1 *Puls.*bg2,k rhus-t.bg2,k ruta sec.bg2,bro1 senec.c1,c2,* seneg.bg2,k sida-rh.dbx1 sil.bg2,k *Staph.*bg2,k stront-c.sf1 *Sul-ac.*bg2,k sulph.bg2,k symph.bg2,sf1,* tetrad-f.dbx1 vang-e.dbx1 with-s.bta1 zinc.bg2,k zinc-m.c1,c2,*

– **Beschwerden** durch Wunden
☞ *konstitutionelle*

– **Bißwunden**: acet-ac.j5,k2,* all-s.hr1,j5,* *Arn.*hr1,j5,* grin.j5,kr1,* *Hyper.*hr1,j5,* *Led.*j5,k2,* lob-p.st1 *Plan.*hr1,j5,* *Seneg.*st1 *Sul-ac.*hr1,j5,* vesp-vg.k4
☞ *❑ Haut - Insektenstiche*

• **giftiger** Tiere: acet-ac.k2 *Am-c.*j5,k2,* *Apis* arn. *Ars.*hr1,k aur. bell.hr1,k calad. *Caust.*hr1,j5,* *Cedr.* *Echi.* hep.k2 hyper. *Lach.*hr1,k **Led.**hr1,k *Lob-p.*st *Lyss.*hr1,kr1 nat-m.hr1,j5,* puls.hr1,j5,* *Seneg.*hr1,k1,* stram. sul-ac. thuj.k2

• **Hunden**, von: hyper.k13,k2 *Lach.*hr1,kr1,* led.c,c1 **Lyss.**hr1,kr1,* sisy.bro1 *Ter.*hr1,kr1

• **tollwütigen** Hunden: arist-cl.sp1,st ars.st bell.st canth.st *Chr-ac.*hr1,kr1,* echi.c,c1,* hyos.st *Lyss.*mg,mg1,* sol-no.dbx1

• **juckend**: mez.sys

• **Reptilien**; von: lycps-v.c2

• **Schlangenbisse**: am-c.k2 anag.hr1,kr1,* *Apis*st arist-cl.sp1,st arn.st *Ars.*hr1,kr1,* aur.st *Bell.*hr1,kr1,* bid-p.jsx1 calad.st *Camph.*hr1,kr1,* cassia-o.bta1 *Cedr.*hr1,kr1,* chen-o.jsx1 cissu-d.jsx1 clerod-g.bta1

Wunden - Bißwunden - Schlangenbisse: ...
*Echi.*c1,c2,* euph-po.br3 euph-pr.br3 gua.st gymne.br1,c1,* hyper.st ipom-f.bta1 **Lach.**st **Led.**st leont-l.bta1 leont-o.bta1 lob-p.c1,c2,* lycps-v.c1,c2,* mik-c.jsx1 plan.c1,c2,* secu-l.jsx1 *Sela.*br1 seneg.hr1,kr1,* sima.c1 sisy.bro1 sol-cp.bta1 stram.st strych-s.bta1 sul-ac.st thalic-r.jsx1 *Thuj.*k13,k2,* *Vip.*st

• **chronische** Beschwerden nach: merc.kr1 ph-ac.kr1

• **Spinnen**; von: sela.br1

• **Tarantel**, der: lycps-v.c1,c2

• **tollwütigen** Tieren; von: echi.c2

• **Wespenbisse**: mez.sys

– **bläulich**: *Apis*kr1 *Lach.*hr1,kr1 lyss.hr1,kr1 *Vip.*a1,kr1

– **bleifarben**: *Lach.*hr1,kr1 vip.a1

– **bluten** reichlich: *Acon.*bg2,j5 am-c.bg1,bg2,* ant-t.j5 aran.hr1,k *Arn.*bg2,k ars.j5 asaf.j5 bell-p.mg,mg1 borx.j5 both.a1 *Carb-v.*bg2,k caust.j5 cench. *Chin.*bg2,j5 clem.j5 con.j5 *Cop.*hr1,j5,* croc.bg2,k crot-h. *Dor.*st eug.j5 *Euphr.*j5 ferr. ferr-p.bg2 ham.bg2,st hep.bg2,k **Hir.**st *Hydr.*hr1,k2,* *Kreos.*bg2,k,* **Lach.**bg2,k,* **Lat-m.**st led.k13,k2 merc.bg2,k mez.j5 mill.bg2,k,* *Nat-c.*j5 nat-m.bg2,k **Nit-ac.**bg1,j5,* *Nux-m.*j5 *Nux-v.*j5 *Ph-ac.*bg2,k1,* **Phos.**bg2,k,* plb.j5 puls.bg2,k rhus-t.bg2,k ruta j5 sec.bg1,bg2,* sep.j5 sil.j5 *Staph.*j5 sul-ac.bg2,k *Sulph.*bg2,k vip.j5 *Zinc.*bg2,k,*

• **Gerinnung**; fördert die: cact.br1

• **kleine** Wunden: am-c.k1,k13 carb-v.k1,sf1 hydr.k1,k2,* kreos.k1,k2,* lach.k1,k2,* ph-ac.k1,sf1 phos.h,k1,* sul-ac.k1,sf1 *Zinc.*k1,sf1

• **schwarzes** Blut: vip.a1

– **durchdringend**, durchstochen: **Apis**c2,k aran.c1,c2 arn.bg2 *Carb-v.* cic. hep. *Hyper.* lach.c1 **Led.**c1,k,* **Nit-ac.** phase.c1,st phase-xyz.c2 plan.c1 plb. sil. sul-ac.bg2 sulph.
☞ *Stichwunden*

• **blutend**: aran.gm1

• **Handflächen** und Fußsohlen; der: **Hyper.**k,kl2● **LED.**kl2●,st

– **durchstochen**
☞ *durchdringend*

– **eiternd**: arn.kr1,st asaf.j5,kr1 *Bell.*j5,kr1 borx.a1,kr1 *Bufo*kr1 *Calc.*kr1 calc-f.kr1 calc-s.kr1 *Calen.*kr1,st caust.j5,kr1 *Cham.*kr1 *Chin.*j5,kr1 *Croc.*j5,kr1 echi.kr1,st *Hep.*kr1 hydrog.srj2 lach.j5,kr1 led.kr1,st *Merc.*j5,kr1 *Nat-m.*kr1 plb.j5,kr1 *Puls.*j5,kr1 *Sil.*kr1 *Sulph.*j5,kr1 vip-a.j1,kr1
☞ *Abszesse*

• **Prophylaxe** gegen Eiterung: arn.br1

– **entzündet**
☞ *Entzündung - Wunden*

– **Fremdkörper**, durch: arn.st *Calen.*hr1 *Hep.*hr1,k2,* *Lob.*c,c1,* **Sil.**hr1,kr1,*
☞ *Splitter*

• **Auge**, im: **Acon.**hr1 coc-c.st *Sil.*hr1

– **fressend**, nagend: mez.h

– **Giftpflanzen**, durch: echi.st

– **Granulationsgewebe**, wildes Fleisch: alum.bg2,kr1 *Alumn.*hr1,kr1 *Anac.*kr1 *Anac-oc.*hr1 *Ant-t.*hr1,kr1 **Ars.**hr1,kr1 *Calc.*hr1,kr1 *Calen.*hr1,k2,* carb-v.bg2,kr1 cund.hr1,kr1 hep.bg2,kr1 hydr.k2,kr1,*

– **warmes** Wetter - **nasses** warmes - **amel**.: ...
kali-c.bro1 nat-m.sf1 sep.sf1 sil.bro1
• **trocken** warmes:
• **agg**.: ant-c.c1,sf1 carb-v.sf1 cocc.sf1 kali-bi.c1 lach.c1,sf1
• **amel**.: alum.bro1 *Calc-p*.bro1 choc.srj3 nat-s.bro1 nux-m.bg2,sf1 penic.jl,srb2 rhus-t.bro1 *Sulph*.bg2,sf1
– **Wetterwechsel**:
• **agg**.: abrot. achy.jl acon.k2 alum.bg2,k1,* alumn. *Am-c*.k1,st anh.jl ant-c. *Ant-t*. apis aran.bg2,sf1,* ars. asar.jl bar-c.bg2,k2,* *Bell*. benz-ac. borx. brom. **Bry**.k1,st *Calc*. calc-f.k2,mg1,* *Calc-p*. calc-sil.k2 carb-v.c1,st carbn-s. *Caust*. *Cham*.a1,kr1,* *Chel*. chin.st cinnb.k2 colch. crot-c.st crot-h.bg2,sf1 cupr.bg1,bg2,* cur.st *Dig*.c1,k **DULC**.k1,st euph. galph.jl *Gels*. *Graph*.k1,st harp.jl *Hep*.k1,st hyper. *Ip*.k2,st kali-ar.jsa kali-bi. *Kali-c*. kali-i.bg2,k2,* *Kalm*.kr1,st lach. lept.c1 mag-c.bg2,k2,* mand.jl *Mang*. meli. *Merc*.k1,st merc-i-f.c1 merc-i-r.c1 *Mez*. mosch.st *Nat-c*. nat-m.k2,st nat-p.k2 nat-sil.k2 nit-ac. **Nux-m**. nux-v. *Petr*. *Ph-ac*. **Phos**. phys.kr1 phyt.st **Psor**. *Puls*. **Ran-b**.c1,k *Rheum*k1,st **Rhod**. **RHUS-T**.k1,st *Rumx*. rutast sang.bg2,k2,* sep. **Sil**. spig.bg2,k2,* stann.jl,k2 stict.st stront-c. *Sulph*. tarent.st *Teucr*.bg2 thuj.bg2,sf1,* **Tub**. *Verat*.k1,st *Vip*.bg1,bg2,*
• **amel**.: onop.jl
• **Frühling**, im: all-c.bro1 ant-t.bro1 gels.bro1 kali-s.bro1 nat-s.bro1
• **kalt** nach warm agg.: ant-c.bg2,sf1 brom.k2 **Bry**. carb-v. *Chel*. crot-h.bg2,sf1 *Ferr*. gels. **Kali-s**. *Lach*. *Lyc*. nat-c.bg2,sf1 *Nat-m*. *Nat-s*. nux-v.bg2,sf1 **Psor**. *Puls*. sep.bg2,sf1 **Sulph**. **Tub**.
• **warm**:
• **kalt** agg.; von warm nach: acon.bg2,sf1 *Ars*.bg2,sf1 calc.bg2,k2,* calc-p.bg2,k2,* calc-sil.bg2,k2,* carb-v.bg2,sf1 *Caust*.bg2,sf1 **Dulc**.bg2,k2,* hep.bg2,k2,* **Merc**.bg2,sf1,* nat-sil.bg2,k2,* nit-ac.bg2,k2,* *Nux-v*.bg2,sf1 puls.bg2,sf1 *Ran-b*.bg2,k2,* *Rhus-t*.bg2,sf1,* sabad.bg2,sf1 *Sil*.bg2,sf1 stront-c.bg2,sf1 tub.bg2,k2,* **Verat**.bg2,sf1,*
• **naß** agg.; von warm nach: gels.c1
– **windiges** und stürmisches Wetter: *Acon*. *All-c*.kr1 *Am-c*.kr1 androc.srj1 arg-met.k2 ars. asar. aur. aur-ar.k2 **Bad**. bell. bry. carb-v. caust.bg2 *Cham*. chel.bg2 *Chin*. chinin-ar. con. erig.mg1 euphr. gels.bg2 graph. *Hep*. hyper.kr1 ip.kr1 **Kalm**.kr1 *Lach*. lyc. mag-c. *Mag-p*. mez.k2 *Mur-ac*. nat-c. nat-m.bg2 nit-s-d.c1 **Nux-m**. *Nux-v*. petr. *Phos*. plat. *Psor*. *Puls*. ran-b.k2 **Rhod**. rhus-t. ruta *Sep*. spig. sul-ac. sulph. tab.bg2 thuj.
– **Wind**
☞ *windiges / Wind*

Widersprüchliche und abwechselnde Zustände: *Abrot*.gm1,st agar.gm1 *Aloe*st alum.gm1 alumn.gm1 ambr.bg2 apoc.k2 arn.gm1,k2 ars.gm1,k2 aur.gm1 bell.gm1,jsa bry.gm1,jsa camph.gm1 *Carc*.st,st1 chin.gm1 choc.srj3 cimic.bg2,gm1,* croc.bg2,k crot-t.gm1 graph.jsa **Ign**.k,kl2● kali-c.kl3,k2,* lac-c.jsa med.gm1 *Nat-m*.k,kl2● op.gm1 *Plat*.bg2,k1 plb.bg2 podo.gm1,k2

Widersprüchliche und abwechselnde Zustände: ...
psor.gm1 **Puls**.k,kl2● rhus-t.jsa sanic.st *Sep*.gm1,kl2●,* *Staph*.gm1,st *Thuj*.k,k1 *Tub*.gm1,kl2●,*
☞ *Abwechselnde / Metastasierung / Symptomenfülle / Veränderung - Symptome / Veränderung - Symptome - ständig / ❏ Gemüt - Launenhaftigkeit / ❏ G~ Stimmung - veränderlich*

Wildes Fleisch
☞ *Wunden - Granulationsgewebe*

Wind: *Acon*. anac.j5 androc.srj1 *Ars*. ars-i. arum-t.bro1 asar. *Aur*.k1,st aur-ar.k2 *Bell*. bry. bufo calc. *Calc-p*. canth.bg2 caps.bg2 carb-an.bg2 carb-v. caust. **Cham**. *Chin*. chinin-ar.k2 *Coff*.k2,vh,* colch.bg2 coloc.bg2 con. cupr. elaps *Euphr*. graph. **Hep**.bg2 hyos.bg2 ip.bg2,st kali-c.bg2 kalm.c1 *Lach*. **Lyc**. mag-c.bg2 mag-p.k2 med.bg2 mur-ac. nat-c. nit-ac.bg2,h *Nux-m*.k1,st **Nux-v**. ph-ac.bg2 **Phos**. plat. *Psor*. **Puls**. rheumbg2 **Rhod**. *Rhus-t*.bg2 sabad.bg2 samb.bg2 sel.bg2 sep.bg2,j5,* *Sil*.bg2 spig. **Spong**. squil.bg2 stram.bg2 stront-c.bg2 sul-ac. sulph. tab.bg2 thuj. tub.bg1 verb.bg2 zinc. *Zinc-p*.k2
– **amel**.: arg-n.bg2,sf1,* ferr.bg2,sf1 hydrog.srj2 iod.bg2,sf1 nux-m.bg2,sf1,* sec.bg2,sf1 tub.bg2,sf1
– **Gefühl** von: agar.kl3,k2 calc.bg2 *Camph*.bg2 canth.bg2,k caust.bg2 *Chel*.bg2,k chin.bg2 *Cist*.bg2,sf1,* coloc.bg2 cor-r. croc.bg2 graph.bg2,k lach.sf,sf1 *Laur*.bg2 **Lyss**. med.bg2 *Mez*.bg2,sf1,* *Mosch*. najabg2 nat-m.bg2 *Nux-v*.bg2,k olnd.bg2,k petr.bg2 phos.bg2 puls.bg2,k rhus-t.bg2,k sabin.bg2,k sep.bg2 spig.bg2,k squil. stram.bg2,k syph.bg2 ther.bg2 *Thuj*.bg2,sf1,* thyr.bg2 valer.bg2
☞ *Luft - Zugluft - Gefühl*
• **bläst** auf bedeckte Körperteile: camph.
• **kaltem**: acon.bg2 agar.bg2 asaf.bg2 asar.bg2 bar-c.bg2 calc.bg2 camph.bg2,k canth.bg2 caps.bg2 caust.bg2 chel.bg2 chin.bg2 cimic.bg2 coloc.bg2 *Cor-r*.bg2 croc.bg2,k cupr.bg2 *Lac-d*.bg2,k *Laur*.bg2,k **Lyss**. mez.bg2 *Mosch*.bg2,k nat-m.bg2 nux-v.bg2 ol-an.bg2 olnd.bg2 ox-ac.bg2 petr.bg2 *Ph-ac*.bg2 phos.bg2 plat.bg2 puls.bg2 ran-b.bg2 rhus-t.bg2,k samb.bg2,k sulph.bg2 valer.bg2 verat.bg2
– **kalter**: *Acon*.bg2,k,* *All-c*.kr1 apiskr1 arn.bg2 *Ars*.hr1,k ars-i. *Asar*.bg2,k,* **Bell**.bg2,k,* bell-p.sp1 *Bry*.bg2,k,* cadm-s.c1,st calc.k2 calc-p. carb-an.bg2,k,* carb-v.bg2,k,* *Caust*.bg2,k,* cham.bg2,k1,* chinin-ar.k2 *Coff*.vh cupr.bg2,k ferr-ar. **Hep**.bg2,k,* ip.bg2,k,* *Kali-bi*. kalm.k2 lach.bg2,sf1 mag-c.br1 mag-p.bg2,k2,* nit-ac.h,j5,* **Nux-v**.bg2,k,* psor. *Rhod*.bg2,k2,* **Rhus-t**.bg2,hr1,* rumx.bg2 sabad.bg2,k,* *Sep*.bg2,k,* *Sil*.bg2,k,* **Spong**.bg2,k,* thlas.bg2 tub.st verat.hr1,kr1 zinc.bg2
• **Fahren** im: sangin-n.c1
• **amel**.: *Arg-n*. *Tub*.k2,sf1,*
• **feuchtkalter**: all-c.c1,k2 calc.c1 kali-bi.k2
– **Verlangen**, sich im Wind aufzuhalten: androc.srj1 hydrog.srj2 *Tub*.st
– **warmer**:
• **nasser** Wind: *Acon*.kr1 **Hep**.kr1
• **Südwind**: *Ars-i*. asar.jl bry.bg2,sf1 carb-v.bg2,sf1 euphr.bg2,sf1 *Gels*.kr1,st *Ip*. lach.k2 nat-c.bg2

– **Granulationsgewebe**, wildes Fleisch: ...
*Kali-chl.*hr1 *Kali-m.*kr1 kreos.bg2,kr1 *Lach.*hr1,kr1 *Merc.*k2,kr1,* nit-ac.kr1 *Sabin.*kr1,st **Sil.**bg2,kr1,* sulph.j5,kl2●,* thuj.kr1
– **grünlich**: senec.st
– **Heilungstendenz**:
• **langsam**: *All-c.*kr1,st alum. alum-p.k2 alum-sil.k2 am-c. ars.k2 *Bar-c.* bar-s.k2 *Borx.* both.al *Calc.* calc-s.k2 *Carb-v.* carbn-s.k2 caust. *Cham.* chel. clem.j5 con. cortiso.jl crats-ce.jsx1 croc.j5 crot-h. *Graph.* hein-cr.jsx1 hell.j5 **Hep.** hib-su.jsx1 hydrog.srj2 hyper.k2 kali-c. kali-sil.k2 **Lach.** lyc. lyss.mg1 mag-c. mang. *Merc.* *Merc-c.* mill.k2 mir-j.jsx1 mur-ac. musa-p.jsx1 nat-c.j5 **Nit-ac.** nux-v.j5 **Petr.** ph-ac. phos. plb. puls. *Rhus-t.* rutak2 sars.k2 sep. **Sil.** squil.j5 *Staph.* **Sulph.**k,kl2● synad-g.jsx1 *Tub.*st
• **schnell**: lyss.kr1,mg1,*
– **Injektion**, durch schmerzhafte: *Crot-h.*st *Led.*st
– **kalt**, werden: *Led.*k,kl2● scor.al,cl
– **konstitutionelle** Folgen von: arn.cl,k bry.cl calen.cl carb-v. con. ferr-p.cl hep. hyper.cl *Iod.* kali-p.cl *Lach.* **Led.**cl,k nat-m. *Nit-ac.* *Phos.*cl,k plan.cl puls. rhus-t. senec.cl *Staph.* *Sul-ac.* zinc.
– **nässend**: mill.k2
– **pulsierend**: *Bell.*j5 *Cham.*j5 clem.j5 *Hep.*j5 *Merc.*j5 mez.h,j5 *Puls.*j5 *Sulph.*j5
☞ *schmerzhaft*
– **Reaktion**, ohne: ars.bg2 camph.bg2 carb-v.bg2 con.bg2 laur.bg2 op.bg2 ph-ac.bg2 sulph.bg2
– **Rißwunden**: arist-cl.mg,mg1,* arn.st **Calen.**bg2,k2,* **Carb-ac.**st *Ham.*hr1,kr1,* *Hyper.*bg2,k2,* led.st staph.bg2,k2,* sul-ac.st symph.st
– **schmerzhaft**: *All-c.*st am-c.j5 *Apis* arist-cl.sp1 bell.j5 calc.hr1,kr1 calc-f.hr1,kr1 calen.hr1,kr1 cham.hr1,kr1 con.j5 croc.j5 crot-h.al eug.hr1,j5,* helo.cl helo-s.cl *Hep.*j5 **Hyper.**hr1,k led. nat-c.hr1,kr1 nat-m.hr1,k *Nit-ac.* nux-v. *Ph-ac.*hr1,j5,* **Staph.** sulph.
☞ *pulsierend*
• **brennend**: *Acon.*j5 arn.j5 *Ars.*j5 bry.j5 *Carb-v.*j5 caust.j5 hyper.j5,k2 merc.j5 mez.j5 nat-m.j5 rhus-t.j5 *Sul-ac.*j5 *Sulph.*j5 zinc.j5,st
• **fressend**, nagend: mez.h
• **Stechen** in Wunden: acon. *Apis* arn. bar-c. bell.j5 bry. caust. chin.j5 clem.j5 *Led.* merc. mez.j5 nat-c. *Nit-ac.* sep.j5 sil.j5 *Staph.* sulph.
– **Schnittwunden**: *Arn.*bg2,k *Calen.*hr1,k2,* *Carb-v.*hr1,kr1 *Cic.*hr1,kr1 con.hr1,kr1 dig.hr1,kr1 *Ham.*hr1,kr1,* hep.hr1,kr1 hyper.st kali-chl.c,hr1 kali-m.cl *Lach.*hr1,kr1 *Led.*k1 merc.bg2,k nat-c.bg2,k,* *Nit-ac.*hr1,kr1 ph-ac.bg2,k plan.cl,hr1,* plb.bg2,j5,* sil.bg2,k,* **Staph.**bg2,k,* *Sul-ac.*bg2,k,* sulph.bg2,k,*
– **Schorfbildung**, mit: *Calen.*hr1,kr1 *Carb-ac.*hr1,kr1 *Hyper.*hr1,kr1
– **Schußwunden**: **Arn.**bg2,j5,* calen.bg2,j5,* *Euphr.*bg2,j5,* *Hyper.*bg2,j5,* *Lach.*hr1 *Nit-ac.*bg2,j5,* *Plb.*bg2,j5,* puls.bg2,j5,* rutabg2,j5,* *Sul-ac.*bg2,j5,* sulph.bg2,j5,* symph.bg2,j5,*
– **schwarz**: *Chin.*hr1,kr1 *Lach.*hr1,kr1 trach.al,kr1 vip.al,kr1

Wunden: ...
– **Schwellung** der: acon.bg2,j5,* *Arn.*bg2,j5,* *Bell.*bg2,j5,* *Bry.*bg2,j5,* kali-chl.hr1 kali-m.bg2,j5,* nux-v.bg2,j5,* *Puls.*bg2,j5,* *Rhus-t.*bg2,j5,* *Scor.*cl sul-ac.bg2,j5,* *Sulph.*bg2,j5,* vip.bg2,j5,*
– **Sektionswunden**: *Anthraci.* *Apis*c2,k *Ars.*hr1,k crot-h.hr1,st *Echi.*st ham.hr1,kr1 kreos.bro1 *Lach.*hr1,k led. *Pyrog.*c1,k *Ter.*hr1,kr1
☞ *Ptomaine*
– **septisch**: ars.bg2,sf1,* hydrog.srj2
– **Splitter**, durch: acon. *Anag.*kr1 *Apis* *Arn.*hr1,k *Carb-v.*hr1,k **Cic.**hr1,k colch. *Hep.*hr1,k **Hyper.**hr1,k lach.hr1,k *Led.* lob.cl *Nit-ac.*hr1,k petr. plat. ran-b. *Sil.*hr1,k,* *Staph.* sulph.hr1,k
☞ *Fremdkörper / Fremdkörper*
– **stechend**
☞ *schmerzhaft - Stechen*
– **Stichwunden**: acet-ac.st *All-c.*hr1,kr1 *Apis* arn. carb-v.bg2,k cic.bg2,k con.bg2,j5 eug.j5 hep.bg2,j5 **Hyper.**bg2,sf1,* lach.bg2,k **Led.**bg2,k2,* nat-m.j5 nit-ac.bg2,k phase.bro1 *Phos.*bg2 plb.bg2,j5 puls.bg2 *Rhus-t.*hr1,kr1 sep.hr1,j5,* sil.bg2,k *Staph.*hr1,k sul-ac.bg2 sulph.bg2,j5,*
☞ *durchdringend*
– **Verbrennungen**
☞ *Verbrennungen*
– **Wiederaufbrechen** alter: asaf.j5,k2,* *Carb-v.*bg2,j5,* *Caust.*bg2,j5,* con.bg2,j5,* *Croc.*bg2,j5,* *Crot-h.*bg2,j5,* eug.bg2,j5,* fl-ac.bg2,j5,* *Glon.*bg2,j5,* *Graph.*bg2,j5,* kreos.bg2,j5,* *Lach.*bg2,j5,* nat-c.bg2,j5,* *Nat-m.*bg2,j5,* *Nit-ac.*bg2,j5,* *Nux-v.*bg2,j5,* **Phos.**bg2,j5,* *Sil.*j5,k2,* *Sulph.*bg2,j5,* *Vip.*bg2,j5,*
☞ *Abszesse - wiederkehrend*
• **Narben**: asaf. *Borx.* calc-p. *Carb-an.* carb-v.h *Caust.* con. croc. *Crot-h.* fl-ac.bg2 glon.st *Iod.* *Lach.* nat-c. *Nat-m.* **Phos.** **Sil.** sulph. *Vip.*sf1
☞ *❑ Haut - Narben*
– **wildes** Fleisch
☞ *Granulationsgewebe*
– **Wundgangrän**: acon.j5,kr1 am-c.j5,kr1 *Anthraci.*j5,kr1 **Ars.**j5,kr1 *Bell.*j5,kr1 *Brom.*j5,kr1 calen.j5,kr1,* *Carb-v.*j5,kr1 *Chin.*j5,kr1 *Eucal.*j5,kr1 euph.j5,kr1 **Lach.**j5,k2,* sal-ac.j5,kr1,* sec.j5,kr1 *Sil.*j5,kr1 sul-ac.j5,kr1,* trach.j5,kr1,* vip.j5,kr1,* vip-a.j5,kr1,*
– **Wundliegen**
☞ *❑ Haut - Wundliegen*
○ **Nerven**: hyper.k2 led.k2
– **Weichteilen**; mit zerrissenen: arn.st1 calen.st1 **Carb-ac.**st1 ham.st1 *Hyper.*st1 led.st1 staph.st1 sul-ac.st1 symph.st1
◆ **begleitet** von:
• **Fingernagel** aufgerissen wurde; wenn ein: *Led.*st1
• **Gangrän**; mit Tendenz zu: calad.st1 sul-ac.st1
• **Schmerz**: *Hyper.*lz

Würmer:
– **Beschwerden** durch
☞ *❑ Rektum - Würmer - Beschwerden*
– **unter** der Haut
☞ *❑ Haut - Würmer - unter*

Zähne:
– **Zähnebürsten**
☞ *Zähneputzen*
– **Zahnung**
☞ ❑ *Zähne - Zahnung*
– **Zusammenbeißen** der Zähne
☞ *Beißen - Zusammenbeißen*

Zähneputzen (= Reinigen der Zähne):
– **agg.**: carb-v.$_{bg2}$ coc-c.$_{bro1}$ lyc.$_{bg2}$ ruta$_{bg2}$ staph.$_{bro1}$

Zahnung
☞ ❑ *Zähne - Zahnung*

Zarte, empfindliche Konstitution: *Aur.*$_{ptk1}$ *Lyc.*$_{ptk1}$ nat-m.$_{ptk1}$ ph-ac.$_{ptk1}$ *Tub.*$_{ptk1}$
– **Kindern**; bei
☞ *Kindern - zarte*
– **nervösen** Menschen; bei: ars.$_{ptk1}$ calc.$_{ptk1}$ calc-p.$_{ptk1}$ caust.$_{ptk1}$ cimic.$_{ptk1}$ colch.$_{ptk1}$ con.$_{ptk1}$ croc.$_{ptk1}$ cupr.$_{ptk1}$ *Ign.*$_{ptk1}$ kali-p.$_{ptk1}$ lyc.$_{ptk1}$ nat-c.$_{ptk1}$ phos.$_{ptk1}$ pic-ac.$_{ptk1}$ sil.$_{ptk1}$ stront-c.$_{ptk1}$ sulph.$_{ptk1}$ tab.$_{ptk1}$ verat.$_{ptk1}$ zinc.$_{ptk1}$

Zechen; Beschwerden durch
☞ *Nachtschwärmerei*

Zellulitis
☞ *Entzündung - Zellgewebes*

Zerbrechlich, als sei der Körper
☞ ❑ *Gemüt - Wahnideen - Körper - zerbrechlich*

Zerdrückt, gequetscht
☞ *Schmerz - zerquetscht / Zusammendrücken*

Zerren
☞ *Schmerz - reißend*

Zerschlagen; wie
☞ *Schmerz - wund*

Zimmer:
– **enges** Zimmer agg.: alum.$_{gl1,k2}$ arist-cl.$_{gl1,jl}$ ars-i.$_{gl1,k2}$ bar-s.$_{gl1,k2}$ nux-v.$_{gl1}$ puls.$_{gl1}$ rauw.$_{gl1,jl}$ staph.$_{gl1}$ sulph.$_{gl1}$ tub.$_{gl1,st}$
☞ ❑ *Gemüt - Furcht - engen*
– **voller** Menschen agg.; überfülltes Zimmer ●: *Ambr.* ant-c.$_{vld}$ *Ant-t.* apis$_{bg1,k2}$ *Arg-n.* ars. bar-c. carb-an. con. *Hell.* iod.$_{bg1,k2,*}$ kali-i.$_{bg1,k2,*}$ lil-t.$_{bg1,k2}$ *Lyc. Mag-c.* nat-c. nat-m. petr. *Phos. Plb. Puls.* sabin. *Sep.* stann. stram. *Sulph.*
☞ ❑ *Gemüt - Angst - Menschenmenge* / ❑ *G~ Furcht - engen* / ❑ *G~ Furcht - Menschenmenge*

Zittern:
– **äußerlich**: abel.$_{jl3}$ abrot.$_{a1,k}$ absin.$_{bg2,k,*}$ acet-ac.$_{hr1,k,*}$ *Acon.*$_{bg2,k,*}$ acon-f.$_{a1,k}$ adren.$_{st}$ *Agar.*$_{bg2,k,*}$ agar-cps.$_{a1}$ agn.$_{bg2,k}$ alco.$_{a1}$ alum.$_{k,k2,*}$ alum-p.$_{k13,k2}$ alum-sil.$_{k2,kr1,*}$ alumn.$_{a1,k}$ am-c.$_{bg2,k,*}$ am-caust.$_{a1,j5}$ am-m.$_{bg2,k}$ **Ambr.**$_{bg2,k,*}$ aml-ns. *Anac.*$_{bg2,k}$ androc.$_{srj1}$ ang.$_{bg2,j5}$ ant-c.$_{bg2,k}$ **Ant-t.**$_{bg2,k,*}$ *Apis Apoc.*$_{a1}$ aq-mar.$_{a1}$ aran.$_{hr1,k}$ aran-ix.$_{mg}$ *Arg-met.* **Arg-n.**$_{bg2,k,*}$ *Arn.*$_{bg2,k,*}$ **Ars.**$_{bg2,k,*}$ ars-h.$_{hr1}$ ars-i. ars-s-f.$_{hr1,k2,*}$ ars-s-r.$_{hr1,kr1}$ asaf.$_{bg2,k,*}$ astac.$_{hr1}$ atro.$_{a1}$ *Aur.*$_{bg2,k}$ aur-ar.$_{k2}$ aur-i.$_{k13,k2}$ aur-s.$_{k13,k2}$ *Bapt.*$_{bg2,k2,*}$ *Bar-c.* bar-i.$_{k13,k2}$ bar-m.$_{bg2,k,*}$ bar-s.$_{k13,k2}$ *Bell.*$_{bg2,k,*}$

Zittern - äußerlich: ... ben-n.$_{a1}$ benz-ac.$_{a1}$ berb.$_{j5}$ bism.$_{bg2,k,*}$ borx. both.$_{st}$ bov.$_{bg2,k,*}$ brom.$_{bg2,k,*}$ bruc.$_{j5}$ *Bry.*$_{bg2,k}$ bufo buth-a.$_{mg,mg1,*}$ **Cact.** cadm-met.$_{mg,mg1}$ cadm-s. caj.$_{a1}$ *Calad.* *Calc.*$_{h,k,*}$ *Calc-caust.*$_{a1,j5,*}$ calc-f.$_{mg,mg1,*}$ *Calc-i.*$_{k13,k2}$ calc-m.$_{a1}$ *Calc-p.*$_{hr1,k,*}$ *Calc-s.* calc-sil.$_{k13,k2}$ calth.$_{a1}$ *Camph.*$_{bg2,k,*}$ canch.$_{a1}$ cann-i. cann-s.$_{bg2,k}$ *Canth.* caps.$_{bg2,k}$ carb-ac. carb-an.$_{j5}$ carb-v.$_{bg2,k,*}$ carbn-h.$_{a1}$ carbn-o.$_{a1}$ *Carbn-s.*$_{k,kr1}$ castm.$_{kr1}$ *Caust.*$_{bg2,k,*}$ *Cedr.* cham.$_{bg2,k}$ *Chel.*$_{bg2,k,*}$ *Chin.* *Chinin-ar.* *Chinin-s.*$_{a1,k}$ chlor. chlorpr.$_{jl,jl3}$ choc.$_{srj3}$ **Cic.**$_{bg2,k,*}$ cic-m.$_{a1}$ **Cimic.**$_{bg2,k,*}$ *Cina* cinch.$_{a1}$ cinnm.$_{hr1,kr1}$ *Cit-v.*$_{hr1,kr1,*}$ *Clem.* *Coca*$_{kr1}$ *Cocc.*$_{k,kr1}$ *Cod.* *Coff.*$_{bg2,k,*}$ coff-t.$_{hr1,kr1,*}$ coffin.$_{a1}$ colch. coloc.$_{bg2,k}$ *Con.* cop.$_{hr1,kr1}$ cortico.$_{mg,mg1,*}$ cortiso.$_{mg,mg1}$ croc.$_{bg2,k}$ **Crot-c.**$_{a1}$ *Crot-h.*$_{bg2,k,*}$ crot-t.$_{a1,k}$ *Cupr.*$_{bg2,k,*}$ cupr-act.$_{j5}$ cupr-ar.$_{sf,sf1}$ cupr-s.$_{hr1,kr1}$ cur. dig.$_{bg2,k,*}$ digin.$_{a1}$ dios.$_{hr1,k,*}$ dros.$_{bg2,k}$ dubo-h.$_{a1}$ *Dulc.*$_{bg2,k,*}$ echit.$_{a1}$ esp-g.$_{kk1}$ euph.$_{bg2}$ euphr.$_{bg2,k}$ fagu.$_{a1}$ *Ferr.*$_{bg2,k,*}$ ferr-ar.$_{k,k2,*}$ ferr-ma.$_{a1,j5}$ ferr-p. fl-ac.$_{k13,k2}$ **Gels.**$_{bg2,k,*}$ gins.$_{a1,sf1,*}$ glon.$_{a1,k}$ gran.$_{bg2,j5,*}$ *Graph.*$_{bg2,k,*}$ guaj. *Hell.* helo. hep.$_{bg2,k,*}$ hydr-ac.$_{a1,j5}$ *Hydrog.*$_{srj2}$ **Hyos.** *Hyper.*$_{hr1,kr1}$ iber.$_{a1,hr1,*}$ **Ign.**$_{c2,k}$ inul.$_{hr1,kr1,*}$ *Iod.*$_{bg2,k,*}$ ip. *Iris*$_{kr1}$ jab.$_{sf,sf1}$ kali-act.$_{a1}$ *Kali-ar.*$_{a1,k}$ kali-bi.$_{a1}$ *Kali-br.*$_{bg2,k,*}$ **Kali-c.** kali-cy.$_{a1}$ *Kali-fcy.* kali-i.$_{a1}$ kali-n.$_{a1,h}$ kali-p. kali-s. kali-sil.$_{k2,kr1,*}$ *Kalm.*$_{hr1,k}$ kiss.$_{a1}$ kreos.$_{bg2,k,*}$ lac-ac.$_{hr1,k,*}$ *Lach.* lam.$_{a1}$ lat-m.$_{sp1}$ lath.$_{bg2,sf1,*}$ laur.$_{a1,k}$ *Lec.* *Led.*$_{bg2,k,*}$ lil-t.$_{hr1,k2,*}$ lob.$_{bg2,j5,*}$ *Lol.*$_{bg2,sf1,*}$ lon-x.$_{a1}$ *Lyc.* lycps-v.$_{kr1}$ *Lyss.* m-arct.$_{j5}$ m-aust.$_{j5}$ mag-c.$_{bg2,k}$ mag-m.$_{bg2,k}$ mag-p.$_{bg2,k}$ mag-s.$_{a1,k}$ manc.$_{a1,bg2}$ mang.$_{bg2,k}$ *Med.*$_{hr1}$ meny.$_{bg2,k}$ meph. **Merc.**$_{bg2,k,*}$ *Merc-c.*$_{bg2,k,*}$ merc-d.$_{a1}$ merc-i-f.$_{a1}$ merc-n.$_{a1}$ merc-ns.$_{a1}$ merc-pr-r.$_{a1}$ **Mez.** morph.$_{a1}$ *Mosch.*$_{bg2,k,*}$ *Mur-ac.* mygal.$_{bg2,k,*}$ naja$_{k2}$ *Nat-ar.* **Nat-c.** nat-hchls.$_{a1}$ *Nat-m.*$_{bg2,k,*}$ *Nat-p.* *Nat-s.*$_{hr1,k,*}$ nat-sil.$_{k13,k2}$ nicc.$_{a1,j5,*}$ nicot.$_{a1}$ *Nit-ac.*$_{bg2,k,*}$ nux-m.$_{bg2,k}$ *Nux-v.*$_{bg2,k,*}$ oena.$_{a1}$ ol-an.$_{j5}$ olnd. onos. **Op.**$_{bg2,k,*}$ ox-ac.$_{a1,k}$ pall.$_{hr1,k}$ *Par.* ped.$_{a1}$ petr.$_{bg2,k,*}$ *Ph-ac.*$_{bg2,k,*}$ phel.$_{hr1,j5,*}$ *Phos.*$_{bg2,k,*}$ phys.$_{bg2,hr1,*}$ *Phyt.*$_{hr1,k}$ *Pic-ac.*$_{a1,k}$ pip-n.$_{bg2}$ plan.$_{a1}$ plat. *Plb.*$_{bg2,k,*}$ polyg-h. prun.$_{a1,j5}$ psil.$_{jl}$ psor. **Puls.**$_{bg2,k,*}$ ran-a.$_{a1}$ ran-b.$_{bg2,k}$ ran-s.$_{bg2,k}$ rauw.$_{jl,jl3,*}$ reser.$_{jl,jl3}$ rheum rhod.$_{bg2,k}$ **Rhus-t.**$_{bg2,k,*}$ russ.$_{a1}$ ruta *Sabad.*$_{bg2,k,*}$ sabin.$_{bg2,k}$ sal-ac.$_{sf,sf1}$ samb.$_{bg2,hr1}$ sang.$_{a1}$ sars.$_{bg2,k,*}$ scut.$_{a1}$ *Sec.*$_{bg2,k,*}$ sel. senec.$_{a1}$ seneg. *Sep.*$_{bg2,k,*}$ sieg.$_{mg,mg1}$ *Sil.*$_{bg2,k}$ sol-ni.$_{a1}$ *Spig.* spig-m.$_{a1}$ spong.$_{bg2}$ squil.$_{bg2,sf}$ *Stann.*$_{bg2,k,*}$ staph. **Stram.**$_{k,kr1,*}$ stront-c. *Stry.*$_{a1,k}$ *Sul-ac.*$_{k,kr1}$ sul-h.$_{a1}$ sul-i.$_{k13,k2}$ **Sulph.**$_{h,k,*}$ sumb.$_{a1}$ *Tab.*$_{bg2,k,*}$ tanac.$_{a1,k}$ tarax. *Tarent.*$_{a1,k}$ tax.$_{a1}$ teucr.$_{bg2,hr1,*}$ thal.$_{a1,jl3,*}$ ther.$_{bg2,kr1}$ *Thuj.*$_{bg2,k,*}$ thyreotr.$_{jl,jl3}$ til.$_{a1}$ valer.$_{bg2,k,*}$ vanad.$_{st}$ *Verat.*$_{bg2,k,*}$ verat-v.$_{a1}$ verb.$_{bg2,k}$ verin.$_{a1}$ vesp.$_{hr1,kr1,*}$ viol-o.$_{bg2,k}$ viol-t.$_{hr1,k}$ vip.$_{bg2,j5,*}$ *Visc.* wies.$_{a1}$ x-ray$_{sp1}$ **Zinc.**$_{bg2,k,*}$ zinc-cy.$_{a1}$ zinc-o.$_{j5}$ zinc-ox.$_{j5}$ *Zinc-p.*$_{k13,k2}$ zinc-s.$_{a1}$
• **rechten** Seite, der: merc.$_{a1}$
• **morgens**: alumn.$_{a1,k}$ *Arg-met.* *Arg-n.*$_{a1,k}$ ars.$_{a1,k}$ bar-c.$_{a1,k}$ calc.$_{h,k,*}$ carb-v.$_{hr1,kr1}$ cimic.$_{a1,k}$ *Con.* *Dulc.*$_{a1,k}$ gran.$_{a1}$ graph.$_{a1,k}$ lyc.$_{a1,k}$ mag-c.$_{a1,k}$

– **äußerlich - morgens**: ...
nat-m.al,k nicc.sf,sfl *Nit-ac.*hrl,krl *Nux-v.*al,k petr.al,k phos.al,k sil. sulph.al,k
- **amel**.: mag-c.h
- **Aufstehen**, beim: *Bar-c.*h,j5,* *Dulc.*h,j5,* petr.h,j5,*
- **Erwachen**, beim: *Arg-met.* bar-c.j5 calc.h,j5 carb-v.j5 caust.al,k *Dulc.* euphr.j5 hyper.al,k mag-c.al,k nit-ac.al,k phos.al,k tarent.al,k verat.bg,bg2
- **Frühstück**, vor dem: *Calc.*hrl,k *Con.* nat-m. nux-v. staph.

• **vormittags**: ars.al,k carb-v.al carbn-o. lyc.al,k nat-m. ol-an.al,j5 *Plat.*al,k sars.al,k sulph.j5
- **9.30** h: phys.al
- **10** h: *Borx.*
- **Anstrengung**, bei: gels.al,k

• **mittags**: sulph.j5
- **Schlaf**, nach: nat-m.

• **nachmittags**: ant-t.j5 carb-v.h,k,* *Gels.*al,k lyc.al,k lyss.hrl,k pic-ac.al,k
- **13** h: verat-v.al
- **15** h: asaf.krl *Nux-v.*krl
- **17** h: ped.al

• **abends**: bruc.sf,sfl caust.sf,sfl chel.al,k iber.al lach.sf,sfl lyc.al,k mez. mygal.hrl,k,* nat-m.al,k nit-ac.h,sfl,* nux-v.sf,sfl pic-ac.al,kl plb. ran-b.k2 sil.al,sfl,* stront-c. sulph.al,k
- **19** h: phys.al
- **Bett**, im: anag.al eupi.al,k lyc.al,k nux-v.al,k samb.al,k
- **Gehen**, nach dem: *Sil.*hrl,k,*
- **Schlaf**, nach: carb-v.al,k

• **nachts**: *Bell.*al,k hyos.al,k lyc.al,k merc.k2,sfl,* *Op.*hrl,krl phos.al,k rat.j5
- **3** h: *Rhus-t.*
- **halbwachem** Zustand, in: sulph.h
- **Schlaf**, nach: *Sil.*
- **Träumen**, nach: calc.al nicc.al phos.al,k sil.

◇ **abwechselnd** mit:
- **Konvulsionen**: merc.al
- **konvulsivische** Bewegungen der Glieder: arn.al
- **Schwäche**: ferr.al

• **Abendessen**, nach dem: alum.al,k caust.al,k

• **Alkoholismus**, durch: ant-t.krl *Ars.*bg2,krl,* *Crot-h.*krl *Lach.*krl *Mag-p.*krl *Nux-v.*bg2,krl,* sul-ac.bg2,krl,* sulph.bg2,krl,*

• **allein**, wenn:
- **amel**.: ambr.al

• **alten** Menschen; bei: alum.st ambr.st aur.st aven.brl bar-c.bg2,st calc.bg2,st con.bg2,st kali-c.st merc.st op.st phos.st plb.bg2,st plb-act.sfl,st sil.bg2,st stront-c.bg2,st sulph.bg2,st zinc.st

• **Anfällen**, vor den: absin.bg1,bg2

• **anfallsweise**: anthraci.krl arg-n.bg2 crot-h.bg2,sfl,* ferr.bg2,sfl,* lyc.bg2,h,* *Merc.*hrl,k,*

• **Angst**:
- **durch**: abrot.sfl acon.sfl aeth.krl ambr. ant-c.sfl **Ars.** aur. bell. borx. *Calc.* canth. carb-v. caust. *Cham.* chel. *Cina*sfl *Coff.* *Con.* croc. cupr. euph.h ferr.al graph. hydrog.srj2 *Lach.* lyc.

– **äußerlich - Angst - durch**: ...
mag-c. mez. mosch. nat-c. nit-ac. nux-m. phos. *Plat.* psor. *Puls.* *Rhus-t.* samb. sars. sep. *Ther.*sfl valer. verat.sfl
☞ *□ Gemüt - Angst*
- **mit**: *Abrot.*sfl acon.sfl agar.h,sfl ant-c.sfl aur.sfl bell.sfl *Cina*sfl *Croc.*sfl hydrog.srj2 petr.h,sfl puls.sfl *Ther.*sfl verat.sfl

• **Anstrengung**:
- **agg**.: anac.bg2 ant-t.bg2 arn.bg2 ars.bg2 chinin-s.bg2 cocc.bg2 iod.bg2 nat-c.bg2 nat-m.bg2 rhus-t.bg2 sec.bg2 sil.bg2
- **bei**: alco.al,sfl am-caust.al,sfl anac.sfl ant-t.sfl *Arn.*sfl ars.sfl chinin-s.sfl **Cocc.**krl,sfl iod.sfl merc.al,sfl nat-c.sfl *Nat-m.*sfl *Rhus-t.*sfl sec.al,sfl *Sil.*krl,sfl
- **geringer**, bei: borx. *Cocc.* ferr. gels.cl *Merc.* phos. *Plat.* *Plb.* polyg-h. *Rhus-t.* sec. *Stann.* *Zinc.*

• **Ärger**, Verdruß; durch: acon. *Aur.* cham.sf,sfl coff.k13,k2 lyc. nit-ac. nux-v.sf,sfl petr.sf,sfl ran-b.

• **Aufstehen**, beim: ambr.bg2,st hydrog.srj2 nat-m.bg2 rhus-t.bg2
- **Sitzen**; Zittern in den leidenden Teilen beim Aufstehen vom: **Caust.**

• **Berührung**, durch unerwartete: *Cocc.*hrl,k kali-ar.ptkl

• **Bett**, im: merc.al merc-n.al merc-ns.al

• **Bewegung**, bei: anac. arg-n. canth.j5 iod. kali-ar.k2 phyt. puls.j5 sulph.h zinc.
- **amel**.: merc. plat.
- **Händen** und Füßen, von: cann-i.al
- **plötzlich**: kali-ar.k2

• **Blicken** nach unten; beim: kali-c.al,k

• **Diarrhoe**, unterdrückte: abrot.k2

• **Erbrechen**:
- **bei**: colch.al eup-per.hrl,krl,* gran.al
- **nach**: ars.al

• **erkrankter** Teile: caust.bg1,bg2

• **Ermüdung**, nach: plb.al,k

• **Erregung**:
- **Gemütes**; nach Erregung des: arg-n. **Cocc.** coff.sfl cycl.st ferr. gels.k2 hep. ign.k2 merc. nat-c. nat-m. petr.krl ph-ac.k2 phys.krl *Plb.* *Psor.* **Staph.** stram. teucr.ptkl thyreotr.jl *Zinc.*

• **Erwachen**, beim: abrot.al,k bar-c.j5 calc.al,k carb-v.hrl,j5,* carc.sst caust.j5 *Cina* *Dulc.*hrl,krl euphr.j5 ferr-ma.j5 *Ign.*hrl,krl lach. m-arct.j5 *Merc.* nicc.j5 nit-ac. orig.al *Petr.*j5 phos.bg1,j5,* rat. samb.h,j5 sil.j5 stront-c.j5 sulph.j5 tarent.al,k verat.bg1,bg2

• **Essen**:
- **nach**: alum. ant-c. caust.j5 lyc.h,j5,* mag-m.j5 olnd.bg1 phel.j5 tab.j5 zinc.j5

• **Fieber**; während: acon.sf,sfl ars. calc. camph.al,k cann-i.sf,sfl caps.sf,sfl cist.hrl,k,* dulc.k2 eup-per.hrl,k kali-c. lach. mag-c. mygal. sep.al,k

• **Fingerspitzen** zu spüren; bis in die: sep.k2

• **Freien**, im: all-c.k2 calc. kali-c. laur. *Plat.*
- **amel**.: clem.

• **Freude**, durch: acon. aur.hrl,k cimic.hrl,krl coff. cycl.hrl,krl merc. valer.

– **äußerlich**: ...
- **Frühstück**, nach dem: arg-n.
  - **amel.**: *Calc.* *Con.* nat-m. nux-v. staph.
- **Furcht**, durch
  ☞ ❑ *Gemüt - Furcht - zittrig*
- **Füße**; beim Waschen der: merc.$_{al}$
- **Gehen**:
  - **beim**: am-c.$_{al,k}$ cupr-ar.$_{sf1}$ lac-ac.$_{hr1,k}$ merc.$_{al,k}$ nux-v. stry.$_{al}$
  - **nach**: cupr.$_{h}$ ust.$_{al,k}$
- **geistige** Anstrengung, durch: aur. borx.$_{k1}$ **Calc.**$_{hr1,kr1}$ *Plb.*$_{k,k1}$ vinc.$_{hr1,k}$
- **Geräusche**, durch: *Aloe*$_{kr1}$ bar-c. caust. *Cocc.*$_{hr1,k}$ hura *Kali-ar.*$_{hr1,k}$ mosch. tab.$_{al,k}$
- **Gesellschaft** agg.: *Ambr.* lyc.
- **Gespräche**, durch: *Ambr.*$_{hr1,k}$ borx.
- **getan** werden muß; wenn etwas: **Kali-br.**
- **Gewitter**, bei: agar. *Morph.* nat-p. *Phos.*
- **Hände**, durch den Gebrauch der: phos.$_{k2}$
- **Herzklopfen**, mit: acon.$_{hr1,kr1}$ benz-ac.$_{hr1,kr1}$ calc-ar.$_{hr1,kr1}$
- **hungrig**, wenn: *Alum.* *Crot-h.*$_{hr1,k}$ olnd. stann. *Sulph.* *Zinc.*
- **Husten**, durch: am-c.$_{h}$ ambr.$_{k2}$ ant-t.$_{bg1,bg2}$ bell. *Cupr.* *Phos.* seneg.$_{h}$
- **Intentionstremor**: anac.$_{bg2}$ arg-n.$_{bg2}$ bell.$_{bg2}$ cic.$_{bg2}$ *Cocc.*$_{bg2}$ gels.$_{bg2}$ iod.$_{bg2}$ merc.$_{bg2}$ phos.$_{bg2}$ phyt.$_{bg2}$ rhus-t.$_{bg2}$ samb.$_{bg2}$ *Sec.*$_{bg2}$ zinc.$_{bg2}$
- **Kaffeegeruch**, durch: sul-ac.$_{al,hr1}$
- **Kälte**:
  - **während**: borx.
  - **mit**: bufo$_{kr1}$ hyos.$_{kr1,sf1}$ *Merc.*$_{hr1,kr1}$ *Mosch.*$_{hr1,kr1}$ *Nux-m.*$_{hr1,kr1}$ *Op.*$_{hr1,kr1,*}$ plat.$_{kr1,sf1}$
- **kalte** Getränke amel.: phos.$_{al,k}$
- **Klavierspiel**, beim: nat-c.$_{hr1,k}$
- **Koitus**, nach: calc.$_{sf1}$ kali-c.$_{k2}$
- **konvulsivisch**: am-c.$_{al,bg2}$ ang.$_{bg2}$ ars.$_{al,bg2}$ atro.$_{al}$ bar-m.$_{bg2,kr1}$ bism.$_{bg2}$ canth.$_{al,bg2}$ ign.$_{bg2}$ kali-cy.$_{al}$ lol.$_{al,bg2}$ merc.$_{al,bg2}$ nux-v.$_{bg2}$ op.$_{bg2}$ plb.$_{bg2}$ sabad.$_{bg2}$ tab.$_{al,bg2}$
  ☞ *spasmodisch*
- **Kopfschmerzen**, bei: arg-n.$_{bg1,bg2}$
  - **Frost**; mit: carb-v.$_{h}$
- **Körperübungen**, durch: merc.$_{al}$ plan.$_{al}$ polyg-h.$_{al}$
- **Liebkosungen**, während: caps.$_{h,k,*}$
- **Liegen**, beim: clem.
  - **linken** Seite agg., auf dem Rücken amel.; auf der: kalm.$_{kr1}$
- **Menopause**; während der: *Kali-br.*$_{kr1,st}$ sul-ac.$_{k2}$ ther.$_{sf1}$
- **Menses**:
  - **vor**: alum. hyos.$_{bg2,hr1,*}$ kali-c.$_{bg2,hr1,*}$ lyc.$_{bg2,hr1,*}$ *Nat-m.*$_{bg2,hr1,*}$ sep.$_{bg2}$ stann.$_{bg2,kr1}$
  - **während**: agar.$_{bg2}$ arg-n. calc-p. caul.$_{bg2}$ caust.$_{bg2}$ cina$_{kr1}$ *Graph.*$_{bg2,k,*}$ *Hyos.*$_{bg2,k,*}$ kali-c.$_{bg2}$ *Lec.* mag-c.$_{j5}$ merl. nat-m.$_{bg2,hr1,*}$ nicc.$_{sf,sf1}$ *Nit-ac.*$_{bg2,k,*}$ plat.$_{bg2,hr1,*}$ puls.$_{sf,sf1}$ *Stram.*$_{bg2,hr1,*}$ wies.$_{al,zr}$
  - **nach**: *Chin.*$_{bg2,k,*}$
- **Mittagessen**, beim: *Mag-m.*$_{hr1,k}$

– **äußerlich**: ...
- **Musik**, durch: *Aloe*$_{kr1,st}$ **Ambr.** nat-c.$_{kr1}$ thuj.$_{kr1,st}$
- **Niesen**, beim: **Borx.**$_{st}$
- **Ohnmacht**, in der: asaf.$_{al,st}$ *Lach.*$_{hr1,kr1,*}$ nux-v.$_{hr1,st}$ petr.$_{st}$
- **periodisch**: **Arg-n.**$_{hr1,k}$
- **Rauchen**, durch: *Hep.* nat-m.$_{hr1,k,*}$ *Nux-v.*$_{hr1,kr1}$ sil.$_{al,k}$ sulph.$_{al,k}$
- **Ruhe**:
  - **amel.**: merc.$_{al}$ nep.$_{mg1}$
  - **während**: eupi.$_{al}$
- **Schlaf**:
  - **vor**: carb-an.$_{j5}$ nat-m.$_{al,k}$ petr.$_{j5}$ sep.$_{h,j5}$
  - **im**: apis$_{kr1}$ *Chlf.*$_{hr1,kr1}$ con.$_{hr1,k,*}$ kali-c.$_{h}$ rheum$_{kr1}$
    - **Auffahren** aus dem; mit: petr.$_{h}$
- **schlechte** Nachrichten; durch: alumn.$_{ptk1}$
- **Schließen** der Augen agg.: merc.$_{al}$
- **Schmerzen**:
  - **nach**: bry.$_{al}$
  - **mit**: bism.$_{st}$ *Cocc.* **Nat-c.** nit-ac.$_{bg1}$ *Plat.* puls. sul-ac.$_{bg2}$ zinc.$_{bg2}$
- **Schreck**, durch: *Acon.*$_{bg2,hr1,*}$ arg-n. *Aur.* calc.$_{bg2,hr1,*}$ *Coff.* glon. hura ign. mag-c. merc.$_{al,k}$ nicc. *Op.*$_{bg2,k,*}$ *Plat.*$_{hr1,kr1}$ puls. ran-b.$_{hr1,kr1}$ rat. rhus-t. sep. *Stram.*$_{hr1,kr1}$ *Tarent.*$_{kr1}$ zinc.$_{bg2,sf1,*}$
  ☞ ❑ *Gemüt - Beschwerden durch - Schreck*
- **Schreiben**, beim: lyss.$_{mg,mg1}$ *Phos.*$_{al,k}$ *Sil.*$_{al,k}$
- **Schwäche**, aus: agar.$_{sf1}$ *Anac.*$_{sf1}$ ant-t.$_{sf1}$ *Bapt.*$_{sf1}$ bell.$_{sf1}$ bry.$_{sf1}$ caust.$_{sf1}$ *Chin.*$_{bg2,sf1}$ cocc.$_{sf1}$ con.$_{sf1}$ hydrog.$_{srj2}$ kali-c.$_{sf1}$ mang.$_{sf1}$ *Nat-m.*$_{bg2,sf1}$ phos.$_{k2}$ *Stann.*$_{bg2,sf1}$ ther.$_{sf1}$ verat.$_{sf1}$ zinc.$_{sf1}$
- **Schweiß**:
  - **nach**: *Apis*$_{kr1}$
  - **mit**: ars.$_{h,kr1}$ hydrog.$_{srj2}$ merc.$_{bg2,kr1,*}$ mosch.$_{kr1,sf1}$ rhus-t.$_{hr1,kr1}$
    - **kaltem**, mit: merc.$_{bg2}$ mosch.$_{bg2}$ *Puls.*$_{bg2,hr1,*}$
- **Schwindel**, mit: am-c. ars. bell. *Camph.* carb-v. crot-h. *Dig.* *Dulc.* gels.$_{bg2}$ *Glon.* nat-m. puls.
- **Seite**, auf der man liegt: clem.
- **sexuell**:
  - **Erregung**, während sexueller: graph.
  - **Exzessen**, nach sexuellen: *Phos.*$_{kr1}$
- **spasmodisch**: ang.$_{bg2,sf1}$ bar-m.$_{bg2,sf1}$ bism.$_{bg2,sf1}$ ign.$_{bg2,sf1}$ nux-v.$_{bg2,sf1}$ op.$_{bg2,sf1}$ plb.$_{bg2,sf1}$ sabad.$_{bg2,sf1}$
  ☞ *konvulsivisch*
- **Stehen**, im: merc.$_{al,k}$
- **Steigen**, beim: merc.
- **Stiche** im Ohr, durch: thuj.$_{h}$
- **Stillen**, nach dem: *Olnd.*$_{hr1,k}$
  ☞ *Stillen*
- **Stuhl**:
  - **vor**: hydr.$_{al,k}$ merc.$_{hr1,k}$ sumb.$_{al,k}$
  - **während**: carbn-s.
  - **nach**: *Ars.*$_{hr1,k}$ carb-v.$_{al,k}$ caust. **Con.**$_{hr1,k}$ lil-t.$_{al,k}$ *Merc.*$_{kr1}$
- **Träume**:
  - **während**: calc.$_{j5}$ m-arct.$_{j5}$
  - **nach**: ferr-ma.$_{j5}$ nicc.$_{j5}$
- **Treffen** von Freunden; beim: tarent.

– **äußerlich**: ...
• **Trinken**, nach übermäßigem: plb.
• **Übelkeit**, mit: *Ars.*a1,kr1 *Calc.*hr1,kr1 carb-v.a1,kr1 chel.hr1,kr1 cimic.a1,kr1 eup-per.hr1,kr1 hydrog.srj2 plan.hr1 plat.hr1,kr1 tab.a1,kr1 vesp.hr1,kr1,*
• **Überraschungen** agg.: merc.a1
• **Unfall**; nach einem: adam.srj5
• **Urinieren**:
 • **beim**: gels.a1
 • **nach**: ars.h
 • **reichlich**: gels.br1,kr1
• **Wein**, durch: *Con.*
• **Witwen**, bei: con.k2
• **wollüstiges**: calc.hr1,k,*
• **Würmer**; bei Beschwerden durch: sabad.
• **Zorn**:
 • **durch**: acon. alum.st ambr. arg-n. *Aur.* cham.bg2,sf1 chel. cop. daph. ferr-p.k,k2,* lyc. m-aust.j5 merc. *Nit-ac.* nux-v.bg2,sf1 pall. petr.bg2,h,* phos. *Plat.*kr1 ran-b. sep. *Staph. Zinc.*
○ **Muskeln**, der: naja.k2
– **innerlich**: *Abrot.*bg2,hr1,* ambr.bg2,k ang.a1,bg2 *Ant-t.*bg2,k,* aran-ix.mg,mg1,* arg-met.k2 *Arg-n.*bg2,k asaf.bg2,k bell.bg2,k bell-p.sp1 *Brach.* bry.bg2,k calad. **Calc.**bg2,k,* calc-sil.k2 *Camph.*bg2,k,* caps.bg2,k carb-v.bg2,k carbn-s. *Caul.*bg2,k *Caust.*bg2,k,* chinin-s.a1 cina *Clem.* cocc.bg2,k colch.bg2,k *Con.*bg2,k *Crot-h.*bg2,k cycl.bg2,k dicha.jl,jl3 esp-g.kk1 *Eup-per.*hr1,k gels.st glon.bg,bg2 **Graph.**bg2,k,* hep.bg2,h,* hura.a1 *Hydrog.*srj2 **Iod.**bg2,k,* *Kali-c.*bg2,k,* *Kali-n.*bg2,k kali-sil.k2 kreos.bg2,k lach.bg2,hr1,* lam.a1 *Lec.* lil-t. *Lyc.*bg2,k,* med.hr1 meph. merc.bg2,k mosch.bg2,k nat-ar. *Nat-c.* *Nat-m.*bg2,k,* nat-s.k,k2 nep.mg,mg1,* nit-ac.bg2,k nux-m.bg2,k,* *Nux-v.*bg2,k,* par. petr.bg2,k,* *Phos.*bg2,k,* *Plat.*bg2,k,* *Puls.*bg2,k,* **Rhus-t.**bg2,k,* ruta *Sabad.*bg2,k,* sabin.bg2,k samb.bg2,k *Seneg.*hr1,k *Sep.*bg2,k,* sil.bg2,k *Spig.*bg2,k *Spong.*hr1 **Stann.**bg2,k **Staph.**bg2,k,* *Stront-c.* **Sul-ac.**bg2,k,* sul-i.k13,k2 *Sulph.*bg2,k,* *Teucr.*bg2,k,* ther.bg2,sf1,* thuj.bg,bg2 valer.bg2,k x-ray.sp1 zinc.hr1,k,*
• **nachts**: nat-m.h plat.h
• **Menopause**; während der: caul.st sul-ac.st
• **Schwäche**; mit: caul.c1

Zucken: abies-c.a1 acon.bg2,k,* acon-c.a1 **Agar.**bg2,k,* agn. alum.h,k,* alum-p.k13,k2 alum-sil.k13,k2 alumn.hr1,kr1,* am-c.bg2,k am-m. *Ambr.*bg2,k,* amyg.hr1 ant-c.bg2,k,* *Ant-t.*hr1,k apis aran.hr1,kr1 *Arg-met.* *Arg-n.*hr1,k,* arn.bg2,hr1,* *Ars.*bg2,k,* *Ars-i.* ars-s-f.hr1,k2,* ars-s-r.a1 arund.hr1,kr1,* **Asaf.**hr1,k asc-t.hr1,kr1 aster.hr1,k atro.hr1,k,* *Bar-c.*hr1,k bar-i.k13,k2 bar-m.hr1,k,* *Bell.*bg2,k,* bism.bg2 borx. brom. bruc.a1 *Bry.*bg2,k bufo **Cact.** cadm-s.a1,kr1 *Calc.*bg2,k,* *Calc-i.*k13,k2 calc-p.a1 *Calc-s.*hr1,k calc-sil.k13,k2 *Camph.*bg2,k,* cann-i.a1,k cann-s.a1,bg2 *Canth.*hr1,k caps.bg2,k carb-ac.bg2,k carb-v.bg2,k *Carbn-s.* carc.mg1,sp1,* *Caust.*bg2,k,* *Cedr.*hr1,kr1 cerv.a1 cham.bg2,k,* *Chel.*hr1,k *Chin.*bg2,k,* *Chinin-s.* chlf.hr1,kr1 chlor.hr1,k *Cic.*bg2,k,* cic-m.a1 *Cimic.*bg2,k *Cina*c2,k *Clem.*hr1,k *Cocc.*bg2,k,* *Cod.*hr1,k *Coff.*hr1,k2,* coff-t.a1 colch.hr1,k coloc.bg2,k,* *Con.* croc.bg2,k,* crot-h.hr1,k *Cupr.*bg2,k,* cupr-s.hr1,kr1,* cypr.hr1,kr1

Zucken: ...
cyt-l.a1 dig.bg2,k dol.hr1,kr1,* dor.hr1,kr1 dros.bg2,k dulc.a1,bg2 ferr.k13,k2 form.bg2 *Gels.*hr1,kr1 *Glon.*bg1,bg2,* *Graph.* guaj. hedeo.a1 *Hell.* hep.bg2,hr1 hydr-ac.a1,bg2 **Hyos.**bg2,k,* **Ign.** **Iod.** ip.bg2,k,* juni-v.a1 *Kali-ar.* kali-br.hr1,k **Kali-c.**bg2,k,* kali-chl.hr1,k13 *Kali-i.*hr1,kr1 kali-m.k2 kali-n.a1,h kali-p.bg2,k kali-s. kali-sil.k13,k2 kreos.a1,k *Lach.*bg2,k,* lact.a1 laur.bg2,k,* lipp.a1 lon-x.a1 *Lyc.*bg2,k,* *Lyss.*hr1,k mag-c.bg2 mag-m.bg2,k mag-p.hr1,k meny.bg2,k,* *Merc.*bg2,k,* *Merc-c.*a1,k **Mez.**bg2,k,* *Mill.*hr1 morph.a1,hr1 *Mosch.*hr1,kr1 *Mur-ac.*bg2,k mygal.hr1,k *Nat-ar.* **Nat-c.**bg2,k,* nat-f.sp1 *Nat-m.*bg2,k,* *Nat-p.* nat-s.k13,k2 nat-sil.k13,k2 *Nit-ac.*bg2,k,* nitro-o.a1 *Nux-m.*hr1,kr1,* *Nux-v.*bg2,k,* oena.hr1,kr1,* ol-an.bg2 olnd. *Op.*bg2,k,* ox-ac.hr1,k,* *Par.* petr.bg2,k *Ph-ac.* *Phos.*bg2,k,* phys.bg2,hr1,* phyt.k13,k2 pic-ac.a1 plat.bg2,k *Plb.*bg2,k,* *Podo.*sf,sf1 psor.hr1,k puls.bg2,k,* *Ran-b.*bg2,hr1,* rat.a1,bg2 rhod.bg2,k,* *Rhus-t.*hr1,k,* *Rhus-v.*a1,hr1 ruta sabad.bg2,k2,* sabin. salin.a1 sarcol-ac.sp1 scut.a1 *Sec.*bg2,k,* sel. senec-j.a1,c2,* seneg. *Sep.*bg2,k,* *Sil.*bg2,k sol-ni.a1 *Spig.* spong.bg2,k,* squil.bg2 *Stann.* staph.a1,bg2 **Stram.**bg2,k,* stront-c. *Stry.*a1,k sul-ac.bg2,k sul-i.k13,k2 *Sulph.*bg2,k,* syph.hr1 tab.a1,bg2 tanac. tarax. tarent.bg2,hr1 ter.hr1,kr1 thuj.bg2,k,* valer.bg2,k,* *Verat.*bg2,hr1,* *Verat-v.*bg2,hr1,* viol-t.bg2,k vip.a1,bg2 *Visc.* x-ray.sp1 **Zinc.**bg2,k,* zinc-m.a1 *Zinc-p.*k13,k2
☞ ☐ *Gemüt - Gesten - Tics*
– **einseitig**: apis.kl
– **rechts**: caust. chen-a.c1 tarent.bg2
– **tagsüber**: *Bar-c.*hr1,kr1 lyss.hr1,kr1
– **morgens**: rheum.a1
• **Erwachen**, beim: chel.kr1 menth-pu.a1
– **mittags**: petr.a1 **Zinc.**a1
– **abends**: aether.a1
• **Bett**, im: ped.a1 petr.a1 ran-b.a1 sil.a1
– **nachts**: ambr.a1,hr1 cupr-act.a1 op.a1 staph.a1,hr1 tab.a1
• **Schlaf**, im: graph.a1 nat-c.a1 petr.a1 sel.a1 **Zinc.**a1
– **Alkoholismus**, bei: *Crot-h.*hr1,kr1 *Phos.*hr1,kr1
– **Berührung**, bei: morph.a1 phos.a1 stry.a1
• **agg.**: *Stry.*
– **Blutungen**, mit: *Chin.*kr1
– **einzelner** Teile: agar.bg2 alum.bg2 chin.bg2 *Cocc.*bg2 nux-v.bg2 puls.bg2 zinc.bg2
– **Elektrizität**, wie durch: acon.a1 arn.a1 clem.a1 *Daph.*a1 dulc.a1 plb.a1 sec.a1
– **Entbindung**, bei der: cinnm.kr1
• **Wehen** aufhören; Zucken beginnt, wenn: *Sec.*kr1
– **Erwachen**, beim: *Ars.*j5 *Bell.*j5 *Camph.*hr1,j5,* carc.j5,mg1,* cham.j5,sf1,* chel.hr1,j5,* *Cod.*hr1,j5,* *Hyos.*j5,sf1,* *Laur.*hr1,j5,* lyc.j5 mag-m.j5 op.a1,j5 sang.a1,j5 stront-c.j5
– **Fieber**:
• **während**: *Bell.*kr1 nit-s-d.kr1 rhus-t.a1,kr1 *Spong.*kr1
 • **Typhus** abdominalis: **Calc.**kr1 cham.kr1 *Colch.*kr1 crot-h.kr1 *Cypr.*kr1 *Gels.*kr1 **Hyos.**kr1 *Lyc.*kr1 *Ter.*kr1 *Zinc.*kr1

– **Fluor**, bei: alum.$_{bg2}$
– **Freude**, durch übermäßige: coff.$_{k2}$
– **Frost**; während: *Stram.*$_{hr1,kr1,*}$
– **gelähmten** Teiles, des: apis$_{bg2,kr1}$ *Arg-n.*$_{bg1,bg2,*}$ *Merc.*$_{bg1,bg2,*}$ nux-v.$_{bg2,kr1}$ phos.$_{bg1,bg2,*}$ *Sec.*$_{bg1,kr1}$ stram.$_{bg1,bg2,*}$ stry.$_{bg2,kr1}$
– **hier** und da: agar.$_{bg2,k,*}$ alum.$_{h}$ ant-c.$_{bg2}$ chel.$_{a1,bg2}$ *Cocc.* colch.$_{bg2,k,*}$ *Kali-c.*$_{bg2,k,*}$ kali-n.$_{bg2,k,*}$ lyc.$_{bg2,k,*}$ mez.$_{bg2,k,*}$ nat-c.$_{h2}$ nat-m.$_{bg2,k,*}$ ph-ac.$_{bg2,k,*}$ phos.$_{bg2,k,*}$ rhod.$_{bg2,k,*}$ sep.$_{bg2,k,*}$ *Stry.* sulph.$_{bg2,k,*}$ **Zinc.**$_{bg2,k,*}$
– **Menses**:
• **während**: bell.$_{bg2}$ calc-s.$_{bg2,hr1,*}$ chin.$_{bg2}$ cocc.$_{bg2}$ coff.$_{bg2}$ kali-c.$_{bg2}$ plat.$_{bg2}$ sec.$_{bg2}$ sulph.$_{bg2}$
• **nach**: chin.$_{bg2}$ cupr.$_{bg2}$ kreos.$_{bg2}$ *Nat-m.*$_{bg2,hr1,*}$ puls.$_{bg2}$
– **Ruhe**, in der: valer.$_{k13,k2}$
– **Schlaf**:
• **amel.**: agar.$_{k2}$
• **im**: *Alum.*$_{bg2,k1}$ ambr.$_{bg2,hr1}$ anac.$_{bg2,k,*}$ *Ant-t.*$_{hr1,kr1}$ *Ars.*$_{bg2,k}$ *Bar-c.*$_{hr1,kr1}$ bell.$_{bg2,k,*}$ brom.$_{a1}$ bry.$_{bg2}$ caust.$_{bg2,k}$ *Cham.*$_{bg2,hr1,*}$ *Chlf.*$_{hr1,kr1}$ cina$_{k2,sf1}$ cinnb. *Colch.*$_{hr1,kr1}$ con.$_{bg2,k}$ *Cupr.*$_{bg2,k,*}$ dulc.$_{bg2,k}$ graph.$_{h}$ *Hell.*$_{hr1,kr1}$ **Hyos.**$_{bg2,hr1,*}$ hyper.$_{hr1,kr1}$ ign.$_{bg2,sf1}$ *Kali-c.*$_{bg2,k,*}$ kiss.$_{a1}$ kreos.$_{bg2}$ *Lyc.*$_{bg2,h,*}$ mag-c.$_{bg2,k}$ merc.$_{h}$ mez. nat-c.$_{bg2,k,*}$ nat-m.$_{bg2,k,*}$ nat-s.$_{bg2,hr1}$ op.$_{a1}$ petr.$_{h}$ ph-ac.$_{bg2,k}$ phos.$_{bg2,k}$ puls.$_{a1,bg2}$ rheum$_{kr1}$ rhus-t.$_{bg2}$ seneg.$_{bg2,k}$ *Sep.*$_{hr1,kr1}$ sil.$_{bg2,k,*}$ stann.$_{bg2,k}$ staph.$_{bg2}$ *Stram.*$_{bg2,hr1,*}$ *Stront-c.* sul-ac.$_{bg2,k,*}$ *Sulph.*$_{bg2,k,*}$ tep.$_{a1}$ thuj.$_{bg2,k}$ viol-t.$_{bg2,hr1}$ **Zinc.**$_{bg2,k,*}$
• **Einschlafen**, beim: acon. *Agar.* all-s.$_{kr1}$ *Aloe*$_{kr1}$ *Alum.* arg-met. **Ars.** **Bell.**$_{bg2}$ calc.$_{bg2}$ carb-v.$_{k2}$ cham.$_{bg2}$ cob. hyper. *Ign.* iodof.$_{kr1}$ **Kali-c.** mag-m.$_{a1,h2}$ phys. puls.$_{bg2}$ *Sel.* *Sep.*$_{bg2}$ *Stront-c.* *Stry.* *Sul-ac.* *Sulph.* *Zinc.*
– **Schreck**, nach: *Ign.*$_{hr1}$ *Op.* *Stram.*
– **Sehnenhüpfen**: acon.$_{a1}$ acon-c.$_{a1}$ *Agar.*$_{bg2,k}$ *Alco.*$_{a1}$ am-c. ambr.$_{bg2,k}$ *Ars.*$_{bg2,k,*}$ *Asaf.*$_{bg2,k}$ bell.$_{bg2,k,*}$ bol-lu.$_{a1}$ bry.$_{a1,bg2}$ *Calc.*$_{bg2,k}$ *Camph.*$_{a1,k}$ *Canth.* *Chel.* *Chlor.*$_{hr1,k}$ con.$_{a1,bg2}$ cupr.$_{sf1}$ cupr-s.$_{a1}$ **Hyos.**$_{bg2,k,*}$ indg.$_{a1}$ **Iod.**$_{bg2,k}$ kali-c.$_{sf1}$ *Kali-i.*$_{a1,k}$ *Lyc.* merc-n.$_{a1}$ *Mez.*$_{bg2,k}$ *Mur-ac.* op.$_{a1}$ *Ph-ac.*$_{bg2,k}$ *Phos.*$_{bg2,k}$ rhus-t.$_{bg2,k}$ *Sec.*$_{bg2,k}$ squil.$_{sf1}$ stram.$_{a1,bg2}$ *Stry.*$_{a1,k}$ sul-ac.$_{h}$ *Ter.*$_{a1}$ verat.$_{a1}$ vip.$_{a1}$ **Zinc.**$_{bg2,k}$
– **Würmer**; bei Beschwerden durch: *Cina* sabad.$_{k2,kr1}$
– **Zahnung**; während der: *Cham.*$_{hr1,kr1}$ ter.$_{hr1,kr1}$ *Zinc.*$_{a1,kr1}$
– **innerlich**: atro. bov. *Cann-s.* cic.$_{a1}$ seneg.
☞ *Rucke - innerlich*
– **oberer** Teil des Körpers beim Liegen: nat-m.$_{h}$

Zunehmen (an Gewicht); schnelles
☞ *Fettleibigkeit*

Zusammendrücken amel.: apis$_{bg2}$ carb-an.$_{bg2}$ carb-v.$_{bg2}$ lil-t.$_{bg2}$ sep.$_{bg2}$

Zusammenkrümmen des Körpers: acon.$_{bg2,sf1}$ aloe$_{bg2,sf1}$ ant-t.$_{bg2,sf1,*}$ *Ars.*$_{bg2,sf1,*}$ *Calc.*$_{bg2,sf1}$ caps.$_{bg2,sf1}$ caust.$_{bg2,sf1,*}$ cham.$_{bg2,sf1}$ chin.$_{bg2,sf1,*}$

Zusammenkrümmen des Körpers: ...
choc.$_{srj3}$ cimic.$_{bg2,sf1,*}$ *Cocc.*$_{bg2,sf1,*}$ *Coloc.*$_{bg2,sf1,*}$ cycl.$_{bg2,sf1,*}$ dios.$_{bg2,sf1,*}$ dros.$_{bg2,sf1}$ graph.$_{bg2,sf1}$ *Kali-c.*$_{bg2,sf1}$ lil-t.$_{a1,bg2,*}$ lyc.$_{bg2,sf1}$ mag-c.$_{bg2,sf1}$ mag-p.$_{bg2,sf1,*}$ merc-c.$_{bg2,sf1}$ pareir.$_{bg2,sf1}$ plb.$_{bg2,sf1}$ puls.$_{bg2,sf1}$ *Rheum*$_{bg2,sf1}$ rhus-t.$_{bg2,sf1,*}$ sabin.$_{bg2,sf1,*}$ sec.$_{bg2,sf1,*}$ *Sep.*$_{bg2,sf1}$ sin-n.$_{a1,bg2,*}$ sulph.$_{bg2,sf1,*}$ thuj.$_{bg2,sf1}$
☞ *Beugen - Zusammenkrümmen - amel. | Gekrümmtes*

Zusammenschnürung:
○ **äußerlich**: abrot. *Acon.* *Aesc.* aeth. aether$_{a1}$ *Agar.* *All-c.* all-s.$_{a1}$ alum. alum-sil.$_{k2}$ *Alumn.*$_{kr1}$ am-c. am-m. *Aml-ns.* *Ammc.* *Anac.* ang.$_{bg2}$ ant-c. *Ant-t.* *Apis* aral. arg-met. arg-n. arn. *Ars.* *Ars-i.* *Arum-t.* asaf. *Asar.* atro.$_{a1}$ aur. *Bar-c.* bar-s.$_{k2}$ bell. berb. *Bism.* borx. bov. brom.$_{bg2}$ *Bry.* *Cact.* cadm-s.$_{bg2}$ calc. *Calc-p.* cann-i. cann-s. canth. *Caps.* carb-ac. carb-an. carb-v. carbn-o.$_{a1}$ *Carbn-s.* caust. cham. *Chel.* *Chin.* **Cimic.** cina coc-c.$_{bg2}$ **Cocc.** coff. colch. *Coloc.* con. *Croc.*$_{bg2,kr1}$ crot-h.$_{bg2}$ *Cupr.* dig. dios. *Dros.* dulc. euphr. *Ferr.* gels. *Glon.* **Graph.** guaj. *Hell.* hep. hist.$_{mg1,sp1}$ hydr-ac. **Hyos.** **Ign.**$_{kr1}$ *Iod.* *Ip.* kali-c. kali-n. kreos. *Lach.* laur. led. lil-t. *Lob.* *Lyc.* mag-c. mag-m. *Mag-p.* manc.$_{bg2}$ mang. meny. **Merc.** *Merc-c.* *Merc-i-r.* *Mez.* mosch. mur-ac. naja nat-c. nat-m. *Nat-n.*$_{bg2}$ **Nit-ac.** nitro-o.$_{a1}$ nux-m. **Nux-v.** oena.$_{bg2}$ olnd. *Op.* *Ox-ac.* *Par.* petr. *Ph-ac.*$_{kr1}$ *Phos.* phys.$_{bg2}$ pic-ac.$_{k2}$ *Plat.* **Plb.** *Puls.* ran-b. ran-s. rheum rhod. **Rhus-t.** ric.$_{a1}$ russ.$_{a1}$ ruta sabad. sabin. sars. sec. sel. *Sep.* sil. sin-n.$_{a1}$ spig. *Spong.* squil. **Stann.** staph. **Stram.** *Stront-c.* *Sul-ac.* *Sulph.* *Tab.* thuj. *Verat.* verat-v.$_{a1}$ verb. viol-o.$_{bg2}$ viol-t. visc.$_{sp1}$ zinc.
☞ *Schmerz - zusammenschnürend - äußerlich*
• **Drähten** eingeschlossen, die immer enger zusammengedreht werden; wie von: **Cact.**
• **kleiner** Bereiche: hist.$_{sp1}$
– **innerlich**: *Acon.* *Aesc.* agar. agn. *Alum.* alum-sil.$_{k2}$ am-c. ambr. aml-ns. anac. ang.$_{bg2}$ ant-c. ant-t. arg-met. *Arn.* ars. ars-i. asaf. *Asar.* aur. *Bapt.* bar-c. bar-s.$_{k2}$ **Bell.** benz-ac. bism. borx. bov. *Brom.* *Bry.* bufo$_{bg2}$ **Cact.** *Calad.* *Calc.* calc-sil.$_{k2}$ *Camph.* cann-i. cann-s. *Canth.* caps. carb-an. carb-v. carbn-s. caust. *Cham.* *Chel.* **Chin.** *Chlol.* cic. cina *Clem.* *Cocc.* coff. colch. **Coloc.** *Con.* croc. crot-h. crot-t. cub. *Cupr.* *Dig.* dios. *Dros.* dulc. euph. ferr. glon. graph. guaj. hell. hep. hyos. **Ign.** *Iod.* *Ip.* kali-c. kali-n. kreos. *Lach.* lact.$_{br1}$ *Laur.* *Led.* lyc. mag-c. mag-m. **Mag-p.** mang. meny. merc. merc-c. mez. *Mosch.* mur-ac. *Naja* nat-ar. nat-c. **Nat-m.** **Nit-ac.** *Nux-m.* **Nux-v.** olnd. op. ox-ac. par. petr. *Ph-ac.* *Phos.* **Plat.** **Plb.** **Puls.** ran-s. rheum rhod. rhus-t. ruta sabad. *Sabin.* samb. *Sars.* sec. sel. seneg. *Sep.* sil. *Spig.* spong. *Squil.* stann. staph. still. **Stram.** stront-c. *Sul-ac.* **Sulph.** *Sumb.* tab.$_{bg2}$ tarax. teucr. *Thuj.* valer. *Verat.* *Verat-v.* verb. viol-t. zinc.
☞ *Schmerz - zusammenschnürend - äußerlich*
• **Bandes**, Gefühl eines: acon. *Alum.* alum-p.$_{k2}$ alumn. am-br. *Ambr.* **Anac.** ant-c. ant-t. *Arg-n.* arn. ars. ars-i.$_{k2}$ ars-s-f.$_{k2}$ asaf. *Asar.* aur. aur-ar.$_{k2}$

– **innerlich - Bandes**, Gefühl eines: ...
aur-i.$_{k2}$ aur-s.$_{k2}$ *Bell.* benz-ac. brom. bry. **Cact.** calc. cann-i. **Carb-ac.** carb-v. *Carbn-s.* caust. **Chel.** *Chin.* coc-c. *Cocc.* colch. coloc. **Con.** croc. dig. dios.$_{bg2}$ gels. *Graph.* hell. hyos. iod. kreos. lach.$_{bg2}$ laur. lyc. mag-m. *Mag-p.* manc. mang.$_{h}$ *Merc.* *Merc-i-r.* mosch. *Nat-m.* *Nat-n.*$_{bg2}$ **Nit-ac.** nux-m. nux-v. olnd. op. ox-ac.$_{bg2}$ petr. *Phos.* pic-ac.$_{k2}$ **Plat.** **Puls.** rhus-t.$_{bg2}$ sabad. sabin. sang. sars. *Sec.*$_{bg2}$ sep. **Sil.** *Spig.* stann. *Stram.*$_{bg2}$ sul-ac. sul-i.$_{k2}$ **Sulph.** tarent. til. zinc. zinc-p.$_{k2}$
• **Gurtes**, Gefühl eines: *Cact.*$_{sf1}$ chin.$_{sf1}$ phos.$_{sf1}$ rhus-t.$_{sf1}$ visc.$_{sf1,sp1}$
• **Krampf** der Schließmuskel von Körperöffnungen: *Acon.* alum. alum-sil.$_{k2}$ ars. ars-i. bar-c. **Bell.** *Brom.* **Cact.** calc. calc-sil.$_{k2}$ carb-v. *Chel.* cic. cocc. colch. con. crot-h. dig. dulc. ferr. form. graph. hep. *Hyos.* ign. iod. ip. **Lach.** *Lyc.* **Merc.** *Merc-c.* mez. *Nat-m.* **Nit-ac.** *Nux-v.* op. phos. plat. *Plb.* rat. rhod. **Rhus-t.** sabad. sars. sep. **Sil.** *Staph.* **Stram.** sulph. sumb. tarax. *Thuj.* *Verat.* *Verat-v.*
○ **Drüsen**, in: ign.$_{bg2}$ iod.$_{bg2}$
• **Gelenke**, der: acon.$_{bg2}$ am-m.$_{bg2}$ **Anac.**$_{bg2}$ apis$_{bg2,sf1}$ **Aur.**$_{bg2}$ calc.$_{bg2}$ carb-an.$_{bg2}$ chin.$_{bg2}$ coloc.$_{bg2}$ ferr.$_{bg2}$ **Graph.**$_{bg2}$ kreos.$_{bg2}$ lyc.$_{bg2}$ meny.$_{bg2}$ **Nat-m.**$_{bg2}$ **Nit-ac.**$_{bg2}$ nux-m.$_{bg2}$ nux-v.$_{bg2}$ *Petr.*$_{bg2}$ ruta$_{bg2}$ sil.$_{bg2}$ spig.$_{bg2}$ squil.$_{bg2}$ stann.$_{bg2}$ *Stront-c.*$_{bg2}$ sulph.$_{bg2}$ zinc.$_{bg2}$
• **Knochen**, der: am-m. anac. aur. chin. cocc. *Coloc.* *Con.* *Graph.* kreos. lyc. merc. nat-m. **Nit-ac.** nux-v. petr. phos. **Puls.** rhod. *Rhus-t.* *Ruta* sabad. sep. sil. stront-c. **Sulph.** zinc.

Zusammenziehen
☞ *Zusammenschnürung*

Zwergwuchs: ambr.$_{bg2}$ aster.$_{jl}$ bac.$_{c,c1}$ **Bar-c.** *Bar-m.* borx.$_{st}$ *Calc.* **Calc-p.** *Carbn-s.* carc.$_{mg1,sp1}$ *Con.*$_{bg2}$ iod. lyc. mag-m.$_{bg2,sf1,*}$ *Med.*$_{hr1,k}$ merc.$_{a1,k}$ merc-pr-a.$_{c1,c2}$ nat-m.$_{st}$ nep.$_{jl}$ nux-m.$_{sys}$ *Ol-j.*$_{c2,k}$ op.$_{bg2}$ ph-ac.$_{st}$ sec. *Sil.* sulfa.$_{jl}$ **Sulph.** **Syph.**$_{bg2,k2,*}$ thyr.$_{c,c1}$ *Tub.*$_{hr,hr1,*}$ zinc.

Zwicken:
– **amel.**: apis$_{bg2}$ ars.$_{bg2}$ pip-n.$_{bg2}$
☞ *Druck - harter - amel.*
– **Gefühl** des Zwickens; plötzliches: arg-n.$_{br1}$

Zyanose: absin.$_{a1}$ acetan.$_{c1,c2,*}$ acon.$_{bg2,k,*}$ agar.$_{bg2,k}$ alum.$_{bg2,k}$ *Am-c.*$_{bg2,k,*}$ amyg.$_{a1}$ ang.$_{bg2}$ anil.$_{a1}$ *Ant-ar.*$_{sf1}$ ant-c.$_{bg2,k}$ *Ant-t.*$_{bg2,k,*}$ *Arg-n.*$_{bg2,k,*}$ arn.$_{bg2,k,*}$ *Ars.*$_{bg2,k,*}$ asaf.$_{bg2,k}$ asar.$_{bg2,k}$ aur.$_{bg2,k}$ bar-c.$_{bg2,k}$ *Bell.*$_{bg2,k}$ ben-n.$_{a1,c1,*}$ bism.$_{bg2,k}$ both.$_{a1}$ bry.$_{bg2,k}$ calc.$_{bg2,k}$ calc-p.$_{bg2}$ **Camph.**$_{bg2,k,*}$ canth.$_{bg2}$ carb-an.$_{bg2,k,*}$ **Carb-v.**$_{bg2,k,*}$ carbn-o.$_{a1}$ caust.$_{bg2,k}$ cedr.$_{hr1,k}$ cham.$_{bg2,k}$ chel.$_{bg2,k}$ chin.$_{bg2,k}$ chinin-ar. cic.$_{bg2,k}$ cina cocc.$_{bg2,k}$ cod.$_{a1}$ *Con.*$_{bg2,k,*}$ *Crot-h.*$_{sf,sf1}$ **Cupr.**$_{bg2,k,*}$ cupr-ar.$_{sf,sf1}$ **Dig.**$_{bg2,k,*}$ dros.$_{bg2,k}$ ferr.$_{bg2,k}$ glon.$_{a1,bg2}$ hep.$_{bg2,k}$ *Hydr-ac.*$_{a1,sf1,*}$ hyos.$_{bg2,k}$ ign.$_{bg2,k}$ iod.$_{bg2}$ *Ip.*$_{bg2,k,*}$ kali-c.$_{bg2}$ *Kali-chl.* kali-n.$_{a1}$ **Lach.**$_{bg2,k,*}$ **Laur.**$_{hr1,k,*}$ led.$_{bg2,k}$ *Lob.*$_{hr1}$ lyc.$_{bg2,k,*}$ mang.$_{bg2,k}$ merc.$_{bg2,k,*}$ merc-c.$_{bg2}$ meth-ae-ae.$_{a1}$ mez.$_{bg2}$ mosch.$_{bg2,k}$

Zyanose: ...
mur-ac.$_{bg2,k}$ *Naja* nat-m.$_{bg2,k}$ nat-n.$_{c}$ nat-ns.$_{c1,c2}$ nit-ac.$_{bg2,k}$ nux-m.$_{bg2,k,*}$ nux-v.$_{bg2,k}$ **Op.**$_{bg2,k,*}$ ox-ac.$_{bg2,sf1,*}$ petr.$_{a1}$ ph-ac.$_{bg2,k}$ phenac.$_{c1,c2,*}$ phos.$_{bg2,k}$ phyt.$_{bg2}$ plb.$_{bg2,k}$ puls.$_{bg2,k,*}$ ran-b.$_{bg2,k}$ *Rhus-t.*$_{bg2,k,*}$ ruta sabad.$_{bg2,k}$ *Samb.*$_{bg2,k,*}$ santin.$_{a1}$ sars.$_{bg2,k}$ *Sec.*$_{bg2,k,*}$ seneg.$_{bg2,k}$ sil.$_{bg2,k}$ sin-n.$_{hr1}$ spong.$_{bg2,k}$ staph.$_{bg2,k}$ stram.$_{bg2,k}$ stry.$_{a1}$ sul-ac.$_{bg2,k}$ sulfon.$_{c1,c2,*}$ sulph.$_{bg2,k}$ thuj.$_{bg2,k}$ **Verat.**$_{bg2,k,*}$ **Verat-v.**$_{bg2,sf1,*}$ vip.$_{a1}$ xan.$_{hr1,k}$ zinc.$_{bg2}$
◆ **begleitet** von:
• **Zunge**:
• **blaue** Farbe der Zunge: *Dig.*$_{kr1,vk1}$ *Podo.*$_{kr1,vk1}$
– **Fieber**; während: arund.$_{a1}$ crot-h.$_{a1}$
– **Kleinkindern**, bei: arn.$_{hr1,k}$ ars.$_{hr1,k}$ *Borx.* *Cact.*$_{hr1,k}$ *Camph.* *Carb-v.*$_{hr1,k}$ chin.$_{hr1,k}$ **Dig.**$_{hr1,k}$ **Lach.**$_{hr1,k}$ **Laur.**$_{hr1,k}$ *Naja* op.$_{hr1,k}$ *Phos.*$_{hr1,k}$ psor.$_{hr1,k}$ rhus-t.$_{hr1,k}$ sec.$_{hr1,k}$ sulph.$_{hr1,k}$
– **kann** nicht warmwerden
☞ *Hitze - Lebenswärme - warmes / ❑ Frost - Warm - Bett - amel. - nicht / ❑ F~ Warm - Verlangen / ❑ F~ Warm - Zimmer - amel. - nicht*

Anerkennung

Ein überwältigendes Panorama erwartet den einsamen Bergsteiger, wenn er den Gipfel erreicht. Applaus trifft auf den Marathonläufer, wenn er sich der Ziellinie nähert. Freude glüht auf, wo immer sich jemand einem Ziel nähert, das er sich im Leben gesetzt hat. Aber nichts ist mit dem Glück zu vergleichen, das ein ganzes Team verspürt, wenn ein gemeinsames Ziel erreicht wurde. Ein solches Glück erlebten wir am Vorabend der Drucklegung von Synthesis.

Als ich zum homöopathischen Koordinator des Radar-Projektes wurde, war eine meiner ersten Handlungen, eine „Bitte um Mitarbeit" [„Request for collaboration"] zu entwerfen. 1986 schickten wir diese „Charter" an alle führenden Homöopathen, die an der Entwicklung der Homöopathie und der Computerwissenschaft beteiligt waren.

Die Mehrzahl dieser Homöopathen reagierte positiv und seit diesem Zeitpunkt hat dieses Team mehrere verschiedene Meilensteine erreicht. Der Druck von Synthesis ist ein weiterer dieser Meilensteine. Ich möchte die Gelegenheit, sie hier im gedruckten Werk zu würdigen, nicht ungenutzt vorbeigehen lassen.

Anfangs war da nur eine Gruppe von belgischen Homöopathen, die sich um Professor Jean Fichefet[1] versammelt hatte. Diese anfängliche „Nachbarschaftsinitiative" löste bei Homöopathen auf dem ganzen Globus Begeisterung aus, so daß heute fast 2000 Homöopathen Radar benutzen. Besonders diesen Radar-Anwendern und ganz besonders den „Pionieren der Anfangszeit" gilt meine Anerkennung.

Viele von ihnen waren loyale Mitarbeiter bei der Erstellung und Korrektur der verschiedenen aufeinanderfolgenden Versionen von Synthesis. Auch andere Homöopathen haben zur Entwicklung von Synthesis als Konzept und zum Wachstum der darin enthaltenen homöopathischen Information beigetragen. Unter diesen möchte ich für ihre Anregungen, ihre Unterstützung und ihre konkrete Hilfe danken:

Alfonso Masi Elizalde aus Argentinien; Filip Degroote, Patrick Detand, Alfons Geukens, Jean-Claude Grégoire, Jacques Imberechts, Michel Paulus, Jean-François Vermeire aus Belgien; Claudio Araujo, Hylton Luz aus Brasilien; Steve Olson aus Kanada; Per Neesgard aus Dänemark; Jerermy Sherr aus England; André Dieudonné, Michel Zala aus Frankreich; Rainer Dierken, Peter Evertz, Uwe Garbers, Peter Friedrich, Wolfgang Hettich, Thomas Lowes, Thomas von Reumont, Wecker, Friedrich Witzig aus Deutschland; Peter Garzonis, George Papaphilippou, George Vithoulkas aus Griechenland; Jean-Pierre Jansen, René Otter, Arjen Palsma, Lex Rutten, Henk van Munster, EricVan Woensel aus Holland; Carlo Cenerelli, Massimo Mangalavori, Carlo Rezzani, Carlo Solerio aus Italien; Guy Loutan aus der Schweiz; Gunnar Janson aus Schweden; Dean Crothers, Ahmed Currim, Linda Johnston, Ananda Zaren aus den USA.

Radar wurde anfangs unter der Supervision von Jean Fichefet als Forschungsprojekt an der Universität von Namur (Belgien) entwickelt. Da das Interesse an dem Programm so schnell anstieg, wurde es notwendig, die Organisation und die internationale Repräsentation engagierten Fachleuten anzuvertrauen. Anfangs war es Eric Anbergen und seit 1990 Dale Emerson und deren Mitarbeiter, die sich um alle organisatorischen und verwaltungstechnischen Aspekte kümmerten. Sie werden von einer Gruppe von „Repräsentanten" in über 30 Ländern unterstützt. Dank dieser Menschen entstand ein Kanal, durch den unsere Arbeit viel mehr Kollegen erreichen konnte.

Wir könnten ein ganzes Buch über die Rolle schreiben, die die Informatik bei der Entwicklung von Synthesis gespielt hat. Philippe Santantonio, der Chefprogrammierer, und seine Kollegen sind in großem Maße verantwortlich für die Präzision und Geschwindigkeit, mit der Synthesis seinen gegenwärtigen Stand erreicht hat.

Da Synthesis eine große Sammlung von Informationen darstellt, ist die Eingabe der Daten ein notwendiger Teil dieser Arbeit. Mein Dank gilt besonders Katelijn Van Houtte und Gerd Van Brandt und all denen, die mit ihnen zusammengearbeitet haben oder Ihnen in der Anstrengung, die Rohsubstanz vorzubereiten, vorangegangen sind.

1. Professor für Mathematik an der Universität von Namur, Belgien, Lehrstuhl für Computerwissenschaft [Informatik]. Seine sympathetische Reaktion nach der homöopathischen Heilung seines Sohnes war der Beginn aller weiteren Geschehnisse.

Blaupause für ein neues Repertorium

Das Hahnemann Institut für homöopathische Dokumentation (Deutschland) hat die Aufgabe übernommen, Synthesis in Deutsch zu drucken. Zuerst war geplant, die vierte Auflage [des Computerprogramms] zu drucken, aber auf Ihren Wunsch hin entschieden wir uns, zunächst die Qualität noch weiter zu verbessern. Ihre feste Überzeugung, daß Qualität in jedem Fall höheres Gewicht hat, als Quantität, unterstützte uns bei der Entwicklung der vorliegenden Version 5, die im Vergleich zur vorangehenden „nur“ 3000 Ergänzungen aufweist.[2]

Reinhard Rosé und seine Mitarbeiter waren von großer Hilfe beim Gegenprüfen vieler Rubriken. Er weckte zudem im deutschsprachigen Raum so große Begeisterung, daß bei der Drucklegung bereits sehr viele Subskriptionen für das Buch vorlagen.

Dies verdanken wir auch der Unterstützung, die wir von einigen Schulen erhielten, die Gruppenbestellungen vornahmen. Wir möchten den Leitern dieser Schulen danken. Ihr Vertrauen war der größte Ansporn für uns, die Arbeit richtig durchzuführen.

Peter Vint war für die deutsche Übersetzung verantwortlich, aber auch in großem Maße für die durchgängige Konsistenz in den anderen Ausgaben, da die Erstellung und Bearbeitung der neuen Ausgabe von Synthesis (in Englisch) sich so stark mit der Vorbereitung der deutschen gedruckten Ausgabe vermengte. Sein scharfer, kritischer Verstand und seine Liebe zur Homöopathie machen ihn für immer zu einem der führenden professionellen homöopathischen Forscher und Übersetzer. Sein Ruf ist durch seine Arbeit an der Übersetzung und Korrektur des Clarke bestens bekannt und wir schätzen uns glücklich, ihn bei diesem Projekt an unserer Seite zu haben.

Ein letztes Dankeschön all denen, die durch das Lesen des englischen Manuskriptes geholfen haben, der Arbeit den letzten Schliff zu geben: Dale Emerson (Australien); Françoise Becquey (Kanada), Nick Churchill (England), Gary Bachman (USA) und besonders Joan Bielunas, meiner hingebungsvollen Schwägerin.

[2] Die vorliegende Ausgabe basiert auf Edition 7.0 der Computerversion, in der alle Kapitel stark erweitert wurden, siehe dazu auch das Vorwort des Verlags am Anfang des Buches auf S. XIII.

Alles in allem ist dieses neue Konzept für ein Repertorium die Frucht dutzender Briefe, hunderter Treffen und tausender Stunden Gespräche. Möge dieser Vorschlag als Ausgangspunkt für Ihre Überlegungen zu diesem Thema dienen. Ihre Ideen und ihre Kritik sind uns willkommen.

Dr. Frederik Schroyens

Gent, Belgium
Erster Tag im Sommer 1993

Blaupause für ein neues Repertorium[3] Einleitung

Dieses Konzept ist ein Vorschlag

1. Die Geschichte der Repertorien

Repertorien haben gewissenhaften Homöopathen in ihrem Bemühen um das richtige Arzneimittel geholfen, solange die Homöopathie existiert.

Hahnemann selbst unternahm einige erste Schritte zur Strukturierung seiner Informationen zu einer Art von Repertorium. Es war jedoch sein direkter Schüler und Mitarbeiter der ersten Stunde, Clemens von Boenninghausen, dem das Verdienst zukommt, 1832 das erste verwendbare Repertorium geschaffen zu haben.

Verschiedene Autoren bauten auf Versionen dieses Repertoriums auf, z.B. Allen, Jahr, von Lippe und anderen. Einige schufen völlig neue Strukturen, wie z.B. Gentry und Knerr.

Es war jedoch Kent, der zwischen 1897 und 1899 verschiedene Teile eines Repertoriums in einer Struktur und hierarchischen Logik veröffentlichte, die die Zeiten überdauern sollte. Kent selbst veröffentlichte verschiedene Auflagen dieses Repertoriums (die zweite Auflage 1908 und eine dritte, auf einem Manuskript basierende, wurde nach seinem Tode 1916 erst 1924 gedruckt). Spätere Auflagen[4] erreichten nie wieder die Qualität der 3. Auflage nach Kents Manuskript und können als nur gering veränderte und erweiterte Versionen betrachtet werden, die von seinen Schülern und seiner Frau Clara-Louise herausgegeben wurden.

Nichtsdestotrotz stellte sich einige Jahrzehnte lang kein anderes Repertorium der Herausforderung der Weiterentwicklung.

1973 begannen Barthel und Klunker die Veröffentlichung einer ersten Version ihres „Synthetischen Repertoriums", in dem sie fünf Hauptkapitel des Repertoriums (Gemüt, Allgemeines, Schlaf, Träume und männliche / weibliche Genitalien) mit Informationen von 14, später von 16 Autoren ergänzten. Obwohl Barthel und Klunker ihr Werk weder auf mehr Autoren noch auf mehr Kapitel ausdehnten, wurde ihr Buch von vielen als Standard betrachtet.

In verschiedenen Artikeln wurde die Evolution der Repertorien geschildert, lassen Sie uns daher nun unsere Aufmerksamkeit auf Synthesis, den Newcomer, richten.

2. Die Geschichte von Synthesis

Synthesis ist das Repertorium, das mit dem Radar-Projekt verbunden ist.

Es basiert auf der 6. amerikanischen Auflage von Kents Repertorium und enthält all dessen Rubriken und Arzneimittel. Seit 1987 wird Synthesis als Datenbank für das Radarprogramm in der täglichen Praxis führender Homöopathen eingesetzt. Es wurden viele Anmerkungen dazu gemacht, was es immer weiter verbesserte und wodurch es seine überragende Qualität erhielt. Es wurden jedoch nicht nur Ergänzungen einer ständig wachsenden Zahl von Autoren in allen Kapiteln eingefügt, sondern auch Korrekturen bestehender Einträge vorgenommen, einschließlich der von Kent stammenden.

Dieses Buch ist nicht einfach vom Himmel gefallen: es ist eine Frucht, die über lange Zeit gereift ist.

Die [Computer-] Version 2 wurde April 1988 veröffentlicht und benötigte 10,5 Mb Festplattenspeicher[5] Synthesis 3 folgte im September 1990 mit 11,5 Mb. Diese Version enthielt vor allem Korrekturen gegenüber der vorangegangenen Version und bot gegenüber Kents Original 136 000 Ergänzungen von etwa 130 Autoren.

Im Dezember 1992 kam die Version 4 von Synthesis heraus und wird nun weltweit von fast 2000 Radar-Anwendern als Software-Pro-

[3] Originaltitel: „Blueprint for a new Repertory". Die Blaupause wurde vom Herausgeber nicht durchgängig überarbeitet und auf die Edition 7 angepaßt. An wichtigen Stellen wurden deshalb vom Verlag Fußnoten mit entsprechenden Hinweisen eingefügt!

[4] Die 4. Auflage erschien: 1935; die 5. Auflage 1945 und die 6. Auflage 1957. Danach wurden mehrere indische Auflagen gedruckt, die eine unannehmbar hohe Zahl von Fehlern aufweisen.

[5] Ein Megabyte [Mb] entspricht einer Million Zeichen oder rund 500 Schreibmaschinenseiten.

gramm benutzt. Sie enthält 178 000 Ergänzungen von etwa 200 Autoren. Viele Ergänzungen werden von mehreren verschiedenen Autoren bestätigt und sind dadurch noch verläßlicher geworden.

3. Schrittweise Ergänzungen

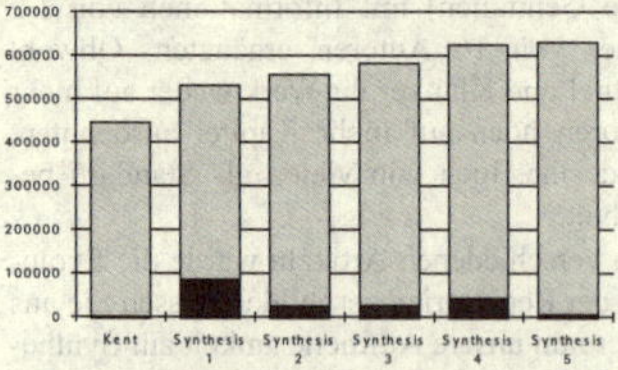

Grafik 1: Schrittweise Ergänzungen:[6] veranschaulicht die schrittweise Vermehrung der Information von einer Version zur nächsten. Die unteren (dunklen) Balken zeigen die Zahl der neuen Ergänzungen einer Version im Vergleich zur vorangehenden an.

Wir halten es für die beste Politik, die Zahl der Ergänzungen schrittweise zu erhöhen. Von Synthesis 2 zu Synthesis 3 wurde die Menge an Informationen um 24 % erhöht.[7] Von Version 3 von Synthesis zu Version 4 wurden etwa 30 % neue Informationen hinzugefügt. Jede Ausgabe von Synthesis wurde dabei weltweit in Hunderttausenden von Fällen eingesetzt.

Werden diese Schritte zu schnell durchgeführt, so entstehen in den erweiterten Rubriken zu viele inkonsistente Einträge, was letztendlich zu einem Durcheinander führt.

Hastig eingefügte neue Informationen können falsch oder irrelevant sein. In anderen Repertorien sind neue Rubriken oft an unlogischen Stellen eingefügt. Eine schrittweise Vermehrung der Informationen ist der einzige Weg, um Chaos zu vermeiden.

4. Die Qualität steigt schneller als die Quantität

Bei jedem Schritt wurde die Qualität verbessert, besonders bei Erstellung von Version 5. Verglichen mit Version 4 wurden nur wenige Tausend Ergänzungen hinzugefügt, da wir uns auf die Erhöhung der Qualität konzentriert haben, dem Hauptthema dieses Berichtes.

Obwohl bei allen aufeinanderfolgenden Versionen von Synthesis Fehler korrigiert wurden, führte die Entscheidung, Synthesis zu drucken, zu einigen zusätzlichen Überlegungen. Wenn dieses Repertorium gedruckt werden sollte, dann nur, wenn wir eine dramatische Erhöhung der Qualität des Repertoriums, seiner Struktur, Sprache und Konsistenz offerieren könnten. Seit Anfang 1992 haben wir auf dieses Ziel hingearbeitet. Im Juli 1992 war der homöopathische Teil der Arbeit an Synthesis 4 abgeschlossen[8] und wir konzentrierten uns ausschließlich auf die Qualität.

Auch wenn es schwierig ist, die Qualität in objektiven Zahlen anzugeben, so schätzen wir, auf verschiedenen Kriterien basierend (wie die Zahl der Korrekturen, der bearbeiteten Symptome, der veränderten Wörter, der ergänzten Synonyme und Querverweise etc.), daß die qualitative Steigerung - wie in der folgenden Grafik zu sehen ist - , so dargestellt werden kann.

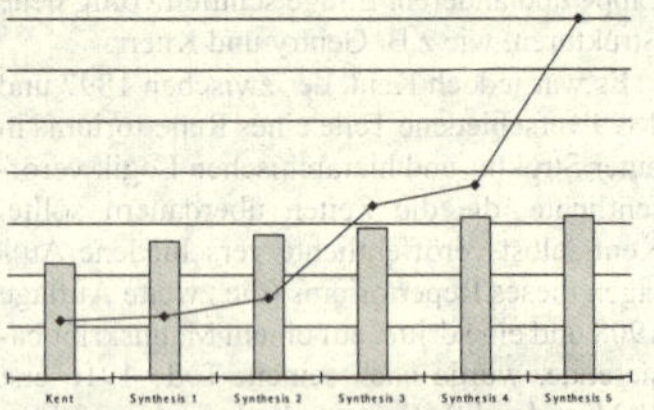

Grafik 2: Steigerung der Qualität:[9] Die Linie repräsentiert die Steigerung der Qualität und zeigt, daß es bei der Erstellung von Version 5 zu einem wirklichen Durchbruch kam.

5. Ein weltweites Projekt

Alle Aspekte von Synthesis werden unter den verschiedenen Kapiteln aufgeführt, die auf diese Einleitung folgen. Ein Aspekt verdient

6. Inzwischen sind wir mit der Edition 7 bei 450.000 Ergänzungen im Vergleich zum Original von Kent angelangt, wobei gegenüber Synthesis 6 etwa 260.000 neue Einträge hinzukamen [Anm. d. Verlags].

7. Die Prozentzahlen beziehen sich immer auf die vorangehende Version, wobei diese als 100 % betrachtet wird.

8. Die dazugehörige Computer-Version kam erst Dez. 1992 auf den Markt, da Rechnerzeit notwendig war, um es in die nächste Radar-Version zu integrieren.

9. Eine bedeutende Steigerung der Qualität wurde in Edition 7 durch Dr. Pierre Salaün möglich, der über 200.000 Einträge von Kent anhand von Quellen nachgewiesen hat. Siehe dazu das Vorwort des Verlags.

jedoch ganz besondere Aufmerksamkeit: Unser Wunsch, daß dieses Repertorium für eine weltweite Zusammenarbeit unter Homöopathen steht. Von Anfang an haben Homöopathen, die nicht mit Radar arbeiten, mit uns zusammengearbeitet. Wir erwarten, daß die gedruckte Ausgabe diese Unterstützung noch weiter vermehren wird. Unsere Computertechnologie stellt den einzigen Weg dar, um diese einzigartige Gesamtheit von Informationen aufzubauen. Mit dem Druck des Buches wird sie noch mehr Kollegen zur Verfügung stehen.

Ein anderes Merkmal, das Synthesis zu einem einzigartigen „Treffpunkt" macht, ist die Existenz von Ausgaben in verschiedenen Landessprachen. Die Homöopathie ist - trotz ihres deutschen Ursprungs - inzwischen sehr stark von der englischen Sprache abhängig. Angesichts des Grades von Kommunikation und gegenseitigem Verstehen, der in unserem Beruf nötig ist, erscheint es, daß immer noch sehr viele Homöopathen größere Schwierigkeiten mit dieser Weltsprache haben. Entsprechend arbeiten wir seit drei Jahren daran, Synthesis in verschiedenen Landessprachen zu präsentieren. In diesem Moment ist die deutsche Ausgabe, die dieselbe große Zahl von Ergänzungen und Korrekturen enthält, zur Realität geworden. Übersetzungen ins Italienische, Französische, Spanische und Portugiesische sind in Arbeit und werden bald veröffentlicht werden.

Dadurch wird sich die Zahl der Homöopathen, die mit Synthesis arbeiten können, um ein Vielfaches erhöhen. Wir vertrauen darauf, daß das Feedback entsprechend ansteigen wird. Wir werden alle Vorschläge und Anregungen, die uns in verschiedenen Sprachen zugehen, zentral bearbeiten und alle Ausgaben werden um die Summe aller neuen Korrekturen und Ergänzungen erweitert.

Die Bearbeitung der Symptome

I. Syntax der Symptome

Ein Symptom ist ursprünglich ein einfach lesbarer, normal gebildeter Satz. Für das Repertorium muß das Symptom neu strukturiert werden, damit es in die hierarchische Struktur des Repertoriums eingefügt werden kann. Das Hauptproblem liegt im Konflikt zwischen einem Maximum an Lesbarkeit und einem kompakten Telegramm-Stil.

1. Übertragung eines Symptoms in die Sprache des Repertoriums

Der Reichtum der Sprache des Patienten sollte zunächst in den Wortschatz des Repertoriums umgewandelt und - falls nötig - entsprechend neu aufgebaut werden. Das Repertorium gebraucht Wörter der Alltagssprache, jedoch nicht alle, die in der Literatur oder den Wörterbüchern zur Verfügung stehen. Zu Details der Repertoriumssprache siehe Kapitel III. *Die Sprache des Repertoriums* (S. A-13)

Beispiel: Statt von Bauchweh wird man in der Repertoriumssprache von Schmerz im Abdomen sprechen.

- Nun muß das Symptom gemäß der Hierarchie des Repertoriums strukturiert werden.

□ *Schritt 1: Das Kapitel.* Man legt fest, in welches Kapitel das Symptom gehört. Falls mehrere Möglichkeiten bestehen, sollte man ein Synonym bzw. einen Verweis im weniger wahrscheinlichen Kapitel einfügen. Das Kapitel muß nicht unbedingt explizit im Text genannt sein.

□ *Schritt 2: Die Hauptrubrik.* Man legt fest, welches Wort das wichtigste ist und spaltet den Satz daraufhin in zwei Teile, so daß das wichtigste Wort (das Leitwort) zu Wort 1 wird. Die Beschwerde ist dabei immer wichtiger als eine Modalität, die die Beschwerde beeinflußt.

Beispiel: „Schläfrigkeit nach dem Essen" steht demnach im Kapitel Schlaf in der Hauptrubrik Schläfrigkeit und nicht etwa im Kapitel Allgemeines unter Essen.

- *Schritt 3: Die Unterrubrik.* Wieder wird das

wichtigste Wort vorangestellt und der verbleibende Satz (sofern nötig) in zwei Teile gespalten. Dazu sollte man bestehende ähnliche Symptome im Repertorium vergleichen, um optimale Ergebnisse zu erzielen.

- ... und so geht es Schritt für Schritt weiter, bis alle sinnvollen Unterrubriken entstanden sind.

Zorn mit roten Flecken im Gesicht

Kommt beispielsweise ins Kapitel Gemüt, *die Hauptrubrik* Zorn *ist klar:*

Gemüt - Zorn:
– mit roten Flecken im Gesicht:

Gesicht *ist das zweitwichtigste Wort, da es den Ort angibt, an dem der Zorn zum Ausdruck kommt:*

Gemüt - Zorn:
– Gesicht; mit roten Flecken im:

und schließlich wird daraus:

Gemüt - Zorn:
– **Gesicht**:
• **roten** Flecken im Gesicht; mit:

Ein weiteres Beispiel:

Wahnidee, Körper und Geist seien getrennt

Gemüt - Wahnidee, Körper und Geist seien getrennt

Der Hauptgedanke bei der Wahnidee ist die Trennung.

Gemüt - Wahnidee
– getrennt; Körper und Geist seien

Gemüt - Wahnidee
– getrennt
• Körper
• Geist seien getrennt; Körper und

Körper *und* Geist *sind die Stichworte auf den entsprechenden Rubrikebenen, da sie hier die Hauptbestandteile der Trennung darstellen.*

2. Einige weitere Hinweise:

- So wie es „Leitwörter" gibt, gibt es auch Wörter, mit denen man nicht beginnen sollte. Es handelt sich hierbei sehr oft um Präpositionen:

„~~nach dem Aufstehen~~" wird entsprechend zu: „Aufstehen, nach dem" etc.

- Man vermeide es, Wörter mit derselben Bedeutung zu wiederholen, besonders in aufeinanderfolgenden Ebenen.

Eine Unterrubrik „Wahnideen - ~~er glaubt,~~ er sei .." ist unsinnig, da es sich ja um eine Wahnvorstellung handelt.

- Leitwörter sollten nicht in zwei Ebenen des selben Symptoms wiederholt werden. Das Leitwort einer nächsten Ebene sollte von den vorherigen Leitworten verschieden sein. Auf diese Art geben die Anfangsworte aller Ebenen eine Art Zusammenfassung des Symptoms.

Das Symptom „Gefühl von Trockenheit der Zunge" wird entsprechend zu „Mund - Trokkenheit - Zunge - Gefühl von" und nicht zum Symptom: „Mund - Trockenheit - Zunge - Trockenheit, Gefühl von".

- Satzteile der einzelnen Ebenen sollten so gut lesbar sein wie möglich. Entweder sind die Wörter in der normalen Reihenfolge lesbar (Wort1 Wort2 Wort 3 Wort4). Oder der Satz wird *maximal in zwei Teile* gespalten, die durch ein Semikolon voneinander getrennt werden, wobei man hinter dem Semikolon zu lesen beginnt (Wort3 Wort4 Wort5 Wort6 Wort7; Wort1 Wort2).

- Das Leitwort der vorausgehenden Ebene kann innerhalb eines Symptoms wiederholt werden, um Verwirrung zu vermeiden und die Lesbarkeit zu erhöhen. Es werden dabei keine Abkürzungen benutzt!

- Die letzte Ebene eines Symptoms ist die wichtigste, oftmals gewichtiger als vorangehende. Sollten nach Anwendung der oben geschilderten Schritte trotzdem noch Uneindeutigkeiten bestehen, kann man das Symptom auf der letzten Ebene vervollständigt werden, um die Bedeutung so klar zu machen, wie für einfache Lesbarkeit nötig ist.

Ein Beispiel für zwei unklare Rubriken, die entsprechend ergänzt werden:

Erregung:
– **Hitze**:
• **während**:
• **durch**:

Erregung:
– **Hitze**:
• **während** der Hitze; Erregung:
• **durch** Erregung; Hitze:

Einige weitere Beispiele für korrekte Syntax aus dem Kapitel Gemüt. Bei Kent findet man:

Wahnideen:
– **Skrotum**, ist geschwollen, glaubt sein:

Bei Kent findet man viele Symptome, die in mehr als zwei Teile gespalten sind. Oft ist die korrekte Reihenfolge (Teil2) (Teil1) (Teil3), wodurch manche seiner Symptome, wie im obigen Beispiel schwer zu lesen sind. In Synthesis wurde daraus:

Wahnideen:
– **Hodensack** sei geschwollen; sein:

Kent: Husten:

Schwefelrauch oder -dämpfe, Gefühl von agg.

Synthesis: Husten:

Schwefeldämpfen; Husten agg. durch ein Gefühl von:

Kent: Gemüt:

Wahnideen:
– **minderwertig**, beim Eintreten in ein Haus nach einem Spaziergang, Menschen scheinen geistig und körperlich:

(einschließlich zwei Kommas)

Synthesis: Gemüt:

Wahnideen:
– **minderwertig**; Menschen erscheinen geistig und körperlich:
• **Eintreten** in das Haus nach einem Spaziergang; beim:

Das Semikolon zeigt jeweils den Satzanfang an.

II. Die hierarchische Struktur

Aus folgenden Gründen haben wir die hierarchische Struktur von Kents Repertorium übernommen:

• Kents Repertorium hat seine Position als Standardwerk das ganze Jahrhundert hinweg beibehalten. Es ist das am häufigsten verwendete Repertorium und daher dasjenige mit dem die meisten Homöopathen vertraut sind.

• Alle neuen Repertorien, denen es gelungen ist, eine größere Zahl von Homöopathen zu überzeugen, folgen derselben hierarchischen Struktur (z.B. Barthel & Klunkers Synthetisches Repertorium, Künzlis Repertorium Generale).

• Die Struktur erlaubt unmittelbaren Vergleich verwandter Rubriken. Wenn „rechts" direkt unter „links" steht, können deren Arzneimittel auf einen Blick verglichen werden.

Wenn der Patient sagt, ich fühle mich schlechter gegen 17 oder 18 Uhr, finden sie die beiden Rubriken „nachmittags - 17 h" und „abends - 18 h" direkt hintereinander.

• Ein logisch strukturiertes Repertorium erlaubt es dem nicht ganz unerfahrenen Homöopathen, schnell herauszufinden, wo das gewünschte Symptom zu suchen ist. Man muß kein Experte für Repertorien sein, um folgendes Kent-Symptom zu finden:

Männliche Genitalien

Exkoriation
– **Penis**
• **Vorhaut**

In einem alphabetischen Repertorium mag man es unter „Männliche Genitalien" finden, in einem anderen als Unterrubrik von „Penis", während es in einem dritten im „Kapitel" „Vorhaut" auftritt. Kents Logik erweist immer noch ihre Güligkeit.

• Wir sind offen für neue Ideen, aber sie sollten das schon Bestehenden übertreffen. Die Verbesserung, die wir eingeführt haben, besteht darin, diese Logik in *Synthesis* an allen Stellen einzuhalten und durchzuführen.

Es folgen nun einige der Regeln, denen wir besondere Aufmerksamkeit geschenkt haben.

1. Gruppen von Symptomen

• Symptome können in bestimmte Gruppen eingeteilt werden, die zueinander in fester Reihenfolge stehen. Es sind dies:

– **Seiten**
– **Zeiten**
◇ **abwechselnd** mit
◆ **begleitet** von (Begleitsymptome)[10]
– **Modalitäten**
▽ **erstreckt** sich zu

○ **Orte**
– **Schmerzqualitäten** und andere Beschreibungen

Im der Rubrik Kopf - Schmerz findet man beispielsweise u.a. folgende Symptome:

– **Seiten** (z.B. rechts; links ...)
– **Zeiten** (z.B. morgens; mittags ...)
◇ **abwechselnd** mit (z.B. Frost; Übelkeit ...)[11]
◆ **begleitet** von (Erbrechen, Schwindel ...)[12]
– **Modalitäten** (z.B. Bücken; Essen; Husten ...)
▽ **erstreckt** sich zu (z.B. Ohr; Zähne ...)
○ **Orte** (z.B. Gehirn; Stirn ...)
– **Schmerzqualitäten** (z.B. beißend, bohrend, brennend ...)

• Diese Reihenfolge wird gegebenenfalls auf tieferen Ebenen wiederholt. Daraus ergibt sich folgende hierarchische Struktur, die sich weiter fortsetzen kann (wobei sich jedes Symptom auf die vorhergegangene nächsthöhere Ebene bezieht).

– **Seiten**
  • **Zeiten**
  • **Modalitäten**
 ▽ **erstreckt** sich zu
– **Zeiten**
  • **Seiten**
  • **Modalitäten**
 ▽ **erstreckt** sich zu
– **Modalitäten**
  • **Seiten**
  • **Zeiten**
  • **Modalitäten**
    • **Zeiten**
    • **Modalitäten**
   ▽ **erstreckt** sich zu
 ▽ **erstreckt** sich zu
– **erstreckt** sich zu

[10] Eine Rubrik, die erst mit Edition 7 eingeführt wurde und in der vorliegenden Fassung der Blaupause an dieser Stelle keine Erwähnung fand, weshalb Sie vom Übersetzer hier der Vollständigkeit halber hinzugefügt wurde.

[11] Die Rubrik „abwechselnd mit" ist zwar eine Modalität, steht aber in der deutschen Fassung immer nach den Zeiten und vor „begleitet von" bzw. vor der ersten Modalität und ist durch eine schwarz/weiße Raute gekennzeichnet.

[12] Die Rubrik „begleitet von" wurde erst mit Edition 7 eingeführt und fand in der vorliegenden Fassung der Blaupause an dieser Stelle keine Erwähnung, weshalb sie hier nachgetragen wurde. Auch Sie steht, obwohl sie als Modalität zu betrachten ist, der Übersichtlichkeit halber direkt vor der ersten Modalität und ist durch eine schwarze Raute gekennzeichnet.

○ **Orte**
  • **Seiten**
    • **Zeiten**
    • **Modalitäten**
  ▽ **erstreckt** sich zu
  • **Zeiten**
    • **Seiten**
  • **Modalitäten**
    • **Seiten**
    • **Zeiten**
    • **Modalitäten**
      • **Zeiten**
      • **Modalitäten**
     ▽ **erstreckt** sich zu
 ▽ **erstreckt** sich zu
    • **Modalitäten**
– **Schmerzqualitäten**

• Wenn im Kapitel eine Rubrik Schmerz vorhanden ist, steht an dieser Stelle der Abschnitt „Schmerzqualitäten". Die gesamte Liste kann sich gegebenenfalls wiederholen, sofern entsprechende Symptome vorhanden sind.

2. Die Seiten

• Der Block Seiten besteht aus den folgenden Symptomen in dieser Reihenfolge (!) einschließlich aller eventuell vorhandener Unterrubriken:
  • **eine** Seite (einseitig)
  • **abwechselnde Seiten**
  • **links**
  • **rechts**

□ *Anmerkungen:* In einigen Kapiteln werden die Seiten als Orte betrachtet: Kopf, Äußerer Hals, Brust und Abdomen. Entsprechend findet man „Kopf - Seiten" nach „erstreckt sich zu" und nicht als ersten Block von Kopf-Rubriken.

„Seite, auf der er liegt," wird als Modalität betrachtet.

3. Die Zeiten

• Alle Zeitangaben wurden nach einheitlichen Regeln bearbeitet. Die Angaben a.m. bzw. p.m. [vormittags bzw. nachmittags im Englischen] wurden in die internationale Schreibweise 0 - 24 h überführt.[13]

[13] Dies wurde auch für die deutsche Version übernommen, da das „h" sich eingebürgert hat und Verwechselungen auszuschließen sind, da keine Abkürzungen im Repertorium benutzt werden.

- Beachten Sie, daß die Symptome immer so kompakt wie möglich formuliert werden und so, daß sie sich in die Struktur einfügen.

Beispiel: Statt „dauert bis 17 Uhr" muß es also heißen: „17 h, bis".

- Die Hierarchie der Tageszeiten wurde besser organisiert (siehe dazu das Zeitschema auf Seite A-46)

4. Die Modalitäten

4a. Allgemeine Anmerkungen

- *„agg."* [für Aggravation, Verschlimmerung] wird normalerweise nicht genannt! Prüfen Sie, ob die Bedeutung einer Rubrik klar wird, wenn Sie sie in umgekehrter Reihenfolge unter Zusatz von „verursacht oder verschlechtert xxx" hinzufügen.

Beispiel: Lesen Sie „Kopf - Schmerz - Liegen" als: „Liegen verursacht oder verschlimmert - Kopf - Schmerz". Es besteht nur geringer (oder kein) Bedarf, agg. hinzuzufügen.

- *„amel."* [für Amelioration, Besserung, Verbesserung] ist immer die letzte Ebene eines Symptoms. Sonst würden durch die Unterrubriken, die sich darauf beziehen, Mehrdeutigkeiten entstehen.

Beispiel: „Schmerz - stechend - Gehen amel. - Freien; im" ist eine mehrdeutige Schreibweise eines Symptoms: Bezieht sich das amel. auf das „Gehen" oder auch auf „im Freien"? In der Materia Medica von Hahnemann findet man bei Thuja: „Ein zuckend feinstechender Schmerz in den Backenmuskeln, bloß beim Gehen in freier Luft." Entsprechend wurde das Symptom geändert: „... Gehen; beim - Luft - Freien; im - amel.".

□ *Eine Ausnahme:* (irgendeine Speise) - amel. (genaue Beschreibung über die Art der Speise). In der Hauptrubrik „Allgemeines - Speisen und Getränke" hat jede Speise vier Unterrubriken: „agg. / amel. / Abneigung / Verlangen". Wenn eine genauere Spezifikation notwendig ist, so ist sie als Unterrubrik der obengenannten eingefügt.

Beispiel: Man schreibe weder: „Allgemeines - Speisen - Oliven - Olivenöl - agg.", noch „... - Oliven - agg. - Olivenöl", sondern, da ein spezielles Öl gemeint ist: „... Öl - agg. - Olivenöl". In gleicher Weise heißt es „Abdomen - Schmerz - Milch - amel. - warme Milch".

- In der Mehrzahl der Fälle hat die Unterrubrik „Beschwerden durch" dieselbe Bedeutung wie ein einfaches „agg.". Um Wiederholungen zu vermeiden, wird in solchen Fällen, in denen beide Einträge vorkamen, nur der zweite beibehalten.

So wurden die beiden folgenden Symptome aus „Allgemeines - Speisen" in der Rubrik „agg." zusammengefaßt: „Wein - Beschwerden durch" und „Wein - agg."

- *Präpositionen* werden oft nicht genannt, wenn Sie nichts zur Bedeutung eines Symptoms beisteuern. Dies gilt besonders für Präpositionen wie „wenn, während, durch, beim etc.".[14]

Beispiele: „Aufstehen, beim" wurde „Aufstehen", „Liegen, beim" wurde „Liegen", „Trinken, durch" wurde „Trinken", „Tanzen, beim" wurde „Tanzen".

- Modalitäten werden *alphabetisch* sortiert, *außer* wenn die Modalität eine Zeit darstellt, dann lautet die Reihenfolge „vor" „während" und „nach", alle anderen Modalitäten folgen danach in alphabetischer Reihenfolge.

Beispiel: Die Reihenfolge der Schmerzrubriken im Kapitel Abdomen lautet:

– **Menses**:
  • **vor**:
  • **während**:
  • **nach**:
  • **erscheinen** würden; als ob die Menses:
  • **Unterdrückung** der Menses; durch:

- *Beachte:* „agg.", „amel." stehen immer am Anfang der Modalitäten.

[14] In der deutschen Fassung wurde diese Streichung von Präpositionen nur in geringem Maße durchgeführt, da der bequemen Lesbarkeit höhere Bedeutung beigemessen wurde, als der Kürze [Anm. d. Übers.].

4b. Abwechselnd mit

- Die Schreibweise lautet: „abwechselnd mit - (nächste Ebene)".

Weinen:
◇ **abwechselnd** mit:[15]
 • **Lachen**

- Das Abwechseln von Symptomen gehören zu den Modalität und werden [in der englischen Ausgabe] alphabetisch einsortiert.[16]

- Auch hier sind synonyme Rubriken zu vermeiden. Ein Synonym verweist auf das andere Symptom, das als einziges die Arzneimittel enthält. Soweit möglich wird die Wahl für die Rubrik *mit* den Arzneimitteln durch die Bedeutung des betroffenen Organs für das Leben festgelegt.

Beispiel: Entsprechend gehört ein Abwechseln zwischen Asthma und Hautausschlägen in das Kapitel „Atmung - Asthma" und nicht in das Kapitel „Haut", da die Atmung wichtiger ist als die Haut.

4c. Periodisch wiederkehrende Ereignisse

- *Periodisch wiederkehrende Ereignisse* sind oft schwer zu finden.

Beispiele: „skin - discoloration - bluish - recurring annually" [Haut - Farbe - bläulich - wiederkehrend, jährlich" jedoch „skin - discoloration - spots, as if burnt - yearly returning" [Haut - Farbe - Flecken wie verbrannt - jährlich wiederkehrend]

- Alle periodisch wiederkehrende Ereignisse wurden zu Unterrubriken der Rubrik „periodisch".

Aus den obengenannten Symptomen wurde entsprechend: „periodisch - jährlich".

- Die Rubrikebene „periodisch" wird dabei entspechend der Logik des Repertoriums auf die höchst mögliche Ebene gesellt. In den meisten Fällen wird dies die Ebene 3 sein [die der ersten Unterrubrik].

Es heißt also nicht „Kopf - Schmerz - Stirn - morgens - periodisch - zweiten Morgen, jeden" sondern „... - Stirn - periodisch - morgens - zweiten Morgen, jeden".

□ *Anmerkungen:* Die Zeitspanne, nach der ein Symptom wiederkehrt, wird durch die entsprechende Anzahl von Stunden, Tagen, Wochen oder Monaten wiedergegeben. Wenn eine Zahl von Tagen mit einer (kleineren) Zahl von Wochen übereinstimmt, so ist die Angabe in Wochen vorzuziehen.

Eine solche Folge von Rubriken könnte also etwa wie folgt aussehen:

– **periodisch**:
 • **drei** Tage, alle
 • **zehn** Tage, alle
 • **zwei Wochen,** alle (statt vierzehn Tage)
 • **fünfundzwanzig** Tage, alle

- „wiederkehrend" ist meist keine Unterrubrik von „periodisch", da es nicht automatisch Regelmäßigkeit oder Periodizität der Wiederkehr einschließt. Ist ein Ereignis wiederkehrend aber nicht periodisch wiederkehrend bleibt die Rubrik wiederkehrend bestehen.

Beispiel: „Augen - Gerstenkorn - wiederkehrend"

- Wie die Unterrubriken von „periodisch" sortiert werden, wird in der Liste der Periodizitäten auf S. A-10 erläutert.

4d. Unlogische Oberrubriken

- Kents Repertorium ist voller „unlogischer Oberrubriken" - oftmals durch die Einfachheit des Layouts verursacht. Dies bedeutet, daß eine solche Oberrubrik in Zusammenhang mit bestimmten Unterrubriken keinen Sinn ergibt. In Synthesis wurden solche Rubriken entsprechend modifiziert, so daß man alle Ebenen jeder Unterrubrik gut nacheinander lesen kann und sie immer noch einen Sinn ergeben.

Beispiel: „Extremitäten - Hochziehen der Glieder agg. - amel." wurde zu „... Hochziehen der Glieder - amel."; „Urin - Farbe - gelb, helles - dunkel" wurde zu „... gelb - dunkel"

[15] Beachten Sie die schwarz/weiße Raute als Kennzeichen dieser Rubriken.

[16] In der deutschen Fassung wurden Sie wegen ihrer großen Bedeutung den Modalitäten vorangestellt.

4e. Modalitäten, die unter einer globalen Oberrubrik zusammengestellt werden

- Einige Modalitäten werden nicht einzeln und getrennt voneinander aufgeführt, sondern als Unterrubriken unter einem gemeinsamen Oberbegriff zusammengefaßt. Auf diese Weise können die Symptome einfacher an einer Stelle gefundn werden:

– **Kinder**
- **Babys**
  ☞ *Kinder - Babys*
- **Kleinkinder**
  ☞ *Kinder - Kleinkinder*
- **Neugeborene**
  ☞ *Kinder - Neugeborene*
- **Säuglinge**
  ☞ *Kinder - Säuglinge*
- **Schulmädchen**
  ☞ *Kinder - Schulmädchen*

– **Licht**
- **künstliches** Licht
  ☞ *Licht - künstliches*
- **helles** Licht
  ☞ *Licht - helles*
- **farbiges** Licht
  ☞ *Licht - farbiges*
- **Gaslicht**
  ☞ *Licht - Gaslicht*
- **Sonnenlicht**
  ☞ *Licht - Sonnenlicht*

– **Jahreszeiten** [nur im Kapitel Allgemeines!]
- **Winter**
  ☞ *Allgemeines - Jahreszeiten - Winter*

– **Wetter**
- **bewölkt**
  ☞ *Wetter - bewölktes*
- **nasses** Wetter
  ☞ *Wetter - nasses*
- **Wetterwechsel**
  ☞ *Wetter - Wetterwechsel*

4f. Modalitäten von Speisen und Getränke

- Alle Modalitäten sind Unterrubriken der vier Hauptmodalitäten für Speisen und Getränke: agg., amel., Abneigung und Verlangen.
- Beachten Sie, daß „Wein - Beschwerden durch“ als synonym zu „Wein - agg.“ betrachtet wird und nur letztgenanntes Symptom beibehalten wird.
- Im Kapitel Magen finden Sie die Rubriken „Verlangen“ und „Abneigung“ ohne Ergänzungen zu Kents Einträgen. Alle Ergänzungen zu den obengenannten Rubriken finden sich in der Rubrik „Allgemeines - Speisen und Getränke“.[17]

4g. Kombinierte Modalitäten

- Tausende von Modalitäten beziehen sich gleichzeitig auf mehrere Modalitäten (kalte Luft, warmes Bett, warme Getränke, kaltes Baden, warme Anwendungen etc.). Etwa die Hälfte davon wurde bislang so eingefügt, daß die „Temperaturkomponente“ zum Leitwort wurde (kaltes Baden amel.), die andere Hälfte hatte die zweite Komponente als Leitwort (Baden - kaltes Baden amel.).

  Beispiele: „Extremitäten - Schmerz - Arme - Waschen - kaltes Wasser“ aber *„Extremitäten - Schmerz - reißend - Finger - kaltes Waschen“*

  Ein weiteres Beispiel: „kaltes nasses Wetter“ bezieht sich im Original-Kent auf 14 Symptome, „kaltes, feuchtes Wetter“ auf 28. Bislang wurden Ergänzungen in beiden Schreibweisen durchgeführt. In beiden Fällen sind einige Symptome nicht unter „k“ für kalt zu finden oder „f“ für feucht, sondern unter „W“ für Wetter!

- Um diese Verwirrung zu beenden, haben wir Syntax-Regeln für kombinierte Modalitäten aufgestellt und alle neuen Symptome entsprechend eingefügt und soweit möglich auch die existierenden Symptome nach denselben Regeln umgearbeitet.
- Die Liste der kombinierten Modalitäten finden Sie auf Seite A-47 .

4h. Synonyme Rubriken

- Es wurde die Regel aufgestellt, Synonyme zu einer einzigen Rubrik zusammenzufassen, die als einzige die Arzneimittel enthält. Alle anderen Rubriken verweisen auf diese Rubrik. Die Rubrik mit Arzneimitteln ist dabei diejenige, die für das Leben des Patienten die größere Bedeutung hat.

---

[17] Nota: In der Edition 7 sind die entsprechenden Rubriken ausschließlich im Kapitel Allgemeines zu finden.

Beispiel: „Gemüt - Erregung - abwechselnd mit - Konvulsionen" ist identisch mit „Allgemeines - Konvulsionen - abwechselnd mit - Erregung". Im Kapitel „Allgemeines" wird entsprechend ein Querverweis auf das Kapitel „Gemüt" angelegt, da die Gemütssymptome von höherem Rang sind.

5. Erstreckt sich zu (in Schmerzrubriken)

- Die Syntax dieser Symptome lautet:

▽ **erstreckt** sich zu
  - **Region**

- Diese Formulierung wird auch dann benutzt, wenn sie sprachlich nicht ganz korrekt ist (z.B. „oben; nach"). Es gibt dabei drei Typen von Rubriken, die auf erstreckt sich zu folgen können:

▽ **erstreckt** sich nach (z.B oben) [18]
▽ **erstreckt** sich zu (z.B. zur Brust)
▽ **erstreckt** sich in (z.B. in das Herz)

- Da „erstreckt sich" in all den genannten Beispielen vorkommt, wurde die häufigste Variante „erstreckt sich zu" als Standard gewählt. Durch Anwendung dieser Regel wird auch eine Zweideutigkeit vermieden: Der Ausdruck „extending - leg" kann [in der englischen Sprache] zwei Bedeutungen haben: „extending the leg" [Strecken des Beines] und „extending to the leg" [erstreckt sich zum], sofern diese Syntax nicht angewandt wird.
- Das Leitwort der nachfolgenden Ebenen sollte ein Ort sein und keine Spezifizierung desselben.

  Beispiel: statt „erstreckt sich zu - innerer Hals" muß es heißen: „erstreckt sich zu - Hals; innerer", statt „erstreckt sich zu - linke Schulter" muß es heißen „erstreckt sich zu - Schulter; linke".

- Die Erstreckung wird immer vom Ausgangspunkt aus beschrieben. Repertoriumssymptome, die dieser Regel nicht gefolgt waren, wurden entsprechend verschoben, gegebenenfalls in ein anderes Kapitel.

18. Beachten Sie das nach unten weisende Dreieck zur Kennzeichnung dieser Rubriken.

Beispiel: „Harnröhre - Schmerz - ziehend - erstreckt sich zum Anus - vom Anus durch die Harnröhre" wurde verschoben zu: „Rektum - Schmerz - ziehend - erstreckt sich..."

6. Die Orte

- Orte beginnen [in der englischen Version] mit einem Großbuchstaben.
- Bei zusammengesetzten Ortsangaben wie „Upper limbs" beginnt nur das erste Wort mit einem Großbuchstaben.
- Haben Orte untergeordnete Orte, so stehen diese in Kleinbuchstaben (z.B. Fingers - first).

□ *Anmerkungen:* Nur in einigen Kapiteln werden „Seiten" als Orte betrachtet: In den Kapiteln Kopf, Äußerer Hals, Brust und Abdomen. In allen anderen Kapiteln gehören sie als Block von Symptomen zu den „Seiten". Entsprechend findet man „Kopf - Seiten" nach „erstreckt sich zu". In allen anderen Kapiteln gehört „Seiten" zu dem gleichnamigen ersten Block von Symptomen.

□ „Seite; auf der er liegt" wird als Modalität betrachtet.

7. Schmerzqualitäten

- Schmerzqualitäten treten nur in der 3. Ebene eines Symptoms auf (z.B. Kopf - Schmerz - stechend).
- Folgt einer solchen Schmerzqualität eine weitere Beschreibung der Schmerzen, um diese genauer zu erklären oder abzuwandeln, so wird diese Beschreibung normal alphabetisch unter die Modalitäten eingeordnet und nicht erneut als ein weiterer Block von Schmerzqualitäten.

  Beispiel: „Augen - Schmerz - stechend - brennend": brennend wird unter die Modalitäten von stechend sortiert.

8. Andere Beschreibungen

- Bei einer begrenzten Zahl von Rubriken folgt den Modalitäten oder dem „erstreckt sich zu" - je nachdem welche Gruppe die letzte ist - eine *zweite, alphabetisch sortierte Gruppe von Symptomen.* Es handelt sich nicht um

Beschreibungen von Schmerzen, sondern Beschreibungen von Charakteristika des Symptoms.

- Bei diesen Symptomen beginnt die alphabetische Sortierung ein zweites Mal, um diese „anderen Beschreibungen" aufzuführen.

- Dies ist für die folgenden Symptome mit zwei Ebenen der Fall:

Kap. **Kopf - Geräusche**

Kap. **Sehen - Farben**

Kap. **Ohr - Geräusche**

Kap. **Nase - Absonderungen**

Kap. **Gesicht - Hautausschläge**

Kap. **Magen - Aufstoßen**[19]

Kap. **Magen - Erbrechen**

III. Die Sprache des Repertoriums

- Die Sprache des Repertoriums unterscheidet sich von der der Materia Medica und ebenso von der des Patienten, da das Repertorium ein stärker begrenztes Vokabular benutzt. Es ist wichtig, diese Eigenschaft des Repertoriums im Auge zu behalten, besonders da immer mehr neue Rubriken geschaffen werden.

- Menschen gebrauchen oft unterschiedliche Worte und Beschreibungen, um dasselbe auszudrücken. Dieser Reichtum spiegelt sich in dem exakten Wortlaut der Materia Medica wieder. Der Kern eines vom Patienten zum Ausdruck gebrachten Symptoms wird im Repertorium aber nur an einer Stelle zu finden sein. Ansonsten würde das Nachschlagen im Repertorium zu einer mühevollen Aufgabe: Für jedes Symptom müßte man an alle möglichen Synonyme denken, um alle passenden Arzneimittel zu finden. Jetzt gehen wir nur zu einer Rubrik, möglicherweise durch Synonyme darauf hingeführt.

[19] In Edition 7 wurden für Aufstoßen und Erbrechen zwei neue Hauptrubriken angelegt: „Aufstoßens; Art des" und „Erbrochenen; Art des".

1. Bevorzugte Begriffe, Ausdrücke, Rechtschreibung

- Wer regelmäßig mit dem Repertorium arbeitet, beginnt zu erkennen, daß bestimmte Begriffe und Ausdrücke öfter gebraucht werden als andere. Es wäre sehr mühsam, eine vollständige Liste aller bevorzugten Wörter und Ausdrücke aufzuführen und man müßte daraus schließen, daß sie sowieso nicht vollständig angewandt worden ist.

- Man sollte sich jedoch der Vorteile eines solchen „eingeschränkten" Vokabulars bei der Bearbeitung alter und beim Einfügen neuer Symptome bewußt sein. Es erlaubt es uns, Symptome schneller und einfacher zu finden.

  Ein Beispiel: Eine typische Repertoriumsformulierung ist „besser durch". Sie wird so häufig benutzt, daß die Abkürzung „amel." eingeführt wurde. Trotzdem findet man die Idee „besser durch" in Repertorien noch in anderen Formulierungen wie: „xxx bessert", „verbessert durch", „Verbesserung", "vergeht nach", „verschwindet nach", „gelindert durch" etc. All diese Formulierungen wurden in Synthesis durch „amel." ersetzt.

- Dasselbe gilt für die Rechtschreibung. Das Kentsche Englisch des 19. Jahrhunderts wurde [in der englischen Fassung] in modernes amerikanisches Englisch übertragen, wobei Websters Dictionary als Grundlage benutzt wurde.[20]

- Insgesamt wurde versucht, die Sprache von *Synthesis* so weit wie möglich der Alltagssprache anzunähern. Bei medizinischen Ausdrücken wurde versucht, möglichst gebräuchliche Krankheitsbezeichnungen zu benutzen.[21]

- Zahlreiche Verweise führen Sie dabei jeweils zu den korrekten Begriffen.

[20] Zur Rechtschreibung der deutschen Fassung siehe das Vorwort des Verlags auf Seite XIII.

[21] Alte Begriffe, die heute keine eindeutige Entsprechung mehr haben, wie wassersüchtig, Schwindsucht und bei denen die Quellen keine Eindeutigkeit erlauben, wurden in den alten Termini belassen, um keine höhere Präzision vorzutäuschen, als die Vorlage liefert [Anm. d. Übers.]

2. Mehrdeutigkeiten

- Jede Sprache hat mißverständliche Worte und Ausdrücke.[22] Wir möchten dabei Ihre Aufmerksamkeit auf ein paar für das Repertorium besonders wichtige Beispiele lenken. Wo immer es möglich war, wurden Mehrdeutigkeiten beseitigt. Wir empfehlen diese Regeln besonders beim Anlegen neuer Rubriken zu berücksichtigen.

- *Brust* wird nicht im Sinne von Mamma verwendet. Ist die weibliche Brust gemeint, sollte der Begriff Mammae benutzt werden.

- *Geburt* bezieht sich immer auf das Kind. Ist der Geburtsvorgang gemeint und dabei Symptome der Mutter, so wird der Ausdruck Entbindung verwendet.

- *Wasser* wird folgendermaßen spezifiziert: entweder als „Wasser; Trinken von" (z.B. „Wasser; Trinken von - kaltes") oder als kalte Anwendungen.

□ *Anmerkungen:* a) bei einigen Symptomen benötigen wir noch Zeit für weitere Quellenprüfungen, um zu sehen, ob eine Anwendung von Wasser oder das Trinken gemeint war. Dieses Problem tritt auch bei Unterrubriken wie „kaltes Wasser", „warmes Wasser" auf, wenn beide Interpretationsmöglichkeiten vorliegen. b) Wenn es primär um den Akt des Trinkens als solchen geht, also nicht dezidiert Trinken von Wasser, sollte man nur „Trinken" als Rubrik benutzen.

- *Wochenbett* finden sich in der Rubrik „Entbindung - nach".

3. Synonyme und Querverweise

- Die Unterscheidung, die wir zwischen diesen zwei Kategorien treffen, basiert auf einem technischen Unterschied innerhalb der Repertorien, wenn von einer Rubrik auf eine andere verwiesen wird.

- *Querverweise* sind Rubriken *mit Arzneimitteln* und weisen auf andere Rubriken mit Arzneimitteln hin. Die Bedeutungen sind ähnlich, aber ausreichend unterschieden, um verschiedene Rubriken zu rechtfertigen. Die Arzneimittel und die Unterrubriken werden jeweils bei der geeignetsten Rubrik ergänzt.

- *Synonyme* sind Rubriken *ohne Arzneimittel* und weisen auf die Rubrik (das Master-Synonym) hin, die die Arzneimittel enthält. In der Repertoriumssprache werden die Synonymrubriken als synonym mit dem Master-Synonym betrachtet. Die Arzneimittel und Unterrubriken werden unter dem Master-Synonym ergänzt.

- Hierfür wird eine Syntax benutzt, die wir systematisch anwenden, um Konsistenz und Benutzerfreundlichkeit im gesamten Repertorium zu gewährleisten:

- „Kapitel - Hauptrubrik - Rubrik", wenn sich der Querverweis in einem anderen Kapitel befindet.

- „Hauptrubrik - Rubrik", wenn sich der Querverweis im selben Kapitel befindet.

- „Rubrik", wenn sich der Querverweis in derselben Hauptrubrik befindet.

- „Kapitel - Hauptrubrik - Rubrik", wenn sich das Synonym in einem anderen Kapitel befindet.

- „Hauptrubrik - Rubrik", wenn sich das Synonym im selben Kapitel befindet.

- „Rubrik", wenn sich das Synonym in derselben Hauptrubrik befindet.

[22] Insbesondere bei Homonymen, d.h. gleichlautenden Worten mit unterschiedlicher Bedeutung, wie Spinnen als Handwerk und als Tiere [Anm. d. Übers.].

Ergänzungen

Als ich (1978) anfing, Homöopathie zu praktizieren, gab es eine bedeutende Zahl von Homöopathen, die der Meinung waren, es sollten keine Ergänzungen zu Kents Repertorium gemacht werden. Der Gedanke war der, daß das Repertorium weise und mit Bedacht gewählte Informationen enthielt und Ergänzungen nur die Abneigung gegen ein Übermaß an Informationen erhöhen könnten. Man könnte sich zum Glauben verleiten lassen, dies sei auch Kents Vision gewesen, als er die dritte Ausgabe seines Repertoriums mit den folgenden Worten einleitete: „Sie werden hierin alle Arzneimittel von einigem Wert vorfinden. Das Buch ist vollständig." Aber es gibt einen Bericht von einem Gespräch mit seiner Frau kurz vor seinem Tode, in dem er dieser widersprach, als sie eben diese Aussage machte. Er gestand Dr. Frederika Gladwin, daß „seine Arbeit fast getan sei. Falls sie fortgesetzt werden müsse, so müßten seine Studenten sich darum kümmern".

Heute scheint es kaum mehr Zweifel an der Notwendigkeit von Ergänzungen zu geben. Aber es kommt ein anderes Problem zum Vorschein: eine wachsende Zahl von Homöopathen zweifelt an der Verläßlichkeit von Kollegen, die plötzlich Hunderte, wenn nicht gar Tausende von Ergänzungen aus ihrer klinischen Erfahrung beibringen. Ich bin der Ansicht, daß wir einen resoluten Standpunkt einnehmen sollten und gegenseitig unser „Fieber nach Ergänzungen" behandeln müssen. Darüber hinaus sollten wir es mit peinlicher Genauigkeit in bezug auf korrekte Ergänzungen ausgleichen.

I. Die Quellen

1. Gegenwärtige Ergänzungen

- Aus welchen Quellen wurden frühere Ergänzungen durchgeführt?

- In *Synthesis* finden Sie Ergänzungen aus den heutzutage am häufigsten benutzten Repertorien: aus Bogers Version des Repertoriums von Boenninghausen, aus Oscar Boerickes Repertorium, Phataks Repertorium usw.

- Es wurden Symptome aus vielen Arzneimittellehren eingearbeitet, besonders von klassischen Autoren wie:

- □ *Hahnemann:* Viele der Symptome von Hahnemann waren bislang nicht in Kents Repertorium zu finden.

- □ *Kents Materia Medica:* dieses Werk wurde auf der Basis der enormen Arbeit von Dr. Linda Johnston (Los Angeles, USA) vollständig integriert.

- □ *Herings Encyclopedia* : dieser Quelle wurde gegenüber der Sekundärquelle, dem Repertorium von Knerr, der Vorzug gegeben, obwohl es das gleiche Material enthält.

- □ *Allens Encyclopedia*: Es wurde das Originalwerk herangezogen, nicht der Index, der viele Fehler und Auslassungen enthält, wie wir mit Hilfe der Stichwortsuche des Radarprogrammes herausfanden. Wann immer möglich, haben wir gekennzeichnet, ob die Information aus dem Textteil von Allen stammt oder aus dem Index zur Encyclopedia).

- □ *Roberts „Sensations as if"* [Als-Ob-Empfindungen]. Obwohl manche es als ein Repertorium betrachten, handelt es sich um einen Volltext, der in Zeilen strukturiert wurde. Es braucht viel Zeit, ihn in korrekte Repertoriumsstruktur zu überführen, aber das Buch wird gerade in Kents Repertorium eingearbeitet.

- □ Es wurden noch weitere Materiae Medicae eingearbeitet, wenn auch aufgrund des damit einhergehenden Arbeitsaufwandes meist nur zum Teil. Erwähnenswert sind: Clarkes Dictionary, William Boerickes Materia Medica, Phataks Materia Medica, Borlands Bücher, die Drug Pictures von Tyler usw.

- Besonderer Dank gilt an dieser Stelle den europäischen Homöopathen unter der Leitung von Dr. Thomas Lowes (München, BRD) und den amerikanischen Homöopathen, die mit Dean Crothers (Seattle, USA) zusammenarbeiteten.

- Viele andere Homöopathen haben großartige Arbeit geleistet, besonders was einzelne Arzneimittel in verschiedenen Quellen angeht oder durch Forschungsarbeit entsprechend ihren Interessen. In *Synthesis 5* findet man beispielsweise wesentlich vollständigere

Mittelbilder zu den Nosoden: Ergänzungen aus Henry Allens Nosoden, Symptomen-Sammlungen zu Carcinosinum, Psorinum, verschiedene Arten von Tuberculinum und Medorrhinum.

- Es wurde auch eine bedeutende Zahl klinischer Beobachtungen zeitgenössischer Autoren eingefügt. Die größte Zahl von Ergänzungen dieser Kategorie stammt von George Vithoulkas, der so freundlich war, das Vorwort zu diesem Repertorium zu schreiben. Wir haben große Sorgfalt dabei angewandt, daß in Synthesis sein klinischer Erfahrungsschatz - der wohl der derzeit in der Homöopathie größte überhaupt sein dürfte - in bestmöglicher Weise wiedergegeben wird.

□ George Vithoulkas hat eine große Zahl von Homöopathen in einem klinischen Zentrum in Athen versammelt. Alle Konsultationen stehen unter der Supervision von erfahrenen Homöopathen oder ihm selbst. Heute arbeiten 34 Ärzte im Zentrum und Vithoulkas schätzt, daß er mehr als 150.000 Fälle betreut hat.

□ Vithoulkas selbst hat seine Ergänzungen nicht veröffentlicht. Die bislang beste Quelle ist das Büchlein von Dr. Bill Gray (1979) über Notizen während dessen Aufenthalts in Athen. Erstmals hat George Vithoulkas selbst seine Ergänzungen für das Kapitel „Gemüt" niedergeschrieben und sie wurden in Synthesis aufgenommen. Das Kapitel „Gemüt" hat nun mehr als 1600 überprüfte Ergänzungen aus seiner Hand. Viele dieser Ergänzungen wurden von anderen Autoren bestätigt.

Nach seinen Anweisungen wurden in verschiedenen Versionen von Synthesis noch weitere Ergänzungen für andere Kapitel aufgenommen. In dieser Version[23] haben wir auch seine Hinweise zu Veränderungen von Graden (meist sind es Aufwertungen bestimmter Mittel) aufgenommen.

Wenn ein Arzneimittel nach Vithoulkas einen anderen als den bestehenden Grad verdient, so wird dies durch das folgende Zeichen gekennzeichnet: anstelle der bloßen Quellenangabe „vh" steht z.B. Acon.$_{3vh}$, was bedeutet, daß das Mittel im dritten Grad stehen sollte. Es wurden mehr als 1000 solcher Hinweise eingefügt.[23] Durch die Beibehaltung des ursprünglichen Grades in der Schreibweise des Mittels [also z.B. *Acon.* für den 2. Grad] bleibt die Entscheidung frei, ob man sich dieser Bewertung anschließen möchte oder nicht.

[23] Dies bezieht sich auf Version 5. [Anm. d. Verlags.]

2. Zukünftige Ergänzungen

- Es wäre irreführend, irgendein Repertorium als vollständig zu bezeichnen. Es wird immer weitere Arbeit nötig sein, um die Qualität von Synthesis weiter zu erhöhen und dessen Inhalt zu vermehren; und es ist gewiß, daß diese Arbeit nie vollständig beendet sein wird. Infolgedessen laden wir alle jetzigen Mitarbeiter und alle anderen dazu ein, sich weiter an dieser Mitarbeit zu beteiligen.

- Die fruchtbarsten Beiträge entstehen, wenn jeder das tut, was ihn oder sie interessiert: sei es über das Arzneimittel, das er benötigt, über einen Autor, den man mag etc. Trotzdem hier ein paar Vorschläge:

□ Falls Sie planen, eine große Arbeit durchzuführen, prüfen Sie, ob diese nicht bereits von jemand anderem getan oder begonnen wurde.

□ Auf jeden Fall ist es vorteilhaft, bereits eingegebene Ergänzungen zu überprüfen, so wie wir es bei früheren Ergänzungen getan haben.

□ Die meisten unserer Mitarbeiter geben den sogenannten klassischen Autoren den Vorrang (Hahnemann, Kent, Allen, Hering, Clarke und Boericke).

□ Wir sollten auch weiterhin den verläßlichsten Quellen den Vorrang geben. Schriftliche Quellen und Bestätigungen existierender Materialien werden für lange Zeit die beste Wahl darstellen. Es ist wertvoller, eine Bestätigung durch jemanden zu erhalten, der nicht derselben Schule angehört, als von demjenigen, von dem der Eintrag stammt.

- Und zu guter Letzt: die verläßlichsten Symptome findet man, wenn man die Quelle *in der Originalsprache* benutzt.

II. Kriterien für Ergänzungen

1. Das Vertrauen in Ergänzungen

- Nicht alle Homöopathen sind mit den Ergänzungen ihrer Kollegen einverstanden oder mit den Kriterien, nach denen Ergänzungen durchgeführt werden. Im gedruckten Buch besteht nur die Möglichkeit die Quellen deutlich anzuzeigen, so daß sich jeder selbst entscheiden kann.[24]
- Aber es gibt noch weitere Perspektiven für die Zukunft. Jedem Arzneimittel wird ein Wert für die Vertrauenswürdigkeit zugeordnet, der auf homöopathischen Kriterien beruht, so daß man jederzeit in der Lage ist, nur die verläßlichsten Quellen auszuwählen. Der geringste Grad an Vertrauenswürdigkeit bedeutet, daß es sich um eine einmal gemachte Ergänzung eines beliebigen Autors handelt. Wenn andere Homöopathen dieselbe Beobachtung machen und dieselbe Ergänzung vornehmen, so steigt damit die Vertrauenswürdigkeit. Der Grad 2 für die Vertrauenswürdigkeit erscheint, wenn ein Arzneimittel zum Originalrepertorium von Kent gehört, oder wenn mindestens drei verschiedene Autoren dieselbe Information einbringen.
- *Der Grad eine Arzneimittels* spiegelt jedoch *nicht* die Vertrauenswürdigkeit eines Mittels wieder! Es ist sehr gut möglich, daß verschiedene Quellen bestätigen, daß ein Symptom manchmal, aber nicht oft, bei einem Arzneimittel gefunden wird: in diesem Fall steigt die Vertrauenswürdigkeit, aber nicht der Grad des Arzneimittels.
Anfangs wird dieses Werkzeug nur denjenigen zur Verfügung stehen, die mit dem Computer arbeiten, da wir noch daran arbeiten, wie man dies im Druck darstellen könnte. Für den Augenblick scheint die einzige vernünftige Lösung zu sein, nach Abwägung alle Ergänzungen zu akzeptieren, unter der Voraussetzung, daß die Ergänzungen mit Vorsicht und Präzision durchgeführt wurden. Es gibt keine Auswahl, die jeden zufriedenstellen könnte. Können wir uns weigern, Ergänzungen lateinamerikanischer Schulen anzunehmen? Oder dürften wir nur ihre Ergänzungen einarbeiten? Nicht jeder wäre damit zufrieden.
- Wir sind Instrumentebauer und Synthesis ist wie eine Geige. Wir können dafür sorgen, daß sie bezaubernd klingt, aber wir können nicht festlegen, welche Musik darauf gespielt wird: Mozart, eine böhmische Rhapsodie oder eine Kakophonie.

2. Schriftliche versus mündliche Quellen

"Verba volant, scripta manent"[25]

- □ Ein weiterer Punkt, der unsere Aufmerksamkeit verdient, ist der folgende Fall: Wenn Homöopath X eine Ergänzung von Kollege Y zitiert, sollte er sicher sein, daß Y aus eigener Erfahrung gesprochen hat.
- □ Die wichtigste Frage, die sich stellt, wenn Ergänzungen vorgeschlagen werden, lautet: „von wem stammt sie?“ Gibt es keine zufriedenstellende Antwort, so tun wir gut daran, sie nicht aufzunehmen.[26]

3. Prüfungen versus klinische Erfahrung

- Prüfungen waren immer die Primärquelle homöopathischen Wissens. Da die meisten Prüfungen unter der Supervision von erfahrenen Homöopathen stehen und wirklich wissenschaftliche Untersuchungen darstellen, sind die Ergebnisse in der Regel verläßlicher als andere. Die Regeln, um brauchbare Symptome aus einer Prüfung zu extrahieren, sind in ausreichendem Maße festgelegt, aber trotzdem, so Jeremy Sherr: „gute Supervision ist der Schlüssel zu einer guten Prüfung.“[27]

---

24. Wobei aus Platzgründen und der Übersichtlichkeit halber die Zahl der Quellen pro Arzneimittel auf zwei beschränkt wurde. Für Radar-Anwender wurde eine Technik entwickelt, die es gestattet, Autoren, mit denen man arbeiten oder nicht arbeiten will, aus- bzw. abzuwählen.

25. "Worte sind flüchtig, Geschriebenes bleibt erhalten“ oder es ist selbstverständlich, daß das, was niedergeschrieben wurde, höheren wissenschaftlichen Wert hat, als das was mündlich erzählt wird.

26. Im Computerrepertorium Synthesis sind deshalb nur Ergänzungen unter Angabe eines Autoren möglich.

- Bei klinischen Daten ist es anders, da sich einzelne Homöopathen voneinander unterscheiden. Der eine Homöopath erwähnt widerwillig nach zehn Jahren der Praxis eine neue Ergänzung, während ein anderer vor Freude über seine zehn Ergänzungen im ersten Jahr seiner Praxis aufschreit.

- Ich möchte keine Regeln diktieren, aber ich bin der Ansicht, daß es eine allgemeine Überzeugung ist, daß mindestens zehn Jahre intensiver praktischer Tätigkeit nötig sind, bevor man der Allgemeinheit Ergänzungen „anbieten" sollte.

- Selbst erfahrene Homöopathen stimmen darin überein, daß Ergänzungen, die rein aus klinischen Erfahrungen stammen, nur mit Vorsicht aufgenommen werden sollten. Dies ist der Grund, warum wir in *Synthesis* Ergänzungen „lebender" Autoren im ersten Grad aufnehmen. Werden sie bestätigt, so bekommen sie schließlich einen höheren Grad.

- Und letztendlich: wann werden Symptome eines geheilten Falles zu möglichen Ergänzungen? Es gibt einen Unterschied im Verhalten gegenüber akuten und chronischen Fällen.

- Ein chronischer Fall kann Ergänzungen liefern:

□ Wenn die Reaktion auf das Arzneimittel eindeutig ist, d.h. wenn keine Beeinflussung durch andere Umstände stattfindet, keine Vermischung mit anderen Arzneimitteln oder Therapien.

□ Wenn die Reaktion auf das Arzneimittel spektakulär ist und sich wiederholt. Eine starke Reaktion auf eine einzelne Gabe ist kein genügender Beweis für die Wirkung eines Arzneimittels: wir müssen uns der Placeboeffekte bewußt sein. Wenn das gleiche Symptom ein zweites und ein drittes Mal verschwindet, spüren wir sogleich mehr Vertrauen in das Mittel, das dies hervorruft.

[27] Jeremy Sherr und seine Kollegen (aus Northhampton, England) führten sehr gut organisierte Prüfungen von Skorpion, Wasserstoff [Hydrogenium] und Schokolade durch.

□ Wenn die Wirkungsdauer den Placeboeffekt deutlich überschreitet z.B. durch „ein nettes Gespräch".

□ Es kann einige Jahre dauern, bevor man entscheiden kann, ob ein chronischer Fall „gut genug ist", um ihn für Ergänzungen zu benutzen.

- Ein akuter Fall kann Ergänzungen liefern:

□ Wenn die Reaktion eindeutig ist (s.o.).

□ Wenn die Reaktion auf das Arzneimittel spektakulär ist und den Patienten zu sofortiger Heilung führt (und keine weiteren Arzneimittel oder Therapie nötig ist).

□ Wenn die Besserung im richtigen Zeitraum einsetzt. Bei einem sehr akuten Fall sollte sie innerhalb von 24 Stunden, vorzugsweise innerhalb von 12 Stunden nach der Gabe erfolgen. Seien Sie sich bewußt, daß sich einige akute Fälle von allein bessern, wenn Sie lange genug warten. Wir sollten es vorziehen, nur sehr spektakuläre Fälle zu verwenden.

- Sowohl in akuten wie in chronischen Fällen ist es ein Schlüssel, sich des Placeboeffektes bewußt zu sein. Aus diesem Grund weist Dr. Jacques Imberechts (Brüssel, Belgien) Homöopathen an, zuerst Placebos zu verschreiben.

III. Vorgehensweisen bei Ergänzungen

- Stehen Symptom und Arzneimittel einmal fest, muß man im bestehenden Repertorium suchen, ob das Symptom bereits existiert. Es ist sehr wichtig, Zeit in dieses Verfahren zu investieren, ansonsten werden zu viele ähnliche Rubriken geschaffen. Sie sollten sich dessen bewußt sein, daß das Repertorium eine Sammlung homöopathischer Information darstellt und entsprechend ist auch dessen Sprache. Ich darf auf Abschnitt 3. „Die Sprache des Repertoriums" (S. A-13) verweisen, wo Hinweise auf bevorzugte Begriffe, Ausdrücke und Rechtschreibung zu finden sind. Existiert bereits eine Rubrik, die der Bedeutung des zu ergänzenden Symptoms nahekommt, sollte man kein neues Symptom bilden.

1. Ergänzungen eines Arzneimittels

- Existiert die Rubrik bereits, so muß nur noch das Arzneimittel ergänzt werden. Das einzige Problem ist der Grad.
- Bestimmung des Grades eines Mittels:

□ Ergänzungen lebender Autoren sollten im ersten Grad erfolgen.
Ergänzungen aus der Literatur sollten bei wenig bekannten Autoren im ersten Grad erfolgen. Bei klassischen Autoren[28] oder Autoren, deren Qualifikation Sie hoch einschätzen, fügen Sie den Grad ein, der vom Autor vorgeschlagen wird.

□ *Synthesis* benutzt nach Dr. Pierre Schmidt vier Grade. Die Art und Weise, in der die Bedeutung der zwei, drei, vier oder manchmal sogar fünf Grade für Arzneimittel in der Materia Medica in die vier Grade von *Synthesis* übertragen wurde, wird im Anhang auf S. A-50 im Abschnitt „Grade von Ergänzungen" im Detail beschrieben.

□ Sind unterschiedliche Ansichten über den Grad des Arzneimittels vorhanden, sollte man dem Vorschlag des „klassischen oder anerkannten Autors" den Vorzug geben.

- Ist das Arzneimittel bereits in Kents Repertorium enthalten, sollte es nicht unnötigerweise ergänzt werden.

2. Ergänzung eines Symptoms

- Das zu ergänzende Symptom sollte zuerst in die Repertoriumssprache überführt werden, wie oben im Abschnitt „Bearbeitung der Symptome" beschrieben wurde. Die nachfolgenden Vorschläge für Regeln, wie neue Symptome ergänzt werden sollen, wurden zum Teil von den Regeln angeregt, die von Dean Crothers (Seattle, USA) und seinen Mitarbeitern benutzt werden.[29]

- Eine neue Rubrik wird nur eingefügt, wenn sie etwas Charakteristisches zum Ausdruck bringt.

- *Die wichtigste Regel ist:* Die Ergänzung wird bei der spezifischsten Rubrik vorgenommen, nicht bei allgemeineren Rubriken.

  Nehmen wir an, das folgende Symptom soll ergänzt werden: „Auge - Schmerz - stechend - Husten, beim". *Je mehr verschiedene Modalitäten gleichzeitig existieren, desto spezifischer ist das Symptom. Und das Spezifische dieser Information sollte erhalten bleiben. Das Symptom erlaubt es daher nicht, dasselbe Arzneimittel in die allgemeinere Rubrik* „Auge - Schmerz - stechend" *oder in die Rubrik* „Auge - Schmerz - Husten, beim" *einzuordnen.*

- Boenninghausen fügte auf dieser Basis Arzneimittel in die allgemeineren Rubriken ein - was einer der Hauptunterschiede zu Kents Ansatz darstellt. Da die Homöopathie individualisiert, sollten wir nicht grundlos die individuellere Information gegen allgemeinere, unschärfere Symptome eintauschen.

- Wenn es aus der Prüfung oder aus einem Fall heraus klar wird, daß das Spezifische eines Symptoms wichtig ist, sollten wir nicht zögern, eine neue Rubrik zu bilden, selbst wenn ein ähnliches Symptom oder ein Teil des Symptoms bereits vorliegen.
  In unserem Beispiel verursacht das Husten wirkliches Stechen, nicht einfach nur Schmerzen. Deshalb ergänzen wir das Symptom bei „Schmerz - stechend - Husten, beim".

- Ein Arzneimittel kann nur dann zu einer allgemeineren Rubrik hinzugefügt werden, wenn mehrere spezifischere Rubriken dies rechtfertigen.

  Im vorangehenden Beispiel kommt es auch zu stechenden Schmerzen im Auge durch Niesen, beim Bücken, bei Bewegung. Deshalb

---

28. Als „klassische" Autoren betrachten wir u.a.: Timothy Allen (A); Henry Allen (AL); James Henry Allen (ALJ); Boenninghausen (B); Boger (BG); Boericke William (BR; Boericke Oscar (BR); Clarke (C); Hahnemann (H); Hering (HR); Jahr (J); Kent (K); Knerr (KR) und Nash (NH). Unsere Auswahl mag sich von der Ihren unterscheiden, sie dient nur als ein Hinweis.

29. Crothers, Dean: „A Semi-Automated Method for Making Additions to Kent's Repertory" [Eine halbautomatische Methode zur Herstellung von Ergänzungen zu Kents Repertorium] in „Proceedings of the 42nd Congress of the LIGA" (1987).

können wir das Arzneimittel auch in die [allgemeinere] Rubrik „Auge - Schmerz - stechend" *einfügen, auch wenn dieses Symptom als solches von keinem Prüfer erwähnt wurde.*

Ein weiteres Beispiel: In einem Fall wird „Furcht vor Donner" *geschildert. Egal wie stark diese Furcht vor Donner sein mag oder in wievielen Fällen desselben Arzneimittel von Furcht vor Donner berichtet wird: Das Arzneimittel darf nicht in die Hauptrubrik* „Furcht" *eingetragen werden. Nur wenn verschiedene Arten von Furcht berichtet werden, kann man es in der Hauptrubrik* „Furcht" *nachtragen.*

- Wird eine Modalität weiter differenziert oder abgewandelt, dann ist die Modalität zu bevorzugen, die näher am Kern des Symptoms liegt, außer es gibt Anzeichen, daß beide Modalitäten gleich wichtig sind.

  Nehmen wir das Symptom „ziehend stechender Schmerz", *so können wir sagen, daß das* „ziehend" *eine Spezifizierung von* „stechend" *ist, und wir fügen das Arzneimittel bei* „stechend" *ein. Ist das Symptom jedoch* „ziehender, stechender Schmerz" *oder noch stärker* „ziehender und stechender Schmerz", *so muß das Arzneimittel in beiden Rubriken* „Schmerz - ziehend" *und* „Schmerz - stechend" *ergänzt werden.*

- Modalitäten sind nur dann in Betracht zu ziehen, wenn sie wirklich relevant sind.

  „Rückenschmerzen am Morgen" *sind nur dann relevant, wenn zu anderen Zeiten, am Nachmittag etc., nur geringe oder keine Rükkenschmerzen vorhanden sind. Wenn diese Schmerzen an verschiedenen Zeiten des Tages auftreten, dann ist die „Zeit-Modalität" wenig relevant, da keine Zeit wirklich „typisch" ist. Die Frage ist also: „Ist es bemerkenswert, daß die Rückenschmerzen am Morgen erscheinen".*

- Dieselbe Vorsicht ist bei den Modalitäten der „Seiten" und „Orte" notwendig, manchmal auch bei anderen Modalitäten. Beim Hinzufügen von Symptomen, ist die Frage, die wir uns am häufigsten stellen sollten: „Ist es bemerkenswert, daß?"

- Längere Symptome sollten in sinnvolle Teile gespalten werden, d..h. man sollte nicht versuchen, sehr komplexe Symptome in eine einzige Rubrik zu pressen. In der Vorausschau späterer Ergänzungen sollte eine konsistente, in sich geschlossene Struktur geschaffen werden. Nur wenn eine Verbindung zwischen den zwei Modalitäten existiert, sollten sie zusammenbleiben, wobei dann eine Modalität die Unterrubrik der anderen bildet.

  Herings Symptom (von Bromium) „Husten, der durch Körperübungen und beim Eintritt in ein warmes Zimmer verschlimmert wird", *sollte nicht in eine einzelne Rubrik geschrieben werden (was genau das ist, was Kent getan hat:* „Husten, gelöst - Körperübungen und warmes Zimmer agg."*). Entsprechend ist Bromium in zwei Rubriken zu ergänzen:* „Husten - gelöst - Körperübungen" *und* „Husten - gelöst - warmen Zimmer, im - Eintritt in ein warmes Zimmer; beim".

Liste der wichtigsten Veränderungen und Korrekturen

I. Für Arzneimittel

1. Vorschläge für Abkürzungsregeln

Damit Arzneimittelabkürzungen leicht zu merken sind und ebenso leicht zu entziffern, sollten sie nach klaren Regeln erstellt werden. Kent hielt die Logik einiger seiner Regeln nicht immer vollständig durch und ließ einige Unklarheiten und mißverständliche Abkürzungen in seinem System. Barthel und Klunker begannen damit, Kents Arbeit zu verbessern und zu erweitern, doch auch hier blieben mehrdeutige Abkürzungen zurück. Da *Synthesis* nun wesentlich mehr Arzneimittel anbietet, wurde die existierende Liste mit größter Sorgfalt überprüft und gegebenenfalls wurden Abkürzungen nach den folgenden Regeln verändert:

2. Der Grundgedanke

- Abkürzungen beziehen sich auf den wissenschaftlichen, meist lateinischen Namen einer Substanz. Ist kein allgemein anerkannter lateinischer Name vorhanden, so wird der englische benutzt.

- Die Wurzel[30] einer Abkürzung sollte immer nur mit einer einzigen Substanz in Verbindung stehen.

  Ausnahmen bei Kent: „alum." steht für „Alumina" und „Aluminium"; „benz" für Benzinum und „Benzoicum"; „sang" für Sanguinaria und Sanguinarinum; „mag" für „Magnetis polus .." und für „Magnesium" etc. Man findet auch den umgekehrten Fehler: Bufo rana und Bufo sahytiensis werden mit „bufo" bzw. mit „buf-s." abgekürzt; Carboneum oxygenatum wird zu „carbo-ox.", Carboneum sulphuratum wird jedoch zu „carb-s." etc.

- Nur in extrem wenigen Fällen steht die Wurzel auch weiterhin für zwei Substanzen, namentlich wenn die Abkürzungen sehr bekannt sind und man nicht befürchten muß, daß die spezifischen Erweiterungen später zu Konflikten führen könnten.

  Zwei Beispiele: Die Wurzel „bell-" steht für Belladonna und wird auch für Bellis benutzt; „carb-" steht für Carbolic und für Carbo.

- Erweiterungen sollten möglichst einheitlich verwendet werden.

  Kent benutzte z.B. „-ac." sowohl für „aceticum" als auch für „acidum".

- Manchmal wurden zu einer bekannten Wurzel einzelne Buchstaben angehängt, um es von einer Substanz zu unterscheiden, die eigentlich mit der selben Wurzel abgekürzt würde.

  So steht bei Kent „cet." für Cetraria islandica, doch als Cetonia aurata ergänzt wurde, wurde dieses zu „ceto." und „cet." wurde zu „cetr.".

3. Suffixe

- Bestimmte Suffixe werden systematisch benutzt. Im folgenden die wichtigsten davon.

□ Die meisten Suffixe können verschiedene Bedeutungen tragen, sofern die Wurzel einer Abkürzung einer Spezifikation bedarf. Die systematische Anwendung von Suffixen mit derselben Bedeutung hat besonders bei den Salzen Geltung.

„-c." wird dazu benutzt, um „-carbonicum" abzukürzen; bei „ant-c." bedeutet es jedoch „crudum", bei „abies-c." bedeutet es „canadensis".

□ Säuren werden mit „-ac." abgekürzt.

Ausnahme bei Kent: „zinc-ac." bedeutet „Zincum aceticum" und nicht „Zincum acidum".

□ Azetate [aceticum] werden mit „-act." abgekürzt.

Kent benutzt „-ac." sowohl für Azetate als auch für viele Säuren, manchmal aber auch „-a." (z.B. Kalium aceticum für „kali-a."). Barthel benutzte „-a." als Abkürzung für Azetate. Da jedoch Kent „-a." für einige sei-

[30] Die Terminologie „Wurzel" und „Erweiterung" bezieht sich auf den ersten bzw. die nachfolgenden Teile einer Arzneimittelabkürzung: bei „nat-m." ist „nat-" die Wurzel und „-m." die Erweiterung.

ner Arsenate verwendete, führte dies zu Mehrdeutigkeiten (z.B. „nat-a.").

- Alle Arsenate werden mit „-ar." abgekürzt.

  Ausnahmen bei Kent: „ant-a.", „aur-a.", „chin-a.", „nat-a." etc. Bei „calc-ar.", „cupr-ar." benutzt er jedoch wieder „-ar."

- Bromate werden mit „-br." abgekürzt.

- Carbonate werden mit „-c." abgekürzt (außer wenn die Abkürzung so bekannt ist, daß Mißverständnisse auszuschließen sind, wie bei „calc.")

  Ausnahmen bei Kent: „arg-c." steht für Argentum cyanatum, „zinc-c." steht für Zincum cyanatum.

- Metalle werden mit „-met." abgekürzt (außer wenn die Abkürzung so bekannt ist, daß Mißverständnisse auszuschließen sind, wie bei „plb.")

  Ausnahmen bei Kent: Arsenicum metallicum wird mit „ars-m." abgekürzt. Ausnahmen bei Barthel: Argentum metallicum wird mit „arg-m." abgekürzt. Oft ist es jedoch sinnvoll „-met." zu ergänzen, da Kent die Wurzel manchmal in anderer Bedeutung benutzt hat. So steht „uran." nicht für Uranium metallicum, sondern für Uranium nitricum, wobei Barthel diese Abkürzung für Uranium metallicum benutzt hat.

- Muriate [= Chloride] werden mit „-m." abgekürzt.

  Ausnahmen bei Kent, die bei Barthel beibehalten wurden: Argentum muriaticum ist „arg-mur.", wobei Argentum metallicum mit „arg-m." abgekürzt wird.

- Nitrite werden mit „-n." abgekürzt.

- Oxide werden mit „-o." abgekürzt.

  Kent benutzte „-ox.", das für Oxalate steht.

- Oxalate werden mit „-ox." abgekürzt.

- Alle Schwefelderivate werden mit „-s." abgekürzt.

- Alkaloide enden oft mit „...inum" und oft wird die Endung „in." an die Grundsubstanz angefügt. Coffeinum wird zu „coffin.", da Coffea mit „coff." abgekürzt wird; Hyoscyaminum wird entsprechend „hyosin.", da „hyos." für Hyoscyamus steht.

  Ausnahmen bei Kent und Barthel: Chininum bekam dieselbe Wurzel wie China „chin-", Sanguinarinum bekam die gleiche Abkürzung wie Sanguinaria „sang-".

- Schließlich wurde einheitlich die Regel befolgt, daß eine Substanz eine einzige Abkürzung erhält. Bei Quellen, in denen von mehreren Substanzen bzw. Substanzgemischen die Rede ist, ist dieser Ansatz nicht in letzter Konsequenz durchführbar (siehe auf S. A-28 unter Manganum), jedoch wurden für die verschiedenen Einzelsubstanzen Abkürzungen eingeführt.

- Wir vergleichen im folgenden unsere Abkürzungsliste nur mit der von Kent und der des Synthetischen Repertoriums von Barthel & Klunker, da diese die bisher einzigen in weitem Umfang anerkannten darstellen.

- Es ist erstaunlich zu sehen, wie viele Autoren sich nicht auf eine dieser existierenden Abkürzungslisten beziehen. Sie nehmen das Risiko in Kauf, mißverstanden zu werden, indem sie ihre eigenen Abkürzungen einführen, wobei sie die vorhandenen Vorschläge vollständig ignorieren. So benutzt Phatak in seinem Repertorium „alum." für Alumen, obwohl diese Abkürzung bei Kent für Alumina steht. Er benutzt „ind." für Indigo obwohl Kent mit „ind." Indium abkürzt.

- Entsprechend haben wir uns bei unserem Vorschlag einer neuen Liste von Abkürzungen die größte Mühe gegeben, daß möglichst keine Abkürzungen vorkommen, die zu Mißverständnissen mit bereits bestehenden führen könnten. Es wurden nur offensichtliche Fehler berichtigt und Mehrdeutigkeiten (z.B. bei mißverständlichen Wurzeln und Ergänzungen) wurden durch neu eingeführte Abkürzungen ausgeräumt. Dies gilt besonders für sog. kleine Arzneimittel, bei denen das Risiko groß ist, sie aufgrund uneinheitlicher Abkürzungen zu verwechseln.

„blatta-o." und „blatta-a." machen auf den ersten Blick klar, das es sich um zwei Arten der selben Familie handelt. Dieses Prinzip wurde bereist von anderen Autoren begonnen, aber besonders bei kleinen Mitteln nicht konsequent durchgehalten.

- Eine letzte Warnung: Bei den meisten Repertorien wurden keine Computer zur Kontrolle der Abkürzungen eingesetzt. Dies gilt für Kents Repertorium und auch für Repertorien neueren Datums. Als Resultat finden Sie viele Arzneimittelabkürzungen im Buch, die in der beiliegenden Abkürzungsliste nicht enthalten ist. In Fällen, in denen Kent zu oft solche Ausnahmen gemacht hat, haben wir eine besondere Anmerkung hinzugefügt (z.B. bei Terebenthina, das von Kent sowohl mit „ter." wie auch mit „tereb." abgekürzt wurde.

4. Vergleichende Liste der Arzneimittel-Abkürzungen

- In der linken Spalte finden Sie die Abkürzungen nach Kent, in den beiden rechten Spalten die Abkürzungen aus Barthels "Synthetischem Repertorium" und die von Synthesis. Wichtige Änderungen sind mit Fettschrift gekennzeichnet.

Kent		Barthel	Synthesis
alum-m.	= aluminium metallicum	alumin.	alumin.
	"alum." wird (im Kent und Synthesis) bereits für alumina benutzt, deshalb bekommt Aluminium eine andere Abkürzung.		
-	aluminium aceticum	alumin-a.	alumin-act.
-	ammonium aceticum	am-a.	am-act.
amyl-n.	= amylenum nitrosum	aml-ns.	aml-ns.
ant-a.	= antimonium arsenicosum	ant-ar.	ant-ar.
ant-chl.	= antimonium muriaticum	ant-m.	ant-m.
	Antimonium chloridum ist synonym zu Antimonium muriaticum, aber die Ergänzung "-m." ist immer vorzuziehen.		
ant-ox.	= antimonium oxydatum	ant-o.	ant-o.
ant-s.	= antimonium sulph. auratum	ant-s-aur.	ant-s-aur.
anth-n.	= anthemis nobilis	anth.	anth.
	Kent benutzt oft "anth-n." als Abkürzung für Anthemis nobilis (z.B.: "bladder - pain - distension, as from" [Blase - Schmerz - Ausdehnung, wie durch], "bladder - urging - painful" [Blase - Harndrang - schmerzhaft], "bladder - urination - frequent - night" [Blase - Urinieren - häufig - nachts] etc.) . In anderen Rubriken wird meist "anth." benutzt. In seiner Abkürzungsliste wird nur "anth." genannt. Synthesis benutzt nur "anth."		
anthr.	= anthracinum	anthraci.	anthraci.
anthro.	= anthrokokali or anthracokali	anthraco.	anthraco.
	Anthacokali drückt die Herkunft der Substanz besser aus, die durch Auflösung von Anthrazit (= anthra) in (= con) einer Kaliumlösung (= kali) gebildet wird.		
aran-s.	= aranea scinencia	aran-sc.	aran-sc.
arg-c.	= argentum cyanatum	arg-cy.	arg-cy.
arg-m.	**= argentum metallicum**	**arg-m.**	**arg-met.**
	Bei Salzen bezeichnet die Endung "-m." das Muriat [das Chlorid], das bei Silber existiert.		
arg-mur.	= argentum muriaticum	arg-mur.	arg-mur.
	Normalerweise müßte dies in "arg-m." umgewandelt werden, aber da Kent diese Abkürzung fälschlicherweise für "Argentum metallicum" benutzt hat, würde dies zu Verwirrung führen.		
ars-m.	**= arsenicum metallicum**	**ars-met.**	**ars-met.**
asc-s.	= asclepias syriaca (= cornuti)	asc-c.	asc-c.
	Kent benutzt beide Abkürzungen für die gleiche Substanz . "asc-s." erscheint nicht in seiner Abkürzungsliste, wird aber regelmäßig benutzt ("Stomach - Appetite - increased - eating, after" [Magen - Appetit - vermehrt - Essen, nach dem]; "... - ravenous - eating - after, soon" [- Heißhunger - Essen - nach, bald] etc.). Synthesis benutzt nur "asc-c."		

atro.	= atropinum purum aut sulph.	atro.	atro.
	Kent benutzt "atro." und "atro-s.", jedoch sind die Symptome beider Substanzen im Repertorium vermischt. Andere Autoren betrachten die Substanzen als identisch. Barthel hat sie unter einer Abkürzung zusammengefaßt. Diese etwas unklare Situation besteht in Synthesis immer noch. In Synthesis werden wieder beide Abkürzungen verwendet.		
atro-s.	= atropinum sulphuricum	atro.	atro-s
	Bei Barthel steht "atro." für zwei Substanzen: Atropinum purum and Atropinum sulphuricum, da die meisten Authoren, einschließlich Clarke, die Symptome beider als zusammengehörig betrachten.		
aur-a.	= aurum arsenicosum	aur-ar.	aur-ar.
-	bacillus Morgan pure (Paterson)	bach	morg-p.
	Von Dr. Edward Bach stammen die meisten Darmnosoden, doch keine wurde nach ihm benannt. Morgan pure (Paterson) ist eine Unterart von Morgan (Bach).		
bals.	= balsamum peruvianum	bals-p.	bals-p.
bar-ac.	**= baryta acetica**	**bar-a.**	**bar-act.**
benz.	= benzinum	ben.	ben.
	"Benz-" ist die Wurzel für Benzoicum acidum. Deshalb erhält Benzinum eine andere Abkürzung für die Wurzel.		
benz-n.	= benzinum nitricum	ben-n.	ben-n.
bism.	= bismuthum oxidum	bism.	bism.
	Bismuthum, wie es von Hahnemann präpariert wurde, enthält besonders Bismuthum subnitricum und nicht so viel Bismuthum oxidum, wie er dachte. Dies ist die Substanz, die Kent in seinem Repertorium beschreibt. Es stehen differenzierende Abkürzungen zur Verfügung, um Differenzierung zu ermöglichen: "bism-met.", "bism-o." (oxydatum); "bism-n." (nitricum) und "bism-sn." (subnitricum).		
blat.	= blatta americana	blatta-a	blatta-a.
	Kent kürzt Blatta orientalis mit "blatta" ab, entsprechend bekommen die anderen Spezies dieselbe Wurzel.		
blatta	= blatta orientalis	blatta	blatta-o.
	Die Abkürzung "blatta" bleibt bei einem so kleinen Mittel mißverständlich.		
bol.	= boletus laricis	bol-la.	bol-la.
bor.	= borax venenata	bor.	borx.
Die Wurzel "bor-" wird bereits für "boricum acidum" benutzt.			
brass.	= brassica napus oleifera	brass.	brass-n-o.
	Um Verwechslungen zwischen den verschiedenen Brassica-Arten zu vermeiden, sollte brass. nicht mehr benutzt und durch die genauere Abkürzung ersetzt werden.		
buf-s.	= bufo sahytiensis	bufo-s.	bufo-s.
cadm.	**= cadmium sulphuricum**	**cadm-s.**	**cadm-s.**
	Kent benutzte nur ein Cadmium-Präparat, das Sulfat. In Synthesis werden sechs Cadmium-Präparationen differenziert.		
cahin.	= cainca racemosa	cain.	cain.
	Beide Abkürzungen werden von Kent für dasselbe Arzneimittel benutzt. Synthesis benutzt nur "Cain."		
calc-ac.	= calcarea acetica	calc-a.	calc-act.
-	calcarea stibiato-sulphurata	calc-st-sula.	calc-st-s.
calt.	= caltha palustris	calth.	calth.

carb-h.	= carboneum hydrogenisatum	carbn-h.	carbn-h.
	"Carb" steht für "Carbo"; "Carbn" steht für "carboneum".		
carbo-o.	= carboneum oxygenatum	carbn-o.	carbn-o.
carb-s.	= carboneum sulphuricum	carbn-s.	carbn-s.
cast.	= castoreum	cast.	castm.
	Die Wurzel "cast.-" wird bei Kent und Barthel für nicht weniger als drei verschiedene Arzneimittel benutzt, die oft verwechselt werden: Castoreum, Castanea und Castor.		
cast-eq.	= castor equi	cast-eq.	castor-eq.
cast-v.	= castanea vesca	cast-v.	castn-v.
cer-s.	= cereus serpentaria	cere-s.	cere-s.
cet.	= cetraria islandica	cetr.	cetr.
chen.	= aphis chenopodii glauci	aphis	aphis
	Beide Abkürzungen werden von Kent für dasselbe Arzneimittel benutzt. Synthesis benutzt nur "aphis".		
chin-a.	= chininum arsenicosum	chin-ar.	chinin-ar.
chin-b.	**= chininum bromatum**	**chin-br.**	**chinin-br.**
	"chin-b." steht bei Kent für Chininum bromatum, bei Barthel für China boliviana. Diese unklare Situation wird dadurch beseitigt, daß China und seine Varietäten die Wurzel "chin-" erhalten und Chinin und dessen Salze die Wurzel "chinin-".		
cinch.	**= cinchoninum sulphuricum**	**cinch.**	**cinch.**
	Wie man weiß, sind China und Cinchona synonym. Jedoch ist Cinchoninum sulphuricum ein anderes Chininalkaloid als Chininum sulphuricum. Beide haben dieselbe Summenformel ($C_{20}H_{24}N_2O_2SH_2O$), aber die Molekularstruktur ist anders (Lesen Sie dazu die verschiedenen Prüfungen in a1 und weitere Erläuterungen in c1).		
cinch-b.	**= cinchona / china boliviana**	**chin-b.**	**chin-b.**
-	chininum muriaticum	chin-m.	chinin-m.
chin-s.	= chininum sulphuricum	chin-s.	chinin-s.
-	chininum valerianicum	chin-val.	chinin-val.
chr-ox.	= chromicum oxydatum	chr-o.	chr-o.
cocaine.	= cocainum muriaticum	cocain.	cocain.
conv-d.	= convolvulus duartinus	convo-d.	convo-d.
cupr-ac.	= cuprum aceticum	cupr-a.	cupr-act.
dub.	= duboisinum	dub.	duboin.
	Duboisinum ist das (Sulfat des) Alkaloid von Dubosia myoporoides. Einige Autoren benutzen „Duboisinum“ für die Tinktur der Blätter sowie für das Alkaloid. Wird keine Unterscheidung getroffen, kann man weiterhin die alte Abkürzung „dub.“ benutzen, da die meisten bekannten Symptome eher zum Alkaloid gehören. Wenn jedoch spezifische Informationen vorliegen, stehen in Synthesis die beiden Abkürzungen „duboin.“ für das Alkaloid und sein Sulfat und „dubo-m.“ zur Verfügung, um eine Differenzierung zu ermöglichen.		
eth.	= aether	aether	aether.
equis.	= equisetum hyemale	equis	equis-h.
ferr-ac.	= ferrum aceticum	ferr-a.	ferr-act.
-	ficus religiosa	fic.	fic-r.
frag-v.	= fragaria vesca	frag.	frag.
gall-ac.	= gallicum acidum	gal-ac.	gal-ac.

gland.	= glanderinum oder hippozaenium	hippoz.	hippoz.
	Beide Abkürzungen werden von Kent für dasselbe Arzneimittel benutzt. Synthesis benutzt nur "hippoz".		
guano	= guano australis	guan.	guan.
gymn.	= gymnocladus canadensis	gymno.	gymno.
hedeom.	= hedeoma pulegioides	hedeo.	hedeo.
helo.	= heloderma-Arten	helo.	helo.
	Heloderma suspectum und horridum sind oft verwechselt worden. In Synthesis gibt es die neuen Abkürzungen "helo-h." und "helo-s." um eine Differenzierung zu ermöglichen.		
hydrop.	= hydrophobinum	lyss.	lyss.
	Kent benutzt beide Abkürzungen synonym. Synthesis benutzt nur "lyss".		
-	hyosciaminum-Salze	hyoscin.	hyoscin.
	Die Symptome von Hyosciaminumhydrobromat und Hyosciaminumsulfat wurden nicht von allen Autoren getrennt. Diese unklare Situation ist in dieser Version von Synthesis noch vorhanden. Es wurden jedoch die Abkürzungen "hyosin-hbr." und "hyosin-s." ergänzt, um eine Differenzierung zu ermöglichen.		
ill.	**= illicium anisatum**	**anis.**	**anis.**
	Beide Abkürzungen wurden von Kent für dasselbe Arzneimittel benutzt. Synthesis benutzt nur "anis".		
irid.	= iridium metallicum	irid.	irid-met.
ir-fl.	= iris florentina	iris-fl.	iris-fl.
ir-foe.	= iris foetida	iris-foe.	iris-foe.
ir-g.	= iris germanica	iris-g.	iris-g.
ir-v.	= iris versicolor	iris	iris
	Beide Abkürzungen wurden von Kent synonym benutzt. Synthesis benutzt nur "iris".		
jac.	= jacaranda gualandai	jac.	jac-g.
jatr.	= jatropha curcas	jatr.	jatr-c.
junc.	= juncus effusus	junc-e.	junc-e.
juni.	= juniperus virginiana	juni.	juni-v.
kali-a.	= kalium aceticum	kali-a.	kali-act.
kali-fer	**= kalium ferrocyanatum**	**kali-fcy.**	**kali-fcy.**
kali-ma.	**= kalium permanganicum**	**kali-perm.**	**kali-perm.**
kaol.	**= kaloin oder alumina silicata**	**alum-sil.**	**alum-sil.**
	Beide Abkürzungen wurden von Kent für dasselbe Arzneimittel benutzt. Synthesis benutzt nur "alum-sil."		
lact-v.	= lactuca virosa	lact.	lact.
	Beide Abkürzungen wurden von Kent synonym benutzt. Synthesis benutzt nur "lact."		
lappa-a. /	= lappa arctium	lappa	lappa
lappa-m.	*Kent benutzt "lappa-a." für Lappa arctium und "lappa-m." für lappa major. Jedoch betrachten Clarke und andere Lappa major und Lappa arctium als synonym (siehe im "Dictionary" unter Arctium lappa). In Synthesis wird nur mit "lappa" abgekürzt.*		
lith.	= lithium carbonicum	lith-c.	lith-c.
	Kent benutzt nur eine Lithiumverbindung, wohingegen Synthesis sechs Substanzen differenziert.		
lycps.	= lycopus virginicus	lycps.	lycps-v.

lyssin	= hydrophobinum	lyss.	lyss.
	Beide Abkürzungen werden von Kent synonym benutzt. Synthesis benutzt nur "lyss."		
mag-arct.	**= magnetis polis arcticus**	**m-arct.**	**m-arct.**
mag-aust.	**= magnetis polis australis**	**m-aust.**	**m-aust.**
mag-p-a.	= magnetis polis australis	m-aust.	m-aust.
	Kent benutzte zwei Abkürzungen für dieselbe Substanz.		
mang.	= manganum aceticum and carb.	mang.	mang.
	Die Symptome von Manganum aceticum und Manganum carbonicum wurden bislang nicht getrennt. Diese unklare Situation ist in dieser Version von Synthesis noch vorhanden. Jedoch wurden die Abkürzungen "mang-act." und "mang-c." ergänzt, um eine Differenzierung zu ermöglichen.		
meli.	= melilotus officinalis (nicht alba)	meli.	meli.
	Kent bezeichnet "meli." als Melilotus alba, die Symptome gehören jedoch meist zu Melilotus officinalis und auch die Symptome sind meistens stark vermischt. Es erscheint jedoch gerechtfertigt, die Symptome von Kent Melilotus officinalis zuzuordnen. Melilotus alba erhielt in Synthesis eine andere Abkürzung "meli-a." Wenn es nicht eindeutig ist, welche Art gemeint war, wurde bei manchen Autoren die Abkürzung meli-xyz. benutzt.		
ment.	= mentha piperita	menth.	menth.
merc.	= mercurius vivus / solubilis	merc.	merc.
	Hahnemann versuchte eine möglischst reine Präparation von Quecksilber herzustellen, was zur Schaffung von „Mercurius oxydulatus niger" führte, besser bekannt als Mercurius solubilis Hahnemannii. Selbst wenn die Prüfungen mit dieser Präparation durchgeführt wurden, wechselte er später zu „Mercurius vivus" als Arzneimittel, wobei er wie andere die Prüfungssymptome von Mercurius solubilis als Grundlage [der Verschreibung] benutzte. Als Folge betrachten die meisten Autoren (a1, c1, hr1) Mercurius vivus und M. solubilis als identische Arzneimitel. Wannimmer dies nicht der Fall war, wurden in Synthesis Mercurius solubilis und M. vivus beide mit „merc." abgekürzt (z.B. Ergänzungen von al1).		
merc-ac.	= mercurius aceticus	merc-a.	merc-act.
merc-n.	**= mercurius nitrosus**	**merc-ns.**	**merc-ns.**
merc-p-r.	= mercurius praecipitatus ruber	merc-pr-r.	merc-pr-r.
morph.	= morphinum und seine Salze	morph.	morph.
	Es wurde bislang keine klare Trennung zwischen Morphium und seinen Salzen vorgenommen. Diese unklare Situation ist in dieser Version von Synthesis noch vorhanden. Jedoch wurden die Abkürzungen "morph-act.", "morph-m." und "morph-s." eingeführt, um eine Differenzierung zu ermöglichen.		
myos.	= myosotis arvensis	myos-a.	myos-a.
	Im Gegensatz zu Myosotis symphytifolia "myos-s."		
naph.	= naphthalinum	naphtin.	naphtin.
nat-ac.	**= natrium aceticum**	**nat-a.**	**nat-act.**
nat-a.	**= natrium arsenicum**	**nat-ar.**	**nat-ar.**
	"nat-a." steht bei Kent für Natrium arsenicosum, bei Barthel aber für Natrium aceticum. Nur "nat-ar." und "nat-act." sind klare und korrekte. Abkürzungen dieser oft verwechselten Arzneimittel		
nat-h.	= natrium hyopchlorosum	nat-hchls.	nat-hchls.

nicc.	= niccolum metallicum aut carb.	nicc.	nicc.
	Die Symptome des Metalls und des Carbonats wurden nicht immer getrennt. Diese unklare Situation ist in dieser Version von Synthesis noch vorhanden. Jedoch wurden die Abkürzungen "nicc-met." und "nicc-c." eingeführt, um eine Differenzierung zu ermöglichen.		
nit-ox.	= nitrogenum oxygenatum	nitro-o.	nitro-o.
	Beide Abkürzungen werden von Kent synonym benutzt. Synthesis benutzt nur "nitro-o."		
nux-j.	= nux juglans	jug-r.	jug-r.
	Diese Substanz ist mit Juglans regia identisch (Kents Abkürzung ist "jug-r."). Kent benutzt zwei Abkürzungen für dasselbe Arzneimittel. Synthesis benutzt nur "jug-r."		
nym.	= nymphea odorata	nymph.	nymph.
osm.	**= osmium metalicum aut acidum**	**osm.**	**osm.**
	Die symptome des Metalls und der Säure wurden nicht immer voneinander getrennt. Diese unklare Situation ist in dieser Version von Synthesis noch vorhanden. Um eine Differenzierung zu ermöglichen, wurden jedoch die Abkürzungen „osm-met." und „osm-ac." eingeführt.		
ozone	**= ozone oder oxygenium**	**oxyg.**	**oxyg.**
	Beide Abkrüzungen werden von Kent für dasselbe Arzneimittel benutzt. Synthesis benutzt nur "oxyg."		
per.	**= amygdala persica**	**amgd-p.**	**amgd-p.**
-	plumbum aceticum	plb-a.	plb-act.
pilo.	= pilocarpinum und Salze	pilo.	pilo.
	Die Symptome von Pilocarpinum purum und dessen Salze (pilo-m. und pilo-n.) wurden nicht immer voneinander getrennt. Diese unklare Situation ist in dieser Version von Synthesis noch vorhanden. Um eine Differenzierung zu ermöglichen, wurden jedoch die Abkürzungen „pilo-pur.", „pilo-m" und „pilo-n." eingeführt.		
plb.	= plumbum metallicum	plb.	plb.
	Die Symptome des Metalls, des Azetats und des Karbonats wurden nicht immer voneinander getrennt. Für einige dieser Autoren wurde „plb-old" benutzt, wenn keine Unterscheidung getroffen wurde. Diese unklare Situation ist in dieser Version von Synthesis noch vorhanden. Um eine Differenzierung zu ermöglichen, wurden jedoch die Abkürzungen „plb-act." und „plb-c." eingeführt. Die Abkürzung „plb." für Plumbum metallicum wurde beibehalten, da es eine sehr bekannte Abkürzung ist.		
polyg.	= polygonum hydropiperoides	polyg-h.	polyg-h.
poth.	**= ictodes foetida**	**ictod.**	**ictod.**
	Beide Abkrüzungen werden von Kent für dasselbe Arzneimittel benutzt. Synthesis benutzt nur "ictod."		
pul-n.	= pulsatilla nutalliana	puls-n.	puls-n.
rad.	**= radium metallicum**	**rad.**	**rad-met.**
sacc.	= saccharum albis	sacch.	sacch.
sac-l.	= saccharum lactis	sacch-l.	sacch-l.
sang-n.	= sanguinarinum nitricum	sang-n.	sangin-n.
	Die Wurzel "sang-" wird bereits für Sanguinaria benutzt.		
-	sanguinarinum tartaricum	sang-t.	sangin-t.
sant.	= santoninum	santin.	santin.

-	solaninum und dessen Azetate	solin.	solin.
	Es wurde bislang nicht zwischen Solaninum und seinem Azetat unterschieden. Diese unklare Situation ist in dieser Version von Synthesis noch vorhanden. Jedoch wurde die Abkürzungen "Solin-act." und "Solin-pur." eingeführt, um eine Differenzierung zu ermöglichen.		
-	solaninum aceticum	solin.	solin-act.
sol-v.	**= solidago virgaurea**	**solid.**	**solid.**
	Die Wurzel "sol-" wird in Kent und bei Synthesis für verschiedene Arten von Solanum benutzt, weshalb Solidago die Abkürzung "solid." erhält.		
stront.	**= strontium carbonicum**	**stront-c.**	**stront-c.**
	Strontium carbonicum war zu Kents Zeiten das einzige bekannte Strontiumprärat (siehe a1 und hr1). Synthesis nennt neben dem Metall, das in Synthesis die Abkürzung "stront-met." hat, vier Strontiumsalze (bromium, carbonicum, iodatum und nitricum).		
-	**strontium metallicum**	**stront.**	**stront-met.**
	Da "stront." von Kent als Abkürzung für Strontium carbonicum benutzt wurde, ist die Abkürzung "stront-met." hier klarer.		
stroph.	= strophanthus hispidus	stroph-h.	stroph-h.
tann.	= tannicum acidum	tann-ac.	tann-ac.
thal.	= thallium metallicum and aceticum	thal.	thal.
	Thallium metallicum und aceticum wurden nicht von allen Autoren getrennt. Jedoch wurden die Abkürzungen "Thal-act." und "Thal-met." eingeführt, um eine Differenzierung zu ermöglichen.		
tereb.	= terebenthina	ter.	ter.
	Kent benutzt oft "tereb." für Terebenthina (in anderen Rubriken meist mit "ter." abgekürzt) (z.B. "head - pulsating" [Kopf - Pulsieren], "head - pulsating - vertex" [Kopf - Pulsieren - Scheitel] etc.). In seiner Abkürzungsliste wird nur "ter." genannt. Synthesis benutzt nur "ter."		
thlaspi.	= thlaspi bursa pastoris	thlas.	thlas.
tril.	= trillium pendulum	tril.	tril-p.
trio.	= triosteum perfoliatum	trios.	trios.
tus-f.	= tussilago fragrans	tus-fr.	tus-fr.
uran.	**= uranium nitricum**	**uran-n.**	**uran-n.**
	Beachten Sie: Bei Barthel steht "uran." für Uranium metallicum.		
-	**uranium metallicum**	**uran.**	**uran-met.**
vesp.	= vespa crabro	vesp.	vesp.
	Die Symptome verschiedener Arten wurden nicht immer voneinander unterschieden. Diese unklare Situation ist in dieser Version von Synthesis noch vorhanden. Jedoch wurden die Abkürzungen „vesp-cr.", „vesp-m." und „vesp-vg." eingeführt, um eine Differenzierung zu ermöglichen. Wenn nicht klar ist, welche Art benutzt wurde, wurde bei manchen Autoren die Abkürzung „vesp-xyz." benutzt.		
wild.	= wildbad	wildb.	wildb.
zinc-ac.	= zincum aceticum	zinc-a.	zinc-act.
zinc-c.	**= zincum cyanatum**	**zinc-cy.**	**zinc-cy.**
zinc-ox.	= zincum oxydatum	zinc-o.	zinc-o.

II. Änderungen von Symptomen

1. Allgemeine Anmerkungen

Zu jeder Veränderung wird der Autor genannt, auf den diese Veränderung zurückgeht. Wird kein Autor genannt, so stammt die Veränderung vom Herausgeber. Die meisten und offensichtlicheren Änderungen sind nur in der betreffenden Rubrik vorhanden und werden dort erläutert.

- Viele Symptome wurden an eine passendere Stelle verschoben. Redundante Symptome wurden miteinander zu einer verschmolzen und die anderen Rubriken wurden zu Verweisen, die auf die Rubrik hinweisen, die die Arzneimittel enthält. Diese weitere Erhöhung der Benutzerfreundlichkeit von Synthesis ist der Grund, warum einige *„neue" Rubriken* erscheinen, die Arzneimittel enthalten, die Kent als Quelle ausweisen und die man an dieser Stelle im Originalkent nicht finden kann. Dies ist besonders für alle „abwechselnd mit" Rubriken der Fall, die oft partielle Informationen an mehreren Stellen enthielten, an denen das Symptom zu finden war.

Ein Beispiel: „Redseligkeit - abwechselnd mit - antworten; Abneigung zu" cimic.k *(da das Arzneimittel bei Kent unter „Antworten - Abneigung zu antworten - Redseligkeit; zu anderen Zeiten" vorhanden war.*

Die Regeln, die dieser Syntax zugrunde liegen, entnehmen Sie bitte dem Abschnitt *Bearbeiten von Symptomen* auf Seite A-10.

- *Zeitangaben* folgen der internationalen Schreibweise (0 - 24 h) wie man sie von Flughäfen, Digitaluhren etc. her kennt. Die *Vorteile* sind:

□ Präzisere Schreibweise ([im Englischen] aus "10 a.m. - 3 p.m." wird: "10 - 15 h".

□ Eindeutigeres Zeitschema (wer, außerhalb der englischsprachigen Länder, weiß, wann es 12 a.m. und wann 12 p.m. ist?).

□ Einfachere Suchmöglichkeiten mit dem Computerprogramm. Details hierzu finden Sie im Zeitschema auf Seite A-46.

- Alle Symptome, die *Periodizität* ausdrücken, wurden zu Unterrubriken von periodisch.

„Haut - Hautausschläge - wiederkehrend, jährlich" wurde zu „Haut- Hautausschläge - periodisch - jährlich wiederkehrend".

□ Dies vereinfacht das Auffinden dieser Symptome, die bislang inmitten aller anderen Modalitäten verstreut waren (siehe dazu den Abschnitt *Bearbeitung der Symptome* auf Seite A-10).

- Der Ausdruck *exanthema (-tive)* wurde aus dem Repertorium entfernt. Es ist nach verschiedenen Lexika als Synonym von *eruptions* [Hautausschläge] zu betrachten. Nur wenn mit diesem Ausdruck die Erkrankung "Exanthema subitum" gemeint ist, wird er beibehalten. In allen anderen Fällen ist er aus den neuzeitlichen Handbüchern der Dermatologie verschwunden. Als Folge davon wurden einige Rubriken miteinander verschmolzen.

- Der Ausdruck *cardialgia* wird heutzutage für Schmerzen im Herzen benutzt. In den klassischen Texten wie a1, hr1 u.a. bedeutet wesentlich häufiger *Sodbrennen*. (Siehe dazu: *Cardialgia and sour eructations, especially after drinking* [Sodbrennen und saures Aufstoßen, besonders nach dem Trinken] bei a1, Canth.). Wird *cardialgia* im Kontext von Magensymtomen benutzt, wird die Bedeutung Sodbrennen akzeptiert.

- Der Ausdruck *chagrin* [Demütigung], den viele für gleichbedeutend mit *grief* [Kummer] hielten, (wenn er aus dem Französischen übersetzt wurde), bedeutet eher *mortifikation* [Kränkung] und wurde entsprechend im gesamten Repertorium durch diesen Begriff ersetzt.

- Der Ausdruck *mental exertion* [geistige Anstrengung] wurde im gesamten Repertorium benutzt, um andere Ausdrücke wie *work, mental* [Arbeit, geistige] zu ersetzen.

2. Anmerkungen zu den einzelnen Kapiteln

Gemüt

- Alle *Beschwerden durch* irgendeine geistige / seelische Ursache wurden in der Rubrik *Gemüt - Beschwerden durch* zusammengefaßt. Da dies bereits in anderen Repertorien durchgeführt wurde, wird nicht jedesmal eigens darauf verwiesen.
  Man findet z.B. Kummer - Beschwerden durch [oder Folgen von] in der Rubrik Beschwerden durch - Kummer.
- Wenn sich *Wetter*-Modalitäten auf den Gesamtzustand des Gemütes beziehen, wurden sie in der Rubrik *Gemüt - Wetter* zusammengefaßt (wie im Kapitel *Allgemeines*). Eine Furcht oder Traurigkeit, die durch eine Wetter-Modalität verursacht oder beeinflußt wird, ist weiterhin eine Unterrubrik von Furcht bzw. Traurigkeit.
- *Anxiety - sedentary employment, from* [Angst - sitzende Beschäftigung, durch] als Übersetzung des deutschen Stubensitzen ist präziser mit *Angst - sedentary life, from* [Angst - sitzende Lebensweise, durch] zu übersetzen (Dr. Jean-Claude Grégoire, Belgien).
- *Black and sombre; aversion to everything, that is* [Schwarze und Düstere; Abneigung gegen alles] wurde getrennt zu: *Colors - black - aversion to* [Farben - schwarz - Abneigung] und *sombre; everything that is - aversion to* [Düstere; alles - Abneigung].
- *Censorious - unoccupied, close application amel.* [Tadelsüchtig - unbeschäftigt, enge Anwendung ??? amel.] sapin.$_{a1}$ das direkt aus der MM übernommen wurde, bedeutet bei näherer Betrachtung „... *occupation amel.*" [... Beschäftigung amel.]
- *Cheerful* [Froh] und *Mirth* [Lustig, fröhlich] bleiben wieder als zwei Rubriken getrennt erhalten, da verschiedene Mitarbeiter betont hatten, daß der Unterschied zwischen diesen beiden Symptomen zu groß ist, um ein Zusammenfassen dieser Rubriken zu gestatten.
- *Controlling - must control everything twice or more* [Kontrollieren - muß alles zweimal oder öfter kontrollieren] wurde zu *Checking - twice or more; must check* [Überprüfen - zweimal oder öfter kontrollieren; muß alles], da dies mehr dem normalen Sprachgebrauch entspricht (Nick Churchill, England).
- *Cowardice* [Feigheit] nat-ac. wird durch nit-ac. ersetzt (Henk van Munster, Holland)
- *Cursing - evening - home; when* [Fluchen - abends - daheim, wenn]: Das korrekte Arzneimittel ist Opuntia spina alba wie in a1 zu finden ist. In der Hauptrubrik nennt Kent Opium. Daher wurde op. in der Hauptrubrik belassen und nicht durch opun-s. ersetzt.
- *Dancing - agg.* [Tanzen - agg.]. Die Arzneimittel borx. und spong. stammen von bg2 (S. 1112: Aggravations in General) und zeigen eine Verschlimmerung des Allgemeinzustands an, nicht der Gemütssymptome. Die Rubrik wurde entsprechend zu *Generals - dancing - agg.* [Allgemeines - Tanzen - agg.] verschoben (vergleiche c1, h und hr1 für borx. bzw. h für spong.). Die einzige Verschlimmerung durch Tanzen tritt bei einem Kind auf, daß von einer tanzenden Person getragen wird (a1, hr1 etc.).
- *Delirium - alternating with - convulsions, lying on the back, knees and thighs flexed, hands joined; tetanic* [Delirium - abwechselnd mit Konvulsionen, liegt auf dem Rükken, Knie und Oberschenkel gebeugt, Hände ineinander verschränkt; tetanische] wurde aufgeteilt: das Arzneimittel stram.$_k$ wurde entsprechend ergänzt bei: *Mind - Delirium - alternating with - convulsions; tetanic* [Gemüt - Delirium - abwechselnd mit - Konvulsionen; tetanischen] *Mind - Gestures, makes - hands; involuntary motions of the - joining the hands - convulsions; during tetanic* [Gemüt - Gesten, Gebärden; macht - Hände; unwillkürliche Bewegungen der - Verschränken, Zusammenlegen der Hände - Konvulsionen; während tetanischer] und zwei Rubriken bei *Extremities - Flexed ...* [Extremitäten - gebeugt...].
- *Delirium - embraces the stove* [Delirium - umarmt den Ofen] wurde erweitert mit ... *and wishes to climb upon it as on a tree* [und möchte wie an einem Baum an ihm hochklettern], um klarzustellen, daß das Symptom keinen sexuellen Charakter hat (siehe hyos. in a1) (George Dimitraidis, Australien)
- *Delirium - gay - alternating with - laughing, singing, whistling, crying* [Delirium - heiter,

fröhlich - abwechselnd mit - Lachen, Singen, Pfeifen, Weinen] wurde in vier Unterrubriken von abwechselnd mit aufgetrennt.

- *Delusions - bed - someone - drives him out* rhus-t. Nach Jahr muß das Symptom lauten: *... bed - forced him out of bed; as if something* [... Bett - drängen; als würde ihn etwas aus dem] und wurde entsprechend in Synthesis geändert.
- *Delusions - body - alive - half alive; body is* [Wahnideen - Körper - lebendig - halb lebendig; der Körper sei]. Als Arzneimittel wird crot-h. genannt, das entfernt wurde, da aus der Original MM (a1) ersichtlich ist, daß sich das *half alive* auf Gleichgültigkeit bezieht, nicht auf eine körperliche Einbildung. (Bob Fordham, England).
- *Delusions - disgraced, she is* [Wahnideen - Schande; sie sei in] sarr. wird durch sec. ersetzt (Dr. Filip De Groote, Belgien, siehe a1)
- *Delusions - incubus; being weighed down by* [Wahnideen - Inkubus, Alp niedergedrückt; er würde von einem] cere-b.$_{a1}$. Im Original ist folgendes Symptom zu lesen: *Feel the effect of an incubus weighing me down, affecting more particularly the nervous system (fourth day)* [Spüre die Wirkung eines Inkubus, der mich niederdrückt, was besonders das Nervensystem angreift (vierter Tag).] Am logischsten ist hier die Bedeutung von *incubus* als Bürde, daher wurde das Symptom verschoben und ein Verweis erstellt zur Rubrik *Mind - Sadness - burden; as from a* [Gemüt - Traurigkeit - Bürde, Last; wie durch eine].
- *Delusions - lost; she is - salvation; for - waking; on* [Wahnideen - verloren, sie sei - Seelenheil verloren; sie habe das] aesc.$_{k}$. Eine Suche in der MM zeigt, daß aesc. sich beim Erwachen im Raum verloren fühlt (d.h. nicht weiß, wo er ist) und nicht in Bezug auf das Seelenheil. Das Arzneimittel wurde entsprechend bei *Recognizing - not recognize; does - surroundings - waking; on* [Erkennt - nicht; erkennt - Umgebung nicht; erkennt die - Erwachen; beim] (Dr. Aldo Fariaz Diaz, Brasilien, siehe a1, hr1).
- *Delusions - starve - he must* [Gemüt - Wahnideen - verhungern - er müsse] kali-chl. wird ersetzt durch kali-m (siehe c1).
- *Dipsomania* [Dipsomanie] und dessen Unterrubriken wurde zu *Alkoholismus*.
- *Eat - refuses to eat* [Essen - weigert sich zu] **Kali-chl.** von Kent wurde zu kali-m. (siehe k2). Kali-m. hat auch das Symptom *Delusions - starve - he must* [Gemüt - Wahnideen - verhungern - er müsse] (das korrekt ist k, c1, hr2) und *Delusions - eating - must not eat; she* [Wahnideen - essen - darf nicht essen; sie] (k2) (Erik Van Woensel, Holland).
- *Fear - crowd, in a - public places, of* [Furcht - Menschenmenge, in einer - öffentlichen Plätzen, vor]: Dieses Symptom ist in sich selbst widersprüchlich, da *public places* für *open spaces* steht, auf denen sich keine Menschenmengen *[crowds]* befinden. Dies Patienten haben Angst vor der enormen Größe des offenen Raumes. Diese Unterrubrik wurde entsprechend zu *Fear - open spaces* [Furcht - offenen Plätzen; Furcht vor (= Agoraphobie)] verschoben (Peter Vint, Deutschland).
- *Fear - door - opening* [Furcht - Tür - Öffnen]. Um einen deutlichen Unterschied zwischen dem Passiv und dem Aktiv zu machen, wurde die Rubrik aufgetrennt in *... door - opening the door; when there is a difficulty in* [... Tür - Öffnen der Tür, wenn es dabei Schwierigkeiten gibt] und *... door - opened; when the door is* [... Tür - geöffnet wird; wenn die Tür]. Die jeweiligen Quellen sind angegeben.
- *Fear - losing senses* und *Fear - losing reason* [beide: Furcht - Verstand zu verlieren; den] werden als Synonym von *Fear - insanity, of* [Furcht - Geisteskrankheit, vor] betrachtet. Die Arzneimittel wurden entsprechend verschoben.
- *Fear - position; to lose his lucrative* [Furcht - Position zu verlieren; seine lukrative] wurde zu *... job; to lose his lucrative* [Beruf zu verlieren; seinen lukrativen] (Dr. Jean-Claude Grégoire, Belgien).
- *Fear - sensation; of* [Furcht - Empfindungen; vor ??] in k2 bedeutet eigentlich eine Empfindung des Weit-weg-seins, wie man bei a1 lesen kann, wo das vorangehende Symptom lautet: *Dazed feeling; a far off sensation, as though things done today occurrred a week ago. Momentary loss of thought, caused by*

sensation of tightness in brain. Loses constantly the thread of her talk [Benommenes Gefühl; wie weit weg, als wären am Tage getane Dinge eine Woche zuvor geschehen. Vorübergehendes Schwinden der Gedanken, verursacht durch ein Engegefühl im Gehirn. Verliert beim Sprechen ständig den Faden. Im Gegensatz zu Kents Formulierung: *Confusion of mind, dazed; fear of sensation; loses the idea when speaking* [Verwirrung, benommen; Furcht vor Empfindungen; verliert beim Sprechen den Gedanken]. Das Symptom wurde aus Synthesis gelöscht. Das Arzneimittel med. wurde bei *Stupefaction* [Benommenheit] ergänzt, was dem Weit-weg-sein noch am nächsten zu kommen scheint.

- *Forsaken feeling - joyless; feels* [Verlassen zu sein; Gefühl - freudlos; fühlt sich]. Im Originalsymptom von alum. (h) bezieht sich freudlos nicht auf die Verlassenheit, sondern auf einen Zustand der Gleichgültigkeit und Niedergeschlagenheit. *Niedergeschlagen und freudlos.* Daher wurde das Arzneimittel zur bestehenden Rubrik *Indifferece - joyless* [Gleichgültigkeit, Apathie - freudlos] verschoben (Guy Loutan, Schweiz).
- *Homesickness* [Heimweh] eup-per. wird nach a1 zitiert, aber eup-per. hat kein einziges Gemütssymptom. Es muß also eup-pur heißen, das bereits bei Kent vorhanden ist (Srinivasan, Indien).
- *Hopeful* [Hoffnung, voller] aur. j5 kommt von Zittern in freudiger Erwartung, daher wurde das Arzneimittel as dieser Rubrik gelöscht (Schore, USA).
- *Indifference - chill, during* [Gleichgültigkeit - Frost; während]. Knerr nennt kali-m, aber a1 zeigt, daß es kali-chl. sein muß (Erik Van Woensel, Holland).
- *Insanity - eating - refuse, only* [Geisteskrankheit - Essen - Abfall; nur *oder* weigert sich; aber]. Dieses unklare Symptom wurde zu *eating - dirt* [Essen - Schmutz; ißt] meli.
- *Irritability - alternating with - hypochondriac mood during the day and merriness in the evening* [Reizbarkeit - abwechselnd mit - hypochondrische Stimmung am Tage und Heiterkeit] wurde aufgespalten zu: *Irritability - alternating with - hypochondriasis - daytime* [Reizbarkeit, Gereiztheit - abwechselnd mit - Hypochondrie - tagsüber]; *Irritability - alternating with - cheerfulness - evening;* [Reizbarkeit, Gereiztheit - abwechselnd mit - Fröhlichkeit, Frohsinn - abends] und *Cheerful - evening - alternating with - hypochondriasis - daytime* [Froh - abends - abwechselnd mit - Hypochondrie - tagsüber]. Die Arzneimittel sulph.$_k$ und viol-t.$_k$ wurden in alle Rubriken kopiert.
- *Laughing - agg.* [Lachen - agg.] sollte nur Arzneimittel enthalten, bei denen Gemütssymptome schlechter werden. Es konnten keine solchen Symptome in der MM gefunden werden, da die meisten durch Lachen verschlechterten Symptome Lokalsymptome sind oder im Höchstfall der Rubrik *Generals - Laughing - agg.* [Allgemeines - Lachen - agg.] entsprechen. Zu diesem Symptom können die Arzneimittel aus bg3 (S. 24), bg2 (S. 209), bro1 (S. 970) und aus ptk1 (S. 207) hinzugefügt werden, auch wenn es etwas übertrieben ist, dies als „Verschlimmerung des Allgemeinzustands durch Lachen" zu bezeichnen, wie aus der Lektüre der entsprechenden MM ersichtlich ist.
- *Laughing - involuntarily - eating, after* [Lachen - unwillkürlich - Essen; nach]. Puls. wurde zu *Laughing - eating, after* [Lachen - Essen - nach] verschoben, alle anderen Rubriken wurden zu Hauptrubrik Lachen verschoben, statt zur Unterrubrik unwillkürlich. Das gleiche gilt für Symptome, die zu dieser Hauptrubrik hinzugefügt wurden statt zur Unterrubrik *spasmodically* [krampfhaft].
- *Love - disappointed love - jealousy, anger and incoherent talk; with* [Liebe - enttäuschte Liebe - Eifersucht, Zorn und unzusammenhängendem Sprechen; mit] Dieses zusammengesetzte Symptom wurde in die einzelnen Symptome aufgetrennt: *Anger - love; from disappointed* [Zorn - Liebe; durch enttäuschte] etc.
- *Mania* [Manie] **Kali-chl.** von Kent wurde durch **Kali-m.** ausgetauscht wie in k2 nachzulesen ist (Erik Van Woensel, Holland)
- *Mirth* [Lustig, fröhlich]: In manchen anderen Repertorien wurden alle Arzneimittel und Unterrubriken zu *Cheerful* [Froh] verschoben. Synthesis hat die Trennung dieser bei-

den Hauptrubriken von Version 6 an wieder beibehalten (wie von George Dimitriadis, Australien empfohlen und unabhängig davon von Schore, Crothers und Nossaman, USA).

- *Passionate* [Leidenschaftlich, lebhaft, heftig]: Eine Suche in der MM zeigt, daß *passionate* fast immer mit Ausdrücken des Zornes und der Reizbarkeit verbunden ist. Um es von *amorous* [erotische Leidenschaft] zu unterscheiden, wurden entsprechend Synonyme ergänzt.
- *Positiveness* [Bestimmtheit] ist synonym zu *Always claims to be right* [Rechthaberei] (Dr. Jean-Claude Grégoire, Belgien; Rev Belg Hom (French), vol 18, pg 103, 1985).
- *Restlessness - night - midnight - after - 2 h* [Ruhelosigkeit - nachts - Mitternacht - nach - 2 h] ambr. Dieses Symptom drückt eigentlich körperliche und nicht geistige Ruhelosigkeit aus (a1) und wurde daher ins Kapitel Allgemeines verschoben (Dr. Johannes von Keller, Deutschland: Cl Hom Q, Vol. 4, pg 59-65, 1991).
- *Restlessness - night - midnight - after - 3 h* [Ruhelosigkeit - nachts - Mitternacht - nach - 3 h] agar. Dieses Symptom drückt eigentlich körperliche und nicht geistige Ruhelosigkeit aus (a1) und wurde daher ins Kapitel Allgemeines verschoben (Dr. Johannes von Keller, Deutschland: Cl Hom Q, Vol. 4, pg 59-65, 1991).
- *Sadness - noon - lively, in evening sad, or vice versa* [Traurigkeit - mittags - lebhaft; abends traurig, oder umgekehrt] wurde klarer formuliert und zu *Cheerful - evening - alternating with - sadness - noon* [Froh - abends - abwechselnd mit - Traurigkeit - mittags] wie in a1 und h für zinc. zu lesen ist.
- *Sadness - chill, during* [Traurigkeit - Frost; während] Knerr nennt kali-m., aber a1 zeigt, daß es kali-chl. sein muß (Erik Van Woensel, Holland).
- *Stupefaction - forenoon - 11 - 18 h* [Betäubung - vormittags - 11 - 18 h]. Da das Symptom in der MM eine Empfindung im Kopf anzeigt, wurde es ins Kapitel Kopf verschoben (Dr. Johannes von Keller, Deutschland: Cl Hom Q, Vol. 4, pg. 59-65, 1991).
- *Stupefaction - suppressed exanthema* [Betäubung - unterdrückte "Exantheme"] wurde umbenannt in *Stupefaction - eruptions; from suppressed* [Betäubung - Hautausschläge; durch unterdrückte].
- *Suicidal - position, in* [Suizidneigung - Position, in ?] muß heißen ... *poison, by.* [Gift, durch]
- *Talk - indisposed to - afternoon - 13 h.* [Sprechen - abgeneigt - nachmittags - 13 h] Für grat. stammt dieses Repertoriumssymptom aus zwei getrennten Symptomen aus der Materia Medica (a1). Grat. wurde entsprechend in die zwei folgenden Rubriken verschoben: *Aversion - everything, to - afternoon - 13 h* [Abneigung - Alles, gegen - nachmittags - 13 h] und *Talk - indisposed to* [Sprechen - abgeneigt zu]. (Dr. J. von Keller, Deutschland: Cl Hom Q, vol 4, pg 59-65, 1991)
- *Touched; aversion to be* [Gemüt - Berührt zu werden; Abneigung]. lachn. wird nach a1 zitiert. Lachn. hat kein solches Gemütssymptom, es muß lach. heißen, das schon Kent anführt (Srinivasan, Indien).
- *Unconsciousness - exanthema slow to appear* [Bewußtlosigkeit - "Exantheme", langsam erscheinende] wurde umbenannt zu: ... *eruptions - slow to appear* [... Hautausschläge langsam erscheinen; wenn]
- *Will - muscles refuse to obey the will* [Wille - Muskeln gehorchen dem Willen nicht] gels. k, h. In h1 kann man sehen, daß dieses Symptom ein Ausdruck für eine allgemeine Verwirrung ist und sich nicht auf einen Willensakt bezieht. Daher wurde die Rubrik umbenannt und verschoben zu *Confusion of mind - muscles refuse to obey the will when attention is turned away* [Verwirrung, geistige - Muskeln gehorchen dem Willen nicht, sobald er die Aufmerksamkeit abwendet] (George Dimitriadis: A J Hom Med, S. 78, Vol 3, N°2, 1994).
- *Work, mental* [Arbeit, geistige] siehe dazu in der allgemeinen Anmerkungen auf Seite A-31.

Kopf

- *Cerebral hemorrhage* [Gehirnblutung]: colch. wurde in einigen Ausgaben von Kent durch cocc. ersetzt (Dr. Jost Künzli, Schweiz; Dr. Jacques Imberechts, Belgien).

- *Enlarged sensation - extending to - vertex* [Vergrößert; Gefühl wie - erstreckt sich zu - Scheitel] wurde zu *Enlarged - Vertex* [Vergrößert; Gefühl wie - Scheitel], wodurch das Symptom zu einem Ort wird, statt zu einer Erstreckung (bestätigt durch a1, Peter Vint, Deutschland).
- *Enlarged sensation - Vertex - upward; vertex seems extended - split open by a wedge from the outside; and - cold, skin moist and sticky; body icy - warm, even under a feather bed; cannot get - face yellow, whines with the pain - head burning like fire, with thirst* [Vergrößerungsgefühl - Scheitel - oben zu vergrößert; Scheitel scheint nach - aufgesprengt; wie mit einem Keil von außen - eiskalt, die Haut feucht und klebrig; der Körper ist - warm werden; kann selbst unter dem Federbett nicht - Gesicht gelb, wimmert vor Schmerzen - Kopf brennt wie Feuer, mit Durst] wurde in sinnvolle Einzelsymptome aufgespalten.
- *Pain - morning - waking, on - preceded by disagreeable dreams* [Schmerz - morgens - Erwachen; beim - vorangehenden unangenehmen Träumen; mit]. Dieses Symptom folgt nicht der normalen Repertoriumssyntax und wurde entsprechend verschoben zu: *Dreams - Pain - head - before the headache appears* [Träume - Schmerz - Kopf - bevor die Kopfschmerzen erscheinen]
- *Pain - midnight - after - 1 a.m.* [Schmerz - Mitternacht - nach - 1 h]: pall. wurde hier fälschlicherweise eingefügt und muß unter *pain - afternoon - 13 h* [Schmerz - nachmittags 13 h] stehen (siehe hr1) (Dr. Klaus-Henning Gypser, Deutschland).
- *Pain - night - midnight - after - 1 h - 1-10 h:* [Schmerz - nachts - Mitternacht - nach 1 h - 1-10 h] elaps muß zur Rubrik ... *1 - 1-11 h* verschoben werden (siehe a1) (Dr. Klaus-Henning Gypser, Deutschland).
- *Pain - suppressed eruptions* [Schmerz - unterdrückte Hautausschläge] wurde umbenannt zu *pain - eruptions - suppressed* [Schmerz - Hautausschläge - unterdrückte].
- *Pain - sides - both* [Schmerz - Seiten - beide]: diese Rubrik wurde gelöscht und die Mittel zu *pain - sides* [Schmerz - Seiten] verschoben. Wenn Symptome mit einer Seite verbunden sind, mit der linken oder der rechten Seite, wurden sie zu Unterrubriken von *sides* [Seiten], so daß diese Rubrik nun die gleiche logische Struktur hat wie sonst auch.
- *Pain - stitching - forehead - sides of - left* [Schmerz - stechend - Stirn - Seiten der - links] **Sulph.** (Kent), wurde zu **Staph.** (siehe hr1).

Auge

- *Cataract - perpendicular high-sight:* wurde zu dem modernen *hemiopia, with vertical* [Hemianopsie; mit vertikaler] geändert.
- *Crooked - objects seem* wurde gelöscht und die Mittel zum geeigneteren Kapitel Vision [Sehen] verschoben.
- *Pain - evening 8 p.m - on reading and writing* [Schmerz - abends 20 h - beim Lesen und Schreiben] nat-ar.: die Modalität Lesen und Schreiben ist nicht besonders abends vorhanden und bestimmt nicht um genau 20 h. Daher wurde die Rubrik zu *Pain - reading* und zu *Pain - writing* (a1).
- *Pain - burning - morning - washing* [Schmerz - brennend - morgens - Waschen]: bei den meisten dieser Mittel ist die Modalität Waschen die wichtigste. Es ist nur Zufall, daß dieses Waschen morgens geschieht, so daß keine wirkliche morgendliche Verschlimmerung vorliegt (sonst müßte es auch im Symptom zum Ausdruck kommen, z.B. beim Waschen der Augen, nur am Morgen). Die Arzneimittel wurden aus diesem Grund in die Rubrik ...- burning - washing [brennend - Waschen, beim] kopiert.
- *Pain - pressing - walking - after* [Schmerz - drückend - Gehen - nach]: euphr. wird gelöscht (Dr. Jost Künzli, Schweiz)
- *Pain - sore - lids - denuded; as if* [Schmerz - wund schmerzend - Lider - roh, wie]: cham. wird gelöscht (Dr. Jost Künzli, Schweiz).
- *Pain - stitching - morning* [Schmerz - stechend - morgens]: nat-ac. ist durch nit-ac. zu ersetzen (Henk van Munster, Holland).
- *Photophobia - sweat during, sun's light* [Photophobie - Schweiß, beim, Sonnenlicht (?)]: dieses Symptom wurde in Künzli's Repertorium wie folgt übertragen: *sweat during, shuns light* [Schweiß, bei, scheut das Licht]. In der MM von Hering finden wir bei Sulphur: *shuns light during sweat* [scheut das

Licht beim Schweiß]. Deshalb wurde dieses Symptom in Synthesis zu *Photophobia - perspiration, during* [Photophobie - Schweiß, beim].

Sehen

- *Accommodation - headache* [Akkommodation - Kopfschmerzen] *Mag-p.* nach Kent. Dieses unklare Symptom stimmt mit *Headache from optical defects* [Kopfschmerzen durch optische Defekte] (hr1) überein. Daher wurde das Symptom verschoben zu *Head - Pain - vision; from complaints of* [Kopf - Schmerz - Sehen; durch beeinträchtigtes, gestörtes].
- *Accommodation - overexertion* [Akkommodation - Überanstrengung] *Nux-v.* nach Kent. Dieses unklare Symptom stimmt mit *Vertigo with vanishing of sight, preceded by tensive headache, from mental overexertion* [Schwindel mit Schwinden des Sehvermögend mit vorausgehenden spannenden Kopfschmerzen durch geistige Überanstrengung] (hr1) überein. Daher wurde die Originalrubrik gelöscht und das Arzneimittel in mehrere passendere Rubriken verschoben, unter anderem zu *Vision - Dim - mental exertion* [Sehen - Trübsichtigkeit, trübes Sehen - geistige Anstrengung].

Ohr

- In allen Symptomen wurde der Ort *inside* [innen im Ohr] durch *Meatus* [Gehörgang] ersetzt, um genauer zu sein. Diese beiden Begriffe wurden bereits von Kent in folgenden Rubriken als synonym genannt: *Pain - inside (in meatus)* [Schmerz - innen (im Gehörgang)] und *Swelling - inside (meatus)* [Schwellung - innen (Meatus)].
- *Heat - coldness of body; during - lying, while* [Hitze - Kälte des Körpers, bei - Liegen, beim]: Dies ist eine merkwürdige Interpretation des folgenden Symptoms bei Hahnemann *Gegen Abend ist's ihm so unangenehm im Körper, wie Fieber, und wenn er sich legt, so wird ihm der Kopf heiß, vorzüglich die Ohren, aber die Kniee sind kalt* ars. Das Symptom im Repertorium wurde gelöscht. In *Synthesis* wurde dieses Symptom in folgenden Rubriken aufgenommen: *Fever - evening; Head - heat - lying down; Ear - heat - lying down* [Fieber - abends; Kopf - Hitze - Hinlegen; Ohr - Hitze - Hinlegen] und *Extremities - coldness - knees - hot - body, with* [Extremitäten - Kälte - Knie - heiß - Körper, mit heißem].
- *Noise - ringing - boring amel. - with finger in* [Geräusche - Klingeln - Bohren amel. - mit dem Finger im]: chel. Es ist unklar, ob das Bohren das Klingeln bessert oder verschlimert. In Hahnemann zeigt sich, daß letzteres stimmt. Die unlogische Oberrubrik wurde entsprechend in Synthesis korrigiert.
- *Wind*: alle Unterrubriken wurden in eine neue, logischere Reihenfolge gebracht, wobei der Ort bzw. die Richtung des "Wind-Gefühls" Priorität bekam (also "im Ohr" "ins Ohr" bzw. "aus dem Ohr").

Nase

- *Coryza - annual (hay fever)* [Schnupfen - "jährlich" (Heufieber)] wurde im Rahmen unseres Ansatzes, übliche medizinische Termini zu benutzen, in *hayfever* [Heuschnupfen] umbenannt.
- *Coryza - rose cold* ["Rosenschnupfen"] wurde zu *coryza - roses; from the odor of* [Schnupfen - Rosen; durch den Geruch von] (Peter Vint, Deutschland).
- *Swelling - root* [Schwellung - Nasenwurzel] sar. muß durch sarr. ersetzt werden [a1].

Gesicht

- *Heat - evening - 20 h* [Hitze - abends - 20 h] bei ars. lautet korrekt: *evening - 19 - 20 h* [abends - 19 - 20 h] (Dr. Jost Künzli, Schweiz).
- *Pain - stitching - right - extending to left ear* [Schmerz - stechend rechts - erstreckt sich zum linken Ohr] coloc. In Kents Repertorium findet man dieselbe Modalität sowohl vom rechten als auch vom rechten Ohr beginnend. In den Materiae Medicae von Hahnemann und Hering findet man das Symptom von coloc. hauptsächlich in der linken Seite des Gesichtes (im Repertorium im 3. Grad). Man findet hier auch die Erstreckung vom linken Gesicht zum linken Ohr: Entsprechend bleibt in Synthesis nur: *pain - stitching - left - extending to - left ear* [Schmerz - stechend - links - erstreckt sich zu - linkes Ohr].

- *Pain - stitching - walking, amel. - open air* [Schmerz - stechend - Gehen, amel. - Freien, im] ist mehrdeutig, da nicht klar ist, ob sich das amel. nur auf das Gehen oder auch auf den Aufenthalt im Freien bezieht. Bei Hahnemann findet man bei Thuja eindeutig: *Ein zuckend feinstechender Schmerz in den Bakkenmuskeln, bloß beim Gehen in freier Luft.* Entsprechend wurde das Symptom verändert: *walking - air; in open* [Gehen, beim - Freien, im].
- *Swelling - parotid gland - exanthema, after* [Schwellung - Parotis - Exanthem, nach] wurde umbenannt in *eruption, after* [Hautausschlag, nach].

Mund

- Viele Arzneimittel - aber nicht immer alle innerhalb einer Rubrik - wurden mit der Quellenangabe vk1 hinzugefügt. Es handelt sich um die klinischen Erfahrungen von Dr. Prakash Vakil (Bombay, Indien), der einen großen Teil seines Lebens damit verbrachte, Arzneimittel durch das Betrachten der Zunge zu bestätigen. Nur die Arzneimittel mit dieser Quellenangabe werden vom Vakil-Modul [des Radar-Programms] berücksichtigt.
- *Discoloration - Tongue - white - centre - dark brown* [Farbe - Zunge - weiß - Mitte - dunkelbraun] und zwei folgende Untrrubriken sind mißverständlich positioniert. Aus der MM erfährt man, daß bei diesen Arzneimitteln nicht nur die Mitte der Zunge weiß ist, sondern die ganze und daß sich nur dunkelbraun auf die Mitte der Zunge bezieht. All diese Unterrubriken wurden daher zu einem klarer strukturierten Symptom verschoben: *Discoloration - Tongue - white - accompanied by - centre - brown - dark* [Farbe - Zunge - weiß - begleitet von - Mitte - braun - dunkelbraun] etc. Um denjenigen, die die alte Rubrik kennen, Verwirrung zu ersparen, blieben die alten Symptome als Verweise erhalten.
- *Dryness* [Trockenheit]. **Nat-ac.** wird durch **Nat-c.** ersetzt, siehe ptk2 und c1 (Henk van Munster, Holland).
- *Mucous membrane - discoloration - blue, others pale; some places - covered with tough mucus which lies in brown crusts on lips* [Schleimhaut - Farbe - blau, andere blaß; einige Stellen - bedeckt mit zähem Schleim, der in braunen Krusten auf den Lippen liegt] ars. von Kent. Dieses Symptom wurde aufgespalten und verschoben zu: *Mouth - Discoloration - blue - accompanied by - pale spots* [Mund - Farbe - blau - begleitet von - blasse Flecken; kleine] und *Face - Eruptions - crusty, scabby - Lips - brown crusts - accompanied by - blue and pale spots of mucous membrane of mouth* [Gesicht - Hautausschläge - Krusten, Schorfen; mit - Lippen - braune Krusten - begleitet von - blaue und blasse kleine Flecken auf der Schleimhaut des Mundes].
- *Dryness* [Trockenheit]: **Nat-ac.** wird durch **Nat-c.** ersetzt (siehe ptk2 und c1) (Henk van Munster, Holland).
- *Swelling - gums - side - right* [Schwellung - Zahnfleisch - Seite - rechts]: diese Rubrik wurde gelöscht und die Arzneimittel aur. und bell. zur vorhandenen Rubrik *gums - right* [Zahnfleisch - rechts] verschoben, wie in hr1 für bell. verifiziert werden kann.
- *Swelling - Gums - bluish-red, spongy, between lower incisors - beginning on left side and extending to the right - bleeding frequentliy* [Schwellung - Zahnfleisch - bläulichrot, schwammig, zwischen den unteren Schneidezähnen - beginnt auf der linken Seite und erstreckt sich zur rechten - blutet häufig]. Dieses Symptom von nat-m. kommt von hr1: *A bluish red swelling of a spongy nature on gums between lower incisors, commencing on left side, extending to right, bled often, blood had a saltish taste* [Eine schwammige, bläulichrote Schwellung am Zahnfleisch zwischen den unteren Schneidezähnen, auf der linken Seite beginnend, sich nach rechts erstreckend, blutete oft, das Blut schmeckte etwas salzig]. Das Symptom als solche wurde gelöscht und folgendermaßen umformuliert: *Swelling - Gums - bluish-red - spongy swelling* [Mund - Schwellung - Zahnfleisch - bläulichrot - schwammige Schwellung]; *Swelling - Gums - between the lower incisors* [Mund - Schwellung - Zahnfleisch - zwischen den unteren Schneidezähnen]; *Swelling - Gums - left - to right* [Mund - Schwellung - Zahnfleisch - links - nach rechts] und *Taste - saltish - blood tastes salty* [Mund - Geschmack - salzig, etwas - Blut

schmeckt salzig].

- *Swelling - Gums - bluish-red, spongy, between lower incisors - beginning on left side and extending to the right - bleeding frequently - Ecchymosis* [Schwellung - Zahnfleisch - bläulichrot, schwammig, zwischen den unteren Schneidezähnen - beginnt auf der linken Seite und erstreckt sich zur rechten - blutet häufig - Ekchymose]. Dieses chaotische Symptom von con. stimmt mit den folgenden Symptomen aus der MM überein: *Geschwollenes, blaurotes Zahnfleisch, wie mit Blut unterlaufen* (h2) und *Gums swollen, ecchymosed and bleeding* [Zahnfleisch geschwollen, blutunterlaufen und blutend] (c1). Das ursprüngliche Symptom wurde daher verschoben und con. in folgende Rubrik gestellt: *Swelling - Gums - bluish-red* [Schwellung - Zahnfleisch - bläulichrot]. In den Rubriken *Discoloration - Gums - bluish-red* [Farbe - Zahnfleisch - bläulichrot] und *Bleeding - Gums* [Mund - Bluten - Zahnfleisch] war es bereits vorhanden.
- *Taste - purulent* [Geschmack - eitrig] merc. und nat-c. werden zu *taste purulent - throat, in* [Geschmack - eitrig - Hals, im] verschoben (siehe h; Dr. Jost Künzli, Schweiz).
- *Taste - sweetish - evening and after meals* [Geschmack - süßlich - abends und nach Mahlzeiten] wird sinnvollerweise in zwei Symptome getrennt: - *evening* [abends] und - *eating, after* [Essen, nach]

Magen

- Die Arzneimittel der Rubriken *Aversion* [Abneigung] und *Desire* [Verlangen] sind diejenigen aus Kents Repertorium. Alle Ergänzungen finden sich im Kapitel Allgemeines unter *Speisen und Getränke.*[1]
- *Nausea - pressure - stomach, on* [Übelkeit - Druck - Magen, auf den] sars. (das an falscher alphabetischer Stelle steht) heißt korrekt ars.
- *Vomiting - mucus* cupr-r. (in der Liste von Kent nicht enthalten) wird durch cupr-a. (aceticum) ersetzt (siehe hr1).

Abdomen

- *Contraction - lying on abdomen amel.* [Zusammenziehung - Liegen auf dem Abdomen amel.] muß für am-c. lauten: *contaction - lying - amel.* [Zusammenziehung - Liegen - amel.] (Dr. J. Künzli, Schweiz).
- *Tension - inguinal region - rising arms* [Spannung - Leistengegend - Heben der Arme, bei] apis wurde geändert in "... - raising arms"

Rektum

- Bei einigen Symptomen machte Kent keine Unterscheidung zwischen Rektum und Anus. Für die meisten Symptome wurde dies in Synthesis so beibehalten. Beispiel *fistula* [Fisteln] umfaßt alle Rektalfisteln, auch die des Anus. In der gesamten Hauptrubrik Schmerz wurde kein Unterschied gemacht zwischen Schmerz im Rektum oder im Anus. In all diesen Symptomen wird der Anus als ein (subjektives) Teil oder eine Verlängerung des Rektums betrachtet. War dies nicht der Fall, wurde eine Unterrubrik angelegt. Beispiel: *Rectum - itching* [Rektum - Jucken] (was weiter innen ist) im Gegensatz zu *Rectum - itching - anus; around* [Rektum - Jukken - Anus; um den] (was mehr außen ist).
- *Flatus - diarrhoe, during* [Flatus - Diarrhoe, bei]: curp-m. wurde durch cupr. ersetzt.
- *Lump - perineum* [Klumpen - Perineum]: **Chin.** wird durch **Chim.** ersetzt (Arjen Pasma, Holland).
- *Worm* [Würmer]: die Subrubriken *ascarides, lumbricoides* und *taeniae* wurden entsprechend moderner Terminologie umbenannt. Als Grundlage dienten diverse Handbücher und Boenninghausens Therapeutisches Taschenbuch pg. 74. (Dr. Jean-Claude Grégoire, Belgien).

Blase

- *Urination - dribbling - urination - after* [Urinieren - tröpfelnd - Urinieren - nach]: Bei Kent findet man arg., was in seiner Abkürzungsliste fehlt und das durch agar. ersetzt werden muß (hr1).
- *Urination - dribbling - urination, after - pressure in return, with* [Urinieren - Harntröpfeln - Urinieren, nach - Druck; im Wechsel mit] muß für nat-m. korrekt heißen: *urination - dribbling - stool, after - pressure in rectum; with* [Urinieren - Harntröpfeln - Stuhlgang,

[1] In der Edition 7 verblieben im Kapitel Magen nur noch die Querverweise auf die entsprechenden Rubriken in Allgemeines.

nach - Druck im Rektum; mit], da es vom Stuhlgang abhängt (a1) (Dr. Wolfgang Hettich, Deutschland).

- *Urination - dysuria - sphincter vesicae; pain in - hyperesthesia of the skin down the course of the left sciatic nerve; with - popliteus and heel; pain in the left - coldness creeping over the whole course of the nerve; with - heel; especially in the* [Urinieren - Dysurie - Sphincter vesicae; Schmerz im - Hyperästhesie der Haut den Verlauf des linken Ischiasnerv hinab; mit - Kniekehle und Ferse; Schmerz in der linken - Kälte, die den ganzen Verlauf des Nervs entlangläuft; mit - Ferse; besonders in der]. Dieses Symptom wurde in sinnvolle Einzelsymptome aufgespalten, wobei berücksichtigt wird, daß das Repertorium schwieriges Urinieren der Rubrik Schmerz - Urinieren; beim gegenüberstellt.

Harnröhre

- *Pain - drawing - extending to anus - from anus through urethra* [Schmerz - ziehend - erstreckt sich zum Anus - vom Anus durch die Harnröhre]. Da Erstreckungen immer von ihrem Ursprung aus beschrieben werden, gehört dieses Symptom in das Kapitel *Rektum - Schmerz - ziehend etc.*
- *Pain - drawing - extending to anus - from perineum into urethra* [Schmerz - ziehend - erstreckt sich zum Anus - vom Perineum in die Harnröhre]. Da Erstreckungen immer vom Ursprung aus beschrieben werden, gehört dies Symptom in das Kapitel *Rektum - Schmerz - ziehend etc.*

Männliche Genitalien

- Begriffe des sexuellen Verhaltens wurden durch moderne Ausdrücke ersetzt. Die vier Hauptrubriken der männlichen Sexualsymptome sind: *Koitus (u.a. Abneigung; Genuß; schmerzhaft etc.) - Erregbarkeit der Genitalien - Orgasmus* und *Sexuelles Verlangen (u.a. vermindert; vermehrt; heftig; fehlend etc.).*
- *Itching - penis - glans* [Jucken - Penis - Eichel]: benz. wird durch benz-ac. (a1).
- *Itching - scrotum - morning* [Jucken - Skrotum - morgens] kommt bei Kent zweifach vor, beim zweiten Eintrag handelt es sich um einen Tippfehler: es muß heißen *itching - scrotum - burning* [Jucken - Skrotum - brennend]. Dies gilt auch für die Unterrubrik, die zu *burning - scratching; after* [brennend - Kratzen; nach] wurde. (siehe in der MM bei a1 und h bei den entspechenden Arzneimitteln).
- *Pain - burning - penis - glans - urination, after - behind, during urination* [Schmerz - brennend - Penis - Eichel - Urinieren; nach - hinter, beim Urinieren]. Das korrekte Symptom kann man bei Hering unter ery-a. nachlesen. Es wurde entsprechend in Synthesis verändert und verschoben zu ... *glans - behind - urination, during* [Eichel - hinter der - Urinieren, beim].

Weibliche Genitalien

- Begriffe des sexuellen Verhaltens wurden auch hier durch moderne Ausdrücke ersetzt. Die kulturellen Unterschiede zwischen Mann und Frau wurden "ausgeglichen": Kent benutzt für die weibliche und die männliche Sexualität zum Teil unterschiedliche Ausdrücke: so benutzt er bei Frauen den Ausdruck *desire* [Verlangen], bei Männern jedoch *passion* [Leidenschaft]. Die vier Hauptrubriken der weiblichen Sexualsymptome sind: *Koitus (u.a. Abneigung; Genuß; schmerzhaft etc.) - Erregbarkeit der Genitalien - Orgasmus* und *Sexuelles Verlangen (u.a. vermindert; vermehrt; heftig; fehlend etc.).*
- Altmodische Termini wurden durch moderne ersetzt.
- *Parturition* [Niederkunft] ☞ *delivery - during* [Entbindung - während]
- *Childbed* [Kindbett] ☞ *delivery - after* [Entbindung - nach]
- *Lying-in women* [Wöchnerinnen] ☞ *delivery - during* [Entbindung - während]
- *Pain - pressing - menses - before* [Schmerz - drückend - Menses - vor]: cin. wird durch chin. ersetzt (Dr. Jost Künzli, Schweiz).

Kehlkopf und Trachea

- *Constriction - throat-pit - anger open* [Zusammenschnürung - Halsgrube - Zorn offen] wurde korrigiert zu: ... *anger, after* [Zorn, nach]

Atmung

- *Difficult - talking - after* [Schwierig - Sprechen - nach]: nat-c. bei Kent wird durch nit-ac. ersetzt (siehe a1: ...sie konnte nicht sprechen. Es nahm ihr den Atem) (Henk von Munster, Holland).

Husten

- *Croupy - sopor, stertorous breathing and wheezing, with open mouth and head thrown back; with - child starts up and is on point of suffocating, turns black and blue in face - rattling breathing sets in again; after which cough with - suffocation and paralysis of lungs appear unavoidable* [Husten - Krupp-artig - Sopor, röchelnder, pfeifender Atmung, mit offenem Mund und zurückgeworfenem Kopf; mit - Kind fährt auf und ist kurz vor dem Ersticken, wird im Gesicht schwarz und blau; das - rasselnder Atmung einsetzt; wonach wieder Husten mit - Ersticken und Lungenödem scheinen unausweichlich] wurde in sinnvolle Einzelsymptome aufgespalten.

Brust

- *Opression - dinner - after* [Beklemmung - Mittagessen - nach]: mag-m. wird zur Rubrik *dinner - during* [Mittagessen - während] verschoben (siehe h) (Dr. Jost Künzli, Schweiz).
- *Pain - Mammae - under - left* [Schmerz - Mammae - unter - links]: samb. wird durch sumb. ersetzt (siehe bg3) (Dr. Jost Künzli, Schweiz).
- *Pain - cutting - middle amel. p.m.* [Schmerz - schneidend - Mitte amel. nachmittags] mag-c. Bei Hahnemann findet man: *schmerzhaftes Schneiden, tief in der Mitte der Brust, ... nach dem Mittagessen bis zum Abend.* Das Gegenteil von dem, was Kent erwähnt. Dieses Symptom wird in Synthesis zu: *Pain - cutting - middle* und *Pain - cutting - middle - afternoon* [Schmerz - schneidend - Mitte bzw. ... Mitte - nachmittags].
- *Palpitation - talking* [Herzklopfen - Sprechen, beim]: plat. muß zur Rubrik: *talking - public; before talking in* [Sprechen - Öffentlichkeit; vor dem Sprechen in der] verschoben werden (Dr. Jost Künzli, Schweiz).
- *Perspiration - midnight* [Herzklopfen - Mitternacht]: lyc. wird gelöscht (Dr. Jost Künzli, Schweiz).
- *Weakness - lying amel. - on side* [Schwäche - Liegen amel. - auf der Seite] sulph. Dieses mißverständliche Symptom wurde durch *lying - side, on* [Liegen, beim - Seite, auf der] ersetzt (a1).

Rücken

- *Pain - jerking - involuntary when pressing on dorsal vertebra* [Schmerz - ruckend - unwillkürlich beim Drücken auf die Brustwirbel]. Dieses Symptom von Kent wurde verändert und verschoben zu: *Pain - dorsal region - spine - pressing on dorsal vertebra; jerking involuntary when* [Schmerz - Dorsalregion - Wirbelsäule - Drücken auf die Brustwirbel; unwillkürliches Rucken beim], da *jerking* hier keine Beschreibung der Rückenschmerzen darstellt (Peter Vint, Deutschland).
- *Pain - pressing - lumbar region - stepping - during* [Schmerz - drückend - Lumbalregion - Auftreten - beim]. Die nachfolgenden Rubriken werden bei Kent als Unterrubriken aufgeführt, was falsch ist: die Reihenfolge muß lauten: *stepping* [Auftreten]; *stool - before* [Stuhlgang - vor] *stool - during - hard* [Stuhlgang - während - hartem Stuhl] und *stool - after* [Stuhlgang - nach].
- *Pain - stitching - dorsal - scapulae, between - spine* [Schmerz - stechend - Dorsalregion - Schulterblätter, zwischen den - Wirbelsäule]. Dieses Symptom und dessen Unterrubriken stehen vor *Pain - stitching - dorsal - scapulae under* [Schmerz - stechend - Dorsalregion - Schulterblätter - unter], was es unklar macht. Das korrekte Symptom muß lauten: *Pain - stitching - dorsal - spine* [Schmerz - stechend - Dorsalregion - Wirbelsäule] und wurde entsprechend in Synthesis verschoben.
- *Stiffness - chill, during - cramp-like* [Steifheit - Frost, während - krampfartig] nit-ac. bei Kent. Es handelt sich um eine falsche Einrükkung: Das Symptom lautet korrekt: *Stiffness - cramp-like* [Steifheit - krampfartig] (a1).

Extremitäten

- *Asleep - thighs; as if they would fall* [Eingeschlafen - Oberschenkel einschlafen; als würden die] cham. (h): *Als würden die Beine einschlafen*. Entsprechend wurde das Symptom gelöscht und das Arzneimittel eingefügt bei *Numbness - lower limbs* [Gefühllosigkeit, Taubheit - Beine].

- *Cramps - upper limbs - midnight - on waking* [Krämpfe - Arme - Mitternacht - beim Erwachen] caust. muß korrekt heißen: *midnight - before - waking, on* [Mitternacht - vor - Erwachen, beim] (Dr. Jost Künzli, Schweiz).
- *Crippled - finger nails*: eine falsche Übersetzung des Deutschen "verkrüppelte Nägel" (siehe bei h über graph., sep. etc.). Dieser Fehler beruht auf einem Germanismus von Hering. Es wurde eine neue Rubrik geschaffen, mit der korrekten Formulierung *stunned - fingernails* (Dr. Jean-Claude Grégoire, Belgien).
- *Eruption - upper limbs - pimples - head, black, with depressed* [Hautausschläge - Arme - Pickel - Kopf, schwarz, mit eingedrücktem] calc-s. wurde ersetzt durch ... *pimples - head; with a black depressed* [... Pickel - Kopf; mit schwarzem eingedrücktem] (siehe a1).
- *Heat - foot - sole - evening - after lying down - wine* [Hitze - Fuß - Sohle - abends - nach dem Hinlegen - Wein]. psor. bei Kent. Das Symptom wurde bei Kent im Druck falsch eingerückt. Die Rubrik lautet korrekt ... *evening - wine, after* [... abends - Wein, nach] (siehe a1).
- *Heaviness - hip* [Schweregefühl - Hüfte]: nat-s. wird ersetzt durch nat-ars. (Henk van Munster, Holland).
- *Itching - foot - frozen; as if* [Jucken - Fuß - erfroren, wie] kali-c. muß zur Unterrubik *had been frozen; as if it* verschoben werden [gewesen; als sei er erfroren gewesen] (siehe h) (Dr. Jost Künzli, Schweiz).
- *Jerking - upper limbs - air, in windy weather* [Rucken - Arme - Luft, bei windigem Wetter]. Dieses eigenartige Symptom beruht auf einem etwas merkwürdigen Ausdruck bei Hering: "... *in air, during windy, cold weather, jerkings* ... [im Freien, bei windigem, kaltem Wetter, Rucken]. Das Symptom wurde gelöscht und sulph. wurde bei den folgenden Symptomen eingefügt: *kalter Luft, in* und *Wind - kalter.*
- *Jerking - leg - lying on the back, while - motion amel.* [Rucken - Unterschenkel - Liegen auf dem Rücken; beim - Bewegung amel.]. Das Symptom wurde in Kent zu weit eingerückt und lautet korrekt: *leg - motion amel.* [Unterschenkel - Bewegung amel.] (siehe a1: Rucken in beiden Unterschenkeln, ... kann nicht still liegen).
- *Pain - upper limbs - right - upper lower left* [Schmerz - Arme - rechts - obere linke Beine (?)]. hr1 erwähnt, daß man asc-t. bei *upper limb - right - and left lower limb* [Arm - rechts - und linkes Bein] und auch bei *upper limb - left - and right lower limb* [Arm - links - und rechtes Bein] einfügen sollte.
- *Pain - burning - thigh - walking, while* [Schmerz - brennend - Oberschenkel - Gehen, beim]: ph-ac. muß zur Rubrik ... *thigh - walking, while - amel.* [Oberschenkel - Gehen, beim - amel.] verschoben werden (siehe h) (Dr. Jost Künzli, Schweiz).
- *Pain - sore - motion - continued - amel.* [Schmerz - wund schmerzend - Bewegung - fortgesetzte - amel.] nat-ar. muß zur Rubrik ... *motion - continued* [Bewegung - fortgesetzte] verschoben werden (siehe k2 und hr1) (Henk van Munster, Holland).
- *Pain - sprained, as if - thigh - stretching out limbs, on* [Schmerz - verstaucht, wie - Oberschenkel - Ausstrecken der Glieder; beim]: für caps. lautet das korrekte Symptom *thigh - abduction, on* [Oberschenkel - Abduktion, bei] (Dr. Jost Künzli, Schweiz).
- *Pain - tearing - fingers - joints - first* [Schmerzen - reißend - Finger - Gelenke - Grundgelenk]. Die Arzneimittel agar. lyc. mag-c. zinc. müssen zur Rubrik *joints - third* [Endgelenk] verschoben werden (siehe h) (Dr. Jost Künzli, Schweiz).
- *Pain - tearing - hip - extending - of foot* [Schmerz - reißend - Hüfte - Strecken - des Fußes] heißt korrekt ... *extending to - foot* [erstreckt sich zum - Fuß] (siehe h, hr1).
- *Pain - tearing - hip - extending - knee* [Schmerz - reißend - Hüfte - Strecken *oder* erstreckt sich - Knie] ist mißverständlich und wird zu *extending to - knee* [erstreckt sich zu - Knie]
- *Pain - tearing - thigh - above the knee - evening* [Schmerz - reißend - Oberschenkel - über dem Knie - abends]: mag-m. muß zur Rubrik *evening - bed, in* [abends - Bett, im] verschoben werden (Dr. Jost Künzli, Schweiz).
- *Pain - tearing - leg - convulsive* [Schmerz -

reißend - Unterschenkel - konvulsivisch]. Für lyc. heißt das korrekte Symptom: ... *leg - jerking* [Unterschenkel - ruckend] (Dr. Jost Künzli, Schweiz).

- *Paralysis - rising - agg.* [Lähmung - Aufstehen - agg.]. Für phos. lautet das korrekte Symptom: *rising - amel.* [Aufstehen amel.] (Dr. Jost Künzli, Schweiz).
- *Stiffness - hand - holding anything* [Steifheit - Hand - Halten von etwas; beim]: nit-ac. muß verschoben werden zu *hand - grasping* [Hand - Greifen, beim] (siehe h) (Dr. Jost Künzli, Schweiz).
- *Stiffness - foot - rising after sitting* [Steifheit - Fuß - Aufstehen nach dem Sitzen; beim]. caps. muß gelöscht werden (Dr. Jost Künzli, Schweiz).
- *Trembling - hand - dinner - during* [Zittern - Hand - Mittagessen - während] mag-m. muß verschoben werden zu *dinner - after* [Mittagessen - nach] (siehe h) (Dr. Jost Künzli, Schweiz).
- *Twitching - forearm - morning - walking, after* [Zucken - Unterarm - morgens - Gehen, nach]. Für puls. lautet das korrekte Symptom: *morning - waking, after* [morgens - Erwachen, nach] (Dr. Jost Künzli, Schweiz).

Fieber

- *Afternoon - 5 p.m.* [nachmittags - 5 Uhr nachmittags = 17 Uhr]: Die Arzneimittel acon. coff. ferr. lyc. nicc. sang. gehören in die Rubrik *15 h*.
- Die Zeiten *night* [nachts] und *midnight* [Mitternacht] wurden mit allen Unterrubriken entsprechend der Regeln neu strukturiert; Mitternacht ist eine Unterrubrik von Nachts.
- *Exanthematic* [Exanthematisch] wurde in *Eruptive fever* [Ausschlagsfieber] umbenannt.
- *Succession of stages* [Abfolge der Stadien]: Diese sehr unübersichtliche Rubrik wurde nach den oben beschriebenen logischen Regeln vollständig neu geordnet.

Schlaf

- Symptome, die Träume bzw. Trauminhalte beschreiben wurden in ein eigenes Kapitel *Träume* verschoben, das auf das Kapitel *Schlaf* folgt. Modalitäten von *Träumen* (z.B. Träumen - Menses - vor) sind weiterhin im Kapitel Schlaf zu finden.
- Bei verschiedenen Rubriken wurde der Unterschied zwischen *sleepiness* [Schläfrigkeit] und eigentlichem *sleeping* [Schlafen] stärker hervorgehoben. "Schlafen", als allgemeines Symptom findet man unter "Einschlafen". Um dem Leser zu helfen, wurden Synonyme ergänzt.
- *Chill, during* [Frost, während] wurde zu *Falling asleep - chill - during* [Einschlafen - Frost - während]
- *Convulsions, during* [Konvulsionen, bei] wurde zur Unterrubrik von *Falling asleep* [Einschlafen]
- *Heat - during, in intermittent* wurde zu *Falling asleep - heat - during* [Einschlafen - Hitze - während], das bei Kent fast die gleichen Mittel enthält.
- *Perspiration, during* [Schweiß, beim] wurde zur Unterrubrik von Einschlafen.
- *Sleeplessness - night* [Schlaflosigkeit - nachts]. und dessen Unterrubriken wurden anhand der Regeln für Zeiten überarbeitet.
- *Sleeplessness - night - midnight - before - morning, towards* [Schlaflosigkeit - nachts - Mitternacht - vor - Morgen zu, gegen] wurde nach Kontrolle in der Materia Medica (vor allem bei Hering) zu *Sleeplessness - night - midnight - before - morning, until* [Schlaflosigkeit - nachts - Mitternacht - vor - morgens, bis], wodurch klar wird, daß eine Zeitspanne gemeint ist, die vor Mitternacht beginnt und bis zum Morgen anhält.

Frost

- *Evening - eating - while* [Abends - Essen - beim]: con. wird zur Rubrik *eating - after* [Essen - nach] verschoben (siehe h) (Dr. Jost Künzli, Schweiz).
- *Suppressed - swallowing agg.* [Unterdrückt - Schlucken agg.] wurde zur Hauptrubrik *Swallowing agg.*
- *Time - 7 to 9 a.m - one day hard chill 12 m., next, light one* [Zeiten - 7 bis 9 Uhr - ein Tag kräftiger Frost um 12 Uhr mittags, am nächsten, ein leichter] ist schwer verständlich und wurde anhand von Hering zu: *morning - 7-9 h - heavy chill one day, and a light chill the next day at noon* [Morgens - 7-9 h - heftiger Frost am einen Tag und ein leichter Frost am Mittag des nächsten Tages].

Schweiß

- *Night - waking, on* [Nachts - Erwachen, beim]. hep. wurde gelöscht (Dr. Jost Künzli, Schweiz).
- *Cold* [Kalt]: lac-ac. wurde durch lac-c. ersetzt (siehe hr1).
- *Profuse - rage, during* [Reichlich - Raserei, Tobsuchtsanfall; bei] wurde zur Hauptrubrik *Rage, during*.
- Die verschiedenen Rubriken von "Seiten" wurden an den Anfang des Kapitels vor die Zeiten verschoben.

Haut

- Die Schmerzrubrik im Kapitel Haut war bislang fast nicht existent. Wir haben deshalb - wie in den anderen Kapiteln üblich - die Schmerzen in einer Hauptrubrik zusammengefaßt. An den "alten" Rubriken findet man Verweise auf diese neuen Rubriken. Unangenehme Empfindungen wurden nicht angetastet (wie z.B. Prickeln).
- *Cicatrices - painful* [Narben - schmerzhaft]: alle Beschreibungen von Schmerzen in Narben wurden hier eingereiht.
- *Eruptions - coppery - covered parts* [Hautausschläge - kupferfarben - bedeckte Körperteile] wurde in *Eruptions - covered parts* [Hautausschläge - bedeckte Körperteile] verändert, da dies für led. durch tl1 und für thuj. in hr1 bestätigt wird.
- *Eruptions - discharging - corrosive* [Hautausschläge - absondernd - wundfressend]: merc-i. (nicht in der Abkürzungsliste von Kent) wurde durch merc-i-f. ersetzt, da es als synonym zu Mercurius iodatus angesehen wird (siehe c1 oder ptk2).
- *Eruptions - dry* [Hautausschläge - trocken]: bor. wurde durch bov. ersetzt (siehe hr1).
- *Eruptions - eczema* [Hautausschläge - Ekzem] lap-m. (nicht in Kents Liste!) wurde durch lappa ersetzt (siehe Bemerkungen der vergleichenden Liste der Arzneimittelabkürzungen S. A-24).
- *Eruptions - excoriated* [Hautausschläge - exkoriiert] wurde zur Hauptrubrik *Excoriation* [Exkoriation] verschoben.
- *Eruptions - rash - changing air* [Hautausschläge - Exanthem, flüchtiges - wechselnde, verändernde Luft]: apis. Diese unklare Modalität wurde zu *weather; from change of* [Wetterveränderung, durch] (siehe hr1).
- *Eruptions - rupia* [Hautausschläge - Rupia] nat-ac. wurde durch nit-ac. ersetzt (siehe hr1).
- *Eruptions - urticaria - cold - taking cold; from* [Hautausschläge - Urtikaria - kalt - Erkälten, durch]: dulc. dieses mißverständliche Symptom wurde zu *cold - becoming, from* [kalt - Abkühlung, durch] (siehe hr1).
- *Formication - beginning at feet and extending upwards* [Ameisenlaufen - beginnt an den Füßen und erstreckt sich nach oben] wurde nach den Regeln zu *Formication - extending upwards; beginning at feet and* [Ameisenlaufen - erstreckt sich nach oben; beginnt an den Füßen und] und hinter die Modalitäten verschoben.
- *Itching - spring, in - March, month of* [Jucken - Frühling, im - März, im] wurde ersetzt durch *Itching - March; month of* [Jucken - März, im] (siehe Hering, bry.). Zudem beginnt der Frühling erst am 21.
- *Sore - becomes* [Wund - wird] wurde zu *Decubitus* [Wundliegen] verschoben.
- *Ulcers - aching* [Geschwüre - wund schmerzend] etc.: Alle Schmerzrubriken wurden in die Unterrubrik *painful* [schmerzhaft] verschoben.
- *Ulcers - cold feeling, with* [Geschwüre - Kältegefühl, mit] bry. wurde zu *Ulcers - cold - feeling in them; with a cold* [Geschwüre - kalt - Gefühl darin; mit einem kalten] umbenannt (siehe Hering).

Allgemeines

- Die Hauptrubrik *Food and drinks* [Speisen und Getränke] enthält alle Speisen mit jeweils bis zu vier "Grundmodalitäten" *"agg."* *"amel."*, *"aversion"* und *"desire"* [Abneigung und Verlangen]. Die beiden letztgenannten Modalitäten waren früher im Kapitel "Magen", wurden aber verschoben.

□ Alle speziell beschriebenen Symptome sind Unterrubriken der obengenannten vier Ebenen. Agg. durch Rotwein findet man unter Wein - agg. - Rotwein. Die Begriffe *agg. durch* und *Beschwerden durch* wurden in allen Fällen als synonym betrachtet.
„Kombinierte Symptome“ wurden folgendermaßen aufgeführt: Wenn es sich um eine

spezielle Zubereitung oder Art der Speise handelt, findet man sie als Unterrubrik derselben, also *frisches Fleisch* unter *Fleisch* und *Olivenöl* unter *Öl* (und nicht unter *Oliven*).

Alle speziellen Speisen wie z.B. Schweinefleisch, Hammelfleisch etc. werden als eigene Rubriken auf Ebene 3 aufgeführt und nicht unter Oberbegriffen (wie z.B. Fleisch).

- Gelten Wetter-Modalitäten für den Gesamtzustand des Patienten, so findet man sie in diesem Kapitel unter Wetter (und nicht mehr wie früher unter "windig, stürmisch etc.").
- Alle Arten von Wind wurden in einer eigenen Hauptrubrik als *Generals - Wind* [Allgemeines - Wind] zusammengefaßt. Wirklich windiges Wetter (= stürmisches Wetter) findet man unter *Generals - Weather - windy* [Allgemeines - Wetter - windiges].
- *Coat of skin drawn over inner parts; sensation of* [Haut über innere Teile gezogen; Gefühl als wäre eine] ein falsch übersetztes Symptom von Boenninghausen. Das korrekte Symptom lautet: *Fur in inner parts; sensation as if covered with* [Pelz bedeckt; Gefühl in inneren Organen wie mit] (Dr. Jean-Claude Grégoire, Belgien).
- *Convulsions - exanthema* [Konvulsionen - "Exanthem"] wurde mit der Rubrik *- eruptions* [Hautausschläge] verschmolzen (siehe oben, allgemeine Anmerkungen S. A-31).
- *Dropsy - exanthema; from suppressed* [Wassersucht - "Exanthem"; durch unterdrücktes] wurde ebenso mit der Rubrik *- eruptions* [Hautausschläge] verschmolzen (siehe oben, allgemeine Anmerkungen S. A-31).
- *Food - farinaceous* [Speisen - Mehlspeisen, Teigwaren] sind all diejenigen Speisen, die stärkehaltig sind, also nicht nur Spagetti, wie manche Homöopathen diese Rubrik zu interpretieren neigen. Stärkehaltige Speisen umfassen Nudeln, Brot und Kartoffeln. Wir haben eine Rubrik *food - pasta* [Speisen - Nudeln] hinzugefügt, damit dort diejenigen Symptome aufgenommen werden, die sich ausschließlich auf Nudeln beziehen.
- *Food - starchy* [Speisen - stärkehaltige Speisen]. Alle Arzneimittel und Unterrubriken wurden zu *Food - farinaceous* [Speisen - Mehlspeisen, Teigwaren] verschoben, einer Rubrik die als synonym betrachtet wird. In der MM wird *starchy* [auch: stärkeartig, wie Stärke] meist benutzt, um die Qualität einer Absonderung, von Auswurf, Fluor etc. zu beschreiben und seltener für eine Gruppe von Speisen.
- *Lying - after - amel.*: [Liegen - nach - amel.] sumb. wird durch samb. ersetzt.
- *Medicines* [Medikamene] siehe die Erläuterung bei *Remedies* [Arzneimittel].
- *Remedies* [Arzneimittel]. Unter dieser Rubrik wurden alle Informationen gesammelt die sich auf homöopathische Arzneimittel beziehen, im Gegensatz zu den Symptomen, die sich auf allopathische Medikamente beziehen, die man unter *medicines* [Medikamente] findet. Der Unterschied zwischen diesen beiden Worten ist auch in einem Original-Symptom von Kent veranschaulicht: *oversensitive state and (homeopathic!) remedies fail to act; when too much (allopathic) medicine has produced an ...* [überempfindlicher Zustand und (homöopathische!) Arzneimittel wirken nicht; wenn zuviele (allopathische) Medikamenten einen [...] hervorgerufen haben.], was man bei Kent unter *Generals - Irritability* [Allgemeines - Reizbarkeit] findet. In Synthesis wurde auch dieses Symptom verschoben und bildet nun eine Unterrubrik von "Arzneimittel".
- *Suppressed* [Unterdrückt]: Alle Unterrubriken wurden (entsprechend der allgemeinen Regeln) zu den Beschwerden verschoben, die unterdrückt werden.
- *Suppressed - exanthema* [Unterdrückt - Exanthem]. Die Arzneimittel wurden in die Rubrik *Skin - eruptions - suppressed* [Haut - Hautausschläge - unterdrückt] verschoben. Siehe allgemeine Anmerkungen S. A-31.
- *Trembling* [Zittern] steht bei Kent als Hauptrubrik *Trembling, externally* [Zittern, äußerliches], auf die sich alle anderen Rubriken beziehen. Wenn im Alphabet die Unterrubrik *internally* [innerlich] erscheint, scheint sich diese auf *externally* [äußerlich] zu beziehen; und alle nachfolgenden Rubriken sind nach rechts eingerückt und scheinen damit Unterrubriken von "innerlich" zu sein, was durch die Kopfzeile der rechten Spalte auf Seite 1409 wiederum bestätigt wird. Wenn man

jedoch die alphabetische Reihenfolge berücksichtigt, erscheint dies als nicht korrekt.

Barthel beginnt mit *Trembling, externally* und *Trembling, internally.* Dann macht er alle Zeitmodalitäten zu Unterrubriken einer neuen Rubrik: *whole Body* [ganzen Körper, am]. Alle anderen Modalitäten sind Unterrubriken von "trembling". Künzli führt alle Rubriken, einschließlich "internally" und "externally", als Unterrubriken von "trembling" auf.

- Synthesis geht auf die ursprüngliche, aber korrigierte Formatierung von Kent zurück: auf dem dritten Level [= erste Unterrubrik] gibt es nur "internally" [innerlich] mit fast keinen Unterrubriken und dann als zweite Rubrik "externally" [äußerlich], die alle anderen Rubriken als Unterrubriken enthält.
- *Weather - cold wet - agg.* [Wetter - kaltes nasses - agg.]: canth. wurde gelöscht (Dr. Jost Künzli, Schweiz, Kent zitierend).

Anhang

I. Das Zeitschema

- *Regel:* Zeitangaben kommen zuerst, Modalitäten werden nachgestellt. Zeitabschnitte sind Unterrubriken, genauer (Anfangs-) Stunden.

Tagsüber

Tag und Nacht

Morgens (6-9 h) [2]
– **7** h
– **8** h
– **Modalitäten**
– **Sonnenaufgang**[3]

Vormittags (9-12 h)
– **9** h
– **10** h

Mittags (12 - 13 h)
– **12** h

Nachmittags (13 - 18 h)
– **14** h
– **15** h
– **Mittagsschlaf,** beim

Abends (18 - 22 h)
– **18** h
– **19** h
– **Modalitäten**

Nachts (22 - 6 h) [4]
– **Mitternacht** [5]
  • **vor**
    • **23** h
    • **23** - 0 h etc.
    • **Modalitäten**
  • **um** [6]
    • **2** h, bis

2. Arzneimittel mit der allgemeinen Zeitangabe "morgens", "vormittags" etc. werden hier eingetragen. Der Eintrag in der Klammer gibt nur einen Hinweis auf den Zeitraum, wann der jeweilige Begriff zu benutzen ist. Diese Nomenklatur richtet sich nach den Aussagen Hahnemanns in seinen Werken.
3. Sonnenaufgang ist immer eine Modalität von "morgens". Sonnenuntergang steht unter "abends".
4. Die Unterrubriken von Nacht, die sich auf Zeiten beziehen, sind alle unter der Rubrik von Mitternacht eingeordnet: "Mitternacht - vor"; "Mitternacht - um" und "Mitternacht - nach".
5. Dies Rubrik Mitternacht ist normalerweise leer. Symptome "um Mitternacht" stehen in der Unterrubrik "um". Die Unterrubriken, die Zeiten darstellen, die sich auf "Mitternacht" beziehen, sind "vor, um und nach" und stehen am Anfang und gehen den Modalitäten, die sich auf "Mitternacht" beziehen, voraus.

Nachts (22 - 6 h) **- Mitternacht**: ...
- **nach**
  - **1** h[7]
  - **2** h
    - **2** - 3 h[8]
    - **2** - 4 h
    - **bis**[9]
    - **vor**
    - ~~**um**~~[10]
    - **nach**
    - **Modalitäten** von 2 h; alle anderen
  - **3** h
  - **3** oder 4 h
  - **3.30** h
  - **4** - 17 h [11]
  - **4.30** - 6 h
  - **5** - 6.30 h
  - **morgens** - bis
  - **Modalitäten**[12]
  - **Hitze,** durch
  - **schläfrig** tagsüber; und
  - ...
- **Modalitäten**[13]
- **Erwachen,** beim

- Anmerkungen:
  12 p.m. versus 12 a.m:
  Mittag = 12 a.m. = 12 h / 12.30 p.m. = 12.30 h
  Mitternacht = 12 p.m. = 0 h / 12.30 a.m. = 0.30 h
  "Sonnenaufgang" ist immer eine Modalität von "morgens"; "Sonnenuntergang" und "Dämmerung" sind immer Modalitäten von "abends".

---

6. Hier erscheinen die Arzneimittel und Unterrubriken von 24 h bzw. 0 h.
7. Die Unterrubriken mit Zeitangeben zu "Mitternacht - nach" gehen den Modalitäten voraus.
8. Zeitspannen bzw. Zeitangaben, die von einer genauen Uhrzeit abhängen, sind Unterrubriken dieser Uhrzeit.
9. Nach den Uhrzeiten folgen die allgemeinen "Zeit-Modalitäten" ("bis", "vor", "nach"), erst dann folgen die "normalen" Modalitäten der Uhrzeit.
10. Die Rubrik "um" wird nicht benutzt, da diese Rubrik synonym zur Rubrik "2 h" ist. Sind in beiden Rubriken Arzneimittel vorhanden, werden alle Arzneimittel in die Rubrik "2 h" verschoben. Einzige Ausnahme: Die Rubrik "Mitternacht - um".
11. Ist bei Zeitangaben nicht klar von einer genauen Uhrzeit die Rede und / oder sind nur sehr wenig Zeitmodalitäten vorhanden, so stehen sie auf der gleichen Ebene wie die "genaue" Uhrzeit "2 h".
12. Nach den Zeiten folgen zunächst die Modalitäten von "Mitternacht - nach".
13. Die Modalitäten von "nachts" stehen auf derselben Ebene wie "Mitternacht" und schließen das Zeitschema ab.

II. Liste der Periodizitäten

- Innerhalb der Rubrik "periodisch" werden Symptome wie folgt sortiert:

Periodisch:
– **Stunde**:
- **selben** Stunde, zur:
- **jede** Stunde:
- **zwei** Stunden; alle:
- **drei** Stunden: ...

– **Tag**:
- **Sonntag**, jeden:
- **Montag**, jeden:
- **jeden** Tag:
  - **morgens**:
- **zweiten** Tag; jeden:
  - morgens:
- **dritten** Tag; jeden: etc.

– **Woche**:
- **jede**: etc.

– **Monat**:
- **jeden**: etc.

– **Jahr**:
- **jedes**; etc.

III. Liste der kombinierten Modalitäten

Die nachfolgende Liste erhebt keinen Anspruch auf Vollständigkeit., sondern soll einen Eindruck davon geben, nach welcher Systematik vorgegangen wurde.

– **abnehmend**
- **allmählich / plötzlich**

– **Anstrengung**
- **Augen**; der (oder anderer Organe)
- **geistige**
  ☞ *geistige Anstrengung*
- **körperliche**

– **Atmen**
- **tiefes**

– **Aufstehen**
- **beim**
- **nach**
- **Bett,** vom
- **Liegen,** vom

– **Beginn** des Gehens; zu
☞ *Gehen - Beginn des Gehens; zu*

– **Bett**
- **Aufstehen** vom
  ☞ *Aufstehen - Bett, vom*
- **im**
- **warmem,** im
  ☞ *warm - Bett, im warmen*
- **Zubettgehen,** beim

– **Flatulenz**
- **eingeklemmte** Blähungen...

– **Flatus**
 • **Abgang** von
– **Bücken;** beim Aufrichten vom
 ☞ *Aufrichten, beim - Bücken, vom*
– **Einatmen** - tiefes
– **Erregung,** sexuelle
 ☞ *sexuell - Erregung, bei sexueller*
– **erscheint** (z.B. Schmerz)
 ☞ *steigt oder sinkt*
– **Essen** (nur wenn nicht spezifiziert) sonst
 ☞ *z.B. Käse, Fleisch etc. bzw. bei Speisen und Getränke*
– **Essen**
 • **vor**
 • **beim**
 • **nach**
 • **Sättigung,** bis zur
– **feuchtes** Wetter
 ☞ *Wetter - nasses*
– **Freien;** beim Gehen im
 ☞ *Gehen, beim - Freien, im*
– **geistige** Anstrengung
– **Getränke** (nur wenn nicht spezifiziert) sonst:
 ☞ *z.B. Bier, Tee etc.*
 • **kalte / warme**
– **Harndrang**
 ☞ *Urinieren - Harndrang*
– **kalt**
 • **Anwendungen**; kalte
 • **Getränke**
  ☞ *Getränke - kalte*
 • **Luft,** kalte
  • **Eintreten** vom der kalten Luft ins warme Zimmer
   ☞ *warm - Zimmer - Eintreten*
  • **Gehen** vom warmen Zimmer in die kalte Luft
 • **Wasser**
  ☞ *kalte Anwendungen (außer, wenn es getrunken wird)*
 • **Wetter,** kaltes
  ☞ *Wetter - kaltes Wetter*
 • **Zimmer,** im kalten
– **körperliche** Anstrengung
 ☞ *Anstrengung, körperliche*
– **Liegen,** beim - Seite, auf der
– **Luft**
 • **Freien,** im
 • **Zugluft**
– **naß**
 • **Anwendungen,** nasse
 • **Boden,** nasser
 • **Naßwerden** (z.B. Füße, der)
 • **Wetter,** nasses
  ☞ *Wetter - nasses*
– **Seite;** beim Liegen auf der
 ☞ *Liegen, beim - Seite, auf der*
– **sexuell**
 • **Erregung**
 • **Exzesse**
 • **Verlangen** (vermindert, vermehrt, etc.)
– **Sitzen;** beim Aufstehen vom
 ☞ *Aufstehen - Sitzen, vom*
– **Stuhldrang**
 ☞ *Stuhlgang - Stuhldrang*
– **tiefes** Atmen / Tiefatmen
 ☞ *Atmen - tiefes*
– **tiefes** Einatmen / Ausatmen
 ☞ *Einatmen / Ausatmen - tiefes*
– **Trinken** (sofern nicht gesagt wird, was getrunken wird, sonst unter dem spezifischen Getränk, z.B. Wasser, Milch etc.)
– **unterdrückte** Beschwerden
 ☞ *Beschwerden - unterdrückte*
– **Veränderung** der Temperatur
 ☞ *Temperaturveränderung*
– **warm**
 • **Getränke** (bzw. das jeweilige Getränk)
  ☞ *Getränke - warme*
 • **Speisen** (bzw. die jeweilige Speise)
  ☞ *Speisen - warme*
 • **Wetter**
  ☞ *Wetter - warmes*
 • **Zimmer,** im warmen
– **Wechsel - Wetterwechsel**
 ☞ *Wetter - Wetterwechsel*
– **Wetter**
 • **kaltes**
  • **naßkaltes**
  • **trocken** kaltes
 • **nasses**
 • **trockenes**
 • **Wetterwechsel,** bei
– **Wind**
 • **kalter**
 • **warmer**
– **Zimmer**
 • **kalt**
  ☞ *kalt - Zimmer, im kalten*
 • **warm**
  ☞ *warm - Zimmer*
  • **Eintreten** vom der kalten Luft ins warme Zimmer

IV. Liste der Orte bei Extremitäten

Die folgende Liste dient zur allgemeinen Orientierung. Unterrubriken wie "Knochen, Sehnen, Beugemuskeln" etc. können bei allen Rubriken vorkommen.[14]

– Gelenke
– Glieder
– Haut
– Knochen
– Nägel
– Periost
– Sehne
– Arm
– Schulter
– Oberarm
– Ellbogen
• Ellbogenbeuge
– Unterarm
• Elle
• Speiche
– Handgelenk
– Hand
• Handballen
• Handfläche
• Handrücken
– Finger
• Fingerballen
• Fingernägel
• Fingerspitzen
• Zeigefinger
• Mittelfinger
• Ringfinger
• kleiner Finger
– Daumen
– Beine
– Gesäß
• Rima ani
– Hüfte
– Oberschenkel
• Oberschenkelbeuge
– Knie
• Kniekehle
• Kniescheibe
– Unterschenkel
• Schienbein
• Wade
– Knöchel
– Fuß
• Ferse
• Fußballen
• Fußrücken
• Fußssohle
– Zehe
• Zehenballen
• Zehennägel
• Zehenspitzen
• große Zehe
• zweite Zehe
• dritte Zehe
• vierte Zehe
• fünfte Zehe

14. In der deutschen Version wurde besonderen Wert auf die Sortierung gelegt, wobei wie folgt vorgegangen wurde: wo anatomisch keine feste Reihenfolge vorgegeben ist, also z.B. bei Symptomen von Knochen, Periost, Bändern, Sehnen etc. wurden diese den anatomisch einzuordnenden *alphabetisch* vorangestellt. Siehe dazu oben die Unterrubriken von Finger. Sie beginnen mit den Teilen der Finger wie Gelenke, Knochen etc., *danach* folgen Zeigefinger, Mittelfinger, Ringfinger und kleiner Finger.

V. Grade von Ergänzungen bei Nachträgen aus der Materia Medica

Im folgenden machen wir einige Vorschläge, wie die Bewertungen von Arzneimitteln in der Materia Medica in die Grade des Repertoriums übertragen werden können:

1. Allen, Timothy: Encyclopedia of the Materia Medica

- Normale Schrift = wenige Prüfer, nicht verifiziert = 1. Grad
- Normale Schrift mit * = wenige Prüfer, verifiziert = 1. Grad
- Kursive Schrift = mehrere Prüfungen, nicht verifiziert = 1. Grad
- Kursiv mit * = mehrere Prüfungen, verifiziert = 2. Grad
- Fettdruck (mit *) = viele Prüfungen (* = verifiziert) = 3. Grad

2. Allen, Henry: Materia Medica of the Nosodes

- Normale Schrift = 1. Grad
- Ein Balken = 1. Grad
- Zwei Balken = 2. Grad
- Drei Balken = 3. Grad

3. Boericke, William: Materia Medica

- Normale Schift = normale Intensität = 1. Grad
- Kursive Schrift = sehr charakteristisch = 2. Grad
- Wird ein Symptom in der allgemeinen Beschreibung kursiv dargestellt und als wichtig bezeichnet, kann das Arzneimittel in den 3. Grad umgewandelt werden.

4. Boericke, Oscar: Repertory

- Normale Schrift = 1. Grad
- Kursive Schrift = 2. Grad

5. Clarke, John Henry: Dictionary of Materia Medica

- Klinik, Causae, Symptome = 1. Grad
- Charakteristika = 2. Grad
- Gesondert betonte Charakteristika = 3. Grad
- Der meiste Text ist bei Clarke in normaler Schrift. Werden Symptome in den Charakteristika besonders betont oder gar mit Worten wie "ist ein Leitsymptom für" gekennzeichnet, so kann man das Mittel in den 3. Grad setzen.

6. Hahnemann, Samuel: Reine Arzneimittellehre, Chronische Krankheiten

- Normale Schrift = 1. Grad
- Gesperrter bzw. fetter Druck und häufigere Erwähnung durch mehrere Prüfer = 2. Grad

7. Hering, Constantine: Guiding Symptoms

- Kein Balken, dünner Balken = gelegentliche Prüfung = 1. Grad
- Zwei dünne Balken = öfters geprüft = 1. Grad
- Ein dicker Balken = verifiziert = 2. Grad
- Zwei dicke Balken = wiederholt verifiziert = 3. Grad
- eine Hand = ein sicheres, verifiziertes Charakteristikum = 4. Grad

Autoren & Quellen

Einleitung

In der nachfolgenden Liste finden Sie alle zitierten Autoren und deren wichtigste Werke. Um eine Grundlage für spätere Ergänzungen zu schaffen, haben wir auch Autoren aufgenommen, die derzeit noch nicht in Synthesis als Quellen benutzt werden.

In verschiedenen Repertorien werden Autoren mit Zahlen oder Buchstaben abgekürzt. In Synthesis haben wir aus uns folgenden Gründen für Buchstaben entschieden:

- Drei Ziffern gestatten 999 Kombinationen, drei Buchstaben mehr als 17000.
- Buchstaben haben einen klaren Bezug zum Namen des Autors, wohingegen Zahlen bedeutungsleer sind.
- Verschiedene Nummern-Systeme werden bereits in der homöopathsichen Literatur eingesetzt, so daß es bei Zahlen immer zu einer gewissen Verwirrung kommt.

Keine Abkürzungsregel für Namen ist perfekt, denn es gibt zu viele ähnliche Namen. Bekannte Autoren mit dem gleichen Familiennamen machen die Situation sogar noch komplizierter (vier Allens, drei Boerickes etc.). Damit man jederzeit eindeutig und leicht zu den Quellen zurückgehen kann, müssen die Autoren klar unterschieden werden, was zur Idee eines Abkürzungssystems führte.

Abkürzungsregeln

- Eine Abkürzung steht immer nur für einen Autoren.
- Jeder Autor wird so genau wie möglich identifiziert. Initialen, der vollständige Vorname und falls möglich eine Beschreibung einschließlich des Landes und seinem Hauptbetätigungsfeld in der Homöopathie oder Hauptbeitrag zur selben.
- Der Name des Autors wird mit einem, zwei oder drei Buchstaben abgekürzt. Die bekannten Homöopathen werden nur mit einem Buchstaben abgekürzt (h für Hahnemann, k für Kent, j für Jahr etc.).
- Der erste Buchstabe ist immer der Anfangsbuchstabe des Familiennamens.
- Der zweite Buchstabe: Besteht der Name aus mehreren Silben, so wird meist der erste Buchstabe der zweiten Silbe benutzt (z.B. Boericke William wird zu br). Besteht der Name nur aus einer Silbe, so ist der zweite Buchstabe meist der letzte des Namens (st für Pierre Schmidt).

  In bezug auf den zweiten Buchstaben sind jedoch Ausnahmen unumgänglich. Es kann ein anderer Buchstabe des Familiennamens benutzt werden (gsy für Henry Guernsey), oder der erste Buchstabe des Vornamens (srj für Jeremy Sherr) oder ein beliebig gewählter.

- Der dritte Buchstabe wird auf gleiche Weise gewählt, um jeweils eindeutige Abkürzungen zu schaffen.
- Hinter dem Buchstaben für den Autor folgt eine Zahl, wenn bekannt ist,aus welchem Buch oder Artikel die Ergänzung stammt. Entsprechend zeigt eine Ergänzung ohne Zahl an, daß sie entweder aus einem mündlichen Bericht stammt, oder daß die geschriebene Quelle unbekannt oder nicht auffindbar ist. Am häufigsten kam es dazu, wenn die Quelle (d.h. das spezielle Werk) in der Literatur nicht angegeben war. Es wird wohl noch einige Zeit dauern, bis es selbstverständlich sein wird, immer die genaue Quelle anzugeben.

Wichtige Hinweise:

- Ein k bei Quellenangaben (z.B. Acon.$_{bg2,k}$) zeigt an, daß das Arzneimittel aus Kents Repertorium stammt und durch die anderen genannten Quellen bestätigt wurde.[1] Ist die Quelle von Kent nicht bekannt wird der Eintrag mit einem k13 versehen.
- Zeitschriften werden nach den üblichen Regeln abgekürzt.

---

1. Durch die Hilfe von Dr. Pierre Salaün konnten in der deutschen Edition 7 von Synthesis über 200.000 Einträge von Kent derart bestätigt werden. [Anm. des Verlags]

- Lebt der Homöopath noch, wird dies durch die Angabe „zeitgenössischer Homöopath" gekennzeichnet. Ist er bereits verstorben, werden neutrale Formulierungen wie „deutscher Homöopath" benutzt. [In der deutschen Version wurde bewußt darauf verzichtet, geschlechtsspezifisch zwischen Homöopath / Homöopathin zu unterscheiden, und zwar aus dem klaren Grund, daß bei der Fülle von Namen aus allen Sprachgebieten nur zu leicht eine Frau plötzlich als Mann identifiziert würde oder umgekehrt].
- Beim Erscheinungsjahr wird die letzte Auflage zu Lebzeiten des Autors angegeben (und nicht die eines Reprints). Wurde ein Werk über mehrere Jahre hinweg veröffentlicht, so wird das Jahr der Fertigstellung angegeben.

Wir sind uns der Grenzen dieser Art der Kennzeichnung von Ergänzungen bewußt, aber wir hoffen, damit den Boden für erhöhte Präzision bei der Erstellung von Quellenangaben für Ergänzungen bereitet zu haben.

Eine letzte Anmerkung: Wir sind uns bewußt, daß die Informationen in dieser Liste nicht 100%ig vollständig sind. Wir sind für alle Hinweise und Anregungen dankbar, die uns dabei helfen, die Liste zu vervollständigen und zu erweitern.

Gent im Juni 1993
Dr. Frederik Schroyens

Anmerkung des Verlags:

- Es sei nur kurz daran erinnert, daß im Buch pro Arzneimittel jeweils nur maximal zwei Quellen genannt werden (anders würden diese Angaben jeden Rahmen eines gedruckten Werkes sprengen), weshalb viele der benutzten Abkürzungen aus dieser Liste zwar in der Datenbank aber nicht im gedruckten Buch auftauchen. Sind mehr als zwei Quellen vorhanden, wird dies durch ein Sternchen * gekennzeichnet, wobei natürlich die zwei wichtigsten Autoren (meist „Klassiker") genannt sind.

Die Abkürzungen

a	ALLEN Timothy F.: amerikanischer Homöopath
a1	ALLEN Timothy F.: Encyclopedia of Pure Materia Medica: New-York / Philadelphia: Boericke & Tafel: 1879
a2	ALLEN Timothy F.: Handbook of Materia Medica and Homeopathic Therapeutics: Philadelphia: Boericke & Tafel: 1889
a3	ALLEN Timothy F.: Primer of Materia Medica: New Delhi: Jain Publ.: 1979
a4	ALLEN Timothy F.: Index in: The Encyclopedia of Pure Materia Medica, vol. XI: Ridgewood N.J.: Gregg Press Inc.: 1964
abm	AUBIN M.
abm1	AUBIN M. et al.: Pratique Homéopathique en Gastro-enterologie (frz.): Paris: Centre d'Etudes et de Documentation Homéopathique: with JOLY P., PICARD P., DEMARQUE D. and JOUANNY J.: 1982
abm2	AUBIN M. et al.: Concordances homéopathiques (frz.): Paris: Centre d'Etudes et de Documentation Homéopathique: with DEMARQUE D., JOLY P., JOUANNY J. and SAINT-JEAN Y.: 1989
abs	ALBIN Steve: zeitgenössischer Homöopath (Portland, USA)
abs1	ALBIN Steve: Poison Oak Miseries: N Eng. J H, Vol 2, nr.1: pg 8-9: 1993
acl	ACKERLY Sarah: zeitgenössischer Homöopath (Portland, USA)
acl1	ACKERLY Sarah: A case of Intractable Constipation: N Eng. J H, Vol 3, nr.2: pg17-18: 1994
ado	AUDASSO Sergio
ado1	AUDASSO Sergio: Corso di primi soccorso omeopatico (Edited by Audasso)
ads	ADAMS Suzanne C.: zeitgenössischer Homöopath (Washington, USA)
ads1	ADAMS Suzanne C.: Cases: Dermoid Cysts: N Eng. J H, Vol 3, nr.1: pg 19-20: 1994
aem	ACHE M.
aem1	ACHE M. et al.: Aegopodium podagria: with MATTITSCH G.
ag	AEGIDI: französischer Homöopath. Einer der Begründer der Homöopathie in Frankreich.
ah	ANSHUTZ Edward Pollock
ah1	ANSHUTZ Edward Pollock: New, old and forgotten remedies (2nd Ed.): Philadelphia: Boericke & Tafel: 1917
ah2	ANSHUTZ Edward Pollock: Sexual ills & diseases (2nd Ed.): Philadelphia: Boericke & Tafel: 1910

ah3 ANSHUTZ Edward Pollock: Therapeutic by-ways : New Delhi: World homeopathic links (1st indian Ed.)
ak ASKENSTEDT F. C.
al ALLEN Henry C.: amerikanischer Homöopath
al1 ALLEN Henry C.: Keynotes and Characteristics with Comparisons: Wellingborough: Thorsons Publ.: 1874: Philadelphia: Boericke and Tafel: 1898
al2 ALLEN Henry C.: The Materia Medica of some important nosodes: Philadelphia: Boericke & Tafel: 1910
al3 ALLEN Henry C.: The therapy of fevers: Philadelphia: Boericke & Tafel: 1928
al4 ALLEN Henry C.: The therapy of intermittent fever: New Delhi: Jain Publ.: 1879
al5 ALLEN Henry C.: The therapy of tuberculous affections: New Delhi: World Homeopathic links. Reprint in 1983
al6 ALLEN Henry C.: Gregg consumption: Calcutta: Sett Dey & Co: 1946
al7 ALLEN Henry C.: Salicylic Acid: International Hahnemannian Association Proceedings: 1895
al8 ALLEN Henry C.: Silica: Med Adv, Vol 39/1: pg 8: 1901
al9 ALLEN Henry C.: Malaria officinalis: Med Adv, Vol 39/4: pg 180: 1901
al10 ALLEN Henry C.: Tuberculinum: Med Adv, Vol 39/1: pg 1: 1901
alj ALLEN James H.: amerikanischer Homöopath
alj1 ALLEN James H.: The Chronic Miasms, Psora & Pseudopsora: Bombay: Roy and Co: 1950
alj2 ALLEN James H.: Diseases and Therapeutics of the Skin: Philadelphia: Boericke and Tafel: 1902
alj3 ALLEN James H.: Medorrhinum: Med Adv, Vol 32/2: pg 59: 1894
alj4 ALLEN James H.: Chronic Miasms: Sycosis: Vol II: 1900
alm ALEEM Mohammed: zeitgenössischer Homöopath (Madras, Indien)
alm1 ALEEM Mohammed: The Rhythm of Volcano: Links, Vol 1: pg 39-40: 1994
alw ALLEN William A.
alw1 ALLEN William A.: Repertory to Symptoms of Intermittent Fever: 1882
am ALTMANN Micha: zeitgenössischer Homöopath (Israel)
ama ATMADJIAN Anaïs: zeitgenössischer Homöopath (Paris, Frankreich): Psycho-analyst, psychiatrist and neurobiologist.
ama1 ATMADJIAN Anaïs: Traité d'Homéopathie appliquée à la Maternité (frz.): Paris:Maison Neuve: 1992
amd AHMAD Shafiq
amd1 AHMAD Shafiq: A short Repertory on Indian drugs
ans ANAND Sunil: zeitgenössischer Homöopath (Bombay, Indien)
ans1 ANAND Sunil: Prescribing for Children: Links, Vol 2: pg 9-10: 1993
ar ARAUJO Claudio: zeitgenössischer Homöopath (Rio de Janeiro, Brasilien)
asm ASSILEM M.
asm1 ASSILEM M.: Folliculinum: mist or miasm: Nottingham: Society of Homeopaths: Conference Proceedings: 1990
asw ARMSTRONG W. P.
asw1 ARMSTRONG W. P.: A handbook of the Diseases of the Heart: Chicago : 1882
at AUSTIN
atj ATTOMYR J.
atj1 ATTOMYR J.: Proving of Ira : Neues Archiv für Homöopatische Heilkunst, Vol 2: 1844
atj2 ATTOMYR J.: Proving of Anemone nemorosa: Neues Archiv für Homöopathische Heilkunst, Vol 1: pg 180
atn ANTONIOU K.: zeitgenössischer Homöopath (Griechenland)
atn1 ANTONIOU K.: Unexpected Remedy in a Case of Depression: E J Cl. H, Vol 1, nr.1: pg 19-21: 1995
atr ALTHER: schweizer Homöopath aus der Zeit Hahnemanns.
aw AGRAWAL M. L.
aw1 AGRAWAL M. L.: Materia medica of the human mind
aw2 AGRAWAL M. L.: Homeopathy in accidents and injuries
aw3 AGRAWAL M. L.: A comparative study of chronic diseases
aw4 AGRAWAL M. L.: Diseases of hair and nails
aw5 AGRAWAL M. L.: Homeopathy in asthma
aw6 AGRAWAL M. L.: Insomnia and sleep
aw7 AGRAWAL M. L.: Measles and small-pox
aw8 AGRAWAL M. L.: A Repertory of desires and aversions
aw9 AGRAWAL M. L.: Dreams and nightmares
awy AGRAWAL Y. R.
awy1 AGRAWAL Y. R.: Treatise on Bowel Nosode
awy2 AGRAWAL Y. R.: Homeopathy in asthma: New Delhi: Vijay Publication: 1985
az ACHTZEHN Hans-Jürgen: zeitgenössischer Homöopath (Deutschland)

az1 ACHTZEHN Hans-Jürgen: Carcinosinum (dt.): H Einblicke, Vol 1: pg 6: 1990
b BOENNINGHAUSEN Clemens von: deutscher Homöopath (1785 - 1864). Schüler Hahnemanns. Erhielt das Recht zu praktizieren von König Wilhelm IV (1843).
b1 BOENNINGHAUSEN Clemens von: Characteristics of Materia Medica: Münster: Coppenrath: 1833
b2 BOENNINGHAUSEN Clemens von: Therapeutisches Taschenbuch (dt.): Münster: Coppenrath: 1846
b3 BOENNINGHAUSEN Clemens von: Aphorisms of Hippocrates: Leipzig: Purfürst: 1863
b4 BOENNINGHAUSEN Clemens von: A Systematic Alphabetic Repertory of Homeopathic remedies (2nd Ed.): Münster: Coppenrath: 1833
b5 BOENNINGHAUSEN Clemens von: Die antipsorischen Arzneien (dt.): Münster: 1833
b6 BOENNINGHAUSEN Clemens von: Die Körperseiten und Verwantschaften (dt.): Münster: 1853
b7 BOENNINGHAUSEN Clemens von: Die nicht-antipsorischen Arzneien (dt.): Münster: 1833
bb BARBANCEY J.
bb1 BARBANCEY J.: Pratique homéopathique en psycho-pathologie (frz.)
bc BLACKIE Margery G.: englischer Homöopath. Arzt der Königin.
bc1 BLACKIE Margery G.: The patient Not the Cure: the Challenge of Homoeopathy: London: Macdonald and Jane: 1976
bc2 BLACKIE Margery G.: Classical Homeopathy: Beaconsfield (England): Beaconsfield Publ.: 1986
bca BENCE L.
bca1 BENCE L.: La musique pour guérir (frz.): with Meraux M.
bch BEUCHELT H.
bch1 BEUCHELT H.: Konstitutions- und Reaktionstypen in der Medizin u.s.w. (dt.): Heidelberg: Haug (5th Ed.): 1977
bci BIANCHI Ivo: zeitgenössischer Homöopath (Italien)
bci1 BIANCHI Ivo: Principles of homotoxicology: Baden-Baden: Aurelia - Verlag: 1989
bcj BECKER Jurgen: zeitgenössischer Homöopath (Deutschland)
bcj1 BECKER Jurgen: Vipera: Links, Vol IV nr. 2: pg 8: 1991
bcn BUCKEN Dany: zeitgenössischer Homöopath (Bruxelles, Belgien)
bcr BIANCHINI Roberto: zeitgenössischer Homöopath (London, Großbritannien)
bcr1 BIANCHINI Roberto: A case of Menopausal symptoms: Links, Vol 3: pg26: 1994
bd BOYD W. E.
bda BANDELIN Karin: zeitgenössischer Homöopath (Deutschland)
bdc BARDON Michel: zeitgenössischer Homöopath (Frankreich)
bdh BODDE H. G.: zeitgenössischer Homöopath (Holland)
bdt BALDOTA Sudhir: zeitgenössischer Homöopath (Bombay, Indien)
bdt1 BALDOTA Sudhir: The case of Princess Daisy: Links, Vol 1: pg 36: 1995
bdx BOND Annette: zeitgenössischer Homöopath (England)
bdx1 BOND Annette: The homeopathic proving of Tungsten: Manchester: North West College of Homeopathy: 1997
bdy BOYD H.
bdy1 BOYD H.: Introduction to Homeopathic Medicine: England: Beaconsfield: 1982
be BOYLE C. C.
bfj BUFFUM J. H.
bfj1 BUFFUM J. H.: Essentials of Diseases of Eye and Ear: New Delhi: Jain: 1989
bg BOGER C. M.
bg1 BOGER C. M.: Additions to Kent's Repertory: New Delhi: Jain Publ.: 1972
bg2 BOGER C. M.: Boenninghausens's Characteristics and Repertory (2nd Ed.): Bombay: Roy & Co.: 1938
bg3 BOGER C. M.: Synoptic Key of the Materia Medica: New Delhi: Swaran (6th Ed.): Calcutta: Salzer & Co: 1931
bg4 BOGER C. M.: Times of the remedies and moon phases: New Delhi: 1988
bg5 BOGER C. M.: Studies in the Philosophy of Healing: New Delhi: Jain Publishers (reprint: 2nd Ed.): 1988
bg6 BOGER C. M.: Bursa pastoris, Thlaspi: Hom Rec: 1924
bg7 BOGER C. M.: Xanthoxylum: Med Adv, Vol XXXVIII nr. 5: pg 311: 1890
bg8 BOGER C. M.: Calcarea hypophosphorica, Odds and Ends: International Hahnemannian Association, Session 40-45: pg 7
bg9 BOGER C. M.: Collected writings: London: R. Bannan
bgg BOGAERDS G. A.: zeitgenössischer Homöopath (Holland)
bgk BERGK-LUCKA
bgk1 BERGK-LUCKA: Proving of Marienbader kurbrunner : A H Zt, Vol 56: pg 117

bgr BONGAARTS R.: zeitgenössischer Homöopath (Holland)
bgs BURGESS-WEBSTER M.
bgs1 BURGESS-WEBSTER M.: Medorrhinum: Hom Rec, Vol 47/15: 1932
bgs2 BURGESS-WEBSTER M.: Syphilinum: Hom Rec: 1935
bgs3 BURGESS-WEBSTER M.: Psorinum: Hom Rec, Vol 51/4: pg 147: 1936
bgt BOURGARIT
bgt1 BOURGARIT: Thérapeutique hom. du nouveau-né (frz.)
bgt2 BOURGARIT: Thérapeutique hom. de l'enfant (frz.)
bh BACH Edward: englischer Homöopath. Erfinder der Darmnosoden und der Bachblüten.
bhf BONSCH Franz: zeitgenössischer Homöopath (Deutschland), Übersetzter von "A synopsis of homeopathic philosophy" von J. T. Kent
bhg BRIGHAM G. N.
bhg1 BRIGHAM G. N.: Catarrhal Diseases of the nasal and respiratory Organs: Calcutta: Haren and Brother (3th Ed.)
bhk BIRCH K.
bhk1 BIRCH K. et al.: A Homeopahtic Proving of Sequoia sempervirens: with ROCKWELL J.: 1994
bhm BOMHARDT Martin
bhm1 BOMHARDT Martin: Materia Medica
bj BHANJA K. C.
bj1 BHANJA K. C.: Constitutional drug pictures
bj2 BHANJA K. C.: Masterkey to Homoeopathic Materia Medica: Darjeeling: 1947
bjj BERJEAU J. P. H.
bjj1 BERJEAU J. P. H. et al.: The Homeopathic Treatment of Syphilis, Gonorrhea, etc.: New Dehli: Jain: with FROST J. H. P.: 1987
bk BLACK G.
bke BOEKE E. W.
bkh BUCK H.
bkh1 BUCK H.: The Outline of Materia Medica and clinical Dictionary: New Delhi: Jain: 1987
bl BORLAND Douglas M.
bl1 BORLAND Douglas M.: Children Types: London: British Homeopathic Association: 1948
bl2 BORLAND Douglas M.: The Treatment of certain Heart Conditions by Homeopathy: Br Hom J, Vol 38/3: 1948
bl3 BORLAND Douglas M.: Influenzas
bl4 BORLAND Douglas M.: Pneumonias: New Delhi: Jain Publ.: 1987
bl5 BORLAND Douglas M.: Homeopathy for mother and infant: New Delhi: Jain Publ.
bl6 BORLAND Douglas M.: Digestive Drugs
bl7 BORLAND Douglas M.: Homeopathy in Practice: Beaconsfield (England): Beaconsfield Publ.
bl8 BORLAND Douglas M.: Some Emergencies of General Practice : Bombay: The homeopathic Medical Publishers (1st Ed.): 1970
bla BELL James B.
bla1 BELL James B.: The homeopathic therapeutics of diarrhea (3rd Ed.): Philadelphia: Boericke & Tafel: 1888
blf BRADLEY F. J.
blf1 BRADLEY F. J.: Cancer Latency Prevention and Cure through Miasmatics: New Delhi: Jain: 1988
blp BAILEY Philip M.: zeitgenössischer Homöopath (Australia)
blp1 BAILEY Philip M.: Homeopathic Psychology: Berkeley: North Atlantic Books: 1995
bls BELLOWS Howard P.
bly BLACKLEY J. C.
bmf BODMAN Frank
bmf1 BODMAN Frank: Insights into Homeopathy : England: Beaconsfield Publishers: 1990
bmh1 BOMHARDT Martin: Materica Medica
bn BURNETT James C.
bn1 BURNETT James C.: Enlarged tonsils cured by medicine: New Delhi: Jain Publ.
bn2 BURNETT James C.: Diseases of the spleen: London: Epps: 1887
bn3 BURNETT James C.: Delicate, backward, puny and stunty children: London: Hom. Publ.: 1895
bn4 BURNETT James C.: The diseases of the liver (2nd Ed.): Philadelphia: Boericke & Tafel: 1895
bn5 BURNETT James C.: Diseases of the skin (2nd Ed.): London: Hom. Publ.: 1893
bn6 BURNETT James C.: Curability of tumours by medicines: London: Hom. Publ.: 1893
bn7 BURNETT James C.: Curability of cataract: London: Hom. Publ.: 1880
bn8 BURNETT James C.: Ringworm: London: Hom. Publ.: 1892
bn9 BURNETT James C.: Diseases of the veins: London: Epps: 1894
bn10 BURNETT James C.: Natrum muriaticum: London: Gould: 1880
bn11 BURNETT James C.: Tumours of the breast: London: Epps: 1888
bn12 BURNETT James C.: Gout and its cure: London: Epps: 1895

bn13 BURNETT James C.: On neuralgia (2nd Ed.): London: Epps: 1894
bn14 BURNETT James C.: Fifty Reasons for being a homeopath
bn15 BURNETT James C.: Organ Diseases of Women
bn16 BURNETT James C.: Vaccinosis
bn17 BURNETT James C.: Fevers and Blood Poisonings : Calcutta: Srih. Dey of A.P. Homeopathic Library (2nd Ed.): 1968
bn18 BURNETT James C.: The New Cure of Consumption by its Own Virus: New Delhi: Jain Publishers (reprint 4th Ed.): 1989
bn19 BURNETT James C.: Best of Burnett.: New Delhi: H.L. Chitkara Ed.: 1992
bna BRAUN A.
bna1 BRAUN A.: Methodik der Homootherapie (dt.): Regensburg: Johannes Sonntag: 1975
bnd BROWN Donald
bnd1 BROWN Donald: Candida Parapsilosis: with LANGE Andrew
bne BRAUN Eva Maria: zeitgenössischer Homöopath (Deutschland)
bng BEHNISCH Gotthard: zeitgenössischer Homöopath (Detmold, Deutschland). Übersetzer von "Medizin der Zukunft" von George Vithoulkas
bnh BERNARD H.
bnh1 BERNHARD H.: The Homeopathic Threatment of Constipation: New Delhi: Jain : 1989
bni BRUNINI
bni1 BRUNINI: Materia Medica Homeopatica
bnj BANERJEE Prosad
bnj1 BANERJEE Prosad: Materia medica of Indian drugs: West Bengal: 1992
bnj2 BANERJEE Prosad: Dysentery
bnj3 BANERJEE Prosad: Sexual disease and its treatment
bnj4 BANERJEE Prosad: Coronary thrombosis
bnj5 BANERJEE Prosad: Chronic disease: its causes and cure: New Dehli: Jain: 1985
bnk BANERJEE N. K.
bnk1 BANERJEE N. K.: Realistic Materia Medica with therapeutics repertory: Calcutta: Salzer
bnk2 BANERJEE N. K.: Blood Pressure its etiology and treatment -rev. edition: New Dehli: Jain: 1987
bnl BAGNULO
bnl1 BAGNULO: Note di Dinamica Miasmatica e Keynotes dei principali Rimedi Omeopatici (it.)
bnm BONNET M. S.: zeitgenössischer Homöopath (England)
bnm1 BONNET M. S.: The Loxesceles spider: B H J: Vol 85: pg 205-213: 1996
bnm2 BONNET M. S.: The Toxicology of Androctonus scorpion: B H J: to be published: 1997
bnm3 BONNET M. S.: The Toxicology of the Atrax Robustus spider: B H J: to be published: 1997
bnn BLINN J. F.
bnr BUCHNER Joseph Benedict
bns BARNI Stefano: zeitgenössischer Homöopath (Italien)
bnt BINET
bnt1 BINET: Thérapeutique Homéopathique (frz.)
bnt2 BINET: L'homéopathie pratique (frz.)
bnu BANERJEE Subrata Kumar: zeitgenössischer Homöopath (Calcutta, Indien)
bnu1 BANERJEE Subrata Kumar: Thyroidinum: Links, Vol 2: pg15-17: 1993
bnx BONNEROT
bnx1 BONNEROT et al.: Ulcer of the Stomach and Duodenum (aus dem Französischen von Dr. Rajkumar Mukerji): New Delhi: Jain: with FORTIER - BERNOVILLE: 1988
br BOERICKE William: amerikanischer Homöopath. Ein Kliniker von hohem Ansehen.
br1 BOERICKE William: Pocket Manual of Homeopathic Materia Medica: New Dehli: Jain: 1988
br2 BOERICKE William: A Compend of the Principles of Homoeopathy: Lahore: Homoeopathic Stores and Hospital
br3 BOERICKE William et al.: The Twelve Tissue Remedies of Schuessler: Philadelphia: Boericke & Tafel (6th Ed.): with DEWEY Willis A.: 1947
bra BERRIDGE Edward W.
bra1 BERRIDGE Edward W.: Complete Repertory to the Homeopathic Materia Medica (2nd Ed.): London: Heath: 1873
bra2 BERRIDGE Edward W.: Repertory Corrections: International Hahnemannian Association: 1919
brb BURRETT C. A.
brc BOERICKE Charles: amerikanischer Homöopath, Sohn von William Boericke, Bruder von Garth Boericke, unterrichtete am Hahnemann hospital
brd BARANDIARAN Anselmo: zeitgenössischer Homöopath (Spanien)
brg BOERICKE Garth: Homöopath in Philadelphia (Sohn von William Boericke), studierte am Hahnemann Hospital
brj BAUR Jacques: zeitgenössischer Homöopath (Frankreich)
brj1 BAUR Jacques: Avatars et aventures du remède (frz.)

brj2 BAUR Jacques: La matière médicale homéopathique (frz.)
bro BOERICKE Oscar E.: amerikanischer Homöopath.
bro1 BOERICKE Oscar E.: "Repertory" in "Pokket Manual of Homeopathic Materia Medica" (by Boericke William): New York: Boericke & Runyon: 1927
brr BENRUBI Raphael: zeitgenössischer Homöopath (Frankreich)
bs BAAS Cees: zeitgenössischer Homöopath (Holland)
bsa BRIGGS Derek: zeitgenössischer Homöopath (Neuseeland)
bsa1 BRIGGS Derek: Gelsemium, The Heroic Coward: Links, Vol 1: pg 13-14: 1994
bsj BLASIG-JÄGER Thomas
bsj1 BLASIG-JÄGER Thomas: Arzneimittelbeziehungen: Greifenberg, Germany: Hahnemann Institut für homöopathsiche Dokumentation: 1996
bsk BAKHSHI Kirpal S.
bsk1 BAKHSHI Kirpal S.: Homeopathic remedies in verse: New Dehli: Jain: 1991
bss BOSE Sachindra K.
bss1 BOSE Sachindra K.: Synopsis of Homeopathic Materia Medica: Calcutta: Sachindra Kumar Bose: 1921
bt BARTHEL Horst: zeitgenössischer Homöopath (Deutschland). Creator of the "Synthetic Repertory" (with Dr. Klunker)
bt1 BARTHEL Horst: Charakteristika Homöopathischer Arzneimittel (dt.): Berg a. Starnberger See: O Verl.: 1984
bta BRYANT A. T.
bta1 BRYANT A. T.: Zulu medicine and Medicine-men: Cape Town: C. Struik: 1966
btb BOTTI Maurizio: zeitgenössischer Homöopath (Italien)
btd BLET Dominique: zeitgenössischer Homöopath (Frankreich)
bth BHATTACHARYYA H. CH.
bth1 BHATTACHARYYA H. CH.: The Homeopathic Family Practice: Calcutta: Bhattacharyya (13th Ed.)
btj BRYANT J.
btj1 BRYANT J.: A pocket manual or Repertory of Homeopathy
btm BHATTACHARYYA M.
btm1 BHATTACHARYYA M. et al.: Manual of Materia Medica (with Allen's Clinicals) 2 Vols.: Calcutta: Bhattacharyya
bts BHATT Smruti: zeitgenössischer Homöopath (Bombay, Indien)
bts1 BHATT Smruti: A case of Eczema: Links, Vol 3: pg 29: 1993
btw BURT William H.
btw1 BURT William H.: Characteristic Materia Medica: New York/Philadelphia: 1873
btw2 BURT William H.: Physiological Materia Medica: Chicago: 1883
bv BOVINA Giuseppina: zeitgenössischer Homöopath (Italien)
bvl BARVALIA Praful M.: zeitgenössischer Homöopath (Bombay, Indien)
bvl1 BARVALIA Praful M.: A case of depression Travail of "The Outcast": Links, Vol 2: pg 30-31: 1993
bw BECKWITH E. C.
bwa BLACKWOOD Alexander L.
bwa1 BLACKWOOD Alexander L.: Diseases of the kidneys and nerves
bwa2 BLACKWOOD Alexander L.: Diseases of the heart
bwa3 BLACKWOOD Alexander L.: Manuel of Materia Medica, therapeutics and Pharmacology with Clinical Index
bwa4 BLACKWOOD Alexander L.: Diseases of Food Tract.: Philadelphia: Boericke & Tafel: 1909
c CLARKE John H.: englischer Homöopath. Veröffentlichte viele interessante Bücher.
c1 CLARKE John H.: Dictionary of Practical Materia Medica: London: The Homeopathic Publ.: 1904
c2 CLARKE John H.: A Clinical Repertory to the Dictionary of Materia Medica: London: Hom. Publ.: 1904
c3 CLARKE John H.: Whooping cough cured with coqueluchin: New Delhi: Jain Publ.: 1908
c4 CLARKE John H.: Diseases of the heart and arteries: London: Gould: 1895
c5 CLARKE John H.: Catarrh, colds and influenzas.
c6 CLARKE John H.: The cure of tumours by medicin: London: Epps: 1908
c7 CLARKE John H.: Grand characteristics of Materia medica
c8 CLARKE John H.: The prescriber (6th Ed.): 1900
c9 CLARKE John H.: Indigestion - its causes and cure
c10 CLARKE John H.: Therapeutics of the serpent poisons: London: Hom. Publ.: 1893
c11 CLARKE John H.: Radium as an internal remedy
c12 CLARKE John H.: The therapeutics of cancer

c13 CLARKE John H.: Cholera, Diarrhoea and dysentery
c14 CLARKE John H.: Non Surgical Treatment of Diseases of the Glands and Bones.: New Delhi: Jain Publishers (reprint): 1986
c15 CLARKE John H.: Antimonium natrum lacticum: Hom Rec: 1929
cb CLERBAUX
ccp CROCKER Pamela: zeitgenössischer Homöopath (Concord, USA)
ccp1 CROCKER Pamela: Asthma in a child: N Eng. J H, Vol 1, nr.1: pg 9-10: 1992
cd CANDEGABE Eugenio F.
cd1 CANDEGABE Eugenio F.: Materia Medica Comparada (span.)
cda CHOUDHURI N. M.
cda1 CHOUDHURI N. M.: A Study on Materia Medica and Repertory: New Delhi: Jain: 1986
cda2 CHOUDHURY N. M.: Hepar sulphuris: Hom Rec, Vol XIII nr. 9: pg 396: 1898
cda3 CHOUDHURY N. M.: Homoeopathic cases from India: Hom Rec, Vol XIII nr. 9: pg 396: 1898
cdd CHAND Diwan H.: zeitgenössischer Homöopath (Indien). Vice President for India at the LIGA.
cdd1 CHAND Diwan H.: Peptic Ulcer (reprint): New Delhi: National Homoeopathic Pharmacy: 1982
cdd2 CHAND Diwan H.: Follow up of the case (reprint): New Delhi: National Homoeopathic Pharmacy: 1983
cdd3 CHAND Diwan H.: A Fantasy in materia medica (reprint): New Delhi: National Homoeopathic Pharmacy: 1981
cdd4 CHAND Diwan H.: Homoeopathy in geriatrics: New Delhi: National Homoeopathic Pharmacy
cdd5 CHAND Diwan H.: Short biography of Dr. D.H. Chand.: New Colony: 1962
cdd6 CHAND Diwan H. et al.: Kent's final General Repertory of the homeopatic Materia Medica: New Delhi: National Homeopathic Pharmacy(2nd Ed.): with SCHMIDT P.: 1982
cdh CHOUDHURY H.
cdh1 CHOUDHURY H.: Indications of Miasms: New Delhi: Jain: 1988
cdv CHAND Diwan Vijay: zeitgenössischer Homöopath (Indien)
ce CHARGE
cea CASE E. E.
cea1 CASE E. E.: Some Clinical experiences of E. E. Case.: Greenville: 1991
cea2 CASE E. E.: Magnetis polus australis: International Hahnemannian Association Proceedings, Session: 1917
cec CHASE et al.: CULLES
cec1 CHASE: Proving of Myricin: Trans. Mass Hom. Med. Soc. 1861-1866: 1861
ces CHASE Sandra M.: zeitgenössischer Homöopath (Fairfax, USA)
ces1 CHASE Sandra M.: Bufo: The Toad - its Materia Medica: Links, Vol 3: pg 20-24: 1993
ch COUCH A. S.
ck CLARK George Hardy
ck1 CLARK George Hardy: Hom. treatment of asthenopia
ck2 CLARK George Hardy: The ABC manual of materia medica and therapeutics
cka CLARKE A. G.
cka1 CLARKE A. G.: Decachords: 1925
ckh CHITKARA H. L.: zeitgenössischer Homöopath (New Dehli, Indien)
ckh1 CHITKARA H. L.: Update Addition to Repertory of Mind: New Dehli: Jain: 1995
ckp CHIPKIN Peggy: zeitgenössischer Homöopath (Albany, USA)
ckp1 CHIPKIN Peggy: Vulvitis in a Four Year Old Girl: N Eng. J H, Vol 4, nr.4: pg 33-35: 1995
cks CLARKE Savitri: zeitgenössischer Homöopath (Cambridge, USA)
cks1 CLARKE Savitri: Aversion to Nursing in an Infant: N Eng. J H, Vol 1, nr.1: pg 7: 1992
clc COULON Claude
cld COLLINS Deborah: zeitgenössischer Homöopath
cld1 COLLINS Deborah: Plumbum in practice.: Links, Vol 6: nr. 3: 1993
cmc CREMONINI Cesar: zeitgenössischer Homöopath (Argentina)
cn CENERELLI Carlo: zeitgenössischer Homöopath (Italien)
cna CHIANESE Francesco: zeitgenössischer Homöopath (Italien)
cnc CONANT C. M.
cnc1 CONANT C. M.: An obstetric Mentor: New Delhi: Jain
cnm CANNELL Michael: zeitgenössischer Homöopath (England).
cp COWPERTHWAITE Allen C.
cp1 COWPERTHWAITE Allen C.: Textbook of Materia Medica and Therapeutics: Chicago: 1885
cp2 COWPERTHWAITE Allen C.: Disorders of menstruation
cp3 COWPERTHWAITE Allen C.: Textbook of Gynecology: New Dehli: Jain Publ.: 1888
cpa CHAPIN E.

cpb COOPER Robert T.
cpb1 COOPER Robert T.: Cancer and cancer symptoms
cpb2 COOPER Robert T.: Cocaine: Hom Rec, Vol XIV nr. 2: pg 68: 1899
cpc COOPER R. M.
cpg CAMPOS Gelse Mazzoni: zeitgenössischer Homöopath (Brasilien)
cpg1 CAMPOS Gelse Mazzoni et al.: Flores da Terra: Um repertorio de Florais de Todas as Partes da terra (port.): Sao Paolo: Edit. Roca: with FREITAS Arlete Faria de : 1995
cpi CASPARI
cpi1 CASPARI: Proving of Electricity: Bibliothek für Homöopatische Medizin Vol 2 (2nd Ed.): 1834
cpl COOPER Linda: zeitgenössischer Homöopath (Ohio, USA)
cpl1 COOPER Linda: Cases of Bronchopulmonary dysplasea: Links, Vol 2: pg 23: 1995
cpy COPPE Yves: zeitgenössischer Homöopath (Belgien)
cpy1 COPPE Yves: La grossesse (frz.): Gent: Homeoden Book Service: 1991
cr CHARETTE Gilbert
cr1 CHARETTE Gilbert: Précis d'homéopathie: la matière médicale pratique (frz.): Paris: Editions Médicales: 1928
cra CLARY L.
crb CORRADO Giovanni Bruno: zeitgenössischer Homöopath (Brasilien)
crf CERAMI Fiorella Maria: zeitgenössischer Homöopath (Italien)
crg CAREY George W.
crg1 CAREY George W.: The Biochemic System of Medicine: St. Louis: Luyties Pharmacal Company (20th Ed.): 1921
crh CARRARA Hugo: zeitgenössischer Homöopath (Italien)
crm CURRIM Ahmed N.: zeitgenössischer Homöopath (Norwalk, USA). Collected the work of Grimmer and the lost, last Repertory of Kent.
cry CHAKRABORTY A.
cry1 CHAKRABORTY A.: Hom. Drug personalities with therapeutic hints
cs CUSHING A. M.
csa CASAUS Angel: zeitgenössischer Homöopath (Spanien)
csp CLAUSER Pierluigi: zeitgenössischer Homöopath (Italien)
css CREASY S.
ct CROWTHER G.
cta CUSTIS J. B. G.
ctb CARTIER F.
ctb1 CARTIER F.: Therapeutics of the Respiratory Organs (aus dem Französischen übersetzt und bearbeitet von Williams, C.A.): Philadelphia: Boericke & Tafel: 1919
ctc COULTER Catherine: zeitgenössischer Homöopath (USA)
ctc1 COULTER Catherine: Portraits of Homeopathic Medecine, vol 1: Berkeley: North Atlantic Books: 1986
ctc2 COULTER Catherine: Portraits of Homeopathic Medecine, vol 2: Berkeley: North Atlantic Books 1986-1988: 1988
ctc3 COULTER Catherine: Portrait of indifference.: Berkeley: North Atlantic Books: 1989
ctd CROTHERS Dean: zeitgenössischer Homöopath (USA)
cti CASTELLINI Maurizio: zeitgenössischer Homöopath (Italien)
ctj CHATTERJEE T. P.
ctj1 CHATTERJEE T. P.: My memorable cures
ctj2 CHATTERJEE T. P.: Highlights of homoeo-practice: New Delhi: Jain Publishers (2nd Ed.): 1991
ctj3 CHATTERJEE T. P.: A Handbook of useful thoughts on homoeo-practice and disease terminology: New Delhi: Jain Publishers (1st Ed.): 1991
ctj4 CHATTERJEE T. P.: My Random Notes on some Homeopathic Remedies Reprint: New Delhi: Jain: 1994
ctk CHIMTHANAWALA Kasim: zeitgenössischer Homöopath (Nagpur, Indien)
ctk1 CHIMTHANAWALA Kasim: An unusual case of Amenorrhoea: Links, Vol 2: pg14: 1993
ctl CLAYTON Collyer: zeitgenössischer Homöopath (England)
ctl1 CLAYTON Collyer et al.: The homeopathic proving of Lavender: with DAVIS Jackie: 1997
ctm CORTENS Mark: zeitgenössischer Homöopath (Belgien)
cts CHATTERJEE Sujit: zeitgenössischer Homöopath (Bombay, Indien)
cts1 CHATTERJEE Sujit: A case of Behavioural Problems: Links, Vol 2: pg 27-28: 1993
cv CHAVANON Pierre
cv1 CHAVANON Pierre et al.: Emergency homeopathic First-Aid (aus dem Französischen von G.A. Dudley): Northamptonshire, England: Thorsons Publishers limited: with LEVANNIER R.: 1977
cvl CLEVELAND C. L.

cvl1 CLEVELAND C. L.: Salient Materia Medica and Therapeutics: Philadelphia: 1888
das DAS Bishamber
das1 DAS Bishamber: Select your remedy, revised and enlarged.: New Delhi: 1988
db DIEFFENBACH W. H.
dba DEBATS Fernand J. M.: zeitgenössischer Homöopath (Holland)
dbb DEARBORN F. M.
dbf DABBAH Flora: argentinischer Homöopath
dbp DE BAETS Piet: zeitgenössischer Homöopath (Eeklo, Belgien). Founder of H.R.I.C. (Homeopathic Research and Information Centre)
dbx DUBOIS H. M.: French ethnologist
dbx1 DUBOIS H. M.: Monographie des betsileo (Madagascar) (frz.): Paris: Institut d'Ethnologie: 1938
dc DECKERS Arnold: zeitgenössischer Homöopath (Holland)
dcb DE CASTRO B.
dcb1 DE CASTRO B.: Logica de Repertorios (span.)
dci DORCSI Matthias: zeitgenössischer Homöopath (Münich, Deutschland)
dci1 DORCSI Matthias: Arzneimittellehre: Heidelberg: Haug Verlag: 1985
dci2 DORCSI Matthias: Homeopathie (6 vols): Heidelberg: Haug Verlag: 1977
dci3 DORCSI Matthias: Stufenplan und Ausbildungsprogramm in der Homoopathie - band 1: Heidelberg: Haug Verlag (2nd Ed.)
dd DIEUDONNE André: zeitgenössischer Homöopath (Frankreich)
df DUFF P. S.
dff DEL FRANCIA Franco: zeitgenössischer homöopathischer Veterinär (Italien)
dff1 DEL FRANCIA Franco et al.: Veterinaria Omeopatica e psicopatologia del Cavallo (it.): Sommacampagna:Demetra: ZUCO Willy: 1990
dfh DUFILHO Robert
dfh1 DUFILHO Robert: Les Symptômes mentaux en homéopathie
dfh2 DUFILHO Robert: Géométrie Homéopathique
dg DUDGEON Robert Ellis: Übersetzer von Hahnemanns RA ins Englische
dg1 DUDGEON Robert Ellis: Hahnemanns therapeutic hints: Calcutta: 1958
dg2 DUDGEON R. E.: Lectures on the Theory and Practice of Homeopathy: New delhi: Jain: 1987
dg3 DUDGEON R. E.: The Lesser Writings of Samuel Hahnemann: New delhi: Jain: 1987
dga DOUGLAS
dgb DANGELA Gunther: zeitgenössischer Homöopath for internal medicine (Villingen, Deutschland).
dgh DOUGLAS H. R.
dgh1 DOUGLAS H. R.: Lectures on Diseases of Chest: New Delhi: Indian Books & Periodicals Syndicate
dgs DOUGLAS Melford Eugene
dgs1 DOUGLAS Melford Eugene: Skin diseases
dgt DEGROOTE Filip: zeitgenössischer Homöopath (Brugge, Belgien)
dgt1 DEGROOTE Filip: Physiognomy of Remedies: Gent: Homeoden Book Service: 1992
dgt2 DEGROOTE Filip: Notes on Miasms, heredity and remedy interactions
dgt3 DEGROOTE Filip: Carcinosinum Essay, Articles: 1986
dh DUNHAM Caroll: amerikanischer Homöopath zur Jahrhundertwende
dh1 DUNHAM Caroll: Lectures on Materia Medica: New Delhi: Jain
dh2 DUNHAM Caroll: Homeopathic Science of Therapeutics: New York: 1877
dh3 DUNHAM Caroll: Lectures of Kent
dh4 DUNHAM Caroll: Graphites: International Hahnemannian Association
dhj DEHOND Jean Pierre: zeitgenössischer Homöopath (Belgien)
djr DUJANY Ruggero: zeitgenössischer Homöopath (Italien)
djr1 DUJANY Ruggero: Materia Medica Omeopatica (it.): Milano:Rafaello Cortina Ed.: 1988
dk DIRKEN Rainer: zeitgenössischer Homöopath (Deutschland)
dkp DAHLKE Paul
dkp1 DAHLKE Paul: Repertorium
dm DEL MAS R.: amerikanischer Homöopath
dm1 DEL MAS R.: Clinical Cases: Hom Rec, Vol XLV nr. 7: 1930
dmd DEMARQUE D.
dmd1 DEMARQUE D. et al.: Homeopathic-Connaître la Matière Médicale: Paris: Centr d'étude et documentation homeopatiques: with JOUANNY J., POITEVIN B., SAINT-JEAN Y.: 1989
dmt DIMITRIADIS George: zeitgenössischer Homöopath, Australien
dp DUPRAT Henry: französischer Homöopath.
dp1 DUPRAT Henry: Traité de matière médicale homéopathique Vol. 1 (frz.): Trévoux: Patissier: 1947

dp2 DUPRAT Henry: Traité de matière médicale homéopathique Vol. 2 (frz.): Paris: Baillière: 1948
dp3 DUPRAT Henry: L'Homeoepathie vivante. (frz.): Genève: 1926
dr DURR Elmore: zeitgenössischer Homöopath (USA)
dr1 DURR Elmore: Acute Versus Chronic: An Unusual Otitis Prescription: N Eng. J H, Vol 1, nr.1: pg 4-5: 1992
dry DURY William V.
dry1 DURY William V.: Eruptive Fevers
ds DESAI Bhanu D.
ds1 DESAI Bhanu D.: How to find the Similimum with Boger-Boenningshausen's Repertory.: New Delhi: Jain Publ.: 1992
dsa DAWS Jean et al.: SCRIVEN Daphne
dsa1 DAWS Jean: The making of the Proving of Sol Brittanic: Turnbridge Wells: Helios: 1994
dsb DOOMS Pierre: zeitgenössischer Homöopath (Belgien)
dse DESCHERE
dse1 DESCHERE: Proving of Sanicula mineral spring Water: North American Journal of Homoeopathy Vol 45: pg 657
dsj DESAEDELEER: zeitgenössischer Homöopath (Belgien)
dsp DROSSOU P.
dsp1 DROSSOU P. et al.: The homeopathic treatment of Carpal Tunnel Syndrome: L M H I, Vol 2, nr.6: pg 22-26: 1989
dt DIENST G. E.: Student of Kent
dt1 DIENST G. E. : What to do for the stomach: Philadelphia: 1907
dtd DAPTARDAR B. G.: zeitgenössischer Homöopath (Bombay, Indien)
dtd1 DAPTARDAR B. G.: A case of Asthma: Links, Vol 3: pg 21: 1994
dtn DETINIS Luis: zeitgenössischer Homöopath (Buenos Aires, Argentina)
dtn1 DETINIS Luis: Mental symptoms in homeopathy: Beaconsfield: 1994
dtp DETAND Patrick: zeitgenössischer Homöopath (Brussel, Belgien). Teacher at the schools of Brussels and Gent.
dv DOEUVRE Erwin: zeitgenössischer Homöopath (Oostende, Belgien). President of VSU, School for homeopathy, Gent (1990-).
dvm DAVITS Maria: zeitgenössischer Homöopath (Holland)
dvs DAVIDSON Stephen Myles: zeitgenössischer Homöopath (Phoenix, USA)
dvv DIVANJI V. G.
dvv1 DIVANJI V. G.: Partial proving of Molybdenum metallicum: Hom Rec: 1931
dw DEWEY Willis A.: American homeopathic physcian. Professor Materia Medica Michigan.
dw1 DEWEY Willis A.: Essentials of Homeopathic Materia Medica: Philadelphia: Boericke & Tafel: 1894
dw2 DEWEY Willis A.: Essentials of Homeopathic therapeutics: Philadelphia: Boericke & Tafel: 1895
dw3 DEWEY Willis A.: Twelve Tissue Remedies
dw4 DEWEY Willis A.: Ferrum phosphoricum: Hom Rec, Vol XIV nr. 1: pg37: 1908
dwm DHAWALE M. L.
dwm1 DHAWALE M. L.: Principles and Practice of Homeopathy (part 1, 2): Bombay: Institute of clinical research (2nd Ed.): 1986
dx DOCKX René: zeitgenössischer Homöopath (Knokke, Belgien)
dx1 DOCKX René et al.: Kent's Comparative Repertory: Gent: Homeoden: with KOKELENBERG Guy: 1993
dx2 DOCKX René: De Nieuwe Materia Medica van de metalen (Dutch)
dy DEY H. K.
dy1 DEY H. K.: Complications of menstruation
dy2 DEY H. K.: Rheumatism cured by homoeopathy: Calcutta: Haren and Brothers (2nd Ed.): 1975
ebh EBERLE Hans: zeitgenössischer Homöopath (Rosenheim, Deutschland)
ebh1 EBERLE Hans et al.: Arzneimittelprüfung Uranium metallicum (dt.): mit RITZER Friedrich
ec EICHENBERGER A.: zeitgenössischer Homöopath (Schweiz)
ech EICHELBERGER Otto: zeitgenössischer Homöopath (Deutschland)
ech1 EICHELBERGER Otto: Lehre und Praxis: Heidelberg: Haug: 1989
ech2 EICHELBERGER Otto: Praxis und Forschung: Heidelberg: Haug: 1987
eg EGEL
ege EGEE J. B.
egr EIGENRAAM Karel: zeitgenössischer Homöopath (Holland)
el ENGLISH John: zeitgenössischer Homöopath (Großbritannien)
elt ELEFTHERIADIS John: zeitgenössischer Homöopath (Griechenland)
elt1 ELEFTHERIADIS John: Homeopathic treatment of Pneumonia: E J Cl. H, Vol 1, nr.3-4: pg 16-17: 1995
em EMERY J. T. G.

ema EMMERSON G. C.
es EISING Nuala
es1 EISING Nuala: Granite, Marble and Limestone
ev EVANS W. H.
ev1 EVANS W. H.: Proving of Naphthalinum: North American Journal of Homoeopathy, Vol 33: pg 415
ez EIZAYAGA Francisco: zeitgenössischer Homöopath (Buenos Aires, Argentina)
ez1 EIZAYAGA Francisco: Treatise on Homeopathic Medicine, Lectures and Practice.
ez2 EIZAYAGA Francisco: El moderno Repertorio de Kent (port.): Buenos Aires: 1979
fb FOUBISTER Donald M.: englischer Homöopath. Führte Carcinosin in die MM ein.
fb1 FOUBISTER Donald et al.: Recueil d'études sur les nosodes (frz.): Ecole Hahnemannienne Dauphiné Savoie: with Templeton (Studies of Dr Mabilon and Dr Payen)
fb2 FOUBISTER Donald M.: Homeopathy and pediatrics: Bombay: Hom. Med. Publ.: 1978
fb3 FOUBISTER Donald M.: Tutorials on Homeopathy: Beaconsfield (England): Beaconsfield Publ.: 1989
fb4 FOUBISTER Donald M.: The carcinosin Drug Picture: New Delhi: Indian Books & Periodicals Syndicate
fb5 FOUBISTER Donald M.: Notes on Helleborus Niger
fb6 FOUBISTER Donald M.: Constitutional effects of anaesthesia: New Dehli: Indian Books & Periodicals Syndicate
fb7 FOUBISTER Donald M.: Therapeutic hints for students of homoeopathy: New Delhi: Indian books & Periodicals Syndicate
fb8 FOUBISTER Donald M.: A Clinical Study of Carcinosin as a Constitutional Remedy: Br H J, Vol 43/2: 1953
fb9 FOUBISTER Donald M.: Clinical Impressions of Carcinosin: Br H J, Vol 44/2: 1954
fbv FABBROCINI Vincenzo: zeitgenössischer Homöopath (Italien)
fc FAFCHAMPS Jean: zeitgenössischer Homöopath (Belgien)
fcj FRANCOIS Jean Marie: zeitgenössischer Homöopath (Belgien)
fd FRIEDRICH Peter: zeitgenössischer Homöopath (Deutschland)
fdr FLOYD Rosalind
fdr1 FLOYD Rosalind et al.: Cladonia: with AZGARD Izzy
fe FAYETON M. L. : zeitgenössischer Homöopath (Brives Charensac, Frankreich): = Fayeton Simonne
fe1 FAYETON M. L.: A striking symptom leads to the simillimum: Links, Vol 9: pg 11-12: 1996
fh FAHENSTOCK J. C.
fha FURTH E.
fhb FISCH
fhh FELDHAUS Heinz-Werner: zeitgenössischer homöopathischer Zahnarzt (Deutschland)
fk FRISCHKNECHT Pablo: zeitgenössischer Homöopath (Schweiz)
fl FELLOWS H. B.
fl1 FELLOWS H. B.: Antero-spinal paralysis: Chicago: 1878
fla FILLITZ: deutscher Homöopath aus der Zeit Hahnemanns
flg FOLLAS Greig: zeitgenössischer Homöopath (Tauranga, Neuseeland)
flg1 FOLLAS Greig: An inadvertent Proving of Granite?: Links, Vol 2: pg 37-38: 1993
flk FASSLER Kristy: zeitgenössischer Homöopath (Portsmouth, Großbritannien)
flk1 FASSLER Kristy: Attention Sensory Deficit: N Eng. J H, Vol 3, nr.3: pg 29-33: 1994
fr FARRINGTON Ernest A.: amerikanischer Homöopath (1847-1885). Professor für MM am Hahnemann Medical College in Philadelphia von 1874 an.
fr1 FARRINGTON Ernest A.: Clinical Materia Medica: Philadelphia: Hahnemann Medicall College: 1890
fr2 FARRINGTON Ernest A.: Comparative Materia Medica: Philadelphia: Office of the Journal of Homeopathics: 1901
fr3 FARRINGTON Ernest A.: Lesser writings with therapeutic hints: Calcutta: Bagchi Publ.
fr4 FARRINGTON Ernest A.: Therapeutic pointers to some common remedies: Calcutta: Bagchi Publ.
fra FARIAS DIAS Aldo: zeitgenössischer Homöopath (Rio de Janeiro, Brasilien)
frh FARRINGTON H.
frh1 FARRINGTON H.: Homeopathy and homeopathic Prescribing: Philadelphia: American Institute of Homeopathy: 1955
frm FLORES Matilde: zeitgenössischer Homöopath (Stow, USA)
frm1 FLORES Matilde: An Anxious Patient : N Eng. J H, Vol 2, nr.1: pg 12-15: 1993
fry FLURY Rudolf: schweizer Homöopath (1903-1977). Präsident der "Association Suisse des Médecins Homoéopathes" (1947-1955 und 1963-1971).

fry1 FLURY Rudolf: Praktisches Repertorium (dt.): bern: Lemberg: 1979
fry2 FLURY Rudolf: Homoeopathy and the principle of reality
fs FIELDS R.: amerikanischer Homöopath, Herausgeber eines Karteikarten-Repertoriums
fs1 FIELDS R.: The Symptom Register, Part 1: Philadelphia: 1922
fsr FISHER Charles E.
fsr1 FISHER Charles E.: Homeopathy in obstetric emergencies
fsr2 FISHER Charles E.: Handbook on the diseases of children: Chicago: Medical Century: 1895
ft FLORES TOLEDO David: zeitgenössischer Homöopath (Mexico)
ft1 FLORES TOLEDO David: Psilocybe caerulescens Murray
ft2 FLORES TOLEDO David: Pituitrinum anterior: Similia Similibus Curentur, Vol 19 nr. 3: pg 83
ftb FORTIER - BERNOVILLE
ftb1 FORTIER - BERNOVILLE: What we must not do in Homeopathy (aus dem Französischen von Rajkumar Mukerji)
ftb2 FORTIER - BERNOVILLE et al.: Eruptive Fevers and contagious Diseases of Children (aus dem Französischen von Rajkumar Mukerji): New Delhi: Jain
ftb3 FORTIER - BERNOVILLE et al.: Therapeutics of the Diseases of Liver and Biliary Ducts (aus dem Französischen von Rajkumar Mukerji): New Delhi: Jain
ftb4 FORTIER - BERNOVILLE: Remedies for Circulatory and Respiratory System (aus dem Französischen von Rajkumar Mukerji): New Delhi: Jain
ftb5 FORTIER - BERNOVILLE: Therapeutics of Intoxication (aus dem Französischen von Rajkumar Mukerji): New Delhi: Jain
ftb6 FORTIER - BERNOVILLE: Diabetes Mellitus (aus dem Französischen von Rajkumar Mukerji): New Delhi: Jain
ftb7 FORTIER - BERNOVILLE et al.: Chronic Rheumatism (aus dem Französischen von Rajkumar Mukerji): New Delhi: Jain: with ROUSSEAU L. A.: 1988
ftj FAUST Jurgen: zeitgenössischer Homöopath (Deutschland). Übersetzer von "Essences" von G. Vithoulkas
ftr FOSTER J.
ftr1 FOSTER J.: Toothache and its cure
ftv FOTIADIS Vassilis: zeitgenössischer Homöopath (Griechenland)
fyz FAYAZUDDIN M.
fyz1 FAYAZUDDIN M.: Pregnant Ladies: Kakinada
fyz2 FAYAZUDDIN M.: Anomalies of New born Babies: Kakinada: 1987
fyz3 FAYAZUDDIN M.: Morbid Fears and Anxieties: Kakinada: 1988
fyz4 FAYAZUDDIN M.: Peculiar and Characteristic Symptoms: Kakinada: 1991
gb GARBERS Uwe: zeitgenössischer Homöopath (Deutschland)
gba GENBRUGGE Kris: zeitgenössischer Homöopath (Belgien)
gbd GAMBY François: zeitgenössischer Homöopath (Frankreich)
gbg GREENBERG Alan: zeitgenössischer Homöopath (New Jersey, USA)
gbg1 GREENBERG Alan: Poison Ivy Miseries: N Eng. J H, Vol 2, nr.1: pg 6-7: 1993
gbh GÄBLER Hartwig: zeitgenössiser homöopathsicher Pharmazeut (Karlsruhe, Deutschland)
gbh1 GÄBLER Hartwig: Über einige Neuere Homöopatische Mittel (dt.): H Naturheilk: Vol 10, pg. 300-307: 1979
gbk GAUBLOMME Kris: zeitgenössischer Homöopath (Belgien)
gbk1 GAUBLOMME Kris: Concentration problems in a child: Links, Vol 2: pg 33-34: 1990
gcc GATCHELL CH.
gcc1 GATCHELL CH.: Key Notes of Medical Practice: Chicago: 1895
gcj GILCHRIST J. G.
gcj1 GILCHRIST J. G.: Homoeopathic Treatment of Surgical Diseases: Chicago: 1873
ge GEE W. S.
gft GRIFFIN Tricia: zeitgenössischer Homöopath (England). Teacher at the Sheffield School of Homoeopathy.
gft1 GRIFFIN Tricia: Iridium Proving: 1997
gg GHEGAS Vassilis: zeitgenössischer Homöopath (Griechenland)
gg1 GHEGAS Vassilis: Classical Homeopathic Lectures Vol. A: Genk (Belgien): Homeo-Study: 1993
gg2 GHEGAS Vassilis: Classical Homeopathic Lectures Vol. B: Genk (Belgien): Homeo-Study: 1993
gg3 GHEGAS Vassilis: Classical Homeopathic Lectures Vol. C: Genk (Belgien): Homeo-Study: 1993
gg4 GHEGAS Vassilis: Classical Homeopathic Lectures Vol. D: Genk (Belgien): Homeo-Study: 1993

gg5 GHEGAS Vassilis: Classical Homeopathic Lectures Vol. E: Genk (Belgien): Homeo-Study: 1993

gg6 GHEGAS Vassilis: Classical Homeopathic Lectures Vol. F: Genk (Belgien): Homeo-Study: 1993

gg7 GHEGAS Vassilis: Classical Homeopathic Lectures Vol. G: Genk (Belgien): Homeo-Study

gg8 GHEGAS Vassilis: Classical Homeopathic Lectures Vol. H: Genk (Belgien): Homeo-Study

gg9 GHEGAS Vassilis: Classical Homeopathic Lectures Vol. I: Genk (Belgien): Homeo-Study

ggd GRANDGEORGE Denis: zeitgenössischer Homöopath, France

ggd1 GRANDGEORGE Denis: Le Remède Homéopathique (frz.)

ggj GREGOIRE Jean-Claude: zeitgenössischer Homöopath (Brussel, Belgien). President of School in Brussels. Editor Rev B Hom.

gh GALHARDO J. E. R.

ghs GHOSH S. K.

ghs1 GHOSH S. K.: Clinical Experiences with some rare Nosodes: Calcutta: Sm. Sushama. Rani Ghosh (3th Ed.): 1976

gk GEUKENS Alfons: zeitgenössischer Homöopath (Hechtel, Belgien) Founder of Clinical Training Center Hechtel

gk1 GEUKENS Alfons: Homeopathic Practice - Part 1

gk2 GEUKENS Alfons: Homeopathic Practice - Part 2

gk3 GEUKENS Alfons: Homeopathic Practice - Part 3

gk4 GEUKENS Alfons: Homeopathic Practice - Part 4

gk5 GEUKENS Alfons: Homeopathic Practice - Part 5

gk6 GEUKENS A . et al: Carcinosinum: Belgium, Hechtel: Vzw Centrum voor homeopathie: with MORTELMANS G.: 1989

gl GALLAVARDIN Jean-Pierre: French homeopathic psychiatrist

gl1 GALLAVARDIN Jean-Pierre: Psychisme et Homéopathie (frz.): Vienne/Isère: Ternet-Martin: 1960

gl2 GALLAVARDIN Jean-Pierre: Pathogénésies Psychiques (frz.)

gl3 GALLAVARDIN Jean-pierre: Repertory of Psychic Medicines with Materia Medica: New Delhi: Jain: 1989

glh GILLINGHAM H. P.

glm GALANTE Michel: zeitgenössischer Homöopath (USA)

gm GRIMMER Arthur H.: amerikanischer Homöopath (1874-1967). Sehr hohes Ansehen für seine Krebsbehandlungen.

gm1 GRIMMER Arthur H.: The Collected Works (edited by Ahmed N. Currim, Ph.D., M.D.): Fairfield: Hahnemann Internat. Institute for Homeopathy: 1996

gm2 GRIMMER A. H. et al.: Homoeopathic treatment of cancer (1st Indian Ed.): New Delhi: Jain Publishers: FORTIER B.: 1988

gm3 GRIMMER Arthur H.: Carbo vegetalis: H Rec, Januari: pg 43: 1936

gm4 GRIMMER Arthur H.: Cadmium salts: H Rec, Vol XLV nr. 9: pg 625: 1930

gm5 GRIMMER Arthur H.: Applications of Remedies to Cancer Cases: H Rec, Vol XLV nr. 11: pg 789: 1930

gm6 GRIMMER Arthur H.: Cancer cures and specifics: H Rec, Vol XLVI nr. 12: pg 357: 1951

gma GUTMAN William

gma1 GUTMAN William: Homeopathy: The fundamentals

gma2 GUTMAN William: Cadmium Metallicum: New York: 1951

gmc GOMEZ

gmj GAMARRA Javier Salvador: zeitgenössischer Homöopath (Brasilien)

gmm GUERMONPREZ M.

gmm1 GUERMONPREZ M. et al.: Matière médicale homéopathique (frz.)(3th Ed.): Lyon: Editions Boiron: PINKAS M. & TORCK M.: 1989

gmv GETMAN V. L.

gn GREENE Alice: zeitgenössischer Homöopath (Großbritannien)

gnc GUINEBERG Colette: zeitgenössischer Homöopath (Paris, Frankreich)

gnc1 GUINEBERG Colette: Chronic Sinusitis: Links, Vol 3: pg 55: 1990

gs GROSS G. W.: Student of Hahnemann

gsb GHOSE S.

gsb1 GHOSE S.: Drugs of Hindustan with their homeopathic use

gsb2 GHOSE S.: Lachesis trigonocephalus: Br H J, VI: pg 301: 1914

gsc GRIGGS W. B.: amerikanischer homöopathischer Kinderarzt

gsc1 GRIGGS W. B.: Subjective proving of Glycerine: Hom Rec, pg 518: 1936

gsd GIBSON Douglas M.: englischer Homöopath

gsd1 GIBSON Douglas M.: Studies of Homeopathic Remedies: Beaconsfield (England): Beaconsfield Publishers, Marianne H: 1987
gse GEERTS Brigitte: zeitgenössischer homöopathsicher Veterinär (Herentals, Belgien)
gsg GUESS George: zeitgenössischer Homöopath (Asherville, USA)
gsg1 GUESS George: Confirmatory questions
gsg2 GUESS George: Two cases of Alcoholism: Links, Vol 3: pg 21: 1991
gsh GROSS H.
gsh1 GROSS H.: Comparative materia medica: Leipzig: Marggraf: 1892
gsk GYPSER Klaus-Henning: zeitgenössischer Homöopath (Deutschland). Editor of several homeopathic Journals.
gsk1 GYPSER Klaus-Henning: Kent's minor writings on homoeopathy (Indian reprint): New Delhi: Jain Publishers: 1988
gsk2 GYPSER Klaus-Henning: Fehler im Repertorium von Kent (dt.): Zt Klass H, Vol 5: 1987
gsk3 GYPSER Klaus-Henning: Zur Problematik Synonymer Rubriken im Repertorium von Kent (dt.): Zt Klass H, Vol 1: 1987
gsk4 GYPSER Klaus-Henning: Zur Frage der Verlässlichkeit des Homöopathischen Instrumentariums (dt.): Zt Klass H, Vol 6: 1987
gsk5 GYPSER Klaus-Henning: Entstehung, Struktur und Praktische Anwendung von Bogers Bönninghausen's Characteristics and Repertory (dt.): Zt Klass H, Vol 35 nr. 3: 1991
gsk6 GYPSER Klaus-Henning et al.: Bestätigungen von Symptomen im Kentschen Repertorium und Nachträge aus der Materia Medica (dt.): Zt Klass H, Vol 34: with WALDEKKER A.: 1990
gsk7 GYPSER Klaus-Henning et al.: Gesammelte Arzneimittelprüfungen aus Stapfs "Archiv für die Homöopathische Heilkunst" (dt.): Heidelberg: with WALDECKER A.: 1991
gsl GRIESSELICH L.
gsl1 GRIESSELICH L.: Proving of Franzensbad: Hygea, Band 3-23
gsl2 GRIESSELICH L.: Proving of Elmen Soolbad: Hygea Vol 9: pt 3
gsl3 GRIESSELICH L.: Proving of Ems: Hygea Vol 9 pt 3: pg 224
gsl4 GRIESSELICH L.: Proving of Kosen, Soolbad, Naumburg: Hygea Vol 9 pt 3: pg 244
gsl5 GRIESSELICH L.: Proving of Jatzfeld, Soolbad in Wurtemberg: Hygea Vol 9: pg 244, 256
gsl6 GRIESSELICH L.: Proving of Kronthal: Hygea Vol 9: pt 3
gsl7 GRIESSELICH L.: Proving of Landeck in Scheinen: Hygea Vol 9 pt 3: pg 224
gsl8 GRIESSELICH L.: Proving of Langebrukken: Hygea Vol 9 pt 3: pg 224
gsl9 GRIESSELICH L.: Proving of Meinberg pyrmont: Hygea Vol 9 pt 3: pg 175
gsl10 GRIESSELICH L.: Proving of Teinach in Wirtemburg: Hygea Vol 9 pt 3: pg 224
gsl11 GRIESSELICH L.: Proving of Weilbach water: Hygea Vol 9: pt 3
gsm GLASS Michael: zeitgenössischer Homöopath (New York, USA)
gsm1 GLASS Michael: Two cases of Emotional First Aid: N Eng. J H, Vol 2, nr.1: pg 27: 1993
gsr GIBSON-MILLER R.
gsr1 GIBSON-MILLER R.: Relationship of remedies with duration of action
gsw GUERNSEY William Jefferson
gsw1 GUERNSEY William J.: Desires and aversions
gsw2 GUERNSEY William J.: The homeopathic therapeutics of haemorrhoids
gsw3 GUERNSEY William J.: Malandrinum: Med Adv, Vol 37/1: pg 338: 1899
gsy GUERNSEY Henry N.
gsy1 GUERNSEY Henry N.: Keynotes to the Materia Medica: Philadelphia: Boericke: Edited by Joseph C. Guernsey: 1887
gsy2 GUERNSEY Henry N.: Application of Principles of Homeopathy to Obstetrics
gt GENTRY William D.
gt1 GENTRY William D.: Concordance Repertory: New-York: Chatterton & Co: 1890
gt2 GENTRY William D.: Rubrical and Regional Text Book of Homoeopathic Materia Medica Urine and Urinary organs: Philadelphia: 1890
gta GORTON W. D.
gtb GIRTEN: zeitgenössischer deutscher Homöopath
gtc GUPTA A. C.
gtc1 GUPTA A. C.: Materia medica of Bowel nosodes
gtd GUPTA D. C. D.
gtd1 GUPTA D. C. D.: Characteristic Materia Medica: Calcutta: Published by the author (6th Ed.)
gtr GUPTA R. L.
gtr1 GUPTA R. L.: Directory of Disease and Cures in Homeopathy: New Dehli: Jain
gv GARVICE I.

gvt GUNVANTE S. M.: zeitgenössischer Homöopath (Bombay, Indien)
gvt1 GUNVANTE S. M.: A case Psychological Disturbed Youth: Links, Vol 1: pg 36-37: 1995
gw GLADWIN Frederika E.: Student of Kent
gw1 GLADWIN Frederika E.: The people of the materia medica world: New Delhi: Indian National Homoeopathic Pharmacy
gw2 GLADWIN Frederika E.: The Repertory Idea: Hom Rec: 1925
gw3 GLADWIN Frederika E.: A Study and Revision of Kent's Repertory: Hom Rec, Vol XLIII 15/2: 1928
gy GRAY Bill: zeitgenössischer Homöopath (San Francisco, USA). Founder hom. school of Berkeley.
gy2 GRAY Bill: Seminar Part 1 (May 1988): Amsterdam: I. Bos, private
gy3 GRAY Bill et al.: Seminar Part 2 - with Jonathan Shore (April 1989): Amsterdam: I. Bos, private: with Jonathan Shore
gz GONZALES PEIRONA Enrique: zeitgenössischer Homöopath,(Spanien) Pres. Spanish Federation Hom. Assoc.
gzp GARZONIS Peter: zeitgenössischer Homöopath (Athens, Griechenland)
h HAHNEMANN Samuel: deutscher Homöopath (1755-1843). Begründer der Homöopathie.
h1 HAHNEMANN Samuel: Reine Arzneimittellehre, 3. Vermehrte Auflage (dt.): Dresden & Leipzig: 1833
h2 HAHNEMANN Samuel: Die Chronischen Krankheiten, 2. Vermehrte Auflage (dt.): Dresden & Leipzig: 1839
h3 HAHNEMANN Samuel: Organon der Heilkunst
h4 HAHNEMANN Samuel: Lesser writings Hahnemann
h5 HAHNEMANN Samuel: 90 Medicamentos Homeopaticos (span.): Miraguano Ediciones: 1986
h6 HAHNEMANN Samuel: Coffeinum: Med Adv, Vol 43/6: pg 337: 1905
h7 HAHNEMANN Samuel C.: Krankenjournal D2 (1801-02): Heidelberg: Haug: 1993
hbe HUBBARD Elisabth W.
hbe1 HUBBARD Elisabeth W.: Homeopathy as Art and Science: England: Beaconsfield Publishers: 1990
hbh HUI BON HOA Jacques: zeitgenössischer Homöopath (Frankreich)
hbh1 HUI BON HOA Jacques: Recueil des publications (frz.): Groupe Mercurius
hbh2 HUI BON HOA Jacques: Précis de technique repertoriale homéopathique (frz.): Angoulème (Frankreich): Eds. Coquemard: 1963
hbh3 HUI BON HOA Jacques: Carcinosinum, Etude Pathogènesique et clinique (frz.): Annales Homoéopathiques Françaises, Octobre: 1962
hbh4 HUI BON HOA Jacques: Nosodes intestinaux (frz.): Angoulême: 1966
hc HUTCHINSON John H.
hca HOLCOMBE A. W.
hca1 HOLCOMBE A. W.: Spasms and Convulsions, an Abbridged Repertory: New Delhi: 1982
hd HODIAMONT
hd1 HODIAMONT: Plantes médicinales en homéopathie (frz.)
hd2 HODIAMONT: La matière médicale & les remèdes vég. (frz.): Similia: 1985
hd3 HODIAMONT: Nouvelles études d'homéopathie (frz.)
hda HINSDALE A. E.
hdh HEUDENS Hennie: zeitgenössischer Homöopath (Leuven, Belgien)
hdh1 HEUDENS Hennie: Themadagen Epilepsie & Silicea (Dutch)
hdh2 HEUDENS Hennie: Hyoscyamus: Homeopath, Vol XI nr.3: 1994
hdh3 HEUDENS Hennie: Personal additions for Carcinosinum
he HOYNE Temple S.
he1 HOYNE Temple S.: Clinical Therapeutics
hg HOLMGREN Marc: zeitgenössischer Homöopath (Belgien)
hgc HUG Christine: zeitgenössischer Homöopath (Freiburg, Deutschland)
hgc1 HUG Christine: A case of Magnesium metallicum: Links, Vol 4: pg 44: 1994
hh HEATH G. E.
hl HALE Edwin Moses
hl1 HALE Edwin Moses: Materia Medica and Special Therapeutics of the New Remedies (5th Ed.): Philadelphia: Boericke and Tafel: 1886
hl2 HALE Edwin Moses: Diseases of the Heart
hl3 HALE Edwin Moses: Cases: Spasmodic Cough: N Eng J H, Vol 3 nr.1: pg 26: 1994
hl4 HALE Edwin Moses: Clinical Observations on Terebinth: American Homeopathic Review, pg 454: 1863
hl5 HALE Edwin Moses: Proving of Nelubrium luteum: Chicago: 1871
hl6 HALE Edwin Moses: Proving of Viburnum prunifolium: Medical Era, Vol 1: pg5: 1883

hl7 HALE Edwin Moses: Proving of Illex casseine: Washington Govt. Pr.: 1891
hla HERTLI Rudolf: zeitgenössischer Homöopath (Schweiz)
hlb HARTLAUB Carl G. C.
hlb1 HARTLAUB Carl G. C. et al.: Unknown Title: Ann Hom Klin, Vol 3: pg 309-313: with TRINKS C. F.: 1832
hlb2 HARTLAUB Carl G. C. et al.: Reine Arzneimittellehre: Leipzig: Brockhaus: with TRINKS N.: 1831
hm HERMACE S. G.
hmb HAMISH W. Boyd
hmf HARTMANN Franz: Student of Hahnemann
hmf1 HARTMANN Franz: Arsenicum album: Hom Rec, Vol XIII nr. 1: pg 27: 1898
hmh HAUPTMAN Horst: zeitgenössischer Homöopath (Deutschland)
hmh1 HAUPTMAN Horst: The significance of signs: Links, Vol 3: pg 27-28: 1992
hmh2 HAUPTMAN Horst: Homöopathie in der Kinderärztlichen Praxis (dt.): Heidelberg: Haug Verlag: 1991
hn HONAN W. F.
homp UNKNOWN: Different articles: Hom Phys
hp HEMPEL H.: Student of Hahnemann
hp1 HEMPEL H.: The science of therapeutics vol. 1
hr HERING Constantine: amerikanischer Homöopath. Führte Lachesis in die MM ein
hr1 HERING Constantine: Guiding Symptoms of our Materia Medica: Philadelphia: 1891
hr2 HERING Constantine: Condensed Materia Medica - reviewed by E. A. Farrington (3rd ed.): Philadelphia: 1883
hr3 HERING Constantine: Analytical Repertory of the Symptoms of the Mind: New York: 1881
hr4 HERING Constantine: The homeopathic domestic physician: Philadelphia: Boericke & Tafel: 1897
hr5 HERING Constantine: Wirkungen des Schlangengiftes (dt.): Leipzig, Allentaun: Kummer: 1837
hr6 HERING Constantine: Proving of Lithium carbonicum: American Homoeopathic Review, May pg 481: 1863
hrj HEEREN Joseph: zeitgenössischer Homöopath (Belgien)
hrn HERRICK Nancy: zeitgenössischer Homöopath (Albany, USA)
hrn1 HERRICK Nancy: A case of Natrium Phosphoricum : Links, Vol 3: pg 28-29: 1993
hs HUGHES Richard
hs1 HUGHES et al.: Cyclopaedia of Drug Pathogenesy: London: DAKE J. P.: 1891
hs2 HUGHES Richard: Manual of Pharmacodynamics: Calcutta: Ringer & C×
hs3 HUGHES Richard: The principles and practice of homoeopathy.: New Delhi: World Homoeopathic Links
hsa HANSEN Oscar
hsa1 HANSEN Oscar: A Text-Book of Materia Medica of Rare Homeopathic Remedies: A Supplement to A. G. Cowperthwaite's "Materia medica": London: Hom. Publ.: 1899
hsb HAYES R. E. S.
hsb1 HAYES R. E. S.: Adaxukah Effects and Other Provings: Hom Rec: 1928
hsb2 HAYES R. E. S.: Vipera torva, clinical reports: Hom Rec, Vol 54/11: pg 34: 1939
hsb3 HAYES R. E. S.: A study of Ambergris: International Hahnemannian Association, Session 42: pg 121
hsh HOLSTEIN Hermann: zeitgenössischer Homöopath (Deutschland)
hsn HUSSAIN Abid
hsn1 HUSSAIN Abid: Relationships of Homeopathic Drugs: Sargodha: Kent Homeopathic Stores and Hospital: 1960
hsw HAWKES W. J.
hsw1 HAWKES W. J.: Characteristic Indications for Prominent Remedies
ht HOUGHTON Henry C.: amerikanischer Homöopath
ht1 HOUGHTON Henry C.: Lectures on Clinical Otology: Boston: Clapp: 1885
hta HEAT Alfred
htc HART C. P.
htc1 HART C. P.: Therapeutics of nervous Diseases: New Delhi: Harjet & Co
htj HOUGHTON Jacqueline
htj1 HOUGHTON Jacqueline: The homeopathic proving of Lac humanum: with HALAHAN Elisabeth
hu HERSCU Paul: zeitgenössischer Homöopath (USA). Editor of the New England Journal of Homeopathy
hu1 HERSCU Paul: A case of Failure to thrive: Links, Vol 3: pg 24-25: 1992
hu2 HERSCU Paul: The Homeopathic Treatment of Children: Berkeley: North Atlantic books (California): 1991
hu3 HERSCU Paul: Stramonium - with an introduction to Analysis using Cycles and Segments: Amherst: New England School of Homeopathy: 1996
hw HOWARD A. G.

hwc	HIWAT Corrie: zeitgenössischer Homöopath (Groningen, Holland)
hwc1	HIWAT Corrie: Two Cases: Links, Vol 1: pg 14-16: 1994
ib	IMBERECHTS Jacques: zeitgenössischer Homöopath (Brussel, Belgien). Pres. Homeopathia Internationalis. Vice-Pres. Liga Belgium.
ib1	IMBERECHTS Jacques: Carcinosinum, cancerinism and tuberculinism, childhood diseases among adults and other viral, immunological and degenerative disturbances: Athene, 31me congrès de la Ligue Homoeopathique intern.: 1976
iba	IBERSHOFF A. E.
ih	IMHÄUSER Hedwig
ih1	IMHÄUSER Hedwig: Homöopathie in der Kinderheilkunde (dt.): Heidelberg: Haug Verlag: 1975
is	IMS Leif: zeitgenössischer Homöopath (Norwegen)
j	JAHR Georg Heinrich Gottlieb: deutscher Homöopath
j1	JAHR Georg Heinrich Gottlieb: Die Geisteskrankheiten, dritter Band der Therapie nach den Grundsätzen der Homöopathie von Bernhard Bar (dt.): Leipzig: Wilmar Schwabe: 1866
j2	JAHR Georg Heinrich Gottlieb: Therapeutischer Leitfaden ...: Zusammenfassung 40 Jahre Praxis ... (dt.): Leipzig: Literarisches Institut: 1869
j3	JAHR Georg Heinrich Gottlieb: Klinische Anweisungen zu Homöopathischer Behandlung der Krankeiten: Leipzig: Bethman: 1849
j4	JAHR Georg Heinrich Gottlieb: Gedrängte Totalübersicht aller zur Zeit eingeführten hom. Heilmittel (dt.): Leipzig: Hermann Bethmann: 1848
j5	JAHR Georg Heinrich Gottlieb: Systematisch-Alphabetisches Repertorium der Homöopathischen Arzneimittellehre (dt.): Leipzig: Herrmann Bethmann: 1848
j6	JAHR Georg Heinrich Gottlieb: Der Haupt-Anzeigen für die richtige Wahl der homöopatischen Heilmittel (dt.): Düsseldorf: 1835
j7	JAHR Georg Heinrich Gottlieb: Ausführlicher Symptomen-Kodex der homöopatischen Arzneimittel, Erster Theil. Übersicht der homöopatischen Heilmittel in ihren Erstwirkungen un Heilanzeigen: Leipzig: 1848
j8	JAHR Georg Heinrich Gottlieb: Homoeopathic Treatment of diseases of Females and Infants at the Breast: New York: übersetzt von Hempel: 1856
j9	JAHR Georg Heinrich Gottlieb: Hull's "Jahr" (6th Ed): New York: Translation Hempel: 1874
jb	JOBERT J.: zeitgenössischer homöopathischer Kinderarzt (Frankreich)
jc	JACOBS Jennifer: zeitgenössischer Homöopath (USA)
jl	JULIAN Othon André: zeitgenössischer Homöopath (Frankreich)
jl1	JULIAN Othon André: Dictionnaire de Matière Médicale de 130 Nouveaux Homéothérapeutiques (frz.): Paris: Masson: 1981
jl2	JULIAN Othon André: Matière Médicale des Biothérapiques Nosodes. Traité de Micro-immunothérapie Dynamisée (frz.): Paris: Librairie Le François: 1977
jl3	JULIAN Othon André: Matière médicale d'Homéothérapie (frz.): Paris: Peyronnet: 1971
jl4	JULIAN Othon André: Treatise on dynamised micro immunotherapy: New Delhi: Jain Publishers: 1992
jl5	JULIAN Othon André: Intestinal nosodes of Bach-Paterson (1st Indian Ed.): New Delhi: Jain Publishers: aus dem Französischen von Dr. Rajmkumar Mukerji: 1981
jln	JOLLYMAN N.
jln1	JOLLYMAN N.: My Practice of Homeopathy: Nex Delhi: Jain: 1991
jn	JONES S. A.
jnj	JONAS Julian : zeitgenössischer Homöopath (Vermont, USA)
jnj1	JONAS Julian: A case of being accident prone: N Eng. J H, Vol 1, nr. 1: pg 8: 1992
jnm	JENAER Maurice
jnm1	JENAER Maurice: Homeopathie pour mieux guérir (frz.): Brussels: Hatier: 1986
jnv	JENNI Viktor: zeitgenössischer Homöopath (Bern, Switzerland)
jnv1	JENNI Viktor: Opium: Links, Vol 4: pg 21-24: 1993
jny	JOUANNY J.
jny1	JOUANNY J. et al.: Pratique Homeopatique en Urologie (frz.): Paris: Centre d'études et de documentation homeopatiques: with JOLY P., AUBIN M., PICARD PH., DEMARQUE D.: 1983
jny2	JOUANNY J. et al.: Pratique Homeopatique en Medicine Infantile: France: Centre d'études et de documentation homeopatique: with DEMARQUE D., AUBIN M., SAINT-JEAN Y., YOLY P.: 1988
js	JOHNSON B. R.

jsa JACQUES Alexandre: zeitgenössischer Homöopath (Namur, Belgien)
jsb JANS Johan: zeitgenössischer Homöopath (Belgien)
jsg JANSSON Gunnar: zeitgenössischer Homöopath (Schweden)
jsh JESSEN H. C.
jsh1 JESSEN H. C.: Therapeutical Materia Medica: New Delhi: Jain: 1991
jsj JANSEN Jean Pierre: zeitgenössischer Homöopath (Groningen, Holland)
jsj1 JANSEN Jean-Pierre: Two Bromium cases: Links, Vol 3: pg 17-18: 1994
jsl JOHNSTON Linda: zeitgenössischer Homöopath (Los Angeles, USA)
jsw JAMES B. W.
jsw1 JAMES B. W.: Tumors: Haryana: 1985
jsx JANSSENS P. G.
jsx1 JANSSENS P. G. et al.: Médecine et hygiène en Afrique centrale de 1885 à nos jours vol. 1 (frz.): Brussels: Fondation Roi Baudoin: with KIVITS M. and VUYLSTEKE J.: 1992
jzk JEZEWSKI Henry
k KENT James Tyler: amerikanischer Homöopath (1849 - 1916). Vermutlich der bedeutendste Homöopath zur Jahrhundertwende. K steht für Angaben aus seinem Repertorium (6th American Ed.)
k1 KENT James Tyler: Kents persönliche Ergänzungen zu seinem Repertorium
k2 KENT James Tyler: Lectures on Homeopathic Materia Medica (4th Ed.): New Delhi: Jain Publ.: 1904
k3 KENT James Tyler: Minor Writings on Homeopathy: Heidelberg: Haug: Edited by Klaus-Henning Gypser: 1987
k4 KENT James Tyler: New Remedies, clinical cases, lesser writings, aphorisms and precepts: Chicago: Erhart and Karl: 1926
k5 KENT James Tyler: Kent Lectures on homeopathic philosophy
k13 KENT James Tyler: Source unknown or not mentioned
kf KAUF Christian P.: zeitgenössischer Homöopath (Deutschland)
kg KING Lesley: zeitgenössischer Homöopath (England)
kg1 KING Lesley et al.: Luna, a proving: Turnbridge Wells: Helios: with LAWRENCE Bob: 1993
kgj KING Jno. C.
kgj1 KING Jno. C.: Headaches / Repertory Analysis: Chicago: 1891
kgp KÖNIG Peter
kgp1 KÖNIG Peter et al.: Succinicum acidum: Br H J, Vol 76/19: pg 114: with SWOBODA F.: 1987
kh KIRSCH: deutscher Homöopath aus der Zeit Hahnemanns
khn KRACH N.
khn1 KRACH N.: Biotypen: Heidelberg: Haug Verlag: 1980
kk KLUNKER Will: zeitgenössischer Homöopath (Heiden, Switzerland). Creator of the Synthetic Repertory with Dr. Barthel.
kk1 KLUNKER Will: Eine Arzneiprüfung von Espeletia Grandiflora (dt.): A H Zt: 217: 5-14: 1972
kk2 KLUNKER Will: Zu den Rubriken der Säuglings- und Stillbeschwerden (dt.): Zt Klass H, Vol 17/6: pg 269-272: 1973
kk3 KLUNKER Will: Spigelia ou Spigurrus ? (frz.): Rev Belg Hom, Vol 3: pg 41-50: 1992
kk4 KLUNKER Will et al.: Beziehungen der arznien unter sich.: Heidelberg: Haug verlag: MILLER G.
kk5 KLUNKER Will: Rêves et Delusions de serpents (frz.): Rev B H, Vol XXIII Decembre nr. 4: 1990
kka KAFKA Jacob
kka1 KAFKA Jacob: Die Homeopatische Therapie auf Grundlange der Physiologischen Schule (dt.): Sondershausen, Gotha: Eupel: 1865
kkb KOKELENBERG Guy: zeitgenössischer Homöopath (St Niklaas, Belgien)
kl KÜNZLI VON FIMMELSBERG Jost: Homöopath (- 1992) Switzerland
kl1 KÜNZLI VON FIMMELSBERG Jost: Repertorium Generale: Berg a. Starnberger See (Deutschland): Barthel & Barthel: 1987
kl2 KÜNZLI VON FIMMELSBERG Jost: Rote Punkte: In Zusammenarbeit mit R. Janert
kl3 KÜNZLI VON FIMMELSBERG Jost: Collected Lectures
kla KEIL
kla1 KEIL: Prüfung von Friedrichhaller Bitterwasser: Zeitschrift Für Homöopatische Klinik, Vol 4: 1845
klb KAPLAN Brian: zeitgenössischer Homöopath (Großbritannien)
klg KELLER Georg von: zeitgenössischer Homöopath (Deutschland)
klg1 KELLER Georg von: Eine Quellenstudie zum Kentschen Repertorium (dt.): Zt Klass H, Vol 33: 1989
klg2 KELLER Georg von: Computer and Homöopathische Einzelsymptome (dt.): Zt Klass H, Vol 34: 1990

klr KOEHLER G.
klr1 KOEHLER G.: Lehrbuch der Homöopathie (2 Vols): Stuttgart: Hippokrates Verlag: 1988
klu KICHLU K. L.
klu1 KICHLU K. L. et al.: Textbook of Descriptive Medicine: with Bose
km KRAMER Anton: zeitgenössischer Homöopath (Holland)
kma KUMAR A.V.
kma1 KUMAR A. V.: Principles of Homeopathic Therapeutics: New Delhi: Indian Books and Periodicals Syndicate, Karol Ba
kmg KAMAT Gautam: zeitgenössischer Homöopath (Bombay, Indien)
kmg1 KAMAT Gautam: Two cases of Skin Allergy: Links, Vol 1: pg 29-31: 1995
kmy KRISHNAMOORTY V. K.
kmy1 KRISHNAMOORTY V. K.: Homeopathy in Accidents and Injuries: New Delhi: Jain (2nd revised Ed.)
kn KENNEDY Charles Oliver
kna KHAN L. M.: zeitgenössischer Homöopath (Calcutta, Indien)
kna1 KHAN L. M.: An experience with Cyclamen: Links, Vol 1: pg 25: 1994
knk KANODA K. D.
knk1 KANODA K.D.: Advanced Homeopathy: New Delhi: Jain: 1991
knk2 KANODA K. D.: Danger Zones in Homeopathy: New Delhi: Jain
knl KLEIN Lou: zeitgenössischer Homöopath (Canada)
knl1 KLEIN Lou: Scutellaria: IFH Conference: 1990
knr KASTNER R. F.
knr1 KASTNER R. F.: Boenninghausens Physiognomik der Homeopathischen Arzneimittel und die Arzneiverwandtschaften: Heidelber: Haug Verlag: 1995
kp KOPP F.
kpp KUIPER Pieter: zeitgenössischer Homöopath (Holland)
kpx KIPPAX J. R.
kpx1 KIPPAX J. R.: A Handbook of Diseases of Skin and their Homeopathic Treatment: New delhi: Jain: 1989
kr KNERR Calvin B.: amerikanischer Homöopath
kr1 KNERR Calvin B.: Repertory of Herings Guiding Symptoms of our Materia Medica: Philadelphia: Davis Co: 1896
kr2 KNERR Calvin B.: Drug Relationship: Calcutta: 1936
krw KHARIWALA Falguni: zeitgenössischer Homöopath (Indien)
krw1 KHARIWALA Falguni: A case of Cyclamen: Links, Vol 3: pg 27: 1993
ks KISHORE Jugal: indischer Homöopath
ksa KONSTANTARAS John: zeitgenössischer Homöopath (Griechenland)
ksk KANSAL Kamal
ksk1 KANSAL Kamal: The Biochemic Remedies
ksn KASSIN
kss KHALSA Sat Jit Kaur : zeitgenössischer Homöopath (Montreal, Canada)
kss1 KHALSA Sat Jit Kaur: Dupuytren's Contracture: N Eng. J H, Vol 2, nr.1: pg 10-11: 1993
ktm KHUTELA M.P.
ktm1 KHUTELA M. P.: Renal calculus: Jaipur: Homeopathic Charilable Trust
kyd KAY Dennis: zeitgenössischer Homöopath (Colorado, USA)
kyd1 KAY Dennis: Cases Stamper: N Eng. J H, Vol 3, nr. 2: pg 15-16: 1994
lb LORBACHER A.: deutscher Homöopath des letzten Jahrhunderts, Herausgeber der Allgemeinen Homöopathischen Zeitung
lby LABORDE Yves: zeitgenössischer Homöopath (Deutschland)
lby1 LABORDE Yves: Repertorium miasmatischer Symptome (dt.): München: Müller & Steincke: 1992
ld LODISPOTO A.
ld1 LODISPOTO A.: Diät und Homöopathie (dt.): Zt Klass H, Vol IV/3: pg 95-141: 1960
ld2 LODISPOTO A.: Persönliche Beobachtung: 1984
ldh LEDUC Herman: zeitgenössischer belgischer Homöopath
ldh1 LEDUC Herman: Dictionnaire d'homéopathie pédiatrique (frz.)
ldm LIDCHI Maggie: zeitgenössischer Homöopath (Pondicherry, Indien)
ldm1 LIDCHI Maggie: The Story of Madhav: Links, Vol 4: pg 33: 1994
le LOE
lej LEE E. J.
lej1 LEE E. J.: Repertory of Characteric Symptoms of Homoeopathic Materia Medica: Philadelphia: 1889
lg LANG Bärbel: zeitgenössischer Homöopath (Deutschland)
lk LEMBKE L. W. E.
lkc LASCHKOLNIG Christine: zeitgenössischer Homöopath (Vienna, Austria)
lkc1 LASCHKOLNIG Christine: Cases: The Way to the beast of Prey: N Eng. J H, Vol 3, nr. 1: pg 22-24: 1994

lkg LOUKAS George: zeitgenössischer Homöopath (Thessaloniki, Griechenland)
lkg1 LOUKAS George: A Case Report: Links, Vol 1: pg 28-29: 1995
ll LILIENTHAL Samuel: deutschstämmiger amerikanischer Homöopath der Pionierzeit
ll1 LILIENTHAL Samuel: Homeopathic therapeutics (2nd Ed.): Philadelphia: Boericke & Tafel: 1879
lm LEAMAN
lmj LAMOTHE Jacques: zeitgenössischer homöopathischer Kinderarzt (Frankreich)
lmp LOMMAERT Philippe: zeitgenössischer Homöopath (Antwerpen, Belgien)
ln LEONARD W. E.
lp LIPPE Adolph von
lp1 LIPPE Adolph von: Text Book of Materia Medica: Philadelphia: 1866
lp2 LIPPE Adolph von: Key notes and red line symptoms of the materia medica.: New Dehli: Jain Publ.: 1989
lpa LEUPEN Alex: zeitgenössischer Homöopath (Holland)
lpc LIPPE Constantin
lpc1 LIPPE Constantin: Repertory to the more characteristic Symptoms of the Materia Medica
lpc2 LIPPE Constantin: Textbook of Materia Medica
lr LORENZ Eric: zeitgenössischer Homöopath (Schweiz)
lra LARA Isidre: zeitgenössischer Homöopath (Spanien)
lrb LAURAEUS Ritva: zeitgenössischer Homöopath (Finnland)
ls LAWSHE J. Z.
lsa LEERS Hans
lsa1 LEERS Hans: Leerskarten
lsa2 LEERS Hans: Sammlung seltener Symptome: Heidelberg: Haug: 1988
lsr LEESER Otto
lsr1 LEESER Otto: Grundlangen der heilkunde - Vol. 1 (dt.): Stuttgart/Berlin: Hippokrates: 1927
lsr2 LEESER Otto: Mineralische Arzneistoffe - Vol. 2 (dt.): Heidelberg: Haug: 1988
lsr3 LEESER Otto: Pflanzliche Arzneistoffe I - Vol. 3 (dt.): Heidelberg: Haug: 1987
lsr4 LEESER Otto: Pflanzliche Arzneistoffe II - Vol. 4 (dt.): Heidelberg: Haug: 1989
lsr5 LEESER Otto: Tierstoffe - Vol. 5 (dt.): Heidelberg: Haug: 1987
lsr6 LEESER Otto: Homeopathic Materia Medica: Philadelphia: übersetzt von Boyd L. J.: 1935
lsy LASSAUW Yvonne: zeitgenössischer Homöopath (Amsterdam, Holland)
lsy1 LASSAUW Yvonne: The most sweetest little girl: Links, Vol 3: pg 26: 1992
lt LATHOUD Joseph-Amedée: französischer Homöopath
lt1 LATHOUD Joseph-Amedée: Etudes de Matière Médicale Homéopathique (frz.): Vienna: 1932
lta LOUTAN Guy: zeitgenössischer Homöopath (Schweiz)
lta1 LOUTAN Guy: Répertoire des Thèmes et de la Matière Médicale Dynamique (frz.): Genève: Loutan
lvd LEVY David: zeitgenössischer Homöopath (Double bay, Australia)
lvd1 LEVY David: Evolution of a Remedy idea: Links, Vol 1: pg 19-22: 1994
lvr LIVINGSTON R.
lvr1 LIVINGSTON R.: Homeopathy: London: Ainsworth's Homeopathic Pharmacy: 1973
lvs LEAVITT S.
lvs1 LEAVITT S.: Homeopathic Therapeutics as applied to Obstetrics: New Delhi: Jain: 1989
lvt LEVRAT
lvt1 LEVRAT et al.: Guide de prescription homéopathique (frz.): with PIGEOT, SETIEY and TETAU
lz LINCZ: zeitgenössischer Homöopath (Brussels, Belgien)
lzf LUTZE F. H.
lzf1 LUTZE F. H.: Duration of Action and Antidotes of the principal Homeopathic Remedies with their complementary and inimical Relations: New Delhi: Indian Books & Periodical Syndicate
lzr LAZARUS
lzr1 LAZARUS: Proving of Prenanthus serpens: North American Journal of Homoeopathy, Vol 4: pg 352
mc MARCY E. E.
mca MUSCARI Tomagliogi, Gennaro: zeitgenössischer Homöopath (Italien)
md MUNDY David: zeitgenössischer Homöopath (Großbritannien)
md1 MUNDY David: Carcinosin: 1982
mf MACFARLAN Donald
mf1 MACFARLAN Donald: Concise pictures of dynamised drugs: personally proven: Philadelphia: Private: 1936
mf2 MACFARLAN Donald: Provings and clinical observations
mf3 MACFARLAN Donald: A re-proving of Calcarea carbonica: International Hahne-

mannian Association Proceedings, Session: 1926
mfj MOFFAT John L.
mfj1 MOFFAT John L. : Homoeopathic therapeutics in ophthalmology.: Philadelphia: 1916
mfm MACFARLAN Malcolm
mg MEZGER Julius
mg1 MEZGER Julius: Gesichtete Homöopathische Arzneimittellehre (3rd Ed.) (dt.): Ulm: Karl F. Haug Verlag: 1949
mga MORGAN L.
mgb MORGAN W.
mgb1 MORGAN W.: Diabetes Mellitus
mgc MORGAN A. R.
mgc1 MORGAN A. R.: Repertory of Urinary Organs and Prostate Gland: Philadelphia: 1899
mgm MANGIALAVORI Massimo: zeitgenössischer Homöopath (Modena, Italien). Creator of Consulta soft.
mgm1 MANGIALAVORI Massimo: I Think of Death when I'm alone, 2 Cases of crotalus Cascavella: Links, Vol 9: pg 29-31: 1996
mh MARSCH H. R.
mha MERSCH: belgischer Homöopath
mhb MEYHOFFER: österreichischer Homöopath der ersten Generation nach Hahnemann
mhc MENHARD Konrad: zeitgenössischer Homöopath (Deutschland)
mie McIVOR E. G.
mie1 McIVOR E. G.: Pernus canaliculus
mir MCINTYER E. R.
mir1 MCINTYER E. R.: Stepping Stones to Neurology: New Delhi: Jain: 1991
mjr MAJUMDAR P. C.
mjr1 MAJUMDAR P. C.: Appendicitis curable by Medicine: New Delhi: Jain: 1989
mk MCKENZIE P. L.
mka MUKERJEE A. N.
mka1 MUKERJEE A. N.: Therapetic Hints of Dr. Mahendralal Sircar: Calcutta: Hahnemann Publ. (5th Ed.)
mkb MOEHRKE Brita: zeitgenössischer Homöopath (Deutschland)
mkj MUKERJI R. K.
mkj1 MUKERJI R. K.: Constitution and temperament (a compilation of articles published in different french journals): New Delhi: Jain Publishers: 1986
mkr MUKERJI R. J.
mkr1 MUKERJI R. J.: Syphilis and Sycosis: New Delhi: Jain
mkw MOSKOWITZ Richard
mkw1 MOSKOWITZ Richard: Homeopathic Medicines for Pregnancy and Childbirth
ml MC LAREN K. A.
ml1 MC LAREN K. A.: Ephedra vulgaris var. helvetica: Hom Rec, Vol XLV nr.3: pg 184: 1930
mla MELLON R. R.
mlb MÜLLER J.: österreichischer Homöopath (Wien) aus der Zeit Hahnemanns
mlc MUELLER Clotar M.
mlc1 MUELLER Clotar M.: Charakteristiken der wichtigsten homöopathischen Heilmittel (dt.): Leipzig: Schwabe: 1935
mlc2 MUELLER Clotar M.: Systematisch-alphabetisches Repertorium der gesammten homöopathischen Arzneimittellehre (dt.): Leipzig: Weigel: 1848
mld MACLEOD G.
mld1 MACLEOD G.: The treatment of cattle by homeopathy
mld2 MACLEOD: Cats: Homeopathic remedies
mlh MÜLLER H. V.
mlh1 MÜLLER H.V.: Die Farbe als mittel zur simillimum findung in der Homöopathie.: Heidelberg: Haug Verlag: 1990
mln MOLIN
mln1 MOLIN: Proving of Bunafa: Bulletin de la Société Homoeopathique de Paris, Vol 30: 1845
mlr MICKLEM R. D.
mlr1 MICKLEM R. D.: Carcinosin, a Compendium of references: Queensbury
mm MC MICHAEL A. R.
mmp MITTMAN Paul: zeitgenössischer Homöopath (Enfield, USA)
mmp1 MITTMAN Paul: A seizure Disordered child: N Eng. J H, Vol 1, nr.1: pg 5-6: 1992
mn MENEAR Vicky: zeitgenössischer Homöopath (USA)
mnc MENON C. R. K.
mnc1 MENON C. R. K.: Some Constitutional Remedies: Cochin: Hom. Study Centre: 1981
mnl MEYNEL
mnl1 MEYNEL: Proving of Stannum muriaticum: Deutsche Klinik, N× 4: pg 437: 1851
mnt MONNOT F.
mnt1 MONNOT F.: Progrès et homéopathie (frz.): Rev B H
mp MURPHY Robin: zeitgenössischer Homöopath (USA). Creator of the Homeopathic Medical Repertory.
mp1 MURPHY Robin: Homeopathic Medical Repertory: Pasoga Springs (Colorado): Hahn. Acad. North America: 1993
mp2 MURPHY Robin: Homeopathy and Cancer
mp3 MURPHY Robin: Fundamentals of Materia Medica
mr MOHR C.

mr1 MOHR C.: Verification of Unverified Symptoms in Allen's Encyclopedia: Transactions Homoeopathic Medical Society of Pennsylvania: 1881
mra MEIRA Adailton: zeitgenössischer homöopathischer Gynäkologe (Curitiba, Brasilien)
mrb MORROW H. C.
mrc MARIM Matheus: zeitgenössischer Homöopath (Curitiba, Brasilien)
mrd MOORE J. M.
mrj MUREAU Jules: zeitgenössischer Homöopath (Leuze, Belgien)
mrr MORRISON Roger: zeitgenössischer Homöopath (Berkeley, USA)
mrr1 MORRISON Roger: Desktop Guido to KeyNotes & Confirmatory Symptoms: Albany: 1993
mrr2 MORRISON Roger: Seminar Part I (Sept 1987): Amsterdam: I. Bos, private
mrr3 MORRISON Roger: Seminar Part 2 (Sept 1988): Amsterdam: I. Bos, private
mrt MURATA Shuji
mrt1 MURATA Shuji: Lessons on Homeopathy
mry MAURY E. A.
mry1 MAURY E. A.: Drainage in Homoeopathy. (aus dem Französischen von Mark Clement): England, Sussex: Health Sience Press: 1965
ms MASI Elizalde: zeitgenössischer Homöopath (Buenos Aires, Argentina). Founder IIAEH (Instit. Intern. Altos Estudios Hom.). Editor Actas IIAEH.
ms1 MASI Elizalde: Cours supérieur de révision de la doctrine de la technique et de la matière médicale homéopathique: Belgium: Gent: 1989
msa MAAS H.P.J.A.: zeitgenössischer Homöopath (Holland)
msc MESSAGIER René: zeitgenössischer Homöopath, France
msd MASIELLO Domenick John: zeitgenössischer Homöopath (USA)
msm MASOOD M.
msm1 MASOOD M.: How to Succeed if One Remedy Fails - Alternatives: Lahore: Homeopathic Stores & Hospital
mt MORTELMANS Guido: zeitgenössischer Homöopath (Lier, Belgien)
mt1 MORTELMANS Guido: Sophie's Choice: Links, Vol 3: pg 61: 1990
mta MATHUR K. N.
mta1 MATHUR K. N.: Systematic materia medica of homoeopathic remedies (1st Ed.): New Delhi: Jain Publishers: 1972
mtb MARTIN BALLESTERO Juan: zeitgenössischer Homöopath (Spanien)
mtc MATUK José: zeitgenössischer Homöopath (Mexico)
mtf MASTER Farokh: zeitgenössischer Homöopath (Bombay, Indien)
mtf1 MASTER Farokh: Acute Surgical Cases Treated: Links, Vol 1: pg 7-9: 1994
mtn MINTON H.
mtn1 MINTON H.: Uterine Therapeutics (1st Ed.): Calcutta: Roy Publishing House: 1968
mtr MATEU RATERA Manuel: zeitgenössischer Homöopath (Spanien)
mtr1 MATEU RATEIRA Manuel: Primeros auxilios con Homeopatia (span.)
mts MOUNT S. J. L.
mts1 MOUNT S. J. L.: Migraine: New Delhi: Jain (1st Ed.): 1991
mtv MATHUR R. P.
mtv1 MATHUR R.P.: Miracles of Healing by Homoeopathy: New Delhi: Jain (1st Ed.): 1989
mtx MITRA B. N.
mtx1 MITRA B. N.: Tissue Remedies: Calcutta: Roy Publishing House (4th Ed.): 1973
my MAYER J.
mza MIRZA Anwer: zeitgenössischer Homöopath (Bombay, Indien)
mza1 MIRZA Anwer: A case of Carcinoma of the Nasopharynx: Links, Vol 4: pg 32: 1995
mzr MUZUMDAR K. P.
mzr1 MUZUMDAR K. P. et al.: Proving of Abroma Augusta Folia: New Delhi: Central Council for Research in Homeopathy: with AUGUSTINE V. T., THAKOR K.: 1986
nb NEBEL Antoine
nbe NEATBY Edwin A.
nbe1 NEATBY Edwin A.: An index of aggravations and ameliorations
nbe2 NEATBY Edwin A.: A Manual of Homeo Therapeutics
nbe3 NEATBY Edwin A. et al.: Homoeopathy in Tropical Diseases: London: with NEATBY T. M.
nc NICOLAI Ton: zeitgenössischer Homöopath (Holland)
ndr NAIDU Rajiv: zeitgenössischer Homöopath (Bombay, Indien)
ndr1 NAIDU Rajiv: A case of Alopecia Totalis: Links, Vol 3: pg 22: 1994
ng NEESGAARD Per: zeitgenössischer Homöopath (Denmark)
nh NASH Eugene Beauharnais: amerikanischer Homöopath
nh1 NASH Eugene Beauharnais: Leaders in Homeopathic Therapeutics: Philadelphia: Boericke & Tafel: 1898

nh2 NASH Eugene Beauharnais: Leaders in typhoid fever
nh3 NASH Eugene Beauharnais: Regional leaders (2nd Ed.): Philadelphia: Boericke & Tafel: 1908
nh4 NASH Eugene Beauharnais: The testimony of the clinic: Philadelphia: Boericke & Tafel: 1911
nh5 NASH Eugene Beauharnais: Leaders for the use of sulphur: Philadelphia: Boericke & Tafel: 1907
nh6 NASH Eugene Beauharnais: Leaders in respiratory organs: Philadelphia: Boericke & Tafel: 1909
nh7 NASH Eugene Beauharnais: Radium
nh8 NASH Eugene Beauharais: Expanded works of Nash: New Dehli: Jain
nk NOACK Alphons
nk1 NOACK Alphons et al.: Handbuch der Homöopathischen Arzneimittellehre (dt.): Leipzig: Schumann - Weigel: with Trinks and Mueller: 1848
nl NORLAND Misha: zeitgenössischer Homöopath (Uffculme, Großbritannien)
nl1 NORLAND Misha: Thuja, The Tree of Life, the Tree of Death: Links, Vol 2: pg 19-23: 1995
nn NENNING C.
nn1 NENNING C.: Proving of Betula: A H ZT, Vol 20: pg 130
nta NORTON A. D.: American homeopathic ophthalmologist
nta1 NORTON A. D.: The Homeopathic Treatment of Incipient Senile Cataract, with Tabulated results of 100 cases: N Am J H, pg 3-16: 1891
ob OBARY
oba OBERBAUM Menachem: zeitgenössischer Homöopath (Israel)
obj OBERG J. U.
os OLDS C. L.
os1 OLDS C. L.: Aconitum: Med Adv, Vol XX-XII: pg 305: 1894
os2 OLDS C. L.: Ammonium carbonate: Hom Rec, pg 153: 1925
oss OLSEN Steve: zeitgenössischer Homöopath (Canada)
oss1 OLSEN Steve: Trees and Plants that Heal: Maple Ridge, Canada: Legacy Publ.: 1997
ot ORTEGA Proceso Sanchez: zeitgenössischer Homöopath (Mexico)
ot1 ORTEGA Proceso Sanchez: Apuntes sobre los Miasmas o Enfermedades Cronicas de Hahnemann (span.)
pa PLA Anna: zeitgenössischer Homöopath (Spanien)
pc PASCHERO Tomas Pablo: argentinischer Homöopath.
pc1 PASCHERO Tomas Pablo: Sintomas mentales (port.): Buenos Aires: 1974
pc2 PASCHERO Tomas Pablo: Cross references of Rubrics of the Mind, Anotaciones en el Repertorio de Kent: Buenos Aires
pcf PICCART Frank: zeitgenössischer Homöopath (Genk, Belgien)
pcf1 PICCART Frank: Cases: The No Fuss Woman: N Eng. J H, Vol 4, nr.4: pg 17-20: 1995
pct PONCET Jacques-Edouard
pct1 PONCET Jacques-Edouard: Homéopathie pédiatrique, Thérapeutique en pathologie aiguÎ (frz.): France: Boiron Eds. (2nd Ed.): 1994
pd PLADYS Albert: belgischer Homöopath (1920 - 1981). President Royal Belg Soc Hom. (1978 - 1981)
pda PURDOM T. E.
pdb POLDERMAN Guus O.: zeitgenössischer Homöopath (Holland)
pdr PFLEIDERER
pdr1 PFLEIDERER: Proving of Mercurius rhodanatus: Deutsches Zeitschrift für Homeopathie: 1931
pe PIERCE W. I.
pe1 PIERCE W. I.: Plain talks on materia medica with comparisons: Calcutta: Haren & Brother
pe2 PIERCE W. I. : Repertory of Cough, better and worse: New Delhi: 1990
pew PAIGE W. H.
pew1 PAIGE W. H.: Diseases of the Lungs, Bronchi and Pleura: New Delhi: Jain: 1988
pf PULFORD D.: amerikanischer Homöopath
pfa PULFORD A.
pfa1 PULFORD A.: Key to Homeopathic Materia Medica: Toledo, Ohio: 1947
pfa2 PULFORD A.: Homoeopathic materia medica of graphic drug pictures and clinical comments.: New Delhi: Jain Publishers
pfb PULFORD B. T.
ph PATCH F. W.
pha PAYRHUBER Dietmar: zeitgenössischer Homöopath (Austria)
pha1 PAYRHUBER Dietmar: A case of Septicaemia: Links, Vol 1: pg 10: 1991
pl PAULUS Michel: zeitgenössischer Homöopath (Belgien)
pm PRIESTMAN Kathleen: zeitgenössischer Homöopath (England)

pn PLISNIER Emile: zeitgenössischer Homöopath (Belgien)
pnm PANOS M. B.
pnm1 PANOS M. B. et al.: Family Homoeopathic Medicine: New Delhi: Vision Books: with HEIMLICH J.: 1983
pnz PLANITZ Christa von der: zeitgenössischer Homöopath (Deutschland)
ppb PAPARGIRIOU Kriton: zeitgenössischer Homöopath (Italien)
ppg PAPAPHILLIPOU George: zeitgenössischer Homöopath (Griechenland)
ppg1 PAPAPHILLIPOU George: Differential of violent remedies: Links, Vol 3: pg 17-19: 1991
ppo PIPER O. et al: ROTH A.
ppo1 PIPER O.: Proving of Aqua tipida: Homoeopathic Times, London Vol.2: pg 184
ppr POMPOSELLI Raphaella: zeitgenössischer Homöopath (Milano, Italien)
ppr1 POMPOSELLI Raphaella: A case of Viburnum Opulus: E J Cl. H, Vol 1, nr.2: pg 27: 1995
ps PIERSON J. T.
psa POSSART A.
psa1 POSSART A.: Homöopathische Arzneimitellehre (dt.): Nordhausen: Büchting: 1863
pte PATERSON Elisabeth
pte1 PATERSON Elisabeth: A survey on the Nosodes: B H J, Vol 49: pg 161-186: Republished in 1988 (B H J): 1960
ptg PRATO Gonzalo M.: zeitgenössischer Homöopath (Venezuela)
ptj PATERSON John
ptj1 PATERSON John: The Bowel Nosodes: London: 1950
ptj2 PATERSON John: Clinical Notes, Observations: London: 1933
ptj3 PATERSON John: Intestinal Nosodes in diseases of Children: London: 1937
ptj4 PATERSON John: Sycosis and Sycotic Co.: London: 1933
ptk PHATAK S. R.: zeitgenössischer Homöopath (Bombay,Indien)
ptk1 PHATAK S. R.: Concise Repertory of Homeopathic Medicines: New Dehli: Jain Publ.: 1963
ptk2 PHATAK S. R.: Materia Medica of Homoeopathic medicines: New Delhli: Indish Book and Periodicals: 1977
ptn PORTONE Nicola: zeitgenössischer Homöopath (Italien)
ptr PATEL Ramanlal P.
ptr1 PATEL Ramanlal P.: Luffa operculata in bronchial asthma
pts PETERS R. G.: zeitgenössischer Homöopath (Sneek, Holland)
pts1 PETERS R. G.: A case of depression and headache: Links, Vol 3: pg 15: 1995
ptz PETROZ Antoine
pw POWEL F.
pwa POWEL W. R.
pwb POWEL M.
ql QUILISCH W.
ql1 QUILISCH W.: Homoeopathische Praxis (dt.): Stuttgart: Hippokrates Verlag (3rd Ed.): 1987
ql2 QUILISCH W.: Homoeopathische Differentialtherapie (dt.): Heidelberg: Karl F. Haug Verlag: 1980
qy QUAY George H.
qy1 QUAY George H. : Diseases of the Nose an Throat: Philadelphia: 1897
qy2 QUAY George H.: A monograph of diseases of the nose and throat.: Philadelphia: Boericke & Tafel: 1901
rb ROBERTS Herbert A.: amerikanischer Homöopath
rb1 ROBERTS Herbert A.: Materia Medica
rb2 ROBERTS Herbert A.: Sensations as if: Calcutta: Economic Hom. Pharmacy: 1960
rb3 ROBERTS Herbert A.: The study of remedies by comparison
rb4 ROBERTS Herbert A.: The rheumatic remedies
rb5 ROBERTS Herbert A. et al.: The principles and practicability of Boenningshausen's therapeutic pocket book.: Philadelphia: Boericke & Tafel.: with WILSON Annie C.
rb6 ROBERTS Herbert A.: Proving of Iridium metallicum: Med Adv, Vol 43/6: pg 345: 1905
rb7 ROBERTS Herbert A.: The Spider Poisons: Hom Rec: 1931
rb8 ROBERTS Herbert A.: Bothrops atrox: Hom Rec, May: 1938
rba RICHBERG E. O.
rbb RABE R. F.
rbb1 RABE R. F.: Lathyrus: Med Adv, Vol XLVIII: pg 281: 1910
rbe ROBERTS Ernest: zeitgenössischer Homöopath (Großbritannien)
rbo RIBEIRO Filho: test
rbr RIBEIRO FREITA Gilberto: zeitgenössischer Homöopath, Brazil
rbs ROBERTS R.
rbs1 ROBERTS R.: Precis d'Homeopathie Pratique et Matiere Medicale (frz.): France: Boiron
rbw ROBERTS W. H.

rc RUECKERT Ernst Ferdinand
rc1 RUECKERT Ernst Ferdinand: Systematische Darstellung aller bis jetzt gekannten homöopathischen Arzneien (dt.): Leipzig: Schumann: 1832
rcb RICHARDSON-BOEDLER Cornelia
rcb1 RICHARDSON-BOEDLER Cornelia: The Bach Flower Remedies
rcb2 RICHARDSON-BOEDLER Cornelia: Crassula obliqua
rcb3 RICHARDSON-BOEDLER Cornelia: Psychic causes of Illness
rcj REICHENBERG-ULLMAN Judyth: zeitgenössischer Homöopath (Edmonds, USA)
rcj1 REICHENBERG-ULLMAN Judyth: Insights into a Common remedy: Links, Vol 2: pg 18: 1995
rde RUDDOCK E. H.
rde1 RUDDOCK E. H.: Lady's Homoeopathic Manual: London: 1865
rde2 RUDDOCK E. H.: Diseases of Infants and Children: London: 1886
rdf REDIN Fernando: zeitgenössischer Homöopath (Ecuador)
re RAYE G.
rea RICE P.
rea1 RICE P.: Veratrum viride: Br Hom J, Vol XXIV: pg 343
rec RAUE Charles Godlove
rec1 RAUE Charles Godlove: Special pathology and diagnostics: Philadelphia: Boericke and Tafel: 1882
res RAUE Charles Sigmund
res1 RAUE Charles Sigmund: Diseases of children: Philadelphia: Boericke and Tafel: 1899
rfm RIEFER Marco
rfm1 RIEFER Marco: Das Arzneimittelbild von Candida albicans (dt.): Freiburg: Marco Riefer: 2nd Ed: 1996
rg ROGERS Ruth: amerikanischer Homöopath
rgm RIGHETTI Marco: zeitgenössischer Homöopath (Schweiz). Psychiatrist.
rha RONHAAR A.: zeitgenössischer Homöopath (De Krim, Holland)
rha1 RONHAAR A.: Protruded tongue in brain affections: Links, Vol 3: pg 14-15: 1995
rl REILLY David: zeitgenössischer Homöopath (Großbritannien)
rly RILEY David: zeitgenössischer Homöopath (USA). Actively undertaking many provings.
rm RADEMACHER Johann Gottfried
rm1 RADEMACHER Johann Gottfried: Erfahrungsheillehre (dt.): Lorch: Rohm-Verlag: 1939
rma REHMAN Abdur: zeitgenössischer Homöopath (Lahore, Pakistan)
rma1 REHMAN Abdur: Related Remedies: Heidelberg: Haug: 1997
rma2 REHMAN Abdur: Family History and Personal History with Intercurrent Reaction and Alternative Remedies: 1997
rmt REUMONT Thomas von: zeitgenössischer Homöopath (Deutschland)
rpd RESPONDEK U.
rpd1 RESPONDEK U.: Cardiospermum halicacabum
rr ROHRER Anton: zeitgenössischer Homöopath (Austria)
rr1 ROHRER Anton: Characteristics of Angustura Vera: Links, Vol 2: pg 13: 1993
rs ROSS E. V.: englischer Homöopath
rsa RUSSEL D. C.
rsj REASIDE J. R.
rsj1 REASIDE J. R.: Fifteen Years of Drug Proving in London: B H J, Vol 61: 1972
rsl ROUSSEAU L. A.
rsl1 ROUSSEAU L. A. et al.: Diseases of Respiratory and Digestive Systems of Children: New Delhi: Jain: with FORTIER-BERNOVILLE: 1982
rsl2 ROUSSEAU L. A.: Suppurations and Neuralgia: Calcutta: Hahnemann Publ.: 1936
rsp ROSEMBAUM Paulo: zeitgenössischer Homöopath (Brasilien)
rst ROSENTHAL Chaim: zeitgenössischer Homöopath (Tel Aviv, Israel). Authority on analysing symptoms by families of remedies.
rt RUTTEN Lex A. B.: zeitgenössischer Homöopath (Breda, Holland). Pres. Samuel Hom. Assoc. Creator Samuel Keynotes, Samuel Ponderation Factor.
rta ROTHENBERG Amy: zeitgenössischer Homöopath (Enfield, USA)
rta1 ROTHENBERG Amy: Cases: It is Nice to Wait: N Eng. J H, Vol 4, nr.2: pg 11-13: 1995
rv REVES Joseph: zeitgenössischer Homöopath (Haifa, Israel). Creator of soft HomeoData.
rwp RAWAT P.
rwp1 RAWAT P.: Select your dose and potency
ry ROYAL G.
ry1 ROYAL G.: Textbook of Homeopathic Materia Medica
ry2 ROYAL G.: Textbook of homoeopathic theory and practice of medicine.: New Delhi: Jain Publishers: 1923
ry3 ROYAL G.: The homoeopathic therapy of diseases of the brain and nerves.: Philadelphia: Boericke & Tafel: 1928

rz REZZANI Carlo: zeitgenössischer Homöopath (Como, Italien). Entwickler von WinCHIP (Clin. Hom. Invest. Program).
rz2 RITZER Friedrich et al.: Placenta proving
rzf RITZER Friedrich: zeitgenössischer Homöopath (Passau, Deutschland)
rzf1 RITZER Friedrich et al.: Plutonium - the suppression of the person's nucleus: Links: Vol 4: pg. 13-16: 1995
sa SOUK-ALOUN Phou: zeitgenössischer Homöopath (Frankreich). Actively undertaking provings.
sa1 SOUK-ALOUN Phou: Brucella, Mélitine, ... (frz.): Rev B H
sa2 SOUK-ALOUN Phou: Cyclosporinum
samkn SAMUEL, keynotes: test
sb SCHWABE Willmar
sb1 SCHWABE Willmar: Homeopathisches Arzneibuch: Berlin: 1958
sb2 SCHWABE Willmar: Übersicht über neuere Arzneipflanzen, ... (dt.): A H Z: Vol 5, pg. 217-229: 1980
sbb SILBERT Barbara: zeitgenössischer Homöopath (Newburyport, USA)
sbb1 SILBERT Barbara: Tingly, Woozy and Full of Rushes: N Eng. J H, Vol 4, nr.4: pg 11-13: 1995
sbd SWOBODA F von
sbd1 SWOBODA F von: Gingko biloba: with König, P
sbd2 SWOBODA F von: Succinicum acidum: with König, P
sbd3 SWOBODA F von: Abies canadensis: Br Hom J: 1986
sbe STRAUBE Eva-Maria: zeitgenössischer Homöopath (Deutschland)
sbg SERBAN Gabriella: zeitgenössischer Homöopath (Göteborg, Schweden)
sbg1 SERBAN Gabriella: Case of The Ice-Walls: Links, Vol 4: pg 31-32: 1995
sbh SCHUBY Hugo
sc STUART Close
sca SPENCER C. S.
scn SARCINELLI LUZ Hylton: zeitgenössischer Homöopath (Rio de Janeiro, Brasilien)
sd SHEDD Percy William
sd1 SHEDD Percy William: The Clinical Repertory: Philadelphia: Boericke and Tafel: 1908
sda SEIDEL Ray: amerikanischer Homöopath, praktizierte von 1936-1980, studierte bei Knerr und Garth Boericke
sde SCHADDE Anne: zeitgenössischer Homöopath (Munchen, Deutschland)
sde1 SCHADDE Anne: My experience with Natrum Carbonicum: Links, Vol 2: pg 22-23: 1993
sde2 SCHADDE Anne: Proving of Ozone: München: 1996
sde3 SCHADDE Anne: Proving of Carcinosinum: München: 1994
sej SHORE Jonathan: zeitgenössischer Homöopath (San Fransisco, USA)
sej1 SHORE Jonathan: Strychninum: Homoeopathy International, Vol 5: nr. 3: 1991
ser SCHORE Robert: zeitgenössischer Homöopath (USA)
sf STAUFFER Karl
sf1 STAUFFER Karl: Symptomen-Verzeichnis nebst vergleichenden Zusätzen zur homöopathischen Arzneimittellehre (dt.): Regensburg: Verlagsbuchhandlang Johannes Sonntag: 1929
sf2 STAUFFER Karl: Klinische Hom. Arzneimittelehre (2nd Ed.) (dt.): Regensburg: Verlagsbuchhandlang Johannes Sonntag: 1926
sf3 STAUFFER Karl: Homoeotherapie: Regensburg: Verlagsbuchhandlang Johannes Sonntag: 1986
sfa STAPF Johann Ernst: Student of Hahnemann. Herausgeber des Archivs für Hom. Heilkunst
sfh STIEFELMANN Henrique: zeitgenössischer Homöopath (Brasilien)
sg SHINGAL
sga SCHLEGEL O.
sgb SPRING Beat: zeitgenössischer Homöopath (Schweiz)
sgb1 SPRING Beat: Suicidal Depression: Links, Vol 1: pg 17: 1990
sge STIEGELE A.
sge1 STIEGELE A.: Homoeopathische Arzneimittlelehre (dt.): Hippokrates Verlag
sgl SEHGAL M. L.: zeitgenössischer Homöopath (New Delhi, Indien)
sgl1 SEHGAL M. L.: Rediscovery of Homoeopathy: Links, Vol 1: pg 31-34: 1994
sgr STÄGER
sgr1 STÄGER: Proving of Knautia arvensis: A H Zt, Vol 140: pg. 145: 1900
sgw SPRINGER Wolfgang: zeitgenössischer Homöopath (Deutschland)
sgw1 SPRINGER Wolfgang: Cobaltum and Cobaltum nitricum: Links, Vol 4: pg 40-41: 1995
sh SINHA N.
sha SMITH W. L.
shb STONHAM T. G.
shj SHAH Jayish

shn	SHAH Nandita: zeitgenössischer Homöopath (Bombay, Indien)
shn1	SHAH Nandita: A case of Extreme Weakness: Links, Vol 2: pg 21: 1993
shr	SHAH Rajesh: zeitgenössischer Homöopath (Bombay, Indien)
shr1	SHAH Rajesh: Bufo - a wonderful respiratory remedy: Links, Vol 3: pg 18-20: 1993
shr2	SHAH Rajesh: My Experiences with Ferrum Metallicum: Bombay: Shree Publ.: 1996
shs	SINGH S.
shs1	SINGH S.: Hering's model cures
sk	SANKARAN Rajan: zeitgenössischer Homöopath (Bombay, Indien)
sk1	SANKARAN Rajan: The Spirit of Homeopathy: Bombay: Homeopathic Medical Publishers: 1992
sk2	SANKARAN Rajan: The Substance of Homeopathy: Bombay: 1993
sk3	SANKANRAN Rajan: Tarentula hispanica - A study. (1st Ed.): New Delhi: Jain Publishers: 1991
ska	SARKANY Endré: belgischer Homöopath. (- 1993)
skb	SARKAR B. K.: zeitgenössischer Homöopath (Indien)
skb1	SARKAR B. K.: Up to date with Nosodes: Calcutta: Roy Publishing House: 1971
skp	SANKARAN P.
skp1	SANKARAN P.: The Value of the Repertory: Bombay: 1965
skp2	SANKARAN P.: Random Notes on Some Drugs: Bombay: 1965
skp3	SANKARAN P.: The clinical relationships of homoeopathic remedies.: Bombay: The Homoeopathic Medical Publishers: 1984
skp4	SANKARAN P.: Some notes on the nosodes.: Bombay: The Homoeopathic Medical Publishers: 1978
skp5	SANKARAN P.: Atrax robustus: Br Hom J, Vol LIX: pg 45: 1970
skp6	SANKARAN P.: The indications and Use of Bowel Nosodes: Bombay: 1984
skr	SIRKER C.
skr1	SIRKER C.: A Keynote Repertory of Materia Medica
sl	SEARLE W. S.
sla	SCHUSSLER W.: deutscher Homöopath. Erfinder der Schüssler-Salze.
sla1	SCHUSSLER W.: The Twelve Tissue Remedies
sla2	SCHUSSLER W.: The Biochemical Treatment of Diseases : New Delhi: Jain: 1989
slg	SAELENS Geert: zeitgenössischer Homöopath (Wenduine, Belgien)
slm	SOLER-MEDINA Alberto
slm1	SOLER-MEDINA Alberto: Repertory of Pregnancy, Parturition and Puerperium: Heidelberg: Haug Verlag: 1989
sln	STELLING Nicolas: zeitgenössischer homöopathischer Zahnarzt (Schweiz)
slp0	SALAÜN Pierre: Bestätigungen von Arzneimitteln aufgrund der Forschungsarbeit von Dr. Salaün.
slv	SULLIVAN Andrea: zeitgenössischer Homöopath (Washington DC, USA)
slv1	SULLIVAN Andrea: A case of Menorrhagia: N Eng. J H, Vol 4, nr.4: pg 14-15: 1995
sm	STAMM L. E.
sma	SIJMONS Jan: zeitgenössischer Homöopath (St. Niklaas, Belgien)
sma1	SIJMONS Jan: Kleine remedies: 50 Klinische gevallen: Gent (Belgien): Homeoden Book Service: 1992
smb	SIMMONS B.
smb1	SIMMONS B.: Cough repertory: Liverpool: 1870
smj	SIMAR Jean: zeitgenössischer homöopatischer Kinderarzt (Brussel, Belgien)
smn	SAMANT Nitin: zeitgenössischer Homöopath (Bombay, Indien)
smn1	SAMANT Nitin: A case of Arthritis: Links, Vol 1: pg 27: 1995
smr1	SIGMAR A. H.: Applied Homeopathic Medicine
sms	SALTZMAN Susanne: zeitgenössischer Homöopath (New York, USA)
sms1	SALTZMAN Susanne: Cases: Fear of Vomiting: N Eng. J H, Vol 3, nr.1: pg 17-18: 1994
sn	SKINNER Thomas
sn1	SKINNER Thomas: Grand Characterisitics of Materia Medica
sn2	SKINNER Thomas: Homoeopathy and Gynaecology: London: 1886
sna	SWAN Samuel
sna1	SWAN Samuel: Proving of "Lager Beer" with cases illustrative of its action
sna2	SWAN Samuel: Nosodes and Morbific Products: New York: 1888
sna3	SWAN Samuel: Lac felinum: The Homoeopathic Physician, May: pg 160: 1883
sna4	SWAN Samuel: Proving of syphilinum: The Homoeopathic Physician, July: pg 318: 1888
snb	SPINELLI Silvestro: zeitgenössischer Homöopath (Aquaviva, Italien)
snd	SPINEDI Dario: zeitgenössischer Homöopath (Orselina, Switzerland)
snd1	SPINEDI Dario: Objective Signs: Links, Vol 3: pg 20: 1992

sne SAINE André: zeitgenössischer Homöopath (Canada)
sp STEPHENSON J.
sp1 STEPHENSON J.: A Materia Medica and Repertory, Hahnemannian Provings 1924-1959: Bombay: Roy & Co.: 1963
spa SCHEPENS Edouard: belgischer Homöopath
spa1 SCHEPENS Edouard: Latrodectus mactans: Rev B H, nr. 1: pg 157-162: 1966
spa2 SCHEPENS Edouard: Some cases of Medorrhinum: Rev B H, nr. 1: pg 170-186: 1950
spb SHAPIRO
spd SHEPHERD Dorothy: englischer Homöopath
spd1 SHEPHERD Dorothy: Magic of the Minimum Dose
spd2 SHEPHERD Dorothy: More Magic of the Minimum Dose
spd3 SHEPHERD Dorothy: Homeopathy in Epidemic Diseases
sr STORA
sra SCHIER J.
srb SEROR R.
srb1 SEROR R.: Articles
srb2 SEROR R.: Pathogénésies Homéopathiques Françaises (frz.): Cahiers de Biothérapie, 79-86: 1966
sre SORENSEN Hans Aage: zeitgenössischer Homöopath (Denmark)
srj SHERR Jeremy: zeitgenössischer Homöopath (Großbritannien). Actively proving new substances.
srj1 SHERR Jeremy: The Homeopathic Proving of Scorpio (2nd Ed.): Upton-upon-Severn (GB): Severnside Printers: 1990
srj2 SHERR Jeremy: Proving of Hydrogen: Northampton (England): private publ.
srj3 SHERR Jeremy: Homeopathic proving of Chocolate
srj4 SHERR Jeremy: The Dynamics and Methodology of Homoeopathic Provings: West Malvern : 1994
srj5 SHERR Jeremy: Dynamic Provings - Volume 1: Malvern: Dynamis Books: 1997
srj6 SHERR Jeremy: Dynamic Provings - Volume 2: Malvern: Dynamis Books: 1998
srn SCHLUREN E.
srn1 SCHLUREN E.: Homoopathie in Frauenheilkunde und Geburtshilfe: Heidelberg: Haug Verlag GmbH & co (4th Ed.)
ss STEARNS G. B.
ss1 STEARNS G. B.: Keynotes for Homoeopathic Remedies in Surgery: New York
sst SMITS Tinus: zeitgenössischer Homöopath (Holland)
sst1 SMITS Tinus: The magic sugar Saccharum Officinale: Links, Vol 3: pg 28-36: 1995
st SCHMIDT Pierre: Schweizer Homöopath. Gründer der LIGA und der "Groupement Hahn. Lyon".
st1 SCHMIDT Pierre: Cahiers Hahnemanniens
st2 SCHMIDT Pierre: Traumatismes Sportifs (frz.): Maisonneuve: 1969
st3 SCHMIDT Pierre: Defective Illnesses: Calcutta: Hahnemann Publ. (1st Ed.): 1980
sta SAWTELLE B. A.
stb SCHUSTER Bernd: zeitgenössischer Homöopath (Diez, Deutschland)
stb1 SCHUSTER Bernd: When the Soul is Liberated: Links, Vol 9: pg 12-13:1996
stb2 SCHUSTER Bernd: Bambus: Homöopathische Prüfung und Verifizierung (dt.): Kronberg: Kent Gesellschaft: 1996
stc SCHMIDT Roger: amerikanischer Homöopath, Bruder von Pierre Schmidt
stc1 SCHMIDT Roger: Brucella. Un Nosode rarement employé (frz.): Annales Homéopathique Fr, nr. 2: pg 113: 1959
std SCHRETER: Student of Hahnemann in Lemberg
ste SANTEE E. M.
ste1 SANTEE E. M.: Repertory of convulsions: New York: 1890
sth SCHMIDT H. C.
stj SCHOLTEN Jan: zeitgenössischer Homöopath (Utrecht, Holland). Co-ordinator of a group practice with 3 other homeopaths. Lecturing intensively all over
stj1 SCHOLTEN Jan: Homeopathie en Mineralen (Dutch): Utrecht (Holland): private: 1993
stj2 SCHOLTEN Jan: Homeopathie en de elementen (Dutch)
stj3 SCHOLTEN Jan: Tungsten, een proving (Dutch): Similia Similibus Currentur, Vol 23/3 pg: 15: 1993
stp SPEIGHT Phyllis
stp1 SPEIGHT Phyllis: A Comparison of the Chronic Miasms: Plymouth: Clarke, Doble & Brendon Ltd: 1961
str STUUT Rienk: zeitgenössischer Homöopath (Holland)
sv STEVENS G.
sv1 STEVENS G.: Grindelia robusta: Proceedings of the International Hahnemannian Association, : 1934
sva SYLVESTROWICZ H.
svb SOLVAY

svc SHEVIN William: zeitgenössischer Homöopath (USA)
svg SRIVASTAVA G. D.
svg1 SRIVASTAVA G. D. et al.: Alphabetical Repertory of Characteristics of Homoeopathic Materia Medica: New Delhi: Jain: with CHANDRA J.: 1990
svk SRINIVASAN K. S.
svk1 SRINIVASAN K. S.: Additions to Classical Materia Medica: New Delhi: Jain: 1990
svo SALVATORE MEIRA Adailton: zeitgenössischer Homöopath (Brasilien)
svp SERVAIS Philippe: zeitgenössischer Homöopath (Frankreich)
svr SIVARAMAN P.: zeitgenössischer Homöopath (Indien)
svr1 SIVARAMAN P.: Concise Repertory of aggravation and amelioration
svr2 SIVARAMAN P.: Corrections and Additions to Kent's Repertory: New Delhi
svr3 SIVARAMAN P.: Kent's Repertory of the Homoeopathic Materia Medica Expanded: New Delhi
svr4 SIVARAMAN P.: Your Tooth Problems Cured with Homoeopathic Medicine: New Delhi: Jain: 1993
svr5 SIVARAMAN P.: Ear, Nose and Throat
svt SNEEVLIET Anette: zeitgenössischer Homöopath (Bakkeveen, Holland)
svt1 SNEEVLIET Anette: Belladonna-children: Links, Vol 3: pg 21-22: 1992
sys SCHROYENS Frederik: zeitgenössischer Homöopath (Gent, Belgien). President VSU, School Hom Gent (1981 - 1990). Homeopathic Coordinator RADAR.
syz HOMOEOPATHIA EUROPEA GROUPS
szh SCHULZ H.
szh1 SCHULZ H.: Proving of Semen tiglii: Hom Rec, Vol 4: pg 171
szw SCHWARTZ W. H.
szw1 SCHWARTZ W. H.: The homoeopathic treatment of wounds and injuries.: New Delhi: Jain Publishers
tf TRIONFI Maurizio: zeitgenössischer Homöopath (Brescia, Italien)
tg TOGEL Reinhold: zeitgenössischer Homöopath (Deutschland)
tl TYLER Margaret L.
tl1 TYLER Margaret L.: Homeopathic Drug Pictures: London: The Homeopathic Publishing Co: 1952
tl2 TYLER Margaret L.: Pointers to the common remedies: New Dehli: Jain publishers: 1989
tl3 TYLER Margaret L.: Acute conditions, injuries
tl4 TYLER Margaret L.: Drosera
tl5 TYLER Margaret L.: Some drug pictures.
tl6 TYLER Margaret L.: A Study of Kent's Repertory: Hom World: 1914
tle THIELENS E.: zeitgenössischer Homöopath (Hechtel, Belgien)
tle1 THIELENS E.: A case of Asthma: Links, Vol 4: pg 29-30: 1995
tll TAYLOR Lorraine: zeitgenössischer Homöopath (Bern, Switzerland)
tll1 TAYLOR Lorraine: Two Cases of Alcoholism: Links, Vol 3: pg 20: 1991
tlv TALAVERA
tlv1 TALAVERA: Proving of Polyandria poligama, Yolotxochitl, Magnolia grandiflora: Reforma Medica, Aug.: 1885
tm THOMAS C. H.
tn TURNER M. W.
tna THURNEYESEN Andre: zeitgenössischer Homöopath (Bern, Switzerland)
tna1 THURNEYESEN Andre: Case: Links, Vol 2: pg 32: 1990
tp TEMPLETON D. M.
tp1 TEMPLETON D. M.: Provings of Carcinosin: Br Hom J, vol 44 nr 2: pg 108-115: 1954
tpb TRIPPI Biaggio
tpb1 TRIPPI Biaggio: Lessico pratico omeopatico
tpw TEMPLETON W. L.
tpw1 TEMPLETON W. L.: The Homoeopathic Treatment of Influenza: New Delhi: Jain: 1990
ts TESSIER J. P.
tsc TRINKS Carl Friedrich
tsc1 TRINKS Carl Friedrich: Reine Arzneimittellehre: Leipzig: 1831
tsg THOMPSON Gregory: zeitgenössischer Homöopath (Maine, USA)
tsg1 THOMPSON Gregory: Cases: Eruption 2: N Eng. J H, Vol 3, nr.3: pg 35-37: 1994
tt TESTE Alphonse
tt1 TESTE Alphonse: The homeopathic materia medica: Philadelphia: 1854
tt2 TESTE Alphonse: A homeopathic treatise of the disease
ttm TETAU Max: zeitgenössischer Homöopath (Frankreich)
ttm1 TETAU Max: Matière médicale clinique Vol. 1 (frz.)
ttm2 TETAU Max: Les polychrestes h. rapport troubles neuro-endocrini-sympathique (frz.)
ub URBAN Eberhard: zeitgenössischer Homöopath (Deutschland)
ugs UNGEN-STERNBERG von

uw UNDERWOOD B. F.
uw1 UNDERWOOD B. F.: Diseases of childhood and their homeopathic treatment
uw2 UNDERWOOD B. F.: Headache and its Materia Medica: Calcutta: Roy publishing house: 1972
vbf VANDEN BERGHE Fons: zeitgenössischer Homöopath (Genk, Belgien)
vbf1 VANDEN BERGHE Fons: A case of Nerves: N Engl. J H, Vol 4, nr.4: pg 9-10: 1995
vda VAN DAELE Paul: zeitgenössischer Homöopath (Hasselt, Belgien)
vdb VANDEN EYNDE Eric: zeitgenössischer homöopathischer Veterinär (Brussel, Belgien)
vdc VAN DEHN R.: zeitgenössischer Homöopath (Holland)
vdr VAN DER REYDEN R. L.: zeitgenössischer Homöopath (Holland)
vg VOEGELI Adolf
vg1 VOEGELI Adolf: Magen-, Leber- und Galle-erkrankungen (dt.)
vg2 VOEGELI Adolf: Die Kreislauferkrankungen (dt.): Heidelberg: Haug Verl.: 1970
vh VITHOULKAS George: zeitgenössischer Homöopath (Alonissos, Griechenland). Founder Clinical Teaching Center Athens. Creator VES (Vith. Expert System).
vh/dg VITHOULKAS George: Changes of degrees
vh1 VITHOULKAS George: Materia Medica Viva: San Francisco: Health and Habitat: 1992
vh2 VITHOULKAS George: The Esalen Conferences
vh3 VITHOULKAS George: Essence des remèdes homéopathiques
vh4 VITHOULKAS G.: Essences of Materia Medica: New Delhi: Jain (1st Ed.): 1988
vh5 VITHOULKAS G.: Talks on Classical Homoeopathy (Edited by B. P. Rao): New Delhi: Jain (1st Ed.): 1990
vh6 VITHOULKAS George: Aspetti psicopatologici del remedio omeopatico (it.)
vha VAN HOOGENBEMT Els: zeitgenössischer Homöopath (Belgien)
vhh VAN HOOTEGHEM Henk: zeitgenössischer Homöopath (Koerzel, Belgien)
vhh1 VAN HOOTEGHEM Henk: On focusing a case: Links, Vol 3: pg 22: 1991
vk VAKIL Prakash: zeitgenössischer Homöopath (Bombay, Indien). Profesor at the Govt. Homeoapthic Hospital, Irla, Bombay.
vk1 VAKIL Prakash: Tongue that does not lie: Bombay: Vakil Hom. Prakashan Publ.: 1988
vk2 VAKIL Prakash: New, old and forgotten remedies: Bombay: Vakil Hom. Prakashans Publ.: 1992
vk3 VAKIL Prakash: Dreams: 1993
vk4 VAKIL Prakash: Homeopathic Rainbow
vk5 VAKIL Prakash: Moon Phases Chart: Bombay: Vakil Hom. Prakashans Publ.
vk6 VAKIL Prakash: A Text Book of Homeopathic Therapeutics: vol 1: Diseases of the Central Nervous System: Bombay: Vakil Homeopathic Prakashans (2nd Ed.): 1988
vk7 VAKIL Prakash: Leprominium: a New Nosode: Homeopath, Vol 8/2: pg 77: 1988
vl VRIJLANDT Arie: zeitgenössischer Homöopath (Holland)
vl1 VRIJLANDT Arie: Homeopathische prescriptie in de praktijk (Dutch): Nijmegen: 1982
vl2 VRIJLANDT Arie: Pullus gallinaceus: Similia Similibus Currentur
vla VILLERS A.
vld VAN DER LINDEN Jean: zeitgenössischer Homöopath (Leuven, Belgien)
vml VERMEULEN Frans: zeitgenössischer Homöopath (Holland)
vml1 VERMEULEN Frans: Kindertypes (Dutch)
vml2 VERMEULEN Frans: Synoptic Materia Medica: Haarlem: 1992
vmr VERMEIRE Jean-François: zeitgenössischer Homöopath (St Niklaas, Belgien). Pres. Royal Belg Soc Hom.
vn VANNIER Léon: französischer Homöopath
vn1 VANNIER Léon: Materia Medica (frz.)
vn10 VANNIER Léon et al.: Precis de Matiere Medicale Homeopathique (frz.): France: Boiron: with POIRIR J.: 1992
vn2 VANNIER Léon: Thérapeutique (frz.)
vn3 VANNIER Léon: Les Maladies Aigus (frz.)
vn4 VANNIER Léon: Les douleurs abdominales (frz.)
vn5 VANNIER Léon: Précis de thérapeutique homéopathique (frz.)
vn6 VANNIER Léon: La pratique de l'homéopathie (frz.)
vn7 VANNIER Léon: Caractéristiques essentièlles (frz.)
vn8 VANNIER Léon: La typologie et ses applications (frz.)
vn9 VANNIER Léon: Difficult and Backward Children
vna VENANZI Marco: zeitgenössischer Homöopath (Italien)
vnk VIJNOVSKY B.

vnk1 VIJNOVSKY B.: Tratado de Materia Medica Homeopatica (port.): Buenos Aires (8th Ed.): 1978
vo VAN OPROY Flor: zeitgenössischer homöopathischer Kinderarzt (Belgien)
vo1 VAN OPROY Flor: Pediatrics: Gent (Belgien): Homeoden Book Service: 1993
vpn VULPIAN
vpn1 VULPIAN: Proving of Trito, Watersalamander: Zeitschrift des Vereins der Homöopathischen Ärtze Österreichs
vpn2 VULPIAN: Proving of Salamandra lacerta: Allgemeine Homöopathische Zeitung, Vol 46/6
vr VAN 't RIET: zeitgenössischer Homöopath (Holland)
vs VOISIN Henri: französischer Homöopath
vs1 VOISIN Henri: Matière Medicale (frz.)
vs2 VOISIN Henri: Répertoire (frz.)
vs3 VOISIN Henri: Thérapeutique et Rép. homéopathique du practicien (frz.): Paris: Maloine: 1978
vsp VASANI Paresh: zeitgenössischer Homöopath (Bombay, Indien)
vsp1 VASANI Paresh: A Case Study: Links, Vol 1: pg 20: 1995
vta VAN TWILLERT Co: zeitgenössischer Homöopath (Holland)
vtl VAUGHTERS Lucy: zeitgenössischer Homöopath (New York, USA)
vtl1 VAUGHTERS Lucy: A case of Panic Disorder: N Eng. J H, Vol 1, nr.1: pg 11-14: 1992
vv VIVIAN (Norwegen)
vwe VAN WOENSEL Erik: zeitgenössischer Homöopath (Groesbeek, Holland)
vwe1 VAN WOENSEL Erik: A case of Carcinosinum: E J Cl. H, Vol 1, nr.2: pg 29-30: 1995
vwm VAN WASSENHOVEN Michel: zeitgenössischer Homöopath (Brussels, Belgien)
vwm1 VAN WASSENHOVEN Michel: Prostaglandines (frz.): Rev B H: 1985
vzh VAN DER ZEE Harry: zeitgenössischer Homöopath (Haren, Holland)
vzh1 VAN DER ZEE Harry: A case of cyclamen: Links, Vol 3: pg 25: 1995
wb WOODBURY B. C.
wbt WULSBERG Terje: zeitgenössischer Homöopath (Bergen, Norwegen)
wbt1 WULSBERG Terje: Chronic Diarrhoea: Links, Vol 3: pg 55-56: 1990
wd WARD James William: amerikanischer Homöopath. Früherer Präsident der American Inst. Hom.
wd1 WARD James William: Unabridged Dictionary of the Sensations as if: Part I: Pathogenetic: New Dehli: Jain Publ.: 1983
wd2 WARD James William: Unabridged Dictionary of the Sensations as if: Part II: Clinical: New Dehli: Jain Publ.: 1983
wd6 WADIA S. R.: Homoeopathy in children's diseases: New Delhi: Jain Publishers
wda WADIA S. R.: zeitgenössischer Homöopath (Indien)
wda1 WADIA S. R.: Leucoderma, its homeopathic treatment
wda2 WADIA S. R.: Homeopathy in skin diseases
wda3 WADIA S. R.: Homeopathic cures asthma
wda4 WADIA S. R.: Tonsillites cured by homeopathy
wda5 WADIA S. R.: Tips by masters of Homeopathy
wda6 WADIA S. R.: Homoeopathy in Children's Diseases: New Delhi: Jain: 1985
wdj WOOD J. O. C.
wdj1 WOOD J. O. C.: Clinical gynaecology
wdj2 WOOD J. O. C: Essentials of Homeopathic Prescribing
wf WAFFENSMITH J. W.
wfa WULFING Theodor: zeitgenössischer Homöopath (Deutschland)
wg WIGG G.
wga WIRGA Zdzislaw: zeitgenössischer homöopathischer Chirurg (Poznan, Poland)
wgn WEGENER Andreas: zeitgenössischer Homöopath (Deutschland)
wgn1 WEGENER Andreas: Mittelsverwechslungen im Repertorium von Kent: Borax und Bovista, Teil 1 (dt.): Zt Klass H, Vol 5: 1987
wgn2 WEGENER Andreas: Mittelverwechslungen im Repertorium von Kent: Ambra und Ammonium bromatum, Teil 2 (dt.): Zt Klass H, Vol 6: 1987
wgn3 WEGENER Andreas: Mittelverwechslungen im Repertorium von Kent: Juglans cineria und Juglans regia, Teil 4 (dt.): Zt Klass H: 1988
wgn4 WEGENER Andreas: Mittelverwechslungen im Repertorium von Kent: Lepidium und Leptandra, Teil 5 (dt.): Zt Klass H: 1988
wgn5 WEGENER Andreas: Mittelverwechslungen im Repertorium von Kent: Comocladia und Conium, Teil 6 (dt.): Zt Klass H, Vol 6: 1988
wh WINTSCH C. H.
wl WHEELER Charles Edwin
wl1 WHEELER Charles Edwin: Introduction to the Principles and Practice of medicine.
wm WHITMONT E.

wm1 WHITMONT E.: The Practice of Homeopathy: 1970
wm2 WHITMONT E.: Psyche and Substance: Berkeley: 1980
wmw WOUTMAN Willem: zeitgenössischer Homöopath (Holland)
wn WIJNANTS Paul: zeitgenössischer Homöopath (Belgien)
wpb WIPP Benno
wpb1 WIPP Benno: Homoeopathie in Psychiatrie und Neurologie: Heidelberg: Karl F. Haug Verlag: 1979
wr WEIR John, Sir: englischer Homöopath
wr1 WEIR John, Sir: Difficulties in homoeopathic prescribing: Bombay: The Homoeopathic Medical Publishers: 1969
wr2 WEIR John: A system of therapeutics: London: 1928
wr3 WEIR John: Science and Art of Homoeopathy: London: 1928
wr4 WEIR John et al.: Some of the Outstanding Homoeopathic Remedies for Acute Conditions, Injuries, etc. (2 parts): with TYLER M. L.
wsh WEBSTER H. T.
wsh1 WEBSTER H. T.: Proving of Artemisia tridentata: Medical Advance Vol 13: pg 86
wsm WIESENAUER Markus
wsm1 WIESENAUER Markus: Praxis der Homöopathie: Stuttgart: Hippokrates Verlag: 1985
wsp WELLS P. P.
wsp1 WELLS P. P.: Diarrhoea and Dysentery: New Delhi: Indian Books and Periodical Syndication
wsp2 WELLS P. P. et al.: Symptomatic Indications of Typhoid Fever: Calcutta: Salzer & Co (3rd Ed.): with HERING G.
wt WRIGHT-HUBBARD Elisabeth: amerikanischer Homöopath
wt1 WRIGHT-HUBBARD Elisabeth: Homoeopathy as Art and Science: Beaconsfield: 1990
wta WINTERBURN G. W.
wtc WITTENBURG Christine: zeitgenössischer Homöopath (Cantabria, Spanien)
wtc1 WITTENBURG Christine: The Gift: Links, Vol 3: pg 21-22: 1994
wz WITZIG Friedrich: zeitgenössischer Homöopath (Deutschland)
wz1 WITZIG Friedrich: Über Bacillinum Burnett: D J H, Vol 1: pg 3: 1994
xx In research
xxb HOMOEOPATHIA EUROPEA BRYONIA
xxc HOMOEOPATHIA EUROPEA CALCAREA
xxh HOMOEOPATHIA EUROPEA HYPERICUM
xxl HOMOEOPATHIA EUROPEA LYCOPODIUM
xxl1 HOMOEOPATHIA EUROPEA CARBO V.
xxn HOMOEOPATHIA EUROPEA NAJA
xxp HOMOEOPATHIA EUROPEA PHOSPHORUS
xxp1 HOMOEOPATHIA EUROPEA PARIS
xxr HOMOEOPATHIE EUROPEA RHUS TOX
xxs HOMOEOPATHIA EUROPEA STAPHYSAGRIA
xxs1 HOMOEOPATHIA EUROPEA SEPIA
xxx gelöschte Symptome
xyz IN RESEARCH
xyz66 IN RESEARCH
xyz67 IN RESEARCH: Different articles: J Am Inst H
xyz68 UNKNOWN: Different articles: Cah Gr Hahn
ykm YAKIR Michal: zeitgenössischer Homöopath (Jerusalem, Israel)
ykm1 YAKIR Michal: A case of migraine: Links, Vol 4: pg 25-26: 1995
yl YINGLING William A.
yl1 YINGLING William A.: The Accouchers Emercency Manual: Calcutta: Set, Day & Co: 1968
yl2 YINGLING William A.: Torula cerevisia: International Hahnemannian Association, Session 42: pg171: 1990
yy INSTITUTO INTERNATIONAL (Masi) GROUPS
yya1 INSTITUTO International Argentina, grp 1
yya2 INSTITUTO International Argentina, grp 2
yyb INSTITUTO International Belgium
yyb1 INSTITUTO International Brazil
yye1 INSTITUTO International Ecuador
yyf INSTITUTO International France
yyi INSTITUTO International India
yyi1 INSTITUTO International Italia
yyn INSTITUTO International Netherlands
yys INSTITUTO International Switserland
yys1 INSTITUTO International Spain
yyv INSTITUTO International Venezuela
zb ZOBY
zb1 ZOBY: Concordancia Homeopatica (rubricas mentais) (port.)
zb2 ZOBY: Concordancia Homeopatica (sonhos) (port.)
zf ZAFIRIOU Vangelis: zeitgenössischer Homöopath (Griechenland)
zfl ZAFIRIOU Vangelis: Mind additions to the repertory: E J Cl. H, Vol 1 nr.2: pg 11: 1995

zk ZWEMKE Hans: zeitgenössischer Homöopath (Deutschland)
zl ZALA Michel: zeitgenössischer Homöopath (Frankreich)
zmw ZIMMERMANN W.
zmw1 ZIMMERMANN W.: Homoeopathische Arzneitherapie (dt.): Regensburg: Johannes Sonntag: 1980
zr ZAREN Ananda: zeitgenössischer Homöopath (USA)
zr2 ZAREN Ananda: Seminar Part 1 (May 1989): Amsterdam: I. Bos, private
zs ZISSU Roland
zs1 ZISSU Roland et al.: Fiches de Matière Médicale (frz.): with GUILLAUME
zs2 ZISSU Roland: Cahiers de médecine homéopathique (frz.)
zs3 ZISSU Roland et al.: Manuel de médecine homéopathie (frz.): with GUILLAUME
zs4 ZISSU Roland: Matiere Medicale Homoeopathique Constitutionnelle (2 Vols) (frz.): France: Boiron: 1989
zt ZUMTOBEL Gernot: zeitgenössischer Homöopath (Austria)
zv ZERVOS N.
zz INTERNATIONAL FOUNDATION (Vithoulkas)
zzb BAD BOLL: Homeopathische Kreis - Bad Boll
zzc CENTRAL Council For Research In Homeopathy
zzc1 CENTRAL Council For Research In Homeopathy: Provings
zzg INTERNATIONAL Foundation Center Athens
zzg1 INTERNATIONAL Foundation Center Detmold
zzg2 INTERNATIONAL Foundation Center London
zzg3 INTERNATIONAL Foundation Center Salzburg
zzh INTERNATIONAL Foundation Center Hechtel
zzi INTERNATIONAL Foundation Center Firenze
zzm INTERNATIONAL Foundation Center Norway
zzn2 INTERNATIONAL Foundation Center Netherlands
zzs INTERNATIONAL Foundation Center Bern
zzv INTERNATIONAL Foundation Center California

Arzneimittel / Abkürzungen

Einleitung

Um eine Basis für spätere Ergänzungen zu schaffen, haben wir auch Arzneimittel aufgenommen, die derzeit in *Synthesis* noch nicht in Verwendung sind. Dies entspricht unserer Philosophie, ein Werk zu schaffen, das Grundlagen für die Zukunft legt.

- Die Liste ist alphabetisch nach Abkürzungen sortiert.
- Bei Synonymen verweist die Hand auf die korrekte Abkürzung.
- Eine detaillierte Beschreibung, nach welchen Regeln die Arzneimittel abgekürzt werden, finden Sie in der Blaupause auf Seite A-###. Besonderheiten bei der Namensgebung für bestimmte Arzneimittel finden Sie in der vergleichenden Liste der Arzneimittelabkürzungen auf Seite A-###ff, Wenn Sie bislang mit anderen Repertorien gearbeitet haben, ist ein Blick in diese Liste sehr zu empfehlen.

Anmerkung des Verlags:

- Deutsche Arzneimittelnamen wurden mit Bedacht nicht in diese Liste aufgenommen, da hierfür bereits in unserem Hause ein eigenes Büchlein unter den Titel *Arzneimittelindex* (Homöopathische Hilfsmittel Band 1, von Peter Vint) erschienen ist. Sie können dieses Büchlein über den Buchhandel oder direkt beim Hahnemann Institut - Privatinstitut für homöopathische Dokumentation, Krottenkopfstraße 2, D-86926 Greifenberg beziehen.

Arzneimittel

	10 (Paterson) ☞ bacls-10.
	7 (Paterson) ☞ bacls-7.
abel.	abelmoschus
abies-a.	abies alba
abies-c.	abies canadensis
abies-n.	abies nigra
abrom-a-r.	abroma augusta radix
abrom-a.	abroma augusta
abrot.	abrotanum
abr.	abrus precatorius
absintls.	absintalsem
absin.	absinthium
acac-f.	acacia farnesiana
acal.	acalypha indica
	acanthia lectularia ☞ cimx.
	acanthus mollis ☞ bran.
	acarus of the fly; red ☞ trom.
acenoc.	acenocoumarol
acer-c.	acer campestre
acetan.	acetanilidum
acetars.	acetarsolum
acetaz.	acetazolamide
acetontl.	acetonitrilum
aceton.	acetonum
acetoph.	acetophenonum
acetylar.	acetylarsan
acetylch-m.	acetylcholinum muriaticum
acetyls-ac.	acetylsalicylicum acidum
acet-ac.	aceticum acidum
	achillea millefolium ☞ mill.
achil-m.	achillea moschata
achil-n.	achillea nana
achil-p.	achillea ptarmica
achras	achras sapota
achy-a.	achyranthes aspera
achy.	achyranthes calea
acicl.	aciclovir
	acidum ascorbicum ☞ ascor-ac.
	acidum benzoicum ☞ benz-ac.
	acidum boricum ☞ bor-ac.
	acidum butyricum ☞ but-ac.
	acidum hydroiodicum ☞ iod-h.
	acidum pantothenicum ☞ pant-ac.
	acidum picronitricum ☞ pic-ac.
acioa-d.	acioa dewevrei
aclad.	acladium castellanii
	acokanthera schimperi ☞ car.
aconin.	aconitinum
acon-ac.	aconiticum acidum
acon-a.	aconitum anthora
acon-co.	aconitum columbianum
acon-c.	aconitum cammarum
acon-f.	aconitum ferox
acon-l.	aconitum lycoctonum
acon-s.	aconitum septentrionale
acon.	aconitum napellus
	acorus calamus ☞ calam.
acrol.	acroleinum
	actaea racemosa ☞ cimic.

	actea racemosa ☛ cimic.
	actea spicata ☛ act-sp.
actinid-ctx.	actinidiae cortex
actin-a.	actinomyces albus
actin-c.	actinomyces citreus
actin-g.	actinomyces griseus
actin-l.	actinomyces luteus
act-sp.	actaea spicata
adam.	adamas
adans-d.	adansonia digitata
adax.	adaxukah
adel.	Adelheid aqua
adenin.	adeninum
adenyl-ac.	adenylicum acidum
	adeps suillus ☛ adeps-s.
adeps-s.	adeps suis
	adhatoda ☛ just.
	adhatoda vasika ☛ just.
adiant.	adiantum capillus veneris
adlu.	adlumia fungosa
	adn ☛ des-ac.
adonin.	adonidinum
adon-ae.	adonis aestivalis
adon.	adonis vernalis
adox.	adoxa moschatellina
adp.	adenosinum diphosphoricum acidum
	adp ☛ adp.
	adrenal cortex ☛ adr-ctx.
adren-bt.	adrenalinum bitartaricum
adren.	adrenalinum
adr-ctx.	adrenalis - cortex
	adrenocorticotropinum ☛ cortico.
aegle-f.	aegle folia
aegle-m.	aegle marmelos
aegop-p.	aegopodium podagraria
aesc-c.	aesculus cornea
aesc-g.	aesculus glabra
aesc.	aesculus hippocastanum
	aethanolum ☛ alco.
aether	aether
	aether aethylicus ☛ aether
	aether sulphuricus ☛ aether
aethi-a.	aethiops antimonialis
aethi-m.	aethiops mineralis
	aethylicum ☛ aethyl.
aethyl-act.	aethylium aceticum
aethyl-br.	aethylium bromidum
aethyl-m.	aethylium muriaticum
aethyl-n.	aethylium nitricum
aethyl-s-d.	aethylium sulfuricum dichloratum
aethyl-s.	aethylium sulfuricum
aethyl.	aethylium
	aethylium nitrosum ☛ nit-s-d.
aeth.	aethusa cynapium
	aethylum aceticum ☛ aethyl-act.
	aethylum nitricum ☛ aethyl-n.
	aethylum oxidum ☛ aether
agap.	agapanthus
agarin.	agaricinum
agar-ac.	agaricicum acidum

	agaricus bulbosus ☛ agar-ph.
agar-cit.	agaricus citrinus
agar-cpn.	agaricus campanulatus
agar-cps.	agaricus campestris
agar-em.	agaricus emeticus
	agaricus laricis ☛ bol-la.
agar-pa.	agaricus pantherinus
agar-ph.	agaricus phalloides
agar-pr.	agaricus procerus
agar-r.	agaricus rubescens
agar-se.	agaricus semiglobatus
agar-st.	agaricus stercorarius
agar-v.	agaricus vernus
agar.	agaricus muscarius
agav-a.	agave americana
	agave rigida ☛ agav-t.
agav-t.	agave tequilana
ager-c.	ageratum conyzoides
agn.	agnus castus
agra.	agraphis nutans
agre.	agremone ochroleuca
agri.	agrimonia eupatoria
	agropyrum repens ☛ tritic.
agrosti-a.	agrostis alba
agrosti-vg.	agrostis vulgaris
agro.	agrostema githago
	agrostemma githago ☛ agro.
ag-ag.	agar agar
aids.	aids nosode
	ailanthus altissima ☛ ail.
ail.	ailanthus glandulosa
aira-fl.	aira flexuosa
aju-c.	ajuga chamaepitys
aju-r.	ajuga reptans
alam.	alamanitra
alan-d.	alaninum D
alan-l.	alaninum L
	alarconia helenoides ☛ wye.
album.	albuminum
albz-f.	albizzia fastigiata
alchem-a.	alchemillia alpina
alchem-vg.	alchemilla vulgaris
alchor-c.	alchornea cordifolia
alco-s.	alcoholus sulphuris
alco.	alcoholus
aldos.	aldosteron
ald.	aldehydum
alet.	aletris farinosa
	aleurisma canis ☛ aleur-l.
	aleurisma castellanii ☛ aclad.
aleur-l.	aleurisma lugdunense
alf.	alfalfa
alh.	alhanodium
	alhenna ☛ henna
alis-p.	alisma plantago
	alkana tinctoria ☛ anch-t.
	alkekengi ☛ physal-al.
allant.	allantoinum
alliar-o.	alliaria officinalis
allox.	alloxanum

all-a.	allium ascalonicum
all-c.	allium cepa
all-f.	allium fallax
all-p.	allium porrum
all-s.	allium sativum
all-u.	allium ursinum
all-v.	allium victorialis
aln-g.	alnus glutinosa
aln.	alnus rubra
	alnus serrulata ☛ aln.
	aloe ferox ☛ aloe
	aloe perryi ☛ aloe
aloe	aloe socotrina
alop-p.	alopecurus pratensis
	alpina officinarum ☛ galan.
	alpinia officinarum ☛ galan.
	alsidium helminthocorton ☛ helm.
	alsine media ☛ stel.
alst-b.	alstonia boonei
alst-s.	alstonia scholaris
alst.	alstonia constricta
alth-r.	althaea rosea
alth.	althaea officinalis
	alumen chronicum ☛ kali-s-chr.
	alumen crudum ☛ alumn.
alumin-act.	aluminium aceticum
alumin-br.	aluminium bromatum
	aluminium chloridum ☛ alumin-m.
alumin-gl.	aluminium gluconicum
alumin-l.	aluminium lacticum
alumin-m.	aluminium muriaticum
alumin-o.	aluminium oxydatum
alumin-p.	aluminium phosphoricum
alumin-s.	aluminium sulfuricum
alumin.	aluminium metallicum
alumn.	alumen
alum-p.	alumina phosphorica
alum-sil.	alumina silicata
alum.	alumina
	aluminium silico-sulpho-calcite ☛ slag
	aluminum chloridum ☛ alumin-m.
	amanita bulbosa ☛ agar-ph.
aman-c.	amanita citrina
	amanita muscaria ☛ agar.
	amanita phalloides ☛ agar-ph.
aman-r.	amanita rubescens
	amanita verna ☛ agar-v.
	amara ☛ ign.
	amaranthus ☛ amar-h.
amary-e.	amaryllis equestris
amar-h.	amaranthus hypochondriacus
amar-s.	amaranthus spinosus
amar-t.	amaranthus tristis
ambro-r.	ambrosia chamissonis
ambro.	ambrosia artemisiaefolia
ambr.	ambra grisea
amfep-m.	amfepramonum muriaticum
	aminoaceticum acidum ☛ glyco.
	aminobenzene ☛ anil.
amgd-p.	amygdalus persica

amibe-ac.	aminobenzoicum acidum
	aminobenzolum ☛ anil.
amicap-ac.	aminocaproicum acidum
amidop.	amidopyrinum
amisuc-ac.	aminosuccinicum acidum
ami-ncap-ac.	amino-n-caproicum acidum
	ammoniacum ☛ ammc.
	ammonium auricum ☛ aur-fu.
	ammonium chloratum ☛ am-m.
	ammonium chloridum ☛ am-m.
	ammonium hydratum ☛ am-caust.
	amoora rohikata ☛ anders.
	amoracia ☛ coch.
	amp ☛ amp.
	amygdala amara ☛ amyg.
	amygdala communis dulcis ☛ amyg-d.
	amygdalae ☛ tonsi.
	amygdalae amarae aqua ☛ amyg.
	amygdalus communis amara ☛ amyg.
aml-act.	amylium aceticum
aml-ns.	amylenum nitrosum
ammc.	ammoniacum gummi
ammi-m.	ammi majus
ammi-v.	ammi visnaga
amm-fml.	ammonium formaldehydum
amn-l.	amnii liquor
amoeb-h.	amoeba hystolytica
amor-r.	amorphophallus riviere
ampe-qu.	ampelopsis quinquefolia
ampe-tr.	ampelopsis trifoliata
ampe-w.	ampelopsis weitchii
amphet-s.	amphetaminum sulfuricum
amph.	amphisbaena vermicularis
amp.	adenosinum monophosphoricum acidum
amyg-d.	amygdalus dulcis
amyg.	amygdalus communis
amylam.	amylaminum hydrochloricum
amyloc-m.	amylocainum muriaticum
amyls.	amylase
amylu-t.	amylum tritici
am-act.	ammonium aceticum
am-ar.	ammonium arsenicicum
am-be.	ammonium benzoicum
am-bi.	ammonium bichromicum
am-br.	ammonium bromatum
am-caust.	ammonium causticum
am-c.	ammonium carbonicum
am-f.	ammonium fluoratum
am-hox.	ammonium hydroxynum
am-i.	ammonium iodatum
am-mlb.	ammonium molybdicum
am-m.	ammonium muriaticum
am-n.	ammonium nitricum
am-ox.	ammonium oxalicum
am-pic.	ammonium picricum
am-p.	ammonium phosphoricum
am-sel.	ammonium selenicosum
am-s.	ammonium sulfuricum
am-t.	ammonium tartaricum
am-val.	ammonium valerianicum

	amylium nitricum ☛ aml-ns.
	amylium nitrosum ☛ aml-ns.
am-van.	ammonium vanadinicum
anacy-p.	anacyclus pyrethrum
anac-oc.	anacardium occidentale
anac.	anacardium orientale
anagy.	anagyris foetida
anag.	anagallis arvensis
	anagyroides ☛ cyt-l.
	anamirta cocculus ☛ cocc.
anans-d.	ananassa domosus
anans-s.	ananassa sativa
anan.	anantherum muricatum
anchi-s.	anchieta salutaris
	anchusa italica ☛ anch-o.
anch-o.	anchusa officinalis
anch-t.	anchusa tinctora
	ancistrodon contortrix ☛ cench.
	ancistrodon mokeson ☛ cench.
ancis-p.	ancistrodon piscivorus
	andalusite ☛ alum-sil.
anders.	andersonia
	andira araroba ☛ chrysar.
	andira inermis ☛ geo.
androc.	androctonus amoreuxii hebraeus
	androctonus amurreuxi hebraeus ☛ androc.
	androctonus australis ☛ buth-a.
androg-p.	andrographis paniculata
	andromeda arborea ☛ oxyd.
	andropogon muraticus ☛ anan.
	andropogon muricatus ☛ anan.
	andropogon nardus ☛ cymbop-n.
androp-sn.	andropogon schoenantus
	andropogon squarrosus ☛ anan.
androst.	androsteron
andr.	androsace lactea
	anemone hepatica ☛ hepat.
	anemone ludoviciana ☛ puls-n.
	anemone montana ☛ puls-m.
	anemone nuttaliana ☛ puls-n.
	anemone pratensis ☛ puls.
	anemone pulsatilla ☛ puls-vg.
	anemone pulsatilla ☛ puls.
anemps.	anemopsis californica
anetho-g.	anetholum graveolens
aneur.	aneurinum
ane-n.	anemone nemorosa
ane-r.	anemone ranunculoides
	anethum foeniculum ☛ foen-an.
	anethum vulgare ☛ foen-an.
ange-ar.	angelica archangelica
ange-b.	angelicae brasiliensis
ange-s.	angelicae sinensis
ange.	angelica atropurpurea
	angelicae sinensis radix ☛ ange-s.
ango.	angophora lanceolata
	anguillae serum ☛ ser-ang.
	angustura falsa ☛ bruc.
	angustura spuria ☛ bruc.

	angustura spuria falsa ☛ bruc.
ang.	angustura vera
anh.	anhalonium lewinii
anil-s.	anilinum sulphuricum
anil.	anilinum
	anisum pimpinella ☛ pimp-a.
anis.	anisum stellatum
	ankistrodon contortrix ☛ cench.
	ankistrodon contortrix mokeson ☛ cench.
anona	anona muricata
	anona triloba ☛ asim.
	antennaria dioica ☛ gnaph.
	anthemis pyrethrum ☛ pyre-p.
antho.	anthoxanthum odoratum
anthraci.	anthracinum
anthraco.	anthracokali
anthraq.	anthraquinone
	anthrakokali ☛ anthraco.
anthyl.	anthyllis vulneraria
anth.	anthemis nobilis
	anthrokokali ☛ anthraco.
	antiaris toxicaria ☛ upa-a.
	antifebrinum ☛ acetan.
	antimonium arsenicicum ☛ ant-ar.
	antimonium chloridum ☛ ant-m.
	antimonium sulphuratum aureum ☛ ant-s-aur.
	antimonium sulphuratum nigrum ☛ ant-c.
antip-sal.	antipyrinum salicylicum
antip.	antipyrinum
antirr.	antirrhinum majus
ant-ac.	antimonium acidum
ant-ar.	antimonium arsenicosum
ant-c.	antimonium crudum
ant-f.	antimonium fluoratum
ant-i.	antimonium iodatum
ant-met.	antimonium metallicum
ant-m.	antimonium muriaticum
ant-n.	antimonium nitricum
ant-o.	antimonium oxydatum
ant-s-aur.	antimonium sulphuratum auratum
ant-s-r.	antimonium sulfuratum rubrum
ant-t.	antimonium tartaricum
aphis	aphis chenopodii glauci
aphlo-t.	aphloia theaeformis
apiol.	apiolum
apis	apis mellifica
apisin.	apisinum
	apium petroselinum ☛ petros.
	apium virus ☛ apisin.
apoc-a.	apocynum androsaemifolium
apoc.	apocynum cannabinum
apom-m.	apomorphinum muriaticum
apom.	apomorphinum hydrochloricum
ap-d.	apium dulce
ap-g.	apium graveolens
aqui.	aquilegia vulgaris
aq-calc.	aqua calcarea
aq-chl.	aqua chlorata
	aqua glandium quercus ☛ querc.

aq-mar.	aqua marina
aq-pet.	aqua petra
aq-pur.	aqua pura
	aqua regia ☛ nit-m-ac.
	aqua sanicula ☛ sanic.
aq-sil.	aqua silicata
	aqueous calendula ☛ calen.
arab.	arabinosum
arag.	aragallus lamberti
aral-c.	aralia californica
	aralia ginseng ☛ gins.
aral-h.	aralia hispida
	aralia quinquefolia ☛ gins.
aral.	aralia racemosa
	aranea avicularia ☛ mygal.
aranin.	araninum
aran-ix.	aranea ixobola
aran-sc.	aranea scinencia
aran.	aranea diadema
	araneae tela ☛ tela
	aranearum tela ☛ tela
	araroba ☛ chrysar.
	arbor tristis ☛ nyct.
arbin.	arbutinum
arb-m.	arbutus menziesii
arb-u.	arbutus unedo
arb.	arbutus andrachne
	arbutus uva ursi ☛ uva
	arctium lappa ☛ lappa
	arctium majus ☛ lappa
	arctostaphylos manzanita ☛ manz.
	arctostaphylos uva ursi ☛ uva
ard-l.	ardesius lapis
areco-bh.	arecolinum bromhydricum
arec.	areca catechu
aren-r.	arenaria rubra
aren-s.	arenaria serpyllifolia
aren.	arenaria glabra
arge.	argemone mexicana
argin.	argininum
argon	argon
arg-act.	argentum aceticum
arg-ars.	argentum arsenicicum
	argentum chloratum ☛ arg-mur.
arg-br.	argentum bromatum
arg-col.	argentum colloidale
arg-cy.	argentum cyanatum
arg-f.	argentum fluoratum
arg-i.	argentum iodatum
arg-met.	argentum metallicum
arg-mur.	argentum muriaticum
arg-n.	argentum nitricum
arg-o.	argentum oxydatum
arg-pr.	argentum proteinatum
arg-p.	argentum phosphoricum
arg-s.	argentum sulfuricum
	argilla ☛ alum.
arg-vi.	argentum vitellinicum
arion	arion empiricorum
	arisaema atrorubens ☛ arum-t.

aristl.	aristol
arist-cl.	aristolochia clematitis
arist-co.	aristolochia colombiana
	aristolochia cymbifera ☛ arist-m.
	aristolochia infesta ☛ arist-cl.
arist-m.	aristolochia milhomens
arist-r.	aristolochia rotunda
	aristolochia serpentaria ☛ serp.
	armoracia lapathifolia ☛ coch.
	armoracia rusticana ☛ coch.
armo-r.	armoracia rusticana
	armoracia sativa ☛ coch.
arn.	arnica montana
	arrhenal ☛ nat-meth-ar.
arrh-e.	arrhenaterum elatius
ars-ac.	arsenicum acidum
ars-br.	arsenicum bromatum
	arsenicum citrinum ☛ ars-s-f.
ars-h.	arsenicum hydrogenisatum
ars-i.	arsenicum iodatum
ars-met.	arsenicum metallicum
ars-n.	arsenicum nitricum
	arsenicum rubrum ☛ ars-s-r.
	arsenicum stibiatum ☛ ant-ar.
ars-pyr.	arseno pyrite
ars-s-f.	arsenicum sulphuratum flavum
ars-s-r.	arsenicum sulphuratum rubrum
ars.	arsenicum album
	arsenicum tri-iodatum ☛ ars-i.
	arsenicum tri-oxidum ☛ ars.
	artanthe elongata ☛ mati.
	artemisia abrotanum ☛ abrot.
	artemisia absinthium ☛ absin.
	artemisia cina ☛ cina
	artemisia contra ☛ cina
art-d.	artemisia dracunculus
	artemisia judaica ☛ cina
	artemisia maritima ☛ cina
art-m.	artemisia mutellina
	artemisia selengensis ☛ art-v.
art-v.	artemisia vulgaris
arum-dru.	arum dracunculus
arum-d.	arum dracontium
arum-i.	arum italicum
arum-m.	arum maculatum
	arum seguinum ☛ calad.
arum-t.	arum triphyllum
	arundo communis ☛ arund-p.
arund-d.	arundo donax
arund-p.	arundo phragmites
arund.	arundo mauritanica
asaf.	asa foetida
	asagraea officinalis ☛ sabad.
asar-c.	asarum canadense
asar-o.	asarum officinale
asar.	asarum europaeum
	asarum rotundifolium ☛ asar.
ascar-l.	ascaris lumbricoides
ascor-ac.	ascorbicum acidum
asc-cf.	asclepias cordifolia

asc-cu.	asclepias currassavica
asc-c.	asclepias cornuti
	asclepias decumbens ☞ asc-t.
	asclepias gigantea ☞ calo.
asc-i.	asclepias incarnata
	asclepias syriaca ☞ asc-c.
asc-t.	asclepias tuberosa
	asclepias vincetoxicum ☞ vince.
	ascophyllum nodosum ☞ fuc-n.
	ashoka ☞ joan.
asim.	asimina triloba
ask.	askalabotes laevigatus
asparin.	asparaginum
aspart-ac.	L-asparticum acidum
aspar.	asparagus officinalis
	asparticum acidum ☞ aspart-ac.
	aspergillus bronchialis ☞ asperg-fu.
asperg-fl.	aspergillus flavus
asperg-fu.	aspergillus fumigatus
asperg-n.	aspergillus niger
asper.	asperula odorata
aspho.	asphodelus albus
	aspidium ☞ fil.
	aspidium filix mas ☞ fil.
	aspidium panna ☞ pann.
	aspidosperma quebracho ☞ queb.
	aspirinum ☞ acetyls-ac.
aspl-a.	asplenium adiantum nigrum
	assaku ☞ hura
astac.	astacus fluviatilis
astat.	astatinum
	asteriacanthion rubens ☞ aster.
aster.	asterias rubens
astra-ca.	astragalus campestris
astra-ci.	astragalus cicer
astra-e.	astragalus excapus
astra-gl.	astragalus glycyphyllos
astra-gu.	astragalus gummifer
astra-h.	astragalus Hornii
	astragalus Lamberti ☞ oxyt.
astra-l.	astragalus legum
astra-mo.	astragalus mollissimus
astra-m.	astragalus Menziesii
ast-a.	aster asper
atha.	athamanta oreoselinum
atis-r.	atista radix
atis.	atista indica
atp.	adenosinum triphosphoricum acidum
	atp ☞ atp.
atra-r.	atrax robustus
atri.	atriplex hortensis
	atropa belladona ☞ bell.
	atropa mandragora ☞ mand.
atro-pur.	atropinum purum
atro-s.	atropinum sulphuricum
atro.	atropinum-pur. + -s. (old abbr.)
auc-j.	aucuba japonica
aug.	augopora
auran.	arurantii cortex
	aurantiacum ☞ ant-s-aur.

	aurantii cortex ☞ cit-v.
	aurantium ☞ cit-v.
	aurelia aurita ☞ medus.
	aureobasidium ☞ clados-m.
aureom.	aureomycinum
	aureum ☞ ant-s-aur.
	aurum arsenicicum ☞ aur-ar.
aur-ar.	aurum arsenicum
aur-br.	aurum bromatum
	aurum colloidale ☞ aur.
aur-cy.	aurum cyanatum
aur-fu.	aurum fulminans
aur-f.	aurum fluoratum
	aurum foliatum ☞ aur.
aur-i.	aurum iodatum
aur-kcy.	aurum kalicyanatum
aur-m-k.	aurum muriaticum kalinatum
aur-m-n.	aurum muriaticum natronatum
aur-m.	aurum muriaticum
	aurum natrium chloratum ☞ aur-m-n.
aur-n-f.	aurum natrum fluoricum
aur-n.	aurum nitricum
aur-p.	aurum phosphoricum
aur-s.	aurum sulphuratum
aur-ts-n.	aurum thiosulfuricum natronatum
aur.	aurum metallicum
aven-g.	avena germinata
aven.	avena sativa
	aviaire ☞ tub-a.
avic.	avicularia
	avocado ☞ pers.
	ayahuasca ☞ banis-c.
	ayhuasca ☞ banis-c.
aza.	azadirachta indica
bacch-c.	baccharis crispa
bacls-10.	bacillus 10 (Paterson)
bacls-7.	bacillus 7 (Paterson)
bac-t.	bacillinum testium
bac.	bacillinum Burnett
	bacillus acidophilus ☞ lactob.
	bacillus Calmette-GuÇrin ☞ v-a-b.
	bacillus clostridium botulinum ☞ botul.
	bacillus FriedlÑnder ☞ mucot.
	bacillus leprae ☞ lepr.
	bacillus seven (Paterson) ☞ bacls-7.
	bacillus ten (Paterson) ☞ bacls-10.
bad.	badiaga
	bahia-pulver ☞ chrysar.
baj.	baja
ball-f.	ballota foetida
ball-l.	ballota lanata
	ballota nigra ☞ ball-f.
	balsamodendron myrrha ☞ myrrha
	balsamodendron roxburgii ☞ myrrha
	balsamum copaivae ☞ cop.
	balsamum copaivae siccum ☞ cop.
bals-p.	balsamum peruvianum
	balsamum toluiferum ☞ bals-t.
bals-t.	balsamum tolutanum
bamb-a.	bambusa arundinacea

	bambusa vulgaris ☞ bamb-a.
	banana ☞ musa
banis-c.	banisteria caapi
bapt-c.	baptisia confusa
	baptisia confusa acetica ☞ bapt-c.
bapt.	baptisia tinctoria
barbit.	barbital
barbr-vg.	barbarea vulgaris
	barbiflora ☞ orthos-s.
barbu-s.	barbula squarrosa
barb.	barbae cyprini ova
	barii sulphas ☞ bar-s.
	barium aceticum ☞ bar-act.
	barium arsenicosum ☞ bar-ar.
	barium bromatum ☞ bar-br.
	barium calcinatum ☞ bar-cn.
	barium carbonicum ☞ bar-c.
	barium chloratum ☞ bar-m.
	barium fluoricum ☞ bar-f.
	barium gluconicum ☞ bar-gl.
	barium iodatum ☞ bar-i.
	barium nitricum ☞ bar-n.
	barium oxydatum ☞ bar-o.
	barium phosphoricum ☞ bar-p.
	barium sulfuricum ☞ bar-s.
	barosma crenata ☞ baros.
baros.	barosma crenulatum
bart.	Bartfelder aqua
bar-act.	baryta acetica
bar-ar.	baryta arsenicosa
bar-br.	baryta bromata
bar-cn.	baryta calcinata
bar-c.	baryta carbonica
bar-f.	baryta fluorica
bar-gl.	baryta gluconica
bar-i.	baryta iodata
bar-met.	baryta metallicum
bar-m.	baryta muriatica
bar-n.	baryta nitrica
bar-o.	baryta oxydata
bar-p.	baryta phosphorica
bar-s.	baryta sulphurica
	basaka ☞ just.
basal.	basaltic lava
basil.	basilicum
	bcg ☞ v-a-b.
begon-s.	begonia semperflorens
	begonia tuberosa ☞ begon-s.
bell-p.	bellis perennis
bell.	belladonna
	benzenum ☞ benzol.
benzc.	benzocainum
benzl-be.	benzyl benzoicum
benzl-br.	benzyl bromatum
benzl-c.	benzyl cinnamicum
benzn.	benzonaphtolum
benzol.	benzolum
benzo.	benzoin oderiferum
benzq.	benzoquinonum
benz-ac.	benzoicum acidum
ben-d.	benzinum dinitricum
ben-n.	benzinum nitricum
ben.	benzinum
berbin.	berberinum
berb-a.	berberis aquifolium
berb.	berberis vulgaris
bers-l.	bersama lucens
	beryllium chloride ☞ beryl-m.
beryl-f.	beryllium fluoridum
beryl-m.	beryllium muriaticum
beryl-o.	beryllium oxydatum
beryl.	beryllium metallicum
beta	beta vulgaris
beta-m.	beta maritima
	beta rapa ☞ beta
betin.	betainum muriaticum
beto.	betonica aquatica
	betonica officinalis ☞ stach.
	betonica stachys ☞ stach.
betu-p.	betula pubescens
betu.	betula alba
	betula pendula ☞ betu.
	betula verrucosa ☞ betu.
bid-b.	bidens bipinnata
bid-p.	bidens pilosa
	bignonia caroba ☞ jac-c.
	bignonia catalpa ☞ catal.
	bignonia copaia ☞ jac-c.
	bilinum ☞ fel
bilir.	bilirubinum
biot.	biotinum
	bismithi subsalicylas ☞ bism-sal.
bism-c.	bismuthum carbonicum
bism-gl.	bismuthum gluconicum
bism-i.	bismuthum iodatum
bism-met.	bismuthum metallicum
bism-m.	bismuthum muriaticum
bism-n.	bismuthum nitricum
bism-o.	bismuthum oxydatum
bism-sal.	bismuthum salicylicum
bism-sc.	bismuthum subcarbonicum
bism-sg.	bismuthum subgallicum
bism-sn.	bismuthum subnitricum
bism-sula.	bismuthum sulphuratum
bism-val.	bismuthum valerianicum
bism.	bismuthum-sn. (+ -o.) (old abbr.)
	bitis arietans arietans ☞ cloth.
bit-ga.	bitis gabonica
bix.	bixa orellana
blatta-a.	blatta americana
blatta-o.	blatta orientalis
blum-o.	blumea odorata
boerh-d.	boerhaavia diffusa
	boerhavia erecta ☞ boerh-h.
boerh-h.	boerhavia hirsuta
	bofareira ☞ ric.
bold.	boldo fragrans
bol-ed.	boletus edulis
	boletus esculentus ☞ bol-ed.
bol-la.	boletus laricis

bol-lu.	boletus luridus
	boletus pinicola ☞ polyp-p.
bol-su.	boletus suaveolens
bol-s.	boletus satanas
	bolus alba ☞ alum-sil.
bomb-chr.	bombyx chrysorrhea
	bombyx mori ☞ bomb-chr.
bomb-pr.	bombyx processionea
bomh.	bomhenia
bond.	Bondonneau aqua
bop-sc.	bopusia scabra
	boracicum acidum ☞ bor-ac.
	borago officinalis ☞ borra-o.
borra-o.	borrago officinalis
borx.	borax veneta
bor-ac.	boricum acidum
bor-met.	borium metallicum
bosw-c.	boswellia carterii
both-a.	bothrops alternatus
	bothrops jacara ☞ both.
both.	bothrops lanceolatus
	bothrops urutu ☞ both.
botul.	botulinum
	bougainvillea ☞ bougv.
bougv.	bougenville
	bougmanica ☞ dat-a.
	bounafa ☞ ferul.
	bovista gigantea ☞ bov.
bov.	bovista lycoperdon
brach.	brachyglottis repens
brad-tact.	bradykinine triacetate
brahmi	brahmi
bran.	branca ursina
	brassica alba ☞ sin-a.
brass-c.	brassica campestris
brass-e.	brassica eruca
brass-n-o.	brassica napus oleifera
	brassica nigra ☞ sin-n.
brass-o-r.	brassica oleracea rubra
brass-o.	brassica oleracea
brass-r.	brassica rapa
brass.	brassica napus oleifera (old abbr.)
	brauneria pallida ☞ echi.
	brayera anthelmintica ☞ kou.
brid-at.	bridelia atroviridis
brid-fr.	bridelia ferruginea
bril-p.	brillantaisia patula
briz-m.	briza media
brod-e.	brodiaea elegans
bromaz.	bromazepam
bromof.	bromoformium
brom-ac.	bromium acidum
brom-hac.	bromhydricum acidum
brom-i.	bromium iodatum
brom.	bromium
bro-m.	bromus mollis
bro-r.	bromus ramosus
brucel.	brucella melitensis
brucin-n.	brucinum nitricum
brucin.	brucinum

bruc.	brucea antidysenterica
	brugmansia candida ☞ dat-a.
brun-vg.	brunella vulgaris
	brunfelsia hopeana ☞ franc.
	brunfelsia uniflora ☞ franc.
bryo-p.	bryophyllum proliferum
bry.	bryonia alba
	bryonia dioica ☞ bry.
	bryonia laciniosa ☞ baj.
	bryophyllum calycinum ☞ kal.
	bryophyllum pinnatum ☞ kal.
	buchu ☞ baros.
bufo	bufo rana
bufo-s.	bufo sahytiensis
	bufo sahytiensis Mure ☞ bufo-s.
	bufo vulgaris ☞ bufo
	bufonis saliva ☞ bufo
	buku ☞ diosm.
bunga-c.	bungarus candidus
bung.	bungurus fasciatus
buni-e.	bunias erucago
buni-o.	bunias orientalis
	bunium carvi ☞ caru.
bupiv.	bupivacaine
bupl-f.	buplevrum falcatum
	Burren limestone ☞ limest-b.
	bursa pastoris ☞ thlas.
buth-af.	buthus afer
buth-a.	buthus australis
buth-oc.	buthus occitanus
but-ac.	butyricum acidum
	butyl chloralhydratum ☞ crot-chlol.
bux.	buxus sempervirens
b-end.	beta endorphine
cactin-m.	cactinum mexicanum
	cachou ☞ catechu
cact.	cactus grandiflorus
cac.	cacao
	cactus bonplandii ☞ cere-b.
	cactus opuntia ☞ opun-v.
	cactus selenicereus grandiflorus ☞ cact.
	cactus serpentinus ☞ cere-s.
cadm-act.	cadmium aceticum
cadm-ar.	cadmium arsenicosum
cadm-bi.	cadmium bichromatum
cadm-br.	cadmium bromatum
cadm-calc-f.	cadmium calcarea fluoricum
cadm-chl.	cadmium chloratum
cadm-chr.	cadmium chromatum
cadm-c.	cadmium carbonicum
cadm-f.	cadmium fluoratum
cadm-gl.	cadmium gluconicum
cadm-i.	cadmium iodatum
cadm-met.	cadmium metallicum
cadm-m.	cadmium muriaticum
cadm-n.	cadmium nitricum
cadm-o.	cadmium oxydatum
cadm-p.	cadmium phosphoricum
cadm-sel.	cadmium selenicosum
cadm-s.	cadmium sulphuratum

cael.	caela zacatechichi
caesal-b.	caesalpinia bonducella
	caesalpinia pulcherrima ☞ poinc-p.
caes-m.	caesum chloratum
caes.	caesium metallicum
	caesum muriaticum ☞ caes-m.
	caffeinum ☞ coffin.
	cahinca ☞ cain.
	cahinca racemosa ☞ cain.
cain.	cainca
cajan.	cajanus cajan
caj.	cajuputum
cak-m.	cakile maritima
	calabar ☞ phys.
calad.	caladium seguinum
calag.	calaguala
calami-a.	calamintha acinos
calami-ch.	calamintha chenopodii
calami-cl.	calamintha clinopodium
calami-g.	calamintha grandiflora
calami-o.	calamintha officinalis
calam.	calamus aromaticus
calc-act.	calcarea acetica
calc-ar.	calcarea arsenicosa
	calcarea biliaris ☞ cal-bil.
calc-br.	calcarea bromata
	calcarea carbonica Hahnemanni ☞ calc.
	calcarea carbonica ostrearum ☞ calc.
calc-caust.	calcarea caustica
calc-chln.	calcarea chlorinata
	calcarea caustica segini ☞ calc-caust.
calc-cit.	calcarea citrica
calc-cn.	calcarea calcinata
	calcarea fluorata ☞ calc-f.
calc-form.	calcarea formicum
calc-f.	calcarea fluorica
	calcarea fluosilicata ☞ lap-a.
calc-glp.	calcarea glycerophosphorica
calc-glt.	calcarea glutamica
calc-gl.	calcarea gluconica
calc-hi.	calcarea hydriodica
calc-hox.	calcarea hydroxidum
calc-hp.	calcarea hypophosphorosa
calc-hs.	calcarea hyposulfurosa
calc-i.	calcarea iodata
calc-lac.	calcarea lactica
calc-ln.	calcarea lactica natronata
	calcarea lactica phosphorica ☞ calc-lp.
calc-lp.	calcarea lactophosphorica
calc-met.	calcarea metallicum
calc-m.	calcarea muriatica
calc-n.	calcarea nitrica
	calcarea ostrearum ☞ calc.
calc-ox.	calcarea oxalica
calc-o-t.	calcarea ovi testae
calc-o.	calcarea oyxdata
calc-perm.	calcarea permanganica
calc-pic.	calcarea picrica
calc-pt.	calcarea pantothenica
calc-py.	calcarea pyrophosphorica

calc-p.	calcarea phosphorica
	calcarea renalis ☞ cal-ren.
	calcarea renalis praeparata ☞ cal-ren.
calc-sil.	calcarea silicata
	calcarea silicica ☞ calc-sil.
	calcarea silico-fluorica ☞ lap-a.
calc-st-s.	calcarea stibiato-sulphurata
calc-s.	calcarea sulphurica
	calcarea sulphurata hahnemanni ☞ hep.
	calcarea sulphurata stibiata ☞ calc-st-s.
calc-v.	calcarea versaillis
calc.	calcarea carbonica
	calcii arsenias ☞ calc-ar.
	calcii bromidum ☞ calc-br.
	calcii chloridum ☞ calc-caust.
	calcii lactas ☞ calc-lac.
	calcium aceticum ☞ calc-act.
	calcium arsenicusum ☞ calc-ar.
	calcium bromatum ☞ calc-br.
	calcium carbonicum ☞ calc.
	calcium causticum ☞ calc-caust.
	calcium chloratum ☞ calc-m.
	calcium chlorinatum ☞ calc-chln.
	calcium citricum ☞ calc-cit.
	calcium fluoricum ☞ calc-f.
	calcium formicum ☞ calc-form.
	calcium glutamicum ☞ calc-glt.
	calcium hypophosphoricum ☞ calc-hp.
	calcium iodatum ☞ calc-i.
	calcium lacticum ☞ calc-lac.
	calcium metallicum ☞ calc-met.
	calcium ovi testae ☞ calc-o-t.
	calcium oxalicum ☞ calc-ox.
	calcium oxydatum ☞ calc-o.
	calcium phosphoricum ☞ calc-p.
	calcium picricum ☞ calc-pic.
	calcium silicatum ☞ calc-sil.
	calcium stibiato-sulphuratum ☞ calc-st-s.
	calcium sulphuricum ☞ calc-s.
	calculus urinae ☞ cal-ren.
calen-a.	calendula arvensis
	calendula cerate ☞ calen.
calen.	calendula officinalis
calic.	calici virus
	calla lily ☞ zant.
callil-l.	callilepis laureola
calli-al.	calliandra alternans
calli-h.	calliandra houstoni
	calluna vulgaris ☞ eric-vg.
calocd-d.	calocedrus decurrens
caloct-a.	calochortus albus
	calomel ☞ merc-d.
calo-l.	calotropis lactum
calo-p.	calotropis procera
calo.	calotropis gigantea
calth.	caltha palustris
calyc-o.	calycanthus occidentalis
calyp-u.	calyptridium umbellatum
calys-s.	calystegia sepium
cal-bil.	calculus biliari

cal-ren-p.	calculus renalis phosphorus
cal-ren-u.	calculus renalis uricus
cal-ren.	calculus renalis
cal-sal.	calculus salivarii
camel-j.	camelia japonica
	camellia sinensis ☛ thea
campan-ra.	campanula rapunculus
campan-ro.	campanula rotundifolia
campan-t.	campanula trachelium
campho-m.	camphorosma monspeliaca
	camphora monobromata ☛ camph-br.
camph-ac.	camphoricum acidum
camph-br.	camphora bromata
camph-mbr.	camphora monobromata
camph.	camphora officinalis
	cancer astacus ☛ astac.
	cancer fluviatilis ☛ astac.
	cancerinum ☛ carc.
canch.	canchalagua
	candida albicans ☛ moni.
cand.	candida parapsilosis
canna	canna angustifolia
cann-i.	cannabis indica
cann-s.	cannabis sativa
canthin.	cantharidinum
canth.	cantharis vesicatoria
cany-d.	canyon dudleya
capp-crc.	capparis coriaccea
capp-crm.	capparis corymbifera
capp-g.	capparis gueinzii
	capsella bursa pastoris ☛ thlas.
caps-f.	capsicum frutescens
caps.	capsicum annuum
cara-p.	carapa procera
carbam.	carbamazepine
	carbamidum ☛ urea-n.
	carbo ligni ☛ carb-v.
carbmc.	carboxymethylcellulosum
carbn-chl.	carboneum chloratum
carbn-h.	carboneum hydrogenisatum
carbn-o.	carboneum oxygenisatum
carbn-s.	carboneum sulphuratum
carbn-tm.	carboneum tetramuriaticum
carbn.	carboneum
carb-ac.	carbolicum acidum
carb-an.	carbo animalis
	carboneum tetrachloridum ☛ carbn-tm.
carb-v.	carbo vegetabilis
carc-bl-adp.	carcinosinum bladder adeno papillar
	carcinosinum burnett ☛ carc.
carc-col-adp.	carcinosinum colon adeno papillar
carc-col-ad.	carcinosinum colon adeno
	carcinosinum foubister ☛ carc.
carc-in.	carcinosinum intestines co.
carc-lu-ads.	carcinosinum lung adeno squamous
	carcinosinum mammae scirrhus ☛ scir.
carc-mel-met.	carconisum melanoma metastitic
carc-rec-ad.	carcinosinum rectum adeno
carc-st-ad.	carcinosinum stomach adeno
carc-st-sc.	carcinosinum stomach scirrhus
carc-st.	carcinosinum stomach
carc-ut-ad.	carcinosinum uterus adeno
carc-ut-p.	carcinosinum uterus papillar
carc.	carcinosinum
cardamo.	cardamomum
cardam-a.	cardamine amara
cardam.	cardamine pratensis
cardios-h.	cardiospermum halicacabum
card-b.	carduus benedictus
card-m.	carduus marianus
carex-a.	carex arenaria
	caria papaya ☛ asim.
	carica papaya ☛ asim.
carli-a.	carlina acaulis
carli-vg.	carlina vulgaris
carl.	Carlsbad aqua
carnin-m.	carnitinum muriaticum
carnin.	carnitinum
	caroba ☛ jac-c.
caroten.	carotenum
carp-b.	carpinus betulus
	carthamnus ceriferus ☛ myric.
cartl-s.	cartilago suis
caru.	carum carvi
caryo.	caryophyllus aromaticus
cary.	carya alba
car.	carissa schimperi
	cascara ☛ cas-s.
casc.	cascarilla
casein.	caseinum
	cassia acutifolia ☛ senn.
cassia-a.	cassia alata
	cassia angustifolia ☛ senn.
cassia-f.	cassia fistula
cassia-l.	cassia laevigata
cassia-m.	cassia medica
cassia-o.	cassia occidentalis
cassia-s.	cassia sophera
cass.	cassada
	cassia senna ☛ senn.
	cassia sophera ☛ senn.
	castalia pudica ☛ nymph.
	castalia speciosa ☛ nymph-a.
	castanea sativa ☛ castn-v.
caste.	castella texana
	castanea vulgaris ☛ castn-v.
castm.	castoreum canadense
castn-v.	castanea vesca
castor-eq.	castor equi
cas-s.	cascara sagrada
	castoreum muscovitum ☛ castm.
	castoreum sibericum ☛ castm.
	castoreum sibinicum ☛ castm.
catal.	catalpa bignonoides
catar.	cataria nepeta
catechu	catechu
	catharanthus roseus ☛ vinc-r.
cauc-l.	caucalis latifolia
caul.	caulophyllum thalictroides
caust.	causticum

	causticum hahnemanni ☞ caust.
	Cayenne pepper ☞ caps.
	cayratia debilis ☞ cissu-d.
cean-tr.	ceanothus thrysiflorus
cean.	ceanothus americanus
cecr-o.	cecropia obtusa
cecr.	cecropia mexicana
	cedar incense ☞ calocd-d.
cedrus-d.	cedrus deodara
cedrus-l.	cedrus libani
cedr.	cedron
cefur.	cefuroxim
celo-t.	celosia trigyna
celt.	celtis occidentalis
cem.	cement
cench.	cenchris contortrix
centr-r.	centranthus ruber
cent-ca.	centaurea calcitrada
cent-cy.	centaurea cyanus
cent-j.	centaurea jacea
cent-n.	centaurea nigra
cent-u.	centaurea umbellata
cent.	centaurea tagana
	centaurium ☞ canch.
	centaurium erythraea ☞ canch.
	centella asiatica ☞ hydrc.
	cepa ☞ all-c.
	cepa vulgaris ☞ all-c.
	cephaelis ipecacuanha ☞ ip.
cephd-i.	cephalandra indica
ceph.	cephalanthus occidentalis
cerast-a.	cerastium aquaticum
	cerasus padus ☞ prun-p.
	cerasus virginia ☞ prun-v.
	cerasus vulgaris ☞ prun-cs.
	cerato ☞ cerstig-w.
cerc-o.	cercis occidentalis
cerc-s.	cercis siliquastrum
ceref-s.	cerefolium sativum
cerev-lg.	cerevisia lager
cere-b.	cereus bonplandii
cere-s.	cereus serpentinus
cerstig-w.	ceratostigma willmottigma
	cereus grandiflorus ☞ cact.
certhec-t.	ceratotheca triloba
cerv.	cervus brasilicus
cer-met.	cerium metallicum
cer-m.	cerium muriaticum
cer-ox.	cerium oxalicum
cer-o.	cerium oxydatum
cer-s.	cerium sulfuricum
	cervus brasilicus campestris ☞ cerv.
ces-br.	cesium bromatum
ces-hox.	cesium hydroxydum
ces-m.	cesium muriaticum
ceter-o.	ceterach officinarum
ceto.	cetonia aurata
cetr.	cetraria islandica
	chaerophyllum sativum ☞ ceref-s.
chaero-t.	chaerophyllum temolum
	chamaecyparis lawsonia ☞ cupre-l.
chamae.	chamaedrys
	chamaelirium ☞ helon.
	chamaelirium carolinianum ☞ helon.
	chamaelirium luteum ☞ helon.
	chamaerops serrulata ☞ sabal
cham.	chamomilla
	chamomilla romana ☞ anth.
chap.	chaparro amargoso
chasm-p.	chasmanthera palmata
chaul.	chaulmoogra
cheir.	cheiranthus cheiri
chelin.	chelidoninum
chelo.	chelone glabra
chel-g.	chelidonium glaucum
chel.	chelidonium majus
chenod-ac.	chenodesoxycholicum acidum
	chenopodii glauci aphis ☞ aphis
chen-al.	chenopodium album
	chenopodium ambrosioides ☞ chen-a.
chen-a.	chenopodium anthelminticum
chen-bh.	chenopodium bonus henricus
chen-bt.	chenopodium botrys
chen-g.	chenopodium glaucum
	chenopodium olidum ☞ chen-v.
chen-o.	chenopodium opulifolium
	chenopodium ugandae ☞ chen-o.
chen-vg.	chenopodium vulgare
chen-v.	chenopodium vulvaria
chim-m.	chimaphila maculata
chim-rot.	chimaphila rotundifolia
chim.	chimaphila umbellata
	China clay ☞ alum-sil.
chinid.	chinidinum hydrochloricum
chinin-ar.	chininum arsenicosum
chinin-brh.	chininum bromhydricum
chinin-br.	chininum bromaticum
chinin-fcit.	chininum ferri citricum
chinin-hcy.	chininum hydrocyanicum
chinin-m.	chininum muriaticum
chinin-pur.	chininum purum
chinin-p.	chininum phosphoricum
chinin-sal.	chininum salicylicum
chinin-s.	chininum sulphuricum
chinin-val.	chininum valerianicum
chin-b.	china boliviana
chin.	china officinalis
	chiococca densifolia ☞ cain.
	chiococca racemosa ☞ cain.
	chionanthus americana ☞ chion.
	chionanthus latifolia ☞ chion.
chion.	chionanthus virginica
chivx.	chivonex
chlam.	chlamydinum
	chlora perfoliata ☞ gent-pe.
chlf.	chloroformium
chlg-p.	chlorogalum pumeriadianum
chlol.	chloralum hydratum
chlorals.	chloralosum
chloramb.	chlorambucil

chlorami.	chloraminum
chloram.	chloramphenicolum
	chlornitrosum acidum ☞ nit-m-ac.
chlordia.	chlordiazepoxide
chlorns-ac.	chlornitrosum acidum
chloroc-w.	chlorocodon whiteii
	chloromycetinum ☞ chloram.
chlorox.	chloroxylenum
chlorpr.	chlorpromazinum
chlort.	chlortetracycline
chlor.	chlorum
chlp.	chlorophyllum
choc.	chocolate
cholcalc.	cholecalciferolum
cholin.	cholinum
chol.	cholesterinum
chondr-c.	chondrus crispus
	chondodendron tomentosa ☞ pareir.
	chondodendron tormentosum ☞ pareir.
chopn.	chopheenee
cho.	cholas terrapina
	chromium kali sulphuratum ☞ kali-s-chr.
	chromium kaliumsulfuricum ☞ kali-s-chr.
	chrysanthellum indicum ☞ chrystl.
	chrysanthemum ☞ chrysan-m.
chrysan-b.	chrysanthemum balsamita
chrysan-ci.	chrysanthemum cinerariaefolium
chrysan-co.	chrysanthemum coronarium
chrysan-m.	chrysanthemum morifolium
chrysan.	chrysanthemum leucanthemum
chrysar.	chrysarobinum
chrystl.	chrysanthellum americanum
chrys-ac.	chrysophanicum acidum
chr-act.	chromicum aceticum
chr-ac.	chromicum acidum
chr-ah.	chromicum anhydridum
chr-gl.	chromium gluconicum
chr-hox.	chromium hydroxydum
chr-met.	chromium metallicum
chr-m.	chromium muriaticum
chr-o.	chromium oxydatum
chr-p.	chromium phosphoricum
	chrysanthemum vulgare ☞ tanac.
	chrysanthenum parthenium ☞ pyre-p.
chr-s.	chromium sulphuricum
	chrysosporium pannorum ☞ aleur-l.
cibot-b.	cibotium balantium
cice.	cicer arietinum
cich.	cichorium intybus
cic-m.	cicuta maculata
cic.	cicuta virosa
cimic.	cimicifuga racemosa
cimx.	cimex lectularius
cina	cina maritima
	cinchona boliviana ☞ chin-b.
	cinchona calisaya ☞ chin.
	cinchona flava ☞ chin.
	cinchona officinalis ☞ chin.
	cinchona regia ☞ chin.
	cinchona succirubra ☞ chin.
cinchop.	cinchophenum
cinch.	cinchoninum sulphuricum
cine.	cineraria maritima
cinnb.	cinnabaris
cinnmd-c.	cinnamodendron corticosum
cinnm.	cinnamomum ceylanicum
cinn-ac.	cinnamicum acidum
	cinnamomum camphora ☞ camph.
	cinnamomum zeylancium ☞ cinnm.
circ-l.	circaea lutetiana
cirs-ac.	cirsium acaule
cirs-ar.	cirsium arvense
cirs-l.	cirsium lanceolatum
cisplat.	cisplatina
cissa-t.	cissampelos torulosa
cissu-c.	cissus cuneifolia
cissu-d.	cissus debilis
cist.	cistus canadensis
citl-vg.	citrullus vulgaris
cit-ac.	citricum acidum
	citrullus colocynthis ☞ coloc.
	citrullus lanatus ☞ cuc-c.
	citrus aurantium ☞ cit-v.
cit-b.	citrus bergamia
	citrus canadensis ☞ cist.
cit-d.	citrus decumana
cit-l.	citrus limonum
	citrus medica ☞ cit-l.
cit-p.	citrus paradisi
cit-s.	citrus sinensis
cit-v.	citrus vulgaris
cladon.	cladonia pyxidata
cladop.	cladophora rupestris
clados-l.	cladosporium lugdunense
clados-m.	cladosporium metanigrum
claus-an.	clausena anisata
claus-in.	clausena inaequalis
	claviceps purpurea ☞ sec.
	clematis recta ☞ clem.
clem-sax	clematis saxicola
clem-vir.	clematis virginiana
clem-vit.	clematis vitalba
clem.	clematis erecta
cleom-g.	cleome gynandra
clerod-g.	clerodendron glabrum
clerod-i.	clerodendron infortunatum
clobaz.	clobazam
clomip.	clomipramine
	clostridium botulinum ☞ botul.
cloth.	clotho arietans
cnic-ar.	cnicus arvensis
	cnicus benedictus ☞ card-b.
coalt.	coaltarum
cob-act.	cobaltum aceticum
	cobaltum chloratum ☞ cob-m.
	cobaltum chloridum ☞ cob-m.
cob-col.	cobaltum colloidale
cob-f.	cobaltum fluoratum
cob-gl.	cobaltum gluconicum
cob-i.	cobaltum iodatum

cob-m.	cobaltum muriaticum
cob-n.	cobaltum nitricum
cob-o.	cobaltum oxydatum
cob-p.	cobaltum phosphoricum
cob-sil.	cobaltum silicatum
cob-sula.	cobaltum sulphuratum
cob-s.	cobaltum sulfuricum
cob.	cobaltum metallicum
	cobra corallinus ☞ elaps
	cobra nigricolis ☞ naja-n.
coca	coca
cocain.	cocainum hydrochloricum
cocarb.	cocarboxylase
coca-c.	coca cola
coccal	bacillus Coccal co. (Paterson)
	cocainum muriaticum ☞ cocain.
	coccal compound (paterson) ☞ coccal
	coccal co. (paterson) ☞ coccal
cocci-i.	coccinia indica
cocc-s.	coccinella septempunctata
cocc.	cocculus indicus
	cocculus platyphylla ☞ pareir.
coch-o.	cochlearia officinalis
	cochenille cactus ☞ opun-c.
	cochlearia armoracea ☞ coch.
coch.	cochlearia armoracia
coc-c.	coccus cacti
	cochlearia pyrenaica ☞ coch-o.
	cochlearia rusticana ☞ coch.
codeth.	codethylinum
cod-p.	codeinum phosphoricum
cod-s.	codeinum sulfuricum
cod.	codeinum
	coffea arabica ☞ coff.
coffin.	coffeinum
coff-t.	coffea tosta
coff.	coffea cruda
	cola acuminata ☞ kola
	cola nitida ☞ kola
	cola vera ☞ kola
colchin.	colchicinum
colch.	colchicum autumnale
coleus-a.	coleus aromaticus
coli.	colibacillinum
collarg.	collargolum
collod.	collodion
coll.	collinsonia canadensis
colocin.	colocynthinum
coloc.	colocynthis
	colocynthis citrullus ☞ coloc.
	colombo ☞ chasm-p.
colos.	colostrum
	colubrina ☞ nux-v.
	columbine ☞ aqui.
colut-a.	colutea arborescens
col-met.	columbium metallicum
	columbium niobium ☞ niob-met.
	columbo ☞ chasm-p.
comar-p.	comarum palustre
combr-r.	combretum raimbaultii

com.	comocladia dentata
	conchae praeparatae ☞ calc.
conch.	conchiolinum
	condurango ☞ cund.
cones-bh.	conessinum bromhydricum
cones.	conessinum
congo-r.	congo red
conin-br.	coniinum bromatum
conin.	coniinum
	coninum ☞ conin.
	coninum bromhydricum ☞ conin-br.
conr-m.	cornus mas
consol-r.	consolida regalis
convlm.	convallamarinum
convo-a.	convolvulus arvensis
convo-d.	convolvulus duartinus
	convolvulus purga ☞ jal.
	convolvulus scammonia ☞ scam.
convo-se.	convolvulus sepium
convo-s.	convolvulus stans
conv.	convallaria majalis
	convolvulus turpenthum ☞ oper.
	conyza canadensis ☞ erig.
conyz-sm.	conyza sumatrensis
conyz-vg.	conyza vulgaris
con.	conium maculatum
	copahu ☞ cop.
	copaifera langdorfii ☞ cop.
	copaifera officinalis ☞ cop.
coprah	coprah
cop.	copaiva officinalis
	coqueluchinum ☞ pert.
corh.	corallorhiza odontorhiza
	cordelistris syphilitica ☞ jac-c.
corian-s.	coriandrum sativum
cori-m.	coriaria myrtifolia
cori-r.	coriaria ruscifolia
corla-o.	corallina officinalis
corn-a.	cornus alternifolia
corn-f.	cornus florida
corn-sa.	cornus sanguinea
corn-s.	cornus sericea
corn.	cornus circinata
coron-v.	coronilla varia
	corpus luteum ☞ lutin.
	cortex gland. adrenalis ☞ adr-ctx.
	cortex peruviana ☞ chin.
cortico.	corticotropinum
cortiso.	cortisonum
coryl-a.	corylus avellana
cory-b.	corydalis bulbosa
cory-c.	corydalis cava
cory.	corydalis formosa
cor-r.	corallium rubrum
	corynanthe yohimbe ☞ yohim.
cost-s.	costus spicatus
coto	coto
cotrim.	cotrimoxazol
cot.	cotyledon umbilicus
	coumarinum ☞ cumin.

crasp-v.	craspidospermum verticellatum
crass-o.	crassula obliqua
crass-r.	crassula rubicunda
	crataegus laevigata ☞ crat.
	crataegus monogyna ☞ crat.
crats-ce.	craterispermum cerinanthum
crat.	crataegus oxyacantha
creat-p.	creatinum phosphoricum
creat.	creatinum
	cresolum ☞ kres.
	cresylolum ☞ kres.
crith-m.	crithmum maritimum
croc.	crocus sativus
	crocus stigmates ☞ croc.
crot-chlol.	croton chloralum
crot-c.	crotalus cascavella
	crotalus durissus ☞ crot-h.
	crotalus terrificus ☞ crot-c.
	croton cascarilla ☞ casc.
	croton chloralhydratum ☞ crot-chlol.
crot-f.	croton fulvum
crot-h.	crotalus horridus
	croton eluteria ☞ casc.
crot-t.	croton tiglium
cryptc.	cryptococcinum
cryp.	cryptopinum
cten-c.	ctenocephalides canis
cub.	cubeba officinalis
	cucumis colocynthis ☞ coloc.
cucum-h.	cucumis hirsutus
cucum-m.	cucumis melo
cuc-c.	cucurbita citrullus
cuc-m.	cucurbita maxima
cuc-p.	cucurbita pepo
culx-p.	culex pipiens
culx.	culex musca
cumin.	cumarinum
cumn-c.	cuminum cyminum
cund.	cundurango
	cunila pulegioides ☞ hedeo.
cuph.	cuphea viscosissima
cupre-au.	cupressus australis
cupre-l.	cupressus lawsoniana
cupre-n.	cupressus niger
cupre-s.	cupressus sempervirens
cupr-act.	cuprum aceticum
cupr-am-s.	cuprum ammoniae sulphuricum
cupr-ar.	cuprum arsenicosum
cupr-be.	cuprum benzoicum
cupr-br.	cuprum bromatum
cupr-cy.	cuprum cyanatum
cupr-c.	cuprum carbonicum
cupr-form.	cuprum formicum
cupr-f.	cuprum fluoratum
cupr-gl.	cuprum gluconicum
cupr-hdr.	cuprum hydrargyrum
cupr-hox.	cuprum hydroxydum
cupr-i.	cuprum iodatum
cupr-m.	cuprum muriaticum
cupr-n.	cuprum nitricum

cupr-ox.	cuprum oxalicum
cupr-o.	cuprum oxydatum nigrum
cupr-pi.	cuprum protoidatum
cupr-p.	cuprum phosphoricum
cupr-sil.	cuprum silicatum
cupr-sula.	cuprum sulphuratum
cupr-s.	cuprum sulphuricum
cupr.	cuprum metallicum
curc-x.	curcuma xanthorrhiza
curc-z.	curcuma zedoaria
curc.	curcuma javanensis
	curcuma longa ☞ curc-x.
cur.	curare
	cuscus ☞ anan.
cusc-a.	cuscuta americana
cusc-ep.	cuscuta epithymum
cusc-eu.	cuscuta europaea
	cuscuta minor ☞ cusc-ep.
	cusparia febrifuga ☞ ang.
	cyanhydricum acidum ☞ hydr-ac.
cyanoc.	cyanocobalaminum
cyath.	cyathula
	cyclamen purpurascens ☞ cycl.
cyclop.	cyclophosphamide
cyclosp.	cyclosporinum
cyclos.	cycloserinum
cycl-n.	cyclamen napolitanum
cycl.	cyclamen europaeum
cyd.	cydonia vulgaris
cymbop-ci.	cymbopogon citratus
cymbop-n.	cymbopogon nardus
cymin.	cymarinum
	cynanchum ☞ vince.
cyna-c.	cynara cardunculus
cyna.	cynara scolymos
cynor.	cynorrhodon
cyno.	cynoglossum officinale
cyn-d.	cynodon dactylon
	cynosbati ☞ ros-ca.
cyper-l.	cyperus longus
cyper-o.	cyperus olivaris
	cyperus rotundus ☞ cyper-o.
cypr.	cypripedium pubescens
cyrtop-p.	cyrtopodium punctatum
cystein-m.	cysteinum muriaticum
cystein.	cysteinum
	cystisus laburnum ☞ cyt-l.
cysto-f.	cystoseira fibrosa
cytid.	cytidinum
cytin.	cytisinum
cyt-l.	cytisus laburnum
	cytisus scoparius ☞ saroth.
	daboia ☞ vip-d.
dact-g.	dactylis glomerata
	dactylopius coccus ☞ coc-c.
dam.	damiana
	damiana aphrodisiaca ☞ dam.
danaz.	danazol
daph-l.	daphne laureola
daph.	daphne indica

	daphne mezereum ☛ mez.
	daphne odora ☛ daph.
	daphne odorata ☛ daph.
datin.	daturinum
datis.	datisca cannabina
dat-a.	datura arborea
dat-f.	datura ferox
dat-m.	datura metel
dat-s.	datura sanguinea
	datura stramonium ☛ stram.
dauc-c.	daucus carota
	dedleya cymposa ☛ cany-d.
delphin-n.	delphinium nudicaule
delphin.	delphininum staphysagria
	delphinium staphysagria ☛ staph.
	delphinum consolida ☛ consol-r.
del.	delphinus amazonicus
	deltacortisone ☛ predn.
dema.	dematium petraeum
	denys ☛ tub-d.
derm-f.	dermatophagoides farinae
derm-p.	dermatophagoides pteronyssinus
der.	derris pinnata
desch-f.	deschampsia flexuosa
desm-g.	desmodium gangeticum
des-ac.	desoxyribonucleicum acidum
deut-o.	deuterium oxydatum
dexam.	dexamethason
dextr.	dextrinum
de-s-oestr.	diethylstilboestrolum
dhchol-ac.	dehydrocholicum acidum
dhcort.	deltahydrocortisone
	dextrum lacticum acidum ☛ sarcol-ac.
	diabolus metallorum ☛ stann.
	diadema aranea ☛ aran.
dh-strept.	dihydrostreptomycine sulfate
dianthe-p.	dianthera pectoralis
dianthu-c.	dianthus caryophyllus
	dianthus superbus ☛ dianthu-f.
	diastase ☛ amyls.
dianthu-f.	dianthus fimbriatus
	dicentra canadensis ☛ cory.
diaz.	diazepam
	dicentra formosa ☛ cory.
dicen-c.	dicentra cucullaria
dicha.	dichapetalum
diclof.	diclofenac
	dictamnus ☛ orig-d.
dicoum.	dicoumarolum
	dictamus fraxinella ☛ dict.
	dieffenbachia seguinum ☛ calad.
dict.	dictamnus albus
digin.	digitalinum
digox.	digitoxinum
dig-la.	digitalis lanata
dig-lu.	digitalis lutea
dig.	digitalis purpurea
	dikalii carbonas ☛ kali-c.
	dikalii phosphas ☛ kali-p.
	dikalii sulphas ☛ kali-s.

	dinatrii tartras ☛ nat-tar.
	dioscorea paniculata ☛ dios.
diosgin.	diosgeninum
diosm.	diosma lincaris
dios.	dioscorea villosa
	diosma crenata ☛ baros.
diphtox.	diphterotoxinum
diph-b.	bacillus diphteriae
	diphteriae bacillus ☛ diph-b.
diph-t-tpt.	diphthero-tetano-typho-paratyphoidi
diph.	diphtherinum
diplo-t.	diplotaxis tenuifolia
dips-s.	dipsacus silvestris
dip.	dipodium punctatum
	dipterix odorata ☛ tong.
dirc.	dirca palustris
diss-i.	dissotis incana
dithyr.	di-iodo-thyroxinum
	dissotis rotundifolia ☛ hetrt-r.
ditin.	ditainum
docort-act.	deoxycorticosteroni acetas
	di-ammonii phospas ☛ am-p.
	di-ammonii sulfas ☛ am-s.
	dna ☛ des-ac.
dol.	dolichos pruriens
dopa	dopa
dopam-chl.	dopamine chlorhydrate
	dorema ammoniacum ☛ ammc.
doron-p.	doronicum pardalianches
dor.	doryphora decemlineata
	doryphora leptinotarsa ☛ dor.
dovy-r.	dovyalis rhamnoides
doxoc.	doxycycline
doxor.	doxorubicine
	draconitum foetidum ☛ ictod.
	dracunculus vulgaris ☛ arum-dru.
drim-g.	drimys granatensis
dros-l.	drosera longifolia
dros.	drosera rotundifolia
drym-cor.	drymaria cordata
	drymis winteri ☛ cinnmd-c.
	dryopteris filix mas ☛ fil.
dryop-i.	dryopteris inaequalis
dryop-p.	dryopteris pentheri
	DTTAB ☛ diph-t-tpt.
	dt-tab. ☛ diph-t-tpt.
duboin.	duboisinum
dubo-h.	duboisia hopwoodi
dubo-m.	duboisia myoporoides
dub.	duboisinum + dubo-m. (old abbr.)
dudl-c.	dudleya cymposa
dulc.	dulcamara
durb.	durbital
dyspr-met.	dysprosium metallicum
	dysenteriae compound (bach) ☛ dys.
	dysenteriae (bach) ☛ dys.
dyspr-o.	dysprosium oxydatum
dys.	bacillus dysenteriae (Bach)
	dys. co. (bach) ☛ dys.
eaux	Eaux Bonnes aqua

eberth.	eberthinum
	ecballium elaterium ☞ elat.
echinc.	echinococcinum
echinp.	echinops spinosus
echit.	echites suberecta
echium	echium vulgare
echi-p.	echinacea purpurea
	echitaminum ☞ ditin.
echi.	echinacea angustifolia
	eel serum ☞ ser-ang.
eich-c.	eichornia crassipes
	either ☞ aether
eke-me.	ekebergia meyeri
elaeo-v.	elaeodendron velutinum
elae.	elaeis guineensis
elaps	elaps corallinus
elat.	elaterium
elec.	electricitas
elem.	elemuy gauteria
eleph-b.	elephantorhiza burchelli
	elettaria cardamomum ☞ cardamo.
eleut.	eleutherococcus
emblc.	embelica officinalis
emb-k.	embelia kraussii
emb-r.	embelia ribes
emb-sc.	embelia schimperi
	emeticus ☞ ant-t.
emetin-m.	emetinum muriaticum
emetin.	emetinum
end-s.	endiva sativa
	endymion nutans ☞ agra.
	entamoeba dysenterica ☞ amoeb-h.
	entamoeba hystolytica ☞ amoeb-h.
enteroc.	enterococcinum
	enterotoxinum ☞ enteroc.
eos.	eosinum
ephe.	ephedra vulgaris
ephin-m.	ephedrinum muriatium
	epigaea repens ☞ epig.
epig.	epigea repens
epih.	epihysterinum
epil-a.	epilobium angustifolium
epil-h.	epilobium hirsutum
epil-s.	epilobium spicatum
epil-t.	epilobium tetragonum
epil.	epilobium palustre
	epinephrinum ☞ adren.
	epiphegus americanus ☞ epiph.
epiph.	epiphegus virginiana
	epiphysis cerebri ☞ pineal.
epit.	epithalia syphilitica
eppa-an.	eppalage anemonaefolia
equis-a.	equisetum arvense
equis-h.	equisetum hyemale
equis-p.	equisetum palustre
equis-v.	equisetum variegatum
eran.	eranthis hymnalis
erb-met.	erbium metallicum
erb-o.	erbium oxydatum
erech.	erechthites hieracifolia

ergocalc.	ergocalciferolum
ergotam-t.	ergotamini tartras
ergotam.	ergotaminum
ergot.	ergotinum
eric-ca.	erica carnea
eric-ci.	erica cinerea
eric-vg.	erica vulgaris
erig-a.	erigeron acris
erig.	erigeron canadense
	erinus lobelia ☞ lob-e.
	eriodictyon californicum ☞ erio.
eriog-u.	eriogonum umbellatum
	eriodyction glutinosum ☞ erio.
erios-co.	eriosema cordatum
erio.	eriodyction californicum
erlan-c.	erlangea cordifolia
erod.	erodium cicutarium
	eruca alba ☞ sin-a.
	eruca sativa ☞ brass-e.
erv-e.	ervum ervilia
erv-l.	ervum lens
eryhtrom.	erythromycinum
erys-a.	erysimum alliaria
	erysimum barbarea ☞ barbr-vg.
erys-c.	erysimum capitatum
erys-o.	erysimum officinale
	erythraea centaurium ☞ canch.
	erythraea chilensis ☞ canch.
	erythrina corallodendron ☞ pisc.
erythron-p.	erythronium purpurascens
erythr-ca.	erythrina caffra
eryth.	erythrinus
eryt-j.	erythrophlaeum judiciale
ery-a.	eryngium aquaticum
ery-c.	eryngium campestre
ery-f.	eryngium foetidum
ery-m.	eryngium maritimum
	erythroxylon coca ☞ coca
	escherichia coli ☞ coli.
esch.	eschscholtzia californica
	escoba amargo ☞ parth.
esin-sal.	eserinum salicylicum
esin.	eserinum
esp-g.	espeletia grandiflora
	esponjilla ☞ luf-op.
	estrone ☞ foll.
	etherum ☞ aether
	ethylene-ethenyl-diamine ☞ lysd.
	ethylicum ☞ aethyl.
	ethylicum aceticum ☞ aethyl-act.
	ethylicum muriaticum ☞ aethyl-m.
	ethylicum nitricum ☞ aethyl-n.
	ethylicum sulfuricum ☞ aethyl-s.
	ethylicum sulfuricum dichloratum ☞ aethyl-s-d.
eucal-r.	eucalyptus rostrata
eucal-t.	eucalyptus tereticorti
eucal.	eucalyptus globulus
eucl-l.	euclea lanceolata
eucl-n.	euclea natalensis

eucol.	eucalyptolum
	eugenia carophyllata ☞ caryo.
	eugenia cheken ☞ myrt-ch.
	eugenia jambolana ☞ syzyg.
eug.	eugenia jambos
	eugenia vulgaris ☞ eug.
	euginia chequen ☞ myrt-ch.
euonin.	euonyminum
euon-a.	euonymus atropurpurea
euon.	euonymus europaea
	euonymus vulgaris ☞ euon.
	eupatorium aya-pana ☞ eup-a.
	eupatorium satureiaefolium ☞ gua.
	eupatorium triplinerve ☞ eup-a.
	eupatorium verticullatum ☞ eup-pur.
euphr.	euphrasia officinalis
euph-a.	euphorbia amygdaloides
euph-cy.	euphorbia cyparissias
euph-c.	euphorbia corollata
euph-e.	euphorbia esula
euph-he.	euphorbia heterodoxa
euph-hi.	euphorbia hirta
euph-hl.	euphorbia helioscopa
euph-hy.	euphorbia hypericifolia
euph-ip.	euphorbia ipecacuanhae
euph-l.	euphorbia lathyris
euph-m.	euphorbia marginata
euph-pa.	euphorbia palustris
euph-pe.	euphorbia peplus
euph-pis.	euphorbia pilosa
euph-pi.	euphorbia pilulifera
euph-po.	euphorbia polycarpa
euph-pr.	euphorbia prostata
euph-pu.	euphorbia pulcherrima
euph-re.	euphorbia resinifera
euph-sp.	euphorbia splendida
	euphorbia sylvatica ☞ euph-a.
euph.	euphorbium officinarum
eupi.	eupionum
eup-a.	eupatorium aromaticum
eup-c.	eupatorium cannabinum
eup-per.	eupatorium perfoliatum
eup-pur.	eupatorium purpureum
	euphrasia rostkoviana ☞ euphr.
eur-o.	europium oxydatum
	euryangium sumbul ☞ sumb.
	euscorpius italicus ☞ scor.
	euspongia officinalis ☞ spong.
	evonymus atropurpureus ☞ euon-a.
	evonymus europeus ☞ euon.
	evonymus vulgaris ☞ euon.
	exalginum ☞ metald.
	exogonium purga ☞ jal.
eys.	eysenhardtia polystachia
faba-vg.	faba vulgaris
fab.	fabiana imbricata
faec.	bacillus Faecalis (Bach)
	faecalis (bach) ☞ faec.
fago.	fagopyrum esculentum
fagu.	fagus sylvatica

	farfara ☞ tus-fa.
fasci-h.	fasciola hepatica
fel	fel tauri
fel-s.	fel sui
	fel tauri depuratum ☞ nat-ch.
ferru-g.	ferrula galbanum
ferr-act.	ferrum aceticum
ferr-am-s.	ferrum ammonium sulfuricum
	ferrum arsenicicum ☞ ferr-ar.
ferr-ar.	ferrum arsenicosum
ferr-br.	ferrum bromatum
	ferrum chloratum ☞ ferr-m.
ferr-cit.	ferrum citricum
ferr-coll.	ferrum colloidal
ferr-cy.	ferrum cyanatum
ferr-c.	ferrum carbonicum
ferr-form.	ferrum formicum
ferr-f.	ferrum fluoratum
ferr-gl.	ferrum gluconicum
ferr-gp.	ferrum glycero phosphoricum
ferr-i.	ferrum iodatum
ferr-lac.	ferrum lacticum
ferr-ma.	ferrum magneticum
ferr-m.	ferrum muriaticum
ferr-n.	ferrum nitricum
ferr-ox.	ferrum oxalicum
ferr-o-r.	ferrum oxydatum rubrum
ferr-pern.	ferrum pernitricum
ferr-pic.	ferrum picricum
ferr-pm.	ferrum pomatum
ferr-prox.	ferrum protoxalatum
ferr-py.	ferrum pyrophosphoricum
ferr-p-h.	ferrum phosphoricum hydricum
ferr-p.	ferrum phosphoricum
ferr-r.	ferrum reductum
	ferrum sesquichloratum ☞ ferr-m.
ferr-sil.	ferrum silicicum
ferr-si.	ferrum sidereum
ferr-s.	ferrum sulphuricum
ferr-t.	ferrum tartaricum
ferr-val.	ferrum valerianicum
ferr.	ferrum metallicum
	ferula asa foetida ☞ asaf.
	ferula communis ☞ ferul.
ferul.	ferula glauca
	ferula moschata ☞ sumb.
	ferula narthex ☞ asaf.
	ferula rubicaulis ☞ ferru-g.
	ferula scorodosma ☞ asaf.
	ferula sumbul ☞ sumb.
fest-e.	festuca elatior
fest-r.	festuca rubra
fibr.	fibrinum
	ficaria ranunculoides ☞ ran-fi.
	ficaria verna ☞ ran-fi.
fic-c.	ficus carica
	ficus indica ☞ opun-f.
	ficus opuntia ☞ opun-f.
fic-r.	ficus religiosa
fic-v.	ficus venosa

	fiel di piedra ☞ flor-p.
fila-l.	filaria loa
	filipendula ulmaria ☞ spirae.
fil.	filix mas
fisc-l.	fiscum laxum
	flaveinum ☞ lutin.
flav.	flavus
fleum-p.	fleum pratense
flf.	fluoroformium
flor-p.	flor de piedra
flos-sol.	flos solis
flunit.	flunitrazepam
fl-ac.	fluoricum acidum
fl-pur.	fluor purum
fl-sil-ac.	fluosilicum acidum
foenm-g.	foenum graecum
foen-an.	foeniculum anethum
foen-d.	foeniculum dulce
foen.	foeniculum sativum
	foeniculum vulgare ☞ foen-an.
foll.	folliculinum
fol-ac.	folicum acidum
formal.	formalinum
form-ac.	formicicum acidum
form-n.	formica nigra
form.	formica rufa
	fragaria elatior ☞ frag.
frag.	fragaria vesca
fram.	framboesinum
	franciscaea uniflora ☞ franc.
francm.	francium
franc.	franciscea uniflora
	frangula ☞ rham-f.
franz.	Franzensbad aqua
frax-e.	fraxinus excelsior
frax-o.	fraxinus ornus
frax.	fraxinus americana
fruct-f.	fructus fructicosus
fruc-m-s.	fructi mixtus sucus
	fructus phytolaccae ☞ phyt-b.
fuch.	fuchsinum
fuc-c.	fucus crispus
fuc-n.	fucus nodosus
fuc-p.	fucus platycarpus
fuc-s.	fucus serratus
fuc.	fucus vesiculosus
fuli.	fuligo ligni
fuma-ac.	fumaricum acidum
fum.	fumaria officinalis
furf-i.	furfur iritici
fus.	fusarium oxysporum
gaba	gamma-aminobutyricum acidum
gab.	gabbro
	gabro ☞ gab.
gado-ox.	gadolinium oxalicum
gado-o.	gadolinium oxydatum
gad.	gadus morrhua
gaert.	bacillus Gaertner (Bach)
	gaertner (bach) ☞ gaert.
galact.	galactosum

galan.	galanga
gala.	galanthus nivalis
	galbanum ☞ ferru-g.
galeg.	galega officinalis
galeob-lu.	galeobdolon luteum
	galeopsis dubia ☞ galeo.
	galeopsis grandiflora ☞ galeo.
galeo-la.	galeopsis ladanum
galeo-n.	galeopsis nodosa
galeo.	galeopsis ochroleuca
	galeopsis tetrahit ☞ galeo-n.
galin.	galinsoga parviflora
	galipea cusparia ☞ ang.
gali-al.	galium album
gali-c.	galium cruciata
gali-e.	galium erectum
gali-l.	galium luteum
	galium mollugo ☞ gali-al.
gali-pa.	galium palustre
gali-po.	galium porrigens
gali.	galium aparine
	galium verum ☞ gali-l.
galla-q.	galla quercina
galla-ti.	galla tinctora
galla-tu.	galla turcica
galph.	galphimia glauca
galv.	galvanismus
gal-ac.	gallicum acidum
gal-f.	gallium fluoratum
gal-met.	gallium metallicum
gal-m.	gallium muriaticum
gal-o.	gallium oxydatum
gal-p.	gallium phosphoricum
gal-s.	gallium sulphuricum
gamb.	gambogia
	garcinia hanburyi ☞ gamb.
	garcinia mortella ☞ gamb.
	gardenalum ☞ phenob.
gard-t.	gardenia ternifolia
	garlic ☞ all-s.
gast.	Gastein aqua
	gaultheria humilis ☞ gaul.
gaul.	gaultheria procumbens
	gaultheria repens ☞ gaul.
geb-k.	gebera kraussii
gels.	gelsemium sempervirens
	genista scoparia ☞ saroth.
genist.	genista tinctoria
gent-ac.	gentiana acaulis
gent-am.	gentiana amarella
gent-ch.	gentiana chirata
gent-c.	gentiana cruciata
gent-l.	gentiana lutea
gent-pe.	gentiana perfoliata
gent-pn.	gentiana pneumonanthe
gent-pu.	gentiana purpurea
	gentiana quinqueflora ☞ gent-q.
gent-q.	gentiana quinquefolia
	geoffroya inermis ☞ geo.
geo.	geoffroya vermifuga

geom.	geomycine
gerin.	geraninum
germ-met.	germanium metallicum
ger-i.	geranium inodorum
ger-o.	geranium odoratissimum
	geranium pusillum ☞ ger.
	geranium robertianum ☞ ger-i.
ger-r.	geranium rotundifolium
ger-s.	geranium sanguineum
ger.	geranium maculatum
get.	Gettysburg aqua
geum	geum rivale
geum-m.	geum montanum
geum-u.	geum urbanum
gilia-c.	gilia capitata
gink-b.	ginkgo biloba
gins.	ginseng quinquefolium
glad-c.	gladiolus communis
	glanderinum ☞ hippoz.
	glandula adrenalis cortex ☞ adr-ctx.
	glandula parathyroidea ☞ parathyr.
	glandula parotis ☞ parot.
	glandula pinealis ☞ pineal.
	glandula suprarenalis ☞ suprar.
	glandula thymus ☞ thym-gl.
	glandula thyreoidea ☞ thyr.
glam-ch.	glucosamine chlorhydrate
glech.	glechoma hederacea
	glinicum ☞ med.
glob-a.	globularia alypum
glon.	glonoinum
glor-si.	gloriosa simplex
glor-su.	gloriosa superba
gluca.	glucagon
	glucinium metallicum ☞ beryl.
	glucinium muriaticum ☞ beryl-m.
	glucinium oxydatum ☞ beryl-o.
gluco.	glucosum
glucrl.	glucochloral
glutam.	glutaminum
glutat.	glutathion
gluta-ac.	glutamicum acidum
gluten	gluten
glyco.	glycocollum
	glycinum ☞ glyco.
glycyr-g.	glycyrrhiza glabra
glyc.	glycerinum
	glycosmis pentaphylla ☞ atis.
	glynicum ☞ med.
	gnaphalium dioicum ☞ gnaph.
gnaph-l.	gnaphalium leontopodium
gnaph-o.	gnaphalium obtusifolium
gnaph.	gnaphalium polycephalum
	golondrina ☞ euph-po.
gomph-f.	gomphocarpus fructicosus
	gonococcinum ☞ med.
	gonolubus cundurango ☞ cund.
gonotox.	gonotoxinum
goss-a.	gossypium arboreum
goss-h.	gossypium hirsutum

goss.	gossypium herbaceum
gou-l.	gouania longispicata
granit-m.	granitum murvey
gran.	granatum
	granite murvey ☞ granit-m.
graph.	graphites
	graphites naturalis ☞ graph.
grat.	gratiola officinalis
grew-oc.	grewia occidentalis
grin-sa.	grindelia subalpina
grin.	grindelia robusta
	grindelia squarrosa ☞ grin.
gryl-c.	gryllus campestris
	guaiacum officinale ☞ guaj.
guajol.	guajacolum
guaj.	guajacum officinale
	guako ☞ gua.
guanin-m.	guanidinum muriaticum
guanin-n.	guanidinum nitricum
guan.	guano australis
	guao ☞ com.
guare-ce.	guarea cedrata
	guaraninum ☞ coffin.
guare.	guarea trichiloides
guar.	guarana
	guarea guidonia ☞ guare.
guat-l.	guatteria longifolia
guat.	guatteria guameri
gua.	guaco
	guilandina dioica ☞ gymno.
guips.	guipsine
guiz-sc.	guizotia scabra
	gummi guttae ☞ gamb.
	gummi gutti ☞ gamb.
gum-l.	gummi laccae
gum-t.	gummi tragacanthae
gunn-p.	gunnera perpensa
gunp.	gunpowder
	gutenbergia cordifolia ☞ erlan-c.
gymne.	gymnema sylvestre
gymno.	gymnocladus canadensis
	gymnocladus dioicus ☞ gymno.
	gymnocladus distica ☞ gymno.
	gynandropsis gynandra ☞ cleom-g.
	gynocardia odorata ☞ chaul.
gynu-ce.	gynura cernua
	gyrotheca tinctoria ☞ lachn.
haem.	haematoxylon campechianum
haff.	haffkine
hafn-met.	hafnium metallicum
	hagenia abyssinica ☞ kou.
haliae-lc.	haliaeetus leucocephalus
hall	Hall aqua
halo.	haloperidolum
ham.	hamamelis virginiana
	hamamelis virginica ☞ ham.
haplo-b.	haplopappus bailahuen
haro-ma.	haronga madagascariensis
haro-pa.	haronga paniculata
harp.	harpagophytum procumbens

haru-ma.	harungana madagascariensis
hecla	Hecla lava
hedeo.	hedeoma pulegioides
hedyos-a.	hedyosmum arborescens
hedy.	hedysarum ildefonsianum
hed.	hedera helix
	hedysarum capitatum ☞ onob-s.
hein-cr.	heinsia crinita
	helianthemum canadense ☞ cist.
	helianthemum vulgare ☞ flos-sol.
helia-t.	helianthus tuberosus
helia.	helianthus annuus
helich-s.	helichrysum staechas
	helios ☞ sol
helin.	heloninum
helio-eu.	heliotropium europaeum
helio-i.	heliotropium indicum
helio.	heliotropium peruvianum
helium	helium
heli-n.	helianthemum nummularium
hell-f.	helleborus foetidus
hell-o.	helleborus orientalis
hell-t.	helleborus trifolius
hell-v.	helleborus viridis
hell.	helleborus niger
helmi-e.	helminthia echioides
helm.	helminthochortos
heln-ov.	helinus ovata
helon.	helonias dioica
helo-h.	heloderma horridum
helo-s.	heloderma suspectum
helo.	heloderma-h. + -s. (old abbr.)
helx-p.	helix pomatia
helx.	helix tosta
	helonias viridis ☞ verat-v.
hemidsm.	hemidesmus indica
henna	henna
heparin.	heparinum
	hepar sulphuris ☞ hep.
	hepar sulphuris calcareum ☞ hep.
	hepar sulphuris kalinum ☞ kali-sula.
hepat.	hepatica triloba
hep.	hepar sulphur
	hepatica nobilis ☞ hepat.
hera.	heracleum sphondylium
herna-p.	hernandia pellata
hern-g.	herniaria glabra
hesp-m.	hesperis matronalis
hetrt-r.	heterotis rotundifolia
heuch.	heuchera americana
hev-b.	hevea brasiliensis
hexachl.	hexachlorophenum
	hibiscus abelmoschus ☞ abel.
hf-sil-ac.	hydrofluo-silicicum acidum
hib-a.	hibiscus arboreus
hib-sa.	hibiscus sabdariffa
hib-su.	hibiscus surattensis
hier-p.	hieracium pilosella
hier-u.	hieracium umbellatum
hippea-e.	hippeastrum equestre
	hippomane mancinella ☞ manc.
hippop-r.	hippophae rhamnoides
hippoz.	hippozaeninum
hipp.	hippomanes
hip-ac.	hippuricum acidum
hir.	hirudo medicinalis
histid-m.	histidinum muriaticum
histid.	histidinum
hist-m.	histaminum muriaticum
hist.	histaminum
	histrix prehensilis ☞ sphing.
	histrix subspinosum ☞ sphing.
	hoang-nan ☞ strych-g.
hoit.	hoitzia coccinea
	holarrhena antidysenterica ☞ kurch.
holc-l.	holcus lanatus
holm-met.	holmium metallicum
holm-o.	holmium oxydatum
home.	homeria collina
hom-g.	homarus gammarus
hom.	homarus
	hoorali ☞ cur.
hordeum-g.	hordeum semen germinatum
hordeum-m.	hordeum murinum
hordeum-vg.	hordeum vulgare
hordin-s.	hordeninum sulfuricum
	hormoflaveinum ☞ progest.
hott-p.	hottonia palustris
	hubertia ambavilla ☞ senec-abv.
	humulus lupulus ☞ lup.
hphos-ac.	hypophosphorum acidum
hume.	humea elegans
hura	hura brasiliensis
hura-c.	hura crepitans
hyalur.	hyaluronidase
hydn-r.	hydnum repandum
	hydrangea frutescens ☞ hydrang.
	hydrargyri bichloridum ☞ merc-c.
	hydrargyri bijodidum ☞ merc-i-r.
	hydrargyri cyanidum ☞ merc-cy.
	hydrargyri lactas ☞ merc-lac.
	hydrargyri oxycyanidum ☞ merc-o-cy.
	hydrargyri oxydum flavum ☞ merc-o-f.
	hydrargyri oxydum rubrum ☞ merc-pr-r.
	hydrargyri oxydum subsulphuricum ☞ merc-sul.
	hydrargyri subchloridum mite ☞ merc-d.
	hydrargyrum bijodatum rubrum ☞ merc-i-r.
	hydrargyrum depuratum ☞ merc.
	hydrargyrum lacticum ☞ merc-lac.
	hydrargyrum sulfuratum ☞ aethi-m.
	hydrargyrum sulphuratum nigrum ☞ aethi-m.
	hydratum ☞ am-caust.
hydrang.	hydrangea arborescens
	hydrochloricum ☞ amylam.
hydraz-m.	hydrazinum muriaticum
hydrc.	hydrocotyle asiatica
hydrinin-m.	hydrastininum muriaticum

hydrinin-s. hydrastininum sulphuricum
hydrin-m. hydrastinum muriaticum
hydrin-pur. hydrastinum purum
hydrin-s. hydrastinum sulphuricum
hydrobr-ac. hydrobromicum acidum
hydrochl-ac. hydrochloridum acidum
hydrofluoricum acidum ☛ fl-ac.
hydrocort. hydrocortisone
hydrog. hydrogenium
hydroph. hydrophis cyanocinctus
hydrophobinum ☛ lyss.
hydrophyllum virginianum ☛ hydro-v.
hydropiper ☛ polyg-h.
hydroq. hydroquinone
hydroxp. hydroxyproline
hydroxq. hydroxyquinoleine
hydro-v. hydrophyllum virginicum
hydr-ac. hydrocyanicum acidum
hydr. hydrastis canadensis
hygrophila spinosa ☛ hygroph-s.
hygroph-aur. hygrophilia auriculata
hygroph-s. hygrophilia sphinosa
hymen-ac. hymenocardia acida
hymos. hymosa
hyosin-hbr. hyosciaminum hydrobromatum
hyosin-s. hyosciaminum sulphatum
hyosin. hyosciaminum-s. + -hbr. (old abbr.)
hyosciamus niger ☛ hyos.
hyoscinum bromatum ☛ scopin.
hyoscinum bromhydricum ☛ scopin-hbr.
hyoscyaminum hydrobromatum ☛ hyosin-hbr.
hyoscyaminum sulphatum ☛ hyosin-s.
hyos. hyoscyamus niger
hyper-ac. hypericum acutum
hyper-aet. hypericum aethiopicum
hyper-m. hypericum maculatum
hyper-pu. hypericum pulchrum
hyper-q. hypericum quadrangulum
hyper. hypericum perforatum
hypericum tetrapterum ☛ hyper-ac.
hypoes-t. hypoestes triflora
hypop-m. hypopitis multiflora
hypophysinum ☛ pituin.
hypophysis anterior ☛ pitu-a.
hypophysis cerebri ☛ pitu-gl.
hypophysis glandula ☛ pitu-gl.
hypophysis posterior ☛ pitu-p.
hypoth. hypothalamus
hypo. hypophyllum sanguineum
hypothalamus of the ox ☛ hypoth.
hypt-p. hyptis pectinata
hypt-s. hyptis suaveolens
hyss-o. hyssopus officinalis
iber. iberis amara
ibo. iboga
iboza riparia ☛ tetrad-r.
ibupr. ibuprofen
ichthyolammonium ☛ ichth.
ichth. ichthyolum

ichthyotoxinum ☛ ser-ang.
ictod. ictodes foetida
ign. ignatia amara
ikshugandha ☛ trib.
ihydr-ac. iodhydricum acidum
ille. illecebrum verticillatum
ilx-a. ilex aquifolium
ilex cassine ☛ ilx-c.
ilex paraguariensis ☛ mate
ilx-c. ilex casseine
ilx-v. ilex vomitoria
illicium anisatum ☛ anis.
illicium stellatum ☛ anis.
illicium verum ☛ anis.
impa-b. impatiens balsamina
impa-g. impatiens glandulifera
impa-n. impatiens noli tangere
impatiens pendulifera ☛ impa-n.
imp. imperatoria ostruthium
imperatoria peucedanum ☛ imp.
indgf-a. indigofera atriceps
indg. indigo tinctoria
indigofera tinctoria ☛ indg.
indol. indolum
indom. indometacine
ind. indium metallicum
influ. influenzinum
ing. ingluvin
inos. inositol
ins. insulinum
interf. interferon alpha leucocytaire
inula conyza ☛ conyz-vg.
inulin. inulinum
inul-d. inula dysenterica
inul-g. inula graveolens
inula squarrosa ☛ conyz-vg.
inul-p. inula pulicaria
inul-v. inula viscosa
inul. inula helenium
iodof. iodoformium
iod-act. iodium aceticum
iod-br. iodium bromatum
iod-h. iodium hydrogenisatum
iod-m. iodium muriaticum
iod. iodium
iodium purum ☛ iod.
iodoformum ☛ iodof.
iodothyrinum ☛ thyroiod.
ipat. ipatropium
ipeca ☛ ip.
ipom-f. ipomoea ficifolia
ipomea purga ☛ jal.
ipomea turpenthum ☛ oper.
ipomoea bona-nox ☛ convo-d.
ipom-p. ipomoea purpurea
ip. ipecacuanha
ipomoea stans ☛ convo-s.
irid-met. iridium metallicum
irid-m. iridium muriaticum
iris iris versicolor

irisin.	irisinum
iris-fa.	iris factissima
iris-fl.	iris florentina
iris-foe.	iris foetidissima
iris-g.	iris germanica
	iris minor ☞ iris-t.
iris-h.	iris harwegii
iris-ps.	iris pseudacorus
iris-pu.	iris pumila
iris-t.	iris tenax
ison.	isoniazide
isop.	isoprenaline
itu	itu
ix.	ixodes
jab.	jaborandi
	jacaranda braziliensis ☞ jac-c.
jac-c.	jacaranda caroba
jac-g.	jacaranda gualandai
	jacaranda procera ☞ jac-c.
	jacea ☞ viol-t.
jal.	jalapa
	jambos eugenia ☞ eug.
	jambosa vulgaris ☞ eug.
	janosia ☞ joan.
	jararaca ☞ both.
	jararacussu ☞ both.
jasm.	jasminum officinale
	jateorrhiza palmata ☞ chasm-p.
jatr-c.	jatropha curcas
jatr-g.	jatropha gossypifolia
	jatropha manihot ☞ cass.
jatr-u.	jatropha urens
	jatrorrhiza palmata ☞ chasm-p.
	jenosia ashoka ☞ joan.
	jequirity ☞ abr.
joan.	joanesia asoca
	jodium ☞ iod.
	jonosia asoka ☞ joan.
jugin.	juglandin
	juglans cathartica ☞ jug-c.
jug-c.	juglans cinerea
jug-r.	juglans regia
	juncus communis ☞ junc-e.
junc-e.	juncus effusus
junc-p.	juncus pilosus
juni-c.	juniperus communis
juni-o.	juniperus oxycedrus
juni-p.	juniperus phoenicea
	juniperus sabina ☞ sabin.
juni-v.	juniperus virginiana
	juniperus virginianus ☞ juni-v.
just-r.	justicia rubrum
just.	justicia adhatoda
	justicia cydoniifolia ☞ just.
	justicia paniculata ☞ androg-p.
kalag.	kalagua
	kali hydriodicum ☞ kali-i.
	kali silicatum ☞ kali-sil.
	kalii acetas ☞ kali-act.
	kalii antimoniotartras ☞ ant-t.
	kalii bichromas ☞ kali-bi.
	kalii chromas ☞ kali-chr.
	kalii nitras ☞ kali-n.
	kalii permangas ☞ kali-perm.
kalium-ns.	kalium nitrosum
kali-act.	kalium aceticum
kali-ar.	kalium arsenicosum
kali-asp.	kalium asparticum
kali-aur-cy.	kalium auro-cyanatum
kali-biox.	kalium bioxalicum
kali-bit.	kalium bitartaricum
kali-bi.	kalium bichromicum
kali-br.	kalium bromatum
kali-b-t.	kalium borotartaricum
kali-caust.	kalium causticum
kali-chls.	kalium chlorosum
kali-chl.	kalium chloricum
kali-chr.	kalium chromicum
	kalium chromicum sulphuricum ☞ kali-s-chr.
kali-cit.	kalium citricum
kali-cy.	kalium cyanatum
kali-c.	kalium carbonicum
kali-fcy.	kalium ferrocyanatum
kali-form.	kalium formicum
kali-f.	kalium fluoratum
kali-gl.	kalium gluconicum
kali-hox.	kalium hydroxydum
	kalium hypermanganicum ☞ kali-perm.
kali-hp.	kalium hypophosphoricum
kali-i.	kalium iodatum
	kalium iodicum ☞ kali-i.
kali-l.	kalium lacticum
	kalium manganicum ☞ kali-perm.
kali-met.	kalium metallicum
kali-m.	kalium muriaticum
kali-nat-t.	kalium natrum tartaricum
kali-n.	kalium nitricum
kali-ox.	kalium oxalicum
kali-o.	kalium oxydatum
kali-perchl.	kalium perchloricum
kali-perm.	kalium permanganatum
kali-picn.	kalium picronitricum
kali-pic.	kalium picricum
kali-p.	kalium phosphoricum
kali-sal.	kalium salicylicum
kali-sil.	kalium silicicum
kali-sula.	kalium sulphuratum
kali-sulo.	kalium sulphurosum
kali-s-chr.	kalium sulphuricum chromicum
kali-s-cy.	kalium sulfocyanicum
kali-s.	kalium sulphuricum
kali-tcy.	kalium thiocyanatum
kali-tel.	kalium telluricum
kali-t.	kalium tartaricum
kali-x.	kalium xanthogenicum
kalm.	kalmia latifolia
kal.	kalanchoe pinnatum
kam.	kamala
	kaolinum ☞ alum-sil.

kara	karaka
	karlsbad aqua ☛ carl.
karw-h.	karwinskia humboldtiana
	katipo ☛ lat-k.
kaur.	kauri australis
	kava-kava ☛ pip-m.
	kell ☛ khell.
kerose.	kerosenum
keroso.	kerosolenum
ketogl-ac.	ketoglutaricum acidum
khaya-s.	khaya senegalensis
khell.	khellin
	khilte ☛ khell.
	kinkeliba ☛ combr-r.
	kino australiense ☛ ango.
kino	kino pterocarpi
kino-m.	kino malabar
kiss.	Kissingen aqua
	Klebsiella pneumoniae ☛ mucot.
	kobra ☛ naja
kola	kola
	koso ☛ kou.
kou.	kousso
	krameria triandra ☛ rat.
krent-l.	krentophyllum lanatum
kreos.	kreosotum
kres.	kresolum
kronth.	Kronthal aqua
krypt.	krypton
kurch.	kurchi
	laburnum anagyroides ☛ cyt-l.
	lac defloratum ☛ lac-d.
	lac delphinum ☛ lac-dol.
	lac equie ☛ lac-e.
	lac leonis ☛ lac-leo.
	lac vaccini flos ☛ lac-v-f.
lacer.	lacerta agilis
	lachesis alternatus ☛ both-a.
	lachesis lanceolatus ☛ both.
lachn.	lachnanthes tinctoria
lach.	lachesis mutus
lacta-d.	lactarius deliciosus
	lacticum acidum dextrum ☛ sarcol-ac.
	lactis acidum ☛ lac-ac.
	lactis vaccini flos ☛ lac-v-f.
lactob.	lactobacillus
lactof.	lactoflavinum
lactrm.	lactucarium thridace
lact-e.	lactuca elongata
lact-sa.	lactuca sativa
lact-sc.	lactuca scariola
	lactuca silvestris ☛ lact-v.
lact-v.	lactuca virosa
lact.	lactuca virosa (old abbr.)
lac-ac.	lacticum acidum
lac-cp-m.	lac caprinum masculinum
lac-cp.	lac caprinum
lac-c.	lac caninum
lac-dol.	lac dolphinum
lac-d.	lac vaccinum defloratum
lac-e.	lac equinum
lac-f.	lac felinum
lac-h.	lac humanum
lac-leo.	lac leoninum
lac-o.	lac ovis
lac-pr.	lac primatum
lac-sui.	lac suillinum
lac-urs.	lac ursinum
lac-v-b.	lac vaccinum butyricum
lac-v-c.	lac vaccinum coagulatum
lac-v-f.	lac vaccinum flos
lac-v.	lac vaccinum
	Lager beer ☛ cerev-lg.
lamin-d.	laminaria digitata
	laminaria flexicaulis ☛ lamin-d.
lampr-m.	lampranthus multiradiatus
	lamium galeobdolon ☛ galeob-lu.
lamps-c.	lampsana communis
lam-am.	lamium amplexicaule
lam-m.	lamium maculatum
lam-p.	lamium purpureum
lam.	lamium album
land.	Landeck aqua
lang.	langebrucken aqua
lanol.	lanolinum
	lantana spinosa ☛ lant-c.
lanth-met.	lanthanum metallicum
lanth-n.	lanthanum nitricum
lanth-o.	lanthanum oxydatum
lanth-s.	lanthanum sulfuricum
lant-c.	lantana camara
lant-t.	lantana trifolia
lapa.	lapathum acutum
	lapathum sylvestre ☛ lapa.
lappa	lappa arctium
	lapis granites murvey ☛ granit-m.
	lapis marmoreus Connemara ☛ marb-w.
	lapis renalis ☛ cal-ren.
laps.	lapsana communis
lap-a.	lapis albus
	lappa major ☛ lappa
	lappa minor ☛ lappa
	lappa tomentosa ☛ lappa
lar-d.	larix decidua
lar-e.	larix europaea
	lasidora cubana ☛ mygal.
	lathyrus cicera ☛ lath.
lath-l.	lathyrus latifolius
	lathyrus odoratus ☛ lath.
lath-sy.	lathyrus sylvestris
lath.	lathyrus sativus
	latrodectus curassavicus ☛ ther.
lat-h.	latrodectus hasselti
lat-k.	latrodectus katipo
lat-m.	latrodectus mactans
lauru-n.	laurus nobilis
	laurus benzoin ☛ benzo.
	laurus camphora ☛ camph.
lauru-p.	laurus persea
laur.	laurocerasus

	laurus sassafras ☞ sass.
	laurustinus ☞ vib-t.
	lava heclae ☞ hecla
	lava scoriae ☞ hecla
lavand-a.	lavandula angustifolia
lavand-l.	lavandula latifolia
lavand-o.	lavandula officinalis
	lavandula spica ☞ lavand-l.
	lavandula vera ☞ lavand-a.
	lawsonia inermis ☞ henna
lec.	lecithinum
led.	ledum palustre
lem-g.	lemna gibba
lem-m.	lemna minor
	lens esculenta ☞ erv-l.
leont-l.	leonotis leonurus
leont-o.	leonotis ovata
	leontice thalictroides ☞ caul.
	leontopodium alpinum ☞ gnaph-l.
leon.	leonurus cardiaca
lepi-i.	lepidium iberis
lepi-s.	lepidium sativum
lepi.	lepidium bonariense
lepr.	leprominium
leptol-e.	leptolobium elegans
	leptilon canadense ☞ erig.
leptos-ih.	leptospira ictero-hemorrhagica
lept.	leptandra virginica
lesp-c.	lespedeza capitata
lesp-s.	lespedeza sieboldii
leucas-a.	leucas aspera
leuca-g.	leucaena glauca
	leucantha ☞ bid-b.
	leucanthemum parthenium ☞ pyre-p.
	leucanthemum vulgare ☞ chrysan.
leucop.	leucophyllus
leuc-d.	leucanthemum discoidum
levist.	levisticum officinale
levo.	levomepromazinum
lev.	Levico aqua
liat.	liatris spicata
	lichen islandicus ☞ cetr.
lich-i.	lichtensteinia interrupta
	lignum vitae ☞ guaj.
lig-vg.	ligustrum vulgare
	Lilium africanum ☞ agap.
lil-a.	lilium album
	lilium candidum ☞ lil-a.
lil-l.	lilium longiflorum
lil-m.	lilium martagon
lil-s.	lilium superbum
lil-t.	lilium tigrinum
limest-b.	limestone Burren
limx.	limex ater
lim.	limulus cyclops
lina-e.	linaria elatine
lina-sp.	linaria spuria
lina-st.	linaria striata
lina.	linaria vulgaris
lincom.	lincomycine
linda.	lindane
	lindera benzoin ☞ benzo.
	lingusticum levisticum ☞ levist.
linol-ac.	linoleicum acidum
linu-c.	linum catharticum
linu-u.	linum usitatissimum
lipp.	Lippspringe aqua
lip-as.	lippia asperifolia
lip-c.	lippia citriodora
lip.	lippia mexicana
	liquor ammoni caustici ☞ am-caust.
lir-o.	liriosma ovata
	lithii benzoas ☞ lith-be.
	lithii carbonas ☞ lith-c.
lithosp-a.	lithospermum arvense
lith-be.	lithium benzoicum
lith-br.	lithium bromatum
lith-cit.	lithium citricum
lith-c.	lithium carbonicum
lith-f.	lithium fluoratum
lith-gl.	lithium gluconicum
lith-i.	lithium iodatum
lith-lac.	lithium lacticum
lith-met.	lithium metallicum
lith-m.	lithium muriaticum
lith-o.	lithium oxydatum
lith-p.	lithium phosphoricum
lith-sal.	lithium salicylicum
lith-s.	lithium sulfuricum
	lithospermum officinale ☞ mil-s.
	lithospermum virginicum ☞ onos.
loa.	loasa tricolor
	loa-loa ☞ fila-l.
	lobaria pulmonaria ☞ stict.
	lobelia coerulea ☞ lob-s.
	lobelia glandulosa ☞ lob-s.
lobin-m.	lobelinum muriaticum
lobin-s.	lobelinum sulfuricum
lobin.	lobelinum
lobl-m.	lobularia maritima
lob-a.	lobelia acetum
lob-c.	lobelia cardinalis
lob-d.	lobelia dortmanna
lob-e.	lobelia erinus
lob-p.	lobelia purpurascens
lob-s.	lobelia syphilitica
lob-u.	lobelia urens
lob.	lobelia inflata
lol.	loleum temulentum
	lolium temulentum ☞ lol.
lon-c.	lonicera caprifolium
lon-e.	lonicera etrusca
lon-n.	lonicera nigra
	lonicera ochroleuca ☞ lon-x.
lon-p.	lonicera periclymenum
lon-x.	lonicera xylosteum
	lophophora williamsii ☞ anh.
	lophophytum leandri ☞ flor-p.
	lophophytum mirabile ☞ flor-p.
	lophophytum spectabile ☞ flor-p.

loraz.	lorazepam
lormet.	lormetazepam
lot-c.	lotus corniculatus
loxoc.	loxosceles
luc-g.	lucuma glycyphlocum
	luesinum ☞ syph.
	lueticum ☞ syph.
luf-act.	luffa actangula
luf-am.	luffa amara
luf-b.	luffa bindal
luf-op.	luffa operculata
luf-s.	luffa sphaerica
lumbr-t.	lumbricus terrestris
	luminal ☞ phenob.
luna	luna
lupin.	lupulinum
lups-a.	lupinus albus
lup.	lupulus humulus
lute-ox.	lutetium oxydatum
lutin.	luteinum
	luzula pilosa ☞ junc-p.
	luzula vernalis ☞ junc-p.
	lychnis githago ☞ agro.
lyci-b.	lycium barbarum
	lycoperdon bovista ☞ bov.
lycpr.	lycopersicum esculentum
lycps-eu.	lycopus europaeus
lycps-v.	lycopus virginicus
lycs-ar.	lycopsis arvensis
	lycopus aqauticus ☞ lycps-eu.
lyc.	lycopodium clavatum
	lycosa fasciiventris ☞ tarent.
	lycosa tarentula ☞ tarent.
lysd-dnp.	lysidinum dinitrophenatum
lysd.	lysidinum
lysi-r.	lysimachia ruhmeriana
lysi-vg.	lysimachia vulgaris
lysi.	lysimachia nummularia
lyss.	lyssinum
lys-m.	lysinum muriaticum
lys.	lysinum
	lythrum salicaria ☞ salic-p.
	lytta vesicatoria ☞ canth.
	l-dopa ☞ dopa
macroz.	macroziama spiralis
macro.	macrotinum
	macrotys racemosa ☞ cimic.
	madar ☞ calo.
	madura album ☞ calo.
maesa-l.	maesa lanceolata
maesa-t.	maesa trichophlebia
maeso-f.	maesobotrya floribunda
	magenta ☞ fuch.
	magistery of bismuth ☞ bism-sn.
	magnes artificialis ☞ m-ambo.
	magnesia ☞ mag-o.
	magnesii citras ☞ mag-cit.
	magnesii oxydum ☞ mag-o.
	magnesii sulfas ☞ mag-s.
magn-gl.	magnolia glauca

magn-gr.	magnolia grandiflora
mag-act.	magnesium aceticum
mag-art.	magnesium artificialis
mag-ar.	magnesium arsenicicum
mag-bcit.	magnesium borocitricum
	magnesium calcinatum ☞ mag-o.
mag-br.	magnesium bromatum
mag-chl.	magnesium chloricum
mag-cit.	magnesium citricum
	magnesium fluorosilicatum ☞ mag-sil-f.
mag-c.	magnesium carbonicum
mag-form.	magnesium formicum
mag-f.	magnesium fluoratum
mag-gl.	magnesium gluconicum
mag-gp.	magnesium glycerophosphoricum
mag-hox.	magnesium hydroxydum
mag-hp.	magnesium hypophosphorosum
mag-hs.	magnesium hyposulfurosum
mag-i.	magnesium iodatum
mag-lac.	magnesium lacticum
mag-met.	magnesium metallicum
mag-m.	magnesium muriaticum
mag-n.	magnesium nitricum
mag-o.	magnesium oxydatum
mag-pox.	magnesium peroxydatum
mag-p.	magnesium phosphoricum
mag-sal.	magnesium salicylicum
mag-sil-f.	magnesium silicofluoratum
mag-sil.	magnesium silicatum
mag-s.	magnesium sulphuricum
mag-u.	magnesia usta
	mahonia aquifolium ☞ berb-a.
mah-p.	mahonia palustris
	mais ☞ stigm.
	majalis ☞ meloe-m.
	majeptilum ☞ thiop.
	malachite ☞ cupr-c.
	malachium aquaticum ☞ cerast-a.
maland.	malandrinum
malar.	malaria officinalis
malath.	malathion
malatox.	malariatoxinum
	malleinum ☞ hippoz.
	mallotus philippinensis ☞ kam.
malus-c.	malus communis
malus-d.	malus domestica
malus-f.	malus fusca
malus-p.	malus pumila
malvav-a.	malvaviscus arboreus
malva-a.	malva alcea
malva-m.	malva moschata
malva-p.	malva parviflora
malva-s.	malva sylvestris
mal-ac.	malicum acidum
mamm.	glandula mammalis
	mamma glandula ☞ mamm.
	manaca ☞ franc.
manc.	mancinella
mande-ac.	mandelicum acidum
mand.	mandragora officinarum

	mangana sulfas ☛ mang-s.
mangi.	mangifera indica
mang-act.	manganum aceticum
mang-be.	manganum benzoicum
mang-coll.	manganum colloidale
mang-c.	manganum carbonicum
	manganum dioxydum ☛ mang-o.
mang-f.	manganum fluoratum
mang-gl.	manganum gluconicum
mang-gp.	manganum glycero phosphoricum
mang-i.	manganum iodatum
mang-lact.	manganum lacticum
mang-met.	manganum metallicum
mang-m.	manganum muriaticum
mang-n.	manganum nitricum
mang-o.	manganum oxydatum
	manganum oxydatum nativum ☛ mang-o.
	manganum peroxydum ☛ mang-o.
mang-p.	manganum phosphoricum
mang-sil-f.	manganum silicofluoratum
mang-sil.	manganum silicicum
mang-s.	manganum sulphuricum
mang.	manganum-act. + -c. (old abbr.)
	manihot utilissima ☛ cass.
	manioc ☛ cass.
manni.	mannitol
mannohep.	mannoheptulose
mant-r.	mantis religiosa
manz.	manzanita
mapr.	maprotiline
	mapato ☛ rat.
	marble, white ☛ marb-w.
	marigoldin ☛ calen.
marb-w.	white marble
markh-l.	markhamia lutea
marr-vg.	marrubium vulgare
marr.	marrubium album
	marsdenia cundurango ☛ cund.
	marum verum ☛ teucr.
mate	mate
	mater perlarum ☛ conch.
mati.	matico
	matricaria chamomilla ☛ cham.
matr-d.	matricaria discoidea
matr-i.	matricaria inodora
	matricaria suaveolens ☛ matr-d.
matth.	matthiola graeca
	mauritanica ☛ arund-d.
mec.	meconinum
medic-l.	medicago lupulina
	medicago sativa ☛ alf.
medus.	medusa
med.	medorrhinum
mein-p.	Meinberg Pyrmont aqua
mel	mel
melal.	melaleuca hypericifolia
	melaleuca leucodendron ☛ caj.
melam-a.	melampyrum arvense
melan.	melaninum
mela.	melastoma Ackermanni

	melia azadirachta ☛ aza.
	melia azadirachta indica ☛ aza.
	melia grandiflora ☛ guare.
melin.	melitine
melis.	melissa officinalis
melit.	melitagrinum
meli-alt.	melilotus altissima
meli-a.	melilotus alba
meli-xyz.	melilotus off. + -a.
meli.	melilotus officinalis
	melitococcinum ☛ brucel.
	melitotoxinum ☛ brucel.
meloe-m.	meloe majalis
melo.	melolontha vulgaris
meltis-g.	melittis grandiflora
	melittis melissophyllum ☛ meltis-g.
mel-c-s.	mel cum sale
	meloe vesicatoris ☛ canth.
menad.	menadion
meningoc.	meningococcinum
menis.	menispermum canadense
	menispermum cocculus ☛ cocc.
mentho.	mentholum
menth-aq.	mentha aquatica
menth-ar.	mentha arvensis
menth-pu.	mentha pulegium
menth-r.	mentha rotundifolia
menth-s.	mentha sylvestris
menth-v.	mentha viridis
menth.	mentha piperita
meny.	menyanthes trifoliata
mepacr-chl.	mepacrine chlorhydrate
meph.	mephitis putorius
meprob.	meprobamate
mercs-n.	mercuresceinum natricum
merc-act.	mercurius aceticus
merc-ar.	mercurius arsenicicus
merc-aur.	mercurius auratus
	mercurius biniodatus ☛ merc-i-r.
	mercurius bi-iodatus ☛ merc-i-r.
merc-br.	mercurius bromatus
merc-bs.	mercurius bi-sulfuricus
merc-chli.	mercurius chloroiodatus
merc-cy.	mercurius cyanatus
merc-c.	mercurius corrosivus
	mercurius cum kali ☛ aethi-m.
merc-d.	mercurius dulcis
	mercurius flavus ☛ merc-o-f.
merc-f.	mercurius fluoratum
merc-i-f.	mercurius iodatus flavus
merc-i-r.	mercurius iodatus ruber
merc-k-i.	mercurius biniodatus cum kali iodat
merc-lac.	mercurius lacticus
merc-meth.	mercurius methylenus
merc-ns.	mercurius nitrosus
merc-n.	mercurius nitricus
	mercurius nitricus oxydulatus ☛ merc-ns.
	mercurius oxydatulus niger ☛ merc.
	mercurius oxydatus ☛ merc-pr-r.
merc-o-cy.	mercurius oxy-cyanatus

merc-o-f.	mercurius oxydatus flavus
merc-pn.	mercurius proto-nitricus
merc-pr-a.	mercurius praecipitatus albus
merc-pr-f.	mercurius praecipitatus flavus
merc-pr-r.	mercurius praecipitatus ruber
merc-p.	mercurius phosphoricus
	mercurius proto-iodatus ☛ merc-i-f.
merc-r.	mercurius rhodanatus
	mercurius solubilis hahnemanni ☛ merc.
	mercurius sublimatus ☛ merc-c.
merc-sul.	mercurius sulphuricus
merc-s-cy.	mercurius sulphocyanatus
merc-tn.	mercurius tannicus
merc.	mercurius solubilis
merl-a.	mercurialis annua
	mercurius sulphuratus niger ☛ aethi-m.
	mercurius sulphuratus ruber ☛ cinnb.
merl.	mercurialis perennis
	mercurius vivus ☛ merc.
	mesembrianthemum cristallinum ☛ mese-c.
mese-c.	mesembryanthemum cristallinum
mesp.	mespillus germanica
	metacetaldehydum ☛ metald.
metald.	metaldehydum
	metallum album ☛ ars.
	metallum iodatum ☛ ars-i.
	metastatic melanoma ☛ carc-mel-met.
methan.	methanol
methion.	methioninum
	methylacetanilidum ☛ metald.
	methylene blue ☛ methyl.
methyl.	methylenum coeruleum
methys.	methysergidum
	methylglycoxalidine ☛ lysd.
meth-ae-ae.	methylium aethyloaethereum
meth-bchl.	methylenum bichloratum
meth-sal.	methylium salicylicum
	metrosideros costatus ☛ ango.
meum-a.	meum athamanticum
mez.	mezereum
mica	mica
	microccuccus catarrhalis ☛ mucot.
	microccuccus tetragenius ☛ mucot.
microc.	micrococcinum
	micrococcus melitensis ☛ brucel.
microg-p.	microglossa pyrifolia
micr.	micromeria douglasii
	microphyllus pennatifolius ☛ jab.
	micrurus fulvius ☛ elaps
mik-c.	mikania cordata
	mikania guaco ☛ gua.
mill.	millefolium
mil-s.	milium solis
	millipedes ☛ onis.
miml-g.	mimulus guttiatus
mim-h.	mimosa humilis
mim-p.	mimosa pudica
mir-j.	mirabilis jalapa
	mispickel ☛ ars-pyr.

miss.	Mississquoi aqua
mitom.	mitomycine
mitot.	mitotane
mitra-st.	mitragyna stipulosa
mit.	mitchella repens
mnng.	n-methyl-n'-nitro-n-nitrosoguanidin
molin-c.	molinia coerulea
	molybdaenum metallicum ☛ moly-met.
moly-ac.	molybdenicum acidum
moly-met.	molybdenium metallicum
moly-m.	molybdenium muriaticum
mom-b.	momordica balsamica
	momordica balsamina ☛ mom-b.
mom-ch.	momordica charantia
	momordica elaterium ☛ elat.
mom-f.	momordica foetida
mom-in.	momordica involucrata
monar.	monarda didyma
moni-c.	monilia coerula
moni.	monilia albicans
mono-h.	monotropa hypopitis
mono.	monotropa uniflora
monst-p.	monstera pertusa
mons.	monsonia ovata
morb.	morbillinum
morg-g.	bacillus Morgan-Gaertner (Paterson)
morg-p.	bacillus Morgan pure (Paterson)
morg.	bacillus Morgan (Bach)
	morgan pure (paterson) ☛ morg-p.
	morgan (bach) ☛ morg.
	morgan-gaertner (paterson) ☛ morg-g.
morind-l.	morinda lucida
morind-m.	morinda morindoides
moring-p.	moringa pterygosperma
	morphini hydrochloridum ☛ morph-m.
morph-act.	morphinum aceticum
morph-m.	morphinum muriaticum
morph-pur.	morphinum purum
morph-s.	morphinum sulphuricum
morph.	morphinum and salts (old abbr.)
morus-n.	morus nigra
moscho-r.	moschosma riparia
mosch.	moschus
	moschus moschiferus ☛ mosch.
mucoc.	mucococcinum
mucor	mucor mucedo
mucor-a-p.	mucor cum aspergillus cum penicilli
mucot.	mucotoxinum
mucs-nas.	mucosa nasalis
muc-u.	mucuna urens
mukul	balsamodendron mukul
	mucuna pruriens ☛ dol.
	mudar ☛ calo.
	muira puama ☛ lir-o.
mum-l.	mumulus lewisii
muru.	murure leite
murx.	murex purpurea
mur-ac.	muriaticum acidum
musa	musa sapientum
musan-c.	musanga cecropioides

musa-p.	musa paradisiaca
muscin.	muscarinum
mut.	bacillus Mutabile (Bach)
	mustela foetida ☞ meph.
	mutabile (Bach) ☞ mut.
	mygale avicularia ☞ mygal.
mygal.	mygale lasiodora
myos-a.	myosotis arvensis
	myosotis avicularia ☞ myos-a.
	myosotis intermedia ☞ myos-a.
myos-sv.	myosotis sylvatica
myos-s.	myosotis symphytifolia
myric-g.	myrica gale
myric.	myrica cerifera
	myristica officinalis ☞ nux-m.
myris.	myristica sebifera
	myrmexin ☞ form.
	myrobalanum chebula ☞ term-c.
myroc-p.	myrocylon peruvianum
	myrospermum pereirae ☞ bals-p.
	myroxylon pereira ☞ bals-p.
	myroxylon peruvianum ☞ bals-p.
myrox-t.	myroxylon toluiferum
myrrha	myrrha
myrrhis-o.	myrrhis odorata
	myrtillocactus ☞ cact.
myrtlc-g.	myrtillocactus geometrizan
	myrtillus ☞ vacc-m.
myrt-ch.	myrtus cheken
myrt-c.	myrtus communis
myrt-p.	myrtus pimenta
mytil.	mytilus edulis
m-ambo.	magnetis poli ambo
m-arct.	magnetis polus arcticus
	myrtus jambos ☞ eug.
	myrtus pimenta ☞ pime.
m-aust.	magnetis polus australis
	myxoedema parotitis ☞ ourl.
nabal.	nabalus serpentarius
nack.	nackelia
	naj naja ☞ naja
naja	naja tripudians
naja-n.	naja nigricolis
nalox.	naloxon
	naloxone ☞ nalox.
	napellus ☞ acon.
naphtaz-m.	naphthazolinum muriaticum
naphtaz-n.	naphthazolinum nitricum
naphtin.	naphthalinum
napht.	naphtha
narcin.	narceinum
narcot-act.	narcotinum aceticum
narcot-m.	narcotinum muriaticum
narcot.	narcotinum
narc-po.	narcissus poeticus
narc-ps.	narcissus pseudonarcissus
narz.	Narzan aqua
nast-o.	nasturtium officinale
nast.	nasturtium aquaticum
	natrii acetas ☞ nat-act.

	natrii benzoas ☞ nat-be.
	natrii bromidum ☞ nat-br.
	natrii hydroxydum ☞ nat-caust.
	natrii hypophosphis ☞ nat-hp.
	natrii nitras ☞ nat-n.
	natrii nitris ☞ nat-ns.
	natrii oxalas ☞ nat-ox.
	natrii phosphas ☞ nat-p.
	natrii salicylas ☞ nat-sal.
nat-act.	natrium aceticum
nat-ae-s.	natrium aethylosulphuricum
nat-ar.	natrium arsenicosum
nat-be.	natrium benzoicum
	natrium biboracicum ☞ borx.
nat-bic.	natrium bicarbonicum
nat-bis.	natrium bisulfurosum
nat-bi.	natrium bichromicum
nat-bor.	natrium boricum
nat-br.	natrium bromatum
nat-cac.	natrium cacodylicum
nat-caust.	natrium causticum
	natrium chloratum ☞ nat-m.
	natrium chloricum ☞ nat-m.
nat-chor.	natrium chloricum
nat-chr.	natrium chromicum
nat-ch.	natrium choleinicum
nat-cit.	natrium citricum
nat-cy.	natrium cyanatum
nat-c.	natrium carbonicum
nat-form.	natrium formicum
nat-f.	natrium fluoratum
nat-gchol.	natrium glycocholicum
nat-gent.	natrium gentisatum
nat-gl.	natrium gluconicum
nat-gp.	natrium glycerophosphoricum
nat-hchls.	natrium hypochlorosum
nat-hmp.	natrium hexa-meta-phosphoricum
nat-hox.	natrium hydroxydum
nat-hp.	natrium hypophosphorum
nat-hsulo.	natrium hyposulphurosum
nat-i.	natrium iodatum
nat-lac.	natrium lacticum
nat-mar.	natrium marinum
nat-meth-ar.	natrium methylarsinicum
nat-meth.	natrium methylate
nat-met.	natrium metallicum
nat-mlb.	natrium molybdicum
nat-mvan.	natrium metavanadicum
nat-m.	natrium muriaticum
nat-nic.	natrium nicotinicum
nat-ns.	natrium nitrosum
nat-n.	natrium nitricum
nat-ol.	natrium oleicum
	natrium oxalaceticum ☞ nat-ox.
nat-ox.	natrium oxalicum
nat-o.	natrium oxydatum
nat-perm.	natrium permanganicum
nat-prop.	natrium propionicum
nat-p.	natrium phosphoricum
nat-sal.	natrium salicylicum

nat-sel.	natrium selenicum
	natrium silicatum ☛ nat-sil.
nat-sil-f.	natrium silicofluoricum
nat-sil.	natrium silicicum
nat-stann.	natrium stannicum
nat-suc.	natrium succinicum
nat-sula.	natrium sulphuratum
	natrium sulphorinicum ☛ nat-ae-s.
nat-sulo.	natrium sulphurosum
nat-s-c.	natrium sulphocarbolicum
nat-s.	natrium sulphuricum
nat-tar.	natrium tartaricum
nat-taur.	natrium taurocholicum
nat-tel.	natrium telluricum
nat-tmcy.	natrium thiosinaminum cyanatum
nat-val.	natrium valerianicum
nat-van.	natrium vanadicum
nauc-l.	nauclea latifolia
nectrin.	nectrianinum
	nectandra cymbarum ☛ nect.
nect-p.	nectandra pichury major
nect.	nectandra amara
nego-a.	negundo aceroides
nego-f.	negundo fraxinifolium
neg.	negundium americanum
	neisseria flava ☛ flav.
nemo-m.	nemophila menziesii
neod-met.	neodymium metallicum
neod-n.	neodymium nitricum
neod-o.	neodymium oxydatum
neod-s.	neodymium sulfuricum
neom.	neomycine
neon	neon
neor-m.	neorautanenia mitis
neos-ms.	neostigmine methyl sulfate
neot-n-a.	neottia nidus avis
nepet.	nepeta cataria
neph-l.	nephelium litchi
nep.	nepenthes distillatoria
	nerium odorum ☛ olnd.
ner-od.	nerium odorum
	nerium oleander ☛ olnd.
neur.	neurinum
	neurohypophysis ☛ pitu-p.
	niacinamidum ☛ nicotam.
	niacinum ☛ nicot-ac.
nicc-be.	niccolum benzoicum
	niccolum bromatum ☛ nicc-br.
nicc-br.	niccolum bromidum
nicc-c.	niccolum carbonicum
nicc-f.	niccolum fluoratum
nicc-gl.	niccolum gluconicum
nicc-met.	niccolum metallicum
nicc-m.	niccolum muriaticum
nicc-o.	niccolum oxydatum
nicc-sil.	niccolum silicatum
nicc-s.	niccolum sulphuricum
nicc.	niccolum-met. + -c. (old abbr.)
	nickterina ☛ mir-j.
	nicotiana tabacum ☛ tab.
nicotam.	nicotinamidum
nicot-ac.	nicotinic acidum
	nicotinicum amidum ☛ nicotam.
nicot.	nicotinum
nid.	nidus edulis
nigr-a.	nigritella angustifolia
nig-d.	nigella damascena
nig-s.	nigella sativa
ninhy.	ninhydrine
niob-met.	niobium metallicum
niob-m.	niobium muriaticum
nitraz.	nitrazepam
	nitri acidum ☛ nit-ac.
	nitrobenzenum ☛ nitrob.
nitrob.	nitrobenzolum
nitroph.	nitrophenolum
nitro-o.	nitrogenium oxygenatum
nit-ac.	nitricum acidum
	nitrogenum oxygenatum ☛ nitro-o.
	nitroglycerinum ☛ glon.
nit-m-ac.	nitromuriaticum acidum
nit-s-d.	nitri spiritus dulcis
	nitroso-muriaticum acidum ☛ nit-m-ac.
	nitrum ☛ kali-n.
noc-a.	nocardia asteroides
	nocardia lutea ☛ actin-l.
	nopalea coccinellifera ☛ opun-c.
noradr.	noradrenalinum
norepi.	norepinephrine
norleuc.	norleucine
nosc.	noscapinum
novoc.	novocainum
nucl-ac.	nucleinicum acidum
nuph-p.	nuphar pumilum
nuph.	nuphar luteum
nux-a.	nux absurda
	nux colae ☛ kola
	nux juglans ☛ jug-r.
nux-m.	nux moschata
nux-v.	nux vomica
	nyckterinia capensis ☛ zant.
nyct.	nyctanthes arbor tristis
	nycterinia capensis ☛ zant.
nymph-a.	nymphaea alba
	nymphaea lutea ☛ nuph.
nymph.	nymphaea odorata
	nymphea alba ☛ nymph-a.
	nymphea odorata ☛ nymph.
nyst.	nystatine
ochn-a.	ochna atropurpurea
	ocimum basilicum ☛ basil.
oci-car.	ocimum caryophyllatum
oci-g.	ocimum gratissimum
oci-m.	ocimum micranthum
oci-sa.	ocimum sanctum
oci-su.	ocimum suave
oci.	ocimum canum
oct-mac.	octopus maculata
	oenanthe aquaticum ☛ phel.
oena.	oenanthe crocata

oena-f.	oenanthe fistulosa
	oenanthe phellandrium ☞ phel.
oeno.	oenothera biennis
oestrd-be.	oestradiol benzoas
oestrd.	oestradiol
	oestronum ☞ foll.
oest.	oestrus cameli
	officinalis polyporus ☞ bol-la.
	oidium albicans ☞ moni.
okou.	okoubaka aubrevillei
olden-d.	oldenlandia decubens
olden-h.	oldenlandia herbacea
	olea europea ☞ ol-eur.
olnd.	oleander
ol-ac.	oleicum acidum
	oleum animae aetherum dippeli ☞ ol-an.
ol-an.	oleum animale aethereum
	oleum cajuputi ☞ caj.
ol-car.	oleum caryophyllatum
	oleum chaulmoogra ☞ chaul.
	oleum dippeli ☞ ol-an.
	oleum elaeis ☞ elae.
ol-eucal.	oleum eucalyptus
ol-eur.	oleum europaeum
ol-ha.	oleum haarlem
ol-hc.	oleum hydnocarpi
ol-hi.	oleum hippoglossi
ol-j.	oleum jecoris aselli
	oleum jecoris morrhuae ☞ ol-j.
ol-lav.	oleum lavandulae
	oleum morrhuae ☞ ol-j.
ol-mo.	oleum morrhuae
	oleum mulleini ☞ verb-ol.
ol-myr.	oleum myristicae
ol-pat.	oleum patchouli
	oleum patchouly ☞ ol-pat.
	oleum petrae ☞ petr.
	oleum pogostemon patchouli ☞ ol-pat.
	oleum ricini ☞ ric.
	oleum ricinus ☞ ric.
ol-sant.	oleum santali
ol-suc.	oleum succinum
	oleum terebinthinae ☞ ter.
	oleum verbasci ☞ verb-ol.
	oleum wittnebianum ☞ caj.
	olibanum ☞ bosw-c.
onis.	oniscus asellus
onob-s.	onobrychis sativa
	ononis arvensis ☞ onon.
onon-n.	ononis natrix
onon-r.	ononis repens
onon.	ononis spinosa
onop.	onopordon acanthium
onos.	onosmodium virginianum
	onosmodium virginicum ☞ onos.
	oophorinum ☞ ov.
	oorari ☞ cur.
oper.	operculina turpenthum
	operculina turpethum ☞ oper.
	ophelia chirata ☞ gent-ch.

	opianyl ☞ mec.
opl.	oplia farinosa
opop.	opopanax chironium
opun-a.	opuntia aciculata
opun-c.	opuntia coccinellifera
opun-f.	opuntia ficus
opun-s.	opuntia spina alba
opun-v.	opuntia vulgaris
opun-xyz.	opun-xyz
op.	opium
orch.	orchitinum
orcin.	orcinolum
oreo.	oreodaphne californica
orig-cr.	origanum creticum
orig-d.	origanum dictamnus
	origanum hortensis ☞ orig.
orig-v.	origanum vulgare
orig.	origanum majorana
ornith-chl.	ornithine chlorhydrate
	ornithogalum nutans ☞ agra.
orni-p.	ornithogalum pyrenaicum
orni.	ornithogalum umbellatum
orob-m.	orobanche major
	orobanche virginiana ☞ epiph.
orot-ac.	oroticum acidum
	orteaga ☞ eys.
	ortho acidum ☞ amibe-ac.
orthambe-ac.	orthoaminobenzoicum acidum
orthos-s.	orthosiphon stamineus
oryz-s.	oryza sativa
oscilloc.	oscillococcinum
osmu-r.	osmunda regalis
osm-ac.	osmicum acidum
osm-met.	osmium metallicum
osm-o.	osmium oxydatum
osm.	osmium met. + -ac. (old abbr.)
	osteo arthritic nosode ☞ osteo-a.
osteos-n.	osteospermum nervatum
osteo-a.	osteo-arthriticum
	ostrea edulis ☞ calc.
ost.	ostrya virginica
osyr-a.	osysris alba
othon-n.	othonna natalensis
ouabin.	ouabainum
ourl.	ourlianum
	ova tosta ☞ ovi-p.
ovar.	ovaries
ovi-p.	ovi gallinae pellicula
	ovi gallinae testa ☞ calc-o-t.
	ovi testa ☞ calc-o-t.
ovi-v.	ovi vitellus
ov.	ovininum
oxal-a.	oxalis acetosella
oxal-c.	oxalis corniculata
oxal-s.	oxalis semiloba
oxat.	oxatomide
oxaz.	oxazepam
oxeod.	oxeodaphne
oxpren.	oxprenololum
oxyd.	oxydendron arboreum

oxyg.	oxygenium
oxyq-m.	oxyquinoleinum muriaticum
oxyte-chl.	oxytetracycline chlorhydrate
oxyt-c.	oxytropis campestris
oxyt.	oxytropis Lamberti
oxy-v.	oxyurus vermicularis
ox-ac.	oxalicum acidum
ozone	ozone
	padus avium ☞ prun-p.
paeon.	paeonia officinalis
	paico ☞ chen-a.
	pakur ☞ fic-r.
pali-a.	paliurus aculeatus
	paliurus australis ☞ pali-a.
	paliurus spina christi ☞ pali-a.
pall-f.	palladium fluoratum
pall-m.	palladium muriaticum
pall-o.	palladium oxydatum
pall.	palladium metallicum
palm-ac.	palmiticum acidum
palo.	paloondo
	pambotano ☞ calli-h.
pambt.	pambotano
pana.	panacea arvensis
	panax ginseng ☞ gins.
	panax quinquefolia ☞ gins.
pancr.	pancreatinum
pann.	panna
pant-ac.	pantothenicum acidum
papain.	papainum
papin-m.	papaverinum muriaticum
	papaver somniferum ☞ op.
	papaverini hydrochloridum ☞ papin-m.
papin.	papaverinum
pap-r.	papaver rhoeas
	papaya vulgaris ☞ asim.
paraf.	paraffinum
paraph.	paraphenylendiaminum
	parathormonum ☞ parathyr.
parathyr.	parathyreoidinum
parat-b.	parathyphoidinum B
	parathyreoid glands ☞ parathyr.
parat.	paratyphoidinum
	paratyphoidinum a ☞ parat.
pareir.	pareira brava
pariet.	parietaria officinalis
parit-t.	paritium tiliaceum
parn-p.	parnassia palustris
parot.	parotidinum
paro-i.	paronychia illecebrum
parth.	parthenium hysterophorus
par.	paris quadrifolia
	parthenium hysterophorus lynn ☞ parth.
	parthenocissus ☞ ampe-qu.
passi-c.	passiflora coerulea
passi.	passiflora incarnata
past-u.	pastinaca urens
past.	pastinaca sativa
paull.	paullinia pinnata
	paullinia sorbilis ☞ guar.

pectin.	pectinum
pect.	pecten jacobaeus
pedclr.	pedicularis canadensis
ped.	pediculus capitis
pelarg-o.	pelargonium odoratissimum
pelarg.	pelargonium reniforme
	pelias berus ☞ vip.
pellin.	pelletierinum
	penghawar djambi ☞ cibot-b.
penic-cm.	penicillium camemberti
	penicillium candidum ☞ penic-cm.
	penicillium caseicolum ☞ penic-cm.
	penicillium cyclopium ☞ penic-cy.
penic-cy.	penicillium cyclopodium
penic-e.	penicillium expansum
	penicillium giordanoi ☞ penic-e.
	penicillium glaucum ☞ penic-e.
penic-g.	penicillium griseum
penic-n.	penicillium notatum
penic-p.	penicillium piceum
penic.	penicillinum
pentac-m.	pentaclethra macrophylla
pentad-b.	pentadiplandra brazzeana
pentaz.	pentazocine
pen.	penthorum sedoides
peps.	pepsinum
perchlet.	perchlorethylene
perhydr.	perhydrol
perh-mal.	perhexilinum maleatum
perh.	perhexilinum
perid-b.	perideridia bolanderi
perill-f.	perilla frutescens
perill-o.	perilla ocymoides
peri.	periploca graeca
	perlarum mater ☞ conch.
pern-c.	pernus canaliculus
perob.	perobinha
pers.	persea americana
	persea gratissima ☞ lauru-p.
	persica amygdalus ☞ amgd-p.
	persica vulgaris ☞ amgd-p.
	persicaria acris ☞ polyg-h.
	persicaria urens ☞ polyg-pe.
pert.	pertussinum
pest.	pestinum
petan-v.	petanisia variabilis
	petasites fragrans ☞ tus-fr.
	petasites officinalis ☞ tus-p.
	petasites vulgaris ☞ tus-p.
peti-a.	petiveria alliacea
peti.	petiveria tetandra
petros-c.	petroselinum crispum
petros.	petroselinum sativum
petr.	petroleum
	peucedanum graveolens ☞ anetho-g.
peuc-o.	peucedanum officinale
	peucedanum oreoselo ☞ atha.
	peucedanum ostruthium ☞ imp.
	peumus boldo ☞ bold.
	pexid ☞ perh-mal.

peyotl ☞ anh.
phenolum ☞ carb-ac.
phenylglycolicum acidum ☞ mande-ac.
phosphorus muriaticus ☞ phos-pchl.
phragmites communis ☞ arund-p.
phyllitis scolopendrium ☞ scolo-v.
physostigminum ☞ esin.
phytolacca tetandra ☞ peti.
picea nigra ☞ abies-n.
pichi-pichi ☞ fab.
picraena excelsa ☞ quas.
picronitricum acidum ☞ pic-ac.
pili-pili ☞ caps.
pilocarpus jaborandi ☞ jab.
pilocarpus microphyllus ☞ jab.
pilocarpus pennatifolius ☞ jab.
pilosella ☞ hier-p.
pimpinella alba ☞ pimp.
pinus canadensis ☞ abies-c.
pinus maritima ☞ pin-pi.
pinus murrayana ☞ pin-s.
pinus uncinata ☞ pin-mo.
piper angustifolium ☞ mati.
piper angustifolium elongatum ☞ mati.
piper cubeba ☞ cub.
piper elongatum ☞ mati.
pirus malus ☞ malus-c.
pituitaria cerebri ☞ pitu-gl.
pituitarium anteriorum ☞ pitu-a.
pituitarium posteriorum ☞ pitu-p.
piturinum ☞ dubo-h.
planifolia ☞ vanil.
platanus acerifolia ☞ platan-or.
platan. old ☞ platan-oc. + -or. ☞ platan.
platina ☞ plat.
platonium chloratum ☞ plat-m.
plumbii acetas ☞ plb-act.
pneumococcus ☞ pneu.
pollen ☞ poll.
poly bowel compound (bach) ☞ poly-bow.
polygala senega ☞ seneg.
polygonum acre ☞ polyg-h.
polygonum fagopyrum ☞ fago.
polygonum hydropiper ☞ polyg-pe.
polygonum punctatum ☞ polyg-h.
polypodium calaguala ☞ calag.
polypodium leucotomos ☞ calag.
polyporus officinalis ☞ bol-la.
populus alba ☞ pop-c.
populus balsamifera ☞ pop-c.
populus tremula ☞ pop.
portulacca oleracea ☞ all-a.
potamobius astacus ☞ astac.
potassium xantate ☞ kali-x.
potentilla recta ☞ pot-e.
pothos foetidus ☞ ictod.
prednisolon ☞ prednl.
prenanthes serpentaria ☞ nabal.
primula obconca ☞ prim-o.
primula officinalis ☞ prim-v.
prionurus australis ☞ buth-a.
procaini hydrochloridum ☞ proc-m.

pg-a1ta1.	prostaglandinum a1 tromboxane a1
pg-a2ta2.	prostaglandinum a2 tromboxane a2
pg-all.	prostaglandinum all types
pg-e1.	prostaglandinum e1
pg-e2.	prostaglandinum e2
pg-f2a.	prostaglandinum f2 alpha
phal.	phallus impudicus
phase-l.	phaseolus lunatus
phase-vg.	phaseolus vulgaris
phase-xyz.	phase-xyz
phase.	phaseolus nanus
phel.	phellandrium aquaticum
phenac.	phenacetinum
phenan.	phenanthrenum
phenerg.	phenergan
phenob.	phenobarbitalum
phenolpht.	phenolphtaleinum
phenoth.	phenothiazinum
phenylal.	phenylalanine
phenylbe.	phenylbenzene
phenylbu.	phenylbutazone
phenylhy.	phenylhydrazinum
phila.	philadelphus coronarius
phill-a.	phillyrea angustifolia
phill-l.	phillyrea latifolia
philo-p.	philodendron pertusum
phle.	phleum pratense
phlor.	phlorizinum
phoen-d.	phoenix dactylifera
phor-t.	phormium tenax
phos-h.	phosphorus hydrogenatus
phos-m.	phosphorus muriaticus
phos-pbr.	phosphurus pentabromatus
phos-pchl.	phosphorus pentachloratus
phos-ps.	phosphorus pentasulfuratus
phos-tbr.	phosphorus tribromatus
phos-ti.	phosphorus triiodatus
phos.	phosphorus
phyld-b.	phyllodoce breweri
phyll-c.	phyllanthus casticum
phyll-n.	phyllanthus niruri
physala-p.	physalia pelagica
physal-al.	physalis alkekengi
physal-an.	physalis angulata
physal-p.	physalis peruviana
physin-sal.	physostigminum salicylicum
phys.	physostigma venenosum
phyt-b.	phytolacca berry
phyt.	phytolacca decandra
ph-ac.	phosphoricum acidum
picea-e.	picea excelsa
picea-p.	picea pungens
picror.	picrorhiza
picro-ac.	picrotoxinum acidum
picro.	picrotoxinum
pic-ac.	picricum acidum
pilios-t.	piliostigma thonningii

pilo-m.	pilocarpinum muriaticum
pilo-n.	pilocarpinum nitricum
pilo-pur.	pilocarpinum purum
pilo.	pilocarpinum + salts (old abbr.)
pime.	pimenta officinalis
pimp-a.	pimpinella anisum
pimp.	pimpinella saxifraga
pineal.	pinealis
ping-vg.	pinguicula vulgaris
pin-c.	pinus cupressus
pin-l.	pinus lambertiana
pin-mo.	pinus montana
pin-pa.	pinus palustris
pin-pi.	pinus pinaster
pin-s.	pinus silvestris
pipe.	piperazinum
pip-g.	piper guineense
pip-m.	piper methysticum
pip-n.	piper nigrum
pirox.	piroxicam
pir-c.	pirus communis
pisc.	piscidia erythrina
pist-l.	pistacia lentiscus
pis-s.	pisum sativum
pitto-v.	pittosporus viridiflorum
pituin.	pituitrinum
pitu-a.	pituitaria anterior
pitu-gl.	pituitaria glandula
pitu-p.	pituitaria posterior
pitu.	pituitaria posterior (old abbr.)
pityr-o.	pityrosporum orbiculare
pix	pix liquida
plac-s.	placenta suis
plac.	placenta humana
plan-c.	plantago coronopus
plan-l.	plantago lanceolata
plan-mi.	plantago minor
plan-p.	plantago psyllium
plan.	plantago major
plast.	plastic
platan-oc.	platanus occidentalis
platan-or.	platanus orientalis
platan.	platan. species (old abbr.)
plat-col.	platinum colloidale
plat-f.	platinum fluoratum
plat-m-n.	platinum muriaticum natronatum
plat-m.	platinum muriaticum
plat.	platinum metallicum
plb-act.	plumbum aceticum
plb-ar.	plumbum arsenicicum
plb-br.	plumbum bromatum
plb-chr.	plumbum chromicum
plb-c.	plumbum carbonicum
plb-f.	plumbum fluoratum
plb-gl.	plumbum gluconicum
plb-i.	plumbum iodatum
plb-m.	plumbum muriaticum
plb-n.	plumbum nitricum
plb-o-f.	plumbum oxydatum flavum
plb-o-r.	plumbum oxydatum rubrum

plb-o.	plumbum oxydatum
plb-p.	plumbum phosphoricum
plb-sact.	plumbum subaceticum
plb-s.	plumbum sulfuratum
plb-tae.	plumbum tetra-aethylicum
plb-xyz.	plumbum met. + -act. + -c.
plb.	plumbum metallicum
plect-b.	plectranthus barbatus
plect-v.	plectronia ventosa
plect.	plectranthus fruticosus
plumbg-eu.	plumbago europaea
plumbg.	plumbago littoralis
plume-a.	plumeria alba
plume.	plumeria celinus
plut-met.	plutonium metallicum
plut-n.	plutonium nitricum
pneu.	pneumococcinum
poa-p.	poa pratensis
podoin.	podophyllinum
podo.	podophyllum peltatum
poinc-p.	poinciana pulcherrima
pole.	polemonium coeruleum
polio	polio
poll.	pollantinum
polon-met.	polonium metallicum
polygl-a.	polygala amara
polygl-o.	polygala oppostifolia
polygl-vg.	polygala vulgaris
polygn-vg.	polygonatum vulgare
polyg-am.	polygonum amphibium
polyg-a.	polygonum aviculare
polyg-bta.	polygonum bistorta
polyg-btd.	polygonum bistortoides
polyg-h.	polygonum hydropiperoides
polyg-m.	polygonum maritimum
polyg-pe.	polygonum persicaria
polyg-s.	polygonum sagittatum
polyg-xyz.	polygonum h. + -pe. + ?
polym.	polymnia uvedalia
polypd-vg.	polypodium vulgare
polyp-p.	polyporus pinicola
polytr-c.	polytrichum commune
polytr.	polytrichum juniperinum
polyv.	polyvinyle chlorure
poly-bow.	poly bowel co. (Bach)
pop-c.	populus candicans
pop-n.	populus nigra
pop.	populus tremuloides
portal-p.	portulacca pilosa
pota.	potamogeton natans
poter-sp.	poterium spinosum
poter-s.	poterium sanguisorba
pot-arg.	potentilla argentea
pot-au.	potentilla aurea
pot-a.	potentilla anserina
pot-e.	potentilla erecta
pot-gl.	potentilla glandulosa
pot-r.	potentilla reptans
pot-t.	potentilla tormentilla
pras-m.	praseodymium muriaticum

pras-met.	praseodymium metallicum
pras-o.	praseodymium oxydatum
pras-s.	praseodymium sulfuricum
prednl.	prednisolone acetate
predn.	prednison
pregnan.	pregnandiolum
pren-a.	prenanthes alba
prim-a.	primula auricula
prim-f.	primula farinosa
prim-o.	primula obconica
prim-vl.	primula vulgaris
prim-v.	primula veris
prin.	prinos verticillatus
priva-l.	priva leptostachya
proc-m.	procainum muriaticum
progest.	progesteron
prolac.	prolactine
proli.	proline
prom-chl.	promethazine chlorhydrate
prom.	promethazine
propl.	propolis
propr-chl.	propranololum chlorhydratum
propr.	propranololum
propyl.	propylene glycol
prop.	propylaminum
proq.	proquantil
prostin.	prostatinum
prost.	prostate gland
protg.	protargol
protin.	proteinum
prots-m.	proteus mirabilis
prots-v.	proteus vulgaris
prot.	bacillus Proteus (Bach)
	proteus (bach) ☞ prot.
prune.	prunella vulgaris
prun-am.	prunus amygdalus
prun-ar.	prunus armeniaca
prun-av.	prunus avium
prun-cf.	prunus cerasifera
prun-cs.	prunus cerasus
prun-d.	prunus domestica
	prunus laurocerasus ☞ laur.
prun-m.	prunus mahaleb
prun-pe.	prunus persica
prun-p.	prunus padus
prun-v.	prunus virginiana
prun.	prunus spinosa
	psalliota bispora ☞ agar-cps.
	psalliota hortensis ☞ agar-cps.
	pseudognaphalium obtusifolium ☞ gnaph.
pseud.	pseudomonas aeruginosa
pseuts-m.	pseudotsuga menziesii
psid.	psidium guayava
psil.	psilocybe caerulescens
psoral-c.	psoralea corylifolia
psoral-p.	psoralea pinnata
psoral.	psoralea bituminosa
	psoricum ☞ psor.
psor.	psorinum
	psychotria ipecacuanha ☞ ip.
	psychotria viridis ☞ banis-c.
	psyllium ☞ plan-p.
ptel.	ptelea trifoliata
ptergl-ac.	pteroylglutamicum acidum
	pteraema excelsa ☞ quas.
pteri-a.	pteris aquilina
ptraz.	pentetrazolum
	pterocarpus erinaceus ☞ kino
	pterocarpus marsupium ☞ kino
	ptetrocarpus santalinus ☞ santal.
pulic-d.	pulicaria dysenterica
pull-g.	pullus gallinaceus
pulmon-a.	pulmonaria angustifolia
pulmon-o.	pulmonaria officinalis
pulmon-t.	pulmonaria tuberosa
pulmon.	pulmonaria vulgaris
pulm-a.	pulmo anaphylacticus
pulm-v.	pulmo vulpis
puls-m.	pulsatilla montana
	pulsatilla nigricans ☞ puls.
puls-n.	pulsatilla nuttaliana
puls-vg.	pulsatilla vulgaris
puls.	pulsatilla pratensis
pulx-c.	pulex canis
pulx.	pulex irritans
	punica granatum ☞ gran.
putrin-m.	putrescinum muriaticum
putrin.	putrescinum
pycno-e.	pycnostachys eminii
pyocyin.	pyocyanotoxinum
pyocy.	pyocyaninum
pyrar.	pyrarara
pyren-sc.	pyrenacantha scandens
pyre-o.	pyrethrum officinarum
pyre-p.	pyrethrum parthenium
pyre-r.	pyrethrum roseum e floribus
pyrid.	pyridoxinum
pyrim.	pyrimethamine
pyrogall.	pyrogallol
pyrogal-ac.	pyrogallicum acidum
pyrog.	pyrogenium
pyrol-m.	pyrola minor
pyrol.	pyrola rotundifolia
	pyrola umbellata ☞ chim.
pyro-ac.	pyrolignosum acidum
pyrus	pyrus americana
pyrus-c.	pyrus communis
pyru-ac.	pyruvicum acidum
p-ambes-ac.	para-aminobenzoicumsulfamidum acid
p-ambe-ac.	para-aminobenzoicum acidum
p-amsal-ac.	para-aminosalicylicum acidum
p-dchlbe.	paradichlorobenzolum
quasin.	quassinum
quas.	quassia amara
queb.	quebracho
querc-l.	quercus lobata
	quercus fructus ☞ querc.
	quercus glandium ☞ querc.
querc.	quercus e glandibus

querc-pu.	quercus pubescens
	quercus pedoncolata ☞ quer-r.
quer-r.	quercus robur
	quercus sessilifera ☞ quer-r.
quill.	quillaya saponaria
	quillaya smegmaderma ☞ quill.
quinid-m.	quinidinum muriaticum
quinid-s.	quinidinum sulfuricum
quinid.	quinidinum
quinol.	quinoleinum
quin-chl.	quinacrine chlorhydrate
	Rademacher's solution ☞ zinc-act.
rado.	radon
rad-br.	radium bromatum
rad-chl.	radium chloratum
rad-met.	radium metallicum
	radix angelicae sinensis ☞ ange-s.
raja-s.	rajania subsamarata
	rana bufo ☞ bufo
ran-a.	ranunculus acris
ran-b.	ranunculus bulbosus
ran-fi.	ranunculus ficaria
ran-fl.	ranunculus flammula
ran-g.	ranunculus glacialis
ran-p.	ranunculus pinnatus
ran-r.	ranunculus repens
ran-s.	ranunculus sceleratus
raphani.	raphanistrum arvense
raphis-g.	raphispermum gerardioides
raph.	raphanus sativus
rat.	ratanhia peruviana
rauw.	rauwolfia serpentina
rein.	Reinerz aqua
ren.	kidneys
	realgar ☞ ars-s-r.
	red acarus of the fly ☞ trom.
rescue	rescue remedy
reser.	reserpinum
	resina cimifugae ☞ macro.
	resina itu ☞ itu
res.	resorcinum
retin-ac.	retinoicum acidum
retin.	retinol
rham-cal.	rhamnus californica
rham-cath.	rhamnus cathartica
rham-f.	rhamnus frangula
rham-pr.	rhamnus prinoides
	rhamnus purshiana ☞ cas-s.
rhen-met.	rhenium metallicum
rhen-o.	rhenium oxydatum
	rheum officinale ☞ rheum
rheum	rheum palmatum
rheum-r.	rheum rhaponticum
rhiz.	rhizopus niger
	rhizopus nigricans ☞ rhiz.
	rhodallinum ☞ thiosin.
rhodi-o-n.	rhodium oxydatum nitricum
rhodi.	rhodium metallicum
rhod-f.	rhododendron ferrugineum
rhod.	rhododendron chrysanthum
rhus-a.	rhus aromatica
	rhus canadensis ☞ rhus-a.
rhus-c.	rhus cotinus
rhus-d.	rhus diversiloba
rhus-g.	rhus glabra
rhus-l.	rhus laurina
rhus-r.	rhus radicans
rhus-s.	rhus succedanea
rhus-t.	rhus toxicodendron
rhus-ver.	rhus vernix
rhus-v.	rhus venenata
	rhus vernix ☞ rhus-v.
ribes-n.	ribes nigrum
ribes-r.	ribes rubrum
ribo.	riboflavinum
rib-ac.	ribonucleicum acidum
ricino-h.	ricinodendron heudelotii
ric.	ricinus communis
	rna ☞ rib-ac.
rob.	robinia pseudacacia
rosm.	rosmarinus officinalis
ros-ca.	rosa canina
ros-ce.	rosa centifolia
ros-d.	rosa damascena
ros-g.	rosa gallica
ros-r.	rosa rubra
rovam.	rovamycine
roye-l.	royena lucida
roye-v.	royena villosa
	rubia tinctoria ☞ rub-t.
rubd-br.	rubidium bromatum
rubd-c.	rubidium carbonicum
rubd-met.	rubidium metallicum
rubd-m.	rubidium muriaticum
	rubus chamaemorus ☞ rubu-c.
rubu-c.	rubus chamaerosus
rubu-i.	rubus idaeus
rubu-r.	rubus rigidus
rubu.	rubus villosus
rub-c.	rubia cordifolia
rub-t.	rubia tinctorum
	rudbeckia angustifolia ☞ echi.
rudb-h.	rudbeckia hirta
	rudbeckia purpurea ☞ echi-p.
	ruizia fragrans ☞ bold.
rumx-ab.	rumex abyssinicus
rumx-acl.	rumex acetosella
rumx-act.	rumex acetosa
rumx-al.	rumex alpinus
rumx-aq.	rumex aquaticus
rumx-p.	rumex patientia
rumx.	rumex crispus
	rumex obtusifolius ☞ lapa.
rusc-a.	ruscus aculeatus
	russula emetica ☞ agar-em.
russ.	russula foetens
ruta	ruta graveolens
ruta-a.	ruta angustifolia
ruth-met.	ruthenium metallicum
rutin.	rutinum

sabad.	sabadilla
sabal	sabal serrulata
sabb.	sabbatia angularis
	sabdariffa ☛ hib-sa.
sabin.	sabina
sacchin.	saccharinum
sacch-l.	saccharum lactis
	saccharomyces cerevisiae ☛ tor.
	saccharomyces ceru ☛ tor.
sacch.	saccharum officinale
sacmy-a.	saccharomyces apiculata
sag-s.	sagittaria sagittaefolia
	sal amarum ☛ mag-s.
	sal glauberi ☛ nat-s.
salam.	salamandra maculata
	salamandra maculosa ☛ salam.
salbut.	salbutamol
salic-p.	salicaria purpurea
salin.	salicinum
	salisburia adiantifolia ☛ gink-b.
	salix nigricans ☛ sal-p.
	salix vitellina ☛ sal-l.
salmon-e.	salmonella enteridis
	salmonella parathyphoidea ☛ parat.
	salmonella schotmullieri ☛ parat-b.
salol.	salolum
salv-p.	salvia pratensis
salv-sc.	salvia sclarea
salv-so.	salvia sonomensis
salv-vb.	salvia verbenaca
salv-vt.	salvia verticillata
salv.	salvia officinalis
sal-ac.	salicylicum acidum
sal-al.	salix alba
sal-am.	salix americana
sal-l.	salix lasiolepis
sal-ma.	salix madagascariensis
sal-mo.	salix mollissima
sal-n.	salix nigra
sal-p.	salix purpurea
samars.	samarsite
samb-c.	sambucus canadensis
samb-e.	sambucus ebulus
samb-r.	sambucus racemosa
	sambucus humilis ☛ samb-e.
samb.	sambucus nigra
sam-ac.	samarium oxydatum
sangin-act.	sanguinarinum aceticum
sangin-n.	sanguinarinum nitricum
sangin-pur.	sanguinarinum purum
sangin-t.	sanguinarinum tartaricum
sanguiso-m.	sanguisorba minor
sanguiso.	sanguisorba officinalis
sang.	sanguinaria canadensis
	sanguisuga officinalis ☛ hir.
sanic-eu.	sanicula europaea
sanic.	Sanicula aqua
sanochr.	sanochrysine
santal.	santalinus
	santalum ☛ ol-sant.

santa.	santalum album
santin.	santoninum
santol.	santolina chamaecyparissus
	sapium sylvaticum ☛ still.
sapin.	saponinum
sapot-a.	sapota achras
sapo.	saponaria officinalis
sap-o.	sapindus oblongifolius
sap-s.	sapindus saponaria
	saraca indica ☛ joan.
sarcol-ac.	sarcolacticum acidum
saroth.	sarothamnus scoparius
sarr.	sarracenia purpurea
sars.	sarsaparilla officinalis
sass.	sassafras officinalis
sat-h.	satureia hortensis
sat-m.	satureia montanta
saur.	saururus cernuus
saxitox.	saxitoxinum
saxi.	saxifraga granulata
saxon.	saxonitum
scab-c.	scabiosa columbaria
scab-s.	scabiosa succisa
scam.	scammonium
scand-met.	scandium metallicum
scand-o.	scandium oxydatum
	scarabaeus melolontha ☛ melo.
	scarlatininum ☛ scarl.
scarl.	scarlatinum
scat.	scatolum
schin.	schinus molle
	schoenocaulon officinale ☛ sabad.
schot-b.	schotia brachypetala
	scilla bifolia ☛ squil-b.
	scilla maritima ☛ squil.
	scilla-non-scripta ☛ agra.
scirp-p.	scirpus paludicola
scir.	scirrhinum
sclero-c.	sclerocarya caffra
scler.	scleranthus annuus
scolo-v.	scolopendrium vulgare
scol.	scolopendra morsitans
	scolopendrium officinale ☛ scolo-v.
scopar.	scoparius genista
scopin-hbr.	scopolaminum bromhydricum
scopin.	scopolaminum bromatum
scopla.	scopola
scop.	scopolia carniolica
	scorodosma foetida ☛ asaf.
	scorpio australis ☛ buth-a.
scor.	scorpio europaeus
	scorpionida ☛ scor.
scroph-aq.	scrophularia aquatica
scroph-m.	scrophularia marylandica
scroph-n.	scrophularia nodosa
scroph-xyz.	scroph-xyz
scut-g.	scutellaria galericulata
	scutellaria lateriflora ☛ scut.
scut.	scutellaria laterifolia
secret.	secretinum

secu-l.	securidaca longipedonculata
sec-ce.	secale cereale
sec.	secale cornutum
sedi.	sedinha
sed-ac.	sedum acre
sed-al.	sedum album
	sedum alpestre ☞ sed-r.
sed-c.	sedum cepaea
	sedum purpureum ☞ sed-t.
sed-rf.	sedum reflexum
sed-ru.	sedum rubens
sed-r.	sedum repens
sed-t.	sedum telephium
sela.	selaginella apus
	selenicereus grandiflorus ☞ cact.
	selenicereus spinulosus ☞ cact.
seli.	selinum carvifolium
sel-col.	selenium colloidale
sel-o.	selenium oxydatum
sel.	selenium metallicum
	semecarpus anacardium ☞ anac.
	semen contra ☞ cina
semp-a.	sempervivum arachnoideum
semp.	sempervivum tectorum
sem-t.	semen tiglii
seneb-c.	senebiera coronopus
	senebiera pinnatifida ☞ lepi.
senecin.	senecinum
senec-abv.	senecio ambavilla
senec-ad.	senecio adonidifolius
senec-atc.	senecio aurantiacus
	senecio cineraria ☞ cine.
senec-c.	senecio cordatus
	senecio cordifolius ☞ senec-c.
senec-d.	senecio doronicum
senec-fa.	senecio faniasioides
senec-fu.	senecio fuschii
	senecio gragglis ☞ senec.
senec-i.	senecio incanus
senec-j.	senecio jacobaea
senec-ma.	senecio mannii
senec-sa.	senecio sarracenicus
senec-sp.	senecio speciosus
senec-sy.	senecio sylvaticus
senec.	senecio aureus
	senecio vulgaris ☞ senec.
seneg.	senega
senn.	senna
	senna occidentalis ☞ cassia-o.
	senticosus eleutherococcus ☞ eleut.
septi.	septicaeminum
sep.	sepia officinalis
	sepia succus ☞ sep.
	sepsinum ☞ pyrog.
seq-g.	sequoia gigantea
seq-s.	sequoia sempervirens
	serenoa serrulata ☞ sabal
serot-cs.	serotoninum creatininum sulfuricum
serp.	serpentaria aristolochia
	serratula tinctoria ☞ liat.

ser-ang.	serum anguillae
ser-a-c.	serum anti colibacillum
ser-eq.	serum equi
	seven (Paterson) ☞ bacls-7.
shig-f.	shigella flexneri
sida-rh.	sida rhombifolia
sieg.	siegesbeckia orientalis
	sierra iris ☞ iris-h.
	sigillum salomonis ☞ polygn-vg.
sile-i.	silene inflata
silpho.	silphion cyrenaicum
silphu.	silphium lacinatum
sil-mar.	silica marina
sil-met.	silicium metallicum
sil.	silicea terra
	silphium laciniatum ☞ silphu.
	silybum marianum ☞ card-m.
	simaba cedron ☞ cedr.
sima-g.	simaruba glauca
	simaruba cedron ☞ cedr.
	simaruba ferroginea ☞ cedr.
sima-v.	simaruba versicolor
sima.	simaruba amara
	simaruba officinalis ☞ cedr.
simul.	simuliidae
sinus.	sinusitisinum
sin-a.	sinapis alba
	sinapis arvensis ☞ brass-c.
sin-n.	sinapis nigra
	sison podagraria ☞ aegop-p.
	sisymbrium alliaria ☞ alliar-o.
	sisymbrium officinale ☞ erys-o.
sisym-s.	sisymbrium sophia
sisy.	sisyrinchium galaxoides
sium	sium latifolium
sium-a.	sium angustifolium
	sium podagraria ☞ aegop-p.
skat.	skatolum
skook.	Skookum Chuck aqua
slag	slag silica
smilcin.	smilacinum
smil-a.	smilax aspera
smil-c.	smilax china
	smilax offinialis ☞ sars.
	smilax sarsaparilla ☞ sars.
soja-h.	soja hispida
sol	sol
solid-n.	solidago nemoralis
solid.	solidago virgaurea
solin-act.	solaninum aceticum
solin-pur.	solaninum purum
solin.	solaninum pur. + -act. (old abbr.)
sol-a.	solanum arrebenta
sol-br.	sol britannicus
sol-cp.	solanum capense
	solanum dulcamara ☞ dulc.
	solanum lycopersicum ☞ lycpr.
	solanum oleaceum ☞ sol-o.
	solanum vesicarium ☞ physal-al.
sol-crl.	solanum carolinense

sol-ecl.	solar eclips
sol-er.	solanum erythracantum
sol-in.	solanum integri
sol-mlg.	solanum melongena
sol-mm.	solanum mammosum
sol-mx.	solanum malacoxylon
sol-ni.	solanum nigrum
sol-no.	solanum nodiflorum
sol-o.	solanum oleraceum
sol-ps.	solanum pseudocapsicum
sol-so.	solanum sodomoeum
sol-t-ae.	solanum tuberosum aegrotans
sol-t.	solanum tuberosum
sol-v.	solanum villosum
sol-x.	solanum xanthocarpum
	solidago virga avrea ☞ solid.
somatot.	somatotrophine
soph.	sophora japonica
sorbit.	sorbitolum
	sorbus americana ☞ pyrus
sorb-a.	sorbus aucuparia
sorb-d.	sorbus domestica
sorg-vg.	sorghum vulgare
sor-ac.	sorbicum acidum
sparg-r.	sparganium ramosum
spartin-s.	sparteinum sulfuricum
spartin.	sparteinum
	spartini sulfas ☞ spartin-s.
spart-j.	spartium junceum
	spartium scoparium ☞ saroth.
sperl-r.	spergularia rubra
spermc-n.	spermacoce natalensis
sper-a.	spergula arvensis
	sperminum ☞ orch.
	sphaerococcus helminthochortos ☞ helm.
sphang-s.	sphagnum squarosum
sphing.	sphingurus martini
spig-m.	spigelia marylandica
spig.	spigelia anthelmia
	spigelia anthelmintica ☞ spig.
	spiggurus martini ☞ sphing.
spil.	spilanthes oleracea
spin-o.	spinacia oleracea
spirae-f.	spiraea filipendula
spirae.	spiraea ulmaria
spiram.	spiramycine
spira.	spiranthes autumnalis
spiron.	spironolacton
	spiritus aetheris nitrosi ☞ nit-s-d.
	spiritus dulcis nitri ☞ nit-s-d.
	spiritus glandium quercus ☞ spir-q-g.
spirul.	spirulina
spir-aeth-c.	spiritus aetheris compositus
	spiritus nitrico-aethereus ☞ nit-s-d.
spir-n-d.	spiritus nitri dulcis
spir-q-g.	spiritus quercus glandium
spir-sula.	spiritus sulphuratus
	spongia fluvialitis ☞ bad.
	spongia officinalis ☞ spong.
spong.	spongia tosta

	spongilla fluvialitis ☞ bad.
sporg.	sporgon
sporob-r.	sporobolomyces roseus
sporob-s.	sporobolomyces salmonicolor
sporot.	sporothrix schenckii
	sporotricum beurmanni ☞ sporot.
squil-b.	squilla bifolia
squil.	squilla maritima
stach-a.	stachys arvensis
stach-p.	stachys palustris
stach-s.	stachys sylvatica
stach.	stachys betonica
stann-i.	stannum iodatum
stann-m.	stannum muriaticum
stann-o.	stannum oxydatum
stann-pchl.	stannum perchloratum
stann-pox.	stannum peroxydatum
stann-s.	stannum sulfuratum
stann.	stannum metallicum
	staphylocinum ☞ staphycoc.
staphycoc.	staphylococcinum
staphytox.	staphylotoxinum
staph.	staphysagria
stapl-g.	stapelia gigantea
stear-ac.	stearicum acidum
	stellaria aquatica ☞ cerast-a.
stel.	stellaria media
	sterculia acuminata ☞ kola
ster-c.	sterigmatocystis candidum
	sth ☞ somatot.
	stibio-kali tartaricum ☞ ant-t.
	stibium acidum ☞ ant-ac.
	stibium arsenicosum ☞ ant-ar.
	stibium chloridum ☞ ant-m.
	stibium crudum ☞ ant-c.
	stibium iodatum ☞ ant-i.
	stibium metallicum ☞ ant-met.
	stibium muriaticum ☞ ant-m.
	stibium oxydatum ☞ ant-o.
	stibium sulfuratum nigrum ☞ ant-c.
	stibium sulfuratum rubrum ☞ ant-s-r.
	stibium sulphuratum auratum ☞ ant-s-aur.
	stibium tartaricum ☞ ant-t.
stict.	sticta pulmonaria
stigm.	stigmata maydis
stilboest.	stilboestrolum
still.	stillingia silvatica
	stizolobium pruriens ☞ dol.
	stovaine ☞ amyloc-m.
	stovarsol ☞ acetars.
stram.	stramonium
strepta-g.	streptanthus glandulosus
streptoc.	streptococcinum
streptom-s.	streptomycinum sulphatum
	streptomyces albus ☞ actin-a.
	streptomyces citreus ☞ actin-c.
	streptomyces griseus ☞ actin-g.
streptom.	streptomycinum
strept-ent.	bacillus strepto-enterococcus
stront-ar.	strontium arsenicicum

stront-br.	strontium bromatum
stront-c.	strontium carbonicum
stront-gl.	strontium gluconicum
stront-i.	strontium iodatum
stront-lac.	strontium lacticum
stront-met.	strontium metallicum
stront-m.	strontium muriaticum
stront-n.	strontium nitricum
stront-o.	strontium oxydatum
stront-s.	strontium sulfuricum
strophin.	strophanthinum
stroph-h.	strophanthus hispidus
stroph-s.	strophanthus sarmentosus
	strychnini et ferri citras ☞ stry-af-cit.
strych-g.	strychnos gaultheriana
strych-h.	strychnos henningsii
strych-s.	strychnos spinosa
stryph.	stryphnodendron barbatimam
stry-af-cit.	strychninum citricum cum ammoniofer
stry-ar.	strychninum arsenicosum
stry-n.	strychninum nitricum
stry-p.	strychninum phosphoricum
stry-s.	strychninum sulphuricum
	strychnos ignatii ☞ ign.
	strychnos nux vomica ☞ nux-v.
stry-val.	strychninum valerianicum
stry-xyz.	stry-xyz
stry.	strychninum purum
	strychnos tieut ☞ upa.
subt.	bacillus subtilis
succ-ac.	succinicum acidum
succ.	succinum
sulfag.	sulfaguanidinum
sulfamrz.	sulfamerazine
sulfamtz.	sulfamethizol
sulfap.	sulfapyridinum
sulfatz.	sulfathiazolum
sulfa.	sulfanilamidum
sulfonam.	sulfonamidum
sulfon.	sulfonalum
	sulfur ☞ sulph.
sulo-ac.	sulphurosum acidum
sulph.	sulphur
	sulphur lotum ☞ sulph.
	sulphur sublimatum ☞ sulph.
sulpi.	sulpiride
sul-ac-ar.	sulphuricum acidum aromaticum
sul-ac.	sulphuricum acidum
sul-h.	sulphur hydrogenisatum
sul-i.	sulphur iodatum
sul-s-l.	sulphur sublimatum lavum
	sulphuricum aromaticum acidum ☞ sul-ac-ar.
sul-ter.	sulphur terebinthinatum
sumb.	sumbulus moschatus
	sumbul ferula ☞ sumb.
suprar.	suprarenalis
syc.	bacillus Sycoccus (Paterson)
	sunoma sage ☞ salv-so.
	suprarenalis glandula ☞ suprar.

	surukuku ☞ lach.
	swertia chirata ☞ gent-ch.
	sycoccus bacillus (paterson) ☞ syc.
	sycoccus (paterson) ☞ syc.
	sycotic compound (paterson) ☞ syc.
	sycotic co. (paterson) ☞ syc.
symph.	symphytum officinale
sym-r.	symphoricarpus racemosus
	symphoricarpus rivularis ☞ sym-r.
	symplocarpus foetidum ☞ ictod.
synad-g.	synadenium grantii
syph.	syphilinum
	syriaca ☞ asc-c.
syr.	syringa vulgaris
	syzygium aromaticum ☞ caryo.
	syzygium cumini ☞ syzyg.
syzyg.	syzygium jambolanum
	syzygium jambos ☞ eug.
tabern-s.	tabernaemontana stapfiana
taber-i.	tabernanthe iboga
tab.	tabacum
tama-c.	tamarix cinariensis
tama.	tamarix germanica
	tamarix gallica ☞ tama-c.
tamox.	tamoxifen
tamrnd.	tamarindus indica
tam.	tamus communis
tanac-b.	tanacetum balsamita
tanac-er.	tanacetum erectum
tanac.	tanacetum vulgare
tang.	tanghinia venenifera
tann-ac.	tannicum acidum
	tanninum ☞ tann-ac.
tant-f.	tantalum fluoratum
tant-met.	tantalum metallicum
taper.	taperiba
	taraktogenos ☞ chaul.
	taraktogenos kurzii ☞ chaul.
	tarantula cubensis ☞ tarent-c.
	tarantula hispanica ☞ tarent.
	taraxacum dens leonis ☞ tarax.
tarax.	taraxacum officinale
tarent-c.	tarentula cubensis
tarent.	tarentula hispanica
tartr.	tartrazine
tart-ac.	tartaricum acidum
	tartarus depuratus ☞ kali-bit.
	tartarus emeticus ☞ ant-t.
	tartarus stibiatus ☞ ant-t.
tax-br.	taxus brevifolia
tax.	taxus baccata
techn.	technetium
tec-p.	tecoma pentaphylla
	tecoma radicans ☞ tec-p.
tein.	Teinach aqua
tela	tela araneae
	tela aranearum ☞ tela
	teleamethylthioninum chloridum ☞ methyl.
tell.	tellurium metallicum

tell-ac.	telluricum acidum
	ten (Paterson) ☞ bacls-10.
teph-k.	tephrosia kraussiana
teph-v.	tephrosia vogelii
tep.	Teplitz aqua
terb-o.	terbium oxydatum
terebe.	terebenum
tere-ch.	terebinthina chios
term-a.	terminalia arjuna
term-c.	terminalia chebula
terp-h.	terpini hydras
ter.	terebinthiniae oleum
	terra silicea ☞ sil.
	testa praeparata ☞ calc-o-t.
testis	testicles
test-act.	testosterone acetate
test-pr.	testosterone propionate
test.	testosterone base
tetan.	tetanosinum
tetox.	tetanotoxinum
	tetrabromfluoresceinum ☞ eos.
tetrachl.	tetrachloroethylene
tetrac-m.	tetracyclinum muriaticum
tetrac.	tetracyclinum
tetrad-f.	tetradenia fructicosa
tetrad-r.	tetradenia riparia
tet.	tetradymitum
	tetramethylaminum ☞ prop.
teucr-b.	teucrium botrys
	teucrium chamaedrys ☞ chamae.
teucr-sdm.	teucrium scordium
teucr-s.	teucrium scorodonia
teucr.	teucrium marum verum
thala.	thalamus
thalic-r.	thalictrum rhynchocarpum
thal-act.	thallium aceticum
thal-ar.	thallium arsenicosum
thal-c.	thallium carbonicum
thal-f.	thallium fluoratum
thal-met.	thallium metallicum
thal-m.	thallium muriaticum
thal-n.	thallium nitricum
thal-o.	thallium oxydatum
thal-s.	thallium sulphuricum
thal.	thallium met. + -act. (old abbr.)
thap-g.	thapsia garganica
thaum-p.	thaumetopoea processionnea
thea	thea chinensis
	thea sinensis ☞ thea
	thebaãcum ☞ op.
thebin.	thebainum
thein.	theinum
	theobroma cacao ☞ cac.
theob.	theobrominum
theoph.	theophyllinum
ther.	theridion curassavicum
thev.	thevetia nerifolia
thiam.	thiaminum hydrochloridum
thioc-ac.	thiocticum acidum
thiop.	thioproperazinum

thiosin.	thiosinaminum
thlas.	thlaspi bursa pastoris
thom-h.	thomandersia hensii
thor-act.	thorium aceticum
thor-met.	thorium metallicum
thor-m.	thorium muriaticum
thor-n.	thorium nitricum
thor-o.	thorium oxydatum
thuj-g.	thuja gigantea
thuj-l.	thuja lobii
thuj.	thuja occidentalis
thyam.	thyamine
thycho-d.	thychosanthes dioica
	thymine ☞ thyam.
thymi-ac.	thyminicum acidum
	thymoidinum ☞ thym-gl.
thymol.	thymolum
	thymonucleicum acidum ☞ des-ac.
thymul.	thymuline
thymum.	thymum
thymu-vg.	thymus vulgaris
	thymus ☞ thym-gl.
thymu.	thymus serpyllum
thym-gl.	thymi glandulae extractum
	thypha latifolia ☞ typh.
thyreotr.	thyreotropinum
	thyreostimulinum ☞ thyreotr.
thyroiod.	thyro-iodinum
thyr.	thyreoidinum
	thyroid ☞ thyr.
	thyroidinum ☞ thyr.
	thyroxinum biiodatum ☞ dithyr.
til-al.	tilia alburnum
til-ar.	tilia argentea
	tilia cordata ☞ til.
til-p.	tilia platyphyllos
til-t.	tilia tomentosa
til.	tilia europaea
	tilia silvestris ☞ til.
timol.	timolol
	tinctura sine kali ☞ caust.
tinas.	tinospora cordifolia
tip.	tipida aqua
titan-ac.	titanicum acidum
titan-cy.	titanium cyanatum
titan-m.	titanium muriaticum
titan-n.	titanium nitridum
titan-o.	titanium oxydatum
titan-s.	titanium sulfuricum
titan-xyz.	titan-xyz
titan.	titanium metallicum
tocoph.	tocopherolum
tod-a.	toddalia aculeata
toen-s.	toenia saginata
toluen.	toluene
tol.	toluidinum
	toluiferum ☞ bals-t.
	tonca ☞ tong.
tong.	tongo odorata
tonsi.	tonsilinum

	tonsils ☞ tonsi.
	tormentilla ☞ pot-t.
torm.	tormentilla erecta
tor.	torula cerevisiae
	toxicodendron quercifolium vernix ☞ rhus-t.
	toxicodendron vernix ☞ rhus-v.
toxi.	toxicophis pugnax
toxo-g.	toxoplasma gondii
tox-th.	toxicophloea thunbergi
	toxoplasms gondi ☞ toxo-g.
trachsp-j.	trachelospermum jasminoides
trach-v.	trachinus vipera
trach-xyz.	trach-xyz
trach.	trachinus draco
trad.	tradescantia diuretica
trag-p.	tragopogon pratensis
	trametes suaveolens ☞ bol-su.
trem-g.	trema grisea
	trema guineensis ☞ trem-or.
trem-or.	trema orientalis
triaetam.	triaethanolamine
triamc.	triamcinolon
	triatema ☞ triat.
triat.	triatoma
trib.	tribulus terrestris
trichil-e.	trichilia emetica
trichlact-ac.	trichloroaceticum acidum
trichlae.	trichloraethylene
trichom.	trichomonas vaginalis
trichoph-d.	trichophyton depressum
trichoph-p.	trichophyton persearum
	trichophyton persicolor ☞ trichoph-p.
trichoph-r.	trichophyton rubrum
trichr.	trichuris trichurius
trich.	trichosanthes amara
	trichosanthes dioica ☞ trich.
triclis-g.	triclisia gilletii
trif-al.	trifolium alpinum
trif-ar.	trifolium arvense
trif-d.	trifolium dubium
trif-e.	trifolium elegans
trif-p.	trifolium pratense
trif-r.	trifolium repens
	trigonella foenum graecum ☞ foenm-g.
	trigonocephalus lachesis ☞ lach.
tril-c.	trillium cernuum
	trillium erectum ☞ tril-p.
tril-p.	trillium pendulum
trimer-a.	trimeria alnifolia
trimeth.	trimethadione
trim.	trimeresurus wagleri
	trimethylaminum ☞ prop.
	trimethylxanthin ☞ coffin.
	trinatrii citras ☞ nat-cit.
	trinitrophenolum ☞ pic-ac.
trinit.	trinitrotoluenum
trion.	trional
trios.	triosteum perfoliatum
tritic-g.	triticum germinatum
tritic-vg.	triticum vulgare
tritic.	triticum repens
trito	trito
trium-r.	triumfetta rhomboidea
trom.	trombidium muscae domesticae
trop.	tropaeolum majus
trychs.	trychosanthes
trych-t.	trychophyton tonsurans
tryps.	trypsinum
trypt.	tryptophanum
	tsuga canadensis ☞ abies-c.
	tuberculinum aviaire ☞ tub-a.
tub-a.	tuberculinum avis
tub-d.	tuberculinum Denys
tub-k.	tuberculinum Koch
tub-m.	tuberculinum Marmoreck
tub-ro.	tuberculinum Rosenbach
tub-r.	tuberculinum residuum Koch
tub-sp.	tuberculinum Spengler
tub.	tuberculinum bovinum Kent
	tubiporus edulis ☞ bol-ed.
tul.	tulipa
tung-met.	tungstenium metallicum
	turnera aphrodisiaca ☞ dam.
	turnera diffusa ☞ dam.
	turpethum minerale ☞ merc-sul.
tur-f.	turraea floribunda
tur-o.	turraea obtusifolia
tus-fa.	tussilago farfara
tus-fr.	tussilago fragrans
tus-p.	tussilago petasites
tyl-i.	tylophora indica
typh.	typha latifolia
tyram.	tyramine
tyros.	L-tyrosinum
	typhobacillinum ☞ eberth.
	tyrosinum ☞ tyros.
tyrothr.	tyrothricinum
ulm-c.	ulmus campestris
ulm-m.	ulmus montana
	ulmus fulva ☞ ulm-c.
ulm-pra.	ulmus procera
ulx-eu.	ulex europaeus
	ulmus pyramidalis ☞ ulm-m.
	umbilicus pendulinus ☞ cot.
undec-ac.	undecylenicum acidum
une-e.	unedo edulis
upa-a.	upas antiaris
upa.	upas tieutÇ
	uragoga ipecacuanha ☞ ip.
uranoth.	uranothorium
uran-act.	uranium aceticum
uran-ar.	uranium arsenicicum
uran-met.	uranium metallicum
uran-m.	uranium muriaticum
uran-n.	uranium nitricum
uran-o.	uranium oxydatum
urea	urea pura
urea-n.	urea nitrica
ureth.	urethane

	urginea maritima ☞ squil.
	urine ☞ urin.
urin.	urinum
urin-d.	urinum diabeticum
urotrop.	urotropinum
ursin-t.	ursinia tenuiloba
urt-c.	urtica crenulata
urt-d.	urtica dioica
urt-g.	urtica gigas
urt-u.	urtica urens
ur-ac.	uricum acidum
usn.	usnea barbata
ust.	ustilago maydis
uva	uva ursi
uvar.	uvaria triloba
uza.	uzara
	Vaccin of Haffkine ☞ pest.
vacc-m.	vaccinium myrtillus
vacc-v.	vaccinium vitis idaea
vac.	vaccininum
	vaccinotoxinum ☞ vac.
valerl-o.	valerianella olitoria
valer-ac.	valerianicum acidum
valer.	valeriana officinalis
vanad-m.	vanadium muriaticum
vanad-o.	vanadium oxydatum
vanad-s.	vanadium sulphuricum
vanad.	vanadium metallicum
vang-e.	vangueria emirnensis
vang-l.	vangueria lasiantha
vanilin.	vanillinum
vanil.	vanilla aromatica
	vanilla planifolia ☞ vanil.
	varech ☞ fuc.
varic.	varicellinum
vario.	variolinum
vasop.	vasopressine
vauc-s.	vaucheria sessilis
	velome de mato ☞ crot-f.
ven-m.	venus mercenaria
verat-n.	veratrum nigrum
	veratrum luteum ☞ helon.
verat-v.	veratrum viride
verat.	veratrum album
	verbascum thapsiforme ☞ verb.
verbe-h.	verbena hastata
verbe-o.	verbena officinalis
verbe-u.	verbena urticaefolia
verb-f.	verbascum floccosum
verb-n.	verbascum nigrum
verb-ol.	verbasci oleum
verb.	verbascum thapsus
verin.	veratrinum
vern-am.	vernonia amygdalina
vern-a.	vernonia anthelmintica
vern-co.	vernonia corymbosa
vern-w.	vernonia wooddii
	veronal ☞ barbit.
	veronastricum virginicum ☞ lept.
vero-ab.	veronica abyssinica

vero-b.	veronica beccabunga
vero-c.	veronica chamaedrys
vero-o.	veronica officinalis
vero-p.	veronica persica
vero-t.	veronica teucrium
	veronica virginica ☞ lept.
verr.	verrucinum
vesi.	vesicaria communis
vesp-m.	vespa maculata
vesp-vg.	vespa vulgaris
vesp-xyz.	vespa crabro + -m. + -vg.
vesp.	vespa crabro
	vetiver ☞ anan.
	vetiveria zizanioides ☞ anan.
vibh.	vibhuti
vib-l.	viburnum lantana
vib-od.	viburnum oderatissinum
vib-p.	viburnum prunifolium
vib-t.	viburnum tinus
vib.	viburnum opulus
vichy-g.	Vichy aqua Grande Grille
vichy-h.	Vichy aqua Hìpital
	vicia ervilia ☞ erv-e.
	vicia faba ☞ faba-vg.
vince.	vincetoxicum officinale
vinc-ma.	vinca major
vinc-r.	vinca rosea
vinc.	vinca minor
viol-c.	viola canina
viol-o.	viola odorata
viol-s.	viola sudetica
viol-t.	viola tricolor
vip-a.	vipera aspis
	vipera communis ☞ vip.
vip-d.	vipera daboia
vip-l-f.	vipera lachesis fel
vip-r.	vipera redi
vip-t.	vipera torva
vip.	vipera berus
	vipera russelli ☞ vip-d.
virl.	virillium
	virola sebifera ☞ myric.
	virus poliomyelitis ☞ polio
visc-ab.	viscum abietis
visc-ar.	viscum armeniacae
visc-cr.	viscum crataegi
visc-l.	viscum laxum
visc-m.	viscum mali
	viscum pini ☞ visc-l.
visc-pi.	viscum piri
visc-po.	viscum populi
visc-pr.	viscum pruni
visc-q.	viscum quercinum
visc-r.	viscum robiniae
visc-s.	viscum salicis
visc-t.	viscum tiliae
visc.	viscum album
	vitamin a acid ☞ retin-ac.
	vitamin a alcohol ☞ retin.
	vitamin b1 ☞ thiam.

	vitamin b12 ☞ cyanoc.
	vitamin b2 ☞ ribo.
	vitamin b3 ☞ nicotam.
	vitamin b4 ☞ adenin.
	vitamin b5 ☞ pant-ac.
	vitamin b6 ☞ pyrid.
	vitamin b7 ☞ inos.
	vitamin b8 ☞ adenyl-ac.
	vitamin c ☞ ascor-ac.
	vitamin d2 ☞ ergocalc.
	vitamin d3 ☞ cholcalc.
	vitamin e ☞ tocoph.
	vitamin f ☞ linol-ac.
	vitamin g ☞ lactof.
	vitamin h2 ☞ amibe-ac.
	vitamin k ☞ menad.
	vitamin pp ☞ nicot-ac.
	vitamine h1 ☞ biot.
	vitex agnus castus ☞ agn.
	vitis alba ☞ bry.
	vitis quinquefolia ☞ ampe-qu.
	vitis rubra ☞ ampe-qu.
vitis-v.	vitis vinifera
vitr-an.	vitrum antimonii
vitr-cor.	vitrum coroni
vit.	vitex trifolia
voac-af.	voacanga africana
voes.	Voeslau aqua
v-a-b.	vaccin attÇnuÇ biliÇ
	vulpis pulmo ☞ pulm-v.
wede-n.	wedelia natalensis
weilb.	Weilbach aqua
wies.	Wiesbaden aqua
	wigardia californica ☞ erio.
wildb.	Wildbad aqua
wildu.	Wildungen aqua
wist-s.	wisteria sinensis
with-s.	withania somnifera
	wood alcohol ☞ methan.
	woorali ☞ cur.
	woorara ☞ cur.
	wrightia antidysenterica ☞ kurch.
	wrightia tincto ☞ kurch.
	wyethia ☞ wye.
wye.	wyethia helenoides
xanrhi.	xanthorrhiza apifolia
xanrhoe.	xanthorrhoea arborea
xanthin.	xanthinum
xanth-mc.	xanthium macrocarpum
xanth-st.	xanthium strumarium
xanth.	xanthium spinosum
	xantoxylum americanum ☞ xan.
xan.	xantoxylum fraxineum
xen.	xenon
xero.	xerophyllum
xime-c.	ximenia caffra
	xiphosura ☞ lim.
xiph.	xiphosura americana
xyloc.	xylocaine
xylop-a.	xylopia aethiopica
xyma-m.	xymalos monospora
x-ray	x-ray
yers.	serum yersiniae
	yampah ☞ perid-b.
	yaupon ☞ ilx-v.
	yerba buena ☞ micr.
	yerba mansa ☞ anemps.
	yerba santa ☞ erio.
	Yersin ☞ yers.
	yohimbehe ☞ yohim.
yohim-m.	yohimbinum muriaticum
yohim.	yohimbinum
yttrb-o.	ytterbium oxydatum
yttr-met.	yttrium metallicum
yttr-ox.	yttrium oxalicum
yttr-o.	yttrium oxydatum
yuc.	yucca filamentosa
	zaluzianskya capensis ☞ zant.
zanthox-c.	zanthoxylum capense
zant.	zantedeschia
	zanthoxylum fraxineum ☞ zant.
zea-i.	zea italica
	zea maydis ☞ stigm.
	zinci sulphas ☞ zinc-s.
zinc-act.	zincum aceticum
zinc-ar.	zincum arsenicosum
zinc-be.	zincum benzoicum
zinc-br.	zincum bromatum
zinc-chl.	zincum chloricum
	zincum chromatum ☞ zinc-chr.
zinc-chr.	zincum chromicum
zinc-col.	zincum colloidale
zinc-cy.	zincum cyanatum
zinc-c.	zincum carbonicum
zinc-fcy.	zincum ferrocyanatum
zinc-form.	zincum formicum
zinc-f.	zincum fluoratum
zinc-gl.	zincum gluconicum
zinc-i.	zincum iodatum
zinc-m.	zincum muriaticum
zinc-n.	zincum nitricum
zinc-ox.	zincum oxalicum
zinc-o.	zincum oxydatum
zinc-pic.	zincum picricum
zinc-pox.	zincum peroxydatum
zinc-p.	zincum phosphoricum
zinc-s.	zincum sulphuricum
zinc-val.	zincum valerianicum
zinc.	zincum metallicum
	zingiber ☞ zing.
zing.	zingiber officinale
zirc-met.	zirconium metallicum
zirc-m.	zirconium muriaticum
zirc-n.	zirconium nitricum
zirc-o.	zirconium oxydatum
	zisyphus paliurus ☞ pali-a.
zizyp-j.	zizyphus jujuba
zizyp-m.	zizyphus mucronata
ziz.	zizia aurea

Index

Einleitung

Der nachfolgende Index dient primär zum Auffinden wichtiger Begriffe und medizinischer Termini, da diese manchmal - der Repertoriumssprache gehorchend - etwas anders eingeordnet werden, als man es vom gebräuchlichen Terminus her erwarten würde (z.B. Magenkrebs unter Krebs). Auch dieser Index erhebt keinen Anspruch auf Vollständigkeit, was bei über 10.000 verwendeten Wörtern jeden Rahmen sprengen würde.

Zudem wurden über 10.000 Querverweise in das Buch eingebaut, so daß man von der einzelnen Fundstelle fast immer auf damit verwandte verwiesen wird und sich so schnell zurechtfindet.

Diejenigen, die auch noch die letzte Fundstelle für einzelne Begriffe auf einen Handgriff nachschlagen wollen, können nun zur CD greifen, in der der komplette Text zugänglich ist, so daß Sie nach Belieben jeden denkbaren Begriff sofort mit Seitenzahl und Spaltenangabe auffinden können. Die CD ist unter dem Titel „Synthesis - die CD zum Buch" (ISBN 3-929271-14-1) im Buchhandel erhältlich, oder direkt beim Verlag: „Hahnemann Institut - Privatinstitut für homöopathische Dokumentation GmbH, Krottenkopfstraße 2, D-86926 Greifenberg, Tel. 08192-93060, oder über die Homepage www.hahnemann.com

Greifenberg, Juli 1998
Peter Vint

A

B

C

D

G

H

I

J

K

L

M

N

O

P

Q

R

S

T

U

V

W

Z

Notizen

Notizen

Notizen

Notizen

Notizen

Notizen

Notizen

Notizen

Notizen

Notizen

Notizen

Notizen

Notizen

Notizen

Notizen

Notizen